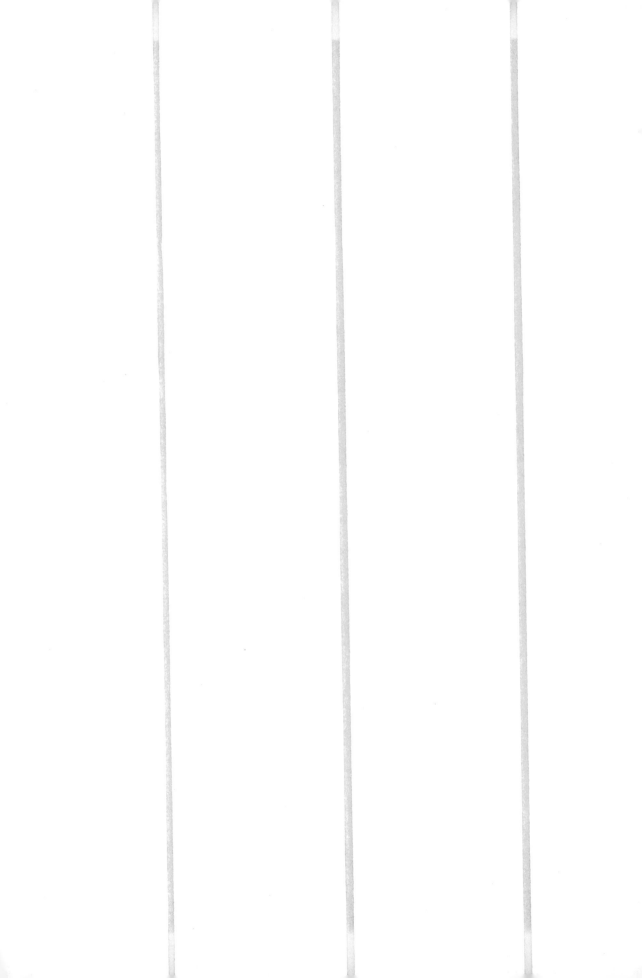

现行建筑设计规范大全

（含条文说明）

第 3 册

建筑设备·建筑节能

本社编

中国建筑工业出版社

图书在版编目（CIP）数据

现行建筑设计规范大全(含条文说明)第 3 册　建筑设备·建筑
节能/本社编. —北京：中国建筑工业出版社，2014.1
　ISBN 978-7-112-16131-7

　Ⅰ.①现…　Ⅱ.①本…　Ⅲ.①建筑设计-建筑规范-中国②房
屋建筑设备-建筑设计-建筑规范-中国③节能-建筑设计-建筑规
范-中国　Ⅳ.①TU202-65

中国版本图书馆 CIP 数据核字（2013）第 275995 号

责任编辑：何玮珂
责任校对：赵　颖　孙玉珍

现行建筑设计规范大全

（含条文说明）

第 3 册

建筑设备·建筑节能

本社编

*

中国建筑工业出版社出版、发行（北京西郊百万庄）

各地新华书店、建筑书店经销

北京红光制版公司制版

北京圣夫亚美印刷有限公司印刷

*

开本：787×1092 毫米　1/16　印张：107¾　字数：3890 千字
2014 年 7 月第一版　　2014 年 7 月第一次印刷
定价：**235.00 元**
ISBN 978-7-112-16131-7
(24889)

出 版 说 明

《现行建筑设计规范大全》、《现行建筑结构规范大全》、《现行建筑施工规范大全》缩印本（以下简称《大全》），自 1994 年 3 月出版以来，深受广大建筑设计、结构设计、工程施工人员的欢迎。2006 年我社又出版了与《大全》配套的三本《条文说明大全》。但是，随着科研、设计、施工、管理实践中客观情况的变化，国家工程建设标准主管部门不断地进行标准规范制订、修订和废止的工作。为了适应这种变化，我社将根据工程建设标准的变更情况，适时地对《大全》缩印本进行调整、补充，以飨读者。

鉴于上述宗旨，我社近期组织编辑力量，全面梳理现行工程建设国家标准和行业标准，参照工程建设标准体系，结合专业特点，并在认真调查研究和广泛征求读者意见的基础上，对 2009 年出版的设计、结构、施工三本《大全》和配套的三本《条文说明大全》进行了重大修订。

新版《大全》将《条文说明大全》和原《大全》合二为一，即像规范单行本一样，把条文说明附在每个规范之后，这样做的目的是为了更加方便读者理解和使用规范。

由于规范品种越来越多，《大全》体量愈加庞大，本次修订后决定按分册出版，一是可以按需购买，二是检索、携带方便。

《现行建筑设计规范大全》分 4 册，共收录标准规范 193 本。

《现行建筑结构规范大全》分 4 册，共收录标准规范 168 本。

《现行建筑施工规范大全》分 5 册，共收录标准规范 304 本。

需要特别说明的是，由于标准规范处在一个动态变化的过程中，而且出版社受出版发行规律的限制，不可能在每次重印时对《大全》进行修订，所以在全面修订前，《大全》中有可能出现某些标准规范没有替换和修订的情况。为使广大读者放心地使用《大全》，我社在网上提供查询服务，读者可登录我社网站查询相关标准规范的制订、全面修订、局部修订等信息。

为不断提高《大全》质量、更加方便查阅，我们期待广大读者在使用新版《大全》后，给予批评、指正，以便我们改进工作。请随时登录我社网站，留下宝贵的意见和建议。

中国建筑工业出版社

2013 年 10 月

欲查询《大全》中规范变更情况，或有意见和建议：请登录中国建筑出版在线网站（book. cabplink. com）。登录方法见封底。

目 录

5

建筑设备

（给水排水·电气·防雷·暖通·智能）

中华人民共和国国家标准

建筑给水排水设计规范

Code for design of building water supply and drainage

GB 50015—2003
（2009 年版）

主编部门：上海市城乡建设和交通委员会
批准部门：中华人民共和国住房和城乡建设部
施行日期：２００３年９月１日

中华人民共和国住房和城乡建设部
公　告

第 409 号

关于发布国家标准
《建筑给水排水设计规范》局部修订的公告

现批准《建筑给水排水设计规范》GB 50015—2003 局部修订的条文，自 2010 年 4 月 1 日起实施。其中，第 3.2.3A、3.2.4、3.2.4A、3.2.4C、3.2.5、3.2.5A、3.2.5B、3.2.5C、3.2.6、3.2.10、3.9.14、3.9.18A、3.9.20A、3.9.24、4.2.6、4.3.3A、4.3.4、4.3.6、4.3.6A、4.5.10A 条为强制性条文，必须严格执行。经此次修改的原条文同时废止。

局部修订的条文及具体内容，将刊登在我部有关网站和近期出版的《工程建设标准化》刊物上。

中华人民共和国住房和城乡建设部
二○○九年十月二十日

修订说明

根据原建设部《关于印发〈2007 年工程建设标准规范制订、修订计划（第一批）〉的通知》（建标〔2007〕第 125 号）的要求，本规范由上海现代建筑设计（集团）有限公司会同有关单位对《建筑给水排水设计规范》GB 50015—2003 进行修订而成。

本规范局部修订，遵照建标〔1994〕第 219 号《关于印发〈工程建设标准局部修订管理办法〉的通知》的要求，在广泛征求原规范颁布后在工程建设中执行情况和对原规范局部修订的建议，以及对个别条文涉及的技术参数进行测试、产品调研等工作的基础上，经有关部门共同审查定稿。

本次局部修订主要内容：

1. 调整生活饮用水管道防回流污染措施的适用条件，补充由生活饮用水及生活、生产合用管道供给回流污染高危场所和设备的防回流污染要求。补充倒流防止器、真空破坏器的设置要求。

2. 补充叠压供水、太阳能和热泵热水供应等节能技术原则规定。

3. 完善居住小区设计流量计算。

4. 对同层排水管道设计提出要求。

5. 推荐具有防涸功能的新型地漏，禁用钟罩（扣碗）式地漏。

6. 根据科研测试成果，调整通气系统不同设置条件下排水立管最大设计排水能力，并补充自循环通气系统设计内容。

7. 根据雨水管道的设计流态，确立雨水立管和雨水斗设计泄流量。

8. 修改热水供应设计小时耗热量计算参数。

9. 协调补充管道直饮水系统设计参数。

本规范中下划线为修改的内容；用黑体字表示的条文为强制性条文，必须严格执行。

本规范由住房和城乡建设部负责管理和对强制性条文的解释，由主编单位负责对具体技术内容的解释。在执行过程中，请各单位结合工程实践，认真总结经验，并将意见和建议寄送上海现代建筑设计（集团）有限公司国家标准《建筑给水排水设计规范》管理组（地址：上海市石门二路 258 号，邮政编码：200041，E-mail：GB 50015-2003@163.com）。

本次局部修订的主编单位： 上海现代建筑设计（集团）有限公司

本次局部修订的参编单位： 中国建筑设计研究院

本次局部修订的主要起草人： 张　森　刘振印　冯旭东　徐　凤

本次局部修订的审查人： 方汝清　赵力军　赵世明　赵　锂　王冠军　方玉妹　崔长起　程宏伟　王　研　王增长　郑克白　黄晓家　张　勤　王　珏　朱建荣

中华人民共和国建设部
公　告

第 138 号

建设部关于发布国家标准
《建筑给水排水设计规范》的公告

现批准《建筑给水排水设计规范》为国家标准，编号为GB 50015—2003，自 2003 年 9 月 1 日起实施。其中，第 3.2.1、3.2.3、3.2.4、3.2.5、3.2.6、3.2.9、3.2.10、3.2.14、3.5.8、3.9.1、3.9.3、3.9.4、3.9.9、3.9.12、3.9.14、3.9.22、3.9.24、3.9.27、4.2.6、4.3.5、4.3.6、4.3.13、4.3.19、4.5.9、4.8.4、4.8.8、5.4.5、5.4.20 条为强制性条文，必须严格执行。原《建筑给水排水设计规范》GBJ 15—88 同时废止。

本规范由建设部标准定额研究所组织中国计划出版社出版发行。

中华人民共和国建设部
二〇〇三年四月十五日

前　　言

本规范系根据建设部建标〔1998〕94 号文《关于印发"一九九八年工程建设国家标准制订、修订计划（第一批）"的通知》，由上海市建设和管理委员会主管，上海现代建筑设计(集团)有限公司主编，中国建筑设计研究院、广东省建筑设计研究院参编，对原国家标准《建筑给水排水设计规范》GBJ 15—88 进行全面修订。本规范编制过程中总结了近年来建筑给水排水工程的设计经验，对重大问题开展专题研讨，提出了征求意见稿，在广泛征求全国有关设计、科研、大专院校的专家、学者和设计人员意见的基础上，经编制组认真研究分析编制而成。

本规范修订的主要技术内容有：①补充了居住小区给水排水设计内容。②调整和补充了住宅、公共建筑用水定额。③补充了管道连接防污染措施。④补充了新型管材应用技术。⑤住宅给水秒流量计算采用概率修正公式。⑥统一各种材质管道水力计算公式。⑦补充了水上游乐池水循环处理内容。⑧补充了冷却塔及水循环设计内容。⑨删去了推荐性标准在医院污水、游泳池给水排水等方面已有的细节内容，保留了原则性、安全性及卫生方面的条文。⑩删除了生产工艺给水排水的有关条文。⑪补充了屋面雨水压力流计算参数。⑫调整了集中热水供应设计小时耗热量计算公式的适用范围。⑬删除了自然循环热水管道系统的计算。⑭补充了新型热水机组、加热器的有关应用技术要点和参数。⑮补充了饮用净水管道系统的有关内容。

本规范将来需要进行局部修订时，有关局部修订的信息和条文内容将刊登在《工程建设标准化》杂志上。

本规范中以黑体字标志的条文为强制性条文，必须严格执行。

本规范由建设部负责管理和对强制性条文的解释，上海市建设和管理委员会负责具体管理，上海现代建筑设计(集团)有限公司负责具体技术内容的解释。在使用过程中如有需要修改与补充的建议，请将有关资料寄送上海现代建筑设计(集团)有限公司(上海市石门二路 258 号现代建筑设计大厦国家标准《建筑给水排水设计规范》管理组，邮政编码：200041)，以供修订时参考。

本规范主编单位、参编单位和主要起草人：

主 编 单 位：上海现代建筑设计(集团)有限公司
参 编 单 位：中国建筑设计研究院
广东省建筑设计研究院
主要起草人：张　森　刘振印　何冠钦　冯旭东
桑鲁青

目　次

Contents

1 总 则

1.0.1 为保证建筑给水排水设计质量,使设计符合安全、卫生、适用、经济等基本要求,制定本规范。

1.0.2 本规范适用于居住小区、公共建筑区、民用建筑给水排水设计,亦适用于工业建筑生活给水排水和厂房屋面雨水排水设计。

但设计下列工程时,还应按现行的有关专门规范或规定执行:

 1 湿陷性黄土、多年冻土和胀缩土等地区的建筑物;

 2 抗震设防烈度超过9度的建筑物;

 3 矿泉水疗、人防建筑;

 4 工业生产给水排水;

 5 建筑中水和雨水利用。

1.0.3 建筑给水排水设计,应在满足使用要求的同时还应为施工安装、操作管理、维修检测以及安全保护等提供便利条件。

1.0.4 建筑给水排水工程设计,除执行本规范外,尚应符合国家现行的有关标准、规范的要求。

2 术语、符号

2.1 术 语

2.1.1 生活饮用水 drinking water
 水质符合生活饮用水卫生标准的用于日常饮用、洗涤的水。

2.1.2 生活杂用水 non-drinking water
 用于冲洗便器、汽车,浇洒道路、浇灌绿化,补充空调循环用水的非饮用水。

2.1.3 小时变化系数 hourly variation coefficient
 最高日最大时用水量与平均时用水量的比值。

2.1.4 最大时用水量 maximum hourly water consumption
 最高日最大用水时段内的小时用水量。

2.1.4A 平均时用水量 average hourly water consumption
 最高日用水时段内的平均小时用水量。

2.1.5 回流污染 backflow pollution
 由虹吸回流或背压回流对生活给水系统造成的污染。

2.1.5A 背压回流 back-pressure back flow
 给水管道内上游失压导致下游有压的非饮用水或其他液体、混合物进入生活给水管道系统的现象。

2.1.5B 虹吸回流 siphonage back flow
 给水管道内负压引起卫生器具、受水容器中的水或液体混合物倒流入生活给水系统的现象。

2.1.6 空气间隙 air gap
 在给水系统中,管道出水口或水嘴口的最低点与用水设备溢流水位间的垂直空间距离;在排水系统中,间接排水的设备或容器的排水管口最低点与受水器溢流水位间的垂直空间距离。

2.1.7 溢流边缘 flood-level rim
 指由此溢流的容器上边缘。

2.1.7A 倒流防止器 backflow preventer
 一种采用止回部件组成的可防止给水管道水流倒流的装置。

2.1.7B 真空破坏器 vacuum breaker
 一种可导入大气压消除给水管道内水流因虹吸而倒流的装置。

2.1.8 引入管 service pipe
 将室外给水管引入建筑物或由市政管道引入至小区给水管网的管段。

2.1.9 接户管 inter-building pipe
 布置在建筑物周围,直接与建筑物引入管和排出管相接的给水排水管道。

2.1.10 入户管(进户管) inlet pipe
 住宅内生活给水管道进入住户至水表的管段。

2.1.11 竖向分区 vertical division zone
 建筑给水系统中,在垂直向分成若干供水区。

2.1.12 并联供水 parallel water supply
 建筑物各竖向给水分区有独立增(减)压系统供水的方式。

2.1.13 串联供水 series water supply
 建筑物各竖向给水分区,逐区串级增(减)压供水的方式。

2.1.13A 叠压供水 pressure superposed water supply
 利用室外给水管网余压直接抽水再增压的二次供水方式。

2.1.14 明设 exposed installation
 室内管道明露布置的方法。

2.1.15 暗设 concealed installation,embedded installation
 室内管道布置在墙体管槽、管道井或管沟内,或者由建筑装饰隐蔽的敷设方法。

2.1.16 分水器 manifold
 集中控制多支路供水的管道附件。

2.1.17 (此条删除)

2.1.18 (此条删除)

2.1.19 线胀系数 coefficient of line-expansion
 温度每增加1℃时,管线单位长度的增量。

2.1.20 卫生器具 plumbing fixture,fixture
 供水并接受、排出污废水或污物的容器或装置。

2.1.21 卫生器具当量 fixture unit
 以某一卫生器具流量(给水流量或排水流量)值为

基数,其他卫生器具的流量(给水流量或排水流量)值与其的比值。

2.1.22 额定流量 ominal flow

卫生器具配水出口在单位时间内流出的规定水量。

2.1.23 设计流量 design flow

给水或排水某种时段的平均流量作为建筑给排水管道系统设计依据。

2.1.24 水头损失 head loss

水通过管渠、设备、构筑物等引起的能耗。

2.1.25 气压给水 pneumatic water supply

由水泵和压力罐以及一些附件组成,水泵将水压入压力罐,依靠罐内的压缩空气压力,自动调节供水流量和保持供水压力的供水方式。

2.1.26 配水点 points of distribution

给水系统中的用水点。

2.1.27 循环周期 circulating period

循环水系统构筑物和输水管道内的有效水容积与单位时间内循环量的比值。

2.1.28 反冲洗 backwash

当滤料层截污到一定程度时,用较强的水流逆向对滤料进行冲洗。

2.1.29 历年平均不保证时 unassured hour for average year

累计历年不保证总小时数的年平均值。

2.1.30 水质稳定处理 stabilization treatment of water quality

为保持循环冷却水中的碳酸钙和二氧化碳的浓度达到平衡状态(既不产生碳酸钙沉淀而结垢,也不因其溶解而腐蚀),并抑制微生物生长而采用的水处理工艺。

2.1.31 浓缩倍数 cycle of concentration

循环冷却水的含盐浓度与补充水的含盐浓度的比值。

2.1.32 自灌 self-priming

水泵启动时水靠重力充入泵体的引水方式。

2.1.33 水景 waterscape,fountain

人工建造的水体景观。

2.1.34 生活污水 domestic sewage

居民日常生活中排泄的粪便污水。

2.1.35 生活废水 domestic wastewater

居民日常生活中排泄的洗涤水。

2.1.36 生活排水 domestic drainage

居民在日常生活中排出的生活污水和生活废水的总称。

2.1.37 排出管 building drain,outlet pipe

从建筑物内至室外检查井的排水横管段。

2.1.38 立管 vertical pipe,riser,stack

呈垂直或与垂线夹角小于45°的管道。

2.1.39 横管 horizontal pipe

呈水平或与水平线夹角小于45°的管道。其中连接器具排水管至排水立管的横管段称横支管;连接若干根排水立管至排出管的横管段称横干管。

2.1.40 清扫口 cleanout

装在排水横管上,用于清扫排水管的配件。

2.1.41 检查口 check hole,check pipe

带有可开启检查盖的配件,装设在排水立管及较长横管段上,作检查和清通之用。

2.1.42 存水弯 trap

在卫生器具内部或器具排水管段上设置的一种内有水封的配件。

2.1.43 水封 water seal

在装置中有一定高度的水柱,防止排水管系统中气体窜入室内。

2.1.44 H管 H pipe

连接排水立管与通气立管形如H的专用配件。

2.1.45 通气管 vent pipe,vent

为使排水系统内空气流通,压力稳定,防止水封破坏而设置的与大气相通的管道。

2.1.46 伸顶通气管 stack vent

排水立管与最上层排水横支管连接处向上垂直延伸至室外通气用的管道。

2.1.47 专用通气立管 specific vent stack

仅与排水立管连接,为排水立管内空气流通而设置的垂直通气管道。

2.1.48 汇合通气管 vent headers

连接数根通气立管或排水立管顶端通气部分,并延伸至室外接通大气的通气管段。

2.1.49 主通气立管 main vent stack

连接环形通气管和排水立管,为排水横支管和排水立管内空气流通而设置的垂直管道。

2.1.50 副通气立管 secondary vent stack,assistant vent stack

仅与环形通气管连接,为使排水横支管内空气流通而设置的通气立管。

2.1.51 环形通气管 loop vent

在多个卫生器具的排水横支管上,从最始端的两个卫生器具之间接出至主通气立管或副通气立管的通气管段。

2.1.52 器具通气管 fixture vent

卫生器具存水弯出口端接至主通气管的管段。

2.1.53 结合通气管 yoke vent

排水立管与通气立管的连接管段。

2.1.53A 自循环通气 self-circulation venting

通气立管在顶端、层间和排水立管相连,在底端与排出管连接,排水时在管道内产生的正负压通过连接的通气管道迂回补气而达到平衡的通气方式。

2.1.54 间接排水 indirect drain

设备或容器的排水管道与排水系统非直接连接，其间留有空气间隙。

2.1.54A　真空排水　vacuum drain

利用真空设备使排水管道内产生一定真空度，利用空气输送介质的排水方式。

2.1.54B　同层排水　same-floor drain

排水横支管布置在排水层或室外，器具排水管不穿楼层的排水方式。

2.1.55　覆土深度　covered depth

埋地管道管顶至地表面的垂直距离。

2.1.55A　埋设深度　buried depth

埋地排水管道内底至地表面的垂直距离。

2.1.56　水流偏转角　angle of turning flow

水流原来的流向与其改变后的流向之间的夹角。

2.1.57　充满度　depth ratio

水流在管渠中的充满程度，管道以水深与管径之比值表示，渠道以水深与渠高之比值表示。

2.1.58　隔油池　grease tank

分隔、拦集生活废水中油脂物质的小型处理构筑物。

2.1.58A　隔油器　grease interceptor

分隔、拦集生活废水中油脂的装置。

2.1.59　降温池　cooling tank

降低排水温度的小型处理构筑物。

2.1.60　化粪池　septic tank

将生活污水分格沉淀，并对污泥进行厌氧消化的小型处理构筑物。

2.1.61　中水　reclaimed water

各种排水经适当处理达到规定的水质标准后回用的水。

2.1.62　医院污水　hospital sewage

医院、医疗卫生机构中被病原体污染了的水。

2.1.63　一级处理　primary treatment

又称机械处理。采用机械方法对污水进行初级处理。

2.1.64　二级处理　secondary treatment

由机械处理和生物化学或化学处理组成的污水处理过程。

2.1.65　换气次数　time of air change

通风系统单位时间内送风或排风体积与室内空间体积之比。

2.1.66　暴雨强度　rainfall intensity

单位时间内的降雨量。

2.1.67　重现期　recurrence interval

经一定长的雨量观测资料统计分析，等于或大于某暴雨强度的降雨出现一次的平均间隔时间。其单位通常以年表示。

2.1.68　降雨历时　duration of rainfall

降雨过程中的任意连续时段。

2.1.69　地面集水时间　inlet time

雨水从相应汇水面积的最远点地表径流到雨水管渠入口的时间。简称集水时间。

2.1.70　管内流行时间　time of flow

雨水在管渠中流行的时间。简称流行时间。

2.1.71　汇水面积　catchment area

雨水管渠汇集降雨的面积。

2.1.72　重力流雨水排水系统　gravity building drainage system

按重力流设计的屋面雨水排水系统。

2.1.73　满管压力流雨水排水系统　full pressure storm system

按满管压力流原理设计管道内雨水流量、压力等可得到有效控制和平衡的屋面雨水排水系统。

2.1.74　雨水口　gulley，gutter inlet

将地面雨水导入雨水管渠的带格栅的集水口。

2.1.75　雨落水管　downspout，leader

敷设在建筑物外墙，用于排除屋面雨水的排水立管。

2.1.76　悬吊管　hung pipe

悬吊在屋架、楼板和梁下或架空在柱上的雨水横管。

2.1.77　雨水斗　roof drain

将建筑物屋面的雨水导入雨水立管的装置。

2.1.78　径流系数　run-off coefficient

一定汇水面积的径流雨水量与降雨量的比值。

2.1.79　集中热水供应系统　central hot water supply system

供给一幢(不含单幢别墅)或数幢建筑物所需热水的系统。

2.1.79A　全日热水供应系统　all day hot water supply system

在全日、工作班或营业时间内不间断供应热水的系统。

2.1.79B　定时热水供应系统　fixed time hot water supply system

在全日、工作班或营业时间内某一时段供应热水的系统。

2.1.80　局部热水供应系统　local hot water supply system

供给单个或数个配水点所需热水的供应系统。

2.1.81　开式热水供应系统　open hot water system

热水管系与大气相通的热水供应系统。

2.1.82　闭式热水供应系统　closed hot water supply system

热水管系不与大气相通的热水供应系统。

2.1.83　单管热水供应系统　single line hot water system，tempered water system

用一根管道供单一温度,用水点不再调节水温的热水系统。

2.1.83A 热泵热水供应系统 heat pump hot water system

通过热泵机组运行吸收环境低温热能制备和供应热水的系统。

2.1.83B 水源热泵 water-source heat pump

以水或添加防冻剂的水溶液为低温热源的热泵。

2.1.83C 空气源热泵 air-source heat pump

以环境空气为低温热源的热泵。

2.1.84 热源 heat source

用以制取热水的能源。

2.1.85 热媒 heat medium

热传递载体。常为热水、蒸汽、烟气。

2.1.86 废热 waste heat

工业生产过程中排放的带有热量的废弃物质,如废蒸汽、高温废水(液)、高温烟气等。

2.1.86A 太阳能保证率 solar fraction

系统中由太阳能部分提供的热量除以系统总负荷。

2.1.86B 太阳辐照量 solar irradiation

接收到太阳辐射能的面密度。

2.1.86C 燃油(气)热水机组 fuel oil(gas) hot water heaters

由燃烧器、水加热炉体(炉体水套与大气相通,呈常压状态)和燃油(气)供应系统等组成的设备组合体。

2.1.87 设计小时耗热量 design heat consumption of maximum hour

热水供应系统中用水设备、器具最大时段内的小时耗热量。

2.1.87A 设计小时供热量 design heat supply of maximum hour

热水供应系统中加热设备最大时段内的小时产热量。

2.1.88 同程热水供应系统 reversed return hot water system

对应每个配水点的供水与回水管路长度之和基本相等的热水供应系统。

2.1.89 第一循环系统 heat carrier circulation system

集中热水供应系统中,锅炉与水加热器或热水机组与热水贮水器之间组成的热媒循环系统。

2.1.89A 第二循环系统 hot water circulation system

集中热水供应系统中,水加热器或热水贮水器与热水配水点之间组成的热水循环系统。

2.1.90 上行下给式 downfeed system

给水横干管位于配水管网的上部,通过立管向下给水的方式。

2.1.91 下行上给式 upfeed system

给水横干管位于配水管网的下部,通过立管向上给水的方式。

2.1.92 回水管 return pipe

在热水循环管系中仅通过循环流量的管段。

2.1.93 管道直饮水系统 pipe portable water system

原水经深度净化处理,通过管道输送,供人们直接饮用的供水系统。

2.1.94 水质阻垢缓蚀处理 water quality treatment of scale-inhibitor & corrosion-delay

采用电、磁、化学稳定剂等物理、化学方法稳定水中钙、镁离子,使其在一定的条件下不形成水垢,延缓对加热设备或管道的腐蚀的水质处理。

2.2 符 号

2.2.1 流量、流速

q_L——给水用水定额;

q_g——给水流量;

q_o——卫生器具给水或排水额定流量;

q_p——排水流量;

q_w——每人每日计算污水量;

q_n——每人每日计算污泥量;

q_r——热水用水定额;

q_{rjd}——集热器单位采光面积平均每日产热水量;

q_{gz}——单位采光面积集热器对应的工质流量;

q_{rh}——设计小时热水量;

q_h——卫生器具热水的小时用水定额;

q_x——循环流量;

q_{max}——最大流量;

q_{bc}——补充水水量;

q_y——设计雨水流量;

q_j——设计暴雨强度;

q_z——冷却塔蒸发损失水量;

q_b——水泵出流量;

v——管道内的平均水流速度。

2.2.2 水压、水头损失

h_p——循环流量通过配水管网的水头损失;

h_{jx}——集热系统循环管道的沿程与局部阻力损失;

h_j——循环流量流经集热器的阻力损失;

h_e——循环流量经集热水加热器的阻力损失;

h_z——集热器与贮热水箱之间的几何高差;

h_f——附加压力;

h_x——循环流量通过回水管网的水头损失;

H_{xr}——第一循环管的自然压力值;

H_b——水泵扬程;

H_x——循环泵扬程;

I——水力坡度；

i——管道单位长度的水头损失；

P——压力；

R——水力半径。

2.2.3 几何特征

A——水流有效断面积；

A_j——集热器总面积；

A_{jz}——直接加热集热器总面积；

A_{jj}——间接加热集热器总面积；

d_j——管道计算内径；

F_{jr}——加热面积；

F_w——汇水面积；

h、H——高度；

V——容积；

V_q——气压水罐总容积；

V_{q1}——气压水罐水容积；

V_{q2}——气压水罐的调节容积；

V_w——化粪池污水部分容积；

V_n——化粪池污泥部分容积；

V_r——总贮热容积；

V_{rx}——贮热水箱有效容积；

V_p——膨胀水箱的有效容积；

V_e——膨胀罐的容积；

V_s——热水管道系统内的水容量。

2.2.4 计算系数

b——卫生器具同时给水、排水百分数及卫生器具同时使用百分数；

b_f——化粪池使用人数百分数；

b_x——新鲜污泥含水率；

b_n——浓缩后污泥含水率；

C_h——海澄-威廉系数；

C_r——热水供应系数的热损失系数；

f——太阳能保证率；

F_RU_L——集热器热损失系数；

K——传热系数；

K_h——小时变化系数；

M——折减系数；

M_s——污泥发酵后体积缩减系数；

N_n——浓缩倍数；

n——管道粗糙系数；

U——卫生器具给水当量的同时出流概率；

U_o——最大用水时卫生器具给水当量平均出流概率；

α、k——根据建筑物用途而定的系数；

α_a、k_1、k_2——安全系数；

α_b——气压水罐工作压力比；

α_c——对应 U_o 的系数；

β——气压水罐的容积系数；

ε——结垢和热媒分布不均匀影响传热效率的系数；

η_j——集热器年平均集热效率；

η_l——贮水箱和管路的热损失率；

η——有效贮热容积系数；

Ψ——径流系数。

2.2.5 热量、温度、比重和时间

C——水的比热；

J_t——集热器采光面上年平均日太阳辐照量；

Q_g——设计小时供热量；

Q_h——设计小时耗热量；

Q_s——配水管道的热损失；

t——降雨历时；

t_1——地面集流时间；

t_2——管渠内雨水流行时间；

t_n——污泥清掏周期；

t_w——污水在化粪池中停留时间；

t_r——热水温度；

t_l——冷水温度；

t_c——被加热水初温；

t_z——被加热水终温；

Δt_j——计算温度差；

t_{mc}——热媒初温；

t_{mz}——热媒终温；

Δt——温度差；

T——持续时间；

T_o——贮热时间；

T_l——热泵机组设计工作时间；

ρ_l——冷水密度；

ρ_r——热水密度；

ρ_f——加热前加热贮热设备内的水的密度；

ρ_1——贮水器回水的密度；

ρ_2——锅炉或水加热器出水的密度。

2.2.6 其他

m——用水计算单位数；

N_g——管段的卫生器具给水当量总数；

N_P——管段的卫生器具排水当量总数；

n_o——同类型卫生器具数；

n_q——水泵启动次数。

3 给 水

3.1 用水定额和水压

3.1.1 小区给水设计用水量，应根据下列用水量确定：

1 居民生活用水量；

2 公共建筑用水量；

3 绿化用水量；

4 水景、娱乐设施用水量；

5 道路、广场用水量；

6 公用设施用水量；

7 未预见用水量及管网漏失水量；

8 消防用水量。

注：消防用水量仅用于校核管网计算，不计入正常用水量。

3.1.2 居住小区的居民生活用水量，应按小区人口和本规范表3.1.9规定的住宅最高日生活用水定额经计算确定。

3.1.3 居住小区内的公共建筑用水量，应按其使用性质、规模采用本规范表 3.1.10 中的用水定额经计算确定。

3.1.4 绿化浇灌用水定额应根据气候条件、植物种类、土壤理化性状、浇灌方式和管理制度等因素综合确定。当无相关资料时，小区绿化浇灌用水定额可按浇灌面积1.0L/m² · d～3.0L/m² · d计算，干旱地区可酌情增加。公共游泳池、水上游乐池和水景用水量可按本规范第3.9.17、3.9.18、3.11.2条的规定确定。

3.1.5 小区道路、广场的浇洒用水定额可按浇洒面积2.0L/m² · d～3.0L/m² · d计算。

3.1.6 小区消防用水量和水压及火灾延续时间，应按现行国家标准《建筑设计防火规范》GB 50016 及《高层民用建筑设计防火规范》GB 50045 确定。

3.1.7 小区管网漏失水量和未预见水量之和可按最高日用水量的 10％～15％计。

3.1.8 居住小区内的公用设施用水量，应由该设施的管理部门提供用水量计算参数，当无重大公用设施时，不另计用水量。

3.1.9 住宅的最高日生活用水定额及小时变化系数，可根据住宅类别、建筑标准、卫生器具设置标准按表3.1.9确定。

表 3.1.9 住宅最高日生活用水定额及小时变化系数

住宅类别		卫生器具设置标准	用水定额（L/人 · d）	小时变化系数 K_h
普通住宅	I	有大便器、洗涤盆	85～150	3.0～2.5
	II	有大便器、洗脸盆、洗涤盆、洗衣机、热水器和沐浴设备	130～300	2.8～2.3
	III	有大便器、洗脸盆、洗涤盆、洗衣机、集中热水供应（或家用热水机组）和沐浴设备	180～320	2.5～2.0
别墅		有大便器、洗脸盆、洗涤盆、洗衣机、洒水栓，家用热水机组和沐浴设备	200～350	2.3～1.8

注：1 当地主管部门对住宅生活用水定额有具体规定时，应按当地规定执行。

2 别墅用水定额含庭院绿化用水和汽车洗车用水。

3.1.10 宿舍、旅馆等公共建筑的生活用水定额及小时变化系数，根据卫生器具完善程度和区域条件，可按表3.1.10确定。

表 3.1.10 宿舍、旅馆和公共建筑生活用水定额及小时变化系数

序号	建筑物名称	单位	最高日生活用水定额（L）	使用时数（h）	小时变化系数 K_h
1	宿舍 I类、II类 III类、IV类	每人每日 每人每日	150～200 100～150	24 24	3.0～2.5 3.5～3.0
2	招待所、培训中心、普通旅馆 设公用盥洗室 设公用盥洗室、淋浴室 设公用盥洗室、淋浴室、洗衣室 设单卫生间、公用洗衣室	每人每日 每人每日 每人每日 每人每日	50～100 80～130 100～150 120～200	24	3.0～2.5
3	酒店式公寓	每人每日	200～300	24	2.5～2.0
4	宾馆客房 旅客 员工	每床位每日 每人每日	250～400 80～100	24	2.5～2.0
5	医院住院部 设公用盥洗室 设公用盥洗室、淋浴室 设单独卫生间 医务人员 门诊部、诊疗所 疗养院、休养所住房部	每床位每日 每床位每日 每床位每日 每人每班 每病人每次 每床位每日	100～200 150～250 250～400 150～250 10～15 200～300	24 24 24 8 8～12 24	2.5～2.0 2.5～2.0 2.5～2.0 2.0～1.5 1.5～1.2 2.0～1.5
6	养老院、托老所 全托 日托	每人每日 每人每日	100～150 50～80	24 10	2.5～2.0 2.0
7	幼儿园、托儿所 有住宿 无住宿	每儿童每日 每儿童每日	50～100 30～50	24 10	3.0～2.5 2.0
8	公共浴室 淋浴 浴盆、淋浴 桑拿浴（淋浴、按摩池）	每顾客每次 每顾客每次 每顾客每次	100 120～150 150～200	12 12 12	2.0～1.5
9	理发室、美容院	每顾客每次	40～100	12	2.0～1.5
10	洗衣房	每kg干衣	40～80	8	1.5～1.2
11	餐饮业 中餐酒楼 快餐店、职工及学生食堂 酒吧、咖啡馆、茶座、卡拉OK房	每顾客每次 每顾客每次 每顾客每次	40～60 20～25 5～15	10～12 12～16 8～18	1.5～1.2
12	商场 员工及顾客	每m²营业厅面积每日	5～8	12	1.5～1.2
13	图书馆	每人每次	5～10	8～10	1.5～1.2

续表 3.1.10

序号	建筑物名称	单位	最高日生活用水定额(L)	使用时数(h)	小时变化系数 K_h
14	书店	每 m² 营业厅面积每日	3~6	8~12	1.5~1.2
15	办公楼	每人每班	30~50	8~10	1.5~1.2
16	教学、实验楼 中小学校 高等院校	每学生每日 每学生每日	20~40 40~50	8~9 8~9	1.5~1.2 1.5~1.2
17	电影院、剧院	每观众每场	3~5	3	1.5~1.2
18	会展中心(博物馆、展览馆)	每 m² 展厅面积每日	3~6	8~16	1.5~1.2
19	健身中心	每人每次	30~50	8~12	1.5~1.2
20	体育场(馆) 运动员淋浴 观众	每人每次 每人每场	30~40 3	$\frac{4}{3}$ 4	3.0~2.0 1.2
21	会议厅	每座位每次	6~8	4	1.5~1.2
22	航站楼、客运站旅客	每人次	3~6	8~16	1.5~1.2
23	菜市场地面冲洗及保鲜用水	每 m² 每日	10~20	8~10	2.5~2.0
24	停车库地面冲洗水	每 m² 每次	2~3	6~8	1.0

注：1 除养老院、托儿所、幼儿园的用水定额中含食堂用水，其他均不含食堂用水。

2 除注明外，均不含员工生活用水，员工用水定额为每人每班 40L~60L。

3 医疗建筑用水中已含医疗用水。

4 空调用水应另计。

3.1.11 建筑物室内、外消防用水量，供水延续时间，供水水压等，应根据现行国家有关消防规范执行。

3.1.12 工业企业建筑，管理人员的生活用水定额可取 30L/人·班~50L/人·班，车间工人的生活用水定额应根据车间性质确定，宜采用 30L/人·班~50L/人·班；用水时间宜取 8h，小时变化系数宜取 2.5~1.5。

工业企业建筑淋浴用水定额，应根据现行国家标准《工业企业设计卫生标准》GBZ 1 中车间的卫生特征分级确定，可采用 40L/人·次~60L/人·次，延续供水时间宜取 1h。

3.1.13 汽车冲洗用水定额应根据冲洗方式，以及车辆用途、道路路面等级和沾污程度等确定，可按表 3.1.13 计算。

表 3.1.13 汽车冲洗用水定额(L/辆·次)

冲洗方式	高压水枪冲洗	循环用水冲洗补水	抹车、微水冲洗	蒸汽冲洗
轿车	40~60	20~30	10~15	3~5
公共汽车载重汽车	80~120	40~60	15~30	—

注：当汽车冲洗设备用水定额有特殊要求时，其值应按产品要求确定。

3.1.14 卫生器具的给水额定流量、当量、连接管径和最低工作压力应按表 3.1.14 确定。

表 3.1.14 卫生器具的给水额定流量、当量、连接管公称管径和最低工作压力

序号	给水配件名称	额定流量(L/s)	当量	连接管公称管径(mm)	最低工作压力(MPa)
1	洗涤盆、拖布盆、盥洗槽 单阀水嘴 单阀水嘴 混合水嘴	0.15~0.20 0.30~0.40 0.15~0.20(0.14)	0.75~1.00 1.50~2.00 0.75~1.00(0.70)	15 20 15	0.050
2	洗脸盆 单阀水嘴 混合水嘴	0.15 0.15(0.10)	0.75 0.75(0.50)	15 15	0.050
3	洗手盆 感应水嘴 混合水嘴	0.10 0.15(0.10)	0.50 0.75(0.50)	15 15	0.050
4	浴盆 单阀水嘴 混合水嘴(含带淋浴转换器)	0.20 0.24(0.20)	1.00 1.20(1.00)	15 15	0.050~0.070
5	淋浴器 混合阀	0.15(0.10)	0.75(0.50)	15	0.050~0.100
6	大便器 冲洗水箱浮球阀 延时自闭式冲洗阀	0.10 1.20	0.50 6.00	15 25	0.020 0.100~0.150
7	小便器 手动或自动自闭式冲洗阀 自动冲洗水箱进水阀	0.10 0.10	0.50 0.50	15 15	0.050 0.020
8	小便槽穿孔冲洗管(每 m 长)	0.05	0.25	15~20	0.015
9	净身盆冲洗水嘴	0.10(0.07)	0.50(0.35)	15	0.050
10	医院倒便器	0.20	1.00	15	0.050
11	实验室化验水嘴(鹅颈) 单联 双联 三联	0.07 0.15 0.20	0.35 0.75 1.00	15 15 15	0.020 0.020 0.020
12	饮水器喷嘴	0.05	0.25	15	0.050
13	洒水栓	0.40 0.70	2.00 3.50	20 25	0.050~0.100 0.050~0.100

续表 3.1.14

序号	给水配件名称	额定流量 (L/s)	当量	连接管公称管径 (mm)	最低工作压力 (MPa)
14	室内地面冲洗水嘴	0.20	1.00	15	0.050
15	家用洗衣机水嘴	0.20	1.00	15	0.050

注:1 表中括弧内的数值系在有热水供应时,单独计算冷水或热水时使用。

2 当浴盆上附设淋浴器时,或混合水嘴有淋浴器转换开关时,其额定流量和当量只计水嘴,不计淋浴器。但水压应按淋浴器计。

3 家用燃气热水器,所需水压按产品要求和热水供应系统最不利配水点所需工作压力确定。

4 绿地的自动喷灌应按产品要求设计。

5 当卫生器具给水配件所需额定流量和最低工作压力有特殊要求时,其值应按产品要求确定。

3.1.14A 卫生器具和配件应符合国家现行标准《节水型生活用水器具》CJ 164 的有关要求。

3.1.14B 公共场所卫生间的洗手盆宜采用感应式水嘴或自闭式水嘴等限流节水装置。

3.1.14C 公共场所卫生间的小便器宜采用感应式或延时自闭式冲洗阀。

3.2 水质和防水质污染

3.2.1 生活饮用水系统的水质,应符合现行国家标准《生活饮用水卫生标准》GB 5749 的要求。

3.2.2 当采用中水为生活杂用水时,生活杂用水系统的水质应符合现行国家标准《城市污水再生利用 城市杂用水水质》GB/T 18920 的要求。

3.2.3 城镇给水管道严禁与自备水源的供水管道直接连接。

3.2.3A 中水、回用雨水等非生活饮用水管道严禁与生活饮用水管道连接。

3.2.4 生活饮用水不得因管道内产生虹吸、背压回流而受污染。

3.2.4A 卫生器具和用水设备、构筑物等的生活饮用水管配水件出水口应符合下列规定:

1 出水口不得被任何液体或杂质所淹没;

2 出水口高出承接用水容器溢流边缘的最小空气间隙,不得小于出水口直径的 2.5 倍。

3.2.4B 生活饮用水水池(箱)的进水管口的最低点高出溢流边缘的空气间隙应等于进水管管径,但最小不应小于 25mm,最大可不大于 150mm。当进水管从最高水位以上进入水池(箱),管口为淹没出流时应采取真空破坏器等防虹吸回流措施。

注:不存在虹吸回流的低位生活饮用水贮水池,其进水管不受本条限制,但进水管仍宜从最高水面以上进入水池。

3.2.4C 从生活饮用水管网向消防、中水和雨水回用

水等其他用水的贮水池(箱)补水时,其进水管口最低点高出溢流边缘的空气间隙不应小于 150mm。

3.2.5 从生活饮用水管道上直接供下列用水管道时,应在这些用水管道的下列部位设置倒流防止器:

1 从城镇给水管网的不同管段接出两路及两路以上的引入管,且与城镇给水管形成环状管网的小区或建筑物,在其引入管上;

2 从城镇生活给水管网直接抽水的水泵的吸水管上;

3 利用城镇给水管网水压且小区引入管无防回流设施时,向商用的锅炉、热水机组、水加热器、气压水罐等有压容器或密闭容器注水的进水管上。

3.2.5A 从小区或建筑物内生活饮用水管道系统上接至下列用水管道或设备时,应设置倒流防止器:

1 单独接出消防用水管道时,在消防用水管道的起端;

2 从生活饮用水贮水池抽水的消防水泵出水管上。

3.2.5B 生活饮用水管道系统上接至下列含有对健康有危害物质等有害有毒场所或设备时,应设置倒流防止设施:

1 贮存池(罐)、装置、设备的连接管上;

2 化工剂罐区、化工车间、实验楼(医药、病理、生化)等除按本条第 1 款设置外,还应在其引入管上设置空气间隙。

3.2.5C 从小区或建筑物内生活饮用水管道上直接接出下列用水管道时,应在这些用水管道上设置真空破坏器:

1 当游泳池、水上游乐池、按摩池、水景池、循环冷却水集水池等的充水或补水管道出口与溢流水位之间的空气间隙小于出口管径 2.5 倍时,在其充(补)水管上;

2 不含有化学药剂的绿地喷灌系统,当喷头为地下式或自动升降式时,在其管道起端;

3 消防(软管)卷盘;

4 出口接软管的冲洗水嘴与给水管道连接处。

3.2.5D 空气间隙、倒流防止器和真空破坏器的选择,应根据回流性质、回流污染的危害程度按本规范附录 A 确定。

注:在给水管道防回流设施的设置点,不应重复设置。

3.2.6 严禁生活饮用水管道与大便器(槽)、小便斗(槽)采用非专用冲洗阀直接连接冲洗。

3.2.7 生活饮用水管道应避开毒物污染区,当条件限制不能避开时,应采取防护措施。

3.2.8 供单体建筑的生活饮用水池(箱)应与其他用水的水池(箱)分开设置。

3.2.8A 当小区的生活贮水量大于消防贮水量时,小区的生活用水贮水池与消防用贮水池可合并设置,合并贮水池有效容积的贮水设计更新周期不得大

于48h。

3.2.9 埋地式生活饮用水贮水池周围10m以内,不得有化粪池、污水处理构筑物、渗水井、垃圾堆放点等污染源;周围2m以内不得有污水管和污染物。当达不到此要求时,应采取防污染的措施。

3.2.10 建筑物内的生活饮用水水池(箱)体,应采用独立结构形式,不得利用建筑物的本体结构作为水池(箱)的壁板、底板及顶盖。

生活饮用水水池(箱)与其他用水水池(箱)并列设置时,应有各自独立的分隔墙。

3.2.11 建筑物内的生活饮用水水池(箱)宜设在专用房间内,其上层的房间不应有厕所、浴室、盥洗室、厨房、污水处理间等。

3.2.12 生活饮用水水池(箱)的构造和配管,应符合下列规定:

 1 人孔、通气管、溢流管应有防止生物进入水池(箱)的措施;

 2 进水管宜在水池(箱)的溢流水位以上接入;

 3 进出水管布置不得产生水流短路,必要时应设导流装置;

 4 不得接纳消防管道试压水、泄压水等回流水或溢流水;

 5 泄水管和溢流管的排水应符合本规范第4.3.13条的规定;

 6 水池(箱)材质、衬砌材料和内壁涂料,不得影响水质。

3.2.13 当生活饮用水水池(箱)内的贮水48h内不能得到更新时,应设置水消毒处理装置。

3.2.14 在非饮用水管道上接出水嘴或取水短管时,应采取防止误饮误用的措施。

3.3 系 统 选 择

3.3.1 小区的室外给水系统,其水量应满足小区内全部用水的要求,其水压应满足最不利配水点的水压要求。

小区的室外给水系统,应尽量利用城镇给水管网的水压直接供水。当城镇给水管网的水压、水量不足时,应设置贮水调节和加压装置。

3.3.1A 小区给水系统设计应综合利用各种水资源,宜实行分质供水,充分利用再生水、雨水等非传统水源;优先采用循环和重复利用给水系统。

3.3.2 小区的加压给水系统,应根据小区的规模、建筑高度和建筑物的分布等因素确定加压站的数量、规模和水压。

3.3.2A 当采用直接从城镇给水管网吸水的叠压供水时,应符合下列要求:

 1 叠压供水设计方案应经当地供水行政主管部门及供水部门批准认可;

 2 叠压供水的调速泵机组的扬程应按吸水端城镇给水管网允许最低水压确定;泵组出水量应符合本规范第3.8.2条的规定;叠压供水系统在用户正常用水情况下不得断水;

 注:当城镇给水管网用水低谷时段的水压能满足最不利用水点水压要求时,可设置旁通管,由城镇给水管网直接供水。

 3 叠压供水当配置气压给水设备时,应符合本规范第3.8.5条的规定;当配置低位水箱时,其贮水有效容积应按给水管网不允许低压抽水时段的用水量确定,并应采取技术措施保证贮水在水箱中停留时间不得超过12h;

 4 叠压供水设备的技术性能应符合现行国家及行业标准的的要求。

3.3.3 建筑物内的给水系统宜按下列要求确定:

 1 应利用室外给水管网的水压直接供水。当室外给水管网的水压和(或)水量不足时,应根据卫生安全、经济节能的原则选用贮水调节和加压供水方案;

 2 给水系统的竖向分区应根据建筑物用途、层数、使用要求、材料设备性能、维护管理、节约供水、能耗等因素综合确定;

 3 不同使用性质或计费的给水系统,应在引入管后分成各自独立的给水管网。

3.3.4 卫生器具给水配件承受的最大工作压力,不得大于0.6MPa。

3.3.5 高层建筑生活给水系统应竖向分区,竖向分区压力应符合下列要求:

 1 各分区最低卫生器具配水点处的静水压不宜大于0.45MPa;

 2 静水压大于0.35MPa的入户管(或配水横管),宜设减压或调压设施;

 3 各分区最不利配水点的水压,应满足用水水压要求。

3.3.5A 居住建筑入户管给水压力不应大于0.35MPa。

3.3.6 建筑高度不超过100m的建筑的生活给水系统,宜采用垂直分区并联供水或分区减压的供水方式;建筑高度超过100m的建筑,宜采用垂直串联供水方式。

3.4 管材、附件和水表

3.4.1 给水系统采用的管材和管件,应符合国家现行有关产品标准的要求。管材和管件的工作压力不得大于产品标准公称压力或标称的允许工作压力。

3.4.2 小区室外埋地给水管道采用的管材,应具有耐腐蚀和能承受相应地面荷载的能力。可采用塑料给水管、有衬里的铸铁给水管、经可靠防腐处理的钢管。管内壁的防腐材料,应符合现行的国家有关卫生标准的要求。

3.4.3 室内的给水管道,应选用耐腐蚀和安装连接方便可靠的管材,可采用塑料给水管、塑料和金属复合管、铜管、不锈钢管及经可靠防腐处理的钢管。

注:高层建筑给水立管不宜采用塑料管。

3.4.4 给水管道上使用的各类阀门的材质,应耐腐蚀和耐压。根据管径大小和所承受压力的等级及使用温度,可采用全铜、全不锈钢、铁壳铜芯和全塑阀门等。

3.4.5 给水管道的下列部位应设置阀门:

1 小区给水管道从城镇给水管道的引入管段上;

2 小区室外环状管网的节点处,应按分隔要求设置;环状管段过长时,宜设置分段阀门;

3 从小区给水干管上接出的支管起端或接户管起端;

4 入户管、水表前和各分支立管;

5 室内给水管道向住户、公用卫生间等接出的配水管起端;

6 水池(箱)、加压泵房、加热器、减压阀、倒流防止器等处应按安装要求配置。

3.4.6 给水管道上使用的阀门,应根据使用要求按下列原则选型:

1 需调节流量、水压时,宜采用调节阀、截止阀;

2 要求水流阻力小的部位宜采用闸板阀、球阀、半球阀;

3 安装空间小的场所,宜采用蝶阀、球阀;

4 水流需双向流动的管段上,不得使用截止阀;

5 口径较大的水泵,出水管上宜采用多功能阀。

3.4.7 给水管道的下列管段上应设置止回阀:

注:装有倒流防止器的管段,不需再装止回阀。

1 直接从城镇给水管网接入小区或建筑物的引入管上;

2 密闭的水加热器或用水设备的进水管上;

3 每台水泵出水管上;

4 进出水管合用一条管道的水箱、水塔和高地水池的出水管段上。

3.4.8 止回阀的阀型选择,应根据止回阀的安装部位、阀前水压、关闭后的密闭性能要求和关闭时引发的水锤大小等因素确定,并应符合下列要求:

1 阀前水压小的部位,宜选用旋启式、球式和梭式止回阀;

2 关闭后密闭性能要求严密的部位,宜选用有关闭弹簧的止回阀;

3 要求削弱关闭水锤的部位,宜选用速闭消声止回阀或有阻尼装置的缓闭止回阀;

4 止回阀的阀瓣或阀芯,应能在重力或弹簧力作用下自行关闭;

5 管网最小压力或水箱最低水位应能自动开启止回阀。

3.4.8A 倒流防止器设置位置应满足下列要求:

1 不应装在有腐蚀性和污染的环境;

2 排水口不得直接接至排水管,应采用间接

排水;

3 应安装在便于维护的地方,不得安装在可能结冻或被水淹没的场所。

3.4.8B 真空破坏器设置位置应满足下列要求:

1 不应装在有腐蚀性和污染的环境;

2 应直接安装于配水支管的最高点,其位置高出最高用水点或最高溢流水位的垂直高度,压力型不得小于 300mm,大气型不得小于 150mm;

3 真空破坏器的进气口应向下。

3.4.9 给水管网的压力高于配水点允许的最高使用压力时,应设置减压阀,减压阀的配置应符合下列要求:

1 比例式减压阀的减压比不宜大于 3∶1;当采用减压比大于 3∶1 时,应避开气蚀区。可调式减压阀的阀前与阀后的最大压差不宜大于 0.4MPa,要求环境安静的场所不应大于 0.3MPa;当最大压差超过规定值时,宜串联设置;

2 阀后配水件处的最大压力应按减压阀失效情况下进行校核,其压力不应大于配水件的产品标准规定的水压试验压力;

注:1 当减压阀串联使用时,按其中一个失效情况下,计算阀后最高压力。

2 配水件的试验压力应按其工作压力的 1.5 倍计。

3 减压阀前的水压宜保持稳定,阀前的管道不宜兼作配水管;

4 当阀后压力允许波动时,宜采用比例式减压阀;当阀后压力要求稳定时,宜采用可调式减压阀;

5 当在供水保证率要求高、停水会引起重大经济损失的给水管道上设置减压阀时,宜采用两个减压阀,并联设置,不得设置旁通管。

3.4.10 减压阀的设置应符合下列要求:

1 减压阀的公称直径宜与管道管径相一致;

2 减压阀前应设阀门和过滤器;需拆卸阀体才能检修的减压阀后,应设管道伸缩器;检修时阀后水会倒流时,阀后应设阀门;

3 减压阀节点处的前后应装设压力表;

4 比例式减压阀宜垂直安装,可调式减压阀宜水平安装;

5 设置减压阀的部位,应便于管道过滤器的排污和减压阀的检修,地面宜有排水设施。

3.4.11 当给水管网存在短时超压工况,且短时超压会引起使用不安全时,应设置泄压阀。泄压阀的设置应符合下列要求:

1 泄压阀前应设置阀门;

2 泄压阀的泄水口应连接管道,泄压水宜排入非生活用水水池,当直接排放时,可排入集水井或排水沟。

3.4.12 安全阀阀前不得设置阀门,泄压口应连接管道将泄压水(气)引至安全地点排放。

3.4.13 给水管道的下列部位应设置排气装置：

　　1 间歇性使用的给水管网,其管网末端和最高点应设置自动排气阀;

　　2 给水管网有明显起伏积聚空气的管段,宜在该段的峰点设自动排气阀或手动阀门排气;

　　3 气压给水装置,当采用自动补气式气压水罐时,其配水管网的最高点应设自动排气阀。

3.4.14 给水系统的调节水池(箱),除进水能自动控制切断进水外,其进水管上应设自动水位控制阀,水位控制阀的公称直径应与进水管径一致。

3.4.15 给水管道的下列部位应设置管道过滤器：

　　1 减压阀、泄压阀、自动水位控制阀,温度调节阀等阀件前应设置;

　　2 水加热器的进水管上,换热装置的循环冷却水进水管上宜设置;

　　3 水泵吸水管上宜设置;

　　4 (此款删除)。

　　注:过滤器的滤网应采用耐腐蚀材料,滤网网孔尺寸应按使用要求确定。

3.4.16 建筑物的引入管,住宅的入户管及公用建筑物内需计量水量的水管上均应设置水表。

3.4.17 住宅的分户水表宜相对集中读数,且宜设置于户外;对设在户内的水表,宜采用远传水表或 IC 卡水表等智能化水表。

3.4.18 水表口径的确定应符合以下规定：

　　1 (此款删除);

　　2 用水量均匀的生活给水系统的水表应以给水设计流量选定水表的常用流量;

　　3 用水量不均匀的生活给水系统的水表应以给水设计流量选定水表的过载流量;

　　4 在消防时除生活用水外尚需通过消防流量的水表,应以生活用水的设计流量叠加消防流量进行校核,校核流量不应大于水表的过载流量。

3.4.19 水表应装设在观察方便,不冻结,不被任何液体及杂质所淹没和不易受损处。

　　注:各种有累计水量功能的流量计,均可替代水表。

3.4.20 给水加压系统,应根据水泵扬程、管道走向、环境噪音要求等因素,设置水锤消除装置。

3.4.21 隔音防噪要求严格的场所,给水管道的支架应采用隔振支架;配水管起端宜设置水锤吸纳装置;配水支管与卫生器具配水件的连接宜采用软管连接。

3.5　管道布置和敷设

3.5.1 小区的室外给水管网,宜布置成环状网,或与城镇给水管连接成环状网。环状给水管网与城镇给水管的连接管不宜少于两条。

3.5.2 小区的室外给水管道应沿区内道路敷设,宜平行于建筑物敷设在人行道、慢车道或草地下;管道外壁距建筑物外墙的净距不宜小于1m,且不得影响建筑物的基础。

　　小区的室外给水管道与其他地下管线及乔木之间的最小净距,应符合本规范附录B的规定。

3.5.2A 室外给水管道与污水管道交叉时,给水管道应敷设在上面,且接口不应重叠;当给水管道敷设在下面时,应设置钢套管,钢套管的两端应采用防水材料封闭。

3.5.3 室外给水管道的覆土深度,应根据土壤冰冻深度、车辆荷载、管道材质及管道交叉等因素确定。管顶最小覆土深度不得小于土壤冰冻线以下 0.15m,行车道下的管线覆土深度不宜小于0.70m。

3.5.4 室外给水管道上的阀门,宜设置阀门井或阀门套筒。

3.5.5 敷设在室外综合管廊(沟)内的给水管道,宜在热水、热力管道下方,冷冻管和排水管的上方。给水管道与各种管道之间的净距,应满足安装操作的需要,且不宜小于 0.3m。

　　室内冷、热水管上、下平行敷设时,冷水管应在热水管下方。卫生器具的冷水连接管,应在热水连接管的右侧。

　　生活给水管道不宜与输送易燃、可燃或有害的液体或气体的管道同管廊(沟)敷设。

3.5.6 室内生活给水管道宜布置成枝状管网,单向供水。

3.5.7 室内给水管道不应穿越变配电房、电梯机房、通信机房、大中型计算机房、计算机网络中心、音像库房等遇水会损坏设备和引发事故的房间,并应避免在生产设备,配电柜上方通过。

　　室内给水管道的布置,不得妨碍生产操作、交通运输和建筑物的使用。

3.5.8 室内给水管道不得布置在遇水会引起燃烧、爆炸的原料、产品和设备的上面。

3.5.9 埋地敷设的给水管道应避免布置在可能受重物压坏处。管道不得穿越生产设备基础,在特殊情况下必须穿越时,应采取有效的保护措施。

3.5.10 给水管道不得敷设在烟道、风道、电梯井内、排水沟内。给水管道不宜穿越橱窗、壁柜。给水管道不得穿过大便槽和小便槽,且立管离大、小便槽端部不得小于 0.5m。

3.5.11 给水管道不宜穿越伸缩缝、沉降缝、变形缝。如必须穿越时,应设置补偿管道伸缩和剪切变形的装置。

3.5.12 塑料给水管道在室内宜暗设。明设时立管应布置在不易受撞击处,如不能避免时,应在管外加保护措施。

3.5.13 塑料给水管道不得布置在灶台上边缘;明设的塑料给水立管距灶台边缘不得小于 0.4m,距燃气热水器边缘不宜小于 0.2m。达不到此要求时,应有保护措施。

塑料给水管道不得与水加热器或热水炉直接连接,应有不小于 0.4m 的金属管段过渡。

3.5.14 室内给水管道上的各种阀门,宜装设在便于检修和便于操作的位置。

3.5.15 建筑物内埋地敷设的生活给水管与排水管之间的最小净距,平行埋设时不宜小于 0.50m;交叉埋设时不应小于 0.15m,且给水管应在排水管的上面。

3.5.16 给水管道的伸缩补偿装置,应按直线长度、管材的线胀系数、环境温度和管内水温的变化、管道节点的允许位移量等因素经计算确定。应利用管道自身的折角补偿温度变形。

3.5.17 当给水管道结露会影响环境,引起装饰、物品等受损害时,给水管道应做防结露保冷层,防结露保冷层的计算和构造,可按现行国家标准《设备及管道保冷技术通则》GB/T 11790 执行。

3.5.18 给水管道暗设时,应符合下列要求:

    1 不得直接敷设在建筑物结构层内;

    2 干管和立管应敷设在吊顶、管井、管窿内,支管宜敷设在楼(地)面的垫层内或沿墙敷设在管槽内;

    3 敷设在垫层或墙体管槽内的给水支管的外径不宜大于 25mm;

    4 敷设在垫层或墙体管槽内的给水管管材宜采用塑料、金属与塑料复合管材或耐腐蚀的金属管材;

    5 敷设在垫层或墙体管槽内的管材,不得有卡套式或卡环式接口,柔性管材宜采用分水器向各卫生器具配水,中途不得有连接配件,两端接口应明露。

3.5.19 管道井的尺寸,应根据管道数量、管径大小、排列方式、维修条件,结合建筑平面和结构形式等合理确定。需进人维修管道的管井,其维修人员的工作通道净宽度不宜小于 0.6m。管道井应每层设外开检修门。

    管道井的井壁和检修门的耐火极限和管道井的竖向防火隔断应符合消防规范的规定。

3.5.20 给水管道应避免穿越人防地下室,必须穿越时应按现行国家标准《人民防空地下室设计规范》GB 50038 的要求设置防护阀门等措施。

3.5.21 需要泄空的给水管道,其横管宜有 0.002~0.005 的坡度坡向泄水装置。

3.5.22 给水管道穿越下列部位或接管时,应设置防水套管:

    1 穿越地下室或地下构筑物的外墙处;

    2 穿越屋面处;

    注:有可靠的防水措施时,可不设套管。

    3 穿越钢筋混凝土水池(箱)的壁板或底板连接管道时。

3.5.23 明设的给水立管穿越楼板时,应采取防水措施。

3.5.24 在室外明设的给水管道,应避免受阳光直接照射,塑料给水管还应有有效保护措施;在结冻地区应

做保温层,保温层的外壳应密封防渗。

3.5.25 敷设在有可能结冻的房间、地下室及管井、管沟等处的给水管道应有防冻措施。

3.6 设计流量和管道水力计算

3.6.1 居住小区的室外给水管道的设计流量应根据管段服务人数、用水定额及卫生器具设置标准等因素确定,并应符合下列规定:

    1 服务人数小于等于表 3.6.1 中数值的室外给水管段,其住宅应按本规范第 3.6.3、3.6.4 条计算管段流量;居住小区内配套的文体、餐饮娱乐、商铺及市场等设施应按本规范第 3.6.5 条、第 3.6.6 条的规定计算节点流量;

    2 服务人数大于表 3.6.1 中数值的给水干管,住宅应按本规范第 3.1.9 条的规定计算最大时用水量为管段流量;居住小区内配套的文体、餐饮娱乐、商铺及市场等设施的生活给水设计流量,应按本规范第 3.1.10 条计算最大时用水量为节点流量;

表 3.6.1 居住小区室外给水管道设计流量计算人数

每户 N_g $q_L K_h$	3	4	5	6	7	8	9	10
350	10200	9600	8900	8200	7600	—	—	—
400	9100	8700	8100	7600	7100	6650	—	—
450	8200	7900	7500	7100	6650	6250	5900	—
500	7400	7200	6900	6600	6250	5900	5600	5350
550	6700	6700	6400	6200	5900	5600	5350	5100
600	6100	6100	6000	5800	5550	5300	5050	4850
650	5600	5700	5600	5400	5250	5000	4800	4650
700	5200	5300	5200	5100	4950	4800	4600	4450

    注:1 当居住小区内含多种住宅类别及户内 N_g 不同时,可采用加权平均法计算。

    2 表内数据可用内插法。

    3 居住小区内配套的文教、医疗保健、社区管理等设施,以及绿化和景观用水、道路及广场洒水、公共设施用水等,均以平均时用水量计算节点流量。

    注:凡不属于小区配套的公共建筑均应另计。

3.6.1A 小区室外直供给水管道应按本规范第 3.6.1 条、第 3.6.5 条、第 3.6.6 条计算管段流量;当建筑设有水箱(池)时,应以建筑引入管设计流量作为室外计算给水管段节点流量。

3.6.1B 小区的给水引入管的设计流量,应符合下列

要求：

1 小区给水引入管的设计流量应按本规范第3.6.1条、第3.6.1A条的规定计算，并应考虑未预计水量和管网漏失量；

2 不少于两条引入管的小区室外环状给水管网，当其中一条发生故障时，其余的引入管应能保证不小于70%的流量；

3 当小区室外给水管网为支状布置时，小区引入管的管径不应小于室外给水干管的管径；

4 小区环状管道宜管径相同。

3.6.2 居住小区的室外生活、消防合用给水管道，应按本规范第3.6.1条规定计算设计流量（淋浴用水量可按15%计算，绿化、道路及广场浇洒用水可不计算在内），再叠加区内一次火灾的最大消防流量（有消防贮水和专用消防管道供水的部分应扣除），并应对管道进行水力计算校核，管道末梢的室外消火栓从地面算起的水压，不得低于0.1MPa。

设有室外消火栓的室外给水管道，管径不得小于100mm。

3.6.3 建筑物的给水引入管的设计流量，应符合下列要求：

1 当建筑物内的生活用水全部由室外管网直接供水时，应取建筑物内的生活用水设计秒流量；

2 当建筑物内的生活用水全部自行加压供给时，引入管的设计流量应为贮水调节池的设计补水量；设计补水量不宜大于建筑物最高日最大时用水量，且不得小于建筑物最高日平均时用水量；

3 当建筑物内的生活用水既有室外管网直接供水，又有自行加压供水时，应按本条第1、2款计算设计流量后，将两者叠加作为引入管的设计流量。

3.6.4 住宅建筑的生活给水管道的设计秒流量，应按下列步骤和方法计算：

1 根据住宅配置的卫生器具给水当量、使用人数、用水定额、使用时数及小时变化系数，可按式(3.6.4-1)计算出最大用水时卫生器具给水当量平均出流概率：

$$U_o = \frac{100 q_L m K_h}{0.2 \cdot N_g \cdot T \cdot 3600} (\%) \qquad (3.6.4\text{-}1)$$

式中：U_o——生活给水管道的最大用水时卫生器具给水当量平均出流概率（%）；

q_L——最高用水日的用水定额，按本规范表3.1.9取用；

m——每户用水人数；

K_h——小时变化系数，按本规范表3.1.9取用；

N_g——每户设置的卫生器具给水当量数；

0.2——一个卫生器具给水当量的额定流量(L/s)。

2 根据计算管段上的卫生器具给水当量总数，可按式(3.6.4-2)计算得出该管段的卫生器具给水当量的同时出流概率：

$$U = 100 \frac{1 + \alpha_c (N_g - 1)^{0.49}}{\sqrt{N_g}} (\%) \qquad (3.6.4\text{-}2)$$

式中：U——计算管段的卫生器具给水当量同时出流概率（%）；

α_c——对应于不同U_o的系数，查本规范附录C中表C；

N_g——计算管段的卫生器具给水当量总数。

3 根据计算管段上的卫生器具给水当量同时出流概率，可按式(3.6.4-3)计算该管段的设计秒流量：

$$q_g = 0.2 \cdot U \cdot N_g \qquad (3.6.4\text{-}3)$$

式中：q_g——计算管段的设计秒流量(L/s)。

注：1 为了计算快速、方便，在计算出U_o后，即可根据计算管段的N_g值从附录E的计算表中直接查得给水设计秒流量q_g，该表可用内插法。

2 当计算管段的卫生器具给水当量总数超过表E中的最大值时，其设计流量应取最大时用水量。

4 给水干管有两条或两条以上具有不同最大用水时卫生器具给水当量平均出流概率的给水支管时，该管段的最大用水时卫生器具给水当量平均出流概率应按式(3.6.4.-4)计算：

$$\bar{U}_o = \frac{\sum U_{oi} N_{gi}}{\sum N_{gi}} \qquad (3.6.4\text{-}4)$$

式中：$\bar{U}_o$——给水干管的卫生器具给水当量平均出流概率；

U_{oi}——支管的最大用水时卫生器具给水当量平均出流概率；

N_{gi}——相应支管的卫生器具给水当量总数。

3.6.5 宿舍（Ⅰ、Ⅱ类）、旅馆、宾馆、酒店式公寓、医院、疗养院、幼儿园、养老院、办公楼、商场、图书馆、书店、客运站、航站楼、会展中心、中小学教学楼、公共厕所等建筑的生活给水设计秒流量，应按下式计算：

$$q_g = 0.2 \alpha \sqrt{N_g} \qquad (3.6.5)$$

式中：q_g——计算管段的给水设计秒流量(L/s)；

N_g——计算管段的卫生器具给水当量总数；

α——根据建筑物用途而定的系数，应按表3.6.5采用。

注：1 如计算值小于该管段上一个最大卫生器具给水额定流量时，应采用一个最大的卫生器具给水额定流量作为设计秒流量；

2 如计算值大于该管段上按卫生器具给水额定流量累加所得流量值时，应按卫生器具给水额定流量累加所得流量值采用；

3 有大便器延时自闭冲洗阀的给水管段，大便器延时自闭冲洗阀的给水当量以0.5计，计算得到的q_g附加1.20L/s的流量后，为该管段的给水设计秒流量；

4 综合楼建筑的α值应按加权平均法计算。

表 3.6.5 　根据建筑物用途而定的系数值(α 值)

建筑物名称	α 值
幼儿园、托儿所、养老院	1.2
门诊部、诊疗所	1.4
办公楼、商场	1.5
图书馆	1.6
书店	1.7
学校	1.8
医院、疗养院、休养所	2.0
酒店式公寓	2.2
宿舍（Ⅰ、Ⅱ类）、旅馆、招待所、宾馆	2.5
客运站、航站楼、会展中心、公共厕所	3.0

3.6.6 宿舍（Ⅲ、Ⅳ类）、工业企业的生活间、公共浴室、职工食堂或营业餐馆的厨房、体育场馆、剧院、普通理化实验室等建筑的生活给水管道的设计秒流量，应按下式计算：

$$q_g = \sum q_o n_o b \qquad (3.6.6)$$

式中：q_g——计算管段的给水设计秒流量（L/s）；

　　q_o——同类型的一个卫生器具给水额定流量（L/s）；

　　n_o——同类型卫生器具数；

　　b——同类型卫生器具的同时给水百分数，按本规范表3.6.6-1～表3.6.6-3采用。

注：1　如计算值小于该管段上一个最大卫生器具给水额定流量时，应采用一个最大的卫生器具给水额定流量作为设计秒流量；

　　2　大便器自闭式冲洗阀应单列计算，当单列计算值小于 1.2L/s 时，以 1.2L/s 计；大于 1.2L/s 时，以计算值计。

表 3.6.6-1　宿舍（Ⅲ、Ⅳ类）、工业企业生活间、公共浴室、影剧院、体育场馆等卫生器具同时给水百分数（%）

卫生器具名称	宿舍（Ⅲ、Ⅳ类）	工业企业生活间	公共浴室	影剧院	体育场馆
洗涤盆(池)	—	33	15	15	15
洗手盆	—	50	50	50	70(50)
洗脸盆、盥洗槽水嘴	5~100	60~100	60~100	50	80
浴盆	—	—	50	—	—
无间隔淋浴器	20~100	100	100	—	100
有间隔淋浴器	5~80	80	60~80	(60~80)	(60~100)
大便器冲洗水箱	5~70	30	20	50(20)	70(20)
大便槽自动冲洗水箱	100	100	—	100	100
大便器自闭式冲洗阀	1~2	2	2	10(2)	5(2)
小便器自闭式冲洗阀	2~10	10	10	50(10)	70(10)
小便器(槽)自动冲洗水箱	—	100	100	100	100
净身盆	—	33	—	—	—
饮水器	—	30~60	30	30	30
小卖部洗涤盆	—	—	50	50	50

注：1　表中括号内的数值系电影院、剧院的化妆间，体育场馆的运动员休息室使用；

　　2　健身中心的卫生间，可采用本表体育场馆运动员休息室的同时给水百分数。

表 3.6.6-2　职工食堂、营业餐馆厨房设备同时给水百分数（%）

厨房设备名称	同时给水百分数
洗涤盆(池)	70
煮锅	60
生产性洗涤机	40
器皿洗涤机	90
开水器	50
蒸汽发生器	100
灶台水嘴	30

注：职工或学生饭堂的洗碗台水嘴，按 100% 同时给水，但不与厨房用水叠加。

表 3.6.6-3　实验室化验水嘴同时给水百分数（%）

化验水嘴名称	同时给水百分数	
	科研教学实验室	生产实验室
单联化验水嘴	20	30
双联或三联化验水嘴	30	50

3.6.7 建筑物内生活用水最大小时用水量，应按本规范表 3.1.9 和表 3.1.10 的规定计算确定。

3.6.8 住宅的入户管，公称直径不宜小于 20mm。

3.6.9 生活给水管道的水流速度，宜按表 3.6.9 采用。

表 3.6.9　生活给水管道的水流速度

公称直径(mm)	15~20	25~40	50~70	≥80
水流速度(m/s)	≤1.0	≤1.2	≤1.5	≤1.8

3.6.10 给水管道的沿程水头损失可按下式计算：

$$i = 105 C_h^{-1.85} d_j^{-4.87} q_g^{1.85} \qquad (3.6.10)$$

式中：i——管道单位长度水头损失（kPa/m）；

　　d_j——管道计算内径（m）；

　　q_g——给水设计流量（m³/s）；

　　C_h——海澄—威廉系数。

　　各种塑料管、内衬(涂)塑管 $C_h=140$；

　　铜管、不锈钢管 $C_h=130$；

　　内衬水泥、树脂的铸铁管 $C_h=130$；

　　普通钢管、铸铁管 $C_h=100$。

3.6.11 生活给水管道的配水管的局部水头损失，宜按管道的连接方式，采用管(配)件当量长度法计算。当管道的管(配)件当量长度资料不足时，可按下列管件的连接状况，按管网的沿程水头损失的百分数取值：

　　1 管(配)件内径与管道内径一致，采用三通分水时，取 25%～30%；采用分水器分水时，取 15%

~20%;

2 管(配)件内径略大于管道内径,采用三通分水时,取 50%～60%;采用分水器分水时,取 30%～35%;

3 管(配)件内径略小于管道内径,管(配)件的插口插入管口内连接,采用三通分水时,取 70%～80%;采用分水器分水时,取 35%～40%。

注:阀门和螺纹管件的摩阻损失可按附录D确定。

3.6.12 水表的水头损失,应按选用产品所给定的压力损失值计算。在未确定具体产品时,可按下列情况取用:

1 住宅入户管上的水表,宜取 0.01MPa;

2 建筑物或小区引入管上的水表,在生活用水工况时,宜取 0.03MPa;在校核消防工况时,宜取 0.05MPa。

3.6.13 比例式减压阀的水头损失,阀后动水压宜按阀后静水压的 80%～90%采用。

3.6.14 管道过滤器的局部水头损失,宜取 0.01MPa。

3.6.15 倒流防止器、真空破坏器的局部水头损失,应按相应产品测试参数确定。

3.7 水塔、水箱、贮水池

3.7.1 小区采用水塔作为生活用水的调节构筑物时,应符合下列规定:

1 水塔的有效容积应经计算确定;

2 有冻结危险的水塔应有保温防冻措施。

3.7.2 小区生活贮水池设计应符合下列规定:

1 小区生活贮水池的有效容积应根据生活用水调节量和安全贮水量等确定,并应符合下列规定:

1)生活用水调节量应按流入量和供出量的变化曲线经计算确定,资料不足时可按小区最高日生活用水量的 15%～20%确定;

2)安全贮水量应根据城镇供水制度、供水可靠程度及小区对供水的保证要求确定;

3)当生活用水贮水池贮存消防用水时,消防贮水量应按国家现行的有关消防规范执行。

2 贮水池宜分成容积基本相等的两格。

3.7.3 建筑物内的生活用水低位贮水池(箱)应符合下列规定:

1 贮水池(箱)的有效容积应按进水量与用水量变化曲线经计算确定;当资料不足时,宜按建筑物最高日用水量的 20%～25%确定;

2 池(箱)外壁与建筑本体结构墙面或其他池壁之间的净距,应满足施工或装配的要求,无管道的侧面,净距不宜小于0.7m;安装有管道的侧面,净距不宜小于 1.0m,且管道外壁与建筑本体墙面之间的通道宽度不宜小于 0.6m;设有人孔的池顶,顶板面与上面建筑本体板底的净空不应小于 0.8m;

3 贮水池(箱)不宜毗邻电气用房和居住用房或在其下方;

4 贮水池内宜设有水泵吸水坑,吸水坑的大小和深度,应满足水泵或水泵吸水管的安装要求。

3.7.4 无调节要求的加压给水系统,可设置吸水井,吸水井的有效容积不应小于水泵 3min 的设计流量。吸水井的其他要求应符合本规范第 3.7.3 条的规定。

3.7.5 生活用水高位水箱应符合下列规定:

1 由城镇给水管网夜间直接进水的高位水箱的生活用水调节容积,宜按用水人数和最高日用水定额确定;由水泵联动提升进水的水箱的生活用水调节容积,不宜小于最大用水时水量的 50%;

2 高位水箱箱壁与水箱间墙面及箱顶与水箱间顶面的净距应符合本规范第 3.7.3 条第 2 款的规定,箱底与水箱间地面板的净距,当有管道敷设时不宜小于 0.8m;

3 水箱的设置高度(以底板面计)应满足最高层用户的用水水压要求,当达不到要求时,宜采取管道增压措施。

3.7.6 建筑物贮水池(箱)应设置在通风良好、不结冻的房间内。

3.7.7 水塔、水池、水箱等构筑物应设进水管、出水管、溢流管、泄水管和信号装置,并应符合下列要求:

1 水池(箱)设置和管道布置应符合本规范第 3.2.9～3.2.13条有关防止水质污染的规定;

2 进、出水管宜分别设置,并应采取防止短路的措施;

3 当利用城镇给水管网压力直接进水时,应设置自动水位控制阀,控制阀直径应与进水管管径相同,当采用直接作用式浮球阀时不宜少于两个,且进水管标高应一致;

4 当水箱采用水泵加压进水时,应设置水箱水位自动控制水泵开、停的装置。当一组水泵供给多个水箱进水时,在进水管上宜装设电讯号控制阀,由水位监控设备实现自动控制;

5 溢流管宜采用水平喇叭口集水。喇叭口下的垂直管段不宜小于 4 倍溢流管管径。溢流管的管径,应按能排泄水塔(池、箱)的最大入流量确定,并宜比进水管管径大一级;

6 泄水管的管径,应按水池(箱)泄空时间和泄水受体排泄能力确定。当水池(箱)中的水不能以重力自流泄空时,应设置移动或固定的提升装置;

7 水塔、水池应设水位监视和溢流报警装置,水箱宜设置水位监视和溢流报警装置。信息应传至监控中心。

3.7.8 生活用水中途转输水箱的转输调节容积宜取转输水泵 5min～10min 的流量。

3.8 增压设备、泵房

3.8.1 选择生活给水系统的加压水泵,应遵守下列

规定:

1 水泵的 Q~H 特性曲线,应是随流量的增大,扬程逐渐下降的曲线;

注:对 Q~H 特性曲线存在有上升段的水泵,应分析在运行工况中不会出现不稳定工作时方可采用。

2 应根据管网水力计算进行选泵,水泵应在其高效区内运行;

3 生活加压给水系统的水泵机组应设备用泵,备用泵的供水能力不应小于最大一台运行水泵的供水能力。水泵宜自动切换交替运行。

3.8.2 小区的给水加压泵站,当给水管网无调节设施时,宜采用调速泵组或额定转速泵编组运行供水。泵组的最大出水量不应小于小区生活给水设计流量,生活与消防合用给水管道系统还应按本规范第 3.6.2 条以消防工况校核。

3.8.3 建筑物内采用高位水箱调节的生活给水系统时,水泵的最大出水量不应小于最大小时用水量。

3.8.4 生活给水系统采用调速泵组供水时,应按系统最大设计流量选泵,调速泵在额定转速时的工作点,应位于水泵高效区的末端。

3.8.4A 变频调速泵组电源应可靠,并宜采用双电源或双回路供电方式。

3.8.5 生活给水系统采用气压给水设备供水时,应符合下列规定:

1 气压水罐内的最低工作压力,应满足管网最不利处的配水点所需水压;

2 气压水罐内的最高工作压力,不得使管网最大水压处配水点的水压大于 0.55MPa;

3 水泵(或泵组)的流量(以气压水罐内的平均压力计,其对应的水泵扬程的流量),不应小于给水系统最大小时用水量的 1.2 倍;

4 气压水罐的调节容积应按下式计算:

$$V_{q2} = \frac{\alpha_a q_b}{4 n_q} \qquad (3.8.5\text{-}1)$$

式中:V_{q2}——气压水罐的调节容积(m^3);

　　q_b——水泵(或泵组)的出流量(m^3/h);

　　α_a——安全系数,宜取 1.0~1.3;

　　n_q——水泵在 1h 内的启动次数,宜采用 6 次~8 次。

5 气压水罐的总容积应按下式计算:

$$V_q = \frac{\beta V_{q1}}{1 - \alpha_b} \qquad (3.8.5\text{-}2)$$

式中:V_q——气压水罐总容积(m^3);

　　V_{q1}——气压水罐的水容积(m^3),应大于或等于调节容积;

　　α_b——气压水罐内的工作压力比(以绝对压力计),宜采用 0.65~0.85;

　　β——气压水罐的容积系数,隔膜式气压水罐取 1.05。

3.8.6 水泵宜自灌吸水,卧式离心泵的泵顶放气孔、立式多级离心泵吸水端第一级(段)泵体可置于最低设计水位标高以下,每台水泵宜设置单独从水池吸水的吸水管。吸水管内的流速宜采用 1.0m/s~1.2m/s;吸水管口应设置喇叭口。喇叭口宜向下,低于水池最低水位不宜小于 0.3m,当达不到此要求时,应采取防止空气被吸入的措施。

吸水管喇叭口至池底的净距,不应小于 0.8 倍吸水管管径,且不应小于 0.1m;吸水管喇叭口边缘与池壁的净距不宜小于 1.5 倍吸水管管径;吸水管与吸水管之间的净距,不宜小于 3.5 倍吸水管管径(管径以相邻两者的平均值计)。

注:当水池水位不能满足水泵自灌启动水位时,应有防止水泵空载启动的保护措施。

3.8.7 当每台水泵单独从水池吸水有困难时,可采用单独从吸水总管上自灌吸水,吸水总管应符合下列规定:

1 吸水总管伸入水池的引水管不宜少于 2 条,当一条引水管发生故障时,其余引水管应能通过全部设计流量。每条引水管上应设闸门;

注:水池有独立的两个及以上的分格,每格有一条引水管,可视为有两条以上引水管。

2 引水管宜设向下的喇叭口,喇叭口的设置应符合本规范第 3.8.6 条中吸水管喇叭口的相应规定,但喇叭口低于水池最低水位的距离不宜小于 0.3m;

3 吸水总管内的流速应小于 1.2m/s;

4 水泵吸水管与吸水总管的连接,应采用管顶平接,或高出管顶连接。

3.8.8 自吸式水泵每台应设置独立从水池吸水的吸水管。水泵以水池最低水位计算的允许安装高度,应根据当地的大气压力、最高水温时的饱和蒸汽压、水泵的汽蚀余量、水池最低水位和吸水管路的水头损失,经计算确定,并应有安全余量。安全余量应不小于 0.3m。

3.8.9 每台水泵的出水管上,应装设压力表、止回阀和阀门(符合多功能阀安装条件的出水管,可用多功能阀取代止回阀和阀门),必要时应设置水锤消除装置。自灌式吸水的水泵吸水管上应装设阀门,并宜装设管道过滤器。

3.8.10 小区独立设置的水泵房,宜靠近用水大户。水泵机组的运行噪声应符合现行国家标准《城市区域环境噪声标准》GB 3096 的要求。

3.8.11 民用建筑物内设置的生活给水泵房不应毗邻居住用房或在其上层或下层,水泵机组宜设在水池的侧面、下方,单台泵可设于水池内或管道内,其运行噪声应符合现行国家标准《民用建筑隔声设计规范》GB 10070 的规定。

3.8.12 建筑物内的给水泵房,应采用下列减振防噪措施:

1 应选用低噪声水泵机组；

2 吸水管和出水管上应设置减振装置；

3 水泵机组的基础应设置减振装置；

4 管道支架、吊架和管道穿墙、楼板处，应采取防止固体传声措施；

5 必要时，泵房的墙壁和天花应采取隔音吸音处理。

3.8.13 设置水泵的房间，应设排水设施；通风应良好，不得结冻。

3.8.14 水泵机组的布置，应符合表3.8.14规定。

表3.8.14 水泵机组外轮廓面与墙和相邻机组间的间距

电动机额定功率（kW）	水泵机组外廓面与墙面之间最小间距(m)	相邻水泵机组外轮廓面之间最小距离(m)
≤22	0.8	0.4
≥22～＜55	1.0	0.8
≥55～≤160	1.2	1.2

注：1 水泵侧面有管道时，外轮廓面计至管道外壁面。

　　2 水泵机组是指水泵与电动机的联合体，或已安装在金属座架上的多台水泵组合体。

3.8.15 水泵基础高出地面的高度应便于水泵安装，不应小于0.10m；泵房内管道管外底距地面或管沟底面的距离，当管径小于等于150mm时，不应小于0.20m；当管径大于等于200mm时，不应小于0.25m。

3.8.16 泵房内宜有检修水泵的场地，检修场地尺寸宜按水泵或电机外形尺寸四周有不小于0.7m的通道确定。泵房内配电柜和控制柜前面通道宽度不宜小于1.5m。泵房内宜设置手动起重设备。

3.9 游泳池与水上游乐池

3.9.1 （此条删除）

3.9.2 游泳池和水上游乐池的池水水质应符合我国现行标准的《游泳池水质标准》CJ 244 的要求。

3.9.2A 世界级比赛用和有特殊要求的游泳池的池水水质标准，除应满足本规范第3.9.2条的要求外，还应符合国际游泳协会（FINA）的相关要求。

3.9.3 游泳池和水上游乐池的初次充水和使用过程中的补充水水质，应符合现行国家标准《生活饮用水卫生标准》GB 5749 的要求。

3.9.4 游泳池和水上游乐池的淋浴等生活用水水质，应符合现行国家标准《生活饮用水卫生标准》GB 5749 的要求。

3.9.5 游泳池和水上游乐池水应循环使用。游泳池和水上游乐池的池水循环周期应根据池的类型、用途、池水容积、水深、游泳负荷等因数确定，可按表3.9.5采用。

表3.9.5 游泳池和水上游乐池的循环周期

序号	类型	用途		循环周期（h）
1	专用游泳池	比赛池		4～5
2		花样游泳池		6～8
3		跳水池		8～10
4		训练池		4～6
5	公共游泳池	成人池		4～6
6		儿童池		1～2
7	水上游乐池	戏水池	成人池	4
8			幼儿池	＜1
9		造浪池		2
10		滑道跌落池		6
11	家庭游泳池			6～8

注：池水的循环次数可按每日使用时间与循环周期的比值确定。

3.9.6 不同使用功能的游泳池应分别设置各自独立的循环系统。水上游乐池循环水系统应根据水质、水温、水压和使用功能等因素，设计成一个或若干个独立的循环系统。

3.9.7 循环水应经过滤、加药和消毒等净化处理，必要时还应进行加热。

3.9.8 循环水的预净化应在循环水泵的吸水管上装设毛发聚集器。

3.9.8A 循环水净化工艺流程应根据游泳池和水上游乐池的用途、水质要求、游泳负荷、消毒方法等因素经技术经济比较后确定。

3.9.9 水上游乐池滑道润滑水系统的循环水泵，必须设置备用泵。

3.9.10 循环水过滤宜采用压力过滤器，压力过滤器应符合下列要求：

1 过滤器的滤速应根据泳池的类型、滤料种类确定。专用游泳池、公共游泳池、水上游乐池等宜采用滤速15m/h～25m/h石英砂中速过滤器或硅藻土低速过滤器；

2 过滤器的个数及单个过滤器面积，应根据循环流量的大小、运行维护等情况，通过技术经济比较确定，且不宜少于两个；

3 过滤器宜采用水进行反冲洗，石英砂过滤器宜采用气、水组合反冲洗。过滤器反冲洗宜采用游泳池水；当采用生活饮用水时，冲洗管道不得与利用城镇给水管网水压的给水管道直接连接。

3.9.11 循环水在净化过程中应投加下列药剂：

1 过滤前应投加混凝剂；

2 根据消毒剂品种，宜在消毒前投加pH值调节剂；

3 应根据气候条件和池水水质变化，不定期地间断式投加除藻剂；

4 应根据池水的pH值、总碱度、钙硬度、总溶解固体等水质参数，投加水质平衡药剂。

3.9.12 游泳池和水上游乐池的池水必须进行消毒杀菌处理。

3.9.13 消毒剂的选用应符合下列要求：

1 杀菌消毒能力强，并有持续杀菌功能；

2 不造成水和环境污染，不改变池水水质；

3 对人体无刺激或刺激性很小；

4 对建筑结构、设备和管道无腐蚀或轻微腐蚀；

5 费用低，且能就地取材。

3.9.14 使用瓶装氯气消毒时，氯气必须采用负压自动投加方式，严禁将氯直接注入游泳池水中的投加方式。加氯间应设置防毒、防火和防爆装置，并应符合国家现行有关标准的规定。

3.9.15 游泳池和水上游乐池的池水设计温度应根据池的类型按表3.9.15确定：

表3.9.15 游泳池和水上游乐池的池水设计温度

序号	场所	池的类型	池的用途		池水设计温度（℃）
1	室内池	专用游泳池	比赛池、花样游泳池		25～27
2			跳水池		27～28
3			训练池		25～27
4		公共游泳池	成人池		27～28
5			儿童池		28～30
6		水上游乐池	戏水池	成人池	27～28
7				幼儿池	29～30
8			滑道跌落池		27～28
9	室外池		有加热设备		26～28
10			无加热设备		≥23

3.9.16 游泳池和水上游乐池水加热所需热量应经计算确定，加热方式宜采用间接式。并应优先采用余热和废热、太阳能等天然热能作为热源。

3.9.17 游泳池和水上游乐池的初次充水时间，应根据使用性质、城镇给水条件等确定，游泳池不宜超过48h；水上游乐池不宜超过72h。

3.9.18 游泳池和水上游乐池的补充水量可按表3.9.18确定。大型游泳池和水上游乐池应采用平衡水池或补充水箱间接补水。

表3.9.18 游泳池和水上游乐池的补充水量

序号	池的类型和特征		每日补充水量占池水容积的百分数（%）
1	比赛池、训练池、跳水池	室内	3～5
		室外	5～10
2	公共游泳池、水上游乐池	室内	5～10
		室外	10～15
3	儿童游泳池、幼儿戏水池	室内	≥15
		室外	≥20
4	家庭游泳池	室内	3
		室外	5

注：游泳池和水上游乐池的最小补充水量应保证一个月内池水全部更新一次。

3.9.18A 家庭游泳池等小型游泳池当采用生活饮用水直接补（充）水时，补充水管应采取有效的防止回流污染的措施。

3.9.19 顺流式、混合式循环给水方式的游泳池和水上游乐池宜设置平衡水位的平衡水池；逆流式循环给水方式的游泳池和水上游乐池应设置平衡水量的均衡水池。

3.9.20 游泳池和水上游乐池进水口、回水口的数量应满足循环流量的要求，设置位置应使游泳池内水流均匀，不产生涡流和短流。

3.9.20A 游泳池和水上游乐池的进水口、池底回水口和泄水口的格栅孔隙的大小，应防止卡入游泳者手指、脚趾。泄水口的数量应满足不会产生负压造成对人体的伤害。

3.9.20B 采用池底回水的游泳池和水上游乐池的回水口数量，不应少于2个/座。其格栅孔隙的水流速度不应大于0.2m/s。

3.9.21 游泳池和水上游乐池的泄水口，应设置在池底的最低处。游泳池应设置池岸式溢流水槽。

3.9.22 进入公共游泳池和水上游乐池的通道，应设置浸脚消毒池。

3.9.23 游泳池和水上游乐池的管道、设备、容器和附件，均应采用耐腐蚀材质或内壁涂衬耐腐蚀材料。其材质与涂衬材料应符合有关卫生标准要求。

3.9.24 比赛用跳水池必须设置水面制波和喷水装置。

3.9.25 跳水池的水面波浪应为均匀波纹小浪，浪高宜为25mm～40mm。

3.9.25A 跳水池起泡制波和安全保护气浪采用的压缩空气，应低温、洁净、不含杂质、无油污和异味。

3.9.26 （此条删除）。

3.9.27 （此条删除）。

3.10 循环冷却水及冷却塔

3.10.1 设计循环冷却水系统时应符合下列要求：

1 循环冷却水系统宜采用敞开式，当需采用间接换热时，可采用密闭式；

2 对于水温、水质、运行等要求差别较大的设备，循环冷却水系统宜分开设置；

3 敞开式循环冷却水系统的水质应满足被冷却设备的水质要求；

4 设备、管道设计时应能使循环系统的余压充分利用；

5 冷却水的热量宜回收利用；

6 当建筑物内有需要全年供冷的区域，在冬季气候条件适宜时宜利用冷却塔作为冷源提供空调用冷水。

3.10.2 冷却塔设计计算所选用的空气干球温度和湿球温度，应与所服务的空调等系统的设计空气干球温度和湿球温度相吻合,应采用历年平均不保证50h的干球温度和湿球温度。

3.10.3 冷却塔位置的选择应根据下列因素综合确定:

　　1 气流应通畅,湿热空气回流影响小,且应布置在建筑物的最小频率风向的上风侧;

　　2 冷却塔不应布置在热源、废气和烟气排放口附近,不宜布置在高大建筑物中间的狭长地带上;

　　3 冷却塔与相邻建筑物之间的距离,除满足塔的通风要求外,还应考虑噪声、飘水等对建筑物的影响。

3.10.4 选用成品冷却塔时,应符合下列要求:

　　1 按生产厂家提供的热力特性曲线选定,设计循环水量不宜超过冷却塔的额定水量;当循环水量达不到额定水量的80%时,应对冷却塔的配水系统进行校核;

　　2 冷却塔应冷效高、能源省、噪声低、重量轻、体积小、寿命长、安装维护简单、飘水少;

　　3 材料应为阻燃型,并应符合防火要求;

　　4 数量宜与冷却水用水设备的数量、控制运行相匹配;

　　5 塔的形状应按建筑要求,占地面积及设置地点确定;

　　6 当冷却塔的布置不能满足本规范第3.10.3条的规定时,应采取相应的技术措施,并对塔的热力性能进行校核。

3.10.4A 当可能有冻结危险时,冬季运行的冷却塔应采取防冻措施。

3.10.5 冷却塔的布置,应符合下列要求:

　　1 冷却塔宜单排布置;当需多排布置时,塔排之间的距离应保证塔排同时工作时的进风量;

　　2 单侧进风塔的进风面宜面向夏季主导风向;双侧进风塔的进风面宜平行夏季主导风向;

　　3 冷却塔进风侧离建筑物的距离,宜大于塔进风口高度的2倍;冷却塔的四周除满足通风要求和管道安装位置外,还应留有检修通道,通道净距不宜小于1.0m。

3.10.6 冷却塔应设置在专用的基础上,不得直接设置在楼板或屋面上。

3.10.7 环境对噪声要求较高时,冷却塔可采取下列措施:

　　1 冷却塔的位置宜远离对噪声敏感的区域;

　　2 应采用低噪声型或超低噪声型冷却塔;

　　3 进水管、出水管、补充水管上应设置隔振防噪装置;

　　4 冷却塔基础应设置隔振装置;

　　5 建筑上应采取降噪吸音屏障。

3.10.8 循环水泵的台数宜与冷水机组相匹配。循环水泵的出水量应按冷却水循环水量确定,扬程应按设备和管网循环水压要求确定,并应复核水泵泵壳承压

能力。

3.10.9 冷却塔循环管道的流速,宜采用下列数值:

　　1 循环干管管径小于等于250mm时,应为1.5m/s~2.0m/s;管径大于250mm、小于500mm时,应为2.0m/s~2.5m/s;管径大于等于500mm时,应为2.5m/s~3.0m/s;

　　2 当循环水泵从冷却塔集水池中吸水时,吸水管的流速宜采用1.0m/s~1.2m/s;当循环水泵直接从循环管道吸水,且吸水管直径小于等于250mm时,流速宜为1.0m/s~1.5m/s;当吸水管直径大于250mm时,流速宜为1.5m/s~2.0m/s。水泵出水管的流速可采用循环干管下限流速。

3.10.10 冷却塔集水池的设计,应符合下列要求:

　　1 集水池容积应按下列第1)项、第2)项因素的水量之和确定,并应满足第3)项的要求:

　　　　1)布水装置和淋水填料的附着水量,宜按循环水量的1.2%~1.5%确定;

　　　　2)停泵时因重力流入的管道水容量;

　　　　3)水泵吸水口所需最小淹没深度应根据吸水管内流速确定,当流速小于等于0.6m/s时,最小淹没深度不应小于0.3m;当流速为1.2m/s时,最小淹没深度不应小于0.6m。

　　2 当选用成品冷却塔时,应按本条第1款的规定,对其集水盘的容积进行核算,当不满足要求时,应加大集水盘深度或另设集水池;

　　3 不设集水池的多台冷却塔并联使用时,各塔的集水盘宜设连通管;当无法设置连通管时,回水横干管的管径应放大一级;连通管、回水管与各塔出水管的连接应为管顶平接;塔的出水口应采取防止空气吸入的措施;

　　4 每台(组)冷却塔应分别设置补充水管、泄水管、排污及溢流管;补水方式宜采用浮球阀或补充水箱。

　　当多台冷却塔共用集水池时,可设置一套补充水管、泄水管、排污及溢流管。

3.10.11 冷却塔补充水量可按下式计算:

$$q_{bc}=q_z \frac{N_n}{N_n-1} \qquad (3.10.11)$$

式中:q_{bc}——补充水水量(m³/h);

　　　q_z——蒸发损失水量(m³/h);

　　　N_n——浓缩倍数,设计浓缩倍数不宜小于3.0。

注:对于建筑物空调、冷冻设备的补充水量,应按冷却水循环水量的1%~2%确定。

3.10.11A 冷却塔补充水总管上应设置水表等计量装置。

3.10.12 建筑空调系统的循环冷却水系统应有过滤、缓蚀、阻垢、杀菌、灭藻等水处理措施。

3.10.13 旁流处理水量可根据去除悬浮物或溶解固体分别计算。当采用过滤处理去除悬浮物时,过滤水量宜为冷却水循环水量的1%~5%。

3.11 水　景

3.11.1 水景的水质应符合相关的水景的水质标准。当无法满足时,应进行水质净化处理。

3.11.2 水景用水应循环使用。循环系统的补充水量应根据蒸发、飘失、渗漏、排污等损失确定,室内工程宜取循环水流量的1%～3%;室外工程宜取循环水流量的3%～5%。

3.11.3 水景工程应根据喷头造型分组布置喷头。喷泉每组独立运行的喷头,其规格宜相同。

3.11.4 （此条删除）

3.11.5 水景工程循环水泵宜采用潜水泵,并应直接设置于水池底。娱乐性水景的供人涉水区域,不应设置水泵。

水景工程循环水泵宜按不同特性的喷头、喷水系统分开设置。水景工程循环水泵的流量和扬程应按所选喷头形式、喷水高度、喷嘴直径和数量,以及管道系统的水头损失等经计算确定。

3.11.6 当水景水池采用生活饮用水作为补充水时,应采取防止回流污染的措施,补水管上应设置用水计量装置。

3.11.7 有水位控制和补水要求的水景水池应设补充水管、溢流管、泄水管等管道。在池的周围宜设排水设施。

3.11.8 水景工程的运行方式可根据工程要求设计成手控、程控或声控。控制柜应按电气工程要求,设置于控制室内。控制室应干燥、通风。

3.11.9 瀑布、涌泉、溪流等水景工程设计,应符合下列要求:

1　设计循环流量应为计算流量的1.2倍;
2　水池设置应符合本规范第3.11.6条和第3.11.7条的要求;
3　电器控制可设置于附近小室内。

3.11.10 水景工程宜采用不锈钢等耐腐蚀管材。

4　排　水

4.1　系统选择

4.1.1 小区排水系统应采用生活排水与雨水分流制排水。

4.1.2 建筑物内下列情况下宜采用生活污水与生活废水分流的排水系统:

1　建筑物使用性质对卫生标准要求较高时;
2　生活废水量较大,且环卫部门要求生活污水需经化粪池处理后才能排入城镇排水管道时;
3　生活废水需要回收利用时。

4.1.3 下列建筑排水应单独排水至水处理或回收构筑物:

1　职工食堂、营业餐厅的厨房含有大量油脂的洗涤废水;
2　机械自动洗车台冲洗水;
3　含有大量致病菌,放射性元素超过排放标准的医院污水;
4　水温超过40℃的锅炉、水加热器等加热设备排水;
5　用作回用水水源的生活排水;
6　实验室有害有毒废水。

4.1.4 建筑物雨水管道应单独设置,雨水回收利用可按现行国家标准《建筑与小区雨水利用技术规范》GB 50400执行。

4.2　卫生器具及存水弯

4.2.1 卫生器具的设置数量,应符合现行的有关设计标准、规范或规定的要求。

4.2.2 卫生器具的材质和技术要求,均应符合现行的有关产品标准的规定。

4.2.3 大便器选用应根据使用对象、设置场所、建筑标准等因素确定,且均应选用节水型大便器。

4.2.4 （此条删除）

4.2.5 （此条删除）

4.2.6 当构造内无存水弯的卫生器具与生活污水管道或其他可能产生有害气体的排水管道连接时,必须在排水口以下设存水弯。存水弯的水封深度不得小于50mm。严禁采用活动机械密封替代水封。

4.2.7 医疗卫生机构内门诊、病房、化验室、试验室等处不在同一房间内的卫生器具不得共用存水弯。

4.2.7A 卫生器具排水管段上不得重复设置水封。

4.2.8 卫生器具的安装高度可按表4.2.8确定。

表 4.2.8　卫生器具的安装高度

序号	卫生器具名称	卫生器具边缘离地高度(mm)	
		居住和公共建筑	幼儿园
1	架空式污水盆(池)(至上边缘)	800	800
2	落地式污水盆(池)(至上边缘)	500	500
3	洗涤盆(池)(至上边缘)	800	800
4	洗手盆(至上边缘)	800	500
5	洗脸盆(至上边缘)	800	500
6	盥洗槽(至上边缘)	800	500
7	浴盆(至上边缘)	480	—
	残障人用浴盆(至上边缘)	450	—
	按摩浴盆(至上边缘)	450	—
	淋浴盆(至上边缘)	100	—
8	蹲、坐式大便器(从台阶面至高水箱底)	1800	1800
9	蹲式大便器(从台阶面至低水箱底)	900	900
10	坐式大便器(至低水箱底)		
	外露排出管式	510	—
	虹吸喷射式	470	370
	冲落式	510	—
	旋涡连体式	250	—
11	坐式大便器(至上边缘)		
	外露排出管式	400	—
	旋涡连体式	360	—
	残障人用	450	—

续表 4.2.8

序号	卫生器具名称	卫生器具边缘离地高度(mm)	
		居住和公共建筑	幼儿园
12	蹲便器(至上边缘)		
	2踏步	320	—
	1踏步	200~270	—
13	大便槽(从台阶面至冲洗水箱底)	不低于2000	—
14	立式小便器(至受水部分上边缘)	100	—
15	挂式小便器(至受水部分上边缘)	600	450
16	小便槽(至台阶面)	200	150
17	化验盆(至上边缘)	800	—
18	净身器(至上边缘)	360	—
19	饮水器(至上边缘)	1000	—

4.3 管道布置和敷设

4.3.1 小区排水管的布置应根据小区规划、地形标高、排水流向,按管线短、埋深小、尽可能自流排出的原则确定。当排水管道不能以重力自流排入市政排水管道时,应设置排水泵房。

> 注:特殊情况下,经技术经济比较合理时,可采用真空排水系统。

4.3.2 小区排水管道最小覆土深度应根据道路的行车等级、管材受压强度、地基承载力等因素经计算确定,并应符合下列要求:

 1 小区干道和小区组团道路下的管道,其覆土深度不宜小于0.70m;

 2 生活污水接户管道埋设深度不得高于土壤冰冻线以上0.15m,且覆土深度不宜小于0.30m。

> 注:当采用埋地塑料管道时,排出管埋设深度可不高于土壤冰冻线以上0.50m。

4.3.3 建筑物内排水管道布置应符合下列要求:

 1 自卫生器具至排出管的距离应最短,管道转弯应最少;

 2 排水立管宜靠近排水量最大的排水点;

 3 排水管道不得敷设在对生产工艺或卫生有特殊要求的生产厂房内,以及食品和贵重商品仓库、通风小室、电气机房和电梯机房内;

 4 排水管道不得穿越沉降缝、伸缩缝、变形缝、烟道和风道;当排水管道必须穿过沉降缝、伸缩缝和变形缝时,应采取相应技术措施;

 5 排水埋地管道,不得布置在可能受重物压坏处或穿越生产设备基础;

 6 排水管道不得穿越住宅客厅、餐厅,并不宜靠近与卧室相邻的内墙;

 7 排水管道不宜穿越橱窗、壁柜;

 8 塑料排水立管应避免布置在易受机械撞击处;当不能避免时,应采取保护措施;

 9 塑料排水管应避免布置在热源附近;当不能避免,并导致管道表面受热温度大于60℃时,应采取隔热措施;塑料排水立管与家用灶具边净距不得小于0.4m;

 10 当排水管道外表面可能结露时,应根据建筑物性质和使用要求,采取防结露措施。

4.3.3A 排水管道不得穿越卧室。

4.3.4 排水管道不得穿越生活饮用水池部位的上方。

4.3.5 室内排水管道不得布置在遇水会引起燃烧、爆炸的原料、产品和设备的上面。

4.3.6 排水横管不得布置在食堂、饮食业厨房的主副食操作、烹调和备餐的上方。当受条件限制不能避免时,应采取防护措施。

4.3.6A 厨房间和卫生间的排水立管应分别设置。

4.3.7 排水管道宜在地下或楼板填层中埋设或在地面上、楼板下明设。当建筑有要求时,可在管槽、管道井、管窿、管沟或吊顶、架空层内暗设,但应便于安装和检修。在气温较高、全年不结冻的地区,可沿建筑物外墙敷设。

4.3.8 下列情况下卫生器具排水横支管应设置同层排水:

 1 住宅卫生间的卫生器具排水管要求不穿越楼板进入他户时;

 2 按本规范第4.3.3A条~第4.3.6条的规定受条件限制时。

4.3.8A 住宅卫生间同层排水形式应根据卫生间空间、卫生器具布置、室外环境气温等因素,经技术经济比较确定。

4.3.8B 同层排水设计应符合下列要求:

 1 地漏设置应符合本规范第4.5.7条~第4.5.10A条的要求;

 2 排水管道管径、坡度和最大设计充满度应符合本规范第4.4.9、4.4.10、4.4.12条的要求;

 3 器具排水横支管布置和设置标高不得造成排水滞留、地漏冒溢;

 4 埋设于填层中的管道不得采用橡胶圈密封接口;

 5 当排水横支管设置在沟槽内时,回填材料、面层应能承载器具、设备的荷载;

 6 卫生间地坪应采取可靠的防渗漏措施。

4.3.9 室内管道的连接应符合下列规定:

 1 卫生器具排水管与排水横支管垂直连接,宜采用90°斜三通;

 2 排水管道的横管与立管连接,宜采用45°斜三通或45°斜四通和顺水三通或顺水四通;

 3 排水立管与排出管端部的连接,宜采用两个45°弯头、弯曲半径不小于4倍管径的90°弯头或90°变径弯头;

 4 排水立管应避免在轴线偏置;当受条件限制时,宜用乙字管或两个45°弯头连接;

 5 当排水支管、排水立管接入横干管时,应在横干管管顶或其两侧45°范围内采用45°斜三通接入。

4.3.10 塑料排水管道应根据其管道的伸缩量设置伸

缩节,伸缩节宜设置在汇合配件处。排水横管应设置专用伸缩节。

注:1 当排水管道采用橡胶密封配件时,可不设伸缩节;
    2 室内、外埋地管道可不设伸缩节。

4.3.11 当建筑塑料排水管穿越楼层、防火墙、管道井井壁时,应根据建筑物性质、管径和设置条件以及穿越部位防火等级等要求设置阻火装置。

4.3.12 靠近排水立管底部的排水支管连接,应符合下列要求:

1 排水立管最低排水横支管与立管连接处距排水立管管底垂直距离不得小于表4.3.12的规定;

表 4.3.12 最低横支管与立管连接处至立管管底的最小垂直距离

立管连接卫生器具的层数	垂直距离(m)	
	仅设伸顶通气	设通气立管
≤4	0.45	按配件最小安装尺寸确定
5~6	0.75	
7~12	1.20	
13~19	3.00	0.75
≥20	3.00	1.20

注:单根排水立管的排出管宜与排水立管相同管径。

2 排水支管连接在排出管或排水横干管上时,连接点距立管底部下游水平距离不得小于1.5m;

3 横支管接入横干管竖直转向管段时,连接点距转向处以下不得小于0.6m;

4 下列情况下底层排水支管应单独排至室外检查井或采取有效的防反压措施:

  1)当靠近排水立管底部的排水支管的连接不能满足本条第1、2款的要求时;

  2)在距排水立管底部1.5m距离之内的排出管、排水横管有90°水平转弯管段时。

4.3.12A 当排水立管采用内螺旋管时,排水立管底部宜采用长弯变径接头,且排出管管径宜放大一号。

4.3.13 下列构筑物和设备的排水管不得与污废水管道系统直接连接,应采取间接排水的方式:

1 生活饮用水贮水箱(池)的泄水管和溢流管;

2 开水器、热水器排水;

3 医疗灭菌消毒设备的排水;

4 蒸发式冷却器、空调设备冷凝水;

5 贮存食品或饮料的冷藏库房的地面排水和冷风机溶霜水盘的排水。

4.3.14 设备间接排水宜排入邻近的洗涤盆、地漏。无法满足时,可设置排水明沟、排水漏斗或容器。间接排水的漏斗或容器不得产生溅水、溢流,并应布置在容易检查、清洁的位置。

4.3.15 间接排水口最小空气间隙,宜按表4.3.15确定。

表4.3.15 间接排水口最小空气间隙

间接排水管管径(mm)	排水口最小空气间隙(mm)
≤25	50
32~50	100
>50	150

注:饮料用贮水箱的间接排水口最小空气间隙,不得小于150mm。

4.3.16 生活废水在下列情况下,可采用有盖的排水沟排除:

1 废水中含有大量悬浮物或沉淀物需经常冲洗;

2 设备排水支管很多,用管道连接有困难;

3 设备排水点的位置不固定;

4 地面需要经常冲洗。

4.3.17 当废水中可能夹带纤维或有大块物体时,应在排水管道连接处设置格栅或带网筐地漏。

4.3.18 室外排水管的连接应符合下列要求:

1 排水管与排水管之间的连接,应设检查井连接;

2 室外排水管,除有水流跌落差以外,宜管顶平接;

3 排出管管顶标高不得低于室外接户管管顶标高;

4 连接处的水流偏转角不得大于90°。当排水管管径小于等于300mm且跌落差大于0.3m时,可不受角度的限制。

4.3.19 室内排水沟与室外排水管道连接处,应设水封装置。

4.3.20 排水管穿过地下室外墙或地下构筑物的墙壁处,应采取防水措施。

4.3.21 当建筑物沉降可能导致排出管倒坡时,应采取防倒坡措施。

4.3.22 排水管道在穿越楼层设套管且立管底部架空时,应在立管底部设支墩或其他固定措施。地下室立管与排水横管转弯处也应设置支墩或固定措施。

4.4 排水管道水力计算

4.4.1 小区生活排水系统排水定额宜为其相应的生活给水系统用水定额的85%~95%。

小区生活排水系统小时变化系数应与其相应的生活给水系统小时变化系数相同,按本规范第3.1.2条和第3.1.3条确定。

4.4.2 公共建筑生活排水定额和小时变化系数应与公共建筑生活给水用水定额和小时变化系数相同按本规范第3.1.10条规定确定。

4.4.3 居住小区内生活排水的设计流量应按住宅生活排水最大小时流量与公共建筑生活排水最大小时流量之和确定。

4.4.4 卫生器具排水的流量、当量和排水管的管径应按表4.4.4确定。

表 4.4.4　卫生器具排水的流量、当量和排水管的管径

序号	卫生器具名称	排水流量(L/s)	当量	排水管管径(mm)
1	洗涤盆、污水盆(池)	0.33	1.00	50
2	餐厅、厨房洗菜盆(池)			
	单格洗涤盆(池)	0.67	2.00	50
	双格洗涤盆(池)	1.00	3.00	50
3	盥洗槽(每个水嘴)	0.33	1.00	50~75
4	洗手盆	0.10	0.30	32~50
5	洗脸盆	0.25	0.75	32~50
6	浴盆			
7	淋浴器	0.15	0.45	50
8	大便器			
	冲洗水箱	1.50	4.50	100
	自闭式冲洗阀	1.20	3.60	100
9	医用倒便器	1.50	4.50	100
10	小便器			
	自闭式冲洗阀	0.10	0.30	40~50
	感应式冲洗阀	0.10	0.30	40~50
11	大便槽			
	≤4个蹲位	2.50	7.50	100
	>4个蹲位	3.00	9.00	150
12	小便槽(每米长)			
	自动冲洗水箱	0.17	0.50	—
13	化验盆(无塞)	0.20	0.60	40~50
14	净身器	0.10	0.30	40~50
15	饮水器	0.05	0.15	25~50
16	家用洗衣机	0.50	1.50	50

注:家用洗衣机下排水软管直径为30mm,上排水软管内径为19mm。

4.4.5 住宅、宿舍(Ⅰ、Ⅱ类)、旅馆、宾馆、酒店式公寓、医院、疗养院、幼儿园、养老院、办公楼、商场、图书馆、书店、客运中心、航站楼、会展中心、中小学教学楼、食堂或营业餐厅等建筑生活排水管道设计秒流量,应按下式计算:

$$q_p = 0.12\alpha\sqrt{N_p} + q_{max} \qquad (4.4.5)$$

式中：q_p——计算管段排水设计秒流量(L/s);

N_p——计算管段的卫生器具排水当量总数;

α——根据建筑物用途而定的系数,按表4.4.5确定;

q_{max}——计算管段上最大一个卫生器具的排水流量(L/s)。

表 4.4.5　根据建筑物用途而定的系数 α 值

建筑物名称	宿舍(Ⅰ、Ⅱ类)、住宅、宾馆、酒店式公寓、医院、疗养院、幼儿园、养老院的卫生间	旅馆和其他公共建筑的盥洗室和厕所间
α值	1.5	2.0~2.5

注:当计算所得流量值大于该管段上按卫生器具排水流量累加值时,应按卫生器具排水流量累加值计。

4.4.6 宿舍(Ⅲ、Ⅳ类)、工业企业生活间、公共浴室、洗衣房、职工食堂或营业餐厅的厨房、实验室、影剧院、体育场馆等建筑的生活管道排水设计秒流量,应按下式计算:

$$q_p = \sum q_0 n_0 b \qquad (4.4.6)$$

式中：q_0——同类型的一个卫生器具排水流量(L/s);

n_0——同类型卫生器具数;

b——卫生器具的同时排水百分数,按本规范第3.6.6条采用。冲洗水箱大便器的同时排水百分数应按12%计算。

注:当计算排水流量小于一个大便器排水流量时,应按一个大便器的排水流量计算。

4.4.7 排水横管的水力计算,应按下列公式计算:

$$q_p = A \cdot v \qquad (4.4.7-1)$$

$$v = \frac{1}{n}R^{2/3}I^{1/2} \qquad (4.4.7-2)$$

式中：A——管道在设计充满度的过水断面(m^2);

v——速度(m/s);

R——水力半径(m);

I——水力坡度,采用排水管的坡度;

n——粗糙系数。铸铁管为0.013;混凝土管、钢筋混凝土管为0.013~0.014;钢管为0.012;塑料管为0.009。

4.4.8 小区室外生活排水管道最小管径、最小设计坡度和最大设计充满度宜按表4.4.8确定。

表 4.4.8　小区室外生活排水管道最小管径、最小设计坡度和最大设计充满度

管别	管材	最小管径(mm)	最小设计坡度	最大设计充满度
接户管	埋地塑料管	160	0.005	
支管	埋地塑料管	160	0.005	0.5
干管	埋地塑料管	200	0.004	

注:1 接户管管径不得小于建筑物排出管管径。

2 化粪池与其连接的第一个检查井的污水管最小设计坡度取值:管径150mm宜为0.010~0.012;管径200mm宜为0.010。

4.4.9 建筑物内生活排水铸铁管道的最小坡度和最大设计充满度,宜按表4.4.9确定。

**表 4.4.9　建筑物内生活排水铸铁管道的
最小坡度和最大设计充满度**

管径(mm)	通用坡度	最小坡度	最大设计充满度
50	0.035	0.025	0.5
75	0.025	0.015	
100	0.020	0.012	
125	0.015	0.010	
150	0.010	0.007	0.6
200	0.008	0.005	

4.4.10　建筑排水塑料管粘接、熔接连接的排水横支管的标准坡度应为 0.026。胶圈密封连接排水横管的坡度可按本规范表4.4.10调整。

**表 4.4.10　建筑排水塑料管排水横管的最小坡度、
通用坡度和最大设计充满度**

外径(mm)	通用坡度	最小坡度	最大设计充满度
50	0.025	0.0120	0.5
75	0.015	0.0070	
110	0.012	0.0040	
125	0.010	0.0035	
160	0.007	0.0030	
200	0.005	0.0030	0.6
250	0.005	0.0030	
315	0.005	0.0030	

4.4.11　生活排水立管的最大设计排水能力,应按表4.4.11确定。立管管径不得小于所连接的横支管管径。

表 4.4.11　生活排水立管最大设计排水能力

排水立管系统类型			最大设计排水能力(L/s)				
			排水立管管径(mm)				
			50	75	100 (110)	125	150 (160)
伸顶通气	立管与横支管连接配件	90°顺水三通	0.8	1.3	3.2	4.0	5.7
		45°斜三通	1.0	1.7	4.0	5.2	7.4
专用通气	专用通气管75mm	结合通气管每层连接	—	—	5.5		
		结合通气管隔层连接	—	3.0	4.4		
	专用通气管100mm	结合通气管每层连接	—	—	8.8		
		结合通气管隔层连接	—	—	4.8		
	主、副通气立管+环形通气管		—	—	11.5		
自循环通气	专用通气形式		—	—	4.4		
	环形通气形式		—	—	5.9		
特殊单立管	混合器		—	—	4.5		
	内螺旋管+旋流器	普通型	—	1.7	3.5		8.0
		加强型	—	—	6.3		

注:排水层数在15层以上时,宜乘0.9系数。

4.4.12　大便器排水管最小管径不得小于100mm。

4.4.13　建筑物内排出管最小管径不得小于50mm。

4.4.14　多层住宅厨房间的立管管径不宜小于75mm。

4.4.15　下列场所设置排水横管时,管径的确定应符合下列要求:

1　当建筑底层无通气的排水管道与其楼层管道分开单独排出时,其排水横支管管径可按表4.4.15确定;

**表 4.4.15　无通气的底层单独排出的
排水横支管最大设计排水能力**

排水横支管管径(mm)	50	75	100	125	150
最大设计排水能力(L/s)	1.0	1.7	2.5	3.5	4.8

2　当公共食堂厨房内的污水采用管道排除时,其管径应比计算管径大一级,但干管管径不得小于100mm,支管管径不得小于75mm;

3　医院污物洗涤盆(池)和污水盆(池)的排水管管径,不得小于75mm;

4　小便槽或连接3个及3个以上的小便器,其污水支管管径不宜小于75mm;

5　浴池的泄水管宜采用100mm。

4.5　管材、附件和检查井

4.5.1　排水管材选择应符合下列要求:

1　小区室外排水管道,应优先采用埋地排水塑料管;

2　建筑内部排水管道应采用建筑排水塑料管及管件或柔性接口机制排水铸铁管及相应管件;

3　当连续排水温度大于40℃时,应采用金属排水管或耐热塑料排水管;

4　压力排水管道可采用耐压塑料管、金属管或钢塑复合管。

4.5.2　室外排水管道的连接在下列情况下应设置检查井:

1　在管道转弯和连接处;

2　在管道的管径、坡度改变处。

4.5.2A　小区生活排水检查井应优先采用塑料排水检查井。

4.5.3　室外生活排水管道管径小于等于160mm时,检查井间距不宜大于30m;管径大于等于200mm时,检查井间距不宜大于40m。

4.5.4　生活排水管道不宜在建筑物内设检查井。当必须设置时,应采取密封措施。

4.5.5　检查井的内径应根据所连接的管道管径、数量和埋设深度确定。

4.5.6　生活排水管道的检查井内应有导流槽。

4.5.7 厕所、盥洗室等需经常从地面排水的房间,应设置地漏。

4.5.8 地漏应设置在易溅水的器具附近地面的最低处。

4.5.8A 住宅套内应按洗衣机位置设置洗衣机排水专用地漏或洗衣机排水存水弯,排水管道不得接入室内雨水管道。

4.5.9 带水封的地漏水封深度不得小于50mm。

4.5.10 地漏的选择应符合下列要求:

1 应优先采用具有防涸功能的地漏;

2 在无安静要求和无须设置环形通气管、器具通气管的场所,可采用多通道地漏;

3 食堂、厨房和公共浴室等排水宜设置网框式地漏。

4.5.10A 严禁采用钟罩(扣碗)式地漏。

4.5.11 淋浴室内地漏的排水负荷,可按表4.5.11确定。当用排水沟排水时,8个淋浴器可设置一个直径为100mm的地漏。

表 4.5.11 淋浴室地漏管径

淋浴器数量(个)	地漏管径(mm)
1~2	50
3	75
4~5	100

4.5.12 在生活排水管道上,应按下列规定设置检查口和清扫口:

1 铸铁排水立管上检查口之间的距离不宜大于10m,塑料排水立管宜每六层设置一个检查口;但在建筑物最低层和设有卫生器具的二层以上建筑物的最高层,应设置检查口,当立管水平拐弯或有乙字管时,在该层立管拐弯处和乙字管的上部应设检查口。

2 在连接2个及2个以上的大便器或3个及3个以上卫生器具的铸铁排水横管上,宜设置清扫口。

在连接4个及4个以上的大便器的塑料排水横管上宜设置清扫口;

3 在水流偏转角大于45°的排水横管上,应设检查口或清扫口;

注:可采用带清扫口的转角配件替代。

4 当排水立管底部或排出管上的清扫口至室外检查井中心的最大长度大于表4.5.12-1的数值时,应在排出管上设清扫口;

表 4.5.12-1 排水立管或排出管上的清扫口至室外检查井中心的最大长度

管径(mm)	50	75	100	100以上
最大长度(m)	10	12	15	20

5 排水横管的直线管段上检查口或清扫口之间的最大距离,应符合表4.5.12-2的规定。

表 4.5.12-2 排水横管的直线管段上检查口或清扫口之间的最大距离

管 径 (mm)	清扫设备种类	距 离(m)	
		生活废水	生活污水
50~75	检查口	15	12
	清扫口	10	8
100~150	检查口	20	15
	清扫口	15	10
200	检查口	25	20

4.5.13 在排水管道上设置清扫口,应符合下列规定:

1 在排水横管上设清扫口,宜将清扫口设置在楼板或地坪上,且与地面相平;排水横管起点的清扫口与其端部相垂直的墙面的距离不得小于0.2m;

注:当排水横管悬吊在转换层或地下室顶板下设置清扫口有困难时,可用检查口替代清扫口。

2 排水管起点设置堵头代替清扫口时,堵头与墙面应有不小于0.4m的距离;

注:可利用带清扫口弯头配件代替清扫口。

3 在管径小于100mm的排水管道上设置清扫口,其尺寸应与管道同径;管径等于或大于100mm的排水管道上设置清扫口,应采用100mm直径清扫口;

4 铸铁排水管道设置的清扫口,其材质应为铜质;硬聚氯乙烯管道上设置的清扫口应与管道相同材质;

5 排水横管连接清扫口的连接管及管件应与清扫口同径,并采用45°斜三通和45°弯头或由两个45°弯头组合的管件。

4.5.14 在排水管上设置检查口应符合下列规定:

1 立管上设置检查口,应在地(楼)面以上1.00m,并应高于该层卫生器具上边缘0.15m;

2 埋地横管上设置检查口时,检查口应设在砖砌的井内;

注:可采用密闭塑料排水检查井替代检查口。

3 地下室立管上设置检查口时,检查口应设置在立管底部之上;

4 立管上检查口检查盖应面向便于检查清扫的方位;横干管上的检查口应垂直向上。

4.6 通 气 管

4.6.1 生活排水管道的立管顶端,应设置伸顶通气管。

4.6.1A 当遇特殊情况,伸顶通气管无法伸出屋面时,可设置下列通气方式:

1 当设置侧墙通气时,通气管口应符合本规范第4.6.10条第2款的要求;

2 在室内设置成汇合通气管后应在侧墙伸出延伸至屋面以上;

3 当本条第1、2款无法实施时,可设置自循环通气管道系统。

4.6.2 下列情况下应设置通气立管或特殊配件单立管排水系统：

1 生活排水立管所承担的卫生器具排水设计流量，当超过本规范表 4.4.11 中仅设伸顶通气管的排水立管最大设计排水能力时；

2 建筑标准要求较高的多层住宅、公共建筑、10 层及 10 层以上高层建筑卫生间的生活污水立管<u>应设置通气立管</u>；

4.6.3 下列排水管段应设置环形通气管：

1 连接 4 个及 4 个以上卫生器具且横支管的长度大于 12m 的排水横支管；

2 连接 6 个及 6 个以上大便器的污水横支管；

3 设有器具通气管。

4.6.4 对卫生、安静要求较高的建筑物内，生活排水管道宜设置器具通气管。

4.6.5 建筑物内各层的排水管道上设有环形通气管时，应设置连接各层环形通气管的主通气立管或副通气立管。

4.6.6 （此条删除）

4.6.7 通气立管不得接纳器具污水、废水和雨水，不得与风道和烟道连接。

4.6.8 在建筑物内不得设置吸气阀替代通气管。

4.6.9 通气管和排水管的连接，应遵守下列规定：

1 器具通气管应设在存水弯出口端；在横支管上设环形通气管时，应在其最始端的两个卫生器具之间接出，并应在排水支管中心线以上与排水支管呈垂直或 45° 连接；

2 器具通气管、环形通气管应在卫生器具上边缘以上不小于 0.15m 处按不小于 0.01 的上升坡度与通气立管相连；

3 专用通气立管和主通气立管的上端可在最高层卫生器具上边缘以上不小于 0.15m 或检查口以上与排水立管通气部分以斜三通连接；下端应在最低排水横支管以下与排水立管以斜三通连接；

4 结合通气管宜每层或隔层与专用通气立管、排水立管连接，与主通气立管、排水立管连接不宜多于 8 层；结合通气管下端宜在排水横支管以下与排水立管以斜三通连接；上端可在卫生器具上边缘以上不小于 0.15m 处与通气立管以斜三通连接；

5 当用 H 管件替代结合通气管时，H 管与通气管的连接点应设在卫生器具上边缘以上不小于 0.15m 处；

6 当污水立管与废水立管合用一根通气立管时，H 管配件可隔层分别与污水立管和废水立管连接；但最低横支管连接点以下应装设结合通气管。

4.6.9A 自循环通气系统，当采取专用通气立管与排水立管连接时，应符合下列要求：

1 顶端应在卫生器具上边缘以上不小于 0.15m

处采用两个 90° 弯头相连；

2 通气立管应每层按本规范第 4.6.9 条第 4、5 款的规定与排水立管相连；

3 通气立管下端应在排水横干管或排出管上采用倒顺水三通或倒斜三通相接。

4.6.9B 自循环通气系统，当采取环形通气管与排水横支管连接时，应符合下列要求：

1 通气立管的顶端应按本规范第 4.6.9A 条第 1 款的要求连接；

2 每层排水支管下游端接出环形通气管，应在高出卫生器具上边缘不小于 0.15m 与通气立管相接；横支管连接卫生器具较多且横支管较长并符合本规范第 4.6.3 条设置环形通气管的要求时，应在横支管上按本规范第 4.6.9 条第 1、2 款的要求连接环形通气管；

3 结合通气管的连接应符合本规范第 4.6.9 条第 4 款的要求；

4 通气立管底部应按本规范第 4.6.9A 条第 3 款的要求连接。

4.6.9C 建筑物设置自循环通气的排水系统时，宜在其室外接户管的起始检查井上设置管径不小于 100mm 的通气管。

当通气管延伸至建筑物外墙时，通气管口应符合本规范第 4.6.10 条第 2 款的要求；当设置在其他隐蔽部位时，应高出地面不小于 2m。

4.6.10 高出屋面的通气管设置应符合下列要求：

1 通气管高出屋面不得小于 0.3m，且应大于最大积雪厚度，通气管顶端应装设风帽或网罩。

注：屋顶有隔热层时，应从隔热层板面算起。

2 在通气管口周围 4m 以内有门窗时，通气管口应高出窗顶 0.6m 或引向无门窗一侧。

3 在经常有人停留的平屋面上，通气管口应高出屋面 2m，当伸顶通气管为金属管材时，应根据防雷要求设置防雷装置；

4 通气管口不宜设在建筑物挑出部分（如屋檐檐口、阳台和雨篷等）的下面。

4.6.11 通气管的最小管径不宜小于排水管管径的 1/2，并可按表 4.6.11 确定。

表 4.6.11 通气管最小管径

通气管名称	排水管管径(mm)				
	50	75	100	125	150
器具通气管	32	—	50	50	—
环形通气管	32	40	50	50	—
通气立管	40	50	75	100	100

注：1 表中通气立管系指专用通气立管、主通气立管、副通气立管。

2 自循环通气立管管径应与排水立管管径相等。

4.6.12 通气立管长度在 50m 以上时，其管径应与排水立管管径相同。

4.6.13 通气立管长度小于等于 50m 且两根及两根以上排水立管同时与一根通气立管相连,应以最大一根排水立管按本规范表 4.6.11 确定通气立管管径,且其管径不宜小于其余任何一根排水立管管径。

4.6.14 结合通气管的管径不宜小于与其连接的通气立管管径。

4.6.15 伸顶通气管管径应与排水立管管径相同。但在最冷月平均气温低于−13℃的地区,应在室内平顶或吊顶以下 0.3m 处将管径放大一级。

4.6.16 当两根或两根以上污水立管的通气管汇合连接时,汇合通气管的断面积应为最大一根通气管的断面积加其余通气管断面积之和的 0.25 倍。

4.6.17 通气管的管材,可采用塑料管、柔性接口排水铸铁管等。

4.7　污水泵和集水池

4.7.1 污水泵房应建成单独构筑物,并应有卫生防护隔离带。泵房设计应按现行国家标准《室外排水设计规范》GB 50014 执行。

4.7.2 建筑物地下室生活排水应设置污水集水池和污水泵提升排至室外检查井。地下室地坪排水应设集水坑和提升装置。

4.7.3 污水泵宜设置排水管单独排至室外,排出管的横管段应有坡度坡向出口。当 2 台或 2 台以上水泵共用一条出水管时,应在每台水泵出水管上装设阀门和止回阀;单台水泵排水有可能产生倒灌时,应设置止回阀。

4.7.4 公共建筑内应以每个生活污水集水池为单元设置一台备用泵。

> 注:地下室、设备机房、车库冲洗地面的排水,当有 2 台及 2 台以上排水泵时可不设备用泵。

4.7.5 当集水池不能设事故排出管时,污水泵应有不间断的动力供应。

> 注:当能关闭污水进水管时,可不设不间断动力供应。

4.7.6 污水水泵的启闭,应设置自动控制装置。多台水泵可并联交替或分段投入运行。

4.7.7 污水水泵流量、扬程的选择应符合下列规定:

　　1 小区污水水泵的流量应按小区最大小时生活排水流量选定;

　　2 建筑物内的污水水泵的流量应按生活排水设计秒流量选定;当有排水量调节时,可按生活排水最大小时流量选定;

　　3 当集水池接纳水池溢流水、泄空水时,应按水池溢流量、泄流量与排入集水池的其他排水量中大者选择水泵机组;

　　4 水泵扬程应按提升高度、管路系统水头损失、另附加 2m～3m 流出水头计算。

4.7.8 集水池设计应符合下列规定:

　　1 集水池有效容积不宜小于最大一台污水泵

5min 的出水量,且污水泵每小时启动次数不宜超过 6 次;

　　2 集水池除满足有效容积外,还应满足水泵设置、水位控制器、格栅等安装、检查要求;

　　3 集水池设计最低水位,应满足水泵吸水要求;

　　4 当污水集水池设置在室内地下室时,池盖应密封,并设通气管系;室内有敞开的污水集水池时,应设强制通风装置;

　　5 集水池底宜有不小于 0.05 坡度坡向泵位;集水坑的深度及平面尺寸,应按水泵类型而定;

　　6 集水池底宜设置自冲管;

　　7 集水池应设置水位指示装置,必要时应设置超警戒水位报警装置,并将信号引至物业管理中心。

4.7.9 生活排水调节池的有效容积不得大于 6h 生活排水平均小时流量。

4.7.10 污水泵、阀门、管道等应选择耐腐蚀、大流通量、不易堵塞的设备器材。

4.8　小型生活污水处理

4.8.1 职工食堂和营业餐厅的含油污水,应经除油装置后方许排入污水管道。

4.8.2 隔油池设计应符合下列规定:

　　1 污水流量应按设计秒流量计算;

　　2 含食用油污水在池内的流速不得大于 0.005m/s;

　　3 含食用油污水在池内停留时间宜为 2min～10min;

　　4 人工除油的隔油池内存油部分的容积,不得小于该池有效容积的 25%;

　　5 隔油池应设活动盖板;进水管应考虑有清通的可能;

　　6 隔油池出水管管底至池底的深度,不得小于 0.6m。

4.8.2A 隔油器设计应符合下列规定:

　　1 隔油器内应有拦截固体残渣装置,并便于清理;

　　2 容器内宜设置气浮、加热、过滤等油水分离装置;

　　3 隔油器应设置超越管,超越管管径与进水管管径应相同;

　　4 密闭式隔油器应设置通气管,通气管应单独接至室外;

　　5 隔油器设置在设备间时,设备间应有通风排气装置,且换气次数不宜小于 15 次/时。

4.8.3 降温池的设计应符合下列规定:

　　1 温度高于 40℃的排水,应优先考虑将所含热量回收利用,如不可能或回收不合理时,在排入城镇排水管道之前应设降温池;降温池应设置于室外;

　　2 降温宜采用较高温度排水与冷水在池内混合

的方法进行。冷却水应尽量利用低温废水;所需冷却水量应按热平衡方法计算;

    3 降温池的容积应按下列规定确定:

    1)间断排放污水时,应按一次最大排水量与所需冷却水量的总和计算有效容积;

    2)连续排放污水时,应保证污水与冷却水能充分混合。

    4 降温池管道设置应符合下列要求:

    1)有压高温污水进水管口宜装设消音设施,有两次蒸发时,管口应露出水面向上并应采取防止烫伤人的措施;无两次蒸发时,管口宜插进水中深度 200mm 以上;

    2)冷却水与高温水混合可采用穿孔管喷洒,当采用生活饮用水做冷却水时,应采取防回流污染措施;

    3)降温池虹吸排水管管口应设在水池底部;

    4)应设通气管,通气管排出口设置位置应符合安全、环保要求。

4.8.4 化粪池距离地下取水构筑物不得小于 30m。

4.8.5 化粪池的设置应符合下列要求:

    1 化粪池宜设置在接户管的下游端,便于机动车清掏的位置;

    2 化粪池池外壁距建筑物外墙不宜小于 5m,并不得影响建筑物基础。

    注:当受条件限制化粪池设置于建筑物内时,应采取通气、防臭和防爆措施。

4.8.6 化粪池有效容积应为污水部分和污泥部分容积之和,并宜按下列公式计算:

$$V = V_w + V_n \qquad (4.8.6\text{-}1)$$

$$V_w = \frac{m \cdot b_f \cdot q_w \cdot t_w}{24 \times 1000} \qquad (4.8.6\text{-}2)$$

$$V_n = \frac{m \cdot b_f \cdot q_n \cdot t_n \cdot (1-b_x) \cdot M_s \times 1.2}{(1-b_n) \times 1000}$$
$$(4.8.6\text{-}3)$$

式中:V_w ——化粪池污水部分容积(m^3);

    V_n ——化粪池污泥部分容积(m^3);

    q_w ——每人每日计算污水量(L/人·d)见表 4.8.6-1;

表 4.8.6-1 化粪池每人每日计算污水量

分 类	生活污水与生活废水合流排入	生活污水单独排入
每人每日污水量(L)	(0.85~0.95)用水量	15~20

    t_w ——污水在池中停留时间(h),应根据污水量确定,宜采用 12h~24h;

    q_n ——每人每日计算污泥量(L/人·d),见表 4.8.6-2;

表 4.8.6-2 化粪池每人每日计算污泥量(L)

建筑物分类	生活污水与生活废水合流排入	生活污水单独排入
有住宿的建筑物	0.7	0.4
人员逗留时间大于 4h 并小于等于 10h 的建筑物	0.3	0.2
人员逗留时间小于等于 4h 的建筑物	0.1	0.07

    t_n ——污泥清掏周期应根据污水温度和当地气候条件确定,宜采用(3~12)个月;

    b_x ——新鲜污泥含水率可按 95% 计算;

    b_n ——发酵浓缩后的污泥含水率可按 90% 计算;

    M_s ——污泥发酵后体积缩减系数宜取 0.8;

    1.2 ——清掏后遗留 20% 的容积系数;

    m ——化粪池服务总人数;

    b_f ——化粪池实际使用人数占总人数的百分数,可按表 4.8.6-3 确定。

表 4.8.6-3 化粪池使用人数百分数

建筑物名称	百分数(%)
医院、疗养院、养老院、幼儿园(有住宿)	100
住宅、宿舍、旅馆	70
办公楼、教学楼、试验楼、工业企业生活间	40
职工食堂、餐饮业、影剧院、体育场(馆)、商场和其他场所(按座位)	5~10

4.8.7 化粪池的构造,应符合下列要求:

    1 化粪池的长度与深度、宽度的比例应按污水中悬浮物的沉降条件和积存数量,经水力计算确定。但深度(水面至池底)不得小于 1.30m,宽度不得小于 0.75m,长度不得小于 1.00m,圆形化粪池直径不得小于 1.00m;

    2 双格化粪池第一格的容量宜为计算总容量的 75%;三格化粪池第一格的容量宜为总容量的 60%,第二格和第三格各宜为总容量的 20%;

    3 化粪池格与格、池与连接井之间应设通气孔洞;

    4 化粪池进水口、出水口应设置连接井与进水管、出水管相接;

    5 化粪池进水管口应设导流装置,出水口处及格与格之间应设拦截污泥浮渣的设施;

    6 化粪池池壁和池底,应防止渗漏;

    7 化粪池顶板上应设有人孔和盖板。

4.8.8 医院污水必须进行消毒处理。

4.8.8A 医院污水处理后的水质,按排放条件应符合现行国家标准《医疗机构水污染物排放标准》GB 18466 的有关规定。

4.8.9 医院污水处理流程应根据污水性质、排放条件等因素确定,当排入终端已建有正常运行的二级污水处理厂的城市下水道时,宜采用一级处理;直接或间接排入地表水体或海域时,应采用二级处理。

4.8.10 医院污水处理构筑物与病房、医疗室、住宅等之间应设置卫生防护隔离带。

4.8.11 传染病房的污水经消毒后方可与普通病房污水进行合并处理。

4.8.12 当医院污水排入下列水体时,除应符合本规范第4.8.8A条规定外,还应根据受水体的要求进行深度水处理:

　　1 现行国家标准《地表水环境质量标准》GB 3838 中规定的Ⅰ、Ⅱ类水域和Ⅲ类水域的饮用水保护区和游泳区;

　　2 现行国家标准《海水水质标准》GB 3097 中规定的一、二类海域;

　　3 经消毒处理后的污水,当排入娱乐和体育用水水体、渔业用水水体时,还应符合国家现行有关标准要求。

4.8.13 化粪池作为医院污水消毒前的预处理时,化粪池的容积宜按污水在池内停留时间24h~36h计算,污泥清掏周期宜为0.5a~1.0a。

4.8.14 医院污水消毒宜采用氯消毒(成品次氯酸钠、氯片、漂白粉、漂粉精或液氯)。当运输或供应困难时,可采用现场制备次氯酸钠、化学法制备二氧化氯消毒方式。

　　当有特殊要求并经技术经济比较合理时,可采用臭氧消毒法。

4.8.14A 采用氯消毒后的污水,当直接排入地表水体和海域时,应进行脱氯处理,处理后的余氯应小于0.5mg/L。

4.8.15 医院建筑内含放射性物质、重金属及其他有毒、有害物质的污水,当不符合排放标准时,需进行单独处理达标后,方可排入医院污水处理站或城市排水管道。

4.8.16 医院污水处理系统的污泥,宜由城市环卫部门按危险废物集中处置。当城镇无集中处置条件时,可采用高温堆肥或石灰消化方法处理。

4.8.17 生活污水处理设施的工艺流程应根据污水性质、回用或排放要求确定。

4.8.18 生活污水处理设施的设置应符合下列要求:

　　1 宜靠近接入市政管道的排放点;

　　2 建筑小区处理站的位置宜在常年最小频率的上风向,且应用绿化带与建筑物隔开;

　　3 处理站宜设置在绿地、停车坪及室外空地的地下;

　　4 处理站当布置在建筑地下室时,应有专用

隔间;

　　5 处理站与给水泵站及清水池水平距离不得小于10m。

4.8.19 设置生活污水处理设施的房间或地下室应有良好的通风系统,当处理构筑物为敞开式时,每小时换气次数不宜小于15次,当处理设施有盖板时,每小时换气次数不宜小于5次。

4.8.19A 生活污水处理设施应设超越管。

4.8.20 生活污水处理应设置排臭系统,其排放口位置应避免对周围人、畜、植物造成危害和影响。

4.8.20A 医院污水处理站排臭系统宜进行除臭、除味处理。处理后应达到现行国家标准《医疗机构水污染物排放标准》GB 18466 中规定的处理站周边大气污染物最高允许浓度。

4.8.21 生活污水处理构筑物机械运行噪声不得超过现行国家标准《城市区域环境噪声标准》GB 3096 和《民用建筑隔声设计规范》GB 10070 的有关要求。对建筑物内运行噪声较大的机械应设独立隔间。

4.9 雨　　水

4.9.1 屋面雨水排水系统应迅速、及时将屋面雨水排至室外雨水管渠或地面。

4.9.2 设计雨水流量应按下式计算:

$$q_y = \frac{q_j \Psi F_w}{10000} \qquad (4.9.2)$$

式中:q_y——设计雨水流量(L/s);

　　　q_j——设计暴雨强度(L/s·hm²);

　　　Ψ——径流系数;

　　　F_w——汇水面积(m²)。

　　注:当采用天沟集水且沟檐溢水会流入室内时,设计暴雨强度应乘以1.5的系数。

4.9.3 设计暴雨强度应按当地或相邻地区暴雨强度公式计算确定。

4.9.4 建筑屋面、小区的雨水管道的设计降雨历时,可按下列规定确定:

　　1 屋面雨水排水管道设计降雨历时应按5min计算;

　　2 小区雨水管道设计降雨历时应按下式计算:

$$t = t_1 + M t_2 \qquad (4.9.4)$$

式中:t——降雨历时(min);

　　　t_1——地面集水时间(min),视距离长短、地形坡度和地面铺盖情况而定,可选用5min~10min;

　　　M——折减系数,小区支管和接户管:$M=1$;小区干管:暗管$M=2$,明沟$M=1.2$;

　　　t_2——排水管内雨水流行时间(min)。

4.9.5 屋面雨水排水管道的排水设计重现期应根据建筑物的重要程度、汇水区域性质、地形特点、气象特征等因素确定,各种汇水区域的设计重现期不宜小

于表 4.9.5 的规定值。

表 4.9.5 各种汇水区域的设计重现期量

汇水区域名称		设计重现期(a)
室外场地	小区	1～3
	车站、码头、机场的基地	2～5
	下沉式广场、地下车库坡道出入口	5～50
屋面	一般性建筑物屋面	2～5
	重要公共建筑屋面	≥10

注:1 工业厂房屋面雨水排水设计重现期应根据生产工艺、重要程度等因素确定。

2 下沉式广场设计重现期应根据广场的构造、重要程度、短期积水即可能引起较严重后果等因素确定。

4.9.6 各种屋面、地面的雨水径流系数可按表 4.9.6 采用。

表 4.9.6 径流系数

屋面、地面种类	Ψ
屋面	0.90～1.00
混凝土和沥青路面	0.90
块石路面	0.60
级配碎石路面	0.45
干砖及碎石路面	0.40
非铺砌地面	0.30
公园绿地	0.15

注:各种汇水面积的综合径流系数应加权平均计算。

4.9.7 雨水汇水面积应按地面、屋面水平投影面积计算。高出屋面的毗邻侧墙,应附加其最大受风面正投影的一半作为有效汇水面积计算。窗井、贴近高层建筑外墙的地下汽车库出入口坡道应附加其高出部分侧墙面积的1/2。

4.9.8 建筑屋面雨水排水工程应设置溢流口、溢流堰、溢流管系等溢流设施。溢流排水不得危害建筑设施和行人安全。

4.9.9 一般建筑的重力流屋面雨水排水工程与溢流设施的总排水能力不应小于 10 年重现期的雨水量。重要公共建筑、高层建筑的屋面雨水排水工程与溢流设施的总排水能力不应小于其 50 年重现期的雨水量。

4.9.10 建筑屋面雨水管道设计流态宜符合下列状态:

1 檐沟外排水宜按重力流设计;

2 长天沟外排水宜按满管压力流设计;

3 高层建筑屋面雨水排水宜按重力流设计;

4 工业厂房、库房、公共建筑的大型屋面雨水排水宜按满管压力流设计。

4.9.11 高层建筑裙房屋面的雨水应单独排放。

4.9.12 高层建筑阳台排水系统应单独设置,多层建筑阳台雨水宜单独设置。阳台雨水立管底部应间接排水。

注:当生活阳台设有生活排水设备及地漏时,可不另设阳台雨水排水地漏。

4.9.13 当屋面雨水管道按满管压力流排水设计时,同一系统的雨水斗宜在同一水平面上。

4.9.14 屋面排水系统应设置雨水斗。不同设计排水流态、排水特征的屋面雨水排水系统应选用相应的雨水斗。

4.9.15 雨水斗的设置位置应根据屋面汇水情况并结合建筑结构承载、管系敷设等因素确定。

4.9.16 雨水斗的设计排水负荷应根据各种雨水斗的特性,并结合屋面排水条件等情况设计确定,可按表 4.9.16 选用。

表 4.9.16 屋面雨水斗的最大泄流量(L/s)

	雨水斗规格(mm)	50	75	100	125	150
重力流排水系统	重力流雨水斗泄流量	—	5.6	10.0	—	23.0
	87 型雨水斗泄流量	—	8.0	12.0		26.0
满管压力流排水系统	雨水斗泄流量	6.0～18.0	12.0～32.0	25.0～70.0	60.0～120.0	100.0～140.0

注:满管压力流雨水斗应根据不同型号的具体产品确定其最大泄流量。

4.9.17 天沟布置应以伸缩缝、沉降缝、变形缝为分界。

4.9.18 天沟坡度不宜小于 0.003。

注:金属屋面的水平金属长天沟可无坡度。

4.9.19 小区内雨水口的布置应根据地形、建筑物位置,沿道路布置。下列部位宜布置雨水口:

1 道路交汇处和路面最低点;

2 建筑物单元出入口与道路交界处;

3 建筑雨落水管附近;

4 小区空地、绿地的低洼点;

5 地下坡道入口处(结合带格栅的排水沟一并处理)。

4.9.20 重力流屋面雨水排水管系的悬吊管应按非满流设计,其充满度不宜大于 0.8,管内流速不宜小于 0.75m/s。

4.9.21 重力流屋面雨水排水管系的埋地管可按满流排水设计,管内流速不宜小于 0.75m/s。

4.9.22 重力流屋面雨水排水立管的最大设计泄流

量,应按表4.9.22确定。

表 4.9.22　重力流屋面雨水排水立管的泄流量

铸铁管		塑料管		钢管	
公称直径(mm)	最大泄流量(L/s)	公称外径×壁厚(mm)	最大泄流量(L/s)	公称外径×壁厚(mm)	最大泄流量(L/s)
75	4.30	75×2.3	4.50	108×4	9.40
100	9.50	90×3.2	7.40	133×4	17.10
		110×3.2	12.80		
125	17.00	125×3.2	18.30	159×4.5	27.80
		125×3.7	18.00	168×6	30.80
150	27.80	160×4.0	35.50	219×6	65.50
		160×4.7	34.70		
200	60.00	200×4.9	64.60	245×6	89.80
		200×5.9	62.80		
250	108.00	250×6.2	117.00	273×7	119.10
		250×7.3	114.10		
300	176.00	315×7.7	217.00	325×7	194.00
—	—	315×9.2	211.00	—	—

4.9.22A　满管压力流屋面雨水排水管道管径应经过计算确定。

4.9.23　小区雨水管道宜按满管重力流设计,管内流速不宜小于 0.75m/s。

4.9.24　满管压力流屋面雨水排水管道应符合下列规定:

1　悬吊管中心线与雨水斗出口的高差宜大于 1.0m;

2　悬吊管设计流速不宜小于 1m/s,立管设计流速不宜大于 10m/s;

3　雨水排水管道总水头损失与流出水头之和不得大于雨水管进、出口的几何高差;

4　悬吊管水头损失不得大于 80kPa;

5　满管压力流排水管系各节点的上游不同支路的计算水头损失之差,在管径小于等于 DN75 时,不应大于 10kPa;在管径大于等于 DN100 时,不应大于 5kPa;

6　满管压力流排水管系出口应放大管径,其出口水流速度不宜大于 1.8m/s,当其出口水流速度大于1.8m/s 时,应采取消能措施。

4.9.25　各种雨水管道的最小管径和横管的最小设计坡度宜按表4.9.25确定。

表 4.9.25　雨水管道的最小管径和横管的最小设计坡度

管别	最小管径(mm)	横管最小设计坡度	
		铸铁管、钢管	塑料管
建筑外墙雨落水管	75(75)	—	—
雨水排水立管	100(110)	—	—
重力流排水悬吊管、埋地管	100(110)	0.01	0.0050
满管压力流屋面排水悬吊管	50(50)	0.00	0.0000
小区建筑物周围雨水接户管	200(225)	—	0.0030
小区道路下干管、支管	300(315)	—	0.0015
13#沟头的雨水口的连接管	150(160)	—	0.0100

注:表中铸铁管管径为公称直径,括号内数据为塑料管外径。

4.9.26　雨水排水管材选用应符合下列规定:

1　重力流排水系统多层建筑宜采用建筑排水塑料管,高层建筑宜采用耐腐蚀的金属管、承压塑料管;

2　满管压力流排水系统宜采用内壁较光滑的带内衬的承压排水铸铁管、承压塑料管和钢塑复合管等,其管材工作压力应大于建筑物净高度产生的静水压。用于满管压力流排水的塑料管,其管材抗环变形外压力应大于 0.15MPa;

3　小区雨水排水系统可选用埋地塑料管、混凝土管或钢筋混凝土管、铸铁管等。

4.9.27　建筑屋面各汇水范围内,雨水排水立管不宜少于 2 根。

4.9.28　重力流屋面雨水排水管系,悬吊管管径不得小于雨水斗连接管的管径,立管管径不得小于悬吊管的管径。

4.9.29　满管压力流屋面雨水排水管系,立管管径应经计算确定,可小于上游横管管径。

4.9.30　屋面雨水排水管的转向处宜作顺水连接。

4.9.31　屋面排水管系应根据管道直线长度、工作环境、选用管材等情况设置必要的伸缩装置。

4.9.32　重力流雨水排水系统中长度大于 15m 的雨水悬吊管,应设检查口,其间距不宜大于 20m,且应布置在便于维修操作处。

4.9.33　有埋地排出管的屋面雨水排出管系,立管底部宜设检查口。

4.9.34　雨水检查井的最大间距可按表 4.9.34 确定。

表 4.9.34　雨水检查井的最大间距

管径(mm)	最大间距(m)
150(160)	30
200～300(200～315)	40
400(400)	50
≥500(500)	70

注:括号内数据为塑料管外径。

4.9.35 寒冷地区，雨水立管宜布置在室内。

4.9.36 雨水管应牢固地固定在建筑物的承重结构上。

4.9.36A 下沉式广场地面排水、地下车库出入口的明沟排水，应设置雨水集水池和排水泵提升排至室外雨水检查井。

4.9.36B 雨水集水池和排水泵设计应符合下列要求：

  1 排水泵的流量应按排入集水池的设计雨水量确定；

  2 排水泵不应少于2台，不宜大于8台，紧急情况下可同时使用；

  3 雨水排水泵应有不间断的动力供应；

  4 下沉式广场地面排水集水池的有效容积，不应小于最大一台排水泵30s的出水量；

  5 地下车库出入口的明沟排水集水池的有效容积，不应小于最大一台排水泵5min的出水量。

5 热水及饮水供应

5.1 用水定额、水温和水质

5.1.1 热水用水定额根据卫生器具完善程度和地区条件，应按表5.1.1-1确定。

表5.1.1-1 热水用水定额

序号	建筑物名称	单位	最高日用水定额(L)	使用时间(h)
1	住宅 有自备热水供应和沐浴设备 有集中热水供应和沐浴设备	每人每日 每人每日	40~80 60~100	24 24
2	别墅	每人每日	70~110	24
3	酒店式公寓	每人每日	80~100	24
4	宿舍 Ⅰ类、Ⅱ类 Ⅲ类、Ⅳ类	每人每日 每人每日	70~100 40~80	24或定时供应
5	招待所、培训中心、普通旅馆 设公用盥洗室 设公用盥洗室、淋浴室 设公用盥洗室、淋浴室、洗衣室 设独立卫生间、公用洗衣室	每人每日 每人每日 每人每日 每人每日	25~40 40~60 50~80 60~100	24或定时供应
6	宾馆 客房 旅客 员工	每床位每日 每人每日	120~160 40~50	24

续表5.1.1-1

序号	建筑物名称	单位	最高日用水定额(L)	使用时间(h)
7	医院住院部 设公用盥洗室 设公用盥洗室、淋浴室 设单独卫生间 医务人员 门诊部、诊所 疗养院、休养所住房部	每床位每日 每床位每日 每床位每日 每人每班 每病人每次 每床位每日	60~100 70~130 110~200 70~130 7~13 100~160	24 8 24
8	养老院	每床位每日	50~70	24
9	幼儿园、托儿所 有住宿 无住宿	每儿童每日 每儿童每日	20~40 10~15	24 10
10	公共浴室 淋浴 淋浴、浴盆 桑拿浴(淋浴、按摩池)	每顾客每次 每顾客每次 每顾客每次	40~60 60~80 70~100	12
11	理发室、美容院	每顾客每次	10~15	12
12	洗衣房	每公斤干衣	15~30	8
13	餐饮业 营业餐厅 快餐店、职工及学生食堂 酒吧、咖啡厅、茶座、卡拉OK房	每顾客每次 每顾客每次 每顾客每次	15~20 7~10 3~8	10~12 12~16 8~18
14	办公楼	每人每班	5~10	8
15	健身中心	每人每次	15~25	12
16	体育场(馆) 运动员淋浴	每人每次	17~26	4
17	会议厅	每座位每次	2~3	4

注：1 热水温度按60℃计。

2 表内所列用水定额均已包括在本规范表3.1.9、表3.1.10中。

3 本表以60℃热水水温为计算温度，卫生器具的使用水温见表5.1.1-2。

卫生器具的一次和小时热水用水量和水温应按表5.1.1-2确定。

表5.1.1-2 卫生器具的一次和小时热水用水定额及水温

序号	卫生器具名称	一次用水量(L)	小时用水量(L)	使用水温(℃)
1	住宅、旅馆、别墅、宾馆、酒店式公寓 带有淋浴器的浴盆 无淋浴器的浴盆 淋浴器 洗脸盆、盥洗槽水嘴 洗涤盆(池)	150 125 70~100 3 —	300 250 140~200 30 180	40 40 37~40 30 50

续表 5.1.1-2

序号	卫生器具名称	一次用水量(L)	小时用水量(L)	使用水温(℃)
2	宿舍、招待所、培训中心 淋浴器:有淋浴小间	70~100	210~300	37~40
	无淋浴小间	—	450	37~40
	盥洗槽水嘴	3~5	50~80	30
3	餐饮业 洗涤盆(池)	—	250	50
	洗脸盆 工作人员用	3	60	30
	顾客用	—	120	30
	淋浴器	40	400	37~40
4	幼儿园、托儿所 浴盆:幼儿园	100	400	35
	托儿所	30	120	35
	淋浴器:幼儿园	30	180	35
	托儿所	15	90	35
	盥洗槽水嘴	15	25	30
	洗涤盆(池)	—	180	50
5	医院、疗养院、休养所 洗手盆	—	15~25	35
	洗涤盆(池)	—	300	50
	淋浴器	—	200~300	37~40
	浴盆	125~150	250~300	40
6	公共浴室 浴盆	125	250	40
	淋浴器:有淋浴小间	100~150	200~300	37~40
	无淋浴小间	—	450~540	37~40
	洗脸盆	5	50~80	35
7	办公楼 洗手盆	—	50~100	35
8	理发室 美容院 洗脸盆	—	35	35
9	实验室 洗脸盆	—	60	50
	洗手盆	—	15~25	30
10	剧场 淋浴器	60	200~400	37~40
	演员用洗脸盆	5	80	35
11	体育场馆 淋浴器	30	300	35
12	工业企业生活间 淋浴器:一般车间	40	360~540	37~40
	脏车间	60	180~480	40
	洗脸盆或盥洗槽水嘴: 一般车间	3	90~120	30
	脏车间	5	100~150	35
13	净身器	10~15	120~180	30

注:一般车间指现行国家标准《工业企业设计卫生标准》GBZ1中规定的3、4级卫生特征的车间,脏车间指该标准中规定的1、2级卫生特征的车间。

5.1.2 生活热水水质的水质指标,应符合现行国家标准《生活饮用水卫生标准》GB 5749 的要求。

5.1.3 集中热水供应系统的原水的水处理,应根据水质、水量、水温、水加热设备的构造、使用要求等因素经技术经济比较按下列规定确定:

　　1 当洗衣房日用热水量(按 60℃ 计)大于或等于 $10m^3$ 且原水总硬度(以碳酸钙计)大于 300mg/L 时,应进行水质软化处理;原水总硬度(以碳酸钙计)为 150mg/L～300mg/L 时,宜进行水质软化处理;

　　2 其他生活日用热水量(按 60℃ 计)大于或等于 $10m^3$ 且原水总硬度(以碳酸钙计)大于 300mg/L 时,宜进行水质软化或阻垢缓蚀处理;

　　3 经软化处理后的水质总硬度宜为:

　　1)洗衣房用水:50mg/L～100mg/L;

　　2)其他用水:75mg/L～150mg/L;

　　4 水质阻垢缓蚀处理应根据水的硬度、适用流速、温度、作用时间或有效长度及工作电压等选择合适的物理处理或化学稳定剂处理方法;

　　5 当系统对溶解氧控制要求较高时,宜采取除氧措施。

5.1.4 冷水的计算温度,应以当地最冷月平均水温资料确定。当无水温资料时,可按表 5.1.4 采用。

表 5.1.4 冷水计算温度(℃)

区域	省、市、自治区、行政区	地面水	地下水	区域	省、市、自治区、行政区	地面水	地下水
东北	黑龙江	4	6~10	东南	江苏 偏北	4	10~15
	吉林	4	6~10		江苏 大部		15~20
	辽宁 大部	4	6~10		江西 大部	5	15~20
	辽宁 南部	4	10~15		安徽 大部	5	15~20
华北	北京	4	6~10		福建 北部	4	10~15
	天津	4	6~10		福建 南部	10~15	20
	河北 北部	4	6~10		台湾	10~15	20
	河北 大部	4	10~15	中南	河南 北部	4	10~15
	山西 北部	4	6~10		河南 南部		15~20
	山西 大部	4	10~15		湖北 东部	5	15~20
	内蒙古	4	6~10		湖北 西部	7	15~20
西北	陕西 偏北	4	6~10		湖南 东部	5	15~20
	陕西 大部	5	10~15		湖南 西部	7	15~20
	陕西 秦岭以南	7	15~20		广东、港澳	10~15	20
	甘肃 南部	4	10~15		海南	15~20	17~22
	甘肃 秦岭以南	7	15~20	西南	重庆	7	15~20
	青海 偏东	4	6~10		贵州	7	15~20
	宁夏 偏东	4	6~10		四川 大部	7	15~20
	宁夏 南部	5	10~15		云南 大部	7	15~20
	新疆 北疆	5	8~11		云南 南部	10~15	20
	新疆 南疆	—	12		广西 大部	10~15	20
	新疆 乌鲁木齐	8	12		广西 偏北	7	15~20
东南	山东	4	10~15		西藏	—	5
	上海	5	15~20				
	浙江	5	15~20				

5.1.5 直接供应热水的热水锅炉、热水机组或水加热器出口的最高水温和配水点的最低水温可按表 5.1.5 采用。

表 5.1.5　直接供应热水的热水锅炉、热水机组或水加热器出口的最高水温和配水点的最低水温（℃）

水质处理情况	热水锅炉、热水机组或水加热器出口的最高水温	配水点的最低水温
原水水质无需软化处理,原水水质需水质处理且有水质处理	75	50
原水水质需水质处理但未进行水质处理	60	50

5.1.5A 设置集中热水供应系统的住宅,配水点的水温不应低于 45℃。

5.2　热水供应系统选择

5.2.1 热水供应系统的选择,应根据使用要求、耗热量及用水点分布情况,结合热源条件确定。

5.2.2 集中热水供应系统的热源,宜首先利用工业余热、废热、地热。

> 注:1　利用废热锅炉制备热媒时,引入其内的废气、烟气温度不宜低于 400℃。
> 2　当以地热为热源时,应按地热的水温、水质和水压,采取相应的技术措施。

5.2.2A 当日照时数大于 1400h/年且年太阳辐射量大于 4200MJ/m² 及年极端最低气温不低于−45℃的地区,宜优先采用太阳能作为热水供应热源。

5.2.2B 具备可再生低温能源的下列地区可采用热泵热水供应系统:

1 在夏热冬暖地区,宜采用空气源热泵热水供应系统;

2 在地下水源充沛、水文地质条件适宜,并能保证回灌的地区,宜采用地下水源热泵热水供应系统;

3 在沿江、沿海、沿湖、地表水源充足、水文地质条件适宜,及有条件利用城市污水、再生水的地区,宜采用地表水源热泵热水供应系统。

> 注:当采用地下水源和地表水源时,应经当地水务主管部门批准,必要时应进行生态环境、水质卫生方面的评估。

5.2.3 当没有条件利用工业余热、废热、地热或太阳能等自然热源时,宜优先采用能保证全年供热的热力管网作为集中热水供应系统的热媒。

5.2.4 当区域性锅炉房或附近的锅炉房能充分供给蒸汽或高温水时,宜采用蒸汽或高温水作集中热水供应系统的热媒。

5.2.5 当本规范第 5.2.2～5.2.4 条所述热源无可利用时,可设燃油(气)热水机组或电蓄热设备等供给集中热水供应系统的热源或直接供给热水。

5.2.6 局部热水供应系统的热源宜采用太阳能及电能、燃气、蒸汽等。

5.2.7 升温后的冷却水,当其水质符合本规范第 5.1.2 条规定的要求时,可作为生活用热水。

5.2.8 利用废热(废气、烟气、高温无毒废液等)作为热媒时,应采取下列措施:

1 加热设备应防腐,其构造应便于清理水垢和杂物;

2 应采取措施防止热媒管道渗漏而污染水质;

3 应采取措施消除废气压力波动和除油。

5.2.9 采用蒸汽直接通入水中或采取汽水混合设备的加热方式时,宜用于开式热水供应系统,并应符合下列要求:

1 蒸汽中不得含油质及有害物质;

2 加热时应采用消声混合器,所产生的噪声应符合现行国家标准《城市区域环境噪声标准》GB 3096 的要求;

3 当不回收凝结水经技术经济比较合理时,可直接排放;

4 应采取防止热水倒流至蒸汽管道的措施。

5.2.10 集中热水供应系统应设热水循环管道,其设置应符合下列要求:

1 热水供应系统应保证干管和立管中的热水循环;

2 要求随时取得不低于规定温度的热水的建筑物,应保证支管中的热水循环,或有保证支管中热水温度的措施;

3 循环系统应设循环泵,并应采取机械循环。

5.2.10A 设有三个或三个以上卫生间的住宅、别墅的局部热水供应系统当采用共用水加热设备时,宜设热水回水管及循环泵。

5.2.11 建筑物内集中热水供应系统的热水循环管道宜采用同程布置的方式;当采用同程布置困难时,应采取保证干管和立管循环效果的措施。

5.2.11A 居住小区内集中热水供应系统的热水循环管道宜根据建筑物的布置、各单体建筑物内热水循环管道布置的差异等,采取保证循环效果的适宜措施。

5.2.12 设有集中热水供应系统的建筑物中,用水量较大的浴室、洗衣房、厨房等,宜设单独的热水管网。热水为定时供应且个别用户对热水供应时间有特殊要求时,宜设置单独的热水管网或局部加热设备。

5.2.13 高层建筑热水系统的分区,应遵循如下原则:

1 应与给水系统的分区一致,各区水加热器、贮水罐的进水均应由同区的给水系统专管供应;当不能满足时,应采取保证系统冷、热水压力平衡的措施;

2 当采用减压阀分区时,除应满足本规范第 3.4.10 条的要求外,尚应保证各分区热水的循环;

5.2.14 当给水管道的水压变化较大且用水点要求水压稳定时,宜采用开式热水供应系统或采取稳压措施。

5.2.15 当卫生设备设有冷热水混合器或混合龙头时,冷、热水供应系统在配水点处应有相近的水压。

5.2.16 公共浴室淋浴器出水水温应稳定,并宜采取下列措施:

1 采用开式热水供应系统;

2 给水额定流量较大的用水设备的管道,应与淋浴配水管道分开;

3 多于3个淋浴器的配水管道,宜布置成环形;

4 成组淋浴器的配水管的沿程水头损失,当淋浴器少于或等于6个时,可采用每米不大于300Pa;当淋浴器多于6个时,可采用每米不大于350Pa。配水管不宜变径,且其最小管径不得小于25mm。

5 工业企业生活间和学校的淋浴室,宜采用单管热水供应系统。单管热水供应系统应采取保证热水水温稳定的技术措施。

注:公共浴室不宜采用公用浴池沐浴的方式;当必须采用时,则应设循环水处理系统及消毒设备。

5.2.16A 养老院、精神病医院、幼儿园、监狱等建筑的淋浴和浴盆设备的热水管道应采取防烫伤措施。

5.3 耗热量、热水量和加热设备供热量的计算

5.3.1 设计小时耗热量的计算应符合下列要求:

1 设有集中热水供应系统的居住小区的设计小时耗热量应按下列规定计算:

1)当居住小区内配套公共设施的最大用水时时段与住宅的最大用水时时段一致时,应按两者的设计小时耗热量叠加计算;

2)当居住小区内配套公共设施的最大用水时时段与住宅的最大用水时时段不一致时,应按住宅的设计小时耗热量加配套公共设施的平均小时耗热量叠加计算。

2 全日供应热水的宿舍(Ⅰ、Ⅱ类)、住宅、别墅、酒店式公寓、招待所、培训中心、旅馆、宾馆的客房(不含员工)、医院住院部、养老院、幼儿园、托儿所(有住宿)、办公楼等建筑的集中热水供应系统的设计小时耗热量应按下式计算:

$$Q_h = K_h \frac{mq_r C(t_r - t_1)\rho_r}{T} \quad (5.3.1\text{-}1)$$

式中:Q_h——设计小时耗热量(kJ/h);

m——用水计算单位数(人数或床位数);

q_r——热水用水定额(L/人·d 或 L/床·d),按本规范表5.1.1采用;

C——水的比热,$C=4.187(kJ/kg \cdot ℃)$;

t_r——热水温度,$t_r = 60(℃)$;

t_1——冷水温度,按本规范表5.1.4选用;

ρ_r——热水密度(kg/L);

T——每日使用时间(h),按本规范表5.1.1采用;

K_h——小时变化系数,可按表5.3.1采用。

表5.3.1 热水小时变化系数 K_h 值

类别	住宅	别墅	酒店式公寓	宿舍(Ⅰ、Ⅱ类)	招待所培训中心、普通旅馆	宾馆	医院、疗养院	幼儿园托儿所	养老院
热水用水定额[L/人(床)·d]	60~100	70~110	80~100	70~100	25~50 40~60 50~80 60~100	120~160	60~100 70~130 110~200 100~160	20~40	50~70
使用人(床)数	≤100~ ≥6000	≤100~ ≥6000	≤150~ ≥1200	≤150~ ≥1200	≤150~ ≥1200	≤150~ ≥1200	≤50~ ≥1000	≤50~ ≥1000	≤50~ ≥1000
K_h	4.8 ~ 2.75	4.21 ~ 2.47	4.00 ~ 2.58	4.80 ~ 3.20	3.84 ~ 3.00	3.33 ~ 2.60	3.63 ~ 2.56	4.80 ~ 3.20	3.20 ~ 2.74

注:1 K_h 应根据热水用水定额高低、使用人(床)数多少取值,当热水用水定额高、使用人(床)数多时取低值,反之取高值,使用人(床)数小于等于下限值及大于等于上限值的,K_h 就取下限值及上限值,中间值可用内插法求得;

2 设有全日集中热水供应系统的办公楼、公共浴室等表中未列入的其他类建筑的 K_h 值可按本规范表3.1.10中给水的小时变化系数选用。

3 定时供应热水的住宅、旅馆、医院及工业企业生活间、公共浴室、宿舍(Ⅲ、Ⅳ类)、剧院化妆间、体育馆(场)运动员休息室等建筑的集中热水供应系统的设计小时耗热量应按下式计算:

$$Q_h = \sum q_h (t_r - t_1)\rho_r n_o bC \quad (5.3.1\text{-}2)$$

式中:Q_h——设计小时耗热量(kJ/h);

q_h——卫生器具热水的小时用水定额(L/h),按本规范表5.1.1-2采用;

C——水的比热,$C=4.187(kJ/kg \cdot ℃)$;

t_r——热水温度(℃),按本规范表5.1.1-2采用;

t_1——冷水温度(℃),按本规范表5.1.4采用;

ρ_r——热水密度(kg/L);

n_o——同类型卫生器具数;

b——卫生器具的同时使用百分数:住宅、旅馆、医院、疗养院病房、卫生间内浴盆或淋浴器可按70%~100%计,其他器具不计,但定时连续供水时间应大于等于2h。工业企业生活间、公共浴室、学校、剧院、体育馆(场)等的浴室内的淋浴器和洗脸盆均按100%计。住宅一户设有多个卫生间时,可按一个卫生间计算。

4 具有多个不同使用热水部门的单一建筑或具有多种使用功能的综合性建筑,当其热水由同一热水供应系统供应时,设计小时耗热量,可按同一时间内出现用水高峰的主要用水部门的设计小时耗热量加其他

用水部门的平均小时耗热量计算。

5.3.2 设计小时热水量可按下式计算：

$$q_{rh}=\frac{Q_h}{(t_r-t_1)C\rho_r} \qquad (5.3.2)$$

式中：q_{rh}——设计小时热水量（L/h）；

Q_h——设计小时耗热量（kJ/h）；

t_r——设计热水温度（℃）；

t_1——设计冷水温度（℃）。

5.3.3 全日集中热水供应系统中，锅炉、水加热设备的设计小时供热量应根据日热水用量小时变化曲线、加热方式及锅炉、水加热设备的工作制度经积分曲线计算确定。当无条件时，可按下列原则确定：

1 容积式水加热器或贮热容积与其相当的水加热器、燃油（气）热水机组应按下式计算：

$$Q_g=Q_h-\frac{\eta V_r}{T}(t_r-t_1)C\rho_r \qquad (5.3.3)$$

式中：Q_g——容积式水加热器（含导流型容积式水加热器）的设计小时供热量（kJ/h）；

Q_h——设计小时耗热量（kJ/h）；

η——有效贮热容积系数；容积式水加热器 η ＝0.7～0.8，导流型容积式水加热器 η ＝0.8～0.9；

第一循环系统为自然循环时，卧式贮热水罐 η＝0.80～0.85；立式贮热水罐 η＝0.85～0.90；

第一循环系统为机械循环时，卧、立式贮热水罐 η＝1.0；

V_r——总贮热容积（L）；

T——设计小时耗热量持续时间（h），T＝2h～4h；

t_r——热水温度（℃），按设计水加热器出水温度或贮水温度计算；

t_1——冷水温度（℃），按本规范表5.1.4采用。

注：当 Q_g 计算值小于平均小时耗热量时，Q_g 应取平均小时耗热量。

2 半容积式水加热器或贮热容积与其相当的水加热器、燃油（气）热水机组的设计小时供热量应按设计小时耗热量计算；

3 半即热式、快速式水加热器及其他无贮热容积的水加热设备的设计小时供热量应按设计秒流量所需耗热量计算。

5.4 水的加热和贮存

5.4.1 水加热设备应根据使用特点、耗热量、热源、维护管理及卫生防菌等因素选择，并应符合下列要求：

1 热效率高、换热效果好、节能、节省设备用房；

2 生活热水侧阻力损失小，有利于整个系统冷、热水压力的平衡；

3 安全可靠、构造简单、操作维修方便。

5.4.2 选用水加热设备还应遵循下列原则：

1 当采用自备热源时，宜采用直接供应热水的燃油（气）热水机组，亦可采用间接供应热水的自带换热器的燃油（气）热水机组或外配容积式、半容积式水加热器的燃油（气）热水机组；

2 燃油（气）热水机组除应满足本规范第5.4.1条的要求之外，还应具备燃料燃烧完全、消烟除尘、机组水套通大气、自动控制水温、火焰传感、自动报警等功能；

3 当采用蒸气、高温水为热媒时，应结合用水的均匀性、给水水质硬度、热媒的供应能力、系统对冷热水压力平衡稳定的要求及设备所带温控安全装置的灵敏度、可靠性等经综合技术经济比较后选择间接水加热设备；

4 当热源为太阳能时，其水加热系统应根据冷水水质硬度、气候条件、冷热水压力平衡要求、节能、节水、维护管理等经技术经济比较确定；

5 在电源供应充沛的地方可采用电热水器。

5.4.2A 太阳能加热系统的设计应符合下列要求：

1 太阳能集热器应符合下列要求：

1）太阳能集热器的设置应和建筑专业统一规划协调，并在满足水加热系统要求的同时不得影响结构安全和建筑美观；

2）集热器的安装方位、朝向、倾角和间距等应符合现行国家标准《民用建筑太阳能热水系统应用技术规范》GB 50364 的要求；

3）集热器总面积应根据日用水量、当地年平均日太阳辐照量和集热器集热效率等因素按下列公式计算：

直接加热供水系统的集热器总面积可按下式计算：

$$A_{jz}=\frac{q_r m C\rho_r(t_r-t_1)f}{J_t\eta_j(1-\eta_l)} \qquad (5.4.2A-1)$$

式中：A_{jz}——直接加热集热器总面积（m²）；

q_r——设计日用热水量（L/d），按不高于本规范表5.1.1-1 热水用水定额中下限取值；

m——用水单位数；

t_r——热水温度（℃），t_r＝60℃；

t_1——冷水温度（℃），按本规范表5.1.4采用；

J_t——集热器采光面上年平均日太阳辐照量（kJ/m²·d）；

f——太阳能保证率，根据系统使用期内的太阳辐照量、系统经济性和用户要求等因素综合考虑后确定，取30%～80%；

η_j——集热器年平均集热效率，按集热器产品实测数据确定，经验值为45%～50%；

η_l——贮水箱和管路的热损失率，取15%～30%。

间接加热供水系统的集热器总面积可按下式计算：

$$A_{jj} = A_{jz}\left(1 + \frac{F_R U_L \cdot A_{jz}}{K \cdot F_{jr}}\right) \qquad (5.4.2A-2)$$

式中：A_{jj}——间接加热集热器总面积(m^2)；

$F_R U_L$——集热器热损失系数[$kJ/(m^2 \cdot ℃ \cdot h)$]；平板型可取 14.4[$kJ/(m^2 \cdot ℃ \cdot h)$]～21.6[$kJ/(m^2 \cdot ℃ \cdot h)$]；真空管型可取 3.6[$kJ/(m^2 \cdot ℃ \cdot h)$]～7.2[$kJ/(m^2 \cdot ℃ \cdot h)$]，具体数值根据集热器产品的实测结果确定；

K——水加热器传热系数[$kJ/(m^2 \cdot ℃ \cdot h)$]；

F_{jr}——水加热器加热面积(m^2)。

4)太阳能集热系统贮热水箱有效容积可按下式计算：

$$V_{rx} = q_{rjd} \cdot A_j \qquad (5.4.2A-3)$$

式中：V_{rx}——贮热水箱有效容积(L)；

A_j——集热器总面积(m^2)；

q_{rjd}——集热器单位采光面积平均每日产热水量[$L/(m^2 \cdot d)$]，根据集热器产品的实测结果确定。无条件时，根据当地太阳辐照量、集热器集热性能、集热面积的大小等因素按下列原则确定：直接供水系统 $q_{rjd} = 40L/(m^2 \cdot d)$～$100L/(m^2 \cdot d)$；间接供水系统 $q_{rjd} = 30L/(m^2 \cdot d)$～$70L/(m^2 \cdot d)$。

2 强制循环的太阳能集热系统应设循环泵。循环泵的流量扬程计算应符合下列要求：

1)循环泵的流量可按下式计算：

$$q_x = q_{gz} \cdot A_j \qquad (5.4.2A-4)$$

式中：q_x——集热系统循环流量(L/s)；

q_{gz}——单位采光面积集热器对应的工质流量[$L/(s \cdot m^2)$]，按集热器产品实测数据确定。无条件时，可取 $0.015L/(s \cdot m^2)$～$0.020L/(s \cdot m^2)$。

2)开式直接加热太阳能集热系统循环泵的扬程应按下式计算：

$$H_x = h_{jx} + h_j + h_z + h_f \qquad (5.4.2A-5)$$

式中：H_x——循环泵扬程(kPa)；

h_{jx}——集热系统循环管道的沿程与局部阻力损失(kPa)；

h_j——循环流量流经集热器的阻力损失(kPa)；

h_z——集热器顶与贮热水箱最低水位之间的几何高差(kPa)；

h_f——附加压力(kPa)，取 20kPa～50kPa。

3)闭式间接加热太阳能集热系统循环泵的扬程应按下式计算：

$$H_x = h_{jx} + h_e + h_j + h_f \qquad (5.4.2A-6)$$

式中：h_e——循环流量经集热水加热器的阻力损失(MPa)。

3 集热水加热器的水加热面积应按本规范式(5.4.6)计算确定，其中热媒与被加热水的计算温度差 Δt_j 可按 5℃～10℃取值。

4 太阳能热水供应系统应设辅助热源及其加热设施。其设计计算应符合下列要求：

1)辅助能源宜因地制宜选择城市热力管网、燃气、燃油、电、热泵等；

2)辅助热源的供热量应按本规范第 5.3.3 条设计计算；

3)辅助热源及其水加热设施应结合热源条件、系统型式及太阳能供热的不稳定状态等因素，经技术经济比较后合理选择、配置；

4)辅助热源加热设备应根据热源种类及其供水水质、冷热水系统型式等选用直接加热或间接加热设备；

5)辅助热源的控制应在保证充分利用太阳能集热量的条件下，根据不同的热水供水方式采用手动控制、全日自动控制或定时自动控制。

5.4.2B 当采用热泵机组供应热水时，其设计应符合下列要求：

1 水源热泵热水供应系统设计应符合下列要求：

1)水源热泵宜优先考虑以空调冷却水等水质较好、水温较高且水量、水温稳定的废水为热源；

2)水源总水量应按供热量、水源温度和热泵机组性能等综合因素确定；

3)水源热泵的设计小时供热量应按下式计算：

$$Q_g = k_1 \frac{m q_r C (t_r - t_1) \rho_r}{T_1} \qquad (5.4.2B-1)$$

式中：Q_g——水源热泵设计小时供热量(kJ/h)；

q_r——热水用水定额(L/人·d 或 L/床·d)，按不高于本规范表 5.1.1-1 和表 5.1.1-2 中用水定额中下限取值；

m——用水计算单位数(人数或床位数)；

t_r——热水温度，$t_r = 60$(℃)；

t_1——冷水温度，按本规范表 5.1.4 选用；

T_1——热泵机组设计工作时间(h/d)，取 12h～20h；

k_1——安全系数，$k_1 = 1.05$～1.10。

4)水源水质应满足热泵机组或换热器的水质要求，当其不满足时，应采取有效的过滤、沉淀、灭藻、阻垢、缓蚀等处理措施。当以污废水为水源时，应作相应污水、废水处理；

5)水源热泵制备热水可根据水质硬度、冷水和热水供应系统的型式等经技术经济比较后采用直接供水或作热媒间接换热供水；

6) 水源热泵热水供应系统应设置贮热水箱（罐），其总贮热水容积为：全日制集中热水供应系统贮热水箱（罐）总容积，应根据日耗热量、热泵持续工作时间及热泵工作时间内耗热量等因素确定，当其因素不确定时宜按下式计算：

$$V_r = k_2 \frac{(Q_h - Q_g)T}{\eta(t_r - t_1)C\rho_r} \qquad (5.4.2B-2)$$

式中：Q_h——设计小时耗热量（kJ/h）；
$\quad Q_g$——设计小时供热量（kJ/h）；
$\quad V_r$——贮热水箱（罐）总容积（L）；
$\quad T$——设计小时耗热量持续时间（h）；
$\quad \eta$——有效贮热容积系数，贮热水箱、卧式贮热水罐 $\eta = 0.80 \sim 0.85$，立式贮热水罐 $\eta = 0.85 \sim 0.90$；
$\quad k_2$——安全系数，$k_2 = 1.10 \sim 1.20$。
定时热水供应系统的贮热水箱（罐）的有效容积宜为定时供应最大时段的全部热水量；
7) 水源热泵换热系统设计应符合现行国家标准《地源热泵系统工程技术规范》GB 50366 的相关规定。

2 空气源热泵热水供应系统设计应符合下列要求：

1) 空气源热泵热水供应系统设置辅助热源应按下列原则确定：
最冷月平均气温不小于 10℃ 的地区，可不设辅助热源；
最冷月平均气温小于 10℃ 且不小于 0℃ 时，宜设置辅助热源；
2) 空气源热泵辅助热源应就地获取，经过经济技术比较，选用投资省、低能耗热源；
注：经技术经济比较合理时，采暖季节宜用燃煤（气）锅炉、热力管网的高温水或电力作为热水供应辅助热源。
3) 空气源热泵的供热量可按本规范式（5.4.2B-1）计算确定；当设辅助热源时，宜按当地农历春分、秋分所在月的平均气温和冷水供水温度计算；当不设辅助热源时，应按当地最冷月平均气温和冷水供水温度计算；
4) 空气源热泵水加热贮热设备的有效容积，可根据制备热水的方式按本条第 1 款第 6）项确定。

5.4.3 医院热水供应系统的锅炉或水加热器不得少于 2 台，其他建筑的热水供应系统的水加热设备不宜少于 2 台，一台检修时，其余各台的总供热能力不得小于设计小时耗热量的 50%。
医院建筑不得采用有滞水区的容积式水加热器。

5.4.4 当选用局部热水供应设备时，应符合下列要求：

1 选用设备应综合考虑热源条件、建筑物性质、安装位置、安全要求及设备性能特点等因素；

2 需同时供给多个卫生器具或设备热水时，宜选用带贮热容积的加热设备；

3 当地太阳能资源充足时，宜选用太阳能热水器或太阳能辅以电加热的热水器；

4 热水器不应安装在易燃物堆放或对燃气管、表或电气设备产生影响及有腐蚀性气体和灰尘多的地方。

5.4.5 燃气热水器、电热水器必须带有保证使用安全的装置。严禁在浴室内安装直接排气式燃气热水器等在使用空间内积聚有害气体的加热设备。

5.4.6 水加热器的加热面积，应按下式计算：

$$F_{jr} = \frac{C_r Q_g}{\varepsilon K \Delta t_j} \qquad (5.4.6)$$

式中：F_{jr}——水加热器的加热面积（m²）；
$\quad Q_g$——设计小时供热量（kJ/h）；
$\quad K$——传热系数 [kJ/（m²·℃·h）]；
$\quad \varepsilon$——由于水垢和热媒分布不均匀影响传热效率的系数，采用 $0.6 \sim 0.8$；
$\quad \Delta t_j$——热媒与被加热水的计算温度差（℃），按本规范第 5.4.7 条的规定确定；
$\quad C_r$——热水供应系统的热损失系数，取 $1.10 \sim 1.15$。

5.4.7 水加热器热媒与被加热水的计算温度差应按下列公式计算：

1 容积式水加热器、导流型容积式水加热器、半容积式水加热器：

$$\Delta t_j = \frac{t_{mc} + t_{mz}}{2} - \frac{t_c + t_z}{2} \qquad (5.4.7-1)$$

式中：Δt_j——计算温度差（℃）；
$\quad t_{mc}, t_{mz}$——热媒的初温和终温（℃）；
$\quad t_c, t_z$——被加热水的初温和终温（℃）。

2 快速式水加热器、半即热式水加热器

$$\Delta t_j = \frac{\Delta t_{max} - \Delta t_{min}}{\ln \dfrac{\Delta t_{max}}{\Delta t_{min}}} \qquad (5.4.7-2)$$

式中：Δt_j——计算温度差（℃）；
$\quad \Delta t_{max}$——热媒与被加热水在水加热器一端的最大温度差（℃）；
$\quad \Delta t_{min}$——热媒与被加热水在水加热器另一端的最小温度差（℃）。

5.4.8 热媒的计算温度应符合下列规定：

1 热媒为饱和蒸汽时的热媒初温、终温的计算：
热媒的初温 t_{mc}：当热媒为压力大于 70kPa 的饱和蒸汽时，t_{mc} 按饱和蒸汽温度计算；压力小于或等于 70kPa 时，t_{mc} 按 100℃ 计算；
热媒的终温 t_{mz}：应由经热工性能测定的产品提

供;可按:容积式水加热器的 $t_{mz}=t_{mc}$;导流型容积式水加热器、半容积式水加热器、半即热式水加热器的 $t_{mz}=50℃\sim90℃$;

2 热媒为热水时,热媒的初温应按热媒供水的最低温度计算;热媒的终温应由经热工性能测定的产品提供;当热媒初温 $t_{mc}=70℃\sim100℃$ 时,其终温可按:容积式水加热器的 $t_{mz}=60℃\sim85℃$;导流型容积式水加热器、半容积式水加热器、半即热式水加热器的 $t_{mz}=50℃\sim80℃$;

3 热媒为热力管网的热水时,热媒的计算温度应按热力管网供回水的最低温度计算,但热媒的初温与被加热水的终温的温度差,不得小于 $10℃$。

5.4.9 容积式水加热器或加热水箱的容积附加系数应符合下列规定:

1 容积式水加热器、导流型容积式水加热器、贮热水箱的计算容积的附加系数应按本规范式(5.3.3)中的有效贮热容积系数 η 计算;

2 当采用半容积式水加热器或带有强制罐内水循环装置的容积式水加热器时,其计算容积可不附加。

5.4.10 集中热水供应系统的贮水器容积应根据日用热水小时变化曲线及锅炉、水加热器的工作制度和供热能力以及自动温度控制装置等因素按积分曲线计算确定,并应符合下列规定:

1 容积式水加热器或加热水箱、半容积式水加热器的贮热量不得小于表 5.4.10 的要求;

表 5.4.10 水加热器的贮热量

加热设备	以蒸汽和95℃以上的热水为热媒时		以≤95℃的热水为热媒时	
	工业企业淋浴室	其他建筑物	工业企业淋浴室	其他建筑物
容积式水加热器或加热水箱	$\geq30minQ_{rh}$	$\geq45minQ_{rh}$	$\geq60minQ_{rh}$	$\geq90minQ_{rh}$
导流型容积式水加热器	$\geq20minQ_{rh}$	$\geq30minQ_{rh}$	$\geq30minQ_{rh}$	$\geq40minQ_{rh}$
半容积式水加热器	$\geq15minQ_{rh}$	$\geq15minQ_{rh}$	$\geq15minQ_{rh}$	$\geq20minQ_{rh}$

注:1 燃油(气)热水机组所配贮热器,贮热量宜根据热媒供应情况按导流型容积式水加热器或半容积式水加热器确定。

2 表中 Q_{rh} 为设计小时耗热量(kJ/h)。

2 半即热式、快速式水加热器,当热媒按设计秒流量供应且有完善可靠的温度自动控制装置时,可不设贮水器;当其不具备上述条件时,应设贮水器;贮热量宜根据热媒供应情况按导流型容积式水加热器或半容积式水加热器确定;

3 太阳能热水供应系统的水加热器、贮热水箱(罐)的贮热水量可按本规范式(5.4.2A-3)计算确定,水源、空气源热泵热水供应系统的水加热器、贮热水箱(罐)的贮热水量可按本规范第5.4.2B条第1款第6)项确定。

5.4.11 在设有高位加热贮热水箱的连续加热的热水供应系统中,应设置冷水补给水箱。

注:当有冷水箱可补给热水供应系统冷水时,可不另设冷水补给水箱。

5.4.12 冷水补给水箱的设置高度(以水箱底计算)应保证最不利处的配水点所需水压。

5.4.13 冷水补给水管的设置,应符合下列要求:

1 冷水补给水管的管径,应按热水供应系统的设计秒流量确定;

2 冷水补给水管除供给加热设备、加热水箱、热水贮水器外,不宜再供其他用水;

3 有第一循环的热水供应系统,冷水补给水管应接入热水贮水罐,不得接入第一循环的回水管、锅炉或热水机组。

5.4.14 热水箱应加盖,并应设溢流管、泄水管和引出室外的通气管。热水箱溢流水位超出冷水补水箱的水位高度,应按热水膨胀量计算。泄水管、溢流管不得与排水管道直接连接。

5.4.15 水加热设备和贮热设备罐体,应根据水质情况及使用要求采用耐腐蚀材料制作或在钢制罐体内表面作衬、涂、镀防腐材料处理。

5.4.16 水加热设备的布置,应符合下列要求:

1 容积式、导流型容积式、半容积式水加热器的一侧应有净宽不小于 0.7m 的通道,前端应留有抽出加热盘管的位置;

2 水加热器上部附件的最高点至建筑结构最低点的净距,应满足检修的要求,并不得小于 0.2m,房间净高不得低于 2.2m。

5.4.16A 热泵机组布置应符合下列规定:

1 水源热泵机组布置应符合下列要求:

1) 热泵机房应合理布置设备和运输通道,并预留安装孔、洞;

2) 机组距墙的净距不宜小于 1.0m,机组之间及机组与其他设备之间的净距不宜小于 1.2m,机组与配电柜之间净距不宜小于 1.5m;

3) 机组与其上方管道、烟道或电缆桥架的净距不宜小于 1.0m;

4) 机组应按产品要求在其一端留有不小于蒸发器、冷凝器长度的检修位置。

2 空气源热泵机组布置应符合下列要求:

1) 机组不得布置在通风条件差、环境噪声控制严及人员密集的场所;

2) 机组进风面距遮挡物宜大于 1.5m,控制面距墙宜大于 1.2m,顶部出风的机组,其上部净空宜大于 4.5m;

3) 机组进风面相对布置时,其间距宜大于 3.0m。

注:小型机组布置时,本款第2)项、第3)项中尺寸要求可适当减少。

5.4.17 燃油(气)热水机组机房的布置应符合下列

要求：

1 燃油(气)热水机组机房宜与其他建筑物分离独立设置。当机房设在建筑物内时，不应设置在人员密集场所的上、下或贴邻，并应设对外的安全出口；

2 机房的布置应满足设备的安装、运行和检修要求，其前方应留不少于机组长度 2/3 的空间，后方应留 0.8m～1.5m 的空间，两侧通道宽度应为机组宽度，且不应小于 1.0m。机组最上部部件(烟囱除外)至机房顶板梁底净距不宜小于 0.8m；

3 机房与燃油(气)机组配套的日用油箱、贮油罐等的布置和供油、供气管道的敷设均应符合有关消防、安全的要求。

5.4.18 设置锅炉、燃油(气)热水机组、水加热器、贮热器的房间，应便于泄水、防止污水倒灌，并应有良好的通风和照明。

5.4.19 在设有膨胀管的开式热水供应系统中，膨胀管的设置应符合下列要求：

1 当热水系统由生活饮用高位水箱补水时，可将膨胀管引至同一建筑物的非生活饮用水箱的上空，其高度应按下式计算：

$$h = H\left(\frac{\rho_l}{\rho_r} - 1\right) \qquad (5.4.19\text{-}1)$$

式中：h——膨胀管高出生活饮用高位水箱水面的垂直高度(m)；

　　　H——锅炉、水加热器底部至生活饮用高位水箱水面的高度(m)；

　　　ρ_l——冷水密度(kg/m³)；

　　　ρ_r——热水密度(kg/m³)。

膨胀管出口离接入水箱水面的高度不应少于 100mm。

2 当热水供水系统上设置膨胀水箱时，膨胀水箱水面高出系统冷水补给水箱水面的高度应按式(5.4.19-1)计算，其容积应按下式计算：

$$V_p = 0.0006 \Delta t V_s \qquad (5.4.19\text{-}2)$$

式中：V_p——膨胀水箱有效容积 (L)；

　　　Δt——系统内水的最大温差(℃)；

　　　V_s——系统内的水容量 (L)。

注：按 5.4.19-1 式计算时，h 为膨胀水箱水面高出系统冷水补给水箱水面的垂直高度(m)。

3 当膨胀管有冻结可能时，应采取保温措施；

4 膨胀管的最小管径应按表 5.4.19 确定。

表 5.4.19　膨胀管的最小管径

锅炉或水加热器的传热面积(m²)	<10	≥10且<15	≥15且<20	≥20
膨胀管最小管径(mm)	25	32	40	50

注：对多台锅炉或水加热器，宜分设膨胀管。

5.4.20 膨胀管上严禁装设阀门。

5.4.21 在闭式热水供应系统中，应设置压力式膨胀罐、泄压阀，并应符合下列要求：

1 日用热水量小于等于 30m³ 的热水供应系统可采用安全阀等泄压的措施；

2 日用热水量大于 30m³ 的热水供应系统应设置压力式膨胀罐；膨胀罐的总容积应按下式计算：

$$V_e = \frac{(\rho_f - \rho_r)P_2}{(P_2 - P_1)\rho_r}V_S \qquad (5.4.21)$$

式中：V_e——膨胀罐的总容积(m³)；

　　　ρ_f——加热前加热、贮热设备内水的密度(kg/m³)，定时供应热水的系统宜按冷水温度确定；全日集中热水供应系统宜按热水回水温度确定；

　　　ρ_r——热水的密度(kg/m³)；

　　　P_1——膨胀罐处管内水压力(MPa，绝对压力)，为管内工作压力加 0.1 (MPa)；

　　　P_2——膨胀罐处管内最大允许压力(MPa，绝对压力)，其数值可取 1.10P_1；

　　　V_S——系统内热水总容积(m³)。

注：应校核 P_2 值，并不应大于水加热器的额定工作压力。

3 膨胀罐宜设置在加热设备的热水循环回水管上。

5.4.21A 太阳能集中热水供应系统，应采取可靠的防止集热器和贮热水箱(罐)贮水过热的措施。在闭式系统中，应设膨胀罐、安全阀，有冰冻可能的系统还应采取可靠的集热系统防冻措施。

5.5 管 网 计 算

5.5.1 设有集中热水供应系统的居住小区室外热水干管的设计流量可按本规范第 3.6.1 条的规定计算确定。

建筑物的热水引入管应按该建筑物相应热水供水系统总干管的设计秒流量确定。

5.5.2 建筑物内热水供水管网的设计秒流量可分别按本规范第 3.6.4 条、第 3.6.5 条和第 3.6.6 条计算。

5.5.3 卫生器具热水给水额定流量、当量、支管管径和最低工作压力，应符合本规范第 3.1.14 条的规定。

5.5.4 热水管网的水头损失计算应遵守下列规定：

1 单位长度水头损失，应按本规范第 3.6.10 条确定，但管道的计算内径 d_j 应考虑结垢和腐蚀引起的过水断面缩小的因素；

2 局部水头损失，可按本规范按第 3.6.11 条的规定计算。

5.5.5 全日热水供应系统的热水循环流量应按下式计算：

$$q_x = \frac{Q_s}{C \rho_r \Delta t} \qquad (5.5.5)$$

式中：q_x——全日供应热水的循环流量(L/h)；

　　　Q_s——配水管道的热损失(kJ/h)，经计算确定，可按单体建筑：$(3\% \sim 5\%)Q_h$；小区：$(4\% \sim 6\%)Q_h$；

Δt——配水管道的热水温度差(℃),按系统大小确定。可按单体建筑 5℃～10℃;小区 6℃～12℃。

5.5.6 定时热水供应系统的热水循环流量可按循环管网中的水每小时循环 2 次～4 次计算。

5.5.7 热水供应系统中,锅炉或水加热器的出水温度与配水点的最低水温的温度差,单体建筑不得大于 10℃,建筑小区不得大于 12℃。

5.5.8 热水管道的流速,宜按表 5.5.8 选用。

表 5.5.8　热水管道的流速

公称直径(mm)	15～20	25～40	≥50
流速(m/s)	≤0.8	≤1.0	≤1.2

5.5.9 热水供应系统的循环回水管管径,应按管路的循环流量经水力计算确定。

5.5.10 机械循环的热水供应系统,其循环水泵的确定应遵守下列规定:

1　水泵的出水量应为循环流量;

2　水泵的扬程应按下式计算:

$$H_b = h_p + h_x \qquad (5.5.10)$$

式中:H_b——循环水泵的扬程(kPa);

h_p——循环水量通过配水管网的水头损失(kPa);

h_x——循环水量通过回水管网的水头损失(kPa)。

注:当采用半即热式水加热器或快速水加热器时,水泵扬程尚应计算水加热器的水头损失。

3　循环水泵应选用热水泵,水泵壳体承受的工作压力不得小于其所承受的静水压力加水泵扬程;

4　循环水泵宜设备用泵,交替运行;

5　全日制热水供应系统的循环水泵应由泵前回水管的温度控制开停。

5.5.11 热水加压泵的布置应符合本规范第 3.8 节的要求。

5.5.12 第一循环管的自然压力值,应按下式计算:

$$H_{xr} = 10 \cdot \Delta h(\rho_1 - \rho_2) \qquad (5.5.12)$$

式中:H_{xr}——第一循环管的自然压力值(Pa);

Δh——锅炉或水加热器中心与贮水器中心的标高差(m);

ρ_1——贮水器回水的密度(kg/m³);

ρ_2——锅炉或水加热器出水的密度(kg/m³)。

5.6　管材、附件和管道敷设

5.6.1 热水系统采用的管材和管件,应符合现行有关产品的国家标准和行业标准的要求。管道的工作压力和工作温度不得大于产品标准标定的允许工作压力和工作温度。

5.6.2 热水管道应选用耐腐蚀和安装连接方便可靠的管材,可采用薄壁铜管、薄壁不锈钢管、塑料热水管、塑料和金属复合热水管等。

当采用塑料热水管或塑料和金属复合热水管材时应符合下列要求:

1　管道的工作压力应按相应温度下的许用工作压力选择;

2　设备机房内的管道不应采用塑料热水管。

5.6.3 热水管道系统,应有补偿管道热胀冷缩的措施。

5.6.4 上行下给式系统配水干管最高点应设排气装置,下行上给式配水系统,可利用最高配水点放气,系统最低点应设泄水装置。

5.6.5 当下行上给式系统设有循环管道时,其回水立管可在最高配水点以下(约 0.5m)与配水立管连接。上行下给式系统可将循环管道与各立管连接。

5.6.6 热水系统上各类阀门的材质及阀型应符合本规范第 3.4.4 条、第 3.4.5 条、第 3.4.7 条、第 3.4.9 条、第 3.4.10 条的规定。

5.6.7 热水管网应在下列管段上装设阀门:

1　与配水、回水干管连接的分干管;

2　配水立管和回水立管;

3　从立管接出的支管;

4　室内热水管道向住户、公用卫生间等接出的配水管的起端;

5　与水加热设备、水处理设备及温度、压力等控制阀件连接处的管段上按其安装要求配置阀门。

5.6.8 热水管网上在下列管段上,应装止回阀:

1　水加热器或贮水罐的冷水供水管;

注:当水加热器或贮水罐的冷水供水管上安装倒流防止器时,应采取保证系统冷热水供水压力平衡的措施。

2　机械循环的第二循环系统回水管;

3　冷热水混水器的冷、热水供水管。

5.6.9 水加热设备的出水温度应根据其有无贮热调节容积分别采用不同温级精度要求的自动温度控制装置。

5.6.10 水加热设备的上部、热媒进出口管上、贮热水罐和冷热水混合器上应装温度计、压力表;热水循环的进水管上应装温度计及控制循环泵开停的温度传感器;热水箱应装温度计、水位计;压力容器设备应装安全阀,安全阀的接管直径应经计算确定,并应符合锅炉及压力容器的有关规定,安全阀的泄水管应引至安全处且在泄水管上不得设阀门。

5.6.11 当需计量热水总用水量时,可在水加热设备的冷水供水管上装冷水表,对成组和个别用水点可在专供支管上装设热水表。有集中供应热水的住宅应装设分户热水水表。水表的选型、计算及设置应符合本规范第 3.4.17 条～第 3.4.19 条的规定。

5.6.12 热水横管的敷设坡度不宜小于 0.003。

5.6.13 塑料热水管宜暗设,明设时立管宜布置在不受撞击处,当不能避免时,应在管外加保护措施。

5.6.14 热水锅炉、燃油（气）热水机组、水加热设备、贮水器、分（集）水器、热水输（配）水、循环回水干（立）管应做保温，保温层的厚度应经计算确定。

5.6.15 热水管穿越建筑物墙壁、楼板和基础处应加套管，穿越屋面及地下室外墙时应加防水套管。

5.6.16 热水管道的敷设还应按本规范第3.5节中有关条款执行。

5.6.17 用蒸汽作热媒间接加热的水加热器、开水器的凝结水回水管上应每台设备设疏水器，当水加热器的换热能确保凝结水回水温度小于等于80℃时，可不装疏水器。蒸汽立管最低处、蒸汽管下凹处的下部宜设疏水器。

5.6.18 疏水器口径应经计算确定，其前应装过滤器，其旁不宜附设旁通阀。

5.7 饮水供应

5.7.1 饮水定额及小时变化系数，根据建筑物的性质和地区的条件，应按表5.7.1确定。

表5.7.1 饮水定额及小时变化系数

建筑物名称	单位	饮水定额(L)	K_h
热车间	每人每班	3～5	1.5
一般车间	每人每班	2～4	1.5
工厂生活间	每人每班	1～2	1.5
办公楼	每人每班	1～2	1.5
宿舍	每人每日	1～2	1.5
教学楼	每学生每日	1～2	2.0
医院	每病床每日	2～3	1.5
影剧院	每观众每场	0.2	1.0
招待所、旅馆	每客人每日	2～3	1.5
体育馆(场)	每观众每场	0.2	1.0

注：小时变化系数系指饮水供应时间内的变化系数。

5.7.2 设有管道直饮水的建筑最高日管道直饮水定额可按表5.7.2采用。

表5.7.2 最高日直饮水定额

用水场所	单位	最高日直饮水定额
住宅楼	L/(人·日)	2.0～2.5
办公楼	L/(人·班)	1.0～2.0
教学楼	L/(人·日)	1.0～2.0
旅馆	L/(床·日)	2.0～3.0

注：1 此定额仅为饮用水量。
2 经济发达地区的居民住宅楼可提高至4L/(人·日)～5L/(人·日)。
3 最高日管道直饮水定额亦可根据用户要求确定。

5.7.3 管道直饮水系统应满足下列要求：

1 管道直饮水应对原水进行深度净化处理，其水质应符合国家现行标准《饮用净水水质标准》CJ 94 的规定；

2 管道直饮水水嘴额定流量宜为 0.04 L/s～0.06L/s，最低工作压力不得小于 0.03MPa；

3 管道直饮水系统必须独立设置；

4 管道直饮水宜采用调速泵组直接供水或处理设备置于屋顶的水箱重力式供水方式；

5 高层建筑管道直饮水系统应竖向分区，各分区最低处配水点的静水压；住宅不宜大于 0.35MPa；办公楼不宜大于 0.40MPa，且最不利配水点处的水压，应满足用水水压的要求；

6 管道直饮水应设循环管道，其供、回水管网应同程布置，循环管网内水的停留时间不应超过 12h；从立管接至配水龙头的支管管段长度不宜大于 3m；

7 管道直饮水系统配水管的设计秒流量应按下式计算：

$$q_g = mq_0 \qquad (5.7.3)$$

式中：q_g——计算管段的设计秒流量(L/s)；

q_0——饮水水嘴额定流量，$q_0 = 0.04$L/s～0.06L/s；

m——计算管段上同时使用饮水水嘴的数量，根据其水嘴数量可按本规范附录F确定。

8 管道直饮水系统配水管的水头损失，应按本规范第3.6.10条、第3.6.11条的规定计算。

5.7.4 开水供应应满足下列要求：

1 开水计算温度应按 100℃计算，冷水计算温度应符合本规范第5.1.4条的规定；

2 开水器的通气管应引至室外；

3 配水水嘴宜为旋塞；

4 开水器应装设温度计和水位计，开水锅炉应装设温度计，必要时还应装设沸水箱或安全阀。

5.7.5 当中小学校、体育场、馆等公共建筑设饮水器时，应符合下列要求：

1 以温水或自来水为源水的直饮水，应进行过滤和消毒处理；

2 应设循环管道，循环回水应经消毒处理；

3 饮水器的喷嘴应倾斜安装并设有防护装置，喷嘴孔的高度应保证排水管堵塞时不被淹没；

4 应使同组喷嘴压力一致；

5 饮水器应采用不锈钢、铜镀铬或瓷质、搪瓷制品，其表面应光洁易于清洗。

5.7.6 饮水管道应选用耐腐蚀、内表面光滑、符合食品级卫生要求的薄壁不锈钢管、薄壁铜管、优质塑料管。开水管道应选用许用工作温度大于100℃的金属管材。

5.7.7 阀门、水表、管道连接件、密封材料、配水水嘴等选用材质均应符合食品级卫生要求，并与管材匹配。

5.7.8 饮水供应点的设置，应符合下列要求：

1 不得设在易污染的地点，对于经常产生有害气体或粉尘的车间，应设在不受污染的生活间或小室内；

2 位置应便于取用、检修和清扫，并应保证良好的通风和照明；

3 楼房内饮水供应点的位置，可根据实际情况加以选定。

5.7.9 开水间、饮水处理间应设给水管、排污排水用地漏。给水管管径可按设计小时饮水量计算。开水器、开水炉排污、排水管道应采用金属排水管或耐热塑料排水管。

附录 A 回流污染的危害程度及防回流设施选择

A.0.1 生活饮用水回流污染危害程度应符合表A.0.1的规定。

表 A.0.1 生活饮用水回流污染危害程度

生活饮用水与之连接场所、管道、设备	回流污染危害程度		
	低	中	高
贮存有害有毒液体的罐区	—	—	√
化学液槽生产流水线	—	—	√
含放射性材料加工及核反应堆	—	—	√
加工或制造毒性化学物的车间	—	—	√
化学、病理、动物试验室	—	—	√
医疗机构医疗器械清洗间	—	—	√
尸体解剖、屠宰车间	—	—	√
其他有毒有害污染场所和设备	—	—	√
消防 消火栓系统	—	√	—
湿式喷淋系统、水喷雾灭火系统	—	√	—
简易喷淋系统	√	—	—
泡沫灭火系统	—	—	√
软管卷盘	√	—	—
消防水箱(池)补水	—	√	—
消防水泵直接吸水	—	√	—

续表 A.0.1

生活饮用水与之连接场所、管道、设备	回流污染危害程度		
	低	中	高
中水、雨水等再生水水箱(池)补水	—	√	—
生活饮用水水箱(池)补水	√	—	—
小区生活饮用水引入管	√	—	—
生活饮用水有温、有压容器	√	—	—
叠压供水	√	—	—
卫生器具、洗涤设备给水	√	—	—
游泳池补水、水上游乐池等	—	√	—
循环冷却水集水池等	—	—	√
水景补水	—	√	—
注入杀虫剂等药剂喷灌系统	—	—	√
无注入任何药剂的喷灌系统	√	—	—
畜禽饮水系统	—	√	—
冲洗道路、汽车冲洗软管	√	—	—
垃圾中转站冲洗给水栓	—	—	√

A.0.2 防回流设施应按表A.0.2选择。

表 A.0.2 防回流设施选择

防回流设施	回流污染危害程度					
	低		中		高	
	虹吸回流	背压回流	虹吸回流	背压回流	虹吸回流	背压回流
空气间隙	√	—	√	—	√	—
减压型倒流防止器	√	√	√	√	√	√
低阻力型倒流防止器	√	√	√	√	—	—
双止回阀倒流防止器	√	√	—	—	—	—
压力型真空破坏器	√	—	√	—	—	—
大气型真空破坏器	√	—	—	—	—	—

附录 B 居住小区地下管线(构筑物)间最小净距

表 B 居住小区地下管线(构筑物)间最小净距

种类 \ 种类 净距(m)	给水管		污水管		雨水管	
	水平	垂直	水平	垂直	水平	垂直
给水管	0.5~1.0	0.10~0.15	0.8~1.5	0.10~0.15	0.8~1.5	0.10~0.15
污水管	0.8~1.5	0.10~0.15	0.8~1.5	0.10~0.15	0.8~1.5	0.10~0.15
雨水管	0.8~1.5	0.10~0.15	0.8~1.5	0.10~0.15	0.8~1.5	0.10~0.15
低压煤气管	0.5~1.0	0.10~0.15	1.0	0.10~0.15	1.0	0.10~0.15
直埋式热水管	1.0	0.10~0.15	1.0	0.10~0.15	1.0	0.10~0.15
热力管沟	0.5~1.0	—	1.0	—	1.0	—
乔木中心	1.0	—	1.5	—	1.5	—
电力电缆	1.0	直埋0.50 穿管0.25	1.0	直埋0.50 穿管0.25	1.0	直埋0.50 穿管0.25
通信电缆	1.0	直埋0.50 穿管0.15	1.0	直埋0.50 穿管0.15	1.0	直埋0.50 穿管0.15
通信及照明电缆	0.5	—	1.0	—	1.0	—

注：1 净距指管外壁距离，管道交叉设套管时指套管外壁距离，直埋式热力管指保温管壳外壁距离；
2 电力电缆在道路的东侧（南北方向的路）或南侧（东西方向的路）；通信电缆在道路的西侧或北侧。均应在人行道下。

表 C　$U_0 \sim \alpha_c$ 值对应表

U_0（%）	α_c
1.0	0.00323
1.5	0.00697
2.0	0.01097
2.5	0.01512
3.0	0.01939
3.5	0.02374
4.0	0.02816
4.5	0.03263
5.0	0.03715
6.0	0.04629
7.0	0.05555
8.0	0.06489

附录 D　阀门和螺纹管件的摩阻损失的折算补偿长度

表 D　阀门和螺纹管件的摩阻损失的折算补偿长度

管件内径（mm）	各种管件的折算管道长度（m）						
	90°标准弯头	45°标准弯头	标准三通90°转角流	三通直向流	闸板阀	球阀	角阀
9.5	0.3	0.2	0.5	0.1	0.1	2.4	1.2
12.7	0.6	0.4	0.9	0.2	0.1	4.6	2.4
19.1	0.8	0.5	1.2	0.2	0.2	6.1	3.6
25.4	0.9	0.5	1.5	0.3	0.2	7.6	4.6
31.8	1.2	0.7	1.8	0.4	0.2	10.6	5.5
38.1	1.5	0.9	2.1	0.5	0.3	13.7	6.7
50.8	2.1	1.2	3.0	0.6	0.4	16.7	8.5
63.5	2.4	1.5	3.6	0.8	0.5	19.8	10.3
76.2	3.0	1.8	4.6	0.9	0.6	24.3	12.2
101.6	4.3	2.4	6.4	1.2	0.8	38.0	16.7
127	5.2	3.0	7.6	1.5	1.0	42.6	21.3
152.4	6.1	3.6	9.1	1.8	1.2	50.2	24.3

注：本表的螺纹接口是指管件无凹口的螺纹，即管件与管道在连接点内径有突变，管件内径大于管道内径。当管件为凹口螺纹，或管件与管道为等径焊接，其折算补偿长度取本表值的1/2。

表 E-1　给水管段设计秒流量计算表[U（%）;q（L/s）]

U_0	1.0		1.5		2.0		2.5	
N_g	U	q	U	q	U	q	U	q
1	100.00	0.20	100.00	0.20	100.00	0.20	100.00	0.20
2	70.94	0.28	71.20	0.28	71.49	0.29	71.78	0.29
3	58.00	0.35	58.30	0.35	58.62	0.35	58.96	0.35
4	50.28	0.40	50.60	0.40	50.94	0.41	51.32	0.41
5	45.01	0.45	45.34	0.45	45.69	0.46	46.06	0.46
6	41.10	0.49	41.45	0.50	41.81	0.50	42.18	0.51
7	38.09	0.53	38.43	0.54	38.79	0.54	39.17	0.55
8	35.65	0.57	35.99	0.58	36.36	0.58	36.74	0.59
9	33.63	0.61	33.98	0.61	34.35	0.62	34.73	0.63
10	31.92	0.64	32.27	0.65	32.64	0.65	33.03	0.66
11	30.45	0.67	30.80	0.68	31.17	0.69	31.56	0.69
12	29.17	0.70	29.52	0.71	29.89	0.72	30.28	0.73
13	28.04	0.73	28.39	0.74	28.76	0.75	29.15	0.76
14	27.03	0.76	27.38	0.77	27.76	0.78	28.15	0.79
15	26.12	0.78	26.48	0.79	26.85	0.81	27.24	0.82
16	25.30	0.81	25.66	0.82	26.03	0.83	26.42	0.85
17	24.56	0.83	24.91	0.85	25.29	0.86	25.68	0.87
18	23.88	0.86	24.23	0.87	24.61	0.89	25.00	0.90
19	23.25	0.88	23.60	0.90	23.98	0.91	24.37	0.93
20	22.67	0.91	23.02	0.92	23.40	0.94	23.79	0.95
22	21.63	0.95	21.98	0.97	22.36	0.98	22.75	1.00
24	20.72	0.99	21.07	1.01	21.45	1.03	21.85	1.05
26	19.92	1.04	21.27	1.05	20.65	1.07	21.05	1.09
28	19.21	1.08	19.56	1.10	19.94	1.12	20.33	1.14
30	18.56	1.11	18.92	1.14	19.30	1.16	19.69	1.18
32	17.99	1.15	18.34	1.17	18.72	1.20	19.12	1.22
34	17.46	1.19	17.81	1.21	18.19	1.24	18.59	1.26
36	16.97	1.22	17.33	1.25	17.71	1.28	18.11	1.30
38	16.53	1.26	16.89	1.28	17.27	1.31	17.66	1.34
40	16.12	1.29	16.48	1.32	16.86	1.35	17.25	1.38
42	15.74	1.32	16.09	1.35	16.47	1.38	16.87	1.42
44	15.38	1.35	15.74	1.39	16.12	1.42	16.52	1.45
46	15.05	1.38	15.41	1.42	15.79	1.45	16.18	1.49
48	14.74	1.42	15.10	1.45	15.48	1.49	15.87	1.52
50	14.45	1.45	14.81	1.48	15.19	1.52	15.58	1.56

N_g	U_o 1.0 U	q	1.5 U	q	2.0 U	q	2.5 U	q
55	13.79	1.52	14.15	1.56	14.53	1.60	14.92	1.64
60	13.22	1.59	13.57	1.63	13.95	1.67	14.35	1.72
65	12.71	1.65	13.07	1.70	13.45	1.75	13.84	1.80
70	12.26	1.72	12.62	1.77	13.00	1.82	13.39	1.87
75	11.85	1.78	12.21	1.83	12.59	1.89	12.99	1.95
80	11.49	1.84	11.84	1.89	12.22	1.96	12.62	2.02
85	11.05	1.90	11.51	1.96	11.89	2.02	12.28	2.09
90	10.85	1.95	11.20	2.02	11.58	2.09	11.98	2.16
95	10.57	2.01	10.92	2.08	11.30	2.15	11.70	2.22
100	10.31	2.06	10.66	2.13	11.05	2.21	11.44	2.29
110	9.84	2.17	10.20	2.24	10.58	2.33	10.97	2.41
120	9.44	2.26	9.79	2.35	10.17	2.44	10.56	2.54
130	9.08	2.36	9.43	2.45	9.81	2.55	10.21	2.65
140	8.76	2.45	9.11	2.55	9.49	2.66	9.89	2.77
150	8.47	2.54	8.83	2.65	9.20	2.76	9.60	2.88
160	8.21	2.63	8.57	2.74	8.94	2.86	9.34	2.99
170	7.98	2.71	8.33	2.83	8.71	2.96	9.10	3.09
180	7.76	2.79	8.11	2.92	8.49	3.06	8.89	3.20
190	7.56	2.87	7.91	3.01	8.29	3.15	8.69	3.30
200	7.38	2.95	7.73	3.09	7.11	3.24	8.50	3.40
220	7.05	3.10	7.40	3.26	7.78	3.42	8.17	3.60
240	6.76	3.25	7.11	3.41	7.49	3.60	6.88	3.78
260	6.51	3.28	6.86	3.57	7.24	3.76	6.63	3.97
280	6.28	3.52	6.63	3.72	7.01	3.93	6.40	4.15
300	6.08	3.65	6.43	3.86	6.81	4.08	6.20	4.32
320	5.89	3.77	6.25	4.00	6.62	4.24	6.02	4.49
340	5.73	3.89	6.08	4.13	6.46	4.39	6.85	4.66
360	5.57	4.01	5.93	4.27	6.30	4.54	6.69	4.82
380	5.43	4.13	5.79	4.40	6.16	4.68	6.55	4.98
400	5.30	4.24	5.66	4.52	6.03	4.83	6.42	5.14
420	5.18	4.35	5.54	4.65	5.91	4.96	6.30	5.29
440	5.07	4.46	5.42	4.77	5.80	5.10	6.19	5.45
460	4.97	4.57	5.32	4.89	5.69	5.24	6.08	5.60
480	4.87	4.67	5.22	5.01	5.59	5.37	5.98	5.75
500	4.78	4.78	5.13	5.13	5.50	5.50	5.89	5.89
550	4.57	5.02	4.92	5.41	5.29	5.82	5.68	6.25
600	4.39	5.26	4.74	5.68	5.11	6.13	5.50	6.60
650	4.23	5.49	4.58	5.95	4.95	6.43	5.34	6.94
700	4.08	5.72	4.43	6.20	4.81	6.73	5.19	7.27

N_g	U_o 1.0 U	q	1.5 U	q	2.0 U	q	2.5 U	q
750	3.95	5.93	4.30	6.46	4.68	7.02	5.07	7.60
800	3.84	6.14	4.19	6.70	4.56	7.30	4.95	7.92
850	3.73	6.34	4.08	6.94	4.45	7.57	4.84	8.23
900	3.64	6.54	3.98	7.17	4.36	7.84	4.75	8.54
950	3.55	6.74	3.90	7.40	4.27	8.11	4.66	8.85
1000	3.46	6.93	3.81	7.63	4.19	8.37	4.57	9.15
1100	3.32	7.30	3.66	8.06	4.04	8.88	4.42	9.73
1200	3.09	7.65	3.54	8.49	3.91	9.38	4.29	10.31
1300	3.07	7.99	3.42	8.90	3.79	9.86	4.18	10.87
1400	2.97	8.33	3.32	9.30	3.69	10.34	4.08	11.42
1500	2.88	8.65	3.23	9.69	3.60	10.80	3.99	11.96
1600	2.80	8.96	3.15	10.07	3.52	11.26	3.90	12.49
1700	2.73	9.27	3.07	10.45	3.44	11.71	3.83	13.02
1800	2.66	9.57	3.00	10.81	3.37	12.15	3.76	13.53
1900	2.59	9.86	2.94	11.17	3.31	12.58	3.70	14.04
2000	2.54	10.14	2.88	11.53	3.25	13.01	3.64	14.55
2200	2.43	10.70	2.78	12.22	3.15	13.85	3.53	15.54
2400	2.34	11.23	2.69	12.89	3.06	14.67	3.44	16.51
2600	2.26	11.75	2.61	13.55	2.97	15.47	3.36	17.46
2800	2.19	12.26	2.53	14.19	2.90	16.25	3.29	18.40
3000	2.12	12.75	2.47	14.81	2.84	17.03	3.22	19.33
3200	2.07	13.22	2.41	15.43	2.78	17.79	3.16	20.24
3400	2.01	13.69	2.36	16.03	2.73	18.54	3.11	21.14
3600	1.96	14.15	2.13	16.62	2.68	19.27	3.06	22.03
3800	1.92	14.59	2.26	17.21	2.63	20.00	3.01	22.91
4000	1.88	15.03	2.22	17.78	2.59	20.72	2.97	23.78
4200	1.84	15.46	2.18	18.35	2.55	21.43	2.93	24.64
4400	1.80	15.88	2.15	18.91	2.52	22.14	2.90	25.50
4600	1.77	16.30	2.12	19.46	2.48	22.84	2.86	26.35
4800	1.74	16.71	2.08	20.00	2.45	13.53	2.83	27.19
5000	1.71	17.11	2.05	20.54	2.42	24.21	2.80	28.03
5500	1.65	18.10	1.99	21.87	2.35	25.90	2.74	30.09
6000	1.59	19.05	1.93	23.16	2.30	27.55	2.68	32.12
6500	1.54	19.97	1.88	24.43	2.24	29.18	2.63	34.13
7000	1.49	20.88	1.83	25.67	2.20	30.78	2.58	36.11
7500	1.45	21.76	1.79	26.88	2.16	32.36	2.54	38.06
8000	1.41	22.62	1.76	28.08	2.12	33.92	2.50	40.00
8500	1.38	23.46	1.72	29.26	2.09	35.47	—	—
9000	1.35	24.29	1.69	30.43	2.06	36.99	—	—

U_o	1.0		1.5		2.0		2.5	
N_g	U	q	U	q	U	q	U	q
9500	1.32	25.1	1.66	31.58	2.03	38.50	—	—
10000	1.29	25.9	1.64	32.72	2.00	40.00	—	—
11000	1.25	27.46	1.59	34.95	—	—	—	—
12000	1.21	28.97	1.55	37.14	—	—	—	—
13000	1.17	30.45	1.51	39.29	—	—	—	—
14000	1.14	31.89	N_g=13333					
15000	1.11	33.31	U=1.50					
16000	1.08	34.69	q=40.00					
17000	1.06	36.05	—	—				
18000	1.04	37.39						
19000	1.02	38.70						
20000	1.00	40.00	—	—	—	—	—	—

表 E-2 给水管段设计秒流量计算表 [U (%); q (L/s)]

U_o	3.0		3.5		4.0		4.5	
N_g	U	q	U	q	U	q	U	q
1	100.00	0.20	100.00	0.20	100.00	0.20	100.00	0.20
2	72.08	0.29	72.39	0.29	72.70	0.29	73.02	0.29
3	59.31	0.36	59.66	0.36	60.02	0.36	60.38	0.36
4	51.66	0.41	52.03	0.42	52.41	0.42	52.80	0.42
5	46.43	0.46	46.82	0.47	47.21	0.47	47.60	0.48
6	42.57	0.51	42.96	0.52	43.35	0.52	43.76	0.53
7	39.56	0.55	39.96	0.56	40.36	0.57	40.76	0.57
8	37.13	0.59	37.53	0.60	37.94	0.61	38.35	0.61
9	35.12	0.63	35.53	0.64	35.93	0.65	36.35	0.65
10	33.42	0.67	33.83	0.68	34.24	0.68	34.65	0.69
11	31.96	0.70	32.36	0.71	32.77	0.72	33.19	0.73
12	30.68	0.74	31.09	0.75	31.50	0.76	31.92	0.77
13	29.55	0.77	29.96	0.78	30.37	0.79	30.79	0.80
14	28.55	0.80	28.96	0.81	29.37	0.82	29.79	0.83
15	27.64	0.83	28.05	0.84	28.47	0.85	28.89	0.87
16	26.83	0.86	27.24	0.87	27.65	0.88	28.08	0.90
17	26.08	0.89	26.49	0.90	26.91	0.91	27.33	0.93
18	25.40	0.91	25.81	0.93	26.23	0.94	26.65	0.96
19	24.77	0.94	25.19	0.96	25.60	0.97	26.03	0.99
20	24.20	0.97	24.61	0.98	25.03	1.00	25.45	1.02
22	23.16	1.02	23.57	1.04	23.99	1.06	24.41	1.07
24	22.25	1.07	22.66	1.09	23.08	1.11	23.51	1.13

U_o	3.0		3.5		4.0		4.5	
N_g	U	q	U	q	U	q	U	q
26	21.45	1.12	21.87	1.14	22.29	1.16	22.71	1.18
28	20.74	1.16	21.15	1.18	21.57	1.21	22.00	1.23
30	20.10	1.21	20.51	1.23	20.93	1.26	21.36	1.28
32	19.52	1.25	19.94	1.28	20.36	1.30	20.78	1.33
34	18.99	1.29	19.41	1.32	19.83	1.35	20.25	1.38
36	18.51	1.33	18.93	1.36	19.35	1.39	19.77	1.42
38	18.07	1.37	18.48	1.40	18.90	1.44	19.33	1.47
40	17.66	1.41	18.07	1.45	18.49	1.48	18.92	1.51
42	17.28	1.45	17.69	1.49	18.11	1.52	18.54	1.56
44	16.92	1.49	17.34	1.53	17.76	1.56	18.18	1.60
46	16.59	1.53	17.00	1.56	17.43	1.60	17.85	1.64
48	16.28	1.56	16.69	1.60	17.11	1.54	17.54	1.68
50	15.99	1.60	16.40	1.64	16.82	1.68	17.25	1.73
55	15.33	1.69	15.74	1.73	16.17	1.78	16.59	1.82
60	14.76	1.77	15.17	1.82	15.59	1.87	16.02	1.92
65	14.25	1.85	14.66	1.91	15.08	1.96	15.51	2.02
70	13.80	1.93	14.21	1.99	14.63	2.05	15.06	2.11
75	13.39	2.01	13.81	2.07	14.23	2.13	14.65	2.20
80	13.02	2.08	13.44	2.15	13.86	2.22	14.28	2.29
85	12.69	2.16	13.10	2.23	13.52	2.30	13.95	2.37
90	12.38	2.23	12.80	2.30	13.22	2.38	13.64	2.46
95	12.10	2.30	12.52	2.38	12.94	2.46	13.36	2.54
100	11.84	2.37	12.26	2.45	12.68	2.54	13.10	2.62
110	11.38	2.50	11.79	2.59	12.21	2.69	12.63	2.78
120	10.97	2.63	11.38	2.73	11.80	2.83	12.23	2.93
130	10.61	2.76	11.02	2.87	11.44	2.98	11.87	3.09
140	10.29	2.88	10.70	3.00	11.12	3.11	11.55	3.23
150	10.00	3.00	10.42	3.12	10.83	3.25	11.26	3.38
160	9.74	3.12	10.16	3.25	10.57	3.38	11.00	3.52
170	9.51	3.23	9.92	3.37	10.34	3.51	10.76	3.66
180	9.29	3.34	9.70	3.49	10.12	3.64	10.54	3.80
190	9.09	3.45	9.50	3.61	9.92	3.77	10.34	3.93
200	8.91	3.56	9.32	3.73	9.74	3.89	10.16	4.06
220	8.57	3.77	8.99	3.95	9.40	4.14	9.83	4.32
240	8.29	3.98	8.70	4.17	9.12	4.38	9.54	4.58
260	8.03	4.18	8.44	4.39	8.86	4.61	9.28	4.83
280	7.81	4.37	8.22	4.60	8.63	4.83	9.06	5.07
300	7.60	4.56	8.01	4.81	8.43	5.06	8.85	5.31

N_g	U_o 3.0 U	q	3.5 U	q	4.0 U	q	4.5 U	q
320	7.42	4.75	7.83	5.02	8.24	5.28	8.67	5.55
340	7.25	4.93	7.66	5.21	8.08	5.49	8.50	5.78
360	7.10	5.11	7.51	5.40	7.92	5.70	8.34	6.01
380	6.95	5.29	7.36	5.60	7.78	5.91	8.20	6.23
400	6.82	5.46	7.23	5.79	7.65	6.12	8.07	6.46
420	6.70	5.63	7.11	5.97	7.53	6.32	7.95	6.68
440	6.59	5.80	7.00	6.16	7.41	6.52	7.83	6.89
460	6.48	5.97	6.89	6.34	7.31	6.72	7.73	7.11
480	6.39	6.13	6.79	6.52	7.21	6.92	7.63	7.32
500	6.29	6.29	6.70	6.70	7.12	7.12	7.54	7.54
550	6.08	6.69	6.49	7.14	6.91	7.60	7.32	8.06
600	5.90	7.08	6.31	7.57	6.72	8.07	7.14	8.57
650	5.74	7.46	6.15	7.99	6.56	8.53	6.98	9.08
700	5.59	7.83	6.00	8.40	6.42	8.98	6.83	9.57
750	5.46	8.20	5.87	8.81	6.29	9.43	6.70	10.06
800	5.35	8.56	5.75	9.21	6.17	9.87	6.59	10.54
850	5.24	8.91	5.65	9.60	6.06	10.30	6.48	11.01
900	5.14	9.26	5.55	9.99	5.96	10.73	6.38	11.48
950	5.05	9.60	5.46	10.37	5.87	11.16	6.29	11.95
1000	4.97	9.94	5.38	10.75	5.79	11.58	6.21	12.41
1100	4.82	10.61	5.23	11.50	5.64	12.41	6.06	13.32
1200	4.69	11.26	5.10	12.23	5.51	13.22	5.93	14.22
1300	4.58	11.90	4.98	12.95	5.39	14.02	5.81	15.11
1400	4.48	12.53	4.88	13.66	5.29	14.81	5.71	15.98
1500	4.38	13.15	4.79	14.36	5.20	15.60	5.61	16.84
1600	4.30	13.76	4.70	15.05	5.11	16.37	5.53	17.70
1700	4.22	14.36	4.63	15.74	5.04	17.13	5.45	18.54
1800	4.16	14.96	4.56	16.41	4.97	17.89	5.38	19.38
1900	4.09	15.55	4.49	17.08	4.90	18.64	5.32	20.21
2000	4.03	16.13	4.44	17.74	4.85	19.38	5.26	21.04
2200	3.93	17.28	4.33	19.05	4.74	20.85	5.15	22.67
2400	3.83	18.41	4.24	20.34	4.65	22.30	5.06	24.29
2600	3.75	19.52	4.16	21.61	4.56	23.73	4.98	25.88
2800	3.68	20.61	4.08	22.86	4.49	25.15	4.90	27.46
3000	3.62	21.69	4.02	24.10	4.42	26.55	4.84	29.02
3200	3.56	22.76	3.96	25.33	4.36	27.94	4.78	30.58
3400	3.50	23.81	3.90	26.54	4.31	29.31	4.72	32.12
3600	3.45	24.86	3.85	27.75	4.26	31.68	4.67	33.64
3800	3.41	25.90	3.81	28.94	4.22	32.03	4.63	35.16
4000	3.37	26.92	3.77	30.13	4.17	33.38	4.58	36.67
4200	3.33	27.94	3.73	31.30	4.13	34.72	4.54	38.17
4400	3.29	28.95	3.69	32.47	4.10	36.05	4.51	39.67
4600	3.26	29.96	3.66	33.64	4.06	37.37	N_g=4444 U=4.50 q=40.00	
4800	3.22	30.95	3.62	34.79	4.03	38.69		
5000	3.19	31.95	3.59	35.94	4.00	40.40		
5500	3.13	34.40	3.53	38.79	—	—	—	—
6000	3.07	36.82	N_g=5714 U=3.50 q=40.00		—	—	—	—
6500	3.02	39.21			—	—	—	—
6667	3.00	40.00			—	—	—	—

表 E-3 给水管段设计秒流量计算表
$[U (\%)$; $q (\mathrm{L/s})]$

N_g	U_o 5.0 U	q	6.0 U	q	7.0 U	q	8.0 U	q
1	100.00	0.20	100.00	0.20	100.00	0.20	100.00	0.20
2	73.33	0.29	73.98	0.30	74.64	0.30	75.30	0.30
3	60.75	0.36	61.49	0.37	62.24	0.37	63.00	0.38
4	53.18	0.43	53.97	0.43	54.76	0.44	55.56	0.44
5	48.00	0.48	48.80	0.49	49.62	0.50	50.45	0.50
6	44.16	0.53	44.98	0.54	45.81	0.55	46.65	0.56
7	41.17	0.58	42.01	0.59	42.85	0.60	43.70	0.61
8	38.76	0.62	39.60	0.63	40.45	0.65	41.31	0.66
9	36.76	0.66	37.61	0.68	38.46	0.69	39.33	0.71
10	35.07	0.70	35.92	0.72	36.78	0.74	37.65	0.75
11	33.61	0.74	34.46	0.76	35.33	0.78	36.20	0.80
12	32.34	0.78	33.19	0.80	34.06	0.82	34.93	0.84
13	31.22	0.81	32.07	0.83	32.94	0.96	33.82	0.88
14	30.22	0.85	31.07	0.87	31.94	0.89	32.82	0.92
15	29.32	0.88	30.18	0.91	31.05	0.93	31.93	0.96
16	28.50	0.91	29.36	0.94	30.23	0.97	31.12	1.00
17	27.76	0.94	28.62	0.97	29.50	1.00	30.38	1.03
18	27.08	0.97	27.94	1.01	28.82	1.04	29.70	1.07
19	26.45	1.01	27.32	1.04	28.19	1.07	29.08	1.10
20	25.88	1.04	26.74	1.07	27.62	1.10	28.50	1.14
22	24.84	1.09	25.71	1.13	26.58	1.17	27.47	1.21
24	23.94	1.15	24.80	1.19	25.68	1.23	26.57	1.28

U_o	5.0		6.0		7.0		8.0	
N_g	U	q	U	q	U	q	U	q
26	23.14	1.20	24.01	1.25	24.98	1.29	25.77	1.34
28	22.43	1.26	23.30	1.30	24.18	1.35	25.06	1.40
30	21.79	1.31	22.66	1.36	23.54	1.41	24.43	1.47
32	21.21	1.36	22.08	1.41	22.96	1.47	23.85	1.53
34	20.68	1.41	21.55	1.47	22.43	1.53	23.32	1.59
36	20.20	1.45	21.07	1.52	21.95	1.58	22.84	1.64
38	19.76	1.50	20.63	1.57	21.51	1.63	22.40	1.70
40	19.35	1.55	20.22	1.62	21.10	1.69	21.99	1.76
42	18.97	1.59	19.84	1.67	20.72	1.74	21.61	1.82
44	18.61	1.64	19.48	1.71	20.36	1.79	21.25	1.87
46	18.28	1.68	19.15	1.76	21.03	1.84	20.92	1.92
48	17.97	1.73	18.84	1.81	19.72	1.89	20.61	1.98
50	17.68	1.77	18.55	1.86	19.43	2.94	20.32	2.03
55	17.02	1.87	17.89	1.97	18.77	2.07	19.66	2.16
60	16.45	1.97	17.32	2.08	18.20	2.18	19.08	2.29
65	15.94	2.07	16.81	2.19	17.69	2.30	18.58	2.42
70	15.49	2.17	16.36	2.29	17.24	2.41	18.13	2.54
75	15.08	2.26	15.95	2.39	16.83	2.52	17.72	2.66
80	14.71	2.35	15.58	2.49	16.46	2.63	17.35	2.78
85	14.38	2.44	15.25	2.59	16.13	2.74	17.02	2.89
90	14.07	2.53	14.94	2.69	15.82	2.85	16.71	3.01
95	13.79	2.62	14.66	2.79	15.54	3.95	16.43	3.12
100	13.53	2.71	14.40	2.88	15.28	3.06	16.17	3.23
110	13.06	2.87	13.93	3.06	14.81	3.26	15.70	3.45
120	12.66	3.04	13.52	3.25	14.40	3.46	15.29	3.67
130	12.30	3.20	13.16	3.42	14.04	3.65	14.93	3.88
140	11.97	3.35	12.84	3.60	13.72	4.84	14.61	4.09
150	11.69	3.51	12.55	3.77	13.43	4.03	14.32	4.30
160	11.43	3.66	12.29	3.93	13.17	4.21	14.06	4.50
170	11.19	3.80	12.05	4.10	12.93	4.40	13.82	4.70
180	10.97	3.95	11.84	4.26	12.71	4.58	13.60	4.90
190	10.77	4.09	11.64	4.42	12.51	4.75	13.40	5.09
200	10.59	4.23	11.45	4.58	12.33	4.93	13.21	5.28
220	10.25	4.51	11.12	4.89	11.99	5.28	12.88	5.67
240	9.96	4.78	10.83	5.20	11.70	5.62	12.59	6.04
260	9.71	5.05	10.57	5.50	11.45	5.95	12.33	6.41
280	9.48	5.31	10.34	5.79	11.22	6.28	12.10	6.78
300	9.28	5.57	10.14	6.08	11.01	6.61	11.89	7.14

U_o	5.0		6.0		7.0		8.0	
N_g	U	q	U	q	U	q	U	q
320	9.09	5.82	9.95	6.37	10.83	6.93	11.71	7.49
340	8.92	6.07	9.78	6.65	10.66	7.25	11.54	7.84
360	8.77	6.31	9.63	6.93	10.56	7.56	11.38	8.19
380	8.63	6.56	9.49	7.21	10.36	7.87	11.24	8.54
400	8.49	6.80	9.35	7.48	10.23	8.18	11.10	8.88
420	8.37	7.03	9.23	7.76	10.10	8.49	10.98	9.22
440	8.26	7.27	9.12	8.02	9.99	8.79	10.87	9.56
460	8.15	7.50	9.01	8.29	9.88	9.09	10.76	9.90
480	8.05	7.73	9.91	8.56	9.78	9.39	10.66	10.23
500	7.96	7.96	8.82	8.82	9.69	9.69	10.56	10.56
550	7.75	8.52	8.61	9.47	9.47	10.42	10.35	11.39
600	7.56	9.08	8.42	10.11	9.29	11.15	10.16	12.20
650	7.40	9.62	8.26	10.74	9.12	11.86	10.00	13.00
700	7.26	10.16	8.11	11.36	8.98	12.57	9.85	13.79
750	7.13	10.69	7.98	11.97	8.85	13.27	9.72	14.58
800	7.01	11.21	7.86	12.58	8.73	13.96	9.60	15.36
850	6.90	11.73	7.75	13.18	8.62	14.65	9.49	16.14
900	6.80	12.24	7.66	13.78	8.52	15.34	9.39	16.91
950	6.71	12.75	7.56	14.37	8.43	16.01	9.30	17.67
1000	6.63	12.26	7.48	14.96	8.34	16.69	9.22	18.43
1100	6.48	14.25	7.33	16.12	8.19	18.02	9.06	19.94
1200	6.35	15.23	7.20	17.27	8.06	19.34	8.93	21.43
1300	6.23	16.20	7.08	18.41	7.94	20.65	8.81	22.91
1400	6.13	17.15	6.98	19.53	7.84	21.95	8.71	24.38
1500	6.03	18.10	6.88	20.65	7.74	23.23	8.61	25.84
1600	5.95	19.04	6.80	21.76	7.66	24.51	8.53	27.28
1700	5.87	19.97	6.72	22.85	7.58	25.77	8.45	28.72
1800	5.80	10.89	6.65	23.94	7.51	27.03	8.38	30.15
1900	5.74	21.80	6.59	25.03	7.44	28.29	8.31	31.58
2000	5.68	22.71	6.53	26.10	7.38	29.53	8.25	33.00
2200	5.57	24.51	6.42	28.24	7.27	32.01	8.14	35.81
2400	5.48	26.29	6.32	30.35	7.18	34.46	8.04	38.60
2600	5.39	28.05	6.24	32.45	7.10	36.89	N_g=2500	
2800	5.32	29.80	6.17	34.52	7.02	39.31	U=8.00	
3000	5.25	31.35	6.10	36.59	N_g=2857		q=40.00	
3200	5.19	33.24	6.04	38.64	U=7.00		—	—
3400	5.14	34.95	N_g=3333		q=40.00		—	—
3600	5.09	36.64	U=6.00		—	—	—	—
3800	5.04	38.33	q=40.00		—	—	—	—
4000	5.00	40.00	—		—	—	—	—

附录 F 饮用水嘴同时使用数量计算

F.0.1 当计算管段上饮水水嘴数量 $n_o \leqslant 24$ 个时，同时使用数量 m 可按表 F.0.1 取值。

表 F.0.1 计算管段上饮水水嘴数量 $n_o \leqslant 24$ 个时的 m 值

水嘴数量 n_o（个）	1	2	3~8	9~24
使用数量 m（个）	1	2	3	4

F.0.2 当计算管段上饮水水嘴数量 $n_o > 24$ 个时，同时使用数量 m 按表 F.0.2 取值。

表 F.0.2 计算管段上饮水水嘴数量 $n_o > 24$ 个时的 m 值（个）

n_o ＼ P_o	0.010	0.015	0.020	0.025	0.030	0.035	0.040	0.045	0.050	0.055	0.060	0.065	0.070	0.075	0.080	0.085	0.090	0.095	0.100
25	—	—	—	—	—	4	4	4	4	5	5	5	5	5	6	6	6	6	6
50	—	—	4	4	5	5	6	6	7	7	7	8	8	9	9	9	10	10	10
75	—	4	5	6	6	7	8	8	9	9	10	10	11	11	12	13	13	14	14
100	4	5	6	7	8	8	9	10	11	11	12	13	13	14	15	16	16	17	18
125	4	6	7	8	9	10	11	12	13	13	14	15	16	17	18	18	19	20	21
150	5	6	8	9	10	11	12	13	14	15	16	17	18	19	20	21	22	23	24
175	5	7	8	10	11	12	14	15	16	17	18	20	21	22	23	24	25	26	27
200	6	7	9	11	12	14	15	16	18	19	20	22	23	24	25	27	28	29	30
225	6	8	10	12	13	15	16	18	19	21	22	24	25	27	28	29	31	32	34
250	7	8	11	13	15	16	18	19	21	23	24	26	27	29	31	32	34	35	37
275	7	9	12	14	15	17	19	21	23	25	26	28	30	31	33	35	36	38	40
300	8	10	12	14	16	18	21	22	24	25	28	30	32	34	36	37	39	41	43
325	8	11	13	15	17	20	22	24	26	28	30	32	34	36	38	40	42	44	46
350	8	11	14	16	19	21	23	25	28	30	32	34	36	38	40	42	45	47	49
375	9	12	14	17	20	22	24	27	29	32	34	36	38	41	43	45	47	49	52
400	9	12	15	18	21	23	26	28	31	33	36	38	40	43	45	48	50	52	55
425	10	13	16	19	22	24	27	30	32	35	37	40	43	45	48	50	53	55	57
450	10	13	17	20	23	25	28	31	34	37	39	42	45	47	50	53	55	58	60
475	10	14	17	20	24	27	30	33	35	38	41	44	47	50	52	55	58	61	63
500	11	14	18	21	25	28	31	34	37	40	43	46	49	52	55	58	60	63	66

注：P_o 为水嘴同时使用概率。

F.0.3 水嘴同时使用概率可按下式计算：

$$P_o = \frac{\alpha q_d}{1800 n_o q_o} \qquad (\text{F.0.3})$$

式中：α——经验系数，住宅楼取 0.22，办公楼取 0.27，教学楼取 0.45，旅馆取 0.15；

q_d——系统最高日直饮水量（L/d）；

n_o——水嘴数量（个）；

q_o——水嘴额定流量。

注：当 n_o 值与表中数据不符时，可用差值法求得 m。

本规范用词说明

1 为便于在执行本规范条文时区别对待，对要求严格程度不同的用词说明如下：

1）表示很严格，非这样做不可的：

正面词采用"必须"，反面词采用"严禁"；

2）表示严格，在正常情况下均应这样做的：

正面词采用"应"，反面词采用"不应"或"不得"；

3）表示允许稍有选择，在条件许可时首先应这样做的：

正面词采用"宜"，反面词采用"不宜"；

4）表示有选择，在一定条件下可以这样做的，采用"可"。

2 条文中指明应按其他有关标准执行的写法为："应符合……的规定"或"应按……执行"。

引用标准名录

《室外排水设计规范》GB 50014
《建筑设计防火规范》GB 50016
《人民防空地下室设计规范》GB 50038
《高层民用建筑设计防火规范》GB 50045
《民用建筑太阳能热水系统应用技术规范》GB 50364
《地源热泵系统工程技术规范》GB 50366
《建筑与小区雨水利用技术规范》GB 50400
《城市区域环境噪声标准》GB 3096
《海水水质标准》GB 3097
《地表水环境质量标准》GB 3838
《生活饮用水卫生标准》GB 5749
《民用建筑隔声设计规范》GB 10070
《医疗机构水污染物排放标准》GB 18466
《工业企业设计卫生标准》GBZ 1
《设备及管道保冷技术通则》GB/T 11790
《城市污水再生利用 城市杂用水水质》GB/T 18920
《饮用净水水质标准》CJ 94
《节水型生活用水器具》CJ 164
《游泳池水质标准》CJ 244

中华人民共和国国家标准

建筑给水排水设计规范

GB 50015—2003

（2009 年版）

条 文 说 明

目　次

1 总 则

1.0.2 本条是原规范条文的修改,明确了本规范的适用范围。随着我国诸如会展区、金融区、高新科技开发区、大学城等兴建,形成以展馆、办公楼、教学楼等为主体,以为其配套的服务行业建筑为辅的公建区。公建小区给排水设计属于建筑给排水设计范畴,公建小区给排水设计亦应符合国家标准《建筑给水排水设计规范》的要求,为此,在规范局部修订之际,将公建小区给排水设计主要内容列入本规范。另雨水利用已有国家标准《建筑与小区雨水利用技术规范》GB 50400,本规范不重复其相关内容。

3 给 水

3.1 用水定额和水压

3.1.4 目前各地为促进城市可持续发展、加强城市生态环境建设、创造良好的人居环境,以种植树木和植物造景为主,努力建成景观优美的绿地,建设山清水秀、自然和谐的山水园林城市。在各工程项目的设计中绿化浇灌用水量占有一定的比重。充分利用当地降水、采用节水浇灌技术是绿化浇灌节水的重要措施。确定绿化浇灌用水定额涉及的因素较多,本条提供的数据仅根据以往工程的经验提出,由于我国幅员辽阔,各地应根据当地不同的气候条件、种植的植物种类、土壤理化性状、浇灌方式和制度等因素综合确定。

3.1.10 表 3.1.10 中将宿舍单列。根据工程反馈的信息,宿舍用水时间特别集中,经收集到的论文和测试资料分析,供水不足的现象主要集中在宿舍设置集中或相对集中的盥洗间和卫生间,并且供水不足的原因不仅采用用水疏散型平方根法流量计算公式,其用水定额 q_L、小时变化系数 K_h 偏小也是原因之一,为此作如下修订:

1 宿舍用水定额单列,并适当提高用水量标准和 K_h 值系数;

2 宿舍分类按国家现行标准《宿舍建筑设计规范》JGJ 36—2005 进行分类:

Ⅰ类——博士研究生、教师和企业科技人员,每居室 1 人,有单独卫生间;

Ⅱ类——高等院校的硕士研究生,每居室 2 人,有单独卫生间;

Ⅲ类——高等院校的本、专科学生,每居室 3 人～4 人,有相对集中卫生间;

Ⅳ类——中等院校的学生和工厂企业的职工,每居室 6 人～8 人,集中盥洗卫生间。

根据反馈意见在表 3.1.10 中增列了酒店式公寓、图书馆、书店、会展中心的用水定额。

3.1.13 传统的洗车方法用清水冲洗后,水就排入排水管道,既增加了洗车成本,又大量浪费水资源。近年来随着我国汽车工业的蓬勃发展和车辆的家庭普及,以及各地政府加强了节约用水管理,

一些既节水又环保的洗车方式纷纷出现。表 3.1.13 删除了消耗水量大的软管冲洗方式的用水定额,补充了微水冲洗、蒸汽冲洗等节水型冲洗方式的用水定额。

3.1.14 由于给水配件构造的改进与更新,出现了更舒适、更节水的卫生器具。当选用的卫生器具的给水额定流量和最低工作压力与本表不相符时,可按产品要求设计。故增加了表 3.1.14 注 5。

3.1.14A 中华人民共和国城镇建设行业标准《节水型生活用水器具》CJ 164—2002 已于 2002 年 10 月 1 日起正式实施,节水型生活用水器具是指"满足相同的饮用、厨用、洁厕、洗浴、洗衣等用水功能的前提下,较同类常规产品能减少用水量的器件、用具"。针对水嘴(水龙头)、便器及便器系统、便器冲洗阀、淋浴器、家用洗衣机等五种常用的生活用水器具的流量(或用水量)的上限作出了相应的规定。

3.1.14B、3.1.14C 洗手盆感应式水嘴和小便器感应式冲洗阀在离开使用状态后,在一定时间内会自动断水,用于公共场所的卫生间时不仅节水,而且卫生。洗手盆自闭式水嘴和小便器延时自闭式冲洗阀可限定每次给水量和给水时间的功能具有较好的节水性能。

3.2 水质和防水质污染

3.2.2 现行国家标准《城市污水再生利用 城市杂用水水质》GB/T 18920 是在原城镇建设行业标准《生活杂用水水质标准》CJ/T 48—1999 的基础上制定的,并在该标准实施之日起将原城镇建设行业标准 CJ/T 48—1999 同时废止。本条作相应修改。

3.2.3 所谓自备水源供水管道,即设计工程基地内设有一套从水源(非城镇给水管网,可以是地表水或地下水)取水,经水质处理后供基地内生活、生产和消防用水的供水系统。

城市给水管道(即城市自来水管道)严禁与用户的自备水源的供水管道直接连接,这是国际上通用的规定。当用户需要将城市给水作为自备水源的备用水或补充水时,只能将城市给水管道的水放入自备水源的贮水(或调节)池,经自备系统加压后使用。放水口与水池溢流水位之间必须有有效的空气隔断。

本规定与自备水源水质是否符合或优于城市给水水质无关。

3.2.3A 用生活饮用水作为中水、回用雨水补水时,不应用管道连接(即使装倒流防止器也不允许),应补入中水、回用雨水贮存池内,且应有本规范第 3.2.4C 条规定的空气间隙。

3.2.4 造成生活饮用水管内回流的原因具体可分为虹吸回流和背压回流两种情况。虹吸回流是由于供水系统供水端压力降低或产生负压(真空或部分真空)而引起的回流。例如,由于附近管网救火、爆管、修理造成的供水中断。背压回流是由于供水系统的下游压力变化,用水端的水压高于供水端的水压,出现大于上游压力而引起的回流,可能出现在热水或压力供水等系统中。例如,锅炉的供水压力低于锅炉的运行压力时,锅炉内的水会回流入供水管道。因为回流现象的产生而造成生活饮用水系统的水质劣化,称之为回流污染,也称倒流污染。

防止回流污染产生的技术措施一般可采用空气隔断、倒流防止器、真空破坏器等措施和装置。

3.2.4A 本条文明确对于卫生器具或用水设备的防止回流污染要求。已经从配水口流出的并经洗涤过的污废水,不得因生活饮用水水管产生负压而被吸回生活饮用水管道,使生活饮用水水质受到严重污染,这种事故是必须严格防止的。

3.2.4B 本条文明确了生活饮用水水池(箱)补水时的防止回流污染要求。本条文空气间隙仍以高出溢流边缘的高度来控制。对于管径小于 25mm 的进水管,空气间隙不能小于 25mm;对于管径在 25mm～150mm 的进水管,空气间隙等于管径;管径大于 150mm 的进水管,空气间隙可取 150mm,这是经过测算的,当进水管径为 350mm 时,喇叭口上的溢流水深约为 149mm。而建筑给水水池(箱)进水管管径大于 200mm 者已少见。生活饮用水水池(箱)进水管采用淹没出流的目的是为了降低进水的噪声,但如

果进水管不采取相应的技术措施会产生虹吸回流。如在进水管顶安装真空破坏器。

3.2.4C 本条文明确了消防水、中水和雨水回用水池(箱)补水时的防止回流污染要求。贮存消防用水的贮水池(箱)内贮水的水质虽低于生活饮用水水池(箱),但与本规范第3.2.4A条中"卫生器具和用水设备"内的"液体"或"杂质"是有区别的,同时消防水池补水管的管径较大,因此进水管口的最低点高出溢流边缘的空气间隙高度控制在不小于150mm。

3.2.5 本条的规定属城镇生活饮用水管道与小区或建筑物的生活饮用水管道连接。第1款补充了有两路进水的建筑物。第2款系针对叠压供水系统。第3款针对商用有温有压容器设备的,住宅户内使用的热水机组(含热水器、热水炉)不受本条款约束。如果建筑小区引入管上已设置了防回流设施(即空气间隙、倒流防止器),可在小区内商用有温有压容器设备的进水管上重复设置。

3.2.5A 本条规定属于生活饮用水与消防用水管道的连接。第1款中接出消防管道不含室外生活饮用水给水管道接出的室外消火栓那一段短管。第2款是对小区生活用水与消防用水合用贮水池中抽水的消防水泵,由于倒流防止器阻力较大,水泵吸程有限,故倒流防止器可装在水泵的出水管上。

3.2.5B 本条为新增条文。属于生活饮用水与有害有毒污染的场所和设备的连接。第1款是关于与设备、设施的连接;第2款是关于有害有毒污染的场所。实施双重设防要求,目的是防止防护区域内交叉污染。

3.2.5C 本条为新增条文。生活饮用水给水管道中存在负压虹吸回流的可能,而解决方法就是设真空破坏器,消除管道内真空度而使其断流。在本条第1款~第4款所提到的场合中均存在负压虹吸回流的可能性。

3.2.5D 本条规定了倒流防止设施选择原则,系参考了国外回流污染危险等级,根据我国倒流防止器产品市场供应情况确定。

防止回流污染可采取空气间隙、倒流防止器、真空破坏器等措施和装置。选择防回流设施要考虑的因素有:

1 回流性质:

1)虹吸回流,系正常供水出口端为自由出流(或末端有控制调节阀),由于供水端突然失压等原因产生一定真空度,使其下游端的卫生器具或容器等使用过的水或被污染了的水回流到供水管道系统;

2)背压回流,由于水泵、锅炉、压力罐等增压设施或高位水箱等末端水压超过供水管道压力时产生的回流。

2 回流而造成危害程度。本规范参照国内外标准基础上确定低、中、高三档:

1)低危险级:回流造成损害不至于危害公众健康,对生活饮用水在感官上造成不利影响;

2)中危险级:回流造成对公众健康有潜在损害;

3)高危险级:回流造成对公众生命和健康产生严重危害。

生活饮用水回流污染危害程度划分和倒流防止设施的选择详见本规范附录表A.0.1、A.0.2。

3.2.6 国家标准《二次供水设施卫生规范》GB 17051—1997第5.2条规定:"二次供水设施管道不得与大便器(槽)、小便斗直接连接,须采用冲洗水箱或用空气隔断冲洗阀。"本条文与该标准协调一致,严禁生活饮用水管道与大便器(槽)采用普通阀门直接连接冲洗。

3.2.7 主要针对生活饮用水水质安全的重要性而提出的规定。由于有毒污染的危害性较大,有毒污染区域内的环境情况较为复杂,一旦穿越有毒污染区域内的生活饮用水管道产生爆管、维修等情况,极有可能会影响与之连接的其他生活饮用水管道内的水质安全,在规划和设计过程中应尽量避开。当无法避免时,可采用独立明管铺设,加强管材强度和防腐蚀、防冻等级,避开道路设置等减少管道损坏和便于管理的措施;重点管理和监护。

3.2.8 本条局部修订只局限于供单体建筑生活水箱(池)与消防水箱(池)必须分开设置。

3.2.8A 本条为新增条文。规定了小区生活贮水池与消防贮水池合并设置的条件,两个条件必须同时满足方能合并。小区生活贮水池有效容积按本规范第3.7.2条第1款的要求确定。

3.2.9 国家标准《二次供水设施卫生规范》17051—1997第5.5条规定:"蓄水池周围10m以内不得有渗水坑和堆放的垃圾等污染源。水箱周围2m内不应有污水管线及污染物。"本条文与该标准协调一致。

3.2.10 本条对生活饮用水水池(箱)体结构要求:明确与建筑本体结构完全脱开,生活饮用水水池(箱)体不论什么材质均应与其他用水池(箱)不共用分隔墙。本次局部修订删除了"隔墙与隔墙之间应有排水措施"的要求。

3.2.11 位于地下室的生活饮用水池设在专用房间内,有利于水池配管及仪表的保护,防止非管理人员误操作而引发事故。生活饮用水贮水池上方,应是洁净且干燥的用房,不应设置厕所、浴室、盥洗室、厨房、污水处理间等需经常冲洗地面的用房,以免楼板产生渗漏时污染生活饮用水水质。

3.2.12 本条贯彻执行现行国家标准《生活饮用水卫生标准》GB 5749,规定给水配件取水达标的要求。加强二次供水防污措施,将水池(箱)的构造和配管的有关要求归纳后分别列出。

1 人孔的盖与盖座之间的缝隙是昆虫进入水池(箱)的主要通道,人孔盖与盖座要吻合和紧密,并用富有弹性的无毒发泡材料嵌在接缝处。暴露在外的人孔盖要有锁(外围有围护措施,已能防止非管理人员进入者除外)。

通气管口和溢流管是外界生物入侵的通道,所谓生物指由空气中灰尘携带(细菌、病毒、孢子)、蚊子、爬虫、老鼠、麻雀等,这些是造成水箱(池)的水质污染因素之一,所以要采取过滤、隔断等防生物入侵的措施。

2 进水管要在高出水池(箱)溢流水位以上进入水池(箱),是为了防止进水管出现压力倒流或破坏进水管可能出现虹吸倒流时管内真空的需要。

以城市给水作为水源的消防贮水池(箱),除本条第1款只需防昆虫、老鼠等入侵外,第2、3、5款的规定也可适用。

设置在地下室中的水池,尤其是设置在地下二层或以下的水池,当池中的最高水位比建筑物的给水引入管管底低300mm以上时,此水池可被认为不会产生虹吸倒流。

3.2.13 水池(箱)内的水停留时间超过48h,一般被认为水中的余氯已挥发完了,故应进行再消毒。本规范与现行国家标准《二次供水设施卫生规范》GB 17051的要求一致。

3.2.14 这是为了防止误饮误用,国内外相关法规中都有此规定。一般做法是挂牌,牌上写上"非饮用水"、"此水不能喝"等字样,还应配有英文,如"No Drinking"或"Can't Drinking Water"。

3.3 系 统 选 择

3.3.1A 合理地利用水资源,避免水的损失和浪费,是保证我国国民经济和社会发展的重要战略问题。建筑给水设计时应贯彻减量化、再利用、再循环的原则,综合利用各种水资源。

3.3.2A 管网叠压供水设备是近年来发展起来的一种新的供水设备,具有可利用城镇给水管网的水压而节约能耗,设备占地较小,节省机房面积等优点,在工程中得到了一定的应用。但是作为供水设备的一种形式,叠压供水设备也是有其特定的使用条件和技术要求。

1 叠压供水设备在城镇给水管网能满足用户的流量要求,而不能满足所需的水压要求,设备运行后不会对管网的其他用户产生不利影响的地区使用。各地供水行政主管部门(如水务局)及供水部门(如自来水公司)会根据当地的供水情况提出使用条件要求,北京市、天津市等均有具体的规定和要求。中国工程建设协会标准《管网叠压供水技术规程》CECS 221第3.0.5条对此也作了明确的规定:"供水管网经常性停水的区域;供水管网可资利用水头过低的区域;供水管网供水压力波动过大的区域;使用管网叠压供水设备后,对周边现有(或规划)用户用水会造成严重影响的区域;现有供水管网供水总量不能满足用水需求的区域;供水管网管径偏小的区域;供水行政主管部门及供水部门认为不宜使用管网叠压供水设备的其他区域"等七种区域不得采用管网叠压供水技术。因此,当采用叠压供水设备直接从城镇给水管网吸水的设计方案时,要遵守当地供水行政主管部门及供水部门的有关规定,并将设计方案报请该部门批准认可。未经当地供水行政主管部门及供水部门的允许,不得擅自在城市供水管网中设置、使用管网叠压供水设备。

2 由于城镇给水管网的压力是波动的,而小区供水系统的所需水量也发生着变化,为保证管网叠压供水设备的节能效果,宜采用变频调速泵组加压供水。在确定叠压供水装置水泵扬程以城镇供水管网限定的最低水压为依据,此水压值各地水部门都有规定,更不允许出现负压。叠压供水装置中设置许多保护装置,在受到城镇供水工况变化的影响,保护装置作用造成断水,这应该采取措施,避免供水中断。

补充了注的规定。充分利用城镇供水的资用水头。

3 为应对城镇供水工况变化的影响,当城镇给水管网压力下降至最低设定时,防止叠压供水设备对附近其他用户的影响及小区供水安全,部分叠压供水设备在水泵吸水管一侧设置调节水箱。由城镇给水管网接入的引入管,同时与水泵吸水口和调节水箱进水浮球阀连接,而水泵吸水口同时与城镇给水管网引入管和调节水箱连接。正常情况下水泵直接从城镇给水管网吸水加压后向小区给水系统供水,当城镇供水管网压力下降至最低设定值时,关闭城镇供水管引入管上的阀门,水泵从调节水箱吸水加压后向室内系统供水,从而达到向小区给水系统不间断供水的要求。但是,在选用这类设备时,要注意水泵的实际工况对供水安全和节能效果的影响。如水泵从调节水箱吸水时,水泵的扬程必须满足最不利用水点的压力;而当城镇管网串联加压时,由于城镇管网的余压,变频调速泵组的实际扬程要比前者小。因此,叠压供水设备选型时变频调速泵组的扬程应以城镇供水最不利水压确定,同时应校核调节水箱的最低水位时变频调速泵组的工作点仍应在高效区内,并且关注叠压泵组对所需提升水压值不高的多层建筑供水系统运行时的安全性。同时,低位贮水池有效贮存容积为城镇供水管网限定的最低水压以下时段(不能叠压供水)小区所需用水量,以策安全供水。由于城镇供水工况变化莫测,低位贮水池的水可能得不到更新而变质,所以规定贮水在水箱中停留时间不得超过12h。

4 由于叠压供水设备有其特定的使用条件和技术要求,应符合现行国家和行业标准的要求。

3.3.3 建筑物内给水系统除要按不同使用性质或计费的给水系统在引入管后分成各自独立的给水管网,还要在条件许可时采用分质供水,充分利用中水、雨水回用等再生水资源;尽可能利用室外给水管网的水压直接供水;给水系统的竖向分区应根据建筑物用途、层数、使用要求、材料设备性能、维护管理、节约供水能耗等因素综合确定。

3.3.5 高层建筑生活给水系统竖向分区要根据建筑物用途、建筑高度、材料设备性能等因素综合确定。分区供水的目的不仅为了防止损坏给水配件,同时可避免过高的供水压力造成用水不必要的浪费。

对供水区域较大多层建筑的生活给水系统,有时也会出现超出本条分区压力的规定。一旦产生入户管压力、最不利点压力等超出本条规定时,也要满足本条文的有关规定采取相应的技术措施。

3.3.5A 本条为新增内容,系与国家标准《住宅建筑规范》GB 50368—2005有关内容相协调。

3.3.6 建筑高度不超过100m的高层建筑,一般低层部分采用市政水压直接供水,中区和高区优先采用加压至屋顶水箱(或分区水箱),再自流分区减压供水的方式,也可采用一组调速泵供水,这就是垂直分区并联供水系统,分区内再用减压阀局部调压。

对建筑高度超过100m的高层建筑,若仍采用并联供水方式,其输水管道承压过大,存在不安全隐患,而串联供水可化解此矛盾。垂直串联供水可设中间转输水箱,也可不设中间转输水箱,在采用调速泵组供水的前提下,中间转输水箱已失去调节水量的功能,只剩下防止水压回传的功能,而此功能可用管道倒流防止器替代。不设中间转输水箱,又可减少一个水质污染的环节和节省建筑面积。

3.4 管材、附件和水表

3.4.1 在工程建设给水系统中使用的管材、管件,必须符合现行产品标准的要求。

管件的允许工作压力,除取决于管材、管件的承压能力外,还与管道接口能承受的拉力有关。这三个允许工作压力中的最低者,为管道系统的允许工作压力。

3.4.2 埋地的给水管道,既要承受管内的水压力,又要承受地面荷载的压力。管内壁要耐水的腐蚀,管外壁要耐地下水及土壤的腐蚀。目前使用较多的有塑料给水管,球墨铸铁给水管,有衬里的铸铁给水管。当必须使用钢管时,要特别注意钢管的内外防腐处理,防腐处理常见的有衬塑、涂塑或涂防腐涂料(注意:镀锌层不是防腐层,而是防锈层,所以镀锌钢管也必须做防腐处理)。

3.4.3 室内的给水管道,选用时应考虑其耐腐蚀性能,连接方便可靠,接口耐久不渗漏,管材的温度变形,抗老化性能等因素综合确定。当地主管部门对给水管材的采用有规定时,应予遵守。

可用于室内给水管道的管材品种很多,纯塑料的塑料管和薄壁(或薄层)金属与塑料复合的复合管材均被视为塑料类管材。薄壁铜管,薄壁不锈钢管,衬(涂)塑钢管被视为金属管材。各种新型的给水管材,大多编制有推荐性技术规程,可为设计、施工安装和验收提供依据。

根据工程实践经验,塑料给水管由于线胀系数大,又无消除线胀的伸缩节,用作高层建筑给水立管,在支管连接处累积变形大,容易断裂漏水。故立管推荐采用金属管或钢塑复合管。

3.4.4 给水管道上的阀门的工作压力等级,应等于或大于其所在管段的管道工作压力。阀门的材质,必须耐腐蚀,经久耐用。镀铜的铁杆、铁芯阀门,不应使用。

3.4.5 本条第5款中删除了关于在"配水支管上配水点在3个及3个以上时应设置"阀门的要求。本规范2003版第3.4.5条第5款的要求在住户、公用卫生间等接出的配水管末端,接有3个及3个以上配水点的支管上设置阀门,导致设置阀门过多。

3.4.6 调节阀是专门用于调节流量和压力的阀门,常用在需调节流量或水压的配水管段上。

蝶阀,尤其是小口径的蝶阀,其阀瓣占据流道截面的比例较大,故水流阻力较大。且易挂积杂物和纤维。

水泵吸水管的阻力大小对水泵的出水流量影响较大,故宜采用闸板阀。球阀和半球阀的过水断面为全口径,阻力最小。

多功能阀兼有闸阀和止回的功能,故一般装在口径较大的水泵的出水管上。

截止阀内的阀芯,有控制并截断水流的功能,故不能安装在双向流动的管段上。

3.4.7 止回阀只是引导水流单向流动的阀门,不是防止倒流污染的有效装置。此概念是选用止回阀还是选用管道倒流防止器的原则。管道倒流防止器具有止回阀的功能,而止回阀则不具备管道倒流防止器的功能,所以设有管道倒流防止器后,就不需再设止回阀。

1 此款明确只在直接从城镇给水管接入的引入管上。

2 此款明确密闭的水加热器或用水设备的进水管上,应设置止回阀(如根据本规范3.2.5条已设置倒流防止器,不需再设止回阀)。由于住宅使用的热水机组容积均较小,无热水循环时发生倒流的可能性较小,故住宅户内没有设置热水循环的贮水容积不大于200L的热水机组,可不设止回阀。

4 此款明确了水箱、水塔当进出水管为一条时,为防止底部进水,在底部出水的管段上应装止回阀。

3.4.8 本条列出了选择止回阀阀型时应综合考虑的因素。

止回阀的开启压力与止回阀关闭状态时的密封性能有关,关闭状态密封性好的,开启压力就大,反之就小。

开启压力一般大于开启后水流正常流动时的局部水头损失。

速闭消声止回阀和阻尼缓闭止回阀都有削弱停泵水锤的作用,但两者削弱停泵水锤的机理不同,一般速闭消声止回阀用于小口径水管,阻尼缓闭止回阀用于大口径水泵。

止回阀的阀瓣或阀芯,在水流停止流动时,应能在重力或弹簧力作用下自行关闭,也就是说重力或弹簧力的作用方向与阀瓣或阀芯的关闭运动方向要一致,才能使阀瓣或阀芯关闭。一般来说卧式升降式止回阀和阻尼缓闭止回阀及多功能阀只能安装在水平管上,立式升降式止回阀不能安装在水平管上,其他的止回阀均可安装在水平管上或水流方向自下而上的立管上。水流方向自上而下的立管,不应安装止回阀,因其阀瓣不能自行关闭,起不到止回作用。止回阀在使用中应满足在管网最小压力或水箱最低水位应能自动开启。

3.4.8A、3.4.8B 新增条文。正确的设置位置是保证管道倒流防止器和真空破坏器使用的重要保证条件。本条系引用国外标准中对倒流防止器和真空破坏器设置要求。从倒流防止器和真空破坏器本身安全卫生防护要求确定的。

3.4.9 本条规定是为了防止给水管网使用减压阀后可能出现的安全隐患。

1 限制比例式减压阀的减压比和可调式减压阀的减压差,是为了防止阀内产生汽蚀损坏减压阀和减少振动及噪声。本条第1款补充了减压比较大及减压压差较大时采取的措施。

2 防止减压阀失效时,阀后卫生器具给水栓受损坏。

3 阀前水压稳定,阀后水压才能稳定。

4 减压阀并联设置的作用只是为了当一个阀失效时,将其关闭检修,使管路不需停水检修。减压阀若设旁通管,因旁通管上的阀门渗漏会导致减压阀减压作用失效,故不得设置旁通管。

3.4.11 泄压阀的泄流量大,给水管网超压是因管网的用水量太少,使向管网供水的水泵的工作点上移而引起的,泄压阀的泄水动作压力比供水水泵的最高供水压力小,泄压时水泵仍不断将水供入管网,所以泄压阀动作时是要连续泄水,直到管网用水量等于泄水量时才停止泄水复位。泄压阀的泄水流量要按水泵H-Q特性曲线上泄压压力对应的流量确定。

生活给水管网出现超压的情况,只有在管网采用额定转速水泵直接供水时(尤其是直接串联供水时)出现。

泄压水排入非生活用水水池,既可利用水池存水消能,也可避免水的浪费;如直接排入雨水道,要有消能措施,防止冲坏连接管和检查井。

3.4.12 安全阀的泄流量很小,适用于压力容器因超温引起的超压泄压,容器的进水压力小于安全阀的泄压动作压力,故在泄压时没有补水进入容器,所以安全阀只要泄走少量的水,容器内的压力即可下降恢复正常。泄压口接管将泄压水(汽)引至安全地点排放,是为了防止高温水(汽)烫伤人。

3.4.15 给水管道系统如果串联重复设置管道过滤器,不仅增加工程费用,而且增加了阻力需消耗更多的能耗。因此,当在减压阀、自动水位控制阀、温度调节阀等阀件前,已设置了管道过滤器,则

水加热器的进水管和水泵吸水管等处的管道过滤器可不必再设置。

3.4.18 本条文删除了原第1款。水表直径的确定应按原第2款~第4款的计算结果,《建筑给水排水设计规范》97版第2.5.8A条也无此要求,如将"宜"放在第1款易造成误解,故删除。

国家产品标准《封闭满管道中水流量的测量饮用冷水水表和热水水表 第1部分:规范》GB/T 778.1—2007等效采用ISO 4064.1—2005的技术内容。其名词术语也与原GB 778—84不同。用"常用流量"替代原来"额定流量";"过载流量"替代"最大流量"。

常用流量系水表在正常工作条件即稳定或间隙流动下,最佳使用流量。对于用水量在计算时段时用水量相对均匀的给水系统,如用水量相对集中的工业企业生活、公共浴室、洗衣房、公共食堂、体育场等建筑物,用水密集,其设计秒流量与最大小时平均流量折算成秒流量相差不大,应以设计秒流量来选用水表的常用流量;而对于住宅、旅馆、医院等用水疏散型的建筑物,其设计秒流量系最大日最大时中某几分钟高峰用水时段的平均秒流量,如按此选用水表的常用流量,则水表很多时段均在比常用流量小或小得很多的情况下运行;且水表口径选得很大。为此,这类建筑宜按给水系统的设计秒流量选用水表的过载流量较合理。

居住小区由于人数多、规模大,虽然按设计秒流量计算,但已接近最大用水时的平均秒流量。以此流量选择小区引入管水表的常用流量。如引入管为2条及2条以上时,则应平均分摊流量。该生活给水设计流量还应按消防规范的要求叠加区内一次火灾的最大消防流量校核,不应大于水表的过载流量。

3.5 管道布置和敷设

3.5.1 将本条后半段有关引入管流量的规定移至3.6节归并。

3.5.2 居住小区室外管线要进行管线综合设计,管线与管线之间、管线与建筑物或乔木之间的最小水平净距,以及管线交叉敷设时的最小垂直净距,应符合附录B的要求。当小区内的道路宽度小,管线在道路下排列困难时,可将部分管线移至绿地内。

3.5.2A 本条系新增条文,根据国家标准《室外给水排水设计规范》GB 50013—2006第7.3.6条的规定,并根据小区道路狭窄的特点,不具体规定钢套管伸出与排水管交叉点的长度。

3.5.5 原条文关于"室内冷、热水管垂直平行敷设时,冷水管应在热水管右侧"的要求不够严谨,一些设计人员反映难以把握。因此本条文作了修改,明确为卫生器具进水接管时,冷水的连接管应在热水连接管的右侧。

3.5.8 本条规定室内给水管道敷设的位置不能由于管道的漏水或结露产生的凝结水造成对安全的严重隐患,产生对财物的重大损害。

遇水燃烧物质系指凡是能与水发生剧烈反应放出可燃气体,同时放出大量热量,使可燃气体温度猛升到自燃点,从而引起燃烧爆炸的物质,都称为遇水燃烧物质。遇水燃烧物质按遇水或受潮后发生反应的强烈程度及其危害的大小,划分为两个级别:

一级遇水燃烧物质,与水或酸反应时速度快,放出大量的易燃气体,热量大,极易引起自燃或爆炸。如锂、钠、钾、铷、锶、铯、钡等金属及其氢化物等。

二级遇水燃烧物质,与水或酸反应时的速度比较缓慢,放出的热量也比较少,产生的可燃气体,一般需要有水源接触,才能发生燃烧或爆炸。如金属钙、氢化铝、硼氢化钾、锌粉等。

在实际生产、储存与使用中,将遇水燃烧物质都归为甲类火灾危险品。在储存危险品的仓库设计中,应避免将给水管道(含消防给水管道)布置在上述危险品堆放区域的上方。

3.5.12 塑料给水管道在室内明装敷设时易受碰撞而损坏,也发生过被人为割伤,尤其是设在公共场所的立管更易受此威胁,因此提倡在室内暗装。另一方面,在室内虽一般不受到阳光直射(除了

位置不当），但暴露在光线下和流通的空气中仍比暗装时易老化。立管不在管井或管廊内敷设时，可在管外加套管，或覆盖铁丝网后用水泥砂浆封闭。户内支管可采用直埋在楼（地）面垫层或墙体管槽内。

3.5.13 塑料给水管道不得布置在灶台上边缘，是为了防止炉灶口喷出的火焰及辐射热损坏管道。燃气热水器虽无火焰喷出，但其燃烧部位外面仍有较高的辐射热，所以不应靠近。

塑料给水管道不应与水加热器或热水炉直接连接，以防炉体或加热器的过热温度直接传给管道而损害管道，一般应经不少于0.4m的金属管过渡后再连接。

3.5.16 给水管道因温度变化而引起伸缩，必须予以补偿，过去因使用金属管材，其线膨胀系数较小，在管道直线长度不大的情况下，伸缩量不大而不被重视。在给水管采用塑料管时，塑料管的线膨胀系数是钢管的7倍～10倍，因此必须予以重视，如无妥善的伸缩补偿措施，将会导致塑料管道的不规则拱起弯曲，甚至断裂等质量事故。常用的补偿方法就是利用管道自身的折角变形来补偿温度变形。

3.5.17 给水管道的防结露计算是比较复杂的问题，它与水温、管材的导热系数和壁厚、空气的温度和相对湿度、保冷层的材质和导热系数等有关。如资料不足时，可借用当地空调冷冻水小型支管的保冷层做法。

在采用金属给水管出现结露的地区，塑料给水管同样也会出现结露，仍须做保冷层。

3.5.18 给水管道不论管材是金属管还是塑料管（含复合管），均不得直接埋设在建筑结构层内。如一定要埋设时，必须在管外设置套管，这可以解决在套管内敷设和更换管道的技术问题，且要经结构工种的同意，确认埋在结构层内的套管不会降低建筑结构的安全可靠性。

小管径的配水支管，可以直接埋设在楼板面的垫层内，或在非承重墙体上开凿的管槽内（当墙体材料强度低不能开槽时，可将管道贴墙面安装后抹厚墙体）。这种直埋安装的管道外径，受垫层厚度或管槽深度的限制，一般外径不宜大于25mm。

直埋敷设的管道，除管内壁要求具有优良的防腐性能外，其外壁还要具有抗水泥腐蚀的能力，以确保管道使用的耐久性。

采用卡套式或卡环式接口的交联聚乙烯管，铝塑复合管，为了避免直埋管因接口渗漏而维修困难，故要求直埋管段不应中途接驳或用三通分水配水，应采用软态给水塑料管分水器集中配水，管接口均应明露在外，以便检修。

3.5.24 室外明设的管道，在结冻地区无疑要做保温层，在非结冻地区亦宜做保温层，以防止管道受阳光照射后管内水温高，导致用水时水温忽热忽冷，水温升高管内的水受到了"热污染"，还给细菌繁殖提供了良好的环境。

室外明设的塑料给水管道不需保温时，亦应有遮光措施，以防塑料老化缩短使用寿命。

3.6 设计流量和管道水力计算

3.6.1 原规范2003版设计流量计算存在下列问题：

1 3000人以上支状管道计算无依据；

2 3000人以下环状管道计算无依据；

3 在3000人前提下按设计秒流量式（3.6.4）计算和按最大小时平均流量计算得到两种结果；

4 居住小区给水支管按最大小时平均秒流量计算偏小，与住宅按概率法计算设计秒流量不能衔接；

5 公共建筑区给水管道计算无依据。

通过研究分析，对《建筑给水排水设计规范》GB 50015—2003版的居住小区给水管道设计秒流量概率公式和按最大小时平均流量计算方法进行比对，从而找到两种计算方法衔接点。此衔接点（即居住小区给水管道服务人数）与住宅最高日用水量定额 q_L、用

水小时变化系数 K_h、每户卫生器具当量数 N 有关。为此确定居住小区给水管道设计流量计算准则，表3.6.1中的人数就是两种计算方法的衔接点：

1 居住小区给水管道服务人数小于等于衔接点（人数）时，住宅按3.6.4概率公式计算设计秒流量作为管段流量，居住小区配套设施（文体、餐饮娱乐、商铺及市场）按3.6.5平方根法公式和3.6.6同时用水百分数法公式计算设计秒流量作为节点流量；

2 居住小区给水干管服务人数大于衔接点（人数）时，住宅按最大小时平均流量计算作为管段流量，居住小区配套设施（文体、餐饮娱乐、商铺及市场）的规模与小区规模成正比，另一方面其最大用水时时段与住宅的最大用水时时段基本重合，故这部分流量按最大小时平均流量计算作为节点流量；

3 小区内配套的文教、医疗保健、社区管理等设施的用水时间（寄宿学校除外）与住宅的最大用水时并不重合，以及绿化和景观用水、道路及广场洒水、公共设施用水等都与住宅最大用水时不重合，均以平均小时流量计算节点流量是有安全余量的。

3.6.1A 本条为新增条文，规定了小区室外给水管道直供和非直供的计算方法。

3.6.1B 本条规定了小区引入管的计算原则。

1 此款的规定系与本规范第3.1.7条相呼应，漏失水量和未预见水量应在引入管计算流量基础上乘1.10～1.15系数。

2 此款系由原第3.5.1条后半段移至本条。

3 此款规定是为了保证小区室外给水管网的供水能力，当支状布置时引入管的管径不应小于室外给水干管的管径。

4 此款规定小区环状管道管径相同，一是简化计算，二是安全供水。

3.6.2 居住小区的室外生活与消防合用给水管道，必须按国家标准《建筑设计防火规范》GB 50016—2006第8.1.4条规定，在最大用水时生活用水设计流量上叠加消防流量进行复核，复核结果应满足管网末梢的室外消火栓从地面算起的流出水头不低于0.10MPa。

本条规定的消防流量按小区内一次火灾的最大消防流量计，这是根据居住小区人口不大于15000人确定的，与现行国家标准《建筑设计防火规范》GB 50016中规定的，居住人口在2.5万人以下，火灾次数以一次计相对应。

3.6.3 高层建筑的室内给水系统，一般都是低层区由室外给水管网直接供水，室外给水管网水压供不上的楼层，由建筑物内的加压系统供水。加压系统设有调节贮水池，其补水量经计算确定，一般介于平均用水时流量与最大用水时流量之间。所以建筑物的给水引入管的设计秒流量，就由直接供水部分的设计秒流量加上加压部分的补水流量组成。

3.6.4 生活给水管道设计秒流量计算按用水特点分两种类型：一种为分散型，如住宅、宿舍（Ⅰ、Ⅱ类）、旅馆、酒店式公寓、医院、幼儿园、办公楼、学校等，其用水特点是用水时间长，用水设备使用情况不集中，卫生器具的同时出流百分数（出流率）随卫生器具的增加而减少；另一种为密集型，如宿舍（Ⅲ、Ⅳ类）、工业企业的生活间、公共浴室、洗衣房、公共食堂、实验室、影剧院、体育场等，采用同时给水百分数计算方法。而对分散型中的住宅的设计秒流量计算方法，采用了以概率法为基础的计算方法。对于公建部分，仍采用原规范平方根法计算。式3.6.4-1和式3.6.4-2分子中需乘以100，才与附录E中U与U₀相吻合。

由于概率法中的随机事件应是同一事件，也就是说应是每一种卫生器具分别计算，然后再计算它们的组合的概率，本条的计算法将卫生器具给水当量作为随机事件是运用了"模糊"的概念，要求纳入计算的卫生器具的额定流量基本相等。因此大便器延时自闭冲洗阀就不能将它的折算给水当量直接纳入计算，而只能将计算结果附加1.20L/s流量后作为设计流量。

式3.6.4-4是概率法中的一个基本公式，也就是加权平均法

的基本公式,使用本公式时应注意:

　　1 本公式只适用于各支管的最大用水时发生在同一时段的给水管道。而对最大用水时并不发生在同一时段的给水管道,应将设计秒流量小的支管的平均用水时平均秒流量与设计秒流量大的支管的设计秒流量叠加成干管的设计秒流量。第3.6.1条的居住小区室外给水管道设计流量就是采用此原则。

　　2 本公式只适用于枝状管网的计算,不适用于环状管网的管段设计流量的确定。

3.6.6 将Ⅲ、Ⅳ类宿舍归为用水密集型建筑。

其卫生器具同时给水百分数随器具数增多而减少。实际应用中,需根据用水集中情况、冷热水是否有计费措施等情况选择上限或下限值。

对于Ⅲ类宿舍设有单独卫生间时,可按表1选用。对于Ⅳ类宿舍设置单独卫生间的情况由于并不合理,本表格未予列入。

表1 宿舍(Ⅲ类、单独卫生间)的卫生器具同时给水百分数(%)

卫生器具数量 / 卫生器具名称	1~30	31~50	51~100	101~250	251~500	501~1000	1001~3000	3000以上
洗脸盆、盥洗槽水嘴	60~100	45~60	35~45	25~35	20~25	17~20	15~17	5~15
有间隔淋浴器	60~80	45~60	35~45	25~35	20~25	17~20	15~17	5~15
大便器冲洗水箱	60~70	40~60	35~45	22~30	18~22	15~18	11~15	5~11

对于Ⅲ、Ⅳ类宿舍设有集中卫生间时,可按表2选用:

表2 宿舍(Ⅲ、Ⅳ类、集中卫生间)的卫生器具同时给水百分数(%)

卫生器具数量 / 卫生器具名称	1~30	31~50	51~100	101~200	201~500	501~1000	1000以上
洗涤盆(池)	—	—	—	—	—	—	—
洗手盆	—	—	—	—	—	—	—
洗脸盆、盥洗槽水嘴	80~100	75~80	65~70	55~70	45~55	40~45	20~40
浴盆	—	—	—	—	—	—	—
无间隔淋浴器	100	80~100	75~80	60~70	50~60	40~50	20~40
有间隔淋浴器	80	75~80	60~70	50~60	40~50	30~40	20~35
大便器冲洗水箱	70	65~70	55~65	45~55	40~45	30~40	20~35
大便槽自动冲洗水箱	100	100	100	100	100	100	100
大便器自闭式冲洗阀	2	2	2	2	2	2	2
小便槽自动冲洗水箱	100	100	100	100	100	100	100
小便器自闭式冲洗阀	10	9~10	8~9	5~8	5~6	4~5	2~4

3.6.7 规定了最大用水小时的用水量,按本规范表3.1.9和表3.1.10中用水定额,使用时数和小时变化系数经计算确定,以便确定调节设备的进水管径等。

3.6.8 住宅的入户管径不宜小于20mm,这是根据住宅户型和卫生器具配置标准经计算而得出的。

3.6.10 海澄-威廉公式是目前许多国家用于给水管道水力计算的公式。它的主要特点是,可以利用海澄-威廉系数的调整,适应不同粗糙系数管道的水力计算。

3.6.11 给水管道的局部水头损失,当管件的内径与管道的内径在接口处一致时,水流在接口处流线平稳无突变,其局部水头损失最小。当管件的内径大于或小于管道内径时,水流在接口处的流线都产生突然放大和突然缩小的突变,其局部水头损失约为内径无突变的光滑连接的2倍。所以本条只按连接条件区分,而不按管材区分。

本条提供的按沿程水头损失百分比取值,只适用于配水管,不适用于给水干管。

配水管采用分水器集中配水,既可减少接口及减小局部水头损失,又可削减卫生器具用水时的相互干扰,获得较稳定的出口水压。

3.6.15 倒流防止器的水头损失,应包括第一阀瓣开启压力和第二阀瓣开启压力加上水流通过倒流防止器水通道的局部水头损失。由于各生产企业产品的参数不一,各种规格型号的产品局部水头损失都不一样,设计选用时要求提供经权威测试机构检测的倒流防止器的水头损失曲线。

真空破坏器的水头损失值,也应经权威测试机构检测的参数作为设计依据。

3.7 水塔、水箱、贮水池

3.7.2 本条第1款修订了原规范规定。将原"居住小区加压泵站的贮水池"改为对小区贮水池容积的规定。根据中国工程建设协会标准《居住小区给水排水设计规范》CECS 57:94第3.7.6条的规定:"贮水池的有效容积,应根据居住小区生活用水的调蓄贮水量、安全贮水量和消防贮水量确定。"生活用水的调蓄贮水量仍保留原规范规定。安全贮水量考虑因素:一是最低水位不能见底,需留一定水深的安全量,一般最低水位距池底不小于0.5m。二是市政管网供水可靠性。市政引入管根数、同侧引入与不同侧引入,可能发生事故时段的贮水量,如市政管道因爆管等原因,检修断水。三是小区建筑用水的重要程度,如医院院区、不允许断水的工业、科技园区等。安全贮水量一般由设计人员根据具体情况确定。在生活与消防合用的小区贮水池,消防用水的贮水量依据现行的消防规范确定。

本条第2款规定贮水池宜分成容积基本相等的两格,是为了清洗水池时可不停止供水。

3.7.3 建筑物内的生活用水贮水池,不宜毗邻电气用房和居住用房或在其下方,除防止水池渗漏造成损害外,还要考虑水池产生的噪声对周围房间的影响。所以其他有安静要求的房间,也不应与贮水池毗邻或在其下方。

3.7.6 本条提出不论所在地区冬季是否结冻,高位水箱应设置在水箱间。目的是为了改善水箱周围的卫生环境,保护水箱水质。在非结冻地区的不保温水箱,存在受阳光照射而水温升高的问题,将导致箱内水的余氯加速挥发,细菌繁殖加快,水质受到"热污染",一旦引发"军团病",就威胁到用户的生命安全。

3.7.7 高位水箱的进、出水管不宜采用一条管,即进水管不能兼做出水配水管,这种配管方式会造成水箱内死水区大,尤其是当进水压力基本可满足用户水压要求,进入水箱的水很少时,箱内的水得不到更新(如利用市政水压供水的调节水箱,夏季水压不足,冬季水压已够),水质恶化。当然这种配管在进水管起端必须安装管道倒流防止器。否则就产生倒流污染,甚至箱内的水会流空,用户没水用。

由于直接作用式浮球阀出口是进水管断面40%,故需设置2个,且要求进水管标高一致,可避免2个浮球阀受浮力不一致而容易损坏漏水的现象。

由于城市给水管网直接供给调节水池(箱)时,只能利用池(箱)的水位控制其启闭,水位控制阀能实现其启闭自动化。但对由单台加压设备向单个调节水箱供水的情况,则由水箱的水位通过液位传感信号控制加压设备的启闭,不应在水箱进水管上设置水位控制阀,否则造成控制阀冲击振动而损坏。对于一组水泵同时供给多个水箱的供水工况,损坏几率较高的是与水箱进水管相同管径的直接作用式浮球阀,而应在每个水箱中设置水位传感器,通过水位监控仪实现水位自动控制。这类阀门有电磁先导水力控制阀、电动阀等,故在条文中不强调一定要用电动阀。

溢流管的溢流量是随溢流水位升高而增加,一般常规做法是溢流管比水箱进水管管径大一级,管顶采用喇叭口(1:1.5~1:2.0喇叭口)集水,是有明显的溢流堰的水流特性,然后经垂直段后转弯穿池壁出池外。

水池(箱)泄水出路有室外雨水检查井、地下室排水沟(应间接排水)、屋面雨水天沟等,其排泄能力有大小,不能一视同仁。一般情况比进水管小一级管径,至少不应小于 50mm。

当水池埋设较深,无法设置泄水管时,应采用潜水给水泵提升泄水。如配有水泵机组时,可利用增加水泵出水管管段接出泄水管的方法,工程中实为有效的办法。

在工程中由于自动水位控制阀失灵,水池(箱)溢水造成水资源浪费,特别是地下室的贮水池溢水造成财产损失的事故屡见不鲜。贮水构筑物设置水位监视、报警和控制仪器和设备很有必要,目前国内此类产品性能可靠,已广泛应用。地下有淹没可能的地下泵房,有的对水池的进水阀提出双重控制要求(如:先导阀采用浮球阀+电磁阀),同时,对泵房排水提出防淹没的排水能力要求。

报警水位与最高水位和溢流水位之间关系:报警水位应高出最高水位 50mm 左右,小水箱可小一些,大水箱可取大一些。报警水位距溢流水位一般约 50mm,如进水管径大,进水流量大,报警后需人工关闭或电动关闭时,应给予紧急关闭的时间,一般报警水位距溢流水位 250mm~300mm。

3.7.8 高层建筑采用垂直串联供水时,传统的做法是设置中途转输水箱。中途转输水箱有两个作用,一是调节初级泵与次级泵的流量差,一般都是初级泵的流量大于或等于次级泵的流量,为了防止初级泵每小时启动次数不大于 6 次,故中途转输水箱的容积宜取次级泵的 5min~10min 流量;二是防止次级泵停泵时,次级管网的水压回传(只要次级泵出口止回阀渗漏,静水压就回传),中途转输水箱可将回传水压消除,保护初级泵不受损害。

3.8 增压设备、泵房

3.8.1 选择生活给水系统的加压水泵时,必须对水泵的 Q-H 特性曲线进行分析,应选择特性曲线为随流量增大其扬程逐渐下降的水泵,这样的泵工作稳定,并联使用时可靠。Q-H 特性曲线存在有上升段(即零流量时的扬程不是最高扬程,随流量增大扬程也升高,扬程升至峰值后,流量再增大扬程又开始下降,Q-H 特性曲线的前段就出现一个向上拱起的弓形上升段的水泵)。这种泵单泵工作,且工作点扬程低于零流量扬程时,水泵可稳定工作。如工作点在上升范围内,水泵工作就不稳定。这种水泵并联时,先启动的水泵工作正常,后启动的水泵往往出现有压无流的空转。因此本条规定,选择的水泵必须要能稳定工作。

生活给水的加压泵是长期不停地工作的,水泵产品的效率对节约能耗、降低运行费用起着关键作用。因此,选泵时应选择效率高的泵型,且管网特性曲线所要求的水泵工作点,应位于水泵效率曲线的高效区内。

在通常情况下,一个给水加压系统宜由同一型号的水泵组合并联工作。最大流量时由 2 台~3 台(时变化系数为 1.5~2.0 的系统可用 2 台;时变化系数 2.0~3.0 的系统用 3 台)水泵并联供水。若系统有持续较长的时段处于接近零流量状态时,可另配小型泵用于此时段的供水。

水泵自动切换交替运行,可避免备用泵因长期不运行而泵内的水滞留变质或锈蚀卡死不转的问题。

3.8.2 小区的给水加压泵站,当给水管网无调节设施时,应采用由水泵功能来调节,以节约电耗。大多采用调速泵组供水方式。当泵站规模较大、供水时变化系数不大时,或管网有一定容量的调节措施时,亦可采用额定转速工频水泵编组运行的供水方式。

小区的室外生活与消防合用给水管网的水量、水压,在消防时应满足消防车从室外消火栓取水灭火的要求。以最大用水时的生活用水量叠加消防流量,复核管网末梢的室外消火栓的水压,其水压应达到以地面标高算起的流出水头不小于 0.1MPa 的要求。如果计算结果为工作泵全部在额定转速下运行还达不到要求时,可采取更改水泵选型或增多水泵台数的办法。

3.8.3 建筑物内采用高位水箱调节供水的系统,水泵由高位水箱中的水位控制其启动或停止,当高位水箱的调节容量(启动泵时箱内的存水一般不小于 5min 用水量)不小于 0.5h 最大用水时水量的

情况下,可按最大用水时流量选择水泵流量;当高位水箱的有效调节容量较小时,应以大于最大用水时的平均流量选泵。

3.8.4 在本规范第 3.8.1 条的说明中已明确生活给水系统的调速泵组在最大供水量时是多台泵并联供水的,本条规定在选泵时,管网水力特性曲线与水泵为额定转速时的并联曲线的交点,即工作点,它所对应的泵组总出水量,应等于或略大于管网的最大设计流量。本次局部修订将"设计秒流量"改成"最大设计流量",系根据本规范第 3.6.1 条规定,当小区规模大时,要按本规范第 3.1.9 条计算的最大用水时流量为设计流量。由于管网"最大设计流量"出现的几率相当小,水泵大部分运行工况在小于"最大设计流量"工作点,此总出水量对应的单泵工作点,应处于水泵高效区的末端(右端)。这样选泵才能使水泵在高效区内运行。

3.8.4A 因为变频调速泵供水没有调节、贮存容积,一旦停电水泵停转,即无法继续供水。因此,强调该供水方式的电源应可靠是十分必要的。

3.8.6 生活给水的加压水泵宜采用自灌吸水,非自灌吸水的水泵给自动控制带来困难,并使加压系统的可靠性变差,应尽量避免采用。若需要采用时,应有可靠的自动灌水或引水措施。

生活给水水泵的自灌吸水,并不要求水泵位于贮水池最低水位以下。自灌吸水水泵不可能在贮水池最低水位启动。因此,贮水池应按满足水泵自灌要求设定一个启泵水位,水位在启泵水位以上时,允许启动水泵,水位在启泵水位以下,不允许水泵启动,但已经在运行的水泵应继续运行,达到贮水池最低水位时自动停泵(只要吸程满足要求,甚至在最低水位之下还可继续运行)。因此,卧式离心泵的泵顶放气孔、立式多级离心泵吸水端第一级(段)泵体可置于最低设计水位标高以下。

贮水池的启泵水位,在一般情况下,宜取 1/3 贮水池总水深。

贮水池的最低水位是以水泵吸水管喇叭口的最小淹没水深确定的。淹没水深不足时,就产生空气旋涡漏斗,水面上的空气经旋涡漏斗被吸入水泵,对水泵造成损害。影响最小淹没水深的因素很多,目前尚无确切的计算方法,本条规定的吸水喇叭口的水深不宜小于 0.3m 是以建筑给水系统中使用的水泵均不大,吸水管管径不大于 200mm 而定的,当吸水管管径大于 200mm 时,应相应加深水深,可按管径每增大 100mm,水深加深 0.1m 计。

对于吸水喇叭口上水深达不到 0.3m 的情况,常用的办法是在喇叭口边加设水平防涡板,防涡板的直径为喇叭口缘直径的 2 倍,即吸水管管径为 1D,喇叭口缘直径为 2D,防涡板外径为 4D。

本条中其他有关吸水管的安装尺寸要求,是为水泵工作时能正常吸水,并避免相邻水泵之间的互相干扰。

3.8.7 水泵从吸水总管吸水,吸水总管又伸入水池吸水,这种做法已被普遍采用,尤其是水池有独立的两格时,可增加水泵工作的灵活性,泵房内的管道布置也可简化和规则。

吸水总管伸入水池的引水管不少于 2 条,每条引水管能通过全部设计流量,引水管上应设阀门,是从安全角度出发规定的。

为了水泵能正常自灌,且在运行过程中,吸水总管内勿积聚空气,保证水泵能正常和连续运行,吸水总管管顶应低于水池启动水位,水泵吸水管与吸水总管的连接应采用管顶平接或高出管顶连接。

采用吸水总管,水泵的自灌条件不变,与单独吸水管时的条件相同。

采用吸水总管时,吸水总管喇叭口的最小淹没水深允许为 0.3m,是考虑吸水总管的口径比单独吸水管大,喇叭口处的趋近流速就降低。但若在喇叭口按本规范第 3.8.6 条说明中的办法增设防涡板将会更好。

吸水总管中的流速不宜大,否则会引起水泵互相间的吸水干扰,但也不宜低于 0.8m/s,以免吸水总管过粗。

3.8.8 自吸式水泵或非自灌吸水的水泵,应进行允许安装高度的计算,是为了防止盲目设计引起事故。即使是自灌吸水的水

泵,当启泵水位与最低水位相差较大时,也应作安装高度的校核计算。

3.8.16 本条文增加了泵房内靠墙安装的挂墙式、落地式配电柜和控制柜前面通道宽度要求,如采用的配电柜和控制柜是后开门检修形式的,配电柜和控制柜后面检修通道的宽度要求见相应电气规范的要求。

3.9 游泳池与水上游乐池

3.9.2~3.9.2A 我国原采用的游泳池水质标准为国家标准《游泳场所卫生标准》GB 9667—1996,是游泳池池水的最低卫生要求。实施以来反映指标过低,不能够满足大型游泳比赛的水质要求,与国外游泳池水质标准规定项目相差较大;但如完全执行国际泳联(FINA)水质卫生标准的要求,有些指标过高,不符合我国的国情。原建设部于2007年3月8日批准发布了城镇建设行业标准《游泳池水质标准》CJ 244—2007,于2007年10月1日起实施。该标准水质要求如下:

    1 游泳池原水和补充水水质必须符合现行国家标准《生活饮用水卫生标准》GB 5749的要求。

    2 游泳池池水水质基本要求:池水的感官性状良好,池水中不能含有病原微生物,池水中所含化学物质不得危害人体健康。

    3 游泳池池水水质检验项目及限值应符合表3的规定。

表3 游泳池池水水质常规检验项目及限值

序号	项 目	限 值
1	浑浊度	≤1NTU
2	pH值	7.0~7.8
3	尿素	≤3.5mg/L
4	菌落总数(36℃±1℃,48h)	≤200CFU/mL
5	总大肠菌群(36℃±1℃,24h)	每100mL不得检出
6	游离性余氯	0.2mg/L~1.0mg/L
7	化合性余氯	≤0.4mg/L
8	臭氧(采用臭氧消毒时)	≤0.2mg/m³以下(水面上空气中)
9	水温	23℃~30℃

    4 游泳池池水水质非常规检验项目及限值应符合表4的规定。

表4 游泳池池水水质非常规检验项目及限值

序号	项 目	限 值
1	溶解性总固体(TDS)	≤原水 TDS+1500mg/L
2	氧化还原电位(ORP)	≥650mV
3	氰尿酸	≤150mg/L
4	三卤甲烷(THM)	≤200μg/L

    5 常规检验微生物超标或发生污染事故时,池水还应按当地卫生部门要求的附加水质检测内容和非常规微生物检测内容进行检测。

    6 标准中未列入的消毒剂和消毒方式,其使用及检测应按当地卫生部门相关要求执行。但用作国际比赛的泳池还应符合国际游泳协会(FINA)关于游泳池池水水质卫生标准的规定。

3.9.5 游泳池的池水使用有定期换水、定期补水、直流供水、定期循环供水、连续循环供水等多种方式。由于水资源是十分宝贵的,节约用水是节约能源的一个重要组成部分,通常情况下游泳池池水均应循环使用。

    在一定水质标准要求下,影响游泳池和水上游乐池的池水循环周期的因素有池的类型(跳水、比赛、训练等)、用途(营业、内部、群众性、专业性等)、池水容积、水深、使用时间、使用对象(运动员、成人、儿童)、游泳负荷(游泳负荷是指任何时间内游泳池内为保证

游泳者舒适、安全所允许容纳的人数。现采用"游泳负荷"代替原条文中的"使用人数"更加贴切)和游泳池的环境(室内、露天等)及经济条件等。在没有大量可靠的累计数据时,一般可按表3.9.5采用。

    池水的循环周期决定游泳池的循环水量如下式(1):

$$Q = V/T \qquad (1)$$

式中:V——池水容积(m^3);

        T——循环周期(h)。

3.9.6 一个完善的水上游乐池不仅具有多种功能的运动休闲项目达到健身目的,还应利用各种特殊装置模拟自然水流形态增加趣味性,而且根据水上游乐池的艺术特征和特定的环境要求,因势就形,融入自然。要达到各项功能的预定效果,应根据各自的水质、水温和使用功能要求,设计成独立的循环系统和水质净化系统。

3.9.7 游泳池池水的净化工艺应包括预净化(设置毛发聚集器)和过滤两个部分。

3.9.8A 本条规定了确定泳池净化工艺要考虑的因素。

3.9.9 为滑道表面供水的目的是起到润滑作用,避免下滑游客因无水而擦伤皮肤发生安全事故,故循环水泵必须设置备泵。

3.9.10 过滤是游泳池和水上游乐池水净化的关键性工序。目前采用的过滤设备主要有石英砂压力过滤器、硅藻土过滤器、多层滤料过滤器等。石英砂滤料过滤器具有过滤效率高、纳污能力强、再生简单、滤料经济易得,且能适应公共游泳池和水上游乐池负荷变化幅度大等特点,故在国内、外得到较广泛的应用。

    过滤速度由滤料的组成和级配、滤层层厚度、出水水质等因素决定。本条根据公共游泳池和水上游乐池人数负荷不均匀、池水易脏等特点,规定采用中速过滤;比赛游泳池和专用游泳池虽然使用人数较少,人员相对稳定,但在非比赛和非训练期间一般都向公众开放,通过提高使用率而产生较好的社会效益和经济效益,因此也宜采用中速过滤;家庭游泳池由于人数负荷少,人员较稳定,为节省投资可选用较高的滤速。

    滤池反冲洗强度有一定要求并实施自动化,由于市政给水管网水压有变化,利用其水压反冲洗,会影响冲洗效果。

3.9.12 消毒杀菌是游泳池水处理中极重要的步骤。游泳池水因循环使用,水中细菌会不断增加,必须投加消毒剂以减少水中细菌数量,使水质符合卫生要求。

3.9.13 消毒剂选择、消毒方法、投加量等应根据游泳池和水上游乐池的使用性质确定。如公共游泳池与水上游乐池的人员构成复杂,有成人也有儿童,人们的卫生习惯也不相同;而家庭游泳池和家庭及宾馆客房的按摩池人员较单一,使用人数较少。两者在消毒剂选择、消毒方法等方面可能完全不同。本规范仅对消毒剂选择作了原则性的规定。

3.9.14 氯气是很有效的消毒剂。在我国,大型游泳池以往都采用氯气消毒,虽然保证了消毒效果,但也带来了一些难以克服的问题。氯气是有毒气体,在处理、贮存和使用的过程中必须注意安全问题。

    氯气投加系统只有处于真空(即负压)状态下,才能保证氯气不会向外泄漏,保证人员的安全。

3.9.16 按照中央关于发展循环经济,建设节约型社会的要求,国家将可再生能源的开发利用列为能源发展的优先领域。根据此要求,本条增加了游泳池水加热时应优先采用再生能源的内容。同时,随着太阳能用于游泳池水加热技术的日益成熟,已被越来越多的用户接受。近几年来,在北京、上海、广东、浙江、福建、山西、昆明、南宁、哈尔滨等省市都有成功应用的实例。

3.9.18A 家庭游泳池等小型游泳池一般不设置平(均)衡水箱及补水水箱,通常采用生活饮用水直接补(充)水的方式。为防止污染城市自来水,规定直接用生活饮用水做补(充)水时要设倒流防止器等防止回流污染的措施。

3.9.20A 条文是关于进水口、回水口和泄水口的要求。它们对保证池水的有效循环和水净化处理效果十分重要。规定格栅空隙的宽度是考虑防止游泳者手指、脚趾被卡入造成伤害;控制回(泄)水口流速避免产生负压造成吸住幼儿四肢,发生安全事故。具体数值和要求可参考行业标准《游泳池给水排水工程技术规程》CJJ 122—2008 的有关规定。

3.9.22 为保证游泳池和水上游乐池的池水不被污染,防止池水产生传染病菌,必须在游泳池和水上游乐池的入口处设置浸脚消毒池,使每一位游泳者或游乐者在进入池子之前,对脚部进行洗净消毒。

3.9.24 跳水池的水表面利用人工方法造一定高度的水波浪,是为了防止跳水池的水表面产生眩光,使跳水运动员从跳台(板)起跳后在空中完成各种动作的过程中,能准确地识别水面位置,从而保证空中动作的完成和不发生被水击伤或摔伤等现象。

3.9.25A 增加了跳水池制波和安全保护气浪采用压缩空气品质的原则要求。

3.9.26 戏水池的水深在建筑专业决定池体设计时是必需确定的,此处不宜再做要求,故将原条文删除。

3.9.27 原条文关于儿童游泳池的水深、不同年龄段所用池子合建时应用栏杆分隔等要求,均属于建筑专业设计要求,此处不宜再做要求,故将原条文删除。

3.10 循环冷却水及冷却塔

3.10.1

1 循环冷却水系统通常以循环水是否与空气直接接触而分为密闭式和敞开式系统,民用建筑空气调节系统一般可采用敞开式循环冷却水系统。当暖通专业采用内循环方式供冷(内部)供热(外部及新风)时(水环热泵),以及高档办公楼出租时需提供用于客户计算机房等常年供冷区域的各局部空调共用的冷水系统(租户冷却水)等情况时,采用间接换热方式的冷却水系统,此时的冷却水系统通常采用密闭式。

5 随着我国对节能节水的日益重视,冷水机组的冷凝废热应通过冷却水尽可能加以利用,如夏季作为生活热水的预热热源。

3.10.2 民用建筑空调系统的冷却塔设计计算时所选用的空气干球温度和湿球温度,应与所服务的空调等系统的设计空气干球温度和湿球温度相吻合。本条规定依据:国家标准《采暖通风与空气调节设计规范》GB 50019—2003 第 3.2.7 条规定"夏季空气调节室外计算干球温度,应采用历年平均不保证 50h 的干球温度",第 3.2.8 条规定"夏季空气调节室外计算湿球温度,应采用历年平均不保证 50h 的湿球温度"。

3.10.4 在实际工程设计中,由于受建筑物的约束,冷却塔的布置很可能不能满足第 3.10.3 条文的规定。当采用多台塔双排布置时,不仅需考虑湿热空气回流对冷效的影响,还应考虑多台塔及塔排之间的干扰影响(回流是指机械通风冷却塔运行时,从冷却塔排出的湿热空气,一部分又回到进风口,重新进入塔内;干扰是指进塔空气中掺入了一部分从其他冷却塔排出的湿热空气)。这时候,必须对选用的成品冷却器的热力性能进行校核,并采取相应的技术措施,如提高汽水比等。

3.10.4A 供暖室外计算温度在 0℃ 以下的地区,冬季运行的冷却塔应采取防冻措施。

3.10.8 设计中,通常采用冷却塔、循环水泵的台数与冷冻机组数量相匹配。

循环水泵的流量应按冷却水循环水量确定,水泵的扬程应根据冷冻机组和循环管网的水压损失、冷却塔进水的水压要求、冷却水提升净高度之和确定。

当建筑物高度较高,且冷却塔设置在建筑物的屋顶上,循环水泵设置在地下室内,这时水泵所承受的静水压强远大于所选用的循环水泵的扬程。由于水泵泵壳的耐压能力是根据水泵的扬程作为参数设计的,所以遇到上述情况时,必须复核水泵泵壳的承压能力。

力。

3.10.10 不设集水池的多台冷却塔并联使用时,各塔的集水盘之间设置连通管是为了各集水盘中的水位保持基本一致,防止空气进入循环水系统。在一些工程项目中由于受客观条件的限制,而无法设置连通管,此时应放大回水横干管的管径。

3.10.11 冷却水在循环过程中,共有三部分水量损失,即:蒸发损失水量、排污损失水量、风吹损失水量,在敞开式循环冷却水系统中,为维持系统的水量平衡,补充水量应等于上述三部分损失水量之和。

循环冷却水通过冷却塔时水分不断蒸发,因为蒸发掉的水中不含盐分,所以随着蒸发过程的进行,循环水中的溶解盐类不断被浓缩,含盐量不断增加。为了将循环水中含盐量维持在某一个浓度,必须排掉一部分冷却水,同时为维持循环过程中的水量平衡,需不断地向系统内补充新鲜水。补充的新鲜水的含盐量和经过浓缩过程的循环水的含盐量是不相同的,后者与前者的比值称为浓缩倍数 N_c。由于蒸发损失水量不等于零,N_c 值永远大于 1,即循环水的含盐量总大于补充新鲜水的含盐量。浓缩倍数 N_c 越大,在蒸发损失水量、风吹损失水量,排污损失水量越小的条件下,补充水量就越小。由此看来,提高浓缩倍数,可节约补充水量和减少排污水量;同时,也减少了随排污水量而流失的系统中的水质稳定药剂量。但是浓缩倍数也不能提得过高,如果采用过高的浓缩倍数,不仅水中有害离子氯根或垢离子钙、镁等将产生腐蚀或结垢倾向;而且浓缩倍数高了,增加了水在系统中的停留时间,不利于微生物的控制。由此,考虑节水、加药量等多种因素,浓缩倍数必须控制在一个适当的范围内。一般建筑用冷却塔循环冷却水系统的设计浓缩倍数控制在 3.0 以上比较经济合理。

3.10.11A 本条系新增条文,贯彻执行国家标准《公共建筑节能设计标准》GB 50189—2005 的有关要求而规定。

3.10.12 民用建筑空调的敞开式循环冷却水系统中,影响循环水水质稳定的因素有:

1 在循环过程中,水在冷却塔内和空气充分接触,使水中的溶解氧得到补充,达到饱和;水中的溶解氧是造成金属电化学腐蚀的主要因素;

2 水在冷却塔内蒸发,使循环水中含盐量逐渐增加,加上水中二氧化碳在塔中解析逸散,使水中碳酸钙在传热面上结垢析出的倾向增加;

3 冷却水和空气接触,吸收了空气中大量的灰尘、泥沙、微生物及其孢子,使系统的污泥增加。冷却塔内的光照、适宜的温度、充足的氧和养分都有利于细菌和藻类的生长,从而使系统黏泥增加,在换热器内沉积下来,形成了黏泥的危害。

在敞开式循环冷却水系统中,冷却水吸收热量后,经冷却塔与大气直接接触,二氧化碳逸散,溶解氧和浊度增加,水中溶解盐类浓度增加以及工艺介质的泄漏等,使循环冷却水质恶化,给系统带来结垢腐蚀、污泥和菌藻等问题。冷却水的循环对换热器带来的腐蚀、结垢和黏泥影响比采用直流系统严重得多。如果不加以处理,将发生换热设备的水流阻力加大,水泵的电耗增加,传热效率降低,造成换热器腐蚀并泄漏等。因此,民用建筑空调系统的循环冷却水应该进行水质稳定处理,主要任务是去除悬浮物、控制泥垢及结垢、控制腐蚀及微生物等四个方面。当循环冷却水系统达到一定规模时,除了必须配置的冷却塔、循环水泵、管网、放空装置、补水装置、温度计等外,还应配置水质稳定处理和杀菌灭藻、旁滤器等装置,以保证系统能够有效和经济地运行。

在密闭式循环冷却水系统中,水在系统中不与空气接触,不受阳光照射,结垢与微生物控制不是主要问题,但腐蚀问题仍然存在。可能产生的泄漏、补充水带入的氧气、各种不同金属材料引起的电偶腐蚀,以及各种微生物(特别是在厌氧区内微生物)的生长都将引起腐蚀。

3.10.13 旁流处理的目的是保持循环冷却水水质,使循环冷却水系统在满足浓缩倍数条件下有效和经济地运行。旁流水就是取部分循环水量按要求进行处理后，仍返回系统。旁流处理方法可分去除悬浮固体和溶解固体两类，但在民用建筑空调系统中通常是去除循环水中的悬浮固体。因为从空气中带进系统的悬浮杂质以及微生物繁殖所产生的黏泥，补充水中的泥沙、黏土、难溶盐类，循环水中的腐蚀产物、菌藻、冷冻介质的渗漏等因素使循环水的浊度增加，仅依靠加大排污量是不能彻底解决的，也是不经济的。旁流处理的方法同一般给水处理的有关方法，旁流水量需根据去除悬浮物或溶解固体的对象而分别计算确定。当采用过滤处理去除悬浮物时，过滤水量宜为冷却水循环水量的 1%～5%。

3.11 水 景

3.11.1 原国家标准《景观娱乐用水水质标准》GB 12941—91 现已作废。我国于 2007 年 6 月发布了中国工程建设协会标准《水景喷泉工程技术规程》CECS 218：2007，该规程对水景工程的水源、充水、补水的水质根据其不同功能确定作了较明确的规定：

1 人体非全身性接触的娱乐性景观环境用水水质，应符合国家标准《地表水环境质量标准》GB 3838—2002 中规定的 Ⅳ 类标准；

2 人体非直接接触的观赏性景观环境用水水质应符合国家标准《地表水环境质量标准》GB 3838—2002 中规定的 Ⅴ 类标准；

3 高压人工造雾系统水源水质应符合现行国家标准《生活饮用水卫生标准》GB 5749 或《地表水环境质量标准》GB 3838 规定；

4 高压人工造雾设备的出水水质应符合现行国家标准《生活饮用水卫生标准》GB 5749 的规定；

5 旱泉、水旱泉的出水水质应符合现行国家标准《生活饮用水卫生标准》GB 5749 的规定；

6 在水资源匮乏地区，如采用再生水作为初次充水或补水水源，其水质不应低于现行国家标准《城市污水再生利用 景观环境用水水质》GB/T 18921 的规定。

当水景工程的水质无法满足上述规定时，应进行水质净化处理。

3.11.2 本条确定了循环式供水的水景工程的补充水量标准，调整了室外工程循环水补充水量的上限值。对于非循环式供水的镜湖、珠泉等静水景观，建议每月排空放水 1 次～2 次。

3.11.3 水景工程设计应根据具体工程的自然条件、周围环境和建筑艺术的综合要求确定。喷头的选型、数量及位置是实现水景花型构思的重要保证。采用不同造型的喷头分组布置，并配置恰当的水量、水压及控制要求，可使喷水姿态变幻莫测，此起彼伏，有条不紊。

3.11.4 由于喷头布置、水景造型设计、配管设计和施工，均由水景专业公司包揽，故删除本条。

3.11.5 水景循环水泵常用的有卧式离心泵和潜水泵。由于潜水泵的微型化及喷泉花型的复杂化，越来越多的水景工程采用潜水泵直接设置于水池底部或更深的吸水坑内，就地供水。但娱乐性水景的供人涉水区域，不应设置水泵，这是出于安全考虑。大型水景亦可采用卧式离心泵与潜水泵联合供水，以满足不同的要求。

3.11.7 水景水池设置溢水口的目的是维持一定的水位和进行表面排污，保持水面清洁；大型水景设置一个溢水口不能满足要求时，可设若干个均匀布置在水池内。泄水口是为了水池便于清扫、检修和防止停用时水质腐败或结冰，应尽可能采用重力泄水。由于水在喷射过程中的飞溅和水滴被风吹出池外是不可能完全避免的，故在喷水池的周围应设排水设施。

3.11.8 为了改善水景的观赏效果，设计中往往采用各种不同的运行控制方法，通常有手动控制、程序控制和音响控制。简单的水景仅单纯变换水流的姿态，一般采用的方法有改变喷头前的进水压力、移动喷头的位置、改变喷头的方向等。随着控制技术的发展，水景不仅可以使水流姿态、照明颜色和照度不断变化，而且可

使丰富多彩、变化莫测的水姿、照明随着音乐的旋律、节奏同步变化，这需要采用复杂的自动控制措施。

3.11.10 用于水景工程的管道通常直接敷设在水池内，故应选用耐腐蚀的管材。对于室外水景工程，采用不锈钢管和铜管是比较理想的，唯一的缺点是价格比较昂贵；用于室内水景工程和小型移动式水景可采用塑料给水管。

4 排 水

4.1 系统选择

4.1.1 新建小区采用分流制排水系统，是指生活排水与雨水排水系统分成两个排水系统。随着我国对水环境保护力度加大，城市污水处理率大大提高，市政污水管道系统亦日趋完善，为小区生活排水系统的建立提供了可靠的基础。但目前我国尚有城市还没有污水处理厂或小区生活污水尚不能纳入时，小区内的生活污水亦应建立生活排水管道系统，生活污水进行处理后排入城市雨水管道，待今后城市污水处理厂兴建和市政污水管道建造完善后，再接入。

4.1.2 在建筑物内把生活污水（大小便污水）与生活废水（洗涤废水）分成两个排水系统。由于生活污水特别是大便器排水是属瞬时洪峰流态，容易在排水管道中造成较大的压力波动，有可能在水封强度较为薄弱的洗脸盆、地漏等环节造成破坏水封，而相对来说洗涤废水排水属连续流，排水平稳。为防止窜臭味，故建筑标准较高时，宜生活污水与生活废水分流。

由于生活污水中的有机物比起生活废水中的有机物多得多，生活废水与生活污水分流的目的是提高粪便污水处理的效果，减小化粪池的容积。化粪池不仅起沉淀污物的作用，而且在厌氧菌的作用下起腐化发酵分解有机物的作用。如将大量生活废水排入化粪池，则不利于有机物厌氧分解的条件；但当生活废水量少时也不必将建筑物的排水系统设计成生活污水和生活废水分流系统。有的城镇虽有污水处理厂（站），但随着城镇建设发展已不堪重负，故环卫部门要求生活污水经化粪池处理后再排入市政管网，以减轻城镇污水处理的压力。

如小区或建筑物要建立中水系统，应优先采用优质生活废水，这些生活废水应用单独的排水系统收集作为中水的水源。各类建筑生活废水的排水量比例及水质可参见现行国家标准《建筑中水设计规范》GB 50336。

4.1.3 本条规定了在设置生活排水系统时，对局部受到油脂、致病菌、放射性元素、温度和有机溶剂等污染的排水应设置单独排水系统将其收集处理。机械自动洗车台冲洗水含有大量泥沙，经处理后的水循环使用。用作中水水源的生活排水，应设置单独排水系统排入中水原水集水池。

4.2 卫生器具及存水弯

4.2.2 本条规定要求设计人员在选用卫生器具及附件时应掌握和了解这些产品标准的要求，以便在工程中把握住产品质量，对保证工程质量将有很重要的意义。

4.2.3 大便器的节水是原建设部 2007 年第 659 号公告《建设事业"十一五"推广应用和限制禁止使用技术（第一批）》第 79 项在住宅建筑中大力推广 6L 冲洗水量的大便器。

4.2.6 本规定是建筑给排水设计安全卫生的重要保证，必须严格执行。

从目前的排水管道运行状况证明，存水弯、水封盒、水封井等的水封装置能有效地隔断排水管道内的有害有毒气体窜入室内，从而保证室内环境卫生，保障人民身心健康，防止中毒窒息事故发生。

存水弯水封必须保证一定深度，考虑到水封蒸发损失、自虹吸损失以及管道内气压波动等因素，国外规范均规定卫生器具存水弯水封深度为50mm～100mm。

水封深度不得小于50mm的规定是依据国际上对污水、废水、通气的重力排水管道系统（DWV）排水时内压波动不致于把存水弯水封破坏的要求。在工程中发现以活动的机械密封替代水封，这是十分危险的做法，一是活动的机械寿命问题，二是排水中杂物卡堵问题，保证不了"可靠密封"，为此以活动的机械密封替代水封的做法应予禁止。

4.2.7 本条规定的目的是防止两个不同病区或医疗室的空气通过器具排水管的连接互相串通，以致产生病菌传染。

4.2.7A 针对排水设计中的误区及工程运行反馈信息而做此规定。有人认为设置双水封能加强水封保护，隔绝排水管道中有害气体，结果适得其反，双水封会形成气塞，造成气阻现象，排水不畅且产生排水噪声。如排出管上加装水封，楼上卫生器具排水时，会造成下层卫生器具冒泡、泛溢、水封破坏等现象。

4.3 管道布置和敷设

4.3.1 本条规定了小区排水管道布置的原则。

本条增加了在不能按重力自流排水的场所，应设置提升泵站。注中规定可采用真空排水的方式。真空排水具有不受地形、埋深等因素制约，但真空机械、真空器具比较昂贵，故应进行技术经济比较。另在地下水位较高的地区，埋地管道和检查井应采取有效的防渗技术措施。

4.3.2 本条增加了一个第2款的注。本款规定是为防止混凝土排水管的刚性混凝土基础因冰冻而损坏，而埋地塑料排水管的基础是砂垫层柔性基础，具有抗冻性能。另外，塑料排水管具有保温性能，建筑排出管排水温度接近室温，在坡降0.5m的管段内，排水不会结冻。本条注系根据寒冷地带工程运行经验，可减少管道埋深，具有较好的经济效益。

4.3.3 本条第4款对排水管道穿越沉降缝、伸缩缝和变形缝的规定留有必须穿越的余地。工程中建筑布局造成排水管道非穿越沉降缝、伸缩缝和变形缝不可，随着橡胶密封排水管材、管件的开发及产品上市，将这些配件优化组合可适应建筑变形、沉降，但变形沉降后的排水管道不得平坡或倒坡。

本条第6款中补充了排水管不得穿越住宅客厅、餐厅的规定，排水管也包括雨水管。客厅、餐厅也有卫生、安静要求，排水管穿厅的事例，群众投诉的案例时有发生，这是与建筑设计未协调好的缘故。

4.3.3A 卧室是住宅卫生、安静要求最高，故单列为强制性条文。排水管道不得穿越卧室任何部位，包括卧室内壁柜。

4.3.4 本条升为强制性条文。穿越水池上方的一般是悬吊在水池上方的排水横管。

4.3.5 本条为强制性条文。遇水燃烧物质系指凡是能与水发生剧烈反应放出可燃气体，同时放出大量热量，使可燃气体温度猛升到自燃点，从而引起燃烧爆炸的物质，都称为遇水燃烧物质。遇水燃烧物质按遇水或受潮后发生反应的强烈程度及其危害的大小，划分为两个级别。

一级遇水燃烧物质，与水和酸反应时速度快，能放出大量的易燃气体，热量大，极易引起自燃或爆炸。如锂、钠、钾、铷、锶、铯、钡等金属及其氢化物等。

二级遇水燃烧物质，与水和酸反应时的速度比较缓慢，放出热量也较少，产生的可燃气体，一般需要有火源接触，才能发生燃烧或爆炸。如金属钙、氢氧化铝、硼氢化钾、锌粉等。

在实际生产、储存与使用中，将遇水燃烧物质都归为甲类火灾危险品。

在储存危险品的仓库设计中，应避免将排水管道（含雨水管道）布置在上述危险品堆放区域的上方。

4.3.6 由于排水横管可能渗漏，和受厨房湿热空气影响，管外表易结露滴水，造成污染食品的安全卫生事故。因此，在设计方案阶段就应该避免卫生间布置在厨房间的主副食操作、烹调和备餐的上方。当建筑设计不能避免时，排水横支管设计成同层排水。改建的建筑设计，应在排水支管下方设防水隔离板或排水槽。

4.3.6A 本条引用现行国家标准《住宅建筑规范》GB 50368的第8.2.7条。

4.3.8 本条规定了同层排水的适用条件。

4.3.8A 本条规定了同层排水形式选用的原则。目前同层排水形式有：装饰墙敷设、外墙敷设、局部降板填充层敷设、全降板填充层敷设、全降板架空层敷设。各种形式均有优缺点，设计人员可根据具体工程情况确定。

4.3.8B 本条规定了同层排水的设计原则。①地漏在同层排水中较难处理，为了排除地面积水，地漏应设置在易溅水的卫生器具附近，既要满足水封深度又要有良好的水力自清流速，所以只有在楼层全降板或局部降板以及立管外墙敷设的情况下才能做到。②排水通畅是同层排水的核心，因此排水管管径、坡度、设计充满度均应符合本规范有关条文规定，刻意地为少降板而放小坡度，甚至平坡，为日后管道埋下堵塞隐患。③埋设于填充层中的管道接口应严密不得渗漏且能经受时间考验，粘接和熔接的管道连接方式应推荐采用。④卫生器具排水性能与其排水口至排水横支管之间落差有关，过小的落差会造成卫生器具排水滞留。如洗衣机排水排入地漏，地漏排水落差过小，则会产生泛溢，浴盆、淋浴盆排水落差过小，排水滞留积水。⑤本条第5、6款系给排水专业人员向建筑、结构专业提要求。卫生间同层排水的地坪曾发生由于未考虑楼面负荷而坍陷，故楼面应考虑卫生器具静载荷（盛水浴盆）、洗衣机（尤其滚筒式）动载荷。楼面防水处理至关重要，特别对于局部降板和全降板，如处理不当，降板的填（架空）层变成蓄污层，造成污染。

4.3.9 本条规定的目的在于改善管道内水力条件，避免管道堵塞，方便使用。污水管道经常发生堵塞的部位一般在管道的拐弯或接口处，故对此连接作了规定。

4.3.10 塑料管伸缩节设置在水流汇合配件（如三通、四通）附近，可使横支管或器具排水管不因为立管或横支管的伸缩而产生错向位移，配件处的剪切应力很小，甚至可忽略不计，保证排水管道长时期运行。

排水管道如采用橡胶密封配件时，配件每个接口均有可伸缩余量，故无须再设伸缩节。

4.3.11 建筑塑料排水管穿越楼层设置阻火装置的目的是防止火灾蔓延，是根据我国模拟火灾试验和塑料管道贯穿孔洞的防火封堵耐火试验成果确定。穿越楼层塑料排水管同时具备下列条件时才设阻火装置：①高层建筑；② 管道外径大于等于110mm时；③立管明设，或立管暗设但管道井不是每层防火封隔。

横管穿越防火墙时，不论高层建筑还是多层建筑，不论管径大小，不论明设还是暗设（一般暗设不具备防火功能）必须设置阻火装置。

阻火装置设置位置：立管的穿越楼板处的下方；管道井内是隔层防火封隔时，支管接入立管穿越管道井壁处；横管穿越防火墙的两侧。

建筑阻火圈的耐火极限应与贯穿部位的建筑构件的耐火极限相同。

4.3.12 根据国内外的科研测试证明，污水立管的水流流速大，而污水排出管的水流流速小，在立管底部管道内产生正压值，这个正压区能使靠近立管底部的卫生器具内的水封遭受破坏,卫生器具内发生冒泡、满溢现象,在许多工程中都出现上述情况,严重影响使用。立管底部的正压值与立管的高度、排水立管通水状况和排出管的阻力有关。为此,连接于立管的最低横支管或连接在排出管、排水横干管上的排水支管应与立管底部保持一定的距离,本条表4.3.12参照国外规范数据并结合我国工程设计实践确定。本次局部修订补充了有通气立管的情况下的最低横支管距立管底部最小距离。根据日本50m高的测试塔和在中国12层测试平台,对符合现行国家标准《建筑排水用硬聚氯乙烯(PVC-U)管材》GB/T 5836.1的平壁管材排水立管装置进行长流水和瞬间排水测试显示,立管底部、排出管放大管径后对底部正压改善甚微,盲目放大排出管的管径,适得其反,降低流速、减小管道内水流充满度,污物易淤积而造成堵塞,故表4.3.12的注删除放大管径的做法,推荐排出管与立管同径。

最低横支管单独排出是解决立管底部造成正压影响最低层卫生器具使用的最有效的方法。另外,最低横支管单独排出时,其排水能力受本规范第4.4.15条第1款的制约。

第2款条文只规定横支管连接在排出管或排水横干管上时,连接点距立管底部下游水平距离最低要求。

第4款第2)项为新增内容。根据对排水立管通水能力测试,在排出管上距立管底部1.5m范围内的管段如有90°拐弯时增加了排出管的阻力,无论伸顶通气还是设有专用通气立管均在排水立管底部产生较大反压,在这个管段内不应再接入支管,故排出管宜径直排到室外检查井。

4.3.12A 本条根据对内螺旋排水立管测试结果显示,由于在内螺旋管中水流旋转,造成在排出管中水流翻滚而产生较大正压,经放大排出管管径后,正压明显减弱。

4.3.13 本条参阅美国、日本规范并结合我国国情的要求对采取间接排水的设备或容器作了规定。所谓间接排水,即卫生设备或容器排出管与排水管道不直接连接,这样卫生器具与容器与排水管道系统不但存有存水弯隔气,而且还有一段空气间隔。在存水弯水封可能被破坏的情况下也不致使卫生设备或容器与排水管道连通,而使污蚀气体进入设备或容器。采取这类安全卫生措施,主要针对贮存饮用水、饮料和食品等卫生要求高的设备或容器的排水。空调机冷凝水排水虽排至雨水系统,但雨水系统也存在有害气体和臭气,排水管道直接与雨水检查井连接,造成臭气窜入卧室,污染室内空气的工程事例不少。

4.3.18 本条第1款补充了注,针对室外平面狭小且有相邻多根排出管时,采用管件连接方法以减少检查井设置。本条第4款水流偏转角不得大于90°,才能保证畅通的水力条件,避免水流相互干扰。但当落差大于0.3m时,水流转弯角度的影响已不明显,故水流落差大于0.3m、管径小于等于300mm时,不受水流转角的影响。

4.3.19 室内排水沟与室外排水管道连接,往往忽视隔绝室外管道中有毒气体通过明沟窜入室内,污染室内环境卫生。有效的方法,就是设置水封井或存水弯。

4.3.22 本条规定排水立管底部架空设置支墩等固定措施。第一种情况下,由于立管穿越楼板设套管,属非固定支承,层间支承也属活动支承,管道有相当重量作用于立管底部,故必须坚固支承。第二种情况虽每层固定支承,但在地下室立管与排水横管90°转弯,属悬臂管道,立管中污水下落在底部水流方向改变,产生冲击和横向分力,造成抖动,故需支承固定。立管与排水横管三通连接或立管靠外墙内侧敷设,排出管悬臂段很短时,则不必支承。

4.4 排水管道水力计算

4.4.1 小区生活排水系统的排水定额要比其相应的生活给水系统用水定额小,其原因是:蒸发损失,小区埋地管道渗漏。应考虑

的因素是:大城市的小区取高值,小区埋地管采用塑料排水管、塑料检查井取高值,小区地下水位高取高值。

4.4.4 为便于计算,表4.4.4中"大便器冲洗水箱"的排水流量和当量统一为1.5L/s和4.5,因为给水设计时,尚未知坐便器的类型,且各种品牌的坐便器的排水技术参数都有差异。节水型便器的应用,冲洗流量也有下降。

4.4.5、4.4.6 本次局部修订规范给水章节已将"集体宿舍"划为Ⅰ、Ⅱ类用水疏散型和Ⅲ、Ⅳ类用水集中型,故排水章节亦相应作调整。

4.4.8 根据原建设部2007年第659号公告《建设事业"十一五"推广应用和限制禁止使用技术(第一批)》规定:排水管管径小于500mm不得采用平口或企口承插的混凝土、钢筋混凝土管,故条4.4.8中删去混凝土管一栏的最小管径。增补本条注2系摘自中国工程建设协会标准《居住小区给水排水设计规范》CECS 57:94。

4.4.10 本条规定了建筑排水塑料管排水横支管、横干管的坡度。横支管的标准坡度由管件三通和弯头连接的管轴线夹角88.5°决定,换算成坡度为0.026,粘接系列承口的锥度只有30′,相当于坡度0.0087,硬性调坡会影响接口质量。而胶圈密封的接口允许有2°的角度偏差,相当于坡度0.0349,故可调坡。横干管如按管件的轴线夹角而定,势必造成横干管坡度过大,在技术层布置困难,为此横干管可采用胶圈密封调整坡度。表4.4.10中补充了de50mm、de75mm、de250mm、de315mm的横管的最小坡度、最大设计充满度;同时增加了各种管径的通用坡度,此参数取自现行国家标准《建筑给水排水及采暖工程施工质量验收规范》GB 50242。

4.4.11 本条根据"排水立管排水能力"的研究报告进行修订:以国内历次对排水立管排水能力的测试数据整理分析,确定±400Pa为排水立管气压最大值标准,引入与本规范生活排水管道设计秒流量计算公式相匹配的"设计排水能力"概念,以仅伸顶通气的DN100排水立管承担9层住宅排水当量88(每层大便器、浴盆、洗脸盆、洗衣机各一件)为边界条件,对各种通气模式下排水立管排水能力测试值进行比对,确定排水立管排水能力设计值。同时考虑对排水立管排水能力的影响因素,如通气立管管径、结合通气管的布置、排水支管接入排水立管连接配件的角度、立管管材及特殊配件、排水层高度等因素,将原规范表4.4.11-1~4.4.11-4归并成一个表。补充了自循环通气的两种通气模式(专用通气、环形通气)下的排水立管排水能力,删除了不通气立管排水能力参数。

普通型内螺旋管、旋流器是指螺旋管内壁有6根凸状螺旋筋,螺距约2m,旋流器无扩容;加强型内螺旋管螺旋肋数量是普通型的1.0倍~1.5倍,螺距缩小1/2以上,旋流器有扩容且有导流叶片。

4.4.14 根据工程经验,在住宅厨房排水中含杂物、油腻较多,且管容易堵塞,或通道窄,有时发生洗涤盆冒泡现象。适当放大立管管径,有利于排水、通气。

4.4.15 本条根据工程实践经验总结,对一些排水管道管径无须经过计算作适当放大。

第1款对底层无通气排水管道单独排出时所能承担的负荷值作了规定。本次局部修订调整了DN100、DN125、DN150的排水支管所能承担的负荷值,与本规范第4.6.3条第2款相协调。

4.5 管材、附件和检查井

4.5.1 本条第1款根据原建设部2007年第659号公告《建设事业"十一五"推广应用和限制禁止使用技术(第一批)》中推广应用技术第128项"推广埋地塑料排水管";限制使用第18项"小于等于DN500mm排水管道限制使用混凝土管"的规定。故本条推荐在居住小区内采用埋地塑料排水管。

第4款是新增条文。

4.5.2A 本条系新增条文,根据原建设部 2007 年第 659 号公告《建设事业"十一五"推广应用和限制禁止使用技术(第一批)》第 128 项规定,优先采用塑料检查井。塑料检查井具有节地、节能、节材、环保以及施工快捷等优点,具有较好的经济效益、社会效益和环境效益。

4.5.3 本条按现行国家标准《室外排水设计规范》GB 50014 有关生活污水管道检查井间距的条文进行修改。

4.5.7 本次局部修订不强调在卫生间设地漏。在不经常从地面排水的场所设置地漏,地漏水封干涸丧失,易造成室内环境污染。住宅卫生间除设有洗衣机下排水时才设置地漏外,一般不经常从地面排水;公共建筑卫生间有专门清洁人员打扫,一般也不经常从地面排水。为消除卫生器具连接软管爆管的隐患,推荐采用不锈钢波纹连接管。

4.5.8A 本条针对在住宅工作阳台设置洗衣机的排水接入雨水地漏排入雨水管道的现象而规定。洗衣机排水地漏(包括洗衣机给水栓)设置位置的依据是建筑设计平面图,其排水应排入生活排水管道系统,而不应排入雨水管道系统,否则含磷的洗涤剂废水污染水体。为避免在工作阳台设置过多的地漏和排水立管,允许工作阳台洗衣机排水地漏接纳工作阳台雨水。工作阳台未表明设置洗衣机时,阳台地漏应按排除雨水设计,地漏排水排入雨水立管,并按本规范第 4.9.12 条的规定立管底部应间接排水。

4.5.9 本条规定了地漏的水封深度,是根据国外规范条文制定的。50mm 水封深度是确定重力流排水系统的通气管径和排水管径的基础参数,是最小深度。

4.5.10 1 此款系根据原建设部建标函[2006]第 31 号"关于请组织开展《建筑给水排水设计规范》等三项国家标准局部修订的函"重点推荐新型地漏的要求,即具有密封防涸功能的地漏。2003 年非典流行,地漏存水弯水封蒸发干涸是传播非典病毒途径之一,目前研发的防涸地漏,以磁性密封较为新颖实用,地面有排水时能利用水的重力打开排水,排完积水后能利用永磁铁磁性自动恢复密封,且防涸性能好,故予以推荐。

2 此款系新增内容。补充了采用多通道地漏设置的条件。由于卫生器具排水使地漏水封不断地得到补充水,水封避免干涸,但由于卫生器具排水时在多通道地漏处产生排水噪声,因此这类地漏适合在安静要求不高的场所设置。

4.5.10A 本条系新增内容。美国规范早已将钟罩式地漏划为禁用之列,钟罩式地漏具有水力条件差、易淤积堵塞等弊端,为清通淤积泥沙垃圾,钟罩(扣碗)移位,水封干涸,下水道有害气体窜入室内,污染环境,损害健康,此类现象普遍,应予禁用。

4.5.13 本条第 1 款加了注。排出管悬吊在地下室楼板下时,如按本条第 1 款要求设置清扫口,则清扫口设在底楼室内地坪,不便于设置和清通。故宜用检查口代替清扫口,但检查口的设置应符合本规范第 4.5.14 条第 4 款的要求。

4.6 通 气 管

4.6.1 设置伸顶通气管有两大作用:①排除室外排水管道中污浊的有害气体至大气中;②平衡管道内正负压,保护卫生器具水封。在正常的情况下,每根排水立管应延伸至屋顶之上通大气。故有条件伸顶通气时一定要设置。本条规定在特殊情况下,如体育场(馆)、剧院等屋顶特殊结构材料,通气管无法穿越屋面伸顶时,首先应采用侧墙通气和汇合通气,在上述通气方式仍无法实施时才采用自循环通气替代原规范的不通气立管。不通气立管排水能力小,不能满足要求,根据"排水立管排水能力研究报告"中测试数据显示,自循环通气的排水立管的排水能力大于伸顶通气的排水立管排水能力。

4.6.2 本条将原条文"设置专用通气立管"改成"设置通气立管",涵盖了设置主、副通气立管的内容。同时增加了特殊配件单立管排水系统。特殊单立管中的混合器(又称苏维脱)、加强型旋流器

的单立管排水系统具有较大的通水能力,但单立管排水系统一般用于污废水合流,且无器具通气和环形通气的排水横支管的排水系统。

4.6.3~4.6.5 环形通气管,曾称辅助通气管,是参照日本、美国、英国规范移用过来的,一般在公共建筑集中的卫生间或盥洗室内横支管上承担的卫生器具数量超过允许负荷时才设置。设置环形通气管时,必须由主通气立管或副通气立管逐层与环形通气管连接。器具通气管一般在卫生和防噪要求较高的建筑物的卫生间设置。为明确起见特绘图(图 1)说明几种典型的通气形式。

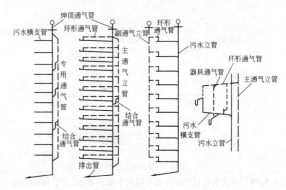

图 1 几种典型的通气形式

主通气立管、副通气立管与专用通气立管效果一致,设置了环形通气管、主通气立管或副通气立管,就不必设置专用通气立管。

4.6.6 本条移至 4.6.1 条,侧墙通气和汇合通气,只是在伸顶通气管无法伸出屋面时才设置。

4.6.7 通气管只能作通气用。如接纳其他排水,则会减小通气断面,还会对排水立管内造成新的压力波动。通气管与风道连接,通气管中污浊的气体通过通风管污染室内环境。通气管与烟道连接,将会使高温烟窜入通气管,损坏通气管。

4.6.8 通气管起到了保护水封的作用,且在室内通气管道属全封闭固定密封。而吸气阀由于其密封材料采用塑料、橡胶之类材质,属活动机械密封且其密封性不严,年久老化失灵将会导致排水管道中的有害气体窜入室内又无法察觉,存在安全隐患,同时失去排除室外排水管道中污浊的有害气体至大气中的功能,故吸气阀不能替代通气管。

4.6.9 本条规定了通气管与排水管道连接方式。

1 此款规定了器具通气管接在存水弯出口端,以防止排水支管可能产生自虹吸导致破坏器具存水弯的水封。环形通气管之所以在最始端两个卫生器具间的横支管上接出,是因为横支管的尽端要设置清扫口的缘故。同时规定凡通气管从横支管接出时,要在横支管中心线以上垂直或成 45°范围内接出,目的是防止器具排水时,污废水倒流入通气管。

2 此款规定了通气支管与通气立管的连接处应高于卫生器具上边缘 0.15m,以便卫生器具横支管发生堵塞时能及时发现,同时不能让污水进入通气管。

3 此款规定了通气立管与排水立管最上端和最下端的连接要求。

4 此款规定了结合通气管与通气立管和排水立管连接要求,一般在进人的管道井中,应该按此连接方式。

5 此款规定了在空间狭小不进人的管道井内,用 H 管替代结合通气管,其连接点遵循原则与第 2 款一致。

4.6.9A 本条系新增条文,是自循环通气的连接方式之一。本条系根据"排水立管排水能力测试"的研究报告确定。测试数据显示:①自循环通气立管与排水立管每层连接比隔层连接的通水能力大;②自循环通气立管底部与排水立管按本规范 4.6.9 条的规定连接,其通水能力很小,相当于不通气立管的通水能力。自

循环通气立管底部与排出管相连接,其通水能力大增,将立管底部的正压值和立管上部的负压值通过循环通气管把两者相互抵消。通气管与排出管以倒顺水三通和倒斜三通连接是为了顺自循环气流,减小气流在配件处的阻力。自循环通气形式见图2。

4.6.9B 本条系新增条文,是自循环通气的连接方式之二。本条系根据"排水立管排水能力测试"的研究报告确定。测试数据显示:自循环通气立管相当于主通气立管通过环形通气管与排水横支管相连,其通水能力大于专用通气立管连接方式。

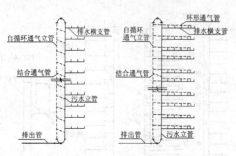

图 2 自循环通气形式

4.6.9C 本条系针对设置自循环通气系统的建筑,由于排水管道系统缺乏排除有害气体的功能而采取的弥补措施。

4.6.10 住宅有跃层设计,应特别注意通气管口距跃层窗口距离,防止空气污染。

4.6.11~4.6.16 规定了通气管径的确定。包括伸顶通气管、通气立管、环形通气管、器具通气管、结合通气管和汇合通气管。表4.6.11补充了注2,自循环通气立管是补气主通道,缩小通气立管管径,其排水立管的排水能力大幅度下降。

4.7 污水泵和集水池

4.7.3 污水泵压出水管内呈有压流,不应排入室内生活排水重力管道内,应单独设置压力管道排至室外检查井。由于污水泵间断运行,停泵后积存在出户横管内的污水也应自流排出,避免积污。

4.7.4 水泵机组运转一定时间后进行检修,一是避免发生运行故障,二是易损零件及时更换,为了不影响建筑排水,应设一台备用机组。备用机组是预先设计安装在泵房内还是置于仓库备用,要视工作水泵的台数,建筑物的重要性,企业或事业单位的维修力量等因素确定。一般应预先设计安装在泵房污水池内为妥。

公共建筑在地下室设置污水集水池,一般分散设置,故应在每个污水集水池设置提升泵和备用泵。由于地下室地面排水虽然有多个集水池,但均有排水沟相通,故不必在每个集水池中设置备用泵。

4.7.6 备用泵可每隔一定时间与工作泵交替或分段投入运行,防止备用机组由于长期搁置而锈蚀不能运行,失去备用意义。

4.7.7 本条增设第3款,明确了集水池如接纳水池溢水、泄空水时,排水泵流量的确定原则。设于地下室的水池的溢流量应视进水阀控制的可靠程度确定,如在液位水力控制阀前装电动阀或双阀串联控制,一旦液位水力控制阀失灵,水池中水位上升至报警水位时,电动阀启动关闭,水池的溢流量可不予考虑。如仅水力控制阀单阀控制,则水池溢流量即水池进水量。水池的泄流量可按水泵吸水最低水位确定。

4.7.8 本条第1、2款是确定集水池的有效容积。集水池容积不宜小于最大一台污水泵5min的出水量是下限值,一般设计时应比此值大些,以策安全。集水池容积还要以水泵自动启闭次数

不宜大于6次来校核。水泵启动过于频繁,影响电机电器的寿命。"不大于6次"的规定系原规范的条文。

除了上述内容外,还要考虑安装检修等方面的要求。

第4款的规定是环保要求。污水集水池中散发大量臭气等有害气体应及时排至高空。强制排风装置不应该造成对有人类活动的场所空气污染。

第6款冲洗管应利用污水泵出口的压力,返回集水池内进行冲洗;不得用生活饮用水管道接入集水池进行冲洗,否则容易造成污水回流污染饮用水水质。

4.7.9 生活排水调节池不是水处理构筑物,只起污水量贮存调节作用。本条规定目的是防止污水在集水池停留时间过长产生沉淀腐化。

4.8 小型生活污水处理

4.8.1、4.8.2 本条仅适用于室外隔油池的设计,不适用于产品化的隔油设备。

公共食堂、饮食业的食用油脂的污水排入下水道时,随着水温下降,污水挟带的油脂颗粒便开始凝固,并附着在管壁上,逐渐缩小管道断面,最后完全堵塞管道。如某大饭店曾发生油脂堵塞管道后污水从卫生器具处外溢的事故,不得不拆换管道。由此可见,设置隔油池是十分必要的。设置隔油池后还可回收废油脂,制造工业用油脂,变害为利。污水在隔油池内的流速控制在0.005m/s之内,有利于油脂颗粒上浮。污水在池内的停留时间的选择,可根据建筑物性质确定,用油量较多者取上限值,用油量较少者取下限值。参照实践经验,存油部分的容积不宜小于该池有效容积的25%;隔油池的有效容积可根据厨房洗涤废水的流量和废水在池内停留时间决定,其有效容积是指隔油池出口管底标高以下的池容积。存油部分容积是指出水挡板的下端至水面油水分离室的容积。

4.8.2A 由于隔油器为成品,隔油器内设置固体残渣拦截、油水分离装置,隔油器的容积比隔油池的容积小许多,故隔油器可设置于室内,可根据含油脂废水量按产品样本选用,本条新增的密闭式隔油器应设置通气管,通气管应单独接至室外,隔油器单独设置的设备间的通风换气次数的规定,目的是保持室内环境卫生。

4.8.3 根据现行行业标准《城市污水排入下水道水质标准》CJ 3083的规定:"工业废水排入城市排水管道的污水温度小于40℃"的要求而制订了本条。当排水温度高于40℃时,会蒸发大量气体,清理管道的操作劳动条件差,影响工人身体健康,故必须降温后才能排入城市下水道。根据排水的热焓量,通过技术经济比较确有回收价值时,应优先考虑。采用冷却水降温时所需冷水量按热平衡方法计算,即:

$$Q_冷 \geqslant \frac{Q_排(t_排 - 40)}{40 - t_冷}\qquad(2)$$

式(2)为一般热平衡计算公式,故不列于规范正文。

4.8.4 本条系根据原国家标准《生活饮用水卫生标准》GB 5749—85的规定"以地下水为水源时,水井周围30m的范围内,不得设置渗水厕所、渗水坑、粪坑、垃圾堆和废渣堆等污染源"。化粪池一般采用砖砌水泥砂浆抹面,防渗性差,对于地下水取水构筑物而言亦属于污染源,故保留原规范强制性条文。

4.8.5 化粪池距建筑物距离不宜小于5m,以保持环境卫生的最低要求。根据各地来函意见,一般都不能达到这一要求,主要原因是由于建筑用地有限,连5m距离都不能达到,考虑在化粪池挖掘土方时,以不影响已建房屋基础为准,应与土建专业协调,保证建筑安全,防止建筑基础产生不均匀沉陷。一些建筑物沿规划的红线建造,连化粪池设置的位置也没有,在这种情况下只能设于地下室或室内楼梯间底下,但一定要做好通气、防臭、防爆措施。

4.8.6 本条作如下修改:①补充了化粪池计算公式。②依据节水型器具推广应用,生活污水单独排入化粪池的每人每日计算污

量作相应调整；生活污废水合流的排水量按本规范第 4.1.1 条确定。③根据人员在建筑物中停留的时间多少确定化粪池每人每日计算污泥量，使设计更合理。④对于职工食堂、餐饮业、影剧院、体育场(馆)、商场和其他场所的化粪池使用人数百分数由 10% 调整至 5% ～10%，人员多者取小值；人员少者取大值。

化粪池其余设计参数，如污水在化粪池内停留时间、化粪池的清掏周期等均保留原规范的规定。

4.8.7 化粪池的构造尺寸理论上与平流式沉淀池一样，根据水流速度、沉降速度通过水力计算就可以确定沉淀部分的空间，再考虑污泥积存的数量确定污泥占有空间，最终选择长、宽、高三者的比例。从水力沉降效果来说，化粪池浅些、狭长些沉淀效果更好，但这对施工带来不便，且化粪池单位空间材料耗量大。对于某些建筑物污水量少，算出的化粪池尺寸很小，无法施工。实际上污水在化粪池中的水流状态并非按常规沉淀池的沉淀曲线运行，水流非常复杂。故本条除规定化粪池的最小尺寸外，还要有一个长、宽、高的合适的比例。

化粪池入口处设置导流装置，格与格之间设置拦截污泥浮渣的措施，目的是保护污泥浮渣层隔氧功能不被破坏，保证污泥在缺氧的条件下腐化发酵，一般采用三通管件和乙字弯管件。化粪池的通气很重要，因为化粪池内有机物在腐化发酵过程中分解出各种有害气体和可燃性气体，如硫化氢、甲烷等，及时将这些气体通过管道排至室外大气中去，避免发生爆炸、燃烧、中毒和污染环境的事故发生。故本条规定不但化粪池格与格之间应设通气孔洞，而且在化粪池与连接井之间也应设置通气孔洞。

4.8.8 医院(包括传染病医院、综合医院、专科医院、疗养病院)和医疗卫生研究机构等病原体(病毒、细菌、螺旋体和原虫等)污染了污水，如不经过消毒处理，会污染水源、传染疾病、危害很大。为了保护人民身体健康，医院污水必须进行消毒处理后才能排放。

4.8.9 本条规定医院污水选择处理流程的原则。医院污水与普通生活污水主要区别在于前者带有大量致病菌，其 BOD 与 SS 基本类同。如城市有污水处理厂且有城镇污水管道时，污水排入城镇污水管道前主要任务是消毒杀菌，除当地环保部门另有要求外，宜采用一级处理。当医院污水排至地表水体时，则应根据排入水体的要求进行二级处理或深度处理。

4.8.10 医院污水处理构筑物在处理污水过程中有臭味、氯气等有害气体溢出的地方，如靠近病房、住宅等居住建筑的人口密集之处，对人们身心健康有影响，故应有一定防护距离。由于医院一般在城市市区，占地面积有限，有的医院甚至用地十分紧张，故防护距离具体数据不能规定，只作提示。所谓隔离带即为围墙、绿化带等。

4.8.11 传染病房的污水主要指肝炎、痢疾、肺结核病等污水。在现行国家标准《医疗机构水污染物排放标准》GB 18466 中规定总余氯量、粪便大肠菌群数，采用氯化消毒时的接触时间均不同。如将一般污水与肠道病毒污水一同处理时，则加氯量均应按传染病污水处理的投加量，这样会增加医院污水经常运转费用。如果将传染病污水单独处理，这样既能保证传染病污水的消毒效果，又能节省经常运行费用，减轻消毒后造成的二次污染。当然这样也会增加医院污水处理构筑物的基建投资，故要进行经济技术的比较后方能确定。

4.8.12 本条补充引用现行国家标准《医疗机构水污染物排放标准》GB 18466 中相关条文。

4.8.13 化粪池已广泛应用于医院污水消毒前的预处理。为改善化粪池出水水质，生活废水、医疗洗涤水，不能排入化粪池中，而应经过筛网拦截杂物后直接排入调节池和消毒池消毒。据日本资料介绍：用作医院污水消毒处理的化粪池要比用于一般的生活污水处理的化粪池有效容积大 2 倍～3 倍，本条规定是参照日本资料。

4.8.14 本条规定推荐医院污水消毒采用加氯法。由于氯的货源充沛、价格低、消毒效果好，且消毒后污水中保持一定的余氯，能抑制和杀灭污水中残留的病菌，已广泛应用于医院污水的消毒。如有成品次氯酸钠供应，则应优先考虑采用，但应为成品次氯酸钠的运输和贮存创造一定的条件。液氯投配要求安全操作，如操作不慎，有泄漏可能，会危及人身安全。但因其成本低、运行费省，已在大中型医院污水处理中广泛采用。漂白粉存在含氯量低、操作条件差、投加后有残渣等缺点，一般用于县级医院及乡镇卫生所的污水污物消毒处理；氯片和漂粉精具有投配方便、操作安全的特点，但价格贵，适用于小型的局部污水消毒处理；电解食盐溶液现场制备次氯酸钠和化学法制备二氧化氯消毒剂的方法与液氯投加法相比，比较安全，但因其消耗电能，经常运行费用比液氯贵。因此，只在某些地区，即液氯或成品次氯酸钠供应或运输有困难，或者消毒构筑物与居住建筑毗邻有安全要求时，才考虑使用。

氯化消毒法处理后的水含有余氯，余氯主要以有机氯化物形式存在，排入水体对生物有一定的毒害。因此，对于污水排放到要求高的水体时，应采用臭氧消毒法。臭氧是极强的氧化剂，它能杀灭氯所不能杀灭的病毒等致病菌。消毒后的污水臭氧分解还原成氧气，对水体有增氧作用。

4.8.14A 本条补充引用现行国家标准《医疗机构水污染物排放标准》GB 18466 中相关条文。

4.8.15 医院污水中除含有细菌、病毒、虫卵等致病的病原体外，还含有放射性同位素。如在临床医疗部门使用同位素药杯、注射器，高强度放射性同位素分装时的移液管、试管等器皿清洗的废水，以碘 131、碘 132 为最多，放射性元素一般要经过处理后才能达到排放标准，一般的处理方法有衰变法、凝聚沉淀法、稀释法等。医院污水中含有的酚，来源于医院消毒剂采用煤酚皂，还有铬、汞、氯甲苯等重金属离子、有毒有害物质，这些物质大都来源于医院的检验室、消毒室溶液，其处理方法包括将其收集专门处理或委托专门处理机构处理。

4.8.16 医院污水处理系统产生污泥中含有大量细菌和虫卵，必须进行处置，不应随意堆放和填埋，应由城市环卫部门统一集中处置。在城镇无条件集中处置时，采用高温堆肥和石灰消化法，实践证明也是有效的。

4.8.18～4.8.21 对生活污水处理构筑物的设置的环保要求。生活污水处理构筑物会产生以下污染：①空气污染；②污水渗透污染地下水池；③噪声污染。

生活污水处理站距给水泵站及清水池水平距离不得小于 10m 的规定，是按原国家标准《生活饮用水卫生标准》GB 5749—85 要求确定。生活污水处理设施一般设置于建筑物地下室或绿地之下。设置于建筑物地下室的设施有成套产品，也有现浇混凝土构筑物。成套产品一般为封闭式，除设备本身有排气系统外，地下室本身应设置通风装置，换气次数参照污水泵房的通风要求；而现浇式混凝土构筑物一般为敞开式，其换气次数系根据实际运行工程中应用的参数。

由于生活污水处理设施置于地下室或建筑物邻近的绿地之下，为了保护周围环境的卫生，除臭系统不能缺少，目前既经济又解决问题的方法包括：①设置排风机和排风管，将臭气引至屋顶以上高空排放；②将臭气引至土壤层进行吸附除臭；采用臭氧装置除臭，除臭效果好，但投资大耗电量大。不论采取什么处理方法，处理后应达到现行国家标准《医疗机构水污染物排放标准》GB 18466 中规定的处理站周边大气污染物最高允许浓度。

生活污水处理设施一般采用生物接触氧化，鼓风曝气。鼓风机运行过程中产生的噪声达 100dB 左右。因此，进行隔声降噪措施是必要的，一般安装鼓风机的房间要进行隔声设计。特别是进气口应设消声装置，才能达到现行国家标准《城市区域环境噪声标准》GB 3096 和《民用建筑隔声设计规范》GB 10070 中规定的数值。

4.9 雨 水

4.9.1 为减少屋面承载和渗漏,屋面不应积水,也不应考虑屋面有调蓄雨水的功能。

4.9.2 本次规范修订中采纳修改意见,增加了"当采用天沟集水且沟檐溢水会流入室内时,暴雨强度应乘以 1.5 的系数"的注,以策安全。1.5 的系数是参照国家标准《建筑与小区雨水利用工程技术规范》GB 50400—2006 第 4.2.5 条的有关规定。

4.9.5 原规范设计重现期为 1 年,是因为当时未能解决满管压力流排水问题,对于大型建筑物屋面排水,当选用的设计重现期超过一年时,工程实施存在困难。目前,满管压力流排水技术已基本成熟,通过上海浦东国际机场、北京机场四机位机库、上海浦东科技城、江苏昆山科技博览中心等建筑屋面排水工程的实践及参照国外有关标准,提出了各类建筑屋面排水重现期的设计标准。

本次规范修订中,增加了下沉式广场和地下车库坡道出入口雨水排水的设计重现期。下沉式广场地势低,一旦暴雨来临容易产生积水,则呈水塘或者水池,殃及下沉式广场附属建筑和设施,故取较大重现期。重现期取值参照了国家标准《地铁设计规范》GB 50157—2003 的有关规定。也可根据下沉式广场的结构构造、重要程度、短期积水可能引起较严重后果等因素确定其重现期。

对于一般性建筑物屋面、重要公共建筑屋面的划分,可参考建筑防火规范的相关内容。特别需要注意的是当下大雨或者屋面雨水排水系统堵塞,可能造成雨水溢入室内造成严重后果时,应取上限值。如:医院的手术室、重要的通信设施、受潮时会发生有毒或可燃烟气物质的贮藏库、收藏杰出艺术品的楼宇等。

4.9.6 本条补充了屋面径流系数 1.0 的内容。随着建筑材料的不断发展,建筑屋面的表面层材料多种多样,在现行国家标准《屋面工程技术规范》GB 50345 中屋面分类有:卷材防水屋面、涂膜防水屋面、刚性防水屋面、保温隔热屋面、瓦屋面等。种植屋面类型的屋面有少量的渗水,径流系数可取 0.9;金属板材屋面无渗水,径流系数可取 1.0。

4.9.7 本条规定雨水汇水面积按屋面的汇水面投影面积计算,还需考虑高层建筑高出裙房屋面的侧墙面(最大受雨面)的雨水排到裙房屋面上;窗井及高层建筑地下汽车库出入口的侧墙,由于风力吹动,造成侧墙兜水,因此,将此类侧墙面积的 1/2 纳入其下方屋面(地面)排水的汇水面积。

4.9.8 受经济条件限制,管系排水能力是相对按一定重现期设计的,因此,为建筑安全考虑,超设计重现期的雨水应有出路。目前的技术水平,设置溢流设施是最有效的。

4.9.9 按本规范第 4.9.1 条的原则,屋面不应积水,超设计重现期的雨水应由溢流设施排放。本条规定了屋面雨水管道的排水系统和溢流设施宣泄雨水能力,两者合计应具备的最小排水能力。

4.9.10 檐沟排水常用于多层住宅或建筑体量与之相似的一般民用建筑,其屋顶面积较小,建筑四周排水出路多,立管设置要服从建筑立面美观要求,故宜采用重力流排水。

长天沟外排水常用于多跨工业厂房,汇水面积大,厂房内生产工艺要求不允许设置雨水悬吊管,由于外排水立管设置数量少,只有采用压力流排水,方可利用其管系通水能力大的特点,将具有一定重现期的屋面雨水排除。

高层建筑,汇水面积较小,采用重力流排水,增加一根立管,便有可能成倍增加屋面的排水重现期,增大雨水管系的宣泄能力。因此,建议采用重力排水。

工业厂房、库房、公共建筑通常是汇水面积较大,可敷设立管的地方却较少,只有充分发挥每根立管的作用,方能较好地排除屋面雨水,因此,应积极采用满管压力流排水。

4.9.11 为杜绝高层建筑屋面雨水从裙房屋面溢出,裙房屋面雨水管系应单独设置。

4.9.12 为杜绝屋面雨水从阳台溢出,阳台排水管系应单独设置。

住宅屋面雨水排水立管虽都按重力流设计,但当遇超重现期的暴雨时,其立管上端会产生较大负压,可将与其连接的存水弯水封抽吸掉;其立管下端会产生较大正压,雨水可从阳台地漏中冒溢。只有在雨水立管每层设置雨水漏斗,阳台雨水排入漏斗,雨水立管底部自由出流的情况下,才可考虑屋面雨水与阳台雨水合流,但这可能产生雨水排水噪声的弊端。由于阳台雨水地漏不可能经常及时接纳阳台上的雨水,水封不能保证,而小区及城市雨水管道系统聚集臭味通过雨水管道扩散至阳台。为防止阳台地漏泛臭,阳台雨水排水系统不应与庭院雨水排水管渠直接相接,应采用间接排水。

当阳台设有洗衣机时,用作洗衣机排水的地漏排水管道应接入污水立管,见本规范第 4.5.8A 条。这种情况下由于飘进阳台的雨水毕竟少量,故不再另设雨水立管和排除地面雨水的地漏,洗衣机排水地漏可以兼做地面排水地漏,可减少阳台的排水立管和地漏数量。

4.9.14～4.9.16 雨水斗是控制屋面排水状态的重要设备,屋面雨水排水系统应根据不同的系统采用相应的雨水斗。重力流排水系统应采用重力流雨水斗,不可用平箅或通气帽等替代雨水斗,避免造成排水不通畅或管道吸瘪的现象发生。我国 65 型和 87 型雨水斗基本上抄袭苏联 BP 型雨水斗,其构造必然形成掺气两相流,其掺气量和泄水量随着管系变化而变化,不符合伯努里定律,属于不稳定无控流态,在多斗架空系统中,各斗泄流量无法实现平衡。我国经多次模拟试验推导的屋面雨水排水掺气两相流公式,不具备普遍性,本次修订将 87 型雨水斗归于重力流雨水斗,以策安全。满管压力流排水系统应采用专用雨水斗。

重力流雨水斗、满管压力流雨水斗最大泄水量取自国内产品测试数据,87 型雨水斗最大泄水量数据摘自国家建筑标准设计图集 09S302。

4.9.18 一般金属屋面采用金属长天沟,施工时金属钢板之间焊接连接。当建筑屋面构造有坡度时,天沟沟底顺建筑屋面的坡度可以做出坡度。当建筑屋面构造无坡度时,天沟沟底的坡度难以实施,故可无坡度,靠天沟水位差进行排水。

4.9.22 表 4.9.22 中数据是排水立管充水率为 0.35 的水膜重力流理论计算值。考虑到屋面重力流排水的安全因素,表中的最大泄流量修改为原最大泄流量的 0.8 倍。

4.9.24 本条是保障满管压力流排水状态的基本措施。

一场暴雨的降雨过程是由小到大,再由大到小,即使是满管压力流屋面雨水排水系统,在降雨初期仍是重力流,靠雨水斗出口到悬吊管中心线高差的水力坡降排水,故悬吊管中心线与雨水斗出口口应有一定的高差,并应进行计算复核,避免造成屋面积水溢流,甚至发生屋面坍塌事故。

4.9.25 为防止屋面雨水管道堵塞和淤积,特别对最小管径和横管最小敷设坡度作出规定。

4.9.26 屋面设计排水能力是相对的,屋面溢流工程不能将超设计重现期的雨水及时排除时,屋面积水,斗前水深加大,重力流排水管系一定会转为满管压力流。因此,高层建筑屋面雨水排水宜采用承压塑料管和耐腐蚀的金属管。

悬吊管是屋面雨水满管压力流排水的瓶颈,其排水动力为立管泄流产生的有限负压和雨水斗底与悬吊管的高差之和,选择内壁光滑的承压管,有利于提高排水管系的排水能力。

满管压力流排水系统抗负压的要求,具体为:

高密度聚乙烯管	$b \geqslant 0.039D$
聚丙烯管	$b \geqslant 0.035D$
ABS 管	$b \geqslant 0.032D$
聚氯乙烯管	$b \geqslant 0.026D$

(b——壁厚,D——管外径)

4.9.27 为避免一根排水立管发生故障,屋面排水系统瘫痪,建议屋面排水立管不得少于两根。

4.9.28 为使排水流畅,重力流排水管道下游管道管径不得小于上游管道管径。

4.9.29 在满管压力流屋面排水系统中,立管流速是形成管系压力流排水的重要条件之一,立管管径应经计算确定,且流速不应小于2.2m/s。

4.9.30 顺水连接有利于重力流排水顺畅,压力流排水阻力损失小,因此,屋面排水管的转向处,宜作顺水连接。

4.9.31 随着屋面排水管材选用范围的增大,屋面排水管道设计也应考虑管道的伸缩问题。

4.9.32、4.9.33 为使管道堵塞时能得到清通,屋面排水管道应设必要的检查口和清扫口。当屋面雨水排水采用重力流系统时,雨水立管的底部宜设检查口;当屋面雨水排水采用满管压力流排水时,按系统设计的要求设置检查口。立管检查口的位置,一般距离地(楼)面以上1.0m。

4.9.34 雨水检查井的最大间距,参照国家标准《室外排水设计规范》GB 50014—2006 第 4.4.2 条进行修订。

4.9.36B 下沉式广场地面排水集水池的有效容积不小于最大一台排水泵 30s 的出水量,地下车库出入口的明沟排水集水池的有效容积不小于最大一台排水泵 5min 的出水量,参照了国家标准《室外排水设计规范》GB 50014—2006 的有关规定。排水泵不间断动力供应,可以采用双电源或双回路供电。

5 热水及饮水供应

5.1 用水定额、水温和水质

5.1.1 我国是一个缺水的国家,尤其是北方地区严重缺水,因此,在考虑人民生活水平提高的同时,在满足基本使用要求的前提下,本规范热水定额编制中体现了"节水"这个重大原则。由于热水定额的幅度较大,可以根据地区水资源情况,酌情选值,一般缺水地区应选定额的低值。本次局部修订与给水章表 3.1.10 相对应,将宿舍单列,补充了酒店式公寓的热水用水定额。

5.1.3 将原条文中的"水质稳定处理"改为"水质阻垢缓蚀处理"。国内目前用于生活热水系统水质处理的物理处理设备、设施或化学稳定剂,能达到稳定水质的效果者很少,同时为避免与国家标准《室外给水设计规范》GB 50013—2006 中术语"水质稳定处理"的概念混淆。因此将原"水质稳定处理"改为"水质阻垢缓蚀处理"。

5.1.4 本条系将原表 5.1.4 重新修正编排整理,并补充了港澳、新疆和西藏等地区的冷水计算温度。

5.1.5 热水供水温度以控制在 55℃～60℃之间为好,因温度大于 60℃时,一是将加速设备与管道的结垢和腐蚀,二是系统热损失增大耗能,三是供水的安全性降低,而温度小于 55℃时,则不易杀死滋生在温水中的各种细菌,尤其是军团菌之类致病菌。表 5.1.5 中最高温度 75℃是,是考虑一些个别情况下,如专供洗涤用(一般洗涤盆、洗涤池用水温度为 50℃～60℃)的水加热设备的出口温度,在原水水质许可或有可靠水质处理措施的条件下,为满足特殊使用要求可适当提高。

5.1.5A 本条摘自现行国家标准《住宅建筑规范》GB 50368—2005。

5.2 热水供应系统选择

5.2.2 本条规定了集中供应系统热源选择的原则。

节约能源是我国的基本国策,在设计中应对工程基地附近进行调查研究,全面考虑热源的选择:

首先应考虑利用工业的余热、废热、地热和太阳能。如广州、福州等地均有利用地热水作为热水供应的水源。以太阳能为热源的集中热水供应系统,由于受日照时间和风雪雨露等气候影响,不能全天候工作,在要求热水供应不间断的场所,应另行增设辅助热源,用以辅助太阳能热水器的供应工况,使太阳能热水器在不能供热或供热不足时予以补充。

地热在我国分布较广,是一项极有价值的资源,有条件时,应优先加以考虑。但地热按其生成条件不同,其水温、水质、水量和水压有很大区别,应采取相应的各不相同的技术措施,如:

1 当地热水的水质不符合生活热水水质要求应进行水质处理;

2 当水质对钢材有腐蚀时,应对水泵、管道和贮水装置等采用耐腐蚀材料或采取防腐蚀措施;

3 当水量不能满足设计秒流量或最大小时流量时,应采用贮存调节装置;

4 当地热水不能满足水点水压要求时,应采用水泵将地热水抽吸提升或加压输送至各用水点。

地热水的热、质利用应尽量充分,有条件时,应考虑综合利用,如先将地热水用于发电再用于采暖空调;或先用于理疗和生活用水再用作养殖业和农田灌溉等。

5.2.2A 太阳能是取之不尽用之不竭的能源,近年来太阳能的利用已有很大发展,在日照较长的地区取得的效果更佳。本条日照时数、年太阳辐射量参数摘自国家标准《民用建筑太阳能热水系统应用技术规范》GB 50364—2005 中第三等级的"资源一般"区域。

5.2.2B 采用水源热泵、空气源热泵制备生活热水,近年来在国内有一些工程应用实例。它是一种新型能源,当合理应用该项技术时,节能效果显著。但选用这种热源时,应注意水源、空气源的适用条件及配备质量可靠的热泵机组。

5.2.3 热力网和区域性锅炉应是新规划区供热的方向,对节约能源和减少环境污染都有较大的好处,应予推广。

5.2.5 为保护环境,消除燃煤锅炉工作时产生的废气、废渣、烟尘对环境的污染,改善司炉工的操作环境,提高设备效率,燃油、燃气常压热水锅炉(又称燃油燃气热水机组)已在全国各地许多工程的集中生活热水系统中推广应用,取得了较好的效果。

用电制备生活热水,最方便、最清洁,且无二氧化碳排放,但电的热功当量较低,而且我国总体的电力供应紧张,因此,除个别电源供应充沛的地方用于集中生活热水系统的热水制备外,用于太阳能等可再生能源局部热水供应系统的辅助能源。

5.2.6 局部热水供应系统的热源宜首先考虑无污染的太阳能热源,在当地日照条件较差或其他条件限制采用太阳能热水器时,可视当地能源供应情况,在经技术经济比较后确定采用电能、燃气或蒸汽为热源。

5.2.8 规定了利用烟气、废气、高温无毒废液等作为热水供应系统的热媒时,应采取的技术措施。

5.2.9 蒸汽直接通入水中的加热方式,开口的蒸汽管直接插在水中,在加热时,蒸汽压力大于开式加热水箱的水头,蒸汽从开口的蒸汽管进入水箱,在不加热时,蒸汽管内压力骤降,为防止加热水箱内的水倒流至蒸汽管,应采取防止热水倒流的措施,如提高蒸汽管标高、设置回止装置等。

蒸汽直接通入水中的加热方式,会产生较高的噪声,影响人们的工作、生活和休息,如采用消声混合器,可大大降低加热时的噪声,将噪声控制在允许范围内,因此,条文明确提出要求。

采用汽-水混合设备的加热方式,将城市管网供给的蒸汽与冷水混合直接供给生活热水,较好地解决了大系统回收凝结水的难题,但采用这种水加热方式,必须保证稳定的蒸汽压力和供水压力,保证安全可靠的温度控制,否则,应在其后加贮热设备,以保证安全供水。

5.2.10 本条对集中热水供应系统设置回水循环管作出规定。

1 强调了凡集中热水供应系统考虑节水和使用的要求均应设热水回水管道,保证热水在管道中循环。

2 所有循环系统均应保证立管和干管中热水的循环。对于要求随时取得合适温度的热水的建筑物,则应保证支管中的热水循环,或有保证支管中热水温度的措施。保证支管中的热水循环问题,在工程设计中要真正实现支管循环,有很大的难度,一是计量问题,二是循环管的连接问题。解决支管中热水保温问题的另一途径是采用自控电伴热的方式。已有一些工程采用这种方法。

5.2.10A 设有多个卫生间的住宅、别墅采用一个热水器(机组)供给热水时,因热水支管不设热水循环管道,则每使用一次水要放走很多冷水,因此,本规范修订时,对此种局部热水供应系统保证循环效果予以强调。

5.2.11 集中热水供应系统采用管路同程布置的方式对于防止系统中热水短路循环,保证整个系统的循环效果,各用水点能随时取到所需温度的热水,对节水、节能有着重要的作用。

根据工程实践,小区集中热水供应系统循环管道采用同程布置很困难,因此,此次局部修订时,将其限定为建筑物内的热水循环管道的布置要求。

采用同程布置的最终目的,是保证循环不短路,尽量减少开启水嘴时放冷水的时间。根据近年来的工程实践,在一定条件下采用温控阀、限流阀和导流三通等方法亦可达到保证循环效果的目的。因此,将原条文中的"应"改为"宜"采用同程布置的方式。但"应"改为"宜"并非降低标准,无论采用何种管道布置方式均须保证干管和立管的循环效果。

居住小区热水循环管道可采用分设小循环泵,在一定条件下设温控阀、限流阀、导流三通等措施保证循环效果。

设循环泵,强调采用机械循环,是保证系统中热水循环效果的另一重要措施。

5.2.12 对用水集中、用水量又大的部门,推荐采用设单独热水管网供水或采用局部加热设备。

在大型公共建筑中,一般均设有洗衣房、厨房、集中浴室等,这些部门用水量大,用水时间与其他用水点也不尽一致,且对热水供应系统的稳定性影响很大,故其供水管宜与其他系统分开设置。

5.2.13 此条对高层建筑热水系统分区作了规定。

1 生活热水主要用于盥洗、淋浴,而这二者均是通过冷、热水混合后达到所需使用温度。因此,热水供应系统应与冷水系统竖向分区一致,保证系统内冷、热水的压力平衡,达到节水、节能、用水舒适的目的。

原则上,高层建筑设集中供应热水系统时应分区设水加热器,其进水均应由相应分区的给水系统设专管供应,以保证热水系统压力的相对稳定。如确有困难时,有的单幢高层住宅的集中热水供应系统,只能采用一个或一组水加热器供整幢楼热水时,可相应地采用质量可靠的减压阀等管道附件来解决系统冷热水压力平衡的问题。

2 减压阀大量应用在给水热水系统上,对于简化给水热水系统起了很大作用,但在应用实践中也出了一些问题。当减压阀用于热水系统分区时,除满足本规范第3.4.9、3.4.10条要求之外,其密封部分材质应按热水温度要求选择,尤其要注意保证各区热水的循环效果。

图3为减压阀安装在热水系统的三个不同图式:

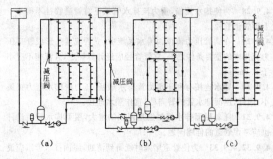

图3 减压阀设置

图3(a)为高低两区共用一加热供热系统,分区减压阀设在低区的热水供水立管上,这样高低区热水回水汇合至图中"A"点时,由于低区系统经过了减压,其压力将低于高区,即低区管网中的热水就循环不了。解决的办法只能在高区回水干管上也加一减压阀,减压值与低区供水管上减压阀的减压值相同,然后再把循环泵的扬程加上系统所减掉的压力值。这样做固然可以实现整个系统的循环,但有意加大水泵扬程,即造成耗能不经济,也将造成系统运行的不稳定。

图3(b)为高低区分设水加热器的系统,两区水加热器均由高区冷水高位水箱供水,低区热水供水系统的减压阀设在低区水加热器的冷水供水管上。这种系统布置与减压阀设置形式是比较合适的。

图3(c)为高低区共用一集中热水供应系统的另一种图式。减压阀均设在分户支管上,不影响立管和干管的循环。这种图式相比图3(a)、(b)的优点是系统不需要另外采取措施就能保证循环系统正常工作。缺点是低区一家一户均需设减压阀,减压阀数量多,要求质量可靠。

5.2.14 开式热水供应系统即带高位热水箱的供水系统。系统的水压由高位热水箱的水位决定,不受市政给水管网压力变化及水加热设备阻力变化等的影响,可保证系统水压的相对稳定和供水安全可靠。

减压稳压阀取代高位热水箱应用于集中热水供应系统中,将大大简化热水系统。

5.2.15 本条对热水配水点处水压作出了规定。

工程实际中,由于冷水热水管径不一致,管长不同,尤其是当用高位冷水箱通过设在地下室的水加热器再返上供给高区热水时,热水管路要比冷水管长得多。这样相应的阻力损失也就要比冷水管大。另外,热水还须附加通过水加热设备的阻力。因此,要做到冷水热水在同一点压力相同是不可能的。只能达到冷热水水压相近。

"相近"绝不意味着降低要求。因为供水系统内水压的不稳定,将使冷热水混合器或混合龙头的出水温度波动很大,不仅浪费水,使用不方便,有时还会造成烫伤事故。从国内一些工程实践看,条文中"相近"的含义一般以冷热水供水压差小于等于0.01MPa为宜。在集中热水供应系统的设计中要特别注意两点:一是热水供水管路的阻力损失要与冷水供水阻力损失平衡。二是水加热设备的阻力损失宜小于等于0.01MPa。

5.2.16 本条规定公共浴室热水供应的设计要求。

公共浴室热水供应设计,普遍存在两个问题:①热水来不及供应,使水温骤降;②淋浴器出水水温忽冷忽热,很难调节。

造成第一个问题的原因是在建筑设计时,设计的淋浴器数量过少,不能满足实际使用需要,因此,一般采用延长淋浴室开放时间和加大淋浴器用水定额来解决,这样就造成加热设备供热出现供不应求的局面。造成第二个问题的原因是浴室管网设计不够合理。本条仅对集中浴室管网设计的问题提出四项措施,供设计中参照执行。

1 此款的规定,推荐采用开式热水供应系统,水压稳定,不受室外给水管网水压变化影响；便于调节冷热水混合水嘴的出水温度，避免水压高，造成淋浴器实际出水量大于设计水量，既浪费水量，又造成贮水器容积不够用而影响使用。

2 此款的规定，是为了避免因浴盆、浴池、洗涤池等用水量大的卫生器具启闭时，引起淋浴器管网的压力变化过大，以致造成淋浴器出水温度不稳定。

3 此款的规定，是为了在较多的淋浴器之间启闭阀门变化时减少相互影响，要求配水管布置成环状。

4 此款的规定，是为了使淋浴器在使用调节时不致造成管道内水头损失有明显的变化，影响淋浴器的使用。

5 此款规定，主要是为了从根本上解决淋浴器出水温度忽高忽低难于调节的问题，达到方便使用、节约用水的目的。由于出水温度不能随使用者的习惯自行调节，故不宜用于淋浴时间较长的公共浴室。而对工业企业生活间的淋浴室，由于工作人员下班后淋浴的目的是冲洗汗水、灰尘，淋浴时间较短，采用这种单管供水方式较适宜。

5.2.16A 针对弱势群体和特殊使用场所防烫伤要求而作此规定。

5.3 耗热量、热水量和加热设备供热量的计算

5.3.1 本条在下列方面进行了局部修订：

1 将原规范耗热量单位由"W"（即 J/s）改成"kJ/h"，便于计算。

2 设计小时变化系数 K_h 的重新编制：

1）热水小时变化系数 K_h 存在的问题：

原规范中热水小时变化系数 K_h 存在与给水的小时变化系数不匹配及计算值偏大的问题，是热水部分多年来一直未解决的难题。原规范中给水的 K_h 是按用水定额大小变化取值的。且其值小变化范围小，如住宅（含别墅）$K_h=1.8\sim3.0$，而热水的 K_h 是按使用热水的人数或单位数的变化取值的，其值相对给水的 K_h 大，且变化范围也大，如住宅、别墅 $K_h=2.34\sim5.12$。这样在工程设计中，当使用热水的人数少或较少时，就会出现热水的设计小时用水量高于给水（含热水水量）的设计小时用水量，这显然是不合理的。

热水的 K_h 偏大带来的另一问题是热源、水加热、储热设备大，不经济，使用效率低，耗能。

2）此次编制中，对 K_h 的修编做了下述工作：

（1）通过对北京蓝堡小区、伯宁花园两个小区集中生活热水供应系统三个月的逐日逐时热水用水量实测，并经数据分析整理后得出该两个小区集中生活热水系统的实际 K_h 值。

（2）参考有关论文中对生活热水最大小时耗热量及修正现有 K_h 值的分析、推理，在设定给水小时变化系数 K_h 准确的基础上，对 K_h 进行了推导计算。其计算公式为：

$$K_h=\frac{q_L}{q_r}\alpha K_L \tag{3}$$

式中：K_h——热水小时变化系数；

q_L——给水用水定额（L/人·d 或 L/床·d）；

q_r——热水用水定额（L/人·d 或 L/床·d）；

α——60℃热水用水量占使用热水（使用水温为 37℃～40℃时热水）用水量的比值，$\alpha=0.43\sim0.64$；

K_L——给水小时变化系数，见本规范表 3.1.10。

（3）K_h 计算示例：

某医院设公用盥洗室、淋浴室采用全日集中热水供应系统，设有病床 800 张，60℃热水用水定额取 110L/床·d，试计算热水系统的 K_h 值。

计算步骤：

1 查表 5.3.1，医院的 $K_h=3.63\sim2.56$；

2 按 800 床位、110L/床·d 定额内插法计算系统的 K_h 值：

$$K_h=3.63-\left(\frac{800-50}{1000-50}\right)\left(\frac{110-70}{130-70}\right)\times(3.63-2.56)$$

$$=3.63-0.79\times0.67\times1.07$$

$$=3.06$$

3 将式（5.3.1-1）中的分母 86400 改为 T，是因为全日供应热水的时间不都是 24h，因此将 86400（$=3600s/h\times24h$）改为 T（T 按本规范表 5.1.1 中的每日使用时间取值）更为准确。

5.3.3 本条对水加热设备的供热量（间接加热时所需热媒的供热量）作了如下具体规定：

1 容积式水加热器或贮热容积相当的水加热器、燃油（气）热水机组的供热量按式（4）计算：

$$Q_g=Q_h-\frac{\eta V_r}{T}(t_r-t_1)C\rho_r \tag{4}$$

该式是参照《美国 1989 年管道工程资料手册》《ASPE DataBook》的相关公式改写而成的。原公式为 $Q_t=R+\frac{MS_t}{d}$

式中：Q_t——可提供的热水流量（L/s）；

R——水加热器加热的流量（L/s）；

M——可以使用的热水占罐体容积之比；

S_t——总贮水容积（L）；

d——高峰用水持续时间（h）。

对照美国公式，式（4）中的 Q_g、Q_h、T 分别相当于美国公式的 R、Q_t 和 d，而 η、V_r 则相当于美国公式的 MS_t。

式（4）的意义为，带有相当量贮热容积的水加热设备供热时，提供系统的设计小时耗热量由两部分组成：一部分是设计小时耗热量时间段内热媒的供热量 Q_g；一部分是供给设计小时耗热量前水加热设备内已贮存好的热量。即式（4）的后半部分：$\frac{\eta V_r}{T}(t_r-t_1)C\rho_r$。

采用这个公式比较合理地解决了热媒供热量，即锅炉容量与水加热贮热设备之间的搭配关系。前者大，后者可小，或前者小后者可大。避免了以往设计中不管水加热设备的贮热容积有多大，锅炉均按设计小时耗热量来选择，从而引起锅炉和水加热设备两者均偏大，利用率低，不合理不经济的现象。但当 Q_g 计算值小于平均小时耗热量时，Q_g 按平均小时耗热量取值。

2 半容积式水加热器或贮热容积相当的水加热器、热水机组的供热量按设计小时耗热量计算。

由于半容积式水加热器的贮水容积只有容积式水加热器的 $1/2\sim1/3$，甚至更小些，主要起调节稳定温度的作用，防止设备出水时冷热不均。在调节供水量方面，只能调节设计小时耗热量与设计秒流量之间的差值，即保证在 2min～5min 高峰秒流量时不断热水。而这部分贮热容积对于设计小时耗热量本身的调节作用很小，可以忽略不计。因此，半容积式水加热器的热媒供热量或贮热容积与其相当的水加热机组的供热量即按设计小时耗热量计算。

3 半即热式、快速式水加热器及其他无贮热容积的水加热设备的供热量按设计秒流量计算。

半即热式等水加热设备其贮热容积一般不足 2min 的设计小时耗热量所需的贮热容积，对于进入设备内的被加热水的温度与水量基本上起不到任何调节平衡作用。因此，其供热量应按设计秒流量所需的耗热量供给。

5.4 水的加热和贮存

5.4.1 该条为水加热设备提出下列三点基本要求：

1 热效率高，换热效果好，节能、节省设备用房。

这一款是对水加热设备的主要性能——热工性能提出一个总的要求。作为一个水加热换热设备，其首要条件当然应该是热效率高，换热效果好，节能。具体来说，对于热水机组其燃烧效率一般应在 85%以上，烟气出口温度一般应在 200℃左右，烟气黑度等

应满足消烟除尘的有关要求。对于间接加热的水加热器在保证被加热水温度及设计流量工况下，当汽－水换热，且饱和蒸汽压力为 0.2MPa～0.6MPa 时，凝结水出水温度为 50℃～70℃ 的条件下，传热系数 $K = 5400$kJ/(m²·℃·h)～10800kJ/(m²·℃·h)；当水－水换热时，且热媒为 80℃～95℃ 的热水时，热媒温降为 20℃～30℃，传热系数 $K = 2160$kJ/(m²·℃·h)～4320kJ/(m²·℃·h)。

这一款的另一点是提出水加热设备还必须体型小，节省设备用房。

2 生活热水侧阻力损失小，有利于整个系统冷、热水压力的平衡。

生活用热水大部分用于沐浴与盥洗。而沐浴与盥洗都是通过冷热水混合器或混合龙头来实施的。其冷、热水压力需平衡、稳定的问题已在本规范第 5.2.15 条文说明中作了详细说明。以往有不少工程因采用不合适的水加热设备出现过系统冷热水压力波动大的问题，耗水耗能且使用不舒适。个别工程出现了顶层热水上不去的问题。因此，建议水加热设备被加热水侧的阻力损失宜小于或等于 0.01MPa。

3 安全可靠、构造简单、操作维修方便。

水加热设备的安全可靠性能包括两方面的内容，一是设备本身的安全，如不能承压的热水机组，承压后成了锅炉；间接加热设备应按压力容器设计和加工，并有相应的安全装置。二是被加热水的温度必须得到有效可靠的控制，否则容易发生烫伤的事故。

构造简单、操作维修方便、生活热水侧阻力损失小是生活用热水加热设备区别其他型式的换热设备的主要特点。

因为生活热水的源水一般是不经处理的自来水，具有一定硬度，近年来虽有各种物理的、化学的简易阻垢处理方法，但均不能保证其真正的使用效果。一些设备自称能自动除垢，既缺乏理论依据，又得不到实践的验证。而且目前市场上一些水加热设备安装就位后，它很难有检修的余地，更有甚者，有的水加热设备的换热盘管根本无法拆卸更换，这些都将给使用者带来极大的麻烦，因此，本款特提出此要求。

5.4.2

1 当自备热源采用燃油(气)等燃料的热水机组制备生活热水时，从提高换热效率、减少热损失和简化换热设备角度考虑，无疑是以采用直接供应热水的加热方式为佳。但燃油(气)热水机组直接供应热水时，一般均配置调节贮热用的热水箱。加了贮热水箱的燃油(气)热水机组供应热水系统就有可能变得复杂了。一是热水箱要有合适的位置安放。二是当无法在屋顶设热水箱采用重力供水系统时，热水箱一般随燃油(气)热水机组一起放在地下室或底层，这样热水系统无法利用冷水系统的供水压力，需另设热水加压系统，冷水、热水不同压力源，难以保证系统中冷热水压力的平衡。因此，本条后半部分补充了"亦可采用间接供应热水的自带换热器的燃油(气)热水机组或外配容积式、半容积式水加热器的燃油(气)热水机组"的内容。

间接供热的缺点是二次换热，增加了换热设备，增大了热损失，但对于无法设置屋顶热水箱的热水系统比较适用。它能利用冷水系统的供水压力，无须另设热水加压系统。有利于整个系统冷、热水压力的平衡。

2 此款从环境保护、消烟除尘、安全保证等方面对燃油(气)热水机组提出的几点要求。有关燃油(气)热水机组的一些技术要求等详见工程建设协会标准《燃油、燃气热水机组生活热水供应设计规程》CECS 134：2002。

3 此款是指选择间接加热设备时应考虑的因素：

1）用水的均匀性、热媒的供应能力直接影响水加热设备的换热、贮热能力的选择计算。用水较均匀，热媒供应能力充足，一般可选用贮热容积较小的半容积式水加热器。反之，可选用导流型容积式水加热器等贮热容积较大的水加热设备。

2）给水硬度对水加热设备的选择也有较大影响。我国北方地区都以地下水为水源，水质硬度大，而用作生活热水的源水一般不经软化处理。因此，不宜采用板式换热器之类、板与板间隙太小，或其他换热管束之间间距小于等于 10mm 的快速加热设备来制备生活热水。否则，阻力太大，且难于清垢。

3）当用水器具主要为淋浴器及冷热水混合水嘴时，则系统对冷热水压力的平衡要求高，选用水加热设备时须充分考虑这一因素。

4）设备所带温控、安全装置的灵敏度、可靠性是安全供水、安全使用设备的必要保证。国内曾发生过多次因温控阀质量不好出水温度过高而烫伤人的事故。尤其是在汽-水换热时，贮热容积小的快速加热设备升温速度往往 1min 之内能上升 20℃～30℃，没有高灵敏度、高可靠性的温控装置很难将这样的水加热设备用于热水供应系统中。

半即热式水加热器，其换热部分实质上是一个快速换热器。但它与普通快速换热器之根本区别在于它有一套完整、灵敏、可靠的温度安全控制装置，可保证安全供水。目前市场上有些同类产品，恰恰是温控这套最关键的装置达不到半即热式水加热器温控装置之要求。因此，设计选用这种占地面积省、换热效果好的水加热设备时需注意如下三个使用条件：

一是热媒供应能满足热水设计秒流量供热量之要求。

二是有灵敏、可靠的温度压力控制装置，保证安全供水。应有验证的方法和保证的措施。

三是被加热水侧的阻力损失不影响系统的冷热水压力平衡和稳定。

4 本款为新增款项，在设计太阳能热水供应系统时，太阳能集热系统采用自然循环还是强制循环，是直接供水还是间接供水，应根据条文中所列条件进行技术经济比较，以确定合理可靠的热水供应系统。

5 本款规定在电源供应充沛的地方可采用电热水器。此款是补充条款，体现我国近年来 CO_2 减排、清洁能源发展利用趋势。

5.4.2A 本条第 1 款第 1）项强调设计布置太阳能集热器时应和建筑、结构等专业密切配合。

本条第 1 款第 3）、4）项和第 2 款第 1）～3）项规定了太阳能热水供应系统的主要设计参数。太阳能热源具有低密度、不稳定、不可控制的特点，因此其供热量、贮热量及相应贮热设备、水加热器及循环泵等的设计计算均不能采用常规热源系统的设计参数。本条所提供的参数摘自国家标准《民用建筑太阳能热水系统应用技术规范》GB 50364—2005 等技术文件。

本条第 4 款系针对太阳能热源的特点提出其设计辅助热源时应考虑的因素。

5.4.2B 本条第 1 款为设计水源热泵热水供应系统时的设计要素。

本条第 1 款第 1）项的规定适合于春、夏、秋季均有制冷空调宾馆等，生活热水由热泵散热端（空调冷却水）制备热水。热泵热效率 COP 值最高，节能效果显著。具体设计应与空调专业结合，特别在冬季供暖期的辅助热源设计，应供暖和热水供应综合考虑。

本条第 1 款第 2）项为水源总水量的计算，水源充足且允许利用是设计水源热泵热水系统的前提条件。其总水量与水源热泵机组的供热量、贮热设备贮热量、水源的温度及机组的性能系数（COP）值等密切相关。

本条第 1 款第 5）项指水源热泵制备的热水是直接供水，还是经水加热器换热间接供水，应按当地冷水水质硬度、冷热水系统压力平衡、热泵机组出水温度以及相应的性能系数 COP 值等条件综合考虑确定。

本条第 1 款第 6）项规定了水源热泵贮热水箱（罐）贮热水容积的计算。由于热泵机组一次投资费用高，适当增大贮热容积，采用较小型的机组，既经济又可减轻对水源的供水、循环流量的要求。其比较合理的计算宜采用日耗热量减热泵日持续工作时间内的耗热量作为贮热水箱（罐）的贮热容积，如热泵利用谷电时段内制备热水，当这段时间用热水量接近于零时，则贮热容积等于日耗热量。当无法按此计算时，全日制集中热水供应系统的贮热水箱（罐）有效容积可按本规范式(5.4.2B-2)计算。对于定时热水供应系统的贮热水箱（罐）有效容积，则应为定时供应水的时段全部热水用量。

本条第2款第1)项规定了设计空气源热泵热水供应系统的主要原则。①适宜于冬暖夏热的地方应用；②炎热高温地区即最冷月平均气温大于等于10℃的地区，一般可不设辅助热源；最冷月平均气温位于10℃～0℃之间者宜设辅助热源；③空气源热泵的性能参数COP值受空气温度、湿度变化的影响大，因此无辅助热源者应按最不利条件即当地最冷月平均气温和冷水温度作为设计依据；有辅助热源者，则可按当地春分、秋分所在月的平均气温和冷水供水温度设计，以合理经济地选用热泵机组。

本条第2款第4)项规定了空气源热泵贮热水箱（罐）容积的确定，参照水源热泵的贮热水箱（罐）容积的计算方法。

5.4.3 规定医院的热水供应系统的锅炉或加热器不得少于2台，当一台检修时，其余各台的总供应能力不得小于设计小时耗热量的50%。

由于医院手术室、产房、器械洗涤等部门要求经常有热水供应，不能有意外的中断，否则将会影响正常的工作，而其他如盥洗、淋浴、门诊等部门的热水用水时间都比较集中，而且是有规律的，有的是早、中、晚；有的是白天8h工作时间内。若只选用一台锅炉或加热器，当发生故障时，就无法供应热水，这对手术室、产房等有特殊要求的房间，就将影响工作的进行。如选用2台锅炉或加热器，当其中一台不能供应热水时，另一台仍能继续工作，保证个别有特殊要求的部门不致中断热水供应，故规定选择加热设备时应不得少于2台，主要考虑了互为备用的因素。

对于小型医院（指50床以下），由于热水量较小，设置的2台锅炉或水加热器，根据其构造情况，每台的供热能力可按设计小时耗热量计算。

医院建筑不得采用有滞水区的容积式水加热器，因为医院是各种致病细菌滋生繁殖最适宜的地方，带有滞水区的容积式水加热器，其滞水区的水温一般在20℃～30℃之间，是细菌繁殖生长最适宜的环境，国外早已有从这种带滞水区的容积式水加热器中发现过军团菌等致人体生命危险病菌的报道。

5.4.4

1 此款为选择局部加热设备的总原则。首先要因地制宜按太阳能、电能、燃气等热源来选择局部加热设备，另外还要结合建筑物的性质、使用对象、操作管理条件，安装位置，采用燃气与电加热时的安全装置等因素综合考虑。

2 当局部水加热器供给多个用水器具同时使用时，宜带有贮热调节容积，以减少热源的瞬时负荷。尤其是电加热器，如果完全按即热即用没有一点贮热容积作用调节时，则供一个 $q=0.15L/s$ 的标准淋浴器当冷水温度为 10℃ 时的电热水器其功率约为18kW，显然作为局部水加热器供多个器具同时用，没有调贮容积是很不合适的。

3 当以太阳能作热源时，为保证没有太阳的时候不断热水，应有辅助热源，而以用电作辅助热源最为简便可行。

5.4.5 本条为强制性条文，特别强调采用燃气热水器和电热水器的安全问题。国内发生过多起燃气热水器漏气中毒致人身亡的事故，因此，选用这些局部加热设备时一定要按其产品标准，相关的安全技术通则，安装及验收规程中的有关要求进行设计。

5.4.6 规定水加热器的加热面积的计算公式，该公式是计算水加热器的加热面积的通用公式。

公式中 C_r 为热水供应系统的热损失系数，设计中可根据设备的功率和系统的大小及保温效果选择，一般取 1.10～1.15。

公式中ε考虑由于水垢等因素影响传热系数 K 值的附加系

数。从调查资料看，水加热器结垢现象比较严重，在无简单、行之有效的水处理方法的情况下，加热管束要避免水垢的产生是很困难的，结垢的多少取决于水质及运行情况。由于水垢的导热性能很差[水垢的导热系数为 2.2kJ/(m²·℃·h)～9.3 kJ/(m²·℃·h)]，因而加热器往往受水垢的影响导致加热器传热效率的降低。因此，在计算加热器的传热系数时应附加一个系数。

加热器传热系数 K 值的附加系数ε为 0.6～0.8，是引用国外的资料。

5.4.7 本条规定热媒与被加热水的计算温度差的计算公式。

1 容积式水加热器、导流型容积式水加热器、半容积式水加热器的计算温度差是采用算术平均温度差计算的。因在容积式水加热器里，水温是逐渐、均匀的升高，主要是靠对流传热，即加热盘管设置在加热器的底部，冷水自下部受热上升，对流循环使加热器内的水全部加热，同时在容积式加热器内有一定的调节容积，计算温度差略去一点影响不大。

2 快速式水加热器、半即热式水加热器的计算温度差是采用平均对数温度差的计算公式。因在快速式水加热器里，水主要是靠传导传热，水在加热器内是不停留的、无调节容积，因此，加热器的计算温差应精确些。

3 对快速水加热器式(5.4.7-2)的说明：

快速水加热器有逆流式和顺流式两种换热工况，前者比后者换热效果好，因此生活热水采用的快速水加热器或半即热式水加热器基本上均采用如图 4 所示的逆流式换热。

式(5.4.7-2)中的 Δt_{max}（热媒与被加热水在水加热器一端的最大温度差）与 Δt_{min}（热媒与被加热水在水加热器另一端的最小温度差）如图 4 所示。

$$\Delta t_{max} = t_{mc} - t_z \quad 或 \quad \Delta t_{max} = t_{mz} - t_c;$$
$$\Delta t_{min} = t_{mz} - t_c \quad 或 \quad \Delta t_{min} = t_{mc} - t_z$$

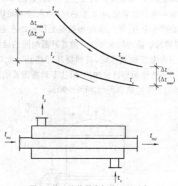

图 4 快速换热器水加热工况示意

5.4.8 本条规定了热媒的计算温度。

热媒的初温和终温是决定水加热器加热面积大小的主要因素之一，从热工理论上讲，饱和蒸汽温度随蒸汽压力不同而相应改变。

当蒸汽压力（相对压力）小于等于 70kPa 时，蒸汽压力和蒸汽温度变化情况见表 5。

表 5 蒸汽压力和蒸汽温度变化表[蒸汽压力（相对压力）≤70kPa 时]

蒸汽压力（kPa）	10	20	30'	40	50	60	70
饱和蒸汽温度（℃）	101.7	104.25	106.56	108.74	110.79	112.73	114.57

当蒸汽压力大于 70kPa 时，蒸汽压力（相对压力）和蒸汽温度变化情况见表 6。

表 6 蒸汽压力和蒸汽温度变化表[蒸汽压力（相对压力）>70kPa 时]

蒸汽压力（kPa）	80	90	100	120	140	160	180	200
饱和蒸汽温度（℃）	116.33	118.01	119.62	122.65	125.46	128.08	130.55	132.88

从以上数据可知，当蒸汽压力小于 70kPa 时，其温度变化差

值不大，而且在实际应用时，为了克服系统阻力将蒸汽送至用汽点并保证一定的压力，一般蒸汽压力都要保持在 30kPa～40kPa，这时的温度为 106.56℃ 和 108.74℃，与 100℃ 的差值仅为 6℃～8℃，也就是说对加热器的影响不大。为了简化计算，故统一按 100℃ 计算。

当蒸汽压力大于 70kPa 时，蒸汽温度应按饱和蒸汽温度计算，因高压蒸汽热焓值高，若也取 100℃ 为计算蒸汽温度，则计算加热面积偏大造成浪费。

热媒初温与被加热水终温的温差值是决定加热器加热面积的主要因素。当温差减小时，加热面积就要增加，两者成反比例的关系。当热媒为热力网的热水，应按热力网供、回水的最低温度计算的规定，是考虑最不利的情况，如北京市的热力网的供水温度冬季为 70℃～130℃；夏季为 40℃～70℃。规定热媒初温与被加热水的终温的温差不得小于 10℃ 是考虑了技术经济因素。本次局部修订对热媒初温、终温的计算作出了较具体的规定。条文中推荐的热媒为饱和蒸汽与热水时的热媒初温、终温的参数，均经由热工性能测定的产品所提供，可在设计计算中采用。

5.4.9 容积式水加热器、半容积式水加热器与加热水箱等水加热设备设置贮调节容积之目的，就是为了保证系统达到设计小时流量与设计秒流量用水时均能平稳供给所需温度的热水，即系统的设计小时流量与设计秒流量是由热媒在这段时间内加热的热水量与贮热容器已贮存的热水量两者联合供给的。不同结构型式和加热工艺的水加热设备，其贮容积部分贮热大致可以分下列两种情况：

1 传统的 U 型管式容积式水加热器，由于设备本身构造要求，加热 U 型盘管离容器底有相当一段高度（如图 5 所示）。当冷水由下进，热水从上出时，U 型盘管以下部分的水不能加热，存在 20%～30% 的冷水滞水区，即有效贮容积为总容积的 70%～80%。

带导流装置的 U 型管式容积式水加热器（如图 6 所示），在 U 型管盘管外有一组导流装置，初始加热时，冷水进入加热器的导流筒内被加热成热水上升，继而迫使加热器上部的冷水返下形成自然循环，逐渐将加热器内的水加热。随着升温时间的延续，当加热器上部充满所需温度的热水时，自然循环即终止。此时，位于 U 型管下部的水虽然经循环已被加热，但达不到所需要的温度，按热量计算，容器的有效贮容积为 80%～90%。

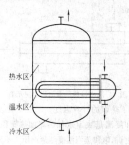

图 5 容积式水加热器

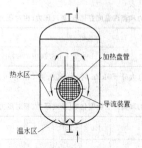

图 6 带导流装置的容积式水加热器

2 半容积式水加热器实质上是一个经改进的快速式水加热

器插入一个贮热容器内组成的设备。它与容积式水加热器构造上最大的区别就是：前者的加热与贮热两部分是完全分开的，而后者的加热与贮热连在一起。半容积式水加热器的工作过程是：水加热器加热好的水经连通管输送至贮热容器内，因而，贮热容器内贮存的全是所需温度的热水，计算水加热器容积时不需要考虑附加容积。

有的容积式水加热器为了解决底部存在冷水滞水区的问题，设备自设了一套体外循环泵，如图 7 所示，定时循环以消除其冷水滞水区达到全部贮所需温度的热水的目的。

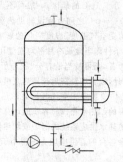

图 7 带外循环的容积式水加热器

浮动盘管为换热元件的水加热器的容积附加系数，可参照本条第 1 款的规定采用。

一般立式浮动盘管型容积式水加热器，盘管靠底布置时，其计算容积可按附加 5%～10% 考虑。

5.4.10 规定了水加热器的贮热量。

1 将"半即热式水加热器"的使用条件提到更为重要的位置，以杜绝和减少因此而发生的不安全事故。

2 贮水器的容积，理应根据日热水用水量小时变化曲线设计计算确定。由于目前很难取得这条曲线，所以设计计算时应根据热源品种，热源充沛程度，水加热设备的加热能力，以及用水均匀性、管理情况等因素综合考虑确定。若热源的供给与水加热设备的产热量能完全满足热水管网设计秒流量的要求，而且水加热设备有一套可靠、灵活的安全温度压力控制装置，能确保供水的绝对安全，则无须设贮热容积。

自动温度控制装置的可靠性与灵敏度是能否实现水加热设备不要贮热调节容积的关键附件。据国内外多种产品的实测，真正能达到此要求者甚少。因此，除个别已在国内外经长期使用考验的无贮热的水加热设备外，一般设计仍以考虑一定贮热容积为宜。

3 本规范表 5.4.10 划分为以蒸汽和 95℃ 以上的热水为热媒及以小于或等于 95℃ 热水为热媒两种换热工况，分别计算贮热量。

1）汽-水换热的效果要比水-水换热效果优越得多，相同换热面积的条件下，其换热量前者可为后者的 3 倍～9 倍。当热媒水温度高时与汽-水换热差距小一点，当热媒水温度低时（如有的热网水夏天供 70℃ 左右的水），则与汽-水换热差距大于 10 倍。在这种热媒条件差的条件下，本规范表 5.4.10 中容积式水加热器、半容积式水加热器的贮热量值已为最低值。

2）从传统型容积式水加热器的升温时间及国内导流型容积式水加热器、半容积式水加热器实测升温时间来看（见表 7），本规范表 5.4.10 中，"95℃"热水为热媒时贮热量数据并不算保守。

表 7 水加热器升温时间

加热设备	热媒水温度(℃)	升温时间(13℃升至 55℃)
容积式水加热器	70～80	>2h
导流型容积式水加热器	70～80	≈40min
U 型管式半容积式水加热器	70～80	20min～25min
浮动盘管式半容积式水加热器	70～80	≈20min

本条第 3 款为新增条款。针对非传统热源（太阳能、水源、空气源）热水供应系统的贮热容积计算方法，不能采用传统热源（蒸

汽、高温水)热水供应系统的贮热容积计算方法。

5.4.14 该条对热水箱配件的设置作了规定。热水箱加盖板是防止受空气中的尘土、杂物污染，并避免热气四溢。泄水管是为了在清洗、检修时泄空，将通气管引至室外是避免热气溢出在室内。

5.4.15 水加热设备、贮热设备贮存有一定温度的热水，水中溶解氧析出较多，当加热设备、贮热设备采用钢板制作时，氧腐蚀比较严重，易恶化水质和污染卫生器具。这种情况在我国以水质较软的地面水为水源的南方地区更为突出。因此，水加热设备和贮热设备宜根据水质条件采用耐腐蚀材料(如不锈钢、不锈钢复合板)制作或内表面的衬涂处理。当水中氯离子含量较高时宜采用钢板衬铜，或采用 316L 不锈钢壳体。衬涂处理时应注意两点，一是衬涂材质应符合现行有关卫生标准的要求，二是衬涂工艺必须符合相关规定，保证衬涂牢固。

5.4.16 本条文第 1 款只限定容积式、导流型容积式、半容积式水加热器这三种贮热容积的水加热器的一侧应有净宽不小于 0.7m 的通道，前端应留有抽出加热盘管的位置。理由是无贮热容积的半即热式、快速式水加热器一般体型比前者小得多，其加热盘管不一定从前端抽出，可以从上从下两头抽出，也可以整体放倒或移出机房外检修(当然机房的布置还需考虑人行道及管道连接等的空间)。而容积式水加热器等带贮热容积的设备，体型一般均较高大，一般设备固定就很难整体移动，而水加热设备的核心部分加热盘管受水质、水温引起的结垢、腐蚀影响传热效果及制造加工不善出现问题是很难避免的，因此，在水加热器前端，即加热盘管装入水加热器的一侧必须留有能抽出加热盘管的距离，以供加热盘管清理水垢或检修之用。同时本款也提醒设计人员在选用这种带贮热容积的水加热设备时必须考察其加热盘管能否从侧面抽出来，是否具备清垢检修条件。

5.4.16A 本条对水源热泵机组的布置作出了规定，因机组体形大，需预留安装孔洞及运输通道，且应留有抽出蒸发器、冷凝器盘管的空间。第 2 款针对空气源热泵需要良好的气流条件，且风机噪声大的特点，提出了机组的布置要求，机组一般布置在屋顶或室外。

5.4.17 本条对燃油(气)热水机组的布置作了一些原则规定。

5.4.19 本条对膨胀管的设置作了具体规定。

　　1 设有高位冷水箱供水的热水系统设膨胀管时，不得将膨胀管返至高位冷水箱上空，目的是防止热水系统中的水体升温膨胀时，将膨胀的水量返至生活用冷水箱，引起该水箱内水体的热污染。解决的办法是将膨胀管引至其他非生活饮用水箱的上空。因一般多层、高层建筑大多有消防专用高位冷水箱，有的还有中水水箱等，这些非生活饮用水箱的上空都可接纳膨胀管的泄水。

　　在开式热水供应系统中，为防止热水箱的水因受热膨胀而流失，规定热水箱溢流水位超出冷水补给水箱的水位高度应按膨胀量确定(见图 8)，其高度 h 按式(5)计算：

$$h = H\left(\frac{\rho_l}{\rho_r} - 1\right) \tag{5}$$

式中 　h——热水箱溢流水位超出补给水箱水面的高度(m)；

　　　ρ_l——冷水箱补给水箱内水的平均密度(kg/m³)；

　　　ρ_r——热水箱内热水平均密度(kg/m³)；

　　　H——热水箱箱底距冷水补给水箱水面的高度(m)。

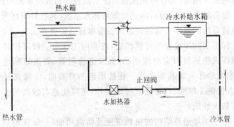

图 8　热水箱与冷水补给水箱布置

　　2 本次局部修订，将原规范中式(5.4.19-3)中的 ρ_h 更正为 ρ_l，并取消该式，引用了式(5.4.19-1)。

5.4.20 膨胀管上严禁设置阀门是确保热水供应系统的安全措施。当开式热水供应系统有多台锅炉或水加热器时，为便于运行和维修亦应分别设置。

5.4.21

　　1 将第"1"、"2"款中日用热水量由 10m³ 改为 30m³。日用热水量为 10m³ 的集中热水供应系统为设计小时热水量只有 1.0m³/h～1.5m³/h 的小系统，其系统的膨胀水量亦少，以此作为是否设膨胀罐的标准，要求过高。因此将日用热水量 10m³ 提高到 30m³。

　　2 原式(5.4.21)中的 $P_2 = 1.05P_1$，是依据"压力容器"有关规定确定的。但在本规范试行三年多来，不少工程反映，按此计算，膨胀罐偏大，为此将其修正为 $P_2 = 1.10P_1$。经此修正，膨胀罐的容积将近减半。但在选用水加热、贮热容器时，应满足其工作压力 $(P_1-0.1)\times1.1 < 1.05P_3$($P_3$ 为容器的设计工作压力，1.05 系数是压力容器安全阀泄压为设计工作压力 1.05 倍)的要求。例：选用水加热器的设计工作压力(相对压力)$P_3 = 0.6$MPa，则系统的工作压力(相对压力)为：$(P_1 - 0.1) = (1.05/1.1)\times0.6 = 0.573$MPa，故绝对压力 $P_1 \leqslant 0.673$MPa。

5.4.21A 据国外资料介绍，在阳光强烈的夏天，集热器及连接管道内的水温可能达到 100℃～200℃，因此集热器、贮热水箱(罐)及相应管道、管件、阀门等均应采取防过热措施，一般采用遮阳、散热冷却和排泄高温水。选用相应的耐热材质，闭式系统则要设膨胀罐、安全阀等泄压、泄水的安全设施。有冰冻可能的系统应采用加防冻液或热循环等措施，保证系统安全使用。

5.5　管网计算

5.5.1 设有集中热水供应系统的小区室外热水干管管径设计流量计算，与小区给水的水力计算一致。而单幢建筑物的引入管需保证其系统的设计秒流量，即引入管按该建筑物热水供水系统总干管的设计秒流量计算选择管径。

5.5.5 本条所列式 5.5.5 中的参数 Q_r 与 Δt 在原规范所列数值的基础上增加了小区配水管网的热损失比率。

5.5.6 本条对定时供应热水系统的循环流量的计算作了规定。

　　定时供应热水系统的循环流量是按 1h 内循环管网中的水循环次数而定的。据调研，一般定时循环热水供应系统的循环泵大都在供应热水前半小时开始运转，直到把水加热至规定温度，循环泵即停止工作。因定时供应热水的情况下，用水集中，故供应热水时，不考虑热水循环。循环泵的选择可按每小时将管网中的水循环 2 次～4 次计算，其上、下限的选择，可依系统的大小和水泵产品情况等确定。

5.5.10 本条对循环水泵的选用和设置作了规定。

　　1 本款为机械循环时，循环水泵流量的确定。

　　2 本款为机械循环时，循环水泵扬程的计算。

　　3 此款规定了循环水泵必须选用热水专用泵。另外，热水循环水泵的扬程只用于克服热水循环时的水头损失，热水循环流量很小，水泵扬程很低。但一般循环水泵和水加热设备一起均位于热水管网系统的最低处(即一般水加热设备机房位于底层或地下室)，因此，循环水泵的扬程不大，但它所承受管网的静水压力值较大，尤其是高层建筑的热水系统更为突出。国内曾有一些工程使用的热水循环泵因其未考虑这部分静水压力而发生爆裂事故，所以热水循环水泵水泵泵壳承受的工作压力一定要按其承受的静水压力加水泵扬程两部分叠加考虑。

5.6　管材、附件和管道敷设

5.6.2 本条对热水系统选用管材作了规定。

　　1 根据国家有关部门关于"在城镇新建住宅中，禁止使用冷镀锌钢管用于室内给水管道,并根据当地实际情况逐步限制禁止使用热镀锌钢管,推广应用铝塑复合管、交联聚乙烯(PE-X)管、三型无规共聚聚丙烯(PP-R)管、耐热聚乙烯管(PERT)等新型管材,有条件的地方也可推广应用铜管"的规定,本条推荐作为热水管道的管材排列顺序为:薄壁铜管、薄壁不锈钢管、塑料热水管、塑料和金属复合热水管等。

2 当选用塑料热水管或塑料和金属复合热水管材时,本条还作了下述规定:

1)第1款中管道的工作压力应按相应温度下的许用工作压力选择。塑料管材不同于钢管,能承受的压力受温度的影响很大。管内介质温度升高则其承受的压力骤降,因此,必须按相应介质温度下所需承受的工作压力来选择管材。

2)设备机房内的管道不应采用塑料热水管。

设备机房内的管道安装维修时,可能要经常碰撞,有时可能还要站人,一般塑料管材质脆怕撞击,所以不宜用作机房的连接管道。

此外还有两点需予以注意:

第一点,管件宜采用和管道相同的材质。不同的材料有不同的伸缩变形系数。塑料的伸缩系数一般比金属的伸缩系数要大得多。由于热水系统中水的冷热变化将引起塑料管道的较大伸缩,如采用的管件为金属材质,则由于管件、管道两者伸缩系数不同,而又未采取弥补措施,就可能在使用中出现接头处胀缩漏水的问题。因此,采用塑料管时,管道与管件宜为相同材质。

第二点,定时供应热水不宜选用塑料热水管。定时供应热水不同于全日供应热水的地方,主要是系统内水温周期性冷热变化大,即周期性的引起管道伸缩变化大。这对于伸缩变化大的塑料管是不合适的。

5.6.3 热水管道因受热膨胀会产生伸长,如管道无自由伸缩的余地,则使管道内承受超过管道所许可的内应力,致使管道弯曲甚至破裂,并对管道两端固定支架产生很大推力。为了减缓管道在膨胀时的内应力,设计时应尽量利用管道的自然转弯,当直线管段较长(含水平与垂直管段)不能依靠自然补偿来解决膨胀伸长量时,应设置伸缩器。铜管、不锈钢管及塑料管的膨胀系数均不相同,设计计算中应分别按不同管材在管道上合理布置伸缩器。

5.6.4 规定热水系统中应装设排气和泄水装置。

在热水系统中,由于热水在管道内不断析出气体(溶解氧及二氧化碳),会使管内积气,如不及时排除,不但阻碍管道内的水流还加速管道内壁的腐蚀。为了使热水供应系统能正常运行,故应在热水管道积聚空气的地方装自动放气阀或带手动放气阀的集气罐。在下行上给式系统中,一般可利用最高配水点放气,不另设排气装置。

据调查,在上行下给式的系统中管道的腐蚀较严重。管道的腐蚀与系统中不及时排除空气有关。故建议将横干管的坡度增加到1%,以加速水中析出的空气集中到集气器。若下行上给式系统当最高配水点不经常使用时,空气就由回水立管带到横干管而引起管道腐蚀。

由此可见,热水系统的放气装置不但是为了防止气堵影响系统供水,也是防止管道腐蚀的一项措施。

在热水系统的最低点装设泄水装置是为了放空系统中的水,以便维修。如在系统的最低处有配水点时,则可利用最低配水点泄水而不另设泄水装置。

5.6.8 本条对止回阀在热水系统中的设置位置作了规定。

1 此款规定,是为了防止加热设备的升压或由于冷水管网水压降低产生倒流,使设备内热水回流至冷水管网产生热污染和安全事故。第1款后有一个注,由于倒流防止器阻力大,如水加热贮热设备的冷水管上安装了倒流防止器,而不采取相应措施,将会产生用水点处冷热水压力的不平衡。一般工程中采用冷热水系统均通过同一倒流防止器的方法解决此问题。

2 此款规定,是为了防止冷水进入热水系统,以保证配水点的供水温度。

3 此款规定,是为了防止冷、热水通过混合器相互串水而影响其他设备的正常使用。如设计成组混合器时,则止回阀可装在冷、热水的干管上。

5.6.9 本条对水加热器设置温度自动控制装置作了规定。

1 规定了所有水加热器均应设自动温度控制装置来控制调节出水温度。理由是为了节能节水,安全供水。人工控制温度,由于人工控制受人员素质、热媒、用水变化等多种因素之影响,水加热器出水水温得不到有效控制,尤其是汽-水换热设备,有的加热器内水温长期达80℃以上,设备用不到一年就报废。因此,本条规定凡水加热器均应装自动温度控制装置。

2 自动温度控制阀的温度探测部分(一般为温包)设置部位应视水加热器本身结构确定。对于容积式、半容积式水加热器,将温包放在出水口处是不合适的,因为当温包反应此处温度的变化时,罐体内的水温早已变了,自动温度控制阀再动作为时已晚。

3 自动温度控制阀应根据水加热器的类型,即有无贮存调节容积及容积的相对大小来确定相应的温度控制范围。根据半即热式水加热器产品标准等的规定,不同水加热器对自动温度控制阀的温度控制级别范围如表8所示。

表8 水加热器温度控制级别范围

水加热设备	自动温度控制阀温级范围(℃)
容积式水加热器,导流型容积式水加热器	±5
半容积式水加热器	±4
半即热式水加热器	±3

注:半即热式水加热器除装自动温度控制阀外,还需有配套的其他温度调节与安全装置。

5.6.10 水加热设备的上部,热媒进出水管、贮热水罐和冷热水混合器上装温度计、压力表等,是便于操作人员观察设备及系统运行情况,做好运行记录,并可以减少、避免不安全事故。

承压容器上装设安全阀是劳动部门和压力容器有关规定的要求,也是闭式热水系统上一项必要的安全措施。用于热水系统的安全阀可按泄掉系统温升膨胀产生的压力来计算,其开启压力一般可为热水系统最高工作压力的1.05倍。安全阀的型式一般可选用微启式弹簧安全阀。

5.6.11 热水系统上装设水表是为了节约用水及运行管理计费和累计用水量的要求。对于集中热水供应系统,为计量系统热水总用水量可用冷水表装在水加热设备的冷水进水管上,这是因为国内生产较大型的热水表的厂家较少,且品种不全,故用冷水表代替。但需在水加热器与冷水表之间装设止回阀,防止热水升温膨胀回流时损坏水表。

分户计量热水用水量时,则可使用热水表。

5.6.13 为适应建筑装修的要求,塑料热水管宜暗设。塑料热水管材材质较脆,怕撞击、怕紫外线照射,且其刚度(硬度)较差,不宜明装。对于外径 D_e 小于或等于25mm的聚丁烯管、改性聚丙烯管、交联聚乙烯管等柔性管一般可以将管道直埋在建筑垫层内,但不允许将管道直埋在钢筋混凝土结构墙板内。埋在垫层内的管道不应有接头。外径 D_e 大于或等于32mm的塑料热水管可敷设在管井或吊顶内。

5.6.14 热水系统的设备与管道若不采取保温措施,不仅会造成能源的极大浪费,而且可能使较远配水点得不到规定水温的热水。

据资料介绍,普通有隔热措施的热水系统,其燃料消耗为无隔热措施系统的一半。这足以说明保温措施之重要性。

保温层的厚度应经计算确定,在实际工作中一般可按经验数据或现成绝热材料定型预制品,如发泡橡塑管、硬质氨酯泡沫塑料、水泥珍珠岩制品等选用。在选用绝热材料时,除考虑导热系数、方便施工维修、价格适宜等因素外,还应注意有较高的机械强度和防火性能。

为了增加绝热结构的机械强度及防潮功能,一般在绝热层外都应做一保护层,以往的做法一般是用石棉水泥、麻刀灰、油毛毡、玻璃布、铝箔等作保护层。比较讲究的做法是用金属薄板作保护层。

5.6.15 热水管道穿越楼板时应加套管是为了防止管道膨胀伸缩移动造成管外壁四周出现缝隙，引起上层漏水至下层的事故。一般套管内径应比通过热水管的外径大2号~3号，中间填不燃烧材料再用沥青油膏之类的软密封防水填料灌平。套管高出地面大于等于20mm。

5.6.17 本条规定了用蒸汽作热媒的间接式水加热设备的凝结水回水管上应设疏水器。目的是保证热媒管道汽水分离，蒸汽畅通，不产生汽水撞击，延长设备使用寿命。

生活用水很不均匀，绝大部分时间，水加热器不在设计工况下工作，尤其是在水加热器初始升温或在很少用水的情况下升温时，由于一般温控装置难以根据水加热器内热水温升情况或被加热水流量大小来调节阀门开启度，因而此时的凝结水出水温度可能很高。对于这种用水不均匀又无灵敏可靠温控装置的水加热设备，当以饱和蒸汽为热媒时，均宜在凝结水出水管上装疏水器。

每台设备各自装疏水器是为了防止水加热器热媒阻力不同（即背压不同）相互影响疏水器工作的效果。

5.6.18 本条规定了疏水器的口径不能直接按凝结水管径选择，应按其最大排水量，进、出口最大压差，附加系数三个因素计算确定。

为了保证疏水器的使用效果，应在其前加过滤器。不宜附设旁通管，目的是为了杜绝疏水器该维修时不维修，开启旁通，疏水器形同虚设。但对于只有偶尔情况下才出现大于等于80℃高温凝结水（一般情况低于80℃）的管路亦可设旁通，即正常运行时凝结水从旁通管路走，特殊情况下凝结水经疏水器走。

5.7 饮水供应

5.7.2、5.7.3、5.7.3A 依据行业标准《管道直饮水系统技术规程》CJJ 110—2006相关内容进行了全面修正，与其协调一致，并将原条文中的"饮用净水系统"改为"管道直饮水系统"。

饮水主要用于人员饮用，也有的将其用于煮饭、淘米、洗涤瓜果蔬菜及冲洗餐具等。个人饮水量多少与经济水平、生活习惯、水嘴水流特性及当地气候条件等多项因素有关。

根据资料介绍，本条推荐住宅最高日直饮水定额为2.0L/人·d~2.5L/人·d。北方地区可按低限取值，南方经济发达地区可按高限取值。办公楼为1.0L/人·d~2.0L/人·d。

5.7.3 本条对直饮水系统的水质、水嘴流率、供水系统方式、循环管网的设置及设计秒流量计算等分别作了规定。

1 直饮水一般均以市政给水为原水，经过深度处理方法制备而成，其水质应符合国家现行标准《饮用净水水质标准》CJ 94的要求。

管道直饮水系统水量小、水质要求高，目前常采用膜技术对其进行深度处理。膜处理又分成微滤（MF）、超滤（UF）、纳滤（NF）和反渗透膜（RO）四种方法。可视原水水质条件、工作压力、产品水的回收率及出水质要求等因素进行选择。膜处理前设机械过滤器等前处理，膜处理后应进行消毒灭菌等后处理。

2 管道直饮水的用水量小，且其价格比一般生活给水贵得多，为了尽量避免饮水的浪费，直饮水不能采用一般额定流量大的水嘴，而宜采用额定流量为0.04L/s左右的专用水嘴，其最低工作压力相应为0.03MPa。专用水嘴的流量、压力值是"建筑和居住小区优质饮水供应技术"课题组实测市场上一种不锈钢鹅颈水嘴后推荐的参数。

4 推荐管道直饮水系统采用变频机组直接供水的方式。其目的是避免采用高位水箱贮水难以保证循环效果和直饮水水质的问题，同时，采用变频机组供水，还可使所有设备均集中在设备间，便于管理控制。

5 高层建筑管道直饮水系统竖向分区，基本同生活给水分区。有条件时分区的范围宜比生活给水分区小一点，这样更有利于节水。

分区的方法可采用减压阀，因饮水水质好，减压阀前可不加截污器。

6 管道直饮水必须设循环管道，并应保证干管和立管中饮水的有效循环，其目的是防止管网中长时间滞流的饮水在管道接头、阀门等局部不光滑处由于细菌繁殖或微粒集聚等因素而产生水质污染和恶化的后果。循环回水系统一方面把系统中各种污染物及时去掉，控制水质的下降，同时又缩短了水在配水管网中的停留时间，借以抑制水中微生物的繁殖。关于循环流量的确定，国内设置管道直饮水系统的地方采用的参数均不相同。本条规定"循环管网内水的停留不应超过12h"是根据国家现行标准《管道直饮水系统技术规程》CJJ 110—2006的条文编写的。

循环管网应同程布置，保证整个系统的循环效果。

由于循环系统很难实现支管循环，因此，从立管接至配水龙头的支管管段长度应尽量短，一般不宜超过3m。

7 饮用净水系统配水管的设计秒流量公式 $q_g = q_o m$ 是《管道直饮水系统技术规程》CJJ 110—2006所推荐的公式。

式中 m 为计算管段上同时使用水嘴的数量。当水嘴数量在24个及24个以下时，m 值可按本规范附录F表F.0.1直接取值；当水嘴数量大于24个时，在按公式F.0.2计算取得水嘴使用概率 P 值后查附录F表F.0.2取值。

5.7.6 本条对饮水管的材质提出了具体要求，并首推薄壁不锈钢管作为饮水管管材。其理由是薄壁不锈钢管具有下列优点：①强度高且受温度变化的影响很小；②热传导率低，只有镀锌钢管的1/4，铜管的1/25；③耐腐蚀性能强；④管壁光滑卫生性能好，且阻力小。当然用不锈钢管材一般比其他管材贵，但据资料分析：薄壁型不锈钢管用于工程中，比PP-R或铝塑管只贵10%左右，比用铜管的价格低。因此，对于饮用水这种要求保证水质较严的管网系统，推荐采用薄壁不锈钢管是比较合适的。

中华人民共和国国家标准

建筑中水设计规范

Code of design for building reclaimed water system

GB 50336—2002

主编部门：中国人民解放军总后勤部基建营房部
批准部门：中 华 人 民 共 和 国 建 设 部
施行日期：２ ０ ０ ３ 年 ３ 月 １ 日

中华人民共和国建设部
公　告

第 100 号

建设部关于发布国家标准
《建筑中水设计规范》的公告

现批准《建筑中水设计规范》为国家标准，编号为 GB 50336—2002，自 2003 年 3 月 1 日起实施。其中，第 1.0.5、1.0.10、3.1.6、3.1.7、5.4.1、5.4.7、6.2.18、8.1.1、8.1.3、8.1.6 条为强制性条文，必须严格执行。

本规范由建设部标准定额研究所组织中国计划出版社出版发行。

中华人民共和国建设部
二〇〇三年一月十日

前　言

本规范是根据建设部建标［2002］85 号文"关于印发《2001～2002 年度工程建设国家标准制订、修订计划》的通知"的要求，在建设部标准定额司的组织领导下，由中国人民解放军总后勤部建筑设计研究院主编，并会同其他参编单位共同编制而成。

本规范的编制，遵照国家有关基本建设的方针和有关环保、节水的工作方针，对原中国工程建设标准化协会的推荐性规范《建筑中水设计规范》(CECS 30：91)施行以来的情况进行全面总结，以多种方式广泛征求了国内有关科研、设计、院校、设备生产和工程安装等部门的意见，进行全面修改并补充了新的内容，最后经有关部门共同审查定稿。

本规范共设 8 章。主要内容有总则、术语符号、中水水源、中水水质标准、中水系统、处理工艺及设施、中水处理站、安全防护和监(检)测控制等。

本规范中以黑体字标志的条文为强制性条文，必须严格执行。本规范由建设部负责管理和对强制性条文的解释，中国人民解放军总后勤部建筑设计研究院负责具体技术内容的解释。在执行过程中，请各单位结合工程实践，认真总结经验，如发现需要修改或补充之处，请将意见和建议寄送中国人民解放军总后勤部

建筑设计研究院(地址：北京市太平路 22 号设计院，邮政编码：100036，传真：010－68221322)，以供修订时参考。

本规范主编单位、参编单位和主要起草人：

主编单位：中国人民解放军总后勤部建筑设计研究院

参编单位：北京市建筑设计研究院
北京市环境保护科学研究院
中国建筑东北设计研究院
北京市城市节约用水办公室
中国市政工程西北设计研究院
深圳市宝安区建设局
中国建筑设计研究院
北京中航银燕环境工程有限公司
保定太行集团有限责任公司
哈尔滨建筑大学

主要起草人：孙玉林　王冠军　萧正辉　秦永生
邬扬善　崔长起　刘　红　金善功
郑大华　赵世明　刘长培　魏德义
李圭白

目　次

1 总 则

1.0.1 为实现污水、废水资源化,节约用水,治理污染,保护环境,使建筑中水工程设计做到安全可靠、经济适用、技术先进,制订本规范。

1.0.2 本规范适用于各类民用建筑和建筑小区的新建、改建和扩建的中水工程设计。工业建筑中生活污水、废水再生利用的中水工程设计,可参照本规范执行。

1.0.3 各种污水、废水资源,应根据当地的水资源情况和经济发展水平充分利用。

1.0.4 缺水城市和缺水地区在进行各类建筑物和建筑小区建设时,其总体规划设计应包括污水、废水、雨水资源的综合利用和中水设施建设的内容。

1.0.5 缺水城市和缺水地区适合建设中水设施的工程项目,应按照当地有关规定配套建设中水设施。中水设施必须与主体工程同时设计,同时施工,同时使用。

1.0.6 中水工程设计,应根据可利用原水的水质、水量和中水用途,进行水量平衡和技术经济分析,合理确定中水水源、系统型式、处理工艺和规模。

1.0.7 中水工程设计应由主体工程设计单位负责。中水工程的设计进度应与主体工程设计进度相一致,各阶段的设计深度应符合国家有关建筑工程设计文件编制深度的规定。

1.0.8 中水工程设计质量应符合国家关于民用建筑工程设计文件质量特性和质量评定实施细则的要求。

1.0.9 中水设施设计合理使用年限应与主体建筑设计标准相符合。

1.0.10 中水工程设计必须采取确保使用、维修的安全措施,严禁中水进入生活饮用水给水系统。

1.0.11 建筑中水设计除应执行本规范外,尚应符合国家现行有关强制性规范、标准的规定。

2 术语、符号

2.1 术 语

2.1.1 中水 reclaimed water
指各种排水经处理后,达到规定的水质标准,可在生活、市政、环境等范围内杂用的非饮用水。

2.1.2 中水系统 reclaimed water system
由中水原水的收集、储存、处理和中水供给等工程设施组成的有机结合体,是建筑物或建筑小区的功能配套设施之一。

2.1.3 建筑物中水 reclaimed water system for building
在一栋或几栋建筑物内建立的中水系统。

2.1.4 小区中水 reclaimed water system for residential district
在小区内建立的中水系统。小区主要指居住小区,也包括院校、机关大院等集中建筑区,统称建筑小区。

2.1.5 建筑中水 reclaimed water system for buildings
建筑物中水和小区中水的总称。

2.1.6 中水原水 raw-water of reclaimed water
选作为中水水源而未经处理的水。

2.1.7 中水设施 equipments and facilities of reclaimed water
是指中水原水的收集、处理,中水的供给、使用及其配套的检测、计量等全套构筑物、设备和器材。

2.1.8 水量平衡 water balance
对原水水量、处理量与中水用量和自来水补水量进行计算、调整,使其达到供与用的平衡和一致。

2.1.9 杂排水 gray water
民用建筑中除粪便污水外的各种排水,如冷却排水、游泳池排水、沐浴排水、盥洗排水、洗衣排水、厨房排水等。

2.1.10 优质杂排水 high grade gray water
杂排水中污染程度较低的排水,如冷却排水、游泳池排水、沐浴排水、盥洗排水、洗衣排水等。

2.2 符 号

Q_Y——中水原水量;

α——最高日给水量折算成平均日给水量的折减系数;

β——建筑物按给水量计算排水量的折减系数;

Q——建筑物最高日生活给水量;

b——建筑物用水分项给水百分率;

η——原水收集率;

$\sum Q_P$——中水系统回收排水项目回收水量之和;

$\sum Q_J$——中水系统回收排水项目的给水量之和;

q——设施处理能力;

Q_{PY}——经过水量平衡计算后的中水原水量;

t——中水设施每日设计运行时间。

3 中 水 水 源

3.1 建筑物中水水源

3.1.1 建筑物中水水源可取自建筑的生活排水和其他可以利用的水源。

3.1.2 中水水源应根据排水的水质、水量、排水状况和中水回用的水质、水量选定。

3.1.3 建筑物中水水源可选择的种类和选取顺序为:

  1 卫生间、公共浴室的盆浴和淋浴等的排水;

  2 盥洗排水;

3 空调循环冷却系统排污水;

4 冷凝水;

5 游泳池排污水;

6 洗衣排水;

7 厨房排水;

8 冲厕排水。

3.1.4 中水原水量按下式计算:

$$Q_Y = \sum \alpha \cdot \beta \cdot Q \cdot b \qquad (3.1.4)$$

式中　Q_Y——中水原水量(m^3/d);

　　　α——最高日给水量折算成平均日给水量的折减系数,一般取 0.67~0.91;

　　　β——建筑物按给水量计算排水量的折减系数,一般取0.8~0.9;

　　　Q——建筑物最高日生活给水量,按《建筑给水排水设计规范》中的用水定额计算确定(m^3/d);

　　　b——建筑物用水分项给水百分率。各类建筑物的分项给水百分率应以实测资料为准,在无实测资料时,可参照表 3.1.4 选取。

表 3.1.4　各类建筑物分项给水百分率(%)

项目	住宅	宾馆、饭店	办公楼、教学楼	公共浴室	餐饮业、营业餐厅
冲厕	21.3~21	10~14	60~66	2~5	6.7~5
厨房	20~19	12.5~14	—	—	93.3~95
沐浴	29.3~32	50~40	—	98~95	—
盥洗	6.7~6.0	12.5~14	40~34	—	—
洗衣	22.7~22	15~18	—	—	—
总计	100	100	100	100	100

注:沐浴包括盆浴和淋浴。

3.1.5 用作中水水源的水量宜为中水回用水量的 110%~115%。

3.1.6 综合医院污水作为中水水源时,必须经过消毒处理,产出的中水仅可用于独立的不与人直接接触的系统。

3.1.7 传染病医院、结核病医院污水和放射性废水,不得作为中水水源。

3.1.8 建筑屋面雨水可作为中水水源或其补充。

3.1.9 中水原水水质应以实测资料为准,在无实测资料时,各类建筑物各种排水的污染浓度可参照表 3.1.9 确定。

表 3.1.9　各类建筑物各种排水污染浓度表(mg/L)

类别	住宅 BOD₅	CODcr	SS	宾馆、饭店 BOD₅	CODcr	SS	办公楼、教学楼 BOD₅	CODcr	SS	公共浴室 BOD₅	CODcr	SS	餐饮业、营业餐厅 BOD₅	CODcr	SS
冲厕	300~450	800~1100	350~450	250~300	700~1000	300~400	260~340	350~450	260~340	260~340	350~450	260~340	260~340	350~450	260~340
厨房	500~650	900~1200	220~280	400~550	800~1100	180~220	—	—	—	—	—	—	500~600	900~1100	250~280

续表 3.1.9

类别	住宅 BOD₅	CODcr	SS	宾馆、饭店 BOD₅	CODcr	SS	办公楼、教学楼 BOD₅	CODcr	SS	公共浴室 BOD₅	CODcr	SS	餐饮业、营业餐厅 BOD₅	CODcr	SS
沐浴	50~60	120~135	40~60	40~50	100~110	30~50	—	—	—	45~55	110~120	35~55	—	—	—
盥洗	60~70	90~120	100~150	50~60	80~100	80~100	90~110	100~140	90~110	—	—	—	—	—	—
洗衣	220~250	310~390	60~70	180~220	270~330	50~60	—	—	—	—	—	—	—	—	—
综合	230~300	455~600	155~180	140~175	295~380	95~120	195~260	260~340	195~260	50~65	115~135	40~65	490~590	890~1075	255~285

3.2　建筑小区中水水源

3.2.1 建筑小区中水水源的选择要依据水量平衡和技术经济比较确定,并应优先选择水量充裕稳定、污染物浓度低、水质处理难度小、安全且居民易接受的中水水源。

3.2.2 建筑小区中水可选择的水源有:

1 小区内建筑物杂排水;

2 小区或城市污水处理厂出水;

3 相对洁净的工业排水;

4 小区内的雨水;

5 小区生活污水。

注:当城市污水回用处理厂出水达到中水水质标准时,建筑小区可直接连接中水管道使用;当城市污水回用处理厂出水未达到中水水质标准时,可作为中水原水进一步处理,达到中水水质标准后方可使用。

3.2.3 小区中水水源的水量应根据小区中水用量和可回收排水项目水量的平衡计算确定。

3.2.4 小区中水原水量可按下列方法计算:

1 小区建筑物分项排水原水量按公式 3.1.4 计算确定。

2 小区综合排水量,按《建筑给水排水设计规范》的规定计算小区最高日给水量,再乘以最高日折算成平均日给水量的折减系数和排水折减系数的方法计算确定,折减系数取值同本规范 3.1.4 条。

3.2.5 小区中水水源的设计水质应以实测资料为准。无实测资料,当采用生活污水时,可按表 3.1.9 中综合水质指标取值;当采用城市污水处理厂出水为原水时,可按二级处理实际出水水质或相应标准执行。其他种类的原水水质则需实测。

4 中水水质标准

4.1　中水利用

4.1.1 中水工程设计应合理确定中水用户,充分提高中水设施的中水利用率。

4.1.2 建筑中水的用途主要是城市污水再生利用分类中的城市杂用水类,城市杂用水包括绿化用水、冲厕、街道清扫、车辆冲洗、建筑施工、消防等。污水再生利用按用途分类,包括农林牧渔用水、城市杂用水、工业用水、景观环境用水、补充水源水等。

4.2 中水水质标准

4.2.1 中水用作建筑杂用水和城市杂用水,如冲厕、道路清扫、消防、城市绿化、车辆冲洗、建筑施工等杂用,其水质应符合国家标准《城市污水再生利用 城市杂用水水质》(GB/T 18920)的规定。

4.2.2 中水用于景观环境用水,其水质应符合国家标准《城市污水再生利用 景观环境用水水质》(GB/T 18921)的规定。

4.2.3 中水用于食用作物、蔬菜浇灌用水时,应符合《农田灌溉水质标准》(GB 5084)的要求。

4.2.4 中水用于采暖系统补水等其他用途时,其水质应达到相应使用要求的水质标准。

4.2.5 当中水同时满足多种用途时,其水质应按最高水质标准确定。

5 中水系统

5.1 中水系统型式

5.1.1 中水系统包括原水系统、处理系统和供水系统三个部分,中水工程设计应按系统工程考虑。

5.1.2 建筑物中水宜采用原水污、废分流,中水专供的完全分流系统。

5.1.3 建筑小区中水可采用以下系统型式:

1 全部完全分流系统;

2 部分完全分流系统;

3 半完全分流系统;

4 无分流管系的简化系统。

5.1.4 中水系统型式的选择,应根据工程的实际情况、原水和中水用量的平衡和稳定、系统的技术经济合理性等因素综合考虑确定。

5.2 原水系统

5.2.1 原水管道系统宜按重力流设计,靠重力流不能直接接入的排水可采取局部提升等措施接入。

5.2.2 原水系统应计算原水收集率,收集率不应低于回收排水项目给水量的 75%。原水收集率按下式计算:

$$\eta = \frac{\sum Q_p}{\sum Q_J} \times 100\% \qquad (5.2.2)$$

式中 η ——原水收集率;

$\sum Q_p$ ——中水系统回收排水项目的回收水量之和(m^3/d);

$\sum Q_J$ ——中水系统回收排水项目的给水量之和(m^3/d)。

5.2.3 室内外原水管道及附属构筑物均应采取防渗、防漏措施,并应有防止不符合水质要求的排水接入的措施。井盖应做"中水"标志。

5.2.4 原水系统应分流、溢流设施和超越管,宜在流入处理站之前能满足重力排放要求。

5.2.5 当有厨房排水等含油排水进入原水系统时,应经过隔油处理后,方可进入原水集水系统。

5.2.6 原水应计量,宜设置瞬时和累计流量的计量装置,当采用调节池容量法计量时应安装水位计。

5.2.7 当采用雨水作为中水水源或水源补充时,应有可靠的调储容量和溢流排放设施。

5.3 水量平衡

5.3.1 中水系统设计应进行水量平衡计算,宜绘制水量平衡图。

5.3.2 在中水系统中应设调节池(箱)。调节池(箱)的调节容积应按中水原水量及处理量的逐时变化曲线求算。在缺乏上述资料时,其调节容积可按下列方法计算:

1 连续运行时,调节池(箱)的调节容积可按日处理水量的 35%~50% 计算。

2 间歇运行时,调节池(箱)的调节容积可按处理工艺运行周期计算。

5.3.3 处理设施后应设中水贮存池(箱)。中水贮存池(箱)的调节容积应按处理量及中水用量的逐时变化曲线求算。在缺乏上述资料时,其调节容积可按下列方法计算:

1 连续运行时,中水贮存池(箱)的调节容积可按中水系统日用水量的 25%~35% 计算。

2 间歇运行时,中水贮存池(箱)的调节容积可按处理设备运行周期计算。

3 当中水供水系统设置供水箱采用水泵—水箱联合供水时,其供水箱的调节容积不得小于中水系统最大小时用水量的 50%。

5.3.4 中水贮存池或中水供水箱上应设自来水补水管,其管径按中水最大时供水量计算确定。

5.3.5 自来水补水管上应安装水表。

5.4 中水供水系统

5.4.1 中水供水系统必须独立设置。

5.4.2 中水系统供水量按照《建筑给水排水设计规范》中的用水定额及本规范表 3.1.4 中规定的百分率计算确定。

5.4.3 中水供水系统的设计秒流量和管道水力计算、供水方式及水泵的选择等按照《建筑给水排水设计规范》中给水部分执行。

5.4.4 中水供水管道宜采用塑料给水管、塑料和金属复合管或其他给水管材,不得采用非镀锌钢管。

5.4.5 中水贮存池(箱)宜采用耐腐蚀、易清垢的材料制作。钢板池(箱)内、外壁及其附配件均应采取防腐蚀处理。

5.4.6 中水供水系统上,应根据使用要求安装计量装置。

5.4.7 中水管道上不得装设取水龙头。当装有取水接口时,必须采取严格的防止误饮、误用的措施。

5.4.8 绿化、浇洒、汽车冲洗宜采用有防护功能的壁式或地下式给水栓。

6 处理工艺及设施

6.1 处理工艺

6.1.1 中水处理工艺流程应根据中水原水的水质、水量和中水的水质、水量及使用要求等因素,经技术经济比较后确定。

6.1.2 当以优质杂排水或杂排水作为中水原水时,可采用以物化处理为主的工艺流程,或采用生物处理和物化处理相结合的工艺流程。

  1 物化处理工艺流程(适用于优质杂排水):

原水→格栅→调节池→絮凝沉淀或气浮(混凝剂)→过滤→消毒(消毒剂)→中水

  2 生物处理和物化处理相结合的工艺流程:

原水→格栅→调节池→生物处理→沉淀→过滤→消毒(消毒剂)→中水

  3 预处理和膜分离相结合的处理工艺流程:

原水→格栅→调节池→预处理→膜分离→消毒(消毒剂)→中水

6.1.3 当以含有粪便污水的排水作为中水原水时,宜采用二段生物处理与物化处理相结合的处理工艺流程。

  1 生物处理和深度处理相结合的工艺流程:

原水→格栅→调节池→生物处理→沉淀→过滤(混凝剂)→消毒(消毒剂)→中水

  2 生物处理和土地处理:

原水→格栅→厌氧调节池→土地处理→消毒(消毒剂)→中水

  3 曝气生物滤池处理工艺流程:

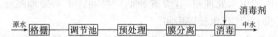
原水→格栅→调节池→预处理→曝气生物滤池→消毒(消毒剂)→中水

  4 膜生物反应器处理工艺流程:

原水→调节池→预处理→膜生物反应器→消毒(消毒剂)→中水

6.1.4 利用污水处理站二级处理出水作为中水水源时,宜选用物化处理或与生化处理结合的深度处理工艺流程。

  1 物化法深度处理工艺流程:

二级处理出水→调节池→混凝沉淀或气浮(混凝剂)→过滤→消毒(消毒剂)→中水

  2 物化与生化结合的深度处理流程:

二级处理出水→调节池→微絮凝过滤(混凝剂)→生物活性炭→消毒(消毒剂)→中水

  3 微孔过滤处理工艺流程:

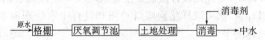
二级处理出水→调节池→微孔过滤→消毒(消毒剂)→中水

6.1.5 采用膜处理工艺时,应有保障其可靠进水水质的预处理工艺和易于膜的清洗、更换的技术措施。

6.1.6 在确保中水水质的前提下,可采用耗能低、效率高、经过实验或实践检验的新工艺流程。

6.1.7 中水用于采暖系统补充水等用途,采用一般处理工艺不能达到相应水质标准要求时,应增加深度处理设施。

6.1.8 中水处理产生的沉淀污泥、活性污泥和化学污泥,当污泥量较小时,可排至化粪池处理,当污泥量较大时,可采用机械脱水装置或其他方法进行妥善处理。

6.2 处理设施

6.2.1 中水处理设施处理能力按下式计算:

$$q = \frac{Q_{PY}}{t} \qquad (6.2.1)$$

式中 q——设施处理能力(m³/h);

  Q_{PY}——经过水量平衡计算后的中水原水量(m³/d);

  t——中水设施每日设计运行时间(h)。

6.2.2 以生活污水为原水的中水处理工程,应在建筑物粪便排水系统中设置化粪池,化粪池容积按污水在池内停留时间不小于12h计算。

6.2.3 中水处理系统应设置格栅,格栅宜采用机械格栅。格栅可按下列规定设计:

  1 设置一道格栅时,格栅条空隙宽度小于10mm;设置粗细两道格栅时,粗格栅条空隙宽度为10～20mm,细格栅条空隙宽度为2.5mm。

  2 设在格栅井内时,其倾角不小于60°。格栅井应设置工作台,其位置应高出格栅前设计最高水位0.5m,其宽度不宜小于0.7m,格栅井应设置活动盖板。

6.2.4 以洗浴(涤)排水为原水的中水系统,污水泵吸水管上应设置毛发聚集器。毛发聚集器可按下列规定设计:

  1 过滤筒(网)的有效过水面积应大于连接管截面积的2倍。

  2 过滤筒(网)的孔径宜采用3mm。

  3 具有反洗功能和便于清污的快开结构,过滤筒(网)应采用耐腐蚀材料制造。

6.2.5 调节池可按下列规定设计：

1 调节池内宜设置预曝气管,曝气量不宜小于$0.6m^3/m^3 \cdot h$。

2 调节池底部应设有集水坑和泄水管,池底应有不小于0.02的坡度,坡向集水坑,池壁应设置爬梯和溢水管。当采用地埋式时,顶部应设置人孔和直通地面的排气管。

注:中、小型工程调节池可兼作提升泵的集水井。

6.2.6 初次沉淀池的设置应根据原水水质和处理工艺等因素确定。当原水为优质杂排水或杂排水时,设置调节池后可不再设置初次沉淀池。

6.2.7 生物处理后的二次沉淀池和物化处理的混凝沉淀池,其规模较小时,宜采用斜板(管)沉淀池或竖流式沉淀池。规模较大时,应参照《室外排水设计规范》中有关部分设计。

6.2.8 斜板(管)沉淀池宜采用矩形,沉淀池表面水力负荷宜采用$1\sim3m^3/m^2 \cdot h$,斜板(管)间距(孔径)宜大于80mm,板(管)斜长宜取1000mm,斜角宜为60°。斜板(管)上部清水深不宜小于0.5m,下部缓冲层不宜小于0.8m。

6.2.9 竖流式沉淀池的设计表面水力负荷宜采用$0.8\sim1.2m^3/m^2 \cdot h$,中心管流速不大于30mm/s,中心管下部应设喇叭口和反射板,板底面距泥面不小于0.3m,排泥斗坡度应大于45°。

6.2.10 沉淀池宜采用静水压力排泥,静水头不应小于1500mm,排泥管直径不宜小于80mm。

6.2.11 沉淀池集水应设出水堰,其出水最大负荷不应大于$1.70L/s \cdot m$。

6.2.12 建筑中水生物处理宜采用接触氧化池或曝气生物滤池,供氧方式宜采用低噪声的鼓风机加布气装置、潜水曝气机或其他曝气设备。

6.2.13 接触氧化池处理洗浴废水时,水力停留时间不应小于2h;处理生活污水时,应根据原水水质情况和出水水质要求确定水力停留时间,但不宜小于3h。

6.2.14 接触氧化池宜采用易挂膜、耐用、比表面积较大、维护方便的固定填料或悬浮填料。当采用固定填料时,安装高度不小于2m;当采用悬浮填料时,装填体积不应小于池容积的25%。

6.2.15 接触氧化池曝气量可按BOD_5的去除负荷计算,宜为$40\sim80m^3/kgBOD_5$。

6.2.16 中水过滤处理宜采用滤池或过滤器。采用新型滤器、滤料和新工艺时,可按实验资料设计。

6.2.17 选用中水处理一体化装置或组合装置时,应具有可靠的设备处理效果参数和组合设备中主要处理环节处理效果参数,其出水水质应符合使用用途要求的水质标准。

6.2.18 中水处理必须设有消毒设施。

6.2.19 中水消毒应符合下列要求:

1 消毒剂宜采用次氯酸钠、二氧化氯、二氯异氰尿酸钠或其他消毒剂。当处理站规模较大并采取严格的安全措施时,可采用液氯作为消毒剂,但必须使用加氯机。

2 投加消毒剂宜采用自动定比投加,与被消毒水充分混合接触。

3 采用氯化消毒时,加氯量宜为有效氯$5\sim8mg/L$,消毒接触时间应大于30min。当中水水源为生活污水时,应适当增加加氯量。

6.2.20 污泥处理的设计,可按《室外排水设计规范》中的有关要求执行。

6.2.21 当采用其他处理方法,如混凝气浮法、活性污泥法、厌氧处理法、生物转盘法等处理的设计时,应按国家现行的有关规范、规定执行。

7 中水处理站

7.0.1 中水处理站位置应根据建筑的总体规划、中水原水的产生、中水用水的位置、环境卫生和管理维护要求等因素确定。以生活污水为原水的地面处理站与公共建筑和住宅的距离不宜小于15m,建筑物内的中水处理站宜设在建筑物的最底层,建筑群(组团)的中水处理站宜设在其中心建筑的地下室或裙房内,小区中水处理站按规划要求独立设置,处理构筑物宜为地下式或封闭式。

7.0.2 处理站的大小可按处理流程确定。对于建筑小区中水处理站,加药贮药间和消毒剂制备贮存间,宜与其他房间隔开,并有直接通向室外的门;对于建筑物内的中水处理站,宜设置药剂储存间。中水处理站应设有值班、化验等房间。

7.0.3 处理构筑物及处理设备应布置合理、紧凑,满足构筑物的施工、设备安装、运行调试、管道敷设及维护管理的要求,并应留有发展及设备更换的余地,还应考虑最大设备的进出要求。

7.0.4 处理站地面应设集水坑,当不能重力排出时,应设潜污泵排水。

7.0.5 处理设备的选型应确保其功能、效果、质量要求。

7.0.6 处理站设计应满足主要处理环节运行观察、水量计量、水质取样化验监(检)测和进行中水处理成本核算的条件。

7.0.7 处理站应设有适应处理工艺要求的采暖、通风、换气、照明、给水、排水设施。

7.0.8 处理站的设计中,对采用药剂可能产生的危害应采取有效的防护措施。

7.0.9 对中水处理中产生的臭气应采取有效的除臭措施。

7.0.10 对处理站中机电设备所产生的噪声和振动应采取有效的降噪和减振措施,处理站产生的噪声值不应超过国家标准《城市区域环境噪声标准》(GB 3096)

的要求。

8 安全防护和监(检)测控制

8.1 安全防护

8.1.1 中水管道严禁与生活饮用水给水管道连接。

8.1.2 除卫生间外,中水管道不宜暗装于墙体内。

8.1.3 中水池(箱)内的自来水补水管应采取自来水防污染措施,补水管出水口应高于中水贮存池(箱)内溢流水位,其间距不得小于 2.5 倍管径。严禁采用淹没式浮球阀补水。

8.1.4 中水管道与生活饮用水给水管道、排水管道平行埋设时,其水平净距不得小于 0.5m;交叉埋设时,中水管道应位于生活饮用水给水管道下面,排水管道的上面,其净距均不得小于 0.15m。中水管道与其他专业管道的间距按《建筑给水排水设计规范》中给水管道要求执行。

8.1.5 中水贮存池(箱)设置的溢流管、泄水管,均应采用间接排水方式排出。溢流管应设隔网。

8.1.6 中水管道应采取下列防止误接、误用、误饮的措施:

　　1 中水管道外壁应按有关标准的规定涂色和标志;

　　2 水池(箱)、阀门、水表及给水栓、取水口均应有明显的"中水"标志;

　　3 公共场所及绿化的中水取水口应设带锁装置;

　　4 工程验收时应逐段进行检查,防止误接。

8.2 监(检)测控制

8.2.1 中水处理站的处理系统和供水系统应采用自动控制装置,并应同时设置手动控制。

8.2.2 中水处理系统应对使用对象要求的主要水质指标定期检测,对常用控制指标(水量、主要水位、pH值、浊度、余氯等)实现现场监测,有条件的可实现在线监测。

8.2.3 中水系统的自来水补水宜在中水池或供水箱处,采取最低报警水位控制的自动补给。

8.2.4 中水处理站应根据处理工艺要求和管理要求设置水量计量、水位观察、水质观测、取样监(检)测、药品计量的仪器、仪表。

8.2.5 中水处理站应对耗用的水、电进行单独计量。

8.2.6 中水水质应按现行的国家有关水质检验法进行定期监测。

8.2.7 管理操作人员应经专门培训。

本规范用词说明

1 为便于在执行本规范条文时区别对待,对要求严格程度不同的用词,说明如下:

　　1)表示很严格,非这样做不可的用词:

　　正面词采用"必须",反面词采用"严禁"。

　　2)表示严格,在正常情况下均应这样做的用词:

　　正面词采用"应",反面词采用"不应"或"不得"。

　　3)表示允许稍有选择,在条件许可时首先应这样做的用词:

　　正面词采用"宜",反面词采用"不宜"。

　　4)表示有选择,在一定条件下可以这样做的,采用"可"。

2 条文中指明应按其他有关标准、规范执行时,写法为"应按……执行"或"应符合……的规定";可按其他有关标准、规范执行时,写法为"可按……的规定执行"。

中华人民共和国国家标准

建筑中水设计规范

GB 50336—2002

条 文 说 明

目　次

1 总 则

1.0.1 本条说明制订本规范的原则、目的和意义。国发〔2000〕36 号关于加强城市供水节水和水污染防治工作的通知中指出：必须坚持开源节流并重、节流优先、治污为本、科学开源、综合利用的原则，做好城市供水、节水和水污染防治工作，保障城市经济社会的可持续发展。随着城市建设和社会经济的发展，城市用水量和排水量不断增长，造成水资源日益不足，水质日趋污染，环境恶化。据统计，全国 668 个城市中，400 个城市常年供水不足，其中有 110 个城市严重缺水，日缺水量达 1600 万 m³，年缺水量 60 亿 m³，由于缺水每年影响工业产值 2000 多亿元。北方 13 个省（区、市）有 318 个县级以上的城市缺水，许多城市被迫限时限量供水。城市缺水问题已经到了非解决不可的地步。另一方面，我国污水排放量逐年增加，从 1990 年的 179 亿 m³ 增到 1999 年的 351 亿 m³，其中生活污水 80% 未经处理直接排放水体，监测表明，有 63.8% 的城市河段受到中度或严重污染。据调查，全国 118 座大城市的浅层地下水有 97.5% 的城市受到不同程度的污染，全国 42 个城市的 44 条河流，已有 93% 受到不同程度的污染，其中 32.6% 受到严重污染。我国七大水系的断面监测结果表明，63.1% 的河段水质为Ⅳ类、Ⅴ类或劣Ⅴ类，有的被迫退出饮用水水源。缺水和水污染的加剧使生态环境恶化，因此，实现污废水、雨水资源化，经处理后回用，即可节省水资源，又使污水无害化，是保护环境、防治水污染、搞好环境建设、缓解水资源不足的重要途径。从我国设有中水系统的旅馆、住区等民用建筑统计，利用中水冲洗厕所便器等杂用，可节水 30%~40%，并缓解了城市下水道的超负荷运行。根据《中华人民共和国水污染防治法》，采取综合防治，提高水的重复利用率，在我国缺水地区开展中水工程设计，势在必行。为推动和指导建筑中水工程设计，通过本规范的实施，统一设计中带有普遍性的技术问题，使中水工程做到安全可靠、经济适用、技术先进。

1.0.2 本条规定了本规范的适用范围。建筑中水是指民用建筑或建筑小区使用后的各种排水（生活污水、盥洗排水等），经适当处理后回用于建筑和建筑小区作为杂用的供水系统。因此，工业建筑的生产废水和工艺排水的回用不属此范围，但工业建筑内的生活污水的回用亦属建筑中水，如纺织厂内所设的公共盥洗间、淋浴间排出的轻度污染的优质杂排水，可作为中水水源，处理后可作为厕所冲洗用水和其他杂用，其有关技术规定可按本规范执行。

各类民用建筑是指不同使用性质的建筑，如旅馆、公寓、科研楼、办公楼、住宅、教学楼等，尤其是大中型的旅馆、宾馆、公寓等公共建筑，具有优质

杂排水水量大，需要杂用水水量亦大，水量易平衡，处理工艺简易，投资少等特点，最适合建设中水工程；建筑小区是指新（改、扩）建的校园、机关办公区、商住区、居住小区等，用水量较大，环境用水量也大，易于形成规模效益，易于设计不同型式中水系统，实现污水、废水资源化和小区生态环境的建设。

1.0.3 把"充分利用各种污水、废水资源"作为建设中水设施的基本原则要求提出。因为我国是一个水资源贫乏的国家，又是一个水污染严重的国家，不论南方、北方，东部地区、西部地区，缺水和污染的问题都到了非解决不可的地步了。要解决就得从源头抓起，建筑物和建筑小区是生活用水的终端用户，又是点污染、面污染的源头，比起工、农业用水大户，小而分散，但总量很大。节水和治污也必须从端头抓起。凡不符合有关国家排放标准要求的污水、废水，特别是在那些还没有完整下水道和污水处理厂的城镇和地区是决不能允许乱排滥放，必须对不符合环境排放标准的排水进行处理，这是环保和水污染防治的要求。再生利用是污水资源化和节水的要求。长期以来，我们虽一直抓节水、抓治污，但随着用水量的增长，污水的排放量仍在不断增加，而污水处理率、重复使用率却一直上不去，缺水的情况也在不断加剧，如果把造成点污染、面污染的污水作为一种资源，进行处理利用，即治了污又节省了水资源，变害为利，岂不是一举两得。因此在建设一项工程时，首先要考虑的应是各种资源的配置和利用，污废水既然是一种资源，就应该考虑它的处理和利用。污水处理不仅是污染防治的必须，也是污水资源化和污废水处理效益的体现。因此，对建筑和建筑小区的所有污废水资源提出应充分利用的要求作为中水设施建设的基本原则要求，是基于节水和治污两条基本原则的综合认识提出的，是节水优先、治污为本原则的具体体现。当然，贯彻这一要求还要根据当地的水资源情况和经济发展水平确定其具体实施方案。

1.0.4 对规划设计提出要求。在建筑和建筑小区建设时，各种污废水、雨水资源的综合利用和配套中水设施的建设与建筑和建筑小区的水景观和生态环境建设紧密相关，是总体规划设计的重要内容，应引起主体工程设计单位和规划建筑师的足够重视和相关专业的紧密配合。只有在总体规划设计的指导下，才能使这些设施建设合理可行、成功有效，才能把环境建设好，使效益（节水、环境、经济）得以充分的发挥。比如在缺水地区的雨水利用如何与区内的水体景观、绿化和生态环境建设相结合，污水的再生利用如何与绿色生态环境建设相结合，一些典型试点小区如"亚太村"的成功经验已经表明了这一点。

1.0.5 强制性条文。首先，提出设施建设的基本条件"缺水城市和缺水地区……配套建设中水设施"。那么缺水不缺水怎么划定呢？哪些城市和地区缺水？

哪些城市和地区不缺水？按联合国有关机构的标准，人均水资源量 3000m³ 以下为轻度缺水，人均 2000m³ 以下为中度缺水，1750m³ 为用水紧张警戒线，人均 1000m³ 以下为严重缺水，人均 500m³ 以下为极度缺水。据水利部门统计，我国目前人均水资源量为 2202m³，是世界平均量的1/4，是世界 13 个缺水国家之一，北方地区的人均水资源量，是世界平均量的1/30，是极度缺水的地区。我国的缺水还不只是水资源匮乏，有三种类型：一是资源性缺水如"三北"地区，河北省人均水资源为 330m³，北京不足 300m³；二是生态缺水地区，西北地区尤为突出；三是水质型缺水地区，如江苏、上海等地。城市缺水严重，668 座城市有 2/3 面临缺水，所以缺水是我国共同面临的问题。当然各地的严重情况不同，有关部门按具体情况掌握，不宜作出统一划定。

其次，提出"适合建设中水设施的工程项目，应按照当地有关规定配套建设中水设施"。适合建设中水设施的工程项目，就是指具有水量较大、水量集中、就地处理利用的技术经济效益较好的工程。为便于理解和施行，结合开展中水设施建设较早城市的经验及其相关规定、办法、科研成果，提出适宜配套建设中水设施的工程举例仅供参考。见表1。

表 1　配套建设中水设施工程举例

类　别	规　模
区域中水设施： 　集中建筑区（院校、机关大院、产业开发区）	建筑面积>5 万 m²，或综合污水量>750m³/d，或分流回收水量>150m³/d
居住小区（包括别墅、公寓区等）	建筑面积>5 万 m²，或综合污水量>750m³/d，或分流回收水量>150m³/d
建筑物中水： 　宾馆、饭店、公寓、高级住宅等	建筑面积>2 万 m²，或回收水量>100m³/d
机关、科研单位、大专院校、大型文体建筑等	建筑面积>3 万 m²，或回收水量>100m³/d

这里强调了"应按照当地有关规定"。我国尽管是缺水国家，但还有地区性、季节性和缺水类型（资源、水质、工程）的不同，应结合具体情况和当地有关规定施行，北方地区（华北、东北、西北）比南方地区面临严重的资源性缺水和生态型缺水，污废水的再生利用应以节水型和环境建设利用为重点；南方地区一些城市的缺水，多为水质污染型缺水，污废水的再生利用，应以治污型的再利用为重点；其他类型的缺水如功能型、设施型则应以增强水资源综合利用的功能和设施建设为重点，总之要结合各地区的不同特点和当地的有关规定施行。这就为充分调动地方的积极性，使中水工程建设既能吸取别人的经验，又能结合自己的实际情况留下了余地。

第三，提出了"中水设施必须与主体工程同时设计，同时施工，同时使用"的"三同时"要求。这是国家有关环境工程建设的成功经验。

1.0.6　本条提出中水工程设计的基本依据和要求，是中水工程设计中的关键问题。确定中水处理工艺和处理规模的基本依据是，中水水源的水质、水量和中水回用目标决定的水质、水量要求。通过水量平衡计算确定处理规模（m³/d）和处理水量（m³/h），通过不同方案的技术经济分析、比选，合理确定中水水源、系统型式，选择中水处理工艺是中水工程设计的基本要求。主要步骤是：①掌握建筑物原排水水质、水量和中水水质、水量情况，一般可通过实际水质、水量检测，调查资料的分析和计算确定，也可参照可靠的类似工程资料确定，中水的水质水量要求，则按使用目标、用途确定；②合理选择中水水源，首先应考虑采用优质杂排水为中水水源，必要时才考虑部分或全部回收厨房排水，甚至厕所排水，对原排水应尽量回收，提高水的重复使用率，避免原水的溢流，扩大中水使用范围，最大限度地节省水资源，提高效益；③进行水量平衡计算，尽力做到处理后的中水水量与杂用水需用量的平衡；④对不同方案进行技术经济分析、比选，合理确定系统型式，即按照技术经济合理、效益好的要求进行系统型式优化；⑤合理确定处理工艺和规模，严格按水质、水量情况选择处理工艺，力求简单有效，避免照搬照套；⑥按要求完成各阶段工程图纸设计。

1.0.7　本条提出了中水工程的设计单位、设计阶段和设计深度的要求。

中水工程的设计应由主体工程设计单位负责，明确设计责任。

设计阶段与主体工程设计阶段相一致。就是说主体工程是方案设计、扩大初步设计、施工图设计三个阶段，中水工程也应按三个阶段做相应的工作；如果主体工程是方案设计、施工图设计两个阶段，那就将方案的设计工作做得深入一些，按两个阶段设计。设计深度则应符合国家有关建筑工程设计文件编制深度规定中相应设计阶段的技术内容和设计深度要求。

《建筑中水设计规范》是对中水工程设计的技术要求，那么为什么还要对设计工作和设计的深度提出要求呢？因为，以前的经验教训，一是有的建筑设计单位对这一项设计工作内容不重视，不设计，甩出去；二是即使设计了也不到位，不合理，大大降低了中水设施建设的经济技术合理性和成功率。有的因水量计算、水量平衡不好，工艺选择不合理，各系统相互配置不当，致使整套设施不能运行，给工程造成较大的经济损失，设计则是主要原因之一。那种认为此项内容不包括在建筑或建筑小区的设计内容之内，不该设计的认识是错误的，中水设施既然是建筑或建筑小区的配套设施，就应由承担主体工程的设计单位进行统一规划、设计，这是责无旁贷的。当然，符合建设部令第65号《建设工程勘察设计市场管理规定》要求，经委托方同意的分委托的再委托也是可以的，但承担工程设计的主委托方仍应对工程的完整性、整体功能和设计质量负责。

1.0.8 本条对中水工程各设计阶段的设计质量提出了要求。各设计阶段的设计质量应符合建设部民用建筑工程设计文件质量特性和质量评定实施细则的要求。按此要求分阶段进行评审，做出"合格""不合格"的评定。应符合的质量特性有：①功能性；②安全性；③经济性；④可信性（可用性、可靠性、维修性与维修保障性）；⑤可实施性；⑥适应性；⑦时间性。各种质量特性结合到中水工程上的要求则是十分具体的，这里不一一叙述，详见该"细则"。总之，中水工程的方案设计或扩大初步设计，应在可行性、技术经济合理性研究的基础上，进行方案比较、优化，确定经济技术合理的系统型式和处理工艺，使其达到技术先进、可靠、节水效益、环境效益明显，经济效益好。节水效益和环境效益，就是看节约用水和环境建设的效果怎样；经济效益好的具体体现就是基本达到包括设备折旧在内的中水成本价低于当地的自来水价。施工图设计，应满足土建施工、设备安装、调试的要求，确保整个中水设施的试运行、正常运行和达标验收。

1.0.9 凡与主体工程一起建造的土建构筑物如水池、处理构筑物等的设计使用年限一般与主体工程一致，因为这些构筑物不会也不可能因某种原因而被拆除或更换，但中水土建构筑物应采用独立结构形式，不宜利用主体建筑结构作为构筑物的壁、底、顶板；凡安装在主体工程内的设备，其设计合理使用年限应与主体工程设计标准相适应，应考虑设备的维修和更换。

1.0.10 提出安全性要求。中水作为建筑配套设施进入建筑或建筑小区内，安全性保障十分重要：①设施维修、使用的安全，特别是埋地式或地下式设施的使用和维修；②用水安全，因中水是非饮用水，必须严格限制其使用范围，根据不同的水质标准要求，用于不同的使用目标，必须保障使用安全，采取严格的安全防护措施，严禁中水管道与生活饮用水管道任何方式的连接，避免发生误接、误用。

1.0.11 本规范涉及室内、外给排水和水处理的内容，本规范内凡未述及的有关技术规定、计算方法、技术措施及处理设备或构筑物的设计参数等，还应按有关的国家规范执行。关系较密切的规范如《室外给水设计规范》《室外排水设计规范》《建筑给水排水设计规范》《污水再生利用工程设计规范》等。

2 术语、符号

2.1 术 语

2.1.2 中水系统的释义中"有机结合体"强调了各组成部分功能上的有机结合，与第5章中"系统"的含义是一致的。

2.1.4 小区中水的提出，必然牵涉到"小区"一词的涵义，本规范使用该词与《城市居住区规划设计规范》（GB 50180—93）的用词涵义保持了一致。为便于理解，引入该规范这一用词的释义："居住小区，一般称小区，是被城市道路或自然分界线所围合，并与居住人口规模（10000～15000 人）相对应，配建有一套能满足该区居民基本的物质与文化生活所需的公共服务设施的居住生活聚居地。"

居住区按居住户数或人口规模可分为居住区、小区、组团三级。各级标准控制规模为：居住区：户数 10000～16000 户，人口 30000～50000 人；小区：户数 3000～5000 户，人口 10000～15000 人；组团：户数 300～1000 户，人口 1000～3000 人。小区中水主要指居住小区的中水，根据我国国情，还包括院校、机关大院等统一管理的集中建筑区的中水，通常称为建筑小区，在本条的释义中也作了明确说明。

3 中 水 水 源

3.1 建筑物中水水源

3.1.1 建筑物的排水，及其他一切可以利用的水源，如空调循环冷却水系统排污水、游泳池排污水、采暖系统排水等，均可作为建筑中水的水源。

3.1.2 选用中水水源是中水工程设计中的一个首要问题。应根据规范规定的中水回用的水质和实际需要的水量以及原排水的水质、水量、排水状况选定中水水源，并应充分考虑水量的平衡。

3.1.3 为了简化中水处理流程，节约工程造价，降低运转费用，建筑物中水水源应尽可能选用污染浓度低、水量稳定的优质杂排水、杂排水，按此原则综合排列顺序如本条，可按此推荐的顺序取舍。

3.1.4 中水原水量的计算，是中水工程设计中的一个关键问题。本条文公式中各参数主要是按下列方法计算得出的。

α（最高日给水量折算成平均日给水量的折减系数）：《建筑给水排水设计规范》中规定的用水定额是指最高日用水，在中水工程设计中如按此直接选用，则处理设施的处理能力偏大，不仅会造成占地面积大、运行成本高，对于常见的生化处理工艺，有时还会降低处理效果。在中水工程设计中，原水量的计算宜按照平均日水量计算。根据《室外给水设计规范》中的规定，不同给水分区的城市综合用水日变化系数取值范围为 1.1～1.5，因此，最高日给水量折算成平均日给水量的折减系数取其倒数而求得，即 0.67～0.91，可按给水一、二、三分区和特大、大、中小城市的规模取值。

β（建筑物按给水量计算排水量的折减系数）：建筑物的给水量与排水量是两个完全不同的概念。给水量可以由规范、文献资料或实测取得，但排水量的资料取得则较为困难，目前一般按给水量的80%～90%折算，按用水项目自耗水量多少取值。

b（建筑物分项给水百分率）：表3.1.4是以国内实测资料并参考国外资料编制而成。

根据对北京某单位三户家庭连续6个月的用水调查，统计出住宅的人均日用水量为150～190L/d·人左右，其中冲厕、厨房、沐浴（包括浴盆和淋浴）、洗衣等分项用水则是依据对日常用水过程中的实际测算和对耗水设备（如洗衣机等的）的资料调查而获得的，再根据上述数据计算出分项给水百分率。宾馆、饭店、办公楼、教学楼、公共浴室及营业餐厅的用水量及分项给水百分率是参考国内外资料综合得出的。综合结果详见表2，其中宾馆、饭店包括招待所、度假村等。

由于我国地域辽阔，各地用水标准差异较大，考虑到这一因素，并使规范能够与《建筑给水排水设计规范》接轨，便于设计人员方便使用，因此，在表3.1.4中仅保留了分项给水百分率。为表明百分率之由来，将各类建筑物生活用水量及百分率表列出供参考（见表2）。

表2 各类建筑物生活用水量及百分率

类别	住宅 水量(L/人·d)	(%)	宾馆、饭店 水量(L/人·d)	(%)	办公楼、教学楼 水量(L/人·d)	(%)	公共浴室 水量(L/人·次)	(%)	餐饮业、营业餐厅 水量(L/人·次)	(%)
冲厕	32~40	21.3~21	40~70	10~14	15~20	60~66	2~5	2~5	2	6.7~5
厨房	30~36	20~19	50~70	12.5~14	—	—	—	—	28~38	93.3~95
沐浴	44~60	29.3~32	200	50~40	—	—	98~95	98~95	—	—
盥洗	10~12	6.7~6.0	50~70	12.5~14	10	40~34	—	—	—	—
洗衣	34~42	22.6~22	60~90	15~18	—	—	—	—	—	—
总计	150~190	100	400~500	100	25~30	100	100	100	30~40	100

3.1.5 为了保证中水处理设备安全稳定运转，并考虑处理过程中的自耗水因素，设计中水水源应有10%～15%的安全系数。

3.1.6 强制性条文。综合医院的污水含有较多病菌，作为中水水源时，应将安全因素放在首位，故要求其应先进行消毒处理，并对其出水应用作出严格限定，由其而产出的中水不得与人体直接接触，如作为不与人直接接触的绿化用水等。冲厕、洗车等用途有可能与人体直接接触，不应作为其出水用途。

3.1.7 强制性条文。传染病和结核病医院的污水中含有多种传染病菌、病毒，虽然医院中有消毒设备，但不可能保证任何时候的绝对安全性，稍有疏忽便会造成严重危害，而放射性废水对人体造成伤害的危险程度更大。考虑到安全因素，因此规定这几种污水和废水不得作为中水水源，并作为强制性条文。

3.1.8 雨水是很好的水资源，但其具有较强的季节性，将雨水作为中水水源在收集储存等方面有一定的难度，我国还缺少这方面成熟的经验，条文中提出雨水的可利用性，设计中应注意到雨水量的冲击负荷问题，解决好雨水的分流和溢流问题，不断积累这方面的经验。另外，设计中应掌握一个原则，就是室外的雨水或污水宜在室外利用，不宜再引入室内，本条规定仅将建筑屋面雨水作为建筑物中水水源或水源补充，主要是考虑这个问题。

3.1.9 生活污水的分项水质相差很大，且国内资料较少，表3.1.9是依据国外有关资料编制而成。在不同的地区，人们的生活习惯不同，污水中的污染物成分也不尽相同，相差较大，但人均排出的污染浓度比较稳定。建筑物排水的污染浓度与用水量有关，用水量越大，其污染浓度越低，反之则越高。选用表3.1.9中的数值时应注意按此原则取值。综合污水水质按表内最后一行综合值取用。

3.2 建筑小区中水水源

3.2.1 小区中水水源的合理选用，对处理工艺、处理成本及用户接受程度，都会产生重要影响，水源选用的主要原则是：优先考虑水量充裕稳定、污染物浓度低、处理难度小、安全且居民易接受的中水水源。因此，需通过水量计算、水量平衡和技术经济比较，慎重考虑确定。

3.2.2 建筑小区中水与建筑物中水相比，其用水量大，即对水资源的需求量大，因此开展中水回用的意义较大，为此，本规定扩大了其水源可选择的范围，使小区中水水源的选择呈现出多样性。建筑小区可选用的中水水源有：

1 小区内建筑物杂排水。建筑小区内建筑物杂排水同样是指冲便器污水以外的生活排水，包括居民的盥洗和沐浴排水、洗衣排水以及厨房排水。

优质杂排水是指居民洗浴排水，水质相对干净，水量大，可作为小区中水的优选水源。随着生活水平提高，洗浴用水量增长较快，采用优质杂排水的优点是水质好，处理要求简单，处理后水质的可靠性较高，用户在心理上比较容易接受。其缺点是需要增加一套单独的废水收集系统。由于小区的楼群较之宾馆饭店分散，废水收集系统的造价相对较高，因此，有可能会增加废水处理的成本。但其水质在居民心理上比较易接受，故在小区中水建设的起步阶段，比较倾向采用优质杂排水作为中水水源。

与优质杂排水相比，杂排水的水质污染浓度要高一些，给处理增加了一些难度，但由于增加了洗衣废水和厨房废水，使中水水源水量增加，变化幅度减小。究竟采用优质杂排水还是杂排水，应根据当地缺水程度和水量平衡情况比较选用。

2 小区或城市污水处理厂出水。随着城市污水资源化的发展和再生水厂的建设，这种水源的利用会逐渐增多。城市污水处理厂出水达到中水水质标准，并有管网送到小区，这是小区中水水源的最佳选择。城市污水量大，水源稳定，大规模处理厂的管理水平高，供水的水质、水量保障程度高，而且由于城市污水处理厂的规模大，处理成本远低于小区处理中水。即使城市污水处理厂的出水未达到中水标准，在小区内做进一步的处理也是经济的。对于小区来讲，还可省去废水收集系统的一大笔费用。有分析表明，城市污水集中处理回供，比远距离引水便宜，处理到作杂用水程度的基建投资，只相当于从 30km 外引水。

要想获得城市污水处理厂出水作中水水源，前提是要由地方政府来规划实施。这要求决策者重视，并通过城市规划和建设部门来付之实施。目前，一些城市缺乏这方面的预见，单纯追求处理厂的规模效益，而忽视了污水的回用效益，两者未能兼顾。由于城市污水处理厂规模过大和往往过分集中在城市的下游，回用管路铺设困难重重，使一些城市污水处理只能以排放作为主要目标，很难兼顾回用。这是当前迫切需要关注，并引以为戒的一个大问题。因此，合理布局、规划建设区域（居住区、小区）污水处理厂，将其出水就近利用将是解决处理规模效益和利用效益矛盾的出路。

3 相对洁净的工业排水。在许多工业区或大型工厂外排废水中，有些是相对洁净的废水，如工业冷却水、矿井废水等，其水质、水量相对稳定，保障程度高，并且水中不含有毒、有害物质，经过适当处理可以达到中水标准，甚至可达到生活用水标准。如某市某小区中水工程利用小区附近的彩色显像管厂的废水作为中水水源，工程已经建成，出水水质很好，但由于缺乏利用经验，显像管厂担心废水处理后在居民的使用中出现问题会责怪到厂家的身上，居民也有种种担心，害怕使用废水冲厕会带来一些不良后果。结果，使业已建成的设施被长期废弃不用，并可能最终被拆除，这是很可惜的。可见，工业相对洁净的排

水，可作为中水的水源，但水质、水量必须稳定，并要有较高的使用安全性，才易被工厂和居民双方所接受。

4 小区内的雨水。雨水是一种很好的天然水资源，应以植被滞留、吸纳、土壤入渗、河湖蓄存等多种方式充分利用。特别是北方干旱地区，如何将雨季的雨水收集、蓄存，形成天然或人工水体景观，经处理后用于绿化和水环境建设是符合自然水圈循环和生态环境建设的好方式，应予以充分重视，积极推广；南方沿海缺水地区，由于降水地面径流短，大量雨水迅即入海，对于经济发达、人口密度大的城市，周围无大型淡水水体可供取水时，可利用雨水贮存后作为中水水源。日本、新加坡在这方面有较多的经验，我国应充分借鉴，利用好这一天然淡水资源。

5 小区生活污水。如果小区远离市政管道，排水需要处理达到当地的排放标准方可排放，这时在将全部污水集中处理的同时，对所需回用的水量适当地提高处理程度，在小区内就近回用，其余按排放标准处理后外排，既达到了环境保护的目的，又实现水资源的充分利用。

以全部生活污水作为中水水源，其缺点是，污水浓度较高、杂物多，处理设备复杂，管理要求高，处理费用也高。它的优点是，小区生活污水水质相对比较单纯、稳定，水量充裕，是很好的再生水源，以此为中水原水，可省去一套单独的中水原水收集系统，降低管网投资和管网设计的难度。对于环境部门要求生活污水排放前必须处理或处理程度要求较高的小区，采用生活污水作为中水水源也是比较合理的。

市政污水的特点是水量稳定，如果小区附近有城市污水下水道干管经过，水量又较充裕，或是该市政污水内含相对洁净的工业废水较多，比小区污水浓度要低，处理难度小，也可比较选用。

3.2.3、3.2.4 小区中水水源的水量应进行计算和平衡，计算方法与 3.1.4 条同。

4 中水水质标准

4.1 中水利用

4.1.1 建设中水设施，给中水派上合理的用场，提高中水的利用率是中水设施建设效益的体现。效益情况是业主、用户和节水管理部门都关心的问题。设计和管理使用，应按下式计算中水设施的中水利用率：

$$\eta_2 = \frac{\sum Q_Z}{\sum Q_{YP}} \times 100\% \qquad (1)$$

式中 η_2——中水设施的中水利用率；

$\sum Q_Z$——中水设施的中水总用量（m^3/d）；

$\sum Q_{YP}$——建设中水设施的建筑物或小区的原排水量（m^3/d）。

4.1.2 建筑中水是建筑物和建筑小区内的污水、废水再生利用，是城市污水再生利用的组成部分，城市污水再生利用按用途分类，按《城市污水再生利用 分类》（GB/T 18919—2002）标准执行。城市污水再生利用分类见表3。

表3 城市污水再生利用类别

序号	分类	范围	示例
1	农、林、牧、渔业用水	农田灌溉	种籽与育种、粮食与饲料作物、经济作物
		造林育苗	种籽、苗木、苗圃、观赏植物
		畜牧养殖	畜牧、家畜、家禽
		水产养殖	淡水养殖
2	城市杂用水	城市绿化	公共绿地、住宅小区绿化
		冲厕	厕所便器冲洗
		道路清扫	城市道路的冲洗及喷洒
		车辆冲洗	各种车辆冲洗
		建筑施工	施工场地清扫、浇洒、灰尘抑制、混凝土制备与养护、施工中的混凝土构件和建筑物冲洗
		消防	消火栓、消防水炮
3	工业用水	冷却用水	直流式、循环式
		洗涤用水	冲渣、冲灰、消烟除尘、清洗
		锅炉用水	中压、低压锅炉
		工艺用水	溶料、水浴、蒸煮、漂洗、水力开采、水力输送、增湿、稀释、搅拌、选矿、油田回注
		产品用水	浆料、化工制剂、涂料
4	环境用水	娱乐性景观环境用水	娱乐性景观河道、景观湖泊及水景
		观赏性景观环境用水	观赏性景观河道、景观湖泊及水景
		湿地环境用水	恢复自然湿地、营造人工湿地
5	补充水源水	补充地表水	河流、湖泊
		补充地下水	水源补给、防止海水入侵、防止地面沉降

4.2 中水水质标准

4.2.1 中水用于冲厕、道路清扫、消防、城市绿化、车辆冲洗、建筑施工等杂用的水质按《城市污水再生利用 分类》（GB/T 18919—2002）中城市杂用水类标准执行。为便于应用，列出《城市污水再生利用 城市杂用水水质》（GB/T 18920—2002）标准中城市杂用水水质标准，见表4。

表4 城市杂用水水质标准

序号	项目 指标	冲厕	道路清扫、消防	城市绿化	车辆冲洗	建筑施工
1	pH	6.0～9.0				
2	色（度）≤	30				
3	嗅	无不快感				
4	浊度（NTU）≤	5	10	10	5	20
5	溶解性总固体（mg/L）≤	1500	1500	1000	1000	—
6	5日生化需氧量 BOD₅（mg/L）≤	10	15	20	10	15
7	氨氮（mg/L）≤	10	10	20	10	20
8	阴离子表面活性剂（mg/L）≤	1.0	1.0	1.0	0.5	1.0
9	铁（mg/L）≤	0.3	—	—	0.3	—
10	锰（mg/L）≤	0.1	—	—	0.1	—
11	溶解氧（mg/L）≥	1.0				
12	总余氯（mg/L）	接触30min后≥1.0,管网末端≥0.2				
13	总大肠菌群（个/L）≤	3				

注：混凝土拌合用水还应符合 JGJ 63 的有关规定。

4.2.2 中水用于景观环境用水，其水质应符合国家标准《城市污水再生利用 景观环境用水水质》（GB/T 18921—2002）的规定。为便于应用，将《城市污水再生利用 景观环境用水水质》标准中的景观环境用水的再生水水质指标列出（见表5），其他有关内容见该标准。

表5　景观环境用水的再生水水质指标（mg/L）

序号	项目	观赏性景观环境用水			娱乐性景观环境用水		
		河道类	湖泊类	水景类	河道类	湖泊类	水景类
1	基本要求	无漂浮物，无令人不愉快的嗅和味					
2	pH值（无量纲）	6～9					
3	5日生化需氧量（BOD₅）≤	10	6		6		
4	悬浮物（SS）≤	20	10		—*		
5	浊度（NTU）≤	—*			5.0		
6	溶解氧≥	1.5			2.0		
7	总磷（以P计）≤	1.0	0.5		1.0	0.5	
8	总氮≤	15					
9	氨氮（以N计）≤	5					
10	粪大肠菌群（个/L）≤	10000	2000		500		不得检出
11	余氯**≥	0.05					
12	色度（度）≤	30					
13	石油类≤	1.0					
14	阴离子表面活性剂≤	0.5					

注：1 对于需要通过管道输送再生水的非现场回用情况采用加氯消毒方式；而对于现场回用情况不限制消毒方式。

2 若使用未经过除磷脱氮的再生水作为景观环境用水，鼓励使用本标准的各方在回用地点积极探索通过人工培养具有观赏价值水生植物的方法，使景观水的氮磷满足表中的要求，使再生水中的水生植物有经济合理的出路。

* "—"表示对此项无要求。

** 氯接触时间不应低于30min的余氯。对于非加氯方式无此项要求。

5　中水系统

5.1　中水系统型式

5.1.1 本条指出建筑中水系统的组成和设计，应按系统工程特性考虑。系统组成，主要包括原水系统、处理系统和供水系统三个部分，三个部分是以系统的特性组成为一体的系统工程，因此，提出中水工程设计要按系统工程考虑的要求。要理解这条要求，首先

必须了解"系统"和"系统工程"的概念和含义。

所谓"系统"就是指由若干既有区别又相互联系、相互影响制约的要素所组成，处在一定的环境中，为实现其预定功能，达到规定目的而存在的有机集合体。它具备系统的四个特征：①集合性，是多要素的集合；②相关性，各要素是相互联系、相互作用的，整个系统性质和功能并不等于其各要素的简单总和，即具有非加和性；③目的性，构成的系统达到预定的目的；④环境适应性，任何系统都存在一定的环境之中，又必须适应外部的环境。中水系统完全具备上述"系统"的基本特征。

所谓"系统工程"是指凡从系统的思想出发，把对象作为系统去研究、开发、设计、制作，使对象的运作技术经济合理、效果好、效率高的工程都称之为系统工程。中水工程是一个系统工程。它是通过给水、排水、水处理和环境工程技术的综合应用，实现建筑或建筑小区的使用功能、节水功能和建筑环境功能的统一。它既不是污水处理场的小型化搬家，也不是给排水工程和水处理设备的简单连接，而是要在工程上形成一个有机的系统。以往中水工程上失败的根本原因就在于对这一点缺乏深刻的认识。因此，在本章首条既提出这一基本要求。

5.1.2 建筑物中水的系统型式宜采用完全分流系统，所谓"完全分流系统"就是中水原水的收集系统和建筑物的原排水系统是完全分开，既为污、废分流，而建筑物的生活给水与中水供水也是完全分开的系统称为"完全系统"，也就是有粪便污水和杂排水两套排水管，给水和中水两套给水管的系统。中水系统型式的选择主要是根据原水量、水质及中水用量的平衡情况及中水处理情况确定。建筑物中水系统型式宜采用完全系统，其理由：①水量可以平衡。一般情况，有洗浴设备的建筑的优质杂排水或杂排水的水量，经处理后可满足杂用水水量；②处理流程可以简化，由于原水水质较好，可不需二段生物处理，减少占地面积，降低造价；③减少污泥处理困难以及产生臭气对建筑环境的影响；④处理设备容易实现设备化，管理方便；⑤中水用户容易接受。条文也不排除特殊条件下生活污水处理回用的合理性，如在水源奇缺、难于分流、污水无处排放、有充裕的处理场地的条件下，需经技术经济比较确定。

5.1.3 建筑小区中水基于其管路系统的特点，可分为如下多种系统：

1　全部完全分流系统。是指原水分流管系和中水供水管系覆盖全区建筑物的系统。全部完全分流系统就是在建筑小区内的主要建筑物都建有污水废水分流管系（两套排水管）和中水自来水供水管系（两套供水管）的系统。"全部"是指分流管道的覆盖面，是全部建筑还是部分建筑，"分流"是指系统管道的敷设型式，是污水、废水分流、合流还是无管道。

采用杂排水作中水水源，必须配置两套上水系统（自来水系统和中水供水管系）和两套下水系统（杂排水收集系统和其他排水收集系统），属于完全分流系统。管线上比较复杂，给设计、施工增加了难度，也增加了管线投资。这种方式在缺水比较严重、水价较高的地区是可行的，尤其在中水建设的起步阶段，居民对优质杂排水处理后的中水比较容易接受，或者是高档住宅区内采用。如果这种分流系统覆盖小区全部建筑物，称为全部完全分流系统，如果只覆盖小区部分建筑物，称为部分完全分流系统。

2 部分完全分流系统。是指原水分流管系和中水供水管系均为区内部分建筑的系统。

3 半完全分流系统。是指无原水分流管系（原水为综合污水或外接水源），只有中水供水管系或只有污水、废水分流管系而无中水供水管的系统。

当采用生活污水为中水水源时，或原水为外接水源，可省去一套污水收集系统，但中水仍然要有单独的供水系统，成为三套管路系统，称为半完全分流系统。当只将建筑内的杂排水分流出来，处理后用于室外杂用的系统也是半完全分流系统。

4 无分流管系的简化系统。是指地面以上建筑物内无污水、废水分流管系和中水供水管系的系统。无原水分流管系，中水用于河道景观、绿化及室外其他杂用的中水不进入居民的住房内，中水只用在地面绿化、喷洒道路、水景观和人工河湖补水、地下车库地面冲洗和汽车清洗等使用的简易系统。由于中水不上楼，使楼内的管路设计更为简化，投资也比较低，居民又易于接受。但限制了中水的使用范围，降低了中水的使用效益。中水的原水是全部生活污水或是外接的，在住宅内的管线仍维持原状，因此，对于已建小区的中水工程较为适合。

5.1.4 本条提出中水系统型式的选择原则。独立建筑和少数几栋大型公共建筑的中水，其系统型式的可选择性较小，往往只能是一种全覆盖的完全分流系统，在管路建设上因有上下直通的管井可供两种上水和两种下水管路敷设条件，这样的建筑或建筑群的档次一般都比较高，中水的投资相对于建筑总投资而言，比例较小，对于开发商并不成为一种负担，是较经济和可行的。而建筑小区由于楼群间距大，楼群多，管路设计和建设费用相对较大，因此从经济上讲，开发商的负担较重，楼价会有所提高，其推行的难度要比单个建筑的中水大。但本规范为建筑小区中水系统推出多种可供选择型式，不同类型的住宅，不同的环境条件，可以选择不同类型的中水系统型式。由于型式的多样性，就为小区中水设施的建设提供了较大的灵活性，为方案的技术经济合理性提供了较大的可比性，也就增加了本规范的可操作性。开发商和设计单位可以从规划布局、建筑型式、档次和建筑环境条件等的现实可能性，以及用户的可接受程度和开

发商的经济承受能力等多方面因素考虑、选择。多种系统型式为小区中水的推广和应用，提供更大的现实可能性和更广阔的前景。这些型式的归纳和分类，在国内外还未见到有关报道，本规范是根据我国的国情，对小区中水设施建设提出的新要求，同时，还要在工程实践中不断总结积累经验。

中水型式的选用，主要依据考虑系统的安全可靠、经济适用和技术先进等原则。具体来讲，中水型式的选择应该是分几个步骤来进行：

基础资料收集：首先是水资源情况。当地的水资源紧缺程度，供水部门供水可能性，或地下水自行采集的可能性，以及楼宇、楼群所需水量及其保障程度等需水和供水的有关情况。其次是经济资料。供的水价，各种中水处理设备的市场价格，以及各种中水管路系统建设可能所需费用的估算，所建楼宇或住宅的价位。第三是政策规定情况。当地政府的有关规定和政策。第四是环境资料。环境部门对楼宇和楼群的污水处理和外排的要求，周边河湖及市政下水道及城市污水处理厂的规范建设和运行情况。第五是用户状况。生活习惯和水平、文化程度及对中水可能的接受程度等。

↓

做成不同的方案：依据楼宇和楼群的建筑布局实际情况和环境条件，确定可能的中水系统设置的几种方案：即可选择的几种水源，可回用的几种场所和回用水量，可考虑的几种管路布置方案，可采用的几种处理工艺流程。在水量平衡的基础上，对上述水源、管路布置、处理工艺和用水点进行系统型式的设计和组合，形成不同的方案。

↓

进行技术分析和经济核算：对每一种组合方案进行技术可行性分析和经济性的概算。列出技术合理性、可行性要点和各项经济指标。

↓

选择确定方案：对每一种组合方案的技术经济进行分析，权衡利弊，确定较为合理的方案。

5.2 原水系统

5.2.2 提出收集率的要求，为的是把可利用的排水都尽量收回。所谓可利用的排水就是经水量平衡计算和技术经济分析，需要与可能回收利用的排水。凡能够回收处理利用的，就应尽量收回，这样才能提高水的综合利用率，提高效益。以往的经验表明，因设计人员怕麻烦，该回收的不回收，大大降低了废水回收利用率和设备能力利用率，更有甚者为了应付要求，做样子工程不求效益。比如，有的饭店职工浴室、公共盥洗间的排水都不回收，一套设施上去了，钱花了，但因水量少，设备效能不能发挥，造成成本高、效益差。要上中水，就不能装样子，要图实效。因

此，提出收集率的要求。这个要求并不高，也是能够做到的。在生活用水中，设可回收排水项目的给水量为 100%，扣除 15% 的损耗，其排水为 85%，要求收集率不低于 75%，还是有充分余量的。

收集率计算公式中的"回收排水项目"为经水量平衡计算和可行性技术经济分析，决定利用的排水项目。

5.2.3 关于中水原水管道及其附属构筑物的设计要求，做法与建筑物的排水管道设计要求大同小异。本条文强调了管道的防渗漏要求，为的是能够确保中水原水的水量和水质，如渗漏则不能保障本规范 5.2.2 条的收集率要求，如有污水渗入则会影响中水原水的水质。中水原水管道既不能污染建筑给水，又不能被不符合原水水质要求的污水污染，实践中污染的事故已有发生，主要是把它当成一般的排水管，不予重视而造成的后果。

5.2.4 中水原水系统应设分流、溢流设施和超越管，这是对中水原水系统功能的要求，是由中水系统的特点决定的。在建筑内，中水系统是介于给水系统和排水系统之间的设施，既独立又有联系。原水系统的水取自于排水，多余水量和事故时的原水又需排至排水系统，不能造成水灾，所以分流井（管）的构造应具有如下功能：既能把原水引入处理系统，又能把多余水量或事故停运时的原水排入排水系统，而不影响原建筑的使用。可以采用隔板、网板倒换方式或水位平衡溢流方式，或分流管、阀，最好与格栅井相结合。

5.2.5 厨房的油污排水的排入，会增加整个处理难度，应经局部处理后再排入。

5.2.6 中水原水如不能计量，整个系统就无法进行量化管理，因此提出要求。超声波流量计和沟槽流量计可满足此要求，但为了节省，可采用容量法计算的土法。

5.2.7 本条提出可以采用雨水作为中水原水。屋面和硬性地面的雨水水质较好，是很好的可用水资源，国外已有成功的应用，我国西北地区甘肃省的 121 工程（农村每户建 100m² 集雨水面积，挖 2 个集水坑、种 1 亩水浇地），也表明了雨水资源的珍贵和有效，要充分开发利用这一资源。但雨水量因地区不同而大小不同，极不均衡，应用中必须有可靠的调储和超量溢流设施，研制并采取初期雨水剔除措施。雨水在小区内的应用，宜结合河、湖、塘水体景观和生态环境建设，其应用有着美好的前景。

5.3 水量平衡

5.3.1 水量平衡计算是中水设计的重要步骤，它是合理用水的需要，也是中水系统合理运行的需要。建筑中水的原水取自建筑排水，中水用于建筑杂用，上水补其不足，要使其互相协调，必须对各种水量进行计算和调整。要使集水、处理、供水集于一体的中水系统协调地运行，也需要各种水量间保持合理的关系。水量平衡就是将设计的建筑或建筑群的给水量、污水、废水排水量、中水原水量、贮存调节量、处理量、处理设备耗水量、中水调节贮存量、中水用量、自来水补给量等进行计算和协调，使其达到平衡，并把计算和协调的结果用图线和数字表示出来，即水量平衡图。水量平衡图虽无定式，但从中应能明显看出设计范围内各种水量的来龙去脉，水量多少及其相互关系，水的合理分配及综合利用情况，是系统工程设计及量化管理所必须做的工作和必备的资料。实践表明，中水工程不能坚持有效运行的一个重要原因，就是水量不平衡，因此，应充分重视这一项工作。

5.3.2 处理前的调节。中水的原水取自建筑排水，建筑物的排水量随着季节、昼夜、节假日及使用情况的变化，每天每小时的排水量是很不均匀的。处理设备则需要在均匀水量的负荷下运行，才能保障其处理效果和经济效果。这就需要在处理设施前设置中水原水调节池。调节池容积应按原水量逐时变化曲线及处理量逐时变化曲线所围面积之最大部分算出来。一般认为原水变化曲线不易作出，其实只要认真地根据原排水建筑的性质、使用情况以及耗水量统计资料或参照同地区类似建筑的资料即可拟定出来。即使拟定的不十分正确，也比简单的估算符合实际。处理曲线可根据原水曲线、工作制度的要求画出。本规范条文中提出应该这样做的要求，是为了逐渐积累和丰富我国这方面的资料。当确无资料难以计算时，亦可按百分比计算。在计算方法上，国内现有资料也不太一致，有的按最大小时水量的几倍计算或连续几个最大小时的水量估算。对于洗浴废水或其他杂排水，确实存在着高峰排量，但很难准确地确定，如估计时变化系数还不如直接按日处理水量的百分数计算。

1 连续运行时，原水调节池容量按日处理水量的 35%~50% 计算，即相当于 8.4~12.0 倍平均时水量。根据国内外资料及医院污水处理的经验，认为这个计算是合理、安全的。中国环境科学研究院的研究也认为，该调节储量是充分而又可靠的，设计中不应片面地追求调节池容积的加大，而应合理调整来水量、处理量及中水用量和其发生时间之间的关系。执行时可根据具体工程原水小时变化情况取其高限或低限值。

2 间歇运行时，原水贮存池按处理设备运行周期计算，如下式：

$$W_1 = 1.5 Q_{y1}(24 - t_1) \qquad (2)$$

式中 W_1——原水储存池有效容积（m³）；

t_1——处理设备连续运行时间（h）；

Q_{y1}——中水原水平均小时进水量（m³/h）；

1.5——系数。

5.3.3 处理后的调节。由于中水处理站的出水量与中水用水量不一致，在处理设施后还必须设中水贮存池。中水贮存池的容积既能满足处理设备运行时的出水量有处存放，又能满足中水的任何用量时均能有水供给。这个调节容积的确定如前条所述理由一样，应按中水处理量曲线和中水用量逐时变化曲线求算。计算时分以下三种情况：

1 连续运行时，中水贮存池（箱）的调节容积可按日中水系统日用水量的 25%～35% 计算，是参考以市政水为水源的水池、水塔调节贮量的调查结果的上限值确定的。中水贮存池的水源是由处理设备提供的，不如市政水源稳定可靠。这个估算贮量，相当于 6.0～8.4 倍平均时中水用量。中水使用变化大，若按时变化系数 $K=2.5$ 估算，也相当 2.4～3.4 倍最大小时的用量。

2 间歇运行时，中水贮存池按处理设备运行周期计算，如下式：

$$W_2 = 1.2 \cdot t_2 \cdot (q - q_z)$$

式中 W_2——中水池有效容积（m³）；

t_2——处理设备设计运行时间（h）；

q——设施处理能力（m³/h）；

q_z——中水平均小时用水量（m³/h）；

1.2——系数。

3 由处理设备余压直接送至中水供水箱或中水供水系统需要设置中水供水箱时，中水供水箱的调节容积，本规范条文要求不得小于中水最大小时用水量的 50%，将近 2 倍的平均小时中水用量。通常说的中水供水箱，指的是设于系统高处的供水调节水箱，一般与中水贮存池组成水位自控的补给关系，它的调节贮量和地面中水贮存池的调节容积，都是调节中水处理出水量与中水用量之间不平衡的调节容积。

5.3.4 自来水的应急补水管设在中水池或中水供水箱处皆可，但要求只能在系统缺水时补水，避免水位浮球阀式的常补水，这就需要将补水控制水位设在低水位启泵水位之下，或称缺水报警水位。

5.4 中水供水系统

5.4.1 这条强调了中水供水系统的独立性，首先是为了防止对生活供水系统的污染，中水供水系统不能以任何形式与自来水系统连接，单流阀、双阀加泄水等连接都是不允许的。同时也是在强调中水系统的独立性功能，中水系统一经建立，就应保障其使用功能，不能总是依靠自来水补给。自来水的补给只能是应急的，有计量的，并应有确保不污染自来水的措施。

5.4.3 本条规定了中水供水系统的设计秒流量和管道水力计算、供水方式及水泵的选择等的要求。中水供水方式的选择应根据《建筑给水排水设计规范》中给水部分规定的原则，一般采用调速泵组供水方式、水泵-水箱联合供水方式、气压供水设备供水方式等，当采用水泵-水箱联合供水方式和气压供水设备供水方式时，水泵的出水管上应安装多功能水泵控制阀，防止水锤发生。

5.4.4、5.4.5 这两条的提出是基于中水具有一定的腐蚀性危害而提出的。中水对管道和设备究竟有无危害，国内也有较多人员做过研究。北京市环保研究所所做的挂片试验结果详见表6。

表6 挂片结垢、腐蚀试验结果

类型 指标 材质	腐蚀速度（mm/a）			结垢速度（mg/cm²·月）		
	钢 A3	紫铜	镀锌管	钢 A3	紫铜	镀锌管
滤池出水	0.27	0.008	0.097	11.75	0.12	3.98
消毒后中水	0.134	0.0084	0.05	0	0	0.04
中水加温循环试验	0.136	0.041	0.064	19.3	4.33	12.78

从表6中可看出：①根据腐蚀判断标准（金属腐蚀速度<0.13mm/a时接近于不腐蚀；腐蚀速度 0.13～1.3mm/a 时，腐蚀逐渐加重）判断中水对钢材有轻微腐蚀，对镀锌钢管和钢材几乎不腐蚀；②中水系统基本无结垢产生，而对钢材产生的结垢成分分析多为腐蚀垢。北京市政设计研究院的试验装置测得中水年平均腐蚀率为 3.1185mpy（1mpy＝2.54×10⁻²mm/a），即 0.08mm/a，而同一地区自来水年平均腐蚀率为 0.6563mpy，即 0.017mm/a，虽然比自来水腐蚀速度增加将近 4 倍，但均在标准以内。该所的中水工程使用两年后，卫生器具、管道及配件使用状况良好，无明显变色、结垢现象，管道内壁紧密地附着一层分布均匀的白黄色垢，无生物粘泥，配件内部无明显腐蚀和结垢。

中水与自来水相比，残余有机物和溶解性固体增多，余氯的增多虽有效地防止了生物垢的形成，但氯离子对金属，尤其是钢材具有腐蚀性，实践工程中还必须加以防护和注意选材。

5.4.6 为了实现量化管理，中水的计费和成本核算，应该装表计量。

5.4.7 强制性条文。为了保证中水的使用安全，防止中水的误饮、误用而提出的使用要求。中水管道上不得装设取水龙头，指的是在人员出入较多的公共场所安装易开式水龙头。当根据使用要求需要装设取水接口（或短管）时，如在处理站内安装的供工作人员使用的取水龙头，在其他地方安装浇洒、绿化等用途的取水接口等，应采取严格的技术管理措施，措施包括：明显标示不得饮用，安装供专人使用的带锁龙头等。

5.4.8 为了保证中水的使用安全而提出的要求。

6 处理工艺及设施

6.1 处理工艺

6.1.1 本条提出中水处理工艺确定的依据。处理工艺主要是根据中水原水的水量、水质和要求的中水水量、水质与当地的自然环境条件适应情况，经过技术经济比较确定。

中水处理工艺按组成段可分为预处理、主处理及后处理部分。预处理包括格栅、调节池；主处理包括混凝、沉淀、气浮、活性污泥曝气、生物膜法处理、二次沉淀、过滤、生物活性炭以及土地处理等主要处理工艺单元；后处理为膜滤、活性炭、消毒等深度处理单元；也有将其处理工艺方法分为以物理化学处理方法为主的物化工艺，以生物化学处理为主的生化处理工艺，生化处理与物化处理相结合的处理工艺以及土地处理（如有天然或人工土地生物处理和人工土壤毛管渗滤法等）四类。由于中水回用对有机物、洗涤剂去除要求较高，而去除有机物、洗涤剂有效的方法是生物处理，因而中水的处理常用生物处理作为主体工艺。

中水处理工艺，对原水浓度较高的水宜采用较为复杂的人工处理法，如二段生物法或多种物化法的组合，如原水浓度较低，宜采用较简单的人工处理法。不同浓度的污水均可采用土壤毛管渗滤等自然处理法。

处理工艺的确定除依据上面提到的基本条件和要求外，通常还要参考已经应用成功的处理工艺流程，《建筑中水设计规范》（CECS 30：91）已经介绍了日本应用的 8 种工艺流程，应用中仍可参考。下面介绍北京城市节约用水办公室组织编写的《北京市中水工程实例选编与评析》中流程总结（见表 7）。提出此表一方面供确定流程时参考，另一方面也说明本规范 6.1.2、6.1.3、6.1.4 条提出的 10 个流程是有实践依据的，但技术总是不断发展的，规范要求的是在此基础上的新发展。

表 7   实践应用中水处理流程

水质类型	处 理 流 程
以优质杂排水为原水的中水工艺流程	(1) 以生物接触氧化为主的工艺流程： 原水→格栅→调节池→生物接触氧化→沉淀→过滤→消毒→中水 (2) 以生物转盘为主的工艺流程： 原水→格栅→调节池→生物转盘→沉淀→过滤→消毒→中水 (3) 以混凝沉淀为主的工艺流程： 原水→格栅→调节池→混凝沉淀→过滤→活性炭→消毒→中水 (4) 以混凝气浮为主的工艺流程： 原水→格栅→调节池→混凝气浮→过滤→消毒→中水 (5) 以微絮凝过滤为主的工艺流程： 原水→格栅→调节池→絮凝过滤→活性炭→消毒→中水 (6) 以过滤—臭氧为主的工艺流程： 原水→格栅→调节池→过滤→臭氧→消毒→中水 (7) 以物化处理—膜分离为主的工艺流程： 原水→格栅→调节池→絮凝沉淀过滤（或微絮凝过滤）→精密过滤→膜分离→消毒→中水

续表 7

水质类型	处 理 流 程
以综合生活污水为原水的中水工艺流程	(1) 以生物接触氧化为主的工艺流程： 原水→格栅→调节池→两段生物接触氧化→沉淀→过滤→消毒→中水 (2) 以水解—生物接触氧化为主的工艺流程： 原水→格栅→水解酸化调节池→两段生物接触氧化→沉淀→过滤→消毒→中水 (3) 以厌氧—土地处理为主的工艺流程： 原水→水解池或化粪池→土地处理→消毒→植物吸收利用
以粪便水为主要原水的中水工程	(1) 以多级沉淀分离—生物接触氧化为主的工艺流程： 原水→沉淀 1→沉淀 2→接触氧化 1→接触氧化 2→沉淀 3→接触氧化 3→沉淀 4→过滤→活性炭→消毒→中水 (2) 以膜生物反应器为主的工艺流程： 原水→化粪池→膜生物反应器→中水
以城市污水处理厂出水为原水的中水工程	城市再生水厂的基本处理工艺： 城市污水→一级处理→二级处理→混凝沉淀（澄清）→过滤→消毒→中水 二级处理厂出水→混凝、沉淀（澄清）→过滤→消毒→中水

6.1.2 当采用优质杂排水和杂排水为中水水源时，可采用较简易的处理工艺。

1 物化处理工艺流程：原水中有机物浓度较低和阴离子表面活性剂（LAS）较低时可采用物化方法，如混凝沉淀或混凝气浮加过滤。物化处理工艺虽然对溶解性有机物去除能力较差，但消毒剂的化学氧化作用对水中耗氧物质的去除有一定的作用，混凝气浮对洗涤剂也有去除作用。因此，对于有机物浓度和LAS较低的原水可采用物化工艺，该工艺具有可间歇运行的特点，适用于客房使用率波动较大、水源水量变化较大或间歇性使用的建筑物。

在已建成的以优质杂排水为原水的一些中水工程中，采用物化处理工艺，运行效果良好的不乏实例。如保定太行集团有限责任公司生产的混凝气浮、过滤和消毒的物化处理流程的设备，应用于北京京西宾馆中水工程，设备运行至今，处理效果良好。北京市政设计研究院的混凝接触过滤加活性炭的处理工艺，最早应用于北京外文印刷厂的洗浴废水处理。

2 生物处理和物化处理相结合的工艺流程：当洗浴废水含有较低的有机污染浓度（BOD_5 在 60mg/L 以下），宜采用生物接触氧化法，生物膜的培养和操作管理方便，但需要较为稳定、连续的运行，当采用一班制或二班制运行时，在停止进水时要采用间断曝气的方法来维持生物活性。当前在北京地区最常采用的是快速一段法生物处理，即反应时间在 2h 以内的生物接触氧化法加过滤、消毒等物化法或加微絮凝过滤、活性炭和消毒的工艺。

在北京现已建成的中水工程中，大多数是以优质杂排水为原水，并且多数处理流程采用的是生物接触氧化、沉淀、过滤和消毒，北京中航银燕环境工程有限公司曾做过多项上述流程的中水工程，并形成了YZS系列成套设备，应用中处理效果良好，出水水质稳定。

对于杂排水因包括厨房及清洗污水，水质含油，应单独设置有效的隔油装置，然后与优质杂排水混合进入中水处理设备，一般也采用一段生物处理流程，但在生物反应时间上应比优质杂排水适当延长。

3 预处理和膜分离相结合的处理工艺流程：膜法是当今世界上发展较快的一种污水处理的先进技术，日本应用较多，国内也在开始推广应用。但膜滤法是深度处理工艺，必须有可靠水质保障的预处理和方便的膜清洗更换为保障。

6.1.3 当利用生活污水一类的浓度较高的排水作为中水水源时，由于其浓度高，水质成分也相应要复杂些，因此，在处理工艺的选用上要采用较复杂或流程较长的人工处理方法，以便承受较高的冲击负荷，保证处理出水水质，增强工程的可靠性。其处理工艺如下：

1 生物处理和深度处理结合的工艺流程：采用生活污水为水源时，或来水的水质变化较大时，用简单的方法是很难达到要求的，通常说的三级处理是需要的。规模愈小则水质水量的变化愈大，因而，必须有比较大的调节池进行水质水量的平衡，以保证后续处理工序有较稳定的处理效果；或在生化处理时采用较长的反应时间，对污水负荷的变化有较大的缓冲能力；或采用较长的工艺流程来提高处理设施的缓冲能力，如两段生物处理的 A/O 法加过滤、消毒，或一段生化后加混凝气浮（或沉淀）、过滤（微滤、超滤）和消毒的工艺流程。生化处理可以是活性污泥法，也可以是接触氧化法。当前宾馆饭店已经普及的小型污水处理采用生物接触氧化法的居多，因为生物接触氧化法的操作比较简单。对于小区中水日处理规模达到万吨以上时，接触氧化法就不一定适用。

另外要提醒的是，在生物处理工艺中尽量少采用生物转盘，因为有部分盘面暴露在空气中，对周围的环境带来较大的气味。如北京某饭店的生物转盘因此原因而停用，北京另外两个宾馆的中水已由生物转盘改为生物接触氧化。

2 生物处理和土地处理：氧化塘、土地处理等比较适合小区中水的处理系统。土地处理系统有自然土地处理和人工土地处理之分，人工土地处理中有毛细管渗透土壤净化系统（简称毛管渗滤系统）。它是充分利用在地表下的土壤中栖息的土壤动物、土壤微生物、植物根系以及土壤所具有物理、化学特性将污

水净化的工程方法。毛管渗滤系统充分利用了大自然的天然净化能力，因而具有基建费用低、运行费用低、操作简单的优点。该系统不仅能够处理污水减轻污染，而且还能够充分利用其水肥资源，将污水处理与绿化相结合，美化和改造生态环境，在北方缺水地区该系统具有特别的推广意义。毛管渗滤系统同其他污水处理系统相比，具有以下优点：

1）整个系统装置在地表下，不与人直接接触，对环境、景观、卫生安全不仅不造成影响，而且在冬天可使草木长青，延长绿化期；

2）不受外界气温影响，或影响很小，净化出水水质良好、稳定；

3）在去除生物需氧量的同时能去除氮磷；

4）建设容易，维护简单，基建投资少，运行费用低；

5）将污水处理同绿化和污水资源化相结合，在处理污水的同时绿化了环境，节约了水资源。

毛管渗滤系统在国外应用相当普遍。在 20 世纪 60 年代，日本开始采用地下土壤净化污水的技术，最后开发了土壤毛管浸润沟污水净化工艺。该系统的处理出水优于二级处理，甚至达到三级处理的效果。在日本已获得专利，迄今已建有 20000 多套。在美国约有 36% 的农村及零星分散建造的家庭住宅采用了毛管渗滤系统，在我国则刚起步，北京市环科院在交通部公路交通工程综合试验场建造了一个日处理 100t 规模的污水毛管渗滤系统，已取得了满意的效果。

一个典型的毛管渗滤系统可以由预处理、提升输送、渗滤场几部分组成。以绿地为回用目标时，就把污水处理和利用结合在一起。其工艺流程如下：

原水 → 格栅 → 预处理 → 提升泵房 → 渗滤场 → 消毒 → 中水

如与绿化结合，流程到渗滤场为止，其中预处理是比较重要的工艺。污水中含有较多的固态粪便、废渣之类，易堵塞管道，影响运行。有几种预处理工艺是：沉淀池、化粪池、水解池、发酵池等，可供选用。此外，在渗滤场的布水管系要有清洗措施，以防堵塞。

渗滤场由单个或多个地下渗滤沟组成。一般情况下，渗滤沟的上部宽度为 1m，沟深 0.6m，沟与沟的中心间距 1.5m。沟组成由下向上为：塑料或粘土防渗层、设有布水管的砂砾层、无纺布的隔离层、用当地土壤和泥炭及炉渣按一定比例掺和的特殊土壤层、由较肥沃的耕作土壤组成的草坪和植物生长的表层。

渗滤场的水力负荷一般为 0.03~0.04m^3/（m^2·d），而 BOD_5 负荷为 1~10g/（m^2·d）。按日本的资料，设在绿地下，也可按 3~6m^2/（人·d）设置。

宁波德安集团推出的人工绿地生态工程也是土地处理工艺的一种应用形式，使污水流经人工生态处理系统时，经过特殊土壤层的过滤、光合作用、植物根

系多种微生物活动（包括好氧和厌氧过程）及植物吸收，将水中的营养物质转化、吸收，从而使生活污水达到回用水标准。这种处理系统具有投资省、运行费用低、无二次污染等特点，已经过工程实验，并在实际工程中推广应用。

3 曝气生物滤池处理工艺流程：曝气生物滤池是一项好氧生物处理新工艺，该工艺同传统的生物滤池相比，采用了人工曝气供氧，与生物接触氧化工艺具有更多的共同点，但比传统的生物接触氧化池填料的尺寸更小，具有处理能力强、处理效果好、占地少等特点。该工艺在国外发展较快，近年来在我国已开始应用。

江苏宜兴市华都绿色工程集团公司研制生产的充氧膜法一体化净水装置，其主要处理环节采用多级复流式曝气生物滤池工艺，它集澄清、生物氧化、生物吸附及截留悬浮物固体等功能于一体，具有处理效率高、占地面积小、耐冲击性能好、操作方便等特点，已在实际工程中应用。

4 膜生物反应器处理工艺流程：膜生物反应器也是一种新的工艺，在国外已有成功的应用，国内正在研究和推广应用。它是在活性污泥法的曝气池内设置超滤膜组件，用超滤膜替代常规的二沉池和后置的过滤消毒工艺，能较大程度上省处理构筑物的占地和提高活性污泥法的出水水质，膜生物反应器的出水不仅达到了中水的物理化学指标，而且卫生方面的细菌指标也能达标。但在工艺中还需有消毒设施，主要是为了防止管路和清水池内细菌的孳生和使用的卫生安全要求。

北京多元水环保技术产业有限公司生产的新型"中水一体机"，实现了以膜生物反应器为主处理工艺的应用组合，它具有占地少、出水水质稳定、排泥少、自动化程度高等特点，并且，该装置可根据控制面板的负压报警值自动进行化学清洗，也可进行人工清洗，很好地解决膜清洗问题。

6.1.4 城市污水处理厂出水作中水水源，目前采用的较少，但随着城市污水处理厂的建设和污水资源化的发展，它将成为今后污水再生利用的主要水源，处理工艺主要有：

1 物化法深度处理工艺流程：污水处理厂出水要达到回用要求，就必须在二级处理出水的基础上进行三级深度处理，以前建的污水处理厂多是以达到排放水质标准为目标，因此处理工艺多为二级处理，如果考虑利用，则要根据使用要求的水质标准进行三级深度处理。处理工艺主要是混凝沉淀或气浮加过滤和消毒这一较为成熟的深度处理工艺。

2 物化与生化结合的深度处理流程：因处理厂二级处理出水的有机污染BOD₅还达不到回用水的水质要求，需要进一步做含有生化的深度处理。生物炭是近期在工程上应用的一项新的生物深度处理工艺，

生物炭处理优质杂排水的控塔流速为 4m/h，净水活性炭的规格为：$\phi=1.5mm$，$H=3mm$ 的柱状炭，炭层高 2m，曝气的气水比为 4∶1，反冲洗强度为10L/m² · s。

3 微孔过滤处理工艺流程：微孔过滤是一种与常规过滤十分相似的过程。不同的是被处理的水不是通过由分散滤料形成的空隙，而是通过具有微孔结构的滤膜实现净化的微滤膜，具有比较整齐、均匀的多孔结构。微滤的基本原理属于筛网过滤，在静压差作用下，小于微滤膜孔径的物质通过微滤膜，而大于微滤膜孔径的物质则被截留到微滤膜上，使大小不同的组分得以分离。

微孔过滤工艺在国内外许多污水回用工程中得到了实际的应用。例如：澳大利亚悉尼奥运村污水再生回用、新加坡务德区污水厂污水再生回用、日本索尼显示屏污水再生回用、美国 West Basin 市污水再生回用以及我国天津开发区污水厂污水再生回用等工程都是如此。

由于微滤技术属于高科技集成技术，因此，宜采用经过验证的微滤系统，设备生产商需有不少于 3 年的制作运行系统经验。

采用微孔过滤处理工艺设计时应符合下列要求：
1) 微滤膜孔径应选择 $0.2\mu m$ 或 $0.2\mu m$ 以下。
2) 微滤膜前应根据需要考虑是否采用预处理措施。
3) 微滤出水仍然需要经过杀灭细菌处理。
4) 在二级处理出水进入微滤装置前，应投加少量抑菌剂。
5) 微滤系统宜设置自动气水反冲系统，空气反冲压力宜为 600kPa，同时用二级处理出水辅助表面冲洗。

6.1.5 膜滤处理在北京、天津和大连已经进入实用阶段，它具有占地小的优势。经验表明，采用膜法处理时，不仅要有保障其进水水质的可靠预处理工艺，而且要有保障膜滤法能正常运行的膜的清洗工艺。膜的清洗、再生工艺应尽量在操作上简便可行。

6.1.7 中水用于采暖系统的补充水等用途时，其水质要求高于杂用水，因此，应根据水质需要增加深度处理，如活性炭、超滤或离子交换处理等。

6.1.8 污泥脱水前应经过污泥浓缩池，然后再进行机械脱水。小型处理站可将污泥直接排入化粪池处理。

6.2 处 理 设 施

6.2.1 中水设施的处理能力，本规范规定按单位小时处理量计算，因为有的中水设施不是全天运行，而只是运行一班、二班。

6.2.2 本条强调生活污水作为中水水源应经过化粪池处理。当以生活污水作为中水水源时，化粪池可以看作是中水处理的前处理设施。为使含有较多的固体

悬浮物质的水不致堵塞原水收集管道，并把它们带入中水处理系统，仍需利用原有或新建化粪池。

6.2.3 《室外排水设计规范》（GBJ 14—87）中规定：人工清除格栅，格栅条间空隙宽度为 25～40mm，机械清除时为 16～25mm。中水工程采用的格栅与污水处理厂用的格栅不同，中水工程一般只采用中、细两种格栅，并且将空隙宽度改小，本规范取中格栅 10～20mm，细格栅 2.5mm。当以生活污水为中水原水时，一般应设计中、细两道格栅；当以杂排水为中水原水时，由于原水中所含的固形颗粒物较小，可只采用一道格栅。工程中多采用不锈钢机械格栅。

6.2.4 洗浴排水中含有较多的毛发纤维，在一些中水工程的调试中发现，仅设有格栅时有毛发穿过，进入后续处理设施。考虑到设备运行的安全性，因此规定在水泵吸水管上设置毛发聚集器。

6.2.5 调节池内设置预曝气管，不仅可以防止污水在储存时腐化发臭，池内不产生沉淀，还对后面的生物处理有利。这里特别强调调节池应设置溢水管，它是确保系统能够安全运行的措施。

6.2.6 一般中、小型污水处理站，设置调节池后而不再设初次沉淀池。较大的污水处理厂则设置一级泵站、沉砂池和初次沉淀池。

6.2.7 采用斜板（管）沉淀池或竖流式沉淀池的目的是为了提高固液分离效率，减少占地。

6.2.8 本条规定的斜板（管）沉淀池设计数据系参照《室外排水设计规范》（GBJ 14—87），并考虑建筑内部地下室的通常高度而确定的。

6.2.9 《室外排水设计规范》（GBJ 14—87）中规定，活性污泥法处理后的沉淀池表面水力负荷为 1～1.5$m^3/m^2 \cdot h$，为保证出水水质并方便设计取值，本条取低限数值，并有一定的取值范围。

6.2.10 采用静水压力排泥时，在保证排泥管静水头的情况下，小型沉淀池的排泥管管径可适当减小。

6.2.11 强调沉淀池应设置出水堰，以保证沉淀池中的水流稳定。

6.2.12 本条指出的这些方法处理效果比较稳定，并可短时间停止运行，污泥量少，易于管理，在近几年建成的中水工程中已被较多地采用，并且运行都较为成功。

6.2.13 中水出水水质标准较一般污水处理厂二级出水要严，所以必须保证生化处理设备有足够的停留时间。根据国内中水处理实践经验，如处理洗浴污水，接触氧化池的设计停留时间为 2h 以上，处理生活污水，停留时间都在 3h 以上。

6.2.14 本条规定的设计数值系根据国内中水处理实践经验而确定的。

6.2.15 接触氧化池曝气量按所需去除的 BOD_5 负荷计算，即进出水 BOD_5 的差值。

6.2.16 机械过滤可采用过滤器或过滤池。滤料除采用无烟煤和石英砂外，也可采用轻质滤料及其他新型滤料。过滤器（池）可按下列要求设计：

进水浊度宜小于 20 度。当采用无烟煤和石英砂作滤料时，滤器（池）过滤速度宜采用 8～10m/h；当采用其他新型滤料时，滤器（池）的过滤速度应根据实验数据确定。

目前，国内采用新型滤料制作的滤器较多，并已推广应用。如宁波德安集团生产的 DA 863 型高效过滤器采用 863 项目攻关成果的新型滤料——自适应滤料，该滤料将纤维滤料截污性能好的特征与颗粒滤料反冲洗效果好的特征相结合，从而使得滤器具有滤速快、过滤精度高、纳污量大等特点，已在工程中应用。

6.2.17 中水处理组合装置，包括各厂家生产的中水处理成套设备、定型装置等，选用时要求设计人员应认真校核其工艺参数、适用范围、设备质量等，以保证用户使用要求。

6.2.18 消毒是保障中水卫生指标的重要环节，它直接影响中水的使用安全，因此，此条作为强制性条文。

6.2.19 液氯作为消毒剂，由于其价格低廉，在城市自来水厂、污水处理厂、医院污水处理站等被广泛使用。出于安全考虑，对于建在建筑物内部的小型中水处理站，采用液氯消毒隐患较多，故不推荐使用。但在规模较大的小区中水处理站中，在保障安全的前提下，也可考虑采用液氯消毒，但必须采用安全性能较高的加氯机。

在已建成的一些中水处理站，次氯酸钠和二氧化氯作为消毒剂应用较多。在一些城市，次氯酸钠成品溶液购置较为方便，将其与计量泵配合使用，具有占地少、投加计量准确、使用安全等优点。

6.2.20 对于较大规模的中水处理站，当运行中有污泥产生时，应参照《室外排水设计规范》（GBJ 14—87）中的有关内容进行设计。

6.2.21 除本规范列举的工艺外，中水处理还可采用其他一些处理方法，本条规定主要是为了不限制其他处理工艺在中水处理中的应用。

7 中水处理站

7.0.1 中水处理过程中产生的不良气味和机电设备噪声会对建筑环境造成危害，如何避免这一危害，是确定处理站位置时应认真考虑的因素，通常地面式处理站要与公共建筑和住宅保持一定的防护距离或采用地下式处理站使其影响降到最底程度。设在建筑内的处理站要尽量靠近中水水源。处理站设在最低层有如下优点：站内水池、设备等荷载较重，给建筑结构专业增加的处理难度可降低；设备的运行不会影响下层房间；中水原水容易实现靠重力进入站内或事故排放。

7.0.2 值班、化验房间的大小应至少能摆得下桌椅及基本的化验器材。

7.0.4 中水处理站内会产生地面排水、构筑物溢流排水、反冲洗排水、沉淀构筑物排污、事故排水等，出于卫生考虑，这些水尽量不要明沟流出处理站，而是在站内收集。当中水站地面低于室外检查井地面时，应设排水泵排水，排水泵一般设置两台，一用一备。排水能力不应小于最大小时来水量。

7.0.5 市场上的处理设备其功能、效果、质量有的名不副实，设计人员对所选择或认可的产品一定要了解，对确保满足工程设计需要负责。

7.0.7 本条强调的是要设置适应处理工艺要求的辅助设施，比如，处理工艺中有臭气产生，除对臭气源采取防护和处理措施外，还应对某些房间进行通风换气。根据臭气散出情况，每小时换气次数可取 8～12 次，排气口应高出人员活动场所 2m 以上。厌氧处理产生可燃气体、液氯消毒可能产生氯气溢散、次氯酸钠发生器产氢等这类易燃易爆气体的场所，配电均应采取防爆措施。给水排水设施包括处理设备的清洗、污水污物的排除等。

7.0.8 条文内所说由采用药剂所产生的危害主要指药剂对设备及房屋五金配件的腐蚀，以及生成的有害气体的扩散而产生的污染、毒害、爆炸等。比如，混凝剂（尤其是铁盐）的腐蚀，液氯投加的溢散氯气、次氯酸钠发生器产氢的排放以及臭氧发生器尾气的排放等。中水处理站多设在地下室，对这些问题尤应注意。

7.0.9 中水处理站的除臭是非常必要的。除臭措施有活性炭吸附、土壤除臭等，但目前尚未形成较规范的设计参数为工程中使用。工程中普遍采用的方式仍是通风换气，把臭气转移到室外。

7.0.10 采取有效的降噪和减振措施主要是：一方面要降低机房内的噪声，采用低噪音的工艺、设备，比如水下曝气、低噪音的曝气鼓风机消声止回阀等，降低机房内的噪声；另一方面，对产生的噪声要采取综合防护措施，如隔音门窗防止空气传声，对机电设备及接出的管道采取减振措施，如设备基础减振、管道设减振接头、减振垫等，防止固体传声，以减小机房内噪声源对周围空间的影响。

8 安全防护和监（检）测控制

8.1 安 全 防 护

8.1.1 中水管道不仅禁止与生活饮用水给水管道直接连接，还包括通过倒流防止器或防污隔断阀连接。

8.1.2 中水管道宜明装，有要求时亦可敷设在管井、吊顶内。若直埋于墙体和楼面内，不但影响检修，而

且一旦需改建时，管道外壁标记不清或色标脱落，管道的走向亦不易搞清，容易发生误接。

8.1.3 本条规定是为了防止中水回流污染，是关系人们身心健康的卫生安全要求，故作为强制性条文。生活饮用水补水口的启闭应由中水池的补水液位控制，设计中多采用电磁阀进行水位控制，但由于电磁阀使用寿命较短，设计中亦可采用定水位水力控制阀。如株洲南方阀门制造有限公司生产的遥控阀，其阀板启闭是靠上下腔压差而动作，而控制上下腔压力的附管上设有逆止装置，可解决这一问题。

8.1.4 本条提出中水管道和饮用水管道平行或交叉敷设时的距离要求，为的是防止污染饮用水，除满足条文规定的距离要求，也要求饮用水管在交叉处不要有接口或做特殊的防护处理。

8.1.5 本条文是为了保证中水不受到二次污染而需要采取的技术措施，从而保证中水的出水水质。

8.1.6 强制性条文。防止中水误接、误饮、误用，保证中水的使用安全是中水工程设计中必须特殊考虑的问题，也是采取安全防护措施的主要内容，设计时必须给予高度的重视。

由于我国目前对于给排水管道的外壁尚未作出统一的涂色和标志要求，原协会标准《建筑中水设计规范》（CECS 30∶91）规定中水管道外壁的颜色为浅绿色，多年来已约定成俗，因此，当中水管道采用外壁为金属的管材时，其外壁的颜色应涂浅绿色；当采用外壁为塑料的管材时，应采用浅绿色的管道，并应在其外壁模印或打印明显耐久的"中水"标志，避免与其他管道混淆。国家制订出给排水管道外壁涂色的相关标准后，可按其有关规定涂色和标志。

对于设在公共场所的中水取水口，设置带锁装置后，可防止任何人，包括不能认字的人群误用。车库中用于冲洗地面和洗车用的中水龙头也应上锁或明示不得饮用，以防停车人误用。

8.2 临（检）测控制

8.2.1 中水处理系统自动运行，有利于运行和处理质量的稳定、可靠，同时也减少了夜间的管理工作量。

中水处理设备应由中水储存池和调节池的液位共同控制自动运行。当中水池的水位达到满水位，处理设备应自动停止；当中水池中的水位下降，水量减少了，到达设定水位，设备应自动启动。

调节池中的满水位也应自动启动处理设备，其最低水位也应自动停止处理设备。这样，处理设备自动停止的控制水位有两个：中水池的满水位和调节池的最低水位；自动启动的控制水位有两个：中水池中的启动水位和调节池的满水位。

中水池的自来水补水能力是按中水系统的最大时用水量设计的，比中水处理设备的产水率大得多。为

了控制中水池的容积尽可能多地存放设备处理出水，而不被自来水补水占用，补水管的自动开启控制水位应设在处理设备启动水位之下，约为下方水量的 1/3 处；自动关闭的控制水位应在下方水量的 1/2 处。这样，可确保总有上方 1/2 以上的池容积用于存放设备处理出水。

8.2.2 中水处理系统对使用对象要求的常用指标包括：水量、主要水位、pH 值、浊度、余氯等，常用控制指标的水量计量可用水表，水表装在处理设备出水进中水池的管上。

8.2.3 自来水补水的水位控制见 8.2.1 条的条文说明。

中华人民共和国国家标准

建筑与小区雨水利用工程技术规范

Engineering technical code for rain utilization in building and sub-district

GB 50400—2006

主编部门：中 华 人 民 共 和 国 建 设 部
批准部门：中 华 人 民 共 和 国 建 设 部
施行日期：2 0 0 7 年 4 月 1 日

中华人民共和国建设部
公　告

第 485 号

建设部关于发布国家标准
《建筑与小区雨水利用工程技术规范》的公告

现批准《建筑与小区雨水利用工程技术规范》为国家标准，编号为 GB 50400－2006，自 2007 年 4 月 1 日起实施。其中，第 1.0.6、7.3.1、7.3.3、7.3.9 条为强制性条文，必须严格执行。

本规范由建设部标准定额研究所组织中国建筑工业出版社出版发行。

中华人民共和国建设部
2006 年 9 月 26 日

前　言

本规范是根据建设部建标函［2005］84 号"关于印发《2005 年度工程建设标准制订、修订计划（第一批）》的通知"要求，由中国建筑设计研究院主编，北京泰宁科创科技有限公司等单位参编。规范总结了近年来建筑与小区雨水利用工程的设计经验，并参考国内外相关应用研究，广泛征求意见，制定了本规范。

本规范共分 12 章，内容包括总则、术语、符号、水量与水质、雨水利用系统设置、雨水收集、雨水入渗、雨水储存与回用、水质处理、调蓄排放、施工安装、工程验收、运行管理。

本规范以黑体字标志的条文为强制性条文，必须严格执行。

本规范由建设部管理和对强制性条文的解释，由中国建筑设计研究院负责具体技术内容解释。在执行本规范过程中，请各单位结合工程实践，认真总结经验，并将意见和建议寄送中国建筑设计研究院（北京市西城区车公庄大街 19 号，邮编：100044）。

本规范主编单位：中国建筑设计研究院

本规范参编单位：北京泰宁科创科技有限公司
　　　　　　　　北京市水利科学研究所

中国中元兴华工程公司
解放军总后勤部建筑设计研究院
北京建筑工程学院
山东建筑大学
北京工业大学
中国工程建设标准化协会
中国建筑西北设计研究院
大连市建筑设计研究院
深圳华森建筑与工程设计顾问有限公司
积水化学工业株式会社北京代表处
北京恒动科技开发有限公司

本规范主要起草人：赵世明　赵　锂　王耀堂
　　　　　　　　　杨　澎　刘　鹏　朱跃云
　　　　　　　　　徐忠辉　孙　瑛　徐志通
　　　　　　　　　陈建刚　黄晓家　王冠军
　　　　　　　　　汪慧贞　孟德良　张永祥
　　　　　　　　　李桂枝　周锡全　王　研
　　　　　　　　　王可为　周克晶　陈玉芳
　　　　　　　　　张书函　田　浩　陈　雷

目　次

1 总 则

1.0.1 为实现雨水资源化，节约用水，修复水环境与生态环境，减轻城市洪涝，使建筑与小区雨水利用工程做到技术先进、经济合理、安全可靠，制定本规范。

1.0.2 本规范适用于民用建筑、工业建筑与小区雨水利用工程的规划、设计、施工、验收、管理与维护。本规范不适用于雨水作为生活饮用水水源的雨水利用工程。

1.0.3 雨水资源应根据当地的水资源情况和经济发展水平合理利用。

1.0.4 有特殊污染源的建筑与小区，其雨水利用工程应经专题论证。

1.0.5 设置雨水利用系统的建筑物和小区，其规划和设计阶段应包括雨水利用的内容。雨水利用设施应与项目主体工程同时设计，同时施工，同时使用。

1.0.6 严禁回用雨水进入生活饮用水给水系统。

1.0.7 雨水利用工程应采取确保人身安全、使用及维修安全的措施。

1.0.8 雨水利用工程设计中，相关的室外总平面设计、园林景观设计、建筑设计、给水排水设计等专业应密切配合，相互协调。

1.0.9 建筑与小区雨水利用工程设计、施工、验收、管理与维护，除执行本规范外，尚应符合国家现行相关标准、规范的规定。

2 术语、符号

2.1 术 语

2.1.1 雨水利用 rain utilization
雨水入渗、收集回用、调蓄排放等的总称。

2.1.2 下垫面 underlying surface
降雨受水面的总称。包括屋面、地面、水面等。

2.1.3 土壤渗透系数 permeability coefficient of soil
单位水力坡度下水的稳定渗透速度。

2.1.4 流量径流系数 discharge runoff coefficient
形成高峰流量的历时内产生的径流量与降雨量之比。

2.1.5 雨量径流系数 pluviometric runoff coefficient
设定时间内降雨产生的径流总量与总雨量之比。

2.1.6 硬化地面 impervious surface
通过人工行为使自然地面硬化形成的不透水或弱透水地面。

2.1.7 天沟 gutter
屋面上两侧收集雨水用于引导屋面雨水径流的集水沟。

2.1.8 边沟 brim gutter
屋面上单侧收集雨水用于引导屋面雨水径流的集水沟。

2.1.9 檐沟 eaves gutter
屋檐边沿沟长单边收集雨水且溢流雨水能沿沟边溢流到室外的集水沟。

2.1.10 长沟 long gutter
集水长度大于 50 倍设计水深的屋面集水沟。

2.1.11 短沟 short gutter
集水长度等于或小于 50 倍设计水深的屋面集水沟。

2.1.12 集水沟集水长度 gutter drainage length
从集水沟内分水点到雨水斗的沟长。

2.1.13 半有压式屋面雨水收集系统 gravity-pressure roof rainwater collect system
系统设计流态为无压流和有压流之间的过渡流态的屋面雨水收集系统。

2.1.14 虹吸式屋面雨水收集系统 siphonic roof rainwater collect system
系统设计流态为水一相有压流的屋面雨水收集系统。

2.1.15 初期径流 initial runoff
一场降雨初期产生一定厚度的降雨径流。

2.1.16 弃流设施 initial rainwater removal equipment
利用降雨厚度、雨水径流厚度控制初期径流排放量的设施。有自控弃流装置、渗透弃流装置、弃流池等。

2.1.17 渗透弃流井 infiltration-removal well
具有一定储存容积和过滤截污功能，将初期径流渗透至地下的成品装置。

2.1.18 雨停监测装置 monitor of rain-stop
利用雨量法或流量法来监测降雨停止的成品装置。

2.1.19 渗透设施 infiltration equipment
使雨水分散并被渗透到地下的人工设施。

2.1.20 储存-渗透设施 detention-infiltration equipment
储存雨水径流量并进行渗透的设施，包括渗透管沟、入渗池、入渗井等。

2.1.21 入渗池 infiltration pool
雨水通过侧壁和池底进行入渗的封闭水池。

2.1.22 入渗井 infiltration well
雨水通过侧壁和井底进行入渗的设施。

2.1.23 渗透管-排放系统 infiltration-drainage pipe system
采用渗透检查井、渗透管将雨水有组织地渗入地下，超过渗透设计标准的雨水由管沟排放的系统。

2.1.24 渗透雨水口 infiltration rainwater inlet
具有渗透、截污、集水功能的一体式成品集水口。

2.1.25 渗透检查井 infiltration manhole

具有渗透功能和一定沉砂容积的管道检查维护装置。

2.1.26 集水渗透检查井 collect-infiltration manhole

具有收集、渗透功能和一定沉砂容积的管道检查维护装置。

2.1.27 雨水储存设施 rainwater storage equipment

储存未经处理的雨水的设施。

2.1.28 调蓄排放设施 detention and controlled drainage equipment

储存一定时间的雨水，削减向下游排放的雨水洪峰径流量、延长排放时间的设施。

2.2 符　号

2.2.1 流量、水量、流速

W——雨水设计径流总量；

Q——雨水设计流量；

q——设计暴雨强度；

q_{dg}——水平短沟的设计排水量；

q_{cg}——水平长沟的设计排水量；

v——管内流速；

g——重力加速度；

W_i——设计初期径流弃流量；

W_s——渗透量；

W_p——产流历时内的蓄积水量；

W_c——渗透设施进水量；

q_c——渗透设施产流历时对应的暴雨强度；

Q_y——设施处理能力；

W_y——经过水量平衡计算后的日用雨水量；

Q'——设计排水流量。

2.2.2 水头损失、几何特征

h_y——设计降雨厚度；

F——汇水面积；

P——设计重现期；

A_z——沟的有效断面面积；

h_f——管道沿程阻力损失；

l——管道长度；

d——管道内径；

δ——初期径流厚度；

A_s——有效渗透面积；

F_y——渗透设施受纳的集水面积；

F_0——渗透设施的直接受水面积；

V_s——渗透设施的储存容积；

n_k——填料的孔隙率；

V——调蓄池容积。

2.2.3 计算系数及其他

ψ_c——雨水径流系数；

ψ_m——流量径流系数；

A、b、c、n——当地降雨参数；

m——折减系数；

k_{dg}——安全系数；

k_{df}——断面系数；

S_x——深度系数；

X_x——形状系数；

L_x——长沟容量系数；

λ——管道沿程阻力损失系数；

Δ——管道当量粗糙高度；

Re——雷诺数；

α——综合安全系数；

K——土壤渗透系数；

J——水力坡降。

2.2.4 时间

t——降雨历时；

t_1——汇水面汇水时间；

t_2——管渠内雨水流行时间；

t_s——渗透时间；

t_c——渗透设施产流历时；

T——雨水处理设施的日运行时间；

t_m——调蓄池蓄水历时；

t'——排空时间。

3　水量与水质

3.1　降雨量和雨水水质

3.1.1 降雨量应根据当地近期 10 年以上降雨量资料确定。当资料缺乏时可参考附录 A。

3.1.2 雨水水质应以实测资料为准。屋面雨水经初期径流弃流后的水质，无实测资料时可采用如下经验值：COD_{Cr} 70～100mg/L；SS 20～40mg/L；色度 10～40 度。

3.2　用水定额和水质

3.2.1 绿化、道路及广场浇洒、车库地面冲洗、车辆冲洗、循环冷却水补水等各项最高日用水量按照现行国家标准《建筑给水排水设计规范》GB 50015 中的有关规定执行。

3.2.2 景观水体补水量根据当地水面蒸发量和水体渗透量综合确定。

3.2.3 最高日冲厕用水定额按照现行国家标准《建筑给水排水设计规范》GB 50015 中的最高日用水定额及表 3.2.3 中规定的百分率计算确定。

表 3.2.3　各类建筑物冲厕用水占日用水定额的百分率（单位：%）

项目	住宅	宾馆、饭店	办公楼、教学楼	公共浴室	餐饮业、营业餐厅
冲厕	21	10～14	60～66	2～5	5～6.7

3.2.4 器具给水额定流量按照现行国家标准《建筑给水排水设计规范》GB 50015 中的有关规定执行。

3.2.5 处理后的雨水水质根据用途确定，COD_{Cr} 和 SS 指标应满足表 3.2.5 的规定，其余指标应符合国家现行相关标准的规定。

表 3.2.5 雨水处理后 COD_{Cr} 和 SS 指标

项目指标	循环冷却系统补水	观赏性水景	娱乐性水景	绿化	车辆冲洗	道路浇洒	冲厕
COD_{cr} (mg/L)≤	30	30	20	30	30	30	30
SS (mg/L)≤	5	10	5	10	5	10	10

3.2.6 当处理后的雨水同时用于多种用途时，其水质应按最高水质标准确定。

4 雨水利用系统设置

4.1 一般规定

4.1.1 雨水利用应采用雨水入渗系统、收集回用系统、调蓄排放系统之一或其组合，并满足如下要求：

　　1 雨水入渗系统宜设雨水收集、入渗等设施；

　　2 收集回用系统应设雨水收集、储存、处理和回用水管网等设施；

　　3 调蓄排放系统应设雨水收集、储存设施和排放管道等设施。

4.1.2 雨水入渗场所应有详细的地质勘察资料，地质勘察资料应包括区域滞水层分布、土壤种类和相应的渗透系数、地下水动态等。

4.1.3 雨水入渗系统的土壤渗透系数宜为 $10^{-6} \sim 10^{-3}$ m/s，且渗透面距地下水位大于 1.0m；收集回用系统宜用于年均降雨量大于 400mm 的地区；调蓄排放系统宜用于有防洪排涝要求的场所。

4.1.4 下列场所不得采用雨水入渗系统：

　　1 防止陡坡坍塌、滑坡灾害的危险场所；

　　2 对居住环境以及自然环境造成危害的场所；

　　3 自重湿陷性黄土、膨胀土和高含盐土等特殊土壤地质场所。

4.1.5 雨水利用系统的规模应满足建设用地外排雨水设计流量不大于开发建设前的水平或规定的值，设计重现期不得小于 1 年，宜按 2 年确定。

4.1.6 设有雨水利用系统的建设用地，应设有雨水外排措施。

4.1.7 雨水利用系统不应对土壤环境、植物的生长、地下含水层的水质、室内环境卫生等造成危害。

4.1.8 回用供水管网中低水质标准水不得进入高水质标准水系统。

4.2 雨水径流计算

4.2.1 雨水设计径流总量和设计流量的计算应符合下列要求：

　　1 雨水设计径流总量应按下式计算：

$$W = 10\psi_c h_y F \qquad (4.2.1-1)$$

式中　W——雨水设计径流总量（m^3）；

　　　　ψ_c——雨量径流系数；

　　　　h_y——设计降雨厚度（mm）；

　　　　F——汇水面积（hm^2）。

　　2 雨水设计流量应按下式计算：

$$Q = \psi_m q F \qquad (4.2.1-2)$$

式中　Q——雨水设计流量（L/s）；

　　　　ψ_m——流量径流系数；

　　　　q——设计暴雨强度〔L/（$s \cdot hm^2$）〕。

4.2.2 径流系数应按下列要求确定：

　　1 雨量径流系数和流量径流系数宜按表 4.2.2 采用，汇水面积的平均径流系数应按下垫面种类加权平均计算；

　　2 建设用地雨水外排管渠流量径流系数宜按扣损法经计算确定，资料不足时可采用 0.25～0.4。

表 4.2.2 径流系数

下垫面种类	雨量径流系数 ψ_c	流量径流系数 ψ_m
硬屋面、未铺石子的平屋面、沥青屋面	0.8～0.9	1
铺石子的平屋面	0.6～0.7	0.8
绿化屋面	0.3～0.4	0.4
混凝土和沥青路面	0.8～0.9	0.9
块石等铺砌路面	0.5～0.6	0.7
干砌砖、石及碎石路面	0.4	0.5
非铺砌的土路面	0.3	0.4
绿地	0.15	0.25
水面	1	1
地下建筑覆土绿地（覆土厚度≥500mm）	0.15	0.25
地下建筑覆土绿地（覆土厚度＜500mm）	0.3～0.4	0.4

4.2.3 设计降雨厚度应按本规范第 3.1.1 条的规定确定，设计重现期和降雨历时应根据本规范各雨水利用设施条款中具体规定的标准确定。

4.2.4 汇水面积应按汇水面水平投影面积计算。计算屋面雨水收集系统的流量时，还应满足下列要求：

　　1 高出汇水面积有侧墙时，应附加侧墙的汇水面积，计算方法按现行国家标准《建筑给水排水设计

《规范》GB 50015 的相关规定执行。

　　2 球形、抛物线形或斜坡较大的汇水面，其汇水面积应附加汇水面竖向投影面积的 50%。

4.2.5 设计暴雨强度应按下式计算：

$$q = \frac{167A(1 + c\lg P)}{(t + b)^n} \qquad (4.2.5)$$

式中　P——设计重现期（a）；

　　　　t——降雨历时（min）；

　　A、b、c、n——当地降雨参数。

　　注：当采用天沟集水且沟沿溢水会流入室内时，暴雨强度应乘以 1.5 的系数。

4.2.6 设计重现期的确定应符合下列规定：

　　1 向各类雨水利用设施输水或集水的管渠设计重现期，应不小于该类设施的雨水利用设计重现期。

　　2 屋面雨水收集系统设计重现期不宜小于表 4.2.6-1 中规定的数值。

表 4.2.6-1　屋面降雨设计重现期

建 筑 类 型	设计重现期（a）
采用外檐沟排水的建筑	1～2
一般性建筑物	2～5
重要公共建筑	10

　　注：表中设计重现期，半有压流系统可取低限值，虹吸式系统宜取高限值。

　　3 建设用地雨水外排管渠的设计重现期，应大于雨水利用设施的雨量设计重现期，并不宜小于表 4.2.6-2 中规定的数值。

表 4.2.6-2　各类用地设计重现期

汇水区域名称	设计重现期（a）
车站、码头、机场等	2～5
民用公共建筑、居住区和工业区	1～3

4.2.7 设计降雨历时的计算，应符合下列规定：

　　1 室外雨水管渠的设计降雨历时应按下式计算：

$$t = t_1 + mt_2 \qquad (4.2.7)$$

式中　t_1——汇水面汇水时间（min），视距离长短、地形坡度和地面铺盖情况而定，一般采用 5～10min；

　　　m——折减系数，取 $m = 1$，计算外排管渠时按现行国家标准《建筑给水排水设计规范》GB 50015 的规定取用；

　　　t_2——管渠内雨水流行时间（min）。

　　2 屋面雨水收集系统的设计降雨历时按屋面汇水时间计算，一般取 5min。

4.3　系　统　选　型

4.3.1 雨水利用系统的型式、各个系统负担的雨水

量，应根据工程项目具体特点经技术经济比较后确定。

4.3.2 地面雨水宜采用雨水入渗。

4.3.3 降落在景观水体上的雨水应就地储存。

4.3.4 屋面雨水可采用雨水入渗、收集回用或二者相结合的方式，具体利用方式应根据下列因素综合确定：

　　1 当地缺水情况；

　　2 室外土壤的入渗能力；

　　3 雨水的需求量和水质要求；

　　4 杂用水量和降雨量季节变化的吻合程度；

　　5 经济合理性。

4.3.5 小区内设有景观水体时，屋面雨水宜优先考虑用于景观水体补水。室外土壤在承担了室外各种地面的雨水入渗后，其入渗能力仍有足够的余量时，屋面雨水可进行雨水入渗。

4.3.6 满足下列条件之一时，屋面雨水宜优先采用收集回用系统：

　　1 降雨量随季节分布较均匀的地区；

　　2 用水量与降雨量季节变化较吻合的建筑与小区。

4.3.7 收集回用系统的回用水量或储水能力小于屋面的收集雨量时，屋面雨水的利用可选用回用与入渗相结合的方式。

4.3.8 大型屋面的公共建筑或设有人工水体的项目，屋面雨水宜采用收集回用系统。

4.3.9 为削减城市洪峰或要求场地的雨水迅速排干时，宜采用调蓄排放系统。

4.3.10 雨水回用用途应根据收集量、回用量、随时间的变化规律以及卫生要求等因素综合考虑确定。雨水可用于下列用途：景观用水、绿化用水、循环冷却系统补水、汽车冲洗用水、路面、地面冲洗用水、冲厕用水、消防用水。

4.3.11 建筑或小区中同时设有雨水回用和中水的合用系统时，原水不宜混合，出水可在清水池混合。

5　雨　水　收　集

5.1　一　般　规　定

5.1.1 屋面表面应采用对雨水无污染或污染较小的材料，不宜采用沥青或沥青油毡。有条件时可采用种植屋面。

5.1.2 屋面雨水收集管道的进水口应设置符合国家或行业现行相关标准的雨水斗。

5.1.3 屋面雨水系统中设有弃流设施时，弃流设施服务的各雨水斗至该装置的管道长度宜相近。

5.1.4 屋面雨水收集系统的设计流量应按本规范第（4.2.1-2）式计算。

5.1.5 屋面雨水收集宜采用半有压屋面雨水收集系统；大型屋面宜采用虹吸式屋面雨水收集系统，并应有溢流措施。

5.1.6 屋面雨水收集也可采用重力流系统，其设计应满足现行国家标准《建筑给水排水设计规范》GB 50015的要求。

5.1.7 屋面雨水收集系统和雨水储存设施之间的室外输水管道可按雨水储存设施的降雨重现期计算，若设计重现期比上游管道的小，应在连接点设检查井或溢流设施。埋地输水管上应设检查口或检查井，间距宜为25～40m。

5.1.8 屋面雨水收集系统应独立设置，严禁与建筑污、废水排水连接，严禁在室内设置敞开式检查口或检查井。

5.1.9 阳台雨水不应接入屋面雨水立管。

5.1.10 除种植屋面外，雨水收集回用系统均应设置弃流设施，雨水入渗收集系统宜设弃流设施。

5.2 屋面集水沟

5.2.1 屋面集水宜采用集水沟。集水沟断面尺寸和过水能力应经水力计算确定。

5.2.2 屋面集水沟的深度应包括设计水深和保护高度。

5.2.3 集水沟沟底可水平或可有坡度，坡度小于0.003时应具有自由出流的雨水出口。

5.2.4 集水沟的水力计算应按照现行国家标准《室外排水设计规范》GB 50014执行，沟底平坡或坡度不大于0.003时，可采用本规范5.2.5～5.2.10条规定的经验方法计算。

5.2.5 水平短沟设计排水量可按下式计算：

$$q_{dg} = k_{dg}k_{df}A_z^{1.25}S_xX_x \qquad (5.2.5)$$

式中 q_{dg}——水平短沟的设计排水量（L/s）；

k_{dg}——安全系数，取0.9；

k_{df}——断面系数，取值见表5.2.5；

A_z——沟的有效断面面积（mm²），在屋面天沟或边沟中有阻挡物时，有效断面面积应按沟的断面面积减去阻挡物断面面积进行计算；

S_x——深度系数，见附录B，半圆形或相似形状的短檐沟 $S_x=1.0$；

X_x——形状系数，见附录B，半圆形或相似形状的短檐沟 $X_x=1.0$。

表5.2.5 各种沟型的断面系数

沟型	半圆形或相似形状的檐沟	矩形、梯形或相似形状的檐沟	矩形、梯形或相似形状的天沟和边沟
k_{df}	2.78×10⁻⁵	3.48×10⁻⁵	3.89×10⁻⁵

5.2.6 水平长沟的设计排水量可按下式计算：

$$q_{cg} = q_{dg}L_x \qquad (5.2.6)$$

式中 q_{cg}——长沟的设计排水量（L/s）；

L_x——长沟容量系数，见表5.2.6。

表5.2.6 平底或有坡度坡向出水口的长沟容量系数

$\dfrac{L}{h_d}$	容量系数 L_x				
	平底 0～0.3%	坡度 0.4%	坡度 0.6%	坡度 0.8%	坡度 1%
50	1.00	1.00	1.00	1.00	1.00
75	0.97	1.02	1.04	1.07	1.09
100	0.93	1.03	1.08	1.13	1.18
125	0.90	1.05	1.12	1.20	1.27
150	0.86	1.07	1.17	1.27	1.37
175	0.83	1.09	1.21	1.33	1.46
200	0.80	1.10	1.25	1.40	1.55
225	0.78	1.10	1.25	1.40	1.55
250	0.77	1.10	1.25	1.40	1.55
275	0.75	1.10	1.25	1.40	1.55
300	0.73	1.10	1.25	1.40	1.55
325	0.72	1.10	1.25	1.40	1.55
350	0.70	1.10	1.25	1.40	1.55
375	0.68	1.10	1.25	1.40	1.55
400	0.67	1.10	1.25	1.40	1.55
425	0.65	1.10	1.25	1.40	1.55
450	0.63	1.10	1.25	1.40	1.55
475	0.62	1.10	1.25	1.40	1.55
500	0.60	1.10	1.25	1.40	1.55

注：L 排水长度（mm）；
h_d 设计水深（mm）。

5.2.7 当集水沟有大于10°的转角时，计算的排水能力应乘以折减系数0.85。

5.2.8 雨水斗应避免布置在集水沟的转折处。

5.2.9 天沟和边沟的坡度小于或等于0.003时，按平沟设计。

5.2.10 天沟和边沟的最小保护高度不得小于表5.2.10中的尺寸。

表5.2.10 天沟和边沟的最小保护高度

含保护高度在内的沟深 h_z（mm）	最小保护高度（mm）
<85	25
85～250	$0.3h_z$
>250	75

5.2.11 天沟和边沟应设置溢流设施。

5.3 半有压屋面雨水收集系统

5.3.1 雨水斗应采用半有压式雨水斗，其设计流量不应超过表5.3.1规定的数值。与立管连接的单个雨水斗宜取高限；多斗悬吊管上距立管最近的斗宜取高限，并以其为基准，其他各斗的数值依次比上个斗递减10%。

表5.3.1 雨水斗的泄流量

口径（mm）	75	100	150	200
泄流量（L/s）	8	12～16	26～36	40～56

5.3.2 雨水斗应有格栅，格栅进水孔的有效面积应等于连接管横断面积的2～2.5倍。

5.3.3 多斗雨水系统的雨水斗宜对立管作对称布置，且不得在立管顶端设置雨水斗。

5.3.4 布置雨水斗时，应以伸缩缝或沉降缝作为天沟排水分水线，否则应在该缝两侧各设一个雨水斗。当该两个雨水斗连接在同一悬吊管上时，悬吊管应装伸缩接头，并保证密封。

5.3.5 同一悬吊管连接的雨水斗应在同一高度上，且不宜超过4个。

5.3.6 寒冷地区，雨水斗宜布置在受室内温度影响的屋面及雪水易融化范围的天沟内。雨水立管应布置在室内。

5.3.7 雨水悬吊管长度大于15m时应设检查口或带法兰盘的三通管，并便于维修操作，其间距不宜大于20m。

5.3.8 多斗悬吊管和横干管的敷设坡度不宜小于0.005，最大排水能力见表5.3.8-1和表5.3.8-2。

表5.3.8-1 多斗悬吊管（铸铁管、钢管）的最大排水能力（L/s）

公称直径 DN(mm) / 水力坡度 I	75	100	150	200	250	300
0.02	3.1	6.6	19.6	42.1	76.3	124.1
0.03	3.8	8.1	23.9	51.6	93.5	152.0
0.04	4.4	9.4	27.7	59.5	108.0	175.5
0.05	4.9	10.5	30.9	66.6	120.2	196.3
0.06	5.3	11.5	33.9	72.9	132.2	215.0
0.07	5.7	12.4	36.6	78.8	142.8	215.0
0.08	6.1	13.3	39.1	84.2	142.8	215.0
0.09	6.5	14.1	41.5	84.2	142.8	215.0
≥0.10	6.9	14.8	41.5	84.2	142.8	215.0

注：表中水力坡度指雨水斗安装面与悬吊管末端之间的几何高差（m）加0.5m后与悬吊管长度之比。

表5.3.8-2 多斗悬吊管（塑料管）的最大排水能力（L/s）

管道外径×壁厚 D_e(mm)×T(mm) / 水力坡度 I	90×3.2	110×3.2	125×3.7	160×4.7	200×5.9	250×7.3
0.02	5.8	10.2	14.3	27.7	50.1	91.0
0.03	7.1	12.5	17.5	33.9	61.4	111.5
0.04	8.1	14.4	20.2	39.1	70.9	128.7
0.05	9.1	16.1	22.6	43.7	79.2	143.9
0.06	10.0	17.7	24.8	47.9	86.8	157.7
0.07	10.8	19.1	26.8	51.8	93.8	170.3
0.08	11.5	20.4	28.6	55.3	100.2	170.3
0.09	12.2	21.6	30.3	58.7	100.2	170.3
≥0.10	12.9	22.8	32.0	58.7	100.2	170.3

注：表中水力坡度指雨水斗安装面与悬吊管末端之间的几何高差（m）加0.5m后与悬吊管长度之比。

5.3.9 雨水立管的最大排水能力见表5.3.9。建筑高度不大于12m时不应超过表中低限值，高层建筑不应超过表中上限值。

表5.3.9 立管的最大排水流量

公称直径（mm）	75	100	150	200	250	300
排水流量（L/s）	10～12	19～25	42～55	75～90	135～155	220～240

5.3.10 一个立管所承接的多个雨水斗，其安装高度宜在同一标高层。当雨水立管的设计流量小于最大排水能力时，可将不同高度的雨水斗接入同一立管，但最低雨水斗应在立管底端与最高斗高差的2/3以上；多个立管汇集到一个横管时，所有雨水斗中最低斗的高度应大于横管与最高斗高差的2/3以上。

5.3.11 屋面无溢流措施时，雨水立管不应少于两根。

5.3.12 雨水立管的底部应设检查口。

5.3.13 雨水管道应采用钢管、不锈钢管、承压塑料管等，其管材和接口的工作压力应大于建筑物高度产生的静水压，且应能承受 0.09MPa 负压。

5.4 虹吸式屋面雨水收集系统

5.4.1 屋面溢流设施的溢流量应为 50 年重现期的雨水设计流量减去设计重现期的雨水设计流量。

5.4.2 不同高度、不同结构形式的屋面宜设置独立的收集系统。

5.4.3 雨水斗的设计流量不得超过产品的最大泄流量，雨水斗应水平安装。

5.4.4 悬吊管可无坡度敷设，但不得倒坡。

5.4.5 收集系统应方便安装、维修，不宜将雨水管放置在结构柱内。

5.4.6 收集系统的管道水头损失计算宜采用达西（Darcy）公式（5.4.6-1），沿程阻力系数宜按柯列勃洛克（Colebrook-Whites）公式（5.4.6-2）计算：

$$h_\mathrm{f} = \lambda \frac{l}{d} \frac{v^2}{2g} \qquad (5.4.6\text{-}1)$$

式中　h_f——管道沿程阻力损失（m）；
　　　λ——管道沿程阻力损失系数；
　　　l——管道长度（m）；
　　　d——管道内径（m）；
　　　v——管内流速（m/s）；
　　　g——重力加速度（m/s²）。

$$\frac{1}{\sqrt{\lambda}} = -2\lg\left(\frac{\Delta}{3.7d} + \frac{2.51}{Re\sqrt{\lambda}}\right) \qquad (5.4.6\text{-}2)$$

式中　Δ——管道当量粗糙高度（mm）；
　　　Re——雷诺数。

5.4.7 最小管径不应小于 $DN40$。各种管道流速应满足下列规定：

1 悬吊管设计流速不宜小于 1m/s；

2 立管设计流速不宜小于 2.2m/s；

3 虹吸管道设计流速不宜大于 10m/s；

4 排出口管道的设计流速不宜大于 1.8m/s，否则应采取消能措施。

5.4.8 系统从始端雨水斗至排出口过渡段的总水头损失与流出水头之和，不得大于始端雨水斗至排出管终点处的室外地面的几何高差。

5.4.9 雨水斗顶面至排出管终点处的室外地面的几何高差，立管管径不大于 $DN75$ 时不宜小于 3m，立管管径大于 $DN75$ 时不宜小于 5m。

5.4.10 系统中节点处各汇合支管间的水压差值，不应大于 0.01MPa。

5.4.11 虹吸雨水管道应采用钢管、不锈钢管、承压塑料管等，其管材和接口的工作压力应大于建筑物高度产生的静水压，且应能承受 0.09MPa 负压。

5.4.12 系统内的最大负压计算值，应根据系统安装场所的气象资料、管道的材质、管道和管件的最大、最小工作压力等确定，但应限于负压 0.09MPa 之内。

5.5 硬化地面雨水收集

5.5.1 建设用地内平面及竖向设计应考虑地面雨水收集要求，硬化地面雨水应有组织排向收集设施。

5.5.2 硬化地面雨水收集系统的雨水流量应按本规范第（4.2.1-2）式计算，管道水力计算和设计应符合现行国家标准《室外排水设计规范》GB 50014 的相关规定。

5.5.3 雨水口宜设在汇水面的低洼处，顶面标高宜低于地面 10～20mm。

5.5.4 雨水口担负的汇水面积不应超过其集水能力，且最大间距不宜超过 40m。

5.5.5 雨水收集宜采用具有拦污截污功能的成品雨水口。

5.5.6 雨水收集系统中设有集中式雨水弃流装置时，各雨水口至弃流装置的管道长度宜相近。

5.6 雨 水 弃 流

5.6.1 屋面雨水收集系统的弃流装置宜设于室外，当设在室内时，应为密闭形式。雨水弃流池宜靠近雨水蓄水池，当雨水蓄水池设在室外时，弃流池不应设在室内。

5.6.2 地面雨水收集系统设置雨水弃流设施时，可集中设置，也可分散设置。

5.6.3 虹吸式屋面雨水收集系统宜采用自动控制弃流装置，其他屋面雨水收集系统宜采用渗透弃流装置，地面雨水收集系统宜采用渗透弃流井或弃流池。

5.6.4 初期径流弃流量应按照下垫面实测收集雨水的 COD_{Cr}、SS、色度等污染物浓度确定。当无资料时，屋面弃流可采用 2～3mm 径流厚度，地面弃流可采用 3～5mm 径流厚度。

5.6.5 初期径流弃流量按下式计算：

$$W_\mathrm{i} = 10 \times \delta \times F \qquad (5.6.5)$$

式中　W_i——设计初期径流弃流量（m³）；
　　　δ——初期径流厚度（mm）。

5.6.6 弃流装置及其设置应便于清洗和运行管理。

5.6.7 截流的初期径流可排入雨水排水管道或污水管道。当条件允许，也可就地排入绿地。雨水弃流排入污水管道时应确保污水不倒灌回弃流装置内。

5.6.8 初期径流弃流池应符合下列规定：

1 截流的初期径流雨水宜通过自流排除；

2 当弃流雨水采用水泵排水时，池内应设置将弃流雨水与后期雨水隔离开的分隔装置；

3 应具有不小于 0.10 的底坡；

4 雨水进水口应设置格栅，格栅的设置应便于清理并不得影响雨水进水口通水能力；

5 排除初期径流水泵的阀门应设置在弃流池外，

6 宜在入口处设置可调节监测连续两场降雨间隔时间的雨停监测装置,并与自动控制系统联动;

7 应设有水位监测的措施;

8 采用水泵排水的弃流池内应设置搅拌冲洗系统。

5.6.9 自动控制弃流装置应符合下列规定:

1 电动阀、计量装置宜设在室外,控制箱宜集中设置,并宜设在室内;

2 应具有自动切换雨水弃流管道和收集管道的功能,并具有控制和调节弃流间隔时间的功能;

3 流量控制式雨水弃流装置的流量计宜设在管径最小的管道上;

4 雨量控制式雨水弃流装置的雨量计应有可靠的保护措施。

5.6.10 渗透弃流井应符合下列规定:

1 井体和填料层有效容积之和不宜小于初期径流弃流量;

2 安装位置距建筑物基础不宜小于3m;

3 渗透排空时间应按本规范第(6.3.1)式计算,且不宜超过24h。

5.7 雨 水 排 除

5.7.1 建设用地雨水外排设计流量应按本规范第4.2节计算。雨水管道的水力计算和设计应符合现行国家标准《室外排水设计规范》GB 50014 的规定。

5.7.2 当绿地标高低于道路标高时,雨水口宜设在道路两边的绿地内,其顶面标高应高于绿地20～50mm。

5.7.3 雨水口宜采用平箅式,设置间距不宜大于40m。

5.7.4 渗透管-排放系统替代排水管道系统时,应满足排除雨水流量的要求。

5.7.5 透水铺装地面的雨水排水设施宜采用明渠。

6 雨 水 入 渗

6.1 一 般 规 定

6.1.1 雨水入渗可采用绿地入渗、透水铺装地面入渗、浅沟与洼地入渗、浅沟渗渠组合入渗、渗透管沟、入渗井、入渗池、渗透管-排放系统等方式。

6.1.2 雨水渗透设施应保证其周围建筑物及构筑物的正常使用。

6.1.3 雨水渗透系统不应对居民的生活造成不便,不应对小区卫生环境产生危害。地面入渗场地上的植物配置应与入渗系统相协调。

非自重湿陷性黄土场地,渗透设施必须设置于建筑物防护距离以外,并不应影响小区道路路基。

6.1.4 渗透设施的日渗透能力不宜小于其汇水面上重现期2年的日雨水设计径流总量。其中入渗池、井的日入渗能力,不宜小于汇水面上的日雨水设计径流总量的1/3。雨水设计径流总量按本规范第(4.2.1-1)式计算,渗透能力按本规范第(6.3.1)式计算。

6.1.5 入渗系统应有储存容积,其有效容积宜能调蓄系统产流历时内的蓄积雨水量,并按本规范第(6.3.4～6.3.6)式计算;入渗池、井的有效容积宜能调蓄日雨水设计径流总量。雨水设计重现期应与渗透能力计算中的取值一致。

6.1.6 雨水渗透设施选择时宜优先采用绿地、透水铺装地面、渗透管沟、入渗井等入渗方式。

6.1.7 雨水入渗应符合下列规定:

1 绿地雨水应就地入渗;

2 人行、非机动车通行的硬质地面、广场等宜采用透水地面;

3 屋面雨水的入渗方式应根据现场条件,经技术经济和环境效益比较确定。

6.1.8 地下建筑顶面与覆土之间设有渗排设施时,地下建筑顶面覆土可作为渗透层。

6.1.9 除地面入渗外,雨水渗透设施距建筑物基础边缘不应小于3m,并对其他构筑物、管道基础不产生影响。

6.1.10 雨水入渗系统宜设置溢流设施。

6.1.11 小区内路面宜高于路边绿地50～100mm,并应确保雨水顺畅流入绿地。

6.2 渗 透 设 施

6.2.1 绿地接纳客地雨水时,应满足下列要求:

1 绿地就近接纳雨水径流,也可通过管渠输送至绿地;

2 绿地应低于周边地面,并有保证雨水进入绿地的措施;

3 绿地植物宜选用耐淹品种。

6.2.2 透水铺装地面应符合下列要求:

1 透水铺装地面应设透水面层、找平层和透水垫层。透水面层可采用透水混凝土、透水面砖、草坪砖等;

2 透水地面面层的渗透系数均应大于$1×10^{-4}$m/s,找平层和垫层的渗透系数必须大于面层。透水地面设施的蓄水能力不宜低于重现期为2年的60min降雨量;

3 面层厚度宜根据不同材料、使用场地确定,孔隙率不宜小于20%;找平层厚度宜为20～50mm;透水垫层厚度不宜小于150mm,孔隙率不应小于30%;

4 铺装地面应满足相应的承载力要求,北方寒冷地区还应满足抗冻要求。

6.2.3 浅沟与洼地入渗应符合以下要求:

1 地面绿化在满足地面景观要求的前提下,宜设置浅沟或洼地；

2 积水深度不宜超过 300mm；

3 积水区的进水宜沿沟长多点分散布置，宜采用明沟布水；

4 浅沟宜采用平沟。

6.2.4 浅沟渗渠组合渗透设施应符合下列要求：

1 沟底表面的土壤厚度不应小于 100mm，渗透系数不应小于 1×10^{-5} m/s；

2 渗渠中的砂层厚度不应小于 100mm，渗透系数不应小于 1×10^{-4} m/s；

3 渗渠中的砾石层厚度不应小于 100mm。

6.2.5 渗透管沟的设置应符合下列要求：

1 渗透管沟宜采用穿孔塑料管、无砂混凝土管或排疏管等透水材料。塑料管的开孔率不应小于 15%，无砂混凝土管的孔隙率不应小于 20%。渗透管的管径不应小于 150mm，检查井之间的管道敷设坡度宜采用 0.01～0.02；

2 渗透层宜采用砾石，砾石外层应采用土工布包覆；

3 渗透检查井的间距不应大于渗透管管径的 150 倍。渗透检查井的出水管标高宜高于入水管口标高，但不应高于上游相邻井的出水管口标高。渗透检查井应设 0.3m 沉砂室；

4 渗透管沟不宜设在行车路面下，设在行车路面下时覆土深度不应小于 0.7m；

5 地面雨水进入渗透管前宜设渗透检查井或集水渗透检查井；

6 地面雨水集水宜采用渗透雨水口；

7 在适当的位置设置测试段，长度宜为 2～3m，两端设置止水壁，测试段应设注水孔和水位观察孔。

6.2.6 渗透管-排放系统的设置应符合下列要求：

1 设施的末端必须设置检查井和排水管，排水管连接到雨水排水管网；

2 渗透管的管径和敷设坡度应满足地面雨水排放流量的要求，且管径不小于 200mm；

3 检查井出水管口的标高应能确保上游管沟的有效蓄水，当设置有困难时，则无效管沟容积不计入储水容积；

4 其余要求应满足本规范第 6.2.5 条规定。

6.2.7 入渗池（塘）应符合下列要求：

1 边坡坡度不宜大于 1:3，表面宽度和深度的比例应大于 6:1；

2 植物应在接纳径流之前成型，并且所种植物应既能抗涝又能抗旱，适应洼地内水位变化；

3 应设有确保人身安全的措施。

6.2.8 入渗井应符合下列要求：

1 底部及周边的土壤渗透系数应大于 5×10^{-6} m/s；

2 渗透面应设过滤层，井底滤层表面距地下水

位的距离不应小于 1.5m。

6.2.9 埋地入渗池应符合下列要求：

1 底部及周边的土壤渗透系数应大于 5×10^{-6} m/s；

2 强度应满足相应地面承载力的要求；

3 外层应采用土工布或性能相同的材料包覆；

4 当设有人孔时，应采用双层井盖。

6.2.10 透水土工布宜选用无纺土工织物，单位面积质量宜为 100～300g/m²，渗透性能应大于所包覆渗透设施的最大渗水要求，应满足保土性、透水性和防堵性的要求。

6.3 渗透设施计算

6.3.1 渗透设施的渗透量应按下式计算：

$$W_s = \alpha K J A_s t_s \qquad (6.3.1)$$

式中 W_s——渗透量（m³）；

α——综合安全系数，一般可取 0.5～0.8；

K——土壤渗透系数（m/s）；

J——水力坡降，一般可取 $J = 1.0$；

A_s——有效渗透面积（m²）；

t_s——渗透时间（s）。

6.3.2 土壤渗透系数应以实测资料为准，在无实测资料时，可参照表 6.3.2 选用。

表 6.3.2 土壤渗透系数

地层	地层粒径		渗透系数 K（m/s）
	粒径（mm）	所占重量（%）	
黏土			$< 5.7 \times 10^{-8}$
粉质黏土			$5.7 \times 10^{-8} \sim 1.16 \times 10^{-6}$
粉土			$1.16 \times 10^{-6} \sim 5.79 \times 10^{-6}$
粉砂	>0.075	>50	$5.79 \times 10^{-6} \sim 1.16 \times 10^{-5}$
细砂	>0.075	>85	$1.16 \times 10^{-5} \sim 5.79 \times 10^{-5}$
中砂	>0.25	>50	$5.79 \times 10^{-5} \sim 2.31 \times 10^{-4}$
均质中砂			$4.05 \times 10^{-4} \sim 5.79 \times 10^{-4}$
粗砂	>0.50	>50	$2.31 \times 10^{-4} \sim 5.79 \times 10^{-4}$
圆砾	>2.00	>50	$5.79 \times 10^{-4} \sim 1.16 \times 10^{-3}$
卵石	>20.00	>50	$1.16 \times 10^{-3} \sim 5.79 \times 10^{-3}$
稍有裂隙的岩石			$2.31 \times 10^{-4} \sim 6.94 \times 10^{-4}$
裂隙多的岩石			$> 6.94 \times 10^{-4}$

6.3.3 渗透设施的有效渗透面积应按下列要求确定：

1 水平渗透面按投影面积计算；

2 竖直渗透面按有效水位高度的 1/2 计算；

3 斜渗透面按有效水位高度的 1/2 所对应的斜

面实际面积计算；

  4 地下渗透设施的顶面积不计。

6.3.4 渗透设施产流历时内的蓄积雨水量应按下式计算：

$$W_p = \max(W_c - W_s) \qquad (6.3.4)$$

式中 W_p——产流历时内的蓄积水量（m^3），产流历时经计算确定，并宜小于120min；

   W_c——渗透设施进水量（m^3）。

6.3.5 渗透设施进水量应按下式计算，并不宜大于按本规范（4.2.1-1）式计算的日雨水设计径流总量：

$$W_c = 1.25 \left[60 \times \frac{q_c}{1000} \times (F_y \psi_m + F_0) \right] t_c$$
$$(6.3.5)$$

式中 F_y——渗透设施受纳的集水面积（hm^2）；

   F_0——渗透设施的直接受水面积（hm^2），埋地渗透设施为0；

   t_c——渗透设施产流历时（min）；

   q_c——渗透设施产流历时对应的暴雨强度$[L/(s \cdot hm^2)]$。

6.3.6 渗透设施的储存容积宜按下式计算：

$$V_s \geqslant \frac{W_p}{n_k} \qquad (6.3.6)$$

式中 V_s——渗透设施的储存容积（m^3）；

   n_k——填料的孔隙率，不应小于30%，无填料者取1。

6.3.7 下凹绿地受纳的雨水汇水面积不超过该绿地面积2倍时，可不进行入渗能力计算。

7 雨水储存与回用

7.1 一般规定

7.1.1 雨水收集回用系统应优先收集屋面雨水，不宜收集机动车道路等污染严重的下垫面上的雨水。

7.1.2 雨水收集回用系统设计应进行水量平衡计算，且满足如下要求：

  1 雨水设计径流总量按本规范（4.2.1-1）式计算，降雨重现期宜取1～2年；

  2 回用系统的最高日设计用水量不宜小于集水面日雨水设计径流总量的40%；

  3 雨水量足以满足需用量的地区或项目，集水面最高月雨水设计径流总量不宜小于回用管网该月用水量。

7.1.3 收集回用系统应设置雨水储存设施。雨水储存设施的有效储水容积不宜小于集水面重现期1～2年的日雨水设计径流总量扣除设计初期径流弃流量。当资料具备时，储存设施的有效容积也可根据逐日降雨量和逐日用水量经模拟计算确定。

7.1.4 水面景观水体宜作为雨水储存设施。

7.1.5 雨水可回用量宜按雨水设计径流总量的90%计。

7.1.6 当雨水回用系统设有清水池时，其有效容积应根据产水曲线、供水曲线确定，并应满足消毒的接触时间要求。在缺乏上述资料的情况下，可按雨水回用系统最高日设计用水量的25%～35%计算。

7.1.7 当采用中水清水池接纳处理后的雨水时，中水清水池应有容纳雨水的容积。

7.2 储存设施

7.2.1 雨水蓄水池、蓄水罐宜设置在室外地下。室外地下蓄水池（罐）的人孔或检查口应设置防止人员落入水中的双层井盖。

7.2.2 雨水储存设施应设有溢流排水措施，溢流排水措施宜采用重力溢流。

7.2.3 室内蓄水池的重力溢流管排水能力应大于进水设计流量。

7.2.4 当蓄水池和弃流池设在室内且溢流口低于室外地面时，应符合下列要求：

  1 当设置自动提升设备排除溢流雨水时，溢流提升设备的排水标准应按50年降雨重现期5min降雨强度设计，并不得小于集雨屋面设计重现期降雨强度；

  2 当不设溢流提升设备时，应采取防止雨水进入室内的措施；

  3 雨水蓄水池应设溢流水位报警装置，报警信号引至物业管理中心；

  4 雨水收集管道上应设置能以重力流排放到室外的超越管，超越转换阀门宜能实现自动控制。

7.2.5 蓄水池兼作沉淀池时，其进、出水管的设置应满足下列要求：

  1 防止水流短路；

  2 避免扰动沉积物；

  3 进水端宜均匀布水。

7.2.6 蓄水池应设检查口或人孔，池底宜设集泥坑和吸水坑。当蓄水池分格时，每格都应设检查口和集泥坑。池底设不小于5%的坡度坡向集泥坑。检查口附近宜设给水栓和排水泵的电源插座。

7.2.7 当采用型材拼装的蓄水池，且内部构造具有集泥功能时，池底可不做坡度。

7.2.8 当不具备设置排泥设施或排泥确有困难时，排水设施应配有搅拌冲洗系统，应设搅拌冲洗管道，搅拌冲洗水源宜采用池水，并与自动控制系统联动。

7.2.9 溢流管和通气管应设防虫措施。

7.2.10 蓄水池宜采用耐腐蚀、易清洁的环保材料。

7.3 雨水供水系统

7.3.1 雨水供水管道应与生活饮用水管道分开设置。

7.3.2 雨水供水系统应设自动补水，并应满足如下

要求：

1 补水的水质应满足雨水供水系统的水质要求；

2 补水应在净化雨水供量不足时进行；

3 补水能力应满足雨水中断时系统的用水量要求。

7.3.3 当采用生活饮用水补水时，应采取防止生活饮用水被污染的措施，并符合下列规定：

1 清水池（箱）内的自来水补水管出水口应高于清水池（箱）内溢流水位，其间距不得小于2.5倍补水管管径，严禁采用淹没式浮球阀补水；

2 向蓄水池（箱）补水时，补水管口应设在池外。

7.3.4 供水管网的服务范围应覆盖水量平衡计算的用水部位。

7.3.5 供水系统供应不同水质要求的用水时，是否单独处理应经技术经济比较后确定。

7.3.6 供水方式及水泵的选择、管道的水力计算等应执行现行国家标准《建筑给水排水设计规范》GB 50015中的相关规定。

7.3.7 供水管道和补水管道上应设水表计量。

7.3.8 供水系统管材可采用塑料和金属复合管、塑料给水管或其他给水管材，但不得采用非镀锌钢管。

7.3.9 供水管道上不得装设取水龙头，并应采取下列防止误接、误用、误饮的措施：

1 供水管外壁应按设计规定涂色或标识；

2 当设有取水口时，应设锁具或专门开启工具；

3 水池（箱）、阀门、水表、给水栓、取水口均应有明显的"雨水"标识。

7.4 系统控制

7.4.1 雨水收集、处理设施和回用系统宜设置以下方式控制：

1 自动控制；

2 远程控制；

3 就地手动控制。

7.4.2 自控弃流装置的控制应符合本规范第5.6.9条的规定。

7.4.3 对雨水处理设施、回用系统内的设备运行状态宜进行监控。

7.4.4 雨水处理设施运行宜自动控制。

7.4.5 应对常用控制指标（水量、主要水位、pH值、浊度）实现现场监测，有条件的可实现在线监测。

7.4.6 补水应由水池水位自动控制。

8 水质处理

8.1 处理工艺

8.1.1 雨水处理工艺流程应根据收集雨水的水量、

水质，以及雨水回用的水质要求等因素，经技术经济比较后确定。

8.1.2 收集回用系统处理工艺可采用物理法、化学法或多种工艺组合等。

8.1.3 屋面雨水水质处理根据原水水质可选择下列工艺流程：

1 屋面雨水→初期径流弃流→景观水体；

2 屋面雨水→初期径流弃流→雨水蓄水池沉淀→消毒→雨水清水池；

3 屋面雨水→初期径流弃流→雨水蓄水池沉淀→过滤→消毒→雨水清水池。

8.1.4 用户对水质有较高的要求时，应增加相应的深度处理措施。

8.1.5 回用雨水宜消毒。采用氯消毒时，宜满足下列要求：

1 雨水处理规模不大于100m³/d时，可采用氯片作为消毒剂；

2 雨水处理规模大于100m³/d时，可采用次氯酸钠或者其他氯消毒剂消毒。

8.1.6 雨水处理设施产生的污泥宜进行处理。

8.2 处理设施

8.2.1 雨水过滤及深度处理设施的处理能力应符合下列规定：

1 当设有雨水清水池时，按下式计算：

$$Q_y = \frac{W_y}{T} \quad\quad (8.2.1)$$

式中 Q_y ——设施处理能力（m³/h）；

W_y ——经过水量平衡计算后的日用雨水量（m³），按本规范第7.1.2条确定；

T ——雨水处理设施的日运行时间（h）。

2 当无雨水清水池和高位水箱时，按回用雨水的设计秒流量计算。

8.2.2 雨水蓄水池可兼作沉淀池，其设计应符合现行国家标准《室外排水设计规范》GB 50014的有关规定。

8.2.3 雨水过滤处理宜采用石英砂、无烟煤、重质矿石、硅藻土等滤料或其他新型滤料和新工艺。

8.3 雨水处理站

8.3.1 雨水处理站位置应根据建筑的总体规划，综合考虑与中水处理站的关系确定，并利于雨水的收集、储存和处理。

8.3.2 雨水处理构筑物及处理设备应布置合理、紧凑，满足构筑物的施工、设备安装、运行调试、管道敷设及维护管理的要求，并应留有发展及设备更换的余地，还应考虑最大设备的进出要求。

8.3.3 雨水处理站设计应满足主要处理环节运行观察、水量计量、水质取样化验监（检）测的条件。

8.3.4 雨水处理站内应设给水、排水等设施；通风良好，不得结冻；应有良好的采光及照明。

8.3.5 雨水处理站的设计中，对采用药剂所产生的污染危害应采取有效的防护措施。

8.3.6 对雨水处理站中机电设备所产生的噪声和振动应采用有效的降噪和减振措施，其运行噪声应符合现行国家标准《民用建筑隔声设计规范》GBJ 118 的规定。

9 调蓄排放

9.0.1 在雨水管渠沿线附近有天然洼地、池塘、景观水体，可作为雨水径流高峰流量调蓄设施，当天然条件不满足，可建造室外调蓄池。

9.0.2 调蓄设施宜布置在汇水面下游。

9.0.3 调蓄池可采用溢流堰式和底部流槽式。

9.0.4 调蓄排放系统的降雨设计重现期宜取 2 年。

9.0.5 调蓄池容积宜根据设计降雨过程变化曲线和设计出水流量变化曲线经模拟计算确定，资料不足时可采用下式计算：

$$V = \max\left[\frac{60}{1000}(Q - Q')t_{\mathrm{m}}\right] \quad (9.0.5-1)$$

式中 V——调蓄池容积（m^3）；

t_{m}——调蓄池蓄水历时（min），不大于 120min；

Q'——设计排水流量（L/s），按下式计算：

$$Q' = \frac{1000W}{t'} \quad (9.0.5-2)$$

式中 t'——排空时间（s），宜按 6～12h 计。

9.0.6 调蓄池出水管管径应根据设计排水流量确定。也可根据调蓄池容积进行估算，见表 9.0.6。

表 9.0.6 调蓄池出水管管径估算表

调蓄池容积（m³）	出水管管径（mm）
500～1000	200～250
1000～2000	200～300

10 施工安装

10.1 一般规定

10.1.1 雨水利用工程应按照批准的设计文件和施工技术标准进行施工。

10.1.2 雨水利用工程的施工应由具有相应施工资质的施工队伍承担。

10.1.3 施工人员应经过相应的技术培训或具有施工经验。

10.1.4 管道敷设应符合相应管材的管道工程技术规程的有关规定。

10.1.5 雨水入渗工程施工前应对入渗区域的表层土壤渗透能力进行评价。

10.1.6 雨水入渗工程采用的砂料应质地坚硬清洁，级配良好，含泥量不应大于 3%；粗骨料不得采用风化骨料，粒径应符合设计要求，含泥量不应大于 1%。

10.1.7 屋面雨水收集系统施工中更改设计应经过原设计单位核算并采取相应措施。

10.2 埋地渗透设施

10.2.1 在渗透设施的开挖、填埋、碾压施工时，应进行现场事前调查、选择施工方法、编制工程计划和安全规程，施工不应损伤自然土壤的渗透能力。

10.2.2 入渗井、渗透管沟、入渗池等渗透设施应按下列工序进行施工：

挖掘→铺砂→铺土工布→充填碎石→渗透设施安装→充填碎石→铺土工布→回填→残土处理→清扫整理→渗透能力的确认

10.2.3 土方开挖工作可采用人工或小型机械施工，沟槽底面不应夯实。应避免超挖，超挖时不得用超挖土回填，应用碎石填充。

10.2.4 沟槽开挖后，应根据设计要求立即铺砂，铺砂后不得采用机械碾压。

10.2.5 碎石应采用土工布与渗透土壤层隔离，挖掘面应便于土工布的施工和固定。

10.3 透水地面

10.3.1 透水地面应按下列工序进行施工：

路基挖槽→路基基层→透水垫层→找平层→透水面层→清扫整理→渗透能力的确认

10.3.2 路基开挖应达到设计深度，并应将原土层夯实，壤土、黏土路基压实系数应大于 90%。路基基层应平整。基层纵坡、横坡及边线应符合设计要求。

10.3.3 透水垫层应采用连续级配砂砾料、单级配砾石等透水性材料，并应满足下列要求：

1 单级配砾石垫层的粒径应为 5～10mm，含泥量不应大于 2.0%，泥块不应大于 0.7%，针片状颗粒含量不应大于 2.0%。在垫层夯实后用灌砂法检测现场干密度，现场干密度应大于最大干密度的 90%；

2 连续级配砂砾料垫层的粒径应为 5～40mm，松铺厚度每层一般不应超过 300mm，厚度应均匀一致，无粗细颗粒分离现象，宜采用碾压方式压实，压实系数应大于 65%；

3 垫层厚度允许偏差不宜大于设计值的 10%，且不宜大于 20mm。

10.3.4 找平层宜采用粗砂、细石、细石透水混凝土等材料，并应符合下列要求：

1 粗砂细度模数宜大于 2.6；

2 细石粒径宜为 3～5mm，单级配，1mm 以下颗粒体积比含量不应大于 35%；

3 细石透水混凝土宜采用 3～5mm 的石子或粗砂，其中含泥量不应大于 1%，泥块含量不应大于 0.5%，针片状颗粒含量不应大于 10%；

4 找平层应拍打密实。砂层和垫层之间应铺设透水性土工布分隔。

10.3.5 透水面砖应符合下列要求：

1 抗压强度应大于 35MPa，抗折强度应大于 3.2MPa，渗透系数应大于 0.1mm/s，磨坑长度不应大于 35mm，用于北方有冰冻地区时，冻融循环试验应符合相关标准的规定；

2 铺砖时应用橡胶锤敲打稳定，但不得损伤砖的边角，铺设好的透水砖应检查是否稳固、平整，发现活动部位应立即修正；

3 透水砖铺设后的养护期不得少于 3d；

4 平整度允许偏差不应大于 5mm，相邻两块砖高差不应大于 2mm，纵坡、横坡应符合设计要求，横坡允许偏差±0.3%。

10.3.6 透水面层混凝土应符合下列要求：

1 宜采用透水性水泥混凝土和透水性沥青混凝土；

2 水泥宜选用高强度等级的矿渣硅酸盐水泥，所用石子粒径宜为 5～10mm。透水性混凝土的孔隙率不应小于 20%；

3 浇筑透水性混凝土宜采用碾压或平板振捣器轻振铺平后的透水性混凝土混合料，不得使用高频振捣器；

4 透水性混凝土每 30～40m² 做一接缝，养护后灌注接缝材料；

5 养护时间宜大于 7d，并宜采用塑料薄膜覆盖路面和路基。

10.3.7 工程竣工后，要进行表面的清扫和残材的清理。

10.4 管道敷设

10.4.1 室外雨水回用埋地管道的覆土深度，应根据各地区土壤冰冻深度、车辆荷载、管道材质及管道交叉等因素确定，管顶最小覆土深度不得小于土壤冰冻线以下 0.15m，车行道下的管顶覆土深度不宜小于 0.7m。

10.4.2 虹吸式屋面雨水收集系统管道、配件和连接方式应能承受灌水试验压力，并能承受 0.09MPa 负压。

10.4.3 室外埋地管道管沟的沟底应是原土层，或是夯实的回填土，沟底应平整，不得有突出的尖硬物体。管顶上部 500mm 以内不得回填直径大于 100mm 的块石和冻土块，500mm 以上部分，不得集中回填块石或冻土。

10.5 设备安装

10.5.1 水处理设备的安装应按照工艺要求进行。在线仪表安装位置和方向应正确，不得少装、漏装。

10.5.2 设置在建筑物内的设备、水泵等应采取可靠的减振装置，其噪声应符合现行国家标准《民用建筑隔声设计规范》GBJ 118 的规定。

10.5.3 设备中的阀门、取样口等应排列整齐，间隔均匀，不得渗漏。

11 工 程 验 收

11.1 管道水压试验

11.1.1 雨水收集和排放管道在回填前应进行无压力管道严密性试验，并应符合现行国家标准《给水排水管道工程施工及验收规范》GB 50268 的规定。

11.1.2 雨水蓄水池（罐）应做满水试验。

11.2 验 收

11.2.1 验收应包括下列内容：

1 工程布置；

2 雨水入渗工程；

3 雨水收集传输工程；

4 雨水储存与处理工程；

5 雨水回用工程；

6 雨水调蓄工程；

7 相关附属设施。

11.2.2 验收时应逐段检查雨水供水系统上的水池（箱）、水表、阀门、给水栓、取水口等，落实防止误接、误用、误饮的措施。

11.2.3 施工验收时，应具有下列文件：

1 施工图、竣工图和设计变更文件；

2 隐蔽工程验收记录和中间试验记录；

3 管道冲洗记录；

4 管道、容器的压力试验记录；

5 工程质量事故处理记录；

6 工程质量验收评定记录；

7 设备调试运行记录。

11.2.4 雨水利用工程的验收，应符合设计要求和国家现行标准的有关规定。

11.2.5 验收合格后应将有关设计、施工及验收的文件立卷归档。

12 运 行 管 理

12.0.1 雨水利用设施维护管理应建立相应的管理制度。工程运行的管理人员应经过专门培训上岗。在雨季来临前对雨水利用设施进行清洁和保养，并在雨季定期对工程各部分的运行状态进行观测检查。

12.0.2 防误接、误用、误饮的措施应保持明显和完整。

12.0.3 雨水入渗、收集、输送、储存、处理与回用系统应及时清扫、清淤，确保工程安全运行。

12.0.4 严禁向雨水收集口倾倒垃圾和生活污废水。

12.0.5 渗透设施的维护管理，应包括渗透设施的检查、清扫、渗透机能的恢复、修补、机能恢复的确认等，并应作维护管理记录。

12.0.6 雨水收集回用系统的维护管理宜按表12.0.6进行检查。

表 12.0.6 雨水收集回用设施检查内容和周期

设施名称	检查时间间隔	检查/维护重点
集水设施	1个月或降雨间隔超过10日之单场降雨后	污/杂物清理排除
输水设施	1个月	污/杂物清理排除、渗漏检查
处理设施	3个月或降雨间隔超过10日之单场降雨后	污/杂物清理排除、设备功能检查
储水设施	6个月	污/杂物清理排除、渗漏检查
安全设施	1个月	设施功能检查

注：1 集水设施包括建筑物收集面相关设备，如雨水斗、雨水口和集水沟等。
  2 输水设施包括排水管道、给水管道以及连接储水池与处理设施间的连通管道等。
  3 处理设施包括初期径流弃流、沉淀或过滤设施以及消毒设施等。
  4 储存设施指雨水储罐、雨水蓄水池以及清水池等。
  5 安全设施指维护、防止漏电等设施。

12.0.7 蓄水池应定期清洗。蓄水池上游超越管上的自动转换阀门应在每年雨季来临前进行检修。

12.0.8 处理后的雨水水质应进行定期检测。

附录 A 全国各大城市降雨量资料

A.0.1 各地多年平均最大24h点雨量见图A.0.1；

A.0.2 全国各大城市年均降雨量和多年平均最大月降雨量见表A.0.2。

表 A.0.2 全国各大城市降雨量资料

序号	城 市	年均降雨量（mm）	年均最大月降雨量（mm）
1	北京市	571.9	185.2（7月）
2	天津市	544.3	170.6（7月）
3	石家庄	517.0	148.3（8月）
4	承德	512.0	144.7（7月）
5	太原	431.2	107.0（8月）

续表 A.0.2

序号	城 市	年均降雨量（mm）	年均最大月降雨量（mm）
6	大同	371.4	100.6（7月）
7	呼和浩特	397.9	109.1（8月）
8	博克图	489.4	153.4（7月）
9	朱日和	210.7	62.0（7月）
10	海拉尔	367.2	101.8（7月）
11	锡林浩特	286.9	89.0（7月）
12	通辽	373.6	103.9（7月）
13	赤峰	371.0	109.3（7月）
14	沈阳	690.3	165.5（7月）
15	大连	601.9	140.1（7月）
16	锦州	567.7	165.3（7月）
17	丹东	925.6	251.6（7月）
18	长春	570.4	161.1（7月）
19	四平	632.7	176.9（7月）
20	延吉	528.2	121.9（8月）
21	前郭尔罗斯	422.3	126.5（7月）
22	哈尔滨	524.3	142.7（7月）
23	齐齐哈尔	415.3	128.8（7月）
24	牡丹江	537.0	121.4（7月）
25	呼玛	471.2	114.0（7月）
26	嫩江	491.9	143.6（7月）
27	富锦	517.8	116.9（8月）
28	上海市	1164.5	169.6（6月）
29	南京	1062.4	193.4（7月）
30	徐州	831.7	241.0（7月）
31	杭州	1454.6	231.1（6月）
32	衢州	1705.0	316.3（6月）
33	温州	1742.4	250.1（8月）
34	定海	1442.5	197.2（8月）
35	合肥	995.3	161.8（7月）
36	安庆	1474.9	280.3（6月）
37	蚌埠	919.6	198.7（7月）
38	福州	1393.6	208.9（6月）
39	南平	1652.4	277.6（5月）
40	厦门	1349.0	209.0（8月）

序号	城 市	年均降雨量（mm）	年均最大月降雨量（mm）
41	南昌	1624.4	306.7（6月）
42	吉安	1518.8	234.0（6月）
43	赣州	1461.2	233.3（5月）
44	景德镇	1826.6	325.1（6月）
45	济南	672.7	201.3（7月）
46	成山头	664.4	147.3（8月）
47	潍坊	588.3	155.2（7月）
48	郑州	632.4	155.5（7月）
49	驻马店	979.2	194.4（7月）
50	武汉	1269.0	225.0（6月）
51	恩施	1470.2	257.5（7月）
52	宜昌	1138.0	216.3（7月）
53	长沙	1331.3	207.2（4月）
54	常德	1323.3	208.9（6月）
55	零陵	1425.7	229.2（5月）
56	芷江	1230.1	209.0（6月）
57	广州	1736.1	283.7（5月）
58	深圳	1966.5	—
59	汕头	1631.1	286.9（6月）
60	阳江	2442.7	464.3（5月）
61	韶关	1583.5	253.2（5月）
62	汕尾	1947.4	350.1（6月）
63	南宁	1309.7	218.8（7月）
64	桂林	1921.2	351.7（5月）
65	百色	1070.5	204.5（7月）
66	梧州	1450.9	279.5（5月）
67	海口	1651.9	244.1（9月）
68	东方	961.2	176.2（8月）
69	成都	870.1	224.5（7月）
70	马尔康	786.4	155.0（6月）
71	宜宾	1063.1	228.7（7月）
72	南充	987.2	188.3（7月）

序号	城 市	年均降雨量（mm）	年均最大月降雨量（mm）
73	西昌	1013.5	240.0（7月）
74	重庆市	1118.5	178.1（7月）
75	贵阳	1117.7	225.2（6月）
76	毕节	899.4	160.8（7月）
77	遵义	1074.2	199.4（6月）
78	昆明	1011.3	204.0（8月）
79	思茅	1497.1	324.3（7月）
80	临沧	1163.0	235.3（7月）
81	腾冲	1527.1	300.5（7月）
82	丽江	968.0	242.2（7月）
83	蒙自	857.7	175.0（7月）
84	拉萨	426.4	120.6（8月）
85	西安	553.3	98.6（7月）
86	榆林	365.6	91.2（8月）
87	延安	510.7	117.5（8月）
88	汉中	852.6	175.2（7月）
89	兰州	311.7	73.8（8月）
90	敦煌	42.2	15.2（7月）
91	酒泉	87.7	20.5（7月）
92	平凉	482.1	109.2（7月）
93	武都	471.9	86.7（7月）
94	天水	491.6	84.6（7月）
95	合作	531.6	104.7（8月）
96	西宁	373.6	88.2（7月）
97	大柴旦	82.7	21.8（7月）
98	格尔木	42.1	13.5（7月）
99	银川	186.3	51.5（8月）
100	乌鲁木齐	286.3	38.9（5月）
101	哈密	39.1	7.3（7月）
102	伊宁	268.9	28.5（6月）
103	库车	74.5	18.1（6月）
104	和田	36.4	8.2（6月）
105	喀什	64.0	9.1（7月）
106	阿勒泰	191.3	25.8（7月）

注：表中数值来源于 1971～2000 年地面气候资料。

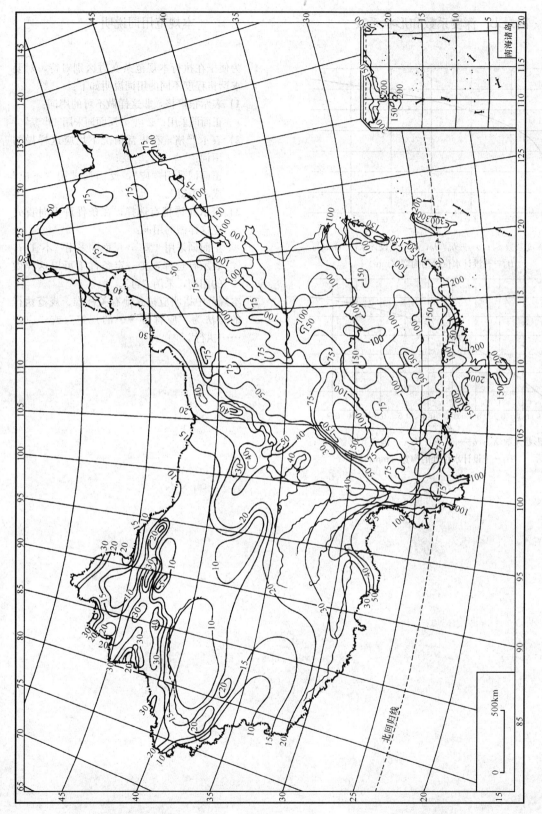

图 A.0.1　中国年最大 24h 点雨量均值等值线（单位：mm）

附录 B 深度系数和形状系数

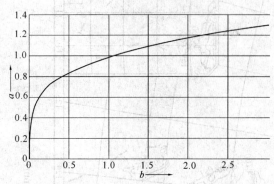

a——深度系数 S_x；b——h_d/B_d；h_d——设计水深（mm）；
B_d——设计水位处的沟宽（mm）

a——形状系数 X_x；b——B/B_d；B——沟底宽度（mm）；
B_d——设计水位处的沟宽（mm）

本规范用词说明

1 为便于在执行本规范条文时区别对待，对要求严格程度不同的用词说明如下：

　1）表示很严格，非这样做不可的用词：
　　正面词采用"必须"，反面词采用"严禁"。

　2）表示严格，在正常情况下均应这样做的用词：
　　正面词采用"应"，反面词采用"不应"或"不得"。

　3）表示允许稍有选择，在条件许可时首先应这样做的用词：
　　正面词采用"宜"，反面词采用"不宜"；
　　表示有选择，在一定条件下可以这样做的用词，采用"可"。

2 本规范中指明应按其他有关标准、规范执行的写法为"应符合……的规定"或"应按……执行"。

中华人民共和国国家标准

建筑与小区雨水利用工程技术规范

GB 50400—2006

条 文 说 明

前　言

《建筑与小区雨水利用工程技术规范》GB 50400-2006，经建设部 2006 年 9 月 26 日以公告 485 号批准，业已发布。

为便于广大设计、施工、科研、学校等单位的有关人员在使用本规范时能正确理解和执行条文规定，《建筑与小区雨水利用工程技术规范》编写组按章、

节、条顺序编写了本规范的条文说明，供使用者参考。在使用中如发现本条文说明有不妥之处，请将意见函寄中国建筑设计研究院机电院给水排水设计研究所（北京市西城区车公庄大街 19 号 2 号楼 6 层，邮编：100044）。

目　次

1 总　则

1.0.1 说明制定本规范的原则、目的和意义。

1 城市雨水利用的必要性

1) 维护自然界水循环环境的需要

城市化造成的地面硬化（如建筑屋面、路面、广场、停车场等）改变了原地面的水文特性。地面硬化之前正常降雨形成的地面径流量与雨水入渗量之比约为 2：8，地面硬化后二者比例变为 8：2。

地面硬化干扰了自然的水文循环，大量雨水流失，城市地下水从降水中获得的补给量逐年减少。以北京为例，20 世纪 80 年代地下水年均补给量比 60～70 年代减少了约 2.6 亿 m³。使得地下水位下降现象加剧。

2) 节水的需要

我国城市缺水问题越来越严重，全国 600 多个城市中，有 300 多个缺水，严重缺水的城市有 100 多个，且均呈递增趋势，以致国家花费巨资搞城市调水工程。

3) 修复城市生态环境的需要

城市化造成的地面硬化还使土壤含水量减少，热岛效应加剧，水分蒸发量下降，空气干燥，这造成了城市生态环境的恶化。比如北京城区年平均气温比郊区偏高 1.1～1.4℃，空气明显比郊区干燥。6～9 月的降雨量城区比郊区偏大 7%～13%。

4) 抑制城市洪涝的需要

城市化使原有植被和土壤为不透水地面替代，加速了雨水向城市各条河道的汇集，使洪峰流量迅速形成。呈现出城市越大、给排水设施越完备、水涝灾害越严重的怪象。

杭州市建国来最主要的 12 次洪涝灾害中，有 4 次发生在近 10 年内。

北京在降雨量和降雨类型相似的条件下，20 世纪 80 年代北京城区的径流洪峰流量是 50 年代的 2 倍。70 年代前，当降雨量大于 60mm 时，乐家园水文站测得的洪峰流量才 100m³/s，而近年来城区平均降雨量近 30mm 时，洪峰流量即高达 100m³/s 以上。

雨洪径流量加大还使交通路面频繁积水，影响正常生活。

发达国家城市化导致的水文生态失衡、洪涝灾害频发问题在 20 世纪 50 年代就明显化了。德国政府有意用各种就地处理雨水的措施取代传统排水系统概念。日本建设省倡议，要求开发区中引入就地雨水处理系统。通过滞留雨水，减少峰值流量与延缓汇流时间达到减少水涝灾害的目的，并利用该雨水作为中水水源。

2 雨水利用的作用

城市雨水利用，是通过雨水入渗调控和地表（包括屋面）径流调控，实现雨水的资源化，使水文循环向着有利于城市生活的方向发展。城市雨水利用有几个方面的功能：一为节水功能。用雨水冲洗厕所、浇洒路面、浇灌草坪、水景补水，甚至用于循环冷却水和消防水，可节省城市自来水。二为水及生态环境修复功能。强化雨水的入渗增加土壤的含水量，甚至利用雨水回灌提升地下水的水位，可改善水环境乃至生态环境。三为雨洪调节功能。土壤的雨水入渗量增加和雨水径流的存储，都会减少进入雨水排除系统的流量，从而提高城市排洪系统的可靠性，减少城市洪涝。

建筑区雨水利用是建筑水综合利用中的一种新的系统工程，具有良好的节水效能和环境生态效益。目前我国城市水荒日益严重，与此同时，健康住宅、生态住区正迅猛发展，建筑区雨水利用系统，以其良好的节水效益和环境生态效益适应了城市的现状与需求，具有广阔的应用前景。

城市雨水利用技术向全国推广后，将：第一，推动我国城市雨水利用技术及其产业的发展，使我国的雨水利用从农业生产供水步入生态供水的高级阶段；第二，为我国的城市节水行业开辟出一个新的领域；第三，实现我国给水排水领域的一个重要转变，把快速排除城市雨洪变为降雨地下渗透、储存调节，修复城市雨水循环途径；第四，促进健康住宅、生态住区的发展，促进我国城市向生态城市转化，增强我国建筑业在世界范围内的竞争力。

3 雨水利用的可行性

建筑区占据着城市近 70% 的面积，并且是城市雨水排水系统的起端。建筑区雨水利用是城市雨洪利用工程的重要组成部分，对城市雨水利用的贡献效果明显，并且相对经济。城市雨洪利用需要首先解决好建筑区的雨水利用。对于一个多年平均降雨量 600mm 的城市来说，建筑区拥有约 300mm 的降水可以利用，而以往这部分资源被排走浪费掉了。

雨水利用首先是一项环境工程，城市开发建设的同时需要投资把受损的环境给予修复，这如同任何一个大型建设工程的上马需要同时投资治理环境一样，城市开发需要关注的环境包括水文循环环境。

雨水利用工程中的收集回用系统还能获取直接的经济效益。据测算，回用雨水的运行成本要低于再生污水——中水，总成本低于异地调水的成本。因此，雨水收集回用在经济上是可行的。特别是自来水价高的缺水城市，雨水回用的经济效益比较明显。

城市雨洪利用技术在一些发达国家已开展几十年，如日本、德国、美国等。日本建设省在 1980 年起就开始在城市中推行储留渗透计划，并于 1992 年颁布"第二代城市下水总体规划"，规定新建和改建的大型公共建筑群必须设置雨水就地下渗设施。美国的一些州在 20 世纪 70 年代就制订了雨水利用方面的条例，规定新开发区必须就地滞洪蓄水，外排的暴雨洪峰流量不能超过开发前的水平。德国 1989 年出台了雨水利用设施标准（DIN1989），规定新建或改建开发区必须考虑雨水利用系统。国外城市雨水利用的开展充分地证明了该技术的必要性和有效性。

1.0.2 规定本规范的适用范围。

建筑与小区是指根据用地性质和使用权属确定的建设工程项目使用场地和场地内的建筑，包括民用项目和工业厂区。新建、扩建和改建的工程，其下垫面都存在着不同程度的人为硬化，加重雨水流失，因此均要求按本规范的规定建设和管理雨水利用系统。

本规范中的雨水回用不包括生活饮用途，因此不适用于把雨水用于生活饮用水的情况。

1.0.3 规定雨水资源根据当地条件合理利用。

任何一个城市，几乎都会造成不透水地面的增加和雨水的流失。从维护自然水文循环环境的角度出发，所有城市都有必要对因不透水面增加而产生的流失雨水拦蓄，加以间接或直接利用。然而，我国的城市雨水利用是在起步阶段，且经济水平尚处于"发展是硬道理"的时期，现实的方法应该是部分城市或区域首先开展雨水利用。这部分城市或区域应具备以下条件：水文循环环境受损较为突出或具有经济实力。其表现特征如下：

1 水资源缺乏城市。城市水资源缺乏特别是水量缺乏是水文循环环境受损的突出表现。这类城市雨水利用的需求强烈，且较高的自来水水价使雨水利用的经济性优势凸增。

2 地下水位呈现下降趋势的城市。城市地下水位下降表明水文循环环境已受到明显损害，且现有水源已经过度开采，尽管这类城市有时尚未表现出缺水。

3 城市洪涝和排洪负担加剧的城市。城市洪涝和排洪负担加剧，是由城区雨水的大量流失而致。在这里，水循环受到严重干扰的表现方式是城市人的正常生活带来不便甚至损害。

4 新建经济开发区或厂区。这类区域是以发展经济、追逐经济利润为目标而开发的。经济活动获取利润不应以牺牲环境包括雨水自然循环的环境为代价。因此，新建经济开发区，不论是处于缺水地区还是非缺水地区，其经济活动都有必要、有责任维护雨水自然循环的环境不被破坏、通过设置雨水利用工程把开发区内的雨水排放径流量维持在开发前的水平。新建经济开发区或厂区，建设项目是通过招商引资程序进入的，投资商完全有经济实力建设雨水利用工程。即使对投资商给予优惠，也不应优惠在免除雨水利用设施的建设上。

1.0.4 规定有特殊污染源的建筑与小区雨水利用工程应经专题论证。

某些化工厂、制药厂区的雨水容易受人工合成化合物的污染，一些金属冶炼和加工的厂区雨水易受重金属的污染，传染病医院建筑区的雨水易受病菌病毒等有害微生物的污染，等等，这些有特殊污染源的建筑与小区内若建设雨水利用包括渗透设施，都要进行特殊处置，仅按本规范的规定建设是不够的，因此需要专题论证。

1.0.5 对雨水利用工程的建设提出程序上的要求。

雨水利用设施与项目用地建设密不可分，甚至其本身就是场地建设的组成部分。比如景观水体的雨水储存、绿地洼地渗透设施、透水地面、渗透管沟、入渗井、入渗池（塘）以及地面雨水径流的竖向组织等，因此，建设用地内的雨水利用系统在项目建设的规划和设计阶段就需要考虑和包括进去，这样才能保证雨水利用系统的合理和经济，奠定雨水利用系统安全有效运行的基础。同时，该规划和设计也更接近实际，容易落实。

1.0.6 强制性条文，提出安全性要求。

雨水利用系统作为项目配套设施进入建筑区和室内，安全措施十分重要。回用雨水是非饮用水，必须严格限制其使用范围。根据不同的水质标准要求，用于不同的使用目标。必须保证使用安全，采取严格的安全防护措施，严禁雨水管道与生活饮用水管道任何方式的连接，避免发生误接、误用。

1.0.7 对雨水利用系统设计涉及的人身安全和设施维修、使用的安全提出了要求。

第一，人身安全。室外雨水池、入渗井、入渗池塘等雨水利用设施都是在建筑区内，经常有人员活动，必须有足够的安全措施，防止造成人身意外伤害。第二，设施维修、使用的安全，特别是埋地式或地下设施的使用和维护。

1.0.8 对雨水利用系统设计涉及的主要相关专业提出了要求。

雨水利用系统是一个新的建设内容，需要各专业分别设计和配合才能完成。比如雨水的水质处理和输配，需要给水排水专业配合；雨水的地面入渗等，需要总图和园林景观专业配合；集雨面的水质控制和收集效率，需要建筑专业配合等等。

1.0.9 规定雨水利用工程的建设还应符合国家现行的相关标准、规范。

雨水利用工程涉及的相关标准、规范范围较广，包括给水排水、绿化、材料、总图、建筑等。

2 术语、符号

2.1 术 语

本章英文部分参照了国外有关出版物的相关词条，由于国际标准中没有这方面的统一规定，各个国家的英文使用词汇也不尽相同，故英文部分仅作为推荐英文对应词。

2.1.1 雨水利用包括 3 个方面的内容：入渗利用，增加土壤含水量，有时又称间接利用；收集后净化回用，替代自来水，有时又称直接利用；先蓄存后排放，单纯削减雨水高峰流量。

2.1.3 稳定渗透速率可通俗地理解为土壤饱和状态下的渗透速率，此时土壤的分子力对入渗已不起作用，渗透完全是由于水的重力作用而进行。土壤渗透系数表征水通过土壤的难易程度。

2.1.4、2.1.5 雨量径流系数和流量径流系数是雨水利用工程中涉及的两个不同参数。雨量径流系数用于计算降雨径流总量，流量径流系数用于计算降雨径流高峰流量。目前二者的名称尚不统一，例如有：次暴雨径流系数和暴雨径流系数（清华大学惠士博教授）；洪量径流系数和洪峰径流系数（同济大学邓培德教授）；次洪径流系数和洪峰径流系数（岑国平教授）。本规范的称呼主要考虑通俗易懂。

2.1.13、2.1.14 在水力学中，管道内水的流动分为3 种状态：无压流态、有压流态和处于二者之间的过渡流态，过渡流态在某些情况下可表现为半有压流态。无压流和有压流都是水的一相流。虹吸式屋面雨水收集系统的设计工况为有压流态，水流运动规律遵从伯努利方程，悬吊管内水流具有虹吸管特征。半有压式屋面雨水收集系统的设计工况为过渡流态（不限定为半有压流态）。半有压式屋面雨水收集系统预留一定出水余量排除超设计重现期雨水，设计参数以实尺模型试验为基础。

2.1.15 初期径流概念主要是因其水质的特殊而提出的。当降雨间隔时间较长时，初期径流污染严重。

3 水量与水质

3.1 降雨量和雨水水质

3.1.1 对降雨量资料的选取作出规定。

在本规范的计算中涉及的降雨资料主要有：当地多年平均（频率为 50%）最大 24h 降雨，近似于 2 年一遇 24h 降雨量；当地 1 年一遇 24h 降雨量；当地暴雨强度公式。前者可在各省（区）《水文手册》中查到，或在附录 A 的雨量等值线图上查出，后者为目前各地正在使用着的雨水排除计算公式，1 年一遇降雨量需要收集当地文献报道的数据加工整理得到。需要参考的降雨资料有：年均降雨量；年均最大 3d、7d 降雨量；年均最大月降雨量。图 1 给出全国年均降雨量等值线图，其余资料需在当地收集。

各雨量数据或公式参数通过近 10 年以上的降雨量资料整理才更具代表性，据此设计的雨水利用工程才更接近实际。附录 A 的降雨资料来源于：《中国主要城市降雨雨强分布和 Ku 波段的降雨衰减》（孙修贵主编，气象出版社出版）和《中国暴雨》（王家祁主编，中国水利水电出版社出版）。

表 1 为北京地区不同典型降雨量数据，资料来源于北京市水利科学研究所。

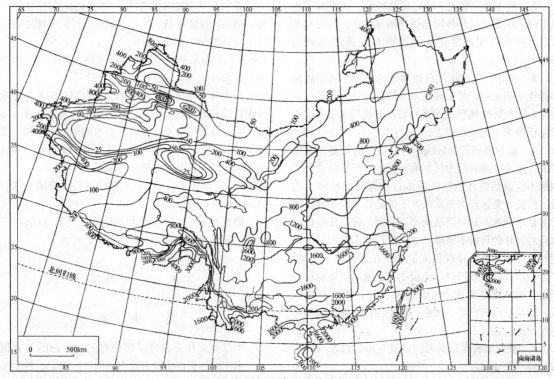

图 1 全国年均降雨量等值线图

表 1　北京市不同典型降雨量资料（mm）

历时 频率	最大 60min	最大 24h	最大 3d	最大 7d
2 年一遇	38	86	110	154
5 年一遇	60	144	190	258

3.1.2 提供雨水水质资料。

1 确定雨水径流的水质，需要考虑下列因素：

1）天然雨水

在降落到下垫面前，天然雨水的水质良好，其 COD_{Cr} 平均为 20～60mg/L，SS 平均小于 20mg/L。但在酸雨地区雨水 pH 值常小于 5.6。

雨水在降落过程中被大气中的污染物污染。一般称 pH 值小于 5.60 的降水为酸雨；年平均降水 pH 值小于 5.60 的地区为酸雨地区。目前，我国年均降水 pH 值小于 5.60 的地区已达全国面积的 40%左右。长江以南大部分地区酸雨全年出现几率大于 50%。降水酸度有明显的季节性，一般冬季 pH 值低，夏季高。

2）建筑与小区雨水径流

建筑与小区的雨水径流水质受城市地理位置、下垫面性质及所用建筑材料、下垫面的管理水平、降雨量、降雨强度、降雨时间间隔、气温、日照等诸多因素的综合影响，径流水质波动范围大。

我国地域广阔，不同地区的气候、降雨类型、降雨量和强度、降雨时间间隔等均有较大差异，因此不同地区的径流水质也不相同。如北京市平屋面（坡度＜2.5%）雨水径流的 COD_{Cr} 和 SS 变化范围分别为 20～2000mg/L 和 0～800mg/L；而上海市平屋面雨水径流的 COD_{Cr} 和 SS 仅为 4～90mg/L 和 0～50mg/L。即便是同一地区，下垫面材料、形式、气温、日照等的差异也会影响径流水质。如上海市坡屋面雨水径流的 COD_{Cr} 和 SS 变化范围分别为 5～280mg/L 和 0～80mg/L，与平屋面有较大差别。

目前某些城市的平屋面使用沥青油毡类防水材料。受日照、气温及材料老化等因素的影响，表面离析分解释放出有机物，是径流中 COD_{Cr} 的主要来源。而瓦质屋面因所使用建筑材料稳定，其径流水质较好。据北京市实测资料，在降雨初期，瓦质屋面径流的 COD_{Cr} 仅为沥青平屋面的 30%～80%。

3）径流水质的污染物

影响径流水质的污染源主要是表面沉积物及表面建筑材料的分解析出物，主要污染物指标为 COD_{Cr}、BOD_5、SS、NH_3-N、重金属、磷、石油类物质等。虽然某些城市已对雨水径流进行了一些测试分析并积累了一些数据，但一般历时较短且所研究的径流类型也有限。至今还未建成可供我国各地城市使用并包含各种类型径流的径流水质数据库。

4）水质随降雨历时的变化

建筑物屋面、小区内道路径流的水质随着降雨过

程的延续逐渐改善并趋向稳定。可靠的水质指标需作雨水径流的现场测试，并根据当地情况确定所需测定的指标及取样频率。在无测试资料时，可参照经验值选取污染物的浓度。

降雨初期，因径流对下垫面表面污染物的冲刷作用，初期径流水质较差。随着降雨过程延续，表面污染物逐渐减少，后期径流水质得以改善。北京统计资料表明，若降雨量小于 10mm，屋面径流污染物总量的 70%以上包含于初期降雨所形成的 2mm 径流中。北京和上海的统计资料均表明，降雨量达 2mm 径流后水质基本趋向稳定，故建议以初期 2～3mm 降雨径流为界，将径流区分为初期径流和持续期径流。

2 初期雨水径流弃流后的雨水水质

根据北京建筑工程学院针对北京市降雨的研究成果，屋面雨水水质经初期径流弃流后可达到：COD_{Cr} 100mg/L 左右；SS 20～40mg/L；色度 10～40 度；并且提出北京城区雨水水质分析结果具有一定的代表性。另外根据试验分析得到，雨水径流的可生化性差，BOD_5/COD_{Cr} 平均范围为 0.1～0.2。

3 不同城市雨水水质参考资料（见表 2～表 4）

表 2　北京城区不同汇水面雨水径流污染物平均浓度

汇水面 污染物	天然雨水 平均值	屋面雨水			路面雨水	
		平均值		变化 系数	平均 值	变化 系数
		沥青油 毡屋面	瓦屋面			
COD_{Cr}(mg/L)	43	328	123	0.5～2	582	0.5～2
SS(mg/L)	＜8	136	136	0.5～2	734	0.5～2
NH_3-N(mg/L)	—	—	—	—	2.4	0.5～1.5
Pb(mg/L)	＜0.05	0.09	0.08	0.5～1	0.1	0.5～2
Zn(mg/L)	—	0.93	1.11	0.5～1	1.23	0.5～2
TP(mg/L)	—	0.94	—	0.8～1	1.74	0.5～2
TN(mg/L)	—	9.8	—	0.8～1.5	11.2	0.5～2

表 3　上海地区各种径流水质主要指标的参考值（mg/L）

下垫面 指标	屋面	小区内道路	城市街道
COD_{Cr}	4～280	20～530	270～1420
SS	0～80	10～560	440～2340
NH_3-N	0～14	0～2	0～2
pH		6.1～6.6	

表 4　青岛地区径流水质主要指标的参考值（mg/L）

下垫面 指标	屋面	小区内道路	城市街道
COD_{Cr}	5～94	6～520	95～988
SS	4～85	4～416	296～1136
NH_3-N		0～17	
pH		6.5～8.5	

南京某居住小区以瓦屋面为主，屋面径流和小区内道路 COD_{Cr} 分别为 30～550mg/L 和 2200～900mg/L。而在夏初梅雨时，因连续降雨，径流水质较好。屋面径流 COD_{Cr} 仅为 30～70mg/L。

3.2 用水定额和水质

3.2.1 规定绿化、浇洒、冲洗、循环冷却水补水等各项最高日用水定额。

本条的用水定额是按满足最高峰用水日的水量制定的，是对雨水供水设施规模提出的要求。需要注意的是：系统的平日用水量要比本条给出的最高日用水量小，不可用本条文的水量替代，应参考相关资料确定。下面给出草地用水的参考资料，资料来源于郑守林编著的《人工草地灌溉与排水》。

城市中，绿地上的年耗水量在 1500L/m² 左右。人居工程、道路两侧等的小面积环保区绿地，年需水量约在 800～1200mm，如果天然降水量 600mm，则补充灌水量 400mm 左右。冷温带人工绿地植物在春季的灌溉是十分必要的，植物需水主要是在夏季生长期，高耗水量时间大约是 2800～3800h，这一阶段的耗水量是全年需水量的 75%以上。需水量是一个正态分布曲线，夏季为高峰期，冬季为低谷期，高峰期的需水量为 600mm，低谷期为 150mm，春季和秋季共为 200mm。

足球场全年需水约 2400～3000mm，经常运行的场地每天地面耗水量约 8～10mm，赛马场绿地耗水约 3000mm/年。高尔夫球场绿地耗水约 2000mm/年。

3.2.2 规定景观水体的补水量计算资料。

景观水体的水量损失主要有水面蒸发和水体底面及侧面的土壤渗透。

当雨水用于水体补水或水体作为蓄水设施时，水面蒸发量是计算水量平衡时的重要参数。水面蒸发量与降水、纬度等气象因素有关，应根据水文气象部门整理的资料选用。表 5 列出北京城近郊区 1990～1992 年陆面、水面的试验研究成果（见《北京水利》1995 年第五期"北京市城近郊区蒸发研究分析"）。

**表 5　北京城近郊区 1990～1992 年陆面
蒸发量、水面蒸发量**

名　称	陆面蒸发量（mm）	水面蒸发量（mm）
1月	1.4	29.9
2月	5.5	32.1
3月	19.9	57.1
4月	27.4	125.0
5月	63.1	133.2
6月	67.8	132.7
7月	106.7	99.0
8月	95.4	98.4
9月	56.2	85.8
10月	15.7	78.2
11月	6.5	45.1
12月	1.4	29.3
合计	466.7	946.9

3.2.3 规定冲厕用水定额。

现行的《建筑给水排水设计规范》GB 50015 没有规定冲厕用水定额，但利用该规范表 3.1.10 中的最高日生活用水定额与本条表格中的百分数相乘，即得每人最高日冲厕用水定额。

同 3.2.1 条一样，冲厕用水定额是对雨水供水设施提出的要求，不能逐日累计用作多日的用水量。

表 6 列出各类建筑的冲厕用水资料，资料主要来源于日本《雨水利用系统设计与实务》。

表 6　各种建筑物冲厕用水量定额及小时变化系数

类别	建筑种类	冲厕用水量 [L/(人·d)]	使用时间 (h/d)	小时变化系数 (K_h)	备　注
1	别墅住宅	40～50	24	2.3～1.8	
	单元住宅	20～40	24	2.5～2.0	
	单身公寓	30～50	16	3.0～2.5	
2	综合医院	20～40	24	2.0～1.5	有住宿
3	宾馆	20～40	24	2.5～2.0	客房部
4	办公	20～30	10	1.5～1.2	
5	营业性餐饮、酒吧场所	5～10	12	1.5～1.2	工作人员按办公楼计
6	百货商店、超市	1～3	12	1.5～1.2	工作人员按办公楼计
7	小学、中学	15～20	8	1.5～1.2	非住宿类学校
8	普通高校	30～40	16	1.5～1.2	住宿类学校，包括大中专及类似学校
9	剧院、电影院	3～5	3	1.5～1.2	工作人员按办公楼计
10	展览馆、博物馆类	1～2	2	1.5～1.2	工作人员按办公楼计
11	车站、码头、机场	1～2	4	1.5～1.2	工作人员按办公楼计
12	图书馆	2～3	6	1.5～1.2	工作人员按办公楼计
13	体育馆类	1～2	2	1.5～1.2	工作人员按办公楼计

注：表中未涉及的建筑物冲厕用水量按实测数值或相关资料确定。

3.2.4 规定用水器具的额定流量。

用水点都是通过各式各样的用水器具取得用水，额定流量是保证用水功能的最低流量，供配水系统必须满足。但考虑到经济因素，允许发生出水流量低于额定流量的情况，但发生概率应非常低，譬如小于1%。

器具用水由雨水替代自来水后，额定流量无特殊要求，故完全执行现有的规范数据。

3.2.5 规定雨水供水应达到的水质。

本条表3.2.5中的COD_{Cr}限定在30mg/L主要引用了《地表水环境质量标准》GB 3838-2002的Ⅳ类

水质，其中娱乐水景引用了Ⅲ类水质；SS的限定值主要参考了《城市污水再生利用景观环境用水水质》水景类的指标（10mg/L），并对水质综合要求较高的车辆冲洗和娱乐水景的限额减小到5mg/L。表3.2.5中循环冷却水补水指民用建筑的冷却水。

民用建筑循环冷却水补水的水质标准我国尚未制定，表7给出日本的标准，供设计中参考。

工业循环冷却水补水的水质标准可参考表8，资料来源于《城市污水再生利用 工业用水水质》GB/T 19923-2005。

表7 日本冷却水、冷水、温水及补给水水质标准[5] (jRA-GL-02-1994)

	项 目[1][6]	冷却水系统[4]			冷水系统		温水系统[3]				倾向[2]	
		循 环 式		单线式			低中温温水系统		高温水系统		腐蚀	生成结垢水锈
		循环水	补水	单线水	循环水(20℃以下)	补给水	循环水(20~60℃)	补给水	循环水(60~90℃)	补给水		
标准项目	pH(25℃)	6.5~8.2	6.0~8.0	6.8~8.0	6.8~8.0	6.8~8.0	7.0~8.0	7.0~8.0	7.0~8.0	7.0~8.0	○	
	电导率(25℃)[mS/m] (25℃){μS/cm}[1]	80≥ {800≥}	30≥ {300≥}	40≥ {400≥}	40≥ {400≥}	30≥ {300≥}	30≥ {300≥}	30≥ {300≥}	30≥ {300≥}	30≥ {300≥}	○	
	氯化物[mgCl⁻/L]	200	50	50	50	50	50	50	30	30	○	
	硫酸根离子[mgSO₄²⁻/L]	200	50	50	50	50	50	50	30	30		○
	酸消耗量(pH4.8)[mgCaCO₃/L]	100	50	50	50	50	50	50	50	50		○
	总硬度[mgCaCO₃/L]	200	70	70	70	70	70	70	70	70		○
	硬度[mgCaCO₃/L]	150	50	50	50	50	50	50	50	50		○
	离子状硅[mgSiO₂/L]	50	30	30	30	30	30	30	30	30		○
参考项目	铁[mgFe/L]	1.0	0.3	1.0	1.0	0.3	1.0	0.3	1.0	0.3	○	○
	铜[mgCu/L]	0.3	0.1	1.0	1.0	0.1	1.0	0.1	1.0	0.1	○	
	硫化物[mgS²⁻/L]	不得检出	不得检出	不得检出	不得检出	不得检出	不得检出	不得检出	不得检出	不得检出	○	
	氨离子[mgNH₄⁺/L]	1.0	0.1	1.0	1.0	0.1	0.3	0.1	0.1	0.1	○	
	余氯[mgCl/L]	0.3	0.3	0.3	0.3	0.3	0.25	0.3	0.1	0.1	○	
	游离碳酸[mgCO₂/L]	4.0	4.0	4.0	4.0	4.0	0.4	4.0	0.4	4.0	○	
	稳定度指数	6.0~7.0	—	—	—	—	—	—	—	—	○	○

注 [1] 项目的名称用语定义以及单位参照 JISK0101。还有，{ } 内的单位和数值是参考了以前的单位一并罗列。
　　[2] 表中的"○"，是表示有腐蚀或者生成结垢水锈倾向的相关因子。
　　[3] 温度较高（40℃以上）时，一般来说腐蚀较为显著，特别是被任何保护膜保护的钢铁只要和水直接接触时，就希望进行添加防腐药剂、脱气处理等防腐措施。
　　[4] 密闭式冷却塔使用的冷却水系统中，封闭循环回水以及补给水是温水系统，布水以及补给水是循环式冷却水系统，应该采用各种不同的水质标准。
　　[5] 供水、补水所用的源水，可以采用自来水、工业用水以及地下水，但不包括纯水、中水、软化处理水等。
　　[6] 上述 15 个项目，可以用来表示腐蚀以及结垢水锈危害的影响因子。

表8 工业循环冷却水水质标准

控制项目	pH	SS (mg/L)	浊度 (NTU)	色度	COD_{Cr} (mg/L)	BOD_5 (mg/L)
循环冷却水补充水	6.5~8.5	—	≤5	≤30	≤60	≤10
直流冷却水	6.5~9.0	≤30	—	≤30	≤30	≤30

国家现行相关标准主要有：《地表水环境质量标准》GB 3838、《城市污水再生利用 城市杂用水水质》GB/T 18920、《城市污水再生利用 景观环境用

水水质》GB/T 18921 等。

雨水径流的污染物质及含量同城市污水有很大不同，借用再生污水的标准是不合适的。比如雨水的主要污染物是COD_{Cr}和SS，是雨水处理的主要控制指标，而再生污水水质标准中对COD_{Cr}均未作要求，杂用水质标准甚至对这两个指标都不控制。因此，再生污水的水质标准对雨水的意义不大，雨水利用需要配套相应的水质要求。但制定水质标准显然不是本规范力所能及的。

4 雨水利用系统设置

4.1 一般规定

4.1.1 规定雨水利用系统的种类和构成。

雨水入渗系统或技术是把雨水转化为土壤水，其手段或设施主要有地面入渗、埋地管渠入渗、渗水池井入渗等。除地面雨水就地入渗不需要配置雨水收集设施外，其他渗透设施一般都需要通过雨水收集设施把雨水收集起来并引流到渗透设施中。

收集回用系统或技术是对雨水进行收集、储存、水质净化，把雨水转化为产品水，替代自来水使用或用于观赏水景等。

调蓄排放系统或技术是把雨水排放的流量峰值减缓、排放时间延长，其手段是储存调节。

一个建设项目中，雨水利用系统的可能形式可以是以上三种系统中的一种，也可以是两种系统的组合，组合形式为：雨水入渗；收集回用；调蓄排放；雨水入渗+收集回用；雨水入渗+调蓄排放。

4.1.2 规定雨水入渗场所地质勘察资料中应包括的内容。

场地土壤中存在不透水层时可产生上层滞水，详细的水文地质勘察可以判别不透水层是否存在。另外，地质勘察报告资料要求不允许人为增加土壤水的场所也不应进行雨水入渗。

4.1.3 规定各类雨水利用设施的技术应用要求。

雨水利用技术的应用首先需要考虑其条件适应性和对区域生态环境的影响。雨水利用作为一门科学技术，必然有其成立与应用的限定前提和条件。只有在能够获得较好效益的条件下，该技术的应用才是适宜的。城市化过程中自然地面被人为硬化，雨水的自然循环过程受到负面干扰。对这种干扰进行修复，是我们力争的效益和追求的目标，雨水利用技术是实现这一效益和目标的主要手段，因此，该技术对于各种城市的建筑小区都是适用的。

1 雨水渗透设施对涵养地下水、抑制暴雨径流的作用十分显著，日本十多年的运行经验已证明这一点。同时，对地下水的连续监测未发现对地下水构成污染。可见，只要科学地运用，雨水入渗技术在我国是可以推广应用的。

雨水自然入渗时，地下水会受到土壤的保护，其水质不会受到影响。土壤的保护作用主要体现在多重的物理、化学、生物的截留与转化，以及输送过程与水文地质因素的影响。在地下水上方的土壤主要提供的作用有：过滤、吸附、离子交换、沉淀及生化作用，这些作用主要发生在表层土壤中。含水层中所发生的溶解、稀释作用也不能低估。这些反应过程会自动调节以适应自然的变化。但这种适应性是有限度

的，它会由于水量负荷以及水质负荷长时间的超载而受到影响，表层土壤会由于截留大量固体物而降低其渗透性能，部分溶解物质会进入地下水。

建设雨水渗透设施需要考虑上述因素和经济效益，土壤渗透系数的限定是这种需要的重要体现。雨水入渗技术对土壤的依赖性大。渗透系数小，雨水入渗的效益低，并且当入渗太慢时，在渗透区内会出现厌氧，对于污染物的截留和转化是不利的。在渗透系数大于 10^{-3} m/s 时，入渗太快，雨水在到达地下水时没有足够的停留时间来净化水质。本条限定雨水入渗技术在渗透系数 $10^{-6} \sim 10^{-3}$ m/s 范围，主要是参考了德国的污水行业标准 ATV-DVWK-A138。

地下水位距渗透面大于 1.0m，是指最高地下水位以上的渗水区厚度应保持在 1m 以上，以保证有足够的净化效果。这是参考德国和日本的资料制定的。污染物生物净化的效果与入渗水在地下的停留时间有关，通过地下水位以上的渗透区时，停留时间长或入渗速度小，则净化效果好，因此渗透区的厚度应尽可能大。

水质良好的雨水含污染物较少，可采用渗透区厚度小于 1m 的表面入渗或洼地入渗措施，应该注意的是渗透区厚度小于 1m 时只能截留一些颗粒状物质，当渗透区厚度小于 0.5m 时雨水会直接进入地下水。

雨水入渗技术对土壤的影响性大。湿陷性黄土、膨胀土遇水会毁坏地面。由此，雨水入渗系统不适用于这些土壤。

2 雨水利用中的收集回用系统的应用，宜用于年均降雨量 400mm 以上的地区，主要原因如下：

就雨水收集回用技术本身而言，只要有天然降雨的城市，这种技术都可以应用。但需要权衡的是技术带来的效益与其所投的资金相比是否合理。如果投资很大，而单方水的造价很高，显然不合理；或者投资不大，而汇集的雨水水量很少，所产生的效益很低，这种技术也缺乏生命力。

对于年均降雨量小于 400mm 的城市，不提倡采用雨水收集回用系统，这主要参照了我国农业雨水利用的经验。在农业雨水利用中，对年均降雨量小于 300mm 的地区，不提倡发展人工汇集雨水灌溉农业，而注重发展强化降水就地入渗技术与配套农艺高效用水技术。在城市雨水利用中，雨水只是辅助性供水源，对它的依赖程度远不像农业领域那样强，故可对降雨量的要求提高一些，取为 400mm。

年均降雨量小于 400mm 的城市，雨水利用可采用雨水入渗。

城市中雨水资源的开发回用，会同时减少雨水入渗量和径流雨水量，这是否会减少江河或地下水的原有自然径流，是否会对下游区域的生态环境产生影响，也是一个令人关注的、存有争议的问题，有的地方已经对上游城市开展雨水回用表示出了担心。但雨

水资源开发对区域生态环境的影响问题，属于雨水利用基础研究探索中的课题，目前尚无定论。另外，国外的城市雨水利用经验也没有暴露出这方面的环境问题。

3 洪峰调节系统需要先储存雨水，再缓慢排放，对于缺水城市，小区内储存起来的雨水与其白白排放掉，倒不如进行处理后回用以节省自来水来得经济，从这个意义上说，洪峰调节系统不适用于缺水城市。

4.1.4 规定不得采用雨水入渗系统的场所。

自重湿陷性黄土在受水浸湿并在一定压力下土体结构迅速破坏，产生显著附加下沉；高含盐量土壤当土壤水增多时会产生盐结晶；建设用地中发生上层滞水可使地下水位上升，造成管沟进水、墙体裂缝等危害。

4.1.5 规定雨水利用工程的设置规模或标准。

建设用地开发前是指城市化之前的自然状态，一般为自然地面，产生的地面径流很小，径流系数基本上不超过 0.2～0.3。建设用地外排的雨水设计流量应维持在这一水平。对外排雨水设计流量提出控制要求的主要原因如下：

工程用地经建设后地面会硬化，被硬化的受水面不易透水，雨水绝大部分形成地面径流流失，致使雨水排放总量和高峰流量都大幅度增加。如果设置了雨水利用设施，则该设施的储存容积能够吸纳硬化地面上的大量雨水，使整个工程用地向外排放的雨水高峰流量得到削减。土地渗透设施和储存回用设施，还能够把储存的雨水入渗到土壤和回用到杂用和景观等供水系统中，从而又能削减雨水外排的总水量。削减雨水外排的高峰流量从而削减雨水外排的总水量，可保持建设用地内原有的自然雨水径流特征，避免雨水流失，节约自来水或改善水与生态环境，减轻城市排洪的压力和受水河道的洪峰负荷。

建设用地内雨水利用工程的规模或标准按降雨重现期 1～2 年设置的主要根据如下：

1 建设用地内雨水利用工程的规模应与雨水资源的潜力相协调，雨水资源潜力一般按多年平均降雨量计算。

2 建设用地内通过雨水入渗和回用能够把可资源化的雨水都耗用掉，因而用地内雨水消耗能力不对雨水利用规模产生制约作用。

3 城市雨水利用作为节水和环保工程，应尽量维持自然的水文循环环境。

4 规模标准定得过高，会浪费投资；定得过低，又会使雨水资源得不到充分利用。参照农业雨水收集利用工程，降雨重现期一般取 1～2 年。

5 德国和日本的雨水利用工程，收集回用系统基本按多年平均降雨计。

需要指出的是，雨水入渗系统和收集回用系统不仅削减外排雨水总流量，也削减外排雨水总量，而雨

水蓄存排放系统并无削减外排雨水总量的功能，它的作用单一，只是快速排干场地地面的雨水，减少地面积水，并削减外排雨水的高峰流量。因此，这种系统一般仅用于一些特定场合。

4.1.6 规定建设用地须设置雨水排除。

项目建设用地内设置雨水利用设施后，遇到较大的降雨，超出其蓄水能力时，多余的雨水会形成径流或溢流，需要排放到用地之外。排放措施有管道排放和地面排放两种方式，方式选择与传统雨水排除时相同。

4.1.7 规定雨水利用系统不应伤害环境。

雨水利用应该是修复、改善环境，而不应恶化环境。然而，雨水利用系统不仔细处理，很容易对环境造成明显伤害。比如停车场的雨水径流往往含油，若进行雨水入渗污染土壤；绿地蓄水入渗要与植物的品种进行协调，否则会伤害甚至毁坏植物；向渗透设施的集水口内倾倒生活污物会污染土壤；雨水直接向地下含水层回灌可能会污染地下水；冲厕水质标准远低于自来水，居民使用雨水冲厕不配套相应的使用措施，就会污染室内卫生环境，等等。雨水利用设施应避免带来这些损害环境的后果。

对于水质较差的雨水不能采用渗井直接入渗，这样会对地下水带来污染。

在设计、建造和运行雨水渗透设施时，应充分重视对土壤及水源的保护。通常采用的保护措施有：减少污染物质的产生；减少硬化面上的污染物量；入渗前对雨水进行处理；限制进入渗透设施的流量等。

填方区设雨水入渗应避免造成局部塌陷。

4.1.8 规定回用雨水不得产生交叉污染。

雨水的用途有多种：城市杂用水、环境用水、工业与民用冷却用水等。另外，城市雨水不排除用作生活饮用水，我国水利行业在农村的雨水利用工程已经积累了供应生活饮用水的经验。收集回用系统净化雨水目前没有专用的水质标准，借用的水质标准不止一种，互有差异，因此要求低水质系统中的雨水不得进入高水质的回用系统，此外，回用系统的雨水更不得进入生活自来水系统。

4.2 雨水径流计算

4.2.1 分别规定雨水设计总量和设计流量的基本计算公式。

雨水设计总量为汇水面上在设定的降雨时间段内收集的总径流量，雨水设计流量为汇水面上降雨高峰历时内汇集的径流流量。

本条所列公式为我国目前普遍采用的公式。公式（4.2.1-1）中的系数 10 为单位换算系数。

4.2.2 规定径流系数的选用范围。

1 给出雨水收集的径流系数。

根据流量径流系数和雨量径流系数的定义，两个

径流系数之间存在差异，后者应比前者小，主要原因是降雨的初期损失对雨水量的折损相对较大。同济大学邓培德、西安空军工程学院岑国平都有论述。鉴于此，本规范采用两个径流系数。

径流系数同降雨强度或降雨重现期关系密切，随降雨重现期的增加（降雨频率的减小）而增大，见表9。表中 $F_汇$ 是入渗绿地接纳的客地硬化面汇流面积，$F_绿$ 是入渗绿地面积。

表9 不同频率降雨条件下不同绿地径流系数

降雨频率	草地与地面等高 径流系数		草地比地面低 50mm 径流系数		草地比地面低 100mm 径流系数	
	$F_汇/F_绿=0$	$F_汇/F_绿=1$	$F_汇/F_绿=0$	$F_汇/F_绿=1$	$F_汇/F_绿=0$	$F_汇/F_绿=1$
$P=20\%$	0.23	0.40	0.00	0.22	0.00	0.03
$P=10\%$	0.27	0.47	0.02	0.33	0.00	0.20
$P=5\%$	0.34	0.55	0.15	0.45	0.00	0.35

本条文表中的径流系数对应的重现期为 2 年左右。表 4.2.2 中 ψ_c 的上限值为一次降雨系数（雨量 30mm 左右），下限值为年均值。

表 4.2.2 中雨量径流系数的来源主要来自于：现有相关规范、国内实测资料报道、德国雨水利用规范（DIN 1989.01：2002.04 和 ATV-DVWK-A138）。表中流量径流系数比给水排水专业目前使用的数值大，邓培德"论雨水道设计中的误点"一文中认为目前使用的数值是借用的雨量径流系数，偏小。

屋面雨量径流系数取 0.8~0.9 的根据：1）清华大学张思聪、惠士博等在"北京市雨水利用"中指出建筑物、道路等不透水面的次暴雨径流系数（即雨量径流系数）可达 0.85~0.9；2）北京市水利科学研究所种玉麒等在"北京城区雨洪利用的研究报告"中指出：通过几个汛期的观测，取有代表性的降水与相应的屋顶径流进行相关分析，大于 30mm 的降水平均径流系数为 0.94，10~30mm 的降水平均径流系数为 0.84；3）西安空军工程学院岑国平在"城市地面产流的试验研究"中表明径流系数特别是次暴雨径流系数是降雨强度的增函数，由此考虑到雨水利用工程的降雨只取 1、2 年一遇，故径流系数偏低取值；4）德国规范《雨水利用设施》（DIN 1989.01：2002.04）取值 0.8。

屋面流量径流系数取 1 的根据：1）建筑给水排水规范一直取 1，新规范改为 0.9 没提供出依据；2）"城市地面产流的试验研究"证明暴雨（流量）径流系数比次暴雨径流（雨量）系数大，另外根据暴雨径流系数和次暴雨径流系数的定义亦知，前者比后者要大；3）屋面排水的降雨强度取值大（因重现期很大），故流量径流系数应取高值。

其他种类屋面雨量径流系数均参考德国规范《雨水利用设施》（DIN 1989.01：2002.04）。

表 10、表 11 列出德国相关规范中的径流系数，供参考。

表 10 德国雨水利用规范（DIN 1989.01：2002.04）集雨量径流系数

汇水面性质	径流系数
硬屋面	0.8
未铺石子的平屋面	0.8
铺石子的平屋面	0.6
绿化屋面（紧凑型）	0.3
绿化屋面（粗放型）	0.5
铺石面	0.5
沥青面	0.8

表 11 德国雨水入渗规范（ATV-DVWK-A138）雨水流量径流系数

表面类型	表面处理形式	径流系数
坡屋面	金属，玻璃，石板瓦，纤维	0.9~1.0
	混凝土砖，油毛毡	0.8~1.0
平屋面坡度小于 3°，或 5%	金属，玻璃，纤维混凝土	0.9~1.0
	油毛毡	0.9
	石子	0.7
绿化屋面坡度小于 15°，或 25%	种植层<100mm	0.5
	种植层≥100mm	0.3
路面，广场	沥青，无缝混凝土	0.9
	紧密缝隙的铺石路面	0.75
	固定石子铺面	0.6
	有缝隙的沥青	0.5
	有缝隙的沥青铺面，碎石草地	0.3
	叠层砌石不勾缝，渗水石	0.25
	草坪方格石	0.15
斜坡，护坡，公墓（带有雨水排水系统）	陶土	0.5
	砂质黏土	0.4
	卵石及砂土	0.3
花园，草地及农田	平地	0.0~0.1
	坡地	0.1~0.3

2 各类汇水面的雨水进行利用之后，需要（溢流）外排的流量会减小，即相当于径流流量系数变小。本款的流量径流系数即指这个变小了的径流系数，它需要计算确定。扣损法是指扣除平均损失强度的方法，计算公式如下（引自西安冶金建筑学院等主编的《水文学》）：

$$\psi_m = 1 - \frac{\mu}{A}\tau^n$$

式中 μ——产流期间内平均损失强度（mm/h）；

    A——暴雨雨力（mm/h）；

    τ——场地汇流时间（h）；

    n——暴雨强度衰减指数。

设有雨水利用设施的场地，雨水利用设施增加了损失强度，计算中应叠加进来。这样，平均损失强度 μ 应是产流期间内汇水面上的损失强度与雨水利用设施的雨水利用强度之和。而雨水利用设施对雨水的利用强度是可以根据设施的相关设计参数计算的。

ψ_m 经验值 0.25~0.4 的选用：当溢流排水的设计重现期比雨水利用设施的降雨量设计重现期大 1 年以内时，取用下限值；当前者比后者大 2 年左右时，取高限值；当前者比后者大 5 年时，取 0.5。径流系数 ψ 随降雨重现期增加而增大的规律见上面公式，重现期大，则雨力 A 大，从而 ψ 大。

经验值 0.25~0.4 主要是借鉴绿地的径流系数。绿地的流量径流系数一般为 0.25，当绿地土壤饱和后，径流系数可达 0.4（见姚春敏等"奥运期间北京内洪灾害防范问题探讨"一文）。雨水利用设施遇到超出其设计重现期的降雨，也要饱和，从而使溢流外排的径流系数增大，这类似于绿地的径流情况。

4.2.3 规定了设计降雨厚度的选用。

本规范中设计降雨厚度是设计重现期下的最大日、月或年降雨厚度等。在各雨水利用设施的条款中，对设计时间和重现期都作出了相应的规定，根据这些规定，在 3.1.1 条中可得到所需的设计降雨厚度。

4.2.4 规定汇水面积的确定方法。

屋面雨水流量计算时，汇水面积的计算原理和方法见图 2。当斜坡屋面的竖向投影面积与水平投影面积之比超过 10%时，可以认为斜坡较大，附加面积不可忽略。

高出汇水面的侧墙有多面时，应附加有效受水加面积的 50%，有效受水面积的计算如图 3 所示，图中 ac 面为有效受水面。

雨水总量计算时则只需按水平投影面积计，不附加竖向投影面积和侧墙面积，因总雨量的大小不受这些因素的影响。

4.2.5 规定设计暴雨强度的计算公式。

本条所列的计算公式是国内已普遍采用的公式。在没有当地降雨参数的地区，可参照附近气象条件相

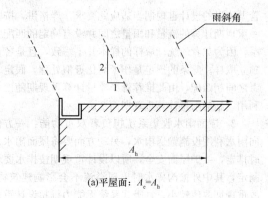

(a)平屋面：$A_e = A_h$

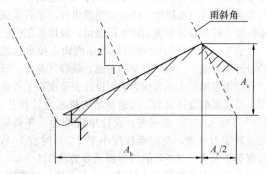

(b)坡屋面：$A_e = A_h + A_v/2$

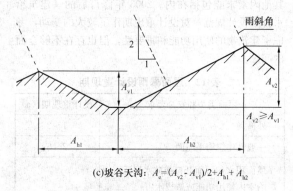

(c)坡谷天沟：$A_e = (A_{v2} - A_{v1})/2 + A_{h1} + A_{h2}$

图 2   屋面有效集水面积计算

似地区的暴雨强度公式采用。

条文中要求乘 1.5 的系数主要基于以下考虑：近几年发现有工程天沟向室内溢水，分析原因可能是由于实际的集水时间比 5min 小造

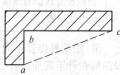

图 3   双面侧墙有效受水面图示

成流入天沟的雨强比计算值大，而雨水系统的设计排水能力又未留余量，且天沟无调蓄雨量的能力，于是出现冒水。乘 1.5 的系数，可使计算的暴雨强度不再小于实际发生的暴雨强度。

4.2.6 规定雨水利用工程中三种不同性质的雨水管渠的设计重现期。

1 雨水储存、渗透、处理回用等设施的规模，都是按一定重现期的降雨量设计的。向这些设施输送雨水的管渠，应具备输送这些雨水量的能力，因此，

管渠流量的设计重现期当适应此要求。严格讲，按同一重现期计算的流量和雨量之间并没有确定的匹配关系，因为二者的统计取样的样本并不一致，且是各自独立取样。此条的规定是作了简化近似处理，假定二者之间相匹配，由此推荐管渠流量计算重现期随雨水利用设施的雨量计算重现期而变。

2 屋面雨水收集系统担负着双重功能：一方面向雨水利用设施输送雨水，另一方面要将屋面雨水及时排走，维护屋面安全，所以设计重现期按排水要求制定，其中外檐沟排水时出现溢流不会影响建筑物，故重现期取值较小。虹吸式系统无能力排超设计重现期雨水，故应取高限值，以减少溢流事故，半有压流系统留有排超设计重现期雨水的余量，故取低限值。

表 12 尝试引用安全度对虹吸屋面雨水排水系统的设计重现期作了偏向安全的考虑，供设计参考。降雨设计重现期的大小直接影响到设计安全度和工程费用，是重要的设计参数。《建筑给水排水设计规范》1997 年版 3.10.23 条规定：设计重现期为一年的屋面渲泄能力系数，在屋面坡度小于 2.5% 时宜为 1，坡度等于及大于 2.5% 的斜屋面系数宜为 1.5～3.0。这仅考虑了屋面坡度大小对屋面雨水泄流量的影响，其他因素未能包括在内。2003 年修订后的《建筑给水排水设计规范》对设计重现期作了较大的变动，考虑了建筑物的使用功能和重要性，但也存在不够全面的问题。

表 12　屋面暴雨设计重现期

屋面类型和安全要求	设计重现期（a）
外檐沟	1～2
一般性建筑物平屋面	2～5
屋面积水使屋面开口或防水层泛水，影响室内使用功能或造成水害	10～20
屋面积水荷载影响屋面结构安全重要的公共建筑物	20～50

3 溢流外排管渠的设计重现期应高于雨水利用设施的设计重现期。若二者重现期相等，雨水几乎全部进入利用设施，则外排量很少，使外排管径过小，遇大雨时场地内的积水时间比无雨水利用时延长。条文中表 4.2.6-2 引自《建筑给水排水设计规范》GB 50015-2003。

4.2.7 规定雨水管渠设计降雨历时的计算公式。

设计降雨历时的概念是集流时间，集流时间是汇水面集流时间和管渠内雨水流行时间之和。增加折减系数 m 使设计降雨历时等于集流时间的概念发生了变化，由此算得的设计流量也不是集水面最大流量，而是已经被压缩后的流量。雨水利用工程与传统的小区雨水排除工程不同，雨水流量计算不仅是要确定管径，更用于确定水量和调节容积，因此，令 $m=1$，

意欲取消其"压缩流量"的作用。

4.3　系 统 选 型

4.3.1 规定雨水利用系统选型原则和多系统组合时各系统规模大小的确定原则。

要实现条款 4.1.5 所规定的雨水利用规模，可以通过 4.1.1 条中规定的一种或两种系统型式实现，并且雨水利用由两种系统组合而成时，各系统雨水利用量的比例分配，又有多种选择。不管各利用系统如何组合，其总体的雨水利用规模应达到 4.1.5 条的要求。

技术经济比较中各影响因素的定性描述如下：

雨量：雨量充沛而且降雨时间分布较均匀的城市，雨水收集回用的效益相对较好。雨量太少的城市，则雨水收集回用的效益差。

下垫面：下垫面的类型有绿地、水面、路面、屋面等，绿地及路面雨水入渗、水面雨水收集回用来得经济，屋面雨水在室外绿地很少、渗透能力不够的情况下，则需要回用，否则可能达不到雨水利用总量的控制目标。

供用水条件：城市供水紧张、水价高，则雨水收集回用的效益提升。用水系统中若杂用水用量小，则雨水回用的规模就受到限制。

4.3.2 推荐入渗为地面雨水的利用方案。

小区中的下垫面主要有：地面、屋面、水面等，地面包括绿地和路面等。地面雨水优先采用入渗的原因如下：绿地雨水入渗利用几乎不用附加额外投资，若收集回用则收集效率非常低，不经济；路面雨水污染程度高，若收集回用则水质处理工艺较复杂，不经济，进行入渗可充分利用土壤的净化能力；根据德国的雨水入渗规范，雨水入渗适用于居住区的屋面、道路和停车场等雨水；保持土壤湿度对改善环境有积极意义。

4.3.3 规定水面雨水的利用方式。

景观水体的水面较大，降落的雨水量大，应考虑利用。水面上的雨水受下垫面的污染最小，水质最好，并且收集容易，成本低，无需另建收集设施，一般只需在水面之上、溢流水位之下预留一定空间即可，因此，水面上的雨水应储存利用。雨水用途可作为水体补水，也可用于绿地浇洒等。

4.3.4 规定屋面雨水利用方式及考虑因素。

屋面雨水的利用方式有三种选择：雨水入渗、收集回用、入渗和收集回用的组合。入渗和收集回用相组合是指屋面雨水一部分雨水入渗，一部分处理回用。组合方式的雨水收集有以下两种形式，其中第一种形式对收集回用设施的利用率较高，有条件时宜优先采用。

形式一，屋面的雨水收集系统设置一套，收集雨量全部进入雨水储罐或雨水蓄水池，多出的雨水经重

力溢流进入雨水渗透设施；

形式二，屋面雨水收集系统分开设置，分别与收集回用设施和雨水渗透设施相对应。

对于一个具体项目，屋面雨水是采用入渗，还是收集回用，或是入渗与收集回用相组合，以及组合双方相互间的规模比例，比较科学的决策方法是通过技术经济比较确定。

1 城市缺水，雨水收集回用的社会和经济效益增大。

2 渗水面积和渗透系数决定雨水入渗能力。雨水入渗能力大，则利于雨水入渗方式。屋面绿化是很好的渗透设施，有条件时应尽量采用。覆土层小于100mm的绿化屋面径流系数仍较大，收集的雨水需要回用或在室外空地入渗。

3 净化雨水的需求量大且水质要求不高时，则利于收集回用方式。净化雨水的需求按 4.3.10 条确定。

4 杂用水量和降雨量季节变化相吻合，是指杂用水在雨季用量大，非雨季用量小，比如空调冷却用水。二者相吻合时，雨水池等回用设施的周转率高，单方雨水的成本降低，有利于收集回用方式。

5 经济性涉及自来水价、当地政府的雨水利用优惠政策、项目建设条件等因素。

需要注意的是，有些项目不具备选择比较的条件。比如，绿地面积很小，屋面面积很大，土壤的入渗能力无法负担来自于屋面的雨水，这就只能进行收集回用。

屋面雨水收集回用的主要优势是雨水的水质较好和集水效率高，收集回用的总成本低于城市调水供水的成本。所以，屋面雨水收集回用有技术经济上的合理性。

4.3.5 推荐屋面雨水优先考虑用于景观水面补水。

景观水体具有较大的景观水面，该水体一般设有水循环等水质保护设施。屋面雨水进入水体蓄存用作补水，可不加设水质处理设施，这是屋面雨水回用中最经济的方式。室外土壤有充足的入渗能力接纳屋面雨水，则屋面雨水选择入渗利用往往来得经济。另外，景观水面本身所受纳的降雨应该蓄存起来利用。

4.3.6 推荐屋面雨水优先选择收集回用方式的条件。

1 当雨水充沛，且时间上分布均匀，则收集回用设施的利用率高，单方回用雨水的投资少，利于收集回用方式；

2 见 4.3.4 条第 3 款说明。

4.3.7 推荐屋面收集雨水量多、回用系统用水量少时的处置方法。

回用水量小指回用管网的用水量小。也有工程虽然雨水需用量大，但由于建筑物条件限制蓄水池建不大。在这些情况下，屋面收集来的雨水相对较多。这时可通过蓄水池溢流使多余雨水进入渗透设施。这种

方式比把屋面雨水收集分设为两套系统分别服务于入渗和回用来得划算，平时较小些的降雨都优先进入了蓄水池，供雨水管网使用，这相对扩大了平时雨水的回用量，并增大蓄水池、处理设备的利用率，因此使回用水的单方综合造价降低。

收集雨水量多、回用系统用水量少的判别标准按7.1.2 条进行。

4.3.8 推荐大型公共建筑和有水体项目的雨水利用方式。

大型屋面建筑收集雨水量大，雨水需求量比例相对高，因而回用雨水的单方造价低。同时，大型屋面公建的室外空地一般较少，可入渗的土壤面积少。故推荐采用收集回用方式。

设有人工水体的项目需要水景补水，用雨水做补水有如下原因：第一，国家《住宅建筑规范》GB 50368-2005 不允许使用自来水；第二，水景中一般设有维持水质的处理设施，收集的雨水可直接进入水景，不另设处理设施。

4.3.9 规定雨水蓄存排放系统的选用条件。

蓄存排放系统的主要作用是削减洪峰流量，抑制洪涝，欧洲和日本有不少此类工程实例。此外，有的场地或小区要求不积水，雨水要迅速排干，而下游的雨水排除设施能力有限，这时也需要利用蓄存排放设施调节雨水量。

4.3.10 推荐回用雨水的用途。

循环冷却水系统包括工业和民用，工业用冷却补水的水质要求不高，水质处理简单，比较经济；民用空调冷却塔补水虽然水质要求高，但用水季节和雨季非常吻合且用量大，可提高蓄水池蓄水的周转率。

雨水用于绿化和路面冲洗从水质角度考虑较为理想，但应考虑降雨后绿地或路面的浇洒用水量会减少，使雨水蓄水池里的水积压在池中，设计重现期内的后续（3 日内或 7 日内）雨水进不来，导致减少雨水的利用量。

4.3.11 推荐雨水不宜和中水原水混合。

雨水和中水原水分开处理不宜混合的主要原因如下：

第一，雨水的水量波动太大。降雨间隔的波动和降雨量的波动和中水原水的波动相比不是同一个数量级的。中水原水几乎是每天都有的，围绕着年均日用水量上下波动，高低峰水量的时间间隔为几小时。而雨水来水的时间间隔分布范围是几小时、几天、甚至几个月，雨量波动需要的调节容积比中水要大几倍甚至十多倍，且池内的雨水量时有时无。这对水处理设备的运行和水池的选址都带来了不可调和的矛盾。

第二，水质相差太大。中水原水的最重要污染指标是 BOD_5，而雨水污染物中 BOD_5 几乎可以忽略不计，因此处理工艺的选择大不相同。

另外，日本的资料《雨水利用系统设计与实务》

中雨水储存和处理也是和中水分开，见图4。

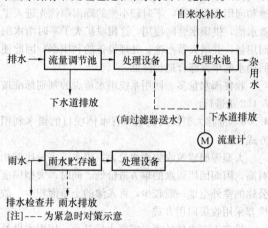

图 4　雨水、中水结合的工艺流程图

5　雨 水 收 集

5.1　一 般 规 定

5.1.1　对屋面做法提出防雨水污染的要求。

　　屋面是雨水的集水面，其做法对雨水的水质有很大影响。雨水水质的恶化，会增加雨水入渗和净化处理的难度或造价。因此屋面的雨水污染需要控制。

　　屋面做法有普通屋面和倒置式屋面。普通屋面的面层以往多采用沥青或沥青油毡，这类防水材料暴露于最上层，风吹日晒加速其老化，污染雨水。北京建筑工程学院的监测表明，这类屋面初期径流雨水中的COD_{Cr}浓度可高达上千。

　　倒置式屋面（IRMAROOF）就是"将憎水性保温材料设置在防水层上的屋面"。倒置式屋面与普通保温屋面相比较，具有如下优点：防水层受到保护，避免热应力、紫外线以及其他因素对防水层的破坏，并减少了防水材料对雨水水质的影响。

　　新型防水材料对雨水的污染也有减少。新型防水材料主要有高聚物改性沥青卷材、合成高分子片材、防水涂料和密封材料以及刚性防水材料和堵漏止水材料等。新型防水材料具有强度高、延性大、高弹性、轻质、耐老化等良好性能，在建筑防水工程中的应用比重日益提高。根据工程实践，屋面防水重点推广中高档的 SBS、APP 高聚物改性沥青防水卷材、氯化聚乙烯-橡胶共混防水卷材、三元乙丙橡胶防水卷材。

　　种植屋面可减小雨水径流、提高城市的绿化覆盖率、改善生态环境、美化城市景观。由于各类建筑的屋面、墙体以及道路等均属于性能良好的"大型蓄热器"，它们白天吸收太阳光的辐射能量，夜晚放出热量，造成市区夜间的气温居高不下，导致市区气温比郊区气温升高 2～3℃。如能将屋面建造成种植屋面，

在屋面上广泛种植花、草、树木，通过屋顶绿化，实现"平改绿"，可以缓解城市的"热岛效应"。据报道，种植屋面顶层室内的气温将比非种植屋面顶层室内的气温要低 3～5℃，优于目前国内的任何一种屋面的隔热措施，故应大力提倡和推广。

5.1.2　规定屋面雨水管道系统应设置雨水斗，且雨水斗应符合标准。

　　管道进水口设置雨水斗的作用主要是：第一，拦截固体杂物；第二，对雨水进入管道进行整流，避免水流在斗前形成过大旋涡而增加屋面水深；第三，满足一定水深条件下的排水流量。

　　为阻挡固体物进入系统，雨水斗应配有格栅（滤网）；为削弱进水旋涡，雨水斗入水口的上方应设置盲板；雨水斗应经过水力测试，包括流量与水位的关系曲线，最大设计流量和水位，局部阻力系数（虹吸式斗），并经主管检测单位认可。

　　雨水斗的这些性能通过国家、行业标准进行约束和保障。65 型、87 型系列雨水斗以国家标准图的形式在全国广泛应用，并经受了 20 余年的运行实践，成为性能有保障的雨水斗。

　　本条的规定不排斥建筑师设计外落雨水管时采用简易雨水斗。该雨水斗按建筑专业标准图设计，现场制作。

5.1.3　对雨水管道系统提出均匀布置的要求。

　　本条主要指在布置立管和雨水斗连向立管的管道时，尽量创造条件使连接管长接近，这是雨水收集的特殊要求。这样做可使各雨水斗来的雨水到达弃流装置的时间相近，提高弃流效率。

5.1.4　规定屋面雨水设计流量的计算公式。

　　屋面雨水设计流量按（4.2.1-2）式计算，式中的流量径流系数 ψ_m 按表 4.2.2 选取；设计暴雨强度 q 按（4.2.5）式计算，式中的设计重现期、降雨历时按 4.2.6 条、4.2.7 条要求选取；汇水面积 F 按 4.2.4 条要求计算。

5.1.5、5.1.6　推荐雨水收集系统的选择。

　　半有压屋面雨水系统（65、87 型雨水斗系列雨水系统属于此范畴）以实验室实尺模型实验和丰富的试验数据为基础，建立起一套系统的设计方法和设计参数，已经历了全国 20 余年的工程运行。该系统设计安装简单、性能可靠，是我国目前应用最广泛、实践证明安全的雨水系统，设计中宜优先采用。

　　虹吸式屋面雨水系统根据管网水力计算结果进行设计，系统的尺寸大为减小，各雨水斗的入流量也都能按设计值进行控制，并且横管坡度的有无对设计工况的水流不构成影响。这些优点在大型屋面建筑的应用中凸显出来。但该系统没有余量排除超设计重现期雨水，对屋面的溢流设施依赖性极强。

　　重力流屋面雨水系统是《建筑给水排水设计规范》GB 50015 - 2003 推出的系统，并规定：不同设

计排水流态、排水特征的屋面雨水排水系统应选用相应的雨水斗（4.9.14条），因为"雨水斗是控制屋面排水状态的重要设备"。

本规范没有首推选用重力流系统主要基于以下原因：

1 目前实际工程中仍普遍采用65、87型雨水斗；

2 重力流系统的雨水斗要求自由堰流进水和超设计重现期雨水应由溢流设施排放，在实际工程中难以实现；

3 重力流的设计方法不适用于65型、87（79）型雨水斗。因为65型、87（79）型雨水斗雨水系统要求严格，比如：一个悬吊管上连接的雨斗数量不超过4个、多斗系统的立管顶端不得设置雨水斗、内排水采用密闭系统等。

5.1.7 规定屋面雨水收集的室外输水管的设计方法。

屋面雨水汇入雨水储存设施时，会出现设计降雨重现期的不一致。雨水储存设施的重现期按雨水利用的要求设计，一般1～2年，而屋面雨水的设计重现期按排水安全的要求设计。后者一般大于前者。当屋面雨水管道出户到室外后，室外输水管道的重现期可按雨水储存设施的值设计。由于其重现期比屋面雨水的小，所以屋面雨水管道出建筑外墙处应设雨水检查井或溢流井，并以该井为输水管道的起点。

允许用检查口代替检查井的主要原因是：第一，检查口不会使室外地面的脏雨水进入输水管道；第二，屋面雨水较为清洁，清掏维护简单。检查口、井的设置距离参考了室外雨水排水管道的检查井距离。

5.1.8 规定屋面雨水收集系统独立、密闭设置。

屋面雨水系统独立设置，不与建筑污废水排水连接的意义有：第一，避免雨水被污废水污染；第二，避免雨水通过污废水排水向建筑内倒灌雨水。

屋面雨水系统属有压排水，在室内管道上设置敞开式开口会造成雨水外溢，淹损室内。

5.1.9 规定阳台雨水不与屋面雨水立管连接。

屋面雨水立管属有压排水管道，在阳台上开口会倒灌雨水。

5.1.10 规定收集系统设置弃流设施。

初期径流雨水污染物浓度高，通过设置雨水弃流设施可有效地降低收集雨水的污染物浓度。雨水收集回用系统包括收集屋面雨水的系统应设初期径流雨水弃流设施，减小净化工艺的负荷。根据北京建筑工程学院的研究结果，北京屋面的径流经初期2mm左右厚度的弃流后，收集的雨水COD_{Cr}浓度可基本控制在100mg/L以内（详见第3.1.2条说明）。植物和土壤对初期径流雨水中的污染物有一定的吸纳作用，在雨水入渗系统中设置初期径流雨水弃流设施可减少堵塞，延长渗透设施的使用寿命。

5.2 屋面集水沟

5.2.1 推荐屋面设集水沟并要求水力计算。

屋面雨水集水沟是屋面雨水系统实现有组织排水的重要组成部分，屋面雨水集水沟的设计应进行优化。在选择屋面雨水系统时，应优先考虑天沟集水。

屋面集水沟包括天沟、边沟和檐沟等，是屋面集水的一种形式。其优点是可减少甚至不设室内雨水悬吊管，是经济可靠的屋面集雨形式。屋面雨水集水沟的排泄量应与雨水斗的出流条件相适应。在集水沟内设置雨水斗时，雨水斗的设计泄流量应与集水沟的设计过水断面相匹配，否则雨水斗的设计泄流量将受到集水沟排水能力的制约和相互影响。因此，不应忽视集水沟排水能力的水力计算。

集水沟的水力计算主要解决如下问题：

1）计算集水沟的泄水能力；

2）确定集水沟的尺寸和坡度。

需要注意：屋面雨水集水沟要求的屋面荷载和最大设计水深应经结构和建筑师的认可。

5.2.3 推荐集水沟的坡度设置，并要求设雨水出口。

在北方寒冷地区，因冻胀问题容易破坏沟的防水层，所以天沟和边沟不宜做平坡。自由出流雨水出口指集水沟的排水量不因雨水出口（包括雨水斗）而受到限制。

5.2.4 规定集水沟的水力计算要求。

屋面集水沟往往采用平坡，即坡度为0，按照现有的计算公式则无法计算。本条推荐的计算方法属经验性质，供计算时参考。

5.2.5～5.2.10 规定平底集水沟的经验计算方法。

屋面集水沟的水力计算采用了欧洲标准EN12056-3（2000年英文版）"室内重力流排水系统"中的有关公式和条文。要求雨水出口能不受限制地排除集水沟的水量。所列公式把长沟和短沟、半圆形和矩形沟、天沟和檐沟、平沟和有坡度的沟区分开来计算，应用方便。与其他公式比较，计算结果偏向安全。

当集水沟的坡度大于0.003时，应按现有的公式进行水力计算。

集水沟断面的计算方法：先假定沟断面尺寸、坡度并布置雨水排水口，然后用以上各节的方法计算沟的排水量与设计的雨水量比较，如果差别大则应修改沟的尺寸或增加雨水排水口数量，进行调整计算。

5.2.11 规定集水沟的溢流设置。

集水沟的溢水按薄壁堰计算，见下式：

$$q_e = \frac{L_e \cdot h_e^{\frac{3}{2}}}{2400}$$

式中 q_e——溢流堰流量（L/s）；

L_e——溢流堰锐缘堰宽度（m）；

h_e——溢流高度（m）。

当女儿墙上设溢流口时，溢水按宽顶堰计算，见下式：

$$B_e = \frac{g_e}{M \cdot \frac{2}{3} \cdot \sqrt{2g} \cdot h_e^{\frac{3}{2}} \cdot 1000}$$

式中　B_e——溢流堰宽度（m）；

　　　g_e——溢流水量（L/s）；

　　　g——重力加速度（m/s²）；

　　　M——收缩系数，取 0.6。

宽顶堰计算公式采用德国工程师协会准则 VDI 3806-2000"屋面虹吸排水系统"中的公式。薄壁堰计算公式采用欧洲标准 EN12056-3"室内重力流排水系统"中的公式。

5.3　半有压屋面雨水收集系统

半有压屋面雨水收集系统是在 1997 年版的《建筑给水排水设计规范》GBJ 15-88 的雨水系统基础上改进来的。该系统中的雨水斗可采用 65 型、87 型斗，系统的设计原理及方法是依据 20 世纪 80 年代我国雨水道研究组气水两相混掺流体在重力-压力作用下的运动试验。本规范采用"半有压"称谓取自于《全国民用建筑工程设计技术措施——给水排水》和《建筑给水排水工程》（第五版）。

本规范对原有系统的改进主要是增大了雨水斗、悬吊管及横管、立管的泄水能力，主要依据有两点：

1 该系统已被 20 余年的运行实践证明是安全的，原来的服务屋面面积无理由减小。目前屋面降雨设计重现期从原规范的 1 年放大到了 2～5、10 年，使系统服务面积上的计算雨水流量增大，所以，系统的泄流量需相应调整增大，以保持原服务面积。比如，对坡度小于 2.5% 的屋面，北京和上海 5 年重现期的计算雨量是 1 年重现期的 1.57 倍，见表 13，所以系统允许的泄水能力应相应扩大到原来的 1.57 倍，才能使原有的服务面积不变。

表 13　北京和上海不同重现期下的降雨强度两重现期 q_5 之比

重现期 P（年）	$P=5$		$P=3$		$P=1$
北京 q_5 [L/(s·hm²)]	5.06	1.57 倍	4.48	1.39 倍	3.23	1
上海 q_5 [L/(s·hm²)]	5.29	1.57 倍	4.68	1.39 倍	3.36	1

2 原系统约 20 余年的实践运行经验表明，系统预留的排水余量可适量减小。

5.3.1　规定雨水斗的排水性能。

65 型、87 型属于半有压型雨水斗，该斗具有优良的排水性能，典型标志是排水时掺气量小。半有压

屋面雨水系统的设置规则以这些雨水斗为基础建立。

根据表 13，设计重现期从原来的 1 年提高到目前的 3 年之后，为保持雨水斗原有的服务面积能力不变，雨水斗的排水流量应扩大到 1.39 倍（以北京、上海为例），如表 14。但出于保守考虑，本规范表 5.3.1 对多斗悬吊管上的大部分斗并未取如此高的值，这使得雨水斗的服务面积比原规范 GBJ 15-88 有所减少。

表 14　流量对照表

雨水斗口径（mm）	原排水流量（L/s）	1.39 倍流量（L/s）	本规范排水流量（L/s）
DN100	12	16.7	12～16
DN150	26	36.1	26～36

从我国雨水道研究组的试验数据分析，表 5.3.1 中雨水斗的排水能力也是可行的。图 5 是 DN100 雨水斗排水量试验曲线。在该试验条件下，雨水斗的进水流量随斗前水位的缓慢上升而迅速增大。当斗前水位从 0 上升到 100mm，则进水量从 0 增大到 35L/s。之后，水位迅速抬升，但进水量基本不再增加。表 5.3.1 中数据上限值取 16 L/s（斗前水深约 60mm）而未取 35L/s（斗前水深约 100mm），预留了足够的安全余量排除超设计重现期雨水。其余口径的雨水斗试验曲线与此相似。

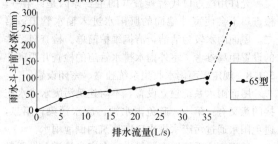

图 5　雨水斗排水流量特性图

测试资料证明，多斗悬吊管系统中的最大负压产生在悬吊管的末端、立管的顶部。近立管的雨水斗受负压抽吸较大，泄流量大，而离立管远的雨水斗受负压抽吸作用较小，泄流量小。这种差异随斗前水深的增加而更加明显。表 15 为清华大学等 1973 年《室内雨水架空管系试验报告》中的斗间流量差异资料，表中 L 是两斗之间的距离，h 为斗前水深。

表 15　双斗悬吊管远斗与近斗的流量比值

L（m） / h（mm）	8	16	24	32
60	0.90	0.90	0.90	0.90
70	0.72	0.70	0.62	0.60
100	0.55	0.45	0.40	0.35

5.3.2 规定雨水斗格栅。

格栅的作用是拦截屋面的固体杂物。格栅进水孔应具有一定面积，以保证雨水斗有足够的通水能力，并控制雨水斗进水孔被堵的几率。根据我国雨水道研究组总结国内外雨水斗的功能，推荐进水孔面积与雨水斗排出口面积之比为 2 左右。

条文规定格栅便于拆卸，目的是便于清理格栅上的污物等。

5.3.3 规定多斗系统雨水斗的布置方式。

雨水斗对立管作对称布置，包括了管道长度或者阻力的对称，即各斗接至立管的管道长度或阻力尽量相近。

在流体力学规律支配下，距立管近的雨水斗和距立管远的雨水斗至排放口的管道摩阻应保持相同，这就造成近斗与远斗泄流量差异很大。规定雨水斗宜与立管对称布置的目的是使各雨水斗的泄流量均衡，避免屋面积水。

悬吊管上的负压线坡向立管，立管顶端的负压对悬吊管起着抽吸作用。负压的大小将影响到连接管和雨水斗的泄流能力。若在立管顶端设雨水斗，则将大量进气而破坏负压，影响管系的排泄能力。

5.3.5 推荐一根悬吊管连接的雨水斗数量。

实际工程难于实现同程或同阻，故本条控制 4 个雨水斗。为减小雨水斗之间排水能力的差别，设计时应尽量创造条件使 4 个斗同程或同阻。

5.3.7 规定雨水悬吊管的清扫口和检修措施。

雨水悬吊管的清扫和检修措施是很重要的，悬吊管上设检查口或带法兰盘的三通管，其间距不大于 20m，位置靠近柱、墙，目的是便于维修时清通。

5.3.8 规定悬吊管的敷设坡度和最大排水能力。

我国雨水道研究组的试验表明，悬吊管中的压（力）降比管道的坡降大得多，见图 6。图中横坐标为悬吊管上测压点距排水雨水斗的长度，纵坐标为悬吊管内的压力（mm 水柱）。悬吊管内的水流运动主要是受水力坡降的影响，而不是管道敷设坡度。条文中推荐 0.005 的敷设坡度主要是考虑排空要求。

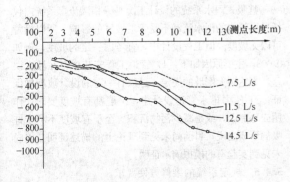

图 6　悬吊管中压降

本条多斗悬吊管排水能力表格中的水力坡降指压力坡降，管道敷设坡降很小，可忽略不计。水流的主要作用水头为两部分之和：悬吊管到屋面的几何高差 + 立管顶端的负压（速度头忽略）。立管顶端的负压见试验曲线（见图 7）。最大负压值随流量的增加和立管高度的增加而变大。条文中偏保守取值−0.5m水柱（0.005MPa），以便流量计算安全。

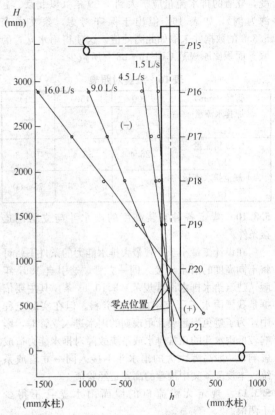

H表示高度；P表示测压点；h表示压强(水柱)

图 7　立管压力分布曲线

对于单斗悬吊管，排水能力不必计算，根据雨水斗的口径设置横管和立管管径。

5.3.9 规定雨水立管的排水流量。

根据清华大学等单位对室内雨水管道系统的试验研究报告，雨水立管的泄流能力与立管的高度、管径和管道的粗糙系数有关。雨水在立管中的水流状态是：随着流量增加，流态逐渐从附壁流、掺气流、直至一相流，从无压流（重力流）逐渐过度到有压流。科研组还对工程实践中出现的天沟溢水和检查井冒水现象作了分析，其中有实例按有压流的计算方法设计管道，造成天沟冒水事故。科研组最后结合试验确定，管道的设计要考虑到承受可能出现的超设计重现期暴雨留有一定的余地，以策安全。立管的设计流态应取介于重力流（无压流）和有压流之间的重力-压力流。因此，本条文推荐的雨水立管排水流量约为试验排水流量的 60%～70%。

例如，根据历次测试分析，在立管进水高度 4.2～6.0m 和 12m 的情况下，100mm 管径立管的最大排泄能力 Q_{max} 为 23～33L/s，规范条文中相应地取 19～25 L/s。如果立管的高度增加，则排水能力相应增大。

另外根据表 14，设计重现期从原来的 1 年提高到 3 年之后，为保持雨水立管原有的服务面积能力不变，立管的排水流量应扩大到 1.39 倍（以北京、上海为例），如表 16。但出于保守考虑，条文中表 5.3.9 的数据并未取如此高的值，这使得雨水立管的服务面积比原规范 GBJ 15-88 有所减少。

表 16 流量对照表

管径（mm）	100	150	200
原排水流量（L/s）	19	42	75
1.39 倍流量（L/s）	26.4	58.4	104.3
本规范排水流量（L/s）	19～25	42～55	75～90

5.3.10 规定各种安装高度的雨水斗与立管的连接条件。

在设计流量小于立管最大排水能力的条件下，可将不同高度的雨水斗接入同一立管，这引自 1997 年版《建筑给水排水设计规范》3.10.13 条，其主要依据是我国雨水道研究组的测试资料。但在实际工程中，为了避免当超设计重现期的雨水进入立管时，影响较低雨水斗的正常排水或系统故障对排水能力造成影响，一般高差太大的雨水斗不接入同一立管或系统。本规范条文中推荐的高差是经验值。

5.3.11 规定无溢流口的屋面雨水立管不得少于两根。

屋面一般都要设置雨水溢流口，用于屋面积水时排水，屋面积水可能是降雨过大引起，也可能是系统堵塞引起（比如树叶、塑料布等堵塞雨水斗）。但有时屋面确实难以设置溢流口，这样的屋面就需要布置两个或以上的立管，当然雨水斗也就不会少于两个。

5.3.12 规定立管底部设检查口。

立管底部设检查口可选择设在立管上，也可设在横管的端部。

5.3.13 规定管材和管件的选用要求。

雨水管道特别是立管要有承受正、负两种压力的能力。竣工验收时管道内灌满水形成正压，压力值（以水柱表示）与建筑高度一致；运行中出现大雨时特别是超设计重现期大雨时管道内会产生很大负压。金属管承受正、负压的能力都很大，没有被吸瘪的隐患，故宜优先选用。对非金属管道提出抗负压要求是工程中有的塑料管下雨时被吸瘪的经验总结。

5.4 虹吸式屋面雨水收集系统

在应用虹吸式屋面雨水收集系统时应注意如下

事项：

1）水力计算在虹吸式屋面雨水系统的设计中非常重要，基础数据必须准确，要求具有长期降雨强度重现期的标准气象资料；

2）屋面雨水集水沟是屋面雨水系统实现有组织排水的重要组成部分，雨水系统专业承包商在系统的设计和计算中应包括屋面集水沟部分；

3）该系统应能使虹吸效应尽快形成，避免屋面或天沟的水位超过设计水深；

4）必须考虑雨水斗格栅对集水沟中或平屋面水位的影响；

5）天沟内不考虑存蓄雨水。

6）安装在平屋面上的雨水斗，宜采用出口直径不超过 DN50、流量不超过 6L/s 的雨水斗。

5.4.1 规定设置溢流设施及其溢流能力。

虹吸式屋面雨水收集系统按水一相满流作为设计工况，无余量排超设计重现期雨水，降雨一旦超过设计重现期便屋面积水，溢流排水设施是该系统不可分割的组成部分，屋面必须设置溢流口。溢流能力和虹吸系统的排水能力之和不小于 50 年重现期的降雨径流量。

5.4.2 推荐不同高度的雨水分别设置独立的收集系统。

本条含两层意思：1）不同高度的雨水斗分别设置独立的收集系统；2）收集裙房以上侧墙面雨水的斗和收集裙房屋面的斗分别设置独立的收集系统。侧墙面上不是每次降雨都有雨水，其雨水斗若和裙房屋面雨水系统连接，会成为进气孔，破坏虹吸。

5.4.3 规定雨水斗设计流量与产品最大额定流量之间的关系。

雨水斗的最大泄流量由制造商提供，它是根据雨水斗产品标准规定的试验条件取得的数据，设计流量应控制在最大泄流量之内。

5.4.4 规定悬吊管的坡度要求。

虹吸式雨水系统的设计工况是一相满流，系统内包括悬吊管内的雨水流动不受管道坡度的影响，所以横管可以无坡度。但工程设计中，宜考虑一定的坡度，例如0.003，主要原因如下：1）管道工程安装中存在坡度误差，为达到无倒坡的规定，必须有一定的设计坡度做保证；2）压力排水管道设计中，一般都有坡度要求，作用或是泄空，或是减少污物沉积。至于有坡度不利于虹吸的形成之说，目前尚未见到理论上的描述证明，也尚未见到实验室的模拟演示证明。

5.4.5 规定系统的维修方便要求。

管道放置在结构柱内，特别是不允许出现管道漏水的结构柱内，一旦漏水，很难维修，损害结构柱。

5.4.6 规定系统的水力计算公式。

本条的阻力损失公式为国际上普遍采用的公式之一。当管道内的流速控制在 3m/s 以内时，也可采用 Hazen-Willams 公式。

5.4.7 规定管道中的设计流速和最小管径。

悬吊管中的设计流速不宜小于 1m/s，是为了保证悬吊管的自清作用。根据国外研究资料，当悬吊管内的流速大于 1m/s 时，可保证沉积在管道底部的固体颗粒被水流冲走（见《虹吸式屋面雨水排水系统技术规程》CECS 183：2005）。设计中需要注意的是，悬吊管内沉积物的清除是靠设计计算的自清流速保证的，不是靠定性描述的间断性虹吸保证的，没有证据证明设计计算流速小于 1m/s 的降雨，能够在实际工程中使悬吊管内产生 1m/s 的流速，从而完成自清功能（若此，则没有必要要求设计流速不宜小于 1m/s 了）。因此，当设计重现期取得很大，则设计计算流速很多年才发生一次，而平时降雨的计算流速都达不到 1m/s，悬吊管的自清功能将出现问题，特别是没有排空坡度时。若减小设计重现期，设计流速可出现频繁些了，但溢流口又会频繁溢水，这是建筑物的忌讳。设计中需要仔细把握这类两难问题。

规定最小管径是为防止堵塞。

5.4.8 规定流体计算遵守能量方程。

本条暗含的前提条件是系统的过渡段位置低于或接近于室外地面的高度，不包括系统出口位置比室外地面很高的情况（这类情况工程中也不多见）。以室外地面而不是以系统过渡段为高度计算基准点的原因是：虹吸系统一般是把雨水排入室外雨水检查井，室外雨水管道的设计重现期多是 1～2 年，检查井积满水是很常见的，由此过渡段被淹没，故排水几何高度应扣除积水水位，从地面算起。有的工程把过渡段降到地面标高以下很深，试图增加排水的计算几何高度，这是不正确的。

5.4.9 规定虹吸系统设置高度的低限值。

当系统的设置高度很低时，可利用的水位位能很小，满足不了低限设计流速的位能要求，此系统不再适用。此处注意：地面和雨水斗的几何高差才是雨水的位能，过渡段放置得再低，也不会增加雨水的位能。

5.4.11 规定管材和管件的选用要求。

雨水系统特别是立管中会产生很大负压，金属管没有被吸瘪的隐患，故宜优先选用金属管。管道系统的抗负压要求是根据水力计算中允许出现 0.09MPa 的负压制定的。

5.4.12 管内压力低于 0.09MPa 负压时，水会明显汽化，破坏一相流态。

5.5 硬化地面雨水收集

5.5.1 规定雨水收集地面的土建设置要求。

地面雨水收集主要是收集硬化地面上的雨水和屋面排到地面的雨水。排向下凹绿地、浅沟洼地等地面雨水渗透设施的雨水通过地面组织径流或明沟收集和输送；排向渗透管渠、浅沟渗渠组合入渗等地下渗透设施的雨水通过雨水口、埋地管道收集和输送。这些功能的顺利实现依赖地面平面设计和竖向设计的配合。

5.5.2 规定收集系统的设计流量计算和管道设计要求。

管道收集系统的集（雨）水口和输水管渠（向雨水利用设施输水）需要进行水力计算，其中设计流量计算公式和参数均按 4.2 节的规定执行，管渠的水力计算方法应按《室外排水设计规范》GB 50014 的规定执行。

5.5.3、5.5.4 规定雨水口的设置要求。

本条款的雨水口设置要求基本上沿用现行国家标准《室外排水设计规范》GB 50014。其中顶面标高与地面高差缩小到 10～20mm，主要是考虑人员活动方便，因小区中硬地面为人员活动场所。同时小区的地面施工一般比市政道路精细，较小的标高差能够实现。另外，有的小区广场设置的雨水口类似于无水封地漏，密集且精致，其间距仅十几米。成品雨水口的集水能力由生产商提供。

5.5.5 推荐采用成品雨水口，并具有拦污截污功能。

地面雨水一般污染较重，杂质多，为减少雨水渗透设施和蓄存排放设施的堵塞或杂质沉积，需要雨水口具有拦污截污功能。传统雨水口的雨箅可拦截一些较大的固体，但对于雨水利用设施不理想。雨水口的拦污截污功能主要指拦截雨水径流中的绝大部分固体物甚至部分污染物 SS，这类雨水口应是车间成型的制成品，井体可采用合成树脂等塑料，构造应使清掏、维护操作简便，并应有固体物、SS 等污染物去除率的试验参数。

5.5.6 本条的目的是使不同雨水口收集的初期径流雨水尽量能够同步到达弃流设施，使弃流的雨水浓度高，提高弃流效率。

5.6 雨 水 弃 流

5.6.1 规定屋面雨水的弃流设施设置位置。

雨水收集系统的弃流装置目前可分为成品和非成品两类，成品装置按照安装方式分为管道安装式、屋顶安装式和埋地式。管道安装式弃流装置主要分为累计雨量控制式、流量控制式等；屋顶安装式弃流装置有雨量计式等；埋地式弃流装置有弃流井、渗透弃流装置等。按控制方式又分为自控弃流装置和非自控弃流装置。

小型弃流装置便于分散安装在立管或出户管上，并可实现弃流量集中控制。当相对集中设置在雨水蓄水池进水口前端时，虽然弃流装置安装量减少，但由于通常需要采用较大规格的产品，在一定程度上将提高事故风险。

弃流装置设于室外便于清理维护,当不具备条件必须设置在室内时,为防止弃流装置发生堵塞向室内灌水,应采用密闭装置。

当采用雨水弃流池时,其设置位置宜与雨水储水池靠近建设,便于操作维护。

5.6.3 规定弃流设施的选用。

虹吸式屋面雨水收集系统一般需要对管道流量进行准确的计算,便于弃流装置通过时间或流量进行自动控制。据有关资料,屋面雨水属于水质条件较好的收集雨水水源,因此被弃流的初期径流雨水可通过渗透方式处置,渗透弃流装置对排水管道内流量、流速的控制要求不高,适合于半有压流屋面雨水收集系统。降落到硬化地面的雨水通常受到下垫面不同污染物甚至不同材料的影响,水质条件稍差,通常需要去除的初期径流雨水量也较大,弃流池造价低廉,容易埋地设置,地面雨水收集系统管道汇合后干管管径通常较大,不利于采用成品装置,因此建议以渗透弃流井或弃流池作为地面雨水收集系统的弃流方式。

5.6.4 推荐初期径流雨水弃流量无资料时的建议值。

条文中地面弃流中的地面指硬化地面,径流厚度建议值主要根据北京市雨水径流的污染研究资料。我国北方初期径流雨水比南方污染重,故弃流厚度在南方应小些。

5.6.6 规定弃流装置应具备便于维护的性能。

在管道上安装的初期径流雨水弃流装置在截留雨水过程中,有可能因雨水中携带杂物而堵塞管道,从而影响雨水系统正常排水。这些情况涉及到排水系统安全问题,因此在设计中应特别注意系统维护清理的措施,在施工、管理维护中还应建立对系统及时维护清理的措施、规章制度。

5.6.7 推荐弃流雨水的处置方式。

从大量工程的市政条件来看,向项目用地范围以外排水有雨水、污水两套系统。截留的初期径流雨水是一场降雨中污染物浓度最高的部分,平均水质通常优于污水,劣于雨水。将截留的初期径流雨水排入雨水管道时,可能增加雨水管道的沉积物总量,增加雨水系统的维护成本,排入污水管道时,由于雨污分流的管网设计中污水系统不具备排除雨水的能力,可能导致污水系统跑水、冒水事故。初期弃流雨水排入何种系统应依据工程具体情况确定。

一般情况下,建议将弃流雨水排入市政雨水管道,当条件不具备时,也可排入化粪池以后的污水管道,但污水管道的排水能力应以合流制计算方法复核。

当弃流雨水污染物浓度不高,绿地土壤的渗透能力和植物品种在耐淹方面条件允许时,弃流雨水也可排入绿地。

收集雨水和弃流雨水在弃流装置处存在连通部分,为防止污水通过弃流装置倒灌进入雨水收集系统,要求采取防止污水倒灌的措施。同时应设置防止

污水管道内的气体向雨水收集系统返溢的措施。

5.6.8 规定初期径流雨水弃流池做法的基本原则。

图 8 为初期径流雨水弃流池示意。

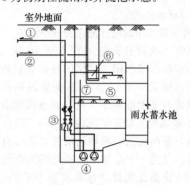

图 8　初期雨水弃流池
①弃流雨水排水管;②进水管;③控制阀门;④弃流雨水排水泵;⑤搅拌冲洗系统;⑥雨停监测装置;⑦液位控制器

1 在条件许可的情况下,弃流池内的弃流雨水宜通过重力排除。

2 当弃流雨水采用水泵排水时,通常采用延时启泵的方式对水泵加以控制,为避免后期雨水与初期雨水掺混,应设置将弃流雨水与后期雨水隔离开的分隔装置。

3 弃流雨水在弃流池内有一定的停留时间,产生沉淀,为使沉泥容易向排水口集中,池底应具有足够的底坡。考虑到建筑物与小区建设的具体情况和便于进人检修维护,底坡不宜过大。

4 弃流池排水泵应在降雨停止后启动排水,在自控系统中需要检测降雨停止、管道不再向蓄水池内进水的装置,即雨停监测装置。两场降雨时间间隔很小时,在水质条件方面可以视同为一场降雨,因此雨停监测装置应能调节两场降雨的间隔时间,以便控制排水泵启动。

5 埋地建设的初期径流雨水弃流池,不便于设置人工观测水位的装置,因此要求设置自动水位监测措施,并在自动监测系统中显示。

6 应在弃流雨水排放前自动冲洗水池池壁和将弃流池内的沉淀物与水搅匀后排放,以免过量沉淀。

5.6.9 规定自动控制弃流装置安装的基本原则。

1 自动控制弃流装置由电动阀、计量装置、控制箱等组成。主控电动阀决定弃流量,主控电动阀发出信号启动其他管道上的电动阀。计量装置一般分流量计量和雨量计量,流量计量是通过累积雨水量计量,雨量计量是通过降雨厚度计量。

电动阀、计量装置可能存在漏水现象,检修时也会造成漏水,因此要求设在室外(一般在检查井内)。控制箱内为电器元件,设在室外易受风吹日晒的影响,因此要求设在室内。控制箱集中设置可有效减少投资,降低造价,每个单体建筑宜集中设一个主控箱。

2 自动控制弃流装置能灵活及时地切换雨水弃流管道和收集管道，保证初期雨水弃流和雨水收集的有效性。由于各地空气污染、屋面设置情况不同和降雨的不均匀性，初期雨水的水质差异较大，因此强调具有控制和调节弃流间隔时间的功能，保证每年雨季初始期的降雨均能做到初期雨水的有效弃流，雨季期间降雨频繁，可延长初期雨水弃流间隔时间，一般宜保证间隔3～7d降雨初期雨水的有效弃流，可根据雨水水质和降雨特点确定。

3 流量控制式雨水弃流装置信号取自较小规格的主控电动阀，其造价较低，且能有效保证弃流信号的准确性。

4 雨量控制式雨水弃流装置的雨量计可设在距主控电动阀较近的屋面或室外地面，有可靠的保护措施防止污物进入或人为破坏，并定期检查，以保证其有效工作。

5.6.10 井体渗透层容积指级配石部分容积。

5.7 雨 水 排 除

5.7.1 规定建设用地外排雨水的设计流量计算和管道设计要求。

本规范第4章规定设有雨水利用设施的建设用地应有雨水外排措施。当采用管渠外排时，管渠设计流量按本规范4.2节中的（4.2.1-2）和（4.2.5）式计算，其中设计重现期应按4.2.6条第3款取值，流量径流系数 ψ_m 根据4.2.2条第2款确定。注意 ψ_m 不能取0，因为外排雨水设计重现期大于雨水利用的设计重现期。

雨水管渠的设计包括确定汇水面积的划分、管径、坡度等，应按现行国家标准《室外排水设计规范》GB 50014 的规定执行。

5.7.2 推荐雨水口的设置位置和顶面设置高度。

绿地低于路面，故推荐雨水口设于路边的绿地内，而不设于路面。低于路面的绿地或下凹绿地一般担负对客地来的雨水进行入渗的功能，因此应有一定容积储存客地雨水。雨水排水口高于绿地面，可防止客地来的雨水流失，在绿地上储存。条文中的20～50mm，是与6.1.11条要求的路面比绿地高50～100mm相对应的，这样，保证了雨水口的表面高度比路面低。

5.7.3 推荐雨水口形式和设置距离。

建设用地内的道路宽度一般远小于市政道路，道路做法也不同。设有雨水利用设施后雨水外排径流量较小，一般采用平算式雨水口均可满足要求。雨水口间距随雨水口的大小变化很大，比如有的成品雨水口很小，间距可减小到10多米。

5.7.4 规定渗透管-排放系统替代排水管道系统时的流量要求。

根据日本资料《雨水渗透设施技术指针（草案）》（构造、施工、维护管理篇）介绍，在设有雨水利用的建设用地内，应设雨水排水干管，即传统的雨水排水管道，但设有雨水利用设施的局部场所不再重复设置雨水排水管道，见图9。设有雨水利用设施的场所地面雨水排水可通过地面溢流或渗透管-排放一体系统排入建设用地内的雨水排水管道，这种做法是符合技术先进、经济合理的设计理念的。

渗透管-排放一体设施的排水能力宜按整体坡度及相应的管道直径以满流工况计算。渗透管-排放一体设施构造断面见图10。图中（1）地面为平面，（2）地面坡度与排水方向一致，有利于系统排水，推荐采用这种布置形式，需要总图专业与水专业密切配合，有条件时尽量将地面坡度与排水方向一致。

5.7.5 推荐铺装地面采用明渠排水。

渗透地面雨水径流量较小，可尽量沿地面自然坡降在低洼处收集雨水，采用明渠方便管理、节约投资。

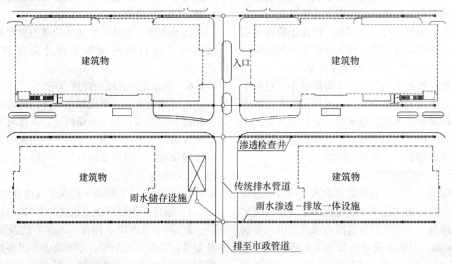

图 9　室外雨水排水管道平面图

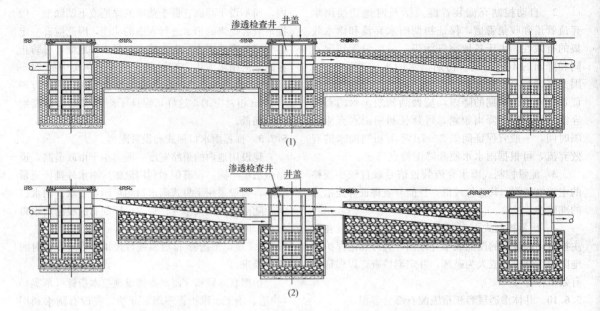

(1)

(2)

图 10　渗透管-排放一体设施构造断面

6　雨　水　入　渗

6.1　一　般　规　定

6.1.1　规定雨水渗透设施的种类。

本条中各雨水渗透设施的技术特性详见 6.2 节。

绿地和铺砌的透水地面的适用范围广,宜优先采用;当地面入渗所需要的面积不足时采用浅沟入渗;浅沟渗渠组合入渗适用于土壤渗透系数不小于 5×10^{-6} m/s 的场所。

6.1.2　规定雨水渗透设施不应妨害建筑物及构筑物的正常使用。

雨水渗透设施特别是地面下的入渗使深层土壤的含水量人为增加,土壤的受力性能改变,甚至会影响到建筑物、构筑物的基础。建设雨水渗透设施时,需要对场地的土壤条件进行调查研究,以便正确设置雨水渗透设施,避免对建筑物、构筑物产生不利影响。

6.1.3　规定雨水渗透设施的安全注意事项。

非自重湿陷性黄土场地,由于湿陷量小,且基本不受上覆土自重压力的影响,可以采用雨水入渗的方式。采用下凹绿地入渗须注意水有一定的自重量,会引起湿陷性黄土产生沉陷。而对于其他管道入渗等形式,不会有大面积积水,因此影响会小些。

6.1.4　推荐渗透设施设置的渗透能力。

渗透设施的日渗透能力依日雨水量当日渗透完的原则而定,设计雨水量重现期根据 4.1.5 条的规定取 2 年。入渗池、入渗井的渗透能力参考美国的资料减小到 1/3,即:日雨水量可延长为 3 日内渗完(参见汪慧贞等"浅议城市雨水渗透"一文)。各种渗透设施所需要的渗透面积设计值根据本条的规定经计算确定。

6.1.5　规定渗透设施的储存容积。

进入渗透设施的雨水包括客地雨水和直接的降雨,埋地渗透设施接受不到直接降雨。当雨水流量小于渗透设施的入渗流量(能力)时,渗透设施内不产流、无积水。随着雨水入流量的增大,一旦超过入渗流量,便开始产流积水。之后又随着降雨的渐小,雨水入流量又会变为小于入渗流量,产流终止。产流期间(又称产流历时)累积的雨水量不应流失,需要储存起来延时渗透掉。所以,渗透设施需要储存容积,储存产流历时内累积的雨水量,该雨水量指设计标准内的降雨。

入渗池、入渗井的渗透能力低,只有日雨水设计量的 1/3,在计算储存容积时,可忽略雨水入流期间的渗透量,用日雨水设计量近似替代设施内的产流累计量,以简化计算。

此条所要求的计算中涉及的降雨重现期取值均和渗透能力相对应的日雨水设计总量计算中的取值一致。

6.1.6　推荐优先选用的渗透设施。

各种渗透设施中采用绿地入渗的造价最低,各种硬化面上的雨水(包括路面雨水)入渗时宜优先考虑绿地入渗。当路面雨水没有条件利用绿地入渗时,宜铺装透水地面或设置渗透管沟、入渗井。透水铺装地面不宜接纳客地雨水。

6.1.7　规定常见下垫面上的雨水入渗处置要求。

1　绿地雨水指绿地上直接的降雨,应就地入渗。

2　对于屋面雨水而言,入渗方式及选用没有特殊要求。需要注意的是,屋面雨水有很多是由埋地管道引出室外的,这就限制了绿地等地面入渗方式的应用。

6.1.8 推荐地下建筑顶面覆土做渗透设施时的一种处置方法。

地下建筑顶上往往设有一定厚度的覆土做绿化，绿化植物的正常生长需要在建筑顶面设渗排管或渗排片材，把多余的水引流走。这类渗排设施同样也能把入渗下来的雨水引流走，使雨水能源源不断地入渗下来，从而不影响覆土层土壤的渗透能力。

根据中国科学院地理科学与资源研究所李裕元的实验研究报告，质地为粉质壤土的黄绵土试验土槽，初始含水量7%左右，在试验雨强（0.77～1.48mm/min）条件下，60min历时降雨入渗深度一般在200mm左右，90min历时降雨入渗深度一般在250～300mm左右。这意味着，对于300mm厚的地下室覆土层，某时刻的降雨需要90min钟后才能进入土壤下面的渗排系统，明显会延迟雨水径流高峰的时间，同时，土壤层也会存留一部分的雨水，使渗排引流的雨水流量小于降雨流量，由此实现4.1.5条规定的原则要求。

6.1.9 规定雨水渗透设施距建筑物的间距。

间距3m是参照室外排水检查井的参数制定的。

作为参考资料，列出德国的相关规范要求：雨水渗透设施不应造成周围建筑物的损坏，距建筑物基础应根据情况设定最小间距。雨水渗透设施不应建在建筑物回填土区域内，比如分散雨水渗透设施要求距建筑物基础的最小距离不小于建筑物基础深度的1.5倍（非防水基础），距建筑物基础回填区域的距离不小于0.5m。

6.1.10 推荐雨水入渗系统设置溢流设施。

入渗系统的汇水面上当遇到超过入渗设计标准的降雨时会积水，设置溢流设施可把这些积水排走。当渗透设施为渗透管时宜在下游终端设排水管。

6.1.11 规定小区内路面宜高于绿地。

按传统总平面及竖向设计原则，一般绿地标高高于车行道路标高，道路设有立道牙。雨水利用的设计理念一般要求利用绿化地面入渗，因此道路标高要高于绿地标高。

小区内路面高于路边绿地50～100mm是北京雨水入渗的经验。低于路面的绿地又称下凹绿地，可形成储存容积，截留储存较多的雨水。特别是绿地周围或上游硬化面上的雨水需要进入绿地入渗时，绿地必须下凹才能把这些雨水截留并入渗。当路面和绿地之间有凸起的隔离物时，应留有水道使雨水排向绿地。

6.2 渗透设施

6.2.1 规定绿地渗透设施。

客地雨水指从渗透设施之外引来的雨水。绿地雨水渗透设施应与景观设计结合，边界应低于周围硬化面。在绿地植物品种选择上，根据有关试验，在淹没深度150mm的情况下，大羊胡子、早熟禾能够耐受长达6d的浸泡。

6.2.2 规定铺装地面渗透设施。

图11为透水铺装地面结构示意图。

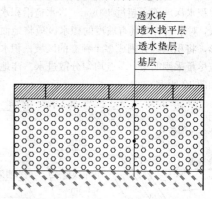

透水砖
透水找平层
透水垫层
基层

图11 透水铺装地面结构示意图

根据垫层材料的不同，透水地面的结构分为3层（表17），应根据地面的功能、地基基础、投资规模等因素综合考虑进行选择。

表17　透水铺装地面的结构形式

编号	垫层结构	找平层	面层	适用范围
1	100～300mm 透水混凝土	1）细石透水混凝土 2）干硬性砂浆 3）粗砂、细石厚度20～50mm	透水性水泥混凝土 透水性沥青混凝土 透水性混凝土路面砖 透水性陶瓷路面砖	人行道、轻交通流量路面、停车场
2	150～300mm 砂砾料			
3	100～200mm 砂砾料 ＋ 50～100mm 透水混凝土			

透水路面砖厚度为60mm，孔隙率20%，垫层厚度按200mm，孔隙率按30%计算，则垫层与透水砖可以容纳72mm的降雨量，即使垫层以下的基础为黏土，雨水渗入地下速度忽略不计，透水地面结构可以满足大雨的降雨量要求，而实际工程应用效果和现场试验也证明了这一点。

水质试验结果表明，污染雨水通过透水路面砖渗透后，主要检测指标如NH_3-N、COD_{Cr}、SS都有不同程度的降低，其中NH_3-N降低4.3%～34.4%，COD_{Cr}降低35.4%～53.9%，SS降低44.9%～87.9%，使水质得到不同程度的改善。

另外，根据试验观测，透水路面砖的近地表温度比普通混凝土路面稍低，平均低0.3℃左右，透水路面砖的近地表湿度比普通混凝土路面的近地表湿度稍高1.12%。

6.2.3 规定浅沟与洼地渗透设施。

浅沟与洼地入渗系统是利用天然或人工洼地蓄水

入渗。通常在绿地入渗面积不足，或雨水入渗性太小时采用洼地入渗措施。洼地的积水时间应尽可能短，因为长时间的积水会增加土壤表面的阻塞与淤积。一般最大积水深度不宜超过300mm。进水应沿积水区多点进入，对于较长及具有坡度的积水区应将地面做成梯田形，将积水区分割成多个独立的区域。积水区的进水应尽量采用明渠，多点均匀分散进水。洼地入渗系统如图12所示。

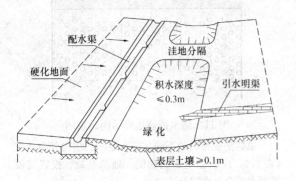

图 12　洼地入渗系统

6.2.4 规定浅沟渗渠组合渗透设施。

浅沟—渗渠组合的构造形式见图13。

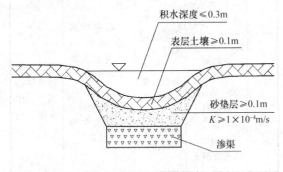

图 13　浅沟—渗渠组合

一般在土壤的渗透系数 $K \leqslant 5 \times 10^{-6}$ m/s 时采用这种浅沟渗渠组合。浅沟渗渠单元由洼地及下部的渗渠组成，这种设施具有两部分独立的蓄水容积，即洼地蓄水容积与渗渠蓄水容积。其渗水速率受洼地及底部渗渠的双重影响。由于地面洼地及底部渗渠双重蓄水容积的叠加，增大了实际蓄水的容积，因而这种设施也可用在土壤渗透系数 $K \geqslant 1 \times 10^{-6}$ m/s 的土壤。与其他渗透设施相比这种系统具有更长的雨水滞留及渗透排空时间。渗水洼地的进水应尽可能利用明渠与来水相连，应避免直接将水注入渗渠，以防止洼地中的植物受到伤害。洼地中的积水深度应小于300mm。洼地表层至少100mm的土壤的透水性应保持在 $K \geqslant 1 \times 10^{-5}$ m/s，以便使雨水尽可能快地渗透到下部的渗渠中去。

当底部渗渠的渗透排空时间较长，不能满足浅沟积水渗透排空要求时，应在浅沟及渗渠之间增设泄流措施。

6.2.5 规定渗透管沟的设置要求。

建筑区中的绿地入渗面积不足以承担硬化面上的雨水时，可采用渗水管沟入渗或渗水井入渗。

图14为渗透管沟断面示意图。

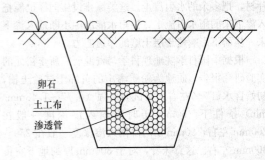

图 14　渗透管沟断面

汇集的雨水通过渗透管进入四周的砾石层，砾石层具有一定的储水调节作用，然后再进一步向四周土壤渗透。相对渗透池而言，渗透管沟占地较少，便于在城区及生活小区设置。它可以与雨水管道、入渗池、入渗井等综合使用，也可以单独使用。

渗透管外用砾石填充，具有较大的蓄水空间。在管沟内雨水被储存并向周围土壤渗透。这种系统的蓄水能力取决于渗沟及渗管的断面大小及长度，以及填充物孔隙的大小。对于进入渗沟及渗管的雨水宜在入口处的检查井内进行沉淀处理。渗透管沟的纵断面形状见图10。

6.2.7 规定入渗池（塘）设施。

当不透水面的面积与有效渗水面积的比值大于15时可采用渗水池（塘）。这就要求池底部的渗透性能良好，一般要求其渗透系数 $K \geqslant 1 \times 10^{-5}$ m/s，当渗透系数太小时会延长其渗水时间与存水时间。应该估计到在使用过程中池（塘）的沉积问题，形成池（塘）沉积的主要原因为雨水中携带的可沉物质，这种沉积效应会影响到池子的渗透性。在池子首端产生的沉积尤其严重。因而在池的进水段设置沉淀区是很有必要的，同时还应通过设置挡板的方法拦截水中的漂浮物。对于不设沉淀区的池（塘）在设计时应考虑1.2的安全系数，以应对由于沉积造成的池底透水性的降低，但池壁不受影响。

保护人身安全的措施包括护拦、警示牌等。平时无水、降雨时才蓄水入渗的池（塘），尤其需要采取比常有水水体更为严格的安全防护措施，防止人员按平时活动习惯误入蓄水时的池（塘）。

6.2.8 规定入渗井。

入渗井一般用成品或混凝土建造，其直径小于1m，井深由地质条件决定。井底距地下水位的距离不能小于1.5m。渗井一般有两种形式。形式A如图15所示，渗井由砂石滤层包裹，井壁周边开孔。雨水经砂层过滤后渗入地下，雨水中的杂质大部被砂滤层截留。

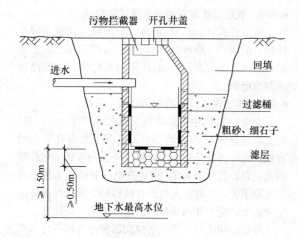

图 15　渗井 A

渗井 B 如图 16 所示，这种渗井在井内设过滤层，在过滤层以下的井壁上开孔，雨水只能通过井内过滤层后才能渗入地下，雨水中的杂质大部被井内滤层截留。过滤层的滤料可采用 0.25～4mm 的石英砂，其透水性应满足 $K \leqslant 1 \times 10^{-3}$ m/s。与渗井 A 相比渗井 B 中的滤料容易更换，更易长期保持良好的渗透性。

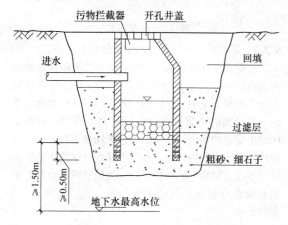

图 16　渗井 B

6.2.10　规定用于保护埋地渗透设施的土工布选用原则。

本条文主要参考了《土工合成材料应用技术规范》GB 50290；《公路土工合成材料应用技术规范》JTJ/T 019 等国家和相关行业标准制定的，详细的技术参数应根据雨水利用的技术特点进一步测试确定。

土工布的水力学性能同样是土壤和土工布互相作用的重要性能，主要为：土工布的有效孔径和渗透系数。土工布的有效孔径（EOS）或表观孔径（AOS）表示能有效通过的最大颗粒直径。目前具体试验方法有 2 种：干筛法（GB/T 14799）和湿筛法（GB/T 17634）。干筛法相对较简便但振筛时易产生静电，颗粒容易集结。湿筛法是根据 ISO 标准新制订的，在理论上可消除静电的影响，但因喷水后产生表面张力

集结现象并不能完全消除。两种标准的颗粒准备也不一样，干法标准制备是分档颗粒（从 0.05～0.07mm 至 0.35～0.4mm 分成 9 档），逐档放于振筛上（以土工布作为筛布）得出一系列不同粒径的筛余率，当某一粒径的筛余率等于总量的 90% 或 95% 时，该粒径即为该土工布的表观孔径或有效孔径，相应用 O90 或 O95 表示。至于湿法则采用混合颗粒（按一定的分布）经筛分后再测粒径，并求出有效孔径。目前国内应用的仍以干法为主。

短纤维针刺土工布是目前应用最广泛的非织造土工布之一。纤维经过开松混合、梳理（或气流）成网、铺网、牵伸及针刺固结最后形成成品，针刺形成的缠结强度足以满足铺放时的抗张应力，不会造成撕破、顶破。由于其厚度较大、结构蓬松，且纤维通道呈三维结构，过滤效率高，排水性能好，其渗透系数达 $10^{-2}\sim10^{-1}$，与砂粒滤料的渗透系数相当，但铺起来更方便，价格也不贵，因此用作反滤和排水最为合适。还具有一定的增强和隔离功能，也可以和其他土工合成材料复合，具有防护等多种功能。由于非织造土工布具有反滤和排水的特点，因此在水力学性能方面要特别予以重视，一是有效孔径；二是渗透系数。要利用非织造布多孔的性质，使孔隙分布有利于截留细小颗粒泥土又不至于淤堵，这必须结合工程的具体要求，予以满足。

机织布材料有长丝机织布和扁丝机织布两种，材料以聚丙烯为主。它应用于制作反滤布的土工模袋为多。机织土工布具有强度高、延伸率低的特点，广泛使用在水利工程中，用作防汛抢险、土坡地基加固、坝体加筋、各种防冲工程及堤坝的软基处理等。其缺点是过滤性和水平渗透性差，孔隙易变形，孔隙率低，最小孔径在 0.05～0.08mm，难以阻隔 0.05mm 以下的微细土壤颗粒；当机织布局部破损或纤维断裂时，易造成纱线绽开或脱落，出现的孔洞难以补救，因而应用受到一定限制。

6.3　渗透设施计算

6.3.1　规定渗透设施渗透量计算公式。

本条采用的公式为地下水层流运动的线性渗透定律，又称达西定律。

式中 α 为安全系数，主要考虑渗透设施会逐渐积淀尘土颗粒，使渗透效率降低。北方尘土多，应取低值，南方较洁净，可取高值。

水力坡降 J 是渗透途径长度上的水头损失与渗透途径长度之比，其计算式为：

$$J = \frac{J_s + Z}{J_s + \dfrac{Z}{2}}$$

式中　J_s——渗透面到地下水位的距离（m）；

Z——渗透面上的存水深度（m）。

当渗透面上的存水深 Z 与该面到地下水位的距离 J_s 相比很小时，则 $J \approx 1$。为安全计，当存水深 Z 较大时，一般仍采用 $J=1$。

本条公式的用途有两个：

1 根据需要渗透的雨水设计量求所需要的有效渗透面积；

2 根据设计的有效渗透面积求各时间段对应的渗透雨量。

6.3.2 规定土壤渗透系数的获取。

土壤渗透系数 K 由土壤性质决定。在现场原位实测 K 值时可采用立管注水法、圆环注水法，也可采用简易的土槽注水法等。城区土壤多为受扰动后的回填土，均匀性差，需取大量样土测定才能得到代表性结果。实测中需要注意应取入渗稳定后的数据，开始时快速渗透的水量数据应剔除。

土壤渗透系数表格中的数据取自刘兆昌等主编的《供水水文地质》。

6.3.3 规定各种形式的渗透面有效渗透面积折算方法。

1 水平渗透面是笼统地指平缓面，投影面积指水平投影面积；

2 有效水位指设计水位；

3 实际面积指 $1/2$ 高度下方的部分。

6.3.4 规定渗透设施内蓄积雨水量的确定方法。

渗透设施（或系统）的产流历时概念：一场降雨中，进入渗透设施的雨水径流流量从小变大再逐渐变小直至结束，过程中间存在一个时间段，在该时间段上进入设施的径流流量大于渗透设施的总入渗量。这个时间段即为产流历时。

本条公式中最大值 $\mathrm{Max}(W_c-W_s)$ 可如下计算：

步骤 1：对 W_c-W_p 求时间（降雨历时）导数；

步骤 2：令导数等于 0，求解时间 t，t 若大于 120min 则取 120；

步骤 3：把 t 值代入 W_c-W_s 中计算即得最大值。

降雨历时 t 高限值取 120min 是因为降雨强度公式的推导资料采用 120min 以内的降雨。

如上计算出的最大值如果大于按条文中（4.2.1-1）式计算的日雨水设计总量，则取小者。根据降雨强度计算的降雨量与日降雨量数据并不完全吻合，所以需作比较。

用（4.2.1-1）式计算日雨水设计总量时注意：汇水面积 F 按（6.3.5）式中的 F_y+F_0 取值。

求解 $\mathrm{Max}(W_c-W_s)$ 还可按如下列表法计算：

步骤 1：以 10min 为间隔，列表计算 30、40、…、120min 的 W_c-W_s 值；

步骤 2：判断最大值发生的时间区间；

步骤 3：在最大值发生区间细分时间间隔计算 W_c-W_s，即可求出 $\mathrm{Max}(W_c-W_s)$。

6.3.5 规定渗透设施的进水量计算公式。

本条公式（6.3.5）引自《全国民用建筑工程设计技术措施——给水排水》。集水面积指客地汇水面积，需注意集水面积 F_y 的计算中不附加高出集雨面的侧墙面积。

6.3.6 规定渗透设施的存储容积下限值。

存储容积 V_s 中包括填料（当有填料时）的容积。例如渗透管的 V_s 包含两部分：一部分是穿孔管内的容积，另一部分是管周围填料层所占的容积。穿孔管内无填料，孔隙率为 1，但计算中一般简化为按填料层孔隙率统一计算。入渗井存储容积中无填料部分占比例较大，应对井内和填料层的孔隙率分别计算。

存储空间中高于排水水位的那部分容积不计入存储容积 V_s，见图 17。比如小区中传统的雨水管道排除系统，管道中任一点的空间都高于下游端检查井内的排水口标高，雨水无法存储停留，故存储容积 $V_s=0$。

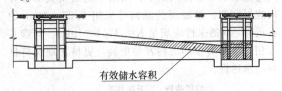

有效储水容积

图 17　存储容积

6.3.7 推荐绿地入渗计算的简化处理方法。

根据表 9 可以看出，绿地径流系数随降雨频率的升高而减小，当设计频率大于 20%，即设计重现期小于 5 年时，受纳等量面积（$F_汇/F_绿=1$）客地雨水的下凹绿地的径流系数应小于 0.22，所以，只要下凹绿地受纳的雨水汇水面积（包括绿地本身面积）不超过该绿地面积的 2 倍，相当于绿地受纳的客地汇水面积不超过该绿地的 1 倍，则绿地的径流系数和汇水面积的综合径流系数就小于 0.22，从而实现 4.1.5 条的要求。

7　雨水储存与回用

7.1　一般规定

7.1.1 规定雨水收集部位。

屋面雨水水质污染较少，并且集水效率高，是雨水收集的首选。广场、路面特别是机动车道雨水相对较脏，不宜收集。绿地上的雨水收集效率非常低，不经济。

图 18 表明了雨水集水面的污染程度与雨水收集回用系统的建设费及维护管理费之间的关系。要特别注意，雨水收集部位不同会给整个系统造成影响。也就是说，从污染较小的地方收集雨水，进行简单的沉淀和过滤就能利用；从高污染地点收集雨水，要设置深度处理系统，这是不经济的。

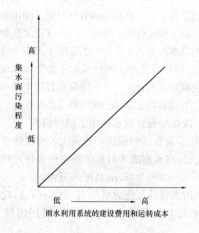

图 18　雨水收集回用系统的费用示意

7.1.2 规定雨水收集回用系统的水量平衡。

1 降雨重现期取 1～2 年是根据 4.1.5 条制定的。

2 回用系统的最高日用水量根据 3.2 节的用水定额计算，计算方法见现行国家标准《建筑给水排水设计规范》GB 50015。集水面日雨水设计总量根据（4.2.1-1）式计算。此款相当于管网系统有能力把日收集雨水量约 3 日内或更短时间用完。对回用管网耗用雨水的能力提出如此高的要求主要基于以下理由：

1） 条件具备。建设用地内雨水的需用量很大，比如公共建筑项目中的水体景观补水、空调冷却补水、绿地和地面浇洒、冲厕等用水，都可利用雨水，而汇集的雨水很有限，千平方米汇水面的日集雨量一般只几十立方米。只要尽量把可用雨水的部位都用雨水供应，则雨水回用管网的设计用水量很容易达到不小于日雨水设计总量 40% 的要求。

2） 提高雨水的利用率。管网耗用雨水的能力越大，则蓄水池排空得越快，在不增加池容积的情况下，后续的降雨（比如连续 3d、7d 等）都可收集蓄存进来，提高了水池的周转利用率或雨水的收集效率，或者说所需的储存容积相对较小，使回用雨水相对经济。

雨水利用还有其他的水量平衡方法，比如月平衡法，年平衡法。

3） 雨水量非常充沛足以满足需用量的地区或项目，雨水需用量小于可收集量，这种条件下，回用管网的用水应尽量由雨水供应，不用或少用自来水补水。在降雨最多的一个月，集雨量宜足以满足月用水量，做到不补自来水，而在其他月份，降雨量小从而集雨量减少，再用自来水补充。

7.1.3 规定雨水储存设施的设置规模。

本条规定了两种方法确定雨水储存设施的有效容积。

第一种方法计算简单，需要的数据也少。要求雨水储存设施能够把设计日雨水收集量全部储存起来，进行回用。这里未考虑让部分雨水溢流流失，也未折算雨水池蓄水过程中会有一部分雨水进入处理设施，故此容积偏大偏保守些。

第二种方法需要计算机模拟计算，并需要一年中逐日的降雨量和逐日的管网用水量资料。此方法首先设定大小不同的几个雨水蓄水池容积 V，并分别计算每个容积的年雨水利用率和自来水替代率，然后根据费用数学模型进行经济分析比较，确定其中的一个容积。年雨水利用率和自来水替代率的计算流程见图 19。

A：集水面积 $[m^2]$

Q：雨水用量 $[m^3/d]$

V：雨水储存池容积 $[m^3]$

a：降水量 $[mm/d]$

b：雨水储水量 $[m^3]$

b'：溢流量计算后的 b $[m^3]$

CW：自来水补水量 $[m^3/d]$

S：溢流水量 $[m^3/d]$

B：年雨水利用量 $[m^3/a]$

C：年雨水收集量 $[m^3/a]$

D：年用水量 $[m^3/a]$

U_1：雨水利用率 $[\%]$

U_2：自来水替代率 $[\%]$

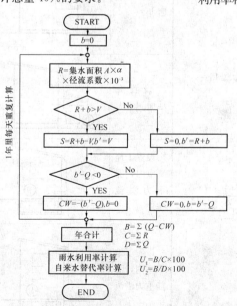

图 19　年雨水利用率和自来水替代率计算流程图

计算机模拟计算中，各符号与本规范的符号对应关系为：R—W，A—F，a—h_y

流程图的计算步骤如下：

1) 已知某日降雨资料 a（mm/d），可以推求雨水设计量 R（m³/d）：

R＝汇水面积 A（m²）$\times a \times$径流系数$\times 10^{-3}$

2) 已知雨水设计量 R、雨水蓄水池 V（m³）和雨水蓄水池储水量 b（m³）$=0$，可以推求雨水蓄水池溢流量 S（m³/d）：

当 $R+b>V$ 时，$S=R+b-V$

当 $R+b<V$ 时，$S=0$

3) 此时的雨水储存量 b'（m³）求解为：

当 $R+b>V$ 时，$b'=V$

当 $R+b<V$ 时，$b'=R+b$

4) 根据蓄水池储水量 b' 和使用水量 Q，可以求出自来水补给量 CW（m³）：

当 $b'-Q<0$ 时，$CW=-(b'-Q)$

当 $b'-Q>0$ 时，$CW=0$

5) 此时的雨水蓄水池储水量 b''（m³）求解为：

当 $b'-Q<0$ 时，$b''=0$

当 $b'-Q>0$ 时，$b''=b'-Q$

6) 把 b'' 作为 b，可以进行第二天的计算。

7) 由一整年的降雨资料，进行 1）～6）重复计算。

8) 由以上计算结果，可以根据下式算出年雨水利用量 B（m³/年），年雨水收集量 C（m³/年）和年使用量 D（m³/年）：

$$B=\sum(Q-CW),C=\sum R,D=\sum Q$$

下面求解雨水利用率（％）和自来水替代率（％），见下式：雨水利用率（％）＝$B\div C\times 100$＝雨水利用量÷雨水收集量$\times 100$

自来水替代率（％）＝$B\div D\times 100$

＝雨水利用量÷使用水量$\times 100$

＝雨水利用率×雨水收集量÷使用水量

注：使用水量＝雨水利用量＋自来水补给量

模拟计算中水量均衡概念见图20。

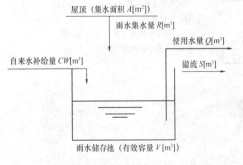

图 20　雨水储存池的水量均衡概念图

上述模拟计算方法的基础数据是逐日降雨量和逐日用水量，而工程设计中，管网中的逐日用水量如何变化是未知的（本规范 3.2 节的用水定额不可作为逐日用水量），这使得计算几乎无法完成，正如给水系统、热水系统中的储存容积计算一样。用最高日用水量或平均日用水量代替逐日用水量都会使计算结果失真。

7.1.4 推荐水面景观水体用于储存雨水。

水面景观水体的面积一般较大，可以储蓄大量雨水，做法是在水面的平时水位和溢流水位之间预留一定空间，如 100～300mm 高度或更大。

7.1.5 雨水设计径流总量中有 10％左右损耗于水质净化过程和初期径流雨水弃流，故可回用量为 90％左右。

7.1.6 规定雨水清水池的容积。

管网的供水曲线在设计阶段无法确定，水池容积一般按经验确定。条文中的数字 25％～35％，是借鉴现行国家标准《建筑中水设计规范》GB 50336。

7.2　储存设施

7.2.1 推荐雨水蓄水池（罐）设置位置。

雨水蓄水池（罐）设在室外地下的益处是排水安全和环境温度低、水质易保持。水池人孔或检查孔设双层井盖的目的是保护人身安全。

雨水蓄水池（罐）也可以设在其他位置，参见表18。

表 18　雨水蓄水池设置位置

设置地点	图　示	主　要　特　点
设置在屋面上		1) 节省能量，不需要给水加压 2) 维护管理较方便 3) 多余雨水由排水系统排除
设置在地面		维护管理较方便
设置于地下室内，能重力溢流排水		1) 适合于大规模建筑 2) 充分利用地下空间和基础
设置于地下室内，不能重力溢流排水		必须设置安全的溢流措施

7.2.2 规定储存设施应有溢流措施。

雨水收集系统的蓄水构筑物在发生超过设计能力降雨、连续降雨或在某种故障状态时，池内水位可能超过溢流水位发生溢流。重力溢流指靠重力作用能把溢流雨水排放到室外，且溢流口高于室外地面。

7.2.3 规定溢流能力要求。

溢流排水能力只有比进水能力大，才能保证系统安全性。通常，溢流管比进水管管径大一级是给水容器中的常规做法。

7.2.4 规定室内蓄水池不能重力溢流时的设置方法。

本条规定的目的是保证建筑物地下室不因降雨受淹。

1 室内蓄水池的溢流口低于室外路面时，可采用两种方式排除溢流雨水，自然溢流或设自动提升设备。当采用自动提升设备排溢流雨水时，可采用图21所示方式设置溢流排水泵。溢流提升设备的排水标准取50年重现期参照的是现行国家标准《建筑给水排水设计规范》GB 50015屋面溢流标准。德国雨水利用规范中取的是100年重现期。

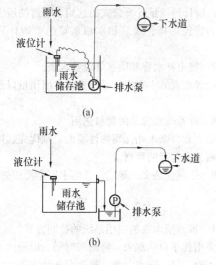

图 21 溢流排水方式示意
(a) 排水泵设于雨水储存池内；
(b) 排水泵设于雨水储存池外

2 当不设溢流提升设备时，可采用雨水自然溢流。但由于溢流口低于室外路面，则路面发生积水时会使雨水溢流不出去，甚至室外雨水倒灌进室内蓄水池。所以采用这种方式处理溢流雨水时应采取防止雨水进入室内的措施。采取的措施有多种，最安全的措施是蓄水池、弃流池与室内地下室空间隔开，使雨水进不到地下室内。另一种措施是地下雨水蓄水池和弃流池密闭设置，当溢流发生时不使溢流雨水进入室内，检查口标高应高于室外自然地面。由于蓄水构筑物可能被全部充满，必须设置的开口、孔洞不可通往室内，这些开口包括人孔、液位控制器或供电电缆的

开口等等，采用连通器原理观察液位的液位计亦不可设在建筑物室内。

3 地下室内雨水蓄水池发生的溢流水量有难以预测的特点，出现溢流时特别是需设备提升溢流雨水时应人员到位，应付不测情况，这是设置溢流报警信号的主要目的。

4 设置超越管的作用是蓄水池故障时屋面雨水仍能正常排到室外。

7.2.5 规定蓄水池进、出水的设置要求。

出水和进水都需要避免扰动沉积物。出水的做法有：设浮动式吸水口，保持在水面下几十厘米处吸水；或者在池底吸水，但吸水口端设矮堰与积泥区隔开等。进水的做法是淹没式进水且进水口向上、斜向上或水平。图22所示为浮动式吸水口和上向进水口。

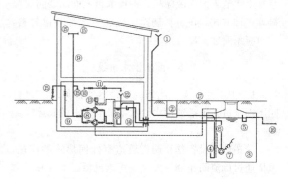

图 22 雨水蓄存利用系统示意
①屋面集水与落水管；②滤网；③雨水蓄水池；④稳流进水管；⑤带水封的溢流管；⑥水位计；⑦吸水管与水泵；⑧泵组；⑨回用水供水管；⑩自来水管；⑪电磁阀；⑫自由出流补水口；⑬控制器；⑭补水混合水池；⑮用水点；⑯渗透设施或下水道；⑰室外地面

进水端均匀进水方式包括沿进水边设溢流堰进水或多点分散进水。

7.2.6、7.2.7 规定蓄水池构造方面的部分要求。

检查口或人孔一般设在集泥坑的上方，以便于用移动式水泵排泥。检查口附近的给水栓用于接管冲洗池底。

有的成品装置（型材拼装）把蓄水池和水质处理合并为一体，其中设置分层沉淀板，高效沉淀，自动集泥，故池底板无需集泥，可不再需要坡度。

7.2.8 规定蓄水池无排泥设施时的处置方法。

当不具备设置排泥设施或排泥确有困难时，应在雨水处理前自动冲洗水池池壁和将蓄水池内的沉淀物与水搅匀，随净化系统排水将沉淀物排至污水管道，以免在蓄水池内过量沉淀。可采用图23所示方式利用池水作为冲洗水源，由自动控制系统控制操作。

搅拌系统应确保在工作时间段内将池水与沉淀物充分有效均匀混合。

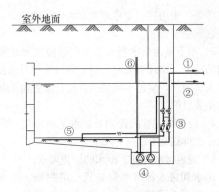

图 23　无排泥设施蓄水池做法示意
①至处理系统；②溢流管；③控制阀门；④雨水
处理提升泵；⑤搅拌冲洗系统；⑥液位控制器

7.2.10　国内外资料显示，蓄水池材料可选用塑料、混凝土水池表面涂装涂料、钢板水箱表面涂装防腐涂料等多种方式，在材料选择中应注意选择环保材料，表面应耐腐蚀、易清洁。

7.3　雨水供水系统

7.3.1　强制性条文。此条规定是落实总则中"严禁回用雨水进入生活饮用水给水系统"要求的具体措施之一。

管道分开设置禁止两类管道有任何形式的连接，包括通过倒流防止器等连接。管道包括配水管和水泵吸水管等。

7.3.2　规定雨水回用系统设置自动补水及其要求。

雨水回用系统很难做到连续有雨水可用，因此须设置稳定可靠的补水水源，并应在雨水储罐、雨水清水池或雨水供水箱上设置自动补水装置，对于只设雨水蓄水池的情况，应在蓄水池上设置补水。在非雨季，可采用补水方式，也可关闭雨水设施，转换成其他系统供水。

1　补水可能是生活饮用水，也可能是再生水，要特别注意补充的再生水水质不可低于雨水的水质。

2　雨水供应不足应在如下情况下进行补水：

　　1）雨水蓄水池里没有了雨水；
　　2）雨水清水池里的雨水已经用完。

发生任何一种情况便应启动补水。

补水水位应满足如下要求：补水结束时的最高水位之上应留有容积，用于储存处理装置的出水，使雨水处理装置的运行不会因补水而被迫中断。

3　补水流量一般不应小于管网系统的最大时水量。

7.3.3　强制性条文。规定生活饮用水做补水的防污染要求。

生活饮用水补水管出口，最好不进入雨水池（箱）之内，即使设有空气隔断措施。补水可在池（箱）外间接进入，特别是向雨水蓄水池补水时。池

外补水方式可参见图 22。

7.3.4　规定雨水供水管网的覆盖范围。

雨水供水管网的供应范围应该把水量平衡计算中耗用雨水的用水部位都覆盖进来，才能使收集的雨水及时供应出去，保证雨水利用设施发挥作用。工程中有条件时，雨水供水管网的供水范围应尽量比水量计算的部位扩大一些，以消除计算与实际用水的误差，确保雨水能及时耗用掉，使雨水蓄水池周转出空余容积收集可能的后续雨水。

7.3.5　推荐不同水质的用水分质供水。

这是一种比较特殊的情况。雨水一般可有多种用途，有不同的水质标准，大多采用同一个管网供水，同一套水质处理装置，水质取其中的最高要求标准。但是有这样一种情况：标准要求最高的那种用水的水量很小，这时再采用上述做法可能不经济，宜分开处理和分设管网。

7.3.6　规定雨水系统的供水方式和计算要求。

供水方式包括水泵水箱的设置、系统选择、管网压力分区等。

水泵选择和管道水力计算包括用水点的水量水压确定、设计秒流量计算公式的选用、管道的压力损失计算和管径选择、水泵和水箱水罐的参数计算与选择等。

7.3.7　规定补水管和供水管设置水表。

设置水表的主要作用是核查雨水回用量以及经济核算。

7.3.8　推荐雨水管道的管材选用。

雨水和自来水相比腐蚀性要大，宜优先选用管道内表面为非金属的管材。

7.3.9　强制性条文。规定保证雨水安全使用的措施。

7.4　系　统　控　制

7.4.1　推荐雨水收集回用系统的控制方式。

降雨属于自然现象，降雨的时间、雨量的大小都具有不确定性，雨水收集、处理设施和回用系统应考虑自动运行，采用先进的控制系统降低人工劳动强度、提高雨水利用率，控制回用水水质，保障人民健康。给出的三种控制方式是电气专业的常规做法。

7.4.3　推荐对设备运行状态监控。

对水处理设施的自动监控内容包括各个工艺段的出水水质、净化工艺的工作状态等。回用水系统内设备的运行状态包括蓄水池液位状态、回用水系统的供水状态、雨水系统的可供水状态、设备在非雨季时段内的可用状态等。并能通过液位信号对系统设备运行实施控制。

7.4.4　推荐净化设备自动控制运行。

降雨具有季节性，雨季内的降雨也并非连续均匀。由于雨水回用系统不具备稳定持续的水源，因此雨水净化设备不能连续运转。净化设备开、停等应由

雨水蓄水池和清水池的水位进行自动控制。

7.4.5 规定常规监控内容。

水量计量可采用水表,水表应在两个部位设置,一个部位为补水管,另一个部位是净化设备的出水管或者是向回用管网供水的干管上。

7.4.6 规定补水自动进行。

雨水收集、处理系统作为回用水系统供水水源的一个组成部分,本身具有水量不稳定的缺点,回用水系统应具有如生活给水、中水给水等其他供水水源。当采用其他供水水源向雨水清水池补水的方式时,补水系统应由雨水清水池的水位自动控制。清水池在其他水源补水的满水位之上应预留雨水处理系统工作所需要的调节容积。

8 水质处理

8.1 处理工艺

8.1.1 规定确定雨水处理工艺的原则。

影响雨水回用处理工艺的主要因素有:雨水能回收的水量、雨水原水水质、雨水回用部位的水质要求,三者相互联系,影响雨水回用水处理成本和运行费用。在工艺流程选择中还应充分考虑其他因素,如降雨的随机性很大,雨水回收水源不稳定,雨水储蓄和设备时常闲置等,目前一般雨水利用尽可能简化处理工艺,以便满足雨水利用的季节性,节省投资和运行费用。

8.1.2 推荐雨水处理中所采用的常规技术。

雨水的可生化性很差(详见 3.1.2 条说明),因此推荐雨水处理采用物理、化学处理等便于适应季节间断运行的技术。

雨水处理是将雨水收集到蓄水池中,再集中进行物理、化学处理,去除雨水中的污染物。目前给水与污水处理中的许多工艺可以应用于雨水处理中。

8.1.3 推荐屋面雨水的常规处理工艺。

确定屋面雨水处理工艺的原则是力求简单,主要原因是:第一,屋面雨水经初期径流弃流后水质比较洁净;第二,降雨随机性较大,回收水源不稳定,处理设施经常闲置。

1 此工艺的出水当达不到景观水体的水质要求时,考虑利用景观水体的自然净化能力和水体的处理设施对混有雨水的水体进行净化。当所设的景观水体有确切的水质指标要求时,一般设有水体净化设施。

2 此处理工艺可用于原水较清洁的城市,比如环境质量较好或雨水频繁的城市。

3 根据北京水科所的实际工程运行经验,当原水 COD_{cr} 在 100mg/L 左右时,此工艺对于原水的 COD_{cr} 去除率一般可达到 50%左右。

8.1.4 规定较高水质要求时的处理措施。

用户对水质有较高的要求时,应增加相应的深度处理措施,这一条主要是针对用户对水质要求较高的场所,其用水水质应满足国家有关标准规定的水质,比如空调循环冷却水补水、生活用水和其他工业用水等,其水处理工艺应根据用水水质进行深度处理,如混凝、沉淀、过滤后加活性炭过滤或膜过滤等处理单元等。

8.1.5 推荐消毒方法。

本条是根据经验推荐雨水回用水的消毒方式,一般雨水回用水的加氯量可参考给水处理厂的加氯量。依据国外运行经验,加氯量在 2~4mg/L 左右,出水即可满足城市杂用水水质要求。

8.1.6 雨水处理过程中产生的沉淀污泥多是无机物,且污泥量较少,污泥脱水速度快,一般考虑简单的处置方式即可,可采用堆积脱水后外运等方法,一般不需要单独设置污泥处理构筑物。

8.2 处理设施

8.2.1 规定雨水处理设施的处理能力。

根据 7.1.2 条第 2 款,回用系统的日用雨水能力 W_y 应大于 0.4W,并且当大于 W 时,W_y 宜取 W。

雨水处理设备的运行时间建议取每日 12~16h。

8.2.2 规定雨水蓄水池的设计。

雨水在蓄水池中的停留时间较长,一般为 1~3d 或更长,具有较好的沉淀去除效率,蓄水池的设置应充分发挥其沉淀功能。另外雨水在进入蓄水池之前,应考虑拦截固体杂物。

8.2.3 推荐过滤处理的方式。

石英砂、无烟煤、重质矿石等滤料构成的快速过滤装置,都是建筑给水处理中一些较成熟的处理设备和技术,在雨水处理中可借鉴使用。雨水过滤设备采用新型滤料和新工艺时,设计参数应按实验数据确定。当雨水回用于循环冷却水时,应进行深度处理。深度处理设备可以采用膜过滤和反渗透装置等。

9 调蓄排放

9.0.1、9.0.2 规定调蓄池的设置位置和方式。

随着城市的发展,不透水面积逐渐增加,导致雨水流量不断增大。而利用管道本身的空隙容积来调节流量是有限的。如果在雨水管道设计中利用一些天然洼地、池塘、景观水体等作为调蓄池,把雨水径流的高峰流量暂存在内,待洪峰径流量下降后,再从调节池中将水慢慢排出,由于调蓄池调蓄了洪峰流量,削减了洪峰,这样就可以大大降低下游雨水干管的管径,对降低工程造价和提高系统排水的可靠性很有意义。

此外,当需要设置雨水泵站时,在泵站前如若设置调蓄池,则可降低装机容量,减少泵站的造价。

若没有可供利用的天然洼地、池塘或景观水体作调蓄池，亦可采用人工修建的调蓄池。人工调蓄池的布置，既要考虑充分发挥工程效益，又要考虑降低工程造价。

9.0.3 推荐调蓄池的设置类型。

1 溢流堰式调蓄池

调蓄池通常设置在干管一侧，有进水管和出水管。进水较高，其管顶一般与池内最高水位持平；出水管较低，其管底一般与池内最低水位持平。

2 底部流槽式调蓄池

雨水从池上游干管进入调蓄池，当进水量小于出水量时，雨水经设在池最低部的渐缩断面流槽全部流入下游干管而排走。池内流槽深度等于池下游干管的直径。当进水量大于出水量时，池内逐渐被高峰时的多余水量所充满，池内水位逐渐上升，直到进水量减少至小于池下游干管的通过能力时，池内水位才逐渐下降，至排空为止。

9.0.4 推荐调蓄设施的规模。

推荐调蓄排放系统的降雨设计重现期取 2 年是执行 4.1.5 条的规定。

9.0.5 推荐调蓄池容积和排水流量的计算方法。

公式（9.0.5）类似于渗透设施的蓄积雨水量计算式（6.3.4），两式的主要差别是本条公式中用排放水量 $Q't_m$ 取代了渗透量 W_s，另外进水量 Qt_m（相当于 W_c）不再乘系数 1.25。

本条两个公式中的 Q 和 W 都按 4.2.1 条公式计算，计算中需注意汇水面积的计算中不附加高出集雨面的侧墙面积。排空时间取 6～12h 为经验数据。

9.0.6 推荐排空管道直径的确定方法。

向外排水的流量最高值发生在调蓄池中的最高水位之时，根据设计排水流量和调蓄池的设计水位，便可计算确定调蓄池出水管径和向市政排水的管径。

排水管道管径也可以根据排空时间方法确定。调蓄池放空时间按照水力学中变水头下的非稳定出流进行计算，按此原则确定池出水管管径。为方便计算，一般可按照调蓄池容积的大小，先估算出水管管径，然后按照调蓄池放空时间的要求校核选用的出水管管径是否满足。放空时间一般要求控制在 12h 以内。

10 施工安装

10.1 一般规定

10.1.1、10.1.2 规定施工的设计文件和队伍资质要求。

雨水利用工程包含了雨水收集、水质处理、室内外管道安装等内容，比常规的雨水管道系统涵盖的内容多，系统复杂，施工要求更加严格。施工过程是雨水利用系统的一个关键环节，施工时是否按照经所在地行政主管部门批准的图纸施工、是否采用正确的材料、处理设备安装调试是否达到要求，渗透设施的施工能否满足设计要求的雨水量等都可能对雨水利用系统产生重要影响。因此施工前，施工单位应熟悉设计文件和施工图，深入理解设计意图及要求，严格按照设计文件、相应的技术标准进行施工，不得无图纸擅自施工，施工队伍必须有国家统一颁发的相应资质证书。

10.1.3 规定施工人员的基本要求。

由于设计可能采用不同材质的管道，每种管道有其各自的材料特点，因此施工人员均必须经过相应管道的施工安装技术培训，以确保施工质量。

10.1.5 规定雨水入渗工程施工前的必要工作。

雨水渗透设施在施工前，应根据施工场地的地层构造、地下水、土壤、周边的土地利用以及现场渗透实验所得出的渗透量，校核采用的渗透设施是否满足设计要求。

10.1.6 规定渗透填料的技术要求。

雨水渗透设施采用的粗骨料一般为粒径 20～30mm 的卵石或碎石，骨料应冲洗干净。

10.1.7 对屋面雨水系统的施工更改提出程序要求。

屋面雨水特别是虹吸式屋面雨水收集系统是设计单位在对系统进行了详细的水力计算的基础上进行的设计，施工单位在施工过程中更改设计，如管材的变化、管径的调整、管道长度的更改等，都会破坏系统的水力平衡，破坏虹吸产生的条件。

10.2 埋地渗透设施

10.2.1 规定渗透设施施工的总体要求。

渗透设施的渗透能力依赖于设置场所土壤的渗透能力和地质条件。因此，在渗透设施施工安装时，不得损害自然土壤的渗透能力是十分重要的，必须予以充分的重视。注意事项如下：

1 事前调查包括设置场所地下埋设构筑物调查；周边地表状况和地形坡度调查；地下管线和排水系统调查，并确定渗透设施的溢流排水方案；分析雨水入渗造成地质危害的可能性；

2 选择施工方法要考虑其可操作性、经济性、安全性。根据用地场所的制约条件确定人力施工或机械施工的施工方案；

3 工程计划要制定出每一天适当的作业量，为了保护渗透面不受影响，应注意开挖面不可隔夜施工。施工应避开多雨季节，降雨时不应施工。

10.2.2～10.2.4 对渗透设施的施工过程提出技术要求。

入渗井、渗透雨水口、渗透管沟、入渗池等渗透设施应保证施工安装的精确度，对成套成品应有可靠的成品保护措施，施工现场应保证清洁，防止泥沙、石料等混入渗透设施内，影响渗透能力和设施的正常使用。

1 土方开挖工作可用人工或小型机械施工，在有滑坡危险的山地区域，应有护坡保土措施。在采用机械挖掘时，挖掘工作从地面向下进行，表面用铁锹等器具剥除。剥落的砂土要予以排除。在用铁锹等进行人工挖掘时，应对侧面做层状剥离，切成光滑面。为了保护挖掘底面的渗透能力，应避免用脚踏实。应尽力避免超挖，在不得已产生超挖时，不得用超挖土回填，应用碎石填充。在挖掘过程中，发现与当初设想的土壤不符时，应从速与设计者商议，采取切实可行的对策。

2 沟槽开挖后，为保护底面应立即铺砂，但是地基为砂砾时可以省略铺砂。铺砂用脚轻轻的踏实，不得用滚轮等机械碾压。砂用人工铺平。

3 为防止砂土进入碎石层影响储存和渗透能力、可能产生的地面沉陷，充填碎石应全面包裹土工布。透水土工布应选用其孔隙率相当的产品，防止砂土侵入。为便于透水土工布的作业，对挖掘面作串形固定。

4 为防止砂土混入碎石，应从底面向上敷设土工布；碎石投放可用人工或机械施工，注意不要造成土工布的陷落；充填碎石时为防止下沉和塌陷进行的碾压应以不影响碎石的透水能力和储留量为原则，碾压的次数和方法要予以充分考虑。

5 成品井体、管沟等应轻拿轻放，宜采用小型机械运输工具搬运，严禁抛落、踩压等野蛮施工。井体的安装应在井室挖掘后快速进行，施工中应协调砾石填充和土工布的敷设，避免造成土工布的陷落和破损。当采用砌筑的井体时，井底和井壁不应采用砂浆垫层或用灰浆勾缝防渗。施工期间井体应做盖板，埋设时防止砂土流入。井体接好后，再接连接管（集水管、排水管、透水管等），最后安装防护筛网。

6 渗透管沟的坡度和接管方向应满足设计要求，当使用底部不穿孔的穿孔管沟时，应注意管道的上下面朝向。

7 渗透管沟施工完毕后，对填埋的回填土宜采用滚轮充分碾压。由于碎石之间相互咬合，可能引起初期下沉，回填后1~2d应该注意观察并修补。回填土壤上部应使用优良土壤。

8 工程完工后，进行多余材料整理和清扫工作，泥沙等不可混入渗透设施内。

9 工程完工后应进行渗透能力的确认，在竣工时，选定几个渗透设施，根据注水试验确定其渗透能力。渗透管沟在其长度很长的情况下，注水试验要耗用大量的水，预先选2~3m试验区较好。此举便于长年测定渗透能力的变化。注水试验原则上采用定水位法，受条件限制也可以用变水位法。

10.3 透水地面

10.3.2 规定透水地面基层的施工要求。

基层开挖不应扰乱路床，开挖时防止雨水流入路床，施工做好排水。采用人工或小型压路机平整路床，尽量不破坏路床，并保证路基的平整，做好路面的纵向坡度。路基碾压一般使用小型压实器或者小型压路器，要充分掌握路床土壤的特性，不得推揉和过碾压。火山灰质黏土含水量多，易造成返浆现象，使强度下降，施工中要充分注意排水。

10.3.3 规定透水地面透水垫层的施工要求。

透水垫层除了采用砂石外，还可采用透水性混凝土。透水性混凝土垫层所用水泥宜选用 P.O32.5、P.S32.5 以上标号，不得使用快硬水泥、早强水泥及受潮变质过期的水泥；所用石子应符合《普通混凝土用碎石或卵石质量标准及检验方法》JGJ 53-92 的有关规定，粒径应在 5~10mm 之间，单级配，5mm 以下颗粒含量不应大于 35%（体积比）。透水性混凝土垫层的配合比应根据设计要求，通过试验确定；透水性混凝土摊铺厚度应小于 300mm，应机械或人工方法进行碾压或夯实，使之达到最大密实度的 92% 左右。

10.3.5 规定透水面砖及其敷设要求。

透水面砖可采用透水性混凝土路面砖、透水性陶瓷路面砖、透水性陶土路面砖等透水性好、环保美观的路面砖，并应满足设计要求。透水路面砖应按景观设计图案铺设，铺砖时应轻拿轻放，采用橡胶锤敲打稳定，不得损伤砖的边角；透水砖间应预留 5mm 的缝隙，采用细砂填缝，并用高频小振幅振平机夯平。铺设透水路面砖前应用水湿润透水路基，透水砖铺设后的养护期不得少于 3d。

10.3.6 规定透水性混凝土面层及其施工要求。

为保证透水路面的整体透水效果和强度，混凝土垫层夏季施工要做好洒水养护工作；冬季（日最低气温低于 2℃）应避免无砂混凝土垫层施工。

透水性沥青混凝土按下列要求施工：

1）应使用人力或沥青修整器保证敷设均匀，在混合物温度未冷却前迅速施工。为确保规定的密度，混合材料不能分离。使用沥青修整器敷均时，必须人工修正。在温度降低时，有团块或沥青分离物，在敷均时注意予以剔除。

2）步行道碾压使用夯或小型压路机；车行道使用碎石路面压路机和轮胎压路机，确保路面平坦，特别是接缝处应仔细施工。

透水性水泥混凝土按下列要求施工：

1）在路盘上安好模板后，对路盘面进行清扫；

2) 人工操作时用耙子敷均,用压实器压实,用刮板找平。

10.4 管道敷设

10.4.1 规定回用雨水管道在室外埋地敷设时的技术要求。

南方地区与北方地区温度差别较大,冻土层深度不一。一般情况下室外埋地管道均需敷设在冻土层以下。当条件限制必须敷设在冻土层内时,需采取可靠的防冻措施。

10.4.2 规定屋面雨水管道系统的试压要求。

室内的虹吸式屋面雨水收集管道必须有一定的承压能力,灌水实验时,灌水高度必须达到每根立管上部雨水斗,持续时间 1h。管道、管件和连接方式要求的负压值,是保证系统正常工作的要求,避免管道被吸瘪。

10.5 设备安装

10.5.1 水处理设备的安装应按照工艺流程要求进行,任何安装顺序、安装方向的错误均会导致出水不合格。检测仪表的安装位置也对检测精度产生影响,应严格按照说明书进行安装。

11 工 程 验 收

雨水利用工程可参照给水排水工程验收等相关规范、规程、规定,按照设计要求,及时逐项验收每道工序,并取样试验。另外,还应结合外形量测和直观检查,并辅以调查了解,使验收的结论定性、定量准确。

11.1 管道水压试验

11.1.1 规定埋地管道的试压要求。

雨水回用管道在回填土前,在检查井间管道安装完毕后,即应做闭水试验。并应符合现行国家标准《给水排水管道工程施工及验收规范》GB 50268 中的有关要求。

11.1.2 规定雨水储存设施的试压要求。

敞口雨水蓄水池(罐)应做满水试验:满水试验静置 24h 观察,应不渗不漏;密闭水箱(罐)应做水压试验:试验压力为系统的工作压力 1.5 倍,在试验压力下 10min 压力不降,不渗不漏。

11.2 验 收

11.2.1 规定须验收的项目内容。

雨水利用工程的验收,应根据有关规范、规程及地方性规定按系统的组成逐项进行。

1 工程布置。

验收应检查各组成部分是否齐全、配套,布置是否合理。验收可采用综合评判法,以能否提高雨水利用效率为前提。

2 雨水入渗工程。

雨水入渗工程的面积可采用量测法,其质量可采用直观检查法。雨水入渗工程雨水入渗性能符合要求、引水沟(管)渠、沟坎及溢流设施布置合理、雨水入渗工程尺寸不得小于设计尺寸。

3 雨水收集传输工程。

雨水收集传输应采用量测法与直观检查法。收集传输管道坡度符合要求,雨水口、雨水管沟、渗透管沟、入渗井以及检查井布置合理,收集传输管道长度与大小不得小于设计值。

4 雨水储存与处理工程。

工程容积检查宜采用量测法,工程质量可采用直观检查和访问相结合的方法,要求工程牢固无损伤,防渗性能好为原则,初期径流池、蓄水池、沉淀池、过滤池及配套设施齐全,质量符合要求。

5 雨水回用工程。

雨水回用工程可采用试运行法,雨水回用符合设计要求。

6 雨水调蓄工程。

雨水调蓄工程宜采用量测法和直观检查法,调蓄工程设施开启正常,工程尺寸和质量符合设计要求。

11.2.3 规定验收的文件内容。

管网、设备安装完毕后,除了外观的验收外,功能性的验收必不可少。管道是否畅通、流量是否满足设计要求、水质是否满足标准等等均须进行验收。不满足要求的部分施工整改后须重新验收,直至验收合格。本条要求的文件可反映系统的功能状况。

11.2.5 竣工资料的收集对工程质量的验收以及日后系统的维护、维修有着重要的指导作用,这一程序必不可少。

12 运 行 管 理

12.0.1 规定设施运行管理的组织和任务。

雨水利用工程的管理应按照"谁建设,谁管理"的原则进行。为争取小区居民对雨水利用的支持,小区应进行雨水宣传,并纳入相关规定,以保障雨水利用设施的运行,对渗透设施实施长期、正确的维护,必须建立相应的管理体制。

为了确保渗透设施的渗透能力,保证公共设施使用人员和通行车辆的安全,应对渗透设施实行正常的维护管理。单一的渗透设施规模很小,而设备的件数又非常多,往往设在居民区、公园及道路等场所。对这些各种各样的设施,保持一定的管理水平,确定适当的管理体制是重要的。渗透设施的维护管理主体是居民和物业管理公司,雨水利用的效果依赖于政府管理机构、技术人员和普通市民的密切联系。单栋住宅的雨水利用设施与渗透设施并用，居民同时也是雨水利用设施的维护管理者，渗透设施的维护管理的必要性从认识上容易被忽视。设置在公共设施中的渗透设施，建设单位有必要通过有效合作，明确各方费用的分担、各自责任及管理方法。

12.0.3 规定雨水利用系统的各组成部分需要清扫和清淤。

特别是在每年汛期前，对渗透雨水口、入渗井、渗透管沟、雨水储罐、蓄水池等雨水滞蓄、渗透设施进行清淤，保障汛期滞蓄设施有足够的滞蓄空间和下渗能力，并保障收集与排水设施通畅、运行安全。

12.0.4 规定不得向雨水收集口排放污染物。

居住小区中向雨水口倾倒生活污废水或污物的现象较普遍，特别是地下室或首层附属空间住有租户的小区。这会严重破坏雨水利用设施的功能，运行管理中必须杜绝这种现象。

12.0.5 规定渗透设施的技术管理内容。

渗透设施的维护管理，着眼于持续的渗透能力和稳定性。渗透设施因空隙堵塞而造成渗透能力下降。在渗透设施接有溢水管时，能直观大体的判断机能下降的情况。

维护管理着重以下几方面：

1）维持渗透能力，防止空隙堵塞的对策，清扫的方法及频率，使用年限的延长。

2）渗透设施的维修、检查频率，井盖移位的修正，破损的修补，地面沉陷的修补。

3）降低维护管理成本，减少清扫次数，便于清扫等。

4）对居民、管理技术人员等进行普及培训。

维护管理的详细内容如下：

1）设施检查。

设施检查包括机能检查和安全检查。机能检查是以核定渗透设施的渗透机能为检查点，安全检查是以保证使用人员、通过人员及通行车辆安全以及排除对用地设施的影响所作的安全方面的检查。定期检查原则上每年一次。另外，在发布暴雨、洪水警报和用户投诉时要进行非常时期的特殊要求检查。年度检查应对渗透设施全部检查，受条件所限时，检查点可选择在砂土、水易于汇集处，减少检查频次和场所，减少人力和经济负担。渗透设施机能检查和安全检查内容见表19。

表 19　渗透设施检查的内容

内容	机能检查	安全检查
检查项目	1. 垃圾的堆积状况。 2. 垃圾过滤器的堵塞状况。 3. 周边状况（裸地砂土流入的状况和现状），附近有无落叶树的状况。 4. 有无树根侵入状况	1. 井盖的错位。 2. 设施破损变形状况。 3. 地表下沉、沉陷情况

续表 19

内容	机能检查	安全检查
检查方法	1. 目视垃圾侵入状况。 2. 用量器测量垃圾的堆积量。 3. 确认雨天的渗透状况。 4. 用水桶向设施内注水，确认渗透情况	1. 设施外观目视检查。 2. 用器具敲打确定裂缝等情况
检查重点	1. 排水系统终点附近的设施。 2. 裸地和道路排水直接流入的设施。 3. 设在比周边地面低、雨水汇流区的设施。 4. 上部敞开的设施	1. 使用者和通行车辆多的地方。 2. 过去曾经产生过沉陷的场所
检查时间	1. 定期检查：原则上每年一次以上。 2. 不定期检查： 　1）梅雨期和台风季节雨水量多的时期。 　2）发布大雨、洪水警报时。 　3）周边土方工程完成后。 　4）用户投诉时	

2）设施的清扫（机能恢复）。

依据检查结果，进行以恢复渗透设施机能为目的的清扫工作。清扫的内容有清扫砂土、垃圾、落叶，去除防止孔隙堵塞的物质、清扫树根等，同时渗透设施周围进行清扫也是必要的。另外，清扫时的清洗水不得进入设施内。

清扫方法，在场地狭小、个数较少时可用人工清扫；对数量多型号相同的设施宜使用清扫车和高压清洗。渗透设施在正常的维护管理条件下经过 20 年，其渗透能力应无明显的下降。

各种渗透设施的清扫内容见表20。

3）设施的修补。

设施破损以及地表面沉陷时需要进行修补。不能修补时可以替换或重新设置。地表面发生沉陷和下沉时，必须调查产生的原因和影响范围，采取相应的对策。

表 20　清扫内容和方法

设施种类	清扫内容和方法	注意事项
入渗井	1. 清扫方法有人工清扫和清扫车机械清扫。 2. 对呈板结状态的沉淀物，采用高压清扫方法。 3. 当渗透能力大幅度下降时，可采用下列方法恢复： 　a. 砾石表面反压清洗。 　b. 砾石挖出清洗或更换	1. 采用高压清扫时，应注意在喷射压力作用下会使渗透能力下降。 2. 清扫排水，不得向渗透设施内回流

设施种类	清扫内容和方法	注 意 事 项
渗透管沟	管口滤网用人工清扫，渗透管用高压机械清扫	采用高压清扫时，应注意在喷射压力作用下会使渗透能力下降
透水铺装	去除透水铺装空隙中的土粒，可采用下列方法：1. 使用高压清洗机械清洗 2. 洒水冲洗 3. 用压缩空气吹脱	应注意清洗排水中的泥沙含量较高，应采取妥善措施处置

4）设施机能恢复的确认。

设施机能恢复的确认方法，原则上有定水位法和变水位法，应通过试验来确定。各种设施的机能确认方法要点见表21。

表21　设施机能恢复确认方法要点

种 类	机能恢复确认方法	要 点
入渗井渗透雨水口	当入渗井接有渗透管时，应用气囊封闭渗透管，采用定水位法或变水位法进行测试	试验要大量的水，要做好确保用水的准备

种 类	机能恢复确认方法	要 点
渗透管沟	全部渗透管试验需要大量的水，应在选定的区间内（2～3m）进行试验，在充填砾石中预先设置止水壁，测试时可以减少注水量，详见图24	确定渗透机能前，选定区间。应注意止水壁的止水效果
透水铺装	在现场用路面渗水仪，用变水位法进行测定	仅能确定表层材料的透水能力，不能确定透水性铺装的透水能力

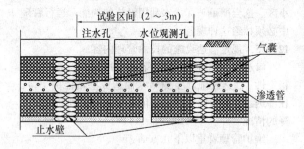

图24　渗透管沟试验段设置示意

12.0.8 定期检测包括按照回用水水质要求，对处理储存的雨水进行化验，对首场降雨或降雨间隔期较长所发生的径流进行抽检等。

中华人民共和国国家标准

综合布线系统工程设计规范

Code for engineering design of generic cabling system

GB 50311—2007

主编部门：中华人民共和国信息产业部
批准部门：中华人民共和国建设部
施行日期：２００７年１０月１日

中华人民共和国建设部
公　告

第 619 号

建设部关于发布国家标准
《综合布线系统工程设计规范》的公告

现批准《综合布线系统工程设计规范》为国家标准，编号为GB 50311—2007，自 2007 年 10 月 1 日起实施。其中，第 7.0.9 条为强制性条文，必须严格执行。原《建筑与建筑群综合布线系统工程设计规范》GB/T 50311—2000 同时废止。

本规范由建设部标准定额研究所组织中国计划出版社出版发行。

中华人民共和国建设部
二○○七年四月六日

前　　言

本规范是根据建设部建标〔2004〕67 号文件《关于印发"二○○四年工程建设国家标准制订、修订计划"的通知》要求，对原《建筑与建筑群综合布线系统工程设计规范》GB/T 50311—2000 工程建设国家标准进行了修订，由信息产业部作为主编部门，中国移动通信集团设计院有限公司会同其他参编单位组成规范编写组共同编写完成的。

本规范在修订过程中，编制组进行了广泛的市场调查并展开了多项专题研究，认真总结了原规范执行过程中的经验和教训，加以补充完善和修改，广泛吸取国内有关单位和专家的意见。同时，参考了国内外相关标准规定的内容。

本规范中以黑体字标志的条文为强制性条文，必须严格执行。

本规范由建设部负责管理和对强制性条文的解释，信息产业部负责日常管理，中国移动通信集团设计院有限公司负责具体技术内容的解释。在应用过程中如有需要修改与补充的建议，请将有关资料寄送中国移动通信集团设计院有限公司（地址：北京市海淀区丹棱街 16 号，邮编：100080），以供修订时参考。

本规范主编单位、参编单位和主要起草人：

主 编 单 位：中国移动通信集团设计院有限公司

参 编 单 位：中国建筑标准设计研究院

中国建筑设计研究院

中国建筑东北设计研究院

现代集团华东建筑设计研究院有限公司

五洲工程设计研究院

主要起草人：张　宜　张晓微　孙　兰　李雪佩

张文才　陈　琪　成　彦　温伯银

赵济安　瞿二澜　朱立彤　刘　侃

陈汉民

目　次

1 总　则

1.0.1　为了配合现代化城镇信息通信网向数字化方向发展，规范建筑与建筑群的语音、数据、图像及多媒体业务综合网络建设，特制定本规范。

1.0.2　本规范适用于新建、扩建、改建建筑与建筑群综合布线系统工程设计。

1.0.3　综合布线系统设施及管线的建设，应纳入建筑与建筑群相应的规划设计之中。工程设计时，应根据工程项目的性质、功能、环境条件和近、远期用户需求进行设计，并应考虑施工和维护方便，确保综合布线系统工程的质量和安全，做到技术先进、经济合理。

1.0.4　综合布线系统应与信息设施系统、信息化应用系统、公共安全系统、建筑设备管理系统等统筹规划，相互协调，并按照各系统信息的传输要求优化设计。

1.0.5　综合布线系统作为建筑物的公用通信配套设施，在工程设计中应满足为多家电信业务经营者提供业务的需求。

1.0.6　综合布线系统的设备应选用经过国家认可的产品质量检验机构鉴定合格的、符合国家有关技术标准的定型产品。

1.0.7　综合布线系统的工程设计，除应符合本规范外，还应符合国家现行有关标准的规定。

2　术语和符号

2.1　术　语

2.1.1　布线　cabling
　　能够支持信息电子设备相连的各种缆线、跳线、接插软线和连接器件组成的系统。

2.1.2　建筑群子系统　campus subsystem
　　由配线设备、建筑物之间的干线电缆或光缆、设备缆线、跳线等组成的系统。

2.1.3　电信间　telecommunications room
　　放置电信设备、电缆和光缆终端配线设备并进行缆线交接的专用空间。

2.1.4　工作区　work area
　　需要设置终端设备的独立区域。

2.1.5　信道　channel
　　连接两个应用设备的端到端的传输通道。信道包括设备电缆、设备光缆和工作区电缆、工作区光缆。

2.1.6　链路　link
　　一个CP链路或是一个永久链路。

2.1.7　永久链路　permanent link
　　信息点与楼层配线设备之间的传输线路。它不包括工作区缆线和连接楼层配线设备的设备缆线、跳线，但可以包括一个CP链路。

2.1.8　集合点（CP）　consolidation point
　　楼层配线设备与工作区信息点之间水平缆线路由中的连接点。

2.1.9　CP链路　cp link
　　楼层配线设备与集合点（CP）之间，包括各端的连接器件在内的永久性的链路。

2.1.10　建筑群配线设备　campus distributor
　　终接建筑群主干缆线的配线设备。

2.1.11　建筑物配线设备　building distributor
　　为建筑物主干缆线或建筑群主干缆线终接的配线设备。

2.1.12　楼层配线设备　floor distributor
　　终接水平电缆、水平光缆和其他布线子系统缆线的配线设备。

2.1.13　建筑物入口设施　building entrance facility
　　提供符合相关规范机械与电气特性的连接器件，使得外部网络电缆和光缆引入建筑物内。

2.1.14　连接器件　connecting hardware
　　用于连接电缆线对和光纤的一个器件或一组器件。

2.1.15　光纤适配器　optical fibre connector
　　将两对或一对光纤连接器件进行连接的器件。

2.1.16　建筑群主干电缆、建筑群主干光缆　campus backbone cable
　　用于在建筑群内连接建筑群配线架与建筑物配线架的电缆、光缆。

2.1.17　建筑物主干缆线　building backbone cable
　　连接建筑物配线设备至楼层配线设备及建筑物内楼层配线设备之间相连接的缆线。建筑物主干缆线可为主干电缆和主干光缆。

2.1.18　水平缆线　horizontal cable
　　楼层配线设备到信息点之间的连接缆线。

2.1.19　永久水平缆线　fixed horizontal cable
　　楼层配线设备到CP的连接缆线，如果链路中不存在CP点，为直接连至信息点的连接缆线。

2.1.20　CP缆线　cp cable
　　连接集合点（CP）至工作区信息点的缆线。

2.1.21　信息点（TO）　telecommunications outlet
　　各类电缆或光缆终接的信息插座模块。

2.1.22　设备电缆、设备光缆　equipment cable
　　通信设备连接到配线设备的电缆、光缆。

2.1.23　跳线　jumper
　　不带连接器件或带连接器件的电缆线对与带连接器件的光纤，用于配线设备之间进行连接。

2.1.24　缆线（包括电缆、光缆）　cable
　　在一个总的护套里，由一个或多个同一类型的缆线线对组成，并可包括一个总的屏蔽物。

2.1.25　光缆　optical cable

由单芯或多芯光纤构成的缆线。

2.1.26 电缆、光缆单元　cable unit

型号和类别相同的电缆线对或光纤的组合。电缆线对可有屏蔽物。

2.1.27 线对　pair

一个平衡传输线路的两个导体，一般指一个对绞线对。

2.1.28 平衡电缆　balanced cable

由一个或多个金属导体线对组成的对称电缆。

2.1.29 屏蔽平衡电缆　screened balanced cable

带有总屏蔽和/或每线对均有屏蔽物的平衡电缆。

2.1.30 非屏蔽平衡电缆　unscreened balanced cable

不带有任何屏蔽物的平衡电缆。

2.1.31 接插软线　patch calld

一端或两端带有连接器件的软电缆或软光缆。

2.1.32 多用户信息插座　muiti-user telecommunications outlet

在某一地点，若干信息插座模块的组合。

2.1.33 交接（交叉连接）　cross-connect

配线设备和信息通信设备之间采用接插软线或跳线上的连接器件相连的一种连接方式。

2.1.34 互连　interconnect

不用接插软线或跳线，使用连接器件把一端的电缆、光缆与另一端的电缆、光缆直接相连的一种连接方式。

2.2　符号与缩略词

英文缩写	英文名称	中文名称或解释
ACR	Attenuation to crosstalk ratio	衰减串音比
BD	Building distributor	建筑物配线设备
CD	Campus Distributor	建筑群配线设备
CP	Consolidation point	集合点
dB	dB	电信传输单元：分贝
d. c.	Direct current	直流
EIA	Electronic Industries Association	美国电子工业协会
ELFEXT	Equal level far end crosstalk attenuation（loss）	等电平远端串音衰减
FD	Floor distributor	楼层配线设备
FEXT	Far end crosstalk attenuation（loss）	远端串音衰减（损耗）
IEC	International Electrotechnical Commission	国际电工技术委员会
IEEE	The Institute of Electrical and Electronics Engineers	美国电气及电子工程师学会
IL	Insertion loss	插入损耗
IP	Internet Protocol	因特网协议
ISDN	Integrated services digital network	综合业务数字网
ISO	International Organization for Standardization	国际标准化组织
LCL	Longitudinal to differential conversion loss	纵向对差分转换损耗
OF	Optical fibre	光纤
PS NEXT	Power sum NEXT attenuation（loss）	近端串音功率和
PS ACR	Power sum ACR	ACR 功率和
PS ELFEXT	Power sum ELFEXT attenuation（loss）	ELFEXT 衰减功率和
RL	Return loss	回波损耗
SC	Subscriber connector（optical fibre connector）	用户连接器（光纤连接器）
SFF	Small form factor connector	小型连接器
TCL	Transverse conversion loss	横向转换损耗
TE	Terminal equipment	终端设备
TIA	Telecommunications Industry Association	美国电信工业协会
UL	Underwriters Laboratories	美国保险商实验所安全标准
Vr. m. s	Vroot. mean. square	电压有效值

3 系统设计

3.1 系统构成

3.1.1 综合布线系统应为开放式网络拓扑结构，应能支持语音、数据、图像、多媒体业务等信息的传递。

3.1.2 综合布线系统工程宜按下列七个部分进行设计：

1 工作区：一个独立的需要设置终端设备（TE）的区域宜划分为一个工作区。工作区应由配线子系统的信息插座模块（TO）延伸到终端设备处的连接缆线及适配器组成。

2 配线子系统：配线子系统应由工作区的信息插座模块、信息插座模块至电信间配线设备（FD）的配线电缆和光缆、电信间的配线设备及设备缆线和跳线等组成。

3 干线子系统：干线子系统应由设备间至电信间的干线电缆和光缆，安装在设备间的建筑物配线设备（BD）及设备缆线和跳线组成。

4 建筑群子系统：建筑群子系统应由连接多个建筑物之间的主干电缆和光缆、建筑群配线设备（CD）及设备缆线和跳线组成。

5 设备间：设备间是在每幢建筑物的适当地点进行网络管理和信息交换的场地。对于综合布线系统工程设计，设备间主要安装建筑物配线设备。电话交换机、计算机主机设备及入口设施也可与配线设备安装在一起。

6 进线间：进线间是建筑物外部通信和信息管线的入口部位，并可作为入口设施和建筑群配线设备的安装场地。

7 管理：管理应对工作区、电信间、设备间、进线间的配线设备、缆线、信息插座模块等设施按一定的模式进行标识和记录。

3.1.3 综合布线系统的构成应符合以下要求：

1 综合布线系统基本构成应符合图 3.1.3-1 要求。

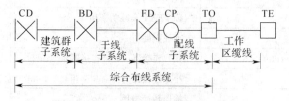

图 3.1.3-1 综合布线系统基本构成

注：配线子系统中可以设置集合点（CP点），也可不设置集合点。

2 综合布线子系统构成应符合图 3.1.3-2 要求。

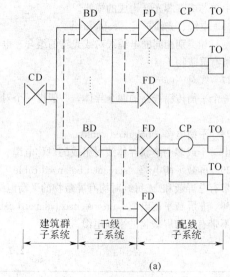

(a)

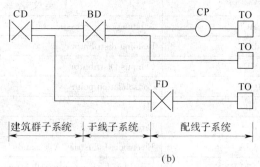

(b)

图 3.1.3-2 综合布线子系统构成

注：1 图中的虚线表示 BD 与 BD 之间，FD 与 FD 之间可以设置主干缆线。

2 建筑物 FD 可以经过主干缆线直接连至 CD，TO 也可以经过水平缆线直接连至 BD。

3 综合布线系统入口设施及引入缆线构成应符合图3.1.3-3的要求。

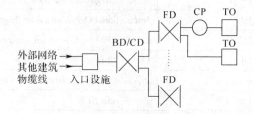

图 3.1.3-3 综合布线系统引入部分构成

注：对设置了设备间的建筑物，设备间所在楼层的 FD 可以和设备间中的 BD/CD 及入口设施安装在同一场地。

3.2 系统分级与组成

3.2.1 综合布线铜缆系统的分级与类别划分应符合表 3.2.1 的要求。

3.2.2 光纤信道分为 OF-300、OF-500 和 OF-2000 三个等级，各等级光纤信道应支持的应用长度不应小于

300m、500m 及 2000m。

表 3.2.1　铜缆布线系统的分级与类别

系统分级	支持带宽 (Hz)	支持应用器件	
		电缆	连接硬件
A	100k	—	—
B	1M	—	—
C	16M	3 类	3 类
D	100M	5/5e 类	5/5e 类
E	250M	6 类	6 类
F	600M	7 类	7 类

注：3 类、5/5e 类（超 5 类）、6 类、7 类布线系统应能支
　持向下兼容的应用。

3.2.3 综合布线系统信道应由最长 90m 水平缆线、
最长 10m 的跳线和设备缆线及最多 4 个连接器件组
成，永久链路则由 90m 水平缆线及 3 个连接器件组
成。连接方式如图 3.2.3 所示。

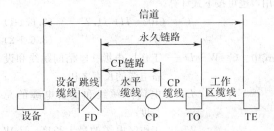

图 3.2.3　布线系统信道、永久链路、CP 链路构成

3.2.4 光纤信道构成方式应符合以下要求：

　　1 水平光缆和主干光缆至楼层电信间的光纤配
线设备应经光纤跳线连接构成（图 3.2.4-1）。

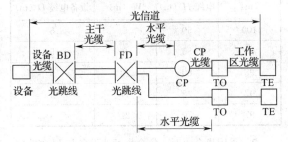

图 3.2.4-1　光纤信道构成（一）
（光缆经电信间 FD 光跳线连接）

　　2 水平光缆和主干光缆在楼层电信间应经端接
（熔接或机械连接）构成（图 3.2.4-2）。

　　3 水平光缆经过电信间直接连至大楼设备间光
配线设备构成（图 3.2.4-3）。

3.2.5 当工作区用户终端设备或某区域网络设备需
直接与公用数据网进行互通时，宜将光缆从工作区直
接布放至电信入口设施的光配线设备。

3.3　缆线长度划分

3.3.1 综合布线系统水平缆线与建筑物主干缆线及建

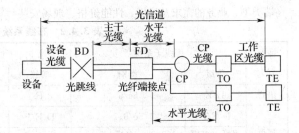

图 3.2.4-2　光纤信道构成（二）
（光缆在电信间 FD 做端接）

注：FD 只设光纤之间的连接点。

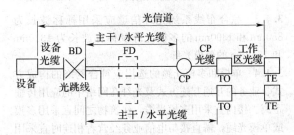

图 3.2.4-3　光纤信道构成（三）
（光缆经过电信间 FD 直接
连接至设备间 BD）

注：FD 安装于电信间，只作为光缆路径的场合。

筑群主干缆线之和所构成信道的总长度不应大于 2000m。

3.3.2 建筑物或建筑群配线设备之间（FD 与 BD、FD
与 CD、BD 与 BD、BD 与 CD 之间）组成的信道出现 4
个连接器件时，主干缆线的长度不应小于 15m。

3.3.3 配线子系统各缆线长度应符合图 3.3.3 的划
分并应符合下列要求：

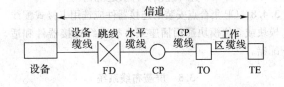

图 3.3.3　配线子系统缆线划分

　　1 配线子系统信道的最大长度不应大于 100m。

　　2 工作区设备缆线、电信间配线设备的跳线和
设备缆线之和不应大于 10m，当大于 10m 时，水平
缆线长度（90m）应适当减少。

　　3 楼层配线设备（FD）跳线、设备缆线及工作
区设备缆线各自的长度不应大于 5m。

3.4　系统应用

3.4.1 同一布线信道及链路的缆线和连接器件应保
持系统等级与阻抗的一致性。

3.4.2 综合布线系统工程的产品类别及链路、信道
等级确定应综合考虑建筑物的功能、应用网络、业务

终端类型、业务的需求及发展、性能价格、现场安装 条件等因素，应符合表 3.4.2 要求。

表 3.4.2　布线系统等级与类别的选用

业务种类	配线子系统		干线子系统		建筑群子系统	
	等级	类别	等级	类别	等级	类别
语音	D/E	5e/6	C	3（大对数）	C	3（室外大对数）
数据	D/E/F	5e/6/7	D/E/F	5e/6/7（4 对）	—	—
	光纤（多模或单模）	62.5μm 多模/50μm 多模/<10μm 单模	光纤	62.5μm 多模/50μm 多模/<10μm 单模	光纤	62.5μm 多模/50μm 多模/<10μm 单模
其他应用	可采用 5e/6 类 4 对对绞电缆和 62.5μm 多模/50μm 多模/<10μm 多模、单模光缆					

注：其他应用指数字监控摄像头、楼宇自控现场控制器（DDC）、门禁系统等采用网络端口传送数字信息时的应用。

3.4.3　综合布线系统光纤信道应采用标称波长为 850nm 和 1300nm 的多模光纤及标称波长为 1310nm 和 1550nm 的单模光纤。

3.4.4　单模和多模光缆的选用应符合网络的构成方式、业务的互通互连方式及光纤在网络中的应用传输距离。楼内宜采用多模光缆，建筑物之间宜采用多模或单模光缆，需直接与电信业务经营者相连时宜采用单模光缆。

3.4.5　为保证传输质量，配线设备连接的跳线宜选用产业化制造的电、光各类跳线，在电话应用时宜选用双芯对绞电缆。

3.4.6　工作区信息点为电端口时，应采用 8 位模块通用插座（RJ45），光端口宜采用 SFF 小型光纤连接器件及适配器。

3.4.7　FD、BD、CD 配线设备应采用 8 位模块通用插座或卡接式配线模块（多对、25 对及回线型卡接模块）和光纤连接器件及光纤适配器（单工或双工的 ST、SC 或 SFF 光纤连接器件及适配器）。

3.4.8　CP 集合点安装的连接器件应选用卡接式配线模块或 8 位模块通用插座或各类光纤连接器件和适配器。

3.5　屏蔽布线系统

3.5.1　综合布线区域内存在的电磁干扰场强高于 3V/m 时，宜采用屏蔽布线系统进行防护。

3.5.2　用户对电磁兼容性有较高的要求（电磁干扰和防信息泄漏）时，或网络安全保密的需要，宜采用屏蔽布线系统。

3.5.3　采用非屏蔽布线系统无法满足安装现场条件对缆线的间距要求时，宜采用屏蔽布线系统。

3.5.4　屏蔽布线系统采用的电缆、连接器件、跳线、设备电缆都应是屏蔽的，并应保持屏蔽层的连续性。

3.6　开放型办公室布线系统

3.6.1　对于办公楼、综合楼等商用建筑物或公共区域大开间的场地，由于其使用对象数量的不确定性和流动性等因素，宜按开放办公室综合布线系统要求进行设计，并应符合下列规定：

1　采用多用户信息插座时，每一个多用户插座包括适当的备用量在内，宜能支持 12 个工作区所需的 8 位模块通用插座；各段缆线长度可按表 3.6.1 选用，也可按下式计算：

$$C=（102-H）/1.2 \quad (3.6.1-1)$$
$$W=C-5 \quad (3.6.1-2)$$

式中　$C=W+D$——工作区电缆、电信间跳线和设备电缆的长度之和；

D——电信间跳线和设备电缆的总长度；

W——工作区电缆的最大长度，且 W≤22m；

H——水平电缆的长度。

表 3.6.1　各段缆线长度限值

电缆总长度（m）	水平布线电缆 H（m）	工作区电缆 W（m）	电信间跳线和设备电缆 D（m）
100	90	5	5
99	85	9	5
98	80	13	5
97	75	17	5
97	70	22	5

2　采用集合点时，集合点配线设备与 FD 之间水平线缆的长度应大于 15m。集合点配线设备容量宜以满足 12 个工作区信息点需求设置。同一个水平电缆路由不允许超过一个集合点（CP）；从集合点引出的 CP 线缆应终接于工作区的信息插座或多用户信息插座上。

3.6.2　多用户信息插座和集合点的配线设备应安装于墙体或柱子等建筑物固定的位置。

3.7　工业级布线系统

3.7.1　工业级布线系统应能支持语音、数据、图像、视频、控制等信息的传递，并能应用于高温、潮湿、电磁干扰、撞击、振动、腐蚀气体、灰尘等恶劣环境中。

3.7.2　工业布线应用于工业环境中具有良好环境条件的

办公区、控制室和生产区之间的交界场所、生产区的信息点，工业级连接器件也可应用于室外环境中。

3.7.3 在工业设备较为集中的区域应设置现场配线设备。

3.7.4 工业级布线系统宜采用星形网络拓扑结构。

3.7.5 工业级配线设备应根据环境条件确定 IP 的防护等级。

4 系统配置设计

4.1 工 作 区

4.1.1 工作区适配器的选用宜符合下列规定：

1 设备的连接插座应与连接电缆的插头匹配，不同的插座与插头之间应加装适配器。

2 在连接使用信号的数模转换，光、电转换，数据传输速率转换等相应的装置时，采用适配器。

3 对于网络规程的兼容，采用协议转换适配器。

4 各种不同的终端设备或适配器均安装在工作区的适当位置，并应考虑现场的电源与接地。

4.1.2 每个工作区的服务面积，应按不同的应用功能确定。

4.2 配线子系统

4.2.1 根据工程提出的近期和远期终端设备的设置要求，用户性质、网络构成及实际需要确定建筑物各层需要安装信息插座模块的数量及其位置，配线应留有扩展余地。

4.2.2 配线子系统缆线应采用非屏蔽或屏蔽 4 对对绞电缆，在需要时也可采用室内多模或单模光缆。

4.2.3 电信间 FD 与电话交换配线及计算机网络设备之间的连接方式应符合以下要求：

1 电话交换配线的连接方式应符合图 4.2.3-1 要求。

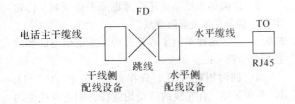

图 4.2.3-1 电话系统连接方式

2 计算机网络设备连接方式。

1）经跳线连接应符合图 4.2.3-2 要求。

2）经设备缆线连接方式应符合图 4.2.3-3 要求。

4.2.4 每一个工作区信息插座模块（电、光）数量不宜少于 2 个，并满足各种业务的需求。

4.2.5 底盒数量应以插座盒面板设置的开口数确定，每一个底盒支持安装的信息点数量不宜大于 2 个。

图 4.2.3-2 数据系统连接方式（经跳线连接）

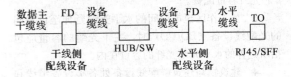

图 4.2.3-3 数据系统连接方式（经设备缆线连接）

4.2.6 光纤信息插座模块安装的底盒大小应充分考虑到水平光缆（2 芯或 4 芯）终接处的光缆盘留空间和满足光缆对弯曲半径的要求。

4.2.7 工作区的信息插座模块应支持不同的终端设备接入，每一个 8 位模块通用插座应连接 1 根 4 对对绞电缆；对每一个双工或 2 个单工光纤连接器件及适配器连接 1 根 2 芯光缆。

4.2.8 从电信间至每一个工作区水平光缆宜按 2 芯光缆配置。光纤至工作区域满足用户群或大客户使用时，光纤芯数至少应有 2 芯备份，按 4 芯水平光缆配置。

4.2.9 连接至电信间的每一根水平电缆/缆线应终接于相应的配线模块，配线模块与缆线容量相适应。

4.2.10 电信间 FD 主干侧各类配线模块应按电话交换机、计算机网络的构成及主干电缆/光缆的所需容量要求及模块类型和规格的选用进行配置。

4.2.11 电信间 FD 采用的设备缆线和各类跳线宜按计算机网络设备的使用端口容量和电话交换机的实装容量、业务的实际需求或信息点总数的比例进行配置，比例范围为 25%～50%。

4.3 干线子系统

4.3.1 干线子系统所需要的电缆总对数和光纤总芯数，应满足工程的实际需求，并留有适当的备份容量。主干缆线宜设置电缆与光缆，并互相作为备份路由。

4.3.2 干线子系统主干缆线应选择较短的安全的路由。主干电缆宜采用点对点终接，也可采用分支递减终接。

4.3.3 如果电话交换机和计算机主机设置在建筑物内不同的设备间，宜采用不同的主干缆线来分别满足语音和数据的需要。

4.3.4 在同一层若干电信间之间宜设置干线路由。

4.3.5 主干电缆和光缆所需的容量要求及配置应符合以下规定：

1 对语音业务，大对数主干电缆的对数应按每一个电话 8 位模块通用插座配置 1 对线，并在总需求线对的基础上至少预留约 10%的备用线对。

 2 对于数据业务应以集线器（HUB）或交换机（SW）群（按 4 个 HUB 或 SW 组成 1 群）；或以每个 HUB 或 SW 设备设置 1 个主干端口配置。每 1 群网络设备或每 4 个网络设备宜考虑 1 个备份端口。主干端口为电端口时，应按 4 对线容量，为光端口时则按 2 芯光纤容量配置。

 3 当工作区至电信间的水平光缆延伸至设备间的光配线设备（BD/CD）时，主干光缆的容量应包括所延伸的水平光缆光纤的容量在内。

 4 建筑物与建筑群配线设备处各类设备缆线和跳线的配备宜符合第 4.2.11 条的规定。

4.4 建筑群子系统

4.4.1 CD 宜安装在进线间或设备间，并可与入口设施或 BD 合用场地。

4.4.2 CD 配线设备内、外侧的容量应与建筑物内连接 BD 配线设备的建筑群主干缆线容量及建筑物外部引入的建筑群主干缆线容量一致。

4.5 设 备 间

4.5.1 在设备间内安装的 BD 配线设备干线侧容量应与主干缆线的容量相一致。设备侧的容量应与设备端口容量相一致或与干线侧配线设备容量相同。

4.5.2 BD 配线设备与电话交换机及计算机网络设备的连接方式亦应符合第 4.2.3 条的规定。

4.6 进 线 间

4.6.1 建筑群主干电缆和光缆、公用网和专用网电缆、光缆及天线馈线等室外线进入建筑物时，应在进线间成端转换成室内电缆、光缆，并在缆线的终端处可由多家电信业务经营者设置入口设施，入口设施中的配线设备应按引入的电、光缆容量配置。

4.6.2 电信业务经营者在进线间设置安装的入口配线设备应与 BD 或 CD 之间敷设相应的连接电缆、光缆，实现路由互通。缆线类型与容量应与配线设备相一致。

4.6.3 在进线间缆线入口处的管孔数量应满足建筑物之间、外部接入业务及多家电信业务经营者缆线接入的需求，并应留有 2~4 孔的余量。

4.7 管 理

4.7.1 对设备间、电信间、进线间和工作区的配线设备、缆线、信息点等设施按一定的模式进行标识和记录，并宜符合下列规定：

 1 综合布线系统工程宜采用计算机进行文档记录与保存，简单且规模较小的综合布线系统工程可按图纸资料等纸质文档进行管理，并做到记录准确、及时更新、便于查阅；文档资料应实现汉化。

 2 综合布线的每一电缆、光缆、配线设备、端接点、接地装置、敷设管线等组成部分均应给定唯一的标识符，并设置标签。标识符应采用相同数量的字母和数字等标明。

 3 电缆和光缆的两端均应标明相同的标识符。

 4 设备间、电信间、进线间的配线设备宜采用统一的色标区别各类业务与用途的配线区。

4.7.2 所有标签应保持清晰、完整，并满足使用环境要求。

4.7.3 对于规模较大的布线系统工程，为提高布线工程维护水平与网络安全，宜采用电子配线设备对信息点或配线设备进行管理，以显示与记录配线设备的连接、使用及变更状况。

4.7.4 综合布线系统相关设施的工作状态信息应包括：设备和缆线的用途、使用部门、组成局域网的拓扑结构、传输信息速率、终端设备配置状况、占用器件编号、色标、链路与信道的功能和各项主要指标参数及完好状况、故障记录等，还应包括设备位置和缆线走向等内容。

5 系 统 指 标

5.0.1 综合布线系统产品技术指标在工程的安装设计中应考虑机械性能指标（如缆线结构、直径、材料、承受拉力、弯曲半径等）。

5.0.2 相应等级的布线系统信道及永久链路、CP 链路的具体指标项目，应包括下列内容：

 1 3 类、5 类布线系统应考虑指标项目为衰减、近端串音（NEXT）。

 2 5e 类、6 类、7 类布线系统，应考虑指标项目为插入损耗（IL）、近端串音、衰减串音比（ACR）、等电平远端串音（ELFEXT）、近端串音功率和（PS NEXT）、衰减串音比功率和（PS ACR）、等电平远端串音功率和（PS ELEFXT）、回波损耗（RL）、时延、时延偏差等。

 3 屏蔽的布线系统还应考虑非平衡衰减、传输阻抗、耦合衰减及屏蔽衰减。

5.0.3 综合布线系统工程设计中，系统信道的各项指标值应符合以下要求：

 1 回波损耗（RL）只在布线系统中的 C、D、E、F 级采用，在布线的两端均应符合回波损耗值的要求，布线系统信道的最小回波损耗值应符合表 5.0.3-1 的规定。

表 5.0.3-1 信道回波损耗值

频 率 (MHz)	最小回波损耗 （dB）			
	C 级	D 级	E 级	F 级
1	15.0	17.0	19.0	19.0
16	15.0	17.0	18.0	18.0

续表 5.0.3-1

频率 (MHz)	最小回波损耗（dB）			
	C 级	D 级	E 级	F 级
100	—	10.0	12.0	12.0
250	—	—	8.0	8.0
600	—	—	—	8.0

2 布线系统信道的插入损耗（IL）值应符合表5.0.3-2的规定。

表 5.0.3-2 信道插入损耗值

频率 (MHz)	最大插入损耗（dB）					
	A 级	B 级	C 级	D 级	E 级	F 级
0.1	16.0	5.5	—	—	—	—
1	—	5.8	4.2	4.0	4.0	4.0
16	—	—	14.4	9.1	8.3	8.1
100	—	—	—	24.0	21.7	20.8
250	—	—	—	—	35.9	33.8
600	—	—	—	—	—	54.6

3 线对与线对之间的近端串音（NEXT）在布线的两端均应符合 NEXT 值的要求，布线系统信道的近端串音值应符合表5.0.3-3的规定。

表 5.0.3-3 信道近端串音值

频率 (MHz)	最小近端串音（dB）					
	A 级	B 级	C 级	D 级	E 级	F 级
0.1	27.0	40.0	—	—	—	—
1	—	25.0	39.1	60.0	65.0	65.0
16	—	—	19.4	43.6	53.2	65.0
100	—	—	—	30.1	39.9	62.9
250	—	—	—	—	33.1	56.9
600	—	—	—	—	—	51.2

4 近端串音功率和（PS NEXT）只应用于布线系统的 D、E、F 级，在布线的两端均应符合 PS NEXT 值要求，布线系统信道的 PS NEXT 值应符合表 5.0.3-4 的规定。

表 5.0.3-4 信道近端串音功率和值

频率 (MHz)	最小近端串音功率和（dB）		
	D 级	E 级	F 级
1	57.0	62.0	62.0
16	40.6	50.6	62.0
100	27.1	37.1	59.9
250	—	30.2	53.9
600	—	—	48.2

5 线对与线对之间的衰减串音比（ACR）只应用于布线系统的 D、E、F 级，ACR 值是 NEXT 与插入损耗分贝值之间的差值，在布线的两端均应符合 ACR 值要求。布线系统信道的 ACR 值应符合表 5.0.3-5 的规定。

表 5.0.3-5 信道衰减串音比值

频率 (MHz)	最小衰减串音比（dB）		
	D 级	E 级	F 级
1	56.0	61.0	61.0
16	34.5	44.9	56.9
100	6.1	18.2	42.1
250	—	−2.8	23.1
600	—	—	−3.4

6 ACR 功率和（PS ACR）为表 5.0.3-4 近端串音功率和值与表 5.0.3-2 插入损耗值之间的差值。布线系统信道的 PS ACR 值应符合表 5.0.3-6 规定。

表 5.0.3-6 信道 ACR 功率和值

频率 (MHz)	最小 ACR 功率和（dB）		
	D 级	E 级	F 级
1	53.0	58.0	58.0
16	31.5	42.3	53.9
100	3.1	15.4	39.1
250	—	−5.8	20.1
600	—	—	−6.4

7 线对与线对之间等电平远端串音（ELFEXT）对于布线系统信道的数值应符合表 5.0.3-7 的规定。

表 5.0.3-7 信道等电平远端串音值

频率 (MHz)	最小等电平远端串音（dB）		
	D 级	E 级	F 级
1	57.4	63.3	65.0
16	33.3	39.2	57.5
100	17.4	23.3	44.4
250	—	15.3	37.8
600	—	—	31.3

8 等电平远端串音功率和（PS ELFEXT）对于布线系统信道的数值应符合表 5.0.3-8 的规定。

表 5.0.3-8　信道等电平远端串音功率和值

频　率 （MHz）	最小等电平远端串音功率和（dB）		
	D 级	E 级	F 级
1	54.4	60.3	62.0
16	30.3	36.2	54.5
100	14.4	20.3	41.4
250		12.3	34.8
600			28.3

9　布线系统信道的直流环路电阻（d.c.）应符合表 5.0.3-9 的规定。

表 5.0.3-9　信道直流环路电阻

最大直流环路电阻（Ω）					
A 级	B 级	C 级	D 级	E 级	F 级
560	170	40	25	25	25

10　布线系统信道的传播时延应符合表 5.0.3-10 的规定。

表 5.0.3-10　信道传播时延

频　率 （MHz）	最大传播时延（μs）					
	A 级	B 级	C 级	D 级	E 级	F 级
0.1	20.000	5.000	—	—	—	—
1		5.000	0.580	0.580	0.580	0.580
16			0.553	0.553	0.553	0.553
100				0.548	0.548	0.548
250					0.546	0.546
600						0.545

11　布线系统信道的传播时延偏差应符合表 5.0.3-11 的规定。

表 5.0.3-11　信道传播时延偏差

等　级	频率（MHz）	最大时延偏差（μs）
A	$f=0.1$	—
B	$0.1 \leqslant f \leqslant 1$	—
C	$1 \leqslant f \leqslant 16$	0.050①
D	$1 \leqslant f \leqslant 100$	0.050①
E	$1 \leqslant f \leqslant 250$	0.050①
F	$1 \leqslant f \leqslant 600$	0.030②

注：①　0.050 为 0.045+4×0.00125 计算结果。
　　②　0.030 为 0.025+4×0.00125 计算结果。

12　一个信道的非平衡衰减〔纵向对差分转换损耗（LCL）或横向转换损耗（TCL）〕应符合表 5.0.3-12 的规定。在布线的两端均应符合不平衡衰减的要求。

表 5.0.3-12　信道非平衡衰减

等级	频率（MHz）	最大不平衡衰减（dB）
A	$f=0.1$	30
B	$f=0.1$ 和 1	在 0.1MHz 时为 45；1MHz 时为 20
C	$1 \leqslant f \leqslant 16$	30−5 lg（f）f.f.s.
D	$1 \leqslant f \leqslant 100$	40~10 lg（f）f.f.s.
E	$1 \leqslant f \leqslant 250$	40~10 lg（f）f.f.s.
F	$1 \leqslant f \leqslant 600$	40~10 lg（f）f.f.s.

5.0.4　对于信道的电缆导体的指标要求应符合以下规定：

1　在信道每一线对中两个导体之间的不平衡直流电阻对各等级布线系统不应超过 3%。

2　在各种温度条件下，布线系统 D、E、F 级信道线对每一导体最小的传送直流电流应为 0.175A。

3　在各种温度条件下，布线系统 D、E、F 级信道的任何导体之间应支持 72V 直流工作电压，每一线对的输入功率应为 10W。

5.0.5　综合布线系统工程设计中，永久链路的各项指标参数值应符合表 5.0.5-1~表 5.0.5-11 的规定。

1　布线系统永久链路的最小回波损耗值应符合表 5.0.5-1 的规定。

表 5.0.5-1　永久链路最小回波损耗值

频　率 （MHz）	最小回波损耗（dB）			
	C 级	D 级	E 级	F 级
1	15.0	19.0	21.0	21.0
16	15.0	19.0	20.0	20.0
100		12.0	14.0	14.0
250			10.0	10.0
600				10.0

2　布线系统永久链路的最大插入损耗值应符合表 5.0.5-2 的规定。

表 5.0.5-2　永久链路最大插入损耗值

频　率 （MHz）	最大插入损耗（dB）					
	A 级	B 级	C 级	D 级	E 级	F 级
0.1	16.0	5.5	—	—	—	—
1	—	5.8	4.0	4.0	4.0	4.0
16	—		12.2	7.7	7.1	6.9
100	—			20.4	18.5	17.7
250					30.7	28.8
600						46.6

3　布线系统永久链路的最小近端串音值应符合表 5.0.5-3 的规定。

表 5.0.5-3　永久链路最小近端串音值

频率 (MHz)	最小 NEXT (dB)					
	A 级	B 级	C 级	D 级	E 级	F 级
0.1	27.0	40.0	—	—	—	—
1	—	25.0	40.1	60.0	65.0	65.0
16	—	—	21.1	45.2	54.6	65.0
100	—	—	—	32.3	41.8	65.0
250	—	—	—	—	35.3	60.4
600	—	—	—	—	—	54.7

4 布线系统永久链路的最小近端串音功率和值应符合表5.0.5-4的规定。

表 5.0.5-4　永久链路最小近端串音功率和值

频率 (MHz)	最小 PS NEXT (dB)		
	D 级	E 级	F 级
1	57.0	62.0	62.0
16	42.2	52.2	62.0
100	29.3	39.3	62.0
250	—	32.7	57.4
600	—	—	51.7

5 布线系统永久链路的最小 ACR 值应符合表5.0.5-5 的规定。

表 5.0.5-5　永久链路最小 ACR 值

频率 (MHz)	最小 ACR (dB)		
	D 级	E 级	F 级
1	56.0	61.0	61.0
16	37.5	47.5	58.1
100	11.9	23.3	47.3
250	—	4.7	31.6
600	—	—	8.1

6 布线系统永久链路的最小 PSACR 值应符合表5.0.5-6 的规定。

表 5.0.5-6　永久链路最小 PS ACR 值

频率 (MHz)	最小 PS ACR (dB)		
	D 级	E 级	F 级
1	53.0	58.0	58.0
16	34.5	45.1	55.1
100	8.9	20.8	44.3
250	—	2.0	28.6
600	—	—	5.1

7 布线系统永久链路的最小等电平远端串音值应符合表5.0.5-7的规定。

表 5.0.5-7　永久链路最小等电平远端串音值

频率 (MHz)	最小 ELFEXT (dB)		
	D 级	E 级	F 级
1	58.6	64.2	65.0
16	34.5	40.1	59.3
100	18.6	24.2	46.0
250	—	16.2	39.2
600	—	—	32.6

8 布线系统永久链路的最小 PS ELFEXT 值应符合表5.0.5-8规定。

表 5.0.5-8　永久链路最小 PS ELFEXT 值

频率 (MHz)	最小 PS ELFEXT (dB)		
	D 级	E 级	F 级
1	55.6	61.2	62.0
16	31.5	37.1	56.3
100	15.6	21.2	43.0
250	—	13.2	36.2
600	—	—	29.6

9 布线系统永久链路的最大直流环路电阻应符合表5.0.5-9的规定。

表 5.0.5-9　永久链路最大直流环路电阻 (Ω)

A 级	B 级	C 级	D 级	E 级	F 级
530	140	34	21	21	21

10 布线系统永久链路的最大传播时延应符合表5.0.5-10 的规定。

表 5.0.5-10　永久链路最大传播时延值

频率 (MHz)	最大传播时延 (μs)					
	A 级	B 级	C 级	D 级	E 级	F 级
0.1	19.400	4.400	—	—	—	—
1	—	4.400	0.521	0.521	0.521	0.521
16			0.496	0.496	0.496	0.496
100				0.491	0.491	0.491
250					0.490	0.490
600						0.489

11 布线系统永久链路的最大传播时延偏差应符合表5.0.5-11的规定。

表 5.0.5-11　永久链路传播时延偏差

等　级	频率（MHz）	最大时延偏差（μs）
A	$f=0.1$	—
B	$0.1 \leqslant f \leqslant 1$	—
C	$1 \leqslant f \leqslant 16$	0.044①
D	$1 \leqslant f \leqslant 100$	0.044①
E	$1 \leqslant f \leqslant 250$	0.044①
F	$1 \leqslant f \leqslant 600$	0.026②

注：① 0.044 为 0.9×0.045+3×0.00125 计算结果。
　　② 0.026 为 0.9×0.025+3×0.00125 计算结果。

5.0.6 各等级的光纤信道衰减值应符合表 5.0.6 的规定。

表 5.0.6　信道衰减值（dB）

信　道	多　模		单　模	
	850nm	1300nm	1310nm	1550nm
OF-300	2.55	1.95	1.80	1.80
OF-500	3.25	2.25	2.00	2.00
OF-2000	8.50	4.50	3.50	3.50

5.0.7 光缆标称的波长，每公里的最大衰减值应符合表 5.0.7 的规定。

表 5.0.7　最大光缆衰减值（dB/km）

项　目	OM1，OM2 及 OM3 多模		OS1 单模	
波长	850nm	1300nm	1310nm	1550nm
衰减	3.5	1.5	1.0	1.0

5.0.8 多模光纤的最小模式带宽应符合表 5.0.8 的规定。

表 5.0.8　多模光纤模式带宽

光纤类型	光纤直径（μm）	最小模式带宽（MHz·km）		
		过量发射带宽		有效光发射带宽
		波　长		
		850nm	1300nm	850nm
OM1	50 或 62.5	200	500	—
OM2	50 或 62.5	500	500	—
OM3	50	1500	500	2000

6　安装工艺要求

6.1　工　作　区

6.1.1 工作区信息插座的安装宜符合下列规定：

1　安装在地面上的接线盒应防水和抗压。

2　安装在墙面或柱子上的信息插座底盒、多用户信息插座盒及集合点配线箱体的底部离地面的高度宜为 300mm。

6.1.2 工作区的电源应符合下列规定：

1　每 1 个工作区至少应配置 1 个 220V 交流电源插座。

2　工作区的电源插座应选用带保护接地的单相电源插座，保护接地与零线应严格分开。

6.2　电　信　间

6.2.1 电信间的数量应按所服务的楼层范围及工作区面积来确定。如果该层信息点数量不大于 400 个，水平缆线长度在 90m 范围以内，宜设置一个电信间；当超出这一范围时宜设两个或多个电信间；每层的信息点数量数较少，且水平缆线长度不大于 90m 的情况下，宜几个楼层合设一个电信间。

6.2.2 电信间应与强电间分开设置，电信间内或其紧邻处应设置缆线竖井。

6.2.3 电信间的使用面积不应小于 5m²，也可根据工程中配线设备和网络设备的容量进行调整。

6.2.4 电信间的设备安装和电源要求，应符合本规范第 6.3.8 条和第 6.3.9 条的规定。

6.2.5 电信间应采用外开丙级防火门，门宽大于 0.7m。电信间内温度应为 10～35℃，相对湿度宜为 20%～80%。如果安装信息网络设备时，应符合相应的设计要求。

6.3　设　备　间

6.3.1 设备间位置应根据设备的数量、规模、网络构成等因素，综合考虑确定。

6.3.2 每幢建筑物内应至少设置 1 个设备间，如果电话交换机与计算机网络设备分别安装在不同的场地或根据安全需要，也可设置 2 个或 2 个以上设备间，以满足不同业务的设备安装需要。

6.3.3 建筑物综合布线系统与外部配线网连接时，应遵循相应的接口标准要求。

6.3.4 设备间的设计应符合下列规定：

1　设备间宜处于干线子系统的中间位置，并考虑主干缆线的传输距离与数量。

2　设备间宜尽可能靠近建筑物线缆竖井位置，有利于主干缆线的引入。

3　设备间的位置宜便于设备接地。

4　设备间应尽量远离高低压变配电、电机、X 射线、无线电发射等有干扰源存在的场地。

5　设备间室温度应为 10～35℃，相对湿度应为 20%～80%，并应有良好的通风。

6　设备间内应有足够的设备安装空间，其使用面积不应小于 10m²，该面积不包括程控用户交换机、计算机网络设备等设施所需的面积在内。

7 设备间梁下净高不应小于 2.5m，采用外开双扇门，门宽不应小于 1.5m。

6.3.5 设备间应防止有害气体（如氯、碳水化合物、硫化氢、氮氧化物、二氧化碳等）侵入，并应有良好的防尘措施，尘埃含量限值宜符合表 6.3.5 的规定。

表 6.3.5 尘埃限值

尘埃颗粒的最大直径（μm）	0.5	1	3	5
灰尘颗粒的最大浓度（粒子数/m³）	1.4×10^7	7×10^5	2.4×10^5	1.3×10^5

注：灰尘粒子应是不导电的、非铁磁性和非腐蚀性的。

6.3.6 在地震区的区域内，设备安装应按规定进行抗震加固。

6.3.7 设备安装宜符合下列规定：

1 机架或机柜前面的净空不应小于 800mm，后面的净空不应小于 600mm。

2 壁挂式配线设备底部离地面的高度不宜小于 300mm。

6.3.8 设备间应提供不少于两个 220V 带保护接地的单相电源插座，但不作为设备供电电源。

6.3.9 设备间如果安装电信设备或其他信息网络设备时，设备供电应符合相应的设计要求。

6.4 进 线 间

6.4.1 进线间应设置管道入口。

6.4.2 进线间应满足缆线的敷设路由、成端位置及数量、光缆的盘长空间和缆线的弯曲半径、充气维护设备、配线设备安装所需要的场地空间和面积。

6.4.3 进线间的大小应按进线间的进局管道最终容量及入口设施的最终容量设计。同时应考虑满足多家电信业务经营者安装入口设施等设备的面积。

6.4.4 进线间宜靠近外墙和在地下设置，以便于缆线引入。进线间设计应符合下列规定：

1 进线间应防止渗水，宜设有抽排水装置。

2 进线间应与布线系统垂直竖井沟通。

3 进线间应采用相应防火级别的防火门，门向外开，宽度不小于 1000mm。

4 进线间应设置防有害气体措施和通风装置，排风量按每小时不小于 5 次容积计算。

6.4.5 与进线间无关的管道不宜通过。

6.4.6 进线间入口管道口所有布放缆线和空闲的管孔应采取防火材料封堵，做好防水处理。

6.4.7 进线间如安装配线设备和信息通信设施时，应符合设备安装设计的要求。

6.5 缆 线 布 放

6.5.1 配线子系统缆线宜采用在吊顶、墙体内穿管或设置金属密封线槽及开放式（电缆桥架，吊挂环等）敷设，当缆线在地面布放时，应根据环境条件选用地板下线槽、网络地板、高架（活动）地板布线等安装方式。

6.5.2 干线子系统垂直通道穿过楼层时宜采用电缆竖井方式。也可采用电缆孔、管槽的方式，电缆竖井的位置应上、下对齐。

6.5.3 建筑群之间的缆线宜采用地下管道或电缆沟敷设方式，并应符合相关规范的规定。

6.5.4 缆线应远离高温和电磁干扰的场地。

6.5.5 管线的弯曲半径应符合表 6.5.5 的要求。

表 6.5.5 管线敷设弯曲半径

缆线类型	弯曲半径（mm）/倍
2 芯或 4 芯水平光缆	＞25mm
其他芯数和主干光缆	不小于光缆外径的 10 倍
4 对非屏蔽电缆	不小于电缆外径的 4 倍
4 对屏蔽电缆	不小于电缆外径的 8 倍
大对数主干电缆	不小于电缆外径的 10 倍
室外光缆、电缆	不小于缆线外径的 10 倍

注：当缆线采用电缆桥架布放时，桥架内侧的弯曲半径不应小于 300mm。

6.5.6 缆线布放在管与线槽内的管径与截面利用率，应根据不同类型的缆线做不同的选择。管内穿放大对数电缆或 4 芯以上光缆时，直线管路的管径利用率应为 50%～60%，弯管路的管径利用率应为 40%～50%。管内穿放 4 对对绞电缆或 4 芯光缆时，截面利用率应为 25%～30%。布放缆线在线槽内的截面利用率应为 30%～50%。

7 电气防护及接地

7.0.1 综合布线电缆与附近可能产生高电平电磁干扰的电动机、电力变压器、射频应用设备等电器设备之间应保持必要的间距，并应符合下列规定：

1 综合布线电缆与电力电缆的间距应符合表 7.0.1-1 的规定。

表 7.0.1-1 综合布线电缆与电力电缆的间距

类 别	与综合布线接近状况	最小间距（mm）
380V 电力电缆 ＜2kV・A	与缆线平行敷设	130
	有一方在接地的金属线槽或钢管中	70
	双方都在接地的金属线槽或钢管中②	10①

类　别	与综合布线接近状况	最小间距（mm）
380V 电力电缆 2～5kV·A	与缆线平行敷设	300
	有一方在接地的 金属线槽或钢管中	150
	双方都在接地的 金属线槽或钢管中②	80
380V 电力电缆 ＞5kV·A	与缆线平行敷设	600
	有一方在接地的 金属线槽或钢管中	300
	双方都在接地的金 属线槽或钢管中②	150

注：① 当 380V 电力电缆＜2kV·A，双方都在接地的线
　　　槽中，且平行长度 ≤ 10m 时，最小间距可
　　　为 10mm。
　　② 双方都在接地的线槽中，系指两个不同的线槽，
　　　也可在同一线槽中用金属板隔开。

2 综合布线系统缆线与配电箱、变电室、电梯机房、空调机房之间的最小净距宜符合表 7.0.1-2 的规定。

表 7.0.1-2　综合布线缆线与电气设备的最小净距

名　　称	最小净距（m）
配电箱	1
变电室	2
电梯机房	2
空调机房	2

3 墙上敷设的综合布线缆线及管线与其他管线的间距应符合表 7.0.1-3 的规定。当墙壁电缆敷设高度超过 6000mm 时，与避雷引下线的交叉间距应按下式计算：

$$S \geqslant 0.05L \qquad (7.0.1)$$

式中　S——交叉间距（mm）；
　　　L——交叉处避雷引下线距地面的高度（mm）。

表 7.0.1-3　综合布线缆线及管线与其他管线的间距

其他管线	平行净距（mm）	垂直交叉净距（mm）
避雷引下线	1000	300
保护地线	50	20
给水管	150	20
压缩空气管	150	20
热力管（不包封）	500	500
热力管（包封）	300	300
煤气管	300	20

7.0.2 综合布线系统应根据环境条件选用相应的缆线和配线设备，或采取防护措施，并应符合下列规定：

1 当综合布线区域内存在的电磁干扰场强低于 3V/m 时，宜采用非屏蔽电缆和非屏蔽配线设备。

2 当综合布线区域内存在的电磁干扰场强高于 3V/m 时，或用户对电磁兼容性有较高要求时，可采用屏蔽布线系统和光缆布线系统。

3 当综合布线路由上存在干扰源，且不能满足最小净距要求时，宜采用金属管线进行屏蔽，或采用屏蔽布线系统及光缆布线系统。

7.0.3 在电信间、设备间及进线间应设置楼层或局部等电位接地端子板。

7.0.4 综合布线系统应采用共用接地的接地系统，如单独设置接地体时，接地电阻不应大于 4Ω。如布线系统的接地系统中存在两个不同的接地体时，其接地电位差不应大于 1Vr.m.s。

7.0.5 楼层安装的各个配线柜（架、箱）应采用适当截面的绝缘铜导线单独布线至就近的等电位接地装置，也可采用竖井内等电位接地铜排引到建筑物共用接地装置，铜导线的截面应符合设计要求。

7.0.6 缆线在雷电防护区交界处，屏蔽电缆屏蔽层的两端应做等电位连接并接地。

7.0.7 综合布线的电缆采用金属线槽或钢管敷设时，线槽或钢管应保持连续的电气连接，并应有不少于两点的良好接地。

7.0.8 当缆线从建筑物外面进入建筑物时，电缆和光缆的金属护套或金属件应在入口处就近与等电位接地端子板连接。

7.0.9 当电缆从建筑物外面进入建筑物时，应选用适配的信号线路浪涌保护器，信号线路浪涌保护器应符合设计要求。

8　防　火

8.0.1 根据建筑物的防火等级和对材料的耐火要求，综合布线系统的缆线选用和布放方式及安装的场地应采取相应的措施。

8.0.2 综合布线工程设计选用的电缆、光缆应从建筑物的高度、面积、功能、重要性等方面加以综合考虑，选用相应等级的防火缆线。

本规范用词说明

1 为便于在执行本规范条文时区别对待，对要求严格程度不同的用词说明如下：

1）表示很严格，非这样做不可的用词：
正面词采用"必须"，反面词采用"严禁"。

2）表示严格，在正常情况下均应这样做的用词：
正面词采用"应"，反面词采用"不应"或"不得"。

3）表示允许稍有选择，在条件许可时首先应这样做的用词：

正面词采用"宜"，反面词采用"不宜"；

表示有选择，在一定条件下可以这样做的用词，采用"可"。

2 本规范中指明应按其他有关标准、规范执行的写法为"应符合……的规定"或"应按……执行"。

中华人民共和国国家标准

综合布线系统工程设计规范

GB 50311—2007

条 文 说 明

目　次

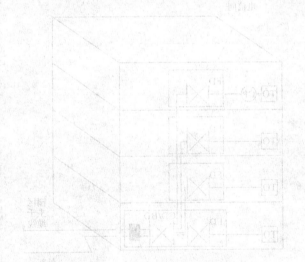

1 总 则

1.0.1 随着城市建设及信息通信事业的发展，现代化的商住楼、办公楼、综合楼及园区等各类民用建筑及工业建筑对信息的要求已成为城市建设的发展趋势。在过去设计大楼内的语音及数据业务线路时，常使用各种不同的传输线、配线插座以及连接器件等。例如：用户电话交换机通常使用对绞电话线，而局域网络（LAN）则可能使用对绞线或同轴电缆，这些不同的设备使用不同的传输线来构成各自的网络；同时，连接这些不同布线的插头、插座及配线架均无法互相兼容，相互之间达不到共用的目的。

现在将所有语音、数据、图像及多媒体业务的设备的布线网络组合在一套标准的布线系统上，并且将各种设备终端插头插入标准的插座内已属可能之事。在综合布线系统中，当终端设备的位置需要变动时，只需做一些简单的跳线，这项工作就完成了，而不需要再布放新的电缆以及安装新的插座。

综合布线系统使用一套由共用配件所组成的配线系统，将各个不同制造厂家的各类设备综合在一起同时工作，均可相兼容。其开放的结构可以作为各种不同工业产品标准的基准，使得配线系统将具有更大的适用性、灵活性，而且可以利用最低的成本在最小的干扰下对设于工作地点的终端设备重新安排与规划。大楼智能化建设中的建筑设备、监控、出入口控制等系统的设备在提供满足 TCP/IP 协议接口时，也可使用综合布线系统作为信息的传输介质，为大楼的集中监测、控制与管理打下了良好的基础。

综合布线系统以一套单一的配线系统，综合通信网络、信息网络及控制网络，可以使相互间的信号实现互联互通。

城市数字化建设，需要综合布线系统为之服务，它有着极其广阔的使用前景。

1.0.3 在确定建筑物或建筑群的功能与需求以后，规划能适应智能化发展要求的相应的综合布线系统设施和预埋管线，防止今后增设或改造时造成工程的复杂性和费用的浪费。

1.0.5 综合布线系统作为建筑的公共电信配套设施在建设期应考虑一次性投资建设，能适应多家电信业务经营者提供通信与信息业务服务的需求，保证电信业务在建筑区域内的接入、开通和使用；使得用户可以根据自己的需要，通过对入口设施的管理选择电信业务经营者，避免造成将来建筑物内管线的重复建设而影响到建筑物的安全与环境。因此，在管道与设施安装场地等方面，工程设计中应充分满足电信业务市场竞争机制的要求。

3 系 统 设 计

3.1 系 统 构 成

3.1.2 进线间一般提供给多家电信业务经营者使用，通常设于地下一层。进线间主要作为室外电缆和光缆引入楼内的成端与分支及光缆的盘长空间位置。对于光缆至大楼（FTTB）至用户（FTTH）、至桌面（FTTO）的应用及容量日益增多，进线间就显得尤为重要。由于许多的商用建筑物地下一层环境条件已大大改善，也可以安装配线架设备及通信设施。在不具备设置单独进线间或入楼电缆和光缆数量及入口设施容量较小时，建筑物也可以在入口处采用挖地沟或使用较小的空间完成缆线的成端与盘长，入口设施则可安装在设备间，但宜单独地设置场地，以便功能分区。

3.1.3 设计综合布线系统应采用开放式星型拓扑结构，该结构下的每个分支子系统都是相对独立的单元，对每个分支单元系统改动都不影响其他子系统。只要改变结点连接就可使网络在星型、总线、环形等各种类型间进行转换。综合布线配线设备的典型设置与功能组合见图 1 所示。

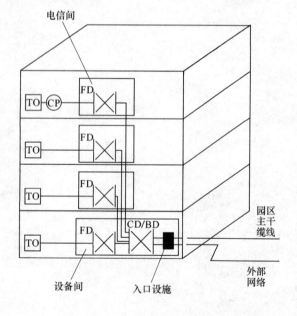

图 1 综合布线配线设备典型设置

3.2 系统分级与组成

3.2.1 在《商业建筑电信布线标准》TIA/EIA 568 A 标准中对于 D 级布线系统，支持应用的器件为 5 类，但在 TIA/EIA 568 B.2-1 中仅提出 5e 类（超 5 类）与 6 类的布线系统，并确定 6 类布线支持带宽为 250MHz。在 TIA/EIA 568 B.2-10 标准中又规定了 6A 类（增强 6 类）布线系统支持的传输带宽为 500MHz。

目前，3类与5类的布线系统只应用于语音主干布线的大对数电缆及相关配线设备。

3.2.3 F级的永久链路仅包括90m水平缆线和2个连接器件（不包括CP连接器件）。

3.3 缆线长度划分

本节按照《用户建筑综合布线》ISO/IEC 11801 2002—09 5.7与7.2条款与TIA/EIA 568 B.1标准的规定，列出了综合布线系统主干缆线及水平缆线等的长度限值。但是综合布线系统在网络的应用中，可选择不同类型的电缆和光缆，因此，在相应的网络中所能支持的传输距离是不相同的。在IEEE 802.3 an标准中，综合布线系统6类布线系统在10G以太网中所支持的长度应不大于55m，但6A类和7类布线系统支持长度仍可达到100m。为了更好地执行本规范，现将相关标准对于布线系统在网络中的应用情况，在表1、表2中分别列出光纤在100M、1G、10G以太网中支持的传输距离，仅供设计者参考。

表1　100M、1G以太网中光纤的应用传输距离

光纤类型	应用网络	光纤直径（μm）	波长（nm）	带宽（MHz）	应用距离（m）
—	100BASE-FX	—	—	—	2000
多模	1000BASE-SX	62.5	850	160	220
	1000BASE-LX			200	275
				500	550
	1000BASE-SX	50	850	400	500
				500	550
	1000BASE-LX		1300	400	550
				500	550
单模	1000BASE-LX	<10	1310		5000

注：上述数据可参见IEEE 802.3—2002。

表2　10G以太网中光纤的应用传输距离

光纤类型	应用网络	光纤直径（μm）	波长（nm）	模式带宽（MHz·km）	应用范围（m）
多模	10GBASE-S	62.5	850	160/150	26
				200/500	33
		50		400/400	66
				500/500	82
				2000/—	300
	10GBASE-LX4	62.5	1300	500/500	300
		50		400/400	240
				500/500	300
单模	10GBASE-L	<10	1310	—	1000
	10GBASE-E		1550	—	30000~40000
	10GBASE-LX4		1300	—	1000

注：上述数据可参见IEEE 802.3ac—2002。

3.3.1 在条款中列出了ISO/IEC 11801 2002—09版中对水平缆线与主干缆线之和的长度规定。为了使工程设计者了解布线系统各部分缆线长度的关系及要求，特依据TIA/EIA 568 B.1标准列出表3和图2，以供工程设计中应用。

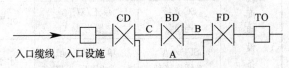

图2　综合布线系统主干缆线组成

表 3　综合布线系统主干缆线长度限值

缆线类型	各线段长度限值（m）		
	A	B	C
100Ω 对绞电缆	800	300	500
62.5m 多模光缆	2000	300	1700
50m 多模光缆	2000	300	1700
单模光缆	3000	300	2700

注：1　如 B 距离小于最大值时，C 为对绞电缆的距离可相应增加，但 A 的总长度不能大于 800m。

2　表中 100Ω 对绞电缆作为语音的传输介质。

3　单模光纤的传输距离在主干链路时允许达 60km，但被认可至本规定以外范围的内容。

4　对于电信业务经营者在主干链路中接入电信设施能满足的传输距离不在本规定之内。

5　在总距离中可以包括入口设施至 CD 之间的缆线长度。

6　建筑群与建筑物配线设备所设置的跳线长度不应大于 20m，如超过 20m 时主干长度应相应减少。

7　建筑群与建筑物配线设备连至设备的缆线不应大于 30m，如超过 30m 时主干长度应相应减少。

3.4　系 统 应 用

综合布线系统工程设计应按照近期和远期的通信业务，计算机网络拓扑结构等需要，选用合适的布线器件与设施。选用产品的各项指标应高于系统指标，才能保证系统指标，得以满足和具有发展的余地，同时也应考虑工程造价及工程要求，对系统产品选用应恰如其分。

3.4.1　对于综合布线系统，电缆和接插件之间的连接应考虑阻抗匹配和平衡与非平衡的转换适配。在工程（D 级至 F 级）中特性阻抗应符合 100Ω 标准。在系统设计时，应保证布线信道和链路在支持相应等级应用中的传输性能，如果选用 6 类布线产品，则缆线、连接硬件、跳线等都应达到 6 类，才能保证系统为 6 类。如果采用屏蔽布线系统，则所有部件都应选用带屏蔽的硬件。

3.4.2　在表 3.4.2 中，其他应用一栏应根据系统对网络的构成、传输缆线的规格、传输距离等要求选用相应等级的综合布线产品。

3.4.5　跳线两端的插头，IDC 指 4 对或多对的扁平模块，主要连接多端子配线模块；RJ45 指 8 位插头，可与 8 位模块通用插座相连；跳线两端如为 ST、SC、SFF 光纤连接器件，则与相应的光纤适配器配套相连。

3.4.6　信息点电端口如为 7 类布线系统时，采用 RJ45 或非 RJ45 型的屏蔽 8 位模块通用插座。

3.4.7　在 ISO/IEC 11801 2002—09 标准中，提出除了维持 SC 光纤连接器件用于工作区信息点以外，同时建议在设备间、电信间、集合点等区域使用 SFF 小型光纤连接器件及适配器。小型光纤连接器件与传统的 ST、SC 光纤连接器件相比体积较小，可以灵活地使用于多种场合。目前 SFF 小型光纤连接器件被布线市场认可的主要有 LC、MT-RJ、VF-45、MU 和 FJ。

电信间和设备间安装的配线设备的选用应与所连接的缆线相适应，具体可参照表 4 内容。

表 4　配线模块产品选用

类　别	产品类型		配线模块安装场地和连接缆线类型		
	配线设备类型	容量与规格	FD（电信间）	BD（设备间）	CD（设备间/进线间）
电缆配线设备	大对数卡接模块	采用 4 对卡接模块	4 对水平电缆/4 对主干电缆	4 对主干电缆	4 对主干电缆
		采用 5 对卡接模块	大对数主干电缆	大对数主干电缆	大对数主干电缆
	25 对卡接模块	25 对	4 对水平电缆/4 对主干电缆/大对数主干电缆	4 对主干电缆/大对数主干电缆	4 对主干电缆/大对数主干电缆
	回线型卡接模块	8 回线	4 对水平电缆/4 对主干电缆	大对数主干电缆	大对数主干电缆
		10 回线	大对数主干电缆	大对数主干电缆	大对数主干电缆
	RJ45 配线模块	一般为 24 口或 48 口	4 对水平电缆/4 对主干电缆	4 对主干电缆	4 对主干电缆
光缆配线设备	ST 光纤连接盘	单工/双工，一般 24 口	水平/主干光缆	主干光缆	主干光缆
	SC 光纤连接盘	单工/双工，一般 24 口	水平/主干光缆	主干光缆	主干光缆
	SFF 小型光纤连接盘	单工/双工一般为 24 口、48 口	水平/主干光缆	主干光缆	主干光缆

3.4.8 当集合点（CP）配线设备为 8 位模块通用插座时，CP 电缆宜采用带有单端 RJ45 插头的产业化产品，以保证布线链路的传输性能。

3.5 屏蔽布线系统

3.5.1 根据电磁兼容通用标准《居住、商业的轻工业环境中的抗扰度试验》GB/T 177991—1999 与国际标准草案 77/181/FDIS 及 IEEE 802.3—2002 标准中都认可 3V/m 的指标值，本规范做出相应的规定。

在具体的工程项目的勘察设计过程中，如用户提出要求或现场环境中存在磁场的干扰，则可以采用电磁骚扰测量接收机测试，或使用现场布线测试仪配备相应的测试模块对模拟的布线链路做测试，取得了相应的数据后，进行分析，作为工程实施依据。具体测试方法应符合测试仪表技术内容要求。

3.5.4 屏蔽布线系统电缆的命名可以按照《用户建筑综合布线》ISO/IEC 11801 中推荐的方法统一命名。

对于屏蔽电缆根据防护的要求，可分为 F/UTP（电缆金属箔屏蔽）、U/FTP（线对金属箔屏蔽）、SF/UTP（电缆金属编织丝网加金属箔屏蔽）、S/FTP（电缆金属箔编织网屏蔽加上线对金属箔屏蔽）几种结构。

不同的屏蔽电缆会产生不同的屏蔽效果。一般认可金属箔对高频、金属编织丝网对低频的电磁屏蔽效果为佳。如果采用双重屏蔽（SF/UTP 和 S/FTP）则屏蔽效果更为理想，可以同时抵御线对之间和来自外部的电磁辐射干扰，减少线对之间及线对对外部的电磁辐射干扰。因此，屏蔽布线工程有多种形式的电缆可以选择，但为保证良好屏蔽，电缆的屏蔽层与屏蔽连接器件之间必须做好 360° 的连接。

铜缆命名方法见图 3：

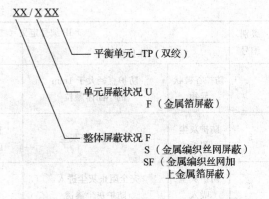

图 3　铜缆命名方法

3.6 开放型办公室布线系统

3.6.1 开放型办公室布线系统对配线设备的选用及缆线的长度有不同的要求。

1 计算公式 $C=（102-H）/1.2$ 针对 24 号线规｛24AWG｝的非屏蔽和屏蔽布线而言，如应用于 26 号线规｛26AWG｝的屏蔽布线系统，公式应为 $C=（102-H）/1.5$。工作区设备电缆的最大长度要求，《用户建筑综合布线》ISO/IEC 11801 2002 中为 20m，但在《商业建筑电信布线标准》TIA/EIA 568 B.1 6.4.1.4 中为 22m，本规范以 TAI/EIA 568 B.1 规范内容列出。

2 CP 点由无跳线的连接器件组成，在电缆与光缆的永久链路中都可以存在。

集合点配线箱目前没有定型的产品，但箱体的大小应考虑至少满足 12 个工作区所配置的信息点所连接 4 对对绞电缆的进、出箱体的布线空间和 CP 卡接模块的安装空间。

3.7 工业级布线系统

3.7.5 工业级布线系统产品选用应符合 IP 标准所提出的保护要求，国际防护（IP）定级如表 5 所示内容要求。

表 5　国际防护（IP）定级

级别编号	IP 编号定义（二位数）				级别编号
	保护级别		保护级别		
0	没有保护	对于意外接触没有保护，对异物没有防护	对水没有防护	没有防护	0
1	防护大颗粒异物	防止大面积人手接触，防护直径大于 50mm 的大固体颗粒	防护垂直下降水滴	防水滴	1
2	防护中等颗粒异物	防止手指接触，防护直径大于 12mm 的中固体颗粒	防止水滴溅射进入（最大 15°）	防水滴	2
3	防护小颗粒异物	防止工具、导线或类似物体接触，防护直径大于 2.5mm 的小固体颗粒	防止水滴（最大 60°）	防喷溅	3

级别编号	IP编号定义（二位数）			级别编号
	保护级别	保护级别		
4	防护谷粒状异物	防护直径大于1mm的小固体颗粒	防护全方位、泼溅水，允许有限进入	防喷溅	4
5	防护灰尘积垢	有限地防止灰尘	防护全方位泼溅水（来自喷嘴），允许有限进入	防浇水	5
6	防护灰尘吸入	完全阻止灰尘进入，防护灰尘渗透	防护高压喷射或大浪进入，允许有限进入	防水淹	6
—			可沉浸在水下0.15～1m深度	防水浸	7
—			可长期沉浸在压力较大的水下	密封防水	8

注：1 2位数用来区别防护等级，第1位针对固体物质，第2位针对液体。
　　2 如IP67级别就等同于防护灰尘吸入和可沉浸在水下0.15～1m深度。

4 系统配置设计

综合布线系统在进行系统配置设计时，应充分考虑用户近期与远期的实际需要与发展，使之具有通用性和灵活性，尽量避免布线系统投入正常使用以后，较短的时间又要进行扩建与改建，造成资金浪费。一般来说，布线系统的水平配线应以远期需要为主，垂直干线应以近期实用为主。

为了说明问题，我们以一个工程实例来进行设备与缆线的配置。例如，建筑物的某一层共设置了200个信息点，计算机网络与电话各占50%，即各为100个信息点。

1 电话部分：

1）FD水平侧配线模块按连接100根4对的水平电缆配置。

2）语音主干的总对数按水平电缆总对数的25%计，为100对线的需求；如考虑10%的备份线对，则语音主干电缆总对数需求量为110对。

3）FD干线侧配线模块可按卡接大对数主干电缆110对端子容量配置。

2 数据部分：

1）FD水平侧配线模块按连接100根4对的水平电缆配置。

2）数据主干缆线。

a 最少量配置：以每个HUB/SW为24个端口计，100个数据信息点需设置5个HUB/SW；以每4个HUB/SW为一群（96个端口），组成了2个HUB/SW群；现以每个HUB/SW群设置1个主干端口，并考虑1个备份端口，则2个HUB/SW群需设4个主干端口。如主干缆线采用对绞电缆，每个主干端口需设4对线，则线对的总需求量为16对；如主干缆线采用光缆，每个主干光端口按2芯光纤考虑，则光纤的需求量为8芯。

b 最大量配置：同样以每个HUB/SW为24端口计，100个数据信息点需设置5个HUB/SW；以每1个HUB/SW（24个端口）设置1个主干端口，每4个HUB/SW考虑1个备份端口，共需设置7个主干端口。如主干缆线采用对绞电缆，以每个主干电端口需要4对线，则线对的需求量为28对；如主干缆线采用光缆，每个主干光端口按2芯光纤考虑，则光纤的需求量为14芯。

3）FD干线侧配线模块可根据主干电缆或主干光缆的总容量加以配置。

配置数量计算得出以后，再根据电缆、光缆、配线模块的类型、规格加以选用，做出合理配置。

上述配置的基本思路，用于计算机网络的主干缆线，可采用光缆；用于电话的主干缆线则采用大对数对绞电缆，并考虑适当的备份，以保证网络安全。由于工程的实际情况比较复杂，不可能按一种模式，设计时还应结合工程的特点和需求加以调整应用。

4.1 工 作 区

4.1.2 目前建筑物的功能类型较多，大体上可以分为商业、文化、媒体、体育、医院、学校、交通、住宅、通用工业等类型，因此，对工作区面积的划分应根据应用的场合做具体的分析后确定，工作区面积需求可参看表6所示内容。

表 6 工作区面积划分表

建筑物类型及功能	工作区面积（m）
网管中心、呼叫中心、信息中心等终端设备较为密集的场地	3～5
办公区	5～10
会议、会展	10～60
商场、生产机房、娱乐场所	20～60
体育场馆、候机室、公共设施区	20～100
工业生产区	60～200

注：1 对于应用场合，如终端设备的安装位置和数量无法确定时，或使用场地为大客户租用并考虑自设置计算机网络时，工作区的面积可按区域（租用场地）面积确定。

2 对于 IDC 机房（为数据通信托管业务机房或数据中心机房）可按生产机房每个机架的设置区域考虑工作区面积。对于此类项目，涉及数据通信设备安装工程设计，应单独考虑实施方案。

4.2 配线子系统

4.2.4 每一个工作区信息点数量的确定范围比较大，从现有的工程情况分析，从设置 1 个至 10 个信息点的现象都存在，并预留了电缆和光缆备份的信息插座模块。因为建筑物用户性质不一样，功能要求和实际需求不一样，信息点数量不能仅按办公楼的模式确定，尤其是对于专用建筑（如电信、金融、体育场馆、博物馆等建筑）及计算机网络存在内、外网等多个网络时，更应加强需求分析，做出合理的配置。

每个工作区信息点数量可按用户的性质、网络构成和需求来确定。表 7 做了一些分类，仅提供设计者参考。

表 7 信息点数量配置

建筑物功能区	信息点数量（每一工作区）			备注
	电话	数据	光纤（双工端口）	
办公区（一般）	1 个	1 个	—	—
办公区（重要）	1 个	2 个	1 个	对数据信息有较大的需求
出租或大客户区域	2 个或2 个以上	2 个或2 个以上	1 个或1 个以上	指整个区域的配置量
办公区（政务工程）	2～5 个	2～5 个	1 或1 个以上	涉及内、外网络时

注：大客户区域也可以为公共实施的场地，如商场、会议中心、会展中心等。

4.2.7 1 根 4 对对绞电缆应全部固定终接在 1 个 8 位模块通用插座上。不允许将 1 根 4 对对绞电缆终接在 2 个或 2 个以上 8 位模块通用插座。

4.2.9、4.2.10 根据现有产品情况配线模块可按以下原则选择：

1 多线对端子配线模块可以选用 4 对或 5 对卡接模块，每个卡接模块应卡接 1 根 4 对对绞电缆。一般 100 对卡接端子容量的模块可卡接 24 根（采用 4 对卡接模块）或卡接 20 根（采用 5 对卡接模块）4 对对绞电缆。

2 25 对端子配线模块可卡接 1 根 25 对大对数电缆或 6 根 4 对对绞电缆。

3 回线式配线模块（8 回线或 10 回线）可卡接 2 根 4 对对绞电缆或 8/10 回线。回线式配线模块的每一回线可以卡接 1 对入线和 1 对出线。回线式配线模块的卡接端子可以为连通型、断开型和可插入型三类不同的功能。一般在 CP 处可选用连通型，在需要加装过压过流保护器时采用断开型，可插入型主要使用于断开电路做检修的情况下，布线工程中无此种应用。

4 RJ45 配线模块（由 24 或 48 个 8 位模块通用插座组成）每 1 个 RJ45 插座应卡接 1 根 4 对对绞电缆。

5 光纤连接器件每个单工端口应支持 1 芯光纤的连接，双工端口则支持 2 芯光纤的连接。

4.2.11 各配线设备跳线可按以下原则选择与配置：

1 电话跳线宜按每根 1 对或 2 对对绞电缆容量配置，跳线两端连接插头采用 IDC 或 RJ45 型。

2 数据跳线宜按每根 4 对对绞电缆配置，跳线两端连接插头采用 IDC 或 RJ45 型。

3 光纤跳线宜按每根 1 芯或 2 芯光纤配置，光跳线连接器件采用 ST、SC 或 SFF 型。

4.3 干线子系统

4.3.2 点对点端接是最简单、最直接的配线方法，电信间的每根干线电缆直接从设备间延伸到指定的楼层电信间。分支递减终接是用 1 根大对数干线电缆来支持若干个电信间的通信容量，经过电缆接头保护箱分出若干根小电缆，它们分别延伸到相应的电信间，并终接于目的地的配线设备。

4.3.5 如语音信息点 8 位模块通用插座连接 ISDN 用户终端设备，并采用 S 接口（4 线接口）时，相应的主干电缆则应按 2 对线配置。

4.7 管 理

4.7.1 管理是针对设备间、电信间和工作区的配线设备、缆线等设施，按一定的模式进行标识和记录的规定。内容包括：管理方式、标识、色标、连接等。这些内容的实施，将给今后维护和管理带来很大的方便，有利于提高管理水平和工作效率。特别是较为复杂的综合布线系统，如采用计算机进行管理，其效果将十分明显。目前，市场上已有商用的管理软件可供选用。

综合布线的各种配线设备，应用色标区分干线电缆、配线电缆或设备端点，同时，还应采用标签表明端接区域、物理位置、编号、容量、规格等，以便维护人员在现场一目了然地加以识别。

4.7.2 在每个配线区实现线路管理的方式是在各色标区域之间按应用的要求，采用跳线连接。色标用来区分配线设备的性质，分别由按性质划分的配线模块组成，且按垂直或水平结构进行排列。

综合布线系统使用的标签可采用粘贴型和插入型。

电缆和光缆的两端应采用不易脱落和磨损的不干胶条标明相同的编号。

目前，市场上已有配套的打印机和标签纸供应。

4.7.3 电子配线设备目前应用的技术有多种，在工程设计中应考虑到电子配线设备的功能，在管理范围、组网方式、管理软件、工程投资等方面，合理地加以选用。

5 系统指标

5.0.1 综合布线系统的机械性能指标以生产厂家提供的产品资料为依据，它将对布线工程的安装设计，尤其是管线设计产生较大的影响，应引起重视。

本规范列出布线系统信道和链路的指标参数，但6A、7类布线系统在应用时，工程中除了已列出的各项指标参数以外，还应考虑信道电缆（6根对1根4对对绞电缆）的外部串音功率和（PS ANEXT）和2根相邻4对对绞电缆间的外部串音（ANEXT）。

目前只在 TIA/EIA 568 B.2-10 标准中列出了 6A 类布线从1～500MHz 带宽的范围内信道的插入损耗、NEXT、PS NEXT、FEXT、ELFEXT、PS ELFEXT、回波损耗、ANEXT、PS ANEXT、PS AELFEXT 等指标参数值。在工程设计时，可以参照使用。

布线系统各项指标值均在环境温度为 20℃时的数据。根据 TIA/EIA 568.B.2-1 中列表分析，当温度从 20～60℃的变化范围内，温度每上升 5℃，90m的永久链路长度将减短 1～2m，在 89～75m（非屏蔽链路）及 89.5～83m（屏蔽链路）的范围之内变化。

5.0.3 按照 ISO/IEC 11801 2002—09 标准列出的布线系统信道指标值，提出了需执行的和建议的两种表格内容。对需要执行的指标参数在其表格内容中列出了在某一频率范围的计算公式，但在建议的表格中仅列出在指定的频率时的具体数值，本规范以建议的表格列出各项指标参数要求，供设计者在对布线产品选择时参考使用。信道的构成可见图3.2.3内容。

指标项目中衰减串音比（ACR）、非平衡衰减和耦合衰减的参数中仍保持使用"衰减"这一术语，但在计算 ACR、PS ACR、ELFEXT 和 PS ELFEXT 值时，使用相应的插入损耗值。衰减这一术语在电缆工业生产中被广泛采用，但由于布线系统在较高的频率时阻抗的失配，此特性采用插入损耗来表示。与衰减不同，插入损耗不涉及长度的线性关系。

5.0.5 本条款内容是按照 ISO/IEC 11801 2002—09 的附录 A 所列出的永久链路和 CP 链路的指标参数值提出的，但在附录 A 中是以需执行的和建议的两种表格列出。在需执行的表格中针对永久链路和 CP 链路列出指标计算公式，在建议表格中只是针对永久链路某一指定的频率指标而言。本规范以建议表格内容列出永久链路各项指标参数要求。永久链路和 CP 链路的构成可见图3.2.3内容。

对于等级为 F 的信道和永久链路（包括 5.0.3 条中的），只存在两个连接器件时（无 CP 点）的最小 ACR 值和 PS ACR 值应符合表 8 要求，具体连接方式如图 4 中所示。

表8 信道和永久链路为 F 级（包括 2 个连接点）时，ACR 与 PS ACR 值

频 率 (MHz)	信 道		永久链路	
	最小 ACR (dB)	最小 PS ACR (dB)	最小 ACR (dB)	最小 PS ACR (dB)
1	61.0	58.0	61.0	58.0
16	57.1	54.1	58.2	55.2
100	44.6	41.6	47.5	44.5
250	27.3	24.3	31.9	28.9
600	1.1	—1.9	8.6	5.6

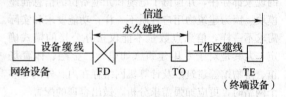

图 4 两个连接器件的信道与永久链路

6 安装工艺要求

6.2 电 信 间

6.2.1 电信间主要为楼层安装配线设备（为机柜、机架、机箱等安装方式）和楼层计算机网络设备（HUB 或 SW）的场地，并可考虑在该场地设置缆线竖井、等电位接地体、电源插座、UPS 配电箱等设施。在场地面积满足的情况下，也可设置建筑物诸如安防、消防、建筑设备监控系统、无线信号覆盖等系统的布缆线槽和功能模块的安装。如果综合布线系统与弱电系统设备合设于同一场地，从建筑的角度出发，称为弱电间。

6.2.3 一般情况下，综合布线系统的配线设备和计算机网络设备采用 19″标准机柜安装。机柜尺寸通常为 600mm（宽）×900mm（深）×2000mm（高），共有42U 的安装空间。机柜内可安装光纤连接盘、RJ45（24口）配线模块、多线对卡接模块（100 对）、理线架、计算机 HUB/SW 设备等。如果按建筑物每层电话和数据信息点各为 200 个考虑配置上述设备，大约需要有 2 个 19″(42U) 的机柜空间，以此测算电信间面积至少应为 5m² (2.5m×2.0m)。对于涉及布线系统设置内、外网或专用网时，19″机柜应分别设置，并在保持一定间距的情况下预测电信间的面积。

6.2.5 电信间温、湿度按配线设备要求提出，如在机柜中安装计算机网络设备（HUB/SW）时的环境应满足设备提出的要求，温、湿度的保证措施由空调专业负责解决。

本条与 6.3.4 条所述的安装工艺要求，均以总配线设备所需的环境要求为主，适当考虑安装少量计算机网络等设备制定的规定，如果与程控电话交换机、计算机网络等主机和配套设备合装在一起，则安装工艺要求应执行相关规范的规定。

6.3 设 备 间

6.3.2 设备间是大楼的电话交换机设备和计算机网络设备，以及建筑物配线设备（BD）安装的地点，也是进行网络管理的场所。对综合布线工程设计而言，设备间主要安装总配线设备。当信息通信设施与配线设备分别设置时考虑到设备电缆有长度限制的要求，安装总配线架的设备间与安装电话交换机及计算机主机的设备间之间的距离不宜太远。

如果一个设备间以 10m² 计，大约能安装 5 个 19″的机柜。在机柜中安装电话大对数电缆多对卡接式模块，数据主干缆线配线设备模块，大约能支持总量为 6000 个信息点所需（其中电话和数据信息点各占 50%）的建筑物配线设备安装空间。

6.4 进 线 间

进线间一个建筑物宜设置 1 个，一般位于地下层，外线宜从两个不同的路由引入进线间，有利于与外部管道沟通。进线间与建筑物红外线范围内的人孔或手孔采用管道或通道的方式互连。进线间因涉及因素较多，难以统一提出具体所需面积，可根据建筑物实际情况，并参照通信行业和国家的现行标准要求进行设计，本规范只提出原则要求。

6.5 缆线布放

6.5.2 干线子系统垂直通道有下列三种方式可供选择：

1 电缆孔方式，通常用一根或数根外径 63～102mm 的金属管预埋在楼板内，金属管高出地面25～50mm，也可直接在楼板上预留一个大小适当的长方形孔洞；孔洞一般不小于 600mm×400mm（也可根据工程实际情况确定）。

2 管道方式，包括明管或暗管敷设。

3 电缆竖井方式，在新建工程中，推荐使用电缆竖井的方式。

6.5.6 某些结构（如"十"型等）的 6 类电缆在布放时为减少对绞电缆之间串音对传输信号的影响，不要求完全做到平直和均匀，甚至可以不绑扎，因此对布线系统管线的利用率提出了较高要求。对于综合布线管线可以采用管径利用率和截面利用率的公式加以计算，得出管道缆线的布放根数。

1 管径利用率＝d/D。d 为缆线外径；D 为管道内径。

2 截面利用率＝A_1/A。A_1 为穿在管内的缆线总截面；A 为管子的内截面积。

缆线的类型包括大对数屏蔽与非屏蔽电缆（25对、50对、100对），4 对对绞屏蔽与非屏蔽中缆（5e类、6类、7类）及光缆（2芯至24芯）等。尤其是 6 类与屏蔽缆线因构成的方式较复杂，众多缆线的直径与硬度有较大的差异，在设计管线时应引起足够的重视。为了保证水平电缆的传输性能及成束缆线在电缆线槽中或弯角处布放不会产生溢出的现象，故提出了线槽利用率在 30%～50% 的范围。

7 电气防护及接地

7.0.1 随着各种类型的电子信息系统在建筑物内的大量设置，各种干扰源将会影响到综合布线电缆的传输质量与安全。表 9 列出的射频应用设备又称为 ISM 设备，我国目前常用的 ISM 设备大致有 15 种。

表 9 CISPR 推荐设备及我国常见 ISM 设备一览表

序　号	CISPR 推荐设备	我国常见 ISM 设备
1	塑料缝焊机	介质加热设备，如热合机等
2	微波加热器	微波炉
3	超声波焊接与洗涤设备	超声波焊接与洗涤设备
4	非金属干燥器	计算机及数控设备
5	木材胶合干燥器	电子仪器，如信号发生器
6	塑料预热器	超声波探测仪器
7	微波烹饪设备	高频感应加热设备，如高频熔炼炉等
8	医用射频设备	射频溅射设备、医用射频设备

序　号	CISPR 推荐设备	我国常见 ISM 设备
9	超声波医疗器械	超声波医疗器械，如超声波诊断仪等
10	电灼器械、透热疗设备	透热疗设备，如超短波理疗机等
11	电火花设备	电火花设备
12	射频引弧弧焊机	射频引弧弧焊机
13	火花透热疗法设备	高频手术刀
14	摄谱仪	摄谱仪用等离子电源
15	塑料表面腐蚀设备	高频电火花真空检漏仪

注：国际无线电干扰特别委员会称 CISPR。

7.0.2 本条中第 1 和第 2 款综合布线系统选择缆线和配线设备时，应根据用户要求，并结合建筑物的环境状况进行考虑。

当建筑物在建或已建成但尚未投入使用时，为确定综合布线系统的选型，应测定建筑物周围环境的干扰场强度。对系统与其他干扰源之间的距离是否符合规范要求进行摸底，根据取得的数据和资料，用规范中规定的各项指标要求进行衡量，选择合适的器件和采取相应的措施。

光缆布线具有最佳的防电磁干扰性能，既能防电磁泄漏，也不受外界电磁干扰影响，在电磁干扰较严重的情况下，是比较理想的防电磁干扰布线系统。本着技术先进、经济合理、安全适用的设计原则在满足电气防护各项指标的前提下，应首选屏蔽缆线和屏蔽配线设备或采用必要的屏蔽措施进行布线，待光缆和光电转换设备价格下降后，也可采用光缆布线。总之应根据工程的具体情况，合理配置。

如果局部地段与电力线等平行敷设，或接近电动机、电力变压器等干扰源，且不能满足最小净距要求时，可采用钢管或金属线槽等局部措施加以屏蔽处理。

7.0.5 综合布线系统接地导线截面积可参考表 10 确定。

表 10　接地导线选择表

名　　称	楼层配线设备至大楼总接地体的距离	
	30m	100m
信息点的数量（个）	75	＞75，450
选用绝缘铜导线的截面（mm²）	6～16	16～50

7.0.6 对于屏蔽布线系统的接地做法，一般在配线设备（FD、BD、CD）的安装机柜（机架）内设有接地端子，接地端子与屏蔽模块的屏蔽罩相连通，机柜（机架）接地端子则经过接地导体连至大楼等电位接地体。为了保证全程屏蔽效果，终端设备的屏蔽金属罩可通过相应的方式与 TN-S 系统的 PE 线接地，但不属于综合布线系统接地的设计范围。

8　防　火

8.0.2 对于防火缆线的应用分级，北美、欧洲及国际的相应标准中主要以缆线受火的燃烧程度及着火以后，火焰在缆线上蔓延的距离、燃烧的时间、热量与烟雾的释放、释放气体的毒性等指标，并通过实验室模拟缆线燃烧的现场状况实测取得。表 11～表 13 分别列出缆线防火等级与测试标准，仅供参考。

表 11　通信缆线国际测试标准

IEC 标准（自高向低排列）	
测试标准	缆线分级
IEC 60332-3C-	—
IEC 60332-1	—

注：参考现行 IEC 标准。

表 12　通信电缆欧洲测试标准及分级表

欧盟标准（草案）（自高向低排列）	
测试标准	缆线分级
prEN 50399-2-2 和 EN 50265-2-1	B1
	B2
prEN 50399-2-1 和 EN 50265-2-1	C
	D
EN 50265-2-1	E

注：欧盟 EU CPD 草案。

表 13　通信缆线北美测试标准及分级表

测试标准	NEC 标准（自高向低排列）	
	电缆分级	光缆分级
UL910(NFPA262)	CMP(阻燃级)	OFNP 或 OFCP
UL1666	CMR(主干级)	OFNR 或 OFCR
UL1581	CM、CMG(通用级)	OFN(G) 或 OFC(G)
VW-1	CMX(住宅级)	

注：参考现行 NEC 2002 版。

对欧洲、美洲、国际的缆线测试标准进行同等比较以后，建筑物的缆线在不同的场合与安装敷设方式时，建议选用符合相应防火等级的缆线，并按以下几种情况分别列出：

1 在通风空间内（如吊顶内及高架地板下等）采用敞开方式敷设缆线时，可选用 CMP 级（光缆为 OFNP 或 OFCP）或 B1 级。

2 在缆线竖井内的主干缆线采用敞开的方式敷设时，可选用 CMR 级（光缆为 OFNR 或 OFCR）或 B2、C 级。

3 在使用密封的金属管槽做防火保护的敷设条件下，缆线可选用 CM 级（光缆为 OFN 或 OFC）或 D 级。

中华人民共和国行业标准

民用建筑电气设计规范

Code for electrical design of civil buildings

JGJ 16—2008
J 778—2008

批准部门：中华人民共和国建设部
施行日期：2008年8月1日

中华人民共和国建设部
公　告

第 800 号

建设部关于发布行业标准
《民用建筑电气设计规范》的公告

现批准《民用建筑电气设计规范》为行业标准，编号为 JGJ 16‑2008，自 2008 年 8 月 1 日起实施。其中，第 3.2.8、3.3.2、4.3.5、4.7.3、4.9.1、4.9.2、7.4.2、7.4.6、7.5.2、7.6.2、7.6.4、7.7.5、11.1.7、11.2.3、11.2.4、11.6.1、11.8.9、11.9.5、12.2.3、12.2.6、12.3.4、12.5.2、12.5.4、12.6.2、14.9.4 条为强制性条文，必须严

格执行。原行业标准《民用建筑电气设计规范》JGJ/T 16‑1992 同时废止。

本规范由建设部标准定额研究所组织中国建筑工业出版社出版发行。

中华人民共和国建设部
2008 年 1 月 31 日

前　言

根据建设部《关于印发〈二〇〇一～二〇〇二年度工程建设城建、建工行业标准制订、修订计划〉的通知》（建标［2002］84 号）的要求，规范编制组经广泛调查研究，认真总结实践经验，参考有关国际标准和国外先进标准，并在广泛征求意见的基础上，对《民用建筑电气设计规范》JGJ/T 16‑92 进行了修订。

本规范的主要技术内容是：1. 总则；2. 术语、代号；3. 供配电系统；4. 配变电所；5. 继电保护及电气测量；6. 自备应急电源；7. 低压配电；8. 配电线路布线系统；9. 常用设备电气装置；10. 电气照明；11. 民用建筑物防雷；12. 接地和特殊场所的安全防护；13. 火灾自动报警系统；14. 安全技术防范系统；15. 有线电视和卫星电视接收系统；16. 广播、扩声与会议系统；17. 呼应信号及信息显示；18. 建筑设备监控系统；19. 计算机网络系统；20. 通信网络系统；21. 综合布线系统；22. 电磁兼容与电磁环境卫生；23. 电子信息设备机房；24. 锅炉房热工检测与控制。

修订的主要内容是：1. 取消了室外架空线路、电力设备防雷和声、像节目制作 3 章；2. 增加了安全技术防范系统、综合布线系统、电磁兼容与电磁环境卫生和电子信息设备机房 4 章；3. 对保留的各章所涉及的主要技术内容也进行了补充、完善和必要的修改。

本规范中以黑体字标志的条文为强制性条文，必须严格执行。

本规范由建设部负责管理和对强制性条文的解释，由中国建筑东北设计研究院（地址：沈阳市和平区光荣街 65 号　邮编：110003）负责具体技术内容的解释。

本规范主编单位　中国建筑东北设计研究院
本规范参编单位　中国建筑标准设计研究院
　　　　　　　　中国建筑设计研究院
　　　　　　　　北京市建筑设计研究院
　　　　　　　　华东建筑设计研究院
　　　　　　　　上海建筑设计研究院
　　　　　　　　天津市建筑设计研究院
　　　　　　　　中国建筑西南设计研究院
　　　　　　　　中国建筑西北设计研究院
　　　　　　　　中南建筑设计研究院
　　　　　　　　哈尔滨工业大学
　　　　　　　　广东省建筑设计研究院
　　　　　　　　福建省建筑设计研究院
　　　　　　　　全国安全防范报警系统标准化技术委员会
　　　　　　　　施耐德电气（中国）投资有限公司
　　　　　　　　ABB（中国）投资有限公司
　　　　　　　　广东伟雄集团
　　　　　　　　浙江泰科热控湖州有限公司
　　　　　　　　国际铜业协会（中国）

本规范主要起草人　王金元　洪元颐　温伯银
（以下按姓氏笔画排序）
尹秀伟　王东林　王可崇
刘希清　刘迪先　孙　兰
成　彦　张文才　张汉武
李炳华　李雪佩　李朝栋

杨守权　杨德才　汪　猛
陈汉民　陈众励　陈建飚
施沪生　胡又新　赵义堂
徐钟芳　郭晓岩　熊　江
潘砚海　瞿二澜

目　录

目　　次

1 总 则

1.0.1 为在民用建筑电气设计中贯彻执行国家的技术经济政策，做到安全可靠、经济合理、技术先进、整体美观、维护管理方便，制定本规范。

1.0.2 本规范适用于城镇新建、改建和扩建的民用建筑的电气设计，不适用于人防工程、燃气加压站、汽车加油站的电气设计。

1.0.3 民用建筑电气设计应体现以人为本，对电磁污染、声污染及光污染采取综合治理，达到环境保护相关标准的要求，确保人居环境安全。

1.0.4 民用建筑电气设计的装备水平，应与工程的功能要求和使用性质相适应。

1.0.5 民用建筑电气设计应采用成熟、有效的节能措施，降低电能消耗。

1.0.6 应选择符合国家现行标准的产品。严禁使用已被国家淘汰的产品。

1.0.7 民用建筑电气设计，应采取经实践证明行之有效的新技术，提高经济效益、社会效益。

1.0.8 民用建筑电气设计除应符合本规范外，尚应符合国家现行有关标准的规定。

2 术语、代号

2.1 术 语

2.1.1 备用电源 standby electrical source
当正常电源断电时，由于非安全原因用来维持电气装置或其某些部分所需的电源。

2.1.2 应急电源 electric source for safety services
用作应急供电系统组成部分的电源。

2.1.3 导体 conductor
用于承载规定电流的导电部分。

2.1.4 中性导体 neutral conductor (N)
电气上与中性点连接并能用于配电的导体。

2.1.5 保护导体 protective conductor (PE)
为了安全目的，如电击防护而设置的导体。

2.1.6 保护接地中性导体 protective and neutral conductor (PEN)
兼有保护接地导体和中性导体功能的导体，简称PEN导体。

2.1.7 剩余电流 residual current
同一时刻，在电气装置中的电气回路给定点处的所有带电体电流值的代数和。

2.1.8 特低电压 extra-low voltage (ELV)
不超过《建筑物电气装置的电压区段》GB/T 18379/IEC60449规定的有关Ⅰ类电压限值的电压。

2.1.9 安全特低电压系统 safety extra-low voltage (SELV) system
在正常条件下不接地的、电压不超过特低电压的电气系统，简称 SELV 系统。

2.1.10 保护特低电压系统 protective extra-low voltage (PELV) system
在正常条件下接地的、电压不超过特低电压的电气系统，简称 PELV 系统。

2.1.11 外露可导电部分 exposed-conductive-part
设备上能触及到的可导电部分，在正常情况下不带电，但在基本绝缘损坏时会带电。

2.1.12 外界可导电部分 extraneous-conductive-part
非电气装置的组成部分，且易于引入电位的可导电部分，该电位通常为局部地电位。

2.1.13 保护接地 protective earthing; protective grounding
为了电气安全，将一个系统、装置或设备的一点或多点接地。

2.1.14 功能接地 functional earthing; functional grounding
出于电气安全之外的目的，将系统、装置或设备的一点或多点接地。

2.1.15 接地故障 earth fault; ground fault
带电导体和大地之间意外出现导电通路。

2.1.16 接地配置 earthing arrangement; grounding arrangement
系统、装置和设备的接地所包含的所有电气连接和器件。也称接地系统（earthing system）

2.1.17 接地极 earth electrode; ground electrode
埋入土壤或特定的导电介质中、与大地有电接触的可导电部分。

2.1.18 接地导体 earth conductor; earthing conductor; grounding conductor
在系统、装置或设备的给定点与接地极或接地网之间提供导电通路或部分导电通路的导体。

2.1.19 接地网 earth-electrode network; ground-electrode network
接地配置的组成部分，仅包括接地极及其相互连接部分。

2.1.20 等电位联结 equipotential bonding
为达到等电位，多个可导电部分间的电连接。

2.1.21 防雷装置 lightning protection system
接闪器、引下线、接地网、浪涌保护器及其他连接导体的总合。

2.1.22 雷电波侵入 lightning surge on incoming services
由于雷电对架空线路或金属管道的作用，雷电波可能沿着这些管线侵入屋内，危及人身安全或损坏设备。

2.1.23 雷击电磁脉冲 lightning electromagnetic impulse

作为干扰源的雷电流及雷电电磁场产生的电磁场效应。

2.1.24 雷电防护区 lightning protection zone

需要规定和控制雷电电磁环境的区域。

2.1.25 防护区 protection area

允许公众出入的、防护目标所在的区域或部位。

2.1.26 禁区 restricted area

不允许未授权人员出入（或窥视）的防护区域或部位。

2.1.27 盲区 blind zone

在警戒范围内，安全防范手段未能覆盖的区域。

2.1.28 纵深防护 longitudinal-depth protection

根据被防护对象所处的环境条件和安全管理的要求，对整个防护区域实施由外到里或由里到外层层设防的防护措施，分为整体纵深防护和局部纵深防护两种类型。

2.1.29 最大声压级 maximum sound pressure level

扩声系统在听众席产生的最高稳态声压级。

2.1.30 传输频率特性 transmission frequency characteristic

厅堂内各测点处稳态声压级的平均值，相对于扩声系统传声器处声压级或扩声设备输入端电压的幅频响应。

2.1.31 传声增益 sound transmission gain

扩声系统达到可用增益时，声场内各测量点处稳态声压级的平均值与扩声系统传声器处声压级的差值。

2.1.32 声场不均匀度 sound field nonuniformity

扩声时，厅内各测量点处得到的稳态声压级的极大值和极小值的差值，以分贝（dB）表示。

2.1.33 建筑设备监控系统 building automation system

将建筑物（群）内的电力、照明、空调、给水排水等机电设备或系统进行集中监视、控制和管理的综合系统。通常为分散控制与集中监视、管理的计算机控制系统。

2.1.34 分布计算机系统 distributed computer system

由多个分散的计算机经互联网络构成的统一计算机系统。分布计算机系统是多种计算机系统的一种新形式。它强调资源、任务、功能和控制的全面分布。

2.1.35 现场总线 fieldbus

安装在制造或过程区域的现场装置与控制室内的自动控制装置之间的数字式、串行、多点通信数据总线称为现场总线。

2.1.36 综合布线系统 generic cabling system

建筑物或建筑群内部之间的信息传输网络，它既能使建筑物或建筑群内部的语言、数据通信设备、信息交换设备和信息管理系统彼此相联，也能使建筑物内通信网络设备与外部的通信网络相联。

2.1.37 电磁环境 electromagnetic environment

存在于给定场所的所有电磁现象的总和。

2.1.38 电磁兼容性 electromagnetic compatibility

设备或系统在其电磁环境中能正常工作，且不对该环境中的其他设备和系统构成不能承受的电磁骚扰的能力。

2.1.39 电磁干扰 electromagnetic interference

电磁骚扰引起的设备、传输通道或系统性能的下降。

2.1.40 电磁辐射 electromagnetic radiation

能量以电磁波形式由源发射到空间的现象和能量以电磁波形式在空间传播。

2.1.41 电磁屏蔽 electromagnetic shielding

由导电材料制成的，用以减弱变化的电磁场透入给定区域的屏蔽。

2.1.42 电子信息系统 electronic information system

由计算机、有（无）线通信设备、处理设备、控制设备及其相关的配套设备、设施（含网络）等的电子设备构成的，按照一定应用目的和规则对信息进行采集、加工、存储、传输、检索等处理的人机系统。

2.1.43 阻塞流 choked flow

阀入口压力保持恒定，逐步降低出口压力，当增加压差不能进一步增大流量，即流量增加到一个最大的极限值，此时的流动状态称为阻塞流。

2.1.44 流量系数 K_v flow coefficient

给定行程下，阀两端压差为 10^2 kPa 时，温度为 $5 \sim 40℃$ 的水，每小时流经调节阀的体积，以立方米（m^3）表示。

2.1.45 管件形状修正系数 F_p piping correction factor

考虑阀门两端装有渐缩管接头等管件对流量系数造成的影响，而对流量系数值公式加以修正的系数。

2.1.46 雷诺数修正系数 Re_v reynolds number factor

考虑流体的非湍流状态对流量系数造成的影响，而对流量系数值加以修正的系数。

2.2 代　号

ATM——异步传输模式

BAS——建筑设备监控系统

BMS——建筑设备管理系统

BD——建筑物配线设备

CD——建筑群配线设备

CP——集合点

DDN——数字数据网

DDC——直接数字控制器

FAS——火灾自动报警系统

FD——楼层配线设备

HUB——集线器

ISDN——综合业务数字网

I/O——输入/输出

PSTN——公用电话网

PLC——可编程逻辑控制器

SAS——安全防范系统

SW——交换机

TCP/IP——传输控制协议/网际协议

TO——信息插座

TE——终端设备

VLAN——虚拟局域网

VSAT——甚小口径卫星通信系统

3 供配电系统

3.1 一般规定

3.1.1 本章适用于民用建筑中 10 (6) kV 及以下供配电系统的设计。

3.1.2 供配电系统的设计应按负荷性质、用电容量、工程特点、系统规模和发展规划以及当地供电条件，合理确定设计方案。

3.1.3 供配电系统的设计应保障安全、供电可靠、技术先进和经济合理。

3.1.4 供配电系统的构成应简单明确，减少电能损失，并便于管理和维护。

3.1.5 供配电系统设计，除应符合本规范外，尚应符合现行国家标准《供配电系统设计规范》GB 50052 的有关规定。

3.2 负荷分级及供电要求

3.2.1 用电负荷应根据供电可靠性及中断供电所造成的损失或影响的程度，分为一级负荷、二级负荷及三级负荷。各级负荷应符合下列规定：

1 符合下列情况之一时，应为一级负荷：

　　1）中断供电将造成人身伤亡；

　　2）中断供电将造成重大影响或重大损失；

　　3）中断供电将破坏有重大影响的用电单位的正常工作，或造成公共场所秩序严重混乱。例如：重要通信枢纽、重要交通枢纽、重要的经济信息中心、特级或甲级体育建筑、国宾馆、承担重大国事活动的会堂、经常用于重要国际活动的大量人员集中的公共场所等的重要用电负荷。

在一级负荷中，当中断供电将发生中毒、爆炸和火灾等情况的负荷，以及特别重要场所的不允许中断供电的负荷，应为特别重要的负荷。

2 符合下列情况之一时，应为二级负荷：

　　1）中断供电将造成较大影响或损失；

　　2）中断供电将影响重要用电单位的正常工作或造成公共场所秩序混乱。

3 不属于一级和二级的用电负荷应为三级负荷。

3.2.2 民用建筑中各类建筑物的主要用电负荷的分级，应符合本规范附录 A 的规定。

3.2.3 民用建筑中消防用电的负荷等级，应符合下列规定：

1 一类高层民用建筑的消防控制室、火灾自动报警及联动控制装置、火灾应急照明及疏散指示标志、防烟及排烟设施、自动灭火系统、消防水泵、消防电梯及其排水泵、电动的防火卷帘及门窗以及阀门等消防用电应为一级负荷，二类高层民用建筑内的上述消防用电应为二级负荷；

2 特、甲等剧场，本条 1 款所列的消防用电应为一级负荷，乙、丙等剧场应为二级负荷；

3 特级体育场馆的应急照明为一级负荷中的特别重要负荷；甲级体育场馆的应急照明应为一级负荷。

3.2.4 当主体建筑中有一级负荷中特别重要负荷时，直接影响其运行的空调用电应为一级负荷；当主体建筑中有大量一级负荷时，直接影响其运行的空调用电应为二级负荷。

3.2.5 重要电信机房的交流电源，其负荷级别应与该建筑工程中最高等级的用电负荷相同。

3.2.6 区域性的生活给水泵房、采暖锅炉房及换热站的用电负荷，应根据工程规模、重要性等因素合理确定负荷等级，且不应低于二级。

3.2.7 有特殊要求的用电负荷，应根据实际情况与有关部门协商确定。

3.2.8 一级负荷应由两个电源供电，当一个电源发生故障时，另一个电源不应同时受到损坏。

3.2.9 对于一级负荷中的特别重要负荷，应增设应急电源，并严禁将其他负荷接入应急供电系统。

3.2.10 二级负荷的供电系统，宜由两回线路供电。在负荷较小或地区供电条件困难时，二级负荷可由一回路 6kV 及以上专用的架空线路或电缆供电。当采用架空线时，可为一回路架空线供电；当采用电缆线路时，应采用两根电缆组成的线路供电，其每根电缆应能承受 100%的二级负荷。

3.2.11 三级负荷可按约定供电。

3.3 电源及供配电系统

3.3.1 电源及供配电系统设计，应符合下列规定：

1 10 (6) kV 供电线路宜深入负荷中心。根据负荷容量和分布，宜使配变电所及变压器靠近建筑物用电负荷中心。

2 同时供电的两路及以上供配电线路中，其中一路中断供电时，其余线路应能满足全部一级负荷及二级负荷的供电要求。

3 在设计供配电系统时，除一级负荷中的特别重要负荷外，不应按一个电源系统检修或发生故障的同时，另一电源又发生故障进行设计。

4 当符合下列条件之一时，用电单位宜设置自备电源：

1）一级负荷中含有特别重要负荷；

2）设置自备电源比从电力系统取得第二电源经济合理或第二电源不能满足一级负荷要求；

3）所在地区偏僻且远离电力系统，设置自备电源作为主电源经济合理。

5 需要两回电源线路的用电单位，宜采用同级电压供电。根据各级负荷的不同需要及地区供电条件，也可采用不同电压供电。

6 10（6）kV 系统的配电级数不宜多于两级。

7 10（6）kV 配电系统宜采用放射式。根据变压器的容量、分布及地理环境等情况，亦可采用树干式或环式。

3.3.2 应急电源与正常电源之间必须采取防止并列运行的措施。

3.3.3 下列电源可作为应急电源：

1 供电网络中独立于正常电源的专用馈电线路；

2 独立于正常电源的发电机组；

3 蓄电池。

3.3.4 根据允许中断供电的时间，可分别选择下列应急电源：

1 快速自动启动的应急发电机组，适用于允许中断供电时间为 15～30s 的供电；

2 带有自动投入装置的独立于正常电源的专用馈电线路，适用于允许中断供电时间大于电源切换时间的供电；

3 不间断电源装置（UPS），适用于要求连续供电或允许中断供电时间为毫秒级的供电；

4 应急电源装置（EPS），适用于允许中断供电时间为毫秒级的应急照明供电。

3.3.5 住宅（小区）的供配电系统，宜符合下列规定：

1 住宅（小区）的 10（6）kV 供电系统宜采用环网方式；

2 高层住宅宜在底层或地下一层设置 10（6）/0.4kV 户内变电所或预装式变电站；

3 多层住宅小区、别墅群宜分区设置 10（6）/0.4kV 预装式变电站。

3.4 电压选择和电能质量

3.4.1 用电单位的供电电压应根据用电负荷容量、设备特征、供电距离、当地公共电网现状及其发展规划等因素，经技术经济比较后确定。

3.4.2 当用电设备总容量在 250kW 及以上或变压器容量在 160kVA 及以上时，宜以 10（6）kV 供电；当用电设备总容量在 250kW 以下或变压器容量在 160kVA 以下时，可由低压供电。

3.4.3 对大型公共建筑，应根据空调冷水机组的容量以及地区供电条件，合理确定机组的额定电压和用电单位的供电电压，并应考虑大容量电动机启动时对变压器的影响。

3.4.4 用电单位受电端供电电压的偏差允许值，应符合下列要求：

1 10kV 及以下三相供电电压允许偏差应为标称系统电压的±7%；

2 220V 单相供电电压允许偏差应为标称系统电压的+7%、−10%；

3 对供电电压允许偏差有特殊要求的用电单位，应与供电企业协议确定。

3.4.5 正常运行情况下，用电设备端子处的电压偏差允许值（以标称系统电压的百分数表示），宜符合下列要求：

1 对于照明，室内场所宜为±5%；对于远离变电所的小面积一般工作场所，难以满足上述要求时，可为+5%、−10%；应急照明、景观照明、道路照明和警卫照明宜为+5%、−10%；

2 一般用途电动机宜为±5%；

3 电梯电动机宜为±7%；

4 其他用电设备，当无特殊规定时宜为±5%。

3.4.6 为减少电压偏差，供配电系统的设计，应符合下列要求：

1 应正确选择变压器的变压比和电压分接头；

2 应降低系统阻抗；

3 应采取无功补偿措施；

4 宜使三相负荷平衡。

3.4.7 10（6）kV 配电变压器不宜采用有载调压变压器。但在当地 10（6）kV 电源电压偏差不能满足要求，且用电单位有对电压质量要求严格的设备，单独设置调压装置技术经济不合理时，也可采用 10（6）kV 有载调压变压器。

3.4.8 对冲击性低压负荷宜采取下列措施：

1 宜采用专线供电；

2 与其他负荷共用配电线路时，宜降低配电线路阻抗；

3 较大功率的冲击性负荷、冲击性负荷群，不宜与电压波动、闪变敏感的负荷接在同一变压器上。

3.4.9 为降低三相低压配电系统的不对称度，设计低压配电系统时宜采取下列措施：

1 220V 或 380V 单相用电设备接入 220/380V 三相系统时，宜使三相负荷平衡；

2 由地区公共低压电网供电的 220V 照明负荷，线路电流小于或等于 40A 时，宜采用 220V 单相供电；大于 40A 时，宜采用 220/380V 三相供电。

3.4.10 宜采取抑制措施，将用电单位供配电系统的谐波限在规定范围内。

3.5 负 荷 计 算

3.5.1 负荷计算应包括下列内容和用途：

1 负荷计算，可作为按发热条件选择变压器、导体及电器的依据，并用来计算电压损失和功率损耗；也可作为电能消耗及无功功率补偿的计算依据；

2 尖峰电流，可用以校验电压波动和选择保护电器；

3 一级、二级负荷，可用以确定备用电源或应急电源及其容量；

4 季节性负荷，可以确定变压器的容量和台数及经济运行方式。

3.5.2 方案设计阶段可采用单位指标法；初步设计及施工图设计阶段，宜采用需要系数法。

3.5.3 当消防设备的计算负荷大于火灾时切除的非消防设备的计算负荷时，应按消防设备的计算负荷加上火灾时未切除的非消防设备的计算负荷进行计算。

当消防设备的计算负荷小于火灾时切除的非消防设备的计算负荷时，可不计入消防负荷。

3.5.4 应急发电机的负荷计算应满足下列要求：

1 当应急发电机仅为一级负荷中特别重要负荷供电时，应以一级负荷中特别重要负荷的计算容量，作为选用应急发电机容量的依据；

2 当应急发电机为消防用电设备及一级负荷供电时，应将两者计算负荷之和作为选用应急发电机容量的依据；

3 当自备发电机作为第二电源，且尚有第三电源为一级负荷中特别重要负荷供电时，以及当向消防负荷、非消防一级负荷及一级负荷中特别重要负荷供电时，应以三者的计算负荷之和作为选用自备发电机容量的依据。

3.5.5 单相负荷应均衡分配到三相上，当单相负荷的总计算容量小于计算范围内三相对称负荷总计算容量的 15% 时，应全部按三相对称负荷计算；当超过 15% 时，应将单相负荷换算为等效三相负荷，再与三相负荷相加。

3.6 无 功 补 偿

3.6.1 应合理选择变压器容量、线缆及敷设方式等措施，减少线路感抗以提高用户的自然功率因数。当采用提高自然功率因数措施后仍达不到要求时，应进行无功补偿。

3.6.2 10（6）kV 及以下无功补偿宜在配电变压器低压侧集中补偿，且功率因数不宜低于 0.9。高压侧的功率因数指标，应符合当地供电部门的规定。

3.6.3 补偿基本无功功率的电容器组，宜在配变电所内集中补偿。容量较大、负荷平稳且经常使用的用电设备的无功功率宜单独就地补偿。

3.6.4 具有下列情况之一时，宜采用手动投切的无功补偿装置：

1 补偿低压基本无功功率的电容器组；

2 常年稳定的无功功率；

3 经常投入运行的变压器或配、变电所内投切次数较少的 10kV 电容器组。

3.6.5 具有下列情况之一时，宜采用无功自动补偿装置：

1 避免过补偿，装设无功自动补偿装置在经济上合理时；

2 避免在轻载时电压过高，而装设无功自动补偿装置在经济上合理时；

3 应满足在所有负荷情况下都能保持电压水平基本稳定，只有装设无功自动补偿装置才能达到要求时。

3.6.6 无功自动补偿宜采用功率因数调节原则，并应满足电压调整率的要求。

3.6.7 电容器分组时，应符合下列要求：

1 分组电容器投切时，不应产生谐振；

2 适当减少分组数量和加大分组容量；

3 应与配套设备的技术参数相适应；

4 应满足电压偏差的允许范围。

3.6.8 接在电动机控制设备负荷侧的电容器容量，不应超过为提高电动机空载功率因数到 0.9 所需的数值，其过电流保护装置的整定值，应按电动机-电容器组的电流来选择，并应符合下列要求：

1 电动机仍在继续运转并产生相当大的反电势时，不应再启动；

2 不应采用星-三角启动器；

3 对电梯等经常出现负力下放处于发电运行状态的机械设备电动机，不应采用电容器单独就地补偿。

3.6.9 10（6）kV 电容器组宜串联适当参数的电抗器。有谐波源的用户在装设低压电容器时，宜采取措施，避免谐波污染。

4 配 变 电 所

4.1 一 般 规 定

4.1.1 本章适用于交流电压为 10（6）kV 及以下的配变电所设计。

4.1.2 配变电所设计应根据工程特点、负荷性质、用电容量、所址环境、供电条件和节约电能等因素，合理确定设计方案，并适当考虑发展的可能性。

4.1.3 地震基本烈度为 7 度及以上地区，配变电所的设计和电气设备的安装应采取必要的抗震措施。

4.1.4 配变电所设计除应符合本规范外，尚应符合现行国家标准《10kV 及以下变电所设计规范》GB 50053的规定。

4.2 所址选择

4.2.1 配变电所位置选择，应根据下列要求综合确定：

1 深入或接近负荷中心；

2 进出线方便；

3 接近电源侧；

4 设备吊装、运输方便；

5 不应设在有剧烈振动或有爆炸危险介质的场所；

6 不宜设在多尘、水雾或有腐蚀性气体的场所，当无法远离时，不应设在污染源的下风侧；

7 不应设在厕所、浴室、厨房或其他经常积水场所的正下方，且不宜与上述场所贴邻。如果贴邻，相邻隔墙应做无渗漏、无结露等防水处理；

8 配变电所为独立建筑物时，不应设置在地势低洼和可能积水的场所。

4.2.2 配变电所可设置在建筑物的地下层，但不宜设置在最底层。配变电所设置在建筑物地下层时，应根据环境要求加设机械通风、去湿设备或空气调节设备。当地下只有一层时，尚应采取预防洪水、消防水或积水从其他渠道淹渍配变电所的措施。

4.2.3 民用建筑宜集中设置配变电所，当供电负荷较大，供电半径较长时，也可分散设置；高层建筑可分设在避难层、设备层及屋顶层等处。

4.2.4 住宅小区可设独立式配变电所，也可附设在建筑物内或选用户外预装式变电所。

4.3 配电变压器选择

4.3.1 配电变压器选择应根据建筑物的性质和负荷情况、环境条件确定，并应选用节能型变压器。

4.3.2 配电变压器的长期工作负载率不宜大于 85%。

4.3.3 当符合下列条件之一时，可设专用变压器：

1 电力和照明采用共用变压器将严重影响照明质量及光源寿命时，可设照明专用变压器；

2 季节性负荷容量较大或冲击性负荷严重影响电能质量时，可设专用变压器；

3 单相负荷容量较大，由于不平衡负荷引起中性导体电流超过变压器低压绕组额定电流的 25% 时，或只有单相负荷其容量不是很大时，可设置单相变压器；

4 出于功能需要的某些特殊设备，可设专用变压器；

5 在电源系统不接地或经高阻抗接地，电气装置外露可导电部分就地接地的低压系统中（IT 系统），照明系统应设专用变压器。

4.3.4 供电系统中，配电变压器宜选用 D，yn11 接线组别的变压器。

4.3.5 设置在民用建筑中的变压器，应选择干式、气体绝缘或非可燃性液体绝缘的变压器。当单台变压器油量为 100kg 及以上时，应设置单独的变压器室。

4.3.6 变压器低压侧电压为 0.4kV 时，单台变压器容量不宜大于 1250kVA。预装式变电所变压器，单台容量不宜大于 800kVA。

4.4 主接线及电器选择

4.4.1 配变电所电压为 10（6）kV 及 0.4kV 的母线，宜采用单母线或单母线分段接线形式。

4.4.2 配变电所 10（6）kV 电源进线开关宜采用断路器或带熔断器的负荷开关。当无继电保护和自动装置要求，且供电容量较小、出线回路数少、无需带负荷操作时，也可采用隔离开关或隔离触头。

4.4.3 配变电所电压为 10（6）kV 的母线分段处，宜装设与电源进线开关相同型号的断路器，但系统在同时满足下列条件时，可只装设隔离电器：

1 事故时手动切换电源能满足要求；

2 不需要带负荷操作；

3 对母线分段开关无继电保护或自动装置要求。

4.4.4 采用电压为 10（6）kV 固定式配电装置时，应在电源侧装设隔离电器；在架空出线回路或有反馈可能的电缆出线回路中，尚应在出线侧装设隔离电器。

4.4.5 电压为 10（6）kV 的配出回路开关的出线侧，应装设与该回路开关电器有机械连锁的接地开关电器和电源指示灯或电压监视器。

4.4.6 两个配变电所之间的电气联络线路，当联络容量较大时，应在供电侧的配变电所装设断路器，另一侧配变电所装设隔离电器。当两侧供电可能性相同时，应在两侧均装设断路器。当联络容量较小，且手动联络能满足要求时，亦可采用带保护的负荷开关电器。

4.4.7 当同一用电单位由总配变电所以放射式向分配变电所供电时，分配变电所的电源进线开关选择应符合下列规定：

1 电源进线开关宜采用能带负荷操作的开关电器，当有继电保护要求时，应采用断路器；

2 总配变电所和分配变电所相邻或位于同一建筑平面内，且两所之间无其他阻隔而能直接相通，当无继电保护要求时，分配变电所的进线可不设开关电器。

4.4.8 向 10（6）kV 并联电容器组供电的出线开关，应选用适合电容器组使用类别的断路器。

4.4.9 10（6）kV 母线上的避雷器和电压互感器，可合用一组隔离电器。

4.4.10 用电单位的 10（6）kV 电源进线处，可根据当地供电部门的规定，装设或预留专供计量用的电压、电流互感器。

4.4.11 当 10（6）kV 的开关设备选用真空断路器时，应设有浪涌保护电器。

4.4.12 对于电压为 0.4kV 系统，开关设备的选择应符合下列规定：

　　1 变压器低压侧电源开关宜采用断路器；

　　2 当低压母线分段开关采用自动投切方式时，应采用断路器，且应符合下列要求：

　　　　1）应装设"自投自复"、"自投手复"、"自投停用"三种状态的位置选择开关；

　　　　2）低压母联断路器自投时应有一定的延时，当电源主断路器因过载或短路故障分闸时，母联断路器不得自动合闸；

　　　　3）电源主断路器与母联断路器之间应有电气连锁。

　　3 低压系统采用固定式配电装置时，其中的断路器等开关设备的电源侧，应装设隔离电器或同时具有隔离功能的开关电器。当母线为双电源时，其电源或变压器的低压出线断路器和母线联络断路器的两侧均应装设隔离电器。与外部配变电所低压联络电源线路断路器的两侧，亦均应装设隔离电器。

4.4.13 当自备电源接入配变电所相同电压等级的配电系统时，应符合下列规定：

　　1 接入开关与供电电源网络之间应有机械连锁，防止并网运行；

　　2 应避免与供电电源网络的计费混淆；

　　3 接线应有一定的灵活性，并应满足在特殊情况下，相对重要负荷的用电；

　　4 与配变电所变压器中性点接地形式不同时，电源接入开关的选择应满足切换条件。

4.5 配变电所形式和布置

4.5.1 配变电所的形式应根据建筑物（群）分布、周围环境条件和用电负荷的密度综合确定，并应符合下列规定：

　　1 高层建筑或大型民用建筑宜设室内配变电所；

　　2 多层住宅小区宜设户外预装式变电所，有条件时也可设置室内或外附式配变电所。

4.5.2 建筑物室内配变电所，不宜设置裸露带电导体或装置，不宜设置带可燃性油的电气设备和变压

器，其布置应符合下列规定：

　　1 不带可燃油的 10（6）kV 配电装置、低压配电装置和干式变压器等可设置在同一房间内。

　　具有符合 IP3X 防护等级外壳的不带可燃性油的 10(6)kV 配电装置、低压配电装置和干式变压器，可相互靠近布置。

　　2 电压为 10(6)kV 可燃性油浸电力电容器应设置在单独房间内。

4.5.3 内设可燃性油浸变压器的独立配变电所与其他建筑物之间的防火间距，必须符合现行国家标准《建筑设计防火规范》GB 50016 的要求，并应符合下列规定：

　　1 变压器应分别设置在单独的房间内，配变电所宜为单层建筑，当为两层布置时，变压器应设置在底层；

　　2 变压器在正常运行时应能方便和安全地对油位、油温等进行观察，并易于抽取油样；

　　3 变压器的进线可采用电缆，出线可采用封闭式母线或电缆；

　　4 变压器门应向外开启；变压器室内可不考虑吊芯检修，但门前应有运输通道；

　　5 变压器室应设置储存变压器全部油量的事故储油设施。

4.5.4 对于内设不带可燃性油变压器的独立配变电所，其电气设备的选择应与建筑物室内配变电所的规定相同。

4.5.5 由同一配变电所供给一级负荷用电的两回路电源的配电装置宜分列设置，当不能分列设置时，其母线分段处应设置防火隔板或隔墙。

　　供给一级负荷用电的两回路电缆不宜敷设在同一电缆沟内。当无法分开时，宜采用耐火类电缆。当采用绝缘和护套均为非延燃性材料的电缆时，应分别设置在电缆沟的两侧支架上。

4.5.6 电压为 10（6）kV 和 0.4kV 配电装置室内，宜留有适当数量的相应配电装置的备用位置。0.4kV 的配电装置，尚应留有适当数量的备用回路。

4.5.7 户外预装式变电所的进、出线宜采用电缆。

4.5.8 有人值班的配变电所应设单独的值班室。值班室应能直通或经过走道与 10（6）kV 配电装置室和相应的配电装置室相通，并应有门直接通向室外或走道。

　　当配变电所设有低压配电装置时，值班室可与低压配电装置室合并，且值班人员工作的一端，配电装置与墙的净距不应小于 3m。

4.5.9 变压器外廓（防护外壳）与变压器室墙壁和门的净距不应小于表 4.5.9 的规定。

4.5.10 多台干式变压器布置在同一房间内时，变压器防护外壳间的净距不应小于表 4.5.10 及图 4.5.10-1 和图 4.5.10-2 的规定。

表 4.5.9 变压器外廓（防护外壳）与变压器室墙壁和门的最小净距（m）

变压器容量（kVA） 项　目	100～1000	1250～2500
油浸变压器外廓与后壁、侧壁净距	0.6	0.8
油浸变压器外廓与门净距	0.8	1.0
干式变压器带有 IP2X 及以上防护等级金属外壳与后壁、侧壁净距	0.6	0.8
干式变压器带有 IP2X 及以上防护等级金属外壳与门净距	0.8	1.0

注：表中各值不适用于制造厂的成套产品。

表 4.5.10 变压器防护外壳间的最小净距（m）

变压器容量（kVA） 项　目		100～1000	1250～2500
变压器侧面具有 IP2X 防护等级及以上的金属外壳	A	0.6	0.8
变压器侧面具有 IP3X 防护等级及以上的金属外壳		可贴邻布置	可贴邻布置
考虑变压器外壳之间有一台变压器拉出防护外壳	B①	变压器宽度 b+0.6	变压器宽度 b+0.6
不考虑变压器外壳之间有一台变压器拉出防护外壳	B	1.0	1.2

注：①当变压器外壳的门为不可拆卸式时，其 B 值应为门扇的宽度 C 加变压器宽度 b 之和再加 0.3m。

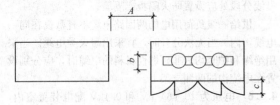

图 4.5.10-1　多台干式变压器之间 A 值

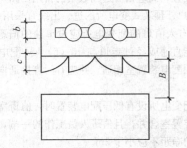

图 4.5.10-2　多台干式变压器之间 B 值

4.6　10（6）kV 配电装置

4.6.1 配电装置的布置和导体、电器的选择应符合下列规定：

　　1 配电装置的布置和导体、电器的选择，应不危及人身安全和周围设备安全，并应满足在正常运行、检修、短路和过电压情况下的要求；

　　2 配电装置的布置，应便于设备的操作、搬运、检修和试验，并应考虑电缆或架空线进出线方便；

　　3 配电装置的绝缘等级，应和电网的标称电压相配合；

　　4 配电装置间相邻带电部分的额定电压不同时，应按较高的额定电压确定其安全净距。

4.6.2 配电装置室内各种通道的净宽不应小于表 4.6.2 的规定。

表 4.6.2 配电装置室内各种通道的最小净宽（m）

开关柜布置方式	柜后维护通道	柜前操作通道	
		固定式	手车式
单排布置	0.8	1.5	单车长度+1.2
双排面对面布置	0.8	2.0	双车长度+0.9
双排背对背布置	1.0	1.5	单车长度+1.2

注：1　固定式开关柜为靠墙布置时，柜后与墙净距应大于 0.05m，侧面与墙净距应大于 0.2m；

　　2　通道宽度在建筑物的墙面遇有柱类局部凸出时，凸出部位的通道宽度可减少 0.2m。

4.6.3 屋内配电装置距顶板的距离不宜小于 0.8m，当有梁时，距梁底不宜小于 0.6m。

4.7　低压配电装置

4.7.1 选择低压配电装置时，除应满足所在电网的标称电压、频率及所在回路的计算电流外，尚应满足短路条件下的动、热稳定要求。对于要求断开短路电流的保护电器，其极限通断能力应大于系统最大运行方式的短路电流。

4.7.2 配电装置的布置，应考虑设备的操作、搬运、检修和试验的方便。

4.7.3 当成排布置的配电屏长度大于 6m 时，屏后面的通道应设有两个出口。当两出口之间的距离大于 15m 时，应增加出口。

4.7.4 成排布置的配电屏，其屏前和屏后的通道净宽不应小于表 4.7.4 的规定。

表 4.7.4 配电屏前后的通道净宽（m）

布置方式 装置种类	单排布置		双排对面布置		双排背对背布置	
	屏前	屏后	屏前	屏后	屏前	屏后
固定式	1.5	1.0	2.0	1.0	1.5	1.5
抽屉式	1.8	1.0	2.3	1.0	1.8	1.0
控制屏（柜）	1.5	0.8	2.0	0.8	—	—

注：1　当建筑物墙面遇有柱类局部凸出时，凸出部位的通道宽度可减少 0.2m；

　　2　各种布置方式，屏端通道不应小于 0.8m。

4.7.5 同一配电室内向一级负荷供电的两段母线，在母线分段处应有防火隔断措施。

4.8 电力电容器装置

4.8.1 本节适用于电压为 10（6）kV 及以下和单组容量为 1000kvar 及以下并联补偿用的电力电容器装置设计。

4.8.2 电容器组应装设单独的控制和保护装置。为提高单台用电设备功率因数而选用的电容器组，可与该设备共用控制和保护装置。

4.8.3 当电容器回路的高次谐波含量超过规定允许值时，应在回路中设置抑制谐波的串联电抗器。

4.8.4 成套电容器柜单列布置时，柜正面与墙面距离不应小于 1.5m；当双列布置时，柜面之间距离不应小于 2m。

4.8.5 设置在民用建筑中的低压电容器应采用非可燃性油浸式电容器或干式电容器。

4.9 对土建专业的要求

4.9.1 可燃油油浸电力变压器室的耐火等级应为一级。非燃或难燃介质的电力变压器室、电压为 10（6）kV 的配电装置室和电容器室的耐火等级不应低于二级。低压配电装置室和电容器室的耐火等级不应低于三级。

4.9.2 配变电所的门应为防火门，并应符合下列规定：

　　1 配变电所位于高层主体建筑（或裙房）内时，通向其他相邻房间的门应为甲级防火门，通向过道的门应为乙级防火门；

　　2 配变电所位于多层建筑物的二层或更高层时，通向其他相邻房间的门应为甲级防火门，通向过道的门应为乙级防火门；

　　3 配变电所位于多层建筑物的一层时，通向相邻房间或过道的门应为乙级防火门；

　　4 配变电所位于地下层或下面有地下层，通向相邻房间或过道的门应为甲级防火门；

　　5 配变电所附近堆有易燃物品或通向汽车库的门应为甲级防火门；

　　6 配变电所直接通向室外的门应为丙级防火门。

4.9.3 配变电所的通风窗，应采用非燃烧材料。

4.9.4 配电装置室及变压器室门的宽度宜按最大不可拆卸部件宽度加 0.3m，高度宜按不可拆卸部件最大高度加 0.5m。

4.9.5 当配变电所设置在建筑物内时，应向结构专业提出荷载要求并应设有运输通道。当其通道为吊装孔或吊装平台时，其吊装孔和平台的尺寸应满足吊装最大设备的需要，吊钩与吊装孔的垂直距离应满足吊装最高设备的需要。

4.9.6 当配变电所与上、下或贴邻的居住、办公房

间仅有一层楼板或墙体相隔时，配变电所内应采取屏蔽、降噪等措施。

4.9.7 电压为 10（6）kV 的配电室和电容器室，宜装设不能开启的自然采光窗，窗台距室外地坪不宜低于 1.8m。临街的一面不宜开设窗户。

4.9.8 变压器室、配电装置室、电容器室的门应向外开，并应装锁。相邻配电室之间设门时，门应向低电压配电室开启。

4.9.9 配变电所各房间经常开启的门、窗，不宜直通含有酸、碱、蒸汽、粉尘和噪声严重的场所。

4.9.10 变压器室、配电装置室、电容器室等应设置防止雨、雪和小动物进入屋内的设施。

4.9.11 长度大于 7m 的配电装置室应设两个出口，并宜布置在配电室的两端。

　　当配变电所采用双层布置时，位于楼上的配电装置室应至少设一个通向室外的平台或通道的出口。

4.9.12 配变电所的电缆沟和电缆室，应采取防水、排水措施。当配变电所设置在地下层时，其进出地下层的电缆口必须采取有效的防水措施。

4.9.13 电气专业箱体不宜在建筑物的外墙内侧嵌入式安装，当受配置条件限制需嵌入安装时，箱体预留孔外墙侧应加保温或隔热层。

4.10 对暖通及给水排水专业的要求

4.10.1 地上配变电所内的变压器室宜采用自然通风，地下配变电所的变压器室应设机械送排风系统，夏季的排风温度不宜高于 45℃，进风和排风的温差不宜大于 15℃。

4.10.2 电容器室应有良好的自然通风，通风量应根据电容器温度类别按夏季排风温度不超过电容器所允许的最高环境空气温度计算。当自然通风不能满足排热要求时，可增设机械排风。

　　电容器室内应有反映室内温度的指示装置。

4.10.3 当变压器室、电容器室采用机械通风或配变电所位于地下层时，其专用通风管道应采用非燃烧材料制作。当周围环境污秽时，宜在进风口处加空气过滤器。

4.10.4 在采暖地区，控制室（值班室）应采暖，采暖计算温度为 18℃。在严寒地区，当配电室内温度影响电气设备元件和仪表正常运行时，应设采暖装置。

　　控制室和配电装置室内的采暖装置，应采取防止渗漏措施，不应有法兰、螺纹接头和阀门等。

4.10.5 位于炎热地区的配变电所，屋面应有隔热措施。控制室（值班室）宜考虑通风、除湿，有技术要求时，可接入空调系统。

4.10.6 位于地下层的配变电所，其控制室（值班室）应保证运行的卫生条件，当不能满足要求时，应装设通风系统或空调装置。在高潮湿环境地区尚应设

置吸湿机或在装置内加装去湿电加热器；在地下层应有排水和防进水措施。

4.10.7 变压器室、电容器室、配电装置室、控制室内不应有与其无关的管道通过。

4.10.8 装有六氟化硫（SF_6）设备的配电装置的房间，其排风系统应考虑有底部排风口。

4.10.9 有人值班的配变电所，宜设卫生间及上、下水设施。

5 继电保护及电气测量

5.1 一般规定

5.1.1 本章适用于民用建筑中 10(6)kV 电力设备和线路的继电保护及电气测量。

5.1.2 继电保护装置应满足可靠性、选择性、灵敏性和速动性的要求。

5.1.3 重要的配变电所可根据需求采用智能化保护装置或变电所综合自动化系统。

5.1.4 继电保护及电气测量的设计除符合本规范外，尚应符合现行国家标准《电力装置的继电保护和自动装置设计规范》GB 50062 和《电力装置的电气测量仪表装置设计规范》GB 50063 的有关规定。

5.2 继电保护

5.2.1 继电保护设计应符合下列规定：

1 电力设备和线路应装设短路故障和异常运行保护装置。电力设备和线路短路故障的保护应有主保护和后备保护，必要时可增设辅助保护。

2 继电保护装置的接线应简单可靠，并应具有必要的检测、闭锁等措施。保护装置应便于整定、调试和运行维护。

3 为保证继电保护装置的选择性，对相邻设备和线路有配合要求的保护和同一保护内有配合要求的两元件，其上下两级之间的灵敏性及动作时间应相互配合。

当必须加速切除短路时，可使保护装置无选择性动作，但应利用自动重合闸或备用电源自动投入装置，缩小停电范围。

4 保护装置应具有必要的灵敏性。各类短路保护装置的灵敏系数不宜低于表 5.2.1 的规定。

表 5.2.1 短路保护的最小灵敏系数

保护分类	保护类型	组成元件	最小灵敏系数	备注
主保护	变压器、线路的电流速断保护	电流元件	2.0	按保护安装处短路计算
	电流保护、电压保护	电流、电压元件	1.5	按保护区末端计算
	10kV 供配电系统中单相接地保护	电流、电压元件	1.5	—

续表 5.2.1

保护分类	保护类型	组成元件	最小灵敏系数	备注
后备保护	近后备保护	电流、电压元件	1.3	按线路末端短路计算
辅助保护	电流速断保护	—	1.2	按正常运行方式下保护安装处短路计算

注：灵敏系数应根据不利的正常运行方式（含正常检修）和不利的故障类型计算。

5 保护装置与测量仪表不宜共用电流互感器的二次线圈。保护用电流互感器（包括中间电流互感器）的稳态比误差不应大于 10%。

6 在正常运行情况下，当电压互感器二次回路断线或其他故障能使保护装置误动作时，应装设断线闭锁或采取其他措施，将保护装置解除工作并发出信号；当保护装置不致误动作时，应设有电压回路断线信号。

7 在保护装置内应设置由信号继电器或其他元件等构成的指示信号，且应在直流电压消失时不自动复归，或在直流恢复时仍能维持原动作状态，并能分别显示各保护装置的动作情况。

8 为了便于分别校验保护装置和提高可靠性，主保护和后备保护宜做到回路彼此独立。

9 当用户 10(6)kV 断路器台数较多、负荷等级较高时，宜采用直流操作。

10 当采用蓄电池组直流电源时，由浮充电设备引起的波纹系数不应大于 5%，电压波动范围不应大于额定电压的 ±5%，放电末期直流母线电压下限不应低于额定电压的 85%，充电后期直流母线电压上限不应高于额定电压的 115%。

11 当采用交流操作的保护装置时，短路保护可由被保护电力设备或线路的电压互感器取得操作电源。变压器的瓦斯保护，可由电压互感器或变电所所用变压器取得操作电源。

12 交流整流电源作为继电保护直流电源时，应符合下列要求：

1) 直流母线电压，在最大负荷时保护动作不应低于额定电压的 80%，最高电压不应超过额定电压的 115%，并应采取稳压、限幅和滤波的措施；电压允许波动应控制在额定电压的 ±5% 范围内，波纹系数不应大于 5%；

2) 当采用复式整流时，应保证在各种运行方式下，在不同故障点和不同相别短路时，保护装置均能可靠动作；

13 交流操作继电保护应采用电流互感器二次侧去分流跳闸的间接动作方式。

14 10(6)kV 系统采用中性点经小电阻接地方式

时，应符合下列规定：

    1）应设置零序速断保护；

    2）零序保护装置动作于跳闸，其信号应接入事故信号回路。

5.2.2 变压器的保护应符合下列规定：

1 对变压器下列故障及异常运行方式，应装设相应的保护：

    1）绕组及其引出线的相间短路和在中性点直接接地侧的单相接地短路；

    2）绕组的匝间短路；

    3）外部相间短路引起的过电流；

    4）干式变压器防护外壳接地短路；

    5）过负荷；

    6）变压器温度升高；

    7）油浸式变压器油面降低；

    8）密闭油浸式变压器压力升高；

    9）气体绝缘变压器气体压力升高；

    10）气体绝缘变压器气体密度降低。

2 400kVA 及以上的建筑物室内可燃性油浸式变压器均应装设瓦斯保护。当因壳内故障产生轻微瓦斯或油面下降时，应瞬时动作于信号；当产生大量瓦斯时，应动作于断开变压器各侧断路器；当变压器电源侧无断路器时，可作用于信号。

3 对于密闭油浸式变压器，当壳内故障压力偏高时应瞬时动作于信号；当压力过高时，应动作于断开变压器各侧断路器；当变压器电源侧无断路器时，可作用于信号。

4 变压器引出线及内部的短路故障应装设相应的保护装置。当过电流保护时限大于 0.5s 时，应装设电流速断保护，且应瞬时动作于断开变压器的各侧断路器。

5 由外部相间短路引起的变压器过电流，可采用过电流保护作为后备保护。保护装置的整定值应考虑事故时可能出现的过负荷，并应带时限动作于跳闸。

6 变压器高压侧过电流保护应与低压侧主断路器短延时保护相配合。

7 对于 400kVA 及以上、线圈为三角-星形联结、低压侧中性点直接接地的变压器，当低压侧单相接地短路且灵敏性符合要求时，可利用高压侧的过电流保护，保护装置应带时限动作于跳闸。

8 对于 400kVA 及以上、线圈为三角-星形联结的变压器，可采用两相三继电器式的过流保护。保护装置应动作于断开变压器的各侧断路器。

9 对于 400kVA 及以上变压器，当数台并列运行或单独运行并作为其他负荷的备用电源时，应根据可能过负荷的情况装设过负荷保护。

过负荷保护可采用单相式，且应带时限动作于信号。在无经常值班人员的变电所，过负荷保护可动作于跳闸或断开部分负荷。

10 对变压器温度及油压升高故障，应按现行电力变压器标准的要求，装设可作用于信号或动作于跳闸的保护装置。

11 对于气体绝缘变压器气体密度降低、压力升高，应装设可作用于信号或动作于跳闸的保护装置。

5.2.3 中性点非直接接地的供电线路保护，应符合下列规定：

1 线路的下列故障或异常运行，应装设相应的保护装置：

    1）相间短路；

    2）过负荷；

    3）单相接地。

2 线路的相间短路保护，应符合下列规定：

    1）当保护装置由电流继电器构成时，应接于两相电流互感器上；对于同一供配电系统的所有线路，电流互感器应接在相同的两相上；

    2）当线路短路使配变电所母线电压低于标称系统电压的 50%～60%，以及线路导线截面过小，不允许带时限切除短路时，应快速切除短路；

    3）当过电流保护动作时限不大于 0.5～0.7s，且没有本款第 2 项所列的情况或没有配合上的要求时，可不装设瞬动的电流速断保护；

3 对单侧电源线路可装设两段过电流保护，第一段应为不带时限的电流速断保护，第二段应为带时限的过电流保护，可采用定时限或反时限特性的继电器。保护装置应装在线路的电源侧。

4 对 10（6）kV 变电所的电源进线，可采用带时限的电流速断保护。

5 对单相接地故障，应装设接地保护装置，并应符合下列规定：

    1）在配电所母线上应装设接地监视装置，并动作于信号；

    2）对于有条件安装零序电流互感器的线路，当单相接地电流能满足保护的选择性和灵敏性要求时，应装设动作于信号的单相接地保护；

    3）当不能安装零序电流互感器，而单相接地保护能够躲过电流回路中不平衡电流的影响时，也可将保护装置接于三相电流互感器构成的零序回路中。

6 对可能过负荷的电缆线路，应装设过负荷保护。保护装置宜带时限动作于信号，当危及设备安全时可动作于跳闸。

5.2.4 并联电容器的保护应符合下列规定：

1 对 10（6）kV 的并联补偿电容器组的下列故

障及异常运行方式，应装设相应的保护装置：

    1）电容器内部故障及其引出线短路；

    2）电容器组和断路器之间连接线短路；

    3）电容器组中某一故障电容器切除后所引起的过电压；

    4）电容器组的单相接地；

    5）电容器组过电压；

    6）所连接的母线失电压。

  2 对电容器组和断路器之间连接线的短路，可装设带有短时限的电流速断和过电流保护，并动作于跳闸。速断保护的动作电流，应按最小运行方式下，电容器端部引线发生两相短路时，有足够灵敏系数整定。过电流保护装置的动作电流，应按躲过电容器组长期允许的最大工作电流整定。

  3 对电容器内部故障及其引出线的短路，宜对每台电容器分别装设专用的熔断器。熔体的额定电流可为电容器额定电流的 1.5～2.0 倍。

  4 当电容器组中故障电容器切除到一定数量，引起电容器端电压超过 110%额定电压时，保护应将整组电容器断开。对不同接线的电容器组可采用下列保护：

    1）单星形接线的电容器组可采用中性导体对地电压不平衡保护；

    2）多段串联单星形接线的电容器组，可采用段间电压差动或桥式差电流保护；

    3）双星形接线的电容器组，可采用中性导体不平衡电压或不平衡电流保护。

  5 对电容器组的单相接地故障，可按本规范第 5.2.3 条第 3 款的规定装设保护，但安装在绝缘支架上的电容器组，可不再装设单相接地保护。

  6 电容器组应装设过电压保护，带时限动作于信号或跳闸。

  7 电容器装置应设置失电压保护，当母线失电压时，应带时限动作于信号或跳闸。

  8 当供配电系统有高次谐波，并可能使电容器过负荷时，电容器组宜装设过负荷保护，并应带时限动作于信号或跳闸。

5.2.5 10（6）kV 分段母线保护应符合下列规定：

  1 配变电所分段母线宜在分段断路器处装设下列保护装置：

    1）电流速断保护；

    2）过电流保护。

  2 分段断路器电流速断保护仅在合闸瞬间投入，并应在合闸后自动解除。

  3 分段断路器过电流保护应比出线回路的过电流保护增大一级时限。

5.2.6 备用电源和备用设备的自动投入装置，应符合下列规定：

  1 备用电源或备用设备的自动投入装置，可在下列情况之一时装设：

    1）由双电源供电的变电所和配电所，其中一个电源经常断开作为备用；

    2）变电所和配电所内有互为备用的母线段；

    3）变电所内有备用变压器；

    4）变电所内有两台所用变压器；

    5）运行过程中某些重要机组有备用机组。

  2 自动投入装置应符合下列要求：

    1）应能保证在工作电源或设备断开后才投入备用电源或设备；

    2）工作电源或设备上的电压消失时，自动投入装置应延时动作；

    3）自动投入装置保证只动作一次；

    4）当备用电源或设备投入到故障上时，自动投入装置应使其保护加速动作；

    5）手动断开工作电源或设备时，自动投入装置不应启动；

    6）备用电源自动投入装置中，可设置工作电源的电流闭锁回路。

  3 民用建筑中备用电源自动投入装置多级设置时，上下级之间的动作应相互配合。

5.2.7 继电保护可根据需要采用智能化保护装置或采用变电所综合自动化系统，并宜采用开放式和分布式系统。

5.2.8 当所在的建筑物设有建筑设备监控（BA）系统时，继电保护装置应设置与 BA 系统相匹配的通信接口。

5.3 电气测量

5.3.1 测量仪表的设置应符合下列规定：

  1 本条适用于固定安装的指示仪表、记录仪表、数字仪表、仪表配用的互感器及采用与计算机监控和管理系统相配套的自动化仪表等器件。

  2 测量仪表应符合下列要求：

    1）应能正确反映被测量回路的运行参数；

    2）应能随时监测被监测回路的绝缘状况。

  3 测量仪表的准确度等级选择应符合下列规定：

    1）除谐波测量仪表外，交流回路的仪表准确度等级不应低于 2.5 级；

    2）直流回路的仪表准确度等级不应低于 1.5 级；

    3）电量变送器输出侧的仪表准确度等级不应低于 1.0 级。

  4 测量仪表配用的互感器准确度等级选择，应符合下列规定：

    1）1.5 级及 2.5 级的测量仪表，应配用不低于 1.0 级的互感器；

    2）电量变送器应配用不低于 0.5 级的电流互感器。

5 直流仪表配用的外附分流器准确度等级不应低于0.5级。

6 电量变送器准确度等级不应低于0.5级。

7 仪表的测量范围和电流互感器变比的选择，宜满足当被测量回路以额定值的条件运行时，仪表的指示在满量程的70%。

8 对多个同类型回路参数的测量，宜采用以电量变送器组成的选测系统。选测参数的种类及数量，可根据运行监测的需要确定。

9 下列电力装置回路应测量交流电流：

1) 配电变压器回路；

2) 无功补偿装置；

3) 10(6)kV和1kV及以下的供配电干线；

4) 母线联络和母线分段断路器回路；

5) 55kW及以上的电动机；

6) 根据使用要求，需监测交流电流的其他回路。

10 三相电流基本平衡的回路，可采用一只电流表测量其中一相电流。下列装置及回路应采用三只电流表分别测量三相电流：

1) 无功补偿装置；

2) 配电变压器低压侧总电流；

3) 三相负荷不平衡幅度较大的1kV及以下的配电线路。

11 下列装置及回路应测量直流电流：

1) 直流发电机；

2) 直流电动机；

3) 蓄电池组；

4) 充电回路；

5) 整流装置；

6) 根据使用要求，需监测直流电流的其他装置及回路。

12 交流系统的各段母线，应测量交流电压。

13 下列装置及回路应测量直流电压：

1) 直流发电机；

2) 直流系统的各段母线；

3) 蓄电池组；

4) 充电回路；

5) 整流装置；

6) 发电机的励磁回路；

7) 根据使用要求，需监测直流电压的其他装置及回路。

14 中性点不直接接地系统的各段母线，应监测交流系统的绝缘。

15 根据使用要求，需监测有功功率的装置及回路，应测量有功功率。

16 下列装置及回路应测量无功功率：

1) 1kV及以上的无功补偿装置；

2) 根据使用要求，需监测无功功率的其他

装置及回路。

17 在谐波监测点，宜装设谐波电压、电流的测量仪表。

5.3.2 电能计量仪表的设置应符合下列规定：

1 下列装置及回路应装设有功电能表：

1) 10（6）kV供配电线路；

2) 用电单位的有功电量计量点；

3) 需要进行技术经济考核的电动机；

4) 根据技术经济考核和节能管理的要求，需计量有功电量的其他装置及回路。

2 下列装置及回路，应装设无功电能表：

1) 无功补偿装置；

2) 用电单位的无功电量计量点；

3) 根据技术经济考核和节能管理的要求，需计量无功电量的其他装置及回路。

3 计费用的专用电能计量装置，宜设置在供用电设施的产权分界处，并应按供电企业对不同计费方式的规定确定。

4 双向送、受电的回路，应分别计量送、受电的电量。当以两只电能表分别计量送、受电量时，应采用具有止逆器的电能表。

5.4 二次回路及中央信号装置

5.4.1 继电保护的二次回路应符合下列规定：

1 二次回路的工作电压不应超过500V。

2 互感器二次回路连接的负荷，不应超过继电保护和自动装置工作准确等级所规定的负荷范围。

3 配变电所及其他重要的或有专门规定的二次回路，应采用铜芯控制电缆或绝缘电线。在绝缘可能受到油浸蚀的场所，应采用耐油的绝缘电线或电缆。

4 计量单元的电流回路铜芯导线截面不应小于4mm²；电压回路铜芯导线截面不应小于2.5mm²；辅助单元的控制、信号等导线截面不应小于1.5mm²。电缆及电线截面的选择尚应符合下列要求：

1) 对于电流回路，电流互感器的工作准确等级应符合本规范第5.2.1条第5款的规定；当无可靠根据时，可按断路器的断流容量确定最大短路电流；

2) 对于电压回路，当全部保护装置和安全自动装置动作时，电压互感器至保护和自动装置屏的电缆压降不应超过标称电压的3%；

3) 对于操作回路，在最大负荷下，操作母线至设备的电压降不应超过10%标称电压；

4) 数字化仪表回路的电缆、电线截面应满足回路传导要求。

5 屏（台）内与屏（台）外回路的连接、某些同名回路的连接、同一屏（台）内各安装单位的连

接，均应经过端子排连接。

屏（台）内同一安装单位各设备之间的连接，电缆与互感器、单独设备的连接，可不经过端子排。

对于电流回路，需要接入试验设备的回路、试验时需要断开的电压和操作电源回路以及在运行中需要停用或投入的保护装置，应装设必要的试验端子、试验端钮（或试验盒）、连接片或切换片，其安装位置应便于操作。

属于不同安装单位或装置的端子，宜分别组成单独的端子排。

6 在安装各种设备、断路器和隔离开关的连锁接点、端子排和接地导体时，应在不断开一次线路的情况下，保证在二次回路端子排上安全工作。

7 电压互感器一次侧隔离开关断开后，其二次回路应有防止电压反馈的措施。

8 电流互感器的二次回路应有一个接地点，并应在配电装置附近经端子排接地。

9 电压互感器的二次侧中性点或线圈引出端之一应接地，且二次回路只允许有一处接地，接地点宜设在控制室内，并应牢固焊接在接地小母线上。

10 在电压互感器二次回路中，除开口三角绕组和有专门规定者外，应装设熔断器或低压断路器。

在接地导体上不应装设开关电器。当采用一相接地时，熔断器或低压断路器应装在绕组引出端与接地点之间。

电压互感器开口三角绕组的试验用引出线上，应装设熔断器或低压断路器。

11 各独立安装单位二次回路的操作电源，应经过专用的熔断器或低压断路器。

在变电所中，每一安装单位的保护回路和断路器控制回路，可合用一组单独的熔断器或低压断路器。

12 配变电所中重要设备和线路的继电保护和自动装置，应有经常监视操作电源的装置。断路器的分闸回路、重要设备和线路断路器的合闸回路，应装设监视回路完整性的监视装置。

13 二次回路中的继电器可根据需要采用组合式继电器。

5.4.2 中央信号装置的设置应符合下列规定：

1 宜在配变电所控制（值班）室内设中央信号装置。中央信号装置应由事故信号和预告信号组成。预告信号可分为瞬时和延时两种。

2 中央信号接线应简单、可靠。中央信号装置应具备下列功能：

  1）对音响监视接线能实现亮屏或暗屏运行；

  2）断路器事故跳闸时，能瞬时发出音响信号，同时相应的位置指示灯闪光；

  3）发生故障时，能瞬时或延时发出预告音响，并以光字牌显示故障性质；

  4）能进行事故和预告信号及光字牌完好性

    的试验；

  5）能手动或自动复归音响，而保留光字牌信号；

  6）试验遥信事故信号时，能解除遥信回路。

3 配变电所的中央事故及预告信号装置，宜能重复动作、延时自动或手动复归音响。当主接线简单时，中央事故信号可不重复动作。

4 配电装置就地控制的元件，应按各母线段、组别，分别发送总的事故和预告音响及光字牌信号。

5 宜设"信号未复归"小母线，并发送光字牌信号。

6 中央事故信号的所有设备宜集中装设在信号屏上。

7 小型配变电所可设简易中央信号装置，并应具备发生故障时能发出总的事故和预告音响及灯光信号的功能。

8 可根据需求采用智能化保护装置或变电所综合自动化系统，由具有数字显示的电子声光集中报警装置组成中央信号装置。

9 当采用智能化保护装置或变电所综合自动化系统时，可不设置或适当简化中央信号模拟屏。

5.5 控制方式、所用电源及操作电源

5.5.1 控制方式应符合下列规定：

1 对于 10（6）kV 电源线路及母线分段断路器等，可根据工程具体情况在控制室内集中控制或在配电装置室内就地控制；

2 对于 10（6）kV 配出回路的断路器，当出线数量在 15 回路及以上时，可在控制室内集中控制；当出线数量在 15 回路以下时，可在配电装置室内就地控制。

5.5.2 所用电源及操作电源，应符合下列规定：

1 配变电所 220/380V 所用电源可引自就近的配电变压器。当配变电所规模较大时，宜另设所用变压器，其容量不宜超过 50kVA。当有两路所用电源时，宜装设备用电源自动投入装置。

2 在采用交流操作的配变电所中，当有两路 10（6）kV 电源进线时，宜分别装设两台所用变压器。当能从配变所外引入一个可靠的备用所用电源时，可只装设一台所用变压器。当能引入两个可靠的所用电源时，可不装设所用变压器。当配变电所只有一路 10（6）kV 电源进线时，可只在电源进线上装设一台所用变压器。

3 采用交流操作且容量能满足时，供操作、控制、保护、信号等的所用电源宜引自电压互感器。

4 采用电磁操动机构且仅有一路所用电源时，应专设所用变压器作为所用电源，并应接在电源进线开关的进线端。

5 重要的配变电所宜采用 220V 或 110V 免维护

蓄电池组作为合、分闸直流操作电源。

6 小型配变电所宜采用弹簧储能操动机构合闸和去分流分闸的全交流操作。

6 自备应急电源

6.1 自备应急柴油发电机组

6.1.1 本节适用于发电机额定电压为230/400V，机组容量为2000kW及以下的民用建筑工程中自备应急低压柴油发电机组的设计。自备应急柴油发电机组的设计应符合下列规定：

1 符合下列情况之一时，宜设自备应急柴油发电机组：

1) 为保证一级负荷中特别重要的负荷用电时；
2) 用电负荷为一级负荷，但从市电取得第二电源有困难或技术经济不合理时。

2 机组宜靠近一级负荷或配变电所设置。柴油发电机房可布置于建筑物的首层、地下一层或地下二层，不应布置在地下三层及以下。当布置在地下层时，应有通风、防潮、机组的排烟、消声和减振等措施并满足环保要求。

3 机房宜设有发电机间、控制及配电室、储油间、备品备件储藏间等。设计时可根据工程具体情况进行取舍、合并或增添。

4 当机组需遥控时，应设有机房与控制室联系的信号装置。当有要求时，控制柜内宜留有通信接口，并可通过BAS系统对其实时监控。

5 当电源系统发生故障停电时，对不需要机组供电的配电回路应自动切除。

6 发电机间、控制室及配电室不应设在厕所、浴室或其他经常积水场所的正下方或贴邻。

7 设置在高层建筑内的柴油发电机房，应设置火灾自动报警系统和除卤代烷1211、1301以外的自动灭火系统。除高层建筑外，火灾自动报警系统保护对象分级为一级和二级的建筑物内的柴油发电机房，应设置火灾自动报警系统和移动式或固定式灭火装置。

6.1.2 柴油发电机组的选择应符合下列规定：

1 机组容量与台数应根据应急负荷大小和投入顺序以及单台电动机最大启动容量等因素综合确定。当应急负荷较大时，可采用多机并列运行，机组台数宜为2～4台。当受并列条件限制，可实施分区供电。当用电负荷谐波较大时，应考虑其对发电机的影响。

2 在方案及初步设计阶段，柴油发电机容量可按配电变压器总容量的10%～20%进行估算。在施工图设计阶段，可根据一级负荷、消防负荷以及某些重要二级负荷的容量，按下列方法计算的最大容量确定：

1) 按稳定负荷计算发电机容量；
2) 按最大的单台电动机或成组电动机启动的需要，计算发电机容量；
3) 按启动电动机时，发电机母线允许电压降计算发电机容量。

3 当有电梯负荷时，在全电压启动最大容量笼型电动机情况下，发电机母线电压不应低于额定电压的80%；当无电梯负荷时，其母线电压不应低于额定电压的75%。当条件允许时，电动机可采用降压启动方式。

4 多台机组时，应选择型号、规格和特性相同的机组和配套设备。

5 宜选用高速柴油发电机组和无刷励磁交流同步发电机，配自动电压调整装置。选用的机组应装设快速自启动装置和电源自动切换装置。

6.1.3 机房设备的布置应符合下列规定：

1 机房设备布置应符合机组运行工艺要求，力求紧凑、保证安全及便于维护、检修。

2 机组布置应符合下列要求：

1) 机组宜横向布置，当受建筑场地限制时，也可纵向布置；
2) 机房与控制室、配电室贴邻布置时，发电机出线端与电缆沟宜布置在靠控制室、配电室侧；
3) 机组之间、机组外廊至墙的净距应满足设备运输、就地操作、维护检修或布置辅助设备的需要，并不应小于表6.1.3-1及图6.1.3的规定。

表6.1.3-1 机组之间及机组外廊与墙壁的净距（m）

容量（kW） 项 目		64 以下	75～ 150	200～ 400	500 ～1500	1600～ 2000
机组操作面	a	1.5	1.5	1.5	1.5～ 2.0	2.0～ 2.5
机组背面	b	1.5	1.5	1.5	1.8	2.0
柴油机端	c	0.7	0.7	1.0	1.0～ 1.5	1.5
机组间距	d	1.5	1.5	1.5	1.5～ 2.0	2.5
发电机端	e	1.5	1.5	1.5	1.5	2.0～ 2.5
机房净高	h	2.5	3.0	3.0	4.0～ 5.0	5.0～ 7.0

注：当机组按水冷却方式设计时，柴油机端距离可适当缩小；当机组需要做消声工程时，尺寸应另外考虑。

3 辅助设备宜布置在柴油机侧或靠机房侧墙，蓄电池宜靠近所属柴油机。

4 机房设置在高层建筑物内时，机房内应有足

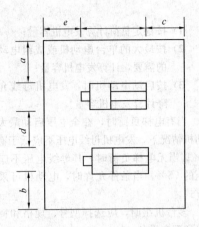

图 6.1.3 机组布置图

够的新风进口及合理的排烟道位置。机房排烟应避开居民敏感区，排烟口宜内置排烟道至屋顶。当排烟口设置在裙房屋顶时，宜将烟气处理后再行排放。

5 机组热风管设置应符合下列要求：

1）热风出口宜靠近且正对柴油机散热器；

2）热风管与柴油机散热器连接处，应采用软接头；

3）热风出口的面积不宜小于柴油机散热器面积的 1.5 倍；

4）热风出口不宜设在主导风向一侧，当有困难时，应增设挡风墙；

5）当机组设在地下层，热风管无法平直敷设需拐弯引出时，其热风管弯头不宜超过两处。

6 机房进风口设置应符合下列要求：

1）进风口宜设在正对发电机端或发电机端两侧；

2）进风口面积不宜小于柴油机散热器面积的 1.6 倍；

3）当周围对环境噪声要求高时，进风口宜做消声处理。

7 机组排烟管的敷设应符合下列要求：

1）每台柴油机的排烟管应单独引至排烟道，宜架空敷设，也可敷设在地沟中。排烟管弯头不宜过多，并应能自由位移。水平敷设的排烟管宜设坡外排烟道 0.3%～0.5% 的坡度，并应在排烟管最低点装排污阀；

2）机房内的排烟管采用架空敷设时，室内部分应敷设隔热保护层；

3）机组的排烟阻力不应超过柴油机的背压要求，当排烟管较长时，应采用自然补偿段，并加大排烟管直径。当无条件设置自然补偿段时，应装设补偿器；

4）排烟管与柴油机排烟口连接处应装设弹

性波纹管；

5）排烟管穿墙应加保护套，伸出屋面时，出口端应加防雨帽；

6）非增压柴油机应在排烟管装设消声器。两台柴油机不应公用一个消声器，消声器应单独固定。

8 机房设计时应采取机组消声及机房隔声综合治理措施，治理后环境噪声不宜超过表 6.1.3-2 的规定。

表 6.1.3-2 城市区域环境噪声标准 （dBA）

类别	适用区域	昼间	夜间
0	疗养、高级别墅、高级宾馆区	50	40
1	以居住、文教机关为主的区域	55	45
2	居住、商业、工业混杂区	60	50
3	工业区	65	55
4	城市中的道路交通干线两侧区域	70	55

6.1.4 设于地下层的柴油发电机组，其控制屏及其他电气设备宜选择防潮型产品。

6.1.5 机房配电线缆选择及敷设应符合下列规定：

1 机房、储油间宜按多油污、潮湿环境选择电力电缆或绝缘电线；

2 发电机配电屏的引出线宜采用耐火型铜芯电缆、耐火型封闭式母线或矿物绝缘电缆；

3 控制线路、测量线路、励磁线路应选择铜芯控制电缆或铜芯电线；

4 控制线路、励磁线路和电力配线宜穿钢导管埋地敷设或采用电缆沿电缆沟敷设；

5 当设电缆沟时，沟内应有排水和排油措施。

6.1.6 附属设备的控制方式应符合下列规定：

1 附属设备电动机的控制方式应与机组控制方式一致；

2 柴油机冷却水泵宜采用就地控制和随机组运行联动控制；

3 高位油箱供油泵宜采用就地控制或液位控制器进行自动控制。

6.1.7 控制室的电气设备布置应符合下列规定：

1 单机容量小于或等于 500kW 的装集式单台机组可不设控制室；单机容量大于 500kW 的多台机组宜设控制室。

2 控制室的位置应便于观察、操作和调度，通风、采光应良好，进出线应方便。

3 控制室内不应有油、水等管道通过，不应安装无关设备。

4 控制室内的控制屏（台）的安装距离和通道宽度应符合下列规定：

1）控制屏正面操作宽度，单列布置时，不

宜小于 1.5m；双列布置时，不宜小于 2.0m；

2）离墙安装时，屏后维护通道不宜小于 0.8m。

5 当控制室的长度大于 7m 时，应设有两个出口，出口宜在控制室两端。控制室的门应向外开启。

6 当不需设控制室时，控制屏和配电屏宜布置在发电机端或发电机侧，其操作维护通道应符合下列规定：

1）屏前距发电机端不宜小于 2.0m；

2）屏前距发电机侧不宜小于 1.5m。

6.1.8 发电机组的自启动应符合下列规定：

1 机组应处于常备启动状态。一类高层建筑及火灾自动报警系统保护对象分级为一级建筑物的发电机组，应设有自动启动装置，当市电中断时，机组应立即启动，并应在 30s 内供电。

当采用自动启动有困难时，二类高层建筑及二级保护对象建筑物的发电机组，可采用手动启动装置。

机组应与市电连锁，不得与其并列运行。当市电恢复时，机组应自动退出工作，并延时停机。

2 为了避免防灾用电设备的电动机同时启动而造成柴油发电机组熄火停机，用电设备应具有不同延时，错开启动时间。重要性相同时，宜先启动容量大的负荷。

3 自启动机组的操作电源、机组预热系统、燃料油、润滑油、冷却水以及室内环境温度等均应保证机组随时启动。水源及能源必须具有独立性，不得受市电停电的影响。

4 自备应急柴油发电机组自启动宜采用电启动方式，电启动设备应按下列要求设置：

1）电启动用蓄电池组电压宜为 12V 或 24V，容量应按柴油机连续启动不少于 6 次确定；

2）蓄电池组宜靠近启动电机设置，并应防止油、水浸入；

3）应设置整流充电设备，其输出电压宜高于蓄电池组的电动势 50%，输出电流不小于蓄电池 10h 放电率电流。

6.1.9 发电机组的中性点工作制应符合下列规定：

1 发电机中性点接地应符合下列要求：

1）只有单台机组时，发电机中性点应直接接地，机组的接地形式宜与低压配电系统接地型式一致；

2）当两台机组并列运行时，机组的中性点应经刀开关接地；当两台机组的中性导体存在环流时，应只将其中一台发电机的中性点接地；

3）当两台机组并列运行时，两台机组的中性点可经限流电抗器接地；

2 发电机中性导体上的接地刀开关，可根据发电机允许的不对称负荷电流及中性导体上可能出现的零序电流选择。

3 采用电抗器限制中性导体环流时，电抗器的额定电流可按发电机额定电流的 25% 选择，阻抗值可按通过额定电流时其端电压小于 10V 选择。

6.1.10 柴油发电机组的自动化应符合下列规定：

1 机组与电力系统电源不应并网运行，并应设置可靠连锁。

2 选择自启动机组应符合下列要求：

1）当市电中断供电时，单台机组应能自动启动，并应在 30s 内向负荷供电；

2）当市电恢复供电后，应自动切换并延时停机；

3）当连续三次自启动失败，应发出报警信号；

4）应自动控制负荷的投入和切除；

5）应自动控制附属设备及自动转换冷却方式和通风方式。

3 机组并列运行时，宜采用手动准同期。当两台自启动机组需并车时，应采用自动同期，并应在机组间同期后再向负荷供电。

6.1.11 储油设施的设置应符合下列规定：

1 当燃油来源及运输不便时，宜在建筑物主体外设置 40～64h 耗油量的储油设施；

2 机房内应设置储油间，其总储存量不应超过 8.0h 的燃油量，并应采取相应的防火措施；

3 日用燃油箱宜高位布置，出油口宜高于柴油机的高压射油泵；

4 卸油泵和供油泵可共用，应装设电动和手动各一台，其容量应按最大卸油量或供油量确定。

6.1.12 柴油发电机房的照明、接地与通信应符合下列规定：

1 机房各房间的照度应符合表 6.1.12 的规定；

表 6.1.12　机房各房间的照度

房间名称	照度值（lx）	规定照度的平面
发电机间	≥200	地　面
控制与配电室	≥300	距地面 0.75m
值班室	≥300	距地面 0.75m
储油间	≥100	地　面
检修间（检修场地）	≥200	地　面

2 发电机间、控制及配电室应设备用照明，其照度不应低于表 6.1.12 的规定，持续供电时间不应小于 3h；

3 机房内的接地，宜采用共用接地；

4 燃油系统的设备与管道应采取防静电接地措施；

5 控制室与值班室应设通信电话，并应设消防专用电话分机。

6.1.13 当设计柴油发电机房时，给水排水、暖通和土建应符合下列规定：

1 给水排水：

1）柴油机的冷却水水质，应符合机组运行技术条件要求；

2）柴油机采用闭式循环冷却系统时，应设置膨胀水箱，其装设位置应高于柴油机冷却水的最高水位；

3）冷却水泵应为一机一泵，当柴油机自带水泵时，宜设 1 台备用泵；

4）机房内应设有洗手盆和落地洗涤槽。

2 暖通：

1）宜利用自然通风排除发电机间内的余热，当不能满足温度要求时，应设置机械通风装置；

2）当机房设置在高层民用建筑的地下层时，应设置防烟、排烟、防潮及补充新风的设施；

3）机房各房间温湿度要求宜符合表6.1.13-1的规定；

表 6.1.13-1 机房各房间温湿度要求

房 间 名 称	冬 季		夏 季	
	温度（℃）	相对湿度（%）	温度（℃）	相对湿度（%）
机房（就地操作）	15～30	30～60	30～35	40～75
机房（隔室操作、自动化）	5～30	30～60	32～37	≤75
控制及配电室	16～18	≤75	28～30	≤75
值班室	16～20	≤75	≤28	≤75

4）安装自启动机组的机房，应满足自启动温度要求。当环境温度达不到启动要求时，应采用局部或整机预热措施。在湿度较高的地区，应考虑防结露措施。

3 土建：

1）机房应有良好的采光和通风；

2）发电机间宜有两个出入口，其中一个应满足搬运机组的需要。门应为甲级防火门，并应采取隔声措施，向外开启；发电机间与控制室、配电室之间的门和观察窗应采取防火、隔声措施，门应为甲级防火门，并应开向发电机间；

3）储油间应采用防火墙与发电机间隔开；当必须在防火墙上开门时，应设置能自行关闭的甲级防火门；

4）当机房噪声控制达不到现行国家标准

《城市区域环境噪声标准》GB3096 的规定时，应做消声、隔声处理；

5）机组基础应采取减振措施，当机组设置在主体建筑内或地下层时，应防止与房屋产生共振；

6）柴油机基础宜采取防油浸的设施，可设置排油污沟槽，机房内管沟和电缆沟内应有 0.3% 的坡度和排水、排油措施；

7）机房各工作房间的耐火等级与火灾危险性类别应符合表 6.1.13-2 的规定。

表 6.1.13-2 机房各工作房间耐火等级与火灾危险性类别

名 称	火灾危险性类别	耐火等级
发电机间	丙	一级
控制与配电室	戊	二级
储油间	丙	一级

6.2 应急电源装置（EPS）

6.2.1 本节适用于应急电源装置（EPS）用作应急照明系统备用电源时的选择和配电设计。

6.2.2 EPS 装置的选择应符合下列规定：

1 EPS 装置应按负荷性质、负荷容量及备用供电时间等要求选择。

2 EPS 装置可分为交流制式及直流制式。电感性和混合性的照明负荷宜选用交流制式；纯阻性及交、直流共用的照明负荷宜选用直流制式。

3 EPS 的额定输出功率不应小于所连接的应急照明负荷总容量的 1.3 倍。

4 EPS 的蓄电池初装容量应保证备用时间不小于 90min。

5 EPS 装置的切换时间应满足下列要求。

1）用作安全照明电源装置时，不应大于 0.25s；

2）用作疏散照明电源装置时，不应大于 5s；

3）用作备用照明电源装置时，不应大于 5s；金融、商业交易场所不应大于 1.5s。

6.2.3 当 EPS 装置容量较大时，宜在电源侧采取高次谐波的治理措施。

6.2.4 EPS 配电系统的各级保护装置之间应有选择性配合。

6.2.5 EPS 装置的交流输入电源应符合下列要求：

1 EPS 宜采用两路电源供电，交流输入电源的总相对谐波含量不宜超过 10%。

2 EPS 系统的交流电源，不宜与其他冲击性负荷由同一变压器及母线段供电。

6.3 不间断电源装置（UPS）

6.3.1 本节适用于不间断电源装置（UPS）的选择

和配电设计。

6.3.2 符合下列情况之一时，应设置 UPS 装置：

1 当用电负荷不允许中断供电时；

2 允许中断供电时间为毫秒级的重要场所的应急备用电源。

6.3.3 UPS 装置的选择，应按负荷性质、负荷容量、允许中断供电时间等要求确定，并应符合下列规定：

1 UPS 装置，宜用于电容性和电阻性负荷；

2 对电子计算机供电时，UPS 装置的额定输出功率应大于计算机各设备额定功率总和的 1.2 倍，对其他用电设备供电时，其额定输出功率应为最大计算负荷的 1.3 倍；

3 蓄电池组容量应由用户根据具体工程允许中断供电时间的要求选定；

4 不间断电源装置的工作制，宜按连续工作制考虑。

6.3.4 当 UPS 装置容量较大时，宜在电源侧采取高次谐波的治理措施。

6.3.5 UPS 配电系统各级保护装置之间，应有选择性配合。

6.3.6 UPS 系统的交流输入电源应符合本规范第 6.2.5 条的规定。

在 TN-S 供电系统中，UPS 装置的交流输入端宜设置隔离变压器或专用变压器；当 UPS 输出端的隔离变压器为 TN-S、TT 接地形式时，中性点应接地。

7 低 压 配 电

7.1 一 般 规 定

7.1.1 本章适用于民用建筑工频交流电压 1000V 及以下的低压配电设计。

7.1.2 低压配电系统的设计应根据工程的种类、规模、负荷性质、容量及可能的发展等因素综合确定。

7.1.3 确定低压配电系统时，应符合下列要求：

1 供电可靠和保证电能质量要求；

2 系统接线简单可靠并具有一定灵活性；

3 保证人身、财产、操作安全及检修方便；

4 节省有色金属，减少电能损耗；

5 经济合理，技术先进。

7.1.4 低压配电系统的设计应符合下列规定：

1 变压器二次侧至用电设备之间的低压配电级数不宜超过三级；

2 各级低压配电屏或低压配电箱宜根据发展的可能留有备用回路；

3 由市电引入的低压电源线路，应在电源箱的受电端设置具有隔离作用和保护作用的电器；

4 由本单位配变电所引入的专用回路，在受电端可装设不带保护的开关电器；对于树干式供电系统的配电回路，各受电端均应装设带保护的开关电器；

7.1.5 低压配电设计除应符合本规范外，尚应符合现行国家标准《低压配电设计规范》GB 50054 的规定。

7.2 低压配电系统

7.2.1 多层公共建筑及住宅的低压配电系统应符合下列规定：

1 照明、电力、消防及其他防灾用电负荷，应分别自成配电系统；

2 电源可采用电缆埋地或架空进线，进线处应设置电源箱，箱内应设置总开关电器；电源箱宜设在室内，当设在室外时，应选用室外型箱体；

3 当用电负荷容量较大或用电负荷较重要时，应设置低压配电室，对容量较大和较重要的用电负荷宜从低压配电室以放射式配电；

4 由低压配电室至各层配电箱或分配电箱，宜采用树干式或放射与树干相结合的混合式配电；

5 多层住宅的垂直配电干线，宜采用三相配电系统。

7.2.2 高层公共建筑及住宅的低压配电系统应符合下列规定：

1 高层公共建筑的低压配电系统，应将照明、电力、消防及其他防灾用电负荷分别自成系统。

2 对于容量较大的用电负荷或重要用电负荷，宜从配电室以放射式配电。

3 高层公共建筑的垂直供电干线，可根据负荷重要程度、负荷大小及分布情况，采用下列方式供电：

1) 可采用封闭式母线槽供电的树干式配电；

2) 可采用电缆干线供电的放射式或树干式配电；当为树干式配电时，宜采用电缆 T 接端子方式或预制分支电缆引至各层配电箱；

3) 可采用分区树干式配电。

4 高层公共建筑配电箱的设置和配电回路的划分，应根据防火分区、负荷性质和密度、管理维护方便等条件综合确定；

5 高层公共建筑的消防及其他防灾用电设施的供电要求，应符合本规范第 13 章的有关规定；

6 高层住宅的垂直配电干线，应采用三相配电系统。

7.3 特低电压配电

7.3.1 特低电压（ELV）的额定电压不应超过交流 50V。特低电压可分为安全特低电压（SELV）及保护特低电压（PELV）。

7.3.2 符合下列要求之一的设备，可作为特低电压电源：

1 一次绕组和二次绕组之间采用加强绝缘层或接地屏蔽层隔离开的安全隔离变压器。

2 安全等级相当于安全隔离变压器的电源。

3 电化电源或与电压较高回路无关的其他电源。

4 符合相应标准的某些电子设备。这些电子设备已经采取了措施，可以保障即使发生内部故障，引出端子的电压也不超过交流 50V；或允许引出端子上出现大于交流 50V 的规定电压，但能保证在直接接触或间接接触情况下，引出端子上的电压立即降至不大于交流 50V。

7.3.3 特低电压配电应符合下列要求：

1 SELV 和 PELV 的回路应满足下列要求：

1）ELV 回路的带电部分与其他回路之间应具有基本绝缘；ELV 回路与有较高电压回路的带电部分之间可采用双重绝缘或加强绝缘作保护隔离，也可采用基本绝缘加隔板；

2）SELV 回路的带电部分应与地之间具有基本绝缘；

3）PELV 回路和设备外露可导电部分应接地。

2 ELV 系统的回路导线至少应具有基本绝缘，并应与其他带电回路的导线实行物理隔离，当不能满足要求时，可采取下列措施之一：

1）SELV 和 PELV 的回路导线除应具有基本绝缘外，并应封闭在非金属护套内或在基本绝缘外加护套；

2）ELV 与较高电压回路的导体，应以接地的金属屏蔽层或接地的金属护套分隔开；

3）ELV 回路导体可与不同电压回路导体共用一根多芯电缆或导体组内，但 ELV 回路导体的绝缘水平，应按其他回路最高电压确定。

3 ELV 系统的插头及插座应符合下列要求：

1）插头必须不可能插入其他电压系统的插座内；

2）插座必须不可能被其他电压系统的插头插入；

3）SELV 系统的插头和插座不得设置保护导体触头。

4 安全特低电压回路应符合下列要求：

1）SELV 回路的带电部分严禁与大地、其他回路的带电部分及保护导体相连接；

2）SELV 回路的用电设备外露可导电部分不应与大地、其他回路的保护导体、用电设备外露可导电部分及外界可导电部分相连接。

7.3.4 ELV 系统的保护，应符合下列规定：

1 当 SELV 回路由安全隔离变压器供电且无分支回路时，其线路的短路保护和过负荷保护，可由变压器一次侧的保护电器完成。

2 当具有两个及以上 SELV 分支回路时，每一个分支回路的首端应设有保护电器。

3 当 SELV 超过交流 25V 或设备浸在水中时，SELV 和 PELV 回路应具有下列基本防护：

1）带电部分应完全由绝缘层覆盖，且该绝缘层应只有采取破坏性手段才能除去；

2）带电部分必须设在防护等级不低于 IP2X 的遮栏后面或外护物里面，其顶部水平面栅栏的防护等级不应低于 IP4X；

3）设备绝缘应符合电力设备标准的有关规定。

4 在正常干燥的情况下，下列情况可不设基本防护：

1）标称电压不超过交流 25V 的 SELV 系统；

2）标称电压不超过交流 25V 的 PELV 系统，并且外露可导电部分或带电部分由保护导体连接至总接地端子；

3）标称电压不超过 12V 的其他任何情况。

7.3.5 ELV 宜应用在下列场所及范围：

1 潮湿场所（如喷水池、游泳池）内的照明设备；

2 狭窄的可导电场所；

3 正常环境条件使用的移动式手持局部照明；

4 电缆隧道内照明。

7.4 导 体 选 择

7.4.1 低压配电导体选择应符合下列规定：

1 电缆、电线可选用铜芯或铝芯，民用建筑宜采用铜芯电缆或电线；下列场所应选用铜芯电缆或电线：

1）易燃、易爆场所；

2）重要的公共建筑和居住建筑；

3）特别潮湿场所和对铝有腐蚀的场所；

4）人员聚集较多的场所；

5）重要的资料室、计算机房、重要的库房；

6）移动设备或有剧烈振动的场所；

7）有特殊规定的其他场所。

2 导体的绝缘类型应按敷设方式及环境条件选择，并应符合下列规定：

1）在一般工程中，在室内正常条件下，可选用聚氯乙烯绝缘聚氯乙烯护套的电缆或聚氯乙烯绝缘电线；有条件时，可选用交联聚乙烯绝缘电力电缆和电线；

2）消防设备供电线路的选用，应符合本规范第 13.10 节的规定；

3）对一类高层建筑以及重要的公共场所等

防火要求高的建筑物，应采用阻燃低烟无卤交联聚乙烯绝缘电力电缆、电线或无烟无卤电力电缆、电线。

3 绝缘导体应符合工作电压的要求，室内敷设塑料绝缘电线不应低于 0.45/0.75kV，电力电缆不应低于 0.6/1kV；

7.4.2 低压配电导体截面的选择应符合下列要求：

1）按敷设方式、环境条件确定的导体截面，其导体载流量不应小于预期负荷的最大计算电流和按保护条件所确定的电流；

2）线路电压损失不应超过允许值；

3）导体应满足动稳定与热稳定的要求；

4）导体最小截面应满足机械强度的要求，配电线路每一相导体截面不应小于表 7.4.2 的规定。

表 7.4.2　导体最小允许截面

布线系统形式	线路用途	导体最小截面（mm²）	
		铜	铝
固定敷设的电缆和绝缘电线	电力和照明线路	1.5	2.5
	信号和控制线路	0.5	—
固定敷设的裸导体	电力（供电）线路	10	16
	信号和控制线路	4	—
用绝缘电线和电缆的柔性连接	任何用途	0.75	—
	特殊用途的特低压电路	0.75	—

7.4.3 导体敷设的环境温度与载流量校正系数应符合下列规定：

1 当沿敷设路径各部分的散热条件不相同时，电缆载流量应按最不利的部分选取。

2 导体敷设处的环境温度，应满足下列规定：

1）对于直接敷设在土壤中的电缆，应采用埋深处历年最热月的平均地温；

2）敷设在室外空气中或电缆沟中时，应采用敷设地区最热月的日最高温度平均值；

3）敷设在室内空气中时，应采用敷设地点最热月的日最高温度平均值，有机械通风的应按通风设计温度；

4）敷设在室内电缆沟中时，应采用敷设地点最热月的日最高温度平均值加 5℃。

3 导体的允许载流量，应根据敷设处的环境温度进行校正，校正系数应符合表 7.4.3-1 和表 7.4.3-2 的规定。

4 当土壤热阻系数与载流量对应的热阻系数不

同时，敷设在土壤中的电缆的载流量应进行校正，其校正系数应符合表 7.4.3-3 的规定。

表 7.4.3-1　环境空气温度不等于 30℃ 时的校正系数

环境温度（℃）	绝缘			
	PVC	XLPE 或 EPR	矿物绝缘*	
			PVC 外护层和易于接触的裸护套 70℃	不允许接触的裸护套 105℃
10	1.22	1.15	1.26	1.14
15	1.17	1.12	1.20	1.11
20	1.12	1.08	1.14	1.07
25	1.06	1.04	1.07	1.04
35	0.94	0.96	0.93	0.96
40	0.87	0.91	0.85	0.92
45	0.79	0.87	0.77	0.88
50	0.71	0.82	0.67	0.84
55	0.61	0.76	0.57	0.80
60	0.50	0.71	0.45	0.75
65	—	0.65		0.70
70	—	0.58		0.65
75	—	0.50		0.60
80	—	0.41		0.54
85				0.47
90				0.40
95				0.32

注：1　用于敷设在空气的电缆载流量校正；
　　2　*更高的环境温度，与制造厂协商解决；
　　3　PVC-聚氯乙烯、XLPE-交联聚乙烯、EPR-乙丙橡胶。

表 7.4.3-2　地下温度不等于 20℃ 的电缆载流量的校正系数

埋地环境温度（℃）	绝缘	
	PVC	XLPE 和 EPR
10	1.10	1.07
15	1.05	1.04
25	0.95	0.96
30	0.89	0.93
35	0.84	0.89
40	0.77	0.85
45	0.71	0.80
50	0.63	0.76
55	0.55	0.71
60	0.45	0.65
65	—	0.60
70		0.53
75		0.46
80		0.38

注：用于敷设于地下管道中的电缆载流量校正。

表 7.4.3-3　土壤热阻系数不同于 2.5K·m/W
时电缆的载流量校正系数

热阻系数 K·m/W	1	1.5	2	2.5	3
校正系数	1.18	1.10	1.05	1.00	0.96

注：1　此校正系数适用于埋地管道中的电缆，管道埋设
　　　深度不大于 0.8m；
　　2　对于直埋电缆，当土壤热阻系统小于 2.5K·m/W
　　　时，此校正系数可提高。

7.4.4　电线、电缆在不同敷设方式时，其载流量的校正系数应符合下列规定：

　　1　多回路或多根多芯电缆成束敷设的载流量校正系数应符合表 7.4.4-1 的规定；

　　2　多回路直埋电缆的载流量校正系数，应符合表 7.4.4-2 的规定；

表 7.4.4-1　多回路或多根多芯电缆成束敷设的校正系数

项目	排列（电缆相互接触）	回路数或多芯电缆数											
		1	2	3	4	5	6	7	8	9	12	16	20
1	嵌入式或封闭式成束敷设在空气中的一个表面上	1.00	0.80	0.70	0.65	0.60	0.57	0.54	0.52	0.50	0.45	0.41	0.38
2	单层敷设在墙、地板或无孔托盘上	1.00	0.85	0.79	0.75	0.73	0.72	0.72	0.71	0.70	多于 9 个回路或 9 根多芯电缆不再减小校正系数		
3	单层直接固定在木质顶棚下	0.95	0.81	0.72	0.68	0.66	0.64	0.63	0.62	0.61			
4	单层敷设在水平或垂直的有孔托盘上	1.00	0.88	0.82	0.77	0.75	0.73	0.73	0.72	0.72			
5	单层敷设在梯架或夹板上	1.00	0.87	0.82	0.80	0.80	0.79	0.79	0.78	0.78			

注：1　适用于尺寸和负荷相同的电缆束。
　　2　相邻电缆水平间距超过了 2 倍电缆外径时，可不校正。
　　3　下列情况可使用同一系数：
　　　——由 2 根或 3 根单芯电缆组成的电缆束；
　　　——多芯电缆。
　　4　当系统中同时有 2 芯和 3 芯电缆时，应以电缆总数作为回路数，2 芯电缆应作为 2 根带负荷导体，3 芯电缆应作为 3 根带负荷导体查取表中相应系数。
　　5　当电缆束中含有 n 根单芯电缆时，可作为 n/2 回路（2 根负荷导体回路）或 n/3 回路（3 根负荷导体回路）。

表 7.4.4-2　多回路直埋电缆的校正系数

回路数	电缆间的间距 a				
	无间距（电缆相互接触）	一根电缆外径	0.125m	0.25m	0.5m
2	0.75	0.80	0.85	0.90	0.90
3	0.65	0.70	0.75	0.80	0.85
4	0.60	0.60	0.70	0.75	0.80
5	0.55	0.55	0.65	0.70	0.80
6	0.50	0.55	0.60	0.70	0.80

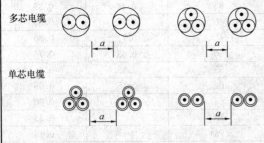

注：适于埋地深度 0.7m，土壤热阻系数为 2.5K·m/W。

　　3　当线路中存在高次谐波时，在选择导体截面时应对载流量加以校正，校正系数应符合表 7.4.4-3 的规定。当预计中性导体电流高于相导体电流时，电缆截面应按中性导体电流来选择。当中性导体电流大于相电流 135% 且按中性导体电流选择电缆截面时，电缆的载流量可不校正。当按中性导体电流选择电缆截面，而中性导体电流不高于相电流时，应按表 7.4.4-3 选用校正系数。

表 7.4.4-3　4 芯和 5 芯电缆存在高次谐波的校正系数

相电流中三次谐波分量（%）	降低系数	
	按相电流选择截面	按中性导体电流选择截面
0~15	1.00	—
15~33	0.86	—
33~45	—	0.86
>45	—	1.00

注：此表所给的校正系数仅适用于 4 芯或 5 芯电缆内中性导体与相导体有相同的绝缘和相等的截面。当预计有显著（大于 10%）的 9 次、12 次等高次谐波存在时，可用一个较小的校正系数。当在相与相之间存在大于 50% 的不平衡电流时，可使用一个更小的校正系数。

7.4.5 中性导体和保护导体截面的选择应符合下列规定：

1 具有下列情况时，中性导体应和相导体具有相同截面：

    1）任何截面的单相两线制电路；

    2）三相四线和单相三线电路中，相导体截面不大于 16mm²（铜）或 25mm²（铝）。

2 三相四线制电路中，相导体截面大于 16mm²（铜）或 25mm²（铝）且满足下列全部条件时，中性导体截面可小于相导体截面：

    1）在正常工作时，中性导体预期最大电流不大于减小了的中性导体截面的允许载流量。

    2）对 TT 或 TN 系统，在中性导体截面小于相导体截面的地方，中性导体上需装设相应于该导体截面的过电流保护，该保护应使相导体断电但不必断开中性导体。当满足下列两个条件时，则中性导体上不需要装设过电流保护：

    ——回路相导体的保护装置已能保护中性导体；

    ——在正常工作时可能通过中性导体上的最大电流明显小于该导体的载流量。

    3）中性导体截面不小于 16mm²（铜）或 25mm²（铝）。

3 保护导体必须有足够的截面，其截面可用下列方法之一确定：

    1）当切断时间在 0.1～5s 时，保护导体的截面应按下式确定：

$$S \geqslant \frac{\sqrt{I^2 t}}{K} \qquad (7.4.5)$$

式中 S——截面积（mm²）；

    I——发生了阻抗可以忽略的故障时的故障电流（方均根值）（A）；

    t——保护电器自动切断供电的时间（s）；

    K——取决于保护导体、绝缘和其他部分的材料以及初始温度和最终温度的系数，可按现行国家标准《电气设备的选择和安装接地配置、保护导体和保护联结导体》GB 16895.3 计算和选取。

对常用的不同导体材料和绝缘的保护导体的 K 值可按表 7.4.5-1 选取。

当计算所得截面尺寸是非标准尺寸时，应采用较大标准截面的导体。

    2）当保护导体与相导体使用相同材料时，保护导体截面不应小于表 7.4.5-2 的规定。

表 7.4.5-1 不同导体材料和绝缘的 K 值

材料 \ 绝缘		导体绝缘					
		70℃ PVC	90℃ PVC	85℃ 橡胶	60℃ 橡胶	矿物质 带PVC	矿物质 裸的
初始温度（℃）		70	90	85	60	70	105
最终温度（℃）		160/140	160/140	220	200	160	250
导体材料	铜	115/103	100/86	134	141	115	135
	铝	76/68	66/57	89	93	—	—

表 7.4.5-2 保护导体的最小截面（mm²）

相导体的截面 S	相应保护导体的最小截面 S
S≤16	S
16＜S≤35	16
S＞35	S/2

在任何情况下，供电电缆外护物或电缆组成部分以外的每根保护导体的截面均应符合下列规定：

    ——有防机械损伤保护时，铜导体不得小于 2.5mm²，铝导体不得小于 16mm²；

    ——无防机械损伤保护时，铜导体不得小于 4mm²，铝导体不得小于 16mm²。

4 TN-C、TN-C-S 系统中的 PEN 导体应满足下列要求：

    1）必须有耐受最高电压的绝缘；

    2）TN-C-S 系统中的 PEN 导体从某点分为中性导体和保护导体后，不得再将这些导体互相连接。

7.4.6 外界可导电部分，严禁用作 PEN 导体。

7.5 低压电器的选择

7.5.1 低压电器的选择应符合下列规定：

1 选用的电器应符合下列规定：

    1）电器的额定电压、额定频率应与所在回路标称电压及标称频率相适应；

    2）电器的额定电流不应小于所在回路的计算电流；

    3）电器应适应所在场所的环境条件；

    4）电器应满足短路条件下的动稳定与热稳定的要求。用于断开短路电流的电器，应满足短路条件下的通断能力。

2 当维护测试和检修设备需断开电源时，应设置隔离电器。隔离电器应具有将电气装置从供电电源绝对隔开的功能，并应采取措施，防止任何设备无意地通电。

3 隔离电器可采用下列器件：

    1）多极、单极隔离开关或隔离器；

    2）插头和插座；

    3）熔断器；

4) 连接片；

5) 不需要拆除导线的特殊端子；

6) 具有隔离功能的断路器。

4 严禁将半导体电器作隔离电器。

5 功能性开关电器选择应符合下列规定：

1) 功能性开关电器应能适合于可能有的最繁重的工作制；

2) 功能性开关电器可仅控制电流而不必断开负载；

3) 不应将断开器件、熔断器和隔离器用作功能性开关电器。

6 功能性开关电器可采用下列器件：

1) 开关；

2) 半导体通断器件；

3) 断路器；

4) 接触器；

5) 继电器；

6) 16A 及以下的插头和插座。

7 多极电器所有极上的动触头应机械联动，并应可靠地同时闭合和断开，仅用于中性导体的触头应在其他触头闭合之前先闭合，在其他触头断开之后才断开。

8 当多个低压断路器同时装入密闭箱体内时，应根据环境温度、散热条件及断路器的数量、特性等因素，确定降容系数。

7.5.2 在 TN-C 系统中，严禁断开 PEN 导体，不得装设断开 PEN 导体的电器。

7.5.3 三相四线制系统中四极开关的选用，应符合下列规定：

1 保证电源转换的功能性开关电器应作用于所有带电导体，且不得使这些电源并联；

2 TN-C-S、TN-S 系统中的电源转换开关，应采用切断相导体和中性导体的四极开关；

3 正常供电电源与备用发电机之间，其电源转换开关应采用四极开关；

4 TT 系统的电源进线开关应采用四级开关；

5 IT 系统中当有中性导体时应采用四极开关。

7.5.4 自动转换开关电器（ATSE）的选用应符合下列规定：

1 应根据配电系统的要求，选择高可靠性的 ATSE 电器，其特性应满足现行国家标准《低压开关设备和控制设备》GB/T 14048.11 的有关规定；

2 ATSE 的转换动作时间，应满足负荷允许的最大断电时间的要求；

3 当采用 PC 级自动转换开关电器时，应能耐受回路的预期短路电流，且 ATSE 的额定电流不应小于回路计算电流的 125%；

4 当采用 CB 级 ATSE 为消防负荷供电时，应采用仅具短路保护的断路器组成的 ATSE，其保护选

择性应与上下级保护电器相配合；

5 所选用的 ATSE 宜具有检修隔离功能；当 ATSE 本体没有检修隔离功能时，设计上应采取隔离措施；

6 ATSE 的切换时间应与供配电系统继电保护时间相配合，并应避免连续切换；

7 ATSE 为大容量电动机负荷供电时，应适当调整转换时间，在先断后合的转换过程中保证安全可靠切换。

7.6 低压配电线路的保护

7.6.1 低压配电线路的保护应符合下列规定：

1 低压配电线路应根据不同故障类别和具体工程要求装设短路保护、过负荷保护、接地故障保护、过电压及欠电压保护，作用于切断供电电源或发出报警信号；

2 配电线路采用的上下级保护电器，其动作应具有选择性，各级之间应能协调配合；对于非重要负荷的保护电器，可采用无选择性切断；

3 对电动机、电梯等用电设备的配电线路的保护，除应符合本章规定外，尚应符合本规范第 9 章的有关规定。

7.6.2 配电线路的短路保护应在短路电流对导体和连接件产生的热效应和机械力造成危险之前切断短路电流。

7.6.3 配电线路的短路保护应符合下列规定：

1 短路保护电器的分断能力不应小于保护电器安装处的预期短路电流。当供电侧已装设具有所需的分断能力的其他保护电器时，短路保护电器的分断能力可小于预期短路电流，但两个保护电器的特性必须配合。

2 绝缘导体的热稳定校验应符合下列规定：

1) 当短路持续时间不大于 5s 时，绝缘导体的热稳定应按下式进行校验：

$$S \geqslant \frac{I}{K}\sqrt{t} \qquad (7.6.3\text{-}1)$$

式中 S——绝缘导体的线芯截面（mm²）；

I——短路电流有效值（方均根值）（A）；

t——在已达到正常运行时的最高允许温度的导体上升至极限温度的时间（s）；

K——不同绝缘、不同线芯材料的 K 值，应符合表 7.4.5-1 的规定。

2) 当短路持续时间小于 0.1s 时，应计入短路电流非周期分量的影响；当短路持续时间大于 5s 时应计入散热影响。

3 低压断路器的灵敏度应按下式校验：

$$K_{LZ} = \frac{I_{dmin}}{I_{zd}} \geqslant 1.3 \qquad (7.6.3\text{-}2)$$

式中 K_{LZ}——低压断路器动作灵敏系数；

I_{dmin}——被保护线路预期短路电流中的最小电流（A），在 TN、TT 系统中为单相短路电流；

I_{zd}——低压断路器瞬时或短延时过电流脱扣器整定电流（A）。

7.6.4 配电线路的过负荷保护，应在过负荷电流引起的导体温升对导体的绝缘、接头、端子或导体周围的物质造成损害前切断负荷电流。对于突然断电比过负荷造成的损失更大的线路，该线路的过负荷保护应作用于信号而不切断电路。

7.6.5 配电线路的过负荷保护应符合下列规定：

1 过负荷保护电器宜采用反时限特性的保护电器，其分断能力可低于电器安装处的短路电流值，但应能承受通过的短路能量，并应符合本规范第 7.6.3 条第 1 款的要求。

2 过负荷保护电器的动作特性应同时满足下列条件：

$$I_B \leqslant I_n \leqslant I_z \quad (7.6.5\text{-}1)$$
$$I_2 \leqslant 1.45 I_z \quad (7.6.5\text{-}2)$$

式中 I_B——线路的计算负荷电流（A）；

I_n——熔断器熔体额定电流或断路器额定电流或整定电流（A）；

I_z——导体允许持续载流量（A）；

I_2——保证保护电器在约定时间内可靠动作的电流（A）。当保护电器为低压断路器时，I_2 为约定时间内的约定动作电流；当为熔断器时，I_2 为约定时间内的约定熔断电流。

3 对于多根并联导体组成的线路，当采用一台保护电器保护所有导体时，其线路的允许持续载流量（I_z）应为每根并联导体的允许持续载流量之和，并应符合下列规定：

　　1）导体的材质、截面、长度和敷设方式均应相同；

　　2）线路全长内应无分支线路引出。

7.6.6 配电线路的过电压及欠电压保护应符合下列规定：

1 配电线路的大气过电压保护应符合本规范第 11 章的有关规定；

2 当电压下降或失压以及随后电压恢复会对人员和财产造成危险时，或电压下降能造成电气装置和用电设备的严重损坏时，应装设欠电压保护；

3 当被保护用电设备的运行方式允许短暂断电或短暂失压而不出现危险时，欠电压保护器可延时动作。

7.6.7 建筑物的电源进线或配电干线分支处的接地故障报警应符合下列规定：

1 住宅、公寓等居住建筑应设置剩余电流动作报警器；

2 医院及疗养院，影、剧院等大型娱乐场所，图书馆、博物馆、美术馆等大型文化场所，商场、超市等大型场所及地下汽车停车场等宜设置剩余电流动作报警器。

7.6.8 保护电器的装设位置应符合下列规定：

1 当配电线路的导线截面积减少或其特征、安装方式及结构改变时，应在分支与被改变的线路与电源线路的连接处装设短路保护和过负荷保护电器。

2 当分支或被改变的线路同时符合下列规定时，在与电源线路的连接处，可不装设短路保护和过负荷保护电器：

　　1）当截面减少或被改变处的供电侧已按本规范第 7.6.2～7.6.5 条的规定装设短路保护和过负荷保护电器，且其工作特性已能保护位于负荷侧的线路时；

　　2）该段线路应采取措施将短路危险减至最小；

　　3）该段线路不应靠近可燃物。

3 短路保护电器应装设在低压配电线路不接地的各相（或极）上，但对于中性点不接地且 N 导体不引出的三相三线配电系统，可只在二相（或极）上装设保护电器。

4 在 TT 或 TN-S 系统中，当 N 导体的截面与相导体相同，或虽小于相导体但能被相导体上的保护电器所保护时，N 导体上可不装设保护。当 N 导体不能被相导体保护电器所保护时，应另在 N 导体上装设保护电器保护，并应将相应相导体电路断开，可不必断开 N 导体。

7.7 低压配电系统的电击防护

7.7.1 低压配电系统的电击防护可采取下列三种措施：

1 直接接触防护，适用于正常工作时的电击防护或基本防护；

2 间接接触防护，适用于故障情况下的电击防护；

3 直接接触及间接接触两者兼有的防护。

7.7.2 直接接触防护可采用下列方式：

1 可将带电体进行绝缘。被绝缘的设备应符合该电气设备国家现行的绝缘标准。

2 可采用遮栏和外护物的防护。遮栏和外护物在技术上应符合现行国家标准《建筑物电气装置电击防护》GB/T 14821.1 的有关规定。

3 可采用阻挡物进行防护。阻挡物应满足下列规定：

　　1）应防止身体无意识地接近带电部分；

　　2）应防止设备运行期中无意识地触及带电部分。

4 应使设备置于伸臂范围以外的防护。能同时触及不同电位的两个带电部位间的距离，严禁在伸臂范围以内。计算伸臂范围时，必须将手持较大尺寸的导电物件计算在内。

    5 可采用安全特低电压（SELV）系统供电。

    6 可采用剩余电流动作保护器作为附加保护。

7.7.3 间接接触防护可采用下列方式：

    1 可采用自动切断电源的保护（包括剩余电流动作保护）；

    2 可将电气设备安装在非导电场所内；

    3 可使用双重绝缘或加强绝缘的保护；

    4 可采用等电位联结的保护；

    5 可采用电气隔离；

    6 采用安全特低电压（SELV）系统供电。

7.7.4 接地故障保护（间接接触防护）应符合下列规定：

    1 接地故障保护的设置应防止人身间接电击以及电气火灾、线路损坏等事故；接地故障保护电器的选择，应根据配电系统的接地形式，移动式、手持式或固定式电气设备的区别以及导体截面等因素经技术经济比较确定；

    2 本节接地故障保护措施只适用于防电击保护分类为Ⅰ类的电气设备，设备所在的环境为正常环境，人身电击安全电压限值为50V；

    3 采用接地故障保护时，建筑物内应作总等电位联结，并符合本规范第12.6节的规定；

    4 当电气装置或电气装置某一部分的自动切断电源保护不能满足切断故障回路的时间要求时，应在局部范围内作辅助等电位联结。

    当难以确定辅助等电位联结的有效性时，可采用下式进行校验：

$$R \leqslant \frac{50}{I_a} \qquad (7.7.4)$$

式中 R ——可同时触及的外露可导电部分和外界外可导电部分之间的电阻（Ω）；

    I_a ——保护电器的动作电流（对过电流保护器，应是5s以内的动作电流；对剩余电流动作保护器，应是额定剩余动作电流）（A）。

7.7.5 对于相导体对地标称电压为220V的TN系统配电线路的接地故障保护，其切断故障回路的时间应符合下列要求：

    1 对于配电线路或仅供给固定式电气设备用电的末端线路，不应大于5s；

    2 对于供电给手持式电气设备和移动式电气设备末端线路或插座回路，不应大于0.4s。

7.7.6 TN系统的接地故障保护（间接接触防护）应符合下列规定：

    1 TN系统接地故障保护的动作特性应符合下式要求：

$$Z_s \cdot I_a \leqslant U_0 \qquad (7.7.6)$$

式中 Z_s ——接地故障回路的阻抗（包括电源内阻、电源至故障点之间的带电导体及故障点至电源之间的保护导体的阻抗在内的阻抗）（Ω）；

    I_a ——保护电器在按表7.7.6规定的与标称电压相对应的时间内，或满足本规范7.7.5条第1款的规定时，在不超过5s的时间内自动切断电源的动作电流（A）；

    U_0 ——对地标称交流电压（方均根值）（V）。

    2 对直接向Ⅰ类手持式或移动式设备供电的末端回路，其切断故障回路的时间不宜大于表7.7.6的规定。

表 7.7.6 TN系统的最长切断时间

U_0（V）	切断时间（s）
220	0.4
380	0.2
>380	0.1

    3 下列回路的切断时间可超过表7.7.6的规定，但不应超过5s：

      1）配电线路；

      2）供电给固定式设备的末端回路，且在给该回路供电的配电箱内不宜直接向Ⅰ类手持式或移动式设备供电的末端回路；

      3）供电给固定式设备的末端回路，当在给该回路供电的配电箱内接有按表7.7.6规定的切断时间进行切断的直接向手持式或移动式设备供电的末端回路时，应满足下列条件之一：

      ——配电箱与总等电位联结的接点之间的保护导体阻抗不应大于 $\left(\frac{50}{U_0}Z_s\right)$ Ω；

      ——应在配电箱处作等电位联结；联结范围应符合本规范第12.6节的规定。

    4 TN系统配电线路应采用下列接地故障保护：

      1）当采用过电流保护能满足本规范7.7.5条和本条第1～3款切断故障回路的时间要求时，宜采用过电流保护兼作接地故障保护；

      2）当采用过电流保护不能满足本规范7.7.5条和本条第1～3款要求时，宜实行辅助等电位联结，也可采用剩余电流动作保护。

7.7.7 TT系统的接地故障保护（间接接触防护）应符合下列规定：

    1 TT系统接地故障保护的动作特性应符合下

式要求：

$$R_A \cdot I_a \leqslant 50V \qquad (7.7.7)$$

式中 R_A——接地极和外露可导电部分的保护导体电阻之和（Ω）；

I_a——保证保护电器切断故障回路的动作电流（A）。当采用过电流保护电器时，反时限特性过电流保护电器的 I_a 应为保证在 5s 内切断的电流；采用瞬时动作特性过电流保护电器的 I_a 应为保证瞬时动作的最小电流。当采用剩余电流动作保护器时，I_a 应为其额定剩余动作电流。

2 在 TT 系统中，由同一接地故障保护电器保护的外露可导电部分应采用 PE 导体连接。

3 当不能满足本条第 1 款的要求时，应采用辅助等电位联结。

7.7.8 IT 系统的接地故障保护（间接接触防护）应符合下列规定：

1 在 IT 系统中，当发生第一次接地故障时，应由绝缘监视器发出音响或灯光信号，其动作电流应符合下式要求：

$$R_A \cdot I_d \leqslant 50V \qquad (7.7.8\text{-}1)$$

式中 R_A——外露可导电部分的接地电阻（Ω）；

I_d——相导体与外露可导电部分之间出现阻抗可忽略不计的第一次故障时的故障电流（A），应计及电气装置的泄漏电流和总接地阻抗值的影响。

2 IT 系统的外露可导电部分可共用同一接地网接地，亦可单独地或成组地接地。

对于外露可导电部分为单独接地或成组接地的 IT 系统发生第二次异相接地故障时，其故障回路的切断应符合本规范第（7.7.7）条 TT 系统的要求。

对于外露可导电部分为共用接地的 IT 系统发生第二次异相接地故障时，其故障回路的切断应符合本规范第 7.7.6 条 TN 系统的要求。

3 IT 系统中发生第二次异相接地故障时，应由过电流保护电器或剩余电流动作保护器切断故障电路，并应符合下列要求：

1）当 IT 系统不引出 N 导体，且线路标称电压为 220/380V 时，保护电器应在 0.4s 内切断故障回路，并符合下式要求：

$$Z_s \cdot I_a \leqslant \frac{\sqrt{3}}{2}U_0 \qquad (7.7.7\text{-}2)$$

式中 Z_s——包括相导体和 PE 导体在内的故障回路阻抗（Ω）；

I_a——保护电器在规定时间内切断故障回路的动作电流（A）；

U_0——相导体与中性导体之间的标称交流电压（方均根值）（V）。

2）当 IT 系统引出 N 导体，线路标称电压为 220/380V 时，保护电器应在 0.8s 内切断故障回路，并应符合下式要求：

$$Z'_s \cdot I_a \leqslant \frac{1}{2}U_0 \qquad (7.7.7\text{-}3)$$

式中 Z'_s——包括中性导体和保护导体在内的故障回路阻抗（Ω）。

4 IT 系统不宜引出 N 导体。

7.7.9 电击防护装设的低压电器应符合下列要求：

1 TN 系统采用的保护电器应符合下列规定：

1）可采用过电流动作保护器；

2）TN-S 系统可使用剩余电流动作保护电器；

3）TN-C-S 系统使用剩余电流动作保护电器时，PEN 导体不得接在其负荷侧，保护导体与 PEN 导体的连接应在剩余电流动作保护器电源侧进行；

4）TN-C 系统中不得使用剩余电流动作保护。

2 TT 系统可采用下列保护电器：

1）剩余电流动作保护器；

2）过电流动作保护器，适用于接地极和外露可导电部分的保护导体的电阻的和很小时。

3 IT 系统可采用下列监视器或保护电器：

1）绝缘监视器；

2）过电流动作保护电器；

3）剩余电流动作保护器。

7.7.10 剩余电流动作保护的设置应符合下列规定：

1 下列设备的配电线路应设置剩余电流动作保护：

1）手持式及移动式用电设备；

2）室外工作场所的用电设备；

3）环境特别恶劣或潮湿场所的电气设备；

4）家用电器回路或插座回路；

5）由 TT 系统供电的用电设备；

6）医疗电气设备，急救和手术用电设备的配电线路的剩余电流动作保护宜作用于报警。

2 剩余电流动作保护装置的动作电流应符合下列规定：

1）在用作直接接触防护的附加保护或间接接触防护时，剩余动作电流不应超过 30mA；

2）电气布线系统中接地故障电流的额定剩余电流动作值不应超过 500mA。

3 PE 导体严禁穿过剩余电流动作保护器中电流互感器的磁回路。

4 TN 系统配电线路采用剩余电流动作保护时，

可选用下列接线方式之一：

　　1）可将被保护的外露可导电部分与剩余电流动作保护器电源侧的 PE 导体相连接，并应符合本规范公式（7.7.6）的要求；

　　2）当剩余电流动作保护器保护的线路和设备的接地形式按局部 TT 系统处理时，可将被保护线路及设备的外露可导电部分接至专用的接地极上，并应符合本规范公式（7.7.7）的要求。

　　5　IT 系统中采用剩余电流动作保护器切断第二次异相接地故障时，保护器额定不动作电流应大于第一次接地故障时的相导体内流过的接地故障电流。

　　6　对于多级装设的剩余电流动作保护器，其时限和剩余电流动作值应有选择性配合。

　　7　当装设剩余电流动作保护电器时，应能将其所保护的回路所有带电导体断开。

　　8　剩余电流动作保护器的选择和回路划分，应做到在主要回路所接的负荷正常运行时，其预期可能出现的任何对地泄漏电流均不致引起保护电器的误动作。

　　9　剩余电流动作保护器形式的选择应符合下列要求：

　　1）用于电子信息设备、医疗电气设备的剩余电流动作保护器应采用电磁式；

　　2）用于一般电气设备或家用电器回路的剩余电流动作保护器宜采用电磁式或电子式。

8　配电线路布线系统

8.1　一般规定

8.1.1　本章适用于民用建筑 10kV 及以下室内、外电缆线路及室内绝缘电线、封闭式母线等配电线路布线系统的选择和敷设。

8.1.2　布线系统的敷设方法应根据建筑物构造、环境特征、使用要求、用电设备分布等条件及所选用导体的类型等因素综合确定。

8.1.3　布线系统的选择和敷设，应避免因环境温度、外部热源、浸水、灰尘聚集及腐蚀性或污染物质等外部影响对布线系统带来的损害，并应防止在敷设和使用过程中因受撞击、振动、电线或电缆自重和建筑物的变形等各种机械应力作用而带来的损害。

8.1.4　金属导管、可挠金属电线保护套管、刚性塑料导管（槽）及金属线槽等布线，应采用绝缘电线和电缆。在同一根导管或线槽内有两个或两个以上回路时，所有绝缘电线和电缆均应具有与最高标称电压回路绝缘相同的绝缘等级。

8.1.5　布线用塑料导管、线槽及附件应采用非火焰蔓延类制品。

8.1.6　敷设在钢筋混凝土现浇楼板内的电线导管的最大外径不宜大于板厚的 1/3。

8.1.7　布线系统中的所有金属导管、金属构架的接地要求，应符合本规范第 12 章的有关规定。

8.1.8　布线用各种电缆、电缆桥架、金属线槽及封闭式母线在穿越防火分区楼板、隔墙时，其空隙应采用相当于建筑构件耐火极限的不燃烧材料填塞密实。

8.2　直敷布线

8.2.1　直敷布线可用于正常环境室内场所和挑檐下的室外场所。

8.2.2　建筑物顶棚内、墙体及顶棚的抹灰层、保温层及装饰面板内，严禁采用直敷布线。

8.2.3　直敷布线应采用护套绝缘电线，其截面不宜大于 6mm²。

8.2.4　直敷布线的护套绝缘电线，应采用线卡沿墙体、顶棚或建筑物构件表面直接敷设。

8.2.5　直敷布线在室内敷设时，电线水平敷设至地面的距离不应小于 2.5m，垂直敷设至地面低于 1.8m 部分应穿导管保护。

8.2.6　护套绝缘电线与接地导体及不发热的管道紧贴交叉时，宜加绝缘导管保护，敷设在易受机械损伤的场所应用钢导管保护。

8.3　金属导管布线

8.3.1　金属导管布线宜用于室内、外场所，不宜用于对金属导管有严重腐蚀的场所。

8.3.2　明敷于潮湿场所或埋地敷设的金属导管，应采用管壁厚度不小于 2.0mm 的钢导管。明敷或暗敷于干燥场所的金属导管宜采用管壁厚度不小于 1.5mm 的电线管。

8.3.3　穿导管的绝缘电线（两根除外），其总截面积（包括外护层）不应超过导管内截面积的 40%。

8.3.4　穿金属导管的交流线路，应将同一回路的所有相导体和中性导体穿于同一根导管内。

8.3.5　除下列情况外，不同回路的线路不宜穿于同一根金属导管内：

　　1　标称电压为 50V 及以下的回路；

　　2　同一设备或同一联动系统设备的主回路和无电磁兼容要求的控制回路；

　　3　同一照明灯具的几个回路。

8.3.6　当电线管与热水管、蒸汽管同侧敷设时，宜敷设在热水管、蒸汽管的下面；当有困难时，也可敷设在其上面。相互间的净距宜符合下列规定：

　　1　当电线管路平行敷设在热水管下面时，净距不宜小于 200mm；当电线管路平行敷设在热水管上面时，净距不宜小于 300mm；交叉敷设时，净距不宜小于 100mm；

2 当电线管路敷设在蒸汽管下面时净距不宜小于500mm；当电线管路敷设在蒸汽管上面时，净距不宜小于1000mm；交叉敷设时，净距不宜小于300mm。

当不能符合上述要求时，应采取隔热措施。当蒸汽管有保温措施时，电线管与蒸汽管间的净距可减至200mm。

电线管与其他管道（不包括可燃气体及易燃、可燃液体管道）的平行净距不应小于100mm；交叉净距不应小于50mm。

8.3.7 当金属导管布线的管路较长或转弯较多时，宜加装拉线盒（箱），也可加大管径。

8.3.8 暗敷于地下的管路不宜穿过设备基础，当穿过建筑物基础时，应加保护管保护；当穿过建筑物变形缝时，应设补偿装置。

8.3.9 绝缘电线不宜穿金属导管在室外直接埋地敷设。必要时，对于次要负荷且线路长度小于15m的，可采用穿金属导管敷设，但应采用壁厚不小于2mm的钢导管并采取可靠的防水、防腐蚀措施。

8.4 可挠金属电线保护套管布线

8.4.1 可挠金属电线保护套管布线宜用于室内、外场所，也可用于建筑物顶棚内。

8.4.2 明敷或暗敷于建筑物顶棚内正常环境的室内场所时，可采用双层金属层的基本型可挠金属电线保护套管。明敷于潮湿场所或暗敷于墙体、混凝土地面、楼板垫层或现浇钢筋混凝土楼板内或直埋地下时，应采用双层金属层外覆聚氯乙烯护套的防水型可挠金属电线保护套管。

8.4.3 对于可挠金属电线保护套管布线，其管内配线应符合本规范第8.3.3～8.3.5条的规定。

8.4.4 对于可挠金属电线保护套管布线，其管路与热水管、蒸汽管或其他管路的敷设要求与平行、交叉距离，应符合本规范第8.3.6条的规定。

8.4.5 当可挠金属电线保护套管布线的线路较长或转弯较多时，应符合本规范第8.3.7条的规定。

8.4.6 对于暗敷于建筑物、构筑物内的可挠金属电线保护套管，其与建筑物、构筑物表面的外护层厚度不应小于15mm。

8.4.7 对可挠金属电线保护套管有可能承受重物压力或明显机械冲击的部位，应采取保护措施。

8.4.8 可挠金属电线保护套管布线，其套管的金属外壳应可靠接地。

8.4.9 暗敷于地下的可挠金属电线保护套管的管路不应穿过设备基础。当穿过建筑物基础时，应加保护管保护；当穿过建筑物变形缝时，应设补偿装置。

8.4.10 可挠金属电线保护套管之间及其与盒、箱或钢导管连接时，应采用专用附件。

8.5 金属线槽布线

8.5.1 金属线槽布线宜用于正常环境的室内场所明敷，有严重腐蚀的场所不宜采用金属线槽。

具有槽盖的封闭式金属线槽，可在建筑顶棚内敷设。

8.5.2 同一配电回路的所有相导体和中性导体，应敷设在同一金属线槽内。

8.5.3 同一路径无电磁兼容要求的配电线路，可敷设于同一金属线槽内。线槽内电线或电缆的总截面（包括外护层）不应超过线槽内截面的20％，载流导体不宜超过30根。

控制和信号线路的电线或电缆的总截面不应超过线槽内截面的50％，电线或电缆根数不限。

有电磁兼容要求的线路与其他线路敷设于同一金属线槽内时，应用金属隔板隔离或采用屏蔽电线、电缆。

注：1 控制、信号等线路可视为非载流导体；
　　2 三根以上载流电线或电缆在线槽内敷设，当乘以本规范第7章所规定的载流量校正系数时，可不限电线或电缆根数，其在线槽内的总截面不应超过线槽内截面的20％。

8.5.4 电线或电缆在金属线槽内不应有接头。当在线槽内有分支时，其分支接头应设在便于安装、检查的部位。电线、电缆和分支接头的总截面（包括外护层）不应超过该点线槽内截面的75％。

8.5.5 金属线槽布线的线路连接、转角、分支及终端处应采用专用的附件。

8.5.6 金属线槽不宜敷设在腐蚀性气体管道和热力管道的上方及腐蚀性液体管道的下方，当有困难时，应采取防腐、隔热措施。

8.5.7 金属线槽布线与各种管道平行或交叉时，其最小净距应符合表8.5.7的规定。

表8.5.7 金属线槽和电缆桥架与各种管道的最小净距（m）

管道类别		平行净距	交叉净距
一般工艺管道		0.4	0.3
具有腐蚀性气体管道		0.5	0.5
热力管道	有保温层	0.5	0.3
	无保温层	1.0	0.5

8.5.8 金属线槽垂直或大于45°倾斜敷设时，应采取措施防止电线或电缆在线槽内滑动。

8.5.9 金属线槽敷设时，宜在下列部位设置吊架或支架：

1 直线段不大于2m及线槽接头处；

2 线槽首端、终端及进出接线盒0.5m处；

3 线槽转角处。

8.5.10 金属线槽不得在穿过楼板或墙体等处进行连接。

8.5.11 金属线槽及其支架应可靠接地，且全长不应少于2处与接地干线（PE）相连。

8.5.12 金属线槽布线的直线段长度超过30m时，宜设置伸缩节；跨越建筑物变形缝处宜设置补偿装置。

8.6 刚性塑料导管（槽）布线

8.6.1 刚性塑料导管（槽）布线宜用于室内场所和有酸碱腐蚀性介质的场所，在高温和易受机械损伤的场所不宜采用明敷设。

8.6.2 暗敷于墙内或混凝土内的刚性塑料导管，应选用中型及以上管材。

8.6.3 当采用刚性塑料导管布线时，绝缘电线总截面积与导管内截面积的比值，应符合本规范第8.3.3条的规定。

8.6.4 同一路径的无电磁兼容要求的配电线路，可敷设于同一线槽内。线槽内电线或电缆的总截面积及根数应符合本规范第8.5.3条的规定。

8.6.5 不同回路的线路不宜穿于同一根刚性塑料导管内，当符合本规范第8.3.5条第1~3款的规定时，可除外。

8.6.6 电线、电缆在塑料线槽内不得有接头，分支接头应在接线盒内进行。

8.6.7 刚性塑料导管暗敷或埋地敷设时，引出地（楼）面的管路应采取防止机械损伤的措施。

8.6.8 当刚性塑料导管布线的管路较长或转弯较多时，宜加装拉线盒（箱）或加大管径。

8.6.9 沿建筑的表面或在支架上敷设的刚性塑料导管（槽），宜在线路直线段部分每隔30m加装伸缩接头或其他温度补偿装置。

8.6.10 刚性塑料导管（槽）在穿过建筑物变形缝时，应装设补偿装置。

8.6.11 刚性塑料导管（槽）布线，在线路连接、转角、分支及终端处应采用专用附件。

8.7 电力电缆布线

8.7.1 电力电缆布线应符合下列规定：

1 电缆布线的敷设方式应根据工程条件、环境特点、电缆类型和数量等因素，按满足运行可靠、便于维护和技术、经济合理等原则综合确定。

2 电缆路径的选择应符合下列要求：

1) 应避免电缆遭受机械性外力、过热、腐蚀等危害；

2) 应便于敷设、维护；

3) 应避开场地规划中的施工用地或建设用地；

4) 应在满足安全条件下，使电缆路径最短。

3 电缆在室内、电缆沟、电缆隧道和电气竖井内明敷时，不应采用易延燃的外护层。

4 电缆不宜在有热力管道的隧道或沟道内敷设。

5 电缆敷设时，任何弯曲部位都应满足允许弯曲半径的要求。电缆的最小允许弯曲半径，不应小于表8.7.1的规定。

表8.7.1　电缆最小允许弯曲半径

电缆种类	最小允许弯曲半径
无铅包和钢铠护套的橡皮绝缘电力电缆	10d
有钢铠护套的橡皮绝缘电力电缆	20d
聚氯乙烯绝缘电力电缆	10d
交联聚乙烯绝缘电力电缆	15d
控制电缆	10d

注：d为电缆外径

6 电缆支架采用钢制材料时，应采取热镀锌防腐。

7 每根电力电缆宜在进户处、接头、电缆终端头等处留有一定余量。

8.7.2 电缆埋地敷设应符合下列规定：

1 当沿同一路径敷设的室外电缆小于或等于8根且场地有条件时，宜采用电缆直接埋地敷设。在城镇较易翻修的人行道下或道路边，也可采用电缆直埋敷设。

2 埋地敷设的电缆宜采用有外护层的铠装电缆。在无机械损伤可能的场所，也可采用无铠装塑料护套电缆。在流砂层、回填土地带等可能发生位移的土壤中，应采用钢丝铠装电缆。

3 在有化学腐蚀或杂散电流腐蚀的土壤中，不得采用直接埋地敷设电缆。

4 电缆在室外直接埋地敷设时，电缆外皮至地面的深度不应小于0.7m，并应在电缆上下分别均匀铺设100mm厚的细砂或软土，并覆盖混凝土保护板或类似的保护层。

在寒冷地区，电缆宜埋设于冻土层以下。当无法深埋时，应采取措施，防止电缆受到损伤。

5 电缆通过有振动和承受压力的下列各地段应穿导管保护，保护管的内径不应小于电缆外径的1.5倍：

1) 电缆引入和引出建筑物和构筑物的基础、楼板和穿过墙体等处；

2) 电缆通过道路和可能受到机械损伤等地段；

3) 电缆引出地面2m至地下0.2m处的一段和人容易接触使电缆可能受到机械损伤的地方；

6 埋地敷设的电缆严禁平行敷设于地下管道的正上方或下方。电缆与电缆及各种设施平行或交叉的净距离，不应小于表8.7.2的规定。

表 8.7.2 电缆与电缆或其他设施相互间容许最小净距（m）

项　目	敷设条件	
	平　行	交　叉
建筑物、构筑物基础	0.5	—
电杆	0.6	—
乔木	1.0	—
灌木丛	0.5	—
10kV 及以下电力电缆之间，以及与控制电缆之间	0.1	0.5(0.25)
不同部门使用的电缆	0.5(0.1)	0.5(0.25)
热力管沟	2.0(1.0)	0.5(0.25)
上、下水管道	0.5	0.5(0.25)
油管及可燃气体管道	1.0	0.5(0.25)
公路	1.5(与路边)	(1.0)(与路面)
排水明沟	1.0(与沟边)	(0.5)(与沟底)

注：1 表中所列净距，应自各种设施（包括防护外层）的外缘算起；

2 路灯电缆与道路灌木丛平行距离不限；

3 表中括号内数字是指局部地段电缆穿导管、加隔板保护或加隔热层保护后允许的最小净距。

7 电缆与建筑物平行敷设时，电缆应埋设在建筑物的散水坡外。电缆进出建筑物时，所穿保护管应超出建筑物散水坡 200mm，且应对管口实施阻水堵塞。

8.7.3 电缆在电缆沟或隧道内敷设应符合下列规定：

1 在电缆与地下管网交叉不多、地下水位较低或道路开挖不便且电缆需分期敷设的地段，当同一路径的电缆根数小于或等于 18 根时，宜采用电缆沟布线。当电缆多于 18 根时，宜采用电缆隧道布线。

2 电缆在电缆沟和电缆隧道内敷设时，其支架层间垂直距离和通道净宽不应小于表 8.7.3-1 和表 8.7.3-2 的规定。

表 8.7.3-1 电缆支架层间垂直距离的允许最小值（mm）

电缆电压级和类型，敷设特征		普通支架、吊架	桥架
控制电缆明敷		120	200
电力电缆明敷	10kV 及以下，但 6～10kV 交联聚乙烯电缆除外	150～200	250
	6～10kV 交联聚乙烯	200～250	300
电缆敷设在槽盒中		h+80	h+100

注：h 表示槽盒外壳高度

表 8.7.3-2 电缆沟、隧道中通道净宽允许最小值（mm）

电缆支架配置及其通道特征	电缆沟沟深			电缆隧道
	<600	600～1000	>1000	
两侧支架间净通道	300	500	700	1000
单列支架与壁间通道	300	450	600	900

3 电缆水平敷设时，最上层支架距电缆沟顶板或梁底的净距，应满足电缆引接至上侧柜盘时的允许弯曲半径要求。

4 电缆在电缆沟或电缆隧道内敷设时，支架间或固定点间的距离不应大于表 8.7.3-3 的规定。

表 8.7.3-3 电缆支架间或固定点间的最大距离（mm）

电缆特征	敷设方式	
	水平	垂直
未含金属套、铠装的全塑小截面电缆	400*	1000
除上述情况外的 10kV 及以下电缆	800	1500
控制电缆	800	1000

注：* 能维持电缆平直时，该值可增加 1 倍。

5 电缆支架的长度，在电缆沟内不宜大于 0.35m；在隧道内不宜大于 0.50m。在盐雾地区或化学气体腐蚀地区，电缆支架应涂防腐漆、热镀锌或采用耐腐蚀刚性材料制作。

6 电缆沟和电缆隧道应采取防水措施，其底部应做不小于 0.5% 的坡度坡向集水坑（井）。积水可经逆止阀直接接入排水管道或经集水坑（井）用泵排出。

7 在多层支架上敷设电力电缆时，电力电缆宜放在控制电缆的上层。1kV 及以下的电力电缆和控制电缆可并列敷设。

当两侧均有支架时，1kV 及以下的电力电缆和控制电缆宜与 1kV 以上的电力电缆分别敷设在不同侧支架上。

8 电缆沟在进入建筑物处应设防火墙。电缆隧道进入建筑物及配变电所处，应设带门的防火墙，此门应为甲级防火门并应装锁。

9 隧道内采用电缆桥架、托盘敷设时，应符合本规范第 8.10 节的有关规定。

10 电缆沟盖板应满足可能承受荷载和适合环境且经久耐用的要求，可采用钢筋混凝土盖板或钢盖板，可开启的地沟盖板的单块重量不宜超过 50kg。

11 电缆隧道的净高不宜低于 1.9m，局部或与管道交叉处净高不宜小于 1.4m。隧道内应有通风设施，宜采取自然通风。

12 电缆隧道应每隔不大于 75m 的距离设安全孔（人孔）；安全孔距隧道的首、末端不宜超过 5m。

安全孔的直径不得小于 0.7m。

13 电缆隧道内应设照明，其电压不宜超过36V，当照明电压超过 36V 时，应采取安全措施。

14 与电缆隧道无关的其他管线不宜穿过电缆隧道。

8.7.4 电缆在排管内敷设应符合下列规定：

1 电缆排管内敷设方式宜用于电缆根数不超过12根，不宜采用直埋或电缆沟敷设的地段。

2 电缆排管可采用混凝土管、混凝土管块、玻璃钢电缆保护管及聚氯乙烯管等。

3 敷设在排管内的电缆宜采用塑料护套电缆。

4 电缆排管管孔数量应根据实际需要确定，并应根据发展预留备用管孔。备用管孔不宜小于实际需要管孔数的 10%。

5 当地面上均匀荷载超过 100kN/m² 时，必须采取加固措施，防止排管受到机械损伤。

6 排管孔的内径不应小于电缆外径的 1.5 倍，且电力电缆的管孔内径不应小于 90mm，控制电缆的管孔内径不应小于 75mm。

7 电缆排管敷设时应符合下列要求：

1) 排管安装时，应有倾向人（手）孔井侧不小于 0.5% 的排水坡度，必要时可采用人字坡，并在人（手）孔井内设集水坑；

2) 排管顶部距地面不宜小于 0.7m，位于人行道下面的排管距地面不应小于 0.5m；

3) 排管沟底部应垫平夯实，并应铺设不少于 80mm 厚的混凝土垫层。

8 当在线路转角、分支或变更敷设方式时，应设电缆人（手）孔井，在直线段上应设置一定数量的电缆人（手）孔井，人（手）孔井间的距离不宜大于 100m。

9 电缆人孔井的净空高度不应小于 1.8m，其上部人孔的直径不应小于 0.7m。

8.7.5 电缆在室内敷设应符合下列规定：

1 室内电缆敷设应包括电缆在室内沿墙及建筑构件明敷设、电缆穿金属导管埋地暗敷设。

2 无铠装的电缆在室内明敷时，水平敷设至地面的距离不宜小于 2.5m；垂直敷设至地面的距离不宜小于 1.8m。除明敷在电气专用房间外，当不能满足上述要求时，应有防止机械损伤的措施。

3 相同电压的电缆并列明敷时，电缆的净距不应小于 35mm，且不应小于电缆外径。

1kV 及以下电力电缆及控制电缆与 1kV 以上电力电缆宜分开敷设。当并列明敷时，其净距不应小于 150mm。

4 电缆明敷设时，电缆支架间或固定点间的距离应符合本规范表 8.7.3-3 的规定。

5 电缆明敷设时，电缆与热力管道的净距不宜小于 1m。当不能满足上述要求时，应采取隔热措施。

电缆与非热力管道的净距不宜小于 0.5m，当其净距小于 0.5m 时，应在与管道接近的电缆段上以及由接近段两端向外延伸不小于 0.5m 以内的电缆段上，采取防止电缆受机械损伤的措施。

6 在有腐蚀性介质的房屋内明敷的电缆，宜采用塑料护套电缆。

7 电缆水平悬挂在钢索上时固定点的间距，电力电缆不应大于 0.75m，控制电缆不应大于 0.6m。

8 电缆在室内埋地穿导管敷设或电缆通过墙、楼板穿导管时，穿导管的管内径不应小于电缆外径的 1.5 倍。

8.8 预制分支电缆布线

8.8.1 预制分支电缆布线宜用于高层、多层及大型公共建筑物室内低压树干式配电系统。

8.8.2 预制分支电缆应根据使用场所的环境特征及功能要求，选用具有聚氯乙烯绝缘聚氯乙烯护套、交联聚乙烯绝缘聚氯乙烯护套或聚烯烃护套的普通、阻燃或耐火型的单芯或多芯预制分支电缆。

在敷设环境和安装条件允许时，宜选用单芯预制分支电缆。

8.8.3 预制分支电缆布线，宜在室内及电气竖井内沿建筑物表面以支架或电缆桥架（梯架）等构件明敷设。预制分支电缆垂直敷设时，应根据主干电缆最大直径预留穿越楼板的洞口，同时尚应在主干电缆最顶端的楼板上预留吊钩。

8.8.4 预制分支电缆布线，除符合本节规定外，尚应根据预制分支电缆布线所采取的不同敷设方法，分别符合本规范第 8.7.1～8.7.5 条中相应敷设方法的相关规定。

8.8.5 当预制分支电缆的主电缆采用单芯电缆用在交流电路时，电缆的固定用夹具应选用专用附件。严禁使用封闭导磁金属夹具。

8.8.6 预制分支电缆布线，应防止在电缆敷设和使用过程中，因电缆自重和敷设过程中的附加外力等机械应力作用而带来的损害。

8.9 矿物绝缘（MI）电缆布线

8.9.1 矿物绝缘（MI）电缆布线宜用于民用建筑中高温或有耐火要求的场所。

8.9.2 矿物绝缘电缆应根据使用要求和敷设条件，选择电缆沿电缆桥架敷设、电缆在电缆沟或隧道内敷设、电缆沿支架敷设或电缆穿导管敷设等方式。

8.9.3 下列情况应采用带塑料护套的矿物绝缘电缆：

1 电缆明敷在有美观要求的场所；

2 穿金属导管敷设的多芯电缆；

3 对铜有强腐蚀作用的化学环境；

4 电缆最高温度超过 70℃ 但低于 90℃，同其他塑料护套电缆敷设在同一桥架、电缆沟、电缆隧道时，或人可能触及的场所。

8.9.4 矿物绝缘电缆应根据电缆敷设环境，确定电缆最高使用温度，合理选择相应的电缆载流量，确定电缆规格。

8.9.5 应根据线路实际长度及电缆交货长度，合理确定矿物绝缘电缆规格，宜避免中间接头。

8.9.6 电缆敷设时，电缆的最小允许弯曲半径不应小于表8.9.6的规定。

表 8.9.6 矿物绝缘（MI）电缆最小允许弯曲半径

电缆外径 d（mm）	d<7	7≤d<12	12≤d<15	d≥15
电缆内侧最小允许弯曲半径 R	2d	3d	4d	6d

8.9.7 电缆在下列场所敷设时，应将电缆敷设成"S"或"Ω"形弯，其弯曲半径不应小于电缆外径的6倍：

   1 在温度变化大的场所；

   2 有振动源场所的布线；

   3 建筑物变形缝。

8.9.8 除支架敷设在支架处固定外，电缆敷设时，其固定点之间的距离不应大于表8.9.8的规定。

表 8.9.8 矿物绝缘（MI）电缆固定点或支架间的最大距离

电缆外径 d（mm）		d<9	9≤d<15	15≤d≤20	d>20
固定点间的最大距离（mm）	水平	600	900	1500	2000
	垂直	800	1200	2000	2500

8.9.9 单芯矿物绝缘电缆在进出配柜（箱）处及支承电缆的桥架、支架及固定卡具，均应采取分隔磁路的措施。

8.9.10 多根单芯电缆敷设时，应选择减少涡流影响的排列方式。

8.9.11 电缆在穿过墙、楼板时，应防止电缆遭受机械损伤，单芯电缆的钢质保护导管、槽，应采取分隔磁路措施。

8.9.12 电缆敷设时，其终端、中间联结器（接头）、敷设配件应选用配套产品。

8.9.13 矿物绝缘电缆的铜外套及金属配件应可靠接地。

8.10 电缆桥架布线

8.10.1 电缆桥架布线适用于电缆数量较多或较集中的场所。

8.10.2 在有腐蚀或特别潮湿的场所采用电缆桥架布线时，应根据腐蚀介质的不同采取相应的防护措施，并宜选用塑料护套电缆。

8.10.3 电缆桥架水平敷设时的距地高度不宜低于2.5m；垂直敷设时距地高度不宜低于1.8m。除敷设在电气专用房间内外，当不能满足要求时，应加金属盖板保护。

8.10.4 电缆桥架水平敷设时，宜按荷载曲线选取最佳跨距进行支撑，跨距宜为1.5～3m。垂直敷设时，其固定点间距不宜大于2m。

8.10.5 电缆桥架多层敷设时，其层间距离应符合下列规定：

   1 电力电缆桥架间不应小于0.3m；

   2 电信电缆与电力电缆桥架间不宜小于0.5m，当有屏蔽盖板时可减少到0.3m；

   3 控制电缆桥架间不应小于0.2m；

   4 桥架上部距顶棚、楼板或梁等障碍物不宜小于0.3m。

8.10.6 当两组或两组以上电缆桥架在同一高度平行或上下平行敷设时，各相邻电缆桥架间应预留维护、检修距离。

8.10.7 在电缆托盘上可无间距敷设电缆。电缆总截面积与托盘内横断面积的比值，电力电缆不应大于40%；控制电缆不应大于50%。

8.10.8 下列不同电压、不同用途的电缆，不宜敷设在同一层桥架上：

   1 1kV以上和1kV以下的电缆；

   2 向同一负荷供电的两回路电源电缆；

   3 应急照明和其他照明的电缆；

   4 电力和电信电缆。

   当受条件限制需安装在同一层桥架上时，应用隔板隔开。

8.10.9 电缆桥架不宜敷设在腐蚀性气体管道和热力管道的上方及腐蚀性液体管道的下方。当不能满足上述要求时，应采取防腐、隔热措施。

8.10.10 电缆桥架与各种管道平行或交叉时，其最小净距应符合本规范表8.5.7的规定。

8.10.11 电缆桥架转弯处的弯曲半径，不应小于桥架内电缆最小允许弯曲半径的最大值。各种电缆最小允许弯曲半径不应小于本规范表8.7.1的规定。

8.10.12 电缆桥架不得在穿过楼板或墙壁处进行连接。

8.10.13 钢制电缆桥架直线段长度超过30m，铝合金或玻璃钢制电缆桥架长度超过15m时，宜设置伸缩节。电缆桥架跨越建筑物变形缝处，应设置补偿装置。

8.10.14 金属电缆桥架及其支架和引入或引出电缆的金属导管应可靠接地，全长不应少于2处与接地保护导体（PE）相连。

8.11 封闭式母线布线

8.11.1 封闭式母线布线适用于干燥和无腐蚀性气体的室内场所。

8.11.2 封闭式母线水平敷设时，底边至地面的距离不应小于2.2m。除敷设在电气专用房间内外，垂直敷设时，距地面1.8m以下部分应采取防止机械损伤措施。

8.11.3 封闭式母线不宜敷设在腐蚀气体管道和热力管道的上方及腐蚀性液体管道下方。当不能满足上述要求时，应采取防腐、隔热措施。

8.11.4 封闭式母线布线与各种管道平行或交叉时，其最小净距应符合本规范表8.5.7的规定。

8.11.5 封闭式母线水平敷设的支持点间距不宜大于2m。垂直敷设时，应在通过楼板处采用专用附件支撑并以支架沿墙支持，支持点间距不宜大于2m。

当进线盒及末端悬空时，垂直敷设的封闭式母线应采用支架固定。

8.11.6 封闭式母线终端无引出线时，端头应封闭。

8.11.7 当封闭式母线直线敷设长度超过80m时，每50~60m宜设置膨胀节。

8.11.8 封闭式母线的插接分支点，应设在安全及安装维护方便的地方。

8.11.9 封闭式母线的连接不应在穿过楼板或墙壁处进行。

8.11.10 多根封闭式母线并列水平或垂直敷设时，各相邻封闭式母线间应预留维护、检修距离。

8.11.11 封闭式母线外壳及支架应可靠接地，全长不应少于2处与接地保护导体（PE）相连。

8.11.12 封闭式母线随线路长度的增加和负荷的减少而需要变截面时，应采用变容量接头。

8.12 电气竖井内布线

8.12.1 电气竖井内布线适用于多层和高层建筑内强电及弱电垂直干线的敷设。可采用金属导管、金属线槽、电缆、电缆桥架及封闭式母线等布线方式。

8.12.2 竖井的位置和数量应根据建筑物规模、用电负荷性质、各支线供电半径及建筑物的变形缝位置和防火分区等因素确定，并应符合下列要求：

 1 宜靠近用电负荷中心；

 2 不应和电梯井、管道井共用同一竖井；

 3 邻近不应有烟道、热力管道及其他散热量大或潮湿的设施；

 4 在条件允许时宜避免与电梯井及楼梯间相邻。

8.12.3 电缆在竖井内敷设时，不应采用易延燃的外护层。

8.12.4 竖井的井壁应是耐火极限不低于1h的非燃烧体。竖井在每层楼应设维护检修门并应开向公共走廊，其耐火等级不应低于丙级。楼层间钢筋混凝土楼板或钢结构楼板应做防火密封隔离，线缆穿过楼板应进行防火封堵。

8.12.5 竖井大小除应满足布线间隔及端子箱、配电箱布置所必需尺寸外，宜在箱体前留有不小于0.8m

的操作、维护距离，当建筑平面受限制时，可利用公共走道满足操作、维护距离的要求。

8.12.6 竖井内垂直布线时，应考虑下列因素：

 1 顶部最大变位和层间变位对干线的影响；

 2 电线、电缆及金属保护导管、罩等自重所带来的荷重影响及其固定方式；

 3 垂直干线与分支干线的联接方法。

8.12.7 竖井内高压、低压和应急电源的电气线路之间应保持不小于0.3m的距离或采取隔离措施，并且高压线路应设有明显标志。

8.12.8 电力和电信线路，宜分别设置竖井。当受条件限制必须合用时，电力与电信线路应分别布置在竖井两侧或采取隔离措施。

8.12.9 竖井内应设电气照明及单相三孔电源插座。

8.12.10 竖井内应敷有接地干线和接地端子。

8.12.11 竖井内不应有与其无关的管道等通过。

8.12.12 竖井内各类布线应分别符合本章各节的有关规定。

9 常用设备电气装置

9.1 一般规定

9.1.1 本章适用于民用建筑中1000V及以下常用设备电气装置的配电设计。

9.1.2 常用设备电气装置的配电设计应采用效率高、能耗低、性能先进的电气产品。

9.2 电动机

9.2.1 本节适用于额定功率0.55kW及以上、额定电压不超过1000V的一般用途电动机。

9.2.2 电动机的启动应符合下列规定：

 1 电动机启动时，其端子电压应保证机械要求的启动转矩，且在配电系统中引起的电压波动不应妨碍其他用电设备的工作。

交流电动机启动时，其配电母线上的电压应符合下列规定：

 1）电动机频繁启动时，不宜低于额定电压的90%；电动机不频繁启动时，不宜低于额定电压的85%；

 2）当电动机不与照明或其他对电压波动敏感的负荷合用变压器，且不频繁启动时，不应低于额定电压的80%；

 3）当电动机由单独的变压器供电时，其允许值应按机械要求的启动转矩确定。

对于低压电动机，除满足上述规定外，还应保证接触器线圈的电压不低于释放电压。

 2 当符合下列条件时，笼型电动机应全压启动：

 1）机械能承受电动机全压启动时的冲击

转矩；

2) 电动机启动时，配电母线的电压应符合本条第 1 款的规定；

3) 电动机启动时，不应影响其他负荷的正常运行。

3 当不符合全压启动条件时，笼型电动机应降压启动。

4 当机械有调速要求时，笼型电动机的启动方式应与调速方式相配合。

5 绕线转子电动机启动方式的选择应符合下列要求：

1) 启动电流的平均值不应超过额定电流的 2 倍；

2) 启动转矩应满足机械的要求；

3) 当机械有调速要求时，电动机的启动方式应与调速方式相配合。

绕线转子电动机宜采用在转子回路中接入频敏变阻器的方式启动。对在低速运行和启动力矩大的传动装置，其电动机不宜采用频敏变阻器启动，宜采用电阻器启动。

6 直流电动机宜采用调节电源电压或电阻器降压启动，并应符合下列要求：

1) 启动电流不应超过电动机的最大允许电流；

2) 启动转矩和调速特性应满足机械的要求。

9.2.3 低压电动机的保护应符合下列规定：

1 交流电动机应装设相间短路保护和接地故障保护，并应根据具体情况分别装设过负荷、断相或低电压保护。

2 交流电动机的相间短路保护应按下列规定装设：

1) 每台电动机宜单独装设相间短路保护，符合下列条件之一时，数台电动机可共用一套相间短路保护电器：

——总计算电流不超过 20A，且允许无选择地切断不重要负荷时；

——根据工艺要求，必须同时启停的一组电动机，不同时切断将危及人身设备安全时。

2) 短路保护电器宜采用熔断器或低压断路器的瞬动过电流脱扣器，必要时可采用带瞬动元件的过电流继电器。保护器件的装设应符合下列要求：

——短路保护兼作接地故障保护时，应在每个相导体上装设；

——仅作相间短路保护时，熔断器应在每个相导体上装设，过电流脱扣器或继电器应至少在两相上装设；

——当只在两相上装设时，在有直接电

气联系的同一网络中，保护器件应装设在相同的两相上。

3 当电动机正常运行、正常启动或自启动时，短路保护器件不应误动作，并应符合下列要求：

1) 应正确选择保护电器的使用类别，熔断器、低压断路器和过电流继电器，宜选用保护电动机型；

2) 熔断体的额定电流应根据其安秒特性曲线计及偏差后略高于电动机启动电流和启动时间的交点来选取，并不得小于电动机的额定电流；当电动机频繁启动和制动时，熔断体的额定电流应再加大 1～2 级；

3) 瞬动过电流脱扣器或过电流继电器瞬动元件的整定电流，应取电动机启动电流的 2～2.5 倍。

4 交流电动机的接地故障保护应按下列规定装设：

1) 间接接触保护采用自动断电法时，每台电动机宜单独装设接地故障保护；当数台电动机共用一套短路保护电器时，数台电动机可共用一套接地故障保护器件；

2) 当电动机的短路保护器件满足接地故障保护要求时，应采用短路保护兼作接地故障保护。

5 交流电动机的过负荷保护应按下列规定装设：

1) 对于运行中容易过负荷的和连续运行的电动机以及启动或自启动条件严酷而要求限制启动时间的电动机，应装设过负荷保护。过负荷保护宜动作于断开电源；

2) 对于短时工作或断续周期工作的电动机，可不装设过负荷保护；当运行中可能堵转时，应装设堵转保护，其时限应保证电动机启动时不动作；

3) 对于突然断电将导致比过负荷损失更大的电动机，不宜装设过负荷保护；当装设过负荷保护时，可使过负荷保护作用于报警信号；

4) 过负荷保护器件宜采用热继电器或过负荷继电器，热继电器宜采用电子式的。对容量较大的电动机，可采用反时限的过电流继电器，有条件时，也可采用温度保护装置；

5) 过负荷保护器件的动作特性应与电动机的过负荷特性相配合；当电动机正常运行、正常启动或自启动时，保护器件不应误动作，并应符合下列要求：

——热继电器或过负荷继电器的整定电流，应接近并不小于电动机的额定电流；

——过负荷电流继电器的整定值应按下式确定。

$$I_{zd} = K_k K_{jx} I_{ed} / K_h n \qquad (9.2.3)$$

式中 I_{zd}——过电流继电器的整定电流（A）；

K_k——可靠系数，动作于断电时取 1.2，作用于信号时取 1.05；

K_{jx}——接线系数，接于相电流时取 1.0，接于相电流差时取 1.73；

I_{ed}——电动机的额定电流（A）；

K_h——继电器的返回系数，取 0.85；

n——电流互感器变比。

必要时，可在启动过程的一定时限内短接或切除过负荷保护器件。

6) 过负荷保护器件应根据机械的特点选择合适的类型，标准的过负荷保护器件通电时的动作电流应符合表 9.2.3 的规定。

表 9.2.3 过负荷保护器件通电时的动作电流

类别	$1.05I_e$ 时的脱扣时间	$1.2I_e$ 时的脱扣时间	$1.5I_e$ 时的脱扣时间	$7.2I_e$ 时的脱扣时间
10A	>2h	<2h	<2min	2～10s
10	>2h	<2h	<4min	4～10s
20	>2h	<2h	<8min	6～20s
30	>2h	<2h	<12min	9～30s

注：电磁式、热式无空气温度补偿（+40℃）为 $1.0I_e$；热式有空气温度补偿（+20℃）为 $1.05I_e$。

当电动机启动时间超过 30s 时，应向厂家订购与电动机过负荷特性相配合的非标准过负荷保护器件，或采用本款第 5 项的措施。

7) 保护电器的动作特性应与机械的运行特性相配合，轻载负荷应选用 10A 或 10 类过负荷保护电器，中载负荷宜选用 20 类过负荷保护电器，重载负荷宜选用 30 类过负荷保护电器。

6 交流电动机的断相保护应按下列规定装设：

1) 当连续运行的三相电动机采用熔断器保护时，应装设断相保护；当采用低压断路器保护时，宜装设断相保护；

2) 对于短时工作或断续周期工作的电动机或额定功率不超过 3kW 的电动机，可不装设断相保护；

3) 断相保护器件宜采用带断相保护的热继电器，也可采用温度保护或专用的断相保护装置。

7 交流电动机的低电压保护应按下列规定装设：

1) 对于按工艺或安全条件不允许自启动的电动机，应装设低电压保护；当电源电压短时降低或中断时，应断开足够数量的电动机，并应符合下列规定：

——次要电动机宜装设瞬时动作的低电压保护；

——不允许或不需要自启动的重要电动机应装设短延时的低电压保护，其时限宜为 0.5～1.5s。

2) 对于需要自启动的重要电动机，不宜装设低电压保护；当按工艺要求或安全条件在长时间停电后不允许自启动时，应装设长延时的低电压保护，其时限宜为 9～20s。

3) 低电压保护器件宜采用低压断路器的欠电压脱扣器或接触器的电磁线圈，当采用接触器的电磁线圈作低电压保护时，其控制回路宜由电动机主回路供电；当由其他电源供电且主回路失压时，应自动断开控制电源。

4) 对于不装设低电压保护或装设延时低电压保护的重要电动机，当电源电压中断后在规定的时限内恢复时，其接触器应维持吸合状态或能重新吸合。

8 直流电动机应装设短路保护，并应根据需要装设过负荷保护、堵转保护；他励、并励、复励电动机宜装设弱磁或失磁保护；串励电动机和机械有超速危险的直流电动机应装设超速保护。

9.2.4 低压交流电动机的主回路设计应符合下列规定：

1 低压交流电动机的主回路应由隔离电器、短路保护电器、控制电器、过负荷保护电器、附加保护器件和导线等组成。

2 隔离电器的装设应符合下列要求：

1) 每台电动机主回路上宜装设隔离电器，当符合下列条件之一时，数台电动机可共用一套隔离电器：

——共用一套短路保护电器的一组电动机；

——由同一配电箱（屏）供电，且允许无选择性地断开的一组电动机。

2) 隔离电器应把电动机及其控制电器与带电体有效地隔离；

3) 隔离电器宜装设在控制电器附近或其他便于操作和维修的地点；无载断开的隔离电器应能防止被无意识的开断。

3 隔离电器应采用符合本规范第 7.5.1 条第 3 款所规定的器件。

4 短路保护电器应与其负荷侧的控制电器和过负荷保护电器相配合，并应符合下列要求：

1) 非重要的电动机负荷宜采用 1 类配合[①]

重要的电动机负荷应采用2类配合②；

注：① 1类配合：在短路情况下，接触器、热继电器可损坏，但不应危及操作人员的安全和不应损坏其他器件；

② 2类配合：在短路情况下，接触器、启动器的触点可熔化，且应能继续使用，但不应危及操作人员的安全和不应损坏其他器件。

2) 电动机主回路各保护器件在短路条件下的性能、过负荷继电器与短路保护电器之间选择性配合应满足现行国家标准《低压开关设备和控制设备》GB/T 14048.11的规定；

3) 接触器或启动器的限制短路电流不应小于安装处的预期短路电流；短路保护电器宜采用接触器或启动器产品标准中规定的形式和规格。

5 短路保护电器的性能应符合下列要求：

1) 保护特性应符合本规范第9.2.3条第2款的规定；兼作接地故障保护时，还应符合本规范第7章的规定；

2) 短路保护电器应满足短路分断能力的要求。

6 控制电器及过负荷保护电器的装设应符合下列要求：

1) 每台电动机宜分别装设控制电器，当工艺要求或使用条件许可时，一组电动机可共用一套控制电器；

2) 控制电器宜采用接触器、启动器或其他电动机专用控制开关；启动次数较少的电动机，可采用低压断路器兼作控制电器；当符合保护和控制要求时，3kW及以下电动机可采用封闭式负荷开关；小容量的电动机，可采用组合式保护电器；

3) 控制电器应能接通和分断电动机的堵转电流，其使用类别和操作频率应符合电动机的类型和机械的工作制；

4) 控制电器宜装设在电动机附近或其他便于操作和维修的地点；过负荷保护电器宜靠近控制电器或为其组成部分。

7 电线或电缆的选择应符合下列要求：

1) 电动机主回路电线或电缆的载流量不应小于电动机的额定电流；当电动机为短时或断续工作时，应使其在短时负载下或断续负载下的载流量不小于电动机的短时工作电流或标称负载持续率下的额定电流；

2) 电动机主回路的电线或电缆应按机械强度和电压损失进行校验；对于必须确保可靠的线路，尚应校验在短路条件下的

热稳定；

3) 绕线转子电动机转子回路电线或电缆的载流量应符合下列要求：

——启动后电刷不短接时，不应小于转子额定电流。当电动机为断续工作时，应采用在断续负载下的载流量；

——启动后电刷短接，当机械的启动静阻转矩不超过电动机额定转矩的35%时，不宜小于转子额定电流的35%；当机械的启动静阻转矩为电动机额定转矩的35%～65%时，不宜小于转子额定电流的50%；当机械的启动静阻转矩超过电动机额定转矩的65%时，不宜小于转子额定电流的65%；当电线或电缆的截面小于16mm²时，宜选大一级。

9.2.5 低压交流电动机的控制回路设计应符合下列规定：

1 电动机的控制回路宜装设隔离电器和短路保护电器。当由电动机主回路供电且符合下列条件之一时，可不另装设：

1) 主回路短路保护电器的额定电流不超过20A时；

2) 控制回路接线简单、线路很短且有可靠的机械防护时；

3) 控制回路断电会造成严重后果时。

2 控制回路的电源和接线应安全、可靠，简单适用，并应符合下列要求：

1) TN和TT系统中的控制回路发生接地故障时，控制回路的接线方式应能防止电动机意外启动和不能停车；必要时，可在控制回路中装设隔离变压器；

2) 对可靠性要求高的复杂控制回路，可采用直流电源；直流控制回路宜采用不接地系统，并应装设绝缘监视；

3) 额定电压不超过交流50V或直流120V的控制回路的接线和布线，应能防止引入较高的电位。

3 电动机控制按钮或控制开关，宜装设在电动机附近便于操作和观察的地点。在控制点不能观察到电动机或所拖动的机械时，应在控制点装设指示电动机工作状态的信号和仪表。

4 自动控制、连锁或远方控制的电动机，宜有就地控制和解除远方控制的措施，当突然启动可能危及周围人员时，应在机旁装设启动预告信号和应急断电开关或自锁式按钮。

对于自动控制或连锁控制的电动机，还应有手动控制和解除自动控制或连锁控制的措施。

5 对操作频繁的可逆运转电动机，正转接触器

和反转接触器之间除应有电气连锁外，还应有机械连锁。

9.2.6 电动机的其他保护电器或启动装置的选择应符合下列规定：

1 电动机主回路宜采用组合式保护电器，其选择应符合下列要求：

1）控制与保护开关电器（CPS）宜用于频繁操作及不频繁操作的电动机回路。其他类型的组合式保护电器宜用于小容量的电动机回路；

2）组合式保护电器除应按其功能选择外，尚应符合本节对保护电器的相关要求。

2 民用建筑中，大功率的水泵、风机宜采用软启动装置，软启动装置可按下列要求设置：

1）电动机由软启动装置启动后，宜将软启动装置短接，并由旁路接触器接通电动机主回路；

2）每台电动机宜分别装设软启动装置，当符合下列条件之一时，数台电动机可共用一套软启动装置：

——共用一套短路保护电器和控制电器的电动机组；

——对具有"使用/备用"的电动机组，软启动装置仅用于启动电动机时。

3）选用软启动装置时，对电磁兼容的要求，应符合现行国家相关电磁兼容标准的规定。

3 电动机主回路中可采用电动机综合保护器。电动机综合保护器应具有过负荷保护、断相保护、缺相保护、温度保护、三相不平衡保护等功能。

9.2.7 低压交流电动机应符合下列节能要求：

1 电动机宜采用高效能电动机，其能效宜符合现行国家标准《中小型三相异步电动机能效限定值及节能评价值》GB 18613 节能评价值的规定。

2 当机械工作在不同工况时，在满足工艺要求的情况下，电动机宜采用调速装置，并符合下列规定：

1）当笼型电动机只有 2~3 个工况时，宜采用变极对数调速；当工况多于 3 个时，宜采用变频调速；

2）绕线转子电动机的调速应符合本规范第9.2.2 条的规定；

3）调速装置应符合国家电磁兼容相关标准的规定。

3 当控制电器能满足控制要求时，长时间通电的控制电器宜采用节电型产品。

9.3 传 输 系 统

9.3.1 传输系统的电气设计应符合下列规定：

1 传输系统宜采用电气连锁，连锁线应满足使用和安全的要求，并应可靠、简单。

2 传输系统启动和停止的程序应按工艺要求确定。运行中任何一台连锁机械故障停车时，应使传来方向的连锁机械立即停车。

3 传输系统电动机启动时，启动电压应符合本规范第 9.2.2 条的规定，当多台同时启动而电压不能满足要求时，应错开启动。

9.3.2 传输系统的控制，应符合下列规定：

1 传输系统连锁控制方式的选择应符合下列要求：

1）当连锁机械少、独立性强时，宜在机旁分散控制；

2）当连锁机械较少或连锁机械虽多但功能上允许分段控制时，宜按系统或按流程分段就地集中控制；

3）当连锁机械多、传输系统复杂时，宜在控制室内集中控制；

4）重要的工程宜采用可编程序控制器（PLC）或计算机自动控制系统。

2 传输系统控制箱（屏、台）面板上的电气元件，应按控制顺序布置，其位置、颜色要求应符合现行国家标准《电工成套装置中的指示灯颜色和按钮的颜色》GB/T 2682 的要求。

3 一般控制系统宜设置显示机组工作状态的光信号；较复杂的控制系统，宜设置模拟图；复杂的控制系统宜设置电子显示器。

4 传输系统应装设联系信号，并应满足下列安全要求：

1）应沿线设置启动预告信号；

2）在值班控制室（点）应设置允许启动信号、运行信号、事故信号；

3）在控制箱（屏、台）面上应设置事故断电开关或自锁式按钮；

4）传输系统的巡视通道每隔 20~30m 或在连锁机械旁应设置事故断电开关或自锁式按钮。

两个及以上平行的连锁传输线宜合用启动音响信号，且值班控制室内应设有能区分不同连锁传输线启动的灯光显示信号；

5 控制室或控制点与有关场所的联系，宜采用声光信号；当联系频繁时，宜设置通信设备。

9.3.3 传输系统的供电应符合下列要求：

1 系统的负荷等级应按工艺要求和建筑物等级确定。

2 同一传输系统的电气设备，宜由同一电源供电。当传输系统很长时，可按工艺分成多段，并由同一电源的多个回路供电。

当主回路和控制回路由不同线路或不同电源供电

时，应设有连锁装置。

9.3.4 控制室和控制点的位置应符合下列要求：

1 应便于观察、操作和调度；

2 应通风、采光良好；

3 应振动小、灰尘少；

4 应线路短、进出线方便；

5 其上方及贴邻应无厕所、浴室等潮湿场所；

6 应便于设备运输、安装。

9.3.5 移动式传输设备宜采用软电缆供电。

9.3.6 传输系统的接地应符合本规范第 12 章的有关规定。

9.4 电梯、自动扶梯和自动人行道

9.4.1 电梯、自动扶梯和自动人行道的负荷分级，应符合本规范第 3.2 节的规定。消防电梯的供电要求应符合本规范第 13.9 节的规定。客梯的供电要求应符合下列要求：

1 一级负荷的客梯，应由引自两路独立电源的专用回路供电；二级负荷的客梯，可由两回路供电，其中一回路应为专用回路；

2 当二类高层住宅中的客梯兼作消防电梯时，其供电应符合本规范第 13.9.11 条的规定；

3 三级负荷的客梯，宜由建筑物低压配电柜以一路专用回路供电，当有困难时，电源可由同层配电箱接引；

4 采用单电源供电的客梯，应具有自动平层功能。

自动扶梯和自动人行道宜为三级负荷，重要场所宜为二级负荷。

9.4.2 电梯、自动扶梯和自动人行道的供电容量，应按其全部用电负荷确定，向多台电梯供电，应计入同时系数。

9.4.3 电梯、自动扶梯和自动人行道的主电源开关和导线选择应符合下列规定：

1 每台电梯、自动扶梯和自动人行道应装设单独的隔离电器和保护电器；

2 主电源开关宜采用低压断路器；

3 低压断路器的过负荷保护特性曲线应与电梯、自动扶梯和自动人行道设备的负荷特性曲线相配合；

4 选择电梯、自动扶梯和自动人行道供电导线时，应由其铭牌电流及其相应的工作制确定，导线的连续工作载流量不应小于计算电流，并应对导线电压损失进行校验；

5 对有机房的电梯，其主电源开关应能从机房入口处方便接近；

6 对无机房的电梯，其主电源开关应设置在井道外工作人员方便接近的地方，并应具有必要的安全防护。

9.4.4 机房配电应符合下列规定：

1 电梯机房总电源开关不应切断下列供电回路：

1）轿厢、机房和滑轮间的照明和通风；

2）轿顶、机房、底坑的电源插座；

3）井道照明；

4）报警装置。

2 机房内应设有固定的照明，地表面的照度不应低于 200lx，机房照明电源应与电梯电源分开，照明开关应设置在机房靠近入口处。

3 机房内应至少设置一个单相带接地的电源插座。

4 在气温较高地区，当机房的自然通风不能满足要求时，应采取机械通风。

5 电力线和控制线应隔离敷设。

6 机房内配线应采用电线导管或电线槽保护，严禁使用可燃性材料制成的电线导管或电线槽。

9.4.5 井道配电应符合下列规定：

1 电梯井道应为电梯专用，井道内不得装设与电梯无关的设备、电缆等。

2 井道内应设置照明，且照度不应小于 50lx，并应符合下列要求：

1）应在距井道最高点和最低点 0.5m 以内各装一盏灯，中间每隔不超过 7m 的距离应装设一盏灯，并应分别在机房和底坑设置控制开关；

2）轿顶及井道照明电源宜为 36V；当采用 220V 时，应装设剩余电流动作保护器；

3）对于井道周围有足够照明条件的非封闭式井道，可不设照明装置。

3 在底坑应装有电源插座。

4 井道内敷设的电缆和电线应是阻燃和耐潮湿的，并应使用难燃型电线导管或电线槽保护，严禁使用可燃性材料制成的电线导管或电线槽。

5 附设在建筑物外侧的电梯，其布线材料和方法及所用电器器件均应考虑气候条件的影响，并应采取防水措施。

9.4.6 当高层建筑内的客梯兼作消防电梯时，应符合防灾设置标准，并应采用下列相应的应急操作措施：

1 客梯应具有防灾时工作程序的转换装置；

2 正常电源转换为防灾系统电源时，消防电梯应能及时投入；

3 发现灾情后，客梯应能迅速依次停落在首层或转换层。

9.4.7 电梯的控制方式应根据电梯的类别、使用场所条件及配置电梯数量等因素综合比较确定。

9.4.8 客梯的轿厢内宜设有与安防控制室及机房的直通电话；消防电梯应设置与消防控制室的直通电话。

9.4.9 电梯机房、井道和轿厢中电气装置的间接接

触保护，应符合下列规定：

1 与建筑物的用电设备采用同一接地形式保护时，可不另设接地网；

2 与电梯相关的所有电气设备及导管、线槽的外露可导电部分均应可靠接地；电梯的金属构件，应采取等电位联结；

3 当轿厢接地线利用电缆芯线时，电缆芯线不得少于两根，并应采用铜芯导体，每根芯线截面不得小于 2.5mm²。

9.5 自动门和电动卷帘门

9.5.1 对于出入人流较多、探测对象为运动体的场所，其自动门的传感器宜采用微波传感器。对于出入人流较少，探测对象为静止或运动体的场所，其自动门的传感器宜采用红外传感器或超声波传感器。

9.5.2 传感器的工作环境宜符合产品规定，当不能满足要求时，应采取相应的防护措施。传感器安装在室外时，应有防水措施。

9.5.3 传感器宜远离干扰源，并应安装在不受振动的地方或采取防干扰或防振措施。

9.5.4 自动门应由就近配电箱（屏）引单独回路供电，供电回路应装有过电流保护。

9.5.5 在自动门的就地，应对其电源供电回路装设隔离电器和手动控制开关或按钮，其位置应选在操作和维护方便且不碍观瞻的地方。

9.5.6 电动卷帘门的配电及控制应符合下列要求：

1 电动卷帘门应由就近的配电箱（屏）引单独回路供电，供电回路应装有过负荷保护；

2 卷帘门控制箱应设置在卷帘门附近，并应根据现场实际情况，在卷帘门的一侧或两侧设置手动控制按钮，其安装高度宜为中心距地 1.4m。

9.5.7 用于室外的电动大门的配电线路，宜装设剩余电流动作保护器。

9.5.8 自动门和卷帘门的所有金属构件及附属电气设备的外露可导电部分均应可靠接地。

9.6 舞台用电设备

9.6.1 舞台照明每一回路的可载容量，应与所选用的调光设备的回路输出容量相适应。

9.6.2 舞台照明调光回路数量，应根据剧场等级、规模确定。

9.6.3 舞台照明配电应符合下列要求：

1 舞台照明设备的接电方法，应采用专用接插件连接，接插件额定容量应有足够的余量；

2 由晶闸管调光装置配出的舞台照明线路宜采用单相配电。当采用三相配电时，宜每相分别配置中性导体，当共用中性导体时，中性导体截面不应小于相导体截面的 2 倍。

9.6.4 乐池内谱架灯、化妆室台灯和观众厅座位牌

号灯的电源电压不得大于 36V。

9.6.5 舞台调光控制器的选择及安装应符合下列要求：

1 舞台照明调光控制器的选型，小型剧场，可选用带预选装置的控制器，中型及以上规模的剧场，宜选用带计算机的控制器。

2 舞台照明调光控制台宜安装在观众厅池座后部灯控室内，监视窗口宽度不应小于 1.20m，窗口净高不应小于 0.60m，并应符合下列规定：

1）舞台表演区应在灯光控制人员的视野范围内；

2）灯控人员应能容易地观察到观众席情况；

3）应与舞台布灯配光联系方便；

4）调光设备与线路应安装敷设方便。

9.6.6 调光柜和舞台配电设备应设在靠近舞台的单独房间内。

9.6.7 调光装置应采取抑制高次谐波对其他系统产生干扰的措施，除应符合本规范第 22.3 节规定外，还应满足下列要求：

1 调光回路应选用金属导管、槽敷设，并不宜与电声等电信线路平行敷设。当调光回路与电信线路平行敷设时，其间距应大于 1m；当垂直交叉时，间距应大于 0.5m。

2 电声、电视转播设备的电源不宜接在舞台照明变压器上。

9.6.8 舞台照明负荷宜采用需要系数法计算，需要系数宜符合表 9.6.8 的规定。

表 9.6.8 需要系数

舞台照明总负荷（kW）	需要系数 K_x
50 及以下	1.00
50 以上至 100	0.75
100 以上至 200	0.60
200 以上至 500	0.50
500 以上至 1000	0.40
超过 1000	0.25～0.30

9.6.9 舞台电动悬吊设备的控制，宜选用带预选装置的控制器，控制台的位置可安装在舞台左侧的一层天桥上，并宜设在封闭的小间内。

9.6.10 舞台电力传动设备的启动装置可就地安装，控制电器可按需要设在便于观察机械运行的地方。

9.6.11 舞台设备供电可按下列规定确定：

1 舞台照明或电力设备的变压器容量，可按下式计算：

$$P_s = K_x K_y P_e \qquad (9.6.11)$$

式中 P_s——变压器容量；

P_e——照明或电力负荷总容量；

K_x——照明或电力负荷需用系数；

K_y——裕量系数。

照明负荷需用系统 K_x 应按本规范表9.6.8选取，电力负荷需用系数 K_x 宜取 0.4～0.9。裕量系数 K_y 宜取 1.1～1.2。

舞台电力负荷应包括舞台各类电动悬吊设备的电力负荷和舞台的电气传动设备的电力负荷；

2 当舞台用电设备的供电系统中接有在演出过程中可能频繁启动的交流电动机，且当其启动冲击电流引起电源电压波动超过±3%时，宜与舞台照明负荷分设变压器。

9.6.12 舞台监督、调度指挥用的声、光信号装置或对讲电话、闭路电视系统，应根据剧场等级、规模确定，舞台监督主控台宜设在台口内右侧。

9.6.13 舞台用电设备应根据低压配电系统接地形式确定采用接地保护措施。

9.7 医用设备

9.7.1 应根据医院电气设备工作场所分类要求进行配电系统设计。在医疗用房内禁止采用 TN-C 系统。备用电源的投入应满足医疗工艺的要求。

9.7.2 根据医疗工作的不同特点，医用放射线设备的工作制可按下列情况划分：

1 X 射线诊断机、X 射线 CT 机及 ECT 机为断续工作用电设备；

2 X 射线治疗机、电子加速器及 NMR-CT 机（核磁共振）为连续工作用电设备。

9.7.3 大型医疗设备的供电应从变电所引出单独的回路，其电源系统应满足设备对电源内阻的要求。

9.7.4 放射科、核医学科、功能检查室、检验科等部门的医疗装备的电源，应分别设置切断电源的总开关。

9.7.5 医用放射线设备的供电线路设计应符合下列规定：

1 X 射线管的管电流大于或等于 400mA 的射线机，应采用专用回路供电；

2 CT 机、电子加速器应不少于两个回路供电，其中主机部分应采用专用回路供电；

3 X 射线机不应与其他电力负荷共用同一回路供电；

4 多台单相、两相医用射线机，应接于不同的相导体上，并宜三相负荷平衡；

5 放射线设备的供电线路应采用铜芯绝缘电线或电缆；

6 当为 X 射线机设置配套的电源开关箱时，电源开关箱应设在便于操作处，并不得设在射线防护墙上。

9.7.6 电源开关和保护装置的选择应符合下列规定：

1 在 X 射线机房装设的与 X 射线诊断机配套使用的电源开关和保护装置，应按不小于 X 射线机瞬时负荷的 50%长期负荷 100%中的较大值进行参数计算，并选择相应的电源开关和保护电器；

2 当电源控制柜随设备供给时，不应重复设置电源开关和保护电器，其供电线路始端应设隔离电器及保护电器，其规格应比 X 射线机按第 1 款规定确定的计算电流大 1～2 级。

9.7.7 X 射线机供电线路导线截面，应根据下列条件确定：

1 单台 X 射线机供电线路导线截面应按满足 X 射线机电源内阻要求选用，并应对选用的导线截面进行电压损失校验；

2 多台 X 射线机共用同一条供电线路时，其共用部分的导线截面，应按供电条件要求电源内阻最小值 X 射线机确定的导线截面至少再加大一级。

9.7.8 在 X 射线机室、同位素治疗室、电子加速器治疗室、CT 机扫描室的入口处，应设置红色工作标志灯。标志灯的开闭应受设备的操纵台控制。

9.7.9 根据设备的使用要求，在同位素治疗室、电子加速器治疗室应设置门、机连锁控制装置。

9.7.10 NMR-CT 机的扫描室应符合下列要求：

1 室内的电气管线、器具及其支持构件不得使用铁磁物质或铁磁制品；

2 进入室内的电源电线、电缆必须进行滤波。

9.8 体育场馆设备

9.8.1 体育场馆电气设备应根据场馆规模、级别及体育工艺使用要求设置。

9.8.2 体育场馆电力负荷分级及供电应符合下列规定：

1 负荷分级应符合本规范表 3.2.2 的规定。

2 甲级体育场馆应由两个电源供电。特级体育场馆，除应由两个电源供电外，还应设置自备发电机组或从市政电网获得独立、可靠的第三电源供全部一级负荷中特别重要负荷用电。

3 在自备柴油发电机组投入使用前，为保证场地照明不中断，可采用下列措施：

1）可采用气体放电灯热启动装置；

2）可采用不间断电源装置（UPS）；

3）可采用应急电源装置（EPS），且 EPS 的切换时间应满足场地照明高光强气体放电灯（HID）不熄弧的要求。

9.8.3 对于仅在比赛期间才使用的大型用电设备，宜设专用变压器供电。当电源电压偏差不能满足要求时，宜采用有载调压变压器。主要变配电室（间）、发电机房严禁设置在观众能随便到达的场所。

9.8.4 下列竞赛用设备和房间（如终点电子摄影计时器、计时记分、仲裁录放、数据处理、竞赛指挥、计算机及网络机房、安全防范及控制中心及消防控制室等），除应采用双电源在末端自动互投供电外，还应采用不间断电源（UPS）供电。

9.8.5 体育场馆的竞赛场地用电点，宜设置电源井或配电箱，其位置不得有碍于竞赛，设置数量及位置，应根据体育工艺确定。

9.8.6 对电源井的供电方式宜采用环形系统供电。电源井内不同用途的电气线路之间应保持规定的距离或采取隔离措施。井内电气设备为单侧布置时，其维护距离不应小于0.6m；电力装置和信号装置分别布置井壁两侧时，其维护距离不应小于0.8m。井内应有防水、排水措施。

9.8.7 体育场内竞赛场地的电气线路敷设，宜采用塑料护套电缆穿导管埋地敷设方式。

9.8.8 终点电子摄像计时器的专用信号盘，应按体育工艺的要求在100m、200m、300m及终点、终点线跑道内、外侧设置。信号线通过管路与终点电子摄像计时机房相连。

9.8.9 固定式电子计时计分显示装置应符合下列要求：

　　1 计时记分显示装置负荷等级应为该工程最高级；

　　2 计时记分控制室与总裁判席、计时记分机房、计算机房和分散于场地的计时记分装置之间，应有相互连通的信号传输通道，并应有余量；

　　3 应根据体育工艺设计在比赛场地设置各类计时记分装置；应根据工艺要求在该处或附近预留电源及信号传输连接端子。

9.8.10 体育馆比赛场四周墙壁应按需要设置配电箱和安全型插座，其插座安装高度不应低于0.3m。

10 电气照明

10.1 一般规定

10.1.1 在进行照明设计时，应根据视觉要求、作业性质和环境条件，通过对光源、灯具的选择和配置，使工作区或空间具备合理的照度、显色性和适宜的亮度分布以及舒适的视觉环境。

10.1.2 在确定照明方案时，应考虑不同类型建筑对照明的特殊要求，并处理好电气照明与天然采光的关系，采用高光效光源、灯具与追求照明效果的关系，合理使用建设资金与采用高性能标准光源、灯具等技术经济效益的关系。

10.1.3 在进行电气照明设计时，除应符合本规范外，尚应符合现行国家标准《建筑照明设计标准》GB 50034的规定。

10.2 照明质量

10.2.1 普通工作场所内一般照明的照度均匀度不应小于0.7。

10.2.2 局部照明与一般照明共用时，工作面上一般照明的照度值宜为工作面总照度值的1/3～1/5，且不宜低于50lx。交通区照度不宜低于工作区照度的1/3。

10.2.3 照明光源的颜色质量取决于光源本身的表观颜色及其显色性能。一般照明光源可根据其相关色温分为三类，其适用场所可按表10.2.3选取。

表10.2.3 光源的颜色分类

光源颜色分类	相关色温（K）	颜色特征	适用场所示例
I	<3300	暖	居室、餐厅、宴会厅、多功能厅、酒吧、咖啡厅、重点陈列厅
II	3300～5300	中间	教室、办公室、会议室、阅览室、营业厅、一般休息厅、普通餐厅、洗衣房
III	>5300	冷	设计室、计算机房、高照度场所

10.2.4 照明设计应符合现行国家标准《建筑照明设计标准》GB50034中对不同工作场所光源显色性的规定，并应协调显色性要求与设计照度的关系。

10.2.5 照明光源的颜色特征与室内表面的配色宜互相协调，并应形成相应于房间功能的色彩环境。

10.2.6 在设计一般照明时，应根据视觉工作环境特点和眩光程度，合理确定对直接眩光限制的质量等级UGR（统一眩光值）。眩光限制的质量等级应符合表10.2.6的规定。

表10.2.6 眩光程度与统一眩光值（UGR）对照表

UGR的数值	对应眩光程度的描述	视觉要求和场所示例
<13	没有眩光	手术台、精细视觉作业
13～16	开始有感觉	使用视频终端、绘图室、精品展厅、珠宝柜台、控制室、颜色检验
17～19	引起注意	办公室、会议室、教室、一般展室、休息厅、阅览室、病房
20～22	引起轻度不适	门厅、营业厅、候车厅、观众厅、厨房、自选商场、餐厅、自动扶梯
23～25	不舒适	档案室、走廊、泵房、变电所、大件库房、交通建筑的入口大厅
26～28	很不舒适	售票厅、较短的通道、演播室、停车区

10.2.7 室内一般照明直接眩光的限制，应根据光源亮度、光源和灯具的表观面积、背景亮度以及灯具位置等因素进行综合确定。

10.2.8 对于要求统一眩光值 UGR 小于或等于22的照明场所，应限制损害对比降低可见度的光幕反射和反射眩光，并可采取下列措施：

1 不得将灯具安装在干扰区内或可能对处于视觉工作的眼睛形成镜面反射的区域内；

2 可使用发光表面面积大、亮度低、光扩散性能好的灯具；

3 可在视觉工作对象和工作房间内采用低光泽度的表面装饰材料；

4 可在视线方向采用特殊配光灯具或采取间接照明方式；

5 可采用混合照明；

6 可照亮顶棚和墙面以减小亮度比，并应避免出现光斑。

10.2.9 直接型灯具应控制视线内光源平均亮度与遮光角之间的关系，其最低允许值应符合表10.2.9的规定。

表 10.2.9 不同亮度灯具的最小遮光角

灯具亮度（cd/m²）	灯具的最小遮光角
1000～20000	10°
20000～50000	15°
50000～500000	20°
≥500000	30°

10.2.10 长时间视觉工作场所内亮度与照度分布宜按下列比值选定：

1 工作区亮度与工作区相邻环境的亮度比值不宜低于3；工作区亮度与视野周围的平均亮度比值不宜低于10；灯的亮度与工作区亮度之比不应大于40；

2 当照明灯具采用暗装时，顶棚的反射比宜大于0.6，且顶棚的照度不宜小于工作区照度的1/10。

10.2.11 垂直照度（E_v）与水平照度（E_h）之比可按下式确定。

$$0.25 \leqslant E_v/E_h \leqslant 0.5 \qquad (10.2.11)$$

10.2.12 为满足视觉适应性的要求，视觉工作区周围0.5m内区域的水平照度，应符合现行国家标准《建筑照明设计标准》GB 50034 中的规定。

10.3 照明方式与种类

10.3.1 照明方式可分为一般照明、分区一般照明、局部照明和混合照明，其选择应符合下列规定：

1 当仅需要提高房间内某些特定工作区的照度时，宜采用分区一般照明。

2 局部照明宜在下列情况中采用：

1）局部需有较高的照度；

2）由于遮挡而使一般照明照射不到的某些范围；

3）视觉功能降低的人需要有较高的照度；

4）需要减少工作区的反射眩光；

5）为加强某方向光照以增强质感时。

3 对于部分作业面照度要求较高，只采用一般照明不合理的场所，宜采用混合照明。

4 不应单独使用局部照明。

10.3.2 应按下列使用要求确定照明种类：

1 室内工作场所均应设置正常照明。

2 下列场所应设置应急照明：

1）正常照明因故熄灭后，需确保正常工作或活动继续进行的场所，应设置备用照明；

2）正常照明因故熄灭后，需确保处于潜在危险之中的人员安全的场所，应设置安全照明；

3）正常照明因故熄灭后，需确保人员安全疏散的出口和通道，应设置疏散照明。

3 大面积工作场所宜设置值班照明。

4 有警戒任务的场所，应根据警戒范围的要求设置警卫照明。

5 城市中的标志性建筑、大型商业建筑、具有重要政治文化意义的构筑物等，宜设置景观照明。

6 有危及航行安全的建筑物、构筑物上，应根据航行要求设置障碍照明。

10.3.3 备用照明宜装设在墙面或顶棚部位。安全照明宜根据需要确定装设部位。疏散照明的设置要求应符合本规范第13章的有关规定。

10.3.4 自机场跑道中点起、沿跑道延长线双向各15km、两侧散开角各10°的区域内，障碍物顶部与跑道端点连线与水平面夹角大于0.57°的障碍物应装设航空障碍标志灯，并应符合国家现行标准《民用机场飞行区技术标准》MH5001 的规定。

航空障碍灯应符合国家现行标准《航空障碍灯》MH/T6012 的规定，并应具有相关认证。

10.3.5 航空障碍灯的设置应符合下列规定：

1 障碍标志灯应装设在建筑物或构筑物的最高部位。当制高点平面面积较大或为建筑群时，除在最高端装设障碍标志灯外，还应在其外侧转角的顶端分别设置。

2 障碍标志灯的水平、垂直距离不宜大于45m。

3 障碍标志灯宜采用自动通断电源的控制装置，并宜设有变化光强的措施。

4 航空障碍标志灯技术要求应符合表10.3.5的规定。

表 10.3.5　航空障碍灯技术要求

障碍标志灯类型	低光强	中 光 强		高光强
灯光颜色	航空红色	航空红色	航空白色	航空白色
控光方式及数据（次/min）	恒定光	闪光 20~60	闪光 20~60	闪光 20~60
有效光强	32.5cd 用于夜间	2000cd±25% 用于夜间	• 2000cd±25%用于夜间 • 20000cd±25%用于白昼、黎明或黄昏	• 2000cd±25%用于夜间 • 20000cd±25%用于黄昏与黎明 • 270000cd/140000cd±25%用于白昼
可视范围	• 水平光束扩散角360° • 垂直光束扩散角≥10°	• 水平光束扩散角360° • 垂直光束扩散角≥3°	• 水平光束扩散角360° • 垂直光束扩散角≥3°	• 水平光束扩散角90°或120° • 垂直光束扩散角3°~7°
	最大光强位于水平仰角4°~20°之间	最大光强位于水平仰角0°		
适用高度	• 高出地面45m以下全部使用 • 高出地面45m以上部分与中光强结合使用	高出地面45m时	高出地面90m时	高出地面153m（500英尺）时

注：夜间对应的背景亮度小于 50 cd/m²；黄昏与黎明对应的背景亮度小于 50~500cd/m²；白昼对应的背景亮度小于 500 cd/m²。

5　障碍标志灯的设置应便于更换光源。

6　障碍标志灯电源应按主体建筑中最高负荷等级要求供电。

10.4　照明光源与灯具

10.4.1　室内照明光源的确定，应根据使用场所的不同，合理地选择光源的光效、显色性、寿命、启动点燃和再点燃时间等光电特性指标以及环境条件对光源光电参数的影响。

10.4.2　室内照明应采用高光效光源和高效灯具。在有特殊要求不宜使用气体放电光源的场所，可选用卤钨灯或普通白炽灯光源。

10.4.3　有显色性要求的室内场所不宜选用汞灯、钠灯等作为主要照明光源。

10.4.4　当照度低于100lx时，宜采用色温较低的光源；当照度为100~1000lx 时，宜采用中色温光源；当电气照明需要同天然采光相结合时，宜选用光源色温在 4500~6000K 的荧光灯或其他气体放电光源。

10.4.5　室内一般照明宜采用同一类型的光源。当有装饰性或功能性要求时，亦可采用不同种类的光源。

10.4.6　对于需要进行彩色新闻摄影和电视转播的场所，室内光源的色温宜为 2800~3500K，色温偏差不应大于 150K；室外或有天然采光的室内的光源色温宜为 4500~6500K，色温偏差不应大于 500K。光源的一般显色指数不应低于 65，要求较高的场所应大于 80。

10.4.7　在选择灯具时，应根据环境条件和使用特点，合理地选定灯具的光强分布、效率、遮光角、类型、造型尺度以及灯的表观颜色等。

10.4.8　室内装修遮光格栅的反射表面应选用难燃材料，其反射比不应低于 0.7。

10.4.9　对于仅满足视觉功能的照明，宜采用直接照明和选用开敞式灯具。

10.4.10　在高度较高的空间安装的灯具宜采用长寿命光源或采取延长光源寿命的措施。

10.4.11　筒灯宜采用插拔式单端荧光灯。

10.4.12　灯具表面以及灯用附件等高温部位靠近可燃物时，应采取隔热、散热等防火保护措施。

10.4.13　在布置灯具时，其间距不应大于该灯具的允许距高比。

10.4.14　照明灯具应具备完整的光电参数，其各项性能应符合国家现行有关产品标准的规定。

10.5　照 度 水 平

10.5.1　在选择照度时，应符合下列分级（lx）：0.5、1、3、5、10、15、20、30、50、75、100、150、200、300、500、750、1000、1500、2000、3000、5000。

10.5.2　各类视觉工作对应的照度范围宜按表 10.5.2 选取。

表 10.5.2　视觉工作对应的照度范围值

视觉工作性质	照度范围（lx）	区域或活动类型	适用场所示例
简单视觉工作	≤20	室外交通区，判别方向和巡视	室外道路
	30~75	室外工作区、室内交通区，简单识别物体表征	客房、卧室、走廊、库房

续表 10.5.2

视觉工作性质	照度范围（lx）	区域或活动类型	适用场所示例
一般视觉工作	100～200	非连续工作的场所（大对比大尺寸的视觉作业）	病房、起居室、候机厅
	200～500	连续视觉工作的场所（大对比小尺寸和小对比大尺寸的视觉作业）	办公室、教室、商场
	300～750	需集中注意力的视觉工作（小对比小尺寸的视觉作业）	营业厅、阅览室、绘图室
特殊视觉工作	750～1500	较困难的远距离视觉工作	一般体育场馆
	1000～2000	精细的视觉工作、快速移动的视觉对象	乒乓球、羽毛球
	≥2000	精密的视觉工作、快速移动的小尺寸视觉对象	手术台、拳击台、赛道终点区

10.5.3 民用建筑照明设计，应根据建筑性质、建筑规模、等级标准、功能要求和使用条件等确定照度标准值，并应符合现行国家标准《建筑照明设计标准》GB 50034 的规定。当设计文件中未明确时，宜以距地 0.75m 的参考水平面作为工作面。

10.5.4 除现行国家标准《建筑照明设计标准》GB 50034 中规定的场所照明照度标准值外，其他场所的照明照度标准值应符合本规范附录 B 的规定。

10.5.5 备用照明工作面上的照度除另有规定外，不应低于一般照明照度的 10%。

10.5.6 对于设有较多装饰照明的场所，其照度标准值可有一个级差的上、下调整。

10.5.7 在计算照度时，应计入表 10.5.7 所规定的维护系数。

表 10.5.7 照度维护系数表

环境维护特征	工作房间或场所	灯具最少擦洗次数（次/年）	维护系数	
			白炽灯、荧光灯、金属卤化物灯	卤钨灯
清洁	住宅卧室、办公室、餐厅、阅览室、绘图室	2	0.80	0.80
一般	商店营业厅、候车室、影剧院观众厅	2	0.70	0.75
污染严重	厨房	3	0.60	0.65

10.5.8 设计照度值与照度标准值的允许偏差不宜超过±10%。

10.6 照明节能

10.6.1 根据视觉工作要求，应采用高光效光源、高效灯具和节能器材，并应考虑最初投资与长期运行的综合经济效益。

10.6.2 一般工作场所宜采用细管径直管荧光灯和紧凑型荧光灯。高大房间和室外场所的一般照明宜采用金属卤化物灯、高压钠灯等高光强气体放电光源。

10.6.3 室内外照明不宜采用普通白炽灯。当有特殊需要时，宜选用双螺旋白炽灯或带有热反射罩的小功率高效卤钨灯。

10.6.4 除有装饰需要外，应选用直射光通比例高、控光性能合理的高效灯具。室内用灯具效率不宜低于 70%，装有遮光格栅时不应低于 60%，室外用灯具效率不宜低于 50%。

10.6.5 灯具的结构和材质应便于维护清洁和更换光源。

10.6.6 应采用功率损耗低、性能稳定的灯用附件。直管形荧光灯应采用节能型镇流器，当使用电感式镇流器时，其能耗应符合现行国家标准《管形荧光灯镇流器能效限定值和节能评价值》GB 17896 的规定。

10.6.7 照明与室内装修设计应有机结合。在确保照明质量的前提下，应有效控制照明功率密度值。

10.6.8 应根据照明场所的功能要求确定照明功率密度值，并应符合现行国家标准《建筑照明设计标准》GB 50034 的规定。

10.6.9 在有集中空调而且照明容量大的场所，宜采用照明灯具与空调回风口结合的形式。

10.6.10 正确选择照明方案，并应优先采用分区一般照明方式。

10.6.11 室内表面宜采用高反射率的饰面材料。

10.6.12 对于采用节能型电感镇流器的气体放电光源，宜采取分散方式进行无功功率补偿。

10.6.13 应根据环境条件、使用特点合理选择照明控制方式，并应符合下列规定：

 1 应充分利用天然光，并应根据天然光的照度变化控制电气照明的分区；

 2 根据照明使用特点，应采取分区控制灯光或适当增加照明开关点；

 3 公共场所照明、室外照明宜采用集中遥控节能管理方式或采用自动光控装置。

10.6.14 应采用定时开关、调光开关、光电自动控制器等节电开关和照明智能控制系统等管理措施。

10.6.15 低压照明配电系统设计应便于按经济核算单位装表计量。

10.6.16 景观照明宜采取下列节能措施：

 1 景观照明应采用长寿命高光效光源和高效灯

具，并宜采取点燃后适当降低电压以延长光源寿命的措施；

2 景观照明应设置深夜减光控制方案。

10.7 照明供电

10.7.1 应根据照明负荷中断供电可能造成的影响及损失，合理地确定负荷等级，并应正确选择供电方案。

10.7.2 当电压偏差或波动不能保证照明质量或光源寿命时，在技术经济合理的条件下，可采用有载自动调压电力变压器、调压器或专用变压器供电。

10.7.3 三相照明线路各相负荷的分配宜保持平衡，最大相负荷电流不宜超过三相负荷平均值的 115%，最小相负荷电流不宜小于三相负荷平均值的 85%。

10.7.4 重要的照明负荷，宜在负荷末级配电盘采用自动切换电源的方式供电，负荷较大时，可采用由两个专用回路各带 50% 的照明灯具的配电方式。

10.7.5 备用照明应由两路电源或两回路线路供电。

10.7.6 备用照明作为正常照明的一部分同时使用时，其配电线路及控制开关应与正常照明分开装设。备用照明仅在故障情况下使用时，当正常照明因故断电，备用照明应自动投入工作。

10.7.7 在照明分支回路中，不得采用三相低压断路器对三个单相分支回路进行控制和保护。

10.7.8 照明系统中的每一单相分支回路电流不宜超过 16A，光源数量不宜超过 25 个；大型建筑组合灯具每一单相回路电流不宜超过 25A，光源数量不宜超过 60 个（当采用 LED 光源时除外）。

10.7.9 当插座为单独回路时，每一回路插座数量不宜超过 10 个（组）；用于计算机电源的插座数量不宜超过 5 个（组），并应采用 A 型剩余电流动作保护装置。

10.7.10 当照明回路采用遥控方式时，应同时具有解除遥控和手动控制的功能。

10.7.11 备用照明、疏散照明的回路上不应设置插座。

10.7.12 对于使用气体放电灯的照明线路，其中性导体应与相导体规格相同。

10.7.13 当采用带电感镇流器的气体放电光源时，宜将同一灯具或不同灯具的相邻灯管（光源）分接在不同相序的线路上。

10.7.14 不应将线路敷设在贴近高温灯具的上部。接入高温灯具的线路应采用耐热导线或采取其他隔热措施。

10.7.15 顶棚内设有人行检修通道的观众厅、比赛场地等的照明灯具以及室外照明场所，宜在每盏灯具处设置单独的保护。

10.8 各类建筑照明设计要求

10.8.1 住宅（公寓）电气照明设计应符合下列规定：

1 住宅（公寓）照明宜选用细管径直管荧光灯或紧凑型荧光灯。当因装饰需要选用白炽灯时，宜选用双螺旋白炽灯。

2 灯具的选择应根据具体房间的功能而定，宜采用直接照明和开启式灯具，并宜选用节能型灯具。

3 起居室的照明宜满足多功能使用要求，除应设置一般照明外，还宜设置装饰台灯、落地灯等。高级公寓的起居厅照明宜采用可调光方式。

4 住宅（公寓）的公共走道、走廊、楼梯间应设人工照明，除高层住宅（公寓）的电梯厅和火灾应急照明外，均应安装节能型自熄开关或设带指示灯（或自发光装置）的双控延时开关。

5 卫生间、浴室等潮湿且易污场所，宜采用防潮易清洁的灯具。

6 卫生间的灯具位置应避免安装在便器或浴缸的上面及其背后。开关宜设于卫生间门外。

7 高级住宅（公寓）的客厅、通道和卫生间，宜采用带指示灯的跷板式开关。

8 每户住宅（公寓）电源插座的数量不应少于表 10.8.1 的规定。

表 10.8.1 每户电源插座的设置数量

部位 插座类型	起居室（厅）	卧室	厨房	卫生间	洗衣机、冰箱、排风机、空调器等安装位置
二、三孔双联插座（组）	3	2	2	—	—
防溅水型二、三孔双联插座（组）	—	—	—	1	—
三孔插座（个）	—	—	—	—	各1

9 住宅内电热水器、柜式空调宜选用三孔 15A 插座；空调、排油烟机宜选用三孔 10A 插座；其他宜选用二、三孔 10A 插座；洗衣机插座、空调及电热水器插座宜选用带开关控制的插座；厨房、卫生间应选用防溅水型插座。

10 每户应配置一块电能表、一个配电箱（分户箱）。每户电能表宜集中安装于电表箱内（预付费、远传计量的电能表可除外），电能表出线端应装设保护器。电能表的安装位置应符合当地供电部门的要求。

11 住宅配电箱（分户箱）的进线端应装设短路、过负荷和过、欠电压保护电器。分户箱宜设在住户走廊或门厅内便于检修、维护的地方。

12 住宅分户箱内应配置有过电流保护的照明供电回路、一般电源插座回路、空调插座回路、电炊具及电热水器等专用电源插座回路。厨房电源插座和卫生间电源插座不宜同一回路。除壁挂式空调器的电源插座回路外，其他电源插座回路均应设置剩余电流动作保护器。

13 电源插座底边距地低于 1.8m 时，应选用安全型插座。

10.8.2 学校电气照明设计应符合下列规定：

1 用于晚间学习的教室的平均照度值宜较普通教室高一级，且照度均匀度不应低于 0.7。

2 教室照明灯具与课桌面的垂直距离不宜小于 1.7m。

3 教室设有固定黑板时，应装设黑板照明，且黑板上的垂直照度值不宜低于教室的平均水平照度值。

4 光学实验室、生物实验室一般照明照度宜为 100～200lx，实验桌上应设置局部照明。

5 教室照明的控制应沿平行外窗方向顺序设置开关，黑板照明开关应单独装设。走廊照明开关的设置宜在上课后关掉部分灯具。

6 在多媒体教学的报告厅、大教室等场所，宜设置供记录用的照明和非多媒体教学室使用的一般照明，且一般照明宜采用调光方式或采用与电视屏幕平行的分组控制方式。

7 演播室的演播区，垂直照度宜在 2000～3000lx，文艺演播室的垂直照度可为 1000～1500lx。演播用照明的用电功率，初步设计时可按 0.3～0.5kW/m² 估算。当演播室高度小于或等于 7m 时，宜采用轨道式布灯，当高度大于 7m 时，可采用固定式布灯形式。

演播室的面积超过 200m² 时，应设置疏散照明。

8 大阅览室照明宜采用荧光灯具。其一般照明宜沿外窗平行方向控制或分区控制。供长时间阅览的阅览室宜设置局部照明。

9 书库照明宜采用窄配光荧光灯具。灯具与图书等易燃物的距离应大于 0.5m。地面宜采用反射比较高的建筑材料。对于珍贵图书和文物书库，应选用有过滤紫外线的灯具。

10 书库照明用电源配电箱应有电源指示灯并应设于书库之外。书库通道照明应在通道两端独立设置双控开关。书库照明的控制宜在配电箱分路集中控制。

11 存放重要文献资料和珍贵书籍的图书馆应设应急照明、值班照明和警卫照明。

12 图书馆内的公用照明与工作（办公）区照明宜分开配电和控制。

10.8.3 办公楼电气照明设计应符合下列规定：

1 办公室、设计绘图室、计算机室等宜采用直管荧光灯。对于室内饰面及地面材料的反射比，顶棚宜为 0.7；墙面宜为 0.5；地面宜为 0.3。

2 办公房间的一般照明宜设计在工作区的两侧，采用荧光灯时宜使灯具纵轴与水平视线相平行。不宜将灯具布置在工作位置的正前方。大开间办公室宜采用与外窗平行的布灯形式。

3 出租办公室的照明灯具和插座，宜按建筑的开间或根据智能大楼办公室基本单元进行布置。

4 在有计算机终端设备的办公用房，应避免在屏幕上出现人和杂物的映像，宜限制灯具下垂线 50°角以上的亮度不应大于 200cd/m²。

5 宜在会议室、洽谈室照明设计时确定调光控制或设置集中控制系统，并设定不同照明方案。

6 设有专用主席台或某一侧有明显背景墙的大型会议厅，宜采用顶灯配以台前安装的辅助照明，并应使台板上 1.5m 处平均垂直照度不小于 300lx。

10.8.4 商业电气照明设计应符合下列规定：

1 商业照明应选用显色性高、光效高、红外辐射低、寿命长的节能光源。

2 营业厅照明宜由一般照明、专用照明和重点照明组合而成。不宜把装饰商品用照明兼作一般照明。

3 营业厅一般照明应满足水平照度要求，且对布艺、服装以及货架上的商品则应确定垂直面上的照度。

4 对于玻璃器皿、宝石、贵金属等类陈列柜台，应采用高亮度光源；对于布艺、服装、化妆品等柜台，宜采用高显色性光源；由一般照明和局部照明所产生的照度不宜低于 500lx。

5 重点照明的照度宜为一般照明照度的 3～5 倍，柜台内照明的照度宜为一般照明照度的 2～3 倍。

6 在无确切资料时，导轨灯的容量可每延长米按 100W 计算。

7 橱窗照明宜采用带有遮光格栅或漫射型灯具。当采用带有遮光格栅的灯具安装在橱窗顶部距地高度大于 3m 时，灯具的遮光角不宜小于 30°；当安装高度低于 3m，灯具遮光角宜为 45°以上。

8 室外橱窗照明的设置应避免出现镜像，陈列品的亮度应大于室外景物亮度的 10%。展览橱窗的照度宜为营业厅照度的 2～4 倍。

9 对贵重物品的营业厅宜设值班照明和备用照明。

10 大营业厅照明不宜采用分散控制方式。

10.8.5 饭店电气照明设计应符合下列规定：

1 饭店照明宜选用显色性较好、光效较高的暖色光源。

2 大门厅照明应提高垂直照度，并宜随室内照度的变化而调节灯光或采用分路控制方式。门厅休息区照明应满足客人阅读报刊所需要的照度。

3 大宴会厅照明宜采用调光方式，同时宜设置小型演出用的可自由升降的灯光吊杆，灯光控制宜在厅内和灯光控制室两地操作。应根据彩色电视转播的要求预留电容量。

4 当设有红外无线同声传译系统的多功能厅的照明采用热辐射光源时，其照度不宜大于500lx。

5 屋顶旋转厅的照度，在观景时不宜低于0.5lx。

6 客房床头照明宜采用调光方式。

7 客房照明应防止不舒适眩光和光幕反射，设置在写字台上的灯具应具备合适的遮光角，其亮度不应大于510cd/m²。

8 客房穿衣镜和卫生间内化妆镜的照明灯具应安装在视野立体角60°以外，灯具亮度不宜大于2100cd/m²。卫生间照明、排风机的控制宜设在卫生间门外。

9 客房的进门处宜设有可切断除冰柜、充电专用插座和通道灯外的电源的节能控制器。当节能控制器切断电源时，高级客房内的风机盘管，宜转为低速运行。

10 饭店的公共大厅、门厅、休息厅、大楼梯厅、公共走道、客房层走道以及室外庭园等场所的照明，宜在总服务台或相应层服务台处进行集中控制，客房层走道照明亦可就地控制。

11 饭店的休息厅、餐厅、茶室、咖啡厅、快餐厅等宜设有地面插座及灯光广告用插座。

12 室外网球场或游泳池宜设有正常照明，并应设置杀虫灯或杀虫器。

13 地下车库出入口处应设有适应区照明。

10.8.6 医院电气照明设计应符合下列规定：

1 医院照明设计应合理选择光源和光色，对于诊室、检查室和病房等场所宜采用高显色光源。

2 诊疗室、护理单元通道和病房的照明设计，宜避免卧床病人视野内产生直射眩光；高级病房宜采用间接照明方式。

3 护理单元的通道照明宜在深夜可关掉其中一部分或采用可调光方式。

4 护理单元的疏散通道和疏散门应设置灯光疏散标志。

5 病房的照明宜以病床床头照明为主，并宜设置一般照明，灯具亮度不宜大于2000cd/m²。当采用荧光灯时宜采用高显色性光源，精神病房不宜选用荧光灯。

6 当在病房的床头上设有多功能控制板时，其上宜设有床头照明灯开关、电源插座、呼叫信号、对讲电话插座以及接地端子等。

7 单间病房的卫生间内宜设有紧急呼叫信号装置。

8 病房内宜设有夜间照明。在病床床头部位的照度不宜大于0.1lx，儿科病房病床床头部位的照度可为1.0lx。

9 手术室内除应设有专用手术无影灯外，宜另设有一般照明，其光源色温应与无影灯光源相适应。

手术室的一般照明宜采用调光方式。

10 手术专用无影灯的照度应在 $20×10^3$~$100×10^3$lx，胸外科内手术专用无影灯的照度应为 $60×10^3$~$100×10^3$lx。口腔科无影灯的照度可为 $10×10^3$lx。

11 进行神经外科手术时，应减少光谱区在800~1000nm的辐射能照射在病人身上。

12 候诊室、传染病院的诊室和厕所、呼吸器科、血库、穿刺、妇科冲洗、手术室等场所应设置紫外线杀菌灯。当紫外线杀菌灯固定安装时应避免出现在病人的视野之内或应采取特殊控制方式。

13 X线诊断室、加速器治疗室、核医学科扫描室和γ照相室等的外门上宜设有工作标志灯和防止误入室内的安全装置，并应可切断机组电源。

10.8.7 体育场馆电气照明设计应符合下列规定：

1 体育场地照明光源宜选用高效金属卤化物气体放电灯。场地用直接配光灯具宜带有限制眩光的附件，并应附有灯具安装角度指示器。

2 室内比赛场地照明宜满足多样性使用功能。宜采用宽配光与窄配光灯具相结合的布灯方式或选用非对称配光灯具。

3 综合性大型体育场宜采用光带式布灯或与塔式布灯组成的混合式布灯形式，灯具宜选用窄配光，其1/10峰值光强与峰值光强的夹角不宜大于15°。

4 训练场地的水平照度最小值与平均值之比不宜大于1∶2，手球、速滑、田径场地照明可不大于1∶3。

5 当游泳池内设置水下照明时，水下照明灯具上沿距水面宜为0.3~0.5m；浅水部分灯具间距宜为2.5~3.0m；深水部分灯具间距宜为3.5~4.5m。

10.8.8 博展馆电气照明设计应符合下列规定：

1 博展馆的照明光源宜采用高显色荧光灯、小型金属卤化物灯和PAR灯，并应限制紫外线对展品的不利影响。当采用卤钨灯时，其灯具应配以抗热玻璃或滤光层。

2 对于壁挂式展示品，在保证必要照度的前提下，应使展示品表面的亮度在25cd/m²以上，并应使展示品表面的照度保持一定的均匀性，最低照度与最高照度之比应大于0.75。

3 对于有光泽或放入玻璃镜柜内的壁挂式展示品，一般照明光源的位置应避开反射干扰区。

为了防止镜面映像，应使观众面向展示品方向的亮度与展示品表面亮度之比应小于0.5。

4 对于具有立体造型的展示品，宜在展示品的侧前方40°~60°处设置定向聚光灯，其照度宜为一般照明的3~5倍；当展示品为暗色时，其照度应为一般照明的5~10倍。

5 陈列橱柜的照明应注意照明灯具的配置和遮光板的设置，防止直射眩光。

6 对于灯光作用下易变质褪色的展示品，应选择低照度水平和采用过滤紫外线辐射的光源；对于机器和雕塑等展品，应有较强的灯光。弱光展示区宜设在强光展示区之前，并应使照度水平不同的展厅之间有适宜的过渡照明。

7 展厅灯光宜采用自动调光系统。

8 展厅的每层面积超过 1500m² 时，应设有备用照明。重要藏品库房宜设有警卫照明。

9 藏品库房和展厅的照明线路应采用铜芯绝缘导线暗配线方式。藏品库房的电源开关应统一设在藏品库区内的藏品库房总门之外，并应装设防火剩余电流动作保护装置。藏品库房照明宜分区控制。

10.8.9 影剧院电气照明设计应符合下列规定：

1 影剧院观众厅在演出时的照度宜为 3～5lx。

2 观众厅照明应采用平滑调光方式，并应防止不舒适眩光。当使用荧光灯调光时，光源功率宜选用统一规格。

3 观众厅照明宜根据使用需要多处控制，并宜设有值班、清扫用照明，其控制开关宜在前厅值班室。

4 观众厅及其出口、疏散楼梯间、疏散通道以及演员和工作人员的出口，应设有应急照明。观众厅的疏散标志灯宜选用亮度可调式，演出时可减光40%，疏散时不应减光。

5 甲、乙等剧场观众厅应设置座位排号灯，其电源电压不应超过 36V。

6 化妆室照明宜选用高显色性光源，光源的色温应与舞台照明光源色温接近。演员化妆台宜设有安全特低电压电源插座。

7 门厅、休息厅宜配置备用电源回路。

8 影剧院前厅、休息厅、观众厅和走廊等场所，其照明控制开关宜集中设在前厅值班室或带锁的配电箱内。

10.9 建筑景观照明

10.9.1 景观照明设计应符合下列规定：

1 建筑景观照明设计应服从城市景观照明设计的总体要求。景观亮度、光色及光影效果应与所在区域整体光环境相协调。

2 当景观照明涉及文物古建、航空航海标志等，或将照明设施安装在公共区域时，应取得相关部门批准。

3 景观照明的设置应表现建筑物或构筑物的特征，并应显示出建筑艺术立体感。

4 对于标志性建筑、具有重要政治文化意义的构筑物，宜作为区域景观照明设计方案的重点对象加以突出。

5 城市繁华商业街区的景观照明宜结合店牌与广告照明、橱窗照明等进行整体设计。

6 城市景观照明宜与城市街区照明结合设置，应满足道路照明要求并注意避免对行人、行车视线的干扰以及对正常灯光标志的干扰。

10.9.2 照明方式与亮度水平控制应符合下列要求：

1 建筑物泛光照明应考虑整体效果。光线的主投射方向宜与主视线方向构成 30°～70°夹角。不应单独使用色温高于 6000K 的光源。

2 应根据受照面的材料表面反射比及颜色选配灯具及确定安装位置，并应使建筑物上半部的平均亮度高于下半部。当建筑表面反射比低于 0.2 时，不宜采用投射光照明方式。

3 可采用在建筑自身或在相邻建筑物上设置灯具的布灯方式或将两种方式结合，也可将灯具设置在地面绿化带中。

4 在建筑物自身上设置照明灯具时，应使窗墙形成均匀的光幕效果。

5 采用投射光照明的被照景物的平均亮度水平宜符合表 10.9.2 的规定。

表 10.9.2 被照景物亮度水平

被照景物所处区域	亮度范围 （cd/m²）
城市中心商业区、娱乐区、大型广场	<15
一般城市街区、边缘商业区、城镇中心区	<10
居住区、城市郊区、较大面积的园林景区	<5

6 对体形较大且具有较丰富轮廓线的建筑，可采用轮廓装饰照明。当同时设置轮廓装饰照明和投射光照明时，投射光照明应保持在较低的亮度水平。

7 对体形高大且具有较大平整立面的建筑，可在立面上设置由多组霓虹灯、彩色荧光灯或彩色 LED 灯构成的大型灯组。

8 采用玻璃幕墙或外墙开窗面积较大的办公、商业、文化娱乐建筑，宜采用以内透光照明为主的景观照明方式。

9 喷水照明的设置应使灯具的主要光束集中于水柱和喷水端部的水花。当使用彩色滤光片时，应根据不同的透射比正确选择光源功率。

10 当采用安装于行人水平视线以下位置的照明灯具时，应避免出现眩光。

11 景观照明的灯具安装位置，应避免在白天对建筑外观产生不利的影响。

10.9.3 供电与控制应符合下列规定：

1 室内分支线路每一单相回路电流不宜超过16A，室外分支线路每一单相回路电流不宜超过25A。室外单相 220V 支路线路长度不宜超过 100m，220/380V 三相四线制线路长度不宜超过 300m，并应进行保护灵敏度的校验。

2 除采用 LED 光源外，建筑物轮廓灯每一单相回路不宜超过 100 个。

3 安装于建筑内的景观照明系统应与该建筑配电系统的接地形式一致。安装于室外的景观照明中距建筑外墙 20m 以内的设施，应与室内系统的接地形式一致，距建筑物外墙大于 20m 宜采用 TT 接地形式。

4 室外分支线路应装设剩余电流动作保护器。

5 景观照明应集中控制，并应根据使用要求设置一般、节日、重大庆典等不同的控制方案。

11 民用建筑物防雷

11.1 一般规定

11.1.1 本章适用于民用建筑物、构筑物的防雷设计，不适用于具有爆炸和火灾危险环境的民用建筑物的防雷设计。

11.1.2 建筑物防雷设计应调查地质、地貌、气象、环境等条件和雷电活动规律以及被保护物的特点等，因地制宜地采取防雷措施，做到安全可靠、技术先进、经济合理。

11.1.3 建筑物防雷不应采用装有放射性物质的接闪器。

11.1.4 新建建筑物防雷应根据建筑及结构形式与相关专业配合，宜利用建筑物金属结构及钢筋混凝土结构中的钢筋等导体作为防雷装置。

11.1.5 年平均雷暴日数应根据当地气象台（站）的资料确定。

11.1.6 建筑物年预计雷击次数的计算应符合本规范附录 C 的规定。

11.1.7 在防雷装置与其他设施和建筑物内人员无法隔离的情况下，装有防雷装置的建筑物，应采取等电位联结。

11.1.8 民用建筑物防雷设计除应符合本规范的规定外，尚应符合现行国家标准《建筑物防雷设计规范》GB 50057 和《建筑物电子信息系统防雷技术规范》GB 50343 的规定。

11.2 建筑物的防雷分类

11.2.1 建筑物应根据其重要性、使用性质、发生雷电事故的可能性和后果，按防雷要求进行分类。

11.2.2 根据现行国家标准《建筑物防雷设计规范》GB 50057 的规定，民用建筑物应划分为第二类和第三类防雷建筑物。

在雷电活动频繁或强雷区，可适当提高建筑物的防雷保护措施。

11.2.3 符合下列情况之一的建筑物，应划分为第二类防雷建筑物：

1 高度超过 100m 的建筑物；

2 国家级重点文物保护建筑物；

3 国家级的会堂、办公建筑物、档案馆、大型博展建筑物；特大型、大型铁路旅客站；国际性的航空港、通信枢纽；国宾馆、大型旅游建筑物；国际港口客运站；

4 国家级计算中心、国家级通信枢纽等对国民经济有重要意义且装有大量电子设备的建筑物；

5 年预计雷击次数大于 0.06 的部、省级办公建筑物及其他重要或人员密集的公共建筑物；

6 年预计雷击次数大于 0.3 的住宅、办公楼等一般民用建筑物。

11.2.4 符合下列情况之一的建筑物，应划为第三类防雷建筑物：

1 省级重点文物保护建筑物及省级档案馆；

2 省级大型计算中心和装有重要电子设备的建筑物；

3 19 层及以上的住宅建筑和高度超过 50m 的其他民用建筑物；

4 年预计雷击次数大于或等于 0.012 且小于或等于 0.06 的部、省级办公建筑物及其他重要或人员密集的公共建筑物；

5 年预计雷击次数大于或等于 0.06 且小于或等于 0.3 的住宅、办公楼等一般民用建筑物；

6 建筑群中最高的建筑物或位于建筑群边缘高度超过 20m 的建筑物；

7 通过调查确认当地遭受过雷击灾害的类似建筑物；历史上雷害事故严重地区或雷害事故较多地区的较重要建筑物；

8 在平均雷暴日大于 15d/a 的地区，高度大于或等于 15m 的烟囱、水塔等孤立的高耸构筑物；在平均雷暴日小于或等于 15d/a 的地区，高度大于或等于 20m 的烟囱、水塔等孤立的高耸构筑物。

11.3 第二类防雷建筑物的防雷措施

11.3.1 第二类防雷建筑物应采取防直击雷、防侧击和防雷电波侵入的措施。

11.3.2 防直击雷的措施应符合下列规定：

1 接闪器宜采用避雷带（网）、避雷针或由其混合组成。避雷带应装设在建筑物易受雷击的屋角、屋脊、女儿墙及屋檐等部位，并应在整个屋面上装设不大于 10m×10m 或 12m×8m 的网格。

2 所有避雷针应采用避雷带或等效的环形导体相互连接。

3 引出屋面的金属物体可不装接闪器，但应和屋面防雷装置相连。

4 在屋面接闪器保护范围之外的非金属物体应装设接闪器，并应和屋面防雷装置相连。

5 当利用金属物体或金属屋面作为接闪器时，应符合本规范第 11.6.4 条的要求。

6 防直击雷的引下线应优先利用建筑物钢筋混凝土中的钢筋或钢结构柱，当利用建筑物钢筋混凝土中的钢筋作为引下线时，应符合本规范第11.7.7条的要求。

7 防直击雷装置的引下线的数量和间距应符合下列规定：

    1）专设引下线时，其根数不应少于2根，间距不应大于18m，每根引下线的冲击接地电阻不应大于10Ω；

    2）当利用建筑物钢筋混凝土中的钢筋或钢结构柱作为防雷装置的引下线时，其根数可不限，间距不应大于18m，但建筑外廓易受雷击的各个角上的柱子的钢筋或钢柱应被利用，每根引下线的冲击接地电阻可不作规定。

8 防直击雷的接地网应符合本规范第11.8节的规定。

11.3.3 当建筑物高度超过45m时，应采取下列防侧击措施：

1 建筑物内钢构架和钢筋混凝土的钢筋应相互连接。

2 应利用钢柱或钢筋混凝土柱子内钢筋作为防雷装置引下线。结构圈梁中的钢筋应每三层连成闭合回路，并应同防雷装置引下线连接。

3 应将45m及以上外墙上的栏杆、门窗等较大金属物直接或通过预埋件与防雷装置相连。

4 垂直敷设的金属管道及类似金属物除应满足本规范第11.3.6条的规定外，尚应在顶端和底端与防雷装置连接。

11.3.4 防雷电波侵入的措施应符合下列规定：

1 为防止雷电波的侵入，进入建筑物的各种线路及金属管道宜采用全线埋地引入，并应在入户端将电缆的金属外皮、钢导管及金属管道与接地网连接。当采用全线埋地电缆确有困难而无法实现时，可采用一段长度不小于 $2\sqrt{\rho}$（m）的铠装电缆或穿钢导管的全塑电缆直接埋地引入，电缆埋地长度不应小于15m，其入户端电缆的金属外皮或钢导管应与接地网连通。

    注：ρ为埋地电缆处的土壤电阻率（Ω·m）。

2 在电缆与架空线连接处，还应装设避雷器，并应与电缆的金属外皮或钢导管及绝缘子铁脚、金具连在一起接地，其冲击接地电阻不应大于10Ω。

3 年平均雷暴日在30d/a及以下地区的建筑物，可采用低压架空线直接引入建筑物，并应符合下列要求：

    1）入户端应装设避雷器，并应与绝缘子铁脚、金具连在一起接到防雷接地网上，冲击接地电阻不应大于5Ω；

    2）入户端的三基电杆绝缘子铁脚、金具应

接地，靠近建筑物的电杆的冲击接地电阻不应大于10Ω，其余两基电杆不应大于20Ω。

4 进出建筑物的架空和直接埋地的各种金属管道应在进出建筑物处与防雷接地网连接。

5 当低压电源采用全长电缆或架空线换电缆引入时，应在电源引入处的总配电箱装设浪涌保护器。

6 设在建筑物内、外的配电变压器，宜在高、低压侧的各相装设避雷器。

11.3.5 防止雷电流流经引下线和接地网时产生的高电位对附近金属物体、电气线路、电气设备和电子信息设备的反击的措施应符合下列规定：

1 有条件时，宜将防雷装置的接闪器和引下线与建筑物内的金属物体隔开。金属物体至引下线的距离应符合公式（11.3.5-1）至（11.3.5-3）的要求，地下各种金属管道及其他各种接地网距防雷接地网的距离应符合公式（11.3.5-4）的要求，且不应小于2m，达不到时应相互连接。

当 $L_x \geqslant 5R_i$ 时 $S_{a1} \geqslant 0.075K_c(R_i + L_x)$

$$(11.3.5-1)$$

当 $L_x < 5R_i$ 时 $S_{a1} \geqslant 0.3K_c(R_i + 0.1L_x)$

$$(11.3.5-2)$$

$$S_{a2} \geqslant 0.075K_cL_x \qquad (11.3.5-3)$$

$$S_{ed} \geqslant 0.3K_cR_i \qquad (11.3.5-4)$$

式中 S_{a1}——当金属管道的埋地部分未与防雷接地网连接时，引下线与金属物体之间的空气中距离（m）；

       S_{a2}——当金属管道的埋地部分已与防雷接地网连接时，引下线与金属物体之间的空气中距离（m）；

       R_i——防雷接地网的冲击接地电阻（Ω）；

       L_x——引下线计算点到地面长度（m）；

       S_{ed}——防雷接地网与各种接地网或埋地各种电缆和金属管道间的地下距离（m）；

       K_c——分流系数，单根引下线应为1，两根引下线及接闪器不成闭合环的多根引下线应为0.66，接闪器成闭合环或网状的多根引下线应为0.44。

2 当利用建筑物的钢筋体或钢结构作为引下线，同时建筑物的大部分钢筋、钢结构等金属物与被利用的部分连成整体时，其距离可不受限制。

3 当引下线与金属物或线路之间有自然接地或人工接地的钢筋混凝土构件、金属板、金属网等静电屏蔽物隔开时，其距离可不受限制。

4 当引下线与金属物或线路之间有混凝土墙、砖墙隔开时，混凝土墙的击穿强度应与空气击穿强度相同，砖墙的击穿强度应为空气击穿强度的二分之一。当引下线与金属物或线路之间距离不能满足上述要求时，金属物或线路应与引下线直接相连或通过过电压保护器相连。

5　对于设有大量电子信息设备的建筑物，其电气、电信竖井内的接地干线应与每层楼板钢筋作等电位联结。一般建筑物的电气、电信竖井内的接地干线应每三层与楼板钢筋做等电位联结。

11.3.6　当整个建筑物全部为钢筋混凝土结构或为砖混结构但有钢筋混凝土组合柱和圈梁时，应利用钢筋混凝土结构内的钢筋设置局部等电位联结端子板，并应将建筑物内的各种竖向金属管道每三层与局部等电位联结端子板连接一次。

11.3.7　当防雷接地网符合本规范第 11.8.8 条的要求时，应优先利用建筑物钢筋混凝土基础内的钢筋作为接地网。当为专设接地网时，接地网应围绕建筑物敷设成一个闭合环路，其冲击接地电阻不应大于 10Ω。

11.4　第三类防雷建筑物的防雷措施

11.4.1　第三类防雷建筑物应采取防直击雷、防侧击和防雷电波侵入的措施。

11.4.2　防直击雷的措施应符合下列规定：

1　接闪器宜采用避雷带（网）、避雷针或由其混合组成，所有避雷针应采用避雷带或等效的环形导体相互连接。

2　避雷带应装设在屋角、屋脊、女儿墙及屋檐等建筑物易受雷击部位，并应在整个屋面上装设不大于 20m×20m 或 24m×16m 的网格。

3　对于平屋面的建筑物，当其宽度不大于 20m 时，可仅沿周边敷设一圈避雷带。

4　引出屋面的金属物体可不装接闪器，但应和屋面防雷装置相连。

5　在屋面接闪器保护范围以外的非金属物体应装设接闪器，并应和屋面防雷装置相连。

6　当利用金属物体或金属屋面作为接闪器时，应符合本规范第 11.6.4 条的要求；

7　防直击雷装置的引下线应优先利用钢筋混凝土中的钢筋，但应符合本规范第 11.7.7 条的要求。

8　防直击雷装置的引下线的数量和间距应符合下列规定：

1）为防雷装置专设引下线时，其引下线数量不应少于两根，间距不应大于 25m，每根引下线的冲击接地电阻不宜大于 30Ω；对第 11.2.4 条第 4 款所规定的建筑物则不宜大于 10Ω；

2）当利用建筑物钢筋混凝土中的钢筋作为防雷装置引下线时，其引下线数量可不受限制，间距不应大于 25m，建筑物外廓易受雷击的几个角上的柱筋宜被利用。每根引下线的冲击接地电阻值可不作规定。

9　构筑物的防直击雷装置引下线可为一根，当其高度超过 40m 时，应在相对称的位置上装设两根。当符合本规范第 11.7.7 条的要求时，钢筋混凝土结构的构筑物中的钢筋可作为引下线。

10　防直击雷装置的接地网宜和电气设备等接地网共用。进出建筑物的各种金属管道及电气设备的接地网，应在进出处与防雷接地网相连。

在共用接地网并与埋地金属管道相连的情况下，接地网宜围绕建筑物敷设成环形。当符合本规范第 11.8.8 条的要求时，应利用基础和地梁作为环形接地网。

11.4.3　当建筑物高度超过 60m 时，应采取下列防侧击措施：

1　建筑物内钢构架和钢筋混凝土中的钢筋及金属管道等的连接措施，应符合本规范第 11.3.3 条的规定；

2　应将 60m 及以上外墙上的栏杆、门窗等较大的金属物直接或通过预埋件与防雷装置相连。

11.4.4　防雷电波侵入的措施应符合下列规定：

1　对电缆进出线，应在进出端将电缆的金属外皮、金属导管等与电气设备接地相连。架空线转换为电缆时，电缆长度不宜小于 15m，并应在转换处装设避雷器。避雷器、电缆金属外皮和绝缘子铁脚、金具应连在一起接地，其冲击接地电阻不宜大于 30Ω。

2　对低压架空进出线，应在进出处装设避雷器，并应与绝缘子铁脚、金具连在一起接到电气设备的接地网上。当多回路进出线时，可仅在母线或总配电箱处装设避雷器或其他形式的浪涌保护器，但绝缘子铁脚、金具仍应接到接地网上。

3　进出建筑物的架空金属管道，在进出处应就近接到防雷或电气设备的接地网上或独自接地，其冲击接地电阻不宜大于 30Ω。

11.4.5　防止雷电流流经引下线和接地网时产生的高电位对附近金属物体、电气线路、电气设备和电子信息设备的反击的措施，应符合下列要求：

1　有条件时，宜将防雷装置的接闪器和引下线与建筑物内的金属物体隔开。金属物体至引下线的距离应符合公式（11.4.5-1）或（11.4.5-2）的要求。地下各种金属管道及其他各种接地网距防雷接地网的距离应符合公式（11.3.5-4）的要求，但不应小于 2m。当达不到时，应相互连接。

当 $L_x \geqslant 5R_i$ 时　$S_{a1} \geqslant 0.05K_c(R_i + L_x)$

$$(11.4.5\text{-}1)$$

当 $L_x < 5R_i$ 时　$S_{a1} \geqslant 0.2K_c(R_i + 0.1L_x)$

$$(11.4.5\text{-}2)$$

式中　S_{a1}——当金属管道的埋地部分未与防雷接地网连接时，引下线与金属物体之间的空气中距离（m）；

R_i——防雷接地网的冲击接地电阻（Ω）；

K_c——分流系数；

L_x——引下线计算点到地面长度（m）。

2 在共用接地网并与埋地金属管道相连的情况下，其引下线与金属物之间的空气中距离应符合公式（11.3.5-3）的要求。

3 当利用建筑物的钢筋体或钢结构作为引下线，同时建筑物的钢筋、钢结构等金属物与被利用的部分连成整体时，其距离可不受限制。

4 当引下线与金属物或线路之间有自然地或人工地的钢筋混凝土构件、金属板、金属网等静电屏蔽物隔开时，其距离可不受限制。

5 电气、电信竖井内的接地干线与楼板钢筋的等电位联结应符合本规范第11.3.5条的规定。

11.5 其他防雷保护措施

11.5.1 微波站、电视差转台、卫星通信地球站、广播电视发射台、雷达站、雷达雷测试调试场、移动通信基站等建筑物的防雷，应符合下列规定：

1 天线铁塔上的天线应在避雷针保护范围内，避雷针可固定在天线铁塔上，塔身金属结构可兼作接闪器和引下线。当天线塔位于机房旁边时，应在塔基四角外敷设铁塔接地网和闭合环形接地体，天线铁塔及防雷引下线应与该接地网和闭合环形接地体可靠连通。天线基础周围的闭合环形接地体与围绕机房四周敷设的闭合环形接地体应有两处以上部位可靠连接。

2 天线铁塔上的天线馈线波导管或同轴传输线的金属外皮及敷线金属导管，应在塔的上下两端及超过60m时，还应在其中间部位与塔身金属结构可靠连接，并应在机房入口处的外侧与接地网连通。经走线架上塔的天线馈线，应在其转弯处上方0.5～1m范围内可靠接地，室外走线架亦应在始末两端可靠接地。塔上的天线安装框架、支持杆、灯具外壳等金属件，应与塔身金属结构用螺栓连接或焊接连通。塔顶航空障碍灯及塔上的照明灯电源线应采用带金属外皮的电缆或将导线穿入金属导管，电缆金属外皮或金属导管至少应在上下两端与塔身连接。

3 卫星通信地球站天线的防雷，可采用独立避雷针或在天线口面上沿及副面调整器顶端预留的安装避雷针处分别安装相应的避雷针。当天线安装于地面上时，其防雷引下线应直接引至天线基础周围的闭合形接地体。当天线位于机房屋顶时，可利用建筑物结构钢筋作为其防雷引下线。

4 中波无线电广播台的桅杆天线塔对地应是绝缘的，宜在塔基设有绝缘子，桅杆天线底部与大地之间安装球形放电间隙。桅杆天线必须自桅杆中心向外呈辐射状敷设接地网，地网相邻导体间夹角应相等。导体的数量及每根导体的长度，应根据发射机输出功率及波长确定。

短波无线电广播台的天线塔上应装设避雷针并将

塔体接地。无线电广播台发射机房内应设置高频接地母线及高频接地极。

5 雷达站的天线本身可作为防雷接闪器。当另设避雷针或避雷线作为接闪器以保护雷达天线时，应避免其对雷达工作的影响。

6 微波站、电视差转台、卫星通信地球站、广播电视发射台、雷达测试调试场、移动通信基站等设施的机房屋顶应设避雷网，其网格尺寸不应大于3m×3m，且应与屋顶四周敷设的闭合环形避雷带焊接连通。机房四周应设雷电流引下线，引下线可利用机房建筑结构柱内的2根以上主钢筋，并应与钢筋混凝土屋面板、梁及基础、桩基内的主钢筋相互连通。当天线塔直接位于屋顶上时，天线塔四角应在屋顶与雷电流引下线分别就近连通。机房外应围绕机房敷设闭合环形水平接地体并在四角与机房接地网连通。对于钢筋混凝土楼板的地面和顶面，其楼板内所有结构钢筋应可靠连通，并应与闭合环形接地极连成一体。对于非钢筋混凝土楼板的地面和顶面，应在楼板构造内敷设不大于1.5m×1.5m的均压网，并应与闭合环形接地极连成一体。雷达站机房应利用地面、顶面和墙面内钢筋构成网格不大于200mm×200mm的笼形屏蔽接地体。

7 微波站、电视差转台、卫星通信地球站、广播电视发射台、雷达站、雷达测试调试场、移动通信基站等设施机房及电力室内应在墙面、地槽或走线架上敷设环形或排形接地汇集线，机房和电力室接地汇集线之间应采用截面积不小于40mm×4mm热镀锌扁钢连接导体相互可靠连通，并应对称各引出2根接地引入导体与机房接地网就近焊接连通。

8 微波站、电视差转台、卫星通信地球站、广播电视发射台、雷达站、雷达测试调试场、移动通信基站等设施的站区内严禁布设架空缆线，进出机房的各类缆线均应采用具有金属外护套的电缆或穿金属导管埋地敷设，其埋地长度不应小于50m，两端应与接地网相连接。当其长度大于60m时，中间应接地。电缆在进站房处应将电缆芯线加浪电涌保护器，电缆内的空线应对应接地。

9 雷达测试调试场应埋设环形水平接地体，其地面上应预留接地端子，各种专用车辆的功能接地、保护接地、电源电缆的外皮及馈线屏蔽层外皮，均应采用接地导体以最短路径与接地端子相连。

11.5.2 固定在建筑物上的节日彩灯、航空障碍标志灯及其他用电设备的线路，应采取下列防雷电波侵入措施。

1 无金属外壳或保护网罩的用电设备，应处在接闪器的保护范围内。

2 有金属外壳或保护网罩的用电设备，应将金属外壳或保护网罩就近与屋顶防雷装置相连。

3 从配电盘引出的线路应穿钢导管，钢导管的一端应与配电盘外露可导电部分相连，另一端应与用电设备外露可导电部分及保护罩相连，并应就近与屋顶防雷装置相连，钢导管因连接设备而在中间断开时，应设跨接线，钢导管穿过防雷分区界面时，应在分区界面作等电位联结。

4 在配电盘内，应在开关的电源侧与外露可导电部分之间装设浪涌保护器。

11.5.3 对于不装防雷装置的所有建筑物和构筑物，应在进户处将绝缘子铁脚连同铁横担一起接到电气设备的接地网上，并应在室内总配电盘装设浪涌保护器。

11.5.4 严禁在独立避雷针、避雷网、引下线和避雷线支柱上悬挂电话线、广播线和低压架空线等。

11.5.5 屋面露天汽车停车场应采用避雷针、架空避雷线（网）作接闪器，且应使屋面车辆和人员处于接闪器保护范围内。

11.5.6 粮、棉及易燃物大量集中的露天堆场，宜采取防直击雷措施。当其年计算雷击次数大于或等于0.06时，宜采用独立避雷针或架空避雷线防直击雷。独立避雷针和架空避雷线保护范围的滚球半径 h_r 可取 100m。当计算雷击次数时，建筑物的高度可按堆放物可能堆放的高度计算，其长度和宽度可按可能堆放面积的长度和宽度计算。

11.6 接 闪 器

11.6.1 不得利用安装在接收无线电视广播的共用天线的杆顶上的接闪器保护建筑物。

11.6.2 建筑物防雷装置可采用避雷针、避雷带（网）、屋顶上的永久性金属物及金属屋面作为接闪器。

11.6.3 避雷针宜采用圆钢或焊接钢管制成，其直径应符合表 11.6.3 的规定。

表 11.6.3 避雷针的直径

材料规格 针长、部位	圆钢直径 （mm）	钢管直径 （mm）
1m 以下	≥12	≥20
1～2m	≥16	≥25
烟囱顶上	≥20	≥40

11.6.4 避雷网和避雷带宜采用圆钢或扁钢，其尺寸应符合表 11.6.4 的规定。

表 11.6.4 避雷网、避雷带及烟囱顶上的避雷环规格

材料规格 类别	圆钢直径 （mm）	扁钢截面 （mm²）	扁管厚度 （mm）
避雷网、避雷带	≥8	≥48	≥4
烟囱上的避雷环	≥12	≥100	≥4

11.6.5 对于利用钢板、铜板、铝板等做屋面的建筑物，当符合下列要求时，宜利用其屋面作为接闪器：

1 金属板之间具有持久的贯通连接；

2 当金属板需要防雷击穿孔时，钢板厚度不应小于 4mm，铜板厚度不应小于 5mm，铝板厚度不应小于 7mm；

3 当金属板不需要防雷击穿孔和金属板下面无易燃物品时，钢板厚度不应小于 0.5mm，铜板厚度不应小于 0.5mm，铝板厚度不应小于 0.65mm，锌板厚度不应小于 0.7mm；

4 金属板应无绝缘被覆层。

11.6.6 层顶上的永久性金属物宜作为接闪器，但其所有部件之间均应连成电气通路，并应符合下列规定：

1 对于旗杆、栏杆、装饰物等，其规格不应小于本规范第 11.6.2 条和第 11.6.3 条的规定；

2 钢管、钢罐的壁厚不应小于 2.5mm，当钢管、钢罐一旦被雷击穿，其介质对周围环境造成危险时，其壁厚不得小于 4mm。

11.6.7 接闪器应热镀锌，焊接处应涂防腐漆。在腐蚀性较强的场所，还应加大其截面或采取其他防腐措施。

11.6.8 接闪器的布置及保护范围应符合下列规定：

1 接闪器应由下列各形式之一或任意组合而成：

1）独立避雷针；

2）直接装设在建筑物上的避雷针、避雷带或避雷网。

2 布置接闪器时应优先采用避雷网、避雷带或采用避雷针，并应按表 11.6.7 规定的不同建筑防雷类别的滚球半径 h_r，采用滚球法计算接闪器的保护范围。

注：滚球法是以 h_r 为半径的一个球体，沿需要防直击雷的部位滚动，当球体只触及接闪器（包括利用作为接闪器的金属物）或接闪器和地面（包括与大地接触能承受雷击的金属物）而不触及需要保护的部位时，则该部分就得到接闪器的保护。滚球法确定接闪器的保护范围应符合现行国家标准《建筑物防雷设计规范》GB 50057 附录的规定。

表 11.6.7 按建筑物的防雷类别布置接闪器

建筑物防雷类别	滚球半径 h_r（m）	避雷网尺寸
第二类防雷建筑物	45	≤10m×10m 或 ≤12m×8m
第三类防雷建筑物	60	≤20m×20m 或 ≤24m×16m

11.7 引 下 线

11.7.1 建筑物防雷装置宜利用建筑物钢筋混凝土中的钢筋或采用圆钢、扁钢作为引下线。

11.7.2 引下线宜采用圆钢或扁钢。当采用圆钢时，直径不应小于8mm。当采用扁钢时，截面不应小于48mm²，厚度不应小于4mm。

对于装设在烟囱上的引下线，圆钢直径不应小于12mm，扁钢截面不应小于100mm²且厚度不应小于4mm。

11.7.3 除利用混凝土中钢筋作引下线外，引下线应热镀锌，焊接处应涂防腐漆。在腐蚀性较强的场所，还应加大截面或采取其他的防腐措施。

11.7.4 专设引下线宜沿建筑物外墙明敷设，并应以较短路径接地，建筑艺术要求较高者也可暗敷，但截面应加大一级。

11.7.5 建筑物的金属构件、金属烟囱、烟囱的金属爬梯等可作为引下线，其所有部件之间均应连成电气通路。

11.7.6 采用多根专设引下线时，宜在各引下线距地面1.8m以下处设置断接卡。

当利用钢筋混凝土中的钢筋、钢柱作为引下线并同时利用基础钢筋为接地网时，可不设断接卡。当利用钢筋作引下线时，应在室内外适当地点设置连接板，供测量接地、接人工接地体和等电位联结用。

当仅利用钢筋混凝土中钢筋作引下线并采用埋于土壤中的人工接地体时，应在每根引下线的距地面不低于0.5m处设接地体连接板。采用埋于土壤中的人工接地体时，应设断接卡，其上端应与连接板或钢柱焊接。连接板处应有明显标志。

11.7.7 利用建筑钢筋混凝土中的钢筋作为防雷引下线时，其上部应与接闪器焊接，下部在室外地坪下0.8～1m处宜焊出一根直径为12mm或40mm×4mm镀锌钢导体，此导体伸出外墙的长度不宜小于1m，作为防雷引下线的钢筋应符合下列要求：

1 当钢筋直径大于或等于16mm时，应将两根钢筋绑扎或焊接在一起，作为一组引下线；

2 当钢筋直径大于或等于10mm且小于16mm时，应利用四根钢筋绑扎或焊接作为一组引下线。

11.7.8 当建筑、构筑物钢筋混凝土内的钢筋具有贯通性连接并符合本规范第11.7.7条要求时，竖向钢筋可作为引下线；当横向钢筋与引下线有可靠连接时，横向钢筋可作为均压环。

11.7.9 在易受机械损坏的地方，地面上1.7m至地面下0.3m的引下线应加保护设施。

11.8 接 地 网

11.8.1 民用建筑宜优先利用钢筋混凝土中的钢筋作为防雷接地网，当不具备条件时，宜采用圆钢、钢管、角钢或扁钢等金属体作人工接地极。

11.8.2 垂直埋设的接地极，宜采用圆钢、钢管、角钢等。水平埋设的接地极宜采用扁钢、圆钢等。人工接地极的最小尺寸应符合本规范表12.5.1的规定。

11.8.3 接地极及其连接导体应热镀锌，焊接处应涂防腐漆。在腐蚀性较强的土壤中，还应适当加大其截面或采取其他防腐措施。

11.8.4 垂直接地体的长宜为2.5m。垂直接地极间的距离及水平接地极间的距离宜为5m，当受场所限制时可减小。

11.8.5 接地极埋设深度不宜小于0.6m，接地极应远离由于高温影响使土壤电阻率升高的地方。

11.8.6 当防雷装置引下线大于或等于两根时，每根引下线的冲击接地电阻均应满足对该建筑物所规定的防直击雷冲击接地电阻值。

11.8.7 为降低跨步电压，防直击雷的人工接地网距建筑物入口处及人行道不宜小于3m，当小于3m时，应采取下列措施之一：

1 水平接地极局部深埋不应小于1m；

2 水平接地极局部应包以绝缘物；

3 宜采用沥青碎石地面或在接地网上面敷设50～80mm沥青层，其宽度不宜小于接地网两侧各2m。

11.8.8 当基础采用以硅酸盐为基料的水泥和周围土壤的含水率不低于4%以及基础的外表面无防腐层或有沥青质的防腐层时，钢筋混凝土基础内的钢筋宜作为接地网，并应符合下列要求：

1 每根引下线处的冲击接地电阻不宜大于5Ω；

2 利用基础内钢筋网作为接地体时，每根引下线在距地面0.5m以下的钢筋表面积总和，对第二类防雷建筑物不应少于4.24K_c^2（m²），对第三类防雷建筑物不应少于1.89K_c^2（m²）。

注：K_c为分流系数，取值与本规范第11.3.5条中的取值一致。

11.8.9 当采用敷设在钢筋混凝土中的单根钢筋或圆钢作为防雷装置时，钢筋或圆钢的直径不应小于10mm。

11.8.10 沿建筑物外面四周敷设成闭合环状的水平接地体，可埋设在建筑物散水以外的基础槽边。

11.8.11 防雷装置的接地电阻，应考虑在雷雨季节，土壤干、湿状态的影响。

11.8.12 在高土壤电阻率地区，宜采用下列方法降低防雷接地网的接地电阻：

1 可采用多支线外引接地网，外引长度不应大于有效长度（$2\sqrt{\rho}$）；

2 可将接地体埋于较深的低电阻率土壤中，也可采用井式或深钻式接地极；

3 可采用降阻剂，降阻剂应符合环保要求；

4 可换土；

5 可敷设水下接地网。

11.9 防雷击电磁脉冲

11.9.1 建筑物防雷击电磁脉冲设计宜符合下列规定：

1 电子信息系统是否需要防雷击电磁脉冲，应根据防雷区及设备要求进行损失评估及经济分析综合考虑，做到安全、适用、经济。

2 对于未装设防雷装置的建筑物，当电子信息系统需防雷击电磁脉冲时，该建筑物宜按第三类防雷建筑物采取防雷措施，接闪器宜采用避雷带（网）。

3 当工程设计阶段不明确电子信息系统的规模和具体设置且预计将设置电子信息系统时，应在设计时将建筑物金属构架、混凝土钢筋等自然构件、金属管道、电气的保护接地系统等与防雷装置连成共用接地系统，并应在适当地方预埋等电位联结板。

4 建筑物内电子信息系统应根据所在地雷暴日、设备所在的防雷区及系统对雷击电磁脉冲的抗扰度，采取相应的屏蔽、接地、等电位联结及装设浪涌保护器等防护措施。

5 根据电磁场强度的衰减情况，防雷区可划分为 LPZO$_A$、LPZ0$_B$、LPZ1 及 LPZn+1 区。分区原则应符合现行国家标准《建筑物防雷设计规范》GB 50057 的规定。

6 建筑物电子信息系统应根据信息系统所处环境进行雷击风险评估，可按信息系统的重要性和使用性质，将信息系统防雷击电磁脉冲防护等级划分为 A、B、C、D 四级，并应符合下列规定：

　1） 根据建筑物电子信息系统所处环境进行风险评估时，可按下式计算防雷装置的拦截效率，确定防护等级：

$$E = 1 - N_c/N \qquad (11.9.1)$$

式中　E——防雷装置的拦截效率；

　　　N_c——直击雷和雷击电磁脉冲引起信息系统设备损坏的可接受的年平均雷击次数（次/a）；

　　　N——建筑物及入户设施年预计雷击次数（次/a）。

当 N 小于或等于 N_c 时，可不安装雷电防护装置；

当 N 大于 N_c 时，应安装雷电防护装置；

当 E 大于 0.98 时，应为 A 级；

当 E 大于 0.90，小于或等于 0.98 时，应为 B 级；

当 E 大于 0.80，小于或等于 0.90 时，应为 C 级；

当 E 小于或等于 0.80 时，应为 D 级。

　2） 按建筑物电子系统的重要性和使用性质确定的防护等级应符合表 11.9.1 的规定；

　3） 当采用上述两种方法确定的防护等级不相同时，宜按较高级别确定。

11.9.2 为减少雷击电磁脉冲的干扰，宜在建筑物和被保护房间的外部设屏蔽、合理选择敷设线路径及线路屏蔽等措施，并应符合下列规定：

1 建筑物金属屋顶、立面金属表面、钢柱、钢梁、混凝土内钢筋和金属门窗框架等大尺寸金属件，应作等电位联结并与防雷装置相连；

表 11.9.1　雷击电磁脉冲防护等级

雷击电磁脉冲防护等级	设置电子信息系统的建筑物
A 级	1 大型计算中心、大型通信枢纽、国家金融中心、银行、机场、大型港口、火车枢纽站等 2 甲级安全防范系统，如国家文物、档案馆的闭路电视监控和报警系统 3 大型电子医疗设备、五星级宾馆
B 级	1 中型计算中心、中型通信枢纽、移动通信基站、大型体育场馆监控系统、证券中心 2 乙级安全防范系统，如省级文物、档案馆的闭路电视监控和报警系统 3 雷达站、微波站、高速公路监控和收费系统 4 中型电子医疗设备 5 四星级宾馆
C 级	1 小型通信枢纽、电信局 2 大中型有线电视系统 3 三星级以下宾馆
D 级	除上述 A、B、C 级以外的电子信息设备

2 在需要保护的空间内，当采用屏蔽电缆时，其屏蔽层应在两端及在防雷区交界处作等电位联结；当系统要求只在一端作等电位联结时，应采用两层屏蔽，外层屏蔽按前述要求处理；

3 两个建筑物之间的非屏蔽电缆应敷设在金属导管内，导管两端应电气贯通，并应连接到各自建筑物的等电位联结带上；

4 当建筑物或房间的大屏蔽空间由金属框架或钢筋混凝土的钢筋等自然构件组成时，穿入该屏蔽空间的各种金属管道及导电金属物应就近作等电位联结；

5 每幢建筑物本身应采用共用接地网；当互相邻近的建筑物之间有电力和通信电缆连通时，宜将其接地网互相连接。

11.9.3 穿过各防雷区界面的金属物和系统，以及在一个防雷区内部的金属物和系统均应在界面处作等电位联结，并符合下列要求：

1 所有进入建筑物的外来导电物均应在 LPZ0$_A$ 或 LPZ0$_B$ 与 LPZ1 的界面处作等电位联结；当外来导电物、电力线、通信线在不同地点进入建筑物时，宜分别设置等电位联结端子箱，并应将其就近连接到接地网；

2 建筑物金属立面、钢筋等屏蔽构件宜每隔5m与环形接地体或内部环形导体连接一次；

3 电子信息系统的各种箱体、壳体、机架等金属组件应与建筑物的共用接地网作等电位联结。

11.9.4 低压配电系统及电子信息系统信号传输线路在穿过各防雷区界面处，宜采用浪涌保护器（SPD）保护，并应符合下列规定：

1 当上级浪涌保护器为开关型SPD，次级SPD采用限压型SPD时，两者之间的线路长度应大于10m。当上级与次级浪涌保护器均采用限压型SPD时，两者之间的线路长度应大于5m。除采用能量自动控制型组合SPD外，当上级与次级浪涌保护器之间的线路长度不能满足要求时，应加装退耦装置。

2 浪涌保护器必须能承受预期通过的雷电流，并应符合下列要求：

1）浪涌保护器应能熄灭在雷电流通过后产生的工频续流；

2）浪涌保护器的最大钳压加上其两端引线的感应电压之和，应与其保护对象所属系统的基本绝缘水平和设备允许的最大浪涌电压相配合，并应小于被保护设备的耐冲击过电压值，不宜大于被保护设备耐冲击过电压额定值的80%。

当无法获得设备的耐冲击过电压时，220/380V三相配电系统设备的绝缘耐冲击过电压额定值可按表11.9.4-1选用。

表11.9.4-1 220/380V三相系统各种设备
绝缘耐冲击过电压额定值

设备位置	电源处的设备	配电线路和最后分支线路的设备	用电设备	特殊需要保护的设备
耐冲击过电压类别	IV类	III类	II类	I类
耐冲击电压额定值 kV	6	4	2.5	1.5

注：1 I类—需要将瞬态过电压限制到特定水平的设备；

2 II类—如家用电器、手提工具和类似负载；

3 III类—如配电盘，断路器，包括电缆、母线、分线盒、开关、插座等的布线系统，以及应用于永久至固定装置的固定安装的电动机等一些其他设备；

4 IV类—如电气计量仪表、一次线过流保护设备、波纹控制设备。

3 220/380V三相系统中的浪涌保护器的设置，应与接地形式及接线方式一致，且其最大持续运行电压U_c应符合下列规定：

1）TT系统中浪涌保护器安装在剩余电流保护器的负荷侧时，U_c不应小于$1.55U_0$；

当浪涌保护器安装在剩余电流保护器的电源侧时，U_c不应小于$1.15U_0$；

2）TN系统中，U_c不应小于$1.15U_0$；

3）IT系统中，U_c不应小于$1.15U$（U为线间电压）。

注：U_0是低压系统相导体对中性导体的标称电压，在220/380V三相系统中，$U_0=220$V。

4 配电线路用SPD应根据工程的防护等级和安装位置对SPD的标称导通电压、标称放电电流、冲击通流容量、限制电压、残压等参数进行选择。用于配电线路SPD最大放电电流参数，应符合表11.9.4-2的规定。

表11.9.4-2 配电线路SPD最大放电电流参数

防护等级	LPZ0与LPZ1交界处 第一级最大放电电流 (kA)	后续防雷区交界处 第二级最大放电电流 (kA)	第三级最大放电电流 (kA)	第四级最大放电电流 (kA)	直流电源最大放电电流 (kA)
	(10/350μs)	(8/20μs)	(8/20μs)	(8/20μs)	(8/20μs)
A级	≥20	≥80	≥40	≥20	≥10	≥10
B级	≥15	≥60	≥40	≥20	—	直流配电系统中根据线路长度和工作电压选用最大放电电流≥10kA适配的SPD
C级	≥12.5	≥50	≥20	—	—	
D级	≥12.5	≥50	≥10	—	—	

注：配电线路用SPD应具有SPD损坏告警、热容和过流保护、保险跳闸告警、遥信等功能；SPD的外封装材料应为阻燃材料。

5 信息系统的信号传输线路SPD，应根据线路工作频率、传输介质、传输速率、工作电压、接口形式、阻抗特性等参数，选用电压驻波比和插入损耗小的适配的产品，并应符合表11.9.4-3、11.9.4-4的规定。

6 各种计算机网络数据线路上的SPD，应根据被保护设备的工作电压、接口形式、特性阻抗、信号传输速率或工作频率等参数选用插入损耗低的适配的产品，并应符合表11.9.4-3、表11.9.4-4的规定。

表11.9.4-3 信号线路SPD性能参数

参数要求\缆线类型	非屏蔽双绞线	屏蔽双绞线	同轴电缆
标称导通电压	≥1.2U_n	≥1.2U_n	≥1.2U_n
测试波形	(1.2/50μs、8/20μs)混合波	(1.2/50μs、8/20μs)混合波	(1.2/50μs、8/20μs)混合波
标称放电电流 (kA)	≥1.0	≥0.5	≥3.0

注：U_n——额定工作电压。

表 11.9.4-4 信号线路、天馈线路 SPD 性能参数

名称	插入损耗≪(dB)	电压驻波比≪	响应时间≪(ns)	用于收发通信系统的 SPD 平均功率(kW)	特性阻抗(Ω)	传输速率(bit/s)	工作频率(MHz)	接口形式
数值	0.5	1.3	10	≥1.5倍系统平均功率	应满足系统要求	应满足系统要求	应满足系统要求	应满足系统要求

注:信号线用 SPD 应满足信号传输速率及带宽的需要,其接口应与被保护设备兼容。

7 应在各防雷区界面处作等电位联结。当由于工艺要求或其他原因,被保护设备位置不在界面处,且线路能承受所发生的浪涌电压时,SPD 可安装在被保护设备处,线路的金属保护层或屏蔽层,宜在界面处作等电位联结。

8 SPD 安装线路上应有过电流保护器件,该器件应由 SPD 厂商配套,宜选用有劣化显示功能的 SPD。

9 浪涌保护器连接导线应短而直,引线长度不宜超过 0.5m。

10 建筑物电子信息系统机房内的电源严禁采用架空线路直接引入。

11.9.5 当电子信息系统设备由 TN 交流配电系统供电时,其配电线路必须采用 TN-S 系统的接地形式。

12 接地和特殊场所的安全防护

12.1 一般规定

12.1.1 本章适用于交流标称电压 10kV 及以下用电设备的接地配置及特殊场所的安全防护设计。

12.1.2 用电设备的接地可分为保护性接地和功能性接地。

12.1.3 用电设备保护接地设计,根据工程特点和地质状况确定合理的系统方案。

12.1.4 不同电压等级用电设备的保护接地和功能接地,宜采用共用接地网;除有特殊要求外,电信及其他电子设备等非电力设备也采用共用接地网。接地网的接地电阻应符合其中设备最小值的要求。

12.1.5 每个建筑均物应根据自身特点采取相应的等电位联结。

12.2 低压配电系统的接地形式和基本要求

12.2.1 低压配电系统的接地形式可分为 TN、TT、IT 三种系统,其中 TN 系统又可分为 TN-C、TN-S、TN-C-S 三种形式。

12.2.2 TN 系统应符合下列基本要求:

1 在 TN 系统中,配电变压器中性点应直接接地。所有电气设备的外露可导电部分应采用保护导体(PE)或保护接地中性导体(PEN)与配电变压器中性点相连接。

2 保护导体或保护接地中性导体应在靠近配电变压器处接地,且应在进入建筑物处接地。对于高层建筑等大型建筑物,为在发生故障时,保护导体的电位靠近地电位,需要均匀地设置附加接地点。附加接地点可采用有等电位效能的人工接地极或自然接地极等外界可导电体。

3 保护导体上不应设置保护电器及隔离电器,可设置供测试用的只有用工具才能断开的接点。

4 保护导体单独敷设时,应与配电干线敷设在同一桥架上,并应靠近安装。

12.2.3 采用 TN-C-S 系统时,当保护导体与中性导体从某点分开后不应再合并,且中性导体不应再接地。

12.2.4 TT 系统应符合下列基本要求:

1 在 TT 系统中,配电变压器中性点应直接接地。电气设备外露可导电部分所连接的接地极不应与配电变压器中性点的接地极相连接。

2 TT 系统中,所有电气设备外露可导电部分宜采用保护导体与共用的接地网或保护接地母线、总接地端子相连。

3 TT 系统配电线路的接地故障保护,应符合本规范第 7 章的有关规定。

12.2.5 IT 系统应符合下列基本要求:

1 在 IT 系统中,所有带电部分应对地绝缘或配电变压器中性点应通过足够大的阻抗接地。电气设备外露可导电部分可单独接地或成组地接地。

2 电气设备的外露可导电部分应通过保护导体或保护接地母线、总接地端子与接地极连接。

3 IT 系统必须装设绝缘监视及接地故障报警或显示装置。

4 在无特殊要求的情况下,IT 系统不宜引出中性导体。

12.2.6 IT 系统中包括中性导体在内的任何带电部分严禁直接接地。IT 系统中的电源系统对地应保持良好的绝缘状态。

12.2.7 应根据系统安全保护所具备的条件,并结合工程实际情况,确定系统接地形式。

在同一低压配电系统中,当全部采用 TN 系统确有困难时,也可部分采用 TT 系统接地形式。采用 TT 系统供电部分均应装设能自动切除接地故障的装置(包括剩余电流动作保护装置)或经由隔离变压器供电。自动切除故障的时间,应符合本规范第 7 章的有关规定。

12.3 保护接地范围

12.3.1 除另有规定外,下列电气装置的外露可导电

部分均应接地：

1 电机、电器、手持式及移动式电器；

2 配电设备、配电屏与控制屏的框架；

3 室内、外配电装置的金属构架、钢筋混凝土构架的钢筋及靠近带电部分的金属围栏等；

4 电缆的金属外皮和电力电缆的金属保护导管、接线盒及终端盒；

5 建筑电气设备的基础金属构架；

6 Ⅰ类照明灯具的金属外壳。

12.3.2 对于在使用过程中产生静电并对正常工作造成影响的场所，宜采取防静电接地措施。

12.3.3 除另有规定外，下列电气装置的外露可导电部分可不接地：

1 干燥场所的交流额定电压 50V 及以下和直流额定电压 110V 及以下的电气装置；

2 安装在配电屏、控制屏已接地的金属框架上的电气测量仪表、继电器和其他低压电器；安装在已接地的金属框架上的设备；

3 当发生绝缘损坏时不会引起危及人身安全的绝缘子底座。

12.3.4 下列部位严禁保护接地：

1 采用设置绝缘场所保护方式的所有电气设备的外露可导电部分及外界可导电部分；

2 采用不接地的局部等电位联结保护方式的所有电气设备的外露可导电部分及外界可导电部分；

3 采用电气隔离保护方式的电气设备外露可导电部分及外界可导电部分；

4 在采用双重绝缘及加强绝缘保护方式中的绝缘外护物里面的可导电部分。

12.3.5 当采用金属接线盒、金属导管保护或金属灯具时，交流 220V 照明配电装置的线路，宜加穿 1 根 PE 保护接地绝缘导线。

12.4 接地要求和接地电阻

12.4.1 交流电气装置的接地应符合下列规定：

1 当配电变压器高压侧工作于小电阻接地系统时，保护接地网的接地电阻应符合下式要求：

$$R \leqslant 2000/I \qquad (12.4.1-1)$$

式中 R——考虑到季节变化的最大接地电阻（Ω）；

I——计算用的流经接地网的入地短路电流（A）。

2 当配电变压器高压侧工作于不接地系统时，电气装置的接地电阻应符合下列要求：

1）高压与低压电气装置共用的接地网的接地电阻应符合下式要求，且不宜超过 4Ω：

$$R \leqslant 120/I \qquad (12.4.1-2)$$

2）仅用于高压电气装置的接地网的接地电阻应符合下式要求，且不宜超过 10Ω：

$$R \leqslant 250/I \qquad (12.4.1-3)$$

式中 R——考虑到季节变化的最大接地电阻（Ω）；

I——计算用的接地故障电流（A）。

3 在中性点经消弧线圈接地的电力网中，当接地网的接地电阻按本规范公式（12.4.1-2）、（12.4.1-3）计算时，接地故障电流应按下列规定取值：

1）对装有消弧线圈的变电所或电气装置的接地网，其计算电流应为接在同一接地网中同一电力网各消弧线圈额定电流总和的 1.25 倍；

2）对不装消弧线圈的变电所或电气装置，计算电流应为电力网中断开最大一台消弧线圈时最大可能残余电流，并不得小于 30A。

4 在高土壤电阻率地区，当接地网的接地电阻达到上述规定值，技术经济不合理时，电气装置的接地电阻可提高到 30Ω，变电所接地网的接地电阻可提高到 15Ω，但应符合本规范第 12.6.1 条的要求。

12.4.2 低压系统中，配电变压器中性点的接地电阻不宜超过 4Ω。高土壤电阻率地区，当达到上述接地电阻值困难时，可采用网格式接地网，但应满足本规范第 12.6.1 条的要求。

12.4.3 配电装置的接地电阻应符合下列规定：

1 当向建筑物供电的配电变压器安装在该建筑物外时，应符合下列规定：

1）对于配电变压器高压侧工作于不接地、消弧线圈接地和高电阻接地系统，当该变压器的保护接地接地网的接地电阻符合公式（12.4.3）要求且不超过 4Ω 时，低压系统电源接地点可与该变压器保护接地共用接地网。电气装置的接地电阻，应符合下式要求：

$$R \leqslant 50/I \qquad (12.4.3)$$

式中 R——考虑到季节变化时接地网的最大接地电阻（Ω）；

I——单相接地故障电流；消弧线圈接地系统为故障点残余电流。

2）低压电缆和架空线路在引入建筑物处，对于 TN-S 或 TN-C-S 系统，保护导体（PE）或保护接地中性导体（PEN）应重复接地，接地电阻不宜超过 10Ω；对于 TT 系统，保护导体（PE）单独接地，接地电阻不宜超过 4Ω；

3）向低压系统供电的配电变压器的高压侧工作于小电阻接地系统时，低压系统不得与电源配电变压器的保护接地共用接地网，低压系统电源接地点应在距该配电变压器适当的地点设置专用接地网，其接地电阻不宜超过4Ω。

2 向建筑物供电的配电变压器安装在该建筑物内时,应符合下列规定:

  1)对于配电变压器高压侧工作于不接地、消弧线圈接地和高电阻接地系统,当该变压器保护接地的接地网的接地电阻不大于4Ω时,低压系统电源接地点可与该变压器保护接地共用接地网;

  2)配电变压器高压侧工作于小电阻接地系统,当该变压器的保护接地网的接地电阻符合本规范公式(12.4.1-1)的要求且建筑物内采用总等电位联结时,低压系统电源接地点可与该变压器保护接地共用接地网。

12.4.4 保护配电变压器的避雷器,应与变压器保护接地共用接地网。

12.4.5 保护配电柱上的断路器、负荷开关和电容器组等的避雷器,其接地导体应与设备外壳相连,接地电阻不应大于10Ω。

12.4.6 TT系统中,当系统接地点和电气装置外露可导电部分已进行总等电位联结时,电气装置外露可导电部分可不另设接地网;当未进行总等电位联结时,电气装置外露可导电部分应设保护接地的接地网,其接地电阻应符合下式要求。

$$R \leqslant 50/I_a \qquad (12.4.6\text{-}1)$$

式中 R——考虑到季节变化时接地网的最大接地电阻(Ω);

  I_a——保证保护电器切断故障回路的动作电流(A)。

当采用剩余动作电流保护器时,接地电阻应符合下式要求:

$$R \leqslant 25/I_{\Delta n} \qquad (12.4.6\text{-}2)$$

式中 $I_{\Delta n}$——剩余动作电流保护器动作电流(mA)。

12.4.7 IT系统的各电气装置外露可导电部分的保护接地可共用接地网,亦可单个地或成组地用单独的接地网接地。每个接地网的接地电阻应符合下式要求。

$$R \leqslant 50/I_d \qquad (12.4.7)$$

式中 R——考虑到季节变化时接地网的最大接地电阻(Ω);

  I_d——相导体和外露可导电部分间第一次短路故障故障电流(A)。

12.4.8 建筑物的各电气系统的接地宜用同一接地网。接地网的接地电阻,应符合其中最小值的要求。

12.4.9 架空线和电缆线路的接地应符合下列规定:

1 在低压TN系统中,架空线路干线和分支线的终端的PEN导体或PE导体应重复接地。电缆线路和架空线路在每个建筑物的进线处,宜按本规范第12.2.2条的规定作重复接地。在装有剩余电流动作

保护器后的PEN导体不允许设重复接地。除电源中性点外,中性导体(N),不应重复接地。

低压线路每处重复接地网的接地电阻不应大于10Ω。在电气设备的接地电阻允许达到10Ω的电力网中,每处重复接地的接地电阻值不应超过30Ω,且重复接地不应少于3处。

2 在非沥青地面的居民区内,10(6)kV高压架空配电线路的钢筋混凝土电杆宜接地,金属杆塔应接地,接地电阻不宜超过30Ω。对于电源中性点直接接地系统的低压架空线路和高低压共杆的线路除出线端装有剩余电流动作保护器者除外,其钢筋混凝土电杆的铁横担或铁杆应与PEN导体连接,钢筋混凝土电杆的钢筋宜与PEN导体连接。

3 穿金属导管敷设的电力电缆的两端金属外皮均应接地,变电所内电力电缆金属外皮可利用主接地网接地。当采用全塑料电缆时,宜沿电缆沟敷设1~2根两端接地的接地导体。

12.5 接 地 网

12.5.1 接地极的选择与设置应符合下列规定:

1 在满足热稳定条件下,交流电气装置的接地极应利用自然接地导体。当利用自然接地导体时,应确保接地网的可靠性,禁止利用可燃液体或气体管道、供暖管道及自来水管道作保护接地极。

2 人工接地极可采用水平敷设的圆钢、扁钢,垂直敷设的角钢、钢管、圆钢,也可采用金属接地板。宜优先采用水平敷设方式的接地极。

按防腐蚀和机械强度要求,对于埋入土壤中的人工接地极的最小尺寸不应小于表12.5.1的规定。

表12.5.1　人工接地极最小尺寸(mm)

材料及形状	最小尺寸			
	直径(mm)	截面积(mm^2)	厚度(mm)	镀层厚度(μm)
热镀锌扁钢	—	90	3	63
热浸锌角钢	—	90	3	63
热镀锌深埋钢棒接地极	16	—	—	63
热镀锌钢管	25	—	2	47
带状裸铜	—	50	2	—
裸铜管	20	—	2	—

注:表中所列钢材尺寸也适用于敷设在混凝土中。

当与防雷接地网合用时,应符合本规范第11章的有关规定。

3 接地系统的防腐蚀设计应符合下列要求:

  1)接地系统的设计使用年限宜与地面工程的设计使用年限一致;

  2)接地系统的防腐蚀设计宜按当地的腐蚀

数据进行；

　　3）敷设在电缆沟的接地导体和敷设在屋面或地面上的接地导体，宜采用热镀锌，对埋入地下的接地极宜采取适合当地条件的防腐蚀措施。接地导体与接地极或接地极之间的焊接点，应涂防腐材料。在腐蚀性较强的场所，应适当加大截面。

12.5.2 在地下禁止采用裸铝导体作接地极或接地导体。

12.5.3 固定式电气装置的接地导体与保护导体应符合下列规定：

　　1 交流接地网的接地导体与保护导体的截面应符合热稳定要求。当保护导体按本规范表7.4.5-2选择截面时，可不对其进行热稳定校核。在任何情况下埋入土壤中的接地导体的最小截面均不得小于表12.5.3的规定。

表 12.5.3　埋入土壤中的接地导体最小截面（mm²）

有无防腐蚀保护		有防机械损伤保护	无防机械损伤保护
有防腐蚀保护	铜	2.5	16
	钢	10	16
无防腐蚀保护	铜	25	
	钢	50	

　　2 保护导体宜采用与相导体相同的材料，也可采用电缆金属外皮、配线用的钢导管或金属线槽等金属导体。

　　当采用电缆金属外皮、配线用的钢导管及金属线槽作保护导体时，其电气特性应保证不受机械的、化学的或电化学的损害和侵蚀，其导电性能应满足本规范表7.4.5-2的规定。

　　3 不得使用可挠金属电线套管、保温管的金属外皮或金属网作接地导体和保护导体。在电气装置需要接地的房间内，可导电的金属部分应通过保护导体进行接地。

12.5.4 包括配线用的钢导管及金属线槽在内的外界可导电部分，严禁用作 PEN 导体。PEN 导体必须与相导体具有相同的绝缘水平。

12.5.5 接地网的连接与敷设应符合下列规定：

　　1 对于需进行保护接地的用电设备，应采用单独的保护导体与保护干线相连或用单独的接地导体与接地极相连；

　　2 当利用电梯轨道作接地干线时，应将其连成封闭的回路；

　　3 变压器直接接地或经过消弧线圈接地、柴油发电机的中性点与接地极或接地干线连接时，应用单独接地导体。

12.5.6 水平或竖直井道内的接地与保护干线应符合下列要求：

　　1 电缆井道内的接地干线可选用镀锌扁钢或铜排。

　　2 电缆井道内的接地干线截面应按下列要求之一进行确定：

　　　　1） 宜满足最大的预期故障电流及热稳定；

　　　　2） 宜根据井道内最大相导体，并按本规范表7.4.5-2选择导体的截面。

　　3 电缆井道内的接地干线可兼作等电位联结干线。

　　4 高层建筑竖向电缆井道内的接地干线，应不大于20m与相近楼板钢筋等电位联结。

12.5.7 接地极与接地导体、接地导体与接地导体的连接宜采用焊接，当采用搭接时，其搭接长度不应小于扁钢宽度的2倍或圆钢直径的6倍。

12.6　通用电力设备接地及等电位联结

12.6.1 配变电所接地配置应符合下列规定：

　　1 确定配变电所接地配置的形式和布置时，应采取措施降低接触电压和跨步电压。

　　在小电流接地系统发生单相接地时，可不迅速切除接地故障，配变电所、电气装置的接地配置上最大接触电压和最大跨步电压应符合下列公式的要求：

$$E_{jm} \leqslant 50 + 0.05\rho_b \qquad (12.6.1-1)$$
$$E_{km} \leqslant 50 + 0.2\rho_b \qquad (12.6.1-2)$$

式中　E_{jm}——接地配置的最大接触电动势（V）；

　　　E_{km}——接地配置的最大跨步电动势（V）；

　　　ρ_b——人站立处地表面土壤电阻率（Ω·m）。

　　在环境条件特别恶劣的场所，最大接触电压和最大跨步电压值宜降低。

　　当接地配置的最大接触电压和最大跨步电压较大时，可敷设高电阻率地面结构层或深埋接地网。

　　2 除利用自然接地极外，配变电所的接地网还应敷设人工接地极。但对10kV及以下配变电所利用建筑物基础作接地极的接地电阻能满足规定值时，可不另设人工接地极。

　　3 人工接地网外缘宜闭合，外缘各角应做成弧形。对经常有人出入的走道处，应采用高电阻率路面或采取均压措施。

12.6.2 手持式电气设备应采用专用保护接地芯导体，且该芯导体严禁用来通过工作电流。

12.6.3 手持式电气设备的插座上应备有专用的接地插孔。金属外壳的插座的接地插孔和金属外壳应有可靠的电气连接。

12.6.4 移动式电力设备接地应符合下列规定：

　　1 由固定式电源或移动式发电机以TN系统供电时，移动式用电设备的外露可导电部分应与电源的接地系统有可靠的电气连接。在中性点不接地的IT系统中，可在移动式用电设备附近设接地网。

2 移动式用电设备的接地应符合固定式电气设备的接地要求。

3 移动式用电设备在下列情况可不接地：

　　1）移动式用电设备的自用发电设备直接放在机械的同一金属支架上，且不供其他设备用电时；

　　2）不超过两台用电设备由专用的移动发电机供电，用电设备距移动式发电机不超过50m，且发电机和用电设备的外露可导电部分之间有可靠的电气连接时。

12.6.5 在高土壤电阻率地区，可按本规范第11.8.12条的规定降低电气装置接地电阻值。

12.6.6 等电位联结应符合下列规定：

1 总等电位联结应符合下列规定：

　　1）民用建筑物内电气装置应采用总等电位联结。下列导电部分应采用总等电位联结导体可靠连接，并应在进入建筑物处接向总等电位联结端子板：

　　——PE（PEN）干线；

　　——电气装置中的接地母线；

　　——建筑物内的水管、燃气管、采暖和空调管道等金属管道；

　　——可以利用的建筑物金属构件。

　　2）下列金属部分不得用作保护导体或保护等电位联结导体：

　　——金属水管；

　　——含有可燃气体或液体的金属管道；

　　——正常使用中承受机械应力的金属结构；

　　——柔性金属导管或金属部件；

　　——支撑线。

　　3）总等电位联结导体的截面不应小于装置的最大保护导体截面的一半，并不应小于6mm²。当联结导体采用铜导体时，其截面不应大于25mm²；当为其他金属时，其截面应承载与25mm²铜导体相当的载流量。

2 辅助（局部）等电位联结应符合下列规定：

　　1）在一个装置或装置的一部分内，当作用于自动切断供电的间接接触保护不能满足本规范第7.7节规定的条件时，应设置辅助等电位联结；

　　2）辅助等电位联结应包括固定式设备的所有能同时触及的外露可导电部分和外界可导电部分；

　　3）连接两个外露可导电部分的辅助等电位导体的截面不应小于接至该两个外露可导电部分的较小保护导体的截面；

　　4）连接外露可导电部分与外界可导电部分

的辅助等电位联结导体的截面，不应小于相应保护导体截面的一半。

12.7　电子设备、计算机接地

12.7.1 电子设备接地系统应符合下列规定：

1 电子设备应同时具有信号电路接地（信号地）、电源接地和保护接地等三种接地系统。

2 电子设备信号电路接地系统的形式，可根据接地导体长度和电子设备的工作频率进行确定，并应符合下列规定：

　　1）当接地导体长度小于或等于0.02λ（λ为波长），频率为30kHz及以下时，宜采用单点接地形式；信号电路可以一点作电位参考点，再将该点连接至接地系统；

　　　　采用单点接地形式时，宜先将电子设备的信号电路接地、电源接地和保护接地分开敷设的接地导体接至电源室的接地总端子板，再将端子板上的信号电路接地、电源接地和保护接地接在一起，采用一点式（S形）接地；

　　2）当接地导体长度大于0.02λ，频率大于300kHz时，宜采用多点接地形式；信号电路应采用多条导电通路与接地网或等电位面连接；

　　　　多点接地形式宜将信号电路接地、电源接地和保护接地在一个公用的环状接地母线上，采用多点式（M形）接地；

　　3）混合式接地是单点接地和多点接地的组合，频率为30～300kHz时，宜设置一个等电位接地平面，以满足高频信号多点接地的要求，再以单点接地形式连接到同一接地网，以满足低频信号的接地要求；

　　4）接地系统的接地导体长度不得等于λ/4或λ/4的奇数倍。

3 除另有规定外，电子设备接地电阻值不宜大于4Ω。电子设备接地宜与防雷接地系统共用接地网，接地电阻不应大于1Ω。当电子设备接地与防雷接地系统分开时，两接地网的距离不宜小于10m。

4 电子设备可根据需要采取屏蔽措施。

12.7.2 大、中型电子计算机接地系统应符合下列规定：

1 电子计算机应同时具有信号电路接地、交流电源功能接地和安全保护接地等三种接地系统；

　　该三种接地的接地电阻值均不宜大于4Ω。电子计算机的信号系统，不宜采用悬浮接地。

2 电子计算机的三种接地系统宜共用接地网。当采用共用接地方式时，其接地电阻应以诸种接地系统中要求接地电阻最小的接地电阻值为依据。当与防雷接地系统共用时，接地电阻值不应大于 1Ω。

    3 计算机系统接地导体的处理应满足下列要求：

        1） 计算机信号电路接地不得与交流电源的功能接地导体相短接或混接；

        2） 交流线路配线不得与信号电路接地导体紧贴或近距离地平行敷设。

    4 电子计算机房可根据需要采取防静电措施。

12.8 医疗场所的安全防护

12.8.1 本节适用于对患者进行诊断、治疗、整容、监测和护理等医疗场所的安全防护设计。

12.8.2 医疗场所应按使用接触部件所接触的部位及场所分为 0、1、2 三类，各类应符合下列规定：

    0 类场所应为不使用接触部件的医疗场所；

    1 类场所应为接触部件接触躯体外部及除 2 类场所规定外的接触部件侵入躯体的任何部分；

    2 类场所应为将接触部件用于诸如心内诊疗术、手术室以及断电将危及生命的重要治疗的医疗场所。

12.8.3 医疗场所的安全防护应符合下列规定：

    1 在 1 类和 2 类的医疗场所内，当采用安全特低电压系统（SELV）、保护特低电压系统（PELV）时，用电设备的标称供电电压不应超过交流方均根值 25V 和无纹波直流 60V；

    2 在 1 类和 2 类医疗场所，IT、TN 和 TT 系统的约定接触电压均不应大于 25V；

    3 TN 系统在故障情况下切断电源的最大分断时间 230V 应为 0.2s，400V 应为 0.05s。IT 系统最大分断时间 230V 应为 0.2s。

12.8.4 医疗场所采用 TN 系统供电时，应符合下列规定：

    1 TN-C 系统严禁用于医疗场所的供电系统。

    2 在 1 类医疗场所中额定电流不大于 32A 的终端回路，应采用最大剩余动作电流为 30mA 的剩余电流动作保护器作为附加防护。

    3 在 2 类医疗场所，当采用额定剩余动作电流不超过 30mA 的剩余电流动作保护器作为自动切断电源的措施时，应只用于下列回路：

        1） 手术台驱动机构的供电回路；

        2） 移动式 X 光机的回路；

        3） 额定功率大于 5kVA 的大型设备的回路；

        4） 非用于维持生命的电气设备回路。

    4 应确保多台设备同时接入同一回路时，不会引起剩余电流动作保护器（RCD）误动作。

12.8.5 TT 系统要求在所有情况下均应采用剩余电流保护器，其他要求应与 TN 系统相同。

12.8.6 医疗场所采用 IT 系统供电时应符合下列规定：

    1 在 2 类医疗场所内，用于维持生命、外科手术和其他位于"患者区域"内的医用电气设备和系统的供电回路，均应采用医疗 IT 系统。

    2 用途相同且相毗邻的房间内，至少应设置一回独立的医疗 IT 系统。医疗 IT 系统应配置一个交流内阻抗不少于 100kΩ 的绝缘监测器并满足下列要求：

        1） 测试电压不应大于直流 25V；

        2） 注入电流的峰值不应大于 1mA；

        3） 最迟在绝缘电阻降至 50kΩ 时，应发出信号，并应配置试验此功能的器具。

    3 每个医用 IT 系统应设在医务人员可以经常监视的地方，并应装设配备有下列功能组件的声光报警系统：

        1） 应以绿灯亮表示工作正常；

        2） 当绝缘电阻下降到最小整定值时，黄灯应点亮，且应不能消除或断开该亮灯指示；

        3） 当绝缘电阻下降到最小整定值时，可音响报警动作，该音响报警可解除；

        4） 当故障被清除恢复正常后，黄色信号应熄灭。

    当只有一台设备由单台专用的医疗 IT 变压器供电时，该变压器可不装设绝缘监测器。

    4 医疗 IT 变压器应装设过负荷和过热的监测装置。

12.8.7 医疗及诊断电气设备，应根据使用功能要求采用保护接地、功能接地、等电位联结或不接地等形式。

12.8.8 医疗电气设备的功能接地电阻值应按设备技术要求确定，宜采用共用接地方式。当必须采用单独接地时，医疗电气设备接地应与医疗场所接地绝缘隔离，两接地网的地中距离应符合本规范第 12.7.1 条的规定。

12.8.9 向医疗电气设备供电的电源插座结构应符合本规范第 12.6.2 条和第 12.6.3 条的规定。

12.8.10 辅助等电位联结应符合下列规定：

    1 在 1 类和 2 类医疗场所内，应安装辅助等电位联结导体，并应将其连接到位于"患者区域"内的等电位联结母线上，实现下列部分之间等电位：

        1） 保护导体；

        2） 外界可导电部分；

        3） 抗电磁场干扰的屏蔽物；

        4） 导电地板网格；

        5） 隔离变压器的金属屏蔽层。

    2 在 2 类医疗场所内，电源插座的保护导体端子、固定设备的保护导体端子或任何外界可导电部分与等电位联结母线之间的导体的电阻不应超过 0.2Ω。

    3 等电位联结母线宜位于医疗场所内或靠近医疗场所。在每个配电盘内或在其附近应装设附加的等电位联结母线，并应将辅助等电位导体和保护接地导体与该母线相连接。连接的位置应使接头清晰易见，并便于单独拆卸。

4 当变压器以额定电压和额定频率供电时，空载时出线绕组测得的对地泄漏电流和外护物的泄漏电流均不应超过 0.5mA。

5 用于移动式和固定式设备的医疗 IT 系统应采用单相变压器，其额定输出容量不应小于 0.5kVA，并不应超过 10kVA。

12.8.11 医疗电气设备的保护导体及接地导体应采用铜芯绝缘导线，其截面应符合本规范第 12.5.3 条的规定。

12.8.12 手术室及抢救室应根据需要采用防静电措施。

12.9 特殊场所的安全防护

12.9.1 本节适用于浴室、游泳池和喷水池及其周围，由于人身电阻降低和身体接触地电位而增加电击危险的安全防护。

12.9.2 浴池的安全防护应符合下列规定：

1 安全防护应根据所在区域，采取相应的措施。区域的划分应符合本规范附录 D 的规定。

2 建筑物除应采取总等电位联结外，尚应进行辅助等电位联结。

辅助等电位联结应将 0、1 及 2 区内所有外界可导电部分与位于这些区内的外露可导电部分的保护导体联结起来。

3 在 0 区内，应采用标称电压不超过 12V 的安全特低电压供电，其安全电源应设于 2 区以外的地方。

4 在使用安全特低电压的地方，应采取下列措施实现直接接触防护：

  1）应采用防护等级至少为 IP2X 的遮栏或外护物；

  2）应采用能耐受 500V 试验电压历时 1min 的绝缘。

5 不得采取用阻挡物及置于伸臂范围以外的直接接触防护措施；也不得采用非导电场所及不接地的等电位联结的间接接触防护措施。

6 除安装在 2 区内的防溅型剃须插座外，各区内所选用的电气设备的防护等级应符合下列规定：

  1）在 0 区内应至少为 IPX7；

  2）在 1 区内应至少为 IPX5；

  3）在 2 区内应至少为 IPX4（在公共浴池内应为 IPX5）。

7 在 0、1 及 2 区内宜选用加强绝缘的铜芯电线或电缆。

8 在 0、1 及 2 区内，非本区的配电线路不得通过；也不得在该区内装设接线盒。

9 开关和控制设备的装设应符合以下要求：

  1）0、1 及 2 区内，不应装设开关设备及线路附件；当在 2 区外安装插座时，其供电应符合下列条件：

    ——可由隔离变压器供电；

    ——可由安全特低电压供电；

    ——由剩余电流动作保护器保护的线路供电，其额定动作电流值不应大于 30mA。

  2）开关和插座距预制淋浴间的门口不得小于 0.6m。

10 当未采用安全特低电压供电及安全特低电压用电器具时，在 0 区内，应采用专用于浴盆的电器；在 1 区内，只可装设电热水器；在 2 区内，只可装设电热水器及 II 类灯具。

12.9.3 游泳池的安全防护应符合下列规定：

1 安全防护应根据所在区域，采取相应的措施。区域的划分应符合附录 E 的规定。

2 建筑物除应采取总等电位联结外，尚应进行辅助等电位联结。

辅助等电位联结，应将 0、1 及 2 区内下列所有外界可导电部分及外露可导电部分，用保护导体连接起来，并经过总接地端子与接地网相连：

  1）水池构筑物的水池外框，石砌挡墙和跳水台中的钢筋等所有金属部件；

  2）所有成型外框；

  3）固定在水池构筑物上或水池内的所有金属配件；

  4）与池水循环系统有关的电气设备的金属配件；

  5）水下照明灯具的外壳、爬梯、扶手、给水口、排水口及变压器外壳等；

  6）采用永久性间隔将其与水池区域隔离的所有固定的金属部件；

  7）采用永久性间隔将其与水池区域隔离的金属管道和金属管道系统等。

3 在 0 区内，应用标称电压不超过 12V 的安全特低电压供电，其安全电源应设在 2 区以外的地方。

4 在使用安全特低电压的地方，应采取下列措施实现直接接触防护：

  1）应采用防护等级至少是 IP2X 的遮栏或外护物；

  2）应采用能耐受 500V 试验电压历时 1min 的绝缘。

5 不得采取用阻挡物及置于伸臂范围以外的直接接触防护措施；也不得采用非导电场所及不接地的局部等电位联结的间接接触防护措施。

6 在各区内所选用的电气设备的防护等级应符合下列规定：

  1）在 0 区内应至少为 IPX8；

2） 在 1 区内应至少为 IPX5（但是建筑物内平时不用喷水清洗的游泳池，可采用 IPX4）；

3） 在 2 区内应至少为：IPX2，室内游泳池时；IPX4，室外游泳池时；IPX5，用于可能用喷水清洗的场所。

7 在 0、1 及 2 区内宜选用加强绝缘的铜芯电线或电缆。

8 在 0 及 1 区内，非本区的配电线路不得通过；也不得在该区内装设接线盒。

9 开关、控制设备及其他电气器具的装设，应符合下列要求：

1） 在 0 及 1 区内，不应装设开关设备或控制设备及电源插座。

2） 当在 2 区内如装设插座时，其供电应符合下列要求：

——可由隔离变压器供电；

——可由安全特低电压供电；

——由剩余电流动作保护器保护的线路供电，其额定动作电流值不应大于 30mA。

3） 在 0 区内，除采用标称电压不超过 12V 的安全特低电压供电外，不得装设用电器具及照明器。

4） 在 1 区内，用电器具必须由安全特低电压供电或采用 II 级结构的用电器具。

5） 在 2 区内，用电器具应符合下列要求：

——宜采用 II 类用电器具；

——当采用 I 类用电器具时，应采取剩余电流动作保护措施，其额定动作电流值不应超过 30mA；

——应采用隔离变压器供电。

10 水下照明灯具的安装位置，应保证从灯具的上部边缘至正常水面不低于 0.5m。面朝上的玻璃应采取防护措施，防止人体接触。

11 对于浸在水中才能安全工作的灯具，应采取低水位断电措施。

12.9.4 喷水池的安全防护应符合下列规定：

1 安全防护应根据所在不同区域，采取相应的措施。区域的划分应符合附录 F 的规定。

2 室内喷水池与建筑物除应采取总等电位联结外，尚应进行辅助等电位联结；室外喷水池在 0、1 区域范围内均应进行等电位联结。

辅助等电位联结，应将防护区内下列所有外界可导电部分与位于这些区域内的外露可导电部分，用保护导体连接，并经过总接地端子与接地网相连：

1） 喷水池构筑物的所有外露金属部件及墙体内的钢筋；

2） 所有成型金属外框架；

3） 固定在池上或池内的所有金属构件；

4） 与喷水池有关的电气设备的金属配件；

5） 水下照明灯具的外壳、爬梯、扶手、给水口、排水口、变压器外壳、金属穿线管；

6） 永久性的金属隔离栅栏、金属网罩等。

3 喷水池的 0、1 区的供电回路的保护，可采用下列任一种方式：

1） 对于允许人进入的喷水池，应采用安全特低电压供电，交流电压不应大于 12V；不允许人进入的喷水池，可采用交流电压不大于 50V 的安全特低电压供电；

2） 由隔离变压器供电；

3） 由剩余电流动作保护器保护的线路供电，其额定动作电流值不应大于 30mA。

4 在采用安全特低电压的地方，应采取下列措施实现直接接触防护：

1） 应采用防护等级至少是 IP2X 的遮挡或外护物；

2） 应采用能耐受 500V 试验电压、历时 1min 的绝缘。

5 电气设备的防护等级应符合下列规定：

1） 0 区内应至少为 IPX8；

2） 1 区内应至少为 IPX5。

13 火灾自动报警系统

13.1 一般规定

13.1.1 本章适用于民用建筑内火灾自动报警系统的设计。

13.1.2 火灾自动报警系统的设计，应根据保护对象的特点，做到安全适用、技术先进、经济合理、管理维护方便。

13.1.3 下列民用建筑应设置火灾自动报警系统：

1 高层建筑：

1） 有消防联动控制要求的一、二类高层住宅的公共场所；

2） 建筑高度超过 24m 的其他高层民用建筑，以及与其相连的建筑高度不超过 24m 的裙房。

2 多层及单层建筑：

1） 9 层及 9 层以下的设有空气调节系统，建筑装修标准高的住宅；

2） 建筑高度不超过 24m 的单层及多层公共建筑；

3） 单层主体建筑高度超过 24m 的体育馆、会堂、影剧院等公共建筑；

4） 设有机械排烟的公共建筑；

5）除敞开式汽车库以外的Ⅰ类汽车库，高层汽车库、机械式立体汽车库、复式汽车库，采用升降梯作汽车疏散口的汽车库。

3 地下民用建筑

1）铁道、车站、汽车库（Ⅰ、Ⅱ类）；

2）影剧院、礼堂；

3）商场、医院、旅馆、展览厅、歌舞娱乐、放映游艺场所；

4）重要的实验室、图书库、资料库、档案库。

13.1.4 建筑高度超过250m的民用建筑的火灾自动报警系统设计，应提交国家消防主管部门组织专题研究、论证。

13.1.5 火灾自动报警系统设计，除应符合本规范外，尚应符合现行国家标准《火灾自动报警系统设计规范》GB 50116、《高层民用建筑设计防火规范》GB 50045、《建筑设计防火规范》GB 50016的有关规定。

13.2 系统保护对象分级与 报警、探测区域的划分

13.2.1 民用建筑火灾自动报警系统保护对象分级，应根据其使用性质、火灾危险性、疏散和扑救难度等综合确定，分为特级、一级、二级。

13.2.2 系统保护对象分级及报警、探测区域的划分应符合现行国家标准《火灾自动报警系统设计规范》GB 50116的规定。

13.2.3 下列民用建筑的火灾自动报警系统保护对象分级可按表13.2.3划分。

表13.2.3 民用建筑火灾自动报警系统 保护对象分级

等 级	保护对象
一级	电子计算中心； 省（市）级档案馆； 省（市）级博展馆； 4万以上座位大型体育场； 星级以上旅游饭店； 大型及以上铁路旅客站； 省（市）级及重要开放城市的航空港； 一级汽车及码头客运站。
二级	大、中型电子计算站； 2万以上座位体育场。

13.3 系 统 设 计

13.3.1 火灾自动报警系统，应有自动和手动两种触发装置。

13.3.2 火灾自动报警系统的形式及适用对象，应符合下列规定：

1 区域报警系统，宜用于二级保护对象；

2 集中报警系统，宜用于一级和二级保护对象；

3 控制中心报警系统，宜用于特级和一级保护对象。

13.3.3 各种形式的火灾自动报警系统设计要求，应符合现行国家标准《火灾自动报警系统设计规范》GB 50116的规定。

13.3.4 建筑高度超过100m的高层民用建筑火灾自动报警系统设计，除应满足一类高层建筑的设计要求外，尚应符合下列规定：

1 火灾探测器的选择和设置原则应符合本规范第13.5.1和第13.5.2条的规定；

2 各避难层内的交直流电源，应按避难层分别供给，并能在末端自投；

3 各避难层内应设独立的火灾应急广播系统，宜能接收消防控制中心的有线和无线两种播音信号；

4 各避难层与消防控制中心之间应设置独立的有线和无线呼救通信；

5 建筑物中的电缆竖井，宜按避难层上下错位设置。

13.4 消防联动控制

13.4.1 消防联动控制设计应符合下列规定：

1 消防联动控制对象应包括下列设施：

1）各类自动灭火设施；

2）通风及防、排烟设施；

3）防火卷帘、防火门、水幕；

4）电梯；

5）非消防电源的断电控制；

6）火灾应急广播、火灾警报、火灾应急照明、疏散指示标志的控制等。

2 消防联动控制应采取下列控制方式：

1）集中控制；

2）分散控制与集中控制相结合。

3 消防联动控制系统的联动信号，其预设逻辑应与各被控制对象相匹配，并应将被控对象的动作信号送至消防控制室。

13.4.2 当采用总线控制模块控制时，对于消防水泵、防烟和排烟风机的控制设备，还应在消防控制室设置手动直接控制装置。

13.4.3 消防联动控制设备的动作状态信号，应在消防控制室显示。

13.4.4 灭火设施的联动控制设计应符合下列规定：

1 设有消火栓按钮的消火栓灭火系统的控制应符合下列要求：

1）消火栓按钮直接接于消防水泵控制回路时，应采用50V以下的安全电压；

2）消防控制室内，对消火栓灭火系统应有下列控制、显示功能：

- 消火栓按钮总线自动控制消防水泵的启、停；
- 直接手动控制消防水泵的启、停；
- 显示消防水泵的工作、故障状态；
- 显示消火栓按钮的工作部位，当有困难时可按防火分区或楼层显示。

2 自动喷水灭火系统的控制应符合下列要求：

1）当需早期预报火警时，设有自动喷水灭火喷头的场所，宜同时设置感烟探测器；

2）湿式自动喷水灭火系统中设置的水流指示器，不应作自动启动喷淋水泵的控制设备；报警阀压力开关应控制喷淋水泵自动启动；气压罐压力开关应控制加压泵自动启动；

3）消防控制室内，对自动喷淋灭火系统应有下列控制、监测功能：
- 总线自动控制系统的启、停；
- 直接手动控制喷淋泵的启、停；
- 系统的控制阀开启状态；
- 喷淋水泵电源供应和工作状况；
- 水池、水箱的水位；对于重力式水箱，在严寒地区宜安设水温探测器，当水温降低达 5℃ 以下时，应发出信号报警；
- 干式喷水灭火系统的最高和最低气压；在压力的下限值时，应启动空气压缩机充气，并在消防控制室设空气压缩机手动启动和停止按钮；
- 报警阀和水流指示器的动作状况。

4）设有充气装置的自动喷水灭火管网，应将高、低压力报警信号送至消防控制室；

5）预作用喷水灭火系统中，应设置由感烟探测器组成的控制电路，控制管网预作用充水；

6）水喷雾灭火系统中宜设置由感烟、定温探测器组成的控制电路，控制电磁阀；电磁阀的工作状态应反馈至消防控制室。

3 二氧化碳气体自动灭火系统应由气体灭火控制其工作状态，并应符合下列要求：

1）设有二氧化碳等气体自动灭火装置的场所或部位，应设感烟定温探测器与灭火控制装置配套组成的火灾报警控制系统；

2）管网灭火系统应有自动控制、手动控制和机械应急操作三种启动方式；无管网灭火装置应有自动控制和手动控制两种启动方式；

3）自动控制应在接到两个独立的探测器发出的火灾信号后才能启动；

4）在被保护对象主要出入口门外，应设手动紧急控制按钮并应有防误操作措施和特殊标志；

5）机械应急操作装置应设在贮瓶间或防护区外便于操作的地方，并应能在一个地点完成释放灭火剂的全部动作；

6）应在被保护对象主要出入口外门框上方，设放气灯并应有明显标志；

7）被保护对象内，应设有在释放气体前 30s 内人员疏散的声警报器；

8）被保护区域常开的防火门，应设有门自动释放器，并应在释放气体前能自动关闭；

9）应在释放气体前，自动切断被保护区的送、排风风机和关闭送排风阀门；

10）对于组合分配系统，宜在现场适当部位设置气体灭火控制室；独立单元系统可根据系统规模及功能要求设控制室；无管网灭火装置宜在现场设控制盘（箱），且装设位置应接近被保护区，控制盘（箱）应采取误操作防护措施。

在经常有人的防护区内设置的无管网灭火系统，应设有切断自动控制系统的手动装置；

11）气体灭火控制室应有下列控制、显示功能：
- 在报警、喷射各阶段，控制室应有相应的声、光报警信号，并能手动切除声响信号；
- 在延时阶段，应能自动关闭防火门、通风机和空气调节系统。

12）气体灭火系统在报警或释放灭火剂时，应在建筑物的消防控制室（中心）有显示信号；

13）当被保护对象的房间无直接对外窗户时，气体释放灭火后，应有排除有害气体的设施，且该设施在气体释放时应是关闭的。

4 灭火控制室对泡沫和干粉灭火系统应有下列控制、显示功能：

1）在火灾危险性较大，且经常没有人停留场所内的灭火系统，应采用自动控制的启动方式。在采用自动控制方式的同时，还应设置手动启动控制环节；

2）在火灾危险性较小，有人值班或经常有人停留的场所，防护区宜设火灾自动报警装置，灭火系统可采用手动控制方式；

3）在灭火控制室应能做到控制系统的启、停和显示系统的工作状态。

13.4.5 电动防火卷帘、电动防火门的联动控制设计，应符合下列规定：

1 电动防火卷帘应由电动防火卷帘控制器控制其工作状态，并应符合下列要求：

　　1）疏散通道或防火分隔的电动防火卷帘两侧，宜设置专用的感烟及感温探测器组、警报装置及手动控制按钮，并应有防误操作措施；

　　2）疏散通道的电动防火卷帘应采取两次控制下落方式，第一次应由感烟探测器控制下落距地1.8m处停止，第二次应由感温探测器控制下落到底，并应分别将报警及动作信号送至消防控制室；

　　3）仅用作防火分隔的电动防火卷帘，在相应的感烟探测器报警后，应采取一次下落到底的控制方式；

　　4）电动防火卷帘宜由消防控制室集中控制；对于采用由探测器组、防火卷帘控制器控制的防火卷帘，亦可就地联动控制，并应将其工作状态信号传送到消防控制室；

　　5）当电动防火卷帘采用水幕保护时，宜用定温探测器与防火卷帘到底信号开启水幕电磁阀，再用水幕电磁阀开启信号启动水幕泵。

2 电动防火门的控制，宜符合下列要求：

　　1）门两侧应装设专用的感烟探测器组成控制装置，当门任一侧的探测器报警时，防火门应自动关闭；

　　2）电动防火门宜选用平时不耗电的释放器。

13.4.6 防烟、排烟设施的联动控制设计应符合下列规定：

1 排烟阀、送风口应由消防联动控制器控制其工作状态，并应符合下列要求：

　　1）排烟阀、送风口宜由其所在排烟分区内设置的感烟探测器的联动信号控制开启；

　　2）排烟阀动作后应启动相关的排烟风机；排烟阀可采用接力控制方式开启，且不宜多于5个，并应由最后动作的排烟阀发送动作信号；

　　3）送风口动作后，应启动相关的正压送风机。

2 设在排烟风机入口处的防火阀在280℃关断后，应联动停止排烟风机。

3 挡烟垂壁应由其附近的专用感烟探测器组成的电路控制。

4 设于空调通风管道出口的防火阀，应采用定温保护装置，并应在风温达到70℃时直接动作阀门关闭。关闭信号应反馈至消防控制室，并应停止相关部位空调机。

5 消防控制室应能对防烟、排烟风机进行手动、自动控制。

13.4.7 火灾自动报警系统与安全技术防范系统的联动，应符合下列规定：

1 火灾确认后，应自动打开疏散通道上的门禁系统控制的门，并应自动开启门厅的电动旋转门和打开庭院的电动大门。

2 火灾确认后，应自动打开收费汽车库的电动栅杆。

3 火灾确认后，宜开启相关层安全技术防范系统的摄像机监视火灾现场。

13.4.8 疏散照明宜在消防室或值班室集中手动、自动控制。

13.4.9 非消防电源及电梯的应急控制应符合下列规定：

1 火灾确认后，应在消防控制室自动切除相关区域的非消防电源。

2 火灾发生后，应根据火情强制所有电梯依次停于首层或电梯转换层。除消防电梯外，应切断客梯电源。

13.5 火灾探测器和手动报警按钮的选择与设置

13.5.1 火灾探测器和手动报警按钮的选择与设置，应符合现行国家标准《火灾自动报警系统设计规范》GB 50116的规定。

13.5.2 大型库房、大厅、室内广场等高大空间建筑，宜选用火焰探测器、红外光束感烟探测器、图像型火灾探测器、吸气式探测器或其组合。

13.6 火灾应急广播与火灾警报

13.6.1 火灾应急广播与火灾警报的设置，应符合现行国家标准《火灾自动报警系统设计规范》GB 50116的规定。

13.6.2 火灾应急广播分路配线，应符合下列规定：

1 应按疏散楼层或报警区域划分分路配线。各输出分路，应设有输出显示信号和保护、控制装置。

2 当任一分路有故障时，不应影响其他分路的正常广播。

3 火灾应急广播线路，不应和火警信号、联动控制线路等其他线路同导管或同线槽敷设。

4 火灾应急广播用扬声器不宜加开关。当加开关或设有音量调节器时，应采用三线式配线，强制火灾应急广播开放。

13.6.3 火灾应急广播馈线电压不宜大于110V。

13.6.4 火灾警报装置应符合下列规定：

1 设置火灾自动报警系统的场所，应设置火灾警报装置。

2 在设置火灾应急广播的建筑物内，应同时设置火灾警报装置，并应采用分时播放控制：先鸣警报

8~16s；间隔 2~3s 后播放应急广播 20~40s；再间隔 2~3s 依次循环进行直至疏散结束。根据需要，可在疏散期间手动停止。

3 每个防火分区至少应设一个火灾警报装置，其位置宜设在各楼层走道靠近楼梯出口处。警报装置宜采用手动或自动控制方式。

13.7 消防专用电话

13.7.1 消防专用电话网络应为独立的消防通信系统。对于特级保护对象，应设置火灾报警录音受警电话，其设置应符合现行国家标准《火灾自动报警系统设计规范》GB 50116 的规定。

13.7.2 消防通信系统应采用不间断电源供电。

13.8 火灾应急照明

13.8.1 火灾应急照明应包括备用照明、疏散照明，其设置应符合下列规定：

1 供消防作业及救援人员继续工作的场所，应设置备用照明；

2 供人员疏散，并为消防人员撤离火灾现场的场所，应设置疏散指示标志灯和疏散通道照明。

13.8.2 公共建筑的下列部位应设置备用照明：

1 消防控制室、自备电源室、配电室、消防水泵房、防烟及排烟机房、电话总机房以及在火灾时仍需要坚持工作的其他场所；

2 通信机房、大中型电子计算机房、BAS 中央控制站、安全防范控制中心等重要技术用房；

3 建筑高度超过 100m 的高层民用建筑的避难层及屋顶直升机停机坪。

13.8.3 公共建筑、居住建筑的下列部位，应设置疏散照明：

1 公共建筑的疏散楼梯间、防烟楼梯间前室、疏散通道、消防电梯间及其前室、合用前室；

2 高层公共建筑中的观众厅、展览厅、多功能厅、餐厅、宴会厅、会议厅、候车（机）厅、营业厅、办公大厅和避难层（间）等场所；

3 建筑面积超过 1500 m² 的展厅、营业厅及歌舞娱乐、放映游艺厅等场所；

4 人员密集且面积超过 300m² 的地下建筑和面积超过 200m² 的演播厅等；

5 高层居住建筑疏散楼梯间、长度超过 20m 的内走道、消防电梯间及其前室、合用前室；

6 对于 1~5 款所述场所，除应设置疏散走道照明外，并应在各安全出口处和疏散走道，分别设置安全出口标志和疏散走道指示标志；但二类高层居住建筑的疏散楼梯间可不设疏散指示标志。

13.8.4 备用照明灯具宜设置在墙面或顶棚上。安全出口标志灯具宜设置在安全出口的顶部，底边距地不宜低于 2.0m。疏散走道的疏散指示标志灯具，宜设置在走道及转角处离地面 1.0m 以下墙面上、柱上或地面上，且间距不应大于 20m。当厅室面积较大，必须装设在顶棚上时，灯具应明装，且距地不宜大于 2.5m。

13.8.5 火灾应急照明的设置，除符合本规范第 13.8.1~13.8.4 条的规定外，尚应符合下列规定：

1 应急照明在正常供电电源停止供电后，其应急电源供电转换时间应满足下列要求：

　　1）备用照明不应大于 5s，金融商业交易场所不应大于 1.5s；

　　2）疏散照明不应大于 5s。

2 除在假日、夜间无人工作而仅由值班或警卫人员负责管理外，疏散照明平时宜处于点亮状态。

当采用蓄电池作为疏散照明的备用电源时，在非点亮状态下，不得中断蓄电池的充电电源。

3 首层疏散楼梯的安全出口标志灯，应安装在楼梯口的内侧上方。

疏散标志灯的设置位置，应符合图 13.8.5 的规定。当有无障碍设计要求时，宜同时设有音响指示信号。

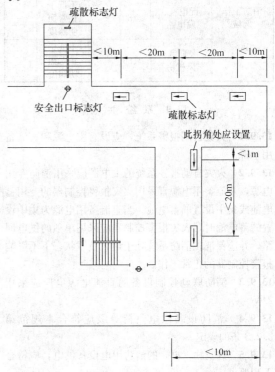

图 13.8.5 疏散标志灯设置位置

4 装设在地面上的疏散标志灯，应防止被重物或外力损坏；

5 疏散照明灯的设置，不应影响正常通行，不得在其周围存放容易混同以及遮挡疏散标志灯的其他标志牌等。

13.8.6 备用照明及疏散照明的最少持续供电时间及最低照度，应符合表 13.8.6 的规定。

表 13.8.6　火灾应急照明最少持续
供电时间及最低照度

区域类别	场所举例	最少持续供电时间（min）		照度（lx）	
		备用照明	疏散照明	备用照明	疏散照明
一般平面疏散区域	第13.8.3条1款所述场所	—	≥30	—	≥0.5
竖向疏散区域	疏散楼梯	—	≥30	—	≥5
人员密集流动疏散区域及地下疏散区域	第13.8.3条2款所述场所	—	≥30	—	≥5
航空疏散场所	屋顶消防救护用直升机停机坪	≥60	—	不低于正常照明照度	—
避难疏散区域	避难层	≥60	—	不低于正常照明照度	—
消防工作区域	消防控制室、电话总机房	≥180		不低于正常照明照度	
	配电室、发电站	≥180		不低于正常照明照度	
	水泵房、风机房	≥180		不低于正常照明照度	

13.9　系统供电

13.9.1　火灾自动报警系统，应设有主电源和直流备用电源。

13.9.2　火灾自动报警系统的主电源应采用消防专用电源，直流备用电源宜采用火灾报警控制器的专用蓄电池或集中设置的蓄电池。当直流备用电源为集中设置的蓄电池时，火灾报警控制器应采用单独的供电回路，并应保证在消防系统处于最大负载状态下不影响报警控制器的正常工作。

13.9.3　消防联动控制设备的直流电源电压应采用24V。

13.9.4　消防设备供电负荷等级应符合本规范第3.2.3条的规定。

13.9.5　建筑物（群）的消防用电设备供电，应符合下列要求：

1　消防用电负荷等级为一级时，应由主电源和自备电源或城市电网中独立于主电源的专用回路的双电源供电；

2　消防用电负荷等级为二级时，应由主电源和与主电源不同变电系统，提供应急电源的双回路电源供电；

3　为消防用电设备提供的两路电源同时供电时，可由任一回路作主电源，当主电源断电时，另一路电

源应自动投入；

4　消防系统配电装置，应设置在建筑物的电源进线处或配变电所处，其应急电源配电装置宜与主电源配电装置分开设置；当分开设置有困难，需要与主电源并列布置时，其分界处应设防火隔断。配电装置应有明显标志。

13.9.6　消防水泵、消防电梯、防烟及排烟风机等的两个供电回路，应在最末一级配电箱处自动切换。消防设备的控制回路不得采用变频调速器作为控制装置。

13.9.7　当消防应急电源由自备发电机组提供备用电源时，应符合下列要求：

1　消防用电负荷为一级时，应设自动启动装置，并应在30s内供电；

2　当消防用电负荷为二级，且采用自动启动有困难时，可采用手动启动装置；

3　主电源与应急电源间，应采用自动切换方式。

13.9.8　消防用电设备配电系统的分支线路，不应跨越防火分区，分支干线不宜跨越防火分区。

13.9.9　除消防水泵、消防电梯、防烟及排烟风机等消防设备外，各防火分区的消防用电设备，应由消防电源中的双电源或双回线路电源供电，并应满足下列要求：

1　末端配电箱应设置双电源自动切换装置，该箱应安于所在防火分区内；

2　由末端配电箱配出引至相应设备，宜采用放射式供电。对于作用相同、性质相同且容量较小的消防设备，可视为一组设备并采用一个分支回路供电。每个分支回路所供设备不宜超过5台，总计容量不宜超过10kW。

13.9.10　公共建筑物顶层，除消防电梯外的其他消防设备，可采用一组消防双电源供电。由末端配电引至设备控制箱，应采用放射式供电。

13.9.11　当12～18层普通住宅的消防电梯兼作客梯且两类电梯共用前室时，可由一组消防双电源供电。末端双电源自动切换配电箱，应设置在消防电梯机房间，由配电箱至相应设备应采用放射式供电。

13.9.12　应急照明电源应符合下列规定：

1　当建筑物消防用电负荷为一级，且采用交流电源供电时，宜由主电源和应急电源提供双电源，并以树干式或放射式供电。应按防火分区设置末端双电源自动切换应急照明配电箱，提供该分区内的备用照明和疏散照明电源。

当采用集中蓄电池或灯具内附电池组时，宜由双电源中的应急电源提供专用回路采用树干式供电，并按防火分区设置应急照明配电箱。

2　当消防用电负荷为二级并采用交流电源供电时，宜采用双回线路树干式供电，并按防火分区设置自动切换应急照明配电箱。当采用集中蓄电池或灯具

内附电池组时，可由单回线路树干式供电，并按防火分区设置应急照明配电箱。

3 高层建筑楼梯间的应急照明，宜由应急电源提供专用回路，采用树干式供电。宜根据工程具体情况，设置应急照明配电箱。

4 备用照明和疏散照明，不应由同一分支回路供电，严禁在应急照明电源输出回路中连接插座。

13.9.13 各类消防用电设备在火灾发生期间，最少持续供电时间应符合表13.9.13的规定。

表 13.9.13 消防用电设备在火灾发生期间的最少持续供电时间

消防用电设备名称	持续供电时间（min）
火灾自动报警装置	≥10
人工报警器	≥10
各种确认、通报手段	≥10
消火栓、消防泵及水幕泵	≥180
自动喷水系统	≥60
水喷雾和泡沫灭火系统	≥30
二氧化碳灭火和干粉灭火系统	≥30
防、排烟设备	≥180
火灾应急广播	≥20
火灾疏散标志照明	≥30
火灾暂时继续工作的备用照明	≥180
避难层备用照明	≥60
消防电梯	≥180

13.10 导线选择及敷设

13.10.1 消防线路的导线选择及其敷设，应满足火灾时连续供电或传输信号的需要。所有消防线路，应为铜芯导线或电缆。

13.10.2 火灾自动报警系统的传输线路和50V以下供电的控制线路，应采用耐压不低于交流300/500V的多股绝缘电线或电缆。采用交流220/380V供电或控制的交流用电设备线路，应采用耐压不低于交流450/750V的电线或电缆。

13.10.3 火灾自动报警系统传输线路的线芯截面选择，除应满足自动报警装置技术条件的要求外，尚应满足机械强度的要求，导线的最小截面积不应小于表13.10.3的规定。

表 13.10.3 铜芯绝缘电线、电缆线芯的最小截面

类 别	线芯的最小截面（mm²）
穿管敷设的绝缘电线	1.00
线槽内敷设的绝缘电线	0.75
多芯电缆	0.50

13.10.4 消防设备供电及控制线路选择，应符合下列规定：

1 火灾自动报警系统保护对象分级为特级的建筑物，其消防设备供电干线及分支干线，应采用矿物绝缘电缆；

2 火灾自动报警保护对象分级为一级的建筑物，其消防设备供电干线及分支干线，宜采用矿物绝缘电缆；当线路的敷设保护措施符合防火要求时，可采用有机绝缘耐火类电缆；

3 火灾自动报警保护对象分级为二级的建筑物，其消防设备供电干线及分支干线，应采用有机绝缘耐火类电缆；

4 消防设备的分支线路和控制线路，宜选用与消防供电干线或分支干线耐火等级降一类的电线或电缆。

13.10.5 线路敷设应符合下列规定：

1 当采用矿物绝缘电缆时，应采用明敷设或在吊顶内敷设；

2 难燃型电缆或有机绝缘耐火电缆，在电气竖井内或电缆沟内敷设时可不穿导管保护，但应采取与非消防用电电缆隔离措施；

3 当采用有机绝缘耐火电缆为消防设备供电的线路，采用明敷设、吊顶内敷设或架空地板内敷设时，应穿金属导管或封闭式金属线槽保护；所穿金属导管或封闭式金属线槽应采取涂防火涂料等防火保护措施；

当线路暗敷设时，应穿金属导管或难燃型刚性塑料导管保护，并应敷设在不燃烧结构内，且保护层厚度不应小于30mm；

4 火灾自动报警系统传输线路采用绝缘电线时，应采用穿金属导管、难燃型刚性塑料管或封闭式线槽保护方式布线；

5 消防联动控制、自动灭火控制、通信、应急照明及应急广播等线路暗敷设时，应采用穿导管保护，并应暗敷在不燃烧体结构内，其保护层厚度不应小于30mm；当明敷设时，应穿金属导管或封闭式金属线槽保护，并应在金属导管或金属线槽上采取防火保护措施；

采用绝缘和护套为难燃性材料的电缆时，可不穿金属导管保护，但应敷设在电缆竖井内；

6 当横向敷设的火灾自动报警系统传输线路如采用穿导管布线时，不同防火分区的线路不应穿入同一根导管内；探测器报警线路采用总线制布设时不受此限；

7 火灾自动报警系统用的电缆竖井，宜与电力、照明用的电缆竖井分别设置；当受条件限制必须合用时，两类电缆宜分别布置在竖井的两侧。

13.11 消防值班室与消防控制室

13.11.1 仅有火灾自动报警系统且无消防联动控制

功能时，可设消防值班室。消防值班室宜设在首层主要出入口附近，可与经常有人值班的部门合并设置。

13.11.2 设有火灾自动报警和消防联动控制系统的建筑物，应设消防控制室。

13.11.3 消防系统规模大，需要集中管理的建筑群及建筑高度超过100m的高层民用建筑，应设消防控制中心。

13.11.4 当建筑物内设置有消防炮灭火系统时，其消防控制室应满足现行国家标准《固定消防炮灭火系统设计规范》GB50338的有关规定。

13.11.5 消防控制中心宜与主体建筑的消防控制室结合；消防控制也可与建筑设备监控系统、安全技术防范系统合用控制室。

13.11.6 消防控制室（中心）的位置选择，应符合下列要求：

　　1 消防控制室应设置在建筑物的首层或地下一层，当设在首层时，应有直通室外的安全出口；当设置在地下一层时，距通往室外安全出入口不应大于20m，且均应有明显标志；

　　2 应设在交通方便和消防人员容易找到并可以接近的部位；

　　3 应设在发生火灾时不易延燃的部位；

　　4 宜与防灾监控、广播、通信设施等用房相邻近；

　　5 消防控制室（中心）的位置选择，尚宜符合本规范第23.2.1条的规定。

13.11.7 消防控制室应具有接受火灾报警、发出火灾信号和安全疏散指令、控制各种消防联动控制设备及显示电源运行情况等功能。

13.11.8 根据工程规模的大小，应适当设置与消防控制室相配套的维修和值班休息室等其他房间。

13.11.9 消防控制室的门应向疏散方向开启，且控制室入口处应设置明显的标志。

13.11.10 消防控制设备的布置，应符合本规范第23.2.4条的规定。

13.11.11 消防控制室的环境条件和对土建、暖通等相关专业的要求，应符合本规范第23.3节的规定。

13.12 防火剩余电流动作报警系统

13.12.1 为防范电气火灾，下列民用建筑物的配电线路设置防火剩余电流动作报警系统时，应符合下列规定：

　　1 火灾自动报警系统保护对象分级为特级的建筑物的配电线路，应设置防火剩余电流动作报警系统；

　　2 除住宅外，火灾自动报警系统保护对象分级为一级的建筑物的配电线路，宜设置防火剩余电流动作报警系统。

13.12.2 火灾自动报警系统保护对象分级为二级的建筑物或住宅，应设接地故障报警并应符合本规范第7.6.5条的规定。

13.12.3 采用独立型剩余电流动作报警器且点数较少时，可自行组成系统亦可采用编码模块接入火灾自动报警系统。报警点位号在火灾报警器上显示应区别于火灾探测器编号。

13.12.4 当采用剩余电流互感器型探测器或总线形剩余电流动作报警器组成较大系统时，应采用总线式报警系统。当建筑物的防火要求很高时，也可采用电气火灾监控系统。

13.12.5 剩余电流检测点宜设置在楼层配电箱（配电系统第二级开关）进线处，当回路容量较小线路较短时，宜设在变电所低压柜的出线端。

13.12.6 防火剩余电流动作报警值宜为500mA。当回路的自然漏电流较大，500mA不能满足测量要求时，宜采用门槛电平连续可调的剩余电流动作报警器或分段报警方式抵消自然泄漏电流的影响。

13.12.7 剩余电流火灾报警系统的控制器应安装在建筑物的消防控制室或值班室内，宜由消防控制室或值班室统一管理。

13.12.8 防火剩余电流动作报警系统的导线选择、线路敷设、供电电源及接地，应与火灾自动报警系统要求相同。

13.13 接 地

13.13.1 消防控制室的接地及各种火灾报警控制器、消防设备等的接地要求，应符合本规范第23.4.2条的有关规定。

14 安全技术防范系统

14.1 一 般 规 定

14.1.1 本章适用于办公楼、宾馆、商业建筑、文化建筑（文体、会展、娱乐）、住宅（小区）等通用型建筑物及建筑群的安全技术防范系统设计。

14.1.2 安全技术防范系统设计应根据建筑物的使用功能、规模、性质、安防管理要求及建设标准，构成安全可靠、技术先进、经济适用、灵活有效的安全技术防范体系。

14.1.3 安全技术防范系统宜由安全管理系统和若干个相关子系统组成。相关子系统宜包括入侵报警系统、视频安防监控系统、出入口控制系统、电子巡查系统、停车库（场）管理系统及住宅（小区）安全防范系统等。

14.1.4 安全技术防范系统宜包括下列设防区域和部位：

　　1 周界，宜包括建筑物、建筑群外层周界、楼外广场、建筑物周边外墙、建筑物地面层、建筑物楼顶

层等;

2 出入口,宜包括建筑物、建筑群周界出入口、建筑物地面层出入口、办公室门、建筑物内和楼群间通道出入口、安全出口、疏散出口、停车库(场)出入口等;

3 通道,宜包括周界内主要通道、门厅(大堂)、楼内各楼层内部通道、各楼层电梯厅、自动扶梯口等;

4 公共区域,宜包括会客厅、商务中心、购物中心、会议厅、酒吧、咖啡厅、功能转换层、避难层、停车库(场)等;

5 重要部位,宜包括重要工作室、重要厨房、财务出纳室、集中收款处、建筑设备监控中心、信息机房、重要物品库房、监控中心、管理中心等。

14.1.5 安全技术防范系统设计,除应符合本规范外,尚应符合现行国家标准《安全防范工程技术规范》GB 50348 的有关规定。

14.2 入侵报警系统

14.2.1 建筑物入侵报警系统的设防,应符合下列规定:

1 周界宜设置入侵报警探测器,形成的警戒线应连续无间断;一层及顶层宜设置入侵报警探测器;

2 重要通道及主要出入口应设置入侵报警探测器;

3 重要部位宜设置入侵报警探测器,集中收款处、财务出纳室、重要物品库房应设置入侵报警探测器;财务出纳室应设置紧急报警装置。

14.2.2 入侵报警系统设计应符合下列规定:

1 入侵报警系统宜由前端探测设备、传输部件、控制设备、显示记录设备四个主要部分组成;

2 应根据总体纵深防护和局部纵深防护的原则,分别或综合设置建筑物(群)周界防护、区域防护、空间防护、重点实物目标防护系统;

3 系统应自成网络独立运行,宜与视频安防监控系统、出入口控制系统等联动,宜具有网络接口、扩展接口;

4 根据需要,系统除应具有本地报警功能外,还应具有异地报警的相应接口;

5 系统前端设备应根据安防管理需要、安装环境要求,选择不同探测原理、不同防护范围的入侵探测设备,构成点、线、面、空间或其组合的综合防护系统。

14.2.3 入侵探测器的设置与选择应符合下列规定:

1 入侵探测器盲区边缘与防护目标间的距离不应小于 5m;

2 入侵探测器的设置宜远离影响其工作的电磁辐射、热辐射、光辐射、噪声、气象方面等不利环境,当不能满足要求时,应采取防护措施;

3 被动红外探测器的防护区内,不应有影响探测的障碍物;

4 入侵探测器的灵敏度应满足设防要求,并应可进行调节;

5 复合入侵探测器,应被视为一种探测原理的探测装置;

6 采用室外双束或四束主动红外探测器时,探测器最远警戒距离不应大于其最大射束距离的 2/3;

7 门磁、窗磁开关应安装在普通门、窗的内上侧;无框门、卷帘门可安装在门的下侧;

8 紧急报警按钮的设置应隐蔽、安全并便于操作,并应具有防误触发、触发报警自锁、人工复位等功能。

14.2.4 系统的信号传输应符合下列规定:

1 传输方式的选择应根据系统规模、系统功能、现场环境和管理方式综合确定;宜采用专用有线传输方式;

2 控制信号电缆应采用铜芯,其芯线的截面积在满足技术要求的前提下,不应小于 0.50mm²;穿导管敷设的电缆,芯线的截面积不应小于 0.75mm²;

3 电源线所采用的铜芯绝缘电线、电缆芯线的截面积不应小于 1.0mm²,耐压不低于 300/500V;

4 信号传输线缆应敷设在接地良好的金属导管或金属线槽内。

14.2.5 控制、显示记录设备应符合下列要求:

1 系统应显示和记录发生的入侵事件、时间和地点;重要部位报警时,系统应对报警现场进行声音或图像复核;

2 系统宜按时间、区域、部位任意编程设防和撤防;

3 在探测器防护区内发生入侵事件时,系统不应产生漏报警,平时宜避免误报警;

4 系统应具有自检功能及设备防拆报警和故障报警功能;

5 现场报警控制器宜安装在具有安全防护的弱电间内,应配备可靠电源。

14.2.6 无线报警系统应符合下列规定:

1 安全技术防范系统工程中,当不宜采用有线传输方式或需要以多种手段进行报警时,可采用无线传输方式;

2 无线报警的发射装置,应具有防拆报警功能和防止人为破坏的实体保护壳体;

3 以无线报警组网方式为主的安防系统,应有自检和对使用信道监视及报警功能。

14.3 视频安防监控系统

14.3.1 建筑物视频安防监控系统的设防应符合下列规定:

1 重要建筑物周界宜设置监控摄像机;

2 地面层出入口、电梯轿厢宜设置监控摄像机；停车库（场）出入口和停车库（场）内宜设置监控摄像机；

3 重要通道应设置监控摄像机，各楼层通道宜设置监控摄像机；电梯厅和自动扶梯口，宜预留视频监控系统管线和接口；

4 集中收款处、重要物品库房、重要设备机房应设置监控摄像机；

5 通用型建筑物摄像机的设置部位应符合表14.3.1的规定。

表14.3.1 摄像机的设置部位

部位 \ 建设项目	饭店	商场	办公楼	商住楼	住宅	会议展览	文化中心	医院	体育场馆	学校
主要出入口	★	★	★	★	☆	★	★	★	★	☆
主要通道	★	★	★	★	△	★	★	★	★	☆
大堂	★	☆	☆	☆	☆	☆	☆	☆	☆	☆
总服务台	★	☆	△	△	—	☆	☆	☆	△	△
电梯厅	△	☆	△	△	△	☆	☆	☆	☆	△
电梯轿厢	△	△	△	△	△	△	△	△	△	△
财务、收银	★	★	★	—	—	★	☆	★	☆	☆
卸货处	☆	★	—	—	—	★	△	—	—	—
多功能厅	☆	△	△	△	—	△	△	△	△	△
重要机房或其出入口	★	★	★	☆	☆	★	★	★	☆	☆
避难层	△	—	★	★	—	—	—	—	—	—
贵重物品处	★	★	—	☆	—	☆	★	☆	—	—
检票、检查处	—	—	—	—	—	☆	☆	☆	★	△
停车库（场）	★	★	★	☆	△	★	☆	☆	☆	☆
室外广场	☆	☆	☆	△	—	☆	△	△	☆	△

注：★应设置摄像机的部位；☆宜设置摄像机的部位；△可设置或预埋管线部位。

14.3.2 视频安防监控系统设计应符合下列规定：

1 视频安防监控系统宜由前端摄像设备、传输部件、控制设备、显示记录设备四个主要部分组成；

2 系统设计应满足监控区域有效覆盖、合理布局、图像清晰、控制有效的基本要求；

3 视频安防监控系统图像质量的主观评价，可采用五级损伤制评定，图像等级应符合表14.3.2的规定；系统在正常工作条件下，监视图像质量不应低于4级，回放图像质量不应低于3级；在允许的最恶劣工作条件下或应急照明情况下，监视图像质量不应低于3级；

表14.3.2 五级损伤制评定图像等级

图像等级	图像质量损伤主观评价
5	不觉察损伤或干扰
4	稍有觉察损伤或干扰，但不令人讨厌
3	有明显损伤或干扰，令人感到讨厌
2	损伤或干扰较严重，令人相当讨厌
1	损伤或干扰极严重，不能观看

4 视频安防监控系统的制式应与通用的电视制式一致；选用设备、部件的视频输入和输出阻抗以及电缆的特性阻抗均应为75Ω，音频设备的输入、输出阻抗宜为高阻抗；

5 沿警戒线设置的视频安防监控系统，宜对沿警戒线5m宽的警戒范围实现无盲区监控；

6 系统应自成网络独立运行，并宜与入侵报警系统、出入口控制系统、火灾自动报警系统及摄像机辅助照明装置联动；当与入侵报警系统联动时，系统应对报警现场进行声音或图像复核。

14.3.3 摄像机的选择与设置，应符合下列规定：

1 应选用CCD摄像机。彩色摄像机的水平清晰度应在330TVL以上，黑白摄像机的水平清晰度应在420TVL以上。

2 摄像机信噪比不应低于46dB。

3 摄像机应安装在监视目标附近，且不易受外界损伤的地方。摄像机镜头应避免强光直射，宜顺光源方向对准监视目标。当必须逆光安装时，应选用带背景光处理的摄像机，并应采取措施降低监视区域的明暗对比度。

4 监视场所的最低环境照度，应高于摄像机要求最低照度（灵敏度）的 10 倍。

5 设置在室外或环境照度较低的彩色摄像机，其灵敏度不应大于 1.0lx（F1.4），或选用在低照度时能自动转换为黑白图像的彩色摄像机。

6 被监视场所照度低于所采用摄像机要求的最低照度时，应在摄像机防护罩上或附近加装辅助照明设施。室外安装的摄像机，宜加装对大雾透射力强的灯具。

7 宜优先选用定焦距、定方向固定安装的摄像机，必要时可采用变焦镜头摄像机。

8 应根据摄像机所安装的环境、监视要求配置适当的云台、防护罩。安装在室外的摄像机，必须加装适当功能的防护罩。

9 摄像机安装距地高度，在室内宜为 2.2～5m，在室外宜为 3.5～10m。

10 摄像机需要隐蔽安装时，可设置在顶棚或墙壁内。电梯轿厢内设置摄像机，应安装在电梯厢门左或右侧上角。

11 电梯轿厢内设置摄像机时，视频信号电缆应选用屏蔽性能好的电梯专用电缆。

14.3.4 摄像机镜头的选配应符合下列规定：

1 镜头的焦距应根据视场大小和镜头与监视目标的距离确定，可按下式计算：

$$F = A \cdot L / H \qquad (14.3.4)$$

式中　F——焦距（mm）；

　　　A——像场高（mm）；

　　　L——物距（mm）；

　　　H——视场高（mm）。

监视视野狭长的区域，可选视角在 40°以内的长焦（望远）镜头；监视目标视距小而视角较大时，可选择视角在 55°以上的广角镜头；景深大、视角范围广且被监视目标为移动时，宜选择变焦距镜头；有隐蔽要求或特殊功能要求时，可选择针孔镜头或棱镜头；

2 在光照度变化范围相差 100 倍以上的场所，应选择自动或电动光圈镜头；

3 当有遥控要求时，可选择具有聚焦、光圈、变焦遥控功能的镜头；

4 镜头接口应与摄像机的工业接口一致；

5 镜头规格应与摄像机 CCD 靶面规格一致。

14.3.5 系统的信号传输应符合下列规定：

1 传输方式的选择应根据系统规模、系统功能、现场环境和管理方式综合考虑。宜采用专用有线传输方式，必要时可采用无线传输方式。

2 采用专用有线传输方式时，传输介质宜选用同轴电缆。当长距离传输或在强电磁干扰环境下传输时，应采用光缆。电梯轿厢的视频电缆应选用电梯专用视频电缆。

3 控制信号电缆应采用铜芯，其芯线的截面积在满足技术要求的前提下，不应小于 0.50mm²。穿导管敷设的电缆的芯线截面积不应小于 0.75mm²。

4 电源线所采用的铜芯绝缘电线、电缆芯线的截面积不应小于 1.0mm²，耐压不应低于 300/500V。

5 信号传输线缆宜敷设在接地良好的金属导管或金属线槽内。

6 当采用全数字视频安防监控系统时，宜采用综合布线对绞电缆，并应符合本规范第 21 章的相关规定。

14.3.6 系统的主控设备应具有下列控制功能：

1 对摄像机等前端设备的控制；

2 图像显示任意编程及手动、自动切换；

3 图像显示应具有摄像机位置编码、时间、日期等信息；

4 对图像记录设备的控制；

5 支持必要的联动控制；当报警发生时，应对报警现场的图像或声音进行复核，并自动切换到指定的监视器上显示和自动实时录像；

6 具有视频报警功能的监控设备，应具备多路报警显示和画面定格功能，并任意设定视频警戒区域；

7 视频安防监控系统，宜具有多级主机（主控、分控）功能。

14.3.7 显示设备的选择应符合下列规定：

1 显示设备可采用专业监视器、电视接收机、大屏幕投影、背投或电视墙；一个视频安防监控系统至少应配置一台显示设备；

2 宜采用 12～25in 黑白或彩色监视器，最佳视距宜在 5～8 倍显示屏尺寸之间；

3 宜选用比摄像机清晰度高一档（100TVL）的监视器；

4 显示设备的配置数量，应满足现场摄像机数量和管理使用的要求，合理确定视频输入、输出的配比关系；

5 电梯轿厢内摄像机的视频信号，宜与电梯运行楼层字符叠加，实时显示电梯运行信息；

6 当多个连续监视点有长时间录像要求时，宜选用多画面处理器（分割器）或数字硬盘录像设备。当一路视频信号需要送到多个图像显示或记录设备上时，宜选用视频分配器。

14.3.8 记录设备的配备与功能应符合下列规定：

1 录像设备输入、输出信号，视、音频指标均应与整个系统的技术指标相适应；一个视频安防监控系统，至少应配备一台录像设备；

2 录像设备应具有自动录像功能和报警联动实时录像功能，并可显示日期、时间及摄像机位置编码；

3 当具有长时间记录、即时分析等功能要求时，宜选用数字硬盘录像设备；小规模视频安防监控系统可直接以其作为控制主机；

4　数字硬盘录像设备应选用技术成熟、性能稳定可靠的产品，并应具有同步记录与回放、宕机自动恢复等功能；对于重要场所，每路记录速度不宜小于25帧/s；对于其他场所，每路记录速度不应小于6帧/s；

5　数字硬盘录像机硬盘容量可根据录像质量要求、信号压缩方式及保存时间确定；

6　与入侵报警系统联动的监控系统，宜单独配备相应的图像记录设备。

14.3.9　前端摄像机、解码器等，宜由控制中心专线集中供电。前端摄像设备距控制中心较远时，可就地供电。就地供电时，当控制系统采用电源同步方式，应是与主控设备为同相位的可靠电源。

14.3.10　根据需要选用全数字视频安防监控系统时，应满足图像的原始完整性和实时性的要求，并应符合当地安全技术防范管理的要求。

14.4　出入口控制系统

14.4.1　出入口控制系统应根据安全技术防范管理的需要，在建筑物、建筑群出入口、通道门、重要房间门等处设置，并应符合下列规定：

1　主要出入口宜设置出入口控制装置，出入口控制系统中宜有非法进入报警装置；

2　重要通道宜设置出入口控制装置，系统应具有非法进入报警功能；

3　设置在安全疏散口的出入口控制装置，应与火灾自动报警系统联动；在紧急情况下应自动释放出入口控制系统，安全疏散门在出入口控制系统释放后应能随时开启。

4　重要工作室应设置出入口控制装置。集中收款处、重要物品库房宜设置出入口控制装置。

14.4.2　出入口控制系统宜由前端识读装置与执行机构、传输部件、处理与控制设备、显示记录设备四个主要部分组成。

14.4.3　系统的受控制方式、识别技术及设备装置，应根据实际控制需要、管理方式及投资等情况确定。

14.4.4　系统前端识读装置与执行机构，应保证操作的有效性和可靠性，宜有防尾随、防返传措施。

14.4.5　不同的出入口，应设定不同的出入权限。系统应对设防区域的位置、通行对象及通行时间等进行实时控制和多级程序控制。

14.4.6　现场控制器宜安装在读卡机附近房间内、弱电间等隐蔽处。读卡机应安装在出入口旁，安装高度距地不宜高于1.5m。

14.4.7　系统管理主机宜对系统中的有关信息自动记录、打印、存储，并有防篡改和防销毁等措施。

14.4.8　当系统管理主机发生故障、检修或通信线路

故障时，各出入口现场控制器应脱机正常工作。现场控制器应具有备用电源，当正常供电电源失电时，应可靠工作24h，并保证信息数据记忆不丢失。

14.4.9　系统宜独立组网运行，并宜具有与入侵报警系统、火灾自动报警系统、视频安防监控系统、电子巡查系统等集成或联动的功能。

14.4.10　系统应具有对强行开门、长时间门不关、通信中断、设备故障等非正常情况的实时报警功能。

14.4.11　系统宜具有纳入"一卡通"管理的功能。

14.4.12　根据需要可在重要出入口处设置X射线安检设备、金属探测门、爆炸物检测仪等防爆安检系统。

14.5　电子巡查系统

14.5.1　电子巡查系统应根据建筑物的使用性质、功能特点及安全技术防范管理要求设置。对巡查实时性要求高的建筑物，宜采用在线式电子巡查系统。其他建筑物可采用离线式电子巡查系统。

14.5.2　巡查站点应设置在建筑物出入口、楼梯前室、电梯前室、停车库（场）、重点防范部位附近、主要通道及其他需要设置的地方。巡查站点设置的数量应根据现场情况确定。

14.5.3　巡查站点识读器的安装位置宜隐蔽，安装高度距地宜为1.3～1.5m。

14.5.4　在线式电子巡查系统，应具有在巡查过程发生意外情况及时报警的功能。

14.5.5　在线式电子巡查系统宜独立设置，可作为出入口控制系统或入侵报警系统的内置功能模块而与其联合设置，配合识读器或钥匙开关，达到实时巡查的目的。

14.5.6　独立设置的在线式电子巡查系统，应与安全管理系统联网，并接受安全管理系统的管理与控制。

14.5.7　离线式电子巡查系统应采用信息识读器或其他方式，对巡查行动、状态进行监督和记录。巡查人员应配备可靠的通信工具或紧急报警装置。

14.5.8　巡查管理主机应利用软件，实现对巡查路线的设置、更改等管理，并对未巡查、未按规定路线巡查、未按时巡查等情况进行记录、报警。

14.6　停车库（场）管理系统

14.6.1　有车辆进出控制及收费管理要求的停车库（场）宜设置停车库（场）管理系统。

14.6.2　系统应根据安全技术防范管理的需要及用户的实际需求，合理配置下列功能：

1　入口处车位信息显示、出口收费显示；

2　自动控制出入挡车器；

3　车辆出入识别与控制；

4　自动计费与收费管理；

5 出入口及场内通道行车指示；

6 泊位显示与调度控制；

7 保安对讲、报警；

8 视频安防监控；

9 车牌和车型自动识别、认定；

10 多个出入口的联网与综合管理；

11 分层（区）的车辆统计与车位显示；

12 500辆及以上的停车场（库）分层（区）的车辆查询服务。

其中1～4款为基本配置，其他为可选款配置。

14.6.3 出、验票机或读卡器的选配应根据停车场（库）的使用性质确定，短期或临时用户宜采用出、验票机管理方式；长期或固定用户宜采用读卡管理方式。当功能暂不明确或兼有的项目宜采用综合管理方式。

14.6.4 停车库（场）的入口区应设置出票读卡机，出口区应设置验票读卡机。停车库（场）的收费管理室宜设置在出口区。

14.6.5 读卡器宜与出票（卡）机和验票（卡）机合放在一起，安装在车辆出入口安全岛上，距栅栏门（挡车器）距离不宜小于2.2m，距地面高度宜为1.2～1.4m。

14.6.6 停车场（库）内所设置的视频安防监控或入侵报警系统，除在收费管理室控制外，还应在安防控制中心（机房）进行集中管理、联网监控。摄像机宜安装在车辆行驶的正前方偏左的位置，摄像机距地面高度宜为2.0～2.5m，距读卡器的距离宜为3～5m。

14.6.7 有快速进出停车库（场）要求时，宜采用远距离感应读卡装置。有一卡通要求时应与一卡通系统联网设计。

14.6.8 停车库（场）管理系统应具备先进、灵活、高效等特点，可利用免费卡、计次卡、储值卡等实行全自动管理，亦可利用临时卡实行人工收费管理。

14.6.9 车辆检测地感线圈宜为防水密封感应线圈，其他线路不得与地感线圈相交，并应与其保持不少于0.5m的距离。

14.6.10 自动收费管理系统可根据停车数量及出入口设置等具体情况，采用出口处收费或库（场）内收费两种模式。并应具有对人工干预、手动开闸等违规行为的记录和报警功能。

14.6.11 停车库（场）管理系统宜独立运行，亦可与安全管理系统联网。

14.7 住宅（小区）安全防范系统

14.7.1 住宅（小区）的安全技术防范系统宜包括周界安防系统、公共区域安防系统、家庭安防系统及监控中心。

14.7.2 住宅（小区）安全技术防范系统的配置标准宜符合表14.7.2的规定。

表 14.7.2 住宅（小区）安全技术防范系统配置标准

序号	系统名称	安防设施	住宅配置标准	别墅配置标准
1	周界安防系统	电子周界防护系统	宜设置	应设置
2	公共区域安防系统	电子巡查系统	应设置	应设置
		视频安防监控系统		
		停车库（场）管理系统	可选项	
3	家庭安防系统	访客对讲系统	应设置	应设置
		紧急求救报警装置		
		入侵报警系统	可选项	
4	监控中心	安全管理系统	各子系统宜联动设置	各子系统应联动设置
		可靠通信工具	必须设置	必须设置

14.7.3 周界安防系统设计应符合下列规定：

1 电子周界安防系统应预留联网接口；

2 别墅区周界宜设视频安防监控系统。

14.7.4 公共区域的安防系统设计应符合下列规定：

1 电子巡查系统应符合下列规定：

1）住宅小区宜采用离线式电子巡查系统，别墅区宜采用在线式电子巡查系统；

2）离线式电子巡查系统的信息识读器安装高度，宜为1.3～1.5m；

3）在线式电子巡查系统的管线宜采用暗敷。

2 视频安防监控系统应符合下列规定：

1）住宅小区的主要出入口、主要通道、电梯轿厢、周界及重要部位宜安装监控摄像机；

2）室外摄像机的选型及安装应采取防水、防晒、防雷等措施；

3）视频安防监控系统应与监控中心计算机联网。

3 住宅（小区）停车库（场）管理系统的设计，应符合本规范第14.6节的规定。

14.7.5 家庭安全防范系统设计应符合下列规定：

1 访客对讲系统应符合下列规定：

1）别墅宜选用访客可视对讲系统；

2）主机宜安装在单元入口处防护门上或墙体内，安装高度宜为1.3～1.5m；室内分机宜安装在过厅或起居室内，安装高度宜为1.3～1.5m；

3）访客对讲系统应与监控中心主机联网。

2 紧急求助报警装置应符合下列规定：

1）宜在起居室、卧室或书房不少于一处，安装紧急求助报警装置；

2）紧急求助信号应同时报至监控中心。

3 入侵报警系统应符合下列规定:

    1)可在住户室内、户门、阳台及外窗等处,选择性地安装入侵报警探测装置;

    2)入侵报警系统应预留联网接口。

14.7.6 监控中心设计应符合下列规定:

1 住宅小区安防监控中心应具有自身的安防设施;

2 监控中心应对小区内的周界安防系统、公共区域安防系统、家庭安防系统等进行监控和管理;

3 监控中心应配置可靠的有线或无线通信工具,并留有与接警中心联网的接口;

4 监控中心可与住宅小区管理中心合用。

14.7.7 住宅(小区)安全技术防范系统设计,尚应符合本章其他各节的有关规定。

14.8 管线敷设

14.8.1 室内线路布线设计应做到短捷、隐蔽、安全、可靠,减少与其他系统交叉及共用管槽,并应符合下列规定:

1 线缆选型应根据各系统不同功能要求采用不同类型及规格的线缆;

2 线缆保护管宜采用金属导管、难燃型刚性塑料导管、封闭式金属线槽或难燃型塑料线槽;

3 重要线路应选用阻燃型线缆,采用金属导管保护,并应暗敷在非燃烧体结构内。当必须明敷时,应采取防火、防破坏等安全保护措施;

4 当与其他弱电系统共用线槽时,宜分类加隔板敷设;

5 重要场所的布线槽架,应有防火及槽盖开启限制措施。

14.8.2 交流 220V 供电线路应单独穿导管敷设。

14.8.3 穿导管线缆的总截面积,直段时不应超过导管内截面积的 40%,弯段时不应超过导管内截面积的 30%。敷设在线槽内的线缆总截面积,不应超过线槽净截面积的 50%。

14.8.4 室外线路敷设宜根据现有地形、地貌、地上及地下设施情况,结合安防系统的具体要求,选择导管、排管或电缆隧道等敷设方式,并应符合现行国家通信行业标准《通信管道与通信工程设计规范》YD 5007 的规定。

14.8.5 传输线路的防护设计,应根据现场实际条件和容易遭受损坏或人为破坏等因素,采取有效的防护措施。

14.8.6 管线敷设,尚应符合本规范第 20 章的有关规定。

14.9 监控中心

14.9.1 安全技术防范系统监控中心宜设置在建筑物一层,可与消防、BAS 等控制室合用或毗邻,合用

时应有专用工作区。监控中心宜位于防护体系的中心区域。

14.9.2 监控中心的使用面积应与安防系统的规模相适应,不宜小于 20m²。与值班室合并设置时,其专用工作区面积不宜小于 12m²。

14.9.3 重要建筑的监控中心,宜设置对讲装置或出入口控制装置。宜设置值班人员卫生间和空调设备。

14.9.4 系统监控中心应设置为禁区,应有保证自身安全的防护措施和进行内外联络的通信手段,并应设置紧急报警装置和留有向上一级接处警中心报警的通信接口。

14.9.5 监控中心的设备布置、环境条件及对土建专业的要求应符合本规范第 23.2~23.3 节的有关规定。

14.9.6 电源设计应符合下列规定:

1 监控中心应设置专用配电箱,由专用线路直接供电,并宜采用双路电源末端自投方式,主电源容量不应小于系统设备额定功率的 1.5 倍;

2 当电源电压波动较大时,应采用交流净化稳压电源,其输出功率不应小于系统使用功率的 1.5 倍;

3 重要建筑的安全技术防范系统,应采用在线式不间断电源供电,不间断电源应保证系统正常工作 60min。其他建筑的安全技术防范系统宜采用不间断电源供电。

14.9.7 防雷与接地应符合下列规定:

1 系统的电源线、信号传输线、天线馈线以及进入监控中心的架空电缆入室端,均应采取防雷电波侵入及过电压保护措施;

2 系统监控中心的接地应符合本规范第 23.4.2 条的规定;

3 室外前端摄像设备宜采取防雷措施。

14.10 联动控制和系统集成

14.10.1 安全技术防范系统的集成设计宜包括子系统集成设计和安全管理系统的集成设计,宜纳入建筑设备管理系统(BMS)集成设计。

14.10.2 安全技术防范系统集成方式和集成范围,应根据使用者的需求确定。

14.10.3 入侵报警系统宜与视频安防监控系统联动或集成,发生报警时,视频安防监控系统应立即启动摄像、录音、辅助照明等装置,并自动进入实时录像状态。

14.10.4 出入口控制系统应与火灾自动报警系统联动,在火灾等紧急情况下,立即打开相关疏散通道的安全门或预先设定的门。

14.10.5 在线式电子巡查系统及入侵报警系统,宜与出入口控制系统联动,当警情发生时,系统可立即封锁相关通道的门。

14.10.6 视频安防监控系统宜与火灾自动报警系统

联动，在火灾情况下，可自动将监视图像切换至现场画面，监视火灾趋势，向消防人员提供必要信息。

14.10.7 安全技术防范系统的各子系统可子系统集成自成垂直管理体系，也可通过统一的通信平台和管理软件等将各子系统联网，组成一个相对完整的综合安全管理系统，即集成式安全技术防范系统。

14.10.8 安全技术防范系统的集成，宜在通用标准的软硬件平台上，实现互操作、资源共享及综合管理。

14.10.9 集成式安全技术防范系统应采用先进、成熟、具有简体中文界面的应用软件。系统应具有容错性、可维修性及维修保障性。

14.10.10 当综合安全管理系统发生故障时，各子系统应能单独运行。某子系统出现故障，不应影响其他子系统的正常工作。

15 有线电视和卫星电视接收系统

15.1 一般规定

15.1.1 有线电视系统的设计应符合质量优良、技术先进、经济合理、安全适用的原则，并应与城镇建设规划和本地有线电视网的发展相适应。

15.1.2 系统设计的接收信号场强，宜取自实测数据。当获取实测数据确有困难时，可采用理论计算的方法计算场强值。

15.1.3 在新建和扩建小区的组网设计中，宜以自设前端或子分前端、光纤同轴电缆混合网（HFC）方式组网，或光纤直接入户（FTTH）。网络宜具备宽带、双向、高速及三网融合功能。

15.1.4 系统设计除应符合本规范外，尚应符合现行国家标准《有线电视系统工程技术规范》GB 50200、《声音和电视信号的电缆分配系统》GB/T 6510 及行业标准《有线广播 电视系统技术规范》GY/T 106 的规定。

15.2 有线电视系统设计原则

15.2.1 有线电视系统规模宜按用户终端数量分为下列四类：

A类：10000户以上；

B类：2001～10000户；

C类：301～2000户；

D类：300户以下。

15.2.2 建筑物与建筑群光纤同轴电缆混合网（HFC），宜由自设分前端或子分前端、二级光纤链路网、同轴电缆分配网及用户终端四部分组成，典型的网络拓扑结构宜符合图15.2.2的规定。

15.2.3 系统设计时应明确下列主要条件和技术要求：

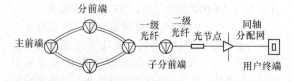

图 15.2.2　HFC 典型网络拓扑结构

1　系统规模、用户分布及功能需求；

2　接入的有线电视网或自设前端的各类信号源和自办节目的数量、类别；

3　城镇的有线电视系统，应采用双向传输及三网融合技术方案；

4　接收天线设置点的实测场强值或理论计算的信号场强值及有线电视网络信号接口参数；

5　接收天线设置点建筑物周围的地形、地貌以及干扰源、气象和大气污染状况等。

15.2.4 系统应满足下列性能指标：

1　载噪比（C/N）应大于或等于44dB；

2　交扰调制比（CM）应大于或等于47dB（550MHz系统），可按下式计算：

$$CM=47+10\lg (N_0/N) \quad (15.2.4)$$

式中　N_0——系统设计满频道数；

　　　N——系统实际传输频道数。

3　载波互调比（IM）应大于或等于58dB；

4　载波复合二次差拍比（C/CSO）应大于或等于55dB；

5　载波复合三次差拍比（C/CTB）应大于或等于55dB。

15.2.5 有线电视系统频段的划分应采用低分割方式，各种业务信息以及上行和下行频段划分应符合表15.2.5的规定。

表 15.2.5　双向传输系统频段划分

频率范围（MHz）	调制方式	现行名称	用途 模拟为主兼传数字	用途 全数字信号
5～65	QPSK、m-QAM	低端上行	上行数字业务	
65～87	—	低端隔离带	在低端隔离上下行通带	
87～108	FM	调频广播	调频广播	数字图像、声音、数据及网管、控制
108～111	FSK	系统业务	网管、控制	
111～550	AM-VSB	模拟电视	模拟电视	
550～862	m-QAM	数字业务	数字图像、声音、数据	
862～900	—	高端隔离带	在高端隔离上下行通带	
900～1000	m-QAM	高端上行	预留	

15.2.6 有线电视系统的信号传输方式应根据有线电视网络的现状和发展、系统的规模和覆盖区域进行设

计，当全部采用邻频传输时，应符合下列要求：

1 在城市中设计有线电视系统时，其信号源应从城市有线电视网接入，可根据需要设置自设分前端。A类、B类及C类系统传输上限频率宜采用862MHz系统，D类系统可根据需要和有线电视网发展规划选择上限频率。

2 传输频道数与上限频率应符合下列对应关系：

1）550MHz系统，可用频道数60；

2）750MHz系统，除60个模拟频道外，550MHz～750MHz带宽可传送25个数字频道；

3）862MHz系统，除60个模拟频道外，550MHz～862MHz带宽可传送39个数字频道。

3 城市有线电视系统及HFC网络，应按双向传输方式设计。

4 主干线及部分支干线应使用光纤传输，宜采用星形拓扑结构。分配网络可使用同轴电缆，采用星形为主、星树形结合的拓扑结构。

15.2.7 当小型城镇不具备有线电视网，采用自设接收天线及前端设备系统时，C类及以下的小系统或干线长度不超过1.5km的系统，可保持原接收频道的直播。B类及以上的较大系统、干线长度超过1.5km的系统或传输频道超过20套节目的系统，宜采用550MHz及以上传输方式。

15.2.8 当采用自设接收天线及前端设备系统时，有线电视频道配置宜符合下列规定：

1 基本保持原接收频道的直播；

2 强场强广播电视频道转换为其他频道播出；

3 配置受环境电磁场干扰小的频道。

15.2.9 系统输出口的模拟电视信号输出电平，宜取(69 ± 6)dBμV。系统相邻频道输出电平差不应大于2dB，任意频道间的电平差不宜大于12dB。

15.2.10 系统数字信号电平应低于模拟电视信号电平，64-QAM应低于10dB，256-QAM应低于6dB。

15.3 接 收 天 线

15.3.1 接收天线应具有良好电气性能，其机械性能应适应当地气象和大气污染的要求。

15.3.2 接收天线的选择应符合下列规定：

1 当接收VHF段信号时，应采用频道天线，其频带宽度为8MHz。

2 当接收UHF段信号时，应采用频段天线，其带宽应满足系统的设计要求。接收天线各频道信号的技术参数应满足系统前端对输入信号的质量要求。

3 接收天线的最小输出电平可按公式（15.3.2）计算，当不满足公式（15.3.2）要求时，应采用高增益天线或加装低噪声天线放大器：

$$S_{min} \geqslant (C/N)_h + F_h + 2.4 \quad (15.3.2)$$

式中 S_{min}——接收天线的最小输出电平（dB）；

F_h——前端的噪声系数（dB）；

$(C/N)_h$——天线输出端的载噪比（dB）；

2.4——PAL-D制式的热噪声电平（dBμV）。

4 当某频道的接收信号场强大于或等于100dBμV/m时，应加装频道转换器或解调器、调制器。

5 接收信号的场强较弱或环境反射波复杂，使用普通天线无法保证前端对输入信号的质量要求时，可采用高增益天线、抗重影天线、组合天线（阵）等特殊形式的天线。

15.3.3 当采用宽频带组合天线时，天线输出端或天线放大器输出端应设置分频器或接收的电视频道的带通滤波器。

15.3.4 接收天线的设置应符合下列规定：

1 宜避开或远离干扰源，接收地点场强宜大于54dBμV/m，天线至前端的馈线应采用聚乙烯外护套、铝管或四屏蔽外导体的同轴电缆，其长度不宜大于30m。

2 天线与发射台之间，不应有遮挡物和可能的信号反射，并宜远离电气化铁路及高压电力线等。天线与机动车道的距离不宜小于20m。

3 天线宜架设在较高处，天线与铁塔平台、承载建筑物顶面等导电平面的垂直距离，不应小于天线的工作波长。

4 天线位置宜设在有线电视系统的中心部位。

15.3.5 独立塔式接收天线的最佳高度，可按下式计算：

$$h_j = \frac{\lambda \cdot d}{4h_i} \quad (15.3.5)$$

式中 h_j——天线安装的最佳绝对高度（m）；

λ——该天线接收频道中心频率的波长（m）；

d——天线杆塔至电视发射塔之间的距离（m）；

h_i——电视发射塔的绝对高度（m）。

15.4 自 设 前 端

15.4.1 自设前端设备应根据节目源种类、传输方式及功能需求设置，并应与当地有线电视网协调。

15.4.2 自设前端设施应设在用户区域的中心部位，宜靠近信号源。

15.4.3 在有线电视网覆盖范围以外或不接收有线电视网的建筑区域，可自设开路接收天线、卫星接收天线及前端设备。

15.4.4 自设前端系统的载噪比应满足现行行业标准《有线电视系统工程技术规范》GY/T 106规定的相应基本模式的指标分配要求。

15.4.5 自设前端输入电平应满足前端系统的载噪比要求；自设前端输入的最小电平可按公式（15.3.2）计算。

15.4.6 自设前端系统不宜采用带放大器的混合器。当采用插入损耗小的分配式多路混合器时，其空闲端必须终接 75Ω 负载电阻。

15.4.7 自设前端的上、下行信号均应采用四屏蔽电缆和冷压连接器连接。

15.4.8 当民用建筑只接收当地有线电视网节目信号时，应符合下列规定：

　　1　系统接收设备宜在分配网络的中心部位，应设在建筑物首层或地下一层；

　　2　每 2000 个用户宜设置一个子分前端；

　　3　每 500 个用户宜设置一个光节点，并应留有光节点光电转换设备间，用电量可按 2kW 计算。

15.4.9 自设前端输出的系统传输信号电平应符合下列规定：

　　1　直接馈送给电缆时，应采用低位频段低电平、高位频段高电平的电平倾斜方式；

　　2　通过光链路馈送给电缆时，下行光发射机的高频输入必须采用电平平坦方式。

15.4.10 前端放大器应满足工作频带、增益、噪声系数、非线性失真等指标要求，放大器的类型宜根据其在系统中所处的位置确定。

15.4.11 当单频道接收天线及前端专用频道需要设放大器时，应采用单频道放大器。

　　前端各频道的信号电平应基本一致，邻近频道的信号电平差不应大于 2dB，应采用低增益（18～22dB）、高线性宽带放大器。

15.5　传输与分配网络

15.5.1 当有线电视系统规模小（C、D 类）、传输距离不超过 1.5km 时，宜采用同轴电缆传输方式。

15.5.2 当系统规模较大、传输距离较远时，宜采用光纤同轴电缆混合网（HFC）传输方式，也可根据需要采用光纤到最后一台放大器（FTTLA）或光纤到户（FTTH）的方式。

15.5.3 综合有线电视信息网及 HFC 网络设计，应符合下列规定：

　　1　系统应采用双向传输网络。

　　2　双向传输系统中，所有设备器件均应具有双向传输功能。

　　3　双向传输分配网络宜采用星形分配、集中分支方式。

　　4　电缆分配网络的下行通道和上行通道，均宜采用单位增益法，用户分配网络的拓扑结构宜简单、对称，以利于上行电平的均等、均衡。

　　5　各类设备、器件、连接器、电缆均应具有良好的屏蔽性能，屏蔽系数应大于或等于 100dB。室外设备 5/8in-24 连接器系列宜选用直通型，室内设备 F 连接器应选用冷压型。同轴电缆应采用高屏蔽系数的产品，室外敷设应采用铝管外导体电缆，室内敷设应

采用四屏蔽外导体电缆。

　　6　每一台双向分配放大器，必须内配上行宽带放大器。双向干线放大器，当线路的实际损耗较大时，宜内配上行宽带放大器。

　　7　HFC 网络内任何有源设备的输出信号总功率不应超过 20dBm。

　　8　一个光节点覆盖的用户数宜在 500 以内，以利于提高上行户均速率和减少干扰、噪声。

15.5.4 光纤同轴电缆混合网的技术指标分配系数，可按同轴电缆的指标分配，并保证光链路噪声失真平衡的基本指标。

15.5.5 光纤同轴电缆混合网，由下行光发射机、光分路器、光纤（距离远时增设中继站）、光节点（含下行光接收机、上行光发射机）、上行光接收机及电缆分配网络组成，其系统宜符合图 15.5.5 的规定。

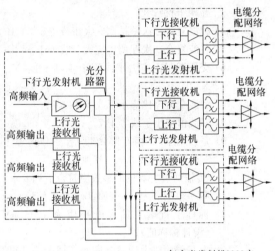

每台光发射机2000户
每个光节点500户

图 15.5.5　光纤到节点的典型系统

15.5.6 光纤同轴电缆混合网的拓扑结构宜采用"环—星—星树"形，即一级光纤链路采用环形或双环形结构，二级光纤链路宜采用星形结构，电缆分配网络采用星树形结构。

15.5.7 有线电视系统一（二）级 AM 光纤链路，应满足下列指标要求：

　　1　载噪比 C/N 应大于或等于 50(48)dB；

　　2　载波复合二次差拍比 C/CSO 应大于或等于 60(58)dB；

　　3　载波复合三次差拍比 C/CTB 应大于或等于 65(63)dB。

15.5.8 光纤及光设备的选择应符合下列要求：

　　1　光纤有线电视网络应采用 G-652 单模光纤；

　　2　当光节点较少且传输距离不大于 30km 时，宜采用 1310nm 波长；

　　3　在远距离传输系统中，宜采用 1550nm 波长；

　　4　在满足光传输链路技术指标的前提下，宜选

择光输出功率较小的光发射机；同一前端的光发射机输出功率宜一致，以便备机；

　　5　一台下行光发射机通过光分路器可带2000户及其相应的光节点。

15.5.9　HFC网络光纤传输部分，其上、下行信号宜采用空分复用（SDM）方式。同轴电缆传输部分，其上、下行信号宜采用频分复用（FDM）方式。

15.5.10　HFC网络上、下行传输通道主要技术参数，应符合下列要求：

　　1　下行传输通道主要技术参数应符合下列要求：

　　　1）系统输出口电平应为60～80dBμV；

　　　2）载噪比应大于或等于43dB（$B=5.75\mathrm{MHz}$）；

　　　3）载波互调比应大于或等于57dB（对电视频道的单频干扰）或54dB（电视频道内单频互调干扰）；

　　　4）载波复合三次差拍比应大于或等于54dB；

　　　5）载波复合二次互调比应大于或等于54dB；

　　　6）交扰调制比应大于或等于$47+10\lg(N_0/N)\mathrm{dB}$；

　　　7）载波交流声比应小于或等于3%；

　　　8）回波值应小于或等于7%；

　　　9）系统输出口相互隔离度应大于或等于30dB（VHF）或22dB（其他）。

　　2　上行传输通道主要技术参数应符合下列要求：

　　　1）频率范围应为5～65MHz（基本信道）；

　　　2）标称上行端口输入电平应为100dBμV（设计标称值）；

　　　3）上行传输路由增益差应小于或等于10dB（任意用户端口上行）；

　　　4）上行最大过载电平应大于或等于112dBμV；

　　　5）上行通道频率响应应小于或等于2.5dB（每2MHz）；

　　　6）载波/汇集噪声比应大于或等于22dB（Ra波段）或26dB（Rb、Rc波段）；

　　　7）上行通道传输延时应小于或等于800μs；

　　　8）回波值应小于或等于10%；

　　　9）上行通道群延时应小于或等于30ns（任意3.2MHz范围内）；

　　　10）信号交流声调制比应小于或等于7%。

15.5.11　干线放大器在常温时的输入电平和输出电平的设计值，应根据干线长度、选用的干线电缆特性、干线放大器特性和数量等因素，在满足输入电平最低限值及输出电平最高限值前提下，留有一定的余量后确定。

　　对于设有自动电平调节（ALC）电路的干线系统：

$$S'_{\mathrm{ia}} = S_{\mathrm{ia}} + (2\sim4) \qquad (15.5.11\text{-}1)$$

$$S'_{\mathrm{oa}} = S_{\mathrm{oa}} - (2\sim4) \qquad (15.5.11\text{-}2)$$

　　对于未设ALC电路的干线系统：

$$S'_{\mathrm{ia}} = S_{\mathrm{ia}} + (5\sim8) \qquad (15.5.11\text{-}3)$$

$$S'_{\mathrm{oa}} = S_{\mathrm{oa}} - (5\sim8) \qquad (15.5.11\text{-}4)$$

式中　S_{ia}——干线放大器输入最低电平限值（dBμV）；

　　　S'_{ia}——干线放大器输入电平的设计值（dBμV）；

　　　S_{oa}——干线放大器输出最高电平限值（dBμV）；

　　　S'_{oa}——干线放大器输出电平的设计值（dBμV）。

15.5.12　为保证干线传输部分的性能指标，宜采用下列措施：

　　1　同一传输干线的干线放大器，宜设置在其设计增益等于或略大于（2dB内）前端传输损耗的位置；

　　2　宜采用低噪声、低温漂、适中增益的干线放大器；

　　3　宜采用具有良好带通特性、较高非线性指标的干线放大器；

　　4　宜采用低损耗、屏蔽性和稳定性较好的电缆；

　　5　宜采用桥接放大器或定向耦合器向用户群提供分配点；

　　6　宜减少干线传输损耗，在线路中少插入或不插入分支器、分配器等；如插入分支器，分支损耗不宜大于12dB，以平衡上行电平；

　　7　干线放大器与分配放大器宜分开设置，并符合下列要求：

　　　1）干线放大器应低增益、中等电平输出、只级联、不带户；

　　　2）分配放大器应高增益、较高电平输出、末级单台、只带户。

15.5.13　为处理光节点以下电缆分配网络的噪声和非线性失真关系，宜采取下列措施：

　　1　干线放大器噪声失真平衡；

　　2　分配放大器在非线性失真语序的前提下，宜提高输出电平。

15.5.14　当系统有分支信号放大要求时，可选用桥接放大器。当只放大和补偿线路损耗时，可选用延长放大器，延长放大器的级联不应超过两级。

15.5.15　电缆干线系统的放大器，宜采用输出交流60V的供电器通过电缆芯线供电，其间的分支分配器应采用电流通过型。

15.5.16　电缆传输网应按下列程序进行设计：

　　1　按系统规模及干线长度选择电缆；

　　2　以系统最长干线计算电长度，确定干线系统C/N、CM、C/CTB、C/CSO指标的分配系数；

　　3　按干线的电长度确定干线放大器的增益及级联数；

　　4　按系统规模、增益、放大器供电方式，选择放大器的型号；计算确定干线放大器实用的最低输入电平和最高输出电平；

5 设计计算干线放大器供电线路，确定供电器的配置；

6 验算传输系统指标。

15.5.17 用户分配系统的设计应符合下列要求：

1 应将正向传输信号合理地分配给各用户终端，上行信号工作稳定。

2 用户分配系统宜采用分配—分支、分支—分配、集中分支分配等方式。

3 应采用下列均等均衡的分配原则：

1）宜采用星形分配方式，减少串接分支器；

2）应选择合理的分配方案，使每户信号功率相似；

3）宜选择不同规格的电缆及其长度，保证系统的均衡。

4 不得将分配线路的终端直接作为用户终端。

5 分配设备的空闲端口和分支器的输出终端，均应终接75Ω负载电阻。

6 系统输出口宜选用双向传输用户终端盒。

15.6 卫星电视接收系统

15.6.1 卫星电视接收系统宜由抛物面天线、馈源、高频头、功率分配器和卫星接收机组成。设置卫星电视接收系统时，应得到国家有关部门的批准。

15.6.2 用于卫星电视接收系统的接收站天线，其主要电性能要求宜符合表15.6.2的规定。

表15.6.2 C频段、Ku频段天线主要电性能要求

技术参数	C频段要求	Ku频段要求	天线直径、仰角
接收频段	3.7～4.2GHz	10.9～12.8GHz	C频段≥φ3m
天线增益	40dB	46dB	C频段≥φ3m
天线效率	55%	58%	C、Ku≥φ3m
噪声温度	≤48K	≤55K	仰角20°时
驻波系数	≤1.3	≤1.35	C频段≥φ3m

15.6.3 C频段、Ku频段高频头的主要技术参数，宜符合表15.6.3的规定。

表15.6.3 C频段、Ku频段高频头主要技术参数

技术参数	C频段要求	Ku频段要求	备注
工作频段	3.7～4.2GHz	11.7～12.2GHz	可扩展
输出频率范围	950～2150MHz		
功率增益	≥60dB	≥50dB	
振幅/频率特性	≤3.5dB	±3dB	带宽500MHz
噪声温度	≤18K	≤20K	−25～25℃
镜像干扰抑制比	≥50dB	≥40dB	
输出口回波损耗	≥10dB	≥10dB	

15.6.4 卫星电视接收机应选用高灵敏、低噪声的产品设备。

15.6.5 卫星电视接收站站址的选择，应符合下列规定：

1 宜选择在周围无微波站和雷达站等干扰源处，并应避开同频干扰；

2 应远离高压线和飞机主航道；

3 应考虑风沙、尘埃及腐蚀性气体等环境污染因素；

4 卫星信号接收方向应保证无遮挡。

15.6.6 卫星电视接收天线应根据所接收卫星采用的转发器，选用C频段或Ku频段抛物面天线。天线增益应满足卫星电视接收机对输入信号质量的要求。

15.6.7 当天线直径小于4.5m时，宜采用前馈式抛物面天线。当天线直径大于或等于4.5m，且对其效率及信噪比均有较高要求时，宜采用后馈式抛物面天线。当天线直径小于或等于1.5m时，特别是Ku频段电视接收天线宜采用偏馈式抛物面天线。

15.6.8 天线直径大于或等于5m时，宜采用电动跟踪天线。

15.6.9 在建筑物上架设天线，应将天线基础做法、各类荷载等，提供给结构专业设计人员，确定具体的安装位置及基础形式。

15.6.10 天线的机械强度应满足其不同的工作环境要求。沿海地区宜选用玻璃钢结构天线，风力较大地区宜选用网状天线。

15.6.11 卫星电视接收站宜与前端合建在一起。室内单元与馈源之间的距离不宜超过30m，信号衰减不应超过12dB。信号线保护导管截面积不应小于馈线截面积的4倍。

15.7 线 路 敷 设

15.7.1 有线电视系统的信号传输线缆，应采用特性阻抗为75Ω的同轴电缆。当选择光纤作为传输介质时，应符合广播电视短程光缆传输的相关规定。重要线路应考虑备用路由。

15.7.2 室内线路的敷设应符合下列规定：

1 新建或有内装饰的改建工程，采用暗导管敷设方式，在已建建筑物内，可采用明敷方式；

2 在强场强区，应穿钢导管并宜沿背对电视发射台方向的墙面敷设。

15.8 供电、防雷与接地

15.8.1 有线电视系统应采用单相220V、50Hz交流电源供电，电源配电箱内，宜根据需要安装浪涌保护器。

15.8.2 自设前端供电宜采用UPS电源，其标称功率不应小于使用功率的1.5倍。

15.8.3 当干线系统中有源器件采用集中供电时，宜由供电器向光节点和宽带放大器供电。用户分配系统不应采用电缆芯线供电。

15.8.4 电缆进入建筑物时，应符合下列要求：

　　1 架空电缆引入时，在入户处加装避雷器，并将电缆金属外护层及自承钢索接到电气设备的接地网上；

　　2 光缆或同轴电缆直接埋地引入时，入户端应将光缆的加强钢芯或同轴电缆金属外皮与接地网相连。

15.8.5 天线竖杆（架）上应装设避雷针。如果另装独立的避雷针，其与天线最接近的振子或竖杆边缘的间距必须大于3m，并应保护全部天线振子。

15.8.6 沿天线竖杆（架）引下的同轴电缆，应采用四屏蔽电缆或铝管电缆。电缆的外导体应与竖杆（或防雷引下线）和建筑物的避雷带有良好的电气连接。

15.8.7 若天线放大器设置在竖杆上，电缆线必须穿金属导管敷设，其金属导管应与竖杆（架）有良好的电气连接。

15.8.8 进入前端的天线馈线，应采取防雷电波侵入及过电压保护措施。

16 广播、扩声与会议系统

16.1 一般规定

16.1.1 本章适用于民用建筑中，广播、扩声与会议系统的设计。

16.1.2 公共建筑应设置广播系统，系统的类别应根据建筑规模、使用性质和功能要求确定，并应符合下列要求：

　　1 办公楼、商业楼、院校、车站、客运码头及航空港等建筑物，宜设置业务性广播，满足以业务及行政管理为主的广播要求；

　　2 星级饭店、大型公共活动场所等建筑物，宜设置服务性广播，满足以欣赏性音乐、背景音乐或服务性管理广播为主的要求；

　　3 火灾应急广播的设置与要求，应符合本规范第13章的规定。

16.1.3 扩声系统的设置应符合下列规定：

　　1 扩声系统应根据建筑物的使用功能、建筑设计和建筑声学设计等因素确定；

　　2 扩声系统的设计应与建筑设计、建筑声学设计同时进行，并与其他有关专业密切配合；

　　3 除专用音乐厅、剧院、会议厅外，其他场所的扩声系统宜按多功能使用要求设置；

　　4 专用的大型舞厅、娱乐厅应根据建筑声学条件，设置相应的固定扩声系统；

　　5 下列场所宜设置扩声系统：

　　　　1）听众距离讲台大于10m的会议场所；

　　　　2）厅堂容积大于1000m³的多功能场所；

　　　　3）要求声压级较高的场所。

16.1.4 会议系统的设置应符合下列规定：

　　1 会议系统应根据会议厅的规模、使用性质和功能要求设置；

　　2 会议厅除设置音频扩声系统外，尚宜设置多媒体演示系统；

　　3 需要召开视讯会议的会议厅应设置视频会议系统；

　　4 有语言翻译需要的会议厅应设置同声传译系统。

16.2 广播系统

16.2.1 广播系统根据使用要求可分为业务性广播系统、服务性广播系统和火灾应急广播系统。

16.2.2 广播系统功率馈送制式宜采用单环路式，当广播线路较长时，宜采用双环路式。

16.2.3 设有广播系统的公共建筑应设广播控制室。当建筑物中的公共活动场所单独设置扩声系统时，宜设扩声控制室。但广播控制室与扩声控制室间应设中继线联络或采取用户线路转换措施，以实现全系统联播。

16.2.4 广播系统的分路，应根据用户类别、播音控制、广播线路路由等因素确定，可按楼层或按功能区域划分。

　　当需要将业务性广播系统、服务性广播系统和火灾应急广播系统合并为一套系统或共用扬声器和馈送线路时，广播系统分路宜按建筑防火分区设置。

16.2.5 广播系统宜采用定压输出，输出电压宜采用70V或100V。

16.2.6 设有有线电视系统的场所，有线广播可采用调频广播与有线电视信号混频传输，并应符合下列规定：

　　1 音乐节目信号、调频广播信号与电视信号混合必须保证一定的隔离度，用户终端输出处应设分频网络和高频衰减器，以保证获得最佳电平和避免相互干扰；调频广播信号应比有线电视信号低10～15dB；

　　2 各节目信号频率之间宜有2MHz的间隔；

　　3 系统输出口应使用具有TV、FM双向双输出口的用户终端插座。

16.2.7 功率馈送回路宜采用二线制。当业务性广播系统、服务性广播系统和火灾应急广播系统合并为一套系统时，馈送回路宜采用三线制。有音量调节装置的回路应采用三线制。

16.2.8 广播系统中，从功放设备输出端至线路上最远扬声器间的线路衰耗，应满足下列要求：

　　1 业务性广播不应大于2dB（1000Hz时）；

　　2 服务性广播不应大于1dB（1000Hz时）。

16.2.9 航空港、客运码头及铁路旅客站的旅客大厅等环境噪声较高的场所设置广播系统时，应根据噪声的大小自动调节音量，广播声压级应比环境噪声高出15dB。应从建筑声学和广播系统两方面采取措施，满足语言清晰度的要求。

16.2.10 业务性广播、服务性广播与火灾应急广播合用系统，在发生火灾时，应将业务性广播系统、服务性广播系统强制切换至火灾应急广播状态，并应符合下列规定：

1 火灾应急广播系统仅利用业务性广播系统、服务性广播系统的馈送线路和扬声器，而火灾应急广播系统的扩声设备等装置是专用的。当火灾发生时，由消防控制室切换馈送线路，进行火灾应急广播。

2 火灾应急广播系统全部利用业务性广播系统、服务性广播系统的扩声设备、馈送线路和扬声器等装置，在消防控制室只设紧急播送装置。当火灾发生时，可遥控业务性广播系统、服务性广播系统，强制投入火灾应急广播。并在消防控制室用话筒播音和遥控扩声设备的开、关，自动或手动控制相应的广播分路，播送火灾应急广播，并监视扩声设备的工作状态。

3 当客房设有床头柜音乐广播时，不论床头柜内扬声器在火灾时处于何种状态，都应可靠地切换至应急广播。客房未设床头柜音乐广播时，在客房内可设专用的应急广播扬声器。

16.3 扩声系统

16.3.1 根据使用要求，视听场所的扩声系统可分为语言扩声系统、音乐扩声系统和语言和音乐兼用的扩声系统。

16.3.2 扩声系统的技术指标应根据建筑物用途、类别、服务对象等因素确定。

16.3.3 扩声系统设计的声学特性指标，宜符合表16.3.3的规定。

16.3.4 会议厅、报告厅等专用会议场所，应按语言扩声一级标准设计。

16.3.5 室内、外扩声系统的声场应符合下列规定：

1 室内声场计算宜采用声能密度叠加法，计算时应考虑直达声和混响声的叠加，宜增大50ms以前的声能密度，减弱声反馈，加大清晰度；

2 室外扩声应以直达声为主，宜控制50ms以后出现的反射声。

表16.3.3 扩声系统声学特性

扩声系统类别分级＼声学特性	音乐扩声系统一级	音乐扩声系统二级	语言和音乐兼用扩声系统一级	语言和音乐兼用扩声系统二级	语言扩声系统一级	语言和音乐兼用扩声系统三级	语言扩声系统二级
最大声压级（空场稳态准峰值声压级）（dB）	0.1~6.3kHz范围内平均声压级≥103dB	0.125~4.000kHz范围内平均声压级≥98dB		0.25~4.00kHz范围内平均声压级≥93dB		0.25~4.00kHz范围内平均声压级≥85dB	
传输频率特性	0.05~10.000kHz，以0.10~6.30kHz平均声压级为0dB，则允许偏差为+4dB~-12dB，且在0.10~6.30kHz内允许偏差为±4dB	0.063~8.000kHz，以125~4.000kHz的平均声压级为0dB，则允许偏差为+4dB~-12dB，且在0.125~4.000kHz内允许偏差为±4dB		0.1~6.3kHz，以0.25~4.00kHz的平均声压级为0dB，则允许偏差为+4dB~-10dB，且在0.25~4.000kHz内允许偏差为+4dB~-6dB		0.25~4.00kHz以其平均声压级为0dB，则允许偏差为+4dB~-10dB	
传声增益（dB）	0.1~6.3kHz时的平均值≥-4dB（戏剧演出），≥-8dB（音乐演出）	0.125~4.000kHz时的平均值≥-8dB		0.25~4.00kHz时的平均值≥-12dB		0.25~4.00kHz时的平均值≥-14dB	
声场不均匀度（dB）	0.1kHz时小于等于10dB，1.0~6.3kHz时小于或等于8dB	1.0~4.0kHz时小于或等于8dB		1.0~4.0kHz时小于或等于10dB	1.0~4.0kHz时小于或等于8dB	1.0~4.0kHz时小于或等于10dB	

16.3.6 扩声系统的扬声器系统应采取分频控制,其分频控制方式应符合下列要求:

　　1 一般情况下,可选用内带无源电子分频器的组合式扬声器箱的后期分频控制;

　　2 要求较高的分单元式扬声器系统,可采用前期分频控制方式,有源电子分频器应接在控制台与功放设备之间;

　　3 分频频率可按生产厂家的各类扬声器选取。

16.3.7 扩声系统的功率馈送应符合下列规定:

　　1 厅堂类建筑扩声系统宜采用定阻输出,定阻输出的馈送线路应符合下列要求:

　　　　1) 用户负载应与功率放大器的额定功率匹配;

　　　　2) 功率放大设备的输出阻抗应与负载阻抗匹配;

　　　　3) 对空闲分路或剩余功率应配接阻抗相等的假负载,假负载的功率不应小于所替代的负载功率的1.5倍;

　　　　4) 低阻抗输出的广播系统馈送线路的阻抗,应限制在功放设备额定输出阻抗的允许偏差范围内。

　　2 体育场、广场类建筑扩声系统,宜采用定压输出;

　　3 自功放设备输出端至最远扬声器箱间的线路衰耗,在1000Hz时不应大于0.5dB。

16.3.8 扩声系统的功放单元应根据需要合理配置,并应符合下列规定:

　　1 对前期分频控制的扩声系统,其分频功率输出馈送线路应分别单独分路配线;

　　2 同一供声范围的不同分路扬声器(或扬声器系统)不应接至同一功率单元,避免功放设备故障时造成大范围失声;

16.3.9 扩声系统兼作火灾应急广播时,应满足火灾应急广播的控制要求。

16.3.10 扩声系统的厅堂声压级、混响时间、扬声器声压、功率计算及导线选择应符合本规范附录G、H的规定。

16.4　会议系统

16.4.1 会议系统根据使用要求,可分为会议讨论系统、会议表决系统和同声传译系统。

16.4.2 根据会议厅的规模,会议讨论系统宜采用手动、自动控制方式。

16.4.3 会议表决系统的终端,应设有同意、反对、弃权三种可能选择的按键。

16.4.4 同声传译系统的信号输出方式分为有线、无线和两者混合方式。无线方式可分为感应式和红外辐射式两种,具体选用应符合下列规定:

　　1 设置固定式座席的场所,宜采用有线式。在听众的座席上应设置具有耳机插孔、音量调节和语种选择开关的收听盒;

　　2 不设固定座席的场所,宜采用无线式。当采用感应式同声传译设备时,在不影响接收效果的前提下,感应天线宜沿吊顶、装修墙面敷设,亦可在地面下或无抗静电措施的地毯下敷设。

　　3 红外辐射器布置安装时应有足够的高度,保证对准听众区的直射红外光畅通无阻,且不宜面对大玻璃门窗安装。

　　4 特殊需要时,宜采用有线和无线混合方式。

16.4.5 同声传译系统具有直接翻译和二次翻译两种形式,其设备及用房宜根据二次翻译的工作方式设置,同声传译系统语言清晰度应达到良好以上。

16.4.6 音频会议系统的设计应符合本章的规定,视频会议系统的设计应符合本规范第20.4节的规定。

16.5　设备选择

16.5.1 广播系统设备应根据用户性质、系统功能的要求选择。扩声系统设备应符合设计选定的扩声系统特性指标的要求。

16.5.2 传声器的选择应符合下列规定:

　　1 传声器的类别应根据使用性质确定,其灵敏度、频率特性和阻抗等均应与前级设备的要求相匹配;

　　2 在选定传声器的频率响应特性时,应与系统中的其他设备的频率响应特性相适应;传声器阻抗及平衡性应与调音台或前置增音机相匹配;

　　3 应选择抑制声反馈性能好的传声器;

　　4 应根据实际情况合理选择传声器的类别,满足语言或音乐扩声的要求;

　　5 当传声器的连接线超过10m时,应选择平衡式、低阻抗传声器;

　　6 录音与扩声中主传声器应选用灵敏度高、频带宽、音色好、多指向性的高质量电容传声器或立体声传声器。

16.5.3 扩声系统的前级增音机、调音控制台、扩声控制台、传译控制台等前端控制设备,应满足话路、线路输入、输出的数量要求,并具有转送信号的功能,其选择应符合下列规定:

　　1 对于大型较复杂的扩声系统,前级增音机不应少于2个声道,各声道应独立工作,必要时可合成1个声道使用;为了保证扩声不中断,各声道应由同时工作的双通路组成,用一备一;

　　2 在多功能厅堂的扩声系统中,前级增音宜有3~8路输入;

　　3 前级增音机输出端除主通路输出外,还应考虑线路输出,供外送节目信号和录音输出等用;

　　4 调音台的输入路数宜根据厅堂规模确定,一般多功能厅和歌舞厅为8~24路;

5　调音台的声道输出应与扩声系统相对应；

6　厅堂、歌舞厅宜采用扩声调音台。

16.5.4　广播系统功放设备的容量，宜按下列公式计算：

$$P = K_1 \cdot K_2 \cdot \sum P_0 \quad (16.5.4-1)$$
$$P_0 = K_i \cdot P_i \quad (16.5.4-2)$$

式中　P——功放设备输出总电功率（W）；

P_0——每分路同时广播时最大电功率（W）；

P_i——第 i 支路的用户设备额定容量（W）；

K_i——第 i 支路的同时需要系数（服务性广播时，客房节目每套 K_i 应为 0.2～0.4；背景音乐系统 K_i 应为 0.5～0.6；业务性广播时，K_i 应为 0.7～0.8；火灾应急广播时，K_i 应为 1.0）；

K_1——线路衰耗补偿系数（线路衰耗 1dB 时应为 1.26，线路衰耗 2dB 时应为 1.58）；

K_2——老化系数，宜为取 1.2～1.4。

16.5.5　扩声系统功放设备的配置与选择应符合下列规定：

1　功放设备的单元划分应满足负载的分组要求；

2　扩声系统的功放设备应与系统中的其他部分相适应；

3　扩声系统应有功率储备，语言扩声为 3～5 倍，音乐扩声应为 10 倍以上。

16.5.6　广播、扩声系统功放设备应设置备用单元，其备用数量应根据广播、扩声的重要程度等确定。备用单元应设自动或手动投入环节，重要广播、扩声系统的备用单元应瞬时投入。

16.5.7　扬声器的选择除满足灵敏度、频响、指向性等特性及播放效果的要求外，并应符合下列规定：

1　办公室、生活间、客房等可采用 1～3W 的扬声器箱；

2　走廊、门厅及公共场所的背景音乐、业务广播等扬声器箱宜采用 3～5W；

3　在建筑装饰和室内净高允许的情况下，对大空间的场所宜采用声柱或组合音箱；

4　扬声器提供的声压级宜比环境噪声大 10～15dB，但最高声压级不宜超过 90dB；

5　在噪声高、潮湿的场所设置扬声器箱时，应采用号筒扬声器；

6　室外扬声器应采用防水防尘型。

16.6　设备布置

16.6.1　传声器的设置应符合下列规定：

1　合理布置扬声器和传声器，两者之间的间距宜大于临界距离，并使传声器位于扬声器辐射角之外；

2　当室内声场不均匀时，传声器宜避免设在声压级高的部位；

3　传声器应远离谐波干扰源及其辐射范围；

4　对于会议厅、多功能厅、体育场馆等场所，应按需要合理配置不同类型的传声器。

16.6.2　扩声系统应采取抑制声反馈措施，除符合本规范第 16.6.1 条的有关规定外，尚应符合下列要求：

1　选择指向性强的扬声器和传声器，应避免二者具有同一频率的共振峰；

2　必要时应使用均衡器抑制声反馈，改善观众厅频率传输特性；

3　在调音台和主放大器之间，宜加入移频器或反馈抑制器来抑制声反馈；对于一般多功能厅，当移频 2～5Hz 时，可提高 5～8dB 的声级；

4　扩声系统应有不少于 6dB 的工作余量；

5　室内声场宜迅速扩散，缩短混响时间；

6　当确需多只传声器同时使用时，可采用自动混音台；应控制离传声器较近的扬声器或扬声器组的功率分配。

16.6.3　功放设备机柜的布置应符合本规范第 23.2 节的有关规定。

16.6.4　扬声器的布置宜分为分散布置、集中布置及混合布置三种方式，其布置应根据建筑功能、体形、空间高度及观众席设置等因素确定，并应符合下列规定：

1　下列情况，扬声器或扬声器组宜采用集中布置方式：

1)　当设有舞台并要求视听效果一致；

2)　当受建筑体形限制不宜分散布置。

集中布置时，应使听众区的直达声较均匀，并减少声反馈。

2　下列情况，扬声器或扬声器组，宜采用分散式布置方式：

1)　当建筑物内的大厅净高较高，纵向距离长或者大厅被分隔成几部分使用时，不宜集中布置；

2)　厅内混响时间长，不宜集中布置。

分散布置时，应控制靠近前台第一排扬声器的功率，减少声反馈；应防止听众区产生双重声现象，必要时可在不同分通路采取相对时间延迟措施。

3　下列情况，扬声器或扬声器组宜采用混合布置方式：

1)　对眺台过深或设楼座的剧院，宜在被遮挡的部分布置辅助扬声器系统；

2)　对大型或纵向距离较长的大厅，除集中设置扬声器系统外，宜分散布置辅助扬声器系统；

3)　对各方向均有观众的视听大厅，混合布置应控制声程差和限制声级，必要时应采取延时措施，避免双重声；

4　重要扩声场所扬声器的布置方式应根据建筑

声学实测结果确定。

16.6.5 背景音乐扬声器的布置应符合下列规定：

1 扬声器（箱）的中心间距应根据空间净高、声场均匀度要求、扬声器的指向性等因素确定。要求较高的场所，声场不均匀度不宜大于 6dB。

2 扬声器箱在吊顶安装时，应根据场所按公式（16.6.5-1）～（16.6.5-3）确定其间距。

1）门厅、电梯厅、休息厅内扬声器箱间距可按下式计算：

$$L = (2 \sim 2.5)H \qquad (16.6.5-1)$$

式中 L——扬声器箱安装间距（m）；

H——扬声器箱安装高度（m）。

2）走道内扬声器箱间距可按下式计算：

$$L = (3 \sim 3.5)H \qquad (16.6.5-2)$$

3）会议厅、多功能厅、餐厅内扬声器箱间距可按下式计算：

$$L = 2(H-1.3)\tan\frac{\theta}{2} \qquad (16.6.5-3)$$

式中 θ——扬声器的辐射角，宜大于或等于 90°。

3 根据公共场所的使用要求，扬声器（箱）的输出宜就地设置音量调节装置。兼作多种用途的场所，背景音乐扬声器的分路宜安装控制开关。

16.6.6 体育场扩声扬声器组合设备的设置，应符合下列规定：

1 当周围环境对体育场的噪声限制指标要求较高而难以达到时，观众席的扬声器宜分散布置，对运动场地的扬声器宜集中布置。

2 周围环境对体育场的噪声限制要求不高时，扬声器组合设备宜集中设置。集中布置时，应合理控制声线投射范围，宜减少声外溢，降低对周围环境的声干扰。

16.6.7 在厅堂类建筑物集中布置扬声器时，应符合下列规定：

1 扬声器或扬声器组至最远听众的距离，不应大于临界距离的 3 倍；

2 扬声器或扬声器组与任一只传声器之间的距离，宜大于临界距离；

3 扬声器的轴线不应对准主席台或其他设有传声器之处；对主席台上空附近的扬声器或扬声器组应单独控制，以减少声反馈；

4 扬声器或扬声器组的位置和声源的位置宜使视听效果一致。

16.6.8 广场类室外扩声扬声器或扬声器组的设置应符合下列规定：

1 满足供声范围内的声压级及声场均匀度的要求；

2 扬声器或扬声器组的声辐射范围应避开障碍物；

3 控制反射声或因不同扬声器或扬声器组的声

程差引起的双重声，应在直达声后 50ms 内到达听众区。

16.7 线 路 敷 设

16.7.1 室内广播、扩声线路敷设，应符合下列规定：

1 室内广播、扩声线路宜采用双绞多股铜芯塑料绝缘软线穿导管或线槽敷设；

2 功放输出分路应满足广播系统分路的要求，不同分路的导线宜采用不同颜色的绝缘线区别；

3 广播、扩声线路与扬声器的连接应保持同相位的要求；

4 当广播、扩声系统和火灾应急广播系统合并为一套系统或共用扬声器和馈送线路时，广播、扩声线路的选用及敷设方式应符合本规范第 13 章的有关规定；

5 各种节目的信号线应采用屏蔽线并穿钢导管敷设，并不得与广播、扩声馈送线路同槽、同导管敷设。

16.7.2 在安装有晶闸管设备的场所，扩声线路的敷设应采取下列防干扰措施：

1 传声器线路宜采用四芯屏蔽绞线穿钢导管敷设，宜避免与电气管线平行敷设；

2 调音台或前级控制台的进出线路均应采用屏蔽线。

16.7.3 室外广播、扩声线路的敷设路由及方式应根据总体规划及专业要求确定。可采用电缆直接埋地、地下排管及室外架空敷设方式，并应符合下列规定：

1 直埋电缆路由不应通过预留用地或规划未定的场所，宜敷设在绿化地下面，当穿越道路时，穿越段应穿钢导管保护；

2 在室外架设的广播、扩声馈送线宜采用控制电缆；与路灯照明线路同杆架设时，广播线应在路灯照明线的下面；

3 室外广播、扩声馈送线路至建筑物间的架空距离超过 10m 时，应加装吊线；

4 当采用地下排管敷设时，可与其他弱电缆线共管块、共管群，但必须采用屏蔽线并单独穿管，屏蔽层必须接地；

5 对塔钟的号筒扬声器组应采用多路交叉配线；塔钟的直流馈电线、信号线和控制线不应与广播馈送线同管敷设。

16.8 控 制 室

16.8.1 广播控制室的设置应符合下列规定：

1 业务性广播控制室宜靠近业务主管部门；当与消防值班室合用时，应符合本规范第 13.11 节的有关规定；

2 服务性广播宜与有线电视系统合并设置控

制室。

16.8.2 广播控制室的技术用房，应根据工程的实际需要确定，并符合下列规定：

1 一般广播系统只设置控制室，当录播音质量要求高或者有噪声干扰时，应增设录播室；

2 大型广播系统宜设置机房、录播室、办公室和库房等附属用房。

16.8.3 录播室与机房间应设观察窗和联络信号。房间面积、噪声限制及观察窗的隔声量等要求，应符合《有线广播（播音）声学设计规范和技术房间的技术要求》的有关规定。

16.8.4 需要接收无线电台信号的广播控制室，当接收点信号场强小于1mV/m时，应设置室外接收天线装置。

16.8.5 扩声控制室的位置，应通过观察窗直接观察到舞台（讲台）活动区和大部分观众席，宜设在下列位置：

1 剧院类建筑，宜设在观众厅后部；

2 体育场馆类建筑，宜设在主席台侧；

3 会议厅、报告厅类建筑，宜设在厅的后部。

当采用视频监视系统时，扩声控制室的位置可不受上述限制。

16.8.6 扩声控制室内的设备布置应符合下列规定：

1 控制台宜与观察窗垂直布置；

2 当功放设备较少时，宜布置在控制台的操作人员能直接监视到的部位；功放设备较多时，应设置功放设备室。

16.8.7 同声传译系统宜设专用的译员室，并应符合下列规定：

1 译员室的位置应靠近会议厅（或观众厅），并宜通过观察窗清楚地看到主席台（或观众厅）的主要部分。观察窗应采用中间有空气层的双层玻璃隔声窗。

2 译员室的室内面积宜并坐两个译员；为减少房间共振，房间的三个尺寸要互不相同，其最小尺寸不宜小于2.5m×2.4m×2.3m（长×宽×高）。

3 译员室与机房（控制室）之间宜设联络信号，室外宜设译音工作指示信号。

4 译员室应进行吸声隔声处理并宜设置带有声闸的双层隔声门，译员之间宜设置隔声间。室内噪声不应高于NR20，室内应设空调并做好消声处理。

16.8.8 广播、扩声及会议系统用房的土建及设施要求，应符合本规范第23.3节的相关规定。

16.9 电源与接地

16.9.1 广播、扩声系统的交流电源，应符合下列规定：

1 交流电源供电等级应与建筑物供电等级相适应；对重要的广播、扩声系统宜由两路供电，并在末

端配电箱处自动切换；

2 交流电源的电压偏移值不应大于10%，当不能满足要求时，应加装自动稳压装置，其功率不应小于使用功率的1.5倍。

16.9.2 广播、扩声系统，当功放设备的容量在250W及以上时，应在广播、扩声控制室设电源配电箱。广播、扩声设备的功放机柜由单相、放射式供电。

16.9.3 广播、扩声系统的交流电源容量宜为终期广播、扩声设备容量的1.5～2倍。

16.9.4 广播、扩声设备的供电电源，宜由不带晶闸管调光设备的变压器供电。当无法避免时，应对扩声设备的电源采取下列防干扰措施：

1 晶闸管调光设备自身具备抑制干扰波的输出措施，使干扰程度限制在扩声设备允许范围内；

2 引至扩声控制室的供电电源线路不应穿越晶闸管调光设备室；

3 引至调音台或前级控制台的电源，应经单相隔离变压器供电。

16.9.5 广播、扩声系统应设置保护接地和功能接地，并应符合本规范第23.4节的有关规定。

17 呼应信号及信息显示

17.1 一般规定

17.1.1 本章适用于医院及公共建筑内，呼应信号及信息显示系统的设计。

17.1.2 呼应信号，仅指以找人为目的的声光提示及应答装置。信息显示，仅指在公共场所以信息传播为目的的大型计时记分及动态文字、图形、图像显示装置。

17.1.3 呼应信号及信息显示系统的设计，应在满足使用功能的前提下，做到安全可靠、技术先进、经济合理、便于管理和维护。

17.2 呼应信号系统设计

17.2.1 呼应信号系统宜由呼叫分机、主机、信号传输、辅助提示等单元组成。

17.2.2 医院病房护理呼应信号系统设计应符合下列规定：

1 根据医院的规模、医护标准的要求，在医院病房区宜设置护理呼应信号系统。

2 护理呼应信号系统，应按护理区及医护责任体系划分成若干信号管理单元，各管理单元的呼叫主机应设在护士站。

3 护理呼应信号系统的功能应符合下列要求：

1）应随时接受患者呼叫，准确显示呼叫患者床位号或房间号；

2）当患者呼叫时，护士站应有明显的声、

光提示，病房门口应有光提示，走廊宜设置提示显示屏；

    3）应允许多路同时呼叫，对呼叫者逐一记忆、显示，检索可查；

    4）特护患者应有优先呼叫权；

    5）病房卫生间或公共卫生间厕位的呼叫，应在主机处有紧急呼叫提示；

    6）对医护人员未作临床处置的患者呼叫，其提示信号应持续保留；

    7）具有医护人员与患者双向通话功能的系统，宜限定最长通话时间，对通话内容宜录音、回放；

    8）危险禁区病房或隔离病房宜具备现场图像显示功能，并可在护士站对分机呼叫复位、清除；

    9）宜具有护理信息自动记录；

    10）宜具备故障自检功能。

17.2.3 医院候诊呼应信号系统设计应符合下列规定：

    1 医院门诊区的候诊室、检验室、放射科、药局、出入院手续办理处等，宜设置候诊呼应信号。

    2 具有计算机医疗管理网络的医院，候诊呼应信号系统宜与其联网，实现挂号、候诊、就诊一体化管理和信息统计及数据分析。

    3 候诊呼应信号系统的功能应符合下列要求：

    1）就诊排队应以初诊、复诊、指定医生就诊等分类录入，自动排序；

    2）随时接受医生呼叫，应准确显示候诊者诊号及就诊诊室号；

    3）当多路同时呼叫时，宜逐一记忆、记录，并按录入排序，分类自动分诊；

    4）呼叫方式的选取，应保证有效提示和医疗环境的肃静；

    5）诊室分机与分诊台主机可双向通话；分诊台可对候诊厅语音提示，音量可调；

    6）有特殊医疗工艺要求科室的候诊，宜具备图像显示功能。

17.2.4 大型医院、中心医院宜设置医护人员寻叫呼应信号。寻叫呼应信号的设计应符合下列要求：

    1 简单明了地显示被寻者代号及寻叫者地址；

    2 固定寻叫显示装置应设在门诊区、病房区、后勤区等场所的易见处；

    3 寻叫呼应信号的控制台宜设在电话站、广播站内，由值班人员统一管理。

17.2.5 大型医院、宾馆、博展馆、会展中心、体育场馆、演出中心及水、陆、空交通枢纽港站等公共建筑，可根据指挥调度及服务需要，设置无线呼应系统。系统的组成及功能，应视具体业务要求确定。

17.2.6 无线呼应系统的发射功率、通信频率及呼叫覆盖区域等设计指标，应向当地无线通信管理机构申报，经审批后方可实施设计。

17.2.7 老年人公寓和公共建筑内专供残疾人使用的设施处，宜设呼应信号。其呼应信号的系统组成及功能，应视具体要求确定或按本规范第17.2.2条护理呼应信号系统的有关规定设计。

17.2.8 营业量较大的电信、邮政及银行营业厅、仓库货场提货处等场所，宜设呼应信号。其呼应信号的系统组成及功能，应视具体业务要求确定或按本规范第17.2.3条候诊呼应信号的有关规定设计。

17.3 信息显示系统设计

17.3.1 信息显示系统宜由显示、驱动、信号传输、计算机控制、输入输出及记录等单元组成。

17.3.2 信息显示装置的屏面显示设计，应根据使用要求，在衡量各类显示器件及显示方案的光电技术指标、环境条件等因素的基础上确定。

17.3.3 信息显示装置的屏面规格，应根据显示装置的文字及画面功能确定，并符合下列要求：

    1 应兼顾有效视距内最小可鉴别细节识别无误和最近视距像素点识认模糊原则，确定基本像素间距；

    2 应满足满屏最大文字容量要求，且最小文字规格由最远视距确定；

    3 宜满足图像级别对像素数的规定；

    4 应兼顾文字显示和画面显示的要求，确定显示屏面尺寸；当文字显示和画面显示对显示屏面尺寸要求矛盾时，应首先满足文字显示要求。多功能显示屏的长高比宜为16：9或4：3。

17.3.4 当显示屏以小显示幅面完成大篇幅文字显示时，应采用文字单行左移或多行上移的显示方式。

17.3.5 设计宜对已确定的显示方案提出下列部分或全部技术要求：

    1 光学性能宜提出分辨率、亮度、对比度、白场色温、闪烁、视角、组字、均匀性等要求；

    2 电性能宜提出最大换帧频率、刷新频率、灰度等级、信噪比、像素失控率、伴音功率、耗电指标等要求；

    3 环境条件宜提出照度（主动光方案指照度上限，被动光方案指照度下限）、温度、相对湿度、气体腐蚀性等要求；

    4 机械结构应提出外壳防护等级、模组拼接的平整度、像素中心距精度、水平错位精度、垂直错位精度等要求；

    5 平均无故障时间等。

17.3.6 体育场馆信息显示装置的类型，应根据比赛级别及使用功能要求确定，并应符合下列要求：

    1 大型国际重要比赛的主体育场馆，应设置全彩色视频屏和计时记分矩阵屏（双屏）或全彩色多功能矩阵显示屏（单屏）；

  2 国内重要比赛的体育场馆，宜设置计时记分多功能矩阵显示屏或全彩屏；

  3 球类比赛的体育馆，宜在两侧设置同步显示屏；

  4 一般比赛的体育场馆，宜设置条块式计时记分显示屏。

17.3.7 体育用信息显示装置的成绩公布格式及内容，应依照比赛规则确定。

  体育公告宜包括国名、队名、姓名、运动员号码、比赛项目、道次、名次、成绩、纪录成绩等内容。

  公告每幅显示容量，宜为八个名次（道次），最低不应少于三个。

  不同级别的体育场馆，可根据使用要求确定显示装置的显示内容及显示容量。

17.3.8 体育用显示装置必须具有计时显示功能。计时显示可分为下列四种：

  1 径赛实时计时显示；

  2 游泳比赛实时计时显示；

  3 球类专项比赛计时显示；

  4 自然时钟计时显示。

17.3.9 实时计时数字钟显示的精确度应符合下列要求：

  1 径赛实时计时数字显示钟，应为六位数字精确到 0.01s；

  2 游泳比赛实时计时数字显示钟，应为七位数字精确到 0.001s；

  3 各球类比赛计时钟的钟形及计时精确度，应符合裁判规则。

17.3.10 计时钟在显示屏面上的位置，应按裁判规则设置，宜设在屏面左侧。

17.3.11 体育场馆显示装置的安装位置，应符合裁判规则。其安装高度，底边距地不宜低于 2m。

17.3.12 体育场田赛场地和体育馆体操比赛场地，可按单项比赛设置移动式小型记分显示装置，并设置与计算机信息网络联网的接口和设备工作电源接线点，设置数量按使用要求确定。

17.3.13 大型体育场馆设置的信息显示装置，应接入体育信息计算机网络体系。当不具备接入条件时，应预留接口。

17.3.14 大型体育场、游泳馆的信息显示装置，应设置实时计时外部设备接口，供电子发令枪系统、游泳触板系统等计时设备接入。

17.3.15 对大型媒体使用的信息显示装置，应设置图文、动画、视频播放等接口，并宜设置现场实况转播、慢镜解析、回放、插播等节目编辑、制作的多通道输入、输出接口及有专业要求的数字、模拟设备的

接口。

17.3.16 民用水、陆、空交通枢纽港站，应设置营运班次动态显示屏和旅客引导显示屏。

17.3.17 金融、证券、期货营业厅，应设置动态交易信息显示屏。

17.3.18 对具有信息发布、公共传媒、广告宣传等需求的场所，宜设置全彩色动态矩阵显示屏或伪彩色动态矩阵显示屏。

17.3.19 重要场所使用的信息显示装置，其计算机应按容错运行配置。

17.3.20 信息显示装置的屏面及防尘、防腐蚀外罩均须做无反光处理。

17.4 信息显示装置的控制

17.4.1 各类信息显示装置宜实行计算机控制。

17.4.2 信息显示装置应具有可靠的清屏功能。

17.4.3 室外设置的主动光信息显示装置，应具有昼场、夜场亮度调节功能。

17.4.4 民用水、陆、空交通枢纽港站及证券交易厅等场所的动态信息显示屏，根据其发布信息的查询特点，可采用列表方式以一页或数页显示信息内容。当采用数页翻屏显示信息内容时，应保证每页所发布的信息有足够的停留时间且循环周期不致过长。

17.4.5 体育场馆信息显示装置成绩发布控制程序，应符合比赛裁判规则。显示装置的计算机控制网络，应以计权控制方式与有关裁判席接通。

17.4.6 显示装置的比赛时钟，应在 $0 \sim 59 \min$ 内任意预置。

17.4.7 大型重要媒体显示装置的屏幕构造腔或屏后附属用房内，应设置工作人员值班室，并应保证值班室与主控室、主席台的通信联络畅通。意外情况下，屏内可手动关机。

17.5 时 钟 系 统

17.5.1 下列民用建筑中宜设置时钟系统：

  1 中型及以上铁路旅客车站、大型汽车客运站、内河及沿海客运码头、国内及国际航空港等；

  2 国家重要科研基地及其他有准确、统一计时要求的工程。

17.5.2 当建设单位要求设置塔钟时，塔钟应结合城市规划及环境空间设计。在涉外或旅游饭店中，宜设置世界钟系统。

17.5.3 母钟站应选择两台母钟（一台主机、一台备用机），配置分路输出控制盘，控制盘上每路输出均应有一面分路显示子钟。母钟宜为电视信号标准时钟或全球定位报时卫星（GPS）标准时钟。

  当设置石英钟作为显示子钟时，对于有准确、统一计时要求的工程，应配置母钟同步校正信号装置。

17.5.4 母钟站站址宜与电话机房、广播电视机房及

计算机机房等其他通信机房合并设置。

17.5.5 母钟站内设备应安装在机房的侧光或背光面，并远离散热器、热力管道等。母钟控制屏分路子钟最下排钟面中心距地不应小于 1.5m，母钟的正面与其他设备的净距离不应小于 1.5m。

17.5.6 时钟系统的线路可与通信线路合并，不宜独立组网。时钟线对应相对集中并加标志。

17.5.7 子钟网络宜按负荷能力划分为若干分路，每分路宜合理划分为若干支路，每支路单面子钟数不宜超过十面。远距离子钟，可采用并接线对或加大线径的方法来减小线路电压降。一般不设电钟转送站。

17.5.8 子钟的指针式或数字式显示形式及安装地点，应根据使用需求确定，并应与建筑环境装饰协调。子钟的安装高度，室内不应低于 2m，室外不应低于 3.5m。指针式时钟视距可按表 17.5.8 选定。

表 17.5.8　指针式时钟视距表

子钟钟面直径 (cm)	最佳视距（m）		可辨视距（m）	
	室　内	室　外	室　内	室　外
8～12	3	—	6	—
15	4	—	8	—
20	5	—	10	—
25	6	—	12	—
30	10	—	20	—
40	15	15	30	30
50	25	25	50	50
60	—	40	—	80
70	—	60	—	100
80	—	100	—	150
100	—	140	—	180

17.6　设备选择、线路敷设及机房

17.6.1 呼应信号设备应根据其灵敏度、可靠性、显示和对讲量指标以及操作程序、外观、维护繁易等择优选用，不宜片面强调功能齐全。

17.6.2 医院及老年人、残疾人使用场所的呼应信号装置，应使用交流 50V 以下安全特低电压。

17.6.3 在保证设计指标的前提下，信息显示装置应选择低能耗显示装置。

17.6.4 大型重要比赛中与信息显示装置配接的专用计时设备，应选用经国际体育组织、国家体育主管部门和裁判规则认可的设备。

17.6.5 信息显示装置的屏体构造，应便于显示器件的维护和更换。

17.6.6 信息显示装置的配电柜（箱）、驱动柜（箱）及其他设备，应贴近屏体安装，缩短线路敷设长度。

17.6.7 呼应信号系统的布线，应采用穿金属导管（槽）保护，不宜明敷设。

17.6.8 信息显示系统的控制、数据电缆，应采取穿金属导管（槽）保护，金属导管（槽）应可靠接地。

17.6.9 信息显示装置的控制室与设备机房设置，应符合下列规定：

　　1　信息显示装置的控制室、设备机房，应贴近或邻近显示屏设置；

　　2　民用水、陆、空交通枢纽港站的信息显示装置的控制室，宜与运行调度室合设或相邻设置；

　　3　金融、证券、期货、电信营业厅等场所的信息显示装置的控制室，宜与信息处理中心或相关业务室合设或相邻设置；

　　4　大型体育场馆的信息显示装置的主控室，宜与计算机信息处理中心合设，且宜靠近主席台；当显示装置主控室与计算机信息处理中心分设时，其位置宜直视显示屏，或通过间接方式监视显示屏工作状态；

　　5　信息显示装置控制室的设置除符合本节规定外，尚应符合本规范第 23 章的有关规定。

17.7　供电、防雷及接地

17.7.1 信息显示装置，当用电负荷不大于 8kW 时，可采用单相交流电源供电，当用电负荷大于 8kW 时，可采用三相交流电源供电，并宜做到三相负荷平衡。供电、防雷的接地应满足所选用设备的要求。

17.7.2 信息显示装置供电电源的电能质量，应符合本规范第 3 章的规定。

17.7.3 重要场所或重大比赛期间使用的信息显示装置，应对其计算机系统配备不间断电源（UPS）。UPS 后备时间不应少于 30min。

17.7.4 母钟站需设不间断电源供电。母钟站电源及接地系统不宜单设，宜与其他电信机房统一设置。

17.7.5 时钟系统每分路的最大负荷电流不应大于 0.5A。

17.7.6 母钟站直流 24V 供电回路中，自蓄电池经直流配电盘、控制屏至配线架出线端，电压损失不应超过 0.8V。

17.7.7 信息显示装置的供电电源，宜采用 TN-S 或 TN-C-S 接地形式。

17.7.8 信息显示系统当采用单独接地时，其接地电阻不应大于 4Ω。当采用建筑物共用接地网时，应符合本规范第 23.4 节的有关规定。

17.7.9 体育馆内同步显示屏必须共用同一个接地网，不得分设。

17.7.10 室外信息显示装置的防雷，应符合本规范第 11 章的有关规定。

18 建筑设备监控系统

18.1 一般规定

18.1.1 本章适用于建筑物（群）所属建筑设备监控系统（BAS）的设计。BAS可对下列子系统进行设备运行和建筑节能的监测与控制：

1 冷冻水及冷却水系统；

2 热交换系统；

3 采暖通风及空气调节系统；

4 给水与排水系统；

5 供配电系统；

6 公共照明系统；

7 电梯和自动扶梯系统。

18.1.2 建筑设备监控系统设计应符合下列规定：

1 建筑设备监控系统应支持开放式系统技术，宜建立分布式控制网络；

2 应选择先进、成熟和实用的技术和设备，符合技术发展的方向，并容易扩展、维护和升级；

3 选择的第三方子系统或产品应具备开放性和互操作性；

4 应从硬件和软件两方面充分确定系统的可集成性；

5 应采取必要的防范措施，确保系统和信息的安全性；

6 应根据建筑的功能、重要性等确定采取冗余、容错等技术。

18.1.3 设计建筑设备监控系统时，应根据监控功能需求设置监控点。监控系统的服务功能应与管理模式相适应。

18.1.4 建筑设备监控系统规模，可按实时数据库的硬件点和软件点点数区分，宜符合表18.1.4的规定。

表18.1.4 建筑设备监控系统规模

系 统 规 模	实时数据库点数
小型系统	999 及以下
中型系统	1000～2999
大型系统	3000 及以上

18.1.5 建筑设备监控系统，应具备系统自诊断和故障报警功能。

18.1.6 当工程有智能建筑集成要求，且主管部门允许时，BAS应提供与火灾自动报警系统（FAS）及安全防范系统（SAS）的通信接口，构成建筑设备管理系统（BMS）。

18.2 建筑设备监控系统网络结构

18.2.1 建筑设备监控系统，宜采用分布式系统和多层次的网络结构。并应根据系统的规模、功能要求及选用产品的特点，采用单层、两层或三层的网络结构，但不同网络结构均应满足分布式系统集中监视操作和分散采集控制（分散危险）的原则。

大型系统宜采用由管理、控制、现场设备三个网络层构成的三层网络结构，其网络结构应符合图18.2.1的规定。

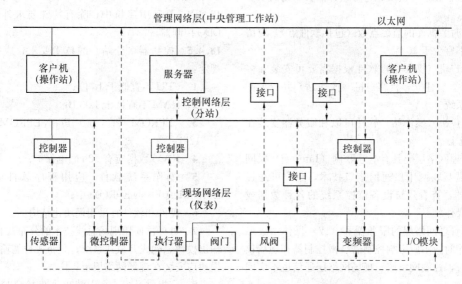

图 18.2.1 建筑设备监控系统三层网络系统结构

中型系统宜采用两层或三层的网络结构，其中两层网络结构宜由管理层和现场设备层构成。

小型系统宜采用以现场设备层为骨干构成的单层网络结构或两层网络结构。各网络层应符合下列规定：

1 管理网络层应完成系统集中监控和各种系统

的集成；

　　2 控制网络层应完成建筑设备的自动控制；

　　3 现场设备网络层应完成末端设备控制和现场仪表设备的信息采集和处理。

18.2.2 用于网络互联的通信接口设备，应根据各层不同情况，以 ISO/OSI 开放式系统互联模型为参照体系，合理选择中继器、网桥、路由器、网关等互联通信接口设备。

18.3 管理网络层（中央管理工作站）

18.3.1 管理网络层应具有下列功能：

　　1 监控系统的运行参数；

　　2 检测可控的子系统对控制命令的响应情况；

　　3 显示和记录各种测量数据、运行状态、故障报警等信息；

　　4 数据报表和打印。

18.3.2 管理网络层设计应符合下列规定：

　　1 服务器与工作站之间宜采用客户机/服务器（Client /Server）或浏览器/服务器（Browser/Server）的体系结构。当需要远程监控时，客户机/服务器的体系结构应支持 Web 服务器。

　　2 应采用符合 IEEE 802.3 的以太网。

　　3 宜采用 TCP/ IP 通信协议。

　　4 服务器应为客户机（操作站）提供数据库访问，并宜采集控制器、微控制器、传感器、执行器、阀门、风阀、变频器数据，采集过程历史数据，提供服务器配置数据，存储用户定义数据的应用信息结构，生成报警和事件记录、趋势图、报表，提供系统状态信息。

　　5 实时数据库的监控点数（包括软件点），应留有余量，不宜少于 10%。

　　6 客户机（操作站）软件根据需要可安装在多台 PC 机上，宜建立多台客户机（操作站）并行工作的局域网系统。

　　7 客户机（操作站）软件可以和服务器安装在一台 PC 机上。

　　8 管理网络层应具有与互联网（Internet）联网能力，提供互联网用户通信接口技术，用户可通过 Web 浏览器，查看建筑设备监控系统的各种数据或进行远程操作。

　　9 当管理网络层的服务器和（或）操作站故障或停止工作时，不应影响控制器、微控制器和现场仪表设备运行，控制网络层、现场网络层通信也不应因此而中断。

18.3.3 当不同地理位置上分布有多组相同种类的建筑设备监控系统时，宜采用 DSA（Distributed Server Architecture）分布式服务器结构。每个建筑设备监控系统服务器管理的数据库应互相透明，从不同的建筑设备监控系统的客户机（操作站）均可访问

其他建筑设备监控系统的服务器，与该系统的数据库进行数据交换，使这些独立的服务器连接成为逻辑上的一个整体系统。

18.3.4 管理网络层的配置应符合下列规定：

　　1 宜采用 10BASE-T/100BASE-T 方式，选用双绞线作为传输介质；

　　2 服务器与客户机（操作站）之间的连接宜选用交换式集线器；

　　3 管理网络层的服务器和至少一个客户机（操作站）应位于监控中心内；

　　4 在管理体制允许，建筑设备监控系统（BAS）、火灾自动报警系统（FAS）和安全防范系统（SAS）共用一个控制中心或各控制中心相距不远的情况下，BAS、SAS、FAS 可共用同一个管理网络层，构成建筑管理系统（BMS），但应使三者其余部分的网络各自保持相对独立。

18.4 控制网络层（分站）

18.4.1 控制网络层应完成对主控项目的开环控制和闭环控制、监控点逻辑开关表控制和监控点时间表控制。

18.4.2 控制网络层应由通信总线和控制器组成。通信总线的通信协议宜采用 TCP/ IP、BACnet、Lon-Talk、Meter Bus 和 ModBus 等国际标准。

18.4.3 控制网络层的控制器（分站）宜采用直接数字控制器（DDC）、可编程逻辑控制器（PLC）或兼有 DDC、PLC 特性的混合型控制器 HC（Hybrid Controller）。

18.4.4 在民用建筑中，除有特殊要求外，应选用 DDC 控制器。

18.4.5 控制器（分站）的技术要求，应符合下列规定：

　　1 CPU 不宜低于 16 位；

　　2 RAM 不宜低于 128kB；

　　3 EPROM 和（或）Flash-EPROM 不宜低于 512kB；

　　4 RAM 数据应有 72h 断电保护；

　　5 操作系统软件、应用程序软件应存储在 EPROM 或 Flash-EPROM 中；

　　6 硬件和软件宜采用模块化结构；

　　7 可提供使用现场总线技术的分布式智能输入、输出模块，构成开放式系统；分布式智能输入、输出模块应安装在现场网络层上；

　　8 应提供至少一个 RS232 通信接口与计算机在现场连接；

　　9 应提供与控制网络层通信总线的通信接口，便于控制器与通信总线连接和与其他控制器通信；

　　10 宜提供与现场网络层通信总线的通信接口，便于控制器与现场网络通信总线连接并与现场设备

通信；

11 控制器（分站）宜提供数字量和模拟量输入输出以及高速计数脉冲输入，并应满足控制任务优先级别管理和实时性要求；

12 控制器（分站）规模以监控点（硬件点）数量区分，每台不宜超过 256 点；

13 控制器（分站）宜通过图形化编程工程软件进行配置和选择控制应用；

14 控制器宜选用挂墙的箱式结构或小型落地柜式结构；分布式智能输入、输出模块宜采用可直接安装在建筑设备的控制柜中的导轨式模块结构；

15 应提供控制器典型配置时的平均无故障工作时间（MTBF）；

16 每个控制器（分站）在管理网络层故障时应能继续独立工作。

18.4.6 每台控制器（分站）的监控点数（硬件点），应留有余量，不宜小于 10%。

18.4.7 控制网络层的配置应符合下列规定：

1 宜采用总线拓扑结构，也可采用环形、星形拓扑结构；用双绞线作为传输介质；

2 控制网络层可包括并行工作的多条通信总线，每条通信总线可通过网络通信接口与管理网络层（中央管理工作站）连接，也可通过管理网络层服务器的 RS232 通信接口或内置通信网卡直接与服务器连接；

3 当控制器（分站）采用以太网通信接口而与管理网络层处于同一通信级别时，可采用交换式集线器连接，与中央管理工作站进行通信；

4 控制器（分站）之间通信，应为对等式（peer to peer）直接数据通信；

5 控制器（分站）可与现场网络层的智能现场仪表和分布式智能输入、输出模块进行通信；

6 当控制器（分站）采用分布式智能输入、输出模块时，可以用软件配置的方法，把各个输入、输出点分配到不同的控制器（分站）中进行监控。

18.5 现场网络层

18.5.1 中型及以上系统的现场网络层，宜由通信总线连接微控制器、分布式智能输入输出模块和传感器、电量变送器、照度变送器、执行器、阀门、风阀、变频器等智能现场仪表组成。也可使用常规现场仪表和一对一连线。

18.5.2 现场网络层宜采用 TCP/IP、BACnet、LonTalk、Meter Bus 和 ModBus 等国际标准通信总线。

18.5.3 微控制器应具有对末端设备进行控制的功能，并能独立于控制器（分站）和中央管理工作站完成控制操作。

18.5.4 微控制器按专业功能可分为下列几类：

1 空调系统的变风量箱微控制器、风机盘管微控制器、吊顶空调微控制器、热泵微控制器等；

2 给水排水系统的给水泵微控制器、中水泵微控制器、排水泵微控制器等；

3 变配电微控制器、照明微控制器等。

18.5.5 微控制器宜直接安装在被控设备的控制柜（箱）里，成为控制设备的一部分。

18.5.6 作为控制器的组成部分的分布式智能输入输出模块，应通过通信总线与控制器计算机模块连接。

18.5.7 智能现场仪表应通过通信总线与控制器、微控制器进行通信。

18.5.8 控制器、微控制器和分布式智能输入输出模块，应与常规现场仪表进行一对一的配线连接。

18.5.9 现场网络层的配置应符合下列规定：

1 微控制器、分布式智能输入输出模块、智能现场仪表之间，应为对等式直接数据通信；

2 现场网络层可包括并行工作的多条通信总线，每条通信总线可视为一个现场网络；

3 每个现场网络可通过网络通信接口与管理网络层（中央管理工作站）连接，也可通过网络管理层服务器 RS232 通信接口或内置通信网卡直接与服务器连接；

4 当微控制器和（或）分布式智能输入输出模块，采用以太网通信接口而与管理网络层处于同一通信级别时，可采用交换式集线器连接，与中央管理工作站进行通信；

5 智能现场仪表可通过网络通信接口与控制网络层控制器（分站）进行通信；

6 智能现场仪表宜采用分布式连接，用软件配置的方法，可把各种现场设备信息分配到不同的控制器、微控制器中进行处理；

7 现场网络层的配置除应符合本条规定外，尚应符合本规范第 18.4.7 条 1～2 款的规定。

18.6 建筑设备监控系统的软件

18.6.1 建筑设备监控系统的三个网络层，应具有下列不同的软件：

1 管理网络层的客户机和服务器软件；

2 控制网络层的控制器软件；

3 现场网络层的微控制器软件。

18.6.2 管理网络层（中央管理工作站）应配置服务器软件、客户机软件、用户工具软件和可选择的其他软件，并应符合下列规定：

1 管理网络层软件应符合下列要求：

1）应支持客户机和服务器体系结构；

2）应支持互联网连接；

3）应支持开放系统；

4）应支持建筑管理系统（BMS）的集成。

2 服务器软件应符合下列要求：

1）宜采用 Windows 2003 以上操作系统；

2）应采用 TCP/IP 通信协议；

3）应采用 Internet Explorer 6.0 SP1 以上浏览器软件；

4）实时数据库冗余配置时应为两套；

5）关系数据库冗余配置时应为两套；

6）不同种类的控制器、微控制器应有不同种类的通信接口软件；

7）应具有监控点时间表程序、事件存档程序、报警管理程序、历史数据采集程序、趋势图程序、标准报告生成程序及全局时间表程序；

8）宜有不少于 100 幅标准画面。

3　客户机软件应符合下列要求：

1）应采用 Windows XP SP1 以上操作系统；

2）应采用 TCP/IP 通信协议；

3）应采用 Internet Explorer 6.0 SP1 以上浏览器软件；

4）应有操作站软件；

5）应采用 Web 网页技术；

6）应有系统密码保护和操作员操作级别设置软件。

4　用户工具软件应符合下列要求：

1）应有建立建筑设备监控系统网络和组建数据库软件；

2）应生成操作站显示图形软件。

5　工程应用软件应符合下列要求：

1）应有控制器自动配置软件；

2）应有建筑设备监控系统调试软件。

6　当监控系统需要时，可选择下列软件：

1）DSA 分布式服务器系统软件；

2）开放式系统接口软件；

3）火灾自动报警系统接口软件；

4）安全防范系统接口软件；

5）企业资源管理系统接口软件（包括物业管理系统接口软件）。

18.6.3　控制网络层（控制器）软件应符合下列规定：

1　控制网络层软件应符合下列要求：

1）控制器应接受传感器或控制网络、现场网络变化的输入参数（状态或数值），通过执行预定的控制算法，把结果输出到执行器、变频器或控制网络、管理网络；

2）控制器应设定和调整受控设备的相关参数；

3）控制器与控制器之间应进行对等式通信，实现数据共享；

4）控制器应通过网络上传中央管理工作站所要求的数据；

5）控制器应独立完成对所辖设备的全部控制，无需中央管理工作站的协助；

6）控制器应具有处理优先级别设置功能；

7）控制器应能通过网络下载或现场编程输入更新的程序或改变配置参数。

2　控制器操作系统软件应符合下列要求：

1）应能控制控制器硬件；

2）应为操作员提供控制环境与接口；

3）应执行操作员命令或程序指令；

4）应提供输入输出、内存和存储器、文件和目录管理，包括历史数据存储；

5）应提供对网络资源访问；

6）应使控制网络层、现场网络层节点之间能够通信；

7）应响应管理网络层、控制网络层上的应用程序或操作员的请求；

8）可以采用计算机操作系统开发控制器操作平台；

9）可以嵌入 Web 服务器，支持因特网连接，实现浏览器直接访问控制器。

3　控制器编程软件应符合下列要求：

1）应有数据点描述软件，具有数值、状态、限定值、默认值设置，用户可调用和修改数据点内的信息；

2）应有时间程序软件，可在任何时间对任何数据点赋予设定值或状态，包括每日程序、每周程序、每年程序、特殊日列表程序、今日功能程序等；

3）应有事件触发程序软件；

4）应有报警处理程序软件，导致报警信息生成的事件包括超出限定值、维护工作到期、累加器读数、数据点状态改变；

5）应有利用图形化或文本格式编程工具，或使用预先编好的应用程序样板，创建任何功能的控制程序应用程序软件和专用节能管理软件；

6）应有趋势图软件；

7）应有控制器密码保护和操作员级别设置软件。

4　应提供独立运行的控制器仿真调试软件，检查控制器模块、监控点配置是否正确，检验控制策略、开关逻辑表、时间程序表等各项内容设计是否满足控制要求。

18.6.4　现场网络层软件应符合下列规定：

1　现场层网络通信协议，宜符合由国家或国际行业协会制定的某种可互操作性规范，以实现设备互操作。

2　现场网络层嵌入式系统设备功能，宜符合由国家或国际行业协会制定的行业规范文件的功能规定并符合下列要求：

1）微控制器功能宜符合某种末端设备控制

器行业规范功能文件的规定，成为该类末端设备的专用控制器，并可以和符合同一行业规范功能文件的第三方厂商生产的微控制器实现互操作；

2）分布式智能输入输出模块宜符合某种分布式智能输入输出模块（数字输入模块 DI、数字输出模块 DO、模拟输入模块 AI、模拟输出模块 AO）行业规范功能文件的规定，成为该类模块的规范化的分布式智能输入输出模块；并可以和符合同一行业规范功能文件的第三方厂商生产的同类分布式智能输入输出模块实现互换；

3）智能仪表宜符合温度、湿度、流量、压力、物位、成分、电量、热能、照度、执行器、变频器等仪表的行业规范功能文件的规定，成为该类仪表的规范化智能仪表，并可以和任何符合同一行业规范仪表功能文件的第三方厂商生产的智能仪表实现互换。

3 每种嵌入式系统均应安装该种嵌入式系统设备的专用软件，用于完成该种专用功能。

4 嵌入式系统的操作系统软件应具有系统内核小、内存空间需求少、实时性强的特点。

5 嵌入式系统设备编程软件，应符合国家或国际行业协会行业标准中的《应用层可互操作性准则》的规定，并宜使用已成为计算机编程标准的《面向对象编程》方法进行编程。

18.7 现场仪表的选择

18.7.1 传感器的选择应符合下列规定：

1 传感器的精度和量程，应满足系统控制及参数测量的要求；

2 温度传感器量程应为测点温度的 1.2～1.5 倍，管道内温度传感器热响应时间不应大于 25s，当在室内或室外安装时，热响应时间不应大于 150s；

3 仅用于一般温度测量的温度传感器，宜采用分度号为 Pt1000 的 B 级精度（二线制）；当参数参与自动控制和经济核算时，宜采用分度号为 Pt100 的 A 级精度（三线制）；

4 湿度传感器应安装在附近没有热源、水滴且空气流通，能反映被测房间或风道空气状态的位置，其响应时间不应大于 150s；

5 压力（压差）传感器的工作压力（压差），应大于测点可能出现的最大压力（压差）的 1.5 倍，量程应为测点压力（压差）的 1.2～1.3 倍；

6 流量传感器量程应为系统最大流量的 1.2～1.3 倍，且应耐受管道介质最大压力，并具有瞬态输出；流量传感器的安装部位，应满足上游 10D（管径）、下游 5D 的直管段要求，当采用电磁流量计、涡轮流量计时，其精度宜为 1.5%；

7 液位传感器宜使正常液位处于仪表满量程的 50%；

8 成分传感器的量程应按检测气体、浓度进行选择，一氧化碳气体宜按 0～300ppm 或 0～500ppm；二氧化碳气体宜按 0～2000ppm 或 0～10000ppm（$ppm = 10^{-6}$）；

9 风量传感器宜采用皮托管风量测量装置，其测量的风速范围不宜小于 2～16m/s，测量精度不应小于 5%；

10 智能传感器应有以太网或现场总线通信接口。

18.7.2 调节阀和风阀的选择应符合下列规定：

1 水管道的两通阀宜选择等百分比流量特性；

2 蒸汽两通阀，当压力损失比大于或等于 0.6 时，宜选用线性流量特性；小于 0.6 时，宜选用等百分比流量特性；

3 合流三通阀应具有合流后总流量不变的流量特性，其 A-AB 口宜采用等百分比流量特性，B-AB 口宜采用线性流量特性；分流三通阀应具有分流后总流量不变的流量特性，其 AB-A 口宜采用等百分比流量特性，AB-B 口宜采用线性流量特性；

4 调节阀的口径应通过计算阀门流通能力确定；

5 空调系统宜选择多叶对开型风阀，风阀面积由风管尺寸决定，并应根据风阀面积选择风阀执行器，执行器扭矩应能可靠关闭风阀；风阀面积过大时，可选多台执行器并联工作。

18.7.3 执行器宜选用电动执行器，其输出的力或扭矩应使阀门或风阀在最大流体流通压力时可靠开启和闭合。

18.7.4 水泵、风机变频器输出频率范围应为 1～55Hz，变频器过载能力不应小于 120% 额定电流，变频器外接给定控制信号应包括电压信号和电流信号，电压信号为直流 0～10V，电流信号为直流 4～20mA。

18.7.5 现场一次测量仪表、电动执行器及调节阀的选择除符合本节规定外，尚应符合本规范第 24 章的相关规定。

18.8 冷冻水及冷却水系统

18.8.1 压缩式制冷系统的监控应符合下列规定：

1 冷水机的电机、压缩机、蒸发器、冷凝器等内部设备的自动控制和安全保护均由机组自带的控制系统监控，宜由供应商提供数据总线通信接口，直接与建筑设备监控系统交换数据。冷冻水及冷却水系统的外部水路的参数监测与控制，应由建筑设备监控系统控制器（分站）完成。

2 建筑设备监控系统应具有下列控制功能：

1）制冷系统启、停的顺序控制；

2）冷冻水供水压差恒定闭环控制；

3）备用泵投切、冷却塔风机启停和冷水机低流量保护的开关量控制；

4）根据冷量需求确定冷水机运行台数的节能控制；

5）宜对冷水机组出水温度进行优化设定；

6）冷却水最低水温控制；

7）冷却塔风机台数控制或风机调速控制。

中小型工程冷冻水宜采用一次泵系统，系统较大、阻力较高且各环路负荷特性或阻力相差悬殊时，宜采用二次泵系统；二次泵宜选用变频调速控制。

3 冷冻水及冷却水系统参数监测应符合下列要求：

1）冷冻水供水、回水温度测量应设置自动显示、超限报警、历史数据记录、打印及趋势图；

2）冷冻水供水流量测量应设置瞬时值显示、流量积算、超限报警、历史数据记录、打印及趋势图；

3）应根据冷冻水供回水温差及流量瞬时值计算冷量和累计冷量消耗；

4）当系统有冷冻水过滤器时，应设置堵塞报警；

5）进、出水机的冷却水水温测量应设置自动显示、极限值报警、历史数据记录、打印；

6）冷却塔风机联动控制，应根据设定的冷却水温度上、下限启停风机；

7）闭式空调水系统宜设高位膨胀水箱或气体定压罐定压；膨胀水箱内水位开关的高低水位或气体定压罐内高低压力越限时，应报警、历史数据记录和打印；

8）系统内的水泵、风机、冷水机组应设置运行时间记录。

18.8.2 溴化锂吸收式制冷系统的监控应符合下列规定：

1 冷水机组的高压发生器、低压发生器、溶液泵、蒸发器、吸收器（冷凝器）、直燃型的燃烧器等内部设备宜由机组自带的控制器监控，并宜由供应商提供数据总线通信接口，直接与建筑设备监控系统交换数据。冷冻水及冷却水系统的外部水路的参数监测与控制及各设备顺序控制，应由建筑设备监控系统控制器完成。

2 建筑设备监控系统的控制功能及工艺参数的监测应符合本规范第 18.8.1 条 2、3 款的规定。

3 溴化锂吸收式制冷系统不宜提供低温冷冻水，冷冻水出口温度应大于 3℃。同时应设置冷却水温度低于 24℃ 时的防溴化锂结晶报警及连锁控制。

18.8.3 冰蓄冷系统的监控应符合下列规定：

1 宜选用 PLC 可编程逻辑控制器或 HC 混合型控制器（PLC＋DCS）。

2 应选用可流通乙二醇水溶液的蝶阀和调节阀，阀门工作温度应满足工艺要求。

3 蓄冰槽进出口乙二醇溶液温度应设置自动显示、极限报警、历史数据记录、打印及趋势图。

4 蓄冰槽液位测量应设置自动显示、极限报警、历史数据记录、打印及趋势图。宜选用超声波液位变送器，精度 1.5%。

5 冰蓄冷系统交换器二次冷冻水及冷却水系统的监控与压缩式制冷系统相同，除符合本规范第 18.8.1 条 3 款的规定外，尚应增加下列控制：

1）换热器二次冷媒侧应设置防冻开关保护控制；

2）控制器（分站）应有主机蓄冷、主机供冷、融冰供冷、主机和蓄冷设备同时供冷运行模式参数设置；同时应具有主机优先、融冰优先、固定比例供冷运行模式的自动切换，并应根据数据库的负荷预测数据进行综合优化控制。

18.8.4 水源热泵系统的监控应符合下列规定：

1 水源热泵机组均由设备本身自带的控制盘监控，宜由供应商提供数据通信总线接口。建筑设备监控系统应完成风机、冷却塔、水泵启停和循环水温度控制。

2 水源热泵机组控制应符合下列要求：

1）小型机组由回风或室内温度直接控制压缩机启停；

2）大、中型机组宜采用多台压缩机分级控制方式；

3）压缩机宜采用变频调速控制。

3 循环水温度控制应符合下列要求：

1）当循环水温度 T_x 大于或等于 30℃ 时，应自动切换为夏季工况，冷却水系统供电准备投入工作；

2）当循环水温度 T_x 小于 30℃，大于 20℃ 时，为过渡季节，冷却水系统及辅助热源系统自动切除；

3）当循环水温度 T_x 小于或等于 20℃ 时，自动切换为冬季工况，辅助热源系统投入工作。

4 循环水温度可直接控制封闭式冷却塔运行台数和冷却塔风机的转速。

5 循环水泵可采用变速控制，控制循环水温度在设定值范围。

6 循环水泵温度低于 7℃ 应报警，低于 4℃ 热泵应停止工作。

7 冷却塔宜设防冻保护。

8 循环水泵系统宜设置水流开关，监测系统运行状态。循环水泵进出口宜设置压差开关，当检测到系统水流量减小时，应自动投入备用水泵，若水流量不能恢复，热泵应停止工作。

18.9 热交换系统

18.9.1 热交换系统的监控应符合下列规定：

1 热交换系统应设置启、停顺序控制；

2 自动调节系统应根据二次供水温度设定值控制一次侧温度调节阀开度，使二次侧热水温度保持在设定范围；

3 热交换系统宜设置二次供回水恒定压差控制；根据设在二次供回水管道上的差压变送器测量值，调节旁通阀开度或调节热水泵变频器的频率以改变水泵转速，保持供回水压差在设定值范围。

18.9.2 热交换系统的参数监测应符合下列规定：

1 汽—水交换器应监测蒸汽温度、二次供回水温度、供回水压力，并应监测热水循环泵运行状态；当温度、压力超限及热水循环泵故障时报警；

2 水—水交换器应监测一次供回水温度、压力、二次供回水温度、压力，并应监测热水循环泵运行状态；当温度、压力超限及热水循环泵故障时报警；

3 二次水流量测量宜设置瞬时值显示、流量积算、历史数据记录、打印；

4 当需要经济核算时，应根据二次供回水温差及流量瞬时值计算热量和累计热量消耗。

18.10 采暖通风及空气调节系统

18.10.1 新风机组的监控应符合下列规定：

1 新风机与新风阀应设连锁控制；

2 新风机启停控制应设置自动控制和手动控制；

3 当发生火灾时，应接受消防联动控制信号连锁停机；

4 在寒冷地区，新风机组应设置防冻开关报警和连锁控制；

5 新风机组应设置送风温度自动调节系统；

6 新风机组宜设置送风湿度自动调节系统；

7 新风机组可设置由室内 CO_2 浓度控制送风量的自动调节系统。

18.10.2 新风机组的参数监测应符合下列规定：

1 新风机组应设置送风温度、湿度显示；

2 应设置新风过滤器两侧压差监测、压差超限报警；

3 应设置机组启停状态及阀门状态显示；

4 宜设置室外温、湿度监测。

18.10.3 空调机组的监控应符合下列规定：

1 空调机组应设置风机、新风阀、回风阀连锁控制；

2 空调机组启停，应设置自动控制和手动控制；

3 当发生火灾时，应接受消防联动控制信号连锁停机；

4 在寒冷地区，空调机组应设置防冻开关报警和连锁控制；

5 在定风量空调系统中，应根据回风或室内温度设定值，比例、积分连续调节冷水阀或热水阀开度，保持回风或室内温度不变；

6 在定风量空调系统中，应根据回风或室内湿度设定值，开关量控制或连续调节加湿除湿过程，保持回风或室内湿度不变；

7 在定风量系统中，宜设置根据回风或室内 CO_2 浓度控制新风量的自动调节系统；

8 当采用单回路调节不能满足系统控制要求时，宜采用串级调节系统；

9 在变风量空调机组中，送风量的控制宜采用定静压法、变静压法或总风量法，并应符合下列要求：

1） 当采用定静压法时，应根据送风静压设定值控制变速风机转速；

2） 当采用变静压法时，为使送风管道静压值处于最小状态，宜使变风量箱风阀均处于85％～99％的开度；

3） 当采用总风量法时，应以所有变风量末端装置实时风量之和，控制风机转速以改变送风量。

18.10.4 空调机组的参数监测应符合下列规定：

1 空调机组应设置送、回风温度显示和趋势图；当有湿度控制要求时，应设置送、回风湿度显示；

2 空气过滤器应设置两侧压差的监测、超限报警；

3 当有二氧化碳浓度控制要求时，应设置 CO_2 浓度监测，并显示其瞬时值。

18.10.5 风机盘管是与新风机组配套使用的空调末端设备，其监控应符合下列规定：

1 风机盘管宜由开关式温度控制器自动控制电动水阀通断，手动三速开关控制风机高、中、低三种风速转换；

2 风机启停应与电动水阀连锁，两管制冬夏均运行的风机盘管宜设手动控制冬夏季切换开关；

3 控制要求高的场所，宜由专用的风机盘管微控制器控制；微控制器应提供四管制的热水阀、冷冻水阀连续调节和风机三速控制，冬夏季自动切换两管制系统；

4 微控制器应提供以太网或现场总线通信接口，构成开放式现场网络层。

18.10.6 变风量空调系统末端装置（箱）的选择，应符合下列规定：

1 当选用压力有关型变风量箱时，采用室内温度传感器、微控制器及电动风阀构成单回路闭环调节系统,其控制器宜选择一体化微控制器,温度控制器与风阀电动执行器制成一体,可直接安装在变风量箱上。

2 当选用压力无关型变风量箱时,采用室内温度作为主调节参数,变风量箱风阀入口风量或风阀开度作为副调节参数,构成串级调节系统,其控制器宜选择一体化微控制器,串级控制器与风阀电动执行器制成一体,可直接安装在变风量箱上。

18.11 生活给水、中水与排水系统

18.11.1 生活给水系统的监控应符合下列规定:

1 当建筑物顶部设有生活水箱时,应设置液位计测量水箱液位,其高、低Ⅰ值宜用作控制给水泵,高、低Ⅱ值用于报警;

2 当建筑物采用变频调速给水系统时,应设置压力变送器测量给水管压力,用于调节给水泵转速以稳定供水压力;

3 应设置给水泵运行状态显示、故障报警;

4 当生活给水泵故障时,备用泵应自动投入运行;

5 宜设置主、备用泵自动轮换工作方式;

6 给水系统控制器宜有手动、自动工况转换。

18.11.2 中水系统的监控应符合下列规定:

1 中水箱应设置液位计测量水箱液位,其上限信号用于停中水泵,下限信号用于启动中水泵;

2 主泵故障时,备用泵应自动投入运行;

3 宜设置主、备用泵自动轮换工作方式;

4 中水系统控制器宜有手动、自动工况转换。

18.11.3 排水系统的监控应符合下列规定:

1 当建筑物内设有污水池时,应设置液位计测量水池水位,其上限信号用于启动排污泵,下限信号用于停泵;

2 应设置污水泵运行状态显示、故障报警;

3 当污水泵故障时,备用泵应能自动投入;

4 排水系统的控制器应设置手动、自动工况转换。

18.12 供配电系统

18.12.1 建筑设备监控系统应对供配电系统下列电气参数进行监测:

1 10(6)kV进线断路器、馈线断路器和联络断路器,应设置分、合闸状态显示及故障跳闸报警;

2 10(6)kV进线回路及配出回路,应设置有功功率、无功功率、功率因数、频率显示及历史数据记录;

3 10(6)kV进出线回路宜设置电流、电压显示及趋势图和历史数据记录;

4 0.4kV进线开关及重要的配出开关应设置分、

合闸状态显示及故障跳闸报警;

5 0.4kV进出线回路宜设置电流、电压显示、趋势图及历史数据记录;

6 宜设置0.4kV零序电流显示及历史数据记录;

7 宜设置功率因数补偿电流显示及历史数据记录;

8 当有经济核算要求时,应设置用电量累计;

9 宜设置变压器线圈温度显示、超温报警、运行时间累计及强制风冷风机运行状态显示。

18.12.2 柴油发电机组宜设置下列监测功能:

1 柴油发电机工作状态显示及故障报警;

2 日用油箱油位显示及超高、超低报警;

3 蓄电池组电压显示及充电器故障报警。

18.13 公 共 照 明 系 统

18.13.1 公共照明系统的监控应符合下列规定:

1 室内照明系统宜采用分布式控制器,当采用第三方专用控制系统时,该系统应有与建筑设备监控系统网络连接的通信接口;

2 室内照明系统的控制器应有自动控制和手动控制等功能;正常工作时,宜采用自动控制,检修或故障时,宜采用手动控制;

3 室内照明宜按分区时间表程序开关控制,室外照明可按时间表程序开关控制,也可采用室外照度传感器进行控制,室外照度传感器应考虑设备防雨防尘的防护等级;

4 照明控制箱应由分布式控制器与配电箱两部分组成,可选择一体的,也可选择分体的;控制器与其配用的照度传感器宜选用现场总线连接方式。

18.13.2 照明系统节能设计应符合本规范第18.13.1条3款及第18.15.5、18.15.6条的规定。

18.14 电梯和自动扶梯系统

18.14.1 电梯和自动扶梯运行参数的监测宜符合下列规定:

1 宜设置电梯、自动扶梯运行状态显示及故障报警;

2 当监控电梯群组运行时,电梯群宜分组、分时段控制;

3 宜对每台电梯的运行时间进行累计。

18.14.2 建筑设备监控系统与火灾信号应设有连锁控制。当系统接收火灾信号后,应将全部客梯迫降至首层。

18.15 建筑设备监控系统节能设计

18.15.1 建筑设备监控系统节能设计,应在保证分布式系统实现分散控制、集中管理的前提下,利用先进的控制技术和信息集成的优势,最大限度地节省

能源。

18.15.2 当冷冻水、冷却水、采暖通风及空气调节等系统的负荷变化较大或调节阀（风门）阻力损失较大时，各系统的水泵和风机宜采用变频调速控制。

18.15.3 冷冻水及冷却水系统的监控宜采用下列节能措施：

1 当根据冷量控制冷冻水泵、冷却水泵、冷却塔运行台数时，水泵及冷却塔风机宜采用调速控制；

2 根据制冷机组对冷却水温度的要求，监控系统应按与制冷机适配的冷却水温度自动调节冷却塔风机转速。

18.15.4 空调系统的监控宜采用下列节能措施：

1 在不影响舒适度的情况下，温度设定值宜根据昼夜、作息时间、室外温度等条件自动再设定；

2 根据室内外空气熔值条件，自动调节新风量的节能运行；

3 空调设备的最佳启、停时间控制；

4 在建筑物预冷或预热期间，按照预先设定的自动控制程序停止新风供应。

18.15.5 建筑物内照明系统的监控宜采用下列节能措施：

1 工作时段设置与工作状态自动转换；

2 工作分区设置与工作状态自动转换；

3 在人员活动有规律的场所，采用时间控制和分区控制二种组合控制方式；

4 在可利用自然光的场所，采用光电传感器的调光控制方式。

18.15.6 室外照明系统的监控宜采用下列节能措施：

1 道路照明、庭院照明宜采用分区、分时段时间表程序开关控制和光电传感器控制二种组合控制方式；

2 建筑物的景观照明宜采用分时段时间表程序开关控制方式。

18.15.7 给水排水系统宜按预置程序在用电低谷时将水箱灌满，污水池排空。

18.15.8 在保证供配电系统安全运行情况下，宜根据用电负荷的大小控制变压器运行台数。

18.16 监 控 表

18.16.1 为建筑设备监控系统编制的监控表，应符合下列规定：

1 编制监控表应在各工种设备选择之后，根据控制系统结构图，由建筑设备监控系统（BAS）的设计人与各工种设计人共同编制，同时核定对监控点实施监控的可行性。

2 编制的监控点一览表宜符合下列要求：

1）为划分分站、确定分站 I/O 模块选型提供依据；

2）为确定系统硬件和应用软件设置提供

依据；

3）为规划通信信道提供依据；

4）为系统能以简洁的键盘操作命令进行访问和调用具有标准格式的显示报告与记录文件创造前提。

18.16.2 为建筑设备监控系统控制器（DDC）编制的监控表应符合本规范附录 J 的规定。

18.16.3 为建筑设备监控系统（BAS）编制的监控表应符合本规范附录 K 的规定。

18.17 机房工程及防雷与接地

18.17.1 机房工程设计应符合本规范第 23 章的规定。

18.17.2 防雷与接地设计应符合本规范第 11、12、23 章的有关规定。

19 计算机网络系统

19.1 一 般 规 定

19.1.1 本章适用于民用建筑物及建筑群中通过硬件和软件，实现建筑物及建筑群的网络数据通信及办公自动化系统等应用的计算机网络系统设计。

19.1.2 计算机网络系统的设计和配置应标准化，并应具有可靠性、安全性和可扩展性。

19.1.3 计算机网络系统设计前，应进行用户调查和需求分析，以满足用户的需求。

19.1.4 计算机网络系统的配置应遵循实用性和适用的原则，并宜适度超前。

19.2 网 络 设 计 原 则

19.2.1 计算机网络系统应在进行用户调查和需求分析的基础上，进行网络逻辑设计和物理设计。

19.2.2 用户调查宜包括用户的业务性质与网络的应用类型及数据流量需求、用户规模及前景、环境要求和投资概算等内容。

19.2.3 网络需求分析应包括功能需求和性能需求两方面。

网络功能需求分析用以确定网络体系结构，内容宜包括网络拓扑结构与传输介质、网络设备的配置、网络互联和广域网接入。

网络性能需求分析用以确定整个网络的可靠性、安全性和可扩展性，内容宜包括网络的传输速率、网络互联和广域网接入效率及网络冗余程度和网络可管理程度等。

19.2.4 网络逻辑设计应包括确定网络类型、网络管理与安全性策略、网络互联和广域网接口等。

19.2.5 网络物理设计应包含网络体系结构和网络拓扑结构的确定、网络介质的选择和网络设备的配置等。

19.2.6 局域网宜采用基于服务器/客户端的网络，当网络中用户少于 10 个节点时可采用对等网络。

19.2.7 网络体系结构的选择应符合下列规定：

    1 网络体系结构宜采用基于铜缆的快速以太网（100Base-T）；基于光缆的千兆位以太网（1000Base-SX、1000Base-LX）；基于铜缆的千兆位以太网（1000Base-T、1000Base-TX）和基于光缆的万兆位以太网（10GBase-X）；

    2 在需要传输大量视频和多媒体信号的主干网段，宜采用千兆位（1000Mbit/s）或万兆位（10Gbit/s）以太网，也可采用异步传输模式 ATM。

19.2.8 网络中使用的服务器应至少能够处理文件、程序及数据储存；响应网络服务请求；网络应用策略控制；网络管理及运行网络后台应用等一项任务。

19.2.9 服务器（如 CPU、内存和硬盘等）的配置应能满足其处理数据的需要，并具有高稳定性和可扩展能力。

19.2.10 服务器宜集中设置。当网络应用有业务分类管理需要时，可分布设置服务器。

19.3 网络拓扑结构与传输介质的选择

19.3.1 网络的结构应根据用户需求、用户投资控制、网络技术的成熟性及可发展性确定。

19.3.2 局域网宜采用星形拓扑结构。在有高可靠性要求的网段应采用双链路或网状结构冗余链路。

19.3.3 网络介质的选择应根据网络的体系结构、数据流量、安全级别、覆盖距离和经济性等方面综合确定，并符合下列规定：

    1 对数据安全性和抗干扰性要求不高时，可采用非屏蔽对绞电缆；

    2 对数据安全性和抗干扰性要求较高时，宜采用屏蔽对绞电缆或光缆；

    3 在长距离传输的网络中应采用光缆。

19.3.4 在下列场所宜采用无线网络：

    1 用户经常移动的区域或流动用户多的公共区域；

    2 建筑布局中无法预计变化的场所；

    3 被障碍物隔离的区域或建筑物；

    4 布线困难的环境。

19.3.5 无线局域网设备应符合 IEEE802 的相关标准。

19.3.6 无线局域网宜采用基于无线接入点（AP）的网络结构。

19.3.7 在布线困难的环境宜通过无线网桥连接同一网络的两个网段。

19.4 网络连接部件的配置

19.4.1 网络连接部件应包括网络适配器（网卡）、交换机（集线器）和路由器。

19.4.2 网卡的选择必须与计算机接口类型相匹配，并与网络体系结构相适应。

19.4.3 网络交换机的类型必须与网络的体系结构相适应，在满足端口要求的前提下，可按下列规定配置：

    1 小型网络可采用独立式网络交换机；

    2 大、中型网络宜采用堆叠式或模块化网络交换机。

19.4.4 当具有下列情况时，应采用路由器或第 3 层交换机：

    1 局域网与广域网的连接；

    2 两个局域网的广域网相连；

    3 局域网互联；

    4 有多个子网的局域网中需要提供较高安全性和遏制广播风暴时。

19.4.5 当局域网与广域网相连时，可采用支持多协议的路由器。

19.4.6 在中大型规模的局域网中宜采用可管理式网络交换机。交换机的设置，应根据网络中数据的流量模式和处理的任务确定，并应符合下列规定：

    1 接入层交换机应采用支持 VLAN 划分等功能的独立式或可堆叠式交换机，宜采用第 2 层交换机；

    2 汇接层交换机应采用具有链路聚合、VLAN 路由、组播控制等功能和高速上连端口的交换机，可采用第 2 层或第 3 层交换机；

    3 核心层交换机应采用高速、高带宽、支持不同网络协议和容错结构的机箱式交换机，并应具有较大的背板带宽。

19.4.7 各层交换机链路设计应符合下列规定：

    1 汇接层与接入层交换机之间可采用单链路或冗余链路连接；

    2 在容错网络结构中，汇接层交换机之间、汇接层与接入层交换机之间应采用冗余链路连接，并应生成树协议阻断冗余链路，防止环路的产生；

    3 在紧缩核心网络中，每台接入层交换机与汇接层交换机之间，宜采用冗余链路连接；

    4 在多核心网络中，每台汇接层交换机与每台核心层交换机之间，宜采用冗余链路连接。核心层交换机之间不得链接，避免桥接环路。

19.5 操作系统软件与网络安全

19.5.1 网络中所有客户端，宜采用能支持相同网络通信协议的计算机操作系统。

19.5.2 服务器操作系统应支持网络中所有的客户端的网络协议，特别是 TCP/IP 协议。网络操作系统应符合下列规定：

    1 用于办公和商务工作的计算机局域网中，宜采用微软视窗（Windows）操作系统；

2 在需要高稳定性、需要支持关键任务应用程序运行的网络服务器端，宜采用 Unix 或 Linux 类服务器操作系统或专用服务器操作系统。

19.5.3 网络管理应具有下列基本功能：

1 网络设备的系统固件管理：对网络设备的系统软件进行管理，如升级、卸载等；

2 文件管理：对数据、文件和程序的存储进行有序管理和备份；

3 配置管理：对网络设备进行有关的参数配置、设置网络策略等；动态监控、动态显示网络中各节点及每一设备端口的工作状态；

4 故障管理：对网络设备和线路发生的故障，网络管理系统能预设报警功能及措施；

5 安全控制：通过身份、密码、权限等验证，实现基本的安全性控制；

6 性能管理：通过分析工具统计和分析网络流量、数据包类型及错误包比例等信息，进而提供网络的运行状态、发展状态、预期调整措施的分析结果；

7 网络优化：分析和优化网络性能。

19.5.4 网络安全应具有机密性、完整性、可用性、可控性及网络审计等基本要求。

19.5.5 网络安全性设计应具有非授权访问、信息泄露或丢失、破坏数据完整性、拒绝服务攻击和传播病毒等防范措施。

19.5.6 网络的安全性可采取下列防范措施：

1 采取传导防护、辐射防护、电磁兼容环境防护等物理安全策略；

2 采用容错计算机、安全操作系统、安全数据库、病毒防范等系统安全措施；

3 设置包过滤防火墙、代理防火墙、双宿主机防火墙等类型的防火墙；

4 采取入网访问控制、网络权限控制、属性安全控制、网络服务器安全控制、网络监测和锁定控制、网络端口和节点控制等网络访问控制；

5 数据加密；

6 采取报文保密、报文完整性及互相证明等安全协议；

7 采取消息确认、身份确认、数字签名、数字凭证等信息确认措施。

19.5.7 网络的安全性策略应根据网络的安全性需求，并按其安全性级别采取相应的防范措施。

19.6 广域网连接

19.6.1 广域网连接是指通过公共通信网络，将多个局域网或局域网与互联网之间的相互连接。

19.6.2 局域网在下列情况时，应设置广域网连接：

1 当内部用户有互联网访问需求时；

2 当用户外出需访问局域网；

3 在分布较广的区域中拥有多个需网络连接的局域网；

4 当用户需与物理距离遥远的另一个局域网共享信息。

19.6.3 局域网的广域网连接应根据带宽、可靠性和使用价格等因素综合确定，可采用下列方式：

1 公用电话交换网；

2 综合业务数字网（窄带 N-ISDN 和宽带 B-ISDN）；

3 帧中继（FR）；

4 各类铜缆接入设备（xDSL）；

5 数字数据网（DDN）或专线；

6 以太网。

19.7 网络应用

19.7.1 网络应用应包括单位内部办公自动化系统、单位内部业务、对外业务、互联网接入、网络增值服务等几种类型。计算机网络系统的设计，宜符合网络应用的需求。

19.7.2 当网络有多种应用需求时，宜构建适应各种应用需求的共用网络，设置相应的服务器，并应采取安全性措施保护内部应用网络的安全。

19.7.3 当内部网络数据有高度安全性要求时，应采取物理隔离措施隔离内部、外部网络，并应符合安全部门的有关规定。

19.7.4 在子网多而分散，主干和广域网数据流量大的计算机网络中，宜采用网络分段和子网数据驻留的方式控制流经主干上的数据流，提高主干的传输速率。

19.7.5 服务器应根据其执行的任务而合理配置。在执行办公自动化系统任务的网络中宜设置文件和打印服务器、邮件服务器、Web 服务器、代理服务器及目录服务器。

19.7.6 当公共建筑物中或建筑物的公共区域符合本规范第 19.3.4 条规定时，宜采用无线局域网。

19.7.7 计算机网络系统设计，其网络结构、网络连接部件的配置及传输介质的选择应符合本规范第 19.3 节和 19.4 节的要求。

20 通信网络系统

20.1 一般规定

20.1.1 本章包括数字程控用户电话交换机系统、调度交换机系统、会议电视系统、无线通信系统、VSAT 卫星通信系统、多媒体现代教育系统等通信网络系统及通信配线与管道。

20.1.2 通信网络系统应为建筑物或建筑群的拥有者（管理者）及使用者提供便利、快捷、有效的信息服务。

20.1.3 通信网络系统应对来自建筑物或建筑群内、外的信息,进行接收、存储、处理、交换、传输,并提供决策支持的能力。

20.1.4 建筑物或建筑群中有线或无线接入网系统的设计,应符合国家现行标准《接入网工程设计规范》YD/T5097的有关规定。

20.2 数字程控用户电话交换机系统

20.2.1 数字程控用户电话交换设备应根据使用需求,设置在行政机关、金融、商场、宾馆、文化、医院、学校等建筑物内。

20.2.2 数字程控用户电话交换设备,应提供普通电话业务、ISDN通信和IP通信等业务。

20.2.3 用户终端应通过数字程控用户电话交换设备与各公用通信网互通,实现语音、数据、图像、多媒体通信业务的需求。

20.2.4 数字程控用户交换机系统应符合下列要求:

1 用户交换机系统应配置交换机、话务台、用户终端、终端适配器等配套设备以及应用软件。

2 用户交换机应根据工程的需求,以模拟或数字中继方式,通过用户信令、中继随路信令或公共信道信令方式与公用电话网相连。

3 数字程控用户交换机的用户侧和中继侧应具有下列基本接口,并符合下列规定:

1) 用户侧接口应符合下列规定:

——用于连接模拟终端的二线模拟Z接口;

——用于连接数字终端的接口(专用数字终端、V24等);

——用于连接IP终端的接口(H.323语音终端、SIP等)。

2) 中继侧接口应符合下列规定:

——用于接入公用PSTN端局的数字A接口或B接口(速率为2048kbit/s或8448kbit/s);

——用于接入公用PSTN端局的二线模拟C₂接口;

——用于接入公用PSTN端局的四线模拟C₁接口;

——用于接入公用PSTN端局的网络H.323或SIP接口。

20.2.5 ISDN用户交换机(ISPBX)系统应符合下列要求:

1 ISDN用户交换机应是公用综合业务数字网(N-ISDN)中的第二类网络终端(NT2型)设备。

2 ISDN用户交换机应具有基本的使用功能。

3 ISDN用户交换机的用户侧和中继侧应根据工程的实际需求配置下列基本接口,并符合下列规定:

1) 用户侧接口应符合下列规定:

——用于连接数字话机及ISDN标准终端的S接口(2B+D接口);

——用于连接ISDN标准终端的S接口(30B+D接口);

——用于连接网络终端1(NT1)的U接口(2B+D和30B+D接口);

——用于连接模拟终端的Z接口;

——用于连接IP终端的接口(H.323语音终端、SIP等)。

2) 中继侧接口应符合下列规定:

——用于接入公用N-ISDN端局的T(2B+D)接口;

——用于接入公用N-ISDN端局的T(30B+D)接口;

——用于接入公用PSTN端局(数字程控电话交换端局)的E1数字A接口(速率为2048kbit/s);

——用于接入公用PSTN端局的网络H.323或SIP接口。

20.2.6 支持VOIP业务的ISDN用户交换机系统应符合下列要求:

1 应具有ISDN用户交换机基本的和补充业务功能。

2 应以IP网关方式与IP局域网或公用IP网络相连。

3 应按工程的实际需求,在用户侧和中继侧配置下列基本接口,并符合下列规定:

1) 用户侧接口应符合下列规定:

——用于连接ISDN用户交换机具有的基本用户侧接口;

——用于连接符合H.323标准的VOIP终端接口;

——用于连接符合SIP标准的VOIP终端接口。

2) 中继侧接口应符合下列规定:

——用于接入公用ISDN端局的T接口;

——用于接入公用PSTN端局的E1数字A接口;

——用于接入H.323标准的公用IP网络的接口(H.323接入网关);

——用于接入SIP标准的公用IP网络的接口(SIP接入网关)。

20.2.7 数字程控用户交换机的选用,应符合下列规定:

1 用户交换机容量宜按下列要求确定:

1) 用户交换机除应满足近期容量的需求外,尚应考虑中远期发展扩容以及新业务功能的应用;

2）用户交换机的实装内线分机的容量，不宜超过交换机容量的80％；

3）用户交换机应根据话务基础数据，核算交换机内处理机的忙时呼叫处理能力（BHCA）。

2 用户交换机中继类型及数量宜按下列要求确定：

1）用户交换机中继线，宜采用单向（出、入分设）、双向（出、入合设）和单向及双向混合的三种中继方式接入公用网；

2）用户交换机中继线可按下列规定配置：

——当用户交换机容量小于 50 门时，宜采用 2～5 条双向出入中继线方式；

——当用户交换机容量为 50～500 门，中继线大于 5 条时，宜采用单向出入或部分单向出入、部分双向出入中继线方式；

——当用户交换机容量大于 500 门时，可按实际话务量计算出、入中继线，宜采用单向出入中继线方式。

3）中继线数量的配置，应根据用户交换机实际容量大小和出入局话务量大小等因素，可按用户交换机容量的 10％～15％ 确定。

3 系统对当地电信业务经营者中继入网的方式，应符合下列要求：

1）数字程控用户交换机中继入网的方式，应根据用户交换机的呼入、呼出话务量和本地电信业务经营者所具备的入网条件，以及建筑物（群）拥有者（管理者）所提的要求确定；

2）数字程控用户交换机进入公用电话网，可采用下列几种中继方式：

——全自动直拨中继方式（DOD_1＋DID 和 DOD_2＋DID 中继方式）；

——半自动单向中继方式（DOD_1＋BID 和 DOD_2＋BID 中继方式）；

——半自动双向中继方式（DOD_2＋BID 中继方式）；

——混合中继方式（DOD_2＋BID＋DID 和 DOD_1＋BID＋DID 中继方式）；

——ISPBX 中的 ISDN 终端，对外交换采用全自动的直拨方式（DDI）。

20.2.8 程控用户交换机机房的选址、设计与布置，应符合下列规定：

1 机房宜设置在建筑群内用户中心通信管线进出方便的位置。可设置在建筑物首层及以上各层，但不应设置在建筑物最高层。当建筑物有地下多层时，机房可设置在地下一层。

2 当建筑物为投资方自用时，机房宜与建筑物内计算机主机房统筹考虑设置。

3 机房位置的选择及机房对环境和土建等专业的要求，尚应符合本规范第 23 章的有关规定。

4 程控用户交换机机房的布置，应根据交换机的机架、机箱、配线架，以及配套设备配置情况、现场条件和管理要求决定。在交换机及配套设备尚未选型时，机房的使用面积宜符合表 20.2.8 的规定。

表 20.2.8　程控用户交换机机房的使用面积

交换机容量数（门）	交换机机房使用面积（m²）	交换机容量数（门）	交换机机房使用面积（m²）
≤500	≥30	2001～3000	≥45
501～1000	≥35	3001～4000	≥55
1001～2000	≥40	4001～5000	≥70

注：1　表中机房使用面积应包括话务台或话务员室、配线架（柜）、电源设备和蓄电池的使用面积；

2　表中机房的使用面积，不包括机房的备品备件维修室、值班室及卫生间。

5 程控用户交换机机房内设备布置应符合以近期为主、中远期扩充发展相结合的规定。

6 话务台的布置应使话务员就地或通过话务员室观察窗正视或侧视交换机机柜的正面。

7 总配线架或配线机柜室应靠近交换机室，以方便交换机中继线和用户线的进出。

8 当交换机容量小于或等于 1000 门时，总配线架或配线机柜可与交换机机柜毗邻安装。

9 机房的毗邻处可设置多家电信业务经营者的光、电传输设备以及宽带接入等设备的电信机房。

10 交换机机柜及配套设备布置，尚应符合本规范第 23.2 节的规定。

20.2.9 程控用户交换机机房的供电应符合下列要求：

1 机房电源的负荷等级与配置以及供电电源质量，应符合本规范第 3.2 及 3.4 节的有关规定。

2 当机房内通信设备有交流不间断和无瞬变供电要求时，应采用 UPS 不间断电源供电，其蓄电池组可设一组。

3 通信设备的直流供电系统，应由整流配电设备和蓄电池组组成，可采用分散或集中供电方式供电；当直流供电设备安装在机房内时，宜采用开关型整流器、阀控式密封铅酸蓄电池。

4 通信设备的直流供电电源应采用在线充电方式，并以全浮充制运行。

5 通信设备使用直流基础电源电压为－48V，其电压变动范围和杂音电压应符合表 20.2.9-1 的规定。

6 当机房的交流电源不可靠或交换机对电源有特殊要求时，应增加蓄电池放电小时数。

7 交换机设备的蓄电池的总容量应按下式计算：

$$Q \geqslant KIT / \eta [1 + \alpha (t - 25)] \quad (20.2.9)$$

表 20.2.9-1　基础电源电压变动范围和杂音电压要求

标准电压(V)	电信设备受电端子上电压变动范围(V)	电 源 杂 音 电 压							
		衡重杂音电压		峰-峰值杂音电压		宽频杂音电压(有效值)		离散频率杂音(有效值)	
		频段(kHz)	指标(mV)	频段(kHz)	指标(mV)	频段(kHz)	指标(mV)	频段(kHz)	指标(mV)
−48	−40~−57	300~3400	≤2	0~300	≤400	3.4~150	≤100	3.4~150	≤5
								150~200	≤3
						150~30000	≤3	200~500	≤2
								500~30000	≤1

式中 Q——蓄电池容量（Ah）；

　　K——安全系数，为 1.25；

　　I——负荷电流（A）；

　　T——放电小时数（h）；

　　η——放电容量系数，见表 20.2.9-2；

　　t——实际电池所在地最低环境温度数值，所在地有采暖设备时，按 15℃ 确定，无采暖设备时，按 5℃ 确定；

　　α——电池温度系数（1/℃），当放电小时率大于或等于 10 时，应为 0.006，当放电小时率小于 10、大于或等于 1 时，应为 0.008；当放电小时率小于 1 时，应为 0.01。

表 20.2.9-2　蓄电池放电容量系数（η）表

电池放电小时数(h)		0.5	1	2	3
放电终止电压(V)		1.70	1.75	1.75	1.80	1.80	1.80
放电容量系数	放酸电池	0.35	0.30	0.50	0.60	0.61	0.75
	阀控电池	0.45	0.40	0.55	0.45	0.61	0.75
电池放电小时数(h)		4	6	8	10	≥20
放电终止电压(V)		1.80	1.80	1.80	1.80	≥1.85
放电容量系数	放酸电池	0.79	0.88	0.94	1.00	1.00
	阀控电池	0.79	0.88	0.94	1.00	1.00

8 机房内蓄电池组电池放电小时数，应按机房供电电源负荷等级确定。

20.2.10 防雷及接地应符合下列规定：

1 交换机系统的防雷与接地，应符合本规范第 11、12、23 章的有关规定；

2 数字程控交换机系统接地电阻值，应根据该系统产品接地要求确定。

20.3　数字程控调度交换机系统

20.3.1 数字程控调度交换机容量小于或等于 60 门时，宜采用具有调度软件功能模块的数字程控用户交换机。

20.3.2 数字程控调度交换机容量大于 60 门时，宜设置专用的数字程控调度交换机设备。

20.3.3 数字程控调度交换机应符合下列规定：

1 数字程控调度交换机系统应由调度交换机、调度台、调度分机或终端等配套设备及其应用软件构成。

2 数字程控调度交换机除应具有调度业务的功能外，尚应同时保留数字程控用户交换机的基本功能。

3 数字程控调度交换机容量大于 128 门时，宜采用热备份结构，并应具备组网与远端维护功能。

4 数字程控调度交换机的基本功能应符合下列要求：

1） 应调度呼叫用户或用户呼叫调度无链路阻塞；

2） 应对公用网、专用网及分机用户电话进行调度和控制复原；

3） 应对每个用户进行等级设置；

4） 可设置多个中继局向，接至公用网或专用网；

5） 应能实时同步录音；

6） 应能与无线通信设备联网；

7） 应能与计算机网络联网；

8） 应有统一的实时时钟管理。

5 调度话务台的基本功能应符合下列要求：

1） 控制支配权，调度台话机具有最高优先权；

2） 调度通话应优先，任何用户在摘机、通话或拨号状态，调度均可直呼用户、中继，用户、中继可直呼或热线呼叫调度台；

3） 应能实现监听、强插、强拆正在进行内部通话的调度专线电话分机；

4） 应能将普通电话分机改为调度专线电话分机；

5） 应具有"功能键"和"用户键"两大类操作键，供调度员使用；

6） 应具有单呼、组呼、电话会议功能；

7） 应能对调度员的姓名、工号、操作权限口令、操作时间进行核对与记录。

20.3.4 数字程控调度交换机的用户侧和中继侧应根据工程的实际需求，配置下列基本接口，并符合下列规定：

    1 用户侧接口应符合下列规定：

        1）用于连接模拟终端的二线模拟 Z 接口；

        2）用于连接数字话机及调度台的 2B＋D 接口；

        3）用于连接符合 H.323 标准的 VOIP 终端接口；

        4）用于连接符合 SIP 标准的 VOIP 终端接口。

    2 中继侧接口应符合下列规定：

        1）用于接入公用 N-ISDN 端局的 2B＋D 的接口；

        2）用于接入公用 N-ISDN 端局的 30B＋D 的接口；

        3）用于接入公用 PSTN 端局的 E1 数字 A 接口（速率为 2048kbit/s）；

        4）用于接入公用 PSTN 端局的二线模拟 C 接口；

        5）用于接入符合 H.323 标准的公用计算机网络的接口（H.323 接入网关）；

        6）用于接入符合 SIP 标准的公用计算机网络的接口（SIP 接入网关）。

20.3.5 数字程控调度交换机进入公用网或专网的方式应符合下列规定：

    1 当采用数字中继方式入网时，调度交换机配置的数字中继，宜采用 30B＋DPRA 或 E1（2048kbit/s）PCM 接口接至本地电话网的汇接局或端局交换机上，其信令采用 ISDN"Q"信令系统或 7 号信令系统，并应具备兼容中国 1 号信令系统的能力；

    2 当采用二线环路中继方式入网时，其信令应采用用户信令系统。

20.3.6 数字程控调度交换机的设备用房、供电及接地要求，应符合本规范第 20.2.8～20.2.10 条的规定。

20.4 会议电视系统

20.4.1 会议电视系统应根据使用者的实际需求确定，可采用下列系统：

    1 大中型会议电视系统；

    2 小型会议电视系统；

    3 桌面型会议电视系统。

20.4.2 会议电视系统应支持 H.320、H.323、H.324、SIP 标准协议。

20.4.3 会议电视系统的支持传输速率应符合下列规定：

    1 H.320 标准协议的大中型视频会议系统，应支持传输速率 64kbit/s～2Mbit/s；

    2 H.323 标准协议的桌面型视频会议系统，应支持传输速率不小于 64kbit/s；

    3 H.320 和 H.323 小型会议视频系统，应支持传输速率 128kbit/s；

    4 H.324 标准协议的可视电话系统，应支持小于 64kbit/s 的传输速率；

    5 SIP 标准协议的会议视频系统应符合支持传输速率小于 128kbit/s。

20.4.4 当采用多点控制单元（MCU）设备组网时，会议电视系统的功能应符合下列要求：

    1 网内任意会场点均可具备主会场的功能；

    2 分会场画面应显示于主会场的屏幕；

    3 各会场的主摄像机和全场景摄像机，宜采用广播级彩色摄像机，辅助摄像机可采用专业级固定彩色摄像机；

    4 主会场应远程遥控各分会场的全部受控摄像机，调整画面的内容和清晰度；

    5 全部会场画面应由主会场进行控制；

    6 主席控制方式，可控制主会场发言模式与分会场发言模式的转换；

    7 应在会议监视器画面上，观察对方送来幻灯、文件、电子白板的静止图像；

    8 应在会议监视器画面上，叠加上会场名称、会议状态、控制动作名称的文字说明；

    9 同一个 MCU 设备应支持召开不同传输速率的电视会议；

    10 MCU 设备软件应运行在各种嵌入式操作系统上；

    11 在多个 MCU 的会议电视网中，应确认一个主 MCU，其他均为从 MCU；

    12 会议电视网内应实现时钟同步管理、计费管理、主持人管理等功能。

20.4.5 当采用桌面型会议电视时，会议电视系统的功能应符合下列规定：

    1 应在显示器窗口上，收看到对方会议的活动图像，能对窗口尺寸和位置进行调整；

    2 应设置审视送出图像的自监窗口；

    3 应设置专门用于观察对方送来的幻灯、文件、电子白板的静止图像显示窗口；

    4 应进行网上交谈。

20.4.6 会议电视系统的组网应符合下列规定：

    1 网络设计应安全可靠，宜采用电缆、光缆、数字微波、卫星等不同传输通道，并宜设置备用信道，以保证通信畅通可靠；

    2 采用 MCU 组成的点对点或点对多点的组网，应考虑主备用信道与会议电视终端设备的倒换便利；

    3 采用 MCU 组网时，应支持多级联的组网方式。

20.4.7 采用宽带互联网时，宜采用标准的 TCP/IP 以太网通信接口方式组网。

20.4.8 会议电视系统用房设计应符合下列规定：

1 会议电视室宜按矩形房间设计，使用面积应按参加会议的总人数确定，每个人占用面积不应小于 3.0m²；

2 大型会议电视室布置时，应以会议电视室为中心，在相邻房间可设置与系统设备相关的控制室和传输设备室，各用房面积不宜小于 15m²；

3 大型会议电视室与控制室之间的墙上宜设置观察窗，观察窗不宜小于宽 1.2m、高 0.8m，窗口下沿距室内地面 0.9m；

4 当会议电视设备采用可移动组合式彩色视频显示器机柜时，可不设置专用的控制室和传输设备室；

5 大、中型会议电视室桌椅布置，宜面向投影机幕布作马蹄形布置，小型会议电视室宜面向彩色视频显示器作 U 形布置；前后排之间的间距不宜小于 1.2m；

6 会场前排与会人员观看投影机幕布或彩色视频显示器的最小视距，宜按视频画面对角线的规格尺寸 2～3 倍计算；最远视距宜按视频画面对角线的规格尺寸 8～9 倍计算。

20.4.9 会议电视系统用房的设备设置应符合下列规定：

1 会场彩色摄像机宜设置在会场正前方或左右两侧，能使参会人员都被纳入摄录视角范围内；

2 会场全景彩色摄像机宜设置在房间后面墙角上，以便获得全场景或局部放大的特写镜头；

3 会场的文本摄像机、白板摄像机、音视频设备，均应安放在会议室内合适的位置；

4 室内投影机幕布或彩色视频显示器位置的设置，应使全场参会人员处在良好的视距和视角范围内；

5 大、中型会议电视室内应设置二台及以上高清晰度、高亮度大屏幕彩色投影机，投影屏幕上视频画面对角线的尺寸不宜小于 254cm；

6 小型会议电视室内应设置二台及以上高清晰度彩色视频显示器，显示屏幕画面对角线的尺寸不宜小于 74cm；

7 话筒和扬声器的布置宜使话筒置于各扬声器的指向辐射外，并加设回声抑制器。

20.4.10 会议电视系统供电、照明、防雷、接地及环境应符合下列规定：

1 系统电源的负荷等级与配置以及供电电源质量应符合本规范第 3.2 节及 3.4 节的有关规定；

2 系统中设备需要有交流不间断和无瞬变要求的供电时，应采用 UPS 不间断电源供电；

3 音视频设备应采用同相电源集中供电；

4 会议电视室、控制室和传输设备室的室内环境及照度，应符合本规范第 23.3 节的有关规定；

5 系统防雷与局部等电位联结应符合本规范第

11、12、23 章的有关要求。

20.5 无线通信系统

20.5.1 无线通信系统的设计应符合下列规定：

1 建筑物与建筑群中无线通信系统，应采用固定无线接入技术，系统的配置应根据工程的实际需求确定；

2 接入系统的设备宜按控制器、基站和用户终接设备等配置，其系统的控制器宜与基站设备设置在同一建筑物内；

3 无线接入系统应支持电话、传真、低速数据或高速数据、图像等综合业务通信；

4 无线接入系统中的控制器设备应根据用户需求，接入 PSTN 电话交换网、ISDN 交换网、ATM 网和以太网等网络；

5 无线接入系统中业务节点的接口，可采用 PSTN 的 V_5 或 V_{B5} 接口、N-ISDN BRA 或 PRA 的 V、V_5 或 V_{B5} 接口、B-ISDN SDH 或 ATM 的 V_{B5} 接口，以及 100BASE-TX（或 T_2，或 T_4）和 1000BASE-T 等接口方式；

6 用户设备应根据需求，采用单用户终接设备或多用户终接设备；

7 无线接入系统的工作频段和技术要求应符合现行国家通信行业标准《接入网工程设计规范》YD/T 5097 的有关规定。

20.5.2 移动通信信号室内覆盖系统应符合下列规定：

1 建筑物与建筑群中的移动通信信号室内覆盖系统，应满足室内移动通信用户，利用蜂窝室内分布系统实现语音及数据通信业务；

2 移动通信信号室内覆盖系统所采用的专用频段，应符合国家有关部门的规定；

3 系统信号源的引入方式，宜采用基站直接耦合信号方式或采用空间无线耦合信号方式；

4 基站直接耦合信号方式，宜用于大型公共建筑、宾馆、办公楼、体育场馆等人流量大、话务量不低于 8.2Erl 的场所；空间无线耦合方式宜用于基站不易设置、建筑面积小于 10000m² 且话务量低于 8.2Erl 的普通公共建筑场所；

5 基站直接耦合信号方式的引入信源设备，宜设置在建筑物首层或地下一层的弱电（电信）进线间内或设置在通信专用机房内，机房净高不宜小于 2.8m，使用面积不宜小于 6m²；

6 空间无线耦合信号方式的引入信源设备中室外天线，宜设置在建筑物顶部无遮挡的场所，直放设备宜设置在建筑物的弱电或电信间或通信专用机房内；

7 无源或有源的室内分布系统设备，应按建筑物或建筑群的规模进行配置，其传输线缆宜选用射频电缆或光缆；

8 系统宜采用合路的方式，将多家移动通信业务经营者的频段信号纳入系统中；

9 室内覆盖系统的信号源输出功率不宜高于＋43dBm；基站接收端收到系统的上行噪声电平应小于－120dBm；

10 系统的信号场强应均匀分布到室内各个楼层及电梯轿厢中；无线覆盖的接通率应满足在覆盖区域内95％的位置，并满足在99％的时间内移动用户能接入网络；

11 系统的室内无线信号覆盖的边缘场强不应小于－75dBm。在高层部位靠近窗边时，室内信号宜高于室外无线信号8～10dB；在首层室外10m处部位，其室内信号辐射到室外的信号强度应低于－85dBm；

12 室内无线信号覆盖网的语音信道（TCH）呼损率宜小于或等于2％，控制信道（SDCCH）呼损率宜小于或等于0.1％；

13 同频干扰保护比不开跳频时，不应小于12dB，开跳频时，不应小于9dB；邻频干扰保护比200kHz时不应小于－6dB，400kHz时不应小于－38dB；

14 建筑物内预测话务量的计算与基站载频数的配置应符合有关移动通信标准；

15 系统的布线器件应采用分布式无源宽带器件，宜符合多家电信业务经营者在800～2500MHz频段中信号的接入；为减少噪声引入，系统应合理采用有源干线放大器；

16 室内空间环境中视距可见路径无线信号的损耗，可采用电磁波自由空间传播损耗计算模式；

17 系统中电梯井道内天线外，其他所有GSM网天线口输出电平不宜大于10dBm；CDMA网天线口输出电平不宜大于7dBm；所有室内天线的天线口输出电平，应符合室内天线发射功率小于15dBm/每载波的国家环境电磁波卫生标准；

18 系统中功分器、耦合器宜安装在系统的金属分接箱内或线槽内；

19 系统中垂直主干布线部分宜采用直径7/8in、50Ω阻燃馈线电缆，水平布线部分宜采用直径1/2in、50Ω阻燃馈线电缆；

20 当安置吸顶天线时，天线应水平固定在顶部楼板或吊平顶板下；当安置壁挂式天线时，天线应垂直固定在墙、柱的侧壁上，安装高度距地宜高于2.6m；

21 当室内吊平顶板采用石膏板或木质板时，宜将天线固定在吊平顶板内，并可在天线附近吊平顶板上留有天线检修口；

22 电梯井道内宜采用八木天线或板状天线，天线主瓣方向宜垂直朝下或水平朝向电梯并贴井壁

安装；

23 当射频电缆、光缆垂直敷设或水平敷设时，应符合有关移动通信的设计要求；

24 当同一建筑群内采用两套或两套以上宏蜂窝基站进行覆盖时，其相邻小区间应做好邻区关系和信号无缝越区切换；

25 系统的供电、防雷和接地应符合下列要求：

1） 系统基站设备机房的主电源不应低于本建筑物的最高供电等级；通信用的设备当有不间断和无瞬变供电要求时，电源宜采用UPS不间断电源供电方式；

2） 系统的防雷和接地应符合本规范第11、12、23章的有关规定。

20.5.3 VSAT卫星通信系统采用的信号与接口方式，应符合以下要求：

1 点对点或点对多点的VSAT卫星通信系统，宜用于专用业务网。

2 VSAT通信网络宜按通信卫星转发器、地面主站和地面端站设置。

3 VSAT通信系统工作频率的使用，应符合以下要求：

1） 工作频率在C频段时：上行频率应为5.850～6.425GHz；下行频率应为3.625～4.200GHz；

2） 工作频率在Ku频段时：上行频率应为14.000～14.500GHz；下行频率应为12.250～12.750GHz。

4 VSAT通信网络的结构和业务性质，应符合下列要求：

1） VSAT通信网络的拓扑结构宜分为星形网、网状网和混合网三种类型；

2） VSAT通信网络宜按业务性质分为数据网、语音网和综合业务网。

5 VSAT网络应根据用户的业务类型、业务量、通信质量、响应时间等要求进行设计，应具有较好的灵活性和适应能力和符合网络的扩展性，并满足现有业务量和新业务的增加需求。

6 VSAT网络接口应具有支持多种网络接口和通信协议的能力，并能根据用户具体要求进行协议转换、操作和维护。

7 VSAT系统地面端站站址应符合下列规定：

1） 端站站址选择时，应避开天线近场区四周的建筑物、广告牌、各种高塔和地形地物对电波的阻挡和反射引起的干扰，并应对附近现有雷达或潜在的雷达干扰进行评估，其干扰电平应满足端站的要求；

2） 端站站址应避免与附近其他电气设备之间的干扰；

3) 天线到前端机房接收机端口的同轴线缆长度,应满足产品要求,但不宜大于20m;

4) 当系统采用Ku频段时,其端站站址处的接收天线口径不宜大于1.2m;

5) 端站站址应提供坚固的天线安装基础,以防地震、飓风等灾害的侵袭。

8 VSAT系统地面端站的供电、防雷和接地应符合下列要求:

1) 系统地面端站机房主电源不应低于本建筑物的最高供电等级;通信设备电源应采用UPS不间断电源供电;

2) 系统地面端站机房的防雷和接地应符合本规范第11、12、23章中的有关规定。

9 VSAT卫星通信系统地面端站和地面主站的设置,应符合国家现行通信行业标准《国内卫星通信小型地球站VSAT通信系统工程设计暂行规定》YD5028的有关规定。

20.6 多媒体现代教学系统

20.6.1 模拟化语言教学系统应符合下列规定:

1 模拟化语言教学系统,应包括教师授课设备和学生学习设备,并配置系统操作软件:

1) 教师授课设备宜包括教师电脑、教师语音编辑教学软件、多媒体集中控制器、音频主控制箱、音频分配器、VGA视频分配器、教师对讲式耳机、DVD影碟机、录像机、实物投影仪、带云台变焦CCD彩色摄像机、监视器、主控制台与集中供电设备;

2) 学生学习设备宜包括跟读机、学生视频选择器、学生对讲式耳机、学生终端桌。

2 模拟化语言教学系统,教师授课设备和学生学习设备,其功能应符合有关教学仪器设备的标准要求。

3 模拟化语言教学系统宜采用星形或环形组网方式。

4 语言教室平面设计和设备布置应符合下列要求:

1) 语言教室的使用面积,应按标准的二座席学生终端桌规格和教师主控制台座席规格进行建筑平面设置;每套二座席学生终端桌平均占用面积不宜小于3m²,教师主控制台占用面积不宜小于6m²;

2) 语言教室内线缆,应采用地板电缆线槽或活动地板下金属电缆线槽中暗敷设方式;

3) 当需设置话筒和扬声器箱时,应避免话筒播音时的啸叫;扬声器箱箱体安装距地高度不宜低于2.4m;

4) 当语言教室设置带云台变焦摄像机进行教学观测和评估时,摄像机宜安装在学生背后的后墙上,高度不宜小于2.4m;

5) 语音教室宜设置由教师控制台控制的电动窗帘;

6) 教师主控制台边距教师后背墙净距不宜小于2.0m,前排学生终端桌边距主控制台净距不宜小于1.2m;

7) 学生终端桌宜按面向教师主控台水平三纵或四纵列排列,纵列之间的走道净距不宜小于0.8m;横列之间净距不宜小于1.4m。

20.6.2 数字化语言教学系统应符合下列规定:

1 数字化语言教学系统,应包括教师授课设备和学生学习设备,并配置系统操作软件:

1) 教师授课设备宜包括教师授课电脑、服务器、教师语言教学专用主录放机、实时数字音频编码器、音频节目源设备、网络交换机、主控制台等设备;

2) 学生学习设备宜包括LCD机或台式电脑等设备以及系统操作软件。

2 数字化语言教学系统教师授课设备和学生学习设备,其功能应符合有关各仪器设备的标准要求。

3 数字化语言教学系统的组网方式应符合下列要求:

1) 应采用标准的TCP/IP以太网组网方式,线路带宽应支持100Mbit/s和(或)1000Mbit/s及以上的应用;

2) 数字化语言教室中的网络应与校园网互通。

4 教学系统用房平面和设备布置设计,应符合本规范第20.6.1条的相关规定。

20.6.3 多媒体交互式数字化语言教学系统应符合下列规定:

1 交互式数字化语言教学系统,宜包括教师授课电脑、网络音视频编码及网络音频点播服务器、教师语言教学专用主录放机、实时数字音频编码器、音视频节目源设备、网络交换机、主控制台、学生学习的电脑终端等设备及系统操作软件。

2 交互式数字化语言教学系统教师授课设备和学生机设备,其功能应符合各有关仪器设备的标准要求。

3 交互式数字化语言教学系统的组网方式应符合下列要求:

1) 应采用标准的TCP/IP以太网组网方式,线路带宽应支持100Mbit/s和(或)1000Mbit/s及以上的应用;

2) 交互式语言教室中网络设备应与校园网互通及留有与Internet连接端口。

4 交互式语言教室平面设计和设备的布置应符合下列要求：

　　1）教室的使用面积应按标准的二座席学生终端桌规格位置和教师主控制台座席规格位置进行建筑平面设置；

　　2）每套二座席学生终端桌平均占用面积不宜小于 4.5m²，教师主控制台占用面积不宜小于 6m²。

20.6.4 多媒体双向 CATV 教学网络系统应符合下列规定：

1 双向 CATV 教学网络系统应包括控制中心机房的系统主控设备和各教室分控教学设备，并配置系统操作控制软件。

　　1）控制中心机房 CATV 教学系统，宜包括主控计算机、主控制器、音视频节目源设备、AV 矩阵切换控制器、调制器、混合器、话筒、电视监视器幕墙、卫星接收机、多媒体播出电脑等设备及操作控制软件；

　　2）教室分控设备宜包括教室智能控制器、多功能组合遥控器、彩色电视机、话筒等。

2 控制中心机房 CATV 和教室分控教学系统所采用的设备，其功能应符合各有关仪器设备的行业标准要求。

3 多媒体双向 CATV 教学网络系统组网方式应符合下列要求：

　　1）系统宜采用总线分配型组网方式；

　　2）系统组网主干线缆宜采用铝管型屏蔽或编织型四屏蔽同轴电缆，传输距离遥远时宜采用光缆；

　　3）系统组网的分支线缆应采用编织型四屏蔽同轴电缆；

　　4）系统组网中用户放大器应采用双向用户放大器。

4 各教室彩色电视机规格不宜小于 74cm，电视机机架安装底部离地不宜低于 2.1cm。

5 各教室扬声器组合音箱安装底部离地不宜低于 2.4m。

6 教学系统用房平面设计和设备的布置设计应符合本规范第 20.6.1 条的相关规定。

20.6.5 多媒体集中控制与教室分控教学网络系统应符合下列规定：

1 教学网络系统应包括电教集中控制中心机房的系统主控设备和各多媒体教学分控教学设备；

　　1）校园电教集中控制中心机房主控设备宜包括中央控制计算机、服务器、共享音视频节目源设备、音视频中央切换器、主控制台、UPS、教学监控显示器、监控视频矩阵、监控音视频信号录像机、嵌入式数码硬盘录像机、监控键盘等设备及操作控制软件和网络集中控制软件；

　　2）多媒体教室分控设备宜包括分控计算机、音视频节目源设备、音视频切换器、合并式中央控制器、高亮度大屏幕投影机、实物投影仪、笔记本微机、显示器、多路调音台、功率放大器、回声抑制器、音箱、无线话筒接收机、话筒（包括无线话筒）、录音机、一体化半球形彩色摄像机、教师电子讲台等设备及分控操作软件。

2 电教集中控制中心机房主控和各教室分控教学系统所采用的设备，其功能应符合各有关仪器设备的标准要求。

3 系统的组网方式应符合下列要求：

　　1）系统宜采用标准的星形组网方式；

　　2）系统采用计算机网络线缆和专用的音频线、视频线、控制线、电源线缆应安全可靠，不同物理链路的路由应保证畅通。

4 教学系统用房平面设计和设备的布置设计应符合本规范第 20.6.1 条的相关规定。

20.6.6 IP 远程教学网络系统应符合下列规定：

1 IP 远程教学网络系统宜分别按实时和非实时的应用方式，设置专门的远程教学业务系统设备、承载网络设备以及操作控制软件等。

2 IP 远程教学网络系统设计应符合下列要求：

　　1）应在 IP 网络上构建系统的教学平台；

　　2）宜建立一个虚拟的教学环境，向远程各教学点的学生提供授课、答疑、讨论、作业、虚拟实验、考试等教学内容；

　　3）应根据教学业务需要，配置不同模式的网络系统和硬件设备。

3 IP 远程教学网络系统功能应符合下列要求：

　　1）应完成主要的教学活动；

　　2）应能对教学过程作全方位的控制管理与监督；

　　3）应能提供系统运营的手段、计费、认证与安全。

4 IP 远程教学网络系统中，各业务应用模式的系统设置，应符合下列规定：

　　1）实时教学视频会议教学业务模式的系统设置应符合下列要求：

　　——主播教室教师授课设备宜按电子白板、实物投影仪、大屏幕投影机、多点控制单元 MCU、编解码器、遥控器、笔记本微机、摄像机、摄像机切换器、网络接口及操作控制软件等配置；
——远程教学点设备宜按视音频会议教学设备、计算机网络设备、摄像机、网络接口及操作控制软件等配置；
——系统的设置应符合实时远程教学授课和实时双向课堂交流要求；
——主播教室的电子白板应与互联网相连；
——授课教师应将电子白板上授课内容以 JPEG 或 MPEG 格式，上传至 Web 服务器指定目录上；
——远程教学点宜设置在多媒体教室内。

2）按需点播流媒体教学业务模式的系统设置，应符合下列要求：
——系统宜按流媒体服务器、流媒体制作工具、流媒体管理工具、网络交换设备编解码器、远程终端设备、网络接口和操作管理软件等配置；
——系统的设置宜将教师授课的视音频录像、电子白板、教案、课件、图片等多媒体教学课源实时同步制作、存储、播放；
——系统宜将已有教学录像带、VCD、DVD 片源资料制作成流媒体教学课件；
——系统宜对网上远程教学终端设备提供实时直播与点播的视音频课件；
——系统应提供互联网教学平台；
——系统的 VOD 服务器应支持多种压缩编码格式的视音频课件。

3）基于 Web 的网上教学业务模式的系统设置应符合下列要求：
——系统宜按 Web 服务器、远程学习电脑、网络接口、操作软件等配置；
——Web 的网上教学系统应以 Web 教学课件为学习者主要的资源；
——Web 教学课件应为以文本、图片、动画、音频媒体编码的电子教学课件；
——系统远程网络教学平台应提供课程大纲、学习参考进度、难点分析、各类模拟试题、在线测试、全文资源检索、书签以及自动答题、作业系统的辅助教学；
——Web 的网上教学应满足学习者非实时自由选择时间和地点，通过电脑上网连接至 Web 服务器上。

5　IP 远程教学网络系统的组网方式宜符合下列要求：

1）远程教学系统应根据教学业务和实际情况组网，并满足教学业务对网络带宽的需求；
2）系统的组网宜满足有多种拓扑结构、提供多种网络承载和用户接入方式；
3）系统选择的网络连接方式和协议，应能与公用网、教育专网等多种网络实现互联。

6　教学系统用房平面设计和设备的布置设计应符合本规范第 20.6.1 条的相关规定。

20.6.7　多媒体现代教学系统，供电、防雷、接地及电磁兼容，应符合下列规定：

1　多媒体现代教学系统的主电源，不应低于本建筑物的最高供电等级；

2　多媒体现代教学系统电源，宜采用不间断电源设备；

3　系统防雷、接地及电磁兼容，应符合本规范第 11、12、22、23 章的有关规定。

20.7　通信配线与管道

20.7.1　通信配线与管道设计应符合下列规定：

1　通信配线与管道设计，应按照本地各电信业务经营者已建或拟建通信管网的设计规划，满足建筑物和建筑群内语音业务及数据业务的需求；

2　通信配线与管道设计，应按建筑物规模和各层面积，设置一个或多个通信线缆竖向通道，上升配管管径或竖井内线槽规格以及配管根数的选用，应满足上升线缆和楼层水平用户线近期和远期发展的需求；

3　建筑物内竖向管道、竖井、电缆线槽（桥架）、楼层配线箱（分线箱）、过路箱（盒）等，应设置在建筑物内公共部位；

4　建筑群地下通信配线管道设计时，宜将区域内其他弱电系统线缆，合理且有选择地纳入配线管道网内。

20.7.2　建筑物内通信配管设计应符合下列规定：

1　多层建筑物中竖向垂直主干管道，宜采用墙内暗管敷设方式，也可根据实际需求，采用通信线缆竖井敷设方式；

2　高层建筑物宜采用通信线缆竖井与暗管敷设相结合的方式；

3　建筑物内通信线缆与其他弱电设备共用竖井或弱电间时，其使用面积应符合本规范第 23 章的有关规定；

4　公共建筑物内应根据实际需求，合理配置通信线缆竖井、线缆桥架、楼板预留孔和线缆预埋金属管群；

5　当采用通信线缆竖井敷设方式时，电话、数据以及光缆等通信线缆不应与水管、燃气管、热力管等管道共用同一竖井；

6 通信线缆竖井的各层楼板上，应预留孔洞或预埋外径不小于 76mm 的金属管群或套管；孔洞或金属管群在通信线缆敷设完毕后，应采用相当于楼板耐火极限的不燃烧材料作防火封堵；

7 配线箱（分线箱）及通信线缆竖井，宜设置在建筑物内通信业务相对集中，且通信配管便于敷设的地方；配线箱（分线箱）不宜设置在楼梯踏步边的侧墙上；

8 当采用有源通信配线箱（有源分线箱）时，宜在箱内右下角设置 1 只 220V 单相交流带保护接地的电源插座；

9 暗装通信配线箱（分线箱），箱底距地宜为 0.5～1.3m；明装通信配线箱（分线箱），箱底距地宜为 1.3～2.0m；暗装通信过路箱，箱底距地宜为 0.3～0.5m；

10 建筑物内通信配线电缆的保护导管，在地下层、首层和潮湿场所宜采用壁厚不小于 2mm 的金属导管，在其他楼层、墙内和干燥场所敷设时，宜采用壁厚不小于 1.5mm 的金属导管；穿放电缆时直线管的管径利用率宜为 50%～60%，弯曲管的管径利用率宜为 40%～50%；

11 建筑物内用户电话线的保护导管宜采用管径 25mm 及以下的管材，在地下室、底层和潮湿场所敷设时宜采用壁厚大于 2mm 金属导管；在其他楼层、墙内和干燥场所敷设时，宜采用壁厚不小于 1.5mm 的薄壁钢导管或中型难燃刚性聚乙烯导管；穿放对绞用户电话线的导管截面利用率宜为 20%～25%，穿放多对用户电话线或 4 对对绞电缆的导管截面利用率宜为 25%～30%；

12 建筑物内敷设的通信配线电缆或用户电话线宜采用金属线槽，线槽内不宜与其他线缆混合布放，其布放线缆的总截面利用率宜为 30%～50%；

13 建筑物内有严重腐蚀的场所，不宜采用金属导管和金属线槽；

14 建筑物内暗管敷设不应穿越非通信类设备的基础；

15 建筑物内暗导管在必须穿越的建筑物变形缝处，应设补偿装置；

16 建筑物内通信插座、过路盒，宜采用暗装方式，其盒体安装高度宜距地 0.3m，卫生间内安装高度宜距地 1.0～1.3m；电话亭中通信插座暗装时，盒体安装高度宜距地 1.1～1.4m；当进行无障碍设计时，其通信插座盒体安装高度宜距地 0.4～0.5m；并应符合现行国家行业标准《城市道路和建筑物无障碍设计规范》JGJ50 的有关要求；

17 建筑物内通信线缆与电力电缆及其他干扰源的间距，应符合本规范第 21.8 节的有关规定；

18 在有电磁干扰的场合或有抗外界电磁干扰需求的场所，其通信配管必须全程采用金属导管或封闭式金属线槽，并应将线路中各金属配线箱、过路箱、线槽、导管及插座出线盒的金属外壳全程连续导通及接地，并应符合本规范第 22 章的有关规定。

20.7.3 建筑物内通信配线设计应符合下列规定：

1 建筑物内交接箱、总配线架（箱）、配线电缆、配线箱（分线箱）的容量配置，应符合国家现行标准《本地电话网用户线路设计规范》YD 5006 的有关要求；

2 建筑物内通信配线电缆设计，宜采用直接配线方式；建筑物单层面积较大或为高层建筑物时，楼内宜采用交接配线方式，不宜采用复接配线方式；

3 建筑物内通信光缆的规格、程式、型号，应符合产品标准并满足设计要求；

4 建筑物内配线电缆宜采用全塑、阻燃型等市内电话通信电缆，光缆宜采用阻燃型通信光缆；当通信配线采用综合布线大对数铜芯电缆和多芯光缆时，应符合本规范第 21 章的有关规定；

5 通信配线电缆不宜与用户电话线合穿一根导管；电缆配线导管内不得合穿其他非通信线缆；

6 用户总配线架、配线箱（分线箱）设备容量宜按远期用户需求量一次考虑；其配线端子和配线电缆可分期实施，配线电缆的容量配置可按用户数的 1.2～1.5 倍，并结合配线电缆对数系列选用；

7 建筑物内通信光缆配线宜采用星形结构配线方式；光缆总配线架（箱）、楼层光缆分接箱设备容量宜按远期用户需求量一次配置到位；光缆应根据需求分期实施，同时结合光缆芯数系列选用；

8 建筑物内用户电话线，宜采用铜芯 0.5mm 或 0.6mm 线径的室内一对或多对电话线；

9 当建筑物内用户电话线采用综合布线 4 对（8 芯）对绞电缆时，其通信线缆配置方式，应符合本规范第 21 章的有关规定。

20.7.4 建筑群内地下通信管道设计应符合下列规定：

1 建筑群规划红线内的地下通信管道设计，应与红线外公用通信管网、红线内各建筑物及通信机房引入管道衔接。

2 建筑群地下通信管道，宜有两个方向与公用通信管网相连。

3 建筑群内地下通信管道的路由，宜选在人行道、人行道旁绿化带及车行道下。通信管道的路由和位置宜与高压电力管、热力管、燃气管安排在不同侧，并宜选择在建筑物多或通信业务需求量大的道路一侧。

4 各种材质的通信管道顶至路面最小埋深应符合表 20.7.4-1 的规定，并应符合下列要求：

1）通信管道设计应考虑在道路改建，可能引起路面高程变动时，不致影响管道的最小埋深要求；

2）通信管道宜避免敷设在冻土层及可能发生翻浆的土层内；在地下水位高的地区宜浅埋。

表 20.7.4-1　通信管道最小埋深（m）

管道类别	人行道下	车行道下
混凝土管、塑料管	0.5	0.7
钢管	0.2	0.4

5　地下通信管道应有一定的坡度，以利渗入管内的地下水流向人（手）孔。管道坡度宜为3‰～4‰，当室外道路已有坡度时，可利用其地势获得坡度。

6　地下通信管道与其他各类管道及与建筑的最小净距应符合表20.7.4-2的规定。

表 20.7.4-2　通信管道和其他地下管道及建筑物的最小净距表

其他地下管道及建筑物名称		平行净距（m）	交叉净距（m）
已有建筑物		2.00	
规划建筑物红线		1.50	
给水管	直径为300mm以下	0.50	
	直径为300～500mm	1.00	0.15
	直径为500mm以上	1.50	
污水、排水管		1.00①	0.15②
热力管		1.00	0.25
燃气管	压力≤300kPa(压力≤3kgf/cm²)	1.00	0.30③
	300kPa<压力≤800kPa(3kgf/cm²<压力≤8kgf/cm²)	2.00	
10kV 及以下电力电缆		0.50	0.50④
其他通信电缆或通信管道		0.50	0.25
绿化	乔木	1.50	—
	灌木	1.00	—
地上杆柱		0.50～1.00	—
马路边石		1.00	—
沟渠（基础底）		—	0.50
涵洞（基础底）		—	0.25

注：主干排水管后敷设时，其施工沟边与通信管道间的水平净距不宜小于1.5m；

② 当通信管道在排水管下部穿越时，净距不宜小于0.4m，通信管道应做包封，包封长度自排水管的两侧各加长2.0m；

③ 与燃气管道交越处2.0m范围内，燃气管不应做接合装置和附属设备；如上述情况不能避免，通信管道应做包封2.0m；

④ 如电力电缆加保护管时，净距可减至0.15m。

7　当受地形限制，塑料管道的路由无法取直或避让地下障碍物时，可敷设弯管道，其弯曲的曲率半径不得小于15m。

8　地下水位较高的地段，地下通信管道宜采用塑料管等有防水性能的管材。

9　通信配线管道设计应符合下列要求：

1）地下通信配线管道用管材，其规格型号、程式、断面组合应符合产品标准并满足设计要求；

2）地下通信配线管道的管孔数应按远期线缆条数及备用孔数确定，其配线管道可采用水泥管块、聚氯乙烯（PVC-U）管、高密度聚乙烯（HDPE）管、双壁波纹管、硅芯管、栅格管和钢管；各类通信配线管道所采用管孔断面应符合管孔组合要求；

3）地下通信配线管孔利用率应符合下列规定：

——当一个管孔中只穿放一条主干电缆时，主干电缆外径不应大于管孔有效内径的80%；

——当一个钢管或混凝土管孔中穿放外径较细的多条配线电缆时，其多条电缆组合的外径不应大于管孔有效内径的40%；

——当一个塑料管孔中穿放外径较细的多条配线电缆时，其多条电缆组合的外径不应大于管孔有效内径的70%；

4）地下通信管道中塑料管道应排列整齐，间隔均匀；穿越车行道时为防止管径变形，管道下应做基础层和水泥钢筋外包封固定；

5）地下通信管道穿越车行道、河道上桥梁下，以及有屏蔽或其他特殊要求的区域，应采用钢管敷设，不得采用不等管径的钢管接续。

10　室外引入建筑物的通信和其他弱电系统的管道，宜采用外径76～102mm的钢管群，其根数及管径应按引入电缆（光缆）的容量、数量确定，并预留日后发展的余量。各根引入管应采取防渗水措施。

11　建筑物通信的引入管道应由建筑物内伸出外墙2.0m，并宜以3‰～4‰的坡度朝下向室外（人孔）倾斜做防水坡度处理。

12　人（手）孔设计应符合下列要求：

1）人（手）孔位置应设置在地下通信管道的分叉点、引上线缆汇接点、引入各个建筑物通信的引入管道处，以及道路的交叉路口、坡度较大的转折处等；

2）人（手）孔位置宜设置在人行道或人行道旁绿化带上，不得设置在建筑物的主要进出口、货物堆积、低洼积水等处；

3）人（手）孔位置应与燃气管、热力管、电力电缆等地下管线的检查井相互错开；

4）地下通信管道人（手）孔间距不宜超过120m，且同一段管道不得有"S"弯；

5）宜在引入管道较长处或拐弯较多的引上管道处，以及在设有室外落地或架空交接箱的地方设置手孔；

6）人（手）孔应防止渗水，其建筑程式应根据地下水位的状况而定；

7）人孔井底部宜为混凝土基础；当遇到松软土壤或地下水位较高时，应在人孔井底部基础下增设砂石、碎石垫层，或采用钢筋混凝土基础；

8）人（手）孔内不应有无关的电力管线穿越；

9）人（手）孔内本期工程线缆敷设不使用的管孔应封堵。

20.7.5 建筑群内通信电缆配线设计，应符合下列规定：

1 建筑群内通信配线方式应采用交接配线方式，交接设备后的配线电缆宜采用直接配线方式，不宜采用复接配线方式。交接设备的容量应满足远期通信主干线电缆和直接配线电缆使用总容量的需求，并结合交接（箱）设备容量系列确定。

2 当建筑群内通信专用机房设有当地电信业务经营者的远端模块设备或电话用户交换机时，可在机房以外设置交接设备，其交接设备宜安装在各个建筑物底层或地下一层建筑面积不小于 6～10m² 的交接间电信间内；在离机房距离 0.5km 范围内的直接服务区的建筑物，可采用直接配线方式。

3 建筑群内设置室外落地式交接箱时，应采用混凝土底座，底座与人（手）孔间应采用管道连通，但不得建成通道式。底座与管道、箱体间应有密封防潮措施。

4 建筑群内设置室外挂墙式交接箱时，伸入箱内的钢导管应与附近人（手）孔连通，箱体应有密封防潮措施。

5 建筑群内各条通信主干电缆的容量，应根据各建筑物内远期用户数并按照电缆对数系列进行配置，并根据实际需求分期实施。

6 地下管道内的通信主干电缆宜选用非填充型（充气型）全塑电缆，不得采用金属铠装通信电缆。电缆宜采用铜芯 0.4～0.5mm 线径的电缆，当有特殊通信要求时可采用铜芯 0.6mm 线径的电缆。

7 通信电缆在地下通信管道内敷设时，每根应同管同位。管道孔的使用顺序应先下后上，先两侧后中间的原则进行。

8 一个管道内宜布放一根通信线缆；采用多孔高强度塑料管（梅花管、栅格管、蜂窝管）时，可在每个子管内敷设一根线缆。

9 建筑群内通信电缆宜采用地下通信管道敷设方式。在难以敷设地下通信管道的局部场所，可采用沿墙架设、立杆架设等方式。

10 室外直埋式通信电缆宜采用铜芯全塑填充型钢带铠装护套通信电缆，在坡度大于30°或线缆可能承受张力的地段，宜采用钢丝铠装电缆，并应采取加固措施。室外采用直埋式综合布线大对数电缆时，其配置方式应符合本规范第 21 章的有关规定。

11 室外直埋式通信线缆应避免在下列地段敷设：

1）土壤有腐蚀性介质的地区；

2）预留发展用地和规划未定的用地；

3）堆场、货场及广场。

12 室外直埋式通信电缆的埋深宜为 0.7～0.9m，并应在电缆上方加设覆盖物保护和设置电缆标志；直埋式电缆穿越沟渠、车行道路时，应穿放保护导管内，与其他管线的最小净距应符合表 20.7.4-2 的有关规定。

13 室外直埋式通信电缆不宜直接引入建筑物室内。

20.7.6 建筑群内通信光缆配线设计，应符合下列规定：

1 建筑群内通信光缆配线设计宜采用星形结构方式，有特殊需求时也可采用环形结构方式；

2 建筑群内通信光缆宜采用非色散位移单模光纤，并选用松套充油膏型、层绞型或中心束管型结构；

3 建筑群内通信光缆配线设计，应按配线区内远期用户数和光缆芯数系列进行配置，并根据实际需求分期实施；

4 地下通信管道中的通信光缆，宜采用铝塑粘结综合外护套的室外通信光缆敷设在多孔高强度塑料管道内；

5 一条通信光缆宜敷设在一个管道内；当管道直径远大于光缆外径时，应在原管道内一次敷足多根外径不小于32mm硅芯式塑料子管道；塑料子管道在各人（手）孔之间的管道内不应有接头，多根子管道的总外径不应超过原管道内径的85%，子管道内径宜大于光缆外径的1.5倍；

6 通信光缆的最小曲率半径，敷设过程中不应小于光缆外径的20倍，敷设固定后不应小于光缆外径的10倍；

7 建筑群通信光缆宜采用地下通信管道敷设方式，在难以敷设地下通信管道的局部场所，其光缆可采用沿墙架设、立杆架设等方式；

8 直埋敷设的通信光缆宜采用金属双层铠装护

套通信光缆；

9 直埋式通信光缆在特殊场合敷设时应符合用户光缆线路设计要求；

10 直埋敷设的通信光缆的保护、标志及管孔使用顺序应与直埋敷设的通信电缆相同；

11 进入建筑物通信机房或通信交接间（电信间）的通信光缆应盘留，长度应不小于 10m 或按实际需求确定；

12 进出人（手）孔中的管道通信光缆弯曲预留长度不宜小于 1.0m；光缆接头箱（盒）中的光缆宜预留长度不宜小于 6～8m；

13 人（手）孔中的光缆或接头箱（盒）应有醒目的识别标志，并应采取密封防水、防腐、防损伤保护措施。

21 综合布线系统

21.1 一般规定

21.1.1 综合布线系统应根据各建筑物的性质、功能、环境条件和用户近期的实际使用及中远期发展的需求，确定系统的链路等级和进行系统配置。

21.1.2 综合布线系统应采用开放式星形拓扑结构，

设计应满足建筑群或建筑物内语音、数据、图文和视频等信号传输的要求。

21.1.3 综合布线系统链路中选用的缆线、连接器件、跳线等性能和类别必须全部满足该链路等级传输性能的要求。

21.1.4 综合布线系统与公用通信网的连接，应满足电信业务经营者为用户提供业务的需求，并预留安装接入设备的位置。

21.1.5 综合布线系统设计除符合本规范规定外，尚应符合现行国家标准《综合布线系统工程设计规范》GB 50311 的规定。

21.2 系统设计

21.2.1 综合布线系统设计宜包括下列部分：

1 工作区；

2 配线子系统；

3 干线子系统；

4 建筑群子系统；

5 设备间；

6 进线间；

7 管理。

21.2.2 综合布线系统的组成，应符合图 21.2.2 的要求。

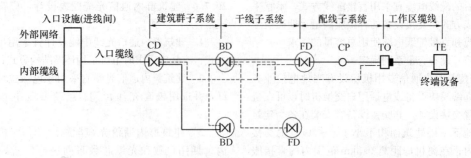

图 21.2.2 综合布线系统组成

注：1 配线子系统中可以设置集合点（CP 点）；

2 建筑物 BD 之间、建筑物 FD 之间可以设置主干缆线互通；

3 建筑物 FD 也可以经过主干缆线连至 CD，TO 也可以经过水平缆线连至 BD；

4 设置了设备间的建筑物，设备间所在楼层的 FD 可以和设备间中的 BD 或 CD 及入口设施安装在同一场地。

21.2.3 一个独立的需要设置终端设备的区域，宜划分为一个工作区。工作区应由配线子系统的信息插座到终端设备的连接缆线及适配器组成，并应符合下列规定：

1 工作区面积的划分，应根据不同建筑物的功能和应用，并作具体分析后确定。当终端设备需求不明确时，工作区面积宜符合表 21.2.3-1 的规定。

2 每一个工作区信息点数量的配置，应根据用户的性质、网络的构成及实际需求，并考虑冗余和发展等因素，具体配置宜符合表 21.2.3-2 的规定。

表 21.2.3-1 工作区面积

建筑物类型及功能	工作区面积（m²）
银行、金融中心、证交中心、调度中心、计算中心、特种阅览室等，终端设备较为密集的场地	3～5
办公区	4～10
会议室	5～20
住宅	15～60
展览区	15～100
商场	20～60
候机厅、体育场馆	20～100

表 21.2.3-2　信息点数量配置

| 建筑物功能区 | 每一个工作区信息点数量（个） | | | 备注 |
	语音	数据	光纤（双工端口）	
办公区（一般）	1	1	—	—
办公区（重要）	2	2	1	—
出租或大客户区域	≥2	≥2	≥1	—
政务办公区	2~5	≥2	≥1	分内、外网络

21.2.4　配线子系统宜由安装在工作区的信息插座、信息插座至电信间配线设备（FD）的配线电缆或光缆及电信间的配线设备和设备缆线和跳线等组成，并应符合下列规定：

1　配线子系统宜采用 4 对对绞电缆；当需要时，可根据实际需要选用更高性能等级的电缆或光缆；

2　配线子系统中对绞电缆、光缆从楼层配线设备（FD）宜直接连接到信息插座；

3　楼层配线设备和信息插座之间可采用 1 个集合点（CP）；

4　配线设备连接的跳线宜选用专用插接软跳线或光纤跳线，在电话应用时宜选用双芯对绞电缆。

21.2.5　干线子系统宜由设备间至电信间的干线电缆和光缆、安装在设备间建筑物配线设备（BD）及设备缆线和跳线等组成，并应符合下列规定：

1　干线子系统所需的电缆总对数和光纤总芯数，应满足工程的实际需求，并留余量；当使用对绞电缆作为数据干线电缆时，对绞电缆的长度不应大于 90m；

2　干线子系统应选择干线缆线距离较短、安全和经济的路由；干线电缆宜采用点对点端接，也可采用分支递减端接；

3　若计算机主机和电话交换机设置在建筑物内不同的设备间，宜在设计中采用不同的干线电缆分别满足语音和数据的需要，必要时采用光缆。

21.2.6　建筑群子系统宜由连接多个建筑物之间的主干电缆和光缆、建筑群配线设备（CD）、设备缆线和跳线等组成，并应符合下列规定：

1　建筑物间的数据干线宜采用多模、单模光缆，语音干线可采用大对数对绞电缆；

2　建筑群和建筑物间的干线电缆、光缆布线的交接不应多于两次，从楼层配线架（FD）到建筑群配线架（CD）之间只应通过一个建筑物配线架（BD）。

21.2.7　设备间是在每幢建筑物的适当地点设置通信设备、计算机网络设备和建筑物配线设备，进行网络管理和信息交换的场地。对于综合布线系统，设备间主要安装建筑物配线设备（BD）。电话交换机、计算机主机可与建筑物配线设备安装在同一设备间。

21.2.8　进线间宜设置在建筑物首层或地下一层，便于缆线进、出的地方，是建筑物配线系统与电信业务经营者和其他信息业务服务商的配线网络互联互通及交接的场地。小型工程的设备间可兼作进线间。

21.2.9　管理应对进线间、设备间、电信间和工作区的配线设备、缆线、信息插座等设施，按一定的模式进行标识和记录，并宜符合下列规定：

1　规模较大的综合布线系统宜采用计算机进行文档记录与保存，规模较小的综合布线系统宜按图纸资料进行管理；应做到记录准确，及时更新，便于查阅；

2　综合布线的电缆、光缆、配线设备、端接点、接地配置、敷设管线等组成部分均应给定唯一的标识符，并设置标签；标识符应采用相同数量的字母和数字等标明；

3　电缆和光缆的两端均应标明相同的编号；

4　设备间、电信间、进线间的配线设备宜采用统一的色标区别各类业务与用途的配线区；

5　所有标志宜打印，标志应保持清晰并满足使用环境要求。

21.3　系统配置

21.3.1　综合布线铜缆系统的分级与类别划分，应符合表 21.3.1 的规定。

表 21.3.1　铜缆布线系统的分级与类别

| 系统分级 | 支持宽带（Hz） | 应用器件 | |
		电缆	连接器件
A	100K	—	—
B	1M	—	—
C	16M	3 类	3 类
D	100M	5/5e 类	5/5e 类
E	250M	6 类	6 类
F	600M	7 类	7 类

注：3 类、5/5e 类、6 类、7 类器件能支持向下系统兼容的应用。

21.3.2　光纤信道的分级和其支持的应用长度，应符合表 21.3.2 的规定。

表 21.3.2　光纤布线系统的信道分级与其支持的应用长度

分级	支持的应用长度（m）
OF-300	≥300
OF-500	≥500
OF-2000	≥2000

21.3.3　综合布线系统各段缆线的长度划分应符合下列规定：

1　综合布线系统水平缆线与建筑物主干缆线及

建筑群主干缆线之和的总长度不应大于2000m；

2 在建筑群配线设备（CD）和建筑物配线设备（BD）设置的跳线长度不应大于20m；

3 配线设备CD和BD连到主机设备的缆线不应大于30m；

4 当建筑物或建筑群配线设备之间（FD与BD、FD与CD、BD与BD、BD与CD之间）组成的信道出现4个连接点时，主干缆线的长度不应小于15m。

21.3.4 配线子系统信道、永久链路、CP链路应按图21.3.4构成，水平缆线部分的各缆线长度，应符合下列规定：

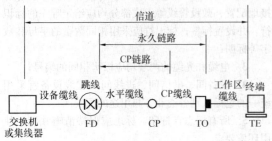

图21.3.4 布线系统信道、永久链路、CP链路构成

注：1 当CP不存在时，水平缆线连接FD与TO；

2 FD中的跳线可以不存在，设备缆线直接连至FD水平侧的配线设备。

1 配线子系统信道的最大长度不应大于100m；

2 工作区设备缆线、电信间配线设备的跳线和设备缆线之和不应大于10m，当大于10m时，水平缆线长度应减少；

3 配线设备（FD）跳线、设备缆线及工作区设备缆线的长度均不应大于5m。

21.3.5 工作区的信息插座应支持不同的终端设备接入，每一个RJ45（8位模块式通用插座）应连接1根4对对绞电缆，每一个双工光纤插座或两个单工光纤插座应连接1根2芯光缆。光纤至工作区域满足用户群或大客户使用时，水平光缆光纤芯数至少应有2芯备份，应按4芯水平光缆配置。

21.3.6 连至电信间FD的每一根水平电缆或光缆应终接于相应的配线模块，配线模块的配置与缆线容量相适应，并应符合下列规定：

1 多线对端子配线模块可选用4对或5对卡接模块，每个卡接模块应卡接1根4对对绞电缆；

2 25对端子配线模块应卡接1根25对大对数电缆或6根4对对绞电缆；

3 回线式配线模块（8或10回线）应可卡接2根4对对绞电缆及8或10回线；

4 RJ45配线模块（24或48口）的每一个RJ45端口应卡接1根4对对绞电缆；

5 光纤连接器每个单工端口应支持1芯光纤的连接，双工端口应支持2芯光纤的连接。

21.3.7 电信间FD主干侧各类配线模块，应按电话、计算机网络的构成及主干电缆或光缆所需容量、模块类型和规格进行配置。主干缆线的配置应符合下列规定：

1 对于语音业务，大对数主干电缆的对数，应按每一个语音信息点（8位模块）配置1对线。当语音信息点8位模块通用插座连接ISDN用户终端设备，并采用S接口（4线接口）时，相应的主干电缆应按2对线配置，并在总需求线对的基础上至少预留10%的备用线对。

2 对于数据业务，主干缆线配置，应符合下列规定：

1）最小量配置，宜按集线器（HUB）或交换机（SW）群（宜按4个HUB或SW组群）设置一个主干端口，每一个主干端口宜考虑一个备份端口；

2）最大量配置，按每个集线器（HUB）或交换机（SW）设置一个主干端口，每4个主干端口宜考虑一个备份端口。

当主干端口为电接口时，每个主干端口应按4对线容量配置。

当主干端口为光接口时，每个主干端口应按2芯光纤容量配置。

21.3.8 光纤布线系统设计中，主干与水平混合光纤信道的连接，应全程选用相同类型的光缆，并应符合下列规定：

1 楼层电信间不设置传输或网络设备时，水平光缆和主干光缆宜在电信间光纤配线设备（FD）上，经光纤跳线连接；

2 楼层电信间既不设置传输或网络设备，也不设置配线设备（FD）时，水平光缆和主干光缆宜在楼层电信间经端接（熔接或机械连接），或经过电信间直接连至建筑物设备间光配线设备（BD）上。

21.3.9 当工作区用户终端设备，需直接与公用数据网进行互通时，宜将光缆从工作区直接布放至入口设施的光配线设备。

21.3.10 建筑物的综合布线系统，应根据不同对象采用不同的处理方式，并宜符合下列规定：

1 对于使用功能比较明确的专业性建筑物，信息插座的布置可按实际需要确定，办公用房按普通办公楼的要求布置。设备机房按近、远期分别处理，近期机房可按实际需要布置；远期机房的配线电缆可暂不布线，将需要的容量预留在FD内，待确定使用对象后再行布线。

2 对于商用写字楼、综合楼等或大开间建筑物，由于其出售、租赁或使用对象的数量不确定和流动等因素，宜按开放办公室综合布线系统进行设计，并应符合下列规定：

1）采用多用户信息插座时，多用户插座宜

安装在墙面或柱子等固定结构上，每一多用户插座包括适当的备用量在内，宜支持12个工作区所安装的8位模块通用插座；各段缆线长度应符合表21.3.10的规定。

表21.3.10 采用多用户信息插座时各段缆线长度限值

电缆总长度（m）	配线电缆 H（m）	工作区电缆 W（m）	电信间跳线和设备电缆 D（m）
100	90	5	5
99	85	9	5
98	80	13	5
97	75	17	5
97	70	22	5

2）各段缆线长度可按下式计算：

$$C = (102 - H)/1.2 \quad (21.3.10\text{-}1)$$
$$W = C - 5 \quad (21.3.10\text{-}2)$$

式中 $C = W + D$ ——工作区电缆、电信间跳线和设备电缆的长度之和；

W——工作区电缆的最大长度，应小于或等于22m；

H——配线电缆的长度。

3）采用集合点时，集合点配线设备宜安装在离FD不小于15m的墙面或柱子等固定结构上，当离FD小于15m时，至FD电缆盘留长度不小于15m。集合点配线设备容量宜以满足12个信息插座需求设置。集合点是配线电缆的延伸点，不设跳线，也不接有源设备；同一配线电缆路由不允许超过一个集合点（CP）；从集合点引出的水平电缆应终接于工作区的信息插座或多用户信息插座上。

21.3.11 住宅综合布线系统宜符合下列规定：

1 多层住宅楼宜采用按楼幢主干配线方式，在底层分界点处集中设置配线架。配线架至每户信息插座的电缆、光缆总长度不应大于90m。若住宅规模较大，也可在每一单元的底层设置楼层配线架。

2 高层住宅楼每层户数较多时，可采用分层配线方式。当楼层配线架至信息插座的长度不超过90m时，多楼层可以公用一个楼层配线架。

21.4 系统指标

21.4.1 综合布线系统选用的缆线，应考虑缆线结构、直径、材料、承受拉力、弯曲半径及阻燃等级等机械及防火性能。

21.4.2 针对不同等级的布线系统信道及永久链路、CP链路，系统指标的具体项目，应符合下列要求：

1 3类、5类布线系统应考虑的指标项目为衰减、近端串音（NEXT）；

2 5e类、6类、7类布线系统应考虑的指标项目为插入损耗（IL）、近端串音、衰减串音比（ACR）、等电平远端串音（ELFEXT）、近端串音功率和（PSNEXT）、衰减串音比功率和（PSACR）、等电平远端串音功率和（PSELEFXT）、回波损耗（RL）、时延、时延偏差等；

3 屏蔽布线系统，应考虑非平衡衰减、传输阻抗和耦合衰减及屏蔽衰减。

21.4.3 综合布线系统工程设计中，系统信道及永久链路的各项指标值应符合本规范附录L的规定。

21.4.4 对于信道电缆导体的指标要求，应符合下列规定：

1 在信道每一线对中两个导体之间的不平衡直流电阻对各等级布线系统不应超过3%；

2 在各种温度条件下，布线系统D、E、F级信道线对每一导体最小的传送直流电流应为0.175A；

3 在各种温度条件下，布线系统D、E、F级信道的任何导体之间应支持72V直流工作电压，每一线对的输入功率应为10W。

21.4.5 各等级的光纤信道的最大衰减值应符合表21.4.5的规定。

表21.4.5 光纤信道最大衰减值（dB）

信道及波长 系统分级	多模		单模	
	850nm	1300nm	1310nm	1550nm
OF-300	2.55	1.95	1.80	1.80
OF-500	3.25	2.25	2.00	2.00
OF-2000	8.50	4.50	3.50	3.50

21.4.6 不同类型的光缆在标称的波长每公里的最大衰减值应符合表21.4.6的规定。

表21.4.6 光缆最大衰减值（dB/km）

光纤类型 波长及衰减	OM1、OM2及OM3多模		OS1单模	
波长	850nm	1300nm	1310nm	1550nm
衰减	3.5	1.5	1.0	1.0

21.4.7 多模光纤的最小模式带宽应符合表21.4.7的规定。

表21.4.7 多模光纤最小模式带宽（MHzkm）

带宽及波长 多模光纤		过量发射带宽		有效光发射带宽
		850nm	1300nm	850nm
光纤类型	光纤直径（μm）	—	—	—
OM1	50或62.5	200	500	—
OM2	50或62.5	500	500	—
OM3	50	1500	500	2000

21.5 设备间及电信间

21.5.1 设备间宜设置在建筑物首层及以上或地下一层（当地下为多层时），并考虑主干缆线的传输距离与数量。

21.5.2 设备间内应有足够的设备安装空间，其使用面积不应小于 10m²，设备间的宽度不宜小于 2.5m。设备间的面积宜符合下列规定：

1 当系统信息点少于 6000 个（语音、数据点各一半）时为 10m²；

2 当系统信息点大于 6000 个时，应根据工程的具体情况每增加 1000 个信息点，宜增加 2m²；

3 上列两款中设备间面积均不包括程控用户交换机、计算机网络等设备所需的面积。

21.5.3 电信间的使用面积不应小于 5m²，电信间的数目，应按所服务的楼层范围来考虑。如果配线电缆长度都在 90m 范围以内时，宜设置一个电信间。当超出这一范围时，宜设两个或多个电信间。当每层的信息数较少，配线电缆长度不大于 90m 的情况下，宜几个楼层合设一个电信间。

21.5.4 设备布置应符合下列规定：

1 机架或机柜前面的净空不应小于 800mm，后面的净空不应小于 600mm；

2 壁挂式配线设备底部离地面的高度不宜小于 300mm。

21.5.5 设备间、电信间和进线间应进行等电位联结。

21.5.6 设备间及电信间的设计除符合本节规定外，尚应符合本规范第 23 章的有关规定。

21.6 工作区设备

21.6.1 工作区信息插座的安装应符合下列规定：

1 安装在地面上的信息插座，应采用防水和抗压的接线盒；

2 安装在墙面或柱子上的信息插座和多用户信息插座盒体的底部离地面的高度宜为 0.3m；

3 安装在墙面或柱子上的集合点配线箱体，底部离地面高度宜为 1.0～1.5m。

21.6.2 每一个工作区至少应配置 1 个 220V、10A 带保护接地的单相交流电源插座。

21.7 缆线选择和敷设

21.7.1 综合布线系统应根据环境条件选用相应的缆线和配线设备，并宜符合下列规定：

1 当综合布线区域内存在的电磁干扰场强低于 3V/m 时，宜采用非屏蔽缆线和非屏蔽配线设备；

2 当综合布线区域内存在的电磁干扰场强高于 3V/m 或用户对电磁兼容性有较高要求时，宜采用光纤布线系统；

3 当综合布线路由上存在干扰源，且不能满足最小净距要求时，宜采用金属导管或金属线槽敷设缆线，也可采用屏蔽布线系统或光纤布线系统。

21.7.2 当综合布线采用屏蔽布线系统时，必须有良好的接地系统，并应符合下列规定：

1 保护接地的接地电阻值，单独设置接地体时，不应大于 4Ω。采用共用接地网时，不应大于 1Ω；

2 采用屏蔽布线系统时，各个布线链路的屏蔽层应保持连续性；

3 屏蔽布线系统中所选用的信息插座、对绞电缆、连接器件、跳线等所组成的布线链路应具有良好的屏蔽及导通特性；

4 采用屏蔽布线系统时，屏蔽层的配线设备（FD 或 BD）端必须良好接地。用户（终端设备）端视具体情况宜接地，两端的接地应连接至同一接地网。若接地系统中存在两个不同的接地网时，其接地电位差不应大于 $1V_{r.m.s}$。

21.7.3 综合布线工程选用的电缆、光缆应根据建筑物的使用性质、火灾危险程度、系统设备的重要性与缆线的敷设方式，选用相应阻燃等级的缆线。

21.7.4 配线子系统，宜采用预埋暗导管或线槽敷设方式。

21.7.5 干线子系统垂直通道宜采用电缆竖井方式，水平通道可选择线槽敷设方式。当电缆竖井附近有大的电磁干扰源时，应采用封闭式金属线槽保护。

21.7.6 建筑群子系统宜采用地下管道敷设方式，并应预留备用管道。

21.7.7 缆线敷设的最小弯曲半径应符合表 21.7.7 的规定。

表 21.7.7　缆线敷设的最小允许弯曲半径

缆 线 类 型	最小允许弯曲半径
4 对非屏蔽电缆	5d
2 芯或 4 芯水平光缆	5d
4 对屏蔽电缆	8d
大对数主干电缆、室外电缆	10d
光缆、室外光缆	10d

注：d 为电缆外径。

21.7.8 地下管道、导管及线槽等布线方式的敷设要求和管径与截面利用率，应符合本规范第 20.7 节的有关规定。

21.8 电气防护和接地

21.8.1 综合布线电缆与附近可能产生高电平电磁干扰的电动机、电力变压器、射频应用设备等电气设备之间，应保持必要的间距，并符合下列规定：

1 综合布线电缆与电力电缆的间距应符合表 21.8.1 的要求；

表 21.8.1　综合布线电缆与电力电缆的间距

类　　别	与综合布线接近状况	最小净距（mm）
380V 电力电缆 <2kVA	与缆线平行敷设	130
	有一方在接地的金属线槽或钢管中	70
	双方都在接地的金属线槽或钢管中	10
380V 电力电缆 2～5kVA	与缆线平行敷设	300
	有一方在接地的金属线槽或钢管中	150
	双方都在接地的金属线槽或钢管中	80
380V 电力电缆 >5kVA	与缆线平行敷设	600
	有一方在接地的金属线槽或钢管中	300
	双方都在接地的金属线槽或钢管中	150

注：1　当380V电力电缆<2kVA，双方都在接地的线槽中，且平行长度≤10m时，最小间距可以是10mm；

2　电话用户存在振铃电流时，不能与计算机网络在同一根对绞电缆中一起使用；

3　双方都在接地的线槽中，系指两根不同的线槽，也可在同一线槽中用金属板隔开。

2　综合布线电缆、光缆及管线与其他管线的间距应符合本规范第20.7节的有关规定。

21.8.2　当电缆从建筑物外面进入建筑物时，综合布线系统线路的保护，应符合本规范第11.9节的规定。

21.8.3　当缆线从建筑物外面进入建筑物时，电缆或光缆的金属护套及保护钢导管应接地。

21.8.4　综合布线的电缆采用金属线槽或钢导管敷设时，线槽或钢导管应保持连续的电气连接，钢导管应接地，金属线槽及其支架全长应不少于2处与接地干线相连。

21.8.5　综合布线系统的配线柜（架、箱）应采用适当截面的铜导线连接至就近的等电位接地装置，也可采用竖井内接地铜排引至建筑物共用接地网。

22　电磁兼容与电磁环境卫生

22.1　一般规定

22.1.1　进行建筑群或居住区规划设计时，应考虑已有架空输电线路的无线电骚扰及电磁环境卫生。

22.1.2　用户专用无线通信设备所需频段，应经无线电管理部门批准方可占用。

22.1.3　易受辐射骚扰的电子设备，不应与潜在的电磁骚扰源贴近布置。

22.2　电磁环境卫生

22.2.1　民用建筑物及居住小区与高压、超高压架空输电线路等辐射源之间应保持足够的距离。居住小区靠近高压、超高压架空输电线路一侧的住宅外墙处工频电场和工频磁场强度应符合表22.2.1的规定。

表 22.2.1　工频电磁场强度限值

场强类别	频率（Hz）	单位	容许场强最大值
电场强度	50	kV/m	4.0
磁场强度	50	mT	0.1

22.2.2　民用建筑物、建筑群内不得设置大型电磁辐射发射装置、核辐射装置或电磁辐射较严重的高频电子设备。但医技楼、专业实验室等特殊建筑除外。

22.2.3　医技楼、专业实验室等特殊建筑内必须设置大型电磁辐射发射装置、核辐射装置或电磁辐射较严重的高频电子设备时，应采取屏蔽措施，将其对外界的放射或辐射强度限制在许可范围内。

22.2.4　在医技楼、专业实验室等特殊建筑物内，为科研与医疗专用的核辐射设备和电磁辐射设备，应经国家有关部门认证。

22.2.5　民用建筑物内的电磁环境参数，应符合下列规定：

1　电磁场强度限值应符合表22.2.5的规定；

表 22.2.5　电磁场强度限值

频　率	单　位	容许场强最大值	
		一级	二级
0.1～30MHz	V/m	10	25
30～300MHz	V/m	5	12
300MHz～300GHz	μW/cm²	10	40
混合波长	V/m	按主要波段的场强来确定。若各波段场强分布较广，则按复合场强加权值确定	

注：1　一级电磁环境：在该电磁环境下长期居住或工作，人员的健康不会受到损害；

2　二级电磁环境：在该电磁环境下长期居住或工作，人员的健康可能受到损害。

2　幼儿园、学校、居住建筑和公共建筑中的人员密集场所宜按一级电磁环境设计；当不符合规定时，应采取有效措施；

3　公共建筑中的非人员密集场所宜按二级电磁环境设计；当不符合规定时，应采取有效措施，但无人值守的各类机房、车库除外。

22.3　供配电系统的谐波防治

22.3.1　公共电网的电能质量应符合下列规定：

1　公共连接点的全部用户向该点注入的谐波

电流分量（方均根值）不应超过表 22.3.1-1 的规定。当公共连接点处的最小短路容量与基准短路容量不同时，谐波电流允许值应进行换算。

表 22.3.1-1　公共连接点谐波电流允许值

标称电压 (kV)	基准短路容量 (MVA)	谐波次数及谐波电流允许值（A）																							
		2	3	4	5	6	7	8	9	10	11	12	13	14	15	16	17	18	19	20	21	22	23	24	25
0.38	10	78	62	39	62	26	44	19	21	16	28	13	24	11	12	9.7	18	8.6	16	7.8	8.9	7.1	14	6.5	12
6	100	43	34	21	34	14	24	11	11	8.5	16	7.1	13	6.1	6.8	5.3	10	4.7	9	4.3	4.9	7.4	3.6	6.8	
10	100	26	20	13	20	8.5	15	6.4	6.8	5.1	9.3	4.3	7.9	3.7	4.1	3.2	6.0	2.8	5.4	2.6	2.9	4.5	2.1	4.1	

2 同一公共连接点的每个用户，向电网注入的谐波电流允许值，宜按此用户在该点的协议容量与其公共连接点的供电设备容量之比进行分配。

3 公共连接点的谐波电压（相电压）限值不应超过表 22.3.1-2 的规定。

表 22.3.1-2　公共连接点的谐波电压（相电压）限值

电网标称电压 (kV)	电压总谐波畸变率 (%)	各次谐波电压含有率（%）	
		奇 次	偶 次
0.38	5.0	4.0	2.0
6	4.0	3.2	1.6
10			

22.3.2　供配电系统的谐波治理，应符合下列规定：

1 建筑物谐波源较多的供配电系统，应选用 D，yn11 接线组别的配电变压器，且该变压器的负载率不宜高于 70%；

2 省级及以上政府办公建筑，银行总行、分行及金融机构的办公大楼，三级甲等医院的医技楼，大型计算机中心等建筑物，宜在敏感医疗设备、重要计算机网络设备等专用配电干线上设置有源滤波装置；

3 谐波源较多的一般公共建筑，可在办公设施、计算机网络设备等配电干线上设置滤波装置；当采用无源滤波装置时，应采取措施防止发生系统谐振；

4 建筑物谐波源较多的供配电系统，当设有有源滤波装置时，相应回路的中性导体截面可不增大；

5 建筑物谐波源较多的供配电系统，当设有无源滤波装置时，相应回路的中性导体可与相导体等截面；

6 有大功率谐波骚扰源的馈线上，宜设置滤波装置；或在此类设备的电源输入端设置隔离变压器，且中性导体截面积应为相导体截面的两倍；

7 音乐厅及影剧院等建筑物中，舞台调光装置宜采取有效的谐波抑制措施；当未采取措施时，其供电线路的中性导体截面积，应为相导体截面积的两倍；音响系统供电专线上宜设置隔离变压器，有条件时宜设有源滤波装置；

8 为 X 光机、CT 机、核磁共振机等谐波较严重的大功率设备供电的专线，应按低阻抗馈电线路的要求进行设计；

9 功率因数补偿电容器组宜配电抗器。

22.4　电子信息系统的电磁兼容设计

22.4.1　电子信息系统的设计应考虑建筑物内部的电磁环境、系统的电磁敏感度、系统的电磁骚扰与周边其他系统的电磁敏感度等因素，以符合电磁兼容性要求。

22.4.2　民用建筑物内不得设置，可能产生危及人员健康的电磁辐射的电子信息系统设备，当必须设置这类设备时，应采取隔离或屏蔽措施。

22.4.3　电子信息系统所处的建筑物防雷，应符合本规范第 11 章的规定。

22.5　电源干扰的防护

22.5.1　由配变电所引出的配电线路应采用 TN-S 或 TN-C-S 系统。当采用 TN-C-S 系统时，自电子信息系统机房电源进户端起，中性导体（N）与保护导体（PE）应分开。

22.5.2　电子信息系统机房电源的进线处，应设置限压型浪涌电压保护器。保护器的残压与电抗电压之和不应大于被保护设备耐受水平的 0.8 倍，且应符合本规范第 11.9.4 条的规定。

22.5.3　谐波较严重的大容量设备宜采用专线供电，且按低阻抗的要求进行设计。

22.6　信号线路的过电压保护

22.6.1　户外信号传输电缆的金属外护层和户外光缆的金属增强线应在进户处接地。

22.6.2　户外信号传输电缆的信号线，应在进户配线架处设置适配的浪涌电压保护器。

22.6.3　用于信号线的浪涌电压保护器，应根据线路的工作频率、工作电压、线缆类型、接口形式等要素，选用电压驻波比和插入损耗小的适配的浪涌电压保护器。

22.6.4 电缆电视系统、微波通信系统、卫星通信系统、移动通信室内信号覆盖系统等的室外天线馈线，应在进户后首个接线装置处，设置适配的浪涌电压保护器。

22.7 管线设计

22.7.1 配电线路与电子信息系统传输线路应分开敷设，当受建筑条件限制而必须平行贴近敷设时，应采取屏蔽措施。

22.7.2 配电线路与电子信息系统传输线路交叉时，应垂直相交；广播线路与其他电子信息系统传输线路交叉时，宜垂直相交。

22.7.3 电子信息系统传输线路，宜采用屏蔽效果良好的金属导管或金属线槽保护，但屏蔽线缆不受此限。

22.7.4 用于电子信息系统传输线路保护的金属导管和金属线槽应接地，并作等电位联结。

22.7.5 移动通信室内中继系统天线的泄漏型电缆，不得敷设在建筑物混凝土核心筒内，且不得与无保护措施的电子信息系统传输线路干线平行贴近敷设。

22.7.6 当建筑物内的电磁环境复杂，且未采用屏蔽型保护管、槽时，监视电视系统和有线电视系统，宜采用具有外屏蔽层的同轴电缆。

22.7.7 涉及国家安全的计算机网络等电子信息系统，应采用光缆或屏蔽型电缆。银行、证券交易所的省级总部及其结算中心的计算机网络系统宜采用光缆或屏蔽型电缆。

22.7.8 当建筑物内的电磁环境复杂，且一旦计算机网络系统发生运行故障将造成较严重后果时，相关系统宜采用光缆或屏蔽型电缆。

22.8 接地与等电位联结

22.8.1 电子信息系统宜采用共用接地网，其接地电阻值应符合相关各系统中最低电阻值的要求。当无相关资料时，可取值不大于 1Ω。

22.8.2 当同一电子信息系统涉及几幢建筑物时，这些建筑物之间的接地网宜作等电位联结，但由于地理原因难以联结时除外。

22.8.3 当几幢建筑物的接地网之间难以互相连通时，应将这些建筑物之间的电子信息系统作有效隔离。

22.8.4 保护接地导体、功能接地导体，宜分别接向总接地端子或接地极。

22.8.5 建筑物每一层内的等电位联结网络宜呈封闭环形，其安装位置应便于接线。

22.8.6 根据建筑物及电子信息系统的特点，可采用星形网络、多个网状连接的星形网络或公共网状连接的星形网络等接地形式。

22.8.7 功能性等电位联结导体，可采用金属带、扁平编织带和圆形截面电缆等。高频设备的功能性等电位联结导体，宜采用铜箔或铜质扁平编织带。

22.8.8 当电子信息系统接地母线用于功能性目的时，建筑物的总接地端子可用接地母线延伸，使信息技术装置可自建筑物内任一点以最短路径与其相连接。当此接地母线用于具有大量信息技术设备的建筑物内等电位联结网络时，宜做成一封闭环路。

22.8.9 UPS 不间断电源装置输出端的中性导体应重复接地。

22.8.10 通信设备的专用接地导体与邻近的防雷引下线之间宜设适配的浪涌电压保护器。

23 电子信息设备机房

23.1 一般规定

23.1.1 本章适用于民用建筑物（群）所设置的各类控制机房、通信机房、计算机机房及电信间的设计。

23.1.2 民用建筑中的电子信息系统，宜分类合设设备机房，并符合下列规定：

1 综合布线设备间宜与计算机网络机房及电话交换机房靠近或合并；

2 消防控制室可单独设置，亦可与安防系统、建筑设备监控系统合用控制室；

3 公共广播可与消防控制室合并设置，亦可与有前端的有线电视系统合设机房；

4 安防控制室宜靠近保安值班室设置。

23.1.3 高层建筑或电子信息系统较多的多层建筑，除设备机房外，应设置电信间。

23.1.4 消防控制室应满足本规范第 13 章的有关规定。

23.1.5 各系统机房面积、电信间面积、布线通道应留有发展空间。

23.1.6 地震基本烈度为 7 度及以上地区，机房设备的安装应采取抗震措施。

23.2 机房的选址、设计与设备布置

23.2.1 机房的位置选择应符合下列规定：

1 机房宜设在建筑物首层及以上层，当地下为多层时，也可设在地下一层；

2 机房宜靠近电信间，方便各种线路进出；

3 机房应远离强电磁场干扰场所，不应设置在变压器室、配电室的楼上、楼下或隔壁场所；

4 机房宜远离振动源和噪声源的场所；当不能避免时，应采取隔振、消声和隔声措施；

5 设备（机柜、发电机、UPS、专用空调等）吊装、运输方便；

6 机房应远离粉尘、油烟、有害气体以及生产或储存具有腐蚀性、易燃、易爆物品的场所；

7 机房不应设置在厕所、浴室或其他潮湿、易积水场所的正下方或贴邻。

23.2.2 电信间的位置选择应符合下列规定：

1 电信间是楼层电子信息系统管线敷设和设备安装占用的建筑空间，宜设在进出线方便，便于安装、维护的公共部位；

2 电信间位置宜上下层对位；应设独立的门，不宜与其他房间形成套间；

3 电信间不应与水、暖、气等管道共用井道；

4 应避免靠近烟道、热力管道及其他散热量大或潮湿的设施。

23.2.3 机房、电信间设计应符合下列规定：

1 机房宜根据设备配置及工作运行要求，由主机房、辅助用房等组成。

2 机房和辅助用房的面积应根据近期设备布置和操作、维护等因素确定，并应留有发展余地。使用面积宜符合下列规定：

1）主机房面积可按下列方法确定：

当系统设备已选型时，按下式计算：

$$A = K\sum S \qquad (23.2.3-1)$$

式中 A——主机房使用面积（m²）；

　　　K——系数，可取 5～7；

　　　S——系统设备的投影面积（m²）。

当系统设备未选型时，按下式计算：

$$A = KN \qquad (23.2.3-2)$$

式中 K——单台设备占用面积，可取 4.5～5.5m²/台；

　　　N——机房内设备的总台数。

2）辅助用房的面积不宜小于主机房面积的 1.5 倍。

3 机房及电信间不允许与其无关的水管、风管、电缆等各种管线穿过；

4 电信间面积宜符合下列规定：

1）设有综合布线机柜时，电信间面积宜大于或等于 5m²；

2）无综合布线机柜时，可采用壁柜式电信间，面积宜大于或等于 1.5m（宽）×0.8m（深）。

23.2.4 机房及电信间设备布置，应符合下列规定：

1 机房设备应根据系统配置及管理需要分区布置。当几个系统合用机房时，应按功能分区布置。

2 电子信息设备宜远离建筑物防雷引下线等主要的雷击散流通道。

3 音响控制室等模拟信号较集中的机房，应远离较强烈的辐射干扰源。对于小型会议室等难以分开布置的合用机房，设备之间应保证安全距离。

4 设备的间距和通道应符合下列要求：

1）机柜正面相对排列时，其净距离不应小于 1.5m；

2）背后开门的设备，背面离墙边净距离不应小于 0.8m。

3）机柜侧面距墙不应小于 0.5m，机柜侧面离其他设备净距不应小于 0.8m，当需要维修测试时，则距墙不应小于 1.2m。

4）并排布置的设备总长度大于 4m 时，两侧均应设置通道；

5）通道净宽不应小于 1.2m。

5 墙挂式设备中心距地面高度宜为 1.5m，侧面距墙应大于 0.5m。

6 视频监控系统和有线电视系统电视墙前面的距离，应满足观看视距的要求，电视墙与值班人员之间的距离，应大于主监视器画面对角线长度的 5 倍。设备布置应防止在显示屏上出现反射眩光。

7 除采用 CMP 等级阻燃线缆外，活动地板下引至各设备的线缆，应敷设在封闭式金属线槽中。

8 电信间设备布置应符合下列要求：

1）电信间与配电间应分开设置，如受条件限制必须合设时，电气、电子信息设备及线路应分设在电信间的两侧，并要求各种设备箱体前应留有不小于 0.8m 的操作、维护距离；

2）电信间内设备箱宜明装，安装高度宜为箱体中心距地 1.2～1.3m。

23.3 环境条件和对相关专业的要求

23.3.1 机房的环境条件应符合下列要求：

1 对环境要求较高的机房其空气含尘浓度，在静态条件下测试，每升空气中灰尘颗粒最大直径大于或等于 0.5μm 时的灰尘颗粒数，应小于 $1.8×10^4$ 粒；

2 机房内的噪声，在系统停机状况下，在操作员位置测量应小于 68dB（A）；

3 机房的电磁环境应满足本规范第 22.2.5 条中的一级标准；当机房的电磁环境不符合电子信息系统的安全运行标准和信息涉密管理规定时，应采取屏蔽措施。

23.3.2 各类机房对土建专业的要求应符合下列规定：

1 各类机房的室内净高、荷载及地面、门窗等要求，应符合表 23.3.2 的规定；

2 机房内敷设活动地板时，应符合现行国家标准《计算机房用活动地板技术条件》的要求；敷设高度应按实际需求确定，宜为 200～350mm；

3 在机房附近未设公共卫生间时，应单设卫生间；

4 电信间预留楼板孔洞应上下对齐，楼板孔洞布线后应采用防火堵料封堵；

5 电信间地面应略高于走廊地面，或设防水门坎；

6 当机房内设有用水设备时，应采取防止漫溢和渗漏的措施。

表 23.3.2 各类机房对土建专业的要求

房间名称		室内净高（梁下或风管下）(m)	楼、地面等效均布活荷载 (kN/m²)	地面材料	顶棚、墙面	门（及宽度）	窗
电话站	程控交换机室	≥2.5	≥4.5	防静电地面	涂不起灰、浅色、无光涂料	外开双扇防火门 1.2～1.5m	良好防尘
	总配线架室	≥2.5	≥4.5	防静电地面	涂不起灰、浅色、无光涂料	外开双扇防火门 1.2～1.5m	良好防尘
	话务室	≥2.5	≥3.0	防静电地面	阻燃吸声材料	隔声门 1.0m	良好防尘设纱窗
	免维护电池室	≥2.5	＜200A·h时，4.5 200～400A·h时，6.0 注2 ≥500A·h时，10.0	防尘、防滑地面	涂不起灰、无光涂料	外开双扇防火门 1.2～1.5m	良好防尘
	电缆进线室	≥2.2	≥3.0	水泥地面	涂防潮涂料	外开双扇防火门 ≥1.0m	—
计算机网络机房		≥2.5	≥4.5	防静电地面	涂不起灰、浅色无光涂料	外开双扇防火门 ≥1.2～1.5m	良好防尘
建筑设备监控机房		≥2.5	≥4.5	防静电地面	涂不起灰、浅色无光涂料	外开双扇防火门 1.2～1.5m	良好防尘
综合布线设备间		≥2.5	≥4.5	防静电地面	涂不起灰、浅色无光涂料	外开双扇防火门 1.2～1.5m	良好防尘
广播室	录播室	≥2.5	≥2.0	防静电地面	阻燃吸声材料	隔声门 1.0m	隔声窗
	设备室	≥2.5	≥4.5	防静电地面	涂浅色无光涂料	双扇门 1.2～1.5m	良好防尘设纱窗
消防控制中心		≥2.5	≥4.5	防静电地面	涂浅色无光涂料	外开双扇甲级防火门 1.5m 或 1.2m	良好防尘设纱窗
安防监控中心		≥2.5	≥4.5	防静电地面	涂浅色无光涂料	外开双扇防火门 1.5m 或 1.2m	良好防尘设纱窗
有线电视前端机房		≥2.5	≥4.5	防静电地面	涂浅色无光涂料	外开双扇隔声门 1.2～1.5m	良好防尘设纱窗
会议电视	电视会议室	≥3.5	≥3.0	防静电地面	吸声材料	双扇门≥1.2～1.5	隔声窗
	控制室	≥2.5	≥4.5	防静电地面	涂浅色无光涂料	外开单扇门≥1.0m	良好防尘
	传输室	≥2.5	≥4.5	防静电地面	涂浅色无光涂料	外开单扇门≥1.0m	良好防尘
电信间		≥2.5	≥4.5	水泥地	涂防潮涂料	外开丙级防火门 ≥0.7m	—

注：1 如选用设备的技术要求高于本表所列要求，应遵照选用设备的技术要求执行；

2 当300A·h及以上容量的免维护电池需置于楼上时不应叠放；如需叠放时，应将其布置于梁上，并需另行计算楼板负荷；

3 会议电视室最低净高一般为3.5m，当会议室较大时，应按最佳容积比来确定；其混响时间宜为0.6～0.8s；

4 室内净高不含活动地板高度，是否采用活动地极，由工程设计决定，室内设备高度按2.0m考虑；

5 电视会议室的围护结构应采用具有良好隔声性能的非燃烧材料或难燃材料，其隔声量不低于50dB（A）；电视会议室的内壁、顶棚、地面应作吸声处理，室内噪声不应超过35dB（A）；

6 电视会议室的装饰布置，严禁采用黑色和白色作为背景色。

23.3.3 各类机房对电气、暖通专业的要求应符合本 规范表23.3.3的规定。

表 23.3.3　各类机房对电气、暖通专业的要求

房间名称		空调、通风			电 气			备 注
		温度（℃）	相对湿度（%）	通风	照度（lx）	交流电源	应急照明	
电话站	程控交换机室	18～28	30～75	—	500	可靠电源	设置	注2
	总配线架室	10～28	30～75		200		设置	注2
	话务室	18～28	30～75		300		设置	注2
	免维护电池室	18～28	30～75	注2	200	可靠电源	设置	—
	电缆进线室			注1	200			
计算机网络机房		18～28	40～70		500	可靠电源	设置	注2
建筑设备监控机房		18～28	40～70		500	可靠电源	设置	注2
综合布线设备间		18～28	30～75		200	可靠电源	设置	注2
广播室	录播室	18～28	30～80		300		设置	—
	设备室	18～28	30～80		300	可靠电源	设置	—
消防控制中心		18～28	30～80		300	消防电源	设置	注2
安防监控中心		18～28	30～80		300	可靠电源	设置	注2
有线电视前端机房		18～28	30～75		300	可靠电源	设置	注2
会议电视	电视会议室	18～28	30～75	注3	一般区≥500 主席区≥750（注4）	可靠电源	设置	注2
	控制室	18～28	30～75		≥300	可靠电源	设置	注2
	传输室	18～28	30～75		≥300	可靠电源	设置	注2
电信间	有网络设备	18～28	40～70	注1	≥200	可靠电源	设置	注2
	无网络设备	5～35	20～80			可靠电源		

注：1　地下电缆进线室、电信间一般采用轴流式通风机，排风按每小时不大于 5 次换风量计算，并保持负压；
　　2　设有空调的机房应保持微正压；
　　3　电视会议室新鲜空气换气量应按每人≥30m³/h；
　　4　投影电视屏幕照度不高于 75lx，电视会议室照度应均匀可调，会议室的光源应采用色温为 3200K 的三基色灯。

23.4　机房供电、接地及防静电

23.4.1　机房供电应符合下列规定：

1　机房设备的供电电源的负荷分级及供电要求，应符合本规范第 3.2 节的规定；

2　供电电源的电能质量应符合本规范第 3.4 节的规定；

3　机房应根据实际工程情况，预留电子信息系统工作电源和维修电源，电源宜从配电室（间）直接引来；

4　电信间内应留有设备电源，其电源可靠性应满足电子信息设备对电源可靠性的要求；

5　照明电源不应引自电子信息设备配电盘。

23.4.2　机房接地应符合下列要求：

1　机房接地系统的设置应满足人身安全、设备安全及电子信息系统正常运行的要求；

2　机房交流功能接地、保护接地、直流功能接地、防雷接地等各种接地宜共用接地网，接地电阻按其中最小值确定；

3　机房内应做等电位联结，并设置等电位联结端子箱；对于工作频率较低（小于 30kHz）且设备数量较少的机房，可采用单点（S形）接地方式；对于工作频率较高（大于 300kHz）且设备台数较多的机房，可采用多点（M形）接地方式；

4　电信间应设接地干线和接地端子箱；

5　当各系统共用接地网时，宜将各系统分别采用接地导体与接地网连接；

6　防雷与接地应满足本规范第 11、12 章中有关规定。

23.4.3　机房防静电设计应符合下列规定：

1　机房地面及工作面的静电泄漏电阻，应符合国家标准《计算机机房用活动地板技术条件》的规定；

2　机房内绝缘体的静电电位不应大于 1kV；

3　机房不用活动地板时，可铺设导静电地面；导静电地面可采用导电胶与建筑地面粘牢，导静电地面电阻率应为 $1.0 \times 10^{7} \sim 1.0 \times 10^{10} \Omega \cdot cm$，其导电性能应长期稳定且不易起尘；

4 机房内采用的活动地板可由钢、铝或其他有足够机械强度的难燃材料制成；活动地板表面应是导静电的，严禁暴露金属部分；单元活动地板的系统电阻应符合国家标准《计算机机房用活动地板技术条件》的规定。

23.5 消防与安全

23.5.1 机房的耐火等级不应低于建筑主体的耐火等级，消防控制室应为一级。

23.5.2 电信间墙体应为耐火极限不低于 1.0h 的不燃烧体，门应采用丙级防火门。

23.5.3 机房的消防设施应符合本规范第 13 章的有关规定。

23.5.4 机房出口应设置向疏散方向开启且能自动关闭的门，并应保证在任何情况下都能从机房内打开。

23.5.5 设在首层的机房的外门、外窗应采取安全措施。

23.5.6 根据机房的重要性，可设警卫室或保安设施。

24 锅炉房热工检测与控制

24.1 一般规定

24.1.1 本章适用于下列范围内，民用蒸汽锅炉房和住宅小区集中供热热水锅炉房的热工检测与控制：

1 额定蒸发量为 1～20t/h、额定出口蒸汽压力为 0.1～2.5MPa 表压、额定出口温度小于或等于 250℃ 的燃煤蒸汽锅炉；

2 额定出力为 0.7～58MW、额定出口水压为 0.1～2.5MPa 表压、额定出口水温小于或等于 180℃ 的燃煤热水锅炉。

24.1.2 锅炉房仪表检测项目应与报警、计算机监视或各种形式巡检装置的检测项目综合考虑。

24.1.3 在满足安全、经济运行要求的前提下，检测仪表宜精简。

24.1.4 指示仪表的设置应符合下列规定：

1 反映锅炉及工艺管道系统，在正常工况下安全、经济运行的主参数和需要经常监视的一般参数，应设指示仪表（包括就地仪表）；

2 已由计算机进行监视的一般参数，不再设置指示仪表；

3 一般同类型参数（如烟道、风道压力）当未采用计算机监测时，宜采用多点切换测量。

24.1.5 记录仪表的设置应符合下列规定：

1 反映锅炉及管道系统安全、经济运行状况并在事故时进行分析的主要参数；

2 用以进行经济分析或核算的重要参数；

3 用于经济核算的流量参数应设积算器，当用计算机对流量参数进行积算时，可不设置积算器。

24.1.6 仪表精度等级选取应符合下列规定：

1 主要参数指示仪表 1 级、记录仪表 0.5 级；

2 经济考核仪表 0.5 级；

3 一般参数指示仪表 1.5 级、就地指示仪表 1.5～2.5 级。

24.2 自动化仪表的选择

24.2.1 温度仪表的选择应符合下列规定：

1 就地式温度仪表选用双金属温度计，其刻度盘直径宜大于或等于 100mm。

2 压力式温度计经常指示的工作温度，应选在仪表量程范围的 1/3～3/4 之间，温度计量程上限值的选择应大于被测介质可能达到的最高动态温度值。

3 测量炉膛温度与烟气温度应选用热电偶。

4 测量蒸汽温度与热水温度应选用热电阻。

5 测量元件的保护管，应按被测介质的工作温度、压力与管径选择，套管插入介质的有效深度（从管道内壁算起）应符合下列要求：

  1）对于主蒸汽介质，当管道公称通径 DN ≤250mm 时，有效深度为 100mm；

  2）对于管道外径 D_0≤500mm 的蒸汽、液体介质有效深度约为管道外径的 1/2；对于管道外径 D_0＞500mm 的蒸汽、液体介质，有效深度为 300mm；

  3）对于烟气、风介质有效深度为烟风道（管道）外径的 1/3～1/2。

6 仪表与计算机合用的测点，宜选用双支测温元件。

7 显示仪表上规定的外接电阻的选择，应与仪表及感温元件之间的线路电阻值相匹配。

8 采用热电阻测温时，其显示仪表与热电阻的分度号应一致，相互连接的导线应采用铜导线。

9 采用热电偶测温时，其显示仪表、热电偶及补偿导线的分度号应一致，且补偿导线的电阻值不应超过外接电阻值。

10 当信号传输距离较远，补偿导线的电阻值超过外接电阻值或与调节系统配用时，应采用温度变送器。

24.2.2 压力仪表的选择应符合下列规定：

1 就地式压力仪表及压力变送器的量程选择，应符合下列要求：

  1）测量稳定压力时，最大量程选择在接近或大于正常压力测量值的 1.5 倍；

  2）测量脉动压力时，最大量程选择在接近或大于正常压力测量值的 2 倍；

  3）测量高压压力时，最大量程选择应大于最大压力测量值的 1.7 倍；

  4）为保证压力测量精度，最小压力测量值

应高于压力测量量程的 1/3。

2 就地式压力仪表的类型的选择，宜符合下列要求：

　　1）压力小于 40kPa 时，宜选用膜盒压力表；

　　2）压力大于 40kPa 时，宜选用波纹管或弹簧管压力表；

　　3）压力在 −100～0～2400kPa 时，宜选用压力真空表；

　　4）压力在 −100～0kPa 时，宜选用弹簧管真空表。

3 弹簧管压力表的表壳直径的选择，宜符合下列要求：

　　1）在仪表盘上安装时，采用直径 150mm；

　　2）就地安装时，采用直径 100mm；

　　3）安装点较高，不易观察时，采用直径 200～250mm。

4 当需要远传或与调节系统配用时，应选用压力变送器。

24.2.3 流量仪表的选择应符合下列规定：

1 流量仪表的量程选择，当采用方根刻度显示时，正常流量宜为满量程的 70%～80%，最大流量不应大于满量程的 95%，最小流量不应小于满量程的 30%；当采用线形刻度显示时，正常流量宜为满量程的 50%～70%，最大流量不应大于满量程的 90%，最小流量不应小于满量程的 10%（对于方根特性经开方变成直线特性时为满量程的 20%）；

2 一般流体的流量测量，应选用标准节流装置；标准节流装置的选用，必须符合现行国家标准《流量测量节流装置用孔板、喷嘴和文丘里管测量充满圆管的流体流量》GB/T−2624的规定；

3 节流装置的取压方式，应根据介质的性质及参数选择角接取压和法兰取压；

4 差压变送器的测量范围，必须与节流装置计算差压值配套。

24.2.4 液位仪表的选择应符合下列规定：

1 液位仪表的量程选择，最高液位或上限报警点应为满量程的 90%，正常液位应为满量程的 50%，最小液位应为满量程的 10%；

2 用差压式仪表测量锅炉汽包水位或除氧器水箱水位时，应采用带温度补偿的双室平衡容器；用于凝结水箱水位测量的液位计宜选用浮子式仪表；

3 用于汽包水位、除氧器水箱水位测量的差压变送器，其差压范围必须与选定的平衡容器相配套。

24.2.5 分析仪表的选择应符合下列规定：

1 分析仪表取样点应选择在工艺介质流动比较平稳，被测介质变化较灵敏的部位；被测介质的分析仪器的发送器，宜靠近取样点；

2 烟气含氧量的测量，应采用磁导式或氧化锆氧量分析仪；

3 用于水处理系统的工业电导仪，其接触介质部分的材料应耐受介质的腐蚀，电极的引出线宜采用屏蔽线；

4 分析仪表的精度，可根据实际需要选择。

24.2.6 热工检测与自动调节系统采用电动单元组合仪表时，显示、记录、调节仪表的选择应符合下列规定：

1 盘装显示仪表宜采用数字式或动圈式显示仪表；显示汽包水位的仪表宜采用色带指示仪；

2 盘装记录仪表宜采用小长图自动记录仪；当锅炉容量较大时，重要参数的测量，也可采用大、中型长图或圆图记录仪；

3 锅炉烟气温度、压力的测量，宜采用多点切换开关进行切换显示，并留有一定的切换端点；

4 液位调节品质要求不高的简单系统，可选用二位、三位式调节器；当液位调节允许有差时，宜采用比例式调节器；当液位调节要求无差时，宜采用比例、积分调节器；

5 用于压力、流量参数的调节器，宜采用比例或比例、积分调节规律；用于温度参数的调节器，宜采用比例、积分、微分调节规律；

6 用于汽包水位、除氧器压力、除氧器水箱水位的调节器，应有手动/自动无扰切换功能和输出限幅功能；

7 用于各自动调节系统中的操作器，宜选择有上、下限位功能的操作器。

24.2.7 电动执行器及调节阀口径的选择应符合下列规定：

1 鼓风、引风风门调节，宜采用 DKJ 型角行程电动执行器，其输出力矩，必须能使风挡全开或全关。

2 自动调节系统中的执行器与拉杆之间及调节机构与拉杆之间宜采用球形铰接。

3 给水调节阀阀径应按计算的流量系数 K_v 值选择，当液体介质为非阻塞流 Δp 小于 $F_L^2(p_1 - F_F p_v)$ 时，调节阀的流量系数可按下式计算：

$$K_v = 10^{-2} W_{Lmax} / \sqrt{\rho_L(p_1 - p_2)}$$

$$(24.2.7-1)$$

$$F_F = 0.96 - 0.28\sqrt{p_v/p_C} \quad (24.2.7-2)$$

式中　W_{Lmax}——液体最大重量流量，(kg/h)；

　　　　ρ_L——液体密度（kg/m³）；

　　　　Δp——调节阀前、阀后压差（MPa）；

　　　　p_1、p_2——阀入口、出口压力（绝对）（MPa）；

　　　　F_L——压力恢复系数；

　　　　F_F——液体临界压力比系数；

　　　　p_v——阀入口温度下流体的饱和蒸汽压力（绝对）（MPa）；

　　　　p_C——热力学临界压力（绝对）（MPa）。

当液体介质为阻塞流 Δp 大于或等于 F_L^2（$p_1 - F_F p_v$）时，调节阀的流量系数可按下式计算：

$$K_v = 10^{-2} W_{Lmax} / \sqrt{\rho_L / F_L^2 (p_1 - F_F p_v)}$$

$$(24.2.7\text{-}3)$$

4 当液体介质的雷诺数 Re_v 小于或等于 3500 时，应作雷诺数修正；

5 蒸汽调节阀阀径应按计算的流量系数 K_v 值选择，当蒸汽介质为非阻塞流 X 小于 $F_K X_T$ 时，调节阀的流量系数可按下式计算：

$$K_v = \frac{W_{gmax}}{100Y} \sqrt{\frac{1}{X p_1 \rho_1}} \qquad (24.2.7\text{-}4)$$

$$Y = 1 - \frac{X}{3 F_K X_T} \qquad (24.2.7\text{-}5)$$

$$X = \frac{\Delta p}{p_1} \qquad (24.2.7\text{-}6)$$

$$F_K = \frac{k}{1.4} \qquad (24.2.7\text{-}7)$$

式中　W_{gmax}——蒸汽最大重量流量（kg/h）；
　　　Y——膨胀系数；
　　　X_T——压差比系数（临界压差比）；
　　　F_K——比热容比系数；
　　　k——比热容比（绝热指数）；
　　　X——压差比；
　　　ρ_1——阀入口蒸汽密度（kg/m³）。

当蒸汽介质为阻塞流 X 大于或等于 $F_K X_T$ 时，调节阀的流量系数可按下式计算：

$$K_v = \frac{W_{gmax}}{56.37} \sqrt{\frac{1}{X_T p_T \rho_1}} \qquad (24.2.7\text{-}8)$$

6 当工艺管道直径与选择的调节阀直径之比大于或等于 2 时，应作管件形状修正。

7 调节阀的口径也可按实践经验法确定，但必须保证在工艺管道设计合理的情况下进行：

　1）液体介质的调节阀口径比工艺管道的工程直径小一级；

　2）蒸汽介质的调节阀口径比工艺管道的工程直径小二级；

8 调节阀的最小、最大控制流量及漏流量，必须满足运行（包括启、停和事故工况）要求。

9 选用的调节阀应按下列要求进行校验：

　1）阀门开度为 85%～95% 时，应满足运行的最大需要量；开度为 10% 时，应满足运行的最小需要量；

　2）阀门压差，当对泄漏量有严格要求时，宜取流量为零时的最大差压；对泄漏量无特殊要求时，宜取最小流量下的最大差压，其值应不大于该阀门的最大允许差压；

　3）调节阀的工作流量特性，应满足工艺系统的调节要求。

24.3　热工检测与控制

24.3.1 蒸汽锅炉机组必须装设下列安全及经济运行参数的指示仪表：

1 汽包蒸汽压力；

2 汽包水位；

3 汽包进口给水压力（锅炉有省煤器时可不检测）；

4 省煤器进出口水温和水压。

额定蒸发量为 20t/h 的蒸汽锅炉，其汽包压力、水位尚应装设记录仪表。

24.3.2 蒸汽锅炉机组应根据工艺要求装设燃煤量、蒸汽流量、给水流量及风、烟系统各段压力和温度参数的指示或积算仪表。

24.3.3 热水锅炉机组应装设检测下列安全及经济运行参数的指示仪表：

1 锅炉进、出口水温和水压；

2 锅炉循环水流量；

3 锅炉供热量指示、积算；

4 风、烟系统各段压力和温度。

24.3.4 额定出力大于或等于 14MW 的热水锅炉，应装设检测下列经济运行参数的仪表：

1 锅炉进口水温和水压指示；

2 锅炉出口水温指示、记录；

3 锅炉循环水流量指示、记录；

4 锅炉供热量指示、积算；

5 风、烟系统的压力、温度指示。

24.3.5 热力除氧器应装设检测下列参数的仪表：

1 除氧器工作压力指示；

2 除氧水箱水位指示；

3 除氧水箱水温就地指示；

4 除氧器进水温度就地指示；

5 蒸汽压力调节阀阀前、后的蒸汽压力就地指示。

24.3.6 真空除氧器应装设检测下列参数的仪表：

1 除氧器进水温度指示；

2 除氧器真空度指示；

3 除氧水箱水位指示；

4 除氧水箱水温就地指示；

5 射水抽气器进口水压就地指示。

24.3.7 锅炉房应装设供经济核算所需的计量仪表：

1 蒸汽流量指示、积算；

2 供热量指示、积算；

3 燃煤、燃油的总耗量；

4 原水总耗量；

5 凝结水回收量；

6 热水系统补给水量；

7 总耗电量。

24.3.8 蒸汽锅炉应设置给水自动调节装置。额定蒸发量小于或等于 4t/h 的锅炉，可设置位式给水自动调节装置，等于或大于 6t/h 的锅炉，宜设置连续给水自动调节装置。

24.3.9 蒸汽锅炉应设置极限低水位保护装置，当额定蒸发量等于或大于 6t/h 时，尚应设置蒸汽超压保护装置。

24.3.10 当热水锅炉的压力降低到热水可能发生汽化、水温升高超过规定值或循环水泵突然停止运行时，应设置自动切断燃料供应和停止鼓风机、引风机运行的保护装置。

24.3.11 额定蒸发量为 20t/h 的燃煤链条炉，当热负荷变化幅度在调节装置的可调范围内，且经济上合理时，宜装设燃烧自动调节装置。

24.3.12 热力除氧器应设置水位自动调节装置和蒸汽压力自动调节装置。

24.3.13 真空除氧器应设置水位自动调节装置和进水温度自动调节装置。

24.3.14 当两台及以上热力除氧器并列运行时，其中一台除氧器的水位、压力调节宜采用 PI（比例积分）调节规律，其余可采用 P（比例）调节规律。

24.3.15 当两台及以上真空除氧器并列运行时，其中一台除氧器的水温调节宜采用 PID（比例、积分、微分）调节规律，其余可采用 P（比例）调节规律。

24.3.16 锅炉房热工检测与控制除符合本章规定外，尚应符合国家标准《锅炉房设计规范》GB 50041 的规定。

24.4 自动报警与连锁控制

24.4.1 锅炉系统应装设下列声、光报警装置：
1 汽包水位过低和过高；
2 汽包出口蒸汽压力过高；
3 省煤器出口水温过高；
4 热水锅炉出口水温过高；
5 连续给水调节系统给水泵故障停运；
6 炉排故障停转。

24.4.2 各辅机系统应装设下列声、光报警装置：
1 热水系统的循环水泵故障停运；
2 除氧水箱水位过低和过高。

24.4.3 燃煤锅炉的引风机、鼓风机和炉排之间，应装设电气连锁装置，并能按顺序启动或停车。

24.4.4 燃煤锅炉应设置下列电气连锁装置：
1 引风机故障时，自动切断鼓风机和燃料供应；
2 鼓风机故障时，自动切断引风机和燃料供应。

24.4.5 连续机械化运煤、除渣系统中，各运煤设备之间、除渣设备之间，均应设置电气连锁装置，并在正常工作时能按顺序延时停车，且其延时时间应达到皮带机空载停机。

24.5 供 电

24.5.1 仪表电源的负荷等级应不低于工艺负荷的等级，电源应由低压配电室以专用回路供电。

24.5.2 在控制室内应设置为仪表盘（台）供电的专用配电箱（柜），以放射式供电，电源电压为交流 220V。

24.5.3 功能独立的仪表和系统，宜分别由不同回路的电源供电，避免一个电源回路故障，影响多个功能独立的仪表和系统。

24.5.4 变送器宜由相应的调节系统或检测仪的电源回路供电。调节与检测合用的变送器宜由调节系统的电源回路供电。

24.5.5 每一调节系统中，在自动方式下工作的各个仪表，宜由同一电源回路供电。只在手动方式下工作的设备（如操作器）应由另外的电源回路供电。

24.5.6 各仪表盘盘内宜设置检修用交流 220V 电源插座。柜式仪表盘应设置盘内照明。

24.6 仪 表 盘 、台

24.6.1 锅炉房仪表盘结构形式选择，应符合下列规定：
1 就地控制的锅炉仪表盘应采用柜式；
2 在控制室内安装的锅炉仪表盘宜采用框架式，也可采用柜式；
3 各种风机、泵类的控制按钮在仪表盘面难于布置时，宜采用盘、台附接式仪表盘；
4 控制室内仪表盘的高度与深度、控制台的外形尺寸（宽度除外）及盘、台颜色应一致；
5 在现场安装的仪表盘，应附照明灯罩。

24.6.2 盘、台内设备宜符合下列规定：
1 装在盘侧壁的设备与装在盘面的设备之间，应留有安装维修距离；
2 在同一盘壁上，伺服放大器、继电器应装在电源开关、熔断器、插座的上方；
3 盘内电源开关、熔断器、插座的布置高度不宜超过 1700mm；
4 在同一盘内，交、直流电气设备，宜分别布置在不同侧壁上；
5 检测、调节、保护、控制、报警、电源设备等的端子排宜分类布置；
6 仪表盘内的端子排，最低距地面不应小于 250mm，两排间距应大于 250mm，端子排距盘边缘距离不小于 100mm；
7 进出仪表盘的导线（除热电偶的补偿导线应直接与仪表连接外）均应通过端子排，盘内接线端子备用量宜为 10%。

24.7 仪 表 控 制 室

24.7.1 蒸汽锅炉额定蒸发量大于或等于 6t/h，热水锅炉额定出力为大于或等于 4.2MW 的锅炉房，应在运转层设置仪表控制室。

24.7.2 确定控制室位置及面积应符合下列规定：

 1 控制室宜位于被控设备的适中位置；

 2 便于现场导管、电缆进入控制室；

 3 避开大型设备的振动或电磁干扰很强的变压器室。

24.7.3 锅炉控制盘（台）正面离墙距离宜不小于 2.5m。

24.7.4 大型控制室当有操作台时，进深不宜小于 7m。无操作台时，不宜小于 6m。中、小型控制室可减小。

24.7.5 框架式仪表盘盘后离墙的距离宜为 1000mm，最小尺寸不应小于 800mm，盘侧离墙宜为 1200mm，最小尺寸不应小于 1000mm。

24.7.6 当仪表盘排列超过 7m 时，通往盘后的通道应设置两个。

24.7.7 仪表室对土建应提出下列要求：

 1 仪表室的净空高度宜为 3.2～3.6m；

 2 仪表室宜采用水磨石地面，地面荷载可取 4kN/m²，仪表室长度大于 7m 时，应设两个外开门的出口；

 3 仪表室朝锅炉操作面方向宜采用大观察窗，开窗面积宜为盘前地面面积的 1/3～1/5，盘后可开小窗或固定窗。

24.8 取源部件、导管及防护

24.8.1 取源部件应设置在便于维护检修的地方，变送器等设备应满足其对环境温度和相对湿度的要求。

24.8.2 测温元件不应装设在管道或设备的死角处。压力取源部件不应设置在有涡流的地方。当压力取源部件和测温元件在同一管段上邻近装设时，压力取源部件应在测温元件上游安装（按介质流向）。

24.8.3 在水平烟道或管道上测量含固体颗粒介质的压力时，应将其取源部件设置在管道的上部。

24.8.4 炉膛压力取源部件，宜设置在燃烧室中心的上部（具体位置由锅炉厂提供）。取源装置应有固定的经常吹尘堵塞设施。

24.8.5 锅炉送风压力取源部件，应设置在直管段上。

24.8.6 锅炉总风量的取源部件，宜设置在风机进口再循环管前。当采用回转式空气预热器时，宜设置在预热器出口。

24.8.7 测量蒸汽或液体流量时，差压计或变送器宜设置在低于节流装置的地方。测量气体流量时，差压计或变送器宜设置在高于节流装置的地方，否则要采取放气或排水措施。

24.8.8 在直径小于 76mm 的管道上装设测温元件时，宜采用扩管。

 公称压力等于或小于 1.6MPa 时，允许在弯头处沿管道中心线迎着介质流向插入测温元件。

24.8.9 节流装置上、下游最小直管段长度应满足前 10D 后 5D（D 为管道直径）的测量要求。

24.8.10 变送器宜布置在靠近取源部件和便于维修的地方，并适当集中。

24.8.11 导压管材质和规格的选择，应符合表 24.8.11 的规定。

表 24.8.11 导压管选择表

序号	被测介质	工作压力与温度	材料	管径（mm）		
				≤15m	≤30m	≤50m
1	空气	<5kPa	镀锌焊接钢管	15	15	15
2	净煤气	>2.5kPa	镀锌焊接钢管	20	20	20
		<2.5kPa	镀锌焊接钢管	20	20	25
3	脏煤气	>2.5kPa 500～600℃	镀锌焊接钢管	25	32	32
4	烟气（测量）	>1.0kPa	镀锌焊接钢管	20	20	20
		<1.0kPa	镀锌焊接钢管	20	20	25
5	烟气（调节）	1.0 kPa	镀锌焊接钢管	25	32	—
6	蒸汽	<4000kPa <450℃	无缝钢管	14×2	14×2	14×2
7	锅炉汽包水	～16000Pa ～500℃	无缝钢管	22×3	22×3	—
8	水	<1000kPa	水煤气管	15	15	15
		>1000kPa	无缝钢管	14×2	14×2	16×2
9	压缩空气	<6400kPa	无缝钢管	14×2	14×2	16×2
10	氧	<15000kPa	紫铜管或不锈钢管	12×1.5	12×1.5	12×1.5

24.8.12 仪表盘内测量微压气体的配管，可采用乳胶管。

24.8.13 管路不应埋设在地坪、墙壁及其他构筑物内。当管路穿过混凝土或砌体的墙壁和楼板时应加保护套管。

24.8.14 导压管的最大长度不应超过下列数值：

 1 气体分析取样管 10m；

 2 压力在 50Pa 以内 30m；

 3 其他压力导压管路 50m。

24.8.15 差压导压管的最小允许长度不宜小于 3m，最长不宜超过 16m。

24.8.16 测量和取样管路有可能结冻时，应采用保温或伴热等防冻措施。

24.9 缆线选择与敷设

24.9.1 测量、控制、电力回路用的电缆、电线的线芯材质应为铜芯。电缆、电线的绝缘及护套的选择，应符合下列规定：

    1　在环境温度大于65℃的场所敷设的线路，应选用耐热型（氟塑料绝缘和护套200℃）控制电缆、耐热电线和耐热补偿导线；

    2　在环境有火灾危险的场所敷设线路，而又未采用封闭槽盒时，宜选用矿物绝缘电缆或耐火型控制电缆、电线；

    3　在常温场所可选用聚乙烯绝缘、聚氯乙烯护套的电缆、电线。

24.9.2　有抗干扰要求的线路应采用屏蔽电缆或屏蔽电线。

24.9.3　测量及控制回路的线芯截面，不应小于 $1.0mm^2$。接至插件的线芯截面宜选用 $0.5mm^2$ 的多股软线。

24.9.4　热电偶补偿导线的线芯截面，应按仪表允许的线路电阻选择，宜选用 $1.5\sim2.5mm^2$。

24.9.5　微弱信号及低电平信号，特别是要求抗干扰的信号（如计算机），不应与强电回路合用一根电缆或敷设在同一根保护导管内。

    但在同一安装单位中，对测量精度影响小的 DDZ—Ⅱ型变送器、远方操作器、带位置指示的电动门等弱电信号，可与其电源合用一根电缆。

24.9.6　选用线芯截面为 $1.0\sim1.5mm^2$ 的普通控制电缆不宜超过 30 芯，铠装控制电缆不宜超过 24 芯。

24.9.7　电缆桥架与热管道平行敷设时，距热管道保温层外表面的净距，不宜少于 500mm；交叉敷设时，不宜少于 300mm。

24.9.8　保护导管与温度检测元件之间应用金属软管连接。

24.9.9　锅炉房电缆、电线敷设除符合本节规定外，尚应符合本规范第 8 章的有关规定。

24.10　接　地

24.10.1　热工检测与控制系统设备、计算机柜的接地应与锅炉房电气设备共用接地网，接地电阻应符合本规范第 12 章的规定。

24.10.2　计算机或组合仪表控制系统的接地，应集中一点引入接地网。

24.10.3　屏蔽电缆、屏蔽导线、屏蔽补偿导线的屏蔽层均应接地，并符合下列规定：

    1　总屏蔽层及对绞屏蔽层均应接地；

    2　全线路的屏蔽层应有可靠的电气连接，同一信号回路或同一线路的屏蔽层只允许有一个接地点；

    3　屏蔽层接地的位置，宜在仪表盘侧。但信号源接地时，屏蔽层的接地点应靠近信号源的接地点。

24.11　锅炉房计算机监控系统

24.11.1　10t/h 及以上蒸汽锅炉机组和 7MW 热水锅炉机组应采用计算机监控。

24.11.2　计算机监控系统的选型应符合下列规定：

    1　计算机系统的硬件、系统软件及应用软件应配套齐全；

    2　计算机选型宜立足国内，优先选用国家系列型谱中可靠，并在锅炉房中有运行经验的机型；

    3　计算机系统必须能长期稳定运行。

24.11.3　计算机监控系统应具有下列基本功能：

    1　计算机系统应连续、及时地采集和处理机组在不同工况下的，各种运行参数和设备运行状态，并有良好的中断响应；

    2　通过显示器屏幕显示和功能键盘，应为运行人员提供机组在正常和异常工况下的各种有用信息；

    3　通过打印机应完成打印制表、运行记录、事故记录及画面图形拷贝等功能；

    4　应在线进行各种计算和经济分析。

24.11.4　计算机的输入量应满足应用功能要求，下列模拟量可输入计算机系统：

    1　机组启停、运行及事故处理过程中需要监视和记录的参数；

    2　定时制表所需要的参数；

    3　二次参数计算、参数修正或补偿所需要的相关参数；

    4　主要性能计算和经济分析所需要的参数；

    5　送风机、引风机风门及挡板开度；

    6　主要电气参数。

24.11.5　计算机的模拟量输出，应满足各自动调节系统的控制要求。

24.11.6　下列情况的模拟量，可不输入计算机系统：

    1　配有专用显示仪表的成分分析等参数；

    2　辅助设备的工艺参数。

24.11.7　下列开关量宜输入计算机系统：

    1　反映锅炉工艺和主要辅助设备运行状态的接点；

    2　主要保护动作输出及重点参数越限报警接点；

    3　连锁、保护及自动装置切换状态接点。

24.11.8　进入计算机的开关量输入接点，应考虑防止误动作引起的高电压进入计算机的措施。

24.11.9　锅炉房计算机监控系统的硬件配置，宜由下列几部分组成：

    1　主机包括中央处理器 CPU、内存、外存及选件；

    2　外部设备包括外存储器、键盘、打印机显示等设备；

    3　过程通道包括模拟量输入、输出及开关量输人、输出通道等。

24.11.10 锅炉房计算机监控系统软件配置，应符合下列规定：

    1 计算机软件应包括系统软件和应用软件；

    2 系统软件应具有程序设计系统、操作系统及自诊断系统；

    3 应用软件应具有过程监视程序、过程控制及计算程序和公用应用程序等。

24.11.11 计算机监控系统的电源应由不间断电源供给，供电时间应保证交流电源断电后可连续供电 0.5h。

24.11.12 缆线选择及敷设应符合下列规定：

    1 计算机信号的分类及缆线选型应符合表 24.11.12 的规定；

    2 不同类别的信号回路不得合用一根电缆或电线导管敷设；

    3 计算机的输入信号电缆应在封闭式金属线槽中敷设，金属线槽与盖板应保证良好的接地；

    4 单根信号电缆可穿钢导管敷设，钢导管应良好接地；

    5 大于或等于 60V 或 0.2A 的仪表信号电缆及没有噪声吸收措施的开关量输入、输出信号电缆（如无消弧措施的继电器的回路电缆等），不得与计算机线路共用金属线槽敷设；

表 24.11.12 微机信号分类及线路选型

信号分类	信号范围	线路选型
低电平输入	热电偶	带屏蔽补偿电线（电缆）及对绞对屏计算机用电缆
	热电阻±100mV～±1V	对绞对屏计算机用电缆
高电平输入	>1V, 0～50mA	对绞对屏计算机用电缆

    6 计算机信号电缆与其他电缆走同一电缆通道时，计算机信号电缆槽道应排列在最下层；

    7 计算机信号电缆与控制电缆，允许在带有金属隔板的同一槽道中敷设。

24.11.13 计算机监控机房的设置应符合下列规定：

    1 计算机监控机房应位于锅炉运转层，并临近控制室；根据具体情况，计算机也可安装于控制室内，但控制室应考虑防尘、防潮、防噪声等措施；

    2 计算机房应由空调设施保证室内温度在 18～25℃、相对湿度在 45%～65% 的范围内，任何情况下不允许结露；

    3 计算机房的其他要求应符合本规范第 23 章有关规定。

附录 A 民用建筑中各类建筑物的主要用电负荷分级

表 A 民用建筑中各类建筑物的主要用电负荷分级

序号	建筑物名称	用电负荷名称	负荷级别
1	国家级会堂、国宾馆、国家级国际会议中心	主会场、接见厅、宴会厅照明，电声、录像、计算机系统用电	一级*
		客梯、总值班室、会议室、主要办公室、档案室用电	一级
2	国家及省部级政府办公建筑	客梯、主要办公室、会议室、总值班室、档案室及主要通道照明用电	一级
3	国家及省部级计算中心	计算机系统用电	一级*
4	国家及省部级防灾中心、电力调度中心、交通指挥中心	防灾、电力调度及交通指挥计算机系统用电	一级*
5	地、市级办公建筑	主要办公室、会议室、总值班室、档案室及主要通道照明用电	二级
6	地、市级及以上气象台	气象业务用计算机系统用电	一级*
		气象雷达、电报及传真收发设备、卫星云图接收机及语言广播设备、气象绘图及预报照明用电	一级
7	电信枢纽、卫星地面站	保证通信不中断的主要设备用电	一级*
8	电视台、广播电台	国家及省、市、自治区电视台、广播电台的计算机系统用电，直接播出的电视演播厅、中心机房、录像室、微波设备及发射机房用电	一级*
		语音播音室、控制室的电力和照明用电	一级
		洗印室、电视电影室、审听室、楼梯照明用电	二级
9	剧场	特、甲等剧场的调光用计算机系统用电	一级*
		特、甲等剧场的舞台照明、贵宾室、演员化妆室、舞台机械设备、电声设备、电视转播用电	一级
		甲等剧场的观众厅照明、空调机房及锅炉房电力和照明用电	二级
10	电影院	甲等电影院的照明与放映用电	二级

序号	建筑物名称	用电负荷名称	负荷级别
11	博物馆、展览馆	大型博物馆及展览馆安防系统用电；珍贵展品展室照明用电	一级*
		展览用电	二级
12	图书馆	藏书量超过 100 万册及重要图书馆的安防系统、图书检索用计算机系统用电	一级*
		其他用电	二级
13	体育建筑	特级体育场（馆）及游泳馆的比赛场（厅）、主席台、贵宾室、接待室、新闻发布厅、广场及主要通道照明、计时记分装置、计算机房、电话机房、广播机房、电台和电视转播及新闻摄影用电	一级*
		甲级体育场（馆）及游泳馆的比赛场（厅）、主席台、贵宾室、接待室、新闻发布厅、广场及主要通道照明、计时记分装置、计算机房、电话机房、广播机房、电台和电视转播及新闻摄影用电	一级
		特级及甲级体育场（馆）及游泳馆中非比赛用电、乙级及以下体育建筑比赛用电	二级
14	商场、超市	大型商场及超市的经营管理用计算机系统用电	一级*
		大型商场及超市营业厅的备用照明用电	一级
		大型商场及超市的自动扶梯、空调用电	二级
		中型商场及超市营业厅的备用照明用电	二级
15	银行、金融中心、证交中心	重要的计算机系统和安防系统用电	一级*
		大型银行营业厅及门厅照明、安全照明用电	一级
		小型银行营业厅及门厅照明用电	二级
16	民用航空港	航空管制、导航、通信、气象、助航灯光系统设施和台站用电，边防、海关的安全检查设备用电，航班预报设备用电，三级以上油库用电	一级*
		候机楼、外航驻机场办事处、机场宾馆及旅客过夜房、站坪照明、站坪机务用电	一级
		其他用电	二级

序号	建筑物名称	用电负荷名称	负荷级别
17	铁路旅客站	大型站和国境站的旅客站房、站台、天桥、地道用电	一级
18	水运客运站	通信、导航设施用电	一级
		港口重要作业区、一级客运站用电	二级
19	汽车客运站	一、二级客运站用电	二级
20	汽车库（修车库）、停车场	Ⅰ类汽车库、机械停车设备及采用升降梯作车辆疏散出口的升降梯用电	一级
		Ⅱ、Ⅲ类汽车库和Ⅰ类修车库、机械停车设备及采用升降梯作车辆疏散出口的升降梯用电	二级
21	旅游饭店	四星级及以上旅游饭店的经营及设备管理用计算机系统用电	一级*
		四星级及以上旅游饭店的宴会厅、餐厅、厨房、康乐设施、门厅及高级客房、主要通道等场所的照明用电，厨房、排污泵、生活水泵、主要客梯用电，计算机、电话、电声和录像设备、新闻摄影用电	一级
21	旅游饭店	三星级旅游饭店的宴会厅、餐厅、厨房、康乐设施、门厅及高级客房、主要通道等场所的照明用电，厨房、排污泵、生活水泵、主要客梯用电，计算机、电话、电声和录像设备、新闻摄影用电，除上栏所述之外的四星级及以上旅游饭店的其他用电	二级
22	科研院所、高等院校	四级生物安全实验室等对供电连续性要求极高的国家重点实验室用电	一级*
		除上栏所述之外的其他重要实验室用电	一级
		主要通道照明用电	二级
23	二级以上医院	重要手术室、重症监护等涉及患者生命安全的设备（如呼吸机等）及照明用电	一级*
		急诊部、监护病房、手术部、分娩室、婴儿室、血液病房的净化室、血液透析室、病理切片分析、核磁共振、介入治疗用 CT 及 X 光机扫描室、血库、高压氧仓、加速器机房、治疗室及配血室的电力照明用电，培养箱、冰箱、恒温箱用电，走道照明用电，百级洁净度手术室空调系统用电、重症呼吸道感染区的通风系统用电	一级

序号	建筑物名称	用电负荷名称	负荷级别
23	二级以上医院	除上栏所述之外的其他手术室空调系统用电，电子显微镜、一般诊断用 CT 及 X 光机用电，客梯用电，高级病房、肢体伤残康复病房照明用电	二级
24	一类高层建筑	走道照明、值班照明、警卫照明、障碍照明用电，主要业务和计算机系统用电，安防系统用电，电子信息设备机房用电，客梯用电，排污泵、生活水泵用电	一级
25	二类高层建筑	主要通道及楼梯间照明用电，客梯用电，排污泵、生活水泵用电	二级

注：1 负荷分级表中"一级 *"为一级负荷中特别重要负荷；

2 各类建筑物的分级见现行的有关设计规范；

3 本表未包含消防负荷分级，消防负荷分级见第 3.2.3 条及相关的国家标准、规范；

4 当序号 1~23 各类建筑物与一类或二类高层建筑的用电负荷级别不相同时，负荷级别应按其中高者确定。

附录 B 部分场所照明标准值

《建筑照明设计标准》GB 50034 中已规定了各类常用建筑中大部分场所的照度标准值。本表针对民用建筑的特点，补充了部分场所的照明标准，供设计中选用。表中照度水平均系指工作区参考平面上平均照度的最低允许值，使用时可根据实际使用需要向上调整。

表 B 部分场所照明标准值

分类	房间或场所	维持平均照度（lx）	统一眩光值（UGR_L）	显色性（Ra）	备注
科研教育	幼儿教室、手工室	300	19	80	
	成人教室、晚间教室	500	19	80	
	学生活动室	200	22	80	
	健身教室、游泳馆	300	22	80	
	音乐教室	300	22	80	
	艺术学院的美术教室	750	19	80	色温宜高于 5000K
	手工制图	750	19	80	
	CAD 绘图	300	16	80	
	检验化验室	500	19	80	

分类	房间或场所	维持平均照度（lx）	统一眩光值（UGR_L）	显色性（Ra）	备注
商业	品牌服装店	200	19	80	商品照明与一般照明之比宜为 3~5/1
	医药商店	500	19	80	色温宜高于 5000K
	金饰珠宝店	1000	22	80	
	艺术品商店	750	16	80	
	商品包装	500	19	80	
餐饮	高档中餐厅	300	22	80	
	快餐店、自助餐厅	300	22	80	
	宴会厅	500	19	80	宜设调光控制
	操作间	200	22	80	维护系数 0.6~0.7
	面食制作	150	22	80	
	开生间	100	25	80	
	蒸煮	100	25	80	
	冷荤间	150	22	80	宜设置紫外消毒灯
司法	法庭	300	22	80	
	法官、陪审员休息室	200	19	80	
	审讯室	200	22	80	
	监室	200	22	80	
	会客室	300	22	80	
宗教	礼拜堂	100	22	80	
	瞻礼台	300	22	80	
	佛、道教寺庙大殿	100	22	80	
	祈祷、静修室	100	19	60	
	讲经室	300	19	80	
会展	图书音像展厅	500	22	80	
	机械、电器展厅	300	25	80	
	汽车展厅	500	25	80	
	食品展厅	300	22	80	
	服装、日用品展厅	300	22	80	
娱乐休闲	棋牌室	300	19	80	
	台球、沙壶球	200	19	80	另设球台照明
	游戏厅	300	19	80	
	网吧	200	19	80	

附录C 建筑物、入户设施年预计雷击次数及可接受的年平均雷击次数的计算

C.1 建筑物年预计雷击次数的计算

C.1.1 建筑物年预计雷击次数按下式计算：

$$N_1 = KN_gA_e \qquad (C.1.1)$$

式中 N_1——建筑物年预计雷击次数（次/a）；

K——校正系数，在一般情况下取1，在以下情况取下列数值：位于旷野孤立的建筑物取2；金属屋面的砖木结构建筑物取1.7；位于河边、湖边山坡下或山地中土壤电阻率较小处、地下水露头处、土山顶部、山谷风口等处的建筑物，以及特别潮湿的建筑物取1.5；

N_g——建筑物所处地区雷击大地的年平均密度[次/(km² · a)]。按(C.1.2)式确定；

A_e——与建筑物截收相同雷击次数的等效面积（km²），按(C.1.3-2)、(C.1.3-3)式确定。

C.1.2 雷击大地的年平均密度按下式计算：

$$N_g = 0.024T_d^{1.3} \qquad (C.1.2)$$

式中 T_d——年平均雷暴日。

C.1.3 建筑物等效面积 A_e 为其实际平面积向外扩大后的面积，其计算方法应符合下列规定：

1 建筑物的高度 H 小于100m时，其每边的扩大宽度和等效面积应按下列公式计算确定：

$$D = \sqrt{H(200 - H)} \qquad (C.1.3-1)$$

$$A_e = [LW + 2(L+W) \cdot \sqrt{H(200-H)} + \pi H(200-H)] \cdot 10^{-6} \qquad (C.1.3-2)$$

式中 D——建筑物每边的扩大宽度（m）；

L、W、H——建筑物的长、宽、高（m）。

建筑物平面积扩大后的等效面积 A_e 如图C.1.3中的虚线所包围的面积。

2 建筑物的高 H 等于或大于100m时，建筑物每边的扩大宽度 D 应按等于建筑物的高 H 计算。建筑物的等效面积应按下式计算确定：

$$A_e = [LW + 2H(L+W) + \pi H^2] \cdot 10^{-6} \qquad (C.1.3-3)$$

3 当建筑物各部位的高度不同时，应沿建筑物周边逐点算出最大扩大宽度，其等效面积 A_e 应按每点最大扩大宽度外端的连接线所包围的面积计算。

C.2 建筑物入户设施年预计雷击次数及可接受的最大年平均雷击次数计算

C.2.1 建筑物入户设施年预计雷击次数按下式计算：

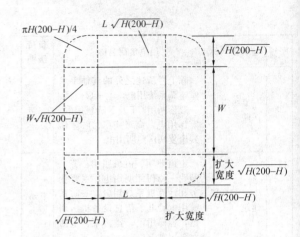

图C.1.3 建筑物的等效面积

$$N_2 = N_g \cdot A_e' = (0.024 \cdot T_d^{1.3}) \cdot (A_{e1}' + A_{e2}') \qquad (C.2.1)$$

式中 N_2——建筑物入户设施年预计雷击次数（次/a）；

N_g——建筑物所处地区雷击大地的年平均密度[次/(km² · a)]；

T_d——年平均雷暴日（d/a）；

A_{e1}'——电源线缆入户设施的截收面积（km²），见表C.2.1；

A_{e2}'——信号线缆入户设施的截收面积（km²），见表C.2.1。

表C.2.1 入户设施的截收面积

线 路 类 型	有效截收面积 A_e'（km²）
低压架空电源电缆	$2000 \cdot L \cdot 10^{-6}$
高压架空电源电缆（至现场变电所）	$500 \cdot L \cdot 10^{-6}$
低压埋地电源电缆	$2 \cdot d_s \cdot L \cdot 10^{-6}$
高压埋地电源电缆（至现场变电所）	$0.1 \cdot d_s \cdot L \cdot 10^{-6}$
架空信号线	$2000 \cdot L \cdot 10^{-6}$
埋地信号线	$2 \cdot d_s \cdot L \cdot 10^{-6}$
无金属铠装或带金属芯线的光纤电缆	0

注：1 L 是线路从所考虑建筑物至网络的第一个分支点或相邻建筑物的长度，单位为m，最大值为1000m，当 L 未知时，应采用 $L = 1000$m；

2 d_s 表示埋地引入线缆计算截收面积时的等效宽度，单位为m，其数值等于土壤电阻率，最大值取500。

C.2.2 建筑物及入户设施年预计雷击次数按下式计算：

$$N = N_1 + N_2 \qquad (C.2.2)$$

C.2.3 因直击雷和雷电电磁脉冲引起电子信息系统设备损坏的可接受的最大年平均雷击次数按下式计算：

$$N_c = 5.8 \times 10^{-1.5}/C \qquad (C.2.3-1)$$

$$C = C_1 + C_2 + C_3 + C_4 + C_5 + C_6$$
$$(C.2.3-2)$$

式中 N_c——可接受的最大年平均雷击次数(次/a)；
　　C——各类因子之和。

C_1 为信息系统所在建筑物材料结构因子。当建筑物屋顶和主体结构均为金属材料时，C_1 取 0.5；当建筑物屋顶和主体结构均为钢筋混凝土材料时，C_1 取 1.0；当建筑物为砖混结构时，C_1 取 1.5；当建筑物为砖木结构时，C_1 取 2.0；当建筑物为木结构时，C_1 取 2.5。

C_2 为信息系统重要程度因子。等电位联结和接地以及屏蔽措施较完善的设备，C_2 取 2.5；使用架空线缆的设备，C_2 取 1.0；集成化程度较高的低电压微电流的设备，C_2 取 3.0。

C_3 为电子信息系统设备耐冲击类型和抗冲击过电压能力因子。一般，C_3 取 0.5；较弱，C_3 取 1.0；相当弱，C_3 取 3.0。

注：一般指设备为 GB/T 16935.1-1997 中所指的 I 类安装位置设备，且采取了较完善的等电位联结、接地、线缆屏蔽措施；较弱指设备为 GB/T 16935.1-1997 中所指的 I 类安装位置的设备，但使用架空线缆，因而风险大；相当弱指设备集成化程度很高，通过低电压、微电流进行逻辑运算的计算机或通信设备。

C_4 为电子信息系统设备所在雷电防护区(LPZ)的因子。设备在 LPZ2 或更高层雷击防护区内时，C_4 取 0.5；设备在 LPZ1 区内时，C_4 取 1.0；设备在 LPZ0$_B$ 区内时，C_4 取 1.5~2.0。

C_5 为电子信息系统发生雷击事故的后果因子。信息系统业务中断不会产生不良后果时，C_5 取 0.5；信息系统业务原则上不允许中断，但在中断后无严重后果时，C_5 取 1.0；信息系统业务不允许中断，中断后会产生严重后果时，C_5 取 1.5~2.0。

C_6 表示区域雷暴等级因子。少雷区，C_6 取 0.8；多雷区，C_6 取 1；高雷区，C_6 取 1.2；强雷区，C_6 取 1.4。

附录 D　浴室区域的划分

D.0.1 浴室的区域划分可根据尺寸划分为三个区域(见图 D-1、图 D-2)。

0 区：是指浴盆、淋浴盆的内部或无盆淋浴 1 区限界内距地面 0.10m 的区域。

1 区的限界是：围绕浴盆或淋浴盆的垂直平面；或对于无盆淋浴，距离淋浴喷头 1.20m 的垂直平面和地面以上 0.10m 至 2.25m 的水平面。

2 区的限界是：1 区外界的垂直平面和与其相距 0.60m 的垂直平面，地面和地面以上 2.25m 的水平面。

所定尺寸已计入盆壁和固定隔墙的厚度。

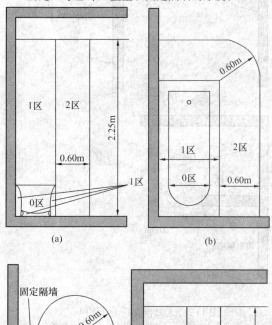

图 D-1　浴盆、淋浴盆分区尺寸
(a)浴盆(剖面)；(b)浴盆(平面)；
(c)有固定隔墙的浴盆(平面)；(d)淋浴盆(剖面)

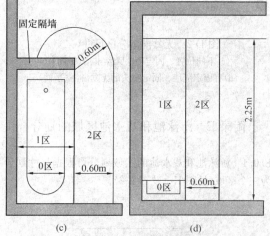

图 D-2　无盆淋浴分区尺寸(一)
(a)无盆淋浴(剖面)；(b)有固定隔墙的无盆淋浴(剖面)

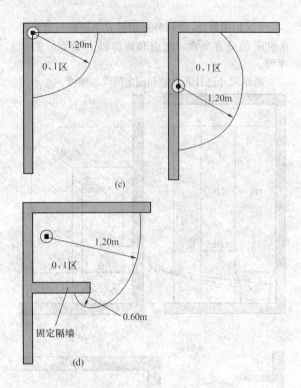

图 D-2 无盆淋浴分区尺寸(二)

(c)不同位置、固定喷头无盆淋浴(平面);

(d)有固定隔墙、固定喷头的无盆淋浴(平面)

附录 E 游泳池和戏水池区域的划分

E.0.1 游泳池和戏水池的区域划分可根据尺寸划分为三个区域(见图 E-1 及图 E-2)。

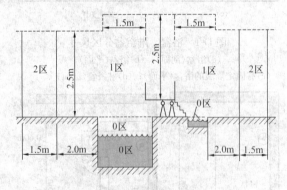

图 E-1 游泳池和戏水池的区域尺寸

注:所定尺寸已计入墙壁及固定隔墙的厚度

0 区:是指水池的内部。

1 区的限界是:距离水池边缘 2m 的垂直平面;预计有人占用的表面和高出地面或表面 2.5m 的水平面;

在游泳池设有跳台、跳板、起跳台或滑槽的地方,1 区包括由位于跳台、跳板及起跳台周围 1.5m 的垂直平面和预计有人占用的最高表面以上 2.5m 的水平面所限制的区域。

2 区的限界是:1 区外界的垂直平面和距离该垂直平面 1.5m 的平行平面之间;预计有人占用的表面和地面及高出该地面或表面 2.5m 的水平面之间。

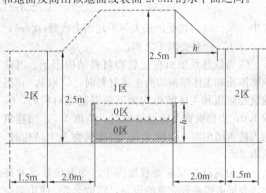

图 E-2 地上水池的区域尺寸

注:所定尺寸已计入墙壁及固定隔墙的厚度

附录 F 喷水池区域的划分

F.0.1 喷水池的区域划分可根据尺寸划分为两个区域(见图 F)。

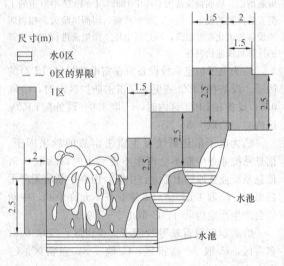

图 F 喷水池区域尺寸

0 区域——水池、水盆或喷水柱、人工瀑布的内部。

1 区域——距离 0 区外界或水池边缘 2m 垂直平面;预计有人占用的表面和高出地面或表面 2.5m 的水平面。

1 区域包括槽周围 1.5m 的垂直平面和预计有人占用的最高表面以上 2.5m 的水平平面所限制的区域。

喷水池没有 2 区。

附录 G 声压级及扬声器所需功率计算

G.0.1 厅堂声压级可按下式计算:

$$L_p = L_W + 10\lg\left(\frac{Q}{4\pi r^2} + \frac{4}{R}\right)^* \quad (G.0.1-1)$$

$$L_W = 10\lg W_a + 120 \quad (G.0.1-2)$$

$$R = S\bar{\alpha}/(1-\bar{\alpha}) \quad (G.0.1-3)$$

式中 L_p ——室内距声源为 r 的某点声压级(dB);

$\quad L_W$ ——声源的功率级(dB);

$\quad R$ ——房间常数;

$\quad W$ ——声源声功率(W);

$\quad r$ ——声源距测点的距离(m);

$\quad S$ ——室内总面积(m^2);

$\quad \bar{\alpha}$ ——平均吸声系数;

$\quad Q$ ——声源的指向性因数,参见表 G.0.1。

注:* 仅适用于室内声场分布均匀的情况。

表 G.0.1 声源的指向性因数

声 源 位 置	Q	声 源 位 置	Q
房间中或舞台中	1	靠一墙角	4
靠一边墙	2	在三面交角上	8

G.0.2 扬声器声压及功率计算

1 扬声器声场的声压级:

$$L_P = L_w + 10\lg\left(\frac{QD^2(\theta)}{4\pi r^2} + \frac{4}{R}\right)$$
$$(G.0.2-1)$$

$$L_w = 10\lg W_E - 10\lg Q + L_s + 11$$
$$(G.0.2-2)$$

式中 L_w ——扬声器的声级功率(dB);

$\quad W_E$ ——输入扬声器的电功率(W);

$\quad L_s$ ——扬声器特性灵敏度级(dB);

$\quad D(\theta)$ ——扬声器 θ 方向的指向性系数;

$\quad Q$ ——扬声器指向性因数;

$\quad r$ ——测点到扬声器的距离(m);

$\quad R$ ——房间常数。

2 扬声器最远供声距离:

$$r_m \leqslant 3 \sim 4r_c \quad (G.0.2-3)$$

$$r_c = 0.14D(\theta)\sqrt{QR} \quad (G.0.2-4)$$

式中 r_c ——临界距离(m);

$\quad Q$ ——扬声器指向性因数;

$\quad R$ ——房间常数;

$\quad D(\theta)$ ——扬声器 θ 方向的指向性系数。

G.0.3 扬声器所需功率

$$10\lg W_E = L_p - L_s + 20\lg r \quad (G.0.3)$$

式中 L_p ——根据需要所选定的最大声压级(dB);

$\quad L_s$ ——扬声器特性灵敏度级(dB);

$\quad W_E$ ——扬声器的电功率(W);

$\quad r$ ——测点到扬声器的距离(m)。

附录 H 各类建筑物的混响时间推荐值及缆线规格计算与选择

H.0.1 各类建筑物的混响时间设计值可参考表 H.0.1。

表 H.0.1 混响时间推荐值

厅 堂 用 途	混响时间(s)
电影院、会议厅	1.0～1.2
立体声宽银幕电影院	0.8～1.0
演讲、戏剧、话剧	1.0～1.4
歌剧、音乐厅	1.5～1.8
多功能厅、排练室	1.3～1.5
声乐、器乐练习室	0.3～0.45
电影同期录音摄影棚	0.8～0.9
语言录音(播音)	0.4～0.5
音乐录音(播音)	1.2～1.5
电话会议、同声传译室	～0.4
多功能体育馆	<2
电视、演播室、室内音乐	0.8～1

H.0.2 从功放设备输出端至线路最远的用户扬声器的线路缆线规格可按式(H.0.2)计算:

$$q = 0.035(100-n)\frac{L \cdot W \cdot U^2}{n} \quad (H.0.2)$$

式中 q ——缆线截面积(mm^2);

$\quad L$ ——从功率放大器到扬声器的缆线长度(m);

$\quad W$ ——输入到扬声器的电功率(W);

$\quad U$ ——扩音机的输出电压(V);

$\quad n$ ——缆线上的电压降,用功率放大器输出电压百分率表示(%)。

当线路衰耗不大于 0.5dB 时,缆线规格可按表 H.0.2 选择。

表 H.0.2 广播馈送回路缆线规格选择一览表

缆线规格		不同扬声器总功率允许的最大距离(m)			
二线制	三线制	30W	60W	120W	240W
$2\times0.5mm^2$	$3\times0.5mm^2$	400	200	100	50
$2\times0.75mm^2$	$3\times0.75mm^2$	600	300	150	75
$2\times1.0mm^2$	$3\times1.0mm^2$	800	400	200	100
$2\times1.5mm^2$	$3\times1.5mm^2$	1000	500	250	125
$2\times2.0mm^2$	$3\times2.0mm^2$	1200	600	300	150

附录 J 建筑设备监控系统 DDC 监控表

表 J DDC 监 控 表　　　　　　　　　　　　共　页　第　页

项目 DDC 编号 序号 监控点描述	设备位号	通道号	DI 类型 接点输入	DI 类型 电压输入		DO 类型 接点输出	DO 类型 电压输出		模拟量输入点 AI 要求 信号类型 温度	湿度	压力	流量	其他	供电电源 其他	模拟量输出点 AO 要求 信号类型 其他	供电电源 其他	DDC 供电电源引自	管线要求 导线规格	型号	管线编号	穿管直径
					其他			其他													
1																					
2																					
3																					
4																					
5																					
6																					
7																					
8																					
9																					
10																					
11																					
12																					
13																					
14																					
15																					
16																					
17																					
18																					
19																					
20																					
合计																					

附录 K BAS 监控点一览表

表 K BAS 监控点一览表　　　　　　　　　　　　共　页　第　页

项目 日期 序号 设备名称	设备数量	输入输出点数量统计 数字输入 DI	数字输出 DO	模拟输入 AI	模拟输出 AO	数字量输入点 DI 运行状态	故障报警	水流检测	差压报警	液位检测	数字量输出点 DO 启停控制	阀门控制	开关控制	手/自动	模拟量输入点 AI 风温检测	水温检测	风压检测	水压检测	湿度检测	差压检测	流量检测	阀位	电压检测	电流检测	有功功率	无功功率	功率因数	频率检测	其他	模出点 AO 风阀	水阀	电源
1 空调机组																																
2 新风机组																																
3 通风机																																
4 排烟机																																
5 冷水机组																																
6 冷冻水泵																																
7 冷却水泵																																
8 冷却塔																																
9 热交换器																																

续表 K

序号	设备名称	设备数量	输入输出点数量统计				数字量输入点 DI						数字量输出点 DO			模拟量输入点 AI															模出点 AO		电源
	日期		数字输入 DI	数字输出 DO	模拟输入 AI	模拟输出 AO	运行状态	故障报警	水流检测	差压报警	液位检测	手/自动	启停控制	阀门控制	开关控制	风温检测	水温检测	风压检测	水压检测	湿度检测	差压检测	流量检测	阀位	电压检测	电流检测	有功功率	无功功率	功率因数	频率检测	其他	风阀	水阀	
10	热水循环泵																																
11	生活水泵																																
12	清水池																																
13	生活水箱																																
14	排水泵																																
15	集水坑																																
16	污水泵																																
17	污水池																																
18	高压柜																																
19	变压器																																
20	低压配电柜																																
21	柴油发电机组																																
22	电梯																																
23	自动扶梯																																
24	照明配电箱																																
25	巡更点																																
26	门禁开关																																
27																																	
28																																	

附录 L 综合布线系统信道及永久链路的各项指标

L.0.1 回波损耗(RL)只在布线系统中的 C、D、E、F 级采用，在布线的两端均应符合回波损耗值的要求，布线系统的最小回波损耗值应符合表 L.0.1 的规定。

表 L.0.1 最小回波损耗值

频率 (MHz)	最小回波损耗(dB)							
	信 道				永久链路			
	C级	D级	E级	F级	C级	D级	E级	F级
1	15.0	17.0	19.0	19.0	15.0	19.0	21.0	21.0
16	15.0	17.0	18.0	18.0	15.0	19.0	20.0	20.0
100	—	10.0	12.0	12.0	—	12.0	14.0	14.0
250	—	—	8.0	8.0	—	—	10.0	10.0
600	—	—	—	8.0	—	—	—	10.0

L.0.2 布线系统的最大插入损耗(IL)值应符合表 L.0.2 的规定。

表 L.0.2 最大插入损耗值

频率 (MHz)	最大插入损耗(dB)											
	信 道						永久链路					
	A级	B级	C级	D级	E级	F级	A级	B级	C级	D级	E级	F级
0.1	16.0	5.5	—	—	—	—	16.0	5.5	—	—	—	—
1	—	5.8	4.2	4.0	4.0	4.0	—	5.8	4.0	4.0	4.0	4.0
16			14.4	9.1	8.3	8.1			12.2	7.7	7.1	6.9
100			24.0	21.7	20.8				20.4	18.5	17.7	
250				35.9	33.8					30.7	28.8	
600				54.6							46.6	

L.0.3 线对与线对之间的近端串音(NEXT)在布线的两端均应符合表 L.0.3 布线系统的最小近端串音值的规定。

表 L.0.3　最小近端串音值

频率(MHz)	最小近端串音(dB)											
	信道						永久链路					
	A级	B级	C级	D级	E级	F级	A级	B级	C级	D级	E级	F级
0.1	27.0	40.0	—				27.0	40.0	—			
1	—	25.0	39.1	60.0	65.0	65.0	—	25.0	40.1	60.0	65.0	65.0
16	—	—	19.4	43.6	53.2	65.0			21.1	45.2	54.6	65.0
100				30.1	39.9	62.9				32.3	41.8	65.0
250					33.1	56.9					35.3	60.4
600						51.2						54.7

L.0.4　近端串音功率和(PSNEXT)只应用于 D、E、F 级布线系统,在布线的两端均应符合表 L.0.4 布线系统的最小 PSNEXT 值的规定。

表 L.0.4　最小 PSNEXT 值

频率(MHz)	最小 PSNEXT(dB)					
	信道			永久链路		
	D级	E级	F级	D级	E级	F级
1	57.0	62.0	62.0	57.0	62.0	62.0
16	40.6	50.6	62.0	42.2	52.2	62.0
100	27.1	37.1	59.9	29.3	39.3	62.0
250	—	30.2	53.9	—	32.7	57.4
600	—	—	48.2	—	—	41.7

L.0.5　线对与线对之间的衰减串音比(ACR)只应用于布线系统 D、E、F 级,ACR 值是 NEXT 与插入损耗分贝值之间的差值,在布线的两端均应符合表 L.0.5 布线系统的最小 ACR 值应的规定。

表 L.0.5　最小 ACR 值

频率(MHz)	最小 ACR(dB)					
	信道			永久链路		
	D级	E级	F级	D级	E级	F级
1	56.0	61.0	61.0	56.0	61.0	61.0
16	34.5	44.9	56.9	37.5	47.5	58.1
100	6.1	18.2	42.1	11.9	23.3	47.3
250	—	−2.8	23.1	—	4.7	31.6
600	—	—	−3.4	—	—	8.1

L.0.6　布线系统的 ACR 功率和(PSACR)为表 L.0.4 PSNEXT 值与表 L.0.2 最大插入损耗值的差值,布线系统的最小 PSACR 值应符合表 L.0.6 的规定。

表 L.0.6　最小 PSACR 值

频率(MHz)	最小 PSACR(dB)					
	信道			永久链路		
	D级	E级	F级	D级	E级	F级
1	53.0	58.0	58.0	53.0	58.0	58.0
16	31.5	42.3	53.9	34.5	45.1	55.1
100	3.1	15.4	39.1	8.9	20.8	44.3
250	—	−5.8	20.1	—	2.0	28.6
600	—	—	−6.4	—	—	5.1

L.0.7　布线系统的线对与线对之间最小等电平远端串音(ELFEXT)应符合表 L.0.7 的规定。

表 L.0.7　最小 ELFEXT 值

频率(MHz)	最小 ELFEXT(dB)					
	信道			永久链路		
	D级	E级	F级	D级	E级	F级
1	57.4	63.3	65.0	58.6	64.2	65.0
16	33.3	39.2	57.5	34.5	40.1	59.3
100	17.4	23.3	44.4	18.6	24.2	46.0
250	—	15.3	37.8	—	16.2	39.2
600	—	—	31.3	—	—	32.6

L.0.8　布线系统的最小等电平远端串音功率和(PSELFEXT)应符合表 L.0.8 的规定。

表 L.0.8　最小 PSELFEXT 值

频率(MHz)	最小 PSELFEXT(dB)					
	信道			永久链路		
	D级	E级	F级	D级	E级	F级
1	54.4	60.3	62.0	55.6	61.2	62.0
16	30.3	36.2	54.5	31.5	37.1	56.3
100	14.4	20.3	41.4	15.6	21.2	43.0
250	—	12.3	34.8	—	13.2	36.2
600			28.3			29.6

L.0.9　布线系统的最大直流环路电阻应符合表 L.0.9 的规定。

表 L.0.9　最大直流环路电阻

最大直流环路电阻(Ω)											
信道						永久链路					
A级	B级	C级	D级	E级	F级	A级	B级	C级	D级	E级	F级
560	170	40	25	25	25	530	140	34	21	21	21

L.0.10　布线系统的最大传播时延值应符合表 L.0.10 的规定。

表 L.0.10 最大传播时延值

频率 MHz	最大传播时延（μs）											
	信　道						永久链路					
	A级	B级	C级	D级	E级	F级	A级	B级	C级	D级	E级	F级
0.1	20.000	5.000	—			—	19.400	4.400	—			—
1	—	5.000	0.580	0.580	0.580	0.580	—	4.400	0.521	0.521	0.521	0.521
16	—	—	0.553	0.553	0.553	0.553	—	—	0.496	0.496	0.496	0.496
100	—	—	—	0.548	0.548	0.548	—	—	—	0.491	0.491	0.491
250	—	—	—	—	0.546	0.546	—	—	—	—	0.490	0.490
600	—	—	—	—	—	0.545	—	—	—	—	—	0.489

L.0.11 布线系统的最大传播时延偏差应符合表 L.0.11 的规定。

表 L.0.11 最大传播时延偏差

等　级	频率（MHz）	最大时延偏差（μs）	
		信　道	永久链路
A	$f=0.1$	—	—
B	$0.1 \leqslant f \leqslant 1$	—	—
C	$1 \leqslant f \leqslant 16$	0.050	0.044
D	$1 \leqslant f \leqslant 100$	0.050	0.044
E	$1 \leqslant f \leqslant 250$	0.050	0.044
F	$1 \leqslant f \leqslant 600$	0.050	0.026

L.0.12 在布线的两端均应符合不平衡衰减的要求。一个信道的不平衡衰减[纵向对差分转换损耗（LCL）或横向转换损耗（TCL）]应符合表 L.0.12 的规定。

表 L.0.12 信道最大不平衡衰减值

等级	频率（MHz）	最大不平衡衰减（dB）
A	$f=0.1$	30
B	$f=0.1$ 和 1	在 0.1MHz 时为 45；1MHz 时为 20
C	$1 \leqslant f \leqslant 16$	$30-5\lg(f)$ f. f. s.
D	$1 \leqslant f \leqslant 100$	$40-10\lg(f)$ f. f. s.
E	$1 \leqslant f \leqslant 250$	$40-10\lg(f)$ f. f. s.
F	$1 \leqslant f \leqslant 600$	$40-10\lg(f)$ f. f. s.

本规范用词说明

1 为便于在执行本规范条文时区别对待，对于要求严格程度不同的用词说明如下：

　　1）表示很严格，非这样做不可的：

　　　　正面词采用"必须"，反面词采用"严禁"；

　　2）表示严格，在正常情况下均应这样做的：

　　　　正面词采用"应"，反面词采用"不应"或"不得"；

　　3）表示允许稍有选择，在条件许可时首先应这样做的：

　　　　正面词采用"宜"，反面词采用"不宜"；

　　　　表示有选择，在一定条件下可以这样做的，采用"可"。

2 条文中指明应按其他有关标准执行的写法为："应符合……的规定"或"应按……执行"。

中华人民共和国行业标准

民用建筑电气设计规范

Code for electrical design of civil buildings

JGJ 16—2008
J 778—2008

条 文 说 明

前　言

《民用建筑电气设计规范》JGJ 16—2008，经建设部 2008 年 1 月 31 日以 800 号公告批准发布。

本规范第一版的主编单位是中国建筑东北设计研究院，参编单位是北京市建筑设计研究院、建设部建筑设计院、天津市建筑设计院、哈尔滨建筑工程学院、华东建筑设计院、中国建筑西北设计研究院、中南建筑设计院、中国建筑西南设计研究院、辽宁省建筑设计院、吉林省建筑设计院、黑龙江省建筑设计院、广州市设计院、上海电缆研究所。

为便于广大设计、施工、科研、学校等单位有关人员在使用本规范时能正确理解和执行条文规定，《民用建筑电气设计规范》编制组按章、节、条顺序编制了本规范的条文说明，供使用者参考。在使用中如发现本条文说明有不妥之处，请将意见函寄中国建筑东北设计研究院（主编单位）。

1 总 则

1.0.1 本条阐述了编制本规范的目的，规定了民用建筑电气设计必须遵循的基本原则和应达到的基本要求。

民用建筑电气设计不仅涉及很多领域的专业技术问题，而且要体现国家的基本方针和政策。因此，设计中必须认真贯彻执行国家的方针、政策。

针对不同的工程项目，保证电气设施运行安全可靠、经济合理、技术先进、维护管理方便这些基本要求，是设计中必须遵守的准则；而注意整体美观，则是民用建筑设计的固有特性所决定的，也是不可忽视的重要方面。

1.0.2 本条规定了本规范的适用范围。对于人防工程、燃气加压站、汽车加油站的电气设计，由于工程具有特殊性，涉及的技术内容并非民用建筑电气设计规范所能界定的。因此，将上述工程列入不适用范围。

1.0.3 防治污染、保护生态环境是我国的一项重要国策。随着国家经济快速发展，人们生活水平不断提高，对良好生态环境、人居环境的追求已经成为提高生活水平和生活质量的重要组成部分。本规范倡导以人为本的设计理念，重视电磁污染及声、光污染，采取综合治理措施，确保人居环境的安全，无疑是落实国家政策的重要一环。

1.0.4 民用建筑电气设计涉及的技术标准种类繁多，根据不同的工程对象，恰如其分地采用技术标准和装备水平，使其与工程的功能、性质相适应是建筑电气设计的重要环节，处理好这一问题实属关键。

1.0.5 节能是一项重要的国策。单立此条的目的，在于强调设计中要从各方面积极采用和推广成熟、有效的节能措施，配合国家发展和改革委员会推出《节能中长期专项规划》的落实，努力降低电能消耗。

1.0.6 此条规定是保证设计质量的有效措施。民用建筑电气设计事关人身、财产安全，如果不能杜绝已被国家淘汰的和不符合国家技术标准的劣质产品在工程上应用，无疑将给工程埋下隐患。因此，条文中采用"严禁使用"来确保产品质量。

1.0.7 近年来，建筑电气领域的新产品、新系统层出不穷，从理论到实践都需积累经验，不断去粗取精，尤其向国际标准靠拢更应结合国情，不能一概照搬。因而强调采用经实践证明行之有效的新技术，这是一种科学精神，避免不必要的浪费和损失，提高经济效益、社会效益。

1.0.8 民用建筑电气设计范围很广，有不少方面又与国家标准和其他行业标准交叉，或对专业性较强的内容未在本规范表达，为避免执行中可能出现的矛盾或误解，故设此规定。

3 供配电系统

3.1 一般规定

3.1.1 为适应一般民用建筑工程的常用情况，本规范特规定适用于 10kV 及以下电压等级的供配电系统。

对于一些民用建筑的规模很大，用电负荷相应增大，个别建筑物内部设有 35kV 等级的变电所，应按国家有关标准设计。

3.1.2 供配电系统如果未进行全面的统筹规划，将会产生能耗大、资金浪费及配置不合理等问题。因此，在供配电系统设计中，应进行全面规划，确定合理可行的供配电系统方案。

3.2 负荷分级及供电要求

3.2.1 根据电力负荷因事故中断供电造成的损失或影响的程度，区分其对供电可靠性的要求，进行负荷分级。损失或影响越大，对供电可靠性的要求越高。电力负荷分级的意义在于正确地反映它对供电可靠性要求的界限，以便根据负荷等级采取相应的供电方式，提高投资的经济效益和社会效益。

根据民用建筑特点，本条对一级负荷中特别重要负荷作了规定。一级负荷中特别重要的负荷，如大型金融中心的关键电子计算机系统和防盗报警系统、大型国际比赛场馆的计时记分系统以及监控系统等。重要的实时处理计算机及计算机网络一旦中断供电将会丢失重要数据，因此列为一级负荷中特别重要负荷。另外，大多数民用建筑中通常不含有中断供电将发生中毒、爆炸和火灾的负荷，当个别建筑物内含有此类负荷时，应列为一级负荷中特别重要负荷。

3.2.2 由于各类建筑中应列入一级、二级负荷的用电负荷很多，规范中难以将各类建筑中的所有用电负荷全部列出。本规范仅对负荷分级作了原则性规定并给出常用用电负荷分级表，列入附录 A 中，表中未列出的其他类似的负荷可根据工程的具体情况参照表中的相应负荷分级确定。附录 A 是根据原规范表 3.1.2 修改补充而成。

一类和二类高层建筑中的电梯、部分场所的照明、生活水泵等用电负荷如果中断供电将影响全楼的公共秩序和安全，对用电可靠性的要求比多层建筑明显提高，因此对其负荷的级别作了相应的划分。

3.2.8、3.2.9 规定一级负荷应由两个电源供电，而且不能同时损坏。因为只有满足这个基本条件，才可能维持其中一个电源继续供电，这是必须满足的要求。两个电源宜同时工作，也可一用一备。

对一级负荷中特别重要负荷的供电要求作了规定，除应满足本规范第 3.2.8 条要求的两个电源供电外，还必须增设应急电源。

近年来供电系统的运行实践经验证明，从电力网引接两回路电源进线加备用自投（BZT）的供电方式，不能满足一级负荷中特别重要负荷对供电可靠性及连续性的要求，有的全部停电事故是由内部故障引起的，也有的是由电力网故障引起的。由于地区大电力网在主网电压上部是并网的，所以用电部门无论从电网取几路电源进线，也无法得到严格意义上的两个独立电源。因此，电力网的各种故障，可能引起全部电源进线同时失去电源，造成停电事故。

当电网设有自备发电站时，由于内部故障或继电保护的误动作交织在一起，可能造成自备电站电源和电网均不能向负荷供电的事故。因此，正常与电网并列运行的自备电站，一般不宜作为应急电源使用，对一级负荷中特别重要的负荷，需要由与电网不并列的、独立的应急电源供电。禁止应急电源与工作电源并列运行，目的在于防止工作电源故障时可能拖垮应急电源。

多年来实际运行经验表明，电气故障是无法限制在某个范围内部的，电力企业难以确保供电不中断。因此，应急电源应是与电网在电气上独立的各种电源，例如蓄电池、柴油发电机等。

为了保证对一级负荷中特别重要负荷的供电可靠性，需严格界定负荷等级，并严禁将其他负荷接入应急电源系统。

3.2.10 对二级负荷的供电方式。由于二级负荷停电影响较大，因此宜由两回线路供电，供电变压器也宜选两台（两台变压器可不在同一变电所）。只有当负荷较小或地区供电条件困难时，才允许由一回 6kV 及以上的专用架空线或电缆供电。当线路自上一级配电所用电缆引出时必须采用两根电缆组成的电缆线路，其每根电缆应能承受二级负荷的 100%，且互为热备用。

3.3 电源及供配电系统

3.3.1 电源及供配电系统设计

第 1 款 供配电线路宜深入负荷中心，将配电所、变电所及变压器靠近负荷中心的位置，可降低电能损耗、提高电压质量、节省线材，这是供配电系统设计时的一条重要原则。

第 3 款 长期的运行经验表明，用电单位在一个电源检修或事故的同时另一电源又发生事故的情况极少，且这种事故多数是由于误操作造成的，可通过加强维护管理、健全必要的规章制度来解决。

第 4 款 电力系统所属大型电厂其单位功率的投资少，发电成本低，而用电单位一般的自备中小型电厂则相反，故只有在条文规定的情况下，才宜设置自备电源。

　　1）此项规定了设置自备电源作为第三电源的

条件。按本规范第 3.2.9 条的规定，一级负荷中特别重要负荷，除两个电源外，还必须增设应急电源，因而需要设置自备电源；

　　2）此项规定了设置自备电源作为第二电源的条件；

　　3）此项规定了设置自备电源作为第一电源的条件。

第 5 款 两回电源线路采用同级电压可以互相备用，提高设备利用率，如能满足一级和二级负荷用电要求时，也可以采用不同电压供电。

第 6 款 如果供电系统接线复杂，配电层次过多，不仅管理不便，操作繁复，而且由于串联元件过多，因元件故障和操作错误而产生事故的可能性也随之增加。所以复杂的供电系统可靠性并不一定高。配电级数过多，继电保护整定时限的级数也随之增多，而电力系统容许继电保护的时限级数对 10kV 来说正常情况下也只限于两级，如配电级数出现三级，则中间一级势必要与下一级或上一级之间无选择性。

第 7 款 配电系统采用放射式则供电可靠性高，便于管理，但线路和开关柜数量增多。而对于供电可靠性要求较低者可采用树干式，线路数量少，可节约投资。负荷较大的高层建筑，多含二级和一级负荷，可用分区树干式或环式，以减少配电电缆线路和开关柜数量，从而相应少占电缆竖井和高压配电室的面积。

3.3.2 应急电源与正常电源之间必须采取可靠措施防止并列运行，目的在于保证应急电源的专用性，防止正常电源系统故障时应急电源向正常电源系统负荷送电而失去作用。例如应急电源原动机的启动命令必须由正常电源主开关的辅助接点发出，而不是由继电器的接点发出，因为继电器有可能误动作而造成与正常电源误并网。

3.3.3 应急电源类型的选择应根据一级负荷中特别重要负荷的容量、允许中断供电的时间以及要求的电源为交流或直流等条件来进行。

由于蓄电池装置供电稳定、可靠、切换时间短，因此对于允许停电时间为毫秒级、容量不大的特别重要负荷且可采用直流电源者，可由蓄电池装置作为应急电源。如果特别重要负荷要求交流电源供电，且容量不大的，可采用 UPS 静止型不间断供电装置（通常适用于计算机等电容性负载）。

对于应急照明负荷，可采用 EPS 应急电源（通常适用于电感及阻性负载）供电。

如果特别重要负荷中有需驱动的电动机负荷，启动电流冲击较大，但允许停电时间为 30s 以内的，可采用快速自启动的柴油发电机组，这是考虑一般快速自启动的柴油发电机组自启动时间一般为 10s 左右。

对于带有自动投入装置的独立于正常电源的专门

馈电线路，是考虑其自投装置的动作时间，适用于允许中断供电时间大于电源切换时间的供电。

3.4 电压选择和电能质量

3.4.5 各种用电设备对电压偏差都有一定要求。如果电压偏差超过允许值，将导致电动机达不到额定输出功率，增加运行费用，甚至性能变劣、降低寿命。照明器端电压的电压偏差超过允许值时，将使照明器的寿命降低或光通量降低。为使电设备正常运行和有合理的使用寿命，设计供配电系统时，应验算用电设备的电压偏差。

3.4.6 在供配电系统设计中，正确选择元器件和系统结构，就可在一定程度上减少电压偏差。

第1款 正确选择变压器的变压比和电压分接头，即可将供配电系统的电压调整在合理的水平上。

第2款 供电元器件的电压损失与阻抗成正比，在技术经济合理时，减少变压级数、增加线路截面、采用电缆供电可以减少电压损失，从而缩小电压偏差范围。

第3款 合理补偿无功功率，可以缩小电压偏差范围。

第4款 在三相四线制中，如果三相负荷分布不均（相导体对中性导体），将产生零序电压使零点移位，一相电压降低，另一相电压升高，增大了电压偏差。同样，线间负荷不平衡，则引起线间电压不平衡，增大了电压偏差。

3.4.7 电力系统通常在35kV以上电压的区域变电所中采用有载调压变压器进行调压，大多数用电单位的电压质量能得到满足，所以通常各用电单位不必装设有载调压变压器，既节省投资又减少了维护工作量，提高了供电可靠性。对个别距离区域变电所过远的用电单位，如果在区域变电所采取集中调压方式后，仍不能满足电压质量要求，且对电压要求严格的设备单独设置调压装置技术经济不合理时，也可采用10(6)kV有载调压变压器。

3.4.8 冲击性负荷引起的电压波动和闪变对其他用电设备影响甚大，例如照明闪烁，显像管图像变形，电动机转速不均匀，电子设备、自控设备或某些仪器工作不正常等，因此应采取具体措施加以限制在合理的范围内，电压波动和闪变不包括电动机启动时允许的电压骤降。

3.4.9 为降低三相低压配电系统的不对称度，规定设计低压配电系统时，应采取的措施。

第2款 根据各地的通常做法，原规范规定了由公共低压电网供电的220V照明用户，在线路电流不超过30A时，可采用220V单相供电，否则应以220/380V三相四线供电。考虑到目前各类用户如住宅的用电容量比以前均有较大幅度的增加，大范围采用三相供电也存在检修维护的安全性等问题，目前国内一些地区，在实施过程中已按40A设计。因此将上述30A调整为40A。

3.5 负荷计算

3.5.2 在各类用电负荷尚不够具体或明确的方案设计阶段可采用单位指标法。

需要系数法计算较为简便实用，经过全国各地的设计单位长期和广泛应用证明，需要系数法能够满足需要，所以本规范将需要系数法作为民用建筑电气负荷计算的主要方法。

3.5.3 在实际工程设计中，常遇到消防负荷中含有平时兼作它用的负荷，如消防排烟风机除火灾时排烟外，平时还用于通风（有些情况下排烟和通风状态下的用电容量尚有不同），因此应特别注意除了在计算消防负荷时应计入其消防部分的电量以外，在计算正常情况下的用电负荷时还应计入其平时使用的用电容量。

3.6 无功补偿

3.6.1 在民用建筑中通常包含大量的电力变压器、异步电动机、照明灯具等用电设备。这些用电设备所需的无功功率在电网中的滞后无功负荷中所占比重很大。因此在设计中正确选用变压器等设备的容量，不仅可以提高负荷率，而且对提高自然功率因数也具有实际意义。

当采取合理选择变压器容量、线缆及敷设方式等相应措施进行提高自然功率因数后，仍不能达到电网合理运行的要求时，应采用人工补偿无功功率措施。

由于并联电容器价格便宜，便于安装，维修工作量及损耗都比较小，可以制成不同容量规格，分组容易，扩建方便，既能满足目前运行要求，又能避免由于考虑将来的发展使目前装设的容量过大，因此可采用并联电力电容器作为人工补偿的主要设备。

3.6.2 原规范规定高压供电的用电单位功率因数为0.9以上，低压供电的用电单位功率因数为0.85以上。现行的《国家电网公司电力系统电压质量和无功电力管理规定》规定，100kVA及以上10kV供电的电力用户在用户高峰负荷时变压器高压侧功率因数不宜低于0.95；其他电力用户，功率因数不宜低于0.90。

3.6.3 为了尽量减少线损和电压降，宜采用就地平衡无功负荷的原则来装设电容器。由于低压并联电容器的价格比高压并联电容器低，特别是全膜金属化电容器性能优良，因此低压侧的无功负荷完全由低压电容器补偿是比较合理的。为了防止低压部分过补偿产生的不良后果，因此当有高压感性用电设备或者配电变压器台数较多时，高压部分的无功负荷应由高压电容器补偿。

并联电容器单独就地补偿是将电容器安装在电气

设备附近，可以最大限度地减少线损和释放系统容量，在某些情况下还可以缩小馈电线路的截面积，减少有色金属消耗，但电容器的利用率往往不高，初次投资及维护费用增加。从提高电容器的利用率和避免招致损坏的观点出发，首先选择在容量较大的长期连续运行的用电设备上装设电容器就地补偿。

如果基本无功负荷相当稳定，为便于维护管理，宜在配、变电所内集中补偿。

3.6.4 为了节省投资和减少运行维护工作量，凡可不用自动补偿或采用自动补偿效果不大的地方均不宜装设自动无功功率补偿装置。本条所列的基本无功功率是指当用电设备投入运行时所需的最小无功功率，常年稳定的无功功率及在运行期间恒定的无功功率均不需自动补偿。我国并联电容器国家标准规定，并联电容器允许每年投切次数不超过 1000 次。所以对于投切次数极少的电容器组宜采用手动投切的无功功率补偿装置。

3.6.5 根据供电部门对功率因数的管理规定，过补偿要罚款，对于有些对电压敏感的用电设备，在轻载时由于电容器的作用，线路电压往往升得很高，会造成这种用电设备（如灯泡）的损坏和严重影响其寿命及使用效能，如经过经济比较认为合理时，宜装设无功自动补偿装置。

由于高压无功自动补偿装置对切换元件的要求比较高，且价格较高，检修维护也较困难，因此当补偿效果相同时，宜优先采用低压无功自动补偿装置。

3.6.6 在民用建筑中采用无功功率补偿，主要是为了满足《供电营业规则》及《国家电网公司电力系统电压质量和无功电力管理规定》对用电单位功率因数的要求，以保证整个电网在合理状态下运行，所以宜采用功率因数调节原则，同时满足电压调整率的要求。

3.6.7 当无功功率补偿的并联电容器容量较大时，应根据补偿无功和调节电压的需要分组投切。

一些民用建筑由于采用晶闸管调光装置或大型整流装置等设备，以致造成电网中高次谐波的百分比很高。当分组投切大容量电容器组时，由于其容抗的变化范围较大，如果系统的谐波感抗与系统的谐波容抗相匹配，就会发生高次谐波谐振，造成过电压和过电流，严重危及系统及设备的安全运行，所以必须防止。

由于投入电容器时合闸涌流很大，而且容量越小，相对的涌流倍数越大。以 100kVA 变压器低压侧安装的电容器组为例，仅投切一台 12kvar 电容器则涌流可达其额定电流的 56.4 倍，如投切一组 300kvar 电容器，涌流则仅为额定电流的 12.4 倍，所以电容器在分组时，应考虑配套设备，如接触器或断路器在开断电容器时产生重击穿过电压及电弧

重击穿现象。

3.6.8 当对电动机进行就地补偿时，首先应选用长期连续运行，且容量较大的电动机配用电容器。电容器的容量可根据接到电动机控制器负荷侧电容器的总千乏数不超过提高电动机空载功率因数到 0.9 所需的数值选择。当电动机投入快速反向、重合闸、频繁启动或其他类似操作产生过电压或超转矩影响时，应允许将不超过电动机输入千伏安容量的 50% 电容器投入运行。在三相异步电动机单独补偿的方式中，为了避免在减速情况下产生自励或过补偿，所安装的电容器容量应为电动机空载功率因数补偿到 0.9 所需的数值。对于能产生过电压或超转矩的情况，仍可采用 50%。当电动机与电容器同时投切，电动机可作放电设备，不需再设其他放电设备。

民用建筑中使用较多的电梯等用电设备，在重物下降时，电机运行于第四象限，为了避免过电压，不宜单独用电容器补偿。对于多速电动机，如不停电进行变压及变速，也容易产生过电压，也不宜单独用电容器补偿。如对这些用电设备需要采用电容器单独补偿，应为电容器单独设置控制设备，操作时先停电再进行切换，避免产生过电压。

当电容器装在电动机控制设备的负荷侧时，流过过电流装置的电流小于电动机本身的电流。设计时应考虑电动机经常在接近实际负荷下使用，所以保护继电器应按加装电容器的电动机—电容器组的电流来选择。

3.6.9 在并联电容器回路中串联电抗器，可以限制合闸涌流和避免谐波放大。

4 配 变 电 所

4.1 一 般 规 定

4.1.1 虽然上海、天津等城市的少数大型民用建筑的供电电源已采用 35kV 电压等级，但全国绝大部分地区仍为 10kV 及以下电压。故本次规范修订，配变电所设计仍规定为适用于交流电压 10kV 及以下。当工程需要采用 35kV 电压等级时，可按国家标准《35～110kV 变电所设计规范》GB 50059 的规定执行。

4.1.3 我国是个多地震国家，20 世纪我国发生 7 级以上强震占全球的 1/10，再加上地震区面积大以及地震区范围内的大、中型城市多，全国 300 多个大、中城市中有一半的地震烈度为 7 度及以上。如地震电源受到损坏，不能正常供电，对于抗震救灾都是不利的，因此参考相关专业的规定而作此规定。

4.2 所 址 选 择

4.2.1 根据民用建筑的特点，将配变电所位置选择加以具体化。民用建筑配变电所位置选择，与工业建

筑除有不少共性点之外，尚有它的个别属性。

4.2.2 根据多年来的经验总结，设置在建筑物地下层的配变电所遭水淹渍、散热不良的干扰确有发生。尤其在施工安装阶段常常出现上层有水漏进配变电所，或地下防水措施未做好，或预留孔未堵塞而造成配变电所进水而遭淹渍，影响配变电所安全运行的情况，这些都不可忽视。

4.2.4 根据调查，在多层住宅小区多设置户外预装式变电所，在高层住宅小区可设置独立式配变电所或建筑物内附设式配变电所。为保障人身和设备安全，杆上变电所及高抬式变电所不应设置在住宅小区内。

4.3 配电变压器选择

4.3.1 节能是一项重要的国策，采用节能型变压器，符合国家的环境保护和可持续发展的方针政策。

4.3.2 在民用建筑中，变压器的季节负载变化很大。变压器制造厂家常推荐将变压器采取强冷措施，允许适当过载运行。使用单位为了减少首次安装容量，往往接受此措施。其实变压器在此情况下运行是不经济的，不宜提倡。长期工作负载率应考虑经济运行，不宜大于85%。

4.3.4 本条规定民用建筑中的配电变压器接线组别宜选用D，yn11。该接线组别的变压器比Y，yn0接线组别的变压器具有明显优点，限制了三次谐波，降低了零序阻抗，即增大了相零单相短路电流值，对提高单相短路电流动作断路器的灵敏度有较大作用。经多年来我国在民用建筑中的使用情况及现时国际上的使用情况，本规范推荐采用D，yn11接线组别的配电变压器。

4.3.5 根据调查，目前在民用建筑中附设式配变电所内的配电变压器，均采用干式变压器。现在国际上已生产非可燃性液体绝缘变压器，虽然国内目前尚无此类产品，但不排除以后试制成功或引进的可能。对于气体绝缘干式变压器，在我国的南方潮湿地区及北方干燥地区的地下层不宜使用，因为当变压器停止运行后，变压器的绝缘水平严重下降，不采取措施很难恢复正常运行。

4.3.6 根据调查，民用建筑使用的配电变压器，虽有的单台容量已达到1600kVA及以上，但由于其供电范围和供电半径太大，电能损耗大，对断路器等设备要求严格，故本规范规定不宜大于1250kVA。户外预装式变电所单台变压器容量，规定不宜大于800kVA。另外800kVA以上的油浸式变压器要装设瓦斯保护，而变压器电源侧往往不在变压器附近，瓦斯保护很难做到。

4.4 主接线及电器选择

4.4.3 条文中的隔离电器，包括隔离开关、隔离触头。一般情况下，分段联络开关宜装设断路器，只有同时满足条文规定的三款要求时，才能只装设隔离电器。

4.4.4、4.4.5 电压为10(6)kV的配电装置，现在有手车式和固定式两种。对于手车式，其手车已具有隔离功能。而固定式配电装置出线回路应设线路隔离电器，其隔离电器和相应开关电器应具有连锁功能。

4.4.7 本条中第1款规定采用能带负荷操作的电器，是为了在就地，而不需要到总配电所去操作。第2款是指与总配电所在同一建筑平面内或相邻的分配变电所，在进线处可不设开关电器，此两款规定的前提条件是放射式供电和无继电保护要求。

4.4.11 条文规定真空断路器应相应附带浪涌吸收器。现在的市场产品有自带浪涌吸收器的，有不带的。条文规定的目的是必须具有浪涌吸收器。

4.4.12 条文规定了低压开关的选择要求。变压器低压侧电源开关宜采用断路器，仅当变压器容量小，且为三级负荷供电时，可使用熔断器开关设备。

当低压母线联络开关，要求自动投切时，应采用断路器，不能使用接触器等开关电器。

4.5 配变电所形式和布置

4.5.2 根据调查，国内各建筑设计单位，在设计室内配变电所时，为保证安全，很少有使用裸露带电导体的情况，参考西欧国家的标准也规定不允许使用裸露带电体。配电变压器应使用带外壳保护式，由配电变压器至低压配电柜的进线线路，现在国内采用保护式母线较多，而国外多使用单芯电缆。鉴于我国地域广、经济发展不均衡的具体情况，部分地区仍存在使用裸露带电导体的可能，所以条文规定为"不宜设置裸露带电导体或装置"。规定"不宜设置带可燃性油的电气设备和变压器"，是根据无油设备的防火性能和经济指标与采用可燃性油设备加上防火措施的费用相比，在民用建筑中也没有使用带可燃性油的设备再采取相应的防火等措施的必要。

4.5.3 独立变电站与其他建筑物之间的防火间距，应符合国家标准《建筑设计防火规范》GB 50016的规定，否则应按建筑物附设式配变电所的要求进行电气设计。

4.5.5 当一级负荷的容量较大，供电回路数较多时，宜在配变电所内分列设置相应的配电装置。由于大部分工程中不具备分列设置的条件，故要求在母线分段处设置防火隔板或隔墙，以确保一级负荷的供电回路安全。对于供一级负荷的两回路电源电缆(指工作、备用的两回路电源)，尽量不敷设在配变电所的同一电缆沟内，但工程中很难做到分沟敷设。故当同沟敷设时，应满足条文规定的要求。

4.5.6 据调查，民用建筑配变电所的高、低压配电装置数量的变更是常有的事。因建筑物的使用性质、对象的变更，而需增加配电装置数量或增加供电容量的情况时有发生。在设计时应留有适当数量的配电装置位置，以方便以后的增加。如何量化，应根据该建筑物的具体情况分析确定。

对于 0.4kV 系统，为使用方的临时供电或增加某些设备或在使用中某个回路损坏需尽快恢复供电等提供方便，增加一定数量的备用回路是非常必要的。

4.5.8 值班室和低压配电装置室合并，在中小型配变电所中是常见的，应在低压配电室留有适当的位置，供值班人员工作的场所。要求的 3m 距离，指在配电屏的前面或端头，在此范围内，放置一些必要的储藏柜、桌凳等后，仍可保证配电装置的操作安全距离。

4.5.9 防护外壳防护等级的要求，应符合现行国家标准《外壳防护等级》GB 4208 的规定。现在使用的干式变压器防护外壳，很多已达到 IP5X 的水平，防护等级越高，其散热越差，选择时应根据实际情况合理确定防护等级。

4.8 电力电容器装置

4.8.1 民用建筑中的配变电所，补偿用电力电容器装置的单组容量，不应大于 1000kvar，也不可能大于此值。

4.8.3 高次谐波可能引起电容器过载，串联电抗器可以抑制谐波。

4.8.5 考虑民用建筑的防火要求。

4.9 对土建专业的要求

4.9.2 配变电所的所有门，均应采用防火门，条文中规定了对各种情况下对门的防火等级要求，一方面是为了配变电所外部火灾时不应对配变电造成大的影响，另一方面是在配变电所内部火灾时，尽量限制在本范围内。

防火门分为甲、乙、丙三级，其耐火最低极限：甲级应为 1.20h；乙级应为 0.90h；丙级应为 0.60h。

门的开启方向，应本着安全疏散的原则，均向"外"开启，即通向配变电所室外的门向外开启，由较高电压等级通向较低电压等级的房间的门，向较低电压房间开启。

4.9.5 配变电所中的单件最大最重件为配电变压器。据调查，现在设置在建筑物地下层或楼层的配电变压器，因土建设计未考虑其荷载和运输通道的要求，造成很多麻烦，有的在施工时，勉强运到位，但对今后的更换则非常困难。因此在设计时，应向土建专业提出通道、荷载等要求。运输通道可利用车道，垂直运输机械或专设运输通道（或可拆卸通道）。

5 继电保护及电气测量

5.1 一般规定

5.1.1 目前国内民用建筑中的电压等级绝大多数在 10(6)kV 及以下，10(6)kV 以上电压等级的继电保护及电气测量可根据相应的国家标准及规范设计。

5.1.2 可靠性是指保护该动作时应动作，不该动作时不动作。选择性是指首先由故障设备或线路本身的保护切除故障，当故障设备或线路本身的保护或断路器拒动时，才允许由相邻设备、线路的保护或断路器失灵保护切除故障。灵敏性是指在被保护设备或线路范围内金属性短路时，保护装置应具有必要的灵敏系数。速动性是指保护装置应能尽快地切除短路故障。

5.1.3 为保证可靠性，提高设备管理水平，满足节能及安全等诸多需求，对重要或大型的配变电所可根据工程实际需求适当采用智能化保护装置或变电所综合自动化系统。

5.2 继电保护

5.2.1 继电保护设计的规定

第 1 款 规定了民用建筑中的电力设备和线路应装设的保护。其中主保护是指满足系统稳定和设备安全要求，能以最快速度有选择地切除被保护设备和线路故障的保护。后备保护是指主保护或断路器拒动时，用以切除故障的保护。辅助保护是指为补充主保护和后备保护的性能或当主保护和后备保护退出运行而增设的简单保护。异常运行保护是反映被保护电力设备或线路异常运行状态的保护。

第 2 款 规定了继电保护装置的接线回路应尽可能简单并且尽量减少所使用的元件和接点的数量。

第 3 款 本规定是为了保证继电保护装置的选择性。

第 4 款 保护装置的灵敏系数，应根据不利正常运行方式和不利故障类型进行计算，必要时应计及短路电流衰减的影响。

第 5 款 保护装置与测量仪表一般不宜共用电流互感器的二次线圈，当必须共用一组二次线圈时，则仪表回路应通过中间电流互感器或试验部件连接，当采用中间电流互感器时，其二次开路情况下，保护用电流互感器的稳态比误差仍不应大于 10%。当技术上难以满足要求且不致使保护装置误动作时，可允许有较大的误差。

第 8 款 本款规定是为了便于分别校验保护装置和提高可靠性。

第 9 款 本款规定"当用户 10(6)kV 断路器台数较多、负荷等级较高时，宜采用直流操作"。

经多年的实践证明，弹簧储能交流操动机构也是比较可靠的，而且对中小型配变电所来说也是经济的。

5.2.2　变压器的保护

第1款　气体绝缘变压器如发生故障将造成气体压力升高，气体泄漏将造成气体密度降低，所以应按本节规定装设相应的保护装置。

第2款　油浸式变压器产生大量瓦斯时，应动作于断开变压器各侧断路器，如变压器电源侧采用熔断器保护而无断路器时，可作用于信号。

5.2.3　第2款　1) 此项做法主要是保证当发生不在同一处的两点或多点接地时可靠切除短路。

5.2.4　并联电容器的保护

第3款　用熔断器保护电容器，是一种比较理想的保护方式，只要熔断器选择合理，特性配合正确，就能满足安全运行的要求。这就需要熔断器的安秒特性和电容器外壳的爆裂概率曲线相配合。电容器箱壳为密闭容器，当内部故障时，由于电弧高温分解绝缘物质产生气体而使内部压力增高，分解气体的数量与绝缘物质的性质有关，液体绝缘介质分解出的气体较多。在同样介质的情况下，分解出气体数量和电弧的能量大小有关，即和 $I \cdot t$ 有关。当分解出的气体产生的压力大于箱壳的机械强度时，箱壳就可能产生爆裂，箱体发生爆裂时 I 和 t 的关系曲线称为箱壳的爆裂特性曲线。实际上，密闭箱壳发生爆裂和许多随机因素有关。例如：箱壳的原始压力大小，加工质量好坏，钢板厚度是否均匀等等。所以，爆裂特性曲线只能给出以某个概率发生爆裂的 I 和 t 的关系。本应在规范中要求电容器的熔丝保护的特性与电容器的爆裂特性相配合，但目前很多电容器制造企业还给不出爆裂特性曲线，故本规范未做具体规定。

第7款　从电容器本身的特点来看，运行中的电容器如果失去电压，电容器本身并不会损坏，但运行中的电容器突然失压可能产生以下两个后果：其一，如变电所因电源侧瞬时跳开或主变压器断开，而电容器仍接在母线上，当电源重合闸或备用电源自动投入时，母线电压很快恢复，而电容器上的残余电压还未来得及放电降到额定电压的10%以下，这就有可能使电容器承受高于1.1倍的额定电压而造成损坏。其二，当变电所失电后，电压恢复，电容器不切除，就可能造成变压器带电容器合闸，而产生谐振过电压损坏变压器和电容器。此外，当变电所停电后电压恢复的初期，变压器还未带上负荷，母线电压较高，这也可能引起电容器过电压。所以，本款规定了电容器应装设失压保护，该保护的整定值既要保证在失压后，电容器尚有残压时能可靠动作，又要防止在系统瞬间电压下降时误动作。一般电压继电器的动作值可整定为额定电压的50%～60%，动作时限需根据系统接线和电容器结构而定，一般可取0.5～1s。

第8款　在供配电系统中，并联电容器常常受到谐波的影响，特殊情况，还可能在某些高次谐波发生谐振现象，产生很大的谐振电流。谐波电流将使电容器过负荷、过热、振动和发出异声，使串联电抗器过热，产生异声或烧损。谐波对电网的运行是有害的，首先应该对产生谐波的各种来源进行限制，使电网运行电压接近正弦波形，否则应按本款规定装设过负荷保护。

5.2.5　第1款　由于民用建筑中 10（6）kV 配变电所一般采用单母线分段接线，正常时分段运行，母线的保护仅保证在一个电源工作、分段开关闭合时，一旦发生故障不至使全部负荷断电。

5.3　电气测量

5.3.2　电能计量仪表的设置参考了电力行业标准《电能计量装置技术管理规定》和《电能计量柜》以及《供用电营业规则》等有关规定。

5.4　二次回路及中央信号装置

5.4.1　继电保护的二次回路

第3款　由于铝芯控制电缆和绝缘导线存在的易折断、易腐蚀、易变形，铜铝接触的电腐蚀等问题至今仍未很好解决，各地意见较多，而近年来新建和扩建的工程都采用铜芯控制电缆和绝缘导线，故条文对此作了明确规定。

第4款　本款对控制电缆或绝缘导线最小截面以及选择电流回路、电压回路、操作回路电缆的条件作出了相应规定。

第6款　为保证在二次回路端子排上安全地工作，本款根据二次回路的特点作出了具体规定。

第9款　电压互感器的二次侧中性点或线圈引出端的接地方式分直接接地和通过击穿保险器接地两种。向交流操作的保护装置和自动装置操作回路供电的电压互感器，中性点应通过击穿保险器接地。采用一相直接接地的星形接线的电压互感器，其中性点也应通过击穿保险器接地。

中性点直接接地的系统，当变电所或线路出口发生接地故障，有较大的短路电流流入变电所的接地网时，接地网上每一点的电位是不同的，如果电压互感器二次回路有两处接地，或两个电压互感器各有一处接地，并经二次回路直接连起来时，不同接地点间的电位差将造成继电保护入口电压的异常，使之不能正确反映一次电压的幅值和相位，破坏相应保护的正常工作状态，可能导致严重后果。因此，本款规定电压互感器的二次回路只允许有一处接地。同时为了降低干扰电压，接地的地点宜选在保护控制室内，并应牢固焊接在接地小母线上。

5.4.2　中央信号装置

第9款　目前国内一些民用建筑的变配电所，在采用了保护、报警及显示功能均较为完善和直观的智能化保护装置或变电所综合自动化系统的同时还设有十分复杂的中央信号模拟屏，有些功能重复设置，较为繁琐，可根据具体工程的实际情况确定是否设置中央信号模拟屏或对其进行简化。

5.5 控制方式、所用电源及操作电源

5.5.2 所用电源及操作电源

第 1 款　重要或规模较大的配变电所，设所用变压器可提高供电可靠性。所用变压器的容量 30～50kVA 一般已能满足所用电的要求。当有两路所用电源时，为了在故障时能尽快投入备用所用电源，所以规定宜装设自动投入装置。

第 4 款　采用电磁操动机构，由于进线开关合闸需要电源，因此所用变压器要接在进线开关的进线端。

第 5 款　民用建筑对环境质量的要求较高，对于重要的配变电所，宜采用体积小、重量轻、占地面积小、安装方便、成套性强、在运行中不散发有害气体的免维护蓄电池组作为操作电源。

第 6 款　交流操作投资较低，建设周期较短，二次接线简单，运行维护方便。但采用交流操作保护装置时，电流互感器二次负荷增加，有时不能满足要求，同时弹簧机构一般比电磁机构成本高，因此推荐用于能满足继电保护要求、出线回路少的一般小型配变电所。

6　自备应急电源

6.1　自备应急柴油发电机组

机组额定电压为 230/400V，单机容量定为 2000kW 及以下。主要依照国家标准《往复式内燃机驱动的交流发电机组》GB/T 2820、《自动化柴油发电机组分级要求》GB/T 4712 以及《交流工频移动电站额定功率、电压及转速（功率自 0.75～2000kW）》GB 12699 所规定的机组功率和电压而定。

目前我国柴油发电机市场主要分两大类：一是功率 100～2000kW 进口机组。二是国产机组，大多功率在 400kW 以下。目前国产柴油发电机组种类很多，按组装形式可分拖车式、移动式（或称滑动式）、固定式三种。冷却方式有风冷式（又称封闭自循环水冷却方式）和水冷式。启动方式有电启动和压缩空气启动，还有带增压器的增压机组和不带增压器的机组等。

本节中所有条文的规定是以国家标准《往复式内燃机驱动的交流发电机组》GB/T 2820 中固定式、应急型柴油发电机组的有关技术数据为依据而制定。对于采用进口机组时，也应遵照执行。

6.1.1　一般规定

第 1 款　1）此项的规定，是按本规范第 3.2.1 条 1 款所规定的一级负荷中特别重要负荷，宜设应急柴油发电机组。

2）此项的规定，需设置自备应急机组时，应进行经济、技术比较后确定。

第 2 款　机组设置规定

①机组靠近负荷中心，为节省有色金属和电能消耗，确保电压质量；

②机组的设置应遵照有关规范对防火的要求，并防止噪声、振动等对周围环境的影响；

③从保证机组有良好工作环境（如排烟、通风等）考虑，最好将机组布置在建筑物首层，但大型民用建筑的首层，往往是黄金层，难以占用。根据调查，目前国内高层建筑的柴油发电机组已有不少设在地下层，运行效果良好。机组设在地下层最关键的一定要处理好通风、排烟、消声和减振等问题。

第 5 款　应急柴油发电机组确保的供电范围一般为：

①消防设施用电：消防水泵、消防电梯、防烟排烟设施、火灾自动报警、自动灭火装置、应急照明和电动的防火门、窗、卷帘门等；

②保安设施、通信、航空障碍灯、电钟等设备用电；

③航空港、星级饭店、商业、金融大厦中的中央控制室及计算机管理系统；

④大、中型电子计算机室等用电；

⑤医院手术室、重症监护室等用电；

⑥具有重要意义场所的部分电力和照明用电。

6.1.2　发电机组的选择

第 1 款　确定机组容量时，除考虑应急负荷总容量之外，应着重考虑启动电动机容量。因单台电动机最大启动容量对确定机组容量有直接关系。决定机组能启动电动机容量大小的因素又很多，它与发电机的技术性能、柴油机的调速性能、电动机的极对数和启动时发电机所带负荷大小和功率因数的高低、发电机的励磁和调压方式以及用电负荷对电压指标的要求等因素有关。因此，设计确定机组容量，应具体分析区别对待。

为了便于设计参考，三相低压柴油发电机组在空载时，能全电压直接启动的空载四极笼型三相异步电动机最大容量可参见表 6-1。

表 6-1　机组空载能直接启动空载笼型电动机最大容量

序号	柴油发电机功率（kW）	异步电动机额定功率（kW）
1	40	0.7P[①]
2	50、64、75	30

续表 6-1

序号	柴油发电机功率 （kW）	异步电动机额定功率 （kW）
3	90、120	55
4	150、200、250	75
5	400 以上	125

注：① P 为柴油发电机功率。

但应注意，表 6-1 所列数值，没有考虑电动机直接启动对机组母线电压降加以限制，是以全电压直接启动电动机时，电动开关和失压保护不应跳闸为条件。

第 2 款　根据国内外一些高层建筑用电指标统计，应急发电机容量约占供电变压器总容量的 10%～20%。国外建筑物配电变压器容量一般选择得较富裕，因此后一个指标偏差较大。根据我国现实情况，建筑物规模大时取下限，规模小时取上限。

发电机组的容量可分别按下列公式计算：

①按稳定负荷计算发电机容量；

$$S_{C1} = \alpha \frac{P_{\Sigma}}{\eta_{\Sigma} \cdot \cos\varphi} \quad \text{或} \qquad (6-1)$$

$$S_{C1} = \alpha \left(\frac{P_1}{\eta_1} + \frac{P_2}{\eta_2} + \cdots\cdots + \frac{P_n}{\eta_n} \right) \frac{1}{\cos\varphi}$$

$$= \frac{\alpha}{\cos\varphi} \sum_{k=1}^{n} \frac{P_k}{\eta_k} \qquad (6-2)$$

式中　P_{Σ}——总负荷（kW）；

P_k——每个或每组负荷容量（kW）；

η_k——每个或每组负荷的效率；

η_{Σ}——总负荷的计算效率，一般取 0.82～0.88；

α——负荷率；

$\cos\varphi$——发电机额定功率因数，可取 0.8。

②按最大的单台电动机或成组电动机启动的需要，计算发电机容量；

$$S_{C2} = \left(\frac{P_{\Sigma} - P_m}{\eta_{\Sigma}} + P_m \cdot K \cdot C \cdot \cos\varphi_m \right) \frac{1}{\cos\varphi} \qquad (6-3)$$

式中　P_m——启动容量最大的电动机或成组电动机的容量（kW）

$\cos\varphi_m$——电动机的启动功率因数，一般取 0.4；

K——电动机的启动倍数；

C——按电动机启动方式确定的系数；

全压启动：$C=1.0$

Y-△启动 $C=0.67$

自耦变压器启动：

50%抽头 $C=0.25$

65%抽头 $C=0.42$

80%抽头 $C=0.64$

P_{Σ}、η_{Σ}、$\cos\varphi$ 意义同公式（6-2）。

③按启动电动机时母线容许电压降计算发电机容量。

$$S_{C3} = P_n \cdot K \cdot C \cdot X''_d \left(\frac{1}{\Delta E} - 1 \right) \qquad (6-4)$$

式中　P_n——电动机总容量（kW）；

X''_d——发电机的暂态电抗，一般取 0.25；

ΔE——应急负荷中心母线允许的瞬时电压降。一般 ΔE 取 0.25～0.3（有电梯时取 $0.2U_H$）；

K、C——意义同公式（6-3）。

公式（6-4）适用于柴油发电机与应急负荷中心距离很近的情况。

如果外界气压、温度、湿度等条件不同时，则应按照表6-2～表 6-5 中所列之校正系数进行校正。

即，实际功率＝额定功率×C

表 6-2　相对湿度 60% 非增压柴油机功率修正系数 C

海拔 （m）	大气压 （kPa）	大气温度（℃）									
		0	5	10	15	20	25	30	35	40	45
0	101.3	1	1	1	1	1	1	0.98	0.96	0.93	0.90
200	98.9	1	1	1	1	0.98	0.95	0.93	0.90	0.87	
400	96.7	1	1	1	0.99	0.97	0.95	0.93	0.90	0.88	0.85
600	94.4	1	1	0.98	0.96	0.94	0.92	0.90	0.88	0.85	0.82
800	92.1	0.99	0.97	0.95	0.93	0.91	0.89	0.87	0.85	0.82	0.80
1000	89.9	0.96	0.94	0.92	0.90	0.89	0.87	0.85	0.82	0.80	0.77
1500	84.5	0.89	0.87	0.86	0.84	0.82	0.80	0.78	0.76	0.74	0.71
2000	79.5	0.82	0.81	0.79	0.78	0.76	0.74	0.72	0.70	0.68	0.65

海拔(m)	大气压(kPa)	大气温度（℃）									
		0	5	10	15	20	25	30	35	40	45
2500	74.6	0.76	0.75	0.73	0.72	0.70	0.68	0.66	0.64	0.62	0.60
3000	70.1	0.70	0.69	0.67	0.66	0.64	0.63	0.61	0.59	0.57	0.54
3500	65.8	0.65	0.63	0.62	0.61	0.59	0.58	0.56	0.54	0.52	0.49
4000	61.5	0.59	0.58	0.57	0.55	0.54	0.52	0.51	0.49	0.47	0.44

表 6-3　相对湿度 100%非增压柴油机功率修正系数 C

海拔(m)	大气压(kPa)	大气温度（℃）									
		0	5	10	15	20	25	30	35	40	45
0	101.3	1	1	1	1	1	0.99	0.96	0.93	0.90	0.86
200	98.9	1	1	1	1	0.98	0.96	0.93	0.90	0.87	0.83
400	96.7	1	1	1	0.98	0.96	0.93	0.91	0.88	0.84	0.81
600	94.4	1	0.99	0.97	0.95	0.93	0.91	0.88	0.85	0.82	0.78
800	92.1	0.98	0.96	0.94	0.92	0.90	0.88	0.85	0.82	0.79	0.75
1000	89.9	0.96	0.94	0.92	0.90	0.87	0.85	0.83	0.80	0.76	0.73
1500	84.5	0.89	0.87	0.85	0.83	0.81	0.79	0.76	0.73	0.70	0.66
2000	79.4	0.82	0.80	0.79	0.77	0.75	0.73	0.70	0.67	0.64	0.61
2500	74.6	0.76	0.74	0.72	0.71	0.69	0.67	0.64	0.62	0.59	0.55
3000	70.1	0.70	0.68	0.67	0.65	0.63	0.61	0.59	0.56	0.53	0.50
3500	65.8	0.64	0.63	0.61	0.60	0.58	0.56	0.54	0.51	0.48	0.45
4000	61.5	0.59	0.58	0.57	0.55	0.54	0.52	0.51	0.49	0.47	0.44

表 6-4　相对湿度 60%增压柴油机功率修正系数 C

海拔(m)	大气压(kPa)	大气温度（℃）									
		0	5	10	15	20	25	30	35	40	45
0	101.3	1	1	1	1	1	1	0.96	0.92	0.87	0.83
200	98.9	1	1	1	1	1	0.98	0.94	0.90	0.86	0.81
400	96.7	1	1	1	1	1	0.96	0.92	0.88	0.84	0.80
600	94.4	1	1	1	1	0.99	0.95	0.90	0.86	0.82	0.78
800	92.1	1	1	1	1	0.97	0.93	0.88	0.84	0.80	0.78
1000	89.9	1	1	1	0.99	0.95	0.91	0.87	0.83	0.79	0.75
1500	84.5	1	0.98	0.94	0.90	0.86	0.82	0.78	0.74	0.70	
2000	79.5	1	0.98	0.93	0.89	0.85	0.82	0.78	0.74	0.70	0.66
2500	74.6	0.97	0.93	0.89	0.85	0.81	0.77	0.73	0.70	0.66	0.62
3000	70.1	0.92	0.88	0.84	0.80	0.77	0.73	0.69	0.66	0.62	0.59
3500	65.8	0.87	0.83	0.80	0.76	0.72	0.69	0.66	0.62	0.59	0.55
4000	61.5	0.82	0.79	0 75	0.72	0.68	0.65	0.62	0.58	0.55	0.51

表 6-5　相对湿度100％增压柴油机功率修正系数 *C*

海拔 (m)	大气压 (kPa)	大气温度（℃）									
		0	5	10	15	20	25	30	35	40	45
0	101.3	1	1	1	1	1	0.99	0.95	0.90	0.85	0.80
200	98.9	1	1	1	1	1	0.97	0.93	0.88	0.83	0.78
400	96.7	1	1	1	1	1	0.95	0.91	0.86	0.82	0.77
600	94.4	1	1	1	1	0.98	0.93	0.89	0.84	0.80	0.75
800	92.1	1	1	1	1	0.96	0.91	0.87	0.83	0.78	0.73
1000	89.9	1	1	1	0.98	0.94	0.90	0.85	0.81	0.76	0.72
1500	84.5	1	1	0.98	0.93		0.85	0.81	0.76	0.72	0.67
2000	79.4	1	0.97	0.92	0.88	0.84	0.80	0.76	0.72	0.68	0.63
2500	74.6	0.97	0.92	0.88	0.84	0.80	0.76	0.72	0.68	0.64	0.59
3000	70.1	0.92	0.88	0.84	0.80	0.76	0.72	0.68	0.64	0.60	0.56
3500	65.8	0.87	0.83	0.79	0.75	0.71	0.68	0.64	0.60	0.56	0.52
4000	61.5	0.82	0.78	0.75	0.71	0.67	0.64	0.60	0.56	0.52	0.48

第 3 款　规定母线电压不得低于 80％，基于下列几方面的因素：

①保证电动机有足够的启动转矩，因启动转矩是与电源电压的平方成正比的；

②不致因母线电压过低而影响其他用电设备的正常工作，尤其是对电压比较敏感的设备；

③要保证接触器等开关接触设备的吸引线圈能可靠地工作。

当直接启动大容量的笼型电动机时，发电机母线的电压降落太大，影响应急电力设备启动或正常运行时，不应首先考虑加大发电机组的容量，而应采取其他措施来减少发电机母线的电压波动，例如采用电动机降压启动方式等。

第 5 款　据有关资料介绍，国外高层建筑中所采用的应急柴油发电机组基本上为高速机组。目前国内一些高层建筑用的应急柴油发电机已向高速型转化，此种机组具有体积小、重量轻、启动运行可靠等优点。

当无刷励磁交流同步发电机与自动电压调整装置配套使用时，其静态电压调整率可保证在±(1.0％～2.5％)以内。这种类型机组能适应各种运行方式，易于实现机组自动化或对发电机组的遥控。

目前国产柴油发电机组启动时间可以小于 15s，有的厂产品可在 4～7s，保证值为 15s。

6.1.3　机房设备布置

第 1～3 款　机房内主要设备有柴油发电机组、控制屏、操作台、电力及照明配电箱、启动蓄电池、燃油供给和冷却、进排风系统以及维护检修设备等。机房的布置要根据机组容量大小和台数而定。小容量机组一般机电一体，不用设控制室。机组容量较大，可把机房和控制室分开布置，这样有利于改善工作条件。

机房布置方式及各部位有关最小尺寸，是根据机组运行维护、辅助设备布置、进排风以及施工安装等需要，并结合目前封闭式自循环水冷却方式的应急型机组的外廓尺寸提出的。机房布置主要以横向布置（垂直布置）为主，这种布置机组中心线与机房的轴线相垂直，操作管理方便，管线短，布置紧凑。

第 5 款　机组热风出口位置，应避免经常有自然风顶吹的方向，并应在热风出口设百叶窗，其百叶窗净空不要太小。因散热器的吹风扇风压降一般在 127Pa 以下，以免影响散热效果和机组出力。

机组设在地下层，热风管引出室外最好平直。如要拐弯引出，其弯头不宜超过两处，拐弯应大于或等于 90°，而且内部要平滑，以免阻力过大影响散热。

如机组设在地下层其热风管又无法伸出室外，不应选整体风冷机组，应改选分体式散热机组，即柴油机夹套内的冷却器由水泵送至分体式水箱冷却方式。目前国内有许多厂家也接受订货。

第 6 款　柴油发电机运行时，机房的换气量应等于或大于维持柴油机燃烧所用新风量与维持机房温度所需新风量之和。据国外有关资料介绍，维持机房温度所需新风量可按下式确定：

$$C = \frac{0.078P}{T} \qquad (6\text{-}5)$$

式中　C——需要新风量（m³/s）；

　　　P——柴油机额定功率（kW）；

　　　T——柴油发电机房的温升（℃）。

维持柴油机燃烧所需新风量可向柴油机厂家索取，当海拔高度增加时，每增加763m，空气量应增加10%。若无资料，可按每1kW制动功率需要0.1m³/min估算。

第7款　机组排烟管伸出室外的位置很重要，如调查某一高级饭店，其机房排烟管道正好设在主建筑物客房上风侧，机组运行时烟气正吹向客房，影响很不好。

排烟管系统的作用是将气缸里的废气排放室外，排烟系统应尽量减少背压，因为废气阻力的增加将导致柴油机出力的下降及温升的增加。

排烟系统的压降为管路、消声器、防雨帽等各部分压降之和，总的压降以不超过6720Pa为宜。

排烟管敷设方式有两种：一是水平架空敷设，优点是转弯少、阻力小。其缺点增加室内散热量，使机房内温度升高。二是地沟敷设，优点是在地沟内散热量小，对湿热带尤为适宜。其缺点排烟管转弯多，阻力比架空敷设大。

排烟管温度一般为350～550℃，为防止烫伤和减少辐射热，其排烟管宜进行保温处理，以减少排烟管的热量散到房间内增高机房温度。保温表面温度不应超过50℃，保温措施一般按热力保温方法处理。

排烟噪声在柴油机总噪声中属于最强烈的一种噪声，其频谱是连续的，排烟噪声的强度最高可达110～130dB，而对机房和周围环境有较大的影响。所以应设消声器，以减少噪声。

排烟管的热膨胀可由弯头或来回弯补偿，也可设补偿器、波纹管、套筒伸缩节补偿。

第8款　条文规定的环境噪声标准，引自国家标准《城市区域环境噪声标准》GB 3096的规定。

6.1.5　根据调查，发电机容量较大时，其出线截面大且导线根数多，再加各种控制回路和配出线路，显得机房内管线较多。为了敷线方便及维护安全，在发电机出口、控制屏或控制室以及配电线路出口等各处之间设电缆沟并贯通一起比较适宜。

6.1.7　控制室的电气设备布置

第1款　根据国内调查，应急型机组单机容量在500kW及以下不设控制室为多数，反映尚好。单机容量在500kW以上的及多台机组，考虑运行维护和管理方便，可设控制室宜于集中控制。

第2～5款　控制室的主要设备有发电机控制屏、机组操作台、动力控制屏（台）、低压配电屏及照明配电箱等。其布置与低压配电室的要求相同。主要要求操作人员便于观察控制屏或台上仪表，并能通过观察窗看到机组运行情况。

控制室的控制屏（台）一般数量不多，维护通道为0.8m是可以的，但在具体工程设计中，如条件允许，可适当放大些，配电装置的最高点距房顶不应小于0.5m。

6.1.8　发电机组的自启动

第1款　应急机组是保证建筑物安全的重要设备，它的首要任务必须在应急情况下，能够可靠启动并投入正常运行，以满足使用要求。

与市网不得并列运行，是考虑到一旦机组发生故障时，不要波及到市网，而扩大了故障范围。如市网有故障，因与机组未并网，也易于临机处理，避免发生意外事故。连锁的目的就是防止误并列。

第3款　机房在寒冷地区应采暖，为保证机组应急时顺利启动，机房最低温度应根据产品要求，但一般不应低于5℃，最高温度不应超过35℃，相对湿度应小于75%。

自启动机组的冷却水应能自流供给，若水源不可靠，应设储水箱或储水池。

为了确保机组启动具有足够的能量，除机组具有充电能力外，在备用过程中应具有浮充电装置。

为保证机组在应急时使用，必须储备一定数量的燃料油，还应设两个以上柴油储油箱，便于新油沉淀。

第4款　启动蓄电池由机组随机供给，工作电压为12V或24V。机组启动时启动电流很大，为减少启动电压降，启动蓄电池应设置在机组的启动电动机附近。因机组不经常工作，为了补充蓄电池自放电，应设置充电装置。

6.1.9　发电机组的中性点工作制

第1～3款　三相四线制的中性点是直接接地，它的优点是降低了系统的内部过电压倍数，当一相接地时，相间电压为中性点所固定，基本不会升高。而且电力与照明可以由同一发电机母线供电。

在三相四线制中，当两台或多台机组并列运行时，中性导体就会产生三次谐波环流，环流的大小与下列因素有关：

①三相负载的不平衡度；

②两机有功负载分配的不平衡度；

③两机无功负载分配即功率因数的差异程度。

又因中性点引出导体上的三次谐波电流，徒然使发电机发热，降低其出力，必须加以限制，限制中性导体电流可采用下列方法：

①中性点引出导体上加装刀开关。在每台发电机的中性点引出导体上装刀开关，以切断发电机间谐波电流的环流回路，在运行中根据谐波电流的大小和分布情况，决定断开一台发电机的中性点引出导体。但至少应保持一台发电机的中性点和中性母线接通，以保证对220V设备的供电。但这种方法的缺点是把220V的不平衡（零序）负荷完全加在少数发电机上，加大了这些发电机三相负荷的不平衡程度，而且系统单相接地短路电流也集中在这些发电机上。

②中性点引出导体上装设电抗器。在每台发电机的中性点引出导体上装设电抗器，在保持中性母线全

位偏移不大的条件下,有效地限制了中性点引出导体的谐波电流在允许范围内。

6.1.10 柴油发电机组的自动化

第2款 当机组作为应急电源时,应设自启动装置。当市电中断供电时,机组自动启动,并在30s内向负荷供电。当市电恢复正常后,能自动或手动切换电源停机,其他均为就地操作。

近年来柴油发电机组自动化控制发展很快,在许多工程中已广泛应用,控制系统已从最早的继电器系统,发展至今的计算机控制系统。控制功能已比较完善,可以做到机组无人值守。自动化机组的功能,能自启动、自动调压、自动调频、自动调载、自动并车、按负荷大小自动增减机组、故障自动处理、辅机自动控制等。

根据国家标准《自动化柴油发电机组分级要求》GB/T 4712,其自动化程度分为三级,可依具体工程选定。

第3款 机组并车方法,包括手动准同期及自动同期并车。即在频率相同、电压相位相同时并车。并车时冲击电流小,但操作要求高,特别在负荷波动和事故情况要使待接入的发电机和运行的发电机的频率相同、电压相同、相位一致会有一定困难,所以自启动发电机组并车应采用自动同期法。

6.1.11 柴油发电机容量大小不同,小时耗油量也有差异。若在主建筑外设储油库,其防火间距应遵照国家标准《高层民用建筑设计防火规范》GB 50045和《建筑设计防火规范》GB 50016中有关规定执行。

中小容量柴油机组出厂时,一般配有日用燃油箱。当机组设在大型民用建筑地下层时,根据应急柴油发电机特殊要求,必须储备一定数量燃油供应急时使用,又考虑建筑防火要求,储油数量不宜过大。综合各种因素,最大储油量不应超过8h的需要量,并应按防火要求处理。

6.1.12 柴油发电机组的230/400V中性点直接接地系统的电气设备的金属外壳、支架等均应接地,在同一配电系统中不应采取两种不同的接地方式。

6.1.13 柴油发电机组运行时,其余热向四周扩散,为了不致引起室温过高,机房内应有良好通风装置。机房里的换气量应等于或大于柴油机燃烧所用新风量与维持机房室温所需新风量之和。

减少暖机功率,对平时利用率较低的应急机组,是不可忽视的。因为应急机组时刻都处在"戒备"状态,而暖机也时刻在运行,成年累月其运行费用甚高。据有关资料介绍,深圳某大厦采用一台320kW的低速柴油发电机组,暖机功率高达20kW。冬季日耗电量有时达200kWh以上,如在北方地区其暖机耗电量就更可观了。

6.2 应急电源装置(EPS)

6.2.1 EPS应急电源装置是由电力变流器、储能装

置(蓄电池)和转换开关(电子式或机械式)等组合而成的一种电源设备。这种电源设备在交流输入电源正常时,交流输入电源通过转换开关直接输出。交流输入电源同时通过充电器对蓄电池组进行充电。发生中断时(如电力中断、电压不符合供电要求),EPS装置利用蓄电池组的储能放电经过逆变器变换并且经转换开关切换至应急状态向负荷供电。

由于EPS应急电源装置,目前尚无统一的国家标准,各生产厂家的产品,其技术性能极不一致。为安全、可靠,本规范仅对EPS应急电源装置在建筑物应急照明系统中的应用作了相关规定。

6.2.2 EPS应急电源装置的选择

第2款 根据生产厂家介绍,EPS电源装置适用于阻性、感性负载和混合性负荷,本规范推荐电感性和混合性的照明负荷宜选用交流制式;纯阻性及交直流共用的照明负荷宜选用直流制式。

第4款 EPS电源装置的备用时间为40~90min。条文规定备用时间不应小于90min是考虑到由于对蓄电池的维护、管理不到位,应急时满足不了应急照明所要求供电时间。

第5款 EPS电源装置的应急切换时间,不同厂家的产品各不相同,但不超过0.2s。采用EPS电源装置是完全可以满足条文第1~3项各类应急照明的要求。

6.3 不间断电源装置(UPS)

6.3.1 UPS不间断电源装置是由电力变流器、储能装置(蓄电池)和切换开关(电子式或机械式)等组合而成的一种电源设备。这种电源处理设备能在交流输入电源发生故障(如电力中断、瞬间电压波动、频率波形等不符合供电要求)时,保证负荷供电的电源质量和供电的连续性。

6.3.2 第1款 所述供电对象主要指实时系统,即在事件或数据产生的同时,能以足够快的速度予以处理,其处理结果在时间上又来得及控制被监测或被控制过程的一种处理系统。

在民用建筑电气设计中,UPS多数用于实时性电子数据处理装置系统的计算机设备的电源保障方面。

6.3.3 UPS不间断电源装置的选择

第3款 蓄电池组容量决定了不间断电源UPS装置的储能(蓄电池放电)时间。不间断电源装置UPS与快速自动启动的备用发电机配合使用时,其储能时间应按不少于10min设计。

不间断电源UPS装置与无备用发电设备或手动启动的备用发电设备配合使用时,其工作时间应按不少于1h或按工艺设置安全停车时间考虑。

第4款 绝大部分不间断电源装置UPS的负荷都需要长期连续运行,不间断电源装置UPS的工作

制，宜按照连续工作制考虑。

6.3.4 不间断电源装置 UPS 内的整流器输入电流高次谐波，对于 UPS 装置上游的配电系统有影响时，应该在采用不间断电源装置 UPS 的整流器输入侧配置有源滤波器、无源滤波器等降低从 UPS 装置上游的配电系统向 UPS 整流器提供的谐波电流的比率。

6.3.6 在 TN-S 供电系统中，为满足负荷对于 UPS 输出接地形式的要求，必要时应该配置隔离变压器。这是因为 UPS 装置的旁路系统输入中性导体与输出中性导体连接在一起，UPS 装置的输入端与输出端的中性导体必须是同一个系统。但是，在一些应用中 UPS 的负荷对于中性导体系统有特别的要求，这时有可能在 UPS 的旁路输入侧配置隔离变压器，通过隔离变压器使得 UPS 装置输入端与输出端的中性导体系统是两个不同的中性导体系统。

7 低压配电

7.1 一般规定

7.1.1 根据国家标准《标准电压》GB 156—2003 的规定，本章适用范围确定为工频交流 1000V 及以下的低压配电设计。

7.1.4 低压配电系统的设计

第 1 款　低压配电级数不宜超过三级，因为低压配电级数太多将给开关的选择性动作整定带来困难，但在民用建筑低压配电系统中，不少情况下难以做到这一点。当向非重要负荷供电时，可适当增加配电级数，但不宜过多。

第 2 款　在工程建设过程中，经常会增加低压配电回路，因此在设计中应适当预留备用回路，对于向一、二级负荷供电的低压配电屏的备用回路，可为总回路数的 25% 左右。

7.2 低压配电系统

本节仅对高层、多层公共建筑及住宅的低压配电系统作了规定，其他各类建筑物低压配电系统的要求详见相应的国家标准。

7.3 特低电压配电

7.3.1 民用建筑中主要采用 SELV 和 PELV 两种特低电压配电系统。

7.3.2 条文中规定的四种形式包括绝缘试验设备以及虽然出线端子上有较高电压，如用内阻至少为 3000Ω 的电压表测量时，出线端子电压在特低电压范围以内，可认为符合特低电压电源的要求。

7.3.3 特低电压配电要求

第 1 款　在 1)、2) 项中所述导线的基本绝缘需满足它所在回路的标称电压。

第 4 款　如果 SELV 回路的外露可导电部分，容易无意或有意地接触其他回路的外露可导电部分，则电击防护不再单纯依靠易接触的其他回路的外露可导电部分所采用的保护措施。

7.4 导体选择

7.4.1 导体选择的一般原则和规定

第 1 款　对应用铜芯电缆和电线的场所作了原则规定，在这些场所中的配电线路、控制和测量线路均应采用铜芯导体。

第 2 款　导体绝缘类型选择

①聚氯乙烯绝缘聚氯乙烯护套电缆具有制造工艺简单、价格便宜、耐酸碱等优点，适合一般工程。但普通聚氯乙烯材料在燃烧时逸出氯化氢气体量达 300mg/g，火灾中 PVC 电缆放出浓烈的毒性烟气，使人中毒窒息，且烟气的沉淀物有导电和腐蚀性。因此对有低毒难燃性防火要求的场所，可采用交联聚乙烯、聚乙烯或乙丙橡胶绝缘不含卤素的电缆。防火有低毒性要求时，不宜采用聚氯乙烯电缆和电线。

②阻燃电线电缆应符合国家标准 GB/T 18380.3 的要求；耐火电线电缆应符合国家标准 GB/T 12666.6 的要求；矿物绝缘电缆采用的矿物绝缘材料和金属铜套，在火焰中应具有不燃性能和无烟无毒的性能，还应具有抗喷淋水、抗机械冲击能力，并且其有机材料外护套应满足无卤、低烟、阻燃的要求。

第 3 款　控制电缆额定电压，不应低于该回路的工作电压，宜选用 450/750V。当外部电气干扰影响很小时，可选用较低的额定电压。

7.4.2 为电缆截面选择的基本原则。当电力电缆截面选择不当时，会影响可靠运行和使用寿命乃至危及安全。

导体的动稳定主要是裸导体敷设时应做校验，电力电缆应做热稳定校验。

7.4.3 电缆敷设的环境温度与载流量校正

第 1 款　原规范规定"配电线路沿不同环境条件敷设时，电线电缆的载流量应按最不利的条件确定，当该条件的线路段不超过 5m（穿过道路不超过 10m），则应按整条线路一般环境条件确定载流量，……"。按新的国家标准，此条修订为"当沿敷设路径各部分的散热条件不相同时，电缆载流量应按最不利的部分选取"，设计中应尽量避免将线路敷设在最不利条件处。

第 2 款　气象温度的历年变化有分散性，宜以不少于 10 年的统计值表征。

直埋敷设时的环境温度，需取电缆埋深处的对应值，因为不同埋深层次的温度差别较大。电缆直埋敷设在干燥或潮湿土中，除实施换土处理等能避免水分迁移的措施外，土壤热阻系数宜选择不小于 2.0K·m/W。

7.4.4 电线、电缆载流量的校正

第 1 款 多回路或多根多芯电缆成束敷设的载流量校正系数：

①电缆束的校正系数适用于具有相同最高运行温度的绝缘导体或电缆束；

②含有不同允许最高运行温度的绝缘导体或电缆束，束中所有绝缘导体或电缆的载流量应根据其中允许最高运行温度最低的那根电缆的温度来选择，并用适当的电缆束校正系数校正；

③假如一根绝缘导体或电缆预计负荷电流不超过它成束电缆敷设时的额定电流的 30%，在计算束中其他电缆的校正系数时，此电缆可忽略不计。

第 2 款 直埋电缆多于一回路，当土壤热阻系数高于 2.5K·m/W 时，应适当降低载流量或更换电缆周围的土壤。

第 3 款 谐波电流校正系数应用举例：

设想一具有计算电流 39A 的三相回路，使用四芯 PVC 绝缘电缆，固定在墙上。

从载流量表可知 6mm² 铜芯电缆的载流量为 41A。假如回路中不存在谐波电流，选择该电缆是适当的，假如有 20% 三次谐波，采用 0.86 的校正系数，计算电流为：39/0.86 = 45A 则应采用 10mm² 铜芯电缆。

假如有 40% 三次谐波，则应按中性导体电流选择截面，中性导体电流为：39×0.4×3=46.8A

采用 0.86 的校正系数，计算电流为：46.8/0.86 =54.4A

对于这一负荷采用 10mm² 铜芯电缆是适当的。

假如有 50% 三次谐波，仍按中性导体电流选择截面，中性导体电流为：39×0.5×3=58.5A

采用校正系数为 1，计算电流为 58.5A，对于这一中性导体电流，需要采用 16mm² 铜芯电缆是适当的。

以上电缆截面的选择，仅考虑电缆的载流量，未考虑其他设计方面的问题。

7.4.5 保护导体可采用多芯电缆的芯线、固定敷设的裸导体或绝缘导体及符合截面积及连接要求的电缆金属外护层和金属套管等。

TN-C、TN-C-S 系统中的 PEN 导体应按可能受到的最高电压进行绝缘，以避免产生杂散电流。

7.5 低压电器的选择

7.5.3 三相四线制系统中，四极开关的选用

第 1 款 保证电源转换的功能性开关电器应作用于所有带电导体，且不得使这些电源并联，除非该装置是为这种情况特殊设计的。此条引自 IEC 60364-4-46。

第 2 款 TN-C-S、TN-S 系统中的电源转换开关应采用同时切断相导体和中性导体的四极开关。在电源转换时切断中性导体可以避免中性导体产生分流（包括在中性导体流过的三次谐波及其他高次谐波），这种分流会使线路上的电流矢量和不为 0，以致在线路周围产生电磁场及电磁干扰。采用四极开关可保证中性导体电流只会流经相应的电源开关的中性导体，避免中性导体产生分流和在线路周围产生电磁场及电磁干扰。

第 3 款 正常供电电源与备用发电机之间，其电源转换开关应采用四极开关，断开所有的带电导体。

第 4 款 TT 系统的电源进线开关应采用四极开关，以避免电源侧故障时，危险电位沿中性导体引入。

7.5.4 近几年，配电系统中采用的双电源转换技术，已经由电器元件组装式双电源自投箱过渡到一体化的自动转换开关电器（ATSE）。由于 ATSE 的种类和结构形式不同，转换时间也不同，此前国家的设计规范也没有选择自动转换开关电器的相关规定。因此，在选择自动转换开关电器时，难免出现一些混乱。本次规范修订将自动转换开关电器的选择作了基本规定，为设计人员正确选择 ATSE 提供依据。

第 1 款 ATSE 是根据国家产品标准《低压开关设备和控制设备》GBT 14048.11 生产的。该类产品分为 PC 级和 CB 级，其特性具有"自投自复"功能。

第 2 款 ATSE 的转换时间取决自身构造，PC 级的转换时间一般为 100ms，CB 级一般为 1~3s。当 ATSE 用于应急照明系统，如：正常照明断电，安全照明投入的时间不应大于 0.25s。此时，PC 级 ATSE 能够满足要求，CB 级则不能。又如：银行前台照明允许断电时间为 1.5s，正常照明断电，备用照明投入的时间不应大于 1.5s。此时，PC 级 ATSE 能够满足要求，CB 级则不能。所以，选用的 ATSE 转换动作时间，应满足负荷允许的最大断电时间的要求。

第 3 款 在选用 PC 级自动转换开关电器时，其额定电流不应小于回路计算电流的 125%，以保证自动转换开关电器有一定的余量。

第 4 款 为消防负荷供电的配电回路不应采用过负荷断电保护，如装设过负荷保护只能作用于报警。这就是采用 CB 级 ATSE 为消防负荷供电时，应采用仅具短路保护的断路器组成的 ATSE 的原因。同时，还应符合本章 7.6.1 条 2 款规定。

第 5 款 采用 ATSE 作双电源转换时，从安全着想要求具有检修隔离功能，此处检修隔离指的是 ATSE 配出回路的检修应需隔离。如 ATSE 本体没有检修隔离功能时，设计上应在 ATSE 的进线端加装具有隔离功能的电器。

第 6 款 当设计的供配电系统具有自动重合闸功能，或虽无自动重合闸功能但上一级变电所具有此功能时，工作电源突然断电时，ATSE 不应立即投到备用电源侧，应有一段躲开自动重合闸时间的延时。避

免刚切换到备用电源侧，又自复至工作电源，这种连续切换是比较危险的。

第 7 款　由于这类负荷具有高感抗，分合闸时电弧很大。特别是由备用电源侧自复至工作电源时，两个电源同时带电，如果转换过程没有延时，则有弧光短路的危险。如果在先断后合的转换过程中加 50～100ms 的延时躲过同时产生弧光的时间，则可保证安全可靠切换。

7.6　低压配电线路的保护

7.6.1　低压配电线路保护的一般规定

第 1 款　本规范修订增加了过电压及欠电压保护，所规定的内容与 IEC 标准一致。

第 2 款　配电线路采用的上下级保护电器应具有选择性动作。随着我国保护电器的性能不断提高，实现保护电器的上下级动作配合已具备一定条件。但考虑到低压配电系统量大面广，达到完善的选择性还有一定困难。因此，对于非重要负荷的保护电器，可采用无选择性切断。

第 3 款　对供给电动机、电梯等用电设备的末端线路，除符合本章的一般要求外，尚应根据用电设备的特殊要求，按本规范第 9 章的有关规定执行。

8　配电线路布线系统

8.1　一般规定

8.1.1　由于民用建筑群已较少采用架空线路，修订后的本规范不再包括架空线路，将原规范室外电缆线路部分纳入配电线路布线系统。随着一些新形式配电线路布线方式的普及应用，修订后本章的适用范围和技术内容较修订前均有所拓宽。

8.1.2　布线系统的选择和敷设方式的确定，主要取决于建筑物的构造和环境特征等敷设条件和所选用电线或电缆的类型。当几种布线系统同时能满足要求时，则应根据建筑物使用要求、用电设备的分布等因素综合比较，决定合理的布线系统及敷设方式。

8.1.3　环境温度、外部热源的热效应；进水对绝缘的损害；灰尘聚集对散热和绝缘的不良影响；腐蚀性和污染物质的腐蚀和损坏；撞击、振动和其他应力作用以及因建筑物的变形而引起的危害等，对布线系统的敷设和使用安全都将产生极为不利的影响和危害。因此，在选择布线及敷设方式时，必须多方比较选取合适的方式或采取相应措施，以减少或避免上述不良影响和危害。

8.1.4　穿在同一根导管或敷设在同一根线槽内的所有绝缘电线或电缆，都应具有与最高标称电压回路绝缘相同的绝缘等级的要求，其目的是保障线路的使用安全及低电压回路免受高电压回路的干扰。

国家标准《电气设备的选择和安装》GB 16895.6 第 52 章：布线系统第 521.6 规定：假如所有导体的绝缘均能耐受可能出现的最高标称电压，则允许在同一管道或槽盒内敷设多个回路。

8.1.5　为保证线路运行安全和防火、阻燃要求，布线用刚性塑料导管（槽）及附件必须选用非火焰蔓延类制品。

8.1.8　电缆、电缆桥架、金属线槽及封闭式母线在穿越不同防火分区的楼板、墙体时，其洞口采取防火封堵，是为防止火灾蔓延扩大灾情。应按布线形式的不同，分别采用经消防部门检测合格的防火包、防火堵料或防火隔板。

8.2　直敷布线

8.2.1　直敷布线主要用于居住及办公建筑室内电气照明及日用电器插座线路的明敷布线。

8.2.2　建筑物顶棚内，人员不易进入，平时不易进行观察和监视。当进入进行维修检查时，明敷线路将可能造成机械损伤，引起绝缘破坏等而引发火灾事故。因此规定：在建筑物顶棚内严禁采用直敷布线。

严禁将护套绝缘电线直接敷设在建筑物墙体及顶棚的抹灰层、保温层及装饰面板内的规定是基于以下几点：

1　常因电线质量不佳或施工粗糙、违反操作规定而造成严重漏电，危及人身安全；

2　不能检修和更换电线；

3　会因从墙面钉入铁件而损坏线路，引发事故；

4　电线因受水泥、石灰等碱性介质的腐蚀而加速老化，严重时会使绝缘层产生龟裂，受潮时可能发生严重漏电。

8.2.3　直敷布线是将电线直接布设在敷设面上，应平直、不松弛和不扭曲。为保证安全，应采用带有绝缘外护套的电线，工程设计中多采用铜芯塑料护套绝缘电线。截面限定在 6mm² 及以下，是因为 10mm² 及以上的护套绝缘电线其线芯由多股线构成，其柔性大，施工时难以保证线路的横平竖直，影响工程质量和美观。况且，作为照明和日用电器插座线路 6mm² 铜芯护套绝缘电线，其载流量已足够，据此也限制此种布线方式的使用范围。

8.3　金属导管布线

8.3.2　金属导管明敷于潮湿场所或埋地敷设时，会受到不同程度的锈蚀，为保障线路安全，应采用厚壁钢导管。

8.3.3　采用导管布线方式，电线总截面积与导管内截面积的比值，除应根据满足电线在通电以后的散热要求外，还要满足线路在施工或维修更换电线时，不损坏电线及其绝缘等要求决定。

8.3.4　条文所规定的"金属导管"系指建筑电气工

程中广泛使用的钢导管等铁磁性管材。此种管材会因管内存在的不平衡交流电流产生的涡流效应使管材温度升高，导管内绝缘电线的绝缘迅速老化，甚至脱落，发生漏电、短路、着火等。所以，应将同一回路的所有相导体和中性导体穿于同一根导管内。

8.3.5 不同回路的线路能否共管敷设，应根据发生故障的危险性和相互之间在运行和维修时的影响决定。一般情况下不同回路的线路不应穿于同一导管内。条文中"除外"的几种情况，是经多年实践证明其危险性不大和相互之间的影响较小，有时是必须共管敷设的。

8.3.7 当线路较长或弯曲较多，如按规定的电线总截面和导管内截面比值选择管径，可能造成穿线困难，在穿线时由于阻力大可能损坏电线绝缘或电线本身被拉断。因此，应加装拉线盒（箱）或加大管径。

8.4 可挠金属电线保护套管布线

8.4.1 可挠金属电线保护套管（普利卡金属套管）是我国上世纪 90 年代初采用先进的设备和技术生产的新型电线保护套管，经国家有关部门鉴定合格，并经各行业广泛采用。

可挠金属电线保护套管，以其优良的抗压、抗拉、防火、阻燃性能，广泛应用于建筑、机电和铁路等行业。在民用建筑中主要用于室内场所明敷设及在墙体、地面、混凝土楼板以及在建筑物吊顶内暗敷设。

全国电气工程标准技术委员会于 1996 年编制了《可挠金属电线保护管配线工程技术规范》CEC87—96，本节的主要技术内容是以此规范为依据的。

8.4.2 民用建筑布线系统所采用的可挠金属电线保护套管，主要为基本型和防水型两类。基本型套管外层为热镀锌钢带，中间层为钢带，里层为电工纸，适用于明敷或暗敷在正常环境的室内场所。防水型套管是用特殊方法在基本型套管表面，包覆一层具有良好耐韧性软质聚氯乙烯，具有优异的耐水性和耐腐蚀性，适用于明敷在潮湿场所或暗敷于墙体、现浇钢筋混凝土内或直埋地下配管。

8.4.3 为满足布线施工及运行的安全，特制定本条文，详见第 8.3.3～8.3.5 条的条文说明。

8.4.5 为确保安全及便于穿线，详见第 8.3.7 条的条文说明。

8.4.8 条文规定是为了保证运行安全，可挠金属电线保护套管与管、盒（箱）必须与保护接地导体（PE）可靠连接。连接应采用可挠金属电线保护套管专用接地夹子，跨线为截面不小于 $4mm^2$ 的多股软铜线。

8.4.10 为保证可挠金属电线保护套管布线质量和运行安全，可挠金属电线保护套管之间及与盒、箱或钢制电线保护导管的连接，必须采用符合标准的专用附件。

8.5 金属线槽布线

8.5.1 一般的国产金属线槽多由厚度为 0.4～1.5mm 的钢板制成，虽表面经镀锌、喷涂等防腐处理，但仍不能使用在有严重腐蚀的场所。

带有槽盖的封闭式金属线槽，具有与金属导管相当的防火性能，故可以敷设在建筑物顶棚内。

8.5.2 参见第 8.3.4 条的条文说明。

8.5.3 同一路径的不同回路可以共槽敷设，是金属线槽布线较金属导管布线的一个突破。金属线槽布线在大型民用建筑，特别是功能要求较高、电气线路种类较多的工程中，愈来愈普遍应用。多个回路可以共槽敷设是基于金属线槽布线，电线电缆填充率小、散热条件好、施工及维护方便及线路间相互影响较小等原因。

金属线槽布线时，电线、电缆的总截面积与线槽内截面及载流导体的根数，应满足散热、敷线和维修更换等安全要求。控制、信号线路等非载流导体，不存在因散热不良而损坏电线绝缘问题，截面积比值可增至 50%。

8.5.4 电线在金属线槽内接头，破坏了电线的原有绝缘，并会因接头不良、包扎绝缘受潮损坏而引起短路故障，因此宜避免在线槽内接头。

8.6 刚性塑料导管（槽）布线

8.6.1 刚性塑料导管（槽）具有较强的耐酸、碱腐蚀性能，且防潮性能良好，应优先在潮湿及有酸、碱腐蚀的场所采用。由于刚性塑料导管材质较脆，高温易变形，故不应在高温和容易遭受机械损伤的场所明敷设。

8.6.2 刚性塑料导管暗敷于墙体或混凝土内，在安装过程中将受到不同程度的外力作用，需要足够的抗压及抗冲击能力。IEC 614 标准将塑料导管按其抗压、抗冲击及弯曲等性能分为重型、中型及轻型三种类型。暗敷线路应选用中型以上的导管是根据国家标准《建筑电气工程施工质量验收规范》GB 50303 的规定。

8.6.7 由于刚性塑料导管材质发脆，抗机械损伤能力差，故在引出地面或楼面的一定高度内，应穿钢管或采取其他防止机械损伤措施。

8.6.9 刚性塑料导管（槽）沿建筑物表面和支架敷设，要求达到"横平竖直"，不应因使用或环境温度的变化而变形或损坏。因此，宜在管路直线段部分每隔 30m 加装伸缩接头或其他温度补偿装置。

8.7 电力电缆布线

8.7.1 电力电缆布线的一般规定

第 1 款 规定了电力电缆布线的选择原则和敷设

方式。

第2款　规定了在选择电缆布线路径时，应符合的要求。在工程实践中，有时往往只注意按电缆路径最短的原则选择路径，而忽视遭受机械外力、过热、腐蚀等危害和场地规划等因素，出现事故隐患或导致故障。

第3款　本规定是为了防止火灾时，火焰沿电缆外皮延燃扩大灾情。

第5款　要求电力电缆布线，在任何敷设方式时都应注意电缆的弯曲半径。敷设时不能满足弯曲半径要求，常因电缆绝缘层或保护套受损而引发故障。电缆最小允许弯曲半径，是根据国家标准《建筑电气工程施工质量验收规范》GB 50303 的规定而修订的。

第7款　本规定是为电缆出现故障时，进行维修接头等提供方便。

8.7.2　电缆埋地敷设

第1款　电缆直埋是一种投资少、易实施的电缆布线方式。当沿同一路径敷设的室外电缆不超过 8 根且场地条件允许时，宜优先采用电缆直埋布线方式。

第2款　规定是考虑埋地敷设电缆，可能由于承受上部车辆通过传递的机械应力和开挖施工对电缆造成损伤而引起故障。据有关资料介绍，在直埋敷设的电缆事故中，属机械性损伤的比例相当高，约占全部故障的 40%。

第3款　由于电缆通常以聚氯乙烯或聚乙烯构成的挤塑外套，在酸、碱的腐蚀下会发生化学、物理变化导致龟裂、渗透，应予防止。

土壤存在杂散电流，会使电缆金属外包层因产生的电腐蚀而损坏。

第4款　为了室外直埋电缆不受损伤，要具有一定的埋设深度，0.7m 的深度是从防护电缆不受损坏又具有合理的经济性综合考虑的。

8.7.3　电缆在电缆沟或隧道内敷设

第1款　电缆在电缆沟内布线是应用较为普遍的布线方式，当符合条文规定条件时应予采用。但大量事实表明，由于维护不当，运行年久后会出现地沟盖板断裂破损不全，地表水溢入电缆沟内等情况，常使电缆绝缘变坏导致电缆发生短路，引发火灾事故，宜有所限制。

第2～4款　电缆在电缆沟或电缆隧道内敷设，电缆支架层间距离、通道宽度和固定点间距等是保证电缆施工、运行和维护安全所必需的。修订后条文所列数值均根据《电力工程电缆设计规范》GB 50217—94 的规定。

第6款　因为电缆沟或电缆隧道很可能位于无渗透性潮湿土壤中或地下水位以下，所以要有可靠的防水层，并将电缆沟及电缆隧道底部做坡度，及时排出积水，以保证电缆线路在良好的环境条件下可靠运行。

第10款　电缆沟内电缆在维修时，一般采用人工开放电缆沟盖板，每块盖板的重量，应以两人能抬起的 50kg 为宜。

第14款　其他管线横穿电缆隧道，影响电缆线路的运行和维护工作，当开挖翻修其他管线时，将会危及电缆线路的运行安全。

8.7.4　电缆在排管内敷设

第1款　当民用建筑群内，道路狭窄、路径拥挤或道路挖掘困难，电缆数量不过多，在不宜直埋或采用电缆沟或电缆隧道的地段，可采用电缆在排管内布线方式。

第2款　选择电缆排管的材质，应满足埋深下的抗压和耐环境腐蚀要求。条文所指为国家标准图集《35kV 及以下电缆敷设》（94D164）所推荐的几种材质。其他材质只要符合抗压及耐环境腐蚀要求，都可用作电缆排管（如陶瓷管、玻纤增强塑料导管等）。

第7款　为使电缆排管内的水，自然流入人孔井的集水坑，要求有倾向人孔井侧不少于 0.5% 的排水坡度；为避免电缆排管因受外力作用而损坏，要求排管顶部距地面有一定高度；排管沟底垫平夯实并铺混凝土垫层，能避免电缆排管错位变形，保证电缆运行安全和便于维修时电缆的抽出和穿入。

第8款　设置电缆人孔井是为便于检查和敷设电缆，并使穿入或抽出电缆时的拉力不超过电缆的允许值。

8.7.5　电缆在室内敷设

第3款　电缆并列明敷时，电缆之间应保持一定距离是为了保证电缆安全运行和维护、检修的需要；避免电缆在发生故障时，烧毁相邻电缆；电缆靠近会影响散热，降低载流量，影响检修且易造成机械损伤。不同用途、不同电压的电缆间更应保持较大距离。

第5款　电缆明敷时，电缆与管道间的最小允许距离或防护要求，是为了防止热力管道对电缆的热效应和管道在施工和检修时对电缆的损坏。

第6款　塑料护套绝缘电缆的塑料外护套具有较强的耐酸、碱腐蚀能力。

8.8　预制分支电缆布线

8.8.1　预制分支电缆因其具有载流量较大、耐腐蚀、防水性能好、安装方便等优点，已被广泛应用在高层、多层建筑及大型公共建筑中，作为低压树干式系统的配电干线使用。

8.8.2　预制分支电缆是在聚氯乙烯绝缘或交联聚乙烯绝缘聚氯乙烯护套的非阻燃、阻燃或耐火型聚氯乙烯护套或钢带铠装单芯或多芯电力电缆上，由制造厂按设计要求的截面及分支距离，采用全程机械化制作分支接头，具有较优良的供电可靠性。

8.8.5　单芯预制分支电缆在运行时，其周围产生强烈的交变磁场,为防止其产生的涡流效应给布线系统造成的不良影响,对电缆的支承桥架、卡具等的选择,应采取分隔磁路的措施。

8.9 矿物绝缘(MI)电缆布线

8.9.1 由于矿物绝缘(MI)电缆采用无机物氧化镁作为芯线绝缘材料,无缝铜管外套和铜质线芯,宜用于高温或有耐火要求的场所。

8.9.4 矿物绝缘电缆,在不同线芯最高使用温度下,相同截面的电缆可具有不同的载流量。使用温度愈高,载流量愈大。因此,在选择电缆规格时,应根据环境温度、性质、电缆用途合理确定线芯最高使用温度。

在确定合适的线芯最高使用温度后,根据不同使用温度下的电缆允许载流量,合理选择相应的电缆规格。

8.9.5 矿物绝缘电缆中间接头是线路运行和耐火性能的薄弱环节,应设法避免。由于受原材料的限制,矿物绝缘电缆,特别是大截面单芯电缆其成品交货长度都较短。为避免中间接头,应根据制造厂规定的电缆成品交货长度、敷设线路长度合理选择电缆规格。

8.9.6 当遇有大小截面不同的电缆相同走向时,此时应按最大截面电缆的弯曲半径进行弯曲,以达到美观整齐要求。

8.9.7 电缆弯成"S"或"Ω"形弯是对电缆线路经过建筑物变形缝或引入振动源设备所引起的电缆线路的变形补偿。

8.9.9、8.9.10 条文规定,均为防止矿物绝缘电缆线路在运行时产生涡流效应的要求。

8.10 电缆桥架布线

8.10.1 本节适用于电缆梯架和电缆托盘(有孔、无孔)。槽式桥架属金属线槽列于本章8.5节中。

8.10.2 民用建筑电气工程所采用的电缆桥架一般为钢制产品,其防腐措施一般有塑料喷涂、电镀锌(适用于轻腐蚀环境)、热浸锌(适用于重防腐环境)等多种方式。

8.10.5 采用电缆桥架布线,通常敷设的电缆数量较多而且较为集中。为了散热和维护的需要,桥架层间应留有一定的距离。强电、弱电电缆之间,为避免强电线路对弱电线路的干扰,当没有采取其他屏蔽措施时,桥架层间距离有必要加大一些。

8.10.6 为了便于管理维护,相邻的电缆桥架之间应留有一定的距离,制造厂家推荐数值为600mm。

8.10.8 条文规定是为了保障线路运行安全和避免相互间的干扰和影响。

8.10.13 电缆桥架直线段超过30m设伸缩节和跨越建筑物变形缝设补偿装置,其目的是保证桥架在运行中,不因温度变化和建筑物变形而发生变形、断裂等

故障。

8.11 封闭式母线布线

8.11.1 封闭式母线不应使用在潮湿和有腐蚀气体的场所(专用型产品除外),是因为封闭式母线在受到潮湿空气和腐蚀性气体长期侵蚀后,绝缘强度降低,导体的绝缘层老化,甚至被损坏,将可能导致发生线路短路事故。

8.11.7 当封闭式母线运行时,导体会随温度上升而沿长度方向膨胀伸长,伸长多少与电气负荷大小和持续时间等因素有关。为适应膨胀变形,保证封闭式母线正常运行,应按规定设置膨胀节。

8.12 电气竖井内布线

8.12.1 电气竖井内布线是高层民用建筑中强电及弱电垂直干线线路特有的一种布线方式。竖井内常用的布线方式为金属导管、金属线槽、各种电缆或电缆桥架及封闭式母线等布线。

在电气竖井内除敷设干线回路外,还可以设置各层的电力、照明分配电箱及弱电线路的分线箱等电气设备。

8.12.2 电气竖井的数量和位置选择,应保证系统的可靠性和减少电能损耗。

8.12.4 条文是根据建筑物防火要求和防止电气线路在火灾时延燃等要求而规定的。为防止火灾沿电气线路蔓延,封闭式母线等布线在穿过竖井楼板或墙壁时,应以防火隔板、防火堵料等材料做好密封隔离。

8.12.5 电气竖井的大小应根据线路及设备的布置确定,而且必须充分考虑布线施工及设备运行的操作、维护距离。

8.12.8 为保证线路的安全运行,避免相互干扰,方便维护管理,强电和弱电竖井宜分别设置。

9 常用设备电气装置

9.2 电 动 机

9.2.1 本节适用于一般用途的旋转电动机,不适用于控制电动机、直线电动机及其他用途的特殊电动机。

9.2.2 电动机的启动

第1款 电动机启动时电压降的允许值存在三种不同意见,一是电动机端子电压,原规范就是采用"端子电压";二是电源母线电压;三是电动机配电母线上的电压,国家标准《通用用电设备配电设计规范》GB 50055—93采用的是第三种方法。第一种方法比较准确,但要求较高,不便操作;第二种方法尽管没有第一种方法准确,但便于操作。本规范规定比较折中:"电动机在启动时,其端子电压应保证机械

要求的启动转矩，且在配电系统中引起的电压波动不应妨碍其他用电设备的工作"为一般要求，使用"端子电压"合情合理。但是具体数值采用"控制电动机配电母线上的电压降"便于计算。对电源电压有特殊要求的用电设备，应采取必要的稳压措施。

电动机频繁启动是指每小时启动数十次以上。

第2~4款　笼型电动机启动方式的选择，应符合本规范的规定。与现行规范相比，电动机的启动方式增加了软启动。图9-1及图9-2为笼型电动机软启动、直接启动、星-三角启动的特性曲线。

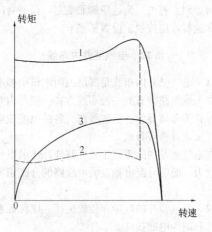

图 9-1　电动机启动转矩—转速曲线
曲线1：直接启动；曲线2：星-三
角启动；曲线3：软启动

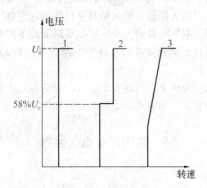

图 9-2　电动机启动电压—转速曲线
曲线1：直接启动；曲线2：星-三
角启动；曲线3：软启动

从图中可以看出，电动机直接启动，启动转矩大，而启动转矩与启动电流成正比，因此，直接启动时，启动电流也大，在电动机直接启动时，对机械造成冲击，使电网电压波动，影响其他负荷正常使用。星-三角启动方式，启动转矩小，不利于克服静阻转矩，延长电动机的启动时间，造成电动机过载。当星形转换为三角形的瞬间，转矩突然增大，对机械设备有冲击。软启动的特性曲线比较平滑，有利于延长电动机的寿命，对机械造成冲击较小，并且不会使电网电压造成较大的波动。从实际工程中了解到，有些水

管管路会造成水泵电动机过载，有烧毁电动机的例子，而使用软启动装置后，过载问题随即得到解决。当然，软启动装置价格高，它还是非线性器件，能产生高次谐波，污染电网，增加能耗。

第5款　绕线转子电动机采用频敏变阻器启动，其特点较为突出，接线简单、启动平滑、成本较低、维护方便。电阻器启动，能耗高，但有些情况下尚在使用，尤其需调速场所，需要电阻器启动。

第6款　直流电动机的启动不仅受机械调速要求和温升的制约，而且还受换向器火花的限制。国家标准《旋转电机　定额和性能》GB 755规定：直流电动机和交流换向器电动机在最高满磁场转速下，电动机应能承受1.5倍的额定电流，历时不小于60s。上述要求比较严格，尤其对小型直流电动机而言，可能允许有较高的偶然过电流，因此对直流电动机启动提出了"启动电流不超过电动机的最大允许电流；启动转矩和调速特性应满足机械的要求"的规定。

9.2.3　低压电动机的保护

第1款　交流电动机应装设相间短路保护、接地故障保护，否则可造成电动机被烧毁等事故。除此之外，其他保护可根据具体情况选择装设。

第2款　数台电动机共用一套相间短路保护电器属于特殊情况，应从严掌握。

第3款　为了确保短路保护器件不误动作，应从保护电器的类型和额定电流两方面确定。

保护电器的类别有多种，根据负荷特点，短路保护电器主要分为低感照明保护型、高感照明保护型、配电型、电动机保护型、电子元器件保护型等。用于电动机回路的短路保护电器宜选用保护电动机型。当选用低压熔断器时，宜选用"gM"型，g为全范围分断能力的熔断器，M为电动机保护型。

熔断体的额定电流应根据其安秒特性曲线计及偏差后略高于电动机启动电流和启动时间的交点来选取，但不得小于电动机的额定电流。熔断器的选择方法事实上沿用了前苏联的计算方法，即电动机的启动电流乘以计算系数。但是此方法在我国现阶段应用存在许多困难，主要是计算系数难以确定。因此，目前趋向于采用表格法选择熔断器。

电动机启动时存在非周期分量，根据上海电器科学研究所的实验表明：启动电流非周期分量主要存在第一个半波；电动机启动电流第一个半波的有效值通常不超过其周期分量有效值的2倍，个别情况可达2.3倍。因此，瞬动过电流脱扣器或过电流继电器瞬动元件的整定电流应取电动机启动电流的2~2.5倍。

原规范规定：瞬动过电流脱扣器或过电流继电器瞬动元件的整定电流应取电动机启动电流周期分量的1.7~2.0倍。显然该系数偏小，不能满足要求。

第5款　根据美国《电气建设与维护》杂志报道，烧毁电动机的实例中约95%的电动机是由过负

荷造成的。这些故障主要有：机械过载、断相运行、三相不平衡、电压过低、频率升高、散热不良、环境温度过高等。因此，除"突然断电将导致比过负荷损失更大的电动机，不宜装设过负荷保护"外，其他电动机尽可能地装设过负荷保护电器。原规范规定额定功率大于3kW的连续运行电动机宜装设过负荷保护，根据上述原则和专家审查意见，将此规定取消，使过负荷保护要求更加严格，有利于电动机的保护。

短时工作或断续周期工作的电动机，采用传统的双金属片热继电器整定较困难，效果不好，鉴于目前设备现状，此时可不装设过负荷保护。如果采用电子式热继电器，还是可以选择过负荷保护的。

突然断电将导致比过负荷损失更大的电动机，不宜装设过负荷保护。这些负荷有消火栓水泵、喷洒泵、防排烟风机等，如果装设过负荷保护器，当发生火灾时，过负荷保护器动作，消防类设备不能正常运行，耽误灭火时机，损失可能更惨重。如装设过负荷保护，可使过负荷保护作用于报警信号，提醒值班人员检查、排除故障。

过负荷保护器件宜采用电子式的热继电器。双金属片热继电器缺点很明显——动作误差大，可靠性低，容易误动作和拒动作。相当一部分烧毁电动机的事故是由热继电器起不了保护作用所致。双金属片热继电器目前只有过电流保护和断相保护，而对绕组温度过高、频率升高等非正常现象就不能有效地保护。电子式热继电器有多种保护：过电流保护、断相保护、缺相保护、三相负荷不平衡保护、绕组超高温度保护等。因此，电子式热继电器是名副其实的电动机综合保护器。

表9.2.3为过负荷保护器件通电时的动作电流，该表引用IEC 60947相关条款。对于不同负荷应选择不同类型的过负荷保护器，即轻载负荷可以选用10A或10过负荷保护器，而20或30应用在重载机械。由于双金属片热继电器还广泛使用，IEC没有涉及到30以上及10A以下类型，但是，某些场合电动机过负荷保护需要30以上和10A以下的非标准产品，因此本条款增加了"当电动机启动时间超过30s时，应向厂家订购与电动机过负荷特性相配合的非标准过负荷保护器件"。如果采用标准产品不能满足要求，可以采用"在启动过程的一定时限内短接或切除过负荷保护器件"的措施。

电动机所拖动的机械按其启动、运行特性可分为三类，这样分类是相对的，有的文献将负载分为重载和轻载。本规范将其分为三类：

轻载：启动时间短，起始转矩小；

中载：启动时间较长，起始转矩较大；

重载：启动时间长，起始转矩大。

而实际工程中，负载启动特性相差较大。

第6款 交流电动机的某一相断路，另两相电流增大，造成电动机过负荷。据资料介绍，在烧毁电动机的事故中，由于断相故障所占的比例较高，美国和日本约占12%，前苏联约占30%，我国尚无准确的统计数据，由于管理、维护水平较低，我国这个比例不会太低。因此，电动机的断相保护应严格要求。

连续运行的三相电动机，用熔断器保护时，应装设断相保护。因为熔断器三相一致性比断路器差，连接点多，连接点的可靠性将影响电动机保护的效果。据资料介绍，在发生断相故障的181台小型电动机的统计中，由于熔断器一相熔断或接触不良的占75%，由于刀开关或接触器一相接触不良的占11%。因此，熔断器作短路保护电器，对断相保护要求应严格。而用低压断路器保护时，由于连接点少，三相一致性好，对断相保护要求可以适当降低，语气上采用"宜装设断相保护"。

短时工作或断续周期工作的电动机，由于可不设过负荷保护，与此相对应，也可不装设断相保护。

断相保护器件宜采用带断相保护的热继电器，其优点上面已经介绍了，如果条件许可，也可采用温度保护或专用的断相保护装置。

第7款 交流电动机的低电压保护不是保护电动机本身，而是为了限制自启动。当系统电压降低到临界电压时，电动机将堵转、疲倒。因此，设计人员可根据需要设置低电压保护。

第8款 直流电动机的使用情况差别很大，其保护方法与拖动方式各不相同，因此，本条款采用一般性规定。本规定取自《通用用电设备配电设计规范》GB 50055。

9.2.4 低压交流电动机的主回路

第1款 低压交流电动机的主回路由隔离电器、短路保护电器、控制电器、过负荷保护电器、附加保护器件、导线等组成。主回路的构成可以是上述器件的全部或部分，但隔离电器、短路保护电器和导线是必不可少的。关于三相交流电动机的主回路构成，国际上都比较统一，IEC、VDE、NEC等标准均与我国规范一致。

第2~3款 实际工程中许多人忽略了隔离电器，认为装设断路器或熔断器就可以不用装设隔离电器。这从安全、维护等方面都是不允许的。因此，本规范较详细地对隔离电器的装设提出要求，有些条款取自IEC标准，以引起设计人员的注意。

第4款 短路保护电器应与其负荷侧的控制电器和过载保护电器相配合，这些要求引自IEC标准。

从表9-1中可以看出，一般设备由于供电可靠性要求较低可以用1类配合，而2类配合强调供电的可靠性和连续性，因此重要负荷如消防类负荷应满足2类配合。据有关资料介绍，IEC正在制定要求更高的3类配合标准。

接触器或启动器的限制短路电流不应小于安装处的预期短路电流，就是说，当发生短路时，在短路保护电器切断故障回路之前，接触器或启动器应能承受故障电流，满足1类或2类配合要求。

表 9-1　1 类配合和 2 类配合

配合类别	定　义	特　点
1 类配合	在短路情况下接触器、热继电器的损坏是可以接受的： 1　不危及操作人员的安全； 2　除接触器、热继电器以外，其他器件不能损坏	允许供电中断，直到维修或更换接触器和热继电器后才可恢复供电
2 类配合	短路时，接触器、启动器触点可容许熔化，且能够继续使用。同时，不能危及操作人员的安全和不能损坏其他器件	供电连续性十分重要，而且触点必须被容易地分开

短路保护电器宜采用接触器或启动器产品标准中规定的型号和规格，这一点名牌进口产品做得较好。合格的国产产品也必须通过试验，得出与接触器或启动器相配合的短路保护电器。但是，大部分国产厂家在电动机保护配合方面资料不全，给设计、使用带来不便，不利于推广国产产品。

第 6 款　根据 IEC 有关规定，"启动和停止电动机所需要的所有开关电器与适当的过负荷保护电器相结合的组合电器"叫做启动器。因此，控制电器系指电动机的启动器、接触器及其他开关电器，而不是"控制电路电器"。

根据电动机保护配合的要求，堵转电流及以下电流应由控制电器接通和分断。大多数的 Y 系列电动机堵转电流 $\leqslant 7I_e$，最小三相电动机为 0.37kW，$I_e \approx 1.1A$。因此，选择接触器时，应该考虑分合堵转电流，其额定电流一般不应小于 7A。

负荷开关分为封闭式和开启式，开启式负荷开关（如胶盖开关）存在安全问题，不能单独作为电动机保护、控制电器。如果条件许可，尽可能不要用封闭式负荷开关；但由于条件所限，当符合保护和控制要求时，封闭式负荷开关（如 HH3）可以保护、控制 3kW 及以下电动机。电动机组合式保护电器（CPS）可以控制、保护电动机，不同型号的组合式保护电器控制、保护最大电动机的容量各不相同，一般在 18.5kW 及以下。CPS 可以对电动机频繁操作，其他形式的组合式保护电器不能对电动机频繁操作。

第 7 款　电线或电缆（以下简称导线）载流量的国家规范尚在制定中，因此，有关数据没有列入本规定。设计时应考虑下列因素：

①电动机工作制有连续、断续、短时工作制，各种工作制还可细分。因此，按基准工作制的额定电流选择导线比较准确、简单。

②导线与电动机相比，发热时间常数及过载能力较小，设计时应考虑这个问题，也就是说，导线应留有余量。美国 NEC 法规规定，导线载流量不应小于电动机额定电流的 125%；日本《内线工程规定》，当额定电流不大于 50A 时，导线载流量不应小于电动机额定电流的 125%，当额定电流大于 50A 时，导线载流量不应小于电动机额定电流的 111%。

③按照 IEC 60947 的要求，启动后电刷短路的绕线式电动机，其转子回路导线的载流量按轻载、中载、重载分成三类，比原规范要求有所提高。

9.2.5　低压交流电动机的控制回路

第 1 款　电动机的控制回路应装设隔离电器和短路保护电器，这一点与一次线路一致。有些设备，如消防类水泵，如果控制回路断电会造成严重后果，是否另设短路保护应根据具体情况决定，设计者可以考虑下列因素（以消防类水泵为例）：

①是否有备用泵；

②各个泵控制电源及控制回路是否独立；

③保护器件的可靠性；

④一次回路保护电器的整定值是否能保护二次回路。

第 2 款　控制回路的电源和接线的安全、可靠最为关键。以消火栓泵为例，为了提高可靠性，控制回路应采取如下措施：

①工作泵与备用泵控制电源应分开设置；

②工作泵与备用泵控制回路应独立；

③消火栓按钮线路不要直接接到接触器线圈回路。

TN 和 TT 系统中的控制回路发生接地故障时，应避免保护和控制被大地短接，造成电动机意外启动或不能停车。

如图 9-3 所示，当 a 点发生对大地短路时，电气通为：L1—熔断器—接触器线圈—a 点—大地，因此，接触器线圈带电，造成电动机不能停车，或电动机意外启动。图 9-4 控制电源为 380V，如果 b 点发生短路，L1—熔断器—接触器线圈—b 点—大地构成电气通路，结果电动机不能停车或意外启动。因此，上面两图都是不可靠的控制接线方案，设计时应引起注意。

如果直流控制回路采用其中一极接地系统，也有可能出现图 9-3 和图 9-4 的错误接线，因此，直流控制回路最好采用不接地系统，并装设绝缘监视。

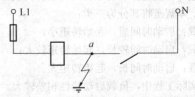

图 9-3　220V 控制电源错误接线

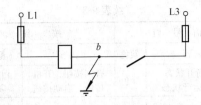

图 9-4　380V 控制电源错误接线

额定电压不超过交流 50V 或直流 120V 的控制回路的接线和布线，应有防止高电位引入措施，主要方法有：短路保护电器设过电压保护、电源侧设浪涌保护器、220V 强电触点不能直接接入交流 50V 或直流 120V 控制箱（柜）等。

第 3 款　本条款说明电动机一地控制和两地控制要求。在控制点不能观察到电动机或所拖动的机械时，在控制点装设指示电动机工作状态的信号和仪表、启动按钮和停止按钮。

第 4 款　从安全性考虑，自动控制、连锁或远方控制的电动机，宜有就地控制和解除远方控制的措施，当突然启动可能危机周围人员时，应在机旁装设启动预告信号和应急断电开关或自锁式按钮。自动控制或连锁控制的电动机，还应有手动控制和解除自动控制或连锁控制的措施。

第 5 款　是从安全性作出的要求。

9.2.6　其他保护电器或启动装置的选择

第 1 款　组合式保护电器是多功能的电动机保护产品，组合式保护电器分为三类：第一类为 CPS，CPS 采用了以接触器为主体的模块式组合结构，以一个具有独立结构形式的单一产品实现隔离电器、断路器、接触器、过负荷继电器等分离元件的主要组合功能。我国自主开发、研制的 CPS 已达到了世界同类产品的先进水平，部分指标优于国外产品。全国统一产品型号为 KBO 系列，其额定电流为 0.2A 至 100A，包括电动机单向控制、可逆控制、双电源（ATS）控制等多种系列产品。并在国内众多工程中得到应用。

第二类为集隔离电器、短路保护电器、过负荷保护电器于一体；第三类包括隔离电器、短路保护电器功能。这两类组合式保护电器可以与同厂的某些接触器插接安装，非常方便。与独立的电动机保护、控制器件相比，组合式保护电器的体积小，可靠性高。

第 2 款　民用建筑中，大功率的水泵如果采用直接启动或星—三角启动等启动方式，可能造成对电网的冲击，对机械设备产生不良的影响（参见图 9-1 和图 9-2）。另一方面，由于水管网络的问题，可能造成电动机长期过负荷，过负荷保护动作，使水泵不能正常工作；如果过负荷保护选择不当，则会缩短电动机的寿命，甚至烧毁电动机。而采用软启动装置则可避免此类问题的发生，对电动机有良好的保护作用。

多大功率的水泵、风机要用软启动装置应根据本

规范第 9.2.2 条的要求确定。一般来说，变压器容量越大，软启动的水泵、风机的功率也越大。

每台电动机宜单独装设软启动装置，这主要从可靠性角度考虑，但实际应用中，也有数台电动机共用一套软启动装置的实例，从经济性考虑是可以理解的，但是对重要和比较重要的电动机而言是不恰当的，可靠性大大降低。因此，本条规定了共用一套软启动器的条件。

9.2.7　低压交流电动机的节能要求

第 1 款　电动机类负荷占民用建筑的负荷比例较大，其节能意义重大。根据《中小型三相异步电动机能效限定值及节能评价值》GB 18613—2002 规定，电动机能效限定值是指在标准规定测试条件下，所允许电动机效率最低的保证值，电动机能效限定值是强制性的，必须满足。而电动机节能评价值是在标准规定测试条件下，节能电动机效率应达到的最低保证值。电动机节能评价值比能效限定值要高。节能评价值是推荐性的，当电动机满足节能评价值的要求，就可认为电动机是高效能型的。目前，我国新型的 YX_2 系列电动机为高效能电动机，YX_2 系列电动机效率比 Y 系列平均提高 3%，而总损耗降低 20%～30%。

第 2 款　"当机械工作在不同工况时，在满足工艺要求的情况下，电动机宜采用调速装置"。对风机、设备而言，不同工况往往有不同流量或风量的要求，这是由工艺所决定的。通过调节电动机的转速不仅可以满足调节流量或风量的要求，而且还能达到节能的效果。因为，流量与转速的一次方成正比，而功率与转速的三次方成正比。从表 9-2 可以得出，转速为额定转速的 75% 时，功率为额定功率的 42.1875%；转速为额定转速的 25% 时，功率为额定功率的 1.5625%。因此，根据需求（如流量、风量等）对电动机调速，节能效果十分明显。

表 9-2　转速与功率的关系

转速 n/n_e	0.25	0.5	0.75	1.0
功率 P/P_e	1.5625%	12.5%	42.1875%	100%

当工艺只有 2～3 个工况时，笼型电动机采用变极对数调速有较多优点：效率高、控制电路简单，易维修，价格低，与定子调压或电磁转差离合器配合可得到效率较高的平滑调速。

当工况较多时，调速变得频繁，采用变频调速比较合适。变频调速无附加转差损耗，效率高，调速范围宽，尤其适合于较长时间处于低负载运行或起停运行较频繁的场合，达到节电和保护电机的目的。

现在国内外对电磁兼容十分重视，我们在推广、普及高效节能产品的同时不能给环境带来电磁污染。

第 3 款　满足控制要求是前提条件，不能因为节能而影响正常控制要求，因此，本款对控制电器使用"宜采用节电型产品"的规定，而且仅对长时间通电

的控制电器有效，对短时间通电的控制电器节能意义不大。据对比，LC1-D系列接触器与CJ20系列接触器，63A及以上等级，线圈启动容量减少5%～65%，线圈吸持容量减少64%～75%。

9.3 传输系统

9.3.1 传动多指电气传动，它是以电动机为自动控制对象，以微电子装置为核心，以电力电子装置为执行机构，在自动控制理论的指导下，组成电气传动控制系统，控制电动机的转速按给定的规律进行自动调节，使之既满足生产工艺的最佳要求，又具有提高效率、降低能耗、提高产品质量、降低劳动强度的最佳效果。运输是将物体从一处搬运到另一处。因此，传输系统是用传动技术而进行的运输。

近年来，电气传输系统在民用建筑中的应用也越来越广泛，其系统相对简单，所处的环境也相对较好，主要应用有：病历自动传送系统、图书自动传送系统、邮件自动分检及传送系统、行李自动传送系统、旋转餐厅平台及燃煤锅炉房燃煤传输等。

由于工艺要求不一，本规范仅规定了民用建筑中电气传输系统设计内容和要求，即系统的配电、控制、接地等设计的共性内容和要求。

连锁线有分别单独启动、部分延时启动、按工艺流程反方向顺序启动、同时停止、部分延时停止、从给料方向顺序停止等多种启动与停止方式，因此，传输系统的连锁线应满足使用和安全的要求，并应可靠、简单、经济，并考虑节能。

运行中任何一台连锁机械故障停车时，应使传来方向的连锁机械立即停车，以免物料堆积。

9.3.2 传输系统的控制要求

第1款 条文为传输系统连锁线控制方式的选择原则。运输线的控制方式应结合工艺要求确定。当经济条件允许或工程比较重要，采用计算机自动控制系统控制比较复杂的系统，有利于实现顺序控制和其他较复杂的控制，有利于系统的可靠运行，同时，还可实现控制、监视、报警、信号、记录等功能。

第2款 国家标准《电工成套装置中的指示灯颜色和按钮的颜色》GB/T 2682-81对控制箱（屏、台）面板上的电气元件的颜色有较详细的要求，参见表9-3。

表9-3 信号灯和按钮颜色的含义

信号灯		按钮	
内容	颜色	内容	颜色
事故跳闸、危险	红色	正常分闸、停止	黑色或红色
异常报警指示	黄色	事故紧急操作按钮	红色
开关闭合状态、运行状态	白色	正常停止、事故紧急操作合用按钮	红色

续表9-3

信号灯		按钮	
内容	颜色	内容	颜色
开关断开状态、停止运行状态	绿色	合闸按钮、开机按钮、启动按钮	白色或灰色
电动机启动过程	蓝色	储能按钮	白色
储能完毕指示	绿色	复位按钮	黑色

第3款 使用模拟图和电子显示器，便于观察、操作方便，对复杂和比较复杂的系统很有必要。

第4款 为了防止传输系统发生人身、设备事故，并便于联系，提出几点常用措施：

①启动预告信号，一般采用音响信号，如电铃、电笛、喇叭等；当传输系统传输距离长时，可沿线分段设置启动预告信号；

②在值班控制室（点）设置允许启动信号、运行信号、事故信号，其目的是保障安全、随时了解设备运行状态，以加强管理；

③在控制箱（屏、台）面上设置事故断电开关或自锁式按钮，可根据情况及时断电，便于处理事故、方便维修；

④当传输系统传输距离长时，在巡视通道装设事故断电开关或自锁式按钮，便于巡视人员及时处理事故，以免扩大事故范围。

采用自锁式按钮，主要是为了确保安全，在故障未排除前不允许在别处进行操作。

9.3.3 传输系统的供电要求

第1款 确定传输系统的负荷等级。

第2款 同一系统的电气设备，假如由多个电源供电，当其中一个电源故障，会影响整个系统的使用，扩大了事故面。故规定宜由同一电源供电。

9.3.4 确定控制室和控制点的位置。当采用计算机控制系统时，应采取防止电磁干扰措施。

9.3.5 移动式传输设备，如图书馆运书小车、锅炉房卸料小车等，一般容量不大，速度较慢，每次运行距离小，采用软电缆供电具有装置简单、可靠、安装方便，受环境影响小，宜优先选用。

9.4 电梯、自动扶梯和自动人行道

9.4.2 电梯、自动扶梯和自动人行道的供电容量确定

1 单台交流电梯的计算电流应取曳引机铭牌0.5h或1h工作制额定电流90%及附属电器的负荷电流，或取铭牌连续工作制额定电流的140%及附属电器的负荷电流；

2 单台直流电梯的计算电流应取变流机组或整流器的连续工作制交流额定输入电流的140%；

3 两台及以上电梯电源的计算电流应计入同时系数，见表9-4；

表 9-4　不同电梯台数的同时系数

电梯数量 （台）	2	3	4	5	6	7	8
直流电梯	0.91	0.85	0.80	0.76	0.72	0.69	0.67
交流电梯	0.85	0.78	0.72	0.67	0.63	0.59	0.56

4 交流自动扶梯的计算电流应取每级拖动电机的连续工作制额定电流及每级的照明负荷电流；

5 自动人行道取铭牌连续工作制额定电流及照明负荷电流。

9.4.3 电梯配电线路的最小截面应满足温升和允许电压降两个条件，并从中选择较大者作为选择依据。

9.4.4 电梯机房的工作照明和通风装置以及各处用电插座的电源，宜由机房内电源配电箱（柜）单独供电，其电源可以从电梯的主电源开关前取得。厅站指示层照明宜由电梯自身电力电源供电。

9.4.5 第 2 款第 1 项电梯底坑的照明开关可设置在 1m 左右的高度。第 3 款底坑插座安装高度可为 1m 左右，主要作为检修用。

9.4.7 对于载货电梯和病床电梯可采用简易自动式。乘客电梯可采用集选控制方式，但对电梯台数较多的大型公共建筑宜选用群控运行方式。有条件宜使电梯具有节能控制、电源应急控制、灾情（地震、火灾）控制及自动营救控制等功能。

——电梯群控系统主要包括以下内容：

1 轿厢到达各停靠站台前应减速，到达两端站台前强迫减速、停车，避免撞顶和冲底，以保证安全；

2 对轿厢内的乘客所要到达的站台进行登记并通过指示灯作为应答信号，在到达指定站台前减速停车、消号，对候梯的乘客的呼叫进行登记并作出应答信号；

3 满载直驶，只停轿厢内乘客指定的站台；

4 当轿厢到达某一站台而成空载时，另有站台呼叫，该轿厢与另外行驶中同方向的轿厢比较各自至呼叫层的距离，近者抵达呼叫站并消号；

5 端站台乘客呼叫，调用抵端站台轿厢与空载轿厢之近者服务；

6 在各站台设置轿厢位置显示器，对站台乘客进行预报，消除乘客的焦急情绪，同时可使乘客向应答电梯预先移动，缩短候梯时间；

7 站台呼叫被登记应答后，轿厢到达该站台时应有声音提醒候梯乘客；

8 运行中的轿厢扫描各站台的减速点，根据轿厢内或站台有无呼叫决定是否停车；

9 乘客站台呼叫轿厢，同站台能提供服务的所有电梯的应答器均作出应答；

10 控制室将电梯群分类，分单数层站停和双数层站停，所有电梯都以端站为终点，在中间层站，单数层站台呼叫双数层站台的轿厢，控制室不登记，不作应答，反之也一样；

11 中间站台呼叫直达电梯不登记，不作出应答；

12 轿厢完成输送任务，若无呼叫信号或被指示执行其他服务，则电梯停留在该站台，轿厢门打开，等待其他的呼叫信号；

13 控制系统时刻监视电梯的状态，同时扫描各站台的呼叫的状态。

住宅电梯的功能配置可以分为两部分：一部分是基本功能，另一部分是选用功能。

——住宅电梯的基本功能应有：

1 指令信号和召唤信号可任意登记功能；

2 指令信号可实现优先定向功能；

3 当指令信号被登记时，电梯可依次逐一自动截车、减速信号、自动平层、自动开门功能；

4 当指令信号已登记且发现出错时，按一次可消号功能；

5 当召唤信号被登记时，电梯可依次顺向自动截车、减速信号、自动平层、自动开门功能；

6 召唤信号具有最远反向截车、减速信号、自动平层、自动开门功能；

7 当轿厢满载时，召唤信号不执行截车，电梯进行直驶功能；

8 当轿厢满载时，电梯不能关门与行驶，且超载灯亮，报警铃发出嗡声功能；

9 当轿厢位于平层电梯未启动时，则按本层召唤信号时，应能立即开门功能；

10 当电梯停站开门过程结束后，在延时 4～6s 之后，应能立即自动实现关门功能；

11 具有检修操作功能；

12 在正常照明电源被中断情况下，应急照明灯自动燃亮功能；

13 具有紧急报警装置，乘客在需要时能有效地向外求救功能；

14 其他避险、防劫和安全保护功能。

——住宅电梯的选用功能应有：

1 防捣乱功能；

2 消防功能；

3 电梯故障显示监控功能；

4 电梯远程监控功能。

9.5　自动门和电动卷帘门

9.5.1 目前国内用于自动门控制的传感器种类繁多，但常用的是规范规定的三种。由于微波传感器只能对运动体产生反应，而红外线传感器和超声波传感器则对静止或运动体均能反应，所以，在探测对象为动态体的场所，可采用微波、红外线及超声波中任何一种传感器。但考虑到微波传感器的探测范围较后两者大，采用微波传感器更适宜些。而运动体速度比较缓慢的场所，则只能采用红外传感器或超声波传感器。

9.5.2 不同类型的传感器对工作场所的环境温度及湿度都有不同的要求，所以在使用时，应注意传感器是否工作在规定的环境温度下，否则应采取相应的防护措施。当在寒冷地区且在户外使用时，环境温度常低于传感器所要求的工作温度，此时，对传感器应采取防寒措施。

9.5.3 当传感器安装在荧光灯、汞灯、空调器等用电设备及其他磁性物体附近时，传感器会因受到干扰而产生误动作，因此应尽量远离。如确有困难，也可采取适当措施。如在传感器外部加装金属屏蔽罩。

9.5.4 引单独回路供电是为了避免因其他线路发生故障而影响自动门的正常运行。

9.5.6 本条用于一般目的的卷帘门，要求就近引单独回路供电，是为了避免因其他线路故障而影响卷帘门的正常运行。

9.5.8 本条文是从人身和配电系统的安全角度出发而要求的。

9.6 舞台用电设备

9.6.1 调光回路的功率一般是 4～6kW，而且从安全角度考虑，一般 4kW 回路带 2kW 灯具，6kW 回路带 4kW 灯具，均留有一定的裕度。

9.6.2 关于舞台照明灯光回路分配数量，不同剧场、剧种均有其不同要求，尚未有统一的标准，尤其是一些特大型能够演出多种剧种的舞台，其灯光回路数量及其分配均不统一。而且舞台照明发展趋向于多回路多灯位，这样可适应舞台照明多功能的需求。表 9-5 及表 9-6 供设计中参考。

调光回路数量、直通回路数量及天幕灯区电源容量可参照表 9-5 确定。

表 9-5　舞台照明灯光回路及天幕灯区电源容量

剧场规模	调光回路数量	每个灯区直通回路数量	天幕灯区专用电源容量（A）
特大型	≥360	2～8	≥200
大型	180～360	2～6	≥150
中型	120～180	1～3	≥100
小型	45～90	1～3	≥75

天幕灯区应设专用电源线路，其电源开关箱宜设在靠近天幕的墙上。

舞台照明灯光回路的分配可参照表 9-6 确定。

表 9-6　舞台照明灯光回路分配表

剧场规模	小型		中型			大型			特大型		
灯光名称 \ 灯光回路	调光回路	直通回路	调光回路	直通回路	特技回路	调光回路	直通回路	特技回路	调光回路	直通回路	特技回路
二楼前沿光	—					6	3	—	12	3	3
面光 1	10	2	18	3	1	14	3		22	6	3
面光 2	—					12	—		20	—	
耳光（左）	5	1	9	1	1	15	2	3	23	3	3
耳光（右）	5	1	9	1	1	15	2	3	23	3	3
柱光（左）	3	—	6	1	1	12	2	3	18	3	3
柱光（右）	3	—	6	1	1	12	2	3	18	3	3
侧光（左）	10	—	6	1	1	3	1	3	5	3	2
侧光（右）	10	—	6	1	1	3	1	3	5	3	2
流光（左）	—	—	—	2	—	5	4	—	7	4	—
流光（右）	—	—	—	2	—	5	4	—	7	4	—
顶光 1	—	—	8	—	—	15	2		27	3	3
顶光 2	—	—	4	—	—	9			12	3	3
顶光 3	—	—		—	—	15			21	3	3
顶光 4	—	—	7	—	—	6			12	3	1
顶光 5	—	—	9	—	—	12			15	2	
顶光 6	—	—		—	—	6			11	3	1
脚光	—	—	3	—	—	3			3	2	3

剧场规模	小 型		中 型			大 型			特大型		
灯光名称 \ 灯光回路	调光回路	直通回路	调光回路	直通回路	特技回路	调光回路	直通回路	特技回路	调光回路	直通回路	特技回路
天幕光	14	3	14	2	2	20	6	3	30	8	3
乐池光	—	—	3	—	—	3	2	—	6	3	2
指挥光	—	—	—	—	—	1	—	—	3	—	—
吊笼光	—	—	—	—	—	48	—	8	60	6	8
合计	60	7	120	11	9	240	32	37	360	72	45

9.6.3 舞台照明大部分为专用灯具,其灯具与配电线路的连接均采用专用的接插件或专用的接线端子,这样可以方便地进行灯具调整更换。为了安全可靠起见,对所采用的接插件或接线端子的额定容量应适当地加大留有一定的裕度。

当调光设备运行在完全对称情况下,三次谐波电流对中性导体压降与基波对中性导体压降相等条件下,算出中性导体截面约为相线截面的1.8倍。为了可靠并考虑计算和实验产生的误差,因此取中性导体截面不应小于相导体截面的2倍。

9.6.4 对于乐池内谱架灯等规定的低于36V电源供电的要求,是为保障人身安全避免触电事故的发生。

9.6.5 带预选装置的控制器,较多地用于小型剧场。而带计算机控制的装置,因其功能更加完善,越来越多地用于大中型剧场。

舞台照明控制装置的安装位置,根据不同剧场和舞台,其设置的位置会发生变化,本条提出适宜的一些安装位置和原则,以减少电能损失和节约有色金属。

9.6.7 由于晶闸管调光装置在工作过程中产生谐波干扰,妨碍声像设备正常工作,因此必须抑制。

9.6.8 舞台照明负荷计算,是一个较为复杂的问题。由于我国剧种较多,各剧种的舞台艺术布景对照明的要求各不相同,因而在演出时各场用电负荷相差较大。在设计时对舞台照明负荷计算,没有可靠的计算依据,一般都是进行估算。

K_x 值的大小与剧场的设备容量有关,从新近建成的上海大剧院的情况看,设计时 K_x 选 0.5,但在实际使用中,不同剧种的演出,负荷相差很大。因此在负荷计算时对 K_x 值的选取,要重视舞台设备容量对 K_x 值的影响。

目前,国内对舞台照明计算需要系数尚无统一规定,本规范参照了国外舞台照明负荷系数以及国内一些舞台实际使用情况,以便在设计中参照。

9.6.9 当舞台电动吊杆数量较多时,为实现自动化、减轻工作人员的劳动强度,确保电动吊杆动作的准确性,宜采用带预选装置的控制器(包括微机)进行控制。

9.6.10 采取就地安装,可减少线路长度,而且不影响演出。控制器安装位置主要是从便于直观控制的目的要求的。

9.6.11 舞台设备负荷计算,目前国内尚无统一规定,而且根据不同剧种,不同规模的剧场,其舞台吊杆设置有很大不同,很难作出统一的规定。因此给出的需用系数,其取值范围较大,设计时可根据实际剧种、剧场规模等综合考虑。

9.6.12 本条是从使用方便的角度而考虑的。

9.7 医 用 设 备

9.7.1 医院电气设备工作场所应分为0类、1类和2类。具体场所分类,参见本规范第12章条文说明表12-1、表12-2。

9.7.2 X射线诊断机,X射线CT机及ECT机规定为断续工作用电设备,其最大用电负荷性质是瞬时负荷;

X射线治疗机,一般其最大负荷可连续扫描10～30min,从宏观角度上,规定为连续工作用电设备,其最大用电负荷性质确定为长期负荷;

电子加速器,NMR-CT机规定为连续工作用电设备,其最大用电负荷性质是长期负荷。

9.7.3 一般大型医疗设备设置在放射科,这些设备瞬时压降大,由变电所引出单独回路供电,一方面保证线路的压降控制在一定范围,另一方面减少对其他设备的影响。

大型医疗设备对电源压降均有具体要求,有的体现为电源压降指标,有的则体现为电源内阻指标。

9.7.5 本条是根据使用单位在经济方面的承受能力、设备的使用条件及使用单位的技术条件,对放射线机供电线路所作的一般规定。

按医疗设备的一般分类,400mA及其以上规格的X射线机,规定为大型X射线诊断机(有的资料介绍500mA及以上规格规定为大型X射线诊断机)。该设备用电量大,机器结构复杂,设备完善、用途广、输出量大,不易拆装,但必须在较好的电源条件下使用，为此规定应设专用回路供电。

CT 机、电子加速器等医疗装置的附属设备较多，用电量较大，要求供电可靠。为了保证主机部分的供电，规定上述设备应至少采用双回路供电，其中主机部分应采用专用回路供电。根据负荷用电性质，在配电设计上有条件时还宜设备用电源回路，保证事故状态下供电。

9.7.6 X 射线诊断机的线路保护电器，应按该机使用时的瞬时最大电流值进行选择。如果使用快速熔断器作线路保护，可直接以计算所得的瞬时最大电流值，选用快速熔断器。但是目前 X 射线诊断机生产厂，常常选用 RL 型熔断器，其熔体一般以略大于瞬时电流值的 50% 选择。X 射线诊断机线路计算实例，参见表 9-7。

表 9-7 X 射线诊断机线路计算实例

产品型号	生产厂提供的技术数据					计算数据
	X 射线管最大工作电流（平均值）(mA)	X 射线管最大工作电流（平均值）对应最大工作电压（峰值）(kV)	X 射线机整流方式	X 射线机电源侧		利用公式计算的 X 射线机交流侧瞬时最大负荷/瞬时最大电流 (kVA/A)
				瞬时最大电流值（有效值）(A)	熔断器选用的熔体 (A)	
XG-200	200	80	单相桥式	60		13.53/61.51
F30-IB 型	200	80	单相桥式/二相桥式		30/20	13.53/61.51/35.6
XG-500	500	70	二相桥式	80		29.6/77.91
东芝 KXO-850	800	100	三相 12 峰	—	(380V) 60	87.9/133.6
岛津-800 XHD 1508-10	800	100	三相 12 峰		(200V) 操作开关 150，配线断路器 100	87.9/253.8

9.7.7 供电线路导线截面的选择，受许多因素制约。但是，对 X 射线机（变压器式），关键要满足电源电压波动这个技术参数的要求。生产厂为了控制电源电压波动这个技术参数，又提出既便于控制电源电压波动，又方便理论计算的电源内阻这个技术参数（电源内阻是 X 射线机在产品设计时，规定达到正常技术条件的设计依据，也是 X 射线机保证正常工作状态时的外部条件）。在进行电源内阻计算时，设计者应充分考虑在施工中可能加大的敷设距离，应该给施工中留有足够的距离余量，以保证 X 射线机充分发挥其设备的使用能力。本条就是从计算电源内阻和验算电源电压波动时的压降等两个方面作的一般规定。这两个方面的规定是 X 射线机供电线路导线截面选用的条件，缺一不可。

9.7.8～9.7.10 是为保障医用放射线设备安全、可靠运行而作出的规定。

9.8 体育场馆设备

9.8.2 本条文是根据电力负荷因事故中断供电所造成的影响和损失以及体育竞赛不可重复性的特点所决定的。

关于备用电源问题，在国际上有的体育场馆在举行体育赛事时，为了确保供电的可靠性，采取利用备用电源作为主电源使用，达到可靠供电。有的体育场馆自身并未设置备用电源，而是采取租用的方式，从而节省初期投资和运行维护管理费用。

当采用应急电源装置（EPS），作为场地照明高光强气体放电灯（HID）应急电源时，应采用在线式应急电源装置（EPS）。

9.8.3 单独设置变压器，对于运行管理提供方便，并可减少电能损耗。

电源电压的稳定对体育场馆照明灯用电负荷十分重要。设计时应了解当地的供电电源情况再作决定。

9.8.4 此类用电负荷，直接关系到体育赛事过程中的技术和安全。体育赛事的不可重复性，要求对上述负荷供电做到安全可靠。在这些负荷中，大量的电子设备，即使是短暂的停电也将造成运行不正常。这些设备仅考虑采用发电机作备用电源供电不能满足要求，因此应采用 UPS 作为备用电源。

9.8.5 电源井是为田赛成绩公告牌、径赛成绩公告牌、计圈器等设备供电和连接传输信号之用。井的位置宜靠近竞赛点又不妨碍竞赛为标准。如跳高、跳远、三级跳远、撑杆跳高等项目，宜设在助跳区附近；铅球、铁饼、标枪、链球等项目宜设在起掷区附近。其他竞赛项目需要设电源井可根据体育工艺要求而定。

9.8.6 目前国内外有些体育场采用电力装置与信号装置共井的做法，不同用途线路和装置之间保持一定的距离或采取隔离措施，效果较好。据调查认为井体不宜过大，一则增加投资，二则井面大施工较困难，容易破坏场地。

9.8.7 体育场地内的配电和信号线路，据调查认为采用明敷设或拉临时线，在穿越场地时会影响比赛，而且不安全，不宜采用。若采用电缆直接埋地敷设，由于维护和使用不方便，当线路发生故障时，还要破坏场地，不宜采用。调查认为，采用预埋导管方法较好，使用和维护较为方便。

9.8.10 体育馆除了供篮、排球比赛外，还要供其他体育项目比赛，如体操、乒乓球、羽毛球等，这些体育比赛项目需要电子计时记分装置，所以四周墙壁必须装设一定数量的配电箱和插座供使用。

10 电 气 照 明

10.1 一 般 规 定

10.1.1、10.1.2 民用建筑照明设计的基本原则。
10.1.3 本规范与国家标准的关系。

10.2 照 明 质 量

10.2.1 根据国家标准《建筑照明设计标准》GB 50034的规定。

10.2.2 根据CIE建议而定。一般照明与局部照明共用的房间，一般照明占工作面总照度的1/3～1/5是适宜的，因而作此规定。交通区照度的条文规定与国家标准《建筑照明设计标准》GB 50034相同。

10.2.3 系原规范条文，根据CIE建议而定。其中Ⅰ类是用于住宅或寒冷地区；Ⅱ类适用于办公室等，应用范围较广；Ⅲ类适用于体育场馆等高照度场所或温暖气候地区。

10.2.4 由于国家标准《建筑照明设计标准》GB 50034中根据CIE文件明确规定了不同照明场所的显色性指标，故本规范强调在设计中切实执行。应当说明的是良好的光源显色性具有重要的节能意义，在办公室采用$Ra>90$的灯与使用$Ra<60$的灯相比，在达到同样满意的照明效果时，照度可减少25%。反之，遇特殊情况光源显色性不能达到规定指标时，可考虑采用增加照度的方法来缓解对颜色分辨的困难。

10.2.5 如果室内表面颜色的彩色度较高时，光源的光线将被强烈的选择吸收，使色彩环境发生强烈变化而改变了原设计的色彩意图，从而不能满足功能要求。

10.2.6 参照CIE文件分为六个等级，对应眩光程度的文字描述参考了日本照明标准。在国家标准《建筑照明设计标准》GB 50034中虽没有明确标出级别，

但实际上也是按照CIE文件进行区分的。

10.2.7 参照CIE和《建筑照明设计标准》GB 50034而定。统一眩光值UGR适用于下列条件：

  1 适用于简单的立体型房间的一般照明装置，不适用于间接照明和发光顶棚；

  2 适用于灯具发光部分对眼睛所形成的立体角为$0.1sr>\omega>0.0003sr$的情况；

  3 同一类灯具为均匀等间距布置；

  4 灯具为双对称配光；

  5 灯具高出人眼睛的安装高度。

  统一眩光值UGR应按下式计算：

$$UGR = 8\lg \frac{0.25}{L_b} \sum \frac{L_a^2 \cdot \omega}{P^2} \qquad (10\text{-}1)$$

式中 L_b——背景亮度（cd/m²）；

  L_a——观察者方向每个灯具的亮度（cd/m²）；

  ω——每个灯具发光部分对观察者眼睛所形成的立体角（sr）；

  P——每个单独灯具的位置指数。

10.2.8 参照CIE建议和《建筑照明设计标准》GB 50034提出的对反射眩光和光幕反射的防护措施。其主要内容是处理好光源与工作位置的关系，力求避免灯光从作业面向眼睛直接反射。

10.2.9 对于开启型灯具和下部装透明罩的直接型灯具规定了最小遮光角的要求。条文是参照CIE和国家标准《建筑照明设计标准》GB 50034中有关规定。

10.2.10 参照CIE建议而定。根据实验，室内环境与视觉作业相邻近的地方，其亮度应尽可能地低于视觉作业的亮度，但不宜低于作业亮度的1/3。工作房间内为了减少灯具同其周围顶棚之间的对比，尤其是采用嵌入式安装灯具时，顶棚的反射比应尽量提高，避免由于顶棚亮度太低形成"黑洞效应"。当采用亮度系数法计算室内亮度时，可根据理想的无光泽表面上的亮度计算公式求得。

$$L = \frac{\rho E}{\pi} \qquad (10\text{-}2)$$

式中 ρ——反射比；

  E——照度（lx）。

10.2.11 条文规定是为使用被照物体的造型具有立体效果。造型立体感评价指标目前有三种评价方法，即造型指数法$\overline{E}/E_s$（$\overline{E}$——照度矢量，E_s——标量照度又称平均球面照度）；E_c/E_h法和E_v/E_h法。在上述方法中以$\overline{E}/E_s$法较为完善，但$\overline{E}$的计算较繁杂，难以得到准确的结果，不利推广应用。E_c/E_h法实用价值较大，计算问题已基本解决，同时又不必另外规定光的照射方向（因向下直射时$E_c=0$，$E_c/E_h=0$，当光线来自水平方向时，$E_h=0$，$E_c/E_h=\infty$，所以给出的量值也包含了光线方向因素），但计算仍较繁杂。本规范采用一种简单的表达照明方向性效果指标的方法即E_v/E_h（垂直照度与水平照度之比）不得小

于 0.25，当需要获得满意效果时则为 0.5。

10.3　照明方式与种类

10.3.1　与国家标准《建筑照明设计标准》GB 50034 中的方式分类相同。

10.3.2　基本与国家标准《建筑照明设计标准》GB 50034 中的分类方式相同。本规范将景观照明作为单独一类列出，主要是考虑近年来景观照明发展较快，且多作为独立于建筑工程之外的单项工程进行设计和施工。

10.3.3　参照《建筑设计防火规范》GB 50016 的有关规定。

10.3.4、10.3.5　本条均依据民航法规中的有关规定。应注意的是，为了减少夜间标志灯对居民的干扰，低于 45m 的建筑物和其他建筑物低于 45m 的部分只能使用低光强（小于 32.5cd）的障碍标志灯。

10.4　照明光源与灯具

10.4.1　在选择光源时应合理地选择光电参数，本条文的用意是要根据使用对象以某一个或某几个指标作为主要选择依据。

10.4.2　本条文的中心意义是推行节能高效光源和灯具。但是由于白炽灯和卤钨灯有可瞬时点亮、显色性好、易于调光等特点并且频繁开闭对光源寿命的影响较小，也不会产生强烈的电磁干扰，在此情况下可以选用这两种光源。

10.4.3　主要考虑汞灯、钠灯的显色性指标很难满足国家标准《建筑照明设计标准》GB 50034 中的规定。

10.4.4　人对光色的爱好同照度水平有相应的关系。1941 年 Kruithoff 首先定量地指出了光色舒适区的范围并得到实践的进一步证实，本条文即采用其研究结果。另外，辅助照明光源应与昼光的颜色一致或接近，同天然色的色表取得协调，以利于创造舒适的光环境。

10.4.5　本条文主要考虑在一般房间内的光色和显色性能指标尽量一致，避免在光源选择上出现复杂化，也不利于维护工作。但在有些场所，由于建筑功能的需要，为避免出现平淡的光环境或是为了区别不同使用性质——如工作区和交通区，也可以采用不同类型的光源。

10.4.6　根据 CIE 建议而定。这是从转播彩色电视的效果考虑，因为用两种色温相差较大的光源进行混光是难以达到理想效果的。

10.4.7　这是指导性条文。特别是灯具尺度与使用场所需协调而强调了在选择灯具时除了常规指标外，还应重视要有建筑装修整体概念，要有"美"的意识。

10.4.8　这是对装有格栅或光檐、发光顶棚、光梁等照明形式对其材质的规定。

10.4.9　本条文主要是从节能上考虑。即在体育比赛

场地或办公、教室等用房的一般照明，尽可能采用直接型开启式或带有格栅的灯具，少采用在出光口上装有透光材料的灯具或间接照明。

10.4.10　在高空间安装的灯具因检修灯具更换光源较麻烦，所以要采用延长光源寿命的措施，以延长光源更换周期。

10.4.11　插拔式单端荧光灯的镇流器可以安装在灯具上，因而当更换光源时不必更换镇流器。

10.4.12　条文是依据《建筑设计防火规范》有关规定制定的。

10.4.13　根据原规范在民用建筑照明设计中，一般照明的布灯当采用有规则的排列在确定灯具间距时，应根据该灯具的最大距高比选择，以保证有适宜的照明均匀度。

10.5　照度水平

10.5.1　与国家标准《建筑照明设计标准》GB 50034 中的分级相同。

10.5.2　本表引自原国家标准《工业企业照明设计标准》。考虑到新颁布的国家标准《建筑照明设计标准》GB 50034 中照度等级划分，局部进行了调整。

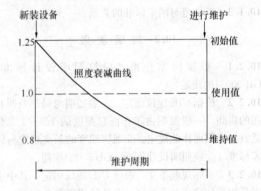

图 10-1　照度标准的三个不同数值

10.5.3、10.5.4　由于国家标准《建筑照明设计标准》GB 50034 中照明标准值中较全面地覆盖了民用建筑的各类场所，故本规范不再重复，补充的本规范附录 B 系依据美国、日本、俄罗斯等国家的照明标准和我国目前部分场所实测值进行编制的。

10.5.6　在照明设计中应严格执行照度标准，但在具体工程实践中特别是受室内装修设计的影响，常常不能实现规定的标准值。

10.5.7　平均照度作为民用建筑照明设计标准是国际上常用的方法，同时照度标准中的平均照度值也是维护照度值，所以在计算时尚应计及维护系数。

10.5.8　条文规定了在计算时所允许的偏差，以利控制光源功率。

10.6　照明节能

10.6.1　系指导性条文。主要是强调处理好技术与经

济、直接与间接效益的关系。

10.6.2 由于细管径三基色荧光灯和紧凑型单端荧光灯的光电参数较白炽灯和传统粗管径荧光灯有很多优越性，因此在条件允许的情况下应优先采用。高大房间和室外场所由于不易产生眩光，故可采用光效更高的金属卤化物灯、高压钠灯等高光强气体放电光源。

10.6.3 基本参照国家标准《建筑照明设计标准》GB 50034 的规定。结合民用建筑设计的特点，不可能完全不采用热辐射光源，因而规定一个限制范围即可根据装修设计（为显示装修色彩的艺术效果）和建筑功能需要决定采用与否。

10.6.4 直射光通比率高低决定了灯具的光通效率。因此，在无装修要求的场所应优先采用直射光通比高的灯具。控光器的材质优劣对灯具配光的稳定性，保持特有的效率是至关重要的，因此应采用变质速度慢、不易污染的控光器以减少光能衰减率。

10.6.5 创造维护清洁灯具的条件以实现在维护周期内对灯具进行维护。

10.6.6 灯用附件的质量对光源工作稳定性以及节能都具有重要意义，因此规定了镇流器能耗指标并推广产品质量稳定的节能产品。

10.6.7、10.6.8 结合建筑形式进行照明设计应避免片面性，因此在确定照明方案时要综合考虑建筑功能、视觉功效、舒适感和经济节能等因素。照度值应根据规定值选取，提高照度水平对视觉功效只能改善到一定程度，并非照度越高越好，同时水平照度提高还会带来垂直照度要相应提高的后果，实际上照度水平都要受经济水平与能源供应的制约。国家标准《建筑照明设计标准》GB 50034 明确规定了各种照明场所的功率密度值作为考察照明节能效益的方法，应严格执行。

10.6.9 该形式的作用是通过回风系统带走了照明装置产生的大部分热量，而减少了空调设备负荷以达到节能，照明空调组合系统适用于三种空调系统：

①管道送风压力排风；

②压力送风管道回风；

③管道送风管道排风。

应注意的是，目前的 T5 型荧光灯管由于要求工作温度较高，不适于该形式。

10.6.10 在有局部照度要求较高的场所应优先采用分区一般照明，这样就可不必将整个房间照度水平都提高。

10.6.11 室内主要表面的高反射比是对工作面照度的重要补充。

10.6.12 由于气体放电灯配套电感镇流器时通常功率因数很低，一般仅为 0.4～0.5，所以应设置电容补偿，以提高功率因数。有条件时，宜在灯内装设补偿电容，以降低照明线路电流值，降低线路损耗和电压损失。另外，由于照明使用时间上的灵活性，对气

体放电光源采取分散补偿，有助于适应照明负荷变化性较大的特点。

10.6.13 当有天然采光条件时应充分利用，以节约人工照明电能，这就要求在照明控制上应很好配合。一般应平行于窗的方向进行控制或适当增加照明开关，以根据需要开、关照明灯具。公用照明、室外照明的控制管理对节电具有重要意义，因此采用集中或自动控制有利于科学管理。

10.6.14 作为节电措施，条文中提出了可供选择的几种办法，当建筑物设有中央监控中心时可将照明纳入自动化管理系统。

10.6.15 从有利节电管理角度出发，在系统设计中应考虑有分室、分组计量要求时安装表计的可能性。

10.6.16 对景观照明的设置应采取慎重态度。因其用电量较大并且安装位置特殊，因此还要特别注意节电原则和维护灯具的可能性。

10.7 照 明 供 电

10.7.1 只有合理地确定负荷等级，正确地选择供电方案才能使照明用电保持在适当水平，照明负荷等级的确定详见本规范第 3.2 节的有关规定。

10.7.3 在工作中需要给定一个分配电盘的最大与最小相负荷电流差值以方便设计。不超过 30% 指标系原规范的规定。

10.7.4 重要的照明负荷采用两个专用回路（两个电源）各带一半照明负荷的办法，有利于简化系统，减少自动投切层次。当然对应急照明负荷首先还是要考虑自动切换电源的方式。

10.7.5 条文规定是为了保证备用照明的可靠性而提出的方法，并且根据供电条件提出了相应的供电保证措施。

10.7.6 备用照明配电线路及控制开关分开装设有利于供电安全和方便维修。正常照明断电采用备用照明自动投入工作，是照明系统用电可靠性的需要。

10.7.7 因照明负荷主要为单相设备，因此采用三相断路器时如其中一相发生故障也会三相跳闸，从而扩大了停电范围，因此应当避免出现这种情况。

10.7.8 每一单相回路不超过 16A、25 个灯具是现行规范中的规定，已沿用多年不拟改动。但注意到大型组合灯具和轮廓灯的特点，在参照国外有关规范后作此规定。

10.7.9 限制插座数量主要是从使用和维护的灵活性、方便性上考虑。计算机电源的插座回路选用 A 型剩余电流动作保护装置引自国家标准《剩余电流动作保护装置安装和运行》GB 13955 中的规定。

10.7.10 主要是从控制的灵活性方便性上考虑。在特殊情况下（如安全需要）仍可就地控制。

10.7.12 主要考虑照明负荷使用的不平衡性以及气体放电灯线路的非线性所产生的高次谐波，使三相平

衡中性导体中也会流过三的奇次倍谐波电流，有可能达到相电流的数值，故而作此规定。

10.7.13 作为改善频闪效应的一项措施而提出的，在实际安装中应注意同一盏灯具内接线的正确性和可靠性，当然改善措施还有其他方法，如采用超前滞后电路或采用提高电源频率——如电子镇流器件等。

10.7.15 是为保证维护人员能及时地安全地到达维修地点，同时由于检修相对不便以及光源功率较大，如采取每盏灯具加装保护可避免一个光源出现故障不致影响一片。顶棚内检修通道要考虑到能承受住两名维修人员连同工具在内的重量（总重量约300kg）。

10.8 各类建筑照明设计要求

10.8.1 住宅（公寓）电气照明应具有浓厚的生活感，据统计一般人每天几乎有多一半的时间要在自己的家里度过，远远超过了在办公室、学校里停留的时间，因此不断改善住宅的光环境是至关重要的。

住宅照明质量的提高有赖于合理地选择光源和灯具，而灯具造型的多样化又是个人对灯具形式偏爱的需要，在条件允许时应尊重使用者的意愿进行照明设计，以利住宅的商品化、生活化。

随着照明设置和家用电器的普及和增多，要求住宅内必须设置足够数的电源插座，并宜按使用功能分回路供电，以保证安全、方便使用。

在住宅照明设计中，规定在插座回路上设置剩余电流动作保护器，是因为插座回路所连接的家用电器主要是移动式和手持式设备，从防单相接地故障保护角度，这是必要的。

10.8.2 教学用照明应解决好反复地长距离注视黑板或教学模型与近距离记录笔记和阅读教材的视觉功能要求，为此处理好教室照度与亮度分布是很关键的课题。

在正常视野中一些物件表面之间的亮度比，宜限制在下列指标之内：

书本与课桌面和书本与地面　1:1/3;
书本与采光窗　1:5。

同时教室内表面反射比 ρ 宜控制在下述范围：

顶棚 $\rho=50\%\sim70\%$；墙面 $\rho=40\%\sim60\%$；黑板 $\rho\leqslant20\%$；地面 $\rho=30\%\sim50\%$。

并且在一个教室内，从任何正常位置水平视线45°以上高度角所能观察到任何发光体的亮度值不宜超过 $5000cd/m^2$。

黑板照明安装位置可按下述原则确定：当黑板照明灯具距地安装高度为 $2.20\sim2.40m$ 时，其灯具距黑板的水平距离宜为 $0.75\sim0.80m$，其他条文系根据国家标准《中小学校建筑设计规范》GBJ 99 的有关规定。

10.8.3 办公楼照明设计的主要任务是提高工作效率，减少视觉疲劳和直接眩光，创造舒适的工作环

境。为此现代办公室的光环境设计不仅应使亮度分布保持在以下数值：

视觉对象与相邻表面　1:1/3;
视觉对象与远处较暗的表面　1:1/10;
视觉对象与远处较亮的表面　1:10;
灯具与附近表面　20:1。

还应将灯具的亮度限制在 $2000\sim10000cd/m^2$ 之间，同时尚应根据办公室朝向以及使用人的年龄因素，有区别地选择照度水平。

办公室照明的布灯方案是关系到限制直接眩光和反射眩光的重要环节，因此应避免将灯具布置在工作台的正前方以免灯光从作业面向眼睛直接反射。所以工作区和工作人员的位置一定要同灯具的排列联系起来考虑，即将一般照明布置在工作区的两侧从而得到较好的效果。

会议室是对外的"窗口"，对会议室的照明设计应重视垂直照度，在有窗的情况下为使背窗而坐的人们显现出清楚的面容，应使脸部垂直照度不低于 300lx。

限于目前供电条件，办公楼停电后常常到下班时已记不清是开灯还是关灯状态，为此除了可在配电装置位置的选择上加以考虑外，也可采用"二次开关"（在正常情况下和普通开关一样使用，当市电或本单位停电，不管开关处于是开或关皆自动变为关断状态），以解决人们的担心。

10.8.4 营业厅照明设计应根据商品种类、商品等级、预期的顾客类型等因素，以能把顾客的注意力吸引到商品上为原则，同时应充分注意照明对顾客的心理作用，并突出商品的特征，以提高其价值感。

营业厅照明光源的光色和显色性对厅内气氛、商品质感、顾客的需求心理具有很大影响。在大型商业营业厅中，使用光效高、显色性好、寿命长（在商业建筑中因多数是开灯营业，所以光源寿命尤应予以重视）的陶瓷金属卤化物灯和高显钠灯为主要光源，而在柜台中间的通道上配以三基色荧光灯和小功率金属卤化物灯结合式构图方案已越来越多地被采用，而在一般商业营业厅中较广泛地采用了直管荧光灯或把重点商品布置在设有高显色光源的一个特定位置，以使顾客对商品的本色感到确切从而放心地购买。为了表现典雅的环境，在低于3m高的古玩、地毯、高级布料、服装等商店，可采用低色温光源以得到融合、安定、典雅的气氛。

营业厅一般照明的照度并不一定是指整个商场的平均水平。因为营业厅中通道的照度就可以低些，同时营业厅一般照明不宜追求过高照度，这是由于一般照明的照度提高将使重点照明的照度相应提高，对于有效地控制光热对任何商品所产生的不利影响也是不适宜的。

随着商品布置的改变应配合好重点照明的投射方

向和角度，并应以定向强光突出商品的立体感、质感、光泽感和价值感。

橱窗照明的设计既要起到宣传商品又要有美化环境的作用。而展览橱窗照明的照度取决于人们的步行速度和注视性。

根据人类具有的向光本性，在门厅的设计上应注意照亮入口深处的正面，或将正面的墙体作为橱窗而用重点照明将其照亮。

10.8.5 饭店照明应通过不同的亮度对比努力创造出引人入胜的环境气氛，避免单调的均匀照明。同时高照度有助于活动并增强紧迫感而低照度宜产生轻松、沉静和浪漫的感觉。

饭店照明既有视觉作业要求高的，如总服务台、收款台等场所，又有要求不高的场所如招待会等处。要把不同视觉作业的照明方案结合一起，并且同这些作业在美学和情调方面和谐一致。

客房是饭店的核心，客房照明应考虑短暂的临时性阅读需要，同时还要避免给客人带来烦躁和不安。客房内设置壁灯虽然可点缀房间活跃气氛，但对于客房内的设备更新，调整家具布置等不利因素较多，特别是壁灯位置安装不够准确、灯具选型不当时，更显得与室内装修设计不甚协调，但是客房床头灯为避免占据床头桌上的有限空间，应尽量组合在床头板家具上，并可水平移动。客房隔声问题应给予足够重视，特别是相邻客房的隔墙上各类插座和接线盒对应安装时，必须采取隔声措施。

门厅是饭店的"窗口"。照明灯具的形式应结合吊顶层次的变化使照明效果更加丰富协调，并应特别突出总服务台的功能形象。门厅入口照明的照度选择幅度应当大些，并采用可调光方式以适应白天和傍晚对门厅入口照明照度的不同要求。

餐厅照明灯具宜结合餐厅的性质和装修特点，采取不同的照明手法，有区别地进行选型，以丰富餐厅的内涵。但作为自助餐厅或快餐厅的照度宜选用较高一些，因为明亮的环境有助于快捷服务，加快顾客周转，提高餐厅使用效率。同时餐厅应选用显色指数较高的光源并特别注意要选用高效灯具，因为高级餐厅只要是营业时间，不管用餐客人的数量多少而必须点亮照明。

大宴会厅照明应采用豪华的建筑化照明，以提高饭店的等级观。目前高空间的宴会大厅照明多采用显色性好、光效高的金属卤化物灯配合卤钨灯和荧光灯。当宴会厅作多用途、多功能使用，如设有红外线同声传译系统时，由于热辐射光源的波长靠近红外线区，光热辐射对红外线同声传译系统产生干扰而影响传送效果。有资料建议采用热辐射光源时，照度水平允许值为 40fc（约 400lx），此处考虑到实际情况而提出不大于 500lx，当选用荧光灯时则允许为 100～200fc。

10.8.6 医院照明应创造宽敞舒适的气氛、整洁安静的环境。为此光源的光色、显色性和建筑空间配色的相互协调所形成的"颜色气候"的合理性，是构成良好设计非常重要的因素。

医院照明应充分满足医院功能，有利于发挥医疗设备的作用。

医院的门厅照明应使病人产生安定的情绪，因此不宜选用华丽的灯具造型。急诊部照明设计宜按检查室的要求充分注意光源的显色性能并应满足可进行局部小手术照明的需要。

对于诊室的照明灯具布置，还应适应屏风或布帘分隔使用时的情况。病人接受检查或进入手术室前，在很多情况下是仰卧在病床上，因此，应尽量避免在病人仰卧的视线内产生直接眩光。

病房的床头灯设置应尽量减少病人间相互干扰并应防止碰撞病人，目前多采用组装式病房用的多功能控制板，允许有 90°～150° 范围的横向移动。至于在精神病房内不宜采用荧光灯，主要是由于其具有的频闪效应和不良附件所产生的噪声更易引起精神病人的烦躁与不安，不利于疗养。而手术照明主要采用成套手术无影灯，安装在手术床上 1.50m 处时其在手术台中心的照明集束光斑应大于 15cm，光源的相关色温应在 3500～6700K。至于神经外科手术要求限制800～1000nm 的辐射能，主要是因为这个光谱区的红外线能量是易于被肌肉和体内水分吸收，它将导致外露的组织变干并将过多的热量射向医生，故应加以限制。

10.8.7 体育建筑的场地照明应创造良好的光环境，以使运动员集中注意力充分发挥竞技水平，使裁判员可以迅速准确地作出判断，使在场的观众得以轻松地欣赏运动员的技术动作，使彩色电视转播的画面清晰逼真。

体育建筑的照明质量主要取决于照度水平、照度均匀度、眩光控制程度以及立体感效果等指标，并据此来评价。对运动员来讲较低的照度就可满足竞赛要求，但对观众而言就要照度高些，才能满足其看清场上活动的视觉需要。由于观众与场地间的距离不同，照度要求也各异。照明对知觉颜色的影响取决于光的显色性能，同时为了使水平照度、垂直照度以及电视转播全景时画面亮度的一致性，保证场地照明的合理的均匀度是很必要的，为了使球体获得造型立体感效果和适当阴影以取得距离感，对于提高可见度水平也是有益的。

为了控制直接眩光和反射眩光防止对运动员、裁判员以及观众产生不利影响，对体育场馆照明通常是通过控制灯具最大光强射线与地面（水池面）的夹角来实现。具体数据可依照国家现行行业标准《体育场馆照明设计及检测标准》JGJ 153 中的规定执行。

10.8.8 博展馆照明应满足观赏、教育和学术研究等功能要求。因此创造高质量的光环境和良好的实体感效果，对正确认识精美艺术展品和品位美的感受是非常重要的条件。

陈列厅照明应注意使画面、纤维制品或其他展品获得正确的显色性。一般要求 $Ra > 80$，同时还应充分保护展品以防止某些展品颜色材质受到长时间的或强烈的光辐射而变质退色。有资料表明变质程度主要取决于辐射的程度、曝光的时间、辐射光的光谱特性及不同材料吸收辐射能的能力和经受影响的能力等。某些环境因素如高温、高湿和大气中各种活性气体亦可增加变质速度。

光照对展品（藏品）的破坏性尤以紫外线为甚。同时光波越短光作用强度越大。当玻璃厚度大于3mm 时可滤去波长小于 325nm 的紫外线。

有关资料指出，在相同照度的情况下，荧光灯对文物、标本的损坏程度是白炽灯的 1.3 倍，为此从有利于耐久保存出发，藏品库房的照明以选用白炽灯为宜。

珍品展室应尽可能减少受光时间，宜采用人工照明方式，同时为了防止紫外线二次反射，可在内墙面上涂刷吸收紫外线的氧化锌涂料。

陈列厅的一般照明布灯应注意展板的分隔以及增加重点照明时的协调性，同时应充分重视展示面上的照度均匀度，对于较大的画面在其整个面上最低照度与最高照度之比保持在 0.3 以上。

对雕刻等立体造型展品，陈列面与主光源轴向强的夹角，如低于 20°时将使展品表面凸凹的阴影变强，因此宜将光源装设在侧前方 40°～60°，当展品为暗色——如青铜制品时，其照度宜为一般照明的 5～10 倍。

对于展示柜台内装设的光源应有遮光板，以防止通过展品的光泽面投射到观众的眼中。

为避免在观赏陈列品时的分心，应使地面的反射比低于 10%。

10.8.9 影剧院观众厅照明应根据上演及场间休息的视觉工作变化，创造良好舒适的照明气氛，并应提供基本的阅读需要。因此对观众厅照明的设计原则应是：采用低亮度光源。注意防止对楼层观众产生不舒适眩光，在演出时观众的视野内不应出现光源；观众厅照明灯具的造型和设置位置不应妨碍舞台灯光、放映电影且易于在顶棚内进行维修灯具更换光源。

观众厅和演员化妆室用照明应很好地与舞台灯光进行协调。舞台灯光是表演艺术专用灯光，舞台灯光的设计应当满足照明写实与审美效果，并能渲染创作意图。通常剧场舞台灯光在舞台演出区内的照度宜在1000～2000lx。大型剧场在舞台口附近的适当位置可设置激光系统，通常采用三个通道扫描器产生的红、绿、黄、蓝等多种颜色图案以丰富演出效果。

观众厅照明一般都采用可调光方式。这一方面

是剧场功能所决定，另一方面也是视觉卫生所需要。但是对于观众厅面积不超过 200m² 或观众容量不足300 座者可不受此规定限制。

关于观众厅座位排号灯根据《剧场建筑设计规范》中的规定。当主体结构耐久年限在 50 年以上（即甲、乙等级）的剧场需要设置。排号灯可采用电致发光技术。

目前为扩大经营范围，影剧院还经营舞会、茶会或举办展销等活动。鉴于舞厅灯光的标准等级差异较大，因此对舞厅灯光的设置应按专业要求设计，其照度不应低于 5lx。

有关舞台照明的规定见本规范第 9.6 节"舞台用电设备"。

10.9   建筑景观照明

10.9.1 一个城市或地区的景观含自然景观和人文景观两类，自然景观包括地形、水体、动植物以及气候变化所带来的季节景观。人文景观包括历史建筑与现代建筑、庭园广场、街区商铺以及文化民俗活动等。所有这些构成了城市夜景照明的基本载体，因此必须进行深入合理的评价与分析。同时应认识到其原有灯光系统的客观存在和对整体夜景效果所具有的不可忽略的影响。同时景观照明的设置应与环境及有关专业密切配合。

10.9.2 立面投光（泛光）照明要确定好被照物立面各部位表面的照度或亮度，使照明层次感强，不用把整个景物均匀地照亮，特别是高大建筑物，但是也不能在同一照明区内出现明显的光斑、暗区或扭曲其形象的情况。

轮廓照明的方法是用点光源每隔 300～500mm 连续安装形成光带，或用串灯、霓虹灯、美耐灯、导光管、通体发光光纤等线性灯饰器材直接勾画景观轮廓。但应注意单独使用这种照明方式时，由于夜间景物是暗的，近距离的观感并不好。因此，一般做法是同时使用投光照明和轮廓照明。在选用轮廓灯时应根据景物的轮廓造型、饰面材料、维修难易程度、能源消耗及造价等具体情况，综合分析后确定。

内透光照明是利用室内光线向外透射形成夜景照明效果。在室内靠窗或需要重点表现其夜景的部位，如玻璃幕墙、廊柱、透空结构或艺术阳台等部位专门设置内透光照明设施，形成透光发光面或发光体来表现建筑物的夜景。也可在室内靠窗或玻璃幕墙处设置专用灯具和具备良好反射效果的窗帘，在夜晚窗帘降下后，利用反射光线形成景观效果。

随着激光、光纤、全息摄影特别是电脑技术等高新科技的发展及其在夜景照明中的推广应用，人们用特殊方法和手段营造特殊夜景照明的方式也应运而生，如使用激光器，通过各种颜色的激光光束在夜空进行激光立体造型表演，使用端头出光的光纤，形成

一个个明亮的光点作为夜景装饰照明，亮点的明暗和颜色变化由电脑控制，有规律地变化形成各种奇特的照明效果。

10.9.3 本条内容基本采用一般照明配电线路的设计原则，考虑到室外安装敷设时的一些特殊措施。

11 民用建筑物防雷

11.1 一 般 规 定

11.1.2 我国地域辽阔，就雷电活动规律而言各地区差别很大。从地理条件来看，湿热地区的雷电活动多于干冷地区，在我国大致是华南、西南、长江流域、华北、东北、西北等依次递减。从地域看是山区多于平原，陆地多于湖海。从地质条件看是有利于很快聚集与雷云相反电荷的地面（如地下埋有导电矿藏的地区、地下水位高的地方、矿泉和小河沟及地下水出口处、土壤电阻率突变的地方、土山的山顶以及岩石山的山脚下土壤厚的地方等）容易落雷。从地形条件看，某些地形可以引起局部气候的变化，造成有利于雷云形成和相遇的条件，如某些山区，山的南坡落雷次数明显多于北坡，靠海的一面山坡明显多于背海的一面山坡，环山中的平地落雷次数明显多于峡谷，风暴走廊与风向一致的地方的风口和顺风的河谷容易落雷。从地物条件看，由于地物的影响，有利于雷云与大地之间建立良好的放电通道，如孤立高耸的地物、排出导电尘埃的排废气管道、建筑物旁的大树、山区和旷野地区的输电线路等落雷次数就多。

当然雷电频繁程度与地面落雷虽是两个不同的概念，但是雷电活动多的地方往往地面落雷次数就多。由于自然界变化较大（植树或开采矿藏等）各地的气候变化很大，因此在设计工作中应因地制宜地调查当地近年来的雷电活动资料，作为设计的依据。

雷击选择性的规律，对于正确考虑防雷措施是一个极其重要的因素。从多年来的运行经验和国内外的模拟试验资料证明，凡建筑物坐落在山谷潮湿地带，河边湖边，土壤结构不同的地质交界处，地下有矿脉及地下水露头处等地方，遭受雷击较多。可见，雷击事故发生除与雷电日的多少有关外，在很大程度上与地形、地貌、建筑物高度、建筑物的结构形式以及建筑地点的地质条件等因素都有密切关系。日本在《雷与避雷》论文中指出，当建筑物周围的土壤是砂砾地（$\rho = 10^5 \Omega \cdot m$）时，雷击建筑物的几率为 11.2%，当建筑物是坐落在砂质黏土（$\rho = 10^4 \Omega \cdot m$）上时，则建筑物遭受雷击的几率可高达 84.5%。综合国内外资料和多年来我国科研设计部门积累的实践经验，在制定防雷措施时，应将调查研究当地的气象、地质等环境条件作为一个重要依据是必要的。

11.1.3 水利电力科学研究院高压所在《放射性避雷针和普通避雷针引雷效果的比较》论文结论中指出："根据以上几项试验结果，如果再考虑到模拟试验中的避雷针头是真型，没有按比例尺作几何尺寸和放射性剂量的缩小，且在实际运行情况下避雷针头的几何形状及尺寸相对于击距来说是完全可以忽略的，那么可以想象既然放射性避雷针在没有缩小比例尺的情况下都没有显示出明显的作用，在实际运行条件下就很难说与普通避雷针有任何差别了。因此，我们认为放射性避雷针能增大保护范围、改善引雷效果的说法是缺乏科学根据的。放射性避雷针在引雷效果上并不比同样尺寸的普通避雷针有更大的效果"。

国外有关研究指出："不仅由放射性辐射源产生的放射电流太小，而且其作用半径是短的，以致辐射源对增大防雷装置迎面放电或从大地出来的主放电的形成无影响。在实验室用直流电压和冲击电压对放电间隙所作的研究得出，放射性防雷装置的射线对预防放电和击穿性不产生影响，研究证实：放射性的射线源对建筑物防雷无实际意义，对富兰克林式的防雷装置的作用没有任何改善"。

11.1.4 建筑物防雷设计应在建筑物设计阶段就开始详细研究防雷装置的设计方案，这样就有可能由于利用建筑物的导电金属物体而得到最大的效益，在使用、安全、经济、可靠的基础上，尽量在体现整个建筑物美观的基础上，能以最小投资保证防雷装置的有效性。

11.1.5 由于气象资料更新较快，应以当地气象台（站）的最新资料为准。

11.1.7 民用建筑多为钢筋混凝土结构，防雷装置与其他设施和人员在雷击过程中很难进行隔离。因此，在无特殊要求的情况下，采取等电位联结是保证安全的有效措施，也易于实现。

11.2 建筑物的防雷分类

11.2.1、11.2.2 民用建筑物的防雷分类，原规范中是按一、二、三级划分的，与国家标准的一、二、三类分类不一致，执行中产生了不协调。此次修订改为按国家标准规定对民用建筑物进行防雷分类。按国家标准的防雷分类规定，民用建筑中无第一类防雷建筑物，其分类应划分为第二类及第三类防雷建筑物。

11.2.3 第 5～6 款 按年预计雷击次数界定的建筑物的防雷分类是按建筑物的年损坏危险度 R 值（需要防雷的建筑物每年可能遭雷击而损坏的概率）小于或等于可接受的最大损坏危险度 R_c 值。本规范采用每年十万分之一的损坏概率，即 R_c 值为 10^{-5}。

该条文系引用国家标准《建筑物防雷设计规范》GB 50057。说明参见该规范第 2.0.3 条第 8～9 款条文说明。

11.2.4 第 4～5 款 参见《建筑物防雷设计规范》GB 50057 第 2.0.4 条条文说明。

11.3 第二类防雷建筑物的防雷措施

11.3.2 防直击雷的措施

第1款 防直接雷击的接闪器应采用装设在屋角、屋脊、女儿墙及屋檐上的避雷带，并在屋面装设不大于 10m×10m 或 12m×8m 的网格，突出屋面的物体应沿其顶部四周装设避雷带，在屋面接闪器保护范围之外的物体应装接闪器，并和屋面防雷装置相连。

第7款 利用钢筋混凝土中的钢筋作为防雷装置的引下线时，其引下线的数量不作规定，但强调四个角易受雷击部位应被利用。间距不应大于 18m 的规定，完全是加大安全系数，目的是尽量将分流途径增多，使每根柱子分流减至最小，使其结构不易由于雷电流的通过而造成任何损坏。另一方面，引下线多了雷电流通过柱子传到每根梁内钢筋，又由梁内传到板内的钢筋，使整个楼板形成一个电位面，人和设备在同一个电位面上，因此人与设备都是安全的。

11.3.3 由于塔式避雷针和高层建筑物在其顶点以下的侧面有遭到雷击的记载，因此，希望考虑高层建筑物上部侧面的保护。有下列三点理由认为这种雷击事故是轻的：

1 侧击具有短的极限半径（吸引半径），即小的滚球半径，其相应的雷电流也是较小的；

2 高层建筑物的结构是能耐受这些小电流的雷击；

3 建筑物遭受侧击损坏的记载尚不多，这一点证实了前两点理由的真实性。因此，对高层建筑物上部侧面雷击的保护不需另设专门接闪器，而利用建筑物本身的钢构架、钢筋体及其他金属物。

将外墙上的金属栏杆、金属门窗等较大金属物连到建筑物的防雷装置上是首先应采取的防侧击措施。

塑钢门窗在工程中广泛应用，但工程界对塑钢门窗如何作防雷暂无定论，相关部门当前也正在做一些工作，但近期都还未有结论。塑钢门窗的外包塑料层是绝缘的，但塑钢门窗的制造标准也并不要求其耐压值能满足防直击过电压；塑钢门窗的内骨料是金属的，但塑钢门窗的制造标准也不要求其内骨料有较好的连通导电性。而各个塑钢门窗厂的制造标准也不尽相同，有的厂家的产品能满足外包塑料层能耐受直击雷冲击过电压的要求，有的厂家的产品能满足内骨料连通导电性的要求，因此均需要设计人员根据工程实际情况采取相应的防雷措施。

11.3.4 为了防止雷击周围高大树木或建、构筑物跳击到线路上的高电位或雷直击线路时的高电位侵入建筑物内而造成人身伤亡或设备损坏，低压线路宜全线采用电缆埋地或穿金属导管埋地引入。当难于全线埋设电缆或穿金属导管敷设时，允许从架空线上换接一段有金属铠装的电缆或全塑电缆穿金属导管埋地引入。

但需强调，电缆与架空线交接处必须装设避雷器并与铁横担、绝缘子铁脚、电缆外皮连在一起共同接地，入户端的电缆外皮必须接到防雷和电气保护接地网上才能起到应有的保护作用。

规定埋地电缆长度不小于 $2\sqrt{\rho}$(m) 是考虑电缆金属外皮、铠装、钢导管等起散流接地体的作用。接地导体在冲击电流下其有效长度为 $2\sqrt{\rho}$(m)。又限制埋地电缆长度不应小于 15m，是考虑架空线距爆炸危险环境至少为杆高的 1.5 倍，杆高一般为 10m，即是 15m。英国防雷法规针对爆炸和火灾危险场所时，电缆长度不小于 15m，对民用建筑来说，这一距离更是可靠的。

由于防雷装置直接装在建、构物上，要保持防雷装置与各种金属物体之间的安全距离已经很难做到。因此只能将屋内的各种金属管道和金属物体与防雷装置就近接在一起，并进行多处连接，首先是在进出建、构筑物处连接，使防雷装置和邻近的金属物体电位相等或降低其间的电位差，以防反击危险。

11.3.5 为了防止雷击电流流过防雷装置时所产生的高电位对被保护建筑物或与其有联系的金属物体和金属管道发生反击，应使防雷装置与这些物体和管道之间保持一定的安全距离。

关于公式中分流系数 K_c 值，本规范采用了 IEC 的系数。通过分析认为，这个系数是合理的，如单根引下线其引下线流散的是全部雷电流，因此 $K_c=1$。当为两根引下线时，每根引下线流散的雷电流从宏观上讲是 1/2 雷电流，但根据不同情况（如雷击点距引下线的远近等因素）又可以说是不相等的。IEC 规定两根引下线的 $K_c=0.66$，这一规定与我国的规定是近似的，是安全的。多根引下线规定 $K_c=0.44$ 也是相当安全的，引下线越多安全度就越高。

本规范还规定，除满足计算结果外，S_{a1} 还不得小于 2m，这是沿用了我国民用建筑物安全距离的习惯规定。

11.3.6 条文主要是等电位措施。钢筋混凝土结构的建筑物其均压效果比较好，梁与柱内的钢筋均有贯通性连接，多数楼板与梁的钢筋只隔 50mm 的混凝土层，只需 25kV 的电压即可以击穿使楼板均压，在楼板上放置的东西和人将不会损坏和出现安全问题。值得引起重视的是竖向金属管道，它可能带有很高的电位，如处理不当，就可能出现跳闪现象。此时有两种情况，其一是金属管带高电位向周围和金属物跳击，另一种情况是结构中的钢筋带高电位向管子跳击。由于雷电流的数值（经过多次分流）不易计算，因此本条规定每三层连接一次，这一数值是十分可靠的。

11.3.7 利用建筑物钢筋混凝土基础作为接地网的说明见第 11.8.8 条的说明。当专设接地网时，接地网应围绕建筑物敷设一个闭合环路，其冲击接地电阻不应大于 10Ω，其目的是为了使被保护建筑物首层地平电位平滑，减少跨步电压和接触电压，10Ω 的规定是沿用现行规范的规定。

11.5 其他防雷保护措施

11.5.1 近年来民用建筑上经常装设微波天线、电视发射天线、卫星接收天线、广播发射和接收天线以及共用电视接收天线等。对于这些弱电系统的防雷问题，弱电行业的行业标准都有明确的规定，但是查阅这些标准后发现都有一个统一的要求："如天线架设在房屋等建筑物顶部，天线的防雷与建筑物的防雷应纳入同一防雷系统……"。对于弱电设备的防雷，主要是以均压为主，建筑物的电源处理，接地方式和选材等都与弱电设备有关。当解决弱电设备的电源与接地、电源接地与前端进行均压诸问题时，不综合考虑是不行的。本条编写的思想基础就是均压，其理由如下：

1 各种天线的同轴电缆的芯线，都是通过匹配器线圈与其屏蔽层相连，所以，芯线实际上与天线支架、保护钢管处于同一电位。当建筑物防雷装置或天线遭雷击时，由于保护管的屏蔽作用和集肤效应，同轴电缆芯线和屏蔽层无雷电流流过。当雷击天线支架时，由于天线支架已与建筑物防雷装置最少有两处连在一起，大部分雷击电流沿建筑物防雷装置数条引下线流入大地，其中少量的雷电流经同轴电缆的保护钢导管流入大地。由于雷电流的频率高达数千赫兹，属于高频范畴，产生集肤效应，所以这部分雷电流被排挤到同轴电缆的保护钢导管上去了，此时电缆芯中产生感应反电势，从理论上讲在有集肤效应作用下，流经芯线的雷电流趋向于零。

2 同轴电缆芯线和屏蔽层与钢管之间的电位差没有横向电位差，而仅有纵向电位差，该值为流经钢管的雷电流与钢导管耦合电阻的乘积，钢导管的耦合电阻比其直流电阻小得多。

3 天线塔不在机房上，而且远离机房，此时要求进出机房的各种金属管道和电缆的金属外皮或穿金属导管的全塑电缆的金属管道应埋地敷设的理由，参见本章第 11.3.4 条的说明。对于埋地长度不应小于 50m 的要求，还是沿用了原规范和《工业企业通信接地规范》的规定，我们认为：弱电设备的耐压，一般比强电设备低，尽量使侵入的高电位越小越好，再加上严格的均压措施，就相当可靠了。50m 的埋地电缆段或穿金属导管的全塑电缆埋地敷设的措施，已经运行了数十年，实践证明是安全可靠的。因为弱电设备一般比较贵重，而且它的前端设备均处于致高点上，容易受雷击，或者说受雷击的几率比较多，保持 50m 的电缆段是适宜的。

4 金属管道直接引入建筑物时，即使采取接地措施后，若雷击于入户附近的管道上，高电位侵入仍然很高，对建筑物仍存在危险。因此，如果管道在没

有自然屏蔽条件或易遭受雷击的情况下，在入户附近的一段，应与保护接地和防雷接地装置相连。

5 当避雷针装于建筑物上并采取本条各项措施时，即使雷击于入户附近的管道上，对建筑物不会再发生危险。

6 由于机房内的设备大都是较贵重的电子设备，经不起大电流和高电压的冲击，如果首层地面不是钢筋混凝土楼板时，要求安装设备的地面不能出现很大的电位差，为保护设备的安全运行，尽量做到一个均衡电压的电位面，故要求均压网格不大于 1.5m×1.5m。如果是将设备安装在钢筋混凝土楼板上时，由于钢筋混凝土楼板内的钢筋足以起到均压作用，就没有必要再作均压网了。

11.5.2 固定在建筑物上的节日彩灯、航空障碍标志灯及各种排风机、正压送风机、风口、冷却水塔等非临时设备的金属外壳或保护网罩，在遭受雷击时，当采取了本条 1~4 款的措施之后与本规范第 11.5.1 条的部分情况有些相似，本条新增措施也是基于第 11.5.1 条有关说明的理由制定的。

对于无金属外壳和无保护网罩的用电设备（如厕所排风扇、风机等），这些用电设备，如果不在接闪器的保护之内，或者根本就不做防雷保护，其带电体（电机和管线等）遭受雷击的可能性是比较大的，所以这些用电设备均应处于接闪器的保护范围以内。

11.6 接 闪 器

11.6.3 避雷针的最小尺寸，是沿用我国数十年的习惯做法确定的。如果按雷击避雷针时的热稳定校验，并不需要所规定这么大的截面，在这里，各种材料的机械强度和腐蚀因素确是考虑避雷针尺寸的主要着眼点。经计算证实，在同样风压和长度下，钢管所产生的挠度比圆钢小。

装在烟囱顶上的避雷针，考虑到烟气温度高，腐蚀性大，而且维修相对比建筑物困难，再加上损坏不严重时也不易及时发现，所以截面要求比一般的大一些。

11.6.4 在同一截面下，圆钢的周长比扁钢的小，因此，它与空气的接触面也小，当然受空气腐蚀相对也就小了，在设计中宜优先采用圆钢。但是，有些民用建筑物，由于美观的要求，避雷带不允许支起很高，采用扁钢直接贴敷在建筑物或构筑物表面上也是允许的。所以，我们也规定了扁钢的最小截面，供设计人员根据具体情况灵活确定。

11.6.5 条文内容是根据 IEC 防雷标准规定的。主要针对防雷安全而言。条文规定的不需要防金属板雷击穿孔的屋面，是指民用建筑中的一些如自行车棚等无易燃危险的简易棚子。

当工程对屋面金属板有防腐蚀、防渗漏要求时，还应另有相应补充措施。

11.6.6 屋顶上的旗杆、金属栏杆、金属装饰物体等，其尺寸不小于对标准接闪器所规定尺寸时，宜作为接闪器使用的理由是：这些物体在建筑物上处于致高点，它很难处于接闪器的保护范围之内，如果它与建筑物被利用的结构钢筋能连成可靠的电气通路，又符合接闪器的要求，作为本建筑的避雷针（带）利用，既经济又美观。

条文2款中所指的钢管和钢罐，是指在民用建筑物的屋顶上放置的太阳能热水管道和热水箱罐等金属容器，它不会由于被雷击穿而发生危险。所以只要厚度不小于2.5mm就可以利用。

11.6.7 推荐接闪器应热镀锌的理由是热镀锌接闪器比涂漆的接闪器具有防腐效果好、维修量少及安全可靠等优点。多年的运行实践证明，一些解放初期安装的镀锌接闪器，迄今已安全使用50余年仍完好无损，基本无维修工作量。而涂漆的接闪器则必须每一、二年重新涂漆维修，维修量较大且有时要请专业队伍进行，花费很多，相比之下很不经济。

还可以采取其他新型的防腐蚀措施，只要与环境相适应且能达到预期的防腐蚀效果即可。

11.7 引 下 线

11.7.4 为了减少引下线的电感量，引下线应以较短路径接地。

对于建筑艺术要求较高的建筑物，引下线可以采用暗设但截面要加大一级，这主要考虑维修困难。

11.7.7 条文要求钢筋直径为16mm及以上时，应将两根钢筋并在一起使用。此时的截面积为402mm²，当钢筋直径为10mm及以上时，要求将四根钢筋并在一起使用，此时的截面积为314mm²，比国外规定最严的日本的300mm²截面还大。所以是安全可靠的。

利用建筑物钢筋混凝土中的钢筋作为引下线，不仅是节约钢材问题，更重要的是比较安全。因为框架结构的本身，就将梁和柱内的钢筋连成一体形成一个法拉第笼，这对平衡室内的电位和防止侧击都起到了良好的作用。

11.8 接 地 网

11.8.2 条文规定的最小截面，已经考虑了一定的耐腐蚀能力，并结合多年的实际使用尺寸而提出的。经验证明，规定的截面及厚度在一般情况下能得到良好的使用效果，但是，必须指出，在腐蚀性较大的土壤中，还应采取加大截面或采取其他防腐措施。

11.8.4 接地体的长度是沿用原规范的规定。2.5m的长度是合适的，实践证实，这个长度既便于施工，又能取得较好的泄流效果，可以继续使用。

当接地网由多根水平或垂直接地极组成时，为了减少相邻接地极的屏蔽作用，接地极的间距规定为5m，此时，相应的利用系数约为0.75～0.85。当接

地网的敷设场所受到限制时，上述距离可以根据实际情况适当减小一些，但一般不应小于接地极的长度。

11.8.5 接地导体埋设深度一般在冻土层以下但不应小于0.6m，同时要求远离高温影响的地方。众所周知，接地导体埋设在较深的土层中，能接触到良导电性的土壤，其释放电流的效果好，接地导体埋得越深，土壤的湿度和温度的变化就越小，接地电阻越稳定。

11.8.8 早在20世纪60年代初期，国内外就开始采用钢筋混凝土基础作为各种接地网。通过近50年的运行和总结，证明是切实可行的，现已普遍采用。利用建筑物的钢筋混凝土基础作为接地网的理由是：

关于钢筋混凝土的导电性能，中国建筑工业出版社出版的《基础接地体及其应用》一书指出，钢筋混凝土在其干燥时，是不良导体，电阻率较大，但当具有一定湿度时，就成了较好的导电物质，电阻率常可达100～200Ω·m。潮湿的混凝土导电性能较好，是因为混凝土中的硅酸盐与水形成导电性盐基性溶液。混凝土在施工过程中加入了较多的水分，成形后结构中密布着很多大大小小的毛细孔洞，因此就有了一些水份储存。当埋入地下后，地下的潮气，又可通过毛细管作用吸入混凝土中，保持一定湿度。

根据我国的具体情况，土壤一般可保持有20%左右的湿度，即使在最不利的情况下，也有5%～6%的湿度。原苏联对安装在湿度不低于5%的土壤中的柱子和基座的钢筋体进行试验，认为可以作为自然接地体。在不损坏它们的电气和机械特性下，能把极大的冲击电流引入大地。

在利用基础内钢筋作为接地极时，有人不管周围环境条件如何，甚至位于岩石上也利用，这是错误的。因此，规定了"周围土壤的含水量不低于4%"。从图11-1可见混凝土的含水量约在3.5%及以上时其电阻率就趋于稳定，当小于3.5%时电阻率随水分的减小而增大。因此，含水量定为不低于4%。该含水量应是当地历史上一年中最早发生雷闪时间以前的含水量，不是夏季的含水量。

图11-1所示，在混凝土的真实湿度的范围内

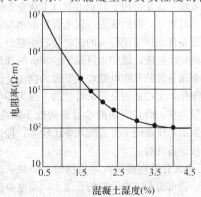

图11-1 混凝土湿度对其电阻率的影响

（从水饱和到干涸）其电阻率的变化约为 520 倍。在重复饱和和干涸的整个过程中，没有观察到各点的位移，也就是每一湿度有一相应的电阻率。

当基础的外表面有沥青质的防腐层时，以往认为该防腐层是绝缘的，不可利用基础内钢筋作接地极。但是，实践证实并不是这样，国内外都有人作过测试和分析，认为是可利用作为接地极的。《建筑电气》曾刊登一篇译文名称为《利用防侵蚀钢筋混凝土基础作为接地体的可能性》，在其结论中指出："厚度 3mm 的沥青涂层，对接地极电阻无明显的影响，因此，在计算钢筋混凝土基础接地电阻时，均可不考虑涂层的影响。厚度为 6mm 的沥青涂层或 3mm 的乳化沥青涂层或 4mm 的粘贴沥青卷材，仅当周围土壤的等值电阻率≤100Ω·m 和基础面积的平均边长 S≤100m 时，其基础网电阻约增加 33%，在其他情况下这些涂褛层的影响很小，可忽略不计。"

因此，本条规定钢筋混凝土基础的外表面无防腐层或有沥青质的防腐层时，宜利用其作为接地网。

11.8.10 闭合环状接地体，环越小，环内的电位越平，地面的均压效果越好，环内被保护物体越安全。但是考虑到维修方便和疏散雷电流的效果好等因素，规定了沿建筑物外面四周敷设在闭合环状的水平接地网，可埋设在建筑物散水以外的基础槽边。

将接地导体直接敷设在基础坑底与土壤接触是不合适的。由于接地体受土壤的腐蚀早晚是会破损的，被基础压在下边，日后无法维修，因此规定应敷设在散水以外。散水一般距建筑物外墙皮 0.5～0.8m，散水以外的地下土壤也有一定的湿度，对电阻率的下降和疏散雷电流的效果好。

11.8.11 防雷装置的接地电阻值，是指每年雨季以前开春以后测量的电阻值。防雷装置每年均应检查和测量一次，有损坏的地方能早日发现修复，否则比不装防雷装置更危险，这是因为装了避雷针的建筑物，受雷击的可能比不装防雷装置的建筑物高的缘故。

11.9 防雷击电磁脉冲

11.9.1 建筑物防雷击电磁脉冲的规定

第 2 款 当建筑物遭受直接雷击情况下，线路和设备将产生浪涌电流和电压，产生雷击电磁脉冲干扰，当建筑物内电子信息系统需要防雷击电磁脉冲时，应对建筑物采取防直击雷措施。

第 3 款 有些工程在建设过程中，甚至建成后仍不明确用途，有的是供出租使用。

由于建筑物的自然屏蔽物和各种金属物、电气的保护接地与防雷装置连成共用接地网形成等电位联结，对防雷击电磁脉冲是很重要的。若建筑物施工完成后，再来实现条文所规定的措施是很困难的。

采取上述措施后，如果需要只要合理选用和安装SPD 以及做符合要求的等电位联结即可。

第 5 款 防雷区是根据电磁场的衰减情况划分的，以规定各部分空间不同的雷击电磁脉冲的严格程度和指明各区交界处的等电位联结点的位置。

各区以在其交界处的电磁环境有明显改变作为划分不同防雷区的特征。通常，防雷区设置得越多电磁场强度越小。

第 6 款 电子信息系统防雷击电磁脉冲工程设计的重要依据是确定工程的防护等级，而防护等级又是依据对工程所处地区的雷电环境进行风险评估，或按信息系统的重要性和使用性质确定的，决定电子信息系统是否需防护和按什么等级防护，以达到安全、适用、经济。

雷电环境的风险评估，是根据当地气象环境、地质地理环境、建筑物的重要性、结构特点和电子信息系统设备的重要性及其抗扰能力等因素综合考虑，是一项复杂的工作。

11.9.2 建筑物及结构的自然屏蔽、线路路径的合理选择及敷设都是电子信息系统防雷击电磁脉冲的最有效的措施之一。但电子设备的供电及信号系统也应为电子设备正常工作提供可靠保证，设置必要的 SPD。

11.9.4 第 8 款 现阶段 SPD 配套的过电流保护器件宜通过试验确定其适应性，因此，需由厂商配套供应。

12 接地和特殊场所的安全防护

12.1 一般规定

12.1.1 原规范为"接地及安全"章，现改为"接地和特殊场所的安全防护"，并取消了"直流用电设备的接地"的有关内容。

12.1.4 共用接地网，并不是要求接地连接导体全都共用，但接地网必须是共用的。如果接地系统不是共用一个接地网时，会产生高低电位接地网间的反击现象，危及人身及财产安全。有人担心在电气系统中的设备发生故障，通过接地导体将高电位引到 PE 线上会造成意外事故。对这个问题可以分几方面来考虑：

1 首先是 PE 导体应有良好接地条件，其所在环境的外露可导电部分不应与 PE 导体间产生危险电位（即大于 50V）的可能；

2 用电设备应有可靠的保护系统，即有过电流、剩余电流动作保护等直接接触及间接接触保护措施，使 PE 导体上的电压小于 50V，电流、时间小于30mA、0.1s 等有效措施加以限制；

3 有对过电压要求严格的用电设备时，应用单独的接地导体接到接地网上，接地导体可采用单芯绝缘线，但一定要接到本建筑的公用接地网上。公用接地网避免了各种原因造成的系统反击电压。

条文规定"其他非电力设备"除必须分设接地网

外，尽可能合用接地网。

12.1.5 本条是强调"等电位联结"，是保障人身安全的基本而重要的措施。

12.2 低压配电系统的接地形式和基本要求

12.2.1 三种接地形式引自 IEC 及国家标准。

12.2.2 TN 系统的基本要求

第 2 款 保护导体应在靠近配电变压器处接地，一般是变压器低压的中性点；保护导体在进入建筑物处再作"重复"接地；TN-C-S 或 TN-S 系统中当 PE 导体相当长时，保护导体的电位与其附近的地电位会产生位差，需要再设多处接地点，以减小产生位差的可能。条文中没有对多处接地的做法以明确的规定。例如，两重复接地之间的最大距离，原因是每个地域的环境不一样，千差万别，统一规定有困难。设计中保护导体，水平敷设时可按 50m，垂直敷设时可按 20m。当然在长干线的终端处，PE 导体应作接地。

第 3 款 PE 导体不允许有开断的可能，是一条保障人身安全的重要原则。本条与第 7 章第 7.5.2 条配合起来要求在 TN-C 的配电系统中，建筑物采用 TN-C-S 系统时，在建筑物的进线处设置重复接地，将系统变成 TN-S 以后才能设置进线隔离开关，这就大大提高了 PE 线的可靠性。

12.2.3 TN-C-S 系统在保护导体与中性导体分开后就不应再合并。否则造成前段的 N、PE 并联，PE 导体可能会有大电流通过，提高 PE 导体的对地电位，危及人身安全；此外这种接线会造成剩余电流动作保护器误动作。

12.2.5 IT 系统的基本要求

第 4 款 装设绝缘监视及作接地故障报警，是保证单点接地故障的非长时运行的必要措施。绝缘监视器件必须是采用高阻抗接入方式。

12.2.6 IT 系统是采用隔离变压器与供电系统的接地系统完全分开，所以其系统中的任何带电部分（包括中性导体）严禁直接接地。单点对地的第一故障，可不切断电源，但不应长时间保持故障状态。

12.3 保护接地范围

12.3.1 与原规范基本一致，取消了有架空线路的保护接地部分。这里要注意的是原规范中，用的"接零"和"接地"的概念，修订后就不再采用了，而是用 TN-C-S、TN-S 及 TT 等系统名称代替，而将"接地"作为以上做法的统称。

12.3.2 此条与原规范一致。首先要判断该场所是否对"静电"有参数要求，其二，该场所是否有可能产生"静电"，其三，要采用什么方法来做防"静电"的接地。

12.3.5 此条是新增的规定。其原因在于，照明配电装置的线路，一般没有加 PE 线，只有在低于 2.4m

的高度和有其他要求时才加 PE 线。但在大量的楼房工程中，上楼层的地面就是下楼层的顶板。下层照明装置线路的无保护对上层是一种威胁。

12.4 接地要求和接地电阻

12.4.1 根据 10kV 供配电系统的常用接地形式，可分为条文中所提的几种接地形式：

1 小电阻接地系统；

2 不接地；

3 经消弧线圈接地。

由于接地形式不一样，接地电阻的要求是不一样的，条文中分别叙述。

变电所的高压侧发生故障，此故障电流经过与变电所外露导体连接的接地体，造成了低压系统的对地电压普遍升高。往往会导致低压系统的绝缘击穿或伤及触及外露导体的人员。

12.4.3 配电装置的接地电阻，条文中对不同的高压接地电阻作了分述。而且对接地方式即高压接地网与低压接地网是否共网作了规定。如果在高、低压共用接地网的系统中，高压产生的接地故障电流在接地网上会有危险的电压产生进入低压系统。此时就应将高、低压接地分网设置。

12.4.7、12.4.8 均参考了 IEC 60364-4-41 的有关规定。

12.4.9 是对架空线及电缆的接地规定。

12.5 接 地 网

12.5.1 接地极的选择与设置

本条基本为原规范的有关规定。但对人工接地极的最小尺寸，按国家标准《电气设备的选择和安装接地配置、保护导体和保护联结导体》GB 16895.3 进行了修订。修订的表 12.5.1 除对建筑电气工程中常用的人工接地极的直径、截面积和厚度有新的规定外，增加了镀件的镀层厚度，提高抗腐蚀性能。

12.5.3 固定式电力设备的接地导体与保护导体的选择

1 截面要求；

2 材料选择。

条文对埋入土壤中的接地导体最小截面，按国家标准《电气设备的选择和安装接地配置、保护导体和保护联结导体》GB 16895.3 进行了修订。对有防腐蚀和防机械损伤保护的接地导体规格，由"按热稳定条件确定"给定了具体数值。

12.5.4 对 PEN 导体提出了外界可导电部分严禁用作 PEN 导体。因为 PEN 导体可能有大电流通过，用外界可导电部分作为 N 导体和 PE 导体的共同载体是不适宜的。

12.5.6 水平或竖直井道的接地与保护干线的选择是修订版新增的内容。此条的增加提醒设计者在井道内布置 PE 干线的截面选择，应满足条文中的规定，从而弥补了以往 PE 干线偏小，与附近接地导体产生压差的可能。保护干线与接地极的等电位联结大大提高了建筑工程的等电位水平。

12.6 通用电力设备接地及等电位联结

12.6.1 "敷设高电阻率路面结构层或深埋接地网，以降低人体接触电压和跨步电压"，试验证明对减小跨步电压是很有效的措施。此外，在这个结构层的下面还应做好均压措施，这两个方法综合起来效果更佳。

12.6.2～12.6.4 与原规范基本一致。

12.6.6 等电位联结是参照 IEC 60364-4-41.2001 的第 413.1.2 编制的。该节是设在该标准的 413（间接接触防护）的 413.1 自动切断供电之中的第 2 款，是防止带电体发生故障时，不致接触外露可导电部分而发生危险（即间接接触防护）的重要手段。间接接触防护的方法是：自动切断供电；Ⅱ类设备或相当的绝缘；不导电场所；不接地的局部等电位联结及电气分隔。

每栋建筑都应设总等电位联结，而对于来自外部的可导电部分应设在建筑物内距进入点尽可能近的地方连接。

12.7 电子设备、计算机接地

12.7.1 本规范对电子设备的各种接地及防雷接地推荐采用共用接电网，如果将各种接地系统分开，则两接地系统之间的距离应满足本条所规定的距离。

因为两个接地系统在电气上要真正分开，在地下必须满足一定的距离，否则两接地系统形式上是分开了，而实际（指电气上）仍未分开。且由于两个电气系统，通过接地网的相互联系而产生强烈的干扰，严重时甚至造成两个接地系统都不能正常工作。这在实际工程中的例子是相当普遍的。在实际应用中，这样近的距离，发现相互干扰仍相当大，试验证明，在单根接地极情况下，距接地极 20m 远才可看成零电位。在接地系统是多根接地极甚至是接地网的情况下，零电位处若按上述 20m 的规定距离，可能仍偏小，但对一般工程来说，其接地网所处位置，不一定要严格地设在另一接地系统的零电位范围处。因为从理论上来说，真正的零电位处，应在无限远处，这在工程上是没有什么意义的。在实际工程中两接地系统相距 20m 远时，相互间的影响已十分微弱，只要处理得当，是可正常工作的。

在建筑密度很高的建筑群体内，要将两电气系统的接地，在电气上真正分开，一般较难办到，因为在地下要满足上述的距离往往是不可能的。所以一般还是推荐采用共用接地（即统一接地）形式。这样不但经济上合算，在技术上也是合理的，因为采用统一接

地后，各系统的参考电平将是相对稳定的。即使有外来干扰，其参考电平也会跟着浮动。许多工程实际情况已证明采用统一接地体是解决多系统接地的最佳方案。

对要求严格防止空间电磁波干扰的电子设备，采用屏蔽仍是一种十分必要且较普遍的技术措施，当然不同的设备有不同的屏蔽效能要求，这应根据具体设备区别对待。

12.7.2 与原规范基本一致。

12.8 医疗场所的安全防护

12.8.1～12.8.6、12.8.10 是根据国家标准《特殊装置或场所的要求 医疗场所》GB 16895.24 的规定。

12.8.7～12.8.9 及 12.8.11、12.8.12 是原规范规定。

表 12-1、表 12-2 系引自国家标准《特殊装置或场所的要求 医疗场所》GB 16895.24 供参考。

表 12-1 医疗场所必需的安全设施的分级

0 级（不间断）	不间断供电的电源自动切换
0.15 级（很短时间的间断）	在 0.15s 内的电源自动切换
0.5 级（短时间的间断）	在 0.5s 内的电源自动切换
15 级（不长时间的间断）	在 15s 内的电源自动切换
>15 级（长时间的间断）	超过 15s 的电源自动切换

注：1 通常不必为医疗用场所提供不间断电源，但某些微机处理机控制的医用电气设备可能需用这类电源供电；
2 对具有不同级别的安全设施的医疗场所，宜按满足供电可靠性要求最高的场所考虑；
3 用语"在……内"意指"≤"。

表 12-2 医院电气设备工作场所分类及自动恢复供电时间

医疗场所以及设备	类别			自动恢复供电时间（s）		
	0	1	2	$t \leqslant 0.5$	$0.5 < t \leqslant 15$	$15 < t$
门诊诊室、门诊检验	X			X		
门诊治疗	—	X				
急诊诊室、急诊检验	X				X	
抢救室（门诊手术室）	—	Xd	Xa	X		
急诊观察室、处置室	—	X			X	
手术室	—		X	Xa	X	
术前准备室、术后复苏室、麻醉室	—		X	Xa	X	

医疗场所以及设备	类别			自动恢复供电时间（s）		
	0	1	2	$t\leq0.5$	$0.5<t\leq15$	$15<t$
护士站、麻醉师办公室、石膏室、冰冻切片室、敷料制作室、消毒敷料	X	—	—	—	X	—
病房	—	X	—	—	—	—
血液病房的净化室、产房、早产儿室、烧伤病房	—	X	—	Xa	X	—
婴儿室	—	X	—	—	—	—
心脏监护治疗室	—	—	X	Xa	X	—
监护治疗室（心脏以外）	—	—	X	Xa	X	—
血液透析室	—	—	X	Xa	X	—
心电图、脑电图、子宫电图室	—	X	—	—	X	—
内窥镜	—	Xb	—	—	Xb	—
泌尿科	—	Xb	—	—	Xb	—
放射诊断治疗室	—	X	—	—	X	—
导管介入室	—	—	Xd	Xa	X	—
血管照影检查室	—	—	Xd	Xa	X	—
磁共振造影室	—	X	—	—	X	—
物理治疗室	—	X	—	—	—	X
水疗室	—	X	—	—	X	—
大型生化仪器	X	—	—	—	X	—
一般仪器	X	—	—	—	X	—
扫描间、γ像机、服药、注射	—	—	X	—	Xa	—
试剂培制、储源室、分装室、功能测试室、实验室、计量室	X	—	—	—	X	—
贮血	X	—	—	—	X	—
配血、发血	X	—	—	—	—	X
取材、制片、镜检	X	—	—	—	X	—
病理解剖	X	—	—	—	—	X
贵重药品冷库	X	—	—	—	—	Xc
医用气体供应系统	X	—	—	—	—	Xc
消防电梯、排烟系统、中央监控系统、火灾警报以及灭火系统	X	—	—	—	X	—

医疗场所以及设备	类别			自动恢复供电时间（s）		
	0	1	2	$t\leq0.5$	$0.5<t\leq15$	$15<t$
中心（消毒）供应室、空气净化机组	X	—	—	—	—	X
太平柜、焚烧炉、锅炉房	X	—	—	—	—	Xc

a：照明及生命支持电气设备；
b：不作为手术室；
c：恢复供电时间可在 15s 以上，但需要持续 3~24h 提供电力；
d：患者 2.5m 范围内的电气设备。

12.9 特殊场所的安全防护

本节仅对浴室、游泳池和喷水池的安全保护作了规定。原因在于人们在这个环境的几率非常之大，可以说是每日都离不开的环境。对这些"特殊"的场所加以规定是非常必要的。何况在措施不力的地点，也确实发生过危及人身安全的事故。

13 火灾自动报警系统

13.1 一 般 规 定

火灾自动报警系统的设计，是一项政策性很强，技术性复杂，同时涉及消防法规，涉及人身和财产安全的工作，其从业人员，应该熟练掌握与消防有关的国家现行规范《火灾自动报警系统设计规范》GB 50116、《高层民用建筑设计防火规范》GB 50045、《建筑设计防火规范》GB 50016 以及各种类型的单项建筑设计规范的规定。

本规范在修订时，凡涉及火灾自动报警系统保护对象分级、报警及探测区域的划分、各类报警系统的设计要求、火灾探测器的选择及火灾探测器的设置等内容，都规定了按相关国家标准执行，未做相关条文的引用，仅在相关部分根据民用建筑的特点，作了相应的补充。

13.2 系统保护对象分级与报警、探测区域的划分

13.2.1 将原规范分为特级、一级、二级、三级的规定，根据国家标准《火灾自动报警系统设计规范》GB 50116 的规定改为特级、一级、二级。

13.2.3 表 13.2.3 为根据民用建筑特点，对国家标准 GB 50116 表 3.1.1 的补充规定。

13.3 系 统 设 计

火灾自动报警系统，根据国家标准《火灾自动报

警系统设计规范》GB 50116 分为区域报警系统、集中报警系统和控制中心报警系统三种形式。各类报警系统的设计要求，按上述国家标准规定执行。

本规范补充了建筑高度超过 100m 的高层民用建筑的火灾自动报警系统设计要求。

13.4 消防联动控制

13.4.1 消防联动控制，一般分为集中控制和分散控制与集中控制相结合两种方式。

1 集中控制系统：消防联动控制系统中的所有控制对象，都是通过消防控制室进行集中控制和统一管理的。如消防水泵、送排风机、防排烟风机、防火卷帘、防火阀以及其他自动灭火控制装置等的控制和反馈信号，均由消防控制室集中控制和显示；

2 分散控制与集中控制相结合的消防联动控制系统：在一部分消防联动控制系统中，有时控制对象特别多且控制位置也很分散，如有大量的防排烟阀、防火门释放器、水流指示器、安全信号阀（自动喷水灭火管网主、支管上的阀门开闭有电信号的装置）等。为了使控制系统简单，减少控制信号的部位显示编码数和控制传输导线数量，亦可采用将控制对象部分集中控制和部分分散控制方式（反馈信号集中显示）。此种控制方式主要是对建筑物的消防水泵、送排风机、防排烟风机、部分防火卷帘和自动灭火控制装置等，在消防控制室进行集中控制，统一管理。对大量的而又分散的控制对象，如防排烟阀、防火门释放器等，采用现场分散控制，控制反馈信号送消防控制室集中显示，统一管理（若条件允许亦可考虑集中设置手动控制装置）。

13.4.4 灭火设施的联动控制

第 1 款 设有消火栓按钮的消火栓灭火系统

消火栓按钮的控制电压应采用交流 50V 的安全电压，这样规定主要是为了人身安全，因为火灾发生时使用消火栓，可能有大量的水从消火栓箱内溢出弄湿整个箱体。若不慎则会使消火栓箱和消防水龙带带电，伤及消防人员。

消火栓按钮发送启动信号后，在消防控制室应有声、光信号显示，联动控制器按相应的灭火程序启动消防水泵（包括喷洒水泵），并能监视水泵的运行状态。消防水泵启动后，消火栓箱内启泵反馈信号灯应燃亮。

消防控制室对消火栓按钮的工作部位应有显示（有条件时按钮工作部位宜对应显示）并应在消防控制室装设直接启、停消防水泵的手动启、停按钮，即使在联动总线出现故障的情况下，仍可启动消防水泵。消防水泵的工作、故障状态显示，系指消防水泵的工作电源和水泵的运行状态显示。当消防控制室发出启动信号后，并未见启泵回答信号返回消防控制室，则为故障状态（包括主回路、控制回路故障）。

第 2 款 自动喷水灭火系统

装设湿式自动喷水灭火系统场所中，是否装设火灾自动报警装置，本条文中明确作了规定。设置自动喷水灭火喷头的场所同时要设置感烟探测器，这里需要指出的是不能误认为设置了湿式自动喷水灭火喷头（玻璃泡），就等于设置了定温火灾探测器。因为火灾探测器的设置主要是以预防为主，它对火灾起早期预报警作用，报警后离火灾的燃烧阶段和蔓延阶段还有一段时间。因此火灾自动报警系统的设置，是体现了"预防为主"的指导思想。湿式自动喷水灭火喷头的定温玻璃泡的设置若代替火灾探测器还存在着两个问题：一是该定温玻璃泡与火灾自动报警定温探测器（特别是感烟式火灾探测器）相比较，其灵敏度低得多。经现场火灾探测试验证明，在同等温度条件下（与热电偶温度探测器比较）比火灾探测器晚动作近 3min，如与感烟探测器比较晚动 5min 多。因此它不能用作火灾早期报警使用（即使能报警亦无电信号输出）。二是自动喷水灭火喷头的设置主要建立在以消为主的指导思想上，一经喷水灭火就不是报警而是消防。将会使大量水流充满被保护场所。因此我们认为在设有湿式自动喷水灭火喷头的场所，仍然宜装设感烟式火灾探测器。这一设计思想是与消防工作方针"预防为主，防消结合"相吻合的。

自动喷水灭火系统中设置的水流指示器，主要用以显示喷水管网中有无水流通过。这一信号的发生可能有以下几种情况：是自动喷水灭火；或是因管网中有水流压力突变；或受水锤影响；或是在管网末端放水试验和管网检修等，都有可能使水流指示器动作。因此它不应用作启动消防水泵，应该用使管网水压变化（喷水灭火时的水压降低）而动作的水流报警阀压力开关的动作信号启动自动喷洒消防水泵。由气压罐压力开关控制加压泵自动启动。

第 3 款 二氧化碳气体自动灭火系统

设有二氧化碳气体自动灭火装置的场所设置火灾探测器，主要是用以控制自动灭火系统。系统控制可靠与否，主要决定于火灾探测器的可靠性。若误报则会引起误喷，轻则造成被保护现场环境和人身污染及经济损失，重则直接危害人员生命安全。为此本条规定在控制电路设计时，必须用感温、感烟火灾探测器组合成与门控制电路，以提高灭火控制系统的可靠性。

被保护场所的主要出入口门外，系指被保护房间门口室外墙上，可在该处装设手动紧急启动和停喷按钮，按钮底边距地高度一般为 1.2～1.5m。按扭应加装保护外罩，用玻璃面板遮挡按钮操作部位以防操作失误或受人为机械损坏而动作。按钮正面应注明"火警"字样标志（按钮宜暗设安装）。

被保护场所门外的门框上方，指的是门框过梁上方正中位置，在该处安装放气灯箱。在灯箱正面玻璃面板上应标注"放气灯"字样。

声警报器的安装高度一般为底边距地 2.2～2.5m。该装置宜暗装于被保护场所内，使室内工作人员喷气前 30s 内能听到警报声和紧急离开灭火现场。

组合分配系统，系指有喷气管网的气体灭火系统，该系统的控制室宜设置在靠近被保护场所的适当部位。条文规定的中心意思是说明灭火控制方式宜采用现场分散控制。这样能充分发挥人的因素确认火灾，以提高控制系统的可靠性。

独立单元系统一般可不设控制室。若控制功能需要设置控制室时，可设在被保护现场适当部位。但不论是否设置控制室，都应在被保护场所或房间的主要出入口，设手动紧急控制按钮。无管网灭火装置，一般是在被保护现场设控制箱（盘）。该装置宜设于被保护场所（房间）室内或室外墙上。设备安装时底边距地高度一般不小于 1.6～1.8m（有操作要求时为 1.5m 左右）。控制箱（盘）安装时应注意采取保护措施，以防止机械损伤和人为引起的误操作。若控制箱（盘）安装在室内时，要求检修和操作方便。本装置亦应增设手动紧急控制按钮，装设于被保护现场主要出入口门外墙上便于操作的位置。紧急控制按钮亦应加装保护外罩和有明显标志。

对气体灭火的控制与显示，条文中已规定，现场经常无人值班时（如书库、易燃品无人值班库房等场所），若条件许可宜在消防控制室装设手动紧急控制按钮，在确认后手动控制灭火喷气。

13.4.5 在防火卷帘两侧设感烟、感温两种火灾探测器组成与门电路，控制防火卷帘下降。在火灾初期用感烟探测器控制防火卷帘首次下降至距地 1.8m 处，用以防止烟雾扩散至另一防火分区，感温探测器是控制防火卷帘第二次降落至地，以防止火灾蔓延。

当防火卷帘采用水幕保护时，水幕电磁阀的开启一定要可靠准确地动作，以避免误喷，不然会造成水患，严重污染被保护现场。为此条文规定水幕电磁阀的开启控制，应采用定温探测器和卷帘门落地到底信号组成与门控制电路，开启水幕电磁阀，并用电磁阀开启信号启动水幕泵，这一措施应该是可靠的。

对防火门的控制方法。条文的中心思想是宜在现场就地控制关闭，不宜在消防控制室集中控制关闭防火门（包括手动或自动控制）。因为防火门在建筑物中的设置数量是较多的，安装位置又很分散。因此防火门有自动控制功能时宜由感烟探测器组成控制电路，采用与门控制方法自动关闭。防火门的自动关闭若误动作，是不会造成人员混乱等重大影响的。故可以不采用与门控制电路。

电动防火门释放器的结构和电路类型有两种，一种类型是释放器平时通电产生电磁力，吸引防火门开启，火灾时断电控制关闭，另一种类型是平时释放器不耗电，由电磁挂钩拉着防火门开启，当火灾时释放器瞬时通电，使电磁挂钩脱落而控制关闭防火门。

13.4.6 同一排烟区的多个排烟阀，主要是指在同一排烟区域内装设的排烟管道，安装的数个排烟阀，当火灾时要求数个排烟阀都应同时打开进行排烟。在控制电路中，应防止同时打开排烟阀时动作电流过大，条文中推荐采用接力控制方式满足这一要求。所谓接力控制，是将排烟阀的动作机构输出触头加上控制电压后，采用串行连接控制，以接力方式使其相互串动打开相邻排烟阀，并将最末一个动作的排烟阀输出信号触头，向消防控制室发送反馈信号，这样具有连接线少和动作电流小（每次只有一个排烟阀动作）的特点。

排烟风机入口处的防火阀，是指安装在排烟主管道总出口处的防火阀（一般在 280℃时关断）。

设在风管上的防火阀，是指在各个防火分区之间通过的风管内装设的防火阀（一般 70℃时关闭）。这些阀是为防止火焰经风管串通而设置的。本条规定以上防火阀仅向消防控制室送动作反馈信号。

消防控制室应设有对防烟、排烟风机（包括正压送风机）的手动启动按钮。

13.5 火灾探测器和手动报警按钮的选择与设置

火灾探测器的选择和设置，应按国家标准《火灾自动报警系统设计规范》GB 50116 第 7 章、第 8 章的要求进行设计。

13.7 消防专用电话

13.7.1 消防专用通信是指具有一个独立的火警电话通信系统。条文规定的独立通信系统不能用建筑工程中的市话通信系统（市话用户线）或本工程电话站通信系统（小总机用户线）代用。

13.8 火灾应急照明

13.8.1 备用照明为供工作人员在火灾发生时需要继续工作场所的照明，如第 13.8.2 条所规定的部位和场所。当工作人员继续工作完成并撤离后才熄灭备用照明，故其使用时间均较长。

疏散照明，为供人员疏散而设置在疏散路线上的各种指示标志和照明，故其相对需要时间较短些，要求也高些。

13.9 系 统 供 电

13.9.6 此条指消防负荷等级为一级、二级时的情况，可参见国家标准 GB 50045 相关规定和条文说明。

13.9.10 公共建筑的屋顶层的消防设备除消防电梯外，一般情况下还设有正压送风机、增压泵等，故明确这类设备的供电要求。

13.10 导线选择及敷设

13.10.3 火灾自动报警系统的传输线路，耐压不低于交流 300/500V。线型采用铜芯绝缘导线或电缆，而不是规定选用耐热线或耐火导线。这是因为火灾报警探测器传输线路主要是作早期报警使用。在火灾初期阻燃阶段是以烟雾为主，不会出现火焰。探测器一旦早期进行报警就完成了使命。火灾要发展到燃烧阶段时，火灾自动报警系统传输线路也就失去了作用。此时若有线路损坏，火灾报警控制器因有火警记忆功能，也不影响其火警部位显示。因此火灾报警线路仅作一般耐压规定即可。

13.10.4 矿物绝缘电缆，不含有机材料，具有不燃、无烟、无毒和耐火的特性，使用在铜的熔点以下的火灾区域是安全的，而铜的熔点为 1060℃，一般民用建筑的火灾现场最高温度均在 1000℃ 以下。

耐火电线电缆，又称有机绝缘耐火电线电缆，其耐火温度为 750℃，90min，故使用场合相对矿物绝缘电缆要小些。

本条中，根据建筑物的火灾自动报警保护对象分级情况及消防用电设备分级情况而选择线路。

本条中的分支线路和控制线，系指末端双电源自动投切箱后，引至相应设备的线路，这些线路同在一防火分区内，且线路路径较短，当采取一定的防火措施如穿管暗敷等，则可降一级选用。

13.11 消防值班室与消防控制室

13.11.6 消防值班室与消防控制室都应设置于建筑物地下一层和首层距通往室外出入口不超过 20m 的位置。这一规定是为了火灾时的消防控制方便，也便于与室外消防人员联系。消防控制室的出口位置，宜一目了然地看清楚建筑物通往室外出入口，并在通往出入口的路上不宜弯道过多和有障碍物。

13.11.8 消防控制室的室内面积不宜过小，留有适当的室内面积以便于操作和维护工作。在与土建专业商定占用面积时，应尽量从消防安全需要和满足室内工艺布置以及维护等需要出发，并适当增设维修、电源和值班办公及休息用房，这一要求在设有消防控制室或消防控制中心的建筑物内更应加以足够的重视。不能为了单纯节省占用面积而使消防控制室设备布置不合理和维修不方便。

二类防火建筑物的消防控制室或消防值班室所需面积也不宜太小（一般情况不少于 15m² 为宜）。除应满足设备布置规定所需用的建筑面积外，还应适当增加维修及值班用辅助面积。

13.12 防火剩余电流动作报警系统

13.12.1 本节应用范围是依据《火灾自动报警系统

设计规范》GB 50116—98 系统保护对象分级界定的。因为，不管是火灾自动报警系统，还是防火剩余电流动作报警系统，其作用都是对建筑物内火灾进行早期预防和报警，性质是相同的。因此，防火剩余电流动作报警系统的保护对象分级也应根据其使用性质、火灾危险性、疏散和扑救难度等分级。

第 1 款　由于特级保护对象的建筑物，不管发生什么性质的火灾，其危险性、疏散和扑救难度以及造成的损失都是难以估量的。因此，本规范对执行程度用词为"应"设置。

第 2 款　因为一级保护对象较特级保护对象的建筑物从疏散和扑救难度上来讲要容易一些，因此，本规范对执行程度用词为"宜"设置。

13.12.2 由于二级保护对象建筑物的体量相对较小，配电回路不多，剩余电流的检测点较少，如设置防火剩余电流动作报警系统，则投资性价比不高。因此，建议根据本规范第 7.6.5 条的规定装设独立型防火剩余电流动作报警器。

13.12.3 当二级保护对象建筑物采用独立型防火剩余电流动作报警时，如有集中监视要求，可利用火灾自动报警系统的编码模块与其连接组成一个系统。另外，一些产品制造商为了适应市场需求，研发了 16 点的小型防火剩余电流动作集中报警器，也是二级保护对象建筑物如有集中监视要求时的一个选项。

13.12.4 此条规定的目的有两个：一是在大中型系统设计中推广使用总线制技术，简化设计，减少设计难度。二是推广成熟的新技术，避免技术落后和布线复杂的多线制系统再现。

13.12.5、13.12.6 在防火剩余电流动作报警系统设计中，检测点的设置至关重要。如设计得不合理，误报率将很高。通常检测点的设置要考虑两个问题：一是配电回路的自然漏流对测量的影响和自然漏流波动对测量的影响。二是电气火灾易发生的部位。

对自然漏流的影响应采取措施尽量抵消，方法一是将检测点设置在负荷侧，干线部分的自然漏流对测量没有影响。方法二是将检测点设置在电源侧，采用下限连续可调的剩余电流动作报警器抵消自然漏流的影响。但这种方法在容量较大、线路较长及自然漏流波动较大的配电回路中也不宜采用。最好还是将检测点设置在负荷侧。

从电气火灾发生的部位来看，负荷侧发生的火灾概率远大于电源侧，在不能两全的情况下，还是将检测点设置在负荷侧为宜。

防火剩余电流动作报警值 500mA 是现行国际电工委员会 IEC 标准的规定。由于配电线路的分布电容是和线路容量、线路长短、敷设方式与空气湿度等有关，如果自然漏流波动较大，为了减少误报，建议检测点安装在配电系统第二级开关进线处（楼层配电箱进线处）。

防火剩余电流动作报警系统是最近出现的新技术，对于它的设计选用及安装尚无据可依。本规范首次将其列入规范，但可能有不完善之处，还需在实际应用中积累经验，逐步完善。

13.12.7 关于剩余电流火灾报警控制器的安装，国内有两种观点：一是将其安装于消防控制室，二是将其安装于变电所。安装在消防控制室的理由是该系统也是火灾报警系统，且消防控制室在24h内均有人值班，便于维护和管理。安装于变电所内的理由是该系统监测的是配电线路的接地故障，一但出现问题值班人员可以马上处理。

从上述看二者各有其理。但从工程实际情况看，很多变电所无人值班或非24h值班。因此，本规范规定将其安装于消防控制室。

14 安全技术防范系统

14.1 一般规定

14.1.1 本章基于民用建筑中高风险对象不多，而高风险对象的安全技术防范系统的设计国家已另有规范，仅对通用型民用建筑物及建筑群的安全技术防范系统的设计作出规定。

14.1.2 安全技术防范系统不等同于安全防范系统，它只涵盖安全防范（人力防范、物力防范和技术防范）中的技术防范。它也不同于一般的电子系统工程，要求必须安全、可靠，设计时不能盲目追求先进，而应采用经实践证明是先进、稳定、成熟的产品和技术。

14.1.3 安全管理系统是指在安全技术防范系统中，对其各子系统进行管理和控制的集成系统（包括软件和硬件），又称集成式安全技术防范系统。

14.2 入侵报警系统

14.2.1 入侵报警系统设防的区域和部位应根据被保护对象的使用功能和安防管理要求确定。设计人员应根据项目设计任务书的要求，对本条所列的防护区域（目标）进行选择，实施部分或全部的设防。

14.2.3 各类入侵探测器的选择应根据环境和功能需要进行，不能盲目选用高灵敏度、高档次的产品，应以实用为原则。

室外多波束主动红外探测器最远作用距离在产品手册上有指标，但选用时不能直接与设计值等同使用。实际使用中由于雾风雨雪等恶劣气候的影响，其探测指标下降较多（多达30%～40%），故有此条规定。

14.2.5 目前大部分矩阵切换控制主机、数字硬盘录像机、多画面处理器等都带有报警接口，可实现简单的报警及联动功能，但与专业级的可划分多防区的报警主机相比，还有不足之处。工程设计时，应根据建筑物性质、系统规模、功能需求等进行选择。

14.2.6 无线安防报警系统可用作特殊需要场合或作为有线报警系统的一种补充手段。其形式可有多种，如无线报警系统、无线通信机、移动电话等。

14.3 视频安防监控系统

14.3.1 摄像机设置部位应根据被保护对象的使用功能、现场环境及安防管理要求确定。设计人员应根据项目设计任务书的要求，对本条所列的防护区域（目标）进行选择，实施部分或全部的设防。摄像机的安装部位并不仅限于表14.3.1所规定的部位。

14.3.2 视频安防监控系统监视图像质量的主观评价采用五级损伤制评定。

14.3.3 本条对摄像机的技术指标要求略高于国家标准，是考虑到目前CCD摄像机产品市场的实际情况和发展趋势作出的。

第7款 这并不是说具有多功能镜头、云台的摄像机不好，而是因为定焦距、定方向的摄像机造价低、操作简便，有时更实用些。

第8款 适当功能的防护罩，是指能使摄像机在恶劣环境下正常工作的多功能防护罩。

第10款 电梯轿厢内设置摄像机宜安装在电梯厢门的左侧或右侧上角，便于对电梯操作者进行监视。

14.3.6 从监控技术的发展历史来看，大致经历了一代的模拟式、二代的半数字式及三代的全数字网络监控系统。与前两代监控系统相比，第三代监控系统基于TCP/IP网络协议，以分布式的概念出现，将监控模式拓展为分散与集中的相辅相成，无限度地拓展了监控范围。目前在较先进的大、中型监控系统中，多采用多媒体计算机控制技术、网络传输技术，实现信号数字化、设备集成化、控制智能化、传输宽带化。

14.3.7 监视器应根据系统的技术性能指标及使用目的来选择。屏幕的大小应根据控制中心的面积、设备布置及监视人员数量进行选择。监视器数量应根据安防管理需要，与摄像机数量成适当比例。

摄像机与监视器的配置比例应适当：系统部分摄像机配置双工多画面视频处理器时，不宜大于5：1；50%以上摄像机配置双工多画面视频处理器时，不宜大于9：1；全部摄像机配置双工多画面视频处理器时，不宜大于16：1。

监视器的显示方式可分为重点部位的固定监视、一般部位的时序监视或多画面监视，以及报警联动的切换监视。

14.3.8 随着电子技术和计算机技术的成熟与发展，模拟录像机正被数字硬盘录像机逐步取代。网络功能是对数字硬盘录像机的基本要求，也是数字硬盘录像机区别于模拟录像机的重要特征。数字硬盘录像机按系统平台可分为嵌入式和非嵌入式两种。嵌入式硬盘录像机又分为 PC 平台和脱离 PC 平台两种。硬盘录像机的选用应根据系统的设计目标,从监控功能、稳定性、每秒处理图像的总帧数、信号压缩方式、图像质量等方面综合考虑。

14.3.9 摄像机距控制端较远,一般指距离在 200m 以上。此时可根据供电电压、所带设备容量、供电距离等选择导线截面积,导线截面积不宜超过 4mm²。

14.4 出入口控制系统

14.4.1 紧急疏散和安全防范是一对矛盾,解决的办法是出入口控制系统与消防报警系统可靠联动,紧急情况时释放相关的门锁,或者选用具有逃生功能的执行机构。

14.4.3 出入口控制系统的识别方式大致分为:密码钥匙、卡片识别、生物识别及前几种的组合等四种。生物识别的方法较多,有掌形识别、指纹识别、语音识别、虹膜识别、视网膜识别等,若再与智能卡组合使用,就可以解决智能卡被非法使用者利用的问题。

14.4.4 防尾随指的是防胁迫尾随和防大意尾随。防返传指的是防止有效识别卡通过回递的方式,被其他人员重复使用。

14.4.6 出入口控制器若设置在控制区域外的公共部位,就可能遭到损坏甚至人为破坏,使门禁作用丧失。

14.4.7 系统管理主机不仅能监视门的开关状态,同时还可控制门的开关。系统可通过管理主机设置每张识别卡的进出权限、时间范围,并可设置各通道门锁的开关时间等。

14.5 电子巡查系统

14.5.1 在线式电子巡查系统较为复杂,需要敷管布线,实时性是它的最大特点。离线式电子巡查系统无需布线,较为灵活、便捷、经济。

14.5.8 无论是在线式电子巡查系统,还是离线式电子巡查系统都应能方便地对巡查路线进行设置、更改,并能记录巡查信息。

14.6 停车库(场)管理系统

14.6.1 停车库(场)管理系统是指基于现代电子与信息技术,在停车库(场)的出入口处设置自动识别装置,通过各式卡片来对出入特定区域的车辆实施识别、准入或拒绝、记录、收费、引导、放行等智能管理。其目的是有效控制车辆的出入,记录所有资料并自动计算收费额度,实现对进出车辆的收费管理和安全管理。

14.6.2 停车库(场)管理系统的设计应基于停车库(场)的建筑布局和对系统需求分析。本条所列功能可根据需要灵活增加或删减,形成各种规模与级别的

停车库(场)管理系统。

14.6.4 停车库(场)管理系统可分为总线制单台电脑管理模式和多台电脑局域网管理模式。总线制管理适合固定车主情况,不收费或按固定时间收费,功能简单,只要求验证车主合法与否即可。此种模式是全自动的,无需管理人员参与。局域网管理是针对大型停车场情况,出入口不止一进一出,功能要求较多,对车辆的出入管理要求严格,每个出口应设置一台电脑,与管理中心联网。

14.6.6 摄像机安装在车辆行驶的正前方偏左的位置,是为了监视车辆牌照的同时,对驾驶员的情况也有所监视。

14.6.8 对于较大型、车辆身份复杂的停车场来说,管理的灵活有效性非常重要。一进一出,多进多出组合灵活。多个出入口可以统一管理,也可分散管理。可脱机使用,也可联网使用,可按不同类别识别卡设置多种收费方式等等,都是系统灵活性的体现。

14.7 住宅(小区)安全防范系统

14.7.2 表 14.7.2 住宅(小区)安全技术防范系统配置标准是根据国家标准《安全防范工程技术规范》GB 50348—2004 表 5.2.9、表 5.2.14、表 5.2.19 编制的,分为住宅与别墅两类,均为基本要求,设计时可根据实际情况增减。

14.7.3 周界安防系统的设计除符合本条规定外,尚应满足《安全防范工程技术规范》GB 50348—2004 第 5.2.5 条、第 5.2.10 条、第 5.2.15 条的规定。

14.7.4 公共区域安防系统的设计除符合本条规定外,尚应满足《安全防范工程技术规范》GB 50348—2004 第 5.2.6 条、第 5.2.11 条、第 5.2.16 条的规定。

14.7.5 家庭安防系统的设计除符合本条规定外,尚应满足《安全防范工程技术规范》GB 50348—2004 第 5.2.7 条、第 5.2.12 条、第 5.2.17 条的规定。

第 1 款 访客对讲系统是住宅安全防范的重要设施之一。访客对讲系统除具备交流电源外,还要配备不间断电源装置。住宅入口处主机安装方式一般有两种:防护门上安装及单元门垛墙壁上挂装或墙壁上嵌装。墙壁上安装时,室外主机安装在单元门开启的一侧,同时考虑室外主机电源及控制缆线进出方便。访客对讲系统的室外设备,应能适应当地的气温条件,并要与所处的安装环境相适应(如尽量避开阳光的直射等)。

第 2 款 紧急求助报警装置一般设在门厅过道墙壁上,也可设在主卧室的床头柜边。考虑老年和未成年人的生理特点,紧急求助报警装置的触发件应醒目、接触面大、机械部件灵活;安装高度适宜;具备防拆卸、防破坏报警功能。

14.7.6 住宅(小区)安防监控中心的设计除符合本

条规定外，尚应满足《安全防范工程技术规范》GB 50348—2004第5.2.8条、第5.2.13条、第5.2.18条的规定。

安防监控中心设置与外界联系的有线通信是指市网有线电话，如当地公安部门有报警联网专线，应按当地要求增设专线。无线通信是指小区内无线对讲传呼系统或无线移动通信公网（手机）。

安防监控中心设置的综合管理主机，除应具有与各门口单元主机相互沟通信息的功能外，还应具有与网上相互联络的功能及报警显示、储存记忆功能，以实现住宅区内各用户与安防监控中心的信息沟通及信息记录。当某家发生紧急状况时，本住户室内分机、综合管理主机会以声、光等形式，提示紧急状态发生的种类及地点。保安管理人员根据实际情况，一面将报警记录在案，一面采取进一步有效措施。

14.8 管线敷设

14.8.1 安全技术防范的管线敷设关键在于安全。隐蔽、防火、防破坏、防干扰是设计中不可忽视的重要问题。

14.8.2 交流220V供电线路应单独穿导管或线槽敷设，50V及以下的供电线路可以与信号线路同管槽敷设。

14.9 监控中心

14.9.2、14.9.3 安全技术防范系统监控中心是系统的中枢，所以其自身的安全、舒适与便捷也同样重要。

重要建筑的监控中心一般不应毗邻重点防护目标，如财务室、重要物品库等，这是防止一并被控制造成更大损失；同时还应考虑设置值班人员卫生间和专用空调设备。

14.9.4 系统控制中心的对外联系非常重要，它是下达指挥命令和向上一级接处警中心报告的必要保证。通信手段可以是有线的，也可以是无线的，有线通信是指市网电话或报警专线，无线通信是指区域无线对讲机或移动电话。

14.10 联动控制和系统集成

14.10.1 安全技术防范系统集成应是不同功能的安防子系统在物理上、逻辑上及功能上有机连接起来，在开放标准的硬件和软件平台上，实现各有关系统之间可互操作和资源共享，形成一个综合安全管理系统。

14.10.2 系统集成设计的根据是多方面的，主要有建筑物的使用功能、工程投资、业主管理要求等综合因素，但使用者的需求是最重要的。同时还应考虑系统的先进性、开放性、安全性、经济性、高效性及可管理性。

14.10.4 在火灾自动报警系统火灾确认后发出联动信号的同时，出入口控制系统应自动打开疏散通道上由其控制的门。此时，逃生是最重要的。

14.10.7 子系统集成、综合安全管理系统集成、BMS集成，是三种不同范围的集成模式。随着信息技术和网络技术的不断发展，安全技术防范系统的规模、集成深度及广度也在不断变化。综合安全管理系统集成方式是目前的主流，BMS集成将是未来系统发展趋势。

15 有线电视和卫星电视接收系统

15.1 一般规定

15.1.1 根据国际上电缆电视综合信息网的使用和发展情况，应以城市区域规划来组合应用户群网络，并结合国家和地区广播电视的发展规划，为电缆电视大系统联网预留条件。

15.1.2 场强值的实测数据与理论计算数值虽然会有很大出入，但新建工程实测场强确有很大困难。即使在工程的附近地点实测，与最终在天线安装点的实测值，仍会有出入。故允许进行估算，估算时还需考虑当地干扰场强，并作为设计依据。最终的系统指标，可于工程调试时合理调定。

15.2 有线电视系统设计原则

15.2.3 第3款 双向传输是有线电视传输网络的发展趋势，特别是大中城市的有线电视网络，更应充分考虑其未来的发展。

15.2.6 有线电视系统的信号传输方式

第1款 为保证有线电视系统传输频道的数量及质量，传输系统应选择邻频传输系统。当系统考虑双向传输时，则应考虑750MHz及以上系统。

第4款 根据有线电视的发展及我国目前有线电视系统的构成形式，光纤同轴电缆混合网（HFC）是我国目前较为理想的有线电视传输网络。

15.3 接收天线

15.3.1 泛指接收天线应能满足增益高、方向性好、抗干扰性能强等电气性能，以及机械强度高、适应当地风速和防潮或防盐雾、防酸等抗腐蚀性能。但应理解为是要因地制宜来选择满足当地使用要求的天线，而不是要求必须具备全部电气、机械及物理化学性能。

15.3.2 第3款 有线电视全系统载噪比指标的满足，最关键的是输入到前端的接收信号，即天线所接收的信号场强。所以必须使接收天线的最小输出信号电平值满足前端（系统）对其输入信号电平的质量指标要求。

15.3.3 条文主要强调是由宽带天线接收的多路频道信号，因为信号质量各不相同，故应在前端分别处理。

15.3.5 即发射天线的高度是已定的，它与接收天线设置点的距离也是可以测得的，电视信号无线电正弦波的传输，在该接收天线设置点的某个高度其场强信号能达到最大值时，即为最佳天线高度。但实际上该计算高度，在 VHF 频段是偏高的，不能直接使用，需根据条件调整。

15.4 自设前端

15.4.8 第 1 款 至各建筑物的传输距离最近，可以保证传输损耗较小且其他传输特性较为一致。

15.4.9 第 2 款 主要考虑高频信号传输时，其信号损失较低频信号大。

15.4.11 强调同频段的各频道信号电平值相一致时才能采用宽带放大器，因其为平均放大。否则，就应将各频道信号分开处理，以保证信号的传输质量。

15.5 传输与分配网络

15.5.2 当采用光纤作为传输网络的干线时，系统具有线路损失小、传输信息量大、抗干扰能力强等优点，并能充分满足系统对带宽、噪声及失真等数据的要求。

15.5.8 光纤及光设备的选择

第 1 款 多模光纤成本较低，但因其传播特性差，不适合大信息量的传输，因此多用于通信传输。单模光纤耦合及连接比较困难，但因其具有频带宽、传播特性好的特点，所以在有线电视传输系统中，应采用单模光纤。

第 2 款 当光节点较少而传输距离不大于 30km 时，采用波长为 1310nm 的光波传输，此时损耗小，色散常数为零，成本较低。

第 3 款 采用 1550nm 波长传输时，由于其损耗更小，且可使用光纤放大器直接放大，因此，更适合远程传输，但应注意控制其色散，以避免产生噪声及组合二次失真。

15.5.11 由于放大器本身受温度、电压等的影响会改变工作点，而传输干线受四季温度变化也会改变其频率衰耗特性。所以，为了确保系统指标在任何情况下都满足要求，必须留有一定的设计余量。

15.5.12 保证干线传输性能指标措施

第 2 款 强调应该采用工作特性稳定性较高、噪声小的放大器，否则易造成电路的不稳定。中低增益的放大器，其线性好，易控制非线性失真。导频控制电路的全电路工作稳定性高，并易监视。

第 4 款 应在经济合理的前提下采用传输性能好的电缆。电缆穿管道，尤其是直埋敷设，受环境温度变化影响较小，整个系统电路的工作比采用架空明敷方式稳定得多。

第 5 款 强调必须采用定向隔离度大的器件向用户群馈送信号，以保证在用户群负载变化时对干线传输不造成不良影响。

第 6 款 强调要充分利用每一分贝的信号电平，尽量避免不必要的电平损耗。

15.5.13 由传输干线分配点的分配放大器至该支路最远端用户群之间，可能设有若干个延长放大器，所以其交扰调制比和载波互调比指标，应均匀地分摊在各个放大器上，而不宜将指标在"桥接放大器"和"延长放大器"两部分之间分摊。

15.5.14 减少延长放大器的级数，可以提高系统的载噪比，保证接收质量。

15.6 卫星电视接收系统

15.6.7 当天线直径较大时，因前馈式天线的高频头前置其焦点处，受环境因素影响，工作温度升高，信噪比下降，而且高频头安装不便，故不宜采用。而后馈式抛物面天线因其具有如下特点，所以对直径较大的抛物面天线更适合：

1 双反射面，便于根据需要，使其几何尺寸的设计比较灵活；

2 可采用短焦距抛物面作为主反射面，缩短其纵向尺寸；

3 由于馈源安装在主反射面后面，避免阳光的直射，使其工作温度降低，有利信噪比的提高，且由于馈源与低噪声放大器之间的传输距离较短，减小了传输噪声；

4 天线效率较高，对大型天线而言，可降低造价。

偏馈式抛物面天线其馈源安装位置与主反射面偏置。因而馈源不会对主反射面接收的电波有遮挡。具有天线噪声电平明显降低、有较佳的驻波系数、安装时仰角较小、受雨雪影响相对较小及效率较高的特点，所以当抛物面天线口径在 1.5～2m 之间，特别是 Ku 波段大功率卫星电视接收天线，多采用偏馈式抛物面天线。

15.8 供电、防雷与接地

15.8.5 天线设施往往是该建筑物的致高点，很容易成为雷击的目标和引雷的途径，所以应使其具备防雷击的能力，而不被雷击所破坏。如若另设避雷针来保护它，其高度和要占的地域在屋面上有较大的困难，因此本条提倡在自身的天线竖杆（架）上装设避雷针。

有条件另设独立避雷针保护天线设施时，其与天线的 3m 间距是为了防止在雷击独立避雷针时，对接收天线可能产生反击的安全距离。

16 广播、扩声与会议系统

16.1 一般规定

16.1.2 公共建筑广播系统设置

第1款 规定了业务性广播的服务对象，任务及其隶属关系。业务性广播对日常工作和宣传都是必要的。

第2款 服务性广播主要用于饭店类建筑及大型公共活动场所。服务性广播的范围是背景音乐和客房节目广播。任务是为人们提供欣赏音乐类节目，以服务为主要宗旨。内容安排应根据服务对象和工程的级别情况确定。星级饭店的广播节目一般为3~6套。

第3款 火灾应急广播主要用于火灾时引导人们迅速撤离危险场所。它的控制方式，鸣响范围与一般广播不同，具体要求见本规范第13章的有关规定。

16.1.3 近年来，随着电声学、电子学和建筑声学的发展，扩声技术发展很快，人们对扩声质量的要求也越来越高。因此本条强调要同期进行，并要重视与其他相关专业的配合。

16.2 广播系统

16.2.2 一般情况下，由于民用建筑工程占地范围不大，建筑物相对集中，广播网负担范围小，采用单环路馈送功率的方式可以满足要求。

16.2.3 公共建筑中除设有线广播控制室外，往往还设有扩声控制室（如多功能厅，宴会厅等公共活动场所）。在这种情况下两个控制室间应采取措施联络成一个整体，既可单独又可联网广播，提高了系统的灵活性和利用率。

16.2.4 广播用户分路十分重要，直接涉及系统的确定和功放设备的配置，应根据工程的具体情况合理确定。在划分分路时应注意火灾应急广播的分路划分问题，特别是与其他广播系统（如服务性广播）合用时，应首先满足火灾应急广播的分路划分要求，满足鸣响范围的特殊控制。

16.2.5 根据国际标准，功放单元（或机柜）的定压输出分为70V、100V和120V。目前，国内生产的功放单元（或机柜）也逐渐采用这样的标准。公共建筑一般规模不大，考虑安全，宜采用定压输出方式。

16.2.9 航空港、客运码头及铁路旅客站等旅客大厅内的有线广播应以语言清晰度要求为主，但很多的旅客大厅（候车、机厅）在广播时听不清楚，其主要原因如下：

1 环境噪声高，广播声压级与其差值不符合要求；

2 建筑声学处理不合适或存在建声缺陷，如室内混响时间太长，存在回声等；

3 扬声器（或扬声器系统）低频量太强。

故本条提出应从建筑声学与广播系统两方面采取措施，保证满足语言清晰度的要求。

1 评价室内语言清晰度的指标为"音节清晰度"；

$$音节清晰度 = \frac{听众正确听到的单音节（字音）数}{测定用的全部单音节（字音）数} \times 100\%$$

2 依据室内语言的音节清晰度，可估计理解语言意义的程度。其音节清晰度的评价指标：

1）85%以上 —— 满意；

2）75%~85% —— 良好；

3）65%~75% —— 需注意听，并容易疲劳；

4）65%以下 —— 很难听清楚。

16.3 扩声系统

虽然电声设备的发展在不断的变化，但扩声系统设计作为工程设计的基础技术仍是工程设计者必须掌握的，尤其关于扩声系统的设计方法等是提高设计水平和确保系统质量的十分重要的保证。

自然声源（如讲演、歌唱和乐器演奏等）发出的声功率是有限的。在离声源较远的地方，声压级迅速降低，同时由于环境噪声，声音就会听不清楚，甚至完全听不到。因此，在厅堂和广场内要用扩声系统，将信号放大，提高听众区的声压级。

16.3.2 扩声指标的分级是关系到使用和投资的重要环节，选用是否合理影响很大。条文主要提出在确定分级时应考虑的因素。

16.3.3 条文在提出专用会议场所设计要求的同时，还提出除专业使用的视听场所外，应按语言兼音乐的扩声原则设计，目的在于扩大利用率，提高效益，节约投资。事实上，语言和音乐兼用的建筑是较普遍的，在设计时应认真考虑。

16.3.4 扩声指标分级，共分为四级：音乐扩声一级、音乐扩声二级（相当于语言和音乐兼用扩声一级）、语言扩声一级（相当于语言和音乐兼用扩声二级）和语言扩声二级（相当于语言和音乐兼用扩声三级）。对于会议厅、报告厅等专用会议场所，应按语言扩声一级标准设计。语言扩声二级可适用量大面广的基层单位的扩声场所的设计标准。

16.3.5 本条指出了室内、室外扩声设计的声场计算和应注意的问题。

室内声源的声传播受到封闭界面的限制将产生反复反射造成混响效果。因此，场内某一点的声级除有声源直达声外还有室内混响在该点的混响声，是两者在该点的叠加结果，因此带来一些特殊的问题。应尽力减弱声反馈以提高传输增益和增加50ms以前的声能密度，提高语言清晰度。

室外扩声基本上属于自由声场，考虑的重点是以直达声为主。但它的一个重要问题就是声传播遇到障碍物产生反射形成的回声，如果不处理好这个问题，将会影响清晰度甚至造成很坏结果，所以不论在什么情况下都必须使反射声在直达声后 50ms 内到达。如果实现确有困难，应使直达声比回声高 10dB 以上，掩蔽回声干扰。另一方面要注意解决因来自不同扬声器（或扬声器系统）声音路程差大于 17m 而引起类似回声的双重音感觉。

16.3.7 厅堂类建筑的扩声质量要求较高，宜采用定阻输出，避免引入电感类设备，保证频响效果。对体育场类建筑，供声范围大、噪声级高，要用大功率驱动，满足听众区的高声级要求。所以，宜采用定压输出为好。

为保证传输质量，本条提出馈电线路的衰耗应尽量小，不应大于 0.5dB（1000Hz 时）。

16.3.8 在扩声系统中，用一台功放设备负担很多扬声器（或扬声器系统）是不恰当的。因为一个功率单元故障会影响大范围内失声，所以应合理划分功率单元的输出分路，使每分路单独控制以提高可靠性，减少故障影响面。

合理划分功率单元也有利于备用功率单元的设置和调度。

16.4 会议系统

16.4.2 会议讨论系统是一个可供主席和代表分散自动或集中手动控制传声器的单通路扩声系统。在这个系统中，所有参加讨论的人，都能在其座位上方便地使用传声器。通常是分散扩声的，由一些发出低声级的扬声器组成，置于距代表不大于 1m 处。也可以使用集中的扩声，同时应为旁听者提供扩声。

会议讨论系统按其自动化程度不同可有以下三种控制方式：

①手动控制：主席单元和代表单元通过母线连接起来，当某一代表需要发言时，可把自己面前的转换开关扳到"发言"位置，他的话筒即进入工作状态，而其扬声器则同时被切断，以减少声反馈干扰。

②半自动控制：这种方式也称为声音控制方式，它具有收发自动衰耗、背景噪声抑制和自动电平控制等功能。当与会者对着某一个代表单元的话筒讲话时，该单元的接收通路（包括接收放大器和扬声器）自动关断。讲话停止后，该单元的发言通路（包括话筒和话筒放大器）会自动关断。这种半自动工作方式同样具有主席优先的控制功能。由于这种控制方式的结构不太复杂，操作又比较方便，故适于中、小型会议室使用。

③全自动控制：即计算机控制方式。其自动化程度最高，而且往往兼有同声传译和表决功能。发言者可采取即席提出"请求"，经主席允许后发言。也可采取先申请"排队"，然后由计算机控制，按"先入

先出"的原则逐个等候发言。此时整个会议程序均交由计算机控制。

16.4.3 会议表决系统是一个与分类表决终端网络连接的中心控制数据处理系统，每个表决终端至少设有同意、反对、弃权三种可能选择的按钮。标准的表决模式是：

①秘密表决：不能逐个识别表决的结果；

②公开表决：能鉴别出每个表决者及其表决结果。

16.4.4 同声传译的信号输出方式分为有线和无线两种。有线利于保密，无线虽然使用灵活但要控制其辐射功率，严防失密。要注意处理好发射天线的敷设和辐射场均匀问题。

16.4.5 同声传译有一、二次翻译的区别，而二次翻译可以节省人力，对译员的水平要求低，多采用这种方式。

同声传译系统的设备及用房宜根据二次翻译的工作方式设置，同声传译应满足语言清晰度的要求。

16.5 设 备 选 择

16.5.1 有线广播设备应根据用户的性质，系统功能的要求选择。大型有线广播系统宜采用计算机控制管理的广播系统设备。功放设备宜选用定电压输出，当功放设备容量小或广播范围较小时，亦可根据情况选用定阻抗输出。

扩声系统的设备选择是扩声设计的重要环节，它要根据设计的标准、投资来源、设备之间的配接要求综合考虑。

16.5.2 传声器在扩声系统中是很重要的设备，本条仅提出选用时应注意的问题。

不同用途、不同场所应选择不同的传声器（如动圈式、电容式等）。传声器的方向性很重要，一则减少干扰，二则提高传声增益。传声器的频响对扩声有直接影响，语言扩声时频响可窄些，而音乐扩声时频响可宽些，以保证音质丰富。

应特别注意传声器与前端控制设备的连接配合以及连接传声器的线路长度的影响。

16.5.3 扩声系统的前端控制设备所处地位十分重要，要根据不同的使用要求选用不同的设备。它的主要功能是接收信号、处理信号并根据需要输出信号，以达到设备之间的最佳配接。

调音台是听觉形象的重要加工环节，除满足功能要求外，应特别注意主通道的等效输入噪声电平和输入动态余量。一般而言这两者是相互矛盾的，应合理兼顾，可根据不同使用要求有所侧重。

16.5.4 有线广播的用户或广播分路虽较多，但不一定都同时使用，应按同时需要广播的用户功率作为选择功放单元（或机柜）的依据之一。如火灾应急广播，实际用户很多，路数也很多，但发生火灾时需要

同时广播的范围是有限制的，应以允许鸣响范围内最大用户容量确定。

广播控制分路的划分也直接影响到功放单元（或机柜）的确定。如饭店的服务性广播，它包括背景音乐和客房内的数套节目，它们将会同时使用但又要分设节目类别，应按分路控制要求来确定最大容量，并分别设置分路功放设备。根据调查分析，本规范提出了每路的同时需要系数，供设计时选用。

16.5.5 功放机柜的选择是扩声设计的重要环节，功放机柜的功率单元的容量规格较多，但一个功率单元不能带过多负载，一则不便分组控制，二则一旦故障则影响面太大，所以功率单元的划分应根据负载分组的要求选择。

功放机柜要有一定的功率贮备量，贮备量的大小与扩声的动态范围的要求有关，使瞬态脉冲在放大器中放大而不削波，声音不发"劈"，一般情况下要完全满足也是不经济的。应该允许有一个很短暂的削波而又不影响效果。不要以很少出现的某一动态峰值作为要求的标准，只能考虑大多数情况下能满足要求即可。

16.5.6 民用建筑的有线广播一般都比较重要，功放设备应设置备用单元以保证广播安全。因为各类情况不同，对备用单元的数量不宜规定得太死，仅提出应根据广播的重要程度确定，有的可以是几备一，有的就可能是一备一。备用单元的数量直接涉及投资、用房的建筑面积，应在保证可靠的情况下合理确定备用量。

备用单元应设自动、手动两种投入方式，对重要广播环节（如火灾应急广播）备用单元应处于热备用状态或能立即投入。

16.5.7 民用建筑中扬声器（或扬声器系统）的选用主要应满足播放效果的要求，要在考虑灵敏度、频响、指向性等性能的前提下考虑功率大小。扬声器要有好的音质效果，当选用声柱时要注意广播的服务范围，建筑的室内装修情况及安装条件等。

在民用建筑中高音号筒扬声器可用在地下室、设备机房或潮湿场所，作为火灾应急广播。因为它声级高，不怕潮湿和灰尘。

16.6 设 备 布 置

16.6.1 条文为传声器的设置要求，主要目的是为了减少声反馈，提高传声增益和防止干扰。

16.6.2 因为传声器和扬声器（或扬声器系统）处在同一声场内，扬声器辐射的声信号会反馈到传声器。这种再生信号会在整个工作频率范围内的某些频率上激发自振，使扩声系统不能充分发挥潜力，严重出现"开不足"。所以减弱或尽量抑制声反馈是扩声系统设计的重要任务，本条提出了抑制声反馈的一般措施。

16.6.4 扬声器的布置原则与布置方式

第1款 对一些公共场所（如剧场等）要求扬声器系统集中布置的主要原因就是要求声相一致，即声音来的方向基本与声源所在方向一致给人们真实亲切的感觉。另外一个好处就是扬声器系统时差可忽略不计，不会造成双重声，使控制电路简单。第2项指的是有些公共建筑（如体育馆）各方向上都有观众。而受观众厅的建筑、结构条件限制，若将扬声器系统分散布置时，声音几乎是从观众头顶甚至从背后而来，使观众感觉不舒服。这种情况也宜采取集中布置方式。

第2款 规定了扬声器分散布置的场所及应注意的问题。

第3款 规定了扬声器采用混合布置的场所及应注意的问题。

16.6.5 背景音乐是在高级旅游饭店等公共建筑的活动场所内设置的一种为掩蔽噪声的欣赏性广播系统，设置的效果与环境情况、设置的标准有关，它直接决定着扬声器的选择、布置形式及间距问题，如扬声器的服务范围间距是轴线与边重叠、边与边重叠、或它们的不同程度的重叠等，因而直接决定着声场的情况，本条仅作了原则性规定。

16.6.6 由于体育场地域大、观众多、噪声高，不但要解决对观众席的供声问题，还要解决对场地的供声。因此，要有足够的声压级和较好的均匀度，特别要求在观众向场地的视线范围内不要有扬声器设备造成的障碍。

随着扬声器设备的性能改进，逐渐由分散向集中设置扬声器系统或分散和集中混合的方式转变。这样就出现了声外溢，给周围环境造成噪声干扰。

本条就是针对这方面提出原则性的要求，对集中布置的扬声器系统应控制声外溢，避免产生扰民的后果。

16.6.7 在厅堂类建筑物中，声源在室内形成的声场中，存在着直达声和混响两部分，并用扩散场距离 D_c 来表达两者间的关系。

扬声器的供声距离和传声器与扬声器间距都与扩散场距离 D_c 有关。扬声器的最大供声距离不大于 $3D_c$，而且是在使直达声下降至混响声强 12dB 为前提的。

要求传声器至任一只扬声器之间的间距尽量大于 D_c，其目的是使传声器位于混响声场中，移动传声器不会产生啸叫。

16.6.8 广场类扩声尽量以直达声为主，没有混响声的影响，但却有障碍物的反射会带来回声影响和因不同扬声器（或扬声器系统）的声程差大于 17m 而引起类似回声的双重声感觉，两者都会影响清晰度。所以在广场类扩声设计时应特别注意直达声压级对回声的掩蔽问题。

广场类扩声，因范围大、噪声高，需要大功率高灵敏度级的扬声器系统，所以应注意对环境噪声的污染控制。

16.7 线 路 敷 设

16.7.1 对导线要求绞合型，是为了减弱节目分路通过导线间的分布电容而造成串音影响。

16.7.2 传声器线路与调音台（或前级控制台）的进出线路都属于低电平信号线路，最易受干扰。所以在采用晶闸管调光设备的场所应特别注意防干扰措施的处理。

16.7.3 由于民用建筑工程的总图规划要求较高，室外广播线路一般采用埋地敷设为主，条文主要提出对埋地敷设线路的几项规定。

民用建筑的室外广播线路，只有在总图规划允许时，方可架空设置。架空线路应考虑与路灯照明线路合杆架设，此时，广播线路宜采用电力控制用电缆而不采用明线。

16.8 控 制 室

16.8.1 建筑物的类别、用途不同，广播控制室的设置位置也不同。

对饭店类建筑，提出将广播、电视合并设置控制室，是因它们的工作任务和制度相同，合并设置可节省用房、减少人员编制和便于更好的管理。

对其他建筑物来说，广播控制室的位置主要可根据工作和使用方便确定。

16.8.5 扩声控制室（简称声控室）的位置确定，也是设计中重要的一环，本条提出了一些位置方案。

剧院类建筑的声控室过去多数都设在舞台侧的2～3层耳光室位置。这个位置不是太理想，其理由如下：

1 不能全面观察到舞台，对调音控制不利；

2 对观众席的观察受限制，声控室的灯光等会对观众有干扰；

3 不能直接听到场内的实际效果；

4 往往与灯光位置矛盾及声控室的面积等受限制。因此近年来出现了将声控室设在观众厅后部，比较好地克服了上述缺点，当然也随之带来线路长的问题，但这可以从技术上得到解决。

16.8.6 扩声控制室内的设备布置原则，主要是避免工作人员为了操作或监视，需要频繁地离开座位或者频繁地起坐，因此要求将需要直接操作和监视的部分都设在操作人员的附近，在不离开座位的情况下迅速操作以提高效率。

本条建议将控制台（或调音台等）与观察窗垂直放置。其理由是使操作人员能尽量靠近观察窗，可直接在座位上通过观察窗较全面地进行观察。

16.8.7 在同声传译的设计中要处理好译音室的技术要求，特别要处理好观察窗的隔声要求和合理选择空

调设备，并做好消声处理。

16.9 电 源 与 接 地

16.9.1 民用建筑的有线广播比较重要，因此对交流电源的基本要求是供电可靠。

由于建筑物的重要程度和当地供电条件不同，如何供电也是不同的。本条提出有线广播的供电方案宜与建筑物的供电级别相一致。

民用建筑照明电源的电压偏移值，在一般场所为±5%。广播系统设备接在照明变压器的低压配电系统上是能满足要求的，但应注意防止晶闸管调光设备的干扰影响。

16.9.3 广播终期设备是指规划终期的最大广播设备需要的容量，不包括广播控制室内非广播设备，如控制室内的空调、照明、电力等。

16.9.5 广播、扩声系统的接地有保护接地和功能接地两种。

保护接地可与交流电源有关设备外露可导电部分采取共用接地，以保障人身安全。

功能接地是将传声器线路的屏蔽层、调音台（或控制台）功放机柜等输入插孔接地点均接在一点处，形成一点接地。功能接地主要是解决有效地防止低频干扰问题。

17 呼应信号及信息显示

17.1 一 般 规 定

17.1.2 本条对本章涉及的"呼应信号及信息显示"装置的内容加以定义限制，是将其作为建筑物的设施或附属设施来设置，目的是区别于一般意义上的呼应信号及信息显示。

17.2 呼应信号系统设计

17.2.2. 医院病房护理呼应信号系统

第2款 本款有下列两层含义：

①"按护理区及医护责任体系"是划分子系统（信号管理单元）应遵循的基本原则，也是使系统实用、好用、便于管理的基本保证；

②各子系统（信号管理单元）可以是非联网独立工作，也可将各子系统联网组成医院护理呼应信号系统，便于总值班掌握各护理区、科室病房的护理服务情况及资源调配。

工程中可根据实际需求确定组成方案。

第3款第1项 强调接受呼叫在时间上的不间断和位置上的准确。"显示床位号或房间号"，并非一定显示字符，也可以模拟盘显示呼叫位置。工程中可根据实际情况选择显示形式。

第3款第2项 所有提示方式的设置，都是为

便于医护人员迅速、准确、直观地找到呼叫位置。如病房门口的光提示和走廊提示显示屏,都具有防止医护人员匆忙中遗漏、遗忘患者地址及返回护士站途中接受新的患者呼叫的功能。

第3款第5项 紧急呼叫是指既有优先呼叫权,又有特殊提示方式。

第3款第6项 对具体工程而言,呼叫提示信号的解除装置应设于病房或病床呼叫分机处,医护人员作临床处置,同时将提示信号解除,否则呼叫提示信号将持续保留。护士站不能远程解除呼叫,除非系统关机。

第3款第7项 根据医院建筑设计实践,对病房呼应信号系统是否应具备对讲功能,观点存在分歧。赞成具备对讲功能的观点认为,有了对讲功能,加强了护—患之间的沟通,便于医护人员了解患者的需求及临床情况,使得医疗服务更具针对性、快速、高效,有的呼叫,可以不到现场就可以解决,提高了对整个护理区的工作效率。不赞成具备对讲功能的观点认为,有了对讲功能,有事没事,事大事小成天呼叫不断,有可能影响对真正需要救治的患者的服务,系统投资多,效果还不好。关于“效率”和“服务”的分歧,根本上还是管理和基于管理的营运问题。设计上应根据实际情况向建设方提出建议并按建设方决定的方案执行。

第3款第8项 本项是对第6项解除呼叫方式规定的除外情况。

17.2.3 医院候诊呼应信号系统

第1款 门诊量较大医院的候诊室、检验室、药局、出入院手续办理处,因等候患者多、求诊求药心切,患者局部集中,不利于医疗秩序的管理。候诊、取药等呼应信号因其告示范围相对较大,排序原则公开,便于形成较好的候诊、取药秩序。

第3款第6项 “有特殊医疗工艺要求科室”是指某些检验室、放射科室等。

17.2.4 根据大型医院、中心医院的危、急、疑、难症患者多,会诊多的特点,宜设医护人员寻叫呼应信号。条文中所述“寻叫呼应信号”指有线系统,其造价较低但具有传呼性质。有条件的医院可设置呼叫更迅速、准确的无线系统。

17.2.5 本次修订将无线呼应系统的主要内容归入本规范第20.5节中,本条从应用场所方面提出要求。

17.3 信息显示系统设计

17.3.2 根据使用要求,在充分衡量各类显示器件及显示方案的光和电技术指标、环境适应条件等因素的基础上确定屏面显示方案,是信息显示装置设计的重要工作之一。

信息显示装置可有如下分类:

1 按显示器件可分为:阴极射线管显示(CRT)、真空荧光显示(VFD)、等离子体显示(PDP)、液晶显示(LCD)、发光二极管显示(LED)、电致发光显示(ELD)、场致发光显示(FED)、白炽灯显示、磁翻转显示等;

2 按显示色彩可分为:单色、双基色、三基色(全彩色);

3 按显示信息可分为:图文显示屏、视频显示屏;

4 按显示方式可分为:主动光显示、被动光显示;

5 按使用场所可分为:室内显示屏、室外显示屏;

6 按技术要求的高低可分为(主要用于LED屏):

A级——一般显示屏应达到的基本指标;

B级——指标高于A级,目前国内现有技术可以实现的较高指标;

C级——指标高于A级和B级,其中,部分指标是目前国际先进技术和工艺可以实现的最高指标。

目前信息显示领域对显示器件的要求主要集中在四个方面:大屏幕、高分辨率及高清晰度、低功耗、低成本。当前工程中所采用的显示装置主要有以下三类:

1 LED显示屏

LED以其体积小、响应速度快、寿命长、可靠性高、功耗低、易与IC相匹配、可在低电平下工作、易实现固化等优点而广泛受到显示领域的重视。近年来,蓝色LED的开发成功及价格的大幅下降,使LED全彩屏有了很大发展。高亮度LED不断完善,满足了室外全天候显示的需要。

我国LED显示屏产品的技术水平可与国外同类产品抗衡,部分技术还领先于国外。在我国大屏幕显示领域,LED显示屏几乎是一统天下,而国内产品的市场份额几乎是100%(但产品生产制造工艺水平与国外尚有较大差距)。

2 PDP、LCD显示器件

近年来,国外在等离子体显示(PDP)、液晶显示(LCD)的全彩色、高亮度、高对比度方面的研究进展很快,PDP对比度可达300:1,亮度可达700cd/m²。PDP、LCD具有较大发展潜力,业内应给予足够关注。

17.3.3 本条是对确定显示屏屏面规格设计要素的规定。在这个设计环节上,要合理确定显示屏有效显示区域的尺寸,确定显示区域内构成显示矩阵的像素点的数量及像素点径的大小。屏面规格设置要保证在设计视距(即有效视距)远端的观众能看清满屏最大文字容量情况下的每个字(构成笔画),而兼顾呈现在有效视距近端观众面前的(视频)图像不是由一个个清晰的像素点阵构成的。即达到文字要看得清,图像要看得好。二者的统一是矛盾的、是相互制约的。这是信息显示装置设计的难点。

1 怎么样才能看得清。理论上认为，人的标准视力对视物的分辨与距离无关，与视角有关，达到或超过这个视角，人就看得清，分辨得了。一般认为，人的标准视力对物体的可分辨视角为 $1'$。在工程上，考虑到视认群体视力呈非标准分布，可分辨视角可取为 $2'$ 左右。具体到显示屏设计上，显示屏的最小可分辨细节就是像素点，它体现在像素点的点径或者说体现在两像素点的间距上。如果说，屏幕像素点不允许很多，组字的笔画要由单排、单列或单点像素构成，那么，设计就必须保证使视认群体在有效视距的远端能够可靠地分辨各像素点，否则，就无法看清文字。

2 怎么样才能看得好。图文屏和视频屏对所分别显示的文字、图像的细节在分辨率的要求上是不同的。图文屏要求对组字笔画要辨别清楚甚至笔锋毕现，对细节的分辨率要求较高。视频屏追求质感，如油画效果。近看豆腐渣，远看一朵花，它往往强调图像的整体效果，希望屏幕最小可分辨细节不是单个像素点而是大团的像素点阵。信息显示装置的显示屏通常尺寸较大，由于受造价的限制，不可能把它做成像电视屏幕那样具有几十万个像素点，工程中，几千点和几万点像素的显示屏比比皆是。在设计中，为使有限的像素有效地完成信息传送，组成显示屏的各像素点的矩阵排列及矩阵中各像素点间的距离尤其要处理得当。一般地说，由于信息显示屏大场合远视距的应用特点，在大幅降低图像组成像素的情况下，还是能取得较令人满意的图像效果的。

图文显示屏屏面尺寸通常可按下列步骤确定。首先确定基本组字矩阵。然后根据视认距离和分辨率确定像素点间距，即确定基本文字规格。根据显示文字的排列及满屏最大文字容量，框算显示屏面尺寸。再根据其他制约因素进行综合调整，最后确定组成屏面的像素点和屏面尺寸。

在处理多功能显示屏的分辨率问题上，必要时可牺牲一部分图像显示的质量要求，否则，就得大量增加像素数量。如果投入资金不受限制，则另当别论。

17.3.4 采用文字单行左移或多行上移显示方式时，文字移动速度宜以中等文化水准读者的阅读速度为参考基点。

17.3.5 设计对显示方案的技术要求

第 1 款 显示装置的光学性能包括分辨率、亮度、对比度、白场色温、闪烁、视角、组字、均匀性等指标；

①分辨率（视觉分辨率）：医学上用"最小视角"来衡量人的视觉分辨能力，通常认为最小可分辨视角为 $1'$，称为"一分视角"。

在大屏幕显示领域，认为最小可分辨视角为"一分视角"仍嫌稍小，应放大到 $2'$ 左右，其原因：a. 对观众群体，应强调大多数人的视力而不应强调人的标准视力；b. 事实上存在着由于散射引入的光学效应；c. 在动态显示中，不可能给观众以较长的辨认时间，尤其是文字细节。

视觉分辨率决定着显示矩阵中任意两个基本信元（即独立像素）间的距离，是非常重要的基础指标。

②亮度：由于显示屏使用环境的照度不同，要求主动光显示屏的最大亮度也不同。目前有关规范和检测标准均未对显示屏最大亮度指标作明确规定，而以合同双方约定的最大亮度指标作为验收依据。

③对比：对比度是信息显示装置一项很重要的光学性能参数，显示系统正是通过规定的信息元的明暗对比来组合信息内容的。

由研究资料可知，人对亮度变化的察觉最小可达 1%，但这个最小值受实验条件限制。对于实际应用来说，认为可接受的最小值约为 3%，即等价于对比度 1.03。为了可靠辨别，对比度应取 8～10 或更高。

显示屏的最高对比度是一项非常重要的光学性能指标，它不仅反映了显示屏的亮度状况，更反映了环境照度对显示屏亮度的影响状况。目前有关规范和检测标准均未对显示屏最高对比度作明确规定，而应以合同双方约定的对比度指标作为验收依据。

④白场色温：白场色温是全彩屏的重要指标。在用户没有特殊要求的情况下，推荐白场色温在 6500～9500K。LED 屏的白场色温 T_c 分为 A、B、C 三级，见表 17-1。

表 17-1　LED 显示屏白场色温 T_c 分级

指标	A 级	B 级	C 级
白场色温 T_c (K)	$5000 \leqslant T_c \leqslant 5500$	$5500 < T_c \leqslant 6000$	$6000 < T_c \leqslant 10000$

⑤闪烁：当亮度变化的速率低于能消除感觉亮度变化的眼睛累积能力的最低更新速率时，观看者就能察觉到亮度上的变化，这个察觉出的亮度变化，就是闪烁。

⑥视角：有水平视角和垂直视角之分。由于显示屏用途不同，要求显示屏的视角也各不相同。目前有关规范和检测标准均未对显示屏规定最小视角。应以合同双方约定的视角作为验收依据。

⑦组字：在应用中，以像素矩阵组成数字、字母、汉字字符。设计中，应对数字、字母、汉字最小组字单元有所规定。数字、字母最小基本组字单元选择 5×5 或 5×7 等，汉字最小基本单元选择 16×16 或 24×24 等。组字单元的确定是显示屏总像素构成的最基本依据。

⑧均匀性：包括像素光强均匀性、显示矩阵块亮度均匀性和模组亮度均匀性。

LED显示屏根据均匀性误差范围共分 A、B、C 三级，见表 17-2。

表 17-2　LED 显示屏均匀性分级

指标	A 级	B 级	C 级
像素光强均匀性 A	$25\% < A \leqslant 50\%$	$5\% < A \leqslant 25\%$	$A \leqslant 5\%$
显示矩阵块亮度均匀性 A_{ml}	$25\% < A_{ml} \leqslant 50\%$	$10\% < A_{ml} \leqslant 30\%$	$A_{ml} \leqslant 10\%$
模组亮度均匀性 A_{m^2}	$10\% < A_{m^2} \leqslant 20\%$	$5\% < A_{m^2} \leqslant 10\%$	$A_{m^2} \leqslant 5\%$

使用显示矩阵块的显示屏只考虑显示矩阵块亮度均匀性 （A_{ml}），不考虑模组亮度均匀性（A_{m^2}）。

第 2 款　显示装置的电性能包括最大换帧频率、刷新频率、灰度等级、信噪比、像素失控率、伴音功率和耗电指标等。

对 LED 显示屏电性能技术要求的分级见表 17-3。

表 17-3　LED 显示屏电性能分级

指　　标		A 级	B 级	C 级
最大换帧频率 P_H（Hz）		$P_H < 25$	$25 \leqslant P_H < 50$	$50 \leqslant P_H$
刷新频率 P_S（Hz）		$50 \leqslant P_S < 100$	$100 \leqslant P_S < 150$	$150 \leqslant P_S$
亮度变化率 B_L（%）	静态驱动	$9 < B_L \leqslant 15$	$3 < B_L \leqslant 9$	$B_L \leqslant 3$
	动态驱动	$20 < B_L \leqslant 35$	$7 < B_L \leqslant 20$	$B_L \leqslant 7$
信噪比 S/N（dB）		$35 \leqslant S/N < 43$	$43 \leqslant S/N < 47$	$47 \leqslant S/N$
像素失控率	室内 整屏像素失控率 P_Z	$\frac{2}{10^4} < P_Z \leqslant \frac{3}{10^4}$	$\frac{1}{10^4} < P_Z \leqslant \frac{2}{10^4}$	$P_Z \leqslant \frac{1}{10^4}$
	室内 区域像素失控率 P_Q	$\frac{6}{10^4} < P_Q \leqslant \frac{9}{10^4}$	$\frac{3}{10^4} < P_Q \leqslant \frac{6}{10^4}$	$P_Q \leqslant \frac{3}{10^4}$
	室外 整屏像素失控率 P_Z	$\frac{4}{10^4} < P_Z \leqslant \frac{2}{10^3}$	$\frac{1}{10^4} < P_Z \leqslant \frac{4}{10^4}$	$P_Z \leqslant \frac{1}{10^4}$
	室外 区域像素失控率 P_Q	$\frac{12}{10^4} < P_Q \leqslant \frac{6}{10^3}$	$\frac{3}{10^4} < P_Q \leqslant \frac{12}{10^4}$	$P_Q \leqslant \frac{3}{10^4}$

灰度等级 HB：标定灰度等级 HB 分为无灰度（1 bit 技术）、4 级（2 bit 技术）、8 级（3 bit 技术）、16 级（4 bit 技术）、32 级（5 bit 技术）、64 级（6 bit 技术）、128 级（7 bit 技术）、256 级（8 bit 技术）共八级。在任何一种级别中，亮度随灰度级数的上升，应呈现单调上升。

第 3 款　环境条件包括照度、温度、相对湿度和气体腐蚀性：

① 环境照度：对于主动光显示方案来说，环境照度过高，会使显示对比度降低，当对比度不能达到 8～10时，会破坏显示屏的信息显示效果。因此对于主动光显示方案来说，除了强调显示器件自身的亮度外，还应对环境照度上限提出限制要求。相反，对于被动光显示方案，如果环境照度过低，会缩短有效视看距离，影响显示效果，设计应对环境照度的下限提出要求。

② 温度、相对湿度及气体腐蚀性：不同的显示方案对环境的适应情况有所不同，应针对环境选取显示方案。

第 4 款　显示屏的机械结构性能包括外壳防护等级、模组拼接精度：

① 外壳防护等级 F：室内显示屏外壳防护等级 F_N 和室外显示屏外壳防护等级 F_W 各分为 A、B、C 三级，见表 17-4；

表 17-4　显示屏外壳防护等级分级

指　标	A 级	B 级	C 级
室内显示屏外壳防护等级 F_N	$IP20 \leqslant F_N < IP30$	$IP30 \leqslant F_N < IP31$	$IP31 \leqslant F_N$
室外显示屏外壳防护等级 F_W	$IP33 \leqslant F_W < IP54$	$IP54 \leqslant F_W < IP66$	$IP66 \leqslant F_W$

② 模组拼接精度：模组在拼接过程中存在着一定的拼接误差，造成显示屏平整度下降，像素间距改变，水平和垂直方向错位等四方面问题。

LED 显示屏对模组拼接精度分为 A、B、C 三级，见表 17-5。

表 17-5　LED 显示屏模组拼接精度分级

指标		A 级	B 级	C 级
模组拼接精度	平整度 P（mm）	$1.5 < P \leqslant 2.5$	$0.5 < P \leqslant 1.5$	$P \leqslant 0.5$
	像素中心距精度 J_X（%）	$10 < J_X \leqslant 15$	$5 < J_X \leqslant 10$	$J_X \leqslant 5$
	水平错位精度 C_S（%）	$10 < C_S \leqslant 15$	$5 < C_S \leqslant 10$	$C_S \leqslant 5$
	垂直错位精度 C_C（%）	$10 < C_C \leqslant 15$	$5 < C_C \leqslant 10$	$C_C \leqslant 5$

17.3.7　所列体育公告内容，是公告的待选或待组合的内容。设计中，应使公告表格能按照裁判规则容纳公告内容。在做队名显示时，要考虑多字数的队名。

对公告每幅显示容量规定：每幅最低应能显示不少于 3 个道次（名次）的运动员情况，每幅若能显示 8 个道次（名次），则认为容量已满足使用要求。

17.3.9　由于实时计时数字显示直接面对观众，具有成绩发布性质，因此，计时精确度必须符合裁判要求，并须经裁判认可，否则，不可以做大屏幕实时计时显示。

17.3.12 体育场和体育馆除设有大型固定式计时记分显示装置外，还应配置一定数量的移动式小型记分显示装置，以适应小场地比赛使用需求。

体育场田赛场地可按单项比赛设移动式小型记分显示装置，一般同时进行的比赛不超过六个单项。

体育馆体操比赛场地也宜按单项比赛设移动式小型记分显示装置，一般同时进行的比赛不超过四个单项。

17.4 信息显示装置的控制

17.4.2 清屏功能用于阻止屏幕显示及屏幕发生逻辑混乱时。

17.4.3 对比度的取得与显示装置所处环境亮度有关，环境亮度越高，对比度取值应越大。适合于日场显示的对比度，在夜场时会因明暗对比过分强烈而影响视看。

17.4.4 交通港站运营时刻表当采用信息显示屏数页翻屏显示时，应保证每一页发布的信息有足够的停留时间，给旅客查询车（班）次、斟酌需求、记录数据的空档。另外，页数过多，导致循环周期过长，不符合该场所迅速、高效的特点，应分类设屏合理规划每页发布的信息容量，页数控制在 3 页左右。一个在特定场所使用的显示屏，如果技术指标完全合格而设置和控制不合理，也不会是成功的实例。

17.4.5 为保证体育成绩的发布控制程序符合比赛裁判规则，显示装置的计算机控制网络，应以计权接口方式与有关裁判席接通。"计权"的级别，应与裁判规则的规定一致，以保证发布成绩的有效性。

17.4.6 "任意预置"的含义指：可以正计时、倒计时及特定比赛时段的特殊钟形等。

17.5 时 钟 系 统

17.5.1 对有时间统一和准确要求的企事业单位，应设置时钟系统。系统组成的规模和形式可按需求决定。虽然目前分立石英钟使用已较普及且月误差可小于 2s 左右，但设置时钟系统便于维护与管理。

17.5.3 对有设置或准备设置分立石英钟作显示钟的企事业单位，当有组成时钟系统要求时，可采用由母钟向分立石英钟发校正信号方式组成系统，以完成系统准确又统一的计时要求。

鉴于目前生产分立石英钟厂家不少，而生产为分立石英钟配套系统的定型设备却很少，同时也鉴于目前分立时钟的应用也日趋普及的趋势，此条有必要提出作为一种设计方法，一种应用情况供设计人员灵活掌握、处理。

17.5.4 母钟站站址主要应按建设单位的要求并综合维护与管理的方便确定，并应考虑母钟所需机房面积较少，宜与其他通信设施放在一起或设在相邻位置

的可能性。

17.5.6 由于时钟系统配线需要的线对数较少，且与通信网络及低电压广播线路同属低电压电通信线路，一般可采用综合线路网传输。

17.5.7 为了减少复接的线对中某些线对产生故障影响了整个复接着的子钟正常运转，故复接的子钟线对不宜太多。在同一路由上有较多的子钟线对时，一般常分为数个分支进行复接，每个分支回路以不超过 4 面单面子钟为宜。

在距母钟较远、子钟数量较多时，为了节省投资及减少有色金属的消耗，根据具体情况也可考虑设立电钟转送设备。

17.6 设备选择、线路敷设及机房

17.6.4 本规定旨在从设备的精确度方面保证在比赛中创造的成绩为国际体育组织所承认。

17.6.5 由于组成信息显示装置显示屏的像素点数量有限，每个像素点的作用尤其显得重要，因此对屏面出现的失控点应及时维修、更换。在屏体构造设计时，应充分考虑这一因素。

17.6.9 在显示装置主控室应能直接或间接观察到显示屏的工作状态，便于控制和意外情况的处置。

17.7 供电、防雷及接地

17.7.4 时钟设备多是用 24V 的直流电源工作的。确定母钟站电源的供电方式除了要考虑安全可靠，还要照顾经济合理和维护方便，并结合其他电信设备的站址布局看是否能合用电源，因时钟系统的耗电量较小，接地系统一般也不单设。

17.7.5 根据考察，多数时钟设备要求时钟系统每一分钟最大负载电流为 0.5A，故定此 0.5A 数据为极限分路负载电流数据。

17.7.6 直流馈电线的总电压损失，即自蓄电池经直流配电盘、控制屏至配线架出线端全程电压损失，对于 24V 电源，一般取 0.8～1.2V。为保证子钟正常工作电压 18～24V，考虑线路上允许一定量的电压降和蓄电池组放电电压等诸多因素，这里仅取下限值。

17.7.9 同步显示屏如两接地系统处理不一致，易造成显示的逻辑误差、计时不同步等问题。

18 建筑设备监控系统

18.1 一 般 规 定

18.1.1 通常认为，智能建筑包含三大基本组成要素：即建筑设备自动化系统 BAS（building automation system）、通信网络系统 CNS（communication network system）和信息网络系统 INS（information network system）。

建筑设备自动化系统的含义是将建筑物或建筑群内的空调、电力、照明、给水排水、运输、防灾、保安等设备以集中监视和管理为目的，构成一个综合系统。一般是一个分布控制系统，即分散控制与集中监视、管理的计算机控制网络。在国外早期（20世纪70年代末）一般称之为"building automation system"，简称"BAS"或"BA系统"，国内早期一般译为建筑物自动化系统或楼宇自动化系统，现在称为建筑设备自动化系统。

BA系统按工作范围有两种定义方法，即广义的BAS和狭义的BAS。广义的BAS即建筑设备自动化系统，它包括建筑设备监控系统、火灾自动报警系统和安全防范系统；狭义的BAS即建筑设备监控系统，它不包括火灾自动报警系统和安全防范系统。从使用方便的角度，可将狭义二字去掉，简称建筑设备监控系统为"BAS"。

18.1.2 建筑设备监控系统的控制对象涉及面很广，很难有一个厂家的相关产品都是性价比最高的。因此，系统由多家产品组成时就存在一个产品开放性的问题。

18.1.4 在确定建筑设备监控系统网络结构、通信方式及控制问题时，系统规模的大小是需要考虑的主要因素之一。因此，不同厂家的集散型计算机控制系统产品说明或综述介绍中，大多数都涉及规模划分问题，其共同点是以监控点的数量作为划分的依据。但是各厂家都是根据各自产品的应用条件来描述规模大小的，有关大小的数量规定差异很大。由上述情况可以看出，表18.1.4的意义在于给出一个明确的量化标准，为后续条款的相关规定提供前提，而不在于其具体的量化值。

18.2 建筑设备监控系统网络结构

18.2.1 目前，BAS的系统结构仍以集散型计算机控制系统DCS结构为主。DCS的通信网络为多层结构，其中分为三层，即管理网络层、控制网络层、现场设备层，并与Web商业活动结合在一起的系统，预计在今后若干年仍将占主导地位。

分布控制系统的主旨是监督、管理和操作集中，控制分散（即危险分散）。由此看来，控制网络层并非必不可少的。目前很多厂家（特别是一些国内厂家）的产品已经只包括管理网络层和现场设备层，网络结构层次的减少可降低造价并简化设计、安装和管理。

18.2.2 如前所述，DCS的通信网络通常采用多层次的结构。各个层次网络之间，甚至同层次网络之间，往往在地域上比较分散且可能不是同构的，因此需要用网络接口设备把它们互联起来。网络接口设备通常包括四种：中继器、网桥、路由器和网关。

网络互联从通信模型的角度也可分为几个层次，

在不同的协议层互联就必须选择不同层次的互联设备：中继器通过复制位信号延伸网段长度，中继器仅在网络的物理层起作用，通过中继器连接在一起的两个网段实际上是一个网段；网桥是存储转发设备，用来在数据链路层次上连接同一类型的局域网，可在局域网之间存储或转发数据帧；路由器工作在物理层、数据链路层和网络层，在网络层使用路由器在不同网络间存储转发分组信号；在传输层及传输层以上，使用网关进行协议转换，提供更高层次的接口，用以实现不同通信协议的网络之间、包括使用不同网络操作系统的网络之间的互联。

18.3 管理网络层（中央管理工作站）

18.3.2 现在许多新型系统的操作站主机就是普通PC机，采用Windows NT或Windows2003操作系统，以太网卡插在PC内。在这种情况下，如果操作站的台数比较多，采用客户机/服务器的方式比较合适，一台或多台计算机作为服务器使用，为网络提供资源，其他计算机是客户机（操作站），使用服务器提供的资源。通常服务器和客户机之间可以采用ARCNet、EtherNet连接，但是用以太网连接的比较多。ARCNet、EtherNet所使用的电缆不能互换。EtherNet有较多的网络适配器、网络交换机可供选择，更为重要的是价格便宜。

管理网络层采用EtherNet与TCP/IP通信协议结合的Internet互联方式，也为构成建筑管理系统（BMS）与建筑集成管理系统（IBMS）提供了便利条件。BAS也可在Internet互联的基础上组建一个BACnet网络，从而将各厂商的楼宇自控设备集成为一个高效、统一和具有竞争力的控制网络系统。浏览器/Web服务器也可以在Internet互联的基础上登录、监控现场的实时数据及报警信息，从而实现远程的监视与控制。

18.3.3 当多个建筑设备监控系统采用DSA分布服务器结构时，整个系统成为一个统一的网络，每个建筑设备监控系统的操作站均可以监控整个网络。但是每个建筑设备监控系统服务器的总监控点数不应超过该服务器最大的监控点数。

18.3.4 交换式集线器也称为以太网交换器，以其为核心设备连接站点或者网段。10BASE-T/100BASE-T系统的网络拓扑结构原来要求为共享型以太网及以100BASE-T集线器为中心的星形以太网，10BASE-T/100BASE-T系统使用以太网交换器后，就构成了交换型以太网。在交换型以太网中，交换器的各端口之间同时可以形成多个数据通道，端口之间帧的输入和输出已不再受到媒体访问控制协议CSMA/CD的约束。在交换器上存在的若干数据通道，可以同时存在于站与站、站与网段或者网段与网段之间。既然已不受CSMA/CD的约束，在交换器内又可同时存在多条通道，那么系统总带宽就不再是只有 10Mbps（10BASE-T 环境）或 100Mbps（100BASE-T 环境），而是与交换器所具有的端口数有关。可以认为，若每个端口为 10Mbps，则整个系统带宽可达 10nMbps，其中 n 为端口数。

交换型以太网与共享型以太网比较有以下优点：

1 每个端口上可以连接站点，也可以连接一个网段，均独占 10Mbps（或 100Mbps）；

2 系统最大带宽可以达到端口带宽的 n 倍，其中 n 为端口数；

3 交换器连接了多个网段，网段上运作都是独立的，被隔离的；

4 被交换器隔离的独立网段上数据流信息不会在其他端口上广播，具有一定的数据安全性；

5 若端口支持全双工传输方式，则端口上媒体的长度不受 CSMA/CD 制约，可以延伸距离；

6 交换器工作时，实际上允许多组端口间的通道同时工作，它的功能就不仅仅包括一个网桥的功能，而是可以认为具有多个网桥的功能。

18.4 控制网络层（分站）

18.4.2 简单地说，网络是由自主实体（节点）和它们之间相互连接的方式所组成。其中，自主实体（节点）是指能够在网络环境之外独立活动的实体，而网络互联方式决定了自主实体间功能协调的紧密程度。互操作是高等级的网络互联方式，体现了自主实体间在控制功能层次上协调动作的紧密性。

在自动控制网络中，自主实体的互操作主要体现在自主实体对交换信息中用户数据语义进行解释，并产生相应的行为和动作。因此，要实现完全自主实体进行的互操作，自控网络的通信协议不仅要定义与信息网络通信协议有关的内容，还要定义自主实体通信功能之外的互操作内容。

基本计算机的楼宇设备功能可以分为通信功能和楼宇功能两部分。通信功能是指楼宇设备在楼宇自控网络上的收发信息功能，只与通信过程有关。楼宇功能是指楼宇设备对建筑及其环境所起作用的功能，这是楼宇设备的本质功能。BACnet 是专用于楼宇自控领域的数据通信协议，其目标是将不同厂商、不同功能的产品集成在一个系统中，并实现各厂商设备的互操作，而 BACnet 就可以看作是实现楼宇设备通信功能和楼宇功能互操作的一个系列规划或规程，为所有楼宇设备提供互操作的通用接口或"语言"。

BACnet 标准"借用"了 5 种性能/价格比不同的通信网络作为通信工具以实现其通信功能。BACnet 标准之所以借用已有的通信网络，一方面可以避免重新开发新通信网络的技术风险，另一方面利用已有的通信网络可使之更好的应用和扩展，不同的选择可以使 BACnet 网络具有合理的投资，从而降低成本。

18.4.4 DDC 控制器和 PLC 控制器虽然都能完成控制功能，但两者还是有一些差别。DDC 控制器比较适用于以模拟量为主的过程控制，PLC 控制器比较适用于以开关量控制为主的工厂自动化控制。由于民用建筑的环境控制（冷热源系统、暖通空调系统等）主要是过程控制，所以除有特殊要求外，建议采用 DDC 控制器。

18.4.7 控制网络层可由多条并行工作的通信总线组成，其中每条通信总线与管理网络通信的监控点数（硬件点）一般不小于 500 点，每条通信总线长度（不加中继器）不小于 500m，控制器（分站）可与中央管理工作站进行通信，且每条通信总线连接的控制器数量不超过 64 台，加中继器后，不超过 127 台。

18.5 现场网络层

18.5.2 Meter Bus 主要用于冷量、热量、电量、燃气、自来水等的消耗计量。能耗数据纳入建筑设备监控系统，是建筑物节能管理的重要手段。

Modbus 最初由 Modicon 公司开发，协议支持传统的 RS-232、RS-422、RS-485 和以太网设备。Modbus 协议可以方便地在各种网络体系结构内进行通信，各种设备（PLC、控制面板、变频器、I/O 设备）都能使用 Modbus 协议来启动远程操作，同样的通信能够在串行链路和 TCP/IP 以太网上进行，而网关则能够实现各种使用 Modbus 协议的总线或网络之间的通信。

18.5.3 与控制器（分站）一般为模块化结构不同，微控制器、智能现场仪表、分布式智能输入输出模块均为嵌入式系统网络化现场设备。

18.5.6 当分站为模块化结构的控制器时，其输入输出模块可分为两类，一类是集中式，即控制器各输入输出模块和 CPU 模块等安装在同一箱体中，另外一类是分布式，把这些输入输出模块分布在不同的地方，使用现场总线连接在一起以后，与控制器 CPU 模块连通工作。可以把两类模块混合在一个分站中组成应用，也可分别单独应用。

18.6 建筑设备监控系统的软件

18.6.2 不同的两个应用软件之间的数据交换目前有几种不同的方法，它们分别是：

1 应用编程接口（API）——通过访问 DLL（Dynamic linking library）或 Active X，以语言中的变量形式交换数据；

2 开放数据库连接（ODBC）——适用于与关系数据库交换数据，它是用 SQL 语言来编写的，对其他场合不适用；

3 微软的动态数据交换（DDE）——应用比较方便，但这是针对交换的数据比较少的场合；

4 OPC——它采用 COM、DCOM 的技术，是目

前 DCS 的人机界面数据交换的主要手段。下面介绍这种方法：

OPC 是一套基于 Windows 操作平台的应用程序之间提供高效的信息集成和交互功能的接口标准，采用客户/服务器模式。OPC 服务器是数据的供应方，负责为 OPC 客户提供所需的数据；OPC 客户是数据的使用方，处理 OPC 服务器提供的数据。

在 OPC 之前，不同的厂商已经提供了大量独立的硬件和与之配套的客户端软件。为了达到不同硬件和软件之间的兼容，通常的做法是针对不同的硬件开发不同的驱动程序，但由于客户端使用的协议不同，想要开发一个兼容所有客户软件的高效的驱动程序是不可能的。这导致了以下问题：

1 重复开发：必须针对不同的硬件重复开发驱动程序；

2 设备不可互换：由于不同硬件的驱动程序与客户端的接口协议不同；

3 无互操作性：一个控制系统只能操作某个厂商的硬件设备；

4 升级困难：硬件的升级有可能导致某些驱动程序产生错误。

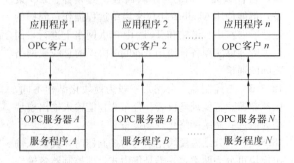

图 18-1 OPC 接口集成不同制造商的部件

为解决以上问题，让控制系统和人机界面软件能充分运用 PC 机的各种资源，完成控制现场与计算机之间的信息传递，需要在它们之间建立通道，而 OPC 正是基于这种目的而开发的一种接口标准，如图 18-1 所示。使用 OPC 可以比较方便地把由不同制造商提供的驱动或服务程序与应用程序集成在一起。软硬件制造商、用户都可以从 OPC 的解决方案中获得益处。OPC 的作用就是在控制软件中，为不同类型的服务器与不同类型的客户搭建一座"桥梁"，通过这座桥梁，各客户/服务器间形成即插即用的简单规范的链接关系，不同的客户软件能够访问任意的数据源。从而，开发商可以将开发驱动服务程序的大量人力与资金集中到对单一 OPC 接口的开发。同时，用户也不再需要讨论关于集成不同部件的接口问题，把精力集中到解决有关自动化功能的实现上。OPC 技术的完善与推广，为实现智能建筑整个弱电系统的全面集成创造了良好的软件环境。

18.6.3 不通过中央主站，从一台设备到其他设备的通信方式称为对等式（peer to peer）通信。即使中央主站出现故障，采用对等式通信的控制器仍能独立完成对所辖设备的控制。

18.6.4 智能传感器与智能执行器可直接双向传送数字信号，它们都内嵌有 PID 控制、逻辑运算、算术运算、积算等软件功能模块，用户可通过组态软件对这些功能模块进行任意调用，以实现过程参数的现场控制。使用智能仪表，回路控制功能能够不依赖控制器直接在现场完成，实现了真正的分散控制。而且智能仪表都安装在现场设备附近，这使得信号传输的距离大大缩短，回路的不稳定性降低，还可以节省控制室的空间。

18.7 现场仪表的选择

18.7.1 为满足控制过程的要求，传感器的选择本应同时考虑静态参数和动态参数。但考虑到建筑设备监控系统处理的控制过程响应时间通常比传感器响应时间大得多，本条中只提出影响最大的两项静态参数指标：精度和量程。测量（或传感器）精度必须高于要求的过程控制精度 1 个等级已为大家熟知，而测量精度同时取决于传感器精度和合适的量程这一点，却容易被忽略。

18.7.2 调节阀理想流量特性的选择是基于改善调节系统品质而确定的，即以调节阀的流量特性去补偿狭义控制过程的非线性特性，从而使广义控制过程近似为线性特性。

18.7.3 为使阀位定位准确和工作稳定，设计时注意选取的电动执行器应带信号反馈。

18.8 冷冻水及冷却水系统

18.8.1 由于冷水机组内部设备（电机、压缩机、蒸发器、冷凝器等）自动保护与控制均由机组自带的控制系统实现，本条主要着眼于冷冻水及冷却水系统的外部水路的参数监测与控制。

18.8.3 冰蓄冷是一种降低空调系统电费支出的技术，它并不一定节电，而是要合理利用峰谷电价差。冰蓄冷技术起源于欧美，主要为了平衡电网的昼夜峰谷差，在夜间电力低谷时段蓄冰设备蓄得冷量，在日间电力高峰时段释放其蓄得的冷量，减少电力高峰时段制冷设备的电力消耗。由于电力部门实行电力峰谷差价，使得用户可以节省一定的运行费用，也是电力网"削峰填谷"的最佳途径。我国从 20 世纪 90 年代开始推广这项技术，目前已有一些建成的工程项目。

18.8.4 热泵与制冷机均采用热机循环的逆循环（制冷循环），因而工作原理相同，但用途不同。制冷机从低温热源吸热，克服负荷干扰，实现低温热源的制冷目的；热泵从低温热源吸热，并将该热量与制冷机作功产生的热量一起传给高温热源，实现高温热源的供热目的。由于热泵从低温热源传送给高温热源的能量大于作为热泵动力的输入能量，因此热泵具有节能意义。热泵的效率与低温热源和高温热源之间的温差有关，温差越小，热泵的效率越高。

水源热泵以水为低温热源，如地下水、地热水、江河湖水、工业废水等，其能效转化比可达到 4∶1，即消耗 1kW 的电能可以得到 4kW 的热量。与空气源热泵相比，水源热泵具有明显的优势。由于水源热泵的热源温度全年较为稳定，一般为 10～25℃，其制冷、制热系数可达 3.5～4.4，比空气源热泵高出40%左右，其运行费用为普通中央空调的 50%～60%。因此，近年来，水源热泵空调系统在北美及中、北欧等国家取得了较快的发展，中国的水源热泵市场也日趋活跃，可以预计，该项技术将成为 21 世纪最有效的供热和供冷空调技术。

18.10 采暖通风及空气调节系统

18.10.3 串级调节在空调中适用于调节对象纯滞后大、时间常数大或局部扰量大的场合。在单回路控制系统中，所有干扰量统统包含在调节回路中，其影响都反映在室温对给定值的偏差上。但对于纯滞后比较大的系统，单回路 PID 控制的微分作用对克服扰量影响是无能为力的。这是因为在纯滞后的时间里，参数的变化速度等于零，微分单元没有输出变化，只有等室内给定值偏差出现后才能进行调节，结果使调节品质变坏。如果设一个副控制回路将空调系统的干扰源如室外温度的变化、新风量的变化、冷热水温度的变化等都纳入副控制回路，由于副控制回路对于这些干扰源有较快速的反应，通过主副回路的配合，将会获得较好的控制质量。其次，对调节对象时间常数大的系统，采用单回路的配合，将会获得较好的控制质量。其次，对调节对象时间常数大的系统，采用单回路系统不仅超调量大，而且过渡时间长，同样，合理的组成副回路可使超调量减小，过渡时间缩短。此外，如果系统中有变化剧烈，幅度较大的局部干扰时，系统就不易稳定，如果将这一局部干扰纳入副回路，则可大大增强系统的抗干扰能力。

串级调节系统主回路以回风温度作为主参数构成主环，副回路以送风温度作为副参数构成副环，以回风温度重调送风温度设定值，提高控制系统调节品质，满足精密空调的要求。

定风量系统（Constant Air Volume，简称CAV）。定风量系统为空调机吹出的风量一定，以提供空调区域所需要的冷（暖）气。当空调区域负荷变动时，则以改变送风温度应付室内负荷，并达到维持室内温度于舒适区的要求。常用的中央空调系统为AHU（空调机）与冷水管系统（FCU 系统）。这两者一般均以定风量（CAV）来供应空调区，为了应付室内部分负荷的变动，在 AHU 定风量系统以空调机的变温送风来处理，在一般 FCU 系统则以冷水阀ON/OFF 控制来调节送风温度。

变风量系统（Varlable Air Volume，简称VAV），即是空调机（AHU 或 FCU）可以调变风量。定风量系统为了应付室内部分负荷的变动，其 AHU系统以空调机的变温送风来处理，其 FCU 系统则以冷水阀 ON/OFF 控制来调节送风温度。然而这两者在送风系统上浪费了大量能源。因为在长期低负荷时送风机亦均执行全风量运转而耗电，这不但不易维持稳定的室内温湿条件，也浪费大量的能源。变风量系统就是针对上述缺点而采取的节能对策。变风量系统可分为两种：一种为 AHU 风管系统中的空调机变风量系统（AHU—VAV 系统）；一种为 FCU系统中的室内风机变风量系统（FCU—VAV 系统）。AHU—VAV 系统是在全风管系统中将送风温度固定，而以调送风机送风量的方式来应付室内空调负荷的变动。FCU—VAV 系统则是将冷水供应量固定，而在室内 FCU 加装无段变功率控制器改变送风量，亦即改变 FCU 的热交换率来调节室内负荷变动。这两种方式透过风量的调整来减少送风机的耗电量，同时也可增加热源机器的运转效率而节约热源耗电，因此可在送风及热源两方面同时获得节能效果。

18.12 供配电系统

目前在国内，根据电力部门的要求，建筑设备监控系统对供配电系统，以系统和设备的运行监测为主，并辅以相应的事故、故障报警和开/关控制。

18.13 公共照明系统

公共照明系统的控制目前有两种方式。一种是由建筑设备监控系统对照明系统进行监控，监控系统中的 DDC 控制器对照明系统相关回路按时间程序进行开、关控制。系统中央站可显示照明系统运行状态，打印报警报告、系统运行报表等。

另一种方式是采用智能照明控制系统对建筑物内的各类照明进行控制和管理，并将智能照明系统与建筑设备监测系统进行联网，实现统一管理。智能照明控制系统具有多功能控制、节能、延长灯具寿命、简化布线、便于功能修改和提高管理水平等优点。

18.15 建筑设备监控系统节能设计

18.15.2 暖通空调系统能耗占现代建筑物总能耗的比重很大，而冷热源设备及其水系统的能耗又是暖通空调系统能耗的最主要部分。提高冷热源设备及其水系统的效率，对建筑节能的重要性不言而喻。在控制冷冻水泵、冷却水泵、冷却塔运行台数时，如果能配合这些设备的转速调节，节能效果会更好。当然，这会使系统设备投资增加，应在系统设计阶段作全面的评估与选择。

18.15.4 熔值控制是指在空调系统中利用新风和回风的熔值比较来控制新风量，以最大限度地节约能量。它是通过测量元件测得新风和回风的温度和湿度，在熔值比较器内进行比较，以确定新风的熔值大于还是小于回风的熔值，并结合新风的干球温度高于还是低于回风的干球温度，确定采用全部新风、最小新风或改变新风回风量的比例。

19 计算机网络系统

19.1 一般规定

19.1.2 计算机网络系统的设计和配置

1 网络的根本是实现互相通信，一个网络中使用的软硬件产品可能由多家生产商提供，因此计算机网络系统中使用的软硬件标准应遵循国际标准，如国际标准化组织（ISO）的开放系统互联标准（OSI）、美国电气与电子工程师协会（IEEE）的局域网标准（IEEE 802.x）、Internet 工业标准传输控制/网络互联协议栈（TCP/IP）等；

2 网络标准的特性与组织：

标准定义了网络软硬件以下方面的物理和操作特性：个人计算机环境、网络和通信设备、操作系统、软件。目前计算机工业主要来自有数的几个组织，这些组织中的每一家定义了不同网络活动领域中的标准。

3 主要网络标准：

1）OSI 参考模型是网络最基本的规范。描述如表 19-1 所示。

表 19-1 OSI 参考模型

OSI 分层结构	各层主要功能与网络活动
7 应用层	应用层是 OSI 模型的最高层，该层的服务是直接支持用户应用程序，如用于文件传输、数据库访问和电子邮件的软件
6 表示层	表示层定义了在联网计算机之间交换信息的格式，可将其看作是网络的翻译器。表示层负责协议转换、数据格式翻译、数据加密、字符集的改变或转换；表示层还管理数据压缩
5 会话层	会话层负责管理不同的计算机之间的对话，它完成名称识别及其他两个应用程序网络通信所必需的功能，如安全性。会话层通过在数据流中设置检查点来提供用户间的同步服务

续表 19-1

OSI 分层结构	各层主要功能与网络活动
4 传输层	传输层确保在发送方与接收方计算机之间正确无误、按顺序、无丢失或无重复地传输数据包，并提供流量控制和错误处理功能
3 网络层	网络层负责处理消息并将逻辑地址翻译成物理地址，网络层还根据网络状况、服务优先级和其他条件决定数据的传输路径，它还管理网络中的数据流问题，如分组交换及路由和数据拥塞控制
2 数据链路层	1 负责将数据帧从网络层发送到物理层，它控制进出网络传输介质的电脉冲； 2 负责将数据帧通过物理层从一台计算机无差错地传输到另一台计算机
1 物理层	物理层是 OSI 模型的最底层，又称"硬件层"，其上各层的功能相对第一层也可被看作软件活动。 1 负责网络中计算机之间物理链路的建立，还负责运载由其上各层产生的数据信号； 2 定义了传输介质与 NIC 如何连接，如：定义了连接器有多少针以及每个针的作用，还定义了通过网络传输介质发送数据时所用的传输技术； 3 提供数据编码和位同步功能，因为不同的介质以不同的物理方式传输位，物理层定义每个脉冲周期以及每一位是如何转换成网络传输介质的电或光脉冲的

2）IEEE 802.x 主要标准参见表 19-2。

表 19-2 IEEE802.x 主要标准

规 范	描 述
802.1	与网络管理相关的网络标准
802.2	定义用于数据链路层的一般标准。IEEE 将该层分为两个子层：LLC 和 MAC 层，MAC 层随不同的网络类型而变化，它由 IEEE802.3、802.4、802.5 分别定义

规 范	描 述
802.3	定义使用带冲突检测的载波侦听多路访问的总线型网络的 MAC 层，这是一种传统的以太网标准，在 802.3 标准的基础上，近年又扩展出快速以太网和千兆位以太网标准： 1 802.3u：快速以太网标准，作为 100Base-T4（4 对 3、4 或 5 类 UTP）、100BaseTX（2 对 5 类 UTP 或 STP）和 100BaseFX（2 股光缆）以太网的规范。 2 802.3ab：千兆位以太网标准，作为 1000Base-T（4 对 5 类 UTP）以太网的规范。 3 802.3z：千兆位以太网标准，作为 1000Base-LX（50μm 或 62.5μm 多模光缆或 9μm 单模光缆）、1000Base-SX（50μm 或 62.5μm 多模光缆）以太网的规范。 4 802.3ae：万兆以太网标准，作为 10GBase-S、10GBase-L、10GBase-E、10GBase-LX4 的规范。 5 802.3ak：万兆以太网标准，作为 10GBase-CX4 以太网的规范
802.4	定义使用令牌传送机制（令牌总线局域网）的总线型网络的 MAC 层
802.4	定义使用令牌环网络（令牌环局域网）的 MAC 层
802.9	定义集成语音/数据网络
802.10	定义网络安全性
802.11	定义无线网络标准
802.12	定义需求优先级访问局域网 100BaseVG-AnyLAN
802.15	定义无线个人区域网（WPAN）
802.16	定义宽带无线标准

3）TCP/IP 传输控制/网络互联协议栈。传输控制协议/Internet 协议（TCP/IP）是一种开放式工业标准的协议栈，它已经成为不同类型计算机（由完全不同的元件构成）间互相通信的网际协议标准。此外，TCP/IP 还提供可路由的企业网络协议，可访问 Internet 及其资源。

Internet 协议（IP）是一种包交换协议，它完成寻址和路由选择功能；传输控制协议（TCP）负责数据从某个节点到另一节点的可靠传输，它是一种基于连接的协议。由于 TCP/IP 的开发早于 OSI 模型的开发，它与七层 OSI 模型的各层不完全匹配，TCP/IP 分为四层，各层的功能以及与 OSI 模型的对应关系参见表 19-3。

表 19-3 TCP/IP 各层功能及与 OSI 模型的对应关系

TCP/IP 分层	TCP/IP 各层的功能	TCP/IP 相当于 OSI 模型的分层
网络接口层	提供网络体系结构（如以太网、令牌环）和 Internet 层间的接口，可直接与网络进行通信	物理层和数据链路层
Internet 层	使用几种协议用来路由和传输数据，工作于 Internet 层的协议有：网际协议（IP）、地址解析协议（ARP）、逆向解析协议（RARP）和 Internet 信报控制协议（ICMP）	网络层
传输层	负责建立和维护两台计算机之间端到端的通信，进行接收确认、流量控制和序列数据包。它还处理数据包的重新传输。传输层可根据传输要求使用 TCP 或 UDP。TCP 是基于连接的协议，UDP 是一种无连接协议，UDP 与 TCP 使用不同的端口，它们可使用相同的号码而不会发生冲突	传输层
应用层	应用层将应用程序连接到网络中。两种应用程序编程接口（API）提供对 TCP/IP 传输协议的访问：WinSock 和 NetBIOS	会话层、表示层和应用层

4 创建计算机网络系统时最常见的问题是硬件不兼容和软、硬件之间不兼容或升级后的软件与原有硬件不兼容，因此，兼容性是必须在设计之初就充分考虑的问题。

5 可扩展性是指软硬件的配置应留有适当的裕量，以适应未来网络用户增加的需要，如布线、集线器/交换机端口、机柜和软件容量等。

19.1.3 每个用户都有其特定的网络应用需求，只有对特定用户充分调查了解并进行需求分析后，才能设计出满足用户在网络应用、网络管理、安全性和对未来计划实施等方面的需求。

19.1.4 网络应用和技术的发展日新月异；网络产品不断推陈出新，因此网络的配置既要满足适用性原则，又要有一定的前瞻性，选择网络设备时应充分考虑网络可预见的应用和技术的发展趋势，在一定时期内适应这些网络应用。

19.2 网络设计原则

19.2.1～19.2.3 网络是高度定制化的工具，一个满足特定用户使用需求的网络必须经过规范的设计过程，其中用户调查和需求分析是设计的前提条件。规范设计程序的目的是可对所设计网络的功能、性能和投资寻找最优的交点，做到有依据、有目的地设计。

19.2.4、19.2.5 网络逻辑设计和物理设计密不可分，其目的是一致的，两者不可脱节。

19.2.6 网络的类型分为对等网络或基于服务器的网络两大类。对等网络又称工作组网络，所有计算机既是客户机又是服务器；基于服务器的网络已成为标准的网络模型，民用建筑中应用的计算机网络绝大多数采用基于服务器的网络，在基于服务器的网络中一台或多台计算机作为服务器使用，为网络提供资源。其他计算机是客户机，客户机使用由服务器提供的资源。

19.2.7 网络体系结构选择

1 网络根据介质访问方法的不同分为多种网络体系结构，以太网是当今最流行的网络体系结构，已成为局域网的主流形式，与 FDDI 和 ATM 相比，以太网流行的原因是：价格低廉、安装容易、性能可靠、使用/维护和升级方便。

2 以太网可使用多种通信协议，并可连接混合计算机环境，如 Windows、UNIX、Netware 等。以太网的主要特性参见表 19-4。

表 19-4　以太网的主要特性

特　性	描　　述
传统拓扑结构	直线形总线
其他拓扑结构	星形总线
信号传输方式	基带
介质访问方法	CSMA/CD（10G 以太网采用全双工方式）
规范	IEEE802.3
传输速率	10Base-T：10 Mbps 100Base-TX/100Base-FX：100Mbps 1000Base-T/1000Base-SX/1000Base-LX：1000Mbps 10GBase-S/L/E/LX4、10GBase-CX4：10Gbps
传输介质类型	UTP、FTP、光缆、同轴电缆

3 在以太网中可运行大部分流行的网络操作系统，包括：

1) Microsoft Windows95、Windows98、WindowsME；

2) Microsoft WindowsNT Workstation 和 WindowsNT Server；

3) Microsoft Windows2000 Professional 和 Windows 2000 Server；

4) Microsoft LAN Manager；

5) Microsoft Windows for Workgroups；

6) Novell NetWare；

7) IBM LAN Server；

8) AppleShare；

9) UNIX。

4 令牌环网 20 世纪是 80 年代中期由 IBM 开发的，以太网的普及减少了令牌环网的市场份额，但它仍然是网络市场中的重要角色。令牌环网规范是 IEEE 802.5 标准，令牌环网络的标准与特性参见表 19-5。

表 19-5　令牌环网络的标准与特性

特　性	描　　述
拓扑结构	星形环
信号传输方式	基带
介质访问方法	令牌传送
规范	IEEE802.5
传输速率	4 Mbps 和 16 Mbps
传输介质类型	UTP、FTP、光缆
网络硬件部件	令牌环网络集线器：多路访问单元（MSAU） 令牌环网络 NIC：4 Mbps 或 16 Mbps 连接器：RJ-45/光纤连接器 补丁线：6 类传输介质
最大传输介质段（MSAU 与计算机间）距离	补丁线：46m UTP：45m FTP：100m
MSAU 之间的最大距离	152m，使用中继器为 365m
计算机间的最短距离	2.5m
连接网段的最多数目	33 个 MSAU
每个网段连接计算机的最大数目	UTP：每个 MSAU 连接 72 台计算机 FTP：每个 MSAU 连接 260 台计算机 （推荐数目是 50～80 台计算机）

5 ATM 是一种基于信元的快速数据交换技术，具有高带宽（155～622Mbps）和高数据完整性的特征，它还支持同步应用，并具有一定的灵活性和可扩展性。但目前存在交换设备昂贵，使用也不如以太网容易等缺点。

6 10G 以太网（即万兆以太网）是最新的以太网技术，与 10/100/1000M 以太网兼容，实现网络的无缝升级，并可用于广域网，其应用尚处于起步阶段。基于光纤传输的还有 10GBase-LX4，10G 以太网标准还有基于铜缆传输的 IEEE802.3ak 和目前正在制定的 IEEE802.3an，分别作为 10GBase-CX4 和 10GBase-T 的规范。

19.2.8 客户机/服务器（C/S）网络模型是基于服务器网络的标准形式，其工作原理是：客户机（工作站）向服务器提出数据服务请求，服务器将对该请求的数据或数据处理的结果提供给客户机使用并将该结果存储于服务器中，客户机使用自己的 CPU 和软件对服务器提供的数据进一步处理，存储于服务器中的数据处理的结果可被网络中其他客户机访问。

多数数据库管理系统软件都使用结构化查询语言（SQL），SQL 已成为一种数据库管理的行业标准。

服务器的常用类型有：

1 文件和打印服务器：文件和打印服务器是用来存储文件和数据的，管理用户对文件和打印机资源的访问和使用，它将数据或文件下载到请求的计算机中。

2 通信服务器：用于在服务器所在的网络和其他网络、主机或远程用户间处理数据流和电子邮件。如 Internet 服务器、代理服务器等。

3 应用服务器：是客户/服务器应用的服务器端，它将存储的大量数据进行组织整理以便于用户检索，并向用户提供数据。不同于文件和打印服务器的是应用服务器的数据库是驻留于服务器中，它只是将请求结果下载到发出请求的客户机中，而不是整个数据库。

4 邮件服务器：邮件服务器的运作方式与应用服务器类似，它利用不同的服务器和客户机应用程序，有选择地将数据从服务器下载到客户机中。

5 目录服务器：目录服务器使得用户能够定位、存储和保护网络中的信息。

6 传真服务器：通过一个或多个传真调制解调卡来管理进出网络的传真数据流。

19.2.10 分布式服务器：是指按有共同工作性质的工作组或部门而分别设置提供相应服务的服务器，即将服务器分开布置，这样可大大减少通过主干的广播数据流，有效地提高主干的传输速率。这在流量模式中称为"流量本地化"。

集中式服务器：是指网络中各类服务器集中设置。集中设置服务器可以降低投资、提高安全性和易于管理。还有一个很大的原因是，随着网络越来越多基于 Internet 的应用和信息的跨部门传输，数据流量模式由传统的 20/80 模型朝着新的 80/20 转变，即 80% 的数据不再驻留在子网中，而是必须在子网和 VLAN 之间传输。分布式服务器方式已不能有效地控制通过主干的数据流。

19.3 网络拓扑结构与传输介质的选择

19.3.2 "拓扑"是指网络中计算机、线缆和其他部件的连接方式，拓扑可分为物理（实际的布线结构）或逻辑的，逻辑上是总线或环形的网络其布线结构也可是星形的。网络的拓扑结构主要分为总线形、星形、环形、网形四类，也常采用其变形或混合型，如星形总线（hub/switch 与计算机星形连接、hub/switch 之间或服务器之间总线形连接）、星形环（hub/switch 与计算机星形连接、hub/switch 之间或服务器之间环形连接）等。局域网最常用的拓扑结构是星形总线。

网络的拓扑结构是网络设计的重点和难点，各种网络拓扑结构的比较如表 19-6 所示（指物理拓扑）。

表 19-6　各种网络拓扑结构的比较

拓扑结构	结构特点	优点	缺点	局域网典型应用
总线形	由一根被称为"主干"（又称为骨干或段）的传输介质组成，网络中所有的计算机连在这根传输介质上。在每条传输介质的两端需设端接器	节省传输介质、介质便宜、易于使用；系统简单可靠；总线易于扩展	在网络数据流量大时性能下降；查找问题困难；传输介质断开将影响许多用户	对等网络或小型（10 个用户以下）基于服务器的网络
环形	用一根传输介质环接所有的计算机，每台计算机都可作为中继器，用于增强信号传送给下一台计算机	系统为所有计算机提供相同的接入，在用户数据较多时仍能保持适当的性能	一台计算机故障将影响整个网络；查找问题困难；网络重新配置时将终止正常操作	令牌环 LAN、FDDI 或 CDDI
星型	计算机通过传输介质连接到被称为"集线器"的中央部件	是最常用的物理拓扑结构，无论逻辑上采用何种网络类型都可采用物理星形，方便预先布线，系统易于变化和扩展；集中式监视和管理；某台计算机或某根传输介质故障不会影响其他部分的正常工作	需要安装大量传输介质；如果中心点出现问题，连接于该中心点（网段）上的所有计算机将瘫痪	是最常用的拓扑结构；以太网；星形令牌环；星形 FDDI

拓扑结构	结 构 特 点	优 点	缺 点	局域网典型应用
网型	每台计算机通过分离的传输介质与其他计算机相连	系统提供高冗余性和可靠性，并能方便地诊断故障	需要安装大量传输介质	主要用于城域网，也可用于特别重要的以太网主干网段
变形或混合型	根据网络中计算机的分布、网络的可靠性、网络性能要求（数据流量和通信规律）的特点，选择相应的网络拓扑结构	满足不同网段性能的要求，在可靠性与经济性之间选择最佳交点	具有相应网段拓扑结构的缺点	是实际应用最普遍的拓扑结构

19.3.3 网络传输介质主要有：非屏蔽双绞线（UTP）、屏蔽双绞线（FTP）、粗/细同轴电缆、光缆等，由于在现今流行的快速以太网不支持同轴电缆的使用，在此不作同轴电缆的规定。

19.3.4 无线网具有性价比高、使用灵活的特性，是一种很有前途的网络形式，目前无线网已开始普及应用，并将成为局域网的主流。由于存在抗干扰性、安全性、传输速率等方面的限制，无线网络在多数情况下是用于对有线局域网的拓展，如公共建筑中供流动用户使用的网络段、跨接难以布线的两个（或多个）网段，在某些工作人员流动性较大的办公建筑中也可局部采用无线网作为有线网的拓展。

除了网络接口卡是连接在收发器，而不是连接到传输介质以外，在无线网络中的运行的计算机与在有线网络环境中的相应部件类似。无线网络接口卡所使用的收发器安装在每台计算机中，用于广播和接收周围计算机的信号，它通过安装在墙上的收发器（有线）与有线网络连接。

19.3.5 扩频无线电传输方式在 2400～2483MHz 的频带之间占用 83MHz 的带宽，其标准是 IEEE802.11b 和 IEEE802.11，传输速率有 1Mbps、2Mbps、5.5Mbps、11Mbps，视障碍物和干扰程度不同，通常在室内覆盖半径为 35～100m，室外为 100～300m，可穿透墙壁传输。

正交频分复用（OFDM）技术利用 20MHz 的带宽同时传输 64 个单独的子载波通道，每一个子载波通道的间隔是 0.3125MHz，IEEE802.11a 标准在 5GHz 频段、IEEE802.3g 标准在 2.4GHz 频段采用 OFDM 技术传输数据，速率可达 54Mbps。

红外线通信使用的频率在 850～950nm 范围内，并且只能在墙面有足够的信号漫射或反射的室内环境中，通常仅用于计算机与外围设备（如打印机）间的高速（20Mbps）的通信，传输速率是 1Mbps 和 2Mbps，传输距离为 10～20m。

19.3.6、19.3.7 大多数情况下无线局域网是作为有线网络的一种补充和扩展，在这种配置下多个无线终端通过无线接入点（AP）连接到有线网络上，使无线用户能够访问网络的各个部分。AP 有覆盖范围限制，通常为几十至上百米，当网络环境存在多个 AP 且覆盖区有重叠时，漫游的无线终端能够自动发现附近信号强度大的 AP 并通过这个 AP 收发数据，保持不间断的网络连接。

无线对等式网络也称 Ad-hoc，整个网络不使用 AP，各无线终端之间直接通信，当用户数量较多时网络性能较差。该网络无法接入有线网络中，只能独立使用。

无线局域网的标准与特性参见表 19-7。

表 19-7　无线局域网的标准与特性

特 性	描 述
网络类型	对等网络，结构化网络
访问方法	CSMA/CA
规范	IEEE802.11、IEEE802.11b、IEEE802.11a、IEEE802.11g
传输速率	IEEE802.11：1 Mbps、2 Mbps IEEE802.11b：1 Mbps、2 Mbps、5.5 Mbps、11 Mbps IEEE802.11a：可达 54 Mbps IEEE802.11g：5 可达 4Mbps
载波调制方式	IEEE802.11、IEEE802.11b：直接序列扩频（DSSS）、跳频扩频（FHSS） IEEE802.11a、IEEE802.11g：正交频分复用（OFDM）
工作频段	IEEE802.11、IEEE802.11b、IEEE802.11g：2.4GHz IEEE802.11a：5 GHz

19.4　网络连接部件的配置

19.4.2 网络接口卡，通常称为 NIC，在网络传输介质与计算机之间作为物理接口或连接，NIC 的作用是：

1 为网络传输介质准备来自计算机的数据；

2 向另一台计算机发送数据；

3 控制计算机与传输介质之间的数据流量；

4 接收来自传输介质的数据，并将其解释为计算机 CPU 能够理解的字节形式。

由于 NIC 是计算机与传输介质之间数据传输的桥

梁，是网络中最脆弱的连接，因此 NIC 性能对整个网络的性能会产生巨大的影响。NIC 的选择应与特定的网络体系结构相匹配，例如以太网络、令牌环网络、ARC-NET 等应选择相匹配的 NIC。

按个人计算机主板上的扩展总线类型，NIC 又可划分为 ELSA、ISA、PCI、PCMCIA 和 USB 五种。NIC 的选择必须与总线相匹配，目前应用较多的是 PCI 和 PCMCIA 总线，具有性价比高、安装简单等特点。随着网络技术的发展和使用的需求，无线 NIC 和光纤 NIC 将日益普及。

19.4.3 由于集线器是共享型网络设备，通过它的端口接收输入信息并通过所有端口转发出去，在共享用户信息量集中的时刻会存在信息阻塞或冲突现象，因此多用于多个末端终端用户共享同一交换机高速端口的场合。因集线器比交换机便宜许多，在数据量不大、投资受限制的中小型网络中也可采用集线器。

19.4.4～19.4.7 路由器的主要作用是在网络层（第 3 层）上将若干个 LAN 连接到主干网上，如局域网与广域网的连接，局域网中不同子网（以太网或令牌环）的连接。

路由器与交换机相比，交换机比路由器的运行速率更高、价格更便宜。使用交换机虽然可以消除许多子网，建立一个托管所有计算机的统一网络，但是当工作站生成广播时，广播消息会传遍由交换机连接的整个网络，浪费大量的带宽。用路由器连接的多个子网可将广播消息限制在各个子网中，而且路由器还提供了很好的安全性，因为它使信息只能传输给单个子网。为此，导致了两种新技术的诞生：一是虚拟局域网（VLAN）技术，二是第 3 层交换机（使用路由器技术与交换机技术相接合的产物），在局域网中使用了有第 3 层交换功能的交换机时可不再使用路由器。

传统的网络连接部件还有中继器和网桥。由于集线器已经取代了中继器，交换机比网桥有更高的性价比，因此现在的局域网中已基本上不再使用中继器和网桥，但在无线网络中仍常用无线网桥连接两个网段。

交换机目前已成为网络的主流连接部件，绝大多数新建的局域网都是以各种性能的交换机为主，只是少量或局部使用集线器和路由器。

名词解释：

1 第 2 层交换机：基于硬件的桥接，用于工作组连通和网络分段的交换机；

2 第 3 层交换机：根据第 3 层（网络层）信息，通过硬件执行数据包路由交换的交换机；用于高性能地处理局域网络的流量，可放置在网络的任何地方，经济有效地带替传统的路由器；

3 第 4 层交换机：不仅基于 MAC 地址或源/目的地址，同时也基于这些第 4 层参数来作出转发决定的交换机；

4 多层交换机：综合第 2 层交换和第 3 层路由功

能的交换机；

5 交换机链路：指连接交换机之间的物理介质路径；

6 紧缩核心：当汇接层和核心层功能由同一台设备执行时称为紧缩核心。

19.5 操作系统软件与网络安全

19.5.1、19.5.2 网络操作系统是一种软件，它提供了计算机的应用程序和服务所运行的基础。

Microsoft Windows（包括 9x、ME、NT、2000 和 XP）、Novell NetWare 和 Unix/Linux 是目前市场上占统治地位的网络操作系统，并都支持 TCP/IP 协议和最流行的 Windows 客户机操作系统。

网络中所有客户机采用相同的网络操作系统是为了减少软件的安装和维护工作量，便于操作和简化服务器操作系统软件的接口组件。

三种主流操作系统的比较：

1 Windows 是从事办公和商务工作的 LAN 最普遍使用的操作系统软件，容易安装和使用且价格较低；

2 Novell NetWare 是个严格的客户机/服务器平台，在三种主流操作系统中具备最强的文件服务和打印服务功能以及目录服务（NDS）功能；

3 Unix/Linux 是功能最强大、最灵活和最稳定的多用户、多任务操作系统，其多数软件是免费的，但是使用不如 Windows 方便。

19.6 广 域 网 连 接

19.6.1～19.6.3 广域网连接是指通过公共模拟或数据通信网络，将多个局域网或局域网与 Internet 之间相互连接的方式。

其他 WAN 连接技术还有：

1 公共交换数据网（X.25）：帧中继技术以更高的性能、更低的价格已取代 X.25；

2 xDSL 还有 SDSL(3Mbps)、IDSL(144 Kbit/s)、HDSL(768 Kbit/s) 和 VDSL(13～52Mbps) 等技术，这些技术都得不到广泛使用；

3 宽带 ISDN（BISDN）：BISDN 是一种新的 WLAN 技术，能够通过同一介质（光缆或铜缆）发送多信道的数据、视频和语音，其应用还不普及；

4 双向 CATV：由有线电视公司作为 ISP 的一种共享带宽式 WLAN 技术，适用于偏远地区 LAN 的广域网连接；

5 SMDS：设计用于存在大量突发式通信量的 WAN 链路，其应用不多；

6 SDH/SONET：即光同步数字传输网（美国称为 SONET，其他国家称为 SDH），目前中国大部分网络运营商已经拥有了自己的 SDH 传输网，可为用户提供速率为 2～2.5Gbps 的 WAN 连接。ATM 可以在 SDH 上运行。SDH 技术的优点是具有端到端远程监控、故障告警、网络恢复和自愈等功能，可以保证数据传输的安全性（SDH 已成为公认的未来信息高速公路的主要物理传送平台）；

7 10G 以太网：目前 10G 以太网正逐步扩展为广域网使用，它可与 SDH/SONET 兼容，可利用现有的 SDN/SONET 的传输设备以 9.58464Gbps 的速率（OC-192 级）进行传输，是一种新兴的广域网连接方式。

19.7 网络应用

19.7.1 计算机网络系统的设计首先应适应其网络应用的需求，不同使用功能的建筑其网络系统的应用特征各不相同，大致可分为一般办公建筑、重要办公建筑、商业性办公建筑、公共建筑、饭店建筑、校园等几大类，其网络应用的特征如下：

1 一般办公建筑指处理一般办公事务，对数据安全无特殊要求的企事业单位办公楼和区级以下政府行政办公楼。其特征是用于处理一般办公事务，广域网连接主要是 Internet 的 Web 和 E-mail，局域网内外数据流比例约为 8∶2（传统 2/8 模型）。

2 重要办公建筑指需处理大量办公事务或业务流程，对数据安全性与网络运行稳定性有较高要求的企事业单位行政办公楼和区级及以上政府行政办公楼，如银行、档案、电信、电力、税务等系统或大型企业总部行政办公楼。其网络特征是大多要求分设内、外两个物理隔离的局域网，内网主要用于办公事务的处理与决策或企业机密业务流程处理，外网用于政策、法规的发布与查询或企业总部与外驻分部的广域网连接，如点对点/点对多点远程视频会议、虚拟专用网等应用。

3 商业性办公建筑指出租或出售给多用户共同使用的办公建筑。其特征是局域网内部各工作组彼此之间无多大的数据流动，只提供网络高速主干通道，为商业团体局域网提供高性能的 Internet 的 Web/E-mail 服务和各种广域网连接应用，如点对点/点对多点远程视频会议、虚拟专用网等应用。局域网内外数据流比例约为 2∶8（新 2/8 模型）。

4 公共建筑指体育场馆、展览馆、大型商场、航站楼、客运站等。其网络应用的特征是服务对象有内部固定用户和外部流动用户两大类。内部固定用户的网络使用特征与重要办公建筑类似。外部用户的网络使用特征与商业性办公建筑类似，并且还具有用户的流动性和数据流的时段性。

5 饭店建筑指三星级及以上的饭店、宾馆、招待所等建筑。其网络应用的特征是服务对象有内部固定用户和外部流动用户两大类。内部固定用户的网络使用特征与一般办公建筑类似，主要用于饭店的计算机经营管理；外部用户的网络使用特征与商业性办公建筑类似，主要是用于 Internet 的 Web 和 E-mail 服务和远程视频会议、虚拟专用网等应用，并且还具有数据流较小的特征和时段性（夜晚高峰）。

6 校园网络指覆盖大、中专院校、企业园区等较大区域的计算机局域网。其网络应用的特征是子网多而分散，用户众多，主干和广域网数据流量大。因此采用网络分段（第 3 层路由功能的交换机）和子网数据驻留（分布设置服务器）的方式控制流经主干上的数据流，提高主干的传输速率。

19.7.2 在安全性或运行稳定性要求一般的网络中，构建适应多种应用需求的共用网络具有使用灵活、方便，便于网络管理，减少网络投资等优点。

19.7.3 通常指政府行政办公楼或重要企业行政办公楼，如银行、档案、电信、电力、税务等，采取物理隔离措施隔离内部、外部网络是对内部网络安全性与运行稳定性的有效保障。

20 通信网络系统

20.2 数字程控用户电话交换机系统

20.2.1 数字程控用户电话交换设备，应设置在用户终端集中使用场所，如：国家机关、事业单位、商场、饭店以及重要的或大型的公共建筑物等内。

20.2.3 用户终端应能通过数字程控交换机与其他公用通信网络（如 IP、帧中继、SDH 等网络）相连。

20.2.5 ISDN 用户交换机（ISPBX）系统，应具有下列基本功能：

1 具有完成 64kbit/s 电路交换的功能；
2 能为用户提供全自动直接呼入和呼出的方式；
3 能为用户提供承载业务和用户综合电信业务；
4 能为用户提供各种 ISDN 补充业务；
5 应具有采用 1 号数字用户信令（DSS1）协议与用户方和局用方进行配合的能力；
6 具有送出主叫号码、分机号码和主叫类别的功能；
7 具有配合公用综合数字业务网络管理的能力；
8 具有独立的计费功能等。

20.2.6 SIP（Session Initiation Protocol），会话启动协议是由 IETF（Internet Engineering Task Force）互联网工程任务组 1999 年提出的基于纯文本的 IP 电话信令协议。基于 SIP 协议标准，独立工作于底层网络传输协议和媒体，是一个建立在 IP 协议之上，用 IP 数据包传送的，实现实时多媒体应用的信令标准。

20.2.7 用户交换机的中继线数量的配置，应根据用户实际话务量大小等因素确定。一般可按用户交换机容量的 10%～20% 考虑。其中普通数字程控用户交换机系统中继线的用户话务量，每线为 0.06～0.12 Erl。ISPBX 用户交换机系统中继线的用户话务量，每线为 0.2～0.25 Erl。ISPBX 中继线数量应 2～3 倍高于普通数字程控用户交换机中继线数量。当用户分机对外公网话务量很大，或用户具有大量直拨分机功能的电话机，以及用户使用大量微机（带 Modem）通过中继线对外拨号上 Internet 方式时，中继线数量宜按用户交换机容量的 15%～30% 考虑。

20.2.8 程控用户交换机机房的选址、设计与布置

1 为避免雷击，机房不应设置在建筑物的最高层。当机房有特殊要求必须设置在最高层时，其建筑、结构、电气及通信的机房设计必须符合本建筑最高等级的防雷要求。

2 机房和辅助用房的环境条件要求除应符合本规范第 23.3 节规定外，还应防止二氧化硫、硫化氢、二氧化碳等有害气体侵入。

3 程控用户交换机机房的总使用面积，应按交换机机柜、总配线架或配线机柜、话务台和维护终端台、蓄电池组和交直流配电机柜等配套设备布置以及工作运行特点要求和管理要求确定，并应满足终期及扩展容量的要求和预留相应的附属用房使用面积。一般 1000 门及以下容量的用户交换机机柜、总配线架或配线机柜、话务台和维护终端台、免维护蓄电池组和交直流配电机柜可同设在一间机房内；1000 门以上容量的用户交换机机房可由交换机室、总配线架室、话务员室、电力电池室等组成。

20.2.9 程控用户交换机机房的供电

1 机房的主电源不应低于本建筑物的最高供电等级；

2 机房内直流密封式蓄电池组放电小时数，应按机房供电电源负荷等级确定，并符合表 20-1 的要求。

表 20-1 机房供电电源不同负荷等级下蓄电池组放电小时数

机房供电电源负荷等级	一级负荷＋独立的应急发电机组	一级负荷	二级负荷	三级负荷
机房通信设备的蓄电池组放电小时数（h）	0.5～1.0	≥2.0	≥6.0	≥10.0

20.2.10 数字程控交换机系统的接地，除符合第 12 章有关规定外，还应符合以下要求：

1 当数字程控交换机系统必须采用功能接地、保护接地单独接地方式时，应将密封蓄电池正极、设备机壳和熔断器告警等三种接地导体分别采用大于或等于 $6mm^2$ 铜芯绝缘导线连接至机房内局部等电位联结板上，其单独接地的电阻值不宜大于 4Ω。

2 当数字程控交换机采用共用接地方式时，应将蓄电池正极、设备机壳和熔断器告警等三种接地导体分别采用不小于 $6mm^2$ 铜芯导线连接至机房内局部等电位联结板上。各局部等电位联结板宜采用不小于 $35mm^2$ 铜芯导线与建筑物弱电总等电位联结板连接，其接地电阻值不应大于 1Ω。

3 通信接地总汇集线（接地主干导体）应从建筑物弱电总等电位联结板上引出，其截面积不宜小于 $100mm^2$ 的铜排或相同截面的绝缘（屏蔽）铜缆。

4 机房内各通信设备的接地连接导体应采用铜芯绝缘导线，不得使用铝芯绝缘导线。

20.4 会议电视系统

20.4.1 会议电视系统根据会场的实际需求进行设计，可采用以下方式：

1 大中型会议电视系统，宜用在各分会场会议电视室内，供各方多人开会者使用；

2 小型会议电视系统，宜用在办公室或家庭会议电视场合下使用；

3 桌面型会议电视系统，宜用在个人与个人的通信上。

20.4.2 会议电视系统应支持的相关标准与组成

1 H.320 标准于 1990 年制定，是 ITU-T（国际电联电信委员会）早期发布的视频会议标准协议。该标准主要用于窄带 ISDN 综合业务数据网，是一种基于电路交换网络的多媒体通信标准。H.320 标准的视频会议主要适应于电路交换，被广泛用于 VSAT、DDN、ISDN 等电路交换网络上。

H.320 会议电视系统宜按专业级及以上主摄像机及全景彩色摄像机、专业级辅助摄像机、桌面话筒、会议电视终端设备（可含编解码器）、多点控制设备（MCU）、音视频播放和录制设备、会场扩声调音设备、操作软件等配置。

2 H.323 是 ITU-T 于 1997 年 3 月发布的视频会议标准协议。该标准采用了 TCP/IP 技术，能使音频、视频及数据多媒体通信基于 IP 网络以 IP 包为基础的方式在网络（LAN、EXTRANET 和 Internet）上的通信，是一种基于分组交换网络的多媒体通信标准。

H.323 会议电视系统宜按专业级及以上主摄像机及全景彩色摄像机、专业级辅助摄像机、桌面话筒、会议电视终端设备（可含编解码器）、多点控制设备、音视频播放和录制设备、会场扩声调音设备、操作软件等配置。

3 H.324 是 ITU-T 1996 年颁布的视频会议标准协议。该标准主要用于 PSTN 和无线网络，是一种基于电路交换网络的多媒体通信标准。H.324 是通过普通电话线传送音频及视频信息，并对音频及视频信息进行编码及解码的国际标准，它将电视会议带给非 ISDN 的用户。H.324 是为与 V.34 调制解调器一起使用设计的。它在普通电话网络上两点之间以 28.8kbit/s 或 33.6kbit/s 的速率传输数据。

20.4.4 分会场的画面应能以多画面方式显示于主会场的屏幕。

20.4.6 会议电视终端设备宜采用下列数字通信网进

行组网：

1　采用数字传输专用线路提供 E1（2Mbit/s）网络接口的组网方式；

2　采用 DDN 专线提供 128kbit/s、384kbit/s、512kbit/s 及以上传输速率网络接口的组网方式；

3　采用 ISDN 专线提供 128kbit/s、384kbit/s、512kbit/s 及以上传输速率网络接口的组网方式；

4　采用 FR 专线提供 128kbit/s、384kbit/s、512kbit/s 及以上传输速率网络接口的组网方式；

5　采用 VSAT 系统提供 128kbit/s、384kbit/s、512kbit/s 及以上传输速率网络接口的组网方式；

6　采用标准的 TCP/IP 以太网提供 10Mbit/s、100Mbit/s、1000Mbit/s 及以上传输速率网络接口的组网方式。

20.4.8　会场后排参会人员观看投影机幕布或彩色视频显示器的最远视距，应按看清楚幕布或显示器屏幕上的中西文字设定。

20.4.9　大、中型会议电视室内应设置两台及以上高清晰度、高亮度大屏幕彩色投影机或大屏幕彩色视频显示器，屏幕上应能同时显示各分会场参会人员、会议现场发言方和发言方的文本或电子白板资料。

20.4.10　大、中、小型会议电视室的环境除符合本规范 23.3 节和建筑围护结构、建筑声学的有关要求外，还应符合以下要求：

1　会议电视室内距地板面 0.8m 的主席台区域工作面的局部照明垂直照度不宜低于 750lx。视频显示屏幕区域的局部照明垂直照度不宜高于 75lx，其他区域的局部照明垂直照度宜在 500lx。会议电视室应采用多区域调光控制的方式予以增强或减弱。

2　会议电视室室内环境应符合下列要求：

1）应满足室内无回声、颤动回声和声聚焦的建筑声学要求；

2）宜满足室内扩声系统特性达到国家颁布的厅堂扩声一级标准的电声要求，具有较高的语言清晰度、适当混响时间、声场达到最大扩散等声学条件；

3）室内最佳混响时间可参照图 20-1；

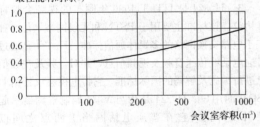

最佳混响时间(s)

图 20-1　室内最佳混响时间

4）房间的围护结构应具有良好的隔声性能，室内的内壁、顶棚、地面应进行吸声处

理，通风、空调应采取降噪措施；

5）房间围护结构的隔墙与楼板的空气声、撞击声隔声标准以及室内允许噪声级见表 20-2；

6）室内围护装饰、会议桌椅布置、地毯等应采用无反光材料，宜具有浅色舒适的色调。严禁采用黑色或白色作背景。

表 20-2　隔声和室内噪声限制标准

房间名称	空气声隔声标准（计权隔声量 dB）			撞击声隔声标准（计权标准化撞击声压级 dB）			室内允许噪声级（A 声级，dB）		
	一级	二级	三级	一级	二级	三级	一级	二级	三级
大会议室	≥50			≤65			≤40		
中小会议室	≥50			≤65			≤40		
控制室		≥45			≤65			≤50	
传输设备室			≥40		≤65				≤55

20.5　无线通信系统

20.5.1　无线通信系统的设计

1　建筑物与建筑群中无线通信系统，应采用现有固定无线接入技术。无线接入技术有蜂窝、数字无绳、点对点或点对多点数字微波、卫星通信、专用无线及宽带无线等接入技术。

2　用户终接设备主要完成与基站的空间接口连接和提供至用户终端的接口。

20.5.2　移动通信信号室内覆盖系统

第 1 款　国家无线电管理委员会规定 CDMA800MHz、GSM900MHz、DCS1800MHz、PHS1900MHz、3G 为数字移动通信网的专用频段、WLAN2400MHz 为无线局域网民用频段，参见表 20-3。

第 4 款　基站直接耦合信号方式是指从周边已建成基站或在建筑物内新添加的基站中直接用功率器件（功分器、耦合器）提取信号的方式。

空间无线耦合信号方式：这种方式是指利用直放站作为信源接入设备，通过空间耦合的方式引入周边已建成基站信号的方式。

第 10 款　每个楼层面天线的设置应按无线覆盖的接通率而定。

第 11 款　系统的室内无线信号覆盖的边缘场强应大于等于 −75dBm，并应高于室外无线信号场强 8～10dBm，以保证室内信号覆盖的边缘处的移动用户能正常切换接入室内网络。

表 20-3 专用频段及民用频段移动通信信号的频段、信道带宽、多址方式表

运营业务	频段	上行	下行	信道带宽	多址方式
中国联通 CDMA800		825-835MHz	870-880MHz	1.25 MHz	FDMA/TDMA/CDMA
中国移动 GSM900		890-909MHz	935-954MHz	200kHz	FDMA/TDMA
中国联通 GSM900		909-915MHz	954-960 MHz	200kHz	FDMA/TDMA
中国移动 DCS1800		1710-1730MHz	1805-1825MHz	200kHz	FDMA/TDMA
中国联通 DCS1800		1745-1755MHz	1840-1850MHz	200kHz	FDMA/TDMA
中国电信 PHS		1900-1920MHz		288kHz	TDMA
3G系统	WCDMA	1920—1980	2110-2170	5MHz	FDMA/TDMA/CDMA
	TD-SCDMA	最终以信息产业部发放牌照为准		1.6MHz	TDMA
	CDMA2000			$N \times$ 1.25MHz	FDMA/TDMA/CDMA
WLAN		2410-2484 MHz		22MHz	

第14款 建筑物内预测话务量的计算与基站载频数的配置,可参见表20-4。

第16款 室内空间环境中,移动通信信号室内覆盖系统 800～2400MHz 频率无线信号传播距离损耗和室内无线信号穿越阻挡墙体传播损耗可见表20-5和表20-6。

表 20-4 基站载频数的配置

呼 损 率 2%								
载波数	1	2	3	4	5	6	7	8
信道数	7	14	22	30	37	45	54	61
容量(Erl)	2.28	8.2	14.9	21.9	29.2	36.2	44	51.5
支持用户数	145	410	750	1100	1400	1775	2150	2575
支持用户数(20%拨打率)	725	2050	3250	5500	7000	8875	10750	12875
支持客流(20%手机保有)	7250	20500	32500	55000	70000	88750	107500	128750

表 20-5 800～2400MHz 频率无线信号传播距离损耗表 (dB)

频率（MHz） \ 距离（m）	1	5	10	15	20	30
800	30.53	44.49	50.51	54.03	66.53	60.05
900	31.55	45.54	51.53	55.05	57.58	61.07
1800	37.51	51.54	57.56	61.08	63.58	67.10
1900	38.03	52.0	58.03	61.55	64.05	67.57
2400	40.05	54.03	60.05	63.58	66.07	69.60

表 20-6 室内无线信号穿越阻挡墙体传播损耗表

频率（MHz） \ 墙类	轻墙	玻璃	单层墙	砖砌	混凝土
≤2500	≤5～8	≤3～5	≤10	≤15～20	≤20～35

第23款　射频电缆、光缆垂直敷设或水平敷设

①射频电缆或光缆垂直敷设时，宜放置在弱电间，不宜放置在电气（强电）间内，不得安置在暖通风管或给水排水管道井内；

②射频电缆或光纤水平敷设时，应以直线为走向，不得扭曲或相互交叉；馈线宜放置在金属线槽内或穿管敷设；

③射频电缆水平敷设确需拐弯走向时，其弯曲应保持圆滑，弯曲半径应符合表20-7的要求；

表20-7　射频电缆水平敷设弯曲半径

线径（cm）	二次弯曲的半径（cm）	一次性弯曲半径（cm）
1.27（1/2英寸）	21	12.5
2.22（7/8英寸）	36	25

④射频电缆在电梯井道明敷设时，可沿井道侧壁走线，并用膨胀螺栓、挂钩等材料予以固定；

⑤射频电缆穿越楼板、楼道侧墙及电梯井道侧壁后，应用防火阻燃材料加以封堵。

20.5.3　VSAT卫星通信系统的设计要求

1　VSAT通信网设计原则

1）当业务为传输数据或图像时，宜采用星形网的拓扑结构；

2）当业务为传输语音时，宜采用网状网的拓扑结构；

3）当业务为中、远期需建网状网时，宜在初期建网时统一考虑。

2　VSAT系统地面端站

由雷达系统的谐波或杂散辐射引起的对VSAT系统的干扰应满足下式的要求：

$$C/I \geqslant (C/N)_{th} + 10 \text{(dB)} \qquad (20\text{-}1)$$

式中　C/I——载干比，VSAT站接收机输入端的信号功率与雷达干扰功率之比（dB）；

$(C/N)_{th}$——传输不同数字信号时，对应于不同比特率的门限载噪比（dB）。

3　VSAT系统用户端站的防雷和接地

1）VSAT站的天线支架及室外单元的外壳应与围绕天线基础的闭合接地环有良好的电气连接，天线口面上沿也应设避雷针，避雷针直接引至天线基础旁的接地体；

2）馈线波导管与同轴电缆外皮至少应有两处接地，分别在天线附近和机房的引入口处与接地体连接；

3）VSAT站的供电线路及进站电缆线路上应设置防雷浪涌保护器；

4）VSAT站的机房内应设置与接地体连接的局部等电位联结端子箱，室内所有设备应

与局部等电位联结端子箱可靠连接。

20.6　多媒体现代教学系统

20.6.1　模拟化语言教学系统

1　模拟化语言教学系统，教师授课设备和学生学习设备的功能要求：

1）教师授课设备应具有下列功能：

——教师电脑应具有 Windows 等系列方式操作及中文导航的界面；

——教师主放机应具有一般录音机以及分轨迹放音的功能；

——应具有标准语言培训、标准语音编辑教学功能；

——应具有 A/B 卷考试功能；

——应具有标准化考试及结果分析功能；

——应具有通过集中控制器对多种示教多媒体设备进行放、进、倒、停、选曲的控制；

——应具有通过外接分控开关对电动大屏幕帘、电动窗帘、照明设备进行控制；

——应具有网络远程遥控功能。

2）学生学习设备应具有下列功能：

——应具有普通录音机和控制轨迹播放功能；

——应具有标准语音编辑功能；

——应具有自由考试、随机考试、口语考试功能；

——应具有四路节目选择功能。

20.6.2　数字化语言教学系统

1　数字化语言教学系统教师授课设备，应具有以下功能：

1）具有多路音频教材实时网络广播功能；

2）具有音频教材播放过程中进行数字刻录制作成课件功能；

3）具有音频教材播放过程中教师播话、讲解、指定、监听功能；

4）具有 SP、SPS、SPSP、SSP 语言编辑、播放功能；

5）具有 A-B 重复播放功能和任意记录多个预留点的书签功能；

6）具有实时监视、监听和监控学生机，引导学生上课功能；

7）具有学生学号登录、自动排座的班级管理功能；

8）具有示范教学、分班分组授课、分组讨论教学功能；

9）具有电子试卷制作功能；

10）具有电子试卷自由考试、随机考试、口

语考试和考试分析等功能。

2　数字化语言教学系统学生机设备，应具有以下功能：

1）具有实时点播教师授课的语言教学音频课件功能；

2）具有即时点播和下载网络教学资源中心课件库服务器中音频文件、文本、考试试卷到本机功能；

3）具有点播 WAV、ASF 音频流格式的音频、文本、动画、教学信息课件功能；

4）具有学生自我学习、编辑播放、跟读练习和自我测试等功能。

20.6.3　多媒体交互式数字化语言教学系统

1　教师授课设备应具有与数字化语言教学系统相同的功能；

2　学生学习机设备应具有以下功能：

1）具有实时点播教师授课的音视频课件功能；

2）具有即时点播和下载网络教学资源中心课件库服务器中音视频文件、文本、考试试卷到本机功能；

3）具有无缝接入远程教学点功能；

4）具有点播 MP3、MPEG、WAV 视频流格式的音视频、文本、动画、教学信息课件功能；

5）具有学生自我学习、编辑播放、跟读练习和自我测试等功能。

20.6.4　多媒体双向 CATV 教学网络系统

1　控制中心机房 CATV 教学系统，应具有以下功能：

1）具有对前端音视频节目源进行任意切换输出的功能；

2）具有集中控制学校各分控终端的电视机电源打开和关闭功能；

3）具有控制教室电视机频道转换、锁定音量调节的功能；

4）具有控制机房能与全部教室或单个教室双向对讲的功能；

5）具有录制和监视任何一套播出的电视节目功能；

6）具有接收来自电视演播室和学校会场的实况电视节目、编辑调制后转播的功能；

7）具有接收卫星电视信号和当地有线电视信号的功能；

8）具有接收多媒体电脑链接校园网络、上 Internet 网功能；

9）具有接收各教室上传的远程多功能组合遥控器信号的功能等。

2　教室分控设备应具有以下功能：

1）通过多功能组合遥控器，各教学点能远程对授权的中心机房中，音视频设备操作控制功能；

2）通过多功能组合遥控器和教室智能控制器，各教学点能远程对授权的多媒体电脑全面操作，起到辅助教学的功能；

3）各教学点通过教室智能控制器与中心机房取得双向对讲的功能；

4）通过多功能组合遥控器和教室智能控制器，各教学点能控制教室电视机电源开、关，频道转换、音量调节的功能。

20.6.5　多媒体集中控制与教室分控教学网络系统

多媒体集中控制中心和各多媒体教室分控中心教学系统应符合以下功能：

1　具有基于 TCP/ IP 协议的远程集中控制管理；

2　集中控制中心主控设备能对各分控中心教学设备进行广播式的音视频多媒体信息播放；并具有实时监控、监听各教学教室场景状况，远程对摄像机进行变焦、方位控制和教学实况录像；电源控制和操作管理；

3　分控中心教学设备能对多媒体设备桌面式的集中控制管理；

4　具有基于标准的网络接口和网络控制；

5　具有电子锁功能；

6　系统的网管软件和单机软件宜支持各种嵌入式操作系统；

7　分控中心终端设备可外接红外报警探测器；

8　分控中心终端设备带有投影机延时断电功能；

9　分控中心终端设备可外接音视频扩展矩阵切换器、云台、镜头、解码器等设备；

10　分控中心终端设备可具有在校园集中控制中心授权下实现部分对集中控制中心设备进行远程控制的功能。

20.7　通信配线与管道

20.7.1　通信配线网络设计，除应符合本规范规定外，还应符合国家通信行业现行的《本地电话网用户线路工程设计规范》YD 5006—2003、《通信管道与通道工程设计规范》YD 5007—2003 等规范标准中有关规定。

20.7.2　建筑物内通信配管设计

1　建筑物内通信配管网设计应与其他专业协调配合，以利通信线缆竖井、电缆走线槽（桥架）、配线箱（分线箱）、配线管、通信插座的设计；

2　公共建筑内通信线缆竖井的规格、线缆桥架、楼板预留孔、线缆预埋钢管群的配置，应根据实际需求进行设计，也可参照表 20-8 配置。

表 20-8　通信线缆竖井内规格、电缆桥架、楼板预留孔、线缆预埋钢管群配置

公共建筑类型	建筑物楼层	竖井规格（净宽×净深）m		选用电缆桥架时宽度（mm）	楼板孔洞尺寸宽×深（mm）	选用线缆预埋钢管群（套管）
		挂壁式配线箱	落地式配线柜			
24m以下建筑	地下层	1.2×0.5 (1.6×1.0)	1.8×0.9 (2.4×0.9)	200	300×300	4×φ76
	1~3			200	300×300	4×φ76
	4~6			150	250×300	3×φ76
100m以下建筑	地下层	1.6×1.0 (2.4×1.0)	2.4×1.6 (2.4×2.0)	400	500×300	12×φ89
	1~7			400	500×300	12×φ89
	8~15			400	500×300	8×φ89
	16~23			400	500×300	8×φ89
	24~30			300	400×300	6×φ76
100m以上建筑	地下层	2.0×1.0 (2.4×1.0)	2.4×1.6 (2.4×2.0)	500	600×300	15×φ89
	1~7			500	600×300	15×φ89
	8~15			500	600×300	12×φ89
	16~23			500	600×300	12×φ89
	24~30			400	500×300	12×φ76
	30及以上			300	400×300	8×φ76

注：1　竖井内规格中括弧内净宽净深的尺寸为较大的电信交换设备楼、多个无源（有源）配线箱设备而设定；

2　竖井的门应朝外开启，宽度不宜小于1.0m（1.2或1.5m），高度不宜小于2.10m。并应有良好的自然通风及防水能力；

3　竖井内上升电缆走线槽（桥架）宜采用槽式电缆走线槽，槽深120mm（150mm），并有线缆的绑扎支架；

4　竖井内上升线缆钢管群（套管）宜采用壁厚为3~4mm的钢管，其管口伸出本层顶板下宜为50mm、上层楼板上为100mm。

20.7.3　建筑物内通信配线设计

第3款　建筑物内光缆宜采用非色散位移单模光纤，通常称为G.652光纤。G.652光纤可进一步分为G.652A、G.652B、G.652C三个子类。G.652A光纤主要适用于ITU-TG.957规定的SDH传输系统和G.691规定的带光放大的单通道直到STM-16的SDH传输系统；G.652B光纤主要适用于ITU-TG.957规定的SDH传输系统和G.691规定的带光放大的单通道SDH传输系统及直到STM-64的ITU-TG.692带光放大的波分复用传输系统；G.652C光纤即波长段扩展的非色散位移单模光纤，又称低水峰光纤，主要适用于ITU-TG.957规定的SDH传输系统和G.691规定的带光放大的单通道SDH传输系统和直到STM-64的ITU-TG.692带光放大的波分复用传输系统。G.652光纤的A、B、C三个子类有不同的用途，其价格高低也不相同，通常C类高、B类较高、A类较低。

第4款　市内电话通信电缆宜采用HYA型0.4mm或0.5mm铜芯线径的铝塑综合护层塑料绝缘市内电话通信电缆，当通信距离远或有特殊通信要求时可采用0.6mm或0.8mm铜芯线径的通信电缆。

20.7.4　建筑群内地下通信管道设计

第1~3款　建筑群（校园区、住宅小区等）内地下通信管道规划设计应符合建筑总体的规划要求，应与建筑总体中道路、绿化、给水排水、电力管、热力管、燃气管等地下管道设施同步建设。

第4款　通信管道与其他管线交越、埋深相互间有冲突，且迁移有困难时，可考虑减少管道所占断面高度（如立敷改为卧敷等），或改变管道埋深。必要时，降低埋深要求，但相应要采取必要的保护措施（如混凝土包封、加混凝土盖板等），且管道顶部距路面不得小于0.3m。

第9款　建筑群内地下通信配线管道设计

①水泥管宜采用管孔径为90mm的3孔、4孔、6孔排列组合方式的砌块；

②金属钢管宜采用管孔外径为102~114mm的3孔、4孔、6孔排列组合方式；

③塑料管宜采用聚氯乙烯（PVC-U）管材和高密度聚乙烯（HDPE）管材。塑料管一般长6m，设计时宜采用双壁波纹塑料管或普通硬质塑料管，管孔外径为100~110mm的3~8孔横断面形式；或采用多孔高强度塑料梅花管或蜂窝管，管孔内径为32mm的5孔、7孔横断面形式；或采用多孔高强度塑料方形栅格管，管孔内径为28~50mm的2~6孔、9孔横

断面形式;

④塑料管道敷设后,其管顶覆土小于 0.8m 时,应采取保护措施,宜用砖砌沟加钢筋混凝土盖板或作钢筋混凝土包封等。

第 10 款　室外引入建筑物的通信与弱电系统的引入管道,宜采用外径 63～102mm 的钢管群,其根数及管径应按中远期引入电缆(光缆)的容量、数量确定,并预留日后发展的余量。建筑物面积小于 20000m² 时,宜采用一至两处,每处 3～6 根外径 63～102mm 的钢管;面积大于 20000m² 时,宜采用两至三处,每处 6～9 根外径 63～102mm 的钢管;室外引入的金属钢管内壁应光滑,其管身和管口不得变形和有毛刺。

第 12 款　通信管道的段长按人孔间距位置而定。每段管道应按直线敷设,且应便于线缆的敷设。水泥管和塑料管等管道的段长不宜超过 120m。管道敷设遇道路弯曲或需绕越地上、地下障碍物,宜在弯曲点设置人孔;弯曲管道的段长较短时,可建弯曲管道。弯曲管道的段长应小于直线管道最大允许段长。

水泥管道弯管道的曲率半径应不小于 36m,塑料弯管道的曲率半径不宜小于 20m。弯管道内应尽量减少电缆敷设时的侧压力。同一段管道不应有反向弯曲(即"S"形弯)或弯曲部分的中心夹角大于 90°的弯管道(即"U"形弯)。

20.7.5　建筑群内通信电缆配线设计

第 1 款　进入交接箱内的主干电缆、配线电缆的用户预测阶段和满足年限,均应以电缆开始运营时作为计算起点,近期为 5 年,中期为 10 年,远期为 15～20 年。

第 3 款　建筑群内与通信主干电缆连接的交接设备亦可采用室外落地式、室外架空式或室外挂墙式交接箱。

第 6 款　建筑群内通信管道中主干电缆应采用 HYA 型等非填充型(充气型)市内电话通信电缆,是因为管道及人孔中容易积水,采用充气型电缆实行充气维护,能及时发现电缆故障并及时排除,不致对建筑群内通信网造成大的影响和损失,所以考虑选用充气型电缆较合理。直埋式通信电缆可选用带铠装充油膏填充型电话通信线缆。同时其他敷设方式的线缆可根据具体的使用场合综合选定,参见表 20-9 中有关配置要求。

第 13 款　直埋式电缆需引入建筑物内分线设备时,应换接或采取非铠装方法穿钢管引入。如引至分线设备的距离在 10m 以内时,则可将铠装层脱去后穿钢管引入。

20.7.6　建筑群内通信光缆配线设计

第 2 款　通信光缆可采用最佳使用工作波长在 1310nm 区域,并能在工作波长 1550nm 区域使用的单模光纤线缆,或可采用工作波长在 850nm,并能在工作波长 1300nm 区域使用的多模光纤线缆。光缆结构宜优先选用松套充油膏结构。光缆宜采用无金属线对光缆。在雷击高发地区,光缆中心加强芯应采用非金属构件。

表 20-9　各种主要型号电缆的使用场合

电缆类型	无外护层电缆	自承式	有外护层电缆				
			单层钢带纵包	双层钢带纵包	双层钢带纵包	单层细钢丝绕包	单层粗钢丝绕包
电缆型号代码	HYA	HYAC	—	—	—	—	—
	HYFA	—	—	—	—	—	—
	HYPA	—	—	—	—	—	—
	HYAT	—	HYAT53	HYAT553	HYAT53	HYAT23	HYAT43
	HYFAT	—	HYAT53	HYAT553	HYAT23		
	HYPAT	—	HYAT53	HYAT553	HYAT23		
主要使用场合	管道或架空	架空	直埋	直埋	直埋	水下	水下

第 8 款　直埋式通信光缆宜采用 PE 内护套＋钢-铝-聚乙烯粘接护套＋PE 外护套等光缆结构。

第 9 款　直埋式通信光缆在特殊场合敷设:

①直埋式通信光缆敷设在坡度大于 20 度、坡长大于 30m 的斜坡地段宜采用"S"形敷设;

②直埋式通信光缆不宜敷设在地下水位高、常年积水、车行道以及常有挖掘可能的地方;

③直埋式通信光缆的埋深为 0.7～0.9m。当直埋式通信光缆在石质、半石质地段敷设时,应在沟底和光缆上方各铺 100mm 厚的细土或砂。

第 13 款　通信光缆接续箱(盒)应采用密封防水结构,并具有耐腐蚀、耐压、抗冲击力机械结构性能;光纤接续宜采用熔接法;光纤固定接头的指标应满足链路通信的要求。

21　综合布线系统

21.1　一 般 规 定

21.1.2　综合布线系统采用开放式星形拓扑结构,该结构下的每个分支子系统都是相对独立的单元,对每个分支单元系统改动都不影响其他子系统。只要改变节点连接就可使网络在星形、总线形、环形等各种类型网络间进行转换。

21.1.3 综合布线系统中不同级别的系统支持不同的带宽和网络应用,综合布线链路中选用的配线电缆、连接器件、跳线等性能和类别必须全部满足该系统级别传输性能的要求,考虑终端设备的互换性,允许配线子系统选用的电缆和连接硬件的传输性能高于本系统级别。

21.1.4 综合布线系统作为建筑物的基础设施,应满足多家电信业务经营者提供通信和信息业务的要求。

21.2 系 统 设 计

21.2.1 本规范参照国际标准《信息技术——用户建筑综合布线》ISO/IEC 11801/2002—09,符合现行国家标准《综合布线系统工程设计规范》GB 50311 的规定,将综合布线的设计内容分为七个部分。

进线间一般是提供给多家电信业务经营者使用,通常设于地下一层。进线间主要作为室外电缆、光缆引入楼内的成端与分支及光缆的盘长空间位置。对于光缆至大楼(FTTB)、至用户(FTTH)、至桌面(FTTO)的应用及容量日益增多,进线间就显得尤为重要。由于许多商用建筑物地下一层环境条件已大大改善,也可安装电缆、光缆的配线架设备及通信设施。在不具备单独进线间或入楼电缆、光缆数量及入口设施较少时,建筑物也可以在入口处采用挖地沟或使用较小的空间完成缆线的成端与盘长,入口设施则可安装在设备间,但宜单独的设置场地,以便功能分区。

21.2.3 工作区

第1款 工作区是包括办公室、机房、会议室、工作间等需要电话、计算机终端等设施的区域和相应设备的统称。

第2款 每一个工作区信息点数量的确定范围比较大,从现有的工程情况分析,从设置1个至10个信息点的现象都存在。因为建筑物用户性质不一样,功能要求和实际需求不一样,信息点数量不能仅按办公楼的模式确定,尤其是对于专用建筑(如电信、金融、体育场馆、博物馆等)更应加强需求分析,作出合理的配置。

21.2.4 配线子系统中电信间 FD 与电话交换配线及计算机网络设备之间的连接方式应符合图 21-1 和图 21-2 的要求。

1 电话交换配线的连接方式
2 计算机网络设备连接方式
1)经跳线连接

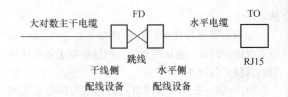

图 21-1 语音系统连接方式

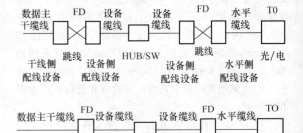

图 21-2 数据系统连接方式

2)经设备缆线连接

21.2.5 第2款 点对点端接是最简单、最直接的接合方法,大楼电信间的每根干线电缆直接从设备间延伸到指定的楼层和电信间。

分支递减端接是用一根大对数干线电缆来支持若干个电信间或若干楼层的通信容量,经过电缆接头保护箱分出若干根小电缆,它们分别延伸到电信间,并端接于目的地的连接器件。

21.2.9 综合布线的各种配线设备,应用色标区分干线电缆、配线电缆或设备端接点,同时,还应用标记条标明端接区域、物理位置、编号、容量、规格等,以便维护人员在现场一目了然地加以识别。

21.3 系 统 配 置

21.3.1 2002 年 6 月,TIA/EIA 委员会正式发布六类布线标准。在 TIA/EIA—568B.2—10 标准中规定了 6e 类布线系统支持的传输带宽为 500MHz。

21.3.3 本条文列出了 ISO11801/2002—09 版中对水平缆线与主干缆线之和的长度规定。为了使工程设计人员了解布线系统各部分缆线长度的关系及要求,特依据 TIA/EIA568—B.1 标准列出表 21-1,供工程设计参考。

表 21-1 综合布线系统主干缆线长度限值

缆线类型	各线段长度限值(m)		
	A	B	C
100Ω 对绞电缆	800	300	500
62.5μm 多模光缆	2000	300	1700
50μm 多模光缆	2000	300	1700

缆线类型	各线段长度限值（m）		
	A	B	C
单模光缆	3000	300	2700

注：1 如 B 距离小于最大值时，C 为对绞电缆的距离可
　　　相应增加，但 A 的总长度不能大于 800m；
　　2 表中 100Ω 对绞电缆作为语音的传输介质；
　　3 单模光纤的传输距离在主干链路时可达 60km；
　　4 对于电信业务经营者在主干链路中接入电信设施
　　　能满足的传输距离不在本规定内；
　　5 在总距离中可以包括入口设施至 CD 之间的缆线
　　　长度。

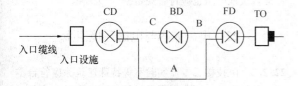

图 21-3　综合布线系统主干缆线组成

21.3.4　综合布线系统的信道、永久链路、CP 链路
的划分，应符合图 21.3.4 中的连接方式，通常信道
是由 90m 水平缆线和 10m 的跳线和设备缆线及 4 个
连接器件组成，而大多数 F 级的永久链路则由 90m
水平缆线和 2 个连接器件组成（不包括 CP）。

21.3.5～21.3.8　综合布线系统在进行系统配置设
计时，应充分考虑用户近期与远期的实际需要与发
展，使之具有通用性和灵活性，尽量避免布线系统
投入正常使用以后，较短的时间又要进行扩建与改
建，造成资金浪费。一般来说，布线系统的水平配
线应以远期需要为主，垂直干线应以近期实用
为主。

　　为了说明问题，以一个工程实例来进行设备与缆
线的配置。例如建筑物的某一层共设置了 200 个信息
点，计算机网络与电话各占 50％，即各为 100 个信息
点。

　　——语音部分

　　1　FD 水平配线模块按连接 100 根 4 对的水平电
缆配置；

　　2　语音主干的总对数按水平电缆总对数的 25％
计，为 100 对线的需求；如考虑 10％的备份线对，则
语音主干电缆总对数为 110 对；

　　3　FD 干线侧配线模块可按大对数主干电缆 110
对卡接端子容量配置。

　　——数据部分

　　1　FD 水平侧配线模块按连接 100 根 4 对的水平
电缆配置。

　　2　数据主干缆线：

　　1）　最小量配置：以每个 HUB/SW 为 24 个

端口计，100 个数据信息点需设置 5 个
HUB/SW；以每 4 个 HUB/SW 为一群
（96 个端口）设置 1 个主干端口，则需设
2 个主干端口；如主干缆线采用对绞电
缆，每个主干端口需设 4 对线，则线对的
总需求量为 16 对；如主干缆线采用光缆，
每个主干光端口按 2 芯光纤考虑，则光纤
的需求量为 8 芯；

　　2）　最大量配置：同样以每个 HUB/SW 为 24
端口计，100 个数据信息点需设置 5 个
HUB/SW；以每一个 HUB/SW（24 个端
口）设置 1 个主干端口，加上两个备份端
口，则共需设置 7 个主干端口；如主干缆
线采用对绞电缆，以每个主干电端口需要
4 对线，则线对的需求量为 28 对。

　　如主干缆线采用光缆，每个主干光端口按 2 芯光
纤考虑，则光纤的需求量为 14 芯。

　　3　FD 干线侧配线模块可根据主干电缆或光缆的
总容量加以配置。

　　配置数量计算得出以后，再根据电缆、光缆、配
线模块的类型、规格加以选用，作出合理配置。

　　用于计算机网络的主干缆线，推荐采用光缆。用
于电话的主干缆线推荐采用对绞电缆，并考虑适当的
备份，以保证网络安全。由于工程的实际情况比较复
杂，不可能按一种模式，设计时还应结合工程的特点
和需求加以调整应用。

21.3.10　各段缆线长度计算公式（21.3.10-1）是采
用非屏蔽电缆时的计算公式，当采用屏蔽电缆时，公
式应采用

$$C=(102-H)/1.5。$$

21.4　系　统　指　标

21.4.2　新的国际标准中，将术语"衰减"改为"插
入损耗"，用于表示链路与信道上的信号损失量。在
本规范中衰减串音比（ACR）、不平衡衰减和耦合衰
减的指标参数中仍保留"衰减"这一术语，但在计算
ACR、RSACR、ELFEXT 和 PSELFEXT 值时，使用
相应的插入损耗值。

21.4.3　本规范综合布线系统的各项指标值参照
ISO/IEC 11801/2002—09 标准中的指标值。ISO/IEC
11801/2002—09 标准中列出了不同频率时的计算公
式和相对频率对应的具体数值表格两种方式，本规范
附录 L 中仅列出相对频率对应的具体数值表格。

21.5　设备间及电信间

21.5.2　综合布线系统设备间主要安装总配线设备。
电话、计算机等各种主机设备及其进线保安设备不属
综合布线工程的范围，但可合装在一起。当分别设置
时，考虑到设备电缆有长度限制的要求，安装总配线

架的设备间与安装程控电话交换机及计算机主机的设备间的距离不宜太远。

一个 10m² 的设备间大约能安装 5 个 19″标准机柜，在机柜中安装电话大对数电缆多对卡接式模块和数据主干缆线配线设备模块，大约能支持 6000 个信息点（其中语音和数据信息点各占一半）的配线设备安装空间。

21.5.3 电信间主要为楼层安装配线设备和楼层计算机网络设备的场地。一般情况下，主要用 19″标准机柜安装，机柜尺寸通常为 600mm（宽）×900mm（深）×2000mm（高），共有 42U 的安装空间。

21.7　缆线选择和敷设

21.7.1 关于综合布线系统所处环境允许存在的电磁干扰场强的规定，考虑了下列因素：

1 在国家标准《通常的抗干扰标准》GB/T 17799.1 中，规定居民区、商业区的干扰辐射场强为 3V/m，按《抗辐射干扰标准》GB/18039.1 的等级划分，属于中等 EM 环境；

2 在原邮电部电信总局编制的《通信机房环境安全管理通则》中，规定通信机房的电场强度在频率范围为 0.15～500MHz 时，不应大于 130dBμV/m，相当于 3.16V/m。

参考以上两项规定，对电场强度作出 3V/m 的规定。

21.7.2 铜缆的命名可以按照以下推荐的方法统一命名。

铜缆命名方法如下：

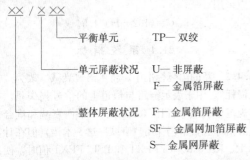

对于屏蔽电缆根据防护的要求，应从 F/UTP（电缆金属箔屏蔽）、U/FTP（线对金属箔屏蔽）、SF/UTP（电缆金属编织网加金属箔屏蔽）、S/FTP（电缆金属箔编织网屏蔽加上线对金属箔屏蔽）中选用。

21.7.6 综合布线缆线的布放方式对于某些生产厂商提供的 6 类电缆不要求完全做到平直和均匀，甚至可以不绑扎，以减少对绞电缆之间串音对传输信号的影响。

21.8　电气防护和接地

21.8.1 综合布线电缆与电力电缆的间距要求，是参

考《商用大楼电信通道和间距标准》TIA/EIA569 标准制定的。

当建筑物在建或已建成但尚未投入运行时，为确定综合布线系统的选型，应测定建筑物环境的干扰场强度，根据取得的数据和资料，选择合适的器件和采取相应的措施。

光缆布线具有最佳的防电磁干扰性能，在电磁干扰较严重的情况下，是比较理想的防电磁干扰布线系统。

21.8.5 综合布线应有良好的接地系统，且每一楼层的配线柜都应采用适当截面的导线单独布线至接地体，也可采用竖井内集中用铜排或粗铜线引到接地网。不管采用何种方式，导线或铜导体的截面应符合标准，接地电阻也应符合规定。

22　电磁兼容与电磁环境卫生

22.2.2 医技楼、专业实验室等特殊建筑除应符合本规范的规定外，还应根据项目的特殊性作进一步的考虑。常见的措施有设备屏蔽罩、屏蔽机房等。

22.2.5 本条规定依据国家标准《环境电磁波卫生标准》GB 9175－88，建筑物内部场强的测试应按该标准规定的方法进行。

22.3.1 本条规定引自国家标准《电能质量　公用电网谐波》GB/T 14549－1993。

22.3.2 供配电系统的谐波治理

第 1 款　由二次侧负载产生的三次及其倍数次谐波会在 D，yn11 接线组别变压器的一次侧形成绕组内环流，故可有效地防止此类谐波经变压器传入一次侧的电网中。也正因为如此，这种变压器的一次绕组将可能出现更高的温升，故应适当降低其负载率。有些国家主张采用 K 值变压器，K 值代表变压器对谐波电流所致温升的承受能力。

第 6 款　大功率谐波骚扰源一般可界定为设备功率大于所在变压器容量的 8%，且 THD_i 大于 35% 的用电设备。

第 8 款　最简单有效的低阻抗设计方法是将从变压器至大功率谐波骚扰源的馈线截面放大，具体可照设备样本所供参数进行设计。

第 9 款　功率因数补偿电容器组所配的电抗器应与工程中所针对的谐波数相匹配。

22.5.3 主要指大功率 UPS 等谐波源，最简单有效的低阻抗设计方法为将从变压器至大功率谐波骚扰源的馈线截面放大，具体可参照设备样本所供参数进行设计。

22.7.1 不同电压等级的电力电缆，如 10kV、6kV、0.4kV 的电力电缆应分别穿导管或在不同的电缆桥架内敷设；电力电缆不得与电子信息系统的传输线路合用保护导管和线槽；信号电压明显不同

的电子信息系统的传输线路，例如，同为模拟信号的音响广播传输线路与有线电视广播传输线路等，也不得合用保护导管和线槽；不同信号类型的传输线路，例如，模拟信号与数字信号，不宜合用保护导管和线槽。

22.7.2 广播线路的工作电压通常为 100V 或 70V，明显高于其他电子信息系统传输线路的工作电压，且其工作电流也相对较大，容易对其他电子信息系统产生干扰，故也需作一定程度的限制。

22.7.4 为保证保护导管的屏蔽效果，应使保护导管可靠连接并接地。

22.8.3 彼此间采用无金属增强线的光缆连接、设置信号隔离变压器、采用微波传输网络等方法均可阻断高电压的传递途径。

22.8.5 做成封闭环是为消除等电位网络中任意两点间的电位差，确保各点之间的电位相等。

22.8.6 图 22-1～图 22-4 为各种不同的等电位联结网络及其适用范围。

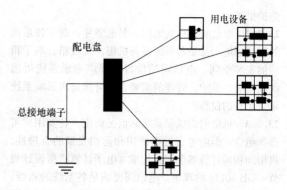

图 22-3 多个网状联结的接地网络

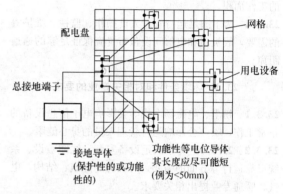

图 22-4 公共网状联结的接地网络

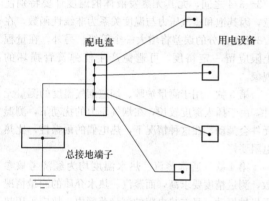

图 22-1 星形接地网络

23 电子信息设备机房

23.1 一 般 规 定

23.1.1 本章适用于民用建筑物（群）所设的各类电子信息设备机房及电信间，对于主机房建筑面积大于或等于 140m² 的计算机房与电话交换机房应符合国家相关设计规范的规定。

23.1.2 各类电子信息设备分类合设机房，可节约机房面积，减少值班人员，方便管理，有利于系统集成。

23.1.3 对于高层建筑或电子信息系统较多的多层建筑，其布线种类、设备机柜、接线箱等较多，故应设置电信间。

23.1.5 电子信息技术发展很快，建筑智能化系统的内容在不断增加。因此在设计中，智能化系统设计与建筑设计人员应密切配合，为各智能化系统的运行及其发展留出适度的面积，使机房能满足系统扩容、更新和增加新系统等发展的需要。

23.1.6 地震发生时，机房和设备不应遭到破坏。

23.2 机房的选址、设计与设备布置

23.2.1 漏水、粉尘、有害气体、振动冲击、电磁场干扰等会影响电子信息系统的正常工作，机房位置选择应尽可能远离产生上述影响源的场所或采取必要的

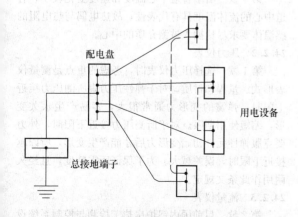

图 22-2 星形接地网络

22.8.7 这是为了确保联结导体在高频下仍具有较小的阻抗。

22.8.9 这是为了避免 UPS 输出端中性点悬浮。

防护措施。

23.2.2 电信间又称弱电间、弱电竖井，既是各系统的布线通道，又是各系统设备机柜、接线箱、端子箱等的安装空间。电信间的位置选择应考虑系统进出线、安装、维护、管理的需要，尽可能远离影响系统正常运行的设施。

23.2.3 机房的组成根据实际情况而定，各类用房可选择组合，但应考虑近期使用和远期发展的合理性。机房面积的计算参照国家标准《电子计算机房设计规范》GB 50174 的规定。电信间要满足各系统的布线、设备机柜等的安装以及维护管理的需要，应保证必要的工作面积。

23.2.4 为了满足运行管理人员操作、监视、维护等的需要，故机房和电信间设备布置应保证足够的通道距离。

23.3 环境条件和对相关专业的要求

23.3.1 粉尘、电磁场干扰等会影响电子信息设备的正常工作，噪声会影响运行管理人员的身心健康。

23.3.2、23.3.3 为了满足设备安装、线缆敷设、系统可靠运行等方面的需要，对机房的建筑、结构、电气、暖通专业提出相关要求。

23.4 机房供电、接地及防静电

为了保证电子信息系统安全、可靠的运行，以及运行管理人员的人身安全，对机房的供电、接地及防静电设计提出相关要求。

23.5 消防与安全

由于机房在建筑物中的重要性，机房的设计应考虑在正常情况下和非正常情况下的使用需要，还要考虑本身的安全，在非正常情况下尽量减少损失。

24 锅炉房热工检测与控制

24.1 一般规定

24.1.1 本章内容涵盖民用蒸汽锅炉房和住宅小区集中供热热水锅炉房的热工检测与控制。

第1款 蒸汽锅炉房主要用于我国北方诸如大型医院等项目。由于医院长年采用蒸汽消毒、食堂蒸饭、夏季制冷（为溴化锂制冷机组供气）及冬季采暖（经过热交换器）供热，炉型统一便于管理。民用蒸汽锅炉额定蒸发量最大为 20t/h，20t/h 以上的蒸锅炉多为工业和热电站用。

第2款 近年来，我国长江以北，尤其东北高寒地区为了治理环境污染，许多效率低、污染大的小型热水锅炉被拆除。住宅小区供暖朝着集中供热方向发展，热水锅炉的容量越来越大，出现了多台 58MW

大型热水锅炉并列运行的情况。

24.1.2 本条文的目的是提醒设计人员在作锅炉房仪表设计时，注意与报警系统、计算机监视或各种巡检装置的检测项目综合考虑，不要重复设置检测环节（需要者除外）以减少投资。

24.1.3 在满足锅炉安全、经济运行的前提下，检测仪表要精简，其目的是节约投资和减少运行维护费用。

24.1.4 过程参数的检测控制仪表种类繁多，规格不一，有的仪表价格比较昂贵。因此，在满足工艺要求的前提下，应根据工程大小、投资状况、技术指标要求等综合考虑确定。

24.2 自动化仪表的选择

24.2.1 温度仪表

第1款 就地式温度仪表当选用双金属温度计时，通常安装在便于观察的地方，刻度盘直径宜大于100mm 以满足视觉要求。

第2款 压力式温度计量程范围最好在满量程的 $1/3 \sim 3/4$ 之间，尤其无蒸发液体的温度计要特别注意，因其饱和蒸汽压力与温度关系为非线性函数，在 $1/3$ 刻度部分的误差将增大一个等级。另外，在量程上限应留一定裕度，可避免产生使弹簧管损坏的现象。

第3款 用于测量炉膛、烟道烟气温度的测量元件，由于插入深度较长，在烟气压力的扰动下，测温元件会颤动。在这种情况下，热电偶的耐振性，比热电阻要好。

第4款 通常蒸汽、热水温度均为经济考核参数，测量精度要求高，而蒸汽、热水介质的测量情况无机械振动，且在热电阻的测量范围内，故应采用热电阻。

第5款 由于管道中心温度和速度变化较小，管道中心的流体温度具有代表性，故热电偶与热电阻的感温体要求尽量插入被测介质的中心。

24.2.2 压力仪表

第1款 选择压力仪表时，考虑的重点是测量仪表形式、量程和材质。对于弹性压力表所测压力接近上限时，弹簧的变形力通常很大，容易产生永久变形，缩短使用期限。对于所测压力接近下限时，外力要克服弹性元件初始变形力后才能产生变形，所以越接近下限时，误差越大。为了保证所需精度，且经久耐用作此条文规定。

24.2.3 流量仪表

第2款 目前国内锅炉房热工检测与控制系统设计中，流量测量仪表多采用标准节流装置。由于标准节流装置适用面较广、通用程度高、造价相对便宜等优点得到广泛采用。

因此，本条文规定，一般流体（蒸汽、液体）流

量测量仪表应选择标准节流装置配用差压式流量计。当标准节流装置不能满足要求时，才选用其他类型的流量计。

24.2.4 液位仪表

第1款 采用差压计测量密闭容器的液位，通常容器的低水位测量接管设在满量程的10%处，以防止水位波动较大时，克服水枯或水满带来的不利影响。正常水位定在满量程的30%是保证水位在上、下最大的波动范围内仍可测量。

第2款 为消除平衡容量两层套筒内水温不等而使其重度不同所引起的示值误差，双室平衡容器应采用温度补偿型。

24.2.5 分析仪表

第2款 磁导式氧量分析仪用于连续自动分析混合气体中氧气含量，测量过程中不改变被分析气体的形态。对于烟道气体含氧量测量具有反应速度快、稳定性好等优点，在0～100%的范围内均可测量。

氧化锆氧量分析仪测量烟气含氧量具有反应迅速、迟延小、结构简单可用来测量高温烟气（600～800℃）等优点，在燃煤锅炉房中得到广泛应用。

24.2.6 显示、记录、调节仪表

第1款第1项 因数字式显示仪表与动圈式显示仪表相比具有精度高、读数直接方便的优点，故在工程中推荐使用。但对一些小型锅炉或投资少的锅炉房也可采用动圈式显示仪表。

采用色带指示仪测量汽包水位是基于其显示直观、形象，故在工程中大量采用。

第1款第6项 一个调节系统由手动切换到自动，或由自动切换到手动都不应该影响调节器输出的变化。无扰切换是设计一个调节系统时必须考虑的问题，要实现无扰切换必须选择有自动跟踪功能的调节器。

第1款第7项 调节器的上、下限限幅同操作器的上、下限限位都是为了限制执行机构的动作范围，以保证锅炉的安全。具体选用时，如果操作器没有限位功能则调节器就要有限幅功能。当调节系统中调节器和操作器都具有限幅和限位功能时，可将调节器的输出限幅作为Ⅰ限值，操作器的限位作为Ⅱ限值，可提高系统的安全性和可靠性。

24.2.7 电动执行器及调节阀口径的选择

第3款 调节阀阀径是根据计算其流量系数 K_v 值选取的。在公式（24.2.7-1）、（24.2.7-4）中，W_{Lmax}、W_{gmax} 为最大流量，当工艺能够提供该参数的数值时，应以工艺提供的为准。当工艺不能确定时，最大流量的选择应不小于常用流量的1.25倍。

第4款 雷诺数是一个用来证明流体在管道内流动状态的无量纲数。通过雷诺数可判断流体的流动状态是层流还是湍流。因为流量系数是在湍流下测得的，当雷诺数大于3500时，流体为湍流状态可不作

低雷诺数修正。当小于3500时，流体逐步进入层流状态。对于计算的 K_v 值，必然会导致较大的误差。因此，对雷诺数偏低的流体在 K_v 值计算时必须进行修正。其修正方法参见相关设计手册。

第6款 在计算调节阀流量系数公式中的常数是在调节阀直径与管道直径相同，而且保证一定直管长度的情况下，通过实验取得的。

但在实际工程中往往不能满足这个条件，特别是调节阀的公称通径小于管道直径，阀两端必然会装有渐缩或渐扩接头等过渡件，因此，加在阀两端的阀压降 Δp 便会小于计算阀压降，使阀的实际流量系数减小。因此，对未考虑附接管件时算得的流量系数要加以修正。其计算可按下式进行：

$$K'_v = \frac{K_v}{K_{Lp}} \qquad (24-1)$$

式中 F_{Lp}——有附接管件时的压力恢复管件形状组合修正系数（其值可根据 D/d 比值，在设计手册中各种调节阀的系数值表中查得）。

第7款 经验法是经过大量的工程计算总结出来的结论。使用经验法的前提是保证工艺管道设计是合理的，否则，仍将采用计算法。

24.3 热工检测与控制

24.3.1～24.3.7 本节条款规定了锅炉机组和水处理系统热工参数需要检测的内容，对于存在安全隐患的参数做了必须装设监测仪表的规定。对于一些用于经济核算和经济运行的参数界定了应装设监测仪表的范围。

24.3.8 由于小于或等于4t/h的蒸汽锅炉，其蒸发量比较小，安装这种小型锅炉的用户往往对蒸汽质量要求不是很高。因此，配备位式给水自动调节装置是比较简单，易于实现，经济实用的控制方案。

对于等于或大于6t/h的蒸汽锅炉，推荐设置连续给水自动调节装置。至于采用单冲量、双冲量、三冲量水位调节尚应根据锅炉的大小和负荷的具体情况选择，本规范未作具体规定。

24.3.9、24.3.10 为保证锅炉安全运行，并能在故障状态下确保锅炉本体不受损坏，制定本条款。

24.3.11 此条规定有两个目的：①提高设备运行的自动化水平，降低运行管理人员的工作强度。②提高蒸汽质量，同时使锅炉运行在最佳风煤比状态，以达到节省能源、降低运行成本。因此，推荐采用燃烧自动调节装置。

24.3.12 对于热力除氧器设置水位调节的主要目的是维持除氧水箱水位稳定，同时，也是维持给水泵吸入口压力稳定。这有利于给水泵的安全运行（水位太低，可能使水泵入口汽化）和保证除氧效果（水位太高，可能淹没除氧头，影响除氧效果）。

用蒸汽把进入除氧器的水加热到沸点，把水中的氧气排掉以减小锅炉和金属管道的腐蚀。除氧效果与加热时的饱和温度有关，饱和温度稳定，除氧效果就好，一定的饱和温度对应一定的饱和压力。因此，维持除氧器压力稳定，就可以使饱和温度稳定。所以，要设置蒸汽压力自动调节装置。

24.3.13 用喷射器（或真空泵）将除氧器内压力抽成一定的真空度，进入除氧器的水首先加热到与除氧器内相应压力下的饱和温度以上 $0.5 \sim 1.0℃$，然后送入除氧器。由于被除氧的水有过热度，故一部分被汽化，另一部分水处于沸腾状态，水中的气体（主要是氧气）被分解出来，被喷射器排出器外达到除氧的目的。由于进入除氧器的水温度的高、低直接影响到除氧效果的好坏，因此真空除氧器的进水温度应设自动调节装置。

24.3.14 两台及以上除氧器并列运行时，除蒸汽空间用汽平衡管连接外，除氧水箱也用水平衡管连接起来。这对保证锅炉给水泵的安全运行是有利的，但对水位调节、压力调节就不太有利。因为，所有除氧器水箱通过水平衡管连接起来互相干扰，特别是压力控制不好时，水位波动更大。另外，多台除氧器并列运行时，其压力调节对象是一种耦合对象，容易产生振荡。因此，调节系统应重点解决稳定性问题。一台除氧器的水位、压力利用 PI（比例积分）调节规律，其余采用 P（比例）调节规律是提高调节系统稳定性的重要措施之一。

24.4 自动报警与连锁控制

24.4.1、24.4.2 为使锅炉机组及水处理系统设备安全运行，对于一些重要的参数设置了自动报警。当这些参数超出报警阈值，就有可能使设备损坏。因此，对于存在安全隐患的参数设置自动报警装置，一但出现异常现象立即发出警报，提示管理人员及时处理。

24.8 取源部件、导管及防护

24.8.2 本条规定主要是从测量精度方面考虑的。测温元件装设在管道和设备的死角处，因介质不流通，受散热影响，不能反映真实温度。

在有涡流的地方压力波动较大，取压口设在此处，亦不能反映真实压力。

压力取源部件和测温元件在同一管段上邻近安装时，如果测温元件安装在上游，将破坏管道内介质的流场，使测温元件附近的压力产生扰动，对邻近的压力测量非常不利。因此，作出了压力取源部件应安装在测温元件上游的规定。

24.8.3 测量含固体颗粒介质（如烟气）的压力时，取源部件设置在管道（烟道）上方的目的是防止固体颗粒落入测量管路，造成管路堵塞，影响测量。

24.11 锅炉房计算机监控系统

24.11.1 近年来，随着计算机在工控领域的普及及成本不断降低，锅炉机组利用计算机进行监控的工程越来越多，技术上日趋成熟。对于相同吨位的锅炉与采用模拟量组合仪表相比，计算机监控系统具有可靠性高、监控性能强、操作方便等优点，尤其在采用锅炉燃烧自动调节时，更具优势。

因此，本规范推荐在 24.11.1 所述情况下宜采用计算机监控系统。

中华人民共和国行业标准

住宅建筑电气设计规范

Code for electrical design of residential buildings

JGJ 242—2011

批准部门：中华人民共和国住房和城乡建设部
施行日期：2　0　1　2　年　4　月　1　日

中华人民共和国住房和城乡建设部
公 告

第 1001 号

关于发布行业标准《住宅建筑
电气设计规范》的公告

现批准《住宅建筑电气设计规范》为行业标准，编号为 JGJ 242‐2011，自 2012 年 4 月 1 日起实施。其中，第 4.3.2、8.4.3、10.1.1、10.1.2 条为强制性条文，必须严格执行。

本规范由我部标准定额研究所组织中国建筑工业

出版社出版发行。

中华人民共和国住房和城乡建设部
2011 年 5 月 3 日

前 言

根据原建设部《关于印发〈2007 年工程建设标准规范制订、修订计划（第一批）〉的通知》（建标 [2007] 125 号）的要求，规范编制组经广泛调查研究，认真总结实践经验，参考有关国内外标准，并在广泛征求意见的基础上，编制本规范。

本规范的主要技术内容是：1. 总则；2. 术语；3. 供配电系统；4. 配变电所；5. 自备电源；6. 低压配电；7. 配电线路布线系统；8. 常用设备电气装置；9. 电气照明；10. 防雷与接地；11. 信息设施系统；12. 信息化应用系统；13. 建筑设备管理系统；14. 公共安全系统；15. 机房工程。

本规范中以黑体字标志的条文为强制性条文，必须严格执行。

本规范由住房和城乡建设部负责管理和对强制性条文的解释，由中国建筑标准设计研究院负责具体技术内容的解释。执行过程中如有意见或建议，请寄送中国建筑标准设计研究院（地址：北京市海淀区首体南路 9 号主语国际 2 号楼，邮编：100048）。

本规范主编单位：中国建筑标准设计研究院
本规范参编单位：中国建筑设计研究院
          北京市建筑设计研究院
          上海现代设计集团华东建筑设计研究院有限公司
          上海现代设计集团上海建筑设计研究院有限公司
          中国建筑东北设计研究院有限公司
          中国建筑西北设计研究院有限公司
          中国建筑西南设计研究院有限公司
          中南建筑设计院股份有限公司
          新疆建筑设计研究院
          广东省建筑设计研究院
          广西华蓝设计（集团）有限公司
          合肥工业大学建筑设计研究院
          施耐德（中国）有限公司

本规范主要起草人员：孙 兰 李雪佩 李立晓
          黄祖凯 张文才 李逢元
          王金元 杨德才 杜毅威
          邵民杰 陈众励 熊 江
          丁新亚 林洪思 粟卫权
          万 力

本规范主要审查人员：孙成群 丁 杰 张 宜
          陈汉民 李长海 王东林
          汪 军 周名嘉 冯志文
          徐 华 李炳华 钟景华

目　次

Contents

1 总　则

1.0.1 为统一住宅建筑电气设计，全面贯彻执行国家的节能环保政策，做到安全可靠、经济合理、技术先进、整体美观、维护管理方便，制定本规范。

1.0.2 本规范适用于城镇新建、改建和扩建的住宅建筑的电气设计，不适用于住宅建筑附设的防空地下室工程的电气设计。

1.0.3 住宅建筑电气设计应与工程特点、规模和发展规划相适应，并应采用经实践证明行之有效的新技术、新设备、新材料。

1.0.4 住宅建筑电气设备应采用符合国家现行有关标准的高效节能、环保、安全、性能先进的电气产品，严禁使用已被国家淘汰的产品。

1.0.5 住宅建筑电气设计除应符合本规范外，尚应符合国家现行有关标准的规定。

2　术　语

2.0.1 住宅单元　residential building unit

由多套住宅组成的建筑部分，该部分内的住户可通过共用楼梯和安全出口进行疏散。

2.0.2 套（户）型　dwelling unit

按不同使用面积、居住空间和厨卫组成的成套住宅单位。

2.0.3 家居配电箱　house electrical distributor

住宅套（户）内供电电源进线及终端配电的设备箱。

2.0.4 家居配线箱　（HD）house tele-distributor

住宅套（户）内数据、语音、图像等信息传输线缆的接入及匹配的设备箱。

2.0.5 家居控制器　（HC）house controller

住宅套（户）内各种数据采集、控制、管理及通信的控制器。

2.0.6 家居管理系统　（HMS）house management system

将住宅建筑（小区）各个智能化子系统的信息集成在一个网络与软件平台上进行统一的分析和处理，并保存于住宅建筑（小区）管理中心数据库，实现信息资源共享的综合系统。

3　供配电系统

3.1　一般规定

3.1.1 供配电系统应按住宅建筑的负荷性质、用电容量、发展规划以及当地供电条件合理设计。

3.1.2 应急电源与正常电源之间必须采取防止并列

运行的措施。

3.1.3 住宅建筑的高压供电系统宜采用环网方式，并应满足当地供电部门的规定。

3.1.4 供配电系统设计应符合国家现行标准《供配电系统设计规范》GB 50052 和《民用建筑电气设计规范》JGJ 16 的有关规定。

3.2　负荷分级

3.2.1 住宅建筑中主要用电负荷的分级应符合表3.2.1 的规定，其他未列入表 3.2.1 中的住宅建筑用电负荷的等级宜为三级。

表 3.2.1　住宅建筑主要用电负荷的分级

建筑规模	主要用电负荷名称	负荷等级
建筑高度为 100m 或 35 层及以上的住宅建筑	消防用电负荷、应急照明、航空障碍照明、走道照明、值班照明、安防系统、电子信息设备机房、客梯、排污泵、生活水泵	一级
建筑高度为 50m ～ 100m 且 19 层～ 34 层的一类高层住宅建筑	消防用电负荷、应急照明、航空障碍照明、走道照明、值班照明、安防系统、客梯、排污泵、生活水泵	
10 层～ 18 层的二类高层住宅建筑	消防用电负荷、应急照明、走道照明、值班照明、安防系统、客梯、排污泵、生活水泵	二级

3.2.2 严寒和寒冷地区住宅建筑采用集中供暖系统时，热交换系统的用电负荷等级不宜低于二级。

3.2.3 建筑高度为 100m 或 35 层及以上住宅建筑的消防用电负荷、应急照明、航空障碍照明、生活水泵宜设自备电源供电。

3.3　电能计量

3.3.1 每套住宅的用电负荷和电能表的选择不宜低于表 3.3.1 的规定：

表 3.3.1　每套住宅用电负荷和电能表的选择

套型	建筑面积 S（m²）	用电负荷（kW）	电能表（单相）（A）
A	S≤60	3	5（20）
B	60＜S≤90	4	10（40）
C	90＜S≤150	6	10（40）

3.3.2 当每套住宅建筑面积大于 150m² 时，超出的建筑面积可按 40W/m² ～ 50W/m² 计算用电负荷。

3.3.3 每套住宅用电负荷不超过 12kW 时，应采用单相电源进户，每套住宅应至少配置一块单相电能表。

3.3.4 每套住宅用电负荷超过 12kW 时，宜采用三相电源进户，电能表应能按相序计量。

3.3.5 当住宅套内有三相用电设备时，三相用电设备应配置三相电能表计量；套内单相用电设备应按本规范第 3.3.3 条和第 3.3.4 条的规定进行电能计量。

3.3.6 电能表的安装位置除应符合下列规定外，还应符合当地供电部门的规定：

1 电能表宜安装在住宅套外；

2 对于低层住宅和多层住宅，电能表宜按住宅单元集中安装；

3 对于中高层住宅和高层住宅，电能表宜按楼层集中安装；

4 电能表箱安装在公共场所时，暗装箱底距地宜为 1.5m，明装箱底距地宜为 1.8m；安装在电气竖井内的电能表箱宜明装，箱的上沿距地不宜高于 2.0m。

3.4 负荷计算

3.4.1 对于住宅建筑的负荷计算，方案设计阶段可采用单位指标法和单位面积负荷密度法；初步设计及施工图设计阶段，宜采用单位指标法与需要系数法相结合的算法。

3.4.2 当单相负荷的总计算容量小于计算范围内三相对称负荷总计算容量的 15% 时，应全部按三相对称负荷计算；当大于等于 15% 时，应将单相负荷换算为等效三相负荷，再与三相负荷相加。

3.4.3 住宅建筑用电负荷采用需要系数法计算时，需要系数应根据当地气候条件、采暖方式、电炊具使用等因素进行确定。

4 配变电所

4.1 一般规定

4.1.1 住宅建筑配变电所应根据其特点、用电容量、所址环境、供电条件和节约电能等因素合理确定设计方案，并应考虑发展的可能性。

4.1.2 住宅建筑配变电所设计应符合国家现行标准《10kV 及以下变电所设计规范》GB 50053、《民用建筑电气设计规范》JGJ 16 和当地供电部门的有关规定。

4.2 所址选择

4.2.1 单栋住宅建筑用电设备总容量为 250kW 以下时，宜多栋住宅建筑集中设置配变电所；单栋住宅建筑用电设备总容量在 250kW 及以上时，宜每栋住宅建筑设置配变电所。

4.2.2 当配变电所设在住宅建筑内时，配变电所不应设在住户的正上方、正下方、贴邻和住宅建筑疏散出口的两侧，不宜设在住宅建筑地下的最底层。

4.2.3 当配变电所设在住宅建筑外时，配变电所的外侧与住宅建筑的外墙间距，应满足防火、防噪声、防电磁辐射的要求，配变电所宜避开住户主要窗户的水平视线。

4.3 变压器选择

4.3.1 住宅建筑应选用节能型变压器。变压器的结线宜采用 D，yn11，变压器的负载率不宜大于 85%。

4.3.2 设置在住宅建筑内的变压器，应选择干式、气体绝缘或非可燃性液体绝缘的变压器。

4.3.3 当变压器低压侧电压为 0.4kV 时，配变电所中单台变压器容量不宜大于 1600kVA，预装式变电站中单台变压器容量不宜大于 800kVA。

5 自备电源

5.0.1 建筑高度为 100m 或 35 层及以上的住宅建筑宜设柴油发电机组。

5.0.2 设置柴油发电机组时，应满足噪声、排放标准等环保要求。

5.0.3 应急电源装置（EPS）可作为住宅建筑应急照明系统的备用电源，应急照明连续供电时间应满足国家现行有关防火标准的要求。

6 低压配电

6.1 一般规定

6.1.1 住宅建筑低压配电系统的设计应根据住宅建筑的类别、规模、供电负荷等级、电价计量分类、物业管理及可发展性等因素综合确定。

6.1.2 住宅建筑低压配电设计应符合国家现行标准《低压配电设计规范》GB 50054、《民用建筑电气设计规范》JGJ 16 的有关规定。

6.2 低压配电系统

6.2.1 住宅建筑单相用电设备由三相电源供配电时，应考虑三相负荷平衡。

6.2.2 住宅建筑每个单元或楼层宜设一个带隔离功能的开关电器，且该开关电器可独立设置，也可设置在电能表箱里。

6.2.3 采用三相电源供电的住宅，套内每层或每间房的单相用电设备、电源插座宜采用同相电源供电。

6.2.4 每栋住宅建筑的照明、电力、消防及其他防灾用电负荷，应分别配电。

6.2.5 住宅建筑电源进线电缆宜地下敷设，进线处应设置电源进线箱，箱内应设置总保护开关电器。电源进线箱宜设在室内，当电源进线箱设在室外时，箱体防护等级不宜低于 IP54。

6.2.6 6 层及以下的住宅单元宜采用三相电源供配电，当住宅单元数为 3 及 3 的整数倍时，住宅单元可采用单相电源供配电。

6.2.7 7 层及以上的住宅单元应采用三相电源供配电，当同层住户数小于 9 时，同层住户可采用单相电源供配电。

6.3 低压配电线路的保护

6.3.1 当住宅建筑设有防电气火灾剩余电流动作报警装置时，报警声光信号除应在配电柜上设置外，还宜将报警声光信号送至有人值守的值班室。

6.3.2 每套住宅应设置自恢复式过、欠电压保护电器。

6.4 导体及线缆选择

6.4.1 住宅建筑套内的电源线应选用铜材质导体。

6.4.2 敷设在电气竖井内的封闭母线、预制分支电缆、电缆及电源线等供电干线，可选用铜、铝或合金材质的导体。

6.4.3 高层住宅建筑中明敷的线缆应选用低烟、低毒的阻燃类线缆。

6.4.4 建筑高度为 100m 或 35 层及以上的住宅建筑，用于消防设施的供电干线应采用矿物绝缘电缆；建筑高度为 50m~100m 且 19 层~34 层的一类高层住宅建筑，用于消防设施的供电干线应采用阻燃耐火线缆，宜采用矿物绝缘电缆；10 层~18 层的二类高层住宅建筑，用于消防设施的供电干线应采用阻燃耐火类线缆。

6.4.5 19 层及以上的一类高层住宅建筑，公共疏散通道的应急照明应采用低烟无卤阻燃的线缆。10 层~18 层的二类高层住宅建筑，公共疏散通道的应急照明宜采用低烟无卤阻燃的线缆。

6.4.6 建筑面积小于或等于 60m² 且为一居室的住户，进户线不应小于 6mm²，照明回路支线不应小于 1.5mm²，插座回路支线不应小于 2.5mm²。建筑面积大于 60m² 的住户，进户线不应小于 10mm²，照明和插座回路支线不应小于 2.5mm²。

6.4.7 中性导体和保护导体截面的选择应符合表 6.4.7 的规定。

表 6.4.7 中性导体和保护导体截面的选择（mm²）

相导体的截面 S	相应中性导体的截面 S_N（N）	相应保护导体的最小截面 S_{PE}（PE）
S≤16	$S_N=S$	$S_{PE}=S$
16<S≤35	$S_N=S$	$S_{PE}=16$
S>35	$S_N=S$	$S_{PE}=S/2$

7 配电线路布线系统

7.1 一般规定

7.1.1 电源布线系统宜考虑电磁兼容性和对其他弱电系统的影响。

7.1.2 住宅建筑电源布线系统的设计应符合国家现行有关标准的规定。住宅建筑配电线路的直敷布线、金属线槽布线、矿物绝缘电缆布线、电缆桥架布线、封闭式母线布线的设计应符合现行行业标准《民用建筑电气设计规范》JGJ 16 的规定。

7.2 导管布线

7.2.1 住宅建筑套内配电线路布线可采用金属导管或塑料导管。暗敷的金属导管管壁厚度不应小于 1.5mm，暗敷的塑料导管管壁厚度不应小于 2.0mm。

7.2.2 潮湿地区的住宅建筑及住宅建筑内的潮湿场所，配电线路布线宜采用管壁厚度不小于 2.0mm 的塑料导管或金属导管。明敷的金属导管应做防腐、防潮处理。

7.2.3 敷设在钢筋混凝土现浇楼板内的线缆保护导管最大外径不应大于楼板厚度的 1/3，敷设在垫层的线缆保护导管最大外径不应大于垫层厚度的 1/2。线缆保护导管暗敷时，外护层厚度不应小于 15mm；消防设备线缆保护导管暗敷时，外护层厚度不应小于 30mm。

7.2.4 当电源线缆导管与采暖热水管同层敷设时，电源线缆导管宜敷设在采暖热水管的下面，并不应与采暖热水管平行敷设。电源线缆与采暖热水管相交处不应有接头。

7.2.5 与卫生间无关的线缆导管不得进入和穿过卫生间。卫生间的线缆导管不应敷设在 0、1 区内，并不宜敷设在 2 区内。

7.2.6 净高小于 2.5m 且经常有人停留的地下室，应采用导管或线槽布线。

7.3 电缆布线

7.3.1 无铠装的电缆在住宅建筑内明敷时，水平敷设至地面的距离不宜小于 2.5m；垂直敷设至地面的距离不宜小于 1.8m。除明敷在电气专用房间外，当不能满足要求时，应采取防止机械损伤的措施。

7.3.2 220/380V 电力电缆及控制电缆与 1kV 以上的电力电缆在住宅建筑内平行明敷设时，其净距不应小于 150mm。

7.4 电气竖井布线

7.4.1 电气竖井宜用于住宅建筑供电电源垂直干线等的敷设，并可采取电缆直敷、导管、线槽、电缆桥架及封闭式母线等明敷设布线方式。当穿管管径不大于电气竖井壁厚的1/3时，线缆可穿导管暗敷设于电气竖井壁内。

7.4.2 当电能表箱设于电气竖井内时，电气竖井内电源线缆宜采用导管、金属线槽等封闭式布线方式。

7.4.3 电气竖井的井壁应为耐火极限不低于1h的不燃烧体。电气竖井应在每层设维护检修门，并宜加门锁或门控装置。维护检修门的耐火等级不应低于丙级，并应向公共通道开启。

7.4.4 电气竖井的面积应根据设备的数量、进出线的数量、设备安装、检修等因素确定。高层住宅建筑利用通道作为检修面积时，电气竖井的净宽度不宜小于0.8m。

7.4.5 电气竖井内竖向穿越楼板和水平穿过井壁的洞口应根据主干线缆所需的最大路由进行预留。楼板处的洞口应采用不低于楼板耐火极限的不燃烧体或防火材料作封堵，井壁的洞口应采用防火材料封堵。

7.4.6 电气竖井内应急电源和非应急电源的电气线路之间应保持不小于0.3m的距离或采取隔离措施。

7.4.7 强电和弱电线缆宜分别设置竖井。当受条件限制需合用时，强电和弱电线缆应分别布置在竖井两侧或采取隔离措施。

7.4.8 电气竖井内应设电气照明及至少一个单相三孔电源插座，电源插座距地宜为0.5m～1.0m。

7.4.9 电气竖井内应敷设接地干线和接地端子。

7.5 室 外 布 线

7.5.1 当沿同一路径敷设的室外电缆小于或等于6根时，宜采用铠装电缆直接埋地敷设。在寒冷地区，电缆宜埋设于冻土层以下。

7.5.2 当沿同一路径敷设的室外电缆为7根～12根时，宜采用电缆排管敷设方式。

7.5.3 当沿同一路径敷设的室外电缆数量为13根～18根时，宜采用电缆沟敷设方式。

7.5.4 电缆与住宅建筑平行敷设时，电缆应埋设在住宅建筑的散水坡外。电缆进出住宅建筑时，应避开人行出入口处，所穿保护管应在住宅建筑散水坡外，且距离不应小于200mm，管口应实施阻水堵塞，并宜在距住宅建筑外墙3m～5m处设电缆井。

7.5.5 各类地下管线之间的最小水平和交叉净距，应分别符合表7.5.5-1和表7.5.5-2的规定。

表7.5.5-1 各类地下管线之间最小水平净距（m）

管线名称	给水管			排水管	燃气管		热力管	电力电缆	弱电管道
	D_1	D_2	D_3		P_1	P_2			
电力电缆	0.5			0.5	1.0	1.5	2.0	0.25	0.5

续表7.5.5-1

管线名称	给水管			排水管	燃气管		热力管	电力电缆	弱电管道
	D_1	D_2	D_3		P_1	P_2			
弱电管道	0.5	1.0	1.5	1.0	1.0	2.0	1.0	0.5	0.5

注：1 D 为给水管直径，$D_1 \leqslant 300mm$，$300mm < D_2 \leqslant 500mm$，$D_3 > 500mm$。

2 P 为燃气压力，$P_1 \leqslant 300kPa$，$300kPa < P_2 \leqslant 800kPa$。

表7.5.5-2 各类地下管线之间最小交叉净距（m）

管线名称	给水管	排水管	燃气管	热力管	电力电缆	弱电管道
电力电缆	0.50	0.50	0.50	0.50	0.50	0.50
弱电管道	0.15	0.15	0.30	0.25	0.50	0.25

8 常用设备电气装置

8.1 一 般 规 定

8.1.1 住宅建筑应采用高效率、低能耗、性能先进、耐用可靠的电气装置，并应优先选择采用绿色环保材料制造的电气装置。

8.1.2 每套住宅内同一面墙上的暗装电源插座和各类信息插座宜统一安装高度。

8.1.3 住宅建筑常用设备电气装置的设计应符合现行行业标准《民用建筑电气设计规范》JGJ 16的有关规定。

8.2 电 梯

8.2.1 住宅建筑电梯的负荷分级应符合本规范第3.2节的规定。

8.2.2 高层住宅建筑的消防电梯应由专用回路供电，高层住宅建筑的客梯宜由专用回路供电。

8.2.3 电梯机房内应至少设置一组单相两孔、三孔电源插座，并宜设置检修电源。

8.2.4 当电梯机房的自然通风不能满足电梯正常工作时，应采取机械通风或空调的方式。

8.2.5 电梯井道照明宜由电梯机房照明配电箱供电。

8.2.6 电梯井道照明供电电压宜为36V。当采用AC 220V时，应装设剩余电流动作保护器，光源应加防护罩。

8.2.7 电梯底坑应设置一个防护等级不低于IP54的单相三孔电源插座，电源插座的电源可就近引接，电源插座的底边距底坑宜为1.5m。

8.3 电动门

8.3.1 电动门应由就近配电箱（柜）引专用回路供电，供电回路应装设短路、过负荷和剩余电流动作保护器，并应在电动门就地装设隔离电器和手动控制开关或按钮。

8.3.2 电动门的所有金属构件及附属电气设备的外露可导电部分，均应可靠接地。

8.3.3 对于设有火灾自动报警系统的住宅建筑，疏散通道上安装的电动门，应能在发生火灾时自动开启。

8.4 家居配电箱

8.4.1 每套住宅应设置不少于一个家居配电箱，家居配电箱宜暗装在套内走廊、门厅或起居室等便于维修维护处，箱底距地高度不应低于 1.6m。

8.4.2 家居配电箱的供电回路应按下列规定配置：

　　1 每套住宅应设置不少于一个照明回路；

　　2 装有空调的住宅应设置不少于一个空调插座回路；

　　3 厨房应设置不少于一个电源插座回路；

　　4 装有电热水器等设备的卫生间，应设置不少于一个电源插座回路；

　　5 除厨房、卫生间外，其他功能房应设置至少一个电源插座回路，每一回路插座数量不宜超过 10 个（组）。

8.4.3 家居配电箱应装设同时断开相线和中性线的电源进线开关电器，供电回路应装设短路和过负荷保护电器，连接手持式及移动式家用电器的电源插座回路应装设剩余电流动作保护器。

8.4.4 柜式空调的电源插座回路应装设剩余电流动作保护器，分体式空调的电源插座回路宜装设剩余电流动作保护器。

8.5 其 他

8.5.1 每套住宅电源插座的数量应根据套内面积和家用电器设置，且应符合表 8.5.1 的规定：

表 8.5.1 电源插座的设置要求及数量

序号	名　称	设置要求	数量
1	起居室（厅）、兼起居的卧室	单相两孔、三孔电源插座	≥3
2	卧室、书房	单相两孔、三孔电源插座	≥2
3	厨房	IP54 型单相两孔、三孔电源插座	≥2
4	卫生间	IP54 型单相两孔、三孔电源插座	≥1

续表 8.5.1

序号	名　称	设置要求	数量
5	洗衣机、冰箱、排油烟机、排风机、空调器、电热水器	单相三孔电源插座	≥1

注：表中序号 1~4 设置的电源插座数量不包括序号 5 专用设备所需设置的电源插座数量。

8.5.2 起居室（厅）、兼起居的卧室、卧室、书房、厨房和卫生间的单相两孔、三孔电源插座宜选用 10A 的电源插座。对于洗衣机、冰箱、排油烟机、排风机、空调器、电热水器等单台单相家用电器，应根据其额定功率选用单相三孔 10A 或 16A 的电源插座。

8.5.3 洗衣机、分体式空调、电热水器及厨房的电源插座宜选用带开关控制的电源插座，未封闭阳台及洗衣机应选用防护等级为 IP54 型电源插座。

8.5.4 新建住宅建筑的套内电源插座应暗装，起居室（厅）、卧室、书房的电源插座宜分别设置在不同的墙面上。分体式空调、排油烟机、排风机、电热水器电源插座底边距地不宜低于 1.8m；厨房电炊具、洗衣机电源插座底边距地宜为 1.0m~1.3m；柜式空调、冰箱及一般电源插座底边距地宜为 0.3m ~0.5m。

8.5.5 住宅建筑所有电源插座底边距地 1.8m 及以下时，应选用带安全门的产品。

8.5.6 对于装有淋浴或浴盆的卫生间，电热水器电源插座底边距地不宜低于 2.3m，排风机及其他电源插座宜安装在 3 区。

9 电 气 照 明

9.1 一般规定

9.1.1 住宅建筑的照明应选用节能光源、节能附件，灯具应选用绿色环保材料。

9.1.2 住宅建筑电气照明的设计应符合国家现行标准《建筑照明设计标准》GB 50034、《民用建筑电气设计规范》JGJ 16 的有关规定。

9.2 公共照明

9.2.1 当住宅建筑设置航空障碍标志灯时，其电源应按该住宅建筑中最高负荷等级要求供电。

9.2.2 应急照明的回路上不应设置电源插座。

9.2.3 住宅建筑的门厅、前室、公共走道、楼梯间等应设人工照明及节能控制。当应急照明采用节能自熄开关控制时，在应急情况下，设有火灾自动报警系统的应急照明应自动点亮；无火灾自动报警系统的应急照明可集中点亮。

9.2.4 住宅建筑的门厅应设置便于残疾人使用的照

明开关，开关处宜有标识。

9.3 应急照明

9.3.1 高层住宅建筑的楼梯间、电梯间及其前室和长度超过 20m 的内走道，应设置应急照明；中高层住宅建筑的楼梯间、电梯间及其前室和长度超过 20m 的内走道，宜设置应急照明。应急照明应由消防专用回路供电。

9.3.2 19 层及以上的住宅建筑，应沿疏散走道设置灯光疏散指示标志，并应在安全出口和疏散门的正上方设置灯光"安全出口"标志；10 层～18 层的二类高层住宅建筑，宜沿疏散走道设置灯光疏散指示标志，并宜在安全出口和疏散门的正上方设置灯光"安全出口"标志。建筑高度为 100m 或 35 层及以上住宅建筑的疏散标志灯应由蓄电池组作为备用电源；建筑高度 50m～100m 且 19 层～34 层的一类高层住宅建筑的疏散标志灯宜由蓄电池组作为备用电源。

9.3.3 高层住宅建筑楼梯间应急照明可采用不同回路跨楼层竖向供电，每个回路的光源数不宜超过 20 个。

9.4 套内照明

9.4.1 灯具的选择应根据具体房间的功能而定，并宜采用直接照明和开启式灯具。

9.4.2 起居室（厅）、餐厅等公共活动场所的照明应在屋顶至少预留一个电源出线口。

9.4.3 卧室、书房、卫生间、厨房的照明宜在屋顶预留一个电源出线口，灯位宜居中。

9.4.4 卫生间等潮湿场所，宜采用防潮易清洁的灯具；卫生间的灯具位置不应安装在 0、1 区内及上方。装有淋浴或浴盆卫生间的照明回路，宜装设剩余电流动作保护器，灯具、浴霸开关宜设于卫生间门外。

9.4.5 起居室、通道和卫生间照明开关，宜选用夜间有光显示的面板。

9.5 照明节能

9.5.1 直管形荧光灯应采用节能型镇流器，当使用电感式镇流器时，其能耗应符合现行国家标准《管形荧光灯镇流器能效限定值及节能评价值》GB 17896 的规定。

9.5.2 有自然光的门厅、公共走道、楼梯间等的照明，宜采用光控开关。

9.5.3 住宅建筑公共照明宜采用定时开关、声光控制等节电开关和照明智能控制系统。

10 防雷与接地

10.1 防 雷

10.1.1 建筑高度为 100m 或 35 层及以上的住宅建筑

和年预计雷击次数大于 0.25 的住宅建筑，应按第二类防雷建筑物采取相应的防雷措施。

10.1.2 建筑高度为 50m～100m 或 19 层～34 层的住宅建筑和年预计雷击次数大于或等于 0.05 且小于或等于 0.25 的住宅建筑，应按不低于第三类防雷建筑物采取相应的防雷措施。

10.1.3 固定在第二、三类防雷住宅建筑上的节日彩灯、航空障碍标志灯及其他用电设备，应安装在接闪器的保护范围内，且外露金属导体应与防雷接地装置连成电气通路。

10.1.4 住宅建筑屋顶设置的室外照明及用电设备的配电箱，宜安装在室内。

10.2 等电位联结

10.2.1 住宅建筑应做总等电位联结，装有淋浴或浴盆的卫生间应做局部等电位联结。

10.2.2 局部等电位联结应包括卫生间内金属给水排水管、金属浴盆、金属洗脸盆、金属采暖管、金属散热器、卫生间电源插座的 PE 线以及建筑物钢筋网。

10.2.3 等电位联结线的截面应符合表 10.2.3 的规定。

表 10.2.3 等电位联结线截面要求

	总等电位联结线截面	局部等电位联结线截面	
最小值	6mm²①	有机械保护时	2.5mm²①
		无机械保护时	4mm²①
	50mm²③	16mm²③	
一般值	不小于最大 PE 线截面的 1/2		
最大值	25mm²②		
	100mm²③		

注：①为铜材质，可选用裸铜线、绝缘铜芯线。
    ②为铜材质，可选用铜导体、裸铜线、绝缘铜芯线。
    ③为钢材质，可选用热镀锌扁钢或热镀锌圆钢。

10.3 接 地

10.3.1 住宅建筑各电气系统的接地宜采用共用接地网。接地网的接地电阻值应满足其中电气系统最小值的要求。

10.3.2 住宅建筑套内下列电气装置的外露可导电部分均应可靠接地：

    1 固定家用电器、手持式及移动式家用电器的金属外壳；

    2 家居配电箱、家居配线箱、家居控制器的金属外壳；

    3 线缆的金属保护导管、接线盒及终端盒；

    4 Ⅰ类照明灯具的金属外壳。

10.3.3 接地干线可选用镀锌扁钢或铜导体，接地干线可兼作等电位联结干线。

10.3.4 高层建筑电气竖井内的接地干线，每隔 3 层应与相近楼板钢筋做等电位联结。

11 信息设施系统

11.1 一般规定

11.1.1 住宅建筑应根据入住用户通信、信息业务的整体规划、需求及当地资源，设置公用通信网、因特网或自用通信网、局域网。

11.1.2 住宅建筑应根据管理模式，至少预留两个通信、信息网络业务经营商通信、网络设施所需的安装空间。

11.1.3 住宅建筑的电视插座、电话插座、信息插座的设置数量除应符合本规范外，尚应满足当地主管部门的规定。

11.1.4 住宅建筑信息设施系统设计应符合国家现行标准《智能建筑设计标准》GB/T 50314、《民用建筑电气设计规范》JGJ 16 的规定。

11.2 有线电视系统

11.2.1 住宅建筑应设置有线电视系统，且有线电视系统宜采用当地有线电视业务经营商提供的运营方式。

11.2.2 每套住宅的有线电视系统进户线不应少于 1 根，进户线宜在家居配线箱内做分配交接。

11.2.3 住宅套内宜采用双向传输的电视插座。电视插座应暗装，且电视插座底边距地高度宜为 0.3m ~1.0m。

11.2.4 每套住宅的电视插座装设数量不应少于 1个。起居室、主卧室应装设电视插座，次卧室宜装设电视插座。

11.2.5 住宅建筑有线电视系统的同轴电缆宜穿金属导管敷设。

11.3 电话系统

11.3.1 住宅建筑应设置电话系统，电话系统宜采用当地通信业务经营商提供的运营方式。

11.3.2 住宅建筑的电话系统宜使用综合布线系统，每套住宅的电话系统进户线不应少于 1 根，进户线宜在家居配线箱内做交接。

11.3.3 住宅套内宜采用 RJ45 电话插座。电话插座应暗装，且电话插座底边距地高度宜为 0.3m~0.5m，卫生间的电话插座底边距地高度宜为 1.0m~1.3m。

11.3.4 电话插座缆线宜采用由家居配线箱放射方式敷设。

11.3.5 每套住宅的电话插座装设数量不应少于 2个。起居室、主卧室、书房应装设电话插座，次卧室、卫生间宜装设电话插座。

11.4 信息网络系统

11.4.1 住宅建筑应设置信息网络系统，信息网络系统宜采用当地信息网络业务经营商提供的运营方式。

11.4.2 住宅建筑的信息网络系统应使用综合布线系统，每套住宅的信息网络进户线不应少于 1 根，进户线宜在家居配线箱内做交接。

11.4.3 每套住宅内应采用 RJ45 信息插座或光纤信息插座。信息插座应暗装，信息插座底边距地高度宜为 0.3m~0.5m。

11.4.4 每套住宅的信息插座装设数量不应少于 1个。书房、起居室、主卧室均可装设信息插座。

11.4.5 住宅建筑综合布线系统的设备间、电信间可合用，也可分别设置。

11.5 公共广播系统

11.5.1 住宅建筑的公共广播系统可根据使用要求，分为背景音乐广播系统和火灾应急广播系统。

11.5.2 背景音乐广播系统的分路，应根据住宅建筑类别、播音控制、广播线路路由等因素确定。

11.5.3 当背景音乐广播系统和火灾应急广播系统合并为一套系统时，广播系统分路宜按建筑防火分区设置，且当火灾发生时，应强制投入火灾应急广播。

11.5.4 室外背景音乐广播线路的敷设可采用铠装电缆直接埋地、地下排管等敷设方式。

11.6 信息导引及发布系统

11.6.1 智能化的住宅建筑宜设置信息导引及发布系统。

11.6.2 信息导引及发布系统应能对住宅建筑内的居民或来访者提供告知、信息发布及查询等功能。

11.6.3 信息显示屏可根据观看的范围、安装的空间位置及安装方式等条件，合理选定显示屏的类型及尺寸。各类显示屏应具有多种输入接口方式。信息显示屏宜采用单向传输方式。

11.6.4 供查询用的信息导引及发布系统显示屏，应采用双向传输方式。

11.7 家居配线箱

11.7.1 每套住宅应设置家居配线箱。

11.7.2 家居配线箱宜暗装在套内走廊、门厅或起居室等的便于维修维护处，箱底距地高度宜为 0.5m。

11.7.3 距家居配线箱水平 0.15m~0.20m 处应预留 AC220V 电源接线盒，接线盒面板底边宜与家居配线箱面板底边平行，接线盒与家居配线箱之间应预埋金属导管。

11.8 家居控制器

11.8.1 智能化的住宅建筑可选配家居控制器。

11.8.2 家居控制器宜将家居报警、家用电器监控、能耗计量、访客对讲等集中管理。

11.8.3 家居控制器的使用功能宜根据居民需求、投资、管理等因素确定。

11.8.4 固定式家居控制器宜暗装在起居室便于维修维护处，箱底距地高度宜为 1.3m～1.5m。

11.8.5 家居报警宜包括火灾自动报警和入侵报警，设计要求可按本规范第 14.2、14.3 节的有关规定执行。

11.8.6 当采用家居控制器对家用电器进行监控时，两者之间的通信协议应兼容。

11.8.7 访客对讲的设计要求可按本规范第 14.3 节的有关规定执行。

12 信息化应用系统

12.1 物业运营管理系统

12.1.1 智能化的住宅建筑应设置物业运营管理系统。

12.1.2 物业运营管理系统宜具有对住宅建筑内入住人员管理、住户房产维修管理、住户各项费用的查询及收取、住宅建筑公共设施管理、住宅建筑工程图纸管理等功能。

12.2 信息服务系统

12.2.1 智能化的住宅建筑宜设置信息服务系统。

12.2.2 信息服务系统宜包括紧急求助、家政服务、电子商务、远程教育、远程医疗、保健、娱乐等，并应建立数据资源库，向住宅建筑内居民提供信息检索、查询、发布和导引等服务。

12.3 智能卡应用系统

12.3.1 智能化的住宅建筑宜设置智能卡应用系统。

12.3.2 智能卡应用系统宜具有出入口控制、停车场管理、电梯控制、消费管理等功能，并宜增加与银行信用卡融合的功能。对于住宅建筑管理人员，宜增加电子巡查、考勤管理等功能。

12.3.3 智能卡应用系统应配置与使用功能相匹配的系列软件。

12.4 信息网络安全管理系统

12.4.1 智能化的住宅建筑宜设置信息网络安全管理系统。

12.4.2 信息网络安全管理系统应能保障信息网络正常运行和信息安全。

12.5 家居管理系统

12.5.1 智能化的住宅建筑宜设置家居管理系统。

12.5.2 家居管理系统应根据实际投资状况、管理需求和住宅建筑的规模，对智能化系统进行不同程度的集成和管理。

12.5.3 家居管理系统宜综合火灾自动报警、安全技术防范、家庭信息管理、能耗计量及数据远传、物业收费、停车场管理、公共设施管理、信息发布等系统。

12.5.4 家居管理系统应能接收公安部门、消防部门、社区发布的社会公共信息，并应能向公安、消防等主管部门传送报警信息。

13 建筑设备管理系统

13.1 一般规定

13.1.1 智能化的住宅建筑宜设置建筑设备管理系统。住宅建筑建筑设备管理系统宜包括建筑设备监控系统、能耗计量及数据远传系统、物业运营管理系统等。

13.1.2 住宅建筑建筑设备管理系统的设计应符合现行行业标准《民用建筑电气设计规范》JGJ 16 的有关规定。

13.2 建筑设备监控系统

13.2.1 智能化住宅建筑的建筑设备监控系统宜具备下列功能：

　　1 监测与控制住宅小区给水与排水系统；

　　2 监测与控制住宅小区公共照明系统；

　　3 监测各住宅建筑内电梯系统；

　　4 监测与控制住宅建筑内设有集中式采暖通风及空气调节系统；

　　5 监测住宅小区供配电系统。

13.2.2 建筑设备监控系统应对智能化住宅建筑中的蓄水池（含消防蓄水池）、污水池水位进行检测和报警。

13.2.3 建筑设备监控系统宜对智能化住宅建筑中的饮用水蓄水池过滤设备、消毒设备的故障进行报警。

13.2.4 直接数字控制器（DDC）的电源宜由住宅建筑设备监控中心集中供电。

13.2.5 住宅小区建筑设备监控系统的设计，应根据小区的规模及功能需求合理设置监控点。

13.3 能耗计量及数据远传系统

13.3.1 能耗计量及数据远传系统可采用有线网络或无线网络传输。

13.3.2 有线网络进户线可在家居配线箱内做交接。

13.3.3 距能耗计量表具0.3m～0.5m处，应预留接线盒，且接线盒正面不应有遮挡物。

13.3.4 能耗计量及数据远传系统有源设备的电源宜就近引接。

14 公共安全系统

14.1 一 般 规 定

14.1.1 公共安全系统宜包括住宅建筑的火灾自动报警系统、安全技术防范系统和应急联动系统。

14.1.2 住宅建筑公共安全系统的设计应符合国家现行标准《智能建筑设计标准》GB/T 50314、《民用建筑电气设计规范》JGJ 16等的有关规定。

14.2 火灾自动报警系统

14.2.1 住宅建筑火灾自动报警系统的设计、保护对象的分级及火灾探测器设置部位等，应符合现行国家标准《火灾自动报警系统设计规范》GB 50116的规定。

14.2.2 当10层～18层住宅建筑的消防电梯兼作客梯且两类电梯共用前室时，可由一组消防双电源供电。末端双电源自动切换配电箱应设置在消防电梯机房内，由双电源自动切换配电箱至相应设备时，应采用放射式供电，火灾时应切断客梯电源。

14.2.3 建筑高度为100m或35层及以上的住宅建筑，应设消防控制室、应急广播系统及声光警报装置。其他需设火灾自动报警系统的住宅建筑设置应急广播困难时，应在每层消防电梯的前室、疏散通道设置声光警报装置。

14.3 安全技术防范系统

14.3.1 住宅建筑的安全技术防范系统宜包括周界安全防范系统、公共区域安全防范系统、家庭安全防范系统及监控中心。

14.3.2 住宅建筑安全技术防范系统的配置标准应符合表14.3.2的规定。

表14.3.2 住宅建筑安全技术防范系统配置标准

序号	系统名称	安防设施	配置标准
1	周界安全防范系统	电子周界防护系统	宜设置
2	公共区域安全防范系统	电子巡查系统	应设置
		视频安防监控系统	可选项
		停车库（场）管理系统	
3	家庭安全防范系统	访客对讲系统	应设置
		紧急求助报警装置	
		入侵报警系统	可选项

续表14.3.2

序号	系统名称	安防设施	配置标准
4	监控中心	安全管理系统	各子系统宜联动设置
		可靠通信工具	应设置

14.3.3 周界安全防范系统的设计应符合下列规定：

1 电子周界防护系统应与周界的形状和出入口设置相协调，不应留盲区；

2 电子周界防护系统应预留与住宅建筑安全管理系统的联网接口。

14.3.4 公共区域安全防范系统的设计应符合下列规定：

1 电子巡查系统应符合下列规定：

1）离线式电子巡查系统的信息识读器底边距地宜为1.3m～1.5m，安装方式应具备防破坏措施，或选用防破坏型产品；

2）在线式电子巡查系统的管线宜采用暗敷。

2 视频安防监控系统应符合下列规定：

1）住宅建筑的主要出入口、主要通道、电梯轿厢、地下停车库、周界及重要部位宜安装摄像机；

2）室外摄像机的选型及安装应采取防水、防晒、防雷等措施；

3）应预留与住宅建筑安全管理系统的联网接口。

3 停车库（场）管理系统应符合下列规定：

1）应重点对住宅建筑出入口、停车库（场）出入口及其车辆通行车道实施控制、监视、停车管理及车辆防盗等综合管理；

2）住宅建筑出入口、停车库（场）出入口控制系统宜与电子周界防护系统、视频安防监控系统联网。

14.3.5 家庭安全防范系统的设计应符合下列规定：

1 访客对讲系统应符合下列规定：

1）主机宜安装在单元入口处防护门上或墙体内，室内分机宜安装在起居室（厅）内，主机和室内分机底边距地宜为1.3m～1.5m；

2）访客对讲系统应与监控中心主机联网。

2 紧急求助报警装置应符合下列规定：

1）每户至少安装一处紧急求助报警装置；

2）紧急求助信号应能报至监控中心；

3）紧急求助信号的响应时间应满足国家现行有关标准的要求。

3 入侵报警系统应符合下列规定：

1）可在住户套内、户门、阳台及外窗等处，选择性地安装入侵报警探测装置；

2）入侵报警系统应预留与小区安全管理系统

的联网接口。

14.3.6 监控中心的设计应符合下列规定：

1 监控中心应具有自身的安全防范设施；

2 周界安全防范系统、公共区域安全防范系统、家庭安全防范系统等主机宜安装在监控中心；

3 监控中心应配置可靠的有线或无线通信工具，并应留有与接警中心联网的接口；

4 监控中心可与住宅建筑管理中心合用，使用面积应根据系统的规模由工程设计人员确定，并不应小于 20m²。

14.4 应急联动系统

14.4.1 建筑高度为 100m 或 35 层及以上的住宅建筑、居住人口超过 5000 人的住宅建筑宜设应急联动系统。应急联动系统宜以火灾自动报警系统、安全技术防范系统为基础。

14.4.2 住宅建筑应急联动系统宜满足现行国家标准《智能建筑设计标准》GB/T 50314 的相关规定。

15 机房工程

15.1 一般规定

15.1.1 住宅建筑的机房工程宜包括控制室、弱电间、电信间等，并宜按现行国家标准《电子信息系统机房设计规范》GB 50174 中的 C 级进行设计。

15.1.2 住宅建筑电子信息系统机房的设计应符合国家现行标准《电子信息系统机房设计规范》GB 50174、《民用建筑电气设计规范》JGJ 16 的有关规定。

15.2 控制室

15.2.1 控制室应包括住宅建筑内的消防控制室、安全防范监控中心、建筑设备管理控制室等。

15.2.2 住宅建筑的控制室宜采用合建方式。

15.2.3 控制室的供电应满足各系统正常运行最高负荷等级的需求。

15.3 弱电间及弱电竖井

15.3.1 弱电间应根据弱电设备的数量、系统出线的数量、设备安装与维修等因素，确定其所需的使用面积。

15.3.2 多层住宅建筑弱电系统设备宜集中设置在一层或地下一层弱电间（电信间）内，弱电竖井在利用通道作为检修面积时，弱电竖井的净宽度不宜小于 0.35m。

15.3.3 7 层及以上的住宅建筑弱电系统设备的安装位置应由设计人员确定。弱电竖井在利用通道作为检修面积时，弱电竖井的净宽度不宜小于 0.6m。

15.3.4 弱电间及弱电竖井应根据弱电系统进出缆线所需的最大通道，预留竖向穿越楼板、水平穿过墙壁的洞口。

15.4 电 信 间

15.4.1 住宅建筑电信间的使用面积不宜小于 5m²。

15.4.2 住宅建筑的弱电间、电信间宜合用，使用面积不应小于电信间的面积要求。

本规范用词说明

1 为便于在执行本规范条文时区别对待，对要求严格程度不同的用词说明如下：

    1）表示很严格，非这样做不可的：

        正面词采用"必须"，反面词采用"严禁"；

    2）表示严格，在正常情况下均应这样做的：

        正面词采用"应"，反面词采用"不应"或"不得"；

    3）表示允许稍有选择，在条件许可时首先应这样做的：

        正面词采用"宜"，反面词采用"不宜"；

    4）表示有选择，在一定条件下可以这样做的，采用"可"。

2 条文中指明应按其他有关标准执行的写法为"应符合……的规定"或"应按……执行"。

引用标准名录

1 《建筑照明设计标准》GB 50034

2 《供配电系统设计规范》GB 50052

3 《10kV 及以下变电所设计规范》GB 50053

4 《低压配电设计规范》GB 50054

5 《火灾自动报警系统设计规范》GB 50116

6 《电子信息系统机房设计规范》GB 50174

7 《智能建筑设计标准》GB/T 50314

8 《管形荧光灯镇流器能效限定值及节能评价值》GB 17896

9 《民用建筑电气设计规范》JGJ 16

住宅建筑电气设计规范

JGJ 242—2011

条 文 说 明

制 定 说 明

《住宅建筑电气设计规范》JGJ 242－2011，经住房和城乡建设部 2011 年 5 月 3 日以第 1001 号公告批准、发布。

本规范制订过程中，编制组进行了住宅建筑电气设计的调查研究，总结了住宅建筑电气的应用经验，同时参考了国内外技术法规、技术标准，取得了制订本规范所必要的重要技术参数。

为便于广大设计、施工、科研、学校等单位有关人员在使用本规范时能正确理解和执行条文规定，《住宅建筑电气设计规范》编制组按章、节、条顺序编制了本规程的条文说明，对条文规定的目的、依据以及执行中需注意的有关事项进行了说明。但是，本条文说明不具备与标准正文同等的法律效力，仅供使用者作为理解和把握规范规定的参考。

目 次

1 总　　则

1.0.1 住宅建筑电气设计分为强电、弱电（智能化）两部分。强电设计包括：住宅建筑的供配电系统、配变电所、自备电源、低压配电、配电线路布线系统、常用设备电气装置、电气照明、防雷与接地；弱电（智能化）设计包括：住宅建筑的信息设施系统、信息化应用系统、建筑设备管理系统、公共安全系统、机房工程。

1.0.2 本条规定了本规范的适用范围。住宅建筑电气设计包括单体住宅建筑和住宅小区的电气设计。

住宅建筑电气设计的深度应符合中华人民共和国住房和城乡建设部现行《建筑工程设计文件编制深度规定》的要求。

2 术　　语

与住宅建筑相关的专用术语可参见《民用建筑设计术语标准》GB/T 50504－2009，本规范正文里不再引用。住宅建筑常用的术语有：住宅、酒店式公寓、别墅、老年人住宅、商住楼、低层住宅、多层住宅、中高层住宅、高层住宅、单元式住宅、塔式住宅、通廊式住宅、联排式住宅、跃层式住宅等。为方便电气专业人员查阅，将本规范条文里引用到的及部分常用的住宅建筑术语列入条文说明里。

住宅：供家庭居住使用的建筑。

酒店式公寓：提供酒店式管理服务的住宅。

商住楼：下部商业用房与上部住宅组成的建筑。

别墅：一般指带有私家花园的低层独立式住宅。

低层住宅：一至三层的住宅。

多层住宅：四至六层的住宅。

中高层住宅：七至九层的住宅。

高层住宅：十层及以上的住宅。

2.0.1 本术语摘自《住宅建筑规范》GB 50368－2005 第 2.0.3 条。

2.0.2 本术语摘自《民用建筑设计术语标准》GB/T 50504－2009 第 3.1.6 条，《住宅建筑规范》GB 50368－2005 第 2.0.3 条"套"的定义为：由使用面积、居住空间组成的基本住宅单位。

2.0.3 家居配电箱内应设置电源接入总开关电器和终端配电断路器。目前住宅户内的供电电源为 AC 220/380V，将来直流家用电器普及后，直流电源也可能成为住宅的供电电源。所以家居配电箱的定义适用于现在的交流电源也适用于将来的直流电源。

2.0.5 家居控制器一般具有家庭安全防范、家庭消防、家用电器监控及信息服务等功能。有线传输的家居控制器一般为固定式安装，无线传输的家居控制器为移动式放置。

3 供配电系统

3.1 一般规定

3.1.3 住宅建筑的高压供电系统为目前常见的 10kV 和部分地区采用的 20kV 或 35kV 的供电系统。住宅建筑采用 6kV 供电系统已经不多见。

3.2 负荷分级

3.2.1 1 表 3.2.1 里消防用电负荷为消防控制室、火灾自动报警及联动控制装置、火灾应急照明及疏散指示标志、防烟及排烟设施、自动灭火系统、消防水泵、消防电梯及其排水泵、电动的防火卷帘以及阀门等的消防用电。

2 表 3.2.1 中及全文中"建筑高度为 100m 或 35 层及以上的住宅建筑"意为 100m 及 100m 以上的住宅建筑或 35 层及 35 层以上的住宅建筑。

3 表 3.2.1 中及全文中"建筑高度为 50m～100m 且 19 层～34 层的一类高层住宅建筑"意为 19 层～34 层同时满足建筑高度为 50m～100m 的住宅建筑，如果 19 层～34 层同时建筑高度为 100m 及 100m 以上的住宅建筑，应按 2 执行；如果建筑高度为 50m 及以上且层数为 18 及以下或层数为 19 建筑高度低于 50m 的住宅建筑，均应按本款执行。

4 住宅小区里的消防系统、安防系统、值班照明等用电设备应按小区里负荷等级高的要求供电。如一个住宅小区里同时有一类和二类高层住宅建筑，住宅小区里上述的用电设备应按一级负荷供电。

3.2.2 低层和多层住宅建筑一般用电负荷为三级，严寒和寒冷地区为保障集中供暖系统运行正常，对其系统的供电提出了要求。

3.3 电能计量

3.3.1 1 中华人民共和国住房和城乡建设部 2010 年 04 月 27 日发布建保〔2010〕59 号《关于加强经济适用住房管理有关问题的通知》，通知中要求经济适用住房单套建筑面积标准严格执行控制在 60m² 左右。《北京市"十一五"保障性住房及"两限"商品住房用地布局规划》中明确面积标准：廉租房一居室 40m²，两居室 60m²。平均套型标准为 50m²。经济适用住房要严格控制在中小套型，中套住房面积控制在 80m² 左右，小套住房面积控制在 60m² 左右。两限房套型建筑面积 90% 控制在 90m² 以下。平均套型标准为 80m²。表 3.3.1 中 A 套型数据适用于 60m² 左右一居室；B 套型建筑面积按两限房套型建筑面积数值设定。

2 表 3.3.1 中用电负荷量及相对应的电能表规格是为每套住宅规定的最小值，如某些地区或住宅需求大功率家用电器，如大功率电热水器、电炊具、带烘干的洗衣机、空调等，应考虑实际家用电器的使用负荷容量。空调的用电量不仅与面积、套型的间数有关，也与住宅所处地区的地理环境、发达程度、住户的经济水平有关。每套住宅的用电负荷量，全国各地供电部门的规定不同，各省市的地方住宅规范亦有较大的不同。设计人员在确定每套住宅用电负荷量时还应考虑当地的实际情况。

3.3.3 本条款及本规范条文里出现的单相电源为AC220V电源。大多数情况下一套住宅配置一块单相电能表，但下列情况每套住宅配置一块电能表可能满足不了使用要求：

　　1 当住宅户内有三相用电设备（如集中空调机等）时，三相用电设备可另加一块三相电能表；

　　2 当采用电采暖等另行收费的地区，电采暖等用电设备可另加一块电能表；

　　3 别墅、跃层式住宅根据工程状况可按楼层配置电能表。

3.3.4 本条款及本规范条文里出现的三相电源为AC380V电源。对用电量超过12kW且没有三相用电设备的住户，规范建议采用三相电源供电，对电能表的选用只做出了按相计量的规定，设计人员根据当地实际情况可选用一块按相序计量的三相电能表，也可选用三块单相电能表。

3.3.5 当住户有三相用电设备和单相用电设备时，设计人员根据当地实际情况可选用一块按相序计量的三相电能表，也可选用一块三相电能表和一块单相电能表。

3.3.6 第1款 电能表安装在住宅套外便于查表及维护。

　　第2、3款 电能表集中安装便于查表及维护。6层及以下的住宅建筑，电能表宜集中安装在单元首层或地下一层；7层及以上的住宅建筑，电能表宜集中安装在每层电气竖井内；每层少于4户的住宅建筑，电能表可2层～4层集中安装。

　　如果采用预付费磁卡表，居民不宜进入电气竖井内，电能表可就近安装在住宅套外。采用数据自动远传的电能表，安装位置应便于管理与维护。

　　第4款 电能表箱安装在人行通道等公共场所时，暗装距地1.5m是为了避免儿童触摸，明装箱距地1.8m是为了减少行人磕碰。电气竖井内明装箱上沿距地2.0m是为了管理维修方便。从上述可以看出，电能表箱安装在不同的位置有不同的要求，各有利弊，但安装在电气竖井内或电能表间里，除占用一定的面积外，对于人身安全和维修管理是有利的。

3.4 负 荷 计 算

3.4.1 住宅建筑采用本规范表3.3.1中的用电负荷

量进行单位指标法计算时，还应结合实际工程情况乘以需要系数。住宅建筑用电负荷需要系数的取值可参见表1。

表1中的需要系数值给出一个范围，供设计人员参考使用。住宅建筑因受地理环境、居住人群、生活习惯、入住率等因素影响，需要系数很难是一个固定值，设计人员取值时应考虑当地实际工程状况。

表1　住宅建筑用电负荷需要系数

按单相配电计算时所连接的基本户数	按三相配电计算时所连接的基本户数	需要系数
1～3	3～9	0.90～1
4～8	12～24	0.65～0.90
9～12	27～36	0.50～0.65
13～24	39～72	0.45～0.50
25～124	75～300	0.40～0.45
125～259	375～600	0.30～0.40
260～300	780～900	0.26～0.30

本规范第4.3.3条规定：当变压器低压侧电压为0.4kV时，配变电所中单台变压器容量不宜大于1600kVA。下面举例一台1600kVA变压器能带多少户住宅？计算结果仅供参考：

　　1 单相配电300（三相配电900）基本户数及以上时，每户的计算负荷为：

$$P_{js1} = P_e \cdot K_x = 3 \times 0.3 = 0.9 (kW)$$
$$P_{js2} = P_e \cdot K_x = 4 \times 0.26 = 1.04 (kW)$$
$$P_{js3} = P_e \cdot K_x = 6 \times 0.26 = 1.56 (kW)$$

式中：P_{js}——每户的计算负荷（kW）；

　　　　P_e——每户的用电负荷量（kW）；

　　　　K_x——表1中住宅建筑用电负荷需要系数。

　　2 1600kVA变压器用于居民用电量的计算负荷为：

$$P_{js4} = S_e \cdot K_1 \cdot K_2 \cdot \cos\phi$$
$$= 1600 \times 0.85 \times 0.7 \times 0.9$$
$$= 856.8 (kW)$$

式中：P_{js4}——单台变压器用于居民用电量的计算负荷（kW）；

　　　　S_e——变压器容量1600（kVA）；

　　　　K_1——变压器负荷率85%；

　　　　K_2——居民用电量比例（扣除公共设施、公共照明、非居民用电量如地下设备层、小商店等）70%；

　　　　$\cos\phi$——低压侧补偿后的功率因数值，取0.9。

　　3 一台1600kVA变压器可带住宅的户数：

$$A_1 = P_{js4}/P_{js1} = 856.8/0.9 = 952(户)$$
$$A_2 = P_{js4}/P_{js2} = 856.8/1.04 = 823(户)$$
$$A_3 = P_{js4}/P_{js3} = 856.8/1.56 = 549(户)$$

以上数据是按 900 户及以上的住宅建筑，每户用电量为 3kW 时，需要系数取 0.3；每户用电量为 4kW 和 6kW 时，需要系数取 0.26，且考虑三相负荷为平衡时进行计算的。实际工程中三相负荷不可能完全平衡，住宅户型不可能是一种，K_2 系数根据不同的住宅建筑性质取值也有所不同，设计人员应根据实际情况进行计算。

户型用电量大，表 1 中的需要系数宜取下限值，户型用电量小，表 1 中的需要系数宜取上限值。如设计的住宅均为 A 套型或 A 套型占 60% 以上时，900 户及以上的住宅建筑需要系数可取表 1 中上限数值 0.3 进行计算。

住宅建筑方案设计阶段采用 $15\ W/m^2 \sim 50W/m^2$ 单位面积负荷密度法进行计算时，设计人员根据实际工程情况取其中合适的值，不用再乘以表 1 中的需要系数值。

4 配变电所

4.2 所址选择

4.2.1 住宅小区里的低层住宅、多层住宅、中高层住宅、别墅等单栋住宅建筑用电设备总容量在 250kW 以下时，集中设置配变电所经济合理。用电设备总容量在 250kW 及以上的单栋住宅建筑，配变电所可设在住宅建筑的附属群楼里，如果住宅建筑内配变电所位置难确定，可设置成室外配变电所。室外配变电所包括独立式配变电所和预装式变电站。

4.2.2 配变电所不宜设在住宅建筑地下的"最底层"主要是防水防潮，特别是多雨、低洼地区防止水流倒灌。当只有地下一层时，应抬高配变电所地面标高。

4.2.3 室外配变电所的外侧指独立式配变电所的外墙或预装式变电站的外壳。配变电所离住户太近会影响居民安全及居住环境。防火间距国家现行的消防规范已有明确的规定，国家标准《环境电磁波卫生标准》GB 9175 仍在修订中，目前没有明确的技术参数。离噪声源、电磁辐射源越远越有利于人身安全，但实施起来有一定的难度。考虑到住宅建筑的特殊性，建议室外变电站的外侧与住宅建筑外墙的间距不宜小于 20m，因为 10/0.4kV 变压器外侧（水平方向）20m 处的电磁场强度（0.1MHz～30MHz 频谱范围内）一般小于 10V/m，处于安全范围内。当然，由于不同区域的现场电磁场强度大小不同，故任一地点放置变压器以后的实际电磁场强度需现场测试确定。

4.3 变压器选择

4.3.2 根据《民用建筑电气设计规范》JGJ 16 - 2008 第 4.3.5 条强制性条文："设置在民用建筑中的变压器，应选择干式、气体绝缘或非可燃性液体绝缘的变压器。当单台变压器油量为 100kg 及以上时，应设置单独的变压器室。"从安全性考虑规定本条款为强制性条款。

4.3.3 预装式变电站最大容量的选择，各地供电局没有统一的规定，《10kV 及以下变电所设计规范》GB 50053 修订稿中规定配变电所中单台变压器容量不宜大于 1600kVA，预装式变电站中单台变压器容量不宜大于 800kVA。供电半径一般为 200m～250m。

住宅建筑的变压器考虑其供电可靠、季节性负荷率变化大、维修方便等因素，宜推荐采用两台变压器同时工作的方案。比如一个别墅区，如果计算出需要选用一台 1250 kVA 的变压器，可改成选用两台 630kVA 的变压器。

5 自备电源

5.0.1 因建筑高度为 100m 或 35 层及以上的住宅建筑，火灾时定义为特级保护对象。要保障居民安全疏散，必须有可靠的供电电源和供配电系统等。当市电由于自然灾害等不可抗拒的原因不能供电时，如果没有自备电源，火灾时会发生危险，平时会给居民带来极大的不便。考虑到种种综合因素，本规范作出了宜设置柴油发电机组的规定。

选用柴油发电机组还有一好处是战时可作为市电的备用电源。

5.0.3 应急电源装置（EPS）不宜作为消防水泵、消防电梯、消防风机等电动机类负载的应急电源。

6 低压配电

6.1 一般规定

6.1.1 住宅建筑低压配电系统的设计应考虑住宅建筑居民用电、公共设施用电、小商店用电等电价不同的特点，在满足供电等级、电力部门计量要求的前提下，还要考虑便于物业管理。

6.2 低压配电系统

6.2.1 三相负荷平衡是为了降低三相低压配电系统的不对称度。

6.2.2 设带隔离功能的开关电器是为了保障检修人员的安全，缩小电气系统故障时的检修范围。带隔离功能的开关电器可以选用隔离开关也可以选用带隔离功能的断路器。

6.2.3 本规范第 3.3.4 条和第 3.3.5 条规定了三相电源进户的条件，采用三相电源供电的住户一般建筑面积比较大，可能占有二、三层空间。为保障用电安全，在居民可同时触摸到的用电设备范围内应采用同相电源供电。每层采用同相供电容易理解也好操作，但三相电源供电的住宅不一定是占有二、三层空间，也可能只有一层空间。在不能分层供电的情况下就要考虑分房间供电，每间房单相用电设备、电源插座宜采用同相电源供电意为一个房间内 2.4m 及以上的照明电源不受相序限制，但一个房间内的电源插座不允许出现两个相序。

6.2.5 室外型箱体的确定应符合当地的地理环境，包括防潮、防雨、防腐、防冻、防晒、防雷击等。

6.2.6、6.2.7 住宅单元、楼层的住户采用单相电源供电的前提是住户应满足本规范第 3.3.3 条的条件。单相电源供电的好处是每个住宅单元、楼层的供电电压为 AC220V。

第 6.2.7 条里同层户数不宜包括 9。同层为 8 户和 9 户的计算电流见下列计算：

1) 同层为 8 户和 9 户的单相电流计算：

$$I_{js} = P_e \cdot N \cdot K_x / U_e \cdot \cos\phi$$
$$= 6 \times 8 \times 0.65 / (0.22 \times 0.8)$$
$$= 177.27 (A)$$

$$I_{js} = P_e \cdot N \cdot K_x / U_e \cdot \cos\phi$$
$$= 6 \times 9 \times 0.65 / (0.22 \times 0.8)$$
$$= 199.43 (A)$$

式中：I_{js}——每层住宅用电量的计算电流（A）；

P_e——每户的用电负荷量（kW）；

N——每层住宅户数；

K_x——表 1 中住宅建筑用电负荷需要系数；

U_e——供电电压（V）；

$\cos\phi$——功率因数。

2) 同层为 9 户的三相电流计算：

$$I_{js} = P_e \cdot N \cdot K_x / \sqrt{3} U_e \cdot \cos\phi$$
$$= 6 \times 9 \times 0.9 / 1.732 \times 0.38 \times 0.8$$
$$= 92.78 (A)$$

从上述计算可以看出，同层 9 户采用三相供电更合理。

6.3 低压配电线路的保护

6.3.1 国家标准《建筑物电气装置 第 4-42 部分：安全防护 热效应保护》GB 16895.2 - 2005/IEC 60364 - 4 - 42：2001 第 422.3.10 条规定在 BE2 火灾危险条件下，在必须限制布线系统中故障电流引起火灾发生的地方，应采用剩余电流动作保护器保护，保护器的额定剩余电流动作值不超过 0.5A。IEC 60364-4-42：2010 版中将 0.5A 改为 0.3A，目前国内相应等同规范还没有出版。

一个住宅单元或一栋住宅建筑，家用电器的正常

泄漏电流是个动态值，设计人员很难计算，按面积估算相对比较容易。下面列出面积估算值和常用电器正常泄漏电流参考值，供设计人员参考使用。

1 当住宅部分建筑面积小于 1500m² （单相配电）或 4500m²（三相配电）时，防止电气火灾的剩余电流动作保护器的额定值为 300mA。

2 当住宅部分建筑面积在 1500m²～2000m²（单相配电）或 4500m²～6000m²（三相配电）时，防止电气火灾的剩余电流动作保护器的额定值为 500mA。

3 常用电器正常泄漏电流参考值见表 2：

表 2 常用电器正常泄漏电流参考值

序号	电器名称	泄漏电流 (mA)	序号	电器名称	泄漏电流 (mA)
1	空调器	0.8	8	排油烟机	0.22
2	电热水器	0.42	9	白炽灯	0.03
3	洗衣机	0.32	10	荧光灯	0.11
4	电冰箱	0.19	11	电视机	0.31
5	计算机	1.5	12	电熨斗	0.25
6	饮水机	0.21	13	排风机	0.06
7	微波炉	0.46	14	电饭煲	0.31

剩余电流动作保护器产品标准规定：不动作泄漏电流值为 1/2 额定值。一个额定值为 30mA 的剩余电流动作保护器，当正常泄漏电流值为 15mA 时保护器是不会动作的，超过 15mA 保护器动作是产品标准允许的。表 2 中数据可视为一户住宅常用电器正常泄漏电流值，约为 5mA。一个额定值同样是 300mA 的剩余电流动作保护器，如果动作电流值为 180mA，可以带 30 多户，如果动作电流值为 230 mA，可以多带 10 户。此例仅为说明剩余电流动作保护器选择时应注意其动作电流的值，供设计人员参考。每户常用电器正常泄漏电流不是一个固定值，其他非住户用电负荷如公共照明等的正常泄漏电流也没有计算在内。

剩余电流保护断路器的额定电流值各生产厂家是一样的，但动作电流值各生产厂家不一样，设计人员在设计选型时应注意查询。

住宅建筑防电气火灾剩余电流动作报警装置的设置与接地型式有关，本规范只规定了报警声光信号的设置位置。

6.3.2 低压配电系统 TN-C-S、TN-S 和 TT 接地型式，由于中性线发生故障导致低压配电系统电位偏移，电位偏移过大，不仅会烧毁单相用电设备引起火灾，甚至会危及人身安全。过、欠电压的发生是不可预知的，如果采用手动复位，对于户内无人或有老幼病残的住户既不方便也不安全，所以本规范规定了每套住宅应设置自恢复式过、欠电压保护电器。

6.4 导体及线缆选择

6.4.1 住宅建筑套内电源布线选用铜芯导体除考虑其机械强度、使用寿命等因素外，还考虑到导体的载流量与直径，铝质导体的载流量低于铜质导体。目前住宅建筑套内 86 系列的电源插座面板的占多数，一般 16A 的电源插座回路选用 2.5mm² 的铜质导体电线，如果改用铝质导体，要选用 4mm² 的电线。三根 4mm² 电线在 75 系列接线盒内接电源插座面板，施工起来比较困难。

6.4.2 供电干线不包括消防用电设备的电源线缆。

6.4.3 明敷线缆包括电缆明敷、电缆敷设在电缆梯架里和电线穿保护导管明敷。阻燃类型应根据敷设场所的具体条件选择。

6.4.6 按照本规范表 3.3.1 建筑面积小于等于 60m² 且为一居室的住户（A 套型），用电指标为 3kW，电能表规格为 5（20）A。铜质导体（BV）6mm² 进户线根据 GB/T 16895.15 第 523 节布线系统载流量计算出，环境温度为 25℃、30℃、35℃ 和 40℃ 时，2 根负荷导体的持续载流量分别为 36A、34A、31A 和 29A，完全能满足该套型的用电要求；住宅建筑照明功率密度目标值为 6W/m²～7W/m²，按 10W/m² 计算，A 套型的照明用电量为 600W，照明回路支线采用铜质导体（BV）1.5mm² 完全能满足要求。

保障性住宅还会继续建设，在不降低用电量又执行国家"四节"方针的原则下，本规范规定了建筑面积小于等于 60m² 且为一居室的套型，进户线不应小于 6mm²，照明回路支线不应小于 1.5mm²。

7 配电线路布线系统

7.2 导管布线

7.2.1 条文里规定塑料导管管壁厚度不应小于 2.0mm 是因为聚氯乙烯硬质电线管 PC20 及以上的管材壁厚大于或等于 2.1mm，聚氯乙烯半硬质电线管 FPC 壁厚均大于或等于 2.0mm。

7.2.3 外护层厚度为线缆保护导管外侧与建筑物、构筑物表面的距离。

7.2.4 当采暖系统是地面辐射供暖或低温热水地板辐射供暖时，考虑其散热效果及对电源线的影响，电源线导管最好敷设于采暖水管层下混凝土现浇板内。

7.2.5 装有浴盆或淋浴的卫生间，按离水源从近到远的距离分为 0、1、2、3 四个区，四个区的具体划分参见国家标准《建筑物电气装置 第 7 部分：特殊装置或场所的要求 第 701 节：装有浴盆或淋浴的场所》GB 16895.13 - 2002 IEC60364 - 7 - 701：1984。

条文中的线缆导管包括电源线缆的暗敷和明敷方式。

7.2.6 净高小于 2.5m 且经常有人停留的地下室，电源线缆采用导管或线槽封闭式布线方式是为了保障人身安全。

7.3 电缆布线

7.3.2 条文中净距不应小于 150mm 取值于《民用建筑电气设计规范》JGJ 16 - 2008 第 8.7.5 条第 3 款；平行明敷设包括水平和垂直平行明敷设。

7.4 电气竖井布线

7.4.1 明敷设包括电缆直接明敷、穿管明敷、桥架敷设等。

7.4.2 电能表箱如果安装在电气竖井内，非电气专业人员有可能打开竖井查看电能表，为保障人身安全，竖井内 AC50V 以上的电源线缆宜采用保护槽管封闭式布线。

7.4.3 电气竖井加门锁或门控装置是为了保证住宅建筑的用电安全及电气设备的维护，防窃电和防非电气专业人员进入。门控装置包括门磁、电力锁等出入口控制系统。

住宅建筑电气竖井检修门除应满足竖井内设备检修要求外，检修门的高×宽尺寸不宜小于 1.8m ×0.6m。

7.4.4 电气竖井净宽度不宜小于 0.8m 的示意图可参见本规范条文说明里的图 4。

7.4.6 条文中间距不应小于 300mm 取值于《民用建筑电气设计规范》JGJ 16 - 2008 第 8.12.7 条；隔离措施可采用电缆穿导管或电缆敷设在封闭式桥架里，采取隔离措施后间距不应小于 150 mm。

7.4.7 强电与弱电的隔离措施可以用金属隔板分开或采用两者线缆均穿金属管、金属线槽。采取隔离措施后，根据《综合布线系统工程设计规范》GB 50311 - 2007 表 7.0.1-1，最小间距可为 10 mm～300mm。

7.4.8 电气竖井内的电源插座宜采用独立回路供电，电气竖井内照明宜采用应急照明。电气竖井内的照明开关宜设在电气竖井外，设在电气竖井内时照明开关面板宜带光显示。

7.4.9 接地干线宜由变电所 PE 母线引来，接地端子应与接地干线连接，并做等电位联结。

7.5 室外布线

7.5.1 电缆直埋的电缆数量，《电力工程电缆设计规范》GB 50217 - 2007 第 5.2.2 条规定 35kV 及以下的电力电缆少于 6 根，《民用建筑电气设计规范》JGJ 16 - 2008 第 8.7.2 条规定为小于或等于 8 根。本规范根据住宅建筑的特性及上述条款规定为小于或等于 6 根。

7.5.4 距住宅建筑外墙 3m～5m 处设电缆井是为了解决室内外高差，有时 3m～5m 让不开住宅建筑的散水和设备管线，电缆井的位置可根据实际情况进行调整。

7.5.5 为便于设计人员设计住宅小区室外管线路由，将《电力工程电缆设计规范》GB 50217－2007 第5.3.5条强制性条文的内容和《通信管道与通道工程设计规范》GB 50373－2006 第3.0.3条强制性条文的内容精简，融合成本规范的表 7.5.5-1 和表 7.5.5-2，供设计人员使用。

如果受地理条件限制，表中有些净距在采取措施后，可减小。具体做法和净距值可参见上述两本国家现行规范。

8 常用设备电气装置

8.1 一般规定

8.1.2 本规范根据住宅建筑的特性，对各类插座的安装高度作了不同的规定。为了美观和使用方便，住宅套内同一面墙上安装的各类插座宜统一高度。

8.2 电 梯

此节电梯包括住宅建筑的消防电梯和客梯。

8.2.2 住宅建筑的消防电梯由专用回路供电，住宅建筑的客梯如果受条件限制，可与其他动力共用电源。

8.2.3 消防电梯和客梯机房可合用检修电源，检修电源至少预留一个三相保护开关电器。

8.2.5 客梯机房照明配电箱宜由客梯机房配电箱供电，如果客梯机房没有专用照明配电箱，电梯井道照明宜由客梯机房配电箱供电。

8.2.7 就近引接的电源回路应装设剩余电流动作保护器。

8.3 电 动 门

8.3.1 装设不大于 30mA 动作的剩余电流动作保护器，用于漏电时的人身保护。

8.3.3 疏散通道上的电动门包括住宅建筑的出入口处、住宅小区的出入口处等。

8.4 家居配电箱

8.4.1 家居配电箱底距地不低于 1.6m 是为了检修、维护方便。家居配电箱因为出线回路多又增加了自恢复式过、欠电压保护电器，单排箱体可能满足不了使用要求。如果改成双排，家居配电箱底距地 1.8m，位置偏高不好操作。建议单排家居配电箱暗装时箱底距地宜为 1.8m，双排家居配电箱暗装时箱底距地宜为 1.6m；家居配电箱明装时箱底距地应为 1.8m。

8.4.2 家居配电箱按照实际应用规定了最基本的配置，家居配电箱的设计与选型不应低于此配置。空调

插座的设置应按工程需求预留；如果住宅建筑采用集中空调系统，空调的插座回路应改为风机盘管的回路。家居配电箱具体供电回路数量可参照下列要求设计：

1 三居室及以下的住宅宜设置一个照明回路，三居室以上的住宅且光源安装容量超过 2kW 时，宜设置两个照明回路。

2 起居室等房间，使用面积等于大于 30m² 时，宜预留柜式空调插座回路。

3 起居室、卧室、书房且使用面积小于 30m² 时宜预留分体空调插座。使用面积小于 20m² 时每一回路分体空调插座数量不宜超过 2 个；使用面积大于 20m² 时每一回路分体空调插座数量不宜超过 1 个。

4 如双卫生间均装设热水器等大功率用电设备，每个卫生间应设置不少于一个电源插座回路，卫生间的照明宜与卫生间的电源插座同回路。

如果住宅套内厨房、卫生间均无大功率用电设备，厨房和卫生间的电源插座及卫生间的照明可采用一个带剩余电流动作保护器的电源回路供电。

8.4.3 根据《住宅建筑规范》GB 50368－2005 第8.5.4条强制性条文："每套住宅应设置电源总断路器，总断路器应采用可同时断开相线和中性线的开关电器。"为保障居民和维修维护人员人身安全和便于管理，制定本强制性条款。

家居配电箱内应配置有过流、过载保护的照明供电回路、电源插座回路、空调插座回路、电炊具及电热水器等专用电源插座回路。除壁挂分体式空调器的电源插座回路外，其他电源插座回路均应设置剩余电流动作保护器，剩余动作电流不应大于 30mA。

每套住宅可在电能表箱或家居配电箱处设电源进线短路和过负荷保护，一般情况下一处设过流、过载保护，一处设隔离器，但家居配电箱里的电源进线开关电器必须能同时断开相线和中性线，单相电源进户时应选用双极开关电器，三相电源进户时应选用四极开关电器。

8.5 其 他

8.5.1 除有要求外，起居室空调器电源插座只预留一种方式；厨房插座的预留量不包括电炊具的使用，即家居做饭采用电能源。

8.5.2 单台单相家用电器额定功率为 2kW～3kW 时，电源插座宜选用单相三孔 16A 电源插座；单台单相家用电器额定功率小于 2kW 时，电源插座宜选用单相三孔 10A 电源插座。家用电器因其负载性质不同、功率因数不同，所以计算电流也不同，同样是 2kW，电热水器的计算电流约为 9A，空调器的计算电流约为 11A。设计人员设计时应根据家用电器的额定功率和特性选择 10A、16A 或其他规格的电源插座。

本规范表8.5.1序号5中单台单相家用电器的电源插座用途单一，这些家用电器不是用电量较大，就是电源插座安装位置在1.8m及以上，不适合与其他家用电器合用一个面板，所以插座面板只留三孔。

8.5.4 考虑到厨房吊柜及操作柜的安装，厨房的电炊插座安装在1.1m左右比较方便，考虑到厨房、卫生间瓷砖、腰线等安装高度，将厨房电炊插座、洗衣机插座、剃须插座底边距地定为1.0m～1.3m。

8.5.6 卫生间的区域划分说明见本规范第7.2.5条的条文说明。

9 电气照明

9.2 公共照明

9.2.2 供应急灯的电源插座除外。

9.2.3 人工照明的节能控制包括声、光控制、智能控制等，但住宅首层电梯间应留值班照明。住宅建筑公共照明采用节能自熄开关控制时，光源可选用白炽灯。因为关灯频繁的场所选用紧凑型荧光灯，会影响其寿命并增加物业管理费用。应急状态下，无火灾自动报警系统的应急照明集中点亮可采用手动控制，控制装置宜安装在有人值班室里。

9.2.4 住宅建筑的门厅或首层电梯间的照明控制方式，要考虑残疾人操作方便。至少有一处照明灯残疾人可控制或常亮。

9.3 应急照明

9.3.1 住宅建筑一般按楼层划分防火分区，扣除居住面积，住宅建筑每层公共交通面积不是很大，如果按每层每个防火分区来设置应急照明配电箱，显然不是很合理。考虑到住宅建筑的特殊性及火灾应急时疏散的重要性，建议住宅建筑每4层～6层设置一个应急照明配电箱，每层或每个防火分区的应急照明应采用一个从应急照明配电箱引来的专用回路供电，应急照明配电箱应由消防专用回路供电。

9.3.2 本条款根据国家标准《高层民用建筑设计防火规范》GB 50045-95（2005版）第9.2.3条和《建筑设计防火规范》2010年征求意见稿第12.3.4条编写。

9.3.3 高层住宅建筑的楼梯间均设防火门，楼梯间是一个相对独立的区域，楼梯间采用不同回路供电是确保火灾时居民安全疏散。如果每层楼梯间只有一个应急照明灯，宜1、3、5…层一个回路，2、4、6…层一个回路；如果每层楼梯间有两个应急照明灯，应有两个回路供电。

9.4 套内照明

9.4.2 起居室、餐厅等公共活动场所，当使用面积

小于20m²时，屋顶应预留一个照明电源出线口，灯位宜居中。当使用面积大于20m²时，根据公共活动场所的布局，屋顶应预留一个以上的照明电源出线口。

9.4.4 装有淋浴或浴盆卫生间的照明回路装设剩余电流动作保护器是为了保障人身安全。为卫生间照明回路单独装设剩余电流动作保护器安全可靠，但不够经济合理。卫生间的照明可与卫生间的电源插座同回路，这样设计既安全又经济，缺点是发生故障时，照明没电，给居民行动带来不便。

装有淋浴或浴盆卫生间的浴霸可与卫生间的照明同回路，宜装设剩余电流动作保护器。

10 防雷与接地

10.1 防 雷

10.1.1 住宅建筑的防雷分类见表3。

表3 住宅建筑的防雷分类

住 宅 建 筑	防雷分类
建筑高度为100m或35层及以上的住宅建筑	第二类防雷建筑物
年预计雷击次数大于0.25的住宅建筑	
建筑高度为50m～100m且19层～34层的住宅建筑	第三类防雷建筑物
年预计雷击次数大于或等于0.05且小于或等于0.25的住宅建筑	

根据《建筑物防雷设计规范》GB 50057-2010第3.0.3条强制性条文制定本强制性条款。《建筑物防雷设计规范》GB 50057-2010第3.0.3条第10款只对年预计雷击次数大于0.25的住宅建筑作出了规定，本规范在此基础上，根据住宅建筑的特性对住宅建筑的高度及层数也作出了规定，目的是为了保障居民的人身安全。

10.1.2 根据《建筑物防雷设计规范》GB 50057-2010第3.0.4条强制性条文制定本强制性条款。《建筑物防雷设计规范》GB 50057-2010第3.0.4条第3款只对年预计雷击次数大于或等于0.05且小于或等于0.25的住宅建筑作出了规定，本规范在此基础上，根据住宅建筑的特性对住宅建筑的高度及层数也作出了规定，目的是为了保障居民的人身安全。

10.1.4 安装在室内的配电箱为室外照明及用电设备供电时，宜在电源出线开关与外露可导电部分之间装设浪涌保护器并可靠接地。

10.2 等电位联结

10.2.2 金属浴盆、洗脸盆包括金属搪瓷材料；建筑

物钢筋网包括卫生间地面及墙内钢筋网。装有淋浴或浴盆卫生间里的设施不需要进行等电位联结的有下列几种情况：

1 非金属物，如非金属浴盆、塑料管道等。

2 孤立金属物，如金属地漏、扶手、浴巾架、肥皂盒等。

3 非金属物与金属物，如固定管道为非金属管道（不包括铝塑管），与此管道连接的金属软管、金属存水弯等。

10.3 接 地

10.3.2 家用电器外露可导电部分均应可靠接地是为了保障人身安全。目前家用电器如空调器、冰箱、洗衣机、微波炉等，产品的电源插头均带保护极，将带保护极的电源插头插入带保护极的电源插座里，家用电器外露可导电部分视为可靠接地。

采用安全电源供电的家用电器其外露可导电部分可不接地。如笔记本电脑、电动剃须刀，因产品自带变压器将电压已经转换成了安全电压，对人身不会造成伤害。

11 信息设施系统

11.1 一 般 规 定

住宅建筑目前安装的电话插座、电视插座、信息插座（电脑插座），功能相对来说比较单一，随着物联网的发展、三网融合的实现，住宅建筑里电视、电话、信息插座的功能也会多样化，信息插座不仅仅是提供电脑上网的服务，还能提供家用电器远程监控等服务。各运营商也会给居民提供更多更好的信息资源服务。

三网融合后住宅套内的电话插座、电视插座、信息插座功能合一，设置数量也会合一。例如本规范根据目前三个网络的存在，起居室可能要同时安装电视、电话、信息三个插座，三网融合后，起居室安装一个信息插座就能满足使用要求。所以，设计人员在设计三网进户时，一定要与当地三网融合的建设相适应。

11.1.1 公用通信网、因特网由通信、信息网络业务经营商经营管理，自用通信网、局域网由住宅建筑（小区）物业部门管理。

11.1.2 目前除有线电视系统由各地主管部门统一管理外，通信、信息网络业务均有多家经营商经营管理。居民有权选择通信、信息网络业务经营商，所以本规范规定了住宅建筑要预留两个以上通信业务经营商和两个以上信息网络业务经营商所需设施的安装空间。

11.2 有线电视系统

11.2.2 进户线的设置与当地有线电视网的系统设置

和收费管理有关。设计方案应以当地管理部门审批为准。

有线电视系统的信号传输线缆，目前采用光缆到小区或住宅楼，随着三网融合的推进，很快会实现光缆到户。有线电视系统的进户线不应少于1根是针对采用特性阻抗为75Ω的同轴电缆而言，如果采用光缆进户，有一根多芯光缆即可。75-5同轴电缆传输距离一般为300m，超过300m宜采用光缆传输。

有线电视系统三网融合后，光缆进户需进行光电转换，电缆调制解调器（CM）和机顶盒（STB）功能可合一，设备可单独设置也可设置在家居配线箱里。

11.2.3 电视插座面板由于三网融合的推进可能会发生变化，本规范里的电视插座还是按86系列面板预留接线盒。起居室里的电视多半与起居室里的家具组合摆放，电视插座距地0.3m由于电视机的插头长度大于踢脚线的厚度，影响家具的摆放，使用不方便，所以本规范根据实际应用情况将电视插座的安装高度调整为0.3m～1.0m，为电视机配套的电源插座宜与电视插座安装高度一致。

11.2.4 电视插座不应少于1个是规范规定安装的数量，安装位置由建设方和设计人员根据规范确定。起居兼主卧室户型可装1个电视插座，起居室与主卧室分开的住户应安装两个电视插座。

11.2.5 同轴电缆穿金属导管是为了提高屏蔽效果，保证电视信号不受干扰。

11.3 电 话 系 统

11.3.1 用户电话交换机（PABX）可分为普通用户电话交换机（PBX）、综合业务数字用户电话交换机（ISPBX）、IP用户电话交换机（IP PBX）、软交换用户电话交换机等。住宅建筑电话系统至少满足普通用户电话交换机（PBX）的功能，其他功能由当地通信运营商和建设方确定。

11.3.2 住宅建筑的电话系统采用综合布线系统，以适应信息网络系统的发展要求，满足三网融合的要求。电话系统进户线不应少于1根是针对电话电缆或5e及以上等级的4对对绞电缆而言，如果采用光缆进户，有一根多芯光缆即可。

通信系统三网融合后，光缆可进户也可到桌面，为维护方便，进户线宜在家居配线箱内做交接。

11.3.5 电话插座不应少于2个是规范规定安装的数量，安装位置由建设方和设计人员根据规范确定。如果是起居兼主卧室且没有书房的一室户型，电话插座可安装1个。

11.4 信息网络系统

11.4.2 信息网络系统进户线应选用5e类及以上等

级的 4 对对绞电缆或光缆。

11.4.3 为了适应宽带通信业务的接入，实现三网融合，应考虑采用光缆入户到桌面。

11.4.4 信息插座不应少于 1 个是规范规定安装的数量，安装位置由建设方和设计人员根据规范确定。设置 2 个及以上信息插座的住宅，宜配置计算机交换机/集线器（SW/HUB）。如果起居兼主卧室且没有书房的一室户型，信息插座可安装 1 个。

11.4.5 设备间、电信间宜设在一层或地下一层。综合布线系统水平缆线不应超过 90m，25 层以上的住宅建筑宜在一层或地下一层设置一间设备间，在顶层或中间层再设置一间电信间。

11.7 家居配线箱

三网融合在现阶段并不意味着电信网、信息（计算机）网和有线电视网三大网络的物理合一，三网融合主要是指高层业务应用的融合。三大网络通过技术改造，能够提供包括语音、数据、图像等综合多媒体的通信业务。换句话说住户不管选用三个网的哪家运营商，都可以通过这一家运营商实现户内看电视、上网和打电话（不包括移动电话，下同）。

目前 FHC 有线电视网是通过机顶盒和电缆调制解调器实现数字电视的转播和连接因特网，电信网是通过 ISDN 等连接因特网，只有信息（计算机）网是通过综合布线系统直接连接因特网。居民在家一般要通过两个或三个网络来实现看电视、上网和打电话。三网融合后，居民可以选择一家运营商实现户内看电视、上网和打电话，也可以和现在一样选择两家或三家运营商实现户内看电视、上网和打电话。

对于设计人员来说，新建的住宅建筑一定要和建设方沟通，要与当地的实际情况及发展前景相结合，能做到三大网络物理网络合一是最理想的状态，三网融合后，住宅建筑的布线及插座配置也应有所变化。目前三网融合正在规划实施中，各地区发展速度不一致，本规范还不能对三网融合后的布线及配置作出规定，但要求每套住宅应设置家居配线箱，家居配线箱的设置对今后三网融合和光缆进户将会起到很重要的作用。

11.7.1 家居配线箱三网融合前的接线示意图见图 1。

图 1 只画出了家居配线箱最基本的配置接线，未画出与能耗计量及数据远传系统的连接。

11.7.2 家居配线箱不宜与家居配电箱上下垂直安装在一个墙面上，避免竖向强、弱电管线多、集中、交叉。家居配线箱可与家居控制器上下垂直安装在一个墙面上。

11.7.3 预留 AC220V 电源接线盒，是为了给家居配线箱里的有源设备供电，家居配线箱里的有源设备一般要求 50V 以下的电源供电，电源变压器可安装在

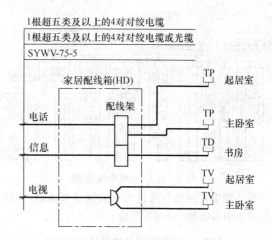

图 1　家居配线箱基本配置图

电源接线盒内。接线盒内的电源宜就近取自照明回路。

11.8 家居控制器

11.8.2 家用电器的监控包括：照明灯、窗帘、遮阳装置、空调、热水器、微波炉等的监视和控制。

12　信息化应用系统

12.1 物业运营管理系统

12.1.1 非智能化的住宅建筑，具备条件时，也应设置物业运营管理系统。

12.3 智能卡应用系统

12.3.2 与银行信用卡等融合的智能卡应用系统，卡片宜选用双面卡，正面为感应式，背面为接触式。

12.5 家居管理系统

12.5.1 住宅建筑家居管理系统（HMS）是通过家居控制器、家居布线、住宅建筑布线及各子系统，对各类信息进行汇总、处理，并保存于住宅建筑管理中心数据库，实现信息共享，为居民提供安全、舒适、高效、环保的生活环境。住宅建筑家居管理系统（HMS）框图见图 2。

13　建筑设备管理系统

13.2 建筑设备监控系统

13.2.1 本条款只提出了智能化住宅建筑设置建筑设备监控系统应具备的最低功能要求，有条件的开发商可根据需求监测与控制更多的系统和设备。

13.2.4 当住宅小区面积较大，DDC 由建筑设备监

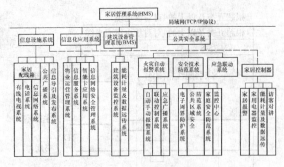

图 2　家居管理系统框图

控中心集中供电电压降过大不能满足要求时，DDC可就近引接电源，供电等级应一致。

13.3　能耗计量及数据远传系统

13.3.1　能耗计量及数据远传系统宜由能耗计量表具、采集模块/采集终端、传输设备、集中器、管理终端、供电电源组成。有线网络包括：RS485 总线、局域网、低压电力线载波等。

14　公共安全系统

14.2　火灾自动报警系统

14.2.3　建筑高度为 100m 或 35 层及以上的住宅建筑要求每栋楼都要设消防控制室，其他住宅建筑及住宅建筑群应按规范要求设消防控制室。住宅小区宜集中设置消防控制室，消防控制室要求 24 小时专业人员值班，设置多个消防控制室，需增加专业人员值班，增加系统维修维护量，增加运营成本。

14.3　安全技术防范系统

14.3.2　考虑到全国各地住宅建筑建设投资不一致，表 14.3.2 只规定了住宅建筑安全技术系统最基本的配置。目前全国很多地区的住宅建筑安全技术防范系统的建设已经超过了本规范规定的标准配置。建议有条件的地区或投资商，在建设或改建住宅小区时，宜在住宅小区公共区域设置视频安防监控系统。

14.3.4

　　1　电子巡查系统包括离线式和在线式。

　　3　住宅建筑停车库（场）管理系统宜对长期住户车辆和临时访客车辆有不同的管理模式，保障住宅建筑高峰期进出口处车辆不堵塞。

14.3.5

　　1　室内分机有多种类型，最基本的是双向对讲、开门锁，目前新建住宅建筑很多已经安装了彩色可视对讲分机，也有的已经安装了家庭控制器。建议投资商根据居民需求及技术发展，合理选择室内分机类型。

　　2　紧急求助报警装置宜安装在起居室（厅）、主卧室或书房。

14.3.6　住宅建筑安防监控中心自身的安防设施是指对监控中心的物防、技防，还应确保人防。

15　机房工程

15.1　一般规定

15.1.1　机房是指住宅建筑内为各弱电系统主机设备、计算机、通信设备、控制设备、综合布线系统设备及其相关的配套设施提供安装设备、系统正常运行的建筑空间。根据机房所处行业/领域的重要性、经济性等，《电子信息系统机房工程设计规范》GB 50174 - 2008 将机房从高到低划分为 A、B、C 三级。

15.2　控　制　室

15.2.1　住宅建筑的控制室不包括行业专用的电话站、广播站和计算机站。

15.2.2　住宅建筑的控制室采用合建方式是为了便于管理和减少运营费用。

15.3　弱电间及弱电竖井

15.3.1　弱电间是指敷设安装楼层弱电系统管线（槽）、接地线、设备等占用的建筑空间。弱电间/弱电竖井检修门的尺寸参见本规范第 7.4.3 条的条文说明。

15.3.2、15.3.3　弱电竖井的长度 L 由设计人员根据弱电设备及管线（槽）尺寸确定，多层住宅建筑弱电竖井示意图见图 3；7 层及以上住宅建筑弱电竖井示意图见图 4。

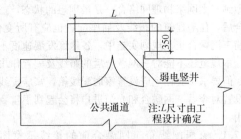

图 3　多层住宅建筑弱电竖井示意图

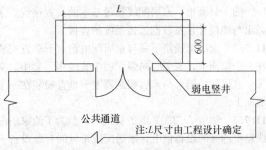

图 4　7 层及以上住宅建筑弱电竖井示意图

25 层以上的住宅建筑如果弱电间与电信间合用，弱电设备安装位置可参见本规范第 11.4.5 条的条文说明。

15.3.4 弱电间及弱电竖井墙壁耐火极限及预留洞口封堵等要求可参见本规范第 7.4 节里的相关条款及条文说明。

15.4 电 信 间

15.4.1 电信间是指安装电信设备、电缆和光缆终端配线设备并进行缆线交接等占用的建筑空间。

中华人民共和国行业标准

交通建筑电气设计规范

Code for electrical design of transportation buildings

JGJ 243—2011

批准部门：中华人民共和国住房和城乡建设部
施行日期：2 0 1 2 年 6 月 1 日

中华人民共和国住房和城乡建设部
公　告

第 1115 号

关于发布行业标准
《交通建筑电气设计规范》的公告

　　现批准《交通建筑电气设计规范》为行业标准，编号为 JGJ 243－2011，自 2012 年 6 月 1 日起实施。其中，第 6.4.7、8.4.2 条为强制性条文，必须严格执行。

　　本规范由我部标准定额研究所组织中国建筑工业出版社出版发行。

中华人民共和国住房和城乡建设部

2011 年 8 月 4 日

前　言

根据原建设部《关于印发〈2007年工程建设标准规范制订、修订计划（第一批）〉的通知》（建标［2007］125号）文件的要求，规范编制组经广泛调查研究，认真总结实践经验，参考有关国内外标准，并在广泛征求意见的基础上，编制本规范。

本规范主要技术内容是：1. 总则；2. 术语和代号；3. 供配电系统；4. 配变电所、配变电装置及电能管理；5. 应急电源设备；6. 低压配电及线路布线；7. 常用设备电气装置；8. 电气照明；9. 建筑防雷与接地；10. 智能化集成系统；11. 信息设施系统；12. 信息化应用系统；13. 建筑设备监控系统；14. 公共安全系统；15. 机房工程；16. 电磁兼容；17. 电气节能。

本规范中以黑体字标志的条文为强制性条文，必须严格执行。

本规范由住房和城乡建设部负责管理和对强制性条文的解释，由现代设计集团华东建筑设计研究院有限公司负责具体技术内容的解释。执行过程中如有意见或建议，请寄送现代设计集团华东建筑设计研究院有限公司（地址：上海市汉口路151号，邮政编码：200002），以供修订时参考。

本 规 范 主 编 单 位：现代设计集团华东建筑设计研究院有限公司

本 规 范 参 编 单 位：中国建筑西北设计研究院有限公司
中国建筑东北设计研究院有限公司
北京市建筑设计研究院
铁道第三勘察设计研究院集团有限公司
广东省建筑设计研究院
上海市城市建设设计研究院
中国民航总局第二研究所
民航机场（成都）电子工程设计所
同济大学
上海铁路城市轨道交通设计研究院
施耐德电气（中国）投资有限公司
宝胜科技创新股份有限公司
飞利浦（中国）投资有限公司
烟台持久钟表集团有限公司
北京挪拉斯坦特芬通信设备有限公司

本规范主要起草人员：邵民杰　吴文芳（以下按姓氏笔画排序）
于云臣　王　晔　王小安
王明春　石萍萍　庄孙毅
刘　璠　李国宾　杨立新
杨海龙　杨德才　闵　加
张　磊　陈　洪　林海雄
姚梦明　涂　强　袁圣勇
钱观荣　郭晓岩　崔学林
曹承属　温伯银　韩春梅
缪　兴　蔡增谊

本规范主要审查人员：王金元　张文才　孙　兰
陈众励　杜毅威　白英彩
赵济安　高小平　金　辉
王元恺

目 次

Contents

1 总 则

1.0.1 为统一交通建筑电气设计标准，全面贯彻执行国家的技术经济政策，做到安全可靠、经济合理、技术先进、节约能源、维护管理方便，制定本规范。

1.0.2 本规范适用于新建、扩建、改建的以客运为主的民用机场航站楼、交通枢纽站、铁路旅客车站、城市轨道交通站、磁浮列车站、港口客运站、汽车客运站等交通建筑电气设计，不适用于飞机库、油库、机车站、行业专用货运站、汽车加油站等的电气设计。

1.0.3 交通建筑电气设计应体现以人为本，对声污染、光污染、电磁污染采取综合治理，并应满足国家有关环境保护的要求。

1.0.4 交通建筑电气设计应采用安全、可靠、节能、适用的技术和产品，严禁使用已被国家淘汰的技术和产品。

1.0.5 交通建筑电气设计除应符合本规范外，尚应符合国家现行有关标准的规定。

2 术语和代号

2.1 术 语

2.1.1 照明管理系统 lighting management system

应用分布式控制系统，对建筑物内部及外部环境照明进行自动或现场手动等方式的监测、控制，以实现集中管理、节能运行、优化照明环境的系统。

2.1.2 电能管理系统 electric management system

以智能继电保护装置、智能电力仪表、其他智能电力监控装置、计算机及通信网络、监控系统软件为基础，提供供配电系统详尽的数据采集、运行监视、事故预警、事故记录和分析、电能质量监视和控制、自动控制、负荷管理等功能，实现对整个建筑物进行安全供电、能耗、运行等综合管理的一种智能化、网络化、单元化、组态化的系统。

2.1.3 电气火灾监控系统 alarm and control system for electric fire prevention

由电气火灾监控设备、电气火灾监控探测器及相关线路等组成，当被保护线路中的被探测参数超过报警设定值时，能发出报警信号并能指示报警部位的系统。

2.1.4 能耗监测管理 energy consumption monitor management

通过对大型公共建筑安装分类和分项能耗计量装置，采用远程传输等手段及时采集能耗数据，实现对建筑能耗在线监测和动态分析管理。

2.1.5 电磁环境 electromagnetic environment

存在于给定场所的所有电磁现象的总和。

2.1.6 电子信息系统 electronic information system

由计算机、有/无线通信设备、处理设备、控制设备及其相关的配套设备、设施（含网络）等电子设备构成的，按照一定应用目的和规则对信息进行采集、加工、存储、传输、检索等处理的人机系统。

2.1.7 场地设施 infrastructure

电子信息系统机房内，为电子信息系统提供运行保障的基础设施。

2.1.8 自动售检票设备 automatic fare collection

无售、检票人员而由乘客自助购买硬币式、磁卡或非接触式 IC 卡等单程或充值车票，并用其通过检票机进出轨道交通车站的设备。

2.1.9 自动人行道 moving pavement

倾斜角在 0°～12°之间，能够连续运送乘客的设备，又称自动步道。

2.2 代 号

ACTS——先进通信技术卫星 advanced communication technology satellite

ATR——自动读码站 automatic reading frame station

BAS——建筑设备监控系统 building automation system

BHS——行李处理系统 baggage handling system

BECS——行李设备控制系统 baggage equipment control system

BMS——建筑设备管理系统 building management system

DCLS——直接通信链接系统 direct communication link system

EMS——电能管理系统 electric management system

FAS——火灾自动报警系统 fire alarm system

GPS——全球卫星定位系统 global positioning system

IRIG-B——靶场仪器组 B 型格式 inter-range instrumentation group-b

NTP——网络时钟协议 network time protocol

ODBC——开放式数据库互接 open datebase connectivity

PRC——伪距校正 pseudo range correction

SAS——安全防范系统 security automation system

SIC——安全检查系统 security inspection system

TTS——文本转换语音技术　text to speech
1PPS——每秒1个脉冲　1 pulse per second

3　供配电系统

3.1　一般规定

3.1.1　本章适用于交通建筑中35kV及以下供配电系统的设计。

3.1.2　交通建筑供配电系统设计应按其负荷性质、用电容量、工艺流程特点以及当地供电条件，合理确定设计方案。

3.1.3　交通建筑的供配电系统设计应根据所处工程的特点、系统规模和发展规划，适当考虑远期发展。

3.1.4　交通建筑的供配电系统设计应符合国家现行标准《供配电系统设计规范》GB 50052及《民用建筑电气设计规范》JGJ 16的有关规定。

3.2　负荷分级及供电要求

3.2.1　交通建筑中用电负荷等级应根据供电可靠性及中断供电所造成的损失或影响程度，分为一级负荷、二级负荷及三级负荷，且各级负荷应符合表3.2.1的规定。不同类型交通建筑的规模划分应按本规范附录A执行。

3.2.2　交通建筑中消防用电的负荷等级应符合下列规定：

1　Ⅲ类及以上民用机场航站楼、特大型和大型铁路旅客车站、集民用机场航站楼或铁路及城市轨道交通车站等为一体的大型综合交通枢纽站、城市轨道交通地下站以及具有一级耐火等级的交通建筑中消防用电，应为一级负荷；

2　其他机场航站楼、铁路客运站、城市轨道交通地面站、地上站、港口客运站、汽车客运站及其他交通建筑等的消防负荷不应低于二级负荷。

表3.2.1　交通建筑中用电负荷等级

适用场所 建筑类别 \ 负荷等级	一级负荷中特别重要负荷	一级负荷	二级负荷	三级负荷
民用机场	民用机场内的航空管制、导航、通信、气象、助航灯光系统设施和台站用电；边防、海关的安全检查设备；航班信息、显示及时钟系统；航站楼、外航驻机场办事处中不允许中断供电的重要场所用电负荷	Ⅲ类及以上民用机场航站楼中的公共区域照明、电梯、送排风系统设备、排污泵、生活水泵、行李处理系统（BHS）；航站楼、外航驻机场航站楼办事处、机场宾馆内与机场航班信息相关的系统、综合监控系统及其他信息系统；站坪照明、站坪机务；飞行区内雨水泵站等用电	航站楼内除一级负荷以外的其他主要用电负荷，包括公共场所空调系统设备、自动扶梯、自动人行道；Ⅳ类及以下民用机场航站楼的公共区域照明、电梯、送排风系统设备、排污水设备、生活水泵用电	不属于一级和二级的用电负荷
铁路旅客车站综合交通枢纽站	特大型铁路旅客车站、集大型铁路旅客车站及其他车站等为一体的大型综合交通枢纽站中不允许中断供电的重要场所用电负荷	特大型铁路旅客车站、国境站和集大型铁路旅客车站及其他车站等为一体的综合交通枢纽站的旅客站房、站台、天桥、地道用电、防灾报警设备；特大型铁路旅客车站、国境站的公共区域照明；售票系统设备、安防及安全检查设备、通信系统	大、中型铁路旅客车站、集中型铁路旅客车站及其他车站等为一体的综合交通枢纽站的旅客站房、站台、天桥、地道用电、防灾报警设备；特大和大型铁路旅客车站、国境站的列车到发预告显示系统、旅客用电梯、自动扶梯、国际换装设备、行包用电梯、皮带输送机、送排风机、排污水设备；特大型铁路旅客车站的冷热源设备；大中型铁路旅客车站的公共区域照明、管理用房照明及设备；铁路旅客车站的驻站警务室	

负荷等级 适用 场所 建筑类别	一级负荷中特别重要负荷	一级负荷	二级负荷	三级负荷
城市轨道交通车站、磁浮列车站	通信及信号系统及车站内不允许中断供电的重要场所用电负荷	综合监控系统、屏蔽门（安全门）、防护门、防淹门及地铁车站中的排水泵用电、信息设备管理用房照明、公共区域照明、自动售票系统设备	非消防用电梯及自动扶梯、地上站厅站台照明、送排风机、排污水设备	
港口客运站	—	一级港口客运站的通信、监控系统设备、导航设施用电	港口重要作业区、一、二级港口客运站主要用电负荷，包括公共区域照明、管理用房照明及设备、电梯、送排风系统设备、排污水设备、生活水泵	不属于一级和二级的用电负荷
汽车客运站	—		一、二级汽车客运站主要用电负荷；包括公共区域照明、管理用房照明及设备、电梯、送排风系统设备、排污水设备、生活水泵	

3.2.3 当交通建筑机房及重要场所中有一级负荷中特别重要负荷的设备时，直接为其运行服务的空调用电不应低于一级负荷；有大量一级负荷设备时，直接为其运行服务的空调用电不应低于二级负荷。

3.2.4 交通建筑中的重要电子信息机房和防灾中心、集中监控管理中心、应急指挥中心的交流电源及其系统设备电源，其负荷级别不应低于该建筑中最高等级的用电负荷。

3.2.5 交通建筑群区的场内雨水泵站、供水站、采暖锅炉房、换热站、能源中心、通信（信息）楼等的用电负荷，应根据工程规模、重要性等因素合理确定负荷等级，且不应低于二级。

3.2.6 有特殊要求的用电负荷，应根据实际情况及工艺要求确定。

3.2.7 应急电源应满足重要用电设备对电源切换时间的要求，并应根据负荷要求按其不同的电源切换时间进行分级。应急电源的分级及切换时间的要求应符合表 3.2.7 的规定。

表 3.2.7 应急电源的分级及切换时间的要求

应急电源级别	应急电源对电源切换时间的要求	适用场合
0 级 （不间断）	不间断自动连续供电	信息技术设备，重要监控系统设备、机场安检设备、UPS 电源所供设备

续表 3.2.7

应急电源级别	应急电源对电源切换时间的要求	适用场合
0.15 级 （极短时间隔）	0.15s 之内自动恢复有效供电	EPS 电源设备，人员密集场所，容易引起人员恐慌场所的应急照明类设施
0.5 级 （短时间隔）	0.5s 之内自动恢复有效供电	一般场所的应急照明类设施、客运航班显示屏、除机场以外的安检设备
15 级 （中等间隔）	15s 之内自动恢复有效供电	一般消防类设施（不包括火灾应急照明）、电梯

3.3 供配电系统及电能质量

3.3.1 交通建筑中具有一级负荷的供配电系统应由不少于两个电源供电，主供电源的电压等级宜同级。每个进线电源的容量应满足供配电系统全部一、二级负荷供电的要求。

3.3.2 交通建筑中具有一级负荷中特别重要的负荷应采用应急电源设备为应急电源供电。

3.3.3 交通建筑中具有二级负荷且不高于二级负荷的供配电系统宜由两回线路电源供电，电源的电压等级可不同级，每个进线电源的容量应满足供配电系统全部二级负荷供电的要求；在地区供电条件困难时，二级负荷可由一回 6kV 及以上专用线路供电。

3.3.4 交通建筑应根据空调用冷水机组的容量以及地区供电条件，合理确定机组的额定电压和用电单位的供电电压，并应考虑大容量电动机启动时对电源母线压降的影响。由低压电源供电的单台电制冷冷水机组的电功率不宜超过 550kW。

3.3.5 应合理选择变压器容量、线缆及敷设方式，减少线路感抗，提高用户的自然功率因数；当采用提高自然功率因数措施后仍达不到要求时，应进行无功补偿。

3.3.6 10(6)kV 及以下无功补偿宜在配电变压器低压侧集中补偿，且补偿后功率因数不应低于 0.9，容量较大且经常使用的用电设备的无功补偿宜单独就地补偿。

3.3.7 10(6)kV 侧设有电动机负载时，应在 10(6)kV 侧设电容器补偿。

3.3.8 对民用机场航站楼、集民用机场航站楼或铁路与城市轨道交通车站等为一体的大型综合交通枢纽站、特级铁路旅客站、多线换乘的城市轨道交通车站，应采取措施将供配电系统的谐波限制在规定范围内，并应符合本规范第 16 章的规定。

3.4 负荷计算

3.4.1 电气负荷计算方式在方案阶段可采用单位负荷密度法，在初步设计和施工图阶段宜采用需要系数法。

3.4.2 对于大型、重要的交通建筑，变压器的长期工作负荷率宜为 60%～75%；对于互为备用的两台变压器，当一台因故障退出运行时，另一台应能承担全部一、二级负荷。

3.4.3 交通建筑中设置为其提供配套服务的商业用房时，应预留后期招商租户用电。

3.4.4 当采用需要系数法进行负荷计算时，由机场航站楼供电的飞机机舱专用空调用电及机用 400Hz 电源系统的需要系数（K_x）可按表 3.4.4 选取：

表 3.4.4 飞机机舱专用空调用电及机用 400Hz 电源系统的需要系数

设备名称	每组台数	需要系数（K_x）
飞机机舱专用空调用电	5 台及以下	0.25～0.35
	（6～10）台	0.15～0.25
	10 台以上	0.10～0.15
机用 400Hz 电源系统	5 台及以下	0.40～0.50
	（6～10）台	0.30～0.40
	10 台以上	0.20～0.30

4 配变电所、配变电装置及电能管理

4.1 一般规定

4.1.1 本章适用于交通建筑中交流电压为 35kV 及以下的配变电所、配变电装置及电能管理设计。

4.1.2 配变电所设计采用的设备和材料应符合国家现行有关标准的规定，并应注重绿色节能环保、材料的可再生利用及噪声、电磁波等污染的防治。

4.1.3 配变电所、配变电装置及电能管理设计应符合国家现行标准《35～110kV 变电所设计规范》GB 50059、《10kV 及以下变电所设计规范》GB 50053、《民用建筑电气设计规范》JGJ 16 的有关规定。

4.2 配变电所

4.2.1 配变电所位置选择应符合现行行业标准《民用建筑电气设计规范》JGJ 16 的规定。

4.2.2 独立设置的配变电所宜靠近供电负荷较大的建筑物。

4.2.3 配变电所可设置在建筑物的地下层，但不宜设置在地下最低层。配变电所设置在建筑物地下层时，应根据环境要求加设机械通风、去湿设备或空气调节设备。当地下只有一层时，尚应采取预防洪水、消防水或积水从其他渠道淹渍配变电所的措施。

4.2.4 交通建筑单体建筑面积较大、供电半径较长时，宜在建筑物内分散设置配变电所。

4.3 配变电装置及主结线

4.3.1 设置在交通建筑物内的变压器，应选择低损耗、低噪声的干式或气体绝缘的变压器。

4.3.2 变压器低压侧电压为 0.4kV 时，单台变压器容量不宜大于 2000kVA；当用电设备容量较大、负荷集中且运行合理时，可选容量为 2500kVA 的变压器。

4.3.3 交通建筑的配变电所一次结线应做到安全、可靠、简单、便于操作。

4.3.4 配变电所电压为 35kV 及以下的母线段，宜采用单母线或单母线分段结线形式。

4.3.5 大型、重要交通建筑的配变电所一次侧母线宜采用单母线分段两路电源互为备用，并宜采取手动或自动的切换方式。

4.3.6 当配变电所内有 35kV 断路器以及 20、10(6)kV 断路器数量为 4 台及以上时，操作及继电保护电源宜采用带免维护蓄电池的直流电源装置。

4.3.7 直流电源装置的输入电源，宜接自配变电所两段低压母线，且在电源正常运行时，蓄电池应处于浮充电状态。

4.4 电能管理

4.4.1 Ⅲ类及以上民用机场航站楼、特大型和大型铁路旅客车站、集民用机场航站楼或铁路及城市轨道交通车站等为一体的大型综合交通枢纽站、城市轨道交通地铁车站、磁浮列车站等建筑的配变电所，应设置电能管理系统（EMS），其他中型以上交通建筑物配变电所中宜设置电能管理系统。

4.4.2 交通建筑电能管理的系统构成、设备选型、系统容量和功能配置等，应根据其供电系统的特点、运营、管理要求、通信系统的通道条件确定，并应考虑发展的需要。

4.4.3 电能管理系统宜根据交通建筑内配变电所的分布设置主站、分站。主站应设置在建筑物主配变电监控室内。

4.4.4 电能管理系统宜采用分层、分布式系统结构，且各层监控设备应满足相应功能要求。

4.4.5 现场监控仪表或其他智能设备的通信接口宜采用 Profibus 等现场总线，Modbus、TCP/IP 或其他开放性通信协议，并应保证能实时上传采集到的各种电气参数。

4.4.6 交通建筑中所采用的电能管理系统应满足系统的各项基本功能要求。

4.4.7 现场智能电力监控装置应具有良好的抗电磁干扰能力，并应符合现行国家标准《电磁兼容 试验和测量技术》GB/T 17626 有关电磁兼容（EMC）测试和测量技术的规定。

4.4.8 配电系统主进线回路的现场智能电力监控装置应满足下列功能要求：

　　1 全面测量回路电气参数，并记录最大/最小值；

　　2 遥信断路器分合、故障状态，并在有需求时遥控分合断路器；

　　3 对谐波、电压波动和闪变、电压偏差、电压不平衡、频率偏差等进行电能质量监测；

　　4 故障波形捕捉；

　　5 对故障类型、故障发生时间等故障事件进行记录。

4.4.9 低压系统中的一级、二级负荷回路宜进行智能化监控。

4.4.10 一级负荷回路的现场智能电力监控装置应满足下列功能要求：

　　1 全面测量回路电气参数，并记录最大/最小值；

　　2 遥信断路器分合、故障状态，并在有需求时遥控分合断路器；

　　3 谐波、电压偏差等电能质量监测及记录；

　　4 对故障类型、故障发生时间等故障事件进行记录。

4.4.11 二级负荷回路的现场智能电力监控装置宜满足下列功能要求：

　　1 测量回路主要电气参数，并记录最大/最小值；

　　2 遥信断路器分合、故障状态。

4.4.12 仅用于消防设施一级负荷回路的现场智能电力监控装置应具备遥信断路器分合、故障状态，并在有需求时遥控分合断路器的功能；仅用于消防设施二级负荷回路的现场智能电力监控装置宜具备遥信断路器分合、故障状态的功能。

4.4.13 干式变压器温控装置、直流电源装置、模拟屏、柴油发电机控制装置、集中设置的大容量 UPS、EPS 装置等各自的监测信息应通过标准接点/接口接入电能管理系统。

5 应急电源设备

5.1 一般规定

5.1.1 交通建筑的应急电源设备宜采用应急柴油发电机组、应急电源装置（EPS）、不间断电源装置（UPS）等。

5.1.2 应急电源设备的设置应根据用电设备负荷等级及地区电网的供电可靠性综合确定。

5.1.3 应急电源设备的设计应采用安全可靠、节能高效、性能先进的产品。

5.1.4 交通建筑应急电源设备的设计应符合现行行业标准《民用建筑电气设计规范》JGJ 16 的规定。

5.2 应急柴油发电机组

5.2.1 下列交通建筑应设应急柴油发电机组：

　　1 民用机场内的航空管制楼；

　　2 Ⅲ类及以上民用机场航站楼、特大型铁路旅客车站；

　　3 有较多一级负荷中特别重要的负荷且容量较大的其他交通建筑。

5.2.2 当多路正常供电电源中有一路中断供电时，发电机组应能自动启动，并应能根据需要投入运行。

5.2.3 当发电机组同时担负市电中断和火灾条件下的应急供电时，应配备火灾时自动切换和切除该发电机组所带的非消防设备（特殊设备除外）供电的装置。

5.3 应急电源装置（EPS）

5.3.1 应急电源装置（EPS）可作为交通建筑应急照明系统的备用电源，且 EPS 的连续供电时间应满足国家现行有关防火标准的要求。

5.3.2 EPS 装置的选择应符合下列规定：

　　1 当负荷过载为额定负荷的 120% 时，EPS 装置应能长期工作，当负荷过载为额定负荷的150%时，EPS装置应能至少工作30s；

2 EPS装置的逆变工作效率应大于90%；

3 用于应急照明的EPS蓄电池初装容量应保证备用时间不小于90min；

4 当要满足金属卤化物灯或HID气体放电灯的电源切换要求时，EPS装置的切换时间不应大于3ms。

5.3.3 交通建筑中的EPS装置宜分区域相对集中设置。

5.4 不间断电源装置（UPS）

5.4.1 交通建筑中用电负荷不允许中断供电的设施以及允许中断供电时间为毫秒级的重要场所的非照明用应急备用电源，应设置UPS装置。

5.4.2 UPS装置的交流输入端宜配置输入滤波器，并应符合下列规定：

1 满载负荷时，输入电流畸变率（THD_i）宜小于5%，输入功率因数应大于0.93；

2 半载负荷时，输入电流畸变率（THD_i）宜小于7%，输入功率因数应大于0.90。

5.4.3 UPS装置的输出电压波形应为连续的正弦波，并应符合下列规定：

1 满载线性负载时，电压畸变率（THD_u）应小于或等于2%；

2 满载非线性负载时，电压畸变率（THD_u）应小于或等于4%。

5.4.4 大容量UPS装置应具有标准通信接口，并可对第三方软件开放。

5.4.5 大容量UPS装置本身宜具有对每节蓄电池监测的功能，并宜能实时显示在监控屏幕上。

5.4.6 交通建筑中的UPS装置宜分区域相对集中设置。

5.4.7 当UPS装置的输入电源为直接由柴油发电机提供时，其与柴油发电机容量的配比不宜小于1：1.2。

6 低压配电及线路布线

6.1 一般规定

6.1.1 交通建筑低压配电系统的设计应根据交通建筑的不同功能、类别、负荷性质、容量及可能发展等因素综合确定。

6.1.2 低压电器的额定电压、频率应与所在回路的标称值一致。

6.1.3 交通建筑中的低压配电及配电线路布线应符合国家现行标准《低压配电设计规范》GB 50054和《民用建筑电气设计规范》JGJ 16的规定。

6.2 低压配电系统

6.2.1 交通建筑中的工艺设备、专用设备、消防及其他防灾用电负荷，应分别自成配电系统或回路。

6.2.2 由配变电所至各层、各区域配电箱，可采用树干式或混合式配电方式，也可根据防火分区等采用分区竖向配电方式。

6.2.3 重要负荷或大容量负荷应从配变电所直接采用放射式配电。

6.2.4 中小容量负荷可采用树干式配电方式，并宜采用母线槽、电缆T接端子方式或预制分支电缆引至各层（区域）配电箱。

6.2.5 大空间单层或多层交通建筑可采用水平树干式配电方式。

6.2.6 交通建筑中设置的电炉、电热、分散式空调的电源，宜由单独回路供电。

6.2.7 设有能耗管理系统的交通建筑，低压配电系统中相关回路或各楼层各区域配电箱的配置，应满足分区分类电能计量和监测的需要。

6.3 低压电器的选择

6.3.1 低压电器的规格、性能应与相应设备相匹配。

6.3.2 低压断路器的脱扣器、脱扣线圈应内置于断路器本体中，并应符合现行国家标准《低压开关和控制设备 第2部分：断路器》GB 14048.2的规定。

6.3.3 主进线低压断路器的长延时保护宜采用长延时斜率可调的反时限脱扣曲线。

6.3.4 各级配电箱主开关采用断路器时，宜使用具有隔离功能的断路器。

6.3.5 多个低压断路器同时装入防护等级IP44及以上的密闭柜体或箱体内时，应根据环境温度、散热条件及断路器的数量、特性等因素考虑降容系数。

6.3.6 机场建筑400Hz电源系统等特殊场合使用的低压断路器，应选用能满足400Hz电网中使用的断路器和剩余电流保护装置。

6.3.7 对于供电连续性要求较高的重要回路，低压断路器宜选择能在接通负荷的情况下在线整定保护参数的断路器。

6.3.8 处在盐雾、干冷、湿热、高海拔等特定环境中的交通建筑，其低压电器应能满足现行国家标准《电工电子产品环境试验》GB/T 2423有关环境适应性的要求。

6.3.9 对于用于一、二级负荷的保护电器，其过流保护宜实现完全选择性保护。

6.3.10 直流操作电源和其他直流系统中用作保护的断路器应选用直流系统专用断路器。

6.3.11 在交通建筑物室外安装的开关插座应具有IP44及以上的防护等级，其中海运港口客运站室外开关插座应有IP66及以上防护等级或安装于具有相应防护等级的配电箱中。

6.4 配电线路选择及布线

6.4.1 配电线路的敷设应考虑安装和维护简便。

6.4.2 配电线路不应造成下列有害影响：

  1 火焰蔓延对建筑物和消防系统的影响；

  2 燃烧产生含卤烟雾对人身的伤害；

  3 产生过强的电磁辐射对弱电系统的影响。

6.4.3 交通建筑中除直埋敷设的电缆和穿管暗敷的电线电缆外，其他成束敷设的电线电缆应采用阻燃电线电缆；用于消防负荷的应采用阻燃耐火电线电缆或矿物绝缘（MI）电缆。

6.4.4 不同场所电缆的阻燃级别选择不宜低于表6.4.4的规定：

表 6.4.4 不同场所电缆的阻燃级别

阻燃级别	适 用 场 所
A 级	Ⅱ类及以上民用机场航站楼、特大型铁路旅客车站、集民用机场航站楼或铁路与城市轨道交通车站等为一体的大型综合交通枢纽站及单栋建筑面积超过 100000m² 的具有一级耐火等级的交通建筑
B 级	Ⅲ类以下民用机场航站楼、大中型铁路旅客车站、地铁车站、磁浮列车站、一级港口客运站、一级汽车客运站及单栋建筑面积超过 20000m² 的具有二级耐火等级的交通建筑
C 级	不属于以上所列的其他交通建筑

6.4.5 不同场所电线的阻燃级别选择不宜低于表6.4.5的规定：

表 6.4.5 不同场所电线的阻燃级别

阻燃级别	适用场所	电线截面
B 级	Ⅱ类及以上民用机场航站楼、特大型铁路旅客车站、集民用机场航站楼或铁路与城市轨道交通车站等为一体的大型综合交通枢纽站及单栋建筑面积超过 100000m² 的具有一级耐火等级的交通建筑	50mm² 及以上
C 级		35mm² 及以下
C 级	Ⅲ类及以下民用机场航站楼、大中型铁路旅客车站、地铁车站、磁浮列车站、一级港口客运站、一级汽车客运站及单栋建筑面积超过 20000m² 的具有二级耐火等级的交通建筑	50mm² 及以上
D 级		35mm² 及以下
D 级	不属于以上所列的其他交通建筑	所有截面

6.4.6 阻燃电缆的敷设通道在穿越防火分区时，应进行防火封堵。

6.4.7 Ⅱ类及以上民用机场航站楼、特大型和大型铁路旅客车站、集民用机场航站楼或铁路及城市轨道交通车站等为一体的大型综合交通枢纽站、地铁车站、磁浮列车站及具有一级耐火等级的交通建筑内，成束敷设的电线电缆应采用绝缘及护套为低烟无卤阻燃的电线电缆。

6.4.8 具有二级耐火等级的交通建筑内成束敷设的电线电缆，宜采用绝缘及护套为低烟无卤阻燃的电线电缆，但在人员密集场所明敷的电线电缆应采用绝缘及护套为低烟无卤阻燃的电线电缆。

6.4.9 低烟无卤阻燃电线电缆宜采用辐照交联型。

6.4.10 与建筑内应急发电机组或EPS装置连接、用于消防设施的配电线路，应采用阻燃耐火电线电缆或封闭母线，其火灾条件下通电时间应满足相应的消防供电时间要求；由EPS装置配出的线路，其在火灾条件下的连续工作时间应满足EPS持续工作时间要求。

6.4.11 消防设施用电线电缆与非消防设施用电线电缆宜分开敷设，当需在同一电缆桥架内敷设时，应采取防火分隔措施。

6.4.12 电线电缆在吊顶或架空地板内敷设时，宜采用金属管、可挠金属电线导管、金属线槽敷设。

6.4.13 封闭母线可应用于交通建筑中负荷较大或者扩展性要求高的场合，其防护等级应与相邻的电气设施敷设环境相适应。当敷设于潮湿或腐蚀性环境中时，应采取必要的防水、防腐措施。

6.4.14 封闭式母线的线路走向，应考虑其他管路设备的位置关系，当与水管交错或相邻时，母线宜在管道的上方或同一水平高度敷设，否则应提高其防护等级。

6.4.15 与安检、传送等设施无关的配电线路不应穿过安检、传送等设施的基础；配电干线不应在安检设施的上方穿越。

6.4.16 与轨道交通运行无关的电气线路不宜穿越轨道。

6.4.17 大型交通建筑的配电和弱电线路，应分别设置配电间、弱电间或竖井。中小型交通建筑的配电和弱电线路，宜分别设置配电间、弱电间或竖井，当受条件限制需合并设置时，配电与弱电线路应分别布置在竖井两侧或采取隔离措施。

7 常用设备电气装置

7.1 一般规定

7.1.1 交通建筑中常用设备电气装置应采用效率高、能耗低、性能指标符合国家现行有关标准的电气产品。

7.1.2 交通建筑电气装置的设计应符合现行行业标准《民用建筑电气设计规范》JGJ 16 的有关规定。

7.2 机场用 400Hz 电源系统

7.2.1 400Hz 电源系统应具有下列功能：

1 应能在额定工况下 24h 连续工作；

2 应能自动消除由于输入电压引起的过压、欠压和过流，能保护因输出端负载的接入或配电系统中断路器动作等引起的过载和电流冲击；

3 应能防止 50Hz 输入电源的缺相，对负载突变和短路以及对 400Hz 电源本身和相连的负载可预测的永久性破坏有自保护能力；

4 内部故障或内部温度过高时，应能先发出报警信号，并应能自动脱离系统；

5 应具有输出短路保护功能；

6 应具有开机后自动循环检测功能，应能以文字方式直接输出或以编码形式显示明确的故障信息，包括故障时间、故障类型、故障原因以及排除故障的方法，并应具有指示灯检测功能；

7 应带有标准的通信接口，可将记录内容传入登机桥监控系统；

8 应能显示下列内容，且应能传输至登机桥监控系统：

1）输入电压；

2）输出电压、电流、频率、有功功率；

3）启动/停止时间；

4）累计运行时间；

5）模块温度；

9 应具有下列控制与设定功能：

1）"启动"按钮；

2）"停止"按钮；

3）输出电压设定；

4）极限电流保护设定；

5）电缆压降补偿设定。

7.2.2 400Hz 电源系统设计应符合下列规定：

1 供给 400Hz 电源的输入电压偏差不应超过 ±7%，频率偏差不应超过 ±1%；

2 400Hz 电源的输出电压偏差不应超过 ±2%，频率偏差不应超过 ±0.1%；

3 400Hz 电源工作在额定功率下，功率因数不应低于 0.8；

4 400Hz 电源的总谐波含量不应超过 3%，单次谐波含量不应超过 2%；

5 供给 400Hz 电源的负荷等级不应低于二级，并应由专用回路的电源供电；

6 400Hz 电源的主电源开关和导线或电缆选择应符合下列规定：

1）每台 400Hz 电源应装设单独的保护电器；

2）主电源开关应具有短路保护和过负荷保护，且宜采用低压断路器；

3）主回路电线或电缆的载流量不应小于 400Hz 电源的额定工作电流，并应对线缆的电压损失和机械强度进行校验；

4）保护电器宜降容使用，降容系数宜根据保护电器的额定电流值确定，250A 以下可为 0.9，400A 及以上可为 0.8。

7.3 行李处理系统

7.3.1 行李处理系统（BHS）宜包含始发行李处理系统、到达行李处理系统、中转行李处理系统、早到行李储存系统、大件行李系统、特殊行李处理系统、团体行李处理系统等。

7.3.2 民用机场航站楼内设置的 BHS 设备的运行不应干扰机场内的通信。

7.3.3 BHS 的电气、电子设备及所连接的电线、电缆不应受机场内其他设备产生的电磁波干扰。

7.3.4 对于需要使用射频进行通信或信息传递的 BHS 系统，当使用频率在无线电频率管制范围内的，应向机场及当地相关主管部门申请无线电频道。

7.3.5 BHS 的供电应符合下列规定：

1 系统的负荷等级应按工艺要求和相应的建筑物供电负荷等级确定，且不应低于二级；

2 同一传输系统的电气设备，宜由同一电源供电；当传输系统距离较长时，可按工艺分成多段，并宜由同一电源的多个回路供电；

3 当系统主回路和控制回路由不同线路或不同电源供电时，应设有连锁装置。

7.3.6 BHS 设备的配电和控制装置应设过电压和欠压保护装置，并应具有过载时能及时发出警报信号和自动停止运行的功能。

7.3.7 BHS 应设置中央控制室，并应按下列规定确定控制室的位置：

1 宜便于观察、操作和调度；

2 应能使电气、控制线路缩短、进出线方便；

3 其上方及贴邻不应有厕所、浴室等潮湿场所；

4 应便于设备运输、安装；

5 控制室的接地应符合本规范第 9、16 章的有关规定。

7.3.8 中央控制室供电电源应符合下列规定：

1 采用两个独立回路的电源供电，其中一路电源应为应急电源，且应在中央控制室内能自动转换；

2 额定电压为 220/380V 时，电压波动率不应超过 ±7%；

3 额定频率为 50Hz 时，频率波动率不应超过 ±1%。

7.3.9 BHS 的控制管理应符合下列规定：

1 在人员可能接触 BHS 区域的适当位置应设置

紧急停止按钮；

2 在收集输送机，涉及安检、自动读码站（ATR）等处应采取有效的行李探测和跟踪手段；

3 对火灾自动报警系统（FAS）发出的火灾信号，行李设备控制系统（BECS）应具有优先响应及消防联动功能；

4 应能与安全检查系统（SIC）系统联动，并应具有对SIC检查出的可疑行李进行处理的功能；

5 处在公共区域的行李设备启动前，应具备声光报警提醒功能。

7.4　电梯、自动扶梯和自动人行道

7.4.1 电梯、自动扶梯和自动人行道的负荷分级，应符合本规范第3.2节及现行国家标准《供配电系统设计规范》GB 50052、《低压配电设计规范》GB 50054的规定。消防电梯及消防用自动扶梯的供电要求应符合国家现行有关防火标准的规定。

7.4.2 一级负荷的客梯，应由引自两路电源的专用回路供电，且应在末端切换；二级负荷的客梯，宜由两回路供电，其中一回路应为专用回路；三级负荷的客梯，宜由建筑物低压配电柜以一路专用回路供电。

7.4.3 除城市轨道交通车站中用于消防疏散的自动扶梯外，人员较密集的通道及场所的自动扶梯和自动人行道的负荷等级宜为二级负荷。

7.4.4 自动扶梯和自动人行道的电源宜由专用回路供电；用于消防疏散的自动扶梯电源应由符合消防要求的专用回路供电。

7.4.5 电梯、自动扶梯和自动人行道的供电容量，应按其全部用电负荷确定，向多台电梯供电时，应计入同时系数。

7.4.6 每台电梯、自动扶梯和自动人行道应装设单独的隔离电器和保护电器；主电源开关宜采用低压断路器。

7.4.7 对有机房的电梯，其电源主开关应能从机房入口处方便接近；对无机房的电梯，其主电源开关应设置在井道外工作人员方便接近的地方，并应具有必要的安全防护措施。

7.4.8 电梯、自动扶梯和自动人行道的节能要求应符合本规范第17.4节的规定。

7.5　自动门　屏蔽门（安全门）

7.5.1 交通建筑中出入人流较多、探测对象为运动体的场所，其自动门的传感器宜采用微波传感器。对于出入人流较少，探测对象为静止或运动体的场所，其自动门的传感器宜采用红外传感器或超声波传感器。

7.5.2 自动门应由就近配电箱引单独回路供电，供电回路应装设有过电流及短路保护。

7.5.3 火灾发生时，相关疏散区域的自动门应能强

制打开，并应锁定在开启状态。

7.5.4 在自动门的就地，应对其电源供电回路装设隔离电器和手动控制开关或按钮，其位置应选在操作和维护方便且不碍观瞻的地方。

7.5.5 城市轨道交通车站中屏蔽门（安全门）的电源应配置正常、备用两种电源，且两种电源宜在车站设备室进行自动切换。

7.5.6 正常工作模式时，屏蔽门（安全门）系统应由列车信号系统进行监控；当信号系统与屏蔽门（安全门）系统通信中断或屏蔽门（安全门）控制系统故障等时，司机或站台工作人员应能通过站台端头控制盒（PSL）对屏蔽门（安全门）进行开门、关门控制。

7.5.7 屏蔽门（安全门）的金属框体应可靠接地。

8　电气照明

8.1　一般规定

8.1.1 交通建筑照明设计应根据建筑物的使用情况和环境条件，使工作区域或公共空间获得良好的视觉功效、合理的照度和显色性，提供舒适的视觉环境。

8.1.2 交通建筑应根据其规模大小、使用性质，分级选择合理的照度、照明设备及控制方式。

8.1.3 交通建筑应有效利用自然光，并应处理好人工照明与自然光的关系。

8.1.4 交通建筑应合理选择照明设备，并应采用正确的安装方式。

8.1.5 交通建筑电气照明设计应符合国家现行标准《建筑照明设计标准》GB 50034和《民用建筑电气设计规范》JGJ 16的规定。

8.2　照明质量及标准值

8.2.1 交通建筑应根据使用要求，选择各场所合适的照度标准值。各场所的照度标准值，可根据建筑规模、使用性质、功能需要等提高或降低一级选定。

8.2.2 交通建筑内有作业要求的作业面上一般照明照度均匀度不应小于0.7，非作业区域、通道等的照明照度均匀度不宜小于0.5。

8.2.3 交通建筑中的高大空间公共场所，当利用灯光作为辅助引导旅客客流时，其场所内非作业区域照明的照度均匀度可适度减小，但不应小于0.4，且不应影响旅客的视觉环境。

8.2.4 房间或场所内的通道和其他非作业区域一般照明的照度值不宜低于作业区域一般照明照度值的1/3。

8.2.5 高大空间的公共场所，垂直照度（E_v）与水平照度（E_h）之比不宜小于0.25。

8.2.6 照明光源的色表分组及其适用场所可按表8.2.6执行。

表 8.2.6　照明光源的色表分组及其适用场所

色表分组	色表特征	相关色温（K）	适用场所
I	暖	<3300	餐厅、多功能厅、专卖店、咖啡厅、客房、VIP 休息
II	中间	3300～5300	办公室、会议室、售票厅、候机（车）厅、一般休息厅、快餐厅、出发厅、集散厅、站厅、安检处、检票处、通道
III	冷	>5300	有特殊要求的高亮度场所

8.2.7 有人长期工作或停留的房间或场所，照明光源的显色指数（R_a）不宜小于 80。常用房间或场所的显色指数（R_a）最小允许值应符合本规范表 8.2.9 的规定。

8.2.8 不舒适眩光应采用统一眩光值（UGR）评价，其最大允许值应符合表 8.2.9 规定。

8.2.9 交通建筑常用房间或场所的照度标准值应符合表 8.2.9 的规定。

表 8.2.9　交通建筑常用房间或场所的照度标准值、UGR 和 R_a

房间或场所		参考平面及其高度	照度标准值（lx）	UGR	R_a
售票台		台面	500	≤19	≥80
问讯处		0.75m 水平面	200	≤22	≥80
候车（机、船）室	普通	地面	150	≤22	≥80
	高档	地面	200	≤22	≥80
中央大厅		地面	200	≤22	≥80
海关、护照检查		工作面	500	≤22	≥80
安全检查		地面	300	≤22	≥80
换票、行李托运		0.75m 水平面	300	≤19	≥80
行李认领、到达大厅、出发大厅、售票大厅		地面	200	≤22	≥80
通道、连接区、换乘厅、进出站地道		地面	150	—	≥80
行包存放库房、小件寄存		地面	100	≤25	≥80
自动售票机/自动检票口		0.75m 水平面	300	≤19	≥80

续表 8.2.9

房间或场所		参考平面及其高度	照度标准值（lx）	UGR	R_a
VIP 休息		0.75m 水平面	300	≤22	≥80
有棚站台		地面	75	≤28	≥60
特大型铁路旅客车站中的有棚站台		地面	100	≤28	≥60
无棚站台		地面	50	—	≥20
走廊、流动区域	普通	地面	75	—	≥60
	高档	地面	150	—	≥80
楼梯、平台	普通	地面	50	—	≥60
	高档	地面	100	—	≥80
地铁站厅	普通	地面	100	≤25	≥80
	高档	地面	200	≤22	≥80
进出站门厅	普通	地面	150	≤25	≥80
	高档	地面	200	≤22	≥80
配变电站	配电间	0.75m 水平面	200	—	≥60
	变压器室	0.75m 水平面	100	—	≥20
控制室	一般控制室	0.75m 水平面	300	≤22	≥80
	主控制室	0.75m 水平面	500	≤19	≥80
发电机房		地面	200	≤25	≥60
计算机房、网络站		0.75m 水平面	500	≤19	≥80

8.2.10 计算机房、售票大厅、出发到达大厅、站厅等场所的灯光设置应防止或减少在该场所的各类显示屏上产生的光幕反射和反射眩光。

8.3　大空间、公共场所照明及标识、引导照明

8.3.1 大空间及公共场所的照明方式应按下列规定确定：

　　1 应设置一般照明，当不同区域有不同照度要求时，应采用分区设置一般照明；

　　2 对部分作业面照度要求较高，仅采用一般照明不合理的场所，宜增加局部照明；

　　3 在一个工作场所内不应仅采用局部照明；

　　4 候机（车）厅、出发厅、站厅等场所，当照明区域内空间及高度较大，且有装饰效果要求采用以非直接的照明方式为主时，在满足基本照明功能要求

的基础上，该区域内的照度标准值可降低一级；

5 设置在地下的车站出入口应设置过渡照明；白天车站出入口内外亮度变化，宜按1:10到1:15取值，夜间出入口内外亮度变化，宜按2:1到4:1取值；

6 交通建筑中的标识、引导指示，应根据其种类、形式、表面材质、色彩、安装位置以及周边环境特点选择相应的照明方式；

7 当标识采用外投光照明时，应控制其投射范围，散射到标识外的溢散光不应超过外投光的20%。

8.3.2 大空间及公共场所的照明种类应按下列规定确定：

1 各场所均应设置正常照明；

2 各场所下列情况应设置应急照明：

1）正常照明因故障熄灭后，需确保正常工作或活动继续进行的场所，应设置备用照明；

2）正常照明因故障熄灭后，需确保各类人员安全疏散的出口和通道，应设置疏散照明；

3）应急照明设置部位可按表8.3.2选择。

表8.3.2 应急照明的设置部位

应急照明种类	设 置 部 位
备用照明	消防控制室、自备电源室、变配电室、消防水泵房、防烟及排烟机房、电话总机房、电子信息机房、建筑设备监控系统控制室、安全防范控制中心、监控机房、机场塔台、售（办）票厅、候机（车）厅、出发到达大厅、站厅、安检、检票、行李托运、行李认领处以及在火灾、事故时仍需要坚持工作的其他场所，指挥中心、急救中心等
疏散照明	疏散楼梯间、防烟楼梯间前室、疏散通道、消防电梯间及其前室、合用前室、售（办）票厅、候机（车）厅、出发到达大厅、站厅、安检、行李托运、行李认领、长度超过20m的内走道、安全出口等

3 危及航行安全的建筑物、构筑物应根据航行要求设置障碍照明；

4 旅客公共场所应设置合理的引导标识照明；

5 在不影响交通安全的前提下，宜设置建筑泛光照明。

8.3.3 大空间及公共场所的照明光源应按下列规定选择：

1 选用的照明光源应符合国家现行相关标准的规定；

2 选择照明光源时，应在满足显色性、色温、启动时间等要求的条件下，根据光源、灯具及镇流器效率、寿命和价格等在进行综合技术经济分析比较后确定；

3 照明设计时，应按下列条件选择光源：

1）高度较高的场所，宜按使用要求采用金属卤化物灯或大功率细管径荧光灯、电子感应（无极）灯等；

2）办公室、休息室等高度较低的场所，宜采用细管径直管型荧光灯或紧凑型荧光灯等；

3）商店、营业厅等场所宜选用细管径直管型荧光灯、紧凑型荧光灯或小功率陶瓷金属卤化物灯、LED灯。

4 应急照明应选用紧凑型荧光灯、荧光灯、LED灯等能快速点燃的光源，疏散指示标志照明宜选用LED疏散指示灯；

5 办票处、候机（车）处、海关、安检、行李托运、行李认领等场所应根据识别颜色要求和场所特点，选用高显色指数的光源；

6 公共场所内标识、引导照明所采用的光源显色指数不应小于80；

7 铁路旅客车站所采用的光源不应与站内的黄色信号灯颜色相混；

8 交通建筑宜充分利用自然光：

1）人工照明的照度宜随室外自然光的变化自动调节；

2）宜利用各种导光或反光装置将自然光引入室内进行照明。

8.3.4 大空间及公共场所的照明灯具及其附属装置应按下列方法选择：

1 照明灯具应符合国家现行有关标准的规定；

2 在满足眩光限制和配光要求的条件下，应选用效率高的灯具；

3 灯具宜根据照明场所及环境条件，按下列规定选择：

1）较高大的场所宜选用深罩型灯具；

2）较低的场所宜选用直管型荧光灯灯具或紧凑型节能灯具；

3）机场、车站前广场、站台、天桥、道路转盘或停车场等其他室外场所宜采用高强气体放电灯光源的灯具或高杆照明灯具；高杆照明宜采用非对称配光灯具，灯具配光最大光强角度宜在45°以上。

8.3.5 高大空间上部安装灯具时，应考虑灯具本体的安全性及必要的维修措施，灯具宜集中、分组布置在有条件设置维修马道的位置。

8.4 照明配电及控制

8.4.1 照明配电应符合下列规定：

1 主要供给气体放电灯的三相配电线路，其中性线截面应满足不平衡电流及谐波电流的要求，且不应小于相线截面；

2 引导标识照明的配电可按相应建筑的高级别

负荷电源供给；

3 交通建筑中人员较密集的主要场所或重要场所的照明负荷，宜采用两个不同照明供电电源回路各带50%正常照明灯的供电方式。

8.4.2 应急照明的配电应按相应建筑的最高级别负荷电源供给，且应能自动投入。

8.4.3 照明控制应符合下列规定：

1 照明控制方式应根据使用条件及功能要求决定，一般场所宜采用就地分散控制；公共场所的照明及广告、标识照明宜采用分区域集中控制；

2 有条件的场所应采用下列控制方式：

1）天然采光良好的场所，宜按该场所的照度来自动开关人工照明或调节照明照度；

2）门厅、候车（机）厅、走廊、车库等公共场所宜采用夜间自动降低照度的装置；门厅、候车（机）厅等公共场所运营期间可根据客运情况控制照明照度，低峰时间可降低照度，但不得低于标准值的1/2；非运营时间可只保留火灾应急照明及值班照明；

3）按具体条件采用集中或集散的多功能照明控制系统，宜结合车船、航班时间进行智能照明控制；

4）设有火灾自动报警系统及消防控制室的交通建筑内，当正常照明电源出现故障时，消防控制中心应能集中强行开启相应场所的火灾应急照明；

5）Ⅲ类及以上民用机场航站楼、特大型和大型铁路旅客车站、集民用机场航站楼或铁路与城市轨道交通车站等为一体的大型综合交通枢纽站、城市轨道交通地铁车站、磁浮车站等建筑，宜采用照明管理系统对公共照明系统进行自动监控和节能管理。

8.4.4 设有照明管理系统的场所，系统的设计应符合下列规定：

1 宜采用分布式照明控制系统、模块化结构、分散式布置；

2 每个控制器宜带有CPU，系统出现故障时，可独立地完成各种控制功能；

3 系统应具有事故断电自锁功能；

4 现场控制器宜具备实时负载反馈功能，监控工作站宜能读取每个回路或每个模块的实时电流值；

5 火灾时，消防控制室应能联动强制开启相关区域的火灾应急照明，并应符合国家现行有关防火标准的规定；

6 现场控制器应能对每个照明回路的开启时间和次数进行计时或计次；

7 安装在现场的智能面板应具有防误操作功能。

8.5 火灾应急照明

8.5.1 火灾应急照明应包括备用照明、疏散照明，其设置应符合现行行业标准《民用建筑电气设计规范》JGJ 16 的有关规定。

8.5.2 火灾应急照明的照度标准应符合下列规定：

1 备用照明的照度值不应低于该场所一般照明正常照度值的20%；

2 疏散通道的疏散照明地面最低照度值不应低于2lx，且主要出入口、楼梯间及人员密集场所内的疏散照明地面最低照度值不应低于5lx；

3 消防控制室、消防水泵房、消防电梯机房、防烟排烟设施机房、自备发电机房、配电室以及发生火灾时仍需正常工作的其他房间的消防应急照明，应能保证正常照明时的照度值。

8.5.3 疏散走道的疏散指示标志灯具，宜设置在走道及转角处离地面1.0m以下墙面上、柱上或地面上；设置在墙面上、柱上的疏散指示标志灯间距直行走道不应大于20m，袋行走道不应大于10m；设置在地面上的疏散指示标志灯间距不宜大于5m。

8.5.4 设置消防安全疏散指示时，应采用消防应急标志灯或消防应急照明标志灯；非灯具类疏散指示标志可作为辅助标志。

8.5.5 交通建筑中人员密集的大空间场所，宜在其疏散走道和主要疏散路线的地面上或靠近地面的墙上设置能保持视觉连续的导向光流型消防应急标志灯。

8.5.6 在疏散走道或主要疏散路线的墙面或地面上设置的导向光流型消防应急标志灯，宜符合下列规定：

1 设置在地面上时，宜沿疏散走道或主要疏散路线的中心线布置；

2 设置在墙面上时，其底边距地面高度不宜大于300mm；

3 导向光流型消防应急标志灯宜连续布置，间距可为1.5m～2.5m。

8.5.7 装设在地面上的疏散标志灯，应防止被重物或受外力损坏；防尘、防水性能应符合防护等级IP65的规定；标志灯表面应与地面平行，高出地面不宜大于1mm。

8.5.8 疏散指示标志照明平时宜处于点亮状态。

8.5.9 Ⅲ类及以上民用机场航站楼、特大型和大型铁路旅客车站、大型综合交通枢纽站、城市轨道交通地铁车站、磁浮列车站等需要疏散指示标志的交通建筑场所，宜选择集中控制型消防应急灯系统。

8.5.10 为满足无障碍设计要求所设置的疏散指示标志灯宜同时具有声响预警功能。

8.5.11 应急照明、疏散指示灯具与供电线路之间的连接不得使用插头连接，应在预埋盒或接线盒内连接。

8.5.12 用于应急照明的灯具应选用能快速点亮的光源并采取措施使光源不熄灭。

8.5.13 交通建筑内设置的消防疏散指示标志和消防应急照明灯具应符合现行国家标准《消防安全标志》GB 13495 和《消防应急照明和疏散指示系统》GB 17945 的有关规定。

9 建筑防雷与接地

9.1 一般规定

9.1.1 交通建筑防雷系统设计应结合当地环境、气象、地质等条件和雷电活动规律以及被保护建筑物的特点，综合考虑外部防雷和内部防雷措施，并应做到安全可靠、技术先进、经济合理。

9.1.2 建筑物年预计雷击次数的计算、接地装置工频接地电阻的计算及其冲击接地电阻与工频接地电阻的换算、接闪器保护范围的滚球计算法、分流系数的确定、雷电流参数的确定、环路中感应电压、电流和能量的计算、建筑物易受雷击部位的确定，应按现行国家标准《建筑物防雷设计规范》GB 50057 的有关规定执行。

9.1.3 用于建筑物电子信息系统的雷击风险评估计算方法应按现行国家标准《建筑物电子信息系统防雷技术规范》GB 50343 的有关规定确定。

9.1.4 交通建筑内用电设备的保护性接地和功能性接地要求应符合现行行业标准《民用建筑电气设计规范》JGJ 16 的有关规定。

9.1.5 交通建筑物防雷设计应符合国家现行标准《建筑物防雷设计规范》GB 50057、《建筑物电子信息系统防雷技术规范》GB 50343 和《民用建筑电气设计规范》JGJ 16 的规定。

9.2 防雷与接地

9.2.1 交通建筑外部防雷设计，应根据其使用性质和重要性、发生雷电事故的可能性及造成后果的严重性，分别按第二类防雷建筑和第三类防雷建筑进行设计，并应符合下列规定：

　　1 符合下列情况之一的建筑物，应按第二类防雷建筑进行设计：

　　　1) 特大型、大型铁路旅客车站、国境站；Ⅲ类及以上民用机场航站楼；国际性港口客运站；

　　　2) 年预计雷击次数大于 0.05 的国家、省、直辖市级交通建筑及其他重要或人员密集的公共交通建筑。

　　2 年预计雷击次数大于或等于 0.01 且小于或等于 0.05 的交通建筑物，应按不低于第三类防雷建筑进行设计；

　　3 历史上雷害事故严重的地区或通过调查确认雷电活动频繁的地区，国家、省、直辖市级较重要的交通建筑物，设计时可适当提高其防雷保护类别。

9.2.2 交通建筑的外部防雷应采取防直击雷、防侧击雷、防雷电波侵入、防雷电流反击等措施。

9.2.3 对于具有永久性金属屋面的交通建筑，当金属屋面板符合防雷相关要求时，应利用其屋面作为接闪器。

9.2.4 为减少雷击电磁脉冲的干扰，在交通建筑和被保护房间的外部宜采取机房屏蔽、线路屏蔽及合理选择敷设线路路径和接地等措施，并应符合国家现行有关标准的规定。

9.2.5 交通建筑内部电子信息系统的雷电防护等级，应根据建筑物内设置的防雷装置对雷电电磁脉冲的拦截效率，依次划分为 A、B、C、D 四个等级，并应符合现行国家标准《建筑物电子信息系统防雷技术规范》GB 50343 的有关规定。

9.2.6 交通建筑应根据自身特点设置相应的等电位联结措施，并应符合国家现行有关标准的规定。

10 智能化集成系统

10.1 一般规定

10.1.1 Ⅱ类及以上民用机场航站楼、特大型铁路旅客车站、集民用机场航站楼或铁路旅客车站、城市轨道交通站等为一体的大型综合交通枢纽站，应设置智能化集成系统；Ⅲ类民用机场航站楼、大型铁路旅客车站、城市轨道交通站宜设置智能化集成系统，且系统应基于先进成熟的信息、控制技术以及管理、决策手段，为整个智能化系统构建统一的信息平台，实现智能化各子系统统一的监控和管理。

10.1.2 大型交通建筑内智能化集成系统的通用设计应符合本规范的规定，系统的深化设计尚应依据不同交通建筑的建设规模、业务性质、需求和物业管理模式等进行。

10.1.3 智能化集成系统应把建筑内的智能化各子系统，由各自独立分离的设备、功能和信息，集成为一个相互关联、完整和协调的综合系统，使智能化系统的信息高度共享和资源合理分配，实现智能化各子系统间的互操作与联动控制。

10.1.4 智能化集成系统应设置在民用机场航站楼、铁路旅客车站的控制中心，城市轨道交通线的运营控制中心（OCC）内。

10.1.5 交通建筑设置的智能化集成系统，宜对下列智能化子系统进行系统集成：

　　1 建筑设备监控系统；

　　2 安全技术防范系统；

　　3 火灾自动报警系统；

4 电气火灾监控系统；

5 广播系统；

6 时钟系统；

7 照明管理系统；

8 电能管理系统；

9 能耗监测管理系统；

10 各类交通建筑根据各自特点设置的其他专用智能化子系统。

10.1.6 智能化集成系统应符合现行国家标准《智能建筑设计标准》GB/T 50314 的规定。

10.2 系 统 设 计

10.2.1 智能化集成系统宜采用"浏览器-服务器模式"的系统架构，系统使用浏览器可浏览、检索有关信息（包含实时信息）、操作有关功能。

10.2.2 智能化集成系统的接口应具有兼容性，对于各种标准接口及协议公开的非标准接口应能实现各子系统信息（运行数据和命令）协议的转换和实时传送。

10.2.3 智能化集成系统应支持 TCP/IP 通信协议，并应能够在同一网络上通过特定的协议转换机制与各类通用、标准的通信协议通信，可读取各种符合开放式数据库互接（ODBC）标准的开放式数据库。

10.2.4 智能化集成系统应支持多用户操作管理界面，并应允许建筑内存在多个用户操作同一管理界面，或根据管理需要提供不同的管理界面。

10.2.5 智能化集成系统应对系统用户分级管理，可对不同用户授予不同的操作权限。

10.2.6 智能化集成系统软件应采用面向用户的，具有标准化、模块化的结构，系统软件应便于系统功能的扩展和更新。

10.2.7 智能化集成系统软件不应受集成监控点数的限制，系统扩容时，无需重新购置应用软件。

10.2.8 智能化集成系统应配置中央数据库系统，存放实时数据和历史数据。数据库系统宜采用双机热备或容错系统，以提高集成系统存储数据的可靠性、安全性和数据访问的高效性。

10.3 系统功能要求

10.3.1 智能化集成系统可通过各种接口连接智能化各子系统，并与各子系统之间交换实时数据。

10.3.2 智能化集成系统应对分散、独立的智能化子系统采用相同系统环境、相同软件界面进行集中监视和统一的管理。

10.3.3 智能化集成系统应与独立设置的智能化子系统间进行相关监测、控制信息的传递及联动控制。

10.3.4 智能化集成系统应具备对全局事件进行综合处理的能力，实现智能化各子系统之间的跨系统联动，并应具备对突发事件的响应能力，进行全局联动

管理。

10.3.5 智能化集成系统和智能化各子系统之间的互联应具有登录控制和操作身份认证等安全措施。系统应具有日志的功能。

10.3.6 智能化集成系统应具备容错性，当发生故障时，系统应能够不间断正常运行和有足够的延时来处理系统故障。

11 信息设施系统

11.1 一 般 规 定

11.1.1 交通建筑中的信息设施系统应包括通信网络系统、信息网络系统、综合布线系统、广播系统，并宜包括时钟系统、有线及卫星电视系统等其他相关的信息设施系统。

11.1.2 信息设施系统的设计应根据各类交通建筑的规模和功能需求等实际情况，选择配置相关的系统。

11.1.3 信息设施系统应符合国家现行标准《智能建筑设计标准》GB/T 50314 和《民用建筑电气设计规范》JGJ 16 的规定。

11.2 通信网络系统

11.2.1 通信网络系统宜包括电话交换系统、卫星通信系统、无线通信系统、有线调度对讲系统等通信网络系统及通信配线与管道。

11.2.2 有线或无线接入网系统的设计，应符合现行行业标准《3.5GHz 固定无线接入工程设计规范》YD/T 5097 的有关规定。

11.2.3 电话交换系统宜根据组网要求选择下列不同接入方式：

1 通信运营商；

2 铁路专用通信网；

3 城市轨道交通专用通信网；

4 其他港航单位交换机；

5 无线集群调度系统

6 本港调度电话总机；

7 本港用于生产调度、公安消防等的移动通信站；

8 海岸电台；

9 卫星端站；

10 海事卫星岸站。

11.2.4 无线通信系统的设计应满足下列规定：

1 无线通信系统应包括移动通信覆盖系统、无线集群通信系统和手持无线对讲通信系统；

2 交通建筑中应设置移动通信覆盖系统；

3 移动通信覆盖系统所采用的专用频段，应符合国家有关主管部门的规定；

4 系统信号源的引入方式宜采用基站直接耦合

信号方式或采用空间无线耦合信号方式；

5 移动通信覆盖系统应满足室内移动通信用户利用蜂窝室内分布系统，实现语音及数据通信的业务；

6 系统宜采用合路的方式，将多家移动通信业务运营商的频段信号纳入一套系统中；

7 机场航站楼、轨道交通车站中应设置无线集群通信系统；

8 无线集群通信系统可根据业务需求，采用专用频道方式，通过发射天线进行空间传播或经泄漏电缆辐射覆盖整个区域，且系统应具有选呼、组呼、全呼、紧急呼叫、呼叫优先级权限等调度通信功能，并应具有存储和监测等功能；

9 民用机场航站楼中应在海关、边防、公安、安全和行李处理等场所设置无线集群通信系统；

10 城市轨道交通车站中应在站厅层、站台层、出入口走廊和其他办公场所设置无线集群通信系统；

11 铁路旅客车站、港口客运站中应设置手持无线对讲通信系统；

12 汽车客运站中应建立短信平台，能提供客运服务短信业务，并应具有双向收发、管理及其他扩展的功能；服务内容宜包括旅客检票上车短信通知、司机调度短信通知、员工调度短信通知等。

11.2.5 交通建筑的有线调度对讲系统宜单独组网，有线调度对讲系统应覆盖交通建筑内的各调度中心，并应作为各中心之间的协同指挥使用，实现交通建筑内快速、综合调度管理。

11.2.6 卫星通信系统地面端站和地面主站的设置，应符合现行行业标准《国内卫星通信小型地球站（VSAT）通信系统工程设计规范》YD/T 5028 的有关规定。

11.2.7 交通建筑内应在旅客涉足的区域安装公用电话、无障碍公用电话，并应在无障碍通道处设置无障碍公用电话、语音求助终端。无障碍公用电话的安装高度应为 0.8m。在公用电话、无障碍公用电话、语音求助终端处应预留综合布线信息点。

11.2.8 交通建筑旅客求助终端的设置及功能应符合下列规定：

1 交通建筑内有大量旅客聚集场所应设置语音求助终端；

2 语音求助终端应与本地的视频监控进行联动；

3 对交通建筑内的求助终端，应进行综合管理，且系统应具有求助点定位功能，并应与消防值班、医疗、服务等部门进行综合管理。

11.2.9 民用机场航站楼中通信网络系统设置应符合下列规定：

1 有线调度对讲系统应满足海关、边防、检验检疫、候机楼管理、物业管理、公安、安全和航空公司等驻场单位的语音、数据通信需求；

2 民用机场航站楼应建立相对独立的有线调度对讲系统，满足机场航站楼运行岗位、现场值班室和调度岗位等有线调度对讲的需要，并应支持机场安保调度通信需求和候机楼设备维护管理使用的需求；

3 有线调度对讲系统的主机和终端应支持 ITU-TG.722 标准要求；终端音频（包括终端语音和中继语音）应满足宽带语音要求，音频带宽应达到 300Hz ～10kHz；有线调度对讲系统应支持与广播系统的互联，实现本地的广播功能；应与视频监控系统、出入口控制系统、建筑设备监控系统、消防报警系统联动；应具有与无线对讲等设备的接口，实现有线设备与无线设备的互联；

4 有线调度对讲系统终端应设置在机场指挥中心（包括多个调度席位）、监控及安防控制中心、各个工作岗位值班室、物业管理值班室、设备维护值班室、柜台、旅客求助点等场所；

5 有线调度对讲系统终端宜设置在泊位引导操作位、登机桥操作位以及行李分拣转盘等场所；

6 有线调度对讲系统宜为专用调度通信交换机，接通速度宜小于 100ms，并应支持一触即通、免提扬声对讲、免操作应答等简单快速的应用方式；

7 有线调度对讲系统应支持双绞线和 IP 网络组网方式，并应根据现场情况选择接入方式；

8 民用机场航站楼应在办票大厅、候机大厅、行李提取大厅、到达接客大厅等处设置公用电话。

11.2.10 铁路旅客车站中通信网络系统设置应符合下列规定：

1 通信网接入宜采用铁路专用通信网和当地的公共通信网络；

2 客运总值班室、信息控制中心、广播室、列检值班室、行车室、客运值班员室、售票室、值班站长室、客运计划室、行包房、上水工休息室、客车整备所、机务运转值班室、环境卫生值班室等处，应设置电话终端；

3 应能将独立的有线调度对讲分系统，接入到有线调度对讲系统中，实现车站内人员调度和工作协调；客运总值班室、信息控制中心、行车室等处，应设置具有调度功能的对讲终端；站长室、广播室、列检值班室等处，应配置室内办公型终端；其他工作岗位应根据岗位环境不同配置不同类型终端；车站调度岗位应与各个调度中心直通，进行工作协调；

4 检票口应设置对讲终端，对讲终端应具有人工选区的广播功能；

5 进站厅、候车室、出站口、售票厅等处，应设置公用电话。

11.2.11 轨道交通车站中通信网络系统设置应符合下列规定：

1 应设置专用和民用通信机房，且通信机房内应设有通信传输设备、有线无线电话交换设备；

2 应设置独立或与地铁专用公务电话系统合设的专用调度电话系统；行车调度电话分机、防灾中心与设备监控系统调度电话分机，应设置在车站车控室；电力调度电话分机应设置在各变电所的主控制室和低压配电室及其他有特殊需要的场所；公安调度分机应设置在警务室；

3 宜配置有线调度对讲分系统，各车控室、旅客服务中心、值班员室、半自动售票机室、站长室、票据室、环控室、电控室及警务室等处，宜设调度对讲终端，并应在自动售票机旁设置旅客求助终端；

4 应在站厅层设置公用电话；宜在站厅层设置紧急电话。

11.2.12 港口客运站中通信网络系统设置应符合下列规定：

1 应设置专用和民用通信机房，且通信机房内应设有通信传输设备、有线无线电话交换设备；

2 应设置本港调度电话系统；

3 宜设置海岸电台和海事卫星通信；

4 应在旅客候船厅设置公用电话。

11.2.13 汽车客运站中通信网络系统设置应符合下列规定：

1 应单独设置有线调度对讲系统，并应能够接入到有线调度对讲系统中，实现与其他调度中心进行综合协调管理；调度中心、监控中心、现场安检、检票柜台等处，应设置调度对讲终端；

2 有线调度对讲终端除了满足工作人员间的调度通信外，还应具有对本区域进行人工广播的功能；

3 候车厅、售票厅等处应设置公用电话。

11.3　信息网络系统

11.3.1 信息网络宜采用星型、总线、环网结构，并应符合下列规定：

1 大中型交通建筑宜采用三层网络结构；

2 小型交通建筑宜采用两层网络结构。

11.3.2 下列场所宜设置无线局域网：

1 用户经常移动的区域或流动用户多的公共区域；

2 建筑布局中不确定或可能经常变化的场所；

3 被障碍物隔离的区域或建筑物；

4 布线困难的场所。

11.3.3 机场航站楼中信息网络系统设置应符合下列规定：

1 离港系统、安检系统、行李处理系统以及公安、海关、边防的网络系统，应采用专用网络系统；

2 规模较大的视频安防监控系统宜采用专用网络系统；

3 办票大厅、候机区、登机口、行李分拣厅、近机位、贵宾室、餐饮、商业区等场所应设置无线局域网；

11.3.4 铁路旅客车站中信息网络系统设置应符合下列规定：

1 应设置车站运营管理信息系统，且系统宜包括列车到发通告系统、售票及检票系统、旅客行包管理系统、车站应用服务系统等；

2 候车厅、软席候车室和贵宾候车室等应设置无线局域网；

3 列车到发通告系统应具有一发多收、联网运行的功能。

11.3.5 轨道交通车站中信息网络系统设置应符合下列规定：

1 应设售票及检票系统；

2 轨道交通车站应设置与整个网络及本条线路联网运行的，由局域网客户机/服务器结构等组成的信息网络；

3 设置在车控室、站长室或票据室的终端应有访问、修改服务器的功能（权限），其他终端或工作站应只能接收信息；

4 站厅层应预留无线局域网。

11.3.6 港口客运站中信息网络系统设置宜符合下列规定：

1 宜设售票及检票系统；

2 旅客候船厅宜设置无线局域网。

11.3.7 汽车客运站中信息网络系统设置应符合下列规定：

1 宜设售票及检票系统；

2 候车厅和贵宾厅宜设置无线局域网。

11.4　综合布线系统

11.4.1 综合布线系统应支持通信网络系统、信息网络系统、公共信息查询系统、公共信息显示系统、交通信息引导系统、离港系统、售检票系统、泊位引导系统、物业营运管理系统等应用系统。

11.4.2 综合布线系统宜支持时钟、数字视频安防监控、出入口控制、电梯监测、建筑设备管理等应用系统的信息传输。

11.4.3 综合布线系统选用的缆线宜采用低烟无卤阻燃环保型产品，电子信息核心机房应采用阻燃级（CMP）电缆或增强型阻燃级（OFNP 或 OFCP）光缆。

11.4.4 综合布线系统设计应符合现行国家标准《综合布线系统工程设计规范》GB 50311 的规定。

11.4.5 商业、功能用房等大空间区域内，应预留二次布线的 CP 箱。

11.4.6 机场航站楼中综合布线系统设置应符合下列规定：

1 海关、边防、公安、安全和行李分拣等部门，宜相对独立配置综合布线系统；

2 安检机房应与 X 光机信息点相对应的区域配

线机柜建立直接的光缆连接；

　　3　机场航站楼应在值机柜台、海关柜台、边防柜台、安检柜台、离港柜台、检验检疫柜台等处设置信息端口；

　　4　机场航站楼应在自助值机、航显屏、X光机、行李转盘等处设置信息端口；

　　5　候机厅、贵宾候机厅应设置信息端口。

11.4.7　铁路旅客车站中综合布线系统设置应符合下列规定：

　　1　车站技术用房、管理用房、车站各作业点、检票口、售票窗口、自动售票机等处应设置信息端口；

　　2　海关柜台、边防柜台、安检柜台、检验检疫柜台等处应设置信息端口；

　　3　中转、行包房应设置信息端口；

　　4　在候车厅、软席候车室和贵宾候车室应设置信息端口。

11.4.8　轨道交通车站中综合布线系统设置应符合下列规定：

　　1　通信传输设备、有线无线电话交换设备、广播和旅客导乘设备、视频安防监控设备、信号设备、综合监控设备、自动售检票设备和时钟设备均应单独布线；

　　2　检票闸机处、半自动售票机室、票据室和旅客服务中心等处应设置信息端口。

11.4.9　港口客运站中综合布线系统设置应符合下列规定：

　　1　检票口、售票厅、售票窗口、行包、站务用房等处应设置信息端口；

　　2　海关柜台、边防柜台、安检柜台、检验检疫柜台等处应设置信息端口；

　　3　旅客候船室和贵宾候船室应设置信息端口。

11.4.10　汽车客运站中综合布线系统设置应符合下列规定：

　　1　车站技术用房、检票口、售票窗口等处应设置信息端口；

　　2　旅客候车室和贵宾候车室应设置信息端口。

11.5　广　播　系　统

11.5.1　交通建筑中广播系统应具有旅客服务广播和应急广播的功能，并应设置独立的消防广播控制台，广播输出回路的划分应满足防火分区划分的要求，并应符合现行国家标准《火灾自动报警系统设计规范》GB 50116 的有关规定。

11.5.2　广播系统宜采用人工、半自动、自动播音方式，且自动播音应采用语音合成的方式。

11.5.3　Ⅲ类及以上民用机场航站楼、特大型和大型铁路旅客车站、集民用机场航站楼或铁路、城市轨道交通车站等为一体的大型综合枢纽站的广播系统，应

能多信源、多通道、多广播区同时广播，且同时广播的通道数应依据广播负荷区域划分的数量及功能而定；功放设备总容量应按照所有广播负荷区域额定功率总和及线路的衰耗确定。

11.5.4　广播系统的功率放大器应按 N+1 的方式进行热备用，且系统应具有功放自动检测倒换功能。

11.5.5　现场扬声设备的选型应满足建筑格局、装修条件及声场分布的要求。

11.5.6　广播系统应在易产生噪声的场所设置背景噪声监测系统，并应提高语音播放的清晰度。

11.5.7　广播系统区域宜按最小本地广播区域划分。

11.5.8　广播的优先级应以火灾应急广播为最高优先级，其次应依次为应急指挥中心广播、自动多分区广播、本地广播、背景音乐。

11.5.9　机场航站楼中广播系统设置应符合下列规定：

　　1　Ⅲ类及以上民用机场航站楼宜采用自动广播为主、本地广播为辅的设置原则，本地广播优先级应高于自动广播，且广播系统宜具备自由文本转换语音（TTS）功能及存储转发功能；

　　2　国内航班应采用两种及以上语言播放信息，广播语言应为中文和英语；

　　3　国际航班宜采用三种及以上语言播放信息，广播语言宜为中文、英语和目的地国的语种；

　　4　机场航站楼的播音区域应覆盖值机厅、候机厅、贵宾厅、公务机厅、行李提取厅、接客厅、餐饮区、商业区、卫生间、吸烟室等公共场所。

11.5.10　铁路旅客车站中广播系统设置应符合下列规定：

　　1　客运广播控制台应设在铁路旅客车站信息控制中心的联合控制台上；

　　2　客运广播负荷区应覆盖进站大厅、出入口处、候车室、软席候车室、贵宾候车室、站台、检票口、出站通道、站前广场、行包房、售票厅以及客运值班室等场所；

　　3　广播系统信源应采用计算机语音合成设备，广播语言应为中文和英语；

　　4　国际列车候车室宜采用三种及以上语言播放信息，广播语言宜为中文、英语和目的地国的语种。

11.5.11　城市轨道交通车站中广播系统设置应符合下列规定：

　　1　城市轨道交通广播系统应保证控制中心调度员和车站值班员向乘客通告列车运行以及安全向导等服务信息，并应能向工作人员发布作业命令和通知；

　　2　车站广播控制台应对本站管区内进行选路广播，负荷区宜按站台层、站厅层、出入口和与行车直接有关的办公区域等进行划分，广播语言宜为中文和英语。

11.5.12　港口客运站中广播系统设置应符合下列

规定：

1 系统的语音合成设备应完成候船、售票、行包、站务用房和上下船廊道的全部客运广播；

2 广播系统信源宜设有计算机语音合成设备，广播语言宜为中文和英语。

11.5.13 汽车客运站中广播系统设置应符合下列规定：

1 系统的语音合成设备应完成接发车、乘运及候车的全部客运广播；

2 广播系统信源宜设有计算机语音合成设备，广播语言宜为中文和英语。

11.6 时 钟 系 统

11.6.1 时钟系统应具备时间输入、时间显示、时间输出、时间调控、设备校时和监控管理的功能，并宜根据不同场所要求，采取二级或者三级的不同组网方式。

11.6.2 时钟系统可通过网络时钟协议（NTP）、靶场仪器组 B 型格式（IRIG-B）、直接通信链接系统（DCLS）、每秒 1 脉冲（1PPS）等方式从上级时间同步设备获取时间，也可直接从频率同步网伪距校正（PRC）设备获取时间。

11.6.3 时钟系统中心母钟一级时间同步设备应接收不小于 2 个外部标准时间信号源；中心母钟主机应采用一主一备的热备份方式。

11.6.4 时钟系统应能通过人工或自动方式对输入多时间源进行处理、自动正确判断和选择可用时间源，并应能进行时延补偿。对于 NTP 输入接口，应采用 NTP 协议；对于 1PPS 输入接口，应具有时间和闰秒等处理功能。

11.6.5 时钟系统二级母钟二级时间同步设备的时间输入可直接来自中心母钟一级时间同步设备，或频率同步网 PRC 设备；二级母钟主机宜采用一主一备的热备份方式。

11.6.6 时钟系统中的二级母钟失去上级时钟源时，二级时间同步设备应具有长期独立工作能力，当全球卫星定位系统（GPS）、PRC、中心母钟一级时间同步设备或传输通道同时出现故障时，二级时间同步设备应能通过内置高稳恒温晶振钟继续提供精确的时间信号输出，驱动时间显示设备正常工作。

11.6.7 时钟系统时间显示设备应能接收母钟发出的时间驱动信号，进行时间信息显示，且时间显示设备脱离母钟后，应能保持一定时间精度的独立运行。

11.6.8 时钟系统时间显示设备可采用指针和数字显示方式。

11.6.9 时钟系统时间信号传送方式应采用主从树状结构，将时间基准信号从中心母钟一级时间同步设备传送到二级母钟二级时间同步设备，再从二级母钟二级时间同步设备传送到三级子钟三级时间同步设备。

11.6.10 其他各系统的时间服务单元应能通过各种时间接口从一级或二级母钟时间同步设备获取时间信号。

11.6.11 其他各系统的时间接引设备支持时间接口，应具备时间服务器功能。对于支持 NTP 功能的设备，软件设置上应给设备配置时间服务器的 IP 地址、同步时间等各种选项参数。

11.6.12 其他各系统应能通过 NTP、IRIG-B、DCLS、1PPS（串行口 ASCII 字符串、先进通信技术卫星（ACTS）等其他接口可选）等接口从时间同步设备获得时间信号。

11.6.13 时钟系统的监控系统应具有下列基本功能：

1 数据采集处理功能，应包括：数据采集、数据处理、异常处理；

2 故障管理功能；

3 性能管理功能；

4 配置管理功能；

5 数据统计分析功能；

6 安全管理功能。

11.6.14 民用机场航站楼中时钟系统设置应符合下列规定：

1 值机大厅、候机大厅、到达大厅、到达行李提取大厅应设置同步校时的子钟；

2 机场航站楼内贵宾休息室、商场、餐厅和娱乐等处宜设置同步校时的子钟。

11.6.15 铁路旅客车站中宜在中心调度室、车站综合控制室、值班室、候车室、软席候车室、贵宾候车室、站厅、站台等处设置子钟。

11.6.16 轨道交通车站中时钟系统设置应符合下列规定：

1 站厅层、站台层、车控室、环控室、电控室、站长室、警务室及其他与行车直接有关的办公室等处所应设置子钟；

2 当站厅层、站台层等处设有乘客信息系统（PIS）系统显示终端时，子钟宜与 PIS 系统显示终端合并设置。

11.6.17 港口客运站中宜在候船大厅、售票厅、行包、站务用房和上下船廊道等处设置系统子钟。

11.6.18 汽车客运站中宜在调度室、车站控制室、值班室、候车室、站厅等处设置系统子钟。

11.7 有线及卫星电视接收系统

11.7.1 有线及卫星电视接收系统节目源应考虑接入当地有线电视网、卫星节目和自办节目。

11.7.2 机场航站楼中有线及卫星电视接收系统设置应符合下列规定：

1 前端节目源应包括航班动态显示节目；

2 有线电视终端宜设置在候机厅、贵宾厅、公务机厅、办公室、值班室。

11.7.3 铁路旅客车站中有线及卫星电视接收系统设置宜符合下列规定：

1 系统宜接收列车发送/到达动态信息，并宜在旅客候车室的电视上显示将要发送的车次信息、在到达大厅出口处的信息显示屏上显示将要到达的车次信息；

2 有线电视终端宜设置在候车厅、软席候车室、贵宾候车室、值班室。

11.7.4 轨道交通车站中有线及卫星电视接收系统设置应符合下列规定：

1 前端节目源应包括地铁到达时间和公告等动态显示；

2 有线电视终端宜设置在站台层和站厅层。

11.7.5 港口客运站中有线及卫星电视接收系统设置应符合下列规定：

1 前端节目源应包括开船时间和公告等动态显示；

2 有线电视终端宜设置在候船大厅等处。

11.7.6 汽车客运站中有线及卫星电视接收系统设置宜符合下列规定：

1 系统宜接收客车发送动态信息，并宜在旅客候车室的电视上显示将要发送的车次信息；

2 有线电视终端宜设置在候车厅、贵宾厅、办公室、值班室。

12 信息化应用系统

12.1 一般规定

12.1.1 信息化应用系统应提供快捷、有效的业务信息运行能力，并应具有完善的业务支持辅助功能。

12.1.2 信息化应用系统宜包括公共信息查询系统、公共信息显示系统、离港系统、售检票系统、泊位引导系统、物业营运管理系统和其他功能所需要的应用系统。

12.1.3 信息化应用系统应符合国家现行标准《智能建筑设计标准》GB/T 50314 和《民用建筑电气设计规范》JGJ 16 的规定。

12.2 公共信息查询系统

12.2.1 公共信息查询系统宜包括多媒体查询、电话问询和 Web 网站查询等。

12.2.2 电话问询系统宜与交通建筑的客户服务系统以统一的号码接入，建成统一的系统，并应符合下列规定：

1 系统应实现互动式语音（IVR）功能，满足查询、咨询等基本要求；

2 系统宜提供生成自动应答流程的图形化生成器，使用户能根据自己的需求，录制提示语音和应答

内容；

3 系统应实现自动话务分配（ACD）功能，合理地安排话务员资源，自动将问询任务分配给最合适的话务员进行处理；

4 系统出入中继线、坐席数量，应满足交通建筑的信息服务水平要求。

12.2.3 旅客公共场所宜设置多媒体自助查询系统，问询亭侧宜采用触摸屏式旅客自助查询机，且多媒体自助查询系统应接入公共信息查询网络。

12.2.4 民用机场航站楼应提供航班计划动态信息、机场服务设施信息、旅客行李信息等内容的查询。

12.2.5 铁路旅客车站应提供列车到发信息、服务设施信息等内容的查询，并宜提供旅客行包信息等内容的查询。

12.2.6 公共信息查询系统设施的设置应满足无障碍要求。

12.3 公共信息显示系统

12.3.1 公共信息显示系统宜采用集中控制方式，由控制室统一采编、存储、控制播发，对任一显示屏完成电源开关和复位操作。

12.3.2 同一公共信息显示系统应能接入并控制不同类型的显示屏，可实现多屏组网联控，并宜实现两套及以上节目的分控播出。

12.3.3 公共信息显示系统应具有按预排程序自动控制显示、传输校验纠错、人工修改程序、临时变更、查询等功能。

12.3.4 公共信息显示系统应具备接入城市公共交通信息系统、交通建筑驻场（站）交通信息系统（平台）及其他信息网络的接口条件。

12.3.5 公共信息显示系统与城市公共交通信息系统在已实现信息互联共享的基础上，宜按旅客出站流线及换乘需求，在沿途分叉处、转向处、公共交通站点等处设置交通信息显示屏，应能根据设置地点的不同，灵活显示交通建筑周边各类公共交通信息，并应符合下列规定：

1 交通信息显示屏应专用，并应以文字或图形方式显示交通建筑周边公共交通的发车间隔、发车时刻等实时运行信息或周边路网实时交通状况、交通事件信息，不宜显示与旅客出行交通信息无关的内容；

2 公共交通运行变更信息、道路交通事件信息等宜用不同颜色的字体及底色表示。

12.3.6 公共信息显示系统应具有在发生火灾等紧急情况下人工或自动触发预编程的紧急疏散信息显示的功能。各类显示屏宜具有在异常情况下强切显示旅客疏散指示信息、灾害信息的功能。

12.3.7 公共信息显示屏宜采用 LED 条屏、LCD 屏等，显示屏尺寸、显示方式、外形色调及安装布局等应结合建筑总体规划、业务需要、使用环境及建筑格

局、固定标识等进行统筹考虑。

12.3.8 机场航站楼中公共信息显示系统设置应符合下列规定：

1 值机大厅应设置能提供引导旅客值机的航班动态信息显示屏；

2 值机柜台上方应设置能提供值机航班信息的显示屏；

3 中转柜台应设置能提供中转航班动态信息的显示屏；

4 登机口柜台上方应设置能提供登机航班信息的显示屏；

5 候机大厅应设置能提供出发候机航班动态信息的显示屏；

6 餐饮、商业区宜设置能提供进出港航班动态信息的显示屏；

7 到达行李提取厅应设置能提供引导行李转盘航班动态信息的显示屏；

8 行李转盘应设置能提供本转盘到达行李的航班信息显示屏；

9 行李分拣大厅每条出发行李转盘上应设置能提供在本转盘出发的行李航班信息的显示屏；

10 行李分拣大厅每条到达行李转盘上应设置能提供在本转盘到达的行李航班信息显示屏；

11 到达接客大厅应设置能提供到达航班动态信息的显示屏；

12 联检区域应设置信息公告显示屏。

12.3.9 铁路旅客车站中公共信息显示系统设置应符合下列规定：

1 系统应分别显示列车进站、出站、票务及其他多媒体等信息；

2 公共信息显示屏应设置在进站大厅、主廊道、各候车室、站台、出站通道、出站大厅、售票大厅等旅客集中活动场所。

12.3.10 轨道交通车站中公共信息显示屏应安装在站台层、站厅层和通道处，且显示屏应根据所在位置和功能发布具体的信息。

12.3.11 港口客运站中公共信息显示屏应设置在候船、售票、行包、站务用房和上下船廊道等旅客集中的活动场所。

12.3.12 汽车客运站中公共信息显示屏应设置在候车厅、检票口、售票处，以及对旅客进行引导的出入口和通道等处。

12.4 离港系统

12.4.1 在值机大厅应能通过离港终端或自助值机终端完成旅客的办票、行李交运和登机工作。

12.4.2 旅客的值机信息应传送至安检信息系统。

12.4.3 旅客的交运行李信息应传送至行李控制系统。

12.4.4 在候机大厅应能通过离港闸口登机牌阅读机对旅客登机牌进行登机确认；宜采取离港工作站调用安检信息系统的方式，在安检验证柜台对采集的旅客肖像信息进行旅客身份确认。

12.4.5 在值机柜台离港终端和登机口柜台上应能触发航班信息显示和广播。

12.4.6 国内离港系统应具有本地备份离港信息的功能。

12.4.7 II类及以上民用机场航站楼宜配置自助值机终端。

12.4.8 离港系统宜支持网上值机和手机值机等新兴值机模式，并应支持二维条码的使用。

12.5 售检票系统

12.5.1 民用机场航站楼、中型及以上铁路客运站、港口客运站、汽车客运站等应设售检票系统；小型客运站宜设售检票系统。

12.5.2 城市轨道交通车站应设自动售检票（AFC）系统。

12.5.3 售票系统总体结构宜采用集中与分布式相结合的数据库及中央、地区和车站三级售票业务管理模式。

12.5.4 售检票系统应具备用户权限管理功能，并应防止非法操作。

12.5.5 铁路及轨道交通售检票中央计算机系统宜通过专用通信传输通道进行数据通信，并应具有与相关系统的接口。

12.5.6 售检票系统应选用操作方便、快速的设备，并应有清晰的信息提示。

12.5.7 中央计算机系统发生故障或传输网络中断时，车站计算机系统和车站自动售检票系统设备应能维持一定时间的独立运行。

12.5.8 自动售检票终端应有脱网独立工作的功能。

12.5.9 售检票系统应具有与旅客通告系统、综合信息管理系统、检票系统等联网的功能。

12.5.10 设有计算机售票系统的车站，应设自动识别检票系统，并应能对车票的相关信息进行查询。

12.5.11 城市轨道交通车站自动售检票系统的设计能力应能满足车站超高峰客流量的需要。

12.5.12 售票窗口宜设对讲设备及票额动态显示设备。

12.5.13 自动检票机应能接受车站计算机系统的数据和控制指令，并应能向车站计算机系统发送设备状况和业务数据。

12.5.14 售检票系统应设置与消防系统、防灾告警系统联动的紧急模式；当车站处于灾害紧急状态和失电状态时，自动检票机应能自动或手动控制，使其处于开放状态。

12.6 泊位引导系统

12.6.1 机场航站楼的每一个固定登机桥宜安装泊位引导设备,设备的安装高度应在距机坪地面4.5m~8.0m之间。

12.6.2 泊位引导设备应能自动引导飞机停靠在正确停机位置,并应具有监控和记录的功能。

12.6.3 紧急情况下,泊位引导系统应能通过手动按钮提示紧急停机信息,手动按钮宜安装在能目视到泊位引导器和飞机滑行路由的位置。

12.6.4 泊位引导终端设备宜与登机桥活动端建立工作互锁关系。

12.7 物业运营管理系统

12.7.1 物业运营管理系统应能对交通建筑内各类设施的资料、数据及运行维护进行管理。

12.8 信息网络安全管理系统

12.8.1 信息网络安全管理系统应能确保信息网络的运行保障和信息安全。

12.8.2 信息网络系统应建立网络管理系统。

12.8.3 信息网络系统应安装防火墙。

13 建筑设备监控系统

13.1 一般规定

13.1.1 建筑设备监控系统(BAS)应在满足设备或工艺控制要求的前提下,以节能和方便运行管理为目标,实现最大限度的节能和优化控制。

13.1.2 IV类以上民用机场航站楼、特大型、大型铁路旅客车站、集民用机场航站楼或铁路与城市轨道交通车站等为一体的大型综合交通枢纽站、城市轨道交通地铁车站、磁浮列车站、一级港口客运站等建筑物中应设置建筑设备监控系统,中型交通建筑中宜设置建筑设备监控系统。

13.1.3 交通建筑的建筑设备监控系统设计应符合国家现行标准《智能建筑设计标准》GB/T 50314和《民用建筑电气设计规范》JGJ 16的规定。

13.2 系统设计

13.2.1 建筑设备监控系统宜对下列系统的设备及环境质量进行自动监测、控制和集中管理:

    1 冷冻水及冷却水系统;

    2 热源及热交换系统;

    3 采暖通风及空气调节系统;

    4 给水及排水系统;

    5 供配电系统;

    6 公共照明系统;

    7 电梯、自动扶梯和自动人行道系统;

    8 电动百页、电动排风窗;

    9 环境质量参数。

13.2.2 当供配电系统,公共照明系统,冷/热源系统,给水及排水系统,电梯、自动扶梯和自动人行道系统,电动百页、电动排风窗等采用自成体系的专业监控系统时,应通过标准通信接口纳入建筑设备监控系统或建筑设备管理系统(BMS)。

13.2.3 建筑设备监控系统应采用分布式或集散式控制系统,由管理层、控制层及现场层组成。管理层网络宜选用TCP/IP协议,控制层网络宜选用标准、开放的现场总线。

13.2.4 建筑设备监控系统在完成各类设备自动监控的同时,还应能满足机电设备本身所固有的控制工艺要求,并应实现最优及节能控制。

13.2.5 建筑设备监控系统应具有标准、开放的通信接口和协议,实现智能仪表、设备和系统的数据交换,并应能向智能化集成系统提供接口。

13.2.6 自成系统的配变电所电能管理系统应符合本规范第4.4节的规定。

13.2.7 自成系统的照明控制系统应符合本规范第8.4节的规定。

13.3 系统功能要求

13.3.1 建筑设备监控系统的监控中心应能对交通建筑内的机电设备和系统进行集中监视、远程操作和管理,应能提供机电设备和系统运行状况的有关数据、资料、报表,并应具有不同应用场合下节能控制的运行方案,为日常运营和管理服务。

13.3.2 建筑设备监控系统应结合不同区域的空间及空调特点,选择合适的控制技术。

13.3.3 空调控制系统应根据不同区域空调的送风形式及风量调节方式进行送风控制,并应针对交通建筑公共区域客流量变化大的特点,根据空气质量进行新回风比例控制。

13.3.4 在人员密度相对较大且变化较大的区域,宜采取新风需求控制措施,并宜根据室内CO_2浓度检测值来增加或减少新风量,使CO_2浓度符合国家现行有关卫生标准的规定。

13.3.5 地下停车库的通排风系统,宜根据使用情况对通排风机进行定时启停台数控制或根据车库内的一氧化碳浓度进行自动运行控制。

13.3.6 民用机场航站楼、铁路旅客车站、城市轨道交通地铁车站中的空调、照明系统宜根据航班、车次的运行时间进行联动控制。

13.3.7 建筑设备监控系统与火灾自动报警系统(FAS)分别设置时,相互间应设置通信接口互联,防排烟系统与正常送排风系统合用的设备平时宜由BAS监控,火灾时应由FAS强制执行相应的火灾控制程序。

13.3.8 建筑设备监控系统设计时应与各设备控制间有统一的设计标准，并应协调好各系统间的接口关系。

13.3.9 民用机场航站楼的建筑设备监控系统应符合下列规定：

1 对航班显示、时钟系统电源、安全检查系统电源、400Hz机用电源、机用空调机电源、飞机引导系统电源状态等，应进行监测；

2 对停机坪高杆照明灯应进行监控；当设有单独机坪照明灯监控系统时，所有系统的监控信息应实时传入建筑设备监控系统；

3 宜将楼内各租用单元的电能计量纳入BAS；

4 照明控制应根据建筑及相应公共服务区域的采光特点、室内外照度及航班运行时间进行监控；应对室内标识、广告照明进行监控；当设有单独照明管理系统时，可由照明管理系统实施；

5 建筑设备监控系统的时钟应与楼内时钟系统同步。

13.3.10 铁路旅客车站、港口客运站、汽车客运站的建筑设备监控系统应符合下列规定：

1 照明控制应根据建筑及相应公共服务区域的采光特点、室内外照度及车辆运行时间段进行监控，并应对室内标识、广告照明进行监控；

2 宜将楼内各租用单元的电能计量纳入BAS。

13.3.11 城市轨道交通地铁车站的建筑设备监控系统应符合下列规定：

1 中央级监控系统应通过通信传输网与车站级监控系统相连，并应采用开放的标准通信协议，保证数据传输的实时可靠；

2 应根据站内的空气质量对通风和空调进行控制，当空气质量持续恶化时，系统应发出报警信号，提醒采取控制人流措施；

3 照明控制应根据列车的运行时间、室内照度等进行监控，并应对室内标识、广告照明进行监控；

4 应能接收火灾自动报警系统的火灾信息，执行车站防烟、排烟模式控制；

5 应能接收列车区间停车位置信号，并应根据列车火灾部位信息，执行隧道防排烟模式控制；

6 应能接收列车区间阻隔信息，执行阻塞通风模式；

7 应能监测或接收火灾自动报警系统的火灾指令；

8 应能监视各排水泵房及集水井的警戒水位，并发出报警信号；

9 应配备车控室紧急控制盘（ISP盘），作为火灾工况自动控制的后备措施，其操作权限应高于车站和中央工作站；

10 建筑设备监控系统的时钟应与楼内时钟系统同步；

11 应符合现行国家标准《地铁设计规范》GB 50157的有关规定。

13.3.12 BAS监控功能应满足各自运营管理的需求。

14 公共安全系统

14.1 一般规定

14.1.1 交通建筑中的火灾自动报警系统及安全技术防范系统设计应根据各类交通建筑的使用功能、规模、性质、火灾保护对象的特点、安防管理要求及建设标准，构成安全可靠、技术先进、经济适用、灵活有效的公共安全体系。

14.1.2 安全技术防范系统宜由安全管理系统和若干个相关子系统组成。相关子系统宜包括入侵报警系统、视频安防监控系统、出入口控制系统、安全检查系统等。

14.1.3 安全技术防范系统的设计应符合国家现行标准《安全防范工程技术规范》GB 50348、《入侵报警系统工程设计规范》GB 50394、《视频安防监控系统工程设计规范》GB 50395、《出入口控制系统工程设计规范》GB 50396和《民用建筑电气设计规范》JGJ 16的规定。

14.1.4 火灾自动报警系统的设计应符合国家现行标准《火灾自动报警系统设计规范》GB 50116、《高层民用建筑设计防火规范》GB 50045、《建筑设计防火规范》GB 50016和《民用建筑电气设计规范》JGJ 16的规定。

14.2 火灾自动报警系统

14.2.1 交通建筑火灾自动报警系统的设计，应结合不同保护对象的特点及相关的智能化系统配置，做到安全适用、技术先进、经济合理、管理维护方便。

14.2.2 交通建筑火灾自动报警系统保护对象分级及报警、探测区域的划分，应符合现行国家标准《火灾自动报警系统设计规范》GB 50116的规定，并应符合下列规定：

1 下列交通建筑火灾自动报警系统的保护对象应定为一级：

1）Ⅴ类及以上民用机场航站楼；

2）集民用机场航站楼或铁路、城市轨道交通车站等为一体的大型综合交通枢纽；

3）特大型、大型铁路旅客车站；

4）城市轨道交通地下车站、磁浮列车站；

5）一级港口客运站及汽车客运站。

2 下列交通建筑火灾自动报警系统的保护对象不应低于二级：

1）中小型铁路旅客车站；

2）城市轨道交通地面和地上高架车站；

3）二级和三级汽车客运站及港口客运站。

14.2.3 交通建筑火灾自动报警系统宜由火灾探测报警系统、消防联动控制系统、可燃气体报警系统及电气火灾监控系统的部分或全部组成。

14.2.4 交通建筑火灾自动报警系统的各类系统之间的系统兼容性应符合国家现行有关标准的规定。

14.2.5 交通建筑中的高大空间，应划分为独立的火灾探测区域。

14.2.6 交通建筑内的主要场所宜选择智能型火灾探测器，并应符合下列规定：

1 民用机场航站楼、铁路旅客车站、城市轨道交通车站、磁浮列车站、港口客运站及汽车客运站的大厅、室内广场等无遮挡或不具备分隔条件的高大空间或有特殊要求的场所，宜选用红外光束感烟探测器或图像型火灾探测器、吸气式感烟探测器等；

2 电缆隧道、电缆竖井、电缆夹层等场所，宜选择有预警功能的线型光纤感温火灾探测器；

3 需要监测环境温度的电缆隧道、地下空间等场所，宜设置具有实时温度监测功能的线型光纤感温火灾探测器；

4 单一型火灾探测器不能有效探测火灾的场所，可选用复合型火灾探测器或红外光束感烟探测器、线型光纤感温探测器、火焰探测器、图像型火灾探测器、吸气式感烟探测器等各类单一型火灾探测器的组合。

14.2.7 消火栓灭火系统、自动喷水灭火系统、气体（泡沫）灭火系统、防烟排烟系统、电梯、防火门及防火卷帘系统、火灾警报器和应急广播系统、消防应急照明和疏散指示标志系统的联动控制设计，应符合现行国家标准《火灾自动报警系统设计规范》GB 50116 的规定，并应符合下列规定：

1 各受控设备接口的特性参数应与消防联动控制器发出的联动控制信号的特性参数相匹配；

2 消防控制室应能显示消防应急照明系统的正常电源工作状态，并应分别手动或自动控制消防应急照明系统从正常电源工作状态转入应急工作状态；

3 火灾报警确认后，应自动打开与疏散有关的自动门、屏蔽门（安全门）、自动检票闸门及电动栅杆，并宜联动相关层安全技术防范系统的摄像机监视火灾现场；

4 火灾报警确认后，应自动打开疏散通道上由出入口控制系统控制的门，自动开启疏散通道上的自动门；

5 火灾报警确认后，应在消防控制室自动或手动切除相关区域的非消防电源；

6 消防专用电话网络应为独立的消防通信系统；对于一级保护对象宜设置火灾报警录音受警电话。

14.2.8 应急广播系统的扬声器宜采用与公共广播系统的扬声器兼用的方式，当需播放应急广播时，消防联动控制信号应能强制性自动切除规定区域内的一般广播信号，并强制启动应急广播信号播放，作局部区域或全区域应急疏散广播使用。

14.2.9 交通建筑内设置有自动消防炮灭火系统时，应符合现行国家标准《固定消防炮灭火系统设计规范》GB 50338 的有关规定。

14.2.10 民用机场航站楼、特大型铁路旅客车站等区域内建立应急联动指挥中心时，应将火灾自动报警系统纳入应急联动指挥中心。

14.2.11 城市公共轨道交通建筑的火灾自动报警系统应设中央级和车站级二级监控方式，对城市公共轨道交通全线进行火灾探测报警与消防联动控制。其信息传输网络宜利用公共通信网络，但现场级网络应独立配置，并应符合国家现行有关标准的规定。

14.2.12 交通建筑内设有智能化集成系统时，火灾自动报警系统宜纳入智能化集成系统。

14.2.13 设有建筑设备管理系统时，火灾自动报警系统应预留数据通信接口以实现与其相关的联动控制，接口界面的各项技术指标应符合国家现行有关标准的规定。

14.2.14 设有视频安防监控系统时，火灾自动报警系统宜通过数据通信与视频安防监控系统实现互联，在火灾情况下视频安防监控系统可自动将显示内容切换成火警现场图像，供控制室确认并记录。

14.2.15 对于Ⅰ类民用机场航站楼、特大型铁路旅客车站、集机场航站楼或铁路及城市轨道交通车站等为一体的大型综合交通枢纽站等重要交通建筑，火灾自动报警系统的主机宜设有热备份，当系统的主用主机出现故障时，备份主机应能及时投入运行。

14.2.16 当交通建筑形态复杂，国家现行有关标准无法涵盖时，火灾自动报警系统的设计可经过火灾自动报警系统的性能化设计分析来确定，并应经当地消防主管部门批准。

14.2.17 当火灾自动报警系统设置需进行性能化设计时，设计前应对保护对象的建筑特性、使用性质和发生火灾的可能性进行分析，设计后应进行评估和/或试验验证。

14.2.18 经火灾自动报警系统性能化设计及当地消防主管部门批准，一些特殊部位可不设置火灾探测器时，宜加强该部位视频监控系统的设置，并宜与火灾自动报警系统联动。

14.3 电气火灾监控系统

14.3.1 交通建筑的电气火灾监控系统应根据建筑的性质、发生电气火灾危险性、保护对象等级等进行设置。

14.3.2 剩余电流式电气火灾监控探测器的设置应符合下列规定：

1 火灾自动报警系统保护对象分级为一级的交通建筑配电线路，应设置电气火灾监控系统；除消防动力配电回路外，其他电力、照明区域或楼层配电箱电源进线处应设置防电气火灾的剩余电流动作报警器；

2 火灾自动报警系统保护对象分级为二级的交通建筑，其主配电室低压出线或配电干线分支处，宜设置防电气火灾剩余电流动作报警器；

3 当采用剩余电流互感器型探测器或总线型剩余电流动作报警器组成较大系统时，应采用总线式报警系统；

4 防电气火灾剩余电流动作报警值的设定应符合国家现行有关标准的规定；

5 剩余电流式电气火灾监控探测器宜作用于报警，不宜自动切断被保护对象的供电电源。

14.3.3 电气火灾监控系统的设置不应影响供电系统的正常工作。

14.4 入侵报警系统

14.4.1 入侵报警系统的设置，应符合下列规定：

1 周界宜设置入侵报警探测装置，形成的警戒线应连续无间断；一层宜设置入侵报警探测装置；

2 重要通道及主要出入口应设置入侵报警探测装置；

3 重要部位宜设置入侵报警探测装置；集中收款处、财务出纳室、重要物品库房应设置入侵报警探测装置；财务出纳室应设置紧急报警装置。

14.4.2 入侵报警系统设计应符合下列规定：

1 应根据总体纵深防护和局部纵深防护的原则，分别或综合设置周界防护、区域防护、空间防护、重点实物目标防护系统；

2 系统应自成网络独立运行，宜与视频安防监控系统、出入口控制系统等进行联动，宜具有网络接口、扩展接口；

3 系统除应具有本地报警功能外，还宜具有异地报警的相应接口。

14.4.3 无线报警系统应符合下列规定：

1 安全技术防范系统工程中，当不宜采用有线传输方式或需要以多种手段进行报警时，可采用无线传输方式；

2 无线报警的发射装置，应具有防拆报警功能和防止人为破坏的实体保护壳体；

3 以无线报警组网方式为主的安防系统，应具有自检和对使用信道监视及报警的功能。

14.4.4 民用机场航站楼、铁路旅客车站、城市轨道交通车站、港口客运站、汽车客运站中的票务柜台及售票窗口，应设置紧急报警按钮。

14.4.5 铁路旅客车站、港口客运站、汽车客运站的售票室、总账室、票据库、财务室、行包房、通信机

房及特殊场所，应设置入侵报警探测器。

14.4.6 轨道交通车站中入侵报警系统设置应符合下列规定：

1 在轨道交通正线、车场及运营控制中心（OCC）等重要场所设置入侵报警系统时，系统的各类设备应具有与视频监视系统实现联动的功能；

2 车控室和警务室应安装显示和记录设备；旅客服务中心应安装紧急报警装置；票据室应安装被动红外探测装置；

3 各车站控制室应将入侵报警信号送往本线运营控制中心（OCC）进行集中监控。

14.5 视频安防监控系统

14.5.1 大型视频安防监控系统宜采用数字化技术。

14.5.2 民用机场航站楼、铁路旅客车站等高风险场所，重点监视点前端摄像机宜采用高清设备。

14.5.3 视频安防监控系统宜与火灾自动报警系统、出入口控制系统、入侵报警系统建立联动。

14.5.4 视频安防监控系统应有控制优先级分级、定时扫描、循环显示、分区监视、任意定格与锁闭、巡检报警、随时录像等功能。

14.5.5 视频图像记录宜选用数字存储设备，单路监视图像的最低水平分辨率不应低于 400 线，存储应采用 D1（704 像素×576 像素）及以上格式，存储记录时间不应小于 15d。

14.5.6 民用机场航站楼中视频安防监控系统设置应符合下列规定：

1 应满足海关、边防、检疫、公安、安全等驻场单位的管理需求；

2 应满足安全监控和设备监控的需要；

3 各场所摄像机的安装应符合下列规定：

1）进出门厅应双向安装摄像机；

2）安检通道应双向安装摄像机；

3）海关、边检、检疫通道应双向安装摄像机；

4）办票柜台应安装摄像机；

5）固定桥位应安装云台变焦型摄像机；

6）固定桥下道路宜安装云台变焦型摄像机；

7）在空侧所有安装出入口控制的通道宜安装摄像机；

8）行李提取转盘区域应安装摄像机；

9）行李分拣输送带区域应根据工艺需求安装摄像机；

10）办票厅、候机厅、迎客厅等处宜安装云台变焦型摄像机；

11）商业 POS 机点位应安装摄像机；

12）自助值机柜台宜安装摄像机；

13）行李开包间应安装摄像机；

14）办公通道路口宜安装摄像机。

14.5.7 铁路旅客车站中视频安防监控系统设置应符

合下列规定：

1 铁路旅客车站应独立设置安防监控中心；售票楼、行包房可根据规模、功能和管理要求设置安防控制室；

2 安防监控中心应将视频监控信号送至铁路客运站信息控制中心和当地公安部门；

3 站长室、客运值班室、行包值班室、车站值班室、公安值班室等场所，应设置控制、监视设备；

4 下列场所应安装摄像机：

1) 旅客进站口、出站口、进站通道、出站通道、候车室、站台；

2) 售票厅、行包房、行包托运厅、行包提取厅、行包地道、列车进出站咽喉区。

14.5.8 城市轨道交通车站中视频安防监控系统设置应符合下列规定：

1 系统应由中心控制设备、车站控制设备、图像摄取、图像显示、录制及视频信号传输等部分组成；

2 运营控制中心（OCC）、车站控制室、安防控制室或警务室等场所，应设置控制、监视设备；上下行站台列车停车位置，应设置监视设备；

3 下列场所应安装摄像机：

1) 车站与外界相通的出入口及其通道；

2) 连通站厅层、站台层的人行通道（含楼梯、自动扶梯）；

3) 检票入口、检票出口；

4) 售票亭、自动售票机、自助票款充值设备上方；

5) 旅客服务中心；

6) 上行站台、下行站台；

7) 车站控制室出入口、各类设备机房出入口；

8) 编码（收款）室出入口、编码室内现金存放处；

9) 站厅层及其楼梯间区域安装云台变焦型摄像机。

4 各车站控制室应将视频监控系统视频信号送往本线运营控制中心（OCC）进行集中监控；

5 车站视频监控系统视频信号的远距离传输，可采用模拟或数字传输方式；本地视频信号传输宜采用视频同轴电缆传输。

14.5.9 港口客运站中视频安防监控系统设置应符合下列规定：

1 安防控制室、调度室、警务室等应设置控制、监视设备；

2 下列场所应安装摄像机：

1) 旅客进站口、出站口、通道、候船室；

2) 售票窗口、检票口、行包、站务用房和上下船廊道。

14.5.10 汽车客运站中视频安防监控系统设置应符合下列规定：

1 监控室、站长室、客运值班员室、车站值班员室、广播室、公安值班员室等场所，应设置控制、监视设备；

2 系统应有控制优先级分级、定时扫描、循环显示、分区监视、任意定格与锁闭、巡检报警、随时录像等功能；

3 控制优先级宜按客运值班员室、公安值班员室、广播室、监控室、站长室等的顺序分级；

4 下列场所应安装摄像机：

1) 旅客进站口、出站口、通道、候车室；

2) 售票窗口、检票口。

14.6 出入口控制系统

14.6.1 出入口控制系统应根据安全技术防范管理的需要，在建筑物、建筑群出入口、通道门、重要房间门等处设置，并应符合下列规定：

1 主要出入口宜设置出入口控制设备，出入口控制系统中宜有非法进入报警设备；

2 重要通道宜设置出入口控制设备，系统应具有非法进入报警功能；

3 设置在安全疏散口的出入口控制设备，应与火灾自动报警系统联动；在紧急情况下应自动释放出入口控制系统，安全疏散门在出入口控制系统释放后应能随时开启；

4 重要工作室应设置出入口控制设备；集中收款处、重要物品库房、配电间、弱电间宜设置出入口控制设备。

14.6.2 出入口控制系统的受控方式、识别技术及设备，应根据实际控制需要、管理方式及投资等情况综合确定。

14.6.3 不同的出入口，应设定不同的出入权限。出入口控制系统应对设防区域的位置、通行对象及通行时间等进行实时控制和多级程序控制。

14.6.4 出入口控制系统宜独立组网运行，并宜具有与入侵报警系统、火灾自动报警系统、视频安防监控系统、电子巡查系统等集成或联动的功能。

14.6.5 机场航站楼中出入口控制系统设置应符合下列规定：

1 机场航站楼应按隔离区、非隔离区等划分安全等级；

2 下列场所应设置出入口控制设备：

1) 所有陆侧与空侧之间的通道门；

2) 陆侧候机厅与登机桥之间的通道门；

3) 空侧所有消防楼梯通道门；

4) 公共区域与工作区域的出入口；

5) 旅客到达与出发区域的连接通道；

6) 远机位候机厅与飞机区之间的通道门；

7) 空侧垂直穿越不同区域的电梯口。

3 下列场所宜设置出入口控制设备：

1）各弱电机房和弱电间；

2）贵宾室、CIP/VIP室、公务机厅。

14.6.6 铁路旅客车站中的下列场所应设置出入口控制设备：

1 信息控制中心、广播室、通信机房、安防监控中心；

2 售票场所（含机房、票据库、解款室）、行包库及特殊需要的重要通道出入口。

14.6.7 城市轨道交通车站中出入口控制系统设置应符合下列规定：

1 各车站出入口控制系统分控设备的控制信息应上传至系统的主控机，主控机在本站实现系统的集成和联动控制；

2 各主控机应将出入口控制系统的控制信息送往本线运营控制中心（OCC）进行集中控制；

3 车控室、环控室、设备机房、票据室、警务室及OCC等场所，应设置出入口控制设备。

14.6.8 港口客运站、汽车客运站中的下列场所应设置出入口控制设备：

1 信息控制中心、广播室、通信机房、安防控制室；

2 票务室及特殊需要的重要通道出入口。

14.7 安全检查系统

14.7.1 旅客携带物品及行包托运安全检查设施应由探测器、控制报警等部分构成。

14.7.2 探测器部分宜采用通道式、多能量、X射线扫描的方式，并宜设置金属探测器、爆炸物检测仪、防爆设备及附属设备。

14.7.3 民用机场航站楼应在安检通道、陆侧与空侧间的工作人员通道等处设置防爆设备探测器。

14.7.4 铁路旅客车站、港口客运站、汽车客运站的旅客主要进站口、行包托运厅，应设置探测设备，控制报警设备应设在探测设备附近的机房内。

14.7.5 城市轨道交通车站进站入口、检票口处及港口客运站候船入口或检票口，宜安装防爆设备探测器。

15 机房工程

15.1 一般规定

15.1.1 本章适用于交通建筑工程中弱电机房工程的设计。

15.1.2 机房工程设计应确保通信和信息等弱电系统运行的稳定可靠，并应为工作人员提供良好的工作环境。

15.1.3 交通建筑中的弱电机房及其配套应符合国家现行标准《电子信息系统机房设计规范》GB 50174和《民用建筑电气设计规范》JGJ 16的规定。

15.2 机房设计

15.2.1 交通建筑应根据工程实际和管理需求，合理设置弱电系统，并应根据需要独立或分类合并设置弱电机房和弱电间，实施对车次、航班信息、售票系统、广播、消防、建筑设备管理、安全技术防范及相关工艺信息等系统的管理。

15.2.2 各系统机房性能要求、系统设备配置及机房站址、弱电间位置的选择、设备布置等，应符合国家现行标准《电子信息系统机房设计规范》GB 50174和《民用建筑电气设计规范》JGJ 16的规定。

15.2.3 机房的位置应方便供电电缆、通信缆线、冷媒管等各种管线的敷设，管线敷设线路应尽量短，方便进出，靠近弱电间和空调室外机。

15.2.4 根据建筑面积、系统出线的数量、路径等因素，交通建筑每层可设置1个或多个弱电间。当弱电间兼作综合布线系统楼层电信间时，弱电间距最远信息点的距离应满足水平电缆长度不超过90m的要求。

15.3 管线敷设

15.3.1 由户外引入的供电与通信、弱电线路，应分开敷设，且不应采用架空方式引入。

15.3.2 机房内的低压配电与通信、弱电线路应采用阻燃类电缆分开敷设。

15.3.3 机房内机柜通信缆可采用上进线上出线方式敷设，机柜电源线缆宜采用下进线方式敷设。

15.3.4 敷设在防静电活动地板下及吊顶内的线缆，应沿线槽、桥架或穿管敷设；配电电缆线路与通信电缆线路并列或交叉敷设时，地板下敷设的配电电缆线路应敷设在通信电缆线路的下方，吊顶内敷设的配电电缆线路宜敷设在通信电缆线路的上方。

15.3.5 弱电间内的低压配电、通信线路应分开敷设，并可采用线槽、桥架或穿管敷设的方式。

15.4 环境要求

15.4.1 机房对土建、电气、空调、给排水专业及对消防、安防的要求除应符合《电子信息系统机房设计规范》GB 50174的规定外，尚应符合下列规定：

1 机房内采用防静电活动地板下的空间作为空调静压箱时，地面应按空调专业要求做保温处理；

2 交通建筑中的弱电机房供电电源应按相应建筑内的最高级供电负荷供电，且不应低于二级；

3 Ⅲ类及以上民用机场航站楼中主要机房输入电源的电压总谐波畸变率不应大于3%；

4 机房内的照明灯具布置应防止在显示屏上出现反射眩光；

5 机房内安装有自动喷雾灭火系统、空调机和加湿器的房间时，地面应设置挡水和排水设施；宜设漏水检测报警装置，并应在管道入口处装设切断阀，漏水时自动切断给水。

15.4.2 弱电间的环境要求应符合下列规定：

　　1 弱电间的使用面积不宜小于 6m²；

　　2 弱电间地坪宜高出本层地坪 200mm 或设大于 200mm 的门坎；

　　3 弱电间的墙壁应为耐火极限不低于 1.00h 的不燃烧体，检修门应采用不低于丙级的防火门；检修门应往外开，门的高度宜与同层其他房间门的高度一致，但不宜低于 2.0m，宽度不宜小于 0.9m；

　　4 弱电间楼板荷载可按 5.0kN/m² 设计；

　　5 与弱电间无关的水暖管、通风管等，不得进入弱电间；

　　6 弱电间的照度应符合国家现行有关标准的规定；

　　7 弱电间内应提供信息系统设备工作电源；应预留交流 220V、10A 单相三孔维修电源插座，并应由专用回路供给；

　　8 弱电间应敷设截面不小于 25mm² 的铜质接地干线，并应在接地干线上预留接地端子；

　　9 弱电间应设置自身的安全防护装置；

　　10 弱电间宜采用防静电地坪漆对地面进行处理；

　　11 弱电间内的管道井完工后应做防火封堵；

　　12 弱电间内的墙壁、吊顶应作防尘处理。

16 电磁兼容

16.1 一般规定

16.1.1 交通建筑电气设计，应考虑建筑所处环境的电磁骚扰及电磁环境卫生。

16.1.2 交通建筑谐波防治，应采取综合治理措施，并应在建筑投入运行后，随谐波源的变化不断改善谐波综合治理措施，维护供配电系统的安全运行。

16.1.3 交通建筑内所使用的电气电子设备应满足国家电磁兼容性认证的要求。

16.1.4 交通建筑内采取提高电磁兼容水平的措施时，应综合考虑工程的重要性和经济性。

16.1.5 交通建筑的电磁兼容设计应符合现行行业标准《民用建筑电气设计规范》JGJ 16 的规定。

16.2 电源干扰及谐波防治

16.2.1 交通建筑用户注入电网的传导骚扰应符合国家现行有关标准及当地电力公司的相关规定。

16.2.2 易受电磁干扰的电子设备不应布置在潜在电磁骚扰源所在楼层的正上方、正下方及贴邻房间。

16.2.3 对于Ⅲ类以上民用机场航站楼、特大型铁路旅客车站、集民用机场航站楼或铁路、城市轨道交通车站等为一体的大型综合枢纽站等重要交通建筑，其电压总谐波畸变率不宜大于 3%，其他大中型交通建筑的电压总谐波畸变率不应大于 5%。

16.2.4 Ⅲ类以上民用机场航站楼、特大型铁路旅客车站、集民用机场航站楼或铁路、城市轨道交通车站等为一体的大型综合枢纽站等交通建筑中重点谐波监控治理单位，宜在供配电系统中设计在线式电能管理系统。

16.2.5 大型、重要交通建筑中有较多对谐波敏感的重要设备机房及主要电子信息系统，其配电系统主干线的谐波骚扰强度宜达到一级标准，当不符合要求时，应设滤波装置。

16.2.6 交通建筑中对于谐波电流较大的非线性负载，当谐波源的谐波频谱较宽，谐波源的相移功率因数较高时，宜采用有源滤波器，并宜按下列原则设置：

　　1 设备的非线性负载容量占配电变压器容量比例较大且相移功率因数较高时，宜在变压器低压配电母线侧集中装设有源滤波器；

　　2 一个区域内有较分散且容量较小的非线性负载时，宜在分配电箱母线上装设有源滤波器；

　　3 配电变压器供电对象仅有少量非线性重要设备时，宜在每台谐波源处就地装设有源滤波器。

16.2.7 交通建筑中有容量较大、较稳定运行的非线性电气设备，频谱特征明显，相移功率因数又较低的单相非线性负载以及谐波源所产生的谐波较集中于连续三种或以下的谐波治理时，宜采用并联无源滤波器，并宜在谐波源处就地设置。

16.2.8 当交通建筑中存在容量较大，3、5、7 次谐波含量高，频谱特征复杂，相移功率因数又较低的谐波源时，宜采用有源、无源滤波器混合装设的方式，无源滤波器应滤除谐波中主要的谐波电流，有源滤波器提高总体滤波效果。

16.2.9 设计过程中对建筑物的谐波状况难以预计时，宜预留必要的滤波设备空间。

16.3 电子信息系统的电磁兼容设计及等电位联结

16.3.1 交通建筑物中的电子信息系统的电磁兼容设计，应使其设备系统能在所处的电磁环境中正常工作且不对周边环境或其他系统构成大的电磁骚扰，并应满足电磁兼容性要求。

16.3.2 对供给电子信息系统的电源谐波骚扰的防护，应符合本规范第 16.2 节的规定。

16.3.3 电子信息系统的线缆应根据线缆敷设所处的电磁环境、性质及重要程度，分别采取有效的防护或屏蔽隔离措施。

16.3.4 对交通建筑物中设置的可靠性、安全性和保密性要求较高的信息网络系统布线，宜采用光缆或屏蔽线缆。

16.3.5 交通建筑中应采取下列措施，降低电磁干扰，保证供配电系统和用电设备的正常运行：

1 对电磁干扰敏感的电气设备，宜选用电涌保护器（SPD）或滤波器以提高电磁兼容性；

2 电缆的金属护套应与共用等电位联结系统连接；

3 应使等电位联结导体尽量短，阻抗应尽可能小，或可采用感应电抗和阻抗较低的导线。

16.3.6 在电源切换过程中，宜采用能同时投切相线和中性线的转换开关。

16.3.7 对于设有大量重要电子信息系统设备的交通建筑物，宜采用公共网状等电位联结的星形网格，星形网格的尺寸应与被保护装置的尺寸相协调。

16.3.8 电子信息系统设备较为分散时，宜采用环形等电位联结网格，环形等电位联结网格应采用铜导体，并应敷设在配线槽或导管上易于维护的地方。所有保护、功能接地应与环形等电位联结网格连接。

16.3.9 环形等电位联结网格导体的最小截面不应小于 $25mm^2$。

17 电气节能

17.1 供配电系统的节能

17.1.1 供配电系统设计应采取合理的节能措施，有效实现电气节能。

17.1.2 交通建筑电气设计应提高供配电系统的功率因数，预防和治理谐波，提高供电质量。

17.1.3 供配电系统应选择节能型设备，并应正确选定装机容量，减少设备本身的能源消耗，提高系统的整体节能效果。

17.1.4 交通建筑电气设计应合理确定供配电系统的电压等级，用户用电负荷容量超过 250kW 时，宜采用中压供电。

17.1.5 交通建筑电气设计应合理选择配变电所位置，并应将其设置在靠近负荷中心，缩短配电线路长度；应正确选择导线截面、线路的敷设方式，降低配电线路的损耗。

17.1.6 长期运行的供配电线路干线与分干线在满足电压损失和短路热稳定的前提下，其线缆的截面宜按经济电流密度选择。

17.1.7 交通建筑应选用符合国家变压器能效标准的高效低耗变压器，新设置的变压器自身功耗不应低于国家 10 系列（型）变压器的能效标准。

17.1.8 两路进线的供电系统，宜采用两路电源同时运行的方式，并应减少正常运行时设备、线路的损耗。

17.2 电气照明的节能

17.2.1 照明节能设计应在满足照明质量的前提下，最大限度地利用自然光，减少照明系统中的光能损失并充分利用好电能。

17.2.2 照明节能设计应符合国家现行标准中有关照度标准的规定，并应选用节能光源及高效灯具。

17.2.3 交通建筑应结合建筑条件，采用有效的照明控制方式来实现照明节能，且在满足眩光限制的条件下，宜选用开启式直接照明灯具。

17.2.4 照明设计应满足现行国家标准《建筑照明设计标准》GB 50034 的规定，可根据照明不同的档次要求，选择相应的照度标准值和相应的照明方式。

17.2.5 照明系统宜采用各种类型的节电和管理措施；功能复杂、照明环境要求较高的大型交通建筑，宜采用照明管理系统。

17.2.6 交通建筑照明功率密度值不应大于表17.2.6 的规定。当房间或场所的照度值高于或低于表 17.2.6 规定的对应照度值时，其照明功率密度值应按比例提高或折减。

表 17.2.6 交通建筑照明功率密度值

房间或场所		照度功率密度（W/m²）		对应照度值（lx）	备注
		现行值	目标值		
售票台		18	15	500	—
候车（机、船）室	普通	8	7	150	净空高度≤12m
	高档	11	9	200	净空高度≤12m
中央大厅		12	10	200	净空高度≤12m
海关、护照检查		18	15	500	—
安全检查		13	11	300	
换票、行李托运		13	11	300	净空高度≤12m
行李认领、到达大厅、出发大厅、售票大厅		10	8	200	净空高度≤12m
通道、连接区、换乘厅、地道		8	7	150	
自动售票机/自动检票口		13	11	300	
有棚站台		7	6	75	净空高度≤12m

续表17.2.6

房间或场所		照度功率密度（W/m²）		对应照度值（lx）	备注
		现行值	目标值		
无棚站台		6	5	50	—
走廊、流动区域	普通	5	4	75	—
	高档	9	7	150	—
地铁站厅	普通	7	6	100	—
	高档	11	9	200	—
进出站门厅	普通	8	7	150	—
	高档	11	9	200	净空高度≤12m

17.3 建筑设备的电气节能

17.3.1 交通建筑的空调系统、给排水系统以及电梯、自动扶梯、自动人行道等的节能设计，应满足本规范13.3节关于节能控制的规定以及现行国家标准《智能建筑设计标准》GB/T 50314、《公共建筑节能设计标准》GB 50189的有关规定。

17.3.2 交通建筑应合理选择电动机的功率及电压等级，提高电动机的功率因数，并采用高效节能的电动机以及合理的电动机启动调速技术。

17.3.3 多台电梯集中设置时，应具有规定程序集中调度和控制的群控功能，3台及以上集中设置的电梯宜选择群控方式。

17.3.4 自动扶梯、自动人行道在全线各段均空载时，应能处在暂停或低速运行状态。

17.3.5 交通建筑宜对建筑物窗、门的开闭实施自动控制及管理。

17.4 能耗计量与监测管理

17.4.1 交通建筑除应在供用电设施责任分界点的用户侧装设规定的电能计量装置外，还应根据实际需要进行分项、分区域（层）、分回路或分户计量。

17.4.2 交通建筑中各租户用房应分别进行电能计量。

17.4.3 以电力为主要能源的冷冻机组、锅炉等大负荷设备，应设专用电能计量装置。

17.4.4 大型、重要交通建筑宜通过电能管理系统对主要照明、空调、电力回路进行电能计量和管理。

17.4.5 中央空调系统可根据工程实际需要进行分区域（层）、分用户或分室的计量。

17.4.6 单体建筑面积20000m²及以上的交通建筑应采用能耗监测管理系统，实现分项能耗数据的实时采集、计量、准确传输、科学处理及有效存储。

17.4.7 能耗监测管理系统中的能耗计量装置、数据采集器和各级数据中心之间数据传输系统的网络结构、系统设备功能以及数据传输过程和数据格式，应符合国家现行有关标准的规定。

17.4.8 能耗监测管理系统应采用先进、成熟、可靠的技术与设备。现场能耗数据采集宜充分利用建筑设备监控系统、电能管理系统既有的功能，实现数据传输与共享。

17.4.9 能耗监测管理系统的建立，不应影响各用能系统的既有功能，不应降低系统的技术指标。

附录A 交通建筑规模的划分

A.0.1 民用机场航站楼建筑等级的分类应符合表A.0.1的规定。

表 A.0.1 民用机场航站楼建筑等级的分类

等级分类	年旅客吞吐量
Ⅰ类	1000万人次及以上
Ⅱ类	500万人次～1000万人次
Ⅲ类	100万人次～500万人次
Ⅳ类	50万人次～100万人次
Ⅴ类	10万人次～50万人次
Ⅵ类	10万人次以下

A.0.2 铁路旅客车站的建筑规模的划分，应符合表A.0.2的规定。

表 A.0.2 铁路旅客车站建筑规模的划分

铁路旅客车站建筑规模	最高聚集人数 H（人）
特大型	$H \geqslant 10000$
大型	$2000 \leqslant H < 10000$
中型	$400 < H < 2000$
小型	$50 \leqslant H \leqslant 400$

A.0.3 港口客运站的站级分级应符合表A.0.3的规定。

表 A.0.3 港口客运站站级分级

分级	年平均日旅客发送量（人/d）
一级	≥3000
二级	2000～2999
三级	1000～1999
四级	≤999

注：1 重要的港口客运站的站级分级，可按实际需要确定，并报主管部门批准；

2 国际航线港口客运站的站级分级，可按实际需要确定，并报主管部门批准。

A.0.4 汽车客运站的站级分级应符合表 A.0.4 的规定。

表 A.0.4 汽车客运站站级分级

分级	发车位（个）	年平均日旅客发送量（人/d）
一级	≥20	≥10000
二级	13～19	5000～9999
三级	7～12	2000～4999
四级	≤6	300～1999
五级	—	≤299

注：1 重要的汽车客运站，其站级分级可按实际需要确定，报主管部门批准；
　　2 当年平均日旅客发送量超过 25000 人次时，宜另建汽车客运站分站。

本规范用词说明

1 为便于在执行本规范条文时区别对待，对要求严格程度不同的用词说明如下：

　1）表示很严格，非这样做不可的：
　　正面词采用"必须"；反面词采用"严禁"。
　2）表示严格，在正常情况下均应这样做的：
　　正面词采用"应"；反面词采用"不应"或"不得"。
　3）表示允许稍有选择，在条件许可时首先应这样做的：
　　正面词采用"宜"；反面词采用"不宜"。
　4）表示有选择，在一定条件下可以这样做的，采用"可"。

2 条文中指明应按其他有关标准执行的写法为："应符合……规定"或"应按……执行"。

引用标准名录

1 《建筑设计防火规范》GB 50016

2 《建筑照明设计标准》GB 50034
3 《高层民用建筑设计防火规范》GB 50045
4 《供配电系统设计规范》GB 50052
5 《10kV 及以下变电所设计规范》GB 50053
6 《低压配电设计规范》GB 50054
7 《建筑物防雷设计规范》GB 50057
8 《35～110kV 变电所设计规范》GB 50059
9 《火灾自动报警系统设计规范》GB 50116
10 《地铁设计规范》GB 50157
11 《电子信息系统机房设计规范》GB 50174
12 《公共建筑节能设计标准》GB 50189
13 《综合布线系统工程设计规范》GB 50311
14 《智能建筑设计标准》GB/T 50314
15 《固定消防炮灭火系统设计规范》GB 50338
16 《建筑物电子信息系统防雷技术规范》GB 50343
17 《安全防范工程技术规范》GB 50348
18 《入侵报警系统工程设计规范》GB 50394
19 《视频安防监控系统工程设计规范》GB 50395
20 《出入口控制系统工程设计规范》GB 50396
21 《电工电子产品环境试验》GB/T 2423
22 《消防安全标志》GB 13495
23 《低压开关和控制设备 第 2 部分：断路器》GB 14048.2
24 《电磁兼容 试验和测量技术》GB/T 17626
25 《消防应急照明和疏散指示系统》GB 17945
26 《民用建筑电气设计规范》JGJ 16
27 《国内卫星通信小型地球站（VSAT）通信系统工程设计规范》YD/T 5028
28 《3.5GHz 固定无线接入工程设计规范》YD/T 5097

中华人民共和国行业标准

交通建筑电气设计规范

JGJ 243—2011

条 文 说 明

制 定 说 明

《交通建筑电气设计规范》JGJ 243－2011，经住房和城乡建设部2011年8月4日以第1115号公告批准、发布。

本规范制订过程中，编制组进行了交通建筑电气设计的调查研究，总结了交通建筑电气的应用经验，同时参考了国内外技术法规、技术标准，取得了制订本规范所必要的重要技术参数。

为便于广大设计、施工、科研、学校等单位有关人员在使用本规范时能正确理解和执行条文规定，《交通建筑电气设计规范》编制组按章、节、条顺序编制了本规程的条文说明，对条文规定的目的、依据以及执行中需注意的有关事项进行了说明。但是，本条文说明不具备与规范正文同等的法律效力，仅供使用者作为理解和把握规范规定的参考。

目　次

1 总 则

1.0.1 本条阐述了编制本规范的目的，规定了交通建筑电气设计必须遵循的基本原则和应达到的基本要求。近年来，交通建筑业发展较快，交通建筑中的电气设计，由于其专业性较强，又有很强的政策性，因此，在设计中必须认真贯彻、执行国家的相关方针、政策。

1.0.2 本规范仅适用于以客运为主的交通建筑（为公众提供一种或几种交通客运形式的建筑的总称），而不包括交通行业中非建筑内的工艺性电气设计以及飞机库、油库、机车站、行业专用货运站、汽车加油站等的电气设计。由于这些工程项目具有特殊性，涉及的行业专业技术内容并非交通建筑电气设计所能界定的，故不列入本规范适用范围，另外本规范亦不包括城市公共交通汽车站。

以客运为主的交通建筑主要有以下几种：

1 民用机场航站楼 civil airport station

安全、迅速、有秩序地组织旅客登机、离港，便利旅客办理相关旅行手续，为旅客提供安全舒适的候机条件，并可集客运、商业、旅业、饮食业、办公等多种功能为一体的现代化综合性的民航服务场所。

2 交通枢纽站 transportation junction station

集一种或几种交通形式于一体、为共同办理旅客与货物中转、发送、到达而兴建的多种运输设施的公共交通综合体场所。由同种运输方式两条以上干线组成的枢纽为单一枢纽，如铁路枢纽、公路枢纽等；由两种以上运输方式干线组成的枢纽为综合交通枢纽。

3 铁路旅客车站 railroad passenger station

为旅客办理客运业务，设有旅客候车和安全乘降设施，并由站前广场、站房、站场客运建筑三者组成整体的车站。

4 港口客运站 harbor passenger depot

以水运客运为主、兼顾货运，并由站前广场、站房、客运码头及其他附属设施组成整体的客运站。

5 汽车客运站 automobile passenger depot

为乘客办理汽车客运业务，设有乘客候车和安全乘降设施，并由站前广场、站房、站场客运建筑三者组成整体的汽车站。

6 地铁 metro 或 underground railway 或 subway

在城市中修建的快速、大运量以电能为动力的轨道交通工具之一。线路通常设在地下隧道内，也有的在城市中心以外地区从地下转到地面或高架桥上。

7 城市轨道交通 urban mass transit

以电能为动力，在不同形式轨道上运行的大、中运量城市公共交通工具，是当代城市中地铁、轻轨、

单轨、自动导向、磁浮等轨道交通的总称。

1.0.3 由于交通建筑内设施的特殊性，会比一般民用建筑产生更多的电磁污染，而其对电气设施运行的危害性也强于一般民用建筑，因此应重视电磁污染的危害，并对其采取综合治理措施，以限制电磁污染对电气设施的危害。

1.0.4 鉴于目前建筑电气产品市场的状况，强调此条，是确保设计工程质量的有效措施。

1.0.5 由于交通建筑电气设计有不少方面与国家和行业标准交叉，或对专业性较强的内容未在此（规范）表达，为避免执行中可能出现的矛盾或误解，故作此规定。

另外本规范是作为《民用建筑电气设计规范》JGJ 16 的子规范，也是《民用建筑电气设计规范》JGJ 16 在交通建筑中的一个专项补充，为避免重复，凡在《民用建筑电气设计规范》JGJ 16 中已涉及或提出的条款内容本规范不再重复列出，但在具体设计中应认真贯彻执行。引用文件中凡是不注日期的，其最新版本适用于本规范。

2 术语和代号

2.1 术 语

2.1.6 电子信息系统，IEC 标准现又称电子系统 electronic system

IEC 标准以前称信息系统，现改为"建筑物内系统"，包括两个系统：电气系统（即低压配电系统）和电子系统（见 IEC62305-1：2006 标准第 3.27、3.28、3.29 条），电子系统定义为：由敏感电子组合部件（例如：通信设备、计算机、控制和仪表系统、无线电系统、电力电子装置）构成的系统。

3 供配电系统

3.1 一般规定

3.1.3 由于交通建筑的规模往往会不断发展、扩大，因此供配电系统的设计要适当考虑 5 年以上的发展需求。

3.2 负荷分级及供电要求

3.2.1 本条所指的一、二、三级负荷的供电电源符合下列要求：

1 一级负荷应由两个电源供电，当一个电源发生故障时，另一个电源不应同时受到损坏；

2 对于一级负荷中的特别重要负荷，应增设应急电源，并严禁将其他负荷接入应急供电系统；

3 二级负荷的供电系统，宜由两回线路供电；

在负荷较小或地区供电条件困难时，二级负荷可由一回路 10(6)kV 及以上专用的架空线路或电缆供电。当采用电缆线路时，应采用两根电缆组成的线路供电，其每根电缆应能承受 100% 的二级负荷；

4 三级负荷可为单电源单回线路供电，电源故障时允许自动切除该类负荷。

当交通建筑为高层建筑时，其用电负荷等级除符合表 3.2.1 规定外，尚应符合高层建筑用电负荷等级的规定。

另外，本条中引用的附录 A 中关于各类型交通建筑规模的划分是分别引自国家现行有关标准。

3.2.2 交通建筑中的消防用电负荷主要有：消防控制室、火灾自动报警及联动控制装置、火灾应急照明及疏散指示标志、防烟及排烟设施、自动灭火系统、消防水泵、消防电梯、消防排水泵、电动防火卷帘、电动排烟门窗、城市轨道交通车站中兼做消防疏散用的自动扶梯等。

3.2.3 这里指的大量一级负荷的设备，通常指用电负荷中有超过 60% 的用电负荷为一级负荷。

3.2.5 交通类建筑的场地面积一般都比较大，雨水泵站对其场地排水具有重要作用，雨水泵站的供电一般按照防灾要求设计。当邻近雨水泵站的建筑内设有应急柴油发电机时，雨水泵站除提供市电电源外，还应引入发电机电源。

3.2.7 交通建筑中重要用电负荷除满足其所具有的负荷等级要求外，还应满足重要用电负荷对电源切换时间的要求。这里参照了 IEC 相关标准进行编入，是对现行行业标准《民用建筑电气设计规范》JGJ 16 - 2008 按负荷性质分级的重要补充，提供量化指标，可操作性更强。

3.3 供配电系统及电能质量

3.3.3 由于交通建筑的特殊性，对于建筑中具有不高于二级负荷的供配电系统建议由两个电源供电，电源的电压等级可不同级。当难以满足要求时，也可考虑采用自备电源。

3.3.4 建议低压供电时单台冷水机组电功率不超过 550kW 主要是考虑到节能的需要，电功率超过 550kW 的冷水机组采用低压供电时，变压器的容量和电缆线径的选择没有采用中压供电的方案经济合理，另外也考虑到大功率设备启动时对电源压降的影响。

3.3.5 进行无功补偿时，应注意采取措施防止谐波电流对电容器造成的串并联谐振损害。

3.3.6 一般规定用电单位功率因数不应低于 0.9。但有些地区高压侧的功率因数补偿指标已要求不低于 0.95，因此功率因数补偿指标尚应符合当地供电部门的规定。

3.3.8 此类公共交通建筑中往往有大量电子设备的

使用，使系统中存在大量谐波，不仅损耗加大而且会破坏电源质量，对设备造成危害，因此需采取措施对谐波进行抑制。

3.4 负 荷 计 算

3.4.1 根据对我国设计单位长期应用情况的调查，初步设计和施工图阶段交通建筑电气设计中负荷计算多采用需要系数法，且能够满足需要。

3.4.2 大型、重要的交通建筑一般指Ⅲ类及以上民用机场航站楼、特大型和大型铁路旅客车站、20000m² 及以上的综合交通枢纽站、城市轨道交通地铁车站、磁浮车站等交通建筑，规定 60%～75% 之间的负载率主要是考虑到大型、重要的公共交通建筑内有大量的一、二级负荷以及可能会受较多谐波的影响，另外根据近年来此类建筑的设计经验，此类建筑在建设初期很多商业性设施往往不能确定，存在增加负荷需求的可能。此条可与本规范第 3.4.3 条结合使用。

3.4.4 飞机机舱专用空调及机用 400Hz 电源系统属于特殊用电设备，本条提供的需要系数主要基于调研过的多个有代表性机场的设计条件，并在实际应用中证明可行的，并且给出一定的范围以供设计时根据情况灵活选用。

4 配变电所、配变电装置及电能管理

4.1 一 般 规 定

4.1.2 节能环保是我国的基本国策，也是我们设计中设备选型时需要着重考虑的因素，本条作了强调。

4.2 配 变 电 所

4.2.4 大型交通建筑往往单体建筑面积大、负荷分布广，当配变电所的供电半径较长时，建议设置分配变电所。配变电所的供电半径一般不宜超过 250m。

4.3 配变电装置及主结线

4.3.2 大型交通建筑中往往会有集中的设备机房，用电量很大，所以这时将变压器单台容量相对放大，对变压器的利用率、经济性、合理性反而有利，故作此规定。

4.3.5 交通建筑的变电所配电系统相对电力和工业项目来说还是比较简单的，所以建议用单母线或单母线分段的接线方式，同样也可满足系统安全、可靠、简单的原则。

4.3.6 配变电所内 20、10(6)kV 断路器数量较多时，往往项目用电容量较大、负荷等级较高，这时建议采用直流操作系统，有利于增加系统的可靠性。

4.3.7 直流电源装置的输入电源接自配变电所两段

低压母线，可保证直流操作电源装置输入电源的可靠性。

4.4 电能管理

4.4.1 交通建筑的人流变化大，变电所用电负荷变化也大，从节约电能，高效管理的角度出发，要求大、中型及以上的交通建筑配变电所设计采用电能管理系统。

另外对于大中型交通建筑，其变配电系统的可靠性要求非常高，因此，宜通过专业的管理系统对建筑物中的电力系统运行状态进行集中监测、预警、故障分析、统计输出与自动控制，实现电力系统的自动化管理，提高供配电系统运行的可靠性，同时还可为建筑设备管理系统（BMS）提供大楼能源消耗的准确依据，使物业管理科学化。

4.4.4 电能管理系统应是一套完整的智能化监控系统，能完成对变配电系统内配电回路和重要设备的电气参数、开关量状态等信息进行监测、记录、分析、控制以及与上级系统通信等综合性的自动化功能。

电能管理系统一般采用分层、分布式系统结构，自下而上分三层：现场层、网络层和管理层。

1 现场层监控设备通常具有以下功能：

1）可独立完成测量、监控、报警、通信等功能；

2）一个设备出现问题时，不会影响其他设备的正常运行；

3）所有监控设备具有 RS485/232 或以太网通信接口，可以通过 RS485/232 通信线或以太网连接到网络层。

2 网络层设备通常具有以下功能：

1）能完成现场监控层和系统管理层之间的网络连接、转换和数据、命令的交换；

2）能通过以太网实现系统与建筑设备监控系统（BAS）和火灾报警系统（FAS）等自动化系统的网络通信，达到信息资源共享。

3 管理层设备通常具有以下功能：

1）能接收现场监控层上传的数据；

2）能对接收的数据进行分析、转换、存储，并以图形、数字、曲线、报表等形式进行显示和打印；

3）当有故障时，能及时发出声光报警信号。

4.4.5 Profibus 是一种国际化、开放式、不依赖于设备生产商的现场总线标准，广泛适用于制造业自动化、流程工业自动化和楼宇、交通电力等其他领域自动化；Modbus、TCP/IP 是目前最常用的通信接口协议，这里建议设计选用通用、开放的通信协议。

4.4.6 电能管理系统的基本功能包括下列内容：

1 能全面掌握变配电系统用电状况，监控主机

应能实时显示系统的主接线图和电气设备的运行状态以及设备的各种电气参数（V、I、P、F、PF、W、THD等）；

2 数据能按画面刷新时间自动更新，故障时能发出报警信号；

3 当有需求时，可通过监控主机对受控对象进行分、合闸操作和操作记录；

4 系统具有严格的密码保护系统，控制操作具有操作权限等级管理功能，对于每次遥控操作，都有操作者信息和操作时间的记录；

5 能对电能消耗进行统计记录；

6 能通过对系统数据的分析和进行成本核算得到电能消耗模式和判别主要的耗电回路；

7 电能质量监视能实时监视系统谐波含量，电压闪变、扰动，频率偏差，不平衡度，功率因数等电能质量参数；

8 能通过手动或自动触发波形捕捉，记录瞬时的电能质量偏差，根据波形记录进行电能质量分析和故障分析；

9 开关事故变位、遥测越限、保护动作和其他故障信号报警时，系统能发出音响提示，并在屏幕报警框内显示报警内容；

10 报警事件经确认后能手动复位，所有报警事件应能打印记录和写盘保存，提供有关的报警原因、时间和电气参数值等信息；

11 系统能对模拟量、开关量进行实时和定时数据采集，所有的电气参数均采用交流采样，并保证高精度和高速度，对重要历史数据进行处理并存入数据库；

12 系统能生成各种运行统计报表和图形，显示、打印历史数据、各种运行统计报表；

13 系统具有良好的开放性，现场智能设备一般带有通信接口实现与监控主机的通信；

14 系统能与火灾自动报警系统、建筑设备监控系统、智能化集成系统等实现信息共享；

15 系统具有良好的自检/恢复功能；

16 能在线检测系统所有软件和硬件的运行状态，当发现异常及故障时能及时根据故障性质自动判别是否需要闭锁有关功能或设备，并记录和显示报警信息；

17 系统网络具有可扩展功能，便于将来进行系统扩展；系统的功能可根据工程实际情况酌情增减，合理选择；

18 一般电能管理系统的主要技术指标包括下列内容：

1）遥控命令传送时间：不大于3s；

2）遥信变位传送时间：不大于3s；

3）遥信分辨率：不大于10ms；

4）遥测综合误差：不大于1.5%；

5）画面调用响应时间：不大于 3s；

6）站内事件分辨率：不大于 10ms；

7）站间事件分辨率：不大于 20ms；

8）平均无故障工作时间（MTBF）：不低于 17000h；

9）事件分辨率：不大于 10m。

4.4.7 本条对现场智能电力监控装置提出了应具有的抗电磁干扰能力，现场智能电力监控装置的抗电磁干扰能力通常应符合国家标准《电磁兼容　试验和测量技术》GB/T 17626 中有关电磁兼容（EMC）测试和测量技术第 2、3、4、5、6、8 部分（GB/T 17626.2、GB/T 17626.3、GB/T 17626.4、GB/T 17626.5、GB/T 17626.6、GB/T 17626.8）所规定的要求。

GB/T 17626.2 中规定了静电放电抗扰度试验标准要求，GB/T 17626.3 中规定了射频电磁场辐射抗扰度试验标准要求，GB/T 17626.4 中规定了电快速瞬变脉冲群抗扰度试验标准要求，GB/T 17626.5 中规定了浪涌（冲击）抗扰度试验标准要求，GB/T 17626.6 中规定了射频场感应的传导骚扰抗扰度试验标准要求，GB/T 17626.8 中规定了工频磁场抗扰度试验标准要求。

4.4.8 本条对配电系统主进线回路的现场智能电力监控装置提出了要求。

第 2 款　一般情况下电能管理系统不进行远程合分断路器控制，但应能够具有远程合分断路器的功能，当工程需要时，系统应能够实现远程合分断路器，以满足特殊需要。

第 5 款　对主进线故障时要及时并尽可能详细的分辨出故障的原因、何时发生以及通过故障电流判断对系统和保护装置的影响。具体需记录的数量可修订，一般大于 1 小于 10 即可。

4.4.12 对于仅是消防负荷的回路，全面测量回路的电气参数、记录最大/最小值没有太大意义，故作此规定。

4.4.13 一般干式变压器温控装置、直流屏、模拟屏、柴油发电机控制装置、集中设置的大容量 UPS/EPS 装置等均带有各自的监控装置，其各自的信息（如干式变压器温控装置中的变压器温度监测及超温报警信号；直流屏中的交流电源、直流合闸电源、直流控制电源的电压及电流；柴油发电机控制装置中的充电机运行状态及故障报警信号、应急系统的进线、馈出回路中三相电压、三相电流、有功功率、无功功率、功率因数、频率、有功电度、无功电度的监测；集中设置的大容量 UPS/EPS 装置的进线、馈出回路中三相电压、三相电流、功率因数、频率、谐波、蓄电池工作状态、各种故障状态监测等）应通过标准接点/接口接入电能管理系统，以方便统一管理。

5　应急电源设备

5.1　一般规定

5.1.2 通常应急电源设备的设置可考虑为：当用户设备的用电负荷等级要求不是太高且当地电网的供电可靠性较高时，可减少应急电源设备的设置；反之则应增加设置应急电源设备，以保证供电可靠性。

5.2　应急柴油发电机组

5.2.2 当多路正常供电电源中有一路中断供电时，发电机组应自动启动，并处于热备份状态，一旦其他供电电源再因故障中断供电时，发电机组应立即投入运行；或当其他供电电源无法保证所有一、二级负荷用电要求时也要投入运行。

5.2.3 火灾条件下的消防设备（包括消防水泵，通风排烟装置，消防电梯，应急照明等）要求及时启动；火灾时要求自动切除发电机组所带的非消防设备（特殊设备除外）的供电，是为了保证对消防设备的可靠供电；另外在高温条件下配电线路和设备的负荷能力均会大大降低，因此也不宜满载工作。

5.3　应急电源装置（EPS）

5.3.1 EPS 装置通常属消防类设备，适用于感性负载（如气体放电灯、荧光灯）和阻性负载（如白炽灯）。EPS 装置在电路中作为一路电源，在无市电时提供应急输出。

5.3.2 本条规定了 EPS 装置的选择要求。

第 1 款　EPS 输出电压是稳定的。在 0～120% 额定功率范围内，无论所带负载有何变化，输出电压应始终不变；当超过 120% 额定功率，EPS 会略有降低，直至保护为止，但当负荷过载为额定负荷的 150% 时要能工作不小于 30s。

第 2 款　应急电池逆变输出时，效率高可提高电池的使用效果。

第 3 款　电池组的标准配置是按国家相关标准规定，EPS 电池组的标准配置应急时间不小于 90 分钟。

第 4 款　因交通建筑有相当多的大空间场合，会广泛采用金属卤化物灯或 HID 气体放电灯，而此类灯具停电时，有一个再点亮的时间过程，所以如需要其在故障断电时仍要维持照明，切换速度要快，避免出现黑暗过程。

5.3.3 规定本条主要是为了能方便对 EPS 装置的管理。

5.4　不间断电源装置（UPS）

5.4.4 本条所指的大容量 UPS 装置一般是指单台容量不小于 100kVA 的 UPS 装置。要求提供 RS232/

485 等标准接口，提供国际通用的标准协议，可以方便地与上位监控系统进行通信，监控系统可对 UPS 的运行状态、故障状态等进行自动监测。监测内容通常包括：电源运行状况（输入电压、输出电压、输入电流、输出电流、输出功率、逆变电压、分路状态、单节电池电压、电池组电压、机内温度）、电池工作状态、UPS/旁路供电、各种故障状态（输入电源故障、逆变器故障、整流器故障、电池故障、输出开路、输出短路、控制器故障、旁路故障等）、历史记录等。

5.4.5 UPS 装置本身具有对每节蓄电池监测的功能，可及时发现处于长期备用状态下的蓄电池出现的各种异常并报警，以增加装置的可靠性。

5.4.6 规定本条主要是为了能方便对 UPS 装置的管理。

5.4.7 UPS 装置与柴油发电机的容量应有一个匹配问题，其原因是：对柴油发电机而言 UPS 输入线路并不是一个纯线性负载，因此有不同程度的高次谐波（即电流总谐波分量），反馈给前级源（$THD_i \neq 0$）；而前级源（柴油发电机或前级变压器）因为后级源的高次谐波反馈，造成前级源的高频短路，使输出电源质量即电压总谐波分量下降（$THD_u \neq 0$）。因此，柴油发电机与 UPS 装置的配比其实质是：柴油发电机功率与 UPS 装置的功率在一定的配比下，使柴油发电机的输出电源的质量（THD_u）能满足 UPS 装置的输入电源的谐波要求。

前级源（柴油发电机）的输出电压总谐波分量计算公式如下：

$$THD_u = \frac{S_{ups}}{S} \times K \times X''_d (\text{或} U_{ss}) \tag{1}$$

$$K = \sqrt{\sum_{z}^{n} \left(\frac{I_{nn}}{I_1} \times H_n \right)^2} \tag{2}$$

式中：THD_u——柴油发电机的输出（UPS 的输入）电压失真率；

S_{ups}——UPS 功率（kVA）；

S——柴油机（或变压器）功率（kVA）；

X''_d——柴油发电机组，发电机输出径向绕组阻抗（由柴油发电机厂提供）；

U_{ss}——变压器输出阻抗（可从变压器的销售手册中查询）；

z——3，5，7…n－2；

I_{nn}——n 次谐波电流值（A）；

H_n——谐波次数（3，5，7…n）。

6 低压配电及线路布线

6.2 低压配电系统

6.2.1 有些交通建筑中，有比较特殊的工艺要求和

特殊的专用设备，如机场登机桥的 400Hz 电源系统、机场行李的处理系统等，为了保障这些设备电源供应的可靠和不受干扰，需要有独立的系统或回路。电力、照明、消防和其他防灾用电负荷，参照《民用建筑电气设计规范》JGJ 16 的要求执行。

6.2.5 由于许多交通建筑总高度不高、层数不多，但是单层面积很大，这种情况可利用配电干线进行水平配电。

6.3 低压电器的选择

6.3.2 有些不规范的用法，即用户采用外置保护继电器，互感器＋负荷开关来实现过流保护。这种应用方式事实上目前没有规范来约束，对于低压电器，应满足国家 CCC 强制认证，但现有的外置低压保护控制器没有 CCC 认证，与过流保护相关联的最重要的基本保护特性（如：过载，短路，分断能力等）也没有 CCC 试验报告。这种用法的电器其分断能力、保护动作特性、选择性、电磁兼容、环境试验、可靠性等与常规断路器相比相差甚远。

6.3.3 本条主要考虑能保证进线断路器和中压保护装置的选择性配合。对于此种主进线长延时保护，若斜率一定，考虑到上级中压熔断器的保护，可能会和长延时保护曲线相重合，从而导致重合段没有了选择性。

6.3.4 此条文的要求是考虑到在断路器检修时要有一个明显的开断点。只有当电器能够通过《低压开关设备和控制设备 第3部分：开关、隔离器、隔离开关以及熔断器组合电器》GB 14048.3 中第 8.3 条关于隔离器的型式试验，该电器才可作为隔离电器使用。

6.3.6 由于频率的不同，原本在 50Hz 电网使用的断路器磁脱扣值和剩余电流保护装置的剩余动作电流值都可能发生变化，故 400Hz 电源系统中，宜选用能满足 400Hz 电网中使用的断路器和剩余电流保护装置。

6.3.7 若负荷发生了变化，在线整定可以在不断电的情况下调整保护参数，利于使用维护，并保证重要负荷的供电连续性，这对大型机场、火车站及地铁、磁浮车站等交通建筑供电连续性要求高的交通建筑尤为重要。

6.3.8 港口等场所由于靠近海边需考虑盐雾，北方需考虑干冷，南方会有湿热以及在高海拔环境中，这些都会影响断路器的长期正常运行，故对极限使用环境提出要求有利于供电可靠性。

6.3.9 一、二级负荷一般都是较重要的负荷，要求完全选择性是为了避免发生故障时由于保护电器的无选择性导致停电范围扩大。

6.3.10 由于直流电弧不易熄灭，为确保重要的交通类建筑和负载的安全，直流操作电源和其他直流系统

中应选用直流专用断路器，不宜用交流断路器代替直流断路器。

6.3.11 IP44 表示设备能够防止大于 1.0mm 的固体物进入且任何方向向设备外壳溅水不会造成有害影响；IP66 表示设备具有密封防尘功能且猛烈海浪或强烈喷水时进入设备外壳的水量不会达到有害程度。本条规定海运港口室外安装的开关插座具有 IP66 及以上的防护等级，主要是为防海浪冲击，而且通常开关旋钮要比正常开关要大，方便在戴手套的情况下操作。

6.4 配电线路选择及布线

6.4.1 由于现代交通建筑的配电系统日趋庞大和复杂，与其他子系统在安装位置上经常出现冲突，在不影响建筑功能需求的情况下，要考虑安装和维护的简便性，以节约安装维护费用，提高系统使用寿命和可靠性。

6.4.2 以往关注点只集中在外界对线路的影响，没有考虑线路本身对外界的有害影响，特别是线路本身如果选择不当，可能成为火焰蔓延的通道甚至火源，一般交通建筑都是人员密集的场所，而一旦发生火灾，电线电缆护套和绝缘层如果含有卤素，散发的毒性很容易致人死亡，造成巨大的灾难，同时，线路的电磁辐射释放以及其回收过程可能产生的影响，都应该在设计考虑范围之内。

6.4.3 本条所指的穿管暗敷是指电线电缆穿金属保护管敷设于不燃烧体结构内。成束敷设的电线电缆应采用阻燃电线电缆，这是因为多根电线电缆成束敷设在同一通道内时，当电线电缆引燃后，放热量大增，但向空间的释放热量不同步递增，此时如放热等于吸热（包含散热），则维持燃烧，当放热大于吸热（包含散热），则燃烧趋旺。

6.4.4 电缆的阻燃级别通常根据同一电缆通道内电缆的非金属含量来确定，阻燃级别可按表 1 选择：

表 1　电缆阻燃级别的选择

电缆的成束量	成束电缆中所有非金属物的含量	电缆的阻燃级别
大	7L/m～14L/m 以上	A 级
较大	3.5L/m～7L/m（含 7L/m）	B 级
较小	1.5L/m～3.5L/m（含 3.5L/m）	C 级

成束电缆的非金属物含量精确计算应按照《电缆和光缆在火焰条件下的燃烧试验》GB/T 18380－2008 中的有关规定执行，确定同一环境中敷设的每米成束电缆所含非金属材料的总体积，以求得阻燃级别。一般在工程设计中，采用近似方法也可满足要求。

近似计算方法如下：

1　列出成束敷设的所有电缆的型号规格；

2　计算每一型号规格电缆的非金属物含量：

$$V = (S - S_金)/1000 \tag{3}$$
$$S = \pi D^2/4 \tag{4}$$

式中：V——每根电缆每米非金属物含量，单位升（L）；

$S_金$——每根电缆金属层横截面积之和，单位平方毫米（mm^2）；

S——每根电缆的横截面积，单位平方毫米（mm^2）；

D——每根电缆的外径，单位毫米（mm）；

3　计算所有成束电缆每米的非金属物含量：

$$V_总 = V_1 + V_2 + V_3 + \cdots + V_n \tag{5}$$

式中：n——成束电缆的根数。

6.4.5 阻燃电线的阻燃等级选择与阻燃电缆的阻燃等级选择是有区别的。电线大多数是绝缘层与护套层的合一，与电缆相比，线径相对小，非金属材料的表面积大，要通过较高阻燃级别实验标准难度较大，尤其是小截面电线更为不易。在实际工程中一般电线成束量不大，尤其是小截面电线需要高阻燃级别敷设的情况一般很少。

以 $35mm^2$ 作为电线的一个分界，是因为阻燃试验标准考虑到小线径的特点。一般 D 级阻燃等级是适用于线径小于等于 12mm 以下的电线电缆，从多数电线生产企业提供的产品来看，$35mm^2$ 的线径一般在 12mm 以下。

特殊情况下，电线成束敷设的根数很多，计算每米可燃物达到 1.5L 及以上时，应按电缆计算可燃物含量的方法选择电线的阻燃级别。

6.4.7 本条主要是从人员密集的交通建筑发生火灾时，为提高人员的安全率、存活率而作出的强制性规定。

火灾事故中，直接火烧造成人员死亡的比例很低，近 80% 是由于烟雾和毒气窒息而造成人员死亡；或者由于火灾产生的烟雾阻碍人员视线，使受灾人员不能顺利找到疏散路线，引起恐慌造成人员踩踏，不知所措，又使人难以呼吸而直接致命。一般由 PVC 燃烧后产生的烟雾，其毒性指数高达 15.01，人在此浓烟中只能存活（2～3）min。

浓烟的另一个特征是随热气流升腾奔突且无孔不入，其移动速度比火焰传播快得多（可达 20m/min 以上）。因此在电气火灾中，烟密度的大小是火场逃离人员生命存活的函数。烟是燃质在燃烧过程中产生的不透明颗粒在空气中的漂浮物。它既决定于材质燃烧时的充分性，又与燃烧物被烧蚀的量有关。燃烧越容易越充分就越少有烟。

由于 PVC 材质的高发烟率和较高的毒性指数，因此欧美从 20 世纪 90 年代起就已开始减少或禁止 VV、ZRVV 之类的高卤型电缆在室内的使用，以低烟无卤的电线电缆替代。

从对人身安全负责的角度出发，对于在交通建筑中人流密集的场所和人流难以疏散的地方（如：Ⅱ类及以上民用机场航站楼、特大型和大型铁路旅客车站、集机场航站楼或铁路与城市轨道交通车站等为一体的大型综合交通枢纽站、地铁车站、磁浮列车站及具有一级耐火等级的交通建筑），成束敷设的电线电缆规定采用绝缘及护套为低烟无卤阻燃的电线电缆（即绝缘材料不含卤素，燃烧时产生的烟尘较少并且具有阻止或延缓火焰蔓延的电线电缆），以此可大大减少火灾事故中线缆燃烧后产生的烟雾和毒气，为火灾发生时人员争取到更多宝贵的逃生时间。

另外用于消防负荷成束敷设的电线电缆除了应采用绝缘及护套为低烟无卤阻燃的电线电缆外还要具有耐火功能，可采用低烟无卤阻燃耐火电线电缆（即材料不含卤素，燃烧时产生的烟尘较少并且具有阻止或延缓火焰蔓延、在火焰燃烧的规定时间内可保持线路完整性的电线电缆）或矿物绝缘（MI）电缆。

6.4.9 目前低压低烟无卤阻燃电线电缆中，普遍采用温水交联或辐照交联两种工艺实现绝缘层的交联，辐照交联工艺可以改善阻燃交联绝缘层因为吸湿而导致绝缘电阻降低的状况，国内曾经发生过因为选择了温水交联的无卤电线在安装后绝缘电阻降低，不能通过验收的先例。

采用辐照交联工艺生产的电线电缆，绝缘层分子结构在高能电子束轰击下打开直接交联，不含有残留化合物，且绝缘层交联质量均匀，可以获得更稳定长久的使用寿命。因为可以直接采用阻燃交联绝缘层，可以使电线电缆获得更高的阻燃性能。

当有特殊需要时，辐照交联型的电线电缆，亦可以得到更高的耐温等级。

6.4.10 与自备发电机组、EPS装置连接的用于消防设施配电外接线路一旦火灾时中断，将无法发挥相应的作用，因此作此规定。耐火的电线电缆或封闭母线包括耐火化合物绝缘的铜芯线缆、矿物绝缘铜芯电缆以及耐火化合物绝缘的封闭母线。

6.4.13 封闭母线其主要特点是载流能力强，引出分支方便，可靠性较高。近年来封闭母线在适应严酷环境和客户需求方面，发展了很多先进技术，可以应用在户外环境或潮湿，腐蚀性环境，但应考虑其防护等级的匹配。采用封闭母线出现问题的，一个重要原因在于选择的技术指标与现实环境所需要的指标不相符合，因此在防护等级上，应针对具体物理环境确定，对于户外敷设的母线，必须严格达到足够的防水防尘能力。

6.4.14 由于水管存在滴水或喷水的危险性，所以在其周边安装的母线要考虑这个风险，宜提高自身防护等级，一般可选用IP54及以上产品。

6.4.15 规定本条主要是为防止配电线路对安检、传

送等设施的干扰。

6.4.16 轨道交通车站的电气线缆较多，真正与轨道交通运行有关的电气线缆并不多，但有时极个别与轨道交通运行无关的电气线缆需要穿越轨道，设计中在轨道施工时预埋管，供其穿越，但一般情况下宜尽可能避免。

7 常用设备电气装置

7.2 机场用400Hz电源系统

本节中所涉及的400Hz电源系统主要应用于机场建筑中，是机场建筑中特有的。

7.2.1 本条规定了用于机场项目中的400Hz电源系统应具有的功能。

第7款 标准通信接口可为RS232/485、RJ45等通信接口。

7.2.2 本条规定了400Hz电源系统设计的要求。

第4款 应用于400Hz电源系统的负荷，较容易产生高次谐波电流，因此应当对谐波含量进行限制。

第6款 频率对断路器会产生影响，400Hz运行下的断路器比50Hz标称值下发热量更大，并可能超过产品标准的要求，母排的载流也会因频率的升高而降低；高频时断路器的分断能力也会降低，因为断路器在短路电流过零点时利用灭弧手段分断电弧，频率高时，过零点比50Hz快，但半个周波的电弧周期也短了，短路电流会马上从零点恢复到峰值（相对50Hz），这些会影响断路器的分断能力。对于热磁脱扣器由于额定电流的降低，对热保护需要考虑降容；同时热脱扣用的双金属片元件也会受到频率影响，频率越高，脱扣时间越短。磁脱扣50Hz时在半个周波峰值时产生的吸合力就可以使衔铁动作；而在400Hz时，半波变短，衔铁必须达到更大的电流值才能动作，所以相对50Hz，400Hz的磁动作电流会相应变大。但系数过大会使磁保护动作电流大，而使短路保护电流范围过窄。因此，400Hz下通过的额定电流需要考虑降容。

另外由于导体具有集肤效应，导体的交流电阻会随着频率的升高而线性增高；高频还会使导体相邻的铁磁材料产生磁感应，引起磁滞损耗，磁滞损耗会随频率的升高而增大，运行电流越大，这种效应越强。

7.3 行李处理系统

7.3.2 本条中不应干扰机场内通信还包括机场、飞行器、地面车辆之间的通信。

7.3.3 BHS系统的电气、电子设备、包括所连接的电线、电缆应不受机场内其他设备产生的电磁波干扰。无法避免时可配置隔离变压器和采取线路屏蔽接

地措施。

7.3.5 本条规定了 BHS 的供电要求。

第 1 款 行李处理系统一般用于机场建筑内，其供电电源应保证足够的可靠性，因而本条款规定其负荷等级不应低于二级。若所属建筑物具备一级供电条件，则该系统应以一级负荷供电。

第 2 款 大型和超大型机场建筑的行李传输系统的传输距离可达数百米，工艺上一般会分成若干段，所以其配电也依据工艺分段进行，以便于工艺运行维护，减少各段之间的相互影响。但同一传输系统的电气设备，宜由同一电源供电，可采用同一电源的多个配电回路供电。

7.3.9 第 3 款 行李设备控制系统（BECS）应具有火警时闭锁控制功能，以应对可能突发的火灾事故，及时进行消防联动。

7.4 电梯、自动扶梯和自动人行道

7.4.2 对于不同负荷等级的客梯供电是有不同要求的，本条对此作了规定。

7.4.5 两台及以上电梯的供电容量，计算时应计入同时系数，同时系数可按表 2 考虑：

表 2　两台及以上电梯的同时系数

电梯数量（台）	2	3	4	5	6	7	8	9
使用程度频繁	0.91	0.85	0.80	0.76	0.72	0.69	0.67	0.64
使用程度一般	0.85	0.78	0.72	0.67	0.63	0.59	0.56	0.54

7.4.7 无机房电梯电源主开关的设置部位往往是设计人员比较难处理的问题，尤其对于大空间的交通建筑内设置的全玻璃无机房电梯，其主电源开关及插座、照明开关的设置部位则需要建筑师统一规划，要做到既满足本规范的基本原则又不影响建筑美观。

7.5 自动门　屏蔽门（安全门）

7.5.1 一般微波传感器只能对运动体产生反应，但其探测范围较大，因而在交通建筑中对于出入人流较多、探测对象为运动体的场所，宜采用微波传感器。而红外传感器或超声波传感器对静止及运动体均能产生反应，但探测范围不大，因而对于出入人流较少，探测对象为静止或运动体的场所，传感器宜采用红外传感器或超声波传感器。

7.5.3 规定本条是为了在火灾发生时，能确保人们安全、顺利地疏散，不因门的关闭而影响人员的疏散。

7.5.5 屏蔽门（安全门）一般设置在地铁、轻轨等城市轨道交通车站站台边缘，将站台区域与隧道轨行

区隔离，设有与列车门相对应，可多级控制开启、关闭滑动门的连续屏障（隔断）。其能防止人员或物体落入轨道产生意外事故，并防止未经许可的人进入隧道，从而提高了乘客候车的安全性。

7.5.6 城市轨道交通车辆的信号系统一般是由行车指挥和列车运行控制系统组成的。

8　电 气 照 明

8.1　一 般 规 定

8.1.1 本条为交通建筑照明设计的基本原则。

8.1.4 合理选择照明设备，并采用正确的安装方式，可以获得较佳的照度和亮度，同时可避免不舒适的眩光。

8.2　照明质量及标准值

8.2.2 本条规定参照了 CIE 标准《室内工作场所照明》S008/E-2001 及国家标准《建筑照明设计标准》GB 50034-2004 的规定。

8.2.3 对交通建筑内非作业区引导灯光的均匀度要求可适当降低，也没有必要要求做得太均匀，但原则是不应影响旅客的视觉环境。

8.2.4 本条根据国家标准《建筑照明设计标准》GB 50034-2004 的规定而定。

8.2.5 高大空间的公共场所当一般照度不高时，对垂直照度的规定就显得重要，即 E_v/E_h（垂直照度与水平照度之比）不小于 0.25，当需获得较满意效果时则可适当增大。

8.2.9 本条参照了 CIE 标准《室内工作场所照明》S008/E-2001 及国家标准《建筑照明设计标准》GB 50034-2004 的规定，同时综合了交通建筑的具体要求作了补充规定。

8.3　大空间、公共场所照明及标识、引导照明

8.3.1 本条规定了照明方式的确定原则。

第 1 款 大空间及公共场所均应设一般照明，对不同区域有不同照度要求时，为了节约能源，又达到照度该高则高和该低则低的标准要求，可采用分区一般照明。

第 2 款 对于作业面照度要求高，作业面密度又不大的场所，可采用增加局部照明来提高作业面照度，以节约能源。

第 3 款 在一个场所内，如果只设局部照明会造成亮度分布不均匀而影响视觉作业，故交通建筑中不应只设局部照明。

第 4 款 交通建筑中的高大空间常会采用以非直接照明为主的照明方式，当采用此照明方式时，整个空间亮度大为增加，视觉舒适度也得以提高，在满足

照明使用功能的前提下，允许该区域内的照度可降低一级。

第 5 款　对于设置在地下的车站（如地铁车站等）出入口，为使乘客眼球对明暗环境的适应性，不产生盲区，应考虑过渡照明。

第 6 款　交通建筑中的标识、引导指示，是满足旅客以最快速度寻找到所需之目标，应采用相应的灯光色彩及显目的安装位置，便于旅客一目了然。

第 7 款　标识采用外投光时必须控制溢散光，保证标识的有效性，防止眩光或光污染。

8.3.2　本条规定了确定照明种类的原则。

第 1 款　本款规定了所有场所均应设置在正常情况下使用的室内外照明。

第 2 款　本款规定了应急照明的种类和设计要求。

　　1）备用照明是为正常照明因故障熄灭后可能会造成人身伤亡及重大经济损失等严重事故场所而设置的继续工作用的照明，或在火灾时为了保证消防能正常进行而设置的照明；

　　2）疏散照明是在正常照明因故障熄灭后，为了避免发生意外事故，而需要对人员进行安全疏散时，在出口和通道设置的指示出口位置及方向的疏散标志灯和照亮疏散通道而设置的照明。

第 3 款　在飞机场周围建设的高楼、烟囱、水塔等，对飞机的安全起降可能构成威胁，按民航部门规定，应装设障碍标志灯。为了减少夜间标志灯对居民的干扰，低于 45m 的建筑物和其他建筑物低于 45m 的部分只能使用低光强（小于 32.5cd）的障碍标志灯。

第 4 款　设置引导标识照明主要是为了方便引导旅客到所需要去的地方。

第 5 款　设置建筑泛光照明，应符合城市夜景照明设计标准，泛光照明要体现时代特征、建筑个性、节能等原则。

8.3.3　本条规定了确定照明光源的选择原则。

第 1 款　在选择光源时应合理地选择光电参数，根据使用对象选择合适的光源。

第 2 款　在满足照明技术指标的条件下，合理选择性价比优的产品，达到技术上、经济上的合理性。

第 3 款　本款规定了选择光源的一般原则。

　　1）高度≥6m 的场所，宜选择金属卤化物灯或大功率细管径荧光灯，该类光源具有光效高、寿命长、显色性好等优点；

　　2）细管径（≤26mm）直管荧光灯或紧凑型荧光灯光效高、寿命长、显色性好，适用于较低的场所；

　　3）商店营业厅宜用细管径（≤26mm）直管荧

光灯代替较粗管径荧光灯，紧凑型荧光灯代替白炽灯，可节约能源；小功率金属卤化物灯因其光效高、寿命长、显色性好，常用于商店照明。

第 4 款　紧凑型荧光灯、荧光灯、LED 灯均能快速点亮，能保证应急照明的需要。

第 5 款　通常在需要识别颜色的场所，照明光源的显色指数 R_a 应不小于 80，以满足识别颜色的需要。

第 6 款　标识、引导照明由于对显色性有较高要求，故采用的光源显色指数 R_a 不应小于 80。

第 7 款　铁路站内黄色信号灯代表交通信号，站内采用的照明光源点亮后，不应呈黄色或与之相近的颜色，以免与信号灯混淆，影响列车运行的安全。

第 8 款　本款规定了利用自然光的一般原则。

　　1）可采用智能照明控制系统，随自然光的变化而自动调节人工照明；

　　2）采用导光、反光系统能将自然光有效的引入室内，减少人工照明的使用，达到节约能源的目的。

8.3.4　本条规定了灯具及其附属装置的确定原则。

第 2 款　在选择照明灯具时，应选用高效、耐用、性能指标优良的灯具。

第 3 款　本款是灯具选择的一般条件。

　　1）较高大场所（通常是指高度≥6m 的场所）常采用深罩型灯具；

　　2）较低场所（通常是指高度＜4.5m 的场所）常采用荧光灯具或节能灯具，如办公、商场、通道等；

　　3）室外场所宜采用高强气体放电灯光源的灯具及高杆灯形式，以保证场所照度的均匀度。

8.3.5　高大空间上部安装灯具时应考虑如防止灯具玻璃罩破碎脱落等措施以及必要的维修措施，如设置马道或升降式灯具，以方便日后维修、更换。

8.4　照明配电及控制

8.4.1　本条规定了照明配电的一般原则。

第 1 款　主要考虑照明负荷使用的不平衡性以及气体放电灯线路的非线性所产生的高次谐波，使三相平衡中性导体中也会流过三的奇次倍谐波电流，有可能达到相电流的数值，故而作此规定，保证安全性。

第 2 款　标识照明在交通建筑中特别是人流较大的场所作用非常大，在紧急情况时亦可起到辅助引导的作用，因此有条件时可采用应急电源供电。

第 3 款　执行本款可使得一旦该场所有一路电源故障，另一路至少能保证该场所内 50% 的照明不会受影响，以此减少故障影响的范围。

8.4.2　交通建筑的公共场所内往往会有大量的旅客

和其他人员通行，有时也会非常集中，而且旅客对建筑内的环境并不熟悉，一旦建筑内供电系统出现故障（特别是在夜晚），势必会影响到整个建筑的正常照明，导致照明灯的熄灭，由于突发的黑暗会造成建筑内的旅客或其他人员出现恐慌，程序混乱，严重时可出现人员拥挤、踩踏等恶性事故发生，造成人员的伤亡。为避免此类情况发生，规定了在交通建筑的公共场所内应设置应急照明。同时为确保在供电系统出现故障时，应急照明的有效性，本条规定并强调了对于应急照明的配电应按其所在建筑的最高级别负荷电源供给且能自动投入，使应急照明的供电做到安全、可靠、有效。

8.4.4 照明管理系统是随着建筑智能化技术的发展，在建筑物中日益普及应用的一种智能化系统，其功能主要是针对建筑物照明的节能和管理。大型交通建筑的照明控制复杂多变，且随着旅客人流及航班的变化而变化，仅靠人工难以达到很好的控制效果。因此，宜采用智能照明控制系统对照明系统进行有效的监控，起到节能、高效管理、提升建筑档次的功效，而且随着照明控制技术的发展，产品性价比也在不断提高，且技术成熟可靠，具有较高的投资回报率。

第2款 每个带有CPU的控制器具有了智能化功能，不会因总系统故障而波及引起系统全部瘫痪。

第3款 照明系统在故障断电时，系统能进行自锁，可使系统在电源恢复后，能立即进入原正常工作状态。

第4款 要求控制器具有对负载的反馈功能，可确定回路的真实运行状态，确保每个灯具装置的安全运行。

第5款 照明管理系统与火灾控制系统要有联动，且火灾时火灾控制系统应处于优先级。

第6款 现场控制器通过对每个照明回路开启的时间和次数进行计时/计次，可使系统进行记录和显示，并可提前提示光源是否已到使用寿命，便于光源的维护。

第7款 要求安装在现场的智能面板具有防误操作功能，可提高照明控制的安全性。

8.5 火灾应急照明

8.5.2 本条规定了应急照明的照度标准。

第2款 本条规定了火灾情况下疏散照明地面照度值的最小规定，规定中考虑到了交通建筑人流较大的特点。

第3款 火灾时各消防系统应能坚持正常工作，这些相关场所的应急照明应保持正常照明照度值，以不影响消防系统的正常工作。

8.5.4 因为蓄光型等非灯具类疏散指示标志的亮度无法达到疏散指示标志规定的亮度在15cd/m² 以上，在黑暗环境下无法进行正常疏散诱导，故一般只能作

为疏散的辅助标志。

8.5.5 这是对在疏散走道或主要疏散路线的墙面或地面上设置导向光流型消防应急标志灯的具体要求。在主干道设置地面或低位墙面的导向光流，紧急疏散中形成一条稳定向前滚动的光带，使各安全出口自然形成人员逃生的汇聚点。本条中保持视觉连续是指在视线可见的范围内应可看到两个及以上的灯光疏散指示标志。

8.5.6 本条规定了在疏散走道或主要疏散路线的墙面或地面上设置的导向光流型消防应急标志灯，宜符合的要求。

第1款 沿中心线布置的原则能更有利于通道中的人员看到导向光流。在狭长通道内，也可设置在靠墙10cm以内，以避免影响装修效果。

第2款 墙面疏散标志灯设置在1m以下，而导向光流的设置应避免和墙面疏散标志灯在同一高度上、且宜低于墙面疏散标志灯，导向光流的效果越贴近地面，对人员逃生越有利。

第3款 设置导向光流的目的是保持视觉连续，间距1.5~2.5m，可确保人员能看到一条连续的导向光流标志。

8.5.7 地面灯具的承压应达到场所使用要求，地面灯具宜使用金属材质，不宜使用玻璃材质；另外考虑清扫地面等问题，地面灯具的防护等级也应达到IP65（IP65表示设备具有密封防尘功能且用喷嘴以任何方向向设备外壳喷水不会造成有害影响）；为避免设置在地面的疏散标志灯妨碍人员通行，故规定设置在地面灯具边缘高出地面不宜大于1mm。

8.5.9 本条文参照了国家标准《消防应急照明和疏散指示系统》GB 17945 的相关要求。

集中控制型消防应急灯具系统具有故障巡检、应急频闪、改变方向、导向光流等功能，能和 FAS 系统联动，调整疏散路径。在大型交通建筑场所，由于人员密集、流动量大，故宜选择集中控制型消防应急灯系统，而普通疏散指示标志较难做到在该类建筑中对人员的有效疏散和引导。

8.5.10 本条主要考虑对残障（特别是眼障）人群进行听觉上的引导；另外语音对烟雾的穿透力较强，也易于引导。

8.5.11 本条主要为防止应急照明、疏散指示灯被人为移动、插拔电源插头，故规定灯具与供电线路之间的连接应在预埋盒或接线盒内进行。

9 建筑防雷与接地

9.1 一般规定

9.1.1 我国地域广阔，交通建筑会建造在不同的地区，地理条件与气候情况不同，会引起雷电活动规律

的差别很大。因此在设计过程中，应因地制宜搜集当地的雷电活动资料，作为设计的依据。

9.1.4、9.1.5 本章节中涉及的各种防雷计算方法、接地电阻的计算方法、各类计算参数的确定以及防雷、接地方式均应根据《建筑物防雷设计规范》GB 50057、《建筑物电子信息系统防雷技术规范》GB 50343 及《民用建筑电气设计规范》JGJ 16-2008 第11、12 章有关规定执行。

9.2 防雷与接地

9.2.1 交通建筑物防雷分类，参照民用建筑物进行防雷分类，按照国家标准规定，民用建筑物的防雷应划分为第二类或第三类防雷，交通建筑物也划分为第二类或第三类防雷。

9.2.2 采用的防雷措施应按照《民用建筑电气设计规范》JGJ 16-2008 第11章和《建筑物防雷设计规范》GB 50057 的有关规定执行。

9.2.3 交通建筑往往体量很大，且大型屋面通常选用金属屋面，因此常会碰到如何选用金属屋面进行防雷的问题。通常具有永久性金属屋面的交通建筑物符合下列要求时，应利用其屋面作为接闪器：

　　1 屋面金属板之间应具有永久的贯通连接；

　　2 当屋面金属板需要防雷击穿孔时，钢板厚度不应小于 4mm，铜板厚度不应小于 5mm，铝板厚度不应小于 7mm；

　　3 当屋面金属板不需要防雷击穿孔而且金属板下面无易燃物品时，钢板厚度不应小于 0.5mm，铜板厚度不应小于 0.5mm，铝板厚度不应小于 0.65mm；

　　4 金属板应无绝缘被覆层。

9.2.4 建筑物及结构的自然屏蔽、机房屏蔽、线路屏蔽、线路路径的合理选择及敷设都是电子信息系统防雷击电磁脉冲的最有效的措施。

　　为了改善电子信息系统的电磁环境，减少间接雷击及建筑物本身遭受的直接雷击造成的电磁感应侵害，电子信息系统的设备主机房应避免设在建筑物的高层，并应尽量远离建筑物外墙结构柱，因为建筑物易受雷击的部位主要是屋角，而且建筑外墙结构柱内的主钢筋多会被利用作为防雷引下线；根据电子信息设备的重要程度，电子信息系统设备机房宜设置在 LPZ2 和 LPZ3 区域。

　　另外屏蔽是减少电磁干扰的基本措施，合理的屏蔽和布线路径能使线路中预期的最大感应电压和能量的计算结果趋于零，达到较好的防雷击电磁脉冲的效果。

　　为了降低线路受到的感应过电压和电磁干扰的影响，应注意采取合理的布线和接地措施。电子信息系统线缆与电力系统线缆及电气设备间，应避免过近或采取适当隔离（保持间距或采取屏蔽措施），应避免

电子信息系统的电源线和信号线受电力系统设备电源线的工频电流或谐波电流电磁辐射的干扰，并在交叉点采取直角交叉跨越。电子信息系统线缆与其他系统管线以及电气设备之间的最小净距参见《建筑物电子信息系统防雷技术规范》GB 50343 的有关规定，当不能满足相应规定的要求时，电信线路应穿金属管屏蔽；对干扰敏感的电信线路应尽量靠近地面敷设。

9.2.5 确定雷电防护等级是电子信息系统防雷击电磁脉冲工程设计的重要依据，雷电防护等级是依据对工程所处地区的雷电环境进行风险评估或按信息系统的重要性和使用性质确定的。为了使电子信息系统的雷击电磁脉冲防护做到安全、经济和适用，确定电子信息系统的雷电防护等级非常重要，雷电防护等级的确定方法及 A、B、C、D 四个等级的划分应根据《建筑物电子信息系统防雷技术规范》GB 50343 相关内容确定。

9.2.6 等电位联结是保护操作及维修人员人身安全的重要措施之一，也是减少设备与设备间、不同系统间危险电位差的重要措施。等电位联结措施应按《民用建筑电气设计规范》JGJ 16-2008 第12章的有关规定执行。

10 智能化集成系统

10.1 一般规定

10.1.5 民用机场航站楼、铁路旅客车站、城市轨道交通站等交通建筑，需要根据各自特点，将其他专用智能化子系统纳入各自的智能化集成系统。这些子系统，对民用机场航站楼可包括：航班信息集成、航班信息动态显示、有线调度对讲、登机桥监控、离港、安检信息、泊位引导等系统；对铁路旅客车站可包括：铁路旅客查询、旅客引导显示、列车到发通告、自动售检票、旅客行包管理等系统；对城市轨道交通站可包括：变电所综合自动化、自动售检票、车辆在线安全检测、调度电话、通信集中告警、公共信息发布等系统。

　　第 2 款　安全技术防范系统中包括：入侵报警系统、视频安防监控系统、出入口控制系统、安全检查系统等。

10.2 系统设计

10.2.1 通常智能化集成系统采用三层架构："浏览器"＋"服务器"＋"网络"的系统结构。系统从软件功能上划分为四层：

　　第一层：人机接口层，用于各级操作员对系统的监视和操作，包括一般用户和管理员用户，有线与无线（包括 PDA、手机、POS）界面，集成的用户界面层采用标准的浏览器，支持个性化的用户界面，并包

括一系列通用组件如用户权限、内容管理、通用查询、报表等。

第二层：业务逻辑层，提供第一层的用户界面所需的经逻辑处理后的所有数据，实现业务功能。业务逻辑层将被封装成各类业务组件。业务逻辑层主要采用接口隔离的设计方法，保证组件的内部修改不影响应用系统的其他层次。同时，业务组件还可以 Web Services 的方式横向为第三方系统提供服务，以利于与第三方软件的集成。

第三层：数据管理层，提供系统运行所需数据的存储管理、备份、迁移等支持。它包括数据库和文件系统，数据库主要存储业务数据，文件系统主要存储系统配置数据。

第四层：数据接口层，专用于数据采集和与外部系统或设备的数据交换，执行必要的协议转换。

10.2.8 智能化系统集成应配置用于集成的中央数据库系统，通过不同的网关接口，将各子系统进行集成，简化数据交换的流程，实现信息共享，进而自动完成数据采集、存储、分析工作，并在此基础上，提供完善的管理功能。

10.3 系统功能要求

10.3.4 对智能化各子系统之间发生的跨机干结点联动（如发生火灾报警时相应楼层紧急广播等），智能化集成系统应能确认联动是否已实际发生。

10.3.5 通常智能化集成系统应设定操作人员的姓名、级别和口令以防止非授权人员非法侵入。系统通过权限级别识别可以控制各类操作人员的操作权限和区域。

10.3.6 当发生故障时，系统能够不间断正常运行和有足够的延时来处理系统故障，可以确保在发生意外故障和突发事件时，系统能保持基本的正常运行。

11 信息设施系统

11.2 通信网络系统

11.2.1 本条中卫星通信系统的卫星通信网包括 FDMA TDMA（频分多址、时分多址）卫星通信网（简称 TDMA 卫星通信网）、TDM/MMAVSA7、数据通信网和海事卫星应急便携地球站。

11.2.8 在交通建筑中，包括机场航站楼、铁路旅客车站、城市轨道交通车站、磁浮列车站、港口客运站、汽车客运站中应设置旅客求助系统。求助系统具有接通速度快、提供高保真语音通信、多种求助点接入方式等功能；接通速度可小于 100ms，系统语音带宽优于 50Hz～18kHz，满足 ITU-TG.722 标准；求助系统应能支持 IP 求助终端和常规求助终端接入，同时应具有内置的 SIP 服务器，在不增加任何硬件设备情况下支持第三方 SIP 电话接入。

第 1 款 交通建筑内有大量旅客聚集场所一般如：进站口、售票大厅、候车大厅、旅客到达大厅、站台等场所。

11.2.9 本条为机场航站楼中通信网络设置应满足的要求。

第 3 款 本款中 ITU-TG.722 为国际电信联盟远程通信标准中的宽带音频编码协议［Telecommunication Standardization Sector of ITU（International Telecommunications Union）G.722］。

第 6 款 通常有线调度对讲系统还具有组呼/群呼、优先权呼叫、呼叫队列等调度功能；具有半双工和双工通信方式，并能适合于各种作业环境（室内/室外、桌面/壁挂、嵌入式、抗噪、大功率扬声、防水防尘等）的对讲终端。

第 7 款 有线调度对讲系统通常还应支持通过 IP 网络进行的系统管理；支持常规的模拟终端、数字终端和 IP 终端；系统能提供专用的 IP 终端，支持接入第三方的 SIP 话机。

11.2.10～11.2.13 有线调度对讲系统也具有本规范第 11.2.9 中第 3、6 款的功能。

11.3 信息网络系统

11.3.1 三层网络结构包括核心层、汇聚层、接入层方式；两层网络结构包括核心层、接入层方式。

11.3.3 第 2 款 通常视频安防监控系统的摄像机数量大于 100 个时，宜采用专用网络系统。

11.4 综合布线系统

11.4.2 时钟、数字视频安防监控、出入口控制、电梯监测、建筑设备管理等应用系统的信息传输可使用综合布线的主干缆线和信息点。

11.4.3 综合布线系统一般根据机房规模、机柜数量来选择适宜的缆线类型。CMP 电缆、OFNP 或 OFCP 光缆为北美通信缆线分级中高级别的电缆、光缆。

11.4.5 本条中的功能用房指银行、商务中心、VIP 休息室、CIP 休息室以及大型办公室等用房区域。CP 箱为楼层配线设备和信息插座间的一个集合箱。

11.5 广 播 系 统

11.5.4 广播系统的功放与负荷之间通过切换控制柜连接，负荷与功放不固定接续，根据实际工程情况，可按照每 N 台功放设置 1 台备用机（$N<4$）的自动切换方式设计。功放 N 备 1 是指在一台标准 19 英寸机架上，设置 N 台主用功放、一台备用功放及自动检测倒换装置。自动检测倒换装置实时监测机架上功放设备的工作状态，发现故障自动倒换主、备功放。

11.6 时 钟 系 统

本节所涉及的时钟系统通常具有以下功能：

1 具有网络集中监控管理功能，通过标准接口或网络与母钟相连，能采集监测标准时间信号接收单元、各级母钟和子钟的工作运行状态信息数据，能显示处于故障状态下标准时间信号接收单元、各级母钟和时间显示设备的位置及故障内容，具有集中维护功能和自诊断功能，并自动发出声光报警。

2 当时钟系统的时间同步网系统出现故障时，监控系统监控终端能发出声音报警，并可在监控系统监控终端主界面上采用实时图形/列表显示故障告警信息，显示故障内容及设备位置、紧急告警、非紧急告警的状态，指导维护人员及时处理故障。

3 性能管理功能包括：监测时钟系统时间同步设备的性能参数，并能显示母钟的运行状态；主、备钟运行信息及标准时间信号接收单元的运行状态；循环检测下级母钟运行状态以及本级母钟所控显示设备的运行状态。

4 配置管理能提供系统和设备各种运行参数的配置和修改功能。可对时钟系统的时间同步网系统增加/删除网元设备、修改网元的属性配置数据、设置输入信号的各种门限、定时查看通信链路状况、时延补偿参数和设备校时参数、系统的时间同步管理等。

5 监控系统监测管理终端能够实时检测本级母钟、外部标准时间信号接收装置、时间显示设备的运行数据、工作状态，并能进行相应的显示。

6 安全管理功能包括：用户权限、用户日志。进入网管系统应使用登录口令登录；对时间监控管理终端的用户授权、用户操作鉴权。用户安全管理能至少区分三级口令，应能执行相应口令级别内允许的功能，高级口令具有低级口令的全部功能。

11.6.1 通常Ⅲ类及以上民用机场航站楼机场、特大型、大型铁路旅客车站、城市轨道交通、地铁站宜采用三级组网方式，其他中小型机场、车站宜采用二级组网方式。三级组网方式包括中心母钟（一级母钟）、二级母钟、时间显示单元；二级组网方式包括中心母钟（一级母钟）和时间显示单元。

12 信息化应用系统

12.2 公共信息查询系统

12.2.2 第4款 系统中继线数量的配置，应根据其出入话务量和用户交换机实际容量等因素确定，中继线数量可参照坐席数量的1.1倍进行配置。

12.3 公共信息显示系统

12.3.4 当系统具备了接入城市公共交通信息系统、交通建筑驻场（站）交通信息系统（平台）及其他信息网络的接口条件后，能方便完成联网运行或信息共享交换。

12.3.7 通常机场航站楼的出发办票大厅和到达接客大厅宜安装 LCD 条屏。条屏滚动一次要能显示 3 小时航班的容量。行李分拣厅宜采用 LED 航班显示屏，宜显示 4 到 6 个航班容量。其余位置的航班显示屏宜采用 LCD 屏。

12.3.10 轨道交通车站中系统设置的要求一般如下：

1 车站系统的主要构成为：车站级编播中心（大型交汇站点选配）、车站数据/播出服务器（车站操作员工作站）、多媒体显示控制器、网络系统和集成化软件系统、站内布线系统和车站现场显示部分等；

2 车站系统能通过传输通道转播来自控制中心的实时信息，并在其基础上叠加本站的信息，如列车运行信息和各类个性化信息等；

3 车站级编播中心的配置与控制中心乘客信息系统（PIS）中心相同，但设备配置宜简单。

12.5 售检票系统

12.5.7 当中央计算机系统发生故障或传输网络中断时，车站计算机系统和车站自动检票系统应能独立运行并能存贮 24h 的运行数据，在中央计算机系统修复或传输网络恢复时能自动上传数据到中央计算机系统。

12.6 泊位引导系统

本节所涉及的泊位引导系统可参见《民用航空运输机场安全保卫设施》MH/T 7003 和国际民用航空组织（ICAO）理事会《国际标准和建议措施》（附件14——机场）中的有关规定。泊位引导系统主要用于机场内引导飞机正确停靠在规定的停机位置，是机场建筑中特有的系统。

13 建筑设备监控系统

13.2 系 统 设 计

本节主要是对建筑设备监控系统（BAS）设计的基本要求。BAS 的设计要针对建筑物的特点，满足机电设备本身的工艺控制要求，实现优化控制及节能控制，方便设备维护和管理。设计中要充分考虑系统的开放性及可靠性，使用的便利性，并具备一定的升级及扩展能力。

13.2.1 本条规定了建筑设备监控系统的监控和管理要求。

第9款 环境质量参数能用来评定环境质量的优劣程度。环境质量参数很多，通常建筑物内的环境质量参数主要有：空气质量（包括：一氧化碳、二氧化碳含量、温度、湿度、风速）、环境噪声、电磁环境、光环境等。

13.3 系统功能要求

本节主要是对交通建筑中建筑设备监控系统监控功能特殊要求,设计中还应结合建筑物的特点,以节能和方便管理为目标,对建筑物的各种机电设备进行合理的监控和管理。

13.3.11 本条提出了城市轨道交通地铁车站的建筑设备监控系统还应符合的规定。

第1款 为保证数据传输的实时性,中央级监控系统与车站级监控系统的数据传输速率不宜低于2Mbps。

14 公共安全系统

14.2 火灾自动报警系统

14.2.1 近年来国内各地兴建的交通建筑较多,其中不少建筑规模较大、结构形式复杂且设有高大空间,同时对安全性的要求不断提高,因此,火灾自动报警系统的设计应结合保护对象的特点,做到安全适用、技术先进、经济合理、管理维护方便。

14.2.2 本条对不同类型和级别的民用机场航站楼、铁路旅客车站、大型城市交通枢纽、城市轨道交通车站、磁浮列车站、港口客运站及汽车客运站等的火灾自动报警系统保护对象进行了分级。

14.2.5 本条结合目前新建的很多交通建筑内部设有高大空间的实际情况,对高大空间火灾探测区域的划分作出了具体规定。

14.2.6 由于交通建筑的特点和使用功能要求,其内部的一些部位和场所仅用常规的感烟探测器已经难以满足保护要求,故本条对各类交通建筑相关部位和场所的探测器类型的选择做了规定。

14.2.12 设有智能化集成系统的交通建筑通常规模较大、对安全性要求较高,将火灾自动报警系统纳入智能化集成系统可在发生火灾时迅速做出判断、联动相关的系统和设备,并能有效提高救灾及综合管理水平。

14.2.14 火灾自动报警系统与视频安防监控系统通过数据通信实现互联后,在火灾情况下视频监控系统可在控制室自动将显示内容切换成火警现场图像,这样可大大方便控制室人员快速确认火灾的发生,以及方便指挥灭火。

14.2.15 火灾自动报警系统的主机设有热备份时,系统的可靠性将会大大增强。

14.2.16 火灾自动报警系统进行性能化设计的目的主要是保护生命和财产安全。在进行性能化设计前,应收集各方面资料设定火灾场景,掌握火灾自动报警系统及系统内各设备的基本性能数据,并确定该系统要达到的目标,通过性能化设计模拟评估软件,对保护对象的建筑特性、使用性质及发生火灾的可能性进行分析,并报当地消防主管部门审批。

14.2.17 对火灾自动报警系统进行性能化设计后的评估应至少包括:系统构成的科学性、合理性、可实现性和经济性;所选设备的正确性;设置探测部位的合理性;联动逻辑和延时设置的正确性;火灾声光警报及应急广播的有效性等。在难以对设计方案有效性作出评估时,应针对具体问题进行试验验证。

14.2.18 本条的规定是为了能采用其他有效的火灾探测辅助手段来弥补一些特殊部位无法设置火灾探测器带来的缺陷,以保证对火灾的有效监测。而采用视频监控可较直观的起到对火灾的辅助探测作用。

14.3 电气火灾监控系统

14.3.1 随着人均用电量的不断增加,电气火灾也随之剧增,对建筑物和人民生命财产造成巨大损失,近15年来电气火灾在国内所有火灾起因中居首位,特别在重、特大火灾中,电气火灾所占比例更大。电气火灾较多原因是由电气线路直接或间接引起的,设置电气火灾监控系统能有效监控电气线路的故障和异常状态,发现电气火灾隐患,及时报警提醒人员消除隐患、排除故障。结合近年来国内各地兴建的交通建筑较多、规模也较大、一些大型交通建筑人员密集、对安全性要求不断提高的实际情况,参照国际和国内的相关标准,增加了交通建筑电气火灾监控系统的设置要求。电气火灾监控系统应采用国家消防电子产品质量监督检验中心检测合格的产品,以确保质量与安全。

14.3.2 本条提出了剩余电流式电气火灾监控探测器设置应符合的规定。

第3款 在大中型系统设计中推广使用总线制技术,可简化设计,减少设计难度,避免采用技术落后且布线复杂的多线制系统。

第4款 防电气火灾剩余电流动作报警值的设定应按国家规范《火灾自动报警系统设计规范》GB 50116及《民用建筑电气设计规范》JGJ 16的有关要求执行。

第5款 本条主要是考虑到由于自然漏流及其波动引起的探测器动作、允许范围内的自然漏流及其波动引起的探测器误动作以及探测器本身误报等原因,在尚未发生实际危害或危害比断电更小的情况下直接切断供电电源,反而影响了供电可靠性,因此规定不宜自动切断被保护对象的供电电源,宜用于报警,报告专业人员排除故障或事故隐患。

14.4 入侵报警系统

14.4.2 第1款 本款中纵深防护体系是指设有监视区、防护区和禁区的防护体系。所谓总体纵深防护就是层层设防,包括周界、监视区、防护区和禁区四种不同性质的防区；对由于外界环境条件和资金限制不能采用纵深防护措施时，一般采用局部纵深防护体系；局部纵深防护是对防区的某个局部区域，按照纵深防护的设计思想进行分层次防护。

监视区是指室外周界报警或周界栅栏所组成的警戒线与防护区边界之间所覆盖的区域；防护区是指允许公众出入的防护目标所在地域；禁区是指不允许公众出入的区域。

14.5 视频安防监控系统

14.5.1 大型视频安防监控系统一般系统规模较大，通常设有安防监控中心和安防控制室，且系统传输是基于数字与网络技术。条文中的数字化技术是指将数字信号通过网络进行传输以及数字视频存储。前端可以是数字摄像机，也可以是模拟摄像机和编码器组成。

14.5.5 单路监视图像的分辨率要求较高，最低水平分辨率不低于400线，而单路回放图像的最低水平分辨率要大于或等于300线（不小于25桢/秒），信噪比要大于或等于35分贝。

14.5.6 本条规定了机场航站楼中系统设置应满足的要求。

第1款　根据海关、边防、检疫、公安、安全等驻场单位的管理需求，可以设置独立的视频安防监控系统。

第3款　航站楼前端摄像机的选型还需结合功能要求，现场安装环境等情况进行选择。

14.5.7 第1款　安防监控中心是指能接收一个或多个安防控制室的报警信息、状态信息并处理警情的处所，通常其面积不小于20m²；安防控制室是指能接收处理各子系统发来的报警信息、状态信息等，并将处理后的报警信息、监控指令分别发往安防监控中心和相关子系统。

若功能和管理需要，也可以在车站设车站和公安两个监控中心。前端摄像机可以共用，并根据管理要求设置优先级。

14.5.8 本条规定了城市轨道交通车站中系统设置应满足的要求。城市轨道交通区域应当规划、设计和建设安全技术防范系统。新建线路安全技术防范系统的建设应纳入城市轨道交通工程总体规划，与轨道交通土建以及强、弱电系统的设计统一规划、综合设计，独立验收；有条件的应当与轨道交通主体工程同步施工，同时交付使用。

第3款　在上下行站台列车停车位置设置监视装置提供相关站台的视频图像信号可供司机察看用。

14.6 出入口控制系统

14.6.7 第3款　票据室的出入口控制系统应向视频监控系统提供该场所出入口的状态（正常或是报警）

以便实现与视频监控系统的相关联动报警和图像切换的功能。

15 机房工程

15.1 一般规定

15.1.1 本章适用于交通建筑所设各类弱电机房及弱电间，主机房建筑面积大于或等于140m²的计算机房与电话交换机房的设计尚应符合国家有关标准的规定。

15.2 机房设计

15.2.1 各类合并设置的机房应根据实际情况确定并要考虑近期和远期发展的合理性。合并设置的机房可节约机房面积，减少值班人员，方便管理，有利于系统集成。

15.3 管线敷设

15.3.1 供电与通信、弱电线路分开敷设，可减少电源对弱电系统的干扰。采用架空方式引入时容易造成雷击线路时的高电位侵入，损坏设备。

15.3.2、15.3.5 由于通信、信号线等与配电线路的电源线间存在互感磁场，或由于信号线与电源线之间一些电容耦合骚扰影响，信号线与电源线应采取隔离、屏蔽等措施。如果不同类型的电缆布线没有采取分隔措施，电磁耦合会很大，增加了电子设备受电磁骚扰的危害程度。因此将不同电压等级、不同信号类型的传输线缆采取分隔措施，就非常有必要了。

15.4 环境要求

15.4.1 机房对土建、电气、空调、给排水专业及对消防、安防的要求除应按《电子信息系统机房设计规范》GB 50174的相关规定执行外，尚应符合交通建筑中的一些特别要求。

第2款　大型交通建筑工程的弱电机房的供电电源应按一级负荷中特别重要的负荷供电，除应由两个电源供电（满足一级负荷供电条件）外，还应配置柴油发电机、UPS装置作为应急电源。中小型交通建筑工程的弱电机房的供电电源应按相应建筑内的最高级供电负荷供电并配置UPS装置。

第4款　本条文参照执行了CIE标准《室内工作场所照明》S008/E-2001中有关限制视觉显示终端眩光的规定。

第5款　挡水和排水设施主要用于自动喷雾灭火系统动作后的挡水、排水，空调冷凝水及加湿器的挡水、排水，防止机房积水。

15.4.2 本条规定了通常情况下弱电间的一般环境要求，但当有特殊要求时可根据特殊环境要求决定。

第1款 本款规定了一般情况下弱电间的最小使用面积。通常弱电间的面积要满足各系统的布线，设备机柜等的安装及维护管理的需要。一个弱电间要安装综合布线、网络设备和其他各弱电系统的设备，国家标准《智能建筑设计标准》GB/T 50314 规定弱电间面积为楼层面积的 0.5%～1%，具体面积还要以实际需要为准。

第3款 弱电间的防火设计应符合《建筑设计防火规范》GB 50016、《高层民用建筑设计防火规范》GB 50045 的有关规定。

第4、5、6、7款 弱电间对土建、电气、暖通等专业的要求应参照《民用建筑电气设计规范》JGJ 16-2008 第23.3.2条、第23.3.3条的规定执行。

第9款 弱电间是相对较重要的场所，通常要具有自身的防盗、防破坏等的安全措施。

16 电磁兼容

16.1 一般规定

16.1.1 交通建筑往往会对其所处环境的电磁骚扰及电磁环境有一定的要求，有条件时宜对供配电系统影响较大的谐波源谐波发射量进行测试评估，分析其对公共电网电能质量的影响程度。

16.1.4 采取提高电磁兼容水平的措施，需要一定的经费投入，因此实施时应对工程的重要性和经济性进行统筹考虑。

16.2 电源干扰及谐波防治

交通建筑中存在大量的信息技术设备和电力电子设备，这些设备产生的谐波给公用电网和自身用电带来了严重的危害。由于这些非线性负荷的种类、数量和比重在工程中存在差异，所以在进行谐波抑制设计和制定谐波治理措施时，研究分析谐波的影响和各类设备承受谐波的能力是非常重要的。交通建筑中谐波的治理应当是持续的、发展的过程，随着谐波源的变化，以及新技术、新成果的应用，应不断改进完善谐波综合治理措施，维持供配电系统的安全运行。

16.2.1 公共电网的电能质量应符合《电能质量 供电电压偏差》GB/T 12325、《电能质量 电压波动和闪变》GB/T 12326、《电能质量 三相电压不平衡》GB/T 15543、《电能质量 公用电网谐波》GB/T 14549、《电能质量 电力系统频率偏差》GB/T 15945 等有关规定。

公共电网公共连接点的谐波电压（相电压）限值应符合表3的规定。

电力系统公共连接点的全部用户向该点注入的谐波电流分量（方均根值）不应超过表4规定的允许值。

表3 谐波电压（相电压）限值

电网标称电压（kV）	电压总谐波畸变率（%）	各次谐波电压含有率（%）	
		奇次	偶次
0.38	5.0	4.0	2.0
6	4.0	3.2	1.6
10			
35	3.0	2.4	1.2

表4 谐波电流分量限值

标准电压（kV）	基准短路容量（MVA）	谐波次数及谐波电流允许值（A）							
		2	3	4	5	6	7	8	9
0.38	10	78	62	39	62	26	44	19	21
6	100	43	34	21	34	14	24	11	11
10	100	26	20	13	20	8.5	15	6.4	6.8
35	250	15	12	7.7	12	5.1	8.8	3.8	4.1

标准电压（kV）	基准短路容量（MVA）	谐波次数及谐波电流允许值（A）							
		10	11	12	13	14	15	16	17
0.38	10	16	28	13	24	11	12	9.7	18
6	100	8.5	16	7.1	13	6.1	6.8	5.3	10
10	100	5.1	9.3	4.3	7.9	3.7	4.1	3.2	6.0
35	250	3.1	5.6	2.6	4.7	2.2	2.5	1.9	3.6

标准电压（kV）	基准短路容量（MVA）	谐波次数及谐波电流允许值（A）							
		18	19	20	21	22	23	24	25
0.38	10	8.6	16	7.8	8.9	7.1	14	6.5	12
6	100	4.7	8.4	4.3	4.9	3.9	7.4	3.6	6.8
10	100	2.8	5.4	2.6	2.9	2.3	4.5	2.1	4.1
35	250	1.7	3.2	1.5	1.8	1.4	2.7	1.3	2.5

16.2.2 易受电磁干扰的设备，应远离电磁骚扰源，不能靠得太近，以保证系统正常工作。

16.2.3 重要交通建筑对供电可靠性的要求较一般交通建筑为高，所以对可能造成供电系统障碍的谐波电压应该有较严格的标准加以限制。本条以量化的形式提出谐波治理的要求，既有利于目标管理也提高了可操作性。

16.2.4 对于重点谐波监控单位，在建筑电气设计阶段难以取得工程实际谐波含量的数据，为在工程建成运行后实时监测谐波含量及畸变率是否符合要求，及时决策是否采取治理措施，有必要对供配电系统进行实时监测。

16.2.5 由于大型、重要交通建筑中有较多对谐波敏感的重要电子信息设备，而这些电子信息设备的正常运行对维护大型交通建筑的安全与经营秩序，保护旅客的合法权益具有举足轻重的作用。为避免谐波干扰引发重要电子信息设备故障从而造成秩序混乱，本条规定对谐波敏感的重要设备机房及主要电子信息系统的有关配电系统主干线的谐波骚扰强度宜达到一级标准，当不符合要求时应设滤波装置。谐波骚扰的强度分级见表5。

表5 低压电源系统中谐波骚扰强度分级
（以基波电压的百分比表示）

骚扰强度	谐波含量 THD_u	非3次整数倍奇次谐波分量								3次整数倍奇次谐波分量					偶次谐波分量			
		5	7	11	13	17	19	23～25	>25	3	9	15	21	>21	2	4	6～10	>10
一级	5	3	3	3	3	1.5	1.5	*		3	1.5	0.3	0.2	10	2	1	0.5	0.2
二级	8	6	5	3.5	3	2	1.5	1.5		5	1.5	0.5	0.2		2	1	0.5	0.2
三级	10	8	7	5	4.5	4	3.5	**		6	2.5	2	1.7	1	3	1.5	1	1
四级		大于三级，具体视环境情况而定																
		$* =0.2+12.5/n$（n 为谐波次数） $** =3.5$ 至 10（随频率升高而降低）																

注：上述数值代表的骚扰水平是：在95%的统计时间内，电网中最严重点的谐波干扰水平不会高于表列值。

16.2.6 选用有源滤波器，应根据非线性负荷所占比例大小、负荷重要性以及投资情况等因数综合考虑。有源滤波器一般有三种治理方式：1）保护变压器的所有设备（集中治理）；2）保护某一区域内所有设备（局部治理）；3）保护某几台重要设备（分散治理）。

16.2.7 本条中谐波源所产生的谐波较集中于连续三种或以下的谐波，可以是3、5、7次或7、9次等。无源滤波器用在谐波电流和无功负荷比较稳定的系统中是较为合适的。

16.2.8 由于有源滤波器与无源滤波器的价格相差较大，采用有源、无源滤波器混合装设的方式，在满足基本滤除谐波电流的情况下，能降低有源滤波器使用容量，有效控制谐波治理成本。

16.2.9 有时设计过程中对建筑物的谐波状况难以预计，这时宜考虑预留必要的滤波设备空间，以便在工程投入运行后可对配电系统进行实测和谐波治理。

16.3 电子信息系统的电磁兼容设计及等电位联结

16.3.3、16.3.4 电力线路中的谐波，会通过电容耦合、电磁感应和传导干扰三条途径对通信线路产生干扰，而采用屏蔽电缆，可消除电容耦合的干扰。信息设施系统采用光缆，不仅可免除谐波对传输线路的干扰，还不受电力线路对它的干扰。

16.3.5 通常降低电磁干扰的具体措施主要有：

1 防止电源和雷电流冲击措施；

2 等电位联结措施；

3 限制故障电流由电力系统流向信号线缆造成对信息系统的干扰；

4 尽可能缩短联结线的长度。

16.3.6 电源切换过程中，采用能同时投切相线和中性线的转换开关，有利于消除电源切换时杂散电流产生的电磁干扰。

17 电气节能

17.1 供配电系统的节能

17.1.2 电力系统中的无功功率主要是由相位角和高次谐波造成的。提高功率因数、预防和治理谐波，可以降低电力系统的无功损耗，提高供电质量。

17.1.6 本条的制定参考国际电工委员会（IEC）制定的《电力电缆的线芯截面最佳化》IEC 287-3-2/1995。如果全面推行按经济电流密度选择导线截面的方法，平均可减少 35%～42%的线路损耗，经济意义十分重大。

长期运行的供配电线路一般指年最大负荷运行时间大于4000h。当年最大负荷运行时间大于4000h但小于7000h，宜按经济电流密度选择导线截面；年最大负荷运行时间大于7000h，应按经济电流密度选择导线截面。

17.1.7 节能变压器是空载、负载损耗相对较小的变压器，根据行业标准，新型号变压器的自身功耗应比前一型号降低10%，如S10型比S9型损耗降低10%。因此10型及以上的变压器在目前来说，还是相对节能的。

17.2 电气照明的节能

17.2.3 本条要求应根据环境条件，选择合理的照明控制方式，如充分利用自然光，采用分区控制、集中控制或自动光控等措施。尽可能采用直接型开启式或带隔栅的灯具，可大大提高灯具的利用效率，直接型开启式灯具效率不应低于75%。

17.2.5 照明系统的节电和管理措施主要有：定时开关、调光开关、光电自动控制器以及照明管理系统等。这些节电措施，可根据分区情况，采用群控或单控方式，起到节能管理的目的。对于大面积照明，采用群控方式，可节约成本；对于特定场合，采用单独控制，可降低实现的难度。

照明管理系统通常是全数字、模块化、分布式总线型控制系统，各功能模块有分散的监视控制功能，中央处理器、模块之间通过网络总线直接通信，照明管理系统可以容易地集成到 BA 系统，作为 BA 系统的一个子系统。

17.2.6 本条从照明节能的角度出发，规定了交通建筑照明功率密度值，当符合本规范第 8.2.9 条的规定，照度值高于或低于本表规定的对应照度值时，其照明功率密度值应按比例提高或折减。本表的制定参照了《建筑照明设计标准》GB 50034 以及现有交通建筑用房所对应的相关标准要求，并通过对近期已建的多个交通建筑的调研而确定，同时也考虑了合理使用不同光源、灯具及场所高度、防护要求、维护系数等情况，留有了适当的余地。

17.3 建筑设备的电气节能

17.3.2 高效节能电动机宜符合现行国家标准《中小型三相异步电动机能效限定值及节能评价值》GB 18613 节能评定值的规定。

17.3.4 自动扶梯、自动人行道在全线各段空载时，应能通过感应器等使设备处于暂停或低速运行状态，达到节能的目的。

17.3.5 一般宜根据工程项目的实际情况，在条件许可时通过对建筑物窗、门的开闭实施自动控制及管理，可以降低能耗。建筑物直接对外的门、窗是建筑物热交换、热传导最敏感的区域，它对空调能耗的影响很大，门、窗的节能控制是节能降耗的重要措施之一。

节能电动窗的监控一般包括：

1 根据日光对建筑的照射强度，控制遮阳百叶帘或遮阳板与太阳照射方位角及高度角同步到相应角度，有效遮挡由于太阳直射对室内产生的大部分辐射热；

2 在室内还需要供冷的过渡季节里，对建筑的电动通风窗、外推窗、内倒窗进行开启控制；

3 通过对节能电动窗的调节及与其相关的空调、灯光照明等设备的综合控制，实现节能综合控制功能。

节能电动门的监控一般包括：

1 对建筑区域中有节能要求的通道门或房间门，实施人员出入管理及门的开启控制；

2 对室内冷、热能、照明等设备系统进行联动控制，避免室内无人或门开启状态时能源的损失现象。

17.4 能耗计量与监测管理

17.4.1 采用电能计量装置时，其准确度等级一般可按下列要求选择：

1 有功电度表的准确度等级要求：

月平均用电量为 1×10^6 kWh 及以上的电力用户电能计量点，采用 0.5 级的有功电度表；

月平均用电量小于 1×10^6 kWh 的 315kVA 及以上的变压器，高压侧计费的电力用户电能计量点及需考核有功电量平衡的供配电线路，采用不低于 1.0 级的有功电度表；

仅作为单位内部技术经济考核而不计费的线路和电力装置回路，采用不低于 2.0 级的有功电度表。

2 无功电度表的准确度等级要求：

315kVA 及以上的变压器高压侧计费的电力用户电能计量点，采用不低于 2.0 级的无功电度表；

仅作为单位内部技术经济考核而不计费的线路和电力装置回路，采用不低于 3.0 级的无功电度表。

3 电能计量用互感器准确度等级要求：

0.5 级的有功电度表和 0.5 级的专用电能计量仪表，配用 0.2 级的互感器；

1.0 级的有功电度表、1.0 级的专用电能计量仪表、2.0 级计费用的有功电度表及 2.0 级的无功电度表，配用不低于 0.5 级的互感器；

仅作为单位内部技术考核而不计费的 2.0 级有功电度表及 3.0 级的无功电度表，配用不低于 1.0 级的互感器。

4 电量变送器宜配用准确度不低于 0.5 级的电流互感器。

17.4.2 对交通建筑中各租户用房进行单独电能计量是能量结算和管理的需要。通过对租户用房进行单独电能计量往往会较好的起到提高租户自觉节能的行为意识。

17.4.3 以电力为主要能源的冷冻机组、锅炉等大负荷设备，设专用电能计量装置是便于业主进行能量结算和管理的需要。

17.4.6 本条内容根据住房和城乡建设部 2008 年 6 月编制的《国家机关办公建筑和大型公共建筑能耗监测系统 分项能耗数据采集技术导则》的有关要求制定。大型交通建筑是指建筑面积大于 $20000m^2$ 的交通建筑。

能耗监测管理系统的设计应符合国家建设部建科 [2008] 114 号关于《国家机关办公建筑和大型公共建筑能耗监测系统　分项能耗数据采集技术导则》、《国家机关办公建筑和大型公共建筑能耗监测系统　分项能耗数据传输技术导则》、《国家机关办公建筑和大型公共建筑能耗监测系统　楼宇分项计量设计安装技术导则》的有关规定。

17.4.8　目前用于公共建筑的能耗监测管理系统一般具有以下功能：

　　1　软件可以对被监测的数据进行采集、处理、存储、显示、打印、发布、上传等，可对整个系统进行集中管理；

　　2　可进行能量消耗统计和分析，包括：

　　　　1）统计能源消耗的分配情况，通过饼图，柱状图等方式呈现；

　　　　2）能设置与电力公司相匹配的账单结构；

　　　　3）能统计水，气，热等其他能源数据，并设置相应费率，计算账单；

　　　　4）建立能源考核指标：在对数据进行分析的基础上，建立能源考核指标（即 KPI）。

　　3　电压、电流、功率因数、需量、谐波、温度等所有测量参数能以历史曲线的形式显示出来；

　　4　系统可完成历史数据管理，所有实时采样数据、顺序事件记录等均可保存到历史数据库；数据可自动或手动备份；

　　5　可查看任何时候，任何位置的信息；可自动生成日报、周报、月报、季报、年报等。

中华人民共和国行业标准

金融建筑电气设计规范

Code for electrical design of financial buildings

JGJ 284—2012

批准部门：中华人民共和国住房和城乡建设部
施行日期：２０１２年１２月１日

中华人民共和国住房和城乡建设部
公　告

第 1440 号

住房城乡建设部关于发布行业标准
《金融建筑电气设计规范》的公告

现批准《金融建筑电气设计规范》为行业标准，编号为 JGJ 284-2012，自 2012 年 12 月 1 日起实施。其中，第 4.2.1、19.2.1 条为强制性条文，必须严格执行。

本规范由我部标准定额研究所组织中国建筑工业出版社出版发行。

中华人民共和国住房和城乡建设部
2012 年 7 月 19 日

前　言

根据住房和城乡建设部《关于印发〈2008 年工程建设标准规范制订、修订计划（第一批）〉的通知》（建标〔2008〕102 号）的要求，规范编制组经广泛调查研究，认真总结实践经验，参考有关国际标准和国外先进标准，并在广泛征求意见的基础上，编制本规范。

本规范的主要技术内容是：1. 总则；2. 术语和代号；3. 金融设施分级；4. 供配电系统；5. 配变电所；6. 应急电源；7. 低压配电；8. 配电线路；9. 照明与控制；10. 节能与监测；11. 电磁兼容与防雷接地；12. 智能化集成系统；13. 信息设施系统；14. 信息化应用系统；15. 建筑设备管理系统；16. 安全技术防范系统；17. 电气防火；18. 机房工程；19. 自助银行与自动柜员机室。

本规范中以黑体字标志的条文为强制性条文，必须严格执行。

本规范由住房和城乡建设部负责管理和对强制性条文的解释，由上海建筑设计研究院有限公司负责具体技术内容的解释。执行过程中如有意见或建议，请寄送上海建筑设计研究院有限公司（地址：上海市石门二路 258 号，邮政编码：200041）。

本 规 范 主 编 单 位：上海建筑设计研究院有限公司

本 规 范 参 编 单 位：中国人民银行
上海证券交易所
中国建筑设计研究院
华东建筑设计研究院有限公司
中国建筑东北设计研究院有限公司
中国建筑西北设计研究院有限公司
中建国际（深圳）设计顾问有限公司
中国电子工程设计研究院
广东省建筑设计研究院
国际商业机器全球服务（中国）有限公司
上海银欣高新技术发展股份有限公司
霍尼韦尔（天津）有限公司
溯高美索克曼电气（上海）有限公司

本规范主要起草人员：陈众励　李　军　朱　文
王力坚　陈　琪　李炳华
钟景华　杨德才　郭晓岩
陈建飚　陆振华　陈志堂
胡　戎　叶海东　邓　清
成红文　翁晓翔　赵济安
邵民杰　俞勤潮　陈　亮
黄文琦　陈维克

本规范主要审查人员：张文才　侯维栋　孙　兰
温伯银　王金元　程大章
杜毅威　周爱农　王东林
俞志敏　海　青　胡　毅

目　次

Contents

1 总 则

1.0.1 为规范金融建筑的电气设计，做到安全可靠、经济合理、技术先进、节能环保，制定本规范。

1.0.2 本规范适用于新建、扩建和改建的金融建筑及其设施的电气设计，不适用于银行金库、货币发行库等特殊金融场所的电气设计。

1.0.3 金融建筑电气设计应采取有效的节能措施，降低电能消耗；应选用符合国家现行有关标准的电气设备，严禁使用已被国家淘汰的电气产品。

1.0.4 金融建筑中的非金融设施的电气设计，可按现行行业标准《民用建筑电气设计规范》JGJ 16执行。

1.0.5 金融建筑的供配电、安全技术防范、信息设施、电磁兼容与防雷接地等系统应与该建筑物中金融设施的等级相适应。

1.0.6 金融建筑电气设计除应符合本规范外，尚应符合国家现行有关标准的规定。

2 术语和代号

2.1 术 语

2.1.1 金融建筑 financial building

为银行业及其衍生品交易、证券交易、商品及期货交易、保险业等金融业务服务的建筑物。

2.1.2 金融设施 financial facilities

金融建筑物中直接服务于金融业务的各种设备及其场所，包括计算机房、电源室、专用空调设备、营业厅等。

2.1.3 数据监控中心 enterprise command center (ECC)

数据中心中用于对电源、空调、消防设备等辅助设备实施集中监测、集中操作和集中管理的场所。

2.1.4 银行营业场所 banking business place

办理现金出纳、有价证券、会计结算等业务的物理区域，包括营业厅（室）、与营业厅（室）相连通的库房、通道、办公室及相关设施。

2.1.5 自动柜员机 automatic teller machine (ATM)

银行提供给客户用于自行完成存款、取款、缴费和转账等业务的设备。

2.1.6 自助银行 self service bank（SSB）

银行设立的电子化无人值守营业场所，由客户使用银行提供的自动柜员机、自动存款机等设备，通过计算机、网络通信等信息技术，自行完成取款、存款、转账、缴费和查询等金融服务。

2.1.7 银行金库 bank-vaults

中央银行货币发行库与主要存在于商业银行的现金业务库。

2.1.8 货币发行库 issuance-vaults

保管国家待发行的货币——发行基金暨黄金储备的金库，是中央银行组织机构的重要组成部分，履行中央银行货币发行、回笼、销毁等职能的主要设施，分为总库、分库、中心支库、支库四级。

2.1.9 业务库 commercial-vaults

银行为办理日常现金收付业务而设立的库房，其保留的现金是金融机构现金收付的周转金，是营运资金的组成部分。

2.1.10 库房禁区 vault-passway

以库房为核心，出、入库和日常性票币、金银处理作业区等周界围墙以内的特定区域。

2.1.11 电源分配单元 power distribution unit (PDU)

专为机柜式安装的电气设备提供电力分配的，拥有不同的功能、安装方式和插位组合的配电产品。

2.1.12 电磁兼容性 electromagnetic compatibility (EMC)

设备或系统在其电磁环境中能正常工作，且不对该环境中的其他设备和系统构成不能承受的电磁干扰的性能。

2.2 代 号

2.2.1 EPS——应急电源装置，emergency power supply。

2.2.2 UPS——不间断电源装置，uninterrupted power source。

2.2.3 ATS——自动转换开关，auto-transfer switch。

2.2.4 STS——静态转换开关，static transfer switch。

2.2.5 EMC——电磁兼容性，electromagnetic compatibility。

3 金融设施分级

3.0.1 金融设施等级应根据建筑物中金融设施在国家金融系统运行、经济建设及公众生活中的重要程度，以及该金融设施运行失常可能造成的危害程度等因素确定。

3.0.2 运行失常时将产生下列情形之一的金融设施，应确定为特级：

1 在全国或更大范围内造成金融秩序紊乱的；

2 给国民经济造成重大损失的；

3 在全国或更大范围内对公众生活造成严重影响的。

3.0.3 运行失常时将产生下列情形之一的金融设施，

应确定为一级：

1 在大范围内造成金融秩序紊乱的；

2 给国民经济造成较大损失的；

3 在大范围内对公众生活造成严重影响的。

3.0.4 运行失常时将产生下列情形之一的金融设施，应确定为二级：

1 在有限范围内造成金融秩序紊乱的金融设施；

2 给国民经济造成损失的金融设施；

3 在较小范围内对公众生活造成严重影响的金融设施。

3.0.5 不属于特级、一级和二级的，应确定为三级金融设施。

4 供配电系统

4.1 一般规定

4.1.1 供配电系统的设计方案应按金融设施等级、用电负荷等级、供电系统可靠性要求、近期和中远期供电容量需求以及金融类用户的其他特殊使用要求确定。

4.1.2 供配电系统设计应符合国家现行标准《供配电系统设计规范》GB 50052 和《民用建筑电气设计规范》JGJ 16 的有关规定。

4.2 负荷分级与供电要求

4.2.1 金融设施的用电负荷等级应符合表 4.2.1 的规定。

表 4.2.1　金融设施的用电负荷等级

金融设施等级	用电负荷等级
特级	一级负荷中特别重要的负荷
一级	一级负荷
二级	二级负荷
三级	三级负荷

4.2.2 直接影响金融设施运行的空调设备的用电负荷等级，应与金融设施用电负荷等级相同。

4.2.3 金融建筑中的通信、安防、监控等设备的负荷等级应与该建筑中最高等级的用电负荷相同。

4.2.4 消防用电负荷及非金融设施用电负荷的等级应符合国家现行相关标准的规定。

4.2.5 金融设施的供电应符合下列规定：

1 特级、一级金融设施应由两个或两个以上电源供电，当电源发生故障时，至少有一个电源不应同时受到损坏；

2 特级金融设施应设置持续工作型应急发电机组，非金融设施负荷不得接入该发电机组；

3 一级金融设施宜设置持续工作型应急发电机组；

4 二级及以下金融设施的供电可按现行国家标准《供配电系统设计规范》GB 50052 执行；

5 设有特级、一级金融设施的金融建筑，其供配电系统应在满足金融业务总体要求的前提下，兼顾分期实施的可能性。

4.2.6 金融设施的供电可靠性等级（可靠度 R）应符合下列规定：

1 金融设施的供电可靠性等级（可靠度 R）应根据金融设施等级、使用要求、当地的供电条件以及运行经济性等因素确定；

2 金融设施主机房供配电系统的可靠性等级（可靠度 R）应符合表 4.2.6 的规定；

表 4.2.6　金融设施供电可靠性等级（可靠度 R）

金融设施等级	供电可靠性等级（可靠度 R）
特级	0.99999 及以上
一级	0.9999 及以上
二级	0.999 及以上
三级	不作规定

3 特级、一级金融设施的供配电系统应作可靠性等级（可靠度 R）校验；二级金融设施的供配电系统宜作可靠性等级（可靠度 R）校验；

4 可靠性等级（可靠度 R）校验可按本规范附录 A 执行。

4.2.7 特级、一级金融设施的供配电系统应满足带电维护的要求。

4.2.8 设有特级金融设施的金融建筑宜具有两个或两个以上的高压进户电源线敷设路径。

4.2.9 特级、一级金融设施的供配电系统中，任何单点故障都不应导致该设施中的重要设备断电。

4.2.10 直接影响金融设施运行的空调设备，其电源的恢复时间应小于机房温升至预警值的时间。

4.3 配变电系统及其监控

4.3.1 当采用低压供电时，金融设施数据机房应自配变电所低压配电室起，采用放射式专线供电。

4.3.2 金融设施专用低压配电系统中，照明插座用电、空调用电、动力用电、特殊用电等应根据其功能分回路供电。

4.3.3 二级及以上金融设施的专用变压器低压侧总开关及其主要出线开关，应监测三相电流、电压、功率因数、有功功率、无功功率、总谐波含量、21 次及以下各次谐波电流分量等电气参数。

4.3.4 特级、一级金融设施的专用变压器低压侧总开关及其主要出线开关，应监测并记录过载与短路等故障信息。

5 配变电所

5.1 一般规定

5.1.1 本章适用于交流电压为 35kV 及以下的配变电所设计。

5.1.2 配变电所的设计方案应根据工程特点、负荷性质、用电容量、所址环境、供电条件和节约电能等因素确定，并宜适当考虑发展的余地。

5.1.3 配变电所设计应符合现行国家标准《3～110kV 高压配电装置设计规范》GB 50060、《10kV 及以下变电所设计规范》GB 50053、《并联电容器装置设计规范》GB 50227 的有关规定。

5.2 所址选择

5.2.1 配变电所位置选择应符合下列规定：

　　1 特级、一级金融设施应设数据中心专用配变电所，且应接近负荷中心；

　　2 特级、一级金融设施的专用配变电所不宜设置在地下室的最底层，当设在地下室的最底层时，应采取预防洪水及消防用水淹渍配变电所的措施；

　　3 特级金融设施专用配变电所至主机房电源室的低压线路应双路径敷设，一级金融设施专用配变电所至主机房电源室的低压线路宜双路径敷设。

5.2.2 当配变电所设置在建筑物的地下室时，宜设置空调设备或机械通风与去湿设备。

5.2.3 分期实施的金融设施的配变电所应预留后续配变电设备的安装空间、设备搬运及线缆敷设通道；后续工程施工时不得危及既有金融设施的安全运行。

5.2.4 特级金融设施的专用配变电所中，不同电源的配变电设备应分别设置房间；控制（值班）室中，不同电源的监控设备之间宜采取隔离措施。

5.3 配电变压器选择

5.3.1 特级、一级金融设施的主机房应设置专用变压器。

5.3.2 二级金融设施的主机房宜设置专用变压器。当主机房与其他负载合用变压器，且条件许可时，可为主机房 UPS 设置隔离变压器，并应将隔离变压器出线侧的中心点接地。

5.3.3 金融设施宜选用空载损耗较低且绕组结线为 Dy_{n11} 型的配电变压器。

5.3.4 金融设施专用变压器的负载率应符合下列规定：

　　1 长期工作负载率不宜高于 75%；

　　2 应具备短时间维持所有重要负荷正常运行的能力；

　　3 当谐波状况严重时，变压器应降容使用。

5.4 电力电容器装置

5.4.1 应根据谐波特性合理选择电容器的电气参数。

5.4.2 当负载的谐波含量超过规定限值时，应根据其谐波特性采取抑制措施。

6 应急电源

6.1 应急发电机组

6.1.1 热电联供系统、风力发电系统及太阳能发电系统不得作为金融设施的应急电源，燃气发电机组不宜作为金融设施的应急电源。

6.1.2 应急发电机组输出功率的选择应符合下列规定：

　　1 发电机组的输出功率及台数应根据负荷大小、投入顺序以及负载的最大启动电流等因素确定；

　　2 当负荷较大时，宜采用多机并列运行；当机组台数较多时，可实施发电机组分组、分区供电；

　　3 当谐波状况严重时，发电机组应降容使用；

　　4 金融设施中，当发电机组的主要负载为 UPS 时，发电机组容量选择应考虑 UPS 的功率因数、电池组充电功率、谐波等因素对发电机负载能力的影响，并应按本规范附录 B 计算确定；

　　5 当发电机组的容量较大、供电距离较长，并经技术经济论证认为合理时，可采用 10kV 或 6kV 发电机组；

　　6 金融设施应急发电机组的冗余形式应符合表 6.1.2 的规定：

表 6.1.2 金融设施应急发电机组的冗余形式

金融设施等级	应急发电机组的冗余形式
特级	$N+X$ 冗余（$X \leqslant N$）
一级	N

　　注：N、X 均为自然数。

6.1.3 发电机组及其控制装置应符合下列规定：

　　1 应选用自启动发电机组，当公共电网中断供电时，机组应能在 30s 内达到稳态运行，并向负载供电；

　　2 当发电机组自启动失败时，应发出报警信号并传至数据监控中心（ECC）及其他相关控制值班室；

　　3 应具有自动卸载功能；

　　4 当两台及以上发电机组并列运行时，应具有自动同步功能；

　　5 大功率用电设备应按预设程序分组投入。

6.1.4 发电机房的设备布置应符合下列规定：

　　1 当有两个及以上发电机组时，特级金融设施可设置两个发电机房、两个应急电源配电间；

　　2 当金融设施采取分期建设方式或有扩建可能时，应预留所需设备空间。

6.1.5 当采用柴油发电机组时，其储油设施的设置应符合下列规定：

1 特级金融设施宜在室外设置满足其专用发电机组 12h 耗油量的储油设施；一级金融设施宜在室外设置满足其发电机组 8h 耗油量的储油设施；

2 发电机房内应设置日用储油间，其总储存量不应超过机组 8h 的耗油量，并应采取防火措施；

3 日用燃油箱宜高位布置，出油口的标高宜高于柴油机的喷油泵；

4 当机组较多、储油量较大时，储油设施宜分组设置；

5 应分别装设电动和手动油泵，其容量应按最大输油量确定。当机组较多、储油量较大时，卸油泵和供油泵宜分组设置；当机组台数较少、储油量较小时，卸油泵和供油泵可共用。

6.2 不间断电源装置（UPS）

6.2.1 符合下列情况之一的，应设置 UPS：

1 金融设施的主机房；

2 二级及以上金融设施的安全技术防范系统；

3 营业厅等场所的金融业务专用电源插座回路；

4 其他不允许中断供电的设备与场所。

6.2.2 UPS 应按负荷性质、负荷容量、供电时间等要求选择，并应符合下列规定：

1 UPS 容量的选择应考虑负载的特性及冗余形式；

2 UPS 进线端的功率因数不宜低于 0.95，总谐波电流畸变率（THD_i）不宜大于 15%；

3 当 UPS 的总容量大于等于 200kVA 时，其在线工作效率不宜低于 92%；当 UPS 的容量小于 200kVA 时，其在线工作效率不宜低于 93%；

4 当多台 UPS 并列运行时，宜采用随负载增长分批手动或自动投入的工作方式。

6.2.3 UPS 蓄电池组的容量（安时值）应符合下列规定：

1 当设有应急发电机组时，主机房 UPS 的持续供电时间不宜小于 15min。

2 当未设置应急发电机组时，特级、一级金融设施 UPS 的持续供电时间不宜小于 12h，二级金融设施 UPS 的持续供电时间不宜小于 8h。

6.2.4 UPS 的冗余形式宜符合表 6.2.4 的规定。

表 6.2.4 UPS 的冗余形式

金融设施等级	UPS 的冗余形式
特级	2N 或 2（N+1）
一级	N+X（X≤N）
二级	N+1
三级	N

注：N、X 均为自然数。

6.2.5 当不间断电源系统采用双母线馈电时，双母线之间应设置电源同步装置，并应确保两个 UPS 输出端电压差不超过±8%、相位差不超过±10°，且电源同步装置应采取冗余措施。

6.2.6 特级、一级金融设施中，大功率 UPS 应有两个电源输入端口，并应设置旁路系统。

6.2.7 当 3 台及以上不间断电源并列运行时，应具有手动式的公共旁路功能。

6.2.8 当未设置金融设施专用变压器或隔离变压器，且使用环境许可时，可选用内置隔离变压器的不间断电源。

6.2.9 特级、一级金融设施主机房的 UPS 应设置监控系统。

6.2.10 UPS 设备房布置应符合下列规定：

1 特级金融设施中，双总线方式的两组 UPS 应分别设置设备房；

2 200kVA 及以上的 UPS 或 100kWh 以上的蓄电池组，宜设置蓄电池间；两组互为备份的 UPS 的蓄电池间不宜合用；

3 UPS 设备房应满足结构荷载、消防、环境温湿度等的要求；

4 UPS 设备房不应有与其运行及防护无关的设备管道通过。

7 低压配电

7.1 一般规定

7.1.1 本章适用于金融建筑中工频交流电压 1000V 及以下的低压配电系统设计。

7.1.2 金融建筑中直接为金融设施服务的配电系统不得采用 TN-C 系统。

7.1.3 金融设施低压配电系统的电气参数应符合表 7.1.3 的规定。

表 7.1.3 金融设施低压配电系统的电气参数

金融设施	特级、一级	二级	三级
稳态电压偏移范围（%）	±2	±5	−13~+7
稳态频率偏移范围（Hz）	±0.2	±0.5	±1.0
电压波形畸变率（%）	3~5	5~8	8~10

7.2 低压配电系统

7.2.1 金融设施的低压配电系统应独立于建筑物中的其他配电系统。

7.2.2 主机房不间断电源、专用空调、照明、插座、安全技术防范系统等设备应采用放射式配电。

7.2.3 金融设施低压配电系统的短路和过载保护装

置应具有选择性。

7.2.4 特级金融设施的终端配电柜中可设置中性点对地电压监测仪表。

7.2.5 金融设施低压配电系统中的电源分配单元（PDU）应具有配电、防雷、电源监测等功能。

7.3 低压电器的选择

7.3.1 金融设施的机械式自动转换开关（ATS）应符合下列规定：

1 ATS的电气和机械特性应符合现行国家标准《低压开关设备和控制设备》GB/T 14048.11 的规定；

2 自动转换开关在电源转换过程中不得造成负载设备中性线悬浮；

3 特级、一级金融设施的ATS应具有旁路检修功能；

4 大容量ATS应具有切换时间调节功能，切换时间应与供配电系统继电保护时间相配合。

7.3.2 特级金融设施主机房宜选用具有数字监视功能的ATS，其状态信息宜传至数据监控中心（ECC）。

7.3.3 金融设施的静态自动转换开关（STS）应具有下列功能：

1 电源转换时间不应大于 5ms；

2 过电压/欠电压保护功能；

3 断电自动转换功能；

4 事故报警功能；

5 手/自动转换功能。

7.3.4 当金融设施主机房配电系统中设置剩余电流保护器时，应选择A型剩余电流动作保护器（RCD）。

8 配电线路

8.1 一般规定

8.1.1 本章适用于工频交流电压1000V及以下低压配电线路的设计。

8.1.2 一般配电线路与消防设备配电线路的设计与选型应符合现行行业标准《民用建筑电气设计规范》JGJ 16 的有关规定。

8.2 线缆选择与敷设

8.2.1 特级金融设施的应急发电机组至主机房的供电干线应采用AⅠ级耐火电缆或采取性能相当的防护措施。

8.2.2 一级金融设施的应急发电机组至主机房的供电干线应采用AⅡ级耐火电缆或采取性能相当的防护措施。

8.2.3 除直埋和穿管暗敷的电缆外，特级和一级金融设施主机房、辅助区和支持区的配电干线应采用低烟无卤阻燃A类电缆或母线槽。

8.2.4 二级金融设施主机房、辅助区和支持区的配电干线宜采用低烟无卤阻燃A类电缆或母线槽。

8.2.5 除全程穿管暗敷的电线外，特级和一级金融设施主机房、辅助区和支持区的分支配电线路应采用低烟无卤阻燃A类的电线。

8.2.6 二级金融设施主机房、辅助区和支持区的分支配电线路宜采用低烟无卤阻燃A类电线。

8.2.7 特级金融设施从电源进户处至设备受电端应具有两个或两个以上的敷线路径。

8.2.8 一级金融设施从电源进户处至设备受电端宜具有两个敷线路径。

9 照明与控制

9.1 一般规定

9.1.1 金融建筑各区域的照明照度标准、照明装置及其控制方式等应根据金融建筑的使用性质和金融设施的等级进行选择。

9.1.2 金融建筑的光源、灯具及附件等应根据金融建筑内各区域的视觉要求、作业性质和环境条件进行选择。

9.1.3 金融建筑照明设计应符合国家现行标准《建筑照明设计标准》GB 50034、《民用建筑电气设计规范》JGJ 16 等的相关规定。

9.2 照明质量

9.2.1 现金、票据类作业区域的工作照明照度均匀度不宜小于0.7，非作业区域、通道等的照明照度均匀度不宜小于0.5。

9.2.2 金融建筑的通道和其他非作业区域正常照明的照度值不宜低于作业区域正常照明照度值的1/3。

9.2.3 金融建筑内需要高清晰度摄像监控的区域，垂直照度（E_v）与水平照度（E_h）之比宜为0.25~0.50。

9.2.4 金融建筑的照明设计应避免对监控摄像机造成逆光效应。

9.2.5 金融建筑的照明设计应防止灯光在各类显示屏和监视器上产生反射眩光。

9.2.6 金融建筑各类工作场所的照明标准值、统一眩光值（UGR）和显色指数（Ra）宜符合表9.2.6的规定。

表 9.2.6 金融建筑各类工作场所的照明标准值、UGR 和 Ra

房间及场所	参考平面及其高度	照度标准值（lx）	UGR	Ra
银行、证券、期货、保险业营业厅	地面	200	≤22	≥80
营业柜台	台面	500	≤19	≥80

续表9.2.6

房间及场所		参考平面及其高度	照度标准值(lx)	UGR	Ra
客户服务中心	普通	0.75m水平面	200	≤22	≥60
	VIP	0.75m水平面	300	≤22	≥80
证券、期货、外汇交易所交易厅		0.75m水平面	300	≤22	≥80
数据中心主机房		0.75m水平面	500	≤19	≥80
保管库		地面	200	≤22	≥80
信用卡作业区		0.75m水平面	300	≤19	≥80
培训部		0.75m水平面	300	≤22	≥80
自助银行		地面	200	≤19	≥80

9.3 照 明 设 计

9.3.1 营业柜台等场所宜设置局部照明。

9.3.2 照明配电系统应符合下列规定：

1 电源插座和照明灯具应分别设置配电回路；

2 特级金融设施营业厅、交易厅及其他大空间公共场所的照明灯具应由两个回路供电，且应各带50%灯具并交叉布置；

3 一级金融设施营业厅、交易厅及其他大空间公共场所的照明灯具宜由两个回路供电，且宜各带50%灯具并交叉布置；

4 库房禁区、特级金融设施警戒区等重点设防部位应设置警卫照明；

5 营业厅、交易厅等场所应设值班照明。

9.4 应 急 照 明

9.4.1 应急照明设计应符合下列规定：

1 正常照明因故障熄灭后仍须维持正常工作的场所，应设置备用照明；

2 疏散通道及出口处应设置疏散照明。

9.4.2 应急照明的设置部位应符合表9.4.2的规定。

表9.4.2 应急照明的设置部位

应急照明种类	设 置 部 位
备用照明	营业厅、交易厅、理财室、离行式自助银行、保管库等金融服务场所；数据中心、银行客服中心的主机房；消防控制室、安防监控中心（室）、电话总机房、配变电所、发电机房、气体灭火设备房等重要辅助设备机房
疏散照明	大堂、营业厅、交易厅等人员密集场所；疏散楼梯间及其前室、疏散通道、消防电梯前室等部位

9.4.3 应急照明的照度标准值应符合下列规定：

1 现金交易柜台工作面上的备用照明照度标准值不应低于其正常照明照度标准值的50%；

2 营业厅、交易厅等人员密集公共场所的疏散通道、疏散出入口、疏散楼梯间的疏散照明照度标准值不应低于5 lx；其他部位的疏散照明照度标准值不应低于2 lx。

9.4.4 当正常电源故障停电后，现金交易柜台、保管库、自动柜员机等处的备用照明电源转换时间不应大于0.1s，其他应急照明的电源转换时间不应大于1.5s。

9.4.5 保管库等重要场所的应急照明应与入侵报警等安全技术防范系统联动，当入侵报警系统触发报警时，应同时强制点亮相应区域的应急照明和警卫照明。

9.4.6 疏散指示标志灯宜处于点亮状态。

9.4.7 营业厅、交易厅、数据中心主机房等场所宜设应急照明电源装置。

9.5 照 明 控 制

9.5.1 营业厅、交易厅等公共场所的照明宜采用集中控制，并宜按建筑使用条件和天然采光状况采取分区、分组控制或自动调光措施。

9.5.2 离行式自助银行、自动柜员机室的照明系统应由安防监控中心（室）或值班室控制，不得设置就地控制开关。

9.5.3 安防监控中心（室）应能遥控开启相关区域的应急照明和警卫照明。

10 节能与监测

10.1 一 般 规 定

10.1.1 金融建筑应选用高效节能的供配电设备，提高配电效率。

10.1.2 金融建筑应选用高效节能的用电设备，提高用电效率。

10.1.3 金融建筑应合理选取用电指标和其他设计参数。

10.1.4 当金融建筑由两路电源供电时，宜采用两路电源同时运行的方式；由三路电源供电时，可采用两用一备或三路同时运行的方式。

10.2 负 荷 计 算

10.2.1 金融建筑方案设计阶段宜采用单位面积功率法进行负荷估算。

10.2.2 金融建筑初步设计阶段宜采用单位面积功率法和需要系数法进行负荷计算。

10.2.3 金融建筑施工图设计阶段宜采用需要系数法进行负荷计算。

10.2.4 用电设备的电负荷值及用电设备所产生的热负荷值应根据设备的技术参数确定。当缺乏相关资料时，用电设备的电负荷值可根据表 10.2.4 并结合工程实际情况确定。

表 10.2.4　用电设备的电负荷值

建筑场所	平均用电功率密度（W/m²）
数据中心主机房	500～1500
辅助区、支持区、办公区	70～100

注：表中数据包括正常照明、动力及空调负荷，其中空调负荷为采用电制冷集中空调方式时的数据。

10.3　数据中心的能源效率（PUE）

10.3.1　金融设施数据中心的能源效率指标（PUE）可按表 10.3.1 进行分级和评价。

表 10.3.1　数据中心的能源效率指标（PUE）分级和评价

PUE	$PUE \leqslant 1.6$	$1.6 < PUE \leqslant 2.0$	$2.0 < PUE \leqslant 2.5$	$PUE > 2.5$
能效等级	一级	二级	三级	四级
客观评价	很好	好	一般	差

10.3.2　特级金融设施的数据中心能源效率指标不应大于 1.8，一级金融设施的数据中心能源效率指标不应大于 2.0，其他金融设施数据中心的能源效率指标不应大于 2.5。

10.4　能耗计量与监测

10.4.1　大型金融建筑应设能耗监测系统。

10.4.2　根据管理需要，建筑物中的金融设施区域可单独设置能耗监测系统。

10.4.3　金融建筑的能耗监测系统分类、分项计量的形式应根据建筑物所消耗的能源种类与用能设备的种类确定。

10.4.4　金融建筑宜采用自动计量的方式采集能耗数据，也可采用人工记录并输入能耗监测系统的方式。

10.4.5　自动计量装置所采集的能耗数据，应通过标准通信接口实时或定时上传至能耗监测系统。

10.4.6　能耗监测系统所采集的分类及分项能耗数据应定期自动传输至上级监控中心。

10.4.7　电能计量应符合下列规定：

1　大型金融建筑的电能计量装置，应在满足供电部门电业计费要求的同时，对以电力为主要能源的冷水机组、锅炉等大功率用电设备和具有租赁功能的用电场所分别设置电能计量装置。

2　应按下列分类方法对电能消耗进行分类计量：

　1）照明插座用电，包括室内外照明（含应急照明、室外景观照明等）及插座用电。

　2）空调用电，包括空调、采暖及通风设备的用电。当末端风机盘管、排气扇等设备难

以单独计量时，可纳入照明负荷。

　3）动力用电，包括给水排水系统设备、电梯、自动扶梯、数据中心主机房及其支持区的用电。

　4）其他特殊用电设备的用电。

3　电能计量应采用精度等级为 1.0 级及以上的有功电能表，并应具有标准的通信接口。

11　电磁兼容与防雷接地

11.1　一般规定

11.1.1　金融建筑的营业厅、交易厅、数据中心主机房宜符合一级电磁环境标准；其他场所宜符合二级电磁环境标准。当不符合规定时，宜采取电磁骚扰抑制措施。

11.1.2　与金融设施无关的电磁骚扰源设备不宜布置在数据中心主机房内。

11.1.3　金融设施中选用的 UPS 应经电磁兼容性认证。

11.2　电能质量与传导干扰的抑制

11.2.1　金融建筑电源进户处的电能质量应符合现行国家标准《电能质量　公共电网谐波》GB/T 14549 的规定。当不符合规定时，应在其金融设施专用回路上采取电源净化措施。

11.2.2　金融设施供配电系统应采取下列措施预防和治理电源性传导干扰：

1　当 UPS 总容量大于 100kVA，且其总谐波电流畸变率（THD_i）大于 15% 时，宜在 UPS 电源输入端采取谐波治理措施；

2　滤波装置宜布置在谐波源设备附近。

11.3　金融设施电子信息系统的防雷分级及措施

11.3.1　电子信息系统的雷电防护等级应根据金融设施的等级、发生雷电事故的可能性、雷击可能造成的直接损失和间接损失等因素确定，并应符合下列规定：

1　数据中心主机房及其辅助区的雷电防护等级应按表 11.3.1 确定。

表 11.3.1　数据中心主机房及其辅助区的雷电防护等级

雷电防护等级	机房类型
A 级	特级、一级金融设施数据中心的主机房及其辅助区
B 级	二级金融设施数据中心的主机房及其辅助区
C 级	三级金融设施数据中心的主机房及其辅助区

2 除数据中心主机房及其辅助区外的电子信息系统的雷电防护等级，应按现行国家标准《建筑物电子信息系统防雷技术规范》GB 50343 执行。

11.3.2 金融设施供配电系统的防雷设计应符合下列规定：

1 特级、一级、二级金融设施的数据中心主机房供电专线应逐级设置电涌保护器；三级金融设施的数据中心主机房供电专线宜逐级设置电涌保护器；

2 数据中心主机房以外的电子信息系统电源线路，技术经济合理时，可在其交流配电柜（箱）处设电涌保护器。

11.3.3 网络传输线路的防雷设计应符合下列规定：

1 特级、一级、二级金融设施的数据中心主机房及其辅助区的网络传输线路进户处应设电涌保护器，三级金融设施的数据中心主机房及其辅助区的网络传输线路进户处宜设电涌保护器；

2 其他电子信息系统的网络传输线路，技术经济合理时，可在其线路进户处设置电涌保护器。

11.3.4 特级金融设施可选用具有数字化监测功能的电涌保护器。

11.3.5 建筑物防雷与接地设计应符合现行国家标准《建筑物防雷设计规范》GB 50057、《建筑物电子信息系统防雷技术规范》GB 50343 的规定。

12 智能化集成系统

12.1 一般规定

12.1.1 智能化集成系统应与数据监控中心（ECC）监控系统联网，并应预留与其他相关系统联网所需的通信接口。

12.1.2 智能化集成系统发出指令的响应时间应满足联动控制的实时性要求。

12.1.3 智能化集成系统的设计应符合现行国家标准《智能建筑设计标准》GB/T 50314 的有关规定。

12.2 系统功能

12.2.1 智能化集成系统宜具备全局性管理功能和自主型或辅助型全局性决策功能。

12.2.2 智能化集成系统应实现除金融业务计算机网络系统和金融专业安全防范系统以外的智能化子系统主要信息的整合与共享。

13 信息设施系统

13.1 一般规定

13.1.1 特级、一级金融设施金融业务专用的综合布线系统应相对独立。

13.1.2 信息设施系统的设计方案应根据金融设施的等级、不同功能区域的应用需求以及建筑物（群）的管理模式等确定。

13.1.3 信息设施系统的设计应符合现行国家标准《智能建筑设计标准》GB/T 50314、《综合布线系统工程设计规范》GB 50311 的规定。

13.2 通信与网络设施

13.2.1 特级、一级金融设施宜设置金融业务专用通信接入系统。

13.2.2 特级、一级金融设施的生产业务专用数据通信宜设置两个通信线路接入通道，二级金融设施的生产业务专用数据通信可设置一个或两个通信线路接入通道。

13.2.3 证券交易、商品期货交易、外汇交易等类型的特级、一级金融设施除应设有线通信接入系统外，还应设卫星通信等无线通信系统。

13.2.4 特级、一级金融设施宜设专用电话程控交换机。

13.2.5 特级、一级金融设施宜设置具有国际金融信息服务功能的卫星电视接收系统，二级金融设施可设置具有国际金融信息服务功能的卫星电视接收系统。

13.2.6 特级、一级金融设施宜设物业管理专用无线对讲系统或设置与电话程控交换机联网的微区域移动通信系统（PHS）。

13.2.7 特级、一级金融设施的办公区域内宜设置无线网络服务系统，二级金融设施的办公区域内可设置无线网络服务系统。

13.2.8 移动通信室内覆盖系统应支持多家运营商的通信服务，且宜采用合路技术。

13.3 综合布线系统

13.3.1 金融设施的综合布线系统应根据其等级、功能分布及管理模式进行规划设计。

13.3.2 特级、一级金融设施的生产业务专用数据通信网络应支持多个运营商接入，二级金融设施的生产业务专用数据通信网络宜支持多个运营商接入。

13.3.3 特级、一级金融设施的生产业务专用数据通信主干链路应自成体系，并应与建筑物或建筑群中其他网络相互隔离。有条件时，生产业务专用数据通信主干链路可经专用管井敷设。二级金融设施的生产业务专用数据通信主干链路宜自成体系。

13.3.4 特级、一级金融设施的生产业务专用数据通信主干链路应采取冗余措施，二级金融设施的生产业务专用数据通信主干链路宜采取冗余措施。

13.4 呼叫显示与信息发布系统

13.4.1 呼叫显示系统的设计应符合下列规定：

1 银行及保险业营业厅应设置营业性呼叫显示系统，证券交易、商品交易类建筑的营业厅可设置呼叫显示系统。

2 呼叫显示系统的功能应具有下列功能：

1）支持银行、保险业营业厅公共服务所需的多序列自动发号与叫号；

2）支持多台发号机联网、号码统一排序；

3）具备多机联网管理及远程监控功能；

4）发号机的人机界面简洁、直观，能快速输出排队票号，并显示顾客排队的种类、序号等信息；

5）呼叫器支持工作人员密码登录和即时修改；

6）采用同步的实时叫号语音提示及显示屏显示；

7）具有多个等候区的排队信息显示功能，各等候区的呼叫显示可独立运行。

3 呼叫显示系统的系统组成及功能，应满足银行、保险行业的内部业务管理要求。

4 呼叫显示系统的布线宜穿金属导管（槽）暗敷。

13.4.2 信息发布系统的设计应符合下列规定：

1 银行、保险、证券、商品期货等类金融建筑的营业厅宜设置动态金融信息发布系统；

2 金融建筑的办公区域可按需设置引导及信息发布显示装置、公共传媒信息显示装置及时钟系统；

3 信息发布系统的控制电缆、数据光缆和电缆，宜采用金属导管（槽）保护，并应可靠接地。

14 信息化应用系统

14.1 一般规定

14.1.1 信息化应用系统的设计应满足金融建筑对于信息安全、通信效率和系统可靠性的要求。

14.1.2 金融设施的专用系统应相对独立、自成体系，必要时也可与其他信息化应用系统联网。

14.2 物业管理系统

14.2.1 设有特级、一级金融设施的建筑物（群）应设置物业管理系统，设有二级金融设施的建筑物或建筑群宜设置物业管理系统。

14.2.2 物业管理系统应满足金融建筑及其金融设施的物业管理需求，并应保证各类系统信息资源的共享和优化管理。

14.2.3 物业管理系统应具备实用性、可靠性和高效性，并应具有信息采集、存储及综合处理的功能。

14.2.4 物业管理系统采用的通信协议和接口应符合国家现行有关标准的规定。

15 建筑设备管理系统

15.1 一般规定

15.1.1 特级金融设施应设置数据监控中心（ECC）及专用智能化监控系统，一级金融设施宜设置数据监控中心及专用智能化监控系统，二级金融设施可设置数据监控中心及专用智能化监控系统。

15.1.2 建筑设备监控系统应监视数据监控中心监控系统的工作状态。

15.1.3 建筑设备管理系统应对数据监控中心监控系统监控范围以外的机电设备进行监控与管理。

15.1.4 当直接数字控制器采用就近供电方式时，交易厅、营业厅、保管库等区域的照明控制不宜纳入其控制范围，否则照明控制回路的继电器宜具备失电时自保持功能。

15.1.5 建筑设备监控系统控制室宜与消防控制室合用。

15.1.6 建筑设备监控系统设计应符合现行国家标准《智能建筑设计标准》GB/T 50314 的有关规定。

15.2 数据监控中心（ECC）监控系统的设计

15.2.1 数据监控中心监控系统应对数据中心主机房及其辅助区内的空调系统、供配电系统、火灾自动报警系统、安全技术防范系统等机电设施实施监控与管理。

15.2.2 特级、一级金融设施的直接数字控制器宜由数据监控中心的专用电源集中供电。

15.2.3 数据监控中心监控系统应实时监测数据中心的下列信息：

1 常用电源的工作状态；

2 发电机组的工作状态；

3 UPS 工作状态；

4 数据中心主机房的温度与湿度；

5 漏水监测系统工作状态与报警信号；

6 精密空调系统工作状态与故障信号。

16 安全技术防范系统

16.1 一般规定

16.1.1 金融建筑宜采取人防和技防相结合、主动防御和被动防御相结合的安防策略。

16.1.2 安全技术防范系统应满足金融设施区域和非金融设施区域的不同使用要求。

16.1.3 金融设施的安全技术防范系统设计应根据金融设施的等级和被保护场所的特点采取外围防护、重点区域防护和重点目标防护等多层次的防护设施。

16.1.4 金融建筑安全技术防范系统应与金融设施专业安全技术防范系统联网。

16.1.5 金融建筑安全技术防范系统应具备与当地公安部门专用系统联网的条件。

16.1.6 安全技术防范系统的设计应符合国家现行标准《安全防范工程技术规范》GB 50348、《银行安全防范报警监控联网系统技术要求》GB/T 16676、《银行营业场所风险等级和防护级别的规定》GA 38、《银行自助设备　自助银行安全防范的规定》GA 745的有关规定。

16.2 配置要求

16.2.1 金融建筑的安全技术防范系统设备宜按表16.2.1配置。

表 16.2.1　金融建筑安全技术防范系统设备配置表

项　目		安装区域或覆盖范围
视频安防监控系统	摄像机	建筑物周界
		电梯轿厢内
	摄像机	金融设施出入口
		营业厅、交易厅、保管库、离行式自助银行
		数据中心主机房、不间断电源室
		安防监控中心（室）、数据监控中心（ECC）
	控制记录显示装置	安防监控中心（室）
入侵报警系统	入侵探测器	建筑物（群）周界
	入侵探测器/声光报警器	保管库、营业厅、交易厅
		数据中心主机房、不间断电源室
	控制记录显示装置	安防监控中心（室）
	防盗报警控制器	安防监控中心（室）
出入口控制系统		金融设施出入口、数据中心主机房、不间断电源室
		安防监控中心（室）、数据监控中心（ECC）
电子巡更系统		配变电所、应急发电机房、数据中心主机房
车库管理系统		停车库、停车场

16.3 系统设计

16.3.1 安全技术防范系统宜具备视频安防监控、入侵报警、出入口控制、电子巡查、停车场（库）管理等系统的全部或部分功能。

16.3.2 特级、一级金融设施中重要部位或重点目标宜连续录像。

16.3.3 视频安防监控设备管线宜暗敷，重要部位的摄像机宜具备防破坏功能。

16.3.4 安全技术防范系统应预留与火灾自动报警系统、建筑设备监控系统、智能照明控制系统等相关系统联网的接口。

16.3.5 银行营业厅、保管库、离行式自助银行、交易厅、数据中心等重要区域的安全技术防范系统应采用UPS供电。

17　电气防火

17.1 一般规定

17.1.1 金融建筑的电气防火设施应包括火灾自动报警系统、漏电火灾报警系统及其他电气防火措施等。

17.1.2 金融建筑物和建筑群的防火设计应根据金融设施和非金融设施的不同功能，分别采取针对性技术措施。

17.1.3 金融设施应设置火灾自动报警系统。

17.1.4 建筑高度大于250m的金融建筑宜进行消防性能化设计。

17.1.5 金融建筑的电气防火设计应符合现行国家标准《高层民用建筑设计防火规范》GB 50045、《建筑设计防火规范》GB 50016、《火灾自动报警系统设计规范》GB 50116的有关规定。

17.2 火灾自动报警系统

17.2.1 金融建筑火灾自动报警系统保护对象的等级可按表17.2.1划分。

表 17.2.1　金融建筑火灾自动报警系统保护对象的等级划分

等　级	保　护　对　象
特级防火金融建筑	拥有特级金融设施的金融建筑；拥有二级及以上金融设施且高度大于100m的其他金融建筑
一级防火金融建筑	拥有一级金融设施的建筑；一类高层金融建筑；建筑高度不大于24m、单层建筑面积大于3000m²的金融建筑；使用面积大于1000m²的地下金融建筑
二级防火金融建筑	拥有二级金融设施的金融建筑；二类高层金融建筑；建筑高度大于24m、设有集中式空气调节系统的金融建筑；建筑高度不大于24m、单层建筑面积大于2000m²但不大于3000m²的金融建筑；使用面积大于1000m²的地下金融建筑

17.2.2 特级金融设施数据中心主机房及其不间断电源室应设置管路吸气式火灾探测报警系统，一级金融设施数据中心主机房及其不间断电源室宜设置管路吸气式火灾探测报警系统。

17.2.3 数据中心主入口、数据监控中心（ECC）、消防及安防监控中心（室）、警卫值班室内应设置区域火灾报警控制箱或区域报警显示器。

17.2.4 数据监控中心（ECC）、消防及安防监控中心（室）、警卫值班室内应设置消防专用电话机。

17.2.5 金融设施区域火灾报警控制器除应显示本区域火灾信息外，还应能显示金融设施所在建筑物其他区域的火灾信息。

17.3 消防联动控制系统

17.3.1 数据监控中心（ECC）内应设置本区域的消防联动控制柜。

17.3.2 特级、一级金融设施数据中心主机房电源不得由火灾自动报警系统联动跳闸。

17.3.3 数据中心主机房、保管库等部位的电子门锁，在发生火灾报警后不得自动联动释放，应由主机房工作人员、数据监控中心值班人员或消防人员根据现场情况进行人工控制。

17.4 电气火灾监控系统

17.4.1 特级、一级防火金融建筑的下列部位应设置电气火灾监控探测器：

    1 金融设施专用空调电源干线、动力末端配电箱、照明与插座末端配电箱；

    2 弱电机房、值班室、商场、厨房及餐厅、观影设施、娱乐设施、展览设施等区域的照明与插座配电箱。

17.4.2 二级防火金融建筑的金融设施专用空调电源干线、动力末端配电箱、照明与插座末端配电箱，应设置电气火灾监控探测器。

17.4.3 金融设施电源室的电气火灾监控探测器宜具有温度探测功能。

17.5 重要场所的电气防火措施

17.5.1 特级、一级金融设施数据中心主机房的密闭式吊顶内及高度大于300mm的架空地板内，应设置火灾探测器；二级金融设施数据中心主机房的密闭式吊顶内及高度大于300mm的架空地板内宜设置火灾探测器。

17.5.2 特级金融设施的数据中心主机房应采用气体灭火系统，严禁采用水介质灭火系统。

17.5.3 一级及以下金融设施的数据中心主机房宜采用气体灭火系统。

17.5.4 特级、一级金融设施中的纸币和票据类库房内应采用气体灭火系统；二级金融设施中的纸币和票据类库房内宜设气体灭火系统。

17.5.5 金融设施电线电缆的选型应符合本规范第8章的规定。

18 机房工程

18.1 一般规定

18.1.1 本章节适用于金融建筑中数据中心主机房及其辅助区、数据监控中心（ECC）机房的工程设计。

18.1.2 机房工程设计应注重机房环境的安全、可靠、环保、节能、方便、舒适。

18.1.3 数据中心主机房不得贴近高强度的电磁骚扰源。

18.1.4 数据中心主机房应采取防静电措施。

18.1.5 数据中心主机房宜远离建筑物防雷引下线等主要的雷击散流通道。

18.1.6 机房工程设计应符合现行国家标准《智能建筑设计标准》GB/T 50314、《电子信息系统机房设计规范》GB 50174 的有关规定。

18.2 土建设计条件

18.2.1 数据中心主机房平面布局应符合下列规定：

    1 特级、一级金融设施数据中心主机房周边应设配套用房；

    2 当采用水冷空调系统时，空调机房与生产区域之间应采用防火防水隔墙进行分隔，其他设备机房与生产区域之间宜采用防火防水隔墙进行分隔；

    3 主机房的柱距不宜小于9m。

18.2.2 主机房及辅助区通道应符合下列规定：

    1 机房通道宜按功能分为生产通道和机电设备维护通道，两种通道之间宜采取隔离措施；

    2 生产通道的净宽不应小于2.0m，机电设备维护通道的净宽不应小于2.5m；

    3 机房地（板）面与通道之间不宜存在坡道和台阶。

18.2.3 地面材质的选择应符合下列规定：

    1 数据中心主机房、辅助区、数据监控中心（ECC）机房应采用防静电架空地板，走道等部位采用防静电架空地板；

    2 冷冻机房、配变电所、发电机房、配电间、货物装卸区、拆箱调试区及其相邻走道等地面宜覆盖防尘涂料。

18.2.4 门窗设计应符合下列规定：

    1 主机房不宜布置窗户；当机房及其楼梯间临街设窗时，应装设防爆防弹玻璃；

    2 主机房、电源室、配电间、精密空调室、电梯间及通道上的门框净高不应低于2.4m，宽度不应小于1.8m，其他门框宽度不应小于1m。

18.2.5 管道竖井布置应符合下列规定：

    1 当网络设备采用双重电源线路供电或双路冷冻水供水时，两条线路或管道宜安装在两个独立的竖井内，且宜布置在机房的两侧；

    2 新风空调风井宜布置在精密空调机房的两侧，其面积应满足保持机房正压所需新风量及蓄电池室通风换气的需求；

    3 应设置蓄电池间排风井或排风管道；

    4 应设置气体灭火系统排风管道。

18.3 精密空调设计条件

18.3.1 特级、一级金融设施的数据中心主机房宜采用水冷空调系统。

18.3.2 特级、一级金融设施数据中心主机房的空调冷水机组宜采用 $N+X$ 的冗余配置。

18.3.3 特级、一级金融设施数据中心主机房的空调系统供回水总管宜采用 $2N$ 冗余配置，两路供回水管道宜经不同路径敷设。

18.3.4 特级、一级金融设施数据中心主机房的末端精密空调应采用 $N+X$ 的配置。

18.3.5 当特级、一级金融设施数据中心主机房采用风冷空调系统时，应采用具有双压缩机、双风机的机型，冷媒管宜经两个路径布置，并宜经不同的竖井接至室外机。

18.4 消防设计条件

18.4.1 特级、一级金融设施数据中心主机房、电源室、数据监控中心（ECC）机房和金融设施总配电间应设置气体灭火系统。

18.4.2 设有管网式气体灭火系统的机房内均应设置就地手动启动的事故排风系统。

18.4.3 主机房与外部连通的门口处，架空地板上、下均应采取挡水措施。

18.5 接 地

18.5.1 金融设施宜采用共用接地系统，其接地电阻值应满足相关各系统中最低电阻值的要求。当无相关资料时，接地电阻应按不大于 1Ω 设计。

18.5.2 当一个计算机网络系统涉及多幢相邻建筑物时，建筑物之间的接地系统可作等电位联结。

18.5.3 数据中心主机房接地网络的形式应根据金融设施的等级及主机房的规模等因素确定。

18.5.4 数据中心主机房内正常情况下不带电的外露导体应与接地系统作可靠的连接。

18.6 防静电措施

18.6.1 架空地板宜采用由钢、铝或其他有足够机械强度的阻燃性材料制成的拼装式地板，地板面层及其构造均应采取防静电措施，且不应暴露金属构造。

18.6.2 特级、一级金融设施数据中心主机房的防静电地板对地电阻值为 $1\times10^{5}\,\Omega\sim1\times10^{7}\,\Omega$，其表面电阻值应为 $1\times10^{5}\,\Omega\sim1\times10^{8}\,\Omega$，摩擦起电电压值不得大于 $100V$。

18.6.3 二级金融设施数据中心主机房的防静电地板对地电阻值应为 $1\times10^{5}\,\Omega\sim1\times10^{8}\,\Omega$，其表面电阻值应为 $1\times10^{5}\,\Omega\sim1\times10^{9}\,\Omega$，摩擦起电电压值不得大于 $200V$。

18.6.4 三级金融设施数据中心主机房的防静电地板或地面对地电阻值应为 $1\times10^{5}\,\Omega\sim1\times10^{9}\,\Omega$，其表面电阻值应为 $1\times10^{5}\,\Omega\sim1\times10^{9}\,\Omega$，摩擦起电电压值不得大于 $1000V$。

18.6.5 数据中心主机房内绝缘体的静电电位不应大于 $1000V$。

18.6.6 防静电接地系统中各连接部件间的接触电阻值不宜大于 0.1Ω。

18.6.7 当数据中心主机房内不设活动地板时，应在地面上铺设防静电地毯或涂覆防静电树脂涂料。

18.7 数据监控中心（ECC）机房

18.7.1 数据监控中心的机房应包括控制操作区和辅助工作区。

18.7.2 机房的操作席位和显示屏的规格与数量应根据业务管理流程进行设置。

18.7.3 空调系统应满足长期连续工作的需要。

18.7.4 控制台上的插座应由不间断电源供电。

18.7.5 综合布线系统应能满足多种信息网络服务接入以及信息网络功能调整的需求。

19 自助银行与自动柜员机室

19.1 供 电 设 计

19.1.1 自助银行及自动柜员机室的供电负荷等级应与所在建筑物的最高负荷等级相同。

19.1.2 自助银行及自动柜员机室宜配置 UPS。

19.1.3 自助银行及自动柜员机室配电柜应设置在银行封闭式管控区域内。

19.2 安全防护措施

19.2.1 自助银行及自动柜员机室的现金装填区域应设置视频安全监控装置、出入口控制装置和入侵报警装置，且应具备与 110 报警系统联网功能。

19.2.2 自助银行及自动柜员机室的用户服务区应设置视频安全监控装置。

19.2.3 离柜式自助银行及自动柜员机室的外墙及银行值班室应分别装设警铃。室外警铃的声压级不应小于 $100dB(A)$，室内警铃的声压级不应小于 $80dB(A)$。

附录 A 供电可靠性等级
（可靠度 R）计算方法

A.0.1 供电系统及元件的可靠函数 $R(t)$ 和故障函数 $Q(t)$ 的关系可用下式表示：

$$R(t) = 1 - Q(t) \qquad (A.0.1)$$

式中：$R(t)$——可靠函数；

$Q(t)$——故障函数。

A.0.2 供电系统及元件的可靠度 R 和不可靠度 Q 的关系可用下式表示：

$$R = 1 - Q \qquad (A.0.2)$$

式中：R——可靠度；

Q——不可靠度。

A.0.3 供电系统典型环节的可靠性指标可按下列方法计算：

  1 两个独立元件串联连接系统的可靠度可按下式计算（图 A.0.3-1）：

$$R = R_A \times R_B \qquad (A.0.3-1)$$

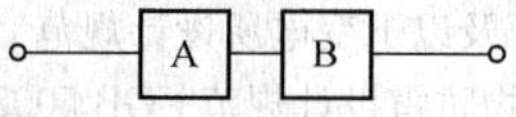

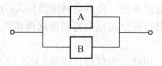

图 A.0.3-1 串联连接系统框图

式中：R_A——元件 A 的可靠度；

R_B——元件 B 的可靠度。

  2 n 个独立元件串联连接系统的可靠度可按下式计算：

$$R = \prod_{i=1}^{n} R_i \qquad (A.0.3-2)$$

  3 两个独立元件并联连接系统的可靠度可按下式计算（图 A.0.3-2）：

$$R = R_A \times R_B + R_A \times Q_B + R_B \times Q_A \qquad (A.0.3-3)$$

图 A.0.3-2 并联连接系统框图

式中：Q_A——元件 A 的不可靠度；

Q_B——元件 B 的不可靠度。

  4 n 个独立元件并联连接系统的可靠度可按下式计算：

$$R = 1 - \prod_{i=1}^{n} Q_i \qquad (A.0.3-4)$$

  5 串-并联系统的可靠度可按下列步骤简化计算（图 A.0.3-3）：

    1）将串联元件 A、D 归并形成等效元件 F，将串联元件 B、E 归并形成等效元件 G；然后将等效元件 F、G 归并成等效元件 H

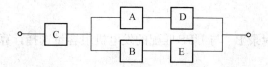

图 A.0.3-3 串-并联系统框图

（图 A.0.3-4），系统等效简化后的可靠度可按下列公式计算：

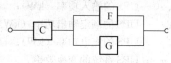

(a) 第一次简化

(b) 第二次简化

图 A.0.3-4 串-并联系统简化框图

等效元件 F 的可靠度：

$$R_F = R_A \times R_D \qquad (A.0.3-5)$$

等效元件 G 的可靠度：

$$R_G = R_B \times R_E \qquad (A.0.3-6)$$

    2）将并联元件 F、G 归并形成等效元件 H，并可按下式计算：

$$R_H = 1 - Q_F \times Q_G \qquad (A.0.3-7)$$

    3）串-并联系统的可靠度可按下式计算：

$$R = R_C \times R_H \qquad (A.0.3-8)$$

  6 部分冗余系统的可靠度可按下式计算（图 A.0.3-5）：

$$R = R_A \times R_B \times R_C + R_A \times R_B \times Q_C + R_B$$
$$\times R_C \times Q_A + R_A \times R_C \times Q_B \qquad (A.0.3-9)$$

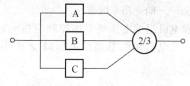

图 A.0.3-5 n 取 r 表决系统框图

  7 n 个元件中至少 k 个元件工作，系统才有效的部分冗余系统可按下式计算：

$$R = R^n + C_n^{n-1} \times R^{n-1} \times Q^1 + C_n^{n-2} \times R^{n-2}$$
$$\times Q^2 + \cdots\cdots + C_n^k \times R^k \times Q^{n-k} \quad (A.0.3-10)$$

  8 备用冗余系统的可靠度可按下式计算（图 A.0.3-6）：

$$R = R_K \times (1 - Q_A \times Q_B) \qquad (A.0.3-11)$$

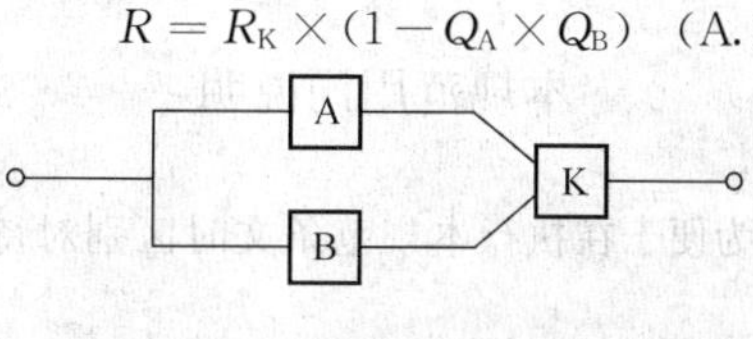

图 A.0.3-6 备用冗余系统框图

式中：R_K——元件 K 的可靠度。

附录 B 与 UPS 匹配的发电机组容量选择计算

B. 0. 1 UPS 的输入端功率可按下式计算：

$$P_{\text{UPSin}} = \frac{P_{\text{UPSout}}}{\eta} + P_{\text{UPSpower}} \qquad (\text{B. 0. 1})$$

式中：P_{UPSin}——UPS 的输入功率（kW）；

P_{UPSout}——UPS 的额定输出功率（kW）；

P_{UPSpower}——UPS 的充电功率（kW）；

η——UPS 系统的变换效率。

B. 0. 2 当 UPS 内置功率因数校正和谐波抑制元件时，可只考虑 UPS 的效率和 UPS 系统的充电功率的影响，发电机组的输出功率可按下式计算：

$$P_{\text{g}} = K \times P_{\text{UPSin}} \qquad (\text{B. 0. 2})$$

式中：P_{g}——发电机组输出的有功功率（kW）；

K——安全系数，取 $1.1 \sim 1.2$。

B. 0. 3 当 UPS 没有内置功率因数校正和谐波抑制元件时，应考虑 UPS 功率因数及谐波的影响，发电机组的输出视在功率可按下列公式计算：

$$S_{\text{gout}} = K \times S_{\text{UPSin}} \qquad (\text{B. 0. 3-1})$$

$$S_{\text{UPSin}} = \frac{P_{\text{UPSout}}}{PF} \qquad (\text{B. 0. 3-2})$$

$$PF = PF_{\text{disp}} \times PF_{\text{dist}} \qquad (\text{B. 0. 3-3})$$

式中：S_{gout}——发电机组输出的视在功率（kVA）；

K——安全系数，取 $1.1 \sim 1.2$；

S_{UPSin}——UPS 的输入视在功率（kVA）；

PF——UPS 的输入功率因数（包括相位无功和畸变无功）；

PF_{disp}——位移功率因数；

PF_{dist}——畸变功率因数。

B. 0. 4 发电机组的电压畸变率控制应在 $-5\% \sim +5\%$ 以内，发电机组的总谐波电压畸变率可按下式计算：

$$THD_{\text{u}} = \sqrt{\frac{\Sigma U_{\text{n}}^2}{U_1}} = \sqrt{\frac{\Sigma (I_{\text{n}} Z)^2}{U_1}} \qquad (\text{B. 0. 4})$$

式中：THD_{u}——总谐波电压畸变率；

U_1——电源基波电压；

U_{n}——各次谐波电压；

I_{n}——各次谐波电流；

Z——发电机组电源内阻；

n——谐波次数。

本规范用词说明

1 为便于在执行本规范条文时区别对待，对于要求严格程度不同的用词说明如下：

  1） 表示很严格，非这样做不可的：

    正面词采用"必须"，反面词采用"严禁"；

  2） 表示严格，在正常情况下均应这样做的：

    正面词采用"应"，反面词采用"不应"或"不得"；

  3） 表示允许稍有选择，在条件许可时首先应这样做的：

    正面词采用"宜"，反面词采用"不宜"；

  4） 表示有选择，在一定条件下可以这样做的，采用"可"。

2 条文中指明应按其他有关标准执行的写法为："应符合……规定"或"应按……执行"。

引用标准名录

1 《建筑设计防火规范》GB 50016

2 《建筑照明设计标准》GB 50034

3 《高层民用建筑设计防火规范》GB 50045

4 《供配电系统设计规范》GB 50052

5 《10kV 及以下变电所设计规范》GB 50053

6 《建筑物防雷设计规范》GB 50057

7 《3 ~ 110kV 高压配电装置设计规范》GB 50060

8 《火灾自动报警系统设计规范》GB 50116

9 《电子信息系统机房设计规范》GB 50174

10 《并联电容器装置设计规范》GB 50227

11 《综合布线系统工程设计规范》GB 50311

12 《智能建筑设计标准》GB/T 50314

13 《建筑物电子信息系统防雷技术规范》GB 50343

14 《安全防范工程技术规范》GB 50348

15 《低压开关设备和控制设备》GB/T 14048.11

16 《电能质量 公共电网谐波》GB/T 14549

17 《银行安全防范报警监控联网系统技术要求》GB/T 16676

18 《民用建筑电气设计规范》JGJ 16

19 《银行营业场所风险等级和防护级别的规定》GA 38

20 《银行自助设备 自助银行安全防范的规定》GA 745

中华人民共和国行业标准

金融建筑电气设计规范

JGJ 284—2012

条 文 说 明

制 订 说 明

《金融建筑电气设计规范》JGJ 284-2012，经住房和城乡建设部 2012 年 7 月 19 日以第 1440 号公告批准、发布。

本规范编制过程中，编制组进行了金融建筑电气设计及应用需求的调查研究，总结了我国金融建筑电气工程建设的实践经验，同时参考了国外先进技术法规、技术标准，取得了制订本规范所必要的重要技术参数。

为便于广大设计、施工、科研、学校等单位有关人员在使用本标准时能正确理解和执行条文规定，《金融建筑电气设计规范》编制组按章、节、条顺序编制了本规范的条文说明，对条文规定的目的、依据以及执行中需注意的有关事项进行了说明，还着重对强制性条文的强制性理由做了解释。但是，本条文说明不具备与规范正文同等的法律效力，仅供使用者作为理解和把握规范规定的参考。

目　次

1 总 则

1.0.4 有些金融建筑中，除了设有金融设施外，还有商店、出租型办公等非金融业务场所。建筑物中的这些非金融业务场所不必按金融设施的要求进行设计，可以按现行行业标准《民用建筑电气设计规范》JGJ 16 执行。

2 术语和代号

2.1.12 对于电磁兼容性的评估应包括两个方面：电磁干扰和电磁敏感度。

3 金融设施分级

3.0.1 金融设施等级的划分应坚持"由用户自主定级、自主管理、自主保障"的原则。金融设施的建设单位或使用单位应根据工程的使用功能、重要性、投资控制目标等因素自行确定其重要性等级，并确定相应的技术标准和安全措施。

此处的"用户"包括自用及租用的金融类机构和企业，诸如从事银行业及其衍生品交易、证券交易、商品及期货交易、保险业等金融相关业务的企事业单位。

3.0.2 "全国或更大范围"是指全中国或更大范围的区域。中国人民银行以及我国的主要国有商业银行的核心金融设施，应定为特级金融设施。

3.0.3 "大范围"一般指省（自治区、直辖市）级和地区级的区域范围。

3.0.4 "较小范围"一般指县级（含县级市）区域范围。

4 供配电系统

4.2 负荷分级与供电要求

4.2.1 金融设施的安全运行与供电的可靠性是密切相关的。重要的金融设施一旦发生停电，将在大范围内造成金融秩序紊乱，给金融企业造成重大的经济损失和严重的社会问题。如果将高等级金融设施按低等级负荷来提供电力，势必严重危及金融设施的安全运行；反之，如果无故提高低等级金融设施的用电负荷等级，势必造成巨大的投资浪费。因此，金融设施的用电负荷等级必须与金融设施等级相适应。

4.2.2 因为金融建筑数据中心机房等场所通常都密布着用电设备，计算机设备的运行有赖于空调系统的持续、正常运行。一旦空调设备断电，机房内的温度会迅速升高，导致计算机设备宕机而危及金融设施的

安全运行，故作此规定。

4.2.3 大型金库等特殊金融设施的安防与通信还有其他要求，例如，为防止电源及线路人为破坏，其安防系统的终端设备通常内置备用电源。但由于这些特殊建筑不在本规范适用范围内，故本规范未作详细规定。

4.2.5 第2款：当外部电源故障时，数据机房的专用发电机组需要持续工作数小时甚至更长时间，故应选用持续工作型发电机组。为确保数据中心的供电安全，消防设备及其他非金融设施负荷应另行配置备用发电机组，不应接入特级金融设施数据机房的应急供电系统。

第5款：由于金融业务发展迅速，通常数据中心的用电量比较大。如果片面追求一次性全部建成，不但会导致首期投资巨大，而且由于初期业务设备较少，配变电设备长期处于低负载率运行状态，既不经济，也不节能。所以，必要时供配电系统应根据金融业务的发展规划分期实施。

4.2.6 关于供配电系统可靠性等级的计算方法，可将其典型的重要负荷配电系统简化为等效框图，再根据等效框图中各种不同环节所对应的计算公式（如串联环节、并联环节、n 选 r 环节等）逐步计算出各个节点的可靠性等级，最后计算出目标节点处（通常指重要负荷的受电端）的可靠性等级数据。

4.2.7 金融建筑中的特级、一级金融设施往往要求不间断供电。即使是短暂的停电维护时间也可能对金融企业造成严重的社会影响和经济损失，故要求供电系统设计应使重要设备能够在用电设备不停电的情况下进行维护。技术上可采取系统冗余、设置维护用旁路开关或使用可在线维护的设备等措施。

4.2.9 金融设施中的重要设备通常包括金融设施专用电源（UPS）、金融专业安防设备等。

金融建筑中的特级金融设施自公共电网电源进户后的整个供电系统中不应存在线路及配电设备的瓶颈，即供配电系统中不应存在不可逾越的线路及设备故障点（此类故障在金融行业内通常被称为单点故障）。

4.2.10 因为大型的数据中心一旦空调设备断电，机房内的温度会迅速升高，导致计算机设备宕机并危及金融设施的安全运行。而柴油发电机的多机组并机、电源切换、冷冻机组断电后的再次启动等时间，可能会大于机房温升至预警值的时间，故作此规定。机房温升至预警值的时间通常由网络设备供应商提供。

若不能满足，则应设置其他备用电源，以控制机房的温升。

4.3 配变电系统及其监控

4.3.2 照明插座用电指金融设施区域的照明用电以

及普通的插座用电，如检修或打扫用的插座。

空调用电指为金融设施区域服务的空调设备。

动力用电指为金融设施区域服务的水泵、起重设备等。

此处的其他用电是指金融设施用电。

4.3.3 多功能仪表宜具有监测或计量三相电流、电压、有功功率、功率因数、有功电能、总谐波电流畸变率和谐波分量等功能。这是因为数据中心供电回路中谐波含量较高，装设具有测量谐波分量功能的表具有利于监控配电回路供电情况及分析故障原因。此类仪表应能测量21次及以下各次谐波分量。

4.3.4 具有故障记录功能的仪表可提供原始数据，便于分析故障原因。

5 配 变 电 所

5.2 所 址 选 择

5.2.1 特级、一级金融设施的电源室都由双电源供电，且要求两条电源线路经由不同的路径敷设，以提高电源可靠性。

本规范的数据中心特指以集中的数据存储和统一的信息处理平台为依托，在相应的系统支持下，通过集中的运行、监控、管理手段，承担金融业务或全辖区范围内信息存储、处理和传输的机构。它通常包括主机房、辅助区、支持区和行政管理区。其中，主机房是指数据中心中用于电子信息处理、存储、交换和传输设备的安装和运行的建筑空间，包括服务器机房、网络机房、存储机房等功能区域；辅助区是指数据中心中用于电子信息设备和软件的安装、调试、维护、运行监控和管理的场所，包括进线间、测试机房、数据监控中心（ECC）、指挥中心、备件库、打印室、维修室等；支持区是指数据中心中支持并保障完成信息处理过程和必要的技术作业的场所，包括变配电室、柴油发电机房、不间断电源室、空调机房、动力站房、消防设施用房、消防和安防控制室等。行政管理区是指数据中心中用于日常行政管理及客户对托管设备进行管理的场所，包括工作人员办公室、门厅、值班室、盥洗室、更衣室和用户工作室等。

由于国家标准《数据中心基础设施设计规范》（将替代《电子信息系统机房设计规范》GB 50174）正在修订中，上述概念（术语）可能与之不符，故仅在金融建筑行业内使用。

5.2.4 对于特级金融设施而言，不同电源的两台或多台变压器不应放在一个房间内，不同电源的配电柜也不应放在一个房间内，但同一电源的变压器、配电柜可以放在一个房间内。工程实践中，变压器内部绕组短路引发爆炸、高低压配电柜内部短路引起柜体严重变形的事故都曾发生。当发生此类严重事故时，相邻设备容易受牵连而停运。特级金融设施必须避免此类次生灾害的发生，故作此规定。

5.3 配电变压器选择

5.3.1 特级和一级金融建筑内的大型数据机房设有大量的金融业专用数据及网络设备，设置专用变压器，有利于提高其供电可靠性及保证其供电质量。同时，为了避免由于负荷不平衡、谐波电流或检修操作不当（例如，单回路拉闸检修等）而引起的中心点电位严重漂移，通常会将UPS出线侧的中心点接地。而这样做的副作用是，一旦发生单相接地故障，其零线上的高电位将传至该变压器下属的所有设备外壳上，直到保护电器动作才能解除危险。如果设置专用变压器，就可以将这类事故的影响面限制在金融设施内部，而不会危及其他区域。

5.3.2 当采用合用变压器时，如果简单地将UPS出线侧中心点作接地处理，则一旦发生单相接地等故障，其零线上的高电位将传至这台合用变压器下属的所有设备上，这就会危及金融设施以外的用户，由于他们很难及时得到安全警告，他们的处境会比金融设施内部的人员更加危险。因此，有条件时可设置隔离变压器并将其中心点接地，从而将此类事故限制在机房内，以降低事故风险。

5.3.3 由于金融建筑的重要性，供配电系统多为冗余系统，为数据机房供电的变压器的实际负载率往往较低（低于50%），变压器的空载损耗在总耗电量中所占的比例较高，因此较之一般工程更有必要采用空载损耗低的节能型变压器。同时，由于金融设施内UPS、计算机、服务器等非线性负载较多，采用绕组结线为Dyn11型的配电变压器可以阻断三次及其倍数次谐波电流在变压器两侧的传播。

5.3.4 第2款：金融建筑中的数据机房、专用空调等重要负荷要求采用双电源，在一路电源失去的情况下，另一路电源需承担所有重要负荷。因此，对重要负荷供电的变压器可采取强迫风冷措施，允许适度过载运行，其容量应能保证所有重要负荷的供电。

第3款：在理想情况下，变压器只需承受由工频电流所致的温升。但在金融设施的配电系统中往往存在谐波电流，这种非工频电流将导致变压器的额外温升，当谐波电流严重时就应考虑变压器降容使用。

5.4 电力电容器装置

5.4.1 谐波电流会导致无功补偿电容器所承受的端电压升高，为了避免由此造成的电容器损坏，一般可以按下列方法选择其耐压参数：

1 根据谐波源设备所占的百分比（G_h/S_n 的比值），按表1确定补偿电容器的耐压参数。

表1 根据谐波源设备所占的百分比确定补偿电容器的耐压参数

$\dfrac{G_h}{S_n} \leqslant 15\%$	$15\% < \dfrac{G_h}{S_n} \leqslant 25\%$	$25\% < \dfrac{G_h}{S_n} \leqslant 60\%$
标准电容器	电容器额定电压增加10%	电容器额定电压增加10%并配置谐波抑制电抗器

其中，G_h为电容器组所在母线上的谐波源设备的视在功率额定值的矢量和，S_n为系统中变压器视在功率额定值的矢量和。

2 根据变压器负载率和总谐波畸变率THD_i（估算值），按表2确定补偿电容器的耐压参数。

表2 根据变压器负载率和总谐波畸变率确定补偿电容器的耐压参数

$THD_i \times \dfrac{S}{S_n} \leqslant 5\%$	$5\% < THD_i \times \dfrac{S}{S_n} \leqslant 10\%$	$10\% < THD_i \times \dfrac{S}{S_n} \leqslant 20\%$
标准电容器	电容器额定电压增加10%	电容器额定电压增加10%并配置谐波抑制电抗器

其中，S_n为变压器视在功率，S为变压器副边实测的视在功率（满负荷且不带电容器），THD_i为变压器副边谐波电流畸变率。

应当注意的是，谐波电流还会导致电容器过载、过热。故谐波严重时，还会影响电容器的容量选择。

5.4.2 谐波电流较严重时，应配置电抗器。串联调谐电抗器配比可按下列方法计算：在调谐频率f_n处，

$$X_L = \frac{X_C}{n^2}.$$

式中，X_L为电抗器基波感抗值，X_C为电容器基波容抗值，n为谐波次数。

在确定电抗器容量时，应使实际调谐频率小于理论调谐频率（即希望抑制的谐波频率），以避免发生系统的局部谐振。此外还应考虑一定裕度，因为当电容器使用时间较长后，其介质材料绝缘性能将退化，从而导致电容值下降，引起谐振频率的升高。工程设计时，常见的UPS电源脉冲数及推荐配电系统采用电抗器配比见表3。

表3 常见的UPS电源脉冲数及推荐配电系统采用电抗器配比

UPS电源脉冲数	理论调谐次数n	理论调谐频率（Hz）	实际电抗器配比
6	5	250	5.4%可选4.5%~5.5%
	7	350	2.52%可选2%~3%
12	11	550	1%
	13	650	1%

当抑制谐波电流所需电抗器的配比小于1%时，

实际选型一般取1%，以便确保对电容器涌流的抑制效果。

6 应 急 电 源

6.1 应急发电机组

6.1.1 由于管道煤气（天然气）故障概率较高、用户不便储存且用气安全较难保障，故不推荐使用燃气发电机组。

6.1.2 第4款：发电机组容量与UPS容量的匹配计算见附录B，应当注意的是，实际计算时还应考虑金融设施专用空调等负荷的用电需求。对于非特级金融设施，消防设施和金融设施可合用发电机组，此时还应考虑消防等非金融设施的用电需求。

第5款：在有些金融设施中，特别重要负荷容量很大（例如大于5000kVA），或发电机房距离用电负荷较远（例如大于200m），并经过技术经济比较认为合理时，可考虑采用10kV或6kV柴油发电机组，这样有利于节能和降低运行成本。

6.1.3 第5款：大功率设备通常包括单台功率200kW及以上的精密空调等设备。按预设程序分组投入备用发电系统可以减轻对发电机组冲击。

6.1.5 第1款：目前TIA942标准规定的指标为12h。TIA及其他国际标准对于发电机组持续供电时间的要求，总体趋势在下降。

第2款：储油间的防火措施应满足相应的《建筑设计防火规范》GB 50016的规定。

第3款：日用燃油箱高位布置可实现重力自流式输油，有利于提高备用发电系统的可靠性。

6.2 不间断电源装置（UPS）

6.2.2 第2款：目前国内市场上常见UPS（在满载状态下）的功率因数如表4所示。

表4 常见UPS（在满载状态下）的功率因数

序号	UPS整流器的类型	配置的输入滤波器类型	输入功率因数PF
1	6脉冲可控硅相控整流器	无	0.8
2	6脉冲可控硅相控整流器	LC无源滤波器	0.9
3	6脉冲可控硅相控整流器	有源滤波器	0.98
4	12脉冲可控硅相控整流器	无	0.9
5	12脉冲可控硅相控整流器	11次无源滤波器	0.95
6	具有PFC的IGBT整流器	不需要	0.99

第3款：UPS的在线工作效率是指整组UPS工作时的总效率。

第4款：为节约资源，UPS工作容量不宜选取过大。当多台 UPS 并机时，在保证冗余度的前提下，剩余的 UPS 退出工作，当负荷增加到系统冗余负载量的 85%～90% 时，手动投入或自动投入余下的 UPS。

6.2.3 第1款：本条款中的供电时间是根据《银发〔2002〕260 号文件》中的相关规定提出的。

6.2.4 UPS 的并机冗余一般采用 $N+X$ 表示。N 代表承担负载所需的 UPS 台数，X 表示冗余（备份）的 UPS 台数（也就是供电系统允许故障退出的 UPS 台数）。

$2N$ 表示两组 UPS 并联；$2(N+1)$ 表示两台（组）有冗余功能的 UPS 再并联。

特级金融设施的 UPS 系统可采用其他冗余形式，但必须满足金融设施对 UPS 系统冗余度的要求，并应进行供电可靠性验算。

6.2.6 此处大功率 UPS 指总功率为 200kVA 及以上的 UPS。特级、一级金融设施中，由于系统容量大，往往多台 UPS 并联。为提高可靠性，大型 UPS 通常采取公共静态旁路和维护旁路措施，或双静态旁路和维护旁路措施。

6.2.9 一般而言，电能管理系统并未对 UPS 的主要运行数据加以监控，而 UPS 系统对于金融设施的正常运行又至关重要，故提此要求。UPS 监控系统可监控表 5 所列参数。

表 5　UPS 监控系统主要监控参数

遥测项目	主输入参数	三相电压、三相电流
	旁路输入参数	三相电压、输入频率
	输出参数	三相电压、三相电流、输出频率、输出功率因数、每相容量、UPS 总功率、单台 UPS 总负荷量%、UPS 总系统负荷量%（指并机系统）
	整流器输出	直流电压、直流电流
	蓄电池	蓄电池容量、蓄电池电压、蓄电池充电电流（或放电电流）、后备时间提示
	UPS 机房参数（可选）	温度、湿度
遥信项目（状态）	整流器状态	UPS 输入电压、UPS 整流器工作状态
	逆变器状态	逆变器工作状态
	旁路状态	旁路频率与电压、负载在逆变器或旁路状态

续表 5

遥信项目（报警）	工作状态	正常工作模式还是节能工作模式、并机系统中模块工作状态、系统 N 台设备工作状态（同步或非同步状态）、并机系统入列或解列状态
	电池状态	电池工作状态、蓄电池放电状态（充电状态或均冲模式）
	开关状态	手动旁路开关状态、UPS 输出开关状态、蓄电池开关状态、逆变器输出开关状态（可选）、静态旁路输入开关状态（可选）
		综合报警、UPS 过载报警、输入超限报警、旁路电源超限报警、过温报警、立即停机报警、手动旁路操作报警、手动旁路报警、维护服务提示报警、逆变与旁路间禁止转换报警、蓄电池开关打开报警、由于过载或逆变器停机报警、整流故障报警、逆变故障报警、面板报警、单台模块综合报警、电池故障报警、蓄电池放电报警、蓄电池充电失败报警

7　低压配电

7.1　一般规定

7.1.2 金融建筑中，可能存在科普教育、普通办公场所、商场、餐饮等非金融业务区域，服务于这些区域的配电系统可不受此限。当金融设施的输入电源采用 TN-C 系统时，应自入户后第一个配电柜处将 PEN 线重复接地，此后将 N 线与 PE 线分开。

当配电系统中存在两种及以上接地形式时，应协调好相互间的关系，确保系统稳定和用电安全。

7.1.3 当不能满足表 7.1.3 所列要求时，通常可以采取以下措施：

1 将大功率电动机等冲击性负荷与金融设施负荷接入不同的变压器；当难以做到由不同变压器供电时，可由变电所低压柜分别采用专用回路供电。

2 空调压缩机组、大功率水泵等电动机采用软启动或降压启动。

3 针对金融设施中的敏感负载设电源净化装置。电缆的燃烧性能分级参见相关国家标准。

7.2　低压配电系统

7.2.4 金融设备往往对中性点对地电压的要求较高。

当中性点对地电压大于 2V 时，可能会影响设备的正常运行，设置监测中性点对地电压的仪表，可尽早报警、及时处理，避免发生重大事故。

7.3 低压电器的选择

7.3.1 第 2 款：如果三相 UPS 出线侧中心点未作重复接地，而其电源侧的 ATS 在转换过程中不能维持中性线连续导通，则在 ATS 转换过程中，会出现 UPS 及其负载设备中性线不接地的状况。此时，如果 UPS 的三相负载严重不平衡、谐波电流过大或检修操作不当（例如，单相回路拉闸急修等）而引起中心点电位严重漂移，就可能导致服务器等重要网络设备损坏，从而导致严重后果。为避免此类严重事故的发生，本规范特作此项规定。

7.3.2 金融设施主机房内 ATS 数量较多且相对集中，数据监控中心有必要对其进行在线监视。

7.3.4 金融设施主机房内设有较多 UPS，导致其末端配电线路中脉动直流含量较高，普通剩余电流互感器难以有效地检测直流电流分量。A 型剩余电流保护器对剩余电流互感器的磁特性进行了改进，提高了对脉动直流电流的检测灵敏度，既能响应负载电路中交流剩余电流，也能响应脉动直流剩余电流，因而对于存在较多 UPS 设备的配电系统具有更好的适应性。

8 配电线路

8.2 线缆选择与敷设

8.2.1、8.2.2 在某些次要区域着火时，重要金融设施主机房可能有必要维持一段时间的工作，此时供电线路的耐火性能至关重要，故作此规定。电缆的耐火等级详见相关国家标准。

8.2.3～8.2.6 因为特级、一级金融建筑中计算机设备很多，且非常重要。含卤电线电缆燃烧时所产生的烟气呈酸性，严重危害计算机等电子设备，特别是那些未过火区域的电子设备，从而造成严重的次生灾害。同时，有毒烟气也不利于人员逃生，故作此规定。

8.2.7 特级金融设施由两路或三路独立电源供电，这些电源线路应从不同方向进入金融设施配变电所，其配出线路也应由不同路径敷设至用电设备。

9 照明与控制

9.4 应急照明

9.4.1 金融设施中，营业厅的工作区、交易厅的交易柜台等场所在正常照明因故障熄灭后，仍必须在一段时间内维持正常工作，故应设置备用照明。

9.4.3 第 1 款：现金交易柜台涉及现金清点与交接，对照度要求较高。故其备用照明的照度标准也适当提高。

9.4.4 为确保营业厅、保管库、自助银行等场所的安全运转，备用照明必须具有足够短的电源恢复时间，以实现照明系统常备用电源间的"无缝"切换，确保人员及金融资产的安全。

10 节能与监测

10.1 一般规定

10.1.3 主要是为了避免设计时取值过高，造成变压器容量过大、实际负载率过低的现象，这种现象会造成对电网的虚假需求，使电网的利用率降低。

10.1.4 两路或三路电源同时运行的方式有利于降低每条线路的工作电流，从而减少系统运行时的线路损耗。

10.2 负荷计算

10.2.4 表 10.2.4 提供的用电负荷的数据是根据上海、北京、广州等地工程调查研究后得到的，设计时应根据金融设施的实际情况进行调整。

10.3 数据中心的能源效率（PUE）

10.3.1 由于我国幅员辽阔，气候条件相差悬殊。确定 PUE 指标时，必须兼顾各地的气候条件，故表中数据对我国北方地区显得较为宽松，而对我国南方地区则显得较为严格。

10.3.2 金融设施数据中心是建筑业的耗电大户，其变压器装机容量动辄数万千伏安，且各省市均有此类项目的建设计划，从全国层面来看能耗非常大，故节能潜力也较大。提高我国金融行业数据中心的能源利用效率，具有巨大的经济效益和社会效益，有必要严格执行本条款。

10.4 能耗计量与监测

10.4.1 大型金融建筑是指建筑面积 20000m² 及以上的金融建筑。

能耗监测系统是指通过安装分类和分项能耗计量装置，采用远程传输等手段实时采集能耗数据，具有建筑能耗在线监测与动态分析功能的软件和硬件系统的统称。系统通常由各类计量表具、数据采集器、数据传输网络和管理主机组成。

10.4.2 如果管理部门要求金融设施的能耗单独计量与上传时，可以设置专用的能耗监测系统，必要时其数据信息可以和建筑物其他区域的能耗监测系统共享。

10.4.3 分类能耗是指根据大型公共建筑消耗的主要

能源种类划分进行采集和整理的能耗数据，如：电、燃气、水等。

分类能耗监测项目通常包括：电量、水量、燃气量（天然气量、煤气量）、集中供热系统的热量、集中供冷系统的冷量以及其他能源的消耗量（如集中热水供应量、煤、油、可再生能源等）。

分项能耗是指根据大型公共建筑消耗的各类能源的主要用途划分进行采集和整理的能耗数据，如：空调用电、动力用电、照明用电以及特殊用电等。

10.4.4 建筑物所消耗的非电能源（液化石油气、人工煤气、汽油、柴油等），在无法实现自动采集情况下，可以采用人工采集、人工输入能耗监测数据的方式。

11 电磁兼容与防雷接地

11.1 一 般 规 定

11.1.1 电磁环境技术指标见现行行业标准《民用建筑电气设计规范》JGJ 16。

电磁骚扰是指任何可能引起装置、设备或系统性能降低或者对生物或非生物产生不良影响的电磁现象。

电磁干扰是指电磁骚扰引起设备、传输通道或系统性能下降的现象。

术语"电磁骚扰"和"电磁干扰"分别表示"起因"和"后果"。过去"电磁骚扰"和"电磁干扰"常混用。

根据不同的传播途径，电磁骚扰可分为：

传导骚扰：是指电磁噪声的能量以电压或电流的形式，通过金属导线或电容、电感、变压器等耦合至敏感设备造成干扰。

共模传导骚扰：电磁噪声电压存在于被干扰各信号线与公共参考点（如接地点）之间。

差模传导骚扰：电磁噪声电压存在于被干扰信号线之间。

辐射骚扰：是指电磁噪声的能量，以电磁场的形式，通过空间辐射耦合到敏感设备输入端造成干扰。

感应骚扰（电磁感应、静电感应）：是辐射骚扰的特例，它是一种存在于骚扰源附近的感应场。不同的骚扰源如馈线附近主要为电场，变压器附近主要为磁场，带电荷物体附近主要为静电场。它们的强度随距离增大而减小。

电磁辐射：存在于半径为一个波长以外的空间，以电磁波形式传播。

电磁骚扰的抑制措施应根据电磁骚扰的种类与特点来针对性地选择。

11.1.2 电磁骚扰源设备是指能以传导或辐射方式对外输出电磁骚扰能量的设备。金融建筑中常见的电磁骚扰源设备包括电力变压器、开关电源装置（如UPS、EPS等）、变频调速装置、调光装置、电子镇流器、移动通信无线中继系统天线等。其中，除了开关电源装置如UPS必须进入金融设施主机房区域外，其他的电磁骚扰源设备均应避免设在金融设施的主机房区域。

11.2 电能质量与传导干扰的抑制

11.2.1 谐波电压畸变取决于电网的质量、负载在不同条件下的特性，同时也和系统阻抗有关。为满足电磁兼容性要求，有必要控制功率不大但数量众多的电气设备的谐波电流发射极限，并视需要采取适当的谐波抑制措施。

根据 IEC60439-1《低压开关柜和控制柜—型式试验和部分型式试验装置》7.9.3 节规定，13 次以下各奇次谐波电压分量最大为 5%。电磁兼容性原则要求设备的最低免疫能力（Immunitylimit）应高于设备及其环境的最高发射水平（Emission limit）以取得良好安全裕度。故在经济合理时，总谐波电压畸变率宜限制在 5% 以下（相当于《民用建筑电气设计规范》JGJ 16 中建筑物的一级骚扰电磁环境）。

12 智能化集成系统

12.1 一 般 规 定

12.1.1 数据监控中心（ECC）监控系统通常与BMS 或 BAS 相对独立运行。但由于金融设施的许多机电设备与建筑物中其他区域的机电设备相互关联，故有必要联网，以便协调运行。

鉴于金融设施对安全管理的特殊要求，金融业务计算机网络系统和金融专业安全防范系统不宜纳入系统集成的范围内。

12.2 系 统 功 能

12.2.1 全局性管理功能是指管理所辖各系统的数据库，实时监测各子系统的运行状态，拥有对各子系统的、符合系统控制逻辑的操作优先权、监管权、访问权，并具备进行客户配置与组态的能力。

自主型全局性决策是指根据当前业务生成的任务请求以及各子系统的运行状态，由系统自主将任务分解到各子系统的任务集合中，并由系统自主选取指标参数和优化方案，给出最佳决策指令，并下达给各子系统予以执行。

辅助型全局性决策是指根据当前业务生成的任务请求以及各子系统的运行状态，由操作人员将任务分解到各子系统的任务集合中，并由操作人员选取指标参数和优化方案，给出最佳决策指令，并下达给各子系统予以执行。

12.2.2 可整合与共享的信息通常包括机电设备监控系统（BAS）、安全技术防范系统（SAS）、火灾自动报警系统（FAS）等内容。

13 信息设施系统

13.1 一般规定

13.1.1 特级、一级金融设施金融业务专用的综合布线系统的配线架应专用，其线缆不宜与其他业务合用；如果要合用电信间，也应当分开布置。

13.2 通信与网络设施

13.2.6 微区域移动通信系统，需在服务区域内设置中继天线，且宜与电话程控交换机结合使用，其中部分电话分机采用手持式电话机，可在微区域移动通信系统天线覆盖范围内实现手持式电话机之间、手持式电话机与座机之间的双向通信。

13.2.8 合路技术是指多家运营商的移动通信室内覆盖系统联合使用机房、电源及部分信号传送线路，以实现机房及管路等资源的集约化使用。

13.4 呼叫显示与信息发布系统

13.4.1 此处的呼叫显示系统是指银行、保险业营业厅等场所设置的用于顾客排队管理的营业性呼叫显示系统。呼叫显示系统通常由系统软件、自动取号机、呼叫器、显示屏、功放、扬声器以及其他通信设施等组成。

13.4.2 银行、保险、证券、商品期货等金融建筑营业厅的信息发布显示系统可包括交易信息显示装置、顾客引导服务及信息发布显示装置、公共传媒信息显示装置、时钟系统等。

其中，银行营业厅等场所使用的信息发布系统应显示银行利率信息、本外币汇率、牌价、基金、期权、个人理财、金融新闻资讯等信息；证券、商品期货营业厅则使用信息发布系统来显示股市行情、商品期货行情及相关金融资讯等信息。

信息发布系统通常由显示、驱动、信号传输、计算机控制、输入输出及记录等单元组成。其设计要点如下：

1 信息发布装置的屏幕显示设计，需根据使用要求，在衡量各类显示器件及显示方案的光电技术指标、环境条件等因素的基础上确定。

2 信息发布装置室外屏面规格，需根据显示装置的文字及画面功能确定。

3 当显示屏以小显示幅面完成大篇幅文字显示时，应采用文字单行左移或多行上移的显示方式。当显示屏采用多页翻屏显示动态信息时，应保证每页的信息有足够的停留时间且循环周期不应过长。

4 信息发布系统主机应按容错运行配置。

5 信息发布系统应具有可靠的清屏功能。

6 信息发布显示屏的屏体构造，应便于显示器件的维护及更换。

14 信息化应用系统

14.2 物业管理系统

14.2.3 物业管理系统通常具备以下管理功能：

1 设备管理：对建筑物内各子系统的档案、运行、维护、保修情况进行综合管理；

2 文档管理：物业管理过程中所产生的各类物业管理信息文档进行上传、下载、归档等；

3 任务管理：物业管理过程中的工作计划、任务下达及完成情况等进行综合管理；

4 事务管理（可纳入任务管理）：物业管理工作中对各部门的日常事务（包括对事务进行分类发布、审批及查看等）进行统一管理；

5 能耗管理：对建筑物（群）的水、电、燃气等能耗数据进行采集和管理，并对能耗数据进行综合分析并制作报表；

6 空间管理：对建筑物（群）的各类功能房、办公房的分配、使用、变更情况进行综合管理；

7 用户管理：对使用物业管理系统平台的各类用户进行综合管理（包括用户基本信息、用户使用权限等）。

15 建筑设备管理系统

15.1 一般规定

15.1.1 数据监控中心的主要功能是实现统一协调指挥、快速响应生产调度管理和业务管理的功能，实现所有系统的综合监控和管理；实时地监控供配电备、环境设备、网络设备的运行状况、硬件软件和应用系统的利用率；实现会议电视、广播、热线咨询服务（HelpDesk）等应用系统的高效管理；使管理者完全掌握金融企业整个信息系统的动态，提高金融系统及从业人员的工作效率；降低金融设施各类设备的故障率；提高金融设施专业设备的使用效率和节能效率；同时也有助于提升金融企业的形象。

数据中心的环境设备（发电机、配电及 UPS、空调、消防、安全技术防范等系统或设备）必须时时刻刻为金融设施计算机系统的正常运行提供保障。一旦机房环境设备出现故障，就会影响到计算机系统的运行，对数据传输、存储及系统运行的可靠性构成威胁，如果精密空调等关键设备发生故障又不能及时处理，就可能损坏主机房的核心设备，造成严重后果。对于银行、证券等需要实时交换大量数据的主机房，其配套机电设备的监控与管理更为重要，一旦系统发生故障，造成的经济损失不可估量。因此数据中心的机电设备通常有数据监控中心（ECC）设置的专用智能化监控系统进行统一监控与管理。

数据监控中心（ECC）智能化监控系统通常采用如图 1 所示的系统结构。

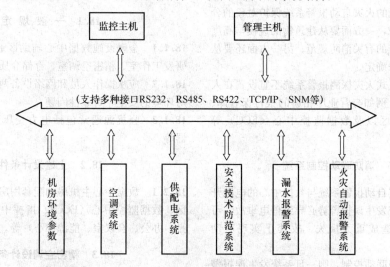

图 1　数据监控中心（ECC）智能化监控系统常用系统结构

数据监控中心专用智能化监控系统通常采集与监控下列参数：

1 环境参数：通过采集温湿度传感器所监测的温度和湿度数据，实时记录和显示机房各区域的温湿度数据，给机房提供最佳的运行环境；

2 空调系统运行数据：宜根据精密空调供应商提供的通信协议，对机房内的精密空调设备进行实时监测，并对各种报警状态进行实时的记录和报警处理，控制空调的启停、调节温度和湿度；

3 供配电系统运行数据：采集高压配电、低压配电、柴油发电机组、配电柜、UPS、直流电源系统、蓄电池、防雷等系统的数据，显示和记录运行、故障、报警等各种参数；

4 安全技术防范系统运行信息：包括视频监控系统及门禁系统，视频监控系统通过摄像机对重要通道及机房进行即时监控及录像处理；门禁系统主要对机房的出入进行控制、进出信息登录、保安防盗、报警处理；

5 漏水报警系统运行数据：采集测漏主机的报警信号，监测任何漏水探头上的漏水情况，以保证整个系统的安全；

6 火灾自动报警及消防联动控制系统运行信息：采集消防控制器或感烟探测器、温感探测器的报警信号，对机房进行实时火灾信号的监测。

15.1.4 如果现场控制箱（DDC）采用就近供电的方式，现场控制箱所在配电系统一旦失电，相关控制触点（接触器等）均释放。因此，当电源恢复后，现场控制箱控制的电气设备并不能马上恢复运行，而必须等到建筑设备监控系统或数据监控中心（ECC）监控系统扫描巡检到这些现场控制箱，且相应的现场控制箱完成重新启动以后，照明等设备才能恢复运行。这种局面对于银行金库、货币发行库、业务库、库房禁区、保管库、营业厅、交易厅及其他重要公共区域的照明系统而言，可能导致严重后果。

16　安全技术防范系统

16.1　一般规定

16.1.1 被动防御通常包括视频安防监控系统、入侵报警系统、电子巡更系统；主动防御通常包括出入口控制系统、周界报警系统、停车库（场）管理系统。金融建筑内的安全技术防范通常采用主动防御和被动防御相结合的策略，并宜突出主动防御的重要性。

16.1.3 外围防护：通常包括建筑物（群）周界入侵报警、园区及建筑物的出入口控制以及针对这些部位的视频监控等措施。

重点区域防护：通常包括建筑物（群）中所有金融业务区域的出入口控制、防盗报警设施以及针对这些部位的视频监控等措施。

重点目标防护：通常包括金融设施中核心部位（计算机网络机房、金库、保管库、银行营业厅、自动柜员机等）出入口控制、防抢防盗报警设施以及针对这些部位的视频监控等措施。

17　电　气　防　火

17.1　一般规定

17.1.3 鉴于金融建筑的经济价值和社会影响，此类建筑不论规模大小，均应设置火灾自动报警系统。

17.2　火灾自动报警系统

17.2.1　金融建筑的火灾自动报警系统保护对象的分级应从两方面考虑，一方面要从建筑物的规模与高度考虑，可依据现有的有关消防规范；另一方面还要从金融设施的等级来确定。

17.2.2　管路吸气式火灾探测报警系统不宜设置在人员活动频繁部位，例如与营业厅相通的银行保管库、数据中心的支持区以及数据监控中心（ECC）等场所。

17.3　消防联动控制系统

17.3.2　如果火灾自动报警系统与数据中心的电源开关联动，一旦系统发生误报警势必导致停电事故，可能会给金融部门造成重大损失，故禁止实现联动控制。

17.3.3　如果实现联动控制，则一旦系统发生误报警或人为制造报警事故，则未经授权的人员将可以趁机进入敏感区域，从而危及金融设施的安全。考虑到这些场所对于金融系统安全、金融资产安全的特殊要求，同时也考虑到这些部位并非公共场所，故需对联动控制方式进行特殊处理，主要强调人工控制。

17.4　电气火灾监控系统

17.4.1　特级、一级金融建筑可能附设有金融博物馆、金融剧场、金融俱乐部等设施，这些区域在使用过程中的用电情况较复杂（例如，容易出现拉临时线路等不规范用电现象），设置电气火灾监控系统是必要的。

17.4.3　金融设施电源室可能大量使用 UPS，其蓄电池组因连接不佳出现蓄电池局部温升过高和连接线温升过高的概率都比较大，温度探测功能有利于减少因蓄电池组故障并引起火灾的可能性。

17.5　重要场所的电气防火措施

17.5.1　这些区域为金融建筑的关键部位，而且吊顶及架空地板内线缆密集，火灾隐患较为严重，应加强火灾警戒。

17.5.2　灭火介质的选择应考虑以下几个关键因素：灭火介质是否适合扑灭电气火灾及其机房设备火灾；灭火介质喷洒以后是否能维持灭火系统自身的正常工作，直至完成整个灭火任务；灭火以后是否会导致严重的次生灾害（例如重大财产损失、重要数据丢失）等。

　　水介质灭火系统包括水喷淋系统、预作用水喷淋系统、水喷雾系统、预作用水喷雾系统、高压细水雾系统、预作用高压细水雾系统以及其他以水为灭火介质的系统。

18　机房工程

18.1　一般规定

18.1.1　金融设施数据中心辅助区通常包括电源室、研发工作室、精密空调室、存储介质室、库房等。

18.1.2　应从操作人员和网络设备两个方面来考量机房环境的安全、可靠性问题。

18.1.3　骚扰源通常包括电力变压器、大功率变频器等。

18.2　土建设计条件

18.2.1　数据中心主机房的配套用房通常包括：辅助区、数据监控中心（ECC）、指挥中心、支持区（后勤、办公、会议室、能源中心）等。

18.3　精密空调设计条件

18.3.2　本条文中的 N 为最大负载时实际运行的冷水机组台数，X 为冗余台数，X 可取 $1 \sim N$ 台。

18.3.3　本条文中的 N 为供回水管道数量。

18.3.4　本条文中的 N 为最大负载时实际运行的精密空调台数，X 为冗余台数，可取 $25\%N \sim N$ 的整数。

18.5　接　地

18.5.3　数据中心主机房接地网络的形式通常包括 S 型、M 型和混合型。

18.6　防静电措施

18.6.1　如果暴露金属构造就容易发生静电放电现象。

18.6.7　当采用防静电地毯时，应选择添加了导电纤维、具有体积导电功能的编织型的地毯，这类地毯的防静电性能较为稳定、持久。不可选用仅喷洒防静电液体的防静电地毯，因为此类地毯的防静电性能衰减较快，其长期防静电性能堪忧。

18.7　数据监控中心（ECC）机房

18.7.1　数据监控中心的控制操作区里还包含显示屏等设备空间。

18.7.3　数据监控中心机房对温湿度的要求并不严苛，故可采用常规空调设备，不必用精密空调设备。

19　自助银行与自动柜员机室

19.2　安全防护措施

19.2.1　自助银行及自动柜员机室的现金装填区域属

于高风险场所，必须设置完善的安全技术防范设施，以遏制恶性犯罪案件的发生，同时也便于警方快速反应和案情追查。

附录 A 供电可靠性等级
（可靠度 R）计算方法

A.0.3 一个复杂的供电系统通常是由一系列典型环节组成，因此，供电系统可等效为各种可靠性环节的组合。

第 1 款：配电系统中，前后两个独立元件的故障都会影响系统的正常运行，该系统可视为串联环节。例如一个配电回路中，上下两级的开关设备可视为串联环节。

第 3 款：配电系统中，互为冗余的两个独立元件同时工作，当这两个元件同时故障，系统才会失效，该系统可视为并联环节。例如两组 UPS 电源互为冗余，同时供电的系统可视为并联环节。

第 6 款：部分冗余系统有时也称表决系统或 n 取 r 系统。如图 A.0.3-5 所示（图中 $n=3$，$r=2$），系统由独立三个元件组成，且这三个元件中至少两个元件工作，系统才能正常工作。例如实际工程中，采用三路电源进线，两用一备的供电系统可视为部分冗余系统。

第 8 款：配电系统中，备用元件不同时持续运行，而是都保持在可正常运行的状态。即只当正常运行元件失效时，冗余元件才转换到运行模式。这种系统的特征是备用元件交替工作，而且需要从一个支路切换到另一个支路，切换开关的切换不一定成功，它切换成功的可靠度是 R_K。例如两路电源经 ATS 开关切换后，为负载供电的系统可视为备用系统。

附录 B 与 UPS 匹配的发电机组
容量选择计算

B.0.1 通常 UPS 标称的额定容量（功率）指的是输出容量（功率），在计算对应的发电机组容量时，需要将这一 UPS 输出功率根据其自身的变换效率折算成输入端功率。在电池组初始充电时，UPS 的额定输入功率需加上电池组的充电功率（可以向 UPS 系统产品制造商咨询，通常为 UPS 输出功率的 10%～30%）。

目前国内市场上常见 UPS（在满载状态下）的功率因数如表 4 所示。

B.0.4 由于 UPS 是一个非线性负载，会产生高次谐波（不同的整流方式，会产生不同的谐波分量）。UPS 的大量高次谐波电流反馈至发电机组，引起发电机组输出电压波形失真。

由式（B.0.4）可见，负载产生谐波电流越大或发电机组的内阻越大，发电机组输出的电压波形失真就越大。增加发电机的容量以降低电源内阻或提高 UPS 的整流脉冲数量均能减少电压波形失真。一般情况下，如果 UPS 的总谐波电流畸变率小于 15%，则可以忽略 UPS 产生的谐波电流对发电机组输出电压波形的影响，即在计算发电机组输出功率时可不考虑 PF_{dist}。

中华人民共和国国家标准

建筑物防雷设计规范

Code for design protection of
structures against lightning

GB 50057—2010

主编部门：中 国 机 械 工 业 联 合 会
批准部门：中华人民共和国住房和城乡建设部
施行日期：２０１１年１０月１日

中华人民共和国住房和城乡建设部
公　告

第 824 号

关于发布国家标准
《建筑物防雷设计规范》的公告

　　现批准《建筑物防雷设计规范》为国家标准，编号为GB 50057—2010，自2011年10月1日起实施。其中，第3.0.2、3.0.3、3.0.4、4.1.1、4.1.2、4.2.1(2、3)、4.2.3(1、2)、4.2.4(8)、4.3.3、4.3.5(6)、4.3.8(4、5)、4.4.3、4.5.8、6.1.2条（款）为强制性条文，必须严格执行。原《建筑物防雷设计规范》GB 50057—94（2000年版）同时废止。

　　本规范由我部标准定额研究所组织中国计划出版社出版发行。

中华人民共和国住房和城乡建设部

二〇一〇年十一月三日

前　　言

　　本规范系是根据原建设部《关于印发〈2005年工程建设标准规范制订、修订计划（第一批）〉的通知》（建标函〔2005〕84号）的要求，由中国中元国际工程公司会同有关单位对《建筑物防雷设计规范》GB 50057—94（2000年版）修订而成的。

　　本规范在修订过程中，规范编制组完成征求意见稿后，在网上并发函至有关单位和个人征求意见，根据所征求的意见完成送审稿，最后经审查定稿。

　　本规范共分6章和9个附录。主要内容包括：总则，术语，建筑物的防雷分类，建筑物的防雷措施，防雷装置，防雷击电磁脉冲等。

　　本规范修订的主要内容为：

　　1. 增加了术语一章。

　　2. 变更了防接触电压和防跨步电压的措施。

　　3. 补充了外部防雷装置采用不同金属物的要求。

　　4. 修改了防侧击的规定。

　　5. 详细规定了电气系统和电子系统选用电涌保护器的要求。

　　6. 简化了雷击大地的年平均密度计算公式，并相应调整了预计雷击次数判定建筑物的防雷分类的数值。

　　7. 部分条款作了更具体的要求。

　　本规范中以黑体字标志的条文为强制性条文，必须严格执行。

　　本规范由住房和城乡建设部负责管理和对强制性条文的解释，由中国机械工业联合会负责日常管理，由中国中元国际工程公司负责具体技术内容的解释。本规范在执行过程中，请各单位结合工程实践，认真总结经验，注意积累资料，如发现需要修改或补充之处，请将意见和建议反馈给中国中元国际工程公司（地址：北京市海淀区西三环北路5号，邮政编码100089），以便今后修订时参考。

　　本规范组织单位、主编单位、参编单位、主要起草人和主要审查人：

　　组 织 单 位：中国机械工业勘察设计协会

　　主 编 单 位：中国中元国际工程公司

　　参 编 单 位：五洲工程设计研究院

　　　　　　　　　　中国气象学会雷电防护委员会

　　　　　　　　　　北京市避雷装置安全检测中心

　　　　　　　　　　中国石化工程建设公司

　　　　　　　　　　中国建筑设计研究院

　　主要起草人：林维勇　黄友根　焦兴学　陶战驹

　　　　　　　　　王素英　杨少杰　宋平健　黄　旭

　　　　　　　　　张文才　徐　辉

　　主要审查人：张力欣　王厚余　丁　杰　方　磊

　　　　　　　　　欧清礼　尹君平　王云福　关象石

　　　　　　　　　杨维林

目 次

Contents

1 总 则

1.0.1 为使建（构）筑物防雷设计因地制宜地采取防雷措施，防止或减少雷击建（构）筑物所发生的人身伤亡和文物、财产损失，以及雷击电磁脉冲引发的电气和电子系统损坏或错误运行，做到安全可靠、技术先进、经济合理，制定本规范。

1.0.2 本规范适用于新建、扩建、改建建（构）筑物的防雷设计。

1.0.3 建（构）筑物防雷设计，应在认真调查地理、地质、土壤、气象、环境等条件和雷电活动规律，以及被保护物的特点等的基础上，详细研究并确定防雷装置的形式及其布置。

1.0.4 建（构）筑物防雷设计，除应符合本规范外，尚应符合国家现行有关标准的规定。

2 术 语

2.0.1 对地闪击 lightning flash to earth
雷云与大地（含地上的突出物）之间的一次或多次放电。

2.0.2 雷击 lightning stroke
对地闪击中的一次放电。

2.0.3 雷击点 point of strike
闪击击在大地或其上突出物上的那一点。一次闪击可能有多个雷击点。

2.0.4 雷电流 lightning current
流经雷击点的电流。

2.0.5 防雷装置 lightning protection system (LPS)
用于减少闪击击于建（构）筑物上或建（构）筑物附近造成的物质性损害和人身伤亡，由外部防雷装置和内部防雷装置组成。

2.0.6 外部防雷装置 external lightning protection system
由接闪器、引下线和接地装置组成。

2.0.7 内部防雷装置 internal lightning protection system
由防雷等电位连接和与外部防雷装置的间隔距离组成。

2.0.8 接闪器 air-termination system
由拦截闪击的接闪杆、接闪带、接闪线、接闪网以及金属屋面、金属构件等组成。

2.0.9 引下线 down-conductor system
用于将雷电流从接闪器传导至接地装置的导体。

2.0.10 接地装置 earth-termination system
接地体和接地线的总合，用于传导雷电流并将其流散入大地。

2.0.11 接地体 earth electrode
埋入土壤中或混凝土基础中作散流用的导体。

2.0.12 接地线 earthing conductor
从引下线断接卡或换线处至接地体的连接导体；或从接地端子、等电位连接带至接地体的连接导体。

2.0.13 直击雷 direct lightning flash
闪击直接接于建（构）筑物、其他物体、大地或外部防雷装置上，产生电效应、热效应和机械力者。

2.0.14 闪电静电感应 lightning electrostatic induction
由于雷云的作用，使附近导体上感应出与雷云符号相反的电荷，雷云主放电时，先导通道中的电荷迅速中和，在导体上的感应电荷得到释放，如没有就近泄入地中就会产生很高的电位。

2.0.15 闪电电磁感应 lightning electromagnetic induction
由于雷电流迅速变化在其周围空间产生瞬变的强电磁场，使附近导体上感应出很高的电动势。

2.0.16 闪电感应 lightning induction
闪电放电时，在附近导体上产生的闪电静电感应和闪电电磁感应，它可能使金属部件之间产生火花放电。

2.0.17 闪电电涌 lightning surge
闪电击于防雷装置或线路上以及由闪电静电感应或雷击电磁脉冲引发，表现为过电压、过电流的瞬态波。

2.0.18 闪电电涌侵入 lightning surge on incoming services
由于闪电对架空线路、电缆线路或金属管道的作用，雷电波，即闪电电涌，可能沿着这些管线侵入屋内，危及人身安全或损坏设备。

2.0.19 防雷等电位连接 lightning equipotential bonding (LEB)
将分开的诸金属物体直接用连接导体或经电涌保护器连接到防雷装置上以减小雷电流引发的电位差。

2.0.20 等电位连接带 bonding bar
将金属装置、外来导电物、电力线路、电信线路及其他线路连于其上以能与防雷装置做等电位连接的金属带。

2.0.21 等电位连接导体 bonding conductor
将分开的诸导电性物体连接到防雷装置的导体。

2.0.22 等电位连接网络 bonding network (BN)
将建（构）筑物和建（构）筑物内系统（带电导体除外）的所有导电性物体互相连接组成的一个网。

2.0.23 接地系统 earthing system
将等电位连接网络和接地装置连在一起的整个系统。

2.0.24 防雷区 lightning protection zone (LPZ)
划分雷击电磁环境的区，一个防雷区的区界面不一定要有实物界面，如不一定要有墙壁、地板或天花板作为区界面。

2.0.25 雷击电磁脉冲　lightning electromagnetic impulse (LEMP)

雷电流经电阻、电感、电容耦合产生的电磁效应，包含闪电电涌和辐射电磁场。

2.0.26 电气系统　electrical system

由低压供电组合部件构成的系统。也称低压配电系统或低压配电线路。

2.0.27 电子系统　electronic system

由敏感电子组合部件构成的系统。

2.0.28 建（构）筑物内系统　internal system

建（构）筑物内的电气系统和电子系统。

2.0.29 电涌保护器　surge protective device (SPD)

用于限制瞬态过电压和分泄电涌电流的器件。它至少含有一个非线性元件。

2.0.30 保护模式　modes of protection

电气系统电涌保护器的保护部件可连接在相对相、相对地、相对中性线、中性线对地及其组合，以及电子系统电涌保护器的保护部件连接在线对线、线对地及其组合。

2.0.31 最大持续运行电压　maximum continuous operating voltage (U_c)

可持续加于电气系统电涌保护器保护模式的最大方均根电压或直流电压；可持续加于电子系统电涌保护器端子上，且不致引起电涌保护器传输特性减低的最大方均根电压或直流电压。

2.0.32 标称放电电流　nominal discharge current (I_n)

流过电涌保护器 $8/20\mu s$ 电流波的峰值。

2.0.33 冲击电流　impulse current (I_{imp})

由电流幅值 I_{peak}、电荷 Q 和单位能量 W/R 所限定。

2.0.34 以 I_{imp} 试验的电涌保护器　SPD tested with I_{imp}

耐得起 $10/350\mu s$ 典型波形的部分雷电流的电涌保护器需要用 I_{imp} 电流做相应的冲击试验。

2.0.35 Ⅰ级试验　class Ⅰ test

电气系统中采用Ⅰ级试验的电涌保护器要用标称放电电流 I_n、$1.2/50\mu s$ 冲击电压和最大冲击电流 I_{imp} 做试验。Ⅰ级试验也可用 T1 外加方框表示，即 T1 。

2.0.36 以 I_n 试验的电涌保护器　SPD tested with I_n

耐得起 $8/20\mu s$ 典型波形的感应电涌电流的电涌保护器需要用 I_n 电流做相应的冲击试验。

2.0.37 Ⅱ级试验　class Ⅱ test

电气系统中采用Ⅱ级试验的电涌保护器要用标称放电电流 I_n、$1.2/50\mu s$ 冲击电压和 $8/20\mu s$ 电流波最大放电电流 I_{max} 做试验。Ⅱ级试验也可用 T2 外加方框表示，即 T2 。

2.0.38 以组合波试验的电涌保护器　SPD tested with a combination wave

耐得起 $8/20\mu s$ 典型波形的感应电涌电流的电涌保护器需要用 I_{sc} 短路电流做相应的冲击试验。

2.0.39 Ⅲ级试验　class Ⅲ test

电气系统中采用Ⅲ级试验的电涌保护器要用组合波做试验。组合波定义为由 2Ω 组合波发生器产生 $1.2/50\mu s$ 开路电压 U_{oc} 和 $8/20\mu s$ 短路电流 I_{sc}。Ⅲ级试验也可用 T3 外加方框表示，即 T3 。

2.0.40 电压开关型电涌保护器　voltage switching type SPD

无电涌出现时为高阻抗，当出现电压电涌时突变为低阻抗。通常采用放电间隙、充气放电管、硅可控整流器或三端双向可控硅元件做电压开关型电涌保护器的组件。也称"克罗巴型"电涌保护器。具有不连续的电压、电流特性。

2.0.41 限压型电涌保护器　voltage limiting type SPD

无电涌出现时为高阻抗，随着电涌电流和电压的增加，阻抗连续变小。通常采用压敏电阻、抑制二极管作限压型电涌保护器的组件。也称"箝压型"电涌保护器。具有连续的电压、电流特性。

2.0.42 组合型电涌保护器　combination type SPD

由电压开关型元件和限压型元件组合而成的电涌保护器，其特性随所加电压的特性可以表现为电压开关型、限压型或电压开关型和限压型皆有。

2.0.43 测量的限制电压　measured limiting voltage

施加规定波形和幅值的冲击波时，在电涌保护器接线端子间测得的最大电压值。

2.0.44 电压保护水平　voltage protection level (U_p)

表征电涌保护器限制接线端子间电压的性能参数，其值可从优先值的列表中选择。电压保护水平值应大于所测量的限制电压的最高值。

2.0.45 $1.2/50\mu s$ 冲击电压　$1.2/50\mu s$ voltage impulse

规定的波头时间 T_1 为 $1.2\mu s$、半值时间 T_2 为 $50\mu s$ 的冲击电压。

2.0.46 $8/20\mu s$ 冲击电流　$8/20\mu s$ current impulse

规定的波头时间 T_1 为 $8\mu s$、半值时间 T_2 为 $20\mu s$ 的冲击电流。

2.0.47 设备耐冲击电压额定值　rated impulse withstand voltage of equipment (U_w)

设备制造商给予的设备耐冲击电压额定值，表征其绝缘防过电压的耐受能力。

2.0.48 插入损耗　insertion loss

电气系统中，在给定频率下，连接到给定电源系统的电涌保护器的插入损耗为电源线上紧靠电涌保护器接入点之后，在被试电涌保护器接入前后的电压比，结果用 dB 表示。电子系统中，由于在传输系统中插入一个电涌保护器所引起的损耗，它是在电涌保护器插入前传递到后面的系统部分的功率与电涌保护器插入后传递到同一部分的功率之比。通常用 dB 表示。

2.0.49 回波损耗 return loss

反射系数倒数的模。以分贝（dB）表示。

2.0.50 近端串扰 near-end crosstalk（NEXT）

串扰在被干扰的通道中传输，其方向与产生干扰的通道中电流传输的方向相反。在被干扰的通道中产生的近端串扰，其端口通常靠近产生干扰的通道的供能端，或与供能端重合。

3 建筑物的防雷分类

3.0.1 建筑物应根据建筑物的重要性、使用性质、发生雷电事故的可能性和后果，按防雷要求分为三类。

3.0.2 在可能发生对地闪击的地区，遇下列情况之一时，应划为第一类防雷建筑物：

1 凡制造、使用或贮存火炸药及其制品的危险建筑物，因电火花而引起爆炸、爆轰，会造成巨大破坏和人身伤亡者。

2 具有 0 区或 20 区爆炸危险场所的建筑物。

3 具有 1 区或 21 区爆炸危险场所的建筑物，因电火花而引起爆炸，会造成巨大破坏和人身伤亡者。

3.0.3 在可能发生对地闪击的地区，遇下列情况之一时，应划为第二类防雷建筑物：

1 国家级重点文物保护的建筑物。

2 国家级的会堂、办公建筑物、大型展览和博览建筑物、大型火车站和飞机场、国宾馆、国家级档案馆、大型城市的重要给水泵房等特别重要的建筑物。

注：飞机场不含停放飞机的露天场所和跑道。

3 国家级计算中心、国际通信枢纽等对国民经济有重要意义的建筑物。

4 国家特级和甲级大型体育馆。

5 制造、使用或贮存火炸药及其制品的危险建筑物，且电火花不易引起爆炸或不致造成巨大破坏和人身伤亡者。

6 具有 1 区或 21 区爆炸危险场所的建筑物，且电火花不易引起爆炸或不致造成巨大破坏和人身伤亡者。

7 具有 2 区或 22 区爆炸危险场所的建筑物。

8 有爆炸危险的露天钢质封闭气罐。

9 预计雷击次数大于 0.05 次/a 的部、省级办公建筑物和其他重要或人员密集的公共建筑物以及火灾危险场所。

10 预计雷击次数大于 0.25 次/a 的住宅、办公楼等一般性民用建筑物或一般性工业建筑物。

3.0.4 在可能发生对地闪击的地区，遇下列情况之一时，应划为第三类防雷建筑物：

1 省级重点文物保护的建筑物及省级档案馆。

2 预计雷击次数大于或等于 0.01 次/a，且小于或等于 0.05 次/a 的部、省级办公建筑物和其他重要或人员密集的公共建筑物，以及火灾危险场所。

3 预计雷击次数大于或等于 0.05 次/a，且小于或等于 0.25 次/a 的住宅、办公楼等一般性民用建筑物或一般性工业建筑物。

4 在平均雷暴日大于 15d/a 的地区，高度在 15m 及以上的烟囱、水塔等孤立的高耸建筑物；在平均雷暴日小于或等于 15d/a 的地区，高度在 20m 及以上的烟囱、水塔等孤立的高耸建筑物。

4 建筑物的防雷措施

4.1 基本规定

4.1.1 各类防雷建筑物应设防直击雷的外部防雷装置，并应采取防闪电电涌侵入的措施。

第一类防雷建筑物和本规范第 3.0.3 条第 5～7 款所规定的第二类防雷建筑物，尚应采取防闪电感应的措施。

4.1.2 各类防雷建筑物应设内部防雷装置，并应符合下列规定：

1 在建筑物的地下室或地面层处，下列物体应与防雷装置做防雷等电位连接：

1）建筑物金属体。

2）金属装置。

3）建筑物内系统。

4）进出建筑物的金属管线。

2 除本条第 1 款的措施外，外部防雷装置与建筑物金属体、金属装置、建筑物内系统之间，尚应满足间隔距离的要求。

4.1.3 本规范第 3.0.3 条第 2～4 款所规定的第二类防雷建筑物尚应采取防雷击电磁脉冲的措施。其他各类防雷建筑物，当其建筑物内系统所接设备的重要性高，以及所处雷击磁场环境和加于设备的闪电电涌无法满足要求时，也应采取防雷击电磁脉冲的措施。防雷击电磁脉冲的措施应符合本规范第 6 章的规定。

4.2 第一类防雷建筑物的防雷措施

4.2.1 第一类防雷建筑物防直击雷的措施应符合下列规定：

1 应装设独立接闪杆或架空接闪线或网。架空接闪网的网格尺寸不应大于 5m×5m 或 6m×4m。

2 排放爆炸危险气体、蒸气或粉尘的放散管、呼吸阀、排风管等的管口外的下列空间应处于接闪器的保护范围内：

1）当有管帽时应按表 4.2.1 的规定确定。

2）当无管帽时，应为管口上方半径 5m 的半球体。

3）接闪器与雷闪的接触点应设在本款第 1 项或第 2 项所规定的空间之外。

表 4.2.1 有管帽的管口外处于
接闪器保护范围内的空间

装置内的压力与周围空气压力的压力差（kPa）	排放物对比于空气	管帽以上的垂直距离（m）	距管口处的水平距离（m）
<5	重于空气	1	2
5~25	重于空气	2.5	5
≤25	轻于空气	2.5	5
>25	重或轻于空气	5	5

注：相对密度小于或等于 0.75 的爆炸性气体规定为轻于空气的气体；相对密度大于 0.75 的爆炸性气体规定为重于空气的气体。

3 排放爆炸危险气体、蒸气或粉尘的放散管、呼吸阀、排风管等，当其排放物达不到爆炸浓度、长期点火燃烧、一排放就点火燃烧，以及发生事故时排放物才达到爆炸浓度的通风管、安全阀，接闪器的保护范围应保护到管帽，无管帽时应保护到管口。

4 独立接闪杆的杆塔、架空接闪线的端部和架空接闪网的每根支柱处应至少设一根引下线。对用金属制成或有焊接、绑扎连接钢筋网的杆塔、支柱，宜利用金属杆塔或钢筋网作为引下线。

5 独立接闪杆和架空接闪线或网的支柱及其接地装置与被保护建筑物及与其有联系的管道、电缆等金属物之间的间隔距离（图 4.2.1），应按下列公式计算，且不得小于 3m：

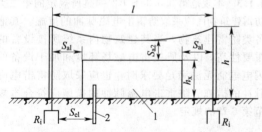

图 4.2.1 防雷装置至被保护物的间隔距离
1—被保护建筑物；2—金属管道

1）地上部分：

当 $h_x<5R_i$ 时：$S_{a1}\geqslant 0.4(R_i+0.1h_x)$
(4.2.1-1)

当 $h_x\geqslant 5R_i$ 时：$S_{a1}\geqslant 0.1(R_i+h_x)$ (4.2.1-2)

2）地下部分：

$$S_{e1}\geqslant 0.4R_i \qquad (4.2.1-3)$$

式中：S_{a1}——空气中的间隔距离（m）；

S_{e1}——地中的间隔距离（m）；

R_i——独立接闪杆、架空接闪线或网支柱处接地装置的冲击接地电阻（Ω）；

h_x——被保护建筑物或计算点的高度（m）。

6 架空接闪线至屋面和各种突出屋面的风帽、放散管等物体之间的间隔距离（图 4.2.1），应按下列公式计算，且不应小于 3m：

1）当 $(h+\frac{l}{2})<5R_i$ 时：

$$S_{a2}\geqslant 0.2R_i+0.03(h+\frac{l}{2}) \qquad (4.2.1-4)$$

2）当 $(h+\frac{l}{2})\geqslant 5R_i$ 时：

$$S_{a2}\geqslant 0.05R_i+0.06(h+\frac{l}{2}) \qquad (4.2.1-5)$$

式中：S_{a2}——接闪线至被保护物在空气中的间隔距离（m）；

h——接闪线的支柱高度（m）；

l——接闪线的水平长度（m）。

7 架空接闪网至屋面和各种突出屋面的风帽、放散管等物体之间的间隔距离，应按下列公式计算，且不应小于 3m：

1）当 $(h+l_1)<5R_i$ 时：

$$S_{a2}\geqslant \frac{1}{n}[0.4R_i+0.06(h+l_1)] \quad (4.2.1-6)$$

2）当 $(h+l_1)\geqslant 5R_i$ 时：

$$S_{a2}\geqslant \frac{1}{n}[0.1R_i+0.12(h+l_1)] \quad (4.2.1-7)$$

式中：S_{a2}——接闪网至被保护物在空气中的间隔距离（m）；

l_1——从接闪网中间最低点沿导体至最近支柱的距离（m）；

n——从接闪网中间最低点沿导体至最近不同支柱并有同一距离 l_1 的个数。

8 独立接闪杆、架空接闪线或架空接闪网应设独立的接地装置，每一引下线的冲击接地电阻不宜大于 10Ω。在土壤电阻率高的地区，可适当增大冲击接地电阻，但在 3000Ωm 以下的地区，冲击接地电阻不应大于 30Ω。

4.2.2 第一类防雷建筑物防闪电感应应符合下列规定：

1 建筑物内的设备、管道、构架、电缆金属外皮、钢屋架、钢窗等较大金属物和突出屋面的放散管、风管等金属物，均应接到防闪电感应的接地装置上。

金属屋面周边每隔 18m~24m 应采用引下线接地一次。

现场浇灌或用预制构件组成的钢筋混凝土屋面，

其钢筋网的交叉点应绑扎或焊接，并应每隔 18m～24m 采用引下线接地一次。

　　2　平行敷设的管道、构架和电缆金属外皮等长金属物，其净距小于 100mm 时，应采用金属线跨接，跨接点的间距不应大于 30m；交叉净距小于 100mm 时，其交叉处也应跨接。

　　当长金属物的弯头、阀门、法兰盘等连接处的过渡电阻大于 0.03Ω 时，连接处应用金属线跨接。对有不少于 5 根螺栓连接的法兰盘，在非腐蚀环境下，可不跨接。

　　3　防闪电感应的接地装置应与电气和电子系统的接地装置共用，其工频接地电阻不宜大于 10Ω。防闪电感应的接地装置与独立接闪杆、架空接闪线或架空接闪网的接地装置之间的间隔距离，应符合本规范第 4.2.1 条第 5 款的规定。

　　当屋内设有等电位连接的接地干线时，其与防闪电感应接地装置的连接不应少于 2 处。

4.2.3　第一类防雷建筑物防闪电电涌侵入的措施应符合下列规定：

　　1　室外低压配电线路应全线采用电缆直接埋地敷设，在入户处将电缆的金属外皮、钢管接到等电位连接带或防闪电感应的接地装置上。

　　2　当全线采用电缆有困难时，应采用钢筋混凝土杆和铁横担的架空线，并应使用一段金属铠装电缆或护套电缆穿钢管直接埋地引入。架空线与建筑物的距离不应小于 15m。

　　在电缆与架空线连接处，尚应装设户外型电涌保护器。电涌保护器、电缆金属外皮、钢管和绝缘子铁脚、金具等应连在一起接地，其冲击接地电阻不应大于 30Ω。所装设的电涌保护器应选用Ⅰ级试验产品，其电压保护水平应小于或等于 2.5kV，其每一保护模式应选冲击电流等于或大于 10kA；若无户外型电涌保护器，应选用户内型电涌保护器，其使用温度应满足安装处的环境温度，并应安装在防护等级 IP54 的箱内。

　　当电涌保护器的接线形式为本规范表 J.1.2 中的接线形式 2 时，接在中性线和 PE 线间电涌保护器的冲击电流，当为三相系统时不应小于 40kA，当为单相系统时不应小于 20kA。

　　3　当架空线转换成一段金属铠装电缆或护套电缆穿钢管直接埋地引入时，其埋地长度可按下式计算：

$$l \geqslant 2\sqrt{\rho} \qquad (4.2.3)$$

式中：l——电缆铠装或穿电缆的钢管埋地直接与土壤接触的长度（m）；

　　ρ——埋电缆处的土壤电阻率（Ωm）。

　　4　在入户处的总配电箱内是否装设电涌保护器应按本规范第 6 章的规定确定。当需要安装电涌保护器时，电涌保护器的最大持续运行电压值和接线形式应按本规范附录 J 的规定确定；连接电涌保护

器的导体截面应按本规范表 5.1.2 的规定取值。

　　5　电子系统的室外金属导体线路宜全线采用有屏蔽层的电缆埋地或架空敷设，其两端的屏蔽层、加强钢线、钢管等应等电位连接到入户处的终端箱体上，在终端箱内是否装设电涌保护器应按本规范第 6 章的规定确定。

　　6　当通信线路采用钢筋混凝土杆的架空线时，应使用一段护套电缆穿钢管直接埋地引入，其埋地长度可按本规范式（4.2.3）计算，且不应小于 15m。在电缆与架空线连接处，尚应装设户外型电涌保护器。电涌保护器、电缆金属外皮、钢管和绝缘子铁脚、金具等应连在一起接地，其冲击接地电阻不应大于 30Ω。所装设的电涌保护器应选用 D1 类高能量试验的产品，其电压保护水平和最大持续运行电压值应按本规范附录 J 的规定确定，连接电涌保护器的导体截面应按本规范表 5.1.2 的规定取值，每台电涌保护器的短路电流应等于或大于 2kA；若无户外型电涌保护器，可选用户内型电涌保护器，但其使用温度应满足安装处的环境温度，并应安装在防护等级 IP54 的箱内。在入户处的终端箱内是否装设电涌保护器应按本规范第 6 章的规定确定。

　　7　架空金属管道，在进出建筑物处，应与防闪电感应的接地装置相连。距离建筑物 100m 内的管道，宜每隔 25m 接地一次，其冲击接地电阻不应大于 30Ω，并应利用金属支架或钢筋混凝土支架的焊接、绑扎钢筋网作为引下线，其钢筋混凝土基础宜作为接地装置。

　　埋地或地沟内的金属管道，在进出建筑物处应等电位连接到等电位连接带或防闪电感应的接地装置上。

4.2.4　当难以装设独立的外部防雷装置时，可将接闪杆或网格不大于 5m×5m 或 6m×4m 的接闪网或由其混合组成的接闪器直接装在建筑物上，接闪网应按本规范附录 B 的规定沿屋角、屋脊、屋檐和檐角等易受雷击的部位敷设；当建筑物高度超过 30m 时，首先应沿屋顶周边敷设接闪带，接闪带应设在外墙外表面或屋檐边垂直面上，也可设在外墙外表面或屋檐边垂直面外，并应符合下列规定：

　　1　接闪器之间应互相连接。

　　2　引下线不应少于 2 根，并应沿建筑物四周和内庭院四周均匀或对称布置，其间距沿周长计算不宜大于 12m。

　　3　排放爆炸危险气体、蒸气或粉尘的管道应符合本规范第 4.2.1 条第 2、3 款的规定。

　　4　建筑物应装设等电位连接环，环间垂直距离不应大于 12m，所有引下线、建筑物的金属结构和金属设备均应连到环上。等电位连接环可利用电气设备的等电位连接干线环路。

　　5　外部防雷的接地装置应围绕建筑物敷设成环

形接地体，每根引下线的冲击接地电阻不应大于10Ω，并应和电气和电子系统等接地装置及所有进入建筑物的金属管道相连，此接地装置可兼作防闪电感应接地之用。

6 当每根引下线的冲击接地电阻大于10Ω时，外部防雷的环形接地体宜按下列方法敷设：

1）当土壤电阻率小于或等于500Ω·m时，对环形接地体所包围面积的等效圆半径小于5m的情况，每一引下线处应补加水平接地体或垂直接地体。

2）本款第1项补加水平接地体时，其最小长度应按下式计算：

$$l_r = 5 - \sqrt{\frac{A}{\pi}} \qquad (4.2.4-1)$$

式中：$\sqrt{\frac{A}{\pi}}$——环形接地体所包围面积的等效圆半径（m）；

l_r——补加水平接地体的最小长度（m）；

A——环形接地体所包围的面积（m²）。

3）本款第1项补加垂直接地体时，其最小长度应按下式计算：

$$l_v = \frac{5 - \sqrt{\frac{A}{\pi}}}{2} \qquad (4.2.4-2)$$

式中：l_v——补加垂直接地体的最小长度（m）。

4）当土壤电阻率大于500Ω·m、小于或等于3000Ω·m，且对环形接地体所包围面积的等效圆半径符合下式的计算时，每一引下线处应补加水平接地体或垂直接地体：

$$\sqrt{\frac{A}{\pi}} < \frac{11\rho - 3600}{380} \qquad (4.2.4-3)$$

5）本款第4项补加水平接地体时，其最小总长度应按下式计算：

$$l_r = \left(\frac{11\rho - 3600}{380} \right) - \sqrt{\frac{A}{\pi}} \qquad (4.2.4-4)$$

6）本款第4项补加垂直接地体时，其最小总长度应按下式计算：

$$l_v = \frac{\left(\frac{11\rho - 3600}{380} \right) - \sqrt{\frac{A}{\pi}}}{2} \qquad (4.2.4-5)$$

注：按本款方法敷设接地体以及环形接地体所包围的面积的等效圆半径等于或大于所规定的值时，每根引下线的冲击接地电阻可不作规定。共用接地装置的接地电阻按50Hz电气装置的接地电阻确定，应为不大于按人身安全所确定的接地电阻值。

7 当建筑物高于30m时，尚应采取下列防侧击的措施：

1）应从30m起每隔不大于6m沿建筑物四周

设水平接闪带并应与引下线相连。

2）30m及以上外墙上的栏杆、门窗等较大的金属物应与防雷装置连接。

8 在电源引入的总配电箱处应装设Ⅰ级试验的电涌保护器。电涌保护器的电压保护水平值应小于或等于2.5kV。每一保护模式的冲击电流值，当无法确定时，冲击电流应取等于或大于12.5kA。

9 电源总配电箱处所装设的电涌保护器，其每一保护模式的冲击电流值，当电源线路无屏蔽层时宜按式（4.2.4-6）计算，当有屏蔽层或穿钢管时宜按式（4.2.4-7）计算：

$$I_{imp} = \frac{0.5I}{nm} \qquad (4.2.4-6)$$

$$I_{imp} = \frac{0.5IR_s}{n(mR_s + R_c)} \qquad (4.2.4-7)$$

式中：I——雷电流（kA），取200kA；

n——地下和架空引入的外来金属管道和线路的总数；

m——需要确定的那一回线路内导体芯线的总根数；

R_s——屏蔽层或钢管每公里的电阻（Ω/km）；

R_c——芯线每公里的电阻（Ω/km）。

10 电源总配电箱处所装设的电涌保护器，其连接的导体截面应按本规范表5.1.2的规定取值，其最大持续运行电压值和接线形式应按本规范附录J的规定确定。

注：当电涌保护器的接线形式为本规范表J.1.2中的接线形式2时，接在中性线和PE线间电涌保护器的冲击电流，当为三相系统时不应小于本条第9款规定值的4倍，当为单相系统时不应小于2倍。

11 当电子系统的室外线路采用金属线时，在其引入的终端箱处应安装D1类高能量试验类型的电涌保护器，其短路电流当无屏蔽层时，宜按式（4.2.4-6）计算，当有屏蔽层时宜按式（4.2.4-7）计算；当无法确定时应选用2kA。选取电涌保护器的其他参数应符合本规范第J.2节的规定，连接电涌保护器的导体截面应按本规范表5.1.2的规定取值。

12 当电子系统的室外线路采用光缆时，在其引入的终端箱处的电气线路侧，当无金属线路引出本建筑物至其他有自己接地装置的设备时，可安装B2类慢上升率试验类型的电涌保护器，其短路电流应按本规范表J.2.1的规定确定，宜选用100A。

13 输送火灾爆炸危险物质的埋地金属管道，当其从室外进入户内处设有绝缘段时，应在绝缘段处跨接符合下列要求的电压开关型电涌保护器或隔离放电间隙：

1）选用Ⅰ级试验的密封型电涌保护器。

2）电涌保护器能承受的冲击电流按式（4.2.4-6）计算，取$m=1$。

3）电涌保护器的电压保护水平应小于绝缘段的耐冲击电压水平，无法确定时，应取其等于或大于 1.5kV 和等于或小于 2.5kV。

 4) 输送火灾爆炸危险物质的埋地金属管道在进入建筑物处的防雷等电位连接，应在绝缘段之后管道进入室内处进行，可将电涌保护器的上端头接到等电位连接带。

 14 具有阴极保护的埋地金属管道，在其从室外进入户内处宜设绝缘段，应在绝缘段处跨接符合下列要求的电压开关型电涌保护器或隔离放电间隙：

 1) 选用 Ⅰ 级试验的密封型电涌保护器。

 2) 电涌保护器能承受的冲击电流按式（4.2.4-6）计算，取 $m=1$。

 3) 电涌保护器的电压保护水平应小于绝缘段的耐冲击电压水平，并应大于阴极保护电源的最大端电压。

 4) 具有阴极保护的埋地金属管道在进入建筑物处的防雷等电位连接，应在绝缘段之后管道进入室内处进行，可将电涌保护器的上端头接到等电位连接带。

4.2.5 当树木邻近建筑物且不在接闪器保护范围之内时，树木与建筑物之间的净距不应小于 5m。

4.3 第二类防雷建筑物的防雷措施

4.3.1 第二类防雷建筑物外部防雷的措施，宜采用装设在建筑物上的接闪网、接闪带或接闪杆，也可采用由接闪网、接闪带或接闪杆混合组成的接闪器。接闪网、接闪带应按本规范附录 B 的规定沿屋角、屋脊、屋檐和檐角等易受雷击的部位敷设，并应在整个屋面组成不大于 10m×10m 或 12m×8m 的网格；当建筑物高度超过 45m 时，首先应沿屋顶周边敷设接闪带，接闪带应设在外墙外表面或屋檐边垂直面上，也可设在外墙外表面或屋檐边垂直面外。接闪器之间应互相连接。

4.3.2 突出屋面的放散管、风管、烟囱等物体，应按下列方式保护：

 1 排放爆炸危险气体、蒸气或粉尘的放散管、呼吸阀、排风管等管道应符合本规范第 4.2.1 条第 2 款的规定。

 2 排放无爆炸危险气体、蒸气或粉尘的放散管、烟囱，1 区、21 区、2 区和 22 区爆炸危险场所的自然通风管，0 区和 20 区爆炸危险场所的装有阻火器的放散管、呼吸阀、排风管，以及本规范第 4.2.1 条第 3 款所规定的管、阀及煤气和天然气放散管等，其防雷保护应符合下列规定：

 1) 金属物体可不装接闪器，但应和屋面防雷装置相连。

 2) 除符合本规范第 4.5.7 条的规定情况外，在屋面接闪器保护范围之外的非金属物体应装接闪器，并应和屋面防雷装置相连。

4.3.3 专设引下线不应少于 2 根，并应沿建筑物四周和内庭院四周均匀对称布置，其间距沿周长计算不应大于 18m。当建筑物的跨度较大，无法在跨距中间设引下线时，应在跨距两端设引下线并减小其他引下线的间距，专设引下线的平均间距不应大于 18m。

4.3.4 外部防雷装置的接地应和防闪电感应、内部防雷装置、电气和电子系统等接地共用接地装置，并应与引入的金属管线做等电位连接。外部防雷装置的专设接地装置宜绕建筑物敷设成环形接地体。

4.3.5 利用建筑物的钢筋作为防雷装置时，应符合下列规定：

 1 建筑物宜利用钢筋混凝土屋顶、梁、柱、基础内的钢筋作为引下线。本规范第 3.0.3 条第 2~4 款、第 9 款、第 10 款的建筑物，当其女儿墙以内的屋顶钢筋网以上的防水和混凝土层允许不保护时，宜利用屋顶钢筋网作为接闪器；本规范第 3.0.3 条第 2~4 款、第 9 款、第 10 款的建筑物为多层建筑，且周围很少有人停留时，宜利用女儿墙压顶板内或檐口内的钢筋作为接闪器。

 2 当基础采用硅酸盐水泥和周围土壤的含水量不低于 4% 及基础的外表面无防腐层或有沥青质防腐层时，宜利用基础内的钢筋作为接地装置。当基础的外表面有其他类的防腐层且无桩基可利用时，宜在基础防腐层下面的混凝土垫层内敷设人工环形基础接地体。

 3 敷设在混凝土中作为防雷装置的钢筋或圆钢，当仅为一根时，其直径不应小于 10mm。被利用作为防雷装置的混凝土构件内有箍筋连接的钢筋时，其截面积总和不应小于一根直径 10mm 钢筋的截面积。

 4 利用基础内钢筋网作为接地体时，在周围地面以下距地面不应小于 0.5m，每根引下线所连接的钢筋表面积总和应按下式计算：

$$S \geqslant 4.24 k_c^2 \qquad (4.3.5)$$

式中：S——钢筋表面积总和（m²）；

  k_c——分流系数，按本规范附录 E 的规定取值。

 5 当在建筑物周边的无钢筋的闭合条形混凝土基础内敷设人工基础接地体时，接地体的规格尺寸应按表 4.3.5 的规定确定。

表 4.3.5 第二类防雷建筑物环形人工基础接地体的最小规格尺寸

闭合条形基础的周长（m）	扁钢（mm）	圆钢，根数×直径（mm）
≥60	4×25	2×φ10
40~60	4×50	4×φ10 或 3×φ12
<40	钢材表面积总和≥4.24m²	

注：1 当长度相同、截面相同时，宜选用扁钢；

 2 采用多根圆钢时，其敷设净距不小于直径的 2 倍；

 3 利用闭合条形基础内的钢筋作接地体时可按本表校验，除主筋外，可计入箍筋的表面积。

6 构件内有箍筋连接的钢筋或成网状的钢筋，其箍筋与钢筋、钢筋与钢筋应采用土建施工的绑扎法、螺丝、对焊或搭焊连接。单根钢筋、圆钢或外引预埋连接板、线与构件内钢筋应焊接或采用螺栓紧固的卡夹器连接。构件之间必须连接成电气通路。

4.3.6 共用接地装置的接地电阻应按 50Hz 电气装置的接地电阻确定，不应大于按人身安全所确定的接地电阻值。在土壤电阻率小于或等于 3000Ωm 时，外部防雷装置的接地体符合下列规定之一以及环形接地体所包围面积的等效圆半径等于或大于所规定的值时，可不计及冲击接地电阻；但当每根专设引下线的冲击接地电阻不大于 10Ω 时，可不按本条第 1、2 款敷设接地体：

1 当土壤电阻率 ρ 小于或等于 800Ωm 时，对环形接地体所包围面积的等效圆半径小于 5m 的情况，每一引下线处应补加水平接地体或垂直接地体。当补加水平接地体时，其最小长度应按本规范式（4.2.4-1）计算；当补加垂直接地体时，其最小长度应按本规范式（4.2.4-2）计算。

2 当土壤电阻率大于 800Ωm、小于或等于 3000Ωm，且对环形接地体所包围的面积的等效圆半径小于按下式的计算值时，每一引下线处应补加水平接地体或垂直接地体：

$$\sqrt{\frac{A}{\pi}} < \frac{\rho - 550}{50} \qquad (4.3.6\text{-}1)$$

3 本条第 2 款补加水平接地体时，其最小总长度应按下式计算：

$$l_{\mathrm{r}} = \left(\frac{\rho - 550}{50}\right)\sqrt{\frac{A}{\pi}} \qquad (4.3.6\text{-}2)$$

4 本条第 2 款补加垂直接地体时，其最小总长度应按下式计算：

$$l_{\mathrm{v}} = \frac{\left(\dfrac{\rho - 550}{50}\right)}{2}\sqrt{\frac{A}{\pi}} \qquad (4.3.6\text{-}3)$$

5 在符合本规范第 4.3.5 条规定的条件下，利用槽形、板形或条形基础的钢筋作为接地体或在基础下面混凝土垫层内敷设人工环形基础接地体，当槽形、板形基础钢筋网在水平面的投影面积或成环的条形基础钢筋或人工环形基础接地体所包围的面积符合下列规定时，可不补加接地体：

　1）土壤电阻率小于或等于 800Ωm 时，所包围的面积应大于或等于 79m²。

　2）土壤电阻率大于 800Ωm 且小于或等于 3000Ωm 时，所包围的面积应大于或等于按下式计算的值：

$$A \geq \pi \left(\frac{\rho - 550}{50}\right)^2 \qquad (4.3.6\text{-}4)$$

6 在符合本规范第 4.3.5 条规定的条件下，对 6m 柱距或大多数柱距为 6m 的单层工业建筑物，当利用柱子基础的钢筋作为外部防雷装置的接地体并同

时符合下列规定时，可不另加接地体：

　1）利用全部或绝大多数柱子基础的钢筋作为接地体。

　2）柱子基础的钢筋网通过钢柱，钢屋架，钢筋混凝土柱、屋架、屋面板、吊车梁等构件的钢筋或防雷装置互相连成整体。

　3）在周围地面以下距地面不小于 0.5m，每一柱子基础内所连接的钢筋表面积总和大于或等于 0.82m²。

4.3.7 本规范第 3.0.3 条第 5～7 款所规定的建筑物，其防闪电感应的措施应符合下列规定：

1 建筑物内的设备、管道、构架等主要金属物，应就近接到防雷装置或共用接地装置上。

2 除本规范第 3.0.3 条第 7 款所规定的建筑物外，平行敷设的管道、构架和电缆金属外皮等长金属物应符合本规范第 4.2.2 条第 2 款的规定，但长金属物连接处可不跨接。

3 建筑物内防闪电感应的接地干线与接地装置的连接，不应少于 2 处。

4.3.8 防止雷电流流经引下线和接地装置时产生的高电位对附近金属物或电气和电子系统线路的反击，应符合下列规定：

1 在金属框架的建筑物中，或在钢筋连接在一起、电气贯通的钢筋混凝土框架的建筑物中，金属物或线路与引下线之间的间隔距离可无要求；在其他情况下，金属物或线路与引下线之间的间隔距离应按下式计算：

$$S_{\mathrm{a3}} \geq 0.06 k_{\mathrm{c}} l_{\mathrm{x}} \qquad (4.3.8)$$

式中：S_{a3}——空气中的间隔距离（m）；

　　　l_{x}——引下线计算点到连接点的长度（m），连接点即金属物或电气和电子系统线路与防雷装置之间直接或通过电涌保护器相连之点。

2 当金属物或线路与引下线之间有自然或人工接地的钢筋混凝土构件、金属板、金属网等静电屏蔽物隔开时，金属物或线路与引下线之间的间隔距离可无要求。

3 当金属物或线路与引下线之间有混凝土墙、砖墙隔开时，其击穿强度应为空气击穿强度的 1/2。当间隔距离不能满足本条第 1 款的规定时，金属物应与引下线直接相连，带电线路应通过电涌保护器与引下线相连。

4 在电气接地装置与防雷接地装置共用或相连的情况下，应在低压电源线路引入的总配电箱、配电柜处装设 I 级试验的电涌保护器。电涌保护器的电压保护水平值应小于或等于 2.5kV。每一保护模式的冲击电流值，当无法确定时应取等于或大于 12.5kA。

5 当 Yyn0 型或 Dyn11 型接线的配电变压器设在本建筑物内或附设于外墙处时，应在变压器高压侧

装设避雷器；在低压侧的配电屏上，当有线路引出本建筑物至其他有独自敷设接地装置的配电装置时，应在母线上装设Ⅰ级试验的电涌保护器，电涌保护器每一保护模式的冲击电流值，当无法确定时冲击电流应取等于或大于 12.5kA；当无线路引出本建筑物时，应在母线上装设Ⅱ级试验的电涌保护器，电涌保护器每一保护模式的标称放电电流值应等于或大于 5kA。电涌保护器的电压保护水平值应小于或等于 2.5kV。

6 低压电源线路引入的总配电箱、配电柜处装设Ⅰ级试验的电涌保护器，以及配电变压器设在本建筑物内或附设于外墙处，并在低压侧配电屏的母线上装设Ⅰ级试验的电涌保护器时，电涌保护器每一保护模式的冲击电流值，当电源线路无屏蔽层时可按本规范式（4.2.4-6）计算，当有屏蔽层时可按本规范式（4.2.4-7）计算，式中的雷电流应取等于 150kA。

7 在电子系统的室外线路采用金属线时，其引入的终端箱处应安装 D1 类高能量试验类型的电涌保护器，其短路电流当无屏蔽层时可按本规范式（4.2.4-6）计算，当有屏蔽层时可按本规范式（4.2.4-7）计算，式中的雷电流应取等于 150kA；当无法确定时应选用 1.5kA。

8 在电子系统的室外线路采用光缆时，其引入的终端箱处的电气线路侧，当无金属线路引出本建筑物至其他有自己接地装置的设备时可安装 B2 类慢上升率试验类型的电涌保护器，其短路电流宜选用 75A。

9 输送火灾爆炸危险物质和具有阴极保护的埋地金属管道，当其从室外进入户内处设有绝缘段时应符合本规范第 4.2.4 条第 13 款和第 14 款的规定，在按本规范式（4.2.4-6）计算时，式中的雷电流应取等于 150kA。

4.3.9 高度超过 45m 的建筑物，除屋顶的外部防雷装置应符合本规范第 4.3.1 条的规定外，尚应符合下列规定：

1 对水平突出外墙的物体，当滚球半径 45m 球体从屋顶周边接闪带外向地面垂直下降接触到突出外墙的物体时，应采取相应的防雷措施。

2 高于 60m 的建筑物，其上部占高度 20％并超过 60m 的部位应防侧击，防侧击应符合下列规定：

1）在建筑物上部占高度 20％并超过 60m 的部位，各表面上的尖物、墙角、边缘、设备以及显著突出的物体，应按屋顶上的保护措施处理。

2）在建筑物上部占高度 20％并超过 60m 的部位，布置接闪器应符合对本类防雷建筑物的要求，接闪器应重点布置在墙角、边缘和显著突出的物体上。

3）外部金属物，当其最小尺寸符合本规范第 5.2.7 条第 2 款的规定时，可利用其作为接闪器，还可利用布置在建筑物垂直边缘处的外部引下线作为接闪器。

4）符合本规范第 4.3.5 条规定的钢筋混凝土内钢筋和符合本规范第 5.3.5 条规定的建筑物金属框架，当作为引下线或与引下线连接时，均可利用其作为接闪器。

3 外墙内、外竖直敷设的金属管道及金属物的顶端和底端，应与防雷装置等电位连接。

4.3.10 有爆炸危险的露天钢质封闭气罐，当其高度小于或等于 60m，罐顶壁厚不小于 4mm 时，或当其高度大于 60m、罐顶壁厚和侧壁壁厚均不小于 4mm 时，可不装设接闪器，但应接地，且接地点不应少于 2 处，两接地点间距离不宜大于 30m，每处接地点的冲击接地电阻不应大于 30Ω。当防雷的接地装置符合本规范第 4.3.6 条的规定时，可不计及其接地电阻值，但本规范第 4.3.6 条所规定的 10Ω 应改为 30Ω。放散管和呼吸阀的保护应符合本规范第 4.3.2 条的规定。

4.4 第三类防雷建筑物的防雷措施

4.4.1 第三类防雷建筑物外部防雷的措施宜采用装设在建筑物上的接闪网、接闪带或接闪杆，也可采用由接闪网、接闪带和接闪杆混合组成的接闪器。接闪网、接闪带应按本规范附录 B 的规定沿屋角、屋脊、屋檐和檐角等易受雷击的部位敷设，并应在整个屋面上组成不大于 20m×20m 或 24m×16m 的网格；当建筑物高度超过 60m 时，首先应沿屋顶周边敷设接闪带，接闪带应设在外墙外表面或屋檐边垂直面上，也可设在外墙外表面或屋檐边垂直面外。接闪器之间应互相连接。

4.4.2 突出屋面物体的保护措施应符合本规范第 4.3.2 条的规定。

4.4.3 专设引下线不应少于 2 根，并应沿建筑物四周和内庭院四周均匀对称布置，其间距沿周长计算不应大于 25m。当建筑物的跨度较大，无法在跨距中间设引下线时，应在跨距两端设引下线并减小其他引下线的间距，专设引下线的平均间距不应大于 25m。

4.4.4 防雷装置的接地应与电气和电子系统等接地共用接地装置，并应与引入的金属管线做等电位连接。外部防雷装置的专设接地装置宜围绕建筑物敷设成环形接地体。

4.4.5 建筑物宜利用钢筋混凝土屋面、梁、柱、基础内的钢筋作为引下线和接地装置，当其女儿墙以内的屋顶钢筋网以上的防水和混凝土层允许不保护时，宜利用屋顶钢筋网作为接闪器，以及当建筑物为多层建筑，其女儿墙压顶板内或檐口内有钢筋且周围除保安人员巡逻外通常无人停留时，宜利用女儿墙压顶板内或檐口内的钢筋作为接闪器，并应符合本规范第 4.3.5 条第 2 款、第 3 款、第 6 款规定，同时应符合下列规定：

1 利用基础内钢筋网作为接地体时，在周围地面以下距地面不小于 0.5m 深，每根引下线所连接的钢筋表面积总和应按下式计算：

$$S \geqslant 1.89k_c^2 \qquad (4.4.5)$$

2 当在建筑物周边的无钢筋的闭合条形混凝土基础内敷设人工基础接地体时，接地体的规格尺寸应按表 4.4.5 的规定确定。

表 4.4.5 第三类防雷建筑物环形人工基础接地体的最小规格尺寸

闭合条形基础的周长（m）	扁钢（mm）	圆钢，根数×直径（mm）
≥60	—	1×φ10
40～60	4×20	2×φ8
<40	钢材表面积总和≥1.89m²	

注：1 当长度相同、截面相同时，宜选用扁钢；
　　2 采用多根圆钢时，其敷设净距不小于直径的2倍；
　　3 利用闭合条形基础内的钢筋作接地体时可按本表校验，除主筋外，可计入箍筋的表面积。

4.4.6 共用接地装置的接地电阻应按 50Hz 电气装置的接地电阻确定，不应大于按人身安全所确定的接地电阻值。在土壤电阻率小于或等于 3000Ω·m 时，外部防雷装置的接地体当符合下列规定之一以及环形接地体所包围面积的等效圆半径等于或大于所规定的值时可不计及冲击接地电阻；当每根专设引下线的冲击接地电阻不大于 30Ω，但对本规范第 3.0.4 条第 2 款所规定的建筑物则不大于 10Ω 时，可不按本条第 1 款敷设接地体：

1 对环形接地体所包围面积的等效圆半径小于 5m 时，每一引下线处应补加水平接地体或垂直接地体。当补加水平接地体时，其最小长度应按本规范式（4.2.4-1）计算；当补加垂直接地体时，其最小长度应按本规范式（4.2.4-2）计算。

2 在符合本规范第 4.4.5 条规定的条件下，利用槽形、板形或条形基础的钢筋作为接地体或在基础下面混凝土垫层内敷设人工环形基础接地体，当槽形、板形基础钢筋网在水平面的投影面积或成环的条形基础钢筋或人工环形基础接地体所包围的面积大于或等于 79m² 时，可不补加接地体。

3 在符合本规范第 4.4.5 条规定的条件下，对 6m 柱距或大多数柱距为 6m 的单层工业建筑物，当利用柱子基础的钢筋作为外部防雷装置的接地体并同时符合下列规定时，可不另加接地体：

1）利用全部或绝大多数柱子基础的钢筋作为接地体。

2）柱子基础的钢筋网通过钢柱，钢屋架，钢筋混凝土柱子、屋架、屋面板、吊车梁等构件的钢筋或防雷装置互相连成整体。

3）在周围地面以下距地面不小于 0.5m 深，每一柱子基础内所连接的钢筋表面积总和大于或等于 0.37m²。

4.4.7 防止雷电流流经引下线和接地装置时产生的高电位对附近金属物或电气和电子系统线路的反击，应符合下列规定：

1 应符合本规范第 4.3.8 条第 1～5 款的规定，并应按下式计算：

$$S_{a3} \geqslant 0.04k_c l_x \qquad (4.4.7)$$

2 低压电源线路引入的总配电箱、配电柜处装设 I 级试验的电涌保护器，以及配电变压器设在本建筑物内或附设于外墙处，并在低压侧配电屏的母线上装设 I 级试验的电涌保护器时，电涌保护器每一保护模式的冲击电流值，当电源线路无屏蔽层时可按本规范式（4.2.4-6）计算，当有屏蔽层时可按本规范式（4.2.4-7）计算，式中的雷电流应取等于 100kA。

3 在电子系统的室外线路采用金属线时，在其引入的终端箱处应安装 D1 类高能量试验类型的电涌保护器，其短路电流当无屏蔽层时可按本规范式（4.2.4-6）计算，当有屏蔽层时可按本规范式（4.2.4-7）计算，式中的雷电流应取等于 100kA；当无法确定时应选用 1.0kA。

4 在电子系统的室外线路采用光缆时，其引入的终端箱处的电气线路侧，当无金属线路引出本建筑物至其他有自己接地装置的设备时，可安装 B2 类慢上升率试验类型的电涌保护器，其短路电流宜选用 50A。

5 输送火灾爆炸危险物质和具有阴极保护的埋地金属管道，当其从室外进入户内处设有绝缘段时，应符合本规范第 4.2.4 条第 13 款和第 14 款的规定，当按本规范式（4.2.4-6）计算时，雷电流应取等于 100kA。

4.4.8 高度超过 60m 的建筑物，除屋顶的外部防雷装置应符合本规范第 4.4.1 条的规定外，尚应符合下列规定：

1 对水平突出外墙的物体，当滚球半径 60m 球体从屋顶周边接闪带外向地面垂直下降接触到突出外墙的物体时，应采取相应的防雷措施。

2 高于 60m 的建筑物，其上部占高度 20% 并超过 60m 的部位应防侧击，防侧击应符合下列规定：

1）在建筑物上部占高度 20% 并超过 60m 的部位，各表面上的尖物、墙角、边缘、设备以及显著突出的物体，应按屋顶的保护措施处理。

2）在建筑物上部占高度 20% 并超过 60m 的部位，布置接闪器应符合对本类防雷建筑物的要求，接闪器应重点布置在墙角、边缘和显著突出的物体上。

3）外部金属物，当其最小尺寸符合本规范第

5.2.7 条第 2 款的规定时，可利用其作为接闪器，还可利用布置在建筑物垂直边缘处的外部引下线作为接闪器。

4) 符合本规范第 4.4.5 条规定的钢筋混凝土内钢筋和符合本规范第 5.3.5 条规定的建筑物金属框架，当其作为引下线或与引下线连接时均可利用作为接闪器。

3 外墙内、外竖直敷设的金属管道及金属物的顶端和底端，应与防雷装置等电位连接。

4.4.9 砖烟囱、钢筋混凝土烟囱，宜在烟囱上装设接闪杆或接闪环保护。多支接闪杆应连接在闭合环上。

当非金属烟囱无法采用单支或双支接闪杆保护时，应在烟囱口装设环形接闪带，并应对称布置三支高出烟囱口不低于 0.5m 的接闪杆。

钢筋混凝土烟囱的钢筋应在其顶部和底部与引下线和贯通连接的金属爬梯相连。当符合本规范第 4.4.5 条的规定时，宜利用钢筋作为引下线和接地装置，可不另设专用引下线。

高度不超过 40m 的烟囱，可只设一根引下线，超过 40m 时应设两根引下线。可利用螺栓或焊接连接的一座金属爬梯作为两根引下线用。

金属烟囱应作为接闪器和引下线。

4.5 其他防雷措施

4.5.1 当一座防雷建筑物中兼有第一、二、三类防雷建筑物时，其防雷分类和防雷措施宜符合下列规定：

1 当第一类防雷建筑物部分的面积占建筑物总面积的 30% 及以上时，该建筑物宜确定为第一类防雷建筑物。

2 当第一类防雷建筑物部分的面积占建筑物总面积的 30% 以下，且第二类防雷建筑物部分的面积占建筑物总面积的 30% 及以上时，或当这两部分防雷建筑物的面积均小于建筑物总面积的 30%，但其面积之和又大于 30% 时，该建筑物宜确定为第二类防雷建筑物。但对第一类防雷建筑物部分的防闪电感应和防闪电电涌侵入，应采取第一类防雷建筑物的保护措施。

3 当第一、二类防雷建筑物部分的面积之和小于建筑物总面积的 30%，且不可能遭直接雷击时，该建筑物可确定为第三类防雷建筑物；但对第一、二类防雷建筑物部分的防闪电感应和防闪电电涌侵入，应采取各自类别的保护措施；当可能遭直接雷击时，宜按各自类别采取防雷措施。

4.5.2 当一座建筑物中仅有一部分为第一、二、三类防雷建筑物时，其防雷措施宜符合下列规定：

1 当防雷建筑物部分可能遭直接雷击时，宜按各自类别采取防雷措施。

2 当防雷建筑物部分不可能遭直接雷击时，可不采取防直击雷措施，可仅按各自类别采取防闪电感应和防闪电电涌侵入的措施。

3 当防雷建筑物部分的面积占建筑物总面积的 50% 以上时，该建筑物宜按本规范第 4.5.1 条的规定采取防雷措施。

4.5.3 当采用接闪器保护建筑物、封闭气罐时，其外表面外的 2 区爆炸危险场所可不在滚球法确定的保护范围内。

4.5.4 固定在建筑物上的节日彩灯、航空障碍信号灯及其他用电设备和线路应根据建筑物的防雷类别采取相应的防止闪电电涌侵入的措施，并应符合下列规定：

1 无金属外壳或保护网罩的用电设备应处在接闪器的保护范围内。

2 从配电箱引出的配电线路应穿钢管。钢管的一端应与配电箱的 PE 线相连；另一端应与用电设备外壳、保护罩相连，并应就近与屋顶防雷装置相连。当钢管因连接设备而中间断开时应设跨接线。

3 在配电箱内应在开关的电源侧装设 II 级试验的电涌保护器，其电压保护水平不应大于 2.5kV，标称放电电流值应根据具体情况确定。

4.5.5 粮、棉及易燃物大量集中的露天堆场，当其年预计雷击次数大于或等于 0.05 时，应采用独立接闪杆或架空接闪线防直击雷。独立接闪杆和架空接闪线保护范围的滚球半径可取 100m。

在计算雷击次数时，建筑物的高度可按可能堆放的高度计算，其长度和宽度可按可能堆放面积的长度和宽度计算。

4.5.6 在建筑物引下线附近保护人身安全需采取的防接触电压和跨步电压的措施，应符合下列规定：

1 防接触电压应符合下列规定之一：

1) 利用建筑物金属构架和建筑物互相连接的钢筋在电气上是贯通且不少于 10 根柱子组成的自然引下线，作为自然引下线的柱子包括位于建筑物四周和建筑物内的。

2) 引下线 3m 范围内地表层的电阻率不小于 50kΩ·m，或敷设 5cm 厚沥青层或 15cm 厚砾石层。

3) 外露引下线，其距地面 2.7m 以下的导体用耐 1.2/50μs 冲击电压 100kV 的绝缘层隔离，或用至少 3mm 厚的交联聚乙烯层隔离。

4) 用护栏、警告牌使接触引下线的可能性降至最低限度。

2 防跨步电压应符合下列规定之一：

1) 利用建筑物金属构架和建筑物互相连接的钢筋在电气上是贯通且不少于 10 根柱子组成的自然引下线，作为自然引下线的柱子包括位于建筑物四周和建筑物内的。

2) 引下线 3m 范围内地表层的电阻率不小于

50kΩm，或敷设 5cm 厚沥青层或 15cm 厚砾石层。

  3）用网状接地装置对地面做均衡电位处理。

  4）用护栏、警告牌使进入距引下线 3m 范围内地面的可能性减小到最低限度。

4.5.7 对第二类和第三类防雷建筑物，应符合下列规定：

  1 没有得到接闪器保护的屋顶孤立金属物的尺寸不超过下列数值时，可不要求附加的保护措施：

   1）高出屋顶平面不超过 0.3m。

   2）上层表面总面积不超过 1.0m²。

   3）上层表面的长度不超过 2.0m。

  2 不处在接闪器保护范围内的非导电性屋顶物体，当它没有突出由接闪器形成的平面 0.5m 以上时，可不要求附加增设接闪器的保护措施。

4.5.8 在独立接闪杆、架空接闪线、架空接闪网的支柱上，严禁悬挂电话线、广播线、电视接收天线及低压架空线等。

5 防雷装置

5.1 防雷装置使用的材料

5.1.1 防雷装置使用的材料及其应用条件，宜符合表 5.1.1 的规定。

表 5.1.1 防雷装置的材料及使用条件

材料	使用于大气中	使用于地中	使用于混凝土中	耐腐蚀情况		
				在下列环境中能耐腐蚀	在下列环境中加剧腐蚀	与下列材料接触形成直流电耦合可能受到严重腐蚀
铜	单根导体，绞线	单根导体，有镀层的绞线，铜管	单根导体，有镀层的绞线	在许多环境中良好	硫化物有机材料	—
热镀锌钢	单根导体，绞线	单根导体，钢管	单根导体，绞线	敷设于大气、混凝土和无腐蚀性的一般土壤中所受到的腐蚀是可接受的	高氯物含量	铜
电镀铜钢	单根导体	单根导体	单根导体	在许多环境中良好	硫化物	—
不锈钢	单根导体，绞线	单根导体，绞线	单根导体，绞线	在许多环境中良好	高氯物含量	—
铝	单根导体，绞线	不适合	不适合	在含有低浓度硫和氯化物的大气中良好	碱性溶液	铜
铅	有镀铅层的单根导体	禁止	不适合	在含有高浓度硫酸化合物的大气中良好		铜不锈钢

注：1 敷设于黏土或潮湿土壤中的镀锌钢可能受到腐蚀；

  2 在沿海地区，敷设于混凝土中的镀锌钢不宜延伸进入土壤中；

  3 不得在地中采用铅。

5.1.2 防雷等电位连接各连接部件的最小截面，应符合表 5.1.2 的规定。连接单台或多台 I 级分类试验或 D1 类电涌保护器的单根导体的最小截面，尚应按下式计算：

$$S_{min} \geqslant I_{imp}/8 \quad\quad (5.1.2)$$

式中：S_{min}——单根导体的最小截面（mm²）；

   I_{imp}——流入该导体的雷电流（kA）。

表 5.1.2 防雷装置各连接部件的最小截面

等电位连接部件		材料	截面（mm²）
等电位连接带（铜、外表面镀铜的钢或热镀锌钢）		Cu（铜）、Fe（铁）	50
从等电位连接带至接地装置或各等电位连接带之间的连接导体		Cu（铜）	16
		Al（铝）	25
		Fe（铁）	50
从屋内金属装置至等电位连接带的连接导体		Cu（铜）	6
		Al（铝）	10
		Fe（铁）	16
连接电涌保护器的导体	电气系统	I 级试验的电涌保护器	6
		II 级试验的电涌保护器	2.5
		III 级试验的电涌保护器	1.5
	电子系统	D1 类电涌保护器	1.2
		其他类的电涌保护器（连接导体的截面可小于 1.2mm²）	根据具体情况确定

5.2 接 闪 器

5.2.1 接闪器的材料、结构和最小截面应符合表 5.2.1 的规定。

表 5.2.1 接闪线（带）、接闪杆和引下线的材料、结构与最小截面

材料	结构	最小截面（mm²）	备注⑩
铜，镀锡铜①	单根扁铜	50	厚度 2mm
	单根圆铜⑦	50	直径 8mm
	铜绞线	50	每股线直径 1.7mm
	单根圆铜③、④	176	直径 15mm
铝	单根扁铝	70	厚度 3mm
	单根圆铝	50	直径 8mm
	铝绞线	50	每股线直径 1.7mm
铝合金	单根扁形导体	50	厚度 2.5mm
	单根圆形导体	50	直径 8mm
	绞线	50	每股线直径 1.7mm
	单根圆形导体③	176	直径 15mm
	外表面镀铜的单根圆形导体		直径 8mm，径向镀铜厚度至少 70μm，铜纯度 99.9%
热浸镀锌钢②	单根扁钢	50	厚度 2.5mm
	单根圆钢⑨	50	直径 8mm
	绞线	50	每股线直径 1.7mm
	单根圆钢③、④	176	直径 15mm

续表 5.2.1

材料	结构	最小截面（mm²）	备注⑩
不锈钢⑤	单根扁钢⑥	50⑧	厚度 2mm
	单根圆钢⑥	50⑧	直径 8mm
	绞线	70	每股线直径 1.7mm
	单根圆钢③、④	176	直径 15mm
外表面镀铜的钢	单根圆钢（直径 8mm）	50	镀铜厚度至少 70μm，铜纯度 99.9%
	单根扁钢（厚 2.5mm）		

注：① 热浸或电镀锡的锡层最小厚度为 1μm；

② 镀锌层宜光滑连贯、无焊剂斑点，镀锌层圆钢至少 22.7g/m²，扁钢至少 32.4g/m²；

③ 仅应用于接闪杆。当应用于机械应力没达到临界值之处，可采用直径 10mm、最长 1m 的接闪杆，并增加固定；

④ 仅应用于入地之处；

⑤ 不锈钢中，铬的含量等于或大于 16%，镍的含量等于或大于 8%，碳的含量等于或小于 0.08%；

⑥ 对埋于混凝土中以及与可燃材料直接接触的不锈钢，其最小尺寸宜增大至直径 10mm 的 78mm²（单根圆钢）和最小厚度 3mm 的 75mm²（单根扁钢）；

⑦ 在机械强度没有重要要求之处，50mm²（直径 8mm）可减为 28mm²（直径 6mm）。并应减小固定支架间的间距；

⑧ 当温升和机械受力是重点考虑之处，50mm² 加大至 75mm²；

⑨ 避免在单位能量 10MJ/Ω 下熔化的最小截面是铜为 16mm²、铝为 25mm²、钢为 50mm²、不锈钢为 50mm²；

⑩ 截面积允许误差为 -3%。

5.2.2 接闪杆采用热镀锌圆钢或钢管制成时，其直径应符合下列规定：

1 杆长 1m 以下时，圆钢不应小于 12mm，钢管不应小于 20mm。

2 杆长 1m～2m 时，圆钢不应小于 16mm，钢管不应小于 25mm。

3 独立烟囱顶上的杆，圆钢不应小于 20mm，钢管不应小于 40mm。

5.2.3 接闪杆的接闪端宜做成半球状，其最小弯曲半径宜为 4.8mm，最大宜为 12.7mm。

5.2.4 当独立烟囱上采用热镀锌接闪环时，其圆钢直径不应小于 12mm；扁钢截面不应小于 100mm²，其厚度不应小于 4mm。

5.2.5 架空接闪线和接闪网宜采用截面不小于 50mm² 热镀锌钢绞线或铜绞线。

5.2.6 明敷接闪导体固定支架的间距不宜大于表 5.2.6 的规定。固定支架的高度不宜小于 150mm。

表 5.2.6　明敷接闪导体和引下线固定支架的间距

布置方式	扁形导体和绞线固定支架的间距（mm）	单根圆形导体固定支架的间距（mm）
安装于水平面上的水平导体	500	1000
安装于垂直面上的水平导体	500	1000
安装于从地面至高 20m 垂直面上的垂直导体	1000	1000
安装在高于 20m 垂直面上的垂直导体	500	1000

5.2.7 除第一类防雷建筑物外，金属屋面的建筑物宜利用其屋面作为接闪器，并应符合下列规定：

1 板间的连接应是持久的电气贯通，可采用铜锌合金焊、熔焊、卷边压接、缝接、螺钉或螺栓连接。

2 金属板下面无易燃物品时，铅板的厚度不应小于 2mm，不锈钢、热镀锌钢、钛和铜板的厚度不应小于 0.5mm，铝板的厚度不应小于 0.65mm，锌板的厚度不应小于 0.7mm。

3 金属板下面有易燃物品时，不锈钢、热镀锌钢和钛板的厚度不应小于 4mm，铜板的厚度不应小于 5mm，铝板的厚度不应小于 7mm。

4 金属板应无绝缘被覆层。

注：薄的油漆保护层或 1mm 厚沥青层或 0.5mm 厚聚氯乙烯层均不应属于绝缘被覆层。

5.2.8 除第一类防雷建筑物和本规范第 4.3.2 条第 1 款的规定外，屋顶上永久性金属物宜作为接闪器，但其各部件之间均应连成电气贯通，并应符合下列规定：

1 旗杆、栏杆、装饰物、女儿墙上的盖板等，其截面应符合本规范表 5.2.1 的规定，其壁厚应符合本规范第 5.2.7 条的规定。

2 输送和储存物体的钢管和钢罐的壁厚不应小于 2.5mm；当钢管、钢罐一旦被雷击穿，其内的介质对周围环境造成危险时，其壁厚不应小于 4mm。

3 利用屋顶建筑构件内钢筋作接闪器应符合本规范第 4.3.5 条和第 4.4.5 条的规定。

5.2.9 除利用混凝土构件钢筋或在混凝土内专设钢材作接闪器外，钢质接闪器应热镀锌。在腐蚀性较强的场所，尚应采取加大截面或其他防腐措施。

5.2.10 不得利用安装在接收无线电视广播天线杆顶上的接闪器保护建筑物。

5.2.11 专门敷设的接闪器应由下列的一种或多种方式组成：

1 独立接闪杆。

2 架空接闪线或架空接闪网。

3 直接装设在建筑物上的接闪杆、接闪带或接闪网。

5.2.12 专门敷设的接闪器，其布置应符合表5.2.12的规定。布置接闪器时，可单独或任意组合采用接闪杆、接闪带、接闪网。

表 5.2.12 接闪器布置

建筑物防雷类别	滚球半径 h_r（m）	接闪网网格尺寸（m）
第一类防雷建筑物	30	≤5×5 或≤6×4
第二类防雷建筑物	45	≤10×10 或≤12×8
第三类防雷建筑物	60	≤20×20 或≤24×16

5.3 引 下 线

5.3.1 引下线的材料、结构和最小截面应按本规范表5.2.1的规定取值。

5.3.2 明敷引下线固定支架的间距不宜大于本规范表5.2.6的规定。

5.3.3 引下线宜采用热镀锌圆钢或扁钢，宜优先采用圆钢。

当独立烟囱上的引下线采用圆钢时，其直径不应小于12mm；采用扁钢时，其截面不应小于100mm²，厚度不应小于4mm。

防腐措施应符合本规范第5.2.9条的规定。

利用建筑构件内钢筋作引下线应符合本规范第4.3.5条和第4.4.5条的规定。

5.3.4 专设引下线应沿建筑物外墙外表面明敷，并应经最短路径接地；建筑外观要求较高时可暗敷，但其圆钢直径不应小于10mm，扁钢截面不应小于80mm²。

5.3.5 建筑物的钢梁、钢柱、消防梯等金属构件，以及幕墙的金属立柱宜作为引下线，但其各部件之间均应连成电气贯通，可采用铜锌合金焊、熔焊、卷边压接、缝接、螺钉或螺栓连接；其截面应按本规范表5.2.1的规定取值；各金属构件可覆有绝缘材料。

5.3.6 采用多根专设引下线时，应在各引下线上距地面0.3m~1.8m处装设断接卡。

当利用混凝土内钢筋、钢柱作为自然引下线并同时采用基础接地体时，可不设断接卡，但利用钢筋作引下线时应在室内外的适当地点设若干连接板。当仅利用钢筋作引下线并采用埋于土壤中的人工接地体时，应在每根引下线上距地面不低于0.3m处设接地体连接板。采用埋于土壤中的人工接地体时应设断接卡，其上端应与连接板或钢柱焊接。连接板处宜有明显标志。

5.3.7 在易受机械损伤之处，地面上1.7m至地面下0.3m的一段接地线，应采用暗敷或采用镀锌角钢、改性塑料管或橡胶管等加以保护。

5.3.8 第二类防雷建筑物或第三类防雷建筑物为钢结构或钢筋混凝土建筑物时，在其钢构件或钢筋之间的连接满足本规范规定并利用其作为引下线的条件

下，当其垂直支柱均起到引下线的作用时，可不要求满足专设引下线之间的间距。

5.4 接 地 装 置

5.4.1 接地体的材料、结构和最小尺寸应符合表5.4.1的规定。利用建筑构件内钢筋作接地装置应符合本规范第4.3.5条和第4.4.5条的规定。

表 5.4.1 接地体的材料、结构和最小尺寸

材料	结构	最小尺寸			备 注
		垂直接地体直径（mm）	水平接地体（mm²）	接地板（mm）	
铜、镀锡铜	铜绞线	—	50	—	每股直径1.7mm
	单根圆铜	15	50	—	—
	单根扁铜	—	50	—	厚度2mm
	铜管	20	—	—	壁厚2mm
	整块铜板	—	—	500×500	厚度2mm
	网格铜板	—	—	600×600	各网格边截面25mm×2mm，网格网边总长度不少于4.8m
热镀锌钢	圆钢	14	78	—	—
	钢管	25	—	—	壁厚2mm
	扁钢	—	90	—	厚度3mm
	钢板	—	—	500×500	厚度3mm
	网格钢板	—	—	600×600	各网格边截面30mm×3mm，网格网边总长度不少于4.8m
	型钢	注3	—	—	
裸钢	钢绞线	—	70	—	每股直径1.7mm
	圆钢	—	78	—	—
	扁钢	—	75	—	厚度3mm
外表面镀铜的钢	圆钢	14	50	—	镀铜厚度至少250μm，铜纯度99.9%
	扁钢	—	90（厚3mm）	—	
不锈钢	圆形导体	15	78	—	—
	扁形导体	—	100	—	厚度2mm

注：1 热镀锌钢的镀锌层应光滑连贯、无焊剂斑点，镀锌层圆钢至少22.7g/m²、扁钢至少32.4g/m²；

2 热镀锌之前螺纹应先加工好；

3 不同截面的型钢，其截面不小于290mm²，最小厚度3mm，可采用50mm×50mm×3mm角钢；

4 当完全埋在混凝土中时才可采用裸钢；

5 外表面镀铜的钢，铜应与钢结合良好；

6 不锈钢中，铬的含量等于或大于16%，镍的含量等于或大于5%，钼的含量等于或大于2%，碳的含量等于或小于0.08%；

7 截面积允许误差为—3%。

5.4.2 在符合本规范表5.1.1规定的条件下，埋于

土壤中的人工垂直接地体宜采用热镀锌角钢、钢管或圆钢；埋于土壤中的人工水平接地体宜采用热镀锌扁钢或圆钢。

接地线应与水平接地体的截面相同。

5.4.3 人工钢质垂直接地体的长度宜为 2.5m。其间距以及人工水平接地体的间距均宜为 5m，当受地方限制时可适当减小。

5.4.4 人工接地体在土壤中的埋设深度不应小于 0.5m，并宜敷设在当地冻土层以下，其距墙或基础不宜小于 1m。接地体宜远离由于烧窑、烟道等高温影响使土壤电阻率升高的地方。

5.4.5 在敷设于土壤中的接地体连接到混凝土基础内起基础接地体作用的钢筋或钢材的情况下，土壤中的接地体宜采用铜质或镀铜质或不锈钢导体。

5.4.6 在高土壤电阻率的场地，降低防直击雷冲击接地电阻宜采用下列方法：

  1 采用多支线外引接地装置，外引长度不应大于有效长度，有效长度应符合本规范附录 C 的规定。

  2 接地体埋于较深的低电阻率土壤中。

  3 换土。

  4 采用降阻剂。

5.4.7 防直击雷的专设引下线距出入口或人行道边沿不宜小于 3m。

5.4.8 接地装置埋在土壤中的部分，其连接宜采用放热焊接；当采用通常的焊接方法时，应在焊接处做防腐处理。

5.4.9 接地装置工频接地电阻的计算应符合现行国家标准《工业与民用电力装置的接地设计规范》GBJ 65 的有关规定，其与冲击接地电阻的换算应符合本规范附录 C 的规定。

6 防雷击电磁脉冲

6.1 基 本 规 定

6.1.1 在工程的设计阶段不知道电子系统的规模和具体位置的情况下，若预计将来会有需要防雷击电磁脉冲的电气和电子系统，应在设计时将建筑物的金属支撑物、金属框架或钢筋混凝土的钢筋等自然构件、金属管道、配电的保护接地系统等与防雷装置组成一个接地系统，并应在需要之处预埋等电位连接板。

6.1.2 当电源采用 TN 系统时，从建筑物总配电箱起供电给本建筑物内的配电线路和分支线路必须采用 TN-S 系统。

6.2 防雷区和防雷击电磁脉冲

6.2.1 防雷区的划分应符合下列规定：

  1 本区内的各物体都可能遭到直接雷击并导走全部雷电流，以及本区内的雷击电磁场强度没有衰减时，应划分为 LPZ0$_A$ 区。

  2 本区内的各物体不可能遭到大于所选滚球半径对应的雷电流直接雷击，以及本区内的雷击电磁场强度仍没有衰减时，应划分为 LPZ0$_B$ 区。

  3 本区内的各物体不可能遭到直接雷击，且由于在界面处的分流，流经各导体的电涌电流比 LPZ0$_B$ 区内的更小，以及本区内的雷击电磁场强度可能衰减，衰减程度取决于屏蔽措施时，应划分为 LPZ1 区。

  4 需要进一步减小流入的电涌电流和雷击电磁场强度时，增设的后续防雷区应划分为 LPZ2…n 后续防雷区。

6.2.2 安装磁场屏蔽后续防雷区、安装协调配合好的多组电涌保护器，宜按需要保护的设备的数量、类型和耐压水平及其所要求的磁场环境选择（图 6.2.2）。

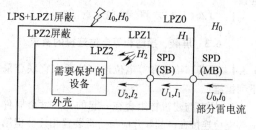

（a）采用大空间屏蔽和协调配合好的电涌保护器保护

注：设备得到良好的防导入电涌的保护，U_2 大大小于 U_0 和 I_2 大大小于 I_0，以及 H_2 大大小于 H_0 防辐射磁场的保护。

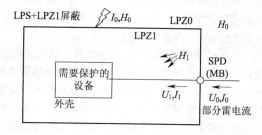

（b）采用 LPZ1 的大空间屏蔽和进户处安装电涌保护器的保护

注：设备得到防导入电涌的保护，U_1 小于 U_0 和 I_1 小于 I_0，以及 H_1 小于 H_0 防辐射磁场的保护。

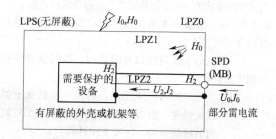

（c）采用内部线路屏蔽和在进入 LPZ1 处安装电涌保护器的保护

注：设备得到防线路导入电涌的保护，U_2 小于 U_0 和 I_2 小于 I_0，以及 H_2 小于 H_0 防辐射磁场的保护。

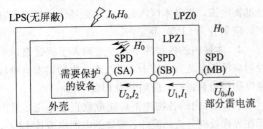

(d)仅采用协调配合好的电涌保护器保护

注：设备得到防线路导入电涌的保护，U_2大大小于U_0和I_2大大小于I_0，但不需防H_0辐射磁场的保护。

图 6.2.2　防雷击电磁脉冲

MB—总配电箱；SB—分配电箱；SA—插座

6.2.3　在两个防雷区的界面上宜将所有通过界面的金属物做等电位连接。当线路能承受所发生的电涌电压时，电涌保护器可安装在被保护设备处，而线路的金属保护层或屏蔽层宜首先于界面处做一次等电位连接。

注：LPZ0$_A$ 与 LPZ0$_B$ 区之间无实物界面。

6.3 屏蔽、接地和等电位连接的要求

6.3.1　屏蔽、接地和等电位连接的要求宜联合采取下列措施：

1　所有与建筑物组合在一起的大尺寸金属件都应等电位连接在一起，并应与防雷装置相连。但第一类防雷建筑物的独立接闪器及其接地装置应除外。

2　在需要保护的空间内，采用屏蔽电缆时其屏蔽层应至少在两端，并宜在防雷区交界处做等电位连接，系统要求只在一端做等电位连接时，应采用两层屏蔽或穿钢管敷设，外层屏蔽或钢管应至少在两端，并宜在防雷区交界处做等电位连接。

3　分开的建筑物之间的连接线路，若无屏蔽层，线路应敷设在金属管、金属格栅或钢筋成格栅形的混凝土管道内。金属管、金属格栅或钢筋格栅从一端到另一端应是导电贯通，并应在两端分别连到建筑物的等电位连接带上；若有屏蔽层，屏蔽层的两端应连到建筑物的等电位连接带上。

4　对由金属物、金属框架或钢筋混凝土钢筋等自然构件构成建筑物或房间的格栅形大空间屏蔽，应将穿入大空间屏蔽的导电金属物就近与其做等电位连接。

6.3.2　对屏蔽效率未做试验和理论研究时，磁场强度的衰减应按下列方法计算：

1　闪电击于建筑物以外附近时，磁场强度应按下列方法计算：

1）当建筑物和房间无屏蔽时所产生的无衰减磁场强度，相当于处于 LPZ0$_A$ 和 LPZ0$_B$ 区内的磁场强度，应按下式计算：

$$H_0 = i_0 / (2\pi s_a) \qquad (6.3.2\text{-}1)$$

式中：H_0——无屏蔽时产生的无衰减磁场强度（A/m）；

i_0——最大雷电流（A），按本规范表 F.0.1-1、

表 F.0.1-2 和表 F.0.1-3 的规定取值；

s_a——雷击点与屏蔽空间之间的平均距离（m）（图 6.3.2-1），按式（6.3.2-6）或式（6.3.2-7）计算。

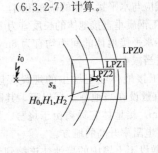

图 6.3.2-1　附近雷击时的环境情况

2）当建筑物或房间有屏蔽时，在格栅形大空间屏蔽内，即在 LPZ1 区内的磁场强度，应按下式计算：

$$H_1 = H_0 / 10^{SF/20} \qquad (6.3.2\text{-}2)$$

式中：H_1——格栅形大空间屏蔽内的磁场强度（A/m）；

SF——屏蔽系数（dB），按表 6.3.2-1 的公式计算。

表 6.3.2-1　格栅形大空间屏蔽的屏蔽系数

材料	SF（dB）	
	25kHz[①]	1MHz[②] 或 250kHz
铜/铝	$20 \times \log\,(8.5/w)$	$20 \times \log\,(8.5/w)$
钢[③]	$20 \times \log\left[(8.5/w)\,/\,\sqrt{1+18 \times 10^{-6}/r^2}\right]$	$20 \times \log\,(8.5/w)$

注：① 适用于首次雷击的磁场；

② 1MHz 适用于后续雷击的磁场，250kHz 适用于首次负极性雷击的磁场；

③ 相对磁导系数 $\mu_r \approx 200$；

1　w 为格栅形屏蔽的网格宽（m）；r 为格栅形屏蔽网格导体的半径（m）；

2　当计算式得出的值为负数时取 $SF=0$；若建筑物具有网格形等电位连接网络，SF 可增加 6dB。

2　表 6.3.2-1 的计算值应仅对在各 LPZ 区内距屏蔽层有一安全距离的安全空间内才有效（图 6.3.2-2），安全距离应按下列公式计算：

当 $SF \geqslant 10$ 时：

$$d_{s/1} = w^{SF/10} \qquad (6.3.2\text{-}3)$$

当 $SF < 10$ 时：

$$d_{s/1} = w \qquad (6.3.2\text{-}4)$$

式中：$d_{s/1}$——安全距离（m）；

w——格栅形屏蔽的网格宽（m）；

SF——按表 6.3.2-1 计算的屏蔽系数（dB）。

3　在闪电击在建筑物附近磁场强度最大的最坏情况下，按建筑物的防雷类别、高度、宽度或长度可确定可能的雷击点与屏蔽空间之间平均距离的最小值（图 6.3.2-3），可按下列方法确定：

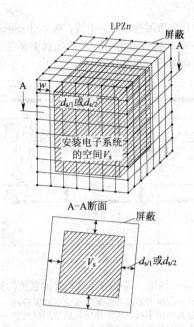

图 6.3.2-2 在 LPZn 区内供安放电气
和电子系统的空间
注：空间 V_s 为安全空间。

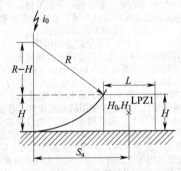

图 6.3.2-3 取决于滚球半径和建筑物
尺寸的最小平均距离

1) 对应三类防雷建筑物最大雷电流的滚球半径应符合表 6.3.2-2 的规定。滚球半径可按下式计算：

$$R = 10 \, (i_0)^{0.65} \qquad (6.3.2-5)$$

式中：R——滚球半径（m）；

i_0——最大雷电流（kA），按本规范表 F.0.1-1、表 F.0.1-2 或表 F.0.1-3 的规定取值。

表 6.3.2-2 与最大雷电流对应的滚球半径

防雷建筑物类别	最大雷电流 i_0（kA）			对应的滚球半径 R（m）		
	正极性首次雷击	负极性首次雷击	负极性后续雷击	正极性首次雷击	负极性首次雷击	负极性后续雷击
第一类	200	100	50	313	200	127
第二类	150	75	37.5	260	165	105
第三类	100	50	25	200	127	81

2) 雷击点与屏蔽空间之间的最小平均距离，应按下列公式计算：

当 $H < R$ 时：

$$s_a = \sqrt{H \, (2R-H)} + L/2 \qquad (6.3.2-6)$$

当 $H \geqslant R$ 时：

$$s_a = R + L/2 \qquad (6.3.2-7)$$

式中：H——建筑物高度（m）；

L——建筑物长度（m）。

根据具体情况建筑物长度可用宽度代入。对所取最小平均距离小于式（6.3.2-6）或式（6.3.2-7）计算值的情况，闪电将直接击在建筑物上。

4 在闪电直接击在位于 LPZ0$_A$ 区的格栅形大空间屏蔽或与其连接的接闪器上的情况下，其内部 LPZ1 区内安全空间内某点的磁场强度应按下式计算（图 6.3.2-4）：

$$H_1 = k_H \cdot i_0 \cdot w / (d_w \cdot \sqrt{d_r}) \qquad (6.3.2-8)$$

式中：H_1——安全空间内某点的磁场强度（A/m）；

d_r——所确定的点距 LPZ1 区屏蔽顶的最短距离（m）；

d_w——所确定的点距 LPZ1 区屏蔽壁的最短距离（m）；

k_H——形状系数（$1/\sqrt{m}$），取 $k_H = 0.01$（$1/\sqrt{m}$）；

w——LPZ1 区格栅形屏蔽的网格宽（m）。

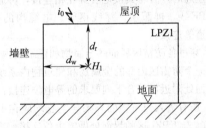

图 6.3.2-4 闪电直接击于屋顶接闪器时
LPZ1 区内的磁场强度

5 式（6.3.2-8）的计算值仅对距屏蔽格栅有一安全距离的安全空间内有效，安全距离应按下列公式计算，电子系统应仅安装在安全空间内：

当 $SF \geqslant 10$ 时：

$$d_{s/2} = w \cdot SF/10 \qquad (6.3.2-9)$$

当 $SF < 10$ 时：

$$d_{s/2} = w \qquad (6.3.2-10)$$

式中：$d_{s/2}$——安全距离（m）。

6 LPZn+1 区内的磁场强度可按下式计算：

$$H_{n+1} = H_n / 10^{SF/20} \qquad (6.3.2-11)$$

式中：H_n——LPZn 区内的磁场强度（A/m）；

H_{n+1}——LPZn+1 区内的磁场强度（A/m）；

SF——LPZn+1 区屏蔽的屏蔽系数。

安全距离应按式（6.3.2-3）或式（6.3.2-4）计算。

7 当式（6.3.2-11）中的 LPZn 区内的磁场强度为 LPZ1 区内的磁场强度时，LPZ1 区内的磁场强度应以下方法确定：

1）闪电击在LPZ1区附近的情况，应按本条第1款式（6.3.2-1）和式（6.3.2-2）确定。

2）闪电直接击在LPZ1区大空间屏蔽上的情况，应按本条第4款式（6.3.2-8）确定，但式中所确定的点距LPZ1区屏蔽顶的最短距离和距LPZ1区屏蔽壁的最短距离应按图6.3.2-5确定。

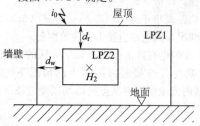

图6.3.2-5　LPZ2区内的磁场强度

6.3.3 接地和等电位连接除应符合本规范的有关规定外，尚应符合下列规定：

1 每幢建筑物本身应采用一个接地系统（图6.3.3）。

2 当互相邻近的建筑物之间有电气和电子系统的线路连通时，宜将其接地装置互相连接，可通过接地线、PE线、屏蔽层、穿线钢管、电缆沟的钢筋、金属管道等连接。

6.3.4 穿过各防雷区界面的金属物和建筑物内系统，以及在一个防雷区内部的金属物和建筑物内系统，均应在界面处附近做符合下列要求的等电位连接：

1 所有进入建筑物的外来导电物均应在LPZ0$_A$或LPZ0$_B$与LPZ1区的界面处做等电位连接。当外来导电物、电气和电子系统的线路在不同地点进入建筑物时，宜设若干等电位连接带，并应将其就近连到环形接地体、内部环形导体或在电气上贯通并连通到接地体或基础接地体的钢筋上。环形接地体和内部环形导体应连到钢筋或金属立面等其他屏蔽构件上，宜每隔5m连接一次。

对各类防雷建筑物，各种连接导体和等电位连接带的截面不应小于本规范表5.1.2的规定。

当建筑物内有电子系统时，在已确定雷击电磁脉冲影响最小之处，等电位连接带宜采用金属板，并应与钢筋或其他屏蔽构件做多点连接。

2 在LPZ0$_A$与LPZ1区的界面处做等电位连接用的接线夹和电涌保护器，应按本规范表F.0.1-1的雷电流参量估算通过的分流值。当无法估算时，可按本规范式（4.2.4-6）或式（4.2.4-7）计算，计算中的雷电流应采用本规范表F.0.1-1的雷电流。尚应确定沿各种设施引入建筑物的雷电流。应采用向外分流或向内引入的雷电流的较大者。

在靠近地面于LPZ0$_B$与LPZ1区的界面处做等电位连接用的接线夹和电涌保护器，仅应确定闪击中

建筑物防雷装置时通过的雷电流；可不计及沿全长处在LPZ0$_B$区的各种设施引入建筑物的雷电流，其值仅为感应电流和小部分雷电流。

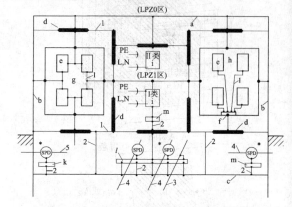

图6.3.3　接地、等电位连接和接地系统的构成

a—防雷装置的接闪器及可能是建筑物空间屏蔽的一部分；
b—防雷装置的引下线及可能是建筑物空间屏蔽的一部分；
c—防雷装置的接地装置（接地体网络、共用接地体网络）以及可能是建筑物空间屏蔽的一部分，如基础内钢筋和基础接地体；
d—内部导电物体，在建筑物内及其上不包括电气装置的金属装置，如电梯轨道、起重机、金属地面，金属门框架，各种服务性设施的金属管道，金属电缆桥架，地面、墙和天花板的钢筋；
e—局部电子系统的金属组件；
f—代表局部等电位连接带单点连接的接地基准点（ERP）；
g—局部电子系统的网形等电位连接结构；
h—局部电子系统的星形等电位连接结构；
i—固定安装有PE线的I类设备和无PE线的II类设备；
k—主要供电气系统等电位连接用的总接地带、总接地母线、总等电位连接带。也可用作共用等电位连接带；
l—主要供电子系统等电位连接用的环形等电位连接带、水平等电位连接导体，在特定情况下采用金属板。也可用作共用等电位连接带。用接地线多次接到接地系统上做等电位连接，宜每隔5m连一次；
m—局部等电位连接带；
1—等电位连接导体；2—接地线；3—服务性设施的金属管道；
4—电子系统的线路或电缆；5—电气系统的线路或电缆；
*—进入LPZ1区处，用于管道、电气和电子系统的线路或电缆等外来服务性设施的等电位连接。

3 各后续防雷区界面处的等电位连接也应采用本条第1款的规定。

穿过防雷区界面的所有导电物、电气和电子系统的线路均应在界面处做等电位连接。宜采用一局部等电位连接带做等电位连接，各种屏蔽结构或设备外壳等其他局部金属物也连到局部等电位连接带。

用于等电位连接的接线夹和电涌保护器应分别估算通过的雷电流。

4 所有电梯轨道、起重机、金属地板、金属门框架、设施管道、电缆桥架等大尺寸的内部导电物，其等电位连接应以最短路径连到最近的等电位连接带或其他已做了等电位连接的金属物或等电位连接网络，各导电物之间宜附加多次互相连接。

5 电子系统的所有外露导电物应与建筑物的等电位连接网络做功能性等电位连接。电子系统不应设

独立的接地装置。向电子系统供电的配电箱的保护地线（PE线）应就近与建筑物的等电位连接网络做等电位连接。

一个电子系统的各种箱体、壳体、机架等金属组件与建筑物接地系统的等电位连接网络做功能性等电位连接，应采用S型星形结构或M型网形结构（图6.3.4）。

当采用S型等电位连接时，电子系统的所有金属组件应与接地系统的各组件绝缘。

6 当电子系统为300kHz以下的模拟线路时，可采用S型等电位连接，且所有设施管线和电缆宜从ERP处附近进入该电子系统。

S型等电位连接应仅通过唯一的ERP点，形成 S_s 型连接方式（图6.3.4）。设备之间的所有线路和电缆当无屏蔽时，宜与成星形连接的等电位连接线平行敷设。用于限制从线路传导来的过电压的电涌保护器，其引线的连接点应使加到被保护设备上的电涌电压最小。

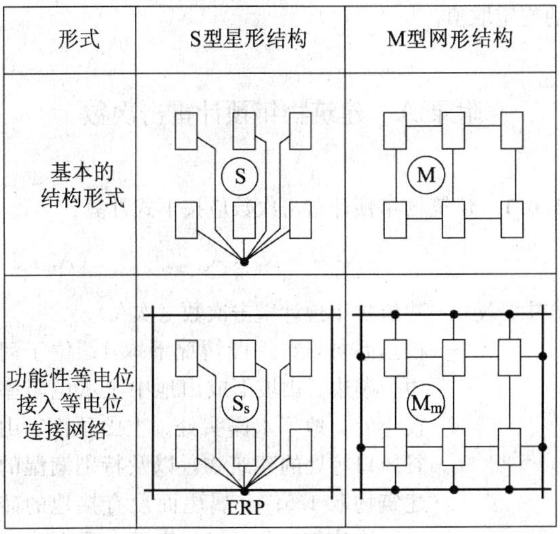

形式	S型星形结构	M型网形结构
基本的结构形式	(S)	(M)
功能性等电位接入等电位连接网络	(S_s) ERP	(M_m)

—— 等电位连接网络

—— 等电位连接导体

□ 设备

● 接至等电位连接网络的等电位连接点

ERP 接地基准点

S_s 将星形结构通过ERP点整合到等电位连接网络中

M_m 将网形结构通过网形连接整合到等电位连接网络中

图6.3.4 电子系统功能性等电位连接整合到等电位连接网络中

7 当电子系统为兆赫兹级数字线路时，应采用M型等电位连接，系统的各金属组件不应与接地系统各组件绝缘。M型等电位连接应通过多点连接组合到等电位连接网络中去，形成 M_m 型连接方式。每台设备的等电位连接线的长度不宜大于0.5m，并宜设两根等电位连接线安于设备的对角处，其长度相差宜为20%。

6.4 安装和选择电涌保护器的要求

6.4.1 复杂的电气和电子系统中，除在户外线路进入建筑物处，LPZ0$_A$或LPZ0$_B$进入LPZ1区，按本规范第4章要求安装电涌保护器外，在其后的配电和信号线路上应按本规范第6.4.4～6.4.8条确定是否选择和安装与其协调配合好的电涌保护器。

6.4.2 两栋定为LPZ1区的独立建筑物用电气线路或信号线路的屏蔽电缆或穿钢管的无屏蔽线路连接时，屏蔽层流过的分雷电流在其上所产生的电压降不应对线路和所接设备引起绝缘击穿，同时屏蔽层的截面应满足通流能力（图6.4.2）。计算方法应符合本规范附录H的规定。

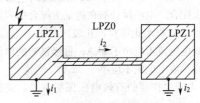

图6.4.2 用屏蔽电缆或穿钢管线路将两栋独立的LPZ1区连接在一起

6.4.3 LPZ1区内两个LPZ2区之间用电气线路或信号线路的屏蔽电缆或屏蔽的电缆沟或穿钢管屏蔽的线路连接在一起，当有屏蔽的线路没有引出LPZ2区时，线路的两端可不安装电涌保护器（图6.4.3）。

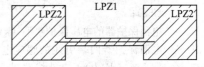

图6.4.3 用屏蔽的线路将两个LPZ2区连接在一起

6.4.4 需要保护的线路和设备的耐冲击电压，220/380V三相配电线路可按表6.4.4的规定取值；其他线路和设备，包括电压和电流的抗扰度，宜按制造商提供的材料确定。

表6.4.4 建筑物内220/380V配电系统中设备绝缘耐冲击电压额定值

设备位置	电源处的设备	配电线路和最后分支线路的设备	用电设备	特殊需要保护的设备
耐冲击电压类别	IV类	III类	II类	I类
耐冲击电压额定值 U_w (kV)	6	4	2.5	1.5

注：1 I类——含有电子电路的设备，如计算机、有电子程序控制的设备；

2 II类——如家用电器和类似负荷；

3 III类——如配电盘、断路器，包括线路、母线、分线盒、开关、插座等固定装置的布线系统，以及应用于工业的设备和永久接至固定装置的固定安装的电动机等一些其他设备；

4 IV类——如电气计量仪表、一次线过流保护设备、滤波器。

6.4.5 电涌保护器安装位置和放电电流的选择，应符合下列规定：

1 户外线路进入建筑物处，即 LPZ0$_A$ 或 LPZ0$_B$ 进入 LPZ1 区，所安装的电涌保护器应按本规范第 4 章的规定确定。

2 靠近需要保护的设备处，即 LPZ2 区和更高区的界面处，当需要安装电涌保护器时，对电气系统宜选用Ⅱ级或Ⅲ级试验的电涌保护器，对电子系统宜按具体情况确定，并应符合本规范附录 J 的规定，技术参数应按制造商提供的、在能量上与本条第 1 款所确定的配合好的电涌保护器选用，并应包含多组电涌保护器之间的最小距离要求。

3 电涌保护器应与同一线路上游的电涌保护器在能量上配合，电涌保护器在能量上配合的资料应由制造商提供。若无此资料，Ⅱ级试验的电涌保护器，其标称放电电流不应小于 5kA；Ⅲ级试验的电涌保护器，其标称放电电流不应小于 3kA。

6.4.6 电涌保护器的有效电压保护水平，应符合下列规定：

1 对限压型电涌保护器：

$$U_{p/f} = U_p + \Delta U \qquad (6.4.6-1)$$

2 对电压开关型电涌保护器，应取下列公式中的较大者：

$$U_{p/f} = U_p \ \text{或} \ U_{p/f} = \Delta U \qquad (6.4.6-2)$$

式中：$U_{p/f}$——电涌保护器的有效电压保护水平（kV）；

U_p——电涌保护器的电压保护水平（kV）；

ΔU——电涌保护器两端引线的感应电压降，即 $L \times (di/dt)$，户外线路进入建筑物处可按 1kV/m 计算，在其后的可按 $\Delta U = 0.2U_p$ 计算，仅是感应电涌时可略去不计。

3 为取得较小的电涌保护器有效电压保护水平，应选用有较小电压保护水平值的电涌保护器，并应采用合理的接线，同时应缩短连接电涌保护器的导体长度。

6.4.7 确定从户外沿线路引入雷击电涌时，电涌保护器的有效电压保护水平值的选取应符合下列规定：

1 当被保护设备距电涌保护器的距离沿线路的长度小于或等于 5m 时，或在线路有屏蔽并两端等电位连接下沿线路的长度小于或等于 10m 时，应按下式计算：

$$U_{p/f} \leq U_w \qquad (6.4.7-1)$$

式中：U_w——被保护设备的设备绝缘耐冲击电压额定值（kV）。

2 当被保护设备距电涌保护器的距离沿线路的长度大于 10m 时，应按下式计算：

$$U_{p/f} \leq \frac{U_w - U_i}{2} \qquad (6.4.7-2)$$

式中：U_i——雷击建筑物附近，电涌保护器与被保护设备之间电路环路的感应过电压（kV），按本规范第 6.3.2 条和附录 G 计算。

3 对本条第 2 款，当建筑物或房间有空间屏蔽和线路有屏蔽或仅线路有屏蔽并两端等电位连接时，可不计及电涌保护器与被保护设备之间电路环路的感应过电压，但应按下式计算：

$$U_{p/f} \leq \frac{U_w}{2} \qquad (6.4.7-3)$$

4 当被保护的电子设备或系统要求按现行国家标准《电磁兼容 试验和测量技术 浪涌（冲击）抗扰度试验》GB/T 17626.5 确定的冲击电涌电压小于 U_w 时，式（6.4.7-1）～式（6.4.7-3）中的 U_w 应用前者代入。

6.4.8 用于电气系统的电涌保护器的最大持续运行电压值和接线形式，以及用于电子系统的电涌保护器的最大持续运行电压值，应按本规范附录 J 的规定采用。连接电涌保护器的导体截面应按本规范表 5.1.2 的规定取值。

附录 A 建筑物年预计雷击次数

A.0.1 建筑物年预计雷击次数应按下式计算：

$$N = k \times N_g \times A_e \qquad (A.0.1)$$

式中：N——建筑物年预计雷击次数（次/a）；

k——校正系数，在一般情况下取 1；位于河边、湖边、山坡下或山地中土壤电阻率较小处、地下水露头处、土山顶部、山谷风口等处的建筑物，以及特别潮湿的建筑物取 1.5；金属屋面没有接地的砖木结构建筑物取 1.7；位于山顶上或旷野的孤立建筑物取 2；

N_g——建筑物所处地区雷击大地的年平均密度（次/km²/a）；

A_e——与建筑物截收相同雷击次数的等效面积（km²）。

A.0.2 雷击大地的年平均密度，首先应按当地气象台、站资料确定；若无此资料，可按下式计算：

$$N_g = 0.1 \times T_d \qquad (A.0.2)$$

式中：T_d——年平均雷暴日，根据当地气象台、站资料确定（d/a）。

A.0.3 与建筑物截收相同雷击次数的等效面积应为其实际平面积向外扩大后的面积。其计算方法应符合下列规定：

1 当建筑物的高度小于 100m 时，其每边的扩大宽度和等效面积应按下列公式计算（图 A.0.3）；

$$D = \sqrt{H(200 - H)} \qquad (A.0.3-1)$$

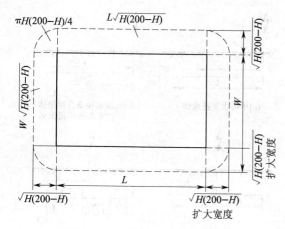

图 A.0.3　建筑物的等效面积

注：建筑物平面面积扩大后的等效面积如
图 A.0.3 中周边虚线所包围的面积。

$$A_e = \left[LW + 2(L+W)\sqrt{H(200-H)} + \pi H(200-H) \right] \times 10^{-6} \quad \text{(A.0.3-2)}$$

式中：　D——建筑物每边的扩大宽度（m）；

L、W、H——分别为建筑物的长、宽、高（m）。

2　当建筑物的高度小于 100m，同时其周边在 $2D$ 范围内有等高或比它低的其他建筑物，这些建筑物不在所考虑建筑物以 $h_r = 100$（m）的保护范围内时，按式（A.0.3-2）算出的 A_e 可减去（$D/2$）×（这些建筑物与所考虑建筑物边长平行以米计的长度总和）×10^{-6}（km^2）。

当四周在 $2D$ 范围内都有等高或比它低的其他建筑物时，其等效面积可按下式计算：

$$A_e = \left[LW + (L+W)\sqrt{H(200-H)} + \frac{\pi H(200-H)}{4} \right] \times 10^{-6}$$

$$\text{(A.0.3-3)}$$

3　当建筑物的高度小于 100m，同时其周边在 $2D$ 范围内有比它高的其他建筑物时，按式（A.0.3-2）算出的等效面积可减去 D×（这些建筑物与所考虑建筑物边长平行以米计的长度总和）×10^{-6}（km^2）。

当四周在 $2D$ 范围内都有比它高的其他建筑物时，其等效面积可按下式计算：

$$A_e = LW \times 10^{-6} \quad \text{(A.0.3-4)}$$

4　当建筑物的高度等于或大于 100m 时，其每边的扩大宽度应按等于建筑物的高度计算；建筑物的等效面积应按下式计算：

$$A_e = \left[LW + 2H(L+W) + \pi H^2 \right] \times 10^{-6}$$

$$\text{(A.0.3-5)}$$

5　当建筑物的高度等于或大于 100m，同时其周边在 $2H$ 范围内有等高或比它低的其他建筑物，且不在所确定建筑物以滚球半径等于建筑物高度（m）的保护范围内时，按式（A.0.3-5）算出的等效面积可减去（$H/2$）×（这些建筑物与所确定建筑物边长平行以米计的长度总和）×10^{-6}（km^2）。

当四周在 $2H$ 范围内都有等高或比它低的其他建筑物时，其等效面积可按下式计算：

$$A_e = \left[LW + H(L+W) + \frac{\pi H^2}{4} \right] \times 10^{-6}$$

$$\text{(A.0.3-6)}$$

6　当建筑物的高度等于或大于 100m，同时其周边在 $2H$ 范围内有比它高的其他建筑物时，按式（A.0.3-5）算出的等效面积可减去 H×（这些其他建筑物与所确定建筑物边长平行以米计的长度总和）×10^{-6}（km^2）。

当四周在 $2H$ 范围内都有比它高的其他建筑物时，其等效面积可按式（A.0.3-4）计算。

7　当建筑物各部位的高不同时，应沿建筑物周边逐点算出最大扩大宽度，其等效面积应按每点最大扩大宽度外端的连接线所包围的面积计算。

附录 B　建筑物易受雷击的部位

B.0.1　平屋面或坡度不大于 1/10 的屋面，檐角、女儿墙、屋檐应为其易受雷击的部位（图 B.0.1）。

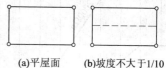

(a)平屋面　　　(b)坡度不大于1/10

图 B.0.1　建筑物易受雷击的部位（一）

注：—表示易受雷击部位，
--表示不易受雷击的屋脊或屋檐，
。表示雷击率最高部位。

B.0.2　坡度大于 1/10 且小于 1/2 的屋面，屋角、屋脊、檐角、屋檐应为其易受雷击的部位（图 B.0.2）。

图 B.0.2　建筑物易受雷击的部位（二）

注：—表示易受雷击部位，
。表示雷击率最高部位。

B.0.3　坡度不小于 1/2 的屋面，屋角、屋脊、檐角应为其易受雷击的部位（图 B.0.3）。

图 B.0.3　建筑物易受雷击的部位（三）

注：—表示易受雷击部位，
--表示不易受雷击的屋脊或屋檐，
。表示雷击率最高部位。

B.0.4　对图 B.0.2 和图 B.0.3，在屋脊有接闪带的情况下，当屋檐处于屋脊接闪带的保护范围内时，屋檐上可不设接闪带。

附录 C 接地装置冲击接地电阻 与工频接地电阻的换算

C.0.1 接地装置冲击接地电阻与工频接地电阻的换算，应按下式计算：

$$R_\sim = A \times R_i \quad (C.0.1)$$

式中：$R_\sim$——接地装置各支线的长度取值小于或等于接地体的有效长度 l_e，或者有支线大于 l_e 而取其等于 l_e 时的工频接地电阻（Ω）；

A——换算系数，其值宜按图 C.0.1 确定；

R_i——所要求的接地装置冲击接地电阻（Ω）。

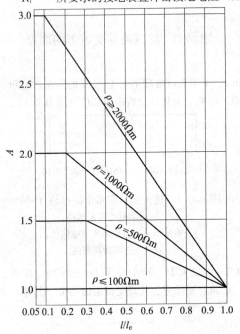

图 C.0.1 换算系数 A

注：l 为接地体最长支线的实际长度，其计量与 l_e 类同；
当 l 大于 l_e 时，取其等于 l_e。

C.0.2 接地体的有效长度应按下式计算：

$$l_e = 2\sqrt{\rho} \quad (C.0.2)$$

式中：l_e——接地体的有效长度，应按图 C.0.2 计量（m）；
ρ——敷设接地体处的土壤电阻率（Ωm）。

C.0.3 环绕建筑物的环形接地体应按下列方法确定冲击接地电阻：

1 当环形接地体周长的一半大于或等于接地体的有效长度时，引下线的冲击接地电阻应为从与引下线的连接点起沿两侧接地体各取有效长度的长度算出的工频接地电阻，换算系数应等于 1。

2 当环形接地体周长的一半小于有效长度时，引下线的冲击接地电阻应为以接地体的实际长度算出的工频接地电阻再除以换算系数。

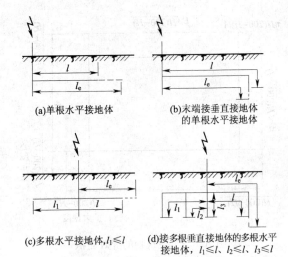

(a)单根水平接地体 (b)末端接垂直接地体的单根水平接地体

(c)多根水平接地体,$l_1 \leqslant l$ (d)接多根垂直接地体的多根水平接地体，$l_1 \leqslant l$、$l_2 \leqslant l$、$l_3 \leqslant l$

图 C.0.2 接地体有效长度的计量

C.0.4 与引下线连接的基础接地体，当其钢筋从与引下线的连接点量起大于 20m 时，其冲击接地电阻应为以换算系数等于 1 和以该连接点为圆心、20m 为半径的半球体范围内的钢筋体的工频接地电阻。

附录 D 滚球法确定接闪器的保护范围

D.0.1 单支接闪杆的保护范围应按下列方法确定（图 D.0.1）：

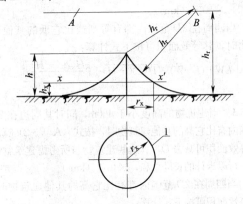

图 D.0.1 单支接闪杆的保护范围
1—xx' 平面上保护范围的截面

1 当接闪杆高度 h 小于或等于 h_r 时：

1) 距地面 h_r 处作一平行于地面的平行线。

2) 以杆尖为圆心，h_r 为半径作弧线交于平行线的 A、B 两点。

3) 以 A、B 为圆心，h_r 为半径作弧线，弧线与杆尖相交并与地面相切。弧线到地面为其保护范围。保护范围为一个对称的锥体。

4) 接闪杆在 h_x 高度的 xx' 平面上和地面上的保护半径，应按下列公式计算：

$$r_x = \sqrt{h(2h_r - h)} - \sqrt{h_x(2h_r - h_x)}$$

(D.0.1-1)

$$r_0 = \sqrt{h\,(2h_r - h)} \qquad \text{(D.0.1-2)}$$

式中：r_x——接闪杆在 h_x 高度的 xx' 平面上的保护半径（m）；

h_r——滚球半径，按本规范表 5.2.12 和第 4.5.5 条的规定取值（m）；

h_x——被保护物的高度（m）；

r_0——接闪杆在地面上的保护半径（m）。

2 当接闪杆高度 h 大于 h_r 时，在接闪杆上取高度等于 h_r 的一点代替单支接闪杆杆尖作为圆心。其余的做法应符合本条第 1 款的规定。式（D.0.1-1）和式（D.0.1-2）中的 h 用 h_r 代入。

D.0.2 两支等高接闪杆的保护范围，在接闪杆高度 h 小于或等于 h_r 的情况下，当两支接闪杆距离 D 大于或等于 $2\sqrt{h\,(2h_r - h)}$ 时，应各按单支接闪杆所规定的方法确定；当 D 小于 $2\sqrt{h\,(2h_r - h)}$ 时，应按下列方法确定（图 D.0.2）：

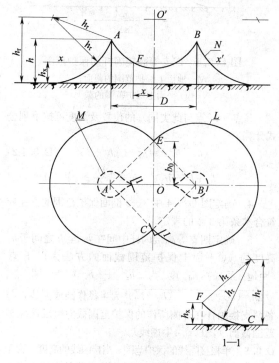

图 D.0.2 两支等高接闪杆的保护范围

L—地面上保护范围的截面；

M—xx' 平面上保护范围的截面；

N—AOB 轴线的保护范围

1 AEBC 外侧的保护范围，应按单支接闪杆的方法确定。

2 C、E 点应位于两杆间的垂直平分线上。在地面每侧的最小保护宽度应按下式计算：

$$b_0 = CO = EO = \sqrt{h\,(2h_r - h) - \left(\frac{D}{2}\right)^2}$$

$$\text{(D.0.2-1)}$$

3 在 AOB 轴线上，距中心线任一距离 x 处，其在保护范围上边线上的保护高度应按下式计算：

$$h_x = h_r - \sqrt{(h_r - h)^2 + \left(\frac{D}{2}\right)^2 - x^2}$$

$$\text{(D.0.2-2)}$$

该保护范围上边线是以中心线距地面 h_r 的一点 O' 为圆心，以 $\sqrt{(h_r - h)^2 + \left(\frac{D}{2}\right)^2}$ 为半径所作的圆弧 AB。

4 两杆间 AEBC 内的保护范围，ACO 部分的保护范围应按下列方法确定：

1）在任一保护高度 h_x 和 C 点所处的垂直平面上，应以 h_x 作为假想接闪杆，并应按单支接闪杆的方法逐点确定（图 D.0.2 中 1—1 剖面图）。

2）确定 BCO、AEO、BEO 部分的保护范围的方法与 ACO 部分的相同。

5 确定 xx' 平面上的保护范围截面的方法。以单支接闪杆的保护半径 r_x 为半径，以 A、B 为圆心作弧线与四边形 AEBC 相交；以单支接闪杆的 $(r_0 - r_x)$ 为半径，以 E、C 为圆心作弧线与上述弧线相交（图 D.0.2 中的粗虚线）。

D.0.3 两支不等高接闪杆的保护范围，在 A 接闪杆的高度 h_1 和 B 接闪杆的高度 h_2 均小于或等于 h_r 的情况下，当两支接闪杆距离 D 大于或等于 $\sqrt{h_1\,(2h_r - h_1)} + \sqrt{h_2\,(2h_r - h_2)}$ 时，应各按单支接闪杆所规定的方法确定；当 D 小于 $\sqrt{h_1\,(2h_r - h_1)} + \sqrt{h_2\,(2h_r - h_2)}$ 时，应按下列方法确定（图 D.0.3）：

1 AEBC 外侧的保护范围应按单支接闪杆的方法确定。

2 CE 线或 HO' 线的位置应按下式计算：

$$D_1 = \frac{(h_r - h_2)^2 - (h_r - h_1)^2 + D^2}{2D}$$

$$\text{(D.0.3-1)}$$

3 在地面每侧的最小保护宽度应按下式计算：

$$b_0 = CO = EO = \sqrt{h_1\,(2h_r - h_1) - D_1^2}$$

$$\text{(D.0.3-2)}$$

4 在 AOB 轴线上，A、B 间保护范围上边线位置应按下式计算：

$$h_x = h_r - \sqrt{(h_r - h_1)^2 + D_1^2 - x^2} \qquad \text{(D.0.3-3)}$$

式中：x——距 CE 线或 HO' 线的距离。

该保护范围上边线是以 HO' 线上距地面 h_r 的一点 O' 为圆心，以 $\sqrt{(h_r - h_1)^2 + D_1^2}$ 为半径所作的圆弧 AB。

5 两杆间 AEBC 内的保护范围，ACO 与 AEO 是对称的，BCO 与 BEO 是对称的，ACO 部分的保护范围应按下列方法确定：

1）在任一保护高度 h_x 和 C 点所处的垂直平面上，以 h_x 作为假想接闪杆，按单支接闪杆的方法逐点确定（图 D.0.3 的 1—1 剖面图）。

2）确定 AEO、BCO、BEO 部分的保护范围的

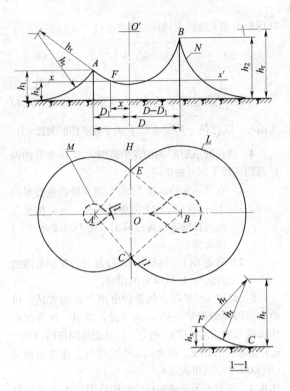

图 D.0.3 两支不等高接闪杆的保护范围

L—地面上保护范围的截面；

M—xx'平面上保护范围的截面；

N—AOB轴线的保护范围

方法与 ACO 部分相同。

6 确定 xx' 平面上的保护范围截面的方法应与两支等高接闪杆相同。

D.0.4 矩形布置的四支等高接闪杆的保护范围，在 h 小于或等于 h_r 的情况下，当 D_3 大于或等于 $2\sqrt{h(2h_r-h)}$ 时，应各按两支等高接闪杆所规定的方法确定；当 D_3 小于 $2\sqrt{h(2h_r-h)}$ 时，应按下列方法确定（图 D.0.4）：

1 四支接闪杆外侧的保护范围应各按两支接闪杆的方法确定。

2 B、E 接闪杆连线上的保护范围见图 D.0.4 中 1—1 剖面图，外侧部分应按单支接闪杆的方法确定。两杆间的保护范围应按下列方法确定：

    1）以 B、E 两杆杆尖为圆心，h_r 为半径作弧线相交于 O 点，以 O 点为圆心，h_r 为半径作弧线，该弧线与杆尖相连的这段弧线即为杆间保护范围。

    2）保护范围最低点的高度 h_0 应按下式计算：

$$h_0 = \sqrt{h_r^2 - \left(\frac{D_3}{2}\right)^2} + h - h_r \quad (\text{D.0.4-1})$$

3 图 D.0.4 中 2—2 剖面的保护范围，以 P 点的垂直线上的 O 点（距地面的高度为 h_r+h_0）为圆心，h_r 为半径作弧线，与 B、C 和 A、E 两支接闪杆所作的在该剖面的外侧保护范围延长弧线相交于 F、H 点。

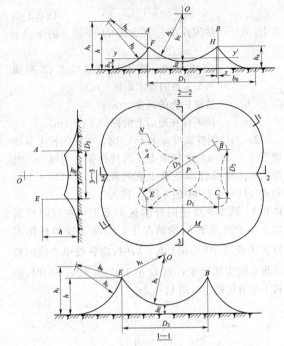

图 D.0.4 四支等高接闪杆的保护范围

M—地面上保护范围的截面；

N—yy'平面上保护范围的截面

F 点（H 点与此类同）的位置及高度可按下列公式计算：

$$(h_r - h_x)^2 = h_r^2 - (b_0 + x)^2 \quad (\text{D.0.4-2})$$

$$(h_r + h_0 - h_x)^2 = h_r^2 - \left(\frac{D_1}{2} - x\right)^2 \quad (\text{D.0.4-3})$$

4 确定图 D.0.4 中 3—3 剖面保护范围的方法应符合本条第 3 款的规定。

5 确定四支等高接闪杆中间在 h_0 至 h 之间于 h_y 高度的 yy' 平面上保护范围截面的方法为以 P 点（距地面的高度为 $h_r + h_0$）为圆心、$\sqrt{2h_r(h_y - h_0) - (h_y - h_0)^2}$ 为半径作圆或弧线，与各两支接闪杆在外侧所作的保护范围截面组成该保护范围截面（图 D.0.4 中虚线）。

D.0.5 单根接闪线的保护范围，当接闪线的高度 h 大于或等于 $2h_r$ 时，应无保护范围；当接闪线的高度 h 小于 $2h_r$ 时，应按下列方法确定（图 D.0.5）。确定架空接闪线的高度时应计及弧垂的影响。在无法确定弧垂的情况下，当等高支柱间的距离小于 120m 时，架空接闪线中点的弧垂宜采用 2m，距离为 120m～150m 时宜采用 3m。

1 距地面 h_r 处作一平行于地面的平行线。

2 以接闪线为圆心、h_r 为半径，作弧线交于平行线的 A、B 两点。

3 以 A、B 为圆心，h_r 为半径作弧线，这两弧线相交或相切，并与地面相切。弧线至地面为保护范围。

4 当 h 小于 $2h_r$ 且大于 h_r 时，保护范围最高点的高度应按下式计算：

$$h_0 = 2h_r - h \qquad (D.0.5\text{-}1)$$

5 接闪线在 h_x 高度的 xx' 平面上的保护宽度，应按下式计算：

$$b_x = \sqrt{h(2h_r - h)} - \sqrt{h_x(2h_r - h_x)} \qquad (D.0.5\text{-}2)$$

式中：b_x——接闪线在 h_x 高度的 xx' 平面上的保护宽度（m）；

h——接闪线的高度（m）；

h_r——滚球半径，按本规范表 5.2.12 和第 4.5.5 条的规定取值（m）；

h_x——被保护物的高度（m）。

6 接闪线两端的保护宽度应按单支接闪杆的方法确定。

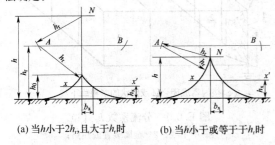

(a) 当 h 小于 $2h_r$，且大于 h 时 　　(b) 当 h 小于或等于于 h 时

图 D.0.5　单根架空接闪线的保护范围
N—接闪线

D.0.6 两根等高接闪线的保护范围应按下列方法确定：

1 在接闪线高度 h 小于或等于 h_r 的情况下，当 D 大于或等于 $2\sqrt{h(2h_r - h)}$ 时，应各按单根接闪线所规定的方法确定；当 D 小于 $2\sqrt{h(2h_r - h)}$ 时，应按下列方法确定（图 D.0.6-1）：

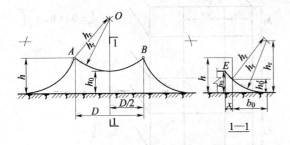

图 D.0.6-1　两根等高接闪线在高度 h 小于或等于 h_r 时的保护范围

1）两根接闪线的外侧，各按单根接闪线的方法确定。

2）两根接闪线之间的保护范围按以下方法确定：以 A、B 两接闪线为圆心，h_r 为半径作圆弧交于 O 点，以 O 点为圆心、h_r 为半径作弧线交于 A、B 点。

3）两根接闪线之间保护范围最低点的高度按下式计算：

$$h_0 = \sqrt{h_r^2 - \left(\frac{D}{2}\right)^2} + h - h_r \qquad (D.0.6\text{-}1)$$

4）接闪线两端的保护范围按两支接闪杆的方法确定，但在中线上 h_0 线的内移位置按以下方法确定（图 D.0.6-1 中 1—1 剖面）：以两支接闪杆所确定的保护范围中最低点的高度

$$h_0' = h_r - \sqrt{(h_r - h)^2 + \left(\frac{D}{2}\right)^2}$$ 作为假想接闪杆，将其保护范围的延长弧线与 h_0 线交于 E 点。内移位置的距离也可按下式计算：

$$x = \sqrt{h_0'(2h_r - h_0')} - b_0 \qquad (D.0.6\text{-}2)$$

式中：b_0——按式（D.0.2-1）计算。

2 在接闪线高度 h 小于 $2h_r$ 且大于 h_r，接闪线之间的距离 D 小于 $2h_r$ 且大于 $2\left[h_r - \sqrt{h(2h_r - h)}\right]$ 的情况下，应按下列方法确定（图 D.0.6-2）：

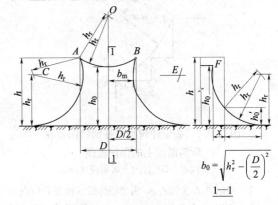

图 D.0.6-2　两根等高接闪线在高度 h 小于 $2h_r$ 且大于 h_r 时的保护范围

1）距地面 h_r 处作一与地面平行的线。

2）以 A、B 两接闪线为圆心，h_r 为半径作弧线交于 O 点并与平行线相交或相切于 C、E 点。

3）以 O 点为圆心，h_r 为半径作弧线交于 A、B 点。

4）以 C、E 为圆心，h_r 为半径作弧线交于 A、B 并与地面相切。

5）两根接闪线之间保护范围最低点的高度按下式计算：

$$h_0 = \sqrt{h_r^2 - \left(\frac{D}{2}\right)^2} + h - h_r \qquad (D.0.6\text{-}3)$$

6）最小保护宽度 b_m 位于 h_r 高处，其值按下式计算：

$$b_m = \sqrt{h(2h_r - h)} + \frac{D}{2} - h_r \qquad (D.0.6\text{-}4)$$

7）接闪线两端的保护范围按两支高度 h_r 的接闪杆确定，但在中线上 h_0 线的内移位置按以下方法确定（图 D.0.6-2 的 1—1 剖面）：以两支高度 h_r 的接闪杆所确定的保护范围中点最

低点的高度 $h_0' = \left(h_r - \dfrac{D}{2}\right)$ 作为假想接闪杆，将其保护范围的延长弧线与 h_0 线交于 F 点。

内移位置的距离也可按下式计算：

$$x = \sqrt{h_0 \ (2h_r - h_0)} - \sqrt{h_r^2 - \left(\dfrac{D}{2}\right)^2}$$

(D.0.6-5)

D.0.7 本规范图 D.0.1～图 D.0.5、图 D.0.6-1 和图 D.0.6-2 中所画的地面也可是位于建筑物上的接地金属物、其他接闪器。当接闪器在地面上保护范围的截面的外周线触及接地金属物、其他接闪器时，各图的保护范围均适用于这些接闪器；当接地金属物、其他接闪器是处在外周线之内且位于被保护部位的边沿时，应按下列方法确定所需断面的保护范围（图 D.0.7）：

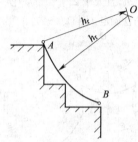

1 应以 A、B 为圆心、h_r 为半径作弧线相交于 O 点。

2 应以 O 点为圆心、h_r 为半径作弧线 AB，弧线 AB 应为保护范围的上边线。

本规范图 D.0.1～图 D.0.5、图 D.0.6-1 和图 D.0.6-2 中凡接闪器在"地面上保护范围的截面"的外周线触及的是屋面时，各图的保护范围仍有效，但外周线触及的屋面及其外部得不到保护，内部得到保护。

图 D.0.7　确定建筑物上任两接闪器在所需断面上的保护范围

A—接闪器；B—接地金属物或接闪器

附录 E　分流系数 k_c

E.0.1 单根引下线时，分流系数应为 1；两根引下线及接闪器不成闭合环的多根引下线时，分流系数可为 0.66，也可按本规范图 E.0.4 计算确定；图 E.0.1 (c) 适用于引下线根数 n 不少于 3 根，当接闪器成闭合环或网状的多根引下线时，分流系数可为 0.44。

E.0.2 当采用网格型接闪器、引下线用多根环形导体互相连接、接地体采用环形接地体，或利用建筑物钢筋或钢构架作为防雷装置时，分流系数宜按图 E.0.2 确定。

E.0.3 在接地装置相同的情况下，即采用环形接地体或各引下线设独自接地体且其冲击接地电阻相近，按图 E.0.1 和图 E.0.2 确定的分流系数不同时，可取较小者。

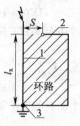
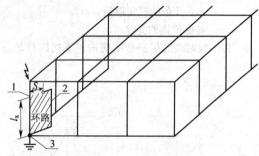

（a）单根引下线　　（b）两根引下线及接闪器不成闭合环的多根引下线

（c）接闪器成闭合环或网状的多根引下线

图 E.0.1　分流系数 k_c (1)

1—引下线；2—金属装置或线路；

3—直接连接或通过电涌保护器连接；

注：1　S 为空气中间隔距离，l_x 为引下线从计算点到等电位连接点的长度；

2　本图适用于环形接地体。也适用于各引下线设独自的接地体且各独自接地体的冲击接地电阻与邻近的差别不大于 2 倍；若差别大于 2 倍时，$k_c = 1$；

3　本图适用于单层和多层建筑物。

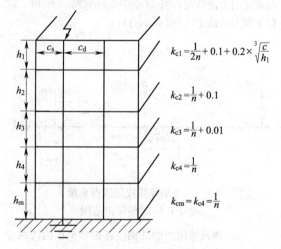

图 E.0.2　分流系数 k_c (2)

注：1　h_1～h_m 为连接引下线各环形导体或各层地面金属体之间的距离，c_s、c_d 为某引下线顶雷击点至两侧最近引下线之间的距离，计算式中的 c 取二者较小值，n 为建筑物周边和内部引下线的根数且不少于 4 根。c 和 h_1 取值范围在 3m～20m。

2　本图适用于单层至高层建筑物。

E.0.4 单根导体接闪器按两根引下线确定时，当各引下线设独自的接地体且各独自接地体的冲击接地电阻与邻近的差别不大于 2 倍时，可按图 E.0.4 计算分流系数；若差别大于 2 倍时，分流系数应为 1。

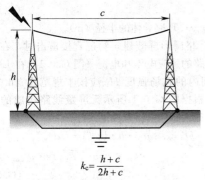

$$k_c = \frac{h+c}{2h+c}$$

图 E.0.4 分流系数 k_c（3）

附录 F 雷 电 流

F.0.1 闪电中可能出现的三种雷击见图 F.0.1-1，其参量应按表 F.0.1-1～表 F.0.1-4 的规定取值。雷击参数的定义应符合图 F.0.1-2 的规定。

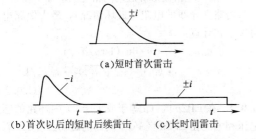

（a）短时首次雷击

（b）首次以后的短时后续雷击　　（c）长时间雷击

图 F.0.1-1 闪电中可能出现的三种雷击

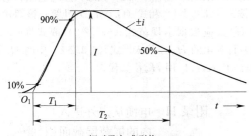

（a）短时雷击（典型值 $T_2 < 2ms$）

I—峰值电流（幅值）；T_1—波头时间；T_2—半值时间

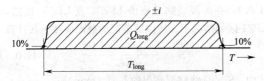

（b）长时间雷击（典型值 $2ms < T_{long} < 1s$）

T_{long}—波头及波尾幅值为峰值 10% 两点之间的时间间隔；
Q_{long}—长时间雷击的电荷量

图 F.0.1-2 雷击参数定义

注：1 短时雷击电流波头的平均陡度（average steepness of the front of short stroke current）是在时间间隔（$t_2 - t_1$）内电流的平均变化率，即用该时间间隔的起点电流与末尾电流之差 $[i(t_2) - i(t_1)]$ 除以（$t_2 - t_1$）[见图 F.0.1-2（a）]。

2 短时雷击电流的波头时间 T_1（front time of short stroke current T_1）是一规定参数，定义为电流达到 10% 和 90% 幅值电流之间的时间间隔乘以 1.25，见图 F.0.1-2（a）。

3 短时雷击电流的规定原点 O_1（virtual origin of short stroke current O_1）是连接雷击电流波头 10% 和 90% 参考点的延长直线与时间横坐标相交的点，它位于电流到达 10% 幅值电流时之前 $0.1T_1$ 处，见图 F.0.1-2（a）。

4 短时雷击电流的半值时间 T_2（time to half value of short stroke current T_2）是一规定参数，定义为规定原点 O_1 与电流降至幅值一半之间的时间间隔，见图 F.0.1-2（a）。

表 F.0.1-1 首次正极性雷击的雷电流参量

雷电流参数	防雷建筑物类别		
	一类	二类	三类
幅值 I（kA）	200	150	100
波头时间 T_1（μs）	10	10	10
半值时间 T_2（μs）	350	350	350
电荷量 Q_s（C）	100	75	50
单位能量 W/R（MJ/Ω）	10	5.6	2.5

表 F.0.1-2 首次负极性雷击的雷电流参量

雷电流参数	防雷建筑物类别		
	一类	二类	三类
幅值 I（kA）	100	75	50
波头时间 T_1（μs）	1	1	1
半值时间 T_2（μs）	200	200	200
平均陡度 I/T_1（kA/μs）	100	75	50

注：本波形仅供计算用，不供作试验用。

表 F.0.1-3 首次负极性以后雷击的雷电流参量

雷电流参数	防雷建筑物类别		
	一类	二类	三类
幅值 I（kA）	50	37.5	25
波头时间 T_1（μs）	0.25	0.25	0.25
半值时间 T_2（μs）	100	100	100
平均陡度 I/T_1（kA/μs）	200	150	100

表 F.0.1-4　长时间雷击的雷电流参量

雷电流参数	防雷建筑物类别		
	一类	二类	三类
电荷量 Q_l（C）	200	150	100
时间 T（s）	0.5	0.5	0.5

注：平均电流 $I \approx Q_l / T$。

附录 G　环路中感应电压和电流的计算

G.0.1　格栅形屏蔽建筑物附近遭雷击时，在 LPZ1 区内环路的感应电压和电流（图 G.0.1）在 LPZ1 区，其开路最大感应电压宜按下式计算：

$$U_{oc/max} = \mu_0 \cdot b \cdot l \cdot H_{1/max} / T_1 \quad (G.0.1-1)$$

式中：$U_{oc/max}$——环路开路最大感应电压（V）；

μ_0——真空的磁导系数，其值等于 $4\pi \times 10^{-7}$（V·s）/（A·m）；

b——环路的宽（m）；

l——环路的长（m）；

$H_{1/max}$——LPZ1 区内最大的磁场强度（A/m），按本规范式（6.3.2-2）计算；

T_1——雷电流的波头时间（s）。

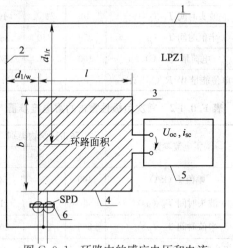

图 G.0.1　环路中的感应电压和电流
1—屋顶；2—墙；3—电力线路；4—信号线路；5—信号设备；6—等电位连接带

注：1　当环路不是矩形时，应转换为相同环路面积的矩形环路；

2　图中的电力线路或信号线路也可是邻近的两端做了等电位连接的金属物。

若略去导线的电阻（最坏情况），环路最大短路电流可按下式计算：

$$i_{sc/max} = \mu_0 \cdot b \cdot l \cdot H_{1/max} / L \quad (G.0.1-2)$$

式中：$i_{sc/max}$——最大短路电流（A）；

L——环路的自电感（H）。矩形环路的自电感可按公式（G.0.1-3）计算。

矩形环路的自电感可按下式计算：

$$\begin{aligned} L = &\{0.8\sqrt{l^2+b^2} - 0.8(l+b) \\ &+ 0.4 \cdot l \cdot \ln[(2b/r)/(1+\sqrt{1+(b/l)^2})] \\ &+ 0.4 \cdot b \cdot \ln[(2l/r)/(1+\sqrt{1+(l/b)^2})]\} \times 10^{-6} \end{aligned}$$
$$(G.0.1-3)$$

式中：r——环路导体的半径（m）。

G.0.2　格栅形屏蔽建筑物遭直接雷击时，在 LPZ1 区内环路的感应电压和电流（图 G.0.1）在 LPZ1 区 V_s 空间内的磁场强度 H_1 应按本规范式（6.3.2-8）计算。根据图 G.0.1 所示无屏蔽线路构成的环路，其开路最大感应电压宜按下式计算：

$$\begin{aligned} U_{oc/max} = &\mu_0 \cdot b \cdot \ln(1 + l/d_{1/w}) \\ &\cdot k_H \cdot (w/\sqrt{d_{1/r}}) \cdot i_{0/max}/T_1 \end{aligned}$$
$$(G.0.2-1)$$

式中：$d_{1/w}$——环路至屏蔽墙的距离（m），根据本规范式（6.3.2-9）或式（6.3.2-10）计算，$d_{1/w}$ 等于或大于 $d_{s/2}$；

$d_{1/r}$——环路至屏蔽屋顶的平均距离（m）；

$i_{0/max}$——LPZ0$_A$ 区内的雷电流最大值（A）；

k_H——形状系数（$1/\sqrt{m}$），取 $k_H = 0.01$（$1/\sqrt{m}$）；

w——格栅形屏蔽的网格宽（m）。

若略去导线的电阻（最坏情况），最大短路电流可按下式计算：

$$\begin{aligned} i_{sc/max} = &\mu_0 \cdot b \cdot \ln(1 + l/d_{1/w}) \\ &\cdot k_H \cdot (w/\sqrt{d_{1/r}}) \cdot i_{0/max}/L \end{aligned}$$
$$(G.0.2-2)$$

G.0.3　在 LPZn 区（n 等于或大于 2）内环路的感应电压和电流在 LPZn 区 V_s 空间内的磁场强度 H_n 看成是均匀的情况下（见本规范图 6.3.2-2），图 G.0.1 所示无屏蔽线路构成的环路，其最大感应电压和电流可按式（G.0.1-1）和式（G.0.1-2）计算，该两式中的 $H_{1/max}$ 应根据本规范式（6.3.2-2）或式（6.3.2-11）计算出的 $H_{n/max}$ 代入。式（6.3.2-2）中的 H_1 用 $H_{n/max}$ 代入，H_0 用 $H_{(n-1)/max}$ 代入。

附录 H　电缆从户外进入户内的屏蔽层截面积

H.0.1　在屏蔽线路从室外 LPZ0$_A$ 或 LPZ0$_B$ 区进入 LPZ1 区的情况下，线路屏蔽层的截面应按下式计算：

$$S_c \geq \frac{I_f \times \rho_c \times L_c \times 10^6}{U_w} \quad (H.0.1)$$

式中：S_c——线路屏蔽层的截面（mm^2）；

I_f——流入屏蔽层的雷电流（kA），按本规范式（4.2.4-7）计算，计算中的雷电流按本规范表 F.0.1-1 的规定取值；

ρ_c——屏蔽层的电阻率（Ωm），20℃时铁为 138×10^{-9} Ωm，铜为 17.24×10^{-9} Ωm，铝为 28.264×10^{-9} Ωm；

L_c——线路长度（m），按本附录表 H.0.1-1 的规定取值；

U_w——电缆所接的电气或电子系统的耐冲击电压额定值（kV），设备按本附录表 H.0.1-2 的规定取值，线路按本附录表 H.0.1-3 的规定取值。

表 H.0.1-1 按屏蔽层敷设条件确定的线路长度

屏蔽层敷设条件	L_c（m）
屏蔽层与电阻率 ρ（Ωm）的土壤直接接触	当实际长度≥$8\sqrt{\rho}$时，取 $L_c=8\sqrt{\rho}$；当实际长度<$8\sqrt{\rho}$时，取 L_c=线路实际长度
屏蔽层与土壤隔离或敷设在大气中	L_c=建筑物与屏蔽层最近接地点之间的距离

表 H.0.1-2 设备的耐冲击电压额定值

设备类型	耐冲击电压额定值 U_w（kV）
电子设备	1.5
用户的电气设备（U_n<1kV）	2.5
电网设备（U_n<1kV）	6

表 H.0.1-3 电缆绝缘的耐冲击电压额定值

电缆种类及其额定电压 U_n（kV）	耐冲击电压额定值 U_w（kV）
纸绝缘通信电缆	1.5
塑料绝缘通信电缆	5
电力电缆 $U_n\leqslant1$	15
电力电缆 $U_n=3$	45
电力电缆 $U_n=6$	60
电力电缆 $U_n=10$	75
电力电缆 $U_n=15$	95
电力电缆 $U_n=20$	125

H.0.2 当流入线路的雷电流大于按下列公式计算的数值时，绝缘可能产生不可接受的温升：

对屏蔽线路：

$$I_f=8\times S_c \qquad (H.0.2-1)$$

对无屏蔽的线路：

$$I_f'=8\times n'\times S_c' \qquad (H.0.2-2)$$

式中：I_f'——流入无屏蔽线路的总雷电流（kA）；

n'——线路导线的根数；

S_c'——每根导线的截面（mm²）。

H.0.3 本附录也适用于用钢管屏蔽的线路，对此，式（H.0.1）和式（H.0.2-1）中的 S_c 为钢管壁厚的截面。

附录 J 电涌保护器

J.1 用于电气系统的电涌保护器

J.1.1 电涌保护器的最大持续运行电压不应小于表 J.1.1 所规定的最小值；在电涌保护器安装处的供电电压偏差超过所规定的 10% 以及谐波使电压幅值加大的情况下，应根据具体情况对限压型电涌保护器提高表 J.1.1 所规定的最大持续运行电压最小值。

表 J.1.1 电涌保护器取决于系统特征所要求的最大持续运行电压最小值

电涌保护器接于	配电网络的系统特征				
	TT 系统	TN-C 系统	TN-S 系统	引出中性线的 IT 系统	无中性线引出的 IT 系统
每一相线与中性线间	$1.15U_0$	不适用	$1.15U_0$	$1.15U_0$	不适用
每一相线与 PE 线间	$1.15U_0$	不适用	$1.15U_0$	$\sqrt{3}U_0$[①]	相间电压[①]
中性线与 PE 线间	U_0[①]	不适用	U_0[①]	U_0[①]	不适用
每一相线与 PEN 线间	不适用	$1.15U_0$	不适用	不适用	不适用

注：1 标有①的值是故障下最坏的情况，所以不需计及 15% 的允许误差。

2 U_0 是低压系统相线对中性线的标称电压，即相电压 220V。

3 此表基于按现行国家标准《低压配电系统的电涌保护器（SPD）第 1 部分：性能要求和试验方法》GB 18802.1 做过相关试验的电涌保护器产品。

J.1.2 电涌保护器的接线形式应符合表 J.1.2 的规定。具体接线图见图 J.1.2-1～图 J.1.2-5。

表 J.1.2 根据系统特征安装电涌保护器

电涌保护器接于	电涌保护器安装处的系统特征							
	TT 系统		TN-C 系统	TN-S 系统		引出中性线的 IT 系统		不引出中性线的 IT 系统
	按以下形式连接			按以下形式连接		按以下形式连接		
	接线形式1	接线形式2		接线形式1	接线形式2	接线形式1	接线形式2	
每根相线与中性线间	+	○	不适用	+	○	+	○	不适用
每根相线与 PE 线间	○	不适用	不适用	○	不适用	○	不适用	○
中性线与 PE 线间	○	○	不适用	○	○	○	○	不适用
每根相线与 PEN 线间	不适用	不适用	○	不适用	不适用	不适用	不适用	不适用
各相线之间	+	+	+	+	+	+	+	+

注：○表示必须，+表示非强制性的，可附加选用。

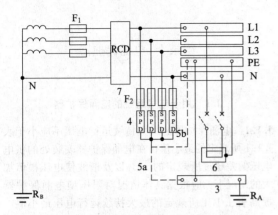

图 J.1.2-1 TT 系统电涌保护器安装在进户
处剩余电流保护器的负荷侧

3—总接地端或总接地连接带；4—U_p 应小于或等于
2.5kV 的电涌保护器；5—电涌保护器的接地连接线，
5a 或 5b；6—需要被电涌保护器保护的设备；7—剩余电
流保护器（RCD），应考虑通雷电流的能力；
F_1—安装在电气装置电源进户处的保护电器；
F_2—电涌保护器制造厂要求装设的过电流保护电器；
R_A—本电气装置的接地电阻；R_B—电源系统的接地
电阻；L1、L2、L3—相线 1、2、3

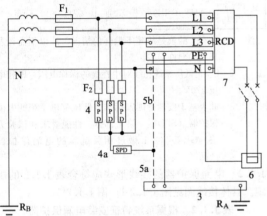

图 J.1.2-2 TT 系统电涌保护器安装在进户处
剩余电流保护器的电源侧

3—总接地端或总接地连接带；4、4a—电涌保护器，它
们串联后构成的 U_p 应小于或等于 2.5kV；5—电涌保
护器的接地连接线，5a 或 5b；6—需要被电涌保护器保
护的设备；7—安装于母线的电源侧或负荷侧的剩余电
流保护器（RCD）；
F_1—安装在电气装置电源进户处的保护电器；F_2—电
涌保护器制造厂要求装设的过电流保护电器；R_A—本
电气装置的接地电阻；R_B—电源系统的接地电阻；L1、
L2、L3—相线 1、2、3

　　注：在高压系统为低电阻接地的前提下，当电源变
　　　　压器高压侧碰外壳短路产生的过电压加于 4a
　　　　电涌保护器时该电涌保护器应按现行国家标准
　　　　《低压配电系统的电涌保护器（SPD）　第 1
　　　　部分：性能要求和试验方法》GB 18802.1 做
　　　　200ms 或按厂家要求做更长时间耐 1200V 暂
　　　　态过电压试验。

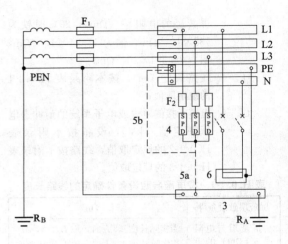

图 J.1.2-3 TN 系统安装在
进户处的电涌保护器

3—总接地端或总接地连接带；4—U_p 应小于或等于
2.5kV 的电涌保护器；5—电涌保护器的接地连接线，
5a 或 5b；6—需要被电涌保护器保护的设备；
F_1—安装在电气装置电源进户处的保护电器；F_2—电
涌保护器制造厂要求装设的过电流保护电器；R_A—本
电气装置的接地电阻；R_B—电源系统的接地电阻；
L1、L2、L3—相线 1、2、3

　　注：当采用 TN-C-S 或 TN-S 系统时，在 N 与 PE
　　　　线连接处电涌保护器用三个，在其以后 N 与
　　　　PE 线分开 10m 以后安装电涌保护器时用四
　　　　个，即在 N 与 PE 线间增加一个，见图
　　　　J.1.2-5 及其注。

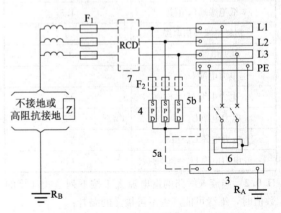

图 J.1.2-4 IT 系统电涌保护器安装在
进户处剩余电流保护器的负荷侧

3—总接地端或总接地连接带；4—U_p 应小于或等于
2.5kV 的电涌保护器；5—电涌保护器的接地连接线，
5a 或 5b；6—需要被电涌保护器保护的设备；7—剩余
电流保护器（RCD）；
F_1—安装在电气装置电源进户处的保护电器；F_2—电
涌保护器制造厂要求装设的过电流保护电器；R_A—本
电气装置的接地电阻；R_B—电源系统的接地电阻；
L2、L3—相线 1、2、3

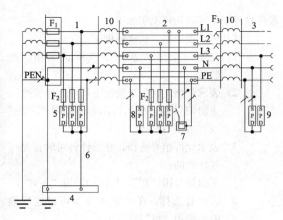

图 J.1.2-5　Ⅰ级、Ⅱ级和Ⅲ级试验的
电涌保护器的安装
（以 TN-C-S 系统为例）

1—电气装置的电源进户处；2—配电箱；3—送出的配电线路；4—总接地端或总接地连接带；5—Ⅰ级试验的电涌保护器；6—电涌保护器的接地连接线；7—需要被电涌保护器保护的固定安装的设备；8—Ⅱ级试验的电涌保护器；9—Ⅱ级或Ⅲ级试验的电涌保护器；10—去耦器件或配电线路长度；

F_1、F_2、F_3—过电流保护电器；L1、L2、L3—相线1、2、3

注：1　当电涌保护器 5 和 8 不是安装在同一处时，电涌保护器 5 的 U_p 应小于或等于 2.5kV；电涌保护器 5 和 8 可以组合为一台电涌保护器，其 U_p 应小于或等于 2.5kV。

2　当电涌保护器 5 和 8 之间的距离小于 10m 时，在 8 处 N 与 PE 之间的电涌保护器可不装。

J.2　用于电子系统的电涌保护器

J.2.1　电信和信号线路上所接入的电涌保护器的类别及其冲击限制电压试验用的电压波形和电流波形应符合表 J.2.1 的规定。

表 J.2.1　电涌保护器的类别及其冲击限制电压试验用的电压波形和电流波形

类别	试验类型	开路电压	短路电流
A1	很慢的上升率	≥1kV 0.1kV/s～100kV/s	10A, 0.1A/μs～2A/μs ≥1000μs（持续时间）
A2	AC		
B1		1kV, 10/1000μs	100A, 10/1000μs
B2	慢上升率	1kV～4kV, 10/700μs	25A～100A, 5/300μs
B3		≥1kV, 100V/μs	10A～100A, 10/1000μs
C1		0.5kV～2kV, 1.2/50μs	0.25kA～1kA, 8/20μs
C2	快上升率	2kV～10kV, 1.2/50μs	1kA～5kA, 8/20μs
C3		≥1kV, 1kV/μs	10A～100A, 10/1000μs
D1	高能量	≥1kV	0.5kA～2.5kA, 10/350μs
D2		1kV	0.6kA～2.0kA, 10/250μs

J.2.2　电信和信号线路上所接入的电涌保护器，其最大持续运行电压最小值应大于接到线路处可能产生的最大运行电压。用于电子系统的电涌保护器，其标记的直流电压 U_{DC} 也可用于交流电压 U_{AC} 的有效值，反之亦然，$U_{DC}=\sqrt{2}U_{AC}$。

J.2.3　合理接线应符合下列规定：

1　应保证电涌保护器的差模和共模限制电压的规格与需要保护系统的要求相一致（图 J.2.3-1）。

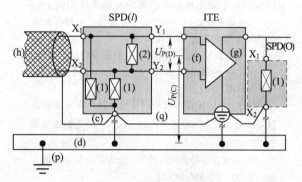

图 J.2.3-1　防需要保护的电子设备（ITE）
的供电电压输入端及其信号端的差
模和共模电压的保护措施的例子

（c）—电涌保护器的一个连接点，通常电涌保护器内的所有限制共模电涌电压元件都以此为基准点；（d）—等电位连接带；（f）—电子设备的信号端口；（g）—电子设备的电源端口；（h）—电子系统线路或网络；（l）—符合本附录表 J.2.1 所选用的电涌保护器；（o）—用于直流电源线路的电涌保护器；（p）—接地导体；

$U_{P(C)}$—将共模电压限制至电压保护水平；

$U_{P(D)}$—将差模电压限制至电压保护水平；

X_1、X_2—电涌保护器非保护侧的接线端子，在它们之间接入（1）和（2）限压元件；

Y_1、Y_2—电涌保护器保护侧的接线端子；

（1）—用于限制共模电压的防电涌电压元件；

（2）—用于限制差模电压的防电涌电压元件。

2　接至电子设备的多接线端子电涌保护器，为将其有效电压保护水平减至最小所必需的安装条件，见图 J.2.3-2。

3　附加措施应符合下列规定：

1）接至电涌保护器保护端口的线路不要与接至非保护端口的线路敷设在一起。

2）接至电涌保护器保护端口的线路不要与接地导体（p）敷设在一起。

3）从电涌保护器保护侧接至需要保护的电子设备（ITE）的线路宜短或加以屏蔽。

4　雷击时在环路中的感应电压和电流的计算应符合本规范附录 G 的规定。

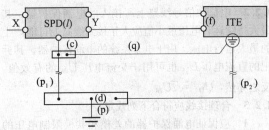

图 J.2.3-2　将多接线端子电涌保护器的有效电压保护水平减至最小所必需的安装条件的例子

（c）—电涌保护器的一个连接点，通常，电涌保护器内的所有限制共模电涌电压元件都以此为基准点；

（d）—等电位连接带；（f）—电子设备的信号端口；

（l）—符合本附录表 J.2.1 所选用的电涌保护器；

（p）—接地导体；

（p₁）、（p₂）—应尽可能短的接地导体，当电子设备（ITE）在远处时可能无（p₂）；（q）—必需的连接线

（应尽可能短）；

X、Y—电涌保护器的接线端子，X 为其非保护的输入端，Y 为其保护侧的输出端

本规范用词说明

1　为便于在执行本规范条文时区别对待，对要求严格程度不同的用词说明如下：

　　1）　表示很严格，非这样做不可的：

　　　　正面词采用"必须"，反面词采用"严禁"；

　　2）　表示严格，在正常情况下均应这样做的：

　　　　正面词采用"应"，反面词采用"不应"或"不得"；

　　3）　表示允许稍有选择，在条件许可时首先应这样做的：

　　　　正面词采用"宜"，反面词采用"不宜"；

　　4）　表示有选择，在一定条件下可以这样做的，采用"可"。

2　条文中指明应按其他有关标准执行的写法为："应符合……的规定"或"应按……执行"。

引用标准名录

《工业与民用电力装置的接地设计规范》GBJ 65

《电磁兼容　试验和测量技术　浪涌（冲击）抗扰度试验》GB/T 17626.5

《低压配电系统的电涌保护器（SPD）　第 1 部分：性能要求和试验方法》GB 18802.1

中华人民共和国国家标准

建筑物防雷设计规范

GB 50057—2010

条 文 说 明

修 订 说 明

《建筑物防雷设计规范》GB 50057—2010，经住房和城乡建设部 2010 年 11 月 3 日以第 824 号公告批准。本规范是对原《建筑物防雷设计规范》GB 50057—94（2000 年版）进行修订而成。上一版的主编单位是机械工业部设计研究院，起草人是林维勇。

为便于广大设计、施工、科研、学校等单位有关人员在使用本规范时能正确理解和执行条文规定，

《建筑物防雷设计规范》编制组按章、节、条顺序编制了本规范的条文说明，对条文规定的目的、依据以及执行中需注意的有关事项进行了说明（还着重对强制性条文的强制性理由做了解释）。但是，本条文说明不具备与标准正文同等的法律效力，仅供使用者作为理解和把握规范规定的参考。

目 次

1 总　则

1.0.1 有人认为，建筑物安装防雷装置后就万无一失了。从经济观点出发，要达到这点是太浪费了。因此，特指出"或减少"，以示不是万无一失，因为按照本规范设计的防雷装置的防雷安全度不是100%。

　　根据各方修订意见，在原"财产损失"之后增加了"以及雷击电磁脉冲引发的电气和电子系统损坏或错误运行"。

1.0.2 本条原为"本规范适用于新建建筑物的防雷设计"，现修订为"本规范适用于新建、扩建、改建建（构）筑物的防雷设计"。原规范不提"扩建、改建建筑物"是考虑这些建筑物在扩建、改建之前，其防雷设计是按GBJ 57—83设计的，使用时间不长，有的可以不按GB 50057—94修改，现在距GBJ 57—83的废止时间较长，故补加"扩建、改建"。

　　删去不适用范围内容，因为不好列，也列不全，而且总有新的特殊规范出来。

2 术　语

2.0.8 原规范中，接闪杆称为避雷针，接闪带称为避雷带，接闪线称为避雷线，接闪网称为避雷网。

2.0.27 电子系统包括由通信设备、计算机、控制和仪表系统、无线电系统、电力电子装置构成的系统。

2.0.30 电子系统电涌保护器的保护部件连接在线与线之间称为差模保护，连接在线与地之间称为共模保护。

3 建筑物的防雷分类

3.0.1 将工业和民用建筑物合并分类，分为三类。

　　本规范对第一类防雷建筑物和第二、三类的一部分（如爆炸危险场所、文物）仍沿用以往的做法，不考虑以风险作为分类的基础。IEC 62305—2：2010 Ed. 2.0（Protection against lightning—Part 2：Risk management. 防雷——第2部分：风险管理）在其 Introduction（序言）最后均有这样的一段话：The decision to provide lightning protection may be taken regardless of the outcome of any risk assessment where there is a desire that there be no avoidable risk. 译文：当预期风险是不可避免时，可以不管风险评估的结果如何而决定提供防雷。

　　规范中列入第一类防雷建筑物和部分第二类防雷建筑物的建筑物就是这样。此外，按IEC 62305—2：2010的做法很复杂，要有结合我国情况以前的损失数据（特别是间接损失，我们缺少这些资料），而且要制作出应用软件，在目前这是很难做到的。

对于第二、三类中一些难于确定的建筑物则根据风险这一基础来划分。对风险的分析见本章第3.0.3条的条文说明。

3.0.2 本条为强制性条文。增加了"在可能发生对地闪击的地区"。

1 火炸药及其制品包括火药（含发射药和推进剂）、炸药、弹药、引信和火工品等。

　　爆轰——爆炸物中一小部分受到引发或激励后爆炸物整体瞬时爆炸。

2、3 爆炸性粉尘环境区域的划分和代号采用现行国家标准《可燃性粉尘环境用电气设备　第3部分：存在或可能存在可燃性粉尘的场所分类》GB 12476.3—2007/IEC 61241—10：2004中的规定。

　　0区：连续出现或长期出现或频繁出现爆炸性气体混合物的场所。

　　1区：在正常运行时可能偶然出现爆炸性气体混合物的场所。

　　2区：在正常运行时不可能出现爆炸性气体混合物的场所，或即使出现也仅是短时存在的爆炸性气体混合物的场所。

　　20区：以空气中可燃性粉尘云持续地或长期地或频繁地短时存在于爆炸性环境中的场所。

　　21区：正常运行时，很可能偶然地以空气中可燃性粉尘云形式存在于爆炸性环境中的场所。

　　22区：正常运行时，不太可能以空气中可燃性粉尘云形式存在于爆炸性环境中的场所，如果存在仅是短暂的。

　　1区、21区的建筑物可能划为第一类防雷建筑物，也可能划为第二类防雷建筑物。其区分在于是否会造成巨大破坏和人身伤亡。例如，易燃液体泵房，当布置在地面上时，其爆炸危险场所一般为2区，则该泵房可划为第二类防雷建筑物。但当工艺要求布置在地下或半地下时，在易燃液体的蒸气与空气混合物的密度大于空气，又无可靠的机械通风设施的情况下，爆炸性混合物就不易扩散，该泵房就要划为1区危险场所。如该泵房系大型石油化工联合企业的原油泵房，当泵房遭雷击就可能会使工厂停产，造成巨大经济损失和人员伤亡，那么这类泵房应划为第一类防雷建筑物；如该泵房系石油库的卸油泵房，平时间断操作，虽可能因雷电火花引发爆炸造成经济损失和人身伤亡，但相对而言其概率要小得多，则这类泵房可划为第二类防雷建筑物。

3.0.3 本条为强制性条文。增加了"在可能发生对地闪击的地区"。增加了第4款："国家特级和甲级大型体育馆"。

5 有些爆炸物质不易因电火花而引起爆炸，但爆炸后破坏力较大，如小型炮弹库、枪弹库以及硝化棉脱水和包装等均属第二类防雷建筑物。

9 增加了"以及火灾危险场所"。

选择防雷装置的目的在于将需要防直击雷的建筑物的年损坏风险 R 值（需要防雷的建筑物每年可能遭雷击而损坏的概率）减到小于或等于可接受的最大损坏风险 R_T 值（即 $R \leqslant R_T$）。

本章中对于需计算年雷击次数的条文采用每年 10^{-5} 的 R_T 值，即每年十万分之一的损坏概率。

基于建筑物年预计雷击次数（N）和基于防雷装置或建筑物遭雷击一次发生损坏的综合概率（P），对于时间周期 $t=1$ 年，在 $NPt \ll 1$ 的条件下（所有真实情况都满足这一条件），下面的关系式是适用的：

$$R = 1 - \exp(-NPt) = NP, \quad 即 \quad R = NP \quad (1)$$
$$P = P_i \times P_{id} + P_f \times P_{fd} \quad (2)$$

式中：P_i——防雷装置截收雷击的概率，或防雷装置的截收效率（也用 E_i 表示），其值与接闪器的布置有关；

P_f——闪电穿过防雷装置击到需要保护的建筑物的概率，也即防雷装置截收雷击失败的概率，等于（$1-P_i$）或（$1-E_i$）；

P_{id}——防雷装置所选用的各种尺寸和规格，当其截收雷击后保护失败而发生损坏的概率；

P_{fd}——防雷装置没有截到雷击而发生损坏的概率。

一次雷击后可能同时在不同地点发生 n 处损坏，每处损坏的分概率为 P_k，这些分概率是并联组成，因此，一次雷击的总损坏概率为：

$$P_d = 1 - \prod_{k=1}^{n}(1 - P_k) \quad (3)$$

分损坏概率包含这样一些事件，如爆炸、火灾、生命触电、机械性损坏、敏感电子或电气设备损坏或受到干扰等。

在确定分损坏概率时，应考虑到同时发生两类事件，即引发损坏的事件（如金属熔化、导体炽热、侧向跳击、不容许的接触电压或跨步电压等）和被损坏物体的出现（即人、可燃物、爆炸性混合物等的存在）这两类事件同时发生。

出现引发损坏事件的概率直接或间接与闪击量的分布概率有关，在设计防雷装置和选用其规格尺寸时是依据闪击量的。

在引发事件的地方出现可能被损坏的周围物体的概率取决于建筑物的特点、存放物和用途。

为简化起见，假定：

1）在引发事件的地方出现可能被损坏的周围物体的概率对每一类损坏采用相同的值，用共同概率 P_r 代替；

2）没有被截到的雷击（直击雷）所引发的损坏是肯定的，损坏的出现与可能被损坏的周围物体的出现是同时发生的，因此，$P_{fd} = P_r$；

3）被截到的雷击引发损坏的总概率只与防雷装置的尺寸效率 E_s 有关，并假定等于（$1-E_s$）。E_s 规定为这样一个综合概率，即被截收的雷击在此概率下不应对被保护空间造成损害。E_s 与用来确定接闪器、引下线、接地装置的尺寸和规格的闪击量值有关。

将上述假定代入式（2），即将以下各项代入：P_i 用 E_i 代入，P_f 用（$1-E_i$）代入，P_{fd} 用 P_r 代入，P_{id} 用 P_r（$1-E_s$）代入；此外，引入一个附加系数 W_r，它是考虑雷击后果的一个系数，后果越严重，W_r 值越大。因此，式（2）转化为：

$$P = P_r W_r (1 - E_i E_s) \quad (4)$$

概率 P_r 应看作是一个系数，它表示建筑物自身保护的程度或表示考虑这样的真实情况的一个系数，即不是每一个打到需要防雷的建筑物的雷击和不是每一个使防雷装置所选用的规格和尺寸失败的雷击均造成损坏。P_r 值主要取决于建筑物的特点，即它的结构、用途、存放物或设备。

$$\eta = E_i E_s \quad (5)$$

η 或 $E_i E_s$ 为防雷装置的效率。

由式（1）、（4）、（5）得：

$$R = N P_r W_r (1 - \eta), \quad \eta = 1 - R / (N P_r W_r)$$

如果 R 值采用可接受的年最大损坏风险 $R_T = 10^{-5} a^{-1}$，并使

$$N_T = R_T / (P_r W_r) = 10^{-5} / (P_r W_r) \quad (6)$$

式中：N_T——建筑物可接受的年允许遭雷击次数（次/a）。

因此，防雷装置所需要的效率应符合下式：

$$\eta \geqslant 1 - N_T / N \quad (7)$$

根据 IEC 62305—1：2010 Ed. 2.0（Protection against lightning—Part 1：General Principles. 防雷——第1部分：总则）第 22、23 页的表 4 和表 5，第三类防雷建筑物所装设的防雷装置的有关值见表 1。

表 1　E_i 和 E_s 值

第三类防雷建筑物所装设的防雷装置	E_i	E_s	$\eta = E_i E_s$
	0.84	0.97	0.81

注：1　E_i 为防雷装置截收雷击的概率，或防雷装置的截收效率，其值与接闪器的布置有关，第三类防雷建筑物采用 60m 的滚球半径，其对应的最小雷电流幅值为 16kA，雷电流大于 16kA 的概率为 0.84；

2　E_s 与用来确定接闪器、引下线、接地装置的尺寸和规格的闪击量值有关，小于第三类防雷建筑物所规定的各雷电流量最大值（见本规范附录 F）的概率为 0.97。

根据验算和对比（见本条第 10 款和本章第 3.0.4 条第 2、3 款的条文说明），本规范对一般建筑物和公共建筑物所采用的 $P_r W_r$ 值见表 2（由于校正系数 k 的改变，见本规范附录 A 及其说明，$P_r W_r$ 值有所改小）。

表 2　P_rW_r 值

建筑物		P_rW_r	$N_T=10^{-5}/(P_rW_r)$
形式	特点		
一般建筑物	正常危险	0.2×10^{-3}	5×10^{-2}
公共建筑物	重大危险（引起惊慌、重大损失）	1×10^{-3}	1×10^{-2}

从表 1 可以看出，保护第三类防雷建筑物的防雷装置的效率 η 值为 0.81。从表 2 查得，公共建筑物的 N_T 值为 1×10^{-2}。将这两个数值代入式（7），得 $0.81\geqslant1-1\times10^{-2}/N$，所以 $N\leqslant1\times10^{-2}/0.19=0.053\approx0.05$。这表明对这类建筑物如采用第三类防雷建筑物的防雷措施，只对 $N\leqslant0.05$ 的建筑物保证 R_T 值不大于 10^{-5}。当 $N>0.05$ 时，R_T 值达不到（即大于）10^{-5}，因此，当 $N>0.05$ 时，升级采用第二类防雷建筑物的防雷措施。

将部、省级办公建筑物列入，是考虑其所存放的文件和资料的重要性。人员密集的公共建筑物，是指如集会、展览、博览、体育、商业、影剧院、医院、学校等建筑物。

10 增加了"或一般性工业建筑物"。从表 1 可以看出，保护第三类防雷建筑物的防雷装置的效率 η 值为 0.81。从表 2 查得，一般建筑物的 N_T 值为 5×10^{-2}。将这两个数值代入式（7），得 $0.81\geqslant1-5\times10^{-2}/N$，所以 $N\leqslant5\times10^{-2}/0.19=0.26\approx0.25$。这表明对这类建筑物如采用第三类防雷建筑物的防雷措施，只对 $N\leqslant0.25$ 的建筑物保证 R_T 值不大于 10^{-5}。当 $N>0.25$ 时，R_T 值达不到（即大于）10^{-5}，因此，当 $N>0.25$ 时，升级采用第二类防雷建筑物的防雷措施。

3.0.4 本条为强制性条文。增加了"在可能发生对地闪击的地区"，并删去原第 4、5 款。

2 增加了"以及火灾危险场所"。当没有防雷装置时 $\eta=0$，从表 2 查得，公共建筑物的 N_T 值为 1×10^{-2}。将这两个数值代入式（7），得 $0\geqslant1-1\times10^{-2}/N$，所以 $N\leqslant0.01$。这表明对这类建筑物当 $N<0.01$ 时，可以不设防雷装置；当 $N\geqslant0.01$ 时，要设防雷装置。

3 增加了"或一般性工业建筑物"。当没有防雷装置时 $\eta=0$，从表 2 查得，一般建筑物的 N_T 值为 5×10^{-2}。将这两个数值代入式（7），得 $0\geqslant1-5\times10^{-2}/N$，所以 $N\leqslant0.05$。这表明对这类建筑物当 $N<0.05$ 时，可以不设防雷装置；当 $N\geqslant0.05$ 时，要设防雷装置。

下面用长 60m、宽 13m（即四个单元住宅）的一般建筑物作为例子进行验算对比，其结果列于表 3。原规范的建筑物年预计雷击次数计算式为 $N=kN_gA_e$

$=k\times0.024T_d^{1.3}\times A_e$，修改后，本规范的建筑物年预计雷击次数计算式为 $N=kN_gA_e=k\times0.1T_d\times A_e$，$k$ 值均取 1。

表 3　计算结果的比较表

地区名称	年平均雷暴日 (d/a)	N 为以下数值时算出的建筑物高度（m）			
		用原规范计算式		用现规范计算式	
		0.06	0.3	0.05	0.25
北京	35.2	25.3	174.6	11.2	128.0
成都	32.5	29.6	184.8	12.7	134.0
昆明	61.8	8.4	114.5	4.7	59.8
贵阳	49.0	13.4	136.7	6.8	105.3
上海	23.7	60.8	232.2	20.4	160.8
南宁	78.1	5.3	70.0	3.8	38.8
湛江	78.9	5.1	67.6	3.1	38.2
广州	73.1	6.0	100.5	3.5	43.5
海口	93.8	3.6	43.3	2.3	29.1

注：表中的年平均雷暴日取自气象系统提供的资料，其统计时段除贵阳为 1971—1999 年和上海为 1991—2000 年外，其他均为 1971—2000 年。

要精确计及周围物体对建筑物等效面积的影响，计算起来很繁杂，因此，略去这类影响的精确计算；而改用较简单的计算方法，见本规范附录 A 的第 A.0.3 条的第 2、3、4、5、6 款及其相应说明。

4　建筑物的防雷措施

4.1　基本规定

4.1.1~4.1.3 本规范防雷主要参照 IEC 防雷标准修订，防雷分为外部防雷和内部防雷以及防雷击电磁脉冲。外部防雷就是防直击雷，不包括防止外部防雷装置受到直接雷击时向其他物体的反击；内部防雷包括防闪电感应、防反击以及防闪电电涌侵入和防生命危险。防雷击电磁脉冲是对建筑物内系统（包括线路和设备）防雷电流引发的电磁效应，它包含防经导体传导的闪电电涌和防辐射脉冲电磁场效应。

本规范的第一、二、三类防雷建筑物是按防 S1 和 S2 雷击选用 SPD 的，其 U_p 和通流能力足以防 S3 和 S4 引发的过电压和过电流，所以不在规范中单独列入防 S3 和 S4 的规定。

第 4.1.1 条和第 4.1.2 条为强制性条文。

为说明等电位的作用和一般的做法，下面摘译 IEC 62305-3：2010 Ed. 2.0（Protection against lightning—Part 3：Physical damage to structures and life hazard. 防雷——第 3 部分：建筑物的物理损坏和生命危险）第 31 页的一些规定：

6　内部防雷装置

6.1 通则

内部防雷装置应防止由于雷电流流经外部防雷装置或建筑物的其他导电部分而在需要保护的建筑物内发生危险的火花放电。

危险的火花放电可能在外部防雷装置与其他部件（如金属装置、建筑物内系统、从外部引入建筑物的导电物体和线路）之间发生。

采用以下方法可以避免产生这类危险的火花放电：按6.2做等电位连接或按6.3在它们之间采用电气绝缘（间隔距离）。

6.2 防雷等电位连接

6.2.1 通则

防雷装置与下列诸物体之间互相连接以实现等电位：金属装置，建筑物内系统，从外部引入建筑物的外来导电物体和线路。

互相之间连接的方法可采用：在那些自然等电位连接不能提供电气贯通之处用等电位连接导体，在用等电位连接导体做直接连接不可行之处用电涌保护器（SPD）连接；在不允许用等电位连接导体做直接连接之处用隔离放电间隙（ISG）连接……"

4.2 第一类防雷建筑物的防雷措施

4.2.1 外部防雷装置完全与被保护的建筑物脱离者称为独立的外部防雷装置，其接闪器称为独立接闪器。

1 本款规定是为了使被保护的建筑物及风帽、放散管等突出屋面的物体均处于接闪器的保护范围内。

2 从安全的角度考虑，作了本款规定。本款为强制性条款。

压力单位用 Pa 或 kPa，它们是法定计量单位。标准大气为非法定计量单位。因此，表 4.2.1 中的压力单位采用 kPa。一个标准大气压 $=1.01325 \times 10^5$ Pa $=1.01325 \times 10^2$ kPa。

"接闪器与雷闪的接触点应设在本款第 1 项或第 2 项所规定的空间之外"，接触点处于该空间的正上方之外也属于此规定。

3 本款规定是为了保证安全。本款为强制性条款。

4 在"支柱"之前增加了"每根"。

5 为了防止雷击电流流过防雷装置时所产生的高电位对被保护的建筑物或与其有联系的金属物发生反击，应使防雷装置与这些物体之间保持一定的间隔距离。

防雷装置地上高度 h_x 处的电位为：

$$U = U_R + U_L = IR_i + L_0 \cdot h_x \cdot \mathrm{d}i/\mathrm{d}t \qquad (8)$$

由于没有更合理的方法，间隔距离仍按电阻电压降和电感电压降相应求出的距离相加而得。因此，相应的间隔距离为：

$$S_{a1} = IR_i/E_R + (L_0 \cdot h_x \cdot \mathrm{d}i/\mathrm{d}t)/E_L \qquad (9)$$

式中：U_R——雷电流流过防雷装置时接地装置上的电阻电压降（kV）；

U_L——雷电流流过防雷装置时引下线上的电感电压降（kV）；

R_i——接地装置的冲击接地电阻（Ω）；

$\mathrm{d}i/\mathrm{d}t$——雷电流陡度（kA/μs）；

I——雷电流幅值（kA）；

L_0——引下线的单位长度电感（μH/m），取 $1.5\mu H/m$；

E_R——电阻电压降的空气击穿强度（kV/m），取 500kV/m；

E_L——电感电压降的空气击穿强度（kV/m）。

本规范各类防雷建筑物所采用的雷电流参量见本规范附录 F 的表 F.0.1-1～表 F.0.1-4。

根据对雷电所测量的参数得知，雷电流最大幅值出现于第一次正极性雷击，雷电流最大陡度出现于第一次雷击以后的负雷击。正极性雷击通常仅出现一次，无重复雷击。

IEC-TC81 的 81（Secretariat）19：1985-08（Progress of WG 3 of TC 81，TC 81 第 3 工作组的进展报告）文件的附录 2 提出电感电压降的空气击穿强度为 $E_L = 600 \times (1 + 1/T_1)$（kV/m），它是根据作者 K. Ragaller 的书《Surges in high-voltage networks》（1980，Plenum Press，New York）。因此，根据表 F.0.1-1，当 $T_1 = 10\mu s$ 时，$E_L = 600 \times (1 + 1/10) = 660$（kV/m）；根据表 F.0.1-3，当 $T_1 = 0.25\mu s$ 时，$E_L = 600 \times (1 + 1/0.25) = 3000$（kV/m）。

将表 F.0.1-1 的有关参量和上述有关数值代入式（9），其中 $\mathrm{d}i/\mathrm{d}t = 200/10 = 20$（kA/μs），得 $S_{a1} = 200R_i/500 + (1.5 \times h_x \times 20)/660 = 0.4R_i + 0.0455h_x$，考虑计算简化，取作 $S_{a1} \geqslant 0.4R_i + 0.04h_x$。因此，

$$S_{a1} \geqslant 0.4 (R_i + 0.1h_x) \qquad (10)$$

上式即本规范式（4.2.1-1）。

同理，改用表 F.0.1-3 及其他有关数值代入式（9），其中 $\mathrm{d}i/\mathrm{d}t = 50/0.25 = 200$（kA/μs），得 $S_{a1} = 50R_i/500 + (1.5 \times h_x \times 200)/3000 = 0.1R_i + 0.1h_x$。因此，

$$S_{a1} \geqslant 0.1 (R_i + h_x) \qquad (11)$$

上式即本规范式（4.2.1-2）。

式（10）和式（11）相等的条件为 $0.4R_i + 0.04h_x = 0.1R_i + 0.1h_x$，即 $h_x = 5R_i$。因此，当 $h_x < 5R_i$ 时，式（10）的计算值大于式（11）的计算值；当 $h_x > 5R_i$ 时，式（11）的计算值大于式（10）的计算值；当 $h_x = 5R_i$ 时，两值相等。

根据《雷电》一书下卷第 87 页（1983 年，李文恩等译，水利电力出版社出版，该书译自英文版《Lightning》第 2 卷，R. H. Golde 主编，1977 年

版），土壤的冲击击穿场强为 200kV/m～1000kV/m，其平均值为 600kV/m，取与空气击穿强度一样的数值，即 500kV/m。根据表 F.0.1-1，第一类防雷建筑物取 $I=200$kA。因此，地中的间隔距离为

$$S_{e1} \geqslant IR_i/500 = 200R_i/500 = 0.4R_i，即$$

$$S_{e1} \geqslant 0.4R_i \qquad (12)$$

上式即本规范式（4.2.1-3）。

根据计算，在接闪线立杆高度为 20m、接闪线长度为 50m～150m、冲击接地电阻为 3Ω～10Ω 的条件下，当接闪线立杆顶点受雷击时，流经该立杆的雷电流为全部雷电流的 63%～90%，S_{a1} 和 S_{e1} 可相应减小，但计算起来很繁杂，为了简化计算，故本规范规定 S_{a1} 和 S_{e1} 仍按照独立接闪杆的方法进行计算。

6 按雷击于架空接闪线档距中央考虑 S_{a2}，由于两端分流，对于任一端可近似地将雷电流幅值和陡度减半计算。因此，架空接闪线档距中央的电位为：$U=U_R+U_{L1}+U_{L2}$。由此，得 $S_{a2}=U_R/E_R+(U_{L1}+U_{L2})/E_L$，因此，

$$S_{a2}=[(I/2) \cdot R_i]/E_R$$
$$+\{[L_{01} \cdot h+L_{02} \cdot (l/2)] \cdot (di/dt)/2\}/E_L \qquad (13)$$

式中：U_{L1}——雷电流流经防雷装置时引下线上的电感压降（kV）；

U_{L2}——雷电流流经防雷装置时接闪线上的电感压降（kV）；

L_{01}——垂直敷设的引下线的单位长度电感（μH/m）。按引下线直径 8mm、高 20m 时的平均值 $L_{01}=1.69$ μH/m 计算；

L_{02}——水平接闪线的单位长度电感（μH/m）。按接闪线截面 50mm²、高 20m 时的值 $L_{02}=1.89$μH/m 计算。

I、U_R、di/dt、E_R、E_L 的意义及所取的数值同本条 5 款的说明。

与本条第 5 款说明类同，以表 F.0.1-1 和上述有关的数值代入式（13），得

$$S_{a2}=100R_i/500+[1.69 \times h+1.89 \times (l/2)] \times 10/660$$
$$=0.2R_i+[0.0256h+0.0286(l/2)]$$
$$\approx 0.2R_i+0.03(h+l/2)，因此，$$

$$S_{a2} \geqslant 0.2R_i+0.03(h+l/2) \qquad (14)$$

上式即本规范式（4.2.1-4）。

再以表 F.0.1-3 和上述有关值代入式（13），得

$$S_{a2}=0.05R_i+[0.0563h+0.063(l/2)] \approx 0.05R_i+0.06(h+l/2)，因此$$

$$S_{a2} \geqslant 0.05R_i+0.06(h+l/2) \qquad (15)$$

上式即本规范式（4.2.1-5）。

令式（14）等于式（15），得 $0.2R_i+0.03(h+l/2)=0.05R_i+0.06(h+l/2)$，则 $(h+l/2)=5R_i$。其余的道理类同于本条第 5 款。

7 将式（14）和式（15）中的系数以两支路并

联还原，即乘以 2，并以 l_1 代替 $l/2$，再除以有同一距离 l_1 的个数，则得出本规范式（4.2.1-6）和式（4.2.1-7）。

架空接闪网的一个例子见图 1。

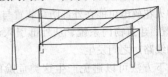

图 1 架空接闪网的例子

8 一般情况下，规定冲击接地电阻不宜大于 10Ω 是适宜的，但在高土壤电阻率地区，要求低于 10Ω 可能给施工带来很大的困难。故本款规定为，在满足间隔距离的前提下，允许提高接地电阻值。此时，虽然支柱距建筑物远一点，接闪器的高度也相应增高，但可以给施工带来很大方便而仍保证安全。在高土壤电阻率地区，这是一个因地制宜而定的数值，它应综合接闪器增加的安装费用和可能做到的电阻值来考虑。30Ω 的规定参考本规范第 4.2.4 条第 6 款的条文说明。

4.2.2 本条说明如下：

1 被保护建筑物内的金属物接地，是防闪电感应的主要措施。本款还规定了不同类型屋面的处理。金属屋面或钢筋混凝土屋面内的钢筋进行接地，有良好的防闪电感应和一定的屏蔽作用。对于钢筋混凝土预制构件组成的屋面，要求其钢筋接地有时会遇到困难，但希望施工时密切配合，以达到接地要求。

2 本款规定距离小于 100mm 的平行长金属物，每隔不大于 30m 互相连接一次，是考虑到电磁感应所造成的电位差只能将几厘米的空隙击穿（计算结果如下）。当管道间距超过 100mm 时，就不会发生危险。交叉管道也做同样处理。

两根间距 300mm 的平行管道，与引下线平行敷设，距引下线 3m 并与其处于同一个平面上。如果将引下线视作无限长，这时在管道环路内的感应电压 U（kV）为 $U=M \cdot l \cdot (di/dt)$，它可能击穿的空气间隙距离 d 为：

$$d=U/E_L=[M \cdot l \cdot (di/dt)]/E_L \qquad (16)$$

式中：l——平行管道成环路的长度（m），取 30m 计算；

di/dt——流经引下线的雷电流的陡度（kA/μs），根据表 F.0.1-3 的参量取 200kA/μs 计算；

M——1m 长两根间距 300mm 平行管道与引下线之间的互感（μH/m），经计算得 $M=0.0191$μH/m；

E_L——电感电压的空气击穿强度（kV/m），与本章第 4.2.1 条第 5 说明相同，取 3000kV/m 计算。

将上述有关值代入式（16），得

$d = U/E_L = (0.0191 \times 30 \times 200) / 3000 = 0.038$ (m)

即使在管道间距增大到 300mm 的情况下，所感应的电压仅可能击穿 0.038m 的空气间隙。若间距减小到 100mm，所感应的电压就更小了（由于 M 值减小）。

连接处过渡电阻不大于 0.03Ω 时，以及对有不少于 5 根螺栓连接的法兰盘可不跨接的规定，是参考国外资料和国内的实践经验确定的。天津某单位安技科做过测试，一些记录见表 4，这些实测值是在三处罐站测量的。

表 4　连接处过渡电阻的实测值

序号	被测对象		接触电阻（Ω）
1	残液管下法兰，4 个螺钉齐全，无跨接线		0.0075
2	残液管道上法兰，4 个螺钉齐全，无跨接线		0.0075
3	3″管道（残液）法兰，4 个螺钉齐全，有跨接线		0.0088
4	2″残液管道上法兰，4 个螺钉齐全，有跨接线		0.012
5	储罐下阀门，8 个螺钉齐全，无跨接线		0.009
6	阀门，8 个螺钉齐全，无跨接线		0.013
7	储罐下阀门，8 个螺钉齐全，有跨接线		0.012
8	工业灌装阀门，无跨接线		0.01
9	槽车卸油管阀门，无跨接线		0.015
10	$\phi89$ 液相管法兰，8 个螺钉齐全，有跨接线		0.011
11	$\phi57$ 管道法兰，4 个螺钉齐全	有跨接线时	0.005
12		拆下跨接线时	0.006
13	$\phi89$ 管道新装法兰，8 个螺钉齐全，无跨接线		0.007
14	$\phi89$ 管道法兰	有跨接线时	0.01
15		拆下跨接线时	0.01
16	球罐下 $\phi150$ 阀门，8 个螺钉齐全，无跨接线		0.008
17	临时罐站，2″管道阀门，4 个螺钉齐全，无跨接线		0.0085
18	临时罐站，4″管道阀门，无跨接线		0.008

3　由于已设有独立接闪器，因此，流过防闪电感应接地装置的只是数值很小的感应电流。在金属物已普遍等电位连接和接地的情况下，电位分布均匀。因此，本款规定工频接地电阻不大于 10Ω，根据修订意见，将"不应"改为"不宜"。在共用接地装置的场合下，工频接地电阻只要满足 50Hz 电气装置从人身安全，即从接触电压和跨步电压要求所确定的电阻值。（另见本章第 4.2.4 条的条文说明。）

4.2.3　本条说明如下：

1　为防止雷击线路时高电位侵入建筑物造成危险，低压线路应全线采用电缆直接埋地引入。本款为强制性条款。

2　当难于全线采用电缆时，不得将架空线路直接引入屋内，允许从架空线上换接一段有金属铠装（埋地部分的金属铠装要直接与周围土壤接触）的电缆或护套电缆穿钢管直接埋地引入。需要强调的是，电缆首端必须装设 SPD 并与绝缘子铁脚、金具、电缆外皮等共同接地，入户端的电缆外皮、钢管必须接到防闪电感应接地装置上。

因规定架空线距爆炸危险场所至少为杆高的 1.5 倍，设杆高一般为 10m，1.5 倍就是 15m。

在电缆与架空线连接处所安装的 SPD，其 U_p 应小于或等于 2.5kV 是根据 IEC 62305—1：2010 的规定，选用 I 级试验产品和选 I_{imp} 等于或大于 10kA 是根据 IEC 62305—1：2010 第 64、65 页表 E.2 和表 E.3，将其转换为本规范建筑物防雷类别后见表 5。本款为强制性条款。

表 5　预期雷击的电涌电流①

建筑物防雷类别	闪电直接和非直接击在线路上		闪电击于建筑物附近④	闪电击于建筑物④
	损害源 S3（直接闪击）	损害源 S4（非直接闪击）	损害源 S2（所感应的电流）	损害源 S1（所感应的电流）
	$10/350\mu s$ 波形（kA）	$8/20\mu s$ 波形（kA）	$8/20\mu s$ 波形（kA）	$8/20\mu s$ 波形（kA）
低压系统				
第三类	5②	2.5②	0.1⑤	5⑤
第二类	7.5②	3.75②	0.15⑤	7.5⑤
第一类	10②	5②	0.2⑤	10⑤
电信系统				
第三类	1③	0.035③	0.1	5
第二类	1.5③	0.085③	0.15	7.5
第一类	2⑥	0.160③	0.2	10

注：
① 表中所有值均指线路中每一导体的预期电涌电流。
② 所列数值属于闪电击在线路靠近用户的最后一根电杆上，并且线路为多根导体（三相+中性线）；
③ 所列数值属于架空线路，对埋地线路所列数值可减半；
④ 环状导体的路径和距起感应作用的电流的距离影响预期电涌过电流的值。表 5 的值参照在大型建筑物内有不同路径、无屏蔽的一短路环状导体所感应的值（环状面积约 $50m^2$，宽约 5m），距建筑物墙 1m，在无屏蔽的建筑物内或装有 LPS 的建筑物内（$k_c = 0.5$）。
⑤ 环路的电感和电阻影响所感应电流的波形。当略去环路电阻时，宜采用 $10/350\mu s$ 波形。在被感应电路中安装开关型 SPD 就是这类情况；
⑥ 所列数值属于有多对线的无屏蔽线路。对击于无屏蔽的入户线，可取 5 倍所列数值；
⑦ 更多的信息参见 ITU-T 建议标准 K.67。

3　本款规定铠装电缆或钢管埋地部分的长度不小于 $2\sqrt{\rho}$（m）是考虑电缆金属外皮、铠装、钢管等起散流接地体的作用。接地体在冲击电流下，其有效长度为 $2\sqrt{\rho}$（m）。关于采用 $2\sqrt{\rho}$ 的理由参见本规范第5.4.6条的条文说明。当土壤电阻率过高，电缆埋地过长时，可采用换土措施，使 ρ 值降低来缩短埋地电缆的长度。

6 金属线电子系统架空线转换电缆处所安装的SPD，选用D1类高能量试验产品和短路电流等于或大于2kA是根据本规范条文说明表5和本规范表J.2.1确定的。

4.2.4 正如本章第4.2.1条所述，第一类防雷建筑物的防直击雷措施，首先应采用独立接闪杆或架空接闪线或网。本条只适用于特殊情况，即可能由于建筑物太高或其他原因，不能或无法装设独立接闪杆或架空接闪线或网时，才允许采用附设于建筑物上的防雷装置进行保护。

2 从法拉第笼的原理看，网格尺寸和引下线间距越小，对闪电感应的屏蔽越好，可降低屏蔽空间内的磁场强度和减小引下线的分流系数。

雷电流通过引下线入地，当引下线数量较多且间距较小时，雷电流在局部区域分布也较均匀，引下线上的电压降减小，反击危险也相应减小。

对引下线间距，本规范向IEC 62305防雷标准靠拢。如果完全采用该标准，则本规范的第一类、第二类、第三类防雷建筑物的引下线间距相应应为10m、15m、25m。但考虑到我国工业建筑物的柱距一般均为6m，因此，按不小于6m的倍数考虑，故本规范对引下线间距相应定为12m、18m、25m。

4 对于较高的建筑物，引下线很长，雷电流的电感压降将达到很大的数值，需要在每隔不大于12m之处，用均压环将各条引下线在同一高度处连接起来，并接到同一高度的屋内金属物体上，以减小其间的电位差，避免发生火花放电。

由于要求将直接安装在建筑物上的防雷装置与各种金属物互相连接，并采取了若干等电位措施，故不必考虑防止反击的间隔距离。

5 关于共用接地装置，由于防雷装置直接安装在建筑物上，要保持防雷装置与各种金属物体之间的间隔距离，通常这一间隔距离在运行中很难保证不会改变，即间隔距离减小了。因此，对于第一类防雷建筑物，应将屋内各种金属物及进出建筑物的各种金属管线进行严格的等电位连接和接地，而且所有接地装置都必须共用或直接互相连接起来，使防雷装置与邻近的金属物体之间电位相等或降低其间的电位差，防止发生火花放电。

一般来说，接地电阻越低，防雷得到的改善越多。但是，不能由于要达到某一很低的接地电阻而花费过大。出现火花放电危险可用基本计算公式 $U=IR+L(di/dt)$ 来评价，IR 项对于建筑物内某一小范围中互相连接在一起的金属物（包括防雷装置）来说都是一样的，它们之间的电位差与防雷装置的接地电阻无关。此外，考虑到已采取严格的各种金属物与防雷装置之间的连接和均压措施，故不必要求很低的接地电阻。

现在IEC的有关标准和美国的国家标准都规定，一栋建筑物的所有接地体应直接等电位连接在一起。

6 为了将雷电流散入大地而不会产生危险的过电压，接地装置的布置和尺寸比接地装置的特定值更重要。然而，通常建议采用低的接地电阻。本款的规定完全采用IEC 62305—3：2010第26页5.4.2.2的规定（接地体的B型布置）。

下面的图2系根据该规定的相应图换成本规范的防雷建筑物类别的图。该规定对接地体B型布置的规定是：对于环形接地体（或基础接地体），其所包围的面积的平均几何半径 r 不应小于 l_1，即 $r \geqslant l_1$，l_1 示于图2；当 l_1 大于 r 时，则必须增加附加的水平放射形或垂直（或斜形）导体，其长度 l_r（水平）为 $l_r=l_1-r$ 或其长度 l_v（垂直）为 $l_v=\dfrac{l_1-r}{2}$。

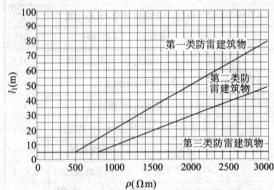

图2 按防雷建筑物类别确定的接地体最小长度

环形接地体（或基础接地体），其所包围的面积 A 的平均几何半径 r 为：$\pi r^2=A$，所以 $r=\sqrt{\dfrac{A}{\pi}}$。根据图2，对于第一类防雷建筑物，当 $\rho<500\Omega m$ 时，l_1 为5m，因此，导出本款第2、3项的规定；当 $\rho=500\Omega m \sim 3000\Omega m$ 时，l_1 与 ρ 的关系是一根斜线，从该斜线上找出方便的任意两点的坐标，则可求出 l_1 与 ρ 的关系式为 $l_1=\dfrac{11\rho-3600}{380}$，所以，导出本款第5、6项的规定。

由于接地体通常靠近墙、基础敷设，所以补加的水平接地体一般都是从引下线与环形接地体的连接点向外延伸，可为一根，也可为多根。

由于本条采用了若干等电位措施，本款的接地电阻值不是起主要作用，因此，没有提出接地电阻值的具体要求。

本款所要求的环形接地体的工频接地电阻 R，在其半径 r 等于 l_1 的场合下，当 $\rho=500\Omega m \sim 3000\Omega m$ 时，大约处于 13Ω～33Ω；当 $\rho<500\Omega m$ 时，$R=0.067\rho$ （Ω）。

环形接地体的工频接地电阻的计算式为 $R=2\rho/3d$ （Ω），$d=1.13\sqrt{A}$ （m）。其中 ρ 为土壤电阻率（Ω），A 为环形接地体所包围的面积（m²）。当 $\rho=500\Omega m$、$d=10m$ 时，$R=2\times500/(3\times10)=33$ （Ω）。

当 $\rho=500\Omega m\sim3000\Omega m$ 时，$R=(2\times3000\times380)/[3\times2\times(11\times3000-3600)]=(3000\times380)/(3\times29400)=12.9\approx13$ （Ω）。

关于本款的注，说明如下（以下有的资料摘自 IEEE Std 1100—2005：IEEE Recommended practice for powering and grounding electronic equipment. 美国标准，电子设备接地和供电的推荐实用标准）：

通常，设计者对接地体的连接，其最普通的技术看法如图 3 中的图（b），这里仅有一电阻单元。这一观点显然得到了许多有关测试接地体接地电阻的技术文献和市场上用于这类测试而仅显示电阻欧姆值的可应用产品的支持。

然而，对一接地体的真实表示更多地应如图 3 中的图（c），它清楚地表示为一复数阻抗。除了提供有关接地连接的电阻值外，还示出接地体连接的无功（电抗）特性，这是重要的。

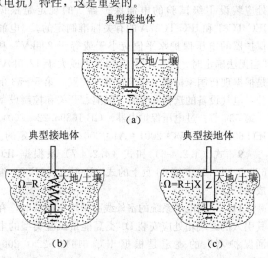

图 3 典型接地体的三种表示

注：所示接地体可能是复杂埋
地接地网的一部分（以下同）

通常，设计者要求的功能性接地电阻为工频接地电阻，市场上销售的绝大多数测量仪表仅供测量直流至工频的接地电阻之用，而电子系统的功能性接地是要流过直流至高频的电流。在高频条件下，接地阻抗大大增加。例如，一个 61m 长的水平接地体，在小于 10kHz 频率下的阻抗约为 6Ω～7Ω，当频率增大至 1MHz 时，其阻抗将加大到 52Ω，见图 4 中的 A 接地体。当频率再增大，从图中曲线的走向，可推测其阻抗将大大增加。

其次，接地线的感抗为 $X_L=2\pi fL$，一根 25mm²

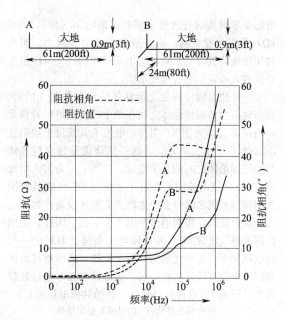

图 4 接地体的阻抗与频率的关系

铜导体和一根 107mm² 铜导体，其在自由空间的一些有关数值见表 6 和表 7。从表中可以看出，在不同频率下，感抗都大大地大于电阻，因此，导体的阻抗可略去电阻，看作等于感抗；将导体的截面从 25mm² 加大到 107mm²，即截面加大约三倍，而感抗减小的比例却很小，例如，30.5m 长的导体，在 100MHz 下仅减小 (35-31.4)/35=3.6/35=0.1=10%，因此，由于流过的电流很小，功能性接地/等电位连接线的截面无需选的很大。

表 6 25mm² 铜导体在空气中的电阻和感抗

导体长度 (m)	L (μH) (>1MHz)	@1MHz		@10MHz		@100MHz	
		Rf (Ω)	$2\pi fL$ (Ω)	Rf (Ω)	$2\pi fL$ (Ω)	Rf (Ω)	$2\pi fL$ (kΩ)
3	4	0.05	26	0.15	260	0.5	2.6
6.1	9	0.1	57	0.3	570	1.0	5.7
12.2	20	0.2	125	0.6	1250	2.0	12.5
18.3	31	0.3	197	0.9	1970	2.0	19.7
30.5	55	0.5	350	1.5	3500	2.0	35.0

表 7 107mm² 铜导体在空气中的电阻和感抗

导体长度 (m)	L (μH) (>1MHz)	@1MHz		@10MHz		@100MHz	
		Rf (Ω)	$2\pi fL$ (Ω)	Rf (Ω)	$2\pi fL$ (Ω)	Rf (Ω)	$2\pi fL$ (kΩ)
3	3.6	0.022	23	0.07	230	0.22	2.30
6.1	8	0.044	51	0.14	510	0.44	5.10
12.2	18	0.088	113	0.28	1130	0.88	11.30
18.3	28	0.132	176	0.42	1760	1.32	17.60
30.5	50	0.220	314	0.70	3140	2.20	31.40

现代电子系统绝大多数为数字化，其怕干扰的频率为数十乃至数百兆赫兹。因此，上述所指出的接地阻抗和接地线感抗将会增至很大。所以，功能性接地

电阻要求很低的直流至工频的接地电阻（如 0.5Ω～1Ω）是毫无意义的，而且浪费了人力和财力。当为共用接地装置时，工频接地电阻应取决于 50Hz 供电系统对人身安全的合理要求值。

一栋建筑物设有独立接地体的情况如图 5 所示。其与建筑物共用接地体之间在地中的土壤可以看作是一阻抗 Z_{earth}，见图 6。当有一电流 I_{earth} 流过土壤阻抗 Z_{earth} 时，$U = I_{earth} \times Z_{earth}$，这一压降就是独立接地体与共用接地体之间的共模电位差。当 I_{earth} 为雷击电流或 50Hz 短路电流时，在电子系统与 PE 线或其周围共用接地系统之间将会产生跳击而损坏设备；当 I_{earth} 为干扰电流时，将对电子系统产生干扰。因此，美国的国家电气法规 NEC 和国际电工委员会 IEC 的一些标准都规定，每一建筑物（每一装置）的所有接地体都应等电位直接连接在一起，通常是在总等电位连接带处，见图 7。这样就消除了上述的共模电位差 U。

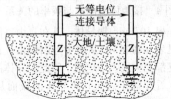

图 5　典型分开的接地

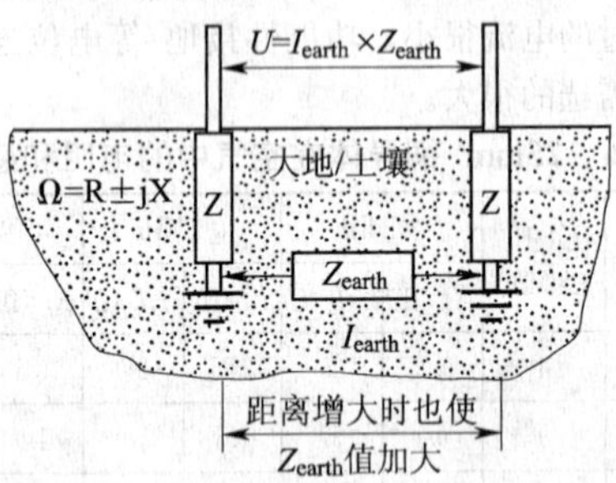

供电系统接地体　　信号接地体

$$U = I_{earth} \times Z_{earth}$$

图 6　独立接地体与共用接地体之间的共模电位差

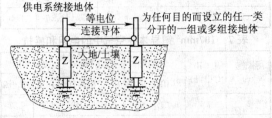

图 7　IEC 和美国 NEC 要求在
各组接地体之间做等电位连接

在一栋建筑物中设置了独立接地体，在动态条件下实际上是把人身安全和设备安全放在第二位，这是不对的；应将人身安全放在第一位来处理接地和等电位连接。

对本款的注，不能简单提出几个接地电阻的具体

数值，因为它们取决于供电变压器是否设在本建筑物内，高压是采用不接地系统还是小电阻接地系统，低压是采用 TN-C-S、TN-S、TT 还是 IT 系统等因素。请参见 IEC 60364—4—44：2007 Ed. 2.0（Low-voltage electrical installations—Part 4—44：Protection for safety Protection against voltage disturbances and electromagnetic disturbances. 低压电气装置——第 4—44 部分：安全防护——防电压扰动和电磁干扰）中的第 442 节（低压装置防高压系统接地故障和低压系统故障引发的暂态过电压）和《工业与民用配电设计手册》（中国电力出版社出版，第三版）第 877～879 页（四、电气装置保护接地的接地电阻）以及其他相关资料。

7　对第一类防雷建筑物，由于滚球规定为 30m（见本规范的表 5.2.12）和危险性大，所以 30m 以上要考虑防侧击，本款 1 项中的"每隔不大于 6m"是从本条规定屋顶接闪器采用接闪网时其网格尺寸不大于 5m×5m 或 6m×4m 考虑的。由于侧击的概率和雷击电流都很小，网格的横向距离不采用 4m，而按下线的位置（其距离不大于 12m）考虑。

8　本款为强制性条款。"在电源引入的总配电箱处应装设 I 级试验的电涌保护器"的规定是根据 IEC-TC81 和 IEC-TC37A 的有关标准制定的。"电涌保护器的电压保护水平值应小于或等于 2.5kV"和"当无法确定时，冲击电流应取等于或大于 12.5kA"是根据现行国家标准《建筑物电气装置　第 5—53 部分：电气设备的选择和安装，隔离、开关和控制设备　第 534 节：过电压保护电器》GB 16895.22—2004/IEC 60364—5—53：2001：A1：2002 的规定制定的。

9　式（4.2.4-6）和式（4.2.4-7）系根据 IEC 62305—1：2010 第 63 页上的式（E.4）～（E.6）编成的。

11　"当电子系统的室外线路采用金属线时，在其引入的终端箱处应安装 D1 类高能量试验类型的电涌保护器"的规定是根据 IEC 61643—22：2004 Ed. 1.0（Low-voltage surge protective devices Part 22：Surge protective devices connected to telecommunications and signaling networks—Selection and application principles. 低压电涌保护器——第 22 部分：电信和信号网络的电涌保护器——选择和使用导则）的表 2 制定的，2kA 是根据本规范条文说明的表 5 制定的。

12　"当电子系统的室外线路采用光缆时，在其引入的终端箱处的电气线路侧，当无金属线路引出本建筑物至其他有自己接地装置的设备时，可安装 B2 类慢上升率试验类型的电涌保护器"的规定是根据 IEC 61643—22：2004 的表 3 制定的，100A 短路电流的规定是根据本规范表 J.2.1 制定的。

13、14　这两款是根据 IEC 的有关要求制定的。

4.2.5　根据原《建筑防雷设计规范》GBJ 57—83 编

写组调查的几个案例，雷击树木引起的反击，其距离均未超过2m，例如，重庆某结核病医院、南宁某矿山机械厂、广东花县某学校及海南岛某中学等由于雷击树木而产生的反击，其距离均未超过2m。考虑安全系数后，现规定净距不应小于5m。

4.3 第二类防雷建筑物的防雷措施

4.3.1 接闪器、引下线直接装设在建筑物上，在非金属屋面上装设网格不大于10m的金属网，数十年的运行经验证明是可靠的。

中国科学院电工研究所曾对几十个模型做了几万次放电试验，虽然试验的重点放在非爆炸危险建筑物上，而且保护的重点是易受雷击的部位，但对整个建筑物起到了保护作用。如果把接闪带改为接闪网，则保护效果更有提高。根据我国的运行经验，对第二类防雷建筑物采用不大于10m的网格是适宜的。IEC 62305—3：2010中相当于本规范第二类防雷建筑物的接闪器，当采用网格时，其尺寸也是不大于10m×10m，另见本规范第5.2.12条的条文说明。与10m×10m并列，增加12m×8m网格，这与引下线类同，是按6m柱距的倍数考虑的。

为了提高可靠性和安全度，便于雷电流的流散以及减小流经引下线的雷电流，故多根接闪杆要用接闪带连接起来。

4.3.2 本条说明如下：

1 虽然对排放有爆炸危险的气体、蒸气或粉尘的管道要求同本章第4.2.1条第2款，但由于第一类和第二类防雷建筑物的接闪器的保护范围是不同的（因h_r不同，见本规范表5.2.12），因此，实际上保护措施的做法是不同的。

2 阻火器能阻止火焰传播，因此，在第二类防雷建筑物的防雷措施中补充了这一规定。

以前的调查中发现雷击煤气放散管起火8次，均未发生事故。这些事例说明煤气、天然气放散管里的煤气、天然气在放气时总是处于正压，如煤气、天然气灶一样，火焰在管口燃烧而不会发生事故，故本规范特此规定。

4.3.3 关于专设引下线的间距见本章第4.2.4条第2款的条文说明。根据实践经验和实际需要补充增加了"当建筑物的跨度较大，无法在跨距中间设引下线时，应在跨距两端设引下线并减小其他引下线的间距，专设引下线的平均间距不应大于18m。""专设"指专门敷设，区别于利用建筑物的金属体。本条为强制性条文。

4.3.4 见本章第4.2.4条的有关说明。

4.3.5 利用钢筋混凝土柱和基础内钢筋作引下线和接地体，国内外在20世纪60年代初期就已经采用了，现已较为普遍。利用屋顶钢筋作为接闪器，国内外从20世纪70年代初就逐渐被采用了。

1 关于利用建筑物钢筋体作防雷装置，IEC 62305—3：2010中的规定如下：在其第21页第5.2.5条b款的规定中，对宜考虑利用建筑物的自然金属物作为自然接闪器是"覆盖有非金属材料屋面的屋顶结构的金属构件（桁架、构架、互相连接的钢筋，等等）若覆盖屋面的该非金属材料可以不需要受到保护时"；在其第24页第5.3.5条b款的规定中，对宜考虑利用建筑物的自然金属物作为自然引下线是"建筑物的电气贯通的钢筋混凝土框架的金属体"；在其第27页第5.4.4条自然接地体的规定中规定"混凝土基础内互相连接的钢筋，当其满足5.6条（译注：即对其材料和尺寸的要求，见本规范第5章）的要求时或其他合适的地下金属结构，应优先考虑利用其作为接地体"。

国际上许多国家的防雷规范、标准也作了雷同的规定。钢筋混凝土建物的钢筋体偶尔采用焊接连接，此时提供了肯定的电气贯通。然而更多的是，在交叉点采用金属绑线绑扎在一起，但是不管金属性连接的偶然性，这样一类建筑物具有许许多多钢筋和连接点，它们保证将全部雷电流经过许多次再分流流入大量的并联放电路径。经验表明，这样一类建筑物的钢筋体能容易地被利用作为防雷装置的一部分或全部。下面介绍钢筋绑扎点通冲击电流能力的试验和英国的防雷标准：

1）原苏联对钢筋绑扎点流过冲击和工频电流的试验（刊登于原苏联杂志《电站》1990年第9期文章：钢筋混凝土电杆通雷电流和短路电流的试验，即Арматура железобетонных опор для отвода тока молнии и токов короткого замыкания，《Электрические станции》，1960，No9）试样是方柱形混凝土，边长为50mm、100mm和150mm三种（见图8）。

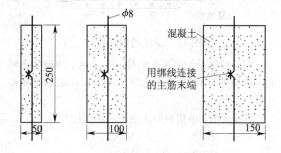

图8 大冲击电流和工频短路
电流流过钢筋绑扎点的试样

在其轴心埋设两根直径8mm的钢筋，将其末端弯起来并用绑线绑扎。

对这种连接点用幅值5kA、10kA、20kA波长40μs的冲击电流波和3kA的工频电流进行试验。从试验所得的电压和电流示波图可证明，这种连接点的电气接触是足够可靠的，其过渡电阻为0.001Ω～0.01Ω。这一结果表明，当雷电流和工频短路电流通过有铁丝绑扎的并联钢筋时，所有纵向主筋都参与导引电流。

2）日本对钢筋绑扎点做的冲击试验（见《建築物の避雷設備に関する研究報告 JECA1010，1973年8月，第Ⅱ编—建築物の避雷設備に関する実験の研究，第3章—雷撃電流にする鉄筋コンクリートの破壊実験》）。

试样示于图9，纵、横钢筋的接触处有的试样采用焊接，有的采用铁线绑扎。具有代表性的冲击电流波形示于图10。钢筋代号见图11。

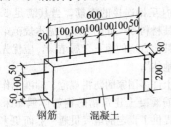

图9　试样的构造和尺寸

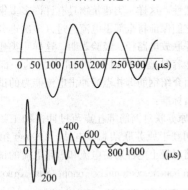

图10　具有代表性的冲击电流波形

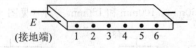

图11　试样的钢筋代号

钢筋接触处的连接方法对钢筋混凝土的破坏影响的试验结果如下（0表示无异常现象，×表示受到破坏）：

1号试样（纵横钢筋接触处采用焊接）：

6—E，61kA　　000

4—E，61kA　　000

2—E，61kA　　000

2号试样（纵横钢筋接触处采用铁线绑扎）：

1—E，16kA　　000

2—E，31kA　　000

3—E，48kA　　×（有轻度裂缝）

3号试样（纵横钢筋接触处采用铁线绑扎）：

3—E，48kA　　00000

4—E，48kA　　000

4—E，61kA　　0

5—E，61kA　　×（有轻度裂缝）

4号试样（纵横钢筋接触处采用铁线绑扎）：

1—E，48kA　　000

3—E，61kA　　×（裂缝，有两块小碎片飞出1m远）

5号试样（纵横钢筋接触处采用铁线绑扎）：

1—E，61kA　　0

2—E，61kA　　0

3—E，61kA　　0

以上试样中，有一个试样的一个绑扎点通过48kA和两个试样的各一个绑扎点通过61kA后，采用铁线绑扎连接的这三个钢筋混凝土试样才遭受轻度裂缝的破坏。这说明一个绑扎点可以安全地流过几十千安的冲击电流。实际上采用的钢筋混凝土构件除进出电流的第一个连接点外，通常都有许多并联绑扎点，因此，若把进出构件的第一个连接点处理好的话（本规范要求应焊接或采用螺栓紧固的卡夹器连接），那么可通过的冲击电流将会是很大的了。

以上所采用的试验冲击电流波虽然不是现在规定的 10/350μs 直击雷电流波形，但若简单近似地采用20倍的换算，则每一个绑扎点也可安全地通过 10/350μs 的冲击电流波。

3）英国《建筑物防雷实用规范》（BS 6651—1999：Code of practice for protection of structures against lightning），第16.6节规定如下：

"16.6　混凝土建筑物中钢筋的利用：

16.6.1　通则——在建筑物开始建设之前，在设计阶段应决定详细做法；

16.6.2　电气连贯性——在现场浇灌的钢筋混凝土建筑物的钢筋偶尔是焊接在一起，这提供了肯定的电气连贯性。通常更多地是，钢筋在交叉点是用金属线绑扎在一起。

然而，虽然在此产生的自然金属性连接有其偶然性，但是这类结构的大量钢筋和交叉点保证全部雷电流实质上在并联放电路径上的多次分流。经验表明，这类建筑物能够容易地被利用作为防雷装置的一部分。

然而，建议采取以下的预防措施：a）应保证钢筋之间有良好的接触，即用绑线固定钢筋；b）垂直方向的钢筋与钢筋之间和水平钢筋与垂直钢筋之间都应绑扎。"

利用屋顶钢筋作接闪器，其前提是允许屋顶遭雷击时混凝土会有一些碎片脱离以及一小块防水、保温层遭破坏。但这对建筑物的结构无损害，发现时加以修补就可以了。屋顶的防水层本来正常使用一段时期后也要修补或翻修。

另一方面，即使安装了专设接闪器，还是存在一个绕击问题，即比所规定的雷电流小的电流仍有可能穿越专设接闪器而绕击于屋顶的可能性。

利用建筑物的金属体做防雷装置的其他优点和做法请参见《基础接地体及其应用》一书（林维勇著，1980年，中国建筑工业出版社出版）和国家建筑标准设计图集《利用建筑物金属体做防雷及接地装置安装》03D501—3。

2 钢筋混凝土的导电性能，在其干燥时，是不良导体，电阻率较大，但当具有一定湿度时，就成了较好的导电物质，可达100Ωm～200Ωm。潮湿的混凝土导电性能较好，是因为混凝土中的硅酸盐与水形成导电性的盐基性溶液。混凝土在施工过程中加入了较多的水分，成形后在结构中密布着很多大大小小的毛细孔洞，因此就有了一些水分储存。当埋入地下后，地下的潮气又可通过毛细管作用吸入混凝土中，保持一定的湿度。

图12示出，在混凝土的真实湿度的范围内（从水饱和到干涸），其电阻率的变化约为520倍。在重复饱和和干涸的整个过程中，没有观察到各点的位移，也即每一湿度有一相应的电阻率。

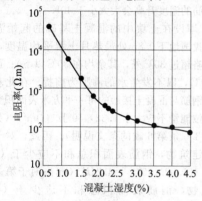

图12 混凝土湿度对其电阻率的影响

建筑物的基础，通常采用（150～200）号（等同于现在标准的C13～C18）混凝土。原苏联1980年有人提出一个用于200号（等同于现在标准的C18）混凝土的近似计算式，计算混凝土的电阻率 ρ（Ωm）与其湿度的关系，其关系式如下：

$$\rho = \frac{28000}{W^{2.6}} \qquad (17)$$

式中：W——混凝土的湿度（％）。

例如，当 $W=6\%$ 时，$\rho=28000/6^{2.6}=265$（Ωm）；$W=7.5\%$ 时，$\rho=28000/7.5^{2.6}=149$（Ωm）。

根据我国的具体情况，土壤一般可保持有20％左右的湿度，即使在最不利的情况下，也有5％～6％的湿度。

在利用基础内钢筋作接地体时，有人不管周围环境条件如何，甚至位于岩石上也利用，这是错误的。因此，补充了"周围土壤的含水量不低于4％"。混凝土的含水量约在3.5％及以上时，其电阻率就趋于稳定；当小于3.5％时，电阻率随水分的减小而增

大。根据图12，含水量定为不低于4％。该含水量应是当地历史上一年中最早发生雷闪时间以前的含水量，不是夏季的含水量。

混凝土的电阻率还与其温度成一定关系的反向作用，即温度升高，电阻率减小；温度降低，电阻率增大。

下面举几个例子说明我国20世纪60年代利用钢筋混凝土构件中钢筋作为接地装置的情况。

1）北京某学院与某公司工程的设计，采用钢筋混凝土构件中的钢筋作为防雷引下线与接地体，并进行了测定，8000m² 的建筑，其接地电阻夏季为0.2Ω～0.4Ω，冬季为0.4Ω～0.6Ω，且数年中基本稳定。

2）上海某广场全部采用了柱子钢筋作为防雷引下线，利用钢筋混凝土基桩作为接地极（基桩深达35m），测定后，接地电阻为0.2Ω/基～1.8Ω/基。

3）上海某大学利用钢筋混凝土基桩作为防雷接地装置，并测得接地电阻为0.28Ω～4Ω（桩深为26m）。

4）云南某机床厂的约2000m² 车间，采用钢筋混凝土构件中的钢筋作接地装置，接地电阻为0.7Ω。

5）1963年7月曾对原北京第二通用机器厂进行了测定，数值如下：立式沉淀池基础（捣制）4.5Ω～5.5Ω；四根高烟囱基础（捣制）3Ω/每根～5Ω/每根；露天行车的一根钢筋混凝土柱子（预制）2Ω；同一露天行车的另一根钢筋混凝土柱子（预制）7Ω；铸钢车间的一根钢筋混凝土柱子（预制）0.5Ω。

以前对基础的外表面涂有沥青质的防腐层时，认为该防腐层是绝缘的，不可利用基础内钢筋作接地体。但是实践证实并不是这样，国内外都有人做过测试和分析，认为是可利用作为接地体的。

原苏联有若干篇文献论及此问题，国内已有人将其编译为一篇文章，刊登于《建筑电气》1984年第4期，文章名称为《利用防侵蚀钢筋混凝土基础作为接地体的可能性》。在其结论中指出："厚度3mm的沥青涂层，对接地电阻无明显的影响，因此，在计算钢筋混凝土基础接地电阻时，均可不考虑涂层的影响。厚度为6mm的沥青涂层或3mm的乳化沥青涂层或4mm的粘贴沥青卷材时，仅当周围的土壤的等值电阻率≤100Ωm和基础面积的平均边长 S≤100m 时，其基础网电阻约增加33％，在其他情况下这些涂裱层的影响很小，可忽略不计"。结论中还有其他的情况，不在这里一一介绍，请参见原译文。上述译文还指出，原苏联建筑标准对钢筋混凝土结构防止杂散电流引起腐蚀的规定中，给出防水层的两种状态："最好的"（无保护部分的面积不大于1％）和"满足要求的"（无保护部分的面积为5％～10％）。原全苏电气安装工程科学研究所对所测过的、具有防止弱侵蚀介质作用的沥青涂层和防止中等侵蚀介质作用的粘贴沥青卷材的单个基础、桩基、桩群以及基础底板的散

流电阻进行了定量分析，说明在许多被测过的基础中，没有一个基础是处于"最好的"绝缘状态。据此，可以作出这样的假设：在强侵蚀介质中，防护层的防水状态也不是"最好的"。上述结论就是在这一前提下作出的。

原东德标准 TGL33373/01～03—1981（Bautechnische, maβnahmen für Erdung, Potentialausgleich und Blitzschutz. 接地、等电位和防雷在建筑技术上的措施）对基础接地体的说明是："埋设在直接与土地接触或通过含沥青质的外部密封层与土地平面接触的基础内在电气上非绝缘的钢筋、钢埋入件和金属结构"。

原苏联 1987 年版的《建构筑物防雷导则》（РД34.21.122—87; Инструкция по устройству молниезащиты зданий и сооружений）中也指出，钢筋混凝土基础的沥青涂层和乳化沥青涂层不妨碍利用它作为防雷接地体。

因此，本款规定钢筋混凝土基础的外表面无防腐层或有沥青质防腐层时，宜利用基础内的钢筋作为接地装置。

3 规定混凝土中防雷导体的单根钢筋或圆钢的最小直径不应小于 10mm 是根据以下的计算定出的。

现行国家标准《混凝土结构设计规范》GB 50010—2002 规定构件的最高允许表面温度是：对于需要验算疲劳的构件（如吊车梁等承受重复荷载的构件）不宜超过 60℃；对于屋架、托架、屋面梁等不宜超过 80℃；对于其他构件（如柱子、基础）则没有规定最高允许温度值，对于此类构件可按不宜超过 100℃考虑。

由于建筑物遭雷击时，雷电流流经的路径为屋面、屋架（或托架或屋面梁）、柱子、基础，则流经需要验算疲劳的构件（如吊车梁等承受重复荷载的构件）的雷电流已分流到很小的数值。因此，雷电流流过构件内钢筋或圆钢后，其最高温度按 80℃～100℃考虑。现取最终温度 80℃作为计算值。钢筋的起始温度取 40℃，因此，钢导体的温度升高考虑为 40℃，这是一个很安全的数值。

根据 IEC 62305—1：2010 第 51、52 页的式（D.7）及其他有关资料，计算如下：

$$(\theta-\theta_0)=\frac{1}{\alpha}\left[\exp\left[\frac{\frac{W}{R}\cdot\alpha\cdot\rho_0}{q^2\cdot\gamma\cdot C_w}\right]-1\right] \quad (18)$$

式中：$(\theta-\theta_0)$——导体的温度升高（K）；

α——电阻的温度系数（1/K），对软钢，其值为 $6.5\times10^{-3}1$/K；

W/R——冲击电流的单位能量（J/Ω），根据本规范表F.0.1-1取第二类防雷建筑物的值为 5.6×10^6 J/Ω；

ρ_0——导体在环境温度下的电阻率

（Ωm），对钢导体，取其值为 138×10^{-9} Ωm；

q——导体的截面积（m²），取 ϕ10mm 钢导体的截面积，其值为 78.5×10^{-6} m²；

γ——物质的密度（kg/m³），对软钢，其值为 7700kg/m³；

C_w——热容量 [J/（kg·K）]，对软钢，其值为 469J/（kg·K）。

将上述数值代入式（18），得 $(\theta-\theta_0)$ = 38.96K，小于 40K。

对于第三类防雷建筑物，除 W/R 值不同外，其他值是相同的。根据本规范表 F.0.1-1，取第三类防雷建筑物的 W/R 值为 2.5×10^6 J/Ω。将上述数值代入式（18），得 $(\theta-\theta_0)$ = 16.31K，小于 40K。

以上是对一根 ϕ10mm 钢导体的温度升高计算，实际上，钢筋混凝土构件内通常都有许多钢筋并联，经过分流后，每根钢筋产生的 W/R 值大大减小，因此，钢筋的温度升高会大大小于 40K。

4 埋设在土壤中的混凝土基础的起始温度取 30℃（我国地下0.8m处最热月土壤平均温度，除少数地区略超过 30℃外，其余均在 30℃以下）；最终温度取 99℃，以不发生水的沸腾为前提。在此基础上求出的钢筋与混凝土接触的每一平方米表面积允许产生的单位能量不应大于 1.32×10^6 J/（Ωm²）（另见本章第 4.3.6 条第 6 款的条文说明）。因此，对于第二类防雷建筑物，钢筋表面积总和不应少于 $(5.6\times10^6 k_c^2)$ /（1.32×10^6）= $4.24k_c^2$（m²）；对于第三类防雷建筑物，钢筋表面积总和不应少于 $(2.5\times10^6 k_c^2)$ /（1.32×10^6）= $1.89k_c^2$（m²）。

5 确定环形人工基础接地体尺寸的几条原则：

1）在相同截面（即在同一长度下，所消耗的钢材质量相同）下，扁钢的表面积总是大于圆钢的，所以，建议优先选用扁钢，可节省钢材。

2）在截面积相等之下，多根圆钢的表面积总是大于一根的，所以在满足所要求的表面积前提下，选用多根或一根圆钢。

3）圆钢直径选用 8mm、10mm、12mm 三种规格，选用大于 ϕ12mm 的圆钢，一是浪费材料，二是施工时不易于弯曲。

4）混凝土电阻率取 100Ωm，这样，混凝土内钢筋体有效长度为 $2\sqrt{\rho}$=20m，即从引下线连接点开始，散流作用按各方向 20m 考虑。

5）周长≥60m，按 60m 考虑，设三根引下线，此时，k_c=0.44，另外还有56%的雷电流从另两根引下线流走，每根引下线各占28%。

设这28%从两个方向流走，每一方向流走14%。因此，与第一根引下线连接的40m长接地体（一个方向20m，两个方向共计40m），共计流走总电流的

72%（$0.44+0.14+0.14=0.72$），即本条第 4 款所规定的 $4.24k_c^2$ 和本章第 4.4.5 条第 1 款所规定的 $1.89k_c^2$ 中的 k_c 等于 0.72。

6）40m～60m 周长时按 40m 长考虑，k_c 等于 1，即按 40m 长流走全部雷电流考虑。

7）<40m 周长时无法预先定出规格和尺寸，只能按 k_c 等于 1 由设计者根据具体长度计算，并按以上原则选用。

根据以上原则所计算的结果列于表 8。

表 8　确定环形人工基础接地体的计算结果

周长 (m)	k_c 值	环形人工基础接地体的表面积	
		第二类防雷建筑物	第三类防雷建筑物
≥60	0.72	$4.24k_c^2=2.2m^2$	$1.89k_c^2=0.98m^2$
		4mm×25mm 扁钢 40m 长的表面积=2.32m²，2×ϕ10mm 圆钢 40m 长表面积总和=2.513m²	1×ϕ10mm 圆钢 40m 长的表面积=1.257m²
≥40 至<60	1	$4.24k_c^2=4.24m^2$	$1.89k_c^2=1.89m^2$
		4mm×50mm 扁钢 40m 长的表面积=4.32m²，4×ϕ10mm 圆钢 40m 长表面积总和=5.03m²，3×ϕ12mm 圆钢 40m 长表面积总和=4.52m²	4mm×20mm 扁钢 40m 长的表面积=1.92m²，2×ϕ8mm 圆钢 40m 长表面积总和=2.01m²

注：采用一根圆钢时，其直径不应小于 10mm。

整栋建筑物的槽形、板形、块形基础的钢筋表面积总是能满足对钢筋表面积的要求。

6 混凝土内的钢筋借绑扎作为电气连接，当雷电流通过时，在连接处是否可能由此而发生混凝土的爆炸性炸裂，为了澄清这一问题，瑞士高压问题研究委员会进行过研究，认为钢筋之间的普通金属绑丝连接对防雷保护来说是完全足够的，而且确证，在任何情况下，在这样连接附近的混凝土决不会碎裂，甚至出现雷电流本身把绑在一起的钢筋焊接起来，如点焊一样，通过电流以后，一个这样的连接点的电阻下降为几个毫欧的数值。

本条第 6 款为强制性条款。

4.3.6 关于共用接地装置的接地电阻，见本章第 4.2.4 条第 6 款的条文说明。

1～4 根据 IEC 62305—3：2010 第 26 页 5.4.2.2 的规定（接地体的 B 型布置）而制定。另见本章第 4.2.4 条第 6 款的条文说明。

环形接地体（或基础接地体）所包围的面积 A 的平均几何半径 r 为：$\pi r^2=A$，所以 $r=\sqrt{\dfrac{A}{\pi}}$。根据图 2，对于第二类防雷建筑物，当 $\rho<800\Omega m$ 时，l_1 为 5m，因此，导出第 1 款的规定；当 $\rho=800\Omega m\sim3000\Omega m$ 时，l_1 与 ρ 的关系是一根斜线，从该斜线上找出方便的任意两点的坐标，则可求出 l_1 与 ρ 的关系

式为 $l_1=\dfrac{\rho-550}{50}$，所以，导出第 2～4 款的规定。

5 当 $\sqrt{\dfrac{A}{\pi}}\geqslant5$ 时，得 $A\geqslant78.54\approx79m^2$，故作出本款第 1 项的规定。当 $\sqrt{\dfrac{A}{\pi}}\geqslant\dfrac{\rho-550}{50}$，得 $A\geqslant\pi\left(\dfrac{\rho-550}{50}\right)^2$，故作出本款第 2 项的规定。

6 本款系根据实际需要和实践经验而定的。第 1 项保证地面电位分布均匀。第 2 项保证雷电流较均匀地分配到雷击点附近作为引下线的金属导体和各接地体上。第 3 项保证混凝土基础的安全性。

第 1 项中"绝大多数柱子基础"是指一些情况下少数柱子基础难于连通的情况，如车间两端在钢筋混凝土端屋架中间（不是屋架的两头）的柱子基础，即挡风柱基础。

地中混凝土的起始温度取 30℃，最高允许温度取 99℃。混凝土的含水量按混凝土重量的 5% 计算。边长 1m 的基础混凝土立方体的热容量 Q_1（J/m³）为：

$$Q_1=(C_1+0.05C_2)M_1\times\Delta T \qquad (19)$$

式中：C_1——混凝土的比热容 [J/（kg·K）]，取 8.82×10^2J/（kg·K）；

C_2——水的比热容 [J/（kg·K）]，取 4.19×10^3J/（kg·K）；

M_1——边长 1m 的混凝土立方体的质量（kg/m³），取 2.1×10^3kg/m³；

ΔT——温度差，对于起始温度为 30℃ 和最终温度为 99℃ 的场合，$\Delta T=69℃$。

将以上有关数值代入式（19），得 $Q_1=1.58\times10^8$J/m³。

雷电流从钢筋表面（设钢筋与混凝土的接触表面积为 1m²）流入混凝土（混凝土折合成边长 1m 的立方体）时所产生的热量按式（20）计算。

$$Q_2=\int i^2\rho dt=\rho\int i^2 dt \qquad (20)$$

式中：ρ——混凝土在 30℃～99℃ 时的平均电阻率，取 120Ωm。

使 $Q_2=Q_1$，得 $\rho\int i^2 dt=1.58\times10^8$，所以 $\int i^2 dt=(1.58\times10^8)/120=1.32\times10^6$J/（Ωm²）=1.32MJ/（Ωm²）。

上式的计量单位为 MJ/（Ωm²），说明雷电流从 1m² 钢筋表面积流入混凝土所产生的单位能量应不大于 1.32MJ/Ω。

从本规范表 F.0.1-1，得第二、三类防雷建筑物的单位能量（即 $\int i^2 dt$）分别为 5.6MJ/Ω 和 2.5MJ/Ω。

由于单位能量与雷电流的平方成正比，亦即与分流系数平方成正比。根据本规范图 E.0.1 的 (c)，取 $k_c=0.44$，因此，分流后流经一根柱子的雷电流所产

生的单位能量分别为 $5.6\times0.44^2=1.084$（MJ/Ω）和 $2.5\times0.44^2=0.484$（MJ/Ω）。

将这两个数值除以 $\int i^2 dt=1.32$ MJ/（Ω·m²），则相应所需的基础钢筋表面积分别为 $1.084/1.32=0.82$（m²）和 $0.484/1.32=0.37$（m²）。

关于基础钢筋表面积的计算，现举一个实际设计例子。图 13 为车间一根柱子基础的结构设计。

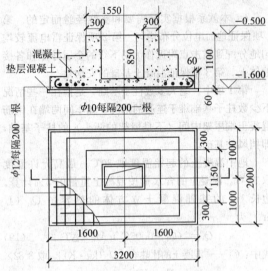

图 13 一车间的柱子基础结构图

$\phi10$ 钢筋周长为 0.01πm，每根长 2m，每根的表面积为 0.02πm²，共计 $2000/200=10$ 根，故 $\phi10$ 钢筋的总表面积为 0.2πm²。

$\phi12$ 钢筋周长为 0.012πm，每根长 3.2m，每根的表面积为 $3.2\times0.012\pi=0.0384\pi$m²，共计 $3200/200=16$ 根，故 $\phi12$ 钢筋的总表面积为 $16\times0.0384\pi=0.6144\pi$m²。

因此，基础钢筋的总表面积为上述两项之和，即 $0.2\pi+0.6144\pi=0.8144\pi=2.56$（m²）。

4.3.7 建筑物内的主要金属物不包括混凝土构件内的钢筋。

2 本款加"除本规范第 3.0.3 条第 7 款所规定的建筑物外"是根据以下两个理由：

1）在这类场合下，设计中采用在桥架上敷设许多长的外面有绝缘保护层的铠装电缆，施工人员反映，施工时要将铠装互相连接必须破坏绝缘保护层，施工很困难。

2）IEC 62305—3：2010 第 52 页的 D.5.2（Structures containing zones 2 and 22）有如下的规定，对那些规定为 2 区和 22 区的建筑物可不要求增加补充的保护措施（Structures where areas difined as zones 2 and 22 exist may not require supplemental protection measures）。

4.3.8 本条说明如下：

1 根据 IEC 62305—3：2010 第 35 页 6.3 规定中的式（4）：$S_{a3}=k_i\cdot k_c\cdot l_x/k_m$，按该规定的表 10，$k_i=0.06$，按该规定的表 11，$k_m=1$，分流系数 k_c 见本规范附录 E。将相关数值代入上式，则得本规范式（4.3.8）。

"在金属框架的建筑物中，或在钢筋连接在一起、电气贯通的钢筋混凝土框架的建筑物中，金属物或线路与引下线之间的间隔距离可无要求"，这一规定是根据 IEC 62305—3：2010 6.3 中第 36 页的规定增加的，即"In structures with metallic or electrically continuous connected reinforced concrete framework, a separation distance is not required"。

3 "当金属物或线路与引下线之间有混凝土墙、砖墙隔开时，其击穿强度应为空气击穿强度的 1/2"是根据 IEC 62305—3：2010 第 35 页表 11 的规定制定的。

4 本款为强制性条款。"低压电源线路引入的总配电箱、配电柜处装设 I 级试验的电涌保护器"见本章第 4.2.4 条第 8 款的说明。

5 本款是强制性条款。在"当 Yyn0 型或 Dyn11 型接线的配电变压器设在本建筑物内或附设于外墙处"的情况下，当该建筑物的防雷装置遭雷击时，接地装置的电位升高，变压器外壳的电位也升高。由于变压器高压侧各相绕组是相连的，对外壳的雷击高电位来说，可看作处于同一低电位，外壳的雷击高电位可能击穿高压绕组的绝缘，因此，应在高压侧装设避雷器。当避雷器反击穿时，高压绕组则处于与外壳相近的电位，高压绕组得到保护。另一方面，由于变压器低压侧绕组的中心点通常与外壳在电气上是直接连在一起的，当外壳电位升高时，该电位加到低压绕组上，低压绕组有电流流过，并通过变压器高、低压绕组的电磁感应使高压绕组匝间可能产生危险的电位差。若在低压侧装设 SPD，当外壳出现危险的高电位时，SPD 动作放电，大部分雷电流流经与低压绕组并联的 SPD，因此，保护了高压绕组。

"当无线路引出本建筑物时，应在母线上装设 II 级试验的电涌保护器，电涌保护器每一保护模式的标称放电电流值应等于或大于 5kA"的规定是因为此时低压线路的地电位（PE 导体、共用接地系统）与 SPD 的接地端是处于同一电位（在同一平面上）或高于 SPD 接地端的电位（在建筑物的高处），流经 SPD 的电流和能量不会是大的，即不会有大的雷电流再从 SPD 的接地端流经 SPD，又从低压线路的分布电容流回 SPD 接地端的接地装置。但此时 SPD 动作后将保护低压装置的绝缘免遭击穿破坏。

4.3.9 本条是根据 IEC 62305—3：2010 修改的，其第 19 页"5.2.3 高层建筑物防侧击的接闪器"的规定如下：

"5.2.3.1 高度低于 60m 的建筑物

研究显示，小雷击电流击到高度低于 60m 建筑物的垂直侧面的概率是足够低的，所以不需要考虑这种侧击。屋顶和水平突出物应按 IEC 62305—2 风险计算确定的防雷装置（LPS）级别加以保护。

5.2.3.2 高 60m 及高于 60m 的建筑物

高于 60m 的建筑物，闪击击到其侧面是可能发生的，特别是各表面的突出尖物、墙角和边缘。

注：通常，这种侧击的风险是低的，因为它只占高层建筑物遭闪击数的百分之几，而且其雷电流参数显著低于闪电击到屋顶的雷电流参数。然而，装在建筑物外墙上的电气和电子设备，甚至被低峰值雷电流侧击击中，也可能损坏。

高层建筑物的上面部位（例如，通常是建筑物高度的最上面 20% 部位，这部位要在建筑物 60m 高以上）及安装在其上的设备应装接闪器加以保护（见附录 A）。

在高层建筑物的这个上端部位布置接闪器的规则，应至少符合第Ⅳ级防雷级别的要求，并重点布置在墙角、边缘和显著的突出物（如阳台、观景平台，等等）处。

在高层建筑物的侧面有外部的金属物（如满足表 3 最小尺寸要求的金属覆盖物、金属幕墙）时可以满足安装接闪器的要求。当无自然的外部导体时也可以包括采用布置在建筑物垂直边缘的外部引下线。

可利用所安装的引下线或利用适当互相连接的自然引下线（如符合本规范第 5.3.5 条要求的建筑物的钢框架或在电气上贯通的钢筋混凝土钢筋）来满足上述要求所要安装的或特别要求的接闪器。"

对第二类防雷建筑物，由于滚球半径 h_r 规定为 45m（见本规范表 5.2.12），所以本条规定"高度超过 45m 的建筑物"。

竖直敷设的金属管道及金属物的顶端和底端与防雷装置等电位连接。由于两端连接，使其与引下线成了并联路线，必然参与导引一部分雷电流，并使它们之间在各平面处的电位相等。

对本条规定的一些做法参见图 14。

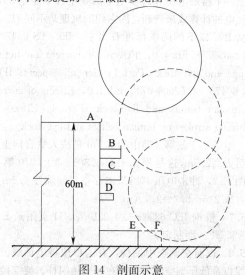

图 14 剖面示意

图 14 中，与所规定的滚球半径相适应的一球体从空中沿接闪器 A 外侧下降，会接触到 B 处，该处应设相应的接闪器；但不会接触到 C、D 处，该处不需设接闪器。该球体又从空中沿接闪器 B 外侧下降，会接触到 F 处，该处应设相应的接闪器。若无 F 虚线部分，球体会接触到 E 处时，E 处应设相应的接闪器；当球体最低点接触到地面，还不会接触到 E 处时，E 处不需设接闪器。

4.3.10 "壁厚不小于 4mm"的规定是根据 IEC 62305—3：2010 第 21 页表 3 的规定。

4.4 第三类防雷建筑物的防雷措施

4.4.3 见本规范第 4.2.4 条第 2 款和第 4.3.3 条的条文说明。本条为强制性条文。

4.4.5 见本规范第 4.3.5 条的条文说明。

4.4.6 见本规范第 4.3.6 条的条文说明。但 $\rho \leqslant 800\Omega m$ 和 $\rho=800 \sim 3000\Omega m$ 两种情况是适用于第二类防雷建筑物，根据图 2，对第三类防雷建筑物，仅有 $\rho \leqslant 3000\Omega m$ 一种情况，即本条第 1 款。

4.4.7 根据 IEC 62305—3：2010 第 35 页 6.3 规定中的式（4）：$S_{a3}=k_i \cdot k_c \cdot l_x/k_m$，按该规定的表 10，$k_i=0.04$，按该规定的表 11，$k_m=1$，分流系数 k_c 见本规范附录 E。将相关数值代入上式，则得本规范式（4.4.7）。

4.4.8 参见本规范第 4.3.9 条的条文说明。对第三类防雷建筑物，由于滚球半径 h_r 规定为 60m（见本规范表 5.2.12），所以将 45m 改为 60m。

4.4.9 国内砖烟囱的高度通常都没有超过 60m。国家标准图也只设计到 60m。60m 以上就采用钢筋混凝土烟囱。对第三类防雷建筑物高于 60m 的部分才考虑防侧击。钢筋混凝土烟囱本身已有相当大的耐雷水平，故在本条文中不提防侧击问题。其他理由见本规范第 4.3.9 条的条文说明。

金属烟囱铁板的截面积完全足以导引最大的雷电流。关于接闪问题，按本规范第 5.2.7 条的规定，当不需要防金属板遭雷击穿孔时，其厚度不应小于 0.5mm。本条的金属烟囱即属于此类。而实际采用的铁板厚度总是大于 0.5mm，故本条中对金属烟囱铁板的厚度无需再提及。金属烟囱本身的连接（每段与每段的连接）通常采用螺栓，这对于一般烟囱的防雷已足够，即使雷击时有火花发生，不会有任何危险，故对此问题也无需提出要求。

4.5 其他防雷措施

4.5.4 本条说明如下：

1 当无金属外壳或金属保护网罩的用电设备不在接闪器的保护范围内时，其带电体遭雷击的可能性比处在保护范围内的大得多，而带电体遭直接雷击后可能将高电位引入室内。当采用接闪网时，根据接闪网的保护原则，被保护物应处于该网之内，并不高出接闪网。

2 穿钢管和两端连接的目的在于使其起到屏蔽和分流作用。由于配电箱外壳已按电气安全要求与PE线相连，PE线的接地装置与防雷的接地装置是共用或直接连接在一起，该保护管实际上与防雷装置的引下线并联，起到了分流作用。当防雷装置或设备金属外壳遭雷击时，雷电流是从零开始往上升，这时，外壳与带电体之间无电位差，随后有一部分雷电流经钢管、配电箱、PE线入地，这部分雷电流从零一上升，就有 $\mathrm{d}i/\mathrm{d}t$ 陡度出现，钢管上就有 L（$\mathrm{d}i/\mathrm{d}t$）感应电压降，$\mathrm{d}i/\mathrm{d}t$ 对钢管内的电线有互感电压降 M（$\mathrm{d}i/\mathrm{d}t$）。由于 $M \approx L$（由于磁力线交链几乎相同），将对钢管内的线路感应出与其在钢管上所感应出的电压接近的值，即 L（$\mathrm{d}i/\mathrm{d}t$）$\approx M$（$\mathrm{d}i/\mathrm{d}t$）。因此，可降低线路与钢管之间的电位差。分雷电流流经钢管，钢管有电阻 r，就有 ir 压降，这也是钢管与管内电线之间的电位差。另参见本规范附录 H（电缆从户外进入户内的屏蔽层截面积），其原理相同。当闪电击中管内引出的带电体时，由于其电位高，将产生击穿放电而使其与钢管短接，钢管也就处于高电位。

3 对节日彩灯，由于白天不使用，它和其他用电设备在不使用期间内，开关均处于断开状态，当防雷装置、设备金属外壳或带电体遭雷击时，开关电源侧的电线、设备与钢管、配电箱、PE线之间可能产生危险的电位差而击穿电气绝缘；另外，当开关断开时，如果 SPD 安装在负荷侧，从户外经总配电箱传来的过电压电涌可能击坏开关（因开关的电源侧无SPD保护），故 SPD 应设在开关的电源侧。由于雷击电流已与防雷装置等分流，流经 SPD 的电流所产生的能量不会很大，而且安装在这里的 SPD 还要与上游安装在分配电箱或总配电箱的 SPD 配合好，故选用Ⅱ级试验的 SPD。由于每栋建筑物的防雷装置和配电线路差别很大，故 I_n 值应根据具体情况确定。

当建筑物为钢筋混凝土建筑物或钢构架建筑物，并利用其所有柱子作为引下线，这时，由于屋顶用电设备的配电线路是穿钢管，钢管两端做了等电位连接，在这种情况下，当雷击在钢管上端所接设备的金属外壳或防雷装置上时，流经钢管的雷电流分流按 $k_{c1} = 0.44$ 考虑，但流经钢管的雷电流到配电箱处（通常，配电箱设在顶层地面处），由于配电箱又与地面钢筋及其他管线做了等电位连接，雷电流又再分流，流经 SPD 的分流按 $k_{c2} = $（$1/n$）$+ 0.1$ 考虑。焊接钢管的近似电阻值：$\phi15$ 为 $0.22\Omega/100\mathrm{m}$，$\phi20$ 为 $0.18\Omega/100\mathrm{m}$，$\phi25$ 为 $0.12\Omega/100\mathrm{m}$，$\phi32$ 为 $0.1\Omega/100\mathrm{m}$，$\phi40$ 为 $0.08\Omega/100\mathrm{m}$，$\phi50$ 为 $0.055\Omega/100\mathrm{m}$，$\phi70$ 为 $0.04\Omega/100\mathrm{m}$。

举一个例子说明：钢管为 $\phi25$、长 20m，建筑物为第二类防雷建筑物，雷电流为 150kA，令 $n = 20$。

设建筑物为框架式钢筋混凝土建筑物，利用所有柱子钢筋作为引下线且柱子钢筋与屋顶钢筋网连接在一起。这时流经钢管的雷电流为 $I_{imp} = k_{c1} \times 150 = 0.44 \times 150 = 66$（kA），而流经 SPD 的分流为 $I_{imp} = k_{c2} \times 66 = [$（$1/n$）$+ 0.1] \times 66 = 9.9$（kA）。设分配电箱为 3 相 TN-S 系统，装设 SPD 时，分流按 5 分支回路考虑（3 根相线、一根 N 线和一根 PE 线），流经每台 SPD 的电流为 10/350μs，则 $9.9/5 \approx 2$（kA）$= I_{imp}$，通常它与 8/20μs I_{max} 电流的换算可按 20 倍考虑，则 $I_{max} = 2 \times 20 = 40$（kA），一般情况下，$I_n$ 为 I_{max} 的 1/2，所以 $I_n = 20\mathrm{kA}$。雷电流在钢管上的电压降为 $66 \times$（0.12×20）$/100 = 1.584$（kV）$= 1584$（V）。

4.5.5 据以前调查，当粮、棉及易燃物大量集中的露天堆场设置独立接闪杆后，雷害事故大大减少。

虽然粮、棉及易燃物大量集中的露天堆场不属于建筑物，但本条仍规定"当其年预计雷击次数大于或等于 0.05 时，应采用独立接闪杆或架空接闪线防直击雷"，以策安全。年预计雷击次数大于或等于 0.05 是参照第三类防雷建筑物的规定。根据意见，将原规范的"宜"改为"应"。

考虑到堆场的长、宽、高是设定的，并不一定总是堆满，故其接闪杆、架空接闪线保护范围的滚球半径取比保护第三类防雷建筑物的大，即 $h_r = 100\mathrm{m}$。$h_r = 100\mathrm{m}$ 相应的接闪最小雷电流约为 34.5kA，接近雷电流的平均值。本规范附录 A 在计算建筑物截收相同雷击次数的等效面积 A_e 时是在 $h_r = 100\mathrm{m}$ 的条件下推算的。

此外，考虑到堆场不是总堆到预定的高度和堆放面积的边沿，因此，实际上在许多情况下，堆放物受到保护的滚球半径小于 100m，也就是相应受到保护的最小雷电流比平均值小。

4.5.6 防接触电压和跨步电压的措施是参照 IEC 62305—3：2010 第 37 页 8 的规定制定的。此外，雷击条件下接触电压和跨步电压的安全性不能用 50Hz 交流电的计算式来判断，因它们的机理是不同的。这可从 IEC 以下的两本标准看出来：IEC/TS 60479—1（2005-07），Ed. 4.0，Effects of current on human beings and livestock—Part 1：General aspects；IEC/TR 60479—4（2004-07），Ed. 1.0，Effects of current on human beings and livestock—Part 4：Effects of lightning strokes on human beings and livestock。

本条第 1 款第 3 项中的 2.7m 是按人垂直向上伸手后人高2.5m，这是根据 IEC 62305—3：2010 第 67 页图 E. 2，冲击电压 100kV 击穿空气间隙按 0.2m 考虑，故 2.5＋0.2＝2.7（m）。

4.5.7 根据 IEC 62305—3：2010 第 111 页附录 E 的 E. 5.2.4.2.4 而制定的。

4.5.8 以前在调查中发现，有的单位将电话线、广播线以及低压架空线等悬挂在独立接闪杆、架空接闪线立杆以及建筑物的防雷引下线上，这样容易造成高电位引入，是非常危险的，故作本条规定。本条是强制性条文。

5 防雷装置

5.1 防雷装置使用的材料

5.1.1 表 5.1.1 是根据 IEC 62305—3：2010 第 28 页的表 5 制定的。

5.1.2 表 5.1.2 是根据 IEC 62305—3：2010 第 33 页的表 8、表 9 和 IEC 62305—4：2010 Ed. 2.0（Protection against lightning—Part 4：Electrical and electronic systems within structures. 防雷——第 4 部分：建筑物内电气和电子系统）第 30 页的表 1 制定的，但该表 1 中电涌保护器规定的最小截面积为：Ⅰ级试验者 16mm²、Ⅱ级试验者 6mm²、Ⅲ级试验者 1mm²，本规范改为Ⅰ级试验者 6mm²、Ⅱ级试验者 2.5mm²、Ⅲ级试验者 1.5mm²。通常，电涌保护器是安装在箱体内，不会受到机械损伤，而热效应应符合本章式(5.1.2)的规定。IEC 62305—4：2010 表 1 的注 b 指出，在导体满足热效应和不受机械损伤的情况下可采用较小的截面。D1 类 SPD 的 1.2mm² 截面积是根据 IEC 62305—5/CD（TC81/261/CD：2005—06，Protection against lightning—Part 5：Services. 防雷——第 5 部分：公共服务管线）文件第 18 页的 c) 项定的。

5.2 接 闪 器

5.2.1 表 5.2.1 是根据 IEC 62305—3：2010 第 30 页的表 6 及其 2006 年第 1 版标准的表 6 制定的。

5.2.2 本条接闪杆所采用的尺寸沿用习惯采用的数值。按热稳定检验，只要很小的截面就够了。所采用的尺寸主要是考虑机械强度和防腐蚀问题。在同样的风压和长度下，本条采用的钢管所产生的挠度比圆钢的小。经计算，如果允许挠度采用 1/50，则各尺寸的允许风压可达表 9 所示的数值。

表 9 接闪杆允许的风压

规　　格		风压（kN/m²）
1m 长接闪杆	φ12 圆钢	2.66
	φ20 钢管	12.32
2m 长接闪杆	φ16 圆钢	0.79
	φ20 钢管	1.54
	φ25 钢管	2.43
	φ40 钢管	5.57

5.2.3 本条是根据美国防雷装置标准 NFPA 780—2004：Standard for the installation of lightning protec-

tion systems 的第 A. 4.6.2 条和 IEC 62305—3：2010 第 98 页 E. 5.2.4.1 的注而制定的。前者是根据以下文献 C. B. Moore，William Rison，James Mathis，and Graydon Aulich，"Lightning Rod Improvement Studies"，*Journal of Applied Meteorology*，Vol. 39（2000），May（No. 5），593～609 制定的；后者的注是"研究表明，接闪杆的接闪端做成钝形是有益处的"（Research has shown that it is advantageous for air-termination rods to have a blunt tip）。

5.2.5 截面从不小于 35mm² 改为不小于 50mm² 是根据本规范表 5.2.1 的规定制定的。

5.2.6 表 5.2.6 是根据 IEC 62305—3：2010 第 99 页的表 E.1 制定的。

5.2.7 本条是参照 IEC 62305—3：2010 第 20 页的 5.2.5 制定的。

已证实，铁板遭雷击时，仅当其厚度小于 4mm 时才有可能与闪击通道接触处由于熔化而烧穿。

雷击电流的电荷 $Q = \int i\mathrm{d}t$，对直接在闪电雷击点的能量转换 W，以及对雷电流继续以电弧的形式越过所有绝缘间隙之处的能量转换 W 起着决定性的作用。例如，接闪杆顶端接闪处的熔化，或者引起飞机铝外壳的熔化，以及保护间隙电极的熔化就是这电荷引起的。

金属体与闪击通道接触处的能量转换过程极为复杂，而且不好准确计算。当这一现象用简化的模型表示时可假定，接触处即电弧根部的能量转换由电荷与发生于微米级范围内的阳极或阴极电压降 $u_{a,c}$ 的乘积产生，即 $W = \int u_{a,c} i\mathrm{d}t = u_{a,c} \int i\mathrm{d}t = u_{a,c} \times Q$，在所要考虑的雷电流范围内 $u_{a,c}$ 几乎是个常数，其值为数十伏（在以下的计算中取其值为 30V）。考虑全部能量用于加热金属体，这样的计算偏于安全侧，可按下式计算：

$$V = \frac{u_{a,c} \cdot Q}{\gamma} \cdot \frac{1}{c_w (\theta_s - \theta_u) + c_s} \quad (21)$$

式中：V——被熔化金属的体积（m³）；

$u_{a,c}$——阳极或阴极表面的电压降（V），采用 30V；

Q——雷电流的电荷（C）；

γ——被熔化金属的密度（kg/m³）；

c_w——热容量〔J/（kg·K）〕；

θ_s——熔化温度（℃）；

θ_u——环境温度（℃）；

c_s——熔化潜热（J/kg）。

几种金属物的相关参数见表 10。

表 10 四种金属物的物理特性参数

参数	金属物体			
	铝	软钢	铜	不锈钢
γ（kg/m³）	2700	7700	8920	8000

参数	金属物体			
	铝	软钢	铜	不锈钢
$\theta_s(℃)$	658	1530	1080	1500
$c_s(J/kg)$	$397×10^3$	$272×10^3$	$209×10^3$	—
$c_w[J/(kg \cdot K)]$	908	469	385	500

注：不锈钢为非磁性的奥氏体不锈钢。

将表10的相关数值代入式（21）得，雷击每库仑（C）能熔化以下的金属体积：铝，$V/Q \approx$ 11.6mm³/C；软钢，$V/Q \approx$ 4mm³/C；铜，$V/Q \approx$ 5.5mm³/C。

在原西德慕尼黑联邦国防军大学的高压实验室，做过分析研究得出，对金属板穿孔起决定性作用的不是短时雷击电荷 Q_s（见本规范表 F.0.1-1），而是长时间雷击电荷 Q_l（见本规范表 F.0.1-4）。其研究结果是：当 $Q_l = 100C$（第三类防雷建筑物的雷击参量）时，对 1.5mm 厚的钢板、黄铜板、铜板以及 2mm 厚的铝板，在各种情况下均穿孔，穿孔的直径约为 4mm～8mm。当 $Q_l = 200C$（第一类防雷建筑物的雷击参量）时，对 2mm 厚的钢板、黄铜板、铜板以及 2.5mm 厚的铝板，在各种情况下均穿孔，穿孔的直径对钢板、黄铜板、铜板约为 4mm～12mm，对铝板的穿孔直径约为 7mm～13mm（对铝板，约有 25% 的情况，甚至 3mm 也熔化穿孔）。

近年来，经常采用一种夹有非易燃物保温层的双金属板做成的屋面板（彩板）。在这种情况下，只要上层金属板的厚度满足本条第 2 款的要求就可以，因为雷击只会将上层金属板熔化穿孔，不会到下层金属板，而且上层金属板的熔化物受到下层金属板的阻挡，不会滴落到下层金属板的下方。要强调的是，夹层的物质必须是非易燃物且选用高级别的阻燃类别。

5.2.9 敷设在混凝土内的金属体，由于受到混凝土的保护，不需要采取防腐措施。但金属体从混凝土内向外引出处要适当采取防腐措施。

5.2.10 由于这类共用天线可能改变位置、改型、取消，故作本条规定。

5.2.12 滚球法是以 h_r 为半径的一个球体，沿需要防直击雷的部位滚动，当球体只触及接闪器，包括被利用作为接闪器的金属体，或只触及接闪器和地面包括与大地接触并能承受雷击的金属物，而不触及需要保护的部位时，则该部位就得到接闪器的保护。滚球法确定接闪器保护范围应符合本规范附录 D 的规定。

表 5.2.12 是参考 IEC 62305-3：2010 第 18 页 5.2.2 的规定及其表 2，并结合我国具体情况和以往的习惯做法而制定的。

"5.2.2 布置：安装在建筑物上的接闪器，应按照以下方法之一或多种方法组合将其布置在各个角上、各突出点上和各边沿上（特别是各立面的上水平

线上）。在确定接闪器的布置位置时所采用的可接受的方法包括保护角法、滚球法、网格法。滚球法适合于所有情况。……网格法适合于保护平的表面。表 2 对每一防雷级别给出这三种方法的相应值。"

上述引文中的"表 2"即下面的表 11。

表 11 与防雷装置级别对应的滚球半径、网格尺寸和保护角的最小值

防雷装置(LPS)级别	保护方法		
	滚球半径（m）	网格尺寸 W(m)	保护角
I	20	5×5	
II	30	10×10	见下图（略）
III	45	15×15	
IV	60	20×20	

保护角是以滚球法为基础，以等效面积计算而得，使保护角保护的空间等于滚球法保护的空间；但在具体位置上它们的保护范围有明显的矛盾。为避免以后在应用上的争议，故本规范不采用保护角法。

用防雷网格形导体以给定的网格宽度和给定的引下线间距盖住需要防雷的空间。这种方法也是一种老方法，通常被称为法拉第保护形式。

用许多防雷导体（通常是垂直和水平导体）以下列方法盖住需要防雷的空间，即用一给定半径的球体滚过上述防雷导体时不会触及需要防雷的空间。这种方法通常被称为滚球法。它是基于雷闪数学模型（电气-几何模型），其关系式如下式，引自 IEC 62305-1：2010 第 36 页的式（A.1）。

$$h_r = 10 \cdot I^{0.65} \tag{22}$$

式中：h_r——雷闪的最后闪络距离（击距），也即本章所规定的滚球半径（m）；

I——与 h_r 相对应的得到保护的最小雷电流幅值（kA），即比该电流小的雷电流可能击到被保护的空间。

在电气-几何模型中，雷击闪电先导的发展起初是不确定的，直到先导头部电压足以击穿它与地面目标间的间隙时，也即先导与地面目标的距离等于击距时，才受到地面影响而开始定向。

与 h_r 相对应的雷电流按式（22）整理后为 $I = (h_r/10)^{1.54}$，以本条表 5.2.12 的 h_r 值代入得：对第一类防雷建筑物（$h_r = 30m$），$I = 5.4 \approx 5kA$；对第二类防雷建筑物（$h_r = 45m$），$I = 10.1 \approx 10kA$；对第三类防雷建筑物（$h_r = 60m$），$I = 15.8 \approx 16kA$。即雷电流小于上述数值时，闪电有可能穿过接闪器击于被保护物上，而等于和大于上述数值时，闪电将击于接闪器。

本规范所提出的接闪器保护范围是以滚球法为基础的，其优点是：

1 除独立接闪杆、接闪线受相应的滚球半径限制其高度外，凡安装在建筑物上的接闪杆、接闪线、接闪带，不管建筑物的高度如何，都可采用滚球法来确定保护范围。如对第二、三类防雷建筑物，除防侧击按本规范第 4.3.9 条和第 4.4.8 条处理外，只要在建筑物屋顶，采用滚球法可以任意组合接闪杆、接闪线、接闪带。例如，首先在屋顶周边敷设一圈接闪带，然后在屋顶中部根据其形状任意组合接闪杆、接闪带，取相应的滚球半径的一个球体在屋顶滚动，只要球体只接触到接闪杆或接闪带而没有接触到要保护的部位，就达到目的。这是以前接闪杆、线确定保护范围的方法（折线法）无法比较的优点。

2 根据不同类别的建筑物选用不同的滚球半径，区别对待。它比以前的折线法只有一种保护范围更合理。

3 对接闪杆、接闪线、接闪带采用同一种保护范围（即同一种滚球半径），这给设计工作带来种种方便之处，使两种接闪器形式任意组合成为可能。

本条表 5.2.12 列两种方法。它们是各自独立的，不管这两种方法所限定的被保护空间可能出现的差别。在同一场合下，可以同时出现两种形式的保护方法。例如，在建筑物屋顶上首先采用接闪网保护方法布置完成后，有一突出物高出接闪网，保护该突出物的方法之一是采用接闪杆，并用滚球法确定其是否处于接闪杆的保护范围内，但此时可以将屋面作为地面看待，因为前面已指出，屋面已用接闪网方法保护了；反之也一样。又如，同前例，屋顶已用接闪网保护，为保护低于建筑物的物体，可用上述接闪网处于四周的导体作为接闪线，用滚球法确定其保护范围是否保护到低处的物体。再如，在矩形平屋面的周边有女儿墙，其上安装有接闪带，在这种情况下屋面上是否需要敷设接闪网？当女儿墙上接闪带距屋面的垂直距离 S（m）满足下式时，屋面上可不敷设接闪网。

$$S > h_r - [h_r^2 - (d/2)^2]^{1/2} \quad (23)$$

式中：h_r——按本条表 5.2.12 选用的滚球半径（m）；
  d——女儿墙上接闪带间的距离（沿屋面宽度方向的距离）（m）。

若屋面中央高于女儿墙根部的屋面，则式（23）的 S 为女儿墙上接闪带至屋面中央高处水平面的垂直距离。

5.3 引 下 线

5.3.4 为了减小引下线的电感量，故引下线应沿最短接地路径敷设。

对于建筑外观要求较高的建筑物，引下线可采用暗敷，但截面要加大，这主要是考虑维修困难。

5.3.7 由于引下线在距地面最高为 1.8m 处设断接卡，为便于拆装断接卡以及拆装时不破坏保护设施，故规定"地面上 1.7m"。改性塑料管为耐阳光晒的塑料管。

5.3.8 本条是根据许多实际建筑物的情况而制定的。关于防接触电压和跨步电压的措施见本规范第 4.5.6 条。关于分流系数 k_c 的确定按本规范附录 E。

5.4 接 地 装 置

5.4.1 表 5.4.1 是根据 IEC 62305-3：2010 第 31 页的表 7 及其 2006 年第 1 版标准的表 7 制定的。

5.4.2 为便于施工和一致性（埋地导体截面相同），故规定"接地线应与水平接地体的截面相同"。

5.4.3 当接地装置由多根水平或垂直接地体组成时，为了减小相邻接地体的屏蔽作用，接地体的间距一般为 5m，相应的利用系数约为 0.75～0.85。当接地装置的敷设地方受到限制时，上述距离可以根据实际情况适当减小，但一般不小于垂直接地体的长度。

5.4.4 "人工接地体在土壤中的埋设深度不应小于 0.5m，……其距墙或基础不宜小于 1m"是根据 IEC 62305-3：2010 第 26 页的 5.4.3 制定的。1m 的距离是考虑便于维修，维修时不会损坏到基础、墙，可以敷设在散水坡之外，通常散水坡的宽度是距墙 0.8m。"并宜敷设在当地冻土层以下"是根据征求的意见而加的。

将人工接地体埋设在混凝土基础内（一般位于底部靠近室外处，混凝土保护层的厚度大于或等于 50mm），因得到混凝土的防腐保护，日后无需维修。但如果将人工接地体直接放在基础坑底与土壤接触，由于受土壤腐蚀，日后无法维修，不推荐采用这种方法。若基础有良好的防水层，可将水平人工接地体敷设在下方的素混凝土垫层内。为使日后维修方便，埋在土壤中的人工接地体距墙或基础不宜小于 1m，以前有的单位按大于或等于 3m 做，无此必要。

5.4.5 根据 IEC 62305-3：2010 第 130 页"E.5.4.3.2 基础接地体"的以下内容而制定：

"还应记住，混凝土内的钢筋产生与铜导体在土壤中产生化学电池电位的相同数值。这点给钢筋混凝土建筑物设计接地装置提供了一个良好的工程解决方法。……

另外的问题是由于化学电池的电流引发的电气化学腐蚀。混凝土中的钢产生化学电池的电位在电气化学系列中接近于铜在土壤中的数值。所以，当混凝土基础中的钢材与土壤中的钢材连接在一起时，会产生约 1V 的化学电池电压，它将引发腐蚀电流从地中钢材经土壤流到潮湿混凝土内的钢材，而使土壤中的钢材溶解到土壤中产生腐蚀作用。

在土壤中的接地体连接到混凝土基础内的钢材的情况下，土壤中的接地体宜采用铜质、外表面镀铜的钢或不锈钢导体。"

另外，在 IEC 62305-3：2010 第 141 页"E.5.6.2.2.2 混凝土中的金属"中指出："由于钢材

在混凝土中的自然电位，在混凝土外面添加的接地体宜采用铜或不锈钢接地体。"

5.4.6 本条说明如下：

1 IEC 的 TC81（Secretariat）13/1984 年 1 月的文件（Progress of WG 4 of TC81，TC81 第 4 工作组的进展报告），在其附件（防雷接地体的有效长度）中提及："由于电脉冲在地中的速度是有限的，而且由于冲击雷电流的陡度是高的，一接地装置仅有一定的最大延伸长度有效地将冲击电流散流入地"。在该附件的附图中画出两条线，其一是接地体延伸最大值 l_{max}，它对应于长波头，即对应于闪击对大地的第一次雷击；另一个是最小值 l_{min}，它对应于短波头，即对应于闪击对大地在第一次雷击以后的雷击。将 l_{max} 和 l_{min} 这两条线以计算式表示，则可得出：$l_{max} = 4\sqrt{\rho}$ 和 $l_{min} = 0.7\sqrt{\rho}$，取其平均值，得 $(l_{max} + l_{min})/2 = 2.35\sqrt{\rho} \approx 2\sqrt{\rho}$。

本款参考以上及其他资料，并考虑便于计算，故规定了"外引长度不应大于有效长度"，即 $2\sqrt{\rho}$。

当水平接地体敷设于不同土壤电阻率时，可分段计算。例如，一外引接地体先经 50m 长的 2000Ωm 土壤电阻率，以后为 1000Ωm。先按 2000Ωm 算出有效长度为 $2\sqrt{2000} = 89.4$（m），减去 50m 后余 39.4m，但它是敷设在 1000Ωm 而不是 2000Ωm 的土壤中，故要按下式换算为 1000Ωm 条件下的长度，即 $l_1 = l_2 \sqrt{\dfrac{\rho_1}{\rho_2}}$。将以上数值代入，得 $l_1 = 39.4\sqrt{\dfrac{1000}{2000}} = 27.9$（m）。因此，有效长度为 $50 + 27.9 = 77.9$（m），而不是 89.4m。其他情况类推。

5.4.7 本条是根据本规范第 4.5.6 条的规定而制定。

5.4.8 放热焊接的英语为 exothermic weld。

6 防雷击电磁脉冲

6.1 基 本 规 定

6.1.1 现在许多建筑物工程在建设初期甚至建成后，仍不知其用途，许多是供出租用的。在防雷击电磁脉冲的措施中，建筑物的自然屏蔽物和各种金属物以及其与以后安装的设备之间的等电位连接是很重要的。若建筑物施工完成后，要回过来实现本条所规定的措施是很难的。

这些措施实现后，以后只要合理选用和安装 SPD 以及做符合要求的等电位连接，整个措施就完善了，做起来也较容易。

6.1.2 当电源采用 TN 系统时，建筑物内必须采用 TN-S 系统，这是由于正常的负荷电流只应沿中线 N 流回，不应使有的负荷电流沿 PE 线或与 PE 线有连接的导体流回，否则，这些电流会干扰正常运行的用

电设备。本条为强制条文。

6.2 防雷区和防雷击电磁脉冲

6.2.1 将需要保护的空间划分为不同的防雷区，以规定各部分空间不同的雷击脉冲磁场强度的严重程度和指明各区交界处的等电位连接点的位置。

各区在其交界处的电磁环境有明显改变作为划分不同防雷区的特征。

通常，防雷区的数越高，其电磁场强度越小。

一建筑物内电磁场会受到如窗户这样的洞的影响和金属导体（如等电位连接带、电缆屏蔽层、管子）上电流的影响以及电缆路径的影响。

将需要保护的空间划分成不同防雷区的一般原则见图 15。

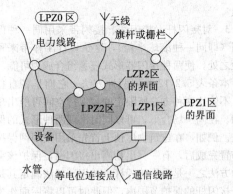

图 15 将一个需要保护的空间划分为不同防雷区的一般原则

6.2.2 图 6.2.2 引自 IEC 62305—4：2010 第 14 页、第 15 页的图 2。

雷击对建筑物内电气系统和电子系统的有害影响简介于下。

侵害源：雷电流及其相应磁场是原始侵害源，磁场的波形与雷电流的相同。涉及保护时，雷击电场的影响通常是次要的。

原始侵害源是 LEMP。根据防雷建筑物的不同类别（第一类、第二类、第三类）按本规范附录 F 的表 F.0.1-1、表 F.0.1-2 和表 F.0.1-3 选取 I_0。

I_0 正极性首次冲击电流波 $10/350\mu s$，I_0 分别为：200kA、150kA、100kA；负极性首次冲击电流波 $1/200\mu s$，I_0 分别为：100kA、75kA、50kA；负极性首次以后（后续）的冲击电流波 $0.25/100\mu s$，I_0 分别为：50kA、37.5kA、25kA。

H_0 冲击电磁波 $10/350\mu s$、$1/200\mu s$ 和 $0.25/100\mu s$，从 I_0 导出。

被害物：安装在建筑物内或其上的建筑物内系统，仅具有有限的耐电涌和耐磁场水平，当其遭受首次雷击作用及其以后（后续）电流的磁场作用下时，可能被损害或错误地运行。安装在建筑物外并处在暴露位置的系统，由于遭遇的电涌可能达到直接雷击的

全电流和没有衰减的磁场，可能遇到的风险较大。安装在建筑物内的系统，由于遭遇的磁场是剩下的衰减磁场和内部的电涌是传导和感应而产生的，以及外部电涌是经引入线路传导而来的，可能遇到的风险较小。

被害物（设备）的耐受水平：

1 220/380V 设备的耐冲击电压水平 U_w 见本规范表 6.4.4，它引自《低压电气装置——第 4—44 部分：安全防护——电压骚扰和电磁骚扰防护》IEC 60364—4—44：2007 第 18 页的表 44.B。

2 电信装置的耐受水平参见 ITU-T 建议标准《电信中心电信设备耐过电压过电流的能力》K.20：2003（Resistibility of telecommunication equipment installed in a telecommunications center to overvoltages and overcurrents）和《用户电信设备耐过电压过电流的能力》K.21：2003（Resistibility of telecommunication equipment installed in customer premises to overvoltages and overcurrents）。

3 一般通用设备的耐受水平在其产品说明书有规定或可做以下试验：

1）防传导电涌采用 IEC 61000—4—5：2005 Ed.2.0《Electromagnetic compatibility（EMC）—Part 4-5：Test and Measurement techniques—Surge immunity test，电磁兼容（EMC），第 4—5 部分：试验和测量技术——电涌（冲击）抗扰度试验》标准，耐电压水平的试验 U_{oc} 为 0.5-1-2-4kV（冲击电压波形 1.2/50μs）和耐电流水平的试验 I_{sc} 为 0.25-0.5-1-2kA（冲击电流波形 8/20μs）。

有些设备为了满足上述标准的要求，可能在设备内装有 SPD，它们可能影响协调配合的要求。

上述标准的国家标准为《电磁兼容试验和测量技术 浪涌（冲击）抗扰度试验》GB/T 17626.5—2008（等效 IEC 61000—4—5：2005）。

2）防磁场（强度）采用 IEC 61000—4—9：2001 Ed.1.1《Electromagnetic compatibility（EMC）—Part 4—9：Test and Measure-ment techniques—Pulse magnetic field immunity test，电磁兼容（EMC），第 4—9 部分：试验和测量技术——脉冲磁场抗扰度试验》标准，用以下磁场强度做试验：100-300-1000A/m（8/20μs 波形）。

上述标准的国家标准为《电磁兼容试验和测量技术 脉冲磁场抗扰度试验》GB/T 17626.8—1998（等效 IEC 61000—4—9：1993）。

并采用 IEC 61000—4—10：2001 Ed.1.1《Electromagnetic compatibility（EMC）—Part 4-10：Test and measurement techniques—Damped oscillatory magnetic field immunity test，电磁兼容（EMC），第 4—10 部分：试验和测量技术——阻尼振荡磁场抗扰度试验》标准，用以下磁场强度做试验：10-30-

100A/m（在 1MHz 频率条件下）。

上述标准的国家标准为《电磁兼容试验和测量技术 阻尼振荡磁场抗扰度试验》GB/T 17626.9—1998（等效 IEC 61000—4—10：1993）。

IEC 61000—4—9 和 IEC 61000—4—10 规定试验的波形是阻尼振荡波，可用于确定设备耐受由首次正极性雷击和后续雷击磁场波头陡度所产生的磁场强度。

6.3 屏蔽、接地和等电位连接的要求

6.3.1 一钢筋混凝土建筑物等电位连接的例子见图 16。对一办公建筑物设计防雷区、屏蔽、等电位连接和接地的例子见图 17。

屏蔽是减少电磁干扰的基本措施。

屏蔽层仅一端做等电位连接和另一端悬浮时，它只能防静电感应，防不了磁场强度变化所感应的电压。为减小屏蔽芯线的感应电压，在屏蔽层仅一端做等电位连接的情况下，应采用有绝缘隔开的双层屏蔽，外层屏蔽应至少在两端做等电位连接。在这种情况下，外屏蔽层与其他同样做了等电位连接的导体构成环路，感应出一电流，因此产生减低源磁场强度的磁通，从而基本上抵消掉无外屏蔽层时所感应的电压。

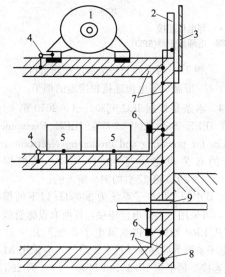

图 16 一钢筋混凝土建筑物内等
电位连接的例子

1—电力设备；2—钢支柱；3—立面的金属
盖板；4—等电位连接点；5—电气设备；
6—等电位连接带；7—混凝土内的钢筋；
8—基础接地体；9—各种管线的共用入口

6.3.2 本条是根据 IEC 62305—4：2010 的附录 A 编写并引入负极性首次雷击电流的参数。形状系数 k_H 中的 $(1/\sqrt{m})$ 为其计量单位。

6.3.3 保留原规范第 6.3.3 条的规定。

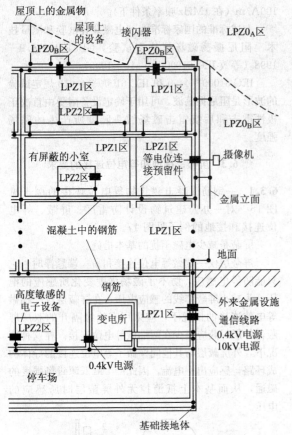

图 17 对一办公建筑物设计防雷区、
屏蔽、等电位连接和接地的例子

6.3.4 本条是根据 IEC 62305—4：2010 第 20～31 页和 IEEE Std 1100—2005：IEEE Recommended practice for powering and grounding electronic equipment 的有关规定编写的。图 6.3.4 是根据 IEC 62305—4：2010 第 27 页的图 9 编入的。

6 款中的"当电子系统为 300kHz 以下的模拟线路时，可采用 S 型等电位连接，且所有设施管线和电缆宜从 ERP 处附近进入该电子系统"和 7 款中的"当电子系统为兆赫兹级数字线路时，应采用 M 型等电位连接"是根据 IEEE Std 1100—2005 第 298 页上的以下规定编写的：

"The determination to use the single-point grounding or multipoint grounding typically depends on the frequency range of interest. Analog circuits with signal frequencies up to 300kHz may be candidates for single-point grounding. Digital circuits with frequencies in the MHz range should utilize multipoint grounding"。

7 款中的"……M_m 型连接方式。每台设备的等电位连接线的长度不宜大于 0.5m，并宜设两根等电位连接线安装于设备的对角处，其长度相差宜为 20％"是根据 IEEE Std 1100—2005 第 295 页、第

296 页上的图 8-19、图 8-20 和图 8-21 编写的。例如，一根长 0.5m，另一根长 0.4m。因为现代数字电路频率越来越高，容易产生谐振，其中有一根达到谐振，阻抗无穷大，另一根还是接地的。

当功能性接地线的长度 l 为干扰频率波长的 1/4 或其奇数倍时将产生谐振，这时，接地线的阻抗成为无穷大，它成为一根天线，能接收远磁场的干扰或发射出干扰磁场，见下式和图 18。图 18 中的 λ 为干扰波的波长。

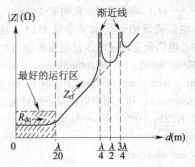

图 18 同一波长下不同接地或等电位
连接线长度 d 与其阻抗 $|Z|$ 的关系

$$l_{resonance} = cn/4f_{resonance} \quad (24)$$

式中：$l_{resonance}$——导体产生谐振的长度（m）；

n——任一奇数值（1，3，5…）；

c——自由空间的光速（$3 \times 10^8 m/s$）；

$f_{resonance}$——使导体产生谐振的频率（Hz）。

图 19 为约 7m 长的 1 根 $25mm^2$ 铜导体产生谐振的例子。其产生谐振的频率接近于 10MHz、30MHz、50MHz……。

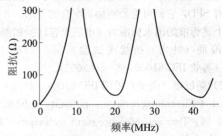

图 19 1 根长约 7m 截面 $25mm^2$
的铜导体产生谐振的条件

实际上，设计者必须考虑一接地（等电位连接）导体在 $n=1$ 时将产生谐振的最高干扰频率。所以通常最好是按远离加于导体的电气干扰频率的 1/4 波长来选择接地（等电位连接）导体的物理长度 l，从图 18 可以看出，最好是 $l \leqslant \lambda/20$。但是，现在数字化电子系统的工作频率越来越高，如普通计算机的时钟频率是 100MHz，在此频率下要做到 $l \leqslant \lambda/20 = 300/(100 \times 20) = 0.15$（m）是很难的。所以推荐每台设备从基准平面引两根接地（等电位连接）导体接于设备底的对角处，两根导体一长一短，相差约 20％，

如一根为0.5m，另一根为0.4m。这样，其中一根产生谐振，即阻抗无穷大，另一根是不会的。

6.4 安装和选择电涌保护器的要求

6.4.2 图6.4.2引自IEC 62305—4：2010第18页的图3b。

6.4.3 图6.4.3引自IEC 62305—4：2010第19页的图3d。

6.4.5～6.4.7 这些条文是根据IEC 62305—4：2010和IEC 61643—12：2008 Ed. 2.0〔Surge protective devices connected to low-voltage power distribution system—Part 12：Selection and application principles. 低压配电系统的电涌保护器（SPD）——第12部分：选择和使用导则〕修改的。

首先要考虑的第一个准则是：安装的SPD越靠近引来线路入户处（安装在总配电箱处），建筑物内将被这处SPD保护到的设备越多（经济利益）。其次要考虑的第二个准则应是核对：SPD越靠近需要保护的设备，其保护越有效（技术利益）。设计人员要根据这些条文的规定进行技术经济比较。

IEC 62305—4：2010第78页（附录C.2.1）中有以下的规定：

"在以下条件下建筑物内系统得到保护：

1 它们在能量上与上游的SPD配合好。

2 满足下列条件之一：

1）当SPD与要保护的设备之间的电路长度是很小时（典型的情况是SPD安装在设备的接线端处）：$U_{p/f} \leqslant U_w$；.

2）当电路长度不大于10m时（典型的情况是SPD安装在分配电箱处或安装在插座处）：$U_{p/f} \leqslant 0.8U_w$；

注：在建筑物内系统发生故障会危及人员或公共服务设施之处，应考虑由于振荡而将电压加倍，要求$U_{p/f} \leqslant U_w/2$。

3）当电路长度大于10m时（典型的情况是SPD安装在线路进入建筑物处或在某些情况安装在分配电箱处）：$U_{p/f} \leqslant (U_w - U_i)/2$。当建筑物（或房间）有空间屏蔽、有线路屏蔽（采用有屏蔽的线路或金属线槽）时，在大多数情况下感应电压U_i很小，可略去不计。"

闪电击到建筑物上或附近，能在SPD与被保护设备之间的电路环路中感应出过电压U_i，它加到了$U_{p/f}$上，所以降低了SPD的保护效率。当建筑物（或房间）无空间屏蔽、线路无屏蔽时，SPD与被保护设备之间电路环路的感应电压U_i随环路的尺寸增大而加大，该环路的大小取决于线路路径、电路长度、带电体与PE线之间的距离、电力线与信号线之间的环路面积等。U_i的计算见本规范附录G。

《低压配电系统的电涌保护器——第12部分：选择和使用导则》IEC 61643—12：2008第43页、第44页6.1.2的规定和说明：

"6.1.2 振荡现象对保护距离（某些国家叫分开距离）的影响：当用SPD保护特定设备或当位于总配电箱处的SPD不能对一些设备提供足够保护时，SPD应安装在尽可能靠近需要保护的设备处。如果SPD与被保护设备之间的距离过大时，振荡通常能导致设备端子上的电压升高到2倍U_p，在某些情况下甚至可能还超过这一电压水平。虽然安装了SPD，这一电压可能损坏被保护的设备。可接受的距离（称为保护距离）取决于SPD的形式、系统的形式、所进来电涌的陡度和波形以及所连接的负荷。特别仅在以下情况下才可能将电压加倍：设备是一高阻抗负荷或设备在内部被断开。通常，对小于10m的距离可不管振荡现象。有时，设备设有内部保护元件（如压敏电阻），这甚至在更长的距离下也将显著减小振荡现象。"

IEC 61643—12：2008第136页、第137页附录M：

"附录M 设备的抗扰度和耐绝缘强度：IEC 61000—4—5是一试验标准，其试验在于确定电子设备和系统对电压和电流电涌的抗扰度。被试验的设备或系统被看作是一黑盒子，由以下标准判定试验的结果：1）运行正常；2）不需要维修的功能暂时受到破坏或运行暂时降级；3）需要维修的功能暂时受到破坏或运行暂时降级；4）功能受到破坏，具有对设备的永久损坏（这意味试验失败）。

虽然，IEC 61000—4—5的试验在于考察比较低的电流电涌对电子设备和系统的可能效应的全范围，但是，还有其他有关的试验标准，它们不是这样多地涉及功能的暂时破坏，而是更多地涉及设备的实际损坏或毁坏。IEC 60664—1标准涉及的是低压系统内设备的绝缘配合，而IEC 61643—1标准涉及的是连接到低压配电系统上SPD的试验标准。此外，这两个标准还涉及暂时过电压对设备的效应。而IEC 61000—4—5及IEC 61000系列标准中的其他标准不考虑暂时过电压对设备或系统的效应。

永久损坏是难以被接受的，因为它造成系统停止工作和要花维修或替换的费用。这类损坏通常是由于不合适的保护或无电涌保护造成的，这类保护允许能引起运行中断、元器件损坏、永久破坏绝缘或者引发火灾、烟气或电击的高电压和高电涌电流进入设备的电路系统。但不希望设备或系统经受任何的功能破坏或降级，特别是对那些特别重要的设备或系统，并且对在电涌活动期间必须维持运行的设备或系统更是如此。

对IEC 61000—4—5的试验，所加的试验电压水平值及其结果的电涌电流将对设备产生效应。简而言之，如果设备没有设计提供一个合适的电涌抗扰度，则电涌电压越高，功能受到的破坏或降级的可能性越高。

对用于低压配电系统的 SPD 做试验，IEC 61643—1 的Ⅲ级试验等级规定采用有设定内阻抗 2Ω 的混合波发生器，它在短路时产生 $8/20\mu s$ 电流波形，而在开路时产生 $1.2/50\mu s$ 电压波形。IEC 61000—4—5 标准对供了电的设备和系统做电涌抗扰度试验时采用同样的混合波发生器，但有不同的耦合元件，有时还加入一串联阻抗。IEC 61000—4—5 标准的试验电压水平，其意义与 IEC 61643—1 标准的开路峰值电压 U_{oc} 是相同的。这一电压确定发生器接线端的短路峰值电流。由于试验方法不同，试验结果不可直接比较。

设备或系统的电涌抗扰度或由内置保护元件或 SPD 或外置 SPD 实现。对 SPD 最重要的选择标准之一是电压保护水平 U_p，规定和描述于 IEC 61643—1 标准中。这一参数应等同于 IEC 60664—1 标准规定的设备耐压水平 U_w，并且它是在做试验的特定条件下预期在 SPD 接线端上产生的最大电压。U_p 仅用于在 IEC 61643—12 标准中对设备的耐压水平相一致。电压保护水平值在可比应力上还应低于设备按 IEC 61000—4—5 标准试验后在这一可比应力上的电压抗扰度水平，但这点在现在还无规定，特别是因为这两个标准之间的波形总是不可比的。

通常，按 IEC 61000—4—5 标准确定的电涌抗扰度水平是低于按 IEC 60664—1 标准确定的绝缘耐压水平的。"

附录 A 建筑物年预计雷击次数

A.0.1 校正系数 k 的取值是在原 k 值的基础上参考 IEC 62305—2：2010 第 39 页的表 A.1 编写的，该表见表 12：

表 12 位置系数 C_d

相关位置	C_d
建筑物被比它高的物体或树木所环绕	0.25
建筑物被等高或比它低的物体或树木所环绕	0.5
孤立建筑物，附近无其他物体	1
在山顶上或小山上的孤立建筑物	2

A.0.2 式（A.0.2）引自 IEC 62305—2：2010 第 34 页附录 A 中的式（A.1）。

A.0.3 建筑物等效面积 A_e 的计算方法基于以下原则：

1 建筑物高度在 100m 以下按滚球半径（即吸引半径 100m）考虑。按本规范式（6.3.2-2），其相对应的最小雷电流约为 $I=(100/10)^{1.54}=34.7$（kA），接近于按计算式 $\lg P = -(I/108)$ 以积累次

数 $P=50\%$ 代入得出的雷电流 $I=32.5$kA。在此基础上导出计算式（A.0.3-2），其扩大宽度 D 等于 $\sqrt{H(200-H)}$。该值相当于接闪杆杆高在地面上的保护宽度（当滚球半径为 100m 时）。扩大宽度将随建筑物高度加高而减小，直至 100m 时则等于建筑物的高度。如 $H=5$m 时，扩大宽度为 $\sqrt{5(200-5)}=31.2$（m），它约为 H 的 6 倍；当 $H=10$m 时，扩大宽度为 $\sqrt{10(200-10)}=43.6$（m），约为 H 的 4.4 倍；当 $H=20$m 时，扩大宽度为 $\sqrt{20(200-20)}=60$（m），为 H 的 3 倍；当 $H=40$m 时，扩大宽度为 $\sqrt{40(200-40)}=80$（m），为 H 的 2 倍；当 $H=80$m 时，扩大宽度为 $\sqrt{80(200-80)}=98.0$（m），约为 H 的 1.2 倍。

2 建筑物高度超过 100m 时，如按吸引半径 100m 考虑，则不论高度如何扩大宽度总是 100m，有其不合理之处。所以当高度超过 100m 时，取扩大宽度等于建筑物的高度，则导出计算式（A.0.3-5）。

关于周围建筑物对建筑物等效面积 A_e 的影响，由于周围建筑物的高低、远近都不同，准确计算很复杂。现根据 IEC 62305—2：2010 第 39 页的表 A.1 的位置系数 C_d 值，仅考虑对扩大宽度的影响，而不考虑对建筑物本身在平面上的投影面积的影响，因这个面积大小差别很大，都乘以同一系数，不合理。按此原则，制定出第 2、3、5、6 款的规定。

第 7 款："应沿建筑物周边逐点算出最大扩大宽度"，该点既包括周边某点也包括此点断面上的较高点，这较高点扩大宽度的起点是该较高点在平面上的投影点，这些点画出的扩大宽度，哪一点在最外，这一点就是最大扩大宽度。

附录 C 接地装置冲击接地电阻 与工频接地电阻的换算

C.0.1 式（C.0.1）中的 A 值，实际上是冲击系数 α 的倒数。在原始规范的编制过程中，曾以表 13 作为基础，经研究提出表 14 作为原始规范的附录，供冲击接地电阻与工频接地电阻的换算。但由于存在不足之处，即对于范围延伸大的接地体如何处理，提不出一种有效合理的方法，后来取消了该附录。

表 13 接地装置冲击接地电阻 与工频接地电阻换算表

本规范要求的冲击接地电阻值（Ω）	在以下土壤电阻率（Ωm）下的工频接地电阻允许极限值（Ω）			
	$\rho \leqslant 100$	$100\sim500$	$500\sim1000$	>1000
5	5	$5\sim7.5$	$7.5\sim10$	15

续表 13

本规范要求的冲击接地电阻值（Ω）	在以下土壤电阻率（Ωm）下的工频接地电阻允许极限值（Ω）			
	$\rho \leqslant 100$	$100 \sim 500$	$500 \sim 1000$	>1000
10	10	$10 \sim 15$	$15 \sim 20$	30
20	20	$20 \sim 30$	$30 \sim 40$	60
30	30	$30 \sim 45$	$45 \sim 60$	90
40	40	$40 \sim 60$	$60 \sim 80$	120
50	50	$50 \sim 75$	$75 \sim 100$	150

表 14　接地装置工频接地电阻与冲击接地电阻的比值

土壤电阻率 ρ（Ωm）	$\leqslant 100$	500	1000	$\geqslant 2000$
工频接地电阻与冲击接地电阻的比值 $R_\sim / R_i$	1.0	1.5	2.0	3.0

注：1　本表适用于引下线接地点至接地体最远端不大于 20m 的情况；

2　如土壤电阻率在表列两个数值之间时，用插入法求得相应的比值。

本条是在表 14 的基础上，引入接地体的有效长度，并参考图 20 提出图 C.0.1 的。

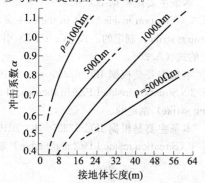

图 20　在 20kA 雷电流条件下水平接地体
（20mm～40mm 宽扁钢或直径
10mm～20mm 圆钢）的冲击系数

对图 C.0.1 的两点说明：

1　当接地体达有效长度时，$A=1$（即冲击系数等于 1）；因再长就不合理，$\alpha > 1$。

2　从图 20 可看出，当 $\rho = 500\Omega$m 时，$\alpha = 0.67$（即 $A = 1.5$），相对应的接地体长度为 13.5m，其 $l_e = 2\sqrt{\rho} = 44.7$m。所以 $l/l_e = 13.5/44.7 = 0.3$。

从图 20 可看出，α 值几乎随长度的增加而线性增大。所以其 A 值在 l/l_e 为 0.3 与 1 之间的变化从 1.5 下降到 1 也采用线性变化。$\rho = 1000\Omega$m 和 2000Ωm 时，A 值曲线的取得与上述方法相同。当 $\rho = 1000\Omega$m，$\alpha = 0.5$ 即 $A = 2$ 时 l 的长度为 13m，$l_e =$

$2\sqrt{1000} = 63$（m），所以，$l/l_e = 13/63 = 0.2$。当 $\rho = 2000\Omega$m，$\alpha = 0.33$ 即 $A = 3$ 时，从图 20 估计出 l 值约为 8m，$l_e = 2\sqrt{2000} = 89$（m），所以 $l/l_e = 8/89 = 0.1$。

C.0.2　有关接地体的有效长度另参见本规范第 5.4.6 条的条文说明。

C.0.4　混凝土在土壤中的电阻率取 100Ωm，接地体在混凝土中的有效长度为 $2\sqrt{\rho} = 20$m。所以对基础接地体取 20m 半球体范围内的钢筋体的工频接地电阻等于冲击接地电阻。

附录 D　滚球法确定接闪器的保护范围

本附录是根据本规范第 5.2.12 条的规定，采用滚球法并根据立体几何和平面几何的原理，再用图解法并列出计算式解算而得出的。

两支接闪杆之间的保护范围是按两个滚球在地面上从两侧滚向接闪杆，并与其接触后两球体的相交线而得出的。

绘制接闪器的保护范围时，将已知的数值代入计算式得出有关的数值后，用一把尺子和一支圆规就可按比例绘出所需要的保护范围。

图 D.0.5（a）（即 $2h_r > h > h_r$ 时）仅适用于保护范围最高点到接闪线之间的延长弧线（h_r 为半径的保护范围延长弧线）不触及其他物体的情况，不适用于接闪线设于建筑物外墙上方的屋檐、女儿墙上。

图 D.0.5（b）（即当 $h \leqslant h_r$ 时）不适用于接闪线设在低于屋面的外墙上。

本附录各计算式的推导见《建筑电气》1993 年第 3 期"用滚球法确定建筑物接闪器的保护范围"一文。

附录 E　分流系数 k_c

本附录主要根据 IEC 62305—3：2010 第 36 页表 12、第 46 页图 C.1（即本附录图 E.0.4）、第 47 页图 C.2 和第 50 页图 C.4 修订的。其第 36 页表 12 见表 15。

表 15　分流系数 k_c 的近似值

引下线根数 n	k_c
1	1
2	0.66
$\geqslant 3$	0.44

注：本表适用于所有 B 型接地装置，以及当邻近的接地体的接地电阻值差别不大于 2 时也适用于所有 A 型接地装置。如果每一单独接地体的接地电阻值差别大于 2 时采用 $k_c = 1$。

原文见下表：Isolation of external LPS——
Approximated values of coefficient k_c

Number of down-conductors n	k_c
1	1
2	0.66
3 and more	0.44

NOTE Value of Table 12 applies for all type B earthing arrangements and for type A earthing arrangements, provided that the earth resistance of neighbouring earth electrode do not differ by more than of 2. If the earth resistance of single earth electrodes differ by more than of 2, $k_c = 1$ is to be assumed.

在 IEC 62305—3：2010 第 41 页图 C.2 的注 2 和第 50 页图 C.4 的注均为：If interal down-conductors exist, they should be taked into account in the number n。译文：如果建筑物内存在有引下线时，宜将其计入 n 值中。

附录 F 雷 电 流

对平原和低建筑物典型的向下闪击，其可能的四种组合见图 21。

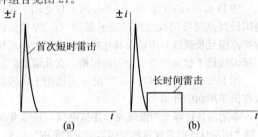

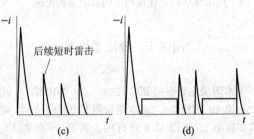

图 21 向下闪击可能的雷击组合

对约高于 100m 的高层建筑物典型的向上闪击，其可能的五种组合见图 22。

从图 21 和图 22 可分析出图 F.0.1-1。

图 F.0.1-2 的注引自 IEC 62305—1：2010，注 1 引自其第 9 页的 3.11，注 2、注 3、注 4 引自其第 9 页、第 10 页的 3.12、3.13、3.14。

增加的 "表 F.0.1-2 首次负极性雷击的雷电流参量" 是根据 IEC 62305—1：2010 第 22 页的表 3 制定的。

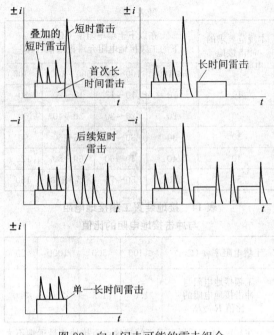

图 22 向上闪击可能的雷击组合

附录 G 环路中感应电压和电流的计算

G.0.1 本条主要是根据 IEC 62305—4：2010 第 58 页 A.5.3（Situation inside LPZ1 in the case of a nearby lightning strike）制定的。式（G.0.1-3）引自其第 57 页上的式（A.26）。

G.0.2 本条主要是根据 IEC 62305—4：2010 第 56 页 A.5.2（Situation inside LPZ1 in the case of a direct lightning strike）制定的。

G.0.3 本条主要是根据 IEC 62305—4：2010 第 59 页 A.5.4（Situation inside LPZ2 and higher）制定的。

附录 H 电缆从户外进入户内的屏蔽层截面积

本附录是根据 IEC 62305—3：2010 第 45 页附录 B 制定的。表 H.0.1-2 和表 H.0.1-3 引自 IEC 62305—2：2006 第 1 版第 128 页的表 D.3 和表 D.4。

附录 J 电涌保护器

J.1 用于电气系统的电涌保护器

J.1.1 表 J.1.1 是根据 GB 16895.22—2004/IEC 60364—5—53：2001A1：2002（建筑物电气装置，第 5-53 部分：电气设备的选择和安装，隔离、开关和控制设备，第 534 节：过电压保护器.Electrical installations of buildings—Part 5-53: Selectionand erection of equipment—Isolation, switching and control—Section 534: Devices for protection against overvoltages）第 3 页的表 53C 制定的。表中系数 1.15 中的 0.1 考虑系统的电压偏差，0.05 考虑 SPD 的老化。

J.1.2 表 J.1.2 是根据 GB 16895.22—2004 第 2 页的表 53B 制定的。图 J.1.2-1～图 J.1.2-5 是根据 GB 16895.22—2004 附录 A、附录 B、附录 C 和附录 D 制定的，但图 J.1.2-2 根据 IEC 61643—12：2008 第 120 页的图 K.2 和 121 页的图 K.3 删去了 4a（SPD）后面（右侧）的 F2 设备。

在此，介绍 SPD 的后备保护问题。以下资料来自 IEC 61643—12：2008 第 150 页附录 P 的 P.2 节熔丝耐受一次 8/20μs 和 10/350μs 电流的能力（断路器实际耐受相应的能力还取决于器件的型号，无可参考的统一资料）。

知道电涌电流的峰值 I_{crest} 及其波形可以用以下公式估算出电涌电流的 I^2t 值：

对 10/350μs 波形： $I^2t = 256.3 \times (I_{crest})^2$ (25)

对 8/20μs 波形： $I^2t = 14.01 \times (I_{crest})^2$ (26)

式中：I_{crest}——电涌电流峰值（kA）；

I^2t——单位为 $A^2 \cdot s$。

举例如下：

为能耐受一次 9kA、8/20μs 电涌电流，后备熔丝的最小预燃弧值必须大于 $I^2t = 14.01 \times 9^2 = 1134.8$（$A^2 \cdot s$）（gG 型号 32A 圆柱形熔丝的典型预燃弧值是 $1300A^2 s$）。

为能耐受一次 5kA、10/350μs 电涌电流，后备熔丝的最小预燃弧值必须大于 $I^2t = 256.3 \times 5^2 = 6407.5$（$A^2 \cdot s$）（gG 型号 63A、NH 型熔丝的典型预燃弧值是 $6500A^2 s$）。

J.2   用于电子系统的电涌保护器

J.2.1   表 J.2.1 是根据 IEC 61643—21 Ed.1.1：2009 [Low-voltage surge protective devices—Part 21: Surge protective devices connected to telecommunications and signaling networks—Performance requirements and testing methods. 低压电涌保护器，第 21 部分：电信和信号网络的电涌保护器（SPD）——性能要求和试验方法] 第 27 页的 "表 3 冲击限制电压试验用的电压波形和电流波形" 制定的。

J.2.3   图 J.2.3-1 是根据 IEC 61643—22：2004 的 7.3.1.4 的图 5 制定的。而图 J.2.3-2 是根据 IEC 61643—22：2004 的 7.3.2.2 的图 8 制定的。

中华人民共和国国家标准

建筑物电子信息系统防雷技术规范

Technical code for protection of building
electronic information system against lightning

GB 50343—2012

主编部门：四 川 省 住 房 和 城 乡 建 设 厅
批准部门：中华人民共和国住房和城乡建设部
施行日期：２０１２ 年 １２ 月 １ 日

中华人民共和国住房和城乡建设部
公　告

第 1425 号

关于发布国家标准《建筑物
电子信息系统防雷技术规范》的公告

现批准《建筑物电子信息系统防雷技术规范》为国家标准，编号为 GB 50343-2012，自 2012 年 12 月 1 日起实施。其中，第 5.1.2、5.2.5、5.4.2、7.3.3 条为强制性条文，必须严格执行。原《建筑物电子信息系统防雷技术规范》GB 50343-2004 同时废止。

本规范由我部标准定额研究所组织中国建筑工业出版社出版发行。

中华人民共和国住房和城乡建设部

2012 年 6 月 11 日

前　　言

本规范是根据原建设部《关于印发〈2007 年工程建设标准规范制订、修订计划(第一批)〉的通知》(建标[2007]125 号)的要求,由中国建筑标准设计研究院和四川中光高科产业发展集团在《建筑物电子信息系统防雷技术规范》GB 50343－2004 的基础上修订完成的。

本规范共分 8 章和 6 个附录。主要技术内容包括:总则、术语、雷电防护分区、雷电防护等级划分和雷击风险评估、防雷设计、防雷施工、检测与验收、维护与管理。

本规范修订的主要内容为:

1. 删除了原规范中未使用的个别术语,增加了正确理解本规范所需的术语解释。此外,保留的原术语解释内容也进行了调整。

2. 增加了按风险管理要求进行雷击风险评估的内容。同时,在附录部分增加了按风险管理要求进行雷击风险评估的具体评估计算方法。

3. 对表 4.3.1 中各种建筑物电子信息系统雷电防护等级的划分进行了调整。

4. 对第 5 章"防雷设计"的内容进行了修改补充。

5. 第 7 章名称修改为"检测与验收",内容进行了调整。

6. 增加三个附录,即附录 B"按风险管理要求进行的雷击风险评估",附录 D"雷击磁场强度的计算方法",附录 E"信号线路浪涌保护器冲击试验波形和参数"。附录 F"全国主要城市年平均雷暴日数统计表"按可获得的最新数据进行了修改,仅列出直辖市、省会城市及部分二级城市的年平均雷暴日。取消了原附录"验收检测表"。

7. 规范中第 5.2.6 条和 5.5.7 条第 2 款(原规范第 5.4.10 条第 2 款)不再作为强制性条文。

本规范中以黑体字标志的条文为强制性条文,必须严格执行。

本规范由住房和城乡建设部负责管理和对强制性条文的解释。四川省住房和城乡建设厅负责日常管理,中国建筑标准设计研究院和四川中光防雷科技股份有限公司负责具体技术内容的解释。在执行过程中,如发现需要修改或补充之处,请将意见和建议寄往中国建筑标准设计研究院(地址:北京市海淀区首体南路 9 号主语国际 2 号楼,邮政编码:100048);四川中光防雷科技股份有限公司(地址:四川省成都市高新西区天宇路 19 号,邮政编码:611731)。

本 规 范 主 编 单 位:中国建筑标准设计研究院
　　　　　　　　　　四川中光防雷科技股份有限公司

本 规 范 参 编 单 位:中南建筑设计院股份有限公司
　　　　　　　　　　中国建筑设计研究院
　　　　　　　　　　北京市建筑设计研究院
　　　　　　　　　　现代设计集团华东建筑设计研究院有限公司
　　　　　　　　　　四川省防雷中心
　　　　　　　　　　上海市防雷中心
　　　　　　　　　　北京爱劳高科技有限公司
　　　　　　　　　　武汉岱嘉电气技术有限公司
　　　　　　　　　　浙江雷泰电气有限公司

本规范主要起草人:王德言　李雪佩　刘寿先
　　　　　　　　　　孙成群　张文才　邵民杰
　　　　　　　　　　汪　隽　陈　勇　孙　兰
　　　　　　　　　　徐志敏　黄晓虹　蔡振新
　　　　　　　　　　王维国　张红文　杨国华
　　　　　　　　　　张祥贵　汪海涛　王守奎

本规范主要审查人员:田有连　周璧华　张　宜
　　　　　　　　　　王金元　杨德才　杜毅威
　　　　　　　　　　陈众励　张钛仁　赵　军
　　　　　　　　　　张力欣

目 次

Contents

1 总　则

1.0.1　为防止和减少雷电对建筑物电子信息系统造成的危害，保护人民的生命和财产安全，制定本规范。

1.0.2　本规范适用于新建、改建和扩建的建筑物电子信息系统防雷的设计、施工、验收、维护和管理。本规范不适用于爆炸和火灾危险场所的建筑物电子信息系统防雷。

1.0.3　建筑物电子信息系统的防雷应坚持预防为主、安全第一的原则。

1.0.4　在进行建筑物电子信息系统防雷设计时，应根据建筑物电子信息系统的特点，按工程整体要求，进行全面规划，协调统一外部防雷措施和内部防雷措施，做到安全可靠、技术先进、经济合理。

1.0.5　建筑物电子信息系统应采用外部防雷和内部防雷措施进行综合防护。

1.0.6　建筑物电子信息系统应根据环境因素、雷电活动规律、设备所在雷电防护区和系统对雷电电磁脉冲的抗扰度、雷击事故受损程度以及系统设备的重要性，采取相应的防护措施。

1.0.7　建筑物电子信息系统防雷除应符合本规范外，尚应符合国家现行有关标准的规定。

2 术　语

2.0.1　电子信息系统　electronic information system

由计算机、通信设备、处理设备、控制设备、电力电子装置及其相关的配套设备、设施（含网络）等的电子设备构成的，按照一定应用目的和规则对信息进行采集、加工、存储、传输、检索等处理的人机系统。

2.0.2　雷电防护区（LPZ）　lightning protection zone

规定雷电电磁环境的区域，又称防雷区。

2.0.3　雷电电磁脉冲（LEMP）　lightning electromagnetic impulse

雷电流的电磁效应。

2.0.4　雷电电磁脉冲防护系统（LPMS）　LEMP protection measures system

用于防御雷电电磁脉冲的措施构成的整个系统。

2.0.5　综合防雷系统　synthetic lightning protection system

外部和内部雷电防护系统的总称。外部防雷由接闪器、引下线和接地装置等组成，用于直击雷的防护。内部防雷由等电位连接、共用接地装置、屏蔽、合理布线、浪涌保护器等组成，用于减小和防止雷电流在需防护空间内所产生的电磁效应。

2.0.6　共用接地系统　common earthing system

将防雷系统的接地装置、建筑物金属构件、低压配电保护线（PE）、等电位连接端子板或连接带、设备保护地、屏蔽体接地、防静电接地、功能性接地等连接在一起构成共用的接地系统。

2.0.7　自然接地体　natural earthing electrode

兼有接地功能、但不是为此目的而专门设置的与大地有良好接触的各种金属构件、金属井管、混凝土中的钢筋等的统称。

2.0.8　接地端子　earthing terminal

将保护导体、等电位连接导体和工作接地导体与接地装置连接的端子或接地排。

2.0.9　总等电位接地端子板　main equipotential earthing terminal board

将多个接地端子连接在一起并直接与接地装置连接的金属板。

2.0.10　楼层等电位接地端子板　floor equipotential earthing terminal board

建筑物内楼层设置的接地端子板，供局部等电位接地端子板作等电位连接用。

2.0.11　局部等电位接地端子板（排）　local equipotential earthing terminal board

电子信息系统机房内局部等电位连接网络接地的端子板。

2.0.12　等电位连接　equipotential bonding

直接用连接导体或通过浪涌保护器将分离的金属部件、外来导电物、电力线路、通信线路及其他电缆连接起来以减小雷电流在它们之间产生电位差的措施。

2.0.13　等电位连接带　equipotential bonding bar

用作等电位连接的金属导体。

2.0.14　等电位连接网络　equipotential bonding network

建筑物内用作等电位连接的所有导体和浪涌保护器组成的网络。

2.0.15　电磁屏蔽　electromagnetic shielding

用导电材料减少交变电磁场向指定区域穿透的措施。

2.0.16　浪涌保护器（SPD）　surge protective device

用于限制瞬态过电压和泄放浪涌电流的电器，它至少包含一个非线性元件，又称电涌保护器。

2.0.17　电压开关型浪涌保护器　voltage switching type SPD

这种浪涌保护器在无浪涌时呈现高阻抗，当出现电压浪涌时突变为低阻抗。通常采用放电间隙、气体放电管、晶闸管和三端双向可控硅元件作这类浪涌保护器的组件。

2.0.18　电压限制型浪涌保护器　voltage limiting type SPD

这种浪涌保护器在无浪涌时呈现高阻抗，但随浪涌电流和电压的增加其阻抗会不断减小，又称限压型浪涌保护器。用作这类非线性装置的常见器件有压敏电阻和抑制二极管。

2.0.19 标称放电电流 nominal discharge current (I_n)

流过浪涌保护器，具有 $8/20\mu s$ 波形的电流峰值，用于浪涌保护器的Ⅱ类试验以及Ⅰ类、Ⅱ类试验的预处理试验。

2.0.20 最大放电电流 maximum discharge current (I_{max})

流过浪涌保护器，具有 $8/20\mu s$ 波形的电流峰值，其值按Ⅱ类动作负载试验的程序确定。I_{max} 大于 I_n。

2.0.21 冲击电流 impulse current (I_{imp})

由电流峰值 I_{peak}、电荷量 Q 和比能量 W/R 三个参数定义的电流，用于浪涌保护器的Ⅰ类试验，典型波形为 $10/350\mu s$。

2.0.22 最大持续工作电压 maximum continuous operating voltage (U_c)

可连续施加在浪涌保护器上的最大交流电压有效值或直流电压。

2.0.23 残压 residual voltage (U_{res})

放电电流流过浪涌保护器时，在其端子间的电压峰值。

2.0.24 限制电压 measured limiting voltage

施加规定波形和幅值的冲击时，在浪涌保护器接线端子间测得的最大电压峰值。

2.0.25 电压保护水平 voltage protection level (U_p)

表征浪涌保护器限制接线端子间电压的性能参数，该值应大于限制电压的最高值。

2.0.26 有效保护水平 effective protection level ($U_{p/f}$)

浪涌保护器连接导线的感应电压降与浪涌保护器电压保护水平 U_p 之和。

2.0.27 $1.2/50\mu s$ 冲击电压 $1.2/50\mu s$ voltage impulse

视在波前时间为 $1.2\mu s$，半峰值时间为 $50\mu s$ 的冲击电压。

2.0.28 $8/20\mu s$ 冲击电流 $8/20\mu s$ current impulse

视在波前时间为 $8\mu s$，半峰值时间为 $20\mu s$ 的冲击电流。

2.0.29 复合波 combination wave

复合波由冲击发生器产生，开路时输出 $1.2/50\mu s$ 冲击电压，短路时输出 $8/20\mu s$ 冲击电流。提供给浪涌保护器的电压、电流幅值及其波形由冲击发生器和受冲击作用的浪涌保护器的阻抗而定。开路电压峰值和短路电流峰值之比为 2Ω，该比值定义为虚拟输出阻抗 Z_f。短路电流用符号 I_{sc} 表示，开路电压用符号 U_{oc} 表示。

2.0.30 Ⅰ类试验 class Ⅰ test

按本规范第 2.0.19 条定义的标称放电电流 I_n，第 2.0.27 条定义的 $1.2/50\mu s$ 冲击电压和第 2.0.21 条定义的冲击电流 I_{imp} 进行的试验。Ⅰ类试验也可用 T1 外加方框表示，即 T1 。

2.0.31 Ⅱ类试验 class Ⅱ test

按本规范第 2.0.19 条定义的标称放电电流 I_n，第 2.0.27 条定义的 $1.2/50\mu s$ 冲击电压和第 2.0.20 条定义的最大放电电流 I_{max} 进行的试验。Ⅱ类试验也可用 T2 外加方框表示，即 T2 。

2.0.32 Ⅲ类试验 class Ⅲ test

按本规范第 2.0.29 条定义的复合波进行的试验。Ⅲ类试验也可用 T3 外加方框表示，即 T3 。

2.0.33 插入损耗 insertion loss

传输系统中插入一个浪涌保护器所引起的损耗，其值等于浪涌保护器插入前后的功率比。插入损耗常用分贝（dB）来表示。

2.0.34 劣化 degradation

由于浪涌、使用或不利环境的影响造成浪涌保护器原始性能参数的变化。

2.0.35 热熔焊 exothermic welding

利用放热化学反应时快速产生超高热量，使两导体熔化成一体的连接方法。

2.0.36 雷击损害风险 risk of lightning damage (R)

雷击导致的年平均可能损失（人和物）与受保护对象的总价值（人和物）之比。

3 雷电防护分区

3.1 地区雷暴日等级划分

3.1.1 地区雷暴日等级应根据年平均雷暴日数划分。

3.1.2 地区雷暴日数应以国家公布的当地年平均雷暴日数为准。

3.1.3 按年平均雷暴日数，地区雷暴日等级宜划分为少雷区、中雷区、多雷区、强雷区：

　　1 少雷区：年平均雷暴日在 25d 及以下的地区；

　　2 中雷区：年平均雷暴日大于 25d，不超过 40d 的地区；

　　3 多雷区：年平均雷暴日大于 40d，不超过 90d 的地区；

　　4 强雷区：年平均雷暴日超过 90d 的地区。

3.2 雷电防护区划分

3.2.1 需要保护和控制雷电电磁脉冲环境的建筑物应按本规范第 3.2.2 条的规定划分为不同的雷电防护区。

3.2.2 雷电防护区应符合下列规定：

1 LPZ0_A 区：受直接雷击和全部雷电电磁场威胁的区域。该区域的内部系统可能受到全部或部分雷电浪涌电流的影响；

2 LPZ0_B 区：直接雷击的防护区，但该区域的威胁仍是全部雷电电磁场。该区域的内部系统可能受到部分雷电浪涌电流的影响；

3 LPZ1 区：由于边界处分流和浪涌保护器的作用使浪涌电流受到限制的区域。该区域的空间屏蔽可以衰减雷电电磁场；

4 LPZ2~n 后续防雷区：由于边界处分流和浪涌保护器的作用使浪涌电流受到进一步限制的区域。该区域的空间屏蔽可以进一步衰减雷电电磁场。

3.2.3 保护对象应置于电磁特性与该对象耐受能力相兼容的雷电防护区内。

4 雷电防护等级划分和雷击风险评估

4.1 一般规定

4.1.1 建筑物电子信息系统可按本规范第 4.2 节、第 4.3 节或第 4.4 节规定的方法进行雷击风险评估。

4.1.2 建筑物电子信息系统可按本规范第 4.2 节防雷装置的拦截效率或本规范第 4.3 节电子信息系统的重要性、使用性质和价值确定雷电防护等级。

4.1.3 对于重要的建筑物电子信息系统，宜分别采用本规范第 4.2 节和 4.3 节规定的两种方法进行评估，按其中较高防护等级确定。

4.1.4 重点工程或用户提出要求时，可按本规范第 4.4 节雷电防护风险管理方法确定雷电防护措施。

4.2 按防雷装置的拦截效率确定雷电防护等级

4.2.1 建筑物及入户设施年预计雷击次数 N 值可按下式确定：

$$N = N_1 + N_2 \tag{4.2.1}$$

式中：N_1——建筑物年预计雷击次数（次/a），按本规范附录 A 的规定计算；

N_2——建筑物入户设施年预计雷击次数（次/a），按本规范附录 A 的规定计算。

4.2.2 建筑物电子信息系统设备因直接雷击和雷电电磁脉冲可能造成损坏，可接受的年平均最大雷击次数 N_c 可按下式计算：

$$N_c = 5.8 \times 10^{-1}/C \tag{4.2.2}$$

式中：C——各类因子，按本规范附录 A 的规定取值。

4.2.3 确定电子信息系统设备是否需要安装雷电防护装置时，应将 N 和 N_c 进行比较：

1 当 N 小于或等于 N_c 时，可不安装雷电防护装置；

2 当 N 大于 N_c 时，应安装雷电防护装置。

4.2.4 安装雷电防护装置时，可按下式计算防雷装置拦截效率 E：

$$E = 1 - N_c/N \tag{4.2.4}$$

4.2.5 电子信息系统雷电防护等级应按防雷装置拦截效率 E 确定，并应符合下列规定：

1 当 E 大于 0.98 时，定为 A 级；

2 当 E 大于 0.90 小于或等于 0.98 时，定为 B 级；

3 当 E 大于 0.80 小于或等于 0.90 时，定为 C 级；

4 当 E 小于或等于 0.80 时，定为 D 级。

4.3 按电子信息系统的重要性、使用性质和价值确定雷电防护等级

4.3.1 建筑物电子信息系统可根据其重要性、使用性质和价值，按表 4.3.1 选择确定雷电防护等级。

表 4.3.1　建筑物电子信息系统雷电防护等级

雷电防护等级	建筑物电子信息系统
A 级	1. 国家级计算中心、国家级通信枢纽、特级和一级金融设施、大中型机场、国家级和省级广播电视中心、枢纽港口、火车枢纽站、省级城市水、电、气、热等城市重要公用设施的电子信息系统； 2. 一级安全防范单位，如国家文物、档案库的闭路电视监控和报警系统； 3. 三级医院电子医疗设备
B 级	1. 中型计算中心、二级金融设施、中型通信枢纽、移动通信基站、大型体育场（馆）、小型机场、大型港口、大型火车站的电子信息系统； 2. 二级安全防范单位，如省级文物、档案库的闭路电视监控和报警系统； 3. 雷达站、微波站电子信息系统，高速公路监控和收费系统； 4. 二级医院电子医疗设备； 5. 五星及更高星级宾馆电子信息系统
C 级	1. 三级金融设施、小型通信枢纽电子信息系统； 2. 大中型有线电视系统； 3. 四星及以下级宾馆电子信息系统
D 级	除上述 A、B、C 级以外的一般用途的需防护电子信息设备

注：表中未列举的电子信息系统也可参照本表选择防护等级。

4.4 按风险管理要求进行雷击风险评估

4.4.1 因雷击导致建筑物的各种损失对应的风险分量 R_X 可按下式估算：

$$R_X = N_X \times P_X \times L_X \quad (4.4.1)$$

式中：N_X——年平均雷击危险事件次数；

$\quad\quad P_X$——每次雷击损害概率；

$\quad\quad L_X$——每次雷击损失率。

4.4.2 建筑物的雷击损害风险 R 可按下式估算：

$$R = \sum R_X \quad (4.4.2)$$

式中：R_X——建筑物的雷击损害风险涉及的风险分量 $R_A \sim R_Z$，按本规范附录 B 表 B.2.6 的规定确定。

4.4.3 根据风险管理的要求，应计算建筑物雷击损害风险 R，并与风险容许值比较。当所有风险均小于或等于风险容许值，可不增加防雷措施；当某风险大于风险容许值，应增加防雷措施减小该风险，使其小于或等于风险容许值，并宜评估雷电防护措施的经济合理性。详细评估和计算方法应符合本规范附录 B 的规定。

5 防雷设计

5.1 一般规定

5.1.1 建筑物电子信息系统宜进行雷击风险评估并采取相应的防护措施。

5.1.2 需要保护的电子信息系统必须采取等电位连接与接地保护措施。

5.1.3 建筑物电子信息系统应根据需要保护的设备数量、类型、重要性、耐冲击电压额定值及所要求的电磁场环境等情况选择下列雷电电磁脉冲的防护措施：

　　1 等电位连接和接地；

　　2 电磁屏蔽；

　　3 合理布线；

　　4 能量配合的浪涌保护器防护。

5.1.4 新建工程的防雷设计应收集以下相关资料：

　　1 建筑物所在地区的地形、地物状况、气象条件和地质条件；

　　2 建筑物或建筑物群的长、宽、高度及位置分布，相邻建筑物的高度、接地等情况；

　　3 建筑物内各楼层及楼顶需保护的电子信息系统设备的分布状况；

　　4 配置于各楼层工作间或设备机房内需保护设备的类型、功能及性能参数；

　　5 电子信息系统的网络结构；

　　6 电源线路、信号线路进入建筑物的方式；

　　7 供、配电情况及其配电系统接地方式等。

5.1.5 扩、改建工程除应具备上述资料外，还应收集下列相关资料：

　　1 防直击雷接闪装置的现状；

　　2 引下线的现状及其与电子信息系统设备接地引入线间的距离；

　　3 高层建筑物防侧击雷的措施；

　　4 电气竖井内线路敷设情况；

　　5 电子信息系统设备的安装情况及耐受冲击电压水平；

　　6 总等电位连接及各局部等电位连接状况，共用接地装置状况；

　　7 电子信息系统的功能性接地导体与等电位连接网络互连情况；

　　8 地下管线、隐蔽工程分布情况；

　　9 曾经遭受过的雷击灾害的记录等资料。

5.2 等电位连接与共用接地系统设计

5.2.1 机房内电子信息设备应作等电位连接。等电位连接的结构形式应采用 S 型、M 型或它们的组合（图 5.2.1）。电气和电子设备的金属外壳、机柜、机架、金属管、槽、屏蔽线缆金属外层、电子设备防静电接地、安全保护接地、功能性接地、浪涌保护器接地端等均应以最短的距离与 S 型结构的接地基准点或 M 型结构的网格连接。机房等电位连接网络应与共用接地系统连接。

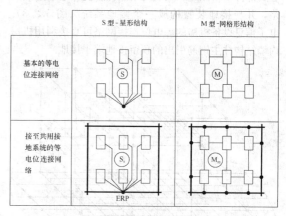

图 5.2.1 电子信息系统等电位连接网络的基本方法

—— 共用接地系统；—— 等电位连接导体；

☐ 设备；● 等电位连接网络的连接点；

ERP 接地基准点；S_s 单点等电位连接的星形结构；

M_m 网状等电位连接的网格形结构。

5.2.2 在 $LPZ0_A$ 或 $LPZ0_B$ 区与 LPZ1 区交界处应设置总等电位接地端子板，总等电位接地端子板与接地装置的连接不应少于两处；每层楼宜设置楼层等电位接地端子板；电子信息系统设备机房应设置局部等电位接地端子板。各类等电位接地端子板之间的连接导体宜采用多股铜芯导线或铜带。连接导体最小截面积应符合表 5.2.2-1 的规定。各类等电位接地端子板宜采用铜带，其导体最小截面积应符合表 5.2.2-2 的规定。

表 5.2.2-1　各类等电位连接导体最小截面积

名　称	材　料	最小截面积 (mm²)
垂直接地干线	多股铜芯导线或铜带	50
楼层端子板与机房局部端子板之间的连接导体	多股铜芯导线或铜带	25
机房局部端子板之间的连接导体	多股铜芯导线	16
设备与机房等电位连接网络之间的连接导体	多股铜芯导线	6
机房网格	铜箔或多股铜芯导体	25

表 5.2.2-2　各类等电位接地端子板最小截面积

名　称	材　料	最小截面积 (mm²)
总等电位接地端子板	铜带	150
楼层等电位接地端子板	铜带	100
机房局部等电位接地端子板（排）	铜带	50

5.2.3　等电位连接网络应利用建筑物内部或其上的金属部件多重互连，组成网格状低阻抗等电位连接网络，并与接地装置构成一个接地系统（图 5.2.3）。电子信息设备机房的等电位连接网络可直接利用机房内墙结构柱主钢筋引出的预留接地端子接地。

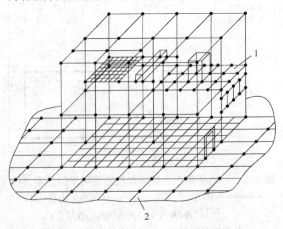

图 5.2.3　由等电位连接网络与接地装置
组合构成的三维接地系统示例
1—等电位连接网络；2—接地装置

5.2.4　某些特殊重要的建筑物电子信息系统可设专用垂直接地干线。垂直接地干线由总等电位接地端子板引出，同时与建筑物各层钢筋或均压带连通。各楼层设置的接地端子板应与垂直接地干线连接。垂直接

地干线宜在竖井内敷设，通过连接导体引入设备机房与机房局部等电位接地端子板连接。音、视频等专用设备工艺接地干线应通过专用等电位接地端子板独立引至设备机房。

5.2.5　防雷接地与交流工作接地、直流工作接地、安全保护接地共用一组接地装置时，接地装置的接地电阻值必须按接入设备中要求的最小值确定。

5.2.6　接地装置应优先利用建筑物的自然接地体，当自然接地体的接地电阻达不到要求时应增加人工接地体。

5.2.7　机房设备接地线不应从接闪带、铁塔、防雷引下线直接引入。

5.2.8　进入建筑物的金属管线（含金属管、电力线、信号线）应在入口处就近连接到等电位连接端子板上。在 LPZ1 入口处应分别设置适配的电源和信号浪涌保护器，使电子信息系统的带电导体实现等电位连接。

5.2.9　电子信息系统涉及多个相邻建筑物时，宜采用两根水平接地体将各建筑物的接地装置相互连通。

5.2.10　新建建筑物的电子信息系统在设计、施工时，宜在各楼层、机房内墙结构柱主钢筋处引出和预留等电位接地端子。

5.3　屏蔽及布线

5.3.1　为减小雷电电磁脉冲在电子信息系统内产生的浪涌，宜采用建筑物屏蔽、机房屏蔽、设备屏蔽、线缆屏蔽和线缆合理布设措施，这些措施应综合使用。

5.3.2　电子信息系统设备机房的屏蔽应符合下列规定：

　　1　建筑物的屏蔽宜利用建筑物的金属框架、混凝土中的钢筋、金属墙面、金属屋顶等自然金属部件与防雷装置连接构成格栅型大空间屏蔽；

　　2　当建筑物自然金属部件构成的大空间屏蔽不能满足机房内电子信息系统电磁环境要求时，应增加机房屏蔽措施；

　　3　电子信息系统设备主机房宜选择在建筑物低层中心部位，其设备应配置在 LPZ1 区之后的后续防雷区内，并与相应的雷电防护区屏蔽体及结构柱留有一定的安全距离（图 5.3.2）。

　　4　屏蔽效果及安全距离可按本规范附录 D 规定的计算方法确定。

5.3.3　线缆屏蔽应符合下列规定：

　　1　与电子信息系统连接的金属信号线缆采用屏蔽电缆时，应在屏蔽层两端并宜在雷电防护区交界处做等电位连接并接地。当系统要求单端接地时，宜采用两层屏蔽或穿钢管敷设，外层屏蔽或钢管按前述要求处理；

　　2　当户外采用非屏蔽电缆时，从人孔井或手孔

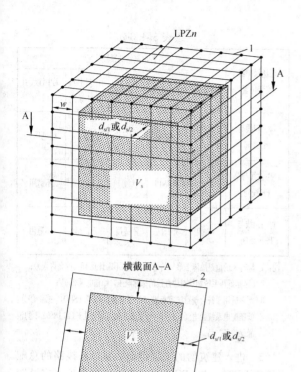

图 5.3.2　LPZn 内用于安装电子信息系统的空间
1—屏蔽网格；2—屏蔽体；V_s—安装电子信息系统的空间；
$d_{s/1}$、$d_{s/2}$—空间 V_s 与 LPZn 的屏蔽体间应保持的安全距离；
w—空间屏蔽网格宽度

井到机房的引入线应穿钢管埋地引入，埋地长度 l 可按公式（5.3.3）计算，但不宜小于 15m；电缆屏蔽槽或金属管道应在入户处进行等电位连接；

$$l \geqslant 2\sqrt{\rho} \quad \text{(m)} \qquad (5.3.3)$$

式中：ρ——埋地电缆处的土壤电阻率（$\Omega \cdot m$）。

　　3　当相邻建筑物的电子信息系统之间采用电缆互联时，宜采用屏蔽电缆，非屏蔽电缆应敷设在金属电缆管道内；屏蔽电缆屏蔽层两端或金属管道两端应分别连接到独立建筑物各自的等电位连接带上。采用屏蔽电缆互联时，电缆屏蔽层应能承载可预见的雷电流；

　　4　光缆的所有金属接头、金属护层、金属挡潮层、金属加强芯等，应在进入建筑物处直接接地。

　5.3.4　线缆敷设应符合下列规定：

　　1　电子信息系统线缆宜敷设在金属线槽或金属管道内。电子信息系统线路宜靠近等电位连接网络的金属部件敷设，不宜贴近雷电防护区的屏蔽层；

　　2　布置电子信息系统线缆路由走向时，应尽量减小由线缆自身形成的电磁感应环路面积（图 5.3.4）。

　　3　电子信息系统线缆与其他管线的间距应符合表 5.3.4-1 的规定。

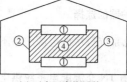 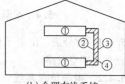

（a）不合理布线系统　　　（b）合理布线系统

图 5.3.4　合理布线减少感应环路面积
①—设备；②—a 线（电源线）；③—b 线（信号线）；
④—感应环路面积

表 5.3.4-1　电子信息系统线缆与其他管线的间距

其他管线类别	电子信息系统线缆与其他管线的净距	
	最小平行净距（mm）	最小交叉净距（mm）
防雷引下线	1000	300
保护地线	50	20
给水管	150	20
压缩空气管	150	20
热力管（不包封）	500	500
热力管（包封）	300	300
燃气管	300	20

注：当线缆敷设高度超过 6000mm 时，与防雷引下线的交叉净距应大于或等于 0.05H（H 为交叉处防雷引下线距地面的高度）。

　　4　电子信息系统信号电缆与电力电缆的间距应符合表 5.3.4-2 的规定。

表 5.3.4-2　电子信息系统信号电缆与电力电缆的间距

类别	与电子信息系统信号线缆接近状况	最小间距（mm）
380V 电力电缆容量小于 2kV·A	与信号线缆平行敷设	130
	有一方在接地的金属线槽或钢管中	70
	双方都在接地的金属线槽或钢管中	10
380V 电力电缆容量（2~5)kV·A	与信号线缆平行敷设	300
	有一方在接地的金属线槽或钢管中	150
	双方都在接地的金属线槽或钢管中	80
380V 电力电缆容量大于 5kV·A	与信号线缆平行敷设	600
	有一方在接地的金属线槽或钢管中	300
	双方都在接地的金属线槽或钢管中	150

注：1　当 380V 电力电缆的容量小于 2kV·A，双方都在接地的线槽中，且平行长度小于或等于 10m 时，最小间距可为 10mm。

　　2　双方都在接地的线槽中，系指两个不同的线槽，也可在同一线槽中用金属板隔开。

5.4 浪涌保护器的选择

5.4.1 室外进、出电子信息系统机房的电源线路不宜采用架空线路。

5.4.2 电子信息系统设备由 TN 交流配电系统供电时，从建筑物内总配电柜（箱）开始引出的配电线路必须采用 TN-S 系统的接地形式。

5.4.3 电源线路浪涌保护器的选择应符合下列规定：

1 配电系统中设备的耐冲击电压额定值 U_w 可按表 5.4.3-1 规定选用。

表 5.4.3-1　220V/380V 三相配电系统中各种设备耐冲击电压额定值 U_w

设备位置	电源进线端设备	配电分支线路设备	用电设备	需要保护的电子信息设备
耐冲击电压类别	IV类	III类	II类	I类
U_w (kV)	6	4	2.5	1.5

2 浪涌保护器的最大持续工作电压 U_c 不应低于表 5.4.3-2 规定的值。

表 5.4.3-2　浪涌保护器的最小 U_c 值

浪涌保护器安装位置	配电网络的系统特征				
	TT 系统	TN-C 系统	TN-S 系统	引出中性线的 IT 系统	无中性线引出的 IT 系统
每一相线与中性线间	$1.15U_0$	不适用	$1.15U_0$	$1.15U_0$	不适用

续表 5.4.3-2

浪涌保护器安装位置	配电网络的系统特征				
	TT 系统	TN-C 系统	TN-S 系统	引出中性线的 IT 系统	无中性线引出的 IT 系统
每一相线与 PE 线间	$1.15U_0$	不适用	$1.15U_0$	$\sqrt{3}U_0^*$	线电压*
中性线与 PE 线间	U_0^*	不适用	U_0^*	U_0^*	不适用
每一相线与 PEN 线间	不适用	$1.15U_0$	不适用	不适用	不适用

注：1 标有 * 的值是故障下最坏的情况，所以不需计及 15% 的允许误差；

2 U_0 是低压系统相线对中性线的标称电压，即相电压 220V；

3 此表适用于符合现行国家标准《低压电涌保护器（SPD）第 1 部分：低压配电系统的电涌保护器　性能要求和试验方法》GB 18802.1 的浪涌保护器产品。

3 进入建筑物的交流供电线路，在线路的总配电箱等 LPZ0_A 或 LPZ0_B 与 LPZ1 区交界处，应设置 I 类试验的浪涌保护器或 II 类试验的浪涌保护器作为第一级保护；在配电线路分配电箱、电子设备机房配电箱等后续防护区交界处，可设置 II 类或 III 类试验的浪涌保护器作为后级保护；特殊重要的电子信息设备电源端口可安装 II 类或 III 类试验的浪涌保护器作为精细保护（图 5.4.3-1）。使用直流电源的信息设备，视其工作电压要求，宜安装适配的直流电源线路浪涌保护器。

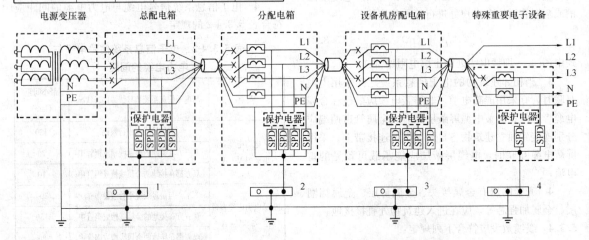

图 5.4.3-1　TN-S 系统的配电线路浪涌保护器安装位置示意图

✕—空气断路器；SPD—浪涌保护器；⌒⌒—退耦器件；⊙●●—等电位接地端子板；

1—总等电位接地端子板；2—楼层等电位接地端子板；3、4—局部等电位接地端子板

4 浪涌保护器设置级数应综合考虑保护距离、浪涌保护器连接导线长度、被保护设备耐冲击电压额定值 U_w 等因素。各级浪涌保护器应能承受在安装点上预计的放电电流，其有效保护水平 $U_{p/f}$ 应小于相应类别设备的 U_w。

5 LPZ0 和 LPZ1 界面处每条电源线路的浪涌保护器的冲击电流 I_{imp}，当采用非屏蔽线缆时按公式（5.4.3-1）估算确定；当采用屏蔽线缆时按公式

(5.4.3-2)估算确定；当无法计算确定时应取 I_{imp} 大于或等于 12.5kA。

$$I_{imp} = \frac{0.5I}{(n_1 + n_2)m} \text{(kA)} \qquad (5.4.3\text{-}1)$$

$$I_{imp} = \frac{0.5IR_s}{(n_1 + n_2) \times (mR_s + R_c)} \text{(kA)}$$
$$(5.4.3\text{-}2)$$

式中：I——雷电流，按本规范附录 C 确定（kA）；

n_1——埋地金属管、电源及信号线缆的总数目；

n_2——架空金属管、电源及信号线缆的总数目；

m——每一线缆内导线的总数目；

R_s——屏蔽层每千米的电阻（Ω/km）；

R_c——芯线每千米的电阻（Ω/km）。

6 当电压开关型浪涌保护器至限压型浪涌保护器之间的线路长度小于 10m、限压型浪涌保护器之间的线路长度小于 5m 时，在两级浪涌保护器之间应加装退耦装置。当浪涌保护器具有能量自动配合功能时，浪涌保护器之间的线路长度不受限制。浪涌保护器应有过电流保护装置和劣化显示功能。

7 按本规范第 4.2 节或 4.3 节确定雷电防护等级时，用于电源线路的浪涌保护器的冲击电流和标称放电电流参数推荐值宜符合表 5.4.3-3 规定。

表 5.4.3-3 电源线路浪涌保护器冲击电流和标称放电电流参数推荐值

雷电防护等级	总配电箱	分配电箱	设备机房配电箱和需要特殊保护的电子信息设备端口处		
	LPZ0 与 LPZ1 边界	LPZ1 与 LPZ2 边界	后续防护区的边界		
	10/350μs Ⅰ类试验	8/20μs Ⅱ类试验	8/20μs Ⅱ类试验	8/20μs Ⅱ类试验	1.2/50μs 和 8/20μs 复合波Ⅲ类试验
	I_{imp} (kA)	I_n (kA)	I_n (kA)	I_n (kA)	U_{oc}(kV)/I_{sc}(kA)
A	≥20	≥80	≥40	≥5	≥10/≥5
B	≥15	≥60	≥30	≥5	≥10/≥5
C	≥12.5	≥50	≥20	≥5	≥6/≥3
D	≥12.5	≥50	≥10	≥3	≥6/≥3

注：SPD 分级应根据保护距离、SPD 连接导线长度、被保护设备耐冲击电压额定值 U_w 等因素确定。

8 电源线路浪涌保护器在各个位置安装时，浪涌保护器的连接导线应短直，其总长度不宜大于 0.5m。有效保护水平 $U_{p/f}$ 应小于设备耐冲击电压额定值 U_w（图 5.4.3-2）。

9 电源线路浪涌保护器安装位置与被保护设备间的线路长度大于 10m 且有效保护水平大于 $U_w/2$

时，应按公式(5.4.3-3)和公式(5.4.3-4)估算振荡保护距离 L_{po}；当建筑物位于多雷区或强雷区且没有线路屏蔽措施时，应按公式(5.4.3-5)和公式(5.4.3-6)估算感应保护距离 L_{pi}。

$$L_{po} = (U_w - U_{P/f})/k \text{(m)} \qquad (5.4.3\text{-}3)$$

$$k = 25 \text{(V/m)} \qquad (5.4.3\text{-}4)$$

$$L_{pi} = (U_w - U_{P/f})/h \text{(m)} \qquad (5.4.3\text{-}5)$$

$$h = 30000 \times K_{s1} \times K_{s2} \times K_{s3} \text{(V/m)}$$
$$(5.4.3\text{-}6)$$

式中：U_w——设备耐冲击电压额定值；

$U_{p/f}$——有效保护水平，即连接导线的感应电压降与浪涌保护器的 U_p 之和；

K_{s1}、K_{s2}、K_{s3}——本规范附录 B 第 B.5.14 条中给出的因子。

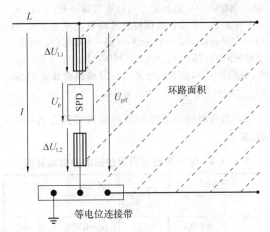

图 5.4.3-2 相线与等电位连接带之间的电压

I—局部雷电流；$U_{p/f} = U_p + \Delta U$——有效保护水平；

U_p—SPD 的电压保护水平；

$\Delta U = \Delta U_{L1} + \Delta U_{L2}$——连接导线上的感应电压

10 入户处第一级电源浪涌保护器与被保护设备间的线路长度大于 L_{po} 或 L_{pi} 值时，应在配电线路的分配电箱处或在被保护设备处增设浪涌保护器。当分配电箱处电源浪涌保护器与被保护设备间的线路长度大于 L_{po} 或 L_{pi} 值时，应在被保护设备处增设浪涌保护器。被保护的电子信息设备处增设浪涌保护器时，U_p 应小于设备耐冲击电压额定值 U_w，宜留有 20%裕量。在一条线路上设置多级浪涌保护器时应考虑他们之间的能量协调配合。

5.4.4 信号线路浪涌保护器的选择应符合下列规定：

1 电子信息系统信号线路浪涌保护器应根据线路的工作频率、传输速率、传输带宽、工作电压、接口形式和特性阻抗等参数，选择插入损耗小、分布电容小、并与纵向平衡、近端串扰指标适配的浪涌保护器。U_c 应大于线路上的最大工作电压 1.2 倍，U_p 应低于被保护设备的耐冲击电压额定值 U_w。

2 电子信息系统信号线路浪涌保护器宜设置在雷电防护区界面处（图5.4.4）。根据雷电过电压、过电流幅值和设备端口耐冲击电压额定值，可设单级浪涌保护器，也可设能量配合的多级浪涌保护器。

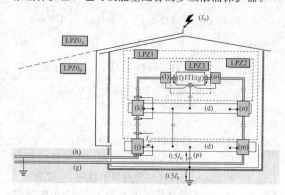

图 5.4.4　信号线路浪涌保护器的设置

(d)—雷电防护区边界的等电位连接端子板；(m、n、o)—符合Ⅰ、Ⅱ或Ⅲ类试验要求的电源浪涌保护器；(f)—信号接口；(p)—接地线；(g)—电源接口；LPZ—雷电防护区；(h)—信号线路或网络；I_{pc}—部分雷电流；(j、k、l)—不同防雷区边界的信号线路浪涌保护器；I_B—直击雷电流

3　信号线路浪涌保护器的参数宜符合表5.4.4的规定。

表 5.4.4　信号线路浪涌保护器的参数推荐值

雷电防护区		LPZ0/1	LPZ1/2	LPZ2/3
浪涌范围	$10/350\mu s$	0.5kA~2.5kA	—	—
	$1.2/50\mu s$、$8/20\mu s$	—	0.5kV~10kV 0.25kA~5kA	0.5kV~1kV 0.25kA~0.5kA
	$10/700\mu s$、$5/300\mu s$	4kV 100A	0.5kV~4kV 25A~100A	—
浪涌保护器的要求	SPD(j)	D_1、B_2		
	SPD(k)		C_2、B_2	
	SPD(l)			C_1

注：1　SPD(j、k、l)见本规范图5.4.4；
　　2　浪涌范围为最小的耐受要求，可能设备本身具备LPZ2/3栏标注的耐受能力；
　　3　B_2、C_1、C_2、D_1等是本规范附录E规定的信号线路浪涌保护器冲击试验类型。

5.4.5　天馈线路浪涌保护器的选择应符合下列规定：

1　天线置于直击雷防护区（LPZ0B）内。

2　应根据被保护设备的工作频率、平均输出功率、连接器形式及特性阻抗等参数选用插入损耗小、电压驻波比小，适配的天馈线路浪涌保护器。

3　天馈线路浪涌保护器应安装在收/发通信设备的射频出、入端口处。其参数应符合表5.4.5规定。

表 5.4.5　天馈线路浪涌保护器的主要技术参数推荐表

工作频率 (MHz)	传输功率 (W)	电压驻波比	插入损耗 (dB)	接口方式	特性阻抗 (Ω)	U_c(V)	I_{imp} (kA)	U_p(V)
1.5~6000	≥1.5倍系统平均功率	≤1.3	≤0.3	应满足系统接口要求	50/75	大于线路上最大运行电压	≥2 kA或按用户要求确定	小于设备端口U_w

4　具有多副天线的天馈传输系统，每副天线应安装适配的天馈线路浪涌保护器。当天馈传输系统采用波导管传输时，波导管的金属外壁应与天线架、波导管支撑架及天线反射器电气连通，其接地端应就近接在等电位接地端子板上。

5　天馈线路浪涌保护器接地端应采用能承载预期雷电流的多股绝缘铜导线连接到LPZ0A或LPZ0B与LPZ1边界处的等电位接地端子板上，导线截面积不应小于6mm²。同轴电缆的前、后端及进机房前应将金属屏蔽层就近接地。

5.5　电子信息系统的防雷与接地

5.5.1　通信接入网和电话交换系统的防雷与接地应符合下列规定：

1　有线电话通信用户交换机设备金属芯信号线路，应根据总配线架所连接的中继线及用户线的接口形式选择适配的信号线路浪涌保护器；

2　浪涌保护器的接地端应与配线架接地端相连，配线架的接地线应采用截面积不小于16mm²的多股铜线接至等电位接地端子板上；

3　通信设备机柜、机房电源配电箱等的接地线应就近接至机房的局部等电位接地端子板上；

4　引入建筑物的室外铜缆宜穿钢管敷设，钢管两端应接地。

5.5.2　信息网络系统的防雷与接地应符合下列规定：

1　进、出建筑物的传输线路上，在LPZ0A或LPZ0B与LPZ1的边界处应设置适配的信号线路浪涌保护器。被保护设备的端口处宜设置适配的信号浪涌保护器。网络交换机、集线器、光电端机的配电箱内，应加装电源浪涌保护器。

2　入户处浪涌保护器的接地线应就近接至等电位接地端子板；设备处信号浪涌保护器的接地线宜采用截面积不小于1.5mm²的多股绝缘铜导线连接到机架或机房等电位连接网络上。计算机网络的安全保护接地、信号工作地、屏蔽接地、防静电接地和浪涌保护器的接地等均应与局部等电位连接网络连接。

5.5.3　安全防范系统的防雷与接地应符合下列规定：

1　置于户外摄像机的输出视频接口应设置视频

信号线路浪涌保护器。摄像机控制信号线接口处（如RS485、RS424 等）应设置信号线路浪涌保护器。解码箱处供电线路应设置电源线路浪涌保护器。

2 主控机、分控机的信号控制线、通信线、各监控器的报警信号线，宜在线路进出建筑物 LPZ0$_A$ 或 LPZ0$_B$ 与 LPZ1 边界处设置适配的线路浪涌保护器。

3 系统视频、控制信号线路及供电线路的浪涌保护器，应分别根据视频信号线路、解码控制信号线路及摄像机供电线路的性能参数来选择，信号浪涌保护器应满足设备传输速率、带宽要求，并与被保护设备接口兼容。

4 系统的户外供电线路、视频信号线路、控制信号线路应有金属屏蔽层并穿钢管埋地敷设，屏蔽层及钢管两端应接地。视频信号线屏蔽层应单端接地，钢管应两端接地。信号线与供电线路应分开敷设。

5 系统的接地宜采用共用接地系统。主机房宜设置等电位连接网络，系统接地干线宜采用多股铜芯绝缘导线，其截面积应符合表 5.2.2-1 的规定。

5.5.4 火灾自动报警及消防联动控制系统的防雷与接地应符合下列规定：

1 火灾报警控制系统的报警主机、联动控制盘、火警广播、对讲通信等系统的信号传输线缆宜在线路进出建筑物 LPZ0$_A$ 或 LPZ0$_B$ 与 LPZ1 边界处设置适配的信号线路浪涌保护器。

2 消防控制中心与本地区或城市"119"报警指挥中心之间联网的进出线路端口应装设适配的信号线路浪涌保护器。

3 消防控制室内所有的机架（壳）、金属线槽、安全保护接地、浪涌保护器接地端均应就近接至等电位连接网络。

4 区域报警控制器的金属机架（壳）、金属线槽（或钢管）、电气竖井内的接地干线、接线箱的保护接地端等，应就近接至等电位接地端子板。

5 火灾自动报警及联动控制系统的接地应采用共用接地系统。接地干线应采用铜芯绝缘线，并宜穿管敷设接至本楼层或就近的等电位接地端子板。

5.5.5 建筑设备管理系统的防雷与接地应符合下列规定：

1 系统的各种线路在建筑物 LPZ0$_A$ 或 LPZ0$_B$ 与 LPZ1 边界处应安装适配的浪涌保护器。

2 系统中央控制室宜在机柜附近设等电位连接网络。室内所有设备金属机架（壳）、金属线槽、保护接地和浪涌保护器的接地端等均应做等电位连接并接地。

3 系统的接地应采用共用接地系统，其接地干线宜采用铜芯绝缘导线穿管敷设，并就近接至等电位接地端子板，其截面积应符合表 5.2.2-1 的规定。

5.5.6 有线电视系统的防雷与接地应符合下列规定：

1 进、出有线电视系统前端机房的金属芯信号传输线宜在入、出口处安装适配的浪涌保护器。

2 有线电视网络前端机房内应设置局部等电位接地端子板，并采用截面积不小于 25mm^2 的铜芯导线与楼层接地端子板相连。机房内电子设备的金属外壳、线缆金属屏蔽层、浪涌保护器的接地以及 PE 线都应接至局部等电位接地端子板上。

3 有线电视信号传输线路宜根据其干线放大器的工作频率范围、接口形式以及是否需要供电电源等要求，选用电压驻波比和插入损耗小的适配的浪涌保护器。地处多雷区、强雷区的用户端的终端放大器应设置浪涌保护器。

4 有线电视信号传输网络的光缆、同轴电缆的承重钢绞线在建筑物入户处应进行等电位连接并接地。光缆内的金属加强芯及金属护层均应良好接地。

5.5.7 移动通信基站的防雷与接地应符合下列规定：

1 移动通信基站的雷电防护宜进行雷电风险评估后采取防护措施。

2 基站的天线应设置于直击雷防护区（LPZ0$_B$）内。

3 基站天馈线应从铁塔中心部位引下，同轴电缆在其上部、下部和经走线桥架进入机房前，屏蔽层应就近接地。当铁塔高度大于或等于 60m 时，同轴电缆金属屏蔽层还应在铁塔中间部位增加一处接地。

4 机房天馈线入户处应设室外接地端子板作为馈线和走线桥架入户处的接地点，室外接地端子板应直接与地网连接。馈线入户下端接地点不应接在室内设备接地端子板上，亦不应接在铁塔一角上或接闪带上。

5 当采用光缆传输信号时，应符合本规范第5.3.3 条第 4 款的规定。

6 移动基站的地网应由机房地网、铁塔地网和变压器地网相互连接组成。机房地网由机房建筑基础和周围环形接地体组成，环形接地体应与机房建筑物四角主钢筋焊接连通。

5.5.8 卫星通信系统防雷与接地应符合下列规定：

1 在卫星通信系统的接地装置设计中，应将卫星天线基础接地体、电力变压器接地装置及站内各建筑物接地装置互相连通组成共用接地装置。

2 设备通信和信号端口应设置浪涌保护器保护，并采用等电位连接和电磁屏蔽措施，必要时可改用光纤连接。站外引入的信号电缆屏蔽层应在入户处接地。

3 卫星天线的波导管应在天线架和机房入口外侧接地。

4 卫星天线伺服控制系统的控制线及电源线，应采用屏蔽电缆，屏蔽层应在天线处和机房入口外接地，并应设置适配的浪涌保护器保护。

5 卫星通信天线应设置防直击雷的接闪装置，

使天线处于 $LPZ0_B$ 防护区内。

6 当卫星通信系统具有双向(收/发)通信功能且天线架设在高层建筑物的屋面时,天线架应通过专引接地线(截面积大于或等于 $25mm^2$ 绝缘铜芯导线)与卫星通信机房等电位接地端子板连接,不应与接闪器直接连接。

6 防雷施工

6.1 一般规定

6.1.1 建筑物电子信息系统防雷工程施工应按本规范的规定和已批准的设计施工文件进行。

6.1.2 建筑物电子信息系统防雷工程中采用的器材应符合国家现行有关标准的规定,并应有合格证书。

6.1.3 防雷工程施工人员应持证上岗。

6.1.4 测试仪表、量具应鉴定合格,并在有效期内使用。

6.2 接地装置

6.2.1 人工接地体宜在建筑物四周散水坡外大于1m处埋设,在土壤中的埋设深度不应小于0.5m。冻土地带人工接地体应埋设在冻土层以下。水平接地体应挖沟埋设,钢质垂直接地体宜直接打入地沟内,其间距不宜小于其长度的2倍并均匀布置。铜质材料、石墨或其他非金属导电材料接地体宜挖坑埋设或参照生产厂家的安装要求埋设。

6.2.2 垂直接地体坑内、水平接地体沟内宜用低电阻率土壤回填并分层夯实。

6.2.3 接地装置宜采用热镀锌钢质材料。在高土壤电阻率地区,宜采用换土法、长效降阻剂法或其他新技术、新材料降低接地装置的接地电阻。

6.2.4 钢质接地体应采用焊接连接。其搭接长度应符合下列规定:

1 扁钢与扁钢(角钢)搭接长度为扁钢宽度的2倍,不少于三面施焊;

2 圆钢与圆钢搭接长度为圆钢直径的6倍,双面施焊;

3 圆钢与扁钢搭接长度为圆钢直径的6倍,双面施焊;

4 扁钢和圆钢与钢管、角钢互相焊接时,除应在接触部位双面施焊外,还应增加圆钢搭接件;圆钢搭接件在水平、垂直方向的焊接长度各为圆钢直径的6倍,双面施焊;

5 焊接部位应除去焊渣后作防腐处理。

6.2.5 铜质接地装置应采用焊接或热熔焊,钢质和铜质接地装置之间连接应采用热熔焊,连接部位应作防腐处理。

6.2.6 接地装置连接应可靠,连接处不应松动、脱焊、接触不良。

6.2.7 接地装置施工结束后,接地电阻值必须符合设计要求,隐蔽工程部分应有随工检查验收合格的文字记录档案。

6.3 接 地 线

6.3.1 接地装置应在不同位置至少引出两根连接导体与室内总等电位接地端子板相连接。接地引出线与接地装置连接处应焊接或热熔焊。连接点应有防腐措施。

6.3.2 接地装置与室内总等电位接地端子板的连接导体截面积,铜质接地线不应小于 $50mm^2$,当采用扁铜时,厚度不应小于2mm;钢质接地线不应小于 $100mm^2$,当采用扁钢时,厚度不小于4mm。

6.3.3 等电位接地端子板之间应采用截面积符合表5.2.2-1要求的多股铜芯导线连接,等电位接地端子板与连接导线之间宜采用螺栓连接或压接。当有抗电磁干扰要求时,连接导线宜穿钢管敷设。

6.3.4 接地线采用螺栓连接时,应连接可靠,连接处应有防松动和防腐蚀措施。接地线穿过有机械应力的地方时,应采取防机械损伤措施。

6.3.5 接地线与金属管道等自然接地体的连接应根据其工艺特点采用可靠的电气连接方法。

6.4 等电位接地端子板(等电位连接带)

6.4.1 在雷电防护区的界面处应安装等电位接地端子板,材料规格应符合设计要求,并应与接地装置连接。

6.4.2 钢筋混凝土建筑物宜在电子信息系统机房内预埋与房屋内墙结构柱主钢筋相连的等电位接地端子板,并宜符合下列规定:

1 机房采用S型等电位连接时,宜使用不小于 $25mm×3mm$ 的铜排作为单点连接的等电位接地基准点;

2 机房采用M型等电位连接时,宜使用截面积不小于 $25mm^2$ 的铜箔或多股铜芯导线在防静电活动地板下做成等电位接地网格。

6.4.3 砖木结构建筑物宜在其四周埋设环形接地装置。电子信息设备机房宜采用截面积不小于 $50mm^2$ 铜带安装局部等电位连接带,并采用截面积不小于 $25mm^2$ 的绝缘铜芯导线穿管与环形接地装置相连。

6.4.4 等电位连接网格的连接宜采用焊接、熔接或压接。连接导体与等电位接地端子板之间应采用螺栓连接,连接处应进行热搪锡处理。

6.4.5 等电位连接导线应使用具有黄绿相间色标的铜质绝缘导线。

6.4.6 对于暗敷的等电位连接线及其连接处,应做隐蔽工程记录,并在竣工图上注明其实际部位、走向。

6.4.7 等电位连接带表面应无毛刺、明显伤痕、残余焊渣，安装平整、连接牢固，绝缘导线的绝缘层无老化龟裂现象。

6.5 浪涌保护器

6.5.1 电源线路浪涌保护器的安装应符合下列规定：

1 电源线路的各级浪涌保护器应分别安装在线路进入建筑物的入口、防雷区的界面和靠近被保护设备处。各级浪涌保护器连接导线应短直，其长度不宜超过 0.5m，并固定牢靠。浪涌保护器各接线端应在本级开关、熔断器的下桩头分别与配电箱内线路的同名端相线连接，浪涌保护器的接地端应以最短距离与所处防雷区的等电位接地端子板连接。配电箱的保护接地线（PE）应与等电位接地端子板直接连接。

2 带有接线端子的电源线路浪涌保护器应采用压接；带有接线柱的浪涌保护器宜采用接线端子与接线柱连接。

3 浪涌保护器的连接导线最小截面积宜符合表 6.5.1 的规定。

表 6.5.1 浪涌保护器连接导线最小截面积

SPD 级数	SPD 的类型	导线截面积（mm²）	
		SPD 连接相线铜导线	SPD 接地端连接铜导线
第一级	开关型或限压型	6	10
第二级	限压型	4	6
第三级	限压型	2.5	4
第四级	限压型	2.5	4

注：组合型 SPD 参照相应级数的截面积选择。

6.5.2 天馈线路浪涌保护器的安装应符合下列规定：

1 天馈线路浪涌保护器应安装在天馈线与被保护设备之间，宜安装在机房内设备附近或机架上，也可以直接安装在设备射频端口上；

2 天馈线路浪涌保护器的接地端应采用截面积不小于 6mm² 的铜芯导线就近连接到 $LPZ0_A$ 或 $LPZ0_B$ 与 LPZ1 交界处的等电位接地端子板上，接地线应短直。

6.5.3 信号线路浪涌保护器的安装应符合下列规定：

1 信号线路浪涌保护器应连接在被保护设备的信号端口上。浪涌保护器可以安装在机柜内，也可以固定在设备机架或附近的支撑物上。

2 信号线路浪涌保护器接地端宜采用截面积不小于 1.5mm² 的铜芯导线与设备机房等电位连接网络连接，接地线应短直。

6.6 线缆敷设

6.6.1 接地线在穿越墙壁、楼板和地坪处宜套钢管或其他非金属的保护套管，钢管应与接地线做电气连通。

6.6.2 线槽或线架上的线缆绑扎间距应均匀合理，绑扎线扣应整齐，松紧适宜；绑扎线头宜隐藏不外露。

6.6.3 接地线、浪涌保护器连接线的敷设宜短直、整齐。

6.6.4 接地线、浪涌保护器连接线转弯时弯角应大于 90 度，弯曲半径应大于导线直径的 10 倍。

7 检测与验收

7.1 检 测

7.1.1 防雷装置检测应按现行有关标准执行。

7.1.2 检测仪表、量具应鉴定合格，并在有效期内使用。

7.2 验收项目

7.2.1 接地装置验收应包括下列项目：

1 接地装置的结构和安装位置；

2 接地体的埋设间距、深度、安装方法；

3 接地装置的接地电阻；

4 接地装置的材质、连接方法、防腐处理；

5 随工检测及隐蔽工程记录。

7.2.2 接地线验收应包括下列项目：

1 接地装置与总等电位接地端子板连接导体规格和连接方法；

2 接地干线的规格、敷设方式、与楼层等电位接地端子板的连接方法；

3 楼层等电位接地端子板与机房局部等电位接地端子板连线的规格、敷设方式、连接方法；

4 接地线与接地体、金属管道之间的连接方法；

5 接地线在穿越墙体、伸缩缝、楼板和地坪时加装的保护管是否满足设计要求。

7.2.3 等电位接地端子板（等电位连接带）验收应包括下列项目：

1 等电位接地端子板（等电位连接带）的安装位置、材料规格和连接方法；

2 等电位连接网络的安装位置、材料规格和连接方法；

3 电子信息系统的外露导电物体、各种线路、金属管道以及信息设备等电位连接的材料规格和连接方法。

7.2.4 屏蔽设施验收应包括下列项目：

1 电子信息系统机房和设备屏蔽设施的安装方法；

2 进出建筑物线缆的路由布置、屏蔽方式；

3 进出建筑物线缆屏蔽设施的等电位连接。

7.2.5 浪涌保护器验收应包括下列项目：

1 浪涌保护器的安装位置、连接方法、工作状态指示；

2 浪涌保护器连接导线的长度、截面积；

3 电源线路各级浪涌保护器的参数选择及能量配合。

7.2.6 线缆敷设验收应包括下列项目：

1 电源线缆、信号线缆的敷设路由；

2 电源线缆、信号线缆的敷设间距；

3 电子信息系统线缆与电气设备的间距。

7.3 竣工验收

7.3.1 防雷工程竣工后，应由相关单位代表进行验收。

7.3.2 防雷工程竣工验收时，凡经随工检测验收合格的项目，不再重复检验。如果验收组认为有必要时，可进行复检。

7.3.3 检验不合格的项目不得交付使用。

7.3.4 防雷工程竣工后，应由施工单位提出竣工验收报告，并由工程监理单位对施工安装质量作出评价。竣工验收报告宜包括以下内容：

1 项目概述；

2 施工与安装；

3 防雷装置的性能、被保护对象及范围；

4 接地装置的形式和敷设；

5 防雷装置的防腐蚀措施；

6 接地电阻以及有关参数的测试数据和测试仪器；

7 等电位连接带及屏蔽设施；

8 其他应予说明的事项；

9 结论和评价。

7.3.5 防雷工程竣工，应由施工单位提供下列技术文件和资料：

1 竣工图：

1）防雷装置安装竣工图；

2）接地线敷设竣工图；

3）接地装置安装竣工图；

4）等电位连接带安装竣工图；

5）屏蔽设施安装竣工图。

2 被保护设备一览表。

3 变更设计的说明书或施工洽谈单。

4 安装工程记录（包括隐蔽工程记录）。

5 重要会议及相关事宜记录。

8 维护与管理

8.1 维 护

8.1.1 防雷装置的维护应分为定期维护和日常维护两类。

8.1.2 每年在雷雨季节到来之前，应进行一次定期全面检测维护。

8.1.3 日常维护应在每次雷击之后进行。在雷电活动强烈的地区，对防雷装置应随时进行目测检查。

8.1.4 检测外部防雷装置的电气连续性，若发现脱焊、松动和锈蚀等，应进行相应的处理，特别是在断接卡或接地测试点处，应经常进行电气连续性测量。

8.1.5 检查接闪器、杆塔和引下线的腐蚀情况及机械损伤，包括由雷击放电所造成的损伤情况。若有损伤，应及时修复；当锈蚀部位超过截面的三分之一时，应更换。

8.1.6 测试接地装置的接地电阻值，若测试值大于规定值，应检查接地装置和土壤条件，找出变化原因，采取有效的整改措施。

8.1.7 检测内部防雷装置和设备金属外壳、机架等电位连接的电气连续性，若发现连接处松动或断路，应及时更换或修复。

8.1.8 检查各类浪涌保护器的运行情况：有无接触不良、漏电流是否过大、发热、绝缘是否良好、积尘是否过多等。出现故障，应及时排除或更换。

8.2 管 理

8.2.1 防雷装置应由熟悉雷电防护技术的专职或兼职人员负责维护管理。

8.2.2 防雷装置投入使用后，应建立管理制度。对防雷装置的设计、安装、隐蔽工程图纸资料、年检测试记录等，均应及时归档，妥善保管。

8.2.3 雷击事故发生后，应及时调查雷害损失，分析致害原因，提出改进措施，并上报主管部门。

附录 A 用于建筑物电子信息系统雷击风险评估的 N 和 N_c 的计算方法

A.1 建筑物及入户服务设施年预计雷击次数 N 的计算

A.1.1 建筑物年预计雷击次数 N_1 可按下式确定：

$$N_1 = K \times N_g \times A_e \quad (\text{次}/a) \quad (A.1.1)$$

式中：K——校正系数，在一般情况下取 1，在下列情况下取相应数值：位于旷野孤立的建筑物取 2；金属屋面的砖木结构的建筑物取 1.7；位于河边、湖边、山坡下或山地中土壤电阻率较小处，地下水露头处、土山顶部、山谷风口等处的建筑物，以及特别潮湿地带的建筑物取 1.5；

N_g——建筑物所处地区雷击大地密度（次/km² · a）；

A_e——建筑物截收相同雷击次数的等效面积（km^2）。

A.1.2 建筑物所处地区雷击大地密度 N_g 可按下式确定：

$$N_g \approx 0.1 \times T_d \quad (次/km^2 \cdot a) \quad (A.1.2)$$

式中：T_d——年平均雷暴日（d/a），根据当地气象台、站资料确定。

A.1.3 建筑物的等效面积 A_e 的计算方法应符合下列规定：

1 当建筑物的高度 H 小于 100m 时，其每边的扩大宽度 D 和等效面积 A_e 应按下列公式计算确定：

$$D = \sqrt{H(200-H)} \quad (m) \quad (A.1.3-1)$$

$$A_e = [LW + 2(L+W) \\ \times \sqrt{H(200-H)} \\ + \pi H(200-H)] \times 10^{-6} \quad (km^2)$$

$$(A.1.3-2)$$

式中：L、W、H——分别为建筑物的长、宽、高（m）。

2 当建筑物的高 H 大于或等于 100m 时，其每边的扩大宽度应按等于建筑物的高 H 计算。建筑物的等效面积应按下式确定：

$$A_e = [LW + 2H(L+W) + \pi H^2] \times 10^{-6} \quad (km^2)$$

$$(A.1.3-3)$$

3 当建筑物各部位的高不同时，应沿建筑物周边逐点计算出最大的扩大宽度，其等效面积 A_e 应按各最大扩大宽度外端的连线所包围的面积计算。建筑物扩大后的面积见图 A.1.3 中周边虚线所包围的面积。

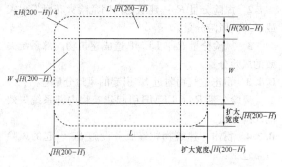

图 A.1.3　建筑物的等效面积

A.1.4 入户设施年预计雷击次数 N_2 按下式确定：

$$N_2 = N_g \times A_e' = (0.1 \times T_d) \times (A_{e1}' + A_{e2}') \quad (次/a)$$

$$(A.1.4)$$

式中：N_g——建筑物所处地区雷击大地密度（次/$km^2 \cdot a$）；

　　　T_d——年平均雷暴日（d/a），根据当地气象台、站资料确定；

A_{e1}'——电源线缆入户设施的截收面积（km^2），按表 A.1.4 的规定确定；

A_{e2}'——信号线缆入户设施的截收面积（km^2），按表 A.1.4 的规定确定。

表 A.1.4　入户设施的截收面积

线路类型	有效截收面积 A_e'（km^2）
低压架空电源电缆	$2000 \times L \times 10^{-6}$
高压架空电源电缆（至现场变电所）	$500 \times L \times 10^{-6}$
低压埋地电源电缆	$2 \times d_s \times L \times 10^{-6}$
高压埋地电源电缆（至现场变电所）	$0.1 \times d_s \times L \times 10^{-6}$
架空信号线	$2000 \times L \times 10^{-6}$
埋地信号线	$2 \times d_s \times L \times 10^{-6}$
无金属铠装和金属芯线的光纤电缆	0

注：1　L 是线路从所考虑建筑物至网络的第一个分支点或相邻建筑物的长度，单位为 m，最大值为 1000m，当 L 未知时，应取 $L = 1000m$。

2　d_s 表示埋地引入线缆计算截收面积时的等效宽度，单位为 m，其数值等于土壤电阻率的值，最大值取 500。

A.1.5 建筑物及入户设施年预计雷击次数 N 按下式确定：

$$N = N_1 + N_2 \quad (次/a) \quad (A.1.5)$$

A.2　可接受的最大年平均雷击次数 N_c 的计算

A.2.1 因直击雷和雷电电磁脉冲引起电子信息系统设备损坏的可接受的最大年平均雷击次数 N_c 按下式确定：

$$N_c = 5.8 \times 10^{-1}/C \quad (次/a) \quad (A.2.1)$$

式中：C——各类因子 C_1、C_2、C_3、C_4、C_5、C_6 之和；

　　　C_1——为信息系统所在建筑物材料结构因子，当建筑物屋顶和主体结构均为金属材料时，C_1 取 0.5；当建筑物屋顶和主体结构均为钢筋混凝土材料时，C_1 取 1.0；当建筑物为砖混结构时，C_1 取 1.5；当建筑物为砖木结构时，C_1 取 2.0；当建筑物为木结构时，C_1 取 2.5；

　　　C_2——信息系统重要程度因子，表 4.3.1 中的 C、D 类电子信息系统 C_2 取 1；B 类电子信息系统 C_2 取 2.5；A 类电子信息系统 C_2 取 3.0；

　　　C_3——电子信息系统设备耐冲击类型和抗冲击过电压能力因子，一般，C_3 取 0.5；较弱，C_3 取 1.0；相当弱，C_3 取 3.0；

注："一般"指现行国家标准《低压系统内设备的绝缘配合 第 1 部分：原理、要求和试验》GB/T 16935.1 中所指的 I 类安装位置的设备，且采取了较完善的等电位连接、接地、线缆屏蔽措施；"较弱"指现行国家标准《低压系统内设备的绝缘配合 第 1 部分：原理、要求和试验》GB/T 16935.1 中所指的 I 类安装位置的设备，但使用架空线缆，因而风险大；"相当弱"指集成化程度很高的计算机、通信或控制等设备。

C_4——电子信息系统设备所在雷电防护区(LPZ)的因子，设备在 LPZ2 等后续雷电防护区内时，C_4 取 0.5；设备在 LPZ1 区内时，C_4 取 1.0；设备在 $LPZ0_B$ 区内时，C_4 取 1.5～2.0；

C_5——为电子信息系统发生雷击事故的后果因子，信息系统业务中断不会产生不良后果时，C_5 取 0.5；信息系统业务原则上不允许中断，但在中断后无严重后果时，C_5 取 1.0；信息系统业务不允许中断，中断后会产生严重后果时，C_5 取 1.5～2.0；

C_6——表示区域雷暴等级因子，少雷区 C_6 取 0.8；中雷区 C_6 取 1；多雷区 C_6 取 1.2；强雷区 C_6 取 1.4。

附录 B 按风险管理要求进行的雷击风险评估

B.1 雷击致损原因、损害类型、损失类型

B.1.1 根据雷击点的不同位置，雷击致损原因应分为四种：

1 致损原因 S1：雷击建筑物；
2 致损原因 S2：雷击建筑物附近；
3 致损原因 S3：雷击服务设施；
4 致损原因 S4：雷击服务设施附近。

B.1.2 雷击损害类型应分为三类，一次雷击产生的损害可能是其中之一或其组合：

1 损害类型 D1：建筑物内外人畜伤害；
2 损害类型 D2：物理损害；
3 损害类型 D3：建筑物电气、电子系统失效。

B.1.3 雷击引起的损失类型应分为四种：

1 损失类型 L1：人身伤亡损失；
2 损失类型 L2：公众服务损失；
3 损失类型 L3：文化遗产损失；
4 损失类型 L4：经济损失。

B.1.4 雷击致损原因 S、雷击损害类型 D 以及损失类型 L 之间的关系应符合表 B.1.4 的规定。

表 B.1.4 S、D、L 的关系

雷击点	雷击致损原因 S	建筑物	
		损害类型 D	损失类型 L
	雷击建筑物 S1	D1 D2 D3	L1、L4[注2] L1、L2、L3、L4 L1[注1]、L2、L4
	雷击建筑物附近 S2		L1[注1]、L2、L4
	雷击连接到建筑物的服务设施 S3	D1 D2 D3	L1、L4[注2] L1、L2、L3、L4 L1[注1]、L2、L4
	雷击连接到建筑物的服务设施附近 S4	D3	L1[注1]、L2、L4

注：1 仅对有爆炸危险的建筑物和那些因内部系统失效立即危及人身生命的医院或其他建筑物。
2 仅对可能有牲畜损失的地方。

B.2 雷击损害风险和风险分量

B.2.1 对应于损失类型，雷击损害风险应分为以下四类：

1 风险 R_1：人身伤亡损失风险；
2 风险 R_2：公众服务损失风险；
3 风险 R_3：文化遗产损失风险；
4 风险 R_4：经济损失风险。

B.2.2 雷击建筑物 S1 引起的风险分量包括：

1 风险分量 R_A：离建筑物户外 3m 以内的区域内，因接触和跨步电压造成人畜伤害的风险分量；
2 风险分量 R_B：建筑物内因危险火花触发火灾或爆炸的风险分量；
3 风险分量 R_C：LEMP 造成建筑物内部系统失效的风险分量。

B.2.3 雷击建筑物附近 S2 引起的风险分量包括：

风险分量 R_M：LEMP 引起建筑物内部系统失效的风险分量。

B.2.4 雷击与建筑物相连服务设施 S3 引起的风险分量包括：

1 风险分量 R_U：雷电流从入户线路流入产生的接触电压造成人畜伤害的风险分量；
2 风险分量 R_V：雷电流沿入户设施侵入建筑物，入口处入户设施与其他金属部件间产生危险火花而引发火灾或爆炸造成物理损害的风险分量；
3 风险分量 R_W：入户线路上感应并传导进入建筑物内的过电压引起内部系统失效的风险分量。

B.2.5 雷击入户服务设施附近 S4 引起的风险分量包括：

风险分量 R_Z：入户线路上感应并传导进入建筑物内的过电压引起内部系统失效的风险分量。

B.2.6 建筑物所考虑的各种损失相应的风险分量应符合表 B.2.6 的规定。

表 B.2.6　涉及建筑物的雷击损害风险分量

各类损失的风险	风险分量			
	雷击建筑物 (S1)	雷击建筑物附近 (S2)	雷击连接到建筑物的线路 (S3)	雷击连接到建筑物的线路附近 (S4)
人身伤亡损失风险 R_1	R_A　R_B　$R_C^{注1}$	$R_M^{注1}$	R_U　R_V　$R_W^{注1}$	$R_Z^{注1}$
公众服务损失风险 R_2	R_B　R_C	R_M	R_V　R_W	R_Z
文化遗产损失风险 R_3	R_B		R_V	
经济损失风险 R_4	$R_A^{注2}$　R_B　R_C	R_M	$R_U^{注2}$　R_V　R_W	R_Z
总风险 $R=R_D+R_I$	直接雷击风险 $R_D=R_A+R_B+R_C$		间接雷击风险 $R_I=R_M+R_U+R_V+R_W+R_Z$	

注：1　仅指具有爆炸危险的建筑物及因内部系统故障立即危及性命的医院或其他建筑物。
　　2　仅指可能出现牲畜损失的建筑物。
　　3　各类损失相应的风险（$R_1 \sim R_4$）由对应行的分量（$R_A \sim R_Z$）之和组成。例如，$R_2=R_B+R_C+R_M+R_V+R_W+R_Z$。

B.2.7 影响建筑物雷击损害风险分量的因子应符合表 B.2.7 的规定。表中，"★"表示有影响的因子。可根据影响风险分量的因子采取针对性措施降低雷击损害风险。

表 B.2.7　建筑物风险分量的影响因子

建筑物或内部系统的特性和保护措施	R_A	R_B	R_C	R_M	R_U	R_V	R_W	R_Z
截收面积	★	★	★	★	★	★	★	★
地表土壤电阻率	★							
楼板电阻率					★			
人员活动范围限制措施，绝缘措施，警示牌，大地等电位	★							
减小物理损害的防护装置（LPS）	★注1	★	★注2	★注2	★注3	★注3		
配合的 SPD 保护			★	★		★	★	★
空间屏蔽				★				
外部屏蔽线路					★	★	★	★
内部屏蔽线路				★		★		
合理布线				★				
等电位连接网络				★				
火灾预防措施		★				★		
火灾敏感度		★				★		
特殊危险		★				★		
冲击耐压				★	★	★	★	★

注：1　如果 LPS 的引下线间隔小于 10m，或采取人员活动范围限制措施时，由于接触和跨步电压造成人畜伤害的风险可以忽略不计。
　　2　仅对于减小物理损害的格栅形外部 LPS。
　　3　等电位连接引起。

B.3　风 险 管 理

B.3.1 建筑物防雷保护的决策以及保护措施的选择应按以下程序进行：
　　1　确定需评估对象及其特性；
　　2　确定评估对象中可能的各类损失以及相应的风险 $R_1 \sim R_4$；
　　3　计算风险 $R_1 \sim R_4$，各类损失相应的风险（$R_1 \sim R_4$）由表 B.2.6 中对应行的分量（$R_A \sim R_Z$）之和组成；
　　4　将建筑物风险 R_1、R_2 和 R_3 与风险容许值 R_T 作比较来确定是否需要防雷；
　　5　通过比较采用或不采用防护措施时造成的损失代价以及防护措施年均费用，评估采用防护措施的成本效益。为此需对建筑物的风险分量 R_4 进行评估。

B.3.2 风险评估需考虑下列建筑物特性，考虑对建筑物的防护时不包括与建筑物相连的户外服务设施的防护：
　　1　建筑物本身；
　　2　建筑物内的装置；
　　3　建筑物的内存物；
　　4　建筑物内或建筑物外 3m 范围内的人员数量；
　　5　建筑物受损对环境的影响。
　　注：所考虑的建筑物可能会划分为几个区。

B.3.3 风险容许值 R_T 应由相关职能部门确定。表 B.3.3 给出涉及人身伤亡损失、社会价值损失以及文化价值损失的典型 R_T 值。

表 B.3.3　风险容许值 R_T 的典型值

损失类型	R_T
人身伤亡损失	10^{-5}
公众服务损失	10^{-3}
文化遗产损失	10^{-3}

B.3.4 评估一个对象是否需要防雷时，应考虑建筑物的风险 R_1、R_2 和 R_3。对于上述每一种风险，应当采取以下步骤（图 B.3.4）：
　　1　识别构成该风险的各分量 R_X；
　　2　计算各风险分量 R_X；
　　3　计算出 $R_1 \sim R_3$；
　　4　确定风险容许值 R_T；
　　5　与风险容许值 R_T 比较。如对所有的风险 R 均小于或等于 R_T，不需要防雷；如果某风险 R 大于 R_T，应采取保护措施减小该风险，使 R 小于或等于 R_T。

B.3.5 除了建筑物防雷必要性的评估外，为了减少经济损失 L_4，宜评估采取防雷措施的成本效益。保护措施成本效益的评估步骤（图 B.3.5）包括下列内容：

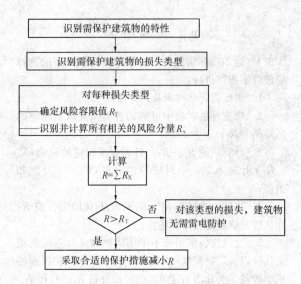

图 B.3.4 防雷必要性的决策流程

1 识别建筑物风险 R_4 的各个风险分量 R_X；

2 计算未采取防护措施时各风险分量 R_X；

3 计算每年总损失 C_L；

4 选择保护措施；

5 计算采取保护措施后的各风险分量 R_X；

6 计算采取防护措施后仍造成的每年损失 C_{RL}；

7 计算保护措施的每年费用 C_{PM}；

8 费用比较。如果 C_L 小于 C_{RL} 与 C_{PM} 之和，则防雷是不经济的。如果 C_L 大于或等于 C_{RL} 与 C_{PM} 之和，则采取防雷措施在建筑物的使用寿命期内可节约开支。

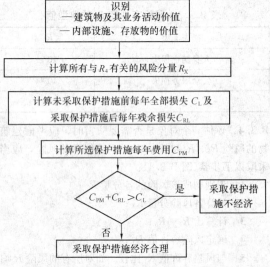

图 B.3.5 评价保护措施成本效益的流程

B.3.6 应根据每一风险分量在总风险中所占比例并考虑各种不同保护措施的技术可行性及造价，选择最合适的防护措施。应找出最关键的若干参数以决定减小风险的最有效防护措施。对于每一类损失，可单独或组合采用有效的防护措施，从而使 R 小于或等于 R_T（图 B.3.6）。

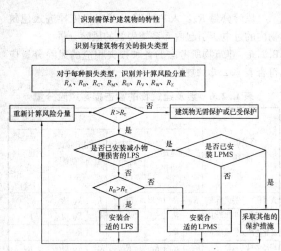

图 B.3.6 建筑物保护措施选择的流程

B.4 雷击损害风险评估方法

B.4.1 雷击损害风险评估应按本规范第 4.4.1 条和 4.4.2 条计算风险 R。

B.4.2 各致损原因产生的不同损害类型对应的建筑物风险分量应符合表 B.4.2 的规定。

表 B.4.2 各致损原因产生的不同损害类型对应的建筑物风险分量

致损原因 损害类型	S1 雷击建筑物	S2 雷击建筑物附近	S3 雷击入户服务设施	S4 雷击服务设施附近	根据损害类型 D 划分的风险
$D1$ 人畜伤害	$R_A=N_D\times P_A\times r_a\times L_t$		$R_U=(N_L+N_{Da})\times P_U\times r_u\times L_t$		$R_S=R_A+R_U$
$D2$ 物理损害	$R_B=N_D\times P_B\times r_p\times h_z\times r_f\times L_f$		$R_V=(N_L+N_{Da})\times P_V\times r_p\times h_z\times r_f\times L_f$		$R_F=R_B+R_V$
$D3$ 电气和电子系统的失效	$R_C=N_D\times P_C\times L_O$	$R_M=N_M\times P_M\times L_O$	$R_W=(N_L+N_{Da})\times P_W\times L_O$	$R_Z=(N_L-N_L)\times P_Z\times L_O$	$R_O=R_C+R_M+R_W+R_Z$
根据致损原因划分的风险	直接损害 $R_D=R_A+R_B+R_C$	间接损害 $R_I=R_M+R_U+R_V+R_W+R_Z$			

注：R_Z 公式中，如果 $(N_L-N_L)<0$，则假设 $(N_L-N_L)=0$。

B.4.3 雷击损害评估所用的参数应符合表 B.4.3 的规定，N_X、P_X 和 L_X 等各种参数具体计算方法应符合本规范第 B.5 节的规定。

表 B.4.3 建筑物雷击损害风险 分量评估涉及的参数

建筑物			
	符号		名称
年平均雷击次数 N_X		N_D	雷击建筑物的年平均次数
		N_M	雷击建筑物附近的年平均次数
		N_L	雷击入户线路的年平均次数
		N_I	雷击入户线路附近的年平均次数
		N_{Da}	雷击线路"a"端建筑物(图 B.5.5)的年平均次数
一次雷击的损害概率 P_X	S1	P_A	雷击建筑物造成人畜伤害的概率
		P_B	雷击建筑物造成物理损害的概率
		P_C	雷击建筑物造成内部系统故障的概率
	S2	P_M	雷击建筑物附近引起内部系统故障的概率
	S3	P_U	雷击入户线路引起人畜伤害的概率
		P_V	雷击入户线路引起物理损害的概率
		P_W	雷击入户线路引起内部系统故障的概率
	S4	P_Z	雷击入户线路附近引起内部系统故障的概率
一次雷击造成的损失 L_X		$L_A = r_a \times L_t$ $L_U = r_u \times L_t$	人畜伤害的损失率
		$L_B = L_V =$ $r_p \times r_f \times h_z \times L_f$	物理损害的损失率
		$L_C = L_M =$ $L_W = L_Z = L_o$	内部系统失效的损失率

B.4.4 为了对各个风险分量进行评估,可以将建筑物划分为多个分区 Z_s,每个区具有均匀的特性。这时应对各个区域 Z_s 进行风险分量的计算,建筑物的总风险是构成该建筑物的各个区域 Z_s 的风险分量的总和。一幢建筑物可以是或可以假定为一个单独的区域。建筑物的分区应当考虑到实现最适当雷电防御措施的可行性。

B.4.5 建筑物区域划分应主要根据:

1 土壤或地板的类型;

2 防火隔间;

3 空间屏蔽。

还可以根据以下情况进一步细分:

1 内部系统的布局;

2 已有的或将采取的保护措施;

3 损失 L_X 的值。

B.4.6 分区的建筑物风险分量评估应符合下列规定:

1 对于风险分量 R_A、R_B、R_U、R_V、R_W 和 R_Z,每个所涉参数只能有一个确定值。当参数的可选值多于一个时,应当选择其中的最大值。

2 对于风险分量 R_C 和 R_M,如果区域中涉及的内部系统多于一个,P_C 和 P_M 的值应按下列公式

计算:

$$P_C = 1 - \prod_{i=1}^{n}(1 - P_{Ci}) \quad (B.4.6\text{-}1)$$

$$P_M = 1 - \prod_{i=1}^{n}(1 - P_{Mi}) \quad (B.4.6\text{-}2)$$

式中:P_{Ci}、P_{Mi}——内部系统 i 的损害概率,$i = 1$、2、3、……、n。

3 除了 P_C 和 P_M 以外,如果一个区域中的参数有一个以上的可选值,应当采用导致最大风险结果的参数值。

4 单区域建筑物情况下,整座建筑物内只有一个区域,即建筑物本身。风险 R 是建筑物内对应风险分量 R_X 的总和。

5 多区域建筑物的风险是建筑物各个区域相应风险的总和。各区域中风险是该区域中各个相关风险分量的和。

B.4.7 在选取保护措施时,为减小经济损失风险 R_4,宜评估其经济合理性。单个区域内损失的价值应按本规范第 B.5.25 条的规定计算,建筑物损失的全部价值是建筑物各个区域的损失价值的和。

B.4.8 风险 R_4 评估的对象包括:

1 整个建筑物;

2 建筑物的一部分;

3 内部装置;

4 内部装置的一部分;

5 一台设备;

6 建筑物的内存物。

B.5 雷击损害风险评估参数的计算

B.5.1 需保护对象年平均雷击危险事件次数 N_X 取决于该对象所处区域雷暴活动情况和该对象的物理特性。N_X 的计算方法为:将雷击大地密度 N_g 乘以需保护对象的等效截收面积 A_d,再乘以需保护对象物理特性所对应的修正因子。

B.5.2 雷击大地密度 N_g 是平均每年每平方公里雷击大地的次数,可按下式估算:

$$N_g \approx 0.1 \times T_d \quad (\text{次}/\text{km}^2 \cdot \text{a}) \quad (B.5.2)$$

式中:T_d——年平均雷暴日(d)。

B.5.3 雷击建筑物的年平均次数 N_D 以及雷击连接到线路"a"端建筑物的年平均次数 N_{Da} 的计算应符合下列规定:

1 对于平地上的孤立建筑物,截收面积 A_d 是与建筑物上缘接触,按斜率为 1/3 的直线沿建筑物旋转一周在地面上画出的面积。可以通过作图法或计算法来确定 A_d 的值。长、宽、高分别为 L、W、H 的平地上孤立长方体建筑物的截收面积(图 B.5.3-1)可按下式计算:

$$A_d = L \times W + 6 \times H \times (L + W) + 9\pi \times H^2 \quad (\text{m}^2)$$

$$(B.5.3)$$

式中：L、W、H——分别为建筑物长、宽、高（m）。

注：如需更精确的计算结果，要考虑建筑物四周 $3H$ 距离内的其他物体或地面的相对高度等因素。

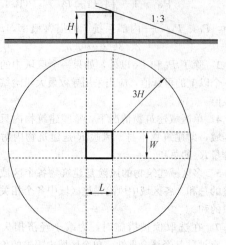

图 B.5.3-1　孤立建筑物的截收面积 A_d

2　当仅考虑建筑物的一部分时，如果满足以下条件，该部分的尺寸可以用于计算 A_d（图 B.5.3-2）：

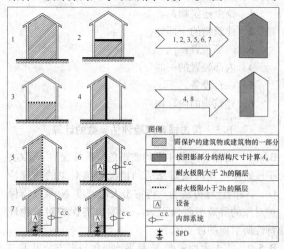

图例
▨	需保护的建筑物或建筑物的一部分
▨	按阴影部分的结构尺寸计算 A_d
──	耐火极限大于 2h 的隔层
····	耐火极限小于 2h 的隔层
Ⓐ	设备
⌣⌣	内部系统
⌁	SPD

图 B.5.3-2　计算截收面积 A_d 所考虑的建筑物

1）该部分是建筑物的一个可分离的垂直部分；

2）建筑物没有爆炸的风险；

3）该部分与建筑物的其他部分之间通过耐火极限不小于 2h 的墙体或者其他等效保护措施来避免火灾的蔓延；

4）公共线路进入该部分时，在入口处安装有 SPD 或其他等效防护措施，以避免过电压传入。

注：耐火极限的定义和资料参见《建筑设计防火规范》GB 50016。

3　如果不能满足上述条件，应按整个建筑物的尺寸计算 A_d。

B.5.4　雷击建筑物的年平均次数 N_D 可按下式计算：

$$N_D = N_g \times A_d \times C_d \times 10^{-6} \quad （次/a）$$

(B.5.4)

式中：N_g——雷击大地密度（次/km² · a）；

A_d——孤立建筑物的截收面积（m²）；

C_d——建筑物的位置因子，按表 B.5.4 的规定确定。

表 B.5.4　位置因子 C_d

建筑物暴露程度及周围物体的相对位置	C_d
被更高的建筑物或树木所包围	0.25
周围有相同高度的或更矮的建筑物或树木	0.5
孤立建筑物（附近无其他的建筑物或树木）	1
小山顶或山丘上的孤立的建筑物	2

B.5.5　雷击位于服务设施"a"端的邻近建筑物（图 B.5.5）的年平均次数 N_{Da} 可按下式计算：

$$N_{Da} = N_g \times A_d \times C_d \times C_t \times 10^{-6} \quad （次/a）$$

(B.5.5)

式中：N_g——雷击大地密度（次/km² · a）；

A_d——"a"端孤立建筑物的截收面积（m²）；

C_d——"a"端建筑物的位置因子，按表 B.5.4 的规定确定；

C_t——在雷击点与需保护建筑物之间安装有 HV/LV 变压器时的修正因子，按表 B.5.5 的规定确定。

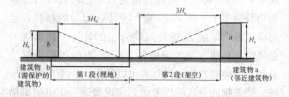

图 B.5.5　线路两端的建筑物

表 B.5.5　变压器因子 C_t

变压器	C_t
服务设施带有双绕组变压器	0.2
仅有服务设施	1

B.5.6　雷击建筑物附近的年平均次数 N_M 可按下式计算，如果 $N_M < 0$，则假定 $N_M = 0$：

$$N_M = N_g \times (A_m - A_d C_d) \times 10^{-6} \quad （次/a）$$

(B.5.6)

式中：N_g——雷击大地密度（次/km² · a）；

A_m——雷击建筑物附近的截收面积（m²）；截收面积 A_m 延伸到距离建筑物周边 250m 远的地方（图 B.5.6）；

A_d——孤立建筑物的截收面积（m²）（图

B. 5. 3-1);

C_d——建筑物的位置因子，按表 B.5.4 的规定确定。

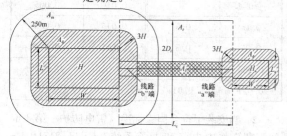

图 B.5.6 截收面积 $(A_d、A_m、A_i、A_l)$

B.5.7 雷击服务设施的年平均次数 N_L 可按下式计算：

$$N_L = N_g \times A_l \times C_d \times C_t \times 10^{-6} \quad (\text{次}/a)$$

$$(B.5.7)$$

式中：N_g——雷击大地密度（次/km²·a）；

A_l——雷击服务设施的截收面积（图 B.5.6）(m²)，按表 B.5.8 的规定确定；

C_d——服务设施的位置因子，按表 B.5.4 的规定确定；

C_t——当雷击点与建筑物之间有 HV/LV 变压器时的修正因子，按表 B.5.5 的规定确定。

B.5.8 服务设施的截收面积 A_l 和 A_i 按表 B.5.8 的规定确定。计算时应符合下列规定：

1 当不知道 L_c 的值时，可假定 L_c 为 1000m；

2 当不知道土壤电阻率的值时，可假定 ρ 为 500Ω·m；

3 对于全部穿行在高密度网格形接地装置中的埋地电缆，可假定等效截收面积 A_i 和 A_l 为零；

4 需保护的建筑物应当假定为连接到服务设施的"b"端。

表 B.5.8 服务设施的截收面积 A_l 和 A_i

	架　空	埋　地
A_l	$6H_c[L_c - 3(H_a + H_b)]$	$[L_c - 3(H_a + H_b)]\sqrt{\rho}$
A_i	$1000L_c$	$25L_c\sqrt{\rho}$

A_l——雷击服务设施的截收面积(m²)；

A_i——雷击服务设施附近大地的截收面积(m²)；

H_c——服务设施导线的离地高度(m)；

L_c——从建筑物到第一个节点之间的服务设施线路段长度(m)，最大值取 1000m；

H_a——连接到服务设施"a"端的建筑物的高度(m)；

H_b——连接服务设施"b"端的建筑物高度(m)；

ρ——线路埋设处的土壤电阻率（Ω·m），最大值取 500Ω·m

B.5.9 雷击服务设施附近的年平均次数 N_i 可按下式计算：

$$N_i = N_g \times A_i \times C_e \times C_t \times 10^{-6} \quad (\text{次}/a)$$

$$(B.5.9)$$

式中：N_g——雷击大地密度（次/km²·a）；

A_i——雷击服务设施附近大地的截收面积（图 B.5.6）(m²)，按表 B.5.8 的规定确定；

C_e——环境因子，按表 B.5.9 的规定确定；

C_t——当雷击点与建筑物之间有 HV/LV 变压器时的修正因子，按表 B.5.5 的规定确定。

注：服务设施的截收面积 A_i 由其长度 L_c 和横向距离 D_i 来确定（图 B.5.6），雷击该横向距离 D_i 之间范围内时会产生不小于 1.5kV 的感应过电压。

表 B.5.9 环境因子 C_e

环　　　境	C_e
建筑物高度大于 20m 的市区	0
建筑物高度在 10m 和 20m 之间的市区	0.1
建筑物高度小于 10m 的郊区	0.5
农村	1

B.5.10 按本规范第 B.5 节的规定确定建筑物雷击损害风险分量 R_X 对应的损害概率 P_X 时，建筑物防雷措施应符合国家标准《雷电防护　第 3 部分：建筑物的物理损坏和生命危险》GB/T 21714.3-2008 和《雷电防护　第 4 部分：建筑物内电气和电子系统》GB/T 21714.4-2008 的规定。当能够证明是合理的时，也可以选择其他的 P_X 值。

B.5.11 雷击建筑物（S1）导致人畜伤害的概率 P_A 可按表 B.5.11 的规定确定。当采取了一项以上的措施时，P_A 的值应是各个相应 P_A 值的乘积。

表 B.5.11 雷击产生的接触和跨步电压导致人畜触电的概率 P_A

保护措施	P_A
无保护措施	1
外露引下线作电气绝缘	10^{-2}
有效的地面等电位连接	10^{-2}
警示牌	10^{-1}

注：当利用了建筑物的钢筋构件或框架作为引下线时，或者防雷装置周围安装了遮拦物时，概率 P_A 的数值可以忽略不计。

B.5.12 雷击建筑物（S1）导致物理损害的概率 P_B 可按表 B.5.12 的规定确定。

表 B.5.12 P_B 与建筑物雷电防护水平 (LPL) 的对应关系

减小建筑物物理损害的 LPS 特性	雷电防护水平	P_B
没有 LPS 保护的建筑物	—	1
受到 LPS 保护的建筑物	Ⅳ	0.2
	Ⅲ	0.1
	Ⅱ	0.05
	Ⅰ	0.02
建筑物安有符合 LPL Ⅰ 要求的接闪器以及用连续金属框架或钢筋混凝土框架作为自然引下线		0.01
建筑物有金属屋顶或安有接闪器（可能包含自然结构部件）使屋顶所有的装置都有完善的直击雷防护和有连续的金属框架或钢筋混凝土框架作为自然引下线		0.001

注：在详细调查基础上，P_B 也可以取表 B.5.12 以外的值。

B.5.13 雷击建筑物（S1）导致内部系统失效的概率 P_C 可按下式确定：

$$P_C = P_{SPD} \qquad (B.5.13)$$

式中：P_{SPD}——与 SPD 保护有关的概率，其值取决于雷电防护水平，按表 B.5.13 的规定确定。

表 B.5.13 按 LPL 选取并安装 SPD 时的 P_{SPD} 值

LPL	P_{SPD}
未采取匹配的 SPD 保护	1
Ⅲ-Ⅳ	0.03
Ⅱ	0.02
Ⅰ	0.01
注 3	0.005～0.001

注：1 只有在设有减小物理损害的 LPS 或有连续金属框架或钢筋混凝土框架作为自然 LPS、并且满足国家标准《雷电防护 第 3 部分：建筑物的物理损坏和生命危险》GB/T 21714.3-2008 提出的等电位连接和接地要求的建筑物内，协调配合的 SPD 保护才能有效地减小 P_C。

2 当与内部系统相连的外部导线为防雷电缆或者布设于防雷电缆沟槽、金属导管或金属管内时，可以不需要配合的 SPD 保护。

3 当在相应位置上安装的 SPD 的保护特性比 LPL Ⅰ 的要求更高时（更高的电流耐受能力，更低的电压保护水平），P_{SPD} 的值可能会更小。

B.5.14 雷击建筑物附近（S2）导致内部系统失效的概率 P_M 的取值应符合下列规定：

1 当没有安装符合国家标准《雷电防护 第 4 部分：建筑物内电气和电子系统》GB/T 21714.4-2008 要求的匹配 SPD 保护时，$P_M = P_{MS}$。概率 P_{MS} 应按表 B.5.14-1 的规定确定。

表 B.5.14-1 概率 P_{MS} 与因子 K_{MS} 的关系

K_{MS}	P_{MS}	K_{MS}	P_{MS}
≥0.4	1	0.016	0.005
0.15	0.9	0.015	0.003
0.07	0.5	0.014	0.001
0.035	0.1	≤0.013	0.0001
0.021	0.01		

2 当安装了符合国家标准《雷电防护 第 4 部分：建筑物内电气和电子系统》GB/T 21714.4-2008 要求的匹配 SPD 时，P_M 的值取 P_{SPD} 和 P_{MS} 两值中的较小者。

3 当内部系统设备耐压水平不符合相关产品标准要求时，应取 P_{MS} 等于 1。

4 因子 K_{MS} 的值可按下式计算：

$$K_{MS} = K_{S1} \times K_{S2} \times K_{S3} \times K_{S4} \qquad (B.5.14-1)$$

式中：K_{S1}——LPZ0/1 交界处的建筑物结构、LPS 和其他屏蔽物的屏蔽效能因子；

K_{S2}——建筑物内部 LPZX/Y（X>0，Y>1）交界处的屏蔽物的屏蔽效能因子；

K_{S3}——建筑物内部布线的特性因子，按表 B.5.14-2 的规定确定；

K_{S4}——被保护系统的冲击耐压因子。

表 B.5.14-2 因子 K_{S3} 与内部布线的关系

内部布线的类型	K_{S3}
非屏蔽电缆-布线时未避免构成环路[注1]	1
非屏蔽电缆-布线时避免形成大的环路[注2]	0.2
非屏蔽电缆-布线时避免形成环路[注3]	0.02
屏蔽电缆，屏蔽层单位长度的电阻[注4] 5<R_S≤20（Ω/km）	0.001
屏蔽电缆，屏蔽层单位长度的电阻[注4] 1<R_S≤5（Ω/km）	0.0002
屏蔽电缆，屏蔽层单位长度的电阻[注4] R_S≤1（Ω/km）	0.0001

注：1 大型建筑物中分开布设的导线构成的环路（环路面积大约为 50m²）。

2 导线布设在同一电缆管道中或导线在较小建筑物中分开布设（环路面积大约为 10m²）。

3 同一电缆的导线形成的环路（环路面积大约为 0.5m² 左右）。

4 屏蔽层单位长度电阻为 R_S（Ω/km）的电缆，其屏蔽层两端连到等电位端子板，设备也连在同一等电位端子板上。

5 在 LPZ 内部，当与屏蔽物边界之间的距离不小于网格宽度 w 时，LPS 或空间格栅形屏蔽体的因子 K_{S1} 和 K_{S2} 可按下式进行计算：

$$K_{S1} = K_{S2} = 0.12w \qquad (B.5.14-2)$$

式中：w——格栅形空间屏蔽或者网格状 LPS 引下线的网格宽度，或是作为自然 LPS 的建筑物金属柱子的间距或钢筋混凝土框架的间距（m）。

6 当感应环路靠近 LPZ 边界屏蔽体，并离屏蔽体距离小于网格宽度 w 时，K_{S1} 和 K_{S2} 值应增大，当与屏蔽体之间的距离在 $0.1w$ 到 $0.2w$ 的范围内时，K_{S1} 和 K_{S2} 的值增加一倍。当采用厚度为 $0.1mm$～$0.5mm$ 的连续金属屏蔽体时，K_{S1} 和 K_{S2} 相等，其值为 10^{-4}～10^{-5}；对于逐级相套的 LPZ，最后一级 LPZ 的 K_{S2} 是各级 LPZ 的 K_{S2} 的乘积。

注：1 当安装有符合国家标准《雷电防护 第 4 部分：建筑物内电气和电子系统》GB/T 21714.4 - 2008 要求的等电位连接网格时，K_{S1} 和 K_{S2} 的值可以缩小一半；

2 K_{S1}、K_{S2} 的最大值不超过 1。

7 当导线布设在两端都连接到等电位连接端子板的连续金属管内时，K_{S3} 的值应当再乘以 0.1。

8 因子 K_{S4} 可按公式（B.5.14-3）计算，如果内部系统中设备的耐冲击电压额定值不同，因子 K_{S4} 应取最低的耐冲击电压额定值计算。

$$K_{S4} = 1.5/U_w \qquad (B.5.14-3)$$

式中：U_w——受保护系统的耐冲击电压额定值（kV）。

B.5.15 雷击服务设施（S3）导致人畜伤害的概率 P_U 取决于服务设施屏蔽物的特性、连接到服务设施的内部系统的冲击耐压、保护措施以及在服务设施入户处是否安装 SPD。P_U 的取值应符合下列规定：

1 当没有按照国家标准《雷电防护 第 3 部分：建筑物的物理损坏和生命危险》GB/T 21714.3 - 2008 的要求安装 SPD 进行等电位连接时，$P_U = P_{LD}$。P_{LD} 是无 SPD 保护时，雷击相连服务设施导致内部系统失效的概率，按表 B.5.15 的规定确定。对非屏蔽的服务设施，取 P_{LD} 等于 1。

表 B.5.15 概率 P_{LD} 与电缆屏蔽层电阻 R_S 以及设备耐冲击电压额定值 U_w 的关系

U_w (kV)	P_{LD}		
	$5 < R_S \leqslant 20$ (Ω/km)	$1 < R_S \leqslant 5$ (Ω/km)	$R_S \leqslant 1$ (Ω/km)
1.5	1	0.8	0.4
2.5	0.95	0.6	0.2
4	0.9	0.3	0.04
6	0.8	0.1	0.02

注：R_S 为电缆屏蔽层单位长度的电阻（Ω/km）。

2 当按照国家标准《雷电防护 第 3 部分：建筑物的物理损坏和生命危险》GB/T 21714.3 - 2008 的要求安装 SPD 时，P_U 取表 B.5.13 规定的 P_{SPD} 值与表 B.5.15 规定的 P_{LD} 值的较小者。

3 当采取了遮拦、警示牌等防护措施时，概率 P_U 将进一步减小，其值应与表 B.5.11 中给出的概率 P_A 值相乘。

B.5.16 雷击服务设施（S3）导致物理损害的概率 P_V 取决于服务设施屏蔽体的特性、连接到服务设施的内部系统的冲击耐压以及是否安装 SPD。P_V 的取值应符合下列规定：

1 当没有按照国家标准《雷电防护 第 3 部分：建筑物的物理损坏和生命危险》GB/T 21714.3 - 2008 的要求用 SPD 进行等电位连接时，P_V 等于 P_{LD}。

2 当按照国家标准《雷电防护 第 3 部分：建筑物的物理损坏和生命危险》GB/T 21714.3 - 2008 的要求用 SPD 进行等电位连接时，P_V 的值取 P_{SPD} 和 P_{LD} 的较小者。

B.5.17 雷击服务设施（S3）导致内部系统失效的概率 P_W 取决于服务设施屏蔽的特性、连接到服务设施的内部系统的冲击耐压以及是否安装 SPD。P_W 的取值应符合下列规定：

1 如果没有安装符合国家标准《雷电防护 第 4 部分：建筑物内电气和电子系统》GB/T 21714.4 - 2008 要求的已配合好的 SPD，P_W 等于 P_{LD}。

2 当安装了符合国家标准《雷电防护 第 4 部分：建筑物内电气和电子系统》GB/T 21714.4 - 2008 要求的已配合好的 SPD 时，P_W 的值取 P_{SPD} 和 P_{LD} 的较小者。

B.5.18 雷击入户服务设施附近（S4）导致内部系统失效的概率 P_Z 取决于服务设施的屏蔽层特性、连接到服务设施的内部系统的耐冲击电压以及是否安装 SPD 保护设施。P_Z 的取值应符合下列规定：

1 当没有安装符合国家标准《雷电防护 第 4 部分：建筑物内电气和电子系统》GB/T 21714.4 - 2008 要求的已配合好的 SPD 时，P_Z 等于 P_{LI}。此处 P_{LI} 是未安装 SPD 时雷击相连的服务设施导致内部系统失效的概率，按表 B.5.18 的规定确定。

表 B.5.18 概率 P_{LI} 与电缆屏蔽层电阻 R_S 以及设备耐冲击电压 U_w 的关系

U_w (kV)	P_{LI}				
	非屏蔽电缆	屏蔽层没有与设备连接到同一等电位连接端子板上	屏蔽层与设备连接到同一等电位连接端子板上		
			$5 < R_S \leqslant 20$ (Ω/km)	$1 < R_S \leqslant 5$ (Ω/km)	$R_S \leqslant 1$ (Ω/km)
1.5	1	0.5	0.15	0.04	0.02
2.5	0.4	0.2	0.06	0.02	0.008
4	0.2	0.1	0.03	0.008	0.004
6	0.1	0.05	0.02	0.004	0.002

注：R_S 是电缆屏蔽层单位长度的电阻（Ω/km）。

2 当安装了符合国家标准《雷电防护 第 4 部分：建筑物内电气和电子系统》GB/T 21714.4 - 2008 要求的已配合好的 SPD 时，P_Z 等于 P_{SPD} 和 P_{LI} 的较小者。

B.5.19 建筑物损失率 L_X 指雷击建筑物可能引起的某一特定损害类型的平均损失量与被保护建筑物总价值之比。损失率 L_X 应取决于：

1 在危险场所人员的数量以及逗留的时间；

2 公众服务的类型及其重要性；

3 受损害货物的价值。

B.5.20 损失率 L_X 随着所考虑的损失类型（L1、L2、L3 和 L4）而变化，对于每一种损失类型，它还与损害类型（D1、D2 和 D3）有关。按损害类型，损失率应分为三种：

1 接触和跨步电压导致伤害的损失率 L_t；

2 物理损害导致的损失率 L_f；

3 内部系统故障导致的损失率 L_o。

B.5.21 人身伤亡损失率的计算应符合下列规定：

1 可按公式（B.5.21-1）确定 L_t、L_f 和 L_o 的数值。当无法或很难确定 n_p、n_t 和 t_p 时，可采用表 B.5.21-1 中给出的 L_t、L_f 和 L_o 典型平均值；

$$L_x = (n_p/n_t) \times (t_p/8760) \quad (B.5.21-1)$$

式中：n_p——可能受到危害的人员数量；

n_t——预期的建筑物内总人数；

t_p——以小时计算的可能受害人员每年处于危险场所的时间，危险场所包括建筑物外（只涉及损失 L_t）和建筑物内（L_t、L_f 和 L_o 都涉及）。

表 B.5.21-1 L_t、L_f 和 L_o 的典型平均值

建筑物的类型	L_t
所有类型（人员处于建筑物内）	10^{-4}
所有类型（人员处于建筑物外）	10^{-2}
建筑物的类型	L_f
医院、旅馆，民用建筑	10^{-1}
工业建筑、商业建筑、学校	5×10^{-2}
公共娱乐场所、教堂、博物馆	2×10^{-2}
其他	10^{-2}
建筑物的类型	L_o
有爆炸危险的建筑物	10^{-1}
医院	10^{-3}

2 人身伤亡损失率可按下列公式进行计算：

$$L_A = r_a \times L_t \quad (B.5.21-2)$$

$$L_U = r_u \times L_t \quad (B.5.21-3)$$

$$L_B = L_V = r_p \times h_z \times r_f \times L_f \quad (B.5.21-4)$$

$$L_C = L_M = L_W = L_Z = L_o \quad (B.5.21-5)$$

式中：r_a——由土壤类型决定的减少人身伤亡损失的因子，按表 B.5.21-2 的规定确定；

r_u——由地板类型决定的减少人身伤亡损失的因子，按表 B.5.21-2 的规定确定；

r_p——由防火措施决定的减少物理损害导致人身伤亡损失的因子，按表 B.5.21-3 的规定确定；

r_f——由火灾危险程度决定的减小物理损害导致人身伤亡的因子，按表 B.5.21-4 的规定确定；

h_z——在有特殊危险时，物理损害导致人身伤亡损失的增加因子，按表 B.5.21-5 的规定确定。

表 B.5.21-2 缩减因子 r_a 和 r_u 的数值与土壤或地板表面的关系

地板和土壤类型	接触电阻（kΩ）	r_a 和 r_u
农地，混凝土	$\leqslant 1$	10^{-2}
大理石、陶瓷	$1 \sim 10$	10^{-3}
沙砾、厚毛毯、一般地毯	$10 \sim 100$	10^{-4}
沥青、油毯、木头	$\geqslant 100$	10^{-5}

表 B.5.21-3 防火措施的缩减因子 r_p

措 施	r_p
无	1
以下措施之一：灭火器、固定的人工灭火装置、人工报警消防装置、消防栓、人工灭火装置、防火隔间、留有逃生通道	0.5
以下措施之一：固定的自动灭火装置、自动报警装置[注3]	0.2

注：1 如果同时采取了一项以上措施，r_p 的数值应当取各相应数值中的最小值；

2 在具有爆炸危险的建筑物内部，任何情况下 r_p = 1；

3 仅当具有过电压防护和其他损害的防护并且消防员能在 10 分钟之内赶到时。

表 B.5.21-4 缩减因子 r_f 与建筑物火灾危险的关系

火灾危险	r_f	火灾危险	r_f
爆炸	1	低	10^{-3}
高	10^{-1}	无	0
一般	10^{-2}		

注：1 当建筑物具有爆炸危险以及建筑物内存储有爆炸性混合物质时，可能需要更精确地计算 r_f。

2 由易燃材料建造的建筑物、屋顶由易燃材料建造的建筑物或单位面积火灾载荷大于 800MJ/m^2 的建筑物可以看作具有高火灾危险的建筑物。

3 单位面积火灾载荷在 400MJ/m^2 ~ 800MJ/m^2 之间的建筑物应当看作具有一般火灾危险的建筑物。

4 单位面积火灾载荷小于 400MJ/m^2 的建筑物或者只是偶尔存储有易燃性物质的建筑物应当看作具有低火灾危险的建筑物。

5 单位面积火灾载荷是建筑物内全部易燃物质的能量与建筑物总的表面积之比。

表 B.5.21-5 有特殊伤害时损失相对量的增加因子 h_Z 的数值

特殊伤害的种类	h_Z
无特殊伤害	1
高度不大于两层、容量不大于 100 人的建筑物等场所的低度惊慌	2
容量 100～1000 人的文化或体育场馆等场所的中等程度惊慌	5
有移动不便人员的建筑物、医院等场所的疏散困难	5
容量大于 1000 人的文化或体育场馆等场所的高度惊慌	10
对周围或环境造成危害	20
对四周环境造成污染	50

B.5.22 公众服务中断损失率的计算应符合下列规定:

1 可按公式 (B.5.22-1) 确定 L_f 和 L_o 的数值。当无法或很难确定 n_p、n_t 和 t 时,可采用表 B.5.22 中给出的 L_f 和 L_o 典型平均值;

$$L_x = (n_p/n_t) \times (t/8760) \quad (B.5.22-1)$$

式中: n_p——可能失去服务的年平均用户数量;

n_t——接受服务的用户总数;

t——用小时表示的年平均服务中断时间。

表 B.5.22 L_f 和 L_o 的典型平均值

服务类型	L_f	L_o
煤气、水管	10^{-1}	10^{-2}
电视线路、通信线、供电线路	10^{-2}	10^{-3}

2 公众服务中断的各种实际损失率可按下列公式计算:

$$L_B = L_V = r_p \times r_f \times L_f \quad (B.5.22-2)$$
$$L_C = L_M = L_W = L_Z = L_o \quad (B.5.22-3)$$

式中: r_p、r_f——分别是本规范表 B.5.21-3 和表 B.5.21-4 中的因子。

B.5.23 文化遗产损失率的计算应符合下列规定:

1 可按公式 (B.5.23-1) 确定 L_f 的数值。当无法或很难确定 c、c_t 时,L_f 的典型平均值可取 10^{-1};

$$L_x = c/c_t \quad (B.5.23-1)$$

式中: c——用货币表示的每年建筑物内文化遗产可能损失的平均值;

c_t——用货币表示的建筑物内文化遗产总值。

2 文化遗产的实际损失率可按下式计算:

$$L_B = L_V = r_p \times r_f \times L_f \quad (B.5.23-2)$$

式中: r_p、r_f——分别是本规范表 B.5.21-3 和表 B.5.21-4 中的因子。

B.5.24 经济损失率的计算应符合下列规定:

1 可按公式 (B.5.24-1) 确定 L_t、L_f 和 L_o 的数值。当无法或很难确定 c、c_t 时,可采用表 B.5.24 中给出的各种类型建筑物的 L_t、L_f 和 L_o 典型平均值;

$$L_x = c/c_t \quad (B.5.24-1)$$

式中: c——用货币表示的建筑物可能损失的平均数值(包括其存储物的损失、相关业务的中断及其后果);

c_t——用货币表示的建筑物的总价值(包括其存储物以及相关业务的价值)。

表 B.5.24 L_t、L_f 和 L_o 的典型平均值

建筑物的类型	L_t
所有类型-建筑物内部	10^{-4}
所有类型-建筑物外部	10^{-2}
建筑物的类型	**L_f**
医院、工业、博物馆、农业建筑	0.5
旅馆、学校、办公楼、教堂、公众娱乐场所、商业大楼	0.2
其他	0.1
建筑物类型	**L_o**
有爆炸风险的建筑	10^{-1}
医院、工业、办公楼、旅馆、商业大楼	10^{-2}
博物馆、农业建筑、学校、教堂、公众娱乐场所	10^{-3}
其他	10^{-4}

2 经济损失率可按下列公式进行计算:

$$L_A = r_a \times L_t \quad (B.5.24-2)$$
$$L_U = r_u \times L_t \quad (B.5.24-3)$$
$$L_B = L_V = r_p \times r_f \times h_z \times L_f \quad (B.5.24-4)$$
$$L_C = L_M = L_W = L_Z = L_o \quad (B.5.24-5)$$

式中: r_a、r_u、r_p、r_f、h_z——本规范表 B.5.21-2～表 B.5.21-5 中的因子。

B.5.25 成本效益的估算应符合下列规定:

1 全部损失的价值 C 可按下式计算:

$$\begin{aligned}C_L = &(R_A + R_U) \times C_A + (R_B + R_V) \\ &\times (C_A + C_B + C_S + C_C) \\ &+ (R_C + R_M + R_W + R_Z) \times C_S\end{aligned}$$

$$(B.5.25-1)$$

式中: R_A、R_U——没有保护措施时与牲畜损失有关的风险分量;

R_B、R_V——没有保护措施时与物理损害有关的风险分量;

R_C、R_M、R_W、R_Z——没有保护措施时与电气和

电子系统失效有关的风险
分量；

C_A——牲畜的价值；

C_S——建筑物中系统的价值；

C_B——建筑物的价值；

C_C——建筑物内存物的价值。

2 在有保护措施的情况下，剩余损失的总价值 C_{RL} 可按下式计算：

$$C_{RL} = (R'_A + R'_U) \times C_A + (R'_B + R'_V) \times$$
$$(C_A + C_B + C_S + C_C) +$$
$$(R'_C + R'_M + R'_W + R'_Z) \times C_S$$

$$(B.5.25-2)$$

式中： R'_A、R'_U——有保护措施时与牲畜损失
有关的风险分量；

R'_B、R'_V——有保护措施时与物理损害
有关的风险分量；

R'_C、R'_M、R'_W、R'_Z——有保护措施时与电气和电
子系统失效有关的风险
分量。

3 保护措施的年平均费用 C_{PM} 可按下式计算：

$$C_{PM} = C_P \times (i + a + m) \quad (B.5.25-3)$$

式中： C_P——保护措施的费用；

i——利率；

a——折旧率；

m——维护费率。

4 每年节省的费用可按公式（B.5.25-4）计算，
如果年平均节省的费用 S 大于零，采取防护措施是经
济合理的。

$$S = C_L - (C_{PM} + C_{RL}) \quad (B.5.25-4)$$

附录 C 雷电流参数

C.0.1 闪电中可能出现三种雷击波形（图 C.0.1-1），短时雷击波形参数的定义应符合图 C.0.1-2 的规定，长时间雷击波形参数的定义应符合图 C.0.1-3 的规定。

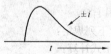
(a) 首次短时雷击

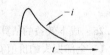
(b) 首次以后的短时雷击（后续雷击）

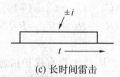
(c) 长时间雷击

图 C.0.1-1　闪电中可能出现的三种雷击

C.0.2 雷电流参数应符合表 C.0.2-1～表 C.0.2-3 的规定。

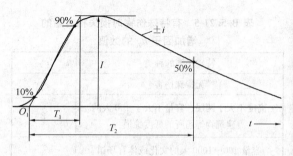

图 C.0.1-2　短时雷击波形参数

I——峰值电流（幅值）；

T_1——波头时间；

T_2——半值时间（典型值 $T_2 < 2ms$）。

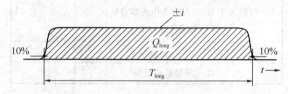

图 C.0.1-3　长时间雷击波形参数

T_{long}——从波头起自峰值 10% 至波尾降到峰值 10% 之间的时间（典型值 $2ms < T_{long} < 1s$）；

Q_{long}——长时间雷击的电荷量。

表 C.0.2-1　首次雷击的雷电流参数

雷电流参数	防雷建筑物类别		
	一类	二类	三类
幅值 I(kA)	200	150	100
波头时间 T_1(μs)	10	10	10
半值时间 T_2(μs)	350	350	350
电荷量 Q_s(C)	100	75	50
单位能量 W/R(MJ/Ω)	10	5.6	2.5

注： 1 因为全部电荷量 Q_s 的主要部分包括在首次雷击中，故所规定的值考虑合并了所有短时间雷击的电荷量。

2 由于单位能量 W/R 的主要部分包括在首次雷击中，故所规定的值考虑合并了所有短时间雷击的单位能量。

表 C.0.2-2　首次以后雷击的雷电流参数

雷电流参数	防雷建筑物类别		
	一类	二类	三类
幅值 I(kA)	50	37.5	25
波头时间 T_1(μs)	0.25	0.25	0.25
半值时间 T_2(μs)	100	100	100
平均陡度 I/T_1(kA/μs)	200	150	100

表 C.0.2-3　长时间雷击的雷电流参数

雷电流参数	防雷建筑物类别		
	一类	二类	三类
电荷量 Q_1(C)	200	150	100
时间 T(s)	0.5	0.5	0.5

注：平均电流 $I \approx Q_1/T$。

附录 D　雷击磁场强度的计算方法

D.1　建筑物附近雷击的情况下防雷区内磁场强度的计算

D.1.1　无屏蔽时所产生的磁场强度 H_0，即 LPZ0 区内的磁场强度，应按公式(D.1.1)计算：

$$H_0 = i_0/(2\pi s_a) \quad (A/m) \qquad (D.1.1)$$

式中：i_0——雷电流(A)；

s_a——从雷击点到屏蔽空间中心的距离(m)(图 D.1.1)。

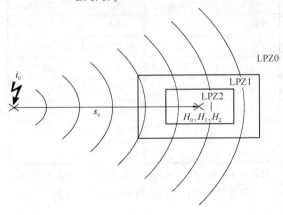

图 D.1.1　邻近雷击时磁场值的估算

D.1.2　当建筑物邻近雷击时，格栅型空间屏蔽内部任意点的磁场强度应按下列公式进行计算：

LPZ1 内　$H_1 = H_0/10^{SF/20}$ (A/m)　(D.1.2-1)

LPZ2 等后续防护区内

$$H_{n+1} = H_n/10^{SF/20} \quad (A/m) \qquad (D.1.2-2)$$

式中：H_0——无屏蔽时的磁场强度(A/m)；

H_n、H_{n+1}——分别为 LPZn 和 LPZ$n+1$ 区内的磁场强度(A/m)；

SF——按表 D.1.3 的公式计算的屏蔽系数(dB)。

这些磁场值仅在格栅型屏蔽内部与屏蔽体有一安全距离为 $d_{s/1}$ 的安全空间内有效，安全距离可按下列公式计算：

当 $SF \geqslant 10$ 时　$d_{s/1} = w \cdot SF/10$　(m) (D.1.2-3)

当 $SF < 10$ 时　$d_{s/1} = w$　(m)　(D.1.2-4)

式中：SF——按表 D.1.3 的公式计算的屏蔽系数(dB)；

w——空间屏蔽网格宽度(m)。

D.1.3　格栅形大空间屏蔽的屏蔽系数 SF，按表 D.1.3 的公式计算。

表 D.1.3　格栅型空间屏蔽对平面波磁场的衰减

材质	SF(dB)	
	25kHz[注1]	1MHz[注2]
铜材或铝材	$20 \cdot \lg(8.5/w)$	$20 \cdot \lg(8.5/w)$
钢材[注3]	$20 \cdot \lg[(8.5/w)/\sqrt{1+18 \cdot 10^{-6}/r^2}]$	$20 \cdot \lg(8.5/w)$

注：1　适用于首次雷击的磁场；
2　适用于后续雷击的磁场；
3　磁导率 $\mu_r \approx 200$；
4　公式计算结果为负值时，$SF=0$；
5　如果建筑物安装有网状等电位连接网络时，SF 增加 6dB；
6　w 是格栅型空间屏蔽网格宽度(m)；r 是格栅型屏蔽杆的半径(m)。

D.2　当建筑物顶防直击雷装置接闪时防雷区内磁场强度的计算

D.2.1　格栅型空间屏蔽 LPZ1 内部任意点的磁场强度(图 D.2.1)应按下式进行计算：

$$H_1 = k_H \cdot i_0 \cdot w/(d_w \cdot \sqrt{d_r}) \quad (A/m)$$

$$(D.2.1-1)$$

式中：d_r——待计算点与 LPZ1 屏蔽中屋顶的最短距离(m)；

d_w——待计算点与 LPZ1 屏蔽中墙的最短距离(m)；

i_0——LPZ0$_A$ 的雷电流(A)；

k_H——结构系数($1/\sqrt{m}$)，典型值取 0.01；

w——LPZ1 屏蔽的网格宽度(m)。

按公式(D.2.1-1)计算的磁场值仅在格栅型屏蔽

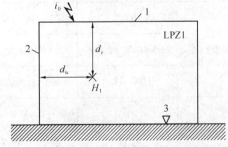

图 D.2.1　闪电直接击于屋顶接闪器时 LPZ1 区内的磁场强度

1—屋顶；2—墙；3—地面

内部与屏蔽体有一安全距离 $d_{s/2}$ 的安全空间内有效，安全距离可按下式计算：

$$d_{s/2} = w \quad (m) \qquad (D.2.1\text{-}2)$$

D.2.2 在 LPZ2 等后续防护区内部任意点的磁场强度(图 D.2.2)仍按公式(D.1.2-2)计算，这些磁场值仅在格栅型屏蔽内部与屏蔽体有一安全距离为 $d_{s/1}$ 的安全空间内有效。

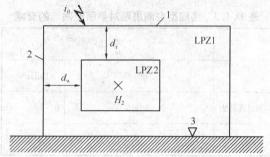

图 D.2.2 LPZ2 等后续防护区内部
任意点的磁场强度的估算
1—屋顶；2—墙；3—地面

附录 E 信号线路浪涌保护器
冲击试验波形和参数

表 E 信号线路浪涌保护器的冲击试验
推荐采用的波形和参数

类别	试验类型	开路电压	短路电流
A_1	很慢的上升率	≥1kV 0.1kV/μs~100kV/s	10A, 0.1A/μs~2A/μs ≥1000μs(持续时间)
A_2	AC		—
B_1		1kV, 10/1000μs	100A, 10/1000μs
B_2	慢上升率	1kV~4kV, 10/700μs	25A~100A, 5/300μs
B_3		≥1kV, 100V/μs	10A~100A, 10/1000μs
C_1		0.5kV~2kV, 1.2/50μs	0.25kA~1kA, 8/20μs
C_2	快上升率	2kV~10kV, 1.2/50μs	1kA~5kA, 8/20μs
C_3		≥1kV, 1kV/μs	10A~100A, 10/1000μs
D_1	高能量	≥1kV	0.5kA~2.5kA, 10/350μs
D_2		≥1kV	0.6kA~2kA, 10/250μs

注：表中数值为 SPD 测试的最低要求。

附录 F 全国主要城市年平均
雷暴日数统计表

表 F 全国主要城市年平均雷暴日数

地名	雷暴日数 (d/a)	地名	雷暴日数 (d/a)
北京	35.2	长沙	47.6
天津	28.4	广州	73.1
上海	23.7	南宁	78.1
重庆	38.5	海口	93.8
石家庄	30.2	成都	32.5
太原	32.5	贵阳	49.0
呼和浩特	34.3	昆明	61.8
沈阳	25.9	拉萨	70.4
长春	33.9	兰州	21.1
哈尔滨	33.4	西安	13.7
南京	29.3	西宁	29.6
杭州	34.0	银川	16.5
合肥	25.8	乌鲁木齐	5.9
福州	49.3	大连	20.3
南昌	53.5	青岛	19.6
济南	24.2	宁波	33.1
郑州	20.6	厦门	36.5
武汉	29.7		

注：本表数据引自中国气象局雷电防护管理办公室 2005
年发布的资料，不包含港澳台地区城市数据。

本规范用词说明

1 为便于在执行本规范条文时区别对待，对要求严格程度不同的用词说明如下：

1）表示很严格，非这样做不可的用词：
正面词采用"必须"，反面词采用"严禁"；

2）表示严格，在正常情况下均这样做的用词：
正面词采用"应"，反面词采用"不应"或"不得"；

3）表示允许稍有选择，在条件许可时，首先应这样做的用词：
正面词采用"宜"，反面词采用"不宜"；

4）表示有选择，在一定条件下可以这样做的，采用"可"。

2 条文中指明应按其他有关标准执行的写法为："应符合……规定"或"应按……执行"。

引用标准名录

1 《建筑设计防火规范》GB 50016

2 《低压系统内设备的绝缘配合　第1部分：原理、要求和试验》GB/T 16935.1

3 《低压电涌保护器(SPD)　第1部分：低压配电系统的电涌保护器　性能要求和试验方法》GB 18802.1

4 《雷电防护　第3部分：建筑物的物理损坏和生命危险》GB/T 21714.3

5 《雷电防护　第4部分：建筑物内电气和电子系统》GB/T 21714.4

中华人民共和国国家标准

建筑物电子信息系统防雷技术规范

GB 50343—2012

条 文 说 明

修 订 说 明

《建筑物电子信息系统防雷技术规范》GB 50343-2012，经住房和城乡建设部 2012 年 6 月 11 日以第 1425 号公告批准、发布。本规范是对原《建筑物电子信息系统防雷技术规范》GB 50343-2004 进行修订而成。

本规范修订工作主要遵循以下原则：原规范大框架不做改动；吸纳先进技术、先进方法，与国际标准接轨；删除原规范目前已不宜推荐的内容；着重提高规范的先进性、实用性、可操作性；着重于建筑物信息系统的防雷。

本规范修订的主要内容包括：对部分术语解释进行了调整；增加了按风险管理要求进行雷击风险评估的内容；对各种建筑物电子信息系统雷电防护等级的划分进行了调整；对第 5 章"防雷设计"的内容进行了修改补充；第 7 章名称修改为"检测与验收"，内容进行了调整；增加了三个附录，并对原附录"全国主要城市年平均雷暴日数统计表"进行了修改，取消了原附录"验收检测表"；规范中第 5.2.6 条和第 5.5.7 条第 2 款（原规范第 5.4.10 条第 2 款）不再作为强制性条文。

原规范主编单位：中国建筑标准设计研究院、四川中光高技术研究所有限责任公司；参编单位：中南建筑设计院、四川省防雷中心、上海市防雷中心、中国电信集团湖南电信公司、铁道部科学院通信信号研究所、北京爱劳科技有限公司、广州易事达艾力科技有限公司、武汉岱嘉电气技术有限公司。原规范主要起草人：王德言、李雪佩、宏育同、李冬根、刘寿先、蔡振新、邱传睿、熊江、陈勇、刘兴顺、郑经娣、刘文明、王维国、陈燮、郭维藩、孙成群、余亚桐、刘岩峰、汪海涛、王守奎。

为便于广大设计、施工、科研等单位有关人员在使用本规范时正确理解和执行条文规定，规范修订编制组按章、节、条顺序编制了本规范条文说明，供使用者参考。

目　次

1 总　则

1.0.1　随着经济建设的高速发展，电子信息设备的应用已深入国民经济、国防建设和人民生活的各个领域，各种电子、微电子装备已在各行业大量使用。由于这些系统和设备耐过电压能力低，特别是雷电高电压以及雷电电磁脉冲的侵入所产生的电磁效应、热效应都会对信息系统设备造成干扰或永久性损坏。每年我国电子设备因雷击造成的经济损失相当惊人。因此电子信息系统对雷电灾害的防护问题越来越突出。

由于雷击发生的时间和地点以及雷击强度的随机性，因此对雷击损害的防范难度很大，要达到阻止和完全避免雷击损害的发生是不可能的。国家标准《雷电防护》GB/T 21714（等同采用国际电工委员会标准 IEC 62305）和《建筑物防雷设计规范》GB 50057 就已明确指出，建筑物安装防雷装置后，并非万无一失。所以按照本规范要求安装防雷装置和采取防护措施后，只能将雷电灾害降低到最低限度，大大减小被保护的电子信息系统设备遭受雷击损害的风险。

1.0.2　对易燃、易爆等危险环境和场所的雷电防护问题，由有关行业标准解决。

1.0.3　雷电防护设计应坚持预防为主、安全第一的原则，这就是说，凡是雷电可能侵入电子信息系统的通道和途径，都必须预先考虑到，采取相应的防护措施，尽量将雷电高电压、大电流堵截消除在电子信息设备之外，对残余雷电电磁影响，也要采取有效措施将其疏导入大地，这样才能达到对雷电的有效防护。

1.0.4　在进行防雷工程设计时，应认真调查建筑物电子信息系统所在地点的地理、地质以及土壤、气象、环境、雷电活动、信息设备的重要性和雷击事故后果的严重程度等情况，对现场的电磁环境进行风险评估，这样，才能以尽可能低的造价建造一个有效的雷电防护系统，达到合理、科学、经济的设计。

1.0.5　建筑物电子信息系统遭受雷电的影响是多方面的，既有直接雷击，又有雷电电磁脉冲，还有接闪器接闪后由接地装置引起的地电位反击。在进行防雷设计时，不但要考虑防直接雷击，还要防雷电电磁脉冲和地电位反击等，因此，必须进行综合防护，才能达到预期的防雷效果。

图 1 所示综合防雷系统中的外部和内部防雷措施按建筑物电子信息系统的防护特点划分，内部防雷措施包含在电子信息系统设备中各传输线路端口分别安装与之适配的浪涌保护器（SPD），其中电源 SPD 不仅具有抑制雷电过电压的功能，同时还具有抑制操作过电压的作用。

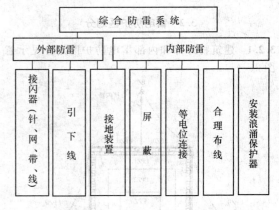

图 1　建筑物电子信息系统综合防雷框图

2　术　语

术语解释的主要依据为《低压电涌保护器（SPD）第 1 部分：低压配电系统的电涌保护器　性能要求和试验方法》GB 18802.1 以及《雷电防护》GB/T 21714 - 2008 系列标准。

2.0.5　综合防雷系统的定义与 GB/T 21714 - 2008 中的术语"雷电防护系统（LPS）"有所不同。GB/T 21714 系列标准中所提到的 LPS 仅指减少雷击建筑物造成物理损害的防雷装置，不包括防雷电电磁脉冲的部分。本规范中，综合防雷系统是全部防雷装置和措施的总称。外部防雷指接闪器、引下线和接地装置，内部防雷指等电位连接、共用接地装置、屏蔽、合理布线、浪涌保护器等。这样定义，概念比较清楚，也符合我国工程设计人员长期形成的使用习惯。

2.0.16　本规范中按照浪涌保护器在电子信息系统中的使用特性，将浪涌保护器分为电源线路浪涌保护器、天馈线路浪涌保护器和信号线路浪涌保护器。

2.0.18　根据国家标准《低压电涌保护器（SPD）第 1 部分：低压配电系统的电涌保护器　性能要求和试验方法》GB 18802.1，浪涌保护器按组件特性分为电压限制型、电压开关型以及复合型。其中电压限制型浪涌保护器又称限压型浪涌保护器。

3　雷电防护分区

3.1　地区雷暴日等级划分

3.1.2　地区雷暴日数应以国家公布的当地年平均雷暴日数为准，本规范附录 F 提供的我国主要城市地区雷暴日数仅供工程设计参考。

3.1.3　关于地区雷暴日等级划分，国家还没有制定出一个统一的标准。本规范参考多数现行标准采用的等级划分标准，将年平均雷暴日超过 90d 的地区定为强雷区。

3.2 雷电防护区划分

3.2.1 建筑物外部和内部雷电防护区划分见示意图2。

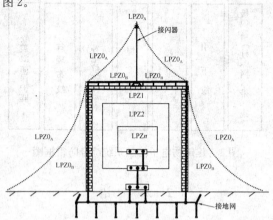

图2 建筑物外部和内部雷电防护区划分示意图

▪▫▪—在不同雷电防护区界面上的等电位接地端子板；
▨—起屏蔽作用的建筑物外墙；
虚线—按滚球法计算的接闪器保护范围界面

雷击致损原因（S）与建筑物雷电防护区划分的关系见图3。

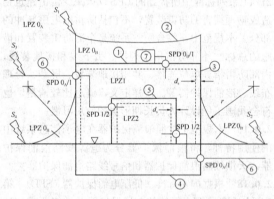

图3 雷击致损原因（S）
与建筑物雷电防护区（LPZ）示意图

①—建筑物（LPZ1的屏蔽体）；S_1—雷击建筑物；
②—接闪器；S_2—雷击建筑物附近；
③—引下线；S_3—雷击连接到建筑物的服务设施；
④—接地体；S_4—雷击连接到建筑物的服务设施附近；
⑤—房间（LPZ2的屏蔽体）；r—滚球半径；
⑥—连接到建筑物的服务设施；d_s—防过高磁场的安全距离；
⑦—建筑物屋顶电气设备；○—用SPD进行的等电位连接；
▽地面

3.2.2 雷电防护区的划分依据GB/T 21714-2008系列标准规定的分类和定义。

4 雷电防护等级划分和雷击风险评估

4.1 一般规定

4.1.1 雷电防护工程设计的依据之一是对工程所处地区的雷电环境进行风险评估的结果，按照风险评估的结果确定电子信息系统是否需要防护，需要什么等级的防护。因此，雷电环境的风险评估是雷电防护工程设计必不可少的环节。考虑到工程实际情况差异较大，用户要求各不相同，为提供工程设计的可操作性，本规范提供了三种风险评估方法。工程设计人员可根据建筑物电子信息系统的特性、建筑物电子信息系统的重要性、评估所需数据资料的完备程度以及用户的要求选用。

雷电环境的风险评估是一项复杂的工作，要考虑当地的气象环境、地质地理环境；还要考虑建筑物的重要性、结构特点和电子信息系统设备的重要性及其抗扰能力。将这些因素综合考虑后，确定一个最佳的防护等级，才能达到安全可靠、经济合理的目的。

4.1.2 建筑物电子信息系统可按本规范第4.2节计算防雷装置的拦截效率或按本规范第4.3节查表确定雷电防护等级。按本规范第4.4节风险管理要求进行雷击风险评估时不需要再分级。

4.1.4 在防雷设计时按风险管理要求对被保护对象进行雷击风险评估已成为雷电防护的最新趋势。按风险管理要求对被保护对象进行雷击风险评估工作量大，对各种资料数据的准确性、完备性要求高，目前推广实施尚存在很多困难。因此，仅对重点工程或当用户提出要求时进行，此类评估一般由专门的雷电风险评估机构实施。

4.2 按防雷装置的拦截效率确定雷电防护等级

4.2.1 用于计算建筑物年预计雷击次数 N_1 和建筑物入户设施年预计雷击次数 N_2 的建筑物所处地区雷击大地密度 N_g 在2004版规范中的计算公式为 $N_g = 0.024 \times T_d^{1.3}$，为了与国际标准接轨，同时与其他国标协调一致，本规范采用国家标准《雷电防护 第2部分：风险管理》GB/T 21714.2-2008（IEC 62305-2：2006，IDT）中的计算公式 $N_g \approx 0.1T_d$。

4.2.2 电子信息系统设备因雷击损坏可接受的最大年平均雷击次数 N_c 值，至今，国内外尚无一个统一的标准，一般由各国自行确定。

法国标准NFC-17-102：1995附录B："闪电评估指南及ECP1保护级别的选择"中，将 N_c 定为 $5.8 \times 10^{-3}/C$，C 为各类因子，它是综合考虑了电子设备所处地区的地理、地质环境、气象条件、建筑物特性、设备的抗扰能力等因素进行确定。若按该公式计算出的值为 10^{-4} 数量级，即建筑物允许落闪频率为万分之几，这样一来，几乎所有的雷电防护工程，不管是在少雷区还是在强雷区，都要按最高等级 A 设计，这是不合理的。

在本规范中，将 N_c 值调整为 $N_c = 5.8 \times 10^{-1}/C$，这样得出的结果：在少雷区或中雷区，防雷工程按 A 级设计的概率为 10% 左右；按 B 级设计的概率为 50%～60%；少数设计为 C 级和 D 级。这样的一个结果我们认为是合乎我国实际情况的，也是科学的。

按防雷装置的拦截效率确定雷电防护等级的计算实例：

一、建筑物年预计雷击次数 N_1

1 建筑物所处地区雷击大地密度

$$N_g \approx 0.1 \times T_d \quad [\text{次} /(\text{km}^2 \cdot \text{a})] \quad (1)$$

表 1 N_g 按典型雷暴日 T_d 的取值

T_d 值	N_g [次/（km²·a）]
25	2.5
40	4
60	6
90	9

2 建筑物等效截收面积 A_e 的计算（按本规范附录 A 图 A.1.3）

1）当 $H < 100$m 时，按下式计算：

每边扩大宽度：

$$D = \sqrt{H(200-H)} \quad (\text{m}) \quad (2)$$

建筑物等效截收面积：

$$A_e = [LW + 2(L+W)\sqrt{H(200-H)} + \pi H(200-H)] \times 10^{-6} \quad (\text{km}^2) \quad (3)$$

式中：L、W、H——分别为建筑物的长、宽、高（m）。

2）当 $H \geqslant 100$m 时：

$$A_e = [LW + 2H(L+W) + \pi H^2] \times 10^{-6} \quad (\text{km}^2) \quad (4)$$

3 校正系数 K 的取值

1.0、1.5、1.7、2.0（根据建筑物所处的不同地理环境取值）。

4 N_1 值计算

$$N_1 = K \times N_g \times A_e \quad (\text{次} /\text{a}) \quad (5)$$

分别代入不同的 K、N_g、A_e 值，可计算出不同的 N_1 值。

二、建筑物入户设施年预计雷击次数 N_2

1 N_2 值计算

$$N_2 = N_g \times A'_e \quad (\text{次} /\text{a}) \quad (6)$$

$$A'_e = A'_{e1} + A'_{e2} \quad (\text{km}^2) \quad (7)$$

式中：A'_{e1}——电源线入户设施的截收面积（km²），见表2；

A'_{e2}——信号线入户设施的截收面积（km²），

见表 2。

均按埋地引入方式计算 A'_e 值

表 2 入户设施的截收面积（km²）

线缆敷设方式	L (m)	d_s (m) 100	250	500	备注
低压电源埋地线缆	200	0.04	0.10	0.20	$A'_{e1} = 2 \times d_s \times L \times 10^{-6}$
	500	0.10	0.25	0.50	
	1000	0.20	0.50	1.0	
高压电源埋地电缆	200	0.002	0.005	0.01	$A'_{e1} = 0.1 \times d_s \times L \times 10^{-6}$
	500	0.005	0.0125	0.025	
	1000	0.01	0.025	0.05	
埋地信号线缆	200	0.04	0.10	0.2	$A'_{e2} = 2 \times d_s \times L \times 10^{-6}$
	500	0.10	0.25	0.5	
	1000	0.20	0.5	1.0	

2 A'_e 计算

1）取高压电源埋地线缆：$L = 500$m，$d_s = 250$m；埋地信号线缆：$L = 500$m，$d_s = 250$m。

查表2：$A'_e = A'_{e1} + A'_{e2} = 0.0125 + 0.25 = 0.2625$（km²）

2）取高压电源埋地线缆：$L = 1000$m，$d_s = 500$m；埋地信号线缆：$L = 500$m，$d_s = 500$m。

查表 2：$A'_e = A'_{e1} + A'_{e2} = 0.05 + 0.5 = 0.55$（km²）

三、建筑物及入户设施年预计雷击次数 N 的计算

$$N = N_1 + N_2 = K \times N_g \times A_e + N_g \times A'_e$$
$$= N_g \times (KA_e + A'_e) \quad (\text{次} /\text{a}) \quad (8)$$

四、电子信息系统因雷击损坏可接受的最大年平均雷击次数 N_c 的确定

$$N_c = 5.8 \times 10^{-1}/C \quad (\text{次} /\text{a}) \quad (9)$$

式中：C——各类因子，取值按表3。

表 3 C 的取值

c值 \ 分项	大	中	小
C_1	2.5	1.5	0.5
C_2	3.0	2.5	1.0
C_3	3.0	1.0	0.5
C_4	2.0	1.0	0.5
C_5	2.0	1.0	0.5
C_6	1.4	1.2	0.8
ΣC_i	13.9	8.2	3.8

五、雷电电磁脉冲防护分级计算

防雷装置拦截效率的计算公式：

$$E = 1 - N_c/N \tag{10}$$

$E > 0.98$	定为 A 级
$0.90 < E \leqslant 0.98$	定为 B 级
$0.80 < E \leqslant 0.90$	定为 C 级
$E \leqslant 0.8$	定为 D 级

1 取外引高压电源埋地线缆长度为 500m，外引埋地信号线缆长度为 200m，土壤电阻率取 250Ωm，建筑物如表 3 中所列 6 种 C 值，计算结果列入表 4 中。

2 取外引低压电源埋地线缆长度为 500m，外引埋地信号线缆长度为 200m，土壤电阻率取 500Ωm，建筑物如表 3 中所列 6 种 C 值，计算结果列入表 5 中。

表 4 风险评估计算实例一

建筑物种类		电信大楼	通信大楼	医科大楼	综合办公楼	高层住宅	宿舍楼
建筑物外形尺寸 (m)	L	60	54	74	140	36	60
	W	40	22	52	60	36	13
	H	130	97	145	160	68	24
建筑物等效截收面积 A_e (km²)		0.0815	0.0478	0.1064	0.1528	0.0431	0.0235
入户设施截收面积 A'_e (km²)	A'_{e1}	0.0125	0.0125	0.0125	0.0125	0.0125	0.0125
	A'_{e2}	0.1	0.1	0.1	0.1	0.1	0.1
建筑物及入户设施年预计雷击次数 N (次/a)	25	0.4850	0.4007	0.5472	0.6632	0.3890	0.3400
	40	0.7760	0.6412	0.8756	1.0612	0.6224	0.5440
T_d (d)	60	1.1640	0.9618	1.3134	1.5918	0.9336	0.8160
	90	1.7460	1.4427	1.9701	2.3877	1.4004	1.2240
电子信息系统设备因雷击损坏可接受的最大年平均雷击次数 N_c (次/a)	各类因子	0.0417	0.0417	0.0417	0.0417	0.0417	0.0417
		0.0707	0.0707	0.0707	0.0707	0.0707	0.0707
	C	0.1526	0.1526	0.1526	0.1526	0.1526	0.1526

注：外引高压电源埋地电缆长 500m，埋地信号电缆长 200m，$\rho = 250\Omega m$，$N_c = 5.8 \times 10^{-1}/C$，$C = C_1 + C_2 + C_3 + C_4 + C_5 + C_6$。

电信大楼 E 值 （$E = 1 - N_c/N$）

C＼T_d	25	40	60	90
13.9	0.9140	0.9463	0.9642	0.9761
8.2	0.8542	0.9089	0.9393	0.9595
3.8	0.6854	0.8034	0.8689	0.9126

医科大楼 E 值 （$E = 1 - N_c/N$）

C＼T_d	25	40	60	90
13.9	0.9238	0.9524	0.9683	0.9788
8.2	0.8708	0.9193	0.9462	0.9641
3.8	0.7212	0.8257	0.8838	0.9225

高层住宅 E 值 （$E = 1 - N_c/N$）

C＼T_d	25	40	60	90
13.9	0.8928	0.9330	0.9553	0.9702
8.2	0.8183	0.8864	0.9243	0.9495
3.8	0.6077	0.7548	0.8365	0.8910

通信大楼 E 值 （$E = 1 - N_c/N$）

C＼T_d	25	40	60	90
13.9	0.8959	0.9350	0.9566	0.9711
8.2	0.8236	0.8897	0.9265	0.9510
3.8	0.6192	0.7620	0.8413	0.8942

综合办公楼 E 值 （$E = 1 - N_c/N$）

C＼T_d	25	40	60	90
13.9	0.9371	0.9607	0.9738	0.9825
8.2	0.8934	0.9334	0.9556	0.9704
3.8	0.7699	0.8562	0.9041	0.9361

宿舍楼 E 值 （$E = 1 - N_c/N$）

C＼T_d	25	40	60	90
13.9	0.8774	0.9233	0.9489	0.9659
8.2	0.7921	0.8700	0.9134	0.9422
3.8	0.5512	0.7195	0.813	0.8753

表 5 风险评估计算实例二

建筑物种类		电信大楼	通信大楼	医科大楼	综合办公楼	高层住宅	宿舍楼
建筑物外形尺寸 (m)	L	60	54	74	140	36	60
	W	40	22	52	60	36	13
	H	130	97	145	160	68	24
建筑物截收面积 A_e (km²)		0.0815	0.0478	0.1064	0.1528	0.0431	0.0235
入户设施截收面积 A'_e (km²)	A'_{e1}	0.5	0.5	0.5	0.5	0.5	0.5
	A'_{e2}	0.2	0.2	0.2	0.2	0.2	0.2
建筑物及入户设施年预计雷击次数 N (次/a)	25	1.9537	1.8695	2.016	2.132	1.8577	1.8087
	40	3.1260	2.9912	3.2256	3.4112	2.9724	2.8940
T_d (d)	60	4.6890	4.4868	4.8384	5.1168	4.4586	4.3410
	90	7.0335	6.7302	7.2576	7.6752	6.6879	6.5115
电子信息系统设备因雷击损坏可接受的最大年平均雷击次数 N_c (次/a)	各类因子	0.0417	0.0417	0.0417	0.0417	0.0417	0.0417
		0.0707	0.0707	0.0707	0.0707	0.0707	0.0707
	C	0.1526	0.1526	0.1526	0.1526	0.1526	0.1526

注：外引低压埋地电缆长 500m，埋地信号电缆长 200m，$\rho = 500\Omega m$，$N_c = 5.8 \times 10^{-1}/C$，$C = C_1 + C_2 + C_3 + C_4 + C_5 + C_6$。

电信大楼 E 值 ($E=1-N_c/N$)

C \ T_d	25	40	60	90
13.9	0.9787	0.9867	0.9911	0.9941
8.2	0.9638	0.9774	0.9849	0.9899
3.8	0.9219	0.9512	0.9675	0.9783

医科大楼 E 值 ($E=1-N_c/N$)

C \ T_d	25	40	60	90
13.9	0.9793	0.9871	0.9914	0.9943
8.2	0.9649	0.9781	0.9854	0.9903
3.8	0.9243	0.9527	0.9685	0.9790

高层住宅 E 值 ($E=1-N_c/N$)

C \ T_d	25	40	60	90
13.9	0.9776	0.9860	0.9906	0.9938
8.2	0.9619	0.9762	0.9841	0.9894
3.8	0.9179	0.9487	0.9658	0.9772

通信大楼 E 值 ($E=1-N_c/N$)

C \ T_d	25	40	60	90
13.9	0.9777	0.9861	0.9907	0.9938
8.2	0.9622	0.9764	0.9842	0.9895
3.8	0.9184	0.9490	0.9660	0.9773

综合办公楼 E 值 ($E=1-N_c/N$)

C \ T_d	25	40	60	90
13.9	0.9804	0.9878	0.9919	0.9946
8.2	0.9668	0.9793	0.9862	0.9908
3.8	0.9284	0.9553	0.9702	0.9801

宿舍楼 E 值 ($E=1-N_c/N$)

C \ T_d	25	40	60	90
13.9	0.9769	0.9856	0.9904	0.9936
8.2	0.9609	0.9756	0.9837	0.9891
3.8	0.9156	0.9473	0.9648	0.9766

4.3 按电子信息系统的重要性、使用性质和价值确定雷电防护等级

4.3.1 由于表4.3.1无法列出全部各类电子信息系统，其他电子信息系统可参照本表确定雷电防护等级。

4.4 按风险管理要求进行雷击风险评估

4.4.1～4.4.3 按风险管理要求进行雷击风险评估主要依据《雷电防护　第2部分：风险管理》GB/T 21714.2-2008（IEC 62305-2：2006，IDT）。评估防雷措施必要性时涉及的建筑物雷电损害风险包括人身伤亡损失风险 R_1、公众服务损失风险 R_2 以及文化遗产损失风险 R_3，应根据建筑物特性和有关管理部门规定确定需计算何种风险。

评估办公楼是否需防雷（无需评估采取保护措施的成本效益）计算实例：

需确定人身伤亡损失的风险 R_1（计算本规范附录 B 表 B.2.6 的各个风险分量），与容许风险 $R_T = 10^{-5}$ 相比较，以决定是否需采取防雷措施，并选择能降低这种风险的保护措施。

一、有关的数据和特性

表 6～表 8 分别给出：

——建筑物本身及其周围环境的数据和特性；

——内部电气系统及入户电力线路的数据和特性；

——内部电子系统及入户通信线路的数据和特性。

表 6　建筑物特性

参　数	说　明	符　号	数　值
尺寸（m）	—	$L_b \times W_b \times H_b$	$40 \times 20 \times 25$
位置因子	孤立	C_d	1
减少物理损害的 LPS	无	P_B	1
建筑物的屏蔽	无	K_{S1}	1
建筑物内部的屏蔽	无	K_{S2}	1
雷击大地密度（次/km² · a）	—	N_g	4
建筑物内外人员数	户外和户内	n_t	200

表 7　内部电气系统以及相连供电线路的特性

参　数	说　明	符　号	数　值
长度（m）	—	L_c	200
高度（m）	架空	H_c	6
HV/LV 变压器	无	C_t	1
线路位置因子	孤立	C_d	1
线路环境因子	农村	C_e	1
线路屏蔽性能	非屏蔽线路	P_{LD}	1
		P_{L1}	0.4
内部合理布线	无	K_{S3}	1
设备耐受电压 U_w	$U_w=2.5kV$	K_{S4}	0.6
匹配的 SPD 保护	无	P_{SPD}	1
线路 "a" 端建筑物的尺寸（m）	无	$L_a \times W_a \times H_a$	

表8 内部通信系统以及相连通信线路的特性

参数	说明	符号	数值
土壤电阻率（Ω·m）	—	ρ	250
长度（m）	—	L_c	1000
高度（m）	埋地	—	—
线路位置因子	孤立	C_d	1
线路环境因子	农村	C_e	1
线路屏蔽性能	非屏蔽线路	P_{LD}	1
		P_{LI}	1
内部合理布线	无	K_{S3}	1
设备耐受电压 U_w	$U_w=1.5$kV	K_{S4}	1
匹配的 SPD 保护	无	P_{SPD}	1
线路"a"端建筑物的尺寸（m）	无	$L_a \times W_a \times H_a$	—

二、办公楼的分区及其特性

考虑到：

——入口、花园和建筑物内部的地表类型不同；

——建筑物和档案室都为防火分区；

——没有空间屏蔽；

——假定计算机中心内的损失率 L_X 比办公楼其他地方的损失率小。

划分以下主要的区域：

——Z_1（建筑物的入口处）；

——Z_2（花园）；

——Z_3（档案室—是防火分区）；

——Z_4（办公室）；

——Z_5（计算机中心）。

$Z_1 \sim Z_5$ 各区的特性分别在表9～表13中给出。考虑到各区中有潜在危险的人员数与建筑物中总人员数的情况，经防雷设计人员的分析判断，决定与 R_1 相关的各区的损失率不取表 B.5.21-1 的数值，而作了适当的减小。

表9 Z_1 区的特性

参数	说明	符号	数值
地表类型	大理石	r_a	10^{-3}
电击防护	无	P_A	1
接触和跨步电压造成的损失率	有	L_t	2×10^{-4}
该区中有潜在危险的人员数	—		4

表10 Z_2 区的特性

参数	说明	符号	数值
地表类型	草地	r_a	10^{-2}
电击防护	栅栏	P_A	0
接触和跨步电压造成的损失率	有	L_t	10^{-4}
该区中有潜在危险的人员数	—		2

表11 Z_3 区的特性

参数	说明	符号	数值
地板类型	油毡	r_u	10^{-5}
火灾危险	高	r_f	10^{-1}
特殊危险	低度惊慌	h_z	2
防火措施	无	r_p	1
空间屏蔽	无	K_{S2}	1
内部电源系统	有		连接到低压电力线路
内部电话系统	有		连接到电信线路
接触和跨步电压造成的损失率	有	L_t	10^{-5}
物理损害造成的损失率	有	L_f	10^{-3}
该区中有潜在危险的人员数	—		20

表12 Z_4 区的特性

参数	说明	符号	数值
地板类型	油毡	r_u	10^{-5}
火灾危险	低	r_f	10^{-3}
特殊危险	低度惊慌	h_z	2
防火措施	无	r_p	1
空间屏蔽	无	K_{S2}	1
内部电源系统	有		连接到低压电力线路
内部电话系统	有		连接到电信线路
接触和跨步电压造成的损失率	有	L_t	8×10^{-5}
物理损害造成的损失率	有	L_f	8×10^{-3}
该区中有潜在危险的人员数	—		160

表13 Z_5 区的特性

参数	说明	符号	数值
地板类型	油毡	r_u	10^{-5}
火灾危险	低	r_f	10^{-3}
特殊危险	低度惊慌	h_z	2
防火措施	无	r_p	1
空间屏蔽	无	K_{S2}	1
内部电源系统	有		连接到低压电力线路
内部电话系统	有		连接到电信线路
接触和跨步电压造成的损失率	有	L_t	7×10^{-6}
物理损害造成的损失率	有	L_f	7×10^{-4}
该区中有潜在危险的人员数	—		14

三、相关量的计算

表 14、表 15 分别给出截收面积以及预期危险事件次数的计算结果。

表 14　建筑物和线路的截收面积

符　号	数值（m^2）
A_d	2.7×10^4
$A_{l(电力线)}$	4.5×10^3
$A_{i(电力线)}$	2×10^5
$A_{l(通信线)}$	1.45×10^4
$A_{i(通信线)}$	3.9×10^5

表 15　预期的年平均危险事件次数

符　号	数值（次/a）
N_D	1.1×10^{-1}
$N_{L(电力线)}$	1.81×10^{-2}
$N_{I(电力线)}$	8×10^{-1}
$N_{L(通信线)}$	5.9×10^{-2}
$N_{I(通信线)}$	1.581

四、风险计算

表 16 中给出了各区风险分量以及风险 R_1 的计算结果。

表 16　各区风险分量值（数值$\times 10^{-5}$）

	Z_1 （入口处）	Z_2 （花园）	Z_3 （档案室）	Z_4 （办公室）	Z_5 （计算机中心）	合计
R_A	0.002	0				0.002
R_B			2.210	0.177	0.016	2.403
$R_{U(电力线)}$			≈ 0	≈ 0	≈ 0	≈ 0
$R_{V(电力线)}$			0.362	0.029	0.002	0.393
$R_{U(通信线)}$			≈ 0	≈ 0	≈ 0	≈ 0
$R_{V(通信线)}$			1.180	0.094	0.008	1.282
合计	0.002	0	3.752	0.300	0.026	4.080

五、结论

$R_1 = 4.08 \times 10^{-5}$ 高于容许值 $R_T = 10^{-5}$，需增加防雷措施。

六、保护措施的选择

表 17 中给出了风险分量的组合（见本规范附录 B.4.2）：

表 17　R_1 的各风险分量按不同的方式组合得到的各区风险（数值$\times 10^{-5}$）

	Z_1 （入口处）	Z_2 （花园）	Z_3 （档案室）	Z_4 （办公室）	Z_5 （计算机中心）	建筑物
R_D	0.002	0	2.210	0.177	0.016	2.405
R_I	0	0	1.542	0.123	0.010	1.673
合计	0.002	0	3.752	0.300	0.026	4.080
R_S	0.002		≈ 0	≈ 0	≈ 0	0.002
R_F			3.752	0.300	0.026	4.312
R_O	0		≈ 0	≈ 0	0	0
合计	0.002	0	3.752	0.300	0.026	4.080

其中：

$R_D = R_A + R_B + R_C$；

$R_I = R_M + R_U + R_V + R_W + R_Z$；

$R_S = R_A + R_U$；

$R_F = R_B + R_V$；

$R_O = R_M + R_C + R_W + R_Z$；

由表 17 可看出建筑物的风险主要是损害成因 S1 及 S3 在 Z_3 区中由物理损害产生的风险，占总风险的 92%。

根据表 16，Z_3 中对风险 R_1 起主要作用的风险分量有：

——分量 R_B 占 54%；

——分量 $R_{V(电力线)}$ 约占 9%；

——分量 $R_{V(通信线)}$ 约占 29%。

为了把风险降低到容许值以下，可以采取以下保护措施：

1　安装符合《雷电防护　第 3 部分：建筑物的物理损坏和生命危险》GB/T 21714.3 - 2008 要求的减小物理损害的Ⅳ类 LPS，以减少分量 R_B；在入户线路上安装 LPL 为Ⅳ级的 SPD。前述 LPS 无格栅形空间屏蔽特性。表 6~表 8 中的参数将有以下变化：

$P_B = 0.2$；

$P_U = P_V = 0.03$（由于在入户线路上安装了 SPD）。

2　在档案室（Z_3 区）中安装自动灭火（或监测）系统以减少该区的风险 R_B 和 R_V，并在电力和电话线路入户处安装 LPL 为Ⅳ级的 SPD。表 7、表 8 和表 11 中的参数将有以下变化：

Z_3 区的 r_p 变为 $r_p = 0.2$；

$P_U = P_V = 0.03$（由于在入户线路上安装了 SPD）。

采用上述措施后各区的风险值见表 18。

表18 两种防护方案得出的 R_1 值（数值 $\times 10^{-5}$）

	Z_1	Z_2	Z_3	Z_4	Z_5	合计
方案 1	0.002	0	0.488	0.039	0.003	0.532
方案 2	0.002	0	0.451	0.180	0.016	0.649

　　两种方案都把风险降低到了容许值之下，考虑技术可行性与经济合理性后选择最佳解决方案。

5　防雷设计

5.1　一般规定

5.1.2　建筑物上装设的外部防雷装置，能将雷击电流安全泄放入地，保护了建筑物不被雷电直接击坏。但不能保护建筑物内的电气、电子信息系统设备被雷电冲击过电压、雷电感应产生的瞬态过电压击坏。为了避免电子信息设备之间及设备内部出现危险的电位差，采用等电位连接降低其电位差是十分有效的防范措施。接地是分流和泄放直接雷击电流和雷电电磁脉冲能量最有效的手段之一。

　　为了确保电子信息系统的正常工作及工作人员的人身安全、抑制电磁干扰，建筑物内电子信息系统必须采取等电位连接与接地保护措施。

5.1.3　雷电电磁脉冲（LEMP）会危及电气和电子信息系统，因此应采取 LEMP 防护措施以避免建筑物内部的电气和电子信息系统失效。

　　工程设计时应按照需要保护的设备数量、类型、重要性、耐冲击电压水平及所处雷电环境等情况，选择最适当的 LEMP 防护措施。例如在防雷区（LPZ）边界采用空间屏蔽、内部线缆屏蔽和设置能量协调配合的浪涌保护器等措施，使内部系统设备得到良好防护，并要考虑技术条件和经济因素。LEMP 防护措施系统（LPMS）的示例见图4。

　　2款：雷电流及相关的磁场是电子信息系统的主要危害源。就防护而言，雷电电场影响通常较小，所以雷电防护应主要考虑对雷击电流产生的磁场进行屏蔽。

5.1.4、5.1.5　新建、扩建、改建工程应收集相关资料和数据，为防雷工程设计提供现场依据，而且这些资料和数据也是雷击风险评估计算所必需的原始材料。被保护设备的性能参数包括设备工作频率、功率、工作电平、传输速率、特性阻抗、传输介质及接口形式等；电子信息系统的网络结构指电子信息系统各设备之间的电气连接关系等；线路进入建筑物的方式指架空或埋地，屏蔽或非屏蔽；接地装置状况指接地装置位置、接地电阻值等。

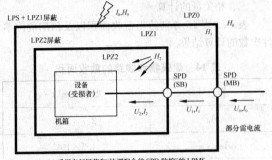

(a) 采用空间屏蔽和"协调配合的 SPD 防护"的 LPMS
——对于传导浪涌（$U_2 \ll U_0$ 和 $I_2 \ll I_0$）和辐射磁场（$H_2 \ll H_0$），设备得到良好的防护

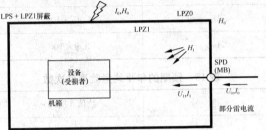

(b) 采用 LPZ1 空间屏蔽和 LPZ1 入口 SPD 防护的 LPMS
——对于传导浪涌（$U_1 < U_0$ 和 $I_1 < I_0$）和辐射磁场（$H_1 < H_0$），设备得到防护

图4　LEMP 防护措施系统（LPMS）示例（一）

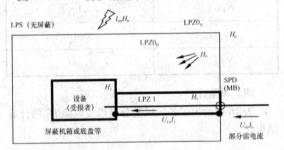

(c) 采用内部线路屏蔽和 LPZ1 入口 SPD 防护的 LPMS
——对于传导浪涌（$U_1 < U_0$ 和 $I_1 < I_0$）和辐射磁场（$H_1 < H_0$），设备得到防护

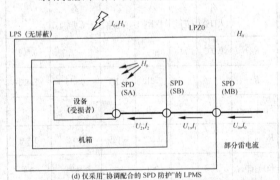

(d) 仅采用"协调配合的 SPD 防护"的 LPMS
——对于传导浪涌（$U_2 \ll U_0$ 和 $I_2 \ll I_0$），设备得到防护；但对于辐射磁场（H_0）却无防护作用

图4　LEMP 防护措施系统（LPMS）示例（二）

MB　主配电盘；SB　次配电盘；SA　靠近设备处电源插孔；
——屏蔽界面；—非屏蔽界面

注：SPD 可以位于下列位置：LPZ1 边界上（例如主配电盘 MB）；LPZ2 边界上（例如次配电盘 SB）；或者靠近设备处（例如电源插孔 SA）。

5.2　等电位连接与共用接地系统设计

5.2.1　电气和电子设备的金属外壳、机柜、机架、金属管（槽）、屏蔽线缆外层、信息设备防静电接地和安全保护接地及浪涌保护器接地端等均应以最短的距离与局部等电位连接网络连接。

1 S型结构一般宜用于电子信息设备相对较少（面积100m² 以下）的机房或局部的系统中，如消防、建筑设备监控系统、扩声等系统。当采用S型结构局部等电位连接网络时，电子信息设备所有的金属导体，如机柜、机箱和机架应与共用接地系统独立，仅通过作为接地参考点（EPR）的唯一等电位连接母排与共用接地系统连接，形成Ss型单点等电位连接的星形结构。采用星形结构时，单个设备的所有连线应与等电位连接导体平行，避免形成感应回路。

2 采用M型网格形结构时，机房内电气、电子信息设备等所有的金属导体，如机柜、机箱和机架不应与接地系统独立，应通过多个等电位连接点与接地系统连接，形成Mm型网状等电位连接的网格形结构。当电子信息系统分布于较大区域，设备之间有许多线路，并且通过多点进入该系统内时，适合采用网格形结构，网格大小宜为0.6m～3m。

3 在一个复杂系统中，可以结合两种结构（星形和网格形）的优点，如图5所示，构成组合1型（Ss 结合 Mm）和组合2型（Ms 结合 Mm）。

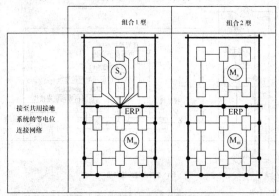

图5 电子信息系统等电位连接方法的组合

——共用接地系统；　　　　　ERP—接地参考点；

　　　　　　　　　　　　　　Ss—单点等电位连接的星
——等电位连接导体；　　　　　形结构；

□—设备；　　　　　　　　　Mm—网状等电位连接的网
　　　　　　　　　　　　　　格形结构；

●—等电位连接网络的连　　　Ms—单点等电位连接的网
接点；　　　　　　　　　　　格形结构。

4 电子信息系统设备信号接地即功能性接地，所以机房内S型和M型结构形式的等电位连接也是功能性等电位连接。对功能性等电位连接的要求取决于电子信息系统的频率范围、电磁环境以及设备的抗干扰/频率特性。

根据工程中的做法：

1）S型星形等电位连接结构适用于1MHz以下低频率电子信息系统的功能性接地。

2）M型网格形等电位连接结构适用于频率达1MHz以上电子信息系统的功能性接地。每台电子信息设备宜用两根不同长度的连接导体与等电位连接网格连接，两根不同长度的连接导体应避开或远离干扰频率的1/4波长或奇数倍，同时要为高频干扰信号提供一个低阻抗的泄放通道。否则，连接导体的阻抗增大或为无穷大，不能起到等电位连接与接地的作用。

5.2.2 各接地端子板应设置在便于安装和检查的位置，不得设置在潮湿或有腐蚀性气体及易受机械损伤的地方。等电位接地端子板的连接点应满足机械强度和电气连续性的要求。

表5.2.2-1是各类等电位接地端子板之间的连接导体的最小截面积：垂直接地干线采用多股铜芯导线或铜带，最小截面积50mm²；楼层等电位连接端子板与机房局部等电位连接端子板之间的连接导体，材料为多股铜芯导线或铜带，最小截面积25mm²；机房局部等电位连接端子板之间的连接导体材料用多股铜芯导线，最小截面积16mm²；机房内设备与等电位连接网格或母排的连接导体用多股铜芯导线，最小截面积6mm²；机房内等电位连接网格材料用铜箔或多股铜芯导体，最小截面积25mm²。这些是根据《雷电防护 第4部分：建筑物内电气和电子系统》GB/T 21714.4-2008 和我国工程实践及工程安装图集综合编制的。

表5.2.2-2各类等电位接地端子板最小截面积是根据我国工程实践中总结得来的。表中为最小截面积要求，实际截面积应按工程具体情况确定。

垂直接地干线的最小截面是根据《建筑物电气装置 第5部分：电气设备的选择和安装 第548节：信息技术装置的接地配置和等电位联结》GB/T 16895.17-2002（idt IEC 60364-5-548：1996）第548.7.1条"接地干线"的要求规定的。

5.2.3 在内部安装有电气和电子信息系统的每栋钢筋混凝土结构建筑物中，应利用建筑物的基础钢筋网作为共用接地装置。利用建筑物内部及建筑物上的金属部件，如混凝土中钢筋、金属框架、电梯导轨、金属屋顶、金属墙面、门窗的金属框架、金属地板框架、金属管道和线槽等进行多重相互连接组成三维的网格状低阻抗等电位连接网络，与接地装置构成一个共用接地系统。图5.2.3中所示等电位连接，既有建筑物金属构件，又有实现连接的连接件。其中部分连接会将雷电流分流、传导并泄放到大地。

内部电气和电子信息系统的等电位连接应按5.2.2条规定设置总等电位接地端子板（排）与接地装置相连。每个楼层设置楼层等电位连接端子板就近与楼层预留的接地端子相连。电子信息设备机房设置的 S 型或 M 型局部等电位连接网络直接与机房内墙结构柱主钢筋预留的接地端子相连。

这就需要在新建筑物的初始设计阶段，由业主、建筑结构专业、电气专业、施工方、监理等协商确定后实施才能符合此条件。

5.2.4 根据 GB/T 16895.17－2002（idt IEC 60364－5－548：1996）"第 548 节：信息技术装置的接地配置和等电位联接"的意见，对于某些特殊而又重要的电子信息系统的接地设置和等电位连接，可以设置专用的垂直接地干线以减少干扰。垂直干线由建筑物的总等电位接地端子板引出，参考图 6、图 7。干线最小截面积为 $50mm^2$ 的铜导体，在频率为 50Hz 或 60Hz 时，是材料成本与阻抗之间的最佳折中方案。如果频率较高及高层建筑物时，干线的截面积还要相应加大。

信息化时代的今天，声音、图像、数据为一体的网络信息应用日益广泛。各地都在建造新的广播电视大楼，其声音、图像系统的电子设备系微电流接地系统，应设置专用的工艺垂直接地干线以满足其要求，参考图 6。

5.2.5 防雷接地：指建筑物防直击雷系统接闪装置、引下线的接地（装置）；内部系统的电源线路、信号线路（包括天馈线路）SPD 接地。

交流工作接地：指供电系统中电力变压器低压侧三相绕组中性点的接地。

直流工作接地：指电子信息设备信号接地、逻辑接地，又称功能性接地。

安全保护接地：指配电线路防电击（PE 线）接地、电气和电子设备金属外壳接地、屏蔽接地、防静电接地等。

这些接地在一栋建筑物中应共用一组接地装置，在钢筋混凝土结构的建筑物中通常是采用基础钢筋网（自然接地极）作为共用接地装置。

GB/T 21714－2008 第 3 部分中规定："将雷电流（高频特性）分散入地时，为使任何潜在的过电压降到最小，接地装置的形状和尺寸很重要。一般来说，建议采用较小的接地电阻（如果可能，低频测量时小于 10Ω）。"

我国电力部门 DL/T 621 规定："低压系统由单独的低压电源供电时，其电源接地点接地装置的接地电阻不宜超过 4Ω。"

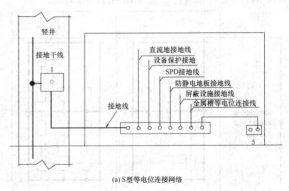

(a) S 型等电位连接网络

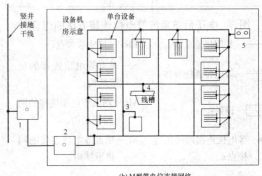

(b) M 型等电位连接网络

图 7　电子信息设备机房等电位连接网络示意图

1—竖井内楼层等电位接地端子板；2—设备机房内等电位接地端子板；3—防静电地板接地线；4—金属线槽等电位连接线；5—建筑物金属构件

对于电子信息系统直流工作接地（信号接地或功能性接地）的电阻值，从我国各行业的实际情况来

图 6　建筑物等电位连接及共用接地系统示意图

▱—配电箱；■—楼层等电位接地端子板；PE—保护接地线；MEB—总等电位接地端子板

看，电子信息设备的种类很多，用途各不相同，它们对接地装置的电阻值要求不相同。

因此，当建筑物电子信息系统防雷接地与交流工作接地、直流工作接地、安全保护接地共用一组接地装置时，接地装置的接地电阻值必须按接入设备中要求的最小值确定，以确保人身安全和电气、电子信息设备正常工作。

5.2.6 接地装置

1 当基础采用硅酸盐水泥和周围土壤的含水量不低于4％，基础外表面无防水层时，应优先利用基础内的钢筋作为接地装置。但如果基础被塑料、橡胶、油毡等防水材料包裹或涂有沥青质的防水层时，不宜利用基础内的钢筋作为接地装置。

2 当有防水油毡、防水橡胶或防水沥青层的情况下，宜在建筑物外面四周敷设闭合状的人工水平接地体。该接地体可埋设在建筑物散水坡及灰土基础外约1m处的基础槽边。人工水平接地体应与建筑物基础内的钢筋多处相连接。

3 在设有多种电子信息系统的建筑物内，增加人工接地体应采用环形接地极比较理想。建筑物周围或者在建筑物地基周围混凝土中的环形接地极，应与建筑物下方和周围的网格形接地网相连接，网格的典型宽度为5m。这将大大改善接地装置的性能。如果建筑物地下室/地面中的钢筋混凝土构成了相互连接的网格，也应每隔5m和接地装置相连接。

4 当建筑物基础接地体的接地电阻值满足接地要求时，不需另设人工接地体。

5.2.7 机房设备接地引入线不能从接闪带、铁塔脚和防雷装置引下线上直接引入。直接引入将导致雷电流进入室内电子设备，造成严重损害。

5.2.8 进入建筑物的金属管线，例如金属管、电力线、信号线，宜就近连接到等电位连接端子板上，端子板应与基础中钢筋及外部环形接地或内部等电位连接带相互连接（图8、图9），并与总等电位接地端子板连接。电力线应在LPZ1入口处设置适配的SPD，使带电导体实现入口处的等电位连接。

5.2.9 将相邻建筑物接地装置相互连通是为了减小各建筑物内部系统间的电位差。采用两根水平接地体是考虑到一根导体发生断裂时，另一根还可以起到连接作用。如果相邻建筑物间的线缆敷设在密封金属管道内，也可利用金属管道互连。使用屏蔽电缆屏蔽层互联时，屏蔽层截面积应足够大。

5.2.10 新建的建筑物中含有大量电气、电子信息设备时，在设计和施工阶段，应考虑在施工时按现行国家有关标准的规定将混凝土中的主钢筋、框架及其他金属部件在外部及内部实现良好电气连通，以确保金属部件的电气连续性。满足此条件时，应在各楼层及机房内墙结构柱主钢筋上引出和预留数个等电位连接的接地端子，可为建筑物内的电源系统、电子信息系

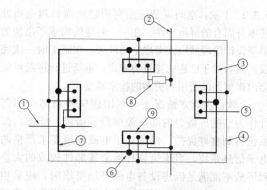

图8 外部管线多点进入建筑物时端子板
利用环形接地极互连示意图

①—外部导电部分，例如：金属水管；②—电源线或通信线；③—外墙或地基内的钢筋；④—环形接地极；⑤—连接至接地极；⑥—专用连接接头；⑦—钢筋混凝土墙；⑧—SPD；⑨—等电位接地端子板

注：地基中的钢筋可以用作自然接地极

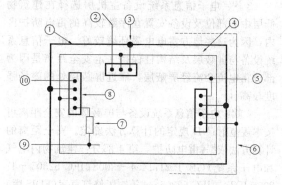

图9 外部管线多点进入建筑物时端子板利用内部导体互连示意图

①—外墙或地基内的钢筋；②—连接至其他接地极；③—连接接头；④—内部环形导体；⑤—至外部导体部件，例如：水管；⑥—环形接地极；⑦—SPD；⑧—等电位接地端子板；⑨—电力线或通信线；⑩—至附加接地装置

统提供等电位连接点，以实现内部系统的等电位连接，既方便又可靠，几乎不付出额外投资即可实现。

5.3 屏蔽及布线

5.3.1 磁场屏蔽能够减小电磁场及内部系统感应浪涌的幅值。磁场屏蔽有空间屏蔽、设备屏蔽和线缆屏蔽。空间屏蔽有建筑物外部钢结构墙体的初级屏蔽和机房的屏蔽［见本条文说明图4（a）所示］。

内部线缆屏蔽和合理布线（使感应回路面积为最小）可以减小内部系统感应浪涌的幅值。

磁屏蔽、合理布线这两种措施都可以有效地减小感应浪涌，防止内部系统的永久失效。因此，应综合使用。

5.3.2 1款：空间屏蔽应当利用建筑物自然金属部件本身固有的屏蔽特性。在一个新建物或新系统的早期设计阶段就应该考虑空间屏蔽，在施工时一次完成。因为对于已建成建筑物来说，重新进行屏蔽可能会出现更高的费用和更多的技术难度。

2款：在通常情况下，利用建筑物自然金属部件作为空间屏蔽、内部线缆屏蔽等措施，能使内部系统得到良好保护。但是对于电磁环境要求严格的电子信息系统，当建筑物自然金属部件构成的大空间屏蔽不能满足机房设备电磁环境要求时，应采用导磁率较高的细密金属网格或金属板对机房实施雷电磁场屏蔽来保护电子信息系统。机房的门应采用无窗密闭铁门或采取屏蔽措施的有窗铁门并接地，机房窗户的开孔应采用金属网格屏蔽。金属屏蔽网、金属屏蔽板应就近与建筑物等电位连接网络连接。机房屏蔽不能满足个别重要设备屏蔽要求时，可利用封闭的金属网、箱或金属板、箱对被保护设备实行屏蔽。

3款：电子信息系统设备主机房选择在建筑物低层中心部位及设备安置在序数较高的雷电防护区内，因为这些地方雷电电磁环境较好。电子信息系统设备与屏蔽层及结构柱保持一定安全距离是因为部分雷电流会流经屏蔽层，靠近屏蔽层处的磁场强度较高。

4款：电子信息系统设备与屏蔽体的安全距离可按本规范附录 D 规定的计算方法确定。安全距离的计算方法依据《雷电防护 第 4 部分：建筑物内电气和电子系统》GB/T 21714.4 - 2008（IEC 62305 - 4：2006 IDT）。IEC 62305 - 4 第二版修订草案（FDIS 版）附录 A 中安全距离 $d_{s/1}$ 的计算方法修改为：当 $SF \geqslant 10$ 时，$d_{s/1} = w^{SF/10}$；当 $SF < 10$ 时，$d_{s/1} = w$。安全距离 $d_{s/2}$ 的计算方法修改为：当 $SF \geqslant 10$ 时，$d_{s/2} = w \cdot SF/10$；当 $SF < 10$ 时，$d_{s/2} = w$。鉴于 IEC 62305 - 4 第二版在本规范修订完成时尚未成为正式标准，本规范仍采用已等同采纳为国标的 IEC 62305 - 4：2006 中的有关计算方法。

5.3.3 2款：公式 5.3.3 中 l 表示埋地引入线缆计算时的等效长度，单位为 m，其数值等于或大于 $2\sqrt{\rho}$，ρ 为土壤电阻率。

3款：在分开的建筑物间可以用 SPD 将两个 LPZ1 防护区互连［图 10（a）］，也可用屏蔽电缆或屏蔽电缆导管将两个 LPZ1 防护区互连［图 10（b）］。

5.3.4 表 5.3.4 - 1 电子信息系统线缆与其他管线的间距和表 5.3.4 - 2 电子信息系统信号电缆与电力电缆的间距引自《综合布线系统工程设计规范》GB 50311 - 2007。

5.4 浪涌保护器的选择

5.4.2 根据《低压电气装置 第 4 - 44 部分：安全

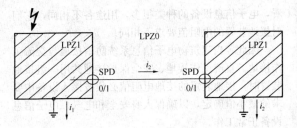

(a) 在分开建筑物间用 SPD 将两个 LPZ1 互连

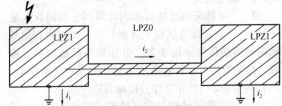

(b) 在分开建筑物间用屏蔽电缆或屏蔽电缆管道将两个 LPZ1 互连

图 10　两个 LPZ1 的互联

注：1　i_1、i_2 为部分雷电流。

　　2　图（a）表示两个 LPZ1 用电力线或信号线连接。应特别注意两个 LPZ1 分别代表独立接地系统的相距数十米或数百米的建筑物的情况。这种情况，大部分雷电流会沿着连接线流动，在进入每个 LPZ1 时需要安装 SPD。

　　3　图（b）表示该问题可以利用屏蔽电缆或屏蔽电缆管道连接两个 LPZ1 来解决，前提是屏蔽层可以携带部分雷电流。若沿屏蔽层的电压降不太大，可以免装 SPD。

防护　电压骚扰和电磁骚扰防护》GB/T 16895.10 - 2010/IEC 60364 - 4 - 44：2007 第 444.4.3.1 条"装有或可能装有大量信息技术设备的现有的建筑物内，建议不宜采用 TN - C 系统。装有或可能装有大量信息技术设备的新建的建筑物内不应采用 TN - C 系统。"第 444.4.3.2 条"由公共低压电网供电且装有或可能装有大量信息技术设备的现有建筑物内，在装置的电源进线点之后宜采用 TN - S 系统。在新建的建筑物内，在装置的电源进线点之后应采用 TN - S 系统。"

在 TN - S 系统中中性线电流仅在专用的中性导体（N）中流动，而在 TN - C 系统中，中性线电流将通过信号电缆中的屏蔽或参考地导体、外露可导电部分和装置外可导电部分（例如建筑物的金属构件）流动。

对于敏感电子信息系统的每栋建筑物，因 TN - C 系统在全系统内 N 线和 PE 线是合一的，存在不安全因素，一般不宜采用。当 220/380V 低压交流电源为 TN - C 系统时，应在入户总配电箱处将 N 线重复接地一次，在总配电箱之后采用 TN - S 系统，N 线不能再次接地，以避免工频 50Hz 基波及其谐波的干扰。设置有 UPS 电源时，在负荷侧起点将中性点或中性线做一次接地，其后就不能接地了。

5.4.3 电源线路 SPD 的选择应符合下列规定：

1 款：表 5.4.3-1 是根据《低压电气装置　第 4-44 部分：安全防护　电压骚扰和电磁骚扰防护》GB/T 16895.10-2010/IEC 60364-4-44：2007 第 443.4 节表 44.B 编制的。

2 款：表 5.4.3-2 参考《建筑物电气装置　第 5-53 部分：电气设备的选择和安装　隔离、开关和控制设备　第 534 节：过电压保护电器》GB 16895.22-2004（idt IEC 60364-5-53：2001　A1：2002）表 53C。表中系数增加 0.05 是考虑到浪涌保护器的老化，并与其他标准协调统一。

3、4 款：图 5.4.3-1 为 TN-S 系统配电线路浪涌保护器分级设置位置与接地的示意图，SPD 的选择与安装由工程具体要求确定。当总配电箱靠近电源变压器时，该处 N 对 PE 的 SPD 可不设置。

SPD 的选择和安装是个比较复杂的问题。它与当地雷害程度、雷击点的远近、低压和高压（中压）电源线路的接地系统类型、电源变电所的接地方式、线缆的屏蔽和长度情况等都有关联。

在可能出现雷电冲击过电压的建筑物电气系统内，在 LPZ0$_A$ 或 LPZ0$_B$ 与 LPZ1 区交界处，其电源线路进线的总配电箱内应设置第一级 SPD。用于泄放雷电流并将雷电冲击过电压降低，其电压保护水平 U_p 应不大于 2.5kV。如果建筑物装有防直击雷装置而易遭受直接雷击，或近旁具有易落雷的条件，此级 SPD 应是通过 10/350μs 波形的最大冲击电流 I_{imp}（Ⅰ类）试验的 SPD。根据我国有些工程多年来在设计中选择和安装了Ⅱ类试验的 SPD 也能提供较好保护的实际情况，本规范作出了选择性的规定：也可选择Ⅱ类试验的 SPD 作第一级保护。SPD 应能承受在总配电箱位置上可能出现的放电电流。因此，应按本条第 5 款的公式（5.4.3-1）或公式（5.4.3-2）估算确定，当无法计算确定时，可按本条第 7 款表 5.4.3-3 冲击电流推荐值选择。如果这一级 SPD 未能将电压保护水平 U_p 限制在 2.5kV 以下，则需在下级分配电箱处设置第二级 SPD 来进一步降低冲击电压。此级 SPD 应为通过 8/20μs 波形标称放电电流 I_n（Ⅱ类）试验的 SPD，并能将电压保护水平 U_p 限制在约 2kV。在电子信息系统设备机房配电箱内或在其电源插座内设置第三级 SPD。这级 SPD 应为通过 8/20μs 波形标称放电电流 I_n 试验或复合波Ⅲ类试验的 SPD。它的保护水平 U_p 应低于电子信息设备能承受的冲击电压的水平，或不大于 1.2kV。

在建筑物电源进线入口的总配电箱内必须设置第一级 SPD。如果保护水平 U_p 不大于 2.5kV，其后的线缆采取了良好的屏蔽措施，这种情况，可只需在电子信息设备机房配电箱内设置第二级 SPD。

通常是在电源线路进入建筑物的入口（LPZ1 边界）总配电箱内安装 SPD1；要确定内部被保护系统的冲击耐受电压 U_w，选择 SPD1 的保护水平 U_{p1}，使

有效保护水平 $U_{p/f} \leqslant U_w$，根据本条 9 款规定检查或估算振荡保护距离 $L_{p0/1}$ 和感应保护距离 $L_{pi/1}$。若满足 $U_{p/f} \leqslant U_w$，而且 SPD1 与被保护设备间线路长度小于 $L_{p0/1}$ 和 $L_{pi/1}$，则 SPD1 有效地保护了设备。否则，应设置 SPD2。在靠近被保护设备（LPZ2 边界）的分配电箱内设置 SPD2；选择 SPD2 的保护水平 U_{p2}，使有效保护水平 $U_{p/f} \leqslant U_w$，检查或估算振荡保护距离 $L_{p0/2}$ 和感应保护距离 $L_{pi/2}$。若满足有效保护水平 $U_{p/f} \leqslant U_w$，而且 SPD2 与被保护设备间线路长度小于 $L_{p0/2}$ 和 $L_{pi/2}$，则 SPD2 有效地保护了设备。否则，应在靠近被保护设备处（机房配电箱内或插座）设置 SPD3。该 SPD 应与 SPD1 和 SPD2 能量协调配合。

5 款：公式（5.4.3-1）与公式（5.4.3-2）是根据 GB/T 21714.1-2008 附录 E 中（E.4）、（E.5）、（E.6）三个公式编写的。当无法确定时应取 I_{imp} 等于或大于 12.5kA 是根据 GB 16895.22-2004 的规定。

6 款：对于开关型 SPD1 至限压型 SPD2 之间的线距应大于 10m 和 SPD2 至限压型 SPD3 之间的线距应大于 5m 的规定，其目的主要是在电源线路中安装了多级电源 SPD，由于各级 SPD 的标称导通电压和标称导通电流不同、安装方式及接线长短的差异，在设计和安装时如果能量配合不当，将会出现某级 SPD 不动作的盲点问题。为了保证雷电高电压脉冲沿电源线路侵入时，各级 SPD 都能分级启动泄流，避免多级 SPD 间出现盲点，两级 SPD 间必须有一定的线距长度（即一定的感抗或加装退耦元件）来满足避免盲点的要求。同时规定，末级电源 SPD 的保护水平必须低于被保护设备对浪涌电压的耐受能力。各级电源 SPD 能量配合最终目的是，将威胁设备安全的电压电流浪涌值减低到被保护设备能耐受的安全范围内，而各级电源 SPD 泄放的浪涌电流不超过自身的标称放电电流。

7 款：按本规范第 4.2 节或第 4.3 节确定电源线路雷电浪涌防护等级时，用于建筑物入口处（总配电箱点）的浪涌保护器的冲击电流 I_{imp}，按本条第 5 款公式（5.4.3-1）或公式（5.4.3-2）估算确定。当无法确定时根据 GB 16895.22-2004 的规定 I_{imp} 值应大于或等于 12.5kA。所以表 5.4.3-3 中在 LPZ0 与 LPZ1 边界的总配电箱处，C、D 等级的 I_{imp} 参数推荐值为 12.5kA。12.5kA 这个 I_{imp} 值是 IEC 标准推荐的最小值，本规范考虑到我国幅员辽阔，夏天的雷击灾害多，在雷电防护等级较高的电子信息系统设置的电源线路浪涌保护器能承受的冲击电流 I_{imp} 应适当有所提高，所以 A 级的 I_{imp} 参数推荐值为 20kA；B 级 I_{imp} 推荐值为 15kA。

鉴于我国有些工程中，在建筑物入口处的总配电箱处选用安装Ⅱ类试验（波形 8/20μs）的限压型浪涌保护器。所以本规范推荐在 LPZ0 与 LPZ1 边界的总配电箱也可选用经Ⅱ类试验（波形 8/20μs）的浪

涌保护器：A 级 $I_n \geq 80$kA、B 级 $I_n \geq 60$kA、C 级 $I_n \geq 50$kA、D 级 $I_n \geq 50$kA。这些推荐值是征求国内各方面意见得来的。

为了提高电子信息系统的电源线路浪涌保护可靠性，应保证局部雷电流大部分在 LPZ0 与 LPZ1 的交界处转移到接地装置。同时限制各种途径入侵的雷电浪涌，限制沿进线侵入的雷电波、地电位反击、雷电感应。建筑物中的浪涌保护通常是多级配置，以防雷区为层次，每级 SPD 的通流容量足以承受在其位置上的雷电浪涌电流，且对雷电能量逐级减弱；SPD 电压保护水平也要逐级降低，最终使过电压限制在设备耐冲击电压额定值以下。

表 5.4.3-3 中分配电箱、设备机房配电箱处及电子信息系统设备电源端口的浪涌保护器的推荐值是根据电源系统多级 SPD 的能量协调配合原则和多年来工程的实践总结确定的。

8 款：雷电电磁脉冲（LEMP）是敏感电子设备遭受雷害的主要原因。LEMP 通过传导、感应、辐射等方式从不同的渠道侵入建筑物的内部，致使电子设备受损。其中，电源线是 LEMP 入侵最主要的渠道之一。安装电源 SPD 是防御 LEMP 从配电线这条渠道入侵的重要措施。正确安装的 SPD 能把雷电电磁脉冲拒于建筑物或设备之外，使电子设备免受其害。不正确安装的 SPD 不仅不能防御入侵的 LEMP，连 SPD 自身也难免受损。

其实，SPD 作用只有两个：（1）泄流。把入侵的雷电流分流入地，让雷电的大部分能量泄入大地，使 LEMP 无法达到或仅极少到达电子设备；（2）限压。在雷电过电压通过电源线入户时，在 SPD 两端保持一定的电压（残压），而这个限压又是电子设备所能接受的。这两个功能是同时获得的，即在分流过程中达到限压，使电子设备受到保护。

目前，防雷工程中电源 SPD 的设计和施工不规范的主要问题有两个：一是 SPD 接线过长，国内外防雷标准凡涉及电源浪涌保护器（SPD）的安装时都强调接线要短直，其总长度不超过 0.5m，但大多情况接线长度都超过 1m，甚至有长达（4~5）m 的；二是多级 SPD 安装时的能量配合不当。对这两个问题的忽视导致有些建筑物内部虽安装了 SPD 仍出现其内的电子设备遭雷击损坏的现象。

图 5.4.3-2：当 SPD 与被保护设备连接时，最终有效保护水平 $U_{p/f}$ 应考虑连接导线的感应电压降 ΔU。SPD 最终的有效电压保护水平 $U_{p/f}$ 为：

$$U_{p/f} = U_p + \Delta U \qquad (11)$$

式中：ΔU——SPD 两端连接导线的感应电压降。

$$\Delta U = \Delta U_{L1} + \Delta U_{L2} = L \frac{di}{dt} \qquad (12)$$

式中：L——为两段导线的电感量（μH）；

$\frac{di}{dt}$——为流入 SPD 雷电流陡度。

当 SPD 流过部分雷电流时，可假定 $\Delta U = 1$kV/m，或者考虑 20% 的裕量。

当 SPD 仅流过感应电流时，则 ΔU 可以忽略。

也可改进 SPD 的电路连接，采用凯文接线法见图 11：

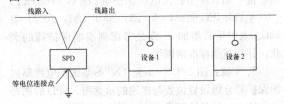

图 11　凯文接线法

9 款：SPD 在工作时，SPD 安装位置处的线对地电压限制在 U_p。若 SPD 和被保护设备间的线路太长，浪涌的传播将会产生振荡现象，设备端产生的振荡电压值会增至 $2U_p$，即使选择了 $U_p \leq U_w$，振荡仍能引起被保护设备失效。

保护距离 L_{po} 是 SPD 和设备间线路的最大长度，在此限度内，SPD 有效保护了设备。若线路长度小于 10m 或者 $U_{p/f} < U_w/2$ 时，保护距离可以不考虑。若线路长度大于 10m 且 $U_{p/f} > U_w/2$ 时，保护距离可以由公式估算：

$$L_{po} = (U_w - U_{p/f})/k \quad (\text{m}) \qquad (13)$$

式中：$k = 25$(V/m)。

公式引自《雷电防护　第 4 部分：建筑物内电气和电子系统》GB/T 21714.4 - 2008（IEC 62305 - 4：2006，IDT）第 D.2.3 条。

当建筑物或附近建筑物地面遭雷击时，会在 SPD 与被保护设备构成的回路内感应出过电压，它于 U_p 上降低了 SPD 的保护效果。感应过电压随线路长度、保护地 PE 与相线的距离、电源线与信号线间的回路面积的尺寸增加而增大，随空间屏蔽、线路屏蔽效率的提高而减小。

保护距离 L_{pi} 是 SPD 与被保护设备间最大线路长度，在此距离内，SPD 对被保护设备的保护才是有效的，因此应考虑感应保护距离 L_{pi}。当雷电产生的磁场极强时，应减小 SPD 与设备间的距离。也可采取措施减小磁场强度，如建筑物（LPZ1）或房间（LPZ2 等后续防护区域）采用空间屏蔽，使用屏蔽电缆或电缆管道对线路进行屏蔽等。

当采用了上述屏蔽措施后，可以不考虑感应保护距离 L_{pi}。

当 SPD 与被保护设备间的线路长、线路未屏蔽、回路面积大时，应考虑感应保护距离 L_{pi}，L_{pi} 用下列公式估算：

$$L_{pi} = (U_w - U_{p/f})/h \quad (\text{m}) \qquad (14)$$

式中：$h = 30000 \times K_{S1} \times K_{S2} \times K_{S3} (V/m)$。

公式引自《雷电防护 第4部分：建筑物内电气和电子系统》GB/T 21714.4-2008（IEC 62305-4：2006 IDT）第D.2.4条。

IEC 62305-4第二版修订草案（FDIS版）附录C中不再计算振荡保护距离和感应保护距离，而是对$U_{p/f}$作出以下规定：

1 SPD和设备间的电路长度可忽略不计时（如SPD安装在设备端口），$U_{p/f} \leqslant U_w$。

2 SPD和设备间的电路长度不大于10米时（如SPD安装在二级配电箱或插座处），$U_{p/f} \leqslant 0.8 U_w$。当内部系统故障会导致人身伤害或公共服务损失时，应考虑振荡导致的两倍电压并要求满足$U_{p/f} \leqslant U_w/2$。

3 SPD和设备间的电路长度大于10m时（如SPD安装在建筑物入口处或某些情况下二级配电箱处）：

$$U_{p/f} \leqslant (U_w - U_i)/2。$$

式中：U_w——被保护设备的绝缘耐冲击电压额定值（kV）；

U_i——雷击建筑物上或附近时，SPD与被保护设备间线路回路的感应过电压（kV）。

鉴于IEC 62305-4第二版在本规范修订完成时尚未成为正式标准，本规范仍采用已等同采纳为国标的IEC 62305-4：2006中的有关计算方法。

10款：在一条线路上，级联选择和安装两个以上的浪涌保护器（SPD）时，应当达到多级电源SPD的能量协调配合。

雷电电磁脉冲（LEMP）和操作过电压会危及敏感的电子信息系统。除了采取第5章其他措施外，为了避免雷电和操作引起的浪涌通过配电线路损害电子设备，按IEC防雷分区的观点，通常在配电线穿越防雷区域（LPZ）界面处安装浪涌保护器（SPD）。如果线路穿越多个防雷区域，宜在每个区域界面处安装一个电源SPD（图12）。这些SPD除了注意接线方式外，还应该对它们进行精心选择并使之能量配合，以便按照各SPD的能量耐受能力分摊雷电流，把雷电流导入地，使雷电威胁值减少到受保护设备的抗扰度之下，达到保护电子系统的效果。这就是多级电源SPD的能量配合。

有效的能量配合应考虑各SPD的特性、安装地点的雷电威胁值以及受保护设备的特性。SPD和设备的特性可从产品说明书中获得。雷电威胁值主要考虑直接雷击中的首次短雷击。后续短时雷击陡度虽大，但其幅值、单位能量和电荷量均较首次短雷击小。而长雷击只是SPDⅠ类测试电流的一个附加负荷因素，在SPD的能量配合过程中可以不予考虑。因此，只要SPD系统能防御直接雷击中的首次短雷击，其他形式的雷击将不至于构成威胁。

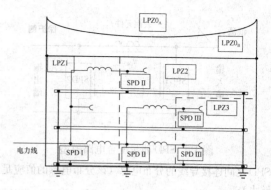

图12 低压配电线路穿越两个防雷区域时在边界安装SPD示例

SPD—浪涌防护器（例如Ⅱ类测试的SPD）；

⌇⌇⌇⌇⌇—去耦元件或电缆长度

1 配合的目的

电源SPD能量配合的目的是利用SPD的泄流和限压作用，把出现在配电线路上的雷电、操作等浪涌电流安全地引导入地，使电子信息系统获得保护。只要对于所有的浪涌过电压和过电流，SPD保护系统中任何一个SPD所耗散的能量不超出各自的耐受能力，就实现了能量配合。

2 能量配合的方法

SPD之间可以采用下列方法之一进行配合：

1）伏安特性配合

这种方法基于SPD的静态伏安特性，适用于限压型SPD的配合。该法对电流波形不是特别敏感，也不需要去耦元件，线路上的分布阻抗本身就有一定的去耦作用。

2）使用专门的去耦元件配合

为了达到配合的目的，可以使用具有足够的浪涌耐受能力的集中元件作去耦元件（其中，电阻元件主要用于信息系统中，而电感元件主要用于电源系统中）。如果采用电感去耦，电流陡度是决定性的参数。电感值和电流陡度越大越易实现能量配合。

3）用触发型的SPD配合

触发型的SPD可以用来实现SPD的配合。触发型SPD的电子触发电路应当保证被配合的后续SPD的能量耐受能力不会被超出。这个方法也不需要去耦元件。

3 SPD配合的基本模型和原理

SPD配合的基本模型见图13。图中以两级SPD为例说明SPD配合的原理。配电系统中两级SPD的两种配合方式介绍如下：

● 两个限压型SPD的配合；

● 开关型SPD和限压型SPD的配合。

这两种配合共同的特点是：

1）前级SPD1的泄流能力应比后级SPD2的大得多，即通流量大得多（比如SPD1应泄去80%以上的雷电流）；

2）去耦元件可采用集中元件，也可利用两级

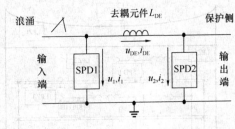

图 13　SPD 能量配合电路模型

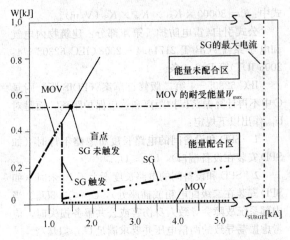

图 14　SG 和 MOV 的能量配合原理

SPD 之间连接导线的分布电感（该分布电感的值应足够大）；

3）最后一级 SPD 的限压应小于被保护设备的耐受电压。

这两种配合不同的特点是：

1）两个限压型 SPD 的伏安特性都是连续的（例如 MOV 或抑制二极管）。当两个限压型 SPD 标称导通电压（U_n）相同且能量配合正确时，由于线路自身电感或串联去耦元件 L_{DE} 的阻流作用，输入的浪涌上升到 SPD1 启动电压并使之导通时，SPD2 不可能同时导通。只有当浪涌电压继续上升，流过 SPD1 的电流增大，使 SPD1 的残压上升，SPD2 两端电压随之上升达到 SPD2 的启动电压时，SPD2 才导通。只要通过各 SPD 的浪涌能量都不超过各自的耐受能力，就实现了能量配合。

2）开关型 SPD1 和限压型 SPD2 配合时，SPD1 的伏安特性不连续（例如火花间隙（SG）、气体放电管（GDT）、半导体闸流管、可控硅整流器、三端双向可控硅开关元件等），后续 SPD2 的伏安特性连续。图 14 说明了这两种 SPD 能量配合的基本原则。当浪涌输入时，由于 SPD1（SG）的触发电压较高，SPD2 将首先达到启动电压而导通。随着浪涌电压继续上升，流过 SPD2 的电流增大，使 SPD2 的两端电压 u_2（残压）上升，当 SPD1 的两端电压 u_1（等于 SPD2 两端的残压 u_2 与去耦元件两端动态压降 u_{DE} 之和）超过 SG 的动态火花放电电压 u_{SPARK}，即 $u_1 = u_2 + u_{DE} \geqslant u_{SPARK}$ 时，SG 就会点火导通。只要通过 SPD2 的浪涌电流能量未超出其耐受能力之前 SG 触发导通，就实现了能量配合。否则，没实现能量配合。这一切取决于 MOV 的特性和入侵的浪涌电流的陡度、幅度和去耦元件的大小。此外，这种配合还通过 SPD1 的开关特性，缩短 10/350μs 的初始冲击电流的半值时间，大大减小了后续 SPD 的负荷。值得注意的是，SPD1 点火导通之前，SPD2 将承受全部雷电流。

4　去耦元件的选择

如果电源 SPD 系统采用线路的分布电感进行能量配合，其电感大小与线路布设和长度有关。线路单位长度分布电感可以用下述方法近似估算：两根导线（相线和地线）在同一个电缆中，电感大约为 0.5 到 1μH/m（取决于导线的截面积）；两根分开的导线，应当假定单位长度导线有更大的电感值（取决于两根导线之间的距离），则去耦电感为单位长度分布电感与长度的积。因此，为了配合，必须有最小线路长度要求。如不满足要求就须加去耦元件（电感或电阻）。

5.4.4　2 款：是根据《低压电涌保护器　第 22 部分：电信和信号网络的电涌保护器（SPD）选择和使用导则》GB/T 18802.22 - 2008（IEC 61643 - 22：2004，IDT）标准的第 7.3.1 条第 1 款编写的，图 5.4.4 是根据 GB/T 18802.22 - 2008 图 3 编写的。

3 款：表 5.4.4 是根据《低压电涌保护器　第 22 部分：电信和信号网络的电涌保护器（SPD）选择和使用导则》GB/T 18802.22 - 2008 标准的第 7.3.1 条第 2 款表 3 编写的。

5.5　电子信息系统的防雷与接地

5.5.1　在总配线架信号线路输入端以及交换机（PABX）的信号线路输出端，分别安装信号线路 SPD。

5.5.2　适配是指安装浪涌保护器的性能参数，例如工作频率、工作电平、传输速率、特性阻抗、传输介质、及接口形式等应符合传输线路的性质和要求。

5.5.3　4 款：监控系统的户外供电线路、视频信号线路、控制信号线路应有金属屏蔽层并穿钢管埋地敷设。因为户外架空线路难以做到防直接雷击和防御空间 LEMP 的侵害，从实际很多工程的案例来看，凡是采用架空线路，在雷雨季节都难逃系统受到损害。因此，在初建时应按本款规定采用屏蔽线缆并穿钢管埋地敷设。视频图像信号最好采用光纤线路传回信号，以免摄像机受损，这是防直接雷击和防 LEMP 的最佳方法。

5.5.4　火灾自动报警及消防联动控制系统的信号电缆、电源线、控制线应在设备侧装设适配的 SPD。

5.5.6　有线电视系统室外的 SPD 应采用截面积不小于 16mm² 的多股铜线接地。信号电缆吊线的钢绞绳分段敷设时，在分段处将前、后段连接起来，接头处应作防腐处理，吊线钢绞绳两端均应接地。

5.5.7 本条第 4、5、6 款参考示意图 15。

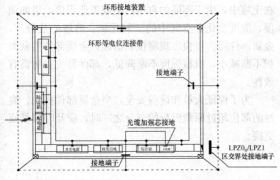

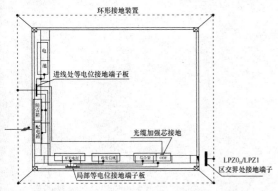

图 15 移动通信基站的接地

6 防雷施工

6.2 接地装置

6.2.4 4 款：扁钢和圆钢与钢管、角钢互相焊接时，除应在接触部位两侧施焊外，还应增加圆钢搭接件；此处增加圆钢搭接件的目的是为了满足搭接头搭接长度的要求，考虑到个别施工现场制作搭接件的难度，圆钢制作更为方便。当然采用扁钢也是可以的。一般搭接件形状为"一"字形或"L"形，"L"形边长以满足要求为准。

6.2.5 考虑到焊接后强度的要求，铜材不适合于锡焊，同时异性材质的连接也不适合电焊等原因，它们的连接应采用放热熔接。除此种方法外也可采用氧焊连接的方法。

6.3 接 地 线

6.3.1 接地装置应在不同位置至少引出两根连接导体与室内总等电位接地端子板相连接。引出两根的主要目的是对长期使用该接地装置的设备有一个冗余保障。这里的"在不同位置"并不是指要隔开很远的距离，而只是不在同一连接点上连接以避免同时出故障的可能性。

6.3.2 本条和第 5.2.2 条对接地连接导体截面积的要求为基本要求。当某工程实际要求更高时，应按实

际设计而定。

6.4 等电位接地端子板
（等电位连接带）

6.4.3 砖木结构建筑物，宜在其四周埋设环形接地装置构成共用接地系统，并在机房内设总等电位连接带，等电位连接带采用绝缘铜芯导线穿钢管与环形接地装置连接。因为砖木结构建筑物自然接地装置的接地效果远没有框架结构的接地效果好，所以宜在其四周埋设环形接地装置。

6.5 浪涌保护器

6.5.1 3 款：浪涌保护器的连接导线最小截面积宜符合表 6.5.1 的规定。由于 GB/T 21714.4-2008 标准中浪涌保护器的连接导线最小截面积作了调整，为了与国际标准接轨并与国内其他标准协调一致，本次修订也作了相应调整。

国内有些行业标准中规定的浪涌保护器连接导线最小截面积比较大，工程施工中可按行业标准执行。

7 检测与验收

7.1 检 测

7.1.1 《建筑物防雷装置检测技术规范》GB/T 21431 规定，在施工阶段，应对在竣工后无法进行检测的所有防雷装置关键部位进行检测；《雷电防护第 3 部分：建筑物的物理损坏和生命危险》GB/T 21714.3-2008 中规定，在防雷装置的安装过程中，特别是安装隐蔽在建筑内、且以后无法接触的组件时，应完成防雷装置的检查；在验收阶段，应对防雷装置作最后的测量，并编制最终的测试文件。

7.3 竣 工 验 收

7.3.3 防雷施工是按照防雷设计和规范要求进行的，对雷电防护作了周密的考虑和计算，哪怕有一个小部位施工质量不合格，都将会形成隐患，遭受严重损失。因此规定本条作为强制性条款，必须执行。凡是检验不合格项目，应提交施工单位进行整改，直到满足验收要求为止。

8 维护与管理

8.1 维 护

8.1.2 《建筑物防雷装置检测技术规范》GB/T 21431-2008 和《雷电防护 第 3 部分：建筑物的物理损坏和生命危险》GB/T 21714.3-2008 中提出了防雷装置的检查周期，并将防雷装置检查分为外观检

查和全面检查两种。规定外观检查每年至少进行一次。同时规定，在多雷区和强雷区，外观检查还要更频繁些。如果客户有维护计划或建筑保险人提出要求时，还可进行全面测试。

本规范根据国家有关法规，综合各种因素并结合我国具体情况，规定全面检查周期为一年并宜安排在雷雨季节前实施。

8.1.5 防雷装置在整个使用期限内，应完全保持防雷装置的机械特性和电气特性，使其符合本规范设计要求。

防雷装置的部件，一般完全暴露在空气中或深埋在土壤中，由于不同的自然污染或工业污染，诸如潮湿、温度变化、空气中的二氧化硫、溶解的盐分等，金属部件将会很快出现腐蚀和锈蚀，金属部件的截面积不断减小，机械强度不断降低，部件易失去防雷有效性。

为了保证人员和设备安全，当金属部件损伤、腐蚀的部位超过原截面积的三分之一时，应及时修复或更换。

中华人民共和国国家标准

采暖通风与空气调节设计规范

Code for design of heating ventilation and air conditioning

GB 50019—2003

主编部门：中华人民共和国建设部
批准部门：中华人民共和国建设部
施行日期：２００４年４月１日

建设部关于发布国家标准
《采暖通风与空气调节设计规范》的公告

现批准《采暖通风与空气调节设计规范》为国家标准，编号为 GB 50019—2003，自 2004 年 4 月 1 日起实施。其中，第 3.1.9、4.1.8、4.3.4、4.3.11、4.4.11、4.5.2、4.5.4、4.5.9、4.7.4、4.8.17、4.9.1、5.1.10、5.1.12、5.3.3、5.3.4（1）（2）、5.3.5、5.3.6、5.3.12、5.3.14、5.4.6、5.6.10、5.7.5、5.7.8、5.8.5、5.8.9、6.2.1、6.2.15、6.6.3、6.6.8、7.1.5、7.1.7、7.3.4、7.8.3、8.2.9、8.4.8 条（款）为强制性条文，必须严格执行。原《采暖通风与空气调节设计规范》GBJ 19—87 及 2001 年标准局部修订第 26 号公告同时废止。

本规范由建设部标准定额研究所组织中国计划出版社出版发行。

中华人民共和国建设部
二〇〇三年十一月五日

前　言

根据建设部建标〔1998〕第 244 号文件"关于印发《一九九八年工程建设国家标准制定、修订计划》的通知"要求，由中国有色工程设计研究总院主编，会同国内有关设计、科研和高等院校等单位组成修订组，对《采暖通风与空气调节设计规范》（GBJ 19—87）进行了全面修订。

在修订过程中，修订组进行了广泛深入地调查研究，总结了国内实践经验，吸取了近年来有关的科研成果，借鉴了国外同类技术中符合我国实际的内容，多次征求了全国各有关单位以及业内专家的意见，对其中一些重要问题进行了专题研究和反复讨论，最后召开了全国审查会议，会同各有关部门共同审查定稿。

本规范共分 9 章和 9 个附录，主要内容有：总则、术语、室内外计算参数、采暖、通风、空气调节、空气调节冷热源、监测与控制、消声与隔震等。

本规范修订的主要内容有：

一、新增室内热舒适性、室内空气质量的要求以及对室内新风作了规定；

二、新增有关采暖地区划分的规定；

三、新增热水集中采暖分户热计量的规定；

四、新增有害和极毒、剧毒生产厂房布置的安全要求条文；

五、新增事故通风一节；

六、取消防火防爆一节，其内容分别纳入通风的其他有关条文；

七、新增对于设置集中空气调节的建筑物及民用建筑利用自然通风的要求；

八、对空气调节内容进行全面修订，新增变风量空气调节系统、低温通风系统、变制冷剂流量分体式空气调节系统、热回收系统等内容以及对空气调节水系统的设计要求；

九、对空气调节的冷热源进行全面修订，新增热泵、蓄冷、蓄热、换热装置的设计规定；对空气调节冷却水设计要求新增加了规定；

十、新增关于直燃型溴化锂吸收式冷（温）水机组的设计要求；

十一、"自动控制"改为"监测与控制"，修订并新增对采暖、通风、空气调节系统和防排烟的监测与控制的要求；

十二、新增对振动控制设计的规定，以及对室外设备噪声的控制要求；

十三、取消"室外气象参数"表，另行出版《采暖通风与空气调节气象资料集》。

本规范以黑体字标志的条文为强制性条文，必须严格执行。

本规范由建设部负责对强制性条文的解释，由中国有色金属工业协会负责日常管理工作，由中国有色工程设计研究总院负责具体技术内容的解释。

本规范在执行过程中，请各单位注意总结经验，积累资料，随时将有关意见和建议反馈给中国有色工程设计研究总院暖通规范管理组（北京复兴路 12 号邮编 100038），以便今后修订时参考。

本标准主编单位、参编单位和主要起草人名单：

主 编 单 位：中国有色工程设计研究总院

参 编 单 位（以所负责的章节先后为序）：
中国疾病预防控制中心环境与健康相关产品安全所
中国建筑设计研究院
中国气象科学研究院
中国建筑东北设计研究院
中南大学
哈尔滨工业大学
中国航空工业规划设计研究院

北京国电华北电力设计院工程有限公司

同济大学

中国建筑西北设计研究院

华东建筑设计研究院

贵州省建筑设计研究院

北京市建筑设计研究院

上海机电设计研究院

中南建筑设计院

清华大学

中国建筑科学研究院空气调节研究所

北京绿创环保科技责任有限公司

阿乐斯绝热材料（广州）有限公司

杭州华电华源环境工程有限公司

主要起草人(以所负责的章节先后为序)：

张克崧　周吕军　陆耀庆　戴自祝

朱瑞兆　李娥飞　房家声　丁力行

董重成　赵继豪　魏占和　董纪林

李强民　马伟骏　孙延勋　孙敏生

周祖毅　蔡路得　赵庆珠　王志忠

江　亿　耿晓音　罗　英

目　次

1 总 则

1.0.1 为了在采暖、通风与空气调节设计中采用先进技术,合理利用和节约能源与资源,保护环境,保证质量和安全,改善并提高劳动条件,营造舒适的生活环境,制定本规范。

1.0.2 本规范适用于新建、扩建和改建的民用和工业建筑的采暖、通风与空气调节设计。

本规范不适用于有特殊用途、特殊净化与防护要求的建筑物、洁净厂房以及临时性建筑物的设计。

1.0.3 采暖、通风与空气调节设计方案,应根据建筑物的用途与功能、使用要求、冷热负荷构成特点、环境条件以及能源状况等,结合国家有关安全、环保、节能、卫生等方针、政策,会同有关专业通过综合技术经济比较确定。在设计中应优先采用新技术、新工艺、新设备、新材料。

1.0.4 在采暖、通风与空气调节系统设计中,应预留设备、管道及配件所必须的安装、操作和维修的空间,并应根据需要在建筑设计中预留安装和维修用的孔洞。对于大型设备及管道应设置运输通道和起吊设施。

1.0.5 在采暖、通风与空气调节设计中,对有可能造成人体伤害的设备及管道,必须采取安全防护措施。

1.0.6 位于地震区或湿陷性黄土地区的工程,在采暖、通风与空气调节设计中,应根据需要,按照现行国家标准、规范的规定分别采取防震和有效的预防措施。

1.0.7 在采暖、通风与空气调节设计中,应考虑施工及验收的要求,并执行相关的施工及验收规范。当设计对施工及验收有特殊要求时,应在设计文件中加以说明。

1.0.8 采暖、通风与空气调节设计,除执行本规范的规定外,尚应符合国家现行的有关标准、规范的规定。

2 术 语

2.0.1 预计平均热感觉指数(PMV) predicted mean vote

PMV 指数是根据人体热平衡的基本方程式以及心理生理学主观热感觉的等级为出发点,考虑了人体热舒适感的诸多有关因素的全面评价指标。PMV 指数表明群体对于(+3～-3)7个等级热感觉投票的平均指数。

2.0.2 预计不满意者的百分数(PPD) predicted percentage of dissatisfied

PPD 指数为预计处于热环境中的群体对于热环境不满意的投票平均值。PPD 指数可预计群体中感觉过暖或过凉"根据七级热感觉投票表示热(+3),温暖(+2),凉(-2)或冷(-3)"的人的百分数。

2.0.3 湿球黑球温度(WBGT)指数 wet-bulb black globe temperature index

是表示人体接触生产环境热强度的一个经验指数。由下列公式计算获得:

1 室内作业:
$$WBGT = 0.7t_{nw} + 0.3t_g \qquad (2.0.3-1)$$

2 室外作业:
$$WBGT = 0.7t_{nw} + 0.2t_g + 0.1t_a \qquad (2.0.3-2)$$

式中 $WBGT$ ——湿球黑球温度(℃);

t_{nw} ——自然湿球温度(℃);

t_g ——黑球温度(℃);

t_a ——干球温度(℃)。

2.0.4 活动区 occupied zone

指人、动物或工艺生产所在的空间。

2.0.5 置换通风 displacement ventilation

借助空气热浮力作用的机械通风方式。空气以低风速、小温差的状态送入活动区下部,在送风与室内热源形成的上升气流的共同作用下,将热浊空气提升至顶部排出。

2.0.6 变制冷剂流量多联分体式空气调节系统 variable refrigerant volume split air conditioning system

一台室外空气源制冷或热泵机组配置多台室内机,通过改变制冷剂流量适应各房间负荷变化的直接膨胀式空气调节系统。

2.0.7 空气分布特性指标(ADPI) air diffusion performance index

舒适性空气调节中用来评价人的舒适性的指标,系指活动区测点总数中符合要求测点所占的百分比。

2.0.8 空气源热泵 air-source heat pump

以空气为低位热源的热泵。通常有空气/空气热泵、空气/水热泵等形式。

2.0.9 水源热泵 water-source heat pump

以水为低位热源的热泵。通常有水/水热泵、水/空气热泵等形式。

2.0.10 地源热泵 ground-source heat pump

以土壤或水为热源、水为载体在封闭环路中循环进行热交换的热泵。通常有地下埋管、井水抽灌和地表水盘管等系统形式。

2.0.11 水环热泵空气调节系统 water-loop heat pump air conditioning system

水/空气热泵的一种应用方式。通过水环路将众多的水/空气热泵机组并联成一个以回收建筑物余热为主要特征的空气调节系统。

2.0.12 低温送风空气调节系统 cold air distribution system

送风温度低于常规数值的全空气空气调节系统。

2.0.13 分区两管制水系统 zoning two-pipe water system

按建筑物的负荷特性将空气调节水路分为冷水和冷热水合用的两个两管制系统。需全年供冷区域的末端设备只供应冷水,其余区域末端设备根据季节转换,供应冷水或热水。

3 室内外计算参数

3.1 室内空气计算参数

3.1.1 设计采暖时,冬季室内计算温度应根据建筑物的用途,按下列规定采用:

1 民用建筑的主要房间,宜采用16～24℃;

2 工业建筑的工作地点,宜采用:

轻作业	18～21℃
中作业	16～18℃
重作业	14～16℃
过重作业	12～14℃

注:1 作业种类的划分,应按国家现行的《工业企业设计卫生标准》(GBZ 1)执行。

2 当每名工人占用较大面积(50～100㎡)时,轻作业时可低至10℃;中作业时可低至7℃;重作业时可低至5℃。

3 辅助建筑物及辅助用室,不应低于下列数值:

浴室	25℃
更衣室	25℃
办公室、休息室	18℃
食堂	18℃
盥洗室、厕所	12℃

注:当工艺或使用条件有特殊要求时,各类建筑物的室内温度可按照国家现行有关专业标准、规范执行。

3.1.2 设置采暖的建筑物,冬季室内活动区的平均风速,应符合下列规定:

 1 民用建筑及工业企业辅助建筑,不宜大于 0.3m/s;

 2 工业建筑,当室内散热量小于 23W/m³ 时,不宜大于 0.3m/s;当室内散热量大于或等于 23W/m³ 时,不宜大于 0.5m/s。

3.1.3 空气调节室内计算参数,应符合下列规定:

 1 舒适性空气调节室内计算参数应符合表 3.1.3 规定;

表 3.1.3　舒适性空气调节室内计算参数

参　数	冬　季	夏　季
温度(℃)	18~24	22~28
风速(m/s)	≤0.2	≤0.3
相对湿度(%)	30~60	40~65

 2 工艺性空气调节室内温湿度基数及其允许波动范围,应根据工艺需要及卫生要求确定。活动区的风速:冬季不宜大于 0.3m/s;夏季宜采用 0.2~0.5m/s;当室内温度高于 30℃时,可大于 0.5m/s。

3.1.4 采暖与空气调节室内的热舒适性应按照《中等热环境 PMV 和 PPD 指数的测定及热舒适条件的规定》(GB/T 18049),采用预计的平均热感觉指数(PMV)和预计不满意者的百分数(PPD)评价,其值宜为:−1≤PMV≤+1;PPD≤27%。

当工艺无特殊要求时,工业建筑夏季工作地点 WBGT 指数应根据《高温作业分级》(GB/T 4200)的规定进行分级、评价。

3.1.5 当工艺无特殊要求时,生产厂房夏季工作地点的温度,应根据夏季通风室外计算温度及其与工作地点的允许温差,不得超过表 3.1.5 的规定。

表 3.1.5　夏季工作地点温度(℃)

夏季通风室外计算温度	≤22	23	24	25	26	27	28	29~32	≥33
允许温差	10	9	8	7	6	5	4	3	2
工作地点温度	≤32				32			32~35	35

3.1.6 在特殊高温作业区附近,应设置工人休息室。夏季休息室的温度,宜采用 26~30℃。

3.1.7 设置局部送风的工业建筑,其室内工作地点的风速和温度,应按本规范第 5.5.5 条至第 5.5.7 条的有关规定执行。

3.1.8 建筑物室内空气应符合国家现行的有关室内空气质量、污染物浓度控制等卫生标准的要求。

3.1.9 建筑物室内人员所需最小新风量,应符合以下规定:

 1 民用建筑人员所需最小新风量按国家现行有关卫生标准确定;

 2 工业建筑应保证每人不小于 30m³/h 的新风量。

3.2 室外空气计算参数

3.2.1 采暖室外计算温度,应采用历年平均不保证 5 天的日平均温度。

  注:本条及本节其他条文中的所谓"不保证",系针对室外空气温度状况而言;"历年平均不保证",系针对累年不保证总天数或小时数的历年平均值而言。

3.2.2 冬季通风室外计算温度,应采用累年最冷月平均温度。

3.2.3 夏季通风室外计算温度,应采用历年最热月 14 时的月平均温度的平均值。

3.2.4 夏季通风室外计算相对湿度,应采用历年最热月 14 时的月平均相对湿度的平均值。

3.2.5 冬季空气调节室外计算温度,应采用历年平均不保证 1 天的日平均温度。

3.2.6 冬季空气调节室外计算相对湿度,应采用累年最冷月平均相对湿度。

3.2.7 夏季空气调节室外计算干球温度,应采用历年平均不保证 50h 的干球温度。

  注:统计干湿球温度时,宜采用当地气象台站每天 4 次的定时温度记录,并以每次记录值代表 6h 的温度值核算。

3.2.8 夏季空气调节室外计算湿球温度,应采用历年平均不保证 50h 的湿球温度。

3.2.9 夏季空气调节室外计算日平均温度,应采用历年平均不保证 5 天的日平均温度。

3.2.10 夏季空气调节室外计算逐时温度,可按下式确定:

$$t_{sh} = t_{wp} + \beta \Delta t_r \qquad (3.2.10\text{-}1)$$

式中　t_{sh}——室外计算逐时温度(℃);

  t_{wp}——夏季空气调节室外计算日平均温度(℃),按本规范第 3.2.9 条采用;

  β——室外温度逐时变化系数,按表 3.2.10 采用;

  Δt_r——夏季空气调节室外计算平均日较差,应按下式计算:

$$\Delta t_r = \frac{t_{wg} - t_{wp}}{0.52} \qquad (3.2.10\text{-}2)$$

式中　t_{wg}——夏季空气调节室外计算干球温度(℃),按本规范第 3.2.7 条采用。

  其他符号意义同式(3.2.10-1)。

表 3.2.10　室外温度逐时变化系数

时　刻	1	2	3	4	5	6
β	−0.35	−0.38	−0.42	−0.45	−0.47	−0.41
时　刻	7	8	9	10	11	12
β	−0.28	−0.12	0.03	0.16	0.29	0.40
时　刻	13	14	15	16	17	18
β	0.48	0.52	0.51	0.43	0.39	0.28
时　刻	19	20	21	22	23	24
β	0.14	0.00	−0.10	−0.17	−0.23	−0.26

3.2.11 当室内温湿度必须全年保证时,应另行确定空气调节室外计算参数。

仅在部分时间(如夜间)工作的空气调节系统,可不遵守本规范第 3.2.7 条至第 3.2.10 条的规定。

3.2.12 冬季室外平均风速,应采用累年最冷 3 个月各月平均风速的平均值。冬季室外最多风向的平均风速,应采用累年最冷 3 个月最多风向(静风除外)的各月平均风速的平均值。

夏季室外平均风速,应采用累年最热 3 个月各月平均风速的平均值。

3.2.13 冬季最多风向及其频率,应采用累年最冷 3 个月的最多风向及其平均频率。

夏季最多风向及其频率,应采用累年最热 3 个月的最多风向及其平均频率。

年最多风向及其频率,应采用累年最多风向及其平均频率。

3.2.14 冬季室外大气压力,应采用累年最冷 3 个月各月平均大气压力的平均值。

夏季室外大气压力,应采用累年最热 3 个月各月平均大气压力的平均值。

3.2.15 冬季日照百分率,应采用累年最冷 3 个月各月平均日照百分率的平均值。

3.2.16 设计计算用采暖期天数,应按累年日平均温度稳定低于或等于采暖室外临界温度的总日数确定。

采暖室外临界温度的选取,一般民用建筑和工业建筑,宜采用 5℃。

3.2.17 室外计算参数的统计年份宜近取 30 年。不足 30 年者,按实有年份采用,但不得少于 10 年;少于 10 年时,应对气象资料进行修正。

3.2.18 山区的室外气象参数,应根据就地的调查、实测并与地理和气候条件相似的邻近台站的气象资料进行比较确定。

3.3 夏季太阳辐射照度

3.3.1 夏季太阳辐射照度，应根据当地的地理纬度、大气透明度和大气压力，按 7 月 21 日的太阳赤纬计算确定。

3.3.2 建筑物各朝向垂直面与水平面的太阳总辐射照度，可按本规范附录 A 采用。

3.3.3 透过建筑物各朝向垂直面与水平面标准窗玻璃的太阳直接辐射照度和散射辐射照度，可按本规范附录 B 采用。

3.3.4 采用本规范附录 A 和附录 B 时，当地的大气透明度等级，应根据本规范附录 C 及夏季大气压力，按表 3.3.4 确定。

表 3.3.4 大气透明度等级

附录C标定的 大气透明度等级	下列大气压力(hPa)时的透明度等级							
	650	700	750	800	850	900	950	1000
1	1	1	1	1	1	1	1	1
2	1	1	1	2	2	2	2	2
3	1	2	2	2	3	3	3	3
4	2	2	3	3	3	4	4	4
5	3	3	4	4	4	5	5	5
6	4	4	4	5	5	6	6	6

4 采 暖

4.1 一般规定

4.1.1 采暖方式的选择，应根据建筑物规模，所在地区气象条件、能源状况、能源政策、环保等要求，通过技术经济比较确定。

4.1.2 累年日平均温度稳定低于或等于 5℃ 的日数大于或等于 90 天的地区，宜采用集中采暖。

4.1.3 符合下列条件之一的地区，其幼儿园、养老院、中小学校、医疗机构等建筑宜采用集中采暖：

1 累年日平均温度稳定低于或等于 5℃ 的日数为 60～89 天；

2 累年日平均温度稳定低于或等于 5℃ 的日数不足 60 天，但累年日平均温度稳定低于或等于 8℃ 的日数大于或等于 75 天。

4.1.4 采暖室外气象参数，应按本规范第 3.2 节中的有关规定，采用当地的气象资料进行计算确定。

4.1.5 设置采暖的公共建筑和工业建筑，当其位于严寒地区或寒冷地区，且在非工作时间或中断使用的时间内，室内温度必须保持在 0℃ 以上，而利用房间蓄热量不能满足要求时，应按 5℃ 设置值班采暖。

注：当工艺或使用条件有特殊要求时，可根据需要另行确定值班采暖所需维持的室内温度。

4.1.6 设置采暖的工业建筑，如工艺对室内温度无特殊要求，且每名工人占用的建筑面积超过 100m² 时，不宜设置全面采暖，应在固定工作地点设置局部采暖。当工作地点不固定时，应设置取暖室。

4.1.7 设置全面采暖的建筑物，其围护结构的传热阻，应根据技术经济比较确定，且应符合国家现行有关节能标准的规定。

4.1.8 围护结构的最小传热阻，应按下式确定：

$$R_{0 \cdot min} = \frac{\alpha(t_n - t_w)}{\Delta t_y \alpha_n} \quad (4.1.8\text{-}1)$$

或

$$R_{0 \cdot min} = \frac{\alpha(t_n - t_w)}{\Delta t_y} R_n \quad (4.1.8\text{-}2)$$

式中 $R_{0 \cdot min}$ ——围护结构的最小传热阻($m^2 \cdot ℃/W$)；

t_n ——冬季室内计算温度(℃)，按本规范第 3.1.1 条和第 4.2.4 条采用；

t_w ——冬季围护结构室外计算温度(℃)，按本规范第 4.1.9 条采用；

α ——围护结构温差修正系数，按本规范表 4.1.8-1 采用；

Δt_y ——冬季室内计算温度与围护结构内表面温度的允许温差(℃)，按本规范表 4.1.8-2 采用；

α_n ——围护结构内表面换热系数〔$W/(m^2 \cdot ℃)$〕，按本规范表 4.1.8-3 采用；

R_n ——围护结构内表面换热阻($m^2 \cdot ℃/W$)，按本规范表 4.1.8-3 采用。

注：1 本条不适用于窗、阳台门和天窗。

2 砖石墙体的传热阻，可使式(4.1.8-1、4.1.8-2)的计算结果小 5%。

3 外门(阳台门除外)的最小传热阻，不应小于按采暖室外计算温度所确定的外墙最小传热阻的 60%。

4 当相邻房间的温差大于 10℃ 时，内围护结构的最小传热阻，亦应通过计算确定。

5 当居住建筑、医院及幼儿园等建筑物采用轻型结构时，其外墙最小传热阻，尚应符合国家现行标准《民用建筑热工设计规范》(GB 50176)及《民用建筑节能设计标准(采暖居住建筑部分)》(JGJ 26)的要求。

表 4.1.8-1 温差修正系数 α

围 护 结 构 特 征	α
外墙、屋顶、地面以及与室外相通的楼板等	1.00
闷顶和与室外空气相通的非采暖地下室上面的楼板等	0.90
与有外门窗的不采暖楼梯间相邻的隔墙(1～6 层建筑)	0.60
与有外门窗的不采暖楼梯间相邻的隔墙(7～30 层建筑)	0.50
非采暖地下室上面的楼板，外墙上有窗时	0.75
非采暖地下室上面的楼板，外墙上无窗且位于室外地坪以上时	0.60
非采暖地下室上面的楼板，外墙上无窗且位于室外地坪以下时	0.40
与有外门窗的非采暖房间相邻的隔墙	0.70
与无外门窗的非采暖房间相邻的隔墙	0.40
伸缩缝墙、沉降缝墙	0.30
防震缝墙	0.70

表 4.1.8-2 允许温差 Δt_y 值(℃)

建筑物及房间类别	外墙	屋顶
居住建筑、医院和幼儿园等	6.0	4.0
办公建筑、学校和门诊部等	6.0	4.5
公共建筑(上述指明者除外)和工业企业辅助建筑物(潮湿的房间除外)	7.0	5.5
室内空气干燥的生产厂房	10.0	8.0
室内空气湿度正常的生产厂房	8.0	7.0
室内空气潮湿的公共建筑、生产厂房及辅助建筑物：		
当不允许和顶棚内表面结露时	$t_n - t_1$	$0.8(t_n - t_1)$
当仅不允许顶棚内表面结露时	7.0	$0.9(t_n - t_1)$
室内空气潮湿且具有腐蚀性介质的生产厂房	$t_n - t_1$	$t_n - t_1$
室内散热量大于 23W/m³，且计算相对湿度不大于 50% 的生产厂房	12.0	12.0

注：1 室内空气干湿程度的区分，应根据室内温度和相对湿度按表 4.1.8-4 确定。

2 与室外空气相通的楼板和非采暖地下室上面的楼板，其允许温差 Δt_y 值可采用 2.5℃。

3 t_n——同式(4.1.8-1、4.1.8-2)；

t_1——在室内计算温度和相对湿度状况下的露点温度(℃)。

表 4.1.8-3　换热系数 α_n 和换热阻值 R_n

围护结构内表面特征	α_n〔W/(m²·℃)〕	R_n(m²·℃/W)
墙、地面、表面平整或有肋状突出物的顶棚，当 $\frac{h}{s} \leqslant 0.3$ 时	8.7	0.115
有肋状突出物的顶棚，当 $\frac{h}{s} > 0.3$ 时	7.6	0.132

注：h——肋高(m)；s——肋间净距(m)。

表 4.1.8-4　室内空气干湿程度的区分

类别	室内温度(℃) 相对湿度(%)	$\leqslant 12$	$13 \sim 24$	> 24
干　燥		$\leqslant 60$	$\leqslant 50$	$\leqslant 40$
正　常		$61 \sim 75$	$51 \sim 60$	$41 \sim 50$
较　湿		> 75	$61 \sim 75$	$51 \sim 60$
潮　湿		—	> 75	> 60

4.1.9　确定围护结构的最小传热阻时，冬季围护结构室外计算温度 t_w，应根据围护结构热惰性指标 D 值，按表 4.1.9 采用。

表 4.1.9　冬季围护结构室外计算温度(℃)

围护结构类型	热惰性指标 D 值	t_w 的取值(℃)
Ⅰ	> 6.0	$t_w = t_{wn}$
Ⅱ	$4.1 \sim 6.0$	$t_w = 0.6 t_{wn} + 0.4 t_{p,min}$
Ⅲ	$1.6 \sim 4.0$	$t_w = 0.3 t_{wn} + 0.7 t_{p,min}$
Ⅳ	$\leqslant 1.5$	$t_w = t_{p,min}$

注：t_{wn} 和 $t_{p,min}$——分别为采暖室外计算温度和累年最低日平均温度(℃)，按《采暖通风与空气调节气象资料集》数据采用。

4.1.10　围护结构的传热阻，应按下式计算：

$$R_o = \frac{1}{\alpha_n} + R_j + \frac{1}{\alpha_w} \qquad (4.1.10\text{-}1)$$

或

$$R_o = R_n + R_j + R_w \qquad (4.1.10\text{-}2)$$

式中　R_o——围护结构的传热阻(m²·℃/W)；

　　α_n、R_n——同式(4.1.8-1、4.1.8-2)；

　　α_w——围护结构外表面换热系数〔W/(m²·℃)〕，按本规范表4.1.10采用；

　　R_w——围护结构外表面换热阻(m²·℃/W)，按本规范表4.1.10采用；

　　R_j——围护结构本体(包括单层或多层结构材料层及封闭的空气间层)的热阻(m²·℃/W)。

表 4.1.10　换热系数 α_w 和换热阻值 R_w

围护结构外表面特征	α_w〔W/(m²·℃)〕	R_w(m²·℃/W)
外墙和屋顶	23	0.04
与室外空气相通的非采暖地下室上面的楼板	17	0.06
闷顶和外墙上有窗的非采暖地下室上面的楼板	12	0.08
外墙上无窗的非采暖地下室上面的楼板	6	0.17

4.1.11　设置全面采暖的建筑物，其玻璃外窗、阳台门和天窗的层数，宜按表 4.1.11 采用。

表 4.1.11　外窗、阳台门和天窗层数

建筑物及房间类型	室内外温差(℃)	层　数		
		外窗	阳台门	天窗
民用建筑(居住建筑及潮湿的公共建筑除外)	< 33	单层	单层	一
	$\geqslant 33$	双层	双层	一
干燥或正常湿度状况的工业建筑物	< 36	单层	—	单层
	$\geqslant 36$	双层	—	单层
潮湿的公共建筑、工业建筑物	< 31	单层	单层	单层
	$\geqslant 31$	双层	单层	单层
散热量大于23W/m³，且室内计算相对湿度不大于50%的工业建筑	不限	单层	单层	单层

注：1　表中所列的室内外温差，系指冬季室内计算温度和采暖室外计算温度之差。
　2　高级民用建筑，以及其他经技术经济比较设置双层窗合理的建筑物，可不受本条规定的限制。
　3　居住建筑外窗的层数，应符合国家有关节能标准的规定。
　4　对较高的工业建筑及特殊建筑，可视具体情况研究确定。

4.1.12　设置全面采暖的建筑物，在满足采光要求的前提下，其开窗面积应尽量减小。民用建筑的窗墙面积比，应按国家现行标准《民用建筑热工设计规范》(GB 50176)执行。

4.1.13　集中采暖系统的热媒，应根据建筑物的用途、供热情况和当地气候特点等条件，经技术经济比较确定，并应按下列规定选择：

　　1　民用建筑应采用热水做热媒；

　　2　工业建筑，当厂区只有采暖用热或以采暖用热为主时，宜采用高温水做热媒；当厂区供热以工艺蒸汽为主时，在不违反卫生、技术和节能要求的条件下，可采用蒸汽做热媒。

注：1　利用余热或天然热源采暖时，采暖热媒及其参数可根据具体情况确定。
　2　辐射采暖的热媒，应符合本规范第4.4节、第4.5节的规定。

4.1.14　改建或扩建的建筑物，以及与原有热网相连接的新增建筑物，除遵守本规范的规定外，尚应根据原有建筑物的状况，采取相应的技术措施。

4.2　热　负　荷

4.2.1　冬季采暖通风系统的热负荷，应根据建筑物下列散失和获得的热量确定：

　　1　围护结构的耗热量；

　　2　加热由门窗缝隙渗入室内的冷空气的耗热量；

　　3　加热由门、孔洞及相邻房间侵入的冷空气的耗热量；

　　4　水分蒸发的耗热量；

　　5　加热由外部运入的冷物料和运输工具的耗热量；

　　6　通风耗热量；

　　7　最小负荷班的工艺设备散量量；

　　8　热管道及其他热表面的散热量；

　　9　热物料的散热量；

　　10　通过其他途径散失或获得的热量。

注：1　不经常的散热量，可不计算。
　2　经常而不稳定的散热量，应采用小时平均值。

4.2.2　围护结构的耗热量，应包括基本耗热量和附加耗热量。

4.2.3　围护结构的基本耗热量，应按下式计算：

$$Q = \alpha F K(t_n - t_{wn}) \qquad (4.2.3)$$

式中　Q——围护结构的基本耗热量(W)；

　　F——围护结构的面积(m²)；

　　K——围护结构的传热系数〔W/(m²·℃)〕；

　　t_{wn}——采暖室外计算温度(℃)，按本规范第3.2.1条采用；

　　α、t_n——与本规范第4.1.8条相同。

注：当已知或求出冷侧温度时，t_{wn} 一项可直接将冷侧温度值代入，不再进行 α 值修正。

4.2.4　计算围护结构耗热量时，冬季室内计算温度，应按本规范第3.1.1条采用，但层高大于4m的工业建筑，尚应符合下列规定：

　　1　地面应采用工作地点的温度。

　　2　屋顶和天窗应采用屋顶下的温度。屋顶下的温度，可按下式计算：

$$t_d = t_g + \Delta t_H (H - 2) \qquad (4.2.4\text{-}1)$$

式中　t_d——屋顶下的温度(℃)；

　　t_g——工作地点的温度(℃)；

　　Δt_H——温度梯度(℃/m)；

　　H——房间高度(m)。

　　3　墙、窗和门应采用室内平均温度。室内平均温度，应按下式计算：

$$t_{np} = \frac{t_d + t_g}{2} \qquad (4.2.4\text{-}2)$$

式中　t_{np}——室内平均温度(℃)；

　　t_d、t_g——与式(4.2.4-1)相同。

注：散热量小于23W/m³的工业建筑，当其温度梯度值不能确定时，可用工作地点温度计算围护结构耗热量，但应按本规范第4.2.7条的规定进行高度附加。

4.2.5 与相邻房间的温差大于或等于5℃时,应计算通过隔墙或楼板等的传热量。与相邻房间的温差小于5℃,且通过隔墙和楼板等的传热量大于该房间热负荷的10%时,尚应计算其传热量。

4.2.6 围护结构的附加耗热量,应按其占基本耗热量的百分率确定。各项附加(或修正)百分率,宜按下列规定的数值选用:

1 朝向修正率:

北、东北、西北　　　　　　　　0～10%
东、西　　　　　　　　　　　　−5%
东南、西南　　　　　　　　−10%～−15%
南　　　　　　　　　　　−15%～−30%

注:1 应根据当地冬季日照率、辐射照度、建筑物使用和被遮挡等情况选用修正率。
　　2 冬季日照率小于35%的地区,东南、西南和南向的修正率,宜采用−10%～0,东、西向可不修正。

2 风力附加率:建筑在不避风的高地、河边、海岸、旷野上的建筑物,以及城镇、厂区内特别高出的建筑物,垂直的外围护结构附加5%～10%。

3 外门附加率:

当建筑物的楼层数为n时:

一道门　　　　　　　　　　　65%×n
两道门(有门斗)　　　　　　　80%×n
三道门(有两个门斗)　　　　　60%×n
公共建筑和工业建筑的主要出入口　500%

注:1 外门附加率,只适用于短时间开启的、无热空气幕的外门。
　　2 阳台门不应计入外门附加。

4.2.7 民用建筑和工业企业辅助建筑(楼梯间除外)的高度附加率,房间高度大于4m时,每高出1m应附加2%,但总的附加率不应大于15%。

注:高度附加率,应附加于围护结构的基本耗热量和其他附加耗热量上。

4.2.8 加热由门窗缝隙渗入室内的冷空气的耗热量,应根据建筑物的内部隔断、门窗构造、门窗朝向、室内外温度和室外风速等因素确定,宜按本规范附录D进行计算。

4.3 散热器采暖

4.3.1 选择散热器时,应符合下列规定:

1 散热器的工作压力,应满足系统的工作压力,并符合国家现行有关产品标准的规定;

2 民用建筑宜采用外形美观、易于清扫的散热器;

3 放散粉尘或防尘要求较高的工业建筑,应采用易于清扫的散热器;

4 具有腐蚀性气体的工业建筑或相对湿度较大的房间,应采用耐腐蚀的散热器;

5 采用钢制散热器时,应采用闭式系统,并满足产品对水质的要求,在非采暖季节采暖系统应充水保养;蒸汽采暖系统不应采用钢制柱型、板型和扁管等散热器;

6 采用铝制散热器时,应选用内防腐型铝制散热器,并满足产品对水质的要求;

7 安装热量表和恒温阀的热水采暖系统不宜采用水流通道内含有粘砂的铸铁散热器。

4.3.2 布置散热器时,应符合下列规定:

1 散热器宜安装在外墙窗台下,当安装或布置管道有困难时,也可靠内墙安装;

2 两道外门之间的门斗内,不应设置散热器;

3 楼梯间的散热器,宜分配在底层或按一定比例分配在下部各层。

4.3.3 散热器宜明装。暗装时装饰罩应有合理的气流通道、足够的通道面积,并方便维修。

4.3.4 幼儿园的散热器必须暗装或加防护罩。

4.3.5 铸铁散热器的组装片数,不宜超过下列数值:

粗柱型(包括柱翼型)　　　　　　20片
细柱型　　　　　　　　　　　　25片
长翼型　　　　　　　　　　　　7片

4.3.6 确定散热器数量时,应根据其连接方式、安装形式、组装片数、热水流量以及表面涂料等对散热器的影响,对散热器数量进行修正。

4.3.7 民用建筑和室内温度要求较严格的工业建筑中的非保温管道,明设时,应计算管道的散热量对散热器数量的折减;暗设时,应计算管道中水的冷却对散热器数量的增加。

4.3.8 条件许可时,建筑物的采暖系统南北向房间宜分环设置。

4.3.9 建筑物的热水采暖系统高度超过50m时,宜竖向分区设置。

4.3.10 垂直单、双管采暖系统,同一房间的两组散热器可串联连接;贮藏室、盥洗室、厕所和厨房等辅助用室及走廊的散热器,亦可同邻室串联连接。

注:热水采暖系统两组散热器串联时,可采用同侧连接,但上、下串联管道直径与散热器接口直径相同。

4.3.11 有冻结危险的楼梯间或其他有冻结危险的场所,应由单独的立、支管供暖。散热器前不得设置调节阀。

4.3.12 安装在装饰罩内的恒温阀必须采用外置传感器,传感器应设在能正确反映房间温度的位置。

4.4 热水辐射采暖

4.4.1 设计加热管埋设在建筑构件内的低温热水辐射采暖系统时,应会同有关专业采取防止建筑物构件龟裂和破损的措施。

4.4.2 低温热水辐射采暖,辐射体表面平均温度,应符合表4.4.2的要求。

表4.4.2 辐射体表面平均温度(℃)

设置位置	宜采用的温度	温度上限值
人员经常停留的地面	24～26	28
人员短期停留的地面	28～30	32
无人停留的地面	35～40	42
房间高度2.5～3.0m的顶棚	28～30	
房间高度3.1～4.0m的顶棚	33～36	
距地面1m以下的墙面	35	
距地面1m以上3.5m以下的墙面	45	

4.4.3 低温热水地板辐射采暖的供水温度和回水温度应经计算确定。民用建筑的供水温度不应超过60℃,供水、回水温差宜小于或等于10℃。

4.4.4 低温热水地板辐射采暖的耗热量应经计算确定。全面辐射采暖的耗热量,应按本规范第4.2节的有关规定计算,并应对总耗热量乘以0.9～0.95的修正系数或将室内计算温度取值降低2℃。

局部辐射采暖的耗热量,可按整个房间全面辐射采暖所算得的耗热量乘以该区域面积与所在房间面积的比值和表4.4.4中规定的附加系数确定。

建筑物地板敷设加热管时,采暖耗热量中不计算地面的热损失。

表4.4.4 局部辐射采暖耗热量附加系数

采暖区面积与房间总面积比值	0.55	0.40	0.25
附加系数	1.30	1.35	1.50

4.4.5 低温热水地板辐射采暖的有效散热量应经计算确定,并应计算室内设备、家具等地面覆盖物等对散热量的折减。

4.4.6 低温热水地板辐射采暖的加热管及其覆盖层与外墙、楼板结构层间应设绝热层。

注:当使用条件允许楼板双向传热时,覆盖层与楼板结构层间可不设绝热层。

4.4.7 低温热水地板辐射采暖系统敷设加热管的覆盖层厚度不宜小于50mm。覆盖层应设伸缩缝，伸缩缝的位置、距离和宽度，应会同有关专业计算确定。加热管穿过伸缩缝时，宜设长度不小于100mm的柔性套管。

4.4.8 低温热水地板辐射采暖系统的阻力应计算确定。加热管内水的流速不应小于0.25m/s，同一集配装置的每个环路加热管长度应尽量接近，每个环路的阻力不宜超过30kPa。低温热水地板辐射采暖系统分水器前应设阀门及过滤器，集水器后应设阀门；集水器、分水器上应设放气阀，系统配件应采用耐腐蚀材料。

4.4.9 低温热水地板辐射采暖系统的工作压力不宜大于0.8MPa；当超过上述压力时，应采取相应的措施。

4.4.10 低温热水地板辐射采暖，当绝热层辅设在土壤上时，绝热层下部应做防潮层。在潮湿房间（如卫生间、厨房等）敷设地板辐射采暖系统时，加热管覆盖层上应做防水层。

4.4.11 地板辐射采暖加热管的材质和壁厚的选择，应根据工程的耐久年限、管材的性能、管材的累计使用时间以及系统的运行水温、工作压力等条件确定。

4.4.12 热水吊顶辐射板采暖，可用于层高为3～30m建筑物的采暖。

4.4.13 热水吊顶辐射板的供水温度，宜采用40～140℃的热水，其水质应满足产品的要求。在非采暖季节，采暖系统应充水保养。

4.4.14 热水吊顶辐射板的工作压力，应符合国家现行有关产品标准的规定。

4.4.15 热水吊顶辐射板采暖的耗热量应按本规范第4.2节的有关规定进行计算，并按本规范第4.5.6条的规定进行修正。当屋顶耗热量大于房间总耗热量的30%时，应采取必要的保温措施。

4.4.16 热水吊顶辐射板的有效散热量应根据下列因素确定：

1 当热水吊顶辐射板倾斜安装时，辐射板安装角度修正系数，应按表4.4.16进行确定；

表4.4.16 辐射板安装角度修正系数

辐射板与水平面的夹角（°）	0	10	20	30	40
修正系数	1	1.022	1.043	1.066	1.088

2 辐射板的管中流体应为紊流。当达不到最小流量且辐射板不能串联连接时，辐射板的散热量应乘以1.18的安全系数。

4.4.17 热水吊顶辐射板的安装高度，应根据人体的舒适度确定。辐射板的最高平均水温应根据辐射板安装高度和其面积占顶棚面积的比例按表4.4.17确定。

表4.4.17 热水吊顶辐射板最高平均水温（℃）

最低安装高度（m）	热水吊顶辐射板占顶棚面积的百分比					
	10%	15%	20%	25%	30%	35%
3	73	71	68	64	58	56
4	115	105	91	78	67	60
5	>147	123	100	83	71	64
6	—	132	104	87	75	69
7	—	137	108	91	80	74
8	—	>141	112	96	86	80
9	—	—	117	101	92	87
10	—	—	122	107	98	94

注：表中安装高度系指地面到管中心的垂直距离（m）。

4.4.18 热水吊顶辐射板采暖系统的管道布置，宜采用同程式。

4.4.19 热水吊顶辐射板与采暖系统供水管、回水管的连接方式，可采用并联或串联、同侧或异侧连接，并应采取使辐射板表面温度均匀、流体阻力平衡的措施。

4.4.20 布置全面采暖的热水吊顶辐射板装置时，应使室内作业区辐射照度均匀，并符合以下要求：

1 安装吊顶辐射板时，宜沿最长的外墙平行布置；

2 设置在墙边的辐射板规格应大于在室内设置的辐射板规格；

3 层高小于4m的建筑物，宜选择较窄的辐射板；

4 房间应预留辐射板沿长度方向热膨胀余地。

注：辐射板装置不宜布置在对热敏感的设备附近。

4.4.21 局部区域采用热水吊顶辐射板采暖时，其耗热量可按本规范第4.4.4条的规定计算。

4.5 燃气红外线辐射采暖

4.5.1 燃气红外线辐射采暖，可用于建筑物室内采暖或室外工作地点的采暖。

4.5.2 采用燃气红外线辐射采暖时，必须采取相应的防火防爆和通风换气等安全措施。

4.5.3 燃气红外线辐射采暖的燃料，可采用天然气、人工煤气、液化石油气等。燃气质量、燃气输配系统应符合国家现行标准《城镇燃气设计规范》（GB 50028）的要求。

4.5.4 燃气红外线辐射器的安装高度，应根据人体舒适度确定，但不应低于3m。

4.5.5 燃气红外线辐射器用于局部工作地点采暖时，其数量不应少于两个，且应安装在人体的侧上方。

4.5.6 燃气红外线辐射器全面采暖的耗热量应按本规范第4.2节的有关规定进行计算，可不计高度附加，并应对总耗热量乘以0.8～0.9的修正系数。

辐射器安装高度过高时，应对总耗热量进行必要的高度修正。

4.5.7 局部区域燃气红外线辐射采暖耗热量可按本规范第4.4.4条中的有关规定计算。

4.5.8 布置全面辐射采暖系统时，沿四周外墙、外门处的辐射器散热量，不宜少于总热负荷的60%。

4.5.9 由室内供应空气的厂房或房间，应能保证燃烧器所需的空气量。当燃烧器所需的空气量超过该房间每小时0.5次的换气次数时，应由室外供应空气。

4.5.10 燃气红外线辐射采暖系统采用室外供应空气时，进风口应符合下列要求：

1 设在室外空气洁净区，距地面高度不低于2m；

2 距排风口水平距离大于6m；当处于排风口下方时，垂直距离不小于3m；当处于排风口上方时，垂直距离不小于6m；

3 安装过滤网。

4.5.11 无特殊要求时，燃气红外线辐射采暖系统的尾气应排至室外。排风口应符合下列要求：

1 设在人员不经常通行的地方，距地面高度不低于2m；

2 水平安装的排气管，其排风口伸出墙面不少于0.5m；

3 垂直安装的排气管，其排风口高出半径为6m以内的建筑物最高点不少于1m；

4 排气管穿越外墙或屋面处加装金属套管。

4.5.12 燃气红外线辐射采暖系统，应在便于操作的位置设置能直接切断采暖系统及燃气供应系统的控制开关。利用通风机供应空气时，通风机与采暖系统应设置联锁开关。

4.6 热风采暖及热空气幕

4.6.1 符合下列条件之一时，应采用热风采暖：

1 能与机械送风系统合并时；

2 利用循环空气采暖，技术经济合理时；

3 由于防火防爆和卫生要求，必须采用全新风的热风采暖时。

注：循环空气的采用，应符合国家现行《工业企业设计卫生标准》和本规范第5.3.6条。

4.6.2 热风采暖的热媒宜采用0.1～0.3MPa的高压蒸汽或不低于90℃的热水。当采用燃气、燃油加热或电加热时，应符合国家现行标准《城镇燃气设计规范》（GB 50028）和《建筑设计防火规范》（GB 50016）的要求。

4.6.3 位于严寒地区或寒冷地区的工业建筑,采用热风采暖且距外窗2m或2m以内有固定工作地点时,宜在窗下设置散热器,条件许可时,兼做值班采暖。当不设散热器值班采暖时,热风采暖不宜少于两个系统(两套装置)。一个系统(装置)的最小供热量,应保持非工作时间工艺所需的最低室内温度,但不得低于5℃。

4.6.4 选择暖风机或空气加热器时,其散热量应乘以1.2~1.3的安全系数。

4.6.5 采用暖风机热风采暖时,应符合下列规定:
1 应根据厂房内部的几何形状,工艺设备布置情况及气流作用范围等因素,设计暖风机台数及位置;
2 室内空气的换气次数,宜大于或等于每小时1.5次;
3 热媒为蒸汽时,每台暖风机应单独设置阀门和疏水装置。

4.6.6 采用集中热风采暖时,应符合下列规定:
1 工作区的风速应按本规范第3.1.2条的规定确定,但最小平均风速不宜小于0.15m/s;送风口的出口风速,应通过计算确定,一般情况下可采用5~15m/s;
2 送风口的高度不宜低于3.5m,回风口下缘至地面的距离宜采用0.4~0.5m;
3 送风温度不宜低于35℃并不得高于70℃。

4.6.7 符合下列条件之一时,宜设置热空气幕:
1 位于严寒地区、寒冷地区的公共建筑和工业建筑,对经常开启的外门,且不设门斗和前室时;
2 公共建筑和工业建筑,当生产或使用要求不允许降低室内温度时或经技术经济比较设置热空气幕合理时。

4.6.8 热空气幕的送风方式:公共建筑宜采用由上向下送风。工业建筑,当外门宽度小于3m时,宜采用单侧送风;当大门宽度为3~18m时,应经过技术经济比较,采用单侧、双侧送风或由上向下送风;当大门宽度超过18m时,应采用由上向下送风。
注:侧面送风时,严禁外门向内开启。

4.6.9 热空气幕的送风温度,应根据计算确定。对于公共建筑和工业建筑的外门,不宜高于50℃;对高大的外门,不应高于70℃。

4.6.10 热空气幕的出口风速,应通过计算确定。对于公共建筑的外门,不宜大于6m/s;对于工业建筑的外门,不宜大于8m/s;对高大的外门,不宜大于25m/s。

4.7 电采暖

4.7.1 符合下列条件之一,经技术经济比较合理时,可采用电采暖:
1 环保有特殊要求的区域;
2 远离集中热源的独立建筑;
3 采用热泵的场所;
4 能利用低谷电蓄热的场所;
5 有丰富的水电资源可供利用时。

4.7.2 采用电采暖时,应满足房间用途、特点、经济和安全防火等要求。

4.7.3 低温加热电缆辐射采暖,宜采用地板式;低温电热膜辐射采暖,宜采用顶棚式。辐射体表面平均温度,应符合本规范第4.4.2条的有关规定。

4.7.4 低温加热电缆辐射采暖和低温电热膜辐射采暖的加热元件及其表面工作温度,应符合国家现行有关产品标准规定的安全要求。
根据不同使用条件,电采暖系统应设置不同类型的温控装置。
绝热层、龙骨等配件的选用及系统的使用环境,应满足建筑防火要求。

4.8 采暖管道

4.8.1 采暖管道的材质,应根据采暖热媒的性质、管道敷设方式选用,并应符合国家现行有关产品标准的规定。

4.8.2 散热器采暖系统的供水、回水、供汽和凝结水管道,应在热力入口处与下列系统分开设置:
1 通风、空气调节系统;
2 热风采暖和热空气幕系统;
3 热水供应系统;
4 生产用热系统。

4.8.3 热水采暖系统,应在热力入口处的供水、回水总管上设置温度计、压力表及除污器。必要时,应设热量表。

4.8.4 蒸汽采暖系统,当供汽压力高于室内采暖系统的工作压力时,应在采暖系统入口的供汽管上装设减压装置。必要时,应安装计量装置。
注:减压阀进出口的压差范围,应符合制造厂的规定。

4.8.5 高压蒸汽采暖系统最不利环路的供汽管,其压力损失不应大于起始压力的25%。

4.8.6 热水采暖系统的各并联环路之间(不包括共同段)的计算压力损失相对差额,不应大于15%。

4.8.7 采暖系统供水、供汽干管的末端和回水干管始端的管径,不宜小于20mm,低压蒸汽的供汽干管可适当放大。

4.8.8 采暖管道中的热媒流速,应根据热水或蒸汽的使用压力、系统形式、防噪声要求等因素确定,最大允许流速应符合下列规定:
1 热水采暖系统:
民用建筑 1.5m/s
辅助建筑物 2m/s
工业建筑 3m/s
2 低压蒸汽采暖系统:
汽水同向流动时 30m/s
汽水逆向流动时 20m/s
3 高压蒸汽采暖系统:
汽水同向流动时 80m/s
汽水逆向流动时 60m/s

4.8.9 机械循环双管热水采暖系统和分层布置的水平单管热水采暖系统,应对水在散热器和管道中冷却而产生自然作用压力的影响采取相应的技术措施。

4.8.10 采暖系统计算压力损失的附加值宜采用10%。

4.8.11 蒸汽采暖系统的凝结水回收方式,应根据二次蒸汽利用的可能性以及室外地形、管道敷设方式等情况,分别采用以下回水方式:
1 闭式满管回水;
2 开式水箱自流或机械回水;
3 余压回水。
注:凝结水回收方式,尚应符合国家现行《锅炉房设计规范》(GB 50041)的要求。

4.8.12 高压蒸汽采暖系统,疏水器前的凝结水管不应向上抬升;疏水器后的凝结水管向上抬升的高度应经计算确定。当疏水器本身无止回功能时,应在疏水器后的凝结水管上设置止回阀。

4.8.13 疏水器至回水箱或二次蒸发箱之间的蒸汽凝结水管,应按汽水乳状体进行计算。

4.8.14 采暖系统各并联环路,应设置关闭和调节装置。当有冻结危险时,立管或支管上的阀门至干管的距离,不应大于120mm。

4.8.15 多层和高层建筑的热水采暖系统中,每根立管和分支管道的始末段均应设置调节、检修和泄水用的阀门。

4.8.16 热水和蒸汽采暖系统,应根据不同情况,设置排气、泄水、排污和疏水装置。

4.8.17 采暖管道必须计算其热膨胀。当利用管段的自然补偿不能满足要求时,应设置补偿器。

4.8.18 采暖管道的敷设,应有一定的坡度。对于热水管、汽水同向流动的蒸汽管和凝结水管,坡度宜采用0.003,不小于0.002;立管与散热器连接的支管,坡度不得小于0.01;对于汽水逆向流动的蒸汽管,坡度不得小于 0.005。

当受条件限制时,热水管道(包括水平单管串联系统的散热器连接管)可无坡度敷设,但管中的水流速度不得小于 0.25m/s。

4.8.19 穿过建筑物基础、变形缝的采暖管道,以及埋设在建筑结构里的立管,应采取预防由于建筑物下沉而损坏管道的措施。

4.8.20 当采暖管道必须穿过防火墙时,在管道穿过处应采取防火封堵措施,并在管道穿过处采取固定措施使管道可向墙的两侧伸缩。

4.8.21 采暖管道不得与输送蒸汽燃点低于或等于 120℃的可燃液体或可燃、腐蚀性气体的管道在同一条管沟内平行或交叉敷设。

4.8.22 符合下列情况之一时,采暖管道应保温:

  1 管道内输送的热媒必须保持一定参数;

  2 管道敷设在地沟、技术夹层、闷顶及管道井内或易被冻结的地方;

  3 管道通过的房间或地点要求保温;

  4 管道的无益热损失较大。

    注:不通行地沟内仅供冬季采暖使用的凝结水管,如余热不加以利用,且无冻结危险时,可不保温。

4.9 热水集中采暖分户热计量

4.9.1 新建住宅热水集中采暖系统,应设置分户热计量和室温控制装置。

    对建筑内的公共用房和公用空间,应单独设置采暖系统,宜设置热计量装置。

4.9.2 分户热计量采暖耗热量计算,应按本规范第 4.2 节的有关规定进行计算。户间楼板和隔墙的传热阻,宜通过综合技术经济比较确定。

4.9.3 在确定分户热计量采暖系统的户内采暖设备容量和计算户内管道时,应计入向邻户传热引起的耗热量附加,但所附加的耗热量不应统计在采暖系统的总热负荷内。

4.9.4 分户热计量热水集中采暖系统,应在建筑物热力入口处设置热量表、差压或流量调节装置、除污器或过滤器等。

4.9.5 当热水集中采暖系统分户热计量装置采用热量表时,应符合下列要求:

  1 应采用共用立管的分户独立系统形式;

  2 户用热量表的流量传感器宜安装在供水管上,热量表前应设置过滤器;

  3 系统的水质,应符合国家现行标准《工业锅炉水质》(GB 1576)的要求;

  4 户内采暖系统宜采用单管水平跨越式、双管水平并联式、上供下回式等形式;

  5 户内采暖系统管道的布置,条件许可时宜暗埋布置。但是暗埋管道不应有接头,且暗埋的管道宜外加塑料套管;

  6 系统的共用立管和入户装置,宜设于管道井内。管道井宜邻楼梯间或户外公共空间;

  7 分户热计量热水集中采暖系统的热量表,应符合国家现行行业标准《热量表》(CJ 128)的要求。

5 通 风

5.1 一般规定

5.1.1 为了防止大量热、蒸汽或有害物质向人员活动区散发,防止有害物质对环境的污染,必须从总体规划、工艺、建筑和通风等方面采取有效的综合预防和治理措施。

5.1.2 散发有害物质的生产过程和设备,宜采用机械化、自动化,并应采取密闭、隔离和负压操作措施。对生产过程中不可避免放散的有害物质,在排放前,必须采取通风净化措施,并达到国家有关大气环境质量标准和各种污染物排放标准的要求。

5.1.3 放散粉尘的生产过程,宜采用湿式作业。输送粉尘物料时,应采用不扬尘的运输工具。放散粉尘的工业建筑,宜采用湿法冲洗措施,当工艺不允许湿法冲洗且防尘要求严格时,宜采用真空吸尘装置。

5.1.4 大量散热的热源(如散热设备、热物料等),宜放在生产厂房外面或坡屋内。对生产厂房内的热源,应采取隔热措施。工艺设计,宜采用远距离控制或自动控制。

5.1.5 确定建筑物方位和形式时,宜减少东西向的日晒。以自然通风为主的建筑物,其方位还应根据主要进风面和建筑物形式,按夏季最多风向布置。

5.1.6 位于夏热冬冷或夏热冬暖地区的建筑物建筑热工设计,应符合国家现行标准《民用建筑热工设计规范》(GB 50176)的规定。采用通风屋顶隔热时,其通风层长度不宜大于 10m,空气层高度宜为 20cm 左右。散热量小于 23W/m³ 的工业建筑,当屋顶离地面平均高度小于或等于 8m 时,宜采用屋顶隔热措施。

5.1.7 对于放散热或有害物质的生产设备布置,应符合下列要求:

  1 放散不同毒性有害物质的生产设备布置在同一建筑物内时,毒性大的应与毒性小的隔开;

  2 放散热和有害气体的生产设备,应布置在厂房自然通风的天窗下部或穿堂风的下风侧;

  3 放散热和有害气体的生产设备,当必须布置在多层厂房的下层时,应采取防止污染室内上层空气的有效措施。

5.1.8 建筑物内,放散热、蒸汽或有害物质的生产过程和设备,宜采用局部排风。当局部排风达不到卫生要求时,应辅以全面排风或采用全面排风。

5.1.9 设计局部排风或全面排风时,宜采用自然通风。当自然通风不能满足卫生、环保或生产工艺要求时,应采用机械通风或自然与机械的联合通风。

5.1.10 凡属设有机械通风系统的房间,人员所需的新风量应满足第 3.1.9 条的规定;人员所在房间不设机械通风系统时,应有可开启外窗。

5.1.11 组织室内送风、排风气流时,不应使含有大量热、蒸汽或有害物质的空气流入没有或仅有少量热、蒸汽或有害物质的人员活动区,且不应破坏局部排风系统的正常工作。

5.1.12 凡属下列情况之一时,应单独设置排风系统:

  1 两种或两种以上的有害物质混合后能引起燃烧或爆炸时;

  2 混合后能形成毒害更大或腐蚀性的混合物、化合物时;

  3 混合后易使蒸汽凝结并聚积粉尘时;

  4 散发剧毒物质的房间和设备;

  5 建筑物内设有储存易燃易爆物质的单独房间或有防火防爆要求的单独房间。

5.1.13 同时放散有害物质、余热和余湿时,全面通风量应按其中所需最大的空气量确定。多种有害物质同时放散于建筑物内时,其全面通风量的确定应按国家现行标准《工业企业设计卫生标准》(GBZ 1)执行。

    送入室内的室外新风量,不应小于本规范第 3.1.9 条所规定的人员所需最小新风量。

5.1.14 放散入室内的有害物质数量不能确定时,全面通风量可参照类似房间的实测资料或经验数据,按换气次数确定,亦可按国家现行的各相关行业标准执行。

5.1.15 建筑物的防烟、排烟设计,应按国家现行标准《高层民用建筑设计防火规范》(GB 50045)及《建筑设计防火规范》(GB 50016)执行。

5.2 自然通风

5.2.1 消除建筑物余热、余湿的通风设计,应优先利用自然通风。

5.2.2 厨房、厕所、盥洗室和浴室等,宜采用自然通风。当利用自然通风不能满足室内卫生要求时,应采用机械通风。

民用建筑的卧室、起居室(厅)以及办公室等,宜采用自然通风。

5.2.3 放散热量的工业建筑,其自然通风量应根据热压作用按本规范附录 F 的规定进行计算。

5.2.4 利用穿堂风进行自然通风的厂房,其迎风面与夏季最多风向宜成 60°～90°角,且不应小于 45°角。

5.2.5 夏季自然通风应采用阻力系数小、易于操作和维修的进排风口或窗扇。

5.2.6 夏季自然通风用的进风口,其下缘距室内地面的高度不应大于 1.2m;冬季自然通风用的进风口,当其下缘距室内地面的高度小于 4m 时,应采取防止冷风吹向工作地点的措施。

5.2.7 当热源靠近工业建筑的一侧外墙布置,且外墙与热源之间无工作地点时,该侧外墙上的进风口,宜布置在热源的间断处。

5.2.8 利用天窗排风的工业建筑,符合下列情况之一时,应采用避风天窗:

1 夏热冬冷和夏热冬暖地区,室内散热量大于 23W/m³ 时;

2 其他地区,室内散热量大于 35W/m³ 时;

3 不允许气流倒灌时。

注:多跨厂房的相邻天窗或天窗两侧与建筑物邻接,且处于负压区时,无挡风板的天窗,可视为避风天窗。

5.2.9 利用天窗排风的工业建筑,符合下列情况之一时,可不设避风天窗:

1 利用天窗能稳定排风时;

2 夏季室外平均风速小于或等于 1m/s 时。

5.2.10 当建筑物一侧与较高建筑物相邻接时,为了防止避风天窗或风帽倒灌,其各部尺寸应符合图 5.2.10-1、图 5.2.10-2 和表 5.2.10 的要求。

表 5.2.10 避风天窗或风帽与建筑物的相关尺寸

Z/h	0.4	0.6	0.8	1.0	1.2	1.4	1.6	1.8	2.0	2.1	2.2	2.3
$\dfrac{B-Z}{H}$	≤1.3	1.4	1.45	1.5	1.65	1.8	2.1	2.5	2.9	3.7	4.6	5.6

注:当 Z/h>2.3 时,建筑物的相关尺寸可不受限制。

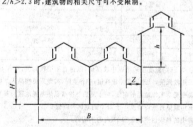

图 5.2.10-1 避风天窗与建筑的相关尺寸

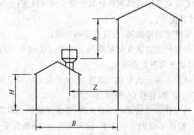

图 5.2.10-2 风帽与建筑物的相关尺寸

5.2.11 挡风板与天窗之间,以及作为避风天窗的多跨工业建筑相邻天窗之间,其端部均应封闭。当天窗较长时,应设置横向隔板,其间距不应大于挡风板上缘至地坪高度的 3 倍,且不应大于 50m。在挡风板或封闭物上,应设置检查门。

挡风板下缘至屋面的距离,宜采用 0.1～0.3m。

5.2.12 不需调节天窗窗扇开启角度的高温工业建筑,宜采用不带窗扇的避风天窗,但应采取防雨措施。

5.3 机械通风

5.3.1 设置集中采暖且有机械排风的建筑物,当采用自然补风不能满足室内卫生条件、生产工艺要求或在技术经济上不合理时,宜设置机械送风系统。设置机械送风系统时,应进行风量平衡及热平衡计算。

每班运行不足 2h 的局部排风系统,当室内卫生条件和生产工艺要求许可时,可不设机械送风补偿所排出的风量。

5.3.2 选择机械送风系统的空气加热器时,室外计算参数应采用采暖室外计算温度;当其用于补偿消除余热、余湿用全面排风耗热量时,应采用冬季通风室外计算温度。

5.3.3 要求空气清洁的房间,室内应保持正压。放散粉尘、有害气体或爆炸危险物质的房间,应保持负压。

当要求空气清洁程度不同或与有异味的房间比邻且有门(孔)相通时,应使气流从较清洁的房间流向污染较严重的房间。

5.3.4 机械送风系统进风口的位置,应符合下列要求:

1 应直接设在室外空气较清洁的地点;

2 应低于排风口;

3 进风口的下缘距室外地坪不宜小于 2m,当设在绿化地带时,不宜小于 1m;

4 应避免进风、排风短路。

5.3.5 用于甲、乙类生产厂房的送风系统,可共用同一进风口,但应与丙、丁、戊类生产厂房和辅助建筑物及其他通风系统的进风口分设;对有防火防爆要求的通风系统,其进风口应设在不可能有火花溅落的安全地点,排风口应设在室外安全处。

5.3.6 凡属下列情况之一时,不应采用循环空气:

1 甲、乙类生产厂房,以及含有甲、乙类物质的其他厂房;

2 丙类生产厂房,如空气中含有燃烧或爆炸危险的粉尘、纤维,含尘浓度大于或等于其爆炸下限的 25 ％时;

3 含有难闻气味以及含有危险浓度的致病细菌或病毒的房间;

4 对排除含尘空气的局部排风系统,当排风经净化后,其含尘浓度仍大于或等于工作区容许浓度的 30% 时。

5.3.7 机械送风系统(包括与热风采暖合用的系统)的送风方式,应符合下列要求:

1 放散热或同时放散热、湿和有害气体的工业建筑,当采用上部或上下部同时全面排风时,宜送至作业地带;

2 放散粉尘或密度比空气大的气体和蒸汽,而不同时放散热的工业建筑,当从下部地区排风时,宜送至上部区域;

3 当固定工作地点靠近有害物质放散源,且不可能安装有效的局部排风装置时,应直接向工作地点送风。

5.3.8 符合下列条件,可设置置换通风:

1 有热源或热源与污染源伴生;

2 人员活动区空气质量要求严格;

3 房间高度不小于 2.4m;

4 建筑、工艺及装修条件许可且技术经济比较合理。

5.3.9 置换通风的设计,应符合下列规定:

1 房间内人员头脚处空气温差不应大于 3℃;

2 人员活动区内气流分布均匀;

3 工业建筑内置换通风器的出风速度不宜大于 0.5m/s;

4 民用建筑内置换通风器的出风速度不宜大于 0.2m/s。

5.3.10 同时放散热、蒸汽和有害气体或仅放散密度比空气小的有害气体的工业建筑，除设局部排风外，宜从上部区域进行自然或机械的全面排风，其排风量不应小于每小时1次换气；当房间高度大于6m时，排风量可按 $6m^3/(h \cdot m^2)$ 计算。

5.3.11 当采用全面排风消除余热、余湿或其他有害物质时，应分别从建筑物内温度最高、含湿量或有害物质浓度最大的区域排风。全面排风量的分配应符合下列要求：

1 当放散气体的密度比室内空气轻，或虽比室内空气重但建筑内放散的显热全年均能形成稳定的上升气流时，宜从房间上部区域排出；

2 当放散气体的密度比空气重，建筑内放散的显热不足以形成稳定的上升气流而沉积在下部区域时，宜从下部区域排出总排风量的2/3，上部区域排出总排风量的1/3，且不应小于每小时1次换气；

3 当人员活动区有害气体与空气混合后的浓度未超过卫生标准，且混合后气体的相对密度与空气密度接近时，可只设上部或下部区域排风。

注：1 相对密度小于或等于0.75的气体视为比空气轻，当其相对密度大于0.75时，视为比空气重。

2 上、下部区域的排风量中，包括该区域内的局部排风量。

3 地面以上2m以下规定为下部区域。

5.3.12 排除有爆炸危险的气体、蒸汽和粉尘的局部排风系统，其风量应按在正常运行和事故情况下，风管内这些物质的浓度不大于爆炸下限的50%计算。

5.3.13 局部排风罩不能采用密闭形式时，应根据不同的工艺操作要求和技术经济条件选择适宜的排风罩。

5.3.14 建筑物全面排风系统吸风口的布置，应符合下列规定：

1 位于房间上部区域的吸风口，用于排除余热、余湿和有害气体时（含氢气时除外），吸风口上缘至顶棚平面或屋顶的距离不大于0.4m；

2 用于排除氢气与空气混合物时，吸风口上缘至顶棚平面或屋顶的距离不大于0.1m；

3 位于房间下部区域的吸风口，其下缘至地板间距不大于0.3m；

4 因建筑结构造成有爆炸危险气体排出的死角处，应设置导流设施。

5.3.15 含有剧毒物质或难闻气味物质的局部排风系统，或含有浓度较高的爆炸危险性物质的局部排风系统所排出的气体，应排至建筑物空气动力阴影区和正压区外。

注：当排出的气体符合国家现行的大气环境质量和各种污染物排放标准及各行业污染物排放标准时，可不受本条规定的限制。

5.3.16 采用燃气加热的采暖装置、热水器或炉灶等的通风要求，应符合国家现行标准《城镇燃气设计规范》（GB 50028）的有关规定。

5.3.17 民用建筑的厨房、卫生间宜设置竖向排风道。竖向排风道应具有防火、防倒灌、防串味及均匀排气的功能。

住宅建筑无外窗的卫生间，应设置机械排风排入有防回流设施的竖向排风道，且应留有必要的进风面积。

5.4 事故通风

5.4.1 可能突然放散大量有害气体或有爆炸危险气体的建筑物，应设置事故通风装置。

5.4.2 设置事故通风系统，应符合下列要求：

1 放散有爆炸危险的可燃气体、粉尘或气溶胶等物质时，应设置防爆通风系统或诱导式事故排风系统；

2 具有自然通风的单层建筑物，所放散的可燃气体密度小于室内空气密度时，宜设置事故送风系统；

3 事故通风宜由经常使用的通风系统和事故通风系统共同保证，但在发生事故时，必须保证能提供足够的通风量。

5.4.3 事故通风量，宜根据工艺设计要求通过计算确定，但换气次数不应小于每小时12次。

5.4.4 事故排风的吸风口，应设在有害气体或爆炸危险性物质放散量可能最大或聚集最多的地点。对事故排风的死角处，应采取导流措施。

5.4.5 事故排风的排风口，应符合下列规定：

1 不应布置在人员经常停留或经常通行的地点；

2 排风口与机械送风系统的进风口的水平距离不应小于20m；当水平距离不足20m时，排风口必须高出进风口，并不得小于6m；

3 当排气中含有可燃气体时，事故通风系统排风口距可能火花溅落地点应大于20m；

4 排风口不得朝向室外空气动力阴影区和正压区。

5.4.6 事故通风的通风机，应分别在室内、外便于操作的地点设置电器开关。

5.5 隔热降温

5.5.1 工作人员在较长时间内直接受辐射热影响的工作地点，当其辐射照度大于或等于 $350W/m^2$ 时，应采取隔热措施；受辐射热影响较大的工作室应隔热。

5.5.2 经常受辐射热影响的工作地点，应根据工艺、供水和室内气象等条件，分别采用水幕、隔热水箱或隔热屏等隔热措施。

5.5.3 工作人员经常停留的高温地面或靠近的高温壁板，其表面平均温度不应高于40℃。当采用串水地板或隔热水箱时，其排水温度不宜高于45℃。

5.5.4 较长时间操作的工作地点，当热环境达不到卫生要求时，应设置局部送风。

5.5.5 当采用不带喷雾的轴流式通风机进行局部送风时，工作地点的风速，应符合下列规定：

轻作业	2～3m/s
中作业	3～5m/s
重作业	4～6m/s

5.5.6 当采用喷雾风扇进行局部送风时，工作地点的风速应采用 $3～5m/s$，雾滴直径应小于 $100\mu m$。

注：喷雾风扇只适用于温度高于35℃，辐射照度大于 $1400W/m^2$，且工艺不忌细小雾滴的中、重作业的工作地点。

5.5.7 设置系统式局部送风时，工作地点的温度和平均风速，应按表5.5.7采用。

表5.5.7 工作地点的温度和平均风速

热辐射照度	冬 季		夏 季	
（W/m²）	温度（℃）	风速（m/s）	温度（℃）	风速（m/s）
350～700	20～25	1～2	26～31	1.5～3
701～1400	20～25	1～3	26～30	2～4
1401～2100	18～22	2～3	25～29	3～5
2101～2800	18～22	3～4	24～28	4～6

注：1 轻作业时，温度宜采用表中较高值，风速宜采用较低值；重作业时，温度宜采用较低值，风速宜采用较高值；中作业时，其数据可按插入法确定。

2 表中夏季工作地点的温度，对于夏热冬冷或夏热冬暖地区可提高2℃；对于累年最热月平均温度小于25℃的地区可降低2℃。

3 表中的热辐射照度系指1h内的平均值。

5.5.8 当局部送风系统的空气需要冷却或加热处理时，其室外计算参数，夏季应采用通风室外计算温度及相对湿度；冬季应采用采暖室外计算温度。

5.5.9 系统式局部送风，宜符合下列要求：

1 送风气流宜从人体的前侧上方倾斜吹到头、颈和胸部，必要时亦可从上向下垂直送风；

2 送到人体上的有效气流宽度，宜采用1m；对于室内散热量小于 $23W/m^3$ 的轻作业时，可用0.6m；

3 当工作人员活动范围较大时，宜采用旋转送风口。

5.5.10 特殊高温的工作小室，应采取密闭、隔热措施，采用冷风机组或空气调节机组降温，并符合国家现行标准《工业企业设计卫

5.6 除尘与有害气体净化

5.6.1 局部排风系统排出的有害气体,当其有害物质的含量超过排放标准或环境要求时,应采取有效净化措施。

5.6.2 放散粉尘的生产工艺过程,当湿法除尘不能满足环保及卫生要求时,应采用其他的机械除尘、机械与湿法联合除尘或静电除尘。

5.6.3 放散粉尘或有害气体的工艺流程和设备,其密闭形式应根据工艺流程、设备特点、生产工艺、安全要求及便于操作、维护等因素确定。

5.6.4 吸风点的排风量,应按防止粉尘或有害气体逸出室内的原则通过计算确定。有条件时,可采用实测数据经验数值。

5.6.5 确定密闭罩吸风口的位置、结构和风速时,应使罩内负压均匀,防止粉尘外逸并不致把物料带走。吸风口的平均风速,不宜大于下列数值:

细粉料的筛分	0.6m/s
物料的粉碎	2m/s
粗颗粒物料的破碎	3m/s

5.6.6 除尘系统的排风量,应按其全部吸风点同时工作计算。

> 注:有非同时工作吸风点时,系统的排风量可按同时工作的吸风点的排风量与非同时工作吸风点排风量的 15%～20% 之和确定,并应在各间歇工作的吸风点上装设与工艺设备联锁的阀门。

5.6.7 除尘风管内的最小风速,不得低于本规范附录 G 的规定。

5.6.8 除尘系统的划分,应按下列规定:

1 同一生产流程、同时工作的扬尘点相距不远时,宜合设一个系统;

2 同时工作但粉尘种类不同的扬尘点,当工艺允许不同粉尘混合回收或粉尘无回收价值时,可合设一个系统;

3 温湿度不同的含尘气体,当混合后可能导致风管内结露时,应分设系统。

> 注:除尘系统的划分,尚应符合本规范第 5.1.11 条的要求。

5.6.9 除尘器的选择,应根据下列因素并通过技术经济比较确定:

1 含尘气体的化学成分、腐蚀性、爆炸性、温度、湿度、露点、气体量和含尘浓度;

2 粉尘的化学成分、密度、粒径分布、腐蚀性、亲水性、磨琢度、比电阻、黏结性、纤维性和可燃性、爆炸性等;

3 净化后气体的容许排放浓度;

4 除尘器的压力损失及除尘效率;

5 粉尘的回收价值及回收利用形式;

6 除尘器的设备费、运行费、使用寿命、场地布置及外部水、电源条件等;

7 维护管理的繁简程度。

5.6.10 净化有爆炸危险的粉尘和碎屑的除尘器、过滤器及管道等,均应设置泄爆装置。

净化有爆炸危险粉尘的干式除尘器和过滤器,应布置在系统的负压段上。

5.6.11 用于净化有爆炸危险粉尘的干式除尘器和过滤器的布置,应符合国家现行标准《建筑设计防火规范》(GB 50016)中的有关规定。

5.6.12 对除尘器收集的粉尘或排出的含尘污水,根据生产条件、除尘器类型、粉尘的回收价值和便于维护管理等因素,必须采取妥善的回收或处理措施;工艺允许时,应纳入工艺流程回收处理。处理干式除尘器收集的粉尘时,应采取防止二次扬尘的措施。含尘污水的排放,应符合国家现行标准《污水综合排放标准》(GB 8978)和《工业企业设计卫生标准》(GBZ 1)的要求。

5.6.13 当收集的粉尘允许直接纳入工艺流程时,除尘器宜布置在生产设备(胶带运输机、料仓等)的上部。当收集的粉尘不允许直接纳入工艺流程时,应设储尘斗及相应的搬运设备。

5.6.14 干式除尘器的卸尘管和湿式除尘器的污水排出管,必须采取防止漏风的措施。

5.6.15 吸风点较多时,除尘系统的各支管段,宜设置调节阀门。

5.6.16 除尘器宜布置在除尘系统的负压段。当布置在正压段时,应选用排尘通风机。

5.6.17 湿式除尘器有冻结可能时,应采取防冻措施。

5.6.18 粉尘净化遇水后,能产生可燃或有爆炸危险的混合物时,不得采用湿式除尘器。

5.6.19 当含尘气体温度高于过滤器、除尘器和风机所容许的工作温度时,应采取冷却降温措施。

5.6.20 旅馆、饭店及餐饮业建筑物以及大、中型公共食堂的厨房,应设机械排风和油烟净化装置,其油烟排放浓度不应大于 $2.0mg/m^3$。条件许可时,宜设置集中排油烟烟道。

5.7 设备选择与布置

5.7.1 选择空气加热器、冷却器和除尘器等设备时,应附加风管等的漏风量。风管允许漏风量应符合本规范第 5.8.2 条的规定。

5.7.2 选择通风机时,应按下列因素确定:

1 通风机的风量应在系统计算的总风量上附加风管和设备的漏风量;

> 注:正压除尘系统不计除尘器的漏风量。

2 采用定转速通风机时,通风机的压力应在系统计算的压力损失上附加 10%～15%;

3 采用变频通风机时,通风机的压力应以系统计算的总压力损失作为额定风压,但风机电动机的功率应在计算值上再附加 15%～20%;

4 风机的选用设计工况效率,不应低于风机最高效率的 90%。

5.7.3 输送非标准状态空气的通风、空气调节系统,当以实际容积风量按标准状态下的图表计算出的系统压力损失值,并按一般的通风机性能样本选择通风机时,其风量和风压均不应修正,但电动机的轴功率应进行验算。

5.7.4 当通风系统的风量或阻力较大,采用单台通风机不能满足使用要求时,宜采用两台或两台以上同型号、同性能的通风机并联或串联安装,但其联合工况下的风量和风压应按通风机和管道的特性曲线确定。不同型号、不同性能的通风机不宜串联或并联安装。

5.7.5 在下列条件下,应采用防爆型设备:

1 直接布置在有甲、乙类物质场所中的通风、空气调节和热风采暖的设备;

2 排除有甲、乙类物质的通风设备;

3 排除含有燃烧或爆炸危险的粉尘、纤维等丙类物质,其含尘浓度高于或等于其爆炸下限的 25% 时的设备。

5.7.6 排除有爆炸危险的可燃气体、蒸汽或粉尘气溶胶等物质的排风系统,当防爆通风机不能满足技术要求时,可采用诱导通风装置;当其布置在室外时,通风机应采用防爆型的,电动机可采用密闭型。

5.7.7 空气中含有易燃易爆危险物质的房间中的送风、排风系统应采用防爆型的通风设备。送风机如设置在单独的通风机室内且送风干管上设置止回阀门时,可采用非防爆型通风设备。

5.7.8 用于甲、乙类的场所的通风、空气调节和热风采暖的送风设备,不应与排风设备布置在同一通风机室内。

用于排除甲、乙类物质的排风设备,不应与其他系统的通风设备布置在同一通风机室内。

5.7.9 甲、乙类生产厂房的全面和局部送风、排风系统,以及其他建筑物排除有爆炸危险物质的局部排风系统,其设备不应布置在建筑物的地下室、半地下室内。

5.7.10 排除、输送有燃烧或爆炸危险混合物的通风设备和风管，均应采取防静电接地措施（包括法兰跨接），不应采用容易积聚静电的绝缘材料制作。

5.7.11 符合下列条件之一时，通风设备和风管应采取保温或防冻等措施：

1 不允许所输送空气的温度有较显著升高或降低时；

2 所输送空气的温度较高时；

3 除尘风管或干式除尘器内可能有结露时；

4 排出的气体在排入大气前，可能被冷却而形成凝结物堵塞或腐蚀风管时；

5 湿法除尘设施或湿式除尘器等可能冻结时。

5.8 风管及其他

5.8.1 通风、空气调节系统的风管，宜采用圆形或长、短边之比不大于4的矩形截面，其最大长、短边之比不应超过10。风管的截面尺寸，宜按国家现行标准《通风与空气调节工程施工质量验收规范》（GB 50243）中的规定执行。金属风管管径应为外径或外边长；非金属风管管径应为内径或内边长。

5.8.2 风管漏风量应根据管道长短及其气密程度，按系统风量的百分率计算。风管漏风率宜采用下列数值：

一般送、排风系统　　5%～10%

除尘系统　　　　　　10%～15%

5.8.3 通风、除尘、空气调节系统各环路的压力损失应进行压力平衡计算。各并联环路压力损失的相对差额，不宜超过下列数值：

一般送、排风系统　　15%

除尘系统　　　　　　10%

注：当通过调整管径或改变风量仍无法达到上述数值时，宜装设调节装置。

5.8.4 除尘系统的风管，应符合下列要求：

1 宜采用明设的圆形钢制风管，其接头和接缝应严密、平滑。

2 除尘风管最小直径，不应小于以下数值：

细矿尘、木材粉尘　　80mm

较粗粉尘、木屑　　　100mm

粗粉尘、粗刨花　　　130mm

3 风管宜垂直或倾斜敷设。倾斜敷设时，与水平面的夹角应大于45°；小坡度或水平敷设的管段不宜过长，并采取防止积尘的措施。

4 支管宜从主管的上面或侧面连接；三通的夹角宜采用15°～45°。

5 在容易积尘的异形管件附近，应设置密闭清扫孔。

5.8.5 输送高温气体的风管，应采取补偿措施。

5.8.6 一般工业建筑的机械通风系统，其风管内的风速宜按表5.8.6采用。

表5.8.6 风管内的风速（m/s）

风管类别	钢板及非金属风管	砖及混凝土风道
干 管	6～14	4～12
支 管	2～8	2～6

5.8.7 通风设备、风管及配件等，应根据其所处的环境和输送的气体或粉尘的温度、腐蚀性等，采用防腐材料制作或采取相应的防腐措施。

5.8.8 建筑物内的热风采暖、通风与空气调节系统的风管布置，防火阀、排烟阀等的设置，均应符合国家现行有关建筑设计防火规范的要求。

5.8.9 甲、乙、丙类工业建筑的送风、排风管道宜分层设置。当水平和垂直风管在进入车间处设置防火阀时，各层的水平或垂直送风管可合用一个送风系统。

5.8.10 通风、空气调节系统的风管，应采用不燃材料制作。接触腐蚀性气体的风管及柔性接头，可采用难燃材料制作。

5.8.11 用于甲、乙类工业建筑的排风系统，以及排除有爆炸危险物质的局部排风系统，其风管不应暗设，亦不应布置在建筑物的地下室、半地下室内。

5.8.12 甲、乙、丙类生产厂房的风管，以及排除有爆炸危险物质的局部排风系统的风管，不宜穿过其他房间。必须穿过时，应采用密实焊接、无接头、非燃烧材料制作的通过式风管。通过式风管穿过房间的防火墙、隔墙和楼板处应用防火材料封堵。

5.8.13 排除有爆炸危险物质和含有剧毒物质的排风系统，其正压管段不得穿过其他房间。

排除有爆炸危险物质的排风管上，其各支管节点处不应设置调节阀，但应对两个管段结合点及各支管之间进行静压平衡计算。

排除含有剧毒物质的排风系统，其正压管段不宜过长。

5.8.14 有爆炸危险厂房的排风管道及排除有爆炸危险物质的风管，不应穿过防火墙，其他风管不宜穿过防火墙和不燃性楼板等防火分隔物。如必须穿过时，应在穿过处设防火阀。在防火阀两侧各2m范围内的风管及其保温材料，应采用不燃材料。风管穿过处的缝隙应用防火材料封堵。

5.8.15 可燃气体管道、可燃液体管道和电线、排水管道等，不得穿过风管的内腔，也不得沿风管的外壁敷设。可燃气体管道和可燃液体管道，不应穿过通风机室。

5.8.16 热媒温度高于110℃的供热管道不应穿过输送有爆炸危险混合物的风管，亦不得沿上述风管外壁敷设；当上述风管与热媒管道交叉敷设时，热媒温度应至少比有爆炸危险的气体、蒸汽、粉尘或气溶胶等物质的自燃点（℃）低20%。

5.8.17 外表面温度高于80℃的风管和输送有爆炸危险物质的风管及管道，其外表面之间，应有必要的安全距离；当互为上下布置时，表面温度较高者应布置在上面。

5.8.18 输送温度高于80℃的空气或气体混合物的风管，在穿过建筑物的可燃或难燃烧体结构处，应保持大于150mm的安全距离或设置不燃材料的隔热层，其厚度应按隔热层外表面温度不过80℃确定。

5.8.19 输送高温气体的非保温金属风管、烟道，沿建筑物的可燃或难燃烧体结构敷设时，应采取有效的遮热防护措施并保持必要的安全距离。

5.8.20 当排除含有氢气或其他比空气密度小的可燃气体混合物时，局部排风系统的风管，应沿气体流动方向具有上倾的坡度，其值不小于0.005。

5.8.21 当风管内可能产生沉积物、凝结水或其他液体时，风管应设置不小于0.005的坡度，并在风管的最低点和通风机的底部设排水装置。

5.8.22 当风管内设有电加热器时，电加热器前后各800mm范围内的风管和穿过设有火源等容易起火房间的风管及其保温材料均应采用不燃材料。

5.8.23 通风系统的中、低压离心式通风机，当其配用的电动机功率小于或等于75kW，且供电条件允许时，可不装设仅为启动用的阀门。

5.8.24 与通风机等振动设备连接的风管，应设送挠性接头。

5.8.25 对于排除有害气体或含有粉尘的通风系统，其风管的排风口宜采用锥形风帽或防雨风帽。

6 空气调节

6.1 一般规定

6.1.1 符合下列条件之一时，应设置空气调节：

1 采用采暖通风达不到人体舒适标准或室内热湿环境要求

时；

2 采用采暖通风达不到工艺对室内温度、湿度、洁净度等要求时；

3 对提高劳动生产率和经济效益有显著作用时；

4 对保证身体健康、促进康复有显著效果时；

5 采用采暖通风虽能达到人体舒适和满足室内热湿环境要求，但不经济时。

6.1.2 在满足工艺要求的条件下，宜减少空气调节区的面积和散热、散湿设备。当采用局部空气调节或局部区域空气调节能满足要求时，不应采用全室性空气调节。

有高大空间的建筑物，仅要求下部区域保持一定的温湿度时，宜采用分层式送风或下部送风的气流组织方式。

6.1.3 空气调节区内的空气压力应满足下列要求：

1 工艺性空气调节，按工艺要求确定；

2 舒适性空气调节，空气调节区与室外的压力差或空气调节区相互之间有压差要求时，其压差值宜取5~10Pa，但不应大于50Pa。

6.1.4 空气调节区宜集中布置。室内温湿度基数和使用要求相近的空气调节区宜相邻布置。

6.1.5 围护结构的传热系数，应根据建筑物的用途和空气调节的类别，通过技术经济比较确定。对于工艺性空气调节不应大于表6.1.5所规定的数值；对于舒适性空气调节，应符合国家现行有关节能设计标准的规定。

表6.1.5 围护结构传热系数 K 值〔W/(m²·℃)〕

围护结构名称	室温允许波动范围(℃)		
	±0.1~0.2	±0.5	≥±1.0
屋顶	—	—	0.8
顶棚	0.5	0.8	0.9
外墙	—	0.8	1.0
内墙和楼板	0.7	0.9	1.2

注：1 表中内墙和楼板的有关数值，仅使用于相邻空气调节区的温差大于3℃时。
　　2 确定围护结构的传热系数时，尚应符合本规范第4.1.8条的规定。

6.1.6 工艺性空气调节区，当室温允许波动范围小于或等于±0.5℃时，其围护结构的热惰性指标 D 值，不应小于表6.1.6的规定。

表6.1.6 围护结构最小热惰性指标 D 值

围护结构名称	室温允许波动范围(℃)	
	±0.1~0.2	±0.5
外墙	—	4
屋顶	—	3
顶棚	4	3

6.1.7 工艺性空气调节区的外墙、外墙朝向及其所在层次，应符合表6.1.7的要求。

表6.1.7 外墙、外墙朝向及所在层次

室温允许波动范围(℃)	外墙	外墙朝向	层次
≥±1.0	宜减少外墙	宜北向	宜避免在顶层
±0.5	不宜有外墙	如有外墙时，宜北向	宜底层
±0.1~0.2	不应有外墙		宜底层

注：1 室温允许波动范围小于或等于±0.5℃的空气调节区，宜布置在室温允许波动范围较大的空气调节区之中；当布置在单层建筑物内时，宜设通风屋顶。
　　2 本条和本规范第6.1.9条规定的"北向"，适用于北纬23.5°以北的地区；北纬23.5°以南的地区，可相应地采用南向。

6.1.8 空气调节建筑的外窗面积不宜过大。不同窗墙面积比的外窗，其传热系数应符合国家现行有关节能设计标准的规定；外窗玻璃的遮阳系数，严寒地区宜大于0.80，非严寒地区宜小于0.65或采用外遮阳措施。

室温允许波动范围大于或等于±1.0℃的空气调节区，部分窗扇应能开启。

6.1.9 工艺性空气调节区，当室温允许波动范围大于±1.0℃时，

外窗宜北向；±1.0℃时，不应有东、西向外窗；±0.5℃时，不宜有外窗，如有外窗时，应北向。

6.1.10 工艺性空气调节区的门和门斗，应符合表6.1.10的要求。舒适性空气调节区开启频繁的外门，宜设门斗、旋转门或弹簧门等，必要时可设置空气幕。

表6.1.10 门和门斗

室温允许波动范围(℃)	外门和门斗	内门和门斗
≥±1.0	不宜设置外门，如有经常开启的外门，应设门斗	门两侧温差大于或等于7℃时，宜设门斗
±0.5	不应有外门，如有外门时，必须设门斗	门两侧温差大于3℃时，宜设门斗
±0.1~0.2		内门不宜通向室温基数不同和室温允许波动范围大于±1.0℃的邻室

注：外门门缝应严密，当门两侧的温差大于或等于7℃时，应采用保温门。

6.1.11 选择确定功能复杂、规模很大的公共建筑的空气调节方案时，宜通过全年能耗分析和投资及运行费用等的比较，进行优化设计。

6.2 负荷计算

6.2.1 除方案设计或初步设计阶段可使用冷负荷指标进行必要的估算之外，应对空气调节区进行逐项逐时的冷负荷计算。

6.2.2 空气调节区的夏季计算得热量，应根据下列各项确定：

1 通过围护结构传入的热量；

2 通过外窗进入的太阳辐射热量；

3 人体散热量；

4 照明散热量；

5 设备、器具、管道及其他内部热源的散热量；

6 食品或物料的散热量；

7 渗透空气带入的热量；

8 伴随各种散湿过程产生的潜热量。

6.2.3 空气调节区的夏季冷负荷，应根据各项得热量的种类和性质以及空气调节区的蓄热特性，分别进行计算。

通过围护结构进入的非稳态传热量、透过外窗进入的太阳辐射热量、人体散热量以及非全天使用的设备、照明灯具的散热量等形成的冷负荷，应按非稳态传热方法计算确定，不应将上述得热量的逐时值直接作为各相应时刻冷负荷的即时值。

6.2.4 计算围护结构传热量时，室外或邻室计算温度，宜按下列情况分别确定：

1 对于外窗，采用室外计算逐时温度，按本规范第3.2.10条式(3.2.10-1)计算。

2 对于外墙和屋顶，采用室外计算逐时综合温度，按式(6.2.4-1)计算：

$$t_{zs} = t_{sh} + \frac{\rho J}{\alpha_w} \qquad (6.2.4-1)$$

式中　t_{zs}——夏季空气调节室外计算逐时综合温度(℃)；

　　　t_{sh}——夏季空气调节室外计算逐时温度(℃)，按本规范第3.2.10条的规定采用；

　　　ρ——围护结构外表面对于太阳辐射热的吸收系数；

　　　J——围护结构所在朝向的逐时太阳总辐射照度(W/m²)；

　　　α_w——围护结构外表面换热系数〔W/(m²·℃)〕。

3 对于室温允许波动范围大于或等于±1.0℃的空气调节区，其非轻型外墙的室外计算温度可采用近似室外计算日平均综合温度，按式(6.2.4-2)计算：

$$t_{zp} = t_{wp} + \frac{\rho J_p}{\alpha_w} \qquad (6.2.4-2)$$

式中　t_{zp}——夏季空气调节室外计算日平均综合温度(℃)；

t_{wp}——夏季空气调节室外计算日平均温度(℃),按本规范第3.2.9条的规定采用;

J_p——围护结构所在朝向太阳总辐射照度的日平均值(W/m²);

ρ、α_w——同式(6.2.4-1)。

4 对于隔墙、楼板等内围护结构,当邻室为非空气调节区时,采用邻室计算平均温度,按式(6.2.4-3)计算:

$$t_{1s} = t_{wp} + \Delta t_{1s} \qquad (6.2.4-3)$$

式中 t_{1s}——邻室计算平均温度(℃);

t_{wp}——同式(6.2.4-2);

Δt_{1s}——邻室计算平均温度与夏季空气调节室外计算日平均温度的差值(℃),宜按表6.2.4采用。

表 6.2.4 温度的差值(℃)

邻室散热量(W/m³)	Δt_{1s}
很少(如办公室和走廊等)	0~2
<23	3
23~116	5

6.2.5 外墙和屋顶传热形成的逐时冷负荷,宜按式(6.2.5)计算:

$$CL = KF(t_{w1} - t_n) \qquad (6.2.5)$$

式中 CL——外墙或屋顶传热形成的逐时冷负荷(W);

K——传热系数〔W/(m²·℃)〕;

F——传热面积(m²);

t_{w1}——外墙或屋顶的逐时冷负荷计算温度(℃),根据建筑物的地理位置、朝向和构造、外表面颜色和粗糙程度以及空气调节区的蓄热特性,可按本规范第6.2.4条确定的t_{zs}值,通过计算确定;

t_n——夏季空气调节室内计算温度(℃)。

注:当屋顶处于空气调节区之外时,只计算屋顶传热进入空气调节区的辐射部分形成的冷负荷。

6.2.6 对于室温允许波动范围大于或等于±1.0℃的空气调节区,其非轻型外墙传热形成的冷负荷,可近似按式(6.2.6)计算。

$$CL = KF(t_{zp} - t_n) \qquad (6.2.6)$$

式中 CL、K、F、t_n——同式(6.2.5);

t_{zp}——同式(6.2.4-2)。

6.2.7 外窗温差传热形成的逐时冷负荷,宜按式(6.2.7)计算:

$$CL = KF(t_{w1} - t_n) \qquad (6.2.7)$$

式中 CL——外窗温差传热形成的逐时冷负荷(W);

t_{w1}——外窗的逐时冷负荷计算温度(℃),根据建筑物的地理位置和空气调节区的蓄热特性,按本规范第3.2.10条确定的t_{sh}值,通过计算确定;

K、F、t_n——同式(6.2.5)。

6.2.8 空气调节区与邻室的夏季温差大于3℃时,宜按式(6.2.8)计算通过隔墙、楼板等内围护结构传热形成的冷负荷:

$$CL = KF(t_{1s} - t_n) \qquad (6.2.8)$$

式中 CL——内围护结构传热形成的冷负荷(W);

K、F、t_n——同式(6.2.5);

t_{1s}——同式(6.2.4-3)。

6.2.9 舒适性空气调节区,夏季可不计算通过地面传热形成的冷负荷。工艺性空气调节区,有外墙时,宜计算距外墙2m范围内的地面传热形成的冷负荷。

6.2.10 透过玻璃窗进入空气调节区的太阳辐射热量,应根据当地的太阳辐射照度、外窗的构造、遮阳设施的类型以及附近高大建筑或遮挡物的影响等因素,通过计算确定。

6.2.11 透过玻璃窗进入空气调节区的太阳辐射热形成的冷负荷,应根据本规范第6.2.10条得出的太阳辐射热量,考虑外窗遮阳设施的种类、室内空气分布特点以及空气调节区的蓄热特性等因素,通过计算确定。

6.2.12 确定人体、照明和设备等散热形成的冷负荷时,应根据空气调节区蓄热特性和不同使用功能,分别选用适宜的人员群集系数、设备功率系数、同时使用系数以及通风保温系数,有条件时宜采用实测数值。

当上述散热形成的冷负荷占空气调节区冷负荷的比率较小时,可不考虑空气调节区蓄热特性的影响。

6.2.13 空气调节区的夏季计算散湿量,应根据下列各项确定:

1 人体散湿量;

2 渗透空气带入的湿量;

3 化学反应过程的散湿量;

4 各种潮湿表面、液面或液流的散湿量;

5 食品或其他物料的散湿量;

6 设备散湿量。

6.2.14 确定散湿量时,应根据散湿源的种类,分别选用适宜的人员群集系数、同时使用系数以及通风系数。有条件时,应采用实测数值。

6.2.15 空气调节区的夏季冷负荷,应按各项逐时冷负荷的综合最大值确定。

空气调节系统的夏季冷负荷,应根据所服务空气调节区的同时使用情况、空气调节系统的类型及调节方式,按各空气调节区逐时冷负荷的综合最大值或各空气调节区夏季冷负荷的累计值确定,并应计入各项有关的附加冷负荷。

6.2.16 空气调节系统的冬季热负荷,宜按本规范第4.2节的规定计算;室外计算温度,应按本规范第3.2.5条的规定计算。

6.3 空气调节系统

6.3.1 选择空气调节系统时,应根据建筑物的用途、规模、使用特点、负荷变化情况与参数要求、所在地区气象条件与能源状况等,通过技术经济比较确定。

6.3.2 属下列情况之一的空气调节区,宜分别或独立设置空气调节风系统:

1 使用时间不同的空气调节区;

2 温湿度基数和允许波动范围不同的空气调节区;

3 对空气的洁净要求不同的空气调节区;

4 有消声要求和产生噪声的空气调节区;

5 空气中含有易燃易爆物质的空气调节区;

6 在同一时间内须分别进行供热和供冷的空气调节区。

6.3.3 全空气空气调节系统应采用单风管式系统。下列空气调节区宜采用全空气定风量空气调节系统:

1 空间较大、人员较多;

2 温湿度允许波动范围小;

3 噪声或洁净度标准高。

6.3.4 当各空气调节区热湿负荷变化情况相似,采用集中控制,各空气调节区温湿度波动不超过允许范围时,可集中设置共用的全空气定风量空气调节系统。需分别控制各空气调节区室内参数时,宜采用变风量或风机盘管等空气调节系统,不宜采用末端再热的全空气定风量空气调节系统。

6.3.5 当空气调节区允许采用较大送风温差或室内散湿量较大时,应采用具有一次回风的全空气定风量空气调节系统。

6.3.6 当多个空气调节区合用一个空气调节风系统,各空气调节区负荷变化较大、低负荷运行时间较长,且需要分别调节室内温度,在经济、技术条件允许时,宜采用全空气变风量空气调节系统。当空气调节区允许温湿度波动范围小或噪声要求严格时,不宜采用变风量空气调节系统。

6.3.7 采用变风量空气调节系统时,应符合下列要求:

1 风机采用变速调节;

2 采取保证最小新风量要求的措施;

3 当采用变风量的送风末端装置时,送风口应符合本规范第

6.5.2 条的规定。

6.3.8 全空气空气调节系统符合下列情况之一时，宜设回风机：

    1 不同季节的新风量变化较大、其他排风出路不能适应风量变化要求；

    2 系统阻力较大，设置回风机经济合理。

6.3.9 空气调节区较多、各空气调节区要求单独调节，且建筑层高较低的建筑物，宜采用风机盘管加新风系统。经处理的新风宜直接送入室内。当空气调节区空气质量和温、湿度波动范围要求严格或空气中含有较多油烟等有害物质时，不应采用风机盘管。

6.3.10 经技术经济比较合理时，中小型空气调节系统可采用变制冷剂流量分体式空气调节系统。该系统全年运行时，宜采用热泵式机组。在同一系统中，当同时有需要分别供冷和供热的空气调节区时，宜选择热回收式机组。

    变制冷剂流量分体式空气调节系统不宜用于振动较大、油污蒸汽较多以及产生电磁波或高频波的场所。

6.3.11 当采用冰蓄冷空气调节冷源或有低温冷媒可利用时，宜采用低温送风空气调节系统；对要求保持较高空气湿度或需要较大送风量的空气调节区，不宜采用低温送风空气调节系统。

6.3.12 采用低温送风空气调节系统时，应符合下列规定：

    1 空气冷却器出风温度与冷媒进口温度之间的温差不宜小于 $3℃$，出风温度宜采用 $4\sim10℃$，直接膨胀系统不应低于 $7℃$。

    2 应计算送风机、送风管道及送风末端装置的温升，确定室内送风温度并应保证在室内温湿度条件下风口不结露。

    3 采用低温送风时，室内设计干球温度宜比常规空气调节系统提高 $1℃$。

    4 空气处理机组的选型，应通过技术经济比较确定。空气冷却器的迎风面风速宜采用 $1.5\sim2.3m/s$，冷媒通过空气冷却器的温升宜采用 $9\sim13℃$。

    5 采用向空气调节区直接送低温风的送风口，应采取能够在系统开始运行时，使送风温度逐渐降低的措施。

    6 低温送风系统的空气处理机组、管道及附件、末端送风装置必须进行严密的保冷，保冷层厚度应经计算确定，并应符合本规范第7.9.4条的规定。

    7 低温送风系统的末端送风装置，应符合本规范第6.5.2条的规定。

6.3.13 下列情况应采用直流式（全新风）空气调节系统：

    1 夏季空气调节系统的回风焓值高于室外空气焓值；

    2 系统服务的各空气调节区排风量大于按负荷计算出的送风量；

    3 室内散发有害物质，以及防火防爆等要求不允许空气循环使用；

    4 各空气调节区采用风机盘管或循环风空气处理机组，集中送新风的系统。

6.3.14 空气调节系统的新风量，应符合下列规定：

    1 不小于人员所需新风量，以及补偿排风和保持室内正压所需风量两项中的较大值；

    2 人员所需新风量应满足本规范第3.1.9条的要求，并根据人员的活动和工作性质以及在室内的停留时间等因素确定。

6.3.15 舒适性空气调节和条件允许的工艺性空气调节可用新风作冷源，全空气空气调节系统应最大限度地使用新风。

6.3.16 新风进风口的面积应适应最大新风量的需要。进风口处应装设能严密关闭的阀门。进风口位置应符合本规范第5.3.4条的规定。

6.3.17 空气调节系统应有排风出路并应进行风量平衡计算，室内正压值应符合本规范第6.1.3条的规定。人员集中或过渡季节使用大量新风的空气调节区，应设置机械排风设施，排风量应适应新风量的变化。

6.3.18 设有机械排风时，空气调节系统宜设置热回收装置。

6.3.19 空气调节系统风管内的风速，应符合本规范第9.1.5条的规定。

6.4 空气调节冷热水及冷凝水系统

6.4.1 空气调节冷热水参数，应通过技术经济比较后确定。宜采用以下数值：

    1 空气调节冷水供水温度：$5\sim9℃$，一般为 $7℃$；

    2 空气调节冷水供回水温差 $5\sim10℃$，一般为 $5℃$；

    3 空气调节热水供水温度 $40\sim65℃$，一般为 $60℃$；

    4 空气调节热水供回水温差 $4.2\sim15℃$，一般为 $10℃$。

6.4.2 空气调节水系统宜采用闭式循环。当必须采用开式系统时，应设置蓄水箱；蓄水箱的蓄水量，宜按系统循环水量的 $5\%\sim10\%$ 确定。

6.4.3 全年运行的空气调节系统，仅要求按季节进行供冷和供热转换时，应采用两管制水系统；当建筑物内一些区域需全年供冷时，宜采用冷热源同时使用的分区两管制水系统。当供冷和供热工况交替频繁或同时使用时，可采用四管制水系统。

6.4.4 中小型工程宜采用一次泵系统；系统较大、阻力较高，且各环路负荷特性或阻力相差悬殊时，宜在空气调节水的冷热源侧和负荷侧分别设一次泵和二次泵。

6.4.5 设置 2 台或 2 台以上冷水机组和循环泵的空气调节水系统，应能适应负荷变化改变系统流量，并宜按照本规范第8.5.6条的要求，设置相应的自控设施。

6.4.6 水系统的竖向分区应根据设备、管道及附件的承压能力确定。两管制风机盘管水系统的管路宜按建筑物的朝向及内外区分区布置。

6.4.7 空气调节水循环泵，应按下列原则选用：

    1 两管制空气调节水系统，宜分别设置冷水和热水循环泵。当冷水循环泵兼作冬季的热水循环泵使用时，冬、夏季水泵运行的台数及单台水泵的流量、扬程应与系统工况相吻合。

    2 一次泵系统的冷水泵以及二次泵系统中一次冷水泵的台数和流量，应与冷水机组的台数及蒸发器的额定流量相对应。

    3 二次泵系统的二次冷水泵台数应按系统的分区和每个分区的流量调节方式确定，每个分区不宜少于 2 台。

    4 空气调节热水泵台数应根据供热系统规模和运行调节方式确定，不宜少于 2 台；严寒及寒冷地区，当热水泵不超过 3 台时，其中一台宜设置为备用泵。

6.4.8 多台一次冷水泵之间通过共用集管连接时，每台冷水机组入口或出口管道上宜设电动阀，电动阀宜与对应运行的冷水机组和冷水泵联锁。

6.4.9 空气调节水系统布置和选择管径时，应减少并联环路之间的压力损失的相对差额，当超过 15% 时，应设置调节装置。

6.4.10 空气调节水系统的小时泄漏量，宜按系统水容量的 1% 计算。

6.4.11 空气调节水系统的补水点，宜设置在循环水泵的吸入口处。当补水压力低于补水点压力时，应设置补水泵。空气调节补水泵按下列要求选择和设定：

    1 补水泵的扬程，应保证补水压力比系统静止时补水点的压力高 $30\sim50kPa$；

    2 小时流量宜为系统水容量的 $5\%\sim10\%$；

    3 严寒及寒冷地区空气调节热水用及冷水合用的补水泵，宜设置备用泵。

6.4.12 当设置补水泵时，空气调节水系统应补水调节水箱；水箱的调节容积应按照水源的供水能力、水处理设备的间断运行时间及补水泵稳定运行等因素确定。

6.4.13 闭式空气调节水系统的定压和膨胀，应按下列要求设计：

    1 定压点宜设在循环水泵的吸入口处，定压点最低压力应使系统最高点压力高于大气压力 $5kPa$ 以上；

系统最高点压力高于大气压力 5kPa 以上;

 2 宜采用高位水箱定压;

 3 膨胀管上不应设置阀门;

 4 系统的膨胀水量应能够回收。

6.4.14 当给水硬度较高时,空气调节热水系统的补水宜进行水处理,并应符合设备对水质的要求。

6.4.15 空气调节水管的坡度、设置伸缩器的要求,应符合本规范第 4.8.17 条和第 4.8.18 条对热水供暖管道的规定。

6.4.16 空气调节水系统应设置排气和泄水装置。

6.4.17 冷水机组或换热器、循环水泵、补水泵等设备的入口管道上,应根据需要设置过滤器或除污器。

6.4.18 空气处理设备冷凝水管道,应按下列规定设置:

 1 当空气调节设备的冷凝水盘位于机组的正压段时,冷凝水盘的出水口宜设置水封;位于负压段时,应设置水封,水封高度应大于冷凝水盘处正压或负压值。

 2 冷凝水盘的泄水支管沿水流方向坡度不宜小于 0.01,冷凝水水平干管不宜过长,其坡度不应小于 0.003,且不允许有积水部位。

 3 冷凝水水平干管始端应设置扫除口。

 4 冷凝水管道宜采用排水塑料管或热镀锌钢管,管道应采取防凝露措施。

 5 冷凝水排入污水系统时,应有空气隔断措施,冷凝水管不得与室内密闭雨水系统直接连接。

 6 冷凝水管管径应按冷凝水的流量和管道坡度确定。

6.5 气流组织

6.5.1 空气调节区的气流组织,应根据建筑物的用途对空气调节区内温湿度参数、允许风速、噪声标准、空气质量、室内温度梯度及空气分布特性指标(ADPI)的要求,结合建筑物特点、内部装修、工艺(含设备散热因素)或家具布置等进行设计、计算。

6.5.2 空气调节区的送风方式及送风口的选型,应符合下列要求:

 1 宜采用百叶风口或条缝型风口等侧送,侧送气流宜贴附;工艺设备对侧送气流有一定阻碍或单位面积送风量较大,人员活动区的风速有要求时,不应采用侧送。

 2 当有吊顶可利用时,应根据空气调节区高度与使用场所对气流的要求,分别采用圆形、方形、条缝形散流器或孔板送风。当单位面积送风量较大,且人员活动区内要求风速较小或区域温差要求严格时,应采用孔板送风。

 3 空间较大的公共建筑和室温允许波动范围大于或等于 ±1.0℃ 的高大厂房,宜采用喷口送风、旋流风口送风或地板式送风。

 4 变风量空气调节系统的送风末端装置,应保证在风量改变时室内气流分布不受影响,并满足空气调节区的温度、风速的基本要求。

 5 选择低温送风口时,应使送风口表面温度高于室内露点温度 1~2℃。

6.5.3 采用贴附侧送风时,应符合下列要求:

 1 送风口上缘离开顶棚距离较大时,送风口处设置向上倾斜 10°~20° 的导流片;

 2 送风口内设置使射流不致左右偏斜的导流片;

 3 射流流程中无阻挡物。

6.5.4 采用孔板送风时,应符合下列要求:

 1 孔板上部稳压层的高度应按计算确定,但净高不应小于 0.2m。

 2 向稳压层内送风的速度宜采用 3~5m/s。除送风射流较长的以外,稳压层内可不送风分布支管。在送风口处,宜装设防止送风气流直接吹向孔板的导流片或挡板。

6.5.5 采用喷口送风时,应符合下列要求:

 1 人员活动区宜处于回流区;

 2 喷口的安装高度应根据空气调节区高度和回流区的分布位置等因素确定;

 3 兼作热风供暖时,宜能够改变射流出口角度的可能性。

6.5.6 分层空气调节的气流组织设计,应符合下列要求:

 1 空气调节区宜采用双侧送风,当空气调节区跨度小于 18m 时,亦可采用单侧送风,其回风口宜布置在送风口的同侧下方。

 2 侧送多股平行射流应互相搭接;采用双侧对送射流时,其射程可按相对喷口中点距离的 90% 计算。

 3 宜减少非空气调节区向空气调节区的热转移。必要时,应在非空气调节区设置送、排风装置。

6.5.7 空气调节系统上送风方式的夏季送风温差应根据送风口类型、安装高度、气流射程长度以及是否贴附等因素确定。在满足舒适和工艺要求的条件下,宜加大送风温差。舒适性空气调节的送风温差,当送风高度小于或等于 5m 时,不宜大于 10℃,当送风口高度大于 5m 时,不宜大于 15℃;工艺性空气调节的送风温差,宜按表 6.5.7 采用。

表 6.5.7 工艺性空气调节的送风温差(℃)

室温允许波动范围(℃)	送风温差(℃)
>±1.0	≤15
±1.0	6~9
±0.5	3~6
±0.1~0.2	2~3

6.5.8 空气调节区的换气次数,应符合下列规定:

 1 舒适性空气调节每小时不宜小于 5 次,但高大空间的换气次数应按其冷负荷通过计算确定;

 2 工艺性空气调节不宜小于表 6.5.8 所列的数值。

表 6.5.8 工艺性空气调节换气次数

室温允许波动范围(℃)	每小时换气次数	附 注
±1.0	5	高大空间除外
±0.5	8	
±0.1~0.2	12	工作时间不送风的除外

6.5.9 送风口的出口风速应根据送风方式、送风口类型、安装高度、室内允许风速和噪声标准等因素确定。消声要求较高时,宜采用 2~5m/s;喷口送风可采用 4~10m/s。

6.5.10 回风口的布置方式,应符合下列要求:

 1 回风口不应设在射流区内和人员长时间停留的地点;采用侧送时,宜设在送风口的同侧下方。

 2 条件允许时,宜采用集中回风或走廊回风,但走廊的横断面风速不宜过大且应保持走廊与非空气调节区之间的密封性。

6.5.11 回风口的吸风速度,宜按表 6.5.11 选用。

表 6.5.11 回风口的吸风速度(m/s)

回风口的位置		最大吸风速度(m/s)
房间上部		≤4.0
房间下部	不靠近人经常停留的地点时	≤3.0
	靠近人经常停留的地点时	≤1.5

6.6 空气处理

6.6.1 组合式空气处理机组宜安装在空气调节机房内,并留有必要的维修通道和检修空间。

6.6.2 空气的冷却应根据不同条件和要求,分别采用以下处理方式:

 1 循环水蒸发冷却;

2 江水、湖水、地下水等天然冷源冷却；

3 采用蒸发冷却和天然冷源等自然冷却方式达不到要求时，应采用人工冷源冷却。

6.6.3 空气的蒸发冷却采用江水、湖水、地下水等天然冷源时，应符合下列要求：

1 水质符合卫生要求；

2 水的温度、硬度等符合使用要求；

3 使用过后的回水予以再利用；

4 地下水使用过后的回水全部回灌并不得造成污染。

6.6.4 空气冷却装置的选择，应符合下列要求：

1 采用循环水蒸发冷却或采用江水、湖水、地下水作为冷源时，宜采用喷水室；采用地下水等天然冷源且温度条件适宜时，宜选用两级喷水室。

2 采用人工冷源时，宜采用空气冷却器、喷水室。当利用循环水进行绝热加湿或利用喷水提高空气处理后的饱和度时，可采用带喷水装置的空气冷却器。

6.6.5 在空气冷却器中，空气与冷媒应逆向流动，其迎风面的空气质量流速宜采用 2.5～3.5kg/(m²·s)。当迎风面的空气质量流速大于 3.0kg/(m²·s)时，应在冷却器后设置挡水板。

6.6.6 制冷剂直接膨胀式空气冷却器的蒸发温度，应比空气的出口温度至少低 3.5℃；在常温空气调节系统情况下，满负荷，蒸发温度不宜低于 0℃；低负荷时，应防止其表面结霜。

6.6.7 空气冷却器的冷媒进口温度，应比空气的出口干球温度至少低 3.5℃。冷媒的温升宜采用 5～10℃，其流速宜采用 0.6～1.5m/s。

6.6.8 空气调节系统采用制冷剂直接膨胀式空气冷却器时，不得用氨作制冷剂。

6.6.9 采用人工冷源喷水室处理空气时，冷水的温升宜采用 3～5℃；采用天然冷源喷水室处理空气时，其温升应通过计算确定。

6.6.10 在进行喷水室热工计算时，应进行挡水板过水量对处理后空气参数影响的修正。

6.6.11 加热空气的热媒宜采用热水。对于工艺性空气调节系统，当室内温度要求控制的允许波动范围小于±1.0℃时，送风末端精调加热器宜采用电加热器。

6.6.12 空气调节系统的新风和回风应过滤处理，其过滤处理效率和出口空气的清洁度应符合本规范第 3.1.8 条的有关要求。当采用粗效空气过滤器不能满足要求时，应设置中效空气过滤器。空气过滤器的阻力应按终阻力计算。

6.6.13 一般中、大型恒温恒湿类空气调节系统和对相对湿度有上限控制要求的空气调节系统，其空气处理的设计，应采取新风预先单独处理，除去多余的含湿量在随后的处理中取消再热过程，杜绝冷热抵消现象。

7 空气调节冷热源

7.1 一般规定

7.1.1 空气调节人工冷热源宜采用集中设置的冷(热)水机组和供热、换热设备。其机型和设备的选择，应根据建筑物空气调节规模、用途、冷热负荷、所在地区气象条件、能源结构、政策、价格及环保规定等情况，按下列要求通过综合论证确定：

1 热源应优先采用城市、区域供热或工厂余热；

2 具有城市燃气供应的地区，可采用燃气锅炉、燃气热水机供热或燃气吸收式冷(温)水机组供冷、供热；

3 无上述热源和气源供应的地区，可采用燃煤锅炉、燃油锅炉供热，电动压缩冷水机组供冷或燃油吸收式冷(温)水机组供冷、供热；

4 具有多种能源的地区的大型建筑，可采用复合式能源供

冷、供热；

5 夏热冬冷地区、干旱缺水地区的中、小型建筑可采用空气源热泵或地下埋管式地源热泵冷(热)水机组供冷、供热；

6 有天然水等资源可供利用时，可采用水源热泵冷(热)水机组供冷、供热；

7 全年进行空气调节，且各房间或区域负荷特性相差较大，需要长时间向建筑物同时供热和供冷时，经技术经济比较后，可采用水环热泵空气调节系统供冷、供热；

8 在执行分时电价、峰谷电价差较大的地区，空气调节系统采用低谷电价时段蓄冷(热)能明显节电及节省投资时，可采用蓄冷(热)系统供冷(热)。

7.1.2 在电力充足、供电政策和价格优惠的地区，符合下列情况之一时，可采用电力为供热能源：

1 以供冷为主，供热负荷较小的建筑；

2 无城市、区域热源及气源，采用燃油、燃煤设备受环保、消防严格限制的建筑；

3 夜间可利用低谷电价进行蓄热的系统。

7.1.3 需设空气调节的商业或公共建筑群，有条件时宜采用热、电、冷联产系统或设置集中供冷、供热站。

7.1.4 符合下列情况之一时，宜采用分散设置的风冷、水冷式或蒸发冷却式空气调节机组：

1 空气调节面积较小，采用集中供冷、供热系统不经济的建筑；

2 需设空气调节的房间布置过于分散的建筑；

3 设有集中供冷、供热系统的建筑中，使用时间和要求不同的少数房间；

4 需增设空气调节，而机房和管道难以设置的原有建筑；

5 居住建筑。

7.1.5 电动压缩机组的总装机容量，应按本规范第 6.2.15 条计算的冷负荷选定，不另作附加。

7.1.6 电动压缩机组台数及单机制冷量的选择，应满足空气调节负荷变化规律及部分负荷运行的调节要求，一般不宜少于两台；当小型工程仅设一台时，应选调节性能优良的机型。

7.1.7 选择电动压缩式机组时，其制冷剂必须符合有关环保要求，采用过渡制冷剂时，其使用年限不得超过中国禁用时间表的规定。

7.2 电动压缩式冷水机组

7.2.1 水冷电动压缩式冷水机组的机型，宜按表 7.2.1 内的制冷量范围，经过性能价格比进行选择。

表 7.2.1 水冷式冷水机组选型范围

单机名义工况制冷量(kW)	冷水机组机型
≤116	往复式、涡旋式
116～700	往复式
700～1054	螺杆式
1054～1758	螺杆式
	离心式
≥1758	离心式

注：名义工况指出水温度7℃，冷却水温度30℃。

7.2.2 水冷、风冷式冷水机组的选型，应采用名义工况制冷性能系数(COP)较高的产品。制冷性能系数(COP)应同时考虑满负荷与部分负荷因素。

7.2.3 在有工艺用氨制冷的冷库和工业等建筑，其空气调节系统采用氨制冷机房提供冷源时，必须符合下列条件：

1 应采用水/空气间接冷却方式，不得采用氨直接膨胀空气冷却器的送风系统；

2 氨制冷机房及管路系统设计应符合国家现行标准《冷库设计规范》(GB 50072)的规定。

7.2.4 采用氨冷水机组提供冷源时，应符合下列条件：

1 氨制冷机房单独设置且远离建筑群；

2 采用安全性、密封性能良好的整体式氨冷水机组；

3 氨冷水排氨口排气管，其出口应高于周围 50m 范围内最高建筑物屋脊 5m；

4 设置紧急泄氨装置。当发生事故时，能将机组氨液排入水

池或下水道。

7.3 热 泵

7.3.1 空气源热泵机组的选型,应符合下列要求:

1 机组名义工况制冷、制热性能系数(COP)应高于国家现行标准;

2 具有先进可靠的融霜控制,融霜所需时间总和不应超过运行周期时间的 20%;

3 应避免对周围建筑物产生噪声干扰,符合国家现行标准《城市区域环境噪声标准》(GB 3096—82)的要求;

4 在冬季寒冷、潮湿的地区,需连续运行或对室内温度稳定性有要求的空气调节系统,应按当地平衡点温度确定辅助加热装置的容量。

7.3.2 空气源热泵冷热水机组冬季的制热量,应根据室外空气调节计算温度修正系数和融霜修正系数,按下式进行修正:

$$Q = qK_1K_2 \qquad (7.3.2)$$

式中 Q——机组制热量(kW);

q——产品样本中的瞬时制热量(标准工况:室外空气干球温度 7℃、湿球温度 6℃)(kW);

K_1——使用地区室外空气调节计算干球温度的修正系数,按产品样本选取;

K_2——机组融霜修正系数,每小时融霜一次取 0.9,两次取 0.8。

注:每小时融霜次数可按所选机组融霜控制方式、冬季室外计算温度、湿度选取或向生产厂家咨询。

7.3.3 水源热泵机组采用地下水、地表水时,应符合以下原则:

1 机组所需水源的总水量应按冷(热)负荷、水源温度、机组和板式换热器性能综合确定。

2 水源供水应充足稳定,满足所选机组供冷、供热时对水温和水质的要求,当水源的水质不能满足要求时,应相应采取有效的过滤、沉淀、灭藻、阻垢、除垢和防腐等措施。

3 采用集中设置的机组时,应根据水源水质条件确定水源直接进入机组换热或另设板式换热器间接换热;采用分散小型单元式机组时,应设板式换热器间接换热。

7.3.4 水源热泵机组采用地下水为水源时,应采用闭式系统;对地下水应采取可靠的回灌措施,回灌水不得对地下水资源造成污染。

7.3.5 采用地下埋管换热器和地表水盘管换热器的地源热泵时,其埋管和盘管的形式、规格与长度,应按冷(热)负荷、土地面积、土壤结构、土壤温度、水体温度的变化规律和机组性能等因素确定。

7.3.6 采用水环热泵空气调节系统时,应符合下列规定:

1 循环水水温宜控制在 15～35℃;

2 循环水系统宜通过技术经济比较确定采用闭式冷却塔或开式冷却塔。使用开式冷却塔时,应设置中间换热器。

3 辅助热源的供热量应根据冬季白天高峰和夜间低谷负荷时的建筑物的供暖负荷、系统可回收的内区余热等,经热平衡计算确定。

7.4 溴化锂吸收式机组

7.4.1 蒸汽、热水型溴化锂吸收式冷水机组和直燃型溴化锂吸收式冷(温)水机组的选择,应根据用户具备的加热源种类和参数合理确定。各类机型的加热源参数见表 7.4.1。

表 7.4.1 各类机型的加热源参数

机型	加热源种类及参数
直燃机组	天然气、人工煤气、轻柴油、液化石油气
蒸汽双效机组	蒸汽额定压力(表)0.25、0.4、0.6、0.8MPa
热水双效机组	>140℃热水
蒸汽单效机组	废汽(0.1MPa)
热水单效机组	废热(85～140℃热水)

7.4.2 直燃型溴化锂吸收式冷(温)水机组应优先采用天然气、人工煤气或液化石油气做加热源。当无上述气源供应时,宜采用轻柴油。

7.4.3 溴化锂吸收式机组在名义工况下的性能参数,应符合现行国家标准《蒸汽和热水型溴化锂吸收式冷水机组》(GB/T 18431)和《直燃型溴化锂吸收式冷(温)水机组》(GB/T 18362)的规定。

7.4.4 选用直燃型溴化锂吸收式冷(温)水机组时,应符合以下规定:

1 按冷负荷选型,并考虑冷、热负荷与机组供冷、供热量的匹配。

2 当热负荷大于机组供热量时,不应用加大机型的方式增加供热量;当通过技术经济比较合理时,可加大高压发生器和燃烧器以增加供热量,但增加的供热量不宜大于机组原供热量的 50%。

7.4.5 选择溴化锂吸收式机组时,应考虑机组水侧污垢及腐蚀等因素,对供冷(热)量进行修正。

7.4.6 采用供冷(温)及生活热水三用直燃机时,除应符合本规范第7.4.3条外,尚应符合下列要求:

1 完全满足供冷(温)水与生活热水日负荷变化和季节负荷变化的要求,并达到实用、经济、合理;

2 设置与机组配合的控制系统,按冷(温)水及生活热水的负荷需求进行调节;

3 当生活热水负荷大、波动大或使用要求高时,应另设专用热水机组供给生活热水。

7.4.7 溴化锂吸收式机组的冷却水、补充水的水质要求,直燃型溴化锂吸收式冷(温)水机组的储油、供油系统、燃气系统等的设计,均应符合国家现行有关标准的规定。

7.5 蓄冷、蓄热

7.5.1 在执行峰谷电价且峰谷电价差较大的地区,具有下列条件之一,经综合技术经济比较合理时,宜采用蓄冷蓄热空气调节系统:

1 建筑物的冷、热负荷具有显著的不均衡性,有条件利用闲置设备进行制冷、制热时;

2 逐时负荷的峰谷差悬殊,使用常规空气调节会导致装机容量过大,且经常处于部分负荷下运行时;

3 空气调节负荷高峰与电网高峰时段重合,且在电网低谷时段空气调节负荷较小时;

4 有避峰限电要求或必须设置应急冷源的场所。

7.5.2 在设计与选用蓄冷、蓄热装置时,蓄冷、蓄热系统的负荷,应按一个供冷或供热周期计算。所选蓄能装置的蓄冷能力和释放能力,应满足空气调节系统逐时负荷要求,并充分利用电网低谷时段。

7.5.3 冰蓄冷系统形式,应根据建筑物的负荷特点、规律和蓄冰装置的特性等确定。

7.5.4 载冷剂的选择,应符合下列要求:

1 制冷机制冰时的蒸发温度,应高于该浓度下溶液的凝固点,而溶液沸点应高于系统的最高温度;

2 物理化学性能稳定;

3 比热大,密度小,黏度低,导热好;

4 无公害;

5 价格适中;

6 溶液中应添加防腐剂。

7.5.5 当采用乙烯乙二醇水溶液作为载冷剂时,开式系统应设补液设备,闭式系统应配置溶液膨胀箱和补液设备。

7.5.6 乙烯乙二醇水溶液的管道,可按空调水管道进行水力计算,再加以修正后确定。25%浓度的乙烯乙二醇水溶液在管内的压力损失修正系数为 1.2～1.3;流量修正系数为 1.07～1.08。

7.5.7 载冷剂管路系统的设计,应符合下列规定:

1 载冷剂管路,不应选用镀锌钢管。

2 空气调节系统规模较小时,可采用乙烯乙二醇水溶液直接进入空气调节系统供冷;当空气调节水系统规模大、工作压力较高时,宜通过板式换热器向空气调节系统供冷。

3 管路系统的最高处应设置自动排气阀。

4 溶液膨胀箱的溢流管应与溶液收集箱连接。

5 多台蓄冷装置并联时,宜采用同程连接;不能实现时,宜在每台蓄冷装置的入口处安装流量平衡阀。

6 开式系统中,宜在回液管上安装压力传感器和电动阀控制。

7 管路系统中所有手动和电动阀，均应保证其动作灵活而且严密性好，既无外泄漏，也无内泄漏。

8 冰蓄冷系统应能通过阀门转换，实现不同的运行工况。

7.5.8 蓄冰装置的蓄冷特性，应保证在电网低谷时段内能完成全部预定蓄冷量的蓄存。

7.5.9 蓄冰装置的取冷特性，不仅应保证能取出足够的冷量，满足空气调节系统的用冷需求，而且在取冷过程中，取冷速率不应有太大的变化，冷水温度应基本稳定。

7.5.10 蓄冰装置容量与双工况制冷机的空气调节标准制冷量，宜按附录 H 计算确定。

7.5.11 较小的空气调节系统在制冰同时，有少量（一般不大于制冰量的15%）连续空气调节负荷需求，可在系统中单设循环小泵取冷。

7.5.12 较大的空气调节系统制冰同时，如有一定量的连续空气调节负荷存在，宜专门设置基载制冷机。

7.5.13 蓄冰空气调节系统供水温度及回水温差，宜满足下列要求：

1 选用一般内融冰系统时，空气调节供回水宜为 7～12℃。

2 需要大温差供水（5～15℃）时，宜选用串联式蓄冰系统。

3 采用低温送风系统时，宜选用 3～5℃的空气调节供水温度；仅局部有低温送风要求时，可将部分载冷剂直接送至空气调节表冷器。

4 采用区域供冷时，供回水温度宜为 3～13℃。

7.5.14 共晶盐材料蓄冷装置的选择，应符合下列规定：

1 蓄冷装置的蓄冷速率应保证在允许的时段内能充分蓄冷，制冷机工作温度的降低应控制在整个系统具有经济性的范围内；

2 蓄冰装置的融冰速率与出水温度应满足空气调节系统的用冷要求；

3 共晶盐相变材料应选用物理化学性能稳定，相变潜热量大、无毒、价格适中的材料。

7.5.15 水蓄冷蓄热系统设计，应符合下列规定：

1 蓄冷水温不宜低于 4℃；

2 蓄冷、蓄热混凝土水池容积不宜小于 100m³；

3 蓄冷、蓄热水池深度，应考虑到水池中冷热掺混热损失，在条件允许时宜尽可能加深；

4 蓄热水池不应与消防水池合用；

5 水路设计时，应采用防止系统中水倒灌的措施；

6 当有特殊要求时，可采用蒸汽和高压过热水蓄热装置。

7.6 换热装置

7.6.1 采用城市热网或区域锅炉房热源（蒸汽、热水）供热的空气调节系统，应设换热器进行供热。

7.6.2 换热器应选择高效、结构紧凑、便于维护、使用寿命长的产品。

7.6.3 换热器的容量，应根据计算热负荷确定。当一次热源稳定性差时，换热器的换热面积乘以 1.1～1.2 的系数。

7.6.4 汽水换热器的蒸汽凝结水，应回收利用。

7.7 冷却水系统

7.7.1 水冷式冷水机组和整体式空气调节器的冷却水应循环使用。冷却水的热量宜回收利用，冷季宜利用冷却塔作为冷源设备使用。

7.7.2 空气调节用冷水机组和水冷整体式空气调节器的冷却水水温，应按下列要求确定：

1 冷水机组的冷却水进口温度不宜高于 33℃。

2 冷却水进口最低温度应按冷水机组的要求确定；电动压缩式冷水机组不宜低于 15.5℃；溴化锂吸收式冷水机组不宜低于24℃；冷却水系统，尤其是全年运行的冷却水系统，宜对冷却水的供水温度采取调节措施。

3 冷却水进出口温差应按冷水机组的要求确定；电动压缩式冷水机组宜取 5℃；溴化锂吸收式冷水机组宜为 5～7℃。

7.7.3 冷却水的水质应符合国家现行标准《工业循环冷却水处理设计规范》（GB 50050）及有关产品对水质的要求，并采取下列措施：

1 应设置稳定冷却水系统水质的有效水质控制装置；

2 水泵或冷水机组的入口管道上应设置过滤器或除污器；

3 当一般开式冷却水系统不能满足制冷设备的水质要求时，宜采用闭式冷却塔或设置中间换热器。

7.7.4 除采用分散设置的水冷整体式空气调节器或小型户式冷水机组等，可以合用冷却水系统外，冷却水泵台数和流量应与冷水机组相对应；冷却水泵的扬程应能满足冷却塔的进水压力要求。

7.7.5 多台冷水机组和冷却水泵之间通过共用集管连接时，每台冷水机组入口或出口管道上宜设电动阀，电动阀宜与对应运行的冷水机组和冷却水泵联锁。

7.7.6 冷却塔的选用和设置，应符合下列要求：

1 冷却塔的出口水温、进出口水温差和循环水量，在夏季空气调节室外计算湿球温度条件下，应满足冷水机组的要求；

2 对进口水压有要求的冷却塔的台数，应与冷却水泵台数相对应；

3 供暖室外计算温度在 0℃ 以下的地区，冬季运行的冷却塔应采取防冻措施；

4 冷却塔设置位置应通风良好，远离高温或有害气体，并应避免飘逸水对周围环境的影响；

5 冷却塔的噪声标准及噪声控制，应符合本规范第 9 章的有关要求；

6 冷却塔材质应符合防火要求。

7.7.7 当多台开式冷却塔并联运行，且不设集水箱时，应使各台冷却塔和水泵之间管段的压力损失大致相同，在冷却塔之间宜设平衡管或各台冷却塔底部设置公用连通水槽。

7.7.8 除横流式等进水口无余压要求的冷却塔外，多台冷却水泵和冷却塔之间通过共用集管连接时，应在每台冷却塔进水管上设置电动阀，当无集水箱或连通水槽时，每台冷却塔的出水管上也应设置电动阀，电动阀宜与对应的冷却水泵联锁。

7.7.9 开式系统冷却水补水量应按系统的蒸发损失、飘逸损失、排污泄漏损失之和计算。不设集水箱的系统，应在冷却塔底盘处补水；设置集水箱的系统，应在集水箱处补水。

7.7.10 间歇运行的开式冷却水系统，冷却塔底盘或集水箱的有效存水容积，应大于湿润冷却塔填料等部件所需水量，以及停泵后靠重力流入的管道等的水容量。

7.7.11 当冷却塔设置在多层或高层建筑的屋顶时，冷却水集水箱不宜设置在底层。

7.8 制冷和供热机房

7.8.1 制冷和供热机房宜设置在空气调节负荷的中心，并应符合下列要求：

1 机房宜设观察控制室、维修间及洗手间。

2 机房内的地面和设备机座采用易于清洗的面层。

3 机房内应有良好的通风设施；地下层机房应设机械通风，必要时设置事故通风；控制室、维修间宜设空气调节装置。

4 机房应考虑预留安装孔、洞及运输通道。

5 机房应设电话及事故照明装置，照度不宜小于 100 lx，测量仪表集中处应设局部照明。

6 设置集中采暖的制冷机房，其室内温度不宜低于 16℃。

7 机房应设给水与排水设施，满足水系统冲洗、排污要求。

7.8.2 机房内设备布置，应符合以下要求：

1 机组与墙之间的净距不小于 1m，与配电柜的距离不小于 1.5m；

2 机组与机组或其他设备之间的净距不小于 1.2m；

3 留有不小于蒸发器、冷凝器或低温发生器长度的维修距离；

4 机组与其上方管道、烟道或电缆桥架的净距不小于 1m；

5 机房主要通道的宽度不小于 1.5m。

7.8.3 氨制冷机房,应满足下列要求:

1 机房内严禁采用明火采暖;

2 设置事故排风装置,换气次数每小时不少于12次,排风机选用防爆型。

7.8.4 直燃吸收式机房及其配套设施的设计应符合国家现行有关防火及燃气设计规范的规定。

7.9 设备、管道的保冷和保温

7.9.1 保冷、保温设计应符合保持供冷、供热生产能力及输送能力,减少冷、热量损失和节约能源的原则。具有下列情形的设备、管道及其附件、阀门等均应保冷或保温:

1 冷、热介质在生产和输送过程中产生冷热损失的部位;

2 防止外壁、外表面产生冷凝水的部位。

7.9.2 管道的保冷和保温,应符合下列要求:

1 保冷层的外表面不得产生凝结水。

2 管道和支架之间,管道穿墙、穿楼板处应采取防止"冷桥"、"热桥"的措施。

3 采用非闭孔材料保冷时,外表面应设隔汽层和保护层;保温时,外表面应设保护层。

7.9.3 设备和管道的保冷、保温材料,应按下列要求选择:

1 保冷、保温材料的主要技术性能应按国家现行标准《设备及管道保冷设计导则》(GB/T 15586)及《设备及管道保温设计导则》(GB 8175)的要求确定;

2 优先采用导热系数小、湿阻因子大、吸水率低、密度小、综合经济效益高的材料;

3 用于冰蓄冷系统的保冷材料,除满足上述要求外,应采用闭孔型材料和对异形部位保冷简便的材料;

4 保冷、保温材料为不燃或难燃材料。

7.9.4 设备和管道的保冷及保温层厚度,应按以下原则计算确定:

1 供冷或冷热共用时,按《设备及管道保冷设计导则》(GB/T 15586)中经济厚度或防止表面凝露保冷厚度方法计算确定,亦可参照本规范附录J选用;

2 供热时,按《设备及管道保温设计导则》(GB 8175)中经济厚度方法计算确定;

3 凝结水管按《设备及管道保冷设计导则》(GB/T 15586)中防止表面凝露保冷厚度方法计算确定,可以参照本规范附录J选用。

8 监测与控制

8.1 一般规定

8.1.1 采暖、通风与空气调节系统应设置监测与控制系统,包括参数检测、参数与设备状态显示、自动调节与控制、工况自动转换、设备联锁与自动保护、能量计量以及中央监测与管理等。设计时,应根据建筑物的功能与标准、系统类型、设备运行时间以及工艺对管理的要求等因素,通过技术经济比较确定。

8.1.2 符合下列条件之一,采暖、通风和空气调节系统宜采用集中监控系统:

1 系统规模大,制冷空气调节设备台数多,采用集中监控系统可减少运行维护工作量,提高管理水平;

2 系统各部分相距较远且有关联,采用集中监控系统便于工况转换和运行调节;

3 采用集中监控系统可合理利用能量实现节能运行;

4 采用集中监控系统方能防止事故,保证设备和系统运行安

全可靠。

8.1.3 不具备采用集中监控系统的采暖、通风和空气调节系统,当符合下列条件之一时,宜采用就地的自动控制系统:

1 工艺或使用条件有一定要求;

2 防止事故保证安全;

3 可合理利用能量实现节能运行。

8.1.4 采暖通风与空气调节设备设置联动、联锁等保护措施时,应符合下列规定:

1 当采用集中监控系统时,联动、联锁等保护措施应由集中监控系统实现;

2 当采用就地自动控制系统时,联动、联锁等保护措施,应为自控系统的一部分或独立设置;

3 当无集中监控或就地自动控制时,设置专门联动、联锁等保护措施。

8.1.5 采暖、通风与空气调节系统有代表性的参数,应在便于观察的地点设置就地检测仪表。

8.1.6 采用集中监控系统控制的动力设备,应设就地手动控制装置,并通过远距离/手动转换开关实现自动与就地手动控制的转换;自动/手动转换开关的状态应为集中监控系统的输入参数之一。

8.1.7 控制器宜安装在被控系统或设备附近,当采用集中监控系统时,应设置控制室;当就地控制系统环节及仪表较多时,宜设置控制室。

8.1.8 涉及防火与排烟系统的监测与控制,应执行国家现行有关防火规范的规定;与火排烟系统合用的通风空气调节系统应按消防设施的要求供电,并在火灾时转入火灾控制状态;通风空气调节风道上宜设置带位置反馈的防火阀。

8.2 传感器和执行器

8.2.1 温度传感器的设置,应满足下列条件:

1 温度传感器测量范围应为测点温度范围的1.2～1.5倍,传感器测量范围和精度应与二次仪表匹配,并高于工艺要求的控制和测量精度。

2 壁挂式空气温度传感器应安装在空气流通,能反映被测房间空气状态的位置;风道内温度传感器应保证插入深度,不得在探测头与风道外侧形成热桥;插入式水管温度传感器应保证测头插入深度在水流的主流区范围内。

3 机器露点温度传感器应安装在挡水板后有代表性的位置,应避免辐射热、振动、水滴及二次回风的影响。

4 风道内空气含有易燃易爆物质时,应采用本安型温度传感器。

8.2.2 湿度传感器的设置,应满足下列条件:

1 湿度传感器应安装在空气流通,能反映被测房间或风管内空气状态的位置,安装位置附近不应有热源及水滴。

2 易燃易爆环境应采用本安型湿度传感器。

8.2.3 压力(压差)传感器的设置,应满足下列条件:

1 选择压力(压差)传感器的工作压力(压差)应大于该点可能出现的最大压力(压差)的1.5倍,量程应为该点压力(压差)正常变化范围的1.2～1.3倍;

2 在同一建筑层的同一水系统上安装的压力(压差)传感器应处于同一标高。

8.2.4 流量传感器的设置,应满足下列条件:

1 流量传感器量程应为系统最大工作流量的1.2～1.3倍;

2 流量传感器安装位置前后应有保证产品所要求的直管段长度;

3 应选用具有瞬态值输出的流量传感器。

8.2.5 当用于安全保护和设备状态监视为目的时，宜选择温度开关、压力开关、风流开关、水流开关、压差开关、水位开关等以开关量形式输出的传感器，不宜使用连续量输出的传感器。

8.2.6 自动调节阀的选择，宜按下列规定确定：

1 水两通阀，宜采用等百分比特性的。

2 水三通阀，宜采用抛物线特性或线性特性的。

3 蒸汽两通阀，当压力损失比大于或等于 0.6 时，宜采用线性特性的；当压力损失比小于 0.6 时，宜采用等百分比特性的。压力损失比应按式(8.2.6)确定：

$$S = \Delta p_{min} / \Delta p \qquad (8.2.6)$$

式中 S——压力损失比；

Δp_{min}——调节阀全开时的压力损失(Pa)；

Δp——调节阀所在串联支路的总压力损失(Pa)。

4 调节阀的口径应根据使用对象要求的流通能力，通过计算选择确定。

8.2.7 蒸汽两通阀应采用单座阀；三通分流阀不应用作三通混合阀；三通混合阀不宜用作三通分流阀使用。

8.2.8 当仅以开关形式做设备或系统水路的切换运行时，应采用通断阀，不得采用调节阀。

8.2.9 在易燃易爆环境中，应采用气动执行器与调节水阀、风阀配套使用。

8.3 采暖、通风系统的监测与控制

8.3.1 采暖、通风系统，应对下列参数进行监测：

1 采暖系统的供水、供汽和回水干管中的热媒温度和压力；

2 热风采暖系统的室内温度和热媒参数；

3 兼作热风采暖的送风系统的室内外温度和热媒参数；

4 除尘系统的除尘进口静压；

5 风机、水泵等设备的启停状态。

8.3.2 间歇供热的暖风机热风采暖系统，宜根据热媒的温度和压力变化控制暖风机的启停，当热媒的温度和压力高于设定值时暖风机自动开启；低于设定值时自动关闭。

8.3.3 排除剧毒物质或爆炸危险物质的局部排风系统，以及甲、乙类工业建筑的全面排风系统，应在工作地点设置通风机启停状态显示信号。

8.4 空气调节系统的监测与控制

8.4.1 空气调节系统中，应对下列参数进行监测：

1 室内外温度；

2 喷水室用的水泵出口压力及进出水水温；

3 空气冷却器出口的冷水温度；

4 加热器进出口的热媒温度和压力；

5 空气过滤器进出口静压差的超限报警；

6 风机、水泵、转轮热交换器、加湿器等设备启停状态。

8.4.2 全年运行的空气调节系统，宜按变结构多工况运行方式设计。

8.4.3 室温允许波动范围大于或等于±1℃和相对湿度允许波动范围大于或等于±5%的空气调节系统，当水冷式空气冷却器采用变水量控制时，宜由室内温、湿度调节器通过高值或低值选择器进行优先控制，并对加热器或加湿器进行分程控制。

8.4.4 室内相对湿度的控制，可采用机器露点温度恒定、不恒定或不达到机器露点温度等方式。当室内散湿量较大时，宜采用机器露点温度不恒定或不达到机器露点温度的方式，直接控制室内相对湿度。

8.4.5 当受调节对象纯滞后、时间常数及热湿扰量变化的影响，采用单回路调节不能满足调节参数要求时，空气调节系统宜采用串级调节或送风补偿调节。

8.4.6 变风量系统的空气处理机组送风温度设定值，应按冷却和加热工况分别确定。当冷却和加热工况互换时，控制变风量末端装置的温控器，应相应地变换其作用方向。

8.4.7 变风量系统的空气处理机组，当其末端装置由室内温控器控制时，宜采用控制系统静压方式，通过改变变频风机转数实现对机组送风量的调节。

8.4.8 空气调节系统的电加热器应与送风机联锁，并应设无风断电、超温断电保护装置；电加热器的金属风管应接地。

8.4.9 处于冬季有冻结可能性的地区的新风机组或空气处理机组，应对热水盘管加设防冻保护控制。

8.4.10 冬季和夏季需要改变送风方向和风量的风口(包括散流器和远程投射喷口)应设置转换装置实现冬夏转换。转换装置的控制可独立设置或作为集中监控系统的一部分。

8.4.11 风机盘管应设温控器。温控器可通过控制电动水阀或控制风机三速开关实现对室温的控制；当风机盘管冬季、夏季分别供热水和冷水时，温控器应设冷热转换开关。

8.5 空气调节冷热源和空气调节水系统的监测与控制

8.5.1 空气调节冷热源和空气调节水系统，应对下列参数进行监测：

1 冷水机组蒸发器进、出口水温、压力；

2 冷水机组冷凝器进、出口水温、压力；

3 热交换器一二次侧进、出口温度、压力；

4 分集水器温度、压力(或压差)，集水器各支管温度；

5 水泵进出口压力；

6 水过滤器前后压差；

7 冷水机组、水阀、水泵、冷却塔风机等设备的启停状态。

8.5.2 蓄冷、蓄热系统，应对下列参数进行监测：

1 蓄热水槽的进、出口水温；

2 电锅炉的进、出口水温；

3 冰槽进、出口溶液温度；

4 蓄冰槽液位；

5 调节阀的阀位；

6 流量计量；

7 故障报警；

8 冷量计量。

8.5.3 当冷水机组采用自动方式运行时，冷水系统中各相关设备及附件与冷水机组应进行电气联锁，顺序启停。

8.5.4 冰蓄冷系统的二次冷媒侧换热器应设防冻保护控制。

8.5.5 当冷水机组在冬季或过渡季需经常运行时，宜在冷却塔供回水总管间设置旁通调节阀。

8.5.6 闭式变流量空气调节水系统的控制，应满足下列规定：

1 一次泵系统末端装置宜采用两通调节阀，二次泵系统应采用两通调节阀。

2 根据系统负荷变化，控制冷水机组及其一次泵的运行台数。

3 根据系统压差变化，控制二次泵的运行台数或转数。

4 末端装置采用两通调节阀的变流量的一次泵系统，宜在系统总供回水管间设置压差控制的旁通阀；通过改变水泵运行台数调节系统流量的二次泵系统，在各二次泵供回水集管间设置压差控制的旁通阀。

8.5.7 条件许可时,宜建立集中监控系统与冷水机组控制器之间的通讯,实现集中监控系统中央主机对冷水机组运行参数的监测和控制。

8.6 中央级监控管理系统

8.6.1 中央级监控管理系统应能以多种方式显示各系统运行参数和设备状态的当前值与历史值。

8.6.2 中央级监控管理系统应能以与现场测量仪表相同的时间间隔与测量精度连续记录各系统运行参数和设备状态。其存储介质和数据库应能保证记录连续一年以上的运行参数,并可以多种方式进行查询。

8.6.3 中央级监控管理系统应能计算和定期统计系统的能量消耗、各台设备连续和累计运行时间,并能以多种形式显示。

8.6.4 中央级监控管理系统应能改变各控制器的设定值、各受控设备的"自动/自动"状态,并能对设置为"自动"状态的设备直接进行启/停和调节。

8.6.5 中央级监控管理系统应能根据预定的时间表,或依据节能控制程序自动进行系统或设备的启停。

8.6.6 中央级监控管理系统应设立安全机制,设置操作者的不同权限,对操作者的各种操作进行记录、存储。

8.6.7 中央级监控管理系统应有参数越线报警、事故报警及报警记录功能,宜设有系统或设备故障诊断功能。

8.6.8 中央级监控管理系统应兼有信息管理(MIS)功能,为所管辖的采暖、通风与空气调节设备建立设备档案,供运行管理人员查询。

8.6.9 中央级监控管理系统宜设有系统集成接口,以实现建筑内弱电系统数据信息共享。

9 消声与隔振

9.1 一般规定

9.1.1 采暖、通风与空气调节系统的消声与隔振设计计算,应根据工艺和使用的要求、噪声和振动的大小、频率特性及其传播方式确定。

9.1.2 采暖、通风与空气调节系统的噪声传播至使用房间和周围环境的噪声级,应符合国家现行有关标准的规定。

9.1.3 采暖、通风与空气调节系统的振动传播至使用房间和周围环境的振动级,应符合国家现行有关标准的规定。

9.1.4 设置风系统管道时,消声处理后的风管不宜穿过高噪声的房间;噪声高的风管,不宜穿过噪声要求低的房间,当必须穿过时,应采取隔声处理。

9.1.5 有消声要求的通风与空气调节系统,其风管内的风速,宜按表9.1.5选用。

表 9.1.5　风管内的风速(m/s)

室内允许噪声级 dB(A)	主管风速	支管风速
25～35	3～4	≤2
35～50	4～7	2～3
50～65	6～9	3～5
65～85	8～12	5～8

注:通风机与消声装置之间的风管,其风速可采用8～10m/s。

9.1.6 通风、空气调节与制冷机房等的位置,不宜靠近声环境要求较高的房间;当必须靠近时,应采取隔声和隔振措施。

9.1.7 暴露在室外的设备,当其噪声达不到环境噪声标准要求时,应采取降噪措施。

9.2 消声与隔声

9.2.1 采暖、通风和空气调节设备噪声源的声功率级,应依据产品资料的实测数值。

9.2.2 气流通过直风管、弯头、三通、变径管、阀门和送回风口等部件产生的再生噪声声功率级与噪声自然衰减量,应分别按各倍频带中心频率计算确定。

注:对于直风管,当风速小于5m/s时,可不计算气流再生噪声;风速大于8m/s时,可不计算噪声自然衰减量。

9.2.3 通风与空气调节系统产生的噪声,当自然衰减不能达到允许噪声标准时,应设置消声设备或采取其他消声措施。系统所需的消声量,应通过计算确定。

9.2.4 选择消声设备时,应根据系统所需消声量、噪声源频率特性和消声设备的声学性能及空气动力特性等因素,经技术经济比较确定。

9.2.5 消声设备的布置应考虑风管内气流对消声能力的影响。消声设备与机房隔墙间的风管应具有隔声能力。

9.2.6 管道穿过机房围护结构处四周的缝隙,应使用具备隔声能力的弹性材料填充密实。

9.3 隔　振

9.3.1 当通风、空气调节、制冷装置以及水泵等设备的振动靠自然衰减不能达标时,应设置隔振器或采取其他隔振措施。

9.3.2 对本身不带有隔振装置的设备,当其转速小于或等于1500r/min 时,宜选用弹簧隔振器;转速大于1500r/min 时,根据环境需求和设备振动的大小,亦可选用橡胶等弹性材料的隔振垫块或橡胶隔振器。

9.3.3 选择弹簧隔振器时,宜符合下列要求:

1　设备的运转频率与弹簧隔振器垂直方向的固有频率之比,应大于或等于2.5,宜为4～5;

2　弹簧隔振器承受的载荷,不应超过允许工作载荷;

3　当共振振幅较大时,宜与阻尼大的材料联合使用;

4　弹簧隔振器与基础之间宜设置一定厚度的弹性隔振垫。

9.3.4 选择橡胶隔振器时,应符合下列要求:

1　应计入环境温度对隔振器压缩变形量的影响;

2　计算压缩变形量,宜按生产厂家提供的极限压缩量的1/3～1/2采用;

3　设备的运转频率与橡胶隔振器垂直方向的固有频率之比,应大于或等于2.5,宜为4～5;

4　橡胶隔振器承受的荷载,不应超过允许工作荷载;

5　橡胶隔振器与基础之间宜设置一定厚度的弹性隔振垫。

注:橡胶隔振器应避免太阳直接辐射或与油类接触。

9.3.5 符合下列要求之一时,宜加大隔振台座质量及尺寸:

1　设备重心偏高;

2　设备重心偏离中心较大,且不易调整;

3　不符合严格隔振要求的。

9.3.6 冷(热)水机组、空气调节机组、通风机以及水泵等设备的进口、出口管道,宜采用软管连接。水泵出口设止回阀时,宜选用消锤式止回阀。

9.3.7 受设备振动影响的管道,应采用弹性支吊架。

附录 A　夏季太阳总辐射照度

表 A-1　北纬 20° 太阳总辐射照度（W/m²）〔kcal/(m²·h)〕

透明度等级	1						2						3						透明度等级
朝向	S	SE	E	NE	N	H	S	SE	E	NE	N	H	S	SE	E	NE	N	H	朝向
6	26(22)	255(219)	527(453)	505(434)	202(174)	96(83)	28(24)	209(180)	424(365)	407(350)	169(145)	90(77)	29(25)	172(148)	341(293)	328(282)	140(120)	83(71)	18
7	63(54)	454(390)	825(709)	749(644)	272(234)	349(300)	63(54)	408(351)	736(633)	670(576)	249(214)	321(276)	70(60)	373(321)	661(568)	602(518)	233(200)	306(263)	17
8	92(79)	527(453)	872(750)	759(653)	257(221)	602(518)	98(84)	495(426)	811(697)	708(609)	249(214)	573(493)	104(89)	464(399)	751(646)	658(566)	241(207)	545(469)	16
9	117(101)	518(445)	791(680)	670(576)	224(193)	826(710)	121(104)	494(425)	748(643)	635(546)	220(189)	787(677)	130(112)	476(409)	711(611)	606(521)	222(191)	759(653)	15
10	134(115)	442(380)	628(540)	523(450)	191(164)	999(859)	144(124)	434(373)	608(523)	511(439)	198(170)	969(833)	145(125)	415(357)	578(497)	486(418)	195(168)	921(792)	14
11	145(125)	312(268)	404(347)	344(296)	169(145)	1105(950)	150(129)	307(264)	394(339)	338(291)	173(149)	1064(915)	156(134)	302(260)	384(330)	333(286)	177(152)	1022(879)	13
12	149(128)	149(128)	149(128)	157(135)	161(138)	1142(982)	156(134)	156(134)	156(134)	164(141)	167(144)	1107(952)	162(139)	162(139)	162(139)	170(146)	172(148)	1065(916)	12
13	145(125)	145(125)	145(125)	145(125)	169(145)	1105(950)	150(129)	150(129)	150(129)	150(129)	173(149)	1064(915)	156(134)	156(134)	156(134)	156(134)	177(152)	1022(879)	11
14	134(115)	134(115)	134(115)	134(115)	191(164)	999(859)	144(124)	144(124)	144(124)	144(124)	198(170)	969(833)	145(125)	145(125)	145(125)	145(125)	195(168)	921(792)	10
15	117(101)	117(101)	117(101)	117(101)	224(193)	826(710)	121(104)	121(104)	121(104)	121(104)	220(189)	787(677)	130(112)	130(112)	130(112)	130(112)	222(191)	759(653)	9
16	92(79)	92(79)	92(79)	92(79)	257(221)	602(518)	98(84)	98(84)	98(84)	98(84)	249(214)	573(493)	104(89)	104(89)	104(89)	104(89)	241(207)	545(469)	8
17	63(54)	63(54)	63(54)	63(54)	272(234)	349(300)	63(54)	63(54)	63(54)	63(54)	249(214)	321(276)	70(60)	70(60)	70(60)	70(60)	233(200)	306(263)	7
18	26(22)	26(22)	26(22)	26(22)	202(174)	96(83)	28(24)	28(24)	28(24)	28(24)	169(145)	90(77)	29(25)	29(25)	29(25)	29(25)	140(120)	83(71)	6
日 总 计	1303(1120)	3232(2779)	4772(4103)	4284(3684)	2791(2400)	9096(7822)	1363(1172)	3108(2672)	4481(3853)	4037(3471)	2682(2306)	8716(7494)	1429(1229)	2998(2578)	4221(3629)	3817(3282)	2587(2224)	8339(7170)	日 总 计
日 平 均	55(47)	135(116)	199(171)	179(154)	116(100)	379(326)	57(49)	129(111)	187(161)	168(145)	112(96)	363(312)	60(51)	125(107)	176(151)	159(137)	108(93)	347(299)	日 平 均
朝向	S	SW	W	NW	N	H	S	SW	W	NW	N	H	S	SW	W	NW	N	H	朝向

（左侧时刻为地方太阳时，右侧时刻为地方太阳时）

透明度等级	4						5						6						透明度等级
朝向	S	SE	E	NE	N	H	S	SE	E	NE	N	H	S	SE	E	NE	N	H	朝向
6	27(23)	130(112)	254(218)	243(209)	107(92)	69(59)	22(19)	97(83)	184(158)	177(152)	79(68)	55(47)	22(19)	72(62)	131(113)	127(109)	60(52)	48(41)	18
7	74(64)	331(285)	577(496)	527(453)	213(183)	285(245)	77(66)	295(254)	504(433)	461(396)	193(166)	264(227)	76(65)	252(217)	421(362)	386(332)	171(147)	236(203)	17
8	106(91)	423(364)	677(582)	594(511)	227(195)	505(434)	113(97)	395(340)	620(533)	548(471)	220(189)	480(413)	116(100)	354(304)	542(466)	481(414)	207(178)	440(378)	16
9	137(118)	451(388)	665(572)	570(490)	221(190)	722(621)	147(126)	437(376)	635(546)	547(470)	224(193)	701(603)	157(135)	409(352)	580(499)	504(433)	224(193)	658(566)	15
10	155(133)	402(346)	551(474)	468(402)	200(172)	880(757)	165(142)	396(341)	536(461)	458(394)	208(179)	857(737)	179(154)	385(331)	508(437)	438(377)	217(187)	815(701)	14
11	169(145)	305(262)	380(327)	331(285)	188(162)	986(848)	178(153)	304(261)	374(322)	329(283)	197(169)	951(818)	190(163)	302(260)	365(314)	326(280)	206(177)	904(777)	13
12	172(148)	172(148)	172(148)	179(154)	181(156)	1023(880)	181(156)	181(156)	181(156)	188(162)	191(164)	983(845)	199(171)	199(171)	199(171)	205(176)	207(178)	947(814)	12
13	169(145)	169(145)	169(145)	169(145)	188(162)	986(848)	178(153)	178(153)	178(153)	178(153)	197(169)	951(818)	190(163)	190(163)	190(163)	190(163)	206(177)	904(777)	11
14	155(133)	155(133)	155(133)	155(133)	200(172)	880(757)	165(142)	165(142)	165(142)	165(142)	208(179)	857(737)	179(154)	179(154)	179(154)	179(154)	217(187)	815(701)	10
15	137(118)	137(118)	137(118)	137(118)	221(190)	722(621)	147(126)	147(126)	147(126)	147(126)	224(193)	701(603)	157(135)	157(135)	157(135)	157(135)	224(193)	658(566)	9
16	106(91)	106(91)	106(91)	106(91)	227(195)	505(434)	113(97)	113(97)	113(97)	113(97)	220(189)	480(413)	116(100)	116(100)	116(100)	116(100)	207(178)	440(378)	8
17	74(64)	74(64)	74(64)	74(64)	213(183)	285(245)	77(66)	77(66)	77(66)	77(66)	193(166)	264(227)	76(65)	76(65)	76(65)	76(65)	171(147)	236(203)	7
18	27(23)	27(23)	27(23)	27(23)	107(92)	69(59)	22(19)	22(19)	22(19)	22(19)	79(68)	55(47)	22(19)	22(19)	22(19)	22(19)	60(52)	48(41)	6
日 总 计	1507(1296)	2883(2479)	3944(3391)	3580(3078)	2493(2144)	7918(6808)	1584(1362)	2807(2414)	3736(3212)	3409(2931)	2433(2092)	7600(6535)	1678(1443)	2713(2333)	3487(2998)	3206(2757)	2379(2046)	7148(6146)	日 总 计
日 平 均	63(54)	120(103)	164(141)	149(128)	104(89)	330(284)	66(57)	117(101)	156(134)	142(122)	101(87)	317(272)	70(60)	113(97)	145(125)	134(115)	99(85)	298(256)	日 平 均
朝向	S	SW	W	NW	N	H	S	SW	W	NW	N	H	S	SW	W	NW	N	H	朝向

表 A-2　北纬 25°太阳总辐射照度(W/m²)〔kcal/(m²·h)〕

透明度等级		1						2						3						透明度等级	
朝　向		S	SE	E	NE	N	H	S	SE	E	NE	N	H	S	SE	E	NE	N	H	朝　向	
时刻（地方太阳时）	6	33 (28)	287 (247)	579 (498)	551 (474)	220 (189)	127 (109)	34 (29)	243 (209)	484 (416)	461 (396)	187 (161)	116 (100)	36 (31)	206 (177)	401 (345)	383 (329)	162 (139)	109 (94)	18	时刻（地方太阳时）
	7	66 (57)	483 (415)	842 (724)	747 (642)	252 (217)	373 (321)	67 (58)	436 (375)	755 (649)	670 (576)	233 (200)	345 (297)	73 (63)	398 (342)	678 (583)	604 (519)	219 (188)	327 (281)	17	
	8	93 (80)	564 (485)	877 (754)	730 (628)	212 (182)	618 (531)	100 (86)	530 (456)	818 (703)	684 (588)	208 (179)	590 (507)	106 (91)	498 (428)	758 (652)	637 (548)	204 (175)	562 (483)	16	
	9	119 (102)	566 (487)	793 (682)	625 (537)	159 (137)	834 (717)	121 (104)	540 (464)	750 (645)	593 (510)	159 (137)	795 (684)	131 (113)	518 (445)	713 (613)	568 (488)	166 (143)	768 (660)	15	
	10	158 (136)	500 (430)	628 (540)	466 (401)	134 (115)	1000 (860)	166 (143)	488 (420)	608 (523)	456 (392)	144 (124)	970 (834)	166 (143)	466 (401)	578 (497)	436 (375)	145 (125)	922 (793)	14	
	11	212 (182)	376 (323)	404 (347)	281 (242)	145 (125)	1104 (949)	213 (183)	368 (316)	394 (339)	279 (240)	151 (130)	1062 (913)	215 (185)	359 (309)	384 (330)	276 (237)	156 (134)	1020 (877)	13	
	12	226 (194)	202 (174)	144 (124)	144 (124)	144 (124)	1133 (974)	228 (196)	206 (174)	151 (130)	151 (130)	151 (130)	1096 (942)	229 (197)	208 (179)	157 (135)	157 (135)	157 (135)	1054 (906)	12	
	13	212 (182)	145 (125)	145 (125)	145 (125)	145 (125)	1104 (949)	213 (183)	151 (130)	151 (130)	151 (130)	151 (130)	1062 (913)	215 (185)	156 (134)	156 (134)	156 (134)	156 (134)	1020 (877)	11	
	14	158 (136)	134 (115)	134 (115)	134 (115)	134 (115)	1000 (860)	166 (143)	144 (124)	144 (124)	144 (124)	144 (124)	970 (834)	166 (143)	145 (125)	145 (125)	145 (125)	145 (125)	922 (793)	10	
	15	119 (102)	119 (102)	119 (102)	119 (102)	159 (137)	834 (717)	121 (104)	121 (104)	121 (104)	121 (104)	159 (137)	795 (684)	131 (113)	131 (113)	131 (113)	131 (113)	166 (143)	768 (660)	9	
	16	93 (80)	93 (80)	93 (80)	93 (80)	212 (182)	618 (531)	100 (86)	100 (86)	100 (86)	100 (86)	208 (179)	590 (507)	106 (91)	106 (91)	106 (91)	106 (91)	204 (175)	562 (483)	8	
	17	66 (57)	66 (57)	66 (57)	66 (57)	252 (217)	373 (321)	67 (58)	67 (58)	67 (58)	67 (58)	233 (200)	345 (297)	73 (63)	73 (63)	73 (63)	73 (63)	219 (188)	327 (281)	7	
	18	33 (28)	33 (28)	33 (28)	33 (28)	220 (189)	127 (109)	34 (29)	34 (29)	34 (29)	34 (29)	187 (161)	116 (100)	36 (31)	36 (31)	36 (31)	36 (31)	162 (139)	109 (94)	6	
日　总　计		1586 (1364)	3568 (3068)	4857 (4176)	4134 (3555)	2389 (2054)	9244 (7948)	1631 (1402)	3429 (2948)	4578 (3936)	3911 (3363)	2317 (1992)	8853 (7612)	1685 (1449)	3301 (2838)	4317 (3712)	3708 (3188)	2260 (1943)	8469 (7282)	日　总　计	
日　平　均		66 (57)	149 (128)	202 (174)	172 (148)	100 (86)	385 (331)	68 (58)	143 (123)	191 (164)	163 (140)	97 (83)	369 (317)	70 (60)	138 (118)	180 (155)	154 (133)	94 (81)	353 (303)	日　平　均	
朝　向		S	SW	W	NW	N	H	S	SW	W	NW	N	H	S	SW	W	NW	N	H	朝　向	

透明度等级		4						5						6						透明度等级	
朝　向		S	SE	E	NE	N	H	S	SE	E	NE	E	H	S	SE	E	NE	N	H	朝　向	
时刻（地方太阳时）	6	35 (30)	164 (141)	312 (268)	298 (256)	129 (111)	95 (82)	33 (28)	129 (111)	240 (206)	229 (197)	104 (89)	81 (70)	29 (25)	95 (82)	171 (147)	164 (141)	80 (67)	67 (58)	18	时刻（地方太阳时）
	7	77 (66)	355 (305)	594 (511)	530 (456)	201 (173)	305 (262)	80 (69)	316 (272)	521 (448)	466 (401)	186 (160)	284 (244)	81 (70)	274 (236)	441 (379)	397 (341)	167 (144)	257 (221)	17	
	8	108 (93)	454 (390)	684 (588)	577 (496)	194 (167)	520 (447)	115 (99)	424 (365)	629 (541)	534 (459)	193 (166)	495 (426)	119 (102)	379 (326)	551 (474)	471 (405)	184 (158)	454 (390)	16	
	9	138 (119)	491 (422)	669 (575)	536 (461)	171 (147)	730 (628)	148 (127)	475 (408)	640 (550)	516 (444)	177 (152)	709 (610)	158 (136)	442 (380)	585 (503)	478 (411)	185 (159)	666 (573)	15	
	10	173 (149)	449 (386)	551 (474)	421 (362)	155 (133)	882 (758)	184 (158)	441 (379)	536 (461)	415 (357)	165 (142)	858 (738)	195 (168)	423 (364)	508 (437)	400 (344)	179 (154)	816 (702)	14	
	11	223 (192)	357 (307)	380 (327)	280 (241)	169 (145)	985 (847)	229 (197)	352 (303)	374 (322)	281 (242)	178 (153)	950 (817)	235 (202)	345 (297)	365 (314)	281 (242)	190 (163)	901 (775)	13	
	12	235 (202)	215 (185)	169 (145)	169 (145)	169 (145)	1014 (872)	240 (206)	222 (191)	178 (153)	178 (153)	178 (153)	973 (837)	250 (215)	234 (201)	194 (167)	194 (167)	194 (167)	935 (804)	12	
	13	223 (192)	169 (145)	169 (145)	169 (145)	169 (145)	985 (847)	229 (197)	178 (153)	178 (153)	178 (153)	178 (153)	950 (817)	235 (202)	190 (163)	190 (163)	190 (163)	190 (163)	901 (775)	11	
	14	173 (149)	155 (133)	155 (133)	155 (133)	155 (133)	882 (758)	184 (158)	165 (142)	165 (142)	165 (142)	165 (142)	858 (738)	195 (168)	179 (154)	179 (154)	179 (154)	179 (154)	816 (702)	10	
	15	138 (119)	138 (119)	138 (119)	138 (119)	171 (147)	730 (628)	148 (127)	148 (127)	148 (127)	148 (127)	177 (152)	709 (610)	158 (136)	158 (136)	158 (136)	158 (136)	185 (159)	666 (573)	9	
	16	108 (93)	108 (93)	108 (93)	108 (93)	194 (167)	520 (447)	115 (99)	115 (99)	115 (99)	115 (99)	193 (166)	495 (426)	119 (102)	119 (102)	119 (102)	119 (102)	184 (158)	454 (390)	8	
	17	77 (66)	77 (66)	77 (66)	77 (66)	201 (173)	305 (262)	80 (69)	80 (69)	80 (69)	80 (69)	186 (160)	284 (244)	81 (70)	81 (70)	81 (70)	81 (70)	167 (144)	257 (221)	7	
	18	35 (30)	35 (30)	35 (30)	35 (30)	129 (111)	95 (82)	33 (28)	33 (28)	33 (28)	33 (28)	104 (89)	81 (70)	29 (25)	29 (25)	29 (25)	29 (25)	80 (67)	67 (58)	6	
日　总　计		1745 (1500)	3166 (2722)	4040 (3474)	3492 (3003)	2206 (1897)	8048 (6920)	1817 (1562)	3078 (2647)	3837 (3299)	3339 (2871)	2183 (1877)	7730 (6647)	1885 (1621)	2949 (2536)	3572 (3071)	3141 (2701)	2160 (1857)	7259 (6242)	日　总　计	
日　平　均		73 (63)	132 (113)	168 (145)	146 (125)	92 (79)	335 (288)	76 (65)	128 (110)	160 (137)	139 (120)	91 (78)	322 (277)	79 (68)	123 (106)	149 (128)	131 (113)	90 (77)	302 (260)	日　平　均	
朝　向		S	SW	W	NW	N	H	S	SW	W	NW	N	H	S	SW	W	NW	N	H	朝　向	

表 A-3　北纬30°太阳总辐射照度(W/m²)〔kcal/(m²·h)〕

透明度等级		1						2						3					透明度等级
朝向		S	SE	E	NE	N	H	S	SE	E	NE	N	H	S	SE	E	NE	N	H	朝向
时刻（地方太阳时）	6	38(33)	320(275)	629(541)	593(510)	231(199)	156(134)	38(33)	277(238)	538(463)	507(436)	201(173)	142(122)	42(36)	239(206)	457(393)	431(371)	178(153)	135(116)	18
	7	69(59)	512(440)	856(736)	740(636)	229(197)	395(340)	71(61)	464(399)	770(662)	666(573)	214(184)	368(316)	76(65)	423(364)	693(596)	601(517)	201(173)	345(297)	17
	8	94(81)	600(516)	879(756)	699(601)	164(141)	627(539)	101(87)	566(487)	822(707)	656(564)	164(141)	599(515)	107(92)	530(456)	764(657)	613(527)	165(142)	571(491)	16
	9	144(124)	614(528)	794(683)	578(497)	119(102)	835(718)	145(125)	584(502)	750(645)	549(472)	121(104)	795(684)	154(132)	558(480)	713(613)	527(453)	131(113)	768(660)	15
	10	240(206)	557(479)	628(540)	408(351)	135(115)	996(856)	243(209)	542(466)	608(523)	402(346)	144(124)	966(831)	237(204)	516(444)	577(496)	386(332)	145(125)	918(789)	14
	11	300(258)	436(375)	401(345)	215(185)	143(123)	1091(938)	297(255)	424(365)	392(337)	217(187)	149(128)	1050(903)	292(251)	413(355)	381(328)	217(187)	154(132)	1008(867)	13
	12	316(272)	266(229)	143(123)	143(123)	143(123)	1119(962)	313(269)	265(228)	149(128)	149(128)	149(128)	1079(928)	309(266)	264(227)	155(133)	155(133)	155(133)	1037(892)	12
	13	300(258)	143(123)	143(123)	143(123)	143(123)	1091(928)	297(255)	149(128)	149(128)	149(128)	149(128)	1050(903)	292(251)	154(132)	154(132)	154(132)	154(132)	1008(867)	11
	14	240(206)	134(115)	134(115)	134(115)	134(115)	996(856)	243(209)	144(124)	144(124)	144(124)	144(124)	966(831)	237(204)	145(125)	145(125)	145(125)	145(125)	918(789)	10
	15	144(124)	119(102)	119(102)	119(102)	119(102)	835(718)	145(125)	121(104)	121(104)	121(104)	121(104)	795(684)	154(132)	131(113)	131(113)	131(113)	131(113)	768(660)	9
	16	94(81)	94(81)	94(81)	94(81)	164(141)	627(539)	101(87)	101(87)	101(87)	101(87)	164(141)	599(515)	107(92)	107(92)	107(92)	107(92)	165(142)	571(491)	8
	17	69(59)	69(59)	69(59)	69(59)	229(197)	395(340)	71(61)	71(61)	71(61)	71(61)	214(184)	368(316)	76(65)	76(65)	76(65)	76(65)	201(173)	345(297)	7
	18	38(33)	38(33)	38(33)	38(33)	231(199)	156(134)	38(33)	38(33)	38(33)	38(33)	201(173)	142(122)	42(36)	42(36)	42(36)	42(36)	178(153)	135(116)	6
日总计		2086(1794)	3902(3355)	4928(4237)	3973(3416)	2183(1877)	9318(8012)	2104(1809)	3747(3222)	4654(4002)	3772(3243)	2135(1836)	8920(7670)	2124(1826)	3599(3095)	4395(3779)	3586(3083)	2104(1809)	8527(7332)	日总计
日平均		87(75)	163(140)	205(177)	166(142)	91(78)	388(334)	88(75)	156(134)	194(167)	157(135)	89(77)	372(320)	88(76)	150(129)	183(157)	149(128)	88(75)	355(306)	日平均
朝向		S	SW	W	NW	N	H	S	SW	W	NW	N	H	S	SW	W	NW	N	H	朝向

透明度等级		4						5						6					透明度等级
朝向		S	SE	E	NE	N	H	S	SE	E	NE	N	H	S	SE	E	NE	N	H	朝向
时刻（地方太阳时）	6	42(36)	197(169)	366(315)	345(297)	148(127)	121(104)	41(35)	160(138)	292(251)	277(238)	122(105)	107(92)	35(30)	117(101)	208(179)	198(170)	92(79)	86(74)	18
	7	79(68)	377(324)	608(523)	530(456)	187(161)	321(276)	83(71)	338(291)	536(461)	469(403)	176(151)	300(258)	86(74)	295(254)	457(393)	402(346)	162(139)	276(237)	17
	8	109(94)	484(416)	690(593)	556(478)	160(138)	529(455)	116(100)	451(388)	636(547)	516(444)	163(140)	505(434)	121(104)	402(346)	557(479)	457(393)	159(137)	462(397)	16
	9	159(137)	528(454)	669(575)	499(429)	138(119)	732(629)	166(143)	508(437)	640(550)	483(415)	148(127)	711(611)	176(151)	472(406)	585(503)	449(386)	159(137)	668(574)	15
	10	238(205)	494(425)	550(473)	374(322)	154(132)	877(754)	244(210)	483(415)	535(460)	371(319)	165(142)	855(735)	249(214)	461(396)	507(436)	362(311)	179(154)	812(698)	14
	11	294(253)	406(349)	377(324)	226(194)	166(143)	972(836)	294(253)	398(342)	372(320)	230(198)	176(151)	939(807)	293(252)	386(332)	363(312)	237(204)	187(161)	891(766)	13
	12	309(266)	267(230)	166(143)	166(143)	166(143)	1000(860)	308(265)	270(232)	177(152)	177(152)	177(152)	962(827)	309(266)	274(236)	191(164)	191(164)	191(164)	919(790)	12
	13	294(253)	166(143)	166(143)	166(143)	166(143)	972(836)	294(253)	176(151)	176(151)	176(151)	176(151)	939(807)	293(252)	187(161)	187(161)	187(161)	187(161)	891(766)	11
	14	238(205)	154(132)	154(132)	154(132)	154(132)	877(754)	244(210)	165(142)	165(142)	165(142)	165(142)	855(735)	249(214)	179(154)	179(154)	179(154)	179(154)	812(698)	10
	15	159(137)	138(119)	138(119)	138(119)	138(119)	732(629)	166(143)	148(127)	148(127)	148(127)	148(127)	711(611)	176(151)	159(137)	159(137)	159(137)	159(137)	668(574)	9
	16	109(94)	109(94)	109(94)	109(94)	160(138)	529(455)	116(100)	116(100)	116(100)	116(100)	163(140)	505(434)	121(104)	121(104)	121(104)	121(104)	159(137)	462(397)	8
	17	79(68)	79(68)	79(68)	79(68)	187(161)	321(276)	83(71)	83(71)	83(71)	83(71)	176(151)	300(258)	86(74)	86(74)	86(74)	86(74)	162(139)	276(237)	7
	18	42(36)	42(36)	42(36)	42(36)	148(127)	121(104)	41(35)	41(35)	41(35)	41(35)	122(105)	107(92)	35(30)	35(30)	35(30)	35(30)	92(79)	86(74)	6
日总计		2154(1852)	3441(2959)	4115(3538)	3385(2911)	2074(1783)	8104(6968)	2197(1889)	3337(2869)	3916(3367)	3251(2795)	2075(1784)	7793(6701)	2228(1916)	3176(2731)	3636(3126)	3063(2634)	2068(1778)	7306(6282)	日总计
日平均		90(77)	143(123)	171(147)	141(121)	86(74)	338(290)	92(79)	139(120)	163(140)	135(116)	86(74)	325(279)	93(80)	132(114)	151(130)	128(110)	86(74)	304(262)	日平均
朝向		S	SW	W	NW	N	H	S	SW	W	NW	N	H	S	SW	W	NW	N	H	朝向

表 A-4　北纬 35°太阳总辐射照度〔W／m²〕〔kcal／(m²·h)〕

透明度等级 1 / 2 / 3（朝向 S SE E NE N H）

朝向→	S	SE	E	NE	N	H	S	SE	E	NE	N	H	S	SE	E	NE	N	H	时刻
6	43(37)	348(300)	670(576)	622(535)	236(203)	184(158)	43(37)	304(261)	576(495)	536(461)	207(178)	167(144)	48(41)	267(230)	498(428)	465(400)	187(161)	160(138)	18
7	71(61)	541(465)	869(747)	728(626)	204(175)	413(355)	73(63)	492(423)	783(673)	658(566)	192(165)	385(331)	77(66)	448(385)	705(606)	594(511)	181(156)	361(310)	17
8	94(81)	636(547)	880(757)	665(572)	114(98)	632(543)	101(87)	600(516)	825(709)	626(538)	120(103)	605(520)	108(93)	562(483)	766(659)	585(503)	124(107)	577(496)	16
9	209(180)	659(567)	792(681)	529(455)	117(101)	828(712)	207(178)	626(538)	749(644)	504(433)	121(104)	790(679)	209(180)	598(514)	721(612)	485(417)	130(112)	762(655)	15
10	320(275)	614(528)	627(539)	351(302)	115(115)	984(846)	319(274)	595(512)	608(523)	349(300)	144(124)	956(822)	307(264)	486(418)	577(496)	336(289)	145(125)	907(780)	14
11	383(329)	493(424)	397(341)	149(128)	138(119)	1066(917)	376(323)	479(412)	388(334)	155(133)	145(125)	1029(885)	365(314)	462(397)	377(324)	158(136)	150(129)	985(847)	13
12	409(352)	333(286)	145(125)	145(125)	145(125)	1105(950)	400(344)	327(281)	151(130)	151(130)	151(130)	1063(914)	390(335)	321(276)	156(134)	156(134)	156(134)	1021(878)	12
13	383(329)	138(119)	138(119)	138(119)	138(119)	1066(917)	376(323)	145(125)	145(125)	145(125)	145(125)	1029(885)	365(314)	150(129)	150(129)	150(129)	150(129)	985(847)	11
14	320(275)	134(115)	134(115)	134(115)	134(115)	984(846)	319(274)	144(124)	144(124)	144(124)	144(124)	956(822)	307(264)	145(125)	145(125)	145(125)	145(125)	907(780)	10
15	209(180)	117(101)	117(101)	117(101)	117(101)	828(712)	207(178)	121(104)	121(104)	121(104)	121(104)	790(679)	209(180)	130(112)	130(112)	130(112)	130(112)	762(655)	9
16	94(81)	94(81)	94(81)	94(81)	114(98)	632(543)	101(87)	101(87)	101(87)	101(87)	120(103)	605(520)	108(93)	108(93)	108(93)	108(93)	124(107)	577(496)	8
17	71(61)	71(61)	71(61)	71(61)	204(175)	413(355)	73(63)	73(63)	73(63)	73(63)	192(165)	385(331)	77(66)	77(66)	77(66)	77(66)	181(156)	361(310)	7
18	43(37)	43(37)	43(37)	43(37)	236(203)	184(158)	43(37)	43(37)	43(37)	43(37)	207(178)	167(144)	48(41)	48(41)	48(41)	48(41)	187(161)	160(138)	6
日总计	2649(2278)	4223(3631)	4978(4280)	3788(3257)	2032(1747)	9318(8012)	2638(2268)	4051(3483)	4708(4048)	3606(3101)	2010(1728)	8927(7676)	2618(2251)	3881(3337)	4448(3825)	3438(2956)	1993(1714)	8525(7330)	日总计
日平均	110(95)	176(151)	207(178)	158(136)	85(73)	388(334)	110(95)	169(145)	197(169)	150(129)	84(72)	372(320)	109(94)	162(139)	185(159)	143(123)	83(71)	355(305)	日平均
朝向	S	SW	W	NW	N	H	S	SW	W	NW	N	H	S	SW	W	NW	N	H	朝向

透明度等级 4 / 5 / 6（朝向 S SE E NE N H）

朝向→	S	SE	E	NE	N	H	S	SE	E	NE	N	H	S	SE	E	NE	N	H	时刻
6	48(41)	223(192)	408(350)	380(327)	158(136)	144(124)	47(40)	185(159)	331(285)	309(266)	134(115)	128(110)	42(36)	141(121)	245(211)	230(198)	105(90)	107(92)	18
7	81(70)	399(343)	621(543)	526(452)	171(147)	335(288)	85(73)	354(309)	549(472)	468(402)	163(140)	314(270)	90(77)	315(271)	472(406)	405(348)	154(132)	291(250)	17
8	109(94)	511(439)	692(595)	531(457)	124(107)	534(459)	117(101)	477(410)	638(549)	495(426)	130(112)	509(438)	121(104)	423(364)	561(482)	440(378)	133(114)	466(401)	16
9	209(180)	562(483)	666(573)	495(395)	137(118)	725(623)	214(184)	541(465)	636(547)	445(383)	147(126)	704(605)	215(185)	499(429)	582(500)	416(358)	157(135)	661(568)	15
10	302(260)	538(463)	549(472)	328(282)	154(132)	865(744)	304(261)	525(451)	534(459)	328(282)	165(142)	844(726)	302(260)	497(427)	506(435)	323(278)	179(154)	802(690)	14
11	361(310)	450(387)	371(319)	170(146)	162(139)	950(817)	356(306)	440(378)	366(315)	179(154)	172(148)	918(789)	349(300)	423(364)	358(308)	191(164)	185(159)	871(749)	13
12	385(331)	321(276)	169(145)	169(145)	169(145)	986(848)	379(326)	320(275)	178(153)	178(153)	178(153)	950(817)	370(318)	316(272)	190(163)	190(163)	190(163)	902(776)	12
13	361(310)	162(139)	162(139)	162(139)	162(139)	950(815)	356(306)	172(148)	172(148)	172(148)	172(148)	918(789)	349(300)	185(159)	185(159)	185(159)	185(159)	871(749)	11
14	302(260)	154(132)	154(132)	154(132)	154(132)	865(744)	304(261)	165(142)	165(142)	165(142)	165(142)	844(726)	302(260)	179(154)	179(154)	179(154)	179(154)	802(690)	10
15	209(180)	137(118)	137(118)	137(118)	137(118)	725(623)	214(184)	147(126)	147(126)	147(126)	147(126)	704(605)	215(185)	157(135)	157(135)	157(135)	157(135)	661(568)	9
16	109(94)	109(94)	109(94)	109(94)	124(107)	534(459)	117(101)	117(101)	117(101)	117(101)	130(112)	509(438)	121(104)	121(104)	121(104)	121(104)	133(114)	466(401)	8
17	81(70)	81(70)	81(70)	81(70)	171(147)	335(288)	85(73)	85(73)	85(73)	85(73)	163(140)	314(270)	90(77)	90(77)	90(77)	90(77)	154(132)	291(250)	7
18	48(41)	48(41)	48(41)	48(41)	158(136)	144(124)	47(40)	47(40)	47(40)	47(40)	134(115)	128(110)	42(36)	42(36)	42(36)	42(36)	105(90)	107(92)	6
日总计	2606(2241)	3695(3177)	4166(3582)	3254(2798)	1981(1703)	8088(6954)	2624(2256)	3579(3077)	3966(3410)	3135(2696)	1999(1719)	7784(6693)	2607(2242)	3388(2913)	3687(3170)	2968(2552)	2013(1731)	7299(6276)	日总计
日平均	108(93)	154(132)	173(149)	136(117)	83(71)	337(290)	109(94)	149(128)	165(142)	130(112)	84(72)	324(279)	108(93)	141(121)	154(132)	123(106)	84(72)	305(262)	日平均
朝向	S	SW	W	NW	N	H	S	SW	W	NW	N	H	S	SW	W	NW	N	H	朝向

透明度等级	1						2						3						透明度等级
朝向	S	SE	E	NE	N	H	S	SE	E	NE	N	H	S	SE	E	NE	N	H	朝向
6	45 (39)	378 (325)	706 (607)	648 (557)	236 (203)	209 (180)	47 (40)	330 (284)	612 (526)	562 (483)	209 (180)	192 (165)	52 (45)	295 (254)	536 (461)	493 (424)	192 (165)	185 (159)	18
7	72 (62)	570 (490)	878 (755)	714 (614)	174 (150)	427 (367)	76 (65)	519 (446)	793 (682)	648 (557)	166 (143)	399 (343)	79 (68)	471 (405)	714 (614)	585 (503)	159 (137)	373 (321)	17
8	124 (107)	671 (577)	880 (757)	629 (541)	94 (81)	630 (542)	129 (111)	632 (543)	825 (709)	593 (510)	101 (87)	604 (519)	133 (114)	591 (508)	766 (659)	556 (478)	108 (93)	576 (495)	16
9	273 (235)	702 (604)	787 (677)	479 (412)	115 (99)	813 (699)	266 (229)	665 (572)	745 (641)	458 (394)	120 (103)	777 (668)	264 (227)	634 (545)	707 (608)	442 (380)	129 (111)	749 (644)	15
10	393 (338)	663 (570)	621 (534)	292 (251)	130 (112)	958 (824)	386 (332)	640 (550)	600 (516)	291 (250)	140 (120)	927 (797)	371 (319)	607 (522)	570 (490)	283 (243)	142 (122)	883 (759)	14
11	465 (400)	550 (473)	392 (337)	135 (116)	135 (116)	1037 (892)	454 (390)	534 (459)	385 (331)	144 (124)	144 (124)	1004 (863)	436 (375)	511 (439)	372 (320)	147 (126)	147 (126)	958 (824)	13
12	492 (423)	388 (334)	140 (120)	140 (120)	140 (120)	1068 (918)	478 (411)	380 (327)	147 (126)	147 (126)	147 (126)	1030 (886)	461 (396)	370 (318)	150 (129)	150 (129)	150 (129)	986 (848)	12
13	465 (400)	187 (161)	135 (116)	135 (116)	135 (116)	1037 (892)	454 (390)	192 (165)	144 (124)	144 (124)	144 (124)	1004 (863)	436 (375)	192 (165)	147 (126)	147 (126)	147 (126)	958 (824)	11
14	393 (338)	130 (112)	130 (112)	130 (112)	130 (112)	958 (824)	386 (332)	140 (120)	140 (120)	140 (120)	140 (120)	927 (797)	371 (319)	142 (122)	142 (122)	142 (122)	142 (122)	883 (759)	10
15	273 (235)	115 (99)	115 (99)	115 (99)	115 (99)	813 (699)	266 (229)	120 (103)	120 (103)	120 (103)	120 (103)	777 (668)	264 (227)	129 (111)	129 (111)	129 (111)	129 (111)	749 (644)	9
16	124 (107)	94 (81)	94 (81)	94 (81)	94 (81)	630 (542)	129 (111)	101 (87)	101 (87)	101 (87)	101 (87)	604 (519)	133 (114)	108 (93)	108 (93)	108 (93)	108 (93)	571 (495)	8
17	72 (62)	72 (62)	72 (62)	72 (62)	174 (150)	427 (367)	76 (65)	76 (65)	76 (65)	76 (65)	166 (143)	399 (343)	79 (68)	79 (68)	79 (68)	79 (68)	159 (137)	373 (321)	7
18	45 (39)	45 (39)	45 (39)	45 (39)	236 (203)	209 (180)	47 (40)	47 (40)	47 (40)	47 (40)	209 (180)	192 (165)	52 (45)	52 (45)	52 (45)	52 (45)	192 (165)	185 (159)	6
日总计	3239 (2785)	4567 (3927)	4996 (4296)	3629 (3120)	1910 (1642)	9218 (7926)	3192 (2745)	4374 (3761)	4733 (4070)	3469 (2983)	1907 (1640)	8834 (7596)	3131 (2692)	4181 (3595)	4473 (3846)	3312 (2848)	1904 (1637)	8434 (7252)	日总计
日平均	135 (116)	191 (164)	208 (179)	151 (130)	79 (68)	384 (330)	133 (114)	183 (157)	198 (170)	144 (124)	79 (68)	369 (317)	130 (112)	174 (150)	186 (160)	138 (119)	79 (68)	351 (302)	日平均
朝向	S	SW	W	NW	N	H	S	SW	W	NW	N	H	S	SW	W	NW	N	H	朝向

（时刻：地方太阳时）

透明度等级	4						5						6						透明度等级
朝向	S	SE	E	NE	N	H	S	SE	E	NE	N	H	S	SE	E	NE	N	H	朝向
6	52 (45)	250 (215)	445 (383)	411 (353)	165 (142)	166 (143)	50 (43)	209 (180)	368 (316)	340 (292)	142 (122)	148 (127)	49 (42)	164 (141)	279 (240)	258 (222)	115 (99)	127 (109)	18
7	83 (71)	421 (362)	630 (542)	519 (446)	152 (131)	345 (297)	87 (75)	379 (326)	559 (481)	463 (398)	148 (127)	324 (279)	93 (80)	334 (287)	483 (415)	404 (347)	142 (122)	304 (261)	17
8	131 (113)	537 (462)	692 (595)	506 (435)	109 (94)	533 (458)	137 (118)	500 (430)	638 (549)	472 (406)	117 (101)	509 (438)	137 (118)	443 (381)	559 (481)	420 (361)	121 (104)	466 (401)	16
9	258 (222)	593 (510)	661 (568)	420 (361)	135 (116)	711 (611)	258 (222)	569 (489)	630 (542)	407 (350)	144 (124)	690 (593)	254 (218)	521 (448)	575 (494)	381 (328)	155 (133)	645 (555)	15
10	361 (310)	576 (495)	542 (466)	279 (240)	151 (130)	842 (724)	357 (307)	558 (480)	527 (453)	281 (242)	162 (139)	821 (706)	349 (300)	452 (389)	428 (368)	281 (242)	176 (151)	779 (670)	14
11	424 (365)	493 (424)	365 (314)	158 (136)	158 (136)	919 (790)	416 (358)	480 (413)	362 (311)	169 (145)	169 (145)	892 (767)	402 (346)	495 (395)	354 (304)	181 (156)	181 (156)	847 (728)	13
12	448 (385)	364 (313)	162 (139)	162 (139)	162 (139)	949 (816)	438 (377)	361 (310)	172 (148)	172 (148)	172 (148)	919 (790)	422 (363)	352 (303)	185 (159)	185 (159)	185 (159)	872 (750)	12
13	424 (365)	199 (171)	158 (136)	158 (136)	158 (136)	919 (790)	416 (358)	207 (178)	169 (145)	169 (145)	169 (145)	892 (767)	402 (346)	216 (186)	181 (156)	181 (156)	181 (156)	847 (728)	11
14	361 (310)	151 (130)	151 (130)	151 (130)	151 (130)	842 (724)	357 (307)	162 (139)	162 (139)	162 (139)	162 (139)	821 (706)	349 (300)	176 (151)	176 (151)	176 (151)	176 (151)	779 (670)	10
15	258 (222)	135 (116)	135 (116)	135 (116)	135 (116)	711 (611)	258 (222)	144 (124)	144 (124)	144 (124)	144 (124)	690 (593)	254 (218)	155 (133)	155 (133)	155 (133)	155 (133)	645 (555)	9
16	131 (113)	109 (94)	109 (94)	109 (94)	109 (94)	533 (458)	137 (118)	117 (101)	117 (101)	117 (101)	117 (101)	509 (438)	137 (118)	121 (104)	121 (104)	121 (104)	121 (104)	466 (401)	8
17	83 (71)	83 (71)	83 (71)	83 (71)	152 (131)	345 (297)	87 (75)	87 (75)	87 (75)	87 (75)	148 (127)	324 (279)	93 (80)	93 (80)	93 (80)	93 (80)	142 (122)	304 (261)	7
18	52 (45)	52 (45)	52 (45)	52 (45)	166 (142)	166 (143)	50 (43)	50 (43)	50 (43)	50 (43)	142 (122)	148 (127)	49 (42)	49 (42)	49 (42)	49 (42)	115 (99)	127 (109)	6
日总计	3067 (2637)	3964 (3408)	4186 (3599)	3142 (2702)	1904 (1637)	7981 (6862)	3051 (2623)	3824 (3288)	3986 (3427)	3033 (2608)	1935 (1664)	7687 (6610)	2990 (2571)	3609 (3103)	3706 (3187)	2885 (2481)	1964 (1689)	7208 (6198)	日总计
日平均	128 (110)	165 (142)	174 (150)	131 (113)	79 (68)	333 (286)	127 (109)	159 (137)	166 (143)	127 (109)	80 (69)	320 (275)	124 (107)	150 (129)	155 (133)	120 (103)	81 (70)	300 (258)	日平均
朝向	S	SW	W	NW	N	H	S	SW	W	NW	N	H	S	SW	W	NW	N	H	朝向

表 A-6　北纬 45°太阳总辐射照度（W/m²）〔kcal/(m²·h)〕

透明度等级		1						2						3							透明度等级
朝向		S	SE	E	NE	N	H	S	SE	E	NE	N	H	S	SE	E	NE	N	H		朝向
时刻（地方太阳时）	6	48 (41)	407 (350)	740 (636)	668 (574)	233 (200)	234 (201)	49 (42)	357 (307)	644 (554)	582 (500)	208 (179)	214 (184)	56 (48)	323 (278)	571 (491)	518 (445)	193 (166)	207 (178)	18	时刻（地方太阳时）
	7	73 (63)	598 (514)	885 (761)	698 (600)	143 (123)	437 (376)	77 (66)	544 (468)	801 (689)	634 (545)	140 (120)	409 (352)	80 (69)	494 (425)	721 (620)	573 (493)	135 (116)	381 (328)	17	
	8	173 (149)	705 (606)	879 (756)	593 (510)	94 (81)	625 (537)	173 (149)	662 (569)	821 (706)	559 (481)	101 (87)	598 (514)	173 (149)	618 (531)	763 (656)	525 (451)	107 (92)	570 (490)	16	
	9	333 (286)	742 (638)	782 (672)	429 (369)	112 (96)	791 (680)	323 (278)	704 (605)	740 (636)	413 (355)	117 (101)	758 (652)	316 (272)	668 (574)	701 (603)	399 (343)	127 (109)	730 (628)	15	
	10	464 (399)	709 (610)	614 (528)	234 (201)	127 (109)	926 (796)	449 (386)	679 (584)	590 (507)	233 (200)	134 (115)	891 (766)	431 (371)	657 (565)	562 (483)	231 (199)	140 (120)	851 (732)	14	
	11	545 (469)	606 (521)	390 (335)	134 (115)	134 (115)	1005 (864)	530 (456)	587 (505)	384 (330)	143 (123)	143 (123)	975 (838)	506 (435)	558 (480)	370 (318)	145 (125)	145 (125)	927 (797)	13	
	12	571 (491)	443 (381)	135 (116)	135 (116)	135 (116)	1028 (884)	554 (476)	434 (373)	143 (123)	143 (123)	143 (123)	996 (856)	529 (455)	418 (359)	147 (126)	147 (126)	147 (126)	949 (816)	12	
	13	545 (469)	244 (210)	134 (115)	134 (115)	134 (115)	1005 (864)	530 (456)	248 (213)	143 (123)	143 (123)	143 (123)	975 (838)	506 (435)	242 (208)	145 (125)	145 (125)	145 (125)	927 (797)	11	
	14	464 (399)	127 (109)	127 (109)	127 (109)	127 (109)	926 (796)	449 (386)	134 (115)	134 (115)	134 (115)	134 (115)	891 (766)	421 (371)	140 (120)	140 (120)	140 (120)	140 (120)	851 (732)	10	
	15	333 (286)	112 (96)	112 (96)	112 (96)	112 (96)	791 (680)	323 (278)	117 (101)	117 (101)	117 (101)	117 (101)	758 (652)	316 (272)	127 (109)	127 (109)	127 (109)	127 (109)	730 (628)	9	
	16	173 (149)	94 (81)	94 (81)	94 (81)	94 (81)	625 (537)	173 (149)	101 (87)	101 (87)	101 (87)	101 (87)	598 (514)	173 (149)	107 (92)	107 (92)	107 (92)	107 (92)	570 (490)	8	
	17	73 (63)	73 (63)	73 (63)	73 (63)	143 (123)	437 (376)	77 (66)	77 (66)	77 (66)	77 (66)	140 (120)	409 (352)	80 (69)	80 (69)	80 (69)	80 (69)	135 (116)	381 (328)	7	
	18	48 (41)	48 (41)	48 (41)	48 (41)	233 (200)	234 (201)	49 (42)	49 (42)	49 (42)	49 (42)	208 (179)	214 (184)	56 (48)	56 (48)	56 (48)	56 (48)	193 (166)	207 (178)	6	
日总计		3844 (3305)	4908 (4220)	5011 (4309)	3477 (2990)	1819 (1564)	9062 (7792)	3756 (3230)	4693 (4035)	4744 (4079)	3327 (2861)	1829 (1573)	8685 (7468)	3655 (3143)	4475 (3848)	4489 (3860)	3192 (2745)	1840 (1582)	8283 (7122)		日总计
日平均		160 (138)	205 (176)	209 (180)	145 (125)	76 (65)	378 (325)	157 (135)	195 (168)	198 (170)	138 (119)	77 (66)	362 (311)	152 (131)	186 (160)	187 (161)	133 (114)	77 (66)	345 (297)		日平均
朝向		S	SW	W	NW	N	H	S	SW	W	NW	N	H	S	SW	W	NW	N	H		朝向

透明度等级		4						5						6							透明度等级
朝向		S	SE	E	NE	N	H	S	SE	E	NE	N	H	S	SE	E	NE	N	H		朝向
时刻（地方太阳时）	6	56 (48)	276 (237)	480 (413)	435 (374)	169 (145)	187 (161)	53 (46)	234 (201)	400 (344)	364 (313)	147 (126)	166 (143)	53 (46)	186 (160)	311 (267)	283 (243)	122 (105)	145 (125)	18	时刻（地方太阳时）
	7	84 (72)	441 (379)	637 (548)	509 (438)	131 (113)	354 (304)	88 (76)	398 (342)	566 (487)	456 (392)	130 (112)	333 (286)	95 (82)	351 (302)	491 (422)	399 (343)	129 (111)	312 (268)	17	
	8	167 (144)	561 (482)	688 (592)	478 (411)	109 (94)	527 (453)	169 (145)	520 (447)	635 (546)	447 (384)	116 (100)	504 (433)	164 (141)	459 (395)	556 (478)	398 (342)	120 (103)	461 (396)	16	
	9	304 (261)	621 (534)	652 (561)	378 (325)	131 (113)	690 (593)	300 (258)	592 (509)	621 (534)	369 (317)	142 (122)	669 (575)	287 (247)	538 (463)	563 (484)	347 (298)	150 (129)	623 (536)	15	
	10	415 (357)	611 (525)	535 (460)	231 (199)	148 (127)	813 (699)	408 (351)	590 (507)	519 (446)	236 (203)	158 (136)	792 (681)	391 (339)	551 (474)	488 (420)	241 (207)	171 (147)	750 (645)	14	
	11	486 (418)	534 (459)	361 (310)	155 (133)	155 (133)	886 (762)	475 (408)	520 (447)	358 (308)	166 (143)	166 (143)	863 (742)	454 (390)	494 (425)	350 (301)	180 (155)	180 (155)	820 (705)	13	
	12	509 (438)	406 (349)	157 (135)	157 (135)	157 (135)	909 (782)	495 (426)	400 (344)	167 (144)	167 (144)	167 (144)	884 (760)	473 (407)	387 (333)	181 (156)	181 (156)	181 (156)	840 (722)	12	
	13	486 (418)	243 (209)	155 (133)	155 (133)	155 (133)	886 (762)	475 (408)	249 (214)	166 (143)	166 (143)	166 (143)	863 (742)	454 (390)	254 (218)	180 (155)	180 (155)	180 (155)	820 (705)	11	
	14	415 (357)	148 (127)	148 (127)	148 (127)	148 (127)	813 (699)	408 (351)	158 (136)	158 (136)	158 (136)	158 (136)	792 (681)	391 (336)	171 (147)	171 (147)	171 (147)	171 (147)	750 (645)	10	
	15	304 (261)	131 (113)	131 (113)	131 (113)	131 (113)	690 (593)	300 (258)	142 (122)	142 (122)	142 (122)	142 (122)	669 (575)	287 (247)	150 (129)	150 (129)	150 (129)	150 (129)	623 (536)	9	
	16	167 (144)	109 (94)	109 (94)	109 (94)	109 (94)	527 (453)	169 (145)	116 (100)	116 (100)	116 (100)	116 (100)	504 (433)	164 (141)	120 (103)	120 (103)	120 (103)	120 (103)	461 (396)	8	
	17	84 (72)	84 (72)	84 (72)	84 (72)	131 (113)	354 (304)	88 (76)	88 (76)	88 (76)	88 (76)	130 (112)	333 (286)	95 (82)	95 (82)	95 (82)	95 (82)	129 (111)	312 (268)	7	
	18	56 (48)	56 (48)	56 (48)	56 (48)	169 (145)	187 (161)	53 (46)	53 (46)	53 (46)	53 (46)	147 (126)	166 (143)	53 (46)	53 (46)	53 (46)	53 (46)	122 (105)	145 (125)	6	
日总计		3573 (3038)	4219 (3628)	4194 (3606)	3026 (2602)	1843 (1585)	7822 (6726)	3482 (2994)	4060 (3491)	3991 (3432)	2930 (2519)	1886 (1622)	7536 (6480)	3362 (2891)	3811 (3277)	3710 (3190)	2798 (2406)	1926 (1656)	7062 (6072)		日总计
日平均		148 (127)	176 (151)	174 (150)	126 (108)	77 (66)	326 (280)	145 (125)	169 (145)	166 (143)	122 (105)	79 (68)	314 (270)	140 (120)	159 (137)	155 (133)	116 (100)	80 (69)	294 (253)		日平均
朝向		S	SW	W	NW	N	H	S	SW	W	NW	N	H	S	SW	W	NW	N	H		朝向

表 A-7　北纬50°太阳总辐射照度〔W/m²〕〔kcal/(m²·h)〕

透明度等级		1						2						3					透明度等级
朝向 / 时刻（地方太阳时）	S	SE	E	NE	N	H	S	SE	E	NE	N	H	S	SE	E	NE	N	H	朝向 / 时刻（地方太阳时）
6	51(44)	435(374)	768(660)	680(585)	224(193)	257(221)	52(45)	384(330)	671(577)	595(512)	202(174)	236(203)	58(50)	348(299)	598(514)	533(458)	190(163)	228(196)	18
7	74(64)	625(537)	890(765)	677(582)	112(96)	444(382)	78(67)	569(489)	805(692)	615(529)	112(96)	415(357)	80(69)	516(444)	726(624)	558(480)	110(95)	387(333)	17
8	220(189)	736(633)	876(753)	557(479)	93(80)	615(529)	216(186)	688(592)	816(702)	525(451)	99(85)	586(504)	212(182)	642(552)	757(651)	492(423)	106(91)	558(480)	16
9	390(335)	778(669)	773(665)	379(326)	108(93)	763(656)	377(324)	737(634)	734(631)	368(316)	115(99)	734(631)	365(314)	698(600)	694(597)	356(306)	124(107)	706(607)	15
10	530(456)	752(647)	607(522)	178(153)	124(107)	887(763)	507(436)	715(615)	579(498)	178(153)	128(110)	848(729)	488(420)	680(585)	554(476)	183(157)	136(117)	815(701)	14
11	620(533)	656(564)	385(331)	131(113)	131(113)	963(828)	599(515)	634(545)	379(326)	141(121)	141(121)	933(802)	569(489)	601(517)	364(313)	143(123)	143(123)	887(763)	13
12	650(559)	499(429)	134(115)	134(115)	134(115)	989(850)	630(542)	487(419)	144(124)	144(124)	144(124)	961(826)	598(514)	465(400)	145(125)	145(125)	145(125)	912(784)	12
13	620(533)	297(255)	131(113)	131(113)	131(113)	963(828)	599(515)	297(255)	141(121)	141(121)	141(121)	933(802)	569(489)	287(247)	143(123)	143(123)	143(123)	887(763)	11
14	530(456)	124(107)	124(107)	124(107)	124(107)	887(763)	507(436)	128(110)	128(110)	128(110)	128(110)	848(729)	488(420)	136(117)	136(117)	136(117)	136(117)	815(701)	10
15	390(335)	108(93)	108(93)	108(93)	108(93)	763(656)	377(324)	115(99)	115(99)	115(99)	115(99)	734(631)	365(314)	124(107)	124(107)	124(107)	124(107)	706(607)	9
16	220(189)	93(80)	93(80)	93(80)	93(80)	615(529)	216(186)	99(85)	99(85)	99(85)	99(85)	586(504)	212(182)	106(91)	106(91)	106(91)	106(91)	558(480)	8
17	74(64)	74(64)	74(64)	74(64)	112(96)	444(382)	78(67)	78(67)	78(67)	78(67)	112(96)	415(357)	80(69)	80(69)	80(69)	80(69)	110(95)	378(333)	7
18	51(44)	51(44)	51(44)	51(44)	224(193)	257(221)	52(45)	52(45)	52(45)	52(45)	202(174)	236(203)	58(50)	58(50)	58(50)	58(50)	190(163)	228(196)	6
日总计	4421(3801)	5229(4496)	5015(4312)	3319(2854)	1720(1479)	8848(7608)	4289(3688)	4983(4285)	4742(4077)	3178(2733)	1738(1494)	8464(7278)	4143(3562)	4743(4078)	4486(3857)	3058(2629)	1764(1517)	8076(6944)	日总计
日平均	184(158)	217(187)	209(180)	138(119)	72(62)	369(317)	179(154)	208(179)	198(170)	133(114)	72(62)	352(303)	172(148)	198(170)	187(161)	128(110)	73(63)	336(289)	日平均
朝向	S	SW	W	NW	N	H	S	SW	W	NW	N	H	S	SW	W	NW	N	H	朝向

透明度等级		4						5						6					透明度等级
朝向 / 时刻（地方太阳时）	S	SE	E	NE	N	H	S	SE	E	NE	N	H	S	SE	E	NE	N	H	朝向 / 时刻（地方太阳时）
6	59(51)	299(257)	507(436)	454(390)	167(144)	207(178)	58(50)	256(220)	428(368)	383(329)	148(127)	186(160)	58(50)	208(179)	337(290)	304(261)	126(108)	164(141)	18
7	85(73)	461(396)	642(552)	497(427)	109(94)	359(309)	90(77)	414(356)	571(491)	445(383)	112(96)	338(291)	95(82)	365(314)	495(426)	391(336)	114(98)	316(272)	17
8	201(173)	580(499)	683(587)	448(385)	107(92)	518(445)	198(170)	536(461)	628(540)	419(360)	115(99)	492(423)	188(162)	473(407)	550(473)	374(322)	119(102)	451(388)	16
9	345(297)	644(554)	641(551)	337(290)	128(110)	663(570)	337(290)	608(529)	608(523)	329(283)	137(118)	642(552)	316(272)	551(474)	549(472)	309(266)	145(125)	595(512)	15
10	466(401)	642(552)	527(453)	187(161)	144(124)	779(670)	454(390)	618(531)	511(439)	193(166)	154(132)	758(652)	429(369)	572(492)	511(411)	201(173)	163(143)	716(616)	14
11	542(466)	571(491)	355(305)	151(130)	151(130)	847(728)	527(453)	554(476)	352(303)	163(140)	163(140)	826(710)	498(428)	522(449)	343(295)	177(152)	177(152)	784(674)	13
12	568(488)	447(384)	154(132)	154(132)	154(132)	870(748)	552(475)	438(377)	165(142)	165(142)	165(142)	849(730)	522(449)	422(363)	179(154)	179(154)	179(154)	807(694)	12
13	542(466)	284(244)	151(130)	151(130)	151(130)	847(728)	527(453)	286(246)	163(140)	163(140)	163(140)	826(710)	498(428)	285(245)	177(152)	177(152)	177(152)	784(674)	11
14	466(401)	144(124)	144(124)	144(124)	144(124)	779(670)	454(390)	154(132)	154(132)	154(132)	154(132)	758(652)	429(369)	163(143)	163(143)	163(143)	163(143)	716(616)	10
15	345(297)	128(110)	128(110)	128(110)	128(110)	663(570)	337(290)	137(118)	137(118)	137(118)	137(118)	642(552)	316(272)	145(125)	145(125)	145(125)	145(125)	595(512)	9
16	201(173)	107(92)	107(92)	107(92)	107(92)	518(445)	198(170)	115(99)	115(99)	115(99)	115(99)	492(423)	188(162)	119(102)	119(102)	119(102)	119(102)	451(388)	8
17	85(73)	85(73)	85(73)	85(73)	109(94)	359(309)	90(77)	90(77)	90(77)	90(77)	112(96)	338(291)	95(82)	95(82)	95(82)	95(82)	114(98)	316(272)	7
18	59(51)	59(51)	59(51)	59(51)	167(144)	207(178)	58(50)	58(50)	58(50)	58(50)	148(127)	186(106)	58(50)	58(50)	58(50)	58(50)	126(108)	164(141)	6
日总计	3966(3410)	4451(3827)	4182(3596)	2902(2495)	1768(1520)	7615(6548)	3879(3335)	4267(3669)	3980(3422)	2813(2419)	1821(1566)	7334(6306)	3693(3175)	3983(3425)	3693(3175)	2696(2318)	1872(1610)	6862(5900)	日总计
日平均	165(142)	185(159)	174(150)	121(104)	73(63)	317(273)	162(139)	178(153)	166(143)	117(101)	76(65)	306(263)	154(132)	166(143)	154(132)	113(97)	78(67)	286(246)	日平均
朝向	S	SW	W	NW	N	H	S	SW	W	NW	N	H	S	SW	W	NW	N	H	朝向

附录 B 夏季透过标准窗玻璃的太阳辐射照度

表 B-1 北纬 20°透过标准窗玻璃的太阳辐射照度（W/m²）〔kcal/(m²·h)〕

说明：每格上行——直接辐射；下行——散射辐射。顶部朝向为 S、SE、E、NE、N、H（配合左侧时刻使用）；底部朝向为 S、SW、W、NW、N、H（配合右侧时刻使用）。

透明度等级 1 与 2

时刻（地方太阳时·左）	1 — S	SE	E	NE	N	H	2 — S	SE	E	NE	N	H	时刻（地方太阳时·右）
6	0(0)/21(18)	162(139)/21(18)	423(364)/21(18)	404(347)/21(18)	112(96)/21(18)	20(17)/27(23)	0(0)/23(20)	128(110)/23(20)	335(288)/23(20)	320(275)/23(20)	88(76)/23(20)	15(13)/31(27)	18
7	0(0)/52(45)	286(246)/52(45)	552(642)/52(45)	576(495)/52(45)	109(94)/52(45)	192(165)/47(40)	0(0)/52(45)	254(218)/52(45)	568(488)/52(45)	509(438)/52(45)	97(83)/52(45)	170(146)/51(44)	17
8	0(0)/76(65)	315(271)/76(65)	654(562)/76(65)	550(473)/76(65)	65(56)/76(65)	428(368)/52(45)	0(0)/80(69)	288(248)/80(69)	598(514)/80(69)	502(432)/80(69)	59(51)/80(69)	391(336)/66(57)	16
9	0(0)/97(83)	274(236)/97(83)	552(475)/97(83)	430(370)/97(83)	130(112)/97(83)	628(540)/57(49)	0(0)/99(85)	256(220)/99(85)	514(442)/99(85)	401(345)/99(85)	122(105)/99(85)	585(503)/69(59)	15
10	0(0)/110(95)	180(155)/110(95)	364(313)/110(95)	258(222)/110(95)	8(7)/110(95)	784(674)/56(48)	0(0)/119(102)	170(146)/119(102)	342(294)/119(102)	243(209)/119(102)	8(7)/119(102)	737(634)/77(66)	14
11	0(0)/120(103)	60(52)/120(103)	133(114)/120(103)	85(73)/120(103)	1(1)/120(103)	878(755)/57(49)	0(0)/123(106)	57(49)/123(106)	126(108)/123(106)	79(68)/123(106)	1(1)/123(106)	826(710)/72(62)	13
12	0(0)/122(105)	0(0)/122(105)	0(0)/122(105)	0(0)/122(105)	122(105)/122(105)	911(783)/56(48)	0(0)/128(110)	0(0)/128(110)	0(0)/128(110)	0(0)/128(110)	128(110)/128(110)	863(742)/73(63)	12
13	0(0)/120(103)	0(0)/120(103)	0(0)/120(103)	0(0)/120(103)	1(1)/120(103)	878(755)/57(49)	0(0)/123(106)	0(0)/123(106)	0(0)/123(106)	0(0)/123(106)	1(1)/123(106)	826(710)/72(62)	11
14	0(0)/110(95)	0(0)/110(95)	0(0)/110(95)	0(0)/110(95)	8(7)/110(95)	784(674)/56(48)	0(0)/119(102)	0(0)/119(102)	0(0)/119(102)	0(0)/119(102)	8(7)/119(102)	737(634)/77(66)	10
15	0(0)/97(83)	0(0)/97(83)	0(0)/97(83)	0(0)/97(83)	130(112)/97(83)	628(540)/57(49)	0(0)/99(85)	0(0)/99(85)	0(0)/99(85)	0(0)/99(85)	122(105)/99(85)	585(503)/69(59)	9
16	0(0)/76(65)	0(0)/76(65)	0(0)/76(65)	0(0)/76(65)	65(56)/76(65)	428(368)/52(45)	0(0)/80(69)	0(0)/80(69)	0(0)/80(69)	0(0)/80(69)	59(51)/80(69)	391(336)/66(57)	8
17	0(0)/52(45)	0(0)/52(45)	0(0)/52(45)	0(0)/52(45)	109(94)/52(45)	192(165)/47(40)	0(0)/52(45)	0(0)/52(45)	0(0)/52(45)	0(0)/52(45)	97(83)/52(45)	170(146)/51(44)	7
18	0(0)/21(18)	0(0)/21(18)	0(0)/21(18)	0(0)/21(18)	112(96)/21(18)	20(17)/27(23)	0(0)/23(20)	0(0)/23(20)	0(0)/23(20)	0(0)/23(20)	88(76)/23(20)	15(13)/31(27)	6
朝向	S	SW	W	NW	N	H	S	SW	W	NW	N	H	朝向

透明度等级 3 与 4

时刻（地方太阳时·左）	3 — S	SE	E	NE	N	H	4 — S	SE	E	NE	N	H	时刻（地方太阳时·右）
6	0(0)/24(21)	101(87)/24(21)	263(226)/24(21)	251(216)/24(21)	70(60)/24(21)	12(10)/35(30)	0(0)/22(19)	73(63)/22(19)	191(164)/22(19)	183(157)/22(19)	50(43)/22(19)	9(8)/33(28)	18
7	0(0)/58(50)	222(191)/58(50)	498(428)/58(50)	445(383)/58(50)	85(73)/58(50)	149(128)/65(56)	0(0)/60(52)	190(163)/60(52)	423(364)/60(52)	380(327)/60(52)	72(62)/60(52)	127(109)/76(65)	17
8	0(0)/85(73)	262(225)/85(73)	543(467)/85(73)	456(392)/85(73)	53(46)/85(73)	355(305)/80(69)	0(0)/87(75)	231(199)/87(75)	479(412)/87(75)	402(346)/87(75)	48(41)/87(75)	313(269)/91(78)	16
9	0(0)/107(92)	236(203)/107(92)	476(409)/107(92)	371(319)/107(92)	113(97)/107(92)	542(466)/90(77)	0(0)/113(97)	215(185)/113(97)	433(372)/113(97)	337(290)/113(97)	102(88)/113(97)	492(423)/107(92)	15
10	0(0)/120(103)	158(136)/120(103)	319(274)/120(103)	227(195)/120(103)	7(6)/120(103)	686(590)/87(75)	0(0)/127(109)	145(125)/127(109)	292(251)/127(109)	208(179)/127(109)	7(6)/127(109)	629(541)/109(94)	14
11	0(0)/128(110)	53(46)/128(110)	117(101)/128(110)	74(64)/128(110)	1(1)/128(110)	775(666)/88(76)	0(0)/138(119)	49(42)/138(119)	109(94)/138(119)	69(60)/138(119)	1(1)/138(119)	718(617)/115(99)	13
12	0(0)/133(114)	0(0)/133(114)	0(0)/133(114)	0(0)/133(114)	133(114)/133(114)	811(697)/91(78)	0(0)/141(121)	0(0)/141(121)	0(0)/141(121)	0(0)/141(121)	141(121)/141(121)	751(646)/114(98)	12
13	0(0)/128(110)	0(0)/128(110)	0(0)/128(110)	0(0)/128(110)	1(1)/128(110)	775(666)/88(76)	0(0)/138(119)	0(0)/138(119)	0(0)/138(119)	0(0)/138(119)	1(1)/138(119)	718(617)/115(99)	11
14	0(0)/120(103)	0(0)/120(103)	0(0)/120(103)	0(0)/120(103)	7(6)/120(103)	686(590)/87(75)	0(0)/127(109)	0(0)/127(109)	0(0)/127(109)	0(0)/127(109)	7(6)/127(109)	629(541)/109(94)	10
15	0(0)/107(92)	0(0)/107(92)	0(0)/107(92)	0(0)/107(92)	113(97)/107(92)	542(466)/90(77)	0(0)/113(97)	0(0)/113(97)	0(0)/113(97)	0(0)/113(97)	102(88)/113(97)	492(423)/107(92)	9
16	0(0)/85(73)	0(0)/85(73)	0(0)/85(73)	0(0)/85(73)	53(46)/85(73)	355(305)/80(69)	0(0)/87(75)	0(0)/87(75)	0(0)/87(75)	0(0)/87(75)	48(41)/87(75)	313(269)/91(78)	8
17	0(0)/58(50)	0(0)/58(50)	0(0)/58(50)	0(0)/58(50)	85(73)/58(50)	149(128)/65(56)	0(0)/60(52)	0(0)/60(52)	0(0)/60(52)	0(0)/60(52)	72(62)/60(52)	127(109)/76(65)	7
18	0(0)/24(21)	0(0)/24(21)	0(0)/24(21)	0(0)/24(21)	70(60)/24(21)	12(10)/35(30)	0(0)/22(19)	0(0)/22(19)	0(0)/22(19)	0(0)/22(19)	50(43)/22(19)	9(8)/33(28)	6
朝向	S	SW	W	NW	N	H	S	SW	W	NW	N	H	朝向

透明度等级	5						6						透明度等级
朝向	S	SE	E	NE	N	H	S	SE	E	NE	N	H	朝向
辐射照度	上行——直接辐射　下行——散射辐射												辐射照度
时刻（地方太阳时）6	0(0)	52(45)	136(117)	130(112)	36(31)	6(5)	0(0)	36(31)	93(80)	88(76)	24(21)	5(4)	18
	19(16)	19(16)	19(16)	19(16)	19(16)	28(24)	17(15)	17(15)	17(15)	17(15)	17(15)	28(24)	
7	0(0)	160(138)	359(309)	323(278)	62(53)	107(92)	0(0)	130(112)	271(250)	261(224)	50(43)	87(75)	17
	63(54)	63(54)	63(54)	63(54)	63(54)	81(70)	62(53)	62(53)	62(53)	62(53)	62(53)	85(73)	
8	0(0)	206(177)	426(366)	358(308)	42(36)	278(239)	0(0)	172(148)	357(307)	300(258)	36(31)	234(201)	16
	93(80)	93(80)	93(80)	93(80)	93(80)	106(91)	95(82)	95(82)	95(82)	95(82)	95(82)	120(103)	
9	0(0)	199(171)	401(345)	313(269)	95(82)	456(392)	0(0)	172(148)	347(298)	271(233)	83(71)	395(340)	15
	120(103)	120(103)	120(103)	120(103)	120(103)	126(108)	129(111)	129(111)	129(111)	129(111)	129(111)	150(129)	
10	0(0)	135(116)	273(235)	194(167)	6(5)	587(505)	0(0)	120(103)	242(208)	172(148)	6(5)	521(448)	14
	136(117)	136(117)	136(117)	136(117)	136(117)	131(113)	148(127)	148(127)	148(127)	148(127)	148(127)	162(139)	
11	0(0)	45(39)	101(87)	64(55)	1(1)	665(572)	0(0)	41(35)	91(78)	57(49)	1(1)	597(513)	13
	147(126)	147(126)	147(126)	147(126)	147(126)	136(117)	156(134)	156(134)	156(134)	156(134)	156(134)	163(140)	
12	0(0)	0(0)	0(0)	0(0)	0(0)	692(595)	0(0)	0(0)	0(0)	0(0)	0(0)	627(539)	12
	149(128)	149(128)	149(128)	149(128)	149(128)	137(118)	164(141)	164(141)	164(141)	164(141)	164(141)	171(147)	
13	0(0)	0(0)	0(0)	0(0)	1(1)	665(572)	0(0)	0(0)	0(0)	0(0)	1(1)	597(513)	11
	147(126)	147(126)	147(126)	147(126)	147(126)	136(117)	156(134)	156(134)	156(134)	156(134)	156(134)	163(140)	
14	0(0)	0(0)	0(0)	0(0)	6(5)	587(505)	0(0)	0(0)	0(0)	0(0)	6(5)	521(448)	10
	136(117)	136(117)	136(117)	136(117)	136(117)	131(113)	148(127)	148(127)	148(127)	148(127)	148(127)	162(139)	
15	0(0)	0(0)	0(0)	0(0)	95(82)	456(392)	0(0)	0(0)	0(0)	0(0)	83(71)	395(340)	9
	120(103)	120(103)	120(103)	120(103)	120(103)	126(108)	129(111)	129(111)	129(111)	129(111)	129(111)	150(129)	
16	0(0)	0(0)	0(0)	0(0)	42(36)	278(239)	0(0)	0(0)	0(0)	0(0)	36(31)	234(201)	8
	93(80)	93(80)	93(80)	93(80)	93(80)	106(91)	95(82)	95(82)	95(82)	95(82)	95(82)	120(103)	
17	0(0)	0(0)	0(0)	0(0)	62(53)	107(92)	0(0)	0(0)	0(0)	0(0)	50(43)	87(75)	7
	63(54)	63(54)	63(54)	63(54)	63(54)	81(70)	62(53)	62(53)	62(53)	62(53)	62(53)	85(73)	
18	0(0)	0(0)	0(0)	0(0)	36(31)	6(5)	0(0)	0(0)	0(0)	0(0)	24(21)	5(4)	6
	19(16)	19(16)	19(16)	19(16)	19(16)	28(24)	17(15)	17(15)	17(15)	17(15)	17(15)	28(24)	
朝向	S	SW	W	NW	N	H	S	SW	W	NW	N	H	朝向

表 B-2　北纬 25°透过标准窗玻璃的太阳辐射照度〔W/m²〕〔kcal/(m²·h)〕

透明度等级	1						2						透明度等级
朝向	S	SE	E	NE	N	H	S	SE	E	NE	N	H	朝向
辐射照度	上行——直接辐射　下行——散射辐射												辐射照度
时刻（地方太阳时）6	0(0)	183(157)	462(397)	437(376)	115(99)	31(27)	0(0)	150(127)	379(326)	359(309)	94(81)	27(23)	18
	27(23)	27(23)	27(23)	27(23)	27(23)	33(28)	28(24)	28(24)	28(24)	28(24)	28(24)	37(32)	
7	0(0)	312(268)	654(562)	570(490)	88(76)	212(182)	0(0)	276(237)	579(498)	505(434)	78(67)	187(161)	17
	55(47)	55(47)	55(47)	55(47)	55(47)	48(41)	56(48)	56(48)	56(48)	56(48)	56(48)	53(46)	
8	0(0)	352(303)	657(565)	522(449)	36(31)	440(378)	0(0)	323(278)	602(518)	478(411)	33(28)	402(346)	16
	77(66)	77(66)	77(66)	77(66)	77(66)	52(45)	81(70)	81(70)	81(70)	81(70)	81(70)	67(58)	
9	0(0)	322(277)	554(476)	383(329)	5(4)	636(547)	0(0)	300(258)	515(443)	356(306)	4(3)	593(510)	15
	98(84)	98(84)	98(84)	98(84)	98(84)	57(49)	100(86)	100(86)	100(86)	100(86)	100(86)	68(59)	
10	1(1)	236(203)	364(313)	204(175)	0(0)	785(675)	1(1)	222(191)	342(294)	191(164)	0(0)	739(635)	14
	101(95)	101(95)	101(95)	101(95)	101(95)	56(48)	119(102)	119(102)	119(102)	119(102)	119(102)	77(66)	
11	10(9)	108(93)	133(114)	42(36)	0(0)	876(753)	10(9)	102(88)	126(108)	40(34)	0(0)	825(709)	13
	120(103)	120(103)	120(103)	120(103)	120(103)	58(50)	124(107)	124(107)	124(107)	124(107)	124(107)	73(63)	
12	15(13)	8(7)	0(0)	0(0)	0(0)	906(779)	15(13)	7(6)	0(0)	0(0)	0(0)	857(737)	12
	119(102)	119(102)	119(102)	119(102)	119(102)	51(44)	124(107)	124(107)	124(107)	124(107)	124(107)	69(59)	
13	10(9)	0(0)	0(0)	0(0)	0(0)	876(753)	10(9)	0(0)	0(0)	0(0)	0(0)	825(709)	11
	120(103)	120(103)	120(103)	120(103)	120(103)	58(50)	124(107)	124(107)	124(107)	124(107)	124(107)	73(63)	
14	1(1)	0(0)	0(0)	0(0)	0(0)	785(675)	1(1)	0(0)	0(0)	0(0)	0(0)	739(635)	10
	101(95)	101(95)	101(95)	101(95)	101(95)	56(48)	119(102)	119(102)	119(102)	119(102)	119(102)	77(66)	
15	0(0)	0(0)	0(0)	0(0)	5(4)	636(547)	0(0)	0(0)	0(0)	0(0)	4(3)	593(510)	9
	98(84)	98(84)	98(84)	98(84)	98(84)	57(49)	100(86)	100(86)	100(86)	100(86)	100(86)	68(59)	
16	0(0)	0(0)	0(0)	0(0)	36(31)	440(378)	0(0)	0(0)	0(0)	0(0)	33(28)	402(346)	8
	77(66)	77(66)	77(66)	77(66)	77(66)	52(45)	81(70)	81(70)	81(70)	81(70)	81(70)	67(58)	
17	0(0)	0(0)	0(0)	0(0)	88(76)	212(182)	0(0)	0(0)	0(0)	0(0)	78(67)	187(161)	7
	55(47)	55(47)	55(47)	55(47)	55(47)	48(41)	56(48)	56(48)	56(48)	56(48)	56(48)	53(46)	
18	0(0)	0(0)	0(0)	0(0)	115(99)	31(27)	0(0)	0(0)	0(0)	0(0)	94(81)	27(23)	6
	27(23)	27(23)	27(23)	27(23)	27(23)	33(28)	28(24)	28(24)	28(24)	28(24)	28(24)	37(32)	
朝向	S	SW	W	NW	N	H	S	SW	W	NW	N	H	朝向

透明度等级 3 与 4

上行——直接辐射　下行——散射辐射（单位见表头）

时刻(地方太阳时)	S	SE	E	NE	N	H	S	SE	E	NE	N	H	时刻(地方太阳时)
	透明度等级 3						透明度等级 4						
6	0(0)/30(26)	121(104)/30(26)	308(265)/30(26)	290(250)/30(26)	77(66)/30(26)	21(18)/42(36)	0(0)/29(25)	92(79)/29(25)	234(201)/29(25)	221(190)/29(25)	58(50)/29(25)	16(14)/42(36)	18
7	0(0)/60(52)	243(209)/60(52)	511(439)/60(52)	445(383)/60(52)	69(59)/60(52)	165(142)/66(57)	0(0)/64(55)	208(179)/64(55)	436(375)/64(55)	380(327)/64(55)	59(51)/64(55)	141(121)/77(66)	17
8	0(0)/87(75)	294(253)/87(75)	548(471)/87(75)	435(374)/87(75)	30(26)/87(75)	366(315)/81(70)	0(0)/88(76)	259(223)/88(76)	484(416)/88(76)	384(330)/88(76)	27(23)/88(76)	323(278)/92(79)	16
9	0(0)/108(93)	278(239)/108(93)	477(410)/108(93)	445(383)/108(93)	4(3)/108(93)	549(472)/90(77)	0(0)/114(98)	252(217)/114(98)	434(373)/114(98)	300(258)/114(98)	4(3)/114(98)	500(430)/107(92)	15
10	1(1)/120(103)	207(178)/120(103)	319(274)/120(103)	178(153)/120(103)	0(0)/120(103)	687(591)/87(75)	1(1)/127(109)	190(163)/127(109)	292(251)/127(109)	163(140)/127(109)	0(0)/127(109)	632(543)/109(94)	14
11	9(8)/128(110)	95(82)/128(110)	117(101)/128(110)	37(32)/128(110)	0(0)/128(110)	773(665)/88(76)	8(7)/138(119)	88(76)/138(119)	109(94)/138(119)	34(29)/138(119)	0(0)/138(119)	715(615)/115(99)	13
12	14(12)/129(111)	7(6)/129(111)	0(0)/129(111)	0(0)/129(111)	0(0)/129(111)	804(691)/86(74)	13(11)/138(119)	7(6)/138(119)	0(0)/138(119)	0(0)/138(119)	0(0)/138(119)	745(641)/110(95)	12
13	9(8)/128(110)	0(0)/128(110)	0(0)/128(110)	0(0)/128(110)	0(0)/128(110)	773(665)/88(76)	8(7)/138(119)	0(0)/138(119)	0(0)/138(119)	0(0)/138(119)	0(0)/138(119)	715(615)/115(99)	11
14	1(1)/120(103)	0(0)/120(103)	0(0)/120(103)	0(0)/120(103)	0(0)/120(103)	687(591)/87(75)	1(1)/127(109)	0(0)/127(109)	0(0)/127(109)	0(0)/127(109)	0(0)/127(109)	632(543)/109(94)	10
15	0(0)/108(93)	0(0)/108(93)	0(0)/108(93)	0(0)/108(93)	4(3)/108(93)	549(472)/90(77)	0(0)/114(98)	0(0)/114(98)	0(0)/114(98)	0(0)/114(98)	4(3)/114(98)	500(430)/107(92)	9
16	0(0)/87(75)	0(0)/87(75)	0(0)/87(75)	0(0)/87(75)	30(26)/87(75)	366(315)/81(70)	0(0)/88(76)	0(0)/88(76)	0(0)/88(76)	0(0)/88(76)	27(23)/88(76)	323(278)/92(79)	8
17	0(0)/60(52)	0(0)/60(52)	0(0)/60(52)	0(0)/60(52)	69(59)/60(52)	165(142)/66(57)	0(0)/64(55)	0(0)/64(55)	0(0)/64(55)	0(0)/64(55)	59(51)/64(55)	141(121)/77(66)	7
18	0(0)/30(26)	0(0)/30(26)	0(0)/30(26)	0(0)/30(26)	77(66)/30(26)	21(18)/42(36)	0(0)/29(25)	0(0)/29(25)	0(0)/29(25)	0(0)/29(25)	58(50)/29(25)	16(14)/42(36)	6
朝向	S	SW	W	NW	N	H	S	SW	W	NW	N	H	朝向

透明度等级 5 与 6

上行——直接辐射　下行——散射辐射

时刻(地方太阳时)	S	SE	E	NE	N	H	S	SE	E	NE	N	H	时刻(地方太阳时)
	透明度等级 5						透明度等级 6						
6	0(0)/27(23)	69(59)/27(23)	176(151)/27(23)	166(143)/27(23)	44(38)/27(23)	12(10)/40(34)	0(0)/24(21)	48(41)/24(21)	120(103)/24(21)	113(97)/24(21)	30(26)/24(21)	8(7)/37(32)	18
7	0(0)/66(57)	177(152)/66(57)	372(320)/66(57)	324(279)/66(57)	50(43)/66(57)	120(103)/62(53)	0(0)/67(58)	144(124)/67(58)	302(260)/67(58)	264(227)/67(58)	41(35)/67(58)	98(84)/92(79)	17
8	0(0)/94(81)	231(199)/94(81)	431(371)/94(81)	343(295)/94(81)	23(20)/94(81)	288(248)/108(93)	0(0)/98(84)	194(167)/98(84)	363(312)/98(84)	288(248)/98(84)	20(17)/98(84)	242(208)/121(104)	16
9	0(0)/121(104)	235(202)/121(104)	402(346)/121(104)	278(239)/121(104)	4(3)/121(104)	463(398)/126(108)	0(0)/130(112)	204(175)/130(112)	349(300)/130(112)	241(207)/130(112)	2(2)/130(112)	402(346)/151(130)	15
10	1(1)/136(117)	177(152)/136(117)	273(235)/136(117)	152(131)/136(117)	0(0)/136(117)	588(506)/131(113)	1(1)/148(127)	157(135)/148(127)	242(208)/148(127)	135(116)/148(127)	0(0)/148(127)	522(449)/162(139)	14
11	8(7)/147(126)	83(71)/147(126)	101(87)/147(126)	31(27)/147(126)	0(0)/147(126)	664(571)/137(118)	7(6)/156(134)	73(63)/156(134)	91(78)/156(134)	28(24)/156(134)	0(0)/156(134)	595(512)/164(141)	13
12	12(10)/147(126)	6(5)/147(126)	0(0)/147(126)	0(0)/147(126)	0(0)/147(126)	687(591)/133(114)	10(9)/159(137)	6(5)/159(137)	0(0)/159(137)	0(0)/159(137)	0(0)/159(137)	621(534)/165(142)	12
13	8(7)/147(126)	0(0)/147(126)	0(0)/147(126)	0(0)/147(126)	0(0)/147(126)	664(571)/137(118)	7(6)/156(134)	0(0)/156(134)	0(0)/156(134)	0(0)/156(134)	0(0)/156(134)	595(512)/164(141)	11
14	1(1)/136(117)	0(0)/136(117)	0(0)/136(117)	0(0)/136(117)	0(0)/136(117)	588(506)/131(113)	1(1)/148(127)	0(0)/148(127)	0(0)/148(127)	0(0)/148(127)	0(0)/148(127)	522(449)/162(139)	10
15	0(0)/121(104)	0(0)/121(104)	0(0)/121(104)	0(0)/121(104)	4(3)/121(104)	463(398)/126(108)	0(0)/130(112)	0(0)/130(112)	0(0)/130(112)	0(0)/130(112)	2(2)/130(112)	402(346)/151(130)	9
16	0(0)/94(81)	0(0)/94(81)	0(0)/94(81)	0(0)/94(81)	23(20)/94(81)	288(248)/108(93)	0(0)/98(84)	0(0)/98(84)	0(0)/98(84)	0(0)/98(84)	20(17)/98(84)	242(208)/121(104)	8
17	0(0)/66(57)	0(0)/66(57)	0(0)/66(57)	0(0)/66(57)	50(43)/66(57)	120(103)/62(53)	0(0)/67(58)	0(0)/67(58)	0(0)/67(58)	0(0)/67(58)	41(35)/67(58)	98(84)/92(79)	7
18	0(0)/27(23)	0(0)/27(23)	0(0)/27(23)	0(0)/27(23)	44(38)/27(23)	12(10)/40(34)	0(0)/24(21)	0(0)/24(21)	0(0)/24(21)	0(0)/24(21)	30(26)/24(21)	8(7)/37(32)	6
朝向	S	SW	W	NW	N	H	S	SW	W	NW	N	H	朝向

表 B-3　北纬30°透过标准窗玻璃的太阳辐射照度(W/m²)〔kcal/(m²·h)〕

透明度等级				1							2			透明度等级
朝向	S	SE	E	NE	N	H	S	SE	E	NE	N	H	朝向	
辐射照度			上行——直接辐射　下行——散射辐射						上行——直接辐射　下行——散射辐射				辐射照度	
时刻（地方太阳时） 6	0(0) 31(27)	204(175) 31(27)	499(429) 31(27)	466(401) 31(27)	116(100) 31(27)	48(41) 37(32)	0(0) 31(27)	172(148) 31(27)	422(363) 31(27)	394(339) 31(27)	98(84) 31(27)	41(35) 40(34)	18 时刻（地方太阳时）
7	0(0) 57(49)	338(291) 57(49)	664(571) 57(49)	559(481) 57(49)	67(58) 57(49)	229(197) 48(41)	0(0) 58(50)	300(258) 58(50)	590(507) 58(50)	497(427) 58(50)	59(51) 58(50)	204(175) 56(48)	17
8	0(0) 78(67)	390(335) 78(67)	659(567) 78(67)	490(421) 78(67)	13(11) 78(67)	450(387) 52(45)	0(0) 83(71)	358(308) 83(71)	605(520) 83(71)	450(387) 83(71)	12(10) 83(71)	414(356) 67(58)	16
9	1(1) 98(84)	371(319) 98(84)	554(476) 98(84)	332(286) 98(84)	0(0) 98(84)	637(548) 58(50)	1(1) 100(86)	345(297) 100(86)	515(443) 100(86)	311(267) 100(86)	0(0) 100(86)	593(510) 68(59)	15
10	31(27) 110(95)	292(251) 110(95)	364(313) 110(95)	144(128) 110(95)	0(0) 110(95)	780(671) 57(49)	29(25) 119(102)	274(236) 119(102)	342(294) 119(102)	140(120) 119(102)	0(0) 119(102)	734(631) 78(67)	14
11	53(46) 117(101)	164(141) 117(101)	133(114) 117(101)	13(11) 117(101)	0(0) 117(101)	866(745) 56(48)	50(43) 123(106)	155(133) 123(106)	126(108) 123(106)	12(10) 123(106)	0(0) 123(106)	815(701) 72(62)	13
12	65(56) 117(101)	85(73) 117(101)	0(0) 117(101)	0(0) 117(101)	0(0) 117(101)	896(770) 51(44)	62(53) 123(106)	80(69) 123(106)	0(0) 123(106)	0(0) 123(106)	0(0) 123(106)	846(727) 67(58)	12
13	53(46) 117(101)	0(0) 117(101)	0(0) 117(101)	0(0) 117(101)	0(0) 117(101)	866(745) 56(48)	50(43) 123(106)	0(0) 123(106)	0(0) 123(106)	0(0) 123(106)	0(0) 123(106)	815(701) 72(62)	11
14	31(27) 110(95)	0(0) 110(95)	0(0) 110(95)	0(0) 110(95)	0(0) 110(95)	780(671) 57(49)	29(25) 119(102)	0(0) 119(102)	0(0) 119(102)	0(0) 119(102)	0(0) 119(102)	734(631) 78(67)	10
15	1(1) 98(84)	0(0) 98(84)	0(0) 98(84)	0(0) 98(84)	0(0) 98(84)	637(548) 58(50)	1(1) 100(86)	0(0) 100(86)	0(0) 100(86)	0(0) 100(86)	0(0) 100(86)	593(510) 68(59)	9
16	0(0) 78(67)	0(0) 78(67)	0(0) 78(67)	0(0) 78(67)	13(11) 78(67)	450(387) 52(45)	0(0) 83(71)	0(0) 83(71)	0(0) 83(71)	0(0) 83(71)	12(10) 83(71)	414(356) 67(58)	8
17	0(0) 57(49)	0(0) 57(49)	0(0) 57(49)	0(0) 57(49)	67(58) 57(49)	229(197) 48(41)	0(0) 58(50)	0(0) 58(50)	0(0) 58(50)	0(0) 58(50)	59(51) 58(50)	204(175) 56(48)	7
18	0(0) 31(27)	0(0) 31(27)	0(0) 31(27)	0(0) 31(27)	116(100) 31(27)	48(41) 37(32)	0(0) 31(27)	0(0) 31(27)	0(0) 31(27)	0(0) 31(27)	98(84) 31(27)	41(35) 40(34)	6
朝向	S	SW	W	NW	N	H	S	SW	W	NW	N	H	朝向	

透明度等级				3							4			透明度等级
朝向	S	SE	E	NE	N	H	S	SE	E	NE	N	H	朝向	
辐射照度			上行——直接辐射　下行——散射辐射						上行——直接辐射　下行——散射辐射				辐射照度	
时刻（地方太阳时） 6	0(0) 35(30)	143(123) 35(30)	350(301) 35(30)	328(282) 35(30)	81(70) 35(30)	34(29) 47(40)	0(0) 35(30)	112(96) 35(30)	273(235) 35(30)	256(220) 35(30)	64(55) 35(30)	27(23) 50(43)	18 时刻（地方太阳时）
7	0(0) 62(53)	265(228) 62(53)	520(447) 62(53)	438(377) 62(53)	52(45) 62(53)	180(155) 67(58)	0(0) 65(56)	227(195) 65(56)	445(383) 65(56)	376(323) 65(56)	45(39) 65(56)	155(133) 78(67)	17
8	0(0) 88(76)	326(280) 88(76)	551(474) 88(76)	409(352) 88(76)	10(9) 88(76)	377(324) 83(71)	0(0) 90(77)	288(248) 90(77)	487(419) 90(77)	362(311) 90(77)	9(8) 90(77)	333(286) 92(79)	16
9	1(1) 108(93)	320(275) 108(93)	477(410) 108(93)	287(247) 108(93)	0(0) 108(93)	549(472) 90(77)	1(1) 114(98)	292(251) 114(98)	435(374) 114(98)	262(225) 114(98)	0(0) 114(98)	500(430) 108(93)	15
10	28(24) 120(103)	256(220) 120(103)	319(274) 120(103)	130(112) 120(103)	0(0) 120(103)	683(587) 88(76)	26(22) 127(109)	235(202) 127(109)	292(251) 127(109)	120(103) 127(109)	0(0) 127(109)	626(538) 109(94)	14
11	47(40) 127(109)	145(125) 127(109)	117(101) 127(109)	10(9) 127(109)	0(0) 127(109)	764(657) 87(75)	43(37) 137(118)	134(115) 137(118)	108(93) 137(118)	10(9) 137(108)	0(0) 137(108)	706(607) 114(98)	13
12	58(50) 128(110)	76(65) 128(110)	0(0) 128(110)	0(0) 128(110)	0(0) 128(110)	793(682) 85(73)	53(46) 137(118)	70(60) 137(118)	0(0) 137(118)	0(0) 137(118)	0(0) 137(118)	734(631) 110(95)	12
13	47(40) 127(109)	0(0) 127(109)	0(0) 127(109)	0(0) 127(109)	0(0) 127(109)	764(657) 87(75)	43(37) 137(118)	0(0) 137(118)	0(0) 137(118)	0(0) 137(118)	0(0) 137(118)	706(607) 114(98)	11
14	28(24) 120(103)	0(0) 120(103)	0(0) 120(103)	0(0) 120(103)	0(0) 120(103)	683(587) 88(76)	26(22) 127(109)	0(0) 127(109)	0(0) 127(109)	0(0) 127(109)	0(0) 127(109)	626(538) 109(94)	10
15	1(1) 108(93)	0(0) 108(93)	0(0) 108(93)	0(0) 108(93)	0(0) 108(93)	549(472) 90(77)	1(1) 114(98)	0(0) 114(98)	0(0) 114(98)	0(0) 114(98)	0(0) 114(98)	500(430) 108(93)	9
16	0(0) 88(76)	0(0) 88(76)	0(0) 88(76)	0(0) 88(76)	10(6) 88(76)	377(324) 83(71)	0(0) 90(77)	0(0) 90(77)	0(0) 90(77)	0(0) 90(77)	9(8) 90(77)	333(286) 92(79)	8
17	0(0) 62(53)	0(0) 62(53)	0(0) 62(53)	0(0) 62(53)	52(45) 62(53)	180(155) 67(58)	0(0) 65(56)	0(0) 65(56)	0(0) 65(56)	0(0) 65(56)	45(39) 65(56)	155(133) 78(67)	7
18	0(0) 35(30)	0(0) 35(30)	0(0) 35(30)	0(0) 35(30)	81(70) 35(30)	34(29) 47(40)	0(0) 35(30)	0(0) 35(30)	0(0) 35(30)	0(0) 35(30)	64(55) 35(30)	27(23) 50(43)	6
朝向	S	SW	W	NW	N	H	S	SW	W	NW	N	H	朝向	

透明度等级			5						6				透明度等级
朝 向	S	SE	E	NE	N	H	S	SE	E	NE	N	H	朝 向
辐射照度			上行——直接辐射 下行——散射辐射						上行——直接辐射 下行——散射辐射				辐射照度
时刻（地方太阳时） 6	0(0) 34(29)	86(74) 34(29)	213(183) 34(29)	199(171) 34(29)	49(42) 34(29)	21(18) 49(42)	0(0) 29(25)	59(51) 29(25)	147(126) 29(25)	136(117) 29(25)	34(29) 29(25)	14(12) 44(38)	18 时刻（地方太阳时）
7	0(0) 69(59)	194(167) 69(59)	383(329) 69(59)	322(277) 69(59)	38(33) 69(59)	133(114) 87(75)	0(0) 71(61)	159(137) 71(61)	313(269) 71(61)	264(227) 71(61)	31(27) 71(61)	108(93) 97(83)	17
8	0(0) 96(83)	258(222) 96(83)	435(374) 96(83)	323(278) 96(83)	8(7) 96(83)	298(256) 109(94)	0(0) 99(85)	216(186) 99(85)	366(315) 99(85)	272(234) 99(85)	7(6) 99(85)	250(215) 122(105)	16
9	1(1) 121(104)	270(232) 121(104)	404(347) 121(104)	243(209) 121(104)	0(0) 121(104)	464(399) 126(108)	1(1) 130(112)	235(202) 130(112)	350(301) 130(112)	211(181) 130(112)	0(0) 130(112)	402(346) 151(130)	15
10	23(20) 136(117)	219(188) 136(117)	272(234) 136(117)	112(96) 136(117)	0(0) 136(117)	585(503) 131(113)	21(18) 148(127)	194(167) 148(127)	242(208) 148(127)	99(85) 148(127)	0(0) 148(127)	518(445) 162(139)	14
11	41(35) 145(125)	124(107) 145(125)	101(87) 145(125)	9(8) 145(125)	0(0) 145(125)	656(564) 135(116)	36(31) 155(133)	112(96) 155(133)	90(77) 155(133)	8(7) 155(133)	0(0) 155(133)	587(505) 163(140)	13
12	50(43) 145(125)	65(56) 145(125)	0(0) 145(125)	0(0) 145(125)	0(0) 145(125)	679(584) 133(114)	45(39) 157(135)	58(50) 157(135)	0(0) 157(135)	0(0) 157(135)	0(0) 157(135)	612(526) 163(140)	12
13	41(35) 145(125)	0(0) 145(125)	0(0) 145(125)	0(0) 145(125)	0(0) 145(125)	656(564) 135(116)	36(31) 155(133)	0(0) 155(133)	0(0) 155(133)	0(0) 155(133)	0(0) 155(133)	587(505) 163(140)	11
14	23(20) 136(117)	0(0) 136(117)	0(0) 136(117)	0(0) 136(117)	0(0) 136(117)	585(503) 131(113)	21(18) 148(127)	0(0) 148(127)	0(0) 148(127)	0(0) 148(127)	0(0) 148(127)	518(445) 162(139)	10
15	1(1) 121(104)	0(0) 121(104)	0(0) 121(104)	0(0) 121(104)	0(0) 121(104)	464(399) 126(108)	1(1) 130(112)	0(0) 130(112)	0(0) 130(112)	0(0) 130(112)	0(0) 130(112)	402(346) 151(130)	9
16	0(0) 96(83)	0(0) 96(83)	0(0) 96(83)	0(0) 96(83)	8(7) 96(83)	298(256) 109(94)	0(0) 99(85)	0(0) 99(85)	0(0) 99(85)	0(0) 99(85)	7(6) 99(85)	250(215) 122(105)	8
17	0(0) 69(59)	0(0) 69(59)	0(0) 69(59)	0(0) 69(59)	38(33) 69(59)	133(114) 87(75)	0(0) 71(61)	0(0) 71(61)	0(0) 71(61)	0(0) 71(61)	31(27) 71(61)	108(93) 97(83)	7
18	0(0) 34(29)	0(0) 34(29)	0(0) 34(29)	0(0) 34(29)	49(42) 34(29)	21(18) 49(42)	0(0) 29(25)	0(0) 29(25)	0(0) 29(25)	0(0) 29(25)	34(29) 29(25)	14(12) 44(38)	6
朝 向	S	SW	W	NW	N	H	S	SW	W	NW	N	H	朝 向

表 B-4 北纬 35°透过标准窗玻璃的太阳辐射照度（W/m²）〔kcal/(m²·h)〕

透明度等级			1						2				透明度等级
朝 向	S	SE	E	NE	N	H	S	SE	E	NE	N	H	朝 向
辐射照度			上行——直接辐射 下行——散射辐射						上行——直接辐射 下行——散射辐射				辐射照度
时刻（地方太阳时） 6	0(0) 35(30)	223(192) 35(30)	529(455) 35(30)	488(420) 35(30)	113(97) 35(30)	62(53) 40(34)	0(0) 35(30)	191(164) 35(30)	450(387) 35(30)	415(357) 35(30)	95(82) 35(30)	53(46) 43(37)	18 时刻（地方太阳时）
7	0(0) 58(50)	365(314) 58(50)	672(578) 58(50)	547(470) 58(50)	47(40) 58(50)	245(211) 49(42)	0(0) 60(52)	324(279) 60(52)	598(514) 60(52)	486(418) 60(52)	40(35) 60(52)	219(188) 58(50)	17
8	0(0) 78(67)	427(367) 78(67)	659(567) 78(67)	456(392) 78(67)	1(1) 78(67)	453(390) 51(44)	0(0) 84(72)	392(337) 84(72)	607(522) 84(72)	419(360) 84(72)	1(1) 84(72)	418(359) 67(58)	16
9	44(34) 97(83)	420(361) 97(83)	552(475) 97(83)	285(245) 97(83)	0(0) 97(83)	632(543) 57(49)	37(32) 99(85)	392(337) 99(85)	515(443) 99(85)	265(228) 99(85)	0(0) 99(85)	588(506) 69(59)	15
10	74(64) 110(95)	350(301) 110(95)	363(312) 110(95)	99(85) 110(95)	0(0) 110(95)	768(660) 58(50)	70(60) 119(102)	329(283) 119(102)	342(294) 119(102)	93(80) 119(102)	0(0) 119(102)	722(621) 80(69)	14
11	121(104) 114(98)	224(193) 114(98)	133(114) 114(98)	0(0) 114(98)	0(0) 114(98)	847(728) 53(46)	114(98) 120(103)	211(181) 120(103)	124(107) 120(103)	0(0) 120(103)	0(0) 120(103)	797(685) 71(61)	13
12	138(119) 120(103)	74(64) 120(103)	0(0) 120(103)	0(0) 120(103)	0(0) 120(103)	877(754) 57(49)	130(112) 124(107)	71(61) 124(107)	0(0) 124(107)	0(0) 124(107)	0(0) 124(107)	825(709) 73(63)	12
13	121(104) 114(98)	0(0) 114(98)	0(0) 114(98)	0(0) 114(98)	0(0) 114(98)	847(728) 53(46)	114(98) 120(103)	0(0) 120(103)	0(0) 120(103)	0(0) 120(103)	0(0) 120(103)	797(685) 71(61)	11
14	74(64) 110(95)	0(0) 110(95)	0(0) 110(95)	0(0) 110(95)	0(0) 110(95)	768(660) 58(50)	70(60) 119(102)	0(0) 119(102)	0(0) 119(102)	0(0) 119(102)	0(0) 119(102)	722(621) 80(69)	10
15	40(34) 97(83)	0(0) 97(83)	0(0) 97(83)	0(0) 97(83)	0(0) 97(83)	632(543) 57(49)	37(32) 99(85)	0(0) 99(85)	0(0) 99(85)	0(0) 99(85)	0(0) 99(85)	588(506) 69(59)	9
16	0(0) 78(67)	0(0) 78(67)	0(0) 78(67)	0(0) 78(67)	1(1) 78(67)	453(390) 51(44)	0(0) 84(72)	0(0) 84(72)	0(0) 84(72)	0(0) 84(72)	1(1) 84(72)	418(359) 67(58)	8
17	0(0) 58(50)	0(0) 58(50)	0(0) 58(50)	0(0) 58(50)	47(40) 58(50)	245(211) 49(42)	0(0) 60(52)	0(0) 60(52)	0(0) 60(52)	0(0) 60(52)	40(35) 60(52)	219(188) 58(50)	7
18	0(0) 35(30)	0(0) 35(30)	0(0) 35(30)	0(0) 35(30)	113(97) 35(30)	62(53) 40(34)	0(0) 35(30)	0(0) 35(30)	0(0) 35(30)	0(0) 35(30)	95(82) 35(30)	53(46) 43(37)	6
朝 向	S	SW	W	NW	N	H	S	SW	W	NW	N	H	朝 向

续表 B-4

透明度等级 3（上行——直接辐射；下行——散射辐射）

时刻	S	SE	E	NE	N	H
6	0(0) / 40(34)	160(138) / 40(34)	380(327) / 40(34)	351(302) / 40(34)	80(69) / 40(34)	44(38) / 52(45)
7	0(0) / 64(55)	287(247) / 64(55)	529(455) / 64(55)	430(370) / 64(55)	36(31) / 64(55)	193(166) / 67(58)
8	0(0) / 88(76)	357(307) / 88(76)	552(475) / 88(76)	381(328) / 88(76)	1(1) / 88(76)	380(327) / 83(71)
9	34(29) / 107(92)	362(311) / 107(92)	476(409) / 107(92)	245(211) / 107(92)	0(0) / 107(92)	544(468) / 90(77)
10	65(56) / 120(103)	306(263) / 120(103)	317(273) / 120(103)	87(75) / 120(103)	0(0) / 120(103)	671(577) / 90(77)
11	106(91) / 123(106)	198(170) / 123(106)	116(100) / 123(106)	0(0) / 123(106)	0(0) / 123(106)	745(641) / 85(73)
12	122(105) / 128(110)	66(57) / 128(110)	0(0) / 128(110)	0(0) / 128(110)	0(0) / 128(110)	773(665) / 85(76)
13	106(91) / 123(106)	0(0) / 123(106)	0(0) / 123(106)	0(0) / 123(106)	0(0) / 123(106)	745(641) / 85(73)
14	65(56) / 120(103)	0(0) / 120(103)	0(0) / 120(103)	0(0) / 120(103)	0(0) / 120(103)	671(577) / 90(77)
15	34(29) / 107(92)	0(0) / 107(92)	0(0) / 107(92)	0(0) / 107(92)	0(0) / 107(92)	544(468) / 90(77)
16	0(0) / 88(76)	0(0) / 88(76)	0(0) / 88(76)	1(1) / 88(76)	0(0) / 88(76)	380(327) / 83(71)
17	0(0) / 64(55)	0(0) / 64(55)	0(0) / 64(55)	0(0) / 64(55)	36(31) / 64(55)	193(166) / 67(58)
18	0(0) / 40(34)	0(0) / 40(34)	0(0) / 40(34)	0(0) / 40(34)	80(69) / 40(34)	44(38) / 52(45)

下朝向：S SW W NW N H

透明度等级 4（右侧时刻 18→6）

时刻	S	SE	E	NE	N	H
6	0(0) / 40(34)	128(120) / 40(34)	304(261) / 40(34)	280(241) / 40(34)	64(55) / 40(34)	36(31) / 55(47)
7	0(0) / 67(58)	247(212) / 67(58)	455(391) / 67(58)	370(318) / 67(58)	31(27) / 67(58)	166(143) / 79(68)
8	0(0) / 91(78)	316(272) / 91(78)	488(420) / 91(78)	337(290) / 91(78)	1(1) / 91(78)	336(289) / 93(80)
9	31(27) / 113(97)	329(283) / 113(97)	433(372) / 113(97)	323(192) / 113(97)	0(0) / 113(97)	495(426) / 107(92)
10	59(51) / 127(109)	280(241) / 127(109)	291(250) / 127(109)	79(68) / 127(109)	0(0) / 127(109)	615(529) / 110(95)
11	98(84) / 134(115)	183(157) / 134(115)	108(93) / 134(115)	0(0) / 134(115)	0(0) / 134(115)	688(592) / 110(95)
12	113(97) / 138(119)	62(53) / 138(119)	0(0) / 138(119)	0(0) / 138(119)	0(0) / 138(119)	716(616) / 115(99)
13	98(84) / 134(115)	0(0) / 134(115)	0(0) / 134(115)	0(0) / 134(115)	0(0) / 134(115)	688(592) / 110(95)
14	59(51) / 127(109)	0(0) / 127(109)	0(0) / 127(109)	0(0) / 127(109)	0(0) / 127(109)	615(529) / 110(95)
15	31(27) / 113(97)	0(0) / 113(97)	0(0) / 113(97)	0(0) / 113(97)	0(0) / 113(97)	495(426) / 107(92)
16	0(0) / 91(78)	0(0) / 91(78)	0(0) / 91(78)	1(1) / 91(78)	0(0) / 91(78)	336(289) / 93(80)
17	0(0) / 67(58)	0(0) / 67(58)	0(0) / 67(58)	0(0) / 67(58)	31(27) / 67(58)	166(143) / 79(68)
18	0(0) / 40(34)	0(0) / 40(34)	0(0) / 40(34)	0(0) / 40(34)	64(55) / 40(34)	36(31) / 55(47)

透明度等级 5

时刻	S	SE	E	NE	N	H
6	0(0) / 39(33)	102(88) / 39(33)	241(207) / 39(33)	222(191) / 39(33)	51(44) / 39(33)	28(24) / 55(47)
7	0(0) / 69(60)	212(182) / 69(60)	391(336) / 69(60)	317(273) / 69(60)	27(23) / 69(60)	143(123) / 90(77)
8	0(0) / 97(83)	283(243) / 97(83)	437(376) / 97(83)	302(260) / 97(83)	1(1) / 97(83)	301(259) / 109(94)
9	29(25) / 121(104)	305(262) / 121(104)	401(345) / 121(104)	207(178) / 121(104)	0(0) / 121(104)	459(395) / 126(108)
10	56(48) / 136(117)	262(225) / 136(117)	272(234) / 136(117)	77(64) / 136(117)	0(0) / 136(117)	575(494) / 133(114)
11	91(78) / 142(122)	170(146) / 142(122)	100(86) / 142(122)	0(0) / 142(122)	0(0) / 142(122)	640(550) / 133(114)
12	105(90) / 147(126)	57(49) / 147(126)	0(0) / 147(126)	0(0) / 147(126)	0(0) / 147(126)	664(571) / 136(117)
13	91(78) / 142(122)	0(0) / 142(122)	0(0) / 142(122)	0(0) / 142(122)	0(0) / 142(122)	640(550) / 133(114)
14	56(48) / 136(117)	0(0) / 136(117)	0(0) / 136(117)	0(0) / 136(117)	0(0) / 136(117)	575(494) / 133(114)
15	29(25) / 121(104)	0(0) / 121(104)	0(0) / 121(104)	0(0) / 121(104)	0(0) / 121(104)	459(395) / 126(108)
16	0(0) / 97(83)	0(0) / 97(83)	0(0) / 97(83)	1(1) / 97(83)	0(0) / 97(83)	301(259) / 109(94)
17	0(0) / 69(60)	0(0) / 69(60)	0(0) / 69(60)	0(0) / 69(60)	27(23) / 69(60)	143(123) / 90(77)
18	0(0) / 39(33)	0(0) / 39(33)	0(0) / 39(33)	0(0) / 39(33)	51(44) / 39(33)	28(24) / 55(47)

透明度等级 6

时刻	S	SE	E	NE	N	H
6	0(0) / 35(30)	72(62) / 35(30)	171(147) / 35(30)	158(136) / 35(30)	36(31) / 35(30)	20(17) / 52(45)
7	0(0) / 74(64)	174(150) / 74(64)	322(277) / 74(64)	262(225) / 74(64)	22(19) / 74(64)	117(101) / 100(86)
8	0(0) / 100(86)	238(205) / 100(86)	369(317) / 100(86)	254(219) / 100(86)	1(1) / 100(86)	254(218) / 123(106)
9	24(21) / 129(111)	264(227) / 129(111)	348(299) / 129(111)	179(154) / 129(111)	0(0) / 129(111)	398(342) / 150(129)
10	49(42) / 148(127)	231(199) / 148(127)	241(207) / 148(127)	66(57) / 148(127)	0(0) / 148(127)	508(437) / 163(140)
11	81(70) / 152(131)	151(130) / 152(131)	90(77) / 152(131)	0(0) / 152(131)	0(0) / 152(131)	571(491) / 160(138)
12	94(81) / 156(134)	51(44) / 156(134)	0(0) / 156(134)	0(0) / 156(134)	0(0) / 156(134)	595(512) / 164(141)
13	81(70) / 152(131)	0(0) / 152(131)	0(0) / 152(131)	0(0) / 152(131)	0(0) / 152(131)	571(491) / 160(138)
14	49(42) / 148(127)	0(0) / 148(127)	0(0) / 148(127)	0(0) / 148(127)	0(0) / 148(127)	508(437) / 163(140)
15	24(21) / 129(111)	0(0) / 129(111)	0(0) / 129(111)	0(0) / 129(111)	0(0) / 129(111)	398(342) / 150(129)
16	0(0) / 100(86)	0(0) / 100(86)	0(0) / 100(86)	1(1) / 100(86)	0(0) / 100(86)	254(218) / 123(106)
17	0(0) / 74(64)	0(0) / 74(64)	0(0) / 74(64)	0(0) / 74(64)	22(19) / 74(64)	117(101) / 100(86)
18	0(0) / 35(30)	0(0) / 35(30)	0(0) / 35(30)	0(0) / 35(30)	36(31) / 35(30)	20(17) / 52(45)

朝向：S SW W NW N H

表 B-5　北纬40°透过标准窗玻璃的太阳辐射照度(W/m²)〔kcal/(m²·h)〕

透明度等级	1						2						透明度等级
朝向	S	SE	E	NE	N	H	S	SE	E	NE	N	H	朝向
辐射照度 时刻(地方太阳时)	上行——直接辐射　下行——散射辐射						上行——直接辐射　下行——散射辐射						辐射照度 时刻(地方太阳时)
6	0(0) 37(32)	245(211) 37(32)	558(480) 37(32)	507(436) 37(32)	106(91) 37(32)	83(71) 41(35)	0(0) 38(33)	211(181) 38(33)	477(410) 38(33)	434(373) 38(33)	91(78) 38(33)	71(61) 45(39)	18
7	0(0) 59(51)	392(337) 59(51)	679(584) 59(51)	530(456) 59(51)	72(62) 59(51)	259(223) 49(42)	0(0) 63(54)	349(300) 63(54)	605(520) 63(54)	472(406) 63(54)	64(55) 63(54)	231(199) 59(51)	17
8	2(2) 78(67)	463(398) 78(67)	659(567) 78(67)	420(361) 78(67)	0(0) 78(67)	454(390) 51(44)	2(2) 84(72)	424(365) 84(72)	606(521) 84(72)	385(331) 84(72)	0(0) 84(72)	418(359) 67(58)	16
9	57(49) 95(82)	466(401) 95(82)	551(474) 95(82)	238(205) 95(82)	0(0) 95(82)	620(533) 56(48)	53(46) 98(84)	434(373) 98(84)	513(441) 98(84)	222(191) 98(84)	0(0) 98(84)	577(496) 69(59)	15
10	138(119) 108(93)	406(349) 108(93)	362(311) 108(93)	58(50) 108(93)	0(0) 108(93)	748(643) 57(49)	130(112) 115(99)	380(327) 115(99)	340(292) 115(99)	55(47) 115(99)	0(0) 115(99)	702(604) 77(66)	14
11	200(172) 112(96)	283(243) 112(96)	133(114) 112(96)	0(0) 112(96)	0(0) 112(96)	822(707) 52(45)	188(162) 119(102)	266(229) 119(102)	124(107) 119(102)	0(0) 119(102)	0(0) 119(102)	773(665) 71(61)	13
12	222(191) 114(98)	124(107) 114(98)	0(0) 114(98)	0(0) 114(98)	0(0) 114(98)	848(729) 53(46)	209(180) 120(103)	117(101) 120(103)	0(0) 120(103)	0(0) 120(103)	0(0) 120(103)	798(686) 71(61)	12
13	200(172) 112(96)	7(6) 112(96)	0(0) 112(96)	0(0) 112(96)	0(0) 112(96)	822(707) 52(45)	188(162) 119(102)	6(5) 119(102)	0(0) 119(102)	0(0) 119(102)	0(0) 119(102)	773(665) 71(61)	11
14	138(119) 108(93)	0(0) 108(93)	0(0) 108(93)	0(0) 108(93)	0(0) 108(93)	748(643) 57(49)	130(112) 115(99)	0(0) 115(99)	0(0) 115(99)	0(0) 115(99)	0(0) 115(99)	702(604) 77(66)	10
15	57(49) 95(82)	0(0) 95(82)	0(0) 95(82)	0(0) 95(82)	0(0) 95(82)	620(533) 56(48)	53(46) 98(84)	0(0) 98(84)	0(0) 98(84)	0(0) 98(84)	0(0) 98(84)	577(496) 69(59)	9
16	2(2) 78(67)	0(0) 78(67)	0(0) 78(67)	0(0) 78(67)	0(0) 78(67)	454(390) 51(44)	2(2) 84(72)	0(0) 84(72)	0(0) 84(72)	0(0) 84(72)	0(0) 84(72)	418(359) 67(58)	8
17	0(0) 59(51)	0(0) 59(51)	0(0) 59(51)	0(0) 59(51)	72(62) 59(51)	259(223) 49(42)	0(0) 63(54)	0(0) 63(54)	0(0) 63(54)	0(0) 63(54)	64(55) 63(54)	231(199) 59(51)	7
18	0(0) 37(32)	0(0) 37(32)	0(0) 37(32)	0(0) 37(32)	106(91) 37(32)	83(71) 41(35)	0(0) 38(33)	0(0) 38(33)	0(0) 38(33)	0(0) 38(33)	91(78) 38(33)	71(61) 45(39)	6
朝向	S	SW	W	NW	N	H	S	SW	W	NW	N	H	朝向

透明度等级	3						4						透明度等级
朝向	S	SE	E	NE	N	H	S	SE	E	NE	N	H	朝向
辐射照度 时刻(地方太阳时)	上行——直接辐射　下行——散射辐射						上行——直接辐射　下行——散射辐射						辐射照度 时刻(地方太阳时)
6	0(0) 43(37)	180(155) 43(37)	409(352) 43(37)	371(319) 43(37)	78(67) 43(37)	60(52) 56(48)	0(0) 43(37)	145(125) 43(37)	331(285) 43(37)	301(259) 43(37)	63(54) 43(37)	49(42) 58(50)	18
7	0(0) 65(56)	309(266) 65(56)	536(461) 65(56)	419(360) 65(56)	57(49) 65(56)	205(176) 69(59)	0(0) 67(58)	266(229) 67(58)	462(397) 67(58)	361(310) 67(58)	49(42) 67(58)	177(152) 79(68)	17
8	2(2) 88(76)	387(333) 88(76)	552(475) 88(76)	351(302) 88(76)	0(0) 88(76)	379(326) 83(71)	2(2) 90(77)	342(294) 90(77)	488(420) 90(77)	311(267) 90(77)	0(0) 90(77)	336(289) 93(80)	16
9	49(42) 106(91)	401(345) 106(91)	475(408) 106(91)	205(176) 106(91)	0(0) 106(91)	533(458) 88(76)	44(38) 112(96)	364(313) 112(96)	430(370) 112(96)	186(160) 112(96)	0(0) 112(96)	484(416) 106(91)	15
10	121(104) 117(101)	354(304) 117(101)	315(271) 117(101)	50(43) 117(101)	0(0) 117(101)	652(561) 90(77)	110(95) 124(107)	324(279) 124(107)	288(248) 124(107)	47(40) 124(107)	0(0) 124(107)	598(514) 109(94)	14
11	176(151) 121(104)	248(213) 121(104)	116(100) 121(104)	0(0) 121(104)	0(0) 121(104)	722(621) 84(72)	162(139) 130(112)	224(197) 130(112)	107(92) 130(112)	0(0) 130(112)	0(0) 130(112)	665(572) 108(93)	13
12	195(168) 123(106)	114(95) 123(106)	0(0) 123(106)	0(0) 123(106)	0(0) 123(106)	747(642) 85(73)	180(155) 134(115)	101(87) 134(115)	0(0) 134(115)	0(0) 134(115)	0(0) 134(115)	688(592) 110(95)	12
13	176(151) 121(104)	6(5) 121(104)	0(0) 121(104)	0(0) 121(104)	0(0) 121(104)	722(621) 84(72)	162(139) 130(112)	6(5) 130(112)	0(0) 130(112)	0(0) 130(112)	0(0) 130(112)	665(572) 108(93)	11
14	121(104) 117(101)	0(0) 117(101)	0(0) 117(101)	0(0) 117(101)	0(0) 117(101)	652(561) 90(77)	110(95) 124(107)	0(0) 124(107)	0(0) 124(107)	0(0) 124(107)	0(0) 124(107)	598(514) 109(94)	10
15	49(42) 106(91)	0(0) 106(91)	0(0) 106(91)	0(0) 106(91)	0(0) 106(91)	533(458) 88(76)	44(38) 112(96)	0(0) 112(96)	0(0) 112(96)	0(0) 112(96)	0(0) 112(96)	484(416) 106(91)	9
16	2(2) 88(76)	0(0) 88(76)	0(0) 88(76)	0(0) 88(76)	0(0) 88(76)	379(326) 83(71)	2(2) 90(77)	0(0) 90(77)	0(0) 90(77)	0(0) 90(77)	0(0) 90(77)	336(289) 93(80)	8
17	0(0) 65(56)	0(0) 65(56)	0(0) 65(56)	0(0) 65(56)	57(49) 65(56)	205(176) 69(59)	0(0) 67(58)	0(0) 67(58)	0(0) 67(58)	0(0) 67(58)	49(42) 67(58)	177(152) 79(68)	7
18	0(0) 43(37)	0(0) 43(37)	0(0) 43(37)	0(0) 43(37)	78(67) 43(37)	60(52) 56(48)	0(0) 43(37)	0(0) 43(37)	0(0) 43(37)	0(0) 43(37)	63(54) 43(37)	49(42) 58(50)	6
朝向	S	SW	W	NW	N	H	S	SW	W	NW	N	H	朝向

续表 B-5

透明度等级		5						6						透明度等级	
朝 向		S	SE	E	NE	N	H	S	SE	E	NE	N	H	朝 向	
辐射照度		上行——直接辐射 下行——散射辐射						上行——直接辐射 下行——散射辐射						辐射照度	
时刻（地方太阳时）	6	0(0) 42(36)	117(101) 42(36)	267(230) 42(36)	243(209) 42(36)	51(44) 42(36)	40(34) 58(50)	0(0) 40(34)	86(74) 40(34)	194(167) 40(34)	177(152) 40(34)	37(32) 40(34)	29(25) 58(50)	18	时刻（地方太阳时）
	7	0(0) 72(62)	229(197) 72(62)	398(342) 72(62)	311(267) 72(62)	42(36) 72(62)	152(131) 91(78)	0(0) 77(66)	190(163) 77(66)	329(283) 77(66)	257(221) 77(66)	35(30) 77(66)	126(108) 104(89)	17	
	8	1(1) 96(83)	306(263) 96(83)	437(376) 96(83)	278(239) 96(83)	0(0) 96(83)	300(258) 109(94)	1(1) 100(86)	258(222) 100(86)	368(316) 100(86)	234(201) 100(86)	0(0) 100(86)	254(218) 123(106)	16	
	9	41(35) 119(102)	337(290) 119(102)	398(342) 119(102)	172(148) 119(102)	0(0) 119(102)	448(385) 124(107)	36(31) 128(110)	291(250) 128(110)	344(296) 128(110)	149(128) 128(110)	0(0) 128(110)	387(333) 149(128)	15	
	10	104(89) 133(114)	302(260) 133(114)	270(232) 133(114)	43(37) 133(114)	0(0) 133(114)	557(479) 131(113)	91(78) 144(124)	266(229) 144(124)	237(204) 144(124)	38(33) 144(124)	0(0) 144(124)	492(423) 160(138)	14	
	11	150(129) 138(119)	213(183) 138(119)	100(86) 138(119)	0(0) 138(119)	0(0) 138(119)	619(532) 130(112)	134(115) 149(128)	190(163) 149(128)	88(76) 149(128)	0(0) 149(128)	0(0) 149(128)	551(474) 159(137)	13	
	12	167(144) 142(122)	94(81) 142(122)	0(0) 142(122)	0(0) 142(122)	0(0) 142(122)	641(551) 133(114)	150(129) 152(131)	85(73) 152(131)	0(0) 152(131)	0(0) 152(131)	0(0) 152(131)	572(492) 160(138)	12	
	13	150(129) 138(119)	5(4) 138(119)	0(0) 138(119)	0(0) 138(119)	0(0) 138(119)	619(532) 130(112)	134(115) 149(128)	5(4) 149(128)	0(0) 149(128)	0(0) 149(128)	0(0) 149(128)	551(474) 159(137)	11	
	14	104(89) 133(114)	0(0) 133(114)	0(0) 133(114)	0(0) 133(114)	0(0) 133(114)	557(479) 131(113)	91(78) 144(124)	0(0) 144(124)	0(0) 144(124)	0(0) 144(124)	0(0) 144(124)	492(423) 160(138)	10	
	15	41(35) 119(102)	0(0) 119(102)	0(0) 119(102)	0(0) 119(102)	0(0) 119(102)	448(385) 124(107)	36(31) 128(110)	0(0) 128(110)	0(0) 128(110)	0(0) 128(110)	0(0) 128(110)	387(333) 149(128)	9	
	16	1(1) 96(83)	0(0) 96(83)	0(0) 96(83)	0(0) 96(83)	0(0) 96(83)	300(258) 109(94)	1(1) 100(86)	0(0) 100(86)	0(0) 100(86)	0(0) 100(86)	0(0) 100(86)	254(218) 123(106)	8	
	17	0(0) 72(62)	0(0) 72(62)	0(0) 72(62)	0(0) 72(62)	42(36) 72(62)	152(131) 91(78)	0(0) 77(66)	0(0) 77(66)	0(0) 77(66)	0(0) 77(66)	35(30) 77(66)	126(108) 104(89)	7	
	18	0(0) 42(36)	0(0) 42(36)	0(0) 42(36)	0(0) 42(36)	51(44) 42(36)	40(34) 58(50)	0(0) 40(34)	0(0) 40(34)	0(0) 40(34)	0(0) 40(34)	37(32) 40(34)	29(25) 58(50)	6	
朝 向		S	SW	W	NW	N	H	S	SW	W	NW	N	H	朝 向	

表 B-6 北纬 45°透过标准窗玻璃的太阳辐射照度(W/m²)〔kcal/(m²·h)〕

透明度等级		1						2						透明度等级	
朝 向		S	SE	E	NE	N	H	S	SE	E	NE	N	H	朝 向	
辐射照度		上行——直接辐射 下行——散射辐射						上行——直接辐射 下行——散射辐射						辐射照度	
时刻（地方太阳时）	6	0(0) 40(34)	269(231) 40(34)	584(502) 40(34)	521(448) 40(34)	97(83) 40(34)	100(86) 41(35)	0(0) 41(35)	230(198) 41(35)	502(432) 41(35)	448(385) 41(35)	84(72) 41(35)	86(74) 45(39)	18	时刻（地方太阳时）
	7	0(0) 60(52)	418(360) 60(52)	685(589) 60(52)	514(442) 60(52)	14(12) 60(52)	266(229) 49(42)	0(0) 64(55)	373(321) 64(55)	611(525) 64(55)	458(394) 64(55)	13(11) 64(55)	238(205) 59(51)	17	
	8	16(14) 78(67)	497(427) 78(67)	658(566) 78(67)	383(329) 78(67)	0(0) 78(67)	449(386) 52(45)	15(13) 83(71)	456(392) 83(71)	605(520) 83(71)	351(302) 83(71)	0(0) 83(71)	413(355) 67(58)	16	
	9	105(90) 92(79)	511(439) 92(79)	548(471) 92(79)	193(166) 92(79)	0(0) 92(79)	599(515) 55(47)	98(84) 97(83)	475(408) 97(83)	511(439) 97(83)	180(155) 97(83)	0(0) 97(83)	558(480) 69(59)	15	
	10	209(180) 105(90)	458(394) 105(90)	359(309) 105(90)	117(101) 105(90)	0(0) 105(90)	720(619) 57(49)	197(169) 110(95)	429(369) 110(95)	336(289) 110(95)	109(94) 110(95)	0(0) 110(95)	675(580) 73(63)	14	
	11	280(241) 110(95)	341(293) 110(95)	131(113) 110(95)	0(0) 110(95)	0(0) 110(95)	790(679) 55(47)	264(227) 119(102)	321(276) 119(102)	123(106) 119(102)	0(0) 119(102)	0(0) 119(102)	743(639) 76(65)	13	
	12	305(262) 110(95)	180(155) 110(95)	0(0) 110(95)	0(0) 110(95)	0(0) 110(95)	814(700) 53(45)	287(247) 119(102)	170(146) 119(102)	0(0) 119(102)	0(0) 119(102)	0(0) 119(102)	766(659) 72(62)	12	
	13	280(241) 110(95)	137(118) 110(95)	0(0) 110(95)	0(0) 110(95)	0(0) 110(95)	790(679) 55(47)	264(227) 119(102)	129(111) 119(102)	0(0) 119(102)	0(0) 119(102)	0(0) 119(102)	743(639) 76(65)	11	
	14	209(180) 104(90)	0(0) 104(90)	0(0) 104(90)	0(0) 104(90)	0(0) 104(90)	720(619) 57(49)	197(169) 110(95)	0(0) 110(95)	0(0) 110(95)	0(0) 110(95)	0(0) 110(95)	675(580) 73(63)	10	
	15	105(90) 92(79)	0(0) 92(79)	0(0) 92(79)	0(0) 92(79)	0(0) 92(79)	599(515) 55(47)	98(84) 97(83)	0(0) 97(83)	0(0) 97(83)	0(0) 97(83)	0(0) 97(83)	558(480) 69(59)	9	
	16	16(14) 78(67)	0(0) 78(67)	0(0) 78(67)	0(0) 78(67)	0(0) 78(67)	449(386) 52(45)	15(13) 83(71)	0(0) 83(71)	0(0) 83(71)	0(0) 83(71)	0(0) 83(71)	413(355) 67(58)	8	
	17	0(0) 60(52)	0(0) 60(52)	0(0) 60(52)	0(0) 60(52)	14(12) 60(52)	266(229) 49(42)	0(0) 64(55)	0(0) 64(55)	0(0) 64(55)	0(0) 64(55)	13(11) 64(55)	238(205) 59(51)	7	
	18	0(0) 40(34)	0(0) 40(34)	0(0) 40(34)	0(0) 40(34)	97(83) 40(34)	100(86) 41(35)	0(0) 41(35)	0(0) 41(35)	0(0) 41(35)	0(0) 41(35)	84(72) 41(35)	86(74) 45(39)	6	
朝 向		S	SW	W	NW	N	H	S	SW	W	NW	N	H	朝 向	

透明度等级		3							4				透明度等级
朝 向	S	SE	E	NE	N	H	S	SE	E	NE	N	H	朝 向
辐射照度			上行——直接辐射 下行——散射辐射						上行——直接辐射 下行——散射辐射				辐射照度
6	0(0) 45(39)	200(172) 45(39)	435(374) 45(39)	388(334) 45(39)	72(62) 45(39)	77(64) 57(49)	0(0) 45(39)	165(142) 45(39)	358(308) 45(39)	320(275) 45(39)	59(51) 45(39)	62(53) 61(52)	18
7	0(0) 65(56)	330(284) 65(56)	541(465) 65(56)	406(349) 65(56)	10(9) 65(56)	211(181) 69(59)	0(0) 69(59)	285(245) 69(59)	466(401) 69(59)	350(301) 69(59)	9(8) 69(59)	181(156) 79(68)	17
8	14(12) 88(76)	415(357) 88(76)	550(473) 88(76)	320(275) 88(76)	0(0) 88(76)	376(323) 83(71)	12(10) 90(77)	366(315) 90(77)	486(418) 90(77)	283(243) 90(77)	0(0) 90(77)	331(285) 92(79)	16
9	91(78) 105(90)	438(377) 105(90)	471(405) 105(90)	163(143) 105(90)	0(0) 105(90)	515(443) 88(76)	81(70) 108(93)	397(341) 108(93)	427(367) 108(93)	150(129) 108(93)	0(0) 108(93)	465(400) 104(89)	15
10	183(157) 114(98)	399(343) 114(98)	312(268) 114(98)	101(87) 114(98)	0(0) 114(98)	626(538) 88(76)	166(143) 121(104)	365(314) 121(104)	286(246) 121(104)	93(80) 121(104)	0(0) 121(104)	572(492) 109(94)	14
11	245(211) 120(103)	299(257) 120(103)	115(99) 120(103)	0(0) 120(103)	0(0) 120(103)	692(595) 87(75)	226(194) 127(109)	274(236) 127(109)	106(91) 127(109)	0(0) 127(109)	0(0) 127(109)	635(546) 108(93)	13
12	267(230) 121(104)	158(136) 121(104)	0(0) 121(104)	0(0) 121(104)	0(0) 121(104)	714(614) 85(73)	247(212) 129(111)	145(125) 129(111)	0(0) 129(111)	0(0) 129(111)	0(0) 129(111)	657(565) 108(93)	12
13	245(211) 120(103)	120(103) 120(103)	0(0) 120(103)	0(0) 120(103)	0(0) 120(103)	692(595) 87(75)	226(194) 127(109)	110(95) 127(109)	0(0) 127(109)	0(0) 127(109)	0(0) 127(109)	635(546) 108(93)	11
14	183(157) 114(98)	0(0) 114(98)	0(0) 114(98)	0(0) 114(98)	0(0) 114(98)	626(538) 88(76)	166(143) 121(104)	0(0) 121(104)	0(0) 121(104)	0(0) 121(104)	0(0) 121(104)	572(492) 109(94)	10
15	91(78) 105(90)	0(0) 105(90)	0(0) 105(90)	0(0) 105(90)	0(0) 105(90)	515(443) 88(76)	81(70) 108(93)	0(0) 108(93)	0(0) 108(93)	0(0) 108(93)	0(0) 108(93)	465(400) 104(89)	9
16	14(12) 88(76)	0(0) 88(76)	0(0) 88(76)	0(0) 88(76)	0(0) 88(76)	376(323) 83(71)	12(10) 90(77)	0(0) 90(77)	0(0) 90(77)	0(0) 90(77)	0(0) 90(77)	331(285) 92(79)	8
17	0(0) 65(56)	0(0) 65(56)	0(0) 65(56)	0(0) 65(56)	10(9) 65(56)	211(181) 69(59)	0(0) 69(59)	0(0) 69(59)	0(0) 69(59)	0(0) 69(59)	9(8) 69(59)	181(156) 79(68)	7
18	0(0) 45(39)	0(0) 45(39)	0(0) 45(39)	0(0) 45(39)	72(62) 45(39)	77(64) 57(49)	0(0) 45(39)	0(0) 45(39)	0(0) 45(39)	0(0) 45(39)	59(51) 45(39)	62(53) 61(52)	6
朝 向	S	SW	W	NW	N	H	S	SW	W	NW	N	H	朝 向

时刻（地方太阳时）（左列由6至18，右列由18至6）

透明度等级		5							6				透明度等级
朝 向	S	SE	E	NE	N	H	S	SE	E	NE	N	H	朝 向
辐射照度			上行——直接辐射 下行——散射辐射						上行——直接辐射 下行——散射辐射				辐射照度
6	0(0) 44(38)	135(116) 44(38)	293(252) 44(38)	262(225) 44(38)	49(42) 44(38)	50(43) 62(53)	0(0) 44(38)	100(86) 44(38)	216(186) 44(38)	193(166) 44(38)	36(31) 44(38)	37(32) 64(55)	18
7	0(0) 73(63)	247(212) 73(63)	402(346) 73(63)	302(260) 73(63)	8(7) 73(63)	157(135) 91(78)	0(0) 78(67)	204(175) 78(67)	334(287) 78(67)	256(215) 78(67)	7(6) 78(67)	130(112) 105(90)	17
8	10(9) 95(82)	328(282) 95(82)	435(374) 95(82)	252(217) 95(82)	0(0) 95(82)	297(255) 109(94)	9(8) 99(85)	276(237) 99(85)	366(315) 99(85)	213(183) 99(85)	0(0) 99(85)	249(214) 122(105)	16
9	76(65) 116(100)	365(314) 116(100)	393(338) 116(100)	138(119) 116(100)	0(0) 116(100)	429(369) 122(105)	65(56) 124(107)	315(271) 124(107)	338(291) 124(107)	120(103) 124(107)	0(0) 124(107)	370(318) 145(125)	15
10	156(134) 130(112)	341(293) 130(112)	266(229) 130(112)	87(75) 130(112)	0(0) 130(112)	534(459) 129(111)	136(117) 141(121)	299(257) 141(121)	234(201) 141(121)	77(66) 141(121)	0(0) 141(121)	469(403) 158(136)	14
11	211(181) 136(117)	256(220) 136(117)	99(85) 136(117)	0(0) 136(117)	0(0) 136(117)	593(510) 131(113)	186(160) 148(127)	227(195) 148(127)	87(75) 148(127)	0(0) 148(127)	0(0) 148(127)	526(452) 160(138)	13
12	229(197) 138(119)	136(117) 138(119)	0(0) 138(119)	0(0) 138(119)	0(0) 138(119)	613(527) 130(112)	204(175) 149(128)	121(104) 149(128)	0(0) 149(128)	0(0) 149(128)	0(0) 149(128)	544(468) 159(137)	12
13	211(181) 136(117)	104(89) 136(117)	0(0) 136(117)	0(0) 136(117)	0(0) 136(117)	593(510) 131(113)	186(160) 148(127)	92(79) 148(127)	0(0) 148(127)	0(0) 148(127)	0(0) 148(127)	526(452) 160(138)	11
14	156(134) 130(112)	0(0) 130(112)	0(0) 130(112)	0(0) 130(112)	0(0) 130(112)	534(459) 129(111)	136(117) 141(121)	0(0) 141(121)	0(0) 141(121)	0(0) 141(121)	0(0) 141(121)	469(403) 158(136)	10
15	76(65) 116(100)	0(0) 116(100)	0(0) 116(100)	0(0) 116(100)	0(0) 116(100)	429(369) 122(105)	65(56) 124(107)	0(0) 124(107)	0(0) 124(107)	0(0) 124(107)	0(0) 124(107)	370(318) 145(125)	9
16	10(9) 95(82)	0(0) 95(82)	0(0) 95(82)	0(0) 95(82)	0(0) 95(82)	297(255) 109(94)	9(8) 99(85)	0(0) 99(85)	0(0) 99(85)	0(0) 99(85)	0(0) 99(85)	249(214) 122(105)	8
17	0(0) 73(63)	0(0) 73(63)	0(0) 73(63)	0(0) 73(63)	8(7) 73(63)	157(135) 91(78)	0(0) 78(67)	0(0) 78(67)	0(0) 78(67)	0(0) 78(67)	7(6) 78(67)	130(112) 105(90)	7
18	0(0) 44(38)	0(0) 44(38)	0(0) 44(38)	0(0) 44(38)	49(42) 44(38)	50(43) 62(53)	0(0) 44(38)	0(0) 44(38)	0(0) 44(38)	0(0) 44(38)	36(31) 44(38)	37(32) 64(55)	6
朝 向	S	SW	W	NW	N	H	S	SW	W	NW	N	H	朝 向

表 B-7　北纬50°透过标准窗玻璃的太阳辐射照度（W/m²）〔kcal/(m²·h)〕

透明度等级 1（上行——直接辐射，下行——散射辐射）

时刻（地方太阳时）	S	SE	E	NE	N	H
6	0(0) / 42(36)	291(250) / 42(36)	605(520) / 42(36)	528(454) / 42(36)	85(73) / 42(36)	116(100) / 42(36)
7	0(0) / 60(52)	442(382) / 60(52)	687(591) / 60(52)	494(425) / 60(52)	3(3) / 60(52)	276(237) / 49(42)
8	40(34) / 77(66)	527(453) / 77(66)	657(565) / 77(66)	345(297) / 77(66)	0(0) / 77(66)	437(376) / 52(45)
9	160(138) / 90(77)	549(472) / 90(77)	545(469) / 90(77)	150(129) / 90(77)	0(0) / 90(77)	576(495) / 52(45)
10	278(239) / 102(88)	507(436) / 102(88)	356(306) / 102(88)	7(6) / 102(88)	102(88) / 102(88)	685(589) / 58(50)
11	359(309) / 108(93)	398(342) / 108(93)	130(112) / 108(93)	0(0) / 108(93)	108(93) / 108(93)	751(646) / 58(50)
12	388(334) / 110(95)	235(202) / 110(95)	0(0) / 110(95)	0(0) / 110(95)	110(95) / 110(95)	773(665) / 58(50)
13	359(309) / 108(93)	62(53) / 108(93)	0(0) / 108(93)	0(0) / 108(93)	108(93) / 108(93)	751(646) / 58(50)
14	278(239) / 102(88)	0(0) / 102(88)	0(0) / 102(88)	0(0) / 102(88)	102(88) / 102(88)	685(589) / 58(50)
15	160(138) / 90(77)	0(0) / 90(77)	0(0) / 90(77)	0(0) / 90(77)	90(77) / 90(77)	576(495) / 52(45)
16	40(34) / 77(66)	0(0) / 77(66)	0(0) / 77(66)	0(0) / 77(66)	77(66) / 77(66)	437(376) / 52(45)
17	0(0) / 60(52)	0(0) / 60(52)	0(0) / 60(52)	0(0) / 60(52)	60(52) / 60(52)	276(237) / 49(42)
18	0(0) / 42(36)	0(0) / 42(36)	0(0) / 42(36)	0(0) / 42(36)	85(73) / 42(36)	116(100) / 42(36)

透明度等级 2（上行——直接辐射，下行——散射辐射）

时刻（地方太阳时）	S	SE	E	NE	N	H
18	0(0) / 43(37)	251(216) / 43(37)	522(449) / 43(37)	457(393) / 43(37)	73(63) / 43(37)	100(86) / 47(40)
17	0(0) / 64(55)	397(341) / 64(55)	613(527) / 64(55)	441(379) / 64(55)	3(3) / 64(55)	245(211) / 60(52)
16	36(31) / 81(70)	484(416) / 81(70)	601(517) / 81(70)	316(272) / 81(70)	0(0) / 81(70)	401(345) / 66(57)
15	149(128) / 94(81)	511(439) / 94(81)	507(436) / 94(81)	140(120) / 94(81)	0(0) / 94(81)	555(460) / 69(59)
14	261(224) / 105(90)	475(408) / 105(90)	333(286) / 105(90)	7(6) / 105(90)	105(90) / 105(90)	640(550) / 71(61)
13	337(290) / 115(99)	373(321) / 115(99)	123(106) / 115(99)	0(0) / 115(99)	115(99) / 115(99)	706(607) / 78(67)
12	365(314) / 119(102)	221(190) / 119(102)	0(0) / 119(102)	0(0) / 119(102)	119(102) / 119(102)	727(625) / 79(68)
11	337(290) / 115(99)	57(49) / 115(99)	0(0) / 115(99)	0(0) / 115(99)	115(99) / 115(99)	706(607) / 78(67)
10	261(224) / 105(90)	0(0) / 105(90)	0(0) / 105(90)	0(0) / 105(90)	105(90) / 105(90)	640(550) / 71(61)
9	149(128) / 94(81)	0(0) / 94(81)	0(0) / 94(81)	0(0) / 94(81)	94(81) / 94(81)	555(460) / 69(59)
8	36(31) / 81(70)	0(0) / 81(70)	0(0) / 81(70)	0(0) / 81(70)	81(70) / 81(70)	401(345) / 66(57)
7	0(0) / 64(55)	0(0) / 64(55)	0(0) / 64(55)	0(0) / 64(55)	64(55) / 64(55)	245(211) / 60(52)
6	0(0) / 43(37)	0(0) / 43(37)	0(0) / 43(37)	0(0) / 43(37)	73(63) / 43(37)	100(86) / 47(40)

朝向（等级1、2下部）：S　SW　W　NW　N　H

透明度等级 3（上行——直接辐射，下行——散射辐射）

时刻（地方太阳时）	S	SE	E	NE	N	H
6	0(0) / 49(42)	219(188) / 49(42)	456(392) / 49(42)	398(342) / 49(42)	64(55) / 49(42)	87(75) / 59(51)
7	0(0) / 66(57)	351(302) / 66(57)	544(468) / 66(57)	391(336) / 66(57)	3(3) / 66(57)	217(187) / 69(59)
8	33(28) / 87(75)	440(378) / 87(75)	547(470) / 87(75)	287(247) / 87(75)	0(0) / 87(75)	364(313) / 81(70)
9	137(118) / 102(88)	470(404) / 102(88)	468(402) / 102(88)	129(111) / 102(88)	0(0) / 102(88)	493(424) / 87(75)
10	241(207) / 112(96)	440(378) / 112(96)	308(265) / 112(96)	6(5) / 112(96)	112(96) / 112(96)	593(510) / 90(77)
11	314(270) / 117(101)	347(298) / 117(101)	114(98) / 117(101)	0(0) / 117(101)	117(101) / 117(101)	656(564) / 90(77)
12	340(292) / 120(103)	206(177) / 120(103)	0(0) / 120(103)	0(0) / 120(103)	120(103) / 120(103)	676(581) / 90(77)
13	314(270) / 117(101)	53(46) / 117(101)	0(0) / 117(101)	0(0) / 117(101)	117(101) / 117(101)	656(564) / 90(77)
14	241(207) / 112(96)	0(0) / 112(96)	0(0) / 112(96)	0(0) / 112(96)	112(96) / 112(96)	593(510) / 90(77)
15	137(118) / 102(88)	0(0) / 102(88)	0(0) / 102(88)	0(0) / 102(88)	102(88) / 102(88)	493(424) / 87(75)
16	33(28) / 87(75)	0(0) / 87(75)	0(0) / 87(75)	0(0) / 87(75)	87(75) / 87(75)	364(313) / 81(70)
17	0(0) / 66(57)	0(0) / 66(57)	0(0) / 66(57)	3(3) / 66(57)	66(57) / 66(57)	217(187) / 69(59)
18	0(0) / 49(42)	0(0) / 49(42)	0(0) / 49(42)	0(0) / 49(42)	64(55) / 49(42)	87(75) / 59(51)

透明度等级 4（上行——直接辐射，下行——散射辐射）

时刻（地方太阳时）	S	SE	E	NE	N	H
18	0(0) / 49(42)	181(156) / 49(42)	378(325) / 49(42)	330(284) / 49(42)	53(46) / 49(42)	73(63) / 64(55)
17	0(0) / 70(60)	304(261) / 70(60)	470(404) / 70(60)	337(290) / 70(60)	2(2) / 70(60)	188(162) / 80(69)
16	29(25) / 88(76)	387(333) / 88(76)	483(415) / 88(76)	254(218) / 88(76)	0(0) / 88(76)	321(276) / 92(79)
15	123(106) / 105(90)	423(364) / 105(90)	421(362) / 105(90)	116(100) / 105(90)	0(0) / 105(90)	444(382) / 101(87)
14	221(190) / 119(102)	402(346) / 119(102)	281(242) / 119(102)	6(5) / 119(102)	119(102) / 119(102)	543(467) / 109(94)
13	287(247) / 124(107)	317(273) / 124(107)	105(90) / 124(107)	0(0) / 124(107)	124(107) / 124(107)	601(517) / 109(94)
12	312(268) / 127(109)	188(162) / 127(109)	0(0) / 127(109)	0(0) / 127(109)	127(109) / 127(109)	620(533) / 109(94)
11	287(247) / 124(107)	49(42) / 124(107)	0(0) / 124(107)	0(0) / 124(107)	124(107) / 124(107)	601(517) / 109(94)
10	221(190) / 119(102)	0(0) / 119(102)	0(0) / 119(102)	0(0) / 119(102)	119(102) / 119(102)	543(467) / 109(94)
9	123(106) / 105(90)	0(0) / 105(90)	0(0) / 105(90)	0(0) / 105(90)	105(90) / 105(90)	444(382) / 101(87)
8	29(25) / 88(76)	0(0) / 88(76)	0(0) / 88(76)	0(0) / 88(76)	88(76) / 88(76)	321(276) / 92(79)
7	0(0) / 70(60)	0(0) / 70(60)	0(0) / 70(60)	2(2) / 70(60)	70(60) / 70(60)	188(162) / 80(69)
6	0(0) / 49(42)	0(0) / 49(42)	0(0) / 49(42)	0(0) / 49(42)	53(46) / 49(42)	73(63) / 64(55)

朝向（等级3、4下部）：S　SW　W　NW　N　H

透明度等级 5 / 6。各朝向单元格：上行—直接辐射，下行—散射辐射。表中数值记为 直接辐射 / 散射辐射。

时刻（地方太阳时）左	5 S	5 SE	5 E	5 NE	5 N	5 H	6 S	6 SE	6 E	6 NE	6 N	6 H	时刻（地方太阳时）右
6	0(0) / 48(41)	150(129) / 48(41)	312(268) / 48(41)	273(235) / 48(41)	44(38) / 48(41)	60(52) / 65(56)	0(0) / 48(41)	113(97) / 48(41)	236(203) / 48(41)	206(177) / 48(41)	33(28) / 48(41)	45(39) / 69(59)	18
7	0(0) / 73(63)	262(225) / 73(63)	406(349) / 73(63)	292(251) / 73(63)	2(2) / 73(63)	163(140) / 92(79)	0(0) / 79(68)	217(187) / 79(68)	336(289) / 79(68)	242(208) / 79(68)	2(2) / 79(68)	135(116) / 106(91)	17
8	26(22) / 94(81)	345(297) / 94(81)	430(370) / 94(81)	227(195) / 94(81)	0(0) / 94(81)	287(247) / 108(93)	22(19) / 98(84)	291(250) / 98(84)	362(311) / 98(84)	191(164) / 98(84)	0(0) / 98(84)	241(207) / 121(104)	16
9	113(97) / 113(97)	388(334) / 113(97)	386(332) / 113(97)	107(92) / 113(97)	0(0) / 113(97)	408(351) / 121(104)	98(84) / 120(103)	334(287) / 120(103)	331(285) / 120(103)	91(78) / 120(103)	0(0) / 120(103)	349(300) / 141(121)	15
10	206(177) / 127(109)	374(322) / 127(109)	263(226) / 127(109)	6(5) / 127(109)	0(0) / 127(109)	506(435) / 128(110)	179(154) / 137(118)	337(281) / 137(118)	229(197) / 137(118)	5(4) / 137(118)	0(0) / 137(118)	442(380) / 156(134)	14
11	269(231) / 134(115)	297(255) / 134(115)	98(84) / 134(115)	0(0) / 134(115)	0(0) / 134(115)	561(482) / 131(113)	236(203) / 145(125)	262(225) / 145(125)	86(74) / 145(125)	0(0) / 145(125)	0(0) / 145(125)	495(426) / 162(139)	13
12	291(250) / 136(117)	177(152) / 136(117)	0(0) / 136(117)	0(0) / 136(117)	0(0) / 136(117)	579(498) / 133(114)	257(221) / 148(127)	156(134) / 148(127)	0(0) / 148(127)	0(0) / 148(127)	0(0) / 148(127)	513(441) / 163(140)	12
13	269(231) / 134(115)	45(39) / 134(115)	0(0) / 134(115)	0(0) / 134(115)	0(0) / 134(115)	561(482) / 131(113)	236(203) / 145(125)	41(25) / 145(125)	0(0) / 145(125)	0(0) / 145(125)	0(0) / 145(125)	495(426) / 162(139)	11
14	206(177) / 127(109)	0(0) / 127(109)	0(0) / 127(109)	0(0) / 127(109)	0(0) / 127(109)	506(435) / 128(110)	179(154) / 137(118)	0(0) / 137(118)	0(0) / 137(118)	0(0) / 137(118)	0(0) / 137(118)	442(380) / 156(134)	10
15	113(97) / 113(97)	0(0) / 113(97)	0(0) / 113(97)	113(97) / 113(97)	113(97) / 113(97)	408(351) / 121(104)	98(84) / 120(103)	0(0) / 120(103)	0(0) / 120(103)	120(103) / 120(103)	120(103) / 120(103)	349(300) / 141(121)	9
16	26(22) / 94(81)	0(0) / 94(81)	0(0) / 94(81)	94(81) / 94(81)	94(81) / 94(81)	287(247) / 108(93)	22(19) / 98(84)	0(0) / 98(84)	0(0) / 98(84)	98(84) / 98(84)	98(84) / 98(84)	241(207) / 121(104)	8
17	0(0) / 73(63)	0(0) / 73(63)	0(0) / 73(63)	0(0) / 73(63)	2(2) / 73(63)	163(140) / 92(79)	0(0) / 79(68)	0(0) / 79(68)	0(0) / 79(68)	0(0) / 79(68)	2(2) / 79(68)	135(116) / 106(91)	7
18	0(0) / 48(41)	0(0) / 48(41)	0(0) / 48(41)	0(0) / 48(41)	44(38) / 48(41)	60(52) / 65(56)	0(0) / 48(41)	0(0) / 48(41)	0(0) / 48(41)	0(0) / 48(41)	33(28) / 48(41)	45(39) / 69(59)	6
朝向（下行）	S	SW	W	NW	N	H	S	SW	W	NW	N	H	朝向

附录 C 夏季空气调节大气透明度分布图

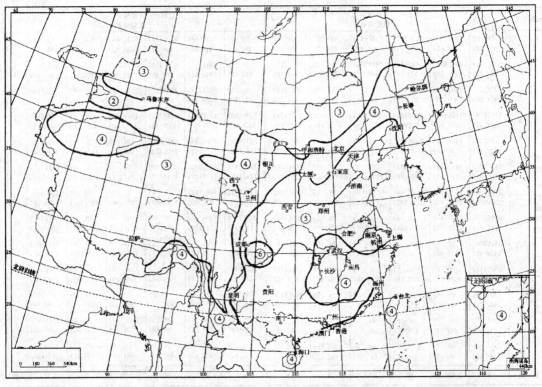

图 C 夏季空气调节大气透明度分布图

附录 D　加热由门窗缝隙渗入室内的冷空气的耗热量

D.0.1 多层和高层民用建筑,加热由门窗缝隙渗入室内的冷空气的耗热量,可按下式计算:

$$Q=0.28c_p\rho_{wn}L(t_n-t_{wn}) \qquad (D.0.1)$$

式中　Q——由门窗缝隙渗入室内的冷空气的耗热量(W);

c_p——空气的定压比热容,$c_p=1kJ/(kg \cdot ℃)$;

ρ_{wn}——采暖室外计算温度下的空气密度(kg/m^3);

L——渗透冷空气量(m^3/h),按式(D.0.2-1)或式(D.0.3)确定;

t_n——采暖室内计算温度(℃),按本规范第3.1.1条确定;

t_{wn}——采暖室外计算温度(℃),按本规范第3.2.1条确定。

D.0.2 渗透冷空气量可根据不同的朝向,按下列计算公式确定:

$$L=L_0l_1m^b \qquad (D.0.2-1)$$

式中　L_0——在基准高度单纯风压作用下,不考虑朝向修正和建筑物内部隔断情况时,通过每米门窗缝隙进入室内的理论渗透冷空气量〔$m^3/(m \cdot h)$〕,按式(D.0.2-2)确定;

l_1——外门窗缝隙的长度(m),应分别按各朝向可开启的门窗缝隙长度计算;

m——风压与热压共同作用下,考虑建筑体形、内部隔断和空气流通等因素后,不同朝向、不同高度的门窗冷风渗透压差综合修正系数,按式(D.0.2-3)确定;

b——门窗缝隙渗风指数,$b=0.56\sim0.78$,当无实测数据时,可取 $b=0.67$。

1 通过每米门窗缝隙进入室内的理论渗透冷空气量,按下式计算:

$$L_0=a_1(\frac{\rho_{wn}}{2}v_0^2)^b \qquad (D.0.2-2)$$

式中　a_1——外门窗缝隙渗风系数〔$m^3/(m \cdot h \cdot Pa^b)$〕,当无实测数据时,可根据建筑外窗空气渗透性能分级的相关标准,按表 D.0.2-1 采用;

v_0——基准高度冬季室外最多风向的平均风速(m/s),按本规范第3.2节的有关规定确定。

表 D.0.2-1　外门窗缝隙渗风系数下限值

建筑外窗空气渗透性能分级	I	II	III	IV	V
a_1〔$m^3/(m \cdot h \cdot Pa^{0.67})$〕	0.1	0.3	0.5	0.8	1.2

2 冷风渗透压差综合修正系数,按下式计算:

$$m=C_r \cdot \Delta C_f \cdot (n^{1/b}+C) \cdot C_h \qquad (D.0.2-3)$$

式中　C_r——热压系数。当无法精确计算时,按表 D.0.2-2 采用;

表 D.0.2-2　热压系数

内部隔断情况	开敞空间	有内门或房门		有前室门、楼梯间门或走廊两端设门	
		密闭性差	密闭性好	密闭性差	密闭性好
C_r	1.0	1.0~0.8	0.8~0.6	0.6~0.4	0.4~0.2

ΔC_f——风压差系数,当无实测数据时,可取 $\Delta C_f=0.7$;

n——单纯风压作用下,渗透冷空气量的朝向修正系数,按本规范附录E采用;

C——作用于门窗上的有效热压差与有效风压差之比,按式(D.0.2-5)确定;

C_h——高度修正系数,按下式计算:

$$C_h=0.3h^{0.4} \qquad (D.0.2-4)$$

式中　h——计算门窗的中心线标高(m)。

3 有效热压差与有效风压差之比,按下式计算:

$$C=70\frac{h_z-h}{\Delta C_f v_0^2 h^{0.4}} \cdot \frac{t'_n-t_{wn}}{273+t'_n} \qquad (D.0.2-5)$$

式中　h_z——单纯热压作用下,建筑物中和面的标高(m),可取建筑物总高度的1/2;

t'_n——建筑物内形成热压作用的竖井计算温度(℃)。

D.0.3 多层建筑的渗透冷空气量,当无相关数据时,可按以下公式计算:

$$L=kV \qquad (D.0.3)$$

式中　V——房间体积(m^3);

k——换气次数(次/h),当无实测数据时,可按表 D.0.3 采用。

表 D.0.3　换气次数(次/h)

房间类型	一面有外窗房间	两面有外窗房间	三面有外窗房间	门厅
k	0.5	0.5~1.0	1.0~1.5	2

D.0.4 工业建筑,加热由门窗缝隙渗入室内的冷空气的耗热量,可按表 D.0.4 估算。

表 D.0.4　渗透耗热量占围护结构总耗热量的百分率(%)

建筑物高度(m)		<4.5	4.5~10.0	>10.0
玻璃窗层数	单层	25	35	40
	单、双层均有	20	30	35
	双层	15	25	30

附录 E　渗透冷空气量的朝向修正系数 n 值

表 E-1　朝向修正系数 n 值

地区及台站名称		朝向							
		N	NE	E	SE	S	SW	W	NW
北京市	北京	1.00	0.50	0.15	0.10	0.15	0.15	0.40	1.00
天津市	天津	1.00	0.40	0.20	0.10	0.15	0.20	0.40	1.00
	塘沽	0.90	0.55	0.55	0.20	0.30	0.30	0.70	1.00
河北省	承德	0.70	0.15	0.10	0.10	0.20	0.40	1.00	1.00
	张家口	1.00	0.45	0.10	0.10	0.10	0.10	0.35	1.00
	唐山	0.60	0.45	0.65	0.45	0.20	0.65	1.00	1.00
	保定	1.00	0.70	0.35	0.10	0.10	0.90	0.40	0.70
	石家庄	1.00	0.50	0.65	0.50	0.55	0.55	0.85	0.90
	邢台	1.00	0.70	0.15	0.10	0.50	0.20	0.30	0.70
山西省	大同	1.00	0.55	0.10	0.10	0.10	0.10	0.40	1.00
	阳泉	0.70	0.15	0.10	0.20	0.35	0.20	0.85	1.00
	太原	0.90	0.30	0.10	0.20	0.20	0.20	0.70	1.00
	阳城	0.70	0.35	0.10	0.20	0.20	0.20	0.70	1.00
内蒙古自治区	通辽	0.70	0.20	0.10	0.10	0.35	0.20	0.85	1.00
	呼和浩特	0.70	0.25	0.10	0.10	0.20	0.20	0.70	1.00

地区及台站名称		朝向							
		N	NE	E	SE	S	SW	W	NW
辽宁省	抚顺	0.70	1.00	0.70	0.10	0.10	0.25	0.30	0.30
	沈阳	1.00	0.70	0.30	0.30	0.40	0.35	0.30	0.70
	锦州	1.00	1.00	0.40	0.10	0.20	0.25	0.20	0.70
	鞍山	1.00	1.00	0.40	0.25	0.50	0.50	0.25	0.55
	营口	1.00	1.00	0.60	0.20	0.45	0.45	0.20	0.40
	丹东	1.00	0.55	0.40	0.10	0.10	0.10	0.40	1.00
	大连	1.00	0.70	0.15	0.10	0.15	0.15	0.15	0.70
吉林省	通榆	0.60	0.40	0.15	0.35	0.50	0.50	1.00	1.00
	长春	0.35	0.35	0.15	0.25	0.70	1.00	0.90	0.40
	延吉	0.40	0.10	0.10	0.10	0.10	0.65	1.00	1.00
黑龙江省	爱辉	0.70	0.10	0.10	0.10	0.10	0.10	0.70	1.00
	齐齐哈尔	0.95	0.70	0.25	0.25	0.40	0.40	0.40	1.00
	鹤岗	0.50	0.15	0.10	0.10	0.10	0.55	1.00	1.00
	哈尔滨	0.30	0.15	0.20	0.70	1.00	0.85	0.70	0.60
	绥芬河	0.20	0.10	0.10	0.10	0.70	1.00	0.60	0.70
上海市	上海	0.70	0.50	0.35	0.20	0.10	0.30	0.80	1.00
江苏省	连云港	1.00	1.00	0.40	0.15	0.15	0.15	0.20	0.40
	徐州	0.55	1.00	1.00	0.45	0.20	0.35	0.45	0.65
	淮阴	0.90	1.00	0.70	0.30	0.25	0.30	0.40	0.60
	南通	0.90	0.65	0.45	0.25	0.20	0.25	0.70	1.00
	南京	0.80	1.00	0.60	0.20	0.20	0.20	0.40	0.55
	武进	0.80	0.80	0.60	0.60	0.25	0.50	1.00	1.00
浙江省	杭州	1.00	0.65	0.20	0.10	0.10	0.20	0.40	1.00
	宁波	1.00	0.40	0.15	0.10	0.10	0.20	0.60	1.00
	金华	0.20	1.00	1.00	0.60	0.10	0.15	0.25	0.25
	衢州	0.45	1.00	1.00	0.40	0.20	0.30	0.20	0.10
安徽省	亳县	1.00	0.70	0.40	0.25	0.25	0.25	0.25	0.70
	蚌埠	0.70	1.00	1.00	0.40	0.30	0.35	0.45	0.45
	合肥	0.85	0.90	0.85	0.35	0.35	0.25	0.70	1.00
	六安	0.70	0.50	0.45	0.45	0.25	0.15	0.70	1.00
	芜湖	0.60	1.00	1.00	0.45	0.10	0.60	0.90	0.65
	安庆	0.70	1.00	0.70	0.15	0.10	0.10	0.10	0.25
	屯溪	0.70	1.00	0.70	0.20	0.20	0.15	0.15	0.15
福建省	福州	0.75	0.60	0.25	0.25	0.20	0.15	0.70	1.00

地区及台站名称		朝向							
		N	NE	E	SE	S	SW	W	NW
江西省	九江	0.70	1.00	0.70	0.10	0.10	0.25	0.35	0.30
	景德镇	1.00	1.00	0.40	0.20	0.20	0.35	0.35	0.70
	南昌	1.00	0.70	0.25	0.10	0.10	0.10	0.10	0.70
	赣州	1.00	0.70	0.10	0.10	0.10	0.10	0.10	0.70
山东省	烟台	1.00	0.60	0.25	0.15	0.35	0.60	0.60	1.00
	莱阳	0.85	0.60	0.15	0.10	0.10	0.25	0.70	1.00
	潍坊	0.90	0.60	0.25	0.35	0.50	0.35	0.90	1.00
	济南	0.45	1.00	1.00	0.40	0.55	0.25		0.15
	青岛	1.00	0.70	0.10	0.10	0.20	0.20	0.40	1.00
	菏泽	1.00	0.90	0.40	0.25	0.35	0.35	0.20	0.70
	临沂	1.00	1.00	0.45	0.10	0.10	0.15	0.20	0.40
河南省	安阳	1.00	0.70	0.30	0.40	0.50	0.30	0.20	0.70
	新乡	0.70	1.00	0.70	0.25	0.15	0.30	0.30	0.15
	郑州	0.65	0.90	0.65	0.15	0.10	0.40	1.00	1.00
	洛阳	0.45	0.45	0.40	0.15	0.10	0.40	1.00	1.00
	许昌	1.00	1.00	0.40	0.10	0.20	0.25	0.35	0.50
	南阳	0.70	1.00	0.70	0.15	0.10	0.15	0.10	0.10
	驻马店	1.00	0.50	0.20	0.20	0.20	0.20	0.40	1.00
	信阳	1.00	0.70	0.20	0.10	0.15	0.10	0.20	0.70
湖北省	光化	0.70	1.00	0.70	0.35	0.20	0.10	0.40	0.60
	武汉	1.00	1.00	0.45	0.10	0.10	0.10	0.10	0.45
	江陵	1.00	0.70	0.20	0.15	0.20	0.15	0.10	0.70
	恩施	1.00	0.70	0.35	0.35	0.50	0.35	0.20	0.70
湖南省	长沙	0.85	0.35	0.10	0.10	0.10	0.10	0.70	1.00
	衡阳	0.70	1.00	0.70	0.10	0.10	0.10	0.15	0.30
广东省	广州	1.00	0.70	0.10	0.10	0.10	0.10	0.15	0.70
广西壮族自治区	桂林	1.00	1.00	0.40	0.10	0.10	0.10	0.10	0.40
	南宁	0.40	1.00	1.00	0.60	0.30	0.55	0.30	0.30
四川省	甘孜	0.75	0.50	0.30	0.25	0.30	0.70	1.00	0.70
	成都	1.00	1.00	0.45	0.10	0.10	0.10	0.10	0.40
重庆市	重庆	1.00	0.60	0.55	0.20	0.15	0.15	0.40	1.00
贵州省	威宁	1.00	1.00	0.40	0.50	0.40	0.20	0.15	0.45
	贵阳	0.70	1.00	0.70	0.15	0.25	0.15	0.10	0.25
云南省	昭通	1.00	0.70	0.20	0.10	0.15	0.15	0.10	0.70
	昆明	0.10	0.10	0.10	0.10	0.70	1.00	0.70	0.20
西藏自治区	那曲	0.50	0.50	0.20	0.10	0.35	0.90	1.00	1.00
	拉萨	0.15	0.45	1.00	1.00	0.40	0.40	0.40	0.25
	林芝	0.25	1.00	1.00	0.40	0.30	0.30	0.25	0.15

地区及台站名称		朝 向							
		N	NE	E	SE	S	SW	W	NW
陕西省	榆林	1.00	0.40	0.10	0.30	0.30	0.15	0.40	1.00
	宝鸡	0.10	0.70	1.00	0.70	0.70	0.40	0.15	0.15
	西安	0.70	1.00	0.70	0.25	0.40	0.50	0.35	0.25
甘肃省	兰州	1.00	0.70	0.70	0.70	0.50	0.20	0.15	0.50
	平凉	0.80	0.40	0.85	0.85	0.35	0.70	1.00	1.00
	天水	0.20	0.30	0.70	1.00	0.70	0.40	0.15	0.15
青海省	西宁	0.10	0.40	0.70	0.70	1.00	0.70	0.10	0.10
	共和	1.00	0.70	0.30	0.40	0.10	0.10	0.10	0.50
宁夏回族自治区	石嘴山	1.00	0.95	0.40	0.20	0.20	0.40	0.40	1.00
	银川	1.00	1.00	0.40	0.20	0.10	0.10	0.65	0.95
	固原	0.80	1.00	0.65	0.45	0.20	0.40	0.70	1.00
新疆维吾尔自治区	阿勒泰	0.70	1.00	0.70	0.15	0.10	0.20	0.15	0.35
	克拉玛依	0.55	0.70	0.55	0.25	0.25	0.10	0.10	0.45
	乌鲁木齐	0.35	0.35	0.50	0.75	1.00	0.70	0.25	0.35
	吐鲁番	1.00	0.60	0.65	0.30	0.35	0.25	0.20	0.70
	哈密	0.70	0.70	1.00	0.40	0.10	0.10	0.15	0.50
	喀什	0.70	0.60	0.25	0.25	0.20	0.40	1.00	1.00

注:有根据时,表中所列数值,可按建设地区的实际情况,作适当调整。

附录 F 自然通风的计算

F.0.1 自然通风的通风量,应按下式计算:

$$G = \frac{Q}{\alpha c_p (t_p - t_{wf})} \qquad (F.0.1\text{-}1)$$

或

$$G = \frac{mQ}{\alpha c_p (t_n - t_{wf})} \qquad (F.0.1\text{-}2)$$

式中　G——通风量(kg/h);

　　　Q——散至室内的全部显热量(W);

　　　c_p——空气的定压比热容〔kJ/(kg·℃)〕,$c_p=1$;

　　　α——单位换算系数,对于法定计量单位,$\alpha=0.28$;

　　　t_p——排风温度(℃),按本附录第二款确定;

　　　t_n——室内工作地点温度(℃),按本规范第 3.1.5 条采用;

　　　t_{wf}——夏季通风室外计算温度(℃),按本规范第 3.2.3 条确定;

　　　m——散热量有效系数,按本附录第三款确定。

注:确定自然通风量时,尚应考虑机械通风的影响。

F.0.2 排风口温度,应根据不同情况,分别按下列规定采用:

1 有条件时,可按与夏季通风室外计算温度的允许温差确定;

2 室内散热量比较均匀,且不大于 116W/m³ 时,可按下式计算:

$$t_p = t_n + \Delta t_H (H-2) \qquad (F.0.2\text{-}1)$$

式中　Δt_H——温度梯度(℃/m),按表 F.0.2 采用;

　　　H——排风口中心距地面的高度(m);

其他符号的意义同式(F.0.1-1、F.0.1-2)。

表 F.0.2　温度梯度 Δt_H 值(℃/m)

室内散热量 (W/m³)	厂 房 高 度 (m)										
	5	6	7	8	9	10	11	12	13	14	15
12~23	1.0	0.9	0.8	0.7	0.6	0.5	0.4	0.4	0.3	0.3	0.2
24~47	1.2	1.2	0.9	0.8	0.7	0.6	0.5	0.5	0.5	0.4	0.4
48~70	1.5	1.5	1.2	1.1	0.9	0.8	0.8	0.8	0.8	0.8	0.5
71~93	—	1.5	1.5	1.3	1.2	1.2	1.2	1.1	1.0	0.9	
94~116	—	—	—	1.5	1.5	1.5	1.5	1.5	1.5	1.4	1.3

3 当采用 m 值时,可按下式计算:

$$t_p = t_{wf} + \frac{t_n - t_{wf}}{m} \qquad (F.0.2\text{-}2)$$

式中各项符号的意义同式(F.0.1-1、F.0.1-2)。

F.0.3 散热量有效系数 m 值,宜按相同建筑物和工艺布置的实测数据采用,当无实测数据时,单跨生产厂房可按下式计算:

$$m = m_1 m_2 m_3 \qquad (F.0.3)$$

式中　m_1——根据热源占地面积 f 和地面面积 F 之比值,按图 F.0.3 确定的系数;

　　　m_2——根据热源的高度,按附表 F.0.3-1 确定的系数;

　　　m_3——根据热源的辐射散热量 Q_t 和总散热量 Q 之比值,按表 F.0.3-2 确定的系数。

表 F.0.3-1　系　数

热源高度 (m)	≤2	4	6	8	10	12	≥14
m_2	1.0	0.85	0.75	0.65	0.6	0.55	0.5

表 F.0.3-2　系　数

Q_t/Q	≤0.40	0.45	0.5	0.55	0.6	0.65	0.7
m_3	1.00	1.03	1.07	1.12	1.18	1.30	1.45

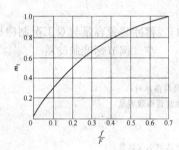

图 F.0.3　系数

F.0.4 进风口和排风口的面积,应按下式计算:

$$F_j = \frac{G_j}{3600 \sqrt{\dfrac{2 g \rho_{wf} h_j (\rho_{wf} - \rho_{np})}{\xi_j}}} \qquad (F.0.4\text{-}1)$$

$$F_p = \frac{G_p}{3600 \sqrt{\dfrac{2 g \rho_p h_p (\rho_{wf} - \rho_{np})}{\xi_p}}} \qquad (F.0.4\text{-}2)$$

式中　F_j、F_p——分别为进风口和排风口面积(m²);

　　　G_j、G_p——分别为进风量和排风量(kg/h);

　　　h_j、h_p——分别为进风口和排风口中心与中和界的高差(m);

　　　ρ_{wf}——夏季通风室外计算温度下的空气密度(kg/m³);

　　　ρ_p——排风温度下的空气密度(kg/m³);

　　　ρ_{np}——室内空气的平均密度(kg/m³),按作业地带和排风口处空气密度的平均值采用;

　　　ξ_j、ξ_p——分别为进风口和排风口的局部阻力系数;

　　　g——重力加速度(9.81m/s²)。

附录 G 除尘风管的最小风速

粉尘类别	粉 尘 名 称	垂直风管	水平风管
纤维粉尘	干锯末、小刨屑、纺织尘	10	12
	木屑、刨花	12	14
	干燥粗刨花、大块干木屑	14	16
	潮湿粗刨花、大块湿木屑	18	20
	棉絮	8	10
	麻	11	13
矿物粉尘	耐火材料粉尘	14	17
	黏土	13	16
	石灰石	14	16
	水泥	12	18
	湿土(含水 2%以下)	15	18
	重矿物粉尘	14	16
	轻矿物粉尘	12	14
	灰土、砂尘	16	18
	干细型砂	17	20
	金刚砂、刚玉粉	15	19
金属粉尘	钢铁粉尘	13	15
	钢铁屑	19	23
	铅尘	20	25
其他粉尘	轻质干粉尘(木工磨床粉尘、烟草灰)	8	10
	煤尘	11	13
	焦炭粉尘	14	18
	谷物粉尘	10	12

附录 H 蓄冰装置容量与双工况制冷机的空气调节标准制冷量

H.0.1 全负荷蓄冰时:

1 蓄冰装置有效容量:

$$Q_s = \sum_{i=1}^{24} q_i = n_1 \cdot c_f \cdot q_c \qquad (H.0.1-1)$$

2 蓄冰装置名义容量:

$$Q_{so} = \varepsilon \cdot Q_s \qquad (H.0.1-2)$$

3 制冷机标定制冷量:

$$q_c = \frac{\sum_{i=1}^{24} q_i}{n_1 \cdot c_f} \qquad (H.0.1-3)$$

式中 Q_s——蓄冰装置有效容量(kW·h);
Q_{so}——蓄冰装置名义容量(kW·h);
q_i——建筑物逐时冷负荷(kW);
n_1——夜间制冷机在制冰工况下运行的小时数(h);
c_f——制冷机制冰时制冷能力的变化率,即实际制冷量与标定制冷量的比值。一般情况下:
活塞式制冷机 $c_f = 0.60 \sim 0.65$
螺杆式制冷机 $c_f = 0.64 \sim 0.70$
离心式(中压) $c_f = 0.62 \sim 0.66$
离心式(三级) $c_f = 0.72 \sim 0.80$
q_c——制冷机的标定制冷量(空调工况)(kW·h);
ε——蓄冰装置的实际放大系数(无因次)。

H.0.2 部分负荷蓄冰时,为使制冷机容量及投资最小,则:

1 蓄冰装置有效容量:

$$Q_s = n_1 \cdot c_f \cdot q_c \qquad (H.0.2-1)$$

2 蓄冰装置名义容量:

$$Q_{so} = \varepsilon \cdot Q_s \qquad (H.0.2-2)$$

3 制冷机标定制冷量:

$$q_c = \frac{\sum_{i=1}^{24} q_i}{n_2 + n_1 \cdot c_f} \qquad (H.0.2-3)$$

式中 n_2——白天制冷机在空调工况下的运行小时数(h)。
其他符号同式(H.0.1-1~H.0.1-3)。

H.0.3 若当地电力部门有其他限电政策时,所选蓄冰量的最大小时取冷量,应满足限电时段的最大小时冷负荷的要求,即:

1 为满足限电要求时,蓄冰装置有效容量:

$$Q_s \cdot \eta_{max} \geqslant q'_{imax} \qquad (H.0.3-1)$$

2 为满足限电要求所需蓄冰槽的有效容量:

$$Q'_s \geqslant \frac{q'_{imax}}{\eta_{max}} \qquad (H.0.3-2)$$

3 为满足限电要求,修正后的制冷机标定制冷量:

$$q'_c \geqslant \frac{Q'_s}{n_1 \cdot c_f} \qquad (H.0.3-3)$$

式中 Q'_s——为满足限电要求所需的蓄冰槽容量(kW·h);
η_{max}——所选蓄冰设备的最大小时取冷率;
q'_{imax}——限电时段空气调节系统的最大小时冷负荷(kW);
q'_c——修正后的制冷机标定制冷量(kW·h)。
其他符号同式(H.0.1-1~H.0.1-3)。

附录 J 设备和管道最小保冷厚度及凝结水管防凝露厚度

J.0.1 空气调节设备和管道保冷厚度及凝结水管防凝露厚度,可参照表 J.0.1-1~J.0.1-4 中给出的厚度选择。

表 J.0.1-1 空气调节供冷管道最小保冷厚度(介质温度≥5℃)(mm)

保冷位置	保 冷 材 料							
	柔性泡沫橡塑管壳、板				玻璃棉管壳			
	I 类地区		II 类地区		I 类地区		II 类地区	
	管径	厚度	管径	厚度	管径	厚度	管径	厚度
房间吊顶内	DN15~25	13	DN15~25	19	DN15~40	20	DN15~40	20
	DN32~80	15	DN32~80	22	≥DN50	25	DN50~150	25
	≥DN100	19	≥DN100	25			≥DN200	30
地下室机房	DN15~50	19	DN15~40	25	DN15~40	25	DN15~40	25
	DN65~80	22	DN50~90	28	≥DN50	30	DN50~150	30
	≥DN100	25	≥DN100	32			≥DN200	35
室外	DN15~25	25	DN15~32	32	DN15~40	30	DN15~40	30
	DN32~80	28	DN40~80	36	≥DN50	35	≥DN50~150	35
	≥DN100	32	≥DN100	40			≥DN200	40

表 J.0.1-2 蓄冰系统管道最小保冷厚度(介质温度≥-10℃)(mm)

保冷位置	管径、设备	保 冷 材 料			
		柔性泡沫橡塑管壳、板		聚氨酯发泡	
		I 类地区	II 类地区	I 类地区	II 类地区
机房内	DN15~40	25	32	25	30
	DN50~100	32	40	30	40
	≥DN125	40	50	40	50
	板式换热器	25	32	—	—
	蓄冰罐、槽	50	60	50	60
室外	DN15~40	32	40	30	40
	DN50~100	40	50	40	50
	≥DN125	50	60	50	60
	蓄冰罐、槽	60	70	60	70

表 J.0.1-3　空气调节风管最小保冷厚度(mm)

保 冷 位 置		保 冷 材 料			
		玻璃棉板、毡		柔性泡沫橡塑板	
		Ⅰ类地区	Ⅱ类地区	Ⅰ类地区	Ⅱ类地区
常规空气调节 (介质温度≥14℃)	在非空气调节房间内	30	40	13	19
	在空气调节房间吊顶内	20	30	9	13
低温送风 (介质温度≥4℃)	在非空气调节房间内	40	50	19	25
	在空气调节房间吊顶内	30	40	15	21

表 J.0.1-4　空气调节凝结水管防凝露厚度(mm)

位 置	材 料			
	柔性泡沫橡塑管壳		玻璃棉管壳	
	Ⅰ类地区	Ⅱ类地区	Ⅰ类地区	Ⅱ类地区
在空气调节房间吊顶内	6	9	10	10
在非空气调节房间内	9	13	10	15

注:1　表 J.0.1-1～J.0.1-4 中的保冷厚度按以下原则确定:

　　(1)以《设备及管道保冷设计导则》(GB/T 15586)的防凝露厚度计算为基础,并考虑减少冷损失的节能因素和材料的价格、产品规格,结合工程实际应用情况而确定,其厚度略大于防凝露厚度。

　　(2)表 J.0.1-1～J.0.1-3 中的地区范围,按《管道及设备保冷通用图》(98T902)中全国主要城市 θ 值(潮湿系数)分区表确定:Ⅰ类地区:北京、天津、重庆、武汉、西安、杭州、郑州、长沙、南昌、沈阳、大连、长春、哈尔滨、济南、石家庄、贵阳、昆明、台北。Ⅱ类地区:上海、南京、福州、厦门、广州及广东沿海城市、成都、南宁、香港、澳门。未包括的城市和地区,可参照邻近城市选用。

　　(3)保冷材料的导热系数 λ:

　　柔性泡沫橡塑:$λ=0.03375+0.000125t_m$〔W/(m·K)〕

玻璃棉管、板:$λ=0.031+0.00017t_m$〔W/(m·K)〕

硬质聚氨酯泡沫塑料:$λ=0.0275+0.0009t_m$〔W/(m·K)〕

式中　t_m——保冷层的平均温度(℃)。

2　表 J.0.1-1、J.0.1-3 中的保冷厚度均大于空气调节水、风系统冬季供热时所需的保温厚度。

3　空气调节水系统采用四管制时,供热管的保温厚度可按《民用建筑节能设计标准(采暖居住建筑部分)》(JGJ 26)中保温规定执行,也可按表 J.0.1-1 中的厚度进行保温。

本规范用词说明

1　为便于在执行本规范条文时区别对待,对要求严格程度不同的用词说明如下:

　　1)表示很严格,非这样做不可的用词:

　　　　正面词采用"必须",反面词采用"严禁"。

　　2)表示严格,在正常情况下均应这样做的用词:

　　　　正面词采用"应",反面词采用"不应"或"不得"。

　　3)表示允许稍有选择,在条件许可时首先应这样做的用词:

　　　　正面词采用"宜",反面词采用"不宜";

　　　　表示有选择,在一定条件下可以这样做的用词,采用"可"。

2　本规范中指明应按其他有关标准、规范执行的写法为"应符合……的规定"或"应按……执行"。

中华人民共和国国家标准

采暖通风与空气调节设计规范

GB 50019—2003

条 文 说 明

目　次

1 总 则

1.0.1 本规范宗旨。

采暖、通风与空气调节工程是基本建设领域中一个不可缺少的组成部分，它对改善劳动条件、提高生活质量、合理利用和节约能源及资源、保护环境、保证产品质量以及提高劳动生产率，都有着十分重要的意义。本次规范修订从节能、环保、安全、卫生等方面结合了近 10 年来国内外出现的新技术、新设备、新材料与设计、科研新成果，对有关设计标准、技术要求、设计方法以及其他政策性较强的技术问题等都做了具体的规定。

1.0.2 本规范的适用范围。

为了适应设计工作的需要，本次规范修订充实了民用建筑采暖、通风与空气调节的内容，并根据国家现行有关标准对原规范中防火及通风等的规定做了必要的增减。规定了本规范不仅适用于各种类型的民用建筑，其中包括居住建筑、办公建筑、科教建筑、医疗卫生建筑、交通邮电建筑、文娱集会建筑和其他公共建筑等，也适用于各种规模的工业建筑。对于新建、改建和扩建的民用建筑和工业建筑，其采暖、通风与空气调节设计，均应符合本规范各相关规定。

本规范不适用于有特殊用途、特殊净化与防护要求的建筑物、洁净厂房以及临时性建筑物的设计，是针对设计标准、装备水平以及某些特殊要求、特殊作法或特殊防护而言的，并不意味着本规范的全部内容都不适用于这些建筑物的设计。一些通用性的条文，应参照执行。有特殊要求的设计，应执行国家相关的设计规范。

1.0.3 选择设计方案和设备、材料的原则。

采暖、通风与空气调节工程，不仅在整个工程的全部投资中占有一定的份额，其运行过程中的能耗也是非常可观的。因此，设计中必须贯彻适用、经济、节能、安全等原则，会同有关专业通过多方案的技术经济比较，确定出整体上技术先进、经济合理的设计方案。

1.0.4、1.0.5 采暖、通风与空气调节系统的维护管理要求。

这几条规定，目的是突出在设计中必须考虑维护管理问题，并为其创造必要的安全防护措施的重要性。

多年实践证明，维护管理的好坏，是采暖、通风与空气调节系统能否正常运行和达到应有效果的重要因素，能否在设计中为维护管理创造必要的条件，也是系统能否正常运行和发挥其应有作用的重要因素之一。

1.0.6 地震区或湿陷性黄土地区布置设备和管道的要求。

为了防止和减缓位于地震区或湿陷性黄土地区的建筑物由于地震或土壤下沉而造成的破坏和损失，除应在建筑结构等方面采取相应的预防措施外，布置采暖、通风和空气调节系统的设备和管道时，还应根据不同情况按照国家现行规范的规定分别采取防震或其他有效的防护措施。

1.0.7 本规范同施工验收规范的衔接。新增条文。

为保证设计和施工质量，要求采暖通风与空气调节设计的施工图内容应与国家现行标准《建筑给水排水及采暖工程施工质量验收规范》（GB 50242）、《通风与空气调节工程施工质量验收规范》（GB 50234）等保持一致。有特殊要求及现行施工质量验收规范中没有涉及的内容，在施工图文件中必须有详尽说明，以利施工、监理工作的顺利进行。

1.0.8 本规范同其他标准规范的衔接。

本规范为专业性的全国通用规范。根据国家主管部门有关编制和修订工程建设标准规范的统一规定，为了精简规范内容，凡引用或参照其他全国通用的设计标准规范的内容，除必要之外，本规范不再另设条文。本条强调在设计中除执行本规范外，还应执行与设计内容相关的安全、环保、节能、卫生等方面的国家现行的有关标准、规范等的规定。具体规范名称不一一列出。

2 术 语

2.0.1、2.0.2 预计平均热感觉指数（PMV）和预计不满意者的百分数（PPD）是按国家标准《中等热环境 PMV 和 PPD 指数的测定及热舒适条件的规定》（GB/T 18049）测定。国家标准 GB/T 18049 等同采用国际标准 ISO 7730。其中规定了三种测定方法，一是用热舒适方程计算，二是查表，三是用热舒适计测量。

Fanger 提出 PMV 指数在 -1 和 +1 之间（此时 PPD 指数小于 27%）的全部评价为"满意"，高于或低于此限值的全部评价为"不满意"。

2.0.3 湿球黑球温度（WBGT）指数是按国家标准《高温作业分级》（GB/T 4200）测定，经计算确定。

2.0.7 在舒适性空气调节中，可用综合温度、风速作用的有效温度差 θ 值来评价人的舒适性：

$$\theta = (t_i - t_h) - 8(v_i - 0.15) \qquad (1)$$

式中 θ——综合温度（℃）；

t_i——测点温度（℃）；

t_h——室内设计温度（℃）；

v_i——测点风速（m/s）。

根据 2001 ASHRAE Handbook 中的有关资料，在 $\theta = -1.5 \sim +1.0$ 的范围内，多数人感到舒适。空气分布特性指标（ADPI）可通过式（2）确定：

$$ADPI = \frac{(-1.5 < \theta < +1.0)\text{的测点数}}{\text{总测点数}} \times 100\% \quad (2)$$

3 室内外计算参数

3.1 室内空气计算参数

3.1.1 冬季室内计算温度。

1 根据国内外有关卫生部门的研究结果，当人体衣着适宜、保暖量充分且处于安静状态时，室内温度20℃比较舒适，18℃无冷感，15℃是产生明显冷感的温度界限。本着提高生活质量，满足室温可调的要求，并按照国家现行标准《室内空气质量标准》（GB/T 18883）要求，把民用建筑主要房间的室内温度范围定在16～24℃。

2 工业建筑工作地点的温度，其下限是根据现行国家标准《工业企业设计卫生标准》（GBZ 1）制定的。轻作业时，空气温度15℃尚无明显冷感；中作业和重作业时，空气温度分别不低于16℃和14℃即可基本满足要求。

关于劳动强度分级标准——轻、中、重、过重作业，是按现行国家标准《工业企业设计卫生标准》（GBZ 1）执行的，而卫生部门还制定了《体力劳动强度分级指标》（共分四级），鉴于这两种分级方法对制定相应的室内卫生标准并无实质差别，本条及本规范其他有关条文中仍沿用原来的提法。

3.1.2 采暖建筑物冬季室内风速。

将原条文中"生活地带或作业地带"统称为"活动区"，以下同。将原条文中"集中采暖"改为"采暖"。现今采暖方式的多样化，采暖热源亦多种多样，为使室内获得热量并保持一定温度，以达到适宜的生活或工作条件，不一定必须设置集中采暖。

本条对冬季室内最大允许风速的规定，主要是针对设置热风采暖的建筑而言的，目的是为了防止人体产生直接吹风感，影响舒适性。

3.1.3 空气调节室内计算参数。

1 舒适性空气调节的室内参数，是基于人体对周围环境温度、相对湿度和风速的舒适性要求，并结合我国经济情况和人们的生活习惯及衣着情况等因素，参照国家现行标准《室内空气质量标准》（GB/T 18883）等资料制定。

2 对于设置工艺性空气调节的工业建筑，其室内参数应根据工艺要求，并考虑必要的卫生条件确定。在可能的条件下，应尽量提高夏季室内温度基数，以节省建设投资和运行费用。另外，室温基数过低（如20℃），由于夏季室内外温差太大，工作人员普遍感到不舒适，室温基数提高一些，对改善室内工作人员的卫生条件也是有好处的。

3.1.4 空气调节室内热舒适性评价指标参数及工业

建筑夏季工作地点的温度标准。新增条文。

规定本条与国家现行标准《中等热环境 PMV 和 PPD 指数的测定及热舒适条件的规定》（GB/T 18049）、《高温作业分级》（GB/T 4200）一致，也做到了与国际接轨。

空气调节系统的能耗与许多因素有关，所以空气调节能耗的许多环节都有节能的潜力。假设空气调节室外计算参数为定值时，夏季空气调节室内空气计算温度和湿度越低，房间的计算冷负荷就越大，系统耗能也越大。因此，宜按照国家现行标准《中等热环境 PMV 和 PPD 指数的测定及热舒适条件的规定》（GB/T 18049），等同于国际标准 ISO 7730：1994 中的 PMV-PPD 指标，在不降低室内舒适度标准的前提下，通过合理组合室内空气设计参数，可以收到明显的节能效果。

3.1.5 计算通风时工业建筑夏季工作地点的温度标准。

本条是参照《工业企业设计卫生标准》（GBZ 1）有关条款，在工艺无特殊要求时，根据夏季通风室外计算温度与工作地点温度的允许温差制定的。

3.1.6 休息室的室温标准。

炎热季节，根据生产工艺特性，适当调整高温作业工作人员的劳动休息制度，缩短持续劳动的时间，是恢复人员体力和调整生理机能的重要措施之一，尤其是对高温环境下从事间断性的中、重体力劳动者来说，创造良好的休息环境更是十分必要的。

从调整人体生理机能的要求出发，在参照本规范第3.1.3条关于舒适性空气调节夏季室内温度标准规定的前提下，避免高温作业区与休息室的温差过大所引起的骤冷骤热，规定休息室的室温标准为26～30℃。

3.1.7 局部送风工作地点的风速和温度。

设置局部送风的工业建筑，其室内工作地点的允许风速已在本规范第5.5.5条至第5.5.7条中做了明确规定。

3.1.8 对室内空气质量的要求。新增条文。

建筑物室内空气应符合国家现行标准《室内空气质量标准》（GB/T 18883）、《工业企业设计卫生标准》（GBZ 1）、《工作场所有害因素接触限值》（GBZ 2）和《民用建筑工程室内环境污染控制规范》（GB 50325）等相关规范、标准中的规定。表1中摘录了部分国家现行标准中室内污染物容许浓度指标。

表 1 室内空气污染物的容许浓度

污染物名称	符号	单位	容许浓度	备注
二氧化硫	SO_2	mg/m³	0.50	1小时均值
二氧化氮	NO_2	mg/m³	0.24	1小时均值
一氧化碳	CO	mg/m³	10	1小时均值
二氧化碳	CO_2	%	0.10	日平均值

污染物名称	符号	单位	容许浓度	备注
氨	NH₃	mg/m³	0.20	1小时均值
臭氧	O₃	mg/m³	0.16	1小时均值
甲醛	HCHO	mg/m³	0.10	1小时均值
苯	C₆H₆	mg/m³	0.11	1小时均值
甲苯	C₇H₈	mg/m³	0.20	1小时均值
二甲苯	C₈H₁₀	mg/m³	0.20	1小时均值
苯并（a）芘	B（a）P	ng/m³	1.0	日平均值
可吸入颗粒物	PM10	mg/m³	0.15	日平均值
总挥发性有机物	TVOC	mg/m³	0.60	8小时均值
菌落总数		CFU/m³	2500	
氡	²²²Rn	Bq/m³	400	年平均值

3.1.9 人员所需最小新风量。新增条文。部分强制条文。

无论是工业建筑还是民用建筑，人员所需新风量都应根据室内空气的卫生要求、人员的活动和工作性质，以及在室内的停留时间等因素确定。卫生要求的最小新风量，民用建筑主要是对 CO_2 的浓度要求（可吸入颗粒物的要求可通过过滤等措施达到），工业建筑和医院等还应考虑室内空气的其他污染物和细菌总数等。

表2所示的民用建筑主要房间人员所需最小新风量，是根据国家现行标准《旅游旅馆建筑热工与空气调节节能设计标准》（GB 50189）、《公共场所卫生标准》（GB 9663～GB 9673）、《饭馆（餐厅）卫生标准》（GB 16153）、《室内空气质量标准》（GB/T 18883）和《中、小学校教室换气卫生标准》（GB/T 17226）等摘

**表2 民用建筑主要房间人员所需的
最小新风量［m³/（h·人）］**

建筑类型		新风量	依据
旅游旅馆	客房 一级	50	GB 50189—93
	二级	40	GB 50189—93
	三级	30	GB 50189—93
	餐厅 宴会厅 多功能厅 一级	30	GB 50189—93
	二级	25	GB 50189—93
	三级	20	GB 50189—93
	四级	15	GB 50189—93
	商业、服务 一级～二级	20	GB 50189—93
	三级～四级	10	GB 50189—93
	大堂、四季厅 一级～二级	10	GB 50189—93
	美容理发室、康乐设施	30	GB 50189—93

建筑类型			新风量	依据
旅店	客房	3～5星级	30	GB 9663—1996
		1～2星级	20	GB 9663—1996
文化娱乐场所	影剧院、音乐厅、录像厅（室）		20	GB 9664—1996
	游艺厅、舞厅（包括卡拉OK歌厅）		30	GB 9664—1996
	酒吧、茶座、咖啡厅		10	GB 9664—1996
体育馆			20	GB 9668—1996
商场（店）、书店			20	GB 9670—1996
饭馆（餐厅）			20	GB 16153—1996
办公楼			30	GB/T 18883—2002
住宅			30	GB/T 18883—2002
学校	教室	小学	11	GB/T 17226—1998
		初中	14	GB/T 17226—1998
		高中	17	GB/T 17226—1998

录的。对于图书馆、博物馆、美术馆、展览馆、医院和公共交通等建筑的人员所需最小新风第3.1.9条未做规定，可按国家现行卫生标准中 CO_2 的容许浓度进行计算确定。设计时尚应满足国家现行专项标准的特殊要求。

3.2 室外空气计算参数

3.2.1 采暖室外计算温度。

在采暖热负荷计算中，如何确定室外计算温度是一个相当重要的问题。单纯从技术观点来看，采暖系统的最大出力，恰好等于当地出现最冷天气时所需要的冷负荷，是最理想的，但这往往同采暖系统的经济性相违背。研究一下气象资料就可以看出，最冷的天气并不是每年都会出现。如果采暖设备是根据历年最不利条件选择的，即把室外计算温度定得过低，那么，在采暖运行期的绝大多数时间里，会显得设备能力富裕过多，造成浪费；反之，如果把室外计算温度定得过高，则在较长的时间里不能保持必要的室内温度，达不到采暖的目的和要求。因此，正确地确定和合理地采用采暖室外计算温度是一个技术与经济统一的问题。

在编制原规范的过程中，为了比较合理地确定采暖室外计算温度的统计方法，曾对全国主要城市的气象资料进行了统计、分析，广泛地征求了意见，并以国内外有关资料为借鉴，结合我国国情和气候特点以及建筑物的热工情况等，制定了以日平均温度为统计基础，按照历年室外实际出现的较低的日平均温度低于室外计算温度的时间，平均每年不超过5天的原则，确定采暖室外计算温度的方法。实践证明，只要

供热情况有保障，即采取连续采暖或间歇时间不长的运行制度，对于一般建筑物来说，就不会因采用这样的室外计算温度而影响采暖效果。即使在 20～30 年一遇的最冷年内不保证天数多一些（10 天左右），与之相对应的室内温度，大部分时间仍可维持在 12℃以上，高于人体卫生所限定的最低环境温度。原规范执行 10 多年中，关于采暖室外计算温度的规定，已经为全国广大设计人员所接受，有关部门和单位还据此制定了各自的标准、规程、规定和技术措施等或将其编入了有关设计手册中。因此，本规范对此未做修订。

"注"中所谓"不保证"，系针对室外温度状况而言的；所谓"历年平均不保证"，系针对累年不保证总天数（或小时数）的历年平均值而言的，以免造成概念上的混淆和因理解上的不同而导致统计方法的错误。

在此必须强调指出，本规范所规定的采暖室外计算温度，适用于连续采暖或间歇时间较短的采暖系统的热负荷计算。只有这样，才能满足室内温度要求，如果间歇时间太长，室内达不到要求的时间自然就会增多。要想保持必要的室内温度，根本的途径是建立合理的运行制度，充分发挥采暖设备的效能。间歇时间的长短应随室外气温的变化而增减。在最不利的气候条件下，即在室外气温低于或等于采暖室外计算温度时，采暖系统必须按设计工况连续运行。如果因燃料不足等原因必须间歇采暖时，那只好暂时降低使用标准，非属设计者所能解决的问题。不要为了迁就目前供热制度的某些不合理现象，而盲目降低室外计算温度或增加某些变相的附加，以免助长不合理的运行制度"合法化"，造成设备和投资的浪费。

确定采暖建筑物围护结构最小传热阻所用的冬季围护结构室外计算温度，根据围护结构热惰性的不同分 4 挡，在本规范第 4.1.9 条中另有规定。详见该条文。

3.2.2 冬季通风室外计算温度。

鉴于我国绝大部分地区的累年最冷月虽然出现在 1 月，但个别地区也有出现在 2 月或 12 月的，因此规定以累年最冷月平均温度，作为冬季通风室外计算温度。

本条及本规范其他有关条文中的"累年最冷月"，系指累年逐月平均气温最低的月份。

3.2.3 夏季通风室外计算温度。

由于从 1960 年开始，全国各气象台（站）统一采用北京时间（即东经 120°的地方平均太阳时）进行观测，1965 年以来，各台（站）仅有北京时间 14 时（还有 2 时、8 时和 20 时）的温度记录整理资料，因此，对于我国大部分地区来说，当地太阳时的 14 时与北京太阳时的 14 时，时差达 1～2h，相差最多的可达 3h。经比较，时差问题对我国华北、华东和中

南等地区影响不大，而对气候干燥的西部地区和西南高原影响较大，温差可达 1～2℃。也就是说，统一采用北京 14 时的温度记录，对于我国西部地区来说，并不是真正反映当地最热月逐日逐时气温较高的 14 时的温度，而是温度不太高的 13、12 时乃至 11 时的温度，显然，时差对温度的影响是不可忽视的。但是，考虑到需要进行时差修正的地区，夏季通风室外计算温度多在 30℃以下（有的还不到 20℃），把通风计算温度规定提高一些，对通风设计（主要是自然通风）效果影响不大，本规范未规定对此进行修正。如需修正，可按以下的时差订正简化方法进行修正：

1 对北京以东地区以及北京以西时差为 1h 地区，可以不考虑以北京时间 14 时所确定的夏季通风室外计算温度的时差订正；

2 对北京以西时差为 2h 的地区，可按以北京时间 14 时所确定的夏季通风室外计算温度加上 2℃来修正。

3.2.4 夏季通风室外计算相对湿度。

如第 3.2.3 条所述，全国统一采用北京时间最热月 14 时的平均相对湿度确定这一参数，也存在时差影响的问题，只是由于影响不大，而且大都偏于安全，可不必考虑修正问题。

3.2.5 冬季空气调节室外计算温度。

考虑到设置空气调节的建筑物，室内热环境标准要求较高，如采用平均每年不保证 5 天的采暖室外计算温度作为新风和围护结构传热的计算温度，则冬季不保证小时数约为 200h，比夏季不保证 50h 多了一些；为了使冬季的不保证小时数与夏季一致，沿用原规范的规定，把平均每年不保证 1 天的日平均温度作为空气调节设计用的冬季新风和围护结构传热的计算温度。经比较，这一温度值同美国等国家常用的标准比较相近。实践证明，一般情况下，冬季均能保证室内参数，其保证率是较高的，在技术上是可以达到要求的。

由于这个参数对整个空气调节系统的建设投资和经常运行费用影响不大，因此，没有必要将新风和围护结构传热的计算温度分开。

3.2.6 冬季空气调节室外计算相对湿度。

规定本条的目的是为了在不影响空气调节系统经济性的前提下，尽量简化参数的统计方法，同时，采用这一参数计算冬季的热湿负荷也是比较安全的。

3.2.7～3.2.10 夏季空气调节室外计算参数。

在这些条文中，分别规定了夏季空气调节室外计算干球温度、湿球温度、日平均温度和逐时温度的统计和采用方法。

1 保留了原规范第 2.2.7 条中有关按历年平均不保证 50h 统计和确定室外计算干球温度的内容。由于国内每天只有 4 次（2、8、14、20 时）的定时温度记录，因此，以每次记录代表 6h 进行统计，经比

较，其所得结果同按逐时温度记录所统计出的温度值相差很小，湿球温度的统计规律亦然。

2 保留了原规范第 2.2.8 条按历年平均不保证 50h 确定夏季空气调节室外计算湿球温度的内容。实践证明，在室外干、湿球温度不保证 50h 的综合作用下，室内不保证时间不会超过 50h。

3 保留了原规范第 2.2.9 条关于按历年不保证 5 天的日平均温度统计和确定室外计算日平均温度的内容。关于夏季室外计算日平均温度的确定原则是考虑与空气调节室外计算干、湿球温度相对应的，即不保证小时数应为 50h 左右。统计结果表明，50h 的不保证小时数大致分布在 15 天左右，而在这 15 天左右的时间内，分布也是不均等的，有些天仅有 1～2h，出现较多的不保证小时数的天数一般在 5 天左右。每天仅有 1～2h 超过规定温度时，由于围护结构对温度波的衰减，对室内不会有影响，因此取不保证 5 天的日平均温度，大致与室外计算干湿球温度不保证 50h 是相对应的。

4 为适应关于按不稳定传热计算空气调节冷负荷的需要，保留了夏季空气调节室外计算逐时温度的内容。

3.2.11 特殊情况下空气调节室外计算参数的确定。

按本规范上述条文确定的室外计算参数设计的空气调节系统，运行时会出现个别时间达不到室内温湿度要求的现象，但其保证率却是相当高的。为了在特殊情况下保证全年达到既定的室内温、湿度参数（这种情况是很少的），完全确保技术上的要求，必须另行确定适宜的室外计算参数，直至采用累年极端最高或极端最低干、湿球温度等，但它对空气调节系统的初投资影响极大，必须采取极为谨慎的态度。仅在部分时间（如夜间）工作的空气调节系统，如仍按常规参数设计，将会使设备富裕能力过大，造成浪费，因此，设计时可不遵守本规范第 3.2.7 条至第 3.2.10 条的有关规定，根据具体情况另行确定适宜的室外计算参数。

3.2.12 室外风速的确定。

本条及本规范其他有关条文中的"累年最冷 3 个月"，系指累年逐月平均气温最低的 3 个月；"累年最热 3 个月"，系指累年逐月平均气温最高的 3 个月。

3.2.13 最多风向及频率。

条文中的"最多风向"即为"主导风向"（Predominant Wind Direction）。

3.2.14 室外大气压力。

3.2.15 冬季日照百分率。

3.2.16 设计计算用采暖期的确定原则。

本条中所谓"日平均温度稳定低于或等于采暖室外临界温度"，系指室外连续 5 天的滑动平均温度，低于或等于采暖室外临界温度。

按本条规定统计和确定的设计计算用采暖期，是计算采暖建筑物的能量消耗，进行技术经济分析、比较等不可缺少的数据，是专供设计计算应用的，并不是指具体某一个地方的实际采暖期，各地的实际采暖期应由各地主管部门根据情况自行确定。

3.2.17 室外计算参数的统计年份。

室外计算参数的统计年份长，概率性强，更具有代表性，有助于将各地的气象参数相对地稳定下来，为此有的国家统计年份采用 30～50 年。目前我国大部分气象台（站）都有 30 年以上完整的气象资料。统计结果表明，统计 10 年、20 年和 30 年的数值是有差别的，但一般差别不是太大。如仅统计 1 年或几年，则偶然性太大、数据可靠性差。因此，条文中推荐采用 30 年，至少不低于 10 年，否则应通过调研、测试并与有长期观测记录的邻近台（站）做比较，必要时，应请气象部门进行订正。

3.2.18 山区的室外气象参数。

考虑到山区气候条件的多变性和复杂性，强调了当与邻近台站的气象资料进行比较时，要特别注意小气候的影响，注意气候条件的相似性。

3.3 夏季太阳辐射照度

3.3.1 确定太阳辐射照度的基本原则。

本规范所给出的太阳辐射照度值，是根据地理纬度和 7 月大气透明度，并按 7 月 21 日的太阳赤纬，应用有关太阳辐射的研究成果，通过计算确定的。

关于计算太阳辐射照度的基础数据及其确定方法。这里所说的基础数据，是指垂直于太阳光线的表面上的直接辐射照度 S 和水平面上的总辐射照度 Q。原规范的基础数据是基于观测记录用逐时的 S 和 Q 值，采用近 10 年中每年 6 月至 9 月内舍去 15～20 个高峰值的较大值的历年平均值。实践证明，这一统计方法虽然较为繁琐，但它所确定的基础数据的量值，已为大家所接受。本规范参照这一量值，根据我国有关太阳辐射的研究中给出的不同大气透明度和不同太阳高度角下的 S 和 Q 值，按照不同纬度、不同时刻（6～18 时）的太阳高度角用内插法确定的。

3.3.2 垂直面和水平面的太阳总辐射照度。

建筑物各朝向垂直面与水平面的太阳总辐射照度，是按下列公式计算确定的：

$$J_{zz} = J_z + \frac{D + D_f}{2} \tag{3}$$

$$J_{zp} = J_p + D \tag{4}$$

式中 　J_{zz}——各朝向垂直面上的太阳总辐射照度（W/m²）；

　　　J_{zp}——水平面上的太阳总辐射照度（W/m²）；

　　　J_z——各朝向垂直面的直接辐射照度（W/m²）；

　　　J_p——水平面的直接辐射照度（W/m²）；

　　　D——散射辐射照度（W/m²）；

　　　D_f——地面反射辐射照度（W/m²）。

各纬度带和各大气透明度等级的计算结果列于本规范附录C。

3.3.3 透过标准窗玻璃的太阳辐射照度。

根据有关资料，将 3mm 厚的普通平板玻璃定义为标准玻璃。透过标准窗玻璃的太阳直接辐射照度和散射辐射照度，是按下列公式计算确定的：

$$J_{cz} = \mu_\theta J_z \qquad (5)$$

$$J_{zp} = \mu J_p \qquad (6)$$

$$D_{cz} = \mu_d \left(\frac{D + D_f}{2} \right) \qquad (7)$$

$$D_{cp} = \mu_d D \qquad (8)$$

式中 J_{cz}——各朝向垂直面和水平面透过标准窗玻璃的直接辐射照度（W/m²）；

μ_θ——太阳直接辐射入射率；

D_{cz}——透过各朝向垂直面标准窗玻璃的散射辐射照度（W/m²）；

D_{cp}——透过水平面标准窗玻璃的散射辐射照度（W/m²）；

μ_d——太阳散射辐射入射率；

其他符号意义同前。

各纬度带和各大气透明度等级的计算结果列于本规范附录B。

3.3.4 当地计算大气透明度等级的确定。

为了按本规范附录A和附录B查取当地的太阳辐射照度值，需要确定当地的计算大气透明度等级，为此，本条给出了根据当地大气压力确定大气透明度的等级，并在本规范附录C中给出了夏季空气调节用的计算大气透明度分布图。

4 采 暖

4.1 一般规定

4.1.1 选择采暖方式的原则。新增条文。

随着社会的发展和技术的不断进步，根据当前各城市供热、供气、供电以及所处地区气象条件、生活习惯等的不同情况，采暖可以有很多方式。如何选定合理的采暖方式，达到技术经济最优化，是应通过综合技术经济比较确定的。这是因为各地能源结构、价格均不同，经济实力也存在较大差异，还要受到环保、卫生、安全等多方面的制约。而以上各种因素并非固定不变，是在不断发展和变化的。一个大、中型工程项目一般有几年周期，在这期间随着能源市场的变化而更改原来的采暖方式也是完全可能的。在初步设计时，应予以充分考虑。

4.1.2 宜采用集中采暖的地区。新增条文。

这类地区包括北京、天津、河北、山西、内蒙古、辽宁、吉林、黑龙江、山东、西藏、青海、宁夏、新疆等13个省、直辖市、自治区的全部，河南（许昌以北）、陕西（西安以北）、甘肃（天水以北）等省的大部分，以及江苏（淮阴以北）、安徽（宿县以北）、四川（川西）等省的一小部分，此外还有某些省份的高寒山区，如贵州的威宁、云南的中甸等，其全部面积约占全国陆地面积的70%。

4.1.3 宜设置集中采暖的建筑。新增条文。

本条是根据国家技术经济政策制订的维护公众利益、保障人民生活最基本要求的规范性条文。对条文中规定地区的幼儿园、养老院、中小学校、医疗机构等建筑，宜考虑设置集中采暖。而对于其他地区、其他类型建筑，是否需要采暖、采用什么方式采暖等，可根据当地的具体情况，通过技术经济比较确定。

累年日平均温度稳定低于或等于 5℃ 的日数为 60～89 天的地区包括上海，江苏的南京、南通、武进、无锡、苏州，浙江的杭州，安徽的合肥、蚌埠、六安、芜湖，河南的平顶山、南阳、驻马店、信阳，湖北的光化、武汉、江陵，贵州的毕节、水城，云南的昭通，陕西的汉中，甘肃的武都等。

累年日平均温度稳定低于或等于 5℃ 的日数不足 60 天，但累年日平均温度稳定低于或等于 8℃ 的日数大于或等于 75 天的地区包括浙江的宁波、金华、衢州，安徽的安庆、屯溪，江西的南昌、上饶、萍乡，湖北的宜昌、恩施、黄石，湖南的长沙、岳阳、常德、株州、芷江、邵阳、零陵，四川的成都，贵州的贵阳、遵义、安顺、独山，云南的丽江，陕西的安康等。这两类地区的总面积，约占全国陆地面积的15%。

4.1.4 采暖室外气象参数的确定。新增条文。

采暖的气象参数，不可盲目套用临近城市的气象资料。这是因为我国地域广阔、气候复杂，特别是在山区更不能忽视由于地形、高差等对局部气候造成的影响。因此，应根据本规范第3.2节的有关规定按当地的气象资料进行计算确定。也可参照由国家暖通规范管理组和中国气象科学研究院按本规范有关规定计算整理的《采暖通风与空气调节气象资料集》选用。

4.1.5 设置值班采暖的规定。

规定本条的目的，主要是为了防止在非工作时间或中断使用的时间内，水管及其他用水设备等发生冻结的现象。当然，如果利用房间的蓄热量或采用改变热媒参数的质调节以及间歇运行等方式能使室温达到 5℃ 时，也可不设值班采暖。

4.1.6 设置局部采暖和取暖室的规定。

当每名工人占用的建筑面积超过 100m² 时，设置使整个房间都达到某一温度要求的全面采暖是不经济的，仅在固定的工作地点设置局部采暖即可满足要求。有时厂房中无固定的工作地点，设置与办公室或休息室相结合的取暖室，对改善劳动条件也会起到一定的作用，因此做了如条文中的有关规定。

4.1.7～4.1.10 关于采暖建筑物围护结构传热阻的规定。第4.1.8条为强制条文。

表4.1.8-1中增加了与有外门窗的不采暖楼梯间相邻的隔墙1～6层及7～30层建筑的温差修正系数。

1 本规范第4.1.7条明确规定，设置全面采暖的建筑物，围护结构（包括外墙、屋顶、地面及门窗等）的传热阻应根据技术经济比较确定，即通过对初投资、运行费用和燃料消耗等的全面分析，按经济传热阻的要求进行围护结构的建筑热工设计。国内有关部门基于建筑节能的要求制定的标准、措施如《民用建筑节能设计标准（采暖居住建筑部分）》（JGJ 26）等，应在设计中贯彻执行。

2 本规范第4.1.8条规定了确定围护结构最小传热阻的计算公式，它是基于下列原则制定的：对围护结构的最小传热阻、最大传热系数及围护结构的耗热量加以限制；使围护结构内表面保持一定的温度，防止产生凝结水，同时保障人体不致因受冷表面影响而产生不舒适感。

3 本规范第4.1.9条规定了根据建筑物围护结构热惰性D值的大小不同，所应分别采用的四种类型冬季围护结构室外计算温度的取值方法。按照这一方法，不仅能保证围护结构内表面不产生结露现象，而且将围护结构的热稳定性与室外气温的变化规律紧密地结合起来，使D值较小（抗室外温度波动能力较差）的围护结构，具有较大的传热阻；使D值较大（抗室外温度波动能力较强）的围护结构，具有较小的传热阻。这些传热阻不同的围护结构，不论D值大小，不仅在各自的室外计算温度条件下，其内表面温度都能满足要求，而且当室外温度偏离计算温度乃至降低到当地最低日平均温度时，围护结构内表面的温降也不会超过1℃。也就是说，这些不同类型的围护结构，其内表面最低温度将达到大体相同的水平。对于热稳定性最差的Ⅳ类围护结构，室外计算温度不是采用累年极端最低温度，而是采用累计最低日平均温度（两者相差5～10℃）；对于热稳定性较好的Ⅰ类围护结构，采用采暖室外计算温度，其值相当于寒冷期连续最冷10天左右的平均温度；对于热稳定性处于Ⅰ、Ⅳ类中间的Ⅱ、Ⅲ类围护结构，则利用Ⅰ、Ⅳ类计算温度即采暖室外计算温度和最低日平均温度并采用调整权值的方式计算确定，不但气象资料的统计工作可以简化而且也便于应用。

条文表4.1.9中 t_{wn} 和 $t_{p,min}$ 应根据本规范第3.2节的有关规定，按当地气象资料进行计算。也可参照由国家暖通规范管理组和中国气象科学研究院按本规范有关规定计算整理的《采暖通风与空气调节气象资料集》选用。

4.1.11、4.1.12 关于外窗层数和开窗面积的规定。

因《民用建筑节能设计标准（采暖居住建筑部分）》（JGJ 26）对建筑物的保温要求日益提高，且今后还会有所变化，所以第4.1.11条在原条文基础上做了相应补充修改（补充注3、4）。

外窗层数及开窗面积对围护结构的综合传热系数影响很大，为了限制和降低采暖建筑物的能耗，除了设法提高围护结构非透明部分（外墙和屋顶等）的保温性能外，还必须十分重视其透明部分（外窗、阳台门和天窗等）的保温性能，其中包括尽量加大热阻，减小面积，提高气密程度等。从节能的角度考虑，设置全面采暖的建筑物采用双层窗一般是比较合理的，但根据我国目前的情况，尚无条件普遍采用双层窗，因此条文中对各类不同性质的建筑物分别规定了设置单层窗和双层窗的室内外温差界限。就其实质来说，相当于在采暖室外计算温度低于或等于－15℃的地区，一般民用建筑应采用双层窗，这和国内有关标准、规范关于在严寒地区民用建筑应采用双层窗的规定是一致的。对于干燥或正常湿度状况的工业建筑，设双层窗的地区界限相当于采暖室外计算温度低于或等于－20℃。当然，对于高级民用建筑以及其他经技术经济比较设置双层窗合理的建筑物，可不受此规定的限制，条文中已有明确注释。

不论是单层窗还是双层窗，在满足采光面积的前提下，均应尽量减小开窗面积。

4.1.13 采暖热媒的选择。

热水和蒸汽是集中采暖系统最常用的两种热媒。多年的实践证明，热水采暖比蒸汽采暖具有许多优点。从实际使用情况看，热水做热媒不但采暖效果好，而且锅炉设备、燃料消耗和司炉维修人员等比使用蒸汽采暖减少了30%左右。

由于热水采暖比蒸汽采暖具有明显的技术经济效果，用于民用建筑是经济合理的，近年来许多单位是这样做的，因此，条文中明确规定民用建筑的集中采暖系统应采用热水作热媒。工业建筑的情况比较复杂，有时生产工艺是以高压蒸汽为热源，单独搞一套热水系统就不一定合理，因此不宜对蒸汽采暖持绝对否定的态度（但应正视和解决蒸汽采暖存在的问题），条文中规定有一定的灵活性。当厂区只有采暖用热或以采暖用热为主时，推荐采用高温水作热媒；当厂区供热以工艺用蒸汽为主，在不违反卫生、技术和节能的条件下，可采用蒸汽作热媒。

4.1.14 改建和扩建建筑物采暖系统的设计原则。

鉴于按本规范所规定的方法确定的建筑物采暖热负荷时，其耗热量指标一般小于原有建筑物的耗热指标。为了保证与原有建筑物同一热源供热的改建、扩建和新建建筑物达到预期的采暖效果，应采取一些必要的技术措施。例如：设置单独的供热管道，在采暖室外计算温度下连续供热等，在某些情况下，亦可按原有建筑物的耗热量指标确定采暖热负荷。

按本规范所规定的方法进行选择采暖设备、计算管路等设计时，也要充分考虑与原有建筑同一热源供热的情况，采取相应的技术措施。

4.2 热 负 荷

4.2.1 确定采暖通风系统热负荷的因素。

在《民用建筑节能设计标准（采暖居住建筑部分）》（JGJ 26）中规定："单位建筑面积的建筑物内部得热（包括炊事、照明、家电和人体散热），住宅建筑，取 $3.80W/m^2$。"当前住宅建筑户型面积越来越大，单位建筑面积内部得热量不一，且炊事、照明、家电等散热是间歇性的，这部分自由热可作为安全量，在确定热负荷时不予考虑。

4.2.2、4.2.3 围护结构耗热量的分类及基本耗热量的计算。

式（4.2.3）是按稳定传热计算围护结构耗热量的最基本的公式。在计算围护结构耗热量的时候，不管围护结构的热惰性指标 D 值大小如何，室外计算温度均采用采暖室外计算温度——平均每年不保证5天的日平均温度，不再分级。

增加"注"，在已知冷侧温度时或用热平衡法能计算出冷侧的温度时，t_{wn} 一项可直接用冷侧温度代入，不再进行 α 值修正。

4.2.4 计算围护结构耗热量时冬季室内计算温度的选取。

在建筑物采暖耗热量计算中，为考虑室内竖向温度梯度的影响，常用两种不同的计算方法：

1 对房间各部分围护结构均采用同一室内温度计算耗热量，当房间高于4m时计入高度附加；

2 对房间各部分围护结构采用不同的室内温度计算耗热量，即使房间高于4m也不计入高度附加。

第一种方法对于某一具体房高只有一个与之对应的高度附加系数，方法比较简单，但无选择余地，不能做到根据建筑物的不同性质区别对待，只适用于室内散热量较小，上部空间温度增高不显著的建筑物，如民用建筑及辅助建筑物等；第二种方法比较麻烦，但可适应各种性质的建筑物，尤其是室内散热量较大、上部空间温度明显升高的工业建筑，因此，条文中规定房高大于4m的工业建筑应采用这种方法。

对于不同性质和高度的建筑物，其温度梯度值与很多因素（如采暖方式、工艺设备布置及散热量大小等）有关，难以在规范中给出普遍适用的数据，设计时需根据具体情况确定。

通过分析对比，在某些情况下（如室内散热量不大的机械加工厂房），两种计算方法所得的结果，虽有差异但出入不大，因此在条文的附注中规定："散热量小于 $23W/m^3$ 的工业建筑，当其温度梯度值不能确定时，可用工作地点温度计算围护结构耗热量，但应按本规范第4.2.7条的规定进行高度附加。"

4.2.5 相邻房间的温差传热计算原则。

当相邻房间的温差小于5℃时，为简化计算起见，可不计入通过隔墙和楼板等的传热量。当隔墙或楼板的传热阻太小，且其传热量大于该房间热负荷的10%时，也应将其传热量计入该房间的热负荷内。

4.2.6 围护结构的附加耗热量。

1 朝向修正率，是基于太阳辐射的有利作用和南北向房间的温度平衡要求，而在耗热量计算中采取的修正系数。本条第一款给出的一组朝向修正率是综合各方面的论述、意见和要求，在考虑某些地区、某些建筑物在太阳辐射得热方面存在的潜力的同时，考虑到我国幅员辽阔，各地实际情况比较复杂，影响因素很多，南北向房间耗热量客观存在一定的差异（10%～30%左右），以及北向房间由于接受不到太阳直射作用而使人们的实感温度低（约差2℃），而且墙体的干燥程度北向也比南向差，为使南北向房间在整个采暖期均能维持大体均衡的温度，规定了附加（减）的范围值。这样做适应性比较强，并为广大设计人员提供了可供选择的余地，具有一定的灵活性，有利于本规范的贯彻执行。

2 风力附加率，是指在采暖耗热量计算中，基于较大的室外风速会引起围护结构外表面换热系数增大即大于 $23W/（m^2·℃）$ 而增加的附加系数。由于我国大部分地区冬季平均风速不大。一般为 $2～3m/s$，仅个别地区大于 $5m/s$，影响不大，为简化计算起见，一般建筑物不必考虑风力附加，仅对建筑在不避风的高地、河边、海岸、旷野上的建筑物，以及城镇、厂区内特别高出的建筑物的风力附加系数做了规定。

3 外门附加率，是基于建筑物外门开启的频繁程度以及冲入建筑物中的冷空气导致耗热量增大而打的附加系数。

关于第3款外门附加中"一道门附加 $65\%×n$，两道门附加 $80\%×n$"的有关规定，有人提出异议，但该项规定是正确的。因为一道门与两道门的传热系数是不同的：一道门的传热系数是 $4.65W/（m^2·℃）$，两道门的传热系数是 $2.33W/（m^2·℃）$。

例如：设楼层数 $n=6$，

一道门的附加 $65\%×n$ 为：$4.65×65\%×6=18.135$

两道门的附加 $80\%×n$ 为：$2.33×80\%×6=11.184$

显然一道门附加的多，而两道门附加的少。

另外，此处所指的外门是建筑物底层入口的门，而不是各层每户的外门。

4.2.7 高度附加率。

高度附加率，是基于房间高度大于4m时，由于竖向温度梯度的影响导致上部空间及围护结构的耗热量增大而打的附加系数。由于围护结构耗热作用等影响，房间竖向温度的分布并不总是逐步升高的，因此对高度附加率的上限值做了不应大于15%的限制。

4.2.8 冷风渗透耗热量。

本条强调了门窗缝隙渗透冷空气耗热量计算的必要性，并明确计算时应考虑的主要因素。

在各类建筑物特别是工业建筑的耗热量中，冷风渗透耗热量所占比例是相当大的，有时高达30%左右。根据现有的资料，本规范附录D分别给出了用缝隙法计算民用建筑及生产辅助建筑物的冷风渗透耗热量和用百分率附加法计算工业建筑的冷风渗透耗热量，并在附录E（沿用原规范附录八）中给出了全国主要城市的冷风渗透量的朝向修正系数 n 值。

4.3 散热器采暖

4.3.1 选择散热器的规定。

1 近十几年散热器行业发展变化较大，出现了多种新型散热器，并且正在逐渐淘汰陈旧的产品，同时制定了各类型产品标准，而各标准中明确规定了各种热媒下的工作压力，因此，按产品标准中的规定选用散热器的工作压力，会更准确和适应散热器行业发展的需要。

2 社会的进步和生活水平的不断提高，促使人们对居室环境的要求也越来越高。散热器的清扫和装饰要求已引起国内制造厂商的广泛重视。目前，有些生产企业生产的铜管铝翅片对流散热器，以较为完美的外观和可以拆、装的外罩，在保障了散热器的使用效果的同时，又解决了散热器外观和清扫的问题，同时也起到了防护的作用。

3 随着我国能源政策的改变和生活水平的不断提高，传统的铸铁散热器由于生产过程的高污染、低效率、劳动强度大、外观粗糙等原因，使用受到一定的限制。钢制、铝制散热器等由于生产过程污染小、效率高、劳动强度低、散热器承压能力高、表面光滑易于清扫、外形美观且形式多样，既可满足产品的使用要求，又可起到一定的装饰作用。采用钢制散热器时，必须注意防腐问题。

钢制散热器一般由薄钢板冲压、焊接形成。由于其材料的固有特性，如何降低电化学腐蚀速度，是设计的首要问题。造成钢制散热器腐蚀的原因很多，其中电化学腐蚀和应力腐蚀最为严重。

应力腐蚀破裂是金属材料在静拉伸应力和腐蚀介质共同作用下导致破裂的现象，其应力主要来源于加工工序。所以，防止应力腐蚀主要应从合理选材、制定合理的加工工艺两方面采取措施。电化学腐蚀是水中溶解氧与钢的电化学反应：阳极反应：$Fe \rightarrow Fe^{2+} + 2e^-$；阴极反应：$O_2 + 2H_2O + 4e^- \rightarrow 4OH^-$；综合反应：$2Fe + O_2 + 2H_2O \rightarrow 2Fe(OH)_2$。腐蚀反应形成氢氧化亚铁将在热水中进一步分解：$3Fe(OH)_2 = Fe_3O_4 + 2H_2O + H_2$。最终产物四氧化三铁是一层黑色沉淀物，吸附在散热器的内壁上。

降低钢制散热器腐蚀速度可采取以下几个方面措施：

（1）采用闭式系统：由采暖循环泵、管道系统、采暖散热器及相关部件组成的封闭循环系统。必要时，可采用低位胶囊式密闭定压膨胀罐解决系统的定压和膨胀问题。

（2）根据现行国家标准《工业锅炉水质》（GB 1576）的要求，控制系统水质和系统补水水质的溶解氧应小于或等于0.1mg/L；水温25℃时pH值，给水大于或等于7，锅炉应在10～12之间。

（3）采暖系统在非采暖季节应充水湿保养，不仅是使用钢制散热器采暖系统的基本运行条件，也是热水采暖系统的基本运行条件，在设计说明中应加以强调。

蒸汽采暖系统不应使用钢制柱型（指钢板制柱型）、板型及扁管式散热器。因为蒸汽系统的含氧量、pH值不易控制，对散热器的腐蚀几率较高；而且系统压力不稳定，有杂质，运行中噪声较大，散热器表面温度过高，因此，规定蒸汽采暖系统不应采用钢制散热器。

4 铝制散热器的腐蚀问题也日益突出。铝制散热器的腐蚀主要是碱腐蚀。为避免重蹈钢制散热器的覆辙，铝制散热器应选用内防腐型铝制散热器并满足产品对水质的要求。

5 热水采暖系统选用散热器时，钢制散热器与铝制散热器不应在同一热水采暖系统中使用。铝制散热器与热水采暖系统管道应注意采用等电位连接。

在有些安装了热量表和恒温阀的热水采暖系统中，已出现由于散热器内不清洁，而使系统不能正常运行等问题，因此规定：安装热量表和恒温阀的热水采暖系统中，不宜采用水流通道内含有粘砂的铸铁等散热器。

4.3.2 散热器的布置。

1 散热器布置在外墙的窗台下，从散热器上升的对流热气流能阻止从玻璃窗下降的冷气流，使流经生活区和工作区的空气比较暖和，给人以舒适的感觉；如果把散热器布置在内墙，流经人们经常停留地区的是较冷的空气，使人感到不舒适，也会增加墙壁积尘的可能，因此推荐把散热器布置在外墙的窗台下；款1中考虑到分户热计量时，为了有利于户内管道的布置，增加了可靠内墙安装的内容。

2 为了防止把散热器冻裂，因此规定在两道外门之间不应设置散热器。

3 把散热器布置在楼梯间的底层，可以利用热压作用，使加热了的空气自行上升到楼梯间的上部补偿其耗热量，因此规定楼梯间的散热器应尽量布置在底层或按一定比例分配在下部各层。

4.3.3 散热器的安装。

本条是根据建筑物的用途，考虑有利于散热器放热、安全、适应室内装修要求以及维护管理等方面制定的。

近几年散热器的装饰已很普遍，但很多的装饰罩设计不合理，严重影响了散热器的散热效果，因此，强调了暗装时装饰罩的作法应合理，即装饰罩应有合理的气流通道、足够的通道面积，并方便维修。

4.3.4 幼儿园散热器的安装。强制条文。

规定本条的目的，是为了保护儿童安全健康。

4.3.5 散热器的组装片数。

规定本条的目的，主要是从便于施工安装考虑的。

4.3.6、4.3.7 散热器数量的确定。

1 散热器的传热系数，是在特定条件下通过实验测定给出的。在实际工程应用中情况往往是多种多样的，与测试条件下给出的传热系数会有一定的差别，为此设计时除应按不同的传热温差（散热器表面温度与室温之差）选用合适的传热系数外，还应按本规范第4.3.6条的规定考虑其连接方式、安装形式、组装片数、热水流量以及表面涂料等对散热量的影响。

2 明管敷设时，非保温管道的散热量有提高室温的作用，可补偿一部分耗热量，暗管敷设时，由于管道散热导致热媒温度降低，为保持必要的室温应适当地增多散热器的数量，因此，在本规范第4.3.7条中做了有关规定。

4.3.8 采暖系统南北向房间分环设置的规定。

为了平衡南北向房间的温差、解决"南热北冷"的问题，除了按本规范第4.2.6条的规定对南北向房间分别采用不同的朝向修正系数外，对民用建筑和工业企业辅助建筑物的采暖系统，必要时采取南北向房间分环布置的方式，也不失为一种行之有效的办法；因此，在条文中推荐。

4.3.9 高层建筑采暖系统的布置。

本条是基于国内的实践经验并参考有关资料制定的，主要目的是为了减小散热器及配件所承受的压力，保证系统安全运行。

4.3.10、4.3.11 散热器的连接及供热。第4.3.11条为强制条文。

本规范第4.3.10条关于同一房间的两组散热器可以串联连接，某些辅助房间如贮藏室、厕所等的散热器可以同邻室连接的规定，主要是考虑在有些情况下单独设置立管有困难或不经济。对于有冻结危险的楼梯间或其他有冻结危险的场所，一般不应将其散热器同邻室连接，以防影响邻室的采暖效果，甚至冻裂散热器。因此，本规范第4.3.11条强制规定在这种情况下应由单独的立、支管供热，且不得装设调节阀门。

随着建筑水平和物业管理水平的提高及采暖区域的扩大，有的楼梯间已经无冻结危险，因此，对楼梯间也不能一概而论。

4.3.12 散热器恒温阀传感器的安装要求。新增

条文。

由于恒温阀的特定安装位置，有时不能正确反应房间温度，为了使传感器能正确反应房间温度，强调了传感器的设置位置；对安装在装饰罩内的恒温阀，应采用外置传感器。

4.4 热水辐射采暖

4.4.1 低温热水辐射采暖的设计及要求。

低温热水辐射采暖具有节能、卫生、舒适、不占室内面积等优点，近年来在国内发展迅速。低温热水辐射采暖一般指加热管埋设在建筑构件内的采暖形式，有墙壁式、顶棚式和地板式等3种。目前我国主要采用的是地板式，称为低温热水地板辐射采暖。低温热水地板辐射采暖的设置，不应导致建筑构件产生龟裂和损坏。在具体工程中采用何种做法，要通过计算并进行技术经济比较后确定。

4.4.2 低温热水辐射采暖的要求。

根据国内外技术资料从人体舒适和安全角度考虑，对辐射采暖的辐射体表面平均温度做了具体规定。

4.4.3 低温热水地板辐射采暖的供、回水温度的要求。新增条文。

由国外资料汇集查得，地板辐射采暖的供水温度的上限值有60℃、65℃、70℃、75℃等，本条从对地板辐射采暖的安全与寿命考虑，规定民用建筑的供水温度不应超过60℃。

4.4.4 低温热水地板辐射采暖负荷计算。

根据国内外资料和国内一些工程的实测，低温热水地板辐射采暖用于全面采暖时，在相同热舒适条件下的室内温度可比对流采暖时的室内温度低2～3℃。因此，规定地板辐射采暖的耗热量计算可按本规范第4.2节的有关规定进行，但室内计算温度取值可降低2℃或将计算耗热量乘以0.9～0.95的修正系数（寒冷地区取0.9，严寒地区取0.95）。当地板辐射采暖用于局部采暖时，耗热量还要乘以表4.4.4所规定的附加系数（局部采暖的面积与房间总面积的面积比大于75%时，按全面采暖耗热量计算）。

4.4.5 低温热水地板辐射采暖有效散热量的确定。新增条文。

本条针对目前一些工程不考虑房间朝向、外墙、外窗以及室内设施、地面覆盖物等的不同情况，加热管在整个房间内等间距敷设，而室内设备、家具等地面覆盖物对采暖的有效散热量的影响较大。因此，本条强调了地板辐射采暖的有效散热量应通过计算确定。目前国内尚无统一的计算方法，大多采用国外资料。

在计算有效散热量时，必须重视室内设备、家具等地面覆盖物对有效散热面积的影响。当人均居住面积较小时，家具所占面积相对较大。目前，有以下两

种可行方法：

    1 室内均匀布置加热管。在计算有效散热量时，应对总面积乘以小于 1.0 的系数。

    2 加热管尽量布置在通道及有门的墙面等处，即通常不布置设备、家具的地方，其他地方少设或不设加热管。

4.4.6 低温热水地板辐射采暖设置绝热层的要求。新增条文。

    绝热层的设置主要是考虑热量的有效利用和阻断冷桥。加热管及其覆盖层下部不设绝热层，一部分热量就会向楼板下传，房间会形成地板式加天棚式的复合式辐射采暖形式。这样房间上部温度将会提高，降低了节能效果。同时，由于上下相邻房间热量的供给与获得呈交错状态，增加了管理与计量等方面的复杂性与难度。因此，本条规定加热管及其覆盖层与楼板结构层应设绝热层。绝热层一般用密度大于或等于 20kg/m³ 的聚苯乙烯泡沫板，厚度不宜小于 25mm。当地面荷载大于 5kN/m² 时，应选用与承压能力相适应的绝热层材质。

    根据国内一些工程的经验，绝热层上的铝箔层并没有明显的防火防潮及热反射作用，但对于增加绝热层的强度、方便加热管安装还是有一定作用的。因此，本条文未对此做出具体规定。

4.4.7 低温热水地板辐射采暖设置伸缩缝的要求。新增条文。

    覆盖层厚度不应过小，否则人站在上面会有颤动感。一般居住、办公建筑覆盖层厚度不宜小于 50mm。

    伸缩缝的设置间距与宽度应计算确定。一般在面积超过 30m² 或长度超过 6m 时，伸缩缝设置间距宜小于或等于 6m；伸缩缝的宽度大于或等于 5mm。面积较大时，伸缩缝的设置间距可适当增大，但不宜超过 10m。

4.4.8 低温热水地板辐射采暖系统阻力计算的要求。新增条文。

    低温热水地板辐射采暖系统的阻力应计算确定，否则会由于管路过长或流速过快使系统阻力超过系统供水压力或单元式热水机组水泵的扬程。为了使加热管中的空气能够被水带走，加热管内热水流速不应小于 0.25m/s，一般为 0.25～0.5m/s。

4.4.9 低温热水地板辐射采暖的工作压力。新增条文。

    规定本条的目的，是为了保证低温热水地板辐射采暖系统管材与配件的强度和使用寿命。本条规定系统压力不超过 0.8MPa，系统压力过大时，应选择适当的管材并采取相应的措施。

4.4.10 低温热水地板辐射采暖的防潮、防水要求。新增条文。

    设置防潮、防水层的目的是为了不降低绝热层的隔热性能。

4.4.11 低温热水地板辐射采暖的管材要求。新增条文。强制条文。

    低温热水地板辐射采暖所用的加热管有聚丁烯（PB）、交联聚乙烯（PE-X）、无规共聚聚丙烯（PP-R）及交联铝塑复合管（XPAP）等塑料管材。这些管材的力学特性与钢管等金属管材有较大区别。钢管的使用寿命主要取决于腐蚀速度，使用温度对其影响不大。塑料管材的使用寿命主要取决于不同使用温度和压力对管材的累计破坏作用。在不同的工作压力下，热作用使管壁承受环应力的能力逐渐下降，即发生管材的"蠕变"，以至不能满足使用压力要求而破坏。壁厚计算方法可参照现行国家有关塑料管的标准执行。

4.4.12 热水吊顶辐射板的使用范围。

    热水吊顶辐射板为金属辐射板的一种，可用于层高 3～30m 的建筑物的全面采暖和局部区域或局部工作地点采暖，其使用范围很广泛，几乎涵盖了包括大型船坞、船舶、飞机和汽车的维修大厅、机器、电子和陶瓷工业的生产加工中心、建材市场、购物中心、展览会场、多功能体育馆和娱乐大厅等许多场合，具有节能、舒适、卫生、运行费用低等特点。

4.4.13 热水吊顶辐射板适用的热媒温度范围。

    热水吊顶辐射板的供水温度，宜采用 40～140℃ 的热水。与原规范条文的规定相比，热媒参数适用范围更广。既可用低温热水，也可用水温高达 140℃ 的高温热水。但是，热水水质应符合国家现行标准《工业锅炉水质》（GB 1576）的要求。

    由于蒸汽腐蚀性较大，不推荐采用。

4.4.14 热水吊顶辐射板的压力要求。新增条文。

    规定本条的目的，是为了保证热水吊顶辐射板系统的正常运行。

4.4.15 热水吊顶辐射板采暖耗热量计算。

    与对流散热器采暖系统相比，在舒适的条件下达到同样的采暖效果，吊顶辐射板采暖的室内温度要比对流采暖时低 2～3℃，因此，建筑物围护结构和门窗渗透耗热量均有所降低；同时由于竖向温度梯度小，也减小了高度附加。所以辐射采暖总耗热量比对流采暖耗热量低。可按照本规范第 4.2 节的有关规定进行计算，并按第 4.5.6 条的规定进行修正。当屋顶耗热量大于房间总耗热量的 30% 时，应对屋顶采取保温措施，也可以用降低辐射板上部绝热层的绝热效果增加辐射板散热量的办法解决。

4.4.16 热水吊顶辐射板的有效散热量。新增条文。

    热水吊顶辐射板倾斜安装时，辐射板的有效散热量会随着安装角度的不同而变化。设计时，应根据不同的安装角度，按规范表 4.4.16 对总散热量进行修正。

    由于热水吊顶辐射板的散热量是在管道内流体处于紊流状态下进行测试的，为保证辐射板达到设计散热量，管内流量不得低于保证紊流状态的最小流量。如果流量达不到所要求的最小流量，而且不能采用多块板组成的串联连接方式时，应乘以1.18的安全系数。

4.4.17 热水吊顶辐射板的安装高度。

热水吊顶辐射板属于平面辐射体，辐射的范围局限于它所面对的半个空间，辐射的热量正比于开尔文温度的4次方，因此辐射体的表面温度对局部的热量分配起决定作用，影响到房间内各部分的热量分布。而采用高温辐射会引起室内温度的不均匀分布，使人体产生不舒适感。当然辐射板的安装位置和高度也同样影响着室内温度的分布。因此，在采暖设计中，应对辐射板的最低安装高度以及在不同安装高度下辐射板内热媒的最高平均温度加以限制。条文中给出了采用热水吊顶辐射板采暖时，人体感到舒适的允许最高平均水温。这个温度值是依据辐射板表面温度计算出来的。对于在通道或附属建筑物内，人们仅短暂停留的区域，可采用较高的允许最高平均水温。

4.4.18 热水吊顶辐射板的采暖制式。

本条是关于热水吊顶辐射板采暖制式的规定。即：热水吊顶辐射板采暖系统的管道布置宜采用同程式。众所周知，由于在异程式采暖系统中，热媒通过各环路的长度不同，阻力损失不同，因而就会引起各环路之间的水力失调现象，产生辐射板不热或者散热不均匀的问题。各组辐射板表面平均温度不均匀，就会引起室内温度分布不均匀。尤其对于作用半径较长的异程式系统，情况更为严重。因此，热水吊顶辐射板采暖系统的管道布置应尽量采用同程式布置。

4.4.19 热水吊顶辐射板连接方式。新增条文。

热水吊顶辐射板可以并联和串联，同侧和异侧等多种连接方式接入采暖系统，可根据建筑物的具体情况确定，设计出最优的管道布置方式，以保证系统各环路阻力平衡和辐射板表面温度均匀。对于较长、高大空间的最佳管线布置，可采用沿长度方向平行的内部板和外部板串联连接，热水同侧进出的连接方式，同时采用流量调节阀来平衡每块板的热水流量，使辐射达到最优分布。这种连接方式所需费用低，辐射照度分布均匀，但设计时应注意能满足各个方向的热膨胀。在屋架或横梁隔断的情况下，也可采用沿外墙长度方向平行的两个或多个辐射板串联成一排，各辐射板排之间并联连接，热水异侧进出的方式。

4.4.20 热水吊顶辐射板的布置。

热水吊顶辐射板的布置对于优化采暖系统设计，保证室内作业区辐射照度的均匀分布是很关键的。通常吊顶辐射板的布置应与最长的外墙平行设置，如果必要，也可垂直于外墙设置。沿墙设置的辐射板排规格应大于室中部设置的辐射板规格，这是由于采暖系统热负荷主要是由围护结构传热耗热量以及通过外门、外窗侵入或渗入的冷空气耗热量来决定的。因此

为保证室内作业区辐射照度分布均匀，应考虑室内空间不同区域的不同热需求，如：设置大规格的辐射板在外墙处来补偿外墙处的热损失。房间建筑结构尺寸同样也影响着吊顶辐射板的布置方式。房间高度较低时，宜采用较窄的辐射板，以避免过大的辐射照度；沿外墙布置辐射板且板排较长时，应注意预留长度方向热膨胀的余地。

4.4.21 热水吊顶辐射板局部区域采暖的耗热量计算。

4.5 燃气红外线辐射采暖

4.5.1 燃气红外线辐射采暖的适用范围。

燃气红外线辐射采暖系统可用于建筑物室内全面采暖、局部采暖和室外工作地点的采暖。目前，在许多发达国家已有多种新型的燃气采暖设备，具有高效节能、舒适卫生、运行费用低等特点。该采暖方式尤其适用于有高大空间的建筑物采暖。随着我国石油工业的发展，油气田的开发和利用，这种采暖方式的应用在不断增加。实践证明，在燃气供应许可时，采用红外线辐射采暖系统，从技术上和经济上都具有一定的优越性。

4.5.2 采用燃气红外线辐射采暖的安装措施。强制条文。

燃气红外线辐射采暖通常有炽热的表面，因此，设置煤气红外线辐射采暖时，必须采取相应的防火防爆措施。

燃烧器工作时，需对其供应一定比例的空气量并放散二氧化碳和水蒸气等燃烧产物，当燃烧不完全时，还会生成一氧化碳。为保证燃烧所需的足够空气或将燃烧产物直接排至室内时的二氧化碳和一氧化碳稀释到允许浓度以下，避免水蒸气在围护结构内表面上凝结，必须具有一定的通风换气量。

采用燃气红外线辐射采暖应符合国家现行有关安全、防火规范的要求，以保证安全。

4.5.3 燃气红外线辐射采暖系统的燃料要求。

目前，我国气源已不限于人工煤气，尚有天然气、液化石油气等可供使用，本规范统称为"燃气"。

规定本条的目的是为了防止因燃气成分改变、杂质超标和供气压力不足等引起采暖效果的降低。

4.5.4 燃气红外线辐射器的安装要求。强制条文。

燃气红外线辐射器的表面温度较高，如不对其安装高度加以限制，人体所感受到的辐射照度将会超过人体舒适的要求。舒适度与很多因素有关，如采暖方式、环境温度及风速、空气含尘浓度及相对湿度、作业种类和辐射器的布置及安装方式等。当用于全面采暖时，既要保持一定的室温，又要求辐射照度均匀，保证人体的舒适度，为此，辐射器应安装得高一些；当用于局部区域采暖时，由于空气的对流，采暖区域的空气温度比全面采暖时要低，所要求的辐射照度比

全面采暖大，为此辐射器应安装得低一些。由于影响舒适度的因素很多，安装高度仅是其中一个方面；因此，本条只对安装高度做了不应低于3m的限制。

4.5.5 局部采暖时燃气红外线辐射器的安装要求。

为了防止由于单侧辐射而引起人体部分受热、部分受凉的现象，造成不舒适感而规定的。

4.5.6 全面辐射采暖耗热量的计算。

采用燃气红外线辐射采暖，室内温度梯度小，且实感温度比对流采暖室内空气温度高2～3℃，因此，可不计算因温度梯度引起的耗热量附加值。燃气红外线辐射采暖所采用的修正系数，仍沿用原规范规定的0.8～0.9，这是根据实测结果并参考国内外有关资料确定的。

燃气红外线辐射器安装高度过高时，会使辐射照度减小。因此，应根据辐射器的安装高度，对总耗热量进行必要的高度修正。

4.5.7 局部区域辐射采暖耗热量的计算。

4.5.8 全面辐射采暖辐射装置的布置。

采用辐射采暖进行全面采暖时，不但要使人体感受到较理想的舒适度，而且要使整个房间的温度比较均匀。通常建筑四周外墙和外门的耗热量，一般不少于总耗热量的60%，适当增加该处的辐射器的数量，对保持室温均匀有较好的效果。

4.5.9 燃气红外线辐射采暖系统供应空气的安全要求。新增条文。强制条文。

燃气红外线辐射采暖系统的燃烧器工作时，需对其供应一定比例的空气量。当燃烧器每小时所需的空气量超过该房间每小时0.5次换气时，应由室外供应空气，以避免房间内缺氧和燃烧器供应空气量不足而产生故障。

4.5.10 燃气红外线辐射采暖室外进风口的要求。新增条文。

燃气红外线辐射采暖当采用室外供应空气时，可根据具体情况采取自然进风或机械进风。

4.5.11 燃气红外线辐射采暖尾气排放要求及排风口的要求。新增条文。

燃气燃烧后的尾气为二氧化碳和水蒸气。在农作物、蔬菜、花卉温室等特殊场合，采用燃气红外线辐射采暖时，允许其尾气排至室内。

4.5.12 燃气红外线辐射采暖控制要求。新增条文。

当工作区发出火灾报警信号时，应自动关闭采暖系统，同时还应连锁关闭燃气系统入口处的总阀门，以保证安全。当采用机械进风时，为了保证燃烧器所需的空气量，通风机应与采暖系统联锁工作并确保通风机不工作时，采暖系统不能开启。

4.6 热风采暖及热空气幕

4.6.1 热风采暖的适应范围。

1 对于设置机械送风系统的建筑物，采用与送风相结合的热风采暖，一般在技术经济上是比较合理的。通过对某些工程的调查，其设计原则也是凡有机械送风的，其设备能力都考虑了补偿围护结构的部分或全部耗热量，因此，条文中予以推荐。至于公共建筑和一班制的工业建筑，由于在间断使用或非工作时间内须考虑值班采暖问题，以热风采暖补偿围护结构的全部耗热量而不设置散热器采暖是否可行与是否经济合理，则应根据具体情况确定，不能一概而论。

2 对于室内空气允许循环使用的公共建筑和工业建筑，是否采用热风采暖，需要通过技术经济比较确定。

3 有些建筑物和房间，由于防火防爆和卫生等方面的要求，不允许利用循环空气采暖，也不允许设置散热器采暖。如：生产过程中放散二硫化碳气体的工业建筑，当二硫化碳气体同散热器和热管道表面接触时有引起自燃的危险。在这种情况下，必须采用全新风的热风采暖系统。

4.6.2 热风采暖的热媒要求。新增条文。

热风采暖系统的优劣，与热媒温度有很大关系。为了保证其运行效果，条文中对热媒的压力和温度做了必要的限制。

采用燃气、燃油加热或电加热做热风采暖的热源，国内外已有成熟的技术和设备。但是，在选用时应符合国家现行有关规范的要求。

4.6.3 热风采暖时在窗下设置散热器的规定及热风采暖系统数量的规定。

调查表明，在我国北方地区设置热风采暖的工业建筑，在外窗下普遍有设置散热器的情况和要求。这是因为外窗的热阻较小，内表面温度较低，加之冷风渗透和在对流采暖作用下窗户附近下降冷气流的影响，人体的辐射散热量增大会产生不舒适感。南方地区由于室内外温差较小，矛盾不突出。因此本条规定："位于严寒地区或寒冷地区的工业建筑，当采用热风采暖且距外窗2m或2m以内有固定工作地点时，宜在窗下设置散热器"。在可能的情况下，将散热器采暖系统作为值班采暖使用，既可减少热风系统的耗电量，又使系统运行简单化。

本条规定在不设置值班采暖的条件下，热风采暖不宜少于两个系统（两套装置），以保证当其中一个系统因故停止运行或检修时，室内温度仍能满足工艺的最低要求且不致低于5℃，这是从安全角度考虑的。如果整个房间只设一个热风采暖系统，一旦发生故障，采暖效果就会急剧恶化，不但无法达到正常的室温要求，还会使室内供排水管道和其他用水设备有冻结的可能。

4.6.4 选择暖风机或空气加热器时散热量的安全系数。

暖风机和空气加热器产品样本上给出的散热量都是在特定条件下通过对出厂产品进行抽样热工试验得

出的数据，在实际使用过程中，受到一些因素的影响，其散热量会低于产品样本标定的数值。影响散热量的因素主要有以下几点：

    1 加热器表面积尘未能定期清扫；

    2 加热盘管内壁结垢和锈蚀；

    3 绕片和盘管间咬合不紧或因腐蚀而加大了热阻；

    4 热媒参数未能达到测试条件下的要求。

为了保证热风采暖效果，在选择暖风机和空气加热器时应采用一定的安全系数。

4.6.5 采用暖风机的有关规定。

设计暖风机台数及位置时，应考虑厂房内部的几何形状、工艺设备布置情况及气流作用范围等因素，做到气流组织合理，室内温度均匀。

本条第 2 款规定室内换气次数不宜小于每小时 1.5 次，目的是为了使热射流同周围空气混合的均匀程度达到最起码的要求，保证采暖效果。

增加第 3 款，主要考虑到：目前蒸汽系统压力普遍不足，使疏水装置背压偏小，影响排水，造成暖风机效果较差。每台暖风机单独装设阀门和疏水装置，既可改善运行状况，也便于维修，不致影响整个系统的供热。

4.6.6 采用集中热风采暖的有关规定。

据调查，有的工业建筑由于集中送风的出风口装得太低或出口射流向下倾斜角太大，使得部分作业区处于射流区，温度不均匀，工人有直接吹风感，不愿使用。另外，射流的扩散区处于下部地区时，射程也比较短，应使生产区或作业区处于回流区。规定最小平均风速，目的是为了防止出现空气停滞的"死区"。

送风口出口风速的范围，是参照国内外有关资料确定的。

送风口的安装高度，同房间高度、要求回流区的分布位置等因素有关，一般为 3.5～7.0m。

回风口的底边至地面保持一定的距离，一是为了形成合理的气流组织，使送风设备附近的下部地区的气流不致停滞，以免造成不均匀的温度场，因此，不宜过高；二是为了防止吸入尘土，回风口离地面又不宜过低。

对于出口温度的确定，除考虑减少风量、节省设备投资外，还要考虑热射流在全部射程内向上弯曲的影响。由于射流向上弯曲，必然会使沿房间高度方向的温度梯度增加，从而增加房间的无益耗热量。根据近年来工程实际的信息反馈，对最低送风温度进行修改，从原来规定的最低温度 30℃ 调整到 35℃，最高温度不得超过 70℃。

4.6.7 设置热空气幕的条件。

把"热风幕"一词改为"热空气幕"。

4.6.8 热空气幕送风方式的要求。

对于公共建筑推荐用上向下送风，是由于公共建筑的外门开启频繁，而且往往向内外两个方向开启，不便采用侧面送风，如采用由下向上送风，卫生条件又难以保证。

允许设置单侧送风的大门宽度界限定为 3m，是根据实际调查情况得出的结论。在实际应用中采用单侧送风的很少，而且效果不好保证，离风口远的地方往往有强烈的冷风侵入室内，有些单侧送风已改为双侧送风。当大门宽度超过 18m 时，双侧送风也难以达到预期效果，推荐由上向下送风。

4.6.9 热空气幕送风温度的要求。

热空气幕送风温度，主要是根据实践经验并参考国内外有关资料制定的。条文中所谓的"工业建筑的外门"系指非高大的外门，而"高大的外门"系指可通行汽车和机车等的大门。

4.6.10 热空气幕出口风速的要求。

热空气幕出口风速的要求，主要是根据人体的感受、噪声对环境的影响、阻隔冷空气效果的实践经验并参考国内外有关资料制定的。

4.7 电 采 暖

4.7.1 采用电采暖的原则。新增条文。

合理利用能源、提高能源利用率、节约能源是我国的基本国策。使用高品位的电能直接转换为低品位的热能进行采暖，在能源的合理利用上存在问题，一般情况下是不适宜的。考虑到当前电力供应的情况和一些地区环境保护的特殊要求，本条对电采暖的应用做了一些规定。总原则是：采暖热源的选择，应符合国家的长远能源政策。

4.7.2～4.7.4 电采暖的适用条件及安全要求。新增条文。第 4.7.4 条为强制条文。

近年来电采暖在我国东北、北京等地区有了较快的推广应用，并且得到了一些地方电力、环保等部门的推荐。由于某些电采暖技术从国外引进的时间较短，对国外技术的消化和国内技术的开发、经验的总结不多。本规范仅就采用电采暖时的安全性、可靠性等做了原则规定。

采用电采暖时，应根据房间用途、特点和安全防火等要求，分别选用低温加热电缆采暖、踢脚板散热器及低温辐射电热膜采暖等方式。低温加热电缆采暖系统是由可加热电缆和感应器、恒温器等构成，通常采用地板式，将电缆埋设于混凝土中，有直接供热及存储供热等系统形式；踢脚板散热器由不锈钢管子元件构成，外包金属散热叶片，其表面温度较低，并设有自动恒温控制，可直接安装在地板上，外形美观且便于清洁，易与建筑结合布置；低温辐射电热膜采暖方式是以电热膜为发热体，大部分热量以辐射方式散入采暖区域，它是一种通电后能发热的半透明聚酯薄膜，由可导电的特制油墨、金属载流条经印刷、热压在两层绝缘聚酯薄膜之间制成的，电热膜通常布置在顶棚上，同时配以独立的温控装置。

电采暖系统均可根据需要调节室温达到节能的目的，而低温加热电缆和低温辐射电热膜采暖方式，由于隐形安装，即取消了暖气片及其支管，相应增加了使用面积；此外还有节水，节省锅炉房、储煤、堆灰等一系列占地问题，减少了环境污染；使用寿命长，计量方便、准确，管理简便等优点。但是电采暖的使用受到电力资源、经济性等条件的限制。

4.8 采暖管道

4.8.1 采暖管道选择的要求。新增条文。

本条是根据近年来采暖方式多样化和各种非金属管材的有关标准而制定。

4.8.2 关于散热器采暖系统和其他系统分设供、回水管道的规定。

本条是根据常用的设计方法并参照国内外有关资料制定的。因为热风采暖、送风加热、热水供应和生产供热系统等，同散热器采暖系统比较，无论从使用条件、使用时间和系统压力平衡上，大都不是完全一致的，因此，提出对各系统管道宜在热力入口处分开设置。

4.8.3 热水采暖系统的热力入口装置。

强调了在热力入口处"应"设置除污器，并补充"应装设热量表"的规定。

热水采暖系统应在热力入口处的供回水总管上设置温度计、压力表，其目的主要是为调节温度、压力提供方便条件。如果热网供应的范围不大或者建筑物很小，也可不设，只在入口处的供回水总管上预留安装接口即可。为适应热水热量计费的要求，促进采暖系统的节能和科学管理，条文中还规定，必要时，应装设热量表。除污器是保证管道配件及热量表等不堵塞、不磨损的主要措施，因此应当装设。

4.8.4 蒸汽采暖系统的热力入口装置。

补充规定"必要时，应安装计量装置"。减压阀和计量装置前应设除污器。

4.8.5 高压蒸汽采暖系统的压力损失。

规定本条的目的，主要是为了有利于系统各并联环路在设计流量下的压力平衡。过去，国内有的单位对蒸汽系统的计算不够仔细，供热干管单位摩阻选择偏大，加之供汽制度不正常，供汽压力不稳定，严重影响采暖效果，常出现末端不热的现象。为此本条参考国内外有关资料规定，高压蒸汽采暖系统最不利环路的供汽管，其压力损失不应大于起始压力的25%。

4.8.6 热水采暖系统各并联环路的压力平衡。

本条关于热水采暖系统各并联环路之间的计算压力损失允许差额不大于15%的规定，是基于保证采暖系统的运行效果，参考国内外资料规定。

4.8.7 关于采暖系统末端管径的规定。

在考虑到热媒为低压蒸汽时，蒸汽干管末端管径比

20mm偏小，参考有关资料补充规定低压蒸汽的供汽干管可适当放大。

4.8.8 采暖管道中的热媒流速。

关于采暖管道中的热媒最大允许流速，目前国内尚无专门的试验资料和统一规定，但设计中又很需要这方面的数据，因此，参考前苏联建筑法规的有关篇章并结合我国管材供应等的实际情况，略加调整做出了条文中的有关规定。据分析，我们认为这一规定是可行的。这是因为：第一，最大允许流速与推荐流速不同，它只在极少数公用管段中为消除剩余压力或为了计算平衡压力损失时使用，如果把最大允许流速规定得过小，则不易达到平衡要求，不但管径较大，还需增加调压板等装置。第二，前苏联在关于机械循环采暖系统中噪声的形成和水的极限流速的专门研究中得出的结论表明，适当提高热水采暖系统的热媒流速不致产生明显的噪声，其他国家的研究结果也证实了这一点。

4.8.9 关于机械循环热水采暖系统考虑自然作用压力的规定。

规定本条的目的，是为了防止或减少热水在散热器和管道中冷却产生的自然压力而引起的系统竖向水力失调。

4.8.10 采暖系统计算压力损失的附加值。

规定本条是基于计算误差，施工误差和管道结垢等因素考虑的安全系数。

4.8.11 蒸汽采暖系统的凝结水回收方式。

蒸汽采暖系统的凝结水回收方式，目前设计上经常采用的有三种。即：利用二次蒸汽的闭式满管回水；开式水箱自流或机械回水；地沟或架空敷设的余压回水。这几种回水方式在理论上都是可以应用的，但具体使用有一定的条件和范围。从调查来看，在高压蒸汽系统供汽压力比较正常的情况下，有条件就地利用二次蒸汽时，以闭式满管回水为好；低压蒸汽或供汽压力波动较大的高压蒸汽系统，一般采用开式水箱自流回水，当自流回水有困难时，则采用机械回水；余压回水设备简单，凝结水热量可集中利用，因此，在一般作用半径不大、凝结水量不多、用户分散的中小型厂区，应用的比较广泛。但是，应当特别注意两个问题：一是高压蒸汽的凝结水在管道的输送过程中不断汽化，加上疏水器的漏汽，余压凝结水管中是汽水两相流动，极易产生水击，严重的水击能破坏管件及设备；二是余压凝结水系统中有来自供汽压力相差较大的凝结水合流，在设计与管理不当时会相互干扰，以致使凝结水回流不畅，不能正常工作。

4.8.12 对疏水器出入口凝结水管的要求。

在疏水器入口前的凝结水管中，由于汽水混流，如果向上抬升，容易造成水击或因积水不易排除而导致采暖设备不热，因此，疏水器入口前的凝结水管不应向上抬升；疏水器出口端的凝结水管向上抬升的高

度应根据剩余压力的大小经计算确定，但实践经验证明不宜大于 5m。

4.8.13 凝结水管的计算原则。

在蒸汽凝结水管内，由于通过疏水器后有二次蒸汽及疏水器本身漏汽存在，因此，自疏水器至回水箱之间的凝结水管段，应按汽水乳状体进行计算。

4.8.14 采暖系统的关闭和调节装置。

采暖系统各并联环路设置关闭和调节装置的目的，是为系统的调节和检修创造必要的条件。当有调节要求时，应设置调节阀，必要时尚应同时装设关闭用的阀门；无调节要求时，只需装设关闭用的阀门。

4.8.15 采暖系统的调节和检修装置。新增条文。

规定本条的目的，是为了便于调节和检修工作。

4.8.16 采暖系统的排气、泄水、排污和疏水装置。

保证系统的正常运行并为维护管理创造必要的条件。

热水和蒸汽采暖系统，根据不同情况设置必要的排气、泄水、排污和疏水装置，是为了保证系统的正常运行并为维护管理创造必要的条件。

不论是热水采暖还是蒸汽采暖都必须妥善解决系统内空气的排除问题。通常的作法是：对于热水采暖系统，在有可能积存空气的高点（高于前后管段）排气，机械循环热水干管尽量抬头走，使空气与水同向流动；下行上给式系统，在最上层散热器上装排气阀或做排气管；水平单管串联系统在每组散热器上装排气阀，如为上进上出式系统，在最后的散热器上装排气阀。对于蒸汽采暖系统，采用干式回水时，由凝结水管的末端（疏水器入口之前）集中排气；采用湿式回水时，如各立管装有排气管时，集中在排气管的末端排气，如无排气管时，则在散热器和蒸汽干管的末端设排气装置。

4.8.17 采暖管道设置补偿器的要求。强制条文。

采暖系统的管道由于热媒温度变化而引起膨胀，不但要考虑干管的热膨胀，也要考虑立管的热膨胀。这个问题很重要，必须重视。在可能情况下，利用管道的自然弯曲补偿是简单易行的，如果这样做不能满足要求时，则应根据不同情况设置补偿器。

4.8.18 采暖管道的坡度。

补充规定立管与散热器相连接的支管的坡度不得小于 0.01。

本条是考虑便于排除空气和蒸汽、凝结水分流，参考国外有关资料并结合具体情况制定的。当水流速度达到 0.25m/s 时，方能把管中的空气裹携走，使之不能浮升；因此，采用无坡度敷设时，管内流速不得小于 0.25m/s。

4.8.19 关于采暖管道穿过建筑物基础和变形缝的规定。

将原规范中"镶嵌"一词改为"埋设"，以明确意义。

在布置采暖系统时，若必须穿过建筑物变形缝，应采取预防由于建筑物下沉而损坏管道的措施，如：在管道穿过基础或墙体处埋设大口径套管内填以弹性材料等。

4.8.20 采暖管道穿过防火墙的要求。

将原条文中"密封措施"改为"防火封堵措施"。根据《建筑设计防火规范》（GB 50016）的要求做了原则性规定。具体要求可参照有关规范的规定。

规定本条的目的，是为了保持防火墙墙体的完整性，以防发生火灾时，烟气或火焰等通过管道穿墙处波及其他房间。

4.8.21 采暖管道与其他管道同沟敷设的要求。

规定本条的目的，是为了防止表面温度较高的采暖管道，触发其他管道中燃点低的可燃液体、可燃气体引起燃烧和爆炸或其他管道中的腐蚀性气体腐蚀采暖管道。

4.8.22 采暖管道与其他管道同沟敷设的要求。

本条是基于使热媒保持一定参数、节能和防冻等因素制定的。根据国家新的节能政策，对每米管道保温后的允许热耗，保温材料的导热系数及保温厚度，以及保护壳作法等都必须在原有基础上加以改善和提高，设计中要给予重视。

4.9 热水集中采暖分户热计量

4.9.1 新建住宅热水集中采暖系统分户热计量的要求。新增条文。强制条文。

为贯彻执行《中华人民共和国节约能源法》和建设部第 76 号令，自 2000 年 10 月 1 日起施行《民用建筑节能管理规定》，在新建住宅建筑中，推行热水集中采暖的分户热计量。本节是为了贯彻上述规定而制订的设计原则。

根据《民用建筑节能管理规定》的第五条"新建居住建筑的集中采暖系统应当使用双管系统，推行温度调节和户用热计量装置，实行供热计量收费"的精神，本条强调了新建住宅建筑采用热水集中采暖系统时，应设置分户热计量和室温控制装置。

对于住宅建筑的底商、门厅、地下室和楼梯间等公共用房和公用空间，其采暖系统应单独设置。对于系统的热量计量装置视情况设置。

4.9.2 分户热计量采暖系统热负荷的计算。新增条文。

分户热计量采暖耗热量计算的基本规则和方法，应符合本规范第 4.2 节的有关规定。在实施分户热计量和室温控制后，将会出现部分房间采暖的间歇使用或较大幅度调节室温等情况，这就必须考虑户间传热负荷的问题。而解决这个问题有许多不同见解：

1 是否对户间隔墙和楼板进行保温，以及保温的最小经济传热阻取值多少，内围护结构保温的经济性如何，需要经过技术经济分析和工程实践加以验证。

　　2　与热源状况综合考虑的耗热量附加系数的方法。同一热源条件下，对于所有房间采暖热负荷的影响，比例大致相同，可采用同一修正系数；但户间的建筑热工条件不同，不同房间的户间传热负荷，与外围护结构负荷不会形成同一比例，存在着较大差异，不能采用同一修正系数，而应具体计算。

　　3　与邻户因室温差异而形成的热传递，还可采用提高室内计算温度的方法进行计算。但是，户间传热负荷的温差取值多少，室内计算温度提高多少度为宜等问题，在缺乏足够的设计实践经验之前，进行较为细致的计算是必要的。需要经过较多工程的设计计算及工程实践的验证，才有可能提出相对可靠的简化计算方法。

　　4　不同地区的热价情况、不同的物业管理模式，会有不同的热费征收方式。可根据热量表计费占总热费的比例不同来确定采暖耗热量的计算方法。

　　综上所述，分户热计量采暖的户间传热有许多不能确定的因素，它是分户热计量热负荷计算的主要问题，还需要进一步的工程实践和试验研究。因此，计算分户热计量采暖耗热量时，应会同有关专业通过综合技术经济比较确定。

　　4.9.3　户内采暖设备的容量和户内管道的计算。新增条文。

　　户间传热不会使采暖总耗热量增加，但由于分户计量和室温控制，会引起间歇使用、居住者外出时降低室温或停止采暖等情况。因此，户间的传热应作为确定采暖设备、采暖管道的因素，不应统计在集中采暖系统的总热负荷内。

　　4.9.4　分户热计量热水集中采暖系统热力入口的要求。新增条文。

　　在建筑物热力入口设置热计量装置，便于对整个建筑物用热量进行计量。设置分户热计量和室温控制装置的集中采暖系统，若户内系统为单管跨越式，在热力入口安装流量调节装置，保证系统定流量，满足用户要求；若户内系统为双管系统，在热力入口安装差压控制装置，保证系统流量、压降为设计值。为了使热量表和系统不被污物堵塞，需在建筑物热力入口的热量表前设置过滤器。

　　4.9.5　采用热量表分户热计量装置的热水集中采暖系统的要求。新增条文。

　　1　系统要求：按照《民用建筑节能管理规定》推行室温调节和户用热计量装置，实行供热计量收费的要求，本条规定热水集中采暖系统分户热计量装置采用热量表计量时，每户应单独形成一个系统环路；对多层和高层建筑，采用共用立管，实现分户独立系统是一种较好的形式。

　　2　对户用热量表的安装要求：提倡将热量表的流量计设置在供水管上，可避免人为失水的常见弊

病。热媒中的杂质，会堵塞系统构件，因此，应在表前设置过滤器。

　　3　对系统水质的要求：欧洲的热水采暖系统设计均有软化和除氧处理，对水质有严格要求。尽管如此，在其5年周检时，拆下来的热量表还是锈迹斑斑。因此，必须对水质有严格要求，以保证系统正常使用。热量表同其他计量仪表一样，不应有杂质流过，否则会影响仪表的测量准确度和使用寿命。

　　4　热量表分户热计量的户内系统形式：通过近几年进行的分户热计量的试点工程，探讨了多种采暖系统形式，总结后普遍认为：单管水平跨越式、双管水平并联式、上供下回式是较适合分户热计量的户内系统，因此，本条做了推荐。

　　5　对户内系统管道布置的要求：分户热计量后，室内地面的管道增多，给房间面积的有效使用带来诸多不便，国外已有成熟的地面暗埋布置技术，国内也有成功的试点工程，并被认为是较好的布置方式，但是地面的构造层厚度有所增加。为了管道安全运行，不允许暗埋管道有连接头，且暗埋的管道要求外加塑料软性套管。这样既有利于管道的维修更换，也有利于管道的胀缩。

　　6　对分户热计量热水集中采暖系统共用立管和入户装置的要求：共用立管及户内系统的入户装置应设置在户外，可满足对公共功能管道的设置要求，也利于防止人为破坏、避免入户读表。

　　7　对热量表的要求：用于测量及显示热载体为水，流过热交换系统所释放或吸收热量的仪表称为热量表。它是采暖分户计量收费不可缺少的装置，由流量传感器、计算器、配对温度传感器等部件组成。鉴于我国当前市场热量表品种较多，市场较为混乱，容易造成计量偏差。为保证热计量的准确性，要求设计时应选用符合国家现行标准《热量表》（CJ 128）要求的热量表。

5　通　风

5.1　一　般　规　定

　　5.1.1　保障劳动和环境卫生条件的综合预防和治理措施。

　　某些工业企业在生产过程中放散大量热、蒸汽、烟尘、粉尘及有毒气体等，如果不采取治理措施，不但直接危害操作工作人员的身体健康，影响职工队伍的稳定和企业经济效益的提高，还会污染工厂周围的自然环境，对农作物和水域造成污染，影响城乡居民的健康。因此，对于工业企业放散的有害物质，必须采取综合有效的预防、治理和控制措施。

　　经验证明，对工业企业有害物质的治理和控制，必须以预防为主。应强调在总体规划中，从工艺着

手，使之不产生或少产生有害物质，然后再采取综合的治理措施，才能收到事半功倍的效果。因此，条文中规定工艺、建筑和通风等有关专业必须密切配合，采取有效的综合预防和治理措施。

5.1.2 对有害物的控制及工艺改革的要求。

对于放散有害物质的生产过程和设备，应采用机械化、自动化，采取密闭、隔离和在负压下操作的措施，避免直接操作，以改善工作人员的工作条件。如：精密铸造的蜡模涂料、撒砂自动线、电缆工件成批生产自动流水线、油漆工件的电泳涂漆自动流水线等，都以自动化代替了人工操作，改善了劳动条件。在工业发达国家生产自动化程度高，采用遥控、电视监视以及用机器人等先进手段代替人工操作生产，如振动落砂机现场无人，因而降低了人员活动区的防尘要求。这些先进手段，可供借鉴。

对生产过程中不可避免放散的有害物质，在排放前必须予以净化，以满足现行国家的《工业企业设计卫生标准》（GBZ 1）、《大气污染物综合排放标准》（GB 16297）、《污水综合排放标准》（GB 8978）、《环境空气质量标准》（GB 3095）等有关大气环境质量和各种污染物排放标准的要求。

5.1.3 关于湿式作业以及防止二次扬尘的规定。

对于产生粉尘的生产过程，当工艺条件允许时，采用湿式作业是经济和有效的防尘措施之一。如在物料破碎或粉碎前喷水、粉碎后润水，铸件清理前在水中浸泡，耐火材料车间和铸造车间地面洒水等，都可以减少粉尘的产生并防止扬尘。采用定向或不定向的风扇喷雾，可使悬浮于空气中的粉尘沉降，从而减少空气中的含尘浓度。

对除尘设备捕集的粉尘，应采用如螺旋输送机、刮板运输机、真空输送、水力输送等不扬尘的运输工具输送。

对放散粉尘的车间，为了消除地面、墙壁和设备等的二次扬尘，采用湿法冲洗是一项行之有效的措施。多年以来一些选矿厂、烧结厂、耐火材料厂均将湿法冲洗列为经常性的重要防尘措施之一，收到了良好的效果。当工艺不允许湿法冲洗，且车间防尘要求严格时，可以采用真空吸尘装置。如：有色冶炼的有毒粉尘用水冲洗会造成污染转移；电石车间以及其他遇水容易发生爆炸的场合，均宜采用真空吸尘装置。

真空吸尘装置主要有集中固定和可移动整体机组等两种形式。集中固定式适用于大面积清除大量积尘的场合。近年来，国内外发展了多种形式和用途的真空清扫机，其中真空度较高的机组可用于真空吸尘。

5.1.4 热源的布置原则及隔热措施。

进行工艺布置时，将散热量大的热源尽可能远离工作人员操作地点或布置在室外，是隔热降温的有效措施。如：将锻压车间的钢锭钢坯加热炉设在边跨或坡屋内，水压机车间高压泵房的乳化液冷却罐设在室外，铸造车间的浇注流水线的冷却走廊尽可能设在室外等。

为了改善劳动条件，除对工艺散热设备本身采取绝缘隔热措施外，还可以采用隔热水箱、隔热水幕、隔热屏等措施或采用远距离控制或计算机控制，使工作人员离开热源操作。

5.1.5 关于厂房方位的确定。

确定建筑物方位时，本专业应与建筑、工艺等专业配合，使建筑尽量避免或减少东西向的日晒。以自然通风为主的厂房，在方位选择时，除考虑避免西向外，还应根据厂房的主要进风面和建筑物的形式，按夏季最多风向布置，即将主要的进风面，置于夏季最多风向的一侧或按与夏季风向频率最多的两个方向的中心线垂直或接近垂直或与厂房纵轴线成 $60°\sim90°$ 布置。厂房的平面布置不宜采取封闭的庭院式。如布置成"L"和"Ⅲ"、"Ⅱ"型时，其开口部分应位于夏季最多风向的迎风面，各翼的纵轴应与夏季最多风向平行或呈 $0°\sim45°$。

5.1.6 建筑物设置通风屋顶及隔热的条件。

过去夏热冬冷或夏热冬暖地区的建筑物大都采用通风屋顶进行隔热，收到了良好效果。近些年来，民用建筑设置通风屋顶的也越来越多，所需费用很少，但效果却很显著。某些存放油漆、橡胶、塑料制品等的仓库，由于受太阳辐射的影响，屋顶内表面及室内温度过高，致使所存放的上述物品变质或损坏，乃至有引起自燃和爆炸的危险，除应加强通风外，设置通风屋顶也是一种有效的隔热措施。

夏热冬冷或夏热冬暖地区散热量小于 $23W/m^3$ 的冷车间，夏季经围护结构传入的热量，占传入车间总热量的 85% 以上，其中经屋顶传入的热量又占绝大部分，以致造成屋顶对工作区的热辐射。为了减少太阳辐射热，当屋顶离地面平均高度小于或等于 8m 时，宜采用屋顶隔热措施。

5.1.7 放散热或有害气体的生产设备的布置原则。新增条文。

本条规定了放散热或有害气体的生产设备的布置原则，其目的是有利于采取通风措施，改善车间的卫生条件。

1 放散毒害大的设备与放散毒害小的设备应隔开布置，既防止了交叉污染，又有利于设置局部排风系统。

2 放散热和有害气体的生产设备布置在厂房的天窗下或通风的下风侧，就能充分利用自然通风，将有害气体排出室外，不致污染整个车间。

3 放散热和有害气体的生产设备，当布置在多层厂房内时，宜集中布置在顶层，这能有效地避免于设在下层可能造成对上层房间空气的污染，也有利于设置排风系统。如必须布置在下层，就应采取有效措施防止污染上层空气。

5.1.8 整体通风与局部通风的配合。

对于放散热、蒸汽或有害物质的车间，为了不使生产过程中产生的有害物质在室内扩散，在工艺设备上或有害物质放散处设置自然或机械的局部排风，予以就地排除是经济有效的措施。有时由于受生产过程、工艺布置及操作等条件限制，不能设置局部排风或者采用了局部排风仍然有部分有害物质扩散在室内，在有害物质的浓度有可能超过国家标准时，则应辅以自然的或机械的全面排风或者采用自然的或机械的全面排风。例如：焊接车间有固定工作台的手工焊接，局部排风罩能将焊接烟尘基本上抽走；如果焊接地点不固定时，则电焊烟尘难以用局部排风排除，此时必须辅以或另行设置全面排风来排除烟尘。

5.1.9 通风方式的选择。

自然通风对改善热车间人员活动区的卫生条件是最经济有效的方法。因此，对同时散发热量和有害物质的车间，在夏季，应尽量采用自然通风；在冬季，当室外空气直接进入室内不致形成雾气和在围护结构内表面不致产生凝结水时，也应考虑采用自然通风。只有当自然通风达不到要求时，才考虑增设机械通风或自然与机械的联合通风。例如：放散大量水分的车间（印染、漂洗、造纸和电解等），冬季由于进入室外空气，车间内可能形成雾，围护结构内表面可能产生凝结水；寒冷地区还会使室温降低，影响生产和人员活动区的卫生条件。在这种情况下，应考虑采取将室外空气加热的机械送风等设施，但此时排风仍可采用自然排风。

5.1.10 室内新风量的要求。新增条文。强制条文。

规定本条是为了使住宅、办公室、餐厅等民用建筑的房间能够达到室内空气质量的要求；无论是采暖房间还是分散式空气调节房间，都应具备通风条件。

通风方式包括自然通风和机械通风。

5.1.11 室内气流组织。

规定本条是为了避免或减轻大量余热、余湿或有害物质对卫生条件较好的人员活动区的影响。

送风气流首先应送入车间污染较小的区域，再进入污染较大的区域，同时应该注意送风系统不应破坏排风系统的正常工作。当送风系统补偿采暖房间的机械排风时，送风可送至走廊或较清洁的邻室、工作部位，但是送风量不应超过房间所需风量的50%，这主要是为了防止送风气流受到一定污染而规定的。

5.1.12 排风系统的划分原则。强制条文。

1 防止不同种类和性质的有害物质混合后引起燃烧或爆炸事故。如：淬火油槽与高温盐浴炉产生的气体混合后有可能引起燃烧，盐浴炉散发的硝酸钾、硝酸钠气体与水蒸气混合时有可能引起爆炸。

2 避免形成毒性更大的混合物或化合物，对人体造成危害或腐蚀设备及管道，如：散发氰化物的电镀槽与酸洗槽散发的气体混合时生成氢氰酸，毒害

更大。

3 为防止或减缓蒸汽在风管中凝结聚积粉尘，从而增加风管阻力甚至堵塞风管，影响通风系统的正常运行。

4 避免剧毒物质通过排风管道及风口窜入其他房间，如：将放散铅蒸气、汞蒸气、氰化物和砷化氢等剧毒气体的排风与其他房间的排风设为同一系统时，当系统停止运行，剧毒气体可能通过风管窜入其他房间。

5 根据《建筑设计防火规范》（GB 50016）和《高层民用建筑设计防火规范》（GB 50045）的规定，建筑中存有容易引起火灾或具有爆炸危险的物质的房间（如：放映室、药品库和用甲类液体清洗零配件的房间），所设置的排风装置应是独立的系统，以免使其中容易引起火灾或爆炸的物质窜入其他房间，防止造成火灾蔓延，招致严重后果。

由于建筑物种类繁多，具体情况颇为繁杂，条文中难以做出明确的规定，设计时应根据不同情况妥善处理。

5.1.13 全面通风量的计算。

国家现行标准《工业企业设计卫生标准》（GBZ 1）中规定，当数种溶剂（苯及其同系物或醋酸酯类）蒸气或数种刺激性气体（三氧化硫及二氧化硫或氟化氢及其盐类等）同时放散于空气中时，全面通风换气量应按各种气体分别稀释至接触限值所需要的空气量的总和计算。除上述有害物质的气体及蒸气外，其他有害物质同时放散于空气中时，通风量应仅按需要空气量最大的有害物质计算，无须进行叠加。

5.1.14 换气次数的确定。

由于我国工业企业行业众多，其生产性质和特点差异很大，无法在本规范中予以统一规定换气次数。国家针对不同的行业都制定了行业标准；各个行业部门也根据各自行业的特点，相继编制了有关设计技术规定、技术措施等。各行业设计单位通过多年的实践，在总结本行业经验的基础上，在其设计手册中都列入了有关换气次数的数据可供设计参考。

5.1.15 高层和多层民用建筑的防排烟设计。

近20年来，在我国各大中城市及某些经济开发区的建设中，兴建了许多高层和多层民用建筑，其中包括居住、办公类建筑和大型公共建筑。在某些建筑中，由于执行标准、规范不力及管理不善等原因，仍缺乏必要的或有效的防烟、排烟系统及其他相应的安全、消防设施，在使用过程中一旦发生火灾事故，就会影响楼内人员安全、迅速地进行疏散，也会给消防人员进入室内灭火造成困难，所以设计时必须予以充分重视。在国家现行标准《高层民用建筑设计防火规范》（GB 50045）中，对防烟楼梯间及其前室、合用前室、消防电梯间前室以及中庭、走道、房间等的防烟、排烟设计，已做了具体规定。多年来，国内在这

方面也逐渐积累了比较好的设计经验。鉴于各设计部门对防烟、排烟系统的设计，大部分是安排本专业人员会同各有关专业配合进行，为此在本条中予以提示，并指出设计中应执行国家现行标准《高层民用建筑设计防火规范》（GB 50045）和《建筑设计防火规范》（GB 50016）的有关规定。

5.2 自然通风

5.2.1 自然通风的一般规定。新增条文。

规定本条的主要目的是为了节能。此外，建筑物应有外窗。一些建筑外窗可开启面积很小，有的甚至被固定不可开启，这是不合理的，设计时应充分考虑自然通风换气的要求。

5.2.2 民用建筑的通风要求。

据普遍反映，一般民用居住建筑的厨房、厕所等通风条件很差，寒冷地区的居住建筑和办公类建筑的通风也未受到应有的重视，对室内卫生条件影响很大，因此规定本条内容。

5.2.3 自然通风的设计计算。

放散热量的工业建筑自然通风设计仅考虑热压作用，主要是因为热压比较稳定、可靠，而风压变化较大，即使在同一天内也不稳定。有些地区在炎热的日子里往往风速较低，所以在设计时不计入风压，而把它做为实际使用中的安全因素。热车间自然通风的计算方法见本规范附录 F。

5.2.4 高温厂房的朝向要求。新增条文。

在高温厂房的自然通风设计中主要考虑热压作用。某些地区室外通风计算温度较高，因为室温的限制，热压作用就会有所减小。为此，在确定该地区高温厂房的朝向时，应考虑利用夏季最多风向来增加自然通风的风压作用或对厂房形成穿堂风。因而要求厂房的迎风面与最多风向成 60°～90°。

5.2.5 自然通风进排风口或窗扇的选择。

为了提高自然通风的效果，应采用流量系数较大的进排风口或窗扇，如在工程设计中常采用的性能较好的门、洞、平开窗、上悬窗、中悬窗及隔板或垂直转动窗、板等。

供自然通风用的进风口或窗扇，一般随季节的变换要进行调节。对于不便于人员开关或需要经常调节的进排风口或窗扇，应考虑设置机械开关装置，否则自然通风效果将不能达到设计要求。总之，设计或选用的机械开关装置应便于维护管理并能防止锈蚀失灵，且有足够的构件强度。

5.2.6 进风口的位置。

夏季由于室内外形成的热压小，为保证足够的进风量、消除余热、提高通风效率，应使室外新鲜空气直接进入人员活动区。自然进风口的位置应尽可能低。参考国内外一些有关资料，本条将夏季自然通风进风口的下缘距室内地坪的上限定为 1.2m。冬季为

防止冷空气吹向人员活动区，进风口下缘不宜低于4m，冷空气经上部侧窗进入，当其下降至工作地点时，已经过了一段混合加热过程，这样就不致使工作区过冷。如进风口下缘低于 4m，则应采取防止冷风吹向人员活动区的措施。

5.2.7 进风口与热源的相互位置。

本条规定是从防止室外新鲜空气流经散热设备被加热和污染考虑的。

5.2.8、5.2.9 设置避风天窗的条件。

我国幅员辽阔，气候复杂，有关避风天窗的设置条件，南北方应区别对待。设置避风天窗与否，取决于当地气象条件（特别是夏季通风室外计算温度的高低）、车间散热量的大小、工艺和室内卫生条件要求以及建筑结构形式等因素。从所调查的部分热车间来看，设置避风天窗和散热量之间的关系大致为：南方炎热地区，车间散热量超过 23W/m³；其他地区，车间散热量超过 35W/m³，用于自然排风的天窗均采用避风天窗，因此，做了如条文中的有关规定。

放散有害物质且不允许空气倒灌的车间，如：铝电解车间，在电解过程中产生余热、烟气和粉尘（主要是氟化氢及沥青挥发物）等大量有害物质，采用自然通风的目的是排除车间的余热和有害物质。为使上升气流不致产生倒灌而恶化人员活动区的卫生条件，也应装设避风天窗。

我国南方有少数地区夏季室外平均风速不超过1m/s，风压很小，经试算对比远不致对天窗的排风形成干扰，实测调查的结果也证实了这一点，因此，规定夏季室外平均风速小于或等于 1m/s 的地区，可不设置避风天窗。

5.2.10 防止天窗或风帽倒灌。

规定本条的目的是为了避免风吹在较高建筑的侧墙上，因风压作用使天窗或风帽处于正压区，引起倒灌现象。

5.2.11 封闭天窗端部的要求及设置横向隔板的条件。

将挡风板与天窗之间，以及作为避风天窗的多跨工业建筑相邻天窗之间的端部加以封闭，并沿天窗长度方向每隔一定距离设置横向隔板，其目的是为了保证避风天窗的排风效果，防止形成气流倒灌。

关于横向隔板的间距，国内各单位采取的数值不尽相同，有的采用 40～50m，有的采用 50～60m。有关单位的试验研究结果表明，当端部挡风板上缘距地坪的高度约 13m 的情况下，沿天窗长度方向的气流下降至挡风板上缘处的位置距端部约 42m，相当于端部高度的 3～3.5 倍。综合各单位的实际经验及研究成果，做了如条文中的有关规定。为了便于清理挡风板与天窗之间的空间，规定在横向隔板或封闭物上应设置检查门。

挡风板下缘距离屋面留有距离是为了排水、清扫

污物等。

5.2.12 设置不带窗扇的避风天窗的条件及要求。

有些高温车间的天窗（特别是在南方炎热地区）由于全年厂房内的散热量都比较大，无须按季节调节天窗窗扇的开启角度，可采用不带窗扇的避风天窗，不但能降低造价，还能减小天窗的局部阻力，提高通风效率，但在这种情况下，应采取必要的防雨措施。

5.3 机械通风

5.3.1 关于补风和设置机械送风系统的规定。

设置集中采暖且有排风的建筑物，设计上存在着如何考虑冬季的补风和补热的问题。在排风量一定的情况下，为了保持室内的风量平衡，有两种补风的方式：一是依靠建筑物围护结构的自然渗透；二是利用送风系统人为地予以补偿。无论采取哪一种方式，为了保持室内达到既定的室温标准，都存在着补热的问题，以实现设计工况下的热平衡。

本条规定应考虑利用自然补风，包括利用相邻房间的清洁空气补风的可能性。当自然补风达不到卫生条件和生产要求或在技术经济上不合理时，则以设置机械送风系统为宜。"不能满足室内卫生条件"是指室内环境温度过低或有害浓度超标，影响操作人员的工作和健康；"生产工艺要求"是指生产工艺对渗入室内的空气含尘量及温度要求；"技术经济不合理"是指为了保持热平衡需设置大量的散热器等，不及设置机械送风系统合理。

设置集中采暖的建筑物，为负担通风所引起的过多的耗热量，会增加室内的散热设备。而在实际使用中通风系统停止运行时，散热设备提供的过多的热量会使建筑物内温度过高。如果仅按围护结构的负荷，不考虑新风负荷而设置散热设备，在通风系统运行时又难以保证建筑物内的采暖温度。因此本条规定在设置机械送风系统时，应进行风量平衡及热平衡计算。

5.3.2 机械送风系统的室外空气计算参数的选取。

5.3.3 室内保持正压的要求。强制条文。

在设置机械通风的民用建筑和工业建筑物中有些比较清洁的房间，为了防止受周围环境和相邻房间的污染，室内应保持正压，一般采用送风量大于排风量来实现；反之，有些工业建筑，如电镀、酸洗和电解等车间放散有害气体，为了防止其扩散形成对周围环境和相邻房间的污染，室内应保持负压，一般采用送风量小于排风量来实现。

5.3.4 机械送风系统进风口的位置。部分强制条文。

关于机械送风系统进风口位置的规定是根据国内外有关资料，并结合国内的实践经验制定的。其基本点为：

1 为了使送入室内的空气免受外界环境的不良影响而保持清洁，因此规定把进风口直接布置在室外空气较清洁的地点。

2 为了防止排风（特别是放散有害物质的工业建筑的排风）对进风的污染，所以规定进风口应低于排风口；对于放散有害物质的工业建筑，其进、排风口的相互位置，当设在屋面上同一高度时，按本条第4款执行。

3 为了防止送风系统把进风口附近的灰尘、碎屑等扬起并吸入，规定进风口下缘距室外地坪不宜小于2m，同时还规定当布置在绿化地带时，不宜小于1m。

5.3.5 进风口的布置及进、排风口的防火防爆要求。强制条文。

对进风口的布置做出规定，是为了防止互相干扰，特别是当甲、乙类物质厂房的送风系统停运时，避免其他类建筑物的送风系统把甲、乙类建筑内的易燃易爆气体吸入并送到室内。

规定进、排风口的防火防爆要求，是为了消除明火引起燃烧或爆炸危险。

5.3.6 对采用循环空气的限制。强制条文。

甲、乙类物质易挥发出可燃蒸气，可燃气体易泄漏，会形成有爆炸危险的气体混合物，随着时间的增长，火灾危险性也越来越大。许多火灾事例说明，含甲、乙类物质的空气再循环使用，不仅卫生上不许可，而且火灾危险性增大。因此，含甲、乙类物质的厂房应有良好的通风换气，室内空气应及时排至室外，不应循环使用。

含丙类物质的房间内的空气以及含有有害物质、容易起火或有爆炸危险物质的粉尘、纤维的房间内的空气，应在通风机前设过滤器，对空气进行净化，使空气中的粉尘、纤维含量低于其爆炸下限的25%，不再有燃烧爆炸的危险并符合卫生条件才能循环使用。

5.3.7 送风方式。

根据有害物质以及所采用的排风方式，本条规定了三种可供设计选择的送风方式：

1 放散热或同时放散热、湿和有害气体的工业建筑，当采用上部全面排风（用以消除余热）或采用上、下部同时全面排风（用以消除余热、余湿和有害气体）时，将新鲜空气送至人员活动区，以使送风气流既不为房间上部的高温空气所预热，也不致为室内的有害物质所污染，从而有助于改善人员活动区的劳动条件。

2 放散粉尘或比空气重的有害气体和蒸气，而不同时放散热的工业建筑，当主要从下部区域排风时（包括局部排风和全面排风），由于室内不会形成稳定的上升气流，将新鲜空气送至上部区域，以便不使送风气流短路，对保持室内人员活动区温度场分布均匀、防止粉尘飞扬和改善劳动条件都是有好处的。

当有害物质的放散源附近有固定工作地点，但因条件限制不可能安装有效的局部排风装置时，直接向工作地点送风（包括采用系统式局部送风），以便在固定工作地点造成一个有害物浓度符合卫生标准的人工小气候,使操作人员的劳动条件得以改善。在这种情况下,必须妥善地合理地组织排风气流,以免有害物质为送风气流所裹携而处飘逸和飞扬。

5.3.8、5.3.9 置换通风的设计条件。新增条文。

置换通风是将经过处理或未经处理的空气,以低风速、低紊流度、小温差的方式,直接送入室内人员活动区的下部。送入室内的空气先在地板上均匀分布,随后流向热源(人员或设备)形成热气流以热烟羽的形式向上流动,在上部空间形成滞流层,从滞留层将余热和污染物排出室外。

在建筑空间中,人们只在活动区停留。以净高大于等于 2.4m 的民用建筑及层高为 5.5m 的工业建筑为例,人的呼吸带高度与建筑空间高度之比约为 0.46~0.27。将新鲜空气直接送入人员活动区,既满足了室内的卫生要求,也保证了良好的热舒适性,最大限度地保证了通风的有效性。

置换通风的竖向流型是以浮力为基础,室内污染物在热浮力的作用下向上流动。气流在上升的过程中,卷吸周围空气,热烟羽流量不断增大。在热力作用下,建筑物内空气出现分层现象。

置换通风在稳定状态时,室内空气在流态上将形成上下两个不同的区域:即上部紊流混合区和下部单向流动区。下部区域(人员活动区)内没有循环气流(接近置换气流),而上部区域(滞留区)内有循环气流。室内热浊空气滞留在上部区域而下部区域是凉爽的清洁空气。两个区域分层界面的高度取决于送风量、热源特性及其在室内的分布情况。在设计置换通风系统时,该分层界面应控制在人员活动区以上,以确保人员活动区内空气质量及热舒适性。

与通常的混合通风相比,置换通风的设计要求确保人员活动区内的气流掺混程度最小。置换通风的目的是为了在人员活动区内维持接近于送风状态的空气质量。同时,由于置换通风是先在地板上均匀分布,然后再向上流动,为了避免下部送风对人体产生的不舒适性,人员头脚处空气的温差不大于 3℃,置换通风器的出风速度对于工业建筑不大于 0.5m/s,民用建筑不大于 0.2m/s。

5.3.10 对全面排风的要求。

将原规范条文的"注"改为正文。

本条规定了设计全面排风的几点要求。为了防止有害气体在厂房的上部空间聚集,特别是装有吊车时,有害气体的聚积会影响吊车司机的健康和造成安全事故;因此规定,工业建筑上部空间的全面排风量不宜小于全部房间容积的每小时 1 次换气。当房间高度大于 6m 时,换气次数允许稍有减少,仍按 6m 高度时的房间容积计算全面排风量,即可满足要求。

5.3.11 全面排风系统吸风口的布置及风量分配。

采用全面排风消除余热、余湿或其他有害物质

时,把吸风口分别布置在室内温度最高、含湿量和有害物质浓度最大的区域,一是为了满足本规范第5.1.10 条关于合理组织室内气流的要求,避免使含有大量余热、余湿或有害物质的空气流入没有或仅有少量余热、余湿或有害物质的区域;二是为了提高全面排风系统的效果,创造较好的劳动条件。因而考虑了有害气体的密度和室内热气流的诱导作用,所以把排风量分为上、下两个区域不同的排风量。

室内有害物浓度的分布是不均匀的,影响其分布状况的原因有两个方面:第一,由于某种原因(如:热气流或横向气流的影响等)造成含有有害物的空气流动或环流,即对流扩散;第二,有害物分子本身的扩散运动,但在有对流的情况下其影响甚微。对流扩散对有害物的分布起着决定性的作用。只有在没有对流的情况下,才会使一些密度较大的有害气体沉积在房间的下部区域;并使一些比较轻的气体,如汽油、醚等挥发物,由于蒸发而冷却周围空气也有下降的趋势。在有强烈热源的工业建筑内,即使密度较大的有害气体,如氯等,由于受稳定上升气流的影响,最大浓度也会出现在房间的上部。如果不考虑具体情况,只注意有害气体密度的大小(比空气轻或重),有时会得出浓度分布的不正确的结论。因此,参考国内外有关资料,对全面排风量的分配做了如条文中的规定并着重强调了必须考虑是否会形成稳定上升气流的影响问题。

当有害气体分布均匀且其浓度符合卫生标准时,从有害气体与空气混合后与室内空气的相对密度的作用已不会构成分上下区域排风的理由。

5.3.12 系统风量的确定。强制条文。

规定本条是为了保证安全。

5.3.13 设置局部排风罩的要求。

局部排风罩的形式很多,不同形式的排风罩适用于不同的场合,主要取决于工艺设备种类及布置、有害物性质及数量、工作人员的操作方式和便于安装、维护与管理等因素。本条推荐优先采用密闭罩。密闭罩的特点是可以将有害物质的散发源全部罩住,除留有必不可少的操作口外,其他部分都完全封闭起来,把污染的空气控制在罩子里面,不但所需通风量最小,而且能防止横向气流的干扰,效果较好。因此规定在可能的情况下,应采用密闭罩。

除密闭罩外,伞形罩、环形罩、侧吸罩、吹吸式排风罩、槽边排风罩、移动式排风罩等,一般称为开敞式排风罩。这类排风罩和密闭罩不同,罩子本体并不包住污染源,而是设置在污染源附近,适用于因生产操作的限制不允许把污染源全部或部分地封闭起来的地方。伞形罩(固定的和回转的)设在污染源的上部,如用于坩埚炉、浇注流水线上的小型落砂机等设备;侧吸罩设在污染源的一侧,如用于焊接工作台、木工车床等;槽边排风罩设在污染源的一侧或两侧,

如用于电镀槽、酸洗槽等；吹吸式排风罩设在污染源的两侧，如用于大型酸洗槽、振动落砂机及炼钢电炉等设备。由于具体情况千差万别，设计时应根据不同条件选择适宜的排风罩，必要时还须进行技术经济比较，而后再决定取舍。

5.3.14 全面排风系统吸风口的布置要求。新增条文。强制条文。

规定建筑物全面排风系统吸风口的位置，在不同情况下应有不同的设计要求，目的是为了保证有效的排除室内余热、余湿及各种有害物质。对于由于建筑结构造成的有爆炸危险气体排出的死角，例如：在生产过程中产生氢气的车间，会出现由于顶棚内无法设置排风口而聚集一定浓度的氢气发生爆炸的情况。在结构允许的情况下，在结构梁上设置连通管进行导流排气，以避免事故发生。

5.3.15 局部排风的排放要求。

规定本条的目的，是为了使局部排风系统排出的剧毒物质、难闻气体或浓度较高的爆炸危险性物质得以在大气中扩散稀释，以免降落到建筑物的空气动力阴影区和正压区内，污染周围空气或导致向车间内倒流。

所谓"建筑物的空气动力阴影区"，系指室外大气气流撞击在建筑物的迎风面上形成的弯曲现象及由此而导致屋顶和背风面等处由于静压减小而形成的负压区；"正压区"系指建筑物迎风面上由于气流的撞击作用而使静压高于大气压力的区域。一般情况下，只有当它和风向的夹角大于30℃时，才会发生静压增大，即形成正压区。

5.3.16 采用燃气加热的采暖装置、热水器或炉灶时的安全要求。新增条文。

为保证安全，防火防爆，在采用燃气加热的采暖装置、热水器或炉灶时，应符合《城镇燃气设计规范》（GB 50028）的规定。

5.3.17 民用建筑厨房及卫生间设置机械通风的条件及措施。新增条文。

对民用建筑的厨房、卫生间的竖向排风道，应具有防火、防倒灌并具有均匀排气的功能。为防止污浊气体或油烟处于正压渗入室内，宜在顶部设总排风机。

住宅建筑无外窗的卫生间，在符合本条文规定的条件下，尚应满足国家现行的《住宅设计规范》（GB 50096）中的要求。

5.4 事故通风

5.4.1~5.4.6 设置事故通风的要求。第5.4.6条为强制条文。

在这些条文中分别规定了设置事故通风的条件、系统要求、风量的确定、设备的配备、吸风口和排风口的布置原则以及对事故通风用电器的要求等。

1 事故通风是保证安全生产和保障人民生命安全的一项必要的措施。对生产、工艺过程中可能突然放散有害气体的建筑物，在设计中均应设置事故排风系统。有时虽然很少或没有使用，但并不等于可以不设，应以预防为主。这对防止设备、管道大量逸出有害气体而造成人身事故是至关重要的。

2 第5.4.2条指出放散有爆炸危险的可燃气体、蒸气或粉尘气溶胶等物质时，应采用防爆通风设备，也可采用诱导式事故排风系统。诱导式排风系统可采用一般的通风机等设备。具有自然通风的单层厂房，当所放散的可燃气体或蒸气密度小于室内空气密度时，宜设事故送风系统，而较轻的可燃气体、蒸气经天窗或排风帽排出室外。

3 关于事故通风的通风量，考虑到各行业具体情况相距甚远，为安全起见本规范根据国家现行标准《工业企业设计卫生标准》（GBZ 1）中的规定，把换气次数的下限定为每小时12次。有特殊要求的部门可不受此条件限制，允许取得大一些。

4 第5.4.4条关于布置事故排风吸风口的规定，其理由可参见本规范第5.3.14条的说明。

5 第5.4.5条所规定的事故排风口的布置是从安全角度考虑的，为的是防止系统投入运行时排出的有毒及爆炸性气体危及人身安全和由于气流短路时送风空气质量造成影响。

6 第5.4.6条规定事故排风系统（包括兼作事故排风用的基本排风系统）的通风机，其开关装置应装在室内、外便于操作的地点，以便一旦发生紧急事故时，使其立即投入运行。事故排风系统其供电系统的可靠等级应由工艺设计确定，并应符合国家现行标准《工业与民用供电系统设计规范》以及其他规范的要求。

5.5 隔热降温

5.5.1 采取隔热措施的界限。

工作人员较长时间内直接受到辐射热影响的工作地点，在多大辐射照度下设置隔热措施，一般是以人体所能接受的辐射照度及时间确定的。本条参照国外有关资料，确定了设置隔热的辐射照度界限。

由于隔热措施投资少、收效大，我国高温车间较普遍采用。实践证明，只要设计人员密切结合工艺操作条件，因地制宜地进行设计，都能取得较好的效果。

另外，通过调查，高温车间内装有冷风机的吊车司机室、操纵室等，由于小室位于高温、强辐射热的环境中，为了提高降温效果，节约电能，这些小室应采取良好的隔热、密封措施。

5.5.2 隔热方式的选择。

据调查，水幕隔热大多数用于高温炉的操作口处，一般系定点采用。但是，水幕的采用受到工艺条件和供水条件等的约束，所以设计时要根据工艺、供水和室内风速等条件，有选择地分别采用水幕、隔热水箱和隔热屏等隔热方式。

5.5.3 隔热标准。

隔热水箱和串水地板常用在高温炉壁、轧钢车间操纵室的外墙或底部以及铸锭车间底板四周等处。以轧钢车间为例，地面常用钢板铺成，当600℃以上的红热钢件经常沿操纵室地面运输时，钢板地面温度能逐渐升高到120～150℃甚至更高，在这种情况下，往往利用隔热水箱做成串水地板。其表面平均温度不应高于40℃。

当采用隔热水箱或串水地板时，为了防止水中悬浮物结垢，规定排水温度不宜高于45℃。

5.5.4 设置局部送风（空气淋浴）的条件。

局部送风是工作地点通风降温的一项措施，它能改变局部范围内的空气参数，在工作地点或局部工作区造成一个小气候。当工作地点固定或相对固定时，在条文中所规定的情况下，设置局部送风是合适的。

设置局部送风的目的，既要保证《工业企业设计卫生标准》（GBZ 1）对工作地点的温度要求，又要消除辐射热对人体的影响。因为人体在较长时间内受到照度较大的辐射热作用时，会造成皮肤蓄热，影响人体的正常生理机能。一般情况下，高温工作地点的辐射热和对流热是同时存在的，但在冶金炉或炼钢、轧钢车间等是以辐射热为主的，这都需要设置局部送风。

局部送风的方式分两种：一种是单体式局部送风，借助于轴流风机或喷雾风扇，利用室内循环空气直接向工作地点送风，适用于工作地点单一或分散的场合；另一种是系统式局部送风，用通风机将室外新鲜空气（经处理或未经处理的）通过风管送至工作地点，适用于工作地点较多且比较集中的场合。

5.5.5、5.5.6 采用单体式局部送风时工作地点的风速。

1 采用不带喷雾的轴流风机进行局部送风时，由于不能改变工作地点的温湿度参数，只能依靠保持一定的风速达到改善劳动条件的目的，因此本规范的第5.5.5条根据现行《工业企业设计卫生标准》（GBZ 1）的有关规定（可用风速范围为2～6m/s），并按作业强度的不同，把工作地点的风速分为三挡：轻作业时，2～3m/s；中作业时，3～5m/s；重作业时，4～6m/s。

2 采用喷雾风扇进行局部送风时，由于借助于细小雾滴能够起到一定的隔热作用，具有显著的降温效果，本规范的第5.5.6条针对其适用对象，把工作地点的风速控制在3～5m/s。

鉴于多年来国内有关单位研制和使用喷雾风扇的经验，为避免对生产操作人员的健康造成不良影响，因此，把使用范围限制在工作地点温度高于35℃

（高于人体皮肤温度）、热辐射强调大于1400W/m²，且工艺不忌细小雾滴的中、重作业的工作地点，并规定喷雾雾滴直径不应大于100μm。

5.5.7 采用系统式局部送风时工作地点的温度和风速。

采用系统式局部送风时，工作地点所应保持的温度和风速，与操作人员的劳动强度、工作地点周围的辐射照度等因素有关。鉴于到目前为止，我国尚无适用于设计系统式局部送风方面的卫生标准，为适应设计工作需要，本条参考国内外有关资料并结合我国情况，给出了如条文中所列的数据。

5.5.8 局部送风空气处理计算参数的确定。

5.5.9 设置系统式局部送风的要求。

据调查，以前有些地方采用的系统式局部送风，气流大多是从背后倾斜吹向人体上部躯干的。在受辐射热影响的工作地点，工作人员反映"前烤后寒"，效果不好。这主要是因为受热面吹不到风的缘故。因此认为最好是从人体的前侧上方倾斜吹风。医学卫生界认为，头部直接受辐射热作用，会使辐射能作用于大脑皮质，产生过热；胸背受辐射热作用，会使肺部的大量血液受热；颈部受辐射热作用，会使流经大脑的血液受热；而手足等其他部位受辐射热作用，影响则较小。气流自上而下或由一边吹向人体时，人体前部和背部都能均匀地受到降温作用。综合上述情况，对气流方向做了规定。

送到人体上的气流宽度，宜使操作人员处于气流作用的范围内，这样效果较好。在满足送风速度要求的情况下，较大的气流宽度对提高局部送风的效果有利。一般情况下，以1m作为设计宽度是合适的。但是，对于某些工作地点较固定的轻作业，为减少送风量，节约投资，气流宽度可适当减少至0.6m。

5.5.10 特殊高温工作小室的降温措施。

在特殊高温工作地点，由于气温高、辐射照度大，采用一般水冷式降温机组，如用蒸发冷却方式处理空气，仍不能满足降温要求，尤其是南方炎热、潮湿地区。据调查，某钢厂吊车司机室，当室外空气温度为31.5℃，车间空气温度为37.7℃时，司机室内气温达43.2℃，采用循环水蒸发冷却后，司机室内气温所降无几，而使用冷风机组时，司机室内可降低至25℃左右，效果很好。因此，特殊高温工作地点的降温应采用冷风机组或空气调节机组，并符合国家现行标准《工业企业设计卫生标准》（GBZ 1）的要求。同时，为保证降温效果，节省能量消耗，必须采用很好的密闭和隔热措施。

5.6 除尘与有害气体净化

5.6.1 有害气体的净化要求。

保护环境，防止污染，是我国实行的重大技术政策之一。为此国家颁布了环境保护法，有关部门还相继颁布了一系列有害物排放标准，例如《环境空气质量标准》（GB 3095）和《大气污染物综合排放标准》（GB 16297）。为了达到排放标准的要求，排除有害气体的局部排风系统，有时必须设置净化设备。净化设备的种类繁多，本条指出应采取有效的净化措施。净化设备的选择原则及考虑的因素，同本规范第5.6.9条规定的除尘器选择原则相类似，只是与有害物的物理化学性质关系更为密切。设计时，应该根据不同情况，分别选择洗涤（包括吸收）、吸附、过滤、燃烧、电子束、生化、激光等净化措施，有回收价值的应加以回收。

5.6.2 除尘方式的选择。

湿法除尘包括采用喷嘴向扬尘点喷水促使粉尘凝聚，减少扬尘的水力除尘和采用喷雾设施向工业建筑含尘空气中喷雾以促使浮游粉尘加速沉降，防止二次扬尘的喷雾降尘等。在某些情况下，湿法除尘是较为经济的一种方法，又可达到较好的除尘效果。

因此，对于放散粉尘的生产过程，当湿法除尘不致影响生产和改变物料性质时，应采用湿法除尘；当采用湿法除尘不能满足环保、卫生要求时，应采用机械除尘、机械与湿法的联合除尘或静电除尘。某些放散粉尘的生产过程，虽允许加湿，但对加湿量有一定限制，如冶金企业的破碎、筛分等，过量加湿会使产量下降，采用湿法除尘就受到一些限制。至于加湿后会影响产品质量，引起物质的水解或发生化学反应，从而产生有害、有毒或爆炸性气体的生产过程，如食品、纺织、化工、耐火和建筑材料工厂的某些生产过程。生产上不允许或不宜加湿物料时，则应采用其他的除尘方式。

5.6.3 密闭形式的选择。

密闭是综合防尘措施的关键环节之一。水力除尘、机械除尘和联合除尘的效果好坏，首先取决于扬尘地点的密闭程度。密闭得好，机械除尘的排风量就可大为减少；反之，即使增大机械除尘系统的排风量，也难以取得良好的效果。据调查，有的厂过去密闭不严，排风后粉尘仍大量外逸；加强密闭后，风量为原风量的1/8时，罩内仍有10Pa负压，满足了除尘要求；有些厂的某些生产过程，在采用同样机械除尘的条件下，采取较严格的密闭措施与未采取密闭措施，对车间内空气含尘浓度影响很大，有的差8～9倍，有的差10倍以上，甚至有的差100多倍。

至于密闭形式，对于集中、连续的扬尘点（如胶带机受料点），且瞬时增压不大的尘源，多在设备扬尘处采用局部密闭；对于全面扬尘或机械振动力大的设备，多采用留有观察孔和操作门并将设备（除电动机、减速箱外）大部封闭在罩内的整体密闭，特点是密闭罩本身为独立整体，易于密闭；对于大面积扬尘且操作和检修频繁，采用整体密闭不便者，多采用留有观察孔和操作门并将扬尘设备全部密闭在罩内的大

容积密闭。一般说来，大容积密闭罩比小容积密闭罩效果要好，特点是罩内容积大，可缓冲含尘气流，减小局部正压，这种密闭罩适用于多点扬尘、阵发性扬尘和含尘气流速度大的设备或地点，如多卸料点的胶带机转运点等。但是，具体情况不同，不能一律对待，应根据设备特点、生产要求以及便于操作、维修等，分别采用不同的密闭形式。

5.6.4 吸风点排风量的确定。

在机械除尘系统的设计中，如何确定吸风点的排风量是一个重要的问题。排风量过小会使含尘空气逸入室内达不到除尘的目的；排风量过大会使除尘系统复杂，设备庞大，造价和运行费用高。所以，在保证粉尘不外逸的情况下，排风量愈小愈好。为此，设计时必须通过计算或采用实测与经验数据正确确定吸风点的排风量。

吸风点的排风量主要包括以下几部分：工艺过程本身产生的烟尘量（包括处理热物料时，由于热压作用和体积膨胀等而增加的空气量）；物料输送过程中所带入的诱导风量和保持罩内负压（包括有时消除罩内正压）所需的空气量等。

5.6.5 吸风口的位置及风速。

在密闭罩上装设位置和开口面积适宜的吸风罩同除尘风管连接，使罩口断面风速均匀，为了防止排风把物料带走，还应对吸风口的风速加以控制。在吸风点的排风量一定的情况下（见本规范第5.6.4条），吸风口风速主要取决于物料的密度和粒径大小以及吸风口与扬尘点之间的距离远近等。本条参照国内外有关资料，针对破碎筛分工艺特点规定：对于细粉料的筛分过程，采用不大于0.6m/s；对于物料的粉碎过程，采用不大于2m/s；对于粗粒径物料的破碎过程，采用不大于3m/s，由于各行业的具体情况不同，难以做出更为详尽的规定。

5.6.6 除尘系统的排风量。

为保证除尘系统的除尘效果和便于生产操作，对于一般除尘系统，设备能力应按其所联接的全部吸风点同时工作计算，而不考虑个别吸风口的间歇修正。

当一个除尘系统的非同时工作吸风点的排风量较大时，为节省除尘设施的投资和运行费用，则该系统的排风量可按同时工作的吸风点的排风量加上各非同时工作的吸风点的排风量的15%～20%的总合计算。后者15%～20%的漏风量为由于阀门关闭不严的漏风量。如某厂的4个除尘系统，按15%漏风量附加，间歇点用蝶阀关闭，阀板周围用软橡胶垫密封，使用效果良好。

5.6.7 附录G的引文。

为了防止粉尘因速度过小在风管中沉降、聚积甚至堵塞风管，因此本规范附录G中根据不同物料给出了除尘系统风管中的最小风速。

5.6.8 除尘系统的划分原则。

除尘系统的划分原则，除了应遵循本规范第5.1.11条的规定外，尚应考虑吸风点作用半径不宜过大，便于粉尘的回收利用以及由于不同性质的粉尘混合后会引起的不良影响因素或导致风机功率过大的浪费电能现象。这些因素对有爆炸危险性粉尘的除尘系统正常运行有重要意义。

5.6.9 选择除尘器应考虑的因素。

除尘器也称除尘设备，是用于分离空气中的粉尘达到除尘目的的设备。除尘器的种类繁多，构造各异，由于其除尘机理不同，各自具有不同的特点；因此，其技术性能和适用范围也就有所不同。根据是否用水作除尘媒介，除尘器分为两大类：干式除尘器和湿式除尘器。干式除尘器可分为重力沉降室、惯性除尘器、旋风除尘器、袋式除尘器和干式电除尘器等；湿式除尘器可分为喷淋式除尘器、填料式除尘器、泡沫除尘器、自激式除尘器、文氏管除尘器和湿式电除尘器等。

选择除尘器时，除考虑所处理含尘气体的理化性质之外，还应考虑能否达到排放标准、使用寿命、场地布置条件、水电条件、运行费、设备费以及维护管理等进行全面分析。

5.6.10 设置泄压装置以及净化有爆炸危险粉尘的干式除尘器和过滤器的设置要求。强制条文。

有爆炸危险的粉尘和碎屑，包括铝粉、镁粉、硫矿粉、煤粉、木屑、人造纤维和面粉等。由于上述物质爆炸下限较低，容易在除尘器和过滤器等处发生爆炸，为减轻爆炸时的破坏力，应设置泄压装置。泄压面积应根据粉尘等的危险程度通过计算确定。泄压装置的布置应考虑防止产生次生灾害的可能性。

对于处理净化上述易爆粉尘所用的干式除尘器和过滤器，为缩短输送含有爆炸危险粉尘的风管长度，减少风管内积尘，减少粉尘在风机中摩擦起火的机会，避免因把干式除尘器布置在系统的正压段上引起漏风等，本条规定干式除尘器和过滤器应设置在系统的负压段上，并可以选用高效风机代替低效除尘风机。

5.6.11 净化有爆炸危险粉尘的干式除尘器和过滤器的布置要求。

在国家现行标准《建筑设计防火规范》（GB 50016）中，对用于净化有爆炸危险粉尘的干式除尘器的布置位置、与其他建筑的间距等均有明确的安全规定，本规范不再罗列。

5.6.12、5.6.13 粉尘和污水的回收处理方式。

这两条是从保障除尘系统的正常运行，便于维护管理，减少二次扬尘，保护环境和提高经济效益等方面出发，并结合国内各厂矿、企业的实践经验制定的。据调查，对粉尘的处理回收方式主要有以下几种：

1 对于干式除尘器，有人工清灰、机械清灰和

除尘器的排灰管直接接至工艺流程等三种。人工清灰多用于粉尘量少，不直接回收利用或无回收价值的粉尘；机械清灰包括机械输送、水力输送和气力输送等，其处理方式一般是将收集的粉尘纳入工艺流程回收处理。机械清灰的输送灰尘设施较复杂，但操作简单、可靠。排灰管直接接至工艺流程（如接到溜槽、漏斗、料仓），用于有回收价值且能直接回收的粉尘，是一种较经济有效的方式。

2 对于湿式除尘器，污水处理方式一般有单独小型沉淀池、集中沉淀池和接至就近湿式作业的工艺流程的3种，沉淀池的污泥采用人工定期清理或采用机械化、半机械化清理。

除尘器收集的粉尘或排出的含尘污水的回收与处理方式，直接关系到系统的正常运行、除尘效果和综合利用等方面。因此，须根据具体情况采取妥善的回收处理措施。工艺允许时，纳入工艺流程回收处理，则对于保证除尘系统的正常运行和操作维护等方面都有好处，而且往往也是经济的。

5.6.14 卸尘管和排污管的防漏风要求。

防止卸尘管和排污管漏风的措施，是在干式除尘器的卸尘管和湿式除尘器的污水排出管上，装设有效的卸尘装置。卸尘装置（包括集灰斗、卸尘阀或水封等）是除尘设备的一个不可忽视的重要组成部分，它对除尘器的运行及除尘效率有相当大的影响。如果卸尘装置装设不好，就会使大量空气从排尘口或排污口吸入，破坏除尘器内部的气流运动，大大降低除尘效率。例如，当旋风除尘器卸尘口漏风达15%时，就会使除尘器完全失去作用。其他种类的除尘器漏风对除尘效率的影响也是非常显著的。

5.6.15 除尘系统设调节阀的要求。

对于吸风点较多的机械除尘系统，虽然在设计时进行了各并联环路的压力平衡计算，但是由于设计、施工和使用过程中的种种原因，出现压力不平衡的情况实际上是难以避免的。为适应这种情况，保障除尘系统的各吸风点都能达到预期效果，因此，条文规定在各分支管段上应设置调节阀门。

在吸入段风管上，一般不容许采用直插板阀，因为它容易引起堵塞。作为调节用的阀门，无论是蝶阀、调节瓣或斜插板阀，都必须装设在垂直管段上。如果把这类阀门装在倾斜或水平风管上，由于阀板前后产生强烈涡流，粉尘容易沉积，妨碍阀门的开关，有时还会堵塞风管。

5.6.16 除尘器的布置及通风机的选择。

在设计机械除尘系统时，大都把除尘器布置在系统的负压段，其最大优点是保护通风机壳体和叶片免受或减缓粉尘的磨损，延长通风机的使用寿命。由于某种需要也有把除尘器置于系统正压段的，例如，采用袋式除尘器时，为了节省外部壳体的金属耗量，避免因考虑漏风问题而增加除尘器的负荷，延长布袋的

使用期限及便于在工作状况下进行检修等,有时把除尘器安装在正压段就具有一定的优点。在这种情况下,应选择排尘通风机。由于同普通通风机相比,排尘通风机价格较贵,效率较低,能量消耗约增加25%以上;因此,设计时应根据具体情况进行技术经济比较确定。

5.6.17 湿式除尘器的防冻措施。

为了保证湿式除尘器在冬季的时候还能够正常工作,在设计上应该采取的防冻措施有:把湿式除尘器安装在采暖房间内,对除尘器壳体进行保温,对水池进行保温、加热等。

5.6.18 对湿法除尘和湿式除尘器的限制。

有些物质遇水或水蒸气时,将有燃烧或爆炸危险,如活泼金属锂、钠、钾以及氢化物、电石、碳化铝等,这类物质又称为忌水物质。有些忌水物质,如生石灰、无水氯化铝、苛性钠等,与水接触时所发生的热能将其附近可燃物质引燃着火。

遇水燃烧物质根据其性质和危险性大小,可分为两极:一级遇水燃烧物质,遇水后立即发生剧烈的化学反应,单位时间内放出大量可燃气体和热量,容易引起猛烈燃烧或爆炸。例如,铝粉与镁粉混合物就是这样;二级遇水燃烧物质,遇水后反应速度比较缓慢,同时产生可燃气体,若遇点火源,即能引起燃烧,如:金属钙、锌及其某些化合物氢化钙、磷化锌等。因此规定遇水后产生可燃或有爆炸危险混合物的生产过程,不得采用湿法除尘或湿式除尘器。

5.6.19 高温烟气的降温要求。新增条文。

高温烟气进入除尘净化设备前,由于设备材料和结构对温度的限制,必须予以冷却降温。一般可分为水冷和风冷。水冷又可分为直接水冷的喷雾冷却,间接水冷的水冷式换热器等;直接风冷俗称掺冷风,间接风冷系借管外常温空气将管内烟气的热量带走而降温的冷却方式。

5.6.20 民用建筑中厨房排烟净化要求。新增条文。

规定本条是为了保证环保及室内卫生要求。对于旅馆、饭店及餐饮业建筑物以及大、中型公共食堂的厨房,应设有净化油烟的机械排风,以达到国家现行标准《饮食业油烟排放标准》(GWPB 5)的规定:排放浓度不超过 2mg/m³。

5.7 设备选择与布置

5.7.1、5.7.2 选择通风设备时附加漏风量的规定。

在通风和空气调节系统运行过程中,由于风管和设备的漏风会导致送风口和排风口处的风量达不到设计值,甚至会引起室内参数(其中包括温度、相对湿度、风速和有害物浓度等)达不到设计和卫生标准的要求。为了弥补系统漏风可能产生的不利影响,选择通风机时,应根据系统的类别(低压、中压或高压系统)以及风管内的工作压力等因素,按本规范第

5.8.2条的规定附加风管的漏风量,并应根据加热器、冷却器和除尘器的布置情况及系统特点等,计入设备的漏风量,如:把袋式或静电除尘器布置在除尘系统的负压段时,就应考虑除尘器本身的漏风量。由于系统的漏风量有时需要进行处理,如加热、冷却或净化等,因此在选择空气加热器、冷却器和除尘器时,应附加风管漏风量。某些除尘设备,如袋式除尘器和静电除尘器等,当布置在系统的负压段时,尚应计入通过检查孔等不严密处的渗漏风量。

当系统的设计风量和计算阻力确定以后,选择通风机时,应考虑的主要问题之一是通风机的效率。在满足给定的风量和风压要求的条件下,通风机在最高效率点工作时,其轴功率最小。在具体选用中由于通风机的规格所限,不可能在任何情况下都能保证通风机在最高效率点工作,因此条文中规定通风机的设计工况效率不应低于最高效率的90%。一般认为在最高效率的90%以上范围内均属于通风机的高效率区。根据我国目前通风机的生产及供应情况来看,做到这一点是不难的。

5.7.3 输送非标准状态空气时选择通风机及电动机的有关规定。

从流体力学原理可知,当所输送的空气密度改变时,通风系统的通风机特性和风管特性曲线也将随之改变。对于离心式和轴流式通风机,容积风量保持不变,而风压和电动机轴功率与空气密度成正比变化。

目前,常用的通风管道计算表和通风机性能图表,都是按标准状态下的空气即温度一般为20℃,大气压力为1010hPa而编制的。当所输送的空气为非标准状态时,以实际风量借助于标准状态下的风管计算表所算得的系统压力损失,并不是系统的实际压力损失,两者有如下关系:

$$H' \frac{\rho}{1.2} = H \frac{B}{1010} \cdot \frac{273+20}{273+t} \tag{9}$$

式中　H'——非标准状态下系统的实际压力损失(Pa);

　　　H——以实际风量用标准状态下的风管计算表所算得的系统压力损失(Pa);

　　　ρ——所输送空气的实际密度(kg/m³);

　　　B——当地大气压力(hPa);

　　　t——风管中的空气温度(℃)。

同样,非标准状态时通风机产生的实际风压也不是通风机性能图表上所标定的风压,两者也有如式(9)的关系。在通风空气调节系统中的通风机的风压等于系统的压力损失。在非标准状态下系统压力损失或大或小的变化,同通风机风压或大或小的变化不但趋势一致,而且大小相等。也就是说,在实际的容积风量一定的情况下,按标准状态下的风管计算表算得的压力损失以及据此选择的通风机,也能够适应空气状态变化了的条件。为了避免不必要的反复运算,选择通风机时不必再对风管的计算压力损失和通风机的

风压进行修正。但是，对电动机的轴功率应进行验算，核对所配用的电动机能否满足非标准状态下的功率要求，其式如下：

$$P_z = \frac{LH'}{3600 \cdot 1000 \cdot \eta_1 \cdot \eta_2} \quad (10)$$

式中　P_z——电动机的轴功率（kW）；

　　　L——通风机的风量（m^3/h）；

　　　H'——非标准状态下，系统的实际压力损失（Pa）；

　　　η_1——通风机的效率；

　　　η_2——通风机的传动效率。

上述道理虽然不难理解，但鉴于多年来有的设计人员在选择通风机时却存在着随意附加的现象，为此，条文中特加以规定。

5.7.4 通风机的并联与串联。

通风机的并联与串联安装，均属于通风机联合工作。采用通风机联合工作的场合主要有两种：一是系统的风量或阻力过大，无法选到合适的单台通风机；二是系统的风量或阻力变化较大，选用单台通风机无法适应系统工况的变化或运行不经济。并联工作的目的，是在同一风压下获得较大的风量；串联工作的目的，是在同一风量下获得较大的风压。在系统阻力即通风机风压一定的情况下，并联后的风量等于各台并联通风机的风量之和。当并联的通风机不同时运行时，系统阻力变小，每台运行的通风机之风量，比同时工作时的相应风量大；每台运行的通风机之风压，则比同时运行的相应风压小。通风机并联或串联工作时，布置是否得当是至关重要的。有时由于布置和使用不当，并联工作不但不能增加风量，而且适得其反，会比一台通风机的风量还小；串联工作也会出现类似的情况，不但不能增加风压，而且会比单台通风机的风压小，这是必须避免的。

由于通风机并联或串联工作比较复杂，尤其是对具有峰值特性的不稳定区在多台通风机并联工作时易受到扰动而恶化其工作性能；因此设计时必须慎重对待，否则不但达不到预期目的，还会无谓地增加能量消耗。为简化设计和便于运行管理，条文中规定，在通风机联合工作的情况下，应尽量选用相同型号、相同性能的通风机并联或串联。当不同型号、不同性能的通风机并联或串联安装时，必须根据通风机和系统的风管特性曲线，确定通风机的合理组合方案，并采取相应的技术措施，以保证通风机联合工作的正常运行。

5.7.5～5.7.9 通风设备的选择与布置。第5.7.5条、第5.7.8条为强制条文。

这些条文都是从保证安全的角度制定的。

1 直接布置在有甲、乙物质产生的场所中的通风、空气调节和热风采暖的设备，用于排除有甲、乙类物质的通风设备以及排除含有燃烧或爆炸危险的粉尘、纤维等丙类物质，其含尘浓度高于或等于其爆炸下限的25%时的设备，由于设备内外的空气中均含有燃烧或爆炸危险性物质，遇火花即可能引起燃烧或爆炸事故，为此，本规范规定，其通风机和电动机及调节装置等均应采用防爆型的。

同时，当上述设备露天布置时，通风机应采用防爆型的，电动机可采用密闭型的。

2 空气中含有易燃易爆危险物质的房间中的送风、排风设备，当其布置在单独隔开的送风机室内时，由于所输送的空气比较清洁，如果在送风干管上设有止回阀门时，可避免有燃烧或爆炸危险性物质窜入送风机室，本规范规定通风机可采用普通型的。

3 因为甲、乙类物质场所的排风系统有可能在通风机室内泄漏，如果将通风、空气调节和热风采暖的送风设备同排风设备布置在一起，就有可能把排风设备及风管的漏风吸入系统再次被送入有甲、乙物质的场所中，因此，第5.7.8条规定用于甲、乙类物质的场所的送、排风设备不应布置在同一通风机室内。

用于排除有甲、乙物质的排风设备，不应与其他系统的通风设备布置在同一通风机室内，但可与排除有爆炸危险的局部排风的设备布置在同一通风机室内。因为排出的气体混合物均具有燃烧或爆炸危险，只是浓度大小不同，所以排风设备可布置在一起。

4 对于甲、乙类工业建筑全面和局部送风、排风系统，以及其他类排除有爆炸危险物的局部排风系统的设备，不应布置在地下室、半地下室内。这主要从安全出发，一旦发生事故便于扑救。

5.7.10 通风设备及管道的防静电接地等要求。

当静电积聚到一定程度时，就会产生静电放电，即产生静电火花，使可燃或爆炸危险物质有引起燃烧或爆炸的可能；管内沉积不易导电的物质和会妨碍静电导出接地，有在管内产生火花的可能。防止静电引起灾害的最有效办法是防止其积聚，采用导电性能良好（电阻率小于$10^6\Omega \cdot cm$）的材料接地。因此做了如条文中的有关规定。

法兰跨接系指风管法兰连接时，两法兰之间须用金属线搭接。

5.7.11 通风设备和风管的保温、防冻。

通风设备和风管的保温、防冻具有一定的技术经济意义，有时还是安全生产的必要条件。条文中所列的五款是应采取保温或防冻措施的主要方面。例如，某些降温用的局部送风系统和兼作热风采暖的送风系统，如果通风机和风管不保温，不仅冷热耗量大不经济，而且会因冷热损失使系统内所输送的空气温度显著升高或降低，从而达不到既定的室内参数要求。又如，苯蒸气或锅炉烟气等可能被冷却而形成凝结物堵塞或腐蚀风管。位于严寒地区和寒冷地区的湿式除尘器，如果不采取保温、防冻措施，冬季就可能冻结而不能发挥应有的作用。此外，某些高温风管如不采取保温的办法加以防护，也有烫伤人体的危险。

5.8 风管及其他

5.8.1 选用风管截面及规格的要求。

规定本条的目的，是为了使设计中选用的风管截面尺寸标准化，为施工、安装和维护管理提供方便，为风管及零部件加工工厂化创造条件。据了解，在《全国通用通风管道计算表》中，圆形风管的统一规格，是根据 R20 系列的优先数制定的，相邻管径之间具有固定的公比（$\sqrt[20]{10}\approx1.12$），在直径 100～1000mm 范围内只推荐 20 种可供选择的规格，各种直径间隔的疏密程度均匀合理，比以前国内常采用的圆形风管规格减少了许多；矩形风管的统一规格，是根据标准长度 20 系列的数值确定的，把以前常用的 300 多种规格缩减到 50 种左右。经有关单位试算对比，按上述圆形和矩形风管系列进行设计，基本上能满足系统压力平衡计算的要求。对于要求较严格的除尘系统，除以 R20 作为基本系列外，还有辅助系列可供选用，因此是足以满足设计要求的。另外，还根据《通风与空气调节工程施工质量验收规范》（GB 50243）做了风管尺寸计量的规定。

5.8.2 风管漏风量的确定。

风管漏风量的大小取决于很多因素，如风管材料、加工及安装质量、阀门的设置情况和管内的正负压大小等。风管的漏风量（包括负压段渗入的风量和正压段泄漏的风量），是上述诸因素综合作用的结果。由于具体条件不同，很难把漏风量标准制定得十分细致、确切。为了便于计算，条文中根据我国常用的金属和非金属材料风管的实际加工水平及运行条件，规定一般送排风系统附加 5%～10%，除尘系统附加 10%～15%。需要指出，这样的附加百分率适用于最长正压管段总长度不大于 50m 的送风系统，和最长负压管段总长度不大于 50m 的排风及除尘系统。对于比这更大的系统，其漏风百分率可适当增加。有的全面排风系统直接布置在使用房间内，则不必考虑漏风的影响。

5.8.3 系统中并联管路的阻力平衡。

把通风、除尘和空气调节系统各并联管段间的压力损失差额控制在一定范围内，是保障系统运行效果的重要条件之一。在设计计算时，应用调整管径的办法使系统各并联管段间的压力损失达到所要求的平衡状态，不仅能保证各并联支管的风量要求，而且可不装设调节阀门，对减少漏风量和降低系统造价也较为有利。特别是对除尘系统，设置调节阀害多利少，不仅会增大系统的阻力，而且会增加管内积尘，甚至有导致风管堵塞的可能。根据国内的习惯做法，本条规定一般送排风系统各并联管段的压力损失相对差额不大于 15%，除尘系统不大于 10%，相当于风量相差不大于 5%。这样做既能保证通风效果，设计上也是

能办到的，如在设计时难于利用调整管径达到平衡要求时，则以装设调节阀门为宜。

5.8.4 除尘系统的风管。

1 强调了风管宜明设，且其接头和接缝处应严密、平滑，以减少漏风量、防止尘埃堵塞风管。

2 除尘风管直径，根据所输送的含尘粒径的大小，做了最小直径的补充规定，以防产生堵塞问题。

3 除尘风管以垂直或倾斜敷设为好，但考虑到客观条件的限制，有些场合不得不水平敷设，尤其大管径的风管倾斜敷设就比较困难。倾斜敷设时，与水平面的夹角越大越好，因此，规定应大于 45°，为了减少积尘的可能，本款强调了应尽量缩短小坡度或水平敷设的管段。

4 支管从主管的上面连接比较有利。但是施工安装不方便，鉴于具体设计中支管从主管底部连接的情况也不少，所以本款规定为"宜"。对于三通管夹角，考虑到大风管常采用 45°夹角的三通，除尘风管的三通夹角也可以用到 45°，因此，本款规定三通夹角宜采用 15°～45°。

5.8.5 输送高温气体风管的热补偿。新增条文。强制条文。

5.8.6 机械通风风管的风速。

本条表中所给出的通风系统风管内的风速，是基于经济流速和防止在风管中产生空气动力噪声等因素，参照国内外有关资料制定的。对于一般工业建筑的机械通风系统，因背景噪声较大、系统本身无消声要求，即使按表中较大的经济流速取值，也能达到允许噪声标准的要求。对于某些有消声要求的通风、空气调节系统，风管内的风速尚应符合本规范第 9.1 中的相关规定。

5.8.7 通风设备和风管的防腐。

规定本条的目的，是为了防止或延缓通风设备和风管的腐蚀，延长使用寿命。据调查，有些输送强烈腐蚀性气体的通风系统，由于防腐措施不力，通风机和风管等使用很短一段时间就报废了，不但影响生产、恶化工作条件，而且很浪费，给维护管理也增加了负担。在这种情况下，应尽量采用塑料、玻璃钢、不锈钢等防腐材料制作的通风机和风管。如因条件限制，则应根据具体情况采取有效的防腐措施，如涂防腐油漆、衬橡胶、喷涂防腐层等。

5.8.8 风管布置、防火阀、排烟阀等的设置要求。

在国家现行标准《建筑设计防火规范》（GB 50016）及《高层民用建筑设计防火规范》（GB 50045）中，对风管的布置、防火阀、排烟阀的设置要求均有详细的规定，本规范不再另行规定。

5.8.9 甲、乙、丙类工业建筑送排风管道的布置。

本条文是根据《建筑设计防火规范》（GB 50016）中的有关条文规定的，目的是为了防止一旦发生火灾

时火势沿风管蔓延，扩大灾害范围。

5.8.10 风管材料。

规定本条的目的，是为了防止火灾蔓延。有些工业建筑所排出的气体腐蚀性较大，需要用硬聚氯乙烯塑料等材料制作风管以及风管的柔性接头处难以采用不燃材料制作，因此规定在这些情况下，风管及挠性接头可用难燃材料制作。

5.8.11 甲、乙类工业建筑排风管道的布置。

规定本条的目的，是防止一旦风管爆炸时破坏建筑物并为了便于检修。

5.8.12、5.8.13 有爆炸危险物质和含有剧毒物质的排风系统管道设置要求。

通过式风管穿过建筑物的墙、隔断和楼板处应用防火材料密封，是为了保证被穿越的围护结构具有规定的耐火极限。对排除剧毒物质排风系统的正压管段长度加以限制，并规定该系统的正压管段不得穿过其他房间，目的是为了防止因剧毒物质漏出而污染其他房间和毒害人体。

排除有爆炸危险物质的排风管各支管节点处不应设置调节阀，以免在间歇使用时关闭阀门处聚集有爆炸危险的气体浓度达到爆炸浓度，一旦开机运行时引起爆炸。

5.8.14 风管的敷设。

规定本条的目的，是为了尽量缩小灾害事故的涉及范围。

5.8.15~5.8.19 风管敷设安全事宜。第5.8.15条为强制条文。

1 可燃气体（煤气等）、可燃液体（甲、乙、丙类液体）、排风管道和电线等，由于某种原因常引起火灾事故。为防止火势通过风管蔓延，因此规定：这类管道及电线不得穿过风管的内腔，也不得沿风管的外壁敷设；可燃气体或可燃液体管道不应穿过通风机室。

2 为防止某些可燃物质同热表面接触引起自燃起火及爆炸事故，因此规定，热媒温度高于110℃的供热管道不应穿过排除有燃烧或爆炸危险物质的风管，也不得沿其外壁敷设。有些物质自燃点较低，如二硼烷、磷化氢、二硫化碳和硝酸乙酯等，为安全规定同这些物质接触的供热管道和热媒温度不应高于相应物质自燃点的80%。

3 为防止外表面温度超过80℃的风管，由于辐射热及对流热的作用导致输送有燃烧或爆炸危险物质的风管及管道表面温度升高而发生事故，规定两者的外表面之间应保持一定的安全距离（以外表面温度稍高于80℃为例，其间距不宜小于0.3m）；互为上下布置时，表面温度较高者应布置在上面。

4 为防止高温风管长期烘烤建筑物的可燃或难燃结构发生火灾事故，因此规定：当输送温度高于80℃的空气或气体混合物时，风管穿过建筑物的可燃或难燃烧体结构处，应设置不燃材料隔热层，保持隔热层外表面温度不高于80℃；非保温的高温金属风管或烟道沿可燃或难燃烧体结构敷设时，应设遮热防护措施或保持必要的安全距离。

5.8.20 关于风管坡向的规定。

为防止比空气轻的可燃气体混合物在风管内局部积存，使浓度增高发生事故，因此规定水平风管应顺气流方向有一定的向上坡度。

5.8.21 通风系统排除凝结水的措施。

排除潮湿气体或含水蒸气的通风系统，风管内表面有时会因其温度低于露点温度而产生凝结水。为了防止在系统内积水腐蚀设备及风管影响通风机的正常运行，因此条文中规定水平敷设的风管应有一定的坡度并在风管的最低点和通风机的底部排除凝结水。

5.8.22 电加热器的安全要求。

规定本条是为了减少发生火灾的因素，防止或减缓火灾通过风管蔓延。

5.8.23 通风机启动阀门的设置。

此规定依据两点：一是把通风机的范围局限于通风、空气调节系统常用的中、低压离心式通风机；二是强调供电条件是否允许。一般情况下，电动机的直接启动与供电系统的电源和线路有直接关系。电动机的启动电流约为正常运行电流的6~7倍，这样的电流波动一般对大型变电站影响不大，对负荷小的变电站有时会造成一定的影响。如供电变压器的容量为180kV·A时，允许直接启动的鼠笼型异步电动机的最大功率为40kW（启动时允许电压降为10%）和55kW（启动时允许电压降为15%）。一台75kW的电动机，需要具有320kV·A的变压器方可直接启动，对于大、中型工厂来说，这当然是没有问题的。由于我国在城市供电设计上要求较高，电压降允许值一般为5%~6%，其他如供电线路的长短、启动方式等均与供电设计有密切关系，因此本条规定了"供电条件允许"这样的前提。

5.8.24 对通风设备接管的要求。

与通风机、空气调节器及其他振动设备连接的风管，其荷载应由风管的支吊架承担。一般情况下风管和振动设备间应装设挠性接头，目的是保证其荷载不传到通风机等设备上，使其呈非刚性连接。这样既便于通风机等振动设备安装隔振器，有利于风管伸缩，又可防止因振动产生固体噪声，对通风机等的维护、检修也有好处。

5.8.25 对排除有害气体或含尘系统的排风口要求。新增条文。

对于排除有害气体或含有粉尘的通风系统的排风口，宜采用锥形风帽或防雨风管，目的是把这些有害物质排入高空，以利于稀释。

6 空气调节

6.1 一般规定

6.1.1 设置空气调节的条件。

随着经济建设的发展和人民生活水平的日益提高，当设置空气调节后，提高了人员的劳动生产率和工作效率，从而增加了经济效益；在医疗、高温作业等方面，设置空气调节后有益于疾病的康复和恢复疲劳等作用；对于诸如发热量较大的地下室设备用房采用通风方式降温，通风系统投资多，进排风口设置困难，而如采用简单的空气调节设备实现降温目的，往往更经济。因此本条增加了后三款设置空气调节的条件。

6.1.2 对空气调节区的面积、散热散湿设备和设置全室性空气调节的要求。

本次修订将"空气调节房间"均改称"空气调节区"。以下同。

本条是从减少空气调节区的面积，以节约投资和运行费用为目的。

对于工艺性空气调节，宜采取经济有效的局部工艺措施或局部区域的空气调节代替全室性空气调节，以达到节能降耗的目的。如储存受潮后易生锈的金属零件，若采用全室性空气调节保持低温要求是不经济的，而在工艺上采用干燥箱储存这些零件是行之有效的好办法；又如，电表厂的标准电阻要求温度波动小，而将标准电阻放在油箱内用半导体制冷，保持油箱内的温度就可不设全室性空气调节；再如，对于厂房内个别设备或工艺生产线有空气调节要求，采用罩子等将其隔开，在此局部区域内进行空气调节，既可满足工艺要求又较整个区域空气调节节约投资。

空气调节区的散热散湿设备越少越容易达到温湿度的要求，同时也比较经济，因此规定宜减少空气调节区的散热散湿设备。

对于高大空间，取消了层高大于10m的限制。当工艺或使用要求允许仅在下部区域进行空气调节时，采用分层式送风或下部送风的气流组织方式，以达到节能的目的。

6.1.3 有压差要求的空气调节区的压差要求。

保持正压，能防止室外空气渗入，有利于保证房间清洁度和室内参数少受外界干扰。

舒适性空气调节室内正压值不宜过小，也不宜过大。当室内正压为5Pa时，相当于由门窗缝隙压出的风速为2.85m/s。也就是说，当室外平均风速小于2.85m/s时，采用5Pa的正压值，一般就可以满足要求。当室内正压值为10Pa时，保持室内正压所需的风量，每小时约为1.0～1.5次换气，舒适性空气调节的新风量一般都能满足此要求。室内正压值超过

50Pa时，会使人体感到不舒适，而且需加大新风量，增加能耗，同时开门也较困难。因此规定不应大于50Pa。

对于工艺性空气调节，因与其相通房间的压力差有特殊要求，其压差值应按工艺要求确定。

6.1.4 空气调节区的布置要求。

空气调节区集中布置是为了减少空气调节区的外墙、与非空气调节区相邻的内墙及楼板的保温隔热工程量，减少系统的冷热负荷，以降低空气调节系统投资及建筑造价，便于维护管理。

6.1.5 围护结构的传热系数。

提高围护结构传热系数要求的严格程度，由"不宜"改为"不应"，以满足节能要求。

建筑物围护结构的传热系数 K 值的大小是能否保证空气调节区正常生产条件，影响空气调节工程综合造价高低，维护费用多少的主要因素之一。K 值愈小，则耗冷量愈小，空气调节系统愈经济。K 值又受建筑结构与材料等投资影响，不能无限制地减小。K 值的选择与保温材料价格及导热系数、室内外计算温差、初投资费用系数、年维护费用系数以及保温材料的投资回收年限等各项因素有关。不同地区的热价、电价、水价、保温材料价格及系统工作时间等也不是不变的。因此，很难给出一个固定不变的经济 K 值。本条除强调应通过技术经济比较确定合理的 K 值外，对工艺性空气调节，给出了围护结构最大 K 值。目前的公共建筑（尤其商业建筑）围护结构热工参数往往达不到严寒、寒冷地区《民用建筑节能设计标准（采暖居住建筑部分）》（JGJ 26）、《夏热冬冷地区居住建筑节能设计标准》（JGJ 134）、《旅游旅馆建筑热工及空气调节节能设计标准》（GB 50189）中有关的规定。为了节约能源、降低能耗，在《公共建筑节能设计标准》未颁布之前，舒适性空气调节围护结构 K 值应参照执行现行节能设计标准确定。

6.1.6 围护结构的热惰性指标。

提高围护结构热惰性指标 D 值要求的严格程度，由"不宜"改为"不应"，以满足热稳定要求。

热惰性指标 D 值直接影响室内温度波动范围，其值大则室温波动范围就小，其值小则相反。热惰性指标 D 值直接影响室内温度波动范围，其值大则室温波动范围就小，其值小则相反。

6.1.7 关于空气调节区外墙、外墙朝向及其所在层次的规定。

根据实测表明，对于空气调节区西向外墙，当其传热系数为 $0.34～0.40W/(m^2 \cdot ℃)$，室内外温差为 $10.5～24.5℃$ 时，距墙面100mm以内的空气温度不稳定，变化在 $±0.3℃$ 以内；距墙面100mm以外时，温度就比较稳定了。因此，对于室温允许波动范围大于或等于 $±1.0℃$ 的空气调节区来说，有西向外墙，也是可以的，对人员活动区的温度波动不会有什

么影响。从减少室内冷负荷出发，则宜减少西向外墙以及其他朝向的外墙；如有外墙时，最好为北向，且应避免将空气调节区设置在顶层。

为了保持室温的稳定性和不减少人员活动区的范围，对于室温允许波动范围为±0.5℃的空气调节区，不宜有外墙，如有外墙，应北向；对于室温允许波动范围为±0.1～0.2℃的空气调节区，不应有外墙。

屋顶受太阳辐射热的作用后，能使屋顶表面温度升高35～40℃，屋顶温度的波幅可达±28℃。为了减少太阳辐射热对室温波动要求小于或等于±0.5℃空气调节区的影响，所以规定当其在单层建筑物内时，宜设通风屋顶。

在北纬23.5°及其以南的地区，北向与南向的太阳辐射照度相差不大，且均较其他朝向小，可采用南向或北向外墙。对于本规范第6.1.9条来说，则可采用南向或北向外窗。

6.1.8 空气调节建筑的外窗要求。

外窗面积的大小不仅影响空气调节区的负荷大小，而且影响到空气调节区温湿度波动范围。普通窗户的保温隔热性能比外墙差很多，夏季白天通过窗户进入的太阳辐射热也比外墙多得多，窗面积比越大，则空气调节的能耗也越大。因此，从节能的角度考虑应限制外窗的传热系数。为了节约能源、降低能耗，在《公共建筑节能设计标准》未颁布之前，应参照国家现行的有关节能设计标准执行。

条文中还对外窗玻璃的遮阳系数做了规定，此数据是参考了《旅游旅馆建筑热工与空气调节节能设计标准》（GB 50189），本条文作"宜"考虑。

6.1.9 工艺性空气调节区的外窗朝向。

根据调查、实测和分析：当室温允许波动范围大于±1.0℃时，从技术上来看，可以不限制外窗朝向，但从降低空气调节系统造价考虑，应尽量采用北向外窗；室温允许波动范围为±1.0℃的空气调节区，由于东、西向外窗的太阳辐射热可以直接进入人员活动区，不应有东、西向外窗；据实测，室温允许波动范围为±0.5℃的空气调节区，对于双层毛玻璃的北向外窗，室内外温差为9.4℃时，窗对室温波动的影响范围在200mm以内，如果有外窗，应北向。

6.1.10 设置门斗的要求。

从调查来看，一般空气调节区的外门均设有门斗，内门（指空气调节区与非空气调节区或走廊相通的门）一般也设有门斗（走廊两边都是空气调节区的除外，在这种情况下，门斗设在走廊的两端）。与邻室温差较大的空气调节区，设计中也有未设门斗的，但在使用过程中，由于门的开启对室温波动影响较大，因此在后来也采取了一定的措施。按北京、上海、南京、广州等地空气调节区的实际使用情况，规定门两侧温差大于或等于7℃时，应采用保温门；同时对工艺性（即对室内温度波动范围要求较严格的）

空气调节区的内门和门斗，做了如条文中表6.1.10的有关规定。

对舒适性空气调节区开启频繁的外门也做了宜设门斗，必要时设置空气幕的规定，并增加了宜设置旋转门、弹簧门等要求。旋转门或弹簧门在现在的建筑物中被广泛应用，它能有效地阻挡通过外门的冷、热空气渗透。

6.1.11 空气调节全年能耗分析的要求。新增条文。

对规模较大、要求较高或功能复杂的建筑物，在确定空气调节方案时，原则上宜对各种可行的方案及运行模式进行全年能量分析，才能使系统的配置最合理，运行模式及控制策略最优化。

6.2 负荷计算

6.2.1 逐时冷负荷计算的要求。新增条文。强制条文。

近些年来，全国各地暖通工程设计过程中滥用单位冷负荷指标的现象十分普遍。估算的结果当然总是偏大，并由此造成"一大三大"的后果，即总负荷偏大，从而导致主机偏大、管道输送系统偏大、末端设备偏大。由此给国家和投资者带来巨大损失，给节能和环保带来的潜在问题也是显而易见的。因此，规范必须对这个问题有个明确的规定。

6.2.2 空气调节区的夏季得热量。

在计算得热量时，只能计算空气调节区域得到的热量（包括空气调节区自身的得热量和由空气调节区外传入的得热量，例如：分层空气调节中的对流热转移和辐射热转移等），处于空气调节区域之外的得热量不应计算。因此取消原条文中的"室内"二字。明确指出食品的散热量应予以考虑，因为该项散热量对于若干民用建筑（如饭店、宴会厅等）的空气调节负荷影响颇大。

6.2.3 空气调节区的夏季冷负荷。

提升条文的严格程度，将"宜"改为"应"。得热量与冷负荷是两个不同的概念，不能再留混淆余地。

本条从现代负荷计算方法的基本原理出发，规定了计算夏季冷负荷所应考虑的基本因素；强调指出得热量与冷负荷是两个不同的概念；明确规定了应按非稳态传热方法进行负荷计算的各种得热项目。

以空气调节房间为例，通过围护结构进入房间的，以及房间内部散出的各种热量，称为房间得热量。为保持所要求的室内温度必须由空气调节系统从房间带走的热量称为房间冷负荷。两者在数值上不一定相等，这取决于得热中是否含有时变的辐射成分。当时变的得热量中含有辐射成分时或者虽然时变得热曲线相同但所含的辐射百分比不同时，由于进入房间的辐射成分不能被空气调节系统的送风消除，只能被房间内表面及室内各种陈设所吸收、反射、放热、再吸收，再反射、再放热⋯⋯在多次放热过程中，由于房间及陈设的蓄热——放热作用，得热当中的辐射成分逐渐转化为对流成分，即转化为冷负荷。显然，此时得热曲线与负荷曲线不再一致。比起前者，后者线型将产生峰值上的衰减和时间上的延迟，这对于削减空气调节设计负荷有重要意义。

6.2.4 室外或邻室计算温度。

6.2.5～6.2.7 外墙、屋顶和外窗传热形成的逐时冷负荷。

6.2.5条对于原条款增加"注"，提醒设计人员在进行局部区域空气调节负荷计算时，不要把不处于空气调节区的屋顶形成的负荷全部考虑进去。

冷负荷计算温度的确定过程比较复杂，而且有不同的计算方法，国内一些技术手册中均有现成的表格可查。在此必须说明，本条用冷负荷计算温度计算冷负荷的公式，是基于国内各种计算方法的一种综合的表达形式，并不是特指某一种具体计算方法。

对于一般要求的空气调节区，由于室外扰动因素经历了围护结构和空气调节区的双重衰减作用，负荷曲线已相当平缓。为减少计算工作量，对非轻型外墙，室外计算温度可采用平均综合温度代替冷负荷计算温度。

6.2.8 内围护结构传热形成的冷负荷。

当相邻空气调节区的温差大于3℃时，通过隔墙或楼板等传热形成的冷负荷，在空气调节区的冷负荷中占有一定比重，在某些情况下是不宜忽略的，因此做了本条规定。

6.2.9 地面传热形成的冷负荷。

对于工艺性空气调节区，当有外墙时，距外墙2m范围内的地面，受室外气温和太阳辐射热的影响较大。测定结果表明，例如对西外墙，当其为 $K=0.34W/(m^2 \cdot ℃)$ 的混凝土地面时，距地面1.2m高处测得西外墙的内表面温度比室温高 $0.77～0.95℃$，距西外墙内表面0.7m处，测得地面的表面温度比室温高 $1.2～1.26℃$，即地面温度比西外墙的内表面温度还高。分析其原因，可能是混凝土地面的 K 值比西外墙的要大一些的缘故，所以规定距外墙2m范围内的地面须计算传热形成的冷负荷。

对于舒适性空气调节区，夏季通过地面传热形成的冷负荷所占的比例很小，可以忽略不计。

6.2.10 透过玻璃窗进入的太阳辐射热量。

对于有外窗的空气调节区，透过玻璃窗进入室内的太阳辐射热形成的冷负荷，在空气调节区总负荷中占有举足轻重的地位。因此，正确计算透过窗户进入室内的太阳辐射热量十分重要。本规范附录B所列夏季透过标准窗玻璃的太阳辐射照度，是针对裸露的单位净面积标准窗玻璃给出的。对于实际使用的玻璃窗，当计算其透过太阳辐射热量时，则不但要考虑窗框、窗玻璃种类及窗户层数的影响，更重要的是要考虑各种遮阳物的影响，其中包括内遮阳设施、外遮阳设施（包括窗洞、窗套的遮阳作用）以及位于空气调节建筑物附近的高大建筑物和构筑物的影响。一些遮阳设施的遮阳作用，则应通过建筑光学中关于阴影的计算方法加以考虑。

6.2.11 透过玻璃窗进入的太阳辐射热形成的冷负荷。

提升严格程度，将"宜"改为"应"，并使表述更确切。

本规范第6.2.3条的说明所述，由于透过玻璃窗进入空气调节区的太阳辐射热量随时间变化，而且其中的辐射成分又随着遮阳设施类型和窗面送风状况的不同而异，因此，这项得热量形成的冷负荷，应根据实际采用的遮阳方法、窗内表面空气流动状态以及空气调节区的蓄热特性计算确定。由于计算过程比较复杂，可直接使用专门的计算表格或计算机程序求解。

6.2.12 人体、照明和设备等散热形成的冷负荷。

非全天工作的照明、设备、器具以及人员等室内热源散热量，因具有时变性质，且包含辐射成分，所以这些散热曲线与它们所形成的负荷曲线是不一致的。根据散热的特点和空气调节区的热工状况，按照负荷计算理论，依据给出的散热曲线可计算出相应的负荷曲线。在进行具体的工程计算时，可直接查计算表或使用计算机程序求解。

人员"群集系数"，系指人员的年龄构成、性别构成以及密集程度等情况的不同而考虑的折减系数。年龄不同和性别不同，人员的小时散热量就不同。例如成年女子的散热量约为成年男子散热量的 85%，儿童散热量相当于成年男子散热量的 75%。

设备的"功率系数"，系指设备小时平均实耗功率与其安装功率之比。

设备的"通风保温系数"，系指考虑设备有无局部排风设施以及设备热表面是否保温而采取的散热量折减系数。

6.2.13 空气调节区的夏季散湿量。

空气调节区的计算散湿量，直接关系到空气处理过程和空气调节系统的冷负荷。把散湿量的各个项目一一列出，单独形成一条，是为了把湿量问题提得更加明确，并且与本规范6.2.2条8款相呼应，强调了与显热得热量性质不同的各项有关的潜热得热量。

6.2.14 散湿量的计算。

本条所说的人员"群集系数"，指的是集中在空气调节区内的各类人员的年龄构成、性别构成和密集程度不同而使人均小时散湿量发生变化的折减系数。例如儿童和成年女子的散湿量约为成年男子相应散湿量的 75% 和 85%。考虑人员群集的实际情况，将会把以往计算偏大的湿负荷减低下来。

"通风系数"，系指考虑散湿设备有无排风设施而采用的散湿量折减系数。当按照本规范第6.2.12条从有关工具书中查找通风保温系数时，"设备无保温"情况下的通风保温系数值，即为本条文的通风系数值。

6.2.15 空气调节区和空气调节系统的夏季冷负荷。强制条文。

根据空气调节区的同时使用情况、空气调节系统类型及控制方式等各种情况的不同，在确定空气调节系统夏季冷负荷时，主要有两种不同算法：一个是取同时使用的各空气调节区逐时冷负荷的综合最大值，即从各空气调节区逐时冷负荷相加之后得出的数列中找出的最大值；一个是取同时使用的各空气调节区夏季冷负荷的累计值，即找出各空气调节区逐时冷负荷的最大值并将它们相加在一起，而不考虑它们是否同时发生。后一种方法的计算结果显然比前一种方法的结果要大。例如：当采用变风量集中式空气调节系统时，由于系统本身具有适应各空气调节区冷负荷变化的调节能力，此时即应采用各空气调节区逐时冷负荷的综合最大值；当末端设备没有室温控制装置时，由于系统本身不能适应各空气调节区冷负荷的变化，为了保证最不利情况下达到空气调节区的温湿度要求，即应采用各空气调节区夏季冷负荷的累计值。

所谓附加冷负荷，系指新风冷负荷，空气通过风机、风管的温升引起的冷负荷，冷水通过水泵、水管、水箱的温升引起的冷负荷以及空气处理过程产生冷热抵消现象引起的附加冷负荷等。

6.2.16 空气调节系统的冬季热负荷。

空气调节区的冬季热负荷和采暖房间的热负荷，计算方法是一样的，只是当空气调节区有足够的正压时，不必计算经由门窗缝隙渗入室内冷空气的耗热量。但是，考虑到空气调节区内热环境条件要求较高，区内温度的不保证时间应少于一般采暖房间，因此，在选取室外计算温度时，规定采用平均每年不保证1天的温度值，即应采用冬季空气调节室外计算温度。

6.3 空气调节系统

6.3.1 选择空气调节系统的原则。

本条是选择空气调节系统的总原则，其目的是为了在满足使用要求的前提下，尽量做到一次投资省、系统运行经济、减少能耗。

6.3.2 空气调节风系统的划分。

1 将原规范中对工艺性空气调节系统的要求扩展到一般的空气调节系统。考虑到设计中经常将不同要求的空气调节区放置在一个空气调节系统中，难以控制，影响使用，所以不强调室内参数及要求相近的空气调节区可划为同一系统，而强调不同要求的空气调节区宜分别设置空气调节风系统，但不包括变风量空气调节系统。

2 增加了第3款对空气的洁净要求不同的空气

调节区的要求。

3 增加第5款，强调了对空气中含有易燃易爆物质的空气调节区的要求，具体做法应遵循有关的防火设计规范。

4 第6款同一时段需供冷和供热的空气调节区，是指不同朝向空气调节区、周边区与内区等。进深较大的开敞式办公用房、大型商场等，内外区负荷特性相差很大，尤其是冬季或过渡季，常常外区需送热时，内区因过热需全年送冷；过渡季节朝向不同的空气调节区也常需要不同的送风参数，推荐按不同区域分别设置空气调节风系统，易于调节及满足使用要求。

6.3.3 全空气定风量空气调节系统的选择设计。

1 全空气系统存在风管占用空间较大的缺点，但人员较多的空气调节区新风比例较大，与风机盘管加新风等空气-水系统相比，多占用空间不明显；人员较多的大空间空气调节负荷和风量较大，便于独立设置空气调节风系统，因而不存在多空气调节区共用全空气定风量系统难以分别控制的问题；全空气定风量系统易于改变新回风比例，必要时可实现全新风送风，能够获得较大的节能效果；全空气系统的设备集中，便于维修管理。因此，推荐在剧院、体育馆等人员较多的大空间建筑中采用。

2 全空气定风量系统易于消除噪声、过滤净化和控制空气调节区温湿度，且气流组织稳定，因此，推荐用于要求较高的工艺性空气调节系统。

3 一般情况下，在全空气空气调节系统（包括定风量和变风量系统）中不应采用分别送冷热风的双风管系统，因该系统热量互相抵消，不符合节能原则。

6.3.4 多空气调节区共用全空气定风量空气调节系统的选择设计。

由于集中设置各空气调节区共用的全空气定风量系统，难以分别控制室内参数，采用末端再加热又会使冷热相互抵消，不节能；因此，推荐在负荷变化情况相似的多空气调节区共用系统中采用。当各空气调节区需分别控制，对室内参数，尤其是湿度的波动范围要求不高的舒适性空气调节，宜采用变风量或风机盘管等空气调节系统，不推荐采用再热。

6.3.5 一次回风系统的选择。

目前，定风量系统多采用改变冷热水水量控制送风温度，而不常采用变动一、二次回风比的复杂控制系统，且变动一、二次回风比会影响室内相对湿度的稳定，也不适用于散湿量大、温湿度要求严格的空气调节区；因此，在不使用再热的前提下，一般工程推荐系统简单、易于控制的一次回风系统。

采用下送风方式的空气调节风系统以及洁净室的空气调节风系统（按洁净要求确定的风量，往往大于以负荷和允许送风温差计算出的风量），其允许送风温差都较小，为避免再热量的损失，也可以使用二次回风系统。

6.3.6 变风量空气调节系统的选择。

1 变风量空气调节系统具有控制灵活、卫生、节约电能等特点，在国外已得到广泛的应用，近年来在我国研制和使用也有所发展，因此，本规范对其适用条件和要求做出了规定。尤其是常年需送冷的内区，由于没有多变的建筑围护结构负荷，靠送风量的变化，以相对恒定的送风温度，基本上可满足其负荷变化；而空气调节外区房间就较复杂，一些季节为满足各房间和各区域的不同要求，常送入较低温度的一次风，需要供热的空气调节区靠末端装置上的再热盘管加热，当送入的冷空气靠制冷机冷却时，再热盘管将形成冷热抵消；因此，需全年送冷的内区更适宜变风量系统。

2 变风量系统比其他空气调节系统造价高，比风机盘管加新风系统占据空间大，是采用的限制条件。

3 由于变风量系统的风量变化范围有一定的限制，且湿度不易控制，因此，规定不宜用在温湿度精度要求高的工艺性空气调节区；变风量系统末端装置由于控制等需要较高的风速风压，末端阀门的节流及设小风机等，都会产生较高噪声；因此，不适用于播音室等噪声要求严格的空气调节区。

6.3.7 变风量空气调节系统的设计。新增条文。

1 对变风量空气调节系统，要求采用风机调速改变系统风量，以达到节能的目的；不应采用恒速风机通过改变送风阀和回风阀的开度实现变风量等简易方法。

2 当送风量减少时，新风量也随之减少，会产生新风不满足卫生要求的后果；因此，强调应采取保证最小新风量的措施。

3 变风量的末端装置是指送风口处的风量是变化的，不包括送风口处风量恒定的串联式风机驱动型等末端装置。当送风口处风量变化时，如果送风口选择不当，会影响到室内空气分布。但是，采用串联式风机驱动型等末端装置时，则不存在上述问题。

6.3.8 设置送风机、回风机的双风机空气调节系统的选择。

仅有送风机的单风机空气调节系统简单、占地少、一次投资省、运转耗电量少，因此，常被采用。在需要变换新风、回风和排风量时，单风机空气调节系统存在调节困难、空气调节处理机组容易漏风等缺点；在系统阻力大时，风机风压高，耗电量大，噪声也较大。因此，宜采用双风机空气调节系统。

6.3.9 风机盘管加新风系统的选择设计。

1 风机盘管系统具有各空气调节区可单独调节，比全空气系统节省空间，比带冷源的分散设置的空气调节器和变风量系统造价低廉等优点；目前，仍

在宾馆客房、办公室等建筑中大量采用；因此，推荐使用。

2 "加新风系统"是指新风需经过处理，达到一定的参数要求，有组织地送入室内。如果新风与风机盘管吸入口相接或只送到风机盘管的回风吊顶处，将减少室内的通风量，当风机盘管风机停止运行时，新风有可能从带有过滤器的回风口吹出，不利于室内卫生；新风和风机盘管的送风混合后再送入室内的情况，送风和新风的压力难以平衡，有可能影响新风量的送入；因此，推荐新风直接送入室内。

3 风机盘管加新风系统存在着不能严格控制室内温湿度，常年使用时，冷却盘管外部因冷凝水而滋生微生物和病菌，恶化室内空气等缺点。因此，对温湿度和卫生等要求较高的空气调节区限制使用。

4 由于风机盘管对空气进行循环处理，一般不做特殊的过滤，所以不应安装在厨房等油烟较多的空气调节区，否则会增加盘管风阻力及影响传热。

6.3.10 变制冷剂流量分体式空气调节系统的选择。新增条文。

1 变制冷剂流量分体式空气调节系统是日本首先研制推出的。其主要工作原理是：室内温度传感器控制室内机制冷剂管道上的电子膨胀阀，通过制冷剂压力的变化，对室外机的制冷压缩机进行变频调速控制或改变压缩机的运行台数、工作气缸数、节流阀开度等，使系统的制冷剂流量变化，达到制冷或制热量随负荷变化的目的。日本大金工业株式会社将这种空气调节方式注册为"VRV（Variable Refrigerant Volume）系统"。

2 由于该空气调节方式没有空气调节水系统和冷却水系统，系统简单、不需机房面积，管理灵活，可以热回收，且自动化程度较高，近年已在国内一些工程中采用。条文中的中小型空气调节系统，是指中小型建筑物采用集中空气调节方式或较大型的建筑物由于管理等方面的要求，需要按建筑物用途分成若干中小型集中空气调节系统等情况。

3 该系统一次投资较高，空气净化、加湿，以及大量使用新风等比较困难；因此，应经过技术经济比较后采用。制冷剂管道长度、室内外机位置有一定限制等，是采用该系统的限制条件。由于制冷剂直接进入空气调节区，且室内有电子控制设备，当用于有振动、有油污蒸汽、有产生电磁波或高频波设备的场所时，易引起制冷剂泄漏、设备损坏、控制器失灵等事故，不宜采用该系统。

4 近年来，国外一些生产厂新推出了能同时进行制冷和制热的热回收机组。室外机为双压缩机和双换热器，并增加了一根制冷剂连通管道；当同时需供冷和供热时，需供冷区域蒸发器吸收的热量，通过制冷剂向需供热区域的冷凝器借热，达到了全热回收的目的；室外机的两个换热器、需供冷区域室内机和需

供热区域室内机换热器，根据负荷的变化，按不同的组合作为蒸发器或冷凝器使用，系统控制灵活，供热供冷一体化，符合节能的原则，所以推荐采用这种热回收式机组。

6.3.11 低温送风系统的选择。新增条文。

低温送风系统具有以下优点：

1 比常规系统送风温差和冷水温升大，送风量和循环水量小，减小了空气处理设备、水泵、风道等的初投资，节省了机房面积和风道所占空间高度。

2 由于冷水温度低，制冷能耗比常规系统要高，但采用蓄冷系统时，制冷能耗发生在非用电高峰，而用电高峰期使用的风机和冷水循环泵的能耗却有显著的降低；因此，与冰蓄冷结合使用的低温送风系统明显地减少了用电高峰期的电力需求和运行费用。

3 特别适用于负荷增加而又不允许加大管道、降低层高的改造工程。

4 加大了空气的除湿量，降低了室内湿度，增强了室内的热舒适性。

蓄冰空气调节冷源需要较高的初投资，实际用电量也较大，利用蓄冰设备提供的低温冷水，与低温送风系统结合，则可有效地减少初投资和用电量，且更能够发挥减小电力需求和运行费用的优点，所以特别推荐使用；其他能够提供低温冷媒的冷源设备，例如干式蒸发或利用乙烯乙二醇水溶液做冷媒的空气处理机组，也可采用低温送风系统；常规冷水机组提供的5～7℃的冷水，也可用于空气冷却器的出风温度为8～10℃的空气调节系统。

低温送风系统的空气调节区相对湿度较低，送风量较小，因此，要求湿度较高及送风量较大的空气调节区不宜采用。

6.3.12 低温送风系统的设计。新增条文。

1 空气冷却器的出风温度：制约空气冷却器出风温度的条件是冷媒温度，如果冷却盘管的出风温度与冷媒的进口温度之间的温差（接近度）过小，必然导致盘管传热面积过大而不经济，以致选择盘管困难。送风温度过低还会带来以下问题：

（1）易引起风口结露；

（2）不利于风口处空气的混合扩散；

（3）当冷却盘管出风温度低于7℃时，可能导致直接膨胀系统的盘管结霜和液态制冷剂带入压缩机。

2 送风温升：低温送风系统不能忽视的还有风机、风道及末端装置的温升（一般可达3℃左右），并考虑风口结露等因素，才能够最后确定室内送风温度及送风量。

3 室内设计等感温度：常规系统的室内相对湿度为50%～60%，而低温送风系统的室内相对湿度为40%左右，根据ASHRAE1981—55标准，室内相对湿度从50%下降到35%时，干球温度可提高

0.56℃而热舒适度不变，近年的研究证明提高的数值可达1℃或更高。如果不提高设计干球温度，系统将增加潜热负荷，夏季人穿衣少时会感觉偏冷；设计负荷如果过大，在部分负荷时，冷媒在管内流速和传热过分降低，使出风温度不稳定，采用变风量系统时，送风量过小易引起冷空气下跌，如果达到变风量下限时仍然过冷，再热量将增加。因此，推荐将室内干球温度提高1℃设计，以免设计负荷过大。

4 空气处理机组的选型：空气冷却器的迎风面风速低于常规系统，是为了减少风侧阻力和冷凝水吹出的可能性，并使出风温度接近冷媒的进口温度；为了获得低出风温度，冷却器盘管的排数和翅片密度也高于常规系统，但翅片过密或排数过多会增加风或水侧阻力、不便于清洗、凝水易被吹出盘管等，应对翅片密度和盘管排数两者权衡取舍，进行设备费和运行费的经济比较，确定其数值；为了取得风水之间更大的接近度和温升及解决部分负荷时流速过低的问题，应使冷媒流过盘管的路径较长，温升较高，并提高冷媒流速与扰动，以改善传热。因此，冷却盘管的回路布置常采用管程数较多的分回路的布置方式，但增加了盘管阻力。基于上述诸多因素，低温送风系统不能采用常规空气调节系统的空气处理机组，必须通过技术经济分析比较，严格计算，进行设计选型。本规范参考《低温送风系统设计指南》（美国 Allan T. Kirkpatrick and James S. Elleson 编著 汪训昌译）一书，它给出了有关推荐数据。

5 低温送风系统的软启动：空气调节送风系统开始运行或长时间停止工作后启动，室内相对湿度和露点温度较高，经过降温处理的送风若直接进入室内，风口表面如果降至周围空气的露点以下，会出现结露现象，低温送风时尤为严重。因此，强调低温送风时不能很快地降低送风温度，可采用调节冷媒流量或温度、逐步减小末端加热量等"软启动方式"，使送风温度随室内相对湿度的降低而逐渐降低。当末端采用小风机串联等混合箱装置，混合后的出风温度接近常规系统时，有可能不存在上述问题。

6 低温送风系统的保冷：由于送风温度比常规系统低，为减少系统冷量损失和防止结露，应保证系统设备、管道及附件、末端送风装置的正确保冷与密封，保冷层应比常规系统厚，见本规范第7.9.4条的规定。

7 低温送风系统的末端送风装置：因送风温度低，为防止低温空气直接进入人员活动区，尤其是采用变风量空气调节系统，当低负荷低送风量时，对末端送风装置的扩散性或空气混合性有更高的要求，见本规范第6.5.2条的规定。

6.3.13 直流式系统的选择。新增条文。

直流系统不包括设置了回风，但过渡季可通过阀门转换，采用全新风直流运行的全空气系统。此条是

考虑节能、卫生、安全而规定的，一般全空气空气调节系统不宜采用冬夏季能耗较大的直流式（全新风）空气调节系统，而宜采用有回风的混风系统。

6.3.14 空气调节系统的新风量。

1 空气调节系统新风量的要求，包括风机盘管、变制冷剂流量分体式空气调节、水环热泵的新风系统等所有空气调节系统。

2 补偿排风和保持室内正压的要求不仅限于生产厂房，因此将此要求扩展到所有空气调节建筑。

3 有资料规定空气调节系统的新风量占送风量的百分数不应低于10%，但温湿度波动范围要求很小或洁净度要求很高的空气调节区送风量都很大，如果要求最小新风量达到送风量的10%，新风量也很大，不仅不节能，大量室外空气还影响了室内温湿度的稳定，增加了过滤器的负担；一般舒适性空气调节系统，按人员和正压要求确定的新风量达不到10%时，由于人员较少，室内 CO_2 浓度也较低（氧气含量相对较高），也没必要加大新风量。因此本规范没有规定新风量的最小比例（即最小新风比）。民用建筑物主要空气调节区新风量的具体数值可参照本规范第3.1.9条说明中表3.1.9。

6.3.15 用新风作冷源。

1 规定此条的目的主要是为了节约能源。此外，遇有特殊情况，需要加大房间的新风换气量时，这种空气调节系统可方便地转换为直流式通风。

2 除过渡季可使用全新风外，还有冬季不采用最小新风量的特例：冬季发热量较大的内区，如果采用最小新风量，仍需要对空气进行冷却，此时可加大新风量作为冷源。

全空气系统不能最大限度使用新风的限制条件，是指室内温湿度允许波动范围小或需保持正压稳定的空气调节区以及洁净室等，应减少过滤器负担，不宜改变或增加新风量的情况。

6.3.16 新风进风口。

1 新风进风口的面积，应适应新风量变化的需要，是指在过渡季大量使用新风时，可设置最小新风口和最大新风口或按最大新风量设置新风进风口，并设调节装置，以分别适应冬夏和过渡季节新风量变化的需要。

2 系统停止运行时，进风口如果不能严密关闭，夏季热湿空气侵入，会造成金属表面和室内墙面结露；冬季冷空气侵入，将使室温降低，甚至使加热排管冻结。所以规定进风口处应设有严密关闭的阀门，寒冷和严寒地区宜保温阀门。

6.3.17 空气调节系统的排风出路和风量平衡。

考虑空气调节系统的排风出路（包括机械排风和自然排风）及进行空气调节系统的风量平衡计算，是为了使室内正压不要过大，造成新风无法正常送入。

机械排风设施可采用设回风机的双风机系统或设置专用排风机；排风量还应随新风量变化，例如采取控制双风机系统各风阀的开度或排风机与新风机联锁控制风量等自控措施。

6.3.18 热回收。新增条文。

规定此条的目的是为了节能。空气调节系统中处理新风的冷热负荷占总冷热负荷的比例很大，根据北京、上海、广州地区5座高层饭店客房区的空气调节负荷统计计算，处理新风全年冷热负荷大约为传热负荷的1～4倍，为有效地减少新风冷热负荷，除规定合理的新风量标准之外，还宜采用热回收装置回收空气调节排风中的热量和冷量，用来预热和预冷新风。

6.3.19 空气调节系统风管的风速。

空气调节区大都有一定的消声要求，因此将空气调节系统风管列入本规范第9章"消声与隔振"中，另作统一规定。

6.4 空气调节冷热水及冷凝水系统

6.4.1 空气调节水参数。新增条文。

1 空气调节冷热水参数数值的一般情况是指以水为冷媒、一般建筑的空气调节制冷系统，有特殊工艺要求和采用乙烯乙二醇水溶液等蓄冰空气调节制冷系统的情况除外。

2 根据空气调节冷水机组蒸发温度的要求，空气调节冷水供水温度不得低于5℃，一般采用7℃；考虑到高层建筑竖向分区采用板式换热器等情况，二次水会升高1～2℃，因此规定供水温度采用5～9℃。空气调节热水供水温度一般采用60℃，但热泵机组的产热水温度一般为45℃左右，考虑换热器温降等因素，规定为40～65℃。

3 我国空气调节冷热水供回水温差一般采用5℃和10℃，但吸收式冷热水机组的热水供回水温差常为4.2℃。其他国家和地区也常采用较大设计温差，并在国内一些工程中使用，例如建筑物空气调节冷水设计温差取6～9℃，区域供冷为8～10℃，空气调节热水取15℃。大温差设计可减小水泵耗电量和管网管径，但为保证末端设备的平均水温不变，要求冷水机组的出水温度降低，使冷水机组效率有所下降，所以应综合考虑确定。考虑以上因素，本条规定了温差范围（不包括喷水室系统），并考虑到我国目前制冷空气调节设备常用冷热量的名义工况，推荐了常用数值。

6.4.2 开式与闭式空气调节水系统的选择设计。

提倡采用一次投资比较经济的闭式循环水系统，其中也包括开式膨胀水箱定压的系统。必须采用开式系统的情况是指用喷水室处理空气的系统，以及设置蓄冷水池的空气调节系统等。

开式系统设蓄水箱是为了调节和均衡用户对水量的需要。采用沉浸式（水箱型）蒸发器时，因设备本身起到蓄水箱的作用，虽可不设或减少蓄水箱容积，但目前这种形式的蒸发器已基本不再采用，因此本规范仅对一般开式系统做出设置蓄水箱的规定。蓄水箱的蓄水量原规范规定为循环水量的 $10\%\sim25\%$，此次修订为系统循环水量的 $5\%\sim10\%$，相当于循环水泵 $3\sim5min$ 的流量，完全可以满足要求（蓄水箱不包括蓄冷水池）。

6.4.3 两管制与四管制空气调节水管路系统的选择。

1 将原规范风机盘管水系统扩大到所有空气调节水系统的范围。

2 分区两管制水系统，是指按建筑物的负荷特性，在冷热源机房内将整个空气调节水路分为冷水和冷热水合用的两个两管制系统；不包括四管制水系统在某些分路、立管或末端设备的支管处合并冷热水合用的两管，在多处靠阀门转换，控制供热或供冷的空气调节水系统。进深较大的空气调节区，由于内区和周边区的负荷特点，往往存在同时需要分别供冷和供热的情况，采用一般的两管制系统是无法解决的，采用分区两管制系统，在冬季或过渡季可根据需要，向不同区域分别供冷或供热，又比四管制系统节省投资和空间尺寸，因此，推荐采用。内外区集中送新风的风机盘管加新风的分区两管制系统的系统形式，举例如图 1。

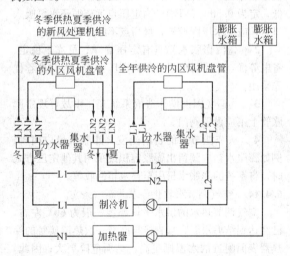

图 1　分区两管制风机盘管加新风系统

6.4.4 一次泵与二次泵系统的选择原则。新增条文。

1 一次泵系统简单、一次投资较低，因此提倡在中小型工程中采用。

2 系统较大、阻力较高，且各环路负荷特性相差较大（例如不同时使用或负荷高峰出现的时间不同）或阻力相差悬殊时（阻力相差 100kPa 以上），如果采用一次泵系统，水泵流量、扬程及功率较大，能耗较高。因此，在上述系统中提倡采用二次泵系统，可以取得较显著的节能效果，并可保证在供冷量减少

时，流经冷水机组的水流量恒定。而且，二次泵流量的应变范围较大，还易适应冬季供热时水力工况的变化。

6.4.5 变流量系统的设置。新增条文。

完全的定流量系统，即使一些冷水机组停止运行，水泵也全部运行，造成空气调节冷水的供水温度升高，空气调节设备除湿能力降低，且浪费水泵能量，因此，一般不应采用。条文中规定除设置一台循环泵的空气调节水系统之外，应能改变系统流量。从提高控制水平和节能的目的出发，宜采用自动控制，不推荐手动控制。

对于系统末端设备、水泵、冷源等，所采取的变流量的具体控制措施，见本规范第 8.5.6 条规定。

6.4.6 空气调节水管路系统的分区。

1 规定水系统的竖向分区应根据设备、管道及附件的承压能力确定的目的，一是为了避免因压力过大造成系统泄漏，二是规定在设备等的承压能力范围内不应分区，以免造成浪费。

2 增加了按内外区布置两管制风机盘管水系统的内容。按负荷特性分区布置水系统管路，便于集中调节，所以推荐采用，但不做硬性规定。例如当所有风机盘管均设有自动温控装置时，可相对灵活的布置管路。

6.4.7 空气调节水循环泵的设置。

1 冷热水泵是否合用：由于冬、夏季空气调节水系统流量及系统阻力相差很大，两管制系统如果冬夏季合用循环水泵，一般按系统的供冷运行工况选择循环泵，供热时系统和水泵工况不吻合，往往水泵不在高效率区运行或系统为小温差大流量运行等，造成电能浪费，因此，不宜采用。如果用电量较小的小型系统必须采用时，需校核供热工况时水泵的工作特性是否在高效率区，并确定水泵合适的冬季运行台数，必要时，可调节水泵转速以适应冬季供热工况对流量和扬程的要求。分区两管制和四管制系统的冷热水为独立的系统，所以循环泵必然分别设置。

2 一次冷水泵：为保证流经冷水机组蒸发器的水量恒定，并随冷水机组的运行台数向用户提供适应负荷变化的空气调节冷水流量，要求按与冷水机组"一对一"地设置一次循环泵；一般不要求设备用泵，但对于全年连续运行等特殊性质的工程，不做硬性规定。

3 二次冷水泵：二次冷水泵的流量调节，可通过台数调节或水泵变速调节实现；即使是流量较小的系统，也不宜少于 2 台水泵，是考虑到在小流量运行时，水泵可以轮流检修，一般工程可不设备用泵。

4 热水循环泵：空气调节热水循环泵的流量调节和水泵设置原则与二次冷水循环泵相似，一般为流量调节，多数时间在小于设计流量状态下运行，只要水泵不少于 2 台，即可做到轮流检修，但考虑到严寒及寒冷地区对供暖的可靠性要求较高，而且设备管道等有冻结的危险，强调水泵设置台数不超过 3 台时，

宜设置备用泵，以免水泵检修时，流量减少过多。上述规定与《锅炉房设计规范》（GB 50041）中"供热热水制备"一章的有关规定相符。

6.4.8 冷水机组和冷水泵之间的连接方式和保证蒸发器水流量恒定的措施。新增条文。

多台冷水机组和一次冷水泵之间可以一对一地连接管道，机组与水泵之间的水流量一一对应，连锁关系也简单；但设备台数较少时，考虑机组和水泵检修时的交叉组合互为备用，也有将机组和水泵之间通过共用集管连接的。

随负荷变化，一些冷水机组和对应冷水泵停机，系统总水流量减少。机组和水泵之间通过共用集管连接时，如果不关闭通向冷水机组的水路阀门，水流将均分流经各台冷水机组，因此，当空气调节水系统设置自控设施时，应设电动阀随制冷机开闭，以保证蒸发器水量。对应运行的冷水机组和冷水泵之间存在着联锁关系，而且冷水泵应提前启动和延迟关闭，因此，电动阀开闭应与对应水泵联锁。

6.4.9 空气调节水系统阻力平衡的措施。新增条文。

强调空气调节水系统设计时，首先应通过系统布置和选定管径减少压力损失的相对差额，但实际工程中常常较难通过管径选择计算取得管路平衡，因此，没有规定计算时各环路压力损失相对差额的允许数值，只规定达不到15％的平衡要求时，可通过调节手段达到空气调节水管道的水力平衡。

目前调节系统管路平衡的阀门装置发展很快，有静态的调节阀、平衡阀，动态的流量平衡阀、压差控制阀，具有流量平衡功能的自控调节阀等，应根据系统特性（定流量或变流量系统）正确选用，并在适当的位置正确设置。

6.4.10 空气调节水系统的泄漏量。新增条文。

系统泄漏量是确定用水量、补水管管径、补水泵流量的依据，应按空气调节系统的规模和不同系统形式计算水容量后确定，而与循环水量无关，两者相差很大。条文中数据是参照《锅炉房设计规范》（GB 50041）供热热水系统的小时泄漏量数据确定的，工程实践中证明是适宜的。

工程中系统水容量可参照表3估算，室外管线较长时取较大值。

表3　空气调节水系统的单位
水容量（L/m² 建筑面积）

空气调节方式	全空气系统	水/空气系统
供冷和采用换热器供热	0.40～0.55	0.70～1.30

6.4.11 空气调节水补水泵的选择及设置。新增条文。

1 补水点设在循环水泵吸入口，是为了减小补水点处压力及补水泵扬程。

2 补水泵扬程是根据补水点压力确定的，但还应注意计算水泵至补水点的管道阻力。

3 补水泵流量规定不宜小于系统水容量的5％（即空气调节系统的5倍小时泄漏量），是考虑工程中常设置1台补水泵间歇运行，以及初期上水和事故补水时补水时间不要太长（小于20小时）。推荐补水泵流量的上限值，是为了防止水泵流量过大而导致膨胀水箱的调节容积过大等问题。

4 补水泵间歇运行，有检修时间，一般可不设备用泵；但考虑到严寒及寒冷地区冬季运行应有更高的可靠性，因此规定宜设备用泵。

6.4.12 空气调节系统补水箱的设置和调节容积。新增条文。

空气调节冷水直接从城市管网补水时，不允许补水泵直接抽取；当空气调节水需补充软化水时，水处理设备供水与补水泵补水不同步，且软化设备常间断运行；因此，需设置水箱储存一部分调节水量。

6.4.13 空气调节系统膨胀水箱的设置要求。新增条文。

1 定压点宜设在循环水泵的吸入口处，是为了使系统运行时各点压力均高于静止时压力，定压点压力或膨胀水箱高度可以低一些；由于空气调节水温度较采暖系统水温低，要求高度也比采暖系统的1m低，定为0.5m（5kPa）。当定压点远离循环水泵吸入口时，应按水压图校核，最高点不应出现负压。

2 高位膨胀水箱具有定压简单、可靠、稳定、省电等优点，是目前最常用的定压方式，因此推荐优先采用。

3 为避免因误操作造成系统超压事故，规定膨胀管上不应设置阀门。

4 从节能节水的目的出发，膨胀水量应回收，例如膨胀水箱应预留出膨胀容积或采用其他定压方式时，将系统的膨胀水量引至补水箱回收等。

6.4.14 空气调节水软化要求。新增条文。

空气调节热水的供水平均温度一般为60℃左右，已经达到结垢水温，且直接与高温一次热源接触的换热器表面附近的水温则更高，结垢危险更大；因此，空气调节热水的水质硬度要求应等同于供暖系统，当给水硬度较高时，为不影响设备传热、延长设备的检修时间和使用寿命，宜对补水进行化学软化处理或采用对循环水进行阻垢处理。目前一般换热器尚没有对补水要求的统一标准，吸收式制冷的冷热水机组则要求补水硬度在 $50mgCaCO_3/L$ 以下。

6.4.15 空气调节水管的坡度和伸缩。新增条文。

6.4.16 空气调节水系统的排气和泄水。

原规范规定闭式冷水系统应设置排气和泄水装置，实际开式系统和空气调节热水系统也需在系统最高处排除空气，管道上下拐弯及立管的底部排除水，因此，将规定扩充到空气调节水系统。

6.4.17 设备入口的除污。新增条文。

设备入口需除污，应根据系统大小和设备的需要，确定除污装置的设置位置。例如：系统较大、产生污垢的管道较长时，除系统冷热源、水泵等设备的入口需设置外，各分环路或末端设备、自控阀前也应根据需要设置，但距离较近的设备可不重复串联设置除污装置。

6.4.18 冷凝水管道设置。

1 正压段和负压段的冷凝水盘出水口处设水封，是为了防止漏风及负压段的冷凝水排不出去。

2 原规范规定：风机盘管冷凝水盘泄水管坡度不宜小于0.01。本规范增加了对冷凝水干管的坡度要求，有困难时，应减少水平干管长度或中途加设提升泵。

3 为便于定期冲洗、检修，干管始端应设扫除口。

4 冷凝水管处于非满流状态，内壁接触水和空气，不应采用无防锈功能的焊接钢管；冷凝水为无压自流排放，当软塑料管中间下垂时，影响排放；因此，推荐强度较大和不易生锈的排水塑料管或热镀锌钢管。热镀锌钢管防结露保温可参照本规范第7.9节中的规定。

5 冷凝水管不应与污水系统和室内雨水系统直接连接，以防臭味和雨水从空气处理机组冷凝水盘外溢。

6 1kW冷负荷每小时约产生0.4～0.8kg的冷凝水，在此范围内管道最小坡度为0.003时的冷凝水管径可按表4进行估算。

表 4 冷凝水管管径选择表

冷负荷（kW）	≤42	43～230	231～400	401～1100
管道公称直径（mm）	DN 25	DN 32	DN 40	DN 50
冷负荷（kW）	1101～2000	2001～3500	3501～15000	>15000
管道公称直径（mm）	DN 80	DN 100	DN 125	DN 150

6.5 气 流 组 织

6.5.1 空气调节区的气流组织。

本条强调了进行空气调节系统末端装置的选择和布置时，应与建筑装修相协调，对于民用建筑来说，更应注意风口的选型与布置对内部装修美观的影响问题。同时应考虑室内空气质量等的要求。

6.5.2 空气调节区的送风方式。

空气调节区内良好的气流组织需要通过合理的送、回风方式以及送、回风口的正确选型和布置来实现。

侧送时宜使气流贴附以增加送风的射程，改善室内气流分布。工程实践中发现风机盘管送风如果不贴附则室内温度分布不均匀。空气分布方式增加了置换通风器及地板送风口等方式，这有利于提高人员活动区的空气质量或采用分层空气调节，以优化室内能量分配。对高大空间建筑更具有明显节能效果。

1 侧送是目前几种送风方式中，比较简单经济的一种。在一般空气调节区中，大都可以采用侧送。当采用较大送风温差时，侧送贴附射流有助于增加气流的射程长度，使气流混合均匀，既能保证舒适性要求，又能保证人员活动区温度波动小的要求。侧送气流宜贴附顶棚。

2 圆形、方形和条缝型散流器平送，均能形成贴附射流，对室内高度较低的空气调节区，既能满足使用要求，又比较美观，因此，当有吊顶可利用或建筑上有设置吊顶的可能时，采用这种送风方式是比较合适的。对于室内高度较高的空气调节区（如影剧院等），以及室内散热量较大的生产空气调节区，当采用散流器时，应采用向下送风，但布置风口时，应考虑气流的均布性。

在一些室温允许波动范围小的工艺性空气调节区中，采用孔板送风的较多。根据测定可知，在距孔板100～250mm的汇合段内，射流的温度、速度均已衰减，可达到±0.1℃的要求，且区域温差小，在较大的换气次数下（每小时达32次），人员活动区风速一般均在0.09～0.12m/s范围内。所以，在单位面积送风量大，且人员活动区要求风速小或区域温差要求严格的情况下，应采用孔板向下送风。

3 对于空间较大的公共建筑和室温允许波动范围要求不太严格的高大厂房，采用上述几种送风方式，布置风管困难，难以达到均匀送风的目的，因此，规定在上述建筑物中，宜采用喷口或旋流风口送风方式。由于喷口送风的喷口截面大，出口风速高，气流射程长，与室内空气强烈掺混，能在室内形成较大的回流区，达到布置少量风口即可满足气流均布的要求，同时具有风管布置简单、便于安装、经济等特点。此外，向下送风时，采用旋流风口，亦可达到满意的效果。

经过处理或未经处理的空气，以略低于室内人员活动区的温度，直接以较低的速度送入室内。送风口置于地板附近，排风口置于屋顶附近。送入室内的空气先在地板上均匀分布，然后被热源（人员、设备等）加热以热烟羽的形式形成向上的对流气流，将余热和污染物排出人员活动区。

4 变风量空气调节系统的送风参数是保持不变的，它是通过改变风量来平衡负荷变化以保持室内参数不变的。这就要求，在送风量变化时，为保持室内空气质量的设计要求以及噪声要求。所选用的送风末端装置或送风口应能满足室内空气温度及风速的要求。用于变风量空气调节系统的送风末端装置，应具有与室内空气充分混合的性能，如果在低送风量时，应能防止产生空气滞留，在整个空气调节区内具有均匀的温度和风速，而不能产生吹风感，尤其在组织热气流时，要保证气流能够进入人员活动区，而不至于在上部区域滞留。

5 低温送风的送风口所采用的散流器与常规散流器相似。两者的主要差别是：低温送风散流器所适用的温度和风量范围较常规散流器广。在这种较广的温度与风量范围下，必须解决好充分与空气调节区空气混合、贴附长度及噪声等问题。选择低温送风散流器就是通过比较散流器的射程、散流器的贴附长度与空气调节区特征长度等三个参数，确定最优的性能参数。选择低温送风散流器时，一般与常规方法相同，但应对低温送风射流的贴附长度予以重视。在考虑散流器射程的同时，应使散流器的贴附长度大于空气调节区的特征长度，以避免人员活动区吹冷风现象。

6.5.3 贴附侧送的要求。

贴附射流的贴附长度主要取决于侧送气流的阿基米德数。为了使射流在整个射程中都贴附在顶棚上而不致中途下落，就需要控制阿基米德数小于一定的数值。

侧送风口安装位置距顶棚愈近，愈容易贴附。如果送风口上缘离顶棚距离较大时，为了达到贴附目的，规定送风口处应设置向上倾斜 $10°\sim20°$ 的导流片。

6.5.4 孔板送风的要求。

本条规定的稳压层最小净高不应小于 0.2m，主要是从满足施工安装的要求上考虑的。

在一般面积不大的空气调节区中，稳压层内可以不设送风分布支管。根据实测，在 6×9m 的空气调节区内（室温允许波动范围为 $\pm0.1℃$ 和 $\pm0.5℃$），采用孔板送风，测试过程中将送风分布支管装上或拆下，在室内均未曾发现任何明显的影响。因此，除送风射程较长的以外，稳压层内可不设送风分布支管。

当稳压层高度较低时，向稳压层送风的送风口，一般需要设置导流板或挡板以免送风气流直接吹向孔板。

6.5.5 喷口送风的要求。

1 将人员活动区置于气流回流区是从满足卫生标准的要求而制定的。

2 喷口直径由设计人员根据实际情况确定，在规范中不必加以限定，因此，取消原规范中要求喷口直径在 0.2~0.8m 的规定。

3 喷口送风的气流组织形式和侧送是相似的，都是受限射流。受限射流的气流分布与建筑物的几何形状、尺寸和送风口安装高度等因素有关。送风口安装高度太低，则射流易直接进入人员活动区；太高则使回流区厚度增加，回流速度过小，两者均影响舒适

感。根据模型实验，当空气调节区宽度为高度的 3 倍时，为使回流区处于空气调节区的下部，送风口安装高度不宜低于空气调节区高度的 0.5 倍。

4 对于兼作热风采暖的喷口送风系统，为防止热射流上翘，设计时应考虑使喷口有改变射流角度的可能性。

6.5.6 分层空气调节的空气分布。

在高大公共建筑和高大厂房中，利用合理的气流组织，仅对下部空间（空气调节区域）进行空气调节，对上部较大空间（非空气调节区域）不设空气调节而采用通风排热，这种空气调节方式称为分层空气调节。分层空气调节都具有较好的节能效果，一般可达 30%左右。

1 着重阐明空气调节区域的气流组织形式。实践证明，对于高度大于 10m，容积大于 10000m³ 的高大空间，采用双侧对送、下部回风的气流组织方式是合适的，能够达到分层空气调节的要求。当空气调节区跨度小于 18m 时，采用单侧送风也可以满足要求。

2 强调必须实现分层，即能形成空气调节区和非空气调节区。为了保证这一重要原则而提出"侧送多股平行气流应互相搭接"，以便形成覆盖。双侧对送射流末端不需要搭接，按相对喷口中点距离的90%计算射程即可。送风口的构造，应能满足改变射流出口角度的要求。送风口可选用圆喷口、扁喷口或百叶风口，实践证明，都是可以达到分层效果的。

3 为保证空气调节区达到设计要求，应减少非空气调节区向空气调节区的热转移。为此，应设法消除非空气调节区的散热量。实验结果表明，当非空气调节区的散热量大于 4.2W/m³ 时，在非空气调节区适当部位设置送排风装置，可以达到较好的效果。

6.5.7 空气调节系统上送风方式的夏季送风温差。

空气调节系统夏季送风温差，对室内温湿度效果有一定影响，是决定空气调节系统经济性的主要因素之一。在保证既定的技术要求的前提下，加大送风温差有突出的经济意义。送风温差加大一倍，系统送风量可减少一半，系统的材料消耗和投资（不包括制冷系统）约减少 40%，而动力消耗则可减少 50%；送风温差在 4~8℃ 之间每增加 1℃，风量可减少 10%~15%。所以在空气调节设计中，正确地决定送风温差是一个相当重要的问题。

送风温差的大小与送风方式关系很大，对于不同送风方式的送风温差不能规定一个数字。所以确定空气调节系统的送风温差时，必须和送风方式联系起来考虑。对混合式通风可加大送风温差，但对置换通风就不宜加大送风温差。

表 6.5.7 中所列的数值，适用于贴附侧送、散流器平送和孔板送风等方式。多年的实践证明，对于采用上述送风方式的工艺性空气调节区来说，应用这样较大的送风温差是能够满足室内温、湿度要求的，也是

比较经济的。人员活动区处于下送气流的扩散区时，送风温差应通过计算确定。条文中给出的舒适性空气调节的送风温差是参照室温允许波动范围大于±1.0℃的工艺性空气调节的送风温差，并考虑空气调节区高度等因素确定的。

6.5.8 空气调节区的换气次数。

空气调节区的换气次数系指该空气调节区的总送风量与空气调节区体积的比值。换气次数和送风温差之间有一定的关系。对于空气调节区来说，送风温差加大，换气次数即随之减少，本条所规定的换气次数是和本规范第6.5.7条所规定的送风温差相适应的。

实践证明，在一般舒适性空气调节和室温允许波动范围大于±1.0℃工艺性空气调节区中，换气次数的多少，不是一个需要严格控制的指标，只要按照所取的送风温差计算风量，一般都能满足室温要求，当室温允许波动范围小于或等于±1.0℃时，换气次数的多少对室温的均匀程度和自控系统的调节品质的影响就需考虑了。据实测结果，在保证室温的一定均匀度和自控系统的一定调节品质的前提下，归纳了如条文中所规定的在不同室温允许波动范围时的最小换气次数。

对于通常所遇到的室内散热量较小的空气调节区来说，换气次数采用条文中规定的数值就已经够了，不必把换气次数再增多，不过对于室内散热量较大的空气调节区来说，换气次数的多少应根据室内负荷和送风温差大小通过计算确定，其数值一般都大于条文中所规定的数值。

6.5.9 送风口的出口风速。

送风口的出口风速，应根据不同情况通过计算确定，条文中推荐的风速范围，是基于常用的送风方式制定的：

1 侧送和散流器平送的出口风速，受两个因素的限制，一是回流区风速的上限，二是风口处的允许噪声。回流区风速的上限与射流的自由度$\sqrt{F}/d_o$有关，根据实验，两者有以下关系：

$$v_h = \frac{0.65 v_0}{\sqrt{F}/d_o} \quad (11)$$

式中　v_h——回流区的最大平均风速（m/s）；

　　　v_0——送风口出口风速（m/s）；

　　　d_o——送风口当量直径（m）；

　　　F——每个送风口所管辖的空气调节区断面面积（m²）。

当$v_h = 0.25$m/s时，根据上式得出的计算结果列于表5。

因此，侧送和散流器平送的出口风速采用2～5m/s是合适的。

2 孔板下送风的出口风速，从理论上讲可以采用较高的数值。因为在一定条件下，出口风速高，相应的稳压层内的静压也可高一些，送风会比较均匀，

同时由于速度衰减快，提高出口风速后，不致影响人员活动区的风速。稳压层内静压过高，会使漏风量增加；当出口风速高达7～8m/s时，会有一定的噪声，一般采用3～5m/s为宜。

表5　出口风速（m/s）

射流自由度$\sqrt{F}/d_o$	最大允许出口风速（m/s）	采用的出口风速（m/s）
5	2.0	2.0
6	2.3	
7	2.7	
8	3.1	
9	3.5	3.5
10	3.9	
11	4.2	3.5
12	4.6	
13	5.0	
15	5.7	5.0
20	7.3	
25	9.6	

3 条缝型风口下送多用于纺织厂。当空气调节区层高为4～6m人员活动区风速不大于0.5m/s时，出口风速宜为2～4m/s。

4 喷口送风的出口风速是根据射流末端到达人员活动区的轴心风速与平均风速经计算确定。

6.5.10 回风口的布置方式。

按照射流理论，送风射流引射着大量的室内空气与之混合，使射流流量随着射程的增加而不断增大。而回风量小于（最多等于）送风量，同时回风口的速度场图形呈半球状，其速度与作用半径的平方成反比，吸风气流速度的衰减很快。所以在空气调节区内的气流流型主要取决于送风射流，而回风口的位置对室内气流流型及温度、速度的均匀性影响很小。设计时，应考虑尽量避免射流短路和产生"死区"等现象。采用侧送时，把回风口布置在送风口同侧，效果会更好些。

关于走廊回风，其横断面风速不宜过大，以免引起扬尘和造成不舒适感。

6.5.11 回风口的吸风速度。

确定回风口的吸风速度（即面风速）时，主要考虑了三个因素：一是避免靠近回风口处的风速过大，防止对回风口附近经常停留的人员造成不舒适的感觉；二是不要因为风速过大而扬起灰尘及增加噪声；三是尽可能缩小风口断面，以节约投资。

回风口的面风速，一般按式（12）计算：

$$\frac{v}{v_x} = 0.75 \frac{10x^2 + F}{F} \quad (12)$$

式中　v——回风口的面风速（m/s）；

　　　v_x——距回风口x米处的气流中心速度（m/s）；

　　　x——距回风口的距离（m）；

F——回风口有效截面面积（m^2）。

当回风口处于空气调节区上部，人员活动区风速不超过0.25m/s，在一般常用回风口面积的条件下，从式（12）中可以得出回风口面风速为4～5m/s，当回风口处于空气调节区下部时，用同样的方法可得出条文中所列的有关面风速。

利用走廊回风时，为避免在走廊内扬起灰尘等，实际使用经验表明，装在门或墙下部的回风口面风速，采用1～1.5m/s为宜。

6.6 空 气 处 理

6.6.1 空气处理机的安装位置。新增条文。

如今在设计过程中往往疏于考虑空气处理机组的安装位置，以致造成日后维修的诸多麻烦。因此，本次修订增加此规定。

6.6.2 空气冷却方式。

将原条文注并入正文，并用更常见的"江水、湖水"代替了"深井回灌水和山涧水"。

1 空气的蒸发冷却有直接蒸发冷却和间接蒸发冷却之分。直接蒸发冷却是利用喷淋水（循环水）的喷淋雾化或淋水填料层直接与待处理的空气接触。这时由于喷淋水的温度一般都低于待处理空气（即准备送入室内的空气）的温度。空气将会因不断地把自身的显热传递给水而得以降温；与此同时，喷淋水（循环水）也会因不断吸收空气中的热量作为自身蒸发所耗，而蒸发后的水蒸气随后又会被气流带走。于是，空气既得以降温，又实现了加湿。所以，这种用空气的显热换得潜热的处理过程，既可称为空气的直接蒸发冷却，又可称为空气的绝热降温加湿。

但是，在某些情况下，当对待处理空气有进一步的要求，如果要求较低含湿或焓时，就不得不采用间接蒸发冷却技术。间接蒸发冷却是利用一股辅助气流先经喷淋水（循环水）直接蒸发冷却，温度降低后，再通过空气-空气换热器来冷却待处理空气（即准备送入室内的空气），并使之降低温度。由此可见，待处理空气通过间接蒸发冷却所实现的便不再是等焓加湿降温过程，而是减焓等湿降温过程，从而得以避免由于加湿，而把过多的湿量带入室内。如果将上述两种过程放在一个设备内同时完成，这样的设备便称为间接蒸发空气冷却器。

由于空气的蒸发冷却不需要人工冷源，只是利用水喷淋以降低空气温度并增加相对湿度，所以是最节能的一种空气降温处理方式，常常用在纺织车间或干热气候条件下的空气调节中。但是，随着对空气调节节能要求的提高和蒸发冷却空气处理技术的发展，空气的蒸发冷却在空气调节工程中的应用，必将得到进一步的推广。特别是我国幅员广阔，各地气候条件相差很大，这种空气冷却方式在有些地区（如甘肃、新疆、内蒙、宁夏等省区）是很适用的。

2 对于温度较低的江、河、湖水，如新疆地区的某些河流，由于上游流域终年积雪的融化，夏季河水温度在10℃左右，完全可以作为空气调节的冷源。对于地下水资源丰富并有合适的水温、水质的地区或适宜深井回灌的地方，应尽量利用这一天然冷源。当采用地下水作冷源时，应征得地区主管部门的同意。

3 经过喷雾后的空气调节回水，应作梯级利用。可先作为制冷设备或工艺设备冷却之用，然后再作其他乃至生活之用。

6.6.3 天然冷源的使用限制条件。新增条文。强制条文。

用作天然冷源的水，涉及到室内空气品质和空气处理设备的使用效果和使用寿命。比如直接和空气接触的水有异味、不卫生会影响室内空气品质，水的硬度过高会加速传递热管结垢。在采用地表水作天然冷源时，强调再利用是对资源的保护。地表水的回灌可以防止地面沉降，保护环境并不得造成污染。

6.6.4 空气冷却装置的选择。

将"水冷式表面冷却器"和"氟利昂直接蒸发式表面冷却器"合并，改为"空气冷却器"。在《采暖通风与空气调节术语标准》（GB 50155）中"空气冷却器"定义为："在空气调节装置中，对空气进行冷却和减湿的设备。也称表面式冷却器，冷盘管。"所以，在这里"空气冷却器"应理解为已涵盖了原"水冷式表面冷却器"、"氟利昂直接蒸发式表面冷却器"以及"载冷剂空气冷却器"等。以下同。

蒸发冷却是绝热加湿过程，实现这一过程是喷水室特有的功能，是其他空气冷却处理装置所不能代替的。当用地下水、江水、湖水等作冷源时，其水温相对地说是比较高的，此时，若采用间接冷却方式处理空气，一般不易满足要求。采用直接接触冷却的双级喷水室比较容易满足要求，还可以节省水资源。

采用人工冷源时，原则上选用空气冷却器和喷水室都是可行的。由于空气冷却器具有占地面积小，水的管路简单，特别是可采用闭式水系统，可减少水泵安装数量，节省水的输送能耗，空气出口参数可调性好等原因，它得到了较其他形式的冷却器更加广泛的应用。尤其是带喷水装置的空气冷却器，其处理功能可获得进一步的改善，从而使这种空气处理装置的应用范围得到了进一步的拓宽。空气冷却器的缺点是消耗有色金属较多。因此，价格也相应地较贵。

喷水室空气处理装置具有多种热工处理功能，尤其在要求保证较严格的露点温度控制时，具有较大的优越性。因此，在纺织厂的空气调节中，喷水室空气处理方式仍占着主导地位。此外，由于其采用的是水和空气直接接触进行热、质交换的工作原理，在要求的空气出口露点温度相等情况下，其所需冷水的供水温度显然要比间接式冷却器高得多。另外，喷水室设备制造比较容易，金属材料消耗量少，造价便宜。这些都是它的优点。但是，在采用喷水室的情况下，水系统不得不做成开式系统，回水得靠重力回水。于是，不可避免地要设置中间水箱，增加水泵，使水系统变得复杂化，既会增加输送能耗，又会加大维修工作量。所以，其应用受到一定的影响。

6.6.5 采用空气冷却器的注意事项。

空气冷却器迎风面的空气流速大小，会直接影响外表面的放热系数。据测定，当风速在 1.5~3.0m/s 范围内，风速每增加0.5m/s，相应的放热系数的递增率在 10% 左右。但是，考虑到提高风速不仅会使空气侧的阻力增加，而且会把凝结水吹走，增加带水量。所以，一般当质量流速大于 3.0kg/（m² · s）时，应设挡水板。在采用带喷水装置的空气冷却器情况下，一般都应当装设挡水板。

6.6.6 制冷剂直接膨胀式空气冷却器的蒸发温度。

之所以将原规范中的"直接蒸发"改为"直接膨胀"，是考虑到"直接蒸发"这一术语已经在第6.6.2条关于空气冷却方式的表述中得到了适当的采用，不应再把它用在别处，以免混淆。在很多外文资料中对应的英文是"direct-expansion"（DX）或"dry-expansion"。而"direct evaporative cooling"是指空气与水直接接触，因水的蒸发而得以冷却的"直接蒸发冷却"。而"干式蒸发"在《采暖通风与空气调节术语标准》（GB 50155）中第 6.4.22 条已有"干式蒸发器"的术语，其定义为："冷水在壳体内流动，制冷剂在管内全部蒸发的蒸发器"。不过那指的是水冷却器，与"dry-expansion"意义不符。因此，本次修订将原规范中的"直接蒸发"改为"直接膨胀"。

制冷剂蒸发温度与空气出口干球温度之差，和冷却器的单位负荷、冷却器结构形式、蒸发温度的高低、空气质量流速和制冷剂中的含油量大小等因素有关。根据国内空气冷却器产品设计中采用的单位负荷值、管内壁的制冷剂换热系数和冷却器肋化系数的大小，可以算出制冷剂蒸发温度应比空气的出口干球温度至少低 3.5℃。这一温差值也可以说是在技术上可能达到的最小值。目前，国产蒸发器的这一温差值，实测为 8~10℃。随着今后蒸发器在结构设计上的改进，这一温差值必将会有所降低。

系统的设计冷负荷很大时，若蒸发温度过低，则在低负荷的情况下，由于冷却器的冷却能力明显大于系统实时所需的供冷量，冷却器表面易于结霜，影响制冷机的正常运行。因此，在设计上应采取防止表面结霜的措施。

6.6.7 采用空气冷却器的原则。

"冷水"改为"冷媒"，意在表示，其涵盖的不仅有冷水，还可能会有其他载冷剂，如乙烯乙二醇水溶液等。

规定空气冷却器的冷媒进口温度应比空气的出口干球温度至少低 3.5℃，是从保证空气冷却器有一定的热质交换能力提出来的。在空气冷却器中，空气与冷媒的流动方向主要为逆交叉流。一般认为，冷却器的排数大于或等于 4 排时，可将逆交叉流看成逆流。按逆流理论推导，空气的终温是逐渐趋近冷媒初温。

冷媒温升原规范规定为 2.5~6.5℃，现改为 5~10℃。这是从减小流量，降低输送能耗的经济角度考虑确定的。

流速原规范规定为 0.6~1.8m/s，现改为 0.6~1.5m/s。据实测，冷水流速在 2m/s 以上时，空气冷却器的传热系数 K 值几乎没有什么变化，但却增加了供水的电能消耗。冷水流速只有在1.5m/s 以下时，K 值才会随冷水流速的提高而增加。其主要原因是水侧热阻对冷却器换热的总热阻影响不大。加大水侧放热系数，K 值并不会得到多大提高。所以，从冷却器传热效果和水流阻力两者综合考虑，冷水流速以取 0.6~1.5m/s 为宜。

6.6.8 制冷剂直接膨胀式空气冷却器的制冷剂。强制条文。

对原规范条文的文字做了适当的调整，并删去"如无特殊情况，不得用盐水作冷媒"。因为如今虽然很少有采用盐水作冷媒的情况，但采用乙烯乙二醇水溶液作冷媒的情况却日渐增多。

为防止氨制冷剂外漏时，经送风机直接将氨送至空气调节区，危害人体或造成其他事故，所以采用制冷剂干式蒸发空气冷却器时，不得用氨作制冷剂。

6.6.9 喷水室。

冷水温升主要取决于水气比。在相同条件下，水气比越大，冷水温升越小。水气比取大了，由于冷水温升小，冷水系统的水泵容量就需相应增大，水的输送能耗也会增大。这显然是不经济的。根据经验总结，采用人工冷源时，冷水温升取 3~5℃为宜；采用天然冷源时，应根据当地的实际水温情况，通过计算确定。

6.6.10 挡水板的过水量。

挡水板后气流中的带水现象，会引起空气调节区的湿度增大。要消除带水量的影响，则需额外降低喷水室内的机器露点温度，但这样，耗冷量会随之增加。实际运行经验表明，当带水量为0.7g/kg时，机器露点温度需相应降低 1℃，这将导致耗冷量的显著增大。因此，在设计计算中，考虑带水量的影响，是一个很重要的问题。

挡水板的过水量大小与挡水板的材料、形式、折角、折数、间距、喷水室截面的空气流速以及喷嘴压力等有关。许多单位对挡水板过水量做过测定，但因具体条件不同，也略有差异。因此，设计时可根据具体情况参照有关的设计手册确定。

6.6.11 空气调节系统的热媒及加热器选型。

取消原条文中有关蒸汽热媒的有关内容。

合理地选用空气调节系统的热媒是为了满足空气

调节控制精确度和稳定性要求。对于室内温度要求控制的允许波动范围等于或大于±1.0℃的场合，采用其他热媒，也是可以满足要求的。

6.6.12 过滤器的选择。

空气调节区一般都有一定的清洁要求，因此，送入室内的空气都应通过必要的过滤处理。另一方面，为防止空气冷却器表面积尘后，严重影响热湿交换性能，进入的空气也需预先进行过滤处理。

对于清洁度没有特别要求的空气调节区，只需对空气进行一般的过滤处理，设置一道粗效过滤器即可。粗效过滤器主要用于过滤10～100μm的灰尘；在个别情况下当要求控制空气中含尘粒度不大于10μm时，可再增设一道中效过滤器，中效过滤器可过滤1～10μm的灰尘。

过滤器的滤料应选用效率高、阻力低和容尘量大的材料。

过滤器的阻力会随着积尘量的增大而增大。为防止因系统阻力增加而风量减少，过滤器的阻力，应按过滤器的终阻力计算。

6.6.13 恒温恒湿空气调节系统。新增条文。

对相对湿度有上限控制要求的空气调节工程，现在越来越多。这类工程虽然只要求全年室内相对湿度不超过某一限度，比如60%，并不要求对相对湿度进行严格控制，但实际设计中对夏季的空气处理过程，却往往不得不采取与恒温恒湿型空气调节系统相类似的做法。所以，在这里有必要特别提出，并把它们归并一起讨论。

过去对恒温恒湿型或对相对湿度有上限控制要求的空气调节系统，几乎都是千篇一律地采用新风和回风先混合，然后经降温去湿处理，实行露点温度控制加再热式控制。这必然会带来大量的冷热抵消，导致能量的大量浪费。新的条文旨在从根本上改变这种状态。近年来不少新建集成电路洁净厂房的恒温恒湿空气调节系统采用新的空气处理方式，成功地取消了再热，而相对湿度的控制允许波动范围可达±5%。这表明新条文的规定是必要的、现实的。

本条文的规定不仅旨在避免采用上述耗能的再热方式，而且也意在限制采用一般二次回风或旁通方式。因采用一般二次回风或旁通，尽管理论上说可起到减轻由于再热引起的冷热抵消的效应，但经实践证明，其控制难以实现，很少有成功的实例。这里所提倡的实质上是采取简易的解耦手段，把温度和相对湿度的控制分开进行。譬如，采用单独的新风处理机组专门对新风空气中的湿负荷进行处理，使之一直处理到相应于室内要求参数的露点温度，然后再与回风相混合，经干冷，降温到所需的送风温度即可。再如，采用带除湿转轮的新风处理机组也能达到与上述做法类似的效果。这一系统的组成、空气处理过程、自动控制原理及其相应的夏季空气焓图见图2和图3。

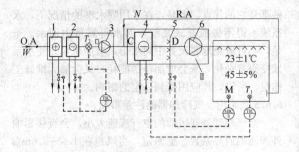

图2　中大型精密恒温恒湿空调系统的空气热湿处理和自控原理

Ⅰ—新风处理机组；Ⅱ—主空气处理机组
1—新风预加热器；2—新风空气冷却器；3—新风风机；4—空气干冷冷却器；5—加湿器；6—送风机

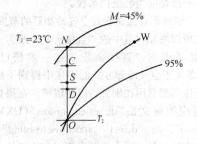

图3　相应系统的夏季空气处理焓湿图

条文中所用的"一般"限定词，是指三种常见情况：一是恒温恒湿系统并非直流式系统或新风量比例并不很大的情况；二是指当室内除少量工作人员呼吸产生的湿负荷，以至在工程计算中可以略而不计外，并无其他诸如敞开的水槽之类显著散湿设备的情况；三是指室内相对湿度控制允许波动范围不是特别严格，如果允许偏差等于或大于5%时。

如果系统是直流式系统或新风量比例很大，那么，新风空气经过处理后与回风空气混合后的温度有可能低于所需的送风温度。在这种情况下再热便成为不可避免，否则，相对湿度便会控制不住。

至于当相对湿度控制允许波动范围很小，比如±2%～3%时，情况可能会不同。因为在所述的空气调节控制系统中，夏季湿度控制环节采用的恒定露点温度控制，对室内相对湿度参数而言，终究还是低级别的开环性质的控制。

至于条文中的"中、大型"限定词，则是从实际出发，把小型系统视作例外。这是因为：

1 再热损失也即冷热抵消量的多少与送风量的大小也即系统的大小成正比例关系。系统规模越大，改进节能的潜力越大。小型系统规模小，即使用再热，有一些冷热抵消，数量有限。

2 小型系统常采用整体式恒温恒湿机组，使用方便、占用面积小，在实用中确实有一定的优势，因此不应限制使用。况且对于小型系统，如果再另外加设一套新风处理机组，也不现实。

这里"中大型"意在定位于通常高度为3m左右，面积在300m²以上的恒温恒湿空气调节区对象。对于这类对象适用的恒温恒湿机组的容量大致为：风量10000m³/h，冷量约56kW。现在也有将恒温恒湿机组越做越大的现象。这是不节能、不经济、不合理的。因为：

(1) 恒温恒湿机本身难以对温度和相对湿度实现解耦控制，难以避免因再加热而引起大量的冷热抵消；

(2) 系统容量大，其因冷热抵消而引起的能耗量更会令人难以容忍；

(3) 其冬季运行全靠电加热供暖，与电炉取暖并无不同。系统容量大，这种能源不能优质优用的损失也必然随着增大。

7 空气调节冷热源

7.1 一般规定

7.1.1 选择空气调节冷热源的总原则。

冷热源设计方案一直是需要供冷、供热空气调节设计的首要难题，根据中国当前各城市供电、供热、供气的不同情况，空气调节冷热源及设备的选择可以有以下多种方案组合：

(1) 电制冷、城市或小区热网（蒸汽、热水）供热；

(2) 电制冷、人工煤气或天然气供热；

(3) 电制冷、燃油炉供热；

(4) 电制冷、电热水机（炉）供热；

(5) 空气源热泵、水源（地源）热泵冷（热）水机组供冷、供热；

(6) 直燃型溴化锂吸收式冷（温）水机组供冷、供热；

(7) 蒸汽（热水）溴化锂吸收式冷水机组供冷、城市或小区蒸汽（热水）热网供热。

如何选定合理的冷热源组合方案，达到技术经济最优化，是比较困难的。因为国内各城市能源结构、价格均不相同，经济实力也存在较大差异，还受到环保和消防等多方面的制约。以上各种因素并非固定不变，而是在不断发展和变化。近些年来由于供电紧缺使直燃机销量上升或因为供电充裕、油价上涨又使直燃机销量下跌的情况，都说明了冷热源的选择与能源、经济是密切相关的。一个大、中型工程项目一般有几年建设周期，在这期间随着能源市场的变化而更改原来的冷热源方案也完全可能。在初步设计时应有所考虑，以免措手不及。

1 具有城市、区域供热或工厂余热时，应优先采用。这是国家能源政策、节能标准一贯的指导方针。发展城市热源是我国城市供热的基本政策，北方城市发展较快，夏热冬冷地区的部分城市已在规划

中，有的已在逐步实施。我国工矿企业余热资源潜力很大，化工、建材企业在生产过程中也产生大量余热，这些余热都可能转化为供冷供热的热源，从而减少重复建设，节约一次能源。

2 1996年建设部在《市政公用事业节能技术政策》中提出发展城市燃气事业，搞好城市燃气发展规划、贯彻多种气源、合理利用能源的方针。目前，除城市煤气发展较快以外，西部天然气迅速开发，西气东输工程已在实施，输气管起自新疆塔里木的轮南地区，途经甘肃、宁夏、山西、河南、安徽、江苏、上海等地，2004年贯通，可稳定供气30年。四川天然气也将往东敷设管道，2004年送气到湖北、湖南等地。同时，中俄将共设管道引进俄国天然气，深圳正在建设液化天然气码头，用于广东南部地区。

天然气燃烧转化效率高、污染少是较好的清洁能源，而且可以通过管道长距离输送，这些优点正是其他发达国家迅速发展的主要原因。用于空气调节冷热源关键在于气源成本，推广采用燃气型直燃机或燃气锅炉具有如下优点：

(1) 有利于环境质量的改善；

(2) 解决燃气季节调峰；

(3) 平衡电力负荷；

(4) 提高能源利用率。

3 在没有任何城市热源和气源的地区，空气调节冷热源可在压缩式和燃油吸收式机组中通过技术经济比较后确定。

4 当具有电、城市供热、天然气、城市煤气、油等其中两种以上能源时，为提高一次能源利用率及热效率，可按冷热负荷要求采用几种能源合理搭配作为空气调节冷热源。如电+气（天然气、人工煤气）、电+蒸汽、电+油等。实际上很多工程都通过技术经济比较后采用了这种复合能源方式，取得了较好的经济效益。城市的能源结构应该是电力、热、燃气同时发展并存，同样，空气调节也应适应城市的多元化能源结构，用能源的峰谷、季节差价进行设备选型，提高能源的一次能效，使用户得到实惠。

5 根据多年设计运行的实践，空气源热泵在夏热冬冷地区得到较好的应用，在写字楼、银行、商店等以日间使用为主的建筑中应用广泛，如上海约占高层建筑的25%，武汉、南京等地也大量采用，其原因如下：

(1) 我国夏热冬冷地区一般无城市热源；

(2) 空气源热泵冷热量比例较适合该地区建筑物的冷热负荷，不会因为冷热负荷比例不当而导致机组的不适当选型；

(3) 该地区冬季相对湿度较高，为避免夜间低温高湿造成空气源热泵机组化霜停机的影响，所以用于以日间使用为主的建筑；

(4) 机组安装方便，不占机房面积，管理维护简

单，更适合于城区建筑。

必须指出：由于热泵机组价格较高，耗电较多，采用时应进行全方位比较，一般适用于中小建筑。

6 水源热泵是一种以低位热能做能源的中小型热泵机组，具有以下优点：

(1) 可利用地下水、江、河、湖水或工业余热作为热源，供采暖和空气调节系统用，采暖运行时的性能系数（COP）一般大于4，节能效果明显；

(2) 与电制冷中央空气调节相比，投资相近；

(3) 调节、运转灵活方便，便于管理和计量收费。

7 水环热泵系统是利用水源热泵机组进行供冷和供热的系统形式之一，20世纪60年代首先由美国提出，国内从20世纪90年代开始，已在一些工程中采用。系统按负荷特性在各房间或区域分散布置水源热泵机组，根据房间各自的需要，控制机组制冷或制热，将房间余热传向水侧换热器（冷凝器）或从水侧吸收热量（蒸发器）；以双管封闭式循环水系统将水侧换热器连接成并联环路，以辅助加热和排热设备供给系统热量的不足和排除多余热量。

水环热泵系统的主要优点是：机组分散布置，减少风道占据的空间，设计施工简便灵活、便于独立调节；能进行制冷工况和制热工况机组之间的热回收，节能效益明显；比空气源热泵机组效率高，受室外环境温度的影响小。因此，推荐（宜）在全年空气调节且同时需要供热和供冷的建筑物内使用。

水环热泵系统没有新风补给功能，需设单独的新风系统，且不易大量使用新风；压缩机分散布置在室内，维修、消除噪声、空气净化、加湿等也较集中式空气调节复杂。因此，应经过经济技术比较后采用。

水环热泵系统的节能潜力主要表现在冬季供热时。有研究表明，由于水源热泵机组夏季制冷COP值比集中式空气调节的冷水机组低，冬暖夏热的我国南方地区（例如福建、广东等）使用水环热泵系统，比集中式空气调节反而不节能。因此，上述地区不宜采用。

8 蓄冷（热）空气调节系统近几年在中国发展较快，其意义在于可均衡当前的用电负荷，缩小峰谷用电差，减少电厂投资，提高发电输配电效率，对国家和电力部门具有重要的意义和经济效益。对用户来说，有多大的实惠，主要看当地供电部门能够给出的优惠政策，包括分时电价和奖励。经过几年国内较多工程实践说明，双工况螺杆主机和蓄冷设备的质量一般都较好，在设计上关键是搞好系统设计和系统控制以及合理的设备选型。经过技术经济论证，当用户能在可以接受的年份内回收所增加的初投资时，宜采用蓄冷（热）空气调节系统。

7.1.2 采用电锅炉，电热水器的原则。新增条文。

电锅炉、电热水器采用高品位的电能，热效率又低、运行费用又高，用于空气调节热源是不合适的。这在国家现行标准《旅游旅馆建筑热工与空气调节节能设计标准》（GB 50189）中以及较多的设计技术措施中早有规定。在20世纪90年代全国供电紧张时，国家电力局也曾发文严禁采用电锅炉的使用。

近几年来，随着我国电力建设的快速发展、经济结构调整和人民生活质量的提高，各地用电结构发生了很大的变化，高峰需求增加，低谷电大量减少，电网峰谷差加大，负荷逐年下降，电网运行日趋困难，资源利用不合理，为此国家电力公司发文推广蓄热式电热锅炉的应用。一些省市的经贸委、环保局、电力公司也联合发文推广应用电热锅炉，鼓励电热消费，并给予优惠，如免收供配电贴费并实行分时电价等政策。

由于供电政策及环保等因素，电热锅炉的采用日趋增多，全国已有数百台电锅炉在设计、安装或运行中。上海被调查的200幢高层建筑中约占21%，北京、杭州、武汉等城市也在逐渐增多，如武汉会展中心（12万 m^2）、图书城（11万 m^2）等都采用了冰蓄冷和全蓄热。利用低谷电蓄热必然采用电锅炉，由于电力公司给予了较优惠的政策，对没有集中热源的武汉，既起到移峰填谷的作用，也没有污染，业主得到了实惠。

考虑到当前电力供应的实际情况及以前对电锅炉的限制使用，本条对采用电锅炉供热做了限制使用的规定。虽然当前电力有些富裕，但合理利用能源，提高能源利用率，节约能源还是我国的基本国策。

应该指出电锅炉的使用费是很高的，以武汉2000年电价为例，日间使用时，用平价电的费用比油锅炉高一倍，高峰时电价还要贵，晚间用低谷价的费用是油锅炉的85%。所以电锅炉在日间使用是不经济、不合理的。

符合2、3款时采用电锅炉，也应做详细的技术、经济比较后确定。

7.1.3 热、电、冷联产与建筑群集中供冷、供热。新增条文。

《中华人民共和国节约能源法》中明确提出：推广热电联产、集中供热，提高热电机组的利用率，发展热能梯级利用技术，热、电、冷联产技术和热、电、煤气三联技术，提高热源综合利用率。

我国有50多万台中小型工业锅炉，平均运行热效率仅50%左右，浪费能源，污染环境。热电联产集中供热的运行效率一般在80%以上。同样是集中供热，逐步淘汰低效的、分散的中、小型锅炉，实现热电联产是提高供热效率的根本出路。同样，我国各大城市商业密集区的建筑都各自设制冷站、设备闲置率高、效率低、管理落后、造成极大的浪费。

热电冷联产就是利用现有的热电系统发展供热、供电和供冷为一体的能源综合利用系统。冬季用热电厂的热源供热，夏季采用溴化锂吸收式冷水机组供冷，可使热电厂冬夏负荷平衡，高效经济运行。

国外在上世纪末大力发展区域供冷、供热系统，这有利于对能源的高效利用，并可减少用户的初投资和管理开支，值得注意。但是，实施这项工程要统筹安排与规划，并需相当的经济实力。所以条文提出"有条件时……"的用语。

因此，具有热电条件的商业或公共建筑群，应积极创造条件实施热、电联产或热、电、冷联产系统。

7.1.4 分散设置整体或分体式空气调节机的原则。新增条文。

本条指出某些需空气调节的建筑或房间，采用分散设置的空气调节机比集中空气调节更经济合理的几种情况。风冷小型空气调节机组品种繁多，有单冷（热泵）空气调节机组、冷（热）水机组等。当台数较多且室外机难以布置时，也可采用水冷型机组，但但需设置冷却塔，在冷却水管的设置及运行管理上都比较麻烦，因此，较少采用。蒸发冷却式机组采用蒸发式冷凝器，制冷性能系数比风冷式高，节能性好。目前际高制冷空调设备有限公司开发生产的蒸发冷却式机组，是一种小型冷水机组。其系列产品中制冷性能系数（COP）最高的可达到 3.85，比现行国家标准《蒸汽压缩循环冷水（热泵）机组户用或类似用途的冷水（热泵）机组》（GB/T 18430.2）中的 COP 规定值高出近 40%，节能效果显著，对于高档、大户型多室住宅或商住楼较适用。

7.1.5 总装机容量问题。强制条文。

对装机容量问题，1990 年在编制《游旅馆建筑热工与空气调节节能设计标准》（GB 50189）时，曾进行过详细的调查和测试。结果表明：制冷设备装机容量普遍选大，这些大马拉小车或机组闲置的情况，浪费了冷暖设备和变配电设备和大量资金。事隔十年，对国内空气调节工程的总结和运转实践说明，装机容量偏大的现象虽有所好转，但在一些工程中仍有存在，主要原因是：

1 负荷计算方法不够准确；

2 不切实际地套用负荷指标；

3 设备选型的附加系数过大。

为此本条规定冷暖设备选择应以正确的负荷计算为准。不附加设备选型系数的理由是：当前设备性能质量大大提高，冷热量均能达到产品样本所列数值。另外，管道保温材料性能好、构造完善，冷、热损失较少。

目前采用的计算方法虽然比较科学、完善，但其结果和运转实践仍有一定的偏离，一般均可补足上述较少的冷、热损失。

上述情况是针对单幢建筑的系统而言。对于管线较长的小区管网，应按具体情况确定。

7.1.6 机组台数选择。

机组台数的选择应按工程大小、负荷运行规律而定，一般不宜少于 2 台；大工程台数也不宜过多。为保证运转的安全可靠性，小型工程选用一台机组时应选择多台压缩机分路联控的机组即多机头联控型机组。虽然目前冷水机组质量都比较好，有的公司承诺几万小时或 10 年不大修，但电控及零部件故障是难以避免的。

7.1.7 关于电动压缩式机组制冷剂的选择。新增条文。强制条文。

1991 年我国政府签署了《关于消耗臭氧层物质的蒙特利尔协议书》伦敦修正案，成为按该协议书第五条第一款行事的缔约国。我国编制的《中国消耗臭氧层物质逐步淘汰国家方案》由国务院批准。该方案规定，对臭氧层有破坏作用的 CFC-11、CFC-12 制冷剂最终禁用时间为 2010 年 1 月 1 日。对于当前广泛用于空气调节制冷设备的 HCFC-22 以及 HCFC-123 制冷剂，则按国际公约的规定执行。我国的禁用年限为 2040 年。

目前，在中国市场上供货的合资、进口及国产压缩式机组已没有采用 CFCs 制冷剂。HCFC-22 属过渡制冷剂，至今全球都在寻求替代物，但还没有理想的结论。压缩式冷水机组的使用年限较长，一般在 20 年以上，当选用过渡制冷剂时应考虑禁用年限。

7.2 电动压缩式冷水机组

7.2.1 水冷式冷水机组制冷量范围划分。新增条文。

本条对目前生产的水冷式冷水机组的单机制冷量做了大致的划分，提供选型时的参考。

1 表中对几种机型制冷范围的划分，主要是推荐采用较高性能系数的机组，以实现节能。

2 往复式和螺杆式、螺杆式和离心式之间有制冷量相近的型号，可经过性能价格比，选择合适的机型。

7.2.2 水冷、风冷式冷水机组的选型原则。新增条文。

冷水机组名义工况制冷性能系数（COP）是指在表 6 温度条件下，机组以同一单位标准的制冷量除以总输入电功率的比值。

表 6　名义工况时的温度条件

机组形式	进水温度（℃）	出水温度（℃）	冷却水进水温度（℃）	空气干球温度（℃）
水冷式	12	7	30	—
风冷式	12	7	—	35

本条提出在机组选型时，除考虑满负荷运行时性能系数外，还应考虑部分负荷时的性能系数。实践证明，冷水机组满负荷运行率极少，大部分时间是在部

分负荷下运行。因此部分负荷时的性能系数更能体现机组的性能优势。

7.2.3 氨制冷机做空气调节的设计原则。新增条文。

氨作为制冷剂具有良好的热物性，标准沸腾温度低（−33.4℃），单位容积制冷量大，价格低廉，但是氨有毒性和潜在的爆炸危险，所以在使用上特别是在民用建筑中受到了限制。在我国也仅用于冷库和工业建筑上，但氨对环境无害，它的臭氧层消耗潜能（ODP）和全球变暖潜能（GWP）均为零，是一种极好的环保型制冷剂，是 R11、R12 以及过渡替代制冷剂 R22、R123a 和 R134a 无法相比的。为此，世界制冷工程界对氨的扩大使用正在研究之中，主要解决将氨致命缺点的影响降低以及安全保护措施。只有解决了上述安全问题，氨制冷机才能在民用建筑中使用。所以，当前只有在已经使用氨制冷的冷库中需空气调节的房间可采用氨冷水机组为冷源。必须满足本条所规定的两个条件。

7.2.4 氨制冷的安全措施。

目前我国还没有生产整体式氨冷水机组，国外有这类产品，如果有特殊情况采用这种机型时，必须满足本条的规定，主要目的也是为了安全。

7.3 热 泵

7.3.1 空气源热泵冷（热）水机组选型原则。新增条文。

本条提出选用空气源热泵冷（热）水机组时应注意的问题：

1 空气源热泵机组的耗电量较大，价格也高，选型时应优选机组性能系数较高的产品，以降低投资和运行成本。此外，先进科学的融霜技术是机组冬季运行的可靠保障。机组冬季运行时，换热盘管温度低于露点温度时，表面产生冷凝水，冷凝水低于0℃就会结霜，严重时就会堵塞盘管，明显降低机组效率，为此必须除霜。除霜方法有多种，包括原始的定时控制、温度传感器控制和近几年发展的智能控制，最佳的除霜控制应是判断正确，除霜时间短，做到完美是很难的。设计选型时应进一步了解机组的除霜方式、通过比较判断后确定。

2 机组多数安装在屋面，应考虑机组噪声对周边建筑环境的影响，尤其是夜间运行，若噪声超标不但会遭到投诉，还会被勒令停止运行。

3 在北方寒冷地区采用空气源热泵机组是否合适，根据一些文献分析和对北京、西安、郑州等地实际使用单位的调查。归纳意见如下：

（1）日间使用，对室温要求不太高的建筑可以采用；

（2）室外计算温度低于 −10℃ 的地区，不宜采用；

（3）当室外温度低于空气源热泵平衡点温度（即空气源热泵供热量等于建筑耗热量时的室外计算温度）时，应设置辅助热源。在辅助热源使用后，应注意防止冷凝温度和蒸发温度超出机组的使用范围。

以上仅从技术角度指出了空气源热泵在寒冷地区的使用，设计时还需从经济角度全面分析。在有集中供热的地区，就不宜采用。

国外一些公司已推出适用于低温环境（−10～−15℃）运行的机组，为在寒冷地区推广应用空气源热泵创造了条件。同时，空气源热泵还可以拓宽现有的应用途径，例如和水源热泵串级应用，为低温热水辐射采暖系统提供热源等等。

我国幅员辽阔、气温差异较大，对空气源热泵的应用应按可靠性与经济性为原则因地制宜地结合当地的综合条件而确定。

7.3.2 空气源热泵冷（热）水机组制热量计算。新增条文。

热泵制热量的标准工况是按干球温度 7℃、湿球温度 6℃ 制定的。在相同出水温度的情况下，热泵机组的制热量随空气干球温度的降低而减小。不同温度和相对湿度对工况下的实际制热量修正系数在各品牌的热泵样本中已列出，选型时应按所在地区空气调节室外计算温度选取。在产品样本中，热泵的制热量仅是瞬时热量。当盘管表面温度低于 0℃ 时，盘管上的凝结水就会结霜、结冰、机组效率迅速下降，达到规定限度时，进行一个融霜循环。机组融霜过程中，停止供热，水温已经下降，这其间机组又从水系统中吸收热量用于除霜，又进一步降低水温。一般除霜周期为 3min，等于停机 6min，即为 1/10h，所以一次除霜时机组应乘以 0.9 的系数。

7.3.3 水源热泵设计选型时应注意的原则。新增条文。

水源热泵空气调节系统的应用在北美及北欧等国家已相当普遍与成熟，但我国还处于起步阶段。虽然已有一些工程在使用，据调查，存在不少问题，原因在于搞好水源热泵空气调节系统设计不完全取决于设备的质量与系统的设计，更关键的是要水文地质资料的正确性，机组运行时水源的可靠性与稳定性。

1 在工程方案设计时，通常可假设所使用的水源温度计算出机组所需的总水量，然后进行技术经济比较。在确定采用水源热泵系统后，应按以下步骤进行：用地下水为水源时，应首先在工程所在地盘完成试验井、测出水量、水温及水质资料，然后按工程冷、热负荷及所选的机组性能、板换的设计温差确定需要水源的总水流量，最后决定地下井的数量和位置。采用地表水时，还应注意冬夏水温的变化及水位涨落的变化。

2 充足稳定的水量、合适的水温、合格的水质是水源热泵系统正常运行的重要因素。机组冬、夏季运行时对水源温度的要求不同，一般冬季不宜低于10℃、夏季不宜高于30℃，采用地表水时应特别注意。有些机组在冬季可采用低于10℃的水源，但使用时应进行技术经济比较。关于水质，在目前还未设有机组产品标准的情况下，可参照下列要求：pH 值为 6.5～8.5，CaO 含量<200mg/L，矿化度<3g/L，Cl^-<100mg/L，SO_4^{2-}<200mg/L，Fe^{2+}<1mg/L，H_2S<0.5mg/L，含砂量<1/200000。

3 水源的供给分直接供水和间接供水（即通过板式换热器换热）。采用间接供水，可保证机组不受水源水质不好的影响，减少维修费用和延长使用寿命，尤其是采用小型分散系统时，必须采用间接式供水。当采用大、中型机组，集中设置在机房时，可视水源水质情况确定。如果水质符合标准，不需采取处理措施时，可采用直接供水。

7.3.4 水源热泵使用水资源的要求。新增条文。强制条文。

关于采用地下水，国家早有严格的规定，除《中华人民共和国水法》、《城市地下水开发利用保护管理规定》等法规外，2000 年国务院发布了《要求加强城市供水节水和水污染防治工作的通知》，要求加强地下水资源开发利用的统一管理；保护地下水资源，防止因抽水造成地面下沉，应采取人工回灌工程等。由于几十年的大范围抽取地下水，对水资源管理不规范，回灌技术差，已造成我国地下水资源严重破坏。因此，在设计时，应把回灌措施视为重点工程，这项工作不做好，有朝一日，采用地下水的水源热泵也就会在国内寿终正寝。

7.3.5 地下埋管换热器和地表水盘管换热器时的设计要素。新增条文。

地下埋管换热器的水源热泵，因为节能、对建筑环境热污染和噪声污染小，所以在欧美国家受到重视并作为研究重点。这种系统避免了地下水、地表水系统所必须的水质处理和设置板式换热器以及回灌等一系列装置。

一般设计方法为先根据建筑周边土地确定布置方案，地下埋管换热器可以为立式（U 形单、双管，并联或串联）和卧式（单、双管和四管），然后计算流量、管径和长度。

这种系统的设计和计算是比较复杂的，土壤的热物性（密度、含水率、空隙比、饱和度、比热容、导热系数等）是设计的基本参数。土壤传热特性、温度及其变化、冻结与解冻规律等是计算的重要依据。这些数据可通过计算和测试解决。在美国已有较系统完整的设计手册、计算方法及计算软件，还有各城市地下土壤温度选择数据，使地下埋管换热器的设计和计算既方便又准确。我国对这一新技术还处于开发研究

阶段，当前设计上还缺乏可靠的土壤热物性有关数据和正确的计算方法。在工程实施中宜由小型建筑起步，不断总结完善设计与施工的经验。

关于地表水换热器就是在水体中放入盘管的闭式环路水源热泵系统，在国内还未应用过，投资比开式系统要高，设计计算的关键是掌握水体不同深度全年温度的变化曲线。

地下埋管换热器和水下盘管换热器一般采用高密度聚乙烯管和聚丁烯管。

7.3.6 水环热泵空气调节系统的设计要求。新增条文。

1 循环水的温度范围，是根据热泵机组的正常工作范围、冷却塔的处理能力和使用板式换热器时的水温升确定的。为使水温保持在这个范围内，需设置温度控制装置，用水温控制辅助加热装置和排热装置的运行。

2 由于热泵机组换热器对循环水水质有较高的要求，一般不允许直接采用与大气直接接触的开式冷却塔。采用闭式冷却塔能够保证水质且系统简单，但价格较高（为开式冷却塔的 2～3 倍）、重量较大（为开式冷却塔的 4 倍左右），我国目前产品较少；采用换热器和开式冷却塔的系统，也可以保证流经热泵机组的水质，但多一套循环水系统，系统较复杂且增加了水泵能耗；因此需经技术经济比较后确定循环水系统方案，一般认为系统较小时可采用闭式冷却塔。

3 水环热泵空气调节系统的最大优势是冬季可减少热源供热量，但要考虑白天和夜间等不同时段的需热和余热之间的热平衡关系，经分析计算确定其数值。

7.4 溴化锂吸收式机组

7.4.1 溴化锂吸收式机组的选型。新增条文。

采用饱和水蒸气和热水为热源的溴化锂吸收式冷水机组有单效机组、双效机组和热水机组三种形式，其蒸汽单、双效机组的蒸汽耗量指标见本规范第 7.4.3 条。

7.4.2 直燃型溴化锂吸收式冷（温）水机组的燃料选择。新增条文。

天然气是直燃机的最佳能源，在无天然气的地区宜采用人工煤气或液化石油气。用油时，目前都采用 0 号轻柴油而不用重柴油，因为重柴油黏度大，必须加热输送。在温暖地区可在重柴油中加入 20%～40%轻柴油，输送时可不加热。重柴油对设计、管理都带来不便，因此不宜采用。

7.4.3 溴化锂吸收式机组名义工况下的性能参数。新增条文。

设计选择溴化锂吸收式机组时，其性能参数应符合国家标准《蒸汽和热水型溴化锂吸收式冷水机组》（GB/T 18431）和《直燃型溴化锂吸收式冷（温）水机组》（GB/T 18362）的规定值，见表 7。

表7 溴化锂吸收式冷（温）水机组的性能参数

机型	名义工况				性能参数	
	冷（温）水进出口温度（℃）	冷却水进出口温度（℃）	蒸汽压力（MPa）	单位制冷量蒸汽耗量 kg/(kW·h)	性能系数	
					制冷	供热
蒸汽单效	12~7	30~35	0.1	2.35	—	—
蒸汽双效	18~13	30~35	0.25	1.40	—	—
			0.4		—	—
	12~7		0.6	1.31	—	—
			0.4	1.28	—	—
直燃	12~7 出口60	30~35	—	—	≥1.10	—
			—	—	—	≥0.90

注：直燃机的性能系数为：制冷量（供热量）/加热源消耗量（以低位热值计）＋电力消耗量。

从表7中可见，双效机组的耗汽量比单效少很多。目前，国内主要生产厂家提供的产品均为双效机组。而热水机组也仅是单效机组，单效机组存在体积大、效率低的缺点，所以一般采用较少，如果有合适的废汽余热时，也可采用单效机组。

7.4.4 选用直燃型溴化锂吸收式冷（温）水机组的原则。新增条文。

直燃机组的供热量一般为供冷量的80%（按各生产厂及型号不同大致在75%~85%），这是标准的配置，也是较经济合理的配置，选择标准型当然是最经济合理的，我国多数地区（需要供应生活热水除外）都能满足要求。当热负荷大于机组供热量时，用加大机组型号的方法是不可取的，因为要增加投资、降低机组效率。加大高压发生器和燃烧器虽然可行，但也应有限制，否则会影响机组高、低压发生器的匹配，同样造成低效，导致能耗增加。

7.4.5 溴化锂吸收式冷（温）水机组的冷（热）量修正。

虽然近年来溴化锂吸收式机组在保持真空度、防结垢、防腐等方面采取了多方位有效措施，产品质量大为提高，但真正做好、管理好还是有一定难度的。因为溴化锂吸收式机组都是由换热器组成，结垢和腐蚀的影响很大。从某些工程运行的情况看，因结垢、腐蚀造成的冷量衰减现象仍然存在。至于如何修正，可根据水质及水处理的实际状况确定。

7.4.6 溴化锂吸收式三用直燃机的选型要求。新增条文。

三用机可以有以下几种用途：

1 夏季：单供冷、供冷及供生活热水。

2 春秋季：供生活热水。

3 冬季：采暖、采暖及供生活热水。

有如此多的用途，三用机受到业主的欢迎。由于在设计选型中存在一些问题，致使在实际工程使用中出现不尽如人意之处。分析原因是：

1 对供冷（温）和生活热水未进行日负荷分析与平衡，由于机组能量不足，造成不能同时满足各方面的要求。

2 未进行各季节的使用分析，造成不经济、不合理运行、效率低、能耗大。

3 在供冷（温）及生活热水系统内未设必要的控制与调节装置，管理无法优化，造成运行混乱，达不到使用要求，以致运行成本提高。

直燃机是价格昂贵的设备，尤其是三用机，要搞好合理匹配，系统控制，提高能源利用率是设计选型的关键。当难以满足生活热水供应要求、又影响供冷（温）质量时，即不符合本条和本规范第7.4.3条的要求时，应另设专用热水机组提供生活热水。

7.4.7 溴化锂吸收式机组的水质要求及直燃型机组的储油、供油、燃气系统的设计要求。新增条文。

吸收式机组对水质的要求较高，必须满足国家现行有关标准的要求，对热水、生活用水及冷却水都应进行处理。以防止和减少对机组换热管的结垢和腐蚀。

直燃型溴化锂吸收式冷（温）水机组储油、供油、燃气供应及烟道的设计，应符合国家现行标准、规范《锅炉房设计规范》（GB 50041）、《高层民用建筑设计防火规范》（GB 50045）、《建筑设计防火规范》（GB 50016）、《城镇燃气设计规范》（GB 50028）、《工业企业煤气安全规程》等的要求。

7.5 蓄冷、蓄热

7.5.1 蓄冷（热）空气调节系统的选择。新增条文。

不少建筑的空气调节系统都是间歇运行（一般间歇时间均在夜间）。尤其负荷量大又常发生突变的建筑，如比赛场馆、商场、剧场等。若使用常规空气调节系统，制冷机容量过大而且闲置现象严重。为了解决这个普遍存在的问题，又同时照顾到最大负荷的要求。采用蓄能空气调节系统是很好的办法，既可为电网运行削峰填谷，又可为用户节约可观的运行费。冰蓄存的冷量不但可以调节稳定供水温度，而且可以起到备用应急冷源的作用。

7.5.2 蓄冷、蓄热系统的负荷计算。新增条文。

与常规空气调节系统不同，一个蓄冷、蓄热系统，必须以一个蓄能用能周期（一般为一个典型设计日24h的逐时负荷）为依据，以确定各种蓄冷、蓄热方案中的制冷机、蓄能装置、加热装置、换热器、水泵等设备的容量。这就需要逐时平衡各项蓄能与供能的数量，以确保空气调节系统的逐时要求。同时，通过充分利用电网低谷时段的电力，为用户尽可能节约运行费用。

全天逐时负荷计算方法与空气调节典型设计日逐时负荷计算方法相同,可以根据国内有关研究单位或厂家提供的负荷计算程序和能量分析程序进行计算,也可用以下估算法进行计算:

1 平均法:日总冷负荷可按下式计算:

$$Q' = \sum_{i=1}^{24} q_i = n \cdot m \cdot q_{max} = n \cdot q_p \quad (13)$$

$$Q = (1+k)Q' \quad (14)$$

式中 Q——设备选用日总负荷(kW·h);

Q'——设备计算日总负荷(kW·h);

q_i——i 时刻空气调节冷负荷(kW);

q_{max}——设计日最大小时冷负荷(kW);

q_p——设计日平均小时冷负荷(kW);

n——设计日空气调节运行小时数(h);

m——平均负荷系数,等于设计日平均小时冷荷与最大小时冷负荷之比,宜取 0.7~0.8;

k——考虑水泵,管道及蓄冷装置等温升引起的附加冷负荷系数,可取为 0.05~0.08。

2 系数法:以最大小时负荷为依据,乘以各逐时负荷所占的比例系数,从而计算出各逐时空气调节负荷。

7.5.3 冰蓄冷系统形式的选择。新增条文。

根据制冷机和蓄冰装置在系统中的相互关系,蓄冷系统形式,分为并联系统和串联系统。采用串联系统,取冷时载冷剂在系统中经两次换热,可以取得较大温差,节省输送能耗,如果蓄冰装置取冷温度稳定,宜将冷机置于上游,可以提高出液温度,则更为经济。

7.5.4 选择载冷剂的要求。新增条文。

蓄冰系统中常用的载冷剂是乙烯乙二醇水溶液,其浓度愈大凝固点愈低(见表 8)。一般制冰出液温度为 $-6 \sim -7$℃,蓄冰需要其蒸发温度为 $-10 \sim -11$℃,因此希望乙烯乙二醇水溶液的凝固温度在 $-11 \sim -14$℃之间。所以常选乙烯乙二醇水溶液体积浓度为 25% 左右。

表 8　乙烯乙二醇水溶液浓度与相应凝固点及沸点

	质量(%)	0	5	10	15	20	25	30	35	40	45	50	55	60
乙二醇	体积(%)	0	4.4	8.9	13.6	18.1	22.9	27.7	32.6	37.5	42.5	47.5	52.7	57.8
沸点(100.7kPa)(℃)			100	100.6	101.1	101.7	102.2	103.3	104.4	105.0	105.6	—	—	—
凝固点(℃)		0	−1.4	−3.2	−5.4	−7.8	−10.7	−14.1	−17.9	−22.3	−27.5	−33.8	−41.1	−48.3

7.5.5 乙烯乙二醇水溶液膨胀箱及其补液设备。新增条文。

乙烯乙二醇水溶液系统的溶液膨胀箱,容量计算原则与水系统中的膨胀水箱相同,存液和补液设备一般由存液箱和补液泵组成,存液箱兼做配液箱使用。补液泵扬程、存液箱容积按本规范第 6.4.11、第 6.4.12 条的有关规定计算确定。对冰球式系统尚应考虑冰球结冰后的膨胀量。

7.5.6 乙烯乙二醇水溶液管路的水力计算。新增条文。

由于乙烯乙二醇水溶液的物理特性与水不同,与水相比,其密度和黏度均较大,而热容量较小,故对一般水力计算得出的水管阻力、溶液流量均应进行修正。

7.5.7 载冷剂管路系统的设计要求。新增条文。

1 蓄冷系统的载冷剂一般选用乙烯乙二醇水溶液,遇锌会产生絮状沉淀物。

2 由载冷剂乙烯乙二醇水溶液直接进入空气调节系统末端设备时,要求空气调节水管路系统安装后确保清洁、严密,而且管材不得选用镀锌管材。

3 载冷剂乙烯乙二醇水溶液管高处,与水系统一样会有空气集存,应予以即时排除。

4 载冷剂乙烯乙二醇水溶液远比水的投资高,应随时予以收集再利用。

5 多台并联的蓄冰装置采用并联连接时设置流量平衡阀是为了保证每台蓄冰装置流量分配均衡,从而实现均匀蓄冷和取冷。

6 开式系统应防止回液(水)倒灌,以免造成大量回液从开式槽溢流损失。可在回液上安装压力传感器,当循环泵停止运行时,压力传感器会令电动阀立即关闭,防止高处溶液下流,循环泵开始运行时,系统高处空气全部排出,压力恢复正常会令电动阀打开保证正常运行。

7 载冷剂系统中的阀门性能非常重要,它们直接影响系统中各种运行工况之间的正确转换,而且要确保在制冷工况下,防止低温溶液进入板式换热器,引起用户侧不流动的水冻结,破坏板式换热器的结构。

8 一个冰蓄冷系统,常用的运行工况有:蓄冰、蓄冰装置单独供冷、制冷机单独供冷、制冷机与蓄冰装置联合供冷等。实现工况转换宜配合自动控制。

7.5.8 蓄冰装置的蓄冷特性。新增条文。

蓄冰装置种类很多,蓄冷与取冷的机理也各不相同，因而其性能特征不同。

蓄冷特征包括两个内容，即为保证在电网的低谷时段，一般约为7~9时，完成全部冷量的蓄存，应能提供出的两个必要条件：

1 确定制冷机在制冰工况下的最低运行温度（一般为−4~−8℃），用以计算制冷机的运行效率。

2 根据最低运行温度及保证制冷机安全运行的原则，确定载冷剂的浓度（一般为体积浓度25%~30%）。

7.5.9 蓄冰装置的取冷特性。新增条文。

对用户及设计单位来说，蓄冰装置的取冷特性是非常重要的，因为所选蓄冰装置在融冰取冷时，冷水温度能否保持、逐时取冷量能否保证，是一个空气调节系统稳定运行的前提条件之一。所以，蓄冰装置的完整取冷特性曲线中，应能明确给出装置逐时可取出的冷量（常用取冷速率来表示和计算）及其相应的溶液温度。

对取冷速率，通常有两种定义法：

其一，取冷速率是单位时间可取出的冷量与蓄冰装置名义总蓄冷量的比值，以百分数表示（一般冰盘管式蓄冰装置，均按此种方法给出）；

其二，取冷速率是某单位时间取出的冷量与该时刻蓄冰装置内实际蓄存的冷量的比值，以百分数表示（一般封式蓄冰装置，均按此种方法给出）。

由于定义不同，在相同取冷速率时，实际上取出的冷量并不相等。因此，在选择产品时，务必首先了解清楚其定义方法。

7.5.10 设备容量的确定。附录H的引文。新增条文。

全负荷蓄冰系统初投资最大，占地面积大、但运行费最节省。部分负荷蓄冰系统则既减少了装机容量，又有一定蓄能效果，相应减少了运行费用。附录H中所指一般空气调节系统运行周期为1天24h，实际工程（如教堂）使用周期可能是一周或其他。

一般产品规格和工程说明书中，常用蓄冷量量纲为（RT·h）冷吨时，它与标准量纲的关系为：

$$1RT \cdot h = 3.517kW \cdot h$$

7.5.11 蓄冰和少量连续空气调节负荷。新增条文。

由于空气调节系统较小，其中少量连续空气调节负荷，不易选出合适的冷机来负担，同时考虑到整个系统的简化，因此宜选用在大系统制冰工况下，在环路中增设小循环泵取冷管路，保证少量连续空气调节负荷用冷需求。当然，制冰机出力应将之考虑在内。

7.5.12 加装基载制冷机。新增条文。

一般制冷机在制冰工况下效率比较低，连续空气调节负荷可以让冷机在空气调节工况下连续运行解决供冷，以保证制冷机的运行效率永远最高。即在系统中增设基载制冷机按空气调节工况运行来负担这部分负荷，以保证系统运行更为节能与节省运行费。当

然，制冰冷机和蓄冰装置容量计算中不需考虑这部分负荷。

7.5.13 蓄冰空气调节系统供回水参数。新增条文。

1 一般封装冰或盘管式内融冰蓄冰设备提供的载冷剂温度均可达到4~6℃，经过板式换热可为常规空气调节系统提供7~12℃的冷水。

2 若空气调节系统需要的水温较低或需要大温差供水时，蓄冰系统宜采用串联形式。载冷剂在系统中可经过两次换热，以保证取得系统所需要的较大温差。

3 商业建筑密集的地区，采用区域供冷更为经济、方便。

7.5.14 共晶盐相变材料蓄冷。新增条文。

作为蓄冰装置，不论其发生相变的材料是水或其他共晶盐，要求蓄冷和取冷特性应同样满足本规范要求。

水最适于作首选的相变材料，但其相变结冰温度有限，只能在0℃时进行，因此要求制冷机必须在双工况下工作。制冰时蒸发器出液温度需降至−5~−8℃，致使制冷效率大幅度下降。如果制冷机不便于实现双工况下工作，而又想利用蓄冷系统，则必须利用相变材料。为配合一般制冷机工作，常选相变温度为4~8℃。若为特殊工艺服务，如食品、制药等行业，可根据要求选用不同相变温度。

7.5.15 水蓄能系统设计。新增条文。

1 为防止蒸发器内水的冻结，一般制冷机出水温度不宜低于4℃，而且4℃水密度最大，便于利用温度分层蓄存。通常可利用温差为6~7℃，特殊情况利用温差可达8~10℃。

2 水池蓄冷、蓄热系统的设计，关键是要尽量提高水池的蓄能效率，因此，蓄冷、蓄热水池容积不宜过小，以免传热损失所占比例过大，并应尽量减少水池内冷热水的渗混。如水池保温和内壁的处理，进出水口的布置等。形式可以多种多样，结构可以是钢结构或混凝土结构。

3 一般开式蓄热的水池，蓄热温度应低于95℃，以免汽化。热水不能用于消防，故不应与消防水池合用。

4 由于一般蓄能槽均为开式系统，管路设计一定要配合自动控制，防止水倒灌和管内出现真空（尤其对蓄热水系统）。

5 当以蒸汽或高压过热水蓄热时，应与锅炉厂配合，选用特制闭式钢结构蓄热罐。

7.6 换热装置

7.6.1 换热器的设置。新增条文。

空气调节系统的供水温度一般在45~60℃之间，城市或区域性热源都是中、高温水或高压蒸汽，所以必须设换热器进行二次供热，才能满足空气调节系统

供水水温及压力的要求。

7.6.2 换热器选型原则。新增条文。

目前可选用的换热器，品种繁多，某些产品样本所列参数，选型表格所列数据并非真实可靠，以样本中的传热系数来区别产品的先进与否也较困难，因为传热系数计算极其复杂，变化因素很多，与一、二次热源的温度、流速及诸多热工系数的取值有关。在一些换热器样本中，对传热系数的标注均不相同，如3000W/（m² · ℃）、4000W/（m² · ℃）、3000～7000W/（m² · ℃）等等，从这些数据，难以判断产品的先进性，因此，在选型时，应按生产厂的技术实力、生产装备、样本资料的科技含量、市场占有率、用户反应等情况综合考虑。

7.6.3 换热器容量计算。新增条文。

换热器的容量必须根据计算的热负荷进行选择，其台数与单台的供热能力应满足热负荷的使用需求、分期增长的计划及考虑热源可靠稳定性等因素。

7.6.4 凝结水的回收。新增条文。

采用汽水换热器时，回收凝结水是国家节能政策和规范的一贯要求，一些单位由于凝结水回收装置设计或管理上存在问题，造成能源的大量浪费。一般蒸汽热网用户宜采用闭式凝结水回收系统，热力站应采用闭式凝结水箱。当凝结水量小于10t/h或距热源小于500m时，可用开式凝结水回收系统。

7.7 冷却水系统

7.7.1 冷却水的循环使用和热回收。新增条文。

随着空气调节冷源技术的发展和节水的要求，冷却水系统已不允许直流。冷水机组的冷凝废热也应通过冷却水尽量得到利用，例如，夏季可作为生活热水的预热热源，并宜在冷季充分利用冷却塔冷却功能进行制冷等。

7.7.2 冷却水水温。

1 冷却水最高温度限制应根据压缩式冷水机组冷凝器的允许工作压力和溴化锂吸收式冷（温）水机组的运行效率等因素，并考虑湿球温度较高的炎热地区冷却塔的处理能力，经技术经济比较确定。本规范参考有关标准提供的数值，并针对目前空气调节常用设备的要求进行了简化和统一，规定不宜高于33℃。

2 冷却水水温不稳定或过低，会造成制冷系统运行不稳定、影响节流过程的正常进行、吸收式冷（温）水机组出现结晶事故等，所以增加了对一般冷水机组冷却水最低水温的限制（不包括水源热泵等特殊系统的冷却水），本规范参照了有关标准中提供的数值。随着冷水机组技术配置的提高，对冷却水进口最低水温的要求也会有所降低，必要时可参考生产厂具体要求。调节水温的措施包括控制冷却塔风机、控制供回水旁通水量等。

3 第3款是修改原规范第6.2.3条内容，主要是增加了溴化锂吸收式冷（温）水机组的数据。电动压缩式冷水机组的冷却水进出口温差，是综合考虑了设备投资和运行费用、大部分地区的室外气候条件等因素，推荐了我国工程和产品的常用数据。吸收式冷（温）水机组的冷却水因为经过吸收器和冷凝器两次温升，进出口温差比压缩式冷水机组大，推荐的数据是按照我国目前常用产品要求确定的。当考虑室外气候条件可采用较大温差时，应与设备生产厂配合选用非标准工况冷却水流量的设备。

4 本规范参照的是现行国家产品标准《蒸汽压缩循环冷水（热泵）机组工商业用和类似用途的冷水（热泵）机组》（GB/T 18430.1）、《直燃型溴化锂吸收式冷（温）水机组》（GB/T 18362）、《蒸汽和热水型溴化锂吸收式冷水机组》（GB/T 18431）中，关于冷水机组的正常使用范围的规定，见表9。

表9 国家标准推荐的使用范围的有关数据

冷水机组类型	冷却水进口最低温度（℃）	冷却水进口最高温度（℃）	冷却水流量范围（%）	名义工况冷却水进出口温度（℃）	标准号
电动压缩式	15.5	33	5		GB/T 18430.1
直燃型吸收式	—	—		5～5.5	GB/T 18362
蒸汽单效型吸收式	24	34	60～120	5～8	GB/T 18431
蒸汽双效和热水型吸收式				5～6	

7.7.3 冷却水水质。

1 由于补充水的水质和系统内的机械杂质等因素，不能保证冷却水系统水质，尤其是开式冷却水系统与空气大量接触，造成水质不稳定，产生和积累大量水垢、污垢、微生物等，使冷却塔和冷凝器的传热效率降低，水流阻力增加，卫生环境恶化，对设备造成腐蚀。因此，为稳定水质，规定应采取相应措施。

2 办公楼各电算机房专用水冷整体式空气调节器、分户或分区设置的水源热泵机组等，这些设备内换热器要求冷却水洁净，一般不能将开式系统的冷却水直接送入机组。

7.7.4 冷却水循环泵的选择。新增条文。

为保证流经冷水机组冷凝器的水量恒定，要求冷却水循环泵台数和流量应与冷水机组相对应，但小型分散的水冷柜式空气调节器、小型户式冷水机组等可以合用冷却水系统；除全年要求冷水机组连续运行的重要工程外，不要求设备用泵。

冷却塔的进水压力要求，包括系统阻力、系统所需扬水高差、有布水器的冷却塔和喷射式冷却塔等进水口要求的压力。

7.7.5 冷水机组和冷却水泵之间的连接方式和保证冷凝器水流量恒定的措施。新增条文。

冷却水泵和冷水泵相同，与冷水机组之间都有一对一连接和通过共用集管连接两种接管方式；为使正常运行的冷水机组所需水量不分流，冷凝温度稳定，冷水机组正常工作，共用集管接管宜设电动阀且与冷水机组和冷却水泵联锁。参见本规范 6.4.8 的条文说明。

7.7.6 冷却塔的设置要求。新增条文。

1 同一型号的冷却塔，在不同的室外湿球温度条件和冷水机组进出口温差要求的情况下，散热量和冷却水量也不同，因此，选用时需按照工程实际，对冷却塔的标准气温和标准水温降下的名义工况下冷却水量进行修正，使其满足冷水机组的要求，但不要求备用。

2 有旋转式布水器或喷射式等对进口水压有要求的冷却塔需保证其进水量，所以应和循环水泵相对应设置，详见本规范第 7.7.8 条的条文说明。

3 为防止冷却塔在 0℃ 以下，尤其是间断运行时结冰，应选用防冻型冷却塔，并采用在冷却塔底盘和室外管道设电加热设施等防冻措施。

4 冷却塔的设置位置不当，直接影响冷却塔散热量，且对周围环境产生影响；另外由冷却塔产生火灾，也是工程中经常发生的事故。因此做出相应规定。

7.7.7 并联冷却塔管路的流量平衡。新增条文。

在并联冷却塔之间设置平衡管或公用连通水槽，是为了避免各台冷却塔补水和溢水不均衡，造成浪费。另外，冷却塔进出水管道设计时，也应注意管道阻力平衡，以保证各台冷却塔要求的水量。

7.7.8 并联冷却塔的水量控制。新增条文。

冷却塔的旋转式布水器靠出水的反作用力推动运转，因此，需要足够的水量和约 0.1MPa 水压，才能够正常布水；喷射式冷却塔的喷嘴也要求约 0.1～0.2MPa 的压力。当并联冷却水系统中一部分冷水机组和冷却水泵停机时，系统总循环水量减少，如果平均进入所有冷却塔，每台冷却塔进水量过少，会使布水器或喷嘴不能正常运转，影响散热；冷却塔一般远离冷却水泵，如采用手动阀门控制十分不便；因此，要求共用集管连接的系统应设置能够随冷却水泵频繁动作的自控阀门，在水泵停机时关断对应冷却塔的进水阀，保证正在工作的冷却塔的进水量。为防止无用的补水和溢水或冷却塔底抽空。无集水箱或连通管、连通水槽时，并联冷却塔出水管上也应设电动阀。而一般横流式冷却塔只要回水进入布水槽就可靠重力均

匀下流，进水所需水压很小（≤0.05MPa），且常常以冷却塔的多单元组合成一台大塔，共用布水槽和集水盘，因此没有水量控制的要求。

7.7.9 冷却水的补水量和补水点。新增条文。

1 开式冷却水损失量占系统循环水量的比例计算或估算值：蒸发损失为每℃水温降 0.185%；飘逸损失可按生产厂提供数据确定，无资料时可取 0.3%～0.35%；排污损失（包括泄漏损失）与补水水质、冷却水浓缩倍数的要求、飘逸损失量等因素有关，应经计算确定，一般可按 0.3% 估算。计算冷却水补水量的目的是为了确定补水管管径、补水泵、补水箱等设施，可以采用以上估算数值。

2 补水点位置应按是否设置集水箱确定。

集水箱的作用如下：

（1）可连通多台并联运行的冷却塔，使各台冷却塔水位平衡；

（2）可减少冷却塔底部存水盘容积及塔的运行重量；

（3）冬季使用的系统，停止运行时，冷却塔底部无存水，可以防止静止的存水冻结；

（4）可方便地增加系统间歇运行时所需存水容积，使冷却水循环泵能够稳定工作，详见本规范第 7.7.10 条的条文说明；

（5）为多台冷却塔统一补水、排污、加药等提供了方便操作的条件等。

设置水箱也存在占据机房面积、水箱和冷却塔高差过大时浪费电能等缺点。因此，是否设置集水箱应根据工程具体情况确定，这里不做规定。

7.7.10 间歇运行的冷却水系统的存水量。新增条文。

间歇运行的冷却水系统，在系统停机后，冷却填料的淋水表面附着的水滴落下来，一些管道内的水容量由于重力作用，也从系统开口部位下落，系统内如没有足够的容纳这些水量的容积，就会造成大量溢水浪费；当系统重新开机时，首先需要一定的存水量，以湿润冷却塔干燥的填料表面和充满停机时流空的管道空间，否则会造成水泵缺水进气空蚀，不能稳定运行。

不设集水箱采用冷却塔底盘存水时，底盘补水水位以上的存水量应不小于冷却塔布水槽以上供水水平管道内的水容量，以及湿润冷却塔填料等部件所需水量；当冷却塔下方设置集水箱时，水箱补水水位以上的存水容积除满足上述水量外，还应容纳冷却塔底盘至水箱之间管道等的水容量。

湿润冷却塔填料等部件所需水量应由冷却塔生产厂提供，根据资料介绍，经测试，逆流塔约为冷却塔标称循环水量的 1.2%，横流塔约为 1.5%。

7.7.11 集水箱的设置位置。新增条文。

当冷却塔设置在多层或高层建筑的屋顶时，集水

箱如设置在底层，不能利用高位冷却塔的位能，过多地增加循环水泵的扬水高度和电力消耗，不符合节能原则。

7.8 制冷和供热机房

7.8.1 制冷和供热机房（不含锅炉房、包含无压热水机房及换热间）的布置和要求。

1 主要从当前使用的设备和 21 世纪现代建筑出发，提出应有现代化机房的要求。机房的位置可按本条要求并结合实际情况确定，但应符合尽量靠近负荷中心的要求（尤其是建筑群），主要是避免环路长短不均，难以平衡，造成供冷（热）质量不良，增加投资和能耗。

2 水泵是否和主机分室设置，应视水泵的质量和噪声决定，若选用 1450r/min 及以下的水泵或新型低噪声水泵可不另设水泵间。经调查，近几年国产优质水泵噪声较低，与进口主机设在同一机房内时，主机噪声大于水泵噪声。

3 空气调节系统控制应设控制室，室内应设控制柜，用于控制机房及末端设备系统的中央（微机）工作站。这是机房控制的发展方向，目前不少工程已经实现和正在实施，是提高设备与系统管理水平、保障空气调节质量、节能运转，现代化管理的必然方向。

4 机房内设备先进，同样机房也应是清洁、明亮的，应彻底改变过去机房形象差的现状。为此，提出了机房对地面材料、照明、给排水等方面的要求。

7.8.2 机房设备布置要求。

按当前常用的机型做了最小间距的规定。在设计布置时还是应尽量紧凑、不应宽打窄用、浪费面积，根据实践经验、设计图面上因重叠的管道摊平绘制，管道甚多，看似机房很挤，完工后却较宽松。所以，按本条规定的间距设计一般不会拥挤。

7.8.3 氨制冷机房的要求。强制条文。

本条从安全角度考虑，当采用氨制冷时，是机房必需考虑的内容。

7.8.4 直燃机房设计。新增条文。

直燃机房的设计除机房布置和管路系统外，还包括室外储油罐、供回油系统、室内日用油箱及油路系统（或燃气系统）、排烟管道系统、消防及通风等方面，较为复杂，关键是处理好安全、环保问题。银川燃油锅炉房爆炸就是因设计差错和管理失职造成的，所以必须非常重视安全问题。以上各项设计涉及到的规范较多，应按国家现行标准《建筑设计防火规范》（GB 50016）、《高层民用建筑设计防火规范》（GB 50045）、《城镇燃气设计规范》（GB 50028）等的有关规定综合考虑协调解决。设计图应报消防部门审查通过。

7.9 设备、管道的保冷和保温

7.9.1、7.9.2 设备和管道的保冷和保温。

由于空气调节系统需要保冷、保温的设备和管道种类很多，本条仅原则性地提出应该保冷、保温的部位和要求。

特别需要指出的是，水源热泵系统的水源环路应根据当地气象参数做好保冷（温）或防凝露措施。

7.9.3 对设备和管道保冷、保温材料的选择要求。新增条文。

本条重点强调对用在空气调节及制冷系统保冷材料的性能，应符合《设备及管道保冷设计则》（GB 15586）的要求。保冷与保温的要求不同，保冷特别强调材料的湿阻因子 μ 要大，吸水性要小的特性。国家标准《柔性泡沫橡塑绝热制品》（GB/T 17794）中说明：湿阻因子是用以衡量保冷材料的抗水渗透能力，即空气的水蒸气扩散系数 D 与材料的透湿系数 δ 之比。

对于低温管道，保冷材料的内外壁两侧始终存在着温差和湿差，在水汽分压差的持续作用下，水汽会不可避免地渗入保冷材料内部，因水的导热系数 $[0.56W/(m\cdot K)]$ 十数倍于材料的初始导热系数，故材料的导热系数会逐渐增高，致使原有按初始导热系数选定的保冷层厚度变得不足而产生结露。

可见，保冷材料的湿阻因子 μ，即抗水汽渗透能力至关重要，它直接关系到保冷材料的使用寿命。

如湿阻因子 $\mu=4500$ 的隔热材料，使用 4 年后，导热系数增加幅度为 9.4%，而湿阻因子 $\mu=3000$ 的隔热材料，使用 4 年后，导热系数增加幅度为 14.2%。随着使用时间的延长，渗入材料内部的水汽不断积累，材料的导热系数相应增加。而湿阻因子 μ 值越高，导热系数增加越慢，使用寿命越长。因此初始选用保温层厚度时就应考虑到使用寿命；而湿阻因子较高的材料，初始可选用较薄的厚度即可达到同样的使用寿命。

表 10 是柔性泡沫橡塑材料（环境温度 30℃，相对湿度 80%，7℃冷冻水，ϕ219 管用 25mm 厚材料保温时）不同 μ 值或 δ 值材料随使用年限的增加其导热系数的变化。

表 10 不同使用年限不同 μ 值或 δ 值材料的导热系数 λ 表 [W/(m·K)]

使用年限（年）	不同 μ 值或 δ 值材料的导热系数 λ				
	$\mu=1000$ $\delta=1.96\times 10^{-10}$	$\mu=2000$ $\delta=9.81\times 10^{-11}$	$\mu=3000$ $\delta=6.54\times 10^{-11}$	$\mu=4500$ $\delta=4.36\times 10^{-11}$	$\mu=7000$ $\delta=2.80\times 10^{-11}$
0	0.0360	0.0360	0.0360	0.0360	0.0360
2	0.0436	0.0398	0.0385	0.0377	0.0371
4	0.0513	0.0436	0.0411	0.0394	0.0382
6	0.0589	0.0474	0.0436	0.0411	0.0393
8	0.0665	0.0513	0.0462	0.0428	0.0404
10	0.0742	0.0551	0.0487	0.0445	0.0415

注：本表由阿乐斯绝热材料（广州）有限公司提供。

7.9.4 设备和管道保温保冷的计算原则,附录J的引文。新增条文。

本规范附录J,是对目前空气调节工程中最常用的几种性能较好的保冷材料,按不同的介质温度、不同的系统分别给出保冷厚度表,以方便设计人员选用。在选用柔性泡沫橡塑管壳时,为了能在保证保冷效果的同时相应节省材料的用量,也可按生产厂家提供的工程厚度规则进行选择,这也会给设计选型带来很大方便。例如,设计条件确定后,经过一次计算选定管材中某一系列,则该系列中各种管径所需的不同防结露厚度即相应确定,无须再对其他管径进行计算。

8 监测与控制

8.1 一般规定

8.1.1 应设置的监测和控制的内容。

本次修订将本章标题"自动控制"改为"监测与控制",内涵不变,只是为了便于理解。目前国内外有关标准、规范,两种提法都有,意义上无太大差别。

1 参数检测:包括参数的就地检测及遥测两类。就地参数检测是现场运行人员管理运行设备或系统的依据;参数的遥测是监控或就地控制系统制定监控或控制策略的依据。

2 参数和设备状态显示:通过集中监控系统主机系统的显示或打印单元以及就地控制系统的光、声响等器件显示某一参数是否达到规定值或超差;或显示某一设备运行状态。

3 自动调节:使某些运行参数自动的保持规定值或按预定的规律变动。

4 自动控制:使系统中的设备及元件按规定的程序启停。

5 工况自动转换:指在节能多工况运行的系统中,根据节能及参数运行要求实时从某一运行工况转到另一运行工况。

6 设备联锁:使相关设备按某一指定程序顺序启停。

7 自动保护:指设备运行状况异常或某些参数超过允许值时,发出报警信号或使系统中某些设备及元件自动停止工作。

8 能量计量:包括计量系统的冷热量、水流量及其累计值等,它是实现系统以优化方式运行,更好地进行能量管理的重要条件。

9 中央监控与管理:是指以微型计算机为基础的中央监控与管理系统,是在满足使用要求的前提下,按既考虑局部,更着重总体的节能原则,使各类设备在耗能低效率高状态下运行。中央监控与管理系统是一个包括管理功能、监视功能和实现总体运行优化的多功能系统。

设计时究竟采用哪些监测与控制内容,应根据建筑物的功能和标准、系统的类型、运行时间和工艺对管理的要求等因素,经技术经济比较确定。

8.1.2 采用集中监控系统的条件。

本规范所涉及的集中监控系统主要指集散型控制系统及全分散控制系统等一类系统。所谓集散型控制系统是一种基于计算机的分布式控制系统,其特征是"集中管理,分散控制"。即以分布在现场所控设备或系统附近的多台计算机控制器(又称下位机)完成对设备或系统的实时监测、保护和控制任务,克服了计算机集中控制带来的危险性高度集中和常规仪表控制功能单一的局限性;由于采用了安装于中央监控室的具有通讯、显示、打印及其丰富的管理软件的计算机系统,实行集中优化管理与控制,避免了常规仪表控制分散所造成的人机联系困难及无法统一管理的缺点。

全分散控制系统是系统的末端,例如包括传感器、执行器等部件具有通讯及智能功能,真正实现了点到点的连接,比集散型控制系统控制的灵活性更大,就中央主机部分设置、功能而言,全分散控制系统与集散型控制系统所要求的是完全相同的。

1 由于集中监控系统管理级中央主机统一监测与管理的功能及其功能性强的管理软件,因而可减少运行维护工作量,提高管理水平。

2 由于集中监控系统能方便的实现点到点通讯连接,因而比常规控制实现工况转换和调节更容易。

3 由于集中监控系统管理级中央主机所关心的不仅是设备的正常运行和维护,更着重于总体的运行状况和效率,因而更有利于实现系统的节能运行。

4 由于集中监控系统可实现下位机间或点到点通讯连接,因而系统之间的联锁保护控制更便于实现。

8.1.3 采用就地控制系统的条件。新增条文。

本条主要是指不适合采用集中监控系统的小型采暖、通风和空气调节系统。

1 工艺或使用条件有一定要求的采暖、通风和空气调节系统,采用手动控制尽管可以满足运行要求,但维护管理困难,而采用就地控制不仅提高了运行质量,也给维护管理带来了很大方便,因此条文规定应设就地控制。

2 防止事故保证安全的自动控制,主要是指系统和设备的各类保护控制,如通风和空气调节系统中电加热器与通风机的连锁和无风断电保护等。

3 采用就地控制系统能根据室内外条件实时投入节能控制方式,因而有利于节能。

8.1.4 连锁、连动等保护措施的设置。新增条文。

1 采用集中监控系统时,设备连动、连锁等保护措施应直接通过监控系统的下位机的控制程序或点到点的连接实现，尤其联动、连锁分布在不同控制区域时优越性更大。

2 采用就地控制系统时，设备连动、连锁等保护措施应为就地控制系统的一部分或分开设置成两个独立的系统。

3 对于不采用集中监控与就地控制的系统，出于安全目的时，连动、连锁应独立设置。

8.1.5 就地检测仪表。

设置就地检测仪表的目的，是通过仪表随时向操作人员提供各工况点和室内控制点的情况，以便进行必要的操作，因而应设在便于观察的位置。另一方面集中监控或就地控制系统基于实现监控与控制等目的所设置的遥测仪表当具有就地显示环节时，则可不必再设就地检测仪表。

8.1.6 手动控制装置的设置。

为使动力设备安全运行及便于维修，采用集中监控系统时，应在动力设备附近的动力柜上设置手动控制装置及远动/手动转换开关，并要求能监视远动/手动转换开关状态。

8.1.7 控制室的设置。

为便于系统初调试及运行管理，通常做法是将控制器或集中监控系统的下位机放在被控设备或系统附近；当采用集中监控系统时，为便于管理及提高系统运行质量，应设专门控制室；当就地控制的环节或仪表较多时，为便于统一管理，宜设专门控制室。

8.1.8 与防火和防排烟有关的监控内容。新增条文。

规定本条是为了采暖、通风与空气调节设计能够符合防火规范以及向消防监控设计提出正确的监控要求，使系统能正常运行。

与防排烟合用的空气调节通风系统（例如送风机兼作排烟补风机用，利用平时风道作为排烟风道时阀门的转换，火灾时气体灭火房间通风管道的隔绝等），平时风机运行一般由楼宇自控监控，火灾时设备、风阀等应立即转入火灾控制状态，由消防控制室监控。

要求风道上防火阀带位置反馈可用来监视防火阀工作状态，防止防火阀平时运行的非正常关闭及了解火灾时的阀位情况，以便及时准确地复位，以免影响空气调节通风系统的正常工作。通风系统干管上的防火阀如处于关闭状态，对通风系统影响较大且不易判断部位，因此一定要求监控防火阀的工作状态；当干管上的防水阀只影响个别房间时，例如宾馆客房的竖井排风或新风管道，垂直立管与水平支管交接处的防火阀只影响一个房间，是否设防火阀工作状态监视，则不做强行规定。防火阀工作状态首先在消防控制室显示，如有必要也可在楼宇中央控制室显示。

8.2 传感器和执行器

8.2.1～8.2.4 温度、湿度、压力（压差）流量传

感器的设置。新增条文。

本规范给出了温度、湿度、压力（压差）流量传感器设置应满足的一些条件，实际工程中，由于忽视条文中指出的有关条款，致使以上所述参数测量不准确或根本测不出参数值的实例屡见不鲜。条文中所指的本安型仪表应符合国家现行有关自动化仪表的相关规范的要求。

8.2.5 开关量传感器使用的条件。新增条文。

8.2.6 自动调节阀的选择。

为了调节系统正常工作，保证在负荷全部变化范围内的调节质量和稳定性，提高设备的利用率和经济性，正确选择调节阀的特性十分重要。

调节阀的选择原则，应以调节阀的工作流量特性即调节阀的放大系数来补偿对象放大系数的变化，以保证系统总开环放大系数不变，进而使系统达到较好的控制效果。但是，实际上由于影响对象特性的因素很多，用分析法难以求解，多数是通过经验法粗定，并以此来选用不同特性的调节阀。

此外，在系统中由于配管阻力的存在，压力损失比 S 值的不同，调节阀的工作流量特性并不同于理想的流量特性。如理想线性流量特性，当 $S<0.3$ 时，工作流量特性近似为快开特性，等百分比特性也畸变为接近线性特性，可调比显著减小，因此，通常是不希望 $S<0.3$ 的。

关于水两通阀流量特性的选择，由试验可知，空气加热器和空气冷却器的放大系数是随流量的增大而变小，而等百分比特性阀门的放大系数是随开度的加大而增大，同时由于水系统管道压力损失往往较大，$S<0.6$ 的情况居多，因而选用等百分比特性阀门具有较强的适应性。

关于三通阀的选择，总的原则是要求通过三通阀的总流量保持不变，抛物线特性的三通阀当 $S=0.3$ ～0.5 时，其总流量变化较小，在设计上一般常使三通阀的压力损失与热交换器和管道的总压力损失相同，即 $S=0.5$，此时无论从总流量变化角度，还是从三通阀的工作流量特性补偿热交换器的静态特性考虑，均以抛物线特性的三通阀为宜，在系统压力损失较小，通过三通阀的压力损失较大时，亦可选用线性三通阀。

关于蒸汽两通阀的选择，如果蒸汽加热中的蒸汽作自由冷凝，那么加热器每小时所放出的热量等于蒸汽冷凝潜热和进入加热器蒸汽量的乘积。当通过加热器的空气量一定时，经推导可以证明，蒸汽加热器的静态特性是一条直线，但实际上蒸汽在加热器中不能实现自由冷凝，有一部分蒸汽冷凝后再冷却使加热器的实际特性有微量的弯曲，但这种弯曲可以忽略不计。从对象特性考虑可以选用线性调节阀，但根据配管状态当 $S<0.6$ 时工作流量特性发生畸变，此时宜选用等百分比特性的阀。

调节阀的口径应根据使用对象要求的流通能力来定。口径选用过大或过小或满足不了调节质量或不经济。

8.2.7 三通阀和两通阀的应用。

由于三通混合阀和分流阀的内部结构不同，为了使流体沿流动方向使阀芯处于流开状态，阀的运行稳定，两者不能互为代用。但是，对于公称直径小于80mm的阀，由于不平衡力小，混合阀亦可用做分流。

双座阀不易保证上下两阀芯同时关闭，因而泄漏量大。尤其用在高温场合，阀芯和阀座两种材料的膨胀系数不同，泄漏会更大。因此，规定蒸汽的流量控制用单座阀。

8.2.8 水路切换应选用通断阀。新增条文。

8.2.9 必须使用气动执行器的条件。新增条文。强制条文。

8.3 采暖、通风系统的监测与控制

8.3.1 采暖、通风系统的监测点。

本条给出了应设置的采暖、通风系统监测点，设计时应根据系统设置加以确定。

8.3.2 暖风机热风采暖系统控制。

对于间歇供热的暖风机热风采暖系统，当停止供热或热媒温度、压力过低时，暖风机不停会使送风温度过低即出现吹冷风现象，此时应关闭暖风机。当再次供热，并且热媒的温度达到给定值，暖风机应接通。一般做法是采用位式控制。对于蒸汽是控制入口压力，高于压力整定值时控制触点闭合，低于压力整定值时控制触点断开。对于热水，在供水侧设控制触点，用供水温度和给定值比较来控制暖风机的启停。

8.3.3 排风系统工作状态信号。

条文中所指的这一类排风系统，其通风机通常设在远离工作地点处，为了在工作地点处能监督通风机运行，防止由于停机导致工作地点产生剧毒或爆炸危险性物质超过允许浓度，发生火灾或爆炸及其他人身事故，应在工作地点设通风机运行状态显示信号，以确保工作现场及人身的安全。

8.4 空气调节系统的监测与控制

8.4.1 空气调节系统监测点。

本条给出了应设置的空气调节系统监测点，设计时应根据系统设置加以确定。

8.4.2 多工况运行方式。

本条中"变结构多工况"的含义是，在不同的工况时，其调节系统（调节对象和执行机构等）的组成是变化的。以适应室内外热湿条件变化大的特点，达到节能的目的。工况的划分也要因系统的组成及处理方式的不同而改变，但总的原则是节能，尽量避免空气处理过程中的冷热抵消，充分利用新风和回风，缩

短制冷机、加热器及加湿器的时间等，并根据各工况在一年中运行的累计小时数简化设计，以减少投资。多工况同常规系统运行区别，在于不仅要进行参数的控制，还要进行工况的转换。多工况的控制、转换可采用就地的逻辑控制系统或集中监控系统等方式实现，工况少时可采用手动转换实现。

利用执行机构的极限位置，空气参数的超限信号以及分程控制方式等自动转换方式，在运行多工况控制及转换程序时交替使用，可达到实时转换的目的。

8.4.3 优先控制和分程控制。

水冷式空气冷却器采用室内温湿度的高（低）值选择器控制冷水量，在国外是较常用的控制方案，国内也有工程采用。

所谓高（低）值选择控制，就是在水冷式空气冷却器工作的季节，根据室内温湿度的超差情况，将温湿度调节器的输出信号分别输入到信号选择器内进行比较，选择器将根据比较后的高（低）值信号（只接受偏差大的为高值或只接受偏差小的为低值），自动控制调节阀改变进入水冷式空气冷却器的冷水量。

高（低）值选择器在以最不利的参数为基准，采用较大水量调节的时候，对另一个超差较小的参数，就会出现不是过冷就是过于干燥，也就是说如果冷水量是以温度为基准进行调节的，对于相对湿度调节来讲必然是调节过量，即相对湿度比给定值小；如果冷水量是以相对湿度为基准进行调节的，则温度就会出现比给定值低，要保证温湿度参数都满足要求，还需要对加热器或加湿器进行分程控制。

所谓对加热器或加湿器进行分程控制，以电动温湿度调节器为例，就是将其输出信号分为 0~5mA 和 6~10mA 两段，当采用高值选择时，其中 6~10mA 的信号控制空气冷却器的冷水量，而 0~5mA 一段信号去控制加热器和加湿器阀门，也就是说用一个调节器通过对两个执行器的零位调整进行分段控制，即温度调节器既可控制空气冷却器的阀门也可控制加热器的阀门，湿度调节器既可控制冷却器的阀门也可控制加湿器的阀门。

这里选择控制和分程控制是同时进行的，互为补充的，如果只进行高（低）值选择而不进行分程控制，其结果必然出现一个参数满足要求，另一个参数存在偏差。

8.4.4 室内相对湿度的控制。

空气调节房间热湿负荷变化较小时，用恒定机器露点温度的方法可以使室内相对湿度稳定在某一范围内，如室内热湿负荷稳定，可达到相当高的控制精度。但是，对于室内热湿负荷或相对湿度变化大的场合，宜采用不恒定机器露点温度或不达到机器露点温度的方式，即用直接装在室内工作区、回风口或总回风管中的湿度敏感元件来测量和调节系统中的相应的执行调节机构达到控制室内相对湿度的目的。系统在

运行中不恒定机器露点温度或不达到机器露点温度的程度是随室内热湿负荷的变化而变化的，对室内相对湿度是直接控制的，因此，室内散湿量变化较大时，其控制精度较高。然而对于多区系统这一方法仍不能满足各房间的不同条件，因此，在具体设计中应根据不同的实际要求，确定是否应按各房间的不同要求单独控制。

8.4.5 串级调节或送风补偿调节。

本条给出了串级调节或送风补偿调节系统的应用范围，说明如下：

串级调节系统采用两个调节回路：一是由副调节器、调节机构、对象 2、变送器 2 等组成的副调节回路；二是由副调节回路以外的其余部分组成的主调节回路。主调节器为恒值调节。副调节器的给定值由主调节器输入，并随输入而变化，为随动调节。主副两个调节器相串联，组成串级调节系统。这一调节系统如图 4 所示。

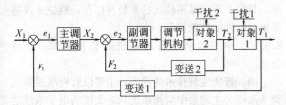

图 4　串级调节系统框图

图中 T_1、T_2 分别为对象 1 及对象 2 调节参数；X_1、X_2 分别为主副调节器的给定值；F_1、F_2 分别为对象反馈信号对主副调节器的输入；e_1、e_2 分别为调节偏差信号对主副调节器的输入。

串级调节系统由于副回路具有快速的调节作用，它可以减少主控制参数的波动幅值，改善调节系统的动态偏差，并且由于副回路的补偿作用，又允许使用窄比例带的调节器，静差可减少，因而提高了控制参数的精度。

下面以室温调节系统为例，分析采用这一方式的优点。假定采用冷热盘管，其热容大，送风管又相当长，采用单回路的反馈恒值调节系统时，由于调节滞后大，调节参数 T_1 必然超调大。尤其是来自送风的干扰（干扰 2）会较长时间作用在空气调节系统上，由于不能实时地调节，调节参数必然超调大。采用串级调节，将送风干扰 2 纳入副回路，在未对室温产生影响前，副回路已将送风温度调节到原给定值，干扰 2 则对室温不会带来什么影响；而由干扰 1 引起的室温波动又通过主调节器的输入变化，改变副调节器的给定值，使送风温度变化而得到补偿。送风温度的变化，副回路的调节是有利于减小室温波动的。

其次，进一步分析采用副回路的快速性。例如，干扰 1、干扰 2 同时为室温减小的信号，由框图分析，主调节器输出 X_2 增大（即提高副调节器的给定值），副调节器的输入 F_2 又减小，而（$X_2 - F_2$）的

输出将比只采用一个室温调节器的输出增大的快，可加速提高送风温度，有利于室温的恢复。同理分析两信号反相时，送风温度调节器感受的变化相反，因而送风温度变化小，有利于调节的稳定，可见采用两个调节器会更大地改善调节品质。

综合以上理由，本条规定串级调节适用于调节对象纯滞后大、时间常数大或热湿扰量大的场合。

8.4.6 变风量系统送风温度设定值。

在单管变风量系统中，冷却工况和加热工况是不能同时出现的。当系统处于冷却工况时，送风温度一直保持接近于冷却工况的设计设定值，末端装置的控制器按照需要调节进入房间的送风量。当转换到加热工况时，送风温度的设定值当应改变，并且要求改变所有房间末端装置控制器的作用方向。例如：在冷却工况下，当房间的温度降低时，末端装置控制器操纵末端装置的风阀向关小的位置调节；当房间温度升高时，再向开大的位置调节。在加热工况下将产生相反的调节过程。

8.4.7 变风量系统机组送风量的调节。新增条文。

变风量系统，当末端风量减少后，特别在多数房间的负荷同时减少时，风管静压增加了，造成能量多余消耗；过量的节流还会引起噪声的增加或使风机处在不稳定区工作。因此，在低负荷时，应对静压进行控制以改变机组的送风量。

风机变转数是最节能的运行方式，随着目前变频控制技术的成熟，推荐改变变频风机转数这一方式来改变机组送风量。

8.4.8 电加热器的联锁与保护。强制条文。

要求电加热器与送风机联锁，是一种保护控制，可避免系统中因无风电加热器单独工作导致的火灾。为了进一步提高安全可靠性，还要求有无风断电、超温断电保护措施，例如，用监视风机运行的风压差开关信号及在电加热器后面设超温断电信号与风机启停联锁等方式，来保证电加热器的安全运行。

联接电加热器的金属风管接地，可避免因漏电造成触电类的事故。

8.4.9 热水盘管的防冻保护控制。

位于冬季有冻结可能地区的新风或空气调节机组，应防止因某种原因热水盘管或其局部水流断流而造成冰冻的可能。通常的做法是在机组盘管的背风侧加设感温测头（通常为毛细管或其他类型测头），当其检测到盘管的背风侧温度低于某一设定值时，与该测头相联的防冻开关发出信号，机组即通过集中监控系统的控制器程序或电气设备的联动、联锁等方式运行防冻保护程序，例如：关新风门、停风机、开大热水阀、防止热水盘管冰冻面积进一步扩大。

8.4.10 送风风口转换装置设置的条件。新增条文。

8.4.11 采用风机盘管控制宜具备的条件。新增条文。

8.5 空气调节冷热源和空气调节水系统的监测与控制

8.5.1 空气调节冷热源和空气调节水系统的监测点。新增条文。

冷热源和空气调节水系统应设置的监测点，设计时应根据系统设置加以确定。

8.5.2 蓄冷、蓄热系统的监测点。新增条文。

蓄冷（热）系统宜设置的监测点，设计时应根据系统设置加以确定。

8.5.3 冷水机组水系统的联锁。新增条文。

规定本条的目的是为了保护制冷机安全运行，由于制冷机运行时，一定要保证它的蒸发器和冷凝器有足够的水量流过。为达到这一目的，制冷机水系统中其他设备，包括电动水阀、冷冻水泵、冷却水泵、冷却塔风机等应先于制冷机开机运行，停机则应按相反顺序进行。通常通过水流开关检测与制冷机相联锁的水泵状态，即确认水流开关接通后才允许制冷机启动。

8.5.4 冰蓄冷系统二次冷媒侧换热器的防冻保护。新增条文。

一般空气调节系统夜间负荷往往很小，甚至处在停运状态，而冰蓄冷系统主要在夜间电网低谷期进行蓄冰。因此，在两者进行换热的板热处，由于空气调节系统的水侧冷水基本不流动，如果乙二醇侧的制冰低温传递过来，必然引起另一侧水的冻结，造成板热的冻裂破坏。因此，必需随时观察板热处的乙二醇侧的溶液温度，调节好有关电动调节阀的开度，防止事故发生。

8.5.5 旁通调节阀的设置要求。新增条文。

设置旁通调节阀的目的，可控制进入冷水机组冷却水温度在设定范围内，是一种冷水机组保护措施。

8.5.6 闭式变水量空气调节水系统控制。

设置二次泵系统的目的是改变水泵流量，从而达到节能，因此规定应设置能够使系统变流量的二通阀，一次泵系统则不做硬性规定。

由于冷量与流量并不成线性关系，显然用冷水系统的负荷量大小确定制冷机台数更为合理，与冷机相配套的一次泵通常采用一机对一泵，因此一次泵运行台数也由负荷变化确定。

对于并联运行的二次泵，可采用压差（二次泵供回水集管间压差）控制二次泵运行台数或转数。但是，要解决转换的稳定性。

一次泵系统设压差控制环节是为了保证在系统末端水量变化时流经蒸发器的流量不变，满足制冷机运行的要求。二次泵系统设压差控制环节是为了保证末端装置水系统压力稳定，温湿度参数控制效果好。

8.5.7 集中监控系统与冷水机组控制器之间的通讯要求。新增条文。

冷水机组控制器通讯接口的设立，可使集中监控系统的中央主机系统能够监控冷水机组的运行参数以及使冷水系统能量管理更加合理。

8.6 中央级监控管理系统

8.6.1～8.6.8 中央级监控管理系统的设置要求。新增条文。

指出了中央级监控管理系统应具有的基本操作功能。包括监视功能、显示功能、操作功能、控制功能、数据管理辅助功能、安全保障管理功能等。它是由监控系统的软件包实现的，各厂家的软件包虽各有特点，但软件包功能类似。实际工程中，由于不能以条文中的要求去做，致使所安装的集中监控系统管理不善的例子屡见不鲜。如果不设立安全机制，任何人都可进入修改程序的级别，就会造成系统运行故障；不定期统计系统的能量消耗并加以改进，就达不到节能的目标；不记录系统运行参数并保存，就缺少改进系统运行性能的依据等。

8.6.9 中央级监控管理系统的数据共享。新增条文。

随着智能建筑技术的发展，主要以管理暖通空气调节系统为主的集中监控系统只是大厦弱电子系统之一。为了实现大厦各弱电子系统数据共享，就要求各子系统间（例如消防子系统、安全防范子系统等）有统一的通讯平台，因而必须预留与统一的通讯平台相连接的接口。

9 消声与隔振

9.1 一般规定

9.1.1 消声与隔振的设计原则。

采暖、通风与空气调节系统产生的噪声与振动，只是建筑中噪声和振动源的一部分。当系统产生的噪声和振动影响到工艺和使用的要求时，就应根据工艺和使用要求，各自的允许噪声标准及对振动的限制、系统的噪声和振动的频率特性及其传播方式（空气传播或固体传播）等方面进行消声与隔振设计，并应做到技术经济合理。

9.1.2 室内及环境噪声标准。

室内和环境噪声标准是消声设计的重要依据。因此，本条规定由采暖、通风和空气调节系统产生的噪声传播至使用房间和周围环境的噪声级，应满足国家现行标准《工业企业噪声控制设计规范》（GBJ 87）、《民用建筑隔声设计规范》（GBJ 118）、《城市区域环境噪声标准》（GB 3096）和《工业企业厂界噪声标准》（GB 12348）等的要求。

9.1.3 振动控制设计标准。新增条文。

振动对人体健康的危害是很严重的，在采暖、通风与空气调节系统中振动问题也是相当严重的。因此，本条规定了振动控制设计应满足国家现行标准《城市区域环境振动标准》（GB 10070）等的要求。

9.1.4 降低风系统噪声的措施。

本条规定了降低风系统噪声应注意的事项。系统设计安装了消声器，其消声效果也很好，但经消声处理后的风管又穿过高噪声房间，再次被污染，又回复到了原来的噪声水平，最终不能起到消声作用，这个问题，过去往往被人们忽视。同样道理，噪声高的风管穿过要求噪声低的房间时，它也会污染低噪声房间，使其达不到要求。因此，对这两种情况必须引起重视。当然，必须穿过时还是允许的，但应对风管进行良好的隔声处理，以避免上述两种情况发生。

9.1.5 风管内的风速。

通风机与消声装置之间的风管，其风道无特殊要求时，可按经济流速采用即可，根据国内外有关资料介绍，经济流速 6～13m/s，本条推荐采用的 8～10m/s 在经济流速的范围内。

消声装置与房间之间的风管，其空气流速不宜过大，因为风速增大，会引起系统内气流噪声和管壁振动加大，风速增加到一定值后，产生的气流再生噪声甚至会超过消声装置后的计算声压级；风管内的风速也不宜过小，否则会使风管的截面积增大，既耗费材料又占用较大的建筑空间，这也是不合理的。因此，本条给出了适应四种室内允许噪声级的主管和支管的风速范围。

9.1.6 机房位置及噪声源的控制。

通风、空气调节与制冷机房是产生噪声和振动的地方，是噪声和振动的发源处，其位置应尽量不靠近有较高防振和消声要求的房间，否则对周围环境影响颇大。

通风、空气调节与制冷系统运行时，机房内会产生相当高的噪声，一般为 80～100dB（A），甚至更高，远远超过环境噪声标准的要求。为了防止对相邻房间和周围环境的干扰，本条规定了噪声源位置在靠近有较高隔振和消声要求的房间时，必须采取有效措施。这些措施是在噪声和振动传播的途径上对其加以控制。为了防止机房内噪声源通过空气传声和固体传声对周围环境的影响，设计中应首先考虑采取把声源和振源控制在局部范围内的隔声与隔振措施，如采用实心墙体、密封门窗、堵塞空洞和设置隔振器等，这样做仍达不到要求时，再辅以降低声源噪声的吸声措施。大量实践证明，这样做是简单易行、经济合理的。

9.1.7 室外设备噪声控制。新增条文。

对露天布置的通风、空气调节和制冷设备及其附属设备如冷却塔、空气源冷（热）水机组等，其噪声达不到环境噪声标准要求时，亦应采取有效的降噪措施，如在其进、排风口设置消声设备或在其周围设置隔声屏障等。

9.2 消声与隔声

9.2.1 噪声源声功率级的确定。

进行采暖、通风与空气调节系统消声与隔声设计时，首先必须知道其设备，如通风机、空气调节机组、制冷压缩机和水泵等声功率级，再与室内外允许的噪声标准相比较，通过计算最终确定是否需要设置消声装置。

9.2.2 再生噪声与自然衰减量的确定。

当气流以一定速度通过直风管、弯头、三通、变径管、阀门和送、回风口等部件时，由于部件受气流的冲击湍振或因气流发生偏斜和涡流，从而产生气流再生噪声。随着气流速度的增加，再生噪声的影响也随之加大，以至成为系统中的一个新噪声源。所以，应通过计算确定所产生的再生噪声级，以便采取适当措施来降低或消除。

本条规定了在噪声要求不高，风速较低的情况下，对于直风管可不计算气流再生噪声和噪声自然衰减量。气流再生噪声和噪声自然衰减量是风速的函数。

9.2.3 设置消声装置的条件及消声量的确定。

通风与空气调节系统产生的噪声量，应尽量用风管、弯头和三通等部件以及房间的自然衰减降低或消除。当这样做不能满足消声要求时，则应设置消声装置或采取其他消声措施，如采用消声弯头等。消声装置所需的消声量，应根据室内所允许的噪声标准和系统的噪声功率级分频带通过计算确定。

9.2.4 选择消声设备的原则。

选择消声设备时，首先应了解消声设备的声学特性，使其在各频带的消声能力与噪声源的频率特性及各频带所需消声量相适应。如对中、高频噪声源，宜采用阻性或阻抗复合式消声设备；对于低、中频噪声源，宜采用共振式或其他抗性消声设备；对于脉动低频噪声源，宜采用抗性或微穿孔板阻抗复合式消声设备；对于变频带噪声源，宜采用阻抗复合式或微穿孔板消声设备。其次，还应兼顾消声设备的空气动力特性，消声设备的阻力不宜过大。

9.2.5 消声设备的布置原则。

为了减少和防止机房噪声源对其他房间的影响，并尽量发挥消声设备应有的消声作用，消声设备一般应布置在靠近机房的气流稳定的管段上。当消声器直接布置在机房内时，消声器、检查门及消声器后至机房隔墙的那段风管必须有良好的隔声措施；当消声器布置在机房外时，其位置应尽量临近机房隔墙，而且消声器前至隔墙的那段风管（包括拐弯静压箱或弯头）也应有良好的隔声措施，以免机房内的噪声通过消声设备本体、检查门及风管的不严密处再次传入系统中，使消声设备输出端的噪声增高。

在有些情况下，如系统所需的消声量较大或不同房间的允许噪声标准不同时，可在总管和支管上分段设置消声设备。在支管或风口上设置消声设备，还可适当提高风管风速，相应减小风管尺寸。

9.2.6 管道穿过围护结构的处理。

管道本身会由于液体或气体的流动而产生振动，当与墙壁硬接触时，会产生固体传声，因此应使之与弹性材料接触，同时也为防止噪声通过孔洞缝隙泄露出去而影响相邻房间及周围环境。

9.3 隔 振

9.3.1 设置隔振的条件。

通风、空气调节和制冷装置运行过程中产生的强烈振动，如不予以妥善处理，将会对工艺设备、精密仪器等的工作造成影响，并且有害于人体健康，严重时，还会危及建筑物的安全。因此，本条规定当通风、空气调节和制冷装置的振动靠自然衰减不能达到允许程度时，应设置隔振器或采取其他隔振措施，这样做还能起到降低固体传声的作用。

9.3.2～9.3.4 选择隔振器的原则。

1 从隔振器的一般原理可知，工作区的固有频率或者说包括振动设备、支座和隔振器在内的整个隔振体系的固有频率，与隔振体系的质量成反比，与隔振器的刚度成正比，也可以借助于隔振器的静态压缩量用下式计算：

$$f_0 = \frac{1}{2\pi}\sqrt{\frac{k}{m}} \approx \frac{5}{\sqrt{x}} \qquad (15)$$

式中 f_0——隔振器的固有频率（Hz）；
　　　k——隔振器的刚度（kg/cm^2）；
　　　m——隔振体系的质量（kg）；
　　　x——隔振器的静态压缩量（cm）；
　　　π——圆周率。

振动设备的扰动频率取决于振动设备本身的转速，即：

$$f = \frac{n}{60} \qquad (16)$$

式中 f——振动设备的扰动频率（Hz）；
　　　n——振动设备的转速（r/min）。

隔振器的隔振效果一般以传递率表示，它主要取决于振动设备的扰动频率与隔振器的固有频率之比，如忽略系统的阻尼作用，其关系式为：

$$T = \left| \frac{1}{1 - \left(\frac{f}{f_0}\right)^2} \right| \qquad (17)$$

式中 T——振动传递率（Hz）；
　　　其他符号意义同前。

由式（17）可以看出，当 f/f_0 趋近于 0 时，振动传递率接近于 1，此时隔振器不起隔振作用；当 $f = f_0$ 时，传递率趋于无穷大，表示系统发生共振，

这时不仅没有隔振作用，反而使系统的振动急剧增加，这是隔振设计必须避免的；只有当 $f/f_0 > \sqrt{2}$ 时，亦即振动传递率小于 1，隔振器才能起作用，其比值愈大，隔振效果愈好。虽然在理论上，f/f_0 愈大愈好，但因设计很低的 f_0，不但有困难、造价高，而且当 $f/f_0 > 5$ 时，隔振效果提高得也很缓慢，通常在工程设计上选用 $f/f_0 = 2.5 \sim 5$，因此规定设备运转频率（即扰动频率或驱动频率）与隔振器的固有频率之比，应大于或等于 2.5。

弹簧隔振器的固有频率较低（一般为 2～5Hz），橡胶隔振器的固有频率较高（一般为 5～10Hz），为了发挥其应有的隔振作用，使 $f/f_0 = 2.5 \sim 5$，因此，本规范规定当设备转速小于或等于 1500r/min 时，宜选用弹簧隔振器；设备转速大于 1500r/min 时，宜选用橡胶等弹性材料垫块或橡胶隔振器。对弹簧隔振器适用范围的限制，并不意味着它不能用于高转速的振动设备，而是因为采用橡胶等弹性材料已能满足隔振要求，而且做法简单，比较经济。

原规范规定设备运转频率与弹簧隔振器或橡胶隔振器垂直方向的固有频率之比，应大于或等于 2，此次修订改为 2.5，这意味着隔振效率由 67% 提高到 80%。各类建筑由于允许噪声的标准不同，因而对隔振的要求也不尽相同。由设备隔振而使与机房毗邻房间内的噪声降低量 NR 可由经验公式（18）得出：

$$NR = 12.5 \lg(1/T) \qquad (18)$$

允许振动传递率 T 随着建筑和设备的不同而不同，具体建议值见表 11。

表 11　不同建筑类别允许的振动传递率 T 的建议值

建筑类别	振动传递率 T
音乐厅、歌剧院	0.01～0.05
办公室、会议室、医院、住宅、学校、图书馆	0.05～0.2
多功能体育馆、餐厅	0.2～0.4
工厂、车库、仓库	0.8～1.5

2 为了保证隔振器的隔振效果并考虑某些安全因素，橡胶隔振器的计算压缩变形量，一般按制造厂提供的极限压缩量的 1/3～1/2 采用；橡胶隔振器和弹簧隔振器所承受的荷载，均不应超过允许工作荷载；由于弹簧隔振器的压缩变形量大，阻尼作用小，其振幅也较大，当设备启动与停止运行通过共振区其共振振幅达到最大时，有可能对设备及基础起破坏作用。因此，条文中规定，当共振振幅较大时，弹簧隔振器宜与阻尼大的材料联合使用。

3 当设备的运转频率与弹簧隔振器或橡胶隔振器垂直方向的固有频率之比为 2.5 时，隔振效率约为 80%，自振频率之比为 4～5 时，隔振效率大于 93%，

此时的隔振效果才比较明显。在保证稳定性的条件下，应尽量增大这个比值。根据固体声的特性，低频声域的隔声设计应遵循隔振设计的原则，即仍遵循单自由度系统的强迫振动理论，高频声域的隔声设计不再遵循单自由度系统的强迫振动理论，此时必须考虑到声波沿着不同介质传播所发生的现象，这种现象的原理是十分复杂的，它既包括在不同介质中介面上的能量反射，也包括在介质中被吸收的声波能量。根据上述现象及工程实践，在隔振器与基础之间再设置一定厚度的弹性隔振垫，能够减弱固体声的传播。

9.3.5 对隔振台座的要求。

加大隔振台座的质量及尺寸等，是为了加强隔振基础的稳定性和降低隔振器的固有频率，提高隔振效果。设计安装时，要使设备的重心尽量落在各隔振器的几何中心上，整个振动体系的重心要尽量低，以保证其稳定性。同时应使隔振器的自由高度尽量一致，基础底面也应平整，使各隔振器在平面上均匀对称，受压均匀。

9.3.6、9.3.7 减缓固体传振和传声的措施。

为了减缓通风机和水泵设备运行时，通过刚性连接的管道产生的固体传振和传声，同时防止这些设备设置隔振器后，由于振动加剧而导致管道破裂或设备损坏，其进出口宜采用软管与管道连接。这样做还能加大隔振体系的阻尼作用，降低通过共振时的振幅。同样道理，为了防止管道将振动设备的振动和噪声传播出去，支吊架与管道间应设弹性材料垫层。管道穿过机房围护结构处，其与孔洞之间的缝隙，应使用具备隔声能力的弹性材料填充密实。

附录 A 夏季太阳总辐射照度
附录 B 夏季透过标准窗
玻璃的太阳辐射照度

本规范附录 A 和附录 B 分 7 个纬度（北纬 20°、25°、30°、35°、40°、45°和 50°），6 种大气透明度等级给出了太阳辐射照度值，表达形式比较简捷，而且概括了全国情况，便于设计应用。在附录 B 中，分别给出了直接辐射和散射辐射值（直接辐射与散射辐射值之和，即为相应时刻透过标准窗玻璃进入室内的太阳总辐射照度），为空气调节负荷计算方法的应用和研究提供了条件。根据当地的地理纬度和计算大气透明度等级，即可直接从附录 A、附录 B 中查到当地的太阳辐射照度值，从设计应用的角度看，还是比较方便的。

附录 C 夏季空气调节大气
透明度分布图

夏季空气调节用的计算大气透明度等级分布图，

其制定条件是在标准大气压力下，大气质量 $M=2$。

$(M=\dfrac{1}{\sin\beta}$，β——太阳高度角，这里取 $\beta=30°)$

根据附录 C 所标定的计算大气透明度等级，再按本规范第 3.3.4 条表 3.3.4 进行大气压力订正，即可确定出当地的计算大气透明度等级。这一附录是根据我国气象部门有关科研成果中给出的我国七月大气透明度分布图，并参照全国日照率等值线图改制的。

附录 D 加热由门窗缝隙渗入
室内的冷空气的耗热量

本附录根据近年来冷风渗透的研究成果及其工程应用情况，在修改原规范附录七的基础上，给出了采用缝隙法确定多层和高层民用建筑渗透冷空气量的计算方法，并增加了多层建筑渗透冷空气量的换气次数法计算公式，因工业建筑的冷风渗透过程受到大门及孔口冷空气侵入等诸多复杂因素的影响，其冷风渗透量难以计算确定，本附录沿用原规范中估算生产厂房渗透耗热量的百分率附加法。

在采用缝隙法进行计算时，本附录沿用原规范以单纯风压作用下的理论渗透冷空气量 L_0 为基础的模式，但在以下方面进行了修改和完善：

1 在确定 L_0 时，本附录取消原规范附表 7.1，而应用通用性公式（D.0.2-2）进行计算。原因是规范难以涵盖目前出现的多种门窗类型，且同一类型门窗的渗风特性也有不同，而因计算条件的改变，以风速分级的计算列表也已无必要。式（D.0.2-2）中的外门窗缝隙渗风系数 a_1 值可由供货方提供或根据现行国家标准《建筑外窗空气渗透性能分级及其检测方法》，按表 D.0.2-1 采用。

2 根据朝向修正系数 n 的定义和统计方法，v_0 应当与 $n=1$ 的朝向对应，而该朝向往往是冬季室外最多风向；若 n 值以一月平均风速为基准进行统计，v_0 应当取为一月室外最多风向的平均风速。考虑一月室外最多风向的平均风速与冬季室外最多风向的平均风速相差不大，且后者可较为方便地应用《采暖通风与空气调节气象资料集》，本附录式（D.0.2-2）中的 v_0 取为冬季室外最多风向的平均风速，而非原规范的冬季室外平均风速。

3 本附录采用冷风渗透压差综合修正系数 m 的概念，取代原规范中渗透冷空气量的综合修正系数 m。本附录中 m 值的计算式（D.0.2-3）对原规范中风压与热压共同作用时的压差叠加方式进行了修改，并引入热压系数 C_r 和风压差系数 ΔC_f，使其成为反映综合压差的物理量。当 $m>0$ 时，冷空气渗入。

4 当渗透冷空气流通路径确定时，热压系数 C_r 仅与建筑内部隔断情况及缝隙渗风特性有关。因建筑日趋多样化，且确定 C_r 的解析值需求解非线性方程，获取 C_r 的理论值非常困难。本附录根据典型建筑门窗设置情况及其缝隙特性，通过对有关参数的数量级分析，提供了热压系数 C_r 的推荐值。一般认为，渗透冷空气经外窗、内（房）门、前室门和楼梯间（电梯间）门进入气流竖井。本规范表 D.0.2-2 中，若前室门或楼梯间（电梯间）设门，则 $0.2 \leqslant C_r \leqslant 0.6$；否则，$C_r \geqslant 0.6$。对于内（房）门也是如此。所谓密闭性好与差是相对于外窗气密性而言的。C_r 的幅值范围应为 $0 \sim 1.0$，但为便于计算且偏安全，可取下限为 0.2。有条件时，应进行理论分析与实测。

5 风压差系数 ΔC_f 不仅与建筑表面风压系数 C_f 有关，而且与建筑内部隔断情况及缝隙渗风特性有关。当建筑迎风面与背风面内部隔断等情况相同时，ΔC_f 仅与 C_f 有关；当迎风面与背风面 C_f 分别取绝对值最大，即 1.0 和 -0.4 时，$\Delta C_f = 0.7$，可见该值偏安全。有条件时，应进行理论分析与实测。

6 因热压系数 C_r 对热压差与风压差均有作用，本附录中有效热压差与有效风压差之比 C 值的计算式（D.0.2-5）中不包括 C_r，且以风压差系数 ΔC_f 取代原规范中建筑表面风压系数 C_f。

7 竖井计算温度 t'_n，应根据楼梯间等竖井是否采暖等情况经分析确定。

附录 E 渗透冷空气量的朝向修正系数 n 值

本规范附录 E 给出的全国 104 个城市的渗透冷空气量的朝向修正系数 n 值，是参照国内有关资料提出的方法，通过具体地统计气象资料得出的。所谓渗透冷空气量的朝向修正数系数，乃是 1971～1980 年累年一月份各朝向的平均风速、风向频率和室内外温差三者的乘积与其最大值的比值，即以渗透冷空气量最大的某一朝向 $n=1$，其他朝向分别采取 $n<1$ 的修正系数。在附录中所列的 104 个城市中，有一小部分城市 $n=1$ 的朝向不是采暖问题比较突出的北、东北或西北，而是南、西南或东南等。如乌鲁木齐南向 $n=1$，北向 $n=0.35$；哈尔滨南向 $n=1$，北向 $n=0.30$。有的单位反映这样规定不尽合理，有待进一步研究解决。考虑到各地区的实际情况及小气候等因素的影响，为了给设计人员留有选择的余地，在附录的表述中给予一定灵活性。

附录 F 自然通风的计算

本规范附录 F 列出的自然通风计算方法是适用于热车间自然通风的比较常用的计算方法。这里仅做一点说明。

本附录公式附 F.0.3 中的散热量有效系数 m 值，其影响因素较多。例如热源的布置情况、热源的高度和辐射强度等，一个热车间当热源的布置、保温等情况一定时，就有一个客观存在的 m 值，它可以通过实测得到比较符合实际的数值。其他相同或类似布置的热车间，就可以沿用这个实测数据进行设计计算。不是每种类型的热车间都有实测数据，这样就会给热车间的自然通风计算带来困难。经过对一些资料的分析对比，本附录给出了式 F.0.3 的计算方法，该计算公式除考虑了热设备占地面积的因素外，还考虑了热设备的高度和辐射强度对 m 值的影响，比较全面，计算结果也比较切合实际，具体内容可参见原规范参考资料《关于夏季自然通风计算中的排风温度和 m 值的分析》。

附录 G 除尘风管的最小风速

本规范附录 G 给出的除尘风管最小风速，是根据国内外有关资料归纳整理的。由于所依据的资料较多，所载数据不尽相同。取舍的原则是：凡数据有出入的，按与其关系最直接的部门的数据采用。

中华人民共和国国家标准

民用建筑供暖通风与空气调节设计规范

Design code for heating ventilation and air conditioning
of civil buildings

GB 50736—2012

主编部门：中华人民共和国住房和城乡建设部
批准部门：中华人民共和国住房和城乡建设部
施行日期：２０１２年１０月１日

中华人民共和国住房和城乡建设部
公 告

第 1270 号

关于发布国家标准
《民用建筑供暖通风与空气调节设计规范》的公告

现批准《民用建筑供暖通风与空气调节设计规范》为国家标准，编号为 GB 50736-2012，自 2012 年 10 月 1 日起实施。其中，第 3.0.6(1)、5.2.1、5.3.5、5.3.10、5.4.3(1)、5.4.6、5.5.1、5.5.5、5.5.8、5.6.1、5.6.6、5.7.3、5.9.5、5.10.1、6.1.6、6.3.2、6.3.9(2)、6.6.13、6.6.16、7.2.1、7.2.10、7.2.11(1、3)、7.5.2(3)、7.5.6、8.1.2、8.1.8、8.2.2、8.2.5、8.3.4（1）、8.3.5（4）、8.5.20(1)、8.7.7(4)、8.10.3(1、2、3)、8.11.14、9.1.5(1、2、3、4)、9.4.9 条（款）为强制性条文，必须严格执行。《采暖通风与空气调节设计规范》GB 50019-2003 中相应条文同时废止。

本规范由我部标准定额研究所组织中国建筑工业出版社出版发行。

中华人民共和国住房和城乡建设部

2012 年 1 月 21 日

前 言

本规范系根据住房和城乡建设部《关于印发〈2008 年工程建设国家标准制订、修订计划（第一批）〉的通知》（建标〔2008〕102 号）的要求，由中国建筑科学研究院会同有关单位编制完成的。

本规范在编制过程中，编制组经广泛调查研究，认真总结实践经验，参考有关国际标准和国外先进标准，并在广泛征求意见的基础上，最后经审查定稿。

本规范共分 11 章和 10 个附录，主要技术内容是：总则、术语、室内空气设计参数、室外设计计算参数、供暖、通风、空气调节、冷源与热源、检测与监控、消声与隔振、绝热与防腐。

本规范中以黑体字标志的条文为强制性条文，必须严格执行。

本规范由住房和城乡建设部负责管理和对强制性条文的解释，由中国建筑科学研究院负责具体技术内容的解释。执行过程中如有意见或建议，请寄送中国建筑科学研究院暖通空调规范编制组（地址：北京市北三环东路 30 号，邮政编码 100013）。

本规范主编单位：中国建筑科学研究院
本规范参编单位：北京市建筑设计研究院
中国建筑设计研究院
国家气象信息中心
中国建筑东北设计研究院
清华大学
上海建筑设计研究院
华东建筑设计研究院
山东省建筑设计研究院
哈尔滨工业大学
天津市建筑设计院
中国建筑西北设计研究院
中国建筑西南设计研究院
中南建筑设计院
深圳市建筑设计研究总院
同济大学
天津大学
新疆建筑设计研究院
贵州省建筑设计研究院
中建（北京）国际设计顾问有限公司
华南理工大学建筑设计研究院
同方股份有限公司
特灵空调系统（中国）有限公司
昆山台佳机电有限公司
安徽安泽电工有限公司
杭州源牌环境科技有限公司

丹佛斯（上海）自动控制有限公司

北京普来福环境技术有限公司

际高建业有限公司

开利空调销售服务（上海）有限公司

远大空调有限公司

新疆绿色使者空气环境技术有限公司

北京联合迅杰科技有限公司

西门子楼宇科技（天津）有限公司

北京天正工程软件有限公司

北京鸿业同行科技有限公司

广东美的商用空调设备有限公司

妥思空调设备（苏州）有限公司

欧文斯科宁（中国）投资有限公司

本规范主要起草人员：徐　伟　邹　瑜　徐宏庆
孙敏生　潘云钢　金丽娜
李先庭　寿炜炜　马伟骏
王国复　赵晓宇　于晓明
董重成　伍小亭　王　谦
戎向阳　马友才　吴大农
张　旭　朱　能　狄洪发
刘　鸣　孙延勋　毛红卫
王　钊　阮　新　贾　晶
刘一民　程乃亮　叶水泉
张寒晶　朱江卫　丛旭日
杨利明　傅立新　于向阳
王舜立　邵康文　李振华
魏光远　张嚚翚　郭建雄
王聪慧　张时聪　陈　曦
孙峙峰

本规范主要审查人员：吴元炜　吴德绳　郎四维
江　亿　李娥飞　许文发
罗继杰　曹　越　郑官振
钟朝安　徐　明　张瑞武
毛明强　丁力行　李著萱
张小慧

目　次

Contents

1 总 则

1.0.1 为了在民用建筑供暖通风与空气调节设计中贯彻执行国家技术经济政策,合理利用资源和节约能源,保护环境,促进先进技术应用,保证健康舒适的工作和生活环境,制定本规范。

1.0.2 本规范适用于新建、改建和扩建的民用建筑的供暖、通风与空气调节设计,不适用于有特殊用途、特殊净化与防护要求的建筑物以及临时性建筑物的设计。

1.0.3 供暖、通风与空气调节设计方案,应根据建筑物的用途与功能、使用要求、冷热负荷特点、环境条件以及能源状况等,结合国家有关安全、节能、环保、卫生等政策、方针,通过经济技术比较确定。在设计中应优先采用新技术、新工艺、新设备、新材料。

1.0.4 在供暖、通风与空气调节设计中,对有可能造成人体伤害的设备及管道,必须采取安全防护措施。

1.0.5 在供暖、通风与空调系统设计中,应设有设备、管道及配件所必需的安装、操作和维修的空间,或在建筑设计时预留安装维修用的孔洞。对于大型设备及管道应提供运输和吊装的条件或设置运输通道和起吊设施。

1.0.6 在供暖、通风与空气调节设计中,应根据现有国家抗震设防等级要求,考虑防震或其他防护措施。

1.0.7 供暖、通风与空气调节设计应考虑施工、调试及验收的要求。当设计对施工、调试及验收有特殊要求时,应在设计文件中加以说明。

1.0.8 民用建筑供暖、通风与空气调节的设计,除应符合本规范的规定外,尚应符合国家现行有关标准的规定。

2 术 语

2.0.1 预计平均热感觉指数(PMV) predicted mean vote

PMV 指数是以人体热平衡的基本方程式以及心理生理学主观热感觉的等级为出发点,考虑了人体热舒适感诸多有关因素的全面评价指标。PMV 指数表明群体对于(+3～-3)七个等级热感觉投票的平均指数。

2.0.2 预计不满意者的百分数(PPD) predicted percent of dissatisfied

PPD 指数为预计处于热环境中的群体对于热环境不满意的投票平均值。PPD 指数可预计群体中感觉过暖或过凉"根据七级热感觉投票表示热(+3),

温暖(+2),凉(-2),或冷(-3)"的人的百分数。

2.0.3 供暖 heating

用人工方法通过消耗一定能源向室内供给热量,使室内保持生活或工作所需温度的技术、装备、服务的总称。供暖系统由热媒制备(热源)、热媒输送和热媒利用(散热设备)三个主要部分组成。

2.0.4 集中供暖 central heating

热源和散热设备分别设置,用热媒管道相连接,由热源向多个热用户供给热量的供暖系统,又称为集中供暖系统。

2.0.5 值班供暖 standby heating

在非工作时间或中断使用的时间内,为使建筑物保持最低室温要求而设置的供暖。

2.0.6 毛细管网辐射系统 capillary mat radiant system

辐射末端采用细小管道,加工成并联的网栅,直接铺设于地面、顶棚或墙面的一种热水辐射供暖供冷系统。

2.0.7 热量结算点 heat settlement site

供热方和用热方之间通过热量表计量的热量值直接进行贸易结算的位置。

2.0.8 置换通风 displacement ventilation

空气以低风速、小温差的状态送入人员活动区下部,在送风及室内热源形成的上升气流的共同作用下,将热浊空气顶升至顶部排出的一种机械通风方式。

2.0.9 复合通风系统 hybrid ventilation system

在满足热舒适和室内空气质量的前提下,自然通风和机械通风交替或联合运行的通风系统。

2.0.10 空调区 air-conditioned zone

保持空气参数在设定范围之内的空气调节区域。

2.0.11 分层空调 stratified air conditioning

特指仅使高大空间下部工作区域的空气参数满足设计要求的空气调节方式。

2.0.12 多联机空调系统 multi-connected split air conditioning system

一台(组)空气(水)源制冷或热泵机组配置多台室内机,通过改变制冷剂流量适应各房间负荷变化的直接膨胀式空调系统。

2.0.13 低温送风空调系统 cold air distribution system

送风温度不高于10℃的全空气空调系统。

2.0.14 温度湿度独立控制空调系统 temperature & humidity independent processed air conditioning system

由相互独立的两套系统分别控制空调区的温度和湿度的空调系统,空调区的全部显热负荷由干工况室内末端设备承担,空调区的全部散湿量由经除湿处理的干空气承担。

2.0.15 空气分布特性指标(ADPI) air diffusion performance index

舒适性空调中用来评价人的舒适性的指标,系指人员活动区内测点总数中符合要求测点所占的百分比。

2.0.16 工艺性空调 industrial air conditioning system

指以满足设备工艺要求为主，室内人员舒适感为辅的具有较高温度、湿度、洁净度等级要求的空调系统。

2.0.17 热泵 heat pump

利用驱动能使能量从低位热源流向高位热源的装置。

2.0.18 空气源热泵 air-source heat pump

以空气为低位热源的热泵。通常有空气/空气热泵、空气/水热泵等形式。

2.0.19 地源热泵系统 ground-source heat pump system

以岩土体、地下水或地表水为低温热源，由水源热泵机组、地热能交换系统、建筑物内系统组成的供热供冷系统。根据地热能交换系统形式的不同，地源热泵系统分为地埋管地源热泵系统、地下水地源热泵系统和地表水地源热泵系统。

2.0.20 水环热泵空调系统 water-loop heat pump air conditioning system

水/空气热泵的一种应用方式。通过水环路将众多的水/空气热泵机组并联成一个以回收建筑物余热为主要特征的空调系统。

2.0.21 分区两管制空调水系统 zoning two-pipe chilled water system

按建筑物空调区域的负荷特性将空调水路分为冷水和冷热水合用的两种两管制系统。需全年供冷水区域的末端设备只供应冷水，其余区域末端设备根据季节转换，供应冷水或热水。

2.0.22 定流量一级泵空调冷水系统 constant flow distribution with primary pump chilled water system

空调末端无水路调节阀或设水路分流三通调节阀的一级泵系统，简称定流量一级泵系统。

2.0.23 变流量一级泵空调冷水系统 variable flow distribution with primary pump chilled water system

空调末端设水路两通调节阀的一级泵系统，包括冷水机组定流量、冷水机组变流量两种形式，简称变流量一级泵系统。

2.0.24 耗电输冷（热）比 ［EC(H)R］ electricity consumption to transferred cooling (heat) quantity ratio

设计工况下，空调冷热水系统循环水泵总功耗（kW）与设计冷（热）负荷（kW）的比值。

2.0.25 蓄冷-释冷周期 period of charge and discharge

蓄冷系统经一个蓄冷-释冷循环所运行的时间。

2.0.26 全负荷蓄冷 full cool storage

蓄冷装置承担设计周期内电力平、峰段的全部空调负荷。

2.0.27 部分负荷蓄冷 partial cool storage

蓄冷装置只承担设计周期内电力平、峰段的部分空调负荷。

2.0.28 区域供冷系统 district cooling system

在一个建筑群中设置集中的制冷站制备空调冷水，再通过输送管道，向各建筑物供给冷量的系统。

2.0.29 耗电输热比（EHR）electricity consumption to transferred heat quantity ratio

设计工况下，集中供暖系统循环水泵总功耗（kW）与设计热负荷（kW）的比值。

3 室内空气设计参数

3.0.1 供暖室内设计温度应符合下列规定：

1 严寒和寒冷地区主要房间应采用18℃～24℃；

2 夏热冬冷地区主要房间宜采用16℃～22℃；

3 设置值班供暖房间不应低于5℃。

3.0.2 舒适性空调室内设计参数应符合以下规定：

1 人员长期逗留区域空调室内设计参数应符合表3.0.2的规定：

表3.0.2 人员长期逗留区域空调室内设计参数

类别	热舒适度等级	温度（℃）	相对湿度（%）	风速（m/s）
供热工况	Ⅰ级	22～24	≥30	≤0.2
	Ⅱ级	18～22		≤0.2
供冷工况	Ⅰ级	24～26	40～60	≤0.25
	Ⅱ级	26～28	≤70	≤0.3

注：1 Ⅰ级热舒适度较高，Ⅱ级热舒适度一般；
　　2 热舒适度等级划分按本规范第3.0.4条确定。

2 人员短期逗留区域空调供冷工况室内设计参数宜比长期逗留区域提高1℃～2℃，供热工况宜降低1℃～2℃。短期逗留区域供冷工况风速不宜大于0.5m/s，供热工况风速不宜大于0.3m/s。

3.0.3 工艺性空调室内设计温度、相对湿度及其允许波动范围，应根据工艺需要及健康要求确定。人员活动区的风速，供热工况时，不宜大于0.3m/s；供冷工况时，宜采用0.2 m/s～0.5m/s。

3.0.4 供暖与空调的室内热舒适性应按现行国家标准《中等热环境 PMV和PPD指数的测定及热舒适条件的规定》GB/T 18049的有关规定执行，采用预计平均热感觉指数（PMV）和预计不满意者的百分数（PPD）评价，热舒适度等级划分应按表3.0.4采用。

表3.0.4 不同热舒适度等级对应的 PMV、PPD 值

热舒适度等级	PMV	PPD
Ⅰ级	$-0.5 \leqslant PMV \leqslant 0.5$	≤10%
Ⅱ级	$-1 \leqslant PMV < -0.5$，$0.5 < PMV \leqslant 1$	≤27%

3.0.5 辐射供暖室内设计温度宜降低2℃；辐射供冷室内设计温度宜提高0.5℃～1.5℃。

3.0.6 设计最小新风量应符合下列规定：

1 公共建筑主要房间每人所需最小新风量应符合表3.0.6-1规定。

表 3.0.6-1 公共建筑主要房间每人所需最小新风量[m³/(h·人)]

建筑房间类型	新风量
办公室	30
客房	30
大堂、四季厅	10

2 设置新风系统的居住建筑和医院建筑，所需最小新风量宜按换气次数法确定。居住建筑换气次数宜符合表 3.0.6-2 规定，医院建筑换气次数宜符合表 3.0.6-3 规定。

表 3.0.6-2 居住建筑设计最小换气次数

人均居住面积 F_P	每小时换气次数
$F_P \leqslant 10m^2$	0.70
$10m^2 < F_P \leqslant 20m^2$	0.60
$20m^2 < F_P \leqslant 50m^2$	0.50
$F_P > 50m^2$	0.45

表 3.0.6-3 医院建筑设计最小换气次数

功能房间	每小时换气次数
门诊室	2
急诊室	2
配药室	5
放射室	2
病房	2

3 高密人群建筑每人所需最小新风量应按人员密度确定，且应符合表 3.0.6-4 规定。

表 3.0.6-4 高密人群建筑每人所需最小新风量[m³/(h·人)]

建筑类型	人员密度 P_F（人/m²）		
	$P_F \leqslant 0.4$	$0.4 < P_F \leqslant 1.0$	$P_F > 1.0$
影剧院、音乐厅、大会厅、多功能厅、会议室	14	12	11
商场、超市	19	16	15
博物馆、展览厅	19	16	15
公共交通等候室	19	16	15
歌厅	23	20	19
酒吧、咖啡厅、宴会厅、餐厅	30	25	23
游艺厅、保龄球房	30	25	23
体育馆	19	16	15
健身房	40	38	37
教室	28	24	22
图书馆	20	17	16
幼儿园	30	25	23

4 室外设计计算参数

4.1 室外空气计算参数

4.1.1 主要城市的室外空气计算参数应按本规范附录 A 采用。对于附录 A 未列入的城市，应按本节的规定进行计算确定，若基本观测数据不满足本节要求，其冬夏两季室外计算温度，也可按本规范附录 B 所列的简化方法确定。

4.1.2 供暖室外计算温度应采用历年平均不保证 5 天的日平均温度。

4.1.3 冬季通风室外计算温度，应采用累年最冷月平均温度。

4.1.4 冬季空调室外计算温度，应采用历年平均不保证 1 天的日平均温度。

4.1.5 冬季空调室外计算相对湿度，应采用累年最冷月平均相对湿度。

4.1.6 夏季空调室外计算干球温度，应采用历年平均不保证 50 小时的干球温度。

4.1.7 夏季空调室外计算湿球温度，应采用历年平均不保证 50 小时的湿球温度。

4.1.8 夏季通风室外计算温度，应采用历年最热月 14 时的月平均温度的平均值。

4.1.9 夏季通风室外计算相对湿度，应采用历年最热月 14 时的月平均相对湿度的平均值。

4.1.10 夏季空调室外计算日平均温度，应采用历年平均不保证 5 天的日平均温度。

4.1.11 夏季空调室外计算逐时温度，可按下式确定：

$$t_{sh} = t_{wp} + \beta \Delta t_r \quad (4.1.11-1)$$

$$\Delta t_r = \frac{t_{wg} - t_{wp}}{0.52} \quad (4.1.11-2)$$

式中：t_{sh} ——室外计算逐时温度（℃）；

t_{wp} ——夏季空调室外计算日平均温度（℃）；

β ——室外温度逐时变化系数按表 4.1.11 确定；

Δt_r ——夏季室外计算平均日较差；

t_{wg} ——夏季空调室外计算干球温度（℃）。

表 4.1.11 室外温度逐时变化系数

时刻	1	2	3	4	5	6
β	-0.35	-0.38	-0.42	-0.45	-0.47	-0.41
时刻	7	8	9	10	11	12
β	-0.28	-0.12	0.03	0.16	0.29	0.40
时刻	13	14	15	16	17	18
β	0.48	0.52	0.51	0.43	0.39	0.28
时刻	19	20	21	22	23	24
β	0.14	0.00	-0.10	-0.17	-0.23	-0.26

4.1.12 当室内温湿度必须全年保证时,应另行确定空调室外计算参数。仅在部分时间工作的空调系统,可根据实际情况选择室外计算参数。

4.1.13 冬季室外平均风速,应采用累年最冷3个月各月平均风速的平均值;冬季室外最多风向的平均风速,应采用累年最冷3个月最多风向(静风除外)的各月平均风速的平均值;夏季室外平均风速,应采用累年最热3个月各月平均风速的平均值。

4.1.14 冬季最多风向及其频率,应采用累年最冷3个月的最多风向及其平均频率;夏季最多风向及其频率,应采用累年最热3个月的最多风向及其平均频率;年最多风向及其频率,应采用累年最多风向及其平均频率。

4.1.15 冬季室外大气压力,应采用累年最冷3个月各月平均大气压力的平均值;夏季室外大气压力,应采用累年最热3个月各月平均大气压力的平均值。

4.1.16 冬季日照百分率,应采用累年最冷3个月各月平均日照百分率的平均值。

4.1.17 设计计算用供暖期天数,应按累年日平均温度稳定低于或等于供暖室外临界温度的总日数确定。一般民用建筑供暖室外临界温度宜采用5℃。

4.1.18 室外计算参数的统计年份宜取30年。不足30年者,也可按实有年份采用,但不得少于10年。

4.1.19 山区的室外气象参数应根据就地的调查、实测并与地理和气候条件相似的邻近台站的气象资料进行比较确定。

4.2 夏季太阳辐射照度

4.2.1 夏季太阳辐射照度应根据当地的地理纬度、大气透明度和大气压力,按7月21日的太阳赤纬计算确定。

4.2.2 建筑物各朝向垂直面与水平面的太阳总辐射照度可按本规范附录C采用。

4.2.3 透过建筑物各朝向垂直面与水平面标准窗玻璃的太阳直接辐射照度和散射辐射照度,可按本规范附录D采用。

4.2.4 采用本规范附录C和附录D时,当地的大气透明度等级,应根据本规范附录E及夏季大气压力,并按表4.2.4确定。

表4.2.4 大气透明度等级

附录E标定的大气透明度等级	下列大气压力(hPa)时的透明度等级							
	650	700	750	800	850	900	950	1000
1	1	1	1	1	1	1	1	1
2	1	1	1	1	2	2	2	2
3	1	2	2	2	2	3	3	3
4	2	3	3	3	4	4	4	4
5	3	3	4	4	4	5	5	5
6	4	4	4	5	5	6	6	6

5 供 暖

5.1 一般规定

5.1.1 供暖方式应根据建筑物规模,所在地区气象条件、能源状况及政策、节能环保和生活习惯要求等,通过技术经济比较确定。

5.1.2 累年日平均温度稳定低于或等于5℃的日数大于或等于90天的地区,应设置供暖设施,并宜采用集中供暖。

5.1.3 符合下列条件之一的地区,宜设置供暖设施;其中幼儿园、养老院、中小学校、医疗机构等建筑宜采用集中供暖:

1 累年日平均温度稳定低于或等于5℃的日数为60d~89d;

2 累年日平均温度稳定低于或等于5℃的日数不足60d,但累年日平均温度稳定低于或等于8℃的日数大于或等于75d。

5.1.4 供暖热负荷计算时,室内设计参数应按本规范第3章确定;室外计算参数应按本规范第4章确定。

5.1.5 严寒或寒冷地区设置供暖的公共建筑,在非使用时间内,室内温度应保持在0℃以上;当利用房间蓄热量不能满足要求时,应按保证室内温度5℃设置值班供暖。当工艺有特殊要求时,应按工艺要求确定值班供暖温度。

5.1.6 居住建筑的集中供暖系统应按连续供暖进行设计。

5.1.7 设置供暖的建筑物,其围护结构的传热系数应符合国家现行相关节能设计标准的规定。

5.1.8 围护结构的传热系数应按下式计算:

$$K = \frac{1}{\frac{1}{\alpha_n} + \sum \frac{\delta}{\alpha_\lambda \cdot \lambda} + R_k + \frac{1}{\alpha_w}} \quad (5.1.8)$$

式中:K——围护结构的传热系数[W/(m²·K)];

α_n——围护结构内表面换热系数[W/(m²·K)],按本规范表5.1.8-1采用;

α_w——围护结构外表面换热系数[W/(m²·K)],按本规范表5.1.8-2采用;

δ——围护结构各层材料厚度(m);

λ——围护结构各层材料导热系数[W/(m·K)];

α_λ——材料导热系数修正系数,按本规范表5.1.8-3采用;

R_k——封闭空气间层的热阻(m²·K/W),按本规范表5.1.8-4采用。

表 5.1.8-1　围护结构内表面换热系数 α_n

围护结构内表面特征	$\alpha_n[W/(m^2 \cdot K)]$
墙、地面、表面平整或有肋状突出物的顶棚，当 $h/s \leqslant 0.3$ 时	8.7
有肋、井状突出物的顶棚，当 $0.2 < h/s \leqslant 0.3$ 时	8.1
有肋状突出物的顶棚，当 $h/s > 0.3$ 时	7.6
有井状突出物的顶棚，当 $h/s > 0.3$ 时	7.0

注：h 为肋高(m)；s 为肋间净距(m)。

表 5.1.8-2　围护结构外表面换热系数 α_w

围护结构外表面特征	$\alpha_w[W/(m^2 \cdot K)]$
外墙和屋顶	23
与室外空气相通的非供暖地下室上面的楼板	17
闷顶和外墙上有窗的非供暖地下室上面的楼板	12
外墙上无窗的非供暖地下室上面的楼板	6

表 5.1.8-3　材料导热系数修正系数 α_λ

材料、构造、施工、地区及说明	α_λ
作为夹心层浇筑在混凝土墙体及屋面构件中的块状多孔保温材料（如加气混凝土、泡沫混凝土及水泥膨胀珍珠岩），因干燥缓慢及灰缝影响	1.60
铺设在密闭屋面中的多孔保温材料（如加气混凝土、泡沫混凝土、水泥膨胀珍珠岩、石灰炉渣等），因干燥缓慢	1.50
铺设在密闭屋面中及作为夹心层浇筑在混凝土构件中的半硬质矿棉、岩棉、玻璃棉板等，因压缩及吸湿	1.20
作为夹心层浇筑在混凝土构件中的泡沫塑料等，因压缩	1.20
开孔型保温材料（如水泥刨花板、木丝板、稻草板等），表面抹灰或混凝土浇筑在一起，因灰浆渗入	1.30
加气混凝土、泡沫混凝土砌块墙体及加气混凝土条板墙体、屋面，因灰缝影响	1.25
填充在空心墙体及屋面构件中的松散保温材料（如稻壳、木、矿棉、岩棉等），因下沉	1.20
矿渣混凝土、炉渣混凝土、浮石混凝土、粉煤灰陶粒混凝土、加气混凝土等实心墙体及屋面构件，在严寒地区，且在室内平均相对湿度超过 65% 的供暖房间内使用，因干燥缓慢	1.15

表 5.1.8-4　封闭空气间层热阻值 R_k(m²·K/W)

位置、热流状态及材料特性		间层厚度（mm）						
		5	10	20	30	40	50	60
一般空气间层	热流向下（水平、倾斜）	0.10	0.14	0.17	0.18	0.19	0.20	0.20
	热流向上（水平、倾斜）	0.10	0.14	0.15	0.16	0.17	0.17	0.17
	垂直空气间层	0.10	0.14	0.16	0.17	0.18	0.18	0.18
单面铝箔空气间层	热流向下（水平、倾斜）	0.16	0.28	0.43	0.51	0.57	0.60	0.64
	热流向上（水平、倾斜）	0.16	0.26	0.35	0.40	0.42	0.42	0.43
	垂直空气间层	0.16	0.26	0.39	0.44	0.47	0.49	0.50
双面铝箔空气间层	热流向下（水平、倾斜）	0.18	0.34	0.56	0.71	0.84	0.94	1.01
	热流向上（水平、倾斜）	0.17	0.29	0.45	0.52	0.55	0.56	0.57
	垂直空气间层	0.18	0.31	0.49	0.59	0.65	0.69	0.71

注：本表为冬季状况值。

5.1.9 对于有顶棚的坡屋面，当用顶棚面积计算其传热量时，屋面和顶棚的综合传热系数，可按下式计算：

$$K = \frac{K_1 \times K_2}{K_1 \times \cos\alpha + K_2} \qquad (5.1.9)$$

式中：K——屋面和顶棚的综合传热系数[W/(m²·K)]；

K_1——顶棚的传热系数[W/(m²·K)]；

K_2——屋面的传热系数[W/(m²·K)]；

α——屋面和顶棚的夹角。

5.1.10 建筑物的热水供暖系统应按设备、管道及部件所能承受的最低工作压力和水力平衡要求进行竖向分区设置。

5.1.11 条件许可时，建筑物的集中供暖系统宜分南北向设置环路。

5.1.12 供暖系统的水质应符合国家现行相关标准的规定。

5.2　热　负　荷

5.2.1 集中供暖系统的施工图设计，必须对每个房间进行热负荷计算。

5.2.2 冬季供暖通风系统的热负荷应根据建筑物下列散失和获得的热量确定：

　　1 围护结构的耗热量；

　　2 加热由外门、窗缝隙渗入室内的冷空气耗热量；

　　3 加热由外门开启时经外门进入室内的冷空气耗热量；

　　4 通风耗热量；

　　5 通过其他途径散失或获得的热量。

5.2.3 围护结构的耗热量，应包括基本耗热量和附加耗热量。

5.2.4 围护结构的基本耗热量应按下式计算：

$$Q = \alpha F K (t_n - t_{wn}) \qquad (5.2.4)$$

式中：Q——围护结构的基本耗热量（W）；

α——围护结构温差修正系数，按本规范表 5.2.4 采用；

F——围护结构的面积（m^2）；

K——围护结构的传热系数 [W/（$m^2 \cdot$ K）]；

t_n——供暖室内设计温度（℃），按本规范第 3 章采用；

t_{wn}——供暖室外计算温度（℃），按本规范第 4 章采用。

注：当已知或可求出冷侧温度时，t_{wn} 一项可直接用冷侧温度值代入，不再进行 α 值修正。

表 5.2.4 温差修正系数 α

围护结构特征	α
外墙、屋顶、地面以及与室外相通的楼板等	1.00
闷顶与室外空气相通的非供暖地下室上面的楼板等	0.90
与有外门窗的不供暖楼梯间相邻的隔墙（1～6 层建筑）	0.60
与有外门窗的不供暖楼梯间相邻的隔墙（7～30 层建筑）	0.50
非供暖地下室上面的楼板，外墙上有窗时	0.75
非供暖地下室上面的楼板，外墙上无窗且位于室外地坪以上时	0.60
非供暖地下室上面的楼板，外墙上无窗且位于室外地坪以下时	0.40
与有外门窗的非供暖房间相邻的隔墙	0.70
与无外门窗的非供暖房间相邻的隔墙	0.40
伸缩缝墙、沉降缝墙	0.30
防震缝墙	0.70

5.2.5 与相邻房间的温差大于或等于 5℃，或通过隔墙和楼板等的传热量大于该房间热负荷的 10% 时，应计算通过隔墙或楼板等的传热量。

5.2.6 围护结构的附加耗热量应按其占基本耗热量的百分率确定。各项附加百分率宜按下列规定的数值选用：

1 朝向修正率：

1) 北、东北、西北按 0～10%；

2) 东、西按 -5%；

3) 东南、西南按 -10%～-15%；

4) 南按 -15%～-30%。

注：1 应根据当地冬季日照率、辐射照度、建筑物使用和被遮挡等情况选用修正率。

2 冬季日照率小于 35% 的地区，东南、西南和南向的修正率，宜采用 -10%～0，东、西向可不修正。

2 风力附加率：设在不避风的高地、河边、海岸、旷野上的建筑物，以及城镇中明显高出周围其他建筑物的建筑物，其垂直外围护结构宜附加 5%～10%；

3 当建筑物的楼层数为 n 时，外门附加率：

1) 一道门按 65%×n；

2) 两道门（有门斗）按 80%×n；

3) 三道门（有两个门斗）按 60%×n；

4) 公共建筑的主要出入口按 500%。

5.2.7 建筑（除楼梯间外）的围护结构耗热量高度附加率，散热器供暖房间高度大于 4m 时，每高出 1m 应附加 2%，但总附加率不应大于 15%；地面辐射供暖的房间高度大于 4m 时，每高出 1m 宜附加 1%，但总附加率不宜大于 8%。

5.2.8 对于只要求在使用时间保持室内温度，而其他时间可以自然降温的供暖间歇使用建筑物，可按间歇供暖系统设计。其供暖热负荷应对围护结构耗热量进行间歇附加，附加率应根据保证室温的时间和预热时间等因素通过计算确定。间歇附加率可按下列数值选取：

1 仅白天使用的建筑物，间歇附加率可取 20%；

2 对不经常使用的建筑物，间歇附加率可取 30%。

5.2.9 加热由门窗缝隙渗入室内的冷空气的耗热量，应根据建筑物的内部隔断、门窗构造、门窗朝向、室内外温度和室外风速等因素确定，宜按本规范附录 F 进行计算。

5.2.10 在确定分户热计量供暖系统的户内供暖设备容量和户内管道时，应考虑户间传热对供暖负荷的附加，但附加量不应超过 50%，且不应统计在供暖系统的总热负荷内。

5.2.11 全面辐射供暖系统的热负荷计算时，室内设计温度应符合本规范第 3.0.5 条的规定。局部辐射供暖系统的热负荷按全面辐射供暖的热负荷乘以表 5.2.11 的计算系数。

表 5.2.11 局部辐射供暖热负荷计算系数

供暖区面积与房间总面积的比值	≥0.75	0.55	0.40	0.25	≤0.20
计算系数	1	0.72	0.54	0.38	0.30

5.3 散热器供暖

5.3.1 散热器供暖系统应采用热水作为热媒；散热器集中供暖系统宜按 75℃/50℃ 连续供暖进行设计，且供水温度不宜大于 85℃，供回水温差不宜小于 20℃。

5.3.2 居住建筑室内供暖系统的制式宜采用垂直双

管系统或共用立管的分户独立循环双管系统，也可采用垂直单管跨越式系统；公共建筑供暖系统宜采用双管系统，也可采用单管跨越式系统。

5.3.3 既有建筑的室内垂直单管顺流式系统应改成垂直双管系统或垂直单管跨越式系统，不宜改造为分户独立循环系统。

5.3.4 垂直单管跨越式系统的楼层层数不宜超过6层，水平单管跨越式系统的散热器组数不宜超过6组。

5.3.5 管道有冻结危险的场所，散热器的供暖立管或支管应单独设置。

5.3.6 选择散热器时，应符合下列规定：

　　1 应根据供暖系统的压力要求，确定散热器的工作压力，并符合国家现行有关产品标准的规定；

　　2 相对湿度较大的房间应采用耐腐蚀的散热器；

　　3 采用钢制散热器时，应满足产品对水质的要求，在非供暖季节供暖系统应充水保养；

　　4 采用铝制散热器时，应选用内防腐型，并满足产品对水质的要求；

　　5 安装热量表和恒温阀的热水供暖系统不宜采用水流通道内含有粘砂的铸铁散热器；

　　6 高大空间供暖不宜单独采用对流型散热器。

5.3.7 布置散热器时，应符合下列规定：

　　1 散热器宜安装在外墙窗台下，当安装或布置管道有困难时，也可靠内墙安装；

　　2 两道外门之间的门斗内，不应设置散热器；

　　3 楼梯间的散热器，应分配在底层或按一定比例分配在下部各层。

5.3.8 铸铁散热器的组装片数，宜符合下列规定：

　　1 粗柱型（包括柱翼型）不宜超过20片；

　　2 细柱型不宜超过25片。

5.3.9 除幼儿园、老年人和特殊功能要求的建筑外，散热器应明装。必须暗装时，装饰罩应有合理的气流通道、足够的通道面积，并方便维修。散热器的外表面应刷非金属性涂料。

5.3.10 幼儿园、老年人和特殊功能要求的建筑的散热器必须暗装或加防护罩。

5.3.11 确定散热器数量时，应根据其连接方式、安装形式、组装片数、热水流量以及表面涂料等对散热量的影响，对散热器数量进行修正。

5.3.12 供暖系统非保温管道明设时，应计算管道的散热量对散热器数量的折减；非保温管道暗设时宜考虑管道的散热量对散热器数量的影响。

5.3.13 垂直单管和垂直双管供暖系统，同一房间的两组散热器，可采用异侧连接的水平单管串联的连接方式，也可采用上下接口同侧连接方式。当采用上下接口同侧连接方式时，散热器之间的上下连接管应与散热器接口同径。

5.4 热水辐射供暖

5.4.1 热水地面辐射供暖系统供水温度宜采用35℃～45℃，不应大于60℃；供回水温差不宜大于10℃，且不宜小于5℃；毛细管网辐射系统供水温度宜满足表5.4.1-1的规定，供回水温差宜采用3℃～6℃。辐射体的表面平均温度宜符合表5.4.1-2的规定。

表5.4.1-1　毛细管网辐射系统供水温度（℃）

设置位置	宜采用温度
顶棚	25～35
墙面	25～35
地面	30～40

表5.4.1-2　辐射体表面平均温度（℃）

设置位置	宜采用的温度	温度上限值
人员经常停留的地面	25～27	29
人员短期停留的地面	28～30	32
无人停留的地面	35～40	42
房间高度2.5m～3.0m的顶棚	28～30	—
房间高度3.1m～4.0m的顶棚	33～36	—
距地面1m以下的墙面	35	—
距地面1m以上3.5m以下的墙面	45	—

5.4.2 确定地面散热量时，应校核地面表面平均温度，确保其不高于表5.4.1-2的温度上限值；否则应改善建筑热工性能或设置其他辅助供暖设备，减少地面辐射供暖系统负担的热负荷。

5.4.3 热水地面辐射供暖系统地面构造，应符合下列规定：

　　1 直接与室外空气接触的楼板、与不供暖房间相邻的地板为供暖地面时，必须设置绝热层；

　　2 与土壤接触的底层，应设置绝热层；设置绝热层时，绝热层与土壤之间应设置防潮层；

　　3 潮湿房间，填充层上或面层下应设置隔离层。

5.4.4 毛细管网辐射系统单独供暖时，宜首先考虑地面埋置方式，地面面积不足时再考虑墙面埋置方式；毛细管网同时用于冬季供暖和夏季供冷时，宜首先考虑顶棚安装方式，顶棚面积不足时再考虑墙面或地面埋置方式。

5.4.5 热水地面辐射供暖系统的工作压力不宜大于0.8MPa，毛细管网辐射系统的工作压力不应大于0.6MPa。当超过上述压力时，应采取相应的措施。

5.4.6 热水地面辐射供暖塑料加热管的材质和壁厚的选择，应根据工程的耐久年限、管材的性能以及系统的运行水温、工作压力等条件确定。

5.4.7 在居住建筑中，热水辐射供暖系统应按户划分系统，并配置分水器、集水器；户内的各主要房间，宜分环路布置加热管。

5.4.8 加热管的敷设间距，应根据地面散热量、室内设计温度、平均水温及地面传热热阻等通过计算确定。

5.4.9 每个环路加热管的进、出水口，应分别与分水器、集水器相连接。分水器、集水器内径不应小于总供、回水管内径，且分水器、集水器最大断面流速不宜大于 0.8m/s。每个分水器、集水器分支环路不宜多于 8 路。每个分支环路供回水管上均应设置可关断阀门。

5.4.10 在分水器的总进水管与集水器的总出水管之间，宜设置旁通管，旁通管上应设置阀门。分水器、集水器上均应设置手动或自动排气阀。

5.4.11 热水吊顶辐射板供暖，可用于层高为 3m～30m 建筑物的供暖。

5.4.12 热水吊顶辐射板的供水温度宜采用 40℃～95℃ 的热水，其水质应满足产品要求。在非供暖季节供暖系统应充水保养。

5.4.13 当采用热水吊顶辐射板供暖，屋顶耗热量大于房间总耗热量的 30% 时，应加强屋顶保温措施。

5.4.14 热水吊顶辐射板的有效散热量的确定应符合下列规定：

1 当热水吊顶辐射板倾斜安装时，应进行修正。辐射板安装角度的修正系数，应按表 5.4.14 进行确定；

2 辐射板的管中流体应为紊流。当达不到系统所需最小流量时，辐射板的散热量应乘以 1.18 的安全系数。

表 5.4.14 辐射板安装角度修正系数

辐射板与水平面的夹角（°）	0	10	20	30	40
修 正 系 数	1	1.022	1.043	1.066	1.088

5.4.15 热水吊顶辐射板的安装高度，应根据人体的舒适度确定。辐射板的最高平均水温应根据辐射板安装高度和其面积占顶棚面积的比例按表 5.4.15 确定。

表 5.4.15 热水吊顶辐射板最高平均水温（℃）

最低安装高度（m）	热水吊顶辐射板占顶棚面积的百分比					
	10%	15%	20%	25%	30%	35%
3	73	71	68	64	58	56
4	—	—	91	78	67	60
5				83	71	64
6				87	75	69
7				91	80	74
8					86	80
9					92	87
10						94

注：表中安装高度系指地面到板中心的垂直距离（m）。

5.4.16 热水吊顶辐射板与供暖系统供、回水管的连接方式，可采用并联或串联、同侧或异侧连接，并应采取使辐射板表面温度均匀、流体阻力平衡的措施。

5.4.17 布置全面供暖的热水吊顶辐射板装置时，应使室内人员活动区辐射照度均匀，并应符合下列规定：

1 安装吊顶辐射板时，宜沿最长的外墙平行布置；

2 设置在墙边的辐射板规格应大于在室内设置的辐射板规格；

3 层高小于 4m 的建筑物，宜选择较窄的辐射板；

4 房间应预留辐射板沿长度方向热膨胀余地；

5 辐射板装置不应布置在对热敏感的设备附近。

5.5 电加热供暖

5.5.1 除符合下列条件之一外，不得采用电加热供暖：

1 供电政策支持；

2 无集中供暖和燃气源，且煤或油等燃料的使用受到环保或消防严格限制的建筑；

3 以供冷为主，供暖负荷较小且无法利用热泵提供热源的建筑；

4 采用蓄热式电散热器、发热电缆在夜间低谷电进行蓄热，且不在用电高峰和平段时间启用的建筑；

5 由可再生能源发电设备供电，且其发电量能够满足自身电加热量需求的建筑。

5.5.2 电供暖散热器的形式、电气安全性能和热工性能应满足使用要求及有关规定。

5.5.3 发热电缆辐射供暖宜采用地式；低温电热膜辐射供暖宜采用顶棚式。辐射体表面平均温度应符合本规范表 5.4.1-2 条的有关规定。

5.5.4 发热电缆辐射供暖和低温电热膜辐射供暖的加热元件及其表面工作温度，应符合国家现行有关产品标准的安全要求。

5.5.5 根据不同的使用条件，电供暖系统应设置不同类型的温控装置。

5.5.6 采用发热电缆地面辐射供暖方式时，发热电缆的线功率不宜大于 17W/m，且布置时应考虑家具位置的影响；当面层采用带龙骨的架空木地板时，必须采取散热措施，且发热电缆的线功率不应大于 10W/m。

5.5.7 电热膜辐射供暖安装功率应满足房间所需热负荷要求。在顶棚上布置电热膜时，应考虑为灯具、烟感器、喷头、风口、音响等预留安装位置。

5.5.8 安装于距地面高度 180cm 以下的电供暖元器件，必须采取接地及剩余电流保护措施。

5.6 燃气红外线辐射供暖

5.6.1 采用燃气红外线辐射供暖时，必须采取相应的防火和通风换气等安全措施，并符合国家现行有关燃气、防火规范的要求。

5.6.2 燃气红外线辐射供暖的燃料，可采用天然气、人工煤气、液化石油气等。燃气质量、燃气输配系统应符合现行国家标准《城镇燃气设计规范》GB 50028的有关规定。

5.6.3 燃气红外线辐射器的安装高度不宜低于3m。

5.6.4 燃气红外线辐射器用于局部工作地点供暖时，其数量不应少于两个，且应安装在人体不同方向的侧上方。

5.6.5 布置全面辐射供暖系统时，沿四周外墙、外门处的辐射器散热量不宜少于总热负荷的60%。

5.6.6 由室内供应空气的空间应能保证燃烧器所需要的空气量。当燃烧器所需要的空气量超过该空间0.5次/h的换气次数时，应由室外供应空气。

5.6.7 燃气红外线辐射供暖系统采用室外供应空气时，进风口应符合下列规定：

　　1 设在室外空气洁净区，距地面高度不低于2m；

　　2 距排风口水平距离大于6m；当处于排风口下方时，垂直距离不小于3m；当处于排风口上方时，垂直距离不小于6m；

　　3 安装过滤网。

5.6.8 无特殊要求时，燃气红外线辐射供暖系统的尾气应排至室外。排风口应符合下列规定：

　　1 设在人员不经常通行的地方，距地面高度不低于2m；

　　2 水平安装的排气管，其排风口伸出墙面不少于0.5m；

　　3 垂直安装的排气管，其排风口高出半径为6m以内的建筑物最高点不少于1m；

　　4 排气管穿越外墙或屋面处，加装金属套管。

5.6.9 燃气红外线辐射供暖系统应在便于操作的位置设置能直接切断供暖系统及燃气供应系统的控制开关。利用通风机供应空气时，通风机与供暖系统应设置连锁开关。

5.7 户式燃气炉和户式空气源热泵供暖

5.7.1 当居住建筑利用燃气供暖时，宜采用户式燃气炉供暖。采用户式空气源热泵供暖时，应符合本规范第8.3.1条规定。

5.7.2 户式供暖系统热负荷计算时，宜考虑生活习惯、建筑特点、间歇运行等因素进行附加。

5.7.3 户式燃气炉应采用全封闭式燃烧、平衡式强制排烟型。

5.7.4 户式燃气炉供暖时，供回水温度应满足热源

要求；末端供水温度宜采用混水的方式调节。

5.7.5 户式燃气炉的排烟口应保持空气畅通，且远离人群和新风口。

5.7.6 户式空气源热泵供暖系统应设置独立供电回路，其化霜水应集中排放。

5.7.7 户式供暖系统的供回水温度、循环泵的扬程应与末端散热设备相匹配。

5.7.8 户式供暖系统应具有防冻保护、室温调控功能，并应设置排气、泄水装置。

5.8 热空气幕

5.8.1 对严寒地区公共建筑经常开启的外门，应采取热空气幕等减少冷风渗透的措施。

5.8.2 对寒冷地区公共建筑经常开启的外门，当不设门斗和前室时，宜设置热空气幕。

5.8.3 公共建筑热空气幕送风方式宜采用由上向下送风。

5.8.4 热空气幕的送风温度应根据计算确定。对于公共建筑的外门，不宜高于50℃；对高大外门，不宜高于70℃。

5.8.5 热空气幕的出口风速应通过计算确定。对于公共建筑的外门，不宜大于6m/s；对于高大外门，不宜大于25m/s。

5.9 供暖管道设计及水力计算

5.9.1 供暖管道的材质应根据其工作温度、工作压力、使用寿命、施工与环保性能等因素，经综合考虑和技术经济比较后确定，其质量应符合国家现行有关产品标准的规定。

5.9.2 散热器供暖系统的供水和回水管道应在热力入口处与下列系统分开设置：

　　1 通风与空调系统；

　　2 热风供暖与热空气幕系统；

　　3 生活热水供应系统；

　　4 地面辐射供暖系统；

　　5 其他需要单独热计量的系统。

5.9.3 集中供暖系统的建筑物热力入口，应符合下列规定：

　　1 供水、回水管道上应分别设置关断阀、温度计、压力表；

　　2 应设置过滤器及旁通阀；

　　3 应根据水力平衡要求和建筑物内供暖系统的调节方式，选择水力平衡装置；

　　4 除多个热力入口设置一块共用热量表的情况外，每个热力入口处均应设置热量表，且热量表宜设在回水管上。

5.9.4 供暖干管和立管等管道（不含建筑物的供暖系统热力入口）上阀门的设置应符合下列规定：

　　1 供暖系统的各并联环路，应设置关闭和调节

装置；

    2 当有冻结危险时，立管或支管上的阀门至干管的距离不应大于120mm；

    3 供水立管的始端和回水立管的末端均应设置阀门，回水立管上还应设置排污、泄水装置；

    4 共用立管分户独立循环供暖系统，应在连接共用立管的进户供、回水支管上设置关闭阀。

5.9.5 当供暖管道利用自然补偿不能满足要求时，应设置补偿器。

5.9.6 供暖系统水平管道的敷设应有一定的坡度，坡向应有利于排气和泄水。供回水支、干管的坡度宜采用0.003，不得小于0.002；立管与散热器连接的支管，坡度不得小于0.01；当受条件限制，供回水干管（包括水平单管串联系统的散热器连接管）无法保持必要的坡度时，局部可无坡敷设，但该管道内的水流速不得小于0.25m/s；对于汽水逆向流动的蒸汽管，坡度不得小于0.005。

5.9.7 穿越建筑物基础、伸缩缝、沉降缝、防震缝的供暖管道，以及埋设在建筑结构里的立管，应采取预防建筑物下沉而损坏管道的措施。

5.9.8 当供暖管道必须穿越防火墙时，应预埋钢套管，并在穿墙处一侧设置固定支架，管道与套管之间的空隙应采用耐火材料封堵。

5.9.9 供暖管道不得与输送蒸汽燃点低于或等于120℃的可燃液体或可燃、腐蚀性气体的管道在同一条管沟内平行或交叉敷设。

5.9.10 符合下列情况之一时，室内供暖管道应保温：

    1 管道内输送的热媒必须保持一定参数；

    2 管道敷设在管沟、管井、技术夹层、阁楼及顶棚内等导致无益热损失较大的空间内或易被冻结的地方；

    3 管道通过的房间或地点要求保温。

5.9.11 室内热水供暖系统的设计应进行水力平衡计算，并应采取措施使设计工况下各并联环路之间（不包括共用段）的压力损失相对差额不大于15%。

5.9.12 室内供暖系统总压力应符合下列规定：

    1 不应大于室外热力网给定的资用压力降；

    2 应满足室内供暖系统水力平衡的要求；

    3 供暖系统总压力损失的附加值宜取10%。

5.9.13 室内供暖系统管道中的热媒流速，应根据系统的水力平衡要求及防噪声要求等因素确定，最大流速不宜超过表5.9.13的限值。

5.9.14 热水垂直双管供暖系统和垂直分层布置的水平单管串联跨越式供暖系统，应对热水在散热器和管道中冷却而产生自然作用压力的影响采取相应的技术措施。

5.9.15 供暖系统供水、供汽干管的末端和回水干管始端的管径不应小于DN20，低压蒸汽的供汽干管可适当放大。

表 5.9.13 室内供暖系统管道中热媒的最大流速（m/s）

室内热水管道管径 DN（mm）	15	20	25	32	40	≥50
有特殊安静要求的热水管道	0.50	0.65	0.80	1.00	1.00	1.00
一般室内热水管道	0.80	1.00	1.20	1.40	1.80	2.00
蒸汽供暖系统形式	低压蒸汽供暖系统		高压蒸汽供暖系统			
汽水同向流动	30		80			
汽水逆向流动	20		60			

5.9.16 静态水力平衡阀或自力式控制阀的规格应按热媒设计流量、工作压力及阀门允许压降等参数经计算确定；其安装位置应保证阀门前后有足够的直管段，没有特别说明的情况下，阀门前直管段长度不应小于5倍管径，阀门后直管段长度不应小于2倍管径。

5.9.17 蒸汽供暖系统，当供汽压力高于室内供暖系统的工作压力时，应在供暖系统入口的供汽管上装设减压装置。

5.9.18 高压蒸汽供暖系统最不利环路的供汽管，其压力损失不应大于起始压力的25%。

5.9.19 蒸汽供暖系统的凝结水回收方式，应根据二次蒸汽利用的可能性以及室外地形、管道敷设方式等情况，分别采用以下回水方式：

    1 闭式满管回水；

    2 开式水箱自流或机械回水；

    3 余压回水。

5.9.20 高压蒸汽供暖系统，疏水器前的凝结水管不应向上抬升；疏水器后的凝结水管向上抬升的高度应经计算确定。当疏水器本身无止回功能时，应在疏水器后的凝结水管上设置止回阀。

5.9.21 疏水器至回水箱或二次蒸发箱之间的蒸汽凝结水管，应按汽水乳状体进行计算。

5.9.22 热水和蒸汽供暖系统，应根据不同情况，设置排气、泄水、排污和疏水装置。

5.10 集中供暖系统热计量与室温调控

5.10.1 集中供暖的新建建筑和既有建筑节能改造必须设置热量计量装置，并具备室温调控功能。用于热量结算的热量计量装置必须采用热量表。

5.10.2 热量计量装置设置及热计量改造应符合下列规定：

    1 热源和换热机房应设热量计量装置；居住建筑应以楼栋为对象设置热量表。对建筑类型相同、建设年代相近、围护结构做法相同、用户热分摊方式一致的若干栋建筑，也可设置一个共用的热量表；

2 当热量结算点为楼栋或者换热机房设置的热量表时，分户热计量应采取用户热分摊的方法确定。在同一个热量结算点内，用户热分摊方式应统一，仪表的种类和型号应一致；

3 当热量结算点为每户安装的户用热量表时，可直接进行分户热计量；

4 供暖系统进行热计量改造时，应对系统的水力工况进行校核。当热力入口资用压差不能满足既有供暖系统要求时，应采取提高管网循环泵扬程或增设局部加压泵等补偿措施，以满足室内系统资用压差的需要。

5.10.3 用于热量结算的热量表的选型和设置应符合下列规定：

1 热量表应根据公称流量选型，并校核在系统设计流量下的压降。公称流量可按设计流量的80%确定；

2 热量表的流量传感器的安装位置应符合仪表安装要求，且宜安装在回水管上。

5.10.4 新建和改扩建散热器室内供暖系统，应设置散热器恒温控制阀或其他自动温度控制阀进行室温调控。散热器恒温控制阀的选用和设置应符合下列规定：

1 当室内供暖系统为垂直或水平双管系统时，应在每组散热器的供水支管上安装高阻恒温控制阀；超过5层的垂直双管系统宜采用有预设阻力调节功能的恒温控制阀；

2 单管跨越式系统应采用低阻力两通恒温控制阀或三通恒温控制阀；

3 当散热器有罩时，应采用温包外置式恒温控制阀；

4 恒温控制阀应具有产品合格证、使用说明书和质量检测部门出具的性能测试报告，其调节性能等指标应符合现行行业标准《散热器恒温控制阀》JG/T 195的有关要求。

5.10.5 低温热水地面辐射供暖系统应具有室温控制功能；室温控制器宜设在被控温的房间或区域内；自动控制阀宜采用热电式控制阀或自力式恒温控制阀。自动控制阀的设置可采用分环路控制和总体控制两种方式，并应符合下列规定：

1 采用分环路控制时，应在分水器或集水器处，分路设置自动控制阀，控制房间或区域保持各自的设定温度值。自动控制阀也可内置于集水器中；

2 采用总体控制时，应在分水器总进水管或集水器回水管上设置一个自动控制阀，控制整个用户或区域的室内温度。

5.10.6 热计量供暖系统应适应室温调控的要求；当室内供暖系统为变流量系统时，不应设自力式流量控制阀，是否设置自力式压差控制阀应通过计算热力入口的压差变化幅度确定。

6 通 风

6.1 一 般 规 定

6.1.1 当建筑物存在大量余热余湿及有害物质时，宜优先采用通风措施加以消除。建筑通风应从总体规划、建筑设计和工艺等方面采取有效的综合预防和治理措施。

6.1.2 对不可避免放散的有害或污染环境的物质，在排放前必须采取通风净化措施，并达到国家有关大气环境质量标准和各种污染物排放标准的要求。

6.1.3 应首先考虑采用自然通风消除建筑物余热、余湿和进行室内污染物浓度控制。对于室外空气污染和噪声污染严重的地区，不宜采用自然通风。当自然通风不能满足要求时，应采用机械通风，或自然通风和机械通风结合的复合通风。

6.1.4 设有机械通风的房间，人员所需的新风量应满足第3.0.6条的要求。

6.1.5 对建筑物内放散热、蒸汽或有害物质的设备，宜采用局部排风。当不能采用局部排风或局部排风达不到卫生要求时，应辅以全面通风或采用全面通风。

6.1.6 凡属下列情况之一时，应单独设置排风系统：

1 两种或两种以上的有害物质混合后能引起燃烧或爆炸时；

2 混合后能形成毒害更大或腐蚀性的混合物、化合物时；

3 混合后易使蒸汽凝结并聚积粉尘时；

4 散发剧毒物质的房间和设备；

5 建筑物内设有储存易燃易爆物质的单独房间或有防火防爆要求的单独房间；

6 有防疫的卫生要求时。

6.1.7 室内送风、排风设计时，应根据污染物的特性及污染源的变化，优化气流组织设计；不应使含有大量热、蒸汽或有害物质的空气流入没有或仅有少量热、蒸汽或有害物质的人员活动区，且不应破坏局部排风系统的正常工作。

6.1.8 采用机械通风时，重要房间或重要场所的通风系统应具备防止以空气传播为途径的疾病通过通风系统交叉传染的功能。

6.1.9 进入室内或室内产生的有害物质数量不能确定时，全面通风量可按类似房间的实测资料或经验数据，按换气次数确定，亦可按国家现行的各相关行业标准执行。

6.1.10 同时放散余热、余湿和有害物质时，全面通风量应按其中所需最大的空气量确定。多种有害物质同时放散于建筑物内时，其全面通风量的确定应符合现行国家有关工业企业设计卫生标准的有关规定。

6.1.11 建筑物的通风系统设计应符合国家现行防火

规范要求。

6.2 自然通风

6.2.1 利用自然通风的建筑在设计时，应符合下列规定：

1 利用穿堂风进行自然通风的建筑，其迎风面与夏季最多风向宜成 60°～90°角，且不应小于 45°，同时应考虑可利用的春秋季风向以充分利用自然通风；

2 建筑群平面布置应重视有利自然通风因素，如优先考虑错列式、斜列式等布置形式。

6.2.2 自然通风应采用阻力系数小、噪声低、易于操作和维修的进排风口或窗扇。严寒寒冷地区的进排风口还应考虑保温措施。

6.2.3 夏季自然通风用的进风口，其下缘距室内地面的高度不宜大于 1.2m。自然通风进风口应远离污染源 3m 以上；冬季自然通风用的进风口，当其下缘距室内地面的高度小于 4m 时，宜采取防止冷风吹向人员活动区的措施。

6.2.4 采用自然通风的生活、工作的房间的通风开口有效面积不应小于该房间地板面积的 5%；厨房的通风开口有效面积不应小于该房间地板面积的 10%，并不得小于 0.60m²。

6.2.5 自然通风设计时，宜对建筑进行自然通风潜力分析，依据气候条件确定自然通风策略并优化建筑设计。

6.2.6 采用自然通风的建筑，自然通风量的计算应同时考虑热压以及风压的作用。

6.2.7 热压作用的通风量，宜按下列方法确定：

1 室内发热量较均匀、空间形式较简单的单层大空间建筑，可采用简化计算方法确定；

2 住宅和办公建筑中，考虑多个房间之间或多个楼层之间的通风，可采用多区域网络法进行计算；

3 建筑体形复杂或室内发热量明显不均的建筑，可按计算流体动力学（CFD）数值模拟方法确定。

6.2.8 风压作用的通风量，宜按下列原则确定：

1 分别计算过渡季及夏季的自然通风量，并按其最小值确定；

2 室外风向按计算季节中的当地室外最多风向确定；

3 室外风速按基准高度室外最多风向的平均风速确定。当采用计算流体动力学（CFD）数值模拟时，应考虑当地地形条件及其梯度风、遮挡物的影响；

4 仅当建筑迎风面与计算季节的最多风向成 45°～90°角时，该面上的外窗或有效开口利用面积可作为进风口进行计算。

6.2.9 宜结合建筑设计，合理利用被动式通风技术强化自然通风。被动通风可采用下列方式：

1 当常规自然通风系统不能提供足够风量时，可采用捕风装置加强自然通风；

2 当采用常规自然通风难以排除建筑内的余热、余湿或污染物时，可采用屋顶无动力风帽装置，无动力风帽的接口直径宜与其连接的风管管径相同；

3 当建筑物利用风压有局限或热压不足时，可采用太阳能诱导等通风方式。

6.3 机械通风

6.3.1 机械送风系统进风口的位置，应符合下列规定：

1 应设在室外空气较清洁的地点；

2 应避免进风、排风短路；

3 进风口的下缘距室外地坪不宜小于 2m，当设在绿化地带时，不宜小于 1m。

6.3.2 建筑物全面排风系统吸风口的布置，应符合下列规定：

1 位于房间上部区域的吸风口，除用于排除氢气与空气混合物时，吸风口上缘至顶棚平面或屋顶的距离不大于 0.4m；

2 用于排除氢气与空气混合物时，吸风口上缘至顶棚平面或屋顶的距离不大于 0.1m；

3 用于排出密度大于空气的有害气体时，位于房间下部区域的排风口，其下缘至地板距离不大于 0.3m；

4 因建筑结构造成有爆炸危险气体排出的死角处，应设置导流设施。

6.3.3 选择机械送风系统的空气加热器时，室外空气计算参数应采用供暖室外计算温度；当其用于补偿全面排风耗热量时，应采用冬季通风室外计算温度。

6.3.4 住宅通风系统设计应符合下列规定：

1 自然通风不能满足室内卫生要求的住宅，应设置机械通风系统或自然通风与机械通风结合的复合通风系统。室外新风应先进入人员的主要活动区；

2 厨房、无外窗卫生间应采用机械排风系统或预留机械排风系统开口，且应留有必要的进风面积；

3 厨房和卫生间全面通风换气次数不宜小于 3次/h；

4 厨房、卫生间宜设竖向排风道，竖向排风道应具有防火、防倒灌及均匀排气的功能，并应采取防止支管回流和竖井泄漏的措施。顶部应设置防止室外风倒灌装置。

6.3.5 公共厨房通风应符合下列规定：

1 发热量大且散发大量油烟和蒸汽的厨房设备应设排气罩等局部机械排风设施；其他区域当自然通风达不到要求时，应设置机械通风；

2 采用机械排风的区域，当自然补风满足不了要求时，应采用机械补风。厨房相对于其他区域应保持负压，补风量应与排风量相匹配，且宜为排风量的

80%～90%。严寒和寒冷地区宜对机械补风采取加热措施；

3 产生油烟设备的排风应设置油烟净化设施，其油烟排放浓度及净化设备的最低去除效率不应低于国家现行相关标准的规定，排风口的位置应符合本规范第6.6.18条的规定；

4 厨房排油烟风道不应与防火排烟风道共用；

5 排风罩、排油烟风道及排风机设置安装应便于油、水的收集和油污清理，且应采取防止油烟气味外溢的措施。

6.3.6 公共卫生间和浴室通风应符合下列规定：

1 公共卫生间应设置机械排风系统。公共浴室宜设气窗；无条件设气窗时，应设独立的机械排风系统。应采取措施保证浴室、卫生间对更衣室以及其他公共区域的负压；

2 公共卫生间、浴室及附属房间采用机械通风时，其通风量宜按换气次数确定。

6.3.7 设备机房通风应符合下列规定：

1 设备机房应保持良好的通风，无自然通风条件时，应设置机械通风系统。设备有特殊要求时，其通风应满足设备工艺要求；

2 制冷机房的通风应符合下列规定：

1）制冷机房设备间排风系统宜独立设置且应直接排向室外。冬季室内温度不宜低于10℃，夏季不宜高于35℃，冬季值班温度不应低于5℃；

2）机械排风宜按制冷剂的种类确定事故排风口的高度。当设有地下制冷机房，且泄漏气体密度大于空气时，排风口应上、下分别设置；

3）氟制冷机房应分别计算通风量和事故通风量。当机房内设备放热量的数据不全时，通风量可取（4～6）次/h。事故通风量不应小于12次/h。事故排风口上沿距室内地坪的距离不应大于1.2m；

4）氨冷冻站应设置机械排风和事故通风排风系统。通风量不应小于3次/h，事故通风量宜按183m³/（m²·h）进行计算，且最小排风量不应小于34000m³/h。事故排风机应选用防爆型，排风口应位于侧墙高处或屋顶；

5）直燃溴化锂制冷机房宜设置独立的送、排风系统。燃气直燃溴化锂制冷机房的通风量不应小于6次/h，事故通风量不应小于12次/h。燃油直燃溴化锂制冷机房的通风量不应小于3次/h，事故通风量不应小于6次/h。机房的送风量应为排风量与燃烧所需的空气量之和；

3 柴油发电机房宜设置独立的送、排风系统。

其送风量应为排风量与发电机组燃烧所需的空气量之和；

4 变配电室宜设置独立的送、排风系统。设在地下的变配电室送风气流宜从高低压配电区流向变压器区，从变压器区排至室外。排风温度不宜高于40℃。当通风无法保障变配电室设备工作要求时，宜设置空调降温系统；

5 泵房、热力机房、中水处理机房、电梯机房等采用机械通风时，换气次数可按表6.3.7选用。

表6.3.7 部分设备机房机械通风换气次数

机房名称	清水泵房	软化水间	污水泵房	中水处理机房	蓄电池室	电梯机房	热力机房
换气次数（次/h）	4	4	8～12	8～12	10～12	10	6～12

6.3.8 汽车库通风应符合下列规定：

1 自然通风时，车库内CO最高允许浓度大于30mg/m³时，应设机械通风系统；

2 地下汽车库，宜设置独立的送风、排风系统；具备自然进风条件时，可采用自然进风、机械排风的方式。室外排风口应设于建筑下风向，且远离人员活动区并宜作消声处理；

3 送排风量宜采用稀释浓度法计算，对于单层停放的汽车库可采用换气次数法计算，并应取两者较大值。送风量宜为排风量的80%～90%；

4 可采用风管通风或诱导通风方式，以保证室内不产生气流死角；

5 车流量随时间变化较大的车库，风机宜采用多台并联方式或设置风机调速装置；

6 严寒和寒冷地区，地下汽车库宜在坡道出入口处设热空气幕；

7 车库内排风与排烟可共用一套系统，但应满足消防规范要求。

6.3.9 事故通风应符合下列规定：

1 可能突然放散大量有害气体或有爆炸危险气体的场所应设置事故通风。事故通风量宜根据放散物的种类、安全及卫生浓度要求，按全面排风计算确定，且换气次数不应小于12次/h；

2 事故通风应根据放散物的种类，设置相应的检测报警及控制系统。事故通风的手动控制装置应在室内外便于操作的地点分别设置；

3 放散有爆炸危险气体的场所应设置防爆通风设备；

4 事故排风宜由经常使用的通风系统和事故通风系统共同保证，当事故通风量大于经常使用的通风系统所要求的风量时，宜设置双风机或变频调速风机；但在发生事故时，必须保证事故通风要求；

5 事故排风系统室内吸风口和传感器位置应根

据放散物的位置及密度合理设计；

  6 事故排风的室外排风口应符合下列规定：

    1）不应布置在人员经常停留或经常通行的地点以及邻近窗户、天窗、室门等设施的位置；

    2）排风口与机械送风系统的进风口的水平距离不应小于20m；当水平距离不足20m时，排风口应高出进风口，并不宜小于6m；

    3）当排气中含有可燃气体时，事故通风系统排风口应远离火源30m以上，距可能火花溅落地点应大于20m；

    4）排风口不应朝向室外空气动力阴影区，不宜朝向空气正压区。

6.4 复 合 通 风

6.4.1 大空间建筑及住宅、办公室、教室等易于在外墙上开窗并通过室内人员自行调节实现自然通风的房间，宜采用自然通风和机械通风结合的复合通风。

6.4.2 复合通风中的自然通风量不宜低于联合运行风量的30%。复合通风系统设计参数及运行控制方案应经技术经济及节能综合分析后确定。

6.4.3 复合通风系统应具备工况转换功能，并应符合下列规定：

  1 应优先使用自然通风；

  2 当控制参数不能满足要求时，启用机械通风；

  3 对设置空调系统的房间，当复合通风系统不能满足要求时，关闭复合通风系统，启动空调系统。

6.4.4 高度大于15m的大空间采用复合通风系统时，宜考虑温度分层等问题。

6.5 设 备 选 择 与 布 置

6.5.1 通风机应根据管路特性曲线和风机性能曲线进行选择，并应符合下列规定：

  1 通风机风量应附加风管和设备的漏风量。送、排风系统可附加5%～10%，排烟兼排风系统宜附加10%～20%；

  2 通风机采用定速时，通风机的压力在计算系统压力损失上宜附加10%～15%；

  3 通风机采用变速时，通风机的压力应以计算系统总压力损失作为额定压力；

  4 设计工况下，通风机效率不应低于其最高效率的90%；

  5 兼用排烟的风机应符合国家现行建筑设计防火规范的规定。

6.5.2 选择空气加热器、空气冷却器和空气热回收装置等设备时，应附加风管和设备等的漏风量。系统允许漏风量不应超过第6.5.1条的附加风量。

6.5.3 通风机输送非标准状态空气时，应对其电动机的轴功率进行验算。

6.5.4 多台风机并联或串联运行时，宜选择相同特性曲线的通风机。

6.5.5 当通风系统使用时间较长且运行工况（风量、风压）有较大变化时，通风机宜采用双速或变速风机。

6.5.6 排风系统的风机应尽可能靠近室外布置。

6.5.7 符合下列条件之一时，通风设备和风管应采取保温或防冻等措施：

  1 所输送空气的温度相对环境温度较高或较低，且不允许所输送空气的温度有较显著升高或降低时；

  2 需防止空气热回收装置结露（冻结）和热量损失时；

  3 排出的气体在进入大气前，可能被冷却而形成凝结物堵塞或腐蚀风管时。

6.5.8 通风机房不宜与要求安静的房间贴邻布置。如必须贴邻布置时，应采取可靠的消声隔振措施。

6.5.9 排除、输送有燃烧或爆炸危险混合物的通风设备和风管，均应采取防静电接地措施（包括法兰跨接），不应采用容易积聚静电的绝缘材料制作。

6.5.10 空气中含有易燃易爆危险物质的房间中的送风、排风系统应采用防爆型通风设备；送风机如设置在单独的通风机房内且送风干管上设置止回阀时，可采用非防爆型通风设备。

6.6 风 管 设 计

6.6.1 通风、空调系统的风管，宜采用圆形、扁圆形或长、短边之比不宜大于4的矩形截面。风管的截面尺寸宜按现行国家标准《通风与空调工程施工质量验收规范》GB 50243的有关规定执行。

6.6.2 通风与空调系统的风管材料、配件及柔性接头等应符合现行国家标准《建筑设计防火规范》GB 50016的有关规定。当输送腐蚀性或潮湿气体时，应采用防腐材料或采取相应的防腐措施。

6.6.3 通风与空调系统风管内的空气流速宜按表6.6.3采用。

表6.6.3 风管内的空气流速（低速风管）

风管分类	住宅（m/s）	公共建筑（m/s）
干管	3.5～4.5 6.0	5.0～6.5 8.0
支管	3.0 5.0	3.0～4.5 6.5
从支管上接出的风管	2.5 4.0	3.0～3.5 6.0
通风机入口	3.5 4.5	4.0 5.0
通风机出口	5.0～8.0 8.5	6.5～10 11.0

注：1 表列值的分子为推荐流速，分母为最大流速。
  2 对消声有要求的系统，风管内的流速宜符合本规范10.1.5的规定。

6.6.4 自然通风的进排风口风速宜按表 6.6.4-1 采用。自然通风的风道内风速宜按表 6.6.4-2 采用。

表 6.6.4-1 自然通风系统的进排风口空气流速（m/s）

部位	进风百叶	排风口	地面出风口	顶棚出风口
风速	0.5～1.0	0.5～1.0	0.2～0.5	0.5～1.0

表 6.6.4-2 自然进排风系统的风道空气流速（m/s）

部位	进风竖井	水平干管	通风竖井	排风道
风速	1.0～1.2	0.5～1.0	0.5～1.0	1.0～1.5

6.6.5 机械通风的进排风口风速宜按表 6.6.5 采用。

表 6.6.5 机械通风系统的进排风口空气流速（m/s）

	部位	新风入口	风机出口
空气流速	住宅和公共建筑	3.5～4.5	5.0～10.5
	机房、库房	4.5～5.0	8.0～14.0

6.6.6 通风与空调系统各环路的压力损失应进行水力平衡计算。各并联环路压力损失的相对差额，不宜超过 15%。当通过调整管径仍无法达到上述要求时，应设置调节装置。

6.6.7 风管与通风机及空气处理机组等振动设备的连接处，应装设柔性接头，其长度宜为 150mm～300mm。

6.6.8 通风、空调系统通风机及空气处理机组等设备的进风或出风口处宜设调节阀，调节阀宜选用多叶式或花瓣式。

6.6.9 多台通风机并联运行的系统应在各自的管路上设置止回或自动关断装置。

6.6.10 通风与空调系统的风管布置，防火阀、排烟阀、排烟口等的设置，均应符合国家现行有关建筑设计防火规范的规定。

6.6.11 矩形风管采取内外同心弧形弯管时，曲率半径宜大于 1.5 倍的平面边长；当平面边长大于500mm，且曲率半径小于 1.5 倍的平面边长时，应设置弯管导流叶片。

6.6.12 风管系统的主干支管应设置风管测定孔、风管检查孔和清洗孔。

6.6.13 高温烟气管道应采取热补偿措施。

6.6.14 输送空气温度超过 80℃ 的通风管道，应采取一定的保温隔热措施，其厚度按隔热层外表面温度不超过 80℃ 确定。

6.6.15 当风管内设有电加热器时，电加热器前后各800mm 范围内的风管和穿过设有火源等容易起火房间的风管及其保温材料均应采用不燃材料。

6.6.16 可燃气体管道、可燃液体管道和电线等，不得穿过风管的内腔，也不得沿风管的外壁敷设。可燃气体管道和可燃液体管道，不应穿过通风、空调机房。

6.6.17 当风管内可能产生沉积物、凝结水或其他液体时，风管应设置不小于 0.005 的坡度，并在风管的最低点和通风机的底部设排液装置；当排除有氢气或其他比空气密度小的可燃气体混合物时，排风系统的风管应沿气体流动方向具有上倾的坡度，其值不小于 0.005。

6.6.18 对于排除有害气体的通风系统，其风管的排风口宜设置在建筑物顶端，且宜采用防雨风帽。屋面送、排（烟）风机的吸、排风（烟）口应考虑冬季不被积雪掩埋的措施。

7 空气调节

7.1 一般规定

7.1.1 符合下列条件之一时，应设置空气调节：

1 采用供暖通风达不到人体舒适、设备等对室内环境的要求，或条件不允许、不经济时；

2 采用供暖通风达不到工艺对室内温度、湿度、洁净度等要求时；

3 对提高工作效率和经济效益有显著作用时；

4 对身体健康有利，或对促进康复有效果时。

7.1.2 空调区宜集中布置。功能、温湿度基数、使用要求等相近的空调区宜相邻布置。

7.1.3 工艺性空调在满足空调区环境要求的条件下，宜减少空调区的面积和散热、散湿设备。

7.1.4 采用局部性空调能满足空调区环境要求时，不应采用全室性空调。高大空间仅要求下部区域保持一定的温湿度时，宜采用分层空调。

7.1.5 空调区内的空气压力，应满足下列要求：

1 舒适性空调，空调区与室外或空调区之间有压差要求时，其压差值宜取 5Pa～10Pa，最大不应超过 30 Pa；

2 工艺性空调，应按空调区环境要求确定。

7.1.6 舒适性空调区建筑热工，应根据建筑物性质和所处的建筑气候分区设计，并符合国家现行节能设计标准的有关规定。

7.1.7 工艺性空调区围护结构传热系数，应符合国家现行节能设计标准的有关规定，并不应大于表 7.1.7 中的规定值。

表 7.1.7 工艺性空调区围护结构最大传热系数 K 值[W/(m² · K)]

围护结构名称	室温波动范围（℃）		
	±0.1～0.2	±0.5	≥±1.0
屋顶	—	—	0.8
顶棚	0.5	0.8	0.9
外墙	—	0.8	1.0
内墙和楼板	0.7	0.9	1.2

注：表中内墙和楼板的有关数值，仅适用于相邻空调区的温差大于 3℃ 时。

7.1.8 工艺性空调区，当室温波动范围小于或等于±0.5℃时，其围护结构的热惰性指标，不应小于表7.1.8的规定。

表7.1.8 工艺性空调区围护结构
最小热惰性指标 D 值

围护结构名称	室温波动范围（℃）	
	±0.1～0.2	±0.5
屋顶	—	3
顶棚	4	3
外墙	—	4

7.1.9 工艺性空调区的外墙、外墙朝向及其所在层次，应符合表7.1.9的要求。

表7.1.9 工艺性空调区外墙、外墙
朝向及其所在层次

室温允许波动范围（℃）	外墙	外墙朝向	层次
±0.1～0.2	不应有外墙	—	宜底层
±0.5	不宜有外墙	如有外墙，宜北向	宜底层
≥±1.0	宜减少外墙	宜北向	宜避免于顶层

注：1 室温允许波动范围小于或等于±0.5℃的空调区，宜布置在室温允许波动范围较大的空调区之中，当布置在单层建筑物内时，宜设通风屋顶；
  2 本条与本规范第7.1.10条规定的"北向"，适用于北纬23.5°以北的地区；北纬23.5°及其以南的地区，可相应地采用南向。

7.1.10 工艺性空调区的外窗，应符合下列规定：

1 室温波动范围大于等于±1.0℃时，外窗宜设置在北向；

2 室温波动范围小于±1.0℃时，不应有东西向外窗；

3 室温波动范围小于±0.5℃时，不宜有外窗，如有外窗应设置在北向。

7.1.11 工艺性空调区的门和门斗，应符合表7.1.11的要求。舒适性空调区开启频繁的外门，宜设门斗、旋转门或弹簧门等，必要时宜设置空气幕。

表7.1.11 工艺性空调区的门和门斗

室温波动范围（℃）	外门和门斗	内门和门斗
±0.1～0.2	不应设外门	内门不宜通向室温基数不同或室温允许波动范围大于±1.0℃的邻室
±0.5	不应设外门，必须设外门时，必须设门斗	门两侧温差大于3℃时，宜设门斗
≥±1.0	不宜设外门，如有经常开启的外门，应设门斗	门两侧温差大于7℃时，宜设门斗

注：外门门缝应严密，当门两侧温差大于7℃时，应采用保温门。

7.1.12 下列情况，宜对空调系统进行全年能耗模拟计算：

1 对空调系统设计方案进行对比分析和优化时；

2 对空调系统节能措施进行评估时。

7.2 空调负荷计算

7.2.1 除在方案设计或初步设计阶段可使用热、冷负荷指标进行必要的估算外，施工图设计阶段应对空调区的冬季热负荷和夏季逐时冷负荷进行计算。

7.2.2 空调区的夏季计算得热量，应根据下列各项确定：

1 通过围护结构传入的热量；

2 通过透明围护结构进入的太阳辐射热量；

3 人体散热量；

4 照明散热量；

5 设备、器具、管道及其他内部热源的散热量；

6 食品或物料的散热量；

7 渗透空气带入的热量；

8 伴随各种散湿过程产生的潜热量。

7.2.3 空调区的夏季冷负荷，应根据各项得热量的种类、性质以及空调区的蓄热特性，分别进行计算。

7.2.4 空调区的下列各项得热量，应按非稳态方法计算其形成的夏季冷负荷，不应将其逐时值直接作为各对应时刻的逐时冷负荷值：

1 通过围护结构传入的非稳态传热量；

2 通过透明围护结构进入的太阳辐射热量；

3 人体散热量；

4 非全天使用的设备、照明灯具散热量等。

7.2.5 空调区的下列各项得热量，可按稳态方法计算其形成的夏季冷负荷：

1 室温允许波动范围大于或等于±1℃的空调区，通过非轻型外墙传入的传热量；

2 空调区与邻室的夏季温差大于3℃时，通过隔墙、楼板等内围护结构传入的传热量；

3 人员密集空调区的人体散热量；

4 全天使用的设备、照明灯具散热量等。

7.2.6 空调区的夏季冷负荷计算，应符合下列规定：

1 舒适性空调可不计算地面传热形成的冷负荷；工艺性空调有外墙时，宜计算距外墙2m范围内的地面传热形成的冷负荷；

2 计算人体、照明和设备等散热形成的冷负荷时，应考虑人员群集系数、同时使用系数、设备功率系数和通风保温系数等；

3 屋顶处于空调区之外时，只计算屋顶进入空调区的辐射部分形成的冷负荷；高大空间采用分层空调时，空调区的逐时冷负荷可按全室性空调计算的逐时冷负荷乘以小于1的系数确定。

7.2.7 空调区的夏季冷负荷宜采用计算软件进行计算；采用简化计算方法时，按非稳态方法计算的各项逐时冷负荷，宜按下列方法计算。

1 通过围护结构传入的非稳态传热形成的逐时冷负荷，按式（7.2.7-1）～式（7.2.7-3）计算：

$$CL_{Wq} = KF(t_{wlq} - t_n) \qquad (7.2.7\text{-}1)$$

$$CL_{Wm} = KF(t_{wlm} - t_n) \qquad (7.2.7\text{-}2)$$

$$CL_{Wc} = KF(t_{wlc} - t_n) \qquad (7.2.7\text{-}3)$$

式中：CL_{Wq} ——外墙传热形成的逐时冷负荷（W）；

CL_{Wm} ——屋面传热形成的逐时冷负荷（W）；

CL_{Wc} ——外窗传热形成的逐时冷负荷（W）；

K ——外墙、屋面或外窗传热系数［W/(m²·K)］；

F ——外墙、屋面或外窗传热面积（m²）；

t_{wlq} ——外墙的逐时冷负荷计算温度（℃），可按本规范附录 H 确定；

t_{wlm} ——屋面的逐时冷负荷计算温度（℃），可按本规范附录 H 确定；

t_{wlc} ——外窗的逐时冷负荷计算温度（℃），可按本规范附录 H 确定；

t_n ——夏季空调区设计温度（℃）。

2 透过玻璃窗进入的太阳辐射得热形成的逐时冷负荷，按式（7.2.7-4）计算：

$$CL_C = C_{clC} C_z D_{Jmax} F_C \qquad (7.2.7\text{-}4)$$

$$C_z = C_w C_n C_s \qquad (7.2.7\text{-}5)$$

式中：CL_C ——透过玻璃窗进入的太阳辐射得热形成的逐时冷负荷（W）；

C_{clC} ——透过无遮阳标准玻璃太阳辐射冷负荷系数，可按本规范附录 H 确定；

C_z ——外窗综合遮挡系数；

C_w ——外遮阳修正系数；

C_n ——内遮阳修正系数；

C_s ——玻璃修正系数；

D_{Jmax} ——夏季日射得热因数最大值，可按本规范附录 H 确定；

F_C ——窗玻璃净面积（m²）。

3 人体、照明和设备等散热形成的逐时冷负荷，分别按式（7.2.7-6）～式（7.2.7-8）计算：

$$CL_{rt} = C_{cl_{rt}} \phi Q_{rt} \qquad (7.2.7\text{-}6)$$

$$CL_{zm} = C_{cl_{zm}} C_{zm} Q_{zm} \qquad (7.2.7\text{-}7)$$

$$CL_{sb} = C_{cl_{sb}} C_{sb} Q_{sb} \qquad (7.2.7\text{-}8)$$

式中： CL_{rt} ——人体散热形成的逐时冷负荷（W）；

$C_{cl_{rt}}$ ——人体冷负荷系数，可按本规范附录 H 确定；

ϕ ——群集系数；

Q_{rt} ——人体散热量（W）；

CL_{zm} ——照明散热形成的逐时冷负荷（W）；

$C_{cl_{zm}}$ ——照明冷负荷系数，可按本规范附录 H 确定；

C_{zm} ——照明修正系数；

Q_{zm} ——照明散热量（W）；

CL_{sb} ——设备散热形成的逐时冷负荷（W）；

$C_{cl_{sb}}$ ——设备冷负荷系数，可按本规范附录 H 确定；

C_{sb} ——设备修正系数；

Q_{sb} ——设备散热量（W）。

7.2.8 按稳态方法计算的空调区夏季冷负荷，宜按下列方法计算。

1 室温允许波动范围大于或等于±1.0℃的空调区，其非轻型外墙传热形成的冷负荷，可近似按式（7.2.8-1）计算：

$$CL_{Wq} = KF(t_{zp} - t_n) \qquad (7.2.8\text{-}1)$$

$$t_{zp} = t_{wp} + \frac{\rho J_p}{\alpha_w} \qquad (7.2.8\text{-}2)$$

式中：t_{zp} ——夏季空调室外计算日平均综合温度（℃）；

t_{wp} ——夏季空调室外计算日平均温度（℃），按本规范第 4.1.10 条的规定确定；

J_p ——围护结构所在朝向太阳总辐射照度的日平均值（W/m²）；

ρ ——围护结构外表面对于太阳辐射热的吸收系数；

α_w ——围护结构外表面换热系数［W/(m²·K)］。

2 空调区与邻室的夏季温差大于3℃时，其通过隔墙、楼板等内围护结构传热形成的冷负荷可按式（7.2.8-3）计算：

$$CL_{Wn} = KF(t_{wp} + \Delta t_{ls} - t_n) \qquad (7.2.8\text{-}3)$$

式中：CL_{Wn} ——内围护结构传热形成的冷负荷（W）；

Δt_{ls} ——邻室计算平均温度与夏季空调室外计算日平均温度的差值（℃）。

7.2.9 空调区的夏季计算散湿量，应考虑散湿源的种类、人员群集系数、同时使用系数以及通风系数等，并根据下列各项确定：

1 人体散湿量；

2 渗透空气带入的湿量；

3 化学反应过程的散湿量；

4 非围护结构各种潮湿表面、液面或液流的散湿量；

5 食品或气体物料的散湿量；

6 设备散湿量；

7 围护结构散湿量。

7.2.10 空调区的夏季冷负荷，应按空调区各项逐时冷负荷的综合最大值确定。

7.2.11 空调系统的夏季冷负荷，应按下列规定确定：

 1 末端设备设有温度自动控制装置时，空调系统的夏季冷负荷按所服务各空调区逐时冷负荷的综合最大值确定；

 2 末端设备无温度自动控制装置时，空调系统的夏季冷负荷按所服务各空调区冷负荷的累计值确定；

 3 应计入新风冷负荷、再热负荷以及各项有关的附加冷负荷。

 4 应考虑所服务各空调区的同时使用系数。

7.2.12 空调系统的夏季附加冷负荷，宜按下列各项确定：

 1 空气通过风机、风管温升引起的附加冷负荷；

 2 冷水通过水泵、管道、水箱温升引起的附加冷负荷。

7.2.13 空调区的冬季热负荷，宜按本规范第 5.2 节的规定计算；计算时，室外计算温度应采用冬季空调室外计算温度，并扣除室内设备等形成的稳定散热量。

7.2.14 空调系统的冬季热负荷，应按所服务各空调区热负荷的累计值确定，除空调风管局部布置在室外环境的情况外，可不计入各项附加热负荷。

7.3 空调系统

7.3.1 选择空调系统时，应符合下列原则：

 1 根据建筑物的用途、规模、使用特点、负荷变化情况、参数要求、所在地区气象条件和能源状况，以及设备价格、能源预期价格等，经技术经济比较确定；

 2 功能复杂、规模较大的公共建筑，宜进行方案对比并优化确定；

 3 干热气候区应考虑其气候特征的影响。

7.3.2 符合下列情况之一的空调区，宜分别设置空调风系统；需要合用时，应对标准要求高的空调区做处理。

 1 使用时间不同；

 2 温湿度基数和允许波动范围不同；

 3 空气洁净度标准要求不同；

 4 噪声标准要求不同，以及有消声要求和产生噪声的空调区；

 5 需要同时供热和供冷的空调区。

7.3.3 空气中含有易燃易爆或有毒有害物质的空调区，应独立设置空调风系统。

7.3.4 下列空调区，宜采用全空气定风量空调系统：

 1 空间较大、人员较多；

 2 温湿度允许波动范围小；

 3 噪声或洁净度标准高。

7.3.5 全空气空调系统设计，应符合下列规定：

 1 宜采用单风管系统；

 2 允许采用较大送风温差时，应采用一次回风式系统；

 3 送风温差较小、相对湿度要求不严格时，可采用二次回风式系统；

 4 除温湿度波动范围要求严格的空调区外，同一个空气处理系统中，不应有同时加热和冷却过程。

7.3.6 符合下列情况之一时，全空气空调系统可设回风机。设置回风机时，新回风混合室的空气压力应为负压。

 1 不同季节的新风量变化较大、其他排风措施不能适应风量的变化要求；

 2 回风系统阻力较大，设置回风机经济合理。

7.3.7 空调区允许温湿度波动范围或噪声标准要求严格时，不宜采用全空气变风量空调系统。技术经济条件允许时，下列情况可采用全空气变风量空调系统：

 1 服务于单个空调区，且部分负荷运行时间较长时，采用区域变风量空调系统；

 2 服务于多个空调区，且各区负荷变化相差大、部分负荷运行时间较长并要求温度独立控制时，采用带末端装置的变风量空调系统。

7.3.8 全空气变风量空调系统设计，应符合下列规定：

 1 应根据建筑模数、负荷变化情况等对空调区进行划分；

 2 系统形式，应根据所服务空调区的划分、使用时间、负荷变化情况等，经技术经济比较确定；

 3 变风量末端装置，宜选用压力无关型；

 4 空调区和系统的最大送风量，应根据空调区和系统的夏季冷负荷确定；空调区的最小送风量，应根据负荷变化情况、气流组织等确定；

 5 应采取保证最小新风量要求的措施；

 6 风机应采用变速调节；

 7 送风口应符合本规范第 7.4.2 条的规定要求。

7.3.9 空调区较多，建筑层高较低且各区温度要求独立控制时，宜采用风机盘管加新风空调系统；空调区的空气质量、温湿度波动范围要求严格或空气中含有较多油烟时，不宜采用风机盘管加新风空调系统。

7.3.10 风机盘管加新风空调系统设计，应符合下列规定：

 1 新风宜直接送入人员活动区；

 2 空气质量标准要求较高时，新风宜负担空调区的全部散湿量。低温新风系统设计应符合本规范第

7.3.13 条的规定要求；

    3 宜选用出口余压低的风机盘管机组。

7.3.11 空调区内振动较大、油污蒸汽较多以及产生电磁波或高频波等场所，不宜采用多联机空调系统。多联机空调系统设计，应符合下列要求：

    1 空调区负荷特性相差较大时，宜分别设置多联机空调系统；需要同时供冷和供热时，宜设置热回收型多联机空调系统；

    2 室内、外机之间以及室内机之间的最大管长和最大高差，应符合产品技术要求；

    3 系统冷媒管等效长度应满足对应制冷工况下满负荷的性能系数不低于 2.8；当产品技术资料无法满足核算要求时，系统冷媒管等效长度不宜超过 70m；

    4 室外机变频设备，应与其他变频设备保持合理距离。

7.3.12 有低温冷媒可利用时，宜采用低温送风空调系统；空气相对湿度或送风量较大的空调区，不宜采用低温送风空调系统。

7.3.13 低温送风空调系统设计，应符合下列规定：

    1 空气冷却器的出风温度与冷媒的进口温度之间的温差不宜小于 3℃，出风温度宜采用 4℃～10℃，直接膨胀式蒸发器出风温度不应低于 7℃；

    2 空调区送风温度，应计算送风机、风管以及送风末端装置的温升；

    3 空气处理机组的选型，应经技术经济比较确定。空气冷却器的迎风面风速宜采用 1.5 m/s～2.3m/s，冷媒通过空气冷却器的温升宜采用 9℃～13℃；

    4 送风末端装置，应符合本规范第 7.4.2 条的规定；

    5 空气处理机组、风管及附件、送风末端装置等应严密保冷，保冷层厚度应经计算确定，并符合本规范第 11.1.4 条的规定。

7.3.14 空调区散湿量较小且技术经济合理时，宜采用温湿度独立控制空调系统。

7.3.15 温度湿度独立控制空调系统设计，应符合下列规定：

    1 温度控制系统，末端设备应负担空调区的全部显热负荷，并根据空调区的显热热源分布状况等，经技术经济比较确定；

    2 湿度控制系统，新风应负担空调区的全部散湿量，其处理方式应根据夏季空调室外计算湿球温度和露点温度、新风送风状态点要求等，经技术经济比较确定；

    3 当采用冷却除湿处理新风时，新风再热不应采用热水、电加热等；采用转轮或溶液除湿处理新风时，转轮或溶液再生不应采用电加热；

    4 应对室内空气的露点温度进行监测，并采取确保末端设备表面不结露的自动控制措施。

7.3.16 夏季空调室外设计露点温度较低的地区，经技术经济比较合理时，宜采用蒸发冷却空调系统。

7.3.17 蒸发冷却空调系统设计，应符合下列规定：

    1 空调系统形式，应根据夏季空调室外计算湿球温度和露点温度以及空调区显热负荷、散湿量等确定；

    2 全空气蒸发冷却空调系统，应根据夏季空调室外计算湿球温度、空调区散湿量和送风状态点要求等，经技术经济比较确定。

7.3.18 下列情况时，应采用直流式（全新风）空调系统：

    1 夏季空调系统的室内空气比焓大于室外空气比焓；

    2 系统所服务的各空调区排风量大于按负荷计算出的送风量；

    3 室内散发有毒有害物质，以及防火防爆等要求不允许空气循环使用；

    4 卫生或工艺要求采用直流式（全新风）空调系统。

7.3.19 空调区、空调系统的新风量计算，应符合下列规定：

    1 人员所需新风量，应根据人员的活动和工作性质，以及在室内的停留时间等确定，并符合本规范第 3.0.6 条的规定要求；

    2 空调区的新风量，应按不小于人员所需新风量，补偿排风和保持空调区空气压力所需新风量之和以及新风除湿所需新风量中的最大值确定；

    3 全空气空调系统的新风量，当系统服务于多个不同新风比的空调区时，系统新风比应小于空调区新风比中的最大值；

    4 新风系统的新风量，宜按所服务空调区或系统的新风量累计值确定。

7.3.20 舒适性空调和条件允许的工艺性空调，可用新风作冷源时，应最大限度地使用新风。

7.3.21 新风进风口的面积应适应最大新风量的需要。进风口处应装设能严密关闭的阀门，进风口的位置应符合本规范第 6.3.1 条的规定要求。

7.3.22 空调系统应进行风量平衡计算，空调区内的空气压力应符合本规范第 7.1.5 条的规定。人员集中且密闭性较好，或过渡季节使用大量新风的空调区，应设置机械排风设施，排风量应适应新风量的变化。

7.3.23 设有集中排风的空调系统，且技术经济合理时，宜设置空气—空气能量回收装置。

7.3.24 空气能量回收系统设计，应符合下列要求：

    1 能量回收装置的类型，应根据处理风量、新排风中显热量和潜热量的构成以及排风中污染物种类等选择；

2 能量回收装置的计算，应考虑积尘的影响，并对是否结霜或结露进行核算。

7.4 气 流 组 织

7.4.1 空调区的气流组织设计，应根据空调区的温湿度参数、允许风速、噪声标准、空气质量、温度梯度以及空气分布特性指标（ADPI）等要求，结合内部装修、工艺或家具布置等确定；复杂空间空调区的气流组织设计，宜采用计算流体动力学（CFD）数值模拟计算。

7.4.2 空调区的送风方式及送风口选型，应符合下列规定：

1 宜采用百叶、条缝型等风口贴附侧送；当侧送气流有阻碍或单位面积送风量较大，且人员活动区的风速要求严格时，不应采用侧送；

2 设有吊顶时，应根据空调区的高度及对气流的要求，采用散流器或孔板送风。当单位面积送风量较大，且人员活动区内的风速或区域温差要求较小时，应采用孔板送风；

3 高大空间宜采用喷口送风、旋流风口送风或下部送风；

4 变风量末端装置，应保证在风量改变时，气流组织满足空调区环境的基本要求；

5 送风口表面温度应高于室内露点温度；低于室内露点温度时，应采用低温风口。

7.4.3 采用贴附侧送风时，应符合下列规定：

1 送风口上缘与顶棚的距离较大时，送风口应设置向上倾斜 $10°\sim20°$ 的导流片；

2 送风口内宜设置防止射流偏斜的导流片；

3 射流流程中应无阻挡物。

7.4.4 采用孔板送风时，应符合下列规定：

1 孔板上部稳压层的高度应按计算确定，且净高不应小于 0.2m；

2 向稳压层内送风的速度宜采用 3 m/s～5m/s。除送风射流较长的以外，稳压层内可不设送风分布支管。稳压层的送风口处，宜设防止送风气流直接吹向孔板的导流片或挡板；

3 孔板布置应与局部热源分布相适应。

7.4.5 采用喷口送风时，应符合下列规定：

1 人员活动区宜位于回流区；

2 喷口安装高度，应根据空调区的高度和回流区分布等确定；

3 兼作热风供暖时，宜具有改变射流出口角度的功能。

7.4.6 采用散流器送风时，应满足下列要求：

1 风口布置应有利于送风气流对周围空气的诱导，风口中心与侧墙的距离不宜小于 1.0m；

2 采用平送方式时，贴附射流区无阻挡物；

3 兼作热风供暖，且风口安装高度较高时，宜

具有改变射流出口角度的功能。

7.4.7 采用置换通风时，应符合下列规定：

1 房间净高宜大于 2.7m；

2 送风温度不宜低于 18℃；

3 空调区的单位面积冷负荷不宜大于 $120W/m^2$；

4 污染源宜为热源，且污染气体密度较小；

5 室内人员活动区 0.1m 至 1.1m 高度的空气垂直温差不宜大于 3℃；

6 空调区内不宜有其他气流组织。

7.4.8 采用地板送风时，应符合下列规定：

1 送风温度不宜低于 16℃；

2 热分层高度应在人员活动区上方；

3 静压箱应保持密闭，与非空调区之间有保温隔热处理；

4 空调区内不宜有其他气流组织。

7.4.9 分层空调的气流组织设计，应符合下列规定：

1 空调区宜采用双侧送风；当空调区跨度较小时，可采用单侧送风，且回风口宜布置在送风口的同侧下方；

2 侧送多股平行射流应互相搭接；采用双侧对送射流时，其射程可按相对喷口中点距离的 90% 计算；

3 宜减少非空调区向空调区的热转移；必要时，宜在非空调区设置送、排风装置。

7.4.10 上送风方式的夏季送风温差，应根据送风口类型、安装高度、气流射程长度以及是否贴附等确定，并宜符合下列规定：

1 在满足舒适、工艺要求的条件下，宜加大送风温差；

2 舒适性空调，宜按表 7.4.10-1 采用；

表 7.4.10-1 舒适性空调的送风温差

送风口高度（m）	送风温差（℃）
≤5.0	5～10
>5.0	10～15

注：表中所列的送风温差不适用于低温送风空调系统以及置换通风采用上送风方式等。

3 工艺性空调，宜按表 7.4.10-2 采用。

表 7.4.10-2 工艺性空调的送风温差

室温允许波动范围（℃）	送风温差（℃）
>±1.0	≤15
±1.0	6～9
±0.5	3～6
±0.1～0.2	2～3

7.4.11 送风口的出口风速，应根据送风方式、送风口类型、安装高度、空调区允许风速和噪声标准等确定。

7.4.12 回风口的布置，应符合下列规定：

1 不应设在送风射流区内和人员长期停留的地点；采用侧送时，宜设在送风口的同侧下方；

2 兼做热风供暖、房间净高较高时，宜设在房间的下部；

3 条件允许时，宜采用集中回风或走廊回风，但走廊的断面风速不宜过大；

4 采用置换通风、地板送风时，应设在人员活动区的上方。

7.4.13 回风口的吸风速度，宜按表7.4.13选用。

表7.4.13 回风口的吸风速度

回风口的位置		最大吸风速度（m/s）
房间上部		≤4.0
房间下部	不靠近人经常停留的地点时	≤3.0
	靠近人经常停留的地点时	≤1.5

7.5 空气处理

7.5.1 空气的冷却应根据不同条件和要求，分别采用下列处理方式：

1 循环水蒸发冷却；

2 江水、湖水、地下水等天然冷源冷却；

3 采用蒸发冷却和天然冷源等冷却方式达不到要求时，应采用人工冷源冷却。

7.5.2 凡与被冷却空气直接接触的水质均应符合卫生要求。空气冷却采用天然冷源时，应符合下列规定：

1 水的温度、硬度等符合使用要求；

2 地表水使用过后的回水予以再利用；

3 **使用过后的地下水应全部回灌到同一含水层，并不得造成污染。**

7.5.3 空气冷却装置的选择，应符合下列规定：

1 采用循环水蒸发冷却或天然冷源时，宜采用直接蒸发式冷却装置、间接蒸发式冷却装置和空气冷却器；

2 采用人工冷源时，宜采用空气冷却器。当要求利用循环水进行绝热加湿或利用喷水增加空气处理后的饱和度时，可选用带喷水装置的空气冷却器。

7.5.4 空气冷却器的选择，应符合下列规定：

1 空气与冷媒应逆向流动；

2 冷媒的进口温度，应比空气的出口干球温度至少低3.5℃。冷媒的温升宜采用5℃～10℃，其流速宜采用0.6m/s～1.5m/s；

3 迎风面的空气质量流速宜采用2.5 kg/(m²·s)～3.5kg/(m²·s)，当迎风面的空气质量流速大于3.0kg/(m²·s)时，应在冷却器后设置挡水板；

4 低温送风空调系统的空气冷却器，应符合本规范第7.3.13条的规定要求。

7.5.5 制冷剂直接膨胀式空气冷却器的蒸发温度，应比空气的出口干球温度至少低3.5℃。常温空调系统满负荷运行时，蒸发温度不宜低于0℃；低负荷运行时，应防止空气冷却器表面结霜。

7.5.6 **空调系统不得采用氨作制冷剂的直接膨胀式空气冷却器。**

7.5.7 空气加热器的选择，应符合下列规定：

1 加热空气的热媒宜采用热水；

2 工艺性空调，当室温允许波动范围小于±1.0℃时，送风末端的加热器宜采用电加热器；

3 热水的供水温度及供回水温差，应符合本规范第8.5.1条的规定。

7.5.8 两管制水系统，当冬夏季空调负荷相差较大时，应分别计算冷、热盘管的换热面积；当二者换热面积相差很大时，宜分别设置冷、热盘管。

7.5.9 空调系统的新风和回风应经过滤处理。空气过滤器的设置，应符合下列规定：

1 舒适性空调，当采用粗效过滤器不能满足要求时，应设置中效过滤器；

2 工艺性空调，应按空调区的洁净度要求设置过滤器；

3 空气过滤器的阻力应按终阻力计算；

4 宜设置过滤器阻力监测、报警装置，并应具备更换条件。

7.5.10 对于人员密集空调区或空气质量要求较高的场所，其全空气空调系统宜设置空气净化装置。空气净化装置的类型，应根据人员密度、初投资、运行费用及空调区环境要求等，经技术经济比较确定，并应符合下列规定：

1 空气净化装置类型的选择应根据空调区污染物性质选择；

2 空气净化装置的指标应符合现行相关标准。

7.5.11 空气净化装置的设置应符合下列规定：

1 空气净化装置在空气净化处理过程中不应产生新的污染；

2 空气净化装置宜设置在空气热湿处理设备的进风口处，净化要求高时可在出风口处设置二级净化装置；

3 应设置检查口；

4 宜具备净化失效报警功能；

5 高压静电空气净化装置应设置与风机有效联动的措施。

7.5.12 冬季空调区湿度有要求时，宜设置加湿装置。加湿装置的类型，应根据加湿量、相对湿度允许波动范围要求等，经技术经济比较确定，并应符合下列规定：

　　1　有蒸汽源时，宜采用干蒸汽加湿器；

　　2　无蒸汽源，且空调区湿度控制精度要求严格时，宜采用电加湿器；

　　3　湿度要求不高时，可采用高压喷雾或湿膜等绝热加湿器；

　　4　加湿装置的供水水质应符合卫生要求。

7.5.13　空气处理机组宜安装在空调机房内。空调机房应符合下列规定：

　　1　邻近所服务的空调区；

　　2　机房面积和净高应根据机组尺寸确定，并保证风管的安装空间以及适当的机组操作、检修空间；

　　3　机房内应考虑排水和地面防水设施。

8　冷源与热源

8.1　一般规定

8.1.1　供暖空调冷源与热源应根据建筑物规模、用途、建设地点的能源条件、结构、价格以及国家节能减排和环保政策的相关规定等，通过综合论证确定，并应符合下列规定：

　　1　有可供利用的废热或工业余热的区域，热源宜采用废热或工业余热。当废热或工业余热的温度较高、经技术经济论证合理时，冷源宜采用吸收式冷水机组；

　　2　在技术经济合理的情况下，冷、热源宜利用浅层地能、太阳能、风能等可再生能源。当采用可再生能源受到气候等原因的限制无法保证时，应设置辅助冷、热源；

　　3　不具备本条第1、2款的条件，但有城市或区域热网的地区，集中式空调系统的供热热源宜优先采用城市或区域热网；

　　4　不具备本条第1、2款的条件，但城市电网夏季供电充足的地区，空调系统的冷源宜采用电动压缩式机组；

　　5　不具备本条第1款～4款的条件，但城市燃气供应充足的地区，宜采用燃气锅炉、燃气热水机供热或燃气吸收式冷（温）水机组供冷、供热；

　　6　不具备本条第1款～5款条件的地区，可采用燃煤锅炉、燃油锅炉供热，蒸汽吸收式冷水机组或燃油吸收式冷（温）水机组供冷、供热；

　　7　夏季室外空气设计露点温度较低的地区，宜采用间接蒸发冷却冷水机组作为空调系统的冷源；

　　8　天然气供应充足的地区，当建筑的电力负荷、热负荷和冷负荷较好匹配、能充分发挥冷、热、电联产系统的能源综合利用效率并经济技术比较合理时，宜采用分布式燃气冷热电三联供系统；

　　9　全年进行空气调节，且各房间或区域负荷特性相差较大，需要长时间地向建筑物同时供热和供冷，经技术经济比较合理时，宜采用水环热泵空调系统供冷、供热；

　　10　在执行分时电价、峰谷电价差较大的地区，经技术经济比较，采用低谷电价能够明显起到对电网"削峰填谷"和节省运行费用时，宜采用蓄能系统供冷供热；

　　11　夏热冬冷地区以及干旱缺水地区的中、小型建筑宜采用空气源热泵或土壤源地源热泵系统供冷、供热；

　　12　有天然地表水等资源可供利用、或者有可利用的浅层地下水且能保证100%回灌时，可采用地表水或地下水地源热泵系统供冷、供热；

　　13　具有多种能源的地区，可采用复合式能源供冷、供热。

8.1.2　除符合下列条件之一外，不得采用电直接加热设备作为空调系统的供暖热源和空气加湿热源：

　　1　以供冷为主、供暖负荷非常小，且无法利用热泵或其他方式提供供暖热源的建筑，当冬季电力供应充足、夜间可利用低谷电进行蓄热、且电锅炉不在用电高峰和平段时间启用时；

　　2　无城市或区域集中供热，且采用燃气、用煤、油等燃料受到环保或消防严格限制的建筑；

　　3　利用可再生能源发电，且其发电量能够满足直接电热用量需求的建筑；

　　4　冬季无加湿用蒸汽源，且冬季室内相对湿度要求较高的建筑。

8.1.3　公共建筑群同时具备下列条件并经技术经济比较合理时，可采用区域供冷系统：

　　1　需要设置集中空调系统的建筑的容积率较高，且整个区域建筑的设计综合冷负荷密度较大；

　　2　用户负荷及其特性明确；

　　3　建筑全年供冷时间长，且需求一致；

　　4　具备规划建设区域供冷站及管网的条件。

8.1.4　符合下列情况之一时，宜采用分散设置的空调装置或系统：

　　1　全年需要供冷、供暖运行时间较少，采用集中供冷、供暖系统不经济的建筑；

　　2　需设空气调节的房间布置过于分散的建筑；

　　3　设有集中供冷、供暖系统的建筑中，使用时间和要求不同的少数房间；

　　4　需增设空调系统，而机房和管道难以设置的既有建筑；

　　5　居住建筑。

8.1.5　集中空调系统的冷水（热泵）机组台数及单机制冷量（制热量）选择，应能适应空调负荷全年变化规律，满足季节及部分负荷要求。机组不宜少于两台；当小型工程仅设一台时，应选调节性能优良的机型，并能满足建筑最低负荷的要求。

8.1.6 选择电动压缩式制冷机组时，其制冷剂应符合国家现行有关环保的规定。

8.1.7 选择冷水机组时，应考虑机组水侧污垢等因素对机组性能的影响，采用合理的污垢系数对供冷（热）量进行修正。

8.1.8 空调冷（热）水和冷却水系统中的冷水机组、水泵、末端装置等设备和管路及部件的工作压力不应大于其额定工作压力。

8.2 电动压缩式冷水机组

8.2.1 选择水冷电动压缩式冷水机组类型时，宜按表 8.2.1 中的制冷量范围，经性能价格综合比较后确定。

表 8.2.1 水冷式冷水机组选型范围

单机名义工况制冷量（kW）	冷水机组类型
≤116	涡旋式
116～1054	螺杆式
1054～1758	螺杆式
	离心式
≥1758	离心式

8.2.2 电动压缩式冷水机组的总装机容量，应根据计算的空调系统冷负荷值直接选定，不另作附加；在设计条件下，当机组的规格不能符合计算冷负荷的要求时，所选择机组的总装机容量与计算冷负荷的比值不得超过 1.1。

8.2.3 冷水机组的选型应采用名义工况制冷性能系数（COP）较高的产品，并同时考虑满负荷和部分负荷因素，其性能系数应符合现行国家标准《公共建筑节能设计标准》GB 50189 的有关规定。

8.2.4 电动压缩式冷水机组电动机的供电方式应符合下列规定：

 1 当单台电动机的额定输入功率大于 1200kW时，应采用高压供电方式；

 2 当单台电动机的额定输入功率大于 900kW 而小于或等于 1200kW 时，宜采用高压供电方式；

 3 当单台电动机的额定输入功率大于 650kW 而小于或等于 900kW 时，可采用高压供电方式。

8.2.5 采用氨作制冷剂时，应采用安全性、密封性能良好的整体式氨冷水机组。

8.3 热　泵

8.3.1 空气源热泵机组的性能应符合国家现行相关标准的规定，并应符合下列规定：

 1 具有先进可靠的融霜控制，融霜时间总和不应超过运行周期时间的 20%；

 2 冬季设计工况时机组性能系数（COP），冷热风机组不应小于 1.80，冷热水机组不应小于 2.00；

 3 冬季寒冷、潮湿的地区，当室外设计温度低于当地平衡点温度，或对于室内温度稳定性有较高要求的空调系统，应设置辅助热源；

 4 对于同时供冷、供暖的建筑，宜选用热回收式热泵机组。

 注：冬季设计工况下的机组性能系数是指冬季室外空调计算温度条件下，达到设计需求参数时的机组供热量（W）与机组输入功率（W）的比值。

8.3.2 空气源热泵机组的有效制热量应根据室外空调计算温度，分别采用温度修正系数和融霜修正系数进行修正。

8.3.3 空气源热泵或风冷制冷机组室外机的设置，应符合下列规定：

 1 确保进风与排风通畅，在排出空气与吸入空气之间不发生明显的气流短路；

 2 避免受污浊气流影响；

 3 噪声和排热符合周围环境要求；

 4 便于对室外机的换热器进行清扫。

8.3.4 地埋管地源热泵系统设计时，应符合下列规定：

 1 应通过工程场地状况调查和对浅层地能资源的勘察，确定地埋管换热系统实施的可行性与经济性；

 2 当应用建筑面积在 5000m² 以上时，应进行岩土热响应试验，并应利用岩土热响应试验结果进行地埋管换热器的设计；

 3 地埋管的埋管方式、规格与长度，应根据冷（热）负荷、占地面积、岩土层结构、岩土体热物性和机组性能等因素确定；

 4 地埋管换热系统设计应进行全年供暖空调动态负荷计算，最小计算周期宜为 1 年。计算周期内，地源热泵系统总释热量和总吸热量宜基本平衡；

 5 应分别按供冷与供热工况进行地埋管换热器的长度计算。当地埋管系统最大释热量和最大吸热量相差不大时，宜取其计算长度的较大者作为地埋管换热器的长度；当地埋管系统最大释热量和最大吸热量相差较大时，宜取其计算长度的较小者作为地埋管换热器的长度，采用增设辅助冷（热）源，或与其他冷热源系统联合运行的方式，满足设计要求；

 6 冬季有冻结可能的地区，地埋管应有防冻措施。

8.3.5 地下水地源热泵系统设计时，应符合下列规定：

 1 地下水的持续出水量应满足地源热泵系统最大吸热量或释热量的要求；地下水的水温应满足机组运行要求，并根据不同的水质采取相应的水处理措施；

 2 地下水系统宜采用变流量设计，并根据空调负荷动态变化调节地下水用量；

3 热泵机组集中设置时，应根据水源水质条件确定水源直接进入机组换热器或另设板式换热器间接换热。

4 应对地下水采取可靠的回灌措施，确保全部回灌到同一含水层，且不得对地下水资源造成污染。

8.3.6 江河湖水源地源热泵系统设计时，应符合下列规定：

1 应对地表水体资源和水体环境进行评价，并取得当地水务主管部门的批准同意。当江河湖为航运通道时，取水口和排水口的设置位置应取得航运主管部门的批准；

2 应考虑江河的丰水、枯水季节的水位差；

3 热泵机组与地表水水体的换热方式应根据机组的设置、水体水温、水质、水深、换热量等条件确定；

4 开式地表水换热系统的取水口，应设在水位适宜、水质较好的位置，并应位于排水口的上游，远离排水口；地表水进入热泵机组前，应设置过滤、清洗、灭藻等水处理措施，并不得造成环境污染；

5 采用地表水盘管换热器时，盘管的形式、规格与长度，应根据冷(热)负荷、水体面积、水体深度、水体温度的变化规律和机组性能等因素确定；

6 在冬季有冻结可能的地区，闭式地表水换热系统应有防冻措施。

8.3.7 海水源地源热泵系统设计时，应符合下列规定：

1 海水换热系统应根据海水水文状况、温度变化规律等进行设计；

2 海水设计温度宜根据近30年取水点区域的海水温度确定；

3 开式系统中的取水口深度应根据海水水深温度特性进行优化后确定，距离海底高度宜大于2.5 m；取水口应能抵抗大风和海水的潮汐引起的水流应力；取水口处应设置过滤器、杀菌及防生物附着装置；排水口应与取水口保持一定的距离；

4 与海水接触的设备及管道，应具有耐海水腐蚀性能，应采取防止海洋生物附着的措施；中间换热器应具备可拆卸功能；

5 闭式海水换热系统在冬季有冻结可能的地区，应采取防冻措施。

8.3.8 污水源地源热泵系统设计时，应符合下列规定：

1 应考虑污水水温、水质及流量的变化规律和对后续污水处理工艺的影响等因素；

2 采用开式原生污水源地源热泵系统时，原生污水取水口处设置的过滤装置应具有连续反冲洗功能，取水口处污水量应稳定；排水口应位于取水口下

游并与取水口保持一定的距离；

3 采用开式原生污水源地源热泵系统设中间换热器时，中间换热器应具备可拆卸功能；原生污水直接进入热泵机组时，应采用冷媒侧转换的热泵机组，且与原生污水接触的换热器应特殊设计。

4 采用再生水污水源热泵系统时，宜采用再生水直接进入热泵机组的开式系统。

8.3.9 水环热泵空调系统的设计，应符合下列规定：

1 循环水水温宜控制在15℃～35℃；

2 循环水宜采用闭式系统。采用开式冷却塔时，宜设置中间换热器；

3 辅助热源的供热量应根据冬季白天高峰和夜间低谷负荷时的建筑物的供暖负荷、系统内区可回收的余热等，经热平衡计算确定。辅助热源的选择原则应符合本规范第8.1.1条规定；

4 水环热泵空调系统的循环水系统较小时，可采用定流量运行方式；系统较大时，宜采用变流量运行方式。当采用变流量运行方式时，机组的循环水管道上应设置与机组启停连锁控制的开关式电动阀；

5 水源热泵机组应采取有效的隔振及消声措施，并满足空调区噪声标准要求。

8.4 溴化锂吸收式机组

8.4.1 采用溴化锂吸收式冷(温)水机组时，其使用的能源种类应根据当地的资源情况合理确定；在具有多种可使用能源时，宜按照以下优先顺序确定：

1 废热或工业余热；

2 利用可再生能源产生的热源；

3 矿物质能源优先顺序为天然气、人工煤气、液化石油气、燃油等。

8.4.2 溴化锂吸收式机组的机型应根据热源参数确定。除第8.4.1条第1款、第2款和利用区域或市政集中热水为热源外，矿物质能源直接燃烧和提供热源的溴化锂吸收式机组均不应采用单效型机组。

8.4.3 选用直燃式机组时，应符合下列规定：

1 机组应考虑冷、热负荷与机组供冷、供热量的匹配，宜按满足夏季冷负荷和冬季热负荷的需求中的机型较小者选择；

2 当机组供热能力不足时，可加大高压发生器和燃烧器以增加供热量，但其高压发生器和燃烧器的最大供热能力不宜大于所选直燃式机组型号额定热量的50%；

3 当机组供冷能力不足时，宜采用辅助电制冷等措施。

8.4.4 吸收式机组的性能参数应符合现行国家标准《公共建筑节能设计标准》GB 50189的有关规定。采用供冷(温)及生活热水三用型直燃机时，尚应满足下列要求：

1 完全满足冷(温)水及生活热水日负荷变化

和季节负荷变化的要求；

2 应能按冷（温）水及生活热水的负荷需求进行调节；

3 当生活热水负荷大、波动大或使用要求高时，应设置储水装置，如容积式换热器、水箱等。若仍不能满足要求的，则应另设专用热水机组供应生活热水。

8.4.5 当建筑在整个冬季的实时冷、热负荷比值变化大时，四管制和分区两管制空调系统不宜采用直燃式机组作为单独冷热源。

8.4.6 小型集中空调系统，当利用废热热源或太阳能提供的热源，且热源供水温度在 60℃～85℃时，可采用吸附式冷水机组制冷。

8.4.7 直燃型溴化锂吸收式冷（温）水机组的储油、供油、燃气系统等的设计，均应符合现行国家有关标准的规定。

8.5 空调冷热水及冷凝水系统

8.5.1 空调冷水、空调热水参数应考虑对冷热源装置、末端设备、循环水泵功率的影响等因素，并按下列原则确定：

1 采用冷水机组直接供冷时，空调冷水供水温度不宜低于 5℃，空调冷水供回水温差不应小于 5℃；有条件时，宜适当增大供回水温差。

2 采用蓄冷空调系统时，空调冷水供水温度和供回水温差应根据蓄冷介质和蓄冷、取冷方式分别确定，并应符合本规范第 8.7.6 条和第 8.7.7 条的规定。

3 采用温湿度独立控制空调系统时，负担显热的冷水机组的空调供水温度不宜低于 16℃；当采用强制对流末端设备时，空调冷水供回水温差不宜小于 5℃。

4 采用蒸发冷却或天然冷源制取空调冷水时，空调冷水的供水温度，应根据当地气象条件和末端设备的工作能力合理确定；采用强制对流末端设备时，供回水温差不宜小于 4℃。

5 采用辐射供冷末端设备时，供水温度应以末端设备表面不结露为原则确定；供回水温差不应小于 2℃。

6 采用市政热力或锅炉供应的一次热源通过换热器加热的二次空调热水时，其供水温度宜根据系统需求和末端能力确定。对于非预热盘管，供水温度宜采用 50℃～60℃，用于严寒地区预热时，供水温度不宜低于 70℃。空调热水的供回水温差，严寒和寒冷地区不宜小于 15℃，夏热冬冷地区不宜小于 10℃。

7 采用直燃式冷（温）水机组、空气源热泵、地源热泵等作为热源时，空调热水供回水温度和温差应按设备要求和具体情况确定，并应使设备具有较高的供热性能系数。

8 采用区域供冷系统时，供回水温差应符合本规范第 8.8.2 条的要求。

8.5.2 除采用直接蒸发冷却器的系统外，空调水系统应采用闭式循环系统。

8.5.3 当建筑物所有区域只要求按季节同时进行供冷和供热转换时，应采用两管制的空调水系统。当建筑物内一些区域的空调系统需全年供应空调冷水、其他区域仅要求按季节进行供冷和供热转换时，可采用分区两管制空调水系统。当空调水系统的供冷和供热工况转换频繁或需同时使用时，宜采用四管制水系统。

8.5.4 集中空调冷水系统的选择，应符合下列规定：

1 除设置一台冷水机组的小型工程外，不应采用定流量一级泵系统；

2 冷水水温和供回水温差要求一致且各区域管路压力损失相差不大的中小型工程，宜采用变流量一级泵系统；单台水泵功率较大时，经技术和经济比较，在确保设备的适应性、控制方案和运行管理可靠的前提下，可采用冷水机组变流量方式；

3 系统作用半径较大、设计水流阻力较高的大型工程，宜采用变流量二级泵系统。当各环路的设计水温一致且设计水流阻力接近时，二级泵宜集中设置；当各环路的设计水流阻力相差较大或各系统水温或温差要求不同时，宜按区域或系统分别设置二级泵；

4 冷源设备集中设置且用户分散的区域供冷等大规模空调冷水系统，当二级泵的输送距离较远且各用户管路阻力相差较大，或者水温（温差）要求不同时，可采用多级泵系统。

8.5.5 采用换热器加热或冷却的二次空调水系统的循环水泵宜采用变速调节。对供冷（热）负荷和规模较大工程，当各区域管路阻力相差较大或需要对二次水系统分别管理时，可按区域分别设置换热器和二次循环泵。

8.5.6 空调水系统自控阀门的设置应符合下列规定：

1 多台冷水机组和冷水泵之间通过共用集管连接时，每台冷水机组进水或出水管道上应设置与对应的冷水机组和水泵连锁开关的电动两通阀；

2 除定流量一级泵系统外，空调末端装置应设置水路电动两通阀。

8.5.7 定流量一级泵系统应设置室内空气温度调控或自动控制措施。

8.5.8 变流量一级泵系统采用冷水机组定流量方式时，应在系统的供回水管之间设置电动旁通调节阀，旁通调节阀的设计流量宜取容量最大的单台冷水机组的额定流量。

8.5.9 变流量一级泵系统采用冷水机组变流量方式时，空调水系统设计应符合下列规定：

1 一级泵应采用调速泵；

2 在总供、回水管之间应设旁通管和电动旁通调节阀，旁通调节阀的设计流量应取各台冷水机组允许的最小流量中的最大值；

3 应考虑蒸发器最大许可的水压降和水流对蒸发器管束的侵蚀因素，确定冷水机组的最大流量；冷水机组的最小流量不应影响到蒸发器换热效果和运行安全性；

4 应选择允许水流量变化范围大、适应冷水流量快速变化（允许流量变化率大）、具有减少出水温度波动的控制功能的冷水机组；

5 采用多台冷水机组时，应选择在设计流量下蒸发器水压降相同或接近的冷水机组。

8.5.10 二级泵和多级泵系统的设计应符合下列规定：

1 应在供回水总管之间冷源侧和负荷侧分界处设平衡管，平衡管宜设置在冷源机房内，管径不宜小于总供回水管管径；

2 采用二级泵系统且按区域分别设置二级泵时，应考虑服务区域的平面布置、系统的压力分布等因素，合理确定二级泵的设置位置；

3 二级泵等负荷侧各级泵应采用变速泵。

8.5.11 除空调热水和空调冷水系统的流量和管网阻力特性及水泵工作特性相吻合的情况外，两管制空调水系统应分别设置冷水和热水循环泵。

8.5.12 在选配空调冷热水系统的循环水泵时，应计算循环水泵的耗电输冷（热）比 $EC(H)R$，并应标注在施工图的设计说明中。耗电输冷（热）比应符合下式要求：

$$EC(H)R = 0.003096\Sigma(G \cdot H/\eta_b)/\Sigma Q$$
$$\leqslant A(B+\alpha\Sigma L)/\Delta T \qquad (8.5.12)$$

式中：$EC(H)R$——循环水泵的耗电输冷（热）比；

G——每台运行水泵的设计流量，m^3/h；

H——每台运行水泵对应的设计扬程，m；

η_b——每台运行水泵对应设计工作点的效率；

Q——设计冷（热）负荷，kW；

ΔT——规定的计算供回水温差，按表8.5.12-1选取，℃；

A——与水泵流量有关的计算系数，按表8.5.12-2选取；

B——与机房及用户的水阻力有关的计算系数，按表8.5.12-3选取；

α——与ΣL有关的计算系数，按表8.5.12-4或表8.5.12-5选取；

ΣL——从冷热机房至该系统最远用户的供回水管道的总输送长度，m；当管道设于大面积单层或多层建

筑时，可按机房出口至最远端空调末端的管道长度减去100m确定。

表8.5.12-1　ΔT值（℃）

冷水系统	热水系统			
	严寒	寒冷	夏热冬冷	夏热冬暖
5	15	15	10	5

注：1 对空气源热泵、溴化锂机组、水源热泵等机组的热水供回水温差按机组实际参数确定；

2 对直接提供高温冷水的机组，冷水供回水温差按机组实际参数确定。

表8.5.12-2　A值

设计水泵流量G	$G\leqslant60m^3/h$	$200m^3/h\geqslant G>60m^3/h$	$G>200m^3/h$
A值	0.004225	0.003858	0.003749

注：多台水泵并联运行时，流量按较大流量选取。

表8.5.12-3　B值

系统组成		四管制 单冷、单热管道B值	二管制 热水管道B值
一级泵	冷水系统	28	—
	热水系统	22	21
二级泵	冷水系统[1]	33	—
	热水系统[2]	27	25

1) 多级泵冷水系统，每增加一级泵，B值可增加5；

2) 多级泵热水系统，每增加一级泵，B值可增加4。

表8.5.12-4　四管制冷、热水管道系统的α值

系统	管道长度ΣL范围（m）		
	$\leqslant400m$	$400<\Sigma L<1000m$	$\Sigma L\geqslant1000m$
冷水	$\alpha=0.02$	$\alpha=0.016+1.6/\Sigma L$	$\alpha=0.013+4.6/\Sigma L$
热水	$\alpha=0.014$	$\alpha=0.0125+0.6/\Sigma L$	$\alpha=0.009+4.1/\Sigma L$

表8.5.12-5　两管制热水管道系统的α值

系统	地区	管道长度ΣL范围（m）		
		$\leqslant400m$	$400<\Sigma L<1000m$	$\Sigma L\geqslant1000m$
热水	严寒	$\alpha=0.009$	$\alpha=0.0072+0.72/\Sigma L$	$\alpha=0.0059+2.02/\Sigma L$
	寒冷 夏热冬冷	$\alpha=0.0024$	$\alpha=0.002+0.16/\Sigma L$	$\alpha=0.0016+0.56/\Sigma L$
	夏热冬暖	$\alpha=0.0032$	$\alpha=0.0026+0.24/\Sigma L$	$\alpha=0.0021+0.74/\Sigma L$

注：两管制冷水系统α计算式与表8.5.13-4四管制冷水系统相同。

8.5.13 空调水循环泵台数应符合下列规定：

1 水泵定流量运行的一级泵，其设置台数和流量应与冷水机组的台数和流量相对应，并宜与冷水机组的管道一对一连接；

2 变流量运行的每个分区的各级水泵不宜少于2台。当所有的同级水泵均采用变速调节方式时，台数不宜过多；

3 空调热水泵台数不宜少于2台；严寒及寒冷地区，当热水泵不超过3台时，其中一台宜设置为备用泵。

8.5.14 空调水系统布置和选择管径时，应减少并联环路之间压力损失的相对差额。当设计工况时并联环路之间压力损失的相对差额超过15%时，应采取水力平衡措施。

8.5.15 空调冷水系统的设计补水量（小时流量）可按系统水容量的1%计算。

8.5.16 空调水系统的补水点，宜设置在循环水泵的吸入口处。当采用高位膨胀水箱定压时，应通过膨胀水箱直接向系统补水；采用其他定压方式时，如果补水压力低于补水点压力，应设置补水泵。空调补水泵的选择及设置应符合下列规定：

1 补水泵的扬程，应保证补水压力比补水点的工作压力高30kPa～50kPa；

2 补水泵宜设置2台，补水泵的总小时流量宜为系统水容量的5%～10%；

3 当仅设置1台补水泵时，严寒及寒冷地区空调热水用及冷热水合用的补水泵，宜设置备用泵。

8.5.17 当设置补水泵时，空调水系统应设补水调节水箱；水箱的调节容积应根据水源的供水能力、软化设备的间断运行时间及补水泵运行情况等因素确定。

8.5.18 闭式空调水系统的定压和膨胀设计应符合下列规定：

1 定压点宜设在循环水泵的吸入口处，定压点最低压力宜使管道系统任何一点的表压均高于5kPa以上；

2 宜优先采用高位膨胀水箱定压；

3 当水系统设置独立的定压设施时，膨胀管上不应设置阀门；当各系统合用定压设施且需要分别检修时，膨胀管上应设置带电信号的检修阀，且各空调水系统应设置安全阀；

4 系统的膨胀水量应进行回收。

8.5.19 空调冷热水的水质应符合国家现行相关标准规定。当给水硬度较高时，空调热水系统的补水宜进行水质软化处理。

8.5.20 空调热水管道设计应符合下列规定：

1 当空调热水管道利用自然补偿不能满足要求时，应设置补偿器；

2 坡度应符合本规范第5.9.6对热水供暖管道

的要求。

8.5.21 空调水系统应设置排气和泄水装置。

8.5.22 冷水机组或换热器、循环水泵、补水泵等设备的入口管道上，应根据需要设置过滤器或除污器。

8.5.23 冷凝水管道的设置应符合下列规定：

1 当空调设备冷凝水积水盘位于机组的正压段时，凝水盘的出水口宜设置水封；位于负压段时，应设置水封，且水封高度应大于凝水盘处正压或负压值；

2 凝水盘的泄水支管沿水流方向坡度不宜小于0.010；冷凝水干管坡度不宜小于0.005，不应小于0.003，且不允许有积水部位；

3 冷凝水水平干管始端应设置扫除口；

4 冷凝水管道宜采用塑料管或热镀锌钢管；当凝结水管表面可能产生二次冷凝水且对使用房间有可能造成影响时，凝结水管道应采取防结露措施；

5 冷凝水排入污水系统时，应有空气隔断措施；冷凝水管不得与室内雨水系统直接连接；

6 冷凝水管管径应按冷凝水的流量和管道坡度确定。

8.6 冷却水系统

8.6.1 除使用地表水之外，空调系统的冷却水应循环使用。技术经济比较合理且条件具备时，冷却塔可作为冷源设备使用。

8.6.2 以供冷为主、兼有供热需求的建筑物，在技术经济合理的前提下，可采取措施对制冷机组的冷凝热进行回收利用。

8.6.3 空调系统的冷却水水温应符合下列规定：

1 冷水机组的冷却水进口温度宜按照机组额定工况下的要求确定，且不宜高于33℃；

2 冷却水进口最低温度应按制冷机组的要求确定，电动压缩式冷水机组不宜小于15.5℃，溴化锂吸收式冷水机组不宜小于24℃；全年运行的冷却水系统，宜对冷却水的供水温度采取调节措施；

3 冷却水进出口温差应根据冷水机组设定参数和冷却塔性能确定，电动压缩式冷水机组不宜小于5℃，溴化锂吸收式冷水机组宜为5℃～7℃。

8.6.4 冷却水系统设计时应符合下列规定：

1 应设置保证冷却水系统水质的水处理装置；

2 水泵或冷水机组的入口管道上应设置过滤器或除污器；

3 采用水冷管壳式冷凝器的冷水机组，宜设置自动在线清洗装置；

4 当开式冷却水系统不能满足制冷设备的水质要求时，应采用闭式循环系统。

8.6.5 集中设置的冷水机组与冷却水泵，台数和流量均应对应；分散设置的水冷整体式空调器或小型户式冷水机组,可以合用冷却水系统;冷却水泵的扬程应满足冷却塔的进水压力要求。

8.6.6 冷却塔的选用和设置应符合下列规定:

1 在夏季空调室外计算湿球温度条件下,冷却塔的出口水温、进出口水温降和循环水量应满足冷水机组的要求;

2 对进口水压有要求的冷却塔的台数,应与冷却水泵台数相对应;

3 供暖室外计算温度在0℃以下的地区,冬季运行的冷却塔应采取防冻措施,冬季不运行的冷却塔及其室外管道应能泄空;

4 冷却塔设置位置应保证通风良好、远离高温或有害气体,并避免飘水对周围环境的影响;

5 冷却塔的噪声控制应符合本规范第10章的有关要求;

6 应采用阻燃型材料制作的冷却塔,并符合防火要求;

7 对于双工况制冷机组,若机组在两种工况下对于冷却水温的参数要求有所不同时,应分别进行两种工况下冷却塔热工性能的复核计算。

8.6.7 间歇运行的开式冷却塔的集水盘或下部设置的集水箱,其有效存水容积,应大于湿润冷却塔填料等部件所需水量,以及停泵时靠重力流入的管道内的水容量。

8.6.8 当设置冷却水集水箱且必须设置在室内时,集水箱宜设置在冷却塔的下一层,且冷却塔布水器与集水箱设计水位之间的高差不应超过8m。

8.6.9 冷水机组、冷却水泵、冷却塔或集水箱之间的位置和连接应符合下列规定:

1 冷却水泵应自灌吸水,冷却塔集水盘或集水箱最低水位与冷却水泵吸水口的高差应大于管道、管件、设备的阻力;

2 多台冷水机组和冷却水泵之间通过共用集管连接时,每台冷水机组进水或出水管道上应设置与对应的冷水机组和水泵连锁开关的电动两通阀;

3 多台冷却水泵或冷水机组与冷却塔之间通过共用集管连接时,在每台冷却塔进水管上宜设置与对应水泵连锁开闭的电动阀;对进口水压有要求的冷却塔,应设置与对应水泵连锁开闭的电动阀。当每台冷却塔进水管上设置电动阀时,除设置集水箱或冷却塔底部为共用集水盘的情况外,每台冷却塔的出水管上也应设置与冷却水泵连锁开闭的电动阀。

8.6.10 当多台冷却塔与冷却水泵或冷水机组之间通过共用集管连接时,应使各台冷却塔并联环路的压力损失大致相同。当采用开式冷却塔时,底盘之间宜设平衡管,或在各台冷却塔底部设置共用集水盘。

8.6.11 开式冷却塔补水量应按系统的蒸发损失、飘逸损失、排污泄漏损失之和计算。不设集水箱的系统,应在冷却塔底盘处补水;设置集水箱的系统,应

在集水箱处补水。

8.7 蓄冷与蓄热

8.7.1 符合以下条件之一,且经综合技术经济比较合理时,宜采用蓄冷(热)系统供冷(热):

1 执行分时电价、峰谷电价差较大的地区,或有其他用电鼓励政策时;

2 空调冷、热负荷峰值的发生时刻与电力峰值的发生时刻接近、且电网低谷时段的冷、热负荷较小时;

3 建筑物的冷、热负荷具有显著的不均匀性,或逐时空调冷、热负荷的峰谷差悬殊,按照峰值负荷设计装机容量的设备经常处于部分负荷下运行,利用闲置设备进行制冷或供热能够取得较好的经济效益时;

4 电能的峰值供应量受到限制,以至于不采用蓄冷系统能源供应不能满足建筑空气调节的正常使用要求时;

5 改造工程,既有冷(热)源设备不能满足新的冷(热)负荷的峰值需要,且在空调负荷的非高峰时段总制冷(热)量存在富裕量时;

6 建筑空调系统采用低温送风方式或需要较低的冷水供水温度时;

7 区域供冷系统中,采用较大的冷水温差供冷时;

8 必须设置部分应急冷源的场所。

8.7.2 蓄冷空调系统设计应符合下列规定:

1 应计算一个蓄冷—释冷周期的逐时空调冷负荷,且应考虑间歇运行的冷负荷附加;

2 应根据蓄冷—释冷周期内冷负荷曲线、电网峰谷时段以及电价、建筑物能够提供的设置蓄冷设备的空间等因素,经综合比较后确定采用全负荷蓄冷或部分负荷蓄冷。

8.7.3 冰蓄冷装置和制冷机组的容量,应保证在设计蓄冷时段内完成全部预定的冷量蓄存,并宜按照附录J的规定确定。冰蓄冷装置的蓄冷和释冷特性应满足蓄冷空调系统的需求。

8.7.4 冰蓄冷系统,当设计蓄冷时段仍需供冷,且符合下列情况之一时,宜配置基载机组:

1 基载冷负荷超过制冷主机单台空调工况制冷量的20%时;

2 基载冷负荷超过350kW时;

3 基载负荷下的空调总冷量(kWh)超过设计蓄冰冷量(kWh)的10%时。

8.7.5 冰蓄冷系统载冷剂选择及管路设计应符合现行行业标准《蓄冷空调工程技术规程》JGJ 158的有关规定。

8.7.6 采用冰蓄冷系统时,应适当加大空调冷水的供回水温差,并应符合下列规定:

1 当空调冷水直接进入建筑内各空调末端时，若采用冰盘管内融冰方式，空调系统的冷水供回水温差不应小于6℃，供水温度不宜高于6℃；若采用冰盘管外融冰方式，空调系统的冷水供回水温差不应小于8℃，供水温度不宜高于5℃；

2 当建筑空调水系统由于分区而存在二次冷水的需求时，若采用冰盘管内融冰方式，空调系统的一次冷水供回水温差不应小于5℃，供水温度不宜高于6℃；若采用冰盘管外融冰方式，空调系统的一次冷水供回水温差不应小于6℃，供水温度不宜高于5℃；

3 当空调系统采用低温送风方式时，其冷水供回水温度，应经经济技术比较后确定。供水温度不宜高于5℃；

4 采用区域供冷时，温差要求应符合第8.8.2条的要求。

8.7.7 水蓄冷（热）系统设计应符合下列规定：

1 蓄冷水温不宜低于4℃，蓄冷水池的蓄水深度不宜低于2m；

2 当空调水系统最高点高于蓄冷（或蓄热）水池设计水面时，宜采用板式换热器间接供冷（热）；当高差大于10m时，应采用板式换热器间接供冷（热）。如果采用直接供冷（热）方式，水路设计应采用防止水倒灌的措施；

3 蓄冷水池与消防水池合用时，其技术方案应经过当地消防部门的审批，并应采取切实可靠的措施保证消防供水的要求；

4 蓄热水池不应与消防水池合用。

8.8 区 域 供 冷

8.8.1 区域供冷时，应优先考虑利用分布式能源站、热电厂等余热作为制冷能源。

8.8.2 采用区域供冷方式时，宜采用冰蓄冷系统。空调冷水供回水温差应符合下列规定：

1 采用电动压缩式冷水机组供冷时，不宜小于7℃；

2 采用冰蓄冷系统时，不应小于9℃。

8.8.3 区域供冷站的设计应符合下列规定：

1 应根据建设的不同阶段及用户的使用特点进行冷负荷分析，并确定同时使用系数和系统的总装机容量；

2 应考虑分期投入和建设的可能性；

3 区域供冷站宜位于冷负荷中心，且可根据需要独立设置；供冷半径应经技术经济比较确定；

4 应设计自动控制系统及能源管理优化系统。

8.8.4 区域供冷管网的设计应符合下列规定：

1 负荷侧的共用输配管网和用户管道应按变流量系统设计。各段管道的设计流量应按其所承担的建筑或区域的最大逐时冷负荷，并考虑同时使用系数后确定；

2 区域供冷系统管网与建筑单体的空调水系统规模较大时，宜采用用户设置换热器间接供冷的方式；规模较小时，可根据水温、系统压力和管理等因素，采用用户设置换热器间接供冷或采用直接串联的多级泵系统；

3 应进行管网的水力工况分析及水力平衡计算，并通过经济技术比较确定管网的计算比摩阻。管网设计的最大水流速不宜超过2.9m/s。当各环路的水力不平衡率超过15％时，应采取相应的水力平衡措施；

4 供冷管道宜采用带有保温及防水保护层的成品管材。设计沿程冷损失应小于设计输送总冷量的5％；

5 用户入口应设有冷量计量装置和控制调节装置，并宜分段设置用于检修的阀门井。

8.9 燃气冷热电三联供

8.9.1 采用燃气冷热电三联供系统时，应优化系统配置，满足能源梯级利用的要求。

8.9.2 设备配置及系统设计应符合下列原则：

1 以冷、热负荷定发电量；

2 优先满足本建筑的机电系统用电。

8.9.3 余热利用设备及容量选择应符合下列规定：

1 宜采用余热直接回收利用的方式；

2 余热利用设备最低制冷容量，不应低于发电机满负荷运行时产生的余热制冷量。

8.10 制 冷 机 房

8.10.1 制冷机房设计时，应符合下列规定：

1 制冷机房宜设在空调负荷的中心；

2 宜设置值班室或控制室，根据使用需求也可设置维修及工具间；

3 机房内应有良好的通风设施；地下机房应设置机械通风，必要时设置事故通风；值班或控制室的室内设计参数应满足工作要求；

4 机房应预留安装孔、洞及运输通道；

5 机组制冷剂安全阀泄压管应接至室外安全处；

6 机房应设电话及事故照明装置，照度不宜小于100lx，测量仪表集中处应设局部照明；

7 机房内的地面和设备机座应采用易于清洗的面层；机房内应设置给水与排水设施，满足水系统冲洗、排污要求；

8 当冬季机房内设备和管道中存水或不能保证完全放空时，机房内应采取供热措施，保证房间温度达到5℃以上。

8.10.2 机房内设备布置应符合下列规定：

1 机组与墙之间的净距不小于1m，与配电柜的距离不小于1.5m；

2 机组与机组或其他设备之间的净距不小于1.2m；

3 宜留有不小于蒸发器、冷凝器或低温发生器长度的维修距离；

4 机组与其上方管道、烟道或电缆桥架的净距不小于1m；

5 机房主要通道的宽度不小于1.5m。

8.10.3 氨制冷机房设计应符合下列规定：

1 氨制冷机房单独设置且远离建筑群；

2 机房内严禁采用明火供暖；

3 机房应有良好的通风条件，同时应设置事故排风装置，换气次数每小时不少于12次，排风机应选用防爆型；

4 制冷剂室外泄压口应高于周围50m范围内最高建筑屋脊5m，并采取防止雷击、防止雨水或杂物进入泄压管的装置；

5 应设置紧急泄氨装置，在紧急情况下，能将机组氨液溶于水中，并排至经有关部门批准的储罐或水池。

8.10.4 直燃吸收式机组机房的设计应符合下列规定：

1 应符合国家现行有关防火及燃气设计规范的相关规定；

2 宜单独设置机房；不能单独设置机房时，机房应靠建筑物的外墙，并采用耐火极限大于2h防爆墙和耐火极限大于1.5h现浇楼板与相邻部位隔开；当与相邻部位必须设门时，应设甲级防火门；

3 不应与人员密集场所和主要疏散口贴邻设置；

4 燃气直燃型制冷机组机房单层面积大于200m² 时，机房应设直接对外的安全出口；

5 应设置泄压口，泄压口面积不应小于机房占地面积的10%（当通风管道或通风井直通室外时，其面积可计入机房的泄压面积）；泄压口应避开人员密集场所和主要安全出口；

6 不应设置吊顶；

7 烟道布置不应影响机组的燃烧效率及制冷效率。

8.11 锅炉房及换热机房

8.11.1 采用城市热网或区域锅炉房（蒸汽、热水）供热的空调系统，宜设换热机房，通过换热器进行间接供热。锅炉房、换热机房应设置计量表具。

8.11.2 换热器的选择，应符合下列规定：

1 应选择高效、紧凑、便于维护管理、使用寿命长的换热器，其类型、构造、材质及换热介质理化特性及换热系统使用要求相适应；

2 热泵空调系统，从低温热源取热时，应采用能以紧凑形式实现小温差换热的板式换热器；

3 水-水换热器宜采用板式换热器。

8.11.3 换热器的配置应符合下列规定：

1 换热器总台数不应多于四台。全年使用的换热系统中，换热器的台数不应少于两台；非全年使用的换热系统中，换热器的台数不宜少于两台；

2 换热器的总换热量应在换热系统设计热负荷的基础上乘以附加系数，宜按表8.11.3取值，供暖系统的换热器还应同时满足本条第3款的要求；

3 供暖系统的换热器，一台停止工作时，剩余换热器的设计换热量应保障供热量的要求，寒冷地区不应低于设计供热量的65%，严寒地区不应低于设计供热量的70%。

表8.11.3 换热器附加系数取值表

系统类型	供暖及空调供热	空调供冷	水源热泵
附加系数	1.1～1.15	1.05～1.1	1.15～1.25

8.11.4 当换热器表面产生污垢不易被清洁时，宜设置免拆卸清洗或在线清洗系统。

8.11.5 当换热介质为非清水介质时，换热器宜设在独立房间内，且应设置清洗设施及通风系统。

8.11.6 汽水换热器的蒸汽凝结水，宜回收利用。

8.11.7 锅炉房的设置与设计除应符合本规范规定外，尚应符合现行国家标准《锅炉房设计规范》GB 50041、《高层民用建筑设计防火规范》GB 50045、《建筑设计防火规范》GB 50016 的有关规定以及工程所在地主管部门的管理要求。

8.11.8 锅炉房及单台锅炉的设计容量与锅炉台数应符合下列规定：

1 锅炉房的设计容量应根据供热系统综合最大热负荷确定；

2 单台锅炉的设计容量应以保证其具有长时间较高运行效率的原则确定，实际运行负荷率不宜低于50%；

3 在保证锅炉具有长时间较高运行效率的前提下，各台锅炉的容量宜相等；

4 锅炉房锅炉总台数不宜过多，全年使用时不应少于两台，非全年使用时不宜少于两台；

5 其中一台因故停止工作时，剩余锅炉的设计换热量应符合业主保障供热量的要求，并且对于寒冷地区和严寒地区供热（包括供暖和空调供热），剩余锅炉的总供热量分别不应低于设计供热量的65%和70%。

8.11.9 除厨房、洗衣、高温消毒以及冬季空调加湿等必须采用蒸汽的热负荷外，其余热负荷应以热水锅炉为热源。当蒸汽热负荷在总热负荷中的比例大于70%且总热负荷≤1.4MW时，可采用蒸汽锅炉。

8.11.10 锅炉额定热效率不应低于现行国家标准

《公共建筑节能设计标准》GB 50189 的有关规定。当供热系统的设计回水温度小于或等于50℃时，宜采用冷凝式锅炉。

8.11.11 当采用真空热水锅炉时，最高用热温度宜小于或等于85℃。

8.11.12 集中供暖系统采用变流量水系统时，循环水泵宜采用变速调节控制。

8.11.13 在选配集中供暖系统的循环水泵时，应计算循环水泵的耗电输热比（*EHR*），并应标注在施工图的设计说明中。循环泵耗电输热比应符合下式要求：

$$EHR = 0.003096\Sigma(G \cdot H/\eta_\text{b})/Q \leqslant A(B+\alpha\Sigma L)/\Delta T$$
$$(8.11.13)$$

式中：*EHR*——循环水泵的耗电输热比；

G——每台运行水泵的设计流量，m³/h；

H——每台运行水泵对应的设计扬程，m水柱；

η_b——每台运行水泵对应的设计工作点效率；

Q——设计热负荷，kW；

ΔT——设计供回水温差，℃；

A——与水泵流量有关的计算系数，按本规范表 8.5.12-2 选取；

B——与机房及用户的水阻力有关的计算系数，一级泵系统时 $B=20.4$，二级泵系统时 $B=24.4$；

ΣL——室外主干线（包括供回水管）总长度（m）；

α——与 ΣL 有关的计算系数，按如下选取或计算：

当 $\Sigma L \leqslant 400\text{m}$ 时，$\alpha=0.0015$；

当 $400\text{m} < \Sigma L < 1000\text{m}$ 时，$\alpha=0.003833+3.067/\Sigma L$；

当 $\Sigma L \geqslant 1000\text{m}$ 时，$\alpha=0.0069$。

8.11.14 锅炉房及换热机房，应设置供热量控制装置。

8.11.15 锅炉房、换热机房的设计补水量（小时流量）可按系统水容量的1%计算，补水泵设置应符合本规范 8.5.16 条规定。

8.11.16 闭式循环水系统的定压和膨胀方式，应符合本规范第 8.5.18 条规定。当采用对系统含氧量要求严格的散热器设备时，宜采用能容纳膨胀水量的闭式定压方式或进行除氧处理。

9 检测与监控

9.1 一般规定

9.1.1 供暖、通风与空调系统应设置检测与监控设备或系统，并应符合下列规定：

1 检测与监控内容可包括参数检测、参数与设备状态显示、自动调节与控制、工况自动转换、设备连锁与自动保护、能量计量以及中央监控与管理等。具体内容和方式应根据建筑物的功能与要求、系统类型、设备运行时间以及工艺对管理的要求等因素，通过技术经济比较确定；

2 系统规模大，制冷空调设备台数多且相关联各部分相距较远时，应采用集中监控系统；

3 不具备采用集中监控系统的供暖、通风与空调系统，宜采用就地控制设备或系统。

9.1.2 供暖、通风与空调系统的参数检测应符合下列规定：

1 反映设备和管道系统在启停、运行及事故处理过程中的安全和经济运行的参数，应进行检测；

2 用于设备和系统主要性能计算和经济分析所需要的参数，宜进行检测；

3 检测仪表的选择和设置应与报警、自动控制和计算机监视等内容综合考虑，不宜重复设置，就地检测仪表应设在便于观察的地点。

9.1.3 采用集中监控系统控制的动力设备，应设就地手动控制装置，并通过远程/就地转换开关实现远距离与就地手动控制之间的转换；远程/就地转换开关的状态应为监控系统的检测参数之一。

9.1.4 供暖、通风与空调设备设置联动、连锁等保护措施时，应符合下列规定：

1 当采用集中监控系统时，联动、连锁等保护措施应由集中监控系统实现；

2 当采用就地自动控制系统时，联动、连锁等保护措施，应为自控系统的一部分或独立设置；

3 当无集中监控或就地自动控制系统时，应设置专门联动、连锁等保护措施。

9.1.5 锅炉房、换热机房和制冷机房的能量计量应符合下列规定：

1 应计量燃料的消耗量；

2 应计量耗电量；

3 应计量集中供热系统的供热量；

4 应计量补水量；

5 应计量集中空调系统冷源的供冷量；

6 循环水泵耗电量宜单独计量。

9.1.6 中央级监控管理系统应符合下列规定：

1 应能以与现场测量仪表相同的时间间隔与测量精度连续记录，显示各系统运行参数和设备状态。其存储介质和数据库应能保证记录连续一年以上的运行参数；

2 应能计算和定期统计系统的能量消耗、各台设备连续和累计运行时间；

3 应能改变各控制器的设定值，并能对设置为"远程"状态的设备直接进行启、停和调节；

4 应根据预定的时间表，或依据节能控制程序自动进行系统或设备的启停；

5 应设立操作者权限控制等安全机制；

6 应有参数越限报警、事故报警及报警记录功能，并宜设有系统或设备故障诊断功能；

7 宜设置可与其他弱电系统数据共享的集成接口。

9.1.7 防排烟系统的检测与监控，应执行国家现行有关防火规范的规定；与防排烟系统合用的通风空调系统应按消防设置的要求供电，并在火灾时转入火灾控制状态；通风空调风道上的防火阀宜具有位置反馈功能。

9.1.8 有特殊要求的冷热源机房、通风和空调系统的检测与监控应符合相关规范的规定。

9.2 传感器和执行器

9.2.1 传感器的选择应符合下列规定：

1 当以安全保护和设备状态监视为目的时，宜选择温度开关、压力开关、风流开关、水流开关、压差开关、水位开关等以开关量形式输出的传感器，不宜使用连续量输出的传感器；

2 传感器测量范围和精度应与二次仪表匹配，并高于工艺要求的控制和测量精度；

3 易燃易爆环境应采用防燃防爆型传感器。

9.2.2 温度、湿度传感器的设置，应符合下列规定：

1 温度、湿度传感器测量范围宜为测点温度范围的 1.2～1.5 倍，传感器测量范围和精度应与二次仪表匹配，并高于工艺要求的控制和测量精度；

2 供、回水管温差的两个温度传感器应成对选用，且温度偏差系数应同为正或负；

3 壁挂式空气温度、湿度传感器应安装在空气流通，能反映被测房间空气状态的位置；风道内温度、湿度传感器应保证插入深度，不应在探测头与风道外侧形成热桥；插入式水管温度传感器应保证测头插入深度在水流的主流区范围内，安装位置附近不应有热源及水滴；

4 机器露点温度传感器应安装在挡水板后有代表性的位置，应避免辐射热、振动、水滴及二次回风的影响。

9.2.3 压力（压差）传感器的设置，应符合下列规定：

1 压力（压差）传感器的工作压力（压差）应大于该点可能出现的最大压力（压差）的 1.5 倍，量程宜为该点压力（压差）正常变化范围的 1.2～1.3 倍；

2 在同一建筑层的同一水系统上安装的压力（压差）传感器宜处于同一标高；

3 测压点和取压点的设置应根据系统需要和介质类型确定，设在管内流动稳定的地方并满足产品需要的安装条件。

9.2.4 流量传感器的设置，应符合下列规定：

1 流量传感器量程宜为系统最大工作流量的 1.2～1.3 倍；

2 流量传感器安装位置前后应有保证产品所要求的直管段长度或其他安装条件；

3 应选用具有瞬态值输出的流量传感器；

4 宜选用水流阻力低的产品。

9.2.5 自动调节阀的选择，应符合下列规定：

1 阀权度的确定应综合考虑调节性能和输送能耗的影响，宜取 0.3～0.7。阀权度应按下式计算：

$$S = \Delta p_{min} / \Delta p \qquad (9.2.5)$$

式中：S——阀权度；

Δp_{min}——调节阀全开时的压力损失（Pa）；

Δp——调节阀所在串联支路的总压力损失（Pa）。

2 调节阀的流量特性应根据调节对象特性和阀权度选择，并宜符合下列规定：

1） 水路两通阀宜采用等百分比特性的阀门；

2） 水路三通阀宜采用抛物线特性或线性特性的阀门；

3） 蒸汽两通阀，当阀权度大于或等于 0.6 时，宜采用线性特性的；当阀权度小于 0.6 时，宜采用等百分比特性的阀门。

3 调节阀的口径应根据使用对象要求的流通能力，通过计算选择确定。

9.2.6 蒸汽两通阀应采用单座阀。三通分流阀不应作三通混合阀使用；三通混合阀不宜作三通分流阀使用。

9.2.7 当仅以开关形式用于设备或系统水路切换时，应采用通断阀，不得采用调节阀。

9.3 供暖通风系统的检测与监控

9.3.1 供暖系统应对下列参数进行检测：

1 供暖系统的供水、供汽和回水干管中的热媒温度和压力；

2 过滤器的进出口静压差；

3 水泵等设备的启停状态；

4 热空气幕的启停状态。

9.3.2 热水集中供暖系统的室温调控应符合本规范第 5.10 节的有关规定。

9.3.3 通风系统应对下列参数进行检测：

1 通风机的启停状态；

2 可燃或危险物泄漏等事故状态；

3 空气过滤器进出口静压差的越限报警。

9.3.4 事故通风系统的通风机应与可燃气体泄漏、事故等探测器连锁开启，并宜在工作地点设有声、光等报警状态的警示。

9.3.5 通风系统的控制应符合下列规定：

1 应保证房间风量平衡、温度、压力、污染物浓度等要求；

2 宜根据房间内设备使用状况进行通风量的调节。

9.3.6 通风系统的监控应符合相关现行消防规范和本规范第6章的相关规定。

9.4 空调系统的检测与监控

9.4.1 空调系统应对下列参数进行检测：

1 室内、外空气的温度；

2 空气冷却器出口的冷水温度；

3 空气加热器出口的热水温度；

4 空气过滤器进出口静压差的越限报警；

5 风机、水泵、转轮热交换器、加湿器等设备启停状态。

9.4.2 全年运行的空调系统，宜采用多工况运行的监控设计。

9.4.3 室温允许波动范围小于或等于±1℃和相对湿度允许波动范围小于或等于±5%的空调系统，当水冷式空气冷却器采用变水量控制时，宜由室内温度、湿度调节器通过高值或低值选择器进行优先控制，并对加热器或加湿器进行分程控制。

9.4.4 全空气空调系统的控制应符合下列规定：

1 室温的控制由送风温度或/和送风量的调节实现，应根据空调系统的类型和工况进行选择；

2 送风温度的控制应通过调节冷却器或加热器水路控制阀和/或新、回风道调节风阀实现。水路控制阀的设置应符合本规范第8.5.6条的规定，且宜采用模拟量调节阀；需要控制混风温度时风阀宜采用模拟量调节阀；

3 采用变风量系统时，风机应采用变速控制方式；

4 当采用加湿处理时，加湿量应按室内湿度要求和热湿负荷情况进行控制。当室内散湿量较大时，宜采用机器露点温度不恒定或不达到机器露点温度的方式，直接控制室内相对湿度；

5 过渡期宜采用加大新风比的方式运行。

9.4.5 新风机组的控制应符合下列规定：

1 新风机组水路电动阀的设置应符合第8.5.6条的要求，且宜采用模拟量调节阀；

2 水路电动阀的控制和调节应保证需要的送风温度设定值，送风温度设定值应根据新风承担室内负荷情况进行确定；

3 当新风系统进行加湿处理时，加湿量的控制和调节可根据加湿精度要求，采用送风湿度恒定或室内湿度恒定的控制方式。

9.4.6 风机盘管水路电动阀的设置应符合第8.5.6条的要求，并宜设置常闭式电动通断阀。

9.4.7 冬季有冻结可能性的地区，新风机组或空调机组应设置防冻保护控制。

9.4.8 空调系统空气处理装置的送风温度设定值，应按冷却和加热工况分别确定；当冷却和加热工况互换时，应设冷热转换装置。冬季和夏季需要改变送风方向和风量的风口应设置冬夏转换装置。转换装置的控制可独立设置或作为集中监控系统的一部分。

9.4.9 空调系统的电加热器应与送风机连锁，并应设无风断电、超温断电保护装置；电加热器必须采取接地及剩余电流保护措施。

9.5 空调冷热源及其水系统的检测与监控

9.5.1 空调冷热源及其水系统，应对下列参数进行检测：

1 冷水机组蒸发器进、出口水温、压力；

2 冷水机组冷凝器进、出口水温、压力；

3 热交换器一二次侧进、出口温度、压力；

4 分、集水器温度、压力（或压差）；

5 水泵进出口压力；

6 水过滤器前后压差；

7 冷水机组、水泵、冷却塔风机等设备的启停状态。

9.5.2 蓄冷（热）系统应对下列参数进行检测：

1 蓄冷（热）装置的进、出口介质温度；

2 电锅炉的进、出口水温；

3 蓄冷（热）装置的液位；

4 调节阀的阀位；

5 蓄冷（热）量、供冷（热）量的瞬时值和累计值；

6 故障报警。

9.5.3 冷水机组宜采用由冷量优化控制运行台数的方式；采用自动方式运行时，冷水系统中各相关设备及附件与冷水机组应进行电气连锁，顺序启停。

9.5.4 冰蓄冷系统的二次冷媒侧换热器应设防冻保护控制。

9.5.5 变流量一级泵系统冷水机组定流量运行时，空调水系统总供、回水管之间的旁通调节阀应采用压差控制。压差测点相关要求应符合本规范第9.2.3条的规定。

9.5.6 二级泵和多级泵空调水系统中，二级泵等负荷侧各级水泵运行台数宜采用流量控制方式；水泵变速宜根据系统压差变化控制。

9.5.7 变流量一级泵系统冷水机组变流量运行时，空调水系统的控制应符合下列规定：

1 总供、回水管之间的旁通调节阀可采用流量、温差或压差控制；

2 水泵的台数和变速控制应符合本规范第9.5.6条的要求；

3 应采用精确控制流量和降低水流量变化速率

的控制措施。

9.5.8 空调冷却水系统的控制调节应符合下列规定：

    1 冷却塔风机开启台数或转速宜根据冷却塔出水温度控制；

    2 当冷却塔供回水总管间设置旁通调节阀时，应根据冷水机组最低冷却水温度调节旁通水量；

    3 可根据水质检测情况进行排污控制。

9.5.9 集中监控系统与冷水机组控制器之间宜建立通信连接，实现集中监控系统中央主机对冷水机组运行参数的检测与监控。

10 消声与隔振

10.1 一般规定

10.1.1 供暖、通风与空调系统的消声与隔振设计计算应根据工艺和使用的要求、噪声和振动的大小、频率特性、传播方式及噪声振动允许标准等确定。

10.1.2 供暖、通风与空调系统的噪声传播至使用房间和周围环境的噪声级应符合现行国家有关标准的规定。

10.1.3 供暖、通风与空调系统的振动传播至使用房间和周围环境的振动级应符合现行国家标准的规定。

10.1.4 设置风系统管道时，消声处理后的风管不宜穿过高噪声的房间；噪声高的风管，不宜穿过噪声要求低的房间，当必须穿过时，应采取隔声处理措施。

10.1.5 有消声要求的通风与空调系统，其风管内的空气流速，宜按表 10.1.5 选用。

表 10.1.5 **风管内的空气流速**（m/s）

室内允许噪声级 dB（A）	主管风速	支管风速
25～35	3～4	≤2
35～50	4～7	2～3

注：通风机与消声装置之间的风管，其风速可采用 8m/s ～10m/s。

10.1.6 通风、空调与制冷机房等的位置，不宜靠近声环境要求较高的房间；当必须靠近时，应采取隔声、吸声和隔振措施。

10.1.7 暴露在室外的设备，当其噪声达不到环境噪声标准要求时，应采取降噪措施。

10.1.8 进排风口噪声应符合环保要求，否则应采取消声措施。

10.2 消声与隔声

10.2.1 供暖、通风和空调设备噪声源的声功率级应依据产品的实测数值。

10.2.2 气流通过直管、弯头、三通、变径管、阀门和送回风口等部件产生的再生噪声声功率级与噪声自然衰减量，应分别按各倍频带中心频率计算确定。

    注：对于直风管，当风速小于 5m/s 时，可不计算气流再生噪声；风速大于 8m/s 时，可不计算噪声自然衰减量。

10.2.3 通风与空调系统产生的噪声，当自然衰减不能达到允许噪声标准时，应设置消声设备或采取其他消声措施。系统所需的消声量，应通过计算确定。

10.2.4 选择消声设备时，应根据系统所需消声量、噪声源频率特性和消声设备的声学性能及空气动力特性等因素，经技术经济比较确定。

10.2.5 消声设备的布置应考虑风管内气流对消声能力的影响。消声设备与机房隔墙间的风管应采取隔声措施。

10.2.6 管道穿过机房围护结构时，管道与围护结构之间的缝隙应使用具备防火隔声能力的弹性材料填充密实。

10.3 隔振

10.3.1 当通风、空调、制冷装置以及水泵等设备的振动靠自然衰减不能达标时，应设置隔振器或采取其他隔振措施。

10.3.2 对不带有隔振装置的设备，当其转速小于或等于 1500r/min 时，宜选用弹簧隔振器；转速大于 1500r/min 时，根据环境需求和设备振动的大小，亦可选用橡胶等弹性材料的隔振垫块或橡胶隔振器。

10.3.3 选择弹簧隔振器时，应符合下列规定：

    1 设备的运转频率与弹簧隔振器垂直方向的固有频率之比，应大于或等于 2.5，宜为 4～5；

    2 弹簧隔振器承受的载荷，不应超过允许工作载荷；

    3 当共振振幅较大时，宜与阻尼大的材料联合使用；

    4 弹簧隔振器与基础之间宜设置一定厚度的弹性隔振垫。

10.3.4 选择橡胶隔振器时，应符合下列要求：

    1 应计入环境温度对隔振器压缩变形量的影响；

    2 计算压缩变形量，宜按生产厂家提供的极限压缩量的1/3～1/2采用；

    3 设备的运转频率与橡胶隔振器垂直方向的固有频率之比，应大于或等于 2.5，宜为 4～5；

    4 橡胶隔振器承受的荷载，不应超过允许工作荷载；

    5 橡胶隔振器与基础之间宜设置一定厚度的弹性隔振垫。

注：橡胶隔振器应避免太阳直接辐射或与油类接触。

10.3.5 符合下列要求之一时，宜加大隔振台座质量及尺寸：

1 设备重心偏高；

2 设备重心偏离中心较大，且不易调整；

3 不符合严格隔振要求的。

10.3.6 冷（热）水机组、空调机组、通风机以及水泵等设备的进口、出口宜采用软管连接。水泵出口设止回阀时，宜选用消锤式止回阀。

10.3.7 受设备振动影响的管道应采用弹性支吊架。

10.3.8 在有噪声要求严格的房间的楼层设置集中的空调机组设备时，应采用浮筑双隔振台座。

11 绝热与防腐

11.1 绝　热

11.1.1 具有下列情形之一的设备、管道（包括管件、阀门等）应进行保温：

1 设备与管道的外表面温度高于50℃时（不包括室内供暖管道）；

2 热介质必须保证一定状态或参数时；

3 不保温时，热损耗量大，且不经济时；

4 安装或敷设在有冻结危险场所时；

5 不保温时，散发的热量会对房间温、湿度参数产生不利影响或不安全因素。

11.1.2 具有下列情形之一的设备、管道（包括阀门、管附件等）应进行保冷：

1 冷介质低于常温，需要减少设备与管道的冷损失时；

2 冷介质低于常温，需要防止设备与管道表面凝露时；

3 需要减少冷介质在生产和输送过程中的温升或汽化时；

4 设备、管道不保冷时，散发的冷量会对房间温、湿度参数产生不利影响或不安全因素。

11.1.3 设备与管道绝热材料的选择应符合下列规定：

1 绝热材料及其制品的主要性能应符合现行国家标准《设备及管道绝热设计导则》GB/T 8175的有关规定；

2 设备与管道的绝热材料燃烧性能应满足现行有关防火规范的要求；

3 保温材料的允许使用温度应高于正常操作时的介质最高温度；

4 保冷材料的最低安全使用温度应低于正常操作时介质的最低温度；

5 保温材料应选择热导率小、密度小、造价低、

易于施工的材料和制品；

6 保冷材料应选择热导率小、吸湿率低、吸水率小、密度小、耐低温性能好、易于施工、造价低、综合经济效益高的材料；优先选用闭孔型材料和对异形部位保冷简便的材料；

7 经综合经济比较合适时，可以选用复合绝热材料。

11.1.4 设备和管道的保温层厚度应按现行国家标准《设备及管道绝热设计导则》GB/T 8175中经济厚度方法计算确定，亦可按本规范附录K选用。必要时也可按允许表面热损失法或允许介质温降法计算确定。

11.1.5 设备与管道的保冷层厚度应按下列原则计算确定：

1 供冷或冷热共用时，应按现行国家标准《设备及管道绝热设计导则》GB/T 8175中经济厚度和防止表面结露的保冷层厚度方法计算，并取厚值，或按本规范附录K选用；

2 冷凝水管应按《设备及管道绝热设计导则》GB/T 8175中防止表面结露保冷厚度方法计算确定，或按本规范附录K选用。

11.1.6 当选择复合型风管时，复合型风管绝热材料的热阻应符合附录K中相关要求。

11.1.7 设备与管道的绝热设计应符合下列要求：

1 管道和支架之间，管道穿墙、穿楼板处应采取防止"热桥"或"冷桥"的措施；

2 保冷层的外表面不得产生凝结水；

3 采用非闭孔材料保温时，外表面应设保护层；采用非闭孔材料保冷时，外表面应设隔汽层和保护层。

11.2 防　腐

11.2.1 设备、管道及其配套的部、配件的材料应根据接触介质的性质、浓度和使用环境等条件，结合材料的耐腐蚀特性、使用部位的重要性及经济性等因素确定。

11.2.2 除有色金属、不锈钢管、不锈钢板、镀锌钢管、镀锌钢板和铝板外，金属设备与管道的外表面防腐，宜采用涂漆。涂层类别应能耐受环境大气的腐蚀。

11.2.3 涂层的底漆与面漆应配套使用。外有绝热层的管道应涂底漆。

11.2.4 涂漆前管道外表面的处理应符合涂层产品的相应要求。当有特殊要求时，应在设计文件中规定。

11.2.5 用于与奥氏体不锈钢表面接触的绝热材料应符合现行国家标准《工业设备及管道绝热工程施工规范》GB 50126有关氯离子含量的规定。

表 A 室外空气

省/直辖市/自治区		北京（1）	天津
市/区/自治州		北京	天津
台站名称及编号		北京	天津
		54511	54527
台站信息	北纬	39°48′	39°05′
	东经	116°28′	117°04′
	海拔（m）	31.3	2.5
	统计年份	1971～2000	1971～2000
	年平均温度（℃）	12.3	12.7
室外计算温、湿度	供暖室外计算温度（℃）	−7.6	−7.0
	冬季通风室外计算温度（℃）	−3.6	−3.5
	冬季空气调节室外计算温度（℃）	−9.9	−9.6
	冬季空气调节室外计算相对湿度（%）	44	56
	夏季空气调节室外计算干球温度（℃）	33.5	33.9
	夏季空气调节室外计算湿球温度（℃）	26.4	26.8
	夏季通风室外计算温度（℃）	29.7	29.8
	夏季通风室外计算相对湿度（%）	61	63
	夏季空气调节室外计算日平均温度（℃）	29.6	29.4
风向、风速及频率	夏季室外平均风速（m/s）	2.1	2.2
	夏季最多风向	C SW	C S
	夏季最多风向的频率（%）	18 10	15 9
	夏季室外最多风向的平均风速（m/s）	3.0	2.4
	冬季室外平均风速（m/s）	2.6	2.4
	冬季最多风向	C N	C N
	冬季最多风向的频率（%）	19 12	20 11
	冬季室外最多风向的平均风速（m/s）	4.7	4.8
	年最多风向	C SW	C SW
	年最多风向的频率（%）	17 10	16 9
	冬季日照百分率（%）	64	58
	最大冻土深度（cm）	66	58
大气压力	冬季室外大气压力（hPa）	1021.7	1027.1
	夏季室外大气压力（hPa）	1000.2	1005.2
设计计算用供暖期天数及其平均温度	日平均温度≤+5℃的天数	123	121
	日平均温度≤+5℃的起止日期	11.12～03.14	11.13～03.13
	平均温度≤+5℃期间内的平均温度（℃）	−0.7	−0.6
	日平均温度≤+8℃的天数	144	142
	日平均温度≤+8℃的起止日期	11.04～03.27	11.06～03.27
	平均温度≤+8℃期间内的平均温度（℃）	0.3	0.4
	极端最高气温（℃）	41.9	40.5
	极端最低气温（℃）	−18.3	−17.8

计算参数

(2)	河北（10）					
塘沽	石家庄	唐山	邢台	保定	张家口
塘沽	石家庄	唐山	邢台	保定	张家口
54623	53698	54534	53798	54602	54401
39°00′	38°02′	39°40′	37°04′	38°51′	40°47′
117°43′	114°25′	118°09′	114°30′	115°31′	114°53′
2.8	81	27.8	76.8	17.2	724.2
1971～2000	1971～2000	1971～2000	1971～2000	1971～2000	1971～2000
12.6	13.4	11.5	13.9	12.9	8.8
-6.8	-6.2	-9.2	-5.5	-7.0	-13.6
-3.3	-2.3	-5.1	-1.6	-3.2	-8.3
-9.2	-8.8	-11.6	-8.0	-9.5	-16.2
59	55	55	57	55	41.0
32.5	35.1	32.9	35.1	34.8	32.1
26.9	26.8	26.3	26.9	26.6	22.6
28.8	30.8	29.2	31.0	30.4	27.8
68	60	63	61	61	50.0
29.6	30.0	28.5	30.2	29.8	27.0
4.2	1.7	2.3	1.7	2.0	2.1
SSE	C　S	C　ESE	C　SSW	C　SW	C　SE
12	26　13	14　11	23　13	18　14	19　15
4.3	2.6	2.8	2.3	2.5	2.9
3.9	1.8	2.2	1.4	1.8	2.8
NNW	C　NNE	C　WNW	C　NNE	C　SW	N
13	25　12	22　11	27　10	23　12	35.0
5.8	2	2.9	2.0	2.3	3.5
NNW	C　S	C　ESE	C　SSW	C　SW	N
8	25　12	17　8	24　13	19　14	26
63	56	60	56	56	65.0
59	56	72	46	58	136.0
1026.3	1017.2	1023.6	1017.7	1025.1	939.5
1004.6	995.8	1002.4	996.2	1002.9	925.0
122	111	130	105	119	146
11.15～03.16	11.15～03.05	11.10～03.19	11.19～03.03	11.13～03.11	11.03～03.28
-0.4	0.1	-1.6	0.5	-0.5	-3.9
143	140	146	129	142	168.0
11.07～03.29	11.07～03.26	11.04～03.29	11.08～03.16	11.05～03.27	10.20～04.05
0.6	1.5	-0.7	1.8	0.7	-2.6
40.9	41.5	39.6	41.1	41.6	39.2
-15.4	-19.3	-22.7	-20.2	-19.6	-24.6

省/直辖市/自治区		河北	
市/区/自治州		承德	秦皇岛
台站名称及编号		承德	秦皇岛
		54423	54449
台站信息	北纬	40°58′	39°56′
	东经	117°56′	119°36′
	海拔 (m)	377.2	2.6
	统计年份	1971~2000	1971~2000
	年平均温度 (℃)	9.1	11.0
室外计算温、湿度	供暖室外计算温度 (℃)	−13.3	−9.6
	冬季通风室外计算温度 (℃)	−9.1	−4.8
	冬季空气调节室外计算温度 (℃)	−15.7	−12.0
	冬季空气调节室外计算相对湿度 (%)	51	51
	夏季空气调节室外计算干球温度 (℃)	32.7	30.6
	夏季空气调节室外计算湿球温度 (℃)	24.1	25.9
	夏季通风室外计算温度 (℃)	28.7	27.5
	夏季通风室外计算相对湿度 (%)	55	55
	夏季空气调节室外计算日平均温度 (℃)	27.4	27.7
风向、风速及频率	夏季室外平均风速 (m/s)	0.9	2.3
	夏季最多风向	C SSW	C WSW
	夏季最多风向的频率 (%)	61 6	19 10
	夏季室外最多风向的平均风速 (m/s)	2.5	2.7
	冬季室外平均风速 (m/s)	1.0	2.5
	冬季最多风向	C NW	C WNW
	冬季最多风向的频率 (%)	66 10	19 13
	冬季室外最多风向的平均风速 (m/s)	3.3	3.0
	年最多风向	C NW	C WNW
	年最多风向的频率 (%)	61 6	18 10
	冬季日照百分率 (%)	65	64
	最大冻土深度 (cm)	126	85
大气压力	冬季室外大气压力 (hPa)	980.5	1026.4
	夏季室外大气压力 (hPa)	963.3	1005.6
设计计算用供暖期天数及其平均温度	日平均温度≤+5℃的天数	145	135
	日平均温度≤+5℃的起止日期	11.03~03.27	11.12~03.26
	平均温度≤+5℃期间内的平均温度 (℃)	−4.1	−1.2
	日平均温度≤+8℃的天数	166	153
	日平均温度≤+8℃的起止日期	10.21~04.04	11.04~04.05
	平均温度≤+8℃期间内的平均温度 (℃)	−2.9	−0.3
	极端最高气温 (℃)	43.3	39.2
	极端最低气温 (℃)	−24.2	−20.8

A

沧州	廊坊	衡水	山西（10）		
			太原	大同	阳泉
沧州	霸州	饶阳	太原	大同	阳泉
54616	54518	54606	53772	53487	53782
38°20′	39°07′	38°14′	37°47′	40°06′	37°51′
116°50′	116°23′	115°44′	112°33′	113°20′	113°33′
9.6	9.0	18.9	778.3	1067.2	741.9
1971～1995	1971～2000	1971～2000	1971～2000	1971～2000	1971～2000
12.9	12.2	12.5	10.0	7.0	11.3
−7.1	−8.3	−7.9	−10.1	−16.3	−8.3
−3.0	−4.4	−3.9	−5.5	−10.6	−3.4
−9.6	−11.0	−10.4	−12.8	−18.9	−10.4
57	54	59	50	50	43
34.3	34.4	34.8	31.5	30.9	32.8
26.7	26.6	26.9	23.8	21.2	23.6
30.1	30.1	30.5	27.8	26.4	28.2
63	61	61	58	49	55
29.7	29.6	29.6	26.1	25.3	27.4
2.9	2.2	2.2	1.8	2.5	1.6
SW	C SW	C SW	C N	C NNE	C ENE
12	12 9	15 11	30 10	17 12	33 9
2.7	2.5	3.0	2.4	3.1	2.3
2.6	2.1	2.0	2.0	2.8	2.2
SW	C NE	C SW	C N	N	C NNW
12	19 11	19 9	30 13	19	30 19
2.8	3.3	2.6	2.6	3.3	3.7
SW	C SW	C SW	C N	C NNE	C NNW
14	14 10	15 11	29 11	16 15	31 13
64	57	63	57	61	62
43	67	77	72	186	62
1027.0	1026.4	1024.9	933.5	899.9	937.1
1004.0	1004.4	1002.8	919.8	889.1	923.8
118	124	122	141	163	126
11.15～03.12	11.11～03.14	11.12～03.13	11.06～03.26	10.24～04.04	11.12～03.17
−0.5	−1.3	−0.9	−1.7	−4.8	−0.5
141	143	143	160	183	146
11.07～03.27	11.05～03.27	11.05～03.27	10.23～03.31	10.14～04.14	11.04～03.29
0.7	−0.3	0.2	−0.7	−3.5	0.3
40.5	41.3	41.2	37.4	37.2	40.2
−19.5	−21.5	−22.6	−22.7	−27.2	−16.2

省/直辖市/自治区			山西	
市/区/自治州			运城	晋城
台站名称及编号			运城	阳城
			53959	53975
台站信息	北纬		35°02′	35°29′
	东经		111°01′	112°24′
	海拔（m）		376.0	659.5
	统计年份		1971～2000	1971～2000
	年平均温度（℃）		14.0	11.8
室外计算温、湿度	供暖室外计算温度（℃）		−4.5	−6.6
	冬季通风室外计算温度（℃）		−0.9	−2.6
	冬季空气调节室外计算温度（℃）		−7.4	−9.1
	冬季空气调节室外计算相对湿度（%）		57	53
	夏季空气调节室外计算干球温度（℃）		35.8	32.7
	夏季空气调节室外计算湿球温度（℃）		26.0	24.6
	夏季通风室外计算温度（℃）		31.3	28.8
	夏季通风室外计算相对湿度（%）		55	59
	夏季空气调节室外计算日平均温度（℃）		31.5	27.3
风向、风速及频率	夏季室外平均风速（m/s）		3.1	1.7
	夏季最多风向		SSE	C SSE
	夏季最多风向的频率（%）		16	35 11
	夏季室外最多风向的平均风速（m/s）		5.0	2.9
	冬季室外平均风速（m/s）		2.4	1.9
	冬季最多风向		C W	C NW
	冬季最多风向的频率（%）		24 9	42 12
	冬季室外最多风向的平均风速（m/s）		2.8	4.9
	年最多风向		C SSE	C NW
	年最多风向的频率（%）		18 11	37 9
	冬季日照百分率（%）		49	58
	最大冻土深度（cm）		39	39
大气压力	冬季室外大气压力（hPa）		982.0	947.4
	夏季室外大气压力（hPa）		962.7	932.4
设计计算用供暖期天数及其平均温度	日平均温度≤+5℃的天数		101	120
	日平均温度≤+5℃的起止日期		11.22～03.02	11.14～03.13
	平均温度≤+5℃期间内的平均温度（℃）		0.9	0.0
	日平均温度≤+8℃的天数		127	143
	日平均温度≤+8℃的起止日期		11.08～03.14	11.06～03.28
	平均温度≤+8℃期间内的平均温度（℃）		2.0	1.0
	极端最高气温（℃）		41.2	38.5
	极端最低气温（℃）		−18.9	−17.2

A

(10)

朔州		晋中		忻州		临汾		吕梁	
右玉		榆社		原平		临汾		离石	
53478		53787		53673		53868		53764	
40°00′		37°04′		38°44′		36°04′		37°30′	
112°27′		112°59′		112°43′		111°30′		111°06′	
1345.8		1041.4		828.2		449.5		950.8	
1971~2000		1971~2000		1971~2000		1971~2000		1971~2000	
3.9		8.8		9		12.6		9.1	
−20.8		−11.1		−12.3		−6.6		−12.6	
−14.4		−6.6		−7.7		−2.7		−7.6	
−25.4		−13.6		−14.7		−10.0		−16.0	
61		49		47		58		55	
29.0		30.8		31.8		34.6		32.4	
19.8		22.3		22.9		25.7		22.9	
24.5		26.8		27.6		30.6		28.1	
50		55		53		56		52	
22.5		24.8		26.2		29.3		26.3	
2.1		1.5		1.9		1.8		2.6	
C	ESE	C	SSW	C	NNE	C	SW	C	NE
30	11	39	9	20	11	24	9	22	17
2.8		2.8		2.4		3.0		2.5	
2.3		1.3		2.3		1.6		2.1	
C	NW	C	E	C	NNE	C	SW		NE
41	11	42	14	26	14	35	7		26
5.0		1.9		3.8		2.6		2.5	
C	WNW	C	E	C	NNE	C	SW		NE
32	8	38	9	22	12	31	9		20
71		62		60		47		58	
169		76		121		57		104	
868.6		902.6		926.9		972.5		914.5	
860.7		892.0		913.8		954.2		901.3	
182		144		145		114		143	
10.14~04.13		11.05~03.28		11.03~03.27		11.13~03.06		11.05~03.27	
−6.9		−2.6		−3.2		−0.2		−3	
208		168		168		142		166	
10.01~04.26		10.20~04.05		10.20~04.05		11.06~03.27		10.20~04.03	
−5.2		−1.3		−1.9		1.1		−1.7	
34.4		36.7		38.1		40.5		38.4	
−40.4		−25.1		−25.8		−23.1		−26.0	

省/直辖市/自治区		内蒙古	
市/区/自治州		呼和浩特	包头
台站名称及编号		呼和浩特	包头
		53463	53446
台站信息	北纬	40°49′	40°40′
	东经	111°41′	109°51′
	海拔（m）	1063.0	1067.2
	统计年份	1971～2000	1971～2000
年平均温度（℃）		6.7	7.2
室外计算温、湿度	供暖室外计算温度（℃）	−17.0	−16.6
	冬季通风室外计算温度（℃）	−11.6	−11.1
	冬季空气调节室外计算温度（℃）	−20.3	−19.7
	冬季空气调节室外计算相对湿度（%）	58	55
	夏季空气调节室外计算干球温度（℃）	30.6	31.7
	夏季空气调节室外计算湿球温度（℃）	21.0	20.9
	夏季通风室外计算温度（℃）	26.5	27.4
	夏季通风室外计算相对湿度（%）	48	43
	夏季空气调节室外计算日平均温度（℃）	25.9	26.5
风向、风速及频率	夏季室外平均风速（m/s）	1.8	2.6
	夏季最多风向	C SW	C SE
	夏季最多风向的频率（%）	36 8	14 11
	夏季室外最多风向的平均风速（m/s）	3.4	2.9
	冬季室外平均风速（m/s）	1.5	2.4
	冬季最多风向	C NNW	N
	冬季最多风向的频率（%）	50 9	21
	冬季室外最多风向的平均风速（m/s）	4.2	3.4
	年最多风向	C NNW	N
	年最多风向的频率（%）	40 7	16
	冬季日照百分率（%）	63	68
	最大冻土深度（cm）	156	157
大气压力	冬季室外大气压力（hPa）	901.2	901.2
	夏季室外大气压力（hPa）	889.6	889.1
设计计算用供暖期天数及其平均温度	日平均温度≤+5℃的天数	167	164
	日平均温度≤+5℃的起止日期	10.20～04.04	10.21～04.02
	平均温度≤+5℃期间内的平均温度（℃）	−5.3	−5.1
	日平均温度≤+8℃的天数	184	182
	日平均温度≤+8℃的起止日期	10.12～04.13	10.13～04.12
	平均温度≤+8℃期间内的平均温度（℃）	−4.1	−3.9
	极端最高气温（℃）	38.5	39.2
	极端最低气温（℃）	−30.5	−31.4

赤峰	通辽	鄂尔多斯	呼伦贝尔		巴彦淖尔
赤峰	通辽	东胜	满洲里	海拉尔	临河
54218	54135	53543	50514	50527	53513
42°16′	43°36′	39°50′	49°34′	49°13′	40°45′
118°56′	122°16′	109°59′	117°26′	119°45′	107°25′
568.0	178.5	1460.4	661.7	610.2	1039.3
1971～2000	1971～2000	1971～2000	1971～2000	1971～2000	1971～2000
7.5	6.6	6.2	−0.7	−1.0	8.1
−16.2	−19.0	−16.8	−28.6	−31.6	−15.3
−10.7	−13.5	−10.5	−23.3	−25.1	−9.9
−18.8	−21.8	−19.6	−31.6	−34.5	−19.1
43	54	52	75	79	51
32.7	32.3	29.1	29.0	29.0	32.7
22.6	24.5	19.0	19.9	20.5	20.9
28.0	28.2	24.8	24.1	24.3	28.4
50	57	43	52	54	39
27.4	27.3	24.6	23.6	23.5	27.5
2.2	3.5	3.1	3.8	3.0	2.1
C WSW	SSW	SSW	C E	C SSW	C E
20 13	17	19	13 10	13 8	20 10
2.5	4.6	3.7	4.4	3.1	2.5
2.3	3.7	2.9	3.7	2.3	2.0
C W	NW	SSW	WSW	C SSW	C W
26 14	16	14	23	22 19	30 13
3.1	4.4	3.1	3.9	2.5	3.4
C W	SSW	SSW	WSW	C SSW	C W
21 13	11	17	13	15 12	24 10
70	76	73	70	62	72
201	179	150	389	242	138
955.1	1002.6	856.7	941.9	947.9	903.9
941.1	984.4	849.5	930.3	935.7	891.1
161	166	168	210	208	157
10.26～04.04	10.21～04.04	10.20～04.05	09.30～04.27	10.01～04.26	10.24～03.29
−5.0	−6.7	−4.9	−12.4	−12.7	−4.4
179	184	189	229	227	175
10.16～04.12	10.13～04.14	10.11～04.17	09.21～05.07	09.22～05.06	10.16～04.08
−3.8	−5.4	−3.6	−10.8	−11.0	−3.3
40.4	38.9	35.3	37.9	36.6	39.4
−28.8	−31.6	−28.4	−40.5	−42.3	−35.3

续表

省/直辖市/自治区		内蒙古	
市/区/自治州		乌兰察布	兴安盟
台站名称及编号		集宁	乌兰浩特
		53480	50838
台站信息	北纬	41°02′	46°05′
	东经	113°04′	122°03′
	海拔（m）	1419.3	274.7
	统计年份	1971～2000	1971～2000
年平均温度（℃）		4.3	5.0
室外计算温、湿度	供暖室外计算温度（℃）	−18.9	−20.5
	冬季通风室外计算温度（℃）	−13.0	−15.0
	冬季空气调节室外计算温度（℃）	−21.9	−23.5
	冬季空气调节室外计算相对湿度（%）	55	54
	夏季空气调节室外计算干球温度（℃）	28.2	31.8
	夏季空气调节室外计算湿球温度（℃）	18.9	23
	夏季通风室外计算温度（℃）	23.8	27.1
	夏季通风室外计算相对湿度（%）	49	55
	夏季空气调节室外计算日平均温度（℃）	22.9	26.6
风向、风速及频率	夏季室外平均风速（m/s）	2.4	2.6
	夏季最多风向	C WNW	C NE
	夏季最多风向的频率（%）	29 9	23 7
	夏季室外最多风向的平均风速（m/s）	3.6	3.9
	冬季室外平均风速（m/s）	3.0	2.6
	冬季最多风向	C WNW	C NW
	冬季最多风向的频率（%）	33 13	27 17
	冬季室外最多风向的平均风速（m/s）	4.9	4.0
	年最多风向	C WNW	C NW
	年最多风向的频率（%）	29 12	22 11
冬季日照百分率（%）		72	69
最大冻土深度（cm）		184	249
大气压力	冬季室外大气压力（hPa）	860.2	989.1
	夏季室外大气压力（hPa）	853.7	973.3
设计计算用供暖期天数及其平均温度	日平均温度≤+5℃的天数	181	176
	日平均温度≤+5℃的起止日期	10.16～04.14	10.17～04.10
	平均温度≤+5℃期间内的平均温度（℃）	−6.4	−7.8
	日平均温度≤+8℃的天数	206	193
	日平均温度≤+8℃的起止日期	10.03～04.26	10.09～04.19
	平均温度≤+8℃期间内的平均温度（℃）	−4.7	−6.5
极端最高气温（℃）		33.6	40.3
极端最低气温（℃）		−32.4	−33.7

A

(12)		辽宁（12）			
锡林郭勒盟		沈阳	大连	鞍山	抚顺
二连浩特	锡林浩特	沈阳	大连	鞍山	抚顺
53068	54102	54342	54662	54339	54351
43°39′	43°57′	41°44′	38°54′	41°05′	41°55′
111°58′	116°04′	123°27′	121°38′	123°00′	124°05′
964.7	989.5	44.7	91.5	77.3	118.5
1971～2000	1971～2000	1971～2000	1971～2000	1971～2000	1971～2000
4.0	2.6	8.4	10.9	9.6	6.8
−24.3	−25.2	−16.9	−9.8	−15.1	−20.0
−18.1	−18.8	−11.0	−3.9	−8.6	−13.5
−27.8	−27.8	−20.7	−13.0	−18.0	−23.8
69	72	60	56	54	68
33.2	31.1	31.5	29.0	31.6	31.5
19.3	19.9	25.3	24.9	25.1	24.8
27.9	26.0	28.2	26.3	28.2	27.8
33	44	65	71	63	65
27.5	25.4	27.5	26.5	28.1	26.6
4.0	3.3	2.6	4.1	2.7	2.2
NW	C SW	SW	SSW	SW	C NE
8	13 9	16	19	13	15 12
5.2	3.4	3.5	4.6	3.6	2.2
3.6	3.2	2.6	5.2	2.9	2.3
NW	WSW	C NNE	NNE	NE	ENE
16	19	13 10	24.0	14	20
5.3	4.3	3.6	7.0	3.5	2.1
NW	C WSW	SW	NNE	SW	NE
13	15 13	13	15	12	16
76	71	56	65	60	61
310	265	148	90	118	143
910.5	906.4	1020.8	1013.9	1018.5	1011.0
898.3	895.9	1000.9	997.8	998.8	992.4
181	189	152	132	143	161
10.14～04.12	10.11～04.17	10.30～03.30	11.16～03.27	11.06～03.28	10.26～04.04
−9.3	−9.7	−5.1	−0.7	−3.8	−6.3
196	209	172	152	163	182
10.07～04.20	10.01～04.27	10.20～04.09	11.06～04.06	10.26～04.06	10.14～04.13
−8.1	−8.1	−3.6	0.3	−2.5	−4.8
41.1	39.2	36.1	35.3	36.5	37.7
−37.1	−38.0	−29.4	−18.8	−26.9	−35.9

省/直辖市/自治区		辽宁	
市/区/自治州		本溪	丹东
台站名称及编号		本溪	丹东
		54346	54497
台站信息	北纬	41°19′	40°03′
	东经	123°47′	124°20′
	海拔（m）	185.2	13.8
	统计年份	1971～2000	1971～2000
年平均温度（℃）		7.8	8.9
室外计算温、湿度	供暖室外计算温度（℃）	−18.1	−12.9
	冬季通风室外计算温度（℃）	−11.5	−7.4
	冬季空气调节室外计算温度（℃）	−21.5	−15.9
	冬季空气调节室外计算相对湿度（%）	64	55
	夏季空气调节室外计算干球温度（℃）	31.0	29.6
	夏季空气调节室外计算湿球温度（℃）	24.3	25.3
	夏季通风室外计算温度（℃）	27.4	26.8
	夏季通风室外计算相对湿度（%）	63	71
	夏季空气调节室外计算日平均温度（℃）	27.1	25.9
风向、风速及频率	夏季室外平均风速（m/s）	2.2	2.3
	夏季最多风向	C ESE	C SSW
	夏季最多风向的频率（%）	19 15	17 13
	夏季室外最多风向的平均风速（m/s）	2.0	3.2
	冬季室外平均风速（m/s）	2.4	3.4
	冬季最多风向	ESE	N
	冬季最多风向的频率（%）	25	21
	冬季室外最多风向的平均风速（m/s）	2.3	5.2
	年最多风向	ESE	C ENE
	年最多风向的频率（%）	18	14 13
冬季日照百分率（%）		57	64
最大冻土深度（cm）		149	88
大气压力	冬季室外大气压力（hPa）	1003.3	1023.7
	夏季室外大气压力（hPa）	985.7	1005.5
设计计算用供暖期天数及其平均温度	日平均温度≤+5℃的天数	157	145
	日平均温度≤+5℃的起止日期	10.28～04.03	11.07～03.31
	平均温度≤+5℃期间内的平均温度（℃）	−5.1	−2.8
	日平均温度≤+8℃的天数	175	167
	日平均温度≤+8℃的起止日期	10.18～04.10	10.27～04.11
	平均温度≤+8℃期间内的平均温度（℃）	−3.8	−1.7
极端最高气温（℃）		37.5	35.3
极端最低气温（℃）		−33.6	−25.8

锦州	营口	阜新	铁岭	朝阳	葫芦岛
锦州	营口	阜新	开原	朝阳	兴城
54337	54471	54237	54254	54324	54455
41°08′	40°40′	42°05′	42°32′	41°33′	40°35′
121°07′	122°16′	121°43′	124°03′	120°27′	120°42′
65.9	3.3	166.8	98.2	169.9	8.5
1971～2000	1971～2000	1971～2000	1971～2000	1971～2000	1971～2000
9.5	9.5	8.1	7.0	9.0	9.2
−13.1	−14.1	−15.7	−20.0	−15.3	−12.6
−7.9	−8.5	−10.6	−13.4	−9.7	−7.7
−15.5	−17.1	−18.5	−23.5	−18.3	−15.0
52	62	49	49	43	52
31.4	30.4	32.5	31.1	33.5	29.5
25.2	25.5	24.7	25	25	25.5
27.9	27.7	28.4	27.5	28.9	26.8
67	68	60	60	58	76
27.1	27.5	27.3	26.8	28.3	26.4
3.3	3.7	2.1	2.7	2.5	2.4
SW	SW	C SW	SSW	C SSW	C SSW
18	17.0	29 21	17.0	32 22	26 16
4.3	4.8	3.4	3.1	3.6	3.9
3.2	3.6	2.1	2.7	2.4	2.2
C NNE	NE	C N	C SW	C SSW	C NNE
21 15	16	36 9	16 15	40 12	34 13
5.1	4.3	4.1	3.8	3.5	3.4
C SW	SW	C SW	SW	C SSW	C SW
17 12	15	31 14	16	33 16	28 10
67	67	68	62	69	72
108	101	139	137	135	99
1017.8	1026.1	1007.0	1013.4	1004.5	1025.5
997.8	1005.5	988.1	994.6	985.5	1004.7
144	144	159	160	145	145
11.05～03.28	11.06～03.29	10.27～04.03	10.27～04.04	11.04～03.28	11.06～03.30
−3.4	−3.6	−4.8	−6.4	−4.7	−3.2
164	164	176	180	167	167
10.26～04.06	10.26～04.07	10.18～04.11	10.16～04.13	10.21～04.05	10.26～04.10
−2.2	−2.4	3.7	−4.9	−3.2	−1.9
41.8	34.7	40.9	36.6	43.3	40.8
−22.8	−28.4	−27.1	−36.3	−34.4	−27.5

省/直辖市/自治区				吉林
市/区/自治州			长春	吉林
台站信息	台站名称及编号		长春	吉林
			54161	54172
	北纬		43°54′	43°57′
	东经		125°13′	126°28′
	海拔（m）		236.8	183.4
	统计年份		1971~2000	1971~1995
	年平均温度（℃）		5.7	4.8
室外计算温、湿度	供暖室外计算温度（℃）		−21.1	−24.0
	冬季通风室外计算温度（℃）		−15.1	−17.2
	冬季空气调节室外计算温度（℃）		−24.3	−27.5
	冬季空气调节室外计算相对湿度（%）		66	72
	夏季空气调节室外计算干球温度（℃）		30.5	30.4
	夏季空气调节室外计算湿球温度（℃）		24.1	24.1
	夏季通风室外计算温度（℃）		26.6	26.6
	夏季通风室外计算相对湿度（%）		65	65
	夏季空气调节室外计算日平均温度（℃）		26.3	26.1
风向、风速及频率	夏季室外平均风速（m/s）		3.2	2.6
	夏季最多风向		WSW	C SSE
	夏季最多风向的频率（%）		15	20 11
	夏季室外最多风向的平均风速（m/s）		4.6	2.3
	冬季室外平均风速（m/s）		3.7	2.6
	冬季最多风向		WSW	C WSW
	冬季最多风向的频率（%）		20	31 18
	冬季室外最多风向的平均风速（m/s）		4.7	4.0
	年最多风向		WSW	C WSW
	年最多风向的频率（%）		17	22 13
	冬季日照百分率（%）		64	52
	最大冻土深度（cm）		169	182
大气压力	冬季室外大气压力（hPa）		994.4	1001.9
	夏季室外大气压力（hPa）		978.4	984.8
设计计算用供暖期天数及其平均温度	日平均温度≤+5℃的天数		169	172
	日平均温度≤+5℃的起止日期		10.20~04.06	10.18~04.07
	平均温度≤+5℃期间内的平均温度（℃）		−7.6	−8.5
	日平均温度≤+8℃的天数		188	191
	日平均温度≤+8℃的起止日期		10.12~04.17	10.11~04.19
	平均温度≤+8℃期间内的平均温度（℃）		−6.1	−7.1
	极端最高气温（℃）		35.7	35.7
	极端最低气温（℃）		−33.0	−40.3

四平	通化	白山	松原	白城	延边
四平	通化	临江	乾安	白城	延吉
54157	54363	54374	50948	50936	54292
43°11′	41°41′	41°48′	45°00′	45°38′	42°53′
124°20′	125°54′	126°55′	124°01′	122°50′	129°28′
164.2	402.9	332.7	146.3	155.2	176.8
1971~2000	1971~2000	1971~2000	1971~2000	1971~2000	1971~2000
6.7	5.6	5.3	5.4	5.0	5.4
−19.7	−21.0	−21.5	−21.6	−21.7	−18.4
−13.5	−14.2	−15.6	−16.1	−16.4	−13.6
−22.8	−24.2	−24.4	−24.5	−25.3	−21.3
66	68	71	64	57	59
30.7	29.9	30.8	31.8	31.8	31.3
24.5	23.2	23.6	24.2	23.9	23.7
27.2	26.3	27.3	27.6	27.5	26.7
65	64	61	59	58	63
26.7	25.3	25.4	27.3	26.9	25.6
2.5	1.6	1.2	3.0	2.9	2.1
SW	C SW	C NNE	SSW	C SSW	C E
17	41 12	42 14	14	13 10	31 19
3.8	3.5	1.6	3.8	3.8	3.7
2.6	1.3	0.8	2.9	3.0	2.6
C SW	C SW	C NNE	WNW	C WNW	C WNW
15 15	53 7	61 11	12	11 10	42 19
3.9	3.6	1.6	3.2	3.4	5.0
SW	C SW	C NNE	SSW	C NNE	C WNW
16	43 11	46 14	11	10 9	37 13
69	50	55	67	73	57
148	139	136	220	750	198
1004.3	974.7	983.9	1005.5	1004.6	1000.7
986.7	961.0	969.1	987.9	986.9	986.8
163	170	170	170	172	171
10.25~04.05	10.20~04.07	10.20~04.07	10.19~04.06	10.18~04.07	10.20~04.08
−6.6	−6.6	−7.2	−8.4	−8.6	−6.6
184	189	191	190	191	192
10.13~04.14	10.12~04.18	10.11~04.19	10.11~04.18	10.10~04.18	10.11~04.20
−5.0	−5.3	−5.7	−6.9	−7.1	−5.1
37.3	35.6	37.9	38.5	38.6	37.7
−32.3	−33.1	−33.8	−34.8	−38.1	−32.7

省/直辖市/自治区			黑龙江
市/区/自治州		哈尔滨	齐齐哈尔
台站名称及编号		哈尔滨	齐齐哈尔
		50953	50745
台站信息	北纬	45°45′	47°23′
	东经	126°46′	123°55′
	海拔（m）	142.3	145.9
	统计年份	1971~2000	1971~2000
年平均温度（℃）		4.2	3.9
室外计算温、湿度	供暖室外计算温度（℃）	−24.2	−23.8
	冬季通风室外计算温度（℃）	−18.4	−18.6
	冬季空气调节室外计算温度（℃）	−27.1	−27.2
	冬季空气调节室外计算相对湿度（%）	73	67
	夏季空气调节室外计算干球温度（℃）	30.7	31.1
	夏季空气调节室外计算湿球温度（℃）	23.9	23.5
	夏季通风室外计算温度（℃）	26.8	26.7
	夏季通风室外计算相对湿度（%）	62	58
	夏季空气调节室外计算日平均温度（℃）	26.3	26.7
风向、风速及频率	夏季室外平均风速（m/s）	3.2	3.0
	夏季最多风向	SSW	SSW
	夏季最多风向的频率（%）	12.0	10
	夏季室外最多风向的平均风速（m/s）	3.9	3.8
	冬季室外平均风速（m/s）	3.2	2.6
	冬季最多风向	SW	NNW
	冬季最多风向的频率（%）	14	13
	冬季室外最多风向的平均风速（m/s）	3.7	3.1
	年最多风向	SSW	NNW
	年最多风向的频率（%）	12	10
冬季日照百分率（%）		56	68
最大冻土深度（cm）		205	209
大气压力	冬季室外大气压力（hPa）	1004.2	1005.0
	夏季室外大气压力（hPa）	987.7	987.9
设计计算用供暖期天数及其平均温度	日平均温度≤+5℃的天数	176	181
	日平均温度≤+5℃的起止日期	10.17~04.10	10.15~04.13
	平均温度≤+5℃期间内的平均温度（℃）	−9.4	−9.5
	日平均温度≤+8℃的天数	195	198
	日平均温度≤+8℃的起止日期	10.08~04.20	10.06~04.21
	平均温度≤+8℃期间内的平均温度（℃）	−7.8	−8.1
极端最高气温（℃）		36.7	40.1
极端最低气温（℃）		−37.7	−36.4

鸡西	鹤岗	伊春	佳木斯	牡丹江	双鸭山
鸡西	鹤岗	伊春	佳木斯	牡丹江	宝清
50978	50775	50774	50873	54094	50888
45°17′	47°22′	47°44′	46°49′	44°34′	46°19′
130°57′	130°20′	128°55′	130°17′	129°36′	132°11′
238.3	227.9	240.9	81.2	241.4	83.0
1971~2000	1971~2000	1971~2000	1971~2000	1971~2000	1971~2000
4.2	3.5	1.2	3.6	4.3	4.1
−21.5	−22.7	−28.3	−24.0	−22.4	−23.2
−16.4	−17.2	−22.5	−18.5	−17.3	−17.5
−24.4	−25.3	−31.3	−27.4	−25.8	−26.4
64	63	73	70	69	65
30.5	29.9	29.8	30.8	31.0	30.8
23.2	22.7	22.5	23.6	23.5	23.4
26.3	25.5	25.7	26.6	26.9	26.4
61	62	60	61	59	61
25.7	25.6	24.0	26.0	25.9	26.1
2.3	2.9	2.0	2.8	2.1	3.1
C WNW	C ESE	C ENE	C WSW	C WSW	SSW
22 11	11 11	20 11	20 12	18 14	18
3.0	3.2	2.0	3.7	2.6	3.5
3.5	3.1	1.8	3.1	2.2	3.7
WNW	NW	C WNW	C W	C WSW	C NNW
31	21	30 16	21 19	27 13	18 14
4.7	4.3	3.2	4.1	2.3	6.4
WNW	NW	C WNW	C WSW	C WSW	SSW
20	13	22 13	18 15	20 14	14
63	63	58	57	56	61
238	221	278	220	191	260
991.9	991.3	991.8	1011.3	992.2	1010.5
979.7	979.5	978.5	996.4	978.9	996.7
179	184	190	180	177	179
10.17~04.13	10.14~04.15	10.10~04.17	10.16~04.13	10.17~04.11	10.17~04.13
−8.3	−9.0	−11.8	−9.6	−8.6	−8.9
195	206	212	198	194	194
10.09~04.21	10.04~04.27	09.30~04.29	10.06~04.21	10.09~04.20	10.10~04.21
−7.0	−7.3	−9.9	−8.1	−7.3	−7.7
37.6	37.7	36.3	38.1	38.4	37.2
−32.5	−34.5	−41.2	−39.5	−35.1	−37.0

省/直辖市/自治区			黑龙江	
市/区/自治州			黑河	绥化
台站名称及编号			黑河	绥化
			50468	50853
台站信息	北纬		50°15′	46°37′
	东经		127°27′	126°58′
	海拔（m）		166.4	179.6
	统计年份		1971～2000	1971～2000
年平均温度（℃）			0.4	2.8
室外计算温、湿度	供暖室外计算温度（℃）		−29.5	−26.7
	冬季通风室外计算温度（℃）		−23.2	−20.9
	冬季空气调节室外计算温度（℃）		−33.2	−30.3
	冬季空气调节室外计算相对湿度（%）		70	76
	夏季空气调节室外计算干球温度（℃）		29.4	30.1
	夏季空气调节室外计算湿球温度（℃）		22.3	23.4
	夏季通风室外计算温度（℃）		25.1	26.2
	夏季通风室外计算相对湿度（%）		62	63
	夏季空气调节室外计算日平均温度（℃）		24.2	25.6
风向、风速及频率	夏季室外平均风速（m/s）		2.6	3.5
	夏季最多风向		C NNW	SSE
	夏季最多风向的频率（%）		17 16	11
	夏季室外最多风向的平均风速（m/s）		2.8	3.6
	冬季室外平均风速（m/s）		2.8	3.2
	冬季最多风向		NNW	NNW
	冬季最多风向的频率（%）		41	9
	冬季室外最多风向的平均风速（m/s）		3.4	3.3
	年最多风向		NNW	SSW
	年最多风向的频率（%）		27	10
冬季日照百分率（%）			69	66
最大冻土深度（cm）			263	715
大气压力	冬季室外大气压力（hPa）		1000.6	1000.4
	夏季室外大气压力（hPa）		986.2	984.9
设计计算用供暖期天数及其平均温度	日平均温度≤+5℃的天数		197	184
	日平均温度≤+5℃的起止日期		10.06～04.20	10.13～04.14
	平均温度≤+5℃期间内的平均温度（℃）		−12.5	−10.8
	日平均温度≤+8℃的天数		219	206
	日平均温度≤+8℃的起止日期		09.29～05.05	10.03～04.26
	平均温度≤+8℃期间内的平均温度（℃）		−10.6	−8.9
极端最高气温（℃）			37.2	38.3
极端最低气温（℃）			−44.5	−41.8

A

(12)		上海（1）	江苏（9）		
大兴安岭地区		徐汇	南京	徐州	南通
漠河	加格达奇	上海徐家汇	南京	徐州	南通
50136	50442	58367	58238	58027	58259
52°58′	50°24′	31°10′	32°00′	34°17′	31°59′
122°31′	124°07′	121°26′	118°48′	117°09′	120°53′
433	371.7	2.6	8.9	41	6.1
1971～2000	1971～2000	1971～1998	1971～2000	1971～2000	1971～2000
−4.3	−0.8	16.1	15.5	14.5	15.3
−37.5	−29.7	−0.3	−1.8	−3.6	−1.0
−29.6	−23.3	4.2	2.4	0.4	3.1
−41.0	−32.9	−2.2	−4.1	−5.9	−3.0
73	72	75	76	66	75
29.1	28.9	34.4	34.8	34.3	33.5
20.8	21.2	27.9	28.1	27.6	28.1
24.4	24.2	31.2	31.2	30.5	30.5
57	61	69	69	67	72
21.6	22.2	30.8	31.2	30.5	30.3
1.9	2.2	3.1	2.6	2.6	3.0
C NW	C NW	SE	C SSE	C ESE	SE
24 8	23 12	14	18 11	15 11	13
2.9	2.6	3.0	3	3.5	2.9
1.3	1.6	2.6	2.4	2.3	3.0
C N	C NW	NW	C ENE	C E	N
55 10	47 19	14	28 10	23 12	12
3.0	3.4	3.0	3.5	3.0	3.5
C NW	C NW	SE	C E	C E	ESE
34 9	31 16	10	23 9	20 12	10
60	65	40	43	48	45
—	288	8	9	21	12
984.1	974.9	1025.4	1025.5	1022.1	1025.9
969.4	962.7	1005.4	1004.3	1000.8	1005.5
224	208	42	77	97	57
09.23～05.04	10.02～04.27	01.01～02.11	12.08～02.13	11.27～03.03	12.19～02.13
−16.1	−12.4	4.1	3.2	2.0	3.6
244	227	93	109	124	110
09.13～05.14	09.22～05.06	12.05～03.07	11.24～03.12	11.14～03.17	11.27～03.16
−14.2	−10.8	5.2	4.2	3.0	4.7
38	37.2	39.4	39.7	40.6	38.5
−49.6	−45.4	−10.1	−13.1	−15.8	−9.6

省/直辖市/自治区			江苏	
市/区/自治州			连云港	常州
台站名称及编号			赣榆	常州
			58040	58343
台站信息	北纬		34°50′	31°46′
	东经		119°07′	119°56′
	海拔（m）		3.3	4.9
	统计年份		1971～2000	1971～2000
年平均温度（℃）			13.6	15.8
室外计算温、湿度	供暖室外计算温度（℃）		−4.2	−1.2
	冬季通风室外计算温度（℃）		−0.3	3.1
	冬季空气调节室外计算温度（℃）		−6.4	−3.5
	冬季空气调节室外计算相对湿度（%）		67	75
	夏季空气调节室外计算干球温度（℃）		32.7	34.6
	夏季空气调节室外计算湿球温度（℃）		27.8	28.1
	夏季通风室外计算温度（℃）		29.1	31.3
	夏季通风室外计算相对湿度（%）		75	68
	夏季空气调节室外计算日平均温度（℃）		29.5	31.5
风向、风速及频率	夏季室外平均风速（m/s）		2.9	2.8
	夏季最多风向		E	SE
	夏季最多风向的频率（%）		12	17
	夏季室外最多风向的平均风速（m/s）		3.8	3.1
	冬季室外平均风速（m/s）		2.6	2.4
	冬季最多风向		NNE	C　NE
	冬季最多风向的频率（%）		11.0	9
	冬季室外最多风向的平均风速（m/s）		2.9	3.0
	年最多风向		E	SE
	年最多风向的频率（%）		9	13
	冬季日照百分率（%）		57	42
	最大冻土深度（cm）		20	12
大气压力	冬季室外大气压力（hPa）		1026.3	1026.1
	夏季室外大气压力（hPa）		1005.1	1005.3
设计计算用供暖期天数及其平均温度	日平均温度≤+5℃的天数		102	56
	日平均温度≤+5℃的起止日期		11.26～03.07	12.19～02.12
	平均温度≤+5℃期间内的平均温度（℃）		1.4	3.6
	日平均温度≤+8℃的天数		134	102
	日平均温度≤+8℃的起止日期		11.14～03.27	11.27～03.08
	平均温度≤+8℃期间内的平均温度（℃）		2.6	4.7
	极端最高气温（℃）		38.7	39.4
	极端最低气温（℃）		−13.8	−12.8

A

				浙江（10）	
淮安	盐城	扬州	苏州	杭州	温州
淮阴	射阳	高邮	吴县东山	杭州	温州
58144	58150	58241	58358	58457	58659
33°36′	33°46′	32°48′	31°04′	30°14′	28°02′
119°02′	120°15′	119°27′	120°26′	120°10′	120°39′
17.5	2	5.4	17.5	41.7	28.3
1971～2000	1971～2000	1971～2000	1971～2000	1971～2000	1971～2000
14.4	14.0	14.8	16.1	16.5	18.1
−3.3	−3.1	−2.3	−0.4	0.0	3.4
1	1.1	1.8	3.7	4.3	8
−5.6	−5.0	−4.3	−2.5	−2.4	1.4
72	74	75	77	76	76
33.4	33.2	34.0	34.4	35.6	33.8
28.1	28.0	28.3	28.3	27.9	28.3
29.9	29.8	30.5	31.3	32.3	31.5
72	73	72	70	64	72
30.2	29.7	30.6	31.3	31.6	29.9
2.6	3.2	2.6	3.5	2.4	2.0
ESE	SSE	SE	SE	SW	C ESE
12	17	14	15	17	29 18
2.9	3.4	2.8	3.9	2.9	3.4
2.5	3.2	2.6	3.5	2.3	1.8
C ENE	N	NE	N	C N	C NW
14 9	11	9	16	20 15	30 16
3.2	4.2	2.9	4.8	3.3	2.9
C ESE	SSE	SE	SE	C N	C SE
11 9	11	10	10	18 11	31 13
48	50	47	41	36	36
20	21	14	8	—	—
1025.0	1026.3	1026.2	1024.1	1021.1	1023.7
1003.9	1005.6	1005.2	1003.7	1000.9	1007.0
93	94	87	50	40	0
12.02～03.04	12.02～03.05	12.07～03.03	12.24～02.11	01.02～02.10	—
2.3	2.2	2.8	3.8	4.2	—
130	130	119	96	90	33
11.17～03.26	11.19～03.28	11.23～03.21	12.02～03.07	12.06～03.05	1.10～02.11
3.7	3.4	4.0	5.0	5.4	7.5
38.2	37.7	38.2	38.8	39.9	39.6
−14.2	−12.3	−11.5	−8.3	−8.6	−3.9

省/直辖市/自治区		浙江	
市/区/自治州		金华	衢州
台站名称及编号		金华	衢州
		58549	58633
台站信息	北纬	29°07′	28°58′
	东经	119°39′	118°52′
	海拔（m）	62.6	66.9
	统计年份	1971~2000	1971~2000
年平均温度（℃）		17.3	17.3
室外计算温、湿度	供暖室外计算温度（℃）	0.4	0.8
	冬季通风室外计算温度（℃）	5.2	5.4
	冬季空气调节室外计算温度（℃）	−1.7	−1.1
	冬季空气调节室外计算相对湿度（%）	78	80
	夏季空气调节室外计算干球温度（℃）	36.2	35.8
	夏季空气调节室外计算湿球温度（℃）	27.6	27.7
	夏季通风室外计算温度（℃）	33.1	32.9
	夏季通风室外计算相对湿度（%）	60	62
	夏季空气调节室外计算日平均温度（℃）	32.1	31.5
风向、风速及频率	夏季室外平均风速（m/s）	2.4	2.3
	夏季最多风向	ESE	C E
	夏季最多风向的频率（%）	20	18 18
	夏季室外最多风向的平均风速（m/s）	2.7	3.1
	冬季室外平均风速（m/s）	2.7	2.5
	冬季最多风向	ESE	E
	冬季最多风向的频率（%）	28	27
	冬季室外最多风向的平均风速（m/s）	3.4	3.9
	年最多风向	ESE	S
	年最多风向的频率（%）	25	25
	冬季日照百分率（%）	37	35
	最大冻土深度（cm）	—	—
大气压力	冬季室外大气压力（hPa）	1017.9	1017.1
	夏季室外大气压力（hPa）	998.6	997.8
设计计算用供暖期天数及其平均温度	日平均温度≤+5℃的天数	27	9
	日平均温度≤+5℃的起止日期	01.11~02.06	01.12~01.20
	平均温度≤+5℃期间内的平均温度（℃）	4.8	4.8
	日平均温度≤+8℃的天数	68	68
	日平均温度≤+8℃的起止日期	12.09~02.14	12.09~02.14
	平均温度≤+8℃期间内的平均温度（℃）	6.0	6.2
	极端最高气温（℃）	40.5	40.0
	极端最低气温（℃）	−9.6	−10.0

A

(10)

宁波	嘉兴	绍兴	舟山	台州	丽水
鄞州	平湖	嵊州	定海	玉环	丽水
58562	58464	58556	58477	58667	58646
29°52′	30°37′	29°36′	30°02′	28°05′	28°27′
121°34′	121°05′	120°49′	122°06′	121°16′	119°55′
4.8	5.4	104.3	35.7	95.9	60.8
1971~2000	1971~2000	1971~2000	1971~2000	1972~2000	1971~2000
16.5	15.8	16.5	16.4	17.1	18.1
0.5	−0.7	−0.3	1.4	2.1	1.5
4.9	3.9	4.5	5.8	7.2	6.6
−1.5	−2.6	−2.6	−0.5	0.1	−0.7
79	81	76	74	72	77
35.1	33.5	35.8	32.2	30.3	36.8
28.0	28.3	27.7	27.5	27.3	27.7
31.9	30.7	32.5	30.0	28.9	34.0
68	74	63	74	80	57
30.6	30.7	31.1	28.9	28.4	31.5
2.6	3.6	2.1	3.1	5.2	1.3
S	SSE	C NE	C SSE	WSW	C ESE
17	17	29 9	16 15	11	41 10
2.7	4.4	3.9	3.7	4.6	2.3
2.3	3.1	2.7	3.1	5.3	1.4
C N	NNW	C NNE	C N	NNE	C E
18 17	14	28 23	19 18	25	45 14
3.4	4.1	4.3	4.1	5.8	3.1
C S	ESE	C NE	C N	NNE	C E
15 10	10	28 16	18 11	16	43 11
37	42	37	41	39	33
—	—	—	—	—	—
1025.7	1025.4	1012.9	1021.2	1012.9	1017.9
1005.9	1005.3	994.0	1004.3	997.3	999.2
32	44	40	8	0	0
01.09~02.09	12.31~02.12	01.02~02.10	01.29~02.05	—	—
4.6	3.9	4.4	4.8	—	—
88	99	91	77	43	57
12.08~03.05	11.29~03.07	12.05~03.05	12.19~03.05	01.02~02.13	12.18~02.12
5.8	5.2	5.6	6.3	6.9	6.8
39.5	38.4	40.3	38.6	34.7	41.3
−8.5	−10.6	−9.6	−5.5	−4.6	−7.5

省/直辖市/自治区	安徽	
市/区/自治州	合肥	芜湖
台站名称及编号	合肥	芜湖
	58321	58334
台站信息 北纬	31°52′	31°20′
东经	117°14′	118°23′
海拔（m）	27.9	14.8
统计年份	1971～2000	1971～1985
年平均温度（℃）	15.8	16.0
室外计算温、湿度 供暖室外计算温度（℃）	−1.7	−1.3
冬季通风室外计算温度（℃）	2.6	3
冬季空气调节室外计算温度（℃）	−4.2	−3.5
冬季空气调节室外计算相对湿度（%）	76	77
夏季空气调节室外计算干球温度（℃）	35.0	35.3
夏季空气调节室外计算湿球温度（℃）	28.1	27.7
夏季通风室外计算温度（℃）	31.4	31.7
夏季通风室外计算相对湿度（%）	69	68
夏季空气调节室外计算日平均温度（℃）	31.7	31.9
风向、风速及频率 夏季室外平均风速（m/s）	2.9	2.3
夏季最多风向	C　SSW	C　ESE
夏季最多风向的频率（%）	11　10	16　15
夏季室外最多风向的平均风速（m/s）	3.4	1.3
冬季室外平均风速（m/s）	2.7	2.2
冬季最多风向	C　E	C　E
冬季最多风向的频率（%）	17　10	20　11
冬季室外最多风向的平均风速（m/s）	3.0	2.8
年最多风向	C　E	C　ESE
年最多风向的频率（%）	14　9	18　14
冬季日照百分率（%）	40	38
最大冻土深度（cm）	8	9
大气压力 冬季室外大气压力（hPa）	1022.3	1024.3
夏季室外大气压力（hPa）	1001.2	1003.1
设计计算用供暖期天数及其平均温度 日平均温度≤+5℃的天数	64	62
日平均温度≤+5℃的起止日期	12.11～02.12	12.15～02.14
平均温度≤+5℃期间内的平均温度（℃）	3.4	3.4
日平均温度≤+8℃的天数	103	104
日平均温度≤+8℃的起止日期	11.24～03.06	12.02～03.15
平均温度≤+8℃期间内的平均温度（℃）	4.3	4.5
极端最高气温（℃）	39.1	39.5
极端最低气温（℃）	−13.5	−10.1

A

(12)

蚌埠		安庆	六安		亳州		黄山	滁州	
蚌埠		安庆	六安		亳州		黄山	滁州	
58221		58424	58311		58102		58437	58236	
32°57′		30°32′	31°45′		33°52′		30°08′	32°18′	
117°23′		117°03′	116°30′		115°46′		118°09′	118°18′	
18.7		19.8	60.5		37.7		1840.4	27.5	
1971~2000		1971~2000	1971~2000		1971~2000		1971~2000	1971~2000	
15.4		16.8	15.7		14.7		8.0	15.4	
−2.6		−0.2	−1.8		−3.5		−9.9	−1.8	
1.8		4	2.6		0.6		−2.4	2.3	
−5.0		2.9	−4.6		−5.7		−13.0	−4.2	
71		75	76		68		63.0	73	
35.4		35.3	35.5		35.0		22.0	34.5	
28.0		28.1	28		27.8		19.2	28.2	
31.3		31.8	31.4		31.1		19.0	31.0	
66		66	68		66		90	70	
31.6		32.1	31.4		30.7		19.9	31.2	
2.5		2.9	2.1		2.3		6.1	2.4	
C	E	ENE	C	SSE	C	SSW	WSW	C	SSW
14	10	24	16	12	13	10	12	17	10
2.8		3.4	2.7		2.9		7.7	2.5	
2.3		3.2	2.0		2.5		6.3	2.2	
C	E	ENE	C	SE	C	NNE	NNW	C	N
18	11	33	21	9	11	9	17	22	9
3.1		4.1	2.8		3.3		7.0	2.8	
C	E	ENE	C	SSE	C	SSW	NNW	C	ESE
16	11	30	19	10	12	8	10	20	8
44		36	45		48		48	42	
11		13	10		18		—	11	
1024.0		1023.3	1019.3		1021.9		817.4	1022.9	
1002.6		1002.3	998.2		1000.4		814.3	1001.8	
83		48	64		93		148	67	
12.07~02.27		12.25~02.10	12.11~02.12		11.30~03.02		11.09~04.15	12.10~02.14	
2.9		4.1	3.3		2.1		0.3	3.2	
111		92	103		121		177	110	
11.23~03.13		12.03~03.04	11.24~03.06		11.15~03.15		10.24~04.18	11.24~03.13	
3.8		5.3	4.3		3.2		1.4	4.2	
40.3		39.5	40.6		41.3		27.6	38.7	
−13.0		−9.0	−13.6		−17.5		−22.7	−13.0	

		省/直辖市/自治区		安徽
		市/区/自治州	阜阳	宿州
		台站名称及编号	阜阳	宿州
			58203	58122
台站信息		北纬	32°55′	33°38′
		东经	115°49′	116°59′
		海拔（m）	30.6	25.9
		统计年份	1971~2000	1971~2000
		年平均温度（℃）	15.3	14.7
室外计算温、湿度		供暖室外计算温度（℃）	−2.5	−3.5
		冬季通风室外计算温度（℃）	1.8	0.8
		冬季空气调节室外计算温度（℃）	−5.2	−5.6
		冬季空气调节室外计算相对湿度（%）	71	68
		夏季空气调节室外计算干球温度（℃）	35.2	35.0
		夏季空气调节室外计算湿球温度（℃）	28.1	27.8
		夏季通风室外计算温度（℃）	31.3	31.0
		夏季通风室外计算相对湿度（%）	67	66
		夏季空气调节室外计算日平均温度（℃）	31.4	30.7
风向、风速及频率		夏季室外平均风速（m/s）	2.3	2.4
		夏季最多风向	C SSE	ESE
		夏季最多风向的频率（%）	11 10	11
		夏季室外最多风向的平均风速（m/s）	2.4	2.4
		冬季室外平均风速（m/s）	2.5	2.2
		冬季最多风向	C ESE	ENE
		冬季最多风向的频率（%）	10 9	14
		冬季室外最多风向的平均风速（m/s）	2.5	2.9
		年最多风向	C ESE	ENE
		年最多风向的频率（%）	10 9	12
		冬季日照百分率（%）	43	50
		最大冻土深度（cm）	13	14
大气压力		冬季室外大气压力（hPa）	1022.5	1023.9
		夏季室外大气压力（hPa）	1000.8	1002.3
设计计算用供暖期天数及其平均温度		日平均温度≤+5℃的天数	71	93
		日平均温度≤+5℃的起止日期	12.06~02.14	12.01~03.03
		平均温度≤+5℃期间内的平均温度（℃）	2.8	2.2
		日平均温度≤+8℃的天数	111	121
		日平均温度≤+8℃的起止日期	11.22~03.12	11.16~03.16
		平均温度≤+8℃期间内的平均温度（℃）	3.8	3.3
		极端最高气温（℃）	40.8	40.9
		极端最低气温（℃）	−14.9	−18.7

A

巢湖	宣城	福州	厦门	漳州	三明
巢湖	宁国	福州	厦门	漳州	泰宁
58326	58436	58847	59134	59126	58820
31°37′	30°37′	26°05′	24°29′	24°30′	26°54′
117°52′	118°59′	119°17′	118°04′	117°39′	117°10′
22.4	89.4	84	139.4	28.9	342.9
1971～2000	1971～2000	1971～2000	1971～2000	1971～2000	1971～2000
16.0	15.5	19.8	20.6	21.3	17.1
−1.2	−1.5	6.3	8.3	8.9	1.3
2.9	2.9	10.9	12.5	13.2	6.4
−3.8	−4.1	4.4	6.6	7.1	−1.0
75	79	74	79	76	86
35.3	36.1	35.9	33.5	35.2	34.6
28.4	27.4	28.0	27.5	27.6	26.5
31.1	32.0	33.1	31.3	32.6	31.9
68	63	61	71	63	60
32.1	30.8	30.8	29.7	30.8	28.6
2.4	1.9	3.0	3.1	1.7	1.0
C E	C SSW	SSE	SSE	C SE	C WSW
21 13	28 10	24	10	31 10	59 6
2.5	2.2	4.2	3.4	2.8	2.7
2.5	1.7	2.4	3.3	1.6	0.9
C E	C N	C NNW	ESE	C SE	C WSW
22 16	35 13	17 23	23	34 18	59 14
3.0	3.5	3.1	4.0	2.8	2.5
C E	C N	C SSE	ESE	C SE	C WSW
21 15	32 9	18 14	18	32 15	59 9
41	38	32	33	40	30
9	11	—	—	—	7
1023.8	1015.7	1012.9	1006.5	1018.1	982.4
1002.5	995.8	996.6	994.5	1003.0	967.3
59	65	0	0	0	0
12.16～02.12	12.10～02.12	—	—	—	—
3.5	3.4	—	—	—	—
101	104	0	0	0	66
11.26～03.06	11.24～03.07	—	—	—	12.09～02.12
4.5	4.5	—	—	—	6.8
39.3	41.1	39.9	38.5	38.6	38.9
−13.2	−15.9	−1.7	1.5	−0.1	−10.6

省/直辖市/自治区		福建	
市/区/自治州		南平	龙岩
台站名称及编号		南平	龙岩
		58834	58927
台站信息	北纬	26°39′	25°06′
	东经	118°10′	117°02′
	海拔（m）	125.6	342.3
	统计年份	1971～2000	1971～1992
年平均温度（℃）		19.5	20
室外计算温、湿度	供暖室外计算温度（℃）	4.5	6.2
	冬季通风室外计算温度（℃）	9.7	11.6
	冬季空气调节室外计算温度（℃）	2.1	3.7
	冬季空气调节室外计算相对湿度（%）	78	73
	夏季空气调节室外计算干球温度（℃）	36.1	34.6
	夏季空气调节室外计算湿球温度（℃）	27.1	25.5
	夏季通风室外计算温度（℃）	33.7	32.1
	夏季通风室外计算相对湿度（%）	55	55
	夏季空气调节室外计算日平均温度（℃）	30.7	29.4
风向、风速及频率	夏季室外平均风速（m/s）	1.1	1.6
	夏季最多风向	C　SSE	C　SSW
	夏季最多风向的频率（%）	39　7	32　12
	夏季室外最多风向的平均风速（m/s）	1.8	2.5
	冬季室外平均风速（m/s）	1.0	1.5
	冬季最多风向	C　ENE	C　NE
	冬季最多风向的频率（%）	42　10	41　15
	冬季室外最多风向的平均风速（m/s）	2.1	2.2
	年最多风向	C　ENE	C　NE
	年最多风向的频率（%）	41　8	38　11
冬季日照百分率（%）		31	41
最大冻土深度（cm）		—	—
大气压力	冬季室外大气压力（hPa）	1008.0	981.1
	夏季室外大气压力（hPa）	991.5	968.1
设计计算用供暖期天数及其平均温度	日平均温度≤+5℃的天数	0	0
	日平均温度≤+5℃的起止日期	—	—
	平均温度≤+5℃期间内的平均温度（℃）	—	—
	日平均温度≤+8℃的天数	0	0
	日平均温度≤+8℃的起止日期	—	—
	平均温度≤+8℃期间内的平均温度（℃）	—	—
极端最高气温（℃）		39.4	39.0
极端最低气温（℃）		—5.1	—3.0

A

(7)		江西（9）				
宁德	南昌	景德镇	九江	上饶	赣州	
屏南	南昌	景德镇	九江	玉山	赣州	
58933	58606	58527	58502	58634	57993	
26°55′	28°36′	29°18′	29°44′	28°41′	25°51′	
118°59′	115°55′	117°12′	116°00′	118°15′	114°57′	
869.5	46.7	61.5	36.1	116.3	123.8	
1972～2000	1971～2000	1971～2000	1971～1991	1971～2000	1971～2000	
15.1	17.6	17.4	17.0	17.5	19.4	
0.7	0.7	1.0	0.4	1.1	2.7	
5.8	5.3	5.3	4.5	5.5	8.2	
−1.7	−1.5	−1.4	−2.3	−1.2	0.5	
82	77	78	77	80	77	
30.9	35.5	36.0	35.8	36.1	35.4	
23.8	28.2	27.7	27.8	27.4	27.0	
28.1	32.7	33.0	32.7	33.1	33.2	
63	63	62	64	60	57	
25.9	32.1	31.5	32.5	31.6	31.7	
1.9	2.2	2.1	2.3	2	1.8	
C WSW	C WSW	C NE	C ENE	ENE	C SW	
36 10	21 11	18 13	17 12	22	23 15	
3.1	3.1	2.3	2.3	2.5	2.5	
1.4	2.6	1.9	2.7	2.4	1.6	
C NE	NE	C NE	ENE	ENE	C NNE	
42 10	26	20 17	20	29	29 28	
2.5	3.6	2.8	4.1	3.2	2.4	
C ENE	NE	C NE	ENE	ENE	C NNE	
39 9	20	18 16	17	28	27 19	
36	33	35	30	33	31	
8	—	—	—	—	—	
921.7	1019.5	1017.9	1021.7	1011.4	1008.7	
911.6	999.5	998.5	1000.7	992.9	991.2	
0	26	25	46	8	0	
—	01.11～02.05	01.11～02.04	12.24～02.10	01.12～01.19	—	
—	4.7	4.8	4.6	4.9	—	
87	66	68	89	67	12	
12.08～03.04	12.10～02.13	12.08～02.13	12.07～03.05	12.10～02.14	01.11～01.22	
6.5	6.2	6.1	5.5	6.3	7.7	
35.0	40.1	40.4	40.3	40.7	40.0	
−9.7	−9.7	−9.6	−7.0	−9.5	−3.8	

省/直辖市/自治区		江西	
市/区/自治州		吉安	宜春
台站名称及编号		吉安	宜春
		57799	57793
台站信息	北纬	27°07′	27°48′
	东经	114°58′	114°23′
	海拔（m）	76.4	131.3
	统计年份	1971～2000	1971～2000
年平均温度（℃）		18.4	17.2
室外计算温、湿度	供暖室外计算温度（℃）	1.7	1.0
	冬季通风室外计算温度（℃）	6.5	5.4
	冬季空气调节室外计算温度（℃）	−0.5	−0.8
	冬季空气调节室外计算相对湿度（%）	81	81
	夏季空气调节室外计算干球温度（℃）	35.9	35.4
	夏季空气调节室外计算湿球温度（℃）	27.6	27.4
	夏季通风室外计算温度（℃）	33.4	32.3
	夏季通风室外计算相对湿度（%）	58	63
	夏季空气调节室外计算日平均温度（℃）	32	30.8
风向、风速及频率	夏季室外平均风速（m/s）	2.4	1.8
	夏季最多风向	SSW	C WNW
	夏季最多风向的频率（%）	21	19 11
	夏季室外最多风向的平均风速（m/s）	3.2	3.0
	冬季室外平均风速（m/s）	2.0	1.9
	冬季最多风向	NNE	C WNW
	冬季最多风向的频率（%）	28	18 16
	冬季室外最多风向的平均风速（m/s）	2.5	3.5
	年最多风向	NNE	C WNW
	年最多风向的频率（%）	21	18 14
冬季日照百分率（%）		28	27
最大冻土深度（cm）		—	—
大气压力	冬季室外大气压力（hPa）	1015.4	1009.4
	夏季室外大气压力（hPa）	996.3	990.4
设计计算用供暖期天数及其平均温度	日平均温度≤+5℃的天数	0	9
	日平均温度≤+5℃的起止日期	—	01.12～01.20
	平均温度≤+5℃期间内的平均温度（℃）		4.8
	日平均温度≤+8℃的天数	53	66
	日平均温度≤+8℃的起止日期	12.21～02.11	12.10～02.13
	平均温度≤+8℃期间内的平均温度（℃）	6.7	6.2
极端最高气温（℃）		40.3	39.6
极端最低气温（℃）		−8.0	−8.5

A

(9)		山东（14）			
抚州	鹰潭	济南	青岛	淄博	烟台
广昌	贵溪	济南	青岛	淄博	烟台
58813	58626	54823	54857	54830	54765
26°51′	28°18′	36°41′	36°04′	36°50′	37°32′
116°20′	117°13′	116°59′	120°20′	118°00′	121°24′
143.8	51.2	51.6	76	34	46.7
1971~2000	1971~2000	1971~2000	1971~2000	1971~1994	1971~1991
18.2	18.3	14.7	12.7	13.2	12.7
1.6	1.8	−5.3	−5	−7.4	−5.8
6.6	6.2	−0.4	−0.5	−2.3	−1.1
−0.6	−0.6	−7.7	−7.2	−10.3	−8.1
81	78	53	63	61	59
35.7	36.4	34.7	29.4	34.6	31.1
27.1	27.6	26.8	26.0	26.7	25.4
33.2	33.6	30.9	27.3	30.9	26.9
56	58	61	73	62	75
30.9	32.7	31.3	27.3	30.0	28
1.6	1.9	2.8	4.6	2.4	3.1
C SW	C ESE	SW	S	SW	C SW
27 17	21 16	14	17	17	18 12
2.1	2.4	3.6	4.6	2.7	3.5
1.6	1.8	2.9	5.4	2.7	4.4
C NE	C ESE	E	N	SW	N
29 25	25 17	16	23	15	20
2.6	3.1	3.7	6.6	3.3	5.9
C NE	C ESE	SW	S	SW	C SW
29 18	22 18	17	14	18	13 11
30	32	56	59	51	49
—		35	—	46	46
1006.7	1018.7	1019.1	1017.4	1023.7	1021.1
989.2	999.3	997.9	1000.4	1001.4	1001.2
0	0	99	108	113	112
—	—	11.22~03.03	11.28~03.15	11.18~03.10	11.26~03.17
—	—	1.4	1.3	0.0	0.7
54	56	122	141	140	140
12.20~02.11	12.19~02.12	11.13~03.14	11.15~04.04	11.08~03.27	11.15~04.03
6.8	6.6	2.1	2.6	1.3	1.9
40	40.4	40.5	37.4	40.7	38.0
−9.3	−9.3	−14.9	−14.3	−23.0	−12.8

省/直辖市/自治区		山东
市/区/自治州	潍坊	临沂
台站名称及编号	潍坊	临沂
	54843	54938
台站信息 北纬	36°45′	35°03′
东经	119°11′	118°21′
海拔（m）	22.2	87.9
统计年份	1971～2000	1971～1997
年平均温度（℃）	12.5	13.5
室外计算温、湿度 供暖室外计算温度（℃）	−7.0	−4.7
冬季通风室外计算温度（℃）	−2.9	−0.7
冬季空气调节室外计算温度（℃）	−9.3	−6.8
冬季空气调节室外计算相对湿度（%）	63	62
夏季空气调节室外计算干球温度（℃）	34.2	33.3
夏季空气调节室外计算湿球温度（℃）	26.9	27.2
夏季通风室外计算温度（℃）	30.2	29.7
夏季通风室外计算相对湿度（%）	63	68
夏季空气调节室外计算日平均温度（℃）	29.0	29.2
风向、风速及频率 夏季室外平均风速（m/s）	3.4	2.7
夏季最多风向	S	ESE
夏季最多风向的频率（%）	19	12
夏季室外最多风向的平均风速（m/s）	4.1	2.7
冬季室外平均风速（m/s）	3.5	2.8
冬季最多风向	SSW	NE
冬季最多风向的频率（%）	13	14.0
冬季室外最多风向的平均风速（m/s）	3.2	4.0
年最多风向	SSW	NE
年最多风向的频率（%）	14	12
冬季日照百分率（%）	58	55
最大冻土深度（cm）	50	40
大气压力 冬季室外大气压力（hPa）	1022.1	1017.0
夏季室外大气压力（hPa）	1000.9	996.4
设计计算用供暖期天数及其平均温度 日平均温度≤+5℃的天数	118	103
日平均温度≤+5℃的起止日期	11.16～03.13	11.24～03.06
平均温度≤+5℃期间内的平均温度（℃）	−0.3	1
日平均温度≤+8℃的天数	141	135
日平均温度≤+8℃的起止日期	11.08～03.28	11.13～03.27
平均温度≤+8℃期间内的平均温度（℃）	0.8	2.3
极端最高气温（℃）	40.7	38.4
极端最低气温（℃）	−17.9	−14.3

A

(14)

德州	菏泽	日照	威海	济宁	泰安
德州	菏泽	日照	威海	兖州	泰安
54714	54906	54945	54774	54916	54827
37°26′	35°15′	35°23′	37°28′	35°34′	36°10′
116°19′	115°26′	119°32′	122°08′	116°51′	117°09′
21.2	49.7	16.1	65.4	51.7	128.8
1971~1994	1971~1994	1971~2000	1971~2000	1971~2000	1971~1991
13.2	13.8	13.0	12.5	13.6	12.8
−6.5	−4.9	−4.4	−5.4	−5.5	−6.7
−2.4	−0.9	−0.3	−0.9	−1.3	−2.1
−9.1	−7.2	−6.5	−7.7	−7.6	−9.4
60	68	61	61	66	60
34.2	34.4	30.0	30.2	34.1	33.1
26.9	27.4	26.8	25.7	27.4	26.5
30.6	30.6	27.7	26.8	30.6	29.7
63	66	75	75	65	66
29.7	29.9	28.1	27.5	29.7	28.6
2.2	1.8	3.1	4.2	2.4	2.0
C SSW	C SSW	S	SSW	SSW	C ENE
19 12	26 10	9	15	13	25 12
2.4	1.7	3.6	5.4	3.0	1.9
2.1	2.2	3.4	5.4	2.5	2.7
C ENE	C NNE	N	N	C S	C E
20 10	20 12	14	21	10 9	21 18
2.9	3.3	4.0	7.3	2.8	3.8
C SSW	C S	NNE	N	S	C E
19 12	24 10	9	11	11	25 13
49	46	59	54	54	52
46	21	25	47	48	31
1025.5	1021.5	1024.8	1020.9	1020.8	1011.2
1002.8	999.4	1006.6	1001.8	999.4	990.5
114	105	108	116	104	113
11.17~03.10	11.2~03.06	11.27~03.14	11.26~03.21	11.22~03.05	11.19~03.11
0	0.9	1.4	1.2	0.6	0
141	130	136	141	137	140
11.07~03.27	11.09~03.18	11.15~03.30	11.14~04.03	11.10~03.26	11.08~03.27
1.3	2.2	2.4	2.1	2.1	1.3
39.4	40.5	38.3	38.4	39.9	38.1
−20.1	−16.5	−13.8	−13.2	−19.3	−20.7

省/直辖市/自治区		山东（14）	
市/区/自治州		滨州	东营
台站名称及编号		惠民	东营
		54725	54736
台站信息	北纬	37°30′	37°26′
	东经	117°31′	118°40′
	海拔（m）	11.7	6
	统计年份	1971～2000	1971～2000
年平均温度（℃）		12.6	13.1
室外计算温、湿度	供暖室外计算温度（℃）	−7.6	−6.6
	冬季通风室外计算温度（℃）	−3.3	−2.6
	冬季空气调节室外计算温度（℃）	−10.2	−9.2
	冬季空气调节室外计算相对湿度（%）	62	62
	夏季空气调节室外计算干球温度（℃）	34	34.2
	夏季空气调节室外计算湿球温度（℃）	27.2	26.8
	夏季通风室外计算温度（℃）	30.4	30.2
	夏季通风室外计算相对湿度（%）	64	64
	夏季空气调节室外计算日平均温度（℃）	29.4	29.8
风向、风速及频率	夏季室外平均风速（m/s）	2.7	3.6
	夏季最多风向	ESE	S
	夏季最多风向的频率（%）	10	18
	夏季室外最多风向的平均风速（m/s）	2.8	4.4
	冬季室外平均风速（m/s）	3.0	3.4
	冬季最多风向	WSW	NW
	冬季最多风向的频率（%）	10	10
	冬季室外最多风向的平均风速（m/s）	3.4	3.7
	年最多风向	WSW	S
	年最多风向的频率（%）	11	13
	冬季日照百分率（%）	58	61
	最大冻土深度（cm）	50	47
大气压力	冬季室外大气压力（hPa）	1026.0	1026.6
	夏季室外大气压力（hPa）	1003.9	1004.9
设计计算用供暖期天数及其平均温度	日平均温度≤+5℃的天数	120	115
	日平均温度≤+5℃的起止日期	11.14～03.13	11.19～03.13
	平均温度≤+5℃期间内的平均温度（℃）	−0.5	0.0
	日平均温度≤+8℃的天数	142	140
	日平均温度≤+8℃的起止日期	11.06～03.27	11.09～03.28
	平均温度≤+8℃期间内的平均温度（℃）	0.6	1.1
极端最高气温（℃）		39.8	40.7
极端最低气温（℃）		−21.4	−20.2

A

河南（12）					
郑州	开封	洛阳	新乡	安阳	三门峡
郑州	开封	洛阳	新乡	安阳	三门峡
57083	57091	57073	53986	53898	57051
34°43′	34°46′	34°38′	35°19′	36°07′	34°48′
113°39′	114°23′	112°28′	113°53′	114°22′	111°12′
110.4	72.5	137.1	72.7	75.5	409.9
1971～2000	1971～2000	1971～1990	1971～2000	1971～2000	1971～2000
14.3	14.2	14.7	14.2	14.1	13.9
−3.8	−3.9	−3.0	−3.9	−4.7	−3.8
0.1	0.0	0.8	−0.2	−0.9	−0.3
−6	−6.0	−5.1	−5.8	−7	−6.2
61	63	59	61	60	55
34.9	34.4	35.4	34.4	34.7	34.8
27.4	27.6	26.9	27.6	27.3	25.7
30.9	30.7	31.3	30.5	31.0	30.3
64	66	63	65	63	59
30.2	30.0	30.5	29.8	30.2	30.1
2.2	2.6	1.6	1.9	2	2.5
C S	C SSW	C E	C E	C SSW	ESE
21 11	12 11	31 9	25 13	28 17	23
2.8	3.2	3.1	2.8	3.3	3.4
2.7	2.9	2.1	2.1	1.9	2.4
C NW	NE	C WNW	C E	C SSW	C ESE
22 12	16	30 11	29 17	32 11	25 14
4.9	3.9	2.4	3.6	3.1	3.7
C ENE	C NE	C WNW	C E	C SSW	C ESE
21 10	13 12	30 9	28 14	28 16	21 18
47	46	49	49	47	48
27	26	20	21	35	32
1013.3	1018.2	1009.0	1017.9	1017.9	977.6
992.3	996.8	988.2	996.6	996.6	959.3
97	99	92	99	101	99
11.26～03.02	11.25～03.03	12.01～03.02	11.24～03.02	11.23～03.03	11.24～03.02
1.7	1.7	2.1	1.5	1	1.4
125	125	118	124	126	128
11.12～03.16	11.12～03.16	11.17～03.14	11.12～03.15	11.10～03.15	11.09～03.16
3.0	2.8	3.0	2.6	2.2	2.6
42.3	42.5	41.7	42.0	41.5	40.2
−17.9	−16.0	−15.0	−19.2	−17.3	−12.8

省/直辖市/自治区		河南	
市/区/自治州		南阳	商丘
台站名称及编号		南阳	商丘
		57178	58005
台站信息	北纬	33°02′	34°27′
	东经	112°35′	115°40′
	海拔（m）	129.2	50.1
	统计年份	1971～2000	1971～2000
年平均温度（℃）		14.9	14.1
室外计算温、湿度	供暖室外计算温度（℃）	−2.1	−4
	冬季通风室外计算温度（℃）	1.4	−0.1
	冬季空气调节室外计算温度（℃）	−4.5	−6.3
	冬季空气调节室外计算相对湿度（%）	70	69
	夏季空气调节室外计算干球温度（℃）	34.3	34.6
	夏季空气调节室外计算湿球温度（℃）	27.8	27.9
	夏季通风室外计算温度（℃）	30.5	30.8
	夏季通风室外计算相对湿度（%）	69	67
	夏季空气调节室外计算日平均温度（℃）	30.1	30.2
风向、风速及频率	夏季室外平均风速（m/s）	2	2.4
	夏季最多风向	C　ENE	C　S
	夏季最多风向的频率（%）	21　14	14　10
	夏季室外最多风向的平均风速（m/s）	2.7	2.7
	冬季室外平均风速（m/s）	2.1	2.4
	冬季最多风向	C　ENE	C　N
	冬季最多风向的频率（%）	26　18	13　10
	冬季室外最多风向的平均风速（m/s）	3.4	3.1
	年最多风向	C　ENE	C　S
	年最多风向的频率（%）	25　16	14　8
冬季日照百分率（%）		39	46
最大冻土深度（cm）		10	18
大气压力	冬季室外大气压力（hPa）	1011.2	1020.8
	夏季室外大气压力（hPa）	990.4	999.4
设计计算用供暖期天数及其平均温度	日平均温度≤+5℃的天数	86	99
	日平均温度≤+5℃的起止日期	12.04～02.27	11.25～03.03
	平均温度≤+5℃期间内的平均温度（℃）	2.6	1.6
	日平均温度≤+8℃的天数	116	125
	日平均温度≤+8℃的起止日期	11.19～03.14	11.13～03.17
	平均温度≤+8℃期间内的平均温度（℃）	3.8	2.8
极端最高气温（℃）		41.4	41.3
极端最低气温（℃）		−17.5	−15.4

(12)				湖北（11）	
信阳	许昌	驻马店	周口	武汉	黄石
信阳	许昌	驻马店	西华	武汉	黄石
57297	57089	57290	57193	57494	58407
32°08′	34°01′	33°00′	33°47′	30°37′	30°15′
114°03′	113°51′	114°01′	114°31′	114°08′	115°03′
114.5	66.8	82.7	52.6	23.1	19.6
1971~2000	1971~2000	1971~2000	1971~2000	1971~2000	1971~2000
15.3	14.5	14.9	14.4	16.6	17.1
−2.1	−3.2	−2.9	−3.2	−0.3	0.7
2.2	0.7	1.3	0.6	3.7	4.5
−4.6	−5.5	−5.5	−5.7	−2.6	−1.4
72	64	69	68	77	79
34.5	35.1	35	35.0	35.2	35.8
27.6	27.9	27.8	28.1	28.4	28.3
30.7	30.9	30.9	30.9	32.0	32.5
68	66	67	67	67	65
30.9	30.3	30.7	30.2	32.0	32.5
2.4	2.2	2.2	2.0	2.0	2.2
C SSW	C NE	C SSW	C SSW	C ENE	C ESE
19 10	21 9	15 10	20 8	23 8	19 16
3.2	3.1	2.8	2.6	2.3	2.8
2.4	2.4	2.4	2.4	1.8	2.0
C NNE	C NE	C N	C NNE	C NE	C NW
25 14	22 13	15 11	17 11	28 13	28 11
3.8	3.9	3.2	3.3	3.0	3.1
C NNE	C NE	C N	C NE	C ENE	C SE
22 11	22 11	16 9	19 8	26 10	24 12
42	43	42	45	37	34
—	15	14	12	9	7
1014.3	1018.6	1016.7	1020.6	1023.5	1023.4
993.4	997.2	995.4	999.0	1002.1	1002.5
64	95	87	91	50	38
12.11~02.12	11.28~03.02	12.04~02.28	11.27~03.02	12.22~02.09	01.01~02.07
3.1	2.2	2.5	2.1	3.9	4.5
105	122	115	123	98	88
11.23~03.07	11.14~03.15	11.21~03.15	11.13~03.15	11.27~03.04	12.06~03.03
4.2	3.3	3.5	3.3	5.2	5.7
40.0	41.9	40.6	41.9	39.3	40.2
−16.6	−19.6	−18.1	−17.4	−18.1	−10.5

省/直辖市/自治区			湖北	
市/区/自治州			宜昌	恩施州
台站名称及编号			宜昌	恩施
			57461	57447
台站信息	北纬		30°42′	30°17′
	东经		111°18′	109°28′
	海拔（m）		133.1	457.1
	统计年份		1971～2000	1971～2000
年平均温度（℃）			16.8	16.2
室外计算温、湿度	供暖室外计算温度（℃）		0.9	2.0
	冬季通风室外计算温度（℃）		4.9	5.0
	冬季空气调节室外计算温度（℃）		−1.1	0.4
	冬季空气调节室外计算相对湿度（%）		74	84
	夏季空气调节室外计算干球温度（℃）		35.6	34.3
	夏季空气调节室外计算湿球温度（℃）		27.8	26.0
	夏季通风室外计算温度（℃）		31.8	31.0
	夏季通风室外计算相对湿度（%）		66	57
	夏季空气调节室外计算日平均温度（℃）		31.1	29.6
风向、风速及频率	夏季室外平均风速（m/s）		1.5	0.7
	夏季最多风向		C　SSE	C　SSW
	夏季最多风向的频率（%）		31　11	63　5
	夏季室外最多风向的平均风速（m/s）		2.6	1.9
	冬季室外平均风速（m/s）		1.3	0.5
	冬季最多风向		C　SSE	C　SSW
	冬季最多风向的频率（%）		36　14	72　3
	冬季室外最多风向的平均风速（m/s）		2.2	1.5
	年最多风向		C　SSE	C　SSW
	年最多风向的频率（%）		33　12	67　4
冬季日照百分率（%）			27	14
最大冻土深度（cm）			—	—
大气压力	冬季室外大气压力（hPa）		1010.4	970.3
	夏季室外大气压力（hPa）		990.0	954.6
设计计算用供暖期天数及其平均温度	日平均温度≤+5℃的天数		28	13
	日平均温度≤+5℃的起止日期		01.09～02.05	01.11～01.23
	平均温度≤+5℃期间内的平均温度（℃）		4.7	4.8
	日平均温度≤+8℃的天数		85	90
	日平均温度≤+8℃的起止日期		12.08～03.02	12.04～03.03
	平均温度≤+8℃期间内的平均温度（℃）		5.9	6.0
极端最高气温（℃）			40.4	40.3
极端最低气温（℃）			−9.8	−12.3

A

(11)

荆州	襄樊	荆门	十堰	黄冈	咸宁
荆州	枣阳	钟祥	房县	麻城	嘉鱼
57476	57279	57378	57259	57399	57583
30°20′	30°09′	30°10′	30°02′	31°11′	29°59′
112°11′	112°45′	112°34′	110°46′	115°01′	113°55′
32.6	125.5	65.8	426.9	59.3	36
1971～2000	1971～2000	1971～2000	1971～2000	1971～2000	1971～2000
16.5	15.6	16.1	14.3	16.3	17.1
0.3	−1.6	−0.5	−1.5	−0.4	0.3
4.1	2.4	3.5	1.9	3.5	4.4
−1.9	−3.7	−2.4	−3.4	−2.5	−2
77	71	74	71	74	79
34.7	34.7	34.5	34.4	35.5	35.7
28.5	27.6	28.2	26.3	28.0	28.5
31.4	31.2	31.0	30.3	32.1	32.3
70	66	70	63	65	65
31.1	31.0	31.0	28.9	31.6	32.4
2.3	2.4	3.0	1.0	2.0	2.1
SSW	SSE	N	C ESE	C NNE	C NNE
15	15	19	55 15	25 15	14 9
3.0	2.6	3.6	2.5	2.6	2.6
2.1	2.3	3.1	1.1	2.1	2.0
C NE	C SSE	N	C ESE	C NNE	C NE
22 17	17 11	26	60 18	29 28	18 14
3.2	2.6	4.4	3.0	3.5	2.9
C NNE	C SSE	N	C ESE	C NNE	C NE
19 14	16 13	23	57 17	27 22	16 11
31	40	37	35	42	34
5	—	6	—	5	—
1022.4	1011.4	1018.7	974.1	1019.5	1022.1
1000.9	990.8	997.5	956.8	998.8	1000.9
44	64	54	72	54	37
12.27～02.08	12.11～02.12	12.18～02.09	12.05～2.14	12.19～02.10	01.02～02.07
4.2	3.1	3.8	2.9	3.7	4.4
91	102	95	121	100	87
12.04～03.04	11.25～03.06	12.01～03.05	11.15～03.15	11.26～03.05	12.07～03.03
5.4	4.2	4.9	4.1	5	5.6
38.6	40.7	38.6	41.4	39.8	39.4
−14.9	−15.1	−15.3	−17.6	−15.3	−12.0

省/直辖市/自治区		湖北（11）	湖南
市/区/自治州		随州	长沙
台站名称及编号		广水	马坡岭
		57385	57679
台站信息	北纬	31°37′	28°12′
	东经	113°49′	113°05′
	海拔（m）	93.3	44.9
	统计年份	1971~2000	1972~1986
	年平均温度（℃）	15.8	17.0
室外计算温、湿度	供暖室外计算温度（℃）	-1.1	0.3
	冬季通风室外计算温度（℃）	2.7	4.6
	冬季空气调节室外计算温度（℃）	-3.5	-1.9
	冬季空气调节室外计算相对湿度（%）	71	83
	夏季空气调节室外计算干球温度（℃）	34.9	35.8
	夏季空气调节室外计算湿球温度（℃）	28.0	27.7
	夏季通风室外计算温度（℃）	31.4	32.9
	夏季通风室外计算相对湿度（%）	67	61
	夏季空气调节室外计算日平均温度（℃）	31.1	31.6
风向、风速及频率	夏季室外平均风速（m/s）	2.2	2.6
	夏季最多风向	C SSE	C NNW
	夏季最多风向的频率（%）	21 11	16 13
	夏季室外最多风向的平均风速（m/s）	2.6	1.7
	冬季室外平均风速（m/s）	2.2	2.3
	冬季最多风向	C NNE	NNW
	冬季最多风向的频率（%）	26 15	32
	冬季室外最多风向的平均风速（m/s）	3.6	3.0
	年最多风向	C NNE	NNW
	年最多风向的频率（%）	24 12	22
	冬季日照百分率（%）	41	26
	最大冻土深度（cm）	—	—
大气压力	冬季室外大气压力（hPa）	1015.0	1019.6
	夏季室外大气压力（hPa）	994.1	999.2
设计计算用供暖期天数及其平均温度	日平均温度≤+5℃的天数	63	48
	日平均温度≤+5℃的起止日期	12.11~02.11	12.26~02.11
	平均温度≤+5℃期间内的平均温度（℃）	3.3	4.3
	日平均温度≤+8℃的天数	102	88
	日平均温度≤+8℃的起止日期	11.25~03.06	12.06~03.03
	平均温度≤+8℃期间内的平均温度（℃）	4.3	5.5
	极端最高气温（℃）	39.8	39.7
	极端最低气温（℃）	-16.0	-11.3

A

常德	衡阳	邵阳	岳阳	郴州	张家界
常德	衡阳	邵阳	岳阳	郴州	桑植
57662	57872	57766	57584	57972	57554
29°03′	26°54′	27°14′	29°23′	25°48′	29°24′
111°41′	112°36′	111°28′	113°05′	113°02′	110°10′
35	104.7	248.6	53	184.9	322.2
1971~2000	1971~2000	1971~2000	1971~2000	1971~2000	1971~2000
16.9	18.0	17.1	17.2	18.0	16.2
0.6	1.2	0.8	0.4	1.0	1.0
4.7	5.9	5.2	4.8	6.2	4.7
−1.6	−0.9	−1.2	−2.0	−1.1	0.9
80	81	80	78	84	78
35.4	36.0	34.8	34.1	35.6	34.7
28.6	27.7	26.8	28.3	26.7	26.9
31.9	33.2	31.9	31.0	32.9	31.3
66	58	62	72	55	66
32.0	32.4	30.9	32.2	31.7	30.0
1.9	2.1	1.7	2.8	1.6	1.2
C NE	C SSW	C S	S	C SSW	C ENE
23 8	16 13	27 8	11	39 14	47 12
3.0	2.5	2.4	3.2	3.2	2.7
1.6	1.6	1.5	2.6	1.2	1.2
C NE	C ENE	C ESE	ENE	C NNE	C ENE
33 15	28 20	32 13	20	45 19	52 15
3.0	2.7	2.0	3.3	2.0	3.0
C NE	C ENE	C ESE	ENE	C NNE	C ENE
28 12	23 16	30 10	16	44 13	50 14
27	23	23	29	21	17
—	—	5	2	—	—
1022.3	1012.6	995.1	1019.5	1002.2	987.3
1000.8	993.0	976.9	998.7	984.3	969.2
30	0	11	27	0	30
01.08~02.06	—	01.12~01.22	01.10~02.05	—	01.08~02.06
4.5	—	4.7	4.5	—	4.5
86	56	67	68	55	88
12.08~03.03	12.19~02.12	12.10~02.14	12.09~02.14	12.19~02.11	12.07~03.04
5.8	6.4	6.1	5.9	6.5	5.8
40.1	40.0	39.5	39.3	40.5	40.7
−13.2	−7.9	−10.5	−11.4	−6.8	−10.2

省/直辖市/自治区			湖南	
市/区/自治州			益阳	永州
台站名称及编号			沅江	零陵
			57671	57866
台站信息	北纬		28°51′	26°14′
	东经		112°22′	111°37′
	海拔（m）		36.0	172.6
	统计年份		1971~2000	1971~2000
年平均温度（℃）			17.0	17.8
室外计算温、湿度	供暖室外计算温度（℃）		0.6	1.0
	冬季通风室外计算温度（℃）		4.7	6.0
	冬季空气调节室外计算温度（℃）		−1.6	−1.0
	冬季空气调节室外计算相对湿度（%）		81.0	81
	夏季空气调节室外计算干球温度（℃）		35.1	34.9
	夏季空气调节室外计算湿球温度（℃）		28.4	26.9
	夏季通风室外计算温度（℃）		31.7	32.1
	夏季通风室外计算相对湿度（%）		67.0	60
	夏季空气调节室外计算日平均温度（℃）		32.0	31.3
风向、风速及频率	夏季室外平均风速（m/s）		2.7	3.0
	夏季最多风向		S	SSW
	夏季最多风向的频率（%）		14	19
	夏季室外最多风向的平均风速（m/s）		3.3	3.2
	冬季室外平均风速（m/s）		2.4	3.1
	冬季最多风向		NNE	NE
	冬季最多风向的频率（%）		22.0	26
	冬季室外最多风向的平均风速（m/s）		3.8	4.0
	年最多风向		NNE	NE
	年最多风向的频率（%）		18	18
冬季日照百分率（%）			27.0	23
最大冻土深度（cm）			—	—
大气压力	冬季室外大气压力（hPa）		1021.5	1012.6
	夏季室外大气压力（hPa）		1000.4	993.0
设计计算用供暖期天数及其平均温度	日平均温度≤+5℃的天数		29.0	0
	日平均温度≤+5℃的起止日期		01.09~02.06	—
	平均温度≤+5℃期间内的平均温度（℃）		4.5	—
	日平均温度≤+8℃的天数		85.0	56
	日平均温度≤+8℃的起止日期		12.09~03.03	12.19~02.12
	平均温度≤+8℃期间内的平均温度（℃）		5.8	6.6
极端最高气温（℃）			38.9	39.7
极端最低气温（℃）			−11.2	−7

A

(12)			广东（15）		
怀化	娄底	湘西州	广州	湛江	汕头
芷江	双峰	吉首	广州	湛江	汕头
57745	57774	57649	59287	59658	59316
27°27′	27°27′	28°19′	23°10′	21°13′	23°24′
109°41′	112°10′	109°44′	113°20′	110°24′	116°41′
272.2	100	208.4	41.7	25.3	1.1
1971~2000	1971~2000	1971~2000	1971~2000	1971~2000	1971~2000
16.5	17.0	16.6	22.0	23.3	21.5
0.8	0.6	1.3	8.0	10.0	9.4
4.9	4.8	5.1	13.6	15.9	13.8
−1.1	−1.6	−0.6	5.2	7.5	7.1
80	82	79	72	81	78
34.0	35.6	34.8	34.2	33.9	33.2
26.8	27.5	27	27.8	28.1	27.7
31.2	32.7	31.7	31.8	31.5	30.9
66	60	64	68	70	72
29.7	31.5	30.0	30.7	30.8	30.0
1.3	2.0	1.0	1.7	2.6	2.6
C ENE	C NE	C NE	C SSE	SSE	C WSW
44 10	31 11	44 10	28 12	15	18 10
2.6	2.7	1.6	2.3	3.1	3.3
1.6	1.7	0.9	1.7	2.6	2.7
C ENE	C ENE	C ENE	C NNE	ESE	E
40 24	39 21	49 10	34 19	17	24
3.1	3.0	2.0	2.7	3.1	3.7
C ENE	C ENE	C NE	C NNE	SE	E
42 18	37 16	46 10	31 11	13	18
19	24	18	36	34	42
—	—	—	—	—	—
991.9	1013.2	1000.5	1019.0	1015.5	1020.2
974.0	993.4	981.3	1004.0	1001.3	1005.7
29	30	11	0	0	0
01.08~02.05	01.08~02.06	01.10~01.20	—	—	—
4.7	4.6	4.8	—	—	—
69	87	68	0	0	0
12.08~02.14	12.07~03.03	12.09~02.14	—	—	—
5.9	5.9	6.1	—	—	—
39.1	39.7	40.2	38.1	38.1	38.6
−11.5	−11.7	−7.5	0.0	2.8	0.3

省/直辖市/自治区		广东
市/区/自治州	韶关	阳江
台站名称及编号	韶关	阳江
	59082	59663
台站信息 北纬	24°41′	21°52′
东经	113°36′	111°58′
海拔（m）	60.7	23.3
统计年份	1971~2000	1971~2000
年平均温度（℃）	20.4	22.5
室外计算温、湿度 供暖室外计算温度（℃）	5.0	9.4
冬季通风室外计算温度（℃）	10.2	15.1
冬季空气调节室外计算温度（℃）	2.6	6.8
冬季空气调节室外计算相对湿度（%）	75	74
夏季空气调节室外计算干球温度（℃）	35.4	33.0
夏季空气调节室外计算湿球温度（℃）	27.3	27.8
夏季通风室外计算温度（℃）	33.0	30.7
夏季通风室外计算相对湿度（%）	60	74
夏季空气调节室外计算日平均温度（℃）	31.2	29.9
风向、风速及频率 夏季室外平均风速（m/s）	1.6	2.6
夏季最多风向	C SSW	SSW
夏季最多风向的频率（%）	41 17	13
夏季室外最多风向的平均风速（m/s）	2.8	2.8
冬季室外平均风速（m/s）	1.5	2.9
冬季最多风向	C NNW	ENE
冬季最多风向的频率（%）	46 11	31
冬季室外最多风向的平均风速（m/s）	2.9	3.7
年最多风向	C SSW	ENE
年最多风向的频率（%）	44 8	20
冬季日照百分率（%）	30	37
最大冻土深度（cm）	—	—
大气压力 冬季室外大气压力（hPa）	1014.5	1016.9
夏季室外大气压力（hPa）	997.6	1002.6
设计计算用供暖期天数及其平均温度 日平均温度≤+5℃的天数	0	0
日平均温度≤+5℃的起止日期	—	—
平均温度≤+5℃期间内的平均温度（℃）	—	—
日平均温度≤+8℃的天数	0	0
日平均温度≤+8℃的起止日期	—	—
平均温度≤+8℃期间内的平均温度（℃）	—	—
极端最高气温（℃）	40.3	37.5
极端最低气温（℃）	−4.3	2.2

A

(15)

深圳	江门	茂名	肇庆	惠州	梅州
深圳	台山	信宜	高要	惠阳	梅州
59493	59478	59456	59278	59298	59117
22°33′	22°15′	22°21′	23°02′	23°05′	24°16′
114°06′	112°47′	110°56′	112°27′	114°25′	116°06′
18.2	32.7	84.6	41	22.4	87.8
1971~2000	1971~2000	1971~2000	1971~2000	1971~2000	1971~2000
22.6	22.0	22.5	22.3	21.9	21.3
9.2	8.0	8.5	8.4	8.0	6.7
14.9	13.9	14.7	13.9	13.7	12.4
6.0	5.2	6.0	6.0	4.8	4.3
72	75	74	68	71	77
33.7	33.6	34.3	34.6	34.1	35.1
27.5	27.6	27.6	27.8	27.6	27.2
31.2	31.0	32.0	32.1	31.5	32.7
70	71	66	74	69	60
30.5	29.9	30.1	31.1	30.4	30.6
2.2	2.0	1.5	1.6	1.6	1.2
C ESE	SSW	C SW	C SE	C SSE	C SW
21 11	23	41 12	27 12	26 14	36 8
2.7	2.7	2.5	2.0	2.0	2.1
2.8	2.6	2.9	1.7	2.7	1.0
ENE	NE	NE	C ENE	NE	C NNE
20	30	26	28 27	29	46 9
2.9	3.9	4.1	2.6	4.6	2.4
ESE	C NE	C NE	C ENE	C NE	C NNE
14	19 18	31 16	28 20	23 18	41 6
43	38	36	35	42	39
—	—	—	—	—	—
1016.6	1016.3	1009.3	1019.0	1017.9	1011.3
1002.4	1001.8	995.2	1003.7	1003.2	996.3
0	0	0	0	0	0
—	—	—	—	—	—
—	—	—	—	—	—
0	0	0	0	0	0
—	—	—	—	—	—
—	—	—	—	—	—
38.7	37.3	37.8	38.7	38.2	39.5
1.7	1.6	1.0	1	0.5	−3.3

省/直辖市/自治区		广东	
市/区/自治州		汕尾	河源
台站名称及编号		汕尾	河源
		59501	59293
台站信息	北纬	22°48′	23°44′
	东经	115°22′	114°41′
	海拔（m）	17.3	40.6
	统计年份	1971～2000	1971～2000
年平均温度（℃）		22.2	21.5
室外计算温、湿度	供暖室外计算温度（℃）	10.3	6.9
	冬季通风室外计算温度（℃）	14.8	12.7
	冬季空气调节室外计算温度（℃）	7.3	3.9
	冬季空气调节室外计算相对湿度（%）	73	70
	夏季空气调节室外计算干球温度（℃）	32.2	34.5
	夏季空气调节室外计算湿球温度（℃）	27.8	27.5
	夏季通风室外计算温度（℃）	30.2	32.1
	夏季通风室外计算相对湿度（%）	77	65
	夏季空气调节室外计算日平均温度（℃）	29.6	30.4
风向、风速及频率	夏季室外平均风速（m/s）	3.2	1.3
	夏季最多风向	WSW	C SSW
	夏季最多风向的频率（%）	19	37 17
	夏季室外最多风向的平均风速（m/s）	4.1	2.2
	冬季室外平均风速（m/s）	3.0	1.5
	冬季最多风向	ENE	C NNE
	冬季最多风向的频率（%）	19.0	32 24
	冬季室外最多风向的平均风速（m/s）	3.0	2.4
	年最多风向	ENE	C NNE
	年最多风向的频率（%）	15	35 14
冬季日照百分率（%）		42	41
最大冻土深度（cm）		—	—
大气压力	冬季室外大气压力（hPa）	1019.3	1016.3
	夏季室外大气压力（hPa）	1005.3	1000.9
设计计算用供暖期天数及其平均温度	日平均温度≤+5℃的天数	0	0
	日平均温度≤+5℃的起止日期	—	—
	平均温度≤+5℃期间内的平均温度（℃）	—	—
	日平均温度≤+8℃的天数	0	0
	日平均温度≤+8℃的起止日期	—	—
	平均温度≤+8℃期间内的平均温度（℃）	—	—
极端最高气温（℃）		38.5	39.0
极端最低气温（℃）		2.1	−0.7

A

(15)		广西（13）			
清远	揭阳	南宁	柳州	桂林	梧州
连州	惠来	南宁	柳州	桂林	梧州
59072	59317	59431	59046	57957	59265
24°47′	23°02′	22°49′	24°21′	25°19′	23°29′
112°23′	116°18′	108°21′	109°24′	110°18′	111°18′
98.3	12.9	73.1	96.8	164.4	114.8
1971～2000	1971～2000	1971～2000	1971～2000	1971～2000	1971～2000
19.6	21.9	21.8	20.7	18.9	21.1
4.0	10.3	7.6	5.1	3.0	6.0
9.1	14.5	12.9	10.4	7.9	11.9
1.8	8.0	5.7	3.0	1.1	3.6
77	74	78	75	74	76
35.1	32.8	34.5	34.8	34.2	34.8
27.4	27.6	27.9	27.5	27.3	27.9
32.7	30.7	31.8	32.4	31.7	32.5
61	74	68	65	65	65
30.6	29.6	30.7	31.4	30.4	30.5
1.2	2.3	1.5	1.6	1.6	1.2
C SSW	C SSW	C S	C SSW	C NE	C ESE
46 8	22 10	31 10	34 15	32 16	32 10
2.5	3.4	2.6	2.8	2.6	1.5
1.3	2.9	1.2	1.5	3.2	1.4
C NNE	ENE	C E	C N	NE	C NE
47 16	28	43 12	37 19	48	24 16
2.3	3.4	1.9	2.7	4.4	2.1
C NNE	ENE	C E	C N	NE	C ENE
46 13	20	38 10	36 12	35	27 13
25	43	25	24	24	31
—	—	—	—	—	—
1011.1	1018.7	1011.0	1009.9	1003.0	1006.9
993.8	1004.6	995.5	993.2	986.1	991.6
0	0	0	0	0	0
—	—	—	—	—	—
0	0	0	0	28	0
—	—	—	—	01.10～02.06	—
—	—	—	—	7.5	—
39.6	38.4	39.0	39.1	38.5	39.7
−3.4	1.5	−1.9	−1.3	−3.6	−1.5

省/直辖市/自治区			广西	
市/区/自治州			北海	百色
台站名称及编号			北海	百色
			59644	59211
台站信息		北纬	21°27′	23°54′
		东经	109°08′	106°36′
		海拔（m）	12.8	173.5
		统计年份	1971～2000	1971～2000
		年平均温度（℃）	22.8	22.0
室外计算温、湿度		供暖室外计算温度（℃）	8.2	8.8
		冬季通风室外计算温度（℃）	14.5	13.4
		冬季空气调节室外计算温度（℃）	6.2	7.1
		冬季空气调节室外计算相对湿度（%）	79	76
		夏季空气调节室外计算干球温度（℃）	33.1	36.1
		夏季空气调节室外计算湿球温度（℃）	28.2	27.9
		夏季通风室外计算温度（℃）	30.9	32.7
		夏季通风室外计算相对湿度（%）	74	65
		夏季空气调节室外计算日平均温度（℃）	30.6	31.3
风向、风速及频率		夏季室外平均风速（m/s）	3	1.3
		夏季最多风向	SSW	C　SSE
		夏季最多风向的频率（%）	14	36　8
		夏季室外最多风向的平均风速（m/s）	3.1	2.5
		冬季室外平均风速（m/s）	3.8	1.2
		冬季最多风向	NNE	C　S
		冬季最多风向的频率（%）	37	43　9
		冬季室外最多风向的平均风速（m/s）	5.0	2.2
		年最多风向	NNE	C　SSE
		年最多风向的频率（%）	21	39　8
		冬季日照百分率（%）	34	29
		最大冻土深度（cm）	—	—
大气压力		冬季室外大气压力（hPa）	1017.3	998.8
		夏季室外大气压力（hPa）	1002.5	983.6
设计计算用供暖期天数及其平均温度		日平均温度≤+5℃的天数	0	0
		日平均温度≤+5℃的起止日期	—	—
		平均温度≤+5℃期间内的平均温度（℃）	—	—
		日平均温度≤+8℃的天数	0	0
		日平均温度≤+8℃的起止日期	—	—
		平均温度≤+8℃期间内的平均温度（℃）	—	—
		极端最高气温（℃）	37.1	42.2
		极端最低气温（℃）	2	0.1

(13)

钦州	玉林	防城港	河池	来宾	贺州
钦州	玉林	东兴	河池	来宾	贺州
59632	59453	59626	59023	59242	59065
21°57′	22°39′	21°32′	24°42′	23°45′	24°25′
108°37′	110°10′	107°58′	108°03′	109°14′	111°32′
4.5	81.8	22.1	211	84.9	108.8
1971～2000	1971～2000	1972～2000	1971～2000	1971～2000	1971～2000
22.2	21.8	22.6	20.5	20.8	19.9
7.9	7.1	10.5	6.3	5.5	4.0
13.6	13.1	15.1	10.9	10.8	9.3
5.8	5.1	8.6	4.3	3.6	1.9
77	79	81	75	75	78
33.6	34.0	33.5	34.6	34.6	35.0
28.3	27.8	28.5	27.1	27.7	27.5
31.1	31.7	30.9	31.7	32.2	32.6
75	68	77	66	66	62
30.3	30.3	29.9	30.7	30.8	30.8
2.4	1.4	2.1	1.2	1.8	1.7
SSW	C SSE	C SSW	C ESE	C SSW	C ESE
20	30 11	24 11	39 26	30 13	22 19
3.1	1.7	3.3	2.0	2.8	2.3
2.7	1.7	1.7	1.1	2.4	1.5
NNE	C N	C ENE	C ESE	NE	C NW
33	30 21	24 15	43 16	25	31 21
3.5	3.2	2.0	1.9	3.3	2.3
NNE	C N	C ENE	C ESE	C NE	C NW
20	31 12	24 10	43 20	27 17	28 12
27	29	24	21	25	26
—	—	—	—	—	—
1019.0	1009.9	1016.2	995.9	1010.8	1009.0
1003.5	995.0	1001.4	980.1	994.4	992.4
0	0	0	0	0	0
—	—	—	—	—	—
—	—	—	—	—	—
0	0	0	0	0	0
—	—	—	—	—	—
—	—	—	—	—	—
37.5	38.4	38.1	39.4	39.6	39.5
2.0	0.8	3.3	0.0	−1.6	−3.5

省/直辖市/自治区	广西（13）	海南
市/区/自治州	崇左	海口
台站名称及编号	龙州	海口
	59417	59758
台站信息 北纬	22°20′	20°02′
东经	106°51′	110°21′
海拔（m）	128.8	13.9
统计年份	1971～2000	1971～2000
年平均温度（℃）	22.2	24.1
室外计算温、湿度 供暖室外计算温度（℃）	9.0	12.6
冬季通风室外计算温度（℃）	14.0	17.7
冬季空气调节室外计算温度（℃）	7.3	10.3
冬季空气调节室外计算相对湿度（%）	79	86
夏季空气调节室外计算干球温度（℃）	35.0	35.1
夏季空气调节室外计算湿球温度（℃）	28.1	28.1
夏季通风室外计算温度（℃）	32.1	32.2
夏季通风室外计算相对湿度（%）	68	68
夏季空气调节室外计算日平均温度（℃）	30.9	30.5
风向、风速及频率 夏季室外平均风速（m/s）	1.0	2.3
夏季最多风向	C　ESE	S
夏季最多风向的频率（%）	48　6	19
夏季室外最多风向的平均风速（m/s）	2.0	2.7
冬季室外平均风速（m/s）	1.2	2.5
冬季最多风向	C　ESE	ENE
冬季最多风向的频率（%）	41　16	24
冬季室外最多风向的平均风速（m/s）	2.2	3.1
年最多风向	C　ESE	ENE
年最多风向的频率（%）	46　10	14
冬季日照百分率（%）	24	34
最大冻土深度（cm）	—	—
大气压力 冬季室外大气压力（hPa）	1004.0	1016.4
夏季室外大气压力（hPa）	989	1002.8
设计计算用供暖期天数及其平均温度 日平均温度≤+5℃的天数	0	0
日平均温度≤+5℃的起止日期	—	—
平均温度≤+5℃期间内的平均温度（℃）	—	—
日平均温度≤+8℃的天数	0	0
日平均温度≤+8℃的起止日期	—	—
平均温度≤+8℃期间内的平均温度（℃）	—	—
极端最高气温（℃）	39.9	38.7
极端最低气温（℃）	−0.2	4.9

(2)	重庆（3）			四川（16）	
三亚	重庆	万州	奉节	成都	广元
三亚	重庆	万州	奉节	成都	广元
59948	57515	57432	57348	56294	57206
18°14′	29°31′	30°46′	31°03′	30°40′	32°26′
109°31′	106°29′	108°24′	109°30′	104°01′	105°51′
5.9	351.1	186.7	607.3	506.1	492.4
1971～2000	1971～1986	1971～2000	1971～2000	1971～2000	1971～2000
25.8	17.7	18.0	16.3	16.1	16.1
17.9	4.1	4.3	1.8	2.7	2.2
21.6	7.2	7.0	5.2	5.6	5.2
15.8	2.2	2.9	0.0	1.0	0.5
73	83	85	71	83	64
32.8	35.5	36.5	34.3	31.8	33.3
28.1	26.5	27.9	25.4	26.4	25.8
31.3	31.7	33.0	30.6	28.5	29.5
73	59	56	57	73	64
30.2	32.3	31.4	30.9	27.9	28.8
2.2	1.5	0.5	3.0	1.2	1.2
C SSE	C ENE	C N	C NNE	C NNE	C SE
15 9	33 8	74 5	22 17	41 8	42 8
2.4	1.1	2.3	2.6	2.0	1.6
2.7	1.1	0.4	3.1	0.9	1.3
ENE	C NNE	C NNE	C NNE	C NE	C N
19	46 13	79 5	29 13	50 13	44 10
3.0	1.6	1.9	2.6	1.9	2.8
C ESE	C NNE	C NNE	C NNE	C NE	C N
14 13	44 13	76 5	24 16	43 11	41 8
54	7.5	12	22	17	24
—	—	—	—	—	—
1016.2	980.6	1001.1	1018.7	963.7	965.4
1005.6	963.8	982.3	997.5	948	949.4
0	0	0	12	0	7
—	—	—	01.12～01.23	—	01.13～01.19
—	—	—	4.8	—	4.9
0	53	54	85	69	75
—	12.22～02.12	12.20～02.11	12.07～03.01	12.08～02.14	12.03～02.15
—	7.2	7.2	6.0	6.2	6.1
35.9	40.2	42.1	39.6	36.7	37.9
5.1	−1.8	−3.7	−9.2	−5.9	−8.2

省/直辖市/自治区			四川	
市/区/自治州			甘孜州	宜宾
台站名称及编号			康定	宜宾
			56374	56492
台站信息		北纬	30°03′	28°48′
		东经	101°58′	104°36′
		海拔（m）	2615.7	340.8
		统计年份	1971~2000	1971~2000
年平均温度（℃）			7.1	17.8
室外计算温、湿度		供暖室外计算温度（℃）	−6.5	4.5
		冬季通风室外计算温度（℃）	−2.2	7.8
		冬季空气调节室外计算温度（℃）	−8.3	2.8
		冬季空气调节室外计算相对湿度（%）	65	85
		夏季空气调节室外计算干球温度（℃）	22.8	33.8
		夏季空气调节室外计算湿球温度（℃）	16.3	27.3
		夏季通风室外计算温度（℃）	19.5	30.2
		夏季通风室外计算相对湿度（%）	64	67
		夏季空气调节室外计算日平均温度（℃）	18.1	30.0
风向、风速及频率		夏季室外平均风速（m/s）	2.9	0.9
		夏季最多风向	C SE	C NW
		夏季最多风向的频率（%）	30 21	55 6
		夏季室外最多风向的平均风速（m/s）	5.5	2.4
		冬季室外平均风速（m/s）	3.1	0.6
		冬季最多风向	C ESE	C ENE
		冬季最多风向的频率（%）	31 26	68 6
		冬季室外最多风向的平均风速（m/s）	5.6	1.6
		年最多风向	C ESE	C NW
		年最多风向的频率（%）	28 22	59 5
冬季日照百分率（%）			45	11
最大冻土深度（cm）			—	—
大气压力		冬季室外大气压力（hPa）	741.6	982.4
		夏季室外大气压力（hPa）	742.4	965.4
设计计算用供暖期天数及其平均温度		日平均温度≤+5℃的天数	145	0
		日平均温度≤+5℃的起止日期	11.06~03.30	—
		平均温度≤+5℃期间内的平均温度（℃）	0.3	—
		日平均温度≤+8℃的天数	187	32
		日平均温度≤+8℃的起止日期	10.14~04.18	12.26~01.26
		平均温度≤+8℃期间内的平均温度（℃）	1.7	7.7
极端最高气温（℃）			29.4	39.5
极端最低气温（℃）			−14.1	−1.7

南充	凉山州	遂宁	内江	乐山	泸州
南坪区	西昌	遂宁	内江	乐山	泸州
57411	56571	57405	57504	56386	57602
30°47′	27°54′	30°30′	29°35′	29°34′	28°53′
106°06′	102°16′	105°35′	105°03′	103°45′	105°26′
309.3	1590.9	278.2	347.1	424.2	334.8
1971~2000	1971~2000	1971~2000	1971~2000	1971~2000	1971~2000
17.3	16.9	17.4	17.6	17.2	17.7
3.6	4.7	3.9	4.1	3.9	4.5
6.4	9.6	6.5	7.2	7.1	7.7
1.9	2.0	2.0	2.1	2.2	2.6
85	52	86	83	82	67
35.3	30.7	34.7	34.3	32.8	34.6
27.1	21.8	27.5	27.1	26.6	27.1
31.3	26.3	31.1	30.4	29.2	30.5
61	63	63	66	71	86
31.4	26.6	30.7	30.8	29.0	31.0
1.1	1.2	0.8	1.8	1.4	1.7
C NNE	C NNE	C NNE	C N	C NNE	C WSW
43 9	41 9	58 7	25 11	34 9	20 10
2.1	2.2	2.0	2.7	2.2	1.9
0.8	1.7	0.4	1.4	1.0	1.2
C NNE	C NNE	C NNE	C NNE	C NNE	C NNW
56 10	35 10	75 5	30 13	45 11	30 9
1.7	2.5	1.9	2.1	1.9	2.0
C NNE	C NNE	C NNE	C N	C NNE	C NNW
48 10	37 10	65 7	25 12	38 10	24 9
11	69	13	13	13	11
—	—	—	—	—	—
986.7	838.5	990.0	980.9	972.7	983.0
969.1	834.9	972.0	963.9	956.4	965.8
0	0	0	0	0	0
—	—	—	—	—	—
—	—	—	—	—	—
62	0	62	50	53	33
12.12~02.11	—	12.12~02.11	12.22~02.09	12.20~02.10	12.25~01.26
6.8	—	6.9	7.3	7.2	7.7
41.2	36.6	39.5	40.1	36.8	39.8
−3.4	−3.8	−3.8	−2.7	−2.9	−1.9

continued...

省/直辖市/自治区		四川
市/区/自治州	绵阳	达州
台站名称及编号	绵阳	达州
	56196	57328
台站信息 北纬	31°28′	31°12′
东经	104°41′	107°30′
海拔（m）	470.8	344.9
统计年份	1971~2000	1971~2000
年平均温度（℃）	16.2	17.1
室外计算温、湿度 供暖室外计算温度（℃）	2.4	3.5
冬季通风室外计算温度（℃）	5.3	6.2
冬季空气调节室外计算温度（℃）	0.7	2.1
冬季空气调节室外计算相对湿度（%）	79	82
夏季空气调节室外计算干球温度（℃）	32.6	35.4
夏季空气调节室外计算湿球温度（℃）	26.4	27.1
夏季通风室外计算温度（℃）	29.2	31.8
夏季通风室外计算相对湿度（%）	70	59
夏季空气调节室外计算日平均温度（℃）	28.5	31.0
风向、风速及频率 夏季室外平均风速（m/s）	1.1	1.4
夏季最多风向	C ENE	C ENE
夏季最多风向的频率（%）	46 5	31 27
夏季室外最多风向的平均风速（m/s）	2.5	2.4
冬季室外平均风速（m/s）	0.9	1.0
冬季最多风向	C E	C ENE
冬季最多风向的频率（%）	57 7	45 25
冬季室外最多风向的平均风速（m/s）	2.7	1.9
年最多风向	C E	C ENE
年最多风向的频率（%）	49 6	37 27
冬季日照百分率（%）	19	13
最大冻土深度（cm）	—	—
大气压力 冬季室外大气压力（hPa）	967.3	985
夏季室外大气压力（hPa）	951.2	967.5
设计计算用供暖期天数及其平均温度 日平均温度≤+5℃的天数	0	0
日平均温度≤+5℃的起止日期	—	—
平均温度≤+5℃期间内的平均温度（℃）	—	—
日平均温度≤+8℃的天数	73	65
日平均温度≤+8℃的起止日期	12.05~02.15	12.10~02.12
平均温度≤+8℃期间内的平均温度（℃）	6.1	6.6
极端最高气温（℃）	37.2	41.2
极端最低气温（℃）	−7.3	−4.5

				贵州（9）	
雅安	巴中	资阳	阿坝州	贵阳	遵义
雅安	巴中	资阳	马尔康	贵阳	遵义
56287	57313	56298	56172	57816	57713
29°59′	31°52′	30°07′	31°54′	26°35′	27°42′
103°00′	106°46′	104°39′	102°14′	106°43′	106°53′
627.6	417.7	357	2664.4	1074.3	843.9
1971～2000	1971～2000	1971～1990	1971～2000	1971～2000	1971～2000
16.2	16.9	17.2	8.6	15.3	15.3
2.9	3.2	3.6	−4.1	−0.3	0.3
6.3	5.8	6.6	−0.6	5.0	4.5
1.1	1.5	1.3	−6.1	−2.5	−1.7
80	82	84	48	80	83
32.1	34.5	33.7	27.3	30.1	31.8
25.8	26.9	26.7	17.3	23	24.3
28.6	31.2	30.2	22.4	27.1	28.8
70	59	65	53	64	63
27.9	30.3	29.5	19.3	26.5	27.9
1.8	0.9	1.3	1.1	2.1	1.1
C WSW	C SW	C S	C NW	C SSW	C SSW
29 15	52 5	41 7	61 9	24 17	48 7
2.9	1.9	2.1	3.1	3.0	2.3
1.1	0.6	0.8	1.0	2.1	1.0
C E	C E	C ENE	C NW	ENE	C ESE
50 13	68 4	58 7	62 10	23	50 7
2.1	1.7	1.3	3.3	2.5	1.9
C E	C SW	C ENE	C NW	C ENE	C SSE
40 11	60 4	50 6	60 10	23 15	49 6
16	17	16	62	15	11
—	—	—	25	—	—
949.7	979.9	980.3	733.3	897.4	924.0
935.4	962.7	962.9	734.7	887.8	911.8
0	0	0	122	27	35
—	—	—	11.06～03.07	01.11～02.06	01.05～02.08
—	—	—	1.2	4.6	4.4
64	67	62	162	69	91
12.11～02.12	12.09～02.13	12.14～02.13	10.20～03.30	12.08～02.14	12.04～03.04
6.6	6.2	6.9	2.5	6.0	5.6
35.4	40.3	39.2	34.5	35.1	37.4
−3.9	−5.3	−4.0	−16	−7.3	−7.1

省/直辖市/自治区		贵州	
市/区/自治州		毕节地区	安顺
台站名称及编号		毕节	安顺
		57707	57806
台站信息	北纬	27°18′	26°15′
	东经	105°17′	105°55′
	海拔（m）	1510.6	1392.9
	统计年份	1971～2000	1971～2000
年平均温度（℃）		12.8	14.1
室外计算温、湿度	供暖室外计算温度（℃）	−1.7	−1.1
	冬季通风室外计算温度（℃）	2.7	4.3
	冬季空气调节室外计算温度（℃）	−3.5	−3.0
	冬季空气调节室外计算相对湿度（%）	87	84
	夏季空气调节室外计算干球温度（℃）	29.2	27.7
	夏季空气调节室外计算湿球温度（℃）	21.8	21.8
	夏季通风室外计算温度（℃）	25.7	24.8
	夏季通风室外计算相对湿度（%）	64	70
	夏季空气调节室外计算日平均温度（℃）	24.5	24.5
风向、风速及频率	夏季室外平均风速（m/s）	0.9	2.3
	夏季最多风向	C SSE	SSW
	夏季最多风向的频率（%）	60 12	25
	夏季室外最多风向的平均风速（m/s）	2.3	3.4
	冬季室外平均风速（m/s）	0.6	2.4
	冬季最多风向	C SSE	ENE
	冬季最多风向的频率（%）	69 7	31
	冬季室外最多风向的平均风速（m/s）	1.9	2.8
	年最多风向	C SSE	ENE
	年最多风向的频率（%）	62 9	22
冬季日照百分率（%）		17	18
最大冻土深度（cm）		—	—
大气压力	冬季室外大气压力（hPa）	850.9	863.1
	夏季室外大气压力（hPa）	844.2	856.0
设计计算用供暖期天数及其平均温度	日平均温度≤+5℃的天数	67	41
	日平均温度≤+5℃的起止日期	12.10～02.14	01.01～02.10
	平均温度≤+5℃期间内的平均温度（℃）	3.4	4.2
	日平均温度≤+8℃的天数	112	99
	日平均温度≤+8℃的起止日期	11.19～03.10	11.27～03.05
	平均温度≤+8℃期间内的平均温度（℃）	4.4	5.7
极端最高气温（℃）		39.7	33.4
极端最低气温（℃）		−11.3	−7.6

(9)

					云南（16）
铜仁地区	黔西南州	黔南州	黔东南州	六盘水	昆明
铜仁	兴仁	罗甸	凯里	盘县	昆明
57741	57902	57916	57825	56793	56778
27°43′	25°26′	25°26′	26°36′	25°47′	25°01′
109°11′	105°11′	106°46′	107°59′	104°37′	102°41′
279.7	1378.5	440.3	720.3	1515.2	1892.4
1971～2000	1971～2000	1971～2000	1971～2000	1971～2000	1971～2000
17.0	15.3	19.6	15.7	15.2	14.9
1.4	0.6	5.5	−0.4	0.6	3.6
5.5	6.3	10.2	4.7	6.5	8.1
−0.5	−1.3	3.7	−2.3	−1.4	0.9
76	84	73	80	79	68
35.3	28.7	34.5	32.1	29.3	26.2
26.7	22.2	*	24.5	21.6	20
32.2	25.3	31.2	29.0	25.5	23.0
60	69	66	64	65	68
30.7	24.8	29.3	28.3	24.7	22.4
0.8	1.8	0.6	1.6	1.3	1.8
C SSW	C ESE	C ESE	C SSW	C WSW	C WSW
62 7	29 13	69 4	33 9	48 9	31 13
2.3	2.3	1.7	3.1	2.5	2.6
0.9	2.2	0.7	1.6	2.0	2.2
C ENE	C ENE	C ESE	C NNE	C ENE	C WSW
58 15	19 18	62 8	26 22	31 19	35 19
2.2	2.3	1.8	2.3	2.5	3.7
C ENE	C ESE	C ESE	C NNE	C ENE	C WSW
61 11	24 15	64 6	29 15	39 14	31 16
15	29	21	16	33	66
—		—	—	—	—
991.3	864.4	968.6	938.3	849.6	811.9
973.1	857.5	954.7	925.2	843.8	808.2
5	0	0	30	0	0
01.29～02.02	—	—	01.09～02.07	—	—
4.9	—	—	4.4	—	—
64	65	0	87	66	27
12.12～02.13	12.10～02.12	—	12.08～03.04	12.09～02.12	12.17～01.12
6.3	6.7	—	5.8	6.9	7.7
40.1	35.5	39.2	37.5	35.1	30.4
−9.2	−6.2	−2.7	−9.7	−7.9	−7.8

省/直辖市/自治区		云南	
市/区/自治州		保山	昭通
台站名称及编号		保山	昭通
		56748	56586
台站信息	北纬	25°07′	27°21′
	东经	99°10′	103°43′
	海拔（m）	1653.5	1949.5
	统计年份	1971～2000	1971～2000
年平均温度（℃）		15.9	11.6
室外计算温、湿度	供暖室外计算温度（℃）	6.6	−3.1
	冬季通风室外计算温度（℃）	8.5	2.2
	冬季空气调节室外计算温度（℃）	5.6	−5.2
	冬季空气调节室外计算相对湿度（%）	69	74
	夏季空气调节室外计算干球温度（℃）	27.1	27.3
	夏季空气调节室外计算湿球温度（℃）	20.9	19.5
	夏季通风室外计算温度（℃）	24.2	23.5
	夏季通风室外计算相对湿度（%）	67	63
	夏季空气调节室外计算日平均温度（℃）	23.1	22.5
风向、风速及频率	夏季室外平均风速（m/s）	1.3	1.6
	夏季最多风向	C SSW	C NE
	夏季最多风向的频率（%）	50 10	43 12
	夏季室外最多风向的平均风速（m/s）	2.5	3
	冬季室外平均风速（m/s）	1.5	2.4
	冬季最多风向	C WSW	C NE
	冬季最多风向的频率（%）	54 10	32 20
	冬季室外最多风向的平均风速（m/s）	3.4	3.6
	年最多风向	C WSW	C NE
	年最多风向的频率（%）	52 8	36 17
冬季日照百分率（%）		74	43
最大冻土深度（cm）		—	—
大气压力	冬季室外大气压力（hPa）	835.7	805.3
	夏季室外大气压力（hPa）	830.3	802.0
设计计算用供暖期天数及其平均温度	日平均温度≤+5℃的天数	0	73
	日平均温度≤+5℃的起止日期	—	12.04～02.14
	平均温度≤+5℃期间内的平均温度（℃）		3.1
	日平均温度≤+8℃的天数	6	122
	日平均温度≤+8℃的起止日期	01.01～01.06	11.10～03.11
	平均温度≤+8℃期间内的平均温度（℃）	7.9	4.1
极端最高气温（℃）		32.3	33.4
极端最低气温（℃）		−3.8	−10.6

丽江	普洱		红河州	西双版纳州	文山州	曲靖	
丽江	思茅		蒙自	景洪	文山州	沾益	
56651	56964		56985	56959	56994	56786	
26°52′	22°47′		23°23′	22°00′	23°23′	25°35′	
100°13′	100°58′		103°23′	100°47′	104°15′	103°50′	
2392.4	1302.1		1300.7	582	1271.6	1898.7	
1971~2000	1971~2000		1971~2000	1971~2000	1971~2000	1971~2000	
12.7	18.4		18.7	22.4	18	14.4	
3.1	9.7		6.8	13.3	5.6	1.1	
6.0	12.5		12.3	16.5	11.1	7.4	
1.3	7.0		4.5	10.5	3.4	−1.6	
46	78		72	85	77	67	
25.6	29.7		30.7	34.7	30.4	27.0	
18.1	22.1		22	25.7	22.1	19.8	
22.3	25.8		26.7	30.4	26.7	23.3	
59	69		62	67	63	68	
21.3	24.0		25.9	28.5	25.5	22.4	
2.5	1.0		3.2	0.8	2.2	2.3	
C ESE	C SW		S	C ESE	SSE	C SSW	
18 11	51 10		26	58 8	25	19 19	
2.5	1.9		3.9	1.7	2.9	2.7	
4.2	0.9		3.8	0.4	2.9	3.1	
WNW	C WSW		SSW	C ESE	S	SW	
21	59 7		24	72 3	26	19	
5.5	2.7		5.5	1.4	3.4	3.8	
WNW	C WSW		S	C ESE	SSE	SSW	
15	55 7		23	68 5	25	18	
77	64		62	57	50	56	
—	—		—	—	—	—	
762.6	871.8		865.0	951.3	875.4	810.9	
761.0	865.3		871.4	942.7	868.2	807.6	
0	0		0	0	0	0	
—	—		—	—	—	—	
—	—		—	—	—	—	
82	0		0	0	0	60	
11.27~02.16	—		—	—	—	12.08~02.05	
6.3	—		—	—	—	7.4	
32.3	35.7		35.9	41.1	35.9	33.2	
−10.3	−2.5		−3.9	1.9	−3.0	−9.2	

省/直辖市/自治区			云南	
市/区/自治州			玉溪	临沧
台站名称及编号			玉溪	临沧
			56875	56951
台站信息		北纬	24°21′	23°53′
		东经	102°33′	100°05′
		海拔（m）	1636.7	1502.4
		统计年份	1971～2000	1971～2000
		年平均温度（℃）	15.9	17.5
室外计算温、湿度		供暖室外计算温度（℃）	5.5	9.2
		冬季通风室外计算温度（℃）	8.9	11.2
		冬季空气调节室外计算温度（℃）	3.4	7.7
		冬季空气调节室外计算相对湿度（%）	73	65
		夏季空气调节室外计算干球温度（℃）	28.2	28.6
		夏季空气调节室外计算湿球温度（℃）	20.8	21.3
		夏季通风室外计算温度（℃）	24.5	25.2
		夏季通风室外计算相对湿度（%）	66	69
		夏季空气调节室外计算日平均温度（℃）	23.2	23.6
风向、风速及频率		夏季室外平均风速（m/s）	1.4	1.0
		夏季最多风向	C WSW	C NE
		夏季最多风向的频率（%）	46 10	54 8
		夏季室外最多风向的平均风速（m/s）	2.5	2.4
		冬季室外平均风速（m/s）	1.7	1.0
		冬季最多风向	C WSW	C W
		冬季最多风向的频率（%）	61 6	60 4
		冬季室外最多风向的平均风速（m/s）	1.8	2.9
		年最多风向	C WSW	C NNE
		年最多风向的频率（%）	45 16	55 4
		冬季日照百分率（%）	61	71
		最大冻土深度（cm）	—	—
大气压力		冬季室外大气压力（hPa）	837.2	851.2
		夏季室外大气压力（hPa）	832.1	845.4
设计计算用供暖期天数及其平均温度		日平均温度≤+5℃的天数	0	0
		日平均温度≤+5℃的起止日期	—	—
		平均温度≤+5℃期间内的平均温度（℃）	—	—
		日平均温度≤+8℃的天数	0	0
		日平均温度≤+8℃的起止日期	—	—
		平均温度≤+8℃期间内的平均温度（℃）	—	—
		极端最高气温（℃）	32.6	34.1
		极端最低气温（℃）	−5.5	−1.3

楚雄州	大理州	德宏州	怒江州	迪庆州
楚雄	大理	瑞丽	泸水	香格里拉
56768	56751	56838	56741	56543
25°01′	25°42′	24°01′	25°59′	27°50′
101°32′	100°11′	97°51′	98°49′	99°42′
1772	1990.5	776.6	1804.9	3276.1
1971~2000	1971~2000	1971~2000	1971~2000	1971~2000
16.0	14.9	20.3	15.2	5.9
5.6	5.2	10.9	6.7	−6.1
8.7	8.2	13	9.2	−3.2
3.2	3.5	9.9	5.6	−8.6
75	66	78	56	60
28.0	26.2	31.4	26.7	20.8
20.1	20.2	24.5	20	13.8
24.6	23.3	27.5	22.4	17.9
61	64	72	78	63
23.9	22.3	26.4	22.4	15.6
1.5	1.9	1.1	2.1	2.1
C WSW	C NW	C WSW	WSW	C SSW
32 14	27 10	46 10	30	37 14
2.6	2.4	2.5	2.3	3.6
1.5	3.4	0.7	2.1	2.4
C WSW	C ESE	C WSW	C NNE	C SSW
45 14	15 8	61 6	18 17	38 10
2.8	3.9	1.8	2.4	3.9
C WSW	C ESE	C WSW	WSW	C SSW
40 13	20 8	51 8	18	36 13
66	68	66	68	72
—	—	—	—	25
823.3	802	927.6	820.9	684.5
818.8	798.7	918.6	816.2	685.8
0	0	0	0	176
—	—	—	—	10.23~04.16
—	—	—	—	0.1
8	29	0	0	208
01.01~01.08	12.15~01.12	—	—	10.10~05.05
7.9	7.5	—	—	1.1
33.0	31.6	36.4	32.5	25.6
−4.8	−4.2	1.4	−0.5	−27.4

省/直辖市/自治区			西藏	
市/区/自治州			拉萨	昌都地区
台站名称及编号			拉萨	昌都
			55591	56137
台站信息		北纬	29°40′	31°09′
		东经	91°08′	97°10′
		海拔（m）	3648.7	3306
		统计年份	1971～2000	1971～2000
年平均温度（℃）			8.0	7.6
室外计算温、湿度		供暖室外计算温度（℃）	−5.2	−5.9
		冬季通风室外计算温度（℃）	−1.6	−2.3
		冬季空气调节室外计算温度（℃）	−7.6	−7.6
		冬季空气调节室外计算相对湿度（%）	28	37
		夏季空气调节室外计算干球温度（℃）	24.1	26.2
		夏季空气调节室外计算湿球温度（℃）	13.5	15.1
		夏季通风室外计算温度（℃）	19.2	21.6
		夏季通风室外计算相对湿度（%）	38	46
		夏季空气调节室外计算日平均温度（℃）	19.2	19.6
风向、风速及频率		夏季室外平均风速（m/s）	1.8	1.2
		夏季最多风向	C　SE	C　NW
		夏季最多风向的频率（%）	30　12	48　6
		夏季室外最多风向的平均风速（m/s）	2.7	2.1
		冬季室外平均风速（m/s）	2.0	0.9
		冬季最多风向	C　ESE	C　NW
		冬季最多风向的频率（%）	27　15	61　5
		冬季室外最多风向的平均风速（m/s）	2.3	2.0
		年最多风向	C　SE	C　NW
		年最多风向的频率（%）	28　12	51　6
冬季日照百分率（%）			77	63
最大冻土深度（cm）			19	81
大气压力		冬季室外大气压力（hPa）	650.6	679.9
		夏季室外大气压力（hPa）	652.9	681.7
设计计算用供暖期天数及其平均温度		日平均温度≤+5℃的天数	132	148
		日平均温度≤+5℃的起止日期	11.01～03.12	10.28～03.24
		平均温度≤+5℃期间内的平均温度（℃）	0.61	0.3
		日平均温度≤+8℃的天数	179	185
		日平均温度≤+8℃的起止日期	10.19～04.15	10.17～04.19
		平均温度≤+8℃期间内的平均温度（℃）	2.17	1.6
极端最高气温（℃）			29.9	33.4
极端最低气温（℃）			−16.5	−20.7

A

(7)

那曲地区	日喀则地区	林芝地区	阿里地区	山南地区
那曲	日喀则	林芝	狮泉河	错那
55299	55578	56312	55228	55690
31°29′	29°15′	29°40′	32°30′	27°59′
92°04′	88°53′	94°20′	80°05′	91°57′
4507	3936	2991.8	4278	9280
1971~2000	1971~2000	1971~2000	1972~2000	1971~2000
−1.2	6.5	8.7	0.4	−0.3
−17.8	−7.3	−2	−19.8	−14.4
−12.6	−3.2	0.5	−12.4	−9.9
−21.9	−9.1	−3.7	−24.5	−18.2
40	28	49	37	64
17.2	22.6	22.9	22.0	13.2
9.1	13.4	15.6	9.5	8.7
13.3	18.9	19.9	17.0	11.2
52	40	61	31	68
11.5	17.1	17.9	16.4	9.0
2.5	1.3	1.6	3.2	4.1
C SE	C SSE	C E	C W	WSW
30 7	51 9	38 11	24 14	31
3.5	2.5	2.1	5.0	5.7
3.0	1.8	2.0	2.6	3.6
C WNW	C W	C E	C W	C WSW
39 11	50 11	27 17	41 17	32 17
7.5	4.5	2.3	5.7	5.6
C WNW	C W	C E	C W	WSW
34 8	48 7	32 14	33 16	25
71	81	57	80	77
281	58	13		86
583.9	636.1	706.5	602.0	598.3
589.1	638.5	706.2	604.8	602.7
254	159	116	238	251
09.17~05.28	10.22~03.29	11.13~03.08	09.28~05.23	09.23~05.31
−5.3	−0.3	2.0	−5.5	−3.7
300	194	172	263	365
08.23~06.18	10.11~04.22	10.24~04.13	09.19~06.08	01.01~12.31
−3.4	1.0	3.4	−4.3	−0.1
24.2	28.5	30.3	27.6	18.4
−37.6	−21.3	−13.7	−36.6	−37

省/直辖市/自治区		陕西	
市/区/自治州		西安	延安
台站名称及编号		西安	延安
		57036	53845
台站信息	北纬	34°18′	36°36′
	东经	108°56′	109°30′
	海拔（m）	397.5	958.5
	统计年份	1971～2000	1971～2000
年平均温度（℃）		13.7	9.9
室外计算温、湿度	供暖室外计算温度（℃）	-3.4	-10.3
	冬季通风室外计算温度（℃）	-0.1	-5.5
	冬季空气调节室外计算温度（℃）	-5.7	-13.3
	冬季空气调节室外计算相对湿度（%）	66	53
	夏季空气调节室外计算干球温度（℃）	35.0	32.4
	夏季空气调节室外计算湿球温度（℃）	25.8	22.8
	夏季通风室外计算温度（℃）	30.6	28.1
	夏季通风室外计算相对湿度（%）	58	52
	夏季空气调节室外计算日平均温度（℃）	30.7	26.1
风向、风速及频率	夏季室外平均风速（m/s）	1.9	1.6
	夏季最多风向	C ENE	C WSW
	夏季最多风向的频率（%）	28 13	28 16
	夏季室外最多风向的平均风速（m/s）	2.5	2.2
	冬季室外平均风速（m/s）	1.4	1.8
	冬季最多风向	C ENE	C WSW
	冬季最多风向的频率（%）	41 10	25 20
	冬季室外最多风向的平均风速（m/s）	2.5	2.4
	年最多风向	C ENE	C WSW
	年最多风向的频率（%）	35 11	26 17
冬季日照百分率（%）		32	61
最大冻土深度（cm）		37	77
大气压力	冬季室外大气压力（hPa）	979.1	913.8
	夏季室外大气压力（hPa）	959.8	900.7
设计计算用供暖期天数及其平均温度	日平均温度≤+5℃的天数	100	133
	日平均温度≤+5℃的起止日期	11.23～03.02	11.06～03.18
	平均温度≤+5℃期间内的平均温度（℃）	1.5	-1.9
	日平均温度≤+8℃的天数	127	159
	日平均温度≤+8℃的起止日期	11.09～03.15	10.23～03.30
	平均温度≤+8℃期间内的平均温度（℃）	2.6	-0.5
极端最高气温（℃）		41.8	38.3
极端最低气温（℃）		-12.8	-23.0

宝鸡		汉中		榆林		安康		铜川		咸阳	
宝鸡		汉中		榆林		安康		铜川		武功	
57016		57127		53646		57245		53947		57034	
34°21′		33°04′		38°14′		32°43′		35°05′		34°15′	
107°08′		107°02′		109°42′		109°02′		109°04′		108°13′	
612.4		509.5		1057.5		290.8		978.9		447.8	
1971～2000		1971～2000		1971～2000		1971～2000		1971～1999		1971～2000	
13.2		14.4		8.3		15.6		10.6		13.2	
−3.4		−0.1		−15.1		0.9		−7.2		−3.6	
0.1		2.4		−9.4		3.5		−3.0		−0.4	
−5.8		−1.8		−19.3		−0.9		−9.8		−5.9	
62		80		55		71		55		67	
34.1		32.3		32.2		35.0		31.5		34.3	
24.6		26		21.5		26.8		23		*	
29.5		28.5		28.0		30.5		27.4		29.9	
58		69		45		64		60		61	
29.2		28.5		26.5		30.7		26.5		29.8	
1.5		1.1		2.3		1.3		2.2		1.7	
C	ESE	C	ESE	C	S	C	E	ENE		C	WNW
37	12	43	9	27	17	41	7	20		28	
2.9		1.9		3.5		2.3		2.2		2.9	
1.1		0.9		1.7		1.2		2.2		1.4	
C	ESE	C	E	C	N	C	E	ENE		C	NW
54	13	55	8	43	14	49	13	31		34	7
2.8		2.4		2.9		2.9		2.3		2.3	
C	ESE	C	ESE	C	S	C	E	ENE		C	WNW
47	13	49	8	35	11	45	10	24		31	9
40		27		64		30		58		42	
29		8		148		8		53		24	
953.7		964.3		902.2		990.6		911.1		971.7	
936.9		947.8		889.9		971.7		898.4		953.1	
101		72		153		60		128		101	
11.23～03.03		12.04～02.13		10.27～03.28		12.12～02.09		11.10～03.17		11.23～03.03	
1.6		3.0		−3.9		3.8		−0.2		1.2	
135		115		171		100		148		133	
11.08～03.22		11.15～03.09		10.17～04.05		11.26～03.05		11.03～03.30		11.08～03.20	
3		4.3		−2.8		4.9		0.6		2.7	
41.6		38.3		38.6		41.3		37.7		40.4	
−16.1		−10.0		−30.0		−9.7		−21.8		−19.4	

省/直辖市/自治区			陕西（9）	甘肃
市/区/自治州			商洛	兰州
台站名称及编号			商州	兰州
			57143	52889
台站信息		北纬	33°52′	36°03
		东经	109°58′	103°53′
		海拔（m）	742.2	1517.2
		统计年份	1971～2000	1971～2000
年平均温度（℃）			12.8	9.8
室外计算温、湿度		供暖室外计算温度（℃）	−3.3	−9.0
		冬季通风室外计算温度（℃）	0.5	−5.3
		冬季空气调节室外计算温度（℃）	−5	−11.5
		冬季空气调节室外计算相对湿度（%）	59	54
		夏季空气调节室外计算干球温度（℃）	32.9	31.2
		夏季空气调节室外计算湿球温度（℃）	24.3	20.1
		夏季通风室外计算温度（℃）	28.6	26.5
		夏季通风室外计算相对湿度（%）	56	45
		夏季空气调节室外计算日平均温度（℃）	27.6	26.0
风向、风速及频率		夏季室外平均风速（m/s）	2.2	1.2
		夏季最多风向	C　SE	C　ESE
		夏季最多风向的频率（%）	27　18	48　9
		夏季室外最多风向的平均风速（m/s）	3.9	2.1
		冬季室外平均风速（m/s）	2.6	0.5
		冬季最多风向	C　NW	C　E
		冬季最多风向的频率（%）	22　16	74　5
		冬季室外最多风向的平均风速（m/s）	4.1	1.7
		年最多风向	C　SE	C　ESE
		年最多风向的频率（%）	26　15	59　7
冬季日照百分率（%）			47	53
最大冻土深度（cm）			18	98
大气压力		冬季室外大气压力（hPa）	937.7	851.5
		夏季室外大气压力（hPa）	923.3	843.2
设计计算用供暖期天数及其平均温度		日平均温度≤+5℃的天数	100	130
		日平均温度≤+5℃的起止日期	11.25～03.04	11.05～03.14
		平均温度≤+5℃期间内的平均温度（℃）	1.9	−1.9
		日平均温度≤+8℃的天数	139	160
		日平均温度≤+8℃的起止日期	11.09～03.27	10.20～03.28
		平均温度≤+8℃期间内的平均温度（℃）	3.3	−0.3
极端最高气温（℃）			39.9	39.8
极端最低气温（℃）			−13.9	−19.7

(13)

酒泉	平凉	天水	陇南	张掖
酒泉	平凉	天水	武都	张掖
52533	53915	57006	56096	52652
39°46′	35°33′	34°35′	33°24′	38°56′
98°29′	106°40′	105°45′	104°55′	100°26′
1477.2	1346.6	1141.7	1079.1	1482.7
1971~2000	1971~2000	1971~2000	1971~2000	1971~2000
7.5	8.8	11.0	14.6	7.3
−14.5	−8.8	−5.7	0.0	−13.7
−9.0	−4.6	−2.0	3.3	−9.3
−18.5	−12.3	−8.4	−2.3	−17.1
53	55	62	51	52
30.5	29.8	30.8	32.6	31.7
19.6	21.3	21.8	22.3	19.5
26.3	25.6	26.9	28.3	26.9
39	56	55	52	37
24.8	24.0	25.9	28.5	25.1
2.2	1.9	1.2	1.7	2.0
C ESE	C SE	C ESE	C SSE	C S
24 8	24 14	43 15	39 10	25 12
2.8	2.8	2.0	3.1	2.1
2.0	2.1	1.0	1.2	1.8
C W	C NW	C ESE	C ENE	C S
21 12	22 20	51 15	47 6	27 13
2.4	2.2	2.2	2.3	2.1
C WSW	C NW	C ESE	C SSE	C S
21 10	24 16	47 15	43 8	25 12
72	60	46	47	74
117	48	90	13	113
856.3	870.0	892.4	898.0	855.5
847.2	860.8	881.2	887.3	846.5
157	143	119	64	159
10.23~03.28	11.05~03.27	11.11~03.09	12.09~02.10	10.21~03.28
−4	−1.3	0.3	3.7	−4.0
183	170	145	102	178
10.12~04.12	10.18~04.05	11.04~03.28	11.23~03.04	10.12~04.07
−2.4	0.0	1.4	4.8	−2.9
36.6	36.0	38.2	38.6	38.6
−29.8	−24.3	−17.4	−8.6	−28.2

省/直辖市/自治区		甘肃	
市/区/自治州		白银	金昌
台站名称及编号		靖远	永昌
		52895	52674
台站信息	北纬	36°34′	38°14′
	东经	104°41′	101°58′
	海拔（m）	1398.2	1976.1
	统计年份	1971～2000	1971～2000
年平均温度（℃）		9	5
室外计算温、湿度	供暖室外计算温度（℃）	−10.7	−14.8
	冬季通风室外计算温度（℃）	−6.9	−9.6
	冬季空气调节室外计算温度（℃）	−13.9	−18.2
	冬季空气调节室外计算相对湿度（%）	58	45
	夏季空气调节室外计算干球温度（℃）	30.9	27.3
	夏季空气调节室外计算湿球温度（℃）	21	17.2
	夏季通风室外计算温度（℃）	26.7	23
	夏季通风室外计算相对湿度（%）	48	45
	夏季空气调节室外计算日平均温度（℃）	25.9	20.6
风向、风速及频率	夏季室外平均风速（m/s）	1.3	3.1
	夏季最多风向	C　S	WNW
	夏季最多风向的频率（%）	49　10	21
	夏季室外最多风向的平均风速（m/s）	3.3	3.6
	冬季室外平均风速（m/s）	0.7	2.6
	冬季最多风向	C　ENE	C　WNW
	冬季最多风向的频率（%）	69　6	27　16
	冬季室外最多风向的平均风速（m/s）	2.1	3.5
	年最多风向	C　S	C　WNW
	年最多风向的频率（%）	56　6	19　18
冬季日照百分率（%）		66	78
最大冻土深度（cm）		86	159
大气压力	冬季室外大气压力（hPa）	864.5	802.8
	夏季室外大气压力（hPa）	855	798.9
设计计算用供暖期天数及其平均温度	日平均温度≤+5℃的天数	138	175
	日平均温度≤+5℃的起止日期	11.03～03.20	10.15～04.04
	平均温度≤+5℃期间内的平均温度（℃）	−2.7	−4.3
	日平均温度≤+8℃的天数	167	199
	日平均温度≤+8℃的起止日期	10.19～04.03	10.05～04.21
	平均温度≤+8℃期间内的平均温度（℃）	−1.1	−3.0
极端最高气温（℃）		39.5	35.1
极端最低气温（℃）		−24.3	−28.3

A

(13)

庆阳	定西	武威	临夏州	甘南州
西峰镇	临洮	武威	临夏	合作
53923	52986	52679	52984	56080
35°44′	35°22′	37°55′	35°35′	35°00′
107°38′	103°52′	102°40′	103°11′	102°54′
1421	1886.6	1530.9	1917	2910.0
1971~2000	1971~2000	1971~2000	1971~2000	1971~2000
8.7	7.2	7.9	7.0	2.4
−9.6	−11.3	−12.7	−10.6	−13.8
−4.8	−7.0	−7.8	−6.7	−9.9
−12.9	−15.2	−16.3	−13.4	−16.6
53	62	49	59	49
28.7	27.7	30.9	26.9	22.3
20.6	19.2	19.6	19.4	14.5
24.6	23.3	26.4	22.8	17.9
57	55	41	57	54
24.3	22.1	24.8	21.2	15.9
2.4	1.2	1.8	1.0	1.5
SSW	C SSW	C NNW	C WSW	C N
16	43 7	35 9	54 9	46 13
2.9	1.7	3.3	2.0	3.3
2.2	1.0	1.6	1.2	1.0
C NNW	C NE	C SW	C N	C N
13 10	52 7	35 11	47 10	63 8
2.8	1.9	2.4	1.9	3.0
SSW	C ESE	C SW	C NNE	C N
13	45 6	34 9	49 9	50 11
61	64	75	63	66
79	114	141	85	142
861.8	812.6	850.3	809.4	713.2
853.5	808.1	841.8	805.1	716.0
144	155	155	156	202
11.05~03.28	10.25~03.28	10.24~03.27	10.24~03.28	10.08~04.27
−1.5	−2.2	−3.1	−2.2	−3.9
171	183	174	185	250
10.18~04.06	10.14~04.14	10.14~04.05	10.13~04.15	09.15~05.22
−0.2	−0.8	−2.0	−0.8	−1.8
36.4	36.1	35.1	36.4	30.4
−22.6	−27.9	−28.3	−24.7	−27.9

省/直辖市/自治区		青海	
市/区/自治州		西宁	玉树州
台站名称及编号		西宁	玉树
		52866	56029
台站信息	北纬	36°43′	33°01′
	东经	101°45′	97°01′
	海拔（m）	2295.2	3681.2
	统计年份	1971～2000	1971～2000
年平均温度（℃）		6.1	3.2
室外计算温、湿度	供暖室外计算温度（℃）	−11.4	−11.9
	冬季通风室外计算温度（℃）	−7.4	−7.6
	冬季空气调节室外计算温度（℃）	−13.6	−15.8
	冬季空气调节室外计算相对湿度（%）	45	44
	夏季空气调节室外计算干球温度（℃）	26.5	21.8
	夏季空气调节室外计算湿球温度（℃）	16.6	13.1
	夏季通风室外计算温度（℃）	21.9	17.3
	夏季通风室外计算相对湿度（%）	48	50
	夏季空气调节室外计算日平均温度（℃）	20.8	15.5
风向、风速及频率	夏季室外平均风速（m/s）	1.5	0.8
	夏季最多风向	C　SSE	C　E
	夏季最多风向的频率（%）	37　17	63　7
	夏季室外最多风向的平均风速（m/s）	2.9	2.3
	冬季室外平均风速（m/s）	1.3	1.1
	冬季最多风向	C　SSE	C　WNW
	冬季最多风向的频率（%）	49　18	62　7
	冬季室外最多风向的平均风速（m/s）	3.2	3.5
	年最多风向	C　SSE	C　WNW
	年最多风向的频率（%）	41　20	60　6
冬季日照百分率（%）		68	60
最大冻土深度（cm）		123	104
大气压力	冬季室外大气压力（hPa）	774.4	647.5
	夏季室外大气压力（hPa）	772.9	651.5
设计计算用供暖期天数及其平均温度	日平均温度≤+5℃的天数	165	199
	日平均温度≤+5℃的起止日期	10.20～04.02	10.09～04.25
	平均温度≤+5℃期间内的平均温度（℃）	−2.6	−2.7
	日平均温度≤+8℃的天数	190	248
	日平均温度≤+8℃的起止日期	10.10～04.17	09.17～05.22
	平均温度≤+8℃期间内的平均温度（℃）	−1.4	−0.8
极端最高气温（℃）		36.5	28.5
极端最低气温（℃）		−24.9	−27.6

海西州	黄南州	海南州	果洛州	海北州
格尔木	河南	共和	达日	祁连
52818	56065	52856	56046	52657
36°25′	34°44′	36°16′	33°45′	38°11′
94°54′	101°36′	100°37′	99°39′	100°15′
2807.3	8500	2835	3967.5	2787.4
1971~2000	1972~2000	1971~2000	1972~2000	1971~2000
5.3	0.0	4.0	−0.9	1.0
−12.9	−18.0	−14	−18.0	−17.2
−9.1	−12.3	−9.8	−12.6	−13.2
−15.7	−22.0	−16.6	−21.1	−19.7
39	55	43	53	44
26.9	19.0	24.6	17.3	23.0
13.3	12.4	14.8	10.9	13.8
21.6	14.9	19.8	13.4	18.3
30	58	48	57	48
21.4	13.2	19.3	12.1	15.9
3.3	2.4	2.0	2.2	2.2
WNW	C SE	C SSE	C ENE	C SSE
20	29 13	30 8	32 12	23 19
4.3	3.4	2.9	3.4	2.9
2.2	1.9	1.4	2.0	1.5
C WSW	C NW	C NNE	C WNW	C SSE
23 12	47 6	45 12	48 7	36 13
2.3	4.4	1.6	4.9	2.3
WNW	C ESE	C NNE	C ENE	C SSE
15	35 9	36 10	38 7	27 17
72	69	75	62	73
84	177	150	238	250
723.5	663.1	720.1	624.0	725.1
724.0	668.4	721.8	630.1	727.3
176	243	183	255	213
10.15~04.08	09.17~05.17	10.14~04.14	09.14~05.26	09.29~04.29
−3.8	−4.5	−4.1	−4.9	−5.8
203	285	210	302	252
10.02~04.22	09.01~06.12	09.30~04.27	08.23~06.20	09.12~05.21
−2.4	−2.8	−2.7	−2.9	−3.8
35.5	26.2	33.7	23.3	33.3
−26.9	−37.2	−27.7	−34	−32.0

省/直辖市/自治区			青海（8）	宁夏
市/区/自治州			海东地区	银川
台站名称及编号			民和	银川
			52876	53614
台站信息	北纬		36°19′	38°29′
	东经		102°51′	106°13′
	海拔（m）		1813.9	1111.4
	统计年份		1971～2000	1971～2000
年平均温度（℃）			7.9	9.0
室外计算温、湿度	供暖室外计算温度（℃）		−10.5	−13.1
	冬季通风室外计算温度（℃）		−6.2	−7.9
	冬季空气调节室外计算温度（℃）		−13.4	−17.3
	冬季空气调节室外计算相对湿度（%）		51	55
	夏季空气调节室外计算干球温度（℃）		28.8	31.2
	夏季空气调节室外计算湿球温度（℃）		19.4	22.1
	夏季通风室外计算温度（℃）		24.5	27.6
	夏季通风室外计算相对湿度（%）		50	48
	夏季空气调节室外计算日平均温度（℃）		23.3	26.2
风向、风速及频率	夏季室外平均风速（m/s）		1.4	2.1
	夏季最多风向		C　　SE	C　　SSW
	夏季最多风向的频率（%）		38　　8	21　　11
	夏季室外最多风向的平均风速（m/s）		2.2	2.9
	冬季室外平均风速（m/s）		1.4	1.8
	冬季最多风向		C　　SE	C　　NNE
	冬季最多风向的频率（%）		40　　10	26　　11
	冬季室外最多风向的平均风速（m/s）		2.6	2.2
	年最多风向		C　　SE	C　　NNE
	年最多风向的频率（%）		38　　11	23　　9
冬季日照百分率（%）			61	68
最大冻土深度（cm）			108	88
大气压力	冬季室外大气压力（hPa）		820.3	896.1
	夏季室外大气压力（hPa）		815.0	883.9
设计计算用供暖期天数及其平均温度	日平均温度≤+5℃的天数		146	145
	日平均温度≤+5℃的起止日期		11.02～03.27	11.03～03.27
	平均温度≤+5℃期间内的平均温度（℃）		−2.1	−3.2
	日平均温度≤+8℃的天数		173	169
	日平均温度≤+8℃的起止日期		10.15～04.05	10.19～04.05
	平均温度≤+8℃期间内的平均温度（℃）		−0.8	−1.8
极端最高气温（℃）			37.2	38.7
极端最低气温（℃）			−24.9	−27.7

石嘴山	吴忠	固原	中卫
惠农	同心	固原	中卫
53519	53810	53817	53704
39°13′	36°59′	36°00′	37°32′
106°46′	105°54′	106°16′	105°11′
1091.0	1343.9	1753.0	1225.7
1971～2000	1971～2000	1971～2000	1971～1990
8.8	9.1	6.4	8.7
−13.6	−12.0	−13.2	−12.6
−8.4	−7.1	−8.1	−7.5
−17.4	−16.0	−17.3	−16.4
50	50	56	51
31.8	32.4	27.7	31.0
21.5	20.7	19	21.1
28.0	27.7	23.2	27.2
42	40	54	47
26.8	26.6	22.2	25.7
3.1	3.2	2.7	1.9
C SSW	SSE	C SSE	C ESE
15 12	23	19 14	37 20
3.1	3.4	3.7	1.9
2.7	2.3	2.7	1.8
C NNE	C SSE	C NNW	C WNW
26 11	22 19	18 9	46 11
4.7	2.8	3.8	2.6
C SSW	SSE	C SE	C ESE
19 8	21	18 11	40 13
73	72	67	72
91	130	121	66
898.2	870.6	826.8	883.0
885.7	860.6	821.1	871.7
146	143	166	145
11.02～03.27	11.04～03.26	10.21～04.04	11.02～03.26
−3.7	−2.8	−3.1	−3.1
169	168	189	170
10.19～04.05	10.19～04.04	10.10～04.16	10.18～04.05
−2.3	−1.4	−1.9	−1.6
38	39	34.6	37.6
−28.4	−27.1	−30.9	−29.2

省/直辖市/自治区		新疆	
市/区/自治州		乌鲁木齐	克拉玛依
台站名称及编号		乌鲁木齐	克拉玛依
		51463	51243
台站信息	北纬	43°47′	45°37′
	东经	87°37′	84°51′
	海拔（m）	917.9	449.5
	统计年份	1971～2000	1971～2000
年平均温度（℃）		7.0	8.6
室外计算温、湿度	供暖室外计算温度（℃）	−19.7	−22.2
	冬季通风室外计算温度（℃）	−12.7	−15.4
	冬季空气调节室外计算温度（℃）	−23.7	−26.5
	冬季空气调节室外计算相对湿度（%）	78	78
	夏季空气调节室外计算干球温度（℃）	33.5	36.4
	夏季空气调节室外计算湿球温度（℃）	18.2	19.8
	夏季通风室外计算温度（℃）	27.5	30.6
	夏季通风室外计算相对湿度（%）	34	26
	夏季空气调节室外计算日平均温度（℃）	28.3	32.3
风向、风速及频率	夏季室外平均风速（m/s）	3.0	4.4
	夏季最多风向	NNW	NNW
	夏季最多风向的频率（%）	15	29
	夏季室外最多风向的平均风速（m/s）	3.7	6.6
	冬季室外平均风速（m/s）	1.6	1.1
	冬季最多风向	C SSW	C E
	冬季最多风向的频率（%）	29 10	49 7
	冬季室外最多风向的平均风速（m/s）	2.0	2.1
	年最多风向	C NNW	C NNW
	年最多风向的频率（%）	15 12	21 19
	冬季日照百分率（%）	39	47
	最大冻土深度（cm）	139	192
大气压力	冬季室外大气压力（hPa）	924.6	979.0
	夏季室外大气压力（hPa）	911.2	957.6
设计计算用供暖期天数及其平均温度	日平均温度≤+5℃的天数	158	147
	日平均温度≤+5℃的起止日期	10.24～03.30	10.31～03.26
	平均温度≤+5℃期间内的平均温度（℃）	−7.1	−8.6
	日平均温度≤+8℃的天数	180	165
	日平均温度≤+8℃的起止日期	10.14～04.11	10.19～04.01
	平均温度≤+8℃期间内的平均温度（℃）	−5.4	−7.0
极端最高气温（℃）		42.1	42.7
极端最低气温（℃）		−32.8	−34.3

(14)

吐鲁番		哈密		和田		阿勒泰		喀什地区	
吐鲁番		哈密		和田		阿勒泰		喀什	
51573		52203		51828		51076		51709	
42°56′		42°49′		37°08′		47°44′		39°28′	
89°12′		93°31′		79°56′		88°05′		75°59′	
34.5		737.2		1374.5		735.3		1288.7	
1971~2000		1971~2000		1971~2000		1971~2000		1971~2000	
14.4		10.0		12.5		4.5		11.8	
−12.6		−15.6		−8.7		−24.5		−10.9	
−7.6		−10.4		−4.4		−15.5		−5.3	
−17.1		−18.9		−12.8		−29.5		−14.6	
60		60		54		74		67	
40.3		35.8		34.5		30.8		33.8	
24.2		22.3		21.6		19.9		21.2	
36.2		31.5		28.8		25.5		28.8	
26		28		36		43		34	
35.3		30.0		28.9		26.3		28.7	
1.5		1.8		2.0		2.6		2.1	
C	ESE	C	ENE	C	WSW	C	WNW	C	NNW
34	8	36	13	19	10	23	15	22	8
2.4		2.8		2.2		4.2		3.0	
0.5		1.5		1.4		1.2		1.1	
C	SSE	C	ENE	C	WSW	C	ENE	C	NNW
67	4	37	16	31	8	52	9	44	9
1.3		2.1		1.8		2.4		1.7	
C	ESE	C	ENE	C	SW	C	NE	C	NNW
48	7	35	13	23	10	31	9	33	9
56		72		56		58		53	
83		127		64		139		66	
1027.9		939.6		866.9		941.1		876.9	
997.6		921.0		856.5		925.0		866.0	
118		141		114		176		121	
11.07~03.04		10.31~03.20		11.12~03.05		10.17~04.10		11.09~03.09	
−3.4		−4.7		−1.4		−8.6		−1.9	
136		162		132		190		139	
10.30~03.14		10.18~03.28		11.03~03.14		10.08~04.15		10.30~03.17	
−2.0		−3.2		−0.3		−7.5		−0.7	
47.7		43.2		41.1		37.5		39.9	
−25.2		−28.6		−20.1		−41.6		−23.6	

続表

省/直辖市/自治区			新疆	
市/区/自治州			伊犁哈萨克自治州	巴音郭楞蒙古自治州
台站名称及编号			伊宁	库尔勒
			51431	51656
台站信息	北纬		43°57′	41°45′
	东经		81°20′	86°08′
	海拔（m）		662.5	931.5
	统计年份		1971～2000	1971～2000
年平均温度（℃）			9	11.7
室外计算温、湿度	供暖室外计算温度（℃）		−16.9	−11.1
	冬季通风室外计算温度（℃）		−8.8	−7
	冬季空气调节室外计算温度（℃）		−21.5	−15.3
	冬季空气调节室外计算相对湿度（%）		78	63
	夏季空气调节室外计算干球温度（℃）		32.9	34.5
	夏季空气调节室外计算湿球温度（℃）		21.3	22.1
	夏季通风室外计算温度（℃）		27.2	30.0
	夏季通风室外计算相对湿度（%）		45	33
	夏季空气调节室外计算日平均温度（℃）		26.3	30.6
风向、风速及频率	夏季室外平均风速（m/s）		2	2.6
	夏季最多风向		C ESE	C ENE
	夏季最多风向的频率（%）		20 16	28 19
	夏季室外最多风向的平均风速（m/s）		2.3	4.6
	冬季室外平均风速（m/s）		1.3	1.8
	冬季最多风向		C E	C E
	冬季最多风向的频率（%）		38 14	38 19
	冬季室外最多风向的平均风速（m/s）		2	3.2
	年最多风向		C ESE	C E
	年最多风向的频率（%）		28 14	32 16
冬季日照百分率（%）			56	62
最大冻土深度（cm）			60	58
大气压力	冬季室外大气压力（hPa）		947.4	917.6
	夏季室外大气压力（hPa）		934	902.3
设计计算用供暖期天数及其平均温度	日平均温度≤+5℃的天数		141	127
	日平均温度≤+5℃的起止日期		11.03～03.23	11.06～03.12
	平均温度≤+5℃期间内的平均温度（℃）		−3.9	−2.9
	日平均温度≤+8℃的天数		161	150
	日平均温度≤+8℃的起止日期		10.20～03.29	10.24～03.22
	平均温度≤+8℃期间内的平均温度（℃）		−2.6	−1.4
	极端最高气温（℃）		39.2	40
	极端最低气温（℃）		−36	−25.3

* 注：该台站该项数据缺失。

5—12—116

昌吉回族自治州	博尔塔拉蒙古自治州	阿克苏地区	塔城地区	克孜勒苏柯尔克孜自治州
奇台	精河	阿克苏	塔城	乌恰
51379	51334	51628	51133	51705
44°01′	44°37′	41°10′	46°44′	39°43′
89°34′	82°54′	80°14′	83°00′	75°15′
793.5	320.1	1103.8	534.9	2175.7
1971～2000	1971～2000	1971～2000	1971～2000	1971～2000
5.2	7.8	10.3	7.1	7.3
−24.0	−22.2	−12.5	−19.2	−14.1
−17.0	−15.2	−7.8	−10.5	−8.2
−28.2	−25.8	−16.2	−24.7	−17.9
79	81	69	72	59
33.5	34.8	32.7	33.6	28.8
19.5	*	*	*	*
27.9	30.0	28.4	27.5	23.6
34	39	39	39	27
28.2	28.7	27.1	26.9	24.3
3.5	1.7	1.7	2.2	3.1
SSW	C SSW	C NNW	N	C WNW
18	28 14	28 8	16	21 15
3.5	2	2.3	2.2	5.0
2.5	1.0	1.2	2.0	1.4
SSW	C SSW	C NNE	C NNE	C WNW
19	49 12	32 15	22 22	59 7
2.9	1.6	1.6	2.1	5.9
SSW	C SSW	C NNE	NNE	C WNW
17	37 13	31 10	17	36 12
60	43	61	57	62
136	141	80	160	650
934.1	994.1	897.3	963.2	786.2
919.4	971.2	884.3	947.5	784.3
164	152	124	162	153
10.19～03.31	10.27～03.27	11.04～03.07	10.23～04.02	10.27～03.28
−9.5	−7.7	−3.5	−5.4	−3.6
187	170	137	182	182
10.09～04.13	10.16～04.03	10.22～03.07	10.13～04.12	10.13～04.12
−7.4	−6.2	−1.8	−4.1	−1.9
40.5	41.6	39.6	41.3	35.7
−40.1	−33.8	−25.2	−37.1	−29.9

附录 B　室外空气计算温度简化方法

B.0.1　供暖室外计算温度，可按下式确定（化为整数）：

$$t_{wn} = 0.57t_{lp} + 0.43t_{p\cdot min} \qquad (B.0.1)$$

式中：t_{wn}——供暖室外计算温度（℃）；

　　　　t_{lp}——累年最冷月平均温度（℃）；

　　　　$t_{p\cdot min}$——累年最低日平均温度（℃）。

B.0.2　冬季空气调节室外计算温度，可按下式确定（化为整数）：

$$t_{wk} = 0.30t_{lp} + 0.70t_{p\cdot min} \qquad (B.0.2-1)$$

式中：t_{wk}——冬季空气调节室外计算温度（℃）。

　　　夏季通风室外计算温度，可按下式确定（化为整数）：

$$t_{wf} = 0.71t_{rp} + 0.29t_{max} \qquad (B.0.2-2)$$

式中：t_{wf}——夏季通风室外计算温度（℃）；

　　　　t_{rp}——累年最热月平均温度（℃）；

　　　　t_{max}——累年极端最高温度（℃）。

B.0.3　夏季空气调节室外计算干球温度，可按下式确定：

$$t_{wg} = 0.71t_{rp} + 0.29t_{max} \qquad (B.0.3)$$

式中：t_{wg}——夏季空气调节室外计算干球温度（℃）。

B.0.4　夏季空气调节室外计算湿球温度，可按下列公式确定：

$$t_{ws} = 0.72t_{s\cdot rp} + 0.28t_{s\cdot max} \qquad (B.0.4-1)$$
$$t_{ws} = 0.75t_{s\cdot rp} + 0.25t_{s\cdot max} \qquad (B.0.4-2)$$
$$t_{ws} = 0.80t_{s\cdot rp} + 0.20t_{s\cdot max} \qquad (B.0.4-3)$$

式中：t_{ws}——夏季空气调节室外计算湿球温度（℃）；

　　　　$t_{s\cdot rp}$——与累年最热月平均温度和平均相对湿度相对应的湿球温度（℃），可在当地大气压力下的焓湿图上查得；

　　　　$t_{s\cdot max}$——与累年极端最高温度和最热月平均相对湿度相对应的湿球温度（℃），可在当地大气压力下的焓湿图上查得。

注：式（B.0.4-1）适用于北部地区；式（B.0.4-2）适用于中部地区，式（B.0.4-3）适用于南部地区。

B.0.5　夏季空气调节室外计算日平均温度，可按下式确定：

$$t_{wp} = 0.80t_{rp} + 0.20t_{max} \qquad (B.0.5)$$

式中：t_{wp}——夏季空气调节室外计算日平均温度（℃）。

附录 C　夏季太阳总辐射照度

表 C-1　北纬 20°太阳总辐射照度（W/m²）

透明度等级		1						2						3						透明度等级
朝向		S	SE	E	NE	N	H	S	SE	E	NE	N	H	S	SE	E	NE	N	H	朝向
时刻（地方太阳时）	6	26	255	527	505	202	96	28	209	424	407	169	90	29	172	341	328	140	83	18
	7	63	454	825	749	272	349	63	408	736	670	249	321	70	373	661	602	233	306	17
	8	92	527	872	759	257	602	98	495	811	708	249	573	104	464	751	658	241	545	16
	9	117	518	791	670	224	787	121	494	748	635	220	787	130	476	711	606	222	759	15
	10	134	442	628	523	191	999	144	434	608	511	198	969	145	415	578	486	195	921	14
	11	145	312	404	344	169	1105	150	307	394	338	173	1064	156	302	384	333	177	1022	13
	12	149	149	149	157	161	1142	156	156	156	164	167	1107	162	162	162	170	172	1065	12
	13	145	145	145	145	169	1105	150	150	150	150	173	1064	156	156	156	156	177	1022	11
	14	134	134	134	134	191	999	144	144	144	144	198	969	145	145	145	145	195	921	10
	15	117	117	117	117	224	826	121	121	121	121	220	787	130	130	130	130	222	759	9
	16	92	92	92	92	257	602	98	98	68	98	249	573	104	104	104	104	241	545	8
	17	63	63	63	63	272	349	63	63	63	63	249	321	70	70	70	70	233	306	7
	18	26	26	26	26	202	96	28	28	28	28	169	90	29	29	29	29	140	83	6
日总计		1303	3232	4772	4284	2791	9096	1363	3108	4481	4037	2682	8716	1429	2998	4221	3817	2587	8339	日总计
日平均		55	135	199	179	116	379	57	129	187	168	112	363	60	125	176	159	108	347	日平均
朝向		S	SW	W	NW	N	H	S	SW	W	NW	N	H	S	SW	W	NW	N	H	朝向

续表 C-1

透明度等级		4						5						6					透明度等级
朝向		S	SE	E	NE	N	H	S	SE	E	NE	N	H	S	SE	E	NE	N	H	朝向
时刻（地方太阳时）	6	27	130	254	243	107	69	22	97	184	177	79	55	22	72	131	127	60	48	18
	7	74	331	577	527	213	285	77	295	504	461	193	264	76	252	421	386	171	236	17
	8	106	423	677	594	227	505	113	395	620	548	220	480	116	354	542	481	207	440	16
	9	137	451	665	570	221	722	147	437	635	547	224	701	157	409	580	404	224	658	15
	10	155	402	551	468	200	880	165	397	536	458	208	857	179	385	508	438	217	815	14
	11	169	305	380	331	188	886	178	304	374	329	197	951	190	302	365	326	206	904	13
	12	172	172	172	179	181	1023	181	181	181	188	191	983	199	199	199	205	207	947	12
	13	169	169	169	169	188	986	178	178	178	178	197	951	190	190	190	190	206	904	11
	14	155	155	155	155	200	880	165	165	165	165	208	857	179	179	179	179	217	815	10
	15	137	137	137	137	221	722	147	147	147	147	224	701	157	157	157	157	224	658	9
	16	106	106	106	106	227	505	113	113	113	113	220	480	116	116	116	116	207	440	8
	17	74	74	74	74	213	285	77	77	77	77	193	264	76	76	76	76	171	236	7
	18	27	27	27	27	107	69	22	22	22	22	79	55	22	22	22	22	60	48	6
日总计		1507	2883	3944	3580	2493	7918	1584	2807	3736	3409	2433	7600	1678	2713	3487	3206	2379	7148	日总计
日平均		63	120	164	149	104	330	66	117	156	142	101	317	70	113	145	134	99	298	日平均
朝向		S	SW	W	NW	N	H	S	SW	W	NW	N	H	S	SW	W	NW	N	H	朝向

表 C-2 北纬 25°太阳总辐射照度（W/m²）

透明度等级		1						2						3					透明度等级
朝向		S	SE	E	NE	N	H	S	SE	E	NE	N	H	S	SE	E	NE	N	H	朝向
时刻（地方太阳时）	6	33	287	579	551	220	127	34	243	484	461	187	116	36	206	401	383	162	109	18
	7	66	483	842	747	252	373	67	436	755	670	233	345	73	398	678	604	219	327	17
	8	93	564	877	730	212	618	100	530	818	684	208	590	106	498	758	637	204	562	16
	9	119	566	793	625	159	834	121	540	750	593	159	795	131	518	713	568	166	768	15
	10	158	500	628	466	134	1000	166	488	608	456	144	970	166	466	578	436	145	922	14
	11	212	376	404	281	145	1104	213	368	394	279	151	1062	215	359	384	276	156	1022	13
	12	226	202	144	144	144	1133	228	206	151	151	151	1096	229	208	157	157	157	1054	12
	13	212	145	145	145	145	1104	213	151	151	151	151	1062	215	156	156	156	156	1020	11
	14	158	134	134	134	134	1000	166	144	144	144	144	970	166	145	145	145	145	922	10
	15	119	119	119	119	159	834	121	121	121	121	159	795	131	131	131	131	166	768	9
	16	93	93	93	93	212	618	100	100	100	100	208	590	106	106	106	106	204	562	8
	17	66	66	66	66	252	373	67	67	67	67	233	345	73	73	73	73	219	327	7
	18	33	33	33	33	220	127	34	34	34	34	187	116	36	36	36	36	162	109	6
日总计		1586	3568	4857	4134	2389	9244	1631	3429	4578	3911	2317	8853	1685	3301	4317	3708	2260	8469	日总计
日平均		66	149	202	172	100	385	68	143	191	163	97	369	70	138	180	154	94	353	日平均
朝向		S	SW	W	NW	N	H	S	SW	W	NW	N	H	S	SW	W	NW	N	H	朝向

续表 C-2

透明度等级		4						5						6						透明度等级
朝向		S	SE	E	NE	N	H	S	SE	E	NE	N	H	S	SE	E	NE	N	H	朝向
时刻（地方太阳时）	6	35	164	312	298	129	95	33	129	240	229	104	81	29	95	171	164	80	67	18
	7	77	355	594	530	201	305	80	316	521	466	186	284	81	274	441	397	167	257	17
	8	108	454	684	577	194	520	115	424	629	534	193	495	119	379	551	471	184	454	16
	9	138	491	669	536	171	730	148	475	640	516	177	709	158	442	585	478	185	666	15
	10	173	449	551	421	155	882	184	441	536	415	165	858	195	423	508	400	179	816	14
	11	223	357	380	280	169	985	229	352	374	281	178	950	235	345	365	281	190	901	13
	12	235	215	169	169	169	1014	240	222	178	178	178	973	250	234	194	194	194	935	12
	13	223	169	169	169	169	985	229	178	178	178	178	950	235	190	190	190	190	901	11
	14	173	155	155	155	155	882	184	165	165	165	165	858	195	179	179	179	179	816	10
	15	138	138	138	138	171	730	148	148	148	148	177	709	158	158	158	158	185	666	9
	16	108	108	108	108	194	520	115	115	115	115	193	495	119	119	119	119	184	454	8
	17	77	77	77	77	201	305	80	80	80	80	186	284	81	81	81	81	167	257	7
	18	35	35	35	35	129	95	33	33	33	33	104	81	29	29	29	29	80	67	6
日总计		1745	3166	4040	3492	2206	8048	1817	3078	3837	3339	2183	7730	1885	2949	3572	3141	2160	7259	日总计
日平均		73	132	168	146	92	335	76	128	160	139	91	322	79	123	149	131	90	302	日平均
朝向		S	SW	W	NW	N	H	S	SW	W	NW	N	H	S	SW	W	NW	N	H	朝向

表 C-3 北纬 30°太阳总辐射照度（W/m²）

透明度等级		1						2						3						透明度等级
朝向		S	SE	E	NE	N	H	S	SE	E	NE	N	H	S	SE	E	NE	N	H	朝向
时刻（地方太阳时）	6	38	320	629	593	231	156	38	277	538	507	201	142	42	239	457	431	178	135	18
	7	69	512	856	740	229	395	71	464	770	666	214	368	76	423	693	601	201	345	17
	8	94	600	879	699	164	627	101	566	822	656	164	599	107	530	764	613	165	571	16
	9	144	614	794	578	119	835	145	584	750	549	121	795	154	558	713	527	131	768	15
	10	240	557	628	408	134	996	243	542	608	402	144	966	237	516	577	386	145	918	14
	11	300	436	401	215	143	1091	297	424	392	217	149	1050	292	413	381	217	154	1008	13
	12	316	266	143	143	143	1119	313	265	149	149	149	1079	309	264	155	155	155	1037	12
	13	300	143	143	143	143	1091	297	149	149	149	149	1050	292	154	154	154	154	1008	11
	14	240	134	134	134	134	996	243	144	144	144	144	966	237	145	145	145	145	918	10
	15	144	119	119	119	119	835	145	121	121	121	121	795	154	131	131	131	131	768	9
	16	94	94	94	94	164	627	101	101	101	101	164	599	107	107	107	107	165	571	8
	17	69	69	69	69	229	395	71	71	71	71	214	368	76	76	76	76	201	345	7
	18	38	38	38	38	231	156	38	38	38	38	201	142	42	42	42	42	178	135	6
日总计		2086	3902	4928	3973	2183	9318	2104	3747	4654	3772	2135	8920	2124	3599	4395	3586	2104	8527	日总计
日平均		87	163	205	166	91	388	88	156	194	157	89	372	88	150	183	149	88	355	日平均
朝向		S	SW	W	NW	N	H	S	SW	W	NW	N	H	S	SW	W	NW	N	H	朝向

续表 C-3

透明度等级		4						5						6					透明度等级
朝向	S	SE	E	NE	N	H	S	SE	E	NE	N	H	S	SE	E	NE	N	H	朝向
时刻（地方太阳时）	6	42	197	366	345	148	121	41	160	292	277	122	107	35	117	208	198	92	86	18
	7	79	377	608	530	187	321	83	338	536	469	176	300	86	295	457	402	162	276	17
	8	109	484	690	556	160	529	116	451	636	516	163	505	121	402	557	457	159	462	16
	9	159	528	669	499	138	732	166	508	640	483	148	711	176	472	585	449	159	668	15
	10	238	494	550	374	154	877	244	483	535	371	165	855	249	461	507	362	179	812	14
	11	294	406	377	226	166	972	294	398	372	230	176	939	293	386	363	237	187	891	13
	12	309	267	166	166	166	1000	308	270	177	177	177	962	309	274	191	191	191	919	12
	13	294	166	166	166	166	972	294	176	176	176	176	939	293	187	187	187	187	891	11
	14	238	154	154	154	154	877	244	165	165	165	165	855	249	179	179	179	179	812	10
	15	159	138	138	138	138	732	166	148	148	148	148	711	176	159	159	159	159	668	9
	16	109	109	109	109	160	529	116	116	116	116	163	505	121	121	121	121	159	462	8
	17	79	79	79	79	187	321	83	83	83	83	176	300	86	86	86	86	162	276	7
	18	42	42	42	42	148	121	41	41	41	41	122	107	35	35	35	35	92	86	6
日总计		2154	3441	4115	3385	2074	8104	2197	3337	3916	3251	2075	7793	2228	3176	3636	3063	2068	7306	日总计
日平均		90	143	171	141	86	338	92	139	163	135	86	325	93	132	151	128	86	304	日平均
朝向		S	SW	W	NW	N	H	S	SW	W	NW	N	H	S	SW	W	NW	N	H	朝向

表 C-4　北纬 35°太阳总辐射照度（W/m²）

透明度等级		1						2						3					透明度等级
朝向	S	SE	E	NE	N	H	S	SE	E	NE	N	H	S	SE	E	NE	N	H	朝向
时刻（地方太阳时）	6	43	348	670	622	236	184	43	304	576	536	207	167	48	267	498	465	187	160	18
	7	71	541	869	728	204	413	73	492	783	658	192	385	77	448	705	594	181	361	17
	8	94	636	880	665	114	632	101	600	825	626	120	605	108	562	766	585	124	577	16
	9	209	659	792	529	117	828	207	626	749	504	121	790	209	598	721	485	130	762	15
	10	320	614	627	351	134	984	319	595	608	349	144	956	307	565	577	336	145	907	14
	11	383	493	397	149	138	1066	376	479	388	155	145	1029	365	462	377	158	150	985	13
	12	409	333	145	145	145	1105	400	327	151	151	151	1063	390	321	156	156	156	1021	12
	13	383	138	138	138	138	1066	376	145	145	145	145	1029	365	150	150	150	150	985	11
	14	320	134	134	134	134	984	319	144	144	144	144	956	307	145	145	145	145	907	10
	15	209	117	117	117	117	828	207	121	121	121	121	790	209	130	130	130	130	762	9
	16	94	94	94	94	114	632	101	101	101	101	120	605	108	108	108	108	124	577	8
	17	71	71	71	71	204	413	73	73	73	73	192	385	77	77	77	77	181	361	7
	18	43	43	43	43	236	184	43	43	43	43	207	167	48	48	48	48	187	160	6
日总计		2649	4223	4978	3788	2032	9318	2638	4051	4708	3606	2010	8927	2618	3881	4448	3438	1993	8525	日总计
日平均		110	176	207	158	85	388	110	169	197	150	84	372	109	162	185	143	83	355	日平均
朝向		S	SW	W	NW	N	H	S	SW	W	NW	N	H	S	SW	W	NW	N	H	朝向

透明度等级		4						5						6					透明度等级
朝向	S	SE	E	NE	N	H	S	SE	E	NE	N	H	S	SE	E	NE	N	H	朝向
6	48	223	408	380	158	144	47	185	331	309	134	128	42	141	245	230	105	107	18
7	81	399	621	526	171	335	85	354	549	468	163	304	90	315	472	405	154	291	17
8	109	511	692	531	124	534	117	477	638	495	130	509	121	423	561	440	133	466	16
9	209	562	666	495	137	725	214	541	636	445	147	704	215	499	582	416	157	661	15
10	302	538	549	328	154	865	304	525	534	328	165	844	302	497	506	323	179	802	14
11	361	450	371	170	162	950	356	440	366	179	172	918	349	423	358	191	185	871	13
12	385	321	169	169	169	986	379	320	178	178	178	950	370	316	190	190	190	902	12
13	361	162	162	162	162	950	356	172	172	172	172	918	349	185	185	185	185	871	11
14	302	154	154	154	154	865	304	165	165	165	165	844	302	179	179	179	179	802	10
15	209	137	137	137	137	725	214	147	147	147	147	704	215	157	157	157	157	661	9
16	109	109	109	109	124	534	117	117	117	117	130	509	121	121	121	121	133	466	8
17	81	81	81	81	171	335	85	85	85	85	163	314	90	90	90	90	154	291	7
18	48	48	48	48	158	144	47	47	47	47	134	128	42	42	42	42	105	107	6
日总计	2606	3695	4166	3254	1981	8088	2624	3579	3966	3135	1999	7784	2607	3388	3687	2968	2013	7299	日总计
日平均	108	154	173	136	83	337	109	149	165	130	84	324	108	141	154	123	84	305	日平均
朝向	S	SW	W	NW	N	H	S	SW	W	NW	N	H	S	SW	W	NW	N	H	朝向

时刻（地方太阳时）

表 C-5　北纬 40°太阳总辐射照度（W/m²）

透明度等级		1						2						3					透明度等级
朝向	S	SE	E	NE	N	H	S	SE	E	NE	N	H	S	SE	E	NE	N	H	朝向
6	45	378	706	648	236	209	47	330	612	562	209	192	52	295	536	493	192	185	18
7	72	570	878	714	174	427	76	519	793	648	166	399	79	471	714	585	159	373	17
8	124	671	880	629	94	630	129	632	825	593	101	604	133	591	766	556	108	576	16
9	273	702	787	479	115	813	266	665	475	458	120	777	264	634	707	442	129	749	15
10	393	663	621	292	130	958	386	640	600	291	140	927	371	607	570	283	142	883	14
11	465	550	392	135	135	1037	454	534	385	144	144	1004	436	511	372	147	147	958	13
12	492	388	140	140	140	1068	478	380	147	147	147	1030	461	370	150	150	150	986	12
13	465	187	135	135	135	1037	454	192	144	144	144	1004	436	192	147	147	147	958	11
14	393	130	130	130	130	958	386	140	140	140	140	927	371	142	142	142	142	883	10
15	273	115	115	115	115	813	266	120	120	120	120	777	264	129	129	129	129	749	9
16	124	94	94	94	94	630	129	101	101	101	101	604	133	108	108	108	108	571	8
17	72	72	72	72	174	427	76	76	76	76	166	399	79	79	79	79	159	373	7
18	45	45	45	45	236	209	47	47	47	47	209	192	52	52	52	52	192	185	6
日总计	2785	4567	4996	3629	1910	9218	3192	4374	4733	3469	1907	8834	3131	4181	4473	3312	1904	8434	日总计
日平均	110	191	208	151	79	384	133	183	198	144	79	369	130	174	186	138	79	351	日平均
朝向	S	SW	W	NW	N	H	S	SW	W	NW	N	H	S	SW	W	NW	N	H	朝向

时刻（地方太阳时）

续表 C-5

透明度等级		4						5						6						透明度等级
朝向		S	SE	E	NE	N	H	S	SE	E	NE	N	H	S	SE	E	NE	N	H	朝向
时刻（地方太阳时）	6	52	250	445	411	165	166	50	209	368	340	142	148	49	164	279	258	115	127	18
	7	83	421	630	519	152	345	87	379	559	463	148	324	93	334	483	404	142	304	17
	8	131	537	692	506	109	533	137	500	638	472	117	509	137	443	559	420	121	466	16
	9	258	593	661	420	135	711	258	569	630	407	144	690	254	521	575	381	155	645	15
	10	361	576	542	279	151	842	357	558	527	281	162	821	349	526	498	281	176	779	14
	11	424	493	365	158	158	919	416	480	362	169	169	892	402	495	354	181	181	847	13
	12	448	364	162	162	162	949	438	361	172	172	172	919	422	352	185	185	185	872	12
	13	424	199	158	158	158	919	416	207	169	169	169	892	402	216	181	181	181	847	11
	14	361	151	151	151	151	842	357	162	162	162	162	821	349	176	176	176	176	779	10
	15	258	135	135	135	135	711	258	144	144	144	144	690	254	155	155	155	155	645	9
	16	131	109	109	109	109	533	137	117	117	117	117	509	137	121	121	121	121	466	8
	17	83	83	83	83	152	345	87	87	87	87	148	324	93	93	93	93	142	304	7
	18	52	52	52	52	165	166	50	50	50	50	142	148	49	49	49	49	115	127	6
日总计		3067	3964	4186	3142	1904	7981	3051	3824	3986	3033	1935	7687	2990	3609	3706	2885	1964	7208	日总计
日平均		128	165	174	131	79	333	127	159	166	127	80	320	124	150	155	120	81	300	日平均
朝向		S	SW	W	NW	N	H	S	SW	W	NW	N	H	S	SW	W	NW	N	H	朝向

表 C-6　北纬 45° 太阳总辐射照度（W/m²）

透明度等级		1						2						3						透明度等级
朝向		S	SE	E	NE	N	H	S	SE	E	NE	N	H	S	SE	E	NE	N	H	朝向
时刻（地方太阳时）	6	48	407	740	668	233	234	49	357	644	582	208	214	56	323	571	493	193	207	18
	7	73	598	885	698	143	437	77	544	801	634	140	409	80	494	721	518	135	381	17
	8	173	705	879	593	94	625	173	662	821	559	101	598	173	618	763	573	107	570	16
	9	333	742	782	429	112	791	323	704	740	413	117	758	316	668	701	525	127	730	15
	10	464	709	614	234	127	926	449	679	590	233	134	891	431	657	562	399	140	851	14
	11	545	606	390	134	134	1005	530	587	384	143	143	975	506	558	370	231	145	927	13
	12	571	443	135	135	135	1028	554	434	143	143	143	996	529	418	147	145	147	949	12
	13	545	244	134	134	134	1005	530	243	143	143	143	975	506	242	145	145	145	927	11
	14	464	127	127	127	127	926	449	134	134	134	134	891	421	140	140	140	140	851	10
	15	333	112	112	112	112	791	323	117	117	117	117	758	316	127	127	127	127	730	9
	16	173	94	94	94	94	625	173	101	101	101	101	598	173	107	107	107	107	570	8
	17	73	73	73	73	143	437	77	77	77	77	140	409	80	80	80	80	135	381	7
	18	48	48	48	48	233	234	49	49	49	49	208	214	56	56	56	56	193	207	6
日总计		3844	4908	5011	3477	1819	9062	3756	4693	4744	3327	1829	8685	3655	4475	4489	3192	1840	8283	日总计
日平均		160	205	209	145	76	378	157	195	198	138	77	362	152	186	187	133	77	345	日平均
朝向		S	SW	W	NW	N	H	S	SW	W	NW	N	H	S	SW	W	NW	N	H	朝向

透明度等级		4						5						6					透明度等级
朝向	S	SE	E	NE	N	H	S	SE	E	NE	N	H	S	SE	E	NE	N	H	朝向
6	56	276	480	435	169	166	50	234	400	364	147	166	53	186	311	283	122	127	18
7	84	441	637	509	131	187	53	398	566	456	130	333	95	351	491	399	129	145	17
8	167	561	688	478	109	354	88	520	635	447	116	504	164	459	556	398	120	312	16
9	304	621	652	378	131	527	169	592	621	369	142	669	287	538	563	347	150	461	15
10	415	611	535	231	148	690	300	590	519	236	158	792	391	551	488	241	171	623	14
11	486	534	361	155	155	813	408	520	358	166	166	863	454	494	350	180	180	750	13
12	509	406	157	157	157	886	475	400	167	167	167	884	473	387	181	181	181	840	12
13	486	243	155	155	155	909	495	249	166	166	166	863	454	254	180	180	180	820	11
14	415	148	148	148	148	886	475	158	158	158	158	792	391	171	171	171	171	750	10
15	304	131	131	131	131	813	408	142	142	142	142	669	287	150	150	150	150	623	9
16	167	109	109	109	109	690	300	116	116	116	116	504	164	120	120	120	120	461	8
17	84	84	84	84	131	527	88	88	88	88	130	333	95	95	95	95	129	312	7
18	56	56	56	56	169	354	88	53	53	53	147	166	53	53	53	53	122	145	6
日总计	3573	4219	4194	3026	1843	7822	3482	4060	3991	2930	1886	7536	3362	3811	3710	2798	1926	7062	日总计
日平均	148	176	174	126	77	326	145	169	166	122	79	314	1140	159	155	116	80	294	日平均
朝向	S	SW	W	NW	N	H	S	SW	W	NW	N	H	S	SW	W	NW	N	H	朝向

表 C-7　北纬 50°太阳总辐射照度

透明度等级		1						2						3					透明度等级
朝向	S	SE	E	NE	N	H	S	SE	E	NE	N	H	S	SE	E	NE	N	H	朝向
6	51	435	768	680	224	257	52	384	671	595	202	236	58	348	598	533	190	228	18
7	74	625	890	677	112	444	78	569	805	615	112	415	80	516	726	558	110	387	17
8	220	736	876	557	93	615	216	688	816	525	99	586	212	642	757	492	106	558	16
9	390	778	773	379	108	763	377	737	734	368	115	734	365	698	694	356	124	706	15
10	530	752	607	178	124	887	507	715	579	178	128	848	488	680	554	183	136	815	14
11	620	656	385	131	131	963	599	634	379	141	141	933	569	601	364	143	143	887	13
12	650	499	134	134	134	989	630	487	144	144	144	961	598	465	145	145	145	912	12
13	620	297	131	131	131	963	599	297	141	141	141	933	569	287	143	143	143	887	11
14	530	124	124	124	124	887	507	128	128	128	128	848	488	136	136	136	136	815	10
15	390	108	108	108	108	763	377	115	115	115	115	734	365	124	124	124	124	706	9
16	220	93	93	93	93	615	216	99	99	99	99	586	212	106	106	106	106	558	8
17	74	74	74	74	112	444	78	78	78	78	112	415	80	80	80	80	110	378	7
18	51	51	51	51	224	257	52	52	52	52	2022	236	58	58	58	58	190	228	6
日总计	4421	5229	5015	3319	1720	8848	4289	4983	4742	3178	1738	8464	4143	4743	4486	3058	1764	8076	日总计
日平均	184	217	209	138	72	369	179	208	198	133	72	352	172	198	187	128	73	336	日平均
朝向	S	SW	W	NW	N	H	S	SW	W	NW	N	H	S	SW	W	NW	N	H	朝向

透明度等级	4						5						6						透明度等级
朝向	S	SE	E	NE	N	H	S	SE	E	NE	N	H	S	SE	E	NE	N	H	朝向
时刻（地方太阳时） 6	59	299	507	454	167	207	58	256	428	383	148	186	58	208	337	304	126	164	18
7	85	461	642	497	109	359	90	414	571	445	112	338	95	365	495	391	114	316	17
8	201	580	683	448	107	518	198	536	628	419	115	492	188	473	550	374	119	451	16
9	345	644	641	337	128	663	337	612	608	329	137	642	316	551	549	309	145	595	15
10	466	642	527	187	144	779	454	618	511	193	154	758	429	572	478	201	163	716	14
11	542	571	355	151	151	847	527	554	352	163	163	826	498	522	343	177	177	784	13
12	568	447	154	154	154	870	552	438	165	165	165	849	522	422	179	179	179	807	12
13	542	284	151	151	151	847	527	286	163	163	163	826	498	285	177	177	177	784	11
14	466	144	144	144	144	779	454	154	154	154	154	758	429	163	163	163	163	716	10
15	345	128	128	128	128	663	337	137	137	137	137	642	316	145	145	145	145	595	9
16	201	107	107	107	107	518	198	115	115	115	115	492	188	119	119	119	119	451	8
17	85	85	85	85	109	359	90	90	90	90	112	338	95	95	95	95	114	316	7
18	59	59	59	59	167	207	58	58	58	58	148	186	58	58	58	58	126	164	6
日总计	3966	4451	4182	2902	1768	7615	3879	4267	3980	2813	1821	7334	3693	3983	3693	2696	1872	6862	日总计
日平均	165	185	174	121	73	317	162	178	166	117	76	306	154	166	154	113	78	286	日平均
朝向	S	SW	W	NW	N	H	S	SW	W	NW	N	H	S	SW	W	NW	N	H	朝向

附录 D　夏季透过标准窗玻璃的太阳辐射照度

表 D-1　北纬 20°透过标准窗玻璃的太阳辐射照度（W/m²）

透明度等级	1						2						透明度等级
朝向	S	SE	E	NE	N	H	S	SE	E	NE	N	H	朝向
辐射照度	上行——直接辐射 下行——散射辐射						上行——直接辐射 下行——散射辐射						辐射照度
时刻（地方太阳时） 6	0	162	423	404	112	20	0	128	335	320	88	15	18
	21	21	21	21	21	27	23	23	23	23	23	31	
7	0	286	552	576	109	192	0	254	568	509	97	170	17
	52	52	52	52	52	47	52	52	52	52	52	51	
8	0	315	654	550	65	428	0	288	598	502	59	391	16
	76	76	76	76	76	52	80	80	80	80	80	66	
9	0	274	552	430	130	628	0	256	514	401	122	585	15
	97	97	97	97	97	57	99	99	99	99	99	69	
10	0	180	364	258	8	784	0	170	342	243	8	737	14
	110	110	110	110	110	56	119	119	119	119	119	77	
11	0	60	133	85	1	878	0	57	126	79	1	826	13
	120	120	120	120	120	57	123	123	123	123	123	72	
12	0	0	0	0	1	911	0	0	0	0	1	863	12
	122	122	122	122	122	56	128	128	128	128	128	73	
13	0	0	0	0	1	878	0	0	0	0	1	826	11
	120	120	120	120	120	57	123	123	123	123	123	72	
14	0	0	0	0	8	784	0	0	0	0	8	737	10
	110	110	110	110	110	56	119	119	119	119	119	77	
15	0	0	0	0	130	628	0	0	0	0	122	585	9
	97	97	97	97	97	57	99	99	99	99	99	69	
16	0	0	0	0	65	428	0	0	0	0	59	391	8
	76	76	76	76	76	52	80	80	80	80	80	66	
17	0	0	0	0	109	192	0	0	0	0	97	170	7
	52	52	52	52	52	47	52	52	52	52	52	51	
18	0	0	0	0	112	20	0	0	0	0	88	15	6
	21	21	21	21	21	27	23	23	23	23	23	31	
朝向	S	SW	W	NW	N	H	S	SW	W	NW	N	H	朝向

续表 D-1

透明度等级		3						4						透明度等级
朝向		S	SE	E	NE	N	H	S	SE	E	NE	N	H	朝向
辐射照度		上行——直接辐射 下行——散射辐射						上行——直接辐射 下行——散射辐射						辐射照度
时刻（地方太阳时）	6	0	101	263	251	70	12	0	73	191	183	50	9	18
		24	24	24	24	24	35	22	22	22	22	22	33	
	7	0	222	498	445	85	149	0	190	423	380	72	127	17
		58	58	58	58	58	65	60	60	60	60	60	76	
	8	0	262	543	456	53	355	0	231	479	402	48	313	16
		85	85	85	85	85	80	87	87	87	87	87	91	
	9	0	236	476	371	113	542	0	215	433	337	102	492	15
		107	107	107	107	107	90	113	113	113	113	113	107	
	10	0	158	319	227	7	686	0	145	292	208	7	629	14
		120	120	120	120	120	87	127	127	127	127	127	109	
	11	0	53	117	74	1	775	0	49	109	69	1	718	13
		128	128	128	128	128	88	138	138	138	138	138	115	
	12	0	0	0	0	1	811	0	0	0	0	1	751	12
		133	133	133	133	133	91	141	141	141	141	141	114	
	13	0	0	0	0	1	775	0	0	0	0	1	718	11
		128	128	128	128	128	88	138	138	138	138	138	115	
	14	0	0	0	0	7	686	0	0	0	0	7	629	10
		120	120	120	120	120	87	127	127	127	127	127	109	
	15	0	0	0	0	113	542	0	0	0	0	102	492	9
		107	107	107	107	107	90	113	113	113	113	113	107	
	16	0	0	0	0	53	355	0	0	0	0	48	313	8
		85	85	85	85	85	80	87	87	87	87	87	91	
	17	0	0	0	0	85	149	0	0	0	0	72	127	7
		58	58	58	58	58	65	60	60	60	60	60	76	
	18	0	0	0	0	70	12	0	0	0	0	50	9	6
		24	24	24	24	24	35	22	22	22	22	22	33	时刻（地方太阳时）
朝向		S	SW	W	NW	N	H	S	SW	W	NW	N	H	朝向

透明度等级		5						6						透明度等级
朝向		S	SE	E	NE	N	H	S	SE	E	NE	N	H	朝向
辐射照度		上行——直接辐射 下行——散射辐射						上行——直接辐射 下行——散射辐射						辐射照度
时刻（地方太阳时）	6	0	52	136	130	36	6	0	36	93	88	24	5	18
		19	19	19	19	19	28	17	17	17	17	17	28	
	7	0	160	359	323	62	107	0	130	271	261	50	87	17
		63	63	63	63	63	81	62	62	62	62	62	85	
	8	0	206	426	358	42	278	0	172	257	300	36	234	16
		93	93	93	93	93	106	95	95	95	95	95	120	
	9	0	199	401	313	95	456	0	172	347	271	83	395	15
		120	120	120	120	120	126	129	129	129	129	129	150	
	10	0	135	273	194	6	587	0	120	242	172	6	521	14
		136	136	136	136	136	131	148	148	148	148	148	162	
	11	0	45	101	64	1	665	0	41	91	57	1	597	13
		147	147	147	147	147	136	156	156	156	156	156	163	
	12	0	0	0	0	0	692	0	0	0	0	0	627	12
		149	149	149	149	149	137	164	164	164	164	164	171	
	13	0	0	0	0	1	665	0	0	0	0	1	597	11
		147	147	147	147	147	136	156	156	156	156	156	163	
	14	0	0	0	0	6	587	0	0	0	0	6	521	10
		136	136	136	136	136	131	148	148	148	148	148	162	
	15	0	0	0	0	95	456	0	0	0	0	83	395	9
		120	120	120	120	120	126	129	129	129	129	129	150	
	16	0	0	0	0	42	278	0	0	0	0	36	234	8
		93	93	93	93	93	106	95	95	95	95	95	120	
	17	0	0	0	0	62	107	0	0	0	0	50	87	7
		63	63	63	63	63	81	62	62	62	62	62	85	
	18	0	0	0	0	36	6	0	0	0	0	24	5	6
		19	19	19	19	19	28	17	17	17	17	17	28	时刻（地方太阳时）
朝向		S	SW	W	NW	N	H	S	SW	W	NW	N	H	朝向

表 D-2　北纬25°透过标准窗玻璃的太阳辐射照度（W/m²）

透明度等级	1						2						透明度等级
朝向	S	SE	E	NE	N	H	S	SE	E	NE	N	H	朝向
辐射照度	上行——直接辐射 下行——散射辐射						上行——直接辐射 下行——散射辐射						辐射照度
6	0	183	462	437	115	31	0	150	379	359	94	27	18
	27	27	27	27	27	33	28	28	28	28	28	37	
7	0	312	654	570	88	212	0	276	579	505	78	187	17
	55	55	55	55	55	48	56	56	56	56	56	53	
8	0	352	657	522	36	440	0	323	602	478	33	402	16
	77	77	77	77	77	52	81	81	81	81	81	67	
9	0	322	554	383	5	636	0	300	515	356	4	593	15
	98	98	98	98	98	57	100	100	100	100	100	68	
10	1	236	364	204	0	785	1	222	342	191	0	739	14
	101	101	101	101	101	56	119	119	119	119	119	77	
11	10	108	133	42	0	876	10	102	126	40	0	825	13
	120	120	120	120	120	58	124	124	124	124	124	73	
12	15	8	0	0	0	906	15	7	0	0	0	857	12
	119	119	119	119	119	51	124	124	124	124	124	69	
13	10	0	0	0	0	876	10	0	0	0	0	825	11
	120	120	120	120	120	58	124	124	124	124	124	73	
14	1	0	0	0	0	785	1	0	0	0	0	739	10
	101	101	101	101	101	56	119	119	119	119	119	77	
15	0	8	0	0	5	636	0	0	0	0	4	593	9
	98	98	98	98	98	57	100	100	100	100	100	68	
16	0	0	0	0	36	440	0	0	0	0	33	402	8
	77	77	77	77	77	52	81	81	81	81	81	67	
17	0	0	0	0	88	212	0	0	0	0	78	187	7
	55	55	55	55	55	48	56	56	56	56	56	53	
18	0	0	0	0	115	31	0	0	0	0	94	27	6
	27	27	27	27	27	33	28	28	28	28	28	37	
朝向	S	SW	W	NW	N	H	S	SW	W	NW	N	H	朝向

（时刻（地方太阳时））

透明度等级	3						4						透明度等级
朝向	S	SE	E	NE	N	H	S	SE	E	NE	N	H	朝向
辐射照度	上行——直接辐射 下行——散射辐射						上行——直接辐射 下行——散射辐射						辐射照度
6	0	121	308	290	77	21	0	92	234	221	58	16	18
	36	30	30	30	30	42	29	29	29	29	29	42	
7	0	243	511	445	69	165	0	208	436	380	59	141	17
	60	60	60	60	60	66	64	64	64	64	64	77	
8	0	274	548	435	30	366	0	259	484	384	27	323	16
	87	87	87	87	87	81	88	88	88	88	88	92	
9	0	278	477	445	4	549	0	252	434	300	4	500	15
	109	108	108	108	108	90	114	114	114	114	114	107	
10	1	207	319	178	0	687	1	190	292	163	0	632	14
	120	120	120	120	120	87	127	127	127	127	127	109	
11	9	95	117	37	0	773	8	88	109	34	0	715	13
	128	128	128	128	128	88	138	138	138	138	138	115	
12	14	7	0	0	0	804	13	7	0	0	0	745	12
	129	129	129	129	129	86	138	138	138	138	138	110	
13	9	0	0	0	0	773	8	0	0	0	0	715	11
	128	128	128	128	128	88	138	138	138	138	138	115	
14	1	0	0	0	0	687	1	0	0	0	0	632	10
	120	120	120	120	120	87	127	127	127	127	127	109	
15	0	0	0	0	4	549	0	0	0	0	4	500	9
	108	108	108	108	108	90	114	114	114	114	114	107	
16	0	0	0	0	30	366	0	0	0	0	27	323	8
	87	87	87	87	87	81	88	88	88	88	88	92	
17	0	0	0	0	69	165	0	0	0	0	59	141	7
	60	60	60	60	60	66	64	64	64	64	64	77	
18	0	0	0	0	77	21	0	0	0	0	58	16	6
	30	30	30	30	30	42	29	29	29	29	29	42	
朝向	S	SW	W	NW	N	H	S	SW	W	NW	N	H	朝向

（时刻（地方太阳时））

透明度等级			5							6				透明度等级
朝向		S	SE	E	NE	N	H	S	SE	E	NE	N	H	朝向
辐射照度		上行——直接辐射 下行——散射辐射						上行——直接辐射 下行——散射辐射						辐射照度
时刻（地方太阳时）	6	0	69	176	166	44	12	0	48	120	113	30	8	18
		27	27	27	27	27	40	24	24	24	24	24	37	
	7	0	177	372	324	50	120	0	144	302	264	41	98	17
		66	66	66	66	66	62	67	67	67	67	67	92	
	8	0	231	431	343	23	288	0	194	363	288	20	242	16
		94	94	94	94	94	108	98	98	98	98	98	121	
	9	0	235	402	278	4	463	0	204	349	241	2	402	15
		121	121	121	121	121	126	130	130	130	130	130	151	
	10	1	177	273	152	0	588	1	157	242	135	0	522	14
		136	136	136	136	136	131	148	148	148	148	148	162	
	11	8	83	101	31	0	664	7	73	91	28	0	595	13
		147	147	147	147	147	137	156	156	156	156	156	164	
	12	12	6	0	0	0	687	10	6	0	0	0	621	12
		147	147	147	147	147	133	159	159	159	159	159	165	
	13	8	0	0	0	0	664	7	0	0	0	0	595	11
		147	147	147	147	147	137	156	156	156	156	156	164	
	14	1	0	0	0	0	588	1	0	0	0	0	522	10
		136	136	136	136	136	131	148	148	148	148	148	162	
	15	0	0	0	0	4	463	0	0	0	0	2	402	9
		121	121	121	121	121	126	130	130	130	130	130	151	
	16	0	0	0	0	23	288	0	0	0	0	20	242	8
		94	94	94	94	94	108	98	98	98	98	98	121	
	17	0	0	0	0	50	120	0	0	0	0	41	98	7
		65	66	66	66	66	62	67	67	67	67	67	92	
	18	0	0	0	0	44	12	0	0	0	0	30	8	6
		27	27	27	27	27	40	24	24	24	24	24	37	时刻（地方太阳时）
朝向		S	SW	W	NW	N	H	S	SW	W	NW	N	H	朝向

表 D-3　北纬 30°透过标准窗玻璃的太阳辐射照度（W/m²）

透明度等级			1							2				透明度等级
朝向		S	SE	E	NE	N	H	S	SE	E	NE	N	H	朝向
辐射照度		上行——直接辐射 下行——散射辐射						上行——直接辐射 下行——散射辐射						辐射照度
时刻（地方太阳时）	6	0	204	499	466	116	48	0	172	422	394	98	41	18
		31	31	31	31	31	37	31	31	31	31	31	40	
	7	0	338	664	559	67	229	0	300	590	497	59	204	17
		57	57	57	57	57	48	58	58	58	58	58	56	
	8	0	390	659	490	13	450	0	358	605	450	12	414	16
		78	78	78	78	78	52	83	83	83	83	83	67	
	9	1	371	554	332	0	637	1	345	515	311	0	593	15
		98	98	98	98	98	58	100	100	100	100	100	68	
	10	31	292	364	144	0	780	29	274	342	140	0	734	14
		110	110	110	110	110	57	119	119	119	119	119	78	
	11	53	164	133	13	0	866	50	155	126	12	0	815	13
		117	117	117	117	117	56	123	123	123	123	123	72	
	12	65	85	0	0	0	896	62	80	0	0	0	846	12
		117	117	117	117	117	51	123	123	123	123	123	67	
	13	53	0	0	0	0	866	50	0	0	0	0	815	11
		117	117	117	117	117	56	123	123	123	123	123	72	
	14	31	0	0	0	0	780	29	0	0	0	0	734	10
		110	110	110	110	110	57	119	119	119	119	119	78	
	15	1	0	0	0	0	637	1	0	0	0	0	593	9
		98	98	98	98	98	58	100	100	100	100	100	68	
	16	0	0	0	0	13	450	0	0	0	0	12	414	8
		78	78	78	78	78	52	83	83	83	83	83	67	
	17	0	0	0	0	67	229	0	0	0	0	59	204	7
		57	57	57	57	57	48	58	58	58	58	58	56	
	18	0	0	0	0	116	48	0	0	0	0	98	41	6
		31	31	31	31	31	37	31	31	31	31	31	40	时刻（地方太阳时）
朝向		S	SW	W	NW	N	H	S	SW	W	NW	N	H	朝向

续表 D-3

透明度等级		3						4					透明度等级
朝向	S	SE	E	NE	N	H	S	SE	E	NE	N	H	朝向
辐射照度	上行——直接辐射 下行——散射辐射						上行——直接辐射 下行——散射辐射						辐射照度
时刻（地方太阳时） 6	0	143	350	328	81	34	0	112	273	256	64	27	时刻（地方太阳时） 18
	35	35	35	35	35	47	35	35	35	35	35	50	
7	0	265	520	438	52	180	0	227	445	376	45	155	17
	62	62	62	62	62	67	65	65	65	65	65	78	
8	0	326	551	409	10	377	0	288	487	362	9	333	16
	88	88	88	88	88	83	90	90	90	90	90	92	
9	1	320	477	287	0	549	1	292	435	262	0	500	15
	108	108	108	108	108	90	114	114	114	114	114	108	
10	28	256	319	130	0	683	26	235	292	120	0	626	14
	120	120	120	120	120	88	127	127	127	127	127	109	
11	47	145	117	10	0	764	43	134	108	10	0	706	13
	127	127	127	127	127	87	137	137	137	137	137	114	
12	58	76	0	0	0	793	53	70	0	0	0	734	12
	128	128	128	128	128	85	137	137	137	137	137	110	
13	47	0	0	0	0	764	43	0	0	0	0	706	11
	127	127	127	127	127	87	137	137	137	137	137	114	
14	28	0	0	0	0	683	26	0	0	0	0	626	10
	120	120	120	120	120	88	127	127	127	127	127	109	
15	1	0	0	0	0	549	1	0	0	0	0	500	9
	108	108	108	108	108	90	114	114	114	114	114	108	
16	0	0	0	0	10	377	0	0	0	0	9	333	8
	88	88	88	88	88	83	90	90	90	90	90	92	
17	0	0	0	0	52	180	0	0	0	0	45	155	7
	62	62	62	62	62	67	65	65	65	65	65	78	
18	0	0	0	0	81	34	0	0	0	0	64	27	6
	35	35	35	35	35	47	35	35	35	35	35	50	
朝向	S	SW	W	NW	N	H	S	SW	W	NW	N	H	朝向

透明度等级		5						6					透明度等级
朝向	S	SE	E	NE	N	H	S	SE	E	NE	N	H	朝向
辐射照度	上行——直接辐射 下行——散射辐射						上行——直接辐射 下行——散射辐射						辐射照度
时刻（地方太阳时） 6	0	86	213	199	49	21	0	59	147	136	34	14	时刻（地方太阳时） 18
	34	34	34	34	34	49	29	29	29	29	29	44	
7	0	194	383	322	38	133	0	159	313	264	31	108	17
	69	69	69	69	69	87	71	71	71	71	71	97	
8	0	258	435	323	8	298	0	216	366	272	7	250	16
	96	96	96	96	96	109	99	99	99	99	99	122	
9	1	270	404	243	0	464	1	235	350	211	0	402	15
	121	121	121	121	121	126	130	130	130	130	130	151	
10	23	219	272	112	0	585	21	194	242	99	0	518	14
	136	136	136	136	136	131	148	148	148	148	148	162	
11	41	124	101	9	0	656	36	112	90	8	0	587	13
	145	145	145	145	145	135	155	155	155	155	155	163	
12	50	65	0	0	0	679	45	58	0	0	0	612	12
	145	145	145	145	145	133	157	157	157	157	157	163	
13	41	0	0	0	0	656	36	0	0	0	0	587	11
	145	145	145	145	145	135	155	155	155	155	155	163	
14	23	0	0	0	0	585	21	0	0	0	0	518	10
	136	136	136	136	136	131	148	148	148	148	148	162	
15	1	0	0	0	0	464	1	0	0	0	0	402	9
	121	121	121	121	121	126	130	130	130	130	130	151	
16	0	0	0	0	8	298	0	0	0	0	7	250	8
	96	96	96	96	96	109	99	99	99	99	99	122	
17	0	0	0	0	38	133	0	0	0	0	31	108	7
	69	69	69	69	69	87	71	71	71	71	71	97	
18	0	0	0	0	49	21	0	0	0	0	34	14	6
	34	34	34	34	34	49	29	29	29	29	29	44	
朝向	S	SW	W	NW	N	H	S	SW	W	NW	N	H	朝向

表 D-4　北纬35°透过标准窗玻璃的太阳辐射照度（W/m²）

透明度等级	|	1					2						透明度等级
朝向		S	SE	E	NE	N	H	S	SE	E	NE	N	H	朝向
辐射照度		上行——直接辐射 下行——散射辐射						上行——直接辐射 下行——散射辐射						辐射照度
时刻（地方太阳时）	6	0	223	529	488	113	62	0	191	450	415	95	53	18
		35	35	35	35	35	40	35	35	35	35	35	43	
	7	0	365	672	547	47	245	0	324	598	486	40	219	17
		58	58	58	58	58	49	60	60	60	60	60	58	
	8	0	427	659	456	1	453	0	392	607	419	1	418	16
		78	78	78	78	78	51	84	84	84	84	84	67	
	9	44	420	552	285	0	632	37	392	515	265	0	588	15
		97	97	97	97	97	57	99	99	99	99	99	69	
	10	74	350	363	99	0	768	70	329	342	93	0	722	14
		110	110	110	110	110	58	119	119	119	119	119	80	
	11	121	224	133	0	0	847	114	211	124	0	0	797	13
		114	114	114	114	114	53	120	120	120	120	120	71	
	12	138	74	0	0	0	877	130	71	0	0	0	825	12
		120	120	120	120	120	57	124	124	124	124	124	73	
	13	121	0	0	0	0	847	114	0	0	0	0	797	11
		114	114	114	114	114	53	120	120	120	120	120	71	
	14	74	0	0	0	0	768	70	0	0	0	0	722	10
		110	110	110	110	110	58	119	119	119	119	119	80	
	15	40	0	0	0	0	632	37	0	0	0	0	588	9
		97	97	97	97	97	57	99	99	99	99	99	69	
	16	0	0	0	0	1	453	0	0	0	0	1	418	8
		78	78	78	78	78	51	84	84	84	84	84	67	
	17	0	0	0	0	47	245	0	0	0	0	40	219	7
		58	58	58	58	58	49	60	60	60	60	60	58	
	18	0	0	0	0	113	62	0	0	0	0	95	53	6
		35	35	35	35	35	40	35	35	35	35	35	43	
朝向		S	SW	W	NW	N	H	S	SW	W	NW	N	H	朝向

透明度等级		3						4						透明度等级
朝向		S	SE	E	NE	N	H	S	SE	E	NE	N	H	朝向
辐射照度		上行——直接辐射 下行——散射辐射						上行——直接辐射 下行——散射辐射						辐射照度
时刻（地方太阳时）	6	0	160	380	351	80	44	0	128	304	280	64	36	18
		40	40	40	40	40	52	40	40	40	40	40	55	
	7	0	287	529	430	36	193	0	247	455	370	31	166	17
		64	64	64	64	64	67	67	67	67	67	67	79	
	8	0	357	552	381	1	380	0	316	488	337	1	336	16
		88	88	88	88	88	83	91	91	91	91	91	93	
	9	34	362	476	245	0	544	31	329	433	323	0	495	15
		107	107	107	107	107	90	113	113	113	113	113	107	
	10	65	306	317	87	0	671	59	280	291	79	0	615	14
		120	120	120	120	120	90	127	127	127	127	127	110	
	11	106	198	116	0	0	745	98	183	108	0	0	688	13
		123	123	123	123	123	85	134	134	134	134	134	110	
	12	122	66	0	0	0	773	113	62	0	0	0	716	12
		128	128	128	128	128	85	138	138	138	138	138	115	
	13	106	0	0	0	0	745	98	0	0	0	0	688	11
		123	123	123	123	123	85	134	134	134	134	134	110	
	14	65	0	0	0	0	671	59	0	0	0	0	615	10
		120	120	120	120	120	90	127	127	127	127	127	110	
	15	34	0	0	0	0	544	31	0	0	0	0	495	9
		107	107	107	107	107	90	113	113	113	113	113	107	
	16	0	0	0	0	1	380	0	0	0	0	1	336	8
		88	88	88	88	88	83	91	91	91	91	91	93	
	17	0	0	0	0	36	193	0	0	0	0	31	166	7
		64	64	64	64	64	67	67	67	67	67	67	79	
	18	0	0	0	0	80	44	44	0	0	0	64	36	6
		40	40	40	40	40	52	52	40	40	40	40	55	
朝向		S	SW	W	NW	N	H	S	SW	W	NW	N	H	朝向

续表 D-4

透明度等级		5						6					透明度等级
朝向	S	SE	E	NE	N	H	S	SE	E	NE	N	H	朝向
辐射照度		上行——直接辐射 下行——散射辐射						上行——直接辐射 下行——散射辐射					辐射照度
时刻（地方太阳时） 6	0	102	241	222	51	28	0	72	171	158	36	20	18 时刻（地方太阳时）
	39	39	39	39	39	55	35	35	35	35	35	52	
7	0	212	391	317	27	143	0	174	322	262	22	117	17
	69	69	69	69	69	90	74	74	74	74	74	100	
8	0	283	437	302	1	301	0	238	369	254	1	254	16
	97	97	97	97	97	109	100	100	100	100	100	123	
9	29	305	401	207	0	459	24	264	348	179	0	398	15
	121	121	121	121	121	126	129	129	129	129	129	150	
10	56	262	272	77	0	575	49	231	241	66	0	508	14
	136	136	136	136	136	133	148	148	148	148	148	163	
11	91	170	100	0	0	640	81	151	90	0	0	571	13
	142	142	142	142	142	133	152	152	152	152	152	160	
12	105	57	0	0	0	664	94	51	0	0	0	595	12
	147	147	147	147	147	136	156	156	156	156	156	164	
13	91	0	0	0	0	640	81	0	0	0	0	571	11
	142	142	142	142	142	133	152	152	152	152	152	160	
14	56	0	0	0	0	575	49	0	0	0	0	508	10
	136	136	136	136	136	133	148	148	148	148	148	163	
15	29	0	0	0	0	459	24	0	0	0	0	398	9
	121	121	121	121	121	126	129	129	129	129	129	150	
16	0	0	0	0	1	301	0	0	0	0	1	254	8
	97	97	97	97	97	109	100	100	100	100	100	123	
17	0	0	0	0	27	143	0	0	0	0	22	117	7
	69	69	69	69	69	90	74	74	74	74	74	100	
18	0	0	0	0	51	28	0	0	0	0	36	20	6
	39	39	39	39	39	55	35	35	35	35	35	52	
朝向	S	SW	W	NW	N	H	S	SW	W	NW	N	H	朝向

表 D-5　北纬 40°透过标准窗玻璃的太阳辐射照度（W/m²）

透明度等级		1						2					透明度等级
朝向	S	SE	E	NE	N	H	S	SE	E	NE	N	H	朝向
辐射照度		上行——直接辐射 下行——散射辐射						上行——直接辐射 下行——散射辐射					辐射照度
时刻（地方太阳时） 6	0	245	558	507	106	83	0	211	477	434	91	71	18 时刻（地方太阳时）
	37	37	37	37	37	41	38	38	38	38	38	45	
7	0	392	679	530	72	259	0	349	605	472	64	231	17
	59	59	59	59	59	49	63	63	63	63	63	59	
8	2	463	659	420	0	454	2	424	606	385	0	418	16
	78	78	78	78	78	51	84	84	84	84	84	67	
9	57	466	551	238	0	620	53	434	513	222	0	577	15
	95	95	95	95	95	56	98	98	98	98	98	69	
10	138	406	362	58	0	748	130	380	340	55	0	702	14
	108	108	108	108	108	57	115	115	115	115	115	77	
11	200	283	133	0	0	822	188	266	124	0	0	773	13
	112	112	112	112	112	52	119	119	119	119	119	71	
12	222	124	0	0	0	848	209	117	0	0	0	798	12
	114	114	114	114	114	53	120	120	120	120	120	71	
13	200	7	0	0	0	822	188	6	0	0	0	773	11
	112	112	112	112	112	52	119	119	119	119	119	71	
14	138	0	0	0	0	748	130	0	0	0	0	702	10
	108	108	108	108	108	57	115	115	115	115	115	77	
15	57	0	0	0	0	620	53	0	0	0	0	577	9
	95	95	95	95	95	56	98	98	98	98	98	69	
16	2	0	0	0	0	454	2	0	0	0	0	418	8
	78	78	78	78	78	51	84	84	84	84	84	67	
17	0	0	0	0	72	259	0	0	0	0	64	231	7
	59	59	59	59	59	49	63	63	63	63	63	59	
18	0	0	0	0	106	83	0	0	0	0	91	71	6
	37	37	37	37	37	41	38	38	38	38	38	45	
朝向	S	SW	W	NW	N	H	S	SW	W	NW	N	H	朝向

续表 D-5

透明度等级		3						4						透明度等级
朝向		S	SE	E	NE	N	H	S	SE	E	NE	N	H	朝向
辐射照度		上行——直接辐射 下行——散射辐射						上行——直接辐射 下行——散射辐射						辐射照度
时刻（地方太阳时）	6	0	180	409	371	78	60	0	145	331	301	63	49	18
		43	43	43	43	43	56	43	43	43	43	43	58	
	7	0	309	536	419	57	205	0	266	462	361	49	177	17
		65	65	65	65	65	69	67	67	67	67	67	79	
	8	2	387	552	351	0	379	2	342	488	311	0	336	16
		88	88	88	88	88	83	90	90	90	90	90	93	
	9	49	401	475	205	0	533	44	364	430	186	0	484	15
		106	106	106	106	106	88	112	112	112	112	112	106	
	10	121	354	315	50	0	652	110	324	288	47	0	598	14
		117	117	117	117	117	90	124	124	124	124	124	109	
	11	176	248	116	0	0	722	162	224	107	0	0	665	13
		121	121	121	121	121	84	130	130	130	130	130	108	
	12	195	114	0	0	0	747	180	101	0	0	0	688	12
		123	123	123	123	123	85	134	134	134	134	134	110	
	13	176	6	0	0	0	722	162	6	0	0	0	665	11
		121	121	121	121	121	84	130	130	130	130	130	108	
	14	121	0	0	0	0	652	110	0	0	0	0	598	10
		117	117	117	117	117	90	124	124	124	124	124	109	
	15	49	0	0	0	0	833	44	0	0	0	0	484	9
		106	106	106	106	106	88	112	112	112	112	112	106	
	16	2	0	0	0	0	379	2	0	0	0	0	336	8
		88	88	88	88	88	83	90	90	90	90	90	93	
	17	0	0	0	0	57	205	0	0	0	0	49	177	7
		65	65	65	65	65	69	67	67	67	67	67	79	
	18	0	0	0	0	78	60	0	0	0	0	63	49	6
		43	43	43	43	43	56	43	43	43	43	43	58	
朝向		S	SW	W	NW	N	H	S	SW	W	NW	N	H	朝向

透明度等级		5						6						透明度等级
朝向		S	SE	E	NE	N	H	S	SE	E	NE	N	H	朝向
辐射照度		上行——直接辐射 下行——散射辐射						上行——直接辐射 下行——散射辐射						辐射照度
时刻（地方太阳时）	6	0	117	267	243	51	40	0	86	194	177	37	29	18
		42	42	42	42	42	58	40	40	40	40	40	58	
	7	0	229	398	311	42	152	0	190	329	257	35	126	17
		72	72	72	72	72	91	77	77	77	77	77	104	
	8	1	306	437	278	0	300	1	258	368	234	0	254	16
		96	96	96	96	96	109	100	100	100	100	100	123	
	9	41	337	398	172	0	448	36	291	344	149	0	387	15
		119	119	119	119	119	124	128	128	128	128	128	149	
	10	104	302	270	43	0	557	97	266	237	38	0	492	14
		133	133	133	133	133	131	144	144	144	144	144	160	
	11	150	213	100	0	0	619	134	190	88	0	0	551	13
		138	138	138	138	138	130	149	149	149	149	146	159	
	12	167	94	0	0	0	641	150	85	0	0	0	572	12
		142	142	142	142	142	133	152	152	152	152	152	160	
	13	150	5	0	0	0	619	134	5	0	0	0	551	11
		138	138	138	138	138	130	149	149	149	149	149	159	
	14	104	0	0	0	0	557	91	0	0	0	0	492	10
		133	133	133	133	133	131	144	144	144	144	144	160	
	15	41	0	0	0	0	448	36	0	0	0	0	387	9
		119	119	119	119	119	124	128	128	128	128	128	149	
	16	1	0	0	0	0	300	1	0	0	0	0	254	8
		96	96	96	96	96	109	100	100	100	100	100	123	
	17	0	0	0	0	42	152	0	0	0	0	35	126	7
		72	72	72	72	72	91	77	77	77	77	77	104	
	18	0	0	0	0	51	40	0	0	0	0	37	29	6
		42	42	42	42	42	58	40	40	40	40	40	58	
朝向		S	SW	W	NW	N	H	S	SW	W	NW	N	H	朝向

表 D-6　北纬45°透过标准玻璃窗的太阳辐射照度（W/m²）

透明度等级		1						2						透明度等级
朝向		S	SE	E	NE	N	H	S	SE	E	NE	N	H	朝向
辐射照度		上行——直接辐射　下行——散射辐射						上行——直接辐射　下行——散射辐射						辐射照度
时刻（地方太阳时）	6	0	269	584	521	97	100	0	230	502	448	84	86	18
		40	40	40	40	40	41	41	41	41	41	41	45	
	7	0	418	685	514	14	266	0	373	611	458	13	238	17
		60	60	60	60	60	49	64	64	64	64	64	59	
	8	16	497	658	383	0	449	15	456	605	351	0	413	16
		78	78	78	78	78	83	83	83	83	83	83	67	
	9	105	511	548	193	0	599	98	475	511	180	0	558	15
		92	92	92	92	92	55	97	97	97	97	97	69	
	10	209	458	359	117	0	720	197	429	336	109	0	675	14
		105	105	105	105	105	57	110	110	110	110	110	73	
	11	280	341	131	0	0	790	264	321	123	0	0	743	13
		110	110	110	110	110	55	119	119	119	119	119	76	
时刻（地方太阳时）	12	305	180	0	0	0	814	287	170	0	0	0	766	12
		110	110	110	110	110	53	119	119	119	119	119	72	
	13	280	137	0	0	0	790	264	129	0	0	0	743	11
		110	110	110	110	110	55	119	119	119	119	119	76	
	14	209	0	0	0	0	720	197	0	0	0	0	675	10
		104	104	104	104	104	57	110	110	110	110	110	73	
	15	105	0	0	0	0	599	98	0	0	0	0	558	9
		92	92	92	92	92	55	97	97	97	97	97	69	
	16	16	0	0	0	0	119	15	0	0	0	0	413	8
		78	78	78	78	78	52	83	83	83	83	83	67	
	17	0	0	0	0	14	266	0	0	0	0	13	138	7
		60	60	60	60	60	49	64	64	64	64	64	59	
	18	0	0	0	0	97	100	0	0	0	0	84	86	6
		40	40	40	40	40	41	41	41	41	41	41	45	
朝向		S	SW	W	NW	N	H	S	SW	W	NW	N	H	朝向

透明度等级		3						4						透明度等级
朝向		S	SE	E	NE	N	H	S	SE	E	NE	N	H	朝向
辐射照度		上行——直接辐射　下行——散射辐射						上行——直接辐射　下行——散射辐射						辐射照度
时刻（地方太阳时）	6	0	200	435	388	72	77	0	165	358	320	59	62	18
		45	45	45	45	45	57	45	45	45	45	45	61	
	7	0	330	541	406	10	211	0	285	466	350	9	181	17
		65	65	65	65	65	69	69	69	69	69	69	79	
	8	14	415	550	320	0	376	12	366	486	283	0	331	16
		88	88	88	88	88	83	90	90	90	90	90	92	
	9	91	438	471	163	0	515	81	397	427	150	0	465	15
		105	105	105	105	105	88	108	108	108	108	108	104	
	10	183	399	312	101	0	626	166	365	286	93	0	572	14
		114	114	114	114	114	88	121	121	121	121	121	109	
	11	245	299	115	0	0	692	226	274	106	0	0	635	13
		120	120	120	120	120	87	127	127	127	127	127	108	
时刻（地方太阳时）	12	267	158	0	0	0	714	247	145	0	0	0	657	12
		121	121	121	121	121	85	129	129	129	129	129	108	
	13	245	120	0	0	0	692	226	110	0	0	0	635	11
		120	120	120	120	120	87	127	127	127	127	127	108	
	14	183	0	0	0	0	626	166	0	0	0	0	572	10
		114	114	114	114	114	88	121	121	121	121	121	109	
	15	91	0	0	0	0	515	81	0	0	0	0	465	9
		105	105	105	105	105	88	108	108	108	108	108	104	
	16	14	0	0	0	0	376	12	0	0	0	0	331	8
		88	88	88	88	88	83	90	90	90	90	90	92	
	17	0	0	0	0	10	211	0	0	0	0	9	181	7
		65	65	65	65	65	69	69	69	69	69	69	79	
	18	0	0	0	0	72	77	0	0	0	0	59	62	6
		45	45	45	45	45	57	45	45	45	45	45	61	
朝向		S	SW	W	NW	N	H	S	SW	W	NW	N	H	朝向

续表 D-6

透明度等级	5						6						透明度等级
朝向	S	SE	E	NE	N	H	S	SE	E	NE	N	H	朝向
辐射照度	上行——直接辐射 下行——散射辐射						上行——直接辐射 下行——散射辐射						辐射照度
6	0	135	293	262	49	50	0	100	216	193	36	37	18
	44	44	44	44	44	62	44	44	44	44	44	64	
7	0	247	402	302	8	157	0	204	334	256	7	130	17
	73	73	73	73	73	91	78	78	78	78	78	105	
8	10	328	435	252	0	297	9	276	366	213	0	249	16
	95	95	95	95	95	109	99	99	99	99	99	122	
9	76	365	393	138	0	429	65	315	338	120	0	370	15
	116	116	116	116	116	122	124	124	124	124	124	145	
10	156	341	266	87	0	534	136	299	234	77	0	469	14
	130	130	130	130	130	129	141	141	141	141	141	158	
11	211	256	99	0	0	593	186	227	87	0	0	526	13
	136	136	136	136	136	131	148	148	148	148	148	160	
12	229	136	0	0	0	613	204	121	0	0	0	544	12
	138	138	138	138	138	130	149	149	149	149	149	159	
13	211	104	0	0	0	593	186	92	0	0	0	526	11
	136	136	136	136	136	131	148	148	148	148	148	160	
14	156	0	0	0	0	534	136	0	0	0	0	469	10
	130	130	130	130	130	129	141	141	141	141	141	158	
15	76	0	0	0	0	429	65	0	0	0	0	370	9
	116	116	116	116	116	122	124	124	124	124	124	145	
16	10	0	0	0	0	297	9	0	0	0	0	249	8
	95	95	95	95	95	109	99	99	99	99	99	122	
17	0	0	0	0	8	157	0	0	0	0	7	130	7
	73	73	73	73	73	91	78	78	78	78	78	105	
18	0	0	0	0	49	50	0	0	0	0	36	37	6
	44	44	44	44	44	62	44	44	44	44	44	64	
朝向	S	SW	W	NW	N	H	S	SW	W	NW	N	H	朝向

(左侧时刻列标注：时刻（地方太阳时）；右侧时刻列标注：时刻（地方太阳时），时刻由上至下为 18、17、16、15、14、13、12、11、10、9、8、7、6)

表 D-7　北纬 50°透过标准窗玻璃的太阳辐射照度（W/m²）

透明度等级	1						2						透明度等级
朝向	S	SE	E	NE	N	H	S	SE	E	NE	N	H	朝向
辐射照度	上行——直接辐射 下行——散射辐射						上行——直接辐射 下行——散射辐射						辐射照度
6	0	291	605	528	85	116	0	251	522	457	73	100	18
	42	42	42	42	42	42	43	43	43	43	43	47	
7	0	442	687	494	3	276	0	397	613	441	3	245	17
	40	40	40	40	40	49	64	64	64	64	64	60	
8	40	527	657	345	0	437	36	484	601	316	0	401	16
	77	77	77	77	77	52	81	81	81	81	81	66	
9	160	549	545	150	0	576	149	511	507	140	0	555	15
	90	90	90	90	90	52	94	94	94	94	94	69	
10	278	507	356	7	0	685	261	475	333	7	0	640	14
	102	102	102	102	102	58	105	105	105	105	105	71	
11	359	398	130	0	0	751	337	373	123	0	0	706	13
	108	108	108	108	108	58	115	115	115	115	115	78	
12	388	235	0	0	0	773	365	221	0	0	0	727	12
	110	110	110	110	110	58	119	119	119	119	119	79	
13	359	62	0	0	0	751	337	57	0	0	0	706	11
	108	108	108	108	108	58	115	115	115	115	115	78	
14	278	0	0	0	0	685	261	0	0	0	0	640	10
	102	102	102	102	102	58	105	105	105	105	105	71	
15	160	0	0	0	0	576	149	0	0	0	0	555	9
	90	90	90	90	90	52	94	94	94	94	94	69	
16	40	0	0	0	3	437	36	0	0	0	0	401	8
	77	77	77	77	77	52	81	81	81	81	81	66	
17	0	0	0	0	3	276	0	0	0	0	3	245	7
	60	60	60	60	60	49	64	64	64	64	64	60	
18	0	0	0	0	85	116	0	0	0	0	73	100	6
	42	42	42	42	42	42	43	43	43	43	43	47	
朝向	S	SW	W	NW	N	H	S	SW	W	NW	N	H	朝向

(左侧时刻列标注：时刻（地方太阳时）；右侧时刻列标注：时刻（地方太阳时），时刻由上至下为 18、17、16、15、14、13、12、11、10、9、8、7、6)

透明度等级		3						4					透明度等级
朝向	S	SE	E	NE	N	H	S	SE	E	NE	N	H	朝向
辐射照度	上行——直接辐射 下行——散射辐射						上行——直接辐射 下行——散射辐射						辐射照度
时刻（地方太阳时） 6	0	219	456	342	64	87	0	181	378	330	53	73	18 时刻（地方太阳时）
	49	49	49	49	49	59	49	49	49	49	49	64	
7	0	351	544	391	3	217	0	304	470	337	2	188	17
	66	66	66	66	66	69	70	70	70	70	70	80	
8	33	440	547	287	0	364	29	387	483	254	0	321	16
	87	87	87	87	87	81	88	88	88	88	88	92	
9	137	470	468	129	0	493	123	423	421	116	0	444	15
	102	102	102	102	102	87	105	105	105	105	105	101	
10	241	440	308	6	0	593	221	402	281	6	0	543	14
	112	112	112	112	112	90	119	119	119	119	119	109	
11	314	347	114	0	0	656	287	317	105	0	0	601	13
	117	117	117	117	117	90	124	124	124	124	124	109	
12	340	206	0	0	0	676	312	188	0	0	0	620	12
	120	120	120	120	120	90	127	127	127	127	127	109	
13	314	53	0	0	0	656	287	49	0	0	0	601	11
	117	117	117	117	117	90	124	124	124	124	124	109	
14	241	0	0	0	0	593	221	0	0	0	0	543	10
	112	112	112	112	112	90	119	119	119	119	119	109	
15	137	0	0	0	0	493	123	0	0	0	0	444	9
	102	102	102	102	102	87	105	105	105	105	105	101	
16	33	0	0	0	0	364	29	0	0	0	0	321	8
	87	87	87	87	87	81	88	88	88	88	88	92	
17	0	0	0	0	3	217	0	0	0	0	2	188	7
	66	66	66	66	66	69	70	70	70	70	70	80	
18	0	0	0	0	64	87	0	0	0	0	53	73	6
	49	49	49	49	49	59	49	49	49	49	49	64	
朝向	S	SW	W	NW	N	H	S	SW	W	NW	N	H	朝向

透明度等级		5						6					透明度等级
朝向	S	SE	E	NE	N	H	S	SE	E	NE	N	H	朝向
辐射照度	上行——直接辐射 下行——散射辐射						上行——直接辐射 下行——散射辐射						辐射照度
时刻（地方太阳时） 6	0	150	312	273	44	60	0	113	236	206	33	45	18 时刻（地方太阳时）
	48	48	48	48	48	65	48	48	48	48	48	69	
7	0	262	406	291	2	163	0	217	336	242	2	135	17
	73	73	73	73	73	92	79	79	79	79	79	106	
8	26	345	430	227	0	287	22	291	362	191	0	241	16
	94	94	94	94	94	108	98	98	98	98	98	1231	
9	113	388	386	107	0	408	98	334	331	91	0	349	15
	113	113	113	113	113	121	120	120	120	120	120	141	
10	206	374	263	6	0	506	179	337	229	5	0	442	14
	127	127	127	127	127	128	137	137	137	137	137	156	
11	269	297	98	0	0	561	236	262	86	0	0	495	13
	134	134	134	134	134	131	145	145	145	145	145	162	
12	291	177	0	0	0	579	257	156	0	0	0	513	12
	136	136	136	136	136	133	148	148	148	148	148	163	
13	269	45	0	0	0	561	236	41	0	0	0	495	11
	134	134	134	134	134	131	145	145	145	145	145	162	
14	206	0	0	0	0	506	179	0	0	0	0	442	10
	127	127	127	127	127	128	137	137	137	137	137	156	
15	113	0	0	0	0	408	98	0	0	0	0	349	9
	113	113	113	113	113	121	120	120	120	120	120	141	
16	26	0	0	0	0	287	22	0	0	0	0	241	8
	94	94	94	94	94	108	98	98	98	98	98	121	
17	0	0	0	0	2	163	0	0	0	0	2	135	7
	73	73	73	73	73	92	79	79	79	79	79	106	
18	0	0	0	0	44	60	0	0	0	0	33	45	6
	48	48	48	48	48	65	48	48	48	48	48	69	
朝向	S	SW	W	NW	N	H	S	SW	W	NW	N	H	朝向

附录 E 夏季空气调节大气透明度分布图

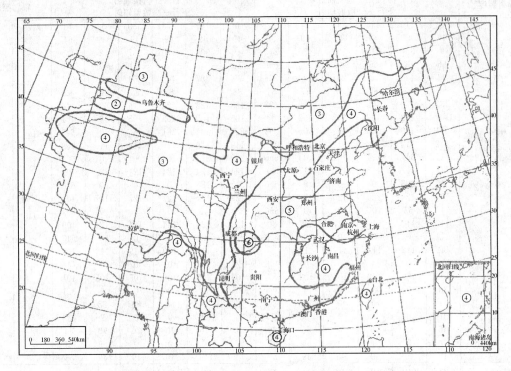

图 E 夏季空气调节大气透明度分布图

附录 F 加热由门窗缝隙渗入室内的冷空气的耗热量

F.0.1 多层和高层建筑，加热由门窗缝隙渗入室内的冷空气的耗热量，可按下式计算：

$$Q = 0.28 c_p \rho_{wn} L(t_n - t_{wn}) \qquad (F.0.1)$$

式中：Q——由门窗缝隙渗入室内的冷空气的耗热量（W）；

c_p——空气的定压比热容 $c_p = 1.01 \text{kJ/(kg} \cdot \text{K})$；

ρ_{wn}——供暖室外计算温度下的空气密度（kg/m³）；

L——渗透冷空气量（m³/h），按本规范第 F.0.2 条确定；

t_n——供暖室内设计温度（℃），按本规范第 3.0.1 条确定；

t_{wn}——供暖室外计算温度（℃），按本规范第 4.1.2 条确定。

F.0.2 渗透冷空气量可根据不同的朝向，按下列公式计算：

$$L = L_0 l_1 m^b \qquad (F.0.2-1)$$

$$L_0 = \alpha_1 \left(\frac{\rho_{wn}}{2} v_0^2 \right)^b \qquad (F.0.2-2)$$

$$m = C_r \cdot \Delta C_f \cdot (n^{1/b} + C) \cdot C_h \qquad (F.0.2-3)$$

$$C_h = 0.3 h^{0.4} \qquad (F.0.2-4)$$

$$C = 70 \cdot \frac{(h_z - h)}{\Delta C_f v_0^2 h^{0.4}} \cdot \frac{t'_n - t_{wn}}{273 + t'_n} \qquad (F.0.2-5)$$

式中：L_0——在单纯风压作用下，不考虑朝向修正和建筑物内部隔断情况时，通过每米门窗缝隙进入室内的理论渗透冷空气量 [m³/(m·h)]；

l_1——外门窗缝隙的长度（m）；

m——风压与热压共同作用下，考虑建筑体型、内部隔断和空气流通等因素后，不同朝向、不同高度的门窗冷风渗透压差综合修正系数；

b——门窗缝隙渗风指数，当无实测数据时，可取 $b = 0.67$；

α_1——外门窗缝隙渗风系数 [m³/(m·h·Pa^b)]，当无实测数据时，按本规范表 F.0.3-1 采用；

v_0——冬季室外最多风向的平均风速，m/s，按本规范第 4.1 节的有关规定确定；

C_r——热压系数，当无法精确计算时，按表

F.0.3-2 采用；

ΔC_f ——风压差系数，当无实测数据时，可取 0.7；

n ——单纯风压作用下，渗透冷空气量的朝向修正系数，按本规范附录 G 采用；

C ——作用于门窗上的有效热压差与有效风压差之比；

C_h ——高度修正系数；

h ——计算门窗的中心线标高（m）；

h_z ——单纯热压作用下，建筑物中和面的标高（m）；可取建筑物总高度的 1/2；

t'_n ——建筑物内形成热压作用的竖井计算温度（℃）。

F.0.3 外门窗缝隙渗风系数、热压系数可按表 F.0.3-1、表 F.0.3-2 选取。

表 F.0.3-1 外门窗缝隙渗风系数

建筑外窗空气渗透性能分级	I	II	III	IV	V
$\alpha_1[m^3/(m \cdot h \cdot Pa^{0.67})]$	0.1	0.3	0.5	0.8	1.2

表 F.0.3-2 热 压 系 数

内部隔断情况	开敞空间	有内门或房门		有前室门、楼梯间门或走廊两端设门	
		密闭性差	密闭性好	密闭性差	密闭性好
C_r	1.0	1.0~0.8	0.8~0.6	0.6~0.4	0.4~0.2

附录 G 渗透冷空气量的朝向修正系数 n 值

表 G 渗透冷空气量的朝向修正系数 n 值

地区及台站名称		朝 向							
		N	NE	E	SE	S	SW	W	NW
北京	北京	1.00	0.50	0.15	0.10	0.15	0.15	0.40	1.00
天津	天津	1.00	0.40	0.20	0.10	0.15	0.20	0.40	1.00
	塘沽	0.90	0.55	0.55	0.20	0.30	0.30	0.70	1.00
河北	承德	0.70	0.15	0.10	0.10	0.10	0.40	1.00	1.00
	张家口	1.00	0.40	0.10	0.10	0.10	0.40	0.35	1.00
	唐山	0.60	0.45	0.65	0.45	0.20	0.65	1.00	1.00
	保定	1.00	0.70	0.35	0.35	0.90	0.90	0.50	0.70
	石家庄	1.00	0.70	0.50	0.65	0.50	0.55	0.85	0.90
	邢台	1.00	0.70	0.35	0.50	0.70	0.50	0.30	0.70
山西	大同	1.00	0.55	0.10	0.10	0.10	0.30	0.40	1.00
	阳泉	0.70	0.40	0.10	0.10	0.10	0.40	0.70	1.00
	太原	0.90	0.40	0.15	0.20	0.30	0.40	0.70	1.00
	阳城	0.70	0.15	0.30	0.30	0.25	0.40	0.70	1.00
内蒙古	通辽	0.70	0.20	0.10	0.25	0.35	0.40	0.85	1.00
	呼和浩特	0.70	0.25	0.10	0.15	0.20	0.15	0.70	1.00
辽宁	抚顺	0.70	1.00	0.70	0.10	0.10	0.25	0.30	0.30
	沈阳	1.00	0.70	0.30	0.10	0.40	0.35	0.30	0.70
	锦州	1.00	1.00	0.40	0.10	0.20	0.25	0.20	0.20
	鞍山	1.00	1.00	0.40	0.25	0.50	0.50	0.25	0.55
	营口	1.00	1.00	0.60	0.10	0.45	0.45	0.20	0.40
	丹东	1.00	0.55	0.40	0.10	0.10	0.10	0.40	1.00
	大连	1.00	0.70	0.15	0.10	0.15	0.15	0.15	0.70

地区及台站名称		朝　向							
		N	NE	E	SE	S	SW	W	NW
吉林	通榆	0.60	0.40	0.15	0.35	0.50	0.50	1.00	1.00
	长春	0.35	0.35	0.15	0.25	0.70	1.00	0.90	0.40
	延吉	0.40	0.10	0.10	0.10	0.10	0.65	1.00	1.00
黑龙江	爱辉	0.70	0.10	0.10	0.10	0.10	0.10	0.70	1.00
	齐齐哈尔	0.95	0.70	0.25	0.25	0.40	0.40	0.70	1.00
	鹤岗	0.50	0.15	0.10	0.10	0.10	0.55	1.00	1.00
	哈尔滨	0.30	0.15	0.20	0.70	1.00	0.85	0.70	0.60
	绥芬河	0.20	0.10	0.10	0.10	0.10	0.70	1.00	0.70
上海	上海	0.70	0.50	0.35	0.20	0.10	0.30	0.80	1.00
江苏	连云港	1.00	1.00	0.40	0.15	0.15	0.15	0.20	0.40
	徐州	0.55	1.00	1.00	0.45	0.20	0.35	0.45	0.65
	淮阴	0.90	1.00	0.70	0.30	0.25	0.30	0.40	0.60
	南通	0.90	0.65	0.45	0.25	0.20	0.25	0.70	1.00
	南京	0.80	1.00	0.70	0.40	0.20	0.25	0.40	0.55
	武进	0.80	0.80	0.60	0.60	0.25	0.50	1.00	1.00
浙江	杭州	1.00	0.65	0.20	0.10	0.20	0.20	0.40	1.00
	宁波	1.00	0.40	0.10	0.10	0.10	0.20	0.60	1.00
	金华	0.20	1.00	1.00	0.60	0.10	0.15	0.25	0.25
	衢州	0.45	1.00	1.00	0.40	0.20	0.30	0.20	0.10
安徽	亳县	1.00	0.70	0.40	0.25	0.25	0.25	0.25	0.70
	蚌埠	0.70	1.00	1.00	0.40	0.30	0.35	0.45	0.45
	合肥	0.85	0.90	0.85	0.35	0.35	0.25	0.70	1.00
	六安	0.70	0.50	0.45	0.45	0.25	0.15	0.70	1.00
	芜湖	0.60	1.00	1.00	0.45	0.10	0.60	0.90	0.65
	安庆	0.70	1.00	0.70	0.15	0.10	0.10	0.10	0.25
	屯溪	0.70	1.00	0.70	0.20	0.10	0.15	0.15	0.15
福建	福州	0.75	0.60	0.25	0.25	0.20	0.15	0.70	1.00
江西	九江	0.70	1.00	0.70	0.10	0.10	0.25	0.35	0.30
	景德镇	1.00	1.00	0.40	0.20	0.20	0.35	0.35	0.70
	南昌	1.00	0.70	0.25	0.10	0.10	0.10	0.10	0.70
	赣州	1.00	0.70	0.10	0.10	0.10	0.10	0.10	0.70
山东	烟台	1.00	0.60	0.25	0.15	0.35	0.60	0.60	1.00
	莱阳	0.85	0.60	0.15	0.10	0.10	0.25	0.70	1.00
	潍坊	0.90	0.60	0.25	0.35	0.50	0.35	0.90	1.00
	济南	0.45	1.00	1.00	0.40	0.55	0.55	0.25	0.15
	青岛	1.00	0.70	0.10	0.10	0.20	0.20	0.40	1.00
	菏泽	1.00	0.90	0.40	0.25	0.35	0.35	0.20	0.70
	临沂	1.00	1.00	0.45	0.10	0.10	0.15	0.20	0.40

地区及台站名称		朝 向							
		N	NE	E	SE	S	SW	W	NW
河南	安阳	1.00	0.70	0.30	0.40	0.50	0.35	0.20	0.70
	新乡	0.70	1.00	0.70	0.25	0.15	0.30	0.30	0.15
	郑州	0.65	0.90	0.65	0.15	0.20	0.40	1.00	1.00
	洛阳	0.45	0.45	0.45	0.15	0.10	0.40	1.00	1.00
	许昌	1.00	1.00	0.40	0.10	0.20	0.25	0.35	0.50
	南阳	0.70	1.00	0.70	0.15	0.10	0.15	0.10	0.10
	驻马店	1.00	0.50	0.20	0.20	0.20	0.20	0.40	1.00
	信阳	1.00	0.70	0.20	0.10	0.15	0.15	0.10	0.70
湖北	光化	0.70	1.00	0.70	0.35	0.20	0.10	0.40	0.60
	武汉	1.00	1.00	0.45	0.10	0.10	0.10	0.10	0.45
	江陵	1.00	0.70	0.20	0.15	0.20	0.15	0.10	0.70
	恩施	1.00	0.70	0.35	0.35	0.50	0.35	0.20	0.70
湖南	长沙	0.85	0.35	0.10	0.10	0.10	0.10	0.70	1.00
	衡阳	0.70	1.00	0.70	0.10	0.10	0.10	0.15	0.30
广东	广州	1.00	0.70	0.10	0.10	0.10	0.10	0.15	0.70
广西	桂林	1.00	1.00	0.40	0.10	0.10	0.10	0.10	0.40
	南宁	0.40	1.00	1.00	0.60	0.30	0.55	0.10	0.30
四川	甘孜	0.75	0.50	0.30	0.25	0.30	0.70	1.00	0.70
	成都	1.00	1.00	0.45	0.10	0.10	0.10	0.10	0.40
重庆	重庆	1.00	0.60	0.55	0.20	0.15	0.15	0.40	1.00
贵州	威宁	1.00	1.00	0.40	0.50	0.40	0.20	0.15	0.45
	贵阳	0.70	1.00	0.70	0.15	0.25	0.15	0.10	0.25
云南	邵通	1.00	0.70	0.20	0.10	0.15	0.15	0.10	0.70
	昆明	0.10	0.10	0.10	0.15	0.70	1.00	0.70	0.20
西藏	那曲	0.50	0.50	0.20	0.10	0.35	0.90	1.00	1.00
	拉萨	0.15	0.45	1.00	1.00	0.40	0.40	0.40	0.25
	林芝	0.25	1.00	1.00	0.40	0.30	0.30	0.25	0.15
陕西	玉林	1.00	0.40	0.10	0.30	0.30	0.15	0.40	1.00
	宝鸡	0.10	0.70	1.00	0.70	0.10	0.15	0.15	0.15
	西安	0.70	1.00	0.70	0.25	0.40	0.50	0.35	0.25
甘肃	兰州	1.00	1.00	1.00	0.70	0.50	0.20	0.15	0.50
	平凉	0.80	0.40	0.85	0.85	0.35	0.70	1.00	1.00
	天水	0.20	0.70	1.00	0.70	0.10	0.15	0.20	0.15
青海	西宁	0.10	0.10	0.70	1.00	0.70	0.10	0.10	0.10
	共和	1.00	0.70	0.15	0.25	0.25	0.35	0.50	0.50
宁夏	石嘴山	1.00	0.95	0.40	0.20	0.20	0.20	0.40	1.00
	银川	1.00	1.00	0.40	0.30	0.25	0.20	0.65	0.95
	固原	0.80	0.50	0.65	0.45	0.20	0.40	0.70	1.00
新疆	阿勒泰	0.70	1.00	0.70	0.15	0.10	0.10	0.15	0.35
	克拉玛依	0.70	0.55	0.55	0.25	0.10	0.10	0.70	1.00
	乌鲁木齐	0.35	0.35	0.55	0.75	1.00	0.70	0.25	0.35
	吐鲁番	1.00	0.70	0.65	0.55	0.35	0.25	0.15	0.70
	哈密	0.70	1.00	1.00	0.40	0.20	0.10	0.10	0.10
	喀什	0.70	0.60	0.40	0.25	0.10	0.10	0.70	1.00

注：有根据时，表中所列数值，可按建设地区的实际情况，做适当调整。

附录H 夏季空调冷负荷简化计算方法计算系数表

屋面逐时冷负荷计算温度 t_{wlq}、t_{wlm}，可按表 H.0.1-1～表 H.0.1-4 采用。外墙、屋面类型及热工性能指标可按表 H.0.1-5、表 H.0.1-6 采用。

H.0.1 北京、西安、上海及广州等代表城市外墙、

表 H.0.1-1 北京市外墙、屋面逐时冷负荷计算温度（℃）

类别	编号	朝向	1	2	3	4	5	6	7	8	9	10	11	12	13	14	15	16	17	18	19	20	21	22	23	24
墙体 t_{wlq}	1	东	36.0	35.6	35.1	34.7	34.4	34.0	33.7	33.6	33.7	34.2	34.8	35.4	36.0	36.5	36.8	37.0	37.2	37.3	37.4	37.3	37.3	37.1	36.9	36.5
		南	34.7	34.2	33.9	33.6	33.2	32.9	32.6	32.4	32.2	32.1	32.1	32.3	32.7	33.1	33.7	34.2	34.7	35.1	35.4	35.5	35.5	35.5	35.3	35.0
		西	37.4	36.9	36.5	36.1	35.7	35.3	34.9	34.6	34.3	34.1	33.9	33.9	34.1	34.3	34.7	35.3	36.1	36.9	37.6	38.0	38.2	38.1	37.8	37.6
		北	32.6	32.3	32.0	31.8	31.5	31.3	31.1	30.9	30.9	30.9	31.0	31.1	31.2	31.4	31.7	32.0	32.2	32.5	32.7	33.0	33.1	33.1	33.0	32.9
	2	东	36.1	35.7	35.2	34.9	34.5	34.2	33.9	33.8	34.0	34.4	35.0	35.7	36.2	36.6	36.9	37.1	37.3	37.4	37.4	37.3	37.1	36.9	36.6	36.4
		南	34.7	34.4	34.0	33.7	33.4	33.0	32.8	32.5	32.4	32.3	32.3	32.5	32.8	33.3	33.9	34.4	34.9	35.2	35.5	35.6	35.6	35.5	35.4	35.1
		西	37.4	37.0	36.6	36.2	35.8	35.4	35.0	34.7	34.4	34.2	34.1	34.1	34.1	34.2	34.5	34.9	35.6	36.3	37.1	37.7	38.1	38.2	38.1	37.9
		北	32.7	32.4	32.1	31.9	31.6	31.4	31.1	31.0	31.0	31.1	31.1	31.2	31.4	31.6	31.9	32.1	32.4	32.6	32.8	33.1	33.2	33.2	33.2	33.0
	3	东	36.5	35.4	34.4	33.5	32.7	32.0	31.5	31.1	31.1	31.7	33.1	34.1	35.1	36.1	37.3	38.1	39.3	39.4	39.2	39.2	38.7	38.3	37.9	37.5
		南	35.8	34.8	33.8	33.0	32.3	31.7	31.1	30.7	30.5	30.5	30.7	31.0	31.9	32.5	33.5	35.1	36.7	37.1	37.5	37.6	37.6	37.6	36.6	—
		西	39.8	38.6	37.4	36.4	35.4	34.5	33.7	33.0	32.5	32.0	31.8	31.7	31.8	32.1	32.5	33.2	34.2	35.6	37.2	38.8	40.2	41.0	41.2	40.7
		北	33.6	32.6	31.7	31.3	30.8	30.3	29.9	29.6	29.4	29.5	29.6	29.8	30.2	30.7	31.3	32.1	32.4	33.3	33.5	34.0	34.5	34.5	34.2	—
	4	东	35.5	33.9	32.7	31.7	31.0	30.4	29.9	29.4	30.0	31.8	33.7	35.8	37.7	39.1	40.0	40.5	40.6	40.6	40.4	40.0	39.4	38.7	37.9	36.7
		南	35.1	33.7	32.7	31.7	31.0	30.3	29.7	29.1	29.1	29.5	30.2	31.3	34.1	36.1	37.5	38.0	39.0	39.2	38.8	38.4	37.6	36.5	—	—
		西	39.8	37.9	36.4	35.0	33.8	32.9	32.0	31.3	30.8	30.6	30.5	30.7	31.0	31.5	32.3	34.1	35.8	37.8	40.0	41.9	43.1	43.3	42.8	41.5
		北	33.3	32.1	31.2	30.4	29.9	29.3	28.8	28.4	29.2	29.0	29.5	30.1	30.8	31.8	32.8	33.9	34.2	34.7	35.0	35.4	35.4	35.1	34.4	—
	5	东	35.8	35.8	35.8	35.8	35.8	35.7	35.5	35.5	35.2	35.0	34.8	34.6	34.5	34.4	34.4	34.5	34.6	34.7	34.9	35.0	35.2	35.4	35.6	35.7
		南	33.7	33.8	33.8	33.8	33.7	33.6	33.5	33.4	33.3	33.1	33.2	33.1	32.8	32.6	32.6	32.7	32.6	32.6	32.7	33.1	33.3	33.3	33.4	33.6
		西	35.5	35.7	35.8	35.8	35.8	35.8	35.7	35.6	35.4	35.3	35.1	34.9	34.8	34.6	34.5	34.4	34.4	34.5	34.6	34.8	35.0	35.3	35.3	—
		北	31.6	31.7	31.7	31.7	31.7	31.7	31.6	31.5	31.4	31.3	31.2	31.2	31.1	31.1	31.0	31.0	31.0	31.1	31.1	31.3	31.3	31.4	31.5	—
	6	东	33.9	32.4	31.3	30.5	29.4	29.1	29.4	30.7	32.9	35.5	37.9	39.8	40.9	41.4	41.4	41.3	40.9	40.5	39.9	39.1	38.1	37.1	35.6	—
		南	33.0	32.4	31.3	30.5	29.3	29.2	28.6	28.9	29.4	30.5	32.5	34.2	36.2	37.9	39.2	39.9	40.1	39.7	39.0	38.2	37.1	35.6	—	—
		西	38.5	36.4	34.7	33.5	32.4	31.6	30.6	30.3	30.0	30.0	30.0	30.8	31.5	32.4	33.6	35.3	37.5	40.0	42.4	44.2	44.8	44.2	42.9	40.8
		北	32.4	31.1	30.2	29.6	29.1	28.7	28.4	28.2	29.1	29.6	30.0	31.1	31.9	32.9	34.1	35.1	35.5	35.9	35.9	35.5	35.0	33.9	—	—
	7	东	36.1	35.4	34.9	34.3	33.8	33.4	32.9	32.7	32.8	33.3	34.2	35.1	35.9	36.6	37.1	37.4	37.6	37.8	37.9	37.8	37.7	37.5	37.2	36.7
		南	34.9	34.4	34.1	33.8	33.0	32.9	31.8	31.5	31.4	31.3	31.5	32.0	32.6	33.4	34.2	34.9	35.5	35.9	36.1	36.1	36.0	35.8	35.4	—
		西	38.0	37.4	36.8	36.2	35.6	35.1	34.5	34.0	33.6	33.2	33.1	33.2	33.3	33.6	34.1	34.9	35.9	37.0	38.0	38.7	39.0	39.0	38.6	—
		北	32.8	32.4	32.0	31.6	31.3	31.0	30.7	30.5	30.4	30.4	30.6	30.8	31.1	31.5	31.9	32.2	32.6	32.9	33.2	33.4	33.5	33.5	33.2	—
	8	东	34.2	33.2	32.3	31.6	31.0	30.3	30.3	31.0	32.5	34.6	36.6	38.3	39.4	39.9	39.9	39.7	39.5	39.1	38.7	38.0	37.2	36.4	35.4	—
		南	33.8	32.8	32.0	31.3	30.7	30.3	29.8	29.6	29.6	29.9	30.7	31.8	33.4	34.9	36.4	37.0	38.4	38.5	38.1	37.5	36.7	36.0	34.9	—
		西	37.5	36.1	34.9	33.9	33.1	32.4	31.7	31.1	31.0	31.3	31.1	32.5	33.5	34.6	36.1	38.1	40.2	42.0	42.9	42.6	41.7	40.5	39.0	—
		北	32.2	31.4	30.7	30.2	29.7	29.3	29.1	29.1	29.4	29.8	30.3	30.9	31.5	32.2	33.0	33.5	34.1	34.8	34.9	34.5	34.0	33.2	—	—

类别	编号	朝向	1	2	3	4	5	6	7	8	9	10	11	12	13	14	15	16	17	18	19	20	21	22	23	24
墙体 t_{wlq}	9	东	35.8	35.2	34.7	34.2	33.7	33.2	32.9	32.9	33.4	34.2	35.2	36.1	36.9	37.4	37.7	37.9	38.0	38.1	38.0	37.9	37.7	37.3	36.9	36.4
		南	34.7	34.2	33.7	33.3	32.8	32.4	32.1	31.7	31.5	31.5	31.7	32.1	32.7	33.5	34.3	35.1	35.7	36.1	36.3	36.3	36.2	36.0	35.7	35.2
		西	37.8	37.1	36.5	35.9	35.3	34.8	34.3	33.9	33.6	33.4	33.3	33.3	33.5	33.7	34.2	34.9	35.9	37.1	38.2	39.0	39.4	39.3	39.0	38.4
		北	32.7	32.3	31.9	31.6	31.3	31.0	30.7	30.6	30.6	30.6	30.8	31.0	31.3	31.6	32.0	32.4	32.7	33.0	33.3	33.6	33.7	33.6	33.5	33.1
	10	东	36.7	36.3	35.9	35.5	35.1	34.7	34.3	34.0	33.6	33.5	33.8	34.2	34.7	35.2	35.7	36.1	36.4	36.7	36.9	37.0	37.1	37.1	37.1	36.9
		南	35.1	34.8	34.5	34.2	33.8	33.5	33.2	32.8	32.5	32.2	32.0	31.9	31.9	32.0	32.2	32.6	33.0	33.5	34.0	34.4	34.8	35.0	35.2	35.2
		西	37.6	37.5	37.2	36.9	36.5	36.1	35.7	35.3	34.9	34.6	34.4	34.0	33.8	33.7	33.7	34.0	34.4	34.8	35.4	36.1	36.7	37.2	37.5	37.6
		北	32.7	32.6	32.4	32.1	31.9	31.6	31.4	31.1	30.9	30.7	30.6	30.6	30.6	30.8	31.0	31.3	31.5	31.8	31.9	32.2	32.5	32.7	32.8	32.8
	11	东	36.5	36.2	35.8	35.5	35.1	34.7	34.4	34.0	33.7	33.5	33.7	34.1	34.6	35.1	35.6	36.1	36.4	36.6	36.6	36.5	36.6	36.6	36.6	36.7
		南	34.7	34.6	34.3	34.1	33.8	33.4	33.1	32.8	32.5	32.3	32.0	31.8	31.7	31.7	31.9	32.1	32.5	32.9	33.4	33.8	34.2	34.5	34.7	34.8
		西	37.0	37.1	36.9	36.7	36.4	36.0	35.7	35.3	34.9	34.6	34.3	34.0	33.8	33.5	33.6	33.8	34.2	34.7	35.3	35.9	36.5	36.8	36.5	36.8
		北	32.4	32.3	32.2	32.0	31.7	31.5	31.2	31.0	30.8	30.6	30.5	30.4	30.4	30.5	30.7	30.8	31.0	31.3	31.5	31.8	32.0	32.2	32.4	32.4
	12	东	36.6	36.0	35.5	34.9	34.4	34.0	33.5	33.3	33.0	33.2	33.6	34.3	35.0	35.7	36.3	36.8	37.2	37.4	37.5	37.6	37.7	37.5	37.4	37.0
		南	35.2	34.8	34.3	33.9	33.4	33.0	32.6	32.3	31.9	31.7	31.6	31.6	31.8	32.2	32.7	33.4	34.0	34.7	35.2	35.6	35.9	35.9	35.8	35.6
		西	38.2	37.8	37.2	36.7	36.1	35.6	35.1	34.6	34.2	33.9	33.6	33.4	33.4	33.4	33.5	33.8	34.3	35.0	35.9	36.8	37.6	38.3	38.6	38.5
		北	33.0	32.7	32.3	32.0	31.6	31.3	31.1	30.8	30.6	30.5	30.5	30.6	30.7	30.9	31.2	31.5	31.8	32.1	32.5	32.8	33.1	33.3	33.3	33.2
	13	东	36.5	36.1	35.7	35.3	34.8	34.4	34.1	33.7	33.5	33.6	33.8	34.0	34.3	34.9	35.7	36.1	36.4	36.7	37.1	37.2	37.2	37.2	37.1	36.9
		南	35.0	34.7	34.3	34.0	33.5	33.3	33.0	32.6	32.3	31.9	31.9	32.0	32.3	32.7	33.2	33.7	34.2	34.6	35.0	35.2	35.3	35.4	35.4	35.3
		西	37.7	37.4	37.1	36.7	36.3	35.8	35.4	35.0	34.6	34.3	34.1	33.9	33.9	33.7	34.0	34.3	34.9	35.6	36.4	37.0	37.5	37.8	37.9	37.9
		北	32.8	32.6	32.3	32.0	31.8	31.5	31.3	31.0	30.9	30.8	30.7	30.8	30.8	30.9	31.1	31.4	31.6	31.9	32.2	32.4	32.7	32.9	33.0	33.0
屋面 t_{wlm}	1		44.7	44.6	44.4	44.0	43.5	43.0	42.3	41.7	41.0	40.4	39.8	39.4	39.1	39.1	39.2	39.6	40.1	40.8	41.6	42.3	43.1	43.7	44.2	44.5
	2		44.5	43.5	42.4	41.4	40.5	39.5	38.6	37.9	37.3	37.0	37.1	37.6	38.4	39.6	40.9	42.3	43.7	44.9	45.8	46.5	46.7	46.6	46.2	45.5
	3		44.3	43.9	43.4	42.8	42.3	41.6	41.0	40.4	39.8	39.3	39.0	38.9	39.2	39.7	40.3	41.1	41.9	42.6	43.3	43.9	44.3	44.5	44.5	44.5
	4		43.0	42.1	41.3	40.5	39.7	38.9	38.3	37.8	37.6	37.9	38.5	39.4	40.6	41.9	43.2	44.4	45.4	46.1	46.5	46.4	46.1	45.6	44.9	44.0
	5		44.4	44.1	43.7	43.2	42.6	42.0	41.4	40.8	40.1	39.6	39.2	38.9	39.1	39.5	40.0	40.4	41.4	42.2	42.9	43.5	44.0	44.4	44.4	44.4
	6		45.4	44.7	43.8	42.9	42.0	41.1	40.2	39.2	38.4	37.7	37.5	37.5	38.0	39.0	40.4	42.5	43.7	44.7	45.5	45.9	46.1	45.9	45.9	45.9
	7		42.9	42.9	42.9	42.7	42.5	42.3	42.0	41.6	41.2	40.8	40.5	40.2	39.9	39.8	39.8	39.9	40.1	40.4	40.8	41.2	41.7	42.1	42.4	42.7
	8		45.9	44.7	43.4	42.0	40.8	39.5	38.4	37.4	36.5	36.0	35.8	36.0	36.7	37.9	39.3	41.0	42.7	44.4	45.8	46.9	47.6	47.8	47.6	47.0

注：其他城市的地点修正值可按下表采用：

地点	石家庄、乌鲁木齐	天津	沈阳	哈尔滨、长春、呼和浩特、银川、太原、大连
修正值	+1	0	-2	-3

表 H.0.1-2　西安市外墙、屋面逐时冷负荷计算温度(℃)

类别	编号	朝向	1	2	3	4	5	6	7	8	9	10	11	12	13	14	15	16	17	18	19	20	21	22	23	24
墙体 t_{wlq}	1	东	36.9	36.4	35.9	35.6	35.2	34.8	34.5	34.3	34.3	34.7	35.2	35.8	36.4	36.9	37.2	37.5	37.7	37.9	38.0	38.1	38.0	37.9	37.7	37.3
		南	34.9	34.5	34.2	33.9	33.6	33.3	33.0	32.8	32.6	32.5	32.5	32.7	32.9	33.3	33.8	34.3	34.8	35.2	35.5	35.6	35.7	35.6	35.5	35.3
		西	38.0	37.5	37.1	36.7	36.3	35.9	35.5	35.2	34.9	34.7	34.6	34.6	34.6	34.8	35.0	35.5	36.1	36.8	37.6	38.2	38.6	38.8	38.7	38.4
		北	33.9	33.6	33.3	33.0	32.7	32.5	32.2	32.1	32.0	32.0	32.0	32.2	32.5	32.9	33.3	33.8	34.0	34.3	34.4	34.4	34.4	34.2		
	2	东	36.9	36.5	36.1	35.7	35.3	35.0	34.6	34.5	34.6	34.6	35.0	35.4	36.1	36.7	37.0	37.4	37.6	37.9	38.0	38.1	38.1	37.7	37.4	
		南	35.0	34.6	34.3	34.0	33.7	33.4	33.2	32.9	32.8	32.7	32.7	32.8	33.2	33.6	34.0	34.5	35.0	35.3	35.6	35.7	35.7	35.6	35.3	
		西	38.0	37.6	37.2	36.8	36.4	36.0	35.7	35.3	35.1	34.9	34.8	34.8	35.0	35.2	35.7	36.3	37.0	37.8	38.4	38.7	38.8	38.4		
		北	34.0	33.6	33.4	33.1	32.8	32.6	32.4	32.2	32.1	32.2	32.2	32.5	32.9	33.4	34.2	34.4	34.5	34.5	34.3					
	3	东	37.5	36.4	35.4	34.4	33.7	33.0	32.4	31.9	31.8	32.1	32.4	34.1	35.6	36.9	38.0	38.8	39.7	39.9	40.0	39.9	39.6	39.2	38.5	
		南	36.0	35.1	34.2	33.4	32.7	32.1	31.6	31.2	30.8	30.6	30.9	31.3	32.0	33.0	34.1	35.2	36.1	36.9	37.4	37.6	37.6	37.4	36.9	
		西	40.3	39.1	38.0	36.9	35.9	35.1	34.3	33.6	33.0	32.6	32.4	32.4	32.5	32.9	33.4	34.1	35.1	36.5	38.0	39.5	40.8	41.5	41.7	41.2
		北	34.9	34.1	33.3	32.6	32.0	31.5	31.1	30.7	30.4	30.4	30.5	30.8	31.3	31.7	32.3	32.9	33.6	34.3	34.9	35.3	35.8	36.0	36.0	35.6
	4	东	36.4	35.0	33.7	32.7	32.1	30.9	30.4	29.9	29.7	29.9	32.1	37.5	39.1	40.1	40.8	41.1	41.3	41.2	41.0	40.5	39.0	39.0	37.8	
		南	35.5	34.2	33.1	32.2	31.5	30.9	30.4	29.9	29.7	29.9	30.2	30.8	32.3	34.4	35.9	37.2	38.2	38.8	39.0	38.9	38.5	37.9	36.8	
		西	40.2	38.4	36.9	35.5	34.4	33.5	32.6	31.9	31.5	31.2	31.2	31.6	32.1	32.8	33.7	35.0	36.7	38.7	40.8	42.5	43.6	43.7	43.2	41.9
		北	34.6	33.5	32.4	31.6	31.0	30.4	30.0	29.7	29.6	29.8	30.2	30.8	31.5	32.3	33.3	34.1	34.9	35.6	36.3	36.7	37.0	36.9	36.6	35.8
	5	东	36.4	36.5	36.4	36.4	36.3	36.2	36.0	35.9	35.7	35.5	35.3	35.2	35.1	35.1	35.2	35.3	35.4	35.6	35.8	35.9	36.1	36.2	36.3	
		南	33.9	34.0	34.0	34.0	34.0	33.9	33.8	33.7	33.5	33.5	33.3	33.1	33.0	32.9	32.9	32.9	33.0	33.1	33.3	33.5	33.6	33.8		
		西	36.1	36.3	36.4	36.5	36.5	36.4	36.4	36.3	36.2	36.0	35.9	35.7	35.5	35.4	35.2	35.1	35.1	35.0	35.0	35.1	35.3	35.5	35.7	35.9
		北	32.8	32.9	33.0	32.9	32.9	32.8	32.7	32.6	32.5	32.4	32.3	32.2	32.1	32.1	32.1	32.1	32.2	32.3	32.4	32.5	32.6	32.7		
	6	东	35.0	33.5	32.3	31.5	30.9	30.3	29.9	29.6	30.8	32.6	35.0	37.5	39.6	41.0	41.7	42.0	42.0	41.9	41.5	41.0	40.3	39.4	38.3	36.8
		南	34.4	32.9	31.9	31.1	30.5	30.0	29.6	29.2	29.2	29.6	30.1	32.5	34.1	35.7	37.0	38.7	39.5	39.8	39.6	39.2	38.4	37.5	36.1	
		西	39.0	36.9	35.3	34.0	33.0	32.2	31.5	30.9	30.6	30.7	31.0	31.6	32.4	33.4	34.6	36.3	38.4	40.9	43.1	44.7	45.2	44.6	43.3	41.2
		北	33.7	32.4	31.4	30.7	30.1	29.7	29.3	29.2	29.4	29.8	30.5	31.3	34.1	35.1	35.9	36.6	37.1	37.5	37.5	37.1	36.5	35.2		
	7	东	37.0	36.3	35.8	35.2	34.7	34.2	33.8	33.4	33.4	34.6	36.2	36.9	37.5	37.8	38.1	38.4	38.5	38.6	38.5	38.3	38.0	37.5		
		南	35.2	34.7	34.2	33.7	33.3	32.9	32.5	32.2	32.0	31.8	31.8	32.0	32.3	33.2	34.2	34.9	35.4	35.8	36.1	36.2	36.1	36.0	35.6	
		西	38.6	38.0	37.3	36.7	36.2	35.6	35.1	34.6	34.2	34.3	34.4	34.9	35.7	36.7	37.8	38.7	39.3	39.6	39.5	39.1				
		北	34.1	33.7	33.3	32.9	32.5	32.2	31.8	31.6	31.4	31.4	31.5	31.7	31.9	32.2	32.6	33.0	33.5	33.8	34.2	34.5	34.8	34.8	34.5	
	8	东	35.2	34.2	33.3	32.6	32.0	31.4	31.1	31.4	32.7	34.5	36.4	38.2	39.4	40.1	40.3	40.5	40.5	40.4	40.1	39.7	39.1	38.5	37.5	36.4
		南	34.3	33.3	32.5	31.9	31.3	30.8	30.4	30.2	30.5	31.1	32.1	33.4	34.8	36.1	37.2	38.0	38.3	38.4	38.1	37.6	37.0	36.3	35.3	
		西	37.9	36.6	35.5	34.5	33.7	33.0	32.4	31.9	31.8	31.9	32.2	32.7	33.4	34.2	35.4	37.1	39.0	41.0	42.5	43.2	43.0	42.0	40.9	39.5
		北	33.5	32.6	31.9	31.3	30.8	30.4	30.1	30.0	30.3	30.7	31.2	31.9	32.6	33.4	34.2	34.9	35.5	36.0	36.3	36.5	36.4	35.9	35.4	34.5

类别	编号	朝向	1	2	3	4	5	6	7	8	9	10	11	12	13	14	15	16	17	18	19	20	21	22	23	24
墙体 t_{wlq}	9	东	36.7	36.1	35.5	35.0	34.5	34.1	33.7	33.6	33.9	34.6	35.5	36.4	37.2	37.7	38.1	38.4	38.6	38.7	38.8	38.7	38.5	38.2	37.8	37.3
		南	35.0	34.5	34.0	33.6	33.2	32.9	32.5	32.2	32.0	32.0	32.1	32.4	33.0	33.7	34.4	35.1	35.7	36.1	36.3	36.4	36.3	36.2	35.9	35.5
		西	38.3	37.7	37.0	36.5	36.0	35.4	34.9	34.5	34.2	34.0	34.0	34.2	34.5	35.0	35.7	36.8	37.9	38.9	39.7	39.9	39.8	39.5	39.0	
		北	34.0	33.6	33.2	32.8	32.5	32.1	31.8	31.7	31.6	31.7	31.8	32.1	32.4	32.8	33.2	33.6	34.0	34.4	34.7	35.0	35.1	35.0	34.8	34.5
	10	东	37.5	37.1	36.8	36.4	35.9	35.5	35.1	34.7	34.4	34.2	34.2	34.3	34.7	35.1	35.6	36.1	36.5	36.9	37.2	37.5	37.6	37.7	37.8	37.7
		南	35.2	35.0	34.7	34.4	34.1	33.8	33.5	33.2	32.9	32.6	32.4	32.3	32.2	32.5	32.8	33.3	33.7	34.1	34.5	34.9	35.1	35.3	35.3	
		西	38.2	38.1	37.8	37.5	37.1	36.7	36.3	35.9	35.5	35.1	34.8	34.6	34.4	34.3	34.3	34.6	35.0	35.5	36.1	36.8	37.4	37.9	38.1	
		北	34.0	33.9	33.7	33.4	33.1	32.9	32.6	32.3	32.1	31.9	31.8	31.7	31.7	31.8	31.9	32.1	32.4	32.6	33.0	33.3	33.6	33.8	34.0	34.1
	11	东	37.2	37.0	36.7	36.3	35.9	35.5	35.2	34.8	34.5	34.3	34.1	34.1	34.3	34.6	35.0	35.4	35.9	36.3	36.6	36.9	37.1	37.3	37.4	37.3
		南	34.9	34.7	34.5	34.1	34.0	33.4	33.2	32.9	32.6	32.4	32.2	32.1	32.1	32.4	32.7	33.1	33.5	33.9	34.5	34.8	34.9			
		西	37.6	37.6	37.5	37.2	36.9	36.6	36.3	35.5	35.2	34.9	34.6	34.4	34.3	34.2	34.3	34.6	34.9	35.6	36.0	36.6	37.1	37.5		
		北	33.7	33.6	33.4	33.1	33.0	32.7	32.5	32.3	32.2	31.8	31.6	31.5	31.5	31.8	32.0	32.2	32.5	32.7	33.0	33.3	33.5	33.6		
	12	东	37.4	36.9	36.3	35.8	35.3	34.8	34.4	34.0	33.8	33.8	34.1	34.7	35.4	36.1	36.7	37.2	37.6	37.9	38.2	38.4	38.3	38.2	37.9	
		南	35.4	35.0	34.6	34.1	33.7	33.4	33.0	32.7	32.4	32.1	32.0	32.0	32.2	32.5	33.0	33.5	34.1	34.7	35.2	35.6	35.8	36.0	35.9	35.8
		西	38.8	38.3	37.8	37.2	36.7	36.2	35.7	35.3	34.8	34.5	34.2	34.0	34.0	34.1	34.3	34.6	35.1	35.8	36.7	37.6	38.0	38.3	38.9	39.1
		北	34.3	33.9	33.6	33.2	32.9	32.5	32.2	31.9	31.7	31.6	31.5	31.6	31.8	32.0	32.3	32.6	33.0	33.4	33.7	34.1	34.4	34.6	34.7	34.6
	13	东	37.3	36.9	36.5	36.1	35.7	35.3	34.9	34.5	34.3	34.2	34.4	34.7	35.3	35.8	36.3	36.8	37.1	37.4	37.6	37.8	37.9	37.9	37.8	37.6
		南	35.2	34.9	34.6	34.3	33.9	33.6	33.3	33.0	32.7	32.5	32.4	32.4	32.6	32.9	33.4	33.8	34.3	34.7	35.1	35.3	35.5	35.5	35.4	
		西	38.3	38.0	37.7	37.2	36.8	36.4	36.0	35.6	35.2	34.9	34.7	34.5	34.4	34.4	34.7	35.1	35.6	36.3	37.0	37.6	38.1	38.4	38.5	
		北	34.1	33.9	33.6	33.3	33.0	32.7	32.5	32.2	32.0	31.9	31.8	31.8	31.9	32.1	32.3	32.5	32.8	33.1	33.4	33.7	34.0	34.2	34.3	34.2
屋面 t_{wlm}	1		45.4	45.3	45.1	44.8	44.3	43.7	43.1	42.5	41.8	41.1	40.5	40.1	39.8	39.7	39.6	40.1	40.6	41.3	42.1	42.9	43.7	44.3	44.8	45.2
	2		45.3	44.3	43.3	42.3	41.3	40.3	39.4	38.6	38.0	37.6	37.7	38.1	38.8	40.0	41.3	42.7	44.2	45.5	46.5	47.2	47.4	47.3	47.0	46.3
	3		45.0	44.6	44.2	43.6	43.0	42.4	41.8	41.2	40.6	40.1	39.7	39.5	39.5	39.7	40.2	40.8	41.6	42.4	43.2	43.9	44.6	45.0	45.2	45.2
	4		43.8	43.0	42.1	41.3	40.5	39.7	39.0	38.5	38.2	38.4	39.0	39.9	41.0	42.4	43.7	45.0	46.1	46.8	47.2	47.2	46.9	46.4	45.7	44.8
	5		45.1	44.8	44.4	44.0	43.4	42.8	42.2	41.6	40.9	40.3	39.9	39.6	39.5	39.6	40.0	40.5	41.2	42.0	42.8	43.5	44.2	44.7	45.0	45.2
	6		46.2	45.5	44.6	43.7	42.8	41.9	41.0	40.0	39.2	38.5	38.0	37.8	38.0	38.5	39.4	40.4	41.7	43.0	44.5	45.4	46.2	46.7	46.8	46.7
	7		43.5	43.6	43.6	43.4	43.3	43.0	42.7	42.4	42.0	41.6	41.2	40.9	40.6	40.4	40.4	40.5	40.7	41.0	41.4	41.8	42.3	42.7	43.1	43.4
	8		46.8	45.5	44.2	42.9	41.6	40.4	39.3	38.2	37.3	36.6	36.4	36.5	37.1	38.2	39.6	41.3	43.1	44.9	46.4	47.6	48.3	48.6	48.4	47.8

注：其他城市的地点修正值可按下表采用：

地点	济南	郑州	兰州、青岛	西宁
修正值	+1	−1	−3	−9

表 H.0.1-3　上海市外墙、屋面逐时冷负荷计算温度(℃)

类别	编号	朝向	1	2	3	4	5	6	7	8	9	10	11	12	13	14	15	16	17	18	19	20	21	22	23	24
墙体 t_{wlq}	1	东	36.8	36.4	36.0	35.6	35.2	34.9	34.6	34.5	34.6	35.0	35.6	36.2	36.8	37.2	37.5	37.8	37.9	38.1	38.1	38.1	38.0	37.9	37.7	37.3
		南	34.4	34.0	33.7	33.5	33.2	32.9	32.7	32.5	32.4	32.3	32.3	32.8	33.1	33.6	34.0	34.4	34.7	34.9	35.1	35.1	35.1	35.0	35.0	36.4
		西	38.0	37.6	37.2	36.8	36.4	36.0	35.7	35.4	35.1	34.9	34.8	34.8	34.8	35.0	35.7	36.3	37.1	37.8	38.4	38.8	38.9	38.8	38.8	35.4
		北	34.0	33.6	33.3	33.1	32.8	32.6	32.4	32.2	32.2	32.2	32.3	32.5	32.9	33.1	33.4	33.7	33.9	34.2	34.4	34.5	34.5	34.5	34.5	34.7
	2	东	36.9	36.5	36.1	35.7	35.4	35.0	34.8	34.7	34.9	35.3	35.8	36.4	37.0	37.4	37.7	37.9	38.1	38.2	38.2	38.1	37.9	37.7	37.4	37.0
		南	34.5	34.1	33.8	33.6	33.3	33.1	32.9	32.7	32.5	32.5	32.5	32.7	33.0	33.4	33.8	34.2	34.5	34.8	35.0	35.1	35.2	35.1	35.0	34.8
		西	38.1	37.7	37.3	36.9	36.5	36.1	35.8	35.5	35.3	35.1	35.0	35.0	35.0	35.2	35.4	35.9	36.5	37.3	38.0	38.5	38.8	38.9	38.8	38.5
		北	34.0	33.7	33.5	33.2	32.9	32.7	32.5	32.4	32.4	32.4	32.5	32.6	32.8	33.0	33.3	33.5	33.8	34.0	34.3	34.5	34.6	34.6	34.5	34.3
	3	东	37.3	36.2	35.2	34.4	33.6	33.0	32.5	32.1	32.1	32.5	33.3	34.5	36.2	37.5	38.2	39.2	39.6	39.9	40.0	40.0	39.8	39.5	39.0	38.3
		南	35.3	34.5	33.6	32.9	32.3	31.8	31.4	31.0	30.7	30.7	30.9	31.2	31.6	32.1	32.7	33.9	34.8	35.6	36.2	36.6	36.8	36.8	36.6	36.1
		西	40.2	39.1	37.9	36.8	35.9	35.1	34.4	33.8	33.2	32.7	32.7	32.8	33.1	33.9	34.4	35.4	36.8	38.3	39.8	40.9	41.6	41.7	41.2	40.0
		北	34.9	34.1	33.3	32.6	32.0	31.6	31.2	30.9	30.7	30.7	30.9	31.2	31.6	32.1	32.7	33.3	33.9	34.4	35.0	35.4	35.8	35.9	35.9	35.6
	4	东	36.1	34.8	33.6	32.7	32.0	31.4	31.0	30.8	31.0	32.6	34.5	36.5	38.3	39.7	40.6	41.1	41.3	41.3	41.1	40.8	40.2	39.5	38.7	37.5
		南	34.8	33.6	32.6	31.8	31.2	30.7	30.3	30.0	29.9	29.9	30.2	30.9	31.8	32.9	34.2	35.5	36.5	37.4	37.8	38.0	37.9	37.5	36.9	36.0
		西	40.0	38.3	36.8	35.5	34.4	33.5	32.8	32.2	31.7	31.6	31.6	31.9	32.4	33.1	34.0	35.4	37.1	39.1	41.1	42.7	43.6	43.6	43.0	41.7
		北	34.5	33.4	32.4	31.6	31.0	30.6	30.2	30.0	30.0	30.3	30.8	31.4	32.0	32.8	33.6	34.3	35.0	35.7	36.3	36.7	36.9	36.8	36.4	35.6
	5	东	36.6	36.6	36.6	36.5	36.4	36.3	36.1	36.0	35.8	35.6	35.5	35.3	35.2	35.2	35.3	35.5	35.5	35.7	35.8	36.0	36.1	36.3	36.4	36.5
		南	33.5	33.5	33.6	33.6	33.5	33.5	33.4	33.3	33.2	33.0	32.9	32.7	32.7	32.6	32.5	32.6	32.6	32.7	32.8	33.0	33.1	33.3	33.4	33.5
		西	36.3	36.5	36.6	36.6	36.6	36.6	36.5	36.4	36.3	36.2	36.0	35.7	35.5	35.3	35.2	35.2	35.2	35.3	35.3	35.5	35.7	35.9	36.1	36.2
		北	33.0	33.1	33.1	33.1	33.0	33.0	32.9	32.8	32.7	32.6	32.5	32.4	32.3	32.2	32.2	32.2	32.3	32.3	32.4	32.5	32.5	32.7	32.8	32.9
	6	东	34.8	33.3	32.2	31.5	30.9	30.5	30.3	30.1	31.6	34.0	36.0	38.4	40.2	41.5	42.0	42.1	42.0	41.7	41.3	40.7	39.9	39.0	37.9	36.5
		南	33.8	32.5	31.5	30.9	30.4	30.0	29.7	29.5	29.5	29.8	30.4	31.3	32.6	34.1	35.6	36.9	37.9	38.5	38.7	38.5	38.1	37.4	36.6	35.3
		西	38.8	36.7	35.2	34.0	33.1	32.3	31.7	31.2	31.0	31.1	31.4	32.0	32.8	33.7	34.9	36.6	38.8	41.2	43.4	44.8	45.1	44.3	43.0	41.0
		北	33.6	32.3	31.4	30.7	30.3	29.9	29.6	29.6	29.9	30.4	31.1	31.9	32.7	33.6	34.3	35.3	36.0	36.6	37.1	37.4	37.3	36.9	36.3	35.1
	7	东	36.9	36.3	35.7	35.2	34.7	34.3	33.9	33.7	34.2	34.9	35.8	36.7	37.3	37.8	38.1	38.4	38.5	38.6	38.5	38.3	38.0	37.8	37.5	37.0
		南	34.6	34.1	33.7	33.3	32.9	32.6	32.3	32.0	31.8	31.7	31.7	31.9	32.2	32.7	33.3	33.9	34.5	34.9	35.3	35.4	35.5	35.5	35.3	35.0
		西	38.6	38.0	37.4	36.8	36.3	35.8	35.2	34.8	34.4	34.2	34.0	34.0	34.1	34.3	34.6	35.2	36.0	37.0	38.0	38.9	39.4	39.7	39.6	39.2
		北	34.2	33.7	33.3	32.9	32.6	32.3	32.0	31.8	31.7	31.7	31.8	32.0	32.3	32.5	32.9	33.3	33.6	34.0	34.3	34.6	34.8	34.9	34.8	34.5
	8	东	35.1	34.1	33.3	32.7	32.1	31.6	31.3	31.8	33.2	35.5	37.1	38.9	40.0	40.5	40.6	40.6	40.6	40.4	40.0	39.5	38.8	38.1	37.3	36.2
		南	33.7	32.8	32.2	31.6	31.1	30.7	30.4	30.3	30.3	30.6	31.2	32.1	33.4	34.5	35.6	36.6	37.2	37.5	37.5	37.2	36.8	36.2	35.6	34.7
		西	37.9	36.6	35.5	34.6	33.9	33.2	32.6	32.2	32.1	32.2	32.5	33.0	33.6	34.4	35.6	37.3	39.3	41.2	42.7	43.3	42.9	42.0	40.8	39.4
		北	33.5	32.6	32.0	31.4	31.0	30.6	30.3	30.4	30.7	31.2	31.7	32.4	33.0	33.7	34.4	35.0	35.5	36.0	36.3	36.5	36.3	35.8	35.3	34.5

类别	编号	朝向	1	2	3	4	5	6	7	8	9	10	11	12	13	14	15	16	17	18	19	20	21	22	23	24
墙体 t_{wlq}	9	东	36.6	36.0	35.5	35.0	34.6	34.2	33.8	33.8	34.2	35.0	35.9	36.9	37.6	38.1	38.4	38.6	38.8	38.8	38.7	38.5	38.1	37.8	37.2	
		南	34.5	34.0	33.6	33.3	32.9	32.6	32.3	32.0	31.9	31.9	32.0	32.4	32.8	33.4	34.1	34.7	35.2	35.5	35.7	35.8	35.7	35.6	35.3	34.9
		西	38.4	37.7	37.1	36.6	36.1	35.6	35.1	34.7	34.4	34.2	34.2	34.3	34.4	34.7	35.2	35.9	37.0	38.1	39.1	39.8	40.0	39.9	39.6	39.0
		北	34.1	33.6	33.3	32.9	32.6	32.3	32.0	31.9	31.9	32.0	32.2	32.4	32.7	33.1	33.8	34.2	34.5	34.8	35.0	35.1	35.0	34.9	34.5	
	10	东	37.5	37.1	36.8	36.3	35.9	35.5	35.2	34.8	34.5	34.4	34.4	34.6	35.0	35.5	36.0	36.4	36.8	37.2	37.4	37.6	37.8	37.8	37.8	37.7
		南	34.7	34.5	34.2	33.9	33.6	33.3	33.1	32.8	32.5	32.3	32.2	32.1	32.1	32.1	32.4	32.6	33.0	33.4	33.8	34.1	34.4	34.6	34.7	34.8
		西	38.3	38.1	37.9	37.5	37.1	36.8	36.4	36.0	35.6	35.3	35.0	34.8	34.6	34.5	34.5	34.6	34.9	35.2	35.7	36.4	37.0	37.6	38.0	38.3
		北	34.1	33.9	33.7	33.4	33.2	32.9	32.7	32.4	32.2	32.1	32.0	31.9	32.0	32.1	32.2	32.4	32.6	32.9	33.1	33.4	33.7	33.9	34.1	34.2
	11	东	37.3	37.0	36.7	36.3	35.9	35.6	35.2	34.9	34.5	34.3	34.2	34.6	34.9	35.3	35.8	36.2	36.5	36.8	37.1	37.3	37.4	37.5	37.4	
		南	34.3	34.2	34.0	33.7	33.5	33.2	33.0	32.7	32.5	32.2	32.1	31.9	31.9	32.0	32.2	32.5	32.8	33.3	33.5	33.8	34.1	34.3	34.4	
		西	37.8	37.7	37.5	37.3	37.0	36.7	36.3	35.7	35.3	35.0	34.7	34.6	34.4	34.4	34.5	34.8	35.2	35.7	36.2	36.8	37.3	37.6		
		北	33.8	33.5	33.3	33.0	32.8	32.6	32.3	32.1	31.9	31.8	31.7	31.8	31.9	32.0	32.2	32.4	32.7	32.9	33.1	33.4	33.6	33.7		
	12	东	37.4	36.8	36.3	35.8	35.4	34.8	34.5	34.1	33.9	34.1	34.4	35.0	35.8	36.5	37.1	37.5	37.9	38.2	38.3	38.4	38.4	38.2	37.8	
		南	34.8	34.5	34.0	33.7	33.3	33.0	32.7	32.4	32.1	32.0	31.9	31.9	32.1	32.4	32.8	33.3	33.8	34.3	34.7	35.1	35.2	35.3	35.3	35.1
		西	38.8	38.5	37.8	37.3	36.8	36.3	35.8	35.4	35.0	34.7	34.4	34.3	34.2	34.3	34.5	34.8	35.0	36.0	36.9	37.8	38.5	39.0	39.2	39.2
		北	34.3	34.0	33.6	33.3	33.2	32.6	32.5	32.1	31.9	31.8	31.9	32.1	32.3	32.6	32.9	33.2	33.6	33.9	34.2	34.5	34.7	34.7	34.6	
	13	东	37.3	36.9	36.5	36.1	35.7	35.3	34.9	34.6	34.4	34.4	34.7	35.1	35.6	36.2	36.7	37.1	37.4	37.6	37.8	37.9	38.0	38.0	37.9	37.7
		南	34.7	34.4	34.1	33.8	33.5	33.2	32.9	32.7	32.5	32.3	32.2	32.1	32.4	32.7	33.1	33.5	33.9	34.3	34.6	34.9	35.0	34.9		
		西	38.4	38.1	37.7	37.3	36.9	36.5	36.1	35.7	35.1	34.9	34.7	34.6	34.7	35.0	35.3	35.8	36.5	37.2	37.8	38.3	38.6	38.6		
		北	34.2	33.9	33.6	33.4	33.1	32.8	32.6	32.4	32.3	32.1	32.0	32.1	32.3	32.5	32.8	33.3	33.6	33.9	34.1	34.4	34.3			
屋面 t_{wlm}	1		45.7	45.6	45.3	44.9	44.4	43.9	43.3	42.6	42.0	41.3	40.8	40.4	40.1	40.1	40.2	40.6	41.2	41.9	42.7	43.4	44.1	44.8	45.3	45.6
	2		45.4	44.4	43.3	42.3	41.4	40.5	39.6	38.8	38.3	38.1	38.2	38.7	39.5	40.7	42.1	43.5	44.9	46.0	47.0	47.5	47.7	47.5	47.1	46.4
	3		45.2	44.8	44.3	43.8	43.2	42.6	42.0	41.4	40.8	40.3	40.0	39.9	39.9	40.3	40.7	41.4	42.2	43.0	43.7	44.4	44.9	45.3	45.5	45.4
	4		44.0	43.0	42.2	41.4	40.7	39.9	39.4	38.8	38.7	38.9	39.6	40.5	41.7	43.1	44.4	45.6	46.6	47.2	47.5	47.4	47.0	46.5	45.8	44.9
	5		45.3	45.0	44.6	44.1	43.6	42.9	42.3	41.7	41.1	40.6	40.2	40.0	39.9	40.1	40.5	41.1	41.8	42.5	43.3	44.0	44.6	45.0	45.3	45.4
	6		46.3	45.6	44.7	43.8	42.9	42.0	41.1	40.2	39.4	38.8	38.4	38.3	38.5	39.1	40.0	41.2	42.4	43.7	44.8	45.8	46.6	47.0	47.1	46.8
	7		43.8	43.9	43.8	43.7	43.5	43.2	42.9	42.6	42.2	41.8	41.5	41.1	40.9	40.8	40.9	41.1	41.4	41.8	42.3	42.7	43.1	43.4	43.7	
	8		46.8	45.5	44.2	42.9	41.6	40.4	39.3	38.3	37.5	37.0	36.8	37.1	37.8	39.0	40.5	42.2	43.9	45.6	47.0	48.0	48.6	48.7	48.5	47.8

注: 其他城市的地点修正值可按下表采用:

地点	重庆、武汉、长沙、南昌、合肥、杭州	南京、宁波	成都	拉萨
修正值	+1	0	-3	-11

表 H.0.1-4　广州市外墙、屋面逐时冷负荷计算温度(℃)

类别	编号	朝向	1	2	3	4	5	6	7	8	9	10	11	12	13	14	15	16	17	18	19	20	21	22	23	24
墙体 t_{wlq}	1	东	36.4	36.0	35.6	35.2	34.9	34.6	34.3	34.1	34.1	34.4	34.9	35.5	36.1	36.6	36.9	37.2	37.4	37.6	37.7	37.6	37.6	37.4	37.2	36.9
		南	33.2	32.9	32.6	32.4	32.2	31.9	31.7	31.6	31.5	31.4	31.5	31.6	31.8	32.1	32.4	32.7	33.0	33.3	33.5	33.7	33.7	33.8	33.7	33.5
		西	34.5	34.1	33.8	33.6	33.3	33.0	32.8	32.6	32.4	32.4	32.4	32.4	32.6	32.9	33.2	33.5	33.9	34.4	34.7	34.9	35.1	35.1	35.0	34.8
		北	36.5	36.1	35.7	35.4	35.0	34.7	34.4	34.2	33.9	33.8	33.8	33.8	33.9	34.1	34.4	34.7	35.2	35.8	36.5	36.9	37.2	37.3	37.2	36.9
	2	东	36.5	36.1	35.7	35.4	35.0	34.7	34.4	34.2	34.1	34.4	34.7	35.2	35.8	36.3	36.8	37.1	37.3	37.5	37.7	37.7	37.7	37.5	37.3	37.0
		南	33.3	33.0	32.7	32.5	32.3	32.1	31.9	31.7	31.6	31.6	31.6	31.8	32.0	32.2	32.6	32.9	33.2	33.4	33.6	33.8	33.8	33.8	33.8	33.6
		西	34.5	34.2	33.9	33.7	33.4	33.2	32.9	32.6	32.5	32.5	32.5	32.5	32.6	33.0	33.3	33.7	34.1	34.5	34.8	35.0	35.1	35.1	35.1	34.9
		北	36.6	36.2	35.8	35.5	35.1	34.8	34.6	34.3	34.1	34.0	33.9	34.0	34.1	34.3	34.5	34.9	35.4	36.0	36.6	37.1	37.3	37.3	37.2	37.0
	3	东	37.0	36.0	35.0	34.1	33.4	32.8	32.2	31.8	31.6	32.0	32.8	33.9	35.0	36.6	37.7	38.5	39.0	39.3	39.5	39.5	39.4	39.1	38.6	37.9
		南	34.0	33.3	32.5	31.9	31.4	31.0	30.6	30.3	30.1	30.0	30.0	30.0	30.3	30.6	31.2	32.1	33.0	33.9	34.5	34.9	35.2	35.2	35.1	34.7
		西	35.6	34.8	33.9	33.2	32.6	32.1	31.6	31.2	30.9	30.7	30.7	30.9	31.2	31.7	32.3	33.0	33.9	34.8	35.6	36.3	36.6	36.9	36.8	36.4
		北	38.3	37.2	36.2	35.3	34.5	33.8	33.2	32.7	32.2	32.0	31.9	32.0	32.2	32.6	33.1	33.8	34.7	35.8	37.0	38.2	39.1	39.6	39.6	39.2
	4	东	35.9	34.5	33.4	32.5	31.8	31.2	30.7	30.5	30.8	31.8	33.3	35.4	37.3	38.8	39.8	40.4	40.7	40.8	40.7	40.4	39.9	39.2	38.4	37.3
		南	33.7	32.6	31.7	31.0	30.5	30.1	29.8	29.5	29.3	29.4	29.7	30.2	31.0	31.8	32.8	33.8	34.6	35.3	35.8	36.1	36.1	35.9	35.5	34.7
		西	35.3	34.1	33.0	32.2	31.5	31.0	30.6	30.2	30.0	30.0	30.2	30.7	31.3	32.1	33.1	34.2	35.4	36.5	37.4	38.0	38.1	37.9	37.4	36.5
		北	38.1	36.5	35.2	34.1	33.2	32.4	31.8	31.3	31.0	30.9	31.1	31.5	32.1	32.8	33.7	34.7	36.1	37.7	39.3	40.6	41.3	41.3	40.7	39.6
	5	东	36.1	36.1	36.1	36.0	36.0	35.8	35.7	35.5	35.4	35.0	34.9	34.8	34.8	34.8	34.8	34.9	35.0	35.2	35.5	35.5	35.6	35.9	36.0	36.1
		南	32.3	32.3	32.4	32.4	32.4	32.3	32.3	32.1	31.9	31.8	31.7	31.5	31.5	31.5	31.5	31.5	31.6	31.7	31.8	32.0	32.1	32.1	32.2	32.3
		西	33.3	33.4	33.5	33.5	33.5	33.4	33.4	33.3	33.1	33.1	32.9	32.8	32.7	32.6	32.5	32.5	32.5	32.6	32.7	32.8	33.0	33.1	33.1	33.3
		北	35.0	35.2	35.3	35.3	35.3	35.2	35.2	35.1	35.0	34.8	34.7	34.4	34.3	34.2	34.1	34.1	34.1	34.1	34.2	34.3	34.3	34.5	34.7	34.9
	6	东	34.6	33.1	32.1	31.4	30.8	30.3	30.0	30.0	30.8	32.5	34.8	37.2	39.3	40.6	41.3	41.5	41.5	41.3	41.0	40.4	39.6	38.7	37.7	36.2
		南	32.8	31.6	30.8	30.2	29.8	29.5	29.2	29.0	29.1	29.3	29.9	30.7	31.6	32.7	33.8	34.8	35.7	36.3	36.6	36.7	36.4	35.9	35.3	34.2
		西	34.3	32.9	31.9	31.2	30.7	30.3	29.9	29.6	29.6	29.8	30.2	31.0	31.9	32.9	34.1	35.4	36.7	37.8	38.6	38.9	38.7	38.1	37.3	35.9
		北	36.9	35.1	33.8	32.8	32.0	31.4	30.8	30.5	30.4	30.6	31.1	31.8	32.6	33.4	34.5	35.9	37.6	39.4	41.2	42.3	42.4	41.8	40.7	38.9
	7	东	36.5	35.9	35.4	34.9	34.4	34.0	33.6	33.3	33.3	33.6	34.3	35.1	35.9	36.6	37.1	37.5	37.8	38.0	38.1	38.1	38.0	37.8	37.5	37.1
		南	33.4	33.0	32.6	32.3	32.0	31.7	31.4	31.2	31.0	30.9	30.9	31.1	31.4	31.7	32.0	32.3	32.6	33.2	33.6	34.0	34.1	34.1	34.0	33.8
		西	34.7	34.3	33.8	33.5	33.1	32.8	32.5	32.1	31.9	31.8	31.9	32.2	32.5	32.9	33.4	34.0	34.4	34.9	35.2	35.4	35.5	35.4	35.4	35.1
		北	37.0	36.4	35.9	35.4	34.9	34.4	34.0	33.6	33.3	33.1	33.0	33.1	33.3	33.5	33.8	34.3	35.0	36.7	37.4	37.9	38.0	37.9	37.9	37.5
	8	东	34.8	33.9	33.1	32.4	31.9	31.4	31.1	31.3	32.5	34.2	36.2	37.9	39.1	39.7	40.0	40.1	40.1	39.9	39.6	39.1	38.5	37.7	37.0	36.0
		南	32.8	32.0	31.4	30.9	30.5	30.1	29.8	29.7	29.8	30.1	30.6	31.3	32.1	33.0	33.9	34.6	35.2	35.5	35.7	35.6	35.3	34.9	34.4	33.7
		西	34.2	33.3	32.6	32.1	31.6	31.1	30.8	30.6	30.6	30.8	31.2	31.8	32.7	33.5	34.5	35.6	36.1	36.7	37.2	37.0	36.6	36.0	35.6	35.2
		北	36.2	35.0	34.1	33.3	32.6	32.0	31.6	31.2	31.1	31.4	31.8	32.3	33.0	34.0	35.0	36.5	38.2	39.8	41.0	41.3	40.8	39.9	38.8	37.6

续表 H.0.1-4

类别	编号	朝向	1	2	3	4	5	6	7	8	9	10	11	12	13	14	15	16	17	18	19	20	21	22	23	24
墙体 t_{wlq}	9	东	36.3	35.7	35.2	34.7	34.3	33.9	33.5	33.4	33.7	34.3	35.2	36.1	36.9	37.5	37.8	38.1	38.2	38.4	38.4	38.2	38.0	37.7	37.4	36.8
		南	33.3	32.9	32.6	32.3	32.0	31.7	31.5	31.2	31.1	31.1	31.3	31.5	31.9	32.3	32.8	33.2	33.6	33.9	34.2	34.3	34.3	34.2	34.0	33.7
		西	34.6	34.1	33.8	33.4	33.1	32.8	32.5	32.2	32.1	32.1	32.2	32.4	32.7	33.1	33.6	34.1	34.6	35.0	35.6	35.6	35.5	35.5	35.4	35.0
		北	36.8	36.2	35.7	35.2	34.7	34.3	33.9	33.5	33.3	33.2	33.2	33.4	33.6	33.9	34.3	35.0	35.7	36.8	37.7	38.2	38.4	38.2	37.9	37.4
	10	东	37.0	36.7	36.4	35.9	35.6	35.2	34.8	34.5	34.2	34.0	33.9	34.1	34.4	34.9	35.3	35.8	36.2	36.6	36.9	37.1	37.3	37.4	37.3	37.2
		南	33.4	33.2	33.0	32.7	32.5	32.2	32.0	31.8	31.6	31.4	31.2	31.2	31.2	31.3	31.4	31.6	31.9	32.2	32.5	32.8	33.0	33.3	33.4	33.4
		西	34.6	34.4	34.2	34.0	33.7	33.4	33.2	32.9	32.6	32.4	32.3	32.2	32.1	32.2	32.4	32.7	33.1	33.6	34.1	34.4	34.6	34.6	34.7	
		北	36.8	36.6	36.4	36.0	35.7	35.3	35.0	34.7	34.3	34.0	33.8	33.6	33.5	33.5	33.5	33.7	33.9	34.2	34.6	35.2	35.7	36.2	36.6	36.8
	11	东	36.8	36.6	36.2	35.9	35.5	35.1	34.8	34.5	34.2	33.9	33.8	34.0	34.3	34.8	35.2	35.7	36.0	36.3	36.5	36.8	36.9	37.0	36.9	36.9
		南	33.0	32.9	32.7	32.5	32.3	32.1	31.9	31.6	31.4	31.1	31.1	31.0	31.0	31.0	31.1	31.2	31.5	31.7	32.0	32.3	32.5	32.7	32.9	33.0
		西	34.3	34.1	34.0	33.8	33.5	33.3	33.0	32.8	32.5	32.3	32.2	32.1	31.9	32.0	32.1	32.3	32.6	32.9	33.5	33.9	34.1	34.2		
		北	36.3	36.1	36.1	35.8	35.6	35.2	34.9	34.6	34.3	34.0	33.8	33.6	33.4	33.3	33.4	33.4	34.1	35.0	35.5	35.9	36.2			
	12	东	37.0	36.5	35.9	35.4	35.0	34.5	34.1	33.8	33.6	33.6	34.0	34.5	35.1	35.8	36.4	36.9	37.3	37.6	37.8	37.9	38.0	37.9	37.4	
		南	33.6	33.2	32.9	32.5	32.3	32.0	31.7	31.5	31.3	31.1	31.0	31.1	31.2	31.4	31.8	32.1	32.5	32.9	33.3	33.8	33.9	33.9	33.8	
		西	34.9	34.5	34.1	33.8	33.4	33.1	32.8	32.5	32.3	32.1	32.0	32.0	32.1	32.2	32.5	32.9	33.4	34.1	35.0	35.2	35.2			
		北	37.2	36.8	36.3	35.8	35.4	34.9	34.5	34.1	33.8	33.5	33.3	33.3	33.4	33.6	33.9	34.4	35.0	35.7	36.5	37.1	37.5	37.6	37.5	
	13	东	36.9	36.5	36.1	35.7	35.3	34.9	34.6	34.3	34.0	34.0	34.1	34.5	35.0	35.5	36.0	36.4	36.8	37.1	37.3	37.4	37.5	37.5	37.4	37.2
		南	33.4	33.2	32.9	32.6	32.4	32.1	31.9	31.7	31.5	31.3	31.3	31.3	31.5	31.7	32.0	32.3	32.6	32.9	33.2	33.4	33.5	33.6	33.5	
		西	34.7	34.4	34.2	33.9	33.6	33.3	33.0	32.8	32.6	32.4	32.3	32.2	32.4	32.6	32.8	33.2	33.5	33.9	34.3	34.6	34.8	34.9	34.8	
		北	36.9	36.6	36.2	35.8	35.5	35.1	34.8	34.4	34.1	33.9	33.7	33.6	33.7	34.0	34.3	34.8	35.3	35.9	36.5	36.9	37.0	37.1		
屋面 t_{wlm}	1		45.1	45.0	44.8	44.4	44.0	43.4	42.8	42.1	41.5	40.8	40.3	39.5	39.5	39.6	40.0	40.5	41.2	42.0	42.8	43.5	44.2	44.6	45.0	
	2		44.9	43.9	42.8	41.9	41.0	40.1	39.2	38.4	37.8	37.4	37.5	37.9	38.7	39.9	41.3	42.7	44.2	45.4	46.4	46.9	47.1	47.0	46.6	45.9
	3		44.7	44.3	43.8	43.2	42.7	42.1	41.5	40.9	40.3	39.8	39.5	39.3	39.4	40.0	40.7	41.5	42.3	43.1	43.8	44.4	44.7	44.9	44.9	
	4		43.5	42.6	41.8	41.0	40.2	39.5	38.8	38.3	38.1	38.2	38.6	39.7	41.0	42.3	43.7	44.9	46.0	46.7	46.9	46.9	46.5	46.0	45.3	44.4
	5		44.8	44.5	44.1	43.6	43.1	42.5	41.9	41.2	40.6	40.1	39.6	39.4	39.3	39.8	40.4	41.1	41.9	42.7	43.4	44.0	44.5	44.8	44.9	
	6		45.8	45.1	44.2	43.3	42.4	41.5	40.6	39.8	38.9	38.3	37.8	37.7	38.3	39.3	40.4	41.7	43.0	44.2	45.2	46.0	46.4	46.5	46.3	
	7		43.3	43.3	43.3	43.2	42.9	42.7	42.4	42.1	41.7	41.3	40.9	40.6	40.4	40.2	40.4	40.5	40.8	41.2	41.6	42.1	42.5	42.9	43.1	
	8		46.3	45.1	43.7	42.4	41.2	40.0	39.0	37.9	37.1	36.4	36.2	36.4	37.0	38.1	39.6	41.4	43.1	44.9	46.4	47.5	48.1	48.2	48.0	47.3

注：其他城市的地点修正值可按下表采用：

地点	福州、南宁、海口、深圳	贵阳	厦门	昆明
修正值	0	−3	−1	−7

表 H.0.1-5　外墙类型及热工性能指标(由外到内)

类型	材料名称	厚度 (mm)	密度 (kg/m³)	导热系数 [W/(m·K)]	热容 [J/(kg·K)]	传热系数 [W/(m²·K)]	衰减	延迟 (h)
1	水泥砂浆	20	1800	0.93	1050	0.83	0.17	8.4
	挤塑聚苯板	25	35	0.028	1380			
	水泥砂浆	20	1800	0.93	1050			
	钢筋混凝土	200	2500	1.74	1050			
2	EPS 外保温	40	30	0.042	1380	0.79	0.16	8.3
	水泥砂浆	25	1800	0.93	1050			
	钢筋混凝土	200	2500	1.74	1050			
3	水泥砂浆	20	1800	0.93	1050	0.56	0.34	9.1
	挤塑聚苯保温板	20	30	0.03	1380			
	加气混凝土砌块	200	700	0.22	837			
	水泥砂浆	20	1800	0.93	1050			
4	LOW-E	24	1800	3.0	1260	1.02	0.51	7.4
	加气混凝土砌块	200	700	0.25	1050			
5	页岩空心砖	200	1000	0.58	1253	0.61	0.06	15.2
	岩棉	50	70	0.05	1220			
	钢筋混凝土	200	2500	1.74	1050			
6	加气混凝土砌块	190	700	0.25	1050	1.05	0.56	6.8
	水泥砂浆	20	1800	0.93	1050			
7	涂料面层					0.43	0.19	8.8
	EPS 外保温	80	30	0.042	1380			
	混凝土小型空心砌块	190	1500	0.76	1050			
	水泥砂浆	20	1800	0.93	1050			
8	干挂石材面层					0.39	0.34	7.6
	岩棉	100	70	0.05	1220			
	粉煤灰小型空心砌块	190	800	0.500	1050			
9	EPS 外保温	80	30	0.042	1380	0.46	0.17	8.0
	混凝土墙	200	2500	1.74	1050			

类型	材料名称	厚度 (mm)	密度 (kg/m³)	导热系数 [W/(m·K)]	热容 [J/(kg·K)]	传热系数 [W/(m²·K)]	衰减	延迟 (h)
10	水泥砂浆	20	1800	0.93	1050	0.56	0.14	11.1
	EPS外保温	50	30	0.042	1380			
	聚合物砂浆	13	1800	0.93	837			
	黏土空心砖	240	1500	0.64	879			
	水泥砂浆	20	1800	0.93	1050			
11	石材	20	2800	3.2	920	0.46	0.13	11.8
	岩棉板	80	70	0.05	1220			
	聚合物砂浆	13	1800	0.93	837			
	黏土空心砖	240	1500	0.64	879			
	水泥砂浆	20	1800	0.93	1050			
12	聚合物砂浆	15	1800	0.93	837	0.57	0.18	9.6
	EPS外保温	50	30	0.042	1380			
	黏土空心砖	240	1500	0.64	879			
13	岩棉	65	70	0.05	1220	0.54	0.14	10.4
	多孔砖	240	1800	0.642	879			

表 H.0.1-6　屋面类型及热工性能指标（由外到内）

类型	材料名称	厚度 (mm)	密度 (kg/m³)	导热系数 [W/(m·K)]	热容 [J/(kg·K)]	传热系数 [W/(m²·K)]	衰减	延迟 (h)
1	细石混凝土	40	2300	1.51	920	0.49	0.16	12.3
	防水卷材	4	900	0.23	1620			
	水泥砂浆	20	1800	0.93	1050			
	挤塑聚苯板	35	30	0.042	1380			
	水泥砂浆	20	1800	0.93	1050			
	水泥炉渣	20	1000	0.023	920			
	钢筋混凝土	120	2500	1.74	920			
2	细石混凝土	40	2300	1.51	920	0.77	0.27	8.2
	挤塑聚苯板	40	30	0.042	1380			
	水泥砂浆	20	1800	0.93	1050			
	水泥陶粒混凝土	30	1300	0.52	980			
	钢筋混凝土	120	2500	1.74	920			

类型	材料名称	厚度 (mm)	密度 (kg/m³)	导热系数 [W/(m·K)]	热容 [J/(kg·K)]	传热系数 [W/(m²·K)]	衰减	延迟 (h)
3	水泥砂浆	30	1800	0.930	1050	0.73	0.16	10.5
	细石钢筋混凝土	40	2300	1.740	837			
	挤塑聚苯板	40	30	0.042	1380			
	防水卷材	4	900	0.23	1620			
	水泥砂浆	20	1800	0.930	1050			
	陶粒混凝土	30	1400	0.700	1050			
	钢筋混凝土	150	2500	1.740	837			
	水泥砂浆	20	1800	0.930	1050			
4	挤塑聚苯板	40	30	0.042	1380	0.81	0.23	7.1
	钢筋混凝土	200	2500	1.74	837			
5	细石混凝土	40	2300	1.51	920	0.88	0.16	11.6
	水泥砂浆	20	1800	0.93	1050			
	防水卷材	4	400	0.12	1050			
	水泥砂浆	20	1800	0.93	1050			
	粉煤灰陶粒混凝土	80	1700	0.95	1050			
	挤塑聚苯板	30	30	0.042	1380			
	钢筋混凝土	120	2500	1.74	920			
6	防水卷材	4	400	0.12	1050	0.23	0.21	10.5
	干炉渣	30	1000	0.023	920			
	挤塑聚苯板	120	30	0.042	1380			
	混凝土小型空心砌块	120	2500	1.74	1050			
7	水泥砂浆	25	1800	0.930	1050	0.34	0.08	13.4
	挤塑聚苯板	55	30	0.042	1380			
	水泥砂浆	25	1800	0.930	1050			
	水泥焦渣	30	1000	0.023	920			
	钢筋混凝土	120	2500	1.74	920			
	水泥砂浆	25	1800	0.930	1050			
8	细石混凝土	30	2300	1.51	920	0.38	0.32	9.2
	挤塑聚苯板	45	30	0.042	1380			
	水泥焦渣	30	1000	0.023	920			
	钢筋混凝土	100	2500	1.74	920			

H.0.2 外窗传热逐时冷负荷计算温度 t_{wlc}，可按表 H.0.2 采用。

表 H.0.2 典型城市外窗传热逐时冷负荷计算温度 t_{wlc}（℃）

地点	1	2	3	4	5	6	7	8	9	10	11	12	13	14	15	16	17	18	19	20	21	22	23	24
北京	27.8	27.5	27.2	26.9	26.8	27.1	27.7	28.5	29.3	30.0	30.8	31.5	32.1	32.4	32.4	32.3	32.0	31.5	30.8	30.1	29.6	29.1	28.7	28.3
天津	27.4	27.0	26.6	26.3	26.2	26.5	27.2	28.1	29.0	29.9	30.8	31.6	32.2	32.6	32.7	32.5	32.2	31.6	30.8	30.0	29.4	28.8	28.3	27.9
石家庄	27.7	27.2	26.8	26.5	26.4	26.7	27.5	28.5	29.6	30.6	31.6	32.5	33.2	33.6	33.7	33.5	33.2	32.5	31.6	30.7	30.0	29.3	28.8	28.3
太原	23.7	23.2	22.7	22.4	22.3	22.6	23.4	24.5	25.6	26.7	27.8	28.9	29.5	30.0	30.0	29.8	29.5	28.8	27.8	26.8	26.1	25.4	24.8	24.3
呼和浩特	23.8	23.4	23.0	22.7	22.5	22.9	23.6	24.5	25.5	26.4	27.3	28.3	28.9	29.3	29.3	29.1	28.8	28.2	27.4	26.6	25.9	25.3	24.8	24.3
沈阳	25.7	25.3	25.0	24.7	24.6	24.9	25.5	26.3	27.2	27.9	28.7	29.4	30.0	30.4	30.4	30.2	30.0	29.5	28.8	28.0	27.5	27.0	26.6	26.2
大连	25.4	25.2	24.9	24.8	24.7	24.9	25.3	25.8	26.3	26.8	27.2	27.7	28.1	28.3	28.3	28.1	27.7	27.3	27.0	26.8	26.5	26.2	25.9	25.7
长春	24.4	24.0	23.7	23.4	23.3	23.6	24.2	25.1	25.9	26.8	27.6	28.3	28.8	29.1	29.3	29.2	28.9	28.4	27.6	26.9	26.3	25.8	25.3	24.9
哈尔滨	24.3	23.9	23.6	23.3	23.2	23.5	24.1	25.0	25.9	26.8	27.7	28.4	29.1	29.4	29.5	29.3	29.0	28.5	27.7	26.9	26.3	25.7	25.3	24.8
上海	29.2	28.9	28.6	28.3	28.2	28.5	29.0	29.7	30.5	31.2	31.9	32.5	33.0	33.4	33.4	33.1	32.6	32.1	31.9	31.3	30.8	30.3	30.0	29.6
南京	29.6	29.3	29.0	28.7	28.6	28.9	29.4	30.1	30.9	31.6	32.3	32.9	33.5	33.8	33.8	33.7	33.5	33.0	32.3	31.7	31.2	30.7	30.4	30.0
杭州	29.8	29.4	29.1	28.8	28.7	29.0	29.6	30.3	31.3	32.0	32.6	33.3	34.1	34.5	34.5	34.3	34.1	33.6	33.0	32.1	31.6	31.1	30.7	30.3
宁波	28.6	28.2	27.8	27.5	27.4	27.7	28.4	29.3	30.2	31.1	32.0	32.9	33.5	33.9	34.0	33.8	33.4	32.8	32.0	31.2	30.6	30.1	29.5	29.1
合肥	30.2	29.9	29.6	29.4	29.3	29.6	30.1	30.7	31.4	32.1	32.8	33.3	33.8	34.1	34.1	34.0	33.7	33.4	32.7	32.2	31.7	31.3	30.9	30.6
福州	28.5	28.0	27.6	27.3	27.2	27.5	28.0	28.6	29.4	30.1	30.9	31.5	32.1	32.4	32.5	32.5	32.4	32.0	31.5	30.8	30.1	29.6	29.1	28.7
厦门	28.0	27.6	27.3	27.1	27.0	27.2	27.8	28.6	29.4	30.1	30.9	31.5	32.1	32.4	32.5	32.4	32.1	31.6	30.9	30.3	29.7	29.2	28.8	28.4
南昌	30.6	30.3	30.0	29.8	29.7	29.9	30.4	31.1	31.8	32.5	33.1	33.8	34.2	34.5	34.6	34.4	34.2	33.8	33.2	32.6	32.1	31.7	31.3	31.0
济南	29.8	29.5	29.2	29.0	28.9	29.1	29.6	30.3	31.0	31.7	32.4	33.1	33.6	33.8	33.8	33.6	33.3	32.8	32.4	31.8	31.3	30.9	30.5	30.2
青岛	26.3	26.2	26.0	25.8	25.8	25.9	26.3	26.7	27.1	27.5	27.9	28.3	28.6	28.8	28.8	28.7	28.6	28.3	28.0	27.6	27.3	27.0	26.8	26.6
郑州	28.1	27.7	27.3	27.0	26.8	27.2	27.8	28.6	29.6	30.7	31.6	32.5	33.0	33.6	33.6	33.4	33.1	32.5	31.7	30.9	30.2	29.6	29.1	28.6
武汉	30.6	30.3	30.0	29.8	29.7	29.9	30.4	31.1	31.7	32.3	33.0	33.6	34.0	34.4	34.4	34.2	34.0	33.4	32.8	32.4	32.0	31.6	31.2	30.9
长沙	29.7	29.3	29.0	28.7	28.6	28.9	29.5	30.4	31.2	32.1	32.9	33.6	34.2	34.6	34.5	34.2	33.7	33.3	32.9	32.2	31.6	31.1	30.6	30.2
广州	29.1	28.8	28.5	28.2	28.1	28.4	29.0	29.6	30.4	31.1	31.8	32.4	33.0	33.2	33.2	33.1	32.9	32.4	31.8	31.1	30.6	30.2	29.8	29.5
深圳	29.1	28.8	28.5	28.2	28.0	28.2	28.8	29.6	30.4	31.1	31.9	32.5	33.1	33.4	33.5	33.3	33.1	32.6	31.9	31.2	30.7	30.2	29.7	29.4
南宁	29.0	28.6	28.3	28.1	28.0	28.2	28.8	29.6	30.4	31.1	31.9	32.5	33.1	33.4	33.5	33.3	33.1	32.6	31.9	31.2	30.7	30.2	29.8	29.4
海口	28.4	28.0	27.6	27.3	27.2	27.5	28.2	29.0	30.1	31.0	31.9	32.7	33.0	33.3	33.5	33.4	33.4	32.8	31.9	31.1	30.5	29.9	29.4	29.0
重庆	30.9	30.6	30.3	30.1	30.0	30.2	30.7	31.4	32.0	32.6	33.3	33.9	34.3	34.6	34.6	34.5	34.3	33.9	33.3	32.7	32.3	31.9	31.5	31.2
成都	26.1	25.8	25.5	25.2	25.1	25.4	26.0	26.8	27.6	28.3	29.1	29.8	30.4	30.7	30.7	30.6	30.3	29.8	29.1	28.4	27.9	27.4	27.0	26.6
贵阳	24.9	24.6	24.3	24.0	23.9	24.2	24.7	25.4	26.2	26.9	27.6	28.2	28.8	29.1	29.1	29.0	28.7	28.1	27.6	27.0	26.5	26.0	25.7	25.3
昆明	20.7	20.3	20.0	19.8	19.7	19.9	20.5	21.3	22.1	22.8	23.6	24.2	24.8	25.1	25.2	25.0	24.8	24.3	23.6	22.9	22.4	21.9	21.5	21.1
拉萨	17.0	16.6	16.1	15.8	15.7	16.0	16.8	17.8	18.8	19.7	20.7	21.6	22.3	22.7	22.8	22.5	22.3	21.6	20.7	19.9	19.2	18.6	18.0	17.6
西安	28.8	28.4	28.0	27.7	27.6	27.9	28.6	29.4	30.3	31.2	32.0	32.8	33.4	33.8	33.8	33.6	33.4	32.8	32.0	31.3	30.7	30.1	29.7	29.3
兰州	23.6	23.2	22.8	22.4	22.3	22.6	23.4	24.5	25.6	26.6	27.6	28.5	29.3	29.7	29.8	29.5	28.8	28.2	27.6	26.7	26.0	25.3	24.8	24.3
西宁	18.2	17.7	17.2	16.9	16.7	17.1	18.0	19.1	20.3	21.4	22.5	23.6	24.4	24.9	24.9	24.7	24.4	23.6	22.6	21.6	20.8	20.1	19.5	18.9
银川	23.9	23.5	23.1	22.7	22.6	23.0	23.7	24.7	25.8	26.7	27.7	28.8	29.5	29.8	29.8	29.5	28.8	27.8	27.0	26.6	26.2	25.5	25.0	24.5
乌鲁木齐	25.9	25.5	25.1	24.7	24.6	24.9	25.7	26.8	27.9	28.9	29.9	30.8	31.6	32.0	32.1	31.8	31.6	30.9	29.9	29.0	28.3	27.6	27.1	26.6

H.0.3 透过无遮阳标准玻璃太阳辐射冷负荷系数值 C_{clC}，可按表 H.0.3 采用。

表 H.0.3 透过无遮阳标准玻璃太阳辐射冷负荷系数值 C_{clC}

地点	房间类型	朝向	1	2	3	4	5	6	7	8	9	10	11	12	13	14	15	16	17	18	19	20	21	22	23	24
北京	轻	东	0.03	0.02	0.02	0.01	0.01	0.13	0.30	0.43	0.55	0.58	0.56	0.17	0.18	0.19	0.19	0.17	0.15	0.13	0.09	0.07	0.06	0.04	0.04	0.03
		南	0.05	0.03	0.03	0.02	0.02	0.06	0.11	0.16	0.24	0.34	0.46	0.44	0.63	0.65	0.62	0.54	0.28	0.24	0.17	0.13	0.11	0.08	0.07	0.05
		西	0.03	0.02	0.02	0.01	0.01	0.03	0.06	0.09	0.12	0.14	0.16	0.17	0.22	0.31	0.42	0.52	0.59	0.60	0.48	0.07	0.06	0.04	0.04	0.03
		北	0.11	0.08	0.07	0.05	0.05	0.23	0.38	0.37	0.50	0.60	0.69	0.75	0.79	0.80	0.80	0.74	0.70	0.67	0.50	0.29	0.25	0.19	0.17	0.13
	重	东	0.07	0.06	0.05	0.05	0.06	0.18	0.32	0.41	0.48	0.49	0.45	0.21	0.21	0.21	0.21	0.20	0.18	0.16	0.13	0.11	0.10	0.09	0.08	0.07
		南	0.10	0.09	0.08	0.08	0.07	0.10	0.13	0.18	0.24	0.33	0.43	0.42	0.55	0.55	0.52	0.46	0.30	0.26	0.21	0.17	0.16	0.14	0.13	0.11
		西	0.08	0.07	0.07	0.06	0.06	0.07	0.09	0.10	0.12	0.14	0.16	0.17	0.22	0.30	0.40	0.48	0.52	0.52	0.40	0.13	0.12	0.11	0.10	0.09
		北	0.20	0.18	0.16	0.15	0.14	0.31	0.40	0.38	0.47	0.55	0.61	0.66	0.69	0.71	0.71	0.68	0.65	0.66	0.53	0.36	0.32	0.28	0.25	0.23
西安	轻	东	0.03	0.02	0.02	0.01	0.01	0.11	0.27	0.42	0.54	0.59	0.57	0.20	0.22	0.22	0.22	0.20	0.18	0.14	0.10	0.08	0.07	0.05	0.04	0.03
		南	0.06	0.05	0.04	0.03	0.03	0.07	0.14	0.21	0.30	0.40	0.51	0.53	0.67	0.68	0.65	0.44	0.39	0.32	0.22	0.17	0.14	0.11	0.09	0.07
		西	0.03	0.02	0.02	0.01	0.01	0.03	0.07	0.10	0.13	0.16	0.19	0.20	0.25	0.34	0.46	0.55	0.60	0.58	0.10	0.08	0.07	0.05	0.04	0.03
		北	0.10	0.08	0.07	0.05	0.04	0.18	0.34	0.43	0.48	0.59	0.68	0.74	0.79	0.80	0.79	0.75	0.69	0.63	0.37	0.29	0.24	0.19	0.16	0.12
	重	东	0.07	0.06	0.06	0.05	0.05	0.18	0.32	0.41	0.48	0.48	0.45	0.22	0.23	0.23	0.21	0.19	0.17	0.15	0.13	0.12	0.11	0.09	0.08	0.07
		南	0.12	0.11	0.10	0.09	0.08	0.12	0.16	0.22	0.30	0.39	0.47	0.58	0.58	0.57	0.54	0.41	0.37	0.32	0.25	0.21	0.19	0.17	0.15	0.13
		西	0.08	0.08	0.07	0.06	0.06	0.07	0.10	0.12	0.14	0.16	0.17	0.19	0.26	0.35	0.44	0.51	0.52	0.48	0.16	0.14	0.12	0.11	0.10	0.09
		北	0.19	0.17	0.15	0.14	0.13	0.27	0.36	0.41	0.46	0.54	0.61	0.65	0.69	0.70	0.70	0.67	0.65	0.61	0.40	0.34	0.30	0.27	0.24	0.21
上海	轻	东	0.03	0.02	0.02	0.01	0.01	0.11	0.27	0.42	0.53	0.58	0.56	0.19	0.20	0.21	0.20	0.19	0.17	0.13	0.09	0.07	0.06	0.05	0.04	0.03
		南	0.07	0.06	0.05	0.04	0.03	0.08	0.16	0.24	0.34	0.43	0.54	0.57	0.69	0.70	0.67	0.50	0.44	0.36	0.26	0.20	0.16	0.13	0.11	0.09
		西	0.03	0.02	0.02	0.01	0.01	0.03	0.06	0.09	0.12	0.15	0.18	0.19	0.24	0.33	0.44	0.54	0.60	0.58	0.09	0.07	0.06	0.05	0.04	0.03
		北	0.10	0.08	0.07	0.05	0.04	0.20	0.36	0.45	0.48	0.59	0.68	0.75	0.79	0.81	0.80	0.76	0.70	0.66	0.37	0.29	0.24	0.19	0.16	0.12
	重	东	0.06	0.06	0.05	0.05	0.09	0.20	0.32	0.41	0.47	0.46	0.44	0.21	0.22	0.22	0.21	0.20	0.18	0.15	0.12	0.11	0.10	0.09	0.08	0.07
		南	0.13	0.12	0.10	0.09	0.10	0.14	0.20	0.26	0.35	0.43	0.50	0.52	0.59	0.58	0.55	0.45	0.40	0.34	0.27	0.23	0.21	0.18	0.16	0.15
		西	0.08	0.07	0.07	0.06	0.06	0.07	0.10	0.12	0.14	0.16	0.17	0.20	0.28	0.36	0.44	0.49	0.49	0.43	0.15	0.13	0.11	0.10	0.09	0.08
		北	0.18	0.17	0.15	0.14	0.17	0.29	0.38	0.44	0.48	0.55	0.62	0.67	0.70	0.71	0.69	0.69	0.65	0.58	0.39	0.34	0.30	0.26	0.24	0.21

地点	房间类型	朝向	1	2	3	4	5	6	7	8	9	10	11	12	13	14	15	16	17	18	19	20	21	22	23	24
广州	轻	东	0.03	0.02	0.02	0.01	0.01	0.08	0.23	0.39	0.52	0.58	0.57	0.21	0.22	0.23	0.22	0.20	0.18	0.14	0.10	0.08	0.06	0.05	0.04	0.03
		南	0.09	0.08	0.06	0.05	0.04	0.08	0.20	0.32	0.45	0.56	0.65	0.72	0.77	0.78	0.76	0.70	0.61	0.47	0.34	0.27	0.22	0.18	0.14	0.12
		西	0.03	0.02	0.02	0.01	0.01	0.09	0.10	0.11	0.14	0.16	0.18	0.20	0.27	0.35	0.47	0.56	0.56	0.55	0.10	0.08	0.06	0.05	0.04	0.03
		北	0.10	0.08	0.06	0.05	0.04	0.14	0.32	0.47	0.58	0.63	0.67	0.74	0.79	0.82	0.82	0.79	0.75	0.64	0.35	0.28	0.22	0.18	0.15	0.12
	重	东	0.07	0.06	0.05	0.05	0.05	0.15	0.28	0.39	0.46	0.47	0.44	0.22	0.23	0.23	0.22	0.21	0.19	0.16	0.13	0.11	0.10	0.09	0.08	0.07
		南	0.17	0.15	0.13	0.12	0.11	0.15	0.24	0.34	0.43	0.51	0.58	0.63	0.67	0.68	0.66	0.61	0.54	0.44	0.35	0.30	0.27	0.24	0.21	0.19
		西	0.08	0.07	0.06	0.06	0.05	0.06	0.09	0.11	0.14	0.16	0.18	0.20	0.27	0.36	0.45	0.50	0.51	0.42	0.15	0.13	0.12	0.11	0.10	0.09
		北	0.19	0.17	0.15	0.13	0.13	0.25	0.37	0.46	0.53	0.61	0.66	0.69	0.72	0.73	0.72	0.69	0.58	0.38	0.33	0.30	0.26	0.24	0.21	

注：其他城市可按下表采用：

代表城市	适用城市
北京	哈尔滨、长春、乌鲁木齐、沈阳、呼和浩特、天津、银川、石家庄、太原、大连
西安	济南、西宁、兰州、郑州、青岛
上海	南京、合肥、成都、武汉、杭州、拉萨、重庆、南昌、长沙、宁波
广州	贵阳、福州、台北、昆明、南宁、海口、厦门、深圳

H.0.4 夏季透过标准玻璃窗的太阳总辐射照度最大 值 D_{Jmax}，可按表 H.0.4 采用。

表 H.0.4 夏季透过标准玻璃窗的太阳总辐射照度最大值 D_{Jmax}

城市	北京	天津	上海	福州	长沙	昆明	长春	贵阳	武汉	成都	乌鲁木齐	大连
东	579	534	529	574	575	572	577	574	577	480	639	534
南	312	299	210	158	174	149	362	161	198	208	372	297
西	579	534	529	574	575	572	577	574	577	480	639	534
北	133	143	145	139	138	138	130	139	137	157	121	143

城市	太原	石家庄	南京	厦门	广州	拉萨	沈阳	合肥	青岛	海口	西宁	呼和浩特
东	579	579	533	525	524	736	533	533	534	521	691	641
南	287	290	216	156	152	186	330	215	265	149	254	331
西	579	579	533	525	524	736	533	533	534	521	691	641
北	136	136	136	146	147	147	140	146	146	150	127	123

城市	大连	哈尔滨	郑州	重庆	银川	杭州	南昌	济南	南宁	兰州	深圳	西安
东	534	575	534	480	579	532	576	534	523	640	525	534
南	297	384	248	202	295	198	177	272	151	251	159	243
西	534	575	534	480	579	532	576	534	523	640	525	534
北	143	128	146	157	135	145	138	145	148	128	147	146

H.0.5 人体、照明、设备冷负荷系数 $C_{cl_{rt}}$、$C_{cl_{zm}}$、$C_{cl_{sb}}$，可按表 H.0.5 采用。

表 H.0.5-1　人体冷负荷系数 $C_{cl_{rt}}$

工作小时数 (h)	从开始工作时刻算起到计算时刻的持续时间																							
	1	2	3	4	5	6	7	8	9	10	11	12	13	14	15	16	17	18	19	20	21	22	23	24
1	0.44	0.32	0.05	0.03	0.02	0.02	0.02	0.01	0.01	0.01	0.01	0.01	0.01	0.01	0.01	0.00	0.00	0.00	0.00	0.00	0.00	0.00	0.00	0.00
2	0.44	0.77	0.38	0.08	0.05	0.04	0.03	0.03	0.03	0.02	0.02	0.02	0.01	0.01	0.01	0.01	0.01	0.01	0.01	0.01	0.01	0.00	0.00	0.00
3	0.44	0.77	0.82	0.41	0.10	0.07	0.06	0.05	0.04	0.04	0.03	0.03	0.02	0.02	0.02	0.02	0.01	0.01	0.01	0.01	0.01	0.01	0.01	0.01
4	0.45	0.77	0.82	0.85	0.43	0.12	0.08	0.07	0.06	0.05	0.04	0.04	0.03	0.03	0.02	0.02	0.02	0.02	0.02	0.01	0.01	0.01	0.01	0.01
5	0.45	0.77	0.82	0.85	0.87	0.45	0.14	0.10	0.08	0.07	0.06	0.05	0.04	0.04	0.03	0.03	0.03	0.02	0.02	0.02	0.02	0.01	0.01	0.01
6	0.45	0.77	0.83	0.85	0.87	0.89	0.46	0.15	0.11	0.09	0.08	0.07	0.06	0.05	0.04	0.04	0.03	0.03	0.03	0.02	0.02	0.02	0.02	0.01
7	0.46	0.78	0.83	0.85	0.87	0.89	0.90	0.48	0.16	0.12	0.10	0.09	0.07	0.06	0.06	0.05	0.04	0.04	0.03	0.03	0.03	0.02	0.02	0.02
8	0.46	0.78	0.83	0.86	0.88	0.89	0.91	0.92	0.49	0.17	0.13	0.11	0.09	0.08	0.07	0.06	0.05	0.05	0.04	0.04	0.03	0.03	0.02	0.02
9	0.46	0.78	0.83	0.86	0.88	0.89	0.91	0.92	0.93	0.50	0.18	0.14	0.11	0.10	0.09	0.07	0.06	0.06	0.05	0.04	0.04	0.03	0.03	0.03
10	0.47	0.79	0.84	0.86	0.88	0.90	0.91	0.92	0.93	0.94	0.51	0.19	0.14	0.12	0.10	0.09	0.08	0.07	0.06	0.05	0.05	0.04	0.04	0.03
11	0.47	0.79	0.84	0.87	0.88	0.90	0.91	0.92	0.93	0.94	0.95	0.51	0.20	0.15	0.12	0.11	0.09	0.08	0.07	0.06	0.05	0.05	0.04	0.04
12	0.48	0.80	0.85	0.87	0.89	0.90	0.92	0.93	0.93	0.94	0.95	0.96	0.52	0.20	0.15	0.13	0.11	0.10	0.08	0.07	0.07	0.06	0.05	0.04
13	0.49	0.80	0.85	0.88	0.89	0.91	0.92	0.93	0.94	0.95	0.95	0.96	0.96	0.53	0.21	0.16	0.13	0.12	0.10	0.09	0.08	0.07	0.06	0.05
14	0.49	0.81	0.86	0.88	0.90	0.91	0.92	0.93	0.94	0.95	0.95	0.96	0.96	0.97	0.53	0.21	0.16	0.14	0.12	0.10	0.09	0.08	0.07	0.06
15	0.50	0.82	0.86	0.89	0.90	0.91	0.93	0.94	0.94	0.95	0.96	0.96	0.97	0.97	0.97	0.54	0.22	0.17	0.14	0.12	0.11	0.09	0.08	0.07
16	0.51	0.83	0.87	0.89	0.91	0.92	0.93	0.94	0.95	0.95	0.96	0.96	0.97	0.97	0.98	0.98	0.54	0.22	0.17	0.14	0.12	0.11	0.09	0.08
17	0.52	0.84	0.88	0.90	0.91	0.93	0.94	0.94	0.96	0.96	0.97	0.97	0.97	0.98	0.98	0.98	0.98	0.54	0.22	0.17	0.15	0.13	0.11	0.10
18	0.54	0.85	0.89	0.91	0.92	0.93	0.94	0.95	0.96	0.96	0.97	0.97	0.97	0.98	0.98	0.98	0.98	0.99	0.55	0.23	0.17	0.15	0.13	0.11
19	0.55	0.86	0.90	0.92	0.93	0.94	0.95	0.96	0.96	0.97	0.97	0.97	0.98	0.98	0.98	0.98	0.99	0.99	0.99	0.55	0.23	0.18	0.15	0.13
20	0.57	0.88	0.92	0.93	0.94	0.95	0.96	0.96	0.97	0.97	0.97	0.98	0.98	0.98	0.98	0.99	0.99	0.99	0.99	0.99	0.55	0.23	0.18	0.15
21	0.59	0.90	0.93	0.94	0.95	0.96	0.96	0.97	0.97	0.98	0.98	0.98	0.99	0.99	0.99	0.99	0.99	0.99	0.99	0.99	0.99	0.56	0.23	0.18
22	0.62	0.92	0.95	0.96	0.97	0.97	0.97	0.98	0.98	0.98	0.99	0.99	0.99	0.99	0.99	0.99	0.99	0.99	0.99	1.00	1.00	1.00	0.56	0.23
23	0.68	0.95	0.97	0.98	0.98	0.98	0.99	0.99	0.99	0.99	0.99	0.99	0.99	0.99	1.00	1.00	1.00	1.00	1.00	1.00	1.00	1.00	1.00	0.56
24	1.00	1.00	1.00	1.00	1.00	1.00	1.00	1.00	1.00	1.00	1.00	1.00	1.00	1.00	1.00	1.00	1.00	1.00	1.00	1.00	1.00	1.00	1.00	1.00

表 H.0.5-2　照明冷负荷系数 C_{clzm}

工作小时数 (h)	从开灯时刻算起到计算时刻的持续时间																							
	1	2	3	4	5	6	7	8	9	10	11	12	13	14	15	16	17	18	19	20	21	22	23	24
1	0.37	0.33	0.06	0.04	0.03	0.03	0.02	0.02	0.02	0.01	0.01	0.01	0.01	0.01	0.01	0.01	0.01	0.00	0.00	0.00	0.37	0.33	0.06	0.04
2	0.37	0.69	0.38	0.09	0.07	0.06	0.05	0.04	0.04	0.03	0.03	0.02	0.02	0.02	0.02	0.01	0.01	0.01	0.01	0.01	0.37	0.69	0.38	0.09
3	0.37	0.70	0.75	0.42	0.13	0.09	0.08	0.07	0.06	0.05	0.04	0.04	0.03	0.03	0.02	0.02	0.02	0.02	0.01	0.01	0.37	0.70	0.75	0.42
4	0.38	0.70	0.75	0.79	0.45	0.15	0.12	0.10	0.08	0.07	0.06	0.05	0.05	0.04	0.04	0.03	0.03	0.02	0.02	0.02	0.38	0.70	0.75	0.79
5	0.38	0.70	0.76	0.79	0.82	0.48	0.17	0.13	0.11	0.10	0.08	0.07	0.06	0.05	0.05	0.04	0.04	0.03	0.03	0.02	0.38	0.70	0.76	0.79
6	0.38	0.70	0.76	0.79	0.82	0.84	0.50	0.19	0.15	0.13	0.11	0.09	0.08	0.07	0.06	0.05	0.05	0.04	0.04	0.03	0.38	0.70	0.76	0.79
7	0.39	0.71	0.76	0.80	0.82	0.85	0.87	0.52	0.21	0.17	0.14	0.12	0.10	0.09	0.08	0.07	0.06	0.05	0.05	0.04	0.39	0.71	0.76	0.80
8	0.39	0.71	0.77	0.80	0.83	0.85	0.87	0.89	0.53	0.22	0.18	0.15	0.13	0.11	0.10	0.08	0.07	0.06	0.06	0.05	0.39	0.71	0.77	0.80
9	0.40	0.72	0.77	0.80	0.83	0.85	0.87	0.89	0.90	0.55	0.23	0.19	0.16	0.14	0.12	0.10	0.09	0.08	0.07	0.06	0.40	0.72	0.77	0.80
10	0.40	0.72	0.78	0.81	0.83	0.86	0.87	0.89	0.90	0.92	0.56	0.25	0.20	0.17	0.14	0.13	0.11	0.09	0.08	0.07	0.40	0.72	0.78	0.81
11	0.41	0.73	0.78	0.81	0.84	0.86	0.88	0.89	0.91	0.92	0.93	0.57	0.25	0.21	0.18	0.15	0.13	0.11	0.10	0.09	0.41	0.73	0.78	0.81
12	0.42	0.74	0.79	0.82	0.84	0.86	0.88	0.90	0.91	0.92	0.93	0.94	0.58	0.26	0.21	0.18	0.16	0.14	0.12	0.10	0.42	0.74	0.79	0.82
13	0.43	0.75	0.79	0.82	0.85	0.87	0.89	0.90	0.91	0.92	0.93	0.94	0.95	0.59	0.27	0.22	0.19	0.16	0.14	0.12	0.43	0.75	0.79	0.82
14	0.44	0.75	0.80	0.83	0.86	0.87	0.89	0.91	0.92	0.93	0.94	0.94	0.95	0.96	0.60	0.28	0.22	0.19	0.17	0.14	0.44	0.75	0.80	0.83
15	0.45	0.77	0.81	0.84	0.86	0.88	0.90	0.91	0.92	0.93	0.94	0.95	0.95	0.96	0.96	0.60	0.28	0.23	0.20	0.17	0.45	0.77	0.81	0.84
16	0.47	0.78	0.82	0.85	0.87	0.89	0.90	0.92	0.93	0.94	0.94	0.95	0.96	0.96	0.97	0.97	0.61	0.29	0.23	0.20	0.47	0.78	0.82	0.85
17	0.48	0.79	0.83	0.86	0.88	0.90	0.91	0.92	0.93	0.94	0.95	0.95	0.96	0.96	0.97	0.97	0.98	0.61	0.29	0.24	0.48	0.79	0.83	0.86
18	0.50	0.81	0.85	0.87	0.89	0.91	0.92	0.93	0.94	0.95	0.95	0.96	0.96	0.97	0.97	0.97	0.98	0.98	0.62	0.29	0.50	0.81	0.85	0.87
19	0.52	0.83	0.87	0.89	0.90	0.92	0.93	0.94	0.95	0.95	0.96	0.96	0.97	0.98	0.98	0.98	0.98	0.98	0.98	0.62	0.52	0.83	0.87	0.89
20	0.55	0.85	0.88	0.90	0.92	0.93	0.94	0.95	0.95	0.96	0.96	0.97	0.97	0.98	0.98	0.98	0.98	0.99	0.99	0.99	0.55	0.85	0.88	0.90
21	0.58	0.87	0.91	0.92	0.93	0.94	0.95	0.96	0.96	0.97	0.97	0.98	0.98	0.98	0.98	0.99	0.99	0.99	0.99	0.99	0.58	0.87	0.91	0.92
22	0.62	0.90	0.93	0.94	0.95	0.96	0.96	0.97	0.97	0.98	0.98	0.98	0.98	0.99	0.99	0.99	0.99	0.99	0.99	0.99	0.62	0.90	0.93	0.94
23	0.67	0.94	0.96	0.97	0.97	0.98	0.98	0.98	0.99	0.99	0.99	0.99	0.99	0.99	0.99	0.99	1.00	1.00	1.00	1.00	0.67	0.94	0.96	0.97
24	1.00	1.00	1.00	1.00	1.00	1.00	1.00	1.00	1.00	1.00	1.00	1.00	1.00	1.00	1.00	1.00	1.00	1.00	1.00	1.00	1.00	1.00	1.00	1.00

表 H.0.5-3　设备冷负荷系数 $C_{cl_{sb}}$

工作小时数 (h)	从开机时刻算起到计算时刻的持续时间																							
	1	2	3	4	5	6	7	8	9	10	11	12	13	14	15	16	17	18	19	20	21	22	23	24
1	0.77	0.14	0.02	0.01	0.01	0.01	0.01	0.01	0.00	0.00	0.00	0.00	0.00	0.00	0.00	0.00	0.00	0.00	0.00	0.00	0.00	0.00	0.00	0.00
2	0.77	0.90	0.16	0.03	0.02	0.02	0.01	0.01	0.01	0.01	0.01	0.01	0.01	0.01	0.00	0.00	0.00	0.00	0.00	0.00	0.00	0.00	0.00	0.00
3	0.77	0.90	0.93	0.17	0.04	0.03	0.02	0.02	0.02	0.01	0.01	0.01	0.01	0.01	0.01	0.01	0.01	0.01	0.00	0.00	0.00	0.00	0.00	0.00
4	0.77	0.90	0.93	0.94	0.18	0.05	0.03	0.03	0.02	0.02	0.02	0.02	0.01	0.01	0.01	0.01	0.01	0.01	0.01	0.01	0.01	0.00	0.00	0.00
5	0.77	0.90	0.93	0.94	0.95	0.19	0.06	0.04	0.03	0.03	0.02	0.02	0.02	0.02	0.01	0.01	0.01	0.01	0.01	0.01	0.01	0.01	0.01	0.00
6	0.77	0.91	0.93	0.94	0.95	0.95	0.19	0.06	0.05	0.04	0.03	0.03	0.02	0.02	0.02	0.02	0.01	0.01	0.01	0.01	0.01	0.01	0.01	0.01
7	0.77	0.91	0.93	0.94	0.95	0.95	0.96	0.20	0.07	0.05	0.04	0.04	0.03	0.03	0.02	0.02	0.02	0.02	0.01	0.01	0.01	0.01	0.01	0.01
8	0.77	0.91	0.93	0.94	0.95	0.96	0.96	0.97	0.20	0.07	0.05	0.04	0.04	0.03	0.03	0.03	0.02	0.02	0.02	0.01	0.01	0.01	0.01	0.01
9	0.78	0.91	0.93	0.94	0.95	0.96	0.96	0.97	0.97	0.21	0.08	0.06	0.05	0.04	0.04	0.03	0.03	0.02	0.02	0.02	0.02	0.01	0.01	0.01
10	0.78	0.91	0.93	0.94	0.95	0.96	0.96	0.97	0.97	0.97	0.21	0.08	0.06	0.05	0.04	0.04	0.03	0.03	0.02	0.02	0.02	0.02	0.01	0.01
11	0.78	0.91	0.93	0.94	0.95	0.96	0.96	0.97	0.97	0.98	0.98	0.21	0.08	0.06	0.05	0.04	0.04	0.03	0.03	0.03	0.02	0.02	0.02	0.02
12	0.78	0.92	0.94	0.95	0.95	0.96	0.96	0.97	0.97	0.98	0.98	0.98	0.22	0.08	0.06	0.05	0.05	0.04	0.04	0.03	0.03	0.02	0.02	0.02
13	0.79	0.92	0.94	0.95	0.96	0.96	0.97	0.97	0.98	0.98	0.98	0.98	0.98	0.22	0.09	0.07	0.06	0.05	0.04	0.04	0.03	0.03	0.02	0.02
14	0.79	0.92	0.94	0.95	0.96	0.96	0.97	0.97	0.98	0.98	0.98	0.98	0.99	0.99	0.22	0.09	0.07	0.06	0.05	0.04	0.04	0.03	0.03	0.03
15	0.79	0.92	0.94	0.95	0.96	0.96	0.97	0.97	0.98	0.98	0.98	0.98	0.99	0.99	0.99	0.22	0.09	0.07	0.06	0.05	0.04	0.04	0.03	0.03
16	0.80	0.93	0.95	0.96	0.96	0.97	0.97	0.98	0.98	0.98	0.98	0.99	0.99	0.99	0.99	0.99	0.23	0.09	0.07	0.06	0.05	0.04	0.04	0.03
17	0.80	0.93	0.95	0.96	0.96	0.97	0.97	0.98	0.98	0.98	0.98	0.99	0.99	0.99	0.99	0.99	0.99	0.23	0.09	0.07	0.06	0.05	0.05	0.04
18	0.81	0.94	0.95	0.96	0.97	0.97	0.98	0.98	0.98	0.98	0.99	0.99	0.99	0.99	0.99	0.99	0.99	0.99	0.23	0.09	0.07	0.06	0.05	0.05
19	0.81	0.94	0.96	0.97	0.97	0.98	0.98	0.98	0.98	0.99	0.99	0.99	0.99	0.99	0.99	0.99	0.99	0.99	1.00	0.23	0.09	0.07	0.06	0.05
20	0.82	0.95	0.97	0.97	0.98	0.98	0.98	0.98	0.99	0.99	0.99	0.99	0.99	0.99	0.99	0.99	0.99	1.00	1.00	1.00	0.23	0.10	0.07	0.06
21	0.83	0.96	0.97	0.98	0.98	0.98	0.99	0.99	0.99	0.99	0.99	0.99	0.99	0.99	0.99	1.00	1.00	1.00	1.00	1.00	1.00	0.23	0.10	0.07
22	0.84	0.97	0.98	0.98	0.99	0.99	0.99	0.99	0.99	0.99	0.99	0.99	1.00	1.00	1.00	1.00	1.00	1.00	1.00	1.00	1.00	1.00	0.23	0.10
23	0.86	0.98	0.99	0.99	0.99	0.99	0.99	1.00	1.00	1.00	1.00	1.00	1.00	1.00	1.00	1.00	1.00	1.00	1.00	1.00	1.00	1.00	1.00	0.23
24	1.00	1.00	1.00	1.00	1.00	1.00	1.00	1.00	1.00	1.00	1.00	1.00	1.00	1.00	1.00	1.00	1.00	1.00	1.00	1.00	1.00	1.00	1.00	1.00

附录 J 蓄冰装置容量与双工况制冷机的空调标准制冷量

J.0.1 全负荷蓄冰时，蓄冰装置有效容量、蓄冰装置名义容量、制冷机标定制冷量可按下列公式计算：

$$Q_S = \sum_{i=1}^{24} q_i = n_1 \cdot c_f \cdot q_C \qquad (J.0.1-1)$$

$$Q_{SO} = \varepsilon \cdot Q_S \qquad (J.0.1-2)$$

$$q_C = \frac{\sum_{i=1}^{24} q_i}{n_1 \cdot c_f} \qquad (J.0.1-3)$$

式中：Q_S——蓄冰装置有效容量（kWh）；

Q_{SO}——蓄冰装置名义容量（kWh）；

q_i——建筑物逐时冷负荷（kW）；

n_1——夜间制冷机在制冰工况下运行的小时数（h）；

c_f——制冷机制冰时制冷能力的变化率，即实际制冷量与标定制冷量的比值。活塞式冷机可取 0.60～0.65，螺杆式冷机可取 0.64～0.70，离心式（中压）可取 0.62～0.66，离心式（三级）可取 0.72～0.80；

q_C——制冷机的标定制冷量（空调工况）（kWh）；

ε——蓄冰装置的实际放大系数（无因次）。

J.0.2 部分负荷蓄冰时，蓄冰装置有效容量、蓄冰装置名义容量、制冷机标定制冷量可按下列公式计算：

$$Q_S = n_1 \cdot c_f \cdot q_C \qquad (J.0.2-1)$$

$$Q_{SO} = \varepsilon \cdot Q_S \qquad (J.0.2-2)$$

$$q_C = \frac{\sum_{i=1}^{24} q_i}{n_2 + n_1 \cdot c_f} \qquad (J.0.2-3)$$

式中：n_2——白天制冷机在空调工况下的运行小时数（h）。

J.0.3 若当地电力部门有其他限电政策时，所选蓄冰量的最大小时取冷量，应满足限电时段的最大小时冷负荷的要求，并符合下列规定：

1 蓄冰装置有效容量应符合下列规定：

$$Q_S \cdot \eta_{max} \geqslant q'_{imax} \qquad (J.0.3-1)$$

2 为满足限电要求所需蓄冰槽的有效容量应符合下列规定：

$$Q'_S \geqslant \frac{q'_{imax}}{\eta_{max}} \qquad (J.0.3-2)$$

3 为满足限电要求，修正后的制冷机标定制冷量应符合下列规定：

$$q'_C \geqslant \frac{Q'_S}{n_1 \cdot c_f} \qquad (J.0.3-3)$$

式中：Q'_S——为满足限电要求所需的蓄冰槽容量（kWh）；

η_{max}——所选蓄冰设备的最大小时取冷率；

q'_{imax}——限电时段空调系统的最大小时冷负荷（kW）；

q'_C——修正后的制冷机标定制冷量（kWh）。

附录 K 设备与管道最小保温、保冷厚度及冷凝水管防结露厚度选用表

K.0.1 空调设备与管道保温厚度可按表 K.0.1-1～表 K.0.1-3 选用。

表 K.0.1-1 热管道柔性泡沫橡塑经济绝热厚度
（热价 85 元/GJ）

最高介质温度（℃）	绝热层厚度(mm)						
	25	28	32	36	40	45	50
60	≤DN20	DN25～DN40	DN50～DN125	DN150～DN400	≥DN450		
80	—	—	≤DN32	DN40～DN70	DN80～DN125	DN150～DN450	≥DN500

表 K.0.1-2 热管道离心玻璃棉经济绝热厚度
（热价 35 元/GJ）

最高介质温度（℃）		绝热层厚度(mm)						
		35	40	50	60	70	80	90
室内	95	≤DN40	DN50～DN100	DN125～DN1000	≥DN1100	—	—	—
	140	—	≤DN25	DN32～DN80	DN100～DN300	≥DN350	—	—
	190	—	—	≤DN32	DN40～DN80	DN100～DN200	DN250～DN900	≥DN1000
室外	95	≤DN25	DN32～DN50	DN70～DN250	≥DN300	—	—	—
	140	—	≤DN20	DN25～DN70	DN80～DN200	DN250～DN1000	≥DN1100	—
	190	—	—	≤DN25	DN32～DN70	DN80～DN150	DN200～DN500	≥DN600

表 K.0.1-3　热管道离心玻璃棉经济绝热厚度

（热价 85 元/GJ）

最高介质温度（℃）	绝热层厚度（mm）							
	50	60	70	80	90	100	120	140
室内 95	≤DN40	DN50~DN100	DN125~DN300	DN350~DN2000	≥DN2500	—	—	—
室内 140	—	≤DN32	DN40~DN70	DN80~DN150	DN200~DN300	DN350~DN900	≥DN1000	—
室内 190	—	—	≤DN32	DN40~DN50	DN70~DN100	DN125~DN150	DN200~DN700	≥DN800
室外 95	≤DN25	DN32~DN70	DN80~DN150	DN200~DN400	DN450~DN2000	≥DN2500	—	—
室外 140	—	≤DN25	DN32~DN50	DN70~DN100	DN125~DN200	DN250~DN450	≥DN500	—
室外 190	—	—	≤DN25	DN32~DN80	DN100~DN150	DN200~DN450	≥DN500	—

注：管道与设备保温制表条件：

1　全部按经济厚度计算，还贷 6 年，利息 10%，使用期按 120 天，2880 小时。热价 35 元/GJ 相当于城市供热；热价 85 元/GJ 相当于天然气供热。

2　导热系数 λ：柔性泡沫橡塑 $λ=0.034+0.00013t_m$；离心玻璃 $λ=0.031+0.00017t_m$。

3　适用于室内环境温度20℃，风速 0m/s；室外温度为 0℃，风速 3m/s。

4　设备保温厚度可按最大口径管道的保温厚度再增加 5mm。

5　当室外温度非 0℃ 时，实际采用的厚度 $δ=\left[(T_o-T_w)/T_o\right]^{0.36}·δ_o$，其中 $δ_o$ 为环境温度 0℃ 时的查表厚度，T_o 为管内介质温度（℃），T_w 为实际使用期平均环境温度（℃）。

K.0.2　室内机房内空调设备与管道保冷厚度可按表 K.0.2-1～表 K.0.2-2 中给出的厚度选用。

表 K.0.2-1　室内机房冷水管道最小绝热层厚度（mm）（介质温度≥5℃）

地区	柔性泡沫橡塑		玻璃棉管壳	
	管径	厚度	管径	厚度
I	≤DN40	19	≤DN32	25
	DN50~DN150	22	DN40~DN100	30
	≥DN200	25	DN125~DN900	35
II	≤DN25	25	≤DN25	25
	DN32~DN50	28	DN32~DN80	30
	DN70~DN150	32	DN100~DN400	35
	≥DN200	36	≥DN450	40

表 K.0.2-2　室内机房冷水管道最小绝热层厚度（mm）（介质温度≥-10℃）

地区	柔性泡沫橡塑		聚氨酯发泡	
	管径	厚度	管径	厚度
I	≤DN32	28	≤DN32	25
	DN40~DN80	32	DN40~DN150	30
	DN100~DN200	36	≥DN200	35
	≥DN250	40		
II	≤DN50	40	≤DN50	35
	DN70~DN100	45	DN70~DN125	40
	DN125~DN250	50	DN150~DN500	45
	DN300~DN2000	55	≥DN600	50
	≥DN2100	60		

注：管道与设备保冷制表条件：

1　均采用经济厚度和防结露要求确定的绝热层厚度。冷价按 75 元/GJ；还贷 6 年，利息 10%；使用期按 120 天，2880 小时。

2　I 区系指较干燥地区，室内机房环境温度不高于 31℃、相对湿度不大于 75%；II 区系指较潮湿地区，室内机房环境温度不高于 33℃、相对湿度不大于 80%；各城市或地区可对照使用。

3　导热系数 λ：柔性泡沫橡塑 $λ=0.034+0.00013t_m$；离心玻璃 $λ=0.031+0.00017t_m$；聚氨酯发泡 $λ=0.0275+0.00009t_m$。

4　蓄冰设备保冷厚度应按最大口径管道的保冷厚度再增加 5mm～10mm。

K.0.3　室外空调设备管道发泡橡塑和硬质聚氨酯泡塑保冷层防结露厚度可按下述方法确定：

1　根据工程所在地的夏季空调室外计算干球温度、最热月平均相对湿度和管道内冷介质的温度，查表 K.0.3 得到对应的潮湿系数 θ；

2　查图 K.0.3-1 和图 K.0.3-2 得到绝热材料的最小防结露厚度；

3　对最小防结露厚度进行修正，一般情况下发泡橡塑修正系数可取 1.20，聚氨酯泡塑可取 1.30。

表 K.0.3 各主要城市的潮湿系数 θ 表

序号	省	城市	干球温度（℃）	相对湿度（%）	各种介质温度条件下的潮湿系数 θ						
					−10℃	−6℃	−2℃	2℃	6℃	10℃	14℃
1	北京	北京	33.5	74.7	8.03	7.20	6.37	5.54	4.71	3.88	3.05
2	天津	天津	33.9	76.3	8.83	7.93	7.04	6.14	5.25	4.35	3.46
3		塘沽	32.5	76.8	8.87	7.94	7.01	6.08	5.15	4.22	3.29
4		石家庄	35.1	74.7	8.25	7.43	6.61	5.79	4.97	4.15	3.33
5		唐山	32.9	77.3	9.19	8.24	7.29	6.34	5.39	4.44	3.49
6	河北	邢台	35.1	74.7	8.25	7.43	6.61	5.79	4.97	4.15	3.33
7		保定	34.8	74.6	8.17	7.35	6.53	5.71	4.89	4.07	3.26
8		张家口	32.1	64.4	4.79	4.24	3.69	3.14	2.59	2.04	1.49
9		承德	32.7	71.3	6.64	5.93	5.21	4.50	3.78	3.06	2.35
10		太原	31.5	73.4	7.23	6.43	5.64	4.85	4.05	3.26	2.47
11		大同	30.9	64.6	4.71	4.15	3.59	3.04	2.48	1.92	1.36
12	山西	阳泉	32.8	70.6	6.43	5.74	5.04	4.35	3.65	2.96	2.27
13		运城	35.8	67	5.74	5.15	4.57	3.98	3.39	2.80	2.21
14		晋城	32.7	74.8	7.96	7.12	6.28	5.44	4.60	3.76	2.92
15		呼和浩特	30.6	60.8	3.98	3.49	3.00	2.51	2.02	1.53	1.04
16		包头	31.7	56.7	3.45	3.03	2.60	2.17	1.74	1.32	0.89
17		赤峰	32.7	65.5	5.08	4.51	3.94	3.37	2.80	2.23	1.66
18	内蒙古	通辽	32.3	73.4	7.33	6.55	5.76	4.97	4.18	3.39	2.61
19		海拉尔	29	70.8	6.03	5.31	4.59	3.87	3.14	2.42	1.70
20		二连浩特	33.2	47.3	2.47	2.15	1.83	1.51	1.19	0.86	0.54
21		沈阳	31.5	78.2	9.46	8.45	7.45	6.44	5.43	4.42	3.41
22		大连	29	80.8	10.67	9.48	8.28	7.08	5.88	4.69	3.49
23		鞍山	31.6	74	7.47	6.66	5.84	5.03	4.21	3.40	2.58
24		抚顺	31.5	81.1	11.41	10.22	9.02	7.82	6.63	5.43	4.23
25		本溪	31	75.8	8.15	7.26	6.36	5.47	4.58	3.69	2.79
26	辽宁	丹东	29.6	85.7	15.80	14.11	12.41	10.71	9.01	7.32	5.62
27		锦州	31.4	78.9	9.86	8.81	7.76	6.71	5.66	4.61	3.57
28		营口	30.4	78.6	9.50	8.46	7.42	6.38	5.34	4.30	3.26
29		阜新	32.5	76	8.47	7.58	6.69	5.80	4.91	4.01	3.12
30		开原	31.1	80.3	10.74	9.59	8.45	7.31	6.17	5.02	3.88
31		长春	30.5	78.3	9.35	8.32	7.30	6.28	5.26	4.24	3.21
32		吉林	30.4	79.2	9.87	8.79	7.71	6.64	5.56	4.49	3.41
33	吉林	四平	30.7	78.5	9.50	8.47	7.43	6.40	5.37	4.34	3.31
34		通化	29.9	79.3	9.84	8.75	7.66	6.58	5.49	4.40	3.32
35		延吉	31.3	79.1	9.97	8.91	7.84	6.78	5.72	4.66	3.59

序号	省	城市	干球温度 (℃)	相对湿度 (%)	各种介质温度条件下的潮湿系数 θ						
					−10℃	−6℃	−2℃	2℃	6℃	10℃	14℃
36	黑龙江	哈尔滨	30.7	76.7	8.53	7.59	6.66	5.72	4.78	3.85	2.91
37		齐齐哈尔	31.1	72.8	6.95	6.18	5.40	4.63	3.86	3.08	2.31
38		鸡西	30.5	76.4	8.35	7.43	6.50	5.58	4.66	3.73	2.81
39		鹤岗	29.9	75.8	7.98	7.08	6.18	5.28	4.38	3.48	2.58
40		伊春	29.8	78.4	9.28	8.25	7.21	6.18	5.15	4.11	3.08
41		绥化	30.1	77.8	9.00	8.00	7.00	6.01	5.01	4.01	3.01
42	上海	徐家汇	34.4	81.6	12.41	11.20	10.00	8.79	7.58	6.37	5.16
43	江苏	南京	34.8	81.5	12.41	11.21	10.01	8.82	7.62	6.42	5.22
44		徐州	34.3	79.8	10.98	9.90	8.82	7.73	6.65	5.57	4.49
45		南通	33.5	84.8	15.63	14.10	12.57	11.04	9.51	7.98	6.45
46		连云港	32.7	84.7	15.30	13.77	12.24	10.72	9.19	7.66	6.14
47		淮安	33.4	84.1	14.73	13.28	11.83	10.38	8.93	7.48	6.03
48	浙江	杭州	35.6	78.3	10.21	9.23	8.24	7.26	6.28	5.29	4.31
49		温州	33.8	84.1	14.83	13.38	11.94	10.49	9.05	7.60	6.15
50		金华	36.2	74.1	8.14	7.35	6.56	5.76	4.97	4.18	3.39
51		衢州	35.8	77.2	9.59	8.67	7.74	6.82	5.89	4.97	4.04
52		宁波	35.1	81.6	12.55	11.35	10.15	8.95	7.74	6.54	5.34
53		舟山	32.2	84.4	14.80	13.30	11.80	10.30	8.81	7.31	5.81
54	安徽	合肥	35	80.2	11.40	10.30	9.19	8.09	6.99	5.89	4.79
55		芜湖	35.3	80.4	11.61	10.49	9.38	8.27	7.15	6.04	4.93
56		蚌埠	35.4	79.2	10.76	9.72	8.69	7.65	6.61	5.58	4.54
57		安庆	35.3	78	9.98	9.01	8.04	7.07	6.10	5.13	4.16
58		六安	35.5	80.9	12.04	10.89	9.75	8.60	7.45	6.31	5.16
59		亳州	35	80.5	11.63	10.50	9.38	8.26	7.14	6.01	4.89
60	福建	福州	35.9	76.9	9.44	8.53	7.62	6.71	5.80	4.89	3.98
61		厦门	33.5	82	12.58	11.33	10.09	8.84	7.59	6.34	5.09
62		南平	36.1	75.3	8.66	7.82	6.99	6.15	5.31	4.47	3.63
63	江西	南昌	35.5	77.5	9.72	8.78	7.83	6.89	5.95	5.01	4.06
64		景德镇	36	77.6	9.85	8.91	7.97	7.02	6.08	5.13	4.19
65		九江	35.8	75.5	8.72	7.87	7.02	6.17	5.32	4.47	3.62
66		上饶	36.1	76.5	9.26	8.37	7.48	6.59	5.70	4.81	3.92
67		赣州	35.4	71.5	7.04	6.33	5.62	4.91	4.21	3.50	2.79
68		吉安	35.9	73.6	7.89	7.11	6.34	5.57	4.79	4.02	3.24

序号	省	城市	干球温度（℃）	相对湿度（%）	各种介质温度条件下的潮湿系数 θ						
					−10℃	−6℃	−2℃	2℃	6℃	10℃	14℃
69	山东	济南	34.7	72.3	7.24	6.50	5.76	5.03	4.29	3.55	2.81
70		青岛	29.4	82.3	11.96	10.64	9.33	8.01	6.70	5.38	4.07
71		淄博	34.6	76.3	8.94	8.04	7.15	6.26	5.37	4.48	3.59
72		烟台	31.1	80	10.52	9.40	8.28	7.16	6.04	4.92	3.79
73		潍坊	34.2	79.7	10.89	9.82	8.74	7.66	6.59	5.51	4.43
74		临沂	33.3	82.6	13.10	11.80	10.50	9.19	7.89	6.59	5.29
75		德州	34.2	77.2	9.35	8.41	7.47	6.54	5.60	4.66	3.73
76		菏泽	34.4	80.3	11.36	10.25	9.14	8.02	6.91	5.79	4.68
77	河南	郑州	34.9	78.1	9.97	9.00	8.02	7.04	6.06	5.09	4.11
78		开封	34.4	80.1	11.21	10.11	9.01	7.91	6.81	5.71	4.61
79		洛阳	35.4	76.2	9.00	8.12	7.24	6.36	5.48	4.60	3.72
80		新乡	34.4	79.4	10.72	9.66	8.61	7.55	6.50	5.44	4.38
81		安阳	34.7	77.2	9.42	8.49	7.56	6.63	5.69	4.76	3.83
82		三门峡	34.8	71.5	6.97	6.25	5.54	4.83	4.12	3.41	2.70
83		南阳	34.3	81.3	12.14	10.95	9.76	8.58	7.39	6.21	5.02
84		商丘	34.6	81.5	12.37	11.17	9.97	8.77	7.57	6.37	5.17
85		信阳	34.5	80.6	11.61	10.48	9.34	8.21	7.08	5.94	4.81
86		许昌	34.9	80.5	11.61	10.48	9.36	8.24	7.12	5.99	4.87
87		驻马店	35	80.5	11.63	10.50	9.38	8.26	7.14	6.01	4.89
88	湖北	武汉	35.2	79.1	10.66	9.63	8.59	7.56	6.53	5.50	4.47
89		黄石	35.8	78.1	10.12	9.15	8.18	7.21	6.23	5.26	4.29
90		宜昌	35.6	80.1	11.43	10.34	9.25	8.16	7.07	5.98	4.89
91		恩施州	34.3	76.4	8.94	8.04	7.15	6.25	5.35	4.45	3.56
92	湖南	长沙	35.8	77.1	9.54	8.62	7.70	6.78	5.86	4.94	4.02
93		常德	35.4	79.4	10.89	9.85	8.80	7.75	6.70	5.65	4.61
94		衡阳	36	72	7.29	6.57	5.85	5.12	4.40	3.68	2.96
95		邵阳	34.8	75.8	8.72	7.85	6.98	6.11	5.25	4.38	3.51
96		岳阳	34.1	76.4	8.91	8.01	7.11	6.21	5.31	4.42	3.52
97		郴州	35.6	69.5	6.42	5.77	5.11	4.46	3.81	3.16	2.51
98	广东	广州	34.2	81.7	12.46	11.24	10.02	8.81	7.59	6.37	5.15
99		湛江	33.9	81.4	12.14	10.94	9.75	8.55	7.35	6.15	4.96
100		汕头	33.2	83.2	13.68	12.32	10.96	9.60	8.25	6.89	5.53
101		韶关	35.4	75.8	8.80	7.94	7.08	6.21	5.35	4.49	3.62
102		阳江	33	84.6	15.25	13.73	12.22	10.71	9.20	7.69	6.18
103		深圳	33.7	80.6	11.46	10.32	9.18	8.04	6.90	5.76	4.62

序号	省	城市	干球温度(℃)	相对湿度(%)	各种介质温度条件下的潮湿系数 θ						
					−10℃	−6℃	−2℃	2℃	6℃	10℃	14℃
104	广西	南宁	34.5	81.7	12.52	11.31	10.09	8.88	7.66	6.44	5.23
105		柳州	34.8	76.6	9.12	8.22	7.31	6.41	5.51	4.60	3.70
106		桂林	34.2	79.4	10.68	9.63	8.57	7.51	6.45	5.40	4.34
107		梧州	34.8	80.9	11.91	10.75	9.60	8.45	7.30	6.14	4.99
108		北海	33.1	82.8	13.25	11.93	10.61	9.29	7.96	6.64	5.32
109		百色	36.1	79.7	11.23	10.17	9.11	8.05	6.98	5.92	4.86
110	海南	海口	35.1	82.2	13.10	11.85	10.60	9.35	8.10	6.85	5.60
111		三亚	32.8	82.4	12.80	11.51	10.22	8.93	7.64	6.35	5.06
112	重庆	重庆	35.5	71.8	7.15	6.44	5.72	5.00	4.29	3.57	2.85
113		万州	36.5	77	9.59	8.68	7.77	6.86	5.95	5.04	4.12
114		奉节	34.3	67.5	5.72	5.11	4.51	3.90	3.29	2.69	2.08
115	四川	成都	31.8	85.7	16.43	14.76	13.09	11.42	9.76	8.09	6.42
116		广元	33.3	76.8	8.99	8.07	7.15	6.22	5.30	4.38	3.45
117		甘孜州	22.8	80.6	9.19	7.95	6.71	5.46	4.22	2.98	1.73
118		宜宾	33.8	80.3	11.25	10.13	9.01	7.89	6.78	5.66	4.54
119		南充	35.3	75.5	8.65	7.79	6.94	6.09	5.24	4.39	3.54
120		凉山州	30.7	75.5	7.97	7.09	6.21	5.32	4.44	3.56	2.68
121	贵州	贵阳	30.1	76.7	8.43	7.49	6.55	5.61	4.67	3.73	2.79
122		遵义	31.8	76.6	8.66	7.73	6.81	5.88	4.96	4.04	3.11
123		毕节	29.2	79.4	9.77	8.67	7.57	6.47	5.37	4.27	3.17
124		安顺	27.7	81	10.54	9.32	8.09	6.87	5.64	4.42	3.20
125		铜仁	35.3	76.9	9.35	8.44	7.53	6.61	5.70	4.78	3.87
126	云南	昆明	26.2	78.2	8.51	7.46	6.41	5.36	4.31	3.26	2.20
127		昭通	27.3	78.4	8.82	7.77	6.72	5.66	4.61	3.56	2.50
128		丽江	25.6	72.6	6.12	5.32	4.52	3.72	2.92	2.12	1.32
129		普洱	29.7	83.8	13.49	12.03	10.57	9.11	7.65	6.19	4.73
130		红河州	30.7	74.6	7.58	6.74	5.90	5.05	4.21	3.37	2.52
131		景洪	34.7	81.8	12.65	11.43	10.21	8.99	7.76	6.54	5.32
132	西藏	拉萨	24.1	51.3	2.28	1.90	1.51	1.13	0.74	0.36	—
133		昌都	26.2	64.8	4.28	3.69	3.11	2.53	1.94	1.36	0.78
134		那曲	17.2	68.5	3.90	3.18	2.46	1.74	1.02	0.30	—
135		日喀则	22.6	54.7	2.51	2.08	1.65	1.22	0.79	0.36	—
136		林芝	22.9	76.4	7.06	6.08	5.10	4.12	3.14	2.16	1.18

序号	省	城市	干球温度（℃）	相对湿度（%）	各种介质温度条件下的潮湿系数 θ						
					−10℃	−6℃	−2℃	2℃	6℃	10℃	14℃
137	陕西	西安	35	70.8	6.76	6.07	5.38	4.69	4.00	3.31	2.62
138		延安	32.4	70.3	6.29	5.61	4.92	4.23	3.54	2.85	2.17
139		宝鸡	34.1	69.5	6.25	5.59	4.94	4.28	3.62	2.96	2.30
140		汉中	32.3	81.3	11.74	10.53	9.33	8.12	6.92	5.71	4.51
141		榆林	32.2	61.9	4.31	3.81	3.31	2.80	2.30	1.79	1.29
142		安康	35	77.5	9.64	8.69	7.75	6.80	5.86	4.91	3.96
143	甘肃	兰州	31.2	58.7	3.70	3.25	2.79	2.33	1.88	1.42	0.96
144		酒泉	30.5	53.1	2.91	2.53	2.14	1.75	1.37	0.98	0.59
145		平凉	29.8	71.8	6.44	5.69	4.94	4.20	3.45	2.70	1.95
146		天水	30.8	69.7	5.93	5.25	4.57	3.89	3.21	2.53	1.85
147		陇南	32.6	63.2	4.59	4.07	3.54	3.02	2.49	1.97	1.44
148	青海	西宁	26.5	64.9	4.33	3.74	3.16	2.58	1.99	1.41	0.82
149		玉树	21.8	68.2	4.45	3.77	3.08	2.39	1.71	1.02	0.34
150		格尔木	26.9	37	1.36	1.10	0.85	0.59	0.34	0.08	—
151		共和	24.6	61.1	3.49	2.97	2.45	1.93	1.41	0.89	0.38
152	宁夏	银川	31.2	63.6	4.54	4.00	3.46	2.93	2.39	1.85	1.31
153		石嘴山	31.8	56.5	3.43	3.01	2.58	2.16	1.74	1.31	0.89
154		吴忠	32.4	56.4	3.46	3.04	2.62	2.20	1.78	1.36	0.94
155		固原	27.7	70.2	5.69	4.98	4.27	3.56	2.85	2.14	1.43
156		中卫	31	64	4.60	4.05	3.51	2.96	2.41	1.87	1.32
157	新疆	乌鲁木齐	33.5	42.9	2.10	1.81	1.53	1.24	0.96	0.67	0.39
158		克拉玛依	36.4	30.5	1.34	1.14	0.94	0.74	0.53	0.33	0.13
159		吐鲁番	40.3	33.2	1.65	1.44	1.23	1.02	0.81	0.60	0.39
160		哈密	35.8	41.4	2.08	1.81	1.54	1.27	1.01	0.74	0.47
161		和田	34.5	42.9	2.14	1.86	1.58	1.30	1.01	0.73	0.45
162		阿勒泰	30.8	52.4	2.85	2.48	2.10	1.72	1.34	0.96	0.59

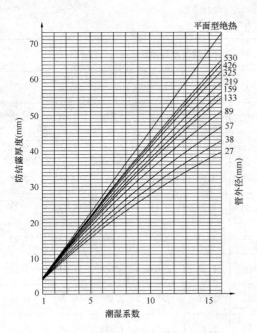

图 K.0.3-1　发泡橡塑材料的最小防结露厚度

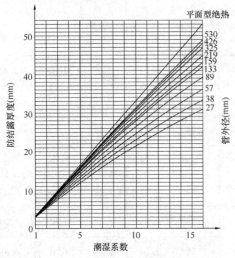

图 K.0.3-2　硬质聚氨酯泡塑材料的
最小防结露厚度

注：图中绝热材料的 $t_m = 20℃$，发泡橡塑 $\lambda = 0.0366W/(m \cdot K)$，聚氨酯泡塑 $\lambda = 0.0293W/(m \cdot K)$。

K.0.4 空调风管绝热热阻与空调冷凝水管道保冷厚度可按表 K.0.4-1 和表 K.0.4-2 选用。

表 K.0.4-1　室内空气调节风管绝热层的最小热阻

风管类型	适用介质温度（℃）		最小热阻 $[m^2 \cdot K/W]$
	冷介质 最低温度	热介质 最高温度	
一般空调风管	15	30	0.81
低温风管	6	39	1.14

注：技术条件：

1　建筑物内环境温度：冷风时 26℃，暖风时 20℃；

2　以玻璃棉为代表材料，冷价为 75 元/GJ，热价为 85 元/GJ。

表 K.0.4-2　空调冷凝水管防结露
最小绝热层厚度（mm）

位　置	材　料			
	柔性泡沫橡塑管套		离心玻璃棉管壳	
	Ⅰ类地区	Ⅱ类地区	Ⅰ类地区	Ⅱ类地区
在空调房吊顶内	9		10	
在非空调房间内	9	13	10	15

注：Ⅰ区系指较干燥地区，室内机房环境温度不高于 31℃，相对湿度不大于 75%；

　　Ⅱ区系指较潮湿地区，室内机房环境温度不高于 33℃，相对湿度不大于 80%。

本规范用词说明

1　为便于在执行本规范条文时区别对待，对要求严格程度不同的用词说明如下：

1）表示很严格，非这样做不可的：

正面词采用"必须"，反面词采用"严禁"；

2）表示严格，在正常情况下均应这样做的：

正面词采用"应"，反面词采用"不应"或"不得"；

3）表示允许稍有选择，在条件许可时首先应这样做的：

正面词采用"宜"，反面词采用"不宜"；

4）表示有选择，在一定条件下可以这样做的采用"可"。

2　条文中指明应按其他有关标准执行的写法为："应符合……的规定"或"应按……执行"。

引用标准名录

1　《建筑设计防火规范》GB 50016

2　《城镇燃气设计规范》GB 50028

3　《锅炉房设计规范》GB 50041

4　《高层民用建筑设计防火规范》GB 50045

5　《工业设备及管道绝热工程施工规范》GB 50126

6　《公共建筑节能设计标准》GB 50189

7　《通风与空调工程施工质量验收规范》GB 50243

8　《设备及管道绝热设计导则》GB/T 8175

9　《中等热环境　PMV 和 PPD 指数的测定及热舒适条件的规定》GB/T 18049

10　《蓄冷空调工程技术规程》JGJ 158

11　《散热器恒温控制阀》JG/T 195

中华人民共和国国家标准

民用建筑供暖通风与空气调节设计规范

GB 50736 - 2012

条 文 说 明

制 订 说 明

《民用建筑供暖通风与空气调节设计规范》GB 50736-2012，经住房和城乡建设部 2012 年 1 月 21 日以第 1270 号公告批准、发布。

为便于广大设计、施工、科研、学校等单位有关人员在使用本规范时能正确理解和执行条文规定，《民用建筑供暖通风与空气调节设计规范》编制组按章、节、条顺序编制了本规范的条文说明，对条文规定的目的、依据以及执行中需要注意的有关事项进行了说明。但是，本条文说明不具备与规范正文同等的法律效力，仅供使用者作为理解和把握规范规定的参考。

目 次

1 总　则

1.0.1 规范宗旨。

供暖、通风与空调工程是基本建设领域中一个不可缺少的组成部分，对合理利用资源、节约能源、保护环境、保障工作条件、提高生活质量，有着十分重要的作用。暖通空调系统在建筑物使用过程中持续消耗能源，如何通过合理选择系统与优化设计使其能耗降低，对实现我国建筑节能目标和推动绿色建筑发展作用巨大。

1.0.2 规范适用范围。

本规范适用于各种类型的民用建筑，其中包括居住建筑、办公建筑、科教建筑、医疗卫生建筑、交通邮电建筑、文体集会建筑和其他公共建筑等。对于新建、改建和扩建的民用建筑，其供暖、通风与空调设计，均应符合本规范各相关规定。民用建筑空调系统包括舒适性空调系统和工艺性空调系统两种。舒适性空调系统指以室内人员为服务对象，目的是创造一个舒适的工作或生活环境，以利于提高工作效率或维持良好的健康水平的空调系统。工艺性空调系统指以满足工艺要求为主，室内人员舒适感为辅的空调系统。

本规范不适用于有特殊用途、特殊净化与防护要求的建筑物以及临时性建筑物的设计，是针对某些特殊要求、特殊作法或特殊防护而言的，并不意味着本规范的全部内容都不适用于这些建筑物的设计，一些通用性的条文，应参照执行。有特殊要求的设计，应执行国家相关的设计规范。

1.0.3 设计方案确定原则和技术、工艺、设备、材料的选择要求。

供暖、通风与空气调节工程，在工程投资中占有重要份额且运行能耗巨大，因此设计中应确定整体上技术先进、经济合理的设计方案。规范从安全、节能、环保、卫生等方面结合了近十年来国内外出现的新技术、新工艺、新设备、新材料与设计、科研新成果，对有关设计标准、技术要求、设计方法以及其他政策性较强的技术问题等都作了具体的规定。

1.0.6 地震区或湿陷性黄土地区设备和管道布置要求。

为了防止和减缓位于地震区或湿陷性黄土地区的建筑物由于地震或土壤下沉而造成的破坏和损失，除应在建筑结构等方面采取相应的预防措施外，布置供暖、通风和空调系统的设备和管道时，还应根据不同情况按照国家现行规范的规定分别采取防震或其他有效的防护措施。

1.0.7 同施工验收规范衔接。

为保证设计和施工质量，要求供暖通风与空调设计的施工图内容应与国家现行的《建筑给水排水及供暖工程施工质量验收规范》GB 50242、《通风与空调工程施工质量验收规范》GB 50243、《建筑节能工程施工质量验收规范》GB 50411 等保持一致。有特殊要求及现行施工质量验收规范中没有涉及的内容，在施工图文件中必须有详尽说明，以利施工、监理等工作的顺利进行。

1.0.8 同其他标准规范衔接。

本规范为专业性的全国通用规范。根据国家主管部门有关编制和修订工程建设标准规范的统一规定，为了精简规范内容，凡引用或参照其他全国通用的设计标准规范的内容，除必要的以外，本规范不再另设条文。本条强调在设计中除执行本规范外，还应执行与设计内容相关的安全、环保、节能、卫生等方面的国家现行的有关标准、规范等的规定。

2 术　语

2.0.3 供暖

以前"供暖"习惯称为"采暖"。近年来随着社会和经济的发展，采暖设计的涉及范围不断扩大，已由最早的侧重室内需求侧的"采暖"设计扩展到同时包含管网及热源的"供暖"设计；同时，考虑到与现行政府法规文件及管理规定用词一致，所以本规范统称"供暖"。

2.0.4 集中供暖

除集中供暖外，其他供暖方式均为分散供暖。目前，分散供暖主要方式为电热供暖、户式燃气壁挂炉供暖、户式空气源热泵供暖、户用烟气供暖（火炉、火墙和火炕等）等。楼用燃气炉供暖和楼用热泵供暖也属于集中供暖。集中供热指以热水或蒸汽作为热媒，由热源集中向一个城市或较大区域供应热能的方式。集中供热除供暖外，还包括生活热水和蒸汽的供应。

2.0.6 毛细管网辐射系统

毛细管网一般由 3.4mm×0.55mm 或 4.3mm×0.8mm 的 PPR 或 PERT 塑料毛细管组成，其间隔为10mm～40mm。

2.0.14 温度湿度独立控制空调系统

温度湿度独立控制空调系统中，温度是由高于室内设计露点温度的冷水通过辐射或对流形式的末端吸收显热来控制；绝对湿度由经过除湿处理的干空气（一般是新风）送入室内，吸收室内余湿来控制。

2.0.22 定流量一级泵空调冷水系统

空调冷水系统末端设三通阀时，虽然用户侧流量改变，但对输配水系统而言，与末端无水路调节阀一样，仍处于定流量状态，故称定流量一级泵系统。

2.0.23 变流量一级泵空调冷水系统

空调冷水系统末端设二通阀调节，无论冷水机组定流量，还是变流量，对输配水系统而言，循环水量均处于变流量状态，故称为变流量一级泵系统。

3 室内空气设计参数

3.0.1 供暖室内设计温度。

考虑到不同地区居民生活习惯不同，分别对严寒和寒冷地区、夏热冬冷地区主要房间的供暖室内设计温度进行规定。

1 根据国内外有关研究结果，当人体衣着适宜、保暖充分且处于安静状态时，室内温度 20℃ 比较舒适，18℃ 无冷感，15℃ 是产生明显冷感的温度界限。冬季的热舒适（$-1 \leqslant PMV \leqslant +1$）对应的温度范围为：18℃～28.4℃。基于节能的原则，本着提高生活质量、满足室温可调的要求，在满足舒适的条件下尽量考虑节能，因此选择偏冷（$-1 \leqslant PMV \leqslant 0$）的环境，将冬季供暖设计温度范围定在 18℃～24℃。从实际调查结果来看，大部分建筑供暖设计温度为 18℃～20℃。

冬季空气集中加湿耗能较大，延续我国供暖系统设计习惯，供暖建筑不做湿度要求。从实际调查来看，我国供暖建筑中人员常采用各种手段实现局部加湿，供暖季房间相对湿度在 15%～55% 范围波动，这样基本满足舒适要求，同时又节约能耗。

2 考虑到夏热冬冷地区实际情况和当地居民生活习惯，其室内设计温度略低于寒冷和严寒地区。

夏热冬冷地区并非所有建筑物都供暖，人们衣着习惯还需要满足非供暖房间的保暖要求，服装热阻计算值略高。因此，综合考虑本地区的实际情况以及居民生活习惯，基于 PMV 舒适度计算，确定夏热冬冷地区主要房间供暖室内设计温度宜采用 16℃～22℃。

3.0.2 舒适性空调室内设计参数。

考虑到人员对长期逗留区域和短期逗留区域二者舒适性要求不同，因此分别给出相应的室内设计参数。

1 考虑不同功能房间对室内热舒适的要求不同，分级给出室内设计参数。热舒适度等级由业主在确定建筑方案时选择。

出于建筑节能的考虑，要求供热工况室内环境在满足舒适的条件下偏冷，供冷工况在满足热舒适的条件下偏热，所以具体热舒适度等级划分如下表：

表 1　不同热舒适度等级所对应的 *PMV* 值

热舒适度等级	供热工况	供冷工况
Ⅰ级	$-0.5 \leqslant PMV \leqslant 0$	$0 \leqslant PMV \leqslant 0.5$
Ⅱ级	$-1 < PMV < -0.5$	$0.5 < PMV \leqslant 1$

根据我国在 2000 年制定的《中等热环境 PMV 和 PPD 指数的测定及热舒适条件的规定》GB/T 18049，相对湿度应该设定在 30%～70% 之间。从节能的角度考虑，供热工况室内设计相对湿度越大，能

耗越高。供热工况，相对湿度每提高 10%，供热能耗约增加 6%，因此不宜采用较高的相对湿度。调研结果显示，冬季空调建筑的室内设计湿度几乎都低于 60%，还有部分建筑不考虑冬季湿度。对舒适要求较高的建筑区域，应对相对湿度下限做出规定，确定相对湿度不小于 30%，而对上限则不作要求。因此对于Ⅰ级，室内相对湿度 ≥30%，PMV 值在 -0.5～0 之间时，热舒适区确定空气温度范围为 22℃～24℃。对于Ⅱ级，则不规定相对湿度范围，舒适温度范围为 18℃～22℃。

对于空调供冷工况，相对湿度在 40%～70% 之间时，对应满足热舒适的温度范围是 22℃～28℃。本着节能的原则，应在满足舒适条件前提下选择偏热环境。由此确定空调供冷工况室内设计参数为：温度 24℃～28℃，相对湿度 40%～70%。在此基础之上，对于Ⅰ级，当室内相对湿度在 40%～70% 之间，PMV 值在 0～0.5 之间时，基于热舒适区计算，舒适温度范围为 24℃～26℃。同理对于Ⅱ级建筑，基于热舒适区计算，舒适温度范围为 26℃～28℃。

对于风速，参照国际通用标准 ISO7730 和 ASHRAE Standard 55，并结合我国的实际国情和一般生活水平，取室内由于吹风感而造成的不满意度 DR 为不大于 20%。根据相关文献的研究结果，在 $DR \leqslant 20\%$ 时，空气温度、平均风速和空气紊流度之间的关系如图所示：

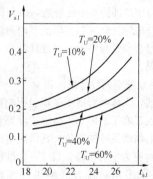

图 1　空气温度、平均风速和
空气紊流度关系图

根据实际情况，供冷工况室内紊流度较高，取为 40%，空气温度取平均值 26℃，得到空调供冷工况室内允许最大风速约为 0.3m/s；供热工况室内空气紊流度一般较小，取为 20%，空气温度取 18℃，得到冬季室内允许最大风速约为 0.2m/s。

对于游泳馆（游泳池区）、乒乓球馆、羽毛球馆等体育建筑，以及医院特护病房、广播电视等特殊建筑或区域的空调室内设计参数不在本条文规定之列，应根据相关建筑设计标准或业主要求确定。

温和地区夏季室内外温差较小，通常不设空调。设置空调的人员长期逗留区域，夏季空调室内设计参

数可在本规定基础上适当降低1℃~2℃。

2 短期逗留区域指人员暂时停留的区域，主要有商场、车站、机场、营业厅、展厅、门厅、书店等观览场所和商业设施。

对于人员短期逗留区域，人员停留时间较短，且服装热阻不同于长期逗留区域，热舒适更多受到动态环境变化影响，综合考虑建筑节能的需要，可在人员长期逗留区域基础上降低要求。

3.0.3 工艺性空调室内设计参数。

对于设置工艺性空调的民用建筑，其室内参数应根据工艺要求，并考虑必要的卫生条件确定。在可能的条件下，应尽量提高夏季室内设计温度，以节省建设投资和运行费用。另外，如设计室温过低（如20℃），夏季室内外温差太大会导致工作人员感到不舒适，室内设计温度提高一些，对改善室内工作人员的卫生条件也是有好处的。

不同于舒适空调，工艺性空调以满足工艺要求为主，舒适性为辅。其次工艺性空调负荷一般也较大，房间换气次数也高，人员活动区风速大。此外人员多穿工作装，吹风感小，因此最大允许风速相比舒适性空调略高。

3.0.4 室内热舒适性评价指标参数。

《中等热环境 PMV和PPD指数的测定及热舒适条件的规定》GB/T 18049等同于国际标准 ISO 7730，本规范结合我国国情对舒适等级进行了划分。采用PMV、PPD评价室内热舒适，既与国家现行标准一致，又与国际接轨。在不降低室内热舒适标准的前提下，通过合理选择室内空气设计参数，可以收到明显节能效果。

3.0.5 辐射系统室内设计温度。

实践证实，人体的舒适度受辐射影响很大，欧洲的相关实验也证实了辐射和人体舒适度感觉的相互关系。对于辐射供暖供冷的建筑，其供暖室内设计温度取值低于以对流为主的供暖系统2℃，供冷室内设计温度取值高于采用对流方式的供冷系统0.5℃~1.5℃时，可达到同样舒适度。

3.0.6 设计最小新风量。部分强制性条文。

表3.0.6-1~表3.0.6-4最小新风量指标综合考虑了人员污染和建筑污染对人体健康的影响。

1 表3.0.6-1中未做出规定的其他公共建筑人员所需最小新风量，可按照国家现行卫生标准中的容许浓度进行计算确定，并应满足国家现行相关标准的要求。

2 由于居住建筑和医院建筑的建筑污染部分比重一般要高于人员污染部分，按照现有人员新风量指标所确定的新风量没有体现建筑污染部分的差异，从而不能保证始终完全满足室内卫生要求；因此，综合考虑这两类建筑中的建筑污染与人员污染的影响，以换气次数的形式给出所需最小新风量。其中，

居住建筑的换气次数参照 ASHRAE Standard 62.1确定，医院建筑的换气次数参照《日本医院设计和管理指南》HEAS-02确定。医院中洁净手术部相关规定参照《医院洁净手术部建筑技术规范》GB 50333。

3 高密人群建筑即人员污染所需新风量比重高于建筑污染所需新风量比重的建筑类型。按照目前我国现有新风量指标，计算得到的高密人群建筑新风量所形成的新风负荷在空调负荷中的比重一般高达20%~40%，对于人员密度超高建筑，新风能耗通常更高。一方面，人员污染和建筑污染的比例随人员密度的改变而变化；另一方面，高密人群建筑的人流量变化幅度大，出现高峰人流的持续时间短，受作息、节假日、季节、气候等因素影响明显。因此，该类建筑应该考虑不同人员密度条件下对新风量指标的具体要求；并且应重视室内人员的适应性等因素对新风量指标的影响。为了反映以上因素对新风量指标的具体要求，该类建筑新风量大小参考 ASHRAE Standard 62.1的规定，对不同人员密度条件下的人均最小新风量做出规定。通常会议室在舒适度要求上要比大会厅高，但只从健康要求角度考虑，对新风要求二者没有明显差别。会议室包括中小型会议室和大型会议室，在具体设计中，中小型会议室的人均新风量要大于大型会议室。

对于置换送风系统，由于其新鲜空气与室内空气混合机理与其他空调系统不同，其新风量的确定可以根据本条得到的新风量再结合置换通风效率进行修正后得到。

4 室外设计计算参数

4.1 室外空气计算参数

4.1.1 室外空气计算参数。

室外空气计算参数是负荷计算的重要基础数据，本规范以全国地级单位划分为基础，结合中国气象局地面气象观测台站的观测数据经计算确定。我国国家级地面气象台站划分为一般站和基本基准站。部分一般站的资料序列较短，不具备整理条件，故本次计算采用的均为基本基准站气象观测资料。由于大部分县级地区的气象参数与其所属的地级单位相比变化不大，因此，没有选取地级市以下的单位进行数据统计。本规范共选取294个台站制作了室外空气计算参数表，详见附录A。所选台站基本覆盖了全国范围内的地级市，由于气象台站的分布和行政区划并非一一对应，对于未列入城市，其计算参数可参考就近或地理环境相近的城市确定。

近年来受气候变化影响，室外空气计算参数随环境温度的变化也发生了改变。本次统计选取1971年1月1日至2000年12月31日30年的每日4次（2、

8、14、20点)定时观测数据为基础进行计算，总体来说，夏季计算参数变化不大，冬季北方供暖城市计算参数有上升现象。

我国使用的室外空气计算参数确定方法与国外不同，一般是按平均或累年不保证日（时）数确定，而美国、日本及英国等国家一般采用不保证率的方法，计算参数并不唯一，选择空间较大。经过专题研究，虽然国外的方法更灵活，能够针对目标建筑做出不同的选择，但我国的观测设备条件有限，目前还不能够提供所有主要城市30年的逐时原始数据，用一日四次的定时数据计算不保证率的结果与逐时数据的结果是有偏差的；而且从我国第一本暖通规范《工业企业供暖通风和空气调节设计规范》TJ 19出版以来一直沿用此种方法，广大的设计工作者已经习惯于这种传统的格式，综合考虑各种因素，本规范只更新数据，不改变方法。

随着我国经济发展，超高层建筑不断增多，高度不断增加，超高层建筑上部风速、温度等参数与地面相比有较大变化，应根据实际高度，对室外空气计算参数进行修正。

4.1.2 供暖室外计算温度。

供暖室外计算温度是将统计期内的历年日平均温度进行升序排列，按历年平均不保证5天时间的原则对数据进行筛选计算得到。

经过几十年的实践证明，在采取连续供暖时，这样的供暖室外计算温度一般不会影响民用建筑的供暖效果。本条及本章其他条文中的所谓"不保证"，是针对室外温度状况而言的。"历年"即为每年，"历年平均"，是指累年不保证总数的每年平均值。

4.1.3 冬季通风室外计算温度。

本条及本规范其他有关条文中的"累年最冷月"，系指累年月平均气温最低的月份。累年值是指历年气象观测要素的平均值或极值。累年月平均气温具体到本规范中是指指定时段内某月份历年月平均气温的平均值。累年月平均气温最低的月份是12个累年月平均气温中的最小值对应的月份。一般情况下累年最冷月为一月，但在少数地区也会存在为十二月或二月的情况。

本条的计算温度适用于机械送风系统补偿消除余热、余湿等全面排风的耗热量时使用；当选择机械送风系统的空气加热器时，室外计算参数宜采用供暖室外计算温度。

4.1.4 冬季空调室外计算温度。

将冬季的室外空气计算温度分为供暖和空调两种温度是我国与国际上相比比较特殊的一种情况。在美国及日本等一些国家，冬季的设计计算温度并不区分供暖或空调，只是给出不同的保证率形式供设计师在不同使用功能的建筑时选用。

空调房间的温湿度要求要高于供暖房间，因此不

保证的时间也应小于供暖温度所对应的时间。我国的冬季空调室外计算温度是以日平均温度为基础进行统计计算的，而国际上不保证率方法计算的基础是逐时平均温度，用二者进行比较，从严格意义上来说是不对等的。如果仅仅从数值上看，我国冬季空调室外计算温度的保证率还是比较高的，同美国等国家常用的标准在同一水平上。

4.1.5 冬季空调室外计算相对湿度。

累年最冷月平均相对湿度是指累年月平均气温最低月份的累年月平均相对湿度。

4.1.6 夏季空调室外计算干球温度。

由于我国全国范围的自动气象观测站建设近年才开始，大多数地区逐时温度记录不够统计标准的30年。因此本规范中所指的不保证50小时，是以每天四次（2、8、14、20时）的定时温度记录为基础，以每次记录代表6小时进行统计。

4.1.7 夏季空调室外计算湿球温度。

与4.1.6相同，湿球温度也是选取每日四次的定时观测湿球温度，以每次记录代表6小时进行统计。

4.1.8 夏季通风室外计算温度。

我国气象台站在观测时统一采用北京时间进行记录，14时是一日四次定时记录中气温最高的一次。对于我国大部分地区来说，当地太阳时的14时与北京太阳时的14时相比会有1～3个小时的时差。尤其是对于西部地区来说，统一采用北京时间14时的温度记录，并不能真正反映当地最热月逐日逐时较高的14时气温。但考虑到需要进行时差修正的地区，夏季通风室外计算温度多在30℃以下（有的还不到20℃），把通风计算温度规定提高一些，对通风设计（主要是自然通风）效果影响不大，故本规范未规定对此进行修正。

如需修正，可按以下的时差订正简化方法进行修正：

1 对北京以东地区以及北京以西时差为1小时地区，可以不考虑以北京时间14时所确定的夏季通风室外计算温度的时差订正。

2 对北京以西时差为2小时的地区，可按以北京时间14时所确定的夏季通风室外计算温度加上2℃来订正。

4.1.9 夏季通风室外计算相对湿度。

全国统一采用北京时间最热月14时的平均相对湿度确定这一参数，也存在时差影响问题，但是相对湿度的偏差不大，偏于安全，故未考虑修正问题。

4.1.10 夏季空调室外计算日平均温度。

关于夏季室外计算日平均温度的确定原则是考虑与空调室外计算干湿球温度相对应的，即不保证小时数应为50小时左右。统计结果表明，50小时的不保证小时数大致分布在15天左右，而在这15天左右的时间内，分布也是不均等的，有些天仅有1～2小时，

出现较多的不保证小时数的天数一般在 5 天左右。因此，取不保证 5 天的日平均温度，大致与室外计算干湿球温度不保证 50 小时是相对应的。

4.1.11 为适应关于按不稳定传热计算空调冷负荷的需要，制定本条内容。

4.1.12 特殊情况下空调室外计算参数的确定。

本规范的室外空气计算参数是在不同保证率下统计计算的结果，虽然保证率比较高，完全能够满足一般民用建筑的热环境舒适度需求，但是在特殊气象条件下仍然会存在达不到室内温湿度要求的情况。因此，当建筑室内温湿度参数必须全年保持既定要求的时候，应另行确定适宜的室外计算参数。仅在部分时间（如夜间）工作的空调系统，可不完全遵守本规范第 4.1.6～4.1.11 条的规定。

4.1.14 室外风速、风向及频率。

本条及本规范其他有关条文中的"累年最冷 3 个月"，系指累年月平均气温最低的 3 个月；"累年最热 3 个月"，系指累年月平均气温最高的 3 个月。

"最多风向"即"主导风向"（Predominant Wind Direction）。

4.1.17 设计计算用供暖期天数。

本条中所谓"日平均温度稳定低于或等于供暖室外临界温度"，系指室外连续 5 天的滑动平均温度低于或等于供暖室外临界温度。

按本条规定统计和确定的设计计算用供暖期，是计算供暖建筑物的能量消耗，进行技术经济分析、比较等不可缺少的数据，是专供设计计算应用的，并不是指具体某一个地方的实际供暖期，各地的实际供暖期应由各地主管部门根据情况自行确定。随着生活水平提高，建筑物供暖临界温度也逐渐增长，为配合不同地区的不同要求，本规范附录给出了 5℃和 8℃两种临界温度的供暖期天数与起止日期。

4.1.18 室外计算参数的统计年份。

近年来，国际上对室外计算参数统计年份的选取有一些讨论：年份取得长，气象参数的稳定性好，数据更有代表性，但是由于全球变暖，环境温度的攀升，统计年份选取过长则不能完全切合实际设计需求；年取的短，虽然在一定程度上更贴近实际气温变化趋势，但是会放大极端天气对设计参数的影响。为得出一个合理的结论，编制组室外空气计算参数专题小组对 1978～2007 的气象参数进行了整理分析。结果表明 1978～2007 累年年平均气温与 1951～1980 年 30 年的累年年平均气温相比有了明显的上升，但是北方地区冬季的温度近十年又有回落的趋势，而夏季的温度整体变化不大。经过计算对比室外空气计算参数采用 10 年、15 年、20 年及 30 年不同统计期的数值，10 年与 30 年的数据与累年年平均气温变化的趋势最为相近。从气象学的角度出发，30 年是比较有代表性的观测统计期，所以本次规范室外空气计算

参数的统计年份为 30 年。为保证计算参数的科学合理，根据气象部门整编数据的规定，编制组选取了 1971～2000 年作为统计期，部分台站因为迁站等原因有数据缺失，除长沙、重庆和芜湖外，其余台站均保证统计期大于 20 年。

4.1.19 山区的室外气象参数。

山区的气温受海拔、地形等因素影响较大，在与邻近台站的气象资料进行比较时，应注意小气候的影响，注意气候条件的相似性。

4.2 夏季太阳辐射照度

4.2.1 确定太阳辐射照度的基本原则。

本规范所给出的太阳辐射照度值，是根据地理纬度和 7 月大气透明度，并按 7 月 21 日的太阳赤纬，应用有关太阳辐射的研究成果，通过计算确定的。

关于计算太阳辐射照度的基础数据及其确定方法。这里所说的基础数据，是指垂直于太阳光线的表面上的直接辐射照度 S 和水平面上的总辐射照度 Q。基础数据是基于观测记录用逐时的 S 和 Q 值，采用近 10 年中每年 6 月至 9 月内舍去 15～20 个高峰值的较大值的历年平均值。实践证明，这一统计方法虽然较为繁琐，但它所确定的基础数据的量值，已为大家所接受。本规范参照这一量值，根据我国有关太阳辐射的研究中给出的不同大气透明度和不同太阳高度角下的 S 和 Q 值，按照不同纬度、不同时刻（6～18）时的太阳高度角用内插法确定的。

4.2.2 垂直面和水平面的太阳总辐射照度。

建筑物各朝向垂直面与水平面的太阳总辐射照度，是按下列公式计算确定的：

$$J_{zz} = J_z + \frac{D + D_f}{2} \tag{1}$$

$$J_{zp} = J_p + D \tag{2}$$

式中：J_{zz}——各朝向垂直面上的太阳总辐射照度（W/m²）；

J_{zp}——水平面上的太阳总辐射照度（W/m²）；

J_z——各朝向垂直面的直接辐射照度（W/m²）；

J_p——水平面的直接辐射照度（W/m²）；

D——散射辐射照度（W/m²）；

D_f——地面反射辐射照度（W/m²）。

各纬度带和各大气透明度等级下的计算结果列于本规范附录 C。

4.2.3 透过标准窗玻璃的太阳辐射照度。

根据有关资料，将 3mm 厚的普通平板玻璃定义为标准玻璃。透过标准窗玻璃的太阳直接辐射照度和散射辐射照度，是按下列公式计算确定的：

$$J_{cz} = \mu_\theta J_z \tag{3}$$

$$J_{zp} = \mu_\theta J_p \tag{4}$$

$$D_{cz} = \mu_d \left(\frac{D + D_f}{2} \right) \tag{5}$$

$$D_{cp} = \mu_d D \qquad (6)$$

式中：J_{cz}——各朝向垂直面和水平面透过标准窗玻璃的直接辐射照度（W/m²）；

μ_θ——太阳直接辐射入射率；

D_{cz}——透过各朝向垂直面标准窗玻璃的散射辐射照度（W/m²）；

D_{cp}——透过水平面标准窗玻璃的散射辐射照度（W/m²）；

μ_d——太阳散射辐射入射率；

其他符号意义同前。

各纬度带和各大气透明度等级下的计算结果列于本规范附录 D。

4.2.4 当地计算大气透明度等级的确定。

为了按本规范附录 C 和附录 D 查取当地的太阳辐射照度值，需要确定当地的计算大气透明度等级，为此，本条给出了根据当地大气压力确定大气透明度的等级，见表 4.2.4，并在本规范附录 E 中给出了夏季空调用的计算大气透明度分布图。

5 供 暖

5.1 一 般 规 定

5.1.1 供暖方式选择原则。

目前实施供暖的各地区的气象条件，能源结构、价格、政策、供热、供气、供电情况及经济实力等都存在较大差异，并且供暖方式还要受到环保、卫生、安全等多方面的制约和生活习惯的影响，因此，应通过技术经济比较确定。

5.1.2 宜设置集中供暖的地区。

根据几十年的实践经验，累年日平均温度稳定低于或等于 5℃ 的日数大于或等于 90 天的地区，在同样保障室内设计环境的情况下，采用集中供暖系统更为经济、合理。这类地区是北京、天津、河北、山西、内蒙古、辽宁、吉林、黑龙江、山东、西藏、青海、宁夏、新疆等 13 个省、直辖市、自治区的全部，河南（许昌以北）、陕西（西安以北）、甘肃（除陇南部分地区）等省的大部分，以及江苏（淮阴以北）、安徽（宿县以北）、四川（川西高原）等省的一小部分，此外还有某些省份的高寒山区。

近些年，随着我国经济发展和人民生活水平提高，累年日平均温度稳定低于或等于 5℃ 的日数小于 90 天地区的建筑也开始逐渐设置供暖设施，具体方式可根据当地条件确定。

5.1.3 宜设置供暖设施的地区及宜采用集中供暖的建筑。

为了保障人民生活最基本要求、维护公众利益设置了本条文。具体采用什么供暖方式，应根据所在地区的具体情况，通过技术经济比较确定。

5.1.5 设置值班供暖的规定。

设置值班供暖，主要是为了防止公共建筑在非使用的时间内，其水管及其他用水设备发生冻结的现象。在严寒地区，还要考虑居住建筑的公共部分的防冻措施。

5.1.6 居住建筑集中供暖系统。

连续供暖指当室外温度达到供暖室外计算温度时，为了使室内达到设计温度，要求锅炉房（或换热机房）按照设计的供、回水温度昼夜连续运行。当室外温度高于供暖室外计算温度时，可以采用质调节或量调节以及间歇调节等运行方式减少供热量。需要指出，间歇调节运行与间歇供暖的概念是不同的，间歇调节运行只是在供暖过程中减少系统供热量的一种方法，而间歇供暖是指建筑物在使用时间内供暖，使室内温度达到设计要求，而在非使用时间允许室温自然降低。例如：办公楼、教学楼等公共建筑的使用时间基本是固定的时间段，可以采用间歇供暖。而居住建筑的使用时间依居住人行为习惯、年龄等的差异而不同，它可能是在每天的任何时间。在室内设计参数不变的条件下，连续供暖每小时的热负荷是均匀的，在设计条件下所选用的供暖设备可以满足使用要求。

5.1.7 围护结构传热系数的规定。

国家现行公共建筑和居住建筑节能设计标准对外墙、屋面、外窗、阳台门和天窗等围护结构的传热系数都有相关的具体要求和规定，本规范应符合其规定。

5.1.10 竖向分区设置规定。

设置竖向分区主要目的是：减小设备、管道及部件所承受的压力，保证系统安全运行，避免立管出现垂直失调等现象。通常，考虑散热器的承压能力，高层建筑内的散热器供暖系统宜按照 50m 进行分区设置。

5.1.11 系统分环设置规定。

为了平衡南北向房间的温差、解决"南热北冷"的问题，除了按本规范的规定对南北向房间分别采用不同的朝向修正系数外，对供暖系统，必要时采取南北向房间分环布置的方式，有利于系统调试，故在条文中推荐。

5.1.12 供暖系统的水质要求。

水质是保证供暖系统正常运行的前提，近些年发展的轻质散热器和相关末端设备在使用时都对水质有不同的要求。现行国家标准《工业锅炉水质》GB 1576 对供暖系统水质有要求，但其针对性不强，目前国家标准《供暖空调系统水质标准》正在编制中，对供暖水质提出了更为具体、针对性更强的要求。

5.2 热 负 荷

5.2.1 集中供暖系统施工图设计。强制性条文。

集中供暖的建筑，供暖热负荷的正确计算对供暖设备选择、管道计算以及节能运行都起到关键作用，特设置此条，且与现行《严寒和寒冷地区居住建筑节能设计标准》JGJ 26 和《公共建筑节能设计标准》GB 50189 保持一致。

在实际工程中，供暖系统有时是按照"分区域"来设置的，在一个供暖区域中可能存在多个房间，如果按照区域来计算，对于每个房间的热负荷仍然没有明确的数据。为了防止设计人员对"区域"的误解，这里强调的是对每一个房间进行计算而不是按照供暖区域来计算。

5.2.2 供暖通风热负荷确定。

计算热负荷时不经常出现的散热量，可不计算；经常出现但不稳定的散热量，应采用小时平均值。当前居住建筑户型面积越来越大，单位建筑面积内部得热量不一，且炊事、照明、家电等散热是间歇性的，这部分自由热可作为安全量，在确定热负荷时不予考虑。公共建筑内较大且放热较恒定的物体的散热量，在确定系统热负荷时应予以考虑。

5.2.4 围护结构基本耗热量的计算。

公式（5.2.4）是按稳定传热计算围护结构耗热量，不管围护结构的热惰性指标大小如何，室外计算温度均采用供暖室外计算温度，即历年平均不保证 5 天的日平均温度。

近些年北方地区的居住建筑大都采用封闭阳台，封闭阳台形式大致有两种：凸阳台和凹阳台。凸阳台是包含正面和左右侧面三个接触室外空气的外立面，而凹阳台只有正面一个接触室外空气的外立面。在计算围护结构基本耗热量时，应考虑该围护结构的温差修正系数。现行行业标准《严寒和寒冷地区居住建筑节能设计标准》JGJ 26—2010 附录 E.0.4 给出了严寒寒冷地区 210 个城市和地区、不同朝向的凸阳台和凹阳台温差修正系数。

5.2.5 相邻房间的温差传热计算原则。

当相邻房间的温差小于 5℃ 时，为简化计算起见，通常可不计入通过隔墙和楼板等的传热量。但当隔墙或楼板的传热热阻太小，传热面积很大，或其传热量大于该房间热负荷的 10% 时，也应将其传热量计入该房间的热负荷内。

5.2.6 围护结构的附加耗热量。包括朝向修正率、风力附加率、外门附加率。

1 朝向修正率，是基于太阳辐射的有利作用和南北向房间的温度平衡要求，而在耗热量计算中采取的修正系数。本条第一款给出的一组朝向修正率是综合各方面的论述、意见和要求，在考虑某些地区、某些建筑物在太阳辐射得热方面存在的潜力的同时，考虑到我国幅员辽阔，各地实际情况比较复杂，影响因素很多，南北向房间耗热量客观存在一定的差异（10%～30%），以及北向房间由于接受不到太阳直射作用而使人们的实感温度低（约差 2℃），而且墙体

的干燥程度北向也比南向差，为使南北向房间在整个供暖期均能维持大体均衡的温度，规定了附加（减）的范围值。这样做适应性比较强，并为广大设计人员提供了可供选择的余地，具有一定的灵活性，有利于本规范的贯彻执行。

2 风力附加率，是指在供暖耗热量计算中，基于较大的室外风速会引起围护结构外表面换热系数增大，即大于 23W/（m^2·K）而设的附加系数。由于我国大部分地区冬季平均风速不大，一般为 2m/s～3m/s，仅个别地区大于 5m/s，影响不大，为简化计算起见，一般建筑物不必考虑风力附加，仅对建筑在不避风的高地、河边、海岸、旷野上的建筑物，以及城镇内明显高出的建筑物的风力附加做了规定。"明显高出"通常指较大区域范围内，某栋建筑特别突出的情况。

3 外门附加率，是基于建筑物外门开启的频繁程度以及冲入建筑物中的冷空气导致耗热量增大而附加的系数。外门附加率，只适用于短时间开启的、无热空气幕的外门。阳台门不应计入外门附加。

关于第 3 款外门附加中"一道门附加 65%×n，两道门附加 80%×n"的有关规定，有人提出异议，但该项规定是正确的。因为一道门与两道门的传热系数是不同的：一道门的传热系数是 4.65W/（m^2·K），两道门的传热系数是 2.33W/（m^2·K）。

例如：设楼层数 $n=6$

一道门的附加 65%×n 为：4.65×65%×6 ＝18.135

两道门的附加 80%×n 为：2.33×80%×6 ＝11.184

显然一道门附加的多，而两道门附加的少。

另外，此处所指的外门是建筑物底层入口的门，而不是各层每户的外门。

此外，严寒地区设计人员也可根据经验对两面外墙和窗墙面积比过大进行修正。当房间有两面以上外墙时，可将外墙、窗、门的基本耗热量附加 5%。当窗墙（不含窗）面积比超过 1:1 时，可将窗的基本耗热量附加 10%。

5.2.7 高度附加率。

高度附加率应附加于围护结构的基本耗热量和其他附加耗热量之和的基础上。高度附加率，是基于房间高度大于 4m 时，由于竖向温度梯度的影响导致上部空间及围护结构的耗热量增大的附加系数。由于围护结构耗热作用等影响，房间竖向温度的分布并不总是逐步升高的，因此对高度附加率的上限值做了限制。

以前有关地面供暖的规定认为可不计算房间热负荷的高度附加。但实际工程中的高大空间，尤其是间歇供暖时，常存在房间升温时间过长甚至是供热量不足等问题。分析原因主要是：①同样面积时，高大空间外墙等围护结构比一般房间多，"蓄冷量"较大，

供暖初期升温相对需热量较多；②地面供暖向房间散热有将近一半仍依靠对流形式，房间高度方向也存在一些温度梯度。因此本规范建议地面供暖时，也要考虑高度附加，其附加值约按一般散热器供暖计算值50%取值。

5.2.8 间歇供暖系统设计附加值选取。

对于夜间基本不使用的办公楼和教学楼等建筑，在夜间时允许室内温度自然降低一些，这时可按间歇供暖系统设计，这类建筑物的供暖热负荷应对围护结构耗热量进行间歇附加，间歇附加率可取 20%；对于不经常使用的体育馆和展览馆等建筑，围护结构耗热量的间歇附加率可取 30%。如建筑物预热时间长，如两小时，其间歇附加率可以适当减少。

5.2.9 门窗缝隙渗入室内的冷空气耗热量计算。

本条强调了门窗缝隙渗透冷空气耗热量计算的必要性，并明确计算时应考虑的主要因素。在各类建筑物的耗热量中，冷风渗透耗热量所占比是相当大的，有时高达 30% 左右，根据现有的资料，本规范附录 F 分别给出了用缝隙法计算民用建筑的冷风渗透耗热量，并在附录 G 中给出了全国主要城市的冷风渗透量的朝向修正系数 n 值。

5.2.10 分户热计量户间传热供暖负荷附加量。

户间传热对供暖负荷的附加量的大小不影响外网、热源的初投资，在实施室温可调和供热计量收费后也对运行能耗的影响较小，只影响到室内系统的初投资。附加量取得过大，初投资增加较多。依据模拟分析和运行经验，户间传热对供暖负荷的附加量不宜超过计算负荷的 50%。

5.2.11 辐射供暖负荷计算。

根据国内外资料和国内一些工程的实测，辐射供暖用于全面供暖时，在相同热舒适条件下的室内温度可比对流供暖时的室内温度低 2℃～3℃。故规定辐射供暖的耗热量计算可按本规范的有关规定进行，但室内设计温度取值可降低 2℃。当辐射供暖用于局部供暖时，热负荷计算还要乘以表 5.2.11 所规定的计算系数（局部供暖的面积与房间总面积的面积比大于75%时，按全面供暖耗热量计算）。

5.3 散热器供暖

5.3.1 散热器供暖系统的热媒选择及热媒温度。

采用热水作为热媒，不仅对供暖质量有明显的提高，而且便于进行调节。因此，明确规定散热器供暖系统应采用热水作为热媒。

以前的室内供暖系统设计，基本是按 95℃/70℃ 热媒参数进行设计，实际运行情况表明，合理降低建筑物内供暖系统的热媒参数，有利于提高散热器供暖的舒适程度和节能能耗。近年来，国内已开始提倡低温连续供热，出现降低热媒温度的趋势。研究表明：对采用散热器的集中供暖系统，综合考虑供暖系统的初投资和年运行费用，当二次网设计参数取 75℃/50℃ 时，方案最优，其次是取 85℃/60℃ 时。

目前，欧洲很多国家正朝着降低供暖系统热媒温度的方向发展，开始采用 60℃ 以下低温热水供暖，这也值得我国参考。

5.3.2 供暖系统制式选择。

由于双管制系统可实现变流量调节，有利于节能，因此室内供暖系统推荐采用双管制系统。采用单管系统时，应在每组散热器的进出水支管之间设置跨越管，实现室温调节功能。公共建筑选择供暖系统制式的原则，是在保持散热器有较高散热效率的前提下，保证系统中除楼梯间以外的各个房间（供暖区），能独立进行温度调节。公共建筑供暖系统可采用上/下分式垂直双管、下分式水平双管、上分式带跨越管的垂直单管、下分式带跨越管的水平单管制式，由于公共建筑往往分区出售或出租，由不同单位使用，因此，在设计和划分系统时，应充分考虑实现分区热量计量的灵活性、方便性和可能性，确保实现按用热量多少进行收费。

5.3.3 既有建筑供暖系统改造制式选择。

在北方一些城市大面积推行的既有建筑供暖系统热计量改造，多数改为分户独立循环系统，室内管道需重新布置，实施困难，对居民影响较大。根据既有建筑改造应尽可能减少扰民和投入为原则，建议改为垂直双管或加跨越管的形式，实现分户计量要求。

5.3.4 单管跨越式系统适用层数和散热器连接组数的规定。

散热器流量和散热量的关系曲线与进出口温差有关，温差越大越接近线性。散热器串联组数过多，每组散热温差过小，不仅散热器面积增加较大，恒温阀调节性能也很难满足要求。

5.3.5 有冻结危险场所的散热器设置。强制性条文。

对于管道有冻结危险的场所，不应将其散热器同邻室连接，立管或支管应独立设置，以防散热器冻裂后影响邻室的供暖效果。

5.3.6 选择散热器的规定。

散热器产品标准中规定了不同种类散热器的工作压力，即便是同一种类的散热器也有因加工材质厚度不同，工作压力不同的情况，而不同系统要求散热器的压力也不同，因此，强调了本条第一款的内容。

供暖系统在非供暖季节应充水湿保养，不仅是使用钢制散热器供暖系统的基本运行条件，也是热水供暖系统的基本运行条件，在设计说明中应加以强调。

公共建筑内的高大空间，如大堂、候车（机）厅、展厅等处的供暖，如果采用常规的对流供暖方式供暖时，室内沿高度方向会形成很大的温度梯度，不但建筑热损耗增大，而且人员活动区的温度往往偏低，很难保持设计温度。采用辐射供暖时，室内高度方向的温度梯度小；同时，由于有温度和辐射照度的综合作用，既可以创造比较理想的热舒适环境，又可以比对流供暖时减少能耗。

5.3.7 散热器的布置。

1 散热器布置在外墙的窗台下，从散热器上升的对流热气流能阻止从玻璃窗下降的冷气流，使流经生活区和工作区的空气比较暖和，给人以舒适的感觉，因此推荐把散热器布置在外墙的窗台下；为了便于户内管道的布置，散热器也可靠内墙安装。

2 为了防止把散热器冻裂，在两道外门之间的门斗内不应设置散热器。

3 把散热器布置在楼梯间的底层，可以利用热压作用，使加热了的空气自行上升到楼梯间的上部补偿其耗热量，因此规定楼梯间的散热器应尽量布置在底层或按一定比例分配在下部各层。

5.3.8 散热器组装片数。

本条规定主要是考虑散热器组片连接强度及施工安装的限制要求。

5.3.9 散热器安装。

散热器暗装在罩内时，不但散热器的散热量会大幅度减少；而且，由于罩内空气温度远远高于室内空气温度，从而使罩内墙体的温差传热损失大大增加，应避免这种错误做法。实验证明：散热器外表面涂刷非金属性涂料时，其散热量比涂刷金属性涂料时能增加10%左右。"特殊功能要求的建筑"指精神病院、法院审查室等。

5.3.10 散热器安装。强制性条文。

规定本条的目的，是为了保护儿童、老年人、特殊人群的安全健康，避免烫伤和碰伤。

5.3.11 散热器数量修正。

散热器的散热量是在特定条件下通过实验测定给出的，在实际工程应用中该值往往与测试条件下给出的有一定差别，为此设计时除应按不同的传热温差（散热器表面温度与室温之差）选用合适的传热系数外，还应考虑其连接方式、安装形式、组装片数、热水流量以及表面涂料等对散热量的影响。

散热器散热数量 n（片）可由下式计算，公式中的修正系数可由设计手册查得。

$$n = (Q_1/Q_S)\beta_1\beta_2\beta_3\beta_4 \qquad (7)$$

式中：Q_1——房间的供暖热负荷（W）；

Q_S——散热器的单位（每片或每米长）散热量[（W/片）或（W/m）]；

β_1——柱形散热器（如铸铁柱形，柱翼形，钢制柱形等）的组装片数修正系数及扁管形、板形散热器长度修正系数；

β_2——散热器支管连接方式修正系数；

β_3——散热器安装形式修正系数；

β_4——进入散热器流量修正系数。

5.3.12 非保温管道散热器数量修正。

管道明设时，非保温管道的散热量有提高室温的作用，可补偿一部分耗热量，其值应通过明装管道外表面与室内空气的传热计算确定。管道暗设于管井、吊顶等处时，均应保温，可不考虑管道中水的冷却温降；对于直接埋设于墙内的不保温立、支管，散入室内的热量、无效热损失、水温降等较难准确计算，设计人可根据暗设管道长度等因素，适当考虑对散热器数量的影响。

5.3.13 同一房间的两组散热器的连接方式。

条文中的散热器连接方式一般称为"分组串接"，如图2所示。由于供暖房间的温控要求，各房间散热器均需独立与供暖立管连接，因此只允许同一房间的两组散热器采用"分组串接"。对于水平单管跨越式和双管系统，完全有条件每组散热器与水平供暖管道独立连接并分别控制，因此"分组串接"仅限于垂直单管和垂直双管系统采用。

采用"分组串接"的原因一般是房间热负荷过大，散热器片数过多，或为了散热器布置均匀，需分成两组进行施工安装，而单独设置立管或每组散热器单独与立管连接又有困难或不经济。

采用上下接口同侧连接方式时，为了保证距立管较远的散热器的散热量，散热器之间的连接管管径应尽可能大，使其相当于一组散热器，即采用带外螺纹的支管直接与散热器内螺纹接口连接。

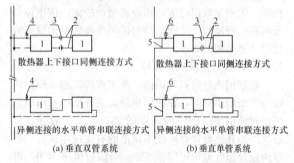

图2　散热器连接方式示意图

1—散热器；2—连接管；3—活接头；4—高阻力温控阀；
5—跨越管；6—低阻力温控阀

5.4　热水辐射供暖

5.4.1 辐射供暖系统的供回水温度、温差及辐射体表面平均温度要求。

本条从对地面辐射供暖的安全、寿命和舒适考虑，规定供水温度不应超过60℃。从舒适及节能考虑，地面供暖供水温度宜采用较低数值，国内外经验表明，35℃～45℃是比较合适的范围，故作此推荐。根据不同设置位置覆盖层热阻及遮挡因素，确定毛细管网供水温度。

根据国内外技术资料从人体舒适和安全角度考虑，对辐射供暖的辐射体表面平均温度作了具体规定。

对于人员经常停留的地面温度上限值规定，美国相关标准根据热舒适理论研究得出地面温度在 21℃ ~24℃时，不满意度低于 8%；欧洲相关设计标准规定地面温度上限为 29℃，日本相关研究表明，地面温度上限为 31℃时，从人体健康、舒适考虑，是可以接受。考虑到生活习惯，本规范将人员经常停留地面的温度上限值规定为 29℃。

5.4.2 地表面平均温度校核。

地面的表面平均温度若高于表 5.4.1-2 的最高限值，会造成不舒适，此时应减少地面辐射供暖系统负担的热负荷，采取改善建筑热工性能或设置其他辅助供暖设备等措施，满足设计要求。《地面辐射供暖技术规程》JGJ 142 - 2004 的 3.4.5 条给出了校核地面的表面平均温度的近似公式。

5.4.3 绝热层、防潮层、隔离层。部分强制性条文。

为减少供暖地面的热损失，直接与室外空气接触的楼板、与不供暖房间相邻的地板，必须设置绝热层。与土壤接触的底层，应设置绝热层；当地面荷载特别大时，与土壤接触的底层的绝热层有可能承载力不够，考虑到土壤热阻相对楼板较大，散热量较小，可根据具体情况酌情处理。为保证绝热效果，规定绝热层与土壤间设置防潮层。对于潮湿房间，混凝土填充式供暖地面的填充层上，预制沟槽保温板或预制轻薄供暖板供暖地面的地面面层下设置隔离层，以防止水渗入。

5.4.4 毛细管网辐射系统方式选择。

毛细管网是近几年发展的新技术，根据工程实践经验和使用效果，确定了该系统不同情况的安装方式。

5.4.5 辐射供暖系统工作压力要求。

系统工作压力的高低，直接影响到塑料加热管的管壁厚度、使用寿命、耐热性能、价格等一系列因素，所以不宜定得太高。

5.4.6 热水地面辐射供暖所用的塑料加热管。强制性条文。

塑料管材的力学特性与钢管等金属管材有较大区别。钢管的使用寿命主要取决于腐蚀速度，使用温度对其影响不大。而塑料管材的使用寿命主要取决于不同使用温度和压力对管材的累计破坏作用。在不同的工作压力下，热作用使管壁承受环应力的能力逐渐下降，即发生管材的"蠕变"，以致不能满足使用压力要求而破坏。壁厚计算方法可参照现行国家有关塑料管的标准执行。

5.4.7 居住建筑热水辐射供暖系统划分。

居住建筑中按户划分系统，可以方便地实现按户热计量，各主要房间分环路布置加热管，则便于实现分室控制温度。

5.4.8 加热管敷设管间距。

地面散热量的计算，都是建立在加热管间距均匀布置的基础上的。实际上房间的热损失，主要发生在与室外空气邻接的部位，如外墙、外窗、外门等处。为了使室内温度分布尽可能均匀，在邻近这些部位的区域如靠近外窗、外墙处，管间距可以适当缩小，而在其他区域则可以将管间距适当放大。不过为了使地面温度分布不会有过大的差异，人员长期停留区域的最大间距不宜超过 300mm。最小间距要满足弯管施工条件，防止弯管挤扁。

5.4.9 分水器、集水器。

分水器、集水器总进、出水管内径一般不小于 25mm，当所带加热管为 8 个环路时，管内热媒流速可以保持不超过最大允许流速 0.8m/s。分水器、集水器环路过多，将导致分水器、集水器处管道过于密集。

5.4.10 旁通管。

旁通管的连接位置，应在总进水管的始端（阀门之前）和总出水管的末端（阀门之后）之间，保证对供暖管路系统冲洗时水不流进加热管。

5.4.11 热水吊顶辐射板供暖使用场所。

热水吊顶辐射板为金属辐射板的一种，可用于层高 3m~30m 的建筑物的全面供暖和局部区域或局部工作地点供暖，其使用范围很广泛，包括大型船坞、船舶、飞机和汽车的维修大厅、建材市场、购物中心、展览会场、多功能体育馆和娱乐大厅等许多场合。

5.4.12 热水吊顶辐射板供水要求。

热水吊顶辐射板的供水温度，宜采用 40℃ ~95℃ 的热水。既可用低温热水，也可用水温高达 95℃ 的高温热水。热水水质应符合国家现行标准的要求。

5.4.13 热水吊顶辐射板供暖屋顶保温规定。

当屋顶耗热量大于房间总耗热量的 30% 时，应提高屋顶保温措施，目的是为了减少屋顶散热量，增加房间有效供热量。

5.4.14 热水吊顶辐射板有效散热量。

热水吊顶辐射板倾斜安装时，辐射板的有效散热量会随着安装角度的不同而变化。设计时，应根据不同的安装角度，按表 5.4.14 对总散热量进行修正。

由于热水吊顶辐射板的散热量是在管道内流体处于紊流状态下进行测试的，为保证辐射板达到设计散热量，管内流量不得低于保证紊流状态的最小流量。如流量达不到所要求的最小流量，应乘以 1.18 的安全系数。

5.4.15 热水吊顶辐射板安装高度。

热水吊顶辐射板属于平面辐射体，辐射的范围局限于它所面对的半个空间，辐射的热量正比于开尔文温度的四次方，因此辐射体的表面温度对局部的热量分配起决定作用，影响到房间内各部分的热量分布。而采用高温辐射会引起室内温度的不均匀分布，使人体产生不舒适感。当然辐射板的安装位置和高度也同样影响着室内温度的分布。因此在供暖设计中，应对辐射板的最低安装高度以及在不同安装高度下辐射板内热媒的最高平均温度加以限制。条文中给出了采用热水吊顶辐射板供暖时，人体感到舒适的允许最高平均水温。这个温度值是依据辐射板表面温度计算出来的。对于在通道或附属建筑物内，人们仅短暂停留的区域，温度可适当提高。

5.4.16 热水吊顶辐射板与供暖系统连接方式。

热水吊顶辐射板可以并联或串联，同侧或异侧等多种连接方式接入供暖系统，可根据建筑物的具体情况确定管道最优布置方式，以保证系统各环路阻力平衡和辐射板表面温度均匀。对于较长、高大空间的最佳管线布置，可采用沿长度方向平行的内部板和外部板串联连接，热水同侧进出的连接方式，同时采用流量调节阀来平衡每块板的热水流量，使辐射达到最优分布。这种连接方式所需费用低，辐射照度分布均匀，但设计时应注意能满足各个方向的热膨胀。在屋架或横梁隔断的情况下，也可采用沿外墙长度方向平行的两个或多个辐射板串联成一排，各辐射板排之间并联连接，热水异侧进出的方式。

5.4.17 热水吊顶辐射板装置布置要求。

热水吊顶辐射板的布置对于优化供暖系统设计，保证室内人员活动区辐射照度的均匀分布是很关键的。通常吊顶辐射板的布置应与最长的外墙平行设置，如必要，也可垂直于外墙设置。沿墙设置的辐射板排规格应大于室中部设置的辐射板规格，这是由于供暖系统热负荷主要是由围护结构传热耗热量以及通过外门、外窗侵入或渗入的冷空气耗热量来决定的。因此为保证室内作业区辐射照度分布均匀，应考虑室内空间不同区域的不同热需求，如设置大规格的辐射板在外墙处来补偿外墙处的热损失。房间建筑结构尺寸同样也影响着吊顶辐射板的布置方式。房间高度较低时，宜采用较窄的辐射板，以避免过大的辐射照度；沿外墙布置辐射板且板排较长时，应注意预留长度方向热膨胀的余地。

5.5 电加热供暖

5.5.1 电加热供暖使用条件。强制性条文。

合理利用能源、节约能源、提高能源利用率是我国的基本国策。直接将燃煤发电生产出的高品位电能转换为低品位的热能进行供暖，能源利用效率低，是不合适的。由于我国地域广阔、不同地区能源资源差距较大，能源形式与种类也有很大不同，考虑到各地区的具体情况，在只有符合本条所指的特殊情况时方可采用。

5.5.2 电供暖散热器形式和性能要求。

电供暖散热器是一种固定安装在建筑物内，以电为能源，将电能直接转化成热能，并通过温度控制器实现对散热器供热控制的供暖散热设备。电供暖散热器按放热方式可以分为直接作用式和蓄热式；按传热类型可分为对流式和辐射式，其中对流式包括自然对流和强制对流两种；按安装方式又可以分为吊装式、壁挂式和落地式。在工程设计中，无论选用哪一种电供暖散热器，其形式和性能都应满足具体工程的使用要求和有关规定。

电供暖散热器的性能包括电气安全性能和热工性能。

1 电气安全性能主要有泄漏电流、电气强度、接地电阻、防潮等级、防触电保护等。具体要求如下：

1）泄漏电流：在规定的试验额定电压下，测量电供暖散热器外露的金属部分与电源线之间的泄漏电流应不大于 0.75mA 或 0.75mA/kW。

2）电气强度：在带电部分和非带电金属部分之间施加额定频率和规定的试验电压，持续时间 1min，应无击穿或闪络。见表 2。

表 2 不同试验项目所用电压

不同电压下的电供暖散热器	试验电压（V）	
	泄漏电流	电气强度
单相电供暖散热器	233	1250
三相电供暖散热器	233	1406

3）接地电阻：电供暖散热器外露金属部分与接地端之间的绝缘电阻不大于 0.1Ω。

4）防潮等级、防触电保护：不同的使用场所有不同的等级要求，最高在卫浴使用时要求达到 IP54 防护等级。

2 电供暖散热器热工性能指标主要有输入功率、表面温度和出风温度、升温时间、温度控制功能和蓄热性能等，其中蓄热性能是针对蓄热式电供暖散热器而言的。具体要求如下：

1）输入功率：电供暖散热器出厂时要求标注功率大小，这个功率称为标称输入功率，但是产品在正常运行时，也有一个运行时的功率，称为实际输入功率，这两个功率有可能不相等。有的厂家为了抬高产品售价，恶意提高产品标称输入功率的值，对消费者造成损失，因此输入功率是衡量电供暖散热器能力大小的一个重要指标。

2）表面温度和出风温度：是电供暖散热器使用过程中是否安全的指标，其最高温度要求对于人体可触及的安装状态，接触电供暖散热器表面或者出口格栅时对人体不产生烫伤或者灼伤，同时对于建筑物内材料不造成损害。

3）升温时间：是评判电供暖散热器响应时间的指标，电供暖散热器主要是通过对流和辐射对建筑物进行供暖的，只有其表面温度或者出风温度达到一定温度时才会起到维持房间温度的效果。一般升温时间指从接通电源到稳定运行时所用时间，通常稳定运行的概念是：电供暖散热器外表面或出气口格栅温度的温度变化不大于2℃，则可以认为已达到稳定运行。从节能和使用要求考虑，电供暖散热器升温时间越短，越有利。

4）温度控制功能：电供暖散热器要求具备温度控制功能，所安装的温度控制器对环境温度敏感，应能在一定范围内设定温度，用户可以根据需要进行温度的设定。通常规定温度设定范围是（5～30）℃。环境温度到达设定温度时，温度控制器应动作控制。要求有一定的控制精度。

5）蓄热性能：考察蓄热式电供暖散热器蓄热性能的基本指标是蓄热效率、蓄热量及蓄热和放热过程的控制问题。在进行电供暖工程设计时，应慎重选用蓄热式电供暖散热器。蓄热式电供暖散热器是利用低谷电价时蓄热，用电高峰时不消耗或者少消耗电能而实现对建筑物的供暖。蓄热式电供暖散热器是否真正有实际性的移峰填谷作用，应在三个方面落实：①蓄热、放热的控制要到位；②蓄热量的大小应能够保证散热器放热过程中所放出的热量满足建筑物的供暖需要；③蓄、放热时间满足峰谷电价时间的要求。只有控制好这三个方面的特性，蓄热式电供暖散热器才能真正发挥作用。

5.5.3　电热辐射供暖安装形式。

发热电缆供暖系统是由可加热电缆和传感器、温控器等构成，发热电缆具有接地体和工厂预制的电气接头，通常采用地板式，将电缆敷于混凝土中，有直接供热及存储供热等两种系统形式；低温电热膜辐射供暖方式是以电热膜为发热体，大部分热量以辐射方式传入供暖区域，它是一种通电后能发热的半透明聚酯薄膜，由可导电的特制油墨、金属载流条经印刷、热压在两层绝缘聚酯薄膜之间制成的。电热膜通常没有接地体，且须在施工现场进行电气接地连接，电热膜通常布置在顶棚上，并以吊顶龙骨作为系统接地体，同时配以独立的温控装置。没有安全接地不应铺设于地面，以免漏电伤人。

5.5.4　电热辐射供暖加热元件要求。

本条文要求发热电缆辐射供暖和低温电热膜辐射供暖的加热元件及其表面温度符合国家有关产品标准要求。普通发热电缆参见国家标准《额定电压300/500V生活设施加热和防结冰用加热电缆》GB/T 20841-2007/IEC 60800：1992，低温电热膜辐射供暖参见标准《低温辐射电热膜》JG/T 286。

5.5.5　电供暖系统温控装置要求。强制性条文。

从节能角度考虑，要求不同电供暖系统应设置相应的温控装置。

5.5.6　发热电缆的线功率要求。

普通发热电缆的线功率基本是恒定的，热量不能散出来就会导致局部温度上升，成为安全隐患。国家标准《额定电压300/500V生活设施加热和防结冰用加热电缆》GB/T 20841-2007/IEC60800：1992规定，护套材料为聚氯乙烯的发热电缆，表面工作温度（电缆表面允许的最高连续温度）为70℃；《美国UL认证》规定，发热电缆表面工作温度不超过65℃。当面层采用塑料类材料（面层热阻$R=0.075m^2 \cdot K/W$）、混凝土填充层厚度35mm、聚苯乙烯泡沫塑料绝热层厚度20mm，发热电缆间距50mm，发热电缆表面温度70℃时，计算发热电缆的线功率为16.3W/m。因此，本条文作出了对发热电缆的线功率不宜超过17W/m的规定，以控制发热电缆表面温度，保证其使用寿命，并有利于地面温度均匀且不超出最高温度限制。发热电缆的线功率的选择，与敷设间距、面层热阻等因素密切相关，敷设间距越大，面层热阻越小，允许的发热电缆线功率也可适当加大；而当面层采用地毯等高热阻材料时，应选用更低线功率的发热电缆，以确保安全。

需要说明的是，17W/m的推荐限值，是在铺设间距50mm的情况下得出的。通常情况下，发热电缆铺设间距在50mm以上，但特殊情况下，受铺设面积的限制，实际工程中存在铺设间距为50mm的情况，故从确保安全的角度，作此规定。计算表明，上述同样条件下，如发热电缆间距控制在100mm，即使采用热阻更大的厚地毯面层，发热电缆线功率的限值也可达到25W/m。因此，实际工程发热电缆的线功率的选择，应根据铺设间距、构造做法等综合考虑确定。

采用发热电缆地面辐射供暖时，尚应考虑到家具布置的影响，发热电缆的布置应尽可能避开家具特别是无腿家具的占压区域，以免占压区域的热损失而影响供暖效果或因占压区域的局部温度过高影响发热电缆的使用寿命。

在采用带龙骨的架空木板作为地面时，发热电缆裸敷在架空地板的龙骨之间，需要对发热电缆有更加严格的、安全的规定。借鉴国内外大量的工程实践经验，在龙骨之间宜敷设有利于发热电缆散热的金属板，且发热电缆的线功率不应大于10W/m。

5.5.7 电热膜辐射供暖的安装功率及其在顶棚上布置时的安装要求。

为了保证其安装后能满足房间的温度要求，并避免与顶棚上的电气、消防、空调等装置的安装位置发生冲突，而影响其使用效果和安全性，做出本条要求。

5.5.8 对安装于距地面高度180cm以下电供暖元件的安全要求。强制性条文。

对电供暖装置的接地及漏电保护要求引自《民用电气设计规范》JGJ 16。安装于地面及距地面高度180cm以下的电供暖元件，存在误操作（如装修破坏、水浸等）导致的漏、触电事故的可能性，因此必须可靠接地并配置漏电保护装置。

5.6 燃气红外线辐射供暖

5.6.1 燃气红外线辐射供暖使用安全原则。强制性条文。

燃气红外线辐射供暖通常有炽热的表面，因此设置燃气红外线辐射供暖时，必须采取相应的防火和通风换气等安全措施。

燃烧器工作时，需对其供应一定比例的空气量，并放散二氧化碳和水蒸气等燃烧产物，当燃烧不完全时，还会生成一氧化碳。为保证燃烧所需的足够空气，避免水蒸气在围护结构内表面上凝结，必须具有一定的通风换气量。采用燃气红外线辐射供暖应符合国家现行有关燃气、防火规范的要求，以保证安全。相关规范包括《城镇燃气设计规范》GB 50028、《建筑设计防火规范》GB 50016、《高层民用建筑设计防火规范》GB 50045。

5.6.2 燃气红外线辐射供暖燃料要求。

制定此条为了防止因燃气成分改变、杂质超标和供气压力不足等引起供暖效果的降低。

5.6.3 燃气红外线辐射器的安装高度。

燃气红外线辐射器的表面温度较高，如其安装高度过低，人体所感受到的辐射照度将会超过人体舒适的要求。舒适度与很多因素有关，如供暖方式、环境温度及风速、空气含尘浓度及相对湿度、作业种类和辐射器的布置及安装方式等。当用于全面供暖时，既要保持一定的室温，又要求辐射照度均匀，保证人体的舒适度，为此，辐射器应安装得高一些；当用于局部区域供暖时，由于空气的对流，供暖区域的空气温度比全面供暖时要低，所要求的辐射照度比全面供暖大，为此辐射器应安装得低一些。由于影响舒适度的因素很多，安装高度仅是其中一个方面，因此本条只对安装高度作了不应低于3m的限制。

5.6.4 燃气红外线辐射器数量。

为了防止由于单侧辐射而引起人体部分受热、部分受凉的现象，造成不舒适感而规定。

5.6.5 全面辐射供暖系统布置散热量要求。

采用辐射供暖进行全面供暖时，不但要使人体感受到较理想的舒适度，而且要使整个房间的温度比较均匀。通常建筑四周外墙和外门的耗热量，一般不少于总热负荷的60%，适当增加该处辐射器的数量，对保持室温均匀有较好的效果。

5.6.6 燃气红外线辐射供暖系统空气量要求。强制性条文。

燃气红外线辐射供暖系统的燃烧器工作时，需对其供应一定比例的空气量。当燃烧器每小时所需的空气量超过该房间0.5次/h换气时，应由室外供应空气，以避免房间内缺氧和燃烧器供应空气量不足而产生故障。

5.6.7 燃气红外线辐射供暖系统进风口要求。

燃气红外线辐射供暖当采用室外供应空气时，可根据具体情况采取自然进风或机械进风。

5.6.8 燃气红外线辐射供暖尾气排放要求及排风口的要求。

燃气燃烧后的尾气为二氧化碳和水蒸气。在农作物、蔬菜、花卉温室等特殊场合，采用燃气红外线辐射供暖时，允许其尾气排至室内。

5.6.9 燃气红外线辐射供暖系统控制。

当工作区发出火灾报警信号时，应自动关闭供暖系统，同时还应连锁关闭燃气系统入口处的总阀门，以保证安全。当采用机械进风时，为了保证燃烧器所需的空气量，通风机应与供暖系统连锁工作，并确保通风机不工作时，供暖系统不能开启。

5.7 户式燃气炉和户式空气源热泵供暖

5.7.1 户式供暖。

户式供暖如户式燃气炉、户式空气源热泵供暖系统，在日本、韩国、美国普遍应用；在我国寒冷地区也有应用。户式与集中燃气供暖相比，具有灵活、高效的特点，也可免去集中供暖管网损失及输送能耗。户式燃气炉的选择应采用质量好、效率高、维护方便的产品。目前，欧美发达国家普遍采用冷凝式的户式燃气炉，但价格较高，国内应用较少。

户式空气源热泵能效受室外温湿度影响较大，同时还需要考虑系统的除霜要求。

5.7.2 供暖热负荷。

由于分户供暖运行的灵活性及该设备的特点，设计时宜考虑不同地区生活习惯、建筑特点、间歇运行等因素，在5.2节负荷计算基础上进行附加。

5.7.3 户式燃气炉基本要求。强制性条文。

户式燃气炉使用出现过安全问题，采用全封闭式燃烧和平衡式强制排烟的系统是确保安全运行的条件。

户式燃气炉包括户式壁挂燃气炉和户式落地燃气炉两类。

5.7.4 户式燃气炉供暖热媒温度要求。

户式燃气炉的排烟温度不宜过低。实践表明：户式燃气炉在低温热媒运行时烟气结露温度影响使用寿命和供暖效果。为了使燃气炉的出水温度不过低，宜通过混水的方式满足末端散热设备对供水温度调节的需求。

5.7.5 户式燃气炉排烟。

户式燃气炉运行会产生有害气体，因此，系统的排烟口应保持空气畅通加以稀释，并将排烟口远离人群和新风口，避免污染和影响室内空气质量。

5.7.6 户式空气源热泵系统供电及化霜水排放。

在供暖期间，为了保证热泵供暖系统的设备能够正常启动，压缩机应保持预热状态，因此热泵供暖系统必须持续供电。若与其他电气设备采用共用回路时，当关闭其他电气设备电源的同时，也将使得热泵供暖系统断电，从而无法保证压缩机的预热，故应将系统的供电回路与其他电气设备分开。

在供暖期间，当室外温度较低时，若热泵供暖系统长时间不使用，系统的水回路易发生冻裂现象，因此系统的水泵会不定期进行防冻保护运转，同样也需要持续供电。

热泵系统在供暖运行时会有除霜运转，产生化霜水，为了避免化霜水的无组织排放，对周边环境及邻里关系造成影响，应采取一定的措施，如在设备下方设置积水盘，收集化霜水后集中排放至地漏或建筑集中排水管。

5.7.7 末端散热设备。

户式燃气炉做热源时，末端设备可采用不同的供暖方式，散热器和地面供暖等末端设备都可以，设计人员可根据具体情况选择，但必须适应燃气炉的供回水温度及循环泵的扬程要求。

热泵供暖系统可根据供水温度分为低温型（出水温度≤55℃）及高温型（出水温度≤85℃）。需根据连接的具体末端形式的（如地面供暖、散热器等）供水温度要求，选择适宜的热泵供暖设备。

5.8 热空气幕

5.8.3 公共建筑热空气幕送风方式。

对于公共建筑推荐由上向下送风，是由于公共建筑的外门开启频繁，而且往往向内外两个方向开启，不便采用侧面送风，如采用由下向上送风，卫生条件又难以保证。

5.8.4 热空气幕送风温度。

高大外门指可通过汽车的大门。

5.8.5 热空气幕出口风速。

热空气幕出口风速的要求，主要是根据人体的感受、噪声对环境的影响、阻隔冷空气效果的实践经验，并参考国内外有关资料制定的。

5.9 供暖管道设计及水力计算

5.9.1 供暖管道材质要求。

近几年来，随着供暖系统热计量技术的不断完善和强制性的应用，供暖方式出现了多样化，同时也带来了供暖管道材质的多样化。目前，在供暖工程中，除了可选用焊接钢管、镀锌钢管外，还可选用热镀锌钢管、塑料管、有色金属管、金属和塑料复合管等管道。

金属管道的使用寿命主要与其工作压力有关，与工作温度关系不大，但塑料管道的使用寿命却与其工作压力和工作温度都密切相关。在一定工作温度下，随着工作压力的增大，塑料管道的寿命将缩短；在一定的工作压力下，随着工作温度的升高，塑料管道的使用寿命也将缩短。所以，对于采用塑料管道的辐射供暖系统，其热媒温度和系统工作压力不应定得过高。另外，长时间的光照作用也会缩短塑料管道的寿命。根据上述情况等因素，本条文作出了对供暖管道种类应根据其工作温度、工作压力、使用寿命、施工与环保性能等因素，经综合考虑和技术经济比较后确定的原则性规定。通常，室内外供暖干管宜选用焊接钢管、镀锌钢管或热镀锌钢管，室内明装支、立管宜选用镀锌钢管、热镀锌钢管、外敷铝保护层的铝合金衬 PB 管等，散热器供暖系统的室内埋地暗装供暖管道宜选用耐温较高的聚丁烯（PB）管、交联聚乙烯（PE-X）管等塑料管道或铝塑复合管（XPAP），地面辐射供暖系统的室内埋地暗装供暖管道宜选用耐热聚乙烯（PE-RT）管等塑料管道。另外，铜管也是一种适用于低温热水地面辐射供暖系统的有色金属加热管道，具有导热系数高、阻氧性能好、易于弯曲且符合绿色环保要求的特点，正逐渐为人们所接受。

本条文还规定了各种管道的质量，应符合国家现行有关产品标准的规定。其中，PE-X 管采用《冷热水用交联聚乙烯（PE-X）管道系统》GB/T 18992；PB 管采用《冷热水用聚丁烯（PB）管道系统》GB/T 19473；铝合金衬 PB 管采用《铝合金衬塑复合管材与管件》CJ/T 321；PE-RT 管采用《冷热水用耐热聚乙烯（PE-RT）管道系统》CJ/T 175；PP-R 管采用《冷热水用聚丙烯管道系统》GB/T 18742；XPAP 管采用《铝塑复合压力管》GB/T 18997；铜管采用《无缝铜水管和铜气管》GB/T 18033。

5.9.2 不同系统管道分开设置的规定。

条文中 1～4 款所列系统同散热器供暖系统比较，热媒参数、阻力特性、使用条件、使用时间等方面，不是完全一致的，需分开设置，通常宜在建筑物的热力入口处分开；当其他系统供热量需要单独计量时，也宜分开设置。

5.9.3 热水供暖系统热力入口装置的设置要求。

1 集中供暖系统应在热力入口处的供回水总管上分别设置关断阀、温度计、压力表，其目的主要是为了检修系统、调节温度及压力提供方便条件。

2 过滤器是保证管道配件及热量表等不堵塞、

不磨损的主要措施；旁通管是考虑系统运行维护需要设置的。热力入口设有热量表时，进入流量计前的回水管上应设置滤网规格不宜小于 60 目的过滤器，在供水管上一般应顺水流方向设两级过滤器，第一级为粗滤，滤网孔径不宜大于 3.0mm，第二级为精过滤器，滤网规格宜不小于 60 目。

3 静态水力平衡阀又叫水力平衡阀或平衡阀，具备开度显示、压差和流量测量、限定开度等功能。通过改变平衡阀的开度，使阀门的流动阻力发生相应变化来调节流量，能够实现设计要求的水力平衡，其调节性能一般包括接近线性线段和对数（等百分比）特性曲线线段。平衡阀除具有水力平衡功能外，还可取代一个热力入口处设置的用于检修系统的手动阀，起关断作用。

虽然通过安装静态水力平衡阀，能够较好地解决供热系统中各建筑物供暖系统间的静态水力失调问题，但是并非每个热力入口处都要安装，一定要根据水力平衡要求决定是否设置。

静态水力平衡阀既可安装在供水管上，也可安装在回水管上，但出于避免气蚀与噪声等的考虑，宜安装于回水管上。

除静态水力平衡阀外，也可根据水力平衡要求和建筑物内供暖系统的调节方式，选择自力式压差控制阀、自力式流量控制阀等装置。

4 为满足供热计量和收费的要求，促进供暖系统的节能和科学管理，除了多个热力入口设置一块共用的总热量表用于热量（费）结算的情况外，每个热力入口处均应单独设置一块热量结算表；考虑到回水管的水温较供水管低，有利于延长热量表的使用寿命，热量表宜设在回水管上。

为便于热计量和减少热力入口装置的投资，在满足供暖系统设计合理的前提下，应尽量减少单栋楼热力入口的数量。

5.9.4 供暖干管和立管等管道上阀门的设置。

在供暖管道上设置关闭和调节装置是为系统的调节和检修创造必要的条件。当有调节要求时，应设置调节阀，必要时还应同时设置关闭用的阀门；无调节要求时，只设置关闭用的阀门即可。

根据供暖系统的不同需要，应选择具备相应功能的阀门。用于维修时关闭的阀门，宜选用低阻力阀门，如闸阀、双偏心半球阀或蝶阀等；需承担调节及控制功能的阀门，应选用高阻力阀门，如截止阀、静态水力平衡阀、自力式压差控制阀等。

5.9.5 供暖管道热膨胀及补偿。强制性条文。

供暖系统的管道由于热媒温度变化而引起热膨胀，不但要考虑干管的热膨胀，也要考虑立管的热膨胀，这个问题必须重视。在可能的情况下，利用管道的自然弯曲补偿是简单易行的，如果自然补偿不能满足要求，则应根据不同情况通过计算选型设置补偿

器。对供暖管道进行热补偿与固定，一般应符合下列要求：

1 水平干管或总立管固定支架的布置，要保证分支干管接点处的最大位移量不大于 40mm；连接散热器的立管，要保证管道分支接点由管道伸缩引起的最大位移量不大于 20mm；无分支管接点的管段，间距要保证伸缩量不大于补偿器或自然补偿所能吸收的最大补偿率；

2 计算管道膨胀量时，管道的安装温度应按冬季环境温度考虑，一般可取 0℃～5℃；

3 供暖系统供回水管道应充分利用自然补偿的可能性；当利用管道的自然补偿不能满足要求时，应设置补偿器。采用自然补偿时，常用的有 L 形或 Z 形两种形式；采用补偿器时，要优先采用方形补偿器；

4 确定固定点的位置时，要考虑安装固定支架（与建筑物连接）的可行性；

5 垂直双管系统及跨越管与立管同轴的单管系统的散热器立管，当连接散热器立管的长度小于 20m 时，可在立管中间设固定卡；长度大于 20m 时，应采取补偿措施；

6 采用套筒补偿器或波纹管补偿器时，需设置导向支架；当管径大于等于 DN50 时，应进行固定支架的推力计算，验算支架的强度；

7 户内长度大于 10m 的供回水立管与水平干管相连接时，以及供回水支管与立管相连接处，应设置 2～3 个过渡弯头或弯管，避免采用"T"形直接连接。

5.9.6 供暖管道敷设坡度的规定。

本条文是考虑便于排除供暖管道中的空气，参考国外有关资料并结合具体情况制定的。当水流速度达到 0.25m/s 时，方能把管中空气裹挟走，使之不能浮升；因此，采用无坡敷设时，管内流速不得小于 0.25m/s。

5.9.7 关于供暖管道穿越建筑物的规定。

在布置供暖系统时，若必须穿过建筑物变形缝，应采取预防由于建筑物下沉而损坏管道的措施，如在管道穿过基础或墙体处埋设大口径套管内填以弹性材料等。

5.9.8 供暖管道穿越建筑物墙防火墙的规定。

根据《建筑设计防火规范》GB 50016 的要求做了原则性规定。具体要求，可参照有关规范的规定。

规定本条的目的，是为了保持防火墙墙体的完整性，以防发生火灾时，烟气或火焰等通过管道穿墙处波及其他房间；另外，要求对穿墙或楼板处的管道与套管之间空隙进行封堵，除了能防止烟气或火焰蔓延外，还能起到防止房间之间串音的作用。

5.9.9 供暖管道与其他管道敷设的要求。

规定本条的目的，是为了防止表面温度较高的供暖管道，触发其他管道中燃点低的可燃液体、可燃气

体引起燃烧和爆炸，或其他管道中的腐蚀性气体腐蚀供暖管道。

5.9.10 室内供暖管道保温条件。

本条是基于使热媒保持一定参数，节能和防冻等因素制定的。根据国家新的节能政策，对每米管道保温后的允许热耗、保温材料的导热系数及保温厚度相对以及保护壳做法等都必须在原有基础上加以改善和提高，设计中要给予重视。

5.9.11 室内供暖系统各并联环路的水力平衡。

关于室内热水供暖系统各并联环路之间的压力损失差额不大于15%的规定，是基于保证供暖系统的运行效果，并参考国内外资料而规定的。一般可通过下列措施达到各并联环路之间的水力平衡：

1 环路布置应力求均匀对称，环路半径不宜过大，负担的立管数不宜过多。

2 应首先通过调整管径，使并联环路之间压力损失相对差额的计算值达到最小，管道的流速应尽力控制在经济流速及经济比摩阻下。

3 当调整管径不能满足要求时，可采取增大末端设备的阻力特性，或者根据供暖系统的形式在立管或支环路上设置适用的水力平衡装置等措施，如安装静态或自力式控制阀。

5.9.12 室内供暖系统总压力要求。

规定供暖系统计算压力损失的附加值采用10%，是基于计算误差、施工误差及管道结垢等因素综合考虑的安全系数。

5.9.13 供暖管道中热媒最大允许流速规定。

关于供暖管道中的热媒最大允许流速，目前国内尚无专门的试验资料和统一规定，但设计中又很需要这方面的数据，因此，参考国外的有关资料并结合我国管材供应等的实际情况，作出了有关规定。

最大流速与推荐流速不同，它只在极少数公用管段中为消除剩余压力或为了计算平衡压力损失时使用，如果把最大允许流速规定的过小，则不易达到平衡要求，不但管径增大，还需要增加调压板等装置。前苏联在关于机械循环供暖系统中噪声的形成和水的极限流速的专门研究中得出的结论表明，适当提高热水供暖系统的热媒流速不致于产生明显的噪声，其他国家的研究结果也证实了这一点。

5.9.14 防止热水供暖系统竖向水力失调的规定。

规定本条是为了防止或减少热水在散热器和管道中冷却产生的重力水头而引起的系统竖向水力失调。当重力水头的作用高差大于10m时，并联环路之间的水力平衡，应按下式计算重力水头：

$$H = 2h(\rho_h - \rho_g)g/3 \qquad (8)$$

式中：H——重力水头（m）；

h——计算环路散热器中心之间的高差（m）；

ρ_g——设计供水温度下的密度（kg/m³）；

ρ_h——设计回水温度下的密度（kg/m³）；

g——重力加速度（m/s²），$g = 9.81$m/s²。

5.9.15 供暖系统末端和始端管径的规定。

供暖系统供水（汽）干管末端和回水干管始端的管径，应在水力平衡计算的基础上确定。当计算管径小于$DN20$时，为了避免管道堵塞等情况的发生，宜适当放大管径，一般不小于$DN20$。当热媒为低压蒸汽时，蒸汽干管末端管径为$DN20$偏小，参考有关资料规定低压蒸汽的供汽干管可适当放大。

5.9.18 高压蒸汽供暖系统的压力损失。

规定本条是为了保证系统各并联环路在设计流量下的压力平衡。过去，国内有的单位对蒸汽系统的计算不够仔细，供热干管单位摩阻选择偏大，供汽压力不稳定，严重影响供暖效果，常出现末端不热的现象，为此本条参考国内外有关资料规定，高压蒸汽供暖系统最不利环路的供汽管，其压力损失不应大于起始压力的25%。

5.9.19 蒸汽供暖系统的凝结水回收方式。

蒸汽供暖系统的凝结水回收方式，目前设计上经常采用的有三种，即利用二次蒸汽的闭式满管回水；开式水箱自流或机械回水；地沟或架空敷设的余压回水。这几种回水方式在理论上都是可以应用的，但具体使用有一定的条件和范围。从调查来看，在高压蒸汽系统供汽压力比较正常的情况下，有条件就地利用二次蒸汽时，以闭式满管回水为好；低压蒸汽或供汽压力波动较大的高压蒸汽系统，一般采用开式水箱自流回水，当自流回水有困难时，则采用机械回水；余压回水设备简单，凝结水热量可集中利用，故在一般作用半径不大、凝结水量不多、用户分散的中小型厂区，应用的比较广泛。但是，应当特别注意两个问题，一是高压蒸汽的凝结水在管道的输送过程中不断汽化，加上疏水器的漏汽，余压凝结水管中是汽水两相流动，因此极易产生水击，严重的水击能破坏管件及设备；二是余压凝结水系统中有来自供汽压力相差较大的凝结水合流，在设计与管理不当时会相互干扰，以致使凝结水回流不畅，不能正常工作。凝结水回收方式，尚应符合国家现行《锅炉房设计规范》GB 50041 的要求。

5.9.20 对疏水器出入口凝结水管的要求。

在疏水器入口前的凝结水管中，由于汽水混流，如向上抬升，容易造成水击或因积水不易排除而导致供暖设备不热，故疏水器入口前的凝结水管不应向上抬升；疏水器出口端的凝结水管向上抬升的高度应根据剩余压力的大小经计算确定，但实践经验证明不宜大于5m。

5.9.21 凝结水管的计算原则。

在蒸汽凝结水管内，由于通过疏水器后有二次蒸汽及疏水器本身漏汽存在，故自疏水器至回水箱之间的凝结水管段，应按汽水乳状体进行计算。

5.9.22 供暖系统的排气、泄水、排污和疏水装置。

热水和蒸汽供暖系统,根据不同情况设置必要的排气、泄水、排污和疏水装置,是为了保证系统的正常运行并为维护管理创造必要的条件。

不论是热水供暖还是蒸汽供暖,都必须妥善解决系统内空气的排除问题。通常的做法是:对于热水供暖系统,在有可能积存空气的高点(高于前后管段)排气,机械循环热水干管尽量抬头走,使空气与水同向流动;下行上给式系统,在最上层散热器上装排气阀,或作排气管;水平单管串联系统在每组散热器上装排气阀,如为上进上出式系统,在最后的散热器上装排气阀。对于蒸汽供暖系统,采用干式回水时,由凝结水管的末端(疏水器入口之前)集中排气;采用湿式回水时,如各立管装有排气管时,集中在排气管的末端排气,如无排气管时,则在散热器和蒸汽干管的末端设排气装置。

5.10 集中供暖系统热计量与室温调控

5.10.1 集中供热热量计量要求。强制性条文。

根据《中华人民共和国节约能源法》的规定,新建建筑和既有建筑的节能改造应当按照规定安装热计量装置。计量的目的是促进用户自主节能,室温调控是节能的必要手段。

供热企业和终端用户间的热量结算,应以热量表作为结算依据。用于结算的热量表应符合相关国家产品标准,且计量检定证书应在检定的有效期内。

5.10.2 热量计量装置设置及热计量改造。

热源、换热机房热量计量装置的流量、传感器应安装在一次管网的回水管上。因为高温水温差大、流量小、管径较小,可以节省计量设备投资;考虑到回水温度较低,建议热量测量装置安装在回水管路上。如果计量结算有具体要求,应按照需要选择计量位置。

用户热量分摊计量方式是在楼栋热力入口处(或换热机房)安装热量表计量总热量,再通过设置在住宅户内的测量记录装置,确定每个独立核算用户的用热量占总热量的比例,进而计算出用户的分摊热量,实现分户热计量。近几年供热计量技术发展很快,用户热分摊的方法较多,有的尚在试验当中。本文仅依据目前相关的标准规范,即《供热计量技术规程》JGJ 173 和《严寒和寒冷地区居住建筑节能设计标准》JGJ 26,列出了他们所提到的用户热分摊方法。《供热计量技术规程》JGJ 173 正文和条文说明中以及在条文说明中提出的用户热分摊方法有:散热器热分配计法、流量温度法、通断时间面积法和户用热量表法。

1 散热器热分配计法:适用于新建和改造的各种散热器供暖系统,特别适合室内垂直单管顺流式系统改造为垂直单管跨越式系统,该方法不适用于地面辐射供暖系统。散热器热分配计法只是分摊计算用热量,室内温度调节需安装散热器恒温控制阀。

散热器热分配计法是利用散热器热分配计所测量的每组散热器的散热量比例关系,来对建筑的总供热量进行分摊。热分配计有蒸发式、电子式及电子远传式三种,后两者是今后的发展趋势。

散热器热分配计法适用于新建和改造的散热器供暖系统,特别是对于既有供暖系统的热计量改造比较方便、灵活性强,不必将原有垂直系统改成按户分环的水平系统。

采用该方法时必须具备散热器与热分配计的热耦合修正系数,我国散热器型号种类繁多,国内检测该修正系数经验不足,需要加强这方面的研究。

关于散热器罩对热分配量的影响,实际上不仅是散热器热分配计法面对的问题,其他热分配法如流量温度分摊法、通断时间面积分摊法也面临同样的问题。

2 流量温度法:适用于垂直单管跨越式供暖系统和具有水平单管跨越式的共用立管分户循环供暖系统。该方法只是分摊计算用热量,室内温度调节需另安装调节装置。

流量温度法是基于流量比例基本不变的原理,即:对于垂直单管跨越式供暖系统,各个垂直单管与总立管的流量比例基本不变;对于在入户处有跨越管的共用立管分户循环供暖系统,每个入户和跨越管流量之和与共用立管流量比例基本不变,然后结合现场预先测出的流量比例系数和各分支三通前后温差,分摊建筑的总供热量。

由于该方法基于流量比例基本不变的原理,因此现场预先测出的流量比例系数准确性就非常重要,除应使用小型超声波流量计外,更要注意超声波流量计的现场正确安装与使用。

3 通断时间面积法:适用于共用立管分户循环供暖系统,该方法同时具有热量分摊和分户室温调节的功能,即室温调节时对户内各个房间室温作为一个整体统一调节而不实施对每个房间单独调节。

通断时间面积法是以每户的供暖系统通水时间为依据,分摊建筑的总供热量。

该方法适用于分户循环的水平串联式系统,也可用水平单管跨越式和地板辐射供暖系统。选用该分摊方法时,要注意散热设备选型与设计负荷要良好匹配,不能改变散热末端设备容量,户与户之间不能出现明显水力失调,不能在户内散热末端调节室温,以免改变户内环路阻力而影响热量的公平合理分摊。

4 户用热量表法:该系统由各户用热量表以及楼栋热量表组成。

户用热量表安装在每户供暖环路中,可以测量每个住户的供暖耗热量。热量表由流量传感器、温度传感器和计算器组成。根据流量传感器的形式,可将热量表分为:机械式热量表、超声波式热量表、电磁式热量表。机械式热量表的初投资相对较低，但流量传感器对轴承有严格要求，以防止长期运转由于磨损造成误差较大；对水质有一定要求，以防止流量计的转动部件卡阻塞，影响仪表的正常工作。超声波热量表的初投资相对较高，流量测量精度高、压损小、不易堵塞，但流量计的管壁锈蚀程度、水中杂质含量、管道振动等因素将影响流量计的精度，有的超声波热量表需要直管段较长。电磁式热量表的初投资相对机械式热量表要高，但流量测量精度是热量表所用的流量传感器中最高的、压损小。电磁式热量表的流量计工作需要外部电源，而且必须水平安装，需要较长的直管段，这使得仪表的安装、拆卸和维护较为不便。

这种方法也需要对住户位置进行修正。它适用于分户独立式室内供暖系统及分户地面辐射供暖系统，但不适合用于采用传统垂直系统的既有建筑的改造。

在采用上述不同方法时，对于既有供暖系统，局部进行温室调控和热计量改造工作时，要注意系统改造时是否增加了阻力，是否会造成水力失调及系统压头不足，为此需要进行水力平衡及系统压头的校核，考虑增设加压泵或者重新进行平衡调试。

总之，随着技术进步和热计量工程的推广，还会有新的热计量方法出现，国家和行业鼓励这些技术创新，以在工程实践中进一步完善后，再加以补充和修订。

5.10.3 热量表选型及安装要求。

本条文规定对用于热量结算的热源、换热机房及楼栋热量表，以及用于户间热量分摊的户用热量表的选型，不能简单地按照管道直径直接选用，而应根据系统的设计流量的一定比例对应热量表的公称流量确定。

供暖回水管的水温较供水管的低，流量传感器安装在回水管上所处环境温度也较低，有利于延长电池寿命和改善仪表使用工况。曾经一度有观点提出热量表安装在供水上能够测量防止用户偷水，其实不然，热量表无论是装在供水管上还是回水管上都不能防止偷水现象。热量表装在供水管上既不能测出偷水量，也不能挽回多少偷水损失，还令热量表的工作环境变得恶劣。

5.10.4 供暖系统室温调控及恒温控制阀选用和设置要求。

当采用没有设置预设阻力功能的恒温控制阀时，双管系统如果超过5层将会有较大的垂直失调，因此，在这里提出对于超过5层的垂直双管系统，宜采用带有预设阻力功能的恒温控制阀。

5.10.5 低温热水地面辐射供暖系统室内温度控制方法。

室温可控是分户热计量、实现节能、保证室内热舒适要求的必要条件。也有将温度传感器设在总回水处感知回水温度间接控制室温的做法，控制系统比较简单；但地面被遮盖等情况也会使回水温度升高，同时回水温度为各支路回水混合后的总体反映，因此回水温度不能直接和正确反映室温，会形成室温较高的假象，控制相对不准确；因此推荐将室温控制器设在被控温的房间或区域内，以房间温度作为控制依据。对于不能感受到所在区域的空气温度，如一些开敞大堂中部，可采用地面温度作为控制依据。室温控制器应设在附近无散热体、周围无遮挡物、不受风直吹、不受阳光直晒、通风干燥、周围无热源体、能正确反映室内温度的位置，不宜设在外墙上，设置高度宜距地面1.2m～1.5m。地温传感器所在位置不应有家具、地毯等覆盖或遮挡，宜布置在人员经常停留的位置，且在两个管道之间。

热电式控制阀（以下简称热电阀）是依靠驱动器内被电加热的温包膨胀产生的推力推动阀杆关闭流道，信号来源于室内温控器。热电阀相对于空调系统风机盘管常采用的电动两通阀，其流通能力更适合于小流量的地面供暖系统使用，且具有噪声小、体积小、耗电量小、使用寿命长、设置较方便等优点，因此在以住宅为主的地面供暖系统中推荐使用，分环路控制和总体控制都可以使用。

分环路且拟采用内置温包型自力式恒温控制阀控制时，可将各环路加热管在房间内从地面引至墙面一定高度安装恒温阀，安装恒温阀的局部高点处应有排气装置。如直接安装在分水器进口总管上，内置温包的恒温阀头感受的是分水器处的较高温度，很难感知室温变化，一般不予采用。

对需要温度信号远传的调节阀，也可以采用远程调控式自力式温度控制阀，但由于分环路控制时需要的硬质远传管道较长难以实现，一般仅在区域总体控制时使用，将温控器设在分、集水器附近的室内墙面，但通常远程式自力式温度控制器关闭压差较小，需核定关闭压差的大小，必要时需采用自力式压差阀保证其正常动作。

5.10.6 热计量供暖系统相关要求。

变流量系统能够大量节省水泵耗电，目前应用越来越广泛。在变流量系统的末端（热力入口）采用自力式流量控制阀（定流量阀）是不妥的。当系统根据气候负荷改变循环流量时，我们要求所有末端按照设计要求分配流量，而彼此间的比例维持不变，这个要求需要通过静态水力平衡阀来实现；当用户室内恒温阀进行调节改变末端工况时，自力式流量控制阀具有定流量特性，对改变工况的用户作用相抵触；对未改变工况的用户能够起到保证流量不变的作用，但是未变工况用户的流量变化不是改变工况用户"排挤"过来的，而主要是受水泵扬程变化的影响，如果水泵扬程有控制，这个"排挤"影响是较小的，所以对于变流量系统，不应采用自力式流量控制阀。

水力平衡调节、压差控制和流量控制的目的都是为了控制室温不会过高，而且还可以调低，这些功能都由末端温控装置来实现。只要保证了恒温阀（或其他温控装置）不会产生噪声，压差波动一些也没有关系，因此应通过计算压差变化幅度选择自力式压差控制阀，计算的依据就是保证恒温阀的阀权以及在关闭过程中的压差不会产生噪声。

6 通 风

6.1 一般规定

6.1.1 设置通风的条件及原则。

建筑通风的目的，是为了防止大量热、蒸汽或有害物质向人员活动区散发，防止有害物质对环境及建筑物的污染和破坏。大量余热余湿及有害物质的控制，应以预防为主，需要各专业协调配合综合治理才能实现。当采用通风处理余热余湿可以满足要求时，应优先使用通风措施，可以极大降低空气处理的能耗。

6.1.2 对有害物质排放的要求。

某些建筑，如科研和教学试验用房、设备用房等在使用和存储过程中会放散大量的热、蒸汽、粉尘甚至有毒气体等，又如餐饮建筑的厨房，在排风中会含有大量油烟，如果不采取治理措施，会直接危害操作工作人员的身体健康，还会污染建筑周围的自然环境，影响周边居民或办公人员的健康。因此，必须采取综合有效的预防、治理和控制措施。对于餐饮建筑的油烟排除的标准及处理措施，应符合餐饮业的油烟排放的规定，参见本章第6.3.5条文说明。

6.1.3 通风方式的选择。

本条是考虑节能要求，自然通风主要通过合理适度地改变建筑形式，利用热压和风压作用形成有组织气流，满足室内要求、减少通风能耗。在设计时应充分考虑自然通风的利用。在夏季，应尽量采用自然通风；在冬季，当室外空气直接进入室内不致形成雾气和在围护结构内表面不致产生凝结水时，也应考虑采用自然通风。采用自然通风时，应考虑当地室外气象参数的限制条件。

《环境空气质量标准》GB 3095按不同环境空气质量功能区给出了对应的空气质量标准，《社会生活环境噪声排放标准》GB 22337也按建筑所处不同声环境功能区给出了噪声排放限值。对于空气污染和噪声污染比较严重的地区，即未达到《环境空气质量标准》GB 3095和《社会生活环境噪声排放标准》GB 22337的地区，直接的自然通风会将室外污浊的空气和噪声带入室内，不利于人体健康。因此，可以采用机械辅助式自然通风，通过一定空气处理手段机械送风，自然排风。

6.1.4 室内人员卫生及健康要求。

规定本条是为了使住宅、办公室、餐厅等建筑的房间能够达到室内空气质量的要求。无论是供暖房间还是分散式空调房间，都应具备通风条件，满足人员对新风的需求。

6.1.5 全面通风与局部排风的配合。

对于有散发热、蒸汽或有害物质的房间，为了不使产生的散发热、蒸汽或有害物质在室内扩散，在散发处设置自然或机械的局部排风，予以就地排除，是经济有效的措施。但是，有时由于受工艺布置及操作等条件限制，不能设置局部排风，或者采用了局部排风，仍然有部分有害物质扩散在室内，在有害物质的浓度有可能超过国家标准时，则应辅以自然的或机械的全面通风，或者采用自然的或机械的全面通风。

6.1.6 排风系统的划分原则。强制性条文。

1 防止不同种类和性质的有害物质混合后引起燃烧或爆炸事故。

2 避免形成毒性更大的混合物或化合物，对人体造成的危害或腐蚀设备及管道。

3 防止或减缓蒸汽在风管中凝结聚积粉尘，增加风管阻力甚至堵塞风管，影响通风系统的正常运行。

4 避免剧毒物质通过排风管道及风口窜入其他房间，如把散发铅蒸汽、汞蒸汽、氰化物和砷化氰等剧毒气体的排风与其他房间的排风划为同一系统，系统停止运行时，剧毒气体可能通过风管窜入其他房间。

5 根据《建筑设计防火规范》GB 50016和《高层民用建筑设计防火规范》GB 50045的规定，建筑中存有容易起火或爆炸危险物质的房间（如放映室、药品库等），所设置的排风装置应是独立的系统，以免使其中容易起火或爆炸的物质窜入其他房间，防止火灾蔓延，否则会招致严重后果。

6 避免病菌通过排风管道及风口窜入其他房间。

由于建筑物种类繁多，具体情况颇为繁杂，条文中难以做出明确的规定，设计时应根据不同情况妥善处理。

6.1.7 室内气流组织。

规定本条是为了避免或减轻大量余热、余湿或有害物质对卫生条件较好的人员活动区的影响，提高排污效率。

送风气流首先应送入污染较小的区域，再进入污染较大的区域。同时应该注意送风系统不应破坏排风系统的正常工作。当送风系统补偿供暖房间的机械排风时，送风可送至走廊或较清洁的邻室、工作部位，送风量应通过房间风平衡计算确定。当室内污染源的位置或特性发生变化时，有条件的通风系统可以设置不同形式的通风策略，根据工况变化切换到对应的高效气流组织形式，达到迅速排污的目的。

室内污染物的特性，如污染气体的密度、颗粒物的粒径等与气流组织的排污效率关系密切，如较轻的污染物有上浮的趋势，较重的污染物有下沉的趋势，根据污染物的特性有针对性地进行气流组织的设计才能保证有效排污。另一方面，在保证有效排除污染物的前提下，好的气流组织设计所需的通风量较少，能耗较低。

6.1.8 防疫相关的通风组织原则。

组织良好的通风对通过空气传播的疾病，具有很好的控制作用。为避免类似 SARS、H1N1 流感等病毒通过通风系统传播，在设计通风系统时，应使通风系统具备在疾病流行期间避免不同房间的空气掺混的功能，避免疾病通过通风系统从一个房间传播到其他房间；或使通风系统具备此功能的运行模式，在以空气传播为途径的疾病流行期间可切换到相应通风模式下运行。

6.1.9 全面通风量的确定方法。

各设计单位可参考不同类型建筑的设计标准、设计技术规定、技术措施等，确定不同类型建筑及房间的换气次数。

6.1.10 全面通风量的确定。

一般的建筑进行通风的目的是消除余热、余湿和污染物，所以要选取其中的最大值，并且要对使用人员的卫生标准是否满足进行校核。国家现行相关标准《工业企业设计卫生标准》GBZ 1 对多种有害物质同时放散于建筑物内时的全面通风量确定已有规定，可参照执行。

消除余热所需要的全面通风量：

$$G_1 = 3600 \frac{Q}{c(t_p - t_j)} \tag{9}$$

消除余湿所需要的全面通风量：

$$G_2 = \frac{G_{sh}}{d_p - d_j} \tag{10}$$

稀释有害物质所需要的全面通风量：

$$G_3 = \frac{\rho M}{c_y - c_j} \tag{11}$$

式中：G_1——消除余热所需要的全面通风量（kg/h）；

t_p——排出空气的温度（℃）；

t_j——进入空气的温度（℃）；

Q——总余热量（kW）；

c——空气的比热 [1.01kJ/（kg·K）]；

G_2——消除余湿所需要的全面通风量（kg/h）；

G_{sh}——余湿量（g/h）；

d_p——排出空气的含湿量（g/kg）；

d_j——进入空气的含湿量（g/kg）；

G_3——稀释有害污染物所需要的全面通风量（kg/h）；

ρ——空气密度（kg/m³）；

M——室内有害物质的散发强度（mg/h）；

c_y——室内空气中有害物质的最高允许浓度（mg/m³）；

c_j——进入的空气中有害物质的浓度（mg/m³）。

6.1.11 高层和多层建筑通风系统设计的防火要求。

近二十年来，在我国各大中城市及某些经济开发区的建设中，兴建了许多高层和多层建筑，其中包括居住、办公类建筑和大型公共建筑。在某些建筑中，由于执行标准规范不力和管理不妥等原因，仍缺乏必要的或有效的防烟、排烟系统，及其他相应的安全、消防设施。一旦发生火灾事故，就会影响楼内人员安全、迅速地进行疏散，也会给消防人员进入室内灭火造成困难。所以设计时必须予以充分重视。在国家现行《高层民用建筑设计防火规范》GB 50045 中，对防烟楼梯间及其前室、合用前室、消防电梯间前室以及中庭、走道、房间等的防烟、排烟设计，已作了具体规定。多年来，国内在这方面也逐渐积累了比较好的设计经验。鉴于各设计部门对防排烟系统的设计，大都安排本专业人员会同各有关专业配合进行，为此在本条中应予以提及，并指出设计中应执行国家现行《高层民用建筑设计防火规范》GB 50045 和《建筑设计防火规范》GB 50016 的有关规定。人防工程的防排烟按《人民防空工程设计防火规范》GB 50098 执行。

6.2 自 然 通 风

6.2.1 建筑及其周围微环境优化设计要求。

利用自然通风的建筑，在设计时宜利用 CFD 数值模拟（另见 6.2.7 条文说明）方法，对建筑周围微环境进行预测，使建筑物的平面设计有利于自然通风。

1 建筑的朝向要求。在设计自然通风的建筑时，应考虑建筑周围微环境条件。某些地区室外通风计算温度较高，因为室温的限制，热压作用就会有所减小。为此，在确定该地区大空间高温建筑的朝向时，应考虑利用夏季最多风向来增加自然通风的风压作用或对建筑形成穿堂风。因此要求建筑的迎风面与最多风向成 60°～90°角。同时，因春秋季往往时间较长，应充分利用春秋季自然通风。

2 建筑平面布置要求。错列式、斜列式平面布置形式相比行列式、周边式平面布置形式等有利于自然通风。

6.2.2 自然通风进排风口或窗扇的选择。

为了提高自然通风的效果，应采用流量系数较大的进排风口或窗扇，如在工程设计中常采用的性能较好的门、洞、平开窗、上悬窗、中悬窗及隔板或垂直转动窗、板等。

供自然通风用的进排风口或窗扇，一般随季节的变换要进行调节。对于不便于人员开关或需要经常调节的进排风口或窗扇，应考虑设置机械开关装置，否则自然通风效果将不能达到设计要求。总之，设计或选用的机械开关装置，应便于维护管理并能防止锈蚀失灵，且有足够的构件强度。

严寒寒冷地区的自然通风进排风口，不使用期间应可有效关闭并具有良好的保温性能。

6.2.3 进风口的位置。

夏季由于室内外形成的热压小，为保证足够的进风量、消除余热、提高通风效率，应使室外新鲜空气直接进入人员活动区。自然进风口的位置应尽可能低。参考国内外有关资料，本条将夏季自然通风进风口的下缘距室内地坪的上限定为 1.2m。参考美国 ASHRAE 标准，自然通风口应远离已知的污染源，如烟囱、排风口、排风罩等 3m 以上。冬季为防止冷空气吹向人员活动区，进风口下缘不宜低于 4m，冷空气经上部侧窗进入，当其下降至工作地点时，已经过了一段混合加热过程，这样就不致使工作区过冷。如进风口下缘低于 4m，则应采取防止冷风吹向人员活动区的措施。

6.2.4 自然通风房间通风开口的要求。

目前国内外标准中对此规定大体一致，但具体数值有所不同。国家标准《民用建筑设计通则》GB 50352-2005 第 7.2.2 条：生活、工作的房间的通风开口有效面积不应小于该房间地板面积的 1/20；厨房的通风开口有效面积不应小于该房间地板面积的 1/10，并不得小于 0.60m²。美国 ASHRAE 标准 62.1 也有类似规定，即自然通风房间可开启外窗净面积不得小于房间地板面积的 4%，建筑内区房间若通过邻接房间进行自然通风，其通风开口面积应大于该房间净面积的 8%，且不应小于 2.3m²。

6.2.5 自然通风策略确定。

在确定自然通风方案之前，必须收集目标地区的气象参数，进行气候潜力分析。自然通风潜力指仅依靠自然通风就可满足室内空气品质及热舒适要求的潜力。现有的自然通风潜力分析方法主要有经验分析法、多标准评估法、气候适应性评估法及有效压差分析法等。然后，根据潜力可定出相应的气候策略，即风压、热压的选择及相应的措施。

因为 28℃ 以上的空气难以降温至舒适范围，室外风速 3.0m/s 会引起纸张飞扬，所以对于室内无大功率热源的建筑，"风压通风"的通风利用条件宜采取气温 20℃～28℃，风速 0.1m/s～3.0m/s，湿度 40%～90% 的范围。由于 12℃ 以下室外气流难以直接利用，"热压通风"的通风条件宜设定为气温 12℃～20℃，风速 0～3.0m/s，湿度不设限。

根据我国气候区域特点，中纬度的温暖气候区、温和气候区、寒冷地区，更适合采用中庭、通风塔等热压通风设计，而热湿气候区、干热地区更适合采用穿堂风等风压通风设计。

6.2.6 风压与热压是形成自然通风的两种动力方式。

风压是空气流动受到阻挡时产生的静压，其作用效果与建筑物的形状等有关；热压是气温不同产生的压力差，它会使室内热空气上升逸散到室外；建筑物的通风效果往往是这两种方式综合作用的结果，均应考虑。若建筑层数较少，高度较低，考虑建筑周围风速通常较小且不稳定，可不考虑风压作用。

同时考虑热压及风压作用的自然通风量，宜按计算流体动力学（CFD）数值模拟（另见 6.2.7 条文说明）方法确定。

6.2.7 热压通风的计算。

热压通风的简化计算方法如下：

$$G = 3600 \frac{Q}{c(t_\mathrm{p} - t_\mathrm{wf})} \tag{12}$$

式中：G——热压作用的通风量（kg/h）；
Q——室内的全部余热（kW）；
c——空气比热 [1.01kJ/（kg·K）]；
t_p——排风温度（℃）；
t_wf——夏季通风室外计算温度（℃）。

以上计算方法是在下列简化条件下进行的：
1) 空气在流动过程中是稳定的；
2) 整个房间的空气温度等于房间的平均温度；
3) 房间内空气流动的路途上，没有任何障碍物；
4) 只考虑进风口进入的空气量。

多区域网络法是从宏观角度对建筑通风进行分析，把整个建筑物作为系统，其中每个房间作为一个区（或网络节点），认为各个区内空气具有恒定的温度、压力和污染物浓度，利用质量、能量守恒等方程计算风压和热压作用下通风量，常用软件有 COMIS、CONTAM、BREEZE、NatVent、PASSPORT Plus 及 AIOLOS 等。

相对于网络法，CFD 模拟是从微观角度，针对某一区域或房间，利用质量、能量及动量守恒等基本方程对流场模型求解，分析空气流动状况，常用软件有 FLUENT、AirPak、PHOENICS 及 STAR-CD 等。

6.2.8 风压作用的通风量确定原则。

建筑物周围的风压分布与该建筑的几何形状和室外风向有关。风向一定时，建筑物外围结构上某一点的风压值 p_f 也可根据下式计算：

$$p_\mathrm{f} = k \frac{v_\mathrm{w}^2}{2} \rho_\mathrm{w} \tag{13}$$

式中：p_f——风压（Pa）；
k——空气动力系数；
v_w——室外空气流速（m/s）；
ρ_w——室外空气密度（kg/m³）。

此外，从地球表面到约 500m～1000m 高的空气层为大气边界层，其厚度主要取决于地表的粗糙度，不同地区因地形特征不同，使得地表的粗糙度不同，因此边界层厚度不同，在平原地区边界层薄，在城市和山区边界层厚。边界层内部风速沿垂直方向存在梯度，即梯度风，其形成的原因是下垫面对气流的摩擦作用。在摩擦力作用下，贴近地面处的风速接近零，沿高度方向因地面摩擦力的作用越来越小而风速递增，到达一定高度之后风速将达到最大值而不再增加，该高度成为边界层高度。由于大气边界层及梯度风作用对室外空气流场的影响非常显著，因而在进行计算流体动力学（CFD）数值模拟时，应充分考虑当地风环境的影响，以建立更合理的边界条件。

通常室外风速按基准高度室外最多风向的平均风速确定。所谓基准高度是指气象学中观测地面风向和风速的标准高度。该高度的确定，既要能反映本地区较大范围内的气象特点，避免局部地形和环境的影响，又要考虑到观测的可操作性。《地面气象观测规范 第7部分：风向和风速观测》QX/T 51-2007中规定，该高度应距地面10m。

6.2.9 自然通风强化措施。

1 捕风装置是一种自然风捕集装置，是利用对自然风的阻挡在捕风装置迎风面形成正压、背风面形成负压，与室内的压力形成一定的压力梯度，将新鲜空气引入室内，并将室内的浑浊空气抽吸出来，从而加强自然通风换气的能力。为保持捕风系统的通风效果，捕风装置内部用隔板将其分为两个或四个垂直风道，每个风道随外界风向改变轮流充当送风口或排风口。捕风装置可以适用于大部分的气候条件，即使在风速比较小的情况下也可以成功地将大部分经过捕风装置的自然风导入室内。捕风装置一般安装在建筑物的顶部，其通风口位于建筑上部2m～20m的位置，四个风道捕风装置的原理如图3所示。

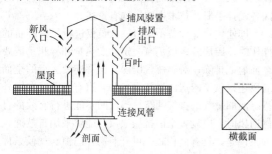

图3　捕风装置的一般结构形式和通风原理图

2 无动力风帽是通过自身叶轮的旋转，将任何平行方向的空气流动，加速并转变为由下而上垂直的空气流动，从而将下方建筑物内的污浊气体吸上来并排出，以提高室内通风换气效果的一种装置。该装置不需要电力驱动，可长期运转且噪声较低，在国外已使用多年，在国内也开始大量使用。

3 太阳能诱导通风方式依靠太阳辐射给建筑结构的一部分加热，从而产生大的温差，比传统的由内

外温差引起流动的浮升力驱动的策略获得更大的风量，从而能够更有效地实现自然通风。典型的三类太阳能诱导方式为：特伦布（Trombe）墙、太阳能烟囱、太阳能屋顶。

6.3　机械通风

6.3.1 机械送风系统进风口的位置。

关于机械送风系统进风口位置的规定，是根据国内外有关资料，并结合国内的实践经验制定的。其基本点为：

1 为了使送入室内的空气免受外界环境的不良影响而保持清洁，因此规定把进风口布置在室外空气较清洁的地点。

2 为了防止排风（特别是散发有害物质的排风）对进风的污染，进、排风口的相对位置，应遵循避免短路的原则；进风口宜低于排风口3m以上，当进排风口在同一高度时，宜在不同方向设置，且水平距离一般不宜小于10m。用于改善室内舒适度的通风系统可根据排风中污染物的特征、浓度，通过计算适当减少排风口与新风口距离。

3 为了防止送风系统把进风口附近的灰尘、碎屑等扬起并吸入，故规定进风口下缘距室外地坪不宜小于2m，同时还规定当布置在绿化地带时，不宜小于1m。

6.3.2 全面排风系统吸风口的布置要求。强制性条文。

规定建筑物全面排风系统吸风口的位置，在不同情况下应有不同的设计要求，目的是为了保证有效地排除室内余热、余湿及各种有害物质。对于由于建筑结构造成的有爆炸危险气体排出的死角，例如产生氢气的房间，会出现由于顶棚内无法设置吸风口而聚集一定浓度的氢气发生爆炸的情况。在结构允许的情况下，在结构梁上设置连通管进行导流排气，以避免事故发生。

6.3.4 住宅通风规定。

1 由于人们对住宅的空气品质的要求提高，而室外气候条件恶劣、噪声等因素限制了自然通风的应用，国内外逐渐增加了机械通风在住宅中的应用。但当前住宅机械通风系统的发展还存在如下局限：

　　1）室内通风量的确定，国家标准中只对单人需要新风量提出要求，而对于人数不确定的房间如何确定其通风量没有提及，也缺乏相应的测试和模拟分析。

　　2）系统形式的研究，国内对于住宅通风系统还没有明确分类，也缺乏相应的实际工程对不同系统形式进行比较。对于房间内排风和送风方式对室内污染物和空气流场的影响，缺乏相应的分析。

　　3）对于不同系统在不同气候条件下的运行和

控制策略缺乏探讨。

4）住宅通风类产品还有待增加和改善。

住宅内的通风换气应首先考虑采用自然通风，但在无自然通风条件或自然通风不能满足卫生要求的情况下，应设机械通风或自然通风与机械通风结合的复合通风系统。"不能满足室内卫生条件"是指室内有害物浓度超标，影响人的舒适和健康。应使气流从较清洁的房间流向污染较严重的房间，因此使室外新鲜空气首先进入起居室、卧室等人员主要活动、休息场所，然后从厨房、卫生间排出到室外，是较为理想的通风路径。

2 住宅厨房及无外窗卫生间污染源较集中，应采用机械排风系统，设计时应预留机械排风系统开口。

3 为保证有效的排气，应有足够的进风通道，当厨房和卫生间的外窗关闭或暗卫生间无外窗时，需通过门进风，应在下部设置有效截面积不小于 0.02m² 的固定百叶，或距地面留出不小于 30mm 的缝隙。厨房排油烟机的排气量一般为 300m³/h～500m³/h，有效进风截面不小于 0.02m²，相当于进风风速 4m/s～7m/s，由于排油烟机有较大压头，换气次数基本可以满足 3 次/h 要求。卫生间排风机的排气量一般为 80m³/h～100m³/h，虽然压头较小，但换气次数也可以满足要求。

4 住宅建筑竖向排风道应具有防火、防倒灌的功能。顶部应设置防止室外风倒灌装置。排风道设置位置和安装应符合《住宅厨房排风道》JG/T 3044 要求，排风道设计宜采用简化设计计算方法或软件设计计算方法。不需重复加止回阀。排风道设计建议：

1）竖向集中排油烟系统宜采用简单的单孔烟道，在烟道上用户排油烟机软管接入口处安装可靠的逆止阀，逆止阀材料应防火。

2）排风道设计过程一般为：先假定一个烟道内截面尺寸，计算流动总阻力，再根据排油烟机性能曲线校核是否能满足要求；若不满足，则修正烟道内截面尺寸，直至满足要求为止。

3）排风道阻力计算可以采用简化计算方法，设计计算时可以采用总局部阻力等于总沿程阻力的方法，即总流动阻力两倍于总沿程阻力。其中沿程阻力计算公式为：

$$P_m = \alpha\left[(n-1)l \cdot \frac{R_{mp}}{2} + (N-n+1)l \cdot R_{mp}\right] \quad (14)$$

式中：P_m——排烟道总沿程阻力损失（Pa）；
α——修正系数，$\alpha=0.84～0.88$；
n——同时开机的用户数；
l——建筑层高（m）；
R_{mp}——对应于系统总排风量的烟道比摩阻

（Pa/m）；
N——住宅总层数。

4）竖向烟道内截面尺寸选取依据：在一定的同时开机率、一定的用户排油烟机性能下，确定满足最不利用户（最底层）一定排风量时的最小烟道截面尺寸，或先假设烟道气体流速并采用下列计算公式计算排风道的尺寸。

排风道截面总风量计算公式为：

$$Q = \sum_{j=1}^{m}\left(c_j \sum_{i=1}^{n} q_i\right) \quad (15)$$

式中：Q——总风量（m³/s）；
c_j——同时使用系数，$c_j=0.4～0.6$；
q_i——一户的排风量（m³/s）；
n——1～6 层住户数；
m——同时使用系数的数量。

排风道截面积计算公式为：

$$F = \frac{Q}{V} \quad (16)$$

式中：F——排风道截面积（m²）；
V——为排风道内气体流速（m/s）。

6.3.5 公共厨房通风规定。

1 公共厨房通风的设置原则

发热量大且散发大量油烟和蒸汽的厨房设备指炉灶、洗碗机、蒸汽消毒设备等，设置局部机械排风设施的目的是有效地将热量、油烟、蒸汽等控制在炉灶等局部区域并直接排出室外，不对室内环境造成污染。局部排风风量的确定原则是保证炉灶等散发的有害物不外溢，使排气罩的外沿和距灶台的高度组成的面积，以及灶口水平面积都保持一定的风速，计算方法各设计手册、技术措施等均有论述。

即使炉灶等设备不运行、人员仅进行烹饪准备的操作时，厨房各区域仍有一定的发热量和异味，需要全面通风排除；对于燃气厨房，经常连续运行的全面通风还提供了厨房内燃气设备和管道有泄漏时向室外排除泄漏燃气的排气通路。当房间不能进行有效的自然通风时，应设置全面机械通风。能够采用自然通风的条件是，具有面积较大可开启的外门窗、气候条件和室外空气品质满足允许开窗自然通风。

厨房通风总排风量应能够排除厨房各区域内以设备发热量为主的总发热量。

在厨房工艺未确定前，如缺少排气罩尺寸、设备发热量等资料，可根据设计手册、技术措施等提供的经验数据，按换气次数等估算厨房内不同区域的排风量；待厨房工艺确定后，应经详细计算校核预留风道截面和确定通风设备规格。

2 公共厨房负压要求及补风

厨房采用机械排风时，房间内负压值不能过大，否则既有可能对厨房灶具的使用产生影响，也会因为来自周围房间的自然补风量不够而导致机械排风量不能达到设计要求。建议以厨房开门后的负压补风风速不超过 1.0m/s 作为判断基准，超过时应设置机械补风系统。同时，厨房气味影响周围室内环境，也是公共建筑经常发生的现象。为了解决这一问题，设计中应注意下列方面：①厨房设备及其局部排风设备不一定同时使用，因此补风量应能够根据排风设备运行情况与排风量相对应，以免发生补风量大于排风量，厨房出现正压的情况。②应确实保证厨房的负压。不仅要考虑整个厨房与厨房外区域之间要保证相对负压，厨房内也要考虑热量和污染物较大的区域与较小区域之间的压差。根据目前的实际工程，一般情况下均可取补风量为排风量的 80%～90%，对于炉灶间等排风量较大房间，排风和补风量差值也较大，相对于厨房内通风量小的房间则会保证一定的负压值。

在北方严寒和寒冷地区，一般冬季不开窗自然通风，而常采用机械补风且补风量很大。为避免过低的送风温度导致室内温度过低，不满足人员劳动环境的卫生要求并有可能造成冬季厨房内水池及水管道出现冻结现象等，除仅在气温较高的白天工作且工作时间较短（不足 2 小时）的小型厨房外，送风均宜做加热处理。

3 排风口位置及排油烟处理

根据《饮食业油烟排放标准》GB 18483 的规定，油烟排放浓度不得超过 2.0mg/m³，净化设备的最低去除效率小型不宜低于 60%，中型不宜低于 75%，大型不宜低于 85%。因此副食灶等产生油烟的设备应设置油烟净化设施。排油烟风道的排放口宜设置在建筑物顶端并采用防雨风帽（一般是锥形风帽），目的是把这些有害物排入高空，以利于稀释。

4 排油烟风道不得与防火排烟风道合用

工程通风设计中常有合用排风和防火排烟管道的情况，但厨房排油烟风道内不可避免地有油垢聚集，因此不得与高温的防火排烟风道合用，以免发生次生火灾。

5 排油烟管道要求

厨房排风管的水平段应设不小于 0.02 的坡度，坡向排气罩。罩口下沿四周设集油集水沟槽，沟槽底应装排油污管。水平风道宜设置清洗检查孔，以利清洁人员定期清除风道中沉积的油污、油垢。为防止污浊空气或油烟处于正压渗入室内，宜在顶部设总排风机。

6.3.6 公共卫生间和浴室通风。

公共卫生间和浴室通风关系到公众健康和安全的问题，因此应保证其良好的通风。

浴室气窗是指室内直接与室外相连的能够进行自然通风的外窗，对于没有气窗的浴室，应设独立的通风系统，保证室内的空气质量。

浴室、卫生间处于负压区，以防止气味或热湿空气从浴室、卫生间流入更衣室或其他公共区域。

表3 公共卫生间、浴室及附属房间机械通风换气次数

名称	公共卫生间	淋浴	池浴	桑拿或蒸汽浴	洗浴单间或小于 5 个喷头的淋浴间	更衣室	走廊、门厅
每小时换气次数	5～10	5～6	6～8	6～8	10	2～3	1～2

表3中桑拿或蒸汽浴指浴室的建筑房间，而不是指房间内部的桑拿蒸汽隔间。当建筑未设置单独房间放置桑拿隔间时，如直接将桑拿隔间设在淋浴间或其他公共房间，则应提高该淋浴间等房间的通风换气次数。

6.3.7 设备机房通风规定。

1 机房设备会产生大量余热、余湿、泄露的制冷剂或可燃气体等，靠自然通风往往不能满足使用和安全要求，因此应设置机械通风系统，并尽量利用室外空气为自然冷源排除余热、余湿。不同的季节应采取不同的运行策略，实现系统节能。

2 制冷设备的可靠性不好会导致制冷剂的泄露带来安全隐患，制冷机房在工作过程中会产生余热，良好的自然通风设计能够较好地利用自然冷量消除余热，稀释室内泄露制冷剂，达到提高安全保障并且节能的目的。制冷机房采用自然通风时，机房通风所需要的自由开口面积可按下式计算：

$$F = 0.138G^{0.5} \quad (17)$$

式中：F——自由开口面积（m²）；
G——机房中最大制冷系统灌注的制冷工质量（kg）。

制冷机房可能存在制冷剂的泄漏，对于泄漏气体密度大于空气时，设置下部排风口更能有效排除泄漏气体。

氨是可燃气体，其爆炸极限为 16%～27%，当氨气大量泄漏而又得不到吹散稀释的情况下，如遇明火或电气火花，则将引起燃烧爆炸。因此应采取可靠的机械通风形式来保障安全。关于事故通风量的确定可参见《冷库设计规范》GB 50072 的相关条文解释。

连续通风量按每平方米机房面积 9m³/h 和消除余热（余热温升不大于 10℃）计算，取二者最大值。事故通风的通风量按排走机房内由于工质泄露或系统破坏散发的制冷工质确定，根据工程经验，可按下式计算：

$$L = 247.8G^{0.5} \quad (18)$$

式中：L——连续通风量（m³/h）；
G——机房最大制冷系统灌注的制冷工质量（kg）。

吸收式制冷机在运行中属真空设备，无爆炸可能性，但它是以天然气、液化石油气、人工煤气为热源燃料，它的火灾危险性主要来自这些有爆炸危险的易燃燃料以及因设备控制失灵，管道阀门泄漏以及机件损坏时的燃气泄漏，机房因液体蒸汽、可燃气体与空气形成爆炸混合物，遇明火或热源产生燃烧和爆炸，因此应保证良好的通风。

3 制冷机房、柴油发电机房及变配电室由于使用功能、季节等特殊性，设置独立的通风系统能有效保障系统运行效果和节能。对于大、中型建筑更为重要。柴油发电机的通风量和燃烧空气量一般可在其样本中查得。柴油发电机燃烧空气量，可按柴油发电机额定功率 $7m^3/(kW \cdot h)$ 计算。

4 变配电室通常由高、低压器配电室及变压器组成，其中的电器设备散发一定的热量，尤以变压器的发热量为大。若变配电器室内温度太高，会影响设备工作效率。

5 根据工程经验，表 6.3.7 中所列设备用房的通风换气量可以满足通风基本要求。

6.3.8 汽车库通风规定。

1 通过相关实验分析得出将汽车排出的 CO 稀释到容许浓度时，NO_x 和 $C_m H_n$ 远远低于它们相应的允许浓度。也就是说，只要保证 CO 浓度排放达标，其他有害物即使有一些分布不均匀，也有足够的安全倍数保证将其通过排风带走；所以以 CO 为标准来考虑车库通风量是合理的。选用国家现行有关工业场所有害因素职业接触限值标准的规定，CO 的短时间接触容许浓度为 $30mg/m^3$。

2 地下汽车库由于位置原因，容易造成自然通风不畅，宜设置独立的送风、排风系统；当地下汽车库设有开敞的车辆出、入口且自然进风满足所需进风条件时，可采用自然进风、机械排风的方式。

3 采用换气次数法计算车库通风量时，相关参数按以下规定选取：

1) 排风量按换气次数不小于 6 次/h 计算，送风量按换气次数不小于 5 次/h 计算。

2) 当层高<3m 时，按实际高度计算换气体积；当层高≥3m 时，按 3m 高度计算换气体积。

但采用换气次数法计算通风量时存在以下问题：

①车库通风量的确定，此时通风目的是稀释有害物以满足卫生要求的允许浓度。也就是说，通风风量的计算与有害物的散发量及散发时的浓度有关，而与房间容积（亦即房间换气次数）并无确定的数量关系。例如，两种有害物散发情况相同，且平面布置和大小也相同，只是层高高不同的车库，按有害物稀释计算的排风量是相同的，但按换气次数计算，二者的排风量就不同了。

②换气次数法并没有考虑到实际中的（部分或全部）双层停车库或多层停车库情况，与单层车库采用相同的计算方法也是不尽合理的。

以上说明换气次数法有其固有弊端。正因为如此，提出对于全部或部分为双层或多层停车库情形，

排风量应按稀释浓度法计算；单层停车库的排风量宜按稀释浓度法计算，如无计算资料时，可参考换气次数估算。

当采用稀释浓度法计算排风量时，建议采用以下公式，送风量应按排风量的 80%～90% 选用。

$$L = \frac{G}{y_1 - y_0} \qquad (19)$$

式中：L——车库所需的排风量（m^3/h）；

G——车库内排放 CO 的量（mg/h）；

y_1——车库内 CO 的允许浓度，为 $30mg/m^3$；

y_0——室外大气中 CO 的浓度，一般取 $2mg/m^3$ ～$3mg/m^3$。

$$G = My \qquad (20)$$

式中：M——库内汽车排出气体的总量（m^3/h）；

y——典型汽车排放 CO 的平均浓度（mg/m^3），根据中国汽车尾气排放现状，通常情况下可取 $55000mg/m^3$。

$$M = \frac{T_1}{T_0} \cdot m \cdot t \cdot k \cdot n \qquad (21)$$

式中：n——车库中的设计车位数；

k——1 小时内出入车数与设计车位数之比，也称车位利用系数，一般取 0.5～1.2；

t——车库内汽车的运行时间，一般取 2min ～6min；

m——单台车单位时间的排气量（m^3/min）；

T_1——库内车的排气温度，500+273=773K；

T_0——库内以 20℃ 计的标准温度 273 + 20 =293K。

地下汽车库内排放 CO 的多少与所停车的类型、产地、型号、排气温度及停车启动时间等有关，一般地下停车库大多数按停放小轿车设计。按照车库排风量计算式，应当按每种类型的车分别计算其排出的气体量，但地下车库在实际使用时车辆类型出入台数都难以估计。为简化计算，m 值可取 $0.02m^3/min$～$0.025m^3/min$ 台。

4 风管通风是指利用风管将新鲜气流送到工作区以稀释污染物，并通过风管将稀释后的污染气流收集排出室外的传统通风方式；诱导通风是指利用空气射流的引射作用进行通风的方式。当采用接风管的机械进、排风系统时，应注意气流分布的均匀性，减少通风死角。当车库层高较低，不易布置风管时，为了防止气流不畅，杜绝死角，可采用诱导式通风系统。

5 对于车流量变化较大的车库，由于其风机设计选型时是根据最大车流量选择的（最不利原则），而往往车库的高峰车流量持续时间很短，如果持续以最大通风量进行通风，会造成风机运行能耗的浪费。这种情况，当车流量变化有规律时，可按时间设定风机开启台数；无规律时宜采用 CO 浓度传感器联动控制多台并联风机或可调速风机的方式，会起到很好的节能效果。CO 浓度传感器的布置方式：当采用传统

的风管机械进、排风系统时，传感器宜分散设置。当采用诱导式通风系统时，传感器应设在排风口附近。

6 热空气幕可有效防止冷空气的大量侵入。

7 本款提出共用是出于节省投资和节省空间的考虑。但基于安全需要，要首先满足消防要求。

6.3.9 事故通风规定。部分强制性条文。

1 事故通风是保证安全生产和保障人民生命安全的一项必要的措施。对在生活中可能突然放散有害气体的建筑，在设计中均应设置事故排风系统。有时虽然很少或没有使用，但并不等于可以不设，应以预防为主。这对防止设备、管道大量逸出有害气体（家用燃气、冷冻机房的冷冻剂泄漏等）而造成人身事故是至关重要的。需要指出的是，事故通风不包括火灾通风。关于事故通风的通风量，要保证事故发生时，控制不同种类的放散物浓度低于国家安全及卫生标准所规定的最高容许浓度，且换气次数不低于每小时12次。有特定要求的建筑可不受此条件限制，允许适当取大。

2 事故排风系统（包括兼作事故排风用的基本排风系统）应根据建筑物可能释放的放散物种类设置相应的检测报警及控制系统，以便及时发现事故，启动自动控制系统，减少损失。事故通风的手动控制装置应装在室内、外便于操作的地点，以便一旦发生紧急事故，使其立即投入运行。

3 放散物包含有爆炸危险的气体时，应采取防爆通风设备。

4 设置事故通风的场所（如氟利昂制冷机房）的机械通风量应按平常所要求的机械通风和事故通风分别计算。当事故通风量较大时，宜设置双风机或变频调速风机。但共用的前提是事故通风必须保证。

5 事故排风的室内吸风口，应设在有害气体或爆炸危险性物质放散量可能最大或聚集最多的地点。对事故排风的死角，应采取导流措施。当发生事故向室内放散密度比空气大的气体或蒸汽时，室内吸风口应设在地面以上 0.3m～1.0m 处；放散密度比空气小的气体或蒸汽时，室内吸风口应设在上部地带；放散密度比空气小的可燃气体或蒸汽，室内吸风口应尽量紧贴顶棚布置，其上缘距顶棚不得大于 0.4m。

为保证传感器能尽早发现事故，及时快速监测到所放散的有害气体或爆炸危险性物质，传感器应布置在建筑内有可能放散有害物质的发生源附近以及主要的人员活动区域，且应安装维护方便，不影响人员活动。当放散气体或蒸汽密度比空气大时，应设在下部地带；当放散气体或蒸汽密度比空气小时，应设在上部地带。

6 当风吹向和流经建筑物时，由于撞击作用，产生弯曲、跳跃和旋流现象，在屋顶、侧墙和背风侧形成的负压闭合循环气流区为动力阴影区；由于撞击作用而使其静压高于稳定气流区静压的区域为正压

区。为便于污染物排放，不产生倒流，应尽可能避免将排风口设在动力阴影区和正压区。

除规范中要求外，排风口的高度应高于周边 20m 范围内最高建筑屋面 3m 以上。

事故排风口的布置是从安全角度考虑的，为的是防止系统投入运行时排出的有毒及爆炸性气体危及人身安全和由于气流短路时对送风空气质量造成影响。

6.4 复合通风

6.4.1 复合通风的设计条件。

复合通风系统是指自然通风和机械通风在一天的不同时刻或一年的不同季节里，在满足热舒适和室内空气质量的前提下交替或联合运行的通风系统。复合通风系统设置的目的是，增加自然通风系统的可靠运行和保险系数，并提高机械通风系统的节能率。

复合通风适用场合包括净高大于 5m 且体积大于 1 万 m³ 的大空间建筑及住宅、办公室、教室等易于在外墙上开窗并通过室内人员自行调节实现自然通风的房间。研究表明：复合通风系统通风效率高，通过自然通风与机械通风手段的结合，可节约风机和制冷能耗约 10%～50%，既带来较高的空气品质又有利于节能。复合通风在欧洲已经普遍采用，主要用于办公建筑、住宅、图书馆等建筑，目前在我国一些建筑中已有应用。复合通风系统应用时应注意协调好与消防系统的矛盾。

复合通风系统的主要形式包括三种：自然通风与机械通风交替运行、带辅助风机的自然通风和热压/风压强化的机械通风。三种系统简介如下：

1）自然通风与机械通风交替运行

该系统是指自然通风系统与机械通风系统并存，由控制策略实现自然通风与机械通风之间的切换。比如：在过渡时间启用自然通风，冬夏季则启用机械通风；或者在白天开启机械通风而夜晚开启自然通风。

2）带辅助风机的自然通风

该系统是指以自然通风为主，且带有辅助送风机或排风机的系统。比如，当自然通风驱动力较小或室内负荷增加时，开启辅助送排风机。

3）热压/风压强化的机械通风

该系统是指以机械通风为主，并利用自然通风辅助机械通风系统。比如，可选择压差较小的风机，而由自然通风的热压/风压驱动来承担一部分压差。

6.4.2 复合通风的设计要求。

复合通风系统在机械通风和自然通风系统联合运行下，及在自然通风系统单独运行下的通风换气量，按常规方法难以计算，需要采用计算流体力学或多区域网络法进行数值模拟确定。自然通风和机械通风所占比重需要通过技术经济及节能综合分析确定，并由此制定对应的运行控制方案。为充分利用可再生能源，自然通风的通风量在复合通风系统中应占一定比

重，自然通风量宜不低于复合通风联合运行时风量的30%，并根据所需自然通风量确定建筑物的自然通风开口面积。

6.4.3 复合通风的运行控制设计。

复合通风系统应根据控制目标设置控制必要的监测传感器和相应的系统切换启闭执行机构。复合通风系统通常的控制目标包括消除室内余热余湿和满足卫生要求，所对应的监测传感器包括温湿度传感器及 CO_2、CO 等。自然通风、机械通风系统应设置切换启闭的执行机构，依据传感器监测值进行控制，可以作为楼宇自控系统（BAS）的一部分。复合通风应首先利用自然通风，根据传感器的监测结果判断是否开启机械通风系统。控制参数不能满足要求即室内污染物浓度超过卫生标准限值，或室内温湿度高于设定值。例如当室外温湿度适宜时，通过执行机构开启建筑外围护结构的通风开口，引入室外新风带走室内的余热余湿及有害污染物，当传感器监测到室内 CO_2 浓度超过 $1000\mu g/g$，或室内温湿度超过舒适范围时，开启机械通风系统，此时系统处于自然通风和机械通风联合运行状态。当室外参数进一步恶化，如温湿度升高导致通过复合通风系统也不能满足消除室内余热余湿要求时，应关闭复合通风系统，开启空调系统。

6.4.4 复合通风考虑温度分层的条件。

按照国内外已有研究结果，除薄膜构造外，通常对于屋顶保温良好、高度在 15m 以内的大空间可以不考虑上下温度分布不均匀的问题。而对于高度大于 15m 的大空间，在设计建筑复合通风系统时，需要考虑不同运行工况的气流组织，避免建筑内不同区域之间的通风效果有较大差别，在分析气流组织的时候可以采用 CFD 技术。人员过渡区域及有固定座位的区域要重点核算。

6.5 设备选择与布置

6.5.1、6.5.2 选择通风设备时附加的规定。

在通风和空调系统运行过程中，由于风管和设备的漏风会导致送风口和排风口处的风量达不到设计值，甚至会导致室内参数（其中包括温度、相对湿度、风速和有害物浓度等）达不到设计和卫生标准的要求。为了弥补系统漏风可能产生的不利影响，选择通风机时，应根据系统的类别（低压、中压或高压系统）、风管内的工作压力、设备布置情况以及系统特点等因素，附加系统的漏风量。如：能量回收器（转轮式、板翅式、板式等）往往布置在系统的负压段，其本身存在漏风量。由于系统的漏风量有时需要通过加热器、冷却器或能量回收器等进行处理，因此，在选择此类设备时应附加风管的漏风量。

风管漏风量的大小取决于很多因素，如风管材料、加工及安装质量、阀门的设置情况和管内的正负压大小等。风管的漏风量（包括负压段渗入的风量和

正压段泄漏的风量），是上述诸因素综合作用的结果。由于具体条件不同，很难把漏风量标准制定得十分细致、确切。为了便于计算，条文中根据我国常用的金属和非金属材料风管的实际加工水平及运行条件，规定一般送排风系统附加 5%～10%，排烟系统附加 10%～20%。需要指出，这样的附加百分率适用于最长正压管段总长度不大于 50m 的送风系统和最长负压管段总长度不大于 50m 的排风系统。对于比这更大的系统，其漏风百分率可适当增加。有的全面排风系统直接布置在使用房间内，则不必考虑漏风的影响。

当系统的设计风量和计算阻力确定以后，选择通风机时，应考虑的主要问题之一是通风机的效率。在满足给定的风量和风压要求的条件下，通风机在最高效率点工作时，其轴功率最小。在具体选用中由于通风机的规格所限，不可能在任何情况下都能保证通风机在最高效率点工作，因此条文中规定通风机的设计工况效率不应低于最高效率的 90%。一般认为在最高效率的 90%以上范围内均属于通风机的高效率区。根据我国目前通风机的生产及供应情况来看，做到这一点是不难的。

常用的通风机，按其工作原理可分为离心式、轴流式和贯流式三种。近年来在工程中广泛使用的混流式风机以及斜流式风机等均可看成是上述风机派生而来的。从性能曲线看，离心式通风机可以在很宽的压力范围内有效地输送大风量或小风量，性能较为平缓、稳定，适应性较广。轴流式通风机不如离心式通风机那样的风压，但可以在低压下输送大风量，其流量较高，压力较低，在性能曲线最高压力点的左边有个低谷，这是由风机的喘振引起的，使用时应避免在此段曲线间运行。通常情况下轴流式通风机的噪声比离心式通风机高。混流式和斜流式通风机的风压高于同机号的轴流式风机，风量大于同机号的离心式风机，效率较高、高效区较宽、噪声较低、结构紧凑且安置方便，应用较为广泛。通常风机在最高效率点附近运行时的噪声最小，越远离最高效率点，噪声越大。

另外，需要提醒的是，通风机选择中的各种附加应明确特定设计条件合理确定，更要避免重复多次附加造成选型偏差。

6.5.3 输送非标准状态空气时选择通风机及电动机的有关规定。

当所输送的空气密度改变时，通风系统的通风机特性和风管特性曲线也将随之改变。非标准状态时通风机产生的实际风压也不是标准状态时通风机性能图表上所标定的风压。在通风空调系统中的通风机的风压等于系统的压力损失。在非标准状态下系统压力损失或大或小的变化，同通风机风压或大或小的变化不但趋势一致，而且大小相等。也就是说，在实际的容

积风量一定的情况下，按标准状态下的风管计算表算得的压力损失以及据此选择的通风机，也能够适应空气状态变化了的条件。由此，选择通风机时不必再对风管的计算压力损失和通风机的风压进行修正。但是，对电动机的轴功率应进行验算，核对所配用的电动机能否满足非标准状态下的功率要求，其式如下：

$$N_z = \frac{L \cdot P}{3600 \cdot 1000 \cdot \eta_1 \cdot \eta_2} \quad (22)$$

式中：N_z ——电动机的轴功率（kW）；
   L ——通风机的风量（m³/h）；
   P ——非标准状态下，风机所产生的风压（全压）（Pa）；
   η_1 ——通风机的内效率；
   η_2 ——通风机的机械传动效率。

风机样本所提供的性能曲线和性能数据，通常是按标准状态下（大气压力 101.3kPa、温度 20℃、相对湿度 50%、密度 1.2kg/m³）编制的。当输送的介质密度、转数等条件改变时，其性能应按风机相似工况参数各换算公式（省略）进行换算。当大气压力和空气温度为非标准状态时，可按下列公式计算，得出转数不变时，该风机在非标准状态下所产生的风压（全压）（Pa）。

$$P = P_0 \cdot \frac{p_b}{p_{b0}} \cdot \frac{273 + t_0}{273 + t} \quad (23)$$

式中：p_{b0} ——标准状态下的大气压力（Pa）；
   p_b ——非标准条件下的大气压力（Pa）；
   P_0 ——风机在标准状态或特性表状态下的风压（全压）（Pa）；
   t_0 ——标准条件下的空气温（℃）；
   t ——非标准条件下的空气温度（℃）。

鉴于多年来有的设计人员在选择通风机时存在着随意附加的现象，为此，条文中特加以规定。

6.5.4 通风机的并联与串联。

通风机的并联与串联安装，均属于通风机联合工作。采用通风机联合工作的场合主要有两种：一是系统的风量或阻力过大，无法选到合适的单台通风机；二是系统的风量或阻力变化较大，选用单台通风机无法适应系统工况的变化或运行不经济。并联工作的目的，是在同一风压下获得较大的风量；串联工作的目的，是在同一风量下获得较大的风压。在系统阻力即通风机风压一定的情况下，并联后的风量等于各台并联通风机的风量之和。当并联的通风机不同时运行时，系统阻力变小，每台运行的通风机之风量，比同时工作时的相应风量大；每台运行的通风机之风压，则比同时运行的相应风压小。通风机并联或串联工作时，布置是否得当是至关重要的。有时由于布置和使用不当，并联工作不但不能增加风量，而且适得其反，会比一台通风机的风量还小；串联工作也会出现类似的情况，不但不能增加风压，而且会比单台通风

机的风压小，这是必须避免的。

由于通风机并联或串联工作比较复杂，尤其是对具有峰值特性的不稳定区，在多台通风机并联工作时易受到扰动而恶化其工作性能；因此设计时必须慎重对待，否则不但达不到预期目的，还会无谓地增加能量消耗。为简化设计和便于运行管理，条文中规定，多台风机并联运行时，应选择相同特性曲线的通风机。多台风机串联运行时，应选择相同流量的通风机。并应根据风机性能曲线与所在管网阻力特性曲线的串/并联条件下的综合特性曲线判断其实际运行状态、使用效果及合理性。多台风机并联时，风压宜相同；多台风机串联时，流量宜相同。

6.5.5 双速或变速风机的采用。

随着工艺需求和气候等因素的变化，建筑对通风量的要求也随之改变。系统风量的变化会引起系统阻力更大的变化。对于运行时间较长且运行工况（风量、风压）有较大变化的系统，为节省系统运行费用，宜考虑采用双速或变速风机。通常对于要求不高的系统，为节省投资，可采用双速风机，但要对双速风机的工况与系统的工况变化进行校核。对于要求较高的系统，宜采用变速风机。采用变速风机的系统节能性更加显著。采用变速风机的通风系统应配备合理的控制。

6.5.6 排风风机的布置。

风管漏风是难以避免的，在 6.5.1 条和 6.5.2 条对此有说明。对于排风系统中处于风机正压段的排风管，其漏风将对建筑的室内环境造成一定的污染，此类情况时有发生。如厨房排油烟系统、厕所排风系统及洗衣机房排风系统等，由于排风正压段风管的漏风可能对建筑室内环境造成的再次污染。因此，尽可能减少排风正压段风管的长度可有效降低对室内环境的影响。

6.5.7 通风设备和风管的保温、防冻。

通风设备和风管的保温、防冻具有一定的技术经济意义，有时还是系统安全运行的必要条件。例如，某些降温用的局部送风系统和兼作热风供暖的送风系统，如果通风机和风管不保温，不仅冷热耗量大不经济，而且会因冷热损失使系统内所输送的空气温度显著升高或降低，从而达不到既定的室内参数要求。又如，锅炉烟气等可能被冷却而形成凝结物堵塞或腐蚀风管。位于严寒地区和寒冷地区的空气热回收装置，如果不采取保温、防冻措施，冬季就可能冻结而不能发挥应有的作用。此外，某些高温风管如不采取保温的办法加以防护，也有烫伤人体的危险。

6.5.8 通风机房的布置。

为了降低通风机对要求安静房间的噪声干扰，除了控制通风机沿通风管道传播的空气噪声和沿结构传播的固体振动外，还必须减低通风机透过机房围护结构传播的噪声。要求安静的房间如卧室、教室、录音

室、阅览室、报告厅、观众厅、手术室、病房等。

6.5.9 通风设备及管道的防静电接地等要求。

当静电积聚到一定程度时，就会产生静电放电，即产生静电火花，使可燃或爆炸危险物质有引起燃烧或爆炸的可能；管内沉积不易导电的物质和会妨碍静电导出接地，有在管内产生火花的可能。防止静电引起灾害的最有效办法是防止其积聚，采用导电性能良好（电阻率小于 $10^6 \Omega \cdot cm$）的材料接地。因此做了如条文中的有关规定。

法兰跨接系指风管法兰连接时，两法兰之间须用金属线搭接。

6.5.10 本条文是从保证安全的角度制定的。

空气中含有易燃易爆危险物质的房间中的送风、排风设备，当其布置在单独隔开的送风机室内时，由于所输送的空气比较清洁，如果在送风干管上设有止回阀门时，可避免有燃烧或爆炸危险性物质窜入送风机室，这种情况下，通风机可采用普通型。

6.6 风管设计

6.6.1 通风、空调系统选用风管截面及规格的要求。

规定本条的目的，是为了使设计中选用的风管截面尺寸标准化，为施工、安装和维护管理提供方便，为风管及零部件加工工厂化创造条件。据了解，在《全国通用通风道计算表》中，圆形风管的统一规格，是根据 R20 系列的优先数制定的，相邻管径之间具有固定的公比（$\sqrt[20]{10} \approx 1.12$），在直径 100mm～1000mm 范围内只推荐 20 种可供选择的规格，各种直径间隔的疏密程度均匀合理，比以前国内常采用的圆形风管规格减少了许多；矩形风管的统一规格，是根据标准长度 20 系列的数值确定的，把以前常用的 300 多种规格缩减到 50 种左右。经有关单位试算对比，按上述圆形和矩形风管系列进行设计，基本上能满足系统压力平衡计算的要求。金属风管的尺寸应按外径或外边长计；非金属风管应按内径或内边长计。

6.6.2 风管材料。

规定本条的目的，是为了防止火灾蔓延。根据《建筑设计防火规范》GB 50016 的规定，体育馆、展览馆、候机（车、船）楼（厅）等大空间建筑、办公楼和丙、丁、戊类厂房内的通风、空调系统，当风管按防火分区设置且设置了防烟防火阀时，可采用燃烧产物毒性较小且烟密度等级小于等于 25 的难燃材料。

一些化学实验室、通风柜等排风系统所排出的气体具有一定的腐蚀性，需要用玻璃钢、聚乙烯、聚丙烯等材料制作风管、配件以及柔性接头等；当系统中有易腐蚀设备及配件时，应对设备和系统进行防腐处理。

6.6.3 通风、空调风管管内风速的采用。

本表给出的通风、空调系统风管风速的推荐风速和最大风速。其推荐风速是基于经济流速和防止气流在风管中产生再噪声等因素，考虑到建筑通风、空调所服务房间的允许噪声级，参照国内外有关资料制定的。最大风速是基于气流噪声和风道强度等因素，参照国内外有关资料制定的。对于如地下车库这种对噪声要求低、层高有限的场所，干管风速可提高至 10m/s。另外，对于厨房排油烟系统的风管，则宜控制在 8m/s～10m/s。

6.6.6 系统中并联管路的阻力平衡。

把通风和空调系统各并联管段间的压力损失差额控制在一定范围内，是保障系统运行效果的重要条件之一。在设计计算时，应用调整管径的办法使系统各并联管段间的压力损失达到所要求的平衡状态，不仅能保证各并联支管的风量要求，而且可不装设调节阀门，对减少漏风量和降低系统造价也较为有利。根据国内的习惯做法，本条规定一般送排风系统各并联管段的压力损失相对差额不大于 15%，相当于风量相差不大于 5%。这样做既能保证通风效果，设计上也是能办到的，如在设计时难以利用调整管径达到平衡要求时，则以装设调节阀门为宜。

6.6.7 对通风设备接管的要求。

与通风机、空调器及其他振动设备连接的风管，其荷载应由风管的支吊架承担。一般情况下风管和振动设备间应装设柔性接头，目的是保证其荷载不传到通风机等设备上，使其呈非刚性连接。这样既便于通风机等振动设备安装隔振器，有利于风管伸缩，又可防止因振动产生固体噪声，对通风机等的维护检修也有好处。防排烟专用风机不必设置柔性接头。

6.6.8 通风、空调设备调节阀的设置。

本条文是考虑实际运行中通风、空调系统在非设计工况下为调节通风机风量、风压所采取的措施。采用多叶式或花瓣式调节阀有利于风机稳定运行及降低能耗。对于需要防冻和非使用时不必要的空气侵入，调节阀应设置在设备进风端。如空调新风系统的调节阀应设置在新风入口端。

6.6.9 多台通风机并联止回装置的设置。

规定本条是为了防止多台通风机并联设置的系统，当部分通风机运行时输送气体的短路回流。

6.6.10 风管布置、防火阀、排烟阀等的设置要求。

在国家现行标准《建筑设计防火规范》GB 50016 及《高层民用建筑设计防火规范》GB 50045 中，对风管的布置、防火阀、排烟阀的设置要求均有详细的规定，本规范不再另行规定。

6.6.11 风管形状设计要求。

为降低风管系统的局部阻力，对于内外同心弧形弯管，应采取可能的最大曲率半径（R），当矩形风管的平面边长为（a）时，R/a 值不宜小于 1.5，当 $R/a < 1.5$ 时，弯管中宜设导流叶片；当平面边长大于 500mm 时，应加设弯管导流叶片。

6.6.12 风管的测定孔、检查孔和清洗孔。

通风与空调系统安装完毕，必须进行系统的调试，这是施工验收的前提条件。风管测定孔主要用于系统的调试，测定孔应设置在气流较均匀和稳定的管段上，与前、后局部配件间距离宜分别保持等于或大于 4D 和 1.5D（D 为圆风管的直径或矩形风管的当量直径）的距离；与通风机进口和出口间距离宜分别保持 1.5 倍通风机进口和 2 倍通风机出口当量直径的距离。

风管检查孔用于通风与空调系统中需要经常检修的地方，如风管内的电加热器、过滤器、加湿器等。

随着人们对通风与空调系统传播细菌的不断认识，特别是 2003 年"非典型肺炎"后，我国颁布了《空调通风系统清洗规范》GB 19210。对于较复杂的系统，考虑到一些区域直接清洗有困难，应开设清洗孔。开设的清洗孔应满足清洗和修复的需要。

检查孔和清洗孔的设置在保证满足检查和清洗的前提下数量尽量要少，在需要同处设置检查孔和清洗孔时尽量合二为一，以免增加风管的漏风量和减少风管保温工程的施工麻烦。

6.6.13 高温烟气管道的热补偿。强制性条文。

输送高温气体的排烟管道，如燃烧器、锅炉、直燃机等的烟气管道，由于气体温度的变化会引起风管的膨胀或收缩，导致管路损坏，造成严重后果，必须重视。一般金属风管设置软连接，风管与土建连接处设置伸缩缝。需要说明此处提到的高温烟气管道并非消防排烟及厨房排油烟风管。

6.6.14 风管敷设安全事宜。

本条规定是为防止高温风管长期烘烤建筑物的可燃或难燃结构发生火灾事故。当输送温度高于 80℃ 的空气或气体混合物时，风管穿过建筑物的可燃或难燃烧体结构处，应设置不燃材料隔热层，保持隔热层外表面温度不高于 80℃；非保温的高温金属风管或烟道沿可燃或难燃烧体结构敷设时，应设遮热防护措施或保持必要的安全距离。

6.6.15 电加热器的安全要求。

规定本条是为了减少发生火灾的因素，防止或减缓火灾通过风管蔓延。

6.6.16 风管敷设安全事宜。强制性条文。

可燃气体（煤气等）、可燃液体（甲、乙、丙类液体）和电线等，易引起火灾事故。为防止火势通过风管蔓延，作此规定。

穿过风管（通风、空调机房）内可燃气体、可燃液体管道一旦泄漏会很容易发生和传播火灾，火势也容易通过风管蔓延。电线由于使用时间长、绝缘老化，会产生短路起火，并通过风管蔓延，因此，不得在风管内腔敷设或穿过。配电线路与风管的间距不应小于 0.1m，若采用金属套管保护的配电线路，可贴风管外壁敷设。

6.6.17 通风系统排除凝结水的措施。

排除潮湿气体或含水蒸气的通风系统，风管内表面有时会因其温度低于露点温度而产生凝结水。为了防止在系统内积水腐蚀设备及风管、影响通风机的正常运行，因此条文中规定水平敷设的风管应有一定的坡度并在风管的最低点和通风机的底部排除凝结水。

当排除比空气密度小的可燃气体混合物时，局部排风系统的风管沿气体流动方向具有上倾的坡度，有利于排气。

6.6.18 对排除有害气体排风口及屋面吸、排风（烟）口的要求。

对于排除有害气体的通风系统的排风口，宜设置在建筑物顶端并采用防雨风帽（一般是锥形风帽），目的是把这些有害物排入高空，以利于稀释。

严寒地区，冬季经常下雪，屋顶积雪很深，如风机安装基础过低或屋面吸、排风（烟）口位置过低，会很容易被积雪掩埋，影响正常使用。

7 空 气 调 节

7.1 一 般 规 定

7.1.1 设置空气调节（以下简称"空调"）的原则。

本条为设置空调的应用条件。对于民用建筑，设置空调设施的目的主要是达到舒适性和卫生要求，对于民用建筑的工艺性房间或区域还要满足工艺的环境要求。

1 本款中"采用供暖通风达不到人体舒适、设备等对室内环境的要求"，一般指夏季室外空气温度高于室内空气温度，无法通过通风降温的情况。

对于室内发热量较大的区域，例如机电设备用房等，理论上讲，只要室外温度低于室内设计允许最高温度，均可采用通风降温。但在夏季室外温度较高的地区，采用通风降温所需的设计通风量很大，进排风口和风管占据的空间也很大，当土建条件不能满足设计要求，也不可能为此增加层高时，采用空调可节省投资，更经济。因此采用供暖通风 "条件不允许、不经济"的情况，必要时也应设置空调。

2 本款的工艺要求指民用建筑中计算机房、博物馆文物、医院手术室、特殊实验室、计量室等对室内的特殊温度、湿度、洁净度等要求。

3 随着社会经济的不断发展，空调的应用也日益广泛。例如办公建筑设置空调后，有益于提高人员工作效率和社会经济效益，当医院建筑设置空调后，有益于病人的康复，都应设置空调。

7.1.2 空调区的布置原则。

空调区集中布置是为了减少空调区的外墙、与非空调区相邻的内墙和楼板的保温隔热处理，以达到减少空调冷热负荷、降低系统造价、便于维护管理等目的。

对于一般民用建筑，集中布置空调区域仅仅是建筑布局设计应考虑的因素之一,尤其是一般民用建筑,还有使用功能等其他重要因素。因此本条仅作为推荐的原则提出,在以工艺性空调为主的建筑或区域尤其应提请建筑设计注意。

7.1.3 工艺性空调区的要求。

此条仅限于民用建筑中的工艺性空调,如计算机中心、藏书库房、特殊实验室、计量室、手术室等空调。工艺性空调一般对温湿度波动范围、空气洁净度标准要求较高,其相应的投资及运行费用也较高。因此,在满足空调区环境要求的条件下,应合理地规划和布局,尽可能地减少空调区的面积和散热、散湿设备,以达到节约投资及运行费用的目的。同时,减少散热、散湿设备也有利于空调区的温湿度控制达到要求。

7.1.4 设置局部性空调和分层空调的要求。

对工艺性空调或舒适性空调而言,局部性空调较全室性空调有较明显的节能效果,如舒适性空调的岗位送风等。因此,在局部性空调能满足空调区的热湿环境或净化要求时,应采用局部性空调,以达到节能和节约投资的目的。

对于高大空间,当使用要求允许仅在下部区域进行空调时,可采用分层式送风或下部送风气流组织方式,以达到节能的目的,其空调负荷计算与气流组织设计需考虑空间的宽高比和具体送风形式,并参考本规范其他相关条文。

7.1.5 空调区的空气压力。

保持空调区(或空调房间)对室外的相对正压,是为了防止室外空气的侵入,有利于保证空调区的洁净度和室内热湿参数等少受外界的干扰。因此,有正压要求的空调区应根据空调的围护结构严密程度来校核其新风量,如公共建筑的门厅等开敞式高大空间,当其新风量仅为满足人员所需最小新风量时,一般可不设机械排风系统,以免大量室外空气的侵入,影响室内热湿环境的控制。

建筑物内的房间功能不同时,其要求的空气压力也可不同。如空调建筑中,电梯厅和走道相对于办公房间和卫生间,餐厅相对于其他房间和厨房,应是空气压力为正压和负压房间的中间值。另外,医院传染病房和一些设置空调设备的附属房间等,根据需要还应保持负压。因此,条文仅对空调区的压差值提出5Pa~10Pa的推荐值,但不能超30Pa的最大限值,且该数值为房间门窗关闭时的数值。

工艺性空调由于其压差值有特殊要求,设计时应按工艺要求确定。如医院手术室及其附属用房,其压差值要求应符合《医院洁净手术部建筑技术规范》GB 50333的有关规定。

7.1.6 舒适性空调的建筑热工设计。

国家现行节能设计标准对舒适性空调的建筑热工设计提出了要求,同时,建筑热工设计包括以下各项:

1 建筑围护结构的各项热工指标(围护结构传热系数、透明屋顶和外窗(包括透明幕墙)的遮阳系数、外窗和透明幕墙的气密性能等);

2 建筑窗墙面积比(包括透明幕墙)、屋顶透明部分与屋顶总面积之比;

3 外门的设置要求;

4 外部遮阳设施的设置要求;

5 围护结构热工性能的权衡判断等。

严寒和寒冷地区、夏热冬冷地区、夏热冬暖地区的居住建筑应分别符合《严寒和寒冷地区居住建筑节能设计标准》JGJ 26、《夏热冬冷地区居住建筑节能设计标准》JGJ 134、《夏热冬暖地区居住建筑节能设计标准》JGJ 75的有关规定。

公共建筑应符合《公共建筑节能设计标准》GB 50189的有关规定。

7.1.7 工艺性空调围护结构传热系数要求。

建筑物围护结构的传热系数 K 值的大小,是能否保证空调区正常使用、影响空调工程综合造价和维护费用的主要因素之一。K 值越小,则耗冷量越小,空调系统越经济。但 K 值又受建筑结构与材料等投资影响,不能过度减小。传热系数 K 值的选择与保温材料价格及导热系数、室内外计算温差、初投资费用系数、年维护费用系数以及保温材料的投资回收年限等各项因素有关;而不同地区的热价、电价、水价、保温材料价格及系统工作时间等也不是不变的,很难给出一个固定不变的经济 K 值;因此,对工艺性空调而言,围护结构的传热系数应通过技术经济比较确定合理的 K 值。表 7.1.7 中围护结构最大传热系数 K 值,是仅考虑围护结构传热对空调精度的影响确定的。目前国家现行节能设计标准,对不同的建筑、气候分区,都有不同的最大 K 值规定。因此,当表中数值与国家现行节能设计标准规定不同时,应取二者中较小的数值。

7.1.8 工艺性空调热惰性指标要求。

热惰性指标 D 值直接影响室内温度波动范围,其值大则室温波动范围就小,其值小则相反。

7.1.9 工艺性空调区的外墙、外墙朝向及其所在层次。

根据实测表明,对于空调区西向外墙,当其传热系数为 $0.34W/(m^2 \cdot ℃) \sim 0.40W/(m^2 \cdot ℃)$,室内外温差为 $10.5℃ \sim 24.5℃$ 时,距墙面100mm以内的空气温度不稳定,变化在 $\pm 0.3℃$ 以内;距墙面100mm以外时,温度就比较稳定了。因此,对于室温允许波动范围大于或等于 $\pm 1.0℃$ 的空调区来说,有西向外墙,也是可以的,对人员活动区的温度波动不会有什么影响。但从减少室内冷负荷出发,则宜减少西向外墙以及其他朝向的外墙;如有外墙时,最好为北向,且应避免将空调区设置在顶层。

为了保持室温的稳定性和不减少人员活动区的范

围，对于室温允许波动范围为±0.5℃的空调区，不宜有外墙，如有外墙，应北向；对于室温允许波动范围为±0.1~0.2℃的空调区，不应有外墙。

屋顶受太阳辐射热的作用后，能使屋顶表面温度升高35℃~40℃，屋顶温度的波幅可达±28℃。为了减少太阳辐射热对室温波动要求小于或等于±0.5℃的空调区的影响，所以规定当其在单层建筑物内时，宜设通风屋顶。

在北纬23.5°及其以南的地区，北向与南向的太阳辐射照度相差不大，且均较其他朝向小，故可采用南向或北向外墙。

7.1.10 工艺性空调区的外窗朝向。

根据调查、实测和分析：当室温允许波动范围大于等于±1.0℃时，从技术上来看，可以不限制外窗朝向，但从降低空调系统造价考虑，应尽量采用北向外窗；室温允许波动范围小于±1.0℃的空调区，由于东、西向外窗的太阳辐射热可以直接进入人员活动区，故不应有东、西向外窗；据实测，室温允许波动范围小于±0.5℃的空调区，对于双层普通玻璃的北向外窗，室内外温差为9.4℃时，窗对室温波动的影响范围在200mm以内，故如有外窗，应北向。

7.1.11 工艺性空调区的门和门斗。

从调查来看，一般空调区的外门均设有门斗，内门（指空调区与非空调区或走廊相通的门）一般也设有门斗（走廊两边都是空调区的除外，在这种情况下，门斗设在走廊的两端）。与邻室温差较大的空调区，设计中也有未设门斗的，但在使用过程中，由于门的开启对室温波动影响较大，因此在后来也采取了一定的措施。按北京、上海、南京、广州等地空调区的实际使用情况，规定门两侧温差大于7℃时，应采用保温门；同时对工艺性（即对室内温度波动范围要求较严格的）空调区的内门和门斗，作了如条文中表7.1.11的有关规定。

对舒适性空调区开启频繁的外门，也提出了宜设门斗，必要时设置空气幕的要求。旋转门或弹簧门在建筑物中被广泛应用，它能有效地阻挡通过外门的冷、热空气侵入，因此也推荐使用。

7.1.12 空调系统全年能耗模拟计算。

空调系统全年能耗模拟计算是进行空调方案对比和经济分析的基础。随着计算机软件的发展，空调系统全年能耗模拟计算也逐渐普及，为空调系统的设计与分析创造了必要条件。目前常用的建筑物空调系统能耗模拟软件有：TRNSYS、DOE2、DeST、PKPM、EnergyPlus等。

对空调系统采用热回收装置回收冷热量、利用室外新风作冷源调节室内热环境、冬季利用冷却塔提供空调冷水等节能措施时，或采用新的冷热源、末端设备形式以及考虑部分负荷运行下的季节性能系数时，一般需要空调系统的全年能耗模拟计算结果为依据，以判定节能措施的合理性及季节性能系数的计算等。

7.2 空调负荷计算

7.2.1 空调热、冷负荷的要求。强制性条文。

工程设计过程中，为防止滥用热、冷负荷指标进行设计的现象发生，规定此条为强制要求。用热、冷负荷指标进行空调设计时，估算的结果总是偏大，由此造成主机、输配系统及末端设备容量等偏大，这不仅给国家和投资者带来巨大损失，而且给系统控制、节能和环保带来潜在问题。

当建筑物空调设计仅为预留空调设备的电气容量时，空调热、冷负荷的计算可采用热、冷负荷指标进行估算。

7.2.2 空调区的夏季得热量。

在计算得热量时，只计算空调区的自身产热量和由空调区外部传入的热量，如分层空调中的对流热转移和辐射热转移等，对处于空调区之外的得热量不应计算。此外，明确指出食品的散热量应予以考虑，是因为该项散热量对于某些民用建筑（如饭店、宴会厅等）的空调负荷影响较大。

考虑到目前建筑材料的快速发展，根据建筑材料太阳辐射透过率的大小，可将建筑围护结构划分为不透明围护结构和透明围护结构，其中：由太阳辐射透过率等于零的建筑材料（如金属、砖石、混凝土等）所构成的围护结构，称不透明围护结构；由太阳辐射透过率介于0~1之间的建筑材料（如玻璃、透光化学材料（ETFE膜）等）所构成的围护结构，称透明围护结构。照射在透明围护结构的太阳辐射有一部分被反射掉，另一部分透过透明围护结构直接进入室内，被围护结构内表面、家具等吸收。

7.2.3 空调区的夏季冷负荷。

本条从现代空调负荷计算方法的基本原理出发，规定了计算空调区夏季冷负荷所应考虑的基本因素，强调指出得热量与冷负荷是两个不同的概念。

以空调房间为例，通过围护结构传入房间的，以及房间内部散出的各种热量，称为房间得热量。为保持所要求的室内温度必须由空调系统从房间带走的热量称为房间冷负荷。两者在数值上不一定相等，这取决于得热中是否含有时变的辐射成分。当时变的得热量中含有辐射成分时或者虽然时变得热曲线相同但所含的辐射百分比不同时，由于进入房间的辐射成分不能被空调系统的送风消除，只能被房间内表面及室内各种陈设所吸收、反射、放热、再吸收、再反射、再放热……在多次换热过程中，通过房间及陈设的蓄热、放热作用，使得热中的辐射成分逐渐转化为对流成分，即转化为冷负荷。显然，此时得热曲线与负荷曲线不再一致，比起前者，后者线型将产生峰值上的衰减和时间上的延迟，这对于削减空调设计负荷有重要意义。

7.2.4 按非稳态方法计算的得热量项目。

根据空调冷负荷计算方法的原理，明确规定了按非稳态方法进行空调冷负荷计算的各项得热量。

7.2.5 按稳态方法计算的得热量项目。

非轻型外墙是指传热衰减系数小于或等于 0.2 的外墙。由于非轻型外墙具有较大的惰性，对外界温度扰量反应迟钝，造成墙体的传热温差日变化减少，当室温允许波动范围较大时，其冷负荷计算可采用简化计算。

通过隔墙或楼板等传热形成的冷负荷，当相邻空调区的温差大于 3℃ 时，由于其占空调区的总冷负荷一定比例，在某些情况下是不应忽略的；当相邻空调区的温差小于或等于 3℃ 时，可以忽略不计。

人员密集空调区，如剧院、电影厅、会堂等，由于人体对围护结构和家具的辐射换热量减少，其冷负荷可按瞬时得热量计算。

7.2.6 空调区的夏季冷负荷计算。

地面传热形成的冷负荷：对于工艺性空调区，当有外墙时，距外墙 2m 范围内的地面，受室外气温和太阳辐射热的影响较大，测得地面的表面温度比室温高 1.2℃～1.26℃，即地面温度比西外墙的内表面温度还高。分析其原因，可能是混凝土地面的 K 值比西外墙的要大一些的缘故，所以规定距外墙 2m 范围内的地面须计算传热形成的冷负荷。对于舒适性空调区，夏季通过地面传热形成的冷负荷所占的比例很小，可以忽略不计。

人体、照明和设备等散热形成的冷负荷：非全天工作的照明、设备、器具以及人员等室内热源散热量，因具有时变性质，且包含辐射成分，所以这些散热曲线与它们所形成的负荷曲线是不一致的。根据散热的特点和空调区的热工状况，按照空调负荷计算理论，依据给出的散热曲线可计算出相应的负荷曲线。在进行具体的工程计算时可直接查计算表或使用计算机程序求解。

人员"群集系数"，是指根据人员的年龄、性别构成以及密集程度等情况不同而考虑的折减系数。人员的年龄和性别不同时，其散热量和散湿量就不同，如成年女子的散热量、散湿量约为成年男子散热量的 85%，儿童散热量、散湿量约为成年男子散热量的 75%。

设备的"功率系数"，是指设备小时平均实耗功率与其安装功率之比。

设备的"通风保温系数"，是指考虑设备有无局部排风设施以及设备热表面是否保温而采取的散热量折减系数。

公共建筑的高大空间一般采用分层空调，利用合理的气流组织，仅对下部空调区进行空调，而对上部较大的空间不空调，仅通风排热。由于分层空调具有较好的节能效果，因此，采用分层空调的高大空间，其空调区的冷负荷应小于高大空间的全室性空调冷负荷，计算时应进行折减。

7.2.7 空调冷负荷非稳态计算方法。

目前空调冷负荷计算中，主要有谐波法和传递函数法两种方法，二者计算方法虽不同，但均能满足空调冷负荷计算要求，其共同点是：将研究的传热过程视为非稳定过程，在原理上对得热量和冷负荷进行区分；将研究的传热过程视为常系数线性热力系统，其重要特性是可以应用叠加原理，同时系统特性不随时间变化。经研究比较，二者计算结果具有较好一致性。由于空调冷负荷计算是一个复杂的动态过程，计算过程繁琐，数据处理量大，因此，国内外的暖通空调设计中普遍采用专用空调冷负荷计算软件进行计算；为了使计算更加准确合理，编制组对目前国内常用空调负荷计算软件进行了比较研究，并对其计算模型做出适当规整更新，确保现有版本的计算结果具有较好的一致性。在此基础上，利用更新后的模型及数据，计算了代表城市典型房间、典型构造的空调冷负荷计算系数，并写入本规范附录 H，为简化计算时选用。考虑空调冷负荷的动态特性，空调冷负荷计算推荐采用计算软件进行计算；当条件不具备时，也可按附录 H 提供数据进行简化计算。

玻璃修正系数 C_s 为相对于 3mm 标准玻璃进行的修正。不同种类玻璃的光学性能不尽一致。在实际计算中，对每种玻璃都进行透过它的太阳总辐射照度的计算是不现实的。所以在实际计算中，按 3mm 标准玻璃进行计算夏季太阳总辐射照度，其他类型的玻璃的夏季太阳总辐射照度通过玻璃修正系数 C_s 进行修正计算获得见式（24）。

$$C_s = \frac{\text{在实际工况下透过实际玻璃的太阳总辐射照度}}{\text{在标准工况下透过 3mm 单层标准玻璃的太阳总辐射照度}} \tag{24}$$

注：标准工况是指室外空气对流换热系数 $\alpha_w = 18.6 \text{W}/(\text{m}^2 \cdot \text{K})$，室内对流换热系数 $\alpha_n = 8.7 \text{W}/(\text{m}^2 \cdot \text{K})$。

玻璃修正系数 C_s、遮阳修正系数、人员集群系数、照明修正系数和设备修正系数，可根据实际情况查有关空调冷负荷计算资料获得。

7.2.8 空调冷负荷稳态计算方法。

对于一般要求的空调区，由于室外扰动因素经历了围护结构和空调区的双重衰减作用，负荷曲线已相当平缓，为减少计算工作量，对非轻型外墙，室外计算温度可采用日平均综合温度代替冷负荷计算温度。

邻室计算平均温度与夏季空调室外计算日平均温度的差值 Δt_{ls}，可参考表 4 确定。

表 4 邻室计算平均温度与夏季空调室外计算日平均温度的差值（℃）

邻室散热量（W/m²）	Δt_{ls}
很少（如办公室和走廊等）	0～2
<23	3
23～116	5

7.2.9 空调区的散湿量计算。

散湿量直接关系到空气处理过程和空调系统的冷负荷大小。把散湿量各个项目一一列出，单独形成一条，是为了把散湿量问题提得更加明确，并且与本规范7.2.2条相呼应，强调了与显热得热量性质不同的各类潜热得热量。

"通风系数"，是指考虑散湿设备有无排风设施而引起的散湿量折减系数。

7.2.10 空调区的夏季冷负荷确定。强制性条文。

空调区的夏季冷负荷，包括通过围护结构的传热、通过玻璃窗的太阳辐射得热、室内人员和照明设备等散热形成的冷负荷，其计算应分项逐时计算，逐时分项累加，按逐时分项累加的最大值确定。

7.2.11 空调系统的夏季冷负荷确定。部分强制性条文。

根据空调区的同时使用情况、空调系统类型以及控制方式等各种不同情况，在确定空调系统夏季冷负荷时，主要有两种不同算法：一个是取同时使用的各空调区逐时冷负荷的综合最大值，即从各空调区逐时冷负荷相加后所得数列中找出的最大值；一个是取同时使用的各空调区夏季冷负荷的累计值，即找出各空调区逐时冷负荷的最大值并将它们相加在一起，而不考虑它们是否同时发生。后一种方法的计算结果显然比前一种方法的结果要大。如当采用全空气变风量空调系统时，由于系统本身具有适应各空调区冷负荷变化的调节能力，此时系统冷负荷即应采用各空调区逐时冷负荷的综合最大值；当末端设备没有室温自动控制装置时，由于系统本身不能适应各空调区冷负荷的变化，为了保证最不利情况下达到空调区的温湿度要求，系统冷负荷即应采用各空调区夏季冷负荷的累计值。

新风冷负荷应按系统新风量和夏季室外空调计算干、湿球温度确定。再热负荷是指空气处理过程中产生冷热抵消所消耗的冷量，附加冷负荷是指与空调运行工况、输配系统有关的附加冷负荷。

同时使用系数可根据各空调区在使用时间上的不同确定。

7.2.12 夏季附加冷负荷的确定。

冷水箱温升引起的冷量损失计算，可根据水箱保温情况、水箱间的环境温度、水箱内冷水的平均温度，按稳态传热方法进行计算。

对空调间歇运行时所产生的附加冷负荷，设计中可根据工程实际情况酌情处理。

7.2.13 空调区的冬季热负荷确定。

空调区的冬季热负荷和供暖房间热负荷的计算方法是相同的，只是当空调区与室外空气的正压差值较大时，不必计算经由门窗缝隙渗入室内的冷空气耗热量。但是，考虑到空调区内热环境条件要求较高，区内温度的不保证时间应少于一般供暖房间，因此，在选取室外计算温度时，规定采用历年平均不保证1天的日平均温度值，即应采用冬季空调室外计算温度。

对工艺性空调、大型公共建筑等，当室内热源（如计算机设备等）稳定放热时，此部分散热量应予以考虑并扣除。

7.2.14 空调系统的冬季热负荷确定。

冬季附加热负荷是指空调风管、热水管道等热损失所引起的附加热负荷。一般情况下，空调风管、热水管道均布置在空调区内，其附加热负荷可以忽略不计，但当空调风管局部布置在室外环境下时，应计入其附加热负荷。

7.3 空 调 系 统

7.3.1 选择空调系统的原则。

1 本条是选择空调系统的总原则，其目的是为了在满足使用要求的前提下，尽量做到一次投资少、运行费经济、能耗低等。

2 对规模较大、要求较高或功能复杂的建筑物，在确定空调方案时，原则上应对各种可行的方案及运行模式进行全年能耗分析，使系统的配置合理，以实现系统设计、运行模式及控制策略的最优。

3 气候是建筑热环境的外部条件，气候参数如太阳辐射、温度、湿度、风速等动态变化，不仅直接影响到人的舒适感受，而且影响到建筑设计。强调干热气候区的主要原因是：该气候区（如新疆等地区）深处内陆，大陆性气候明显，其主要气候特征是太阳辐射资源丰富、夏季温度高、日较差大、空气干燥等，与其他气候区的气候特征差异明显。因此，该气候区的空调系统选择，应充分考虑该地区的气象条件，合理有效地利用自然资源，进行系统对比选择。

7.3.2 空调风系统的划分。

将不同要求的空调区放置在一个空调风系统中时，会难以控制，影响使用，所以强调不同要求的空调区宜分别设置空调风系统。当个别局部空调区的标准高于其他主要空调区的标准要求时，从简化空调系统设置、降低系统造价等原则出发，二者可合用空调风系统；但此时应对标准要求高的空调区进行处理，如同一风系统中有空气的洁净度或噪声标准要求不同的空调区时，应对洁净度或噪声标准要求高的空调区采取增设符合要求的过滤器或消声器等处理措施。

需要同时供热和供冷的空调区，是指不同朝向、周边区与内区等。进深较大的开敞式办公用房、大型商场等，内外区负荷特性相差很大，尤其是冬季或过渡季，常常外区需供热时，内区因过热需全年供冷；过渡季节朝向不同的空调区也常常需要不同的送风参数，此时，可按不同区域划分空调区，分别设置空调风系统，以满足调节和使用要求；当需要合用空调风系统时，应根据空调区的负荷特性，采用不同类型的送风末端装置，以适应空调区的负荷变化。

7.3.3 易燃易爆等空调风系统的划分。

根据建筑消防规范、实验室设计规范等要求，强调了空调风系统中，对空气中含有易燃易爆或有毒有害物质空调区的要求，具体做法应遵循国家现行有关的防火、实验室设计规范等。

7.3.4 全空气定风量空调系统的选择。

全空气空调系统存在风管占用空间较大的缺点，但人员较多的空调区新风比例较大，与风机盘管加新风等空气—水系统相比，多占用空间不明显；人员较多的大空间空调负荷和风量较大，便于独立设置空调风系统，可避免出现多空调区共用一个全空气定风量系统难以分别控制的问题；全空气定风量系统易于改变新回风比例，可实现全新风送风，以获得较好的节能效果；全空气系统设备集中，便于维护管理；因此，推荐在剧院、体育馆等人员较多、运行时负荷和风量相对稳定的大空间建筑中采用。

全空气定风量空调系统，对空调区的温湿度控制、噪声处理、空气过滤和净化处理以及气流稳定等有利，因此，推荐应用于要求温湿度允许波动范围小、噪声或洁净度标准高的播音室、净化房间、医院手术室等场所。

7.3.5 全空气空调系统的基本设计原则。

1 一般情况下，在全空气空调系统（包括定风量和变风量系统）中，不应采用分别送冷热风的双风管系统，因该系统易存在冷热量互相抵消现象，不符合节能原则；同时，系统造价较高，不经济。

2 目前，空调系统控制送风温度常采用改变冷热水流量方式，而不常采用变动一、二次回风比的复杂控制系统；同时，由于变动一、二次回风比会影响室内相对湿度的稳定，不适用于散湿量大、湿度要求较严格的空调区；因此，在不使用再热的前提下，一般工程推荐采用系统简单、易于控制的一次回风式系统。

3 采用下送风方式或洁净室空调系统（按洁净要求确定的风量，往往大于用负荷和允许送风温差计算出的风量），其允许送风温差都较小，为避免系统采用再热方式所产生的冷热量抵消现象，可以使用二次回风式系统。

4 一般情况下，除温湿度波动范围要求严格的工艺性空调外，同一个空气处理系统不应同时有加热和冷却过程，因冷热量互相抵消，不符合节能原则。

7.3.6 全空气空调系统设置回风机的情况

单风机式空调系统具有系统简单、占地少、一次投资省、运行耗电量少等优点，因此常被采用。

当需要新风、回风和排风量变化时，尤其过渡季的排风措施，如开窗面积、排风系统等，无法满足系统最大新风量运行要求时，单风机式空调系统存在系统新、回风量调节困难等缺点；当回风系统阻力大时，单风机式空调系统存在送风机风压较高、耗电量较大、噪声也较大等缺点。因此，在这些情况下全空气空调系统可设回风机。

7.3.7 全空气变风量空调系统的选择。

全空气变风量空调系统具有控制灵活、卫生、节约电能（相对定风量空调系统而言）等特点，近年来在我国应用有所发展，因此本规范对其适用条件和要求作出了规定。

全空气变风量空调系统按系统所服务空调区的数量，分为带末端装置的变风量空调系统和区域变风量空调系统。带末端装置的变风量空调系统是指系统服务于多个空调区的变风量系统，区域变风量空调系统是指系统服务于单个空调区的变风量系统。对区域变风量系统而言，当空调区负荷变化时，系统是通过改变风机转速来调节空调区的风量，以达到维持室内设计参数和节省风机能耗的目的。

空调区有内外分区的建筑物中，对常年需要供冷的内区，由于没有围护结构的影响，可以以相对恒定的送风温度送风，通过送风量的改变，基本上能满足内区的负荷变化；而外区较为复杂，受围护结构的影响较大。不同朝向的外区合用一个变风量空调系统时，过渡季节为满足不同空调区的要求，常需要送入较低温度的一次风。对需要供暖的空调区，则通过末端装置上的再热盘管加热一次风供暖。当一次风的空气处理冷源是采用制冷机时，需要供暖的空调区会产生冷热抵消现象。

变风量空调系统与其他空调系统相比投资大、控制复杂，同时，与风机盘管加新风系统相比，其占用空间也大，这是应用受到限制的主要原因。另外，与风机盘管加新风系统相比，变风量空调系统由于末端装置无冷却盘管，不会产生室内因冷凝水而滋生的微生物和病菌等，对室内空气质量有利。

变风量空调系统的风量变化有一定的范围，其湿度不易控制。因此，规定在温湿度允许波动范围要求高的工艺性空调区不宜采用。对带风机动力型末端装置的变风量系统，其末端装置的内置风机会产生较大噪声，因此，规定不宜应用于播音室等噪声要求严格的空调区。

7.3.8 全空气变风量空调系统的设计。

1、2 全空气变风量空调系统的空调区划分非常重要，其影响因素主要有建筑模数、空调负荷特性、使用时间等；空调区的划分不同，其空调系统形式也不相同。变风量空调系统用于空调区内外分区时，常有以下系统组合形式：当内区独立采用全年送冷的变风量空调系统时，外区可根据外区的空调负荷特性，设置风机盘管空调系统、定风量空调系统等；当内外区合用变风量空气处理机组时，内区可采用单风道型变风量末端装置，外区则根据外区的空调负荷特性，设置带再热盘管的变风量末端装置，用于外区的供暖；当内外区分别设置变风量空气处理机组时，内区机组仅需要全年供冷，而外区机组需要按季节进行供冷或供热转换；同时，外区宜按朝向分别设置空气处理机组，以保证每个系统中各末端装置所服务区域的转换时间一致。

3 变风量空调系统的末端装置类型很多，根据是否补偿系统压力变化可分为压力无关型和压力有关型末端两种，其中，压力无关型是指当系统主风管内的压力发生变化时，其压力变化所引起的风量变化被检测并反馈到末端控制器中，控制器通过调节风阀的开度来补偿此风量的变化。目前，常用的变风量末端装置主要为压力无关型。

5 变风量空调系统，当一次风送风量减少时，其新风量也随之减少，有新风量不能满足最小新风量要求的潜在性。因此，强调应采取保证最小新风量的措施。对采用双风机式变风量系统而言，当需要维持最小新风量时，为使新风量恒定，回风量则往往不是随送风量的变化按比例变化，而是要求与送风量保持恒定的差值。因此，要求送、回风机按转速分别控制，以满足最小新风量的要求。

6 变风量空调系统的送风量改变应采用风机调速方法，以达到节能的目的，不宜采用恒速风机，通过改变送、回风阀的开度来实现变风量等简易方法。

7 变风量空调系统的送风口选择不当时，送风口风量的变化会影响到室内的气流组织，影响室内的热湿环境无法达到要求。对串联式风机动力型末端装置而言，因末端装置的送风量是恒定的，则不存在上述问题。

7.3.9 风机盘管加新风空调系统的选择。

风机盘管系统具有各空调区温度单独调节、使用灵活等特点，与全空气空调系统相比可节省建筑空间，与变风量空调系统相比造价较低等，因此，在宾馆客房、办公室等建筑中大量使用。"加新风"是指新风经过处理达到一定的参数要求后，有组织地送入室内。

普通风机盘管加新风空调系统，存在着不能严格控制室内温湿度的波动范围，同时，常年使用时，存在冷却盘管外部因冷凝水而滋生微生物和病菌等，恶化室内空气质量等缺点。因此，对温湿度波动范围和卫生等要求较严格的空调区，应限制使用。

由于风机盘管对空气进行循环处理，无特殊过滤装置，所以不宜安装在厨房等油烟较多的空调区，否则会增加盘管风阻力并影响其传热。

7.3.10 风机盘管加新风空调系统的设计。

1 当新风与风机盘管机组的进风口相接，或只送到风机盘管机组的回风吊顶处时，将会影响室内的通风；同时，当风机盘管机组的风机停止运行时，新风有可能从带有过滤器的回风口处吹出，不利于室内空气质量的保证。另外，新风和风机盘管的送风混合后再送入室内时，会造成送风和新风的压力难以平

衡，有可能影响新风量的送入。因此，推荐新风直接送入人员活动区。

2 风机盘管加新风空调系统强调新风的处理，对空气质量标准要求较高的空调区，如医院等，可采用处理后的新风负担空调区的全部散湿量时，让风机盘管机组干工况运行，以有利于室内空气质量的保证；同时，由于处理后的新风送风温度较低，低于室内露点温度，因此，低温新风系统设计应满足低温送风空调系统的相关要求。

3 早期的风机盘管机组余压只有0Pa和12Pa两种形式，《风机盘管机组》GB/T 19232对高余压机组没有漏风率的规定。为适应市场需求，部分风机盘管余压越来越高，达50Pa或以上，由于常规风机盘管机组的换热盘管位于送风机出风侧，会导致机组漏风严重以及噪声、能耗等增加，故不宜选择高出口余压的风机盘管机组。

7.3.11 多联机空调系统的选择与设计。

由于多联机空调系统的制冷剂直接进入空调区，当用于有振动、油污蒸汽、产生电磁波或高频波设备的场所时，易引起制冷剂泄漏、设备损坏、控制器失灵等事故，故这些场所不宜采用该系统。

1 多联机空调系统形式的选择，需要根据建筑物的负荷特征、所在气候区等多方面因素综合考虑：当仅用于建筑物供冷时，可选用单冷型；当建筑物按季节变化需要供冷、供热时，可选用热泵型；当同一多联机空调系统中需要同时供冷、供热时，可选用热回收型。

多联机空调系统的部分负荷特性主要取决于室内外温度、机组负荷率及室内机运行情况等。当室内机的负荷变化率较为一致时，系统在50%～80%负荷率范围内具有较高的制冷性能系数。因此，从节能角度考虑，推荐将负荷特性相差较大的空调区划为不同系统。

热回收型多联机空调系统是高效节能型系统，它通过高压气体管将高温高压蒸气引入用于供热的室内机，制冷剂蒸气在室内机内放热冷凝，流入高压液体管；制冷剂自高压液体管进入用于制冷的室内机中，蒸发吸热，通过低压气体管返回压缩机。室外热交换器视室内机运行模式起着冷凝器或蒸发器的作用，其功能取决于各室内机的工作模式和负荷大小。

2 室内、外机组之间以及室内机组之间的最大管长与最大高差，是多联机空调系统的重要性能参数。为保证系统安全、稳定、高效的运行，设计时，系统的最大管长与最大高差不应超过所选用产品的技术要求。

3 多联机空调系统是利用制冷剂输配能量，系统设计中必须考虑制冷剂连接管内制冷剂的重力与摩擦阻力等对系统性能的影响，因此，应根据系统制冷量的衰减来确定系统的服务区域，以提高系统的能

效比。

4 室外机变频设备与其他变频设备保持合理距离，是为了防止设备间的互相干扰，影响系统的安全运行。

7.3.12 低温送风空调系统的选择。

低温送风空调系统，具有以下优点：

1 由于送风温差和冷水温升比常规系统大，系统的送风量和循环水量小，减小了空气处理设备、水泵、风道等的初投资，节省了机房面积和风管所占空间高度；

2 由于需要的冷水温度低，当冷源采用制冷机直接供冷时制冷能耗比常规系统高；当冷源采用蓄冷系统时，由于制冷能耗主要发生在非用电高峰期，可明显地减少了用电高峰期的电力需求和运行费用；

3 特别适用于空调负荷增加而又不允许加大风管、降低房间净高的改造工程；

4 由于送风除湿量的加大，造成了室内空气的含湿量降低，增强了室内的热舒适性。

低温冷媒可由蓄冷系统、制冷机等提供。由于蓄冷系统需要的初投资较高，当利用蓄冷设备提供低温冷水与低温送风系统相结合时，可减少空调系统的初投资和用电量，更能够发挥减小电力需求和运行费用等优点；其他能够提供低温冷媒的冷源设备，如采用直接膨胀式蒸发器的整体式空调机组或利用乙烯乙二醇水溶液做冷媒的制冷机，也可用于低温送风空调系统。

采用低温送风空调系统时，空调区内的空气含湿量较低，室内空气的相对湿度一般为 $30\%\sim50\%$，同时，系统的送风量也较少。因此，应限制在空气相对湿度或送风量要求较大的空调区应用，如植物温室、手术室等。

7.3.13 低温送风空调系统的设计。

1 空气冷却器的出风温度：制约空气冷却器出风温度的条件是冷媒温度，当冷却盘管的出风温度与冷媒的进口温度之间的温差过小时，必然导致盘管传热面积过大而不经济，以致选择盘管困难；同时，对直接膨胀式蒸发器而言，送风温度过低还会带来盘管结霜和液态制冷剂进入压缩机问题。

2 送风温升：低温送风系统不能忽视送风机、风管及送风末端装置的温升，一般可达 $2℃\sim3℃$；同时应考虑风口的选型，最后确定室内送风温度及送风量。

3 空气处理机组选型：空气冷却器的迎风面风速低于常规系统，是为了减少风侧阻力和冷凝水吹出的可能性，并使出风温度接近冷媒的进口温度；为了获得较低出风温度，冷却器盘管的排数和翅片密度大于常规系统，但翅片过密或排数过多会增加风侧或水侧阻力，不便于清洗，凝水易被吹出盘管等，故应对翅片密度和盘管排数二者权衡取舍，进行设备费和运

行费的经济比较后，确定其数值；为了取得风水之间更大的接近度和温升，解决部分负荷时流速过低的问题，应使冷媒流过盘管的路径较长，温升较高，并提高冷媒流速与扰动，以改善传热，因此冷却盘管的回路布置采用管程数较多的分回路布置方式，但会增加了盘管阻力；基于上述诸多因素，低温送风系统不能直接采用常规系统的空气处理机组，必须通过技术经济分析比较，严格计算，进行设计选型。

4 直接低温送风：采取低温冷风直接送入房间时，可采用低温风口。低温风口应具有高诱导比，在满足室内气流组织设计要求下，风口表面不应结露。因送风温度低，为防止低温空气直接进入人员活动区，尤其是采用全空气变风量空调系统时，当送风量较低时，应对低温风口的扩散性或空气混合性有更高的要求，具体详见本规范第 7.4.2 条的规定。

5 保冷：由于送风温度比常规系统低，为减少系统冷量损失和防止结露，应保证系统设备、风管、送风末端送风装置的正确保冷与密封，保冷层应比常规系统厚，见本规范 11.1.4 条的规定。

7.3.14 温湿度独立控制空调系统的选择。

空调区散湿量较小的情况，一般指空调区单位面积的散湿量不超过 $30g/(m^2 \cdot h)$。

空调系统承担着排除空调区余热、余湿等任务。温湿度独立控制空调系统由于采用了温度与湿度两套独立的空调系统，分别控制着空调区的温度与湿度，从而避免了常规空调系统中温度与湿度联合处理所带来的损失；温度控制系统处理显热时，冷水温度要求低于室内空气的干球温度即可，为天然冷源等的利用创造了条件，且末端设备处于干工况运行，避免了室内盘管等表面滋生霉菌等。同时，由于冷水供水温度高，系统可采用天然冷源或 COP 值较高的高温型冷水机组，对系统的节能有利。但此时末端装置的换热面积需要增加，对投资不利。

空调区的全部散湿量由湿度控制系统承担，因此，采取何种除湿方式是实现对新风湿度控制的关键。随着技术的不断发展，各种除湿技术的应用也日益广泛，因此，在技术经济合理的情况下，当空调区散湿量较小时，推荐采用温湿度独立控制空调系统。

7.3.15 温度湿度独立空调系统的设计要求。

1 温度控制系统，当室外空气设计露点温度较低时，应采用间接蒸发冷水机组制取冷水吸收显热，或其他高效制冷方式制取高温冷水。在条件允许情况下，推荐利用蒸发冷却、天然冷源等制备冷水，以达到节能的目的。温度控制系统的末端设备可以选择地面冷辐射、顶棚冷辐射或干式风机盘管，以及这几种方式的组合。

2 湿度控制系统中，经处理的新风负担空调区全部散湿量，与常规空调系统相比，能够更好地控制空调区湿度，避免新风处理过程中的再热损失，以满

足室内热湿比的变化。常用的除湿方法有冷却除湿、溶液除湿、固体吸附除湿等。除湿方式的不同，确定了新风处理方式也不同。新风处理方式的选择应根据当地气象条件、新风送风的露点温度和含湿量，结合建筑物特性、使用要求等，经技术经济比较后确定。

当室外新风湿球温度对应的绝对含湿量低于要求的新风送风含湿量时，宜采用直接蒸发冷却方式处理新风；当室外新风露点温度低于要求的新风送风露点温度时，宜采用间接蒸发冷却方式处理新风；当室外新风露点高于要求的新风送风露点时，宜采用冷凝除湿、转轮除湿或溶液除湿等。

采用冷却除湿方式时，湿度控制系统要求的冷水温度应低于室内空气的露点温度，而温度控制系统要求的冷水温度应低于室内空气的干球温度，并高于室内空气的露点温度，二者对冷水的供水温度要求是不同的。

采用蒸发冷却除湿方式时，由于直接蒸发冷却空气处理过程是等焓加湿过程，干燥的新风经直接蒸发冷却被加湿，降低了系统的除湿能力，对湿度控制系统不利。因此，对蒸发冷却方式的确定，应经技术分析，合理应用。直接蒸发冷却处理新风时，其水质必须符合本规范第7.5.2条的强制规定。

3 采用冷却除湿方式时，由于除湿空气需被冷却到露点以下，才能除去冷凝水。为满足新风的送风要求，除湿后的新风需要进行再热处理后送入空调区，这会造成冷热量抵消现象的发生。因此，从节能角度考虑，应限制系统采取外部热源对新风进行再热处理，如锅炉提供的热水、电加热器等。

4 考虑到房间的具体使用情况，如开窗等，温湿度独立控制空调系统应采取自动控制等措施，以防止末端设备表面发生结露现象，影响系统正常运行。

7.3.16 蒸发冷却空调系统的选择。

蒸发冷却空调系统是指利用水的蒸发来冷却空气的空调系统。在室外气象条件满足要求的前提下，推荐在夏季空调室外设计露点温度较低的地区（通常在低于16℃的地区），如干热气候区的新疆、内蒙古、青海等，采用蒸发冷却空调系统，以有利于空调系统的节能。

7.3.17 蒸发冷却空调系统的设计要求。

蒸发冷却空调系统的形式，可分为全空气式和空气-水式蒸发冷却空调系统两种形式。当通过蒸发冷却处理后的空气，能承担空调区的全部显热负荷和散湿量时，系统应选全空气式系统；当通过蒸发冷却处理后的空气仅承担空调区的全部散湿量和部分显热负荷，而剩余部分显热负荷由冷水系统承担时，系统应选空气-水式系统。空气-水式系统中，水系统的末端设备可选用辐射板、干式风机盘管机组等。

全空气蒸发冷却空调系统，根据空气的处理方式，可采用直接蒸发冷却、间接蒸发冷却和组合式蒸发冷却（直接蒸发冷却与间接蒸发冷却混合的蒸发冷却方式）。室外设计湿球温度低于16℃的地区，其空气处理可采用直接蒸发冷却方式；夏季室外计算湿球温度较高的地区，为强化冷却效果，进一步降低系统的送风温度、减小送风量和风管面积时，可采用组合式蒸发冷却方式。组合式蒸发冷却方式的二级蒸发冷却是指在一个间接蒸发冷却器后，再串联一个直接蒸发冷却器；三级蒸发冷却是指在两个间接蒸发冷却器串联后，再串联一个直接蒸发冷却器。

直接蒸发冷却空调系统，由于水与空气直接接触，其水质直接影响到室内空气质量，其水质必须符合本规范第7.5.2条的强制规定。

7.3.18 直流式（全新风）空调系统的选择。

直流式（全新风）空调系统是指不使用回风，采用全新风直流运行的全空气空调系统。考虑节能、卫生、安全的要求，一般全空气空调系统不应采用冬夏季能耗较大的直流式（全新风）空调系统，而应采用有回风的空调系统。

7.3.19 空调区、空调系统的新风量确定。

新风系统是指用于风机盘管加新风、多联机、水环热泵等空调系统的新风系统，以及集中加压新风系统。

有资料规定，空调系统的新风量占送风量的百分数不应低于10%，但对温湿度波动范围要求很小或洁净度要求很高的空调区，其送风量都很大，即使要求最小新风量达到送风量的10%，新风量也很大，不仅不节能，而且大量室外空气还影响了室内温湿度的稳定，增加了过滤器的负担。一般舒适性空调系统而言，按人员、空调区正压等要求确定的新风量达不到10%时，由于人员较少，室内CO_2浓度也较小（氧气含量相对较高），也没必要加大新风量；因此本规范没有规定新风量的最小比例（即最小新风比）。民用建筑物中，主要空调区的人员所需最小新风量具体数值，可参照本规范第3.0.6条规定。

当全空气空调系统服务于多个不同新风比的空调区时，其系统新风比应按下列公式确定：

$$Y = X/(1 + X - Z) \qquad (25)$$
$$Y = V_{ot}/V_{st} \qquad (26)$$
$$X = V_{on}/V_{st} \qquad (27)$$
$$Z = V_{oc}/V_{sc} \qquad (28)$$

式中：Y ——修正后的系统新风量在送风量中的比例；

V_{ot} ——修正后的总新风量（m^3/h）；

V_{st} ——总送风量，即系统中所有房间送风量之和（m^3/h）；

X ——未修正的系统新风量在送风量中的比例；

V_{on} ——系统中所有房间的新风量之和（m^3/h）；

Z ——需求最大的房间的新风比；

V_{oc} ——需求最大的房间的新风量（m^3/h）；

V_{sc} ——需求最大的房间的送风量（m^3/h）。

7.3.20 新风作冷源。

1 规定此条的目的是为了节约能源。

2 除过渡季可使用全新风外，还有冬季不采用最小新风量的特例，如冬季发热量较大的内区，当采用最小新风量时，内区仍需要对空气进行冷却，此时可利用加大新风量作为冷源。

温湿度允许波动范围小的工艺性房间空调系统或洁净室内的空调系统，考虑到减少过滤器负担，不宜改变或增加新风量。

7.3.21 新风进风口的要求。

1 新风进风口的面积应适应最大新风量的需要，是指在过渡季大量使用新风时，为满足系统过渡季全新风运行，系统可设置最小新风口和最大新风口，或按最大新风量设置新风进风口，并设调节装置，以分别适应冬夏和过渡季节新风量变化的需要。

2 系统停止运行时，进风口如不能严密关闭，夏季热湿空气侵入，会造成金属表面和室内墙面结露；冬季冷空气侵入，将使室温降低，甚至使加热排管冻坏；所以规定进风口处应设有严密关闭的阀门，寒冷和严寒地区宜设保温阀门。

7.3.22 空调系统的风量平衡。

考虑空调系统的风量平衡（包括机械排风和自然排风）是为了使室内正压值不要过大，以造成新风无法正常送入。

机械排风设施可采用设回风机的双风机系统，或设置专用排风机；排风量还应随新风量的变化而变化，例如采取控制双风机系统各风阀的开度，或排风机与送风机连锁控制风量等自控措施。

7.3.23 设置空气-空气能量回收装置的原则。

空气能量回收，过去习惯称为空气热回收。规定此条的目的是为了节能。空调系统中处理新风所需的冷热负荷占建筑物总冷热负荷的比例很大，为有效地减少新风冷热负荷，除规定合理的新风量标准之外，还宜采用空气-空气能量回收装置回收空调排风中的热量和冷量，用来预热和预冷新风。

在进行空气能量回收系统的技术经济比较时，应充分考虑当地的气象条件、能量回收系统的使用时间等因素，在满足节能标准的前提下，如果系统的回收期过长，则不应采用能量回收系统。

7.3.24 空气能量回收系统的设计。

国家标准《空气-空气能量回收装置》GB/T 21087 将空气能量回收装置按换热类型分为全热回收型和显热回收型两类，同时规定了内部漏风率和外部漏风率指标。由于能量回收原理和结构特点的不同，空气能量回收装置的处理风量和排风泄漏量存在较大的差异。当排风中污染物浓度较大或污染物种类对人体有害时，在不能保证污染物不泄漏到新风送风中时，空气能量回收装置不应采用转轮式空气能量回收装置，同时也不宜采用板式或板翅式空气能量回收

装置。

新排风中显热和潜热能量的构成比例是选择显热或全热空气能量回收装置的关键因素。在严寒地区及夏季室外空气比焓低于室内空气设计比焓而室外空气温度又高于室内空气设计温度的温和地区，宜选用显热回收装置；在其他地区，尤其是夏热冬冷地区，宜选用全热回收装置。

从工程应用中发现，空气能量回收装置的空气积灰对热回收效率的影响较大，设计中应予以重视，并考虑能量回收装置的过滤器设置问题。对室外温度较低的地区（如严寒地区），应对热回收装置的排风侧是否出现结霜或结露现象进行核算，当出现结霜或结露时，应采取预热等措施。

常用的空气能量回收装置性能和适用对象参见下表：

表5　常用空气能量回收装置性能和适用对象

项目	能量回收装置形式					
	转轮式	液体循环式	板式	热管式	板翅式	溶液吸收式
能量回收形式	显热或全热	显热	显热	显热	全热	全热
能量回收效率	50%～85%	55%～65%	50%～80%	45%～65%	50%～70%	50%～85%
排风泄漏量	0.5%～10%	0	0～5%	0～1%	0～5%	0
适用对象	风量较大且允许排风与新风间有适量渗透的系统	新风与排风回收点较分散的系统	仅需回收显热的系统	含有轻微灰尘或较高温度的通风系统	需要回收全热且空气较清洁的系统	需回收全热并对空气有过滤的系统

7.4 气流组织

7.4.1 空调区的气流组织设计原则。

空调系统末端装置的选择和布置时，应与建筑装修相协调，注意风口的选型与布置对内部装修美观的影响；同时应考虑室内空气质量、室内温度梯度等要求。

涉及气流组织设计的舒适性指标，主要由气流组织形式、室内热源分布及特性所决定。

空气分布特性指标（ADPI：Air Diffusion Performance Index），是满足风速和温度设计要求的测点数与总测点数之比。对舒适性空调而言，相对湿度在适当范围内对人体的舒适性影响较小，舒适度主要考虑空气温度与风速对人体的综合作用。根据实验结果，有效温度差与室内风速之间存在下列关系：

$$EDT = (t_i - t_n) - 7.66(u_i - 0.15) \quad (29)$$

式中：t_i、t_n、u_i——工作区某点的空气温度、空气
　　　　　　　　流速和给定的室内设计温度。

并且认为当 EDT 在 $-1.7\sim+1.1$ 之间多数人感到舒适。因此，空气分布特性指标（$ADPI$）应为

$$ADPI = \frac{-1.7 < EDT < 1.1 \text{的测点数}}{\text{总测点数}} \times 100\%$$

(30)

一般情况下，空调区的气流组织设计应使空调区的 $ADPI \geq 80\%$。$ADPI$ 值越大，说明感到舒适的人群比例越大。

对于复杂空间的气流组织设计，采用常规计算方法已无法满足要求。随着计算机技术的不断发展与计算流体动力学（CFD）数值模拟技术的日益普及，对复杂空间等特殊气流组织设计推荐采用计算流体动力学（CFD）数值模拟计算。

7.4.2 空调区的送风方式及送风口的选型。

空调区内良好的气流组织，需要通过合理的送回风方式以及送回风口的正确选型和布置来实现。

1 侧送时宜使气流贴附以增加送风射程，改善室内气流分布。工程实践中发现风机盘管的送风不贴附时，室内温度分布则不均匀。目前，空气分布增加了置换通风及地板送风等方式，以有利于提高人员活动区的空气质量，优化室内能量分配，对高大空间建筑具有较明显的节能效果。

侧送是已有几种送风方式中比较简单经济的一种。在一般空调区中，大多可以采用侧送。当采用较大送风温差时，侧送贴附射流有助于增加气流射程，使气流混合均匀，既能保证舒适性要求，又能保证人员活动区温度波动小的要求。侧送气流宜贴附顶棚。

2 圆形、方形和条缝形散流器平送，均能形成贴附射流，对室内高度较低的空调区，既能满足使用要求，又比较美观，因此，当有吊顶可利用时，采用这种送风方式较为合适。对于室内高度较高的空调区（如影剧院等），以及室内散热量较大的空调区，当采用散流器时，应采用向下送风，但布置风口时，应考虑气流的均布性。

在一些室温允许波动范围小的工艺性空调区中，采用孔板送风较多。根据测定可知，在距孔板 100mm～250mm 的汇合段内，射流的温度、速度均已衰减，可达到 $\pm0.1℃$ 的要求，且区域温差小，在较大的换气次数下（每小时达 32 次），人员活动区风速一般均在 0.09m/s～0.12m/s 范围内。所以，在单位面积送风量大，且人员活动区要求风速小或区域温差要求严格的情况下，应采用孔板向下送风。

3 对于高大空间，采用上述几种送风方式时，布置风管困难，难以达到均匀送风的目的。因此，建议采用喷口或旋流风口送风方式。由于喷口送风的喷口截面大，出口风速高，气流射程长，与室内空气强烈掺混，能在室内形成较大的回流区，达到布置少量

风口即可满足气流均布的要求。同时，它还具有风管布置简单、便于安装、经济等特点。当空间高度较低时，采用旋流风口向下送风，亦可达到满意的效果。应用置换通风、地板送风的下部送风方式，使送入室内的空气先在地板上均匀分布，然后被热源（人员、设备等）加热，形成以热烟羽形式向上的对流气流，更有效地将热量和污染物排出人员活动区，在高大空间应用时，节能效果显著，同时有利于改善通风效率和室内空气质量。对于演播室等高大空间，为便于满足空间布置需要，可采用可伸缩的圆筒形风口向下送风的方式。

4 全空气变风量空调系统的送风参数是保持不变的，它是通过改变风量来平衡室内负荷变化。这就要求，在送风量变化时，所选用的送风末端装置或送风口应能满足室内空气温度及风速的要求。用于全空气变风量空调系统的送风末端装置，应具有与室内空气充分混合的性能，并在低送风量时，应能防止产生空气滞留，在整个空调区内具有均匀的温度和风速，而不能产生吹风感，尤其在组织热气流时，要保证气流能够进入人员活动区，而不滞留在上部区域。

5 风口表面温度低于室内露点温度时，为防止风口表面结露，风口应采用低温风口。低温风口与常规散流器相比，两者的主要差别是：低温风口所适用的温度和风量范围较常规散流器广。在这种较广的温度与风量范围下，必须解决好充分与空调区空气混合、贴附长度及噪声等问题。选择低温风口时，一般与常规方法相同，但应对低温送风射流的贴附长度予以重视。在考虑风口射程的同时，应使风口的贴附长度大于空调区的特征长度，以避免人员活动区吹冷风现象发生。

7.4.3 贴附侧送的要求。

贴附射流的贴附长度主要取决于侧送气流的阿基米德数。为了使射流在整个射程中都贴附在顶棚上而不致中途下落，就需要控制阿基米德数小于一定的数值。

侧送风口安装位置距顶棚愈近，愈容易贴附。如果送风口上缘离顶棚距离较大时，为了达到贴附目的，规定送风口处应设置向上倾斜 $10°\sim20°$ 的导流片。

7.4.4 孔板送风的要求。

1 本条规定的稳压层净高不应小于 0.2m，主要是从满足施工安装的要求上考虑的。

2 在一般面积不大的空调区中，稳压层可以不设送风分布支管。根据实测，在 6m×9m 的空调区内（室温允许波动范围为 $\pm0.1℃$ 和 $\pm0.5℃$），采用孔板送风，测试过程中将送风分布支管装上或拆下，在室内均未曾发现任何明显的影响。因此，除送风射程较长的以外，稳压层内可不设送风分布支管。

当稳压层高度较低时，向稳压层送风的送风口，

一般需要设置导流板或挡板以免送风气流直接吹向孔板。

7.4.5 喷口送风的要求。

1 将人员活动区置于气流回流区是从满足卫生标准的要求而制定的。

2 喷口送风的气流组织形式和侧送是相似的，都是受限射流。受限射流的气流分布与建筑物的几何形状、尺寸和送风口安装高度等因素有关。送风口安装高度太低，则射流易直接进入人员活动区；太高则使回流区厚度增加，回流速度过小，两者均影响舒适感。

3 对于兼作热风供暖的喷口，为防止热射流上翘，设计时应考虑使喷口具有改变射流角度的功能。

7.4.6 散流器送风的要求。

1 散流器布置应结合空间特征，按对称均匀或梅花形布置，以有利于送风气流对周围空气的诱导，避免气流交叉和气流死角。与侧墙的距离过小时，会影响气流的混合程度。散流器有时会安装在暴露的管道上，当送风口安装在顶棚以下 300mm 或者更低的地方时，就不会产生贴附效应，气流将以较大的速度到达工作区。

2 散流器平送时，平送方向的阻挡物会造成气流不能与室内空气充分混合，提前进入人员活动区，影响空调区的热舒适。

3 散流器安装高度较高时，为避免热气流上浮，保证热空气能到达人员活动区，需要通过改变风口的射流出口角度来加以实现。温控型散流器、条缝形（蟹爪形）散流器等能实现不同送风工况下射流出口角度的改变。

7.4.7 置换通风的要求。

置换通风是气流组织的一种形式。置换通风是将经处理或未处理的空气，以低风速、低紊流度、小温差的方式，直接送入室内人员活动区的下部。送入室内的空气先在地面上均匀分布，随后流向热源（人或设备）形成热气流以烟羽的形式向上流动，并在室内的上部空间形成滞留层。从滞留层将室内的余热和污染物排出。

置换通风的竖向气流流型是以浮力为基础，室内污染物在热浮力的作用下向上流动。在上升的过程中，热烟羽卷吸周围空气，流量不断增大。在热力作用下，室内空气出现分层现象。

置换通风在稳定状态时，室内空气在流态上分上下两个不同区域，即上部紊流混合区和下部单向流动区。下部区域内没有循环气流，接近置换气流，而上部区域内有循环气流。两个区域分层界面的高度取决于送风量、热源特性及其在室内分布情况。设计时，应控制分层界面的高度在人员活动区以上，以保证人员活动区的空气质量和热舒适性。

1～4 根据有关资料介绍，采用置换通风时，室内吊顶高度不宜过低，否则，会影响室内空气的分层。由于置换通风的送风温度较高，其所负担的冷负荷一般不宜太大，否则，需要加大送风量，增加送风口面积，这对风口的布置不利。根据置换通风的原理，污染气体靠热浮力作用向上排出，当污染源不是热源时，污染气体不能有效排出；污染气体的密度较大时，污染气体会滞留在下部空间，也无法保证污染气体的有效排出。

5 垂直温差是一个重要的局部热不舒适控制性指标，对置换通风等系统设计时更加重要。本条直接引自国际通用标准 ISO 7730 和美国 ASHRAE 55 的相关条款。根据美国相关研究，取室内人员的头部高度（1.1m）到脚部高度（0.1m）由于垂直温差引起的局部热不舒适的不满意度（PD）为 ≤5%，基于 PD 的计算公式确定。

$$PD = \frac{100}{1 + \exp(5.76 - 0.856 \cdot \Delta t_{a,v})} \quad (31)$$

6 设计中，要避免置换通风与其他气流组织形式应用于同一个空调区，因为其他气流组织形式会影响置换气流的流型，无法实现置换通风。

置换通风与辐射冷吊顶、冷梁等空调系统联合应用时，其上部区域的冷表面可能使污染物空气从上部区域再度进入下部区域，设计时应考虑。

7.4.8 地板送风的要求。

1 地板送风（UFAD）是指利用地板静压箱，将经热湿处理后的空气由地板送风口送到人员活动区内的气流组织形式。与置换通风形式相比，地板送风是以较高的风速从尺寸较小的地板送风口送出，形成相对较强的空气混合。因此，其送风温度较置换通风低，系统所负担的冷负荷也大于置换通风。地板送风的送风口附近区域不应有人长久停留。

2 地板送风在房间内产生垂直温度梯度和空气分层。典型的空气分层分为三个区域，第一个区域为低区（混合区），此区域内送风空气与房间空气混合，射流末端速度为 0.25m/s。第二个区域为中区（分层区），此区域内房间温度梯度呈线性分布。第三个区域为高区（混合区），此区域内房间热空气停止上升，风速很低。一旦房间内空气上升到分层区以上时，就不会再进入分层区以下的区。

热分层控制的目的，是在满足人员活动区的舒适度和空气质量要求下，减少空调区的送风量，降低系统输配能耗，以达到节能的目的。热分层主要受送风量和室内冷负荷之间的平衡关系影响，设计时应将热分层高度维持在室内人员活动区以上，一般为 1.2m～1.8m。

3 地板静压箱分为有压静压箱和零压静压箱，有压静压箱应具有良好的密封性，当大量的不受控制的空气泄漏时，会影响空调区的气流流态。地板静压箱与非空调之间建筑构件，如楼板、外墙等，应有良好的保温隔热处理，以减少送风温度的变化。

4 同置换通风形式一样，应避免与其他气流组织形式应用于同一空调区，因为其他气流组织形式会破坏房间内的空气分层。

7.4.9 分层空调的气流组织设计要求。

分层空调，是指利用合理的气流组织，仅对下部空调区进行空调，而对上部较大非空调区进行通风排热。分层空调具有较好的节能效果。

1 实践证明，对高度大于 10m、体积大于 10000m³ 的高大空间，采用双侧对送、下部回风的气流组织方式是合适的，是能够达到分层空调的要求。当空调区跨度较小时，采用单侧送风也可以满足要求。

2 分层空调必须实现分层，即能形成空调区和非空调区。为了保证这一重要原则，必须侧送多股平行气流应互相搭接，以便形成覆盖。双侧对送射流的末端不需要搭接，按相对喷口中点距离的 90% 计算射程即可。送风口的构造，应能满足改变射流出口角度的要求，可选用圆形喷口、扁形喷口和百叶风口等。

3 为保证空调区达到设计要求，应减少非空调区向空调区的热转移。为此，应设法消除非空调区的散热量。实验结果表明，当非空调区内的单位体积散热量大于 4.2W/m³ 时，在非空调区适当部位设置送排风装置，可以达到较好的效果。

7.4.10 上送风方式的夏季送风温差。

1 夏季送风温差，对室内温湿度效果有一定影响，是决定空调系统经济性的主要因素之一。在保证技术要求的前提下，加大送风温差有突出的经济意义。送风温差加大一倍时，空调系统的送风量会减少一半，系统的材料消耗和投资（不包括制冷系统）减少约40%，动力消耗减少约50%。送风温差在4℃～8℃之间每增加1℃时，风量会减少10%～15%。因此，设计中正确地决定送风温差是一个相当重要的问题。

送风温差的大小与送风形式有很大关系，不同送风形式的送风温差不能规定一个数字。对混合式通风可加大送风温差，但对置换通风就不宜加大送风温差。

2 表7.4.10-1中所列的数值，是参照室温允许波动范围大于±1.0℃工艺性空调的送风温差，并考虑空调区高度等因素确定的。

3 表7.4.10-2中所列的数值，适用于贴附侧送、散流器平送和孔板送风等方式。多年的实践证明，对于采用上述送风方式的工艺性空调来说，应用这样较大的送风温差是能够满足室内温、湿度要求的，也是比较经济的。当人员活动区处于下送气流的扩散区时，送风温差应通过计算确定。

7.4.11 送风口的出口风速。

送风口的出口风速，应根据不同情况通过计算确定。

侧送和散流器平送的出口风速，受两个因素的限制：一是回流区风速的上限，二是风口处的允许噪声。回流区风速的上限与射流的自由度 $\sqrt{F}/d_0$ 有关，根据实验，两者有以下关系：

$$v_h = \frac{0.65v_0}{\sqrt{F}/d_0} \qquad (32)$$

式中：v_h——回流区的最大平均风速（m/s）；

v_0——送风口出口风速（m/s）；

d_0——送风口当量直径（m）；

F——每个送风口所负担的空调区断面面积（m²）。

当 $v_h = 0.25$m/s 时，根据上式得出的计算结果列于下表。

表6 侧送和散流器平送的出口风速（m/s）

射流自由度 $\sqrt{F}/d_0$	最大允许出口风速（m/s）	采用的出口风速（m/s）	射流自由度 $\sqrt{F}/d_0$	最大允许出口风速（m/s）	采用的出口风速（m/s）
5	2.0	2.0	11	4.2	3.5
6	2.3	2.0	12	4.6	3.5
7	2.7	2.0	13	5.0	3.5
8	3.1	3.5	15	5.7	3.5
9	3.5	3.5	20	7.3	5.0
10	3.9	3.5	25	9.6	5.0

因此，侧送和散流器平送的出口风速采用 2m/s ～5m/s 是合适的。

孔板下送风的出口风速，从理论上讲可以采用较高的数值。因为在一定条件下，出口风速较高时，要求稳压层内的静压也较高，这会使送风较均匀；同时，由于送风速度衰减快，对人员活动区的风速影响较小。但当稳压层内的静压过高时，会使漏风量增加，并产生一定的噪声。一般采用 3m/s～5m/s 为宜。

条缝形风口气流轴心速度衰减较快，对舒适性空调，其出口风速宜为 2m/s～4m/s。

喷口送风的出口风速是根据射流末端到达人员活动区的轴心速度与平均风速经计算确定。喷口侧向送风的风速宜取 4m/s～10m/s。

7.4.12 回风口的布置方式。

按照射流理论，送风射流引射着大量的室内空气与之混合，使射流流量随着射程的增加而不断增大。而回风量小于（最多等于）送风量，同时回风口的速度场图形呈半球状，其速度与作用半径的平方成反比，吸风气流速度的衰减很快。所以在空调区内的气流流型主要取决于送风射流，而回风口的位置对室内气流流型及温度、速度的均匀性影响均很小。设计时，应考虑尽量避免射流短路和产生"死区"等现象。采用侧送时，把回风口布置在送风口同侧，效果会更好些。

关于走廊回风，其横断面风速不宜过大，以免引起扬尘和造成不舒适感。

7.4.13 回风口的吸风速度。

确定回风口的吸风速度（即面风速）时，主要考虑三个因素：一是避免靠近回风口处的风速过大，防止对回风口附近经常停留的人员造成不舒适的感觉；二是不要因为风速过大而扬起灰尘及增加噪声；三是尽可能缩小风口断面，以节约投资。

回风口的面风速，一般按下式计算：

$$\frac{v}{v_x} = 0.75 \frac{10x^2 + F}{F} \tag{33}$$

式中：v——回风口的面风速（m/s）；

v_x——距回风口 x 米处的气流中心速度（m/s）；

x——距回风口的距离（m）；

F——回风口有效截面面积（m²）。

当回风口处于空调区上部，人员活动区风速不超过0.25m/s，在一般常用回风口面积的条件下，从上式中可以得出回风口面风速为 4m/s～5m/s；当回风口处于空调区下部时，用同样的方法可得出条文中所列的有关面风速。

实践经验表明，利用走廊回风时，为避免在走廊内扬起灰尘等，装在门或墙下部的回风口面风速宜采用 1m/s～1.5m/s。

7.5 空 气 处 理

7.5.1 空气冷却方式。

干热气候区（如西北部地区等），夏季空气的干球温度高，含湿量低，其室外干燥空气不仅可直接利用来消除空调区的湿负荷，还可以通过间接蒸发冷却等来消除空调区的热负荷。在新疆、内蒙古、甘肃、宁夏、青海、西藏等地区，应用蒸发冷却技术可大量节约空调系统的能耗。

蒸发冷却分为直接蒸发冷却和间接蒸发冷却。直接蒸发冷却是指干燥空气和水直接接触的冷却过程，空气处理过程中空气和水之间的传热、传质同时发生且互相影响，空气处理过程为绝热降温加湿过程，其极限温度能达到空气的湿球温度。

在某些情况下，当对处理空气有进一步的要求，如要求较低含湿量或比焓时，就应采用间接蒸发冷却。间接蒸发冷却可避免传热、传质的相互影响，空气处理过程为等湿降温过程，其极限温度能达到空气的露点温度。

2 对于温度较低的江、河、湖水等，如西北部地区的某些河流、深水湖泊等，夏季水体温度在10℃左右，完全可以作为空调的冷源。对于地下水资源丰富且有合适的水温、水质的地区，当采取可靠的回灌和防止污染措施时，可适当利用这一天然冷源，

并应征得地区主管部门的同意。

3 当无法利用蒸发冷却，且又没有水温、水质符合要求的天然冷源可利用时，或利用天然冷源无法满足空气冷却要求时，空气冷却应采用人工冷源，并在条件许可的情况下，适当考虑利用天然冷源的可能性，以达到节能的目的。

7.5.2 冷源的使用限制条件。部分强制性条文。

空气冷却中，可采用人工或天然冷源来直接蒸发冷却空气，因此，其水质均应符合卫生要求。

采用天然冷源时，其水质影响到室内空气质量、空气处理设备的使用效果和使用寿命等。如当直接和空气接触的水有异味或不卫生时，会直接影响到室内的空气质量；同时，水的硬度过高时会加速换热盘管结垢等。

采用地表水作天然冷源时，强调再利用是对资源的保护。地下水的回灌可以防止地面沉降，全部回灌并不得造成污染是对水资源保护必须采取的措施。为保证地下水不被污染，地下水宜采用与空气间接接触的冷却方式。

7.5.3 空气冷却装置的选择。

1 直接蒸发冷却是绝热加湿过程，实现这一过程是直接蒸发式冷却装置的特有功能，是其他空气冷却处理装置所不能代替的。当采用地下水、江水、湖水等自然冷源作冷源时，由于其水温相对较高，采用间接蒸发式冷却装置处理空气时，一般不易满足要求，而采用直接蒸发式冷却装置则比较容易满足要求。

2 采用人工冷源时，原则上应选用空气冷却器。空气冷却器具有占地面积小，冷水系统简单，特别是冷水系统采用闭式水系统时，可减少冷水输配系统的能耗；另外，空气出口参数可调性好等，因此，它得到了较其他形式的冷却器更加广泛的应用。空气冷却器的缺点是消耗有色金属较多，价格也相应地较贵。

7.5.4 空气冷却器的选择

规定空气冷却器的冷媒进口温度应比空气的出口干球温度至少低 3.5℃，是从保证空气冷却器有一定的热质交换能力提出来的。在空气冷却器中，空气与冷媒的流动方向主要为逆交叉流。一般认为，冷却器的排数大于或等于 4 排时，可将逆交叉流看成逆流。按逆流理论推导，空气的终温是逐渐趋近冷媒初温。

冷媒温升宜为 5℃～10℃，是从减小流量、降低输配系统能耗的角度考虑确定的。

据实测，冷水流速在 2m/s 以上时，空气冷却器的传热系数 K 值几乎没有什么变化，但却增加了冷水系统的能耗。冷水流速只有在 1.5m/s 以下时，K 值才会随冷水流速的提高而增加，其主要原因是水侧热阻对冷却器换热的总热阻影响不大，加大水侧放热系数，K 值并不会得到多大提高。所以，从冷却器传热效果和水流阻力两者综合考虑，冷水流速以取

0.6m/s～1.5m/s 为宜。

空气冷却器迎风面的空气流速大小，会直接影响其外表面的放热系数。据测定，当风速在 1.5m/s～3.0m/s 范围内，风速每增加 0.5m/s，相应的放热系数递增率在 10% 左右。但是，考虑到提高风速不仅会使空气侧的阻力增加，而且会把凝结水吹走，增加带水量，所以，一般当质量流速大于 $3.0kg/(m^2 \cdot s)$ 时，应设挡水板。在采用带喷水装置的空气冷却器时，一般都应设挡水板。

7.5.5 制冷剂直接膨胀式空气冷却器的蒸发温度。

制冷剂蒸发温度与空气出口干球温度之差，和冷却器的单位负荷、冷却器结构形式、蒸发温度的高低、空气质量流速和制冷剂中的含油量大小等因素有关。根据国内空气冷却器产品设计中采用的单位负荷值、管内壁的制冷剂换热系数和冷却器肋化系数的大小，可以算出制冷剂蒸发温度应比空气的出口干球温度至少低 3.5℃，这一温差值也可以说是在技术上可能达到的最小值。随着今后蒸发器在结构设计上的改进，这一温差值必然将会有所降低。

空气冷却器的设计供冷量很大时，若蒸发温度过低，会在低负荷运行的情况下，由于冷却器的供冷能力明显大于系统所需的供冷量，造成空气冷却器表面易于结霜，影响制冷机的正常运行。因此，在低负荷运行时，设计上应采取防止冷却器表面结霜的措施。

7.5.6 直接膨胀式空气冷却器的制冷剂选择。强制性条文。

为防止氨制冷剂的泄漏时，经送风机直接将氨送至空调区，危害人体或造成其他事故，所以采用制冷剂直接膨胀式空气冷却器时，不得用氨作制冷剂。

7.5.7 应用加热器的注意事项。

合理地选用空调系统的热媒，是为了满足空调控制精确度和稳定性要求。

对于室温要求波动范围等于或大于±1.0℃的空调区，采用热水热媒，是可以满足要求的；对于室温要求波动范围小于±1.0℃的空调区，为满足控制要求，送风末端可增设用于精度调节的加热器，该加热器可采用电加热器，以确保满足控制的要求。

7.5.8 两管制水系统的冷、热盘管选用。

许多两管制的空调水系统中，空气的加热和冷却处理均由一组盘管来实现。设计时，通常以供冷量来计算盘管的换热面积，当盘管的供冷量和供热量差较大时，盘管的冷水和热水流量相差也较大，会造成电动控制阀在供热工况时的调节性能下降，对控制不利。另外，热水流量偏小时，在严寒或寒冷地区，也可能造成空调机组的盘管冻裂现象出现。

综合以上原因，对两管制的冷、热盘管选用作出了规定。

7.5.9 空气过滤器的设置。

根据《空气过滤器》GB/T 14295 的规定，空气过滤器按其性能可分为：粗效过滤器、中效过滤器、高中效过滤器及亚高效过滤器，其中，中效过滤器额定风量下的计数效率为：$70\% > E \geqslant 20\%$（粒径≥ $0.5\mu m$）。

1 舒适性空调，一般都有一定的洁净度要求，因此，送入室内的空气都应通过必要的过滤处理；同时，为防止盘管的表面积尘，严重影响其热湿交换性能，进入盘管的空气也需进行过滤处理。工程实践表明，设置一级粗效过滤器时，空调区的空气洁净度有时不易满足要求。

2 工艺性空调，尤其净化空调，其空气过滤器应按有关规范要求设置，如医院手术室，其空调过滤器的设置应符合《医院洁净手术部建筑技术规范》GB 50333 的规定。

3 过滤器的滤料应选用效率高、阻力低和容尘量大的材料。由于过滤器的阻力会随着积尘量的增加而增大，为防止系统阻力的增加而造成风量的减少，过滤器的阻力应按其终阻力计算。空气过滤器额定风量下的终阻力分别为：粗效过滤器 100Pa，中效过滤器 160Pa。

7.5.10 空气净化装置的选择。

人员密集及有较高空气质量要求的建筑，设置空气净化装置有利于提高室内空气质量，防止病菌交叉污染。近年来，空气净化装置在大型公共建筑中被广泛应用，如奥运场馆、世博园区、首都机场 T3 航站楼、北京、上海和广州等城市的地铁站等；此外大型既有建筑的空调系统改造时，也加装了空气净化装置。

国家质检部门近年来对上百种空气净化装置的检测结果表明，大部分产品能够起到改善环境净化空气的作用。在实际工程中，达不到理想效果的空气净化装置，其主要原因是：①系统设计风速超过空气净化装置的额定风速；②空气净化装置与管道和其他系统部件连接过程中缺乏基本的密封措施，造成污染物未经处理泄露；③空气净化装置没有完全按照设计进行安装、维护和清理。因此，在空气净化装置选择时其净化技术指标、电气安全和臭氧发生指标等应符合国家标准《空气过滤器》GB/T 14295 及相关的产品制造和检测标准要求。

目前，工程常用的空气净化装置有高压静电、光催化、吸附反应型等三大类空气净化装置。各类空气净化装置具有以下特点：

高压静电式空气净化装置，对颗粒物净化效率良好，对细菌有一定去除作用，对有机气体污染物效果不明显。因此在颗粒物污染严重的环境，宜采用此类净化装置，初投资虽然较高，但空气净化机组本身阻力低，系统能耗和运行费用较低。此类净化装置有可能产生臭氧，设计选型时需要特别注意查看产品有关臭氧指标的检测报告。

光催化型空气净化装置，对细菌等达到较好的净化效果，但此类净化装置易受到颗粒物污染造成失效，所以应加装中效空气过滤器进行保护，并定期检查清洗。此类净化装置有可能产生臭氧，设计选型时需要特别注意查看产品有关臭氧指标的检测报告。

吸附反应型净化装置，对有机气体污染物效果最好，对颗粒物等也有一定效果，无二次污染，但是净化设备阻力较高，需要定期更换滤网或吸附材料等。

另外，可靠的接地是用电安全的必要措施，高压静电空气净化装置有相应的用电安全要求。

7.5.11 空气净化装置设置。

1 高压静电空气净化装置的在净化空调中应用时稳定性差，同时容易产生二次扬尘，光催化型空气净化装置不具备颗粒物净化的功能，因此在洁净手术部、无菌病房等净化空调系统中不得将其作为末级净化设施。

2 空气热湿处理设备是指组合式空调、风机盘管机组、变风量末端等。

4 由于空气净化装置的净化工作过程受环境影响较大，所以应设置报警装置在设备的净化功能失效时，能及时通知进行维护。

5 高压静电空气净化装置为了防止在无空气流动时启动空气净化装置，造成空气处理设备内臭氧浓度过高而采取的技术措施，应设置与风机的联动。

7.5.12 加湿装置的选择。

目前，常用的加湿装置有干蒸汽加湿器、电加湿器、高压喷雾加湿器、湿膜加湿器等。

1 干蒸汽加湿器，具有加湿迅速、均匀、稳定，并不带水滴，有利于细菌的抑制等特点，因此，在有蒸汽源可利用时，宜优先考虑采用干蒸汽加湿器。干蒸汽加湿器所采用的蒸汽压力一般应小于 0.1MPa。

2 常用的电加湿器有电极式、电热式蒸汽加湿器。该加湿器具有蒸汽加湿的各项优点，且控制方便灵活，可以满足空调区对相对湿度允许波动范围要求严格的要求，但该类加湿器耗电量大，运行、维护费用较高。

3 湿度要求不高是指相对湿度值不高或湿度控制精度要求不高的情况。

高压喷雾加湿器和湿膜加湿器等绝热加湿器具有耗电量低、初投资及运行费用低等优点，在普通民用建筑中得到广泛应用，但该类加湿易产生微生物污染，卫生要求较严格的空调区，如医院手术室等，不应采用。

4 由于加湿处理后的空气，会影响室内空气质量，因此，加湿器的供水水质应符合卫生标准要求，可采用生活饮用水等。

7.5.13 空调机房的设计。

空气处理机组安装在空调机房内，有利于日常维修和噪声控制。

空气处理机组安装在邻近所服务的空调区机房内，可减小空气输送能耗和风机压头，也可有效地减小机组噪声和水患的危害。新建筑设计时，应将空气处理机组安装在空调机房内，并留有必要的维修通道和检修空间；同时，宜避免由于机房面积的原因，机组的出风风管采用突然扩大的静压箱来改变气流方向，以导致机组风机压头损失较大，造成实际送风量小于设计风量的现象发生。

8 冷源与热源

8.1 一般规定

8.1.1 供暖空调冷源与热源选择基本原则。

冷源与热源包括冷热水机组、建筑物内的锅炉和换热设备、直接蒸发冷却机组、多联机、蓄能设备等。

建筑能耗占我国能源总消费的比例已达 27.6%，在建筑能耗中，暖通空调系统和生活热水系统耗能比例接近 60%。公共建筑中，冷热源的能耗占空调系统能耗 40% 以上。当前各种机组、设备类型繁多，电制冷机组、溴化锂吸收式机组及蓄冷蓄热设备等各具特色，地源热泵、蒸发冷却等利用可再生能源或天然冷源的技术应用广泛。由于使用这些机组和设备时会受到能源、环境、工程状况使用时间及要求等多种因素的影响和制约，因此应客观全面地对冷热源方案进行技术经济比较分析，以可持续发展的思路确定合理的冷热源方案。

1 热源应优先采用废热或工业余热，可变废为宝，节约资源和能耗。当废热或工业余热的温度较高、经技术经济论证合理时，冷源宜采用吸收式冷水机组，可以利用热源制冷。

2 面对全球气候变化，节能减排和发展低碳经济成为各国共识。温家宝总理出席于 2009 年 12 月在丹麦哥本哈根举行的《联合国气候变化框架公约》，提出 2020 年中国单位国内生产总值二氧化碳排放比 2005 年下降 40%～45%。随着《中华人民共和国可再生能源法》、《中华人民共和国节约能源法》、《民用建筑节能条例》、《可再生能源中长期发展规划》等一系列法规的出台，政府一方面利用大量补贴、税收优惠政策来刺激清洁能源产业发展；另一方面也通过法规，帮助能源公司购买、使用可再生能源。因此地源热泵系统、太阳能热水器等可再生能源技术应用的市场发展迅猛，应用广泛。但是，由于可再生能源的利用与室外环境密切相关，从全年使用角度考虑，并不是任何时候都可以满足应用需求的，因此当不能保证时，应设置辅助冷、热源来满足建筑的需求。

3 北方地区，发展城镇集中热源是我国北方供热的基本政策，发展较快，较为普遍。具有城镇或区域集中热源时，集中式空调系统应优先采用。

4 电动压缩式机组具有能效高、技术成熟、系统简单灵活、占地面积小等特点，因此在城市电网夏季供电充足的区域，冷源宜采用电动压缩式机组。

5 对于既无城市热网，也没有较充足的城市供电的地区，采用电能制冷会受到较大的限制，如果其城市燃气供应充足的话，采用燃气锅炉、燃气热水机作为空调供热的热源和燃气吸收式冷（温）水机组作为空调冷源是比较合适的。

6 既无城市热网，也无燃气供应的地区，集中空调系统只能采用燃煤或者燃油来提供空调热源和冷源。采用燃油时，可以采用燃油吸收式冷（温）水机组。采用燃煤时，则只能通过设置吸收式冷水机组来提供空调冷源。这种方式应用时，需要综合考虑燃油的价格和当地环保要求。

7 在高温干燥地区，可通过蒸发冷却方式直接提供用于空调系统的冷水，减少了人工制冷的能耗，符合条件的地区应优先推广采用。通常来说，当室外空气的露点温度低于14℃～15℃时，采用间接式蒸发冷却方式，可以得到接近16℃的空调冷水来作为空调系统的冷源。直接水冷式系统包括水冷式蒸发冷却、冷却塔冷却、蒸发冷凝等。

8 从节能角度来说，能源应充分考虑梯级利用，例如采用热、电、冷联产的方式。《中华人民共和国节约能源法》明确提出："推广热电联产，集中供热，提高热电机组的利用率，发展热能梯级利用技术，热、电、冷联产技术和热、电、煤气三联供技术，提高热能综合利用率"。大型热电冷联产是利用热电系统发展供热、供电和供冷为一体的能源综合利用系统。冬季利用热电厂的热源供热，夏季采用溴化锂吸收式制冷机供冷，使热电厂冬夏负荷平衡，高效经济运行。

9 用水环路将小型的水/空气热泵机组并联在一起，构成一个以回收建筑物内部余热为主要特点的热泵供暖、供冷的空调系统。需要长时间向建筑物同时供热和供冷时，可节省能源和减少向环境排热。水环热泵空调系统具有以下优点：①实现建筑物内部冷、热转移；②可独立计量；③运行调节比较方便等，在需要长时间向建筑物同时供热和供冷时，它能够减少建筑外提供的供热量而节能。但由于水环热泵系统的初投资相对较大，且因为分散设置后每个压缩机的安装容量较小，使得COP值相对较低，从而导致整个建筑空调系统的电气安装容量相对较大，因此，在设计选用时，需要进行较细的分析。从能耗上看，只有当冬季建筑物内存在明显可观的冷负荷时，才具有较好的节能效果。

10 蓄能系统的合理使用，能够明显提高城市或区域电网的供电效率，优化供电系统。同时，在分时电价较为合理的地区，也能为用户节省全年运行电费。为充分利用现有电力资源，鼓励夜间使用低谷电，国家和各地区电力部门制订了峰谷电价差政策。蓄冷空调系统对转移电力高峰，平衡电网负荷，有较大的作用。

11 热泵系统属于国家大力提倡的可再生能源的应用范围，有条件时应积极推广。但是，对于缺水、干旱地区，采用地表水或地下水存在一定的困难，因此中、小型建筑宜采用空气源或土壤源热泵系统为主（对于大型工程，由于规模等方面的原因，系统的应用可能会受到一些限制）；夏热冬冷地区，空气源热泵的全年能效比较好，因此推荐使用；而当采用土壤源热泵系统时，中、小型建筑空调冷、热负荷的比例比较容易实现土壤全年的热平衡，因此也推荐使用。对于水资源严重短缺的地区，不但地表水或地下水的使用受到限制，集中空调系统的冷却水全年运行过程中水量消耗较大的缺点也会凸现出来，因此，这些地区不应采用消耗水资源的空调系统形式和设备（例如冷却塔、蒸发冷却等），而宜采用风冷式机组。

12 当天然水可以有效利用或浅层地下水能够确保100%回灌时，也可以采用地下水或地表水源地源热泵系统。

13 由于可供空气调节的冷热源形式越来越多，节能减排的形势要求出现了多种能源形式向一个空调系统供能的状况，实现能源的梯级利用、综合利用、集成利用。当具有电、城市供热、天然气、城市煤气等多种人工能源以及多种可能利用的天然能源形式时，可采用几种能源合理搭配作为空调冷热源。如"电＋气"、"电＋蒸汽"等。实际上很多工程都通过技术经济比较后采用了复合能源方式，降低了投资和运行费用，取得了较好的经济效益。城市的能源结构若是几种共存，空调也可适应城市的多元化能源结构，用能源的峰谷季节差价进行设备选型，提高能源的一次能效，使用户得到实惠。

8.1.2 电能作为直接热源的限制条件。强制性条文。

常见的采用直接电能供热的情况有：电热锅炉、电热水器、电热空气加热器、电极（电热）式加湿器等。合理利用能源、提高能源利用率、节约能源是我国的基本国策。考虑到国内各地区的具体情况，在只有符合本条所指的特殊情况时方可采用。

1 夏热冬暖地区冬季供热时，如果没有区域或集中供热，那么热泵是一个较好的选择方案。但是，考虑到建筑的规模、性质以及空调系统的设置情况，某些特定的建筑，可能无法设置热泵系统。如果这些建筑冬季供热设计负荷很小（电热负荷不超过夏季供冷用电安装容量的20%且单位建筑面积的总电热安装容量不超过20W/m²），允许采用夜间低谷电进行蓄热。同样，对于设置了集中供热的建筑，其个别局部区域（例如：目前在一些南方地区，采用内、外区合一的变风量系统且加热量非常低时——有时采用窗边风机及低容量的电热加热、建筑屋顶的局部水箱间为了防冻需求等）有时需要加热，如果为此单独设置空调热水系统可能难度较大或者条件受到限制或者投入非常高时，也允许局部采用。

2 对于一些具有历史保护意义的建筑，或者位于消防及环保有严格要求无法设置燃气、燃油或燃煤区域的建筑，由于这些建筑通常规模都比较小，在迫不得已的情况下，也允许适当地采用电进行供热，但应在征求消防、环保等部门的规定意见后才能进行设计。

3 如果该建筑内本身设置了可再生能源发电系统（例如利用太阳能光伏发电、生物质能发电等），且发电量能够满足建筑本身的电热供暖需求，不消耗市政电能时，为了充分利用其发电的能力，允许采用这部分电能直接用于供热。

4 在冬季无加湿用蒸汽源、但冬季室内相对湿度的要求较高且对加湿器的热惰性有工艺要求（例如有较高恒温恒湿要求的工艺性房间），或对空调加湿有一定的卫生要求（例如无菌病房等），不采用蒸汽无法实现湿度的精度要求或卫生要求时，才允许采用电极（或电热）式蒸汽加湿器。而对于一般的舒适型空调来说，不应采用电能作为空气加湿的能源。当房间因为工艺要求（例如高精度的珍品库房等）对相对湿度精度要求较高时，通常宜设置末端再热。为了提高系统的可靠性和可调性（同时这些房间可能也不允许末端带水），可以适当的采用电为再热的热源。

8.1.3 公共建筑群区域供冷系统应用条件。

本条文规定了公共建筑群区域供冷系统的应用条件。区域供冷系统供冷半径过长，必然导致输送能耗增加，其耗电输冷（热）比应符合第8.5.12条规定的限值。

1 通常，设备的容量越大，运行能效也越高，当系统较大时，"系统能源综合利用率"比较好。对于区域内各建筑的逐时冷热负荷曲线差异性较大、且各建筑同时使用率比较低的建筑群，采用区域供冷、供热系统，自动控制系统合理时，集中冷热共用系统的总装机容量小于各建筑的装机容量叠加值，可以节省设备投资和供冷、供热的设备房面积。而专业化的集中管理方式，也可以提高系统能效。因此具有整个建筑群的安装容量较低、综合能效较好的特点，但是区域系统较大时，同样也可能导致输送能耗增加。因此采用区域供冷时，需要协调好两者的关系。从定性来看，当需要集中空调的建筑容积率比较高时，集中供冷系统的缺点在一定程度上得到了缓解，而其优点得到了一定程度的体现。从目前公共建筑的经验指标来看，对于除严寒地区外的大部分公共建筑来说，当需要集中空调的建筑容积率达到2.0以上时，其区域的"冷负荷密度"与建筑容积率为5～6的采用集中空调的单栋建筑是相当的。但是，对于严寒地区和夏

热冬冷地区，由于建筑的性质以及不同地点气候的差异，有些建筑可能容积率很高但负荷密度并不大，因此，这些气候区域在是否决定采用区域供冷时，还需要采用所建设区域的"冷负荷密度（W/m²）"来评价，这样相当于同时设置了两个应用条件来限制。从目前的设计过程来看，是否采用区域供冷系统，通常都是在最初的方案论证阶段就需要决定的事。在方案阶段，区域的"冷负荷密度"还很难得到详细的数据，这时一般根据采用以前的一些经验指标来估算。因此也要求在此阶段对"冷负荷密度"的估算有比较高的准确性，设计人应在掌握充分的基础资料前提下来进行，而不能随意估算和确定。因此规定：使用区域供冷系统的建筑容积率在2.0以上，建筑设计综合冷负荷密度不低于60W/m²。

本条文提到的"设置集中空调系统的建筑的容积率"，其计算方法为：该区域所有设置集中空调系统的建筑的体积（地上部分）之和，与该区红线内的规划占地面积之比。

本条文提到的"设计综合冷负荷密度"，指的是：该区域设计状态下的综合冷负荷（即：区域供冷站的装机容量，包括考虑了同时使用系数等因素），与该区域总建筑面积之比。

2 实践表明：区域供冷的能效是否合理，在很大程度上还取决于该区域的建筑（用户）是否都能够接受区域供冷的方式。如果区域供冷系统建造完成后实际用户不多，那么很难发挥其优势，反而会体现出能耗较大等不足。因此在此提出了相关的用户要求。

3 当区域内的建筑全年有较长的供冷季节性需求，且各建筑的需求比较一致时，采用区域供冷能够提高设备和系统的使用率，有利于发挥区域供冷的优点。

4 由于区域供冷系统的供冷站和区域管网的建设工程量大，作为整个区域建设规划的一项重要工程，应在区域规划设计阶段予以考虑，因此，规划中需要具备规划建设区域供冷站及管网的条件。

8.1.4 空调装置或系统分散设置情况。

这里提到的分散设置的空调装置或系统，主要指的是分散独立设置的蒸发冷却方式或直接膨胀式空调系统（或机组）。直接膨胀式与蒸发冷却式空调系统（或机组），在功能上存在一定的区别：直接膨胀式采用的是冷媒通过制冷循环而得到需要的空调冷、热源或空调冷、热风；而蒸发冷却式则主要依靠天然的干燥冷空气或天然的低温冷水来得到需要的空调冷、热源或空调冷、热风，在这一过程中没有制冷循环的过程。直接膨胀式又包括了风冷式和水冷式两类（但不包括采用了集中冷却塔的水环热泵系统）。

当建筑全年供冷需求的运行时间较少时，如果采用设置冷水机组的集中供冷空调系统，会出现全年集中供冷系统设备闲置时间长的情况，导致系统的经济

性较差；同理，如果建筑全年供暖需求的时间少，采用集中供暖系统也会出现类似情况。因此，如果集中供冷、供暖的经济性不好，宜采用分散式空调系统。从目前情况看：建议可以以全年供冷运行季节时间3个月（非累积小时）和年供暖运行季节时间2个月，来作为上述的时间分界线。当然，在有条件时，还可以采用全年负荷计算与分析方法，或者通过供冷与供暖的"度日数"等方法，通过经济分析来确定。

分散设置的空调系统，虽然设备安装容量下的能效比低于集中设置的冷（热）水机组或供热、换热设备，但其使用灵活多变，可适应多种用途、小范围的用户需求。同时，由于它具有容易实现分户计量的优点，能对行为节能起到促进作用。

对于既有建筑增设空调系统时，如果设置集中空调系统，在机房、管道设置方面存在较大的困难时，分散设置空调系统也是一个比较好的选择。

8.1.5 集中空调系统的冷水机组台数及单机制冷量要求。

在大中型公共建筑中，或者对于全年供冷负荷需求变化幅度较大的建筑，冷水（热泵）机组的台数和容量的选择，应根据冷（热）负荷大小及变化规律而定，单台机组制冷量的大小应合理搭配，当单机容量调节下限的制冷量大于建筑物的最小负荷时，可选1台适合最小负荷的冷水机组，在最小负荷时开启小型制冷系统满足使用要求，这已在许多工程中取得很好的节能效果。如果每台机组的装机容量相同，此时也可以采用一台变频调速机组的方式。

对于设计冷负荷大于528kW以上的公共建筑，机组设置不宜少于2台，除可提高安全可靠性外，也可达到经济运行的目的。因特殊原因仅能设置1台时，应采用可靠性高，部分负荷能效高的机组。

8.1.6 电动压缩式机组制冷剂要求。

大气臭氧层消耗和全球气候变暖是与空调制冷行业相关的两项重大环保问题。单独强调制冷剂的消耗臭氧层潜能值（ODP）或全球变暖潜能值（GWP）都是不全面与科学的。国标《制冷剂编号方法和安全性分类》GB/T 7778定义了制冷剂的环境指标。

8.1.7 冷水机组的冷（热）量修正。

由于实际工程中的水质与机组标准工况所规定的水质可能存在区别，而结垢对机组性能的影响很大。因此，当实际使用的水质与标准工况下所规定的水质条件不一致时，应进行修正。一般来说，机组运行保养较好时（例如采用在线清洁等方式），水质条件较好，修正系数可以忽略；当设计时预计到机组的运行保养可能不及时或水质较差等不利因素时，宜对污垢系数进行适当的修正。

溴化锂吸收式机组由于运行管理等方面原因，有可能出现真空度不够和腐蚀的情况，对产品的实际性能产生一定的影响，设计中需要予以考虑。

8.1.8 空调冷热水和冷却水系统防超压。强制性条文。

保证设备在实际运行时的工作压力不超过其额定工作压力，是系统安全运行的必须要求。

当由于建筑高度等原因，导致冷（热）系统的工作压力可能超过设备及管路附件的额定工作压力时，采取的防超压措施可能包括以下内容：当冷水机组进水口侧承受的压力大于所选冷水机组蒸发器的承压能力时，可将水泵安装在冷水机组蒸发器的出水口侧，降低冷水机组的工作压力；选择承压更高的设备和管路及部件；空调系统竖向分区。空调系统竖向分区也可采用分别设置高、低区冷热源，高区采用换热器间接连接的闭式循环水系统，超压部分另设置自带冷热源的风冷设备等。

当冷却塔高度有可能使冷凝器、水泵及管路部件的工作压力超过其承压能力时，应采取的防超压措施包括：降低冷却塔的设置位置，选择承压更高的设备和管路及部件等。当仅冷却塔集水盘或集水箱高度大于冷水机组进水口侧承受的压力大于所选冷水机组冷凝器的承压能力时，可将水泵安装在冷水机组的出水口侧，减少冷水机组的工作压力。当冷却塔安装位置较低时，冷却水泵宜设置在冷凝器的进口侧，以防止高差不足水泵负压进水。

8.2 电动压缩式冷水机组

8.2.1 水冷电动压缩式冷水机组制冷量范围划分。

本条对目前生产的水冷式冷水机组的单机制冷量做了大致的划分，提供选型时参考。

1 表中对几种机型制冷范围的划分，主要是推荐采用较高性能参数的机组，以实现节能。

2 螺杆式和离心式之间有制冷量相近的型号，可通过性能价格比，选择合适的机型。

3 往复式冷水机组因能效低已很少使用，故未列入本表。

8.2.2 冷水机组总装机容量确定要求。强制性条文。

从实际情况来看，目前几乎所有的舒适性集中空调建筑中，都不存在冷源的总供冷量不够的问题，大部分情况下，所有安装的冷水机组一年中同时满负荷运行的时间没有出现过，甚至一些工程所有机组同时运行的时间也很短或者没有出现过。这说明相当多的制冷站房的冷水机组总装机容量过大，实际上造成了投资浪费。同时，由于单台机组装机容量也同时增加，还导致了其在低负荷工况下运行，能效降低。因此，对设计的装机容量做出了本条规定。

目前大部分主流厂家的产品，都可以按照设计冷量的需求来提供冷水机组，但也有一些产品采用的是"系列化或规格化"生产。为了防止冷水机组的装机容量选择过大，本条对总容量进行了限制。

对于一般的舒适性建筑而言，本条规定能够满足使用要求。对于某些特定的建筑必须设置备用冷水机组时（例如某些工艺要求必须 24 小时保证供冷的建筑等），其备用冷水机组的容量不统计在本条规定的装机容量之中。

值得注意的是：本条提到的比值不超过 1.1，是一个限制值。设计人员不应理解为选择设备时的"安全系数"。

8.2.3 冷水机组制冷性能系数要求。

冷水机组名义工况制冷性能系数（COP）是指在下表温度条件下，机组以同一单位标准的制冷量除以总输入电功率的比值。

本条提出在机组选型时，除考虑满负荷运行时性能系数外，还应考虑部分负荷时的性能系数。实践证明，冷水机组满负荷运行率相对较少，大部分时间是在部分负荷下运行。由于绝大部分项目采用多台冷水机组，根据 ARI Standard 550/590 标准 D2 的叙述："在多台冷水机组系统中的各个单台冷水机组是要比单台冷水机组系统中的单台冷水机组更接近高负荷运行"，故机组的高负荷下的 COP 具有代表意义。

表 7　名义工况时的温度条件

	进水温度（℃）	出水温度（℃）	冷却水进水温度（℃）	空气干球温度（℃）
水冷式	12	7	30	—
风冷式	12	7	—	35

《公共建筑节能设计标准》GB 50189-2005 第 5.4.5 条和 5.4.6 条分别对 COP、IPLV 进行了规定，第 5.4.8 条对单元式空调机最低性能系数进行了规定，本规范应符合其规定。有条件时，鼓励使用《冷水机组能效限定值及能源效率等级》GB 19577 规定的 1、2 级能效的机组。推荐使用比最低性能系数（COP）提高 1 个能效等级的冷水机组。主要是考虑了国家的节能政策和我国产品现有水平，鼓励国产机组尽快提高技术水平。

IPLV 应用过程中需注意以下问题：

1 IPLV 重点在于产品性能的评价和比较，应用时不宜直接采用 IPLV 对某个实际工程的机组全年能耗进行评价。机组能耗与机组的运行时间、机组负荷、机组能效三要素相关。在单台机组承担空调系统负荷前提下，单台机组的 IPLV 高，其全年能耗不一定低。

2 实际工程中采用多台机组时，对于单台机组来说，其全年的低负荷率及低负荷运行的时间是不一样的。台数越多，且采用群控方式运行时，其单台的全年负荷率越高。故单台冷水机组在各种机组负荷下运行时间百分比，与 IPLV 中各种机组负荷下运行时间百分比会存在较大的差距。

3 各地区气象条件差异较大，因此对不同的工

程，需要结合建筑负荷和室外气象条件进行分析。

8.2.4 冷水机组电动机供电方式要求。

1 大型项目需要大型或特大型冷水机组，因其电动机额定输入功率较大，故运行电流较大，导致电缆或母排因截面较大不利于其接头安装。采用高压电机，可以减小运行电流以及电缆和母排的铜损、铁损。由于减少低压变压器的装机容量，因此也减少了低压变压器的损耗和投资。但是高压冷水机组价格较高，高压电缆和母排的安全等级较高也会使相应投资的增加。

2 本条提到的高压，是指电压在 380V 至 10kV 的供电方式。目前电动压缩式冷水机组的电动机主要采用 10kV、6kV 和 380V 三种电压。由于 350kV 和 10kV 是常见的外网供电电压，若 10kV 外网供电，可直接采用 10kV 电机；若 350kV 外网供电，可采用两种变压器（350kV/10kV）和（350kV/6kV）。由于常见电压为 10kV，故采用 10kV 电机较多。由于绝大多数空调设备（水泵、风机、空调末端等）是 380V 供电，因此需要大量的低压变压设备（10kV/380V）或（6kV/380V），380V 的冷水机组的供电容量占空调系统的供电容量比例很小，可不设专用变压器。但是高压冷水机组价格高，高压电缆和母排的安全等级高造成相应的投资增加，且 380V 的冷水机组技术成熟、价格低、运行管理方便、维修成本低，因此广泛应用于运行电流较小的中、小型项目中。

3 考虑到目前国内高压冷水机组的电机型号少且存在多种压缩机型号配一个高压电机型号的现象，使得客观上出现了最佳性价比的机组少，高能效机组少的情况；并且高压冷水机组要求空调工操作管理高压电器设备，并且电机的防护等级提高，因此运行管理水平要求较高。因此本规定主要是依据电力部门和强电设计师的要求，并结合目前已有的产品情况，对不同电机容量作了不同程度的要求。

8.2.5 氨冷水机组要求。强制性条文。

由于在制冷空调用制冷剂中，碳氟化合物对大气臭氧层消耗或全球气候变暖有不利的影响，因此多国科研人员加紧对"天然"制冷剂的研究。随着氨制冷的工艺水平和研发技术不断提高，氨制冷的应用项目和范围将不断扩大。因此本规范仍然保留了关于氨制冷方面的内容。

由于氨本身为易燃易爆品，在民用建筑空调系统中应用时，需要引起高度的重视。因此本条文从应用的安全性方面提出了相关的要求。

8.3　热　泵

8.3.1 空气源热泵机组选择原则。

《公共建筑节能设计标准》GB 50189-2005 第 5.4.5 条对风冷热泵 COP 限值进行了规定，本规范应符合其规定。

本条提出选用空气源热泵冷（热）水机组时应注意的问题：

1 空气源热泵的单位制冷量的耗电量较水冷冷水机组大，价格也高，为降低投资成本和运行费用，应选用机组性能系数较高的产品，并应满足国家现行《公共建筑节能设计标准》GB 50189 的规定。此外，先进科学的融霜技术是机组冬季运行的可靠保证。机组在冬季制热运行时，室外空气侧换热盘管低于露点温度时，换热翅片上就会结霜，会大大降低机组运行效率，严重时无法运行，为此必须除霜。除霜的方法有很多，最佳的除霜控制应判断正确，除霜时间短，融霜修正系数高。近年来各厂家为此都进行了研究，对于不同气候条件采用不同的控制方法。设计选型时应对此进行了解，比较后确定。

2 空气源热泵机组比较适合于不具备集中热源的夏热冬冷地区。对于冬季寒冷、潮湿的地区使用时必须考虑机组的经济性和可靠性。室外温度过低会降低机组制热量；室外空气过于潮湿使得融霜时间过长，同样也会降低机组的有效制热量，因此我们必须计算冬季设计状态下机组的 COP，当热泵机组失去节能上的优势时就不宜采用。这里对于性能上相对较有优势的空气源热泵冷热水机组的 COP 限定为2.00；对于规格较小、直接膨胀的单元式空调机组限定为1.80。

3 空气源热泵的平衡点温度是该机组的有效制热量与建筑物耗热量相等时的室外温度。当这个温度比建筑物的冬季室外计算温度高时，就必须设置辅助热源。

空气源热泵机组在融霜时机组的供热量就会受到影响，同时会影响到室内温度的稳定度，因此在稳定度要求高的场合，同样应设置辅助热源。设置辅助热源后，应注意防止冷凝温度和蒸发温度超出机组的使用范围。辅助加热装置的容量应根据在冬季室外计算温度情况下空气源热泵机组有效制热量和建筑物耗热量的差值确定。

4 带有热回收功能的空气源热泵机组可以把原来排放到大气中的热量加以回收利用，提高了能源利用效率，因此对于有同时供冷、供热要求的建筑应优先采用。

8.3.2 空气源热泵机组制热量计算。

空气源热泵机组的冬季制热量会受到室外空气温度、湿度和机组本身的融霜性能的影响，在设计工况下的制热量通常采用下式计算：

$$Q = qK_1K_2 \tag{34}$$

式中：Q——机组设计工况下的制热量（kW）；

q——产品标准工况下的制热量（标准工况：室外空气干球温度7℃、湿球温度6℃）（kW）；

K_1——使用地区室外空调计算干球温度修正系

数，按产品样本选取；

K_2——机组融霜修正系数，应根据生产厂家提供的数据修正；当无数据时，可按每小时融霜一次取 0.9，两次取 0.8。

注：每小时融霜次数可按所选机组融霜控制方式、冬季室外计算温度、湿度选取，或向厂家咨询。对于多联机空调系统，还要考虑管长的修正。

8.3.3 空气源热泵室外机或风冷制冷机组设置要求。

本条提出的内容是空气源热泵或风冷制冷机组室外机设置时必须注意的几个问题：

1 空气源热泵机组的运行效率，很大程度上与室外机与大气的换热条件有关。考虑主导风向、风压对机组的影响，机组布置时避免产生热岛效应，保证室外机进、排风的通畅，防止进、排风短路是布置室外机时的基本要求。当受位置条件等限制时，应创造条件，避免发生明显的气流短路；如设置排风帽，改变排风方向等方法，必要时可以借助于数值模拟方法辅助气流组织设计。此外，控制进、排风的气流速度也是有效地避免短路的一种方法；通常机组进风气流速度宜控制在 1.5 m/s～2.0 m/s，排风口的排气速度不宜小于7m/s。

2 室外机除了避免自身气流短路外，还应避免其他外部含有热量、腐蚀性物质及油污微粒等排放气体的影响，如厨房油烟排气和其他室外机的排风等。

3 室外机运行会对周围环境产生热污染和噪声影响，因此室外机应与周围建筑物保持一定的距离，以保证热量有效扩散和噪声自然衰减。对周围建筑物产生噪声干扰，应符合国家现行标准《声环境质量标准》GB 3096 的要求。

4 保持室外机换热器清洁可以保证其高效运行，很有必要为室外机创造清扫条件。

8.3.4 地埋管地源热泵系统设计基本要求。部分强制性条文。

1 采用地埋管地源热泵系统首先应根据工程场地条件、地质勘察结果，评估埋地管换热系统实施的可行性与经济性。

2 利用岩土热响应试验进行地埋管换热器设计，是将岩土综合热物性参数、岩土初始平均温度和空调冷热负荷输入专业软件，在夏季工况和冬季工况运行条件下进行动态耦合计算，通过控制地埋管换热器夏季运行期间出口最高温度和冬季运行期间进口最低温度，进行地埋管换热器设计。

3 采用地埋管地源热泵系统，埋管换热系统是成败的关键。这种系统的计算与设计较为复杂，地埋管的埋管形式、数量、规格等必须根据系统的换热量、埋管占地面积、岩土体的热物理特性、地下岩土分布情况、机组性能等多种因素确定。

4 地源热泵地埋管系统的全年总释热量和总吸热量（单位：kWh）应基本平衡。对于地下水径流速较小的地埋管区域，在计算周期内，地源热泵系统总释热量和总吸热量应平衡。两者相差不大指两者的比值在 0.8~1.25 之间。对于地下水径流流速较大的地埋管区域，地源热泵系统总释热量和总吸热量可以通过地下水流动（带走或获取热量）取得平衡。地下水的径流流速的大小区分原则：1 个月内，地下水的流动距离超过沿流动方向的地埋管布置区域的长度为较大流速；反之为较小流速。

5 地埋管系统全年总释热量和总吸热量的平衡，是确保土壤全年热平衡的关键要求。地源热泵地埋管系统的设计，决定系统实时供冷量（或供热量）的关键技术之一在于地埋管与土壤的换热能力。因此，应分别计算夏季设计冷负荷与冬季设计热负荷情况下对地埋管长度的要求。

1）当地埋管系统的全年总释热量和总吸热量平衡（或基本平衡）时，就一般的设计原则而言，可以按照该系统作为建筑唯一的冷、热源来考虑，如果这时按照供冷和供热工况分别计算出的地埋管长度相同，说明系统夏季最大供冷量和冬季最大供热量刚好分别能够与建筑的夏季的设计冷负荷和冬季的设计热负荷相一致，则是最理想的；但由于不同的地区气候条件以及建筑的性质不同，大多数建筑无法做到这一点。因此，在此种情况下，应该按照供冷和供热工况分别计算出的两个地埋管长度中的较大者采用，才能保证系统作为唯一的冷、热源而满足全年的要求。

2）当地埋管系统的总释热量和总吸热量无法平衡时，不能将该系统作为建筑唯一的冷、热源（否则土壤年平均温度将发生变化），而应该设置相应的辅助冷源或热源。在这种情况下，如果还按照上述计算的地埋管长度的较大者来选择，显然是没有必要的，只是一种浪费。因此这时宜按照上述计算的地埋管长度的较小者来作为设计长度。举例说明：如果是供冷工况下的计算长度较小，则说明需要增加辅助热源来保证供热工况下的需求；反之则增加冷却塔等设备将一部分热量排至大气之中而减少对土壤的排热。当然，还可采用其他冷热源与地源热泵系统联合运行的方法解决，通过检测地下土壤温度，调整运行策略，保证整个冷热源系统全年高效率运行。地源热泵系统与其他常规能源系统联合运行，也可以减少系统造价和占地面积，其他系统主要用于调峰。

6 对于冬季有可能发生管道冻结的场所，需要采取合理的防冻措施，例如采用乙二醇溶液等。

8.3.5 地下水地源热泵系统设计要求。部分强制性条文。

本条针对采用地下水地源热泵系统时提出的基本要求：

1 地下水使用应征得当地水资源管理部门的同意。必须通过工程现场的水文地质勘察、试验资料，获取地下水资源详细数据，包括连续供水量、水温、地下水径流方向、分层水质、渗透系数等参数。有了这些资料才能判定地下水的可用性。

水源热泵机组的正常运行对地下水的水质有一定的要求。为满足水质要求可采用具有针对性的处理方法，如采用除砂器、除垢器、除铁处理等。正确的水处理手段是保证系统正常运行的前提，不容忽视。

2 采用变流量设计是为了尽量减少地下水的用量和减少输送动力消耗。但要注意的是：当地下水采用直接进入机组的方式时，应满足机组对最小水量的限制要求和最小水量变化速率的要求，这一点与冷水机组变流量系统的要求相同。

3 地下水直接进入机组还是通过换热器后间接进入机组，需要根据多种因素确定：水质、水温和维护的方便性。水质好的地下水宜直接进入机组，反之采用间接方法；维护简单工作量不大时采用直接方法；地下水直接进入机组有利于提高机组效率。因此设计人员可通过技术经济分析后确定。

4 强制性条款：为了保护宝贵的地下水资源，要求采用地下水全部回灌到同一含水层，并不得对地下水资源造成污染。为了保证不污染地下水，应采用封闭式地下水采集、回灌系统。在整个地下水的使用过程中，不得设置敞开式的水池、水箱等作为地下水的蓄存装置。

8.3.6 江河湖水源地源热泵系统设计基本要求。

1 水源热泵机组采用地表水作为热源时，应对地表水体资源进行环境影响评估，以防止水体的温度变化过大而破坏生态平衡。一般情况下，水体的温度变化应限制在周平均最大温升不大于 1℃，周平均最大温降不大于 2℃的范围内。此外，地表水是一种资源，水资源利用必须获得各有关部门的批准，如水务部门和航运主管部门等。

2 由于江河的丰水、枯水季节水位变化较大，过大的水位差除了造成取水困难外，输送动力的增加也是不可小视，所以要进行技术经济比较后确定是否采用。

3 热泵机组与地表水水体的换热方式有闭式与开式两种：

当地表水体环境保护要求高，或水质复杂且水体面积较大、水位较深，热泵机组分散布置且数量众多（例如采用单元式空调机组）时，宜通过沉于地表水下的换热器与地表水进行热交换，采用闭式地表水换热系统。当换热量较大，换热器的布置影响到水体的正常使用时不宜采用闭式地表水换热系统。

当地表水体水质较好，或水体深度、温度等条件不适宜于采用闭式地表水换热系统时，宜采用开式地表水换热系统。直接从水体抽水和排水。开式系统应注意过滤、清洗、灭藻等问题。

4 为了避免取水与排水短路，开式地表水换热系统的取水口应选择水位较深、水质较好的位置且远离排水口，同时根据具体情况确定取水口与排水口的距离。当采用具有较好流动性的江、河水时，取水口应位于排水口的上游；如果采用平时流动性较差甚至不流动的水库、湖水时，取水口与排水口的距离应较大。为了保证热泵机组和系统的高效运行，地表水进入机组之前应采取相应的水处理措施；但需要注意的是：为了防止对地表水的污染，水处理措施应采用"非化学"方式，并符合环境的要求（例如环评报告等）。

6 防冻措施与8.3.4条相同。

8.3.7 海水源地源热泵系统设计要求。

海水源地源热泵系统，本质上属于地表水的范畴，因此对其的设计要求可以参照8.3.6条及其条文说明。但因为海水的特殊性，本规范在此专门提出了要求：

1 海水有一定的腐蚀性，沿海区域一般不宜采用地下水地源热泵，以防止海水侵蚀陆地、地层沉降及建筑物地基下沉等；开式系统应控制使用后的海水温度指标和含氯浓度，以免影响海洋生态环境；此外还需要考虑到设备与管道的耐腐蚀问题。

3 海水由于潮汐的影响，会对系统产生一定的水流应力。

4 接触海水的管道和设备容易附着海洋生物，对海水的输送和利用有一定影响。

为了防止由于水处理造成对海水的污染，对海水进行过滤、杀菌等水处理措施时，应采用物理方法。

5 防冻措施与8.3.4条相同。

8.3.8 污水源地源热泵系统设计要求。

同海水源地源热泵系统或地表水地源热泵系统一样，污水源地源热泵系统的设计在满足相关规定的同时，还要注意其特殊性——对污水的性质和水质处理要求的不同，会导致系统设计上存在一定的区别。

8.3.9 水环热泵空调系统设计要求。

1 水环热泵的水温范围是根据目前的产品要求、冷却塔能力和系统设计中的相关情况来综合提出的。设计时，应注意采用合理的控制方式来保持水温。

2 水环热泵的循环水系统是构成整个系统的基础。由于热泵机组换热器对循环水的水质要求较高，适合采用闭式系统。如果采用开式冷却塔，最好也设置中间换热器使循环水系统构成闭式系统。需要注意的是：设置换热器之后会导致夏季冷却水温偏高，因此对冷却水系统（包括冷却塔）的能力，热泵的适应性以及实际运行工况，都应进行校核计算。当然，如果经过开式冷却塔后的冷却水水质能够得到保证，也可以直接将其送至水

环热泵机组之中，这样可以提高整个系统的运行效率——需要提醒注意的是：如果开式冷却塔的安装高度低于水环热泵机组的安装高度，则应设置中间换热器，否则高处的热泵机组会"倒空"。

3 当冬季的热负荷较大时，需要设置辅助热源。辅助热源的选择原则应符合本规范8.1.1条规定。在计算辅助热源的安装容量时，应考虑到系统内各种发热源（例如热泵机组的制冷电耗、空调内区冷负荷等等）。

4 从保护热泵机组的角度来说，机组的循环水流量不应实时改变。当建筑规模较小（设计冷负荷不超过527kW）时，循环水系统可直接采用定流量系统。对于建筑规模较大时，为了节省水泵的能耗，循环水系统宜采用变流量系统。为了保证变流量系统中机组定流量的要求，机组的循环水管道上应设置与机组启停连锁控制的开关式电动阀；电动阀应先于机组打开，后于机组关闭。

5 水环热泵机组目前有两种方式：整体式和分体式。在整体式中，由于压缩机随机组设置在室内，因此需要关注室内或使用地点的噪声问题。

8.4 溴化锂吸收式机组

8.4.1 吸收式冷水机组采用热能顺序要求。

本条规定了吸收式冷水机组采用热能作为制冷的能源时，采用热能的优先顺序。其中第1、2款与本章的8.1节一般规定是一致的。第1款包括的热源有：烟气、蒸汽、热水等热媒。

直接采用矿物质能源时，则应综合考虑当地的能源供应情况、能耗价格、使用的灵活性和方便性等情况。

8.4.2 溴化锂吸收式机组的机型选择要求。

1 根据吸收式冷水机组的性能，通常当热源温度比较高时，宜采用双效机组。由于废热、可再生能源及生物质能的能源品位相对较低；对于城市热网，在夏季制冷工况下，热网温度通常较低，有时无法采用双效机组。当采用锅炉燃烧供热时，为了提高冷水机组的性能，应提高供热热源的温度，因此不应采用单效式机组。

2 各类机组所对应的热源参数如下表所示：

表8 各类机组的加热热源参数

机型	加热热源种类和参数
直燃机组	天然气、人工煤气、液化石油气、燃油
蒸汽双效机组	蒸汽额定压力（表压）0.25、0.4、0.6、0.8MPa
热水双效机组	>140℃热水
蒸汽单效机组	废汽（0.1MPa）
热水单效机组	废热等（85℃～140℃热水）

8.4.3 直燃式机组选择要求。

1 直燃式机组的额定供热量一般为额定供冷量的 70%～80%，这是一个标准配置，也是较经济合理的配置，在设计时尽可能按照标准型机组来选择。同时，设计时要分别按照供冷工况和供热工况来预选直燃机。从提高经济性和节能的角度来看，如果供冷、供热两种工况下选择的机型规格相差较大时，宜按照机型较小者来配置，并增加辅助的冷源或热源装置——见本条第 2、3 款。

2 对于我国北方地区的某些建筑，从数值上冬季供热负荷可能不小于夏季供冷负荷（或者是供热负荷与供冷负荷的比值大于 0.8）。当按照夏季冷负荷选型时，如果采用加大机组的型号来满足供热的要求，在投资、机组效率等方面都受到一定的影响，因此现行的一些工程采用了机组型号不加大而直接加大高压发生器和燃烧器的方式。这种方式虽然可行，但仍然存在高、低压发生器的匹配一定程度上影响机组运行效率的问题，因此对此进行限制。当超过本条规定的限制时，北方地区应采用"直燃机组＋辅助锅炉房"的方案。

3 对于我国南方地区的某些建筑，情况可能与本条文说明中的第 2 条相反。从能源利用的合理性来看，宜采用"直燃机组＋辅助电制冷"的方案。

8.4.4 溴化锂吸收式三用直燃机选型要求。

《公共建筑节能设计标准》GB 50189 - 2005 表 5.4.9 对吸收式机组的性能参数限值进行了规定，本规范应符合其要求。

三用机可以有以下几种用途：

1 夏季：单供冷、供冷及供生活热水；

2 春秋季：供生活热水；

3 冬季：单供暖、供暖及供生活热水。

尽管三用机由于多种用途而受到业主欢迎，但由于在设计选型中存在的一些问题，致使在实际工程使用中出现不尽如人意之处。主要原因是：

1 对供冷（温）和生活热水未进行日负荷分析与平衡，由于机组能量不足，造成不能同时满足各方面的要求；

2 未进行各季节的使用分析，造成不经济、不合理运行、效率低、能耗大；

3 在供冷（温）及生活热水系统内未设必要的控制与调节装置，无法优化管理，系统无法运行成本提高。

直燃机价格昂贵，尤其是三用机，要搞好合理匹配，系统控制，提高能源利用率是设计选型的关键，因此不能随意和不加分析地采用。当难以满足生活热水供应要求又影响供冷（温）质量时，应另设专用热水机组提供生活热水。

8.4.5 四管制和分区两管制空调系统使用直燃式机组要求。

四管制和分区两管制空调系统主要适用于有同时供冷、供热需求的建筑物。由于建筑中冷、热负荷及其比例随时间变化较大，直燃式机组很难在任何时刻同时满足冷、热负荷的变化要求。因此，一般情况下不宜将它作为四管制和分区两管制空调系统唯一采用的冷、热源装置。

8.4.6 吸附式冷水机组制冷使用条件。

吸附式冷水机组的特点是能够利用低温热水进行制冷，因此其比较适合于具有低位热源的场所。由于其制冷 COP 比较低（大约为 0.5），在有高温热源的场所不宜采用。同时，由于目前吸附式冷水机组的型号较少且单台机组的制冷量有限，因此不宜用于大、中型空调系统之中。

8.4.7 直燃型机组的储油、供油、燃气系统的设计要求。

直燃型溴化锂吸收式冷（温）水机组储油、供油、燃气供应及烟道的设计，应符合国家现行《锅炉房设计规范》GB 50041、《高层民用建筑设计防火规范》GB 50045、《建筑设计防火规范》GB 50016、《城镇燃气设计规范》GB 50028、《工业企业煤气安全规程》GB 6222 等规范和标准的要求。

8.5 空调冷热水及冷凝水系统

8.5.1 空调冷热水参数确定原则。

空调冷热水参数应保证技术可靠、经济合理，本条中数值适用于以水为冷热媒对空气进行冷却或加热处理的一般建筑的空调系统，有特殊工艺要求的情况除外。

1 冷水机组直接供冷系统的冷水供水温度低于 5℃时，会导致冷水机组运行工况相对较差且稳定性不够。对于空调系统来说，大温差设计可减小水泵耗电量和管网管径，因此规定了空调冷水和热水系统温差不得小于一般末端设备名义工况要求的 5℃。但当采用大温差，如果要求末端设备空调冷水的平均水温基本不变时，冷水机组的出水温度则需降低，使冷水机组性能系数有所下降；当空调冷水或热水采用大温差时，还应校核流量减少对采用定型盘管的末端设备（如风机盘管等）传热系数和传热量的影响，必要时需增大末端设备规格，就目前的风机盘管产品来看，其冷水供回水在 5℃/13℃ 时的供冷能力，与 7℃/12℃ 冷水的供冷能力基本相同。所以应综合考虑节能和投资因素确定温差数值。

2 采用蓄冷装置的供冷系统，供水温度和供回水温差与蓄冷介质和蓄冷、取冷方式等有关，应符合本规范第 8.7.6 条和第 8.7.7 条规定，供水温度范围可参考其条文说明。

3 温湿度独立控制系统，是近年来出现的系统形式。规定其供水温度不宜低于 16℃ 是为了防止房间结露。同时，根据现有的末端设备和冷水机组的产品情况，采用 5℃ 的温差，在大多数情况下是可以做到的。

4 采用蒸发冷却或天然冷源制取空调冷水时，在一些地区做到 5℃ 的水温差存在一定的困难，因此，提出了比冷水机组略为小一些的温差（4℃）。根据对空调系统的综合能耗的研究，4℃ 的冷水温差对于供水温度 16℃～18℃ 的冷水系统并采用现有的末端产品，能够满足要求和得到能耗的均衡。当然，针对专门开发的一些干工况末端设备，以及某些露点温度较低而能够通过蒸发冷却得到更低水温（例如 12℃～14℃）的地区而言，设计人员可以将上述冷水温差进一步加大。

5 采用辐射供冷末端设备的系统既包括温湿度独立控制系统也包括蒸发冷却系统。研究表明：对于辐射供冷的末端设备来说，较大的温差不容易做到（否则单位面积的供冷量不够），因此对此部分末端设备所组成的系统，放宽了对冷水温差的要求。

6 市政热力或锅炉产生的热水温度一般较高（80℃ 以上），可以将二次空调热水加热到末端空气处理设备的名义工况水温 60℃，同时考虑到降低供水温度有利于降低对一次热源的要求，因此推荐供水温度为 50℃～60℃。但对于采用竖向分区且设置了中间换热器的超高层建筑，由于需要考虑换热后的水温要求，可以提高到 65℃，因此需要设计人根据具体情况来提出需求的供水温度。对于严寒地区的预热盘管，为了防止盘管冻裂，要求供水温度应相应提高。由于目前大多数盘管采用的是铜管串铝片方式，因此水温过高时要注意盘管的热胀冷缩问题。

对于热水供回水温差的问题，尽管目前的一些设备（例如风机盘管）都是以 10℃ 温差来标注其标准供暖工况的，但通过理论分析和多年的实际工程运行情况表明：对于严寒和寒冷地区来说适当加大热水供回水温差，现有的末端设备是能够满足使用要求的（并不需要加大型号）；对于夏热冬冷地区而言，采用 10℃ 温差即使对于两管制水系统来说也不会导致末端设备的控制出现问题。而适当的加大温差有利于节省输送能耗。并考虑到与《公共建筑节能设计标准》GB 50189 的协调，因此对热水的供回水温差做出了相应的规定。

7 采用直燃式冷（温）水机组、空气源热泵、地源热泵等作为热源时，产水温度一般较低，供回水温差也不可能太大，因此不做规定，按设备能力确定。

8 区域供冷可根据不同供冷形式选择不同的供回水温差。

8.5.2 闭式与开式空调水系统的选择。

规定除特殊情况外，应采用闭式循环水系统（其中包括开式膨胀水箱定压的系统），是因为闭式系统水泵扬程只需克服管网阻力，相对节能和节省一次投资。

间接和直接蒸发冷却器串联设置的蒸发冷却冷水机组，其空气－水直接接触的开式换热塔（直接蒸发冷却器），进塔水管和底盘之间的水提升高差很小，因此也不做限制。

采用水蓄冷（热）的系统当水池设计水位高于水系统的最高点时，可以采用直接供冷供热的系统（实际上也是闭式系统，不存在增加水泵能耗的问题）。当水池设计水位低于水系统的最高点时，应设置热交换设备，使空调水系统成为闭式系统。

8.5.3 空调水管路系统制式选择。

1 建筑物内存在需全年供冷的区域时（不仅限于内区），这些区域在非供冷季首先应该直接采用室外新风做冷源，例如全空气系统增大新风比、独立新风系统增大新风量。只有在新风冷源不能满足供冷量需求时，才需要在供热季设置为全年供冷区域单独供冷水的管路，即分区两管制系统。因此仅给出内外区集中送新风的风机盘管加新风的分区两管制水系统的系统形式，见图 4。

2 对于一般工程，如仅在理论上存在一些内区，但实际使用时发热量常比夏季采用的设计数值小且不长时间存在、或这些区域面积或总冷负荷很小、冷源设备无法为之单独开启，或这些区域冬季即使临时温度较高也不影响使用，如为之采用相对复杂投资较高的分区两管制系统，工程中常出现不能正常使用，甚至在冷负荷小于热负荷时房间温度过低而无供热手段的情况。因此工程中应考虑建筑物是否真正存在面积和冷负荷较大的需全年供应冷水的区域，确定最经济和满足要求的空调管路制式。

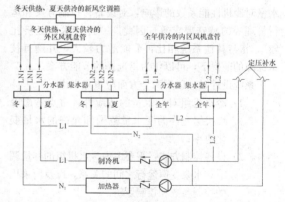

图 4 典型的风机盘管加新风分区两管制水系统

8.5.4 集中空调冷水系统选择原则。

1 定流量一级泵系统简单，不设置水路控制阀时一次投资最低。其特点是运行过程中各末端用户的总阻力系数不变，因而其通过的总流量不变（无论是末端不设置水路两通自动控制阀还是设置三通自动控制阀），使得整个水系统不具有实时变化设计流量的功能，当整个建筑处于低负荷时，只能通过冷水机组的自身冷量调节来实现供冷量的改变，而无法根据不同的末端冷量需求来做到总流量的按需供应。当这样的系统设置有多台水泵时，如果空调末端装置不设水路电动阀或设置电动三通阀，仅运行一台水泵时，系统总流量减少很多，但仍按比例流过各末端设备（或三通阀的旁路），由于各末端设备负荷的减少与机组总负荷的减少并不是同步的，因而会造成供冷（热）需求较大的设备供冷（热）量不满足要求，而供冷（热）需求较小的设备供冷（热）量过大。同时由于水泵运行台数减少、尽管总水量减小，但无电动两通阀的系统其管网曲线基本不发生变化，运行的水泵还有可能发生单台超负荷情况（严重时甚至出现事故）。因此，该系统限制只能用于1台冷水机组和水泵的小型工程。

2 变流量一级泵系统包括冷水机组定流量、冷水机组变流量两种形式。冷水机组定流量、负荷侧变流量的一级泵系统，形式简单，通过末端用户设置的两通阀自动控制各末端的冷水量需求，同时，系统的运行水量也处于实时变化之中，在一般情况下均能较好地满足要求，是目前应用最广泛、最成熟的系统形式。当系统作用半径较大或水流阻力较高时，循环水泵的装机容量较大，由于水泵为定流量运行，使得冷水机组的进出水温差随着负荷的降低而减少，不利于在运行过程中水泵的运行节能，因此一般适用于最远环路总长度在500m之内的中小型工程。

随着冷水机组制冷效率的提高，循环水泵能耗所占比例上升，尤其是单台冷水机组所需流量较大时或系统阻力较大时，冷水机组变流量运行水泵的节能潜力较大。但该系统涉及冷水机组允许变化范围，减少水量对冷机性能系数的影响，对设备、控制方案和运行管理等的特殊要求等；因此应"经技术和经济比较"，指与其他系统相比，节能潜力较大，并确有技术保障的前提下，可以作为供选择的节能方案。

系统设计时，以下两个方面应重点考虑：

1) 冷水机组对变水量的适应性：重点考虑冷水机组允许的变水量范围和允许的水量变化速率；

2) 设备控制方式：需要考虑冷水机组的容量调节和水泵变速运行之间的关系，以及所采用的控制参数和控制逻辑。

3 二级泵系统的选择设计

1) 机房内冷源侧阻力变化不大，因此系统设计水流阻力较高的原因，大多是由于系统的作用半径造成的，因此系统阻力是推荐采用二级泵或多级泵系统的条件，且为充要条件。当空调系统负荷变化很大时，首先应通过合理设置冷水机组的台数和规格解决小负荷运行问题，仅用靠增加负荷侧的二级泵台数无法解决根本问题，因此

"负荷变化大"不列入采用二级泵或多级泵的条件。

2) 各区域水温一致且阻力接近时完全可以合用一组二级泵，多台水泵根据末端流量需要进行台数和变速调节，大大增加了流量调解范围和各水泵的互为备用性。且各区域末端的水路电动阀自动控制水量和通断，即使停止运行或关闭检修也不会影响其他区域。以往工程中，当各区域水温一致且阻力接近，仅使用时间等特性不同，也常按区域分别设置二级泵，带来如下问题：①水泵设置总台数多于合用系统，有的区域流量过小采用一台水泵还需设置备用泵，增加投资；②各区域水泵不能互为备用，安全性差；③各区域最小负荷小于系统总最小负荷，各区域水泵台数不可能过多，每个区域泵的流量调节范围减少，使某些区域在小负荷时流量过大、温差过小、不利于节能。

3) 当系统各环路阻力相差较大时，如果分区分环路按阻力大小设置和选择二级泵，有可能比设置一组二级泵更节能。阻力相差"较大"的界限推荐值可采用0.05MPa，通常这一差值会使得水泵所配电机容量规格变化一档。

4) 工程中常有空调冷热水的一些系统与冷热源供水温度的水温或温差要求不同，又不单独设置冷热源的情况。可以采用再设换热器的间接系统，也可以采用设置二级混水泵和混水阀旁通调节水温的直接串联系统。后者相对于前者有不增加换热器的投资和运行阻力，不需再设置一套补水定压膨胀设施的优点。因此增加了当各环路水温要求不一致时按系统分设二级泵的推荐条件。

4 对于冷水机组集中设置且各单体建筑用户分散的区域供冷等大规模空调冷水系统，当输送距离较远且各用户管路阻力相差非常悬殊的情况下，即使采用二级泵系统，也可能导致二级泵的扬程很高，运行能耗的节省受到限制。这种情况下，在冷源侧设置定流量运行的一级泵、为共用输配干管设置变流量运行的二级泵、各用户或用户内的各系统分别设置变流量运行的三级泵或四级泵的多级泵系统，可使得二级泵的设计扬程降低，也有利于单体建筑的运行调节。如用户所需水温或温差与冷源水温不同，还可通过三级（或四级）泵和混水阀满足要求。

8.5.5 采用换热器的空调水系统。

1 一般换热器不需要定流量运行，因此推荐在换热器二次水侧的二次循环泵采用变速调节的节能

措施。

2 按区域分别设置换热器和二次泵的系统规模界限和优缺点参见 8.5.4 条文说明。

8.5.6 空调水系统自控阀门的设置。

1 多台冷水机组和循环水泵之间宜采用一对一的管道连接方式，见 8.5.13 条及其条文说明。当冷水机组与冷水循环泵之间采取一对一连接有困难时，常采用共用集管的连接方式，当一些冷水机组和对应冷水泵停机，应自动隔断停止运行的冷水机组的冷水通路，以免流经运行的冷水机组流量不足。

2 空调末端装置应设置温度控制的电动两通阀（包括开关控制和连续调节阀门），才能使得系统实时改变流量，使水量按需供应。

8.5.7 定流量一级泵系统空调末端控制要求。

为了保证空调区域的冷量按需供应，宜对区域空气温度进行自动控制，以防止房间过冷和浪费能源。通常的控制方式包括：①末端设置分流式三通调节阀，由房间温度自动控制通过末端装置和旁流支路的流量比例来实现；②对于风机盘管等设备，采用房间温度自动控制风机启停（或者自动控制风机转速）的方式。对于一些特别小型且系统中只设置了一台冷水机组的工程，如果对自动控制方式的投资有较大限制的话，至少也应设置调节性能较好的手动阀（最低要求）。

8.5.8 变流量一级泵系统采用冷水机组定流量方式的空调水系统设计要求。

当冷水机组采用定流量方式时，为保证流经冷水机组蒸发器的流量恒定，设置电动旁通调节阀，是一个通常的成熟做法。电动旁通阀口径的选择应按照本规范 9.2.5 条的规定并通过计算阀门的流通能力（也称为流量系数）来确定，但由于在实际工程中经常发现旁通阀选择过大的情况（有的设计图甚至按照水泵或冷水机组的接管来选择阀门口径），这里对旁通阀的设计流量（即阀门全开时的最大流量）做出了规定。

对于设置多台相同容量冷水机组的系统而言，旁通阀的设计流量就是一台冷水机组的流量，这样可以保证多台冷水机组在减少运行台数之前，各台机组都能够定流量运行（本系统的设计思路）。

对于设置冷水机组大小搭配的系统来说，从目前的情况看，多台运行的时间段内，通常是大机组在联合运行（这时小机组停止运行的情况比较多），因此旁通阀的设计流量按照大机组的流量来确定与上述的原则是一致的。即使在大小搭配运行的过程中，按照大容量机组的流量来确定可能无法兼顾小容量机组的情况，但从冷水机组定流量运行的安全要求这一原则出发，这样的选择也是相对安全的。当然，如果要兼顾小容量机组的运行情况（无论是大小搭配还是小容量机组可能在低负荷时单独运行），也可以采用大小

口径搭配（并联连接）的"旁通阀组"来解决。但这一方法在控制方式上更为复杂一些。

8.5.9 变流量一级泵系统采用冷水机组变流量方式的空调水系统设计要求。

1 水泵采用变速控制模式，其被控参数应经过详细的分析后确定，包括：采用供回水压差、供回水温差、流量、冷量以及这些参数的组合等控制方式。

2 水泵采用变速调节时，已经能够在很长的运行时段内稳定地控制相关的参数（如压差等）。但是，当系统用户所需的总流量低至单台最大冷水机组允许的最小流量时，水泵转数不能再降低，实际上已经与"机组定流量、负荷侧变流量"的系统原理相同。为了保证在冷水机组达到最小运行流量时还能够安全可靠的运行，供回水总管之间还应设置最大流量为单台冷水机组最小允许流量的旁通调节阀，此时系统的控制和运行方式与冷水机组定流量方式类似。流量下限一般不低于机组额定流量的 50%，或根据设备的安全性能要求来确定。当机组大小搭配时，由于机组的规格不同（甚至类型不同，如：离心机与螺杆机搭配），也有可能出现小容量机组的最小允许流量大于大容量机组允许最小流量的情况，因此要求此时旁通阀的最大设计流量为各台冷水机组允许的最小流量中的"最大值"。

3 指出了确定变流量运行的冷水机组最大和最小流量的考虑因素。

4 对适应变流量运行的冷水机组应具有的性能提出了要求。允许水流量变化范围大的冷水机组的流量变化范围举例：离心式机组宜为额定流量的 30%～130%，螺杆式机组宜为额定流量的 40%～120%；从安全角度来讲，适应冷水流量快速变化的冷水机组能承受每分钟 30%～50% 的流量变化率，从对供水温度的影响角度来讲，机组允许的每分钟流量变化率不低于 10%（具体产品有一定区别）；流量变化会影响到机组供水温度，因此机组还应有相应的控制功能。本处所提到的额定流量指的是供回水温差为 5℃ 时的流量。

5 多台冷水机组并联时，如果各台机组的蒸发器水压降相差过大，由于系统的不平衡，流经阻力较大机组的实际流量将会比设计流量减少，对于采用冷水机组变流量方式的一级泵系统，有可能减少至机组允许的最小流量以下，因此强调应选择在设计流量下蒸发器水压降相同或接近的冷水机组。

8.5.10 二级泵和多级泵空调水系统的设计。

1 本条所提到的"平衡管"，有的资料中也称为"盈亏管"、"耦合管"。在一些中、小型工程中，也有的采用了"耦合罐"形式，其工作原理都是相同的，这里统称为"平衡管"。

一、二级泵之间的平衡管两侧接管端点，即为一级泵和二级泵负担管网阻力的分界点。在二级泵系统

设计中，平衡管两端之间的压力平衡是非常重要的。目前一些二级泵系统，存在运行不良的情况，特别是平衡管发生水"倒流"（即：空调系统的回水直接从平衡管旁通后进入了供水管）的情况比较普遍，导致冷水系统供水温度逐渐升高、末端无法满足要求而不断要求加大二级泵转速的"恶性循环"情况的发生，其原因就是二级泵选择扬程过大造成的。因此设计二级泵系统时，应进行详细的水力计算。

当分区域设置的二级泵采用分布式布置时（见本条第3款条文说明），如平衡管远离机房设在各区域内，定流量运行的一级泵则需负担外网阻力，并按最不利区域所需压力配置，功率很大，较近各区域平衡管前的一级泵多余资用压头需用阀门调节克服，或通过平衡管旁通，不符合节能原则。因此推荐平衡管位置应在冷源机房内。

一级泵和二级泵流量在设计工况完全匹配时，平衡管内无水量通过即接管点之间无压差。当一级泵和二级泵的流量调节不完全同步时，平衡管内有水通过，使一级泵和二级泵保持在设计工况流量以保证冷水机组蒸发器的流量恒定，同时二级泵根据负荷侧的需求运行。在旁通管内有水流过时，也应尽量减小旁通管阻力，因此管径应尽可能加大。

二级泵与三级泵之间也有流量调节可能不同步的问题，但没有保证蒸发器流量恒定问题。如二级泵与三级泵之间设置平衡管，当各三级泵用户远近不同、且二级泵按最不利用户配置时，近端用户需设置节流装置克服较大的剩余资用压头，或多于流量通过平衡管旁通。当系统控制精度要求不高时如不设置平衡管，近端用户三级泵可以利用二级泵提供的资用压头，对节能有利。因此，二级泵与三级泵之间没有规定必须设置平衡管。但当各级泵之间要求流量平衡控制较严格时，应设置平衡管；当末端用户需要不同水温或温差时，还应设置混水旁通管。

2 二级泵的设置位置，指集中设置在冷站内（集中式设置），还是设在服务的各区域内（分布式设置）。集中式设置便于设备的集中管理，但系统所分区域较多时，总供回水管数量增多、投资增大、外网占地面积大，且相同流速下小口径管道水阻力大、增大水泵能耗，可考虑分布式设置。

二级泵分布式设置在各区域靠近负荷端时，应校核系统压力：当系统定压点较低或外网阻力很大时，二级泵入口（系统最低点压力）低于水泵高度时系统容易进气，低于水泵允许最大负压值时水泵会产生气蚀；因此应校核从平衡管的分界点至二级泵入口的阻力不应大于定压点高度。

3 一般空调系统均能满足要求，外网很长阻力很大时可考虑三次泵或间接连接系统。

二级泵等负荷侧水泵采用变频调速泵，比仅采用台数调节更加节能，因此规定采用。

8.5.11 两管制空调水系统冷热水循环泵的设置。

由于冬夏季空调水系统流量及系统阻力相差很大，两管制系统如冬夏季合用循环水泵，一般按系统的供冷运行工况选择循环泵，供热时系统和水泵工况不吻合，往往水泵不在高效区运行，且系统为小温差大流量运行，浪费电能；即使冬季改变系统的压力设定值，水泵变速运行，水泵冬季在设计负荷下也可能长期低速运行，降低效率，因此不允许合用。

如冬夏季冷热负荷大致相同，冷热水温差也相同（例如采用直燃机、水源热泵等），流量和阻力基本吻合，或者冬夏不同的运行工况与水泵特性相吻合时，从减少投资和机房占用面积的角度出发，也可以合用循环泵。

值得注意的是：当空调热水和空调冷水系统的流量和管网阻力特性及水泵工作特性相吻合而采用冬、夏共用水泵的方案时，应对冬、夏两个工况情况下的水泵轴功率要求分别进行校核计算，并按照轴功率要求较大者配置水泵电机，以防止水泵电机过载。

8.5.12 空调冷热水系统循环水泵的耗电输冷（热）比。

耗电输冷（热）比反映了空调水系统中循环水泵的耗电与建筑冷热负荷的关系，对此值进行限制是为了保证水泵的选择在合理的范围，降低水泵能耗。

本条文的基本思路来自现行国家标准《公共建筑节能设计标准》GB 50189-2005 第5.2.8条，根据实际情况对相关参数进行了一定的调整：

1 温差的确定。对于冷水系统，要求不低于5℃的温差是必需的，也是正常情况下能够实现的。对于空调热水系统来说，在这里将四个气候区分别作了最小温差的限制，也符合相应气候区的实际情况，同时考虑到了空调自动控制与调节能力的需要。

2 采用设计冷（热）负荷计算，避免了由于应用多级泵和混水泵造成的水温差和水流量难以确定的状况发生。

3 A值是反映水泵效率影响的参数，由于流量不同，水泵效率存在一定的差距，因此A值按流量取值，更符合实际情况。根据国家标准《清水离心泵能效限定值及节能评价值》GB 19762 水泵的性能参数，并满足水泵工作在高效区的要求，当水泵水流量≤60m³/h时，水泵平均效率取63%；当60m³/h<水泵水流量≤200m³/h时，水泵平均效率取69%；当水泵水流量>200m³/h时，水泵平均效率取71%。

4 B值反映了系统内除管道之外的其他设备和附件的水流阻力，$a\Sigma L$则反映系统管道长度引起的阻力。在《公共建筑节能设计标准》GB 50189-2005 第5.2.8条中，这两部分统一用水泵的扬程H来代替，但由于在目前，水系统的供冷半径变化较大，如果一个规定的水泵扬程（标准规定限值为36m）并不能完全反映实际情况，也会给实际工程设计带来一些困难。因此，本条文在修改过程中的一个思路就是：系统半径越大，允许的限值也相应增大。故此把机房及用户的阻力和管道系统长度引起的阻力分别开来，这也与现行行业标准《严寒和寒冷地区居住建筑节能设计标准》JGJ 26－2010 第5.2.16条关于供热系统的耗电输热比 *EHR* 的立意和计算公式相类似。同时也解决了管道长度阻力 α 在不同长度时的连续性问题，使得条文的可操作性得以提高。

8.5.13 空调水循环泵台数要求。

1 为保证流经冷水机组蒸发器的水量恒定，并随冷水机组的运行台数向用户提供适应负荷变化的空调冷水流量，因此在设置数量上要求按与冷水机组"对应"设置一级循环泵，但不强调"一对一"设置，是考虑到多台压缩机、冷凝器、蒸发器等组成的模块式冷水机组等特殊情况，可以根据使用情况灵活设置水泵台数，但流量应与冷水机组对应。变流量一级泵系统采用冷水机组变流量方式时，水泵和冷水机组独立控制，不要求必须对应设置，因此与冷水机组对应设置的水泵强调为"定流量"运行泵（包括二级泵或多级泵系统中的"一级泵"和一级泵系统中的冷水循环泵）。同时，从投资和控制两方面来看，当水泵与冷水机组采用"一对一"连接时，可以取消冷水机组共用集管连接时所需要的支路电动开关阀（通常为电动蝶阀），以及某些工程设计中为了保证流量分配均匀而设置的定流量阀，减少了控制环节和系统阻力，提高了可靠性，降低了投资。即使设备台数较少时，考虑机组和水泵检修时的交叉组合互为备用，仍可采用设备一对一地连接管道，在机组和冷水泵连接管之间设置互为备用的手动转换阀，因此建议设计时尽可能采用水泵与冷水机组的管道一一对应的连接方式。

2 变流量运行的每个分区的各级水泵的流量调节，可通过台数调节和水泵变速调节实现，但即使是流量较小的系统，也不宜少于2台水泵，是考虑到在小流量运行时，水泵可轮流检修。但所有同级的水泵均采用变速方式时，如果台数过多，会造成控制上的一定困难。

3 空调冷水和水温较低的空调热水，负荷调节一般采用变流量调节（与相对高温的散热器供暖系统根据气候采用改变供水温度的质调节和质、量调节结合不同），因此多数时间在小于设计流量状态下运行，只要水泵不少于2台，即可做到轮流检修。但考虑到严寒及寒冷地区对供暖的可靠性要求较高，且设备管道等有冻结的危险，因此强调水泵设置台数不超过3台时，其中一台宜设置为备用泵，以免水泵故障检修时，流量减少过多；上述规定与《锅炉房设计规范》GB 50041中"供热热水制备"章的有关规定相符。舒适性空调供冷的可靠性要求一般低于严寒及寒冷地区供暖，因此是否设置备用泵，可根据工程的性质、标准，水泵的台数，室外气候条件等因素确定，不做

硬性规定。

8.5.14 空调水系统水力平衡。

本条提到的水力平衡，都是指设计工况的平衡情况。

强调空调水系统设计时，首先应通过系统布置和选定管径减少压力损失的相对差额，但实际工程中常常较难通过管径选择计算取得管路平衡，因此只规定达不到15%的平衡要求时，可通过设置平衡装置达到空调水管道的水力平衡。

空调水系统的平衡措施除调整管路布置和管径外，还包括设置根据工程标准、系统特性正确选用并在适当位置正确设置可测量数据的平衡阀（包括静态平衡和动态平衡）、具有流量平衡功能的电动阀等装置；例如末端设置电动两通阀的变流量的空调水系统中，各支路环路不应采用定流量阀。

8.5.15 空调冷水系统设计补水量。

系统补水量是确定补水管管径、补水泵流量的依据，系统补水量除与系统本身的设计情况有关外（例如热膨胀等），还与系统的运行管理相关密切，在无法确定运行管理可能带来的补水量时，可按照系统水容量大小来计算确定。

工程中系统水容量可参照下表估算，室外管线较长时取较大值：

表9　空调水系统的单位建筑面积水容量（L/m²）

空调方式	全空气系统	水/空气系统
供冷和采用换热器供热	0.40～0.55	0.70～1.30

8.5.16 空调冷水补水点及补水泵选择及设置。

补水点设在循环水泵吸入口，是为了减小补水点处压力及补水泵扬程。采用高位膨胀水箱时，可以通过膨胀管直接向系统补水。

1 补水泵扬程是根据补水点压力确定的，但还应注意计算水泵至补水点的管道阻力。

2 补水泵流量规定不宜小于系统水容量的5%（即空调系统的5倍计算小时补水量），是考虑事故补水量较大，以及初期上水时补水时间不要太长（小于20小时），且膨胀水箱等调节容积可使较大流量的补水泵间歇运行。推荐补水泵流量的上限值，是为了防止水泵流量过大而导致膨胀水箱等的调节容积过大等问题。推荐设置2台补水泵，可在初期上水或事故补水时同时使用，平时使用1台，可减小膨胀水箱的调节容积，又可互为备用。

3 补水泵间歇运行有检修时间，即使仅设置1台，也不强行规定设置备用泵；但考虑到严寒及寒冷地区冬季运行应有更高的可靠性，当因水泵过小等原因只能选择1台泵时宜再设1台备用泵。

8.5.17 空调系统补水箱的设置和调节容积。

空调冷水直接从城市管网补水时，不允许补水泵直接抽取；当空调热水需补充软化水时，离子交换软

化设备供水与补水泵补水不同步，且软化设备常间断运行，因此需设置水箱储存一部分调节水量。一般可取 30min～60min 补水泵流量，系统较小时取大值。

8.5.18 空调系统膨胀水箱的设置要求。

1 定压点宜设在循环水泵的吸入口处，是为了使系统运行时各点压力均高于静止时压力，定压点压力或膨胀水箱高度可以低一些；由于空调水温度较供暖系统水温低，要求高度也比供暖系统的 1m 低，定为 0.5m（5kPa）。当定压点远离循环水泵吸入口时，应按水压图校核，最高点不应出现负压。

2 高位膨胀水箱具有定压简单、可靠、稳定、省电等优点，是目前最常用的定压方式，因此推荐优先采用。

3 随着技术发展，建筑物内空调、供暖等水系统类型逐渐增多，如均分别设置定压设施则投资较大，但合用时膨胀管上不设置阀门则各系统不能完全关闭泄水检修，因此仅在水系统设置独立的定压设施时，规定膨胀管上不应设置阀门；当各系统合用定压设施且需要分别检修时，规定膨胀管上的检修阀应采用电信号阀进行误操作警示，并在各空调系统设置安全阀，一旦阀门未开启且警示失灵，可防止事故发生。

4 从节能节水的目的出发，膨胀水量应回收，例如膨胀水箱应预留出膨胀容积，或采用其他定压方式时，将系统的膨胀水量引至补水箱回收等。

8.5.19 空调冷热水水质要求。

水质是保证空调系统正常运行的前提，国家标准《采暖空调系统水质标准》对空调水质提出了具体要求。

空调热水的供水平均温度一般为 60℃ 左右，已经达到结垢水温，且直接与高温一次热源接触的换热器表面附近的水温更高，结垢危险更大，例如吸收式制冷的冷热水机组则要求补水硬度在 $50mgCaCO_3/L$ 以下。因此空调热水的水质硬度要求应等同于供暖系统，当给水硬度较高时，为不影响系统传热、延长设备的检修时间和使用寿命，宜对补水进行化学软化处理，或采用对循环水进行阻垢处理。

对于空调冷水而言，尽管结垢的情况可能好于热水系统，但由于冷水长期在系统内留存，也会存在一定的累积结垢问题。因此当给水硬度较高时，也宜进行软化处理。

8.5.20 空调热水管补偿器和坡度要求。部分强制性条文。

在可能的情况下，空调热水管道利用管道的自然弯曲补偿是简单易行的，如果利用自然补偿不能满足要求时，应设置补偿器。

8.5.21 空调水系统排气和泄水要求。

无论是闭式还是开式系统均应设置在系统最高处排除空气和管道上下拐弯及立管的底部排除存水的排

气和泄水装置。

8.5.22 设备入口除污要求。

设备入口需除污，应根据系统大小和设备的需要确定除污装置的位置。例如系统较大、产生污垢的管道较长时，除系统冷热源、水泵等设备的入口外，各分环路或末端设备、自控阀前也应根据需要设置除污装置，但距离较近的设备可不重复串联设置除污装置。

8.5.23 冷凝水管道设置要求。

1 处于正压段和负压段的冷凝水积水盘出水口处设水封，是为了防止漏风及负压段的冷凝水排不出去。在正压段和负压段设置水封的方向应相反。

2 规定了风机盘管等末端设备凝结水盘泄水管坡度和冷凝水干管的坡度要求，当有困难时，可适当放大管径减小坡度，或中途加设提升泵。

3 为便于定期冲洗、检修，干管始端应设扫除口。

4 冷凝水管处于非满流状态，内壁接触水和空气，不应采用无防锈功能的焊接钢管；冷凝水为无压自流排放，当软塑料管中间下垂时，影响排放，因此推荐强度较大和不易生锈的塑料管或热镀锌钢管。热镀锌钢管防结露保温可参照本规范 11.1 节。

5 冷凝水管不应与污水系统直接连接，民用建筑室内雨水系统均为密闭系统也不应与之直接连接，以防臭味和雨水从空气处理机组凝水盘外溢。

6 一般空调环境 1kW 冷负荷每小时约产生 0.4kg～0.8kg 的冷凝水，此范围内的冷凝水管管径可按表 10 进行估算：

表 10 冷凝水管管径选择表

管道最小坡度	冷负荷（kW）								
0.001	≤7	7.1～17.6	17.7～100	101～176	177～598	599～1055	1056～1512	1513～12462	＞12462
0.003	≤17	17～42	43～230	231～1100	401～2000	1101～3500	2001～15000	3501～15000	＞15000
管道公称直径（mm）	DN20	DN25	DN32	DN40	DN50	DN80	DN100	DN125	DN150

8.6 冷却水系统

8.6.1 冷却水循环使用和冷却塔供冷。

由于节水和节能要求，除采用地表水作为冷却水的方式外，冷却水系统不允许直流。

利用冷却水供冷和热回收也需增加一些投资，且并不是没有能耗。例如采用冷却水供冷的工程所在地，冬季或过渡季应有较长时间室外湿球温度能满足冷却塔制备空调冷水，增设换热器、转换阀等冷却塔供冷设备才经济合理。同时，北方地区在冬季使用冷却塔供冷方式时，还需要结合使用要求，采取对应的防冻措施。

利用冷却塔冷却功能进行制冷需具备的条件还有，工程采用了能单独提供空调冷水的分区两管制或四管空调水系统。但供冷季消除室内余热首先应直接采用室外新风做冷源，只有在新风冷源不能满足供冷量需求时，才需要在供热季设置为全年供冷区域单独供冷水的分区两管制等较复杂的系统。

8.6.2 冷凝热回收。

在供冷同时会产生大量"低品位"冷凝热，对于兼有供热需求的建筑物，采取适当的冷凝热回收措施，可以在一定程度上减少全年供热量需求。但要明确：热回收措施应在技术可靠、经济合理的前提下采用，不能舍本求末。通常来说，热回收机组的冷却水温不宜过高（离心机低于45℃、螺杆机低于55℃），否则将导致机组运行不稳定，机组能效衰减，供热量衰减等问题，反而有可能在整体上多耗费能源。

在采用上述热回收措施时，应考虑冷、热负荷的匹配问题。例如：当生活热水热负荷的需求不连续时，必须同时考虑设置冷却塔散热的措施，以保证冷水机组的供冷工况。

8.6.3 冷却水水温。

1 有关标准对冷却水温度的正常使用范围进行了推荐（见表11），是根据压缩式冷水机组冷凝器的允许工作压力和溴化锂吸收冷（温）水机组的运行效率等因素，并考虑湿球温度较高的炎热地区冷却塔的处理能力，经技术经济比较确定的。本规范参考有关标准提供的数值，规定不宜高于33℃。

2 冷却水水温不稳定或过低，会造成压缩制冷系统高低压差不够、运行不稳定、润滑系统不良运行等问题，造成吸收式冷（温）水机组出现结晶事故等；所以增加了对一般冷水机组冷却水最低水温的限制（不包括水源热泵等特殊系统的冷却水），本规范参照了上述标准中提供的数值（见表12）。随着冷水机组技术配置的提高，对冷却水进口最低水温的要求也会有所降低，必要时可参考生产厂具体要求。水温调节可采用控制冷却塔风机的方法；冬季或过渡季使用的系统在气温较低的地区，如采用上述方法仍不能满足制冷机最低水温要求时，应在系统供回水管之间设置旁通管和电动旁通调节阀；见本规范第9.5.8条的具体规定。

3 电动压缩式冷水机组的冷却水进出口温差，是综合考虑了设备投资和运行费用、大部分地区的室外气候条件等因素，推荐了我国工程和产品的常用数据。吸收式冷（温）水机组的冷却水因经过吸收器和冷凝器两次温升，进出口温差比压缩式冷水机组大，如果仍然采用5℃，可能导致冷却水泵流量过大。我国目前常用吸收式冷水机组产品大多数能够做到5℃～7℃，但需要注意的是，目前我国的冷却塔水温差标准为5℃，因此当设计的冷却水温差大于5℃时，必须对冷却塔的能力进行核算或选择满足要求的非标产品来实现相应的水冷却温差。

8.6.4 冷却水系统设计。

1 由于补水的水质和系统内的机械杂质等因素，不能保证冷却水系统水质符合要求，尤其是开式冷却水系统与空气大量接触，造成水质不稳定，产生和积累大量水垢、污垢、微生物等，使冷却塔和冷凝器的传热效率降低，水流阻力增加，卫生环境恶化，对设备造成腐蚀。因此，为保证水质，规定应采取相应措施，包括传统的化学加药处理，以及其他物理方式。

2 为了避免安装过程的焊渣、焊条、金属碎屑、砂石、有机织物以及运行过程产生的冷却塔填料等异物进入冷凝器和蒸发器，宜在冷水机组冷却水和冷冻水入水口前设置过滤孔径不大于3mm的过滤器。对于循环水泵设置在冷凝器和蒸发器入口处的设计方式，该过滤器可以设置在循环水泵进水口。

3 冷水机组循环冷却水系统，除做好日常的水质处理工作基础上，设置水冷管壳式冷凝器自动在线清洗装置，可以有效降低冷凝器的污垢热阻，保持冷凝器换热管内壁较高的洁净度，从而降低冷凝端温差（制冷剂冷凝温度与冷却水的离开温度差）和冷凝温度。从运行费用来说，冷凝温度越低，冷水机组的制冷系数越大，可减少压缩机的耗电量。例如，当蒸发温度一定时，冷凝温度每增加1℃，压缩机单位制冷量的耗功率约增加3%～4%。目前的在线清洗装置主要是清洁球和清洁毛刷两大类产品，在应用中各有特点，设计人员宜根据冷水机组产品的特点合理选用。

4 某些设备的换热器要求冷却水洁净，一般不能将开式系统的冷却水直接送入机组。设计时可采用闭式冷却塔，或设置中间换热器。

8.6.5 冷却水循环泵选择。

为保证流经冷水机组冷凝器的水量恒定，要求与冷水机组"一对一"设置冷却水循环泵，但小型分散的水冷柜式空调器、小型户式冷水机组等可以合用冷却水系统；对于仅夏季使用的冷水机组不作备用泵设置要求，对于全年要求冷水机组连续运行工程，可根据工程的重要程度和设计标准确定是否设置备用泵。

冷却水泵的扬程包括系统阻力、系统所需扬水高差、有布水器的冷却塔和喷射式冷却塔等要求的压

表11 国家标准推荐的冷却水参数

冷水机组类型	冷却水进口最低温度（℃）	冷却水进口最高温度（℃）	冷却水流量范围（%）	名义工况冷却水进出口温差（℃）	标准号
电动压缩式	15.5	33	—	5	GB/T 18430.2
直燃型吸收式	—	—	—	5～5.5	GB/T 18362
蒸汽单效型吸收式	24	34	60～120	5～8	GB/T 18431

力。一般在冷却塔产品样本中提出了"进塔水压"的要求，即包括了冷却塔水位差以及布水器等冷却塔的全部水流阻力，此部分可直接采用。

对于冷却水水质，之前无相关规范进行规定，目前，国家标准《供暖空调系统水质标准》正在编制，对冷却水水质提出了相关要求。

8.6.6 冷却塔设置要求。

1 同一型号的冷却塔，在不同的室外湿球温度条件和冷水机组进出口温差要求的情况下，散热量和冷却水量也不同，因此，选用时需按照工程实际，对冷却塔的标准气温和标准水温降下的名义工况冷却水量进行修正，使其满足冷水机组的要求，一般无备用要求。

2 有旋转式布水器或喷射式等对进口水压有要求的冷却塔需保证其进水量，所以应和循环水泵相对应设置。当冷却塔本身不需保证水量和水压时，可以合用冷却塔，但其接管和控制也宜与水泵对应，详见本规范8.6.9的条文说明。

3 供暖室外计算温度在0℃以下的地区，为防止冷却塔间断运行时结冰，应选用防冻性能好的冷却塔，并采用在冷却塔底盘和室外管道设电加热设施等防冻措施。本款同时提出了冬季不使用的冷却塔室外管道泄空的防冻要求，包括补水管道在低于室外的室内设置关断阀和泄水阀等。

4 冷却塔的设置位置不当将直接影响冷却塔散热，且对周围环境产生影响；另外由冷却塔产生火灾也是工程中经常发生的事故，因此做出相应规定。

8.6.7 冷却水系统存水量。

空调系统即使全天开启，随负荷变化冷源设备和水泵台数，绝大部分都为间歇运行（工艺需要保证时除外）。在水泵停机后，冷却塔填料的淋水表面附着的水滴下落，一些管道内的水容量由于重力作用，也从系统开口部位下落，系统内如果没有足够的容纳这些水量的容积（集水盘或集水箱），就会造成大量溢水浪费；当水泵重新启动时，首先需要一定的存水量，以湿润冷却塔干燥的填料表面和充满停机时流空的管道空间，否则会造成水泵缺水进气空蚀，不能稳定运行。

湿润冷却塔填料等部件所需水量应由冷却塔生产厂提供，逆流塔约为冷却塔标称循环水量的1.2%，横流塔约为1.5%。

8.6.8 集水箱位置。

在冷却塔下部设置集水箱作用如下：

1 冷却塔水靠重力流入集水箱，无补水、溢水不平衡问题；

2 可方便地增加系统间歇运行时所需存水容积，使冷却水循环泵能稳定工作；

3 为多台冷却塔统一补水、排污、加药等提供了方便操作的条件；

因此，必要时可紧贴冷却塔下部设置各台冷却塔共用的冷却水集水箱。

冬季使用的系统，为防止停止运行时冷却塔底部存水冻结，可在室内设置集水箱，节省冷却塔底部存水的电加热量，但在室内设置水箱存在占据室内面积、水箱和冷却塔的高差增加水泵电能等缺点。因此，是否设置集水箱应根据工程具体情况确定，且应尽量减少冷却塔和集水箱的高差。

8.6.9 冷水机组、冷却水泵、冷却塔或集水箱之间的位置和连接。

1 冷却水泵自灌吸水和高差应大于管道、管件、设备的阻力的规定，都是为防止水泵负压进水产生气蚀。

2 多台冷水机组和冷却水泵之间通过共用集管连接时，每台冷水机组设置电动阀（隔断阀）是为了保证运行的机组冷凝器水量恒定。

3 冷却塔的旋转式布水器靠出水的反作用力推动运转，因此需要足够的水量和约0.1MPa水压，才能够正常布水；喷射式冷却塔的喷嘴也要求约0.1MPa～0.2MPa的压力。当冷却水系统中一部分冷水机组和冷却水泵停机时，系统总循环水量减少，如果平均进入所有冷却塔，每台冷却塔进水量过少，会使布水器或喷嘴不能正常运转，影响散热；冷却塔一般远离冷却水泵，如采用手动阀门控制十分不便；因此，要求共用集管连接的系统应设置能够随冷却水泵频繁动作的自控隔断阀，在水泵停机时关断对应冷却塔的进水管，保证正在工作的冷却塔的进水量。

一般横流式冷却塔只要回水进入布水槽就可靠重力均匀下流，进水所需水压很小（≤0.05MPa），且常常以冷却塔的多单元组合成一台大塔，共用布水槽和集水盘，因此冷却塔没有水量控制的要求；但存在水泵运行台数减少时，因管网阻力减少使运行水泵流量增加超负荷的问题，因此也宜设置隔断阀。

为防止无用的补水和溢水或冷却塔底抽空，设置自控隔断阀的冷却塔出水管上也应对应设电动阀。即使各集水盘之间用管道联通，由于管道之间存在流动阻力，仍然存在上述问题；因此仅设置集水箱或冷却塔底部为共用集水盘（不包括各集水盘之间用管道联通）时除外。

8.6.10 冷却塔管路流量平衡。

冷却塔进出水管道设计时，应注意管道阻力平衡，以保证各台冷却塔的设计水量。在开式冷却塔之间设置平衡管或共用集水盘，是为了避免各台冷却塔补水和溢水不均衡造成浪费，同时这也是防止个别冷却塔抽空的措施之一。

8.6.11 冷却水补水量和补水点。

计算开式系统冷却水补水量是为了确定补水管管径、补水泵、补水箱等设施。开式系统冷却水损失量占系统循环水量的比例估算值：蒸发损失为每摄氏度水温降 0.16%；飘逸损失可按生产厂提供数据确定，无资料时可取 0.2%～0.3%；排污损失（包括泄漏损失）与补水水质、冷却水浓缩倍数的要求、飘逸损失量等因素有关，应经计算确定，一般可按 0.3% 估算。

8.7 蓄冷与蓄热

8.7.1 蓄冷（热）系统选择。

蓄冷、蓄热系统能够对电网起到"削峰填谷"的作用，对于电力系统来说，具有较好的节能效果，在设计中可以适当的推荐采用。本节主要介绍系统设计时的原则性要求，蓄冷空调系统的具体要求应符合《蓄冷空调工程技术规程》JGJ 158 的规定。

1 对于执行分时电价且峰谷电价差较大的地区来说，采用蓄冷、蓄热系统能够提高用户的经济效益，减少运行费用。

2 空调负荷的高峰与电力负荷的峰值时段比较接近时，如果采用蓄冷、蓄热系统，可以使得冷、热源设备的电气安装容量下降，在非峰值时段可以运行较多的设备进行蓄热蓄冷。

3 在空调负荷峰谷差悬殊的情况下，如果按照峰值设置冷、热源的容量并直接供应空调冷、热水，可能造成在一天甚至全年绝大部分时间段冷水机组都处于较低负荷运行的情况，既不利于节能，也使得设备的投入没有得到充分的利用。因此经济分析合理时，也宜采用蓄冷、蓄热系统。

4 当电力安装容量受到限制时，通过设置蓄冷、蓄热系统，可以使得在负荷高峰时段用冷、热源设备与蓄冷、蓄热系统联合运行的方式而达到要求的峰值负荷。

5 对于改造或扩建工程，由于需要的设备机房面积或者电力增容受到限制时，采用蓄冷（热）是一种有效提高峰值冷热供应需求的措施。

6 一般来说，采用常规的冷水温度（7℃/12℃）且空调机组合理的盘管配置（原则上最多在 10～12 排，排数过多的既不经济，也增加了对风机风压的要求）合理时，最低能达到的送风温度大约在 11℃～12℃。对于要求更低送风温度的空调系统，需要较低的冷水温度，因此宜采用冰蓄冷系统。

7 区域供冷系统，应采用较大的冷水供回水温差以节省输送能耗。由于冰蓄冷系统具有出水温度较低的特点，因此满足于大温差供回水的需求。

8 对于某些特定的建筑（例如数据中心等），城市电网的停电会对空调系统产生严重的影响时，需要设置应急的冷源（或热源），这时可采用蓄冷（热）系统作为应急的措施来实现。

8.7.2 蓄冷空调系统负荷计算和蓄冷方式选择。

1 对于一般的酒店、办公等建筑来说，典型设计蓄冷时段通常为一个典型设计日。对于全年非每天使用（或即使每天使用但使用人数并不总是满员的建筑，例如展览馆、博物馆以及具有季节性度假性质的酒店等），其满负荷使用的情况具有阶段性，这时应根据实际满员使用的阶段性周期作为典型设计蓄冷时段来进行。

由于蓄冷系统存在间歇运行的特点，空调系统不运行的时段内，建筑构件（主要包括楼板、内墙及家具）仍然有传热而形成了一定的蓄热量，这些蓄热量需要整个空调系统来带走。因此在计算整个空调蓄冷系统典型设计日的总冷量（kWh）时，除计算空调系统运行时段的冷负荷外，还应考虑上述蓄热量。蓄冷空调系统非运行时段的各建筑构件单位楼板面积、单位昼夜温差（由自然温升引起的）附加负荷可参考表 12。

2 对于用冷时间短，并且在用电高峰时段需冷量相对较大的系统，可采用全负荷蓄冷；一般工程建议采用部分负荷蓄冷。在设计蓄冷-释冷周期内采用部分负荷的蓄冷空调系统，应考虑其在负荷较小时能够以全负荷蓄冷方式运行。

表 12 蓄冷空调系统间歇运行
附加冷负荷 [W/（m²·K）]

建筑构件	开空调后的小时数							
	1 小时	2 小时	3 小时	4 小时	5 小时	6 小时	7 小时	8 小时
楼板	13.61	10.31	8.13	6.43	5.09	4.05	3.23	2.59
内墙（a=0.2）	1.17	0.71	0.50	0.35	0.25	0.18	0.13	0.10
内墙（a=0.4）	2.33	1.43	0.99	0.70	0.50	0.36	0.26	0.20
内墙（a=0.6）	3.50	2.14	1.49	1.05	0.75	0.54	0.40	0.29
内墙（a=0.8）	4.67	2.85	1.99	1.40	1.00	0.72	0.53	0.39
家具（b=0.2）	1.72	0.49	0.16	0.05	0.02	0.01	0.01	0.00
家具（b=0.4）	3.44	0.98	0.32	0.11	0.04	0.02	0.01	0.00
家具（b=0.6）	5.16	1.47	0.48	0.16	0.06	0.03	0.01	0.01
家具（b=0.8）	6.88	1.96	0.64	0.22	0.08	0.03	0.01	0.01

注：1 此表适用于轻型外墙的情况；
　　2 此表适用于楼板和内墙厚度在 10～15cm 之间的情况；
　　3 表中 a 为内墙面积与楼板面积的比值，b 为家具面积与楼板面积的比值，根据建筑实际情况估算。

在有条件的情况下，还宜进行全年（供冷季）的逐时空调冷负荷计算或供热季节的全年负荷计算，这样才能更好地确定系统的全年运行策略。

在确定全年运行策略时，充分利用低谷电价，一方面能够节省运行费用，另一方面，也为城市电网"削峰填谷"取得较好效果。

8.7.3 冰蓄冷装置蓄冷和释冷特性要求。

1 冰蓄冷装置的蓄冷特性要求如下：

1) 在电网的低谷时间段内（通常为 7 小时~9 小时），完成全部设计冷量的蓄存。因此应能提供出的两个必要条件是：①确定制冷机在制冷工况下的最低运行温度（一般为−4℃~−8℃）；②根据最低运行温度及保证制冷机安全运行的原则，确定载冷剂的浓度（体积浓度一般为 25%~30%）。

2) 结冰厚度与结冰速度应均匀。

2 冰蓄冷装置的释冷特性要求如下：

对于用户及设计单位来说，冰蓄冷装置的释冷特性是非常重要的，保持冷水温度恒定和确保适时释冷量符合建筑空调的需求是空调系统运行的前提。所以，冰蓄冷装置的完整释冷特性曲线中，应能明确给出装置的逐时可释出的冷量（常用释冷速率来表示和计算）及其相应的溶液浓度。

对于释冷速率，通常有两种定义法：

1) 单位时间可释出的冷量与冰蓄冷装置的名义总蓄冷量的比值，以百分比表示（一般冰盘管式装置，均按此种方法给出）；

2) 某单位时间释出的冷量与该时刻冰蓄冷装置内实际蓄存的冷量的比值，以百分比表示（一般封装式装置，均按此种方法给出）。

全负荷蓄冰系统初投资最大，占地面积大，但运行费最节省。部分负荷蓄冰系统则既减少了装机容量，又有一定蓄能效果，相应减少了运行费用。附录 J 中所指一般空调系统运行周期为一天 24 小时，实际工程（如教堂），使用周期可能是一周或其他。

一般产品规格和工程说明书中，常用蓄冷量量纲为(RT·h)冷吨时，它与标准量纲的关系为：1RT·h=3.517kWh。

8.7.4 基载机组配置条件。

基载冷负荷如果比较大或者基载负荷下的总冷量比较大时，为了满足制冰蓄冷运行时段的空调要求，并确保制冰蓄冷系统的正常运行，通常宜设置单独的基载机组。比较典型的建筑是酒店类建筑。

基载冷负荷如果不大，或者基载负荷下的总冷量不大，单独设置基载机组，可能导致系统复杂和投资增加，因此这种情况下，也可不设置基载冷水机组，而是根据系统供冷的要求设置单独的取冷水泵（在蓄冷的同时进行部分取冷）。需要注意的是：在这种情况下，同样应保证在蓄冷时段的蓄冷量满足 8.7.3 条的要求。

8.7.5 载冷剂选择及管路设计要求。

蓄冰系统中常用的载冷剂是乙烯乙二醇水溶液，其浓度愈大凝固点愈低（见表 13）。一般制冰出液温度为−6℃~−7℃，蓄冰需要其蒸发温度为−10℃~−11℃，故希望乙烯乙二醇水溶液的凝固温度在−11℃~−14℃之间。所以常选用乙烯乙二醇水溶液体积浓度为 25%左右。

表 13　乙烯乙二醇水溶液浓度与相应凝固点及沸点

乙二醇	质量（%）	0	5	10	15	20	25	30	35	40	45	50	55	60
	体积（%）	0	4.4	8.9	13.6	18.1	22.9	27.7	32.6	37.5	42.5	47.5	52.7	57.8
沸点（100.7kPa）（℃）		100	100.6	101.1	101.7	102.2	103.3	104.4	105.0	105.6				
凝固点（℃）		0	−1.4	−3.2	−5.4	−7.8	−10.7	−14.1	−17.9	−22.3	−27.5	−33.8	−41.1	−48.3

8.7.6 冰蓄冷系统的冷水供回水温度和温差要求。

采用蓄冰空调系统时，由于能够提供比较低的供水温度，应加大冷水供回水温差，节省冷水输送能耗。

从空调系统的末端情况来看，在末端一定的条件下，供回水温差的大小主要取决于供水温度的高低。在蓄冰空调系统中，由于系统形式、蓄冰装置等的不同，供水温度也会存在一定的区别，因此设计中要根据不同情况来确定。

当空调系统的冷水设计温差超过本条第 1、2 款的规定时，宜采用串联式蓄冰系统。

因此设计中要根据不同情况来确定空调冷水供水温度。除了本条文中提到的冰盘管外，目前还有其他一些蓄冷或取冷的方式，如：动态冰片滑落式、封装式以及共晶盐等，各种方式常用冷水温度范围可参考表 14（为了方便，表中也列出了采用水蓄冷时的供水温度）。

表 14　不同蓄冷介质和蓄冷取冷方式的空调冷水供水温度范围

蓄冷介质和蓄冷取冷方式	水	冰				共晶盐
		动态冰片滑落式	冰盘管式		封装式（冰球或冰板）	
			内融冰式	外融冰式		
空调供水温度（℃）	4~9	2~4	3~6	2~5	3~6	7~10

8.7.7 水蓄冷（热）系统设计。部分强制性条文。

1 为防止蒸发器内水的冻结，一般制冷机出水温度不宜低于 4℃，而且 4℃水相对密度最大，便于利用温度分层蓄冷。适当加大供回水温差还可以减少蓄冷水池容量，通常可利用温差为 6℃~7℃，特殊情况利用温差可达 8℃~10℃。考虑到水力分层时需要一定的水池深度，提出相应要求。在确定深度时，还应考虑水池中冷热掺混热损失，条件允许应尽可能深。开式蓄热的水池，蓄热温度应低于 95℃，以免汽化。

2 采用板式换热器间接供冷，无论系统运行与否，整个管道系统都处于充水状态，管道使用寿命长，且无倒灌危险。当采用直接供冷方式时，管路设计一定要配合自动控制，防止水倒灌和管内出现真空（尤其对蓄热水系统）。当系统高度超过水池设计水面10m时，采用水池直接向末端设备供冷、热水会导致水泵扬程增加过多使输送能耗加大，因此这时应采用设置热交换器的闭式系统。

3 使用专用消防水池需要得到消防部门的认可。

4 热水不能用于消防，故禁止与消防水池合用。

8.8 区域供冷

8.8.1 冷源选择。

能源的梯级利用是区域供冷系统中最合理的方式之一，应优先考虑。

8.8.2 空调冷水供回水温差。

由于区域供冷的管网距离长，水泵扬程高，因此加大供回水温差，可减少水流量，减少水泵的能耗。由于受到不同类型机组冷水供回水温差限制，不同供冷方式宜采用不同的冷水供回水温差。

经研究表明：在空调末端不变的情况下，冷水采用5℃/13℃和7℃/12℃的供回水温度，末端设备对空气的处理能力基本上相同。由于区域供冷系统中宜采用用户间接连接的接入方式，当一次水采用9℃温差时，供水温度要求在3℃～4℃，这样可以使得二次水的供水温度达到6℃～7℃，通常情况下能够满足用户的水温要求。

8.8.3 区域供冷站设计要求。

1 设计采用区域供冷方式时，应进行各建筑和区域的逐时冷负荷分析计算。制冷机组的总装机容量应按照整个区域的最大逐时冷负荷需求，并考虑各建筑或区域的同时使用系数后确定。这一点与建筑内确定冷水机组装机容量的理由是相同的，做出此规定的目的是防止装机容量过大。

2 由于区域供冷系统涉及的建筑或区域较大，一次建设全部完成和投入运行的情况不多。因此在站房设计中，需要考虑分期建设问题。通常是一些固定部分，如机房土建、管网等需要一次建设到位，但冷水机组、水泵等设备可以采用位置预留的方式。

3 对站房位置的要求与对建筑内部的制冷站位置的要求在原则上是一致的。主要目的是希望减少冷水输送距离，降低输送能耗。一般情况供冷半径不宜大于1500m。

4 区域供冷站房设备容量大、数量多，依靠传统的人工管理难以实现满足用户空调要求的同时，运行又节能的目标。因此这里强调了采用自动控制系统及能源管理优化系统的要求。

8.8.4 区域供冷管网设计要求。

1 各管段最大设计流量值的确定原则，与冷水机组的装机容量的确定原则是一致的。这样要求的目的是为了降低管道尺寸、减少管道投资。在这一原则的基础上，必然要求整个管网系统按照变流量系统的要求来设计。

2 由于区域供冷系统规模大、存水量多、影响面大，因此从使用安全可靠的角度来看，区域供冷系统与各建筑的水系统一般采用间接连接的方式，这样可以消除由于局部出现问题而对整个系统共同影响。如果系统比较小，且膨胀水箱位置高于所有管道和末端（或者系统的定压装置可以满足要求）时，也可以采用空调冷水直供系统，这样可以减少由于换热器带来的温度损失和水泵扬程损失，对节能有一定的好处。

3 由于系统大、水泵的装机容量大，因此确定合理的管道流速并保证各环路之间的水力平衡，是区域供冷能否做到节能运行的关键环节之一，必须引起设计人员的高度重视。通常来说，管网内的水流速超过3m/s之后，会对管道和附件的使用寿命产生一定的影响；同时考虑到区域供冷系统中，最大流量出现的时间是非常短的，因此本条规定最大设计流速不宜超过2.9m/s。当然，这主要是针对较大的管径而言的，还需要管径和比摩阻的问题，综合确定。

4 由于管网比较长，会导致管道的传热损失增加，因此对管道的保温要求也做了整体性的性能规定。

5 为了提倡用户的行为节能，本条文规定了冷量计量的要求。

8.9 燃气冷热电三联供

8.9.1 使用原则。

本规范提到的燃气冷热电三联供是指适用于楼宇或小区级的分布式冷热电三联供系统，不包括城市级大型燃气冷热电三联供系统。系统配置形式与特点见下表。

表15 系统配置形式与特点

发电机	余热形式	中间热回收	余热利用设备	用 途
涡轮发电机	烟气	无	烟气双效吸收式制冷机 烟气补燃双效吸收式制冷机	空调、供暖 生活热水
内燃发电机	烟气 高温冷却水	无	烟气热水吸收式制冷机 烟气热水补燃吸收式制冷机	空调、供暖 生活热水
大型燃气轮机热电厂	烟气、蒸汽	余热锅炉 蒸汽轮机	蒸汽双效吸收式制冷机 烟气双效吸收式制冷机	空调、供暖 生活热水
微型燃气轮机	低温烟气	—	烟气双效吸收式制冷机 烟气单效吸收式制冷机	空调、供暖

8.9.2 设备配置及系统设计原则。

1 采用以冷、热负荷来确定发电容量（以热定电）的方式，对于整个建筑来说具有很好的经济效益。这里提到的冷、热负荷不是指设计冷、热负荷，而应根据经济技术比较后，选取相对稳定的基础冷、热负荷。

2 采用本建筑用电优先的原则，是为了充分利用发电机组的能力。由于在此过程中能量得到了梯级利用，因此也具有较好的节能效益和经济效益。

8.9.3 余热利用设备和容量选择。

1 余热的利用可分为直接利用和间接利用两种。由于间接利用通常都需要设置中间换热器，存在能源品位的损失。因此推荐采用余热直接利用的方式。

2 为了使得在发电过程中产生的余热得到充分利用，规定了余热利用设备的最小制冷量要求。

8.10 制 冷 机 房

8.10.1 制冷机房设计要求。

1 制冷机房的位置应根据工程项目的实际情况确定，尽可能设置在空调负荷的中心的目的有两个，一是避免输送管路长短不一，难以平衡而造成的供冷（热）质量不良；二是避免过长的输送管路而造成输送能耗过大。

2 大型机房内设备运行噪声较大，按照办公环境的要求设置值班室或控制室除了保护操作人员的健康外，也是机房自动化控制设备运行环境的需要。机房内的噪声不应影响附近房间使用。

3 根据其所选用的不同制冷剂，采用不同的检漏报警装置，并与机房内的通风系统连锁。测头应安装在制冷剂最易泄漏的部位。对于设置了事故通风的冷冻机房，在冷冻机房两个出口门外侧，宜设置紧急手动启动事故通风的按钮。

4 由于机房内设备的尺寸都比较大，因此需要在设计初始详细考虑大型设备的位置及运输通道，防止建筑结构完成后设备的就位困难。

5 制冷机组所携带的冷剂较多，当制冷机的安全爆破片破裂时，大量的制冷剂会迅速涌入机房内，由于制冷剂气体的相对密度一般都比空气大，很容易在机房下部人员活动区积聚，排挤空气，使工作人员受缺氧窒息的危害。因此美国《制冷系统安全设计标准》ANSI/ASHRAE-15 第 8.11.2.1 款要求，不论属于哪个安全分组的制冷剂，在制冷机房内均需设置与安装和所使用制冷剂相对应的泄漏检测传感器和报警装置。尤其是地下机房，危险性更大。所以制冷剂安全阀泄压管一定要求接至室外安全处。

8.10.2 机房设备布置要求。

按当前常用机型作了机房布置最小间距的规定。在设计布置时还应尽量紧凑、宽窄适当而不应浪费面积。根据实践经验、设计图面上因重叠的管道摊平绘制，管道甚多，看似机房很挤，完工后却太宽松，因此，设计时不应超出本条规定的间距过多。

随着设备清洁技术的提高，一些在线清洁方式

（如 8.6.4 条第 3 款）也开始使用。当冷水或冷却水系统采用在线清洁装置时，可以不考虑本条第 3 款的规定。

8.10.3 氨制冷机房设计要求。部分强制性条文。

尽管氨制冷在目前具有一定的节能减排的应用前景，但由于氨本身的易燃易爆特点，对于民用建筑，在使用氨制冷时需要非常重视安全问题。氨溶液溶于水时，氨与水的比例不高于每 1kg 氨/17L 水。

8.10.4 直燃吸收机组机房设计要求。

本条主要是针对直燃吸收式机组机房的安全要求提出的。直燃吸收式机组通常采用燃气或燃油为燃料，这两种燃料的使用都涉及防火、防爆、泄爆、安全疏散等安全问题；对于燃气机组的机房还有燃气泄漏报警、紧急切断燃气供应的安全措施。相关规范包括《城镇燃气设计规范》GB 50028、《建筑设计防火规范》GB 50016、《高层民用建筑设计防火规范》GB 50045 等。

直燃机组的烟道设计也是一个重要的内容之一。设计时应符合机组的相关设计参数要求，并按照锅炉房烟道设计的相关要求来进行。

8.11 锅炉房及换热机房

8.11.1 换热机房设置及计量。

通过换热器间接供热的优点在于：①使区域热源系统独立于末端空调系统，利于其运营管理、不受末端空调系统运行状态干扰；②利于区域冷热源管网系统的水力平衡与水力稳定；③降低运行成本，如：系统补水量可以显著下降，即节约了水费也减少了水处理费用；④提高了系统的安全性与可靠性，因为末端系统的内部故障不影响区域系统的正常运行。

本条同时提出了关于锅炉房和换热机房应设置计量表具的要求。锅炉房、换热机房应设供热量、燃料消耗量、补水量、耗电量的计量表具，有条件时，循环水泵电量宜单独计量。

8.11.2 换热器选择要求。

1 对于"寸土寸金"的商业楼宇必须强调高效、紧凑，减少换热装置的占地面积。换热介质理化特性对换热器类型、构造、材质的确定至关重要，例如，高参数汽/水换热就不适合采用板式换热器，因为胶垫寿命短，二次费用高。地表水水源热泵系统的低温热源水往往 Cl^- 含量较高，而不锈钢对 Cl^- 敏感，此时换热器材质就不宜采用不锈钢。又如，当换热介质含有较大粒径杂质时，就应选择高通过性的流道形式与尺寸。

2 采用低温热源的热泵空调系统，只有小温差取热才能使热泵机组有相对较高的性能系数，选型数据分析表明，蒸发温度范围 3℃～10℃时，平均 1℃变化对性能系数的影响达 3%～5%。

尽管理论上所有类型换热器均能实现低温差换

热，但若采用壳管类换热器必然体积庞大，所以此种情况下应尽量考虑采用结构紧凑且易于实现小温差换热的板式换热器；设计师不能单从初投资的角度考虑换热器选型，而应兼顾运行管理成本及其对系统能效的影响。

8.11.3 换热器配置要求。

1 设计选型经验表明，几乎不会出现一个换热系统需要四台换热器的情况，所以规定了最多台数。过多的台数会增加初投资与运行成本，并对水系统的水力工况稳定带来不利影响。尽管换热器不大容易出故障，但并非万无一失，同时考虑到日常管理，所以规定了最少台数要求。

2 由于换热器实际工况条件与其选型工况有所偏离，如水质不佳造成实际污垢热阻大于换热器选型采用的污垢热阻；热泵系统水源水温度变化等都可能造成实际换热能力不足，所以应考虑安全余量。考虑到换热器实际工况与选型工况的偏离程度与系统类型有关，故给出了不同系统类型的换热器选型热负荷安全附加建议。其中对空调供冷，由于工况偏离程度往往较小，加之小温差换热时换热器投资高，故安全附加建议值较低。而对于水源热泵机组，因水质与水温往往具有不确定性，一旦换热能力不足还会影响热泵机组的正常运行，所以建议的安全附加值高些。当换热器的换热能力相对过盈时，有利于提升空调系统能效，特别是对从品位较低的热源取热的水源热泵系统更明显，尽管这会增加一些投资，但回收期通常不会多于 5 年～6 年。

几大主要国外（或合资）品牌板式换热器选型计算的污垢热阻取值均参考美国 TEMP 标准，见下表。由于我国的许多实际工程的冷却水质与美国标准并不一致，如果直接采用，实际上会使得机组的性能无法达到要求，设计人员在具体工程中，应该充分注意此点。

表 16　美国 TEMP 规定的不同水质污垢热阻

$[(m^2 \cdot K)/kW]$

水质分类	软水或蒸馏水	城市用软水	大洋的海水	处理过的冷却水	城市用硬水、沿海海水或港湾水、河水或运河水
数值	0.009	0.017	0.026	0.034	0.043

由于迄今我们对诸如海水、中水以及城市污水等在换热表面产生的"软垢"的污垢热阻尚缺乏研究，此处建议取为 $0.129(m^2 \cdot K)/kW$，此数值等于国家标准规定的开式冷却水系统污垢热阻 $0.086(m^2 \cdot K)/kW$ 的 1.5 倍，当然也有学者建议取教科书中河水污垢热阻 $0.6(m^2 \cdot K)/kW$。

3 不同物业对热供应保障程度的要求不一，如：高档酒店，管理集团往往要求任何情况下热供应 100%保障。而高保障，意味着高投资，所以强调与

物业管理方沟通，确定合理的保障量。《锅炉房设计规范》GB 50041-2008 第 10.2.1 条规定：当其中一台停止运行时，其余换热器的容量宜满足 75%总计算热负荷的需求。该规范同时考虑了生产用热的保障性问题。对于民用建筑而言，计算分析表明：冷热供应量连续 5 小时低于设计冷热负荷的 40%时，造成的室温下降，对于供暖：≤2℃；所以对于供冷：≤3℃。但考虑到严寒和寒冷地区当供暖严重不足时有可能导致人员的身体健康受到影响或者室内出现冻结的情况，因此依据气象条件分别规定了不同的保证率。以室外温度达到冬季设计温度、室内供暖设计温度 18℃计算：在北京，如果保证 65%的供热量，室内的平均温度约为 8℃～9℃；在哈尔滨，如果保证 70%的供热量，则室内平均温度为 6℃左右。

对于供冷系统来说，由于供冷通常不涉及到安全性的问题（工艺特定要求除外），因此不用按照本条第 3 款的要求执行。对于供热来说，按照本条第 3 款选择计算出的换热器的单台能力如果大于按照第 2 款计算值的要求，表明换热器已经具备了一定的余额，因此就不用再乘附加系数。

8.11.4 换热器污垢清洗。

1 保证换热器清洁对提高系统能效作用明显。对于一、二次侧介质均为清水的换热器，常规的水处理与运行管理能保证换热器较长时间的高效运行。但是对水源水质不佳的热泵机组并非如此，如城市污水处理厂二级水。

2 以各类地表水为水源的水源热泵机组，常规的水处理与运行管理很难保证换热器较长时间的高效运行，或虽能实现，但代价极大，其主要原因是非循环水系统，水量大，水质差。而对水进行的化学处理，还存在"污染"水源水的风险。

3 实践表明，各类在线运行或非在线运行的免拆卸清洗系统，能保证水质"恶劣"时换热器较长时间的高效运行，此类清洗装置包括：用于壳管式换热器的胶球和毛刷清洗系统，能在不中断换热器运行情况下，实现对换热表面的连续清洁；用于板式换热器的免拆卸清洗系统，无需拆卸换热器，只需很少时间，就能实现换热器清洗。

8.11.5 非清水换热介质的换热器要求。

非清水介质主要指：城市污水及江河湖海等地表水。此类水源不可避免地会在换热器表面形成"软垢"，而且"软垢"还可能具有生物活性，因此需要定期打开清洗。为便于换热器清洗并降低清洗操作对站房环境的影响，要求将换热器设在独立房间内。

由于清洁工作相对频繁，给排水清洗设施的设置是为了系统清洁的方便；通风措施的设置主要为了保证室内的空气环境。

8.11.6 汽水换热器蒸汽凝结水回收利用。

蒸汽凝结水仍然具有较高的温度和应用价值。在

一些地区（尤其是建设有区域蒸汽管网），由于凝结水回收的系统较大，一些工程常常将凝结水直接放掉，这一方面浪费了宝贵的高品质水资源（软化水），另一方面也浪费了热量，并且将凝结水直接排到下水道还存在其他方面的问题。因此本条文提出了回收利用的规定。

回收利用有两层含义：①回到锅炉房的凝结水箱；②作为某些系统（例如生活热水系统）的预热在换热机房就地换热后再回到锅炉房。后者不但可以降低凝结水的温度，而且充分利用了热量。

8.11.7 锅炉房设置其他要求。

本规范有关锅炉房的设计规定仅适用于设在单体建筑内的非燃煤整装式锅炉。因此必须指出的是：本规范关于锅炉房的规定仅涉及锅炉类型的选择、容量配置等关于热源方案的要求，而有关锅炉房具体设计要求必须符合相关规范和政府主管部门的管理要求。

8.11.8 锅炉房及单台锅炉的设计容量与锅炉台数要求。

1 这里提出的综合最大热负荷与《锅炉房设计规范》GB 50041-2008第3.0.7条的概念相似，综合最大热负荷确定时应考虑各种性质的负荷峰值所出现的时间，或考虑同时使用系数。强调以其作为确定锅炉房容量的热负荷，是因为设计实践中往往将围护结构热负荷、新风热负荷与生活热负荷的最大值之和作为确定锅炉房容量的热负荷，与综合最大热负荷相比通常会高20%～40%，造成锅炉房容量过大，既加大了投资又可能增加运行能耗。

2 供暖及空调热负荷计算中，通常不计入灯光设备等得热，而将其作为热负荷的安全余量。但灯光设备等得热远大于管道热损失，所以确定锅炉房容量时无需计入管道热损失。

3 锅炉低负荷运行时，热效率会有所下降，如果能使锅炉的额定容量与长期运行的实际负荷输出接近，会得到较高的季节热效率。作为综合建筑的热源往往会长时间在很低的负荷率下运行，由此基于长期热效率原则确定单台锅炉容量很重要，不能简单的等容量选型。但保证长期热效率的前提下，又以等容量选型最佳，因为这样投资节约、系统简洁、互备性好。

4 关于一台锅炉故障时剩余供热量的规定，理由同8.11.3条第2款的说明。

8.11.9 锅炉介质要求。

与蒸汽相比热水作为供热介质的优点早已被实践证明，所以强调尽量以水为锅炉供热介质的理念。但当蒸汽热负荷比例大，而总负荷又不很大时，分设蒸汽供热与热水供热系统，往往系统复杂，投资偏高，锅炉选型困难，而且节能效果有限，所以此时统一供热介质，技术经济上往往更合理。

8.11.10 锅炉额定热效率要求。

1 条文中的锅炉热效率为燃料低位发热量热效率。

2 20世纪70年代以来，西欧和美国等相继研制了冷凝式锅炉，即在传统锅炉的基础上加冷凝式热交换受热面，将排烟温度降到40℃～50℃，使烟气中的水蒸气冷凝下来并释放潜热，可以使热效率提高到100%以上（以低位发热量计算），通常比非冷凝式锅炉的热效率至少提高10%～12%。燃料为天然气时，烟气的露点温度一般在55℃左右，所以当系统回水温度低于50℃，采用冷凝式锅炉可实现节能。

8.11.11 真空热水锅炉使用要求。

真空热水锅炉近年来应用的越来越广泛，而且因其极佳的安全性、承压供热的特点非常适合作为建筑物热源。真空热水锅炉的主要优点为：负压运行无爆炸危险；由于热容量小，升温时间短，所以启停热损失较低，实际热效率高；本体换热，既实现了供热系统的承压运行，又避免了换热器散热损失与水泵功耗；与"锅炉＋换热器"的间接供热系统相比，投资与占地面积均有较大节省；闭式运行，锅炉本体寿命长。

强调最高用热温度≤85℃，是因为真空锅炉安全稳定的最高供热温度为85℃。

8.11.12 变流量系统控制。

对于变流量系统，采用变速调节，能够更多的节省输送能耗，水泵变频调速技术是目前比较成熟可靠的节能方式，容易实现且节能潜力大，调速水泵的性能曲线宜为陡降型。

8.11.13 供热系统耗电输热比。

公式（8.11.13）根据《严寒和寒冷地区居住建筑节能设计标准》JGJ 26-2010第5.2.16条的计算公式 $EHR = \dfrac{N}{Q \cdot \eta} \leqslant \dfrac{A \times (20.4 + \alpha \cdot \sum L)}{\Delta t}$ 整理得出。

式中，电机和传动部分效率取平均值 $\eta = 0.88$；水泵在设计工况点的轴功率为 $N = 0.002725 \, G \cdot H / \eta_b$；计算系数 A 和 B 的意义见本规范第8.5.12条条文说明。

循环水泵的耗电输热比的计算方法考虑到了不同管道长度、不同供回水温差因素对系统阻力的影响，计算出的 EHR 限值也不同，即同样系统的评价标准一致。

8.11.14 锅炉房及换热机房供热量控制。强制性条文。

本条文对锅炉房及换热机房的节能控制提出了明确的要求。供热量控制装置的主要目的是对供热系统进行总体调节，使供水水温或流量等参数在保持室内温度的前提下，随室外空气温度的变化随时进行调整，始终保持锅炉房或换热机房的供热量与建筑物的需热量基本一致，实现按需供热；达到最佳的运行效率和最稳定的供热质量。

气候补偿器是供暖热源常用的供热量控制装置，设置气候补偿器后，还可以通过在时间控制器上设定不同时间段的不同室温，节省供热量；合理地匹配供水流量和供水温度，节省水泵电耗，保证散热器恒温阀等调节设备正常工作；还能够控制一次水回水温度，防止回水温度过低减少锅炉寿命。

由于不同企业生产的气候补偿器的功能和控制方法不完全相同，但必须具有能根据室外空气温度变化自动改变用户侧供（回）水温度、对热媒进行质调节的基本功能。

9 检测与监控

9.1 一般规定

9.1.1 应设置检测与监控的内容及条件。

1 关于检测与监控的内容。

参数检测：包括参数的就地检测及遥测两类。就地参数检测是现场运行人员管理运行设备或系统的依据；参数的遥测是监控或就地控制系统制定监控或控制策略的依据；

参数和设备状态显示：通过集中监控主机系统的显示或打印单元以及就地控制系统的光、声响等器件显示某一参数是否达到规定值或超差，或显示某一设备运行状态；

自动调节：使某些运行参数自动地保持规定值或按预定的规律变动；

自动控制：使系统中的设备及元件按规定的程序启停；

工况自动转换：指在多工况运行的系统中，根据节能及参数运行要求实时从某一运行工况转到另一运行工况；

设备连锁：使相关设备按某一指定程序顺序启停；

自动保护：指设备运行状况异常或某些参数超过允许值时，发出报警信号或使系统中某些设备及元件自动停止工作；

能量计量：包括计量系统的冷热量、水流量、能源消耗量及其累计值等，它是实现系统以优化方式运行，更好地进行能量管理的重要条件；

中央监控与管理：是指以微型计算机为基础的中央监控与管理系统，是在满足使用要求的前提下，按既考虑局部，更着重总体的节能原则，使各类设备在耗能低效率高状态下运行。中央监控与管理系统是一个包括管理功能、监视功能和实现总体运行优化的多功能系统。

检测与监控系统可采用就地仪表手动控制、就地仪表自动控制和计算机远程控制等多种方式。设计时究竟采用哪些检测与监控内容和方式，应根据系统节能目标、建筑物的功能和标准、系统的类型、运行时间和工艺对管理的要求等因素，经技术经济比较确定。

2 本规范所涉及的集中监控系统主要指集散型控制系统及全分散控制系统等。

所谓集散型控制系统是一种基于计算机的分布式控制系统，其特征是"集中管理，分散控制"。即以分布在现场所控设备或系统附近的多台计算机控制器（又称下位机）完成对设备或系统的实时检测、保护和控制任务，克服了计算机集中控制带来的危险性高度集中和常规仪表控制功能单一的局限性；由于采用了安装于中央监控室的具有通信、显示、打印及其丰富的管理软件的计算机系统，实行集中优化管理与控制，避免了常规仪表控制分散所造成的人机联系困难及无法统一管理的缺点。全分散控制系统是系统的末端，例如包括传感器、执行器等部件具有通信及智能功能，真正实现了点到点的连接，比集散型控制系统控制的灵活性更大，就中央主机部分设置、功能而言，全分散控制系统与集散型控制系统所要求的是完全相同的。

采用集中监控系统具有以下优势：

1）由于集中监控系统管理具有统一监控与管理功能的中央主机及其功能性强的管理软件，因而可减少运行维护工作量，提高管理水平；

2）由于集中监控系统能方便地实现下位机间或点到点通信连接，因而对于规模大、设备多、距离远的系统比常规控制更容易实现工况转换和调节；

3）由于集中监控系统所关心的不仅是设备的正常运行和维护，更着重于总体的运行状况和效率，因而更有利于合理利用能量实现系统的节能运行；

4）由于集中监控系统具有管理软件并实现与现场设备的通信，因而系统之间的连锁保护控制更便于实现，有利于防止事故，保证设备和系统运行安全可靠。

3 对于不适合采用集中监控系统的小型供暖、通风和空调系统，采用就地控制系统具有以下优势：

1）工艺或使用条件有一定要求的供暖、通风和空调系统，采用手动控制尽管可以满足运行要求，但维护管理困难，而采用就地控制不仅可提高了运行质量，也给维护管理带来了很大方便，因此本条文规定应设就地控制；

2）防止事故保证安全的自动控制，主要是指系统和设备的各类保护控制，如通风和空调系统中电加热器与通风机的连锁和无风断电保护等；

3）采用就地控制系统能根据室内外条件实时投入节能控制方式，因而有利于节能。

9.1.2 参数检测及仪表的设置原则。

参数检测的目的，是随时向操作人员提供设备和系统的运行状况和室内控制参数的情况以便进行必要的操作。反映设备和管道系统的安全和经济运行即节能的参数，应设置仪表进行检测。用于设备和系统主要性能计算和经济分析所需要的参数，有条件时也要设置仪表进行检测。

采用就地还是遥测仪表，应根据监控系统的内容和范围确定，宜综合考虑精简配置，减少不必要的重复设置。就地式仪表应设在便于观察的位置；若集中监控或就地控制系统基于实现监控目的所设置的遥测仪表具有就地显示环节且该测量值不参与就地控制时，则可不必再设就地检测仪表。

9.1.3 就地手动控制装置的设置。

为使动力设备安全运行及便于维修，采用集中监控系统时，应在动力设备附近的动力柜上设置就地手动控制装置及远程/就地转换开关，并要求能监视远程/就地转换开关状态。为保障检修人员安全，在开关状态为就地手动控制时，不能进行设备的远程启停控制。

9.1.4 连锁、联动等保护措施的设置。

1 采用集中监控系统时，设备联动、连锁等保护措施应直接通过监控系统的下位机的控制程序或点到点的连接实现，尤其联动、连锁分布在不同控制区域时优越性更大。

2 采用就地控制系统时，设备联动、连锁等保护措施应为就地控制系统的一部分或分开设置成两个独立的系统。

3 对于不采用集中监控与就地控制的系统，出于安全目的时，联动、连锁应独立设置。

9.1.5 锅炉房、换热机房和制冷机房应计量的项目。部分强制性条文。

一次能源/资源的消耗量均应计量。此外，在冷、热源进行耗电量计量有助于分析能耗构成，寻找节能途径，选择和采取节能措施。循环水泵耗电量不仅是冷热源系统能耗的一部分，而且也反映出输送系统的用能效率，对于额定功率较大的设备宜单独设置电计量。

9.1.6 中央级监控管理系统的设置要求。

指出了中央级监控管理系统应具有的基本操作功能。包括监视功能、显示功能、操作功能、控制功能、数据管理辅助功能、安全保障管理功能等。它是由监控系统的软件包实现的，各厂家的软件包虽然各有特点，但是软件包功能类似。实际工程中，由于没有按照条文中的要求去做，致使所安装的集中监控系统管理不善的例子屡见不鲜。例如，不设立安全机制，任何人都可进入修改程序的级别，就会造成系统

运行故障；不定期统计系统的能量消耗并加以改进，就达不到节能的目标；不记录系统运行参数并保存，就缺少改进系统运行性能的依据等。

随着智能建筑技术的发展，主要以管理暖通空调系统为主的集中监控系统只是大厦弱电子系统之一。为了实现大厦各弱电子系统数据共享，就要求各子系统间（例如消防子系统、安全防范子系统等）有统一的通信平台，因而应考虑预留与统一的通信平台相连接的接口。

9.1.7 防排烟系统的检测与监控。

制定本条是为了暖通空调设计能够符合防火规范以及向消防监控设计提出正确的监控要求，使系统能正常运行。相关规范包括《建筑设计防火规范》GB 50016、《高层民用建筑设计防火规范》GB 50045。

与防排烟合用的空调通风系统（例如送风机兼作排烟补风机用，利用平时风道作为排烟风道时阀门的转换，火灾时气体灭火房间通风管道的隔绝等），平时风机运行一般由楼宇自控监控，火灾时设备、风阀等应立即转入火灾控制状态，由消防控制室监控。

要求风道上防火阀带位置反馈可用来监视防火阀工作状态，防止防火阀平时运行的非正常关闭及了解火灾时的阀位情况，以便及时准确地复位，以免影响空调通风系统的正常工作。通风系统干管上的防火阀如处于关闭状态，对通风系统影响较大且不易判断部位，因此宜监控防火阀的工作状态；当支管上的防火阀只影响个别房间时，例如宾馆客房的竖井排风或新风管道，垂直立管与水平支管交接处的防火阀只影响一个房间，是否设防火阀工作状态监视，则不作强行规定。防火阀工作状态首先在消防控制室显示，如有必要也可在楼宇中控室显示。

9.1.8 有特殊要求场所或系统的监控要求。

例如，锅炉房的检测与监控应遵守《锅炉房设计规范》GB 50041的规定，医院洁净手术部空调系统的监控应遵守《医院洁净手术部建筑技术规范》GB 50333的规定。

9.2 传感器和执行器

9.2.1 选择传感器的基本条件。

9.2.2 温度、湿度传感器设置的条件。

9.2.3 压力（压差）传感器设置的条件。

本条中第2款，当不处于同一标高时需对测量数值进行高度修正。

9.2.4 流量传感器设置的条件。

本条第2款中考虑到弯管流量计等不同要求，增加了"或其他安装条件"。推荐选用低阻产品，有利于水系统输送节能。

9.2.5 自动调节阀的选择。

1 为了调节系统正常工作，保证在负荷全部变化范围内的调节质量和稳定性，提高设备的利用率和

经济性，正确选择调节阀的特性十分重要。

调节阀的选择原则，应以调节阀的工作流量特性即调节阀的放大系数来补偿对象放大系数的变化，以保证系统总开环放大系数不变，进而使系统达到较好的控制效果。但实际上由于影响对象特性的因素很多，用分析法难以求解，多数是通过经验法粗定，并以此来选用不同特性的调节阀。

此外，在系统中由于配管阻力的存在，阀权度 S 值的不同，调节阀的工作流量特性并不同于理想的流量特性。如理想线性流量特性，当 $S<0.3$ 时，工作流量特性近似为快开特性，等百分比特性也畸变为接近线性特性，可调比显著减小，因此通常是不希望 $S<0.3$ 的。而 S 值过高则可能导致通过阀门的水流速过高和/或水泵输送能耗增大，不利于设备安全和运行节能，因此管路设计时选取的 S 值一般不大于 0.7。

2 关于水路两通阀流量特性的选择，由试验可知，空气加热器和空气冷却器的放大系数是随流量的增大而变小，而等百分比特性阀门的放大系数是随开度的加大而增大，同时由于水系统管道压力损失往往较大，$S<0.6$ 的情况居多，因而选用等百分比特性阀门具有较强的适应性。

关于三通阀的选择，总的原则是要求通过三通阀的总流量保持不变，抛物线特性的三通阀当 $S=0.3\sim0.5$ 时，其总流量变化较小，在设计上一般常使三通阀的压力损失与热交换器和管道的总压力损失相同，即 $S=0.5$，此时无论从总流量变化角度，还是从三通阀的工作流量特性补偿热交换器的静态特性考虑，均以抛物线特性的三通阀为宜，当系统压力损失较小，通过三通阀的压力损失较大时，亦可选用线性三通阀。

关于蒸汽两通阀的选择，如果蒸汽加热中的蒸汽作自由冷凝，那么加热器每小时所放出的热量等于蒸汽冷凝潜热和进入加热器蒸汽量的乘积。当通过加热器的空气量一定时，经推导可以证明，蒸汽加热器的静态特性是一条直线，但实际上蒸汽在加热器中不能实现自由冷凝，有一部分蒸汽冷凝后再冷却使加热器的实际特性有微量的弯曲，但这种弯曲可以忽略不计。从对象特性考虑可以选用线性调节阀，但根据配管状态当 $S<0.6$ 时工作流量特性发生畸变，此时宜选用等百分比特性的阀。

3 调节阀的口径应根据使用对象要求的流通能力来定。口径选用过大或过小会导致满足不了调节质量或不经济。

9.2.6 三通阀和两通阀的应用。

由于三通混合阀和分流阀的内部结构不同，为了使流体沿流动方向使阀芯处于流开状态，阀的运行稳定，两者不能互为代用。但对于公称直径小于 80mm 的阀，由于不平衡力小，混合阀亦可用作分流。如果配套执行器能够提供上下双向驱动力，其他口径的混合阀亦可用作分流。

双座阀不易保证上下两阀芯同时关闭，因而泄漏量大。尤其用在高温场合，阀芯和阀座两种材料的膨胀系数不同，泄漏会更大。故规定蒸汽的流量控制用单座阀。

9.2.7 水路切换应选用通断阀。

在关断状态下，通断阀比调节阀的泄漏量小，更有利于设备运行安全和节能。

9.3 供暖通风系统的检测与监控

9.3.1 供暖系统的参数检测点。

本条给出了供暖系统应设置的参数检测点，为最低要求。设计时应根据系统设置加以确定。

9.3.3 通风系统的参数检测点。

本条给出了应设置的通风系统检测点，为最低要求。设计时应根据系统设置加以确定。

9.3.4 事故通风的通风机电器开关的设置。

本规范 6.3.9 第 2 款强制性规定，事故排风系统（包括兼做事故排风用的基本排风系统）的通风机，其手动开关位置应设在室内、外便于操作的地点，以便一旦发生紧急事故时，使其立即投入运行。

本规定要求通风机与事故探测器进行连锁，一旦发生紧急事故可自动进行通风机开启，同时在工作地点发出警示和风机状态显示。

9.3.5 通风系统的控制设置。

9.4 空调系统的检测与监控

9.4.1 空调系统检测点。

本条给出了应设置的空调系统检测点，为最低要求。设计时应根据系统设置加以确定。

9.4.2 多工况运行方式。

多工况运行方式是指在不同的工况时，其调节系统（调节对象和执行机构等）的组成是变化的。以适应室内外热湿条件变化大的特点，达到节能的目的。工况的划分也要因系统的组成及处理方式的不同来改变，但总的原则是节能，尽量避免空气处理过程中的冷热抵消，充分利用新风和回风，缩短制冷机、加热器及加湿器的运行时间等，并根据各工况在一年中运行的累计小时数简化设计，以减少投资。多工况同常规系统运行区别，在于不仅要进行参数的控制，还要进行工况的转换。多工况的控制、转换可采用就地的逻辑控制系统或集中监控系统等方式实现，工况少时可采用手动转换实现。

利用执行机构的极限位置，空气参数的超限信号以及分程控制方式等自动转换方式，在运行多工况控制及转换程序时交替使用，可达到实时转换的目的。

9.4.3 优先控制和分程控制。

水冷式空气冷却器采用室内温度、湿度的高

（低）值选择器控制冷水量，在国外是较常用的控制方案，国内也有工程采用。

所谓高（低）值选择控制，就是在水冷式空气冷却器工作的季节，根据室内温、湿度的超差情况，将温度、湿度调节器的输出信号分别输入到信号选择器内进行比较，选择器将根据比较后的高（低）值信号（只接受偏差大的为高值或只接受偏差小的为低值），自动控制调节阀改变进入水冷式空气冷却器的冷水量。

高（低）值选择器在以最不利的参数为基准，采用较大水量调节的时候，对另一个超差较小的参数，就会出现不是过冷就是过于干燥，也就是说如果冷水量是以温度为基准进行调节的，对于相对湿度调节来讲必然是调节过量，即相对湿度比给定值小；如果冷水量是以相对湿度为基准进行调节的，则温度就会出现比给定值低，要保证温湿度参数都满足要求，还需要对加热器或加湿器进行分程控制。

所谓对加热器或加湿器进行分程控制，以电动温湿度调节器为例，就是将其输出信号分为 0～5mA 和 6mA～10mA 两段，当采用高值选择时，其中 6mA～10mA 的信号控制空气冷却器的冷水量，而 0～5mA 一段信号去控制加热器和加湿器阀门，也就是说用一个调节器通过对两个执行器的零位调整进行分段控制，即温度调节器既可控制空气冷却器的阀门也可控制加热器的阀门，湿度调节器既可控制冷却器的阀门也可控制加湿器的阀门。

这里选择控制和分程控制是同时进行的，互为补充的，如果只进行高（低）值选择而不进行分程控制，其结果必然出现一个参数满足要求，另一个参数存在偏差。

9.4.4 全空气空调系统的控制。

1 根据设计原理，空调房间室温的控制应由送风温度和送风量的控制和调节来实现。定风量系统通过控制送风温度、变风量系统主要通过送风量的调节来保证。送风温度调节的通常手段是空气冷却器/加热器的水阀调节，对于二次回风系统和一次回风系统在过渡期也可通过调节新风和回风的比例来控制送风温度。变风量采用风机变速是最节能的方式。尽管风机变速的做法投资一定增加，但对于采用变风量系统的工程而言，这点投资应该是有保证的，其节能所带来的效益能够较快地回收投资。

2 送风温度是空调系统中重要的设计参数，应采取必要措施保证其达到目标，有条件时进行优化调节。控制室温是空调系统需要实现的目标，根据室温实测值与目标值的偏差对送风温度设定值不断进行修正，对于调节对象纯滞后大、时间常数大或热、湿扰量大的场合更有利于控制系统反应快速、效果稳定。

4 当空调系统采用加湿处理时，也应进行加湿量控制。空调房间热湿负荷变化较小时，用恒定机器露点温度的方法可以使室内相对湿度稳定在某一范围内，如室内热湿负荷稳定，可达到相当高的控制精度。但对于室内热湿负荷或相对湿度变化大的场合，宜采用不恒定机器露点温度或不达到机器露点温度的方式，即用直接装在室内工作区、回风口或总回风管中的湿度敏感元件来测量和调节系统中的相应的执行调节机构达到控制室内相对湿度的目的。系统在运行中不恒定机器露点温度或不达到机器露点温度的程度是随室内热湿负荷的变化而变化的，对室内相对湿度是直接控制的，因此，室内散湿量变化较大时，其控制精度较高。然而对于多区系统这一方法仍不能满足各房间的不同条件，因此，在具体设计中应根据不同的实际要求，确定是否应按各房间的不同要求单独控制。

5 在条件合适的地区应充分利用全空气空调系统的优势，尽可能利用室外自然冷源，最大限度地利用新风降温，提高室内空气品质和人员的舒适度，降低能耗。利用新风免费供冷（增大新风比）工况的判别方法可采用固定温度法、温差法、固定焓法、电子焓法、焓差法等，根据建筑的气候分区进行选取，具体可参考 ASHRAE 标准 90.1。从理论分析，采用焓差法的节能性最好，然而该方法需要同时检测温度和湿度，且湿度传感器误差大、故障率高，需要经常维护，数年来在国内、外的实施效果不够理想。而固定温度和温差法，在工程中实施最为简单方便。因此，对变新风比控制方法不做限定。

9.4.5 新风机组的控制。

应根据空调系统的设计需要进行控制。新风机组根据设计工况下承担室内湿负荷的多少，有不同的送风温度设计值：①一般情况下，配合风机盘管等空调房间内末端设备使用的新风系统，新风不负担室内主要冷热负荷时，各房间的室温控制主要由风机盘管满足，新风机组控制送风温度恒定即可。②当新风负担房间主要或全部冷负荷时，机组送风温度设定值应根据室内温度进行调节。③当新风负担室内潜热冷负荷即湿负荷时，送风温度应根据室内湿度设计值进行确定。

9.4.6 风机盘管的控制。

风机盘管的自动控制方式主要有两种：①带风机三速选择开关、可冬夏转换的室温控制器连动水路两通电动阀的自动控制配置；②带风机三速选择开关、可冬夏转换的室温控制器连动风机开停的自动控制配置。第一种方式，能够实现整个水系统的变水量调节。第二种方式，采用风机开停对室内温度进行控制，对于提高房间的舒适度和实现节能是不完善的，也不利于水系统运行的稳定性。因此从节能、水系统稳定性和舒适度出发，应按8.5.6条的要求采用第一种配置。采用常闭式水阀更有利于水系统的运行节能。

9.4.7 新风机组或空调机组的防冻保护控制。

位于冬季有冻结可能地区的新风机组或空调机组，应防止因某种原因使热水盘管或其局部水流断流而造成冰冻的可能。通常的做法是在机组盘管的背风侧加设感温测头（通常为毛细管或其他类型测头），当其检测到盘管的背风侧温度低于某一设定值时，与该测头相连的防冻开关发出信号，机组即通过集中监控系统的控制器程序或电气设备的联动、连锁等方式运行防冻保护程序，例如：关新风门、停风机、开大热水阀，防止热水盘管冰冻面积进一步扩大。

9.4.8 冷热转换装置的设置。

变风量末端装置和风机盘管等实现各自服务区域的独立温度控制，当冬季、夏季分别运行加热和冷却工况时，要求改变末端装置的动作方向。例如，在冷却工况下，当房间温度降低时，变风量末端装置的风阀应向关小的位置调节；当房间温度升高时，再向开大的位置调节。在加热工况下，风阀的调节过程则相反。

为保证室内气流组织，送风口（包括散流器和喷口）也需根据冬夏季设置改变送风方向和风量的转换装置。

9.4.9 电加热器的连锁与保护。强制性条文。

要求电加热器与送风机连锁，是一种保护控制，可避免系统中因无风电加热器单独工作导致的火灾。为了进一步提高安全可靠性，还要求设无风断电、超温断电保护措施，例如，用监视风机运行的风压差开关信号及在电加热器后面设超温断电信号与风机启停连锁等方式，来保证电加热器的安全运行。

电加热器采取接地及剩余电流保护，可避免因漏电造成触电类的事故。

9.5 空调冷热源及其水系统的检测与监控

9.5.1 空调冷热源和空调水系统的检测点。

冷热源和空调水系统应设置的检测点，为最低要求。设计时应根据系统设置加以确定。

9.5.2 蓄冷、蓄热系统的检测点。

蓄冷（热）系统设置检测点的最低要求。设计时应根据系统设置加以确定。

9.5.3 冷水机组水系统的控制方式及连锁。

许多工程采用的是总回水温度来控制，但由于冷水机组的最高效率点通常位于该机组的某一部分负荷区域，因此采用冷量控制的方式比采用温度控制的方式更有利于冷水机组在高效率区域运行而节能，是目前最合理和节能的控制方式。但是，由于计量冷量的元器件和设备价格较高，因此推荐在有条件时（如采用了 DDC 控制系统时），优先采用此方式。同时，台数控制的基本原则是：①让设备尽可能处于高效运行；②让相同型号的设备的运行时间尽量接近以保持其相同的运行寿命（通常优先启动累计运行小时数最少的设备）；③满足用户侧低负荷运行的需求。

由于制冷机运行时，一定要保证它的蒸发器和冷凝器有足够的水量流过。为达到这一目的，制冷机水系统中其他设备，包括电动水阀冷冻水泵、冷却水泵、冷却塔风机等应先于制冷机开机运行，停机则应按相反顺序进行。通常通过水流开关检测与冷机相连锁的水泵状态，即确认水流开关接通后才允许制冷机启动。

9.5.4 冰蓄冷系统二次冷媒侧换热器的防冻保护。

一般空调系统夜间负荷往往很小，甚至处在停运状态，而冰蓄冷系统主要是在夜间电网低谷期进行蓄冰。因此，在二者进行换热的板换处，由于空调系统的水侧冷水基本不流动，如果乙二醇侧的制冰低温传递过来，易引起另一侧水的冻结，造成板换的冻裂破坏。因此，必须随时观察板换处乙二醇侧的溶液温度，调节好有关电动调节阀的开度，防止事故发生。

9.5.6 水泵运行台数及变速控制。

二级泵和多级泵空调水系统中二级泵等负荷侧各级水泵运行台数宜采用流量控制方式；水泵变速宜根据系统压差变化控制，系统压差测点宜设在最不利环路干管靠近末端处；负荷侧多级泵变速宜根据用户侧压差变化控制，压差测点宜设在用户侧支管靠近末端处。

9.5.7 变流量一级泵系统水泵变流量运行时，空调水系统的控制。

精确控制流量和降低水流量变化速率的控制措施包括：

1）应采用高精度的流量或压差测定装置；

2）冷水机组的电动隔断阀应选择"慢开"型；

3）旁通阀的流量特性应选择线性；

4）负荷侧多台设备的启停时间宜错开，设备盘管的水阀应选择"慢开"型。

9.5.8 空调冷却水系统基本的控制要求。

从节能的观点来看，较低的冷却水进水温度有利于提高冷水机组的能效比，因此尽可能降低冷却水温对于节能是有利的。但为了保证冷水机组能够正常运行，提高系统运行的可靠性，通常冷却水进水温度有最低水温限制的要求。为此，必须采取一定的冷却水水温控制措施。通常有三种做法：①调节冷却塔风机运行台数；②调节冷却塔风机转速；③当室外气温很低，即使停开风机也不能满足最低水温要求时，可在供、回水总管上设置旁通电动阀，通过调节旁通流量保证进入冷水机组的冷却水温高于最低限值。在①、②两种方式中，冷却塔风机的运行总能耗也得以降低。而③方式可控制进入冷水机组的冷却水温度在设定范围内，是冷水机组的一种保护措施。

冷却水系统在使用时，由于水分的不断蒸发，水中的离子浓度会越来越大。为了防止由于高离子浓度带来的结垢等种种弊病，必须及时排污。排污方法通常有定期排污和控制离子浓度排污。这两种方法都可以采用自动控制方法，其中控制离子浓度排污方法在使用效果与节能方面具有明显优点。

9.5.9 集中监控系统与冷水机组控制器之间的通信要求。

冷水机组控制器通信接口的设立，可使集中监控系统的中央主机系统能够监控冷水机组的运行参数以及使冷冻水系统能量管理更加合理。

10 消声与隔振

10.1 一般规定

10.1.1 消声与隔振的设计原则。

供暖、通风与空调系统产生的噪声与振动，只是建筑中噪声和振动源的一部分。当系统产生的噪声和振动影响到工艺和使用的要求时，就应根据工艺和使用要求，也就是各自的允许噪声标准及对振动的限制，系统的噪声和振动的频率特性及其传播方式（空气传播或固体传播）等进行消声与隔振设计，并应做到技术经济合理。

10.1.2 室内及环境噪声标准。

室内和环境噪声标准是消声设计的重要依据。因此本条规定由供暖、通风和空调系统产生的噪声传播至使用房间和周围环境的噪声级，应满足国家现行《工业企业噪声控制设计规范》GBJ 87、《民用建筑隔声设计规范》GB 50118、《声环境质量标准》GB 3096 和《工业企业厂界噪声标准》GB 12348 等标准的要求。

10.1.3 振动控制设计标准。

振动对人体健康的危害是很严重的，在暖通空调系统中振动问题也是相当严重的。因此本条规定了振动控制设计应满足国家现行《城市区域环境振动标准》GB 10070 等标准的要求。

10.1.4 降低风系统噪声的措施。

本条规定了降低风系统噪声应注意的事项。系统设计安装了消声器，其消声效果也很好，但经消声处理后的风管又穿过高噪声房间，再次被污染，又回复到了原来的噪声水平，最终不能起到消声作用，这个问题，过去往往被人们忽视。同样道理，噪声高的风管穿过要求噪声低的房间时，它也会污染低噪声房间，使其达不到要求。因此，对这两种情况必须引起重视。当然，必须穿过时还是允许的，但应对风管进行良好的隔声处理，以避免上述两种情况发生。

10.1.5 风管内的风速。

通风机与消声装置之间的风管，其风道无特殊要求时，可按经济流速采用即可。根据国内外有关资料介绍，经济流速 6m/s～13m/s，本条推荐采用的 8m/s～10m/s 在经济流速的范围内。

消声装置与房间之间的风管，其空气流速不宜过大，因为风速增大，会引起系统内气流噪声和管壁振动加大，风速增加到一定值后，产生的气流再生噪声甚至会超过消声装置后的计算声压级；风管内的风速也不宜过小，否则会使风管的截面积增大，既耗费材料又占用较大的建筑空间，这也是不合理的。因此，本条给出了适应四种室内允许噪声级的主管和支管的风速范围。

10.1.6 机房位置及噪声源的控制。

通风、空调与制冷机房是产生噪声和振动的地方，是噪声和振动的发源处，其位置应尽量不靠近有较高防振和消声要求的间间，否则对周围环境影响颇大。

通风、空调与制冷系统运行时，机房内会产生相当高的噪声，一般为 80dB（A）～100dB（A），甚至更高，远远超过环境噪声标准的要求。为了防止对相邻房间和周围环境的干扰，本条规定了噪声源位置在靠近有较高隔振和消声要求的房间时，必须采取有效措施。这些措施是在噪声和振动传播的途径上对其加以控制。为了防止机房内噪声源通过空气传声和固体传声对周围环境的影响，设计中应首先考虑采用把声源和振源控制在局部范围内的隔声与隔振措施，如采用实心墙体、密封门窗、堵塞空洞和设置隔振器等，这样做仍达不到要求时，再辅以降低声源噪声的吸声措施。大量实践证明，这样做是简单易行、经济合理的。

10.1.7 室外设备噪声控制。

对露天布置的通风、空调和制冷设备及其附属设备如冷却塔、空气源冷（热）水机组等，其噪声达不到环境噪声标准要求时，亦应采取有效的降噪措施，如在其进、排风口设置消声设备，或在其周围设置隔声屏障等。

10.2 消声与隔声

10.2.1 噪声源声功率级的确定。

进行暖通空调系统消声与隔声设计时，首先必须知道其设备如通风机、空调机组、制冷压缩机和水泵等声功率级，再与室内外允许的噪声标准相比较，通过计算最终确定是否需要设置消声装置。

10.2.2 再生噪声与自然衰减量的确定。

当气流以一定速度通过直风管、弯头、三通、变径管、阀门和送、回风口等部件时，由于部件受气流的冲击湍振或因气流发生偏斜和涡流，从而产生气流再生噪声。随着气流速度的增加，再生噪声的影响也随之加大，以至成为系统中的一个新噪声源。所以，应通过计算确定所产生的再生噪声级，以便采取适当措施来降低或消除。

本条规定了在噪声要求不高，风速较低的情况下，对于直风管可不计算气流再生噪声和噪声自然衰减量。气流再生噪声和噪声自然衰减量是风速的函数。

10.2.3 设置消声装置的条件及消声量的确定。

通风与空调系统产生的噪声量，应尽量用风管、弯头和三通等部件以及房间的自然衰减降低或消除。当这样做不能满足消声要求时，则应设置消声装置或采取其他消声措施，如采用消声弯头等。消声装置所需的消声量，应根据室内所允许的噪声标准和系统的噪声功率级分频带通过计算确定。

10.2.4 选择消声设备的原则。

选择消声设备时，首先应了解消声设备的声学特性，使其在各频带的消声能力与噪声源的频率特性及各频带所需消声量相适应。如对中、高频噪声源，宜采用阻性或阻抗复合式消声设备；对于低、中频噪声源，宜采用共振式或其他抗性消声设备；对于脉动低频噪声源，宜采用抗性或微穿孔板阻抗复合式消声设备；对于变频带噪声源，宜采用阻抗复合式或微穿孔板消声设备。其次，还应兼顾消声设备的空气动力特性，消声设备的阻力不宜过大。

10.2.5 消声设备的布置原则。

为了减少和防止机房噪声源对其他房间的影响，并尽量发挥消声设备应有的消声作用，消声设备一般应布置在靠近机房的气流稳定的管段上。当消声器直接布置在机房内时，消声器、检查门及消声器后至机房隔墙的那段风管必须有良好的隔声措施；当消声器布置在机房外时，其位置应尽量临近机房隔墙，而且消声器前至隔墙的那段风管（包括拐弯静压箱或弯头）也应有良好的隔声措施，以免机房内的噪声通过消声设备本体、检查门及风管的不严密处再次传入系统中，使消声设备输出端的噪声增高。

在有些情况下，如系统所需的消声量较大或不同房间的允许噪声标准不同时，可在总管和支管上分段设置消声设备。在支管或风口上设置消声设备，还可适当提高风管风速，相应减小风管尺寸。

10.2.6 管道穿过围护结构的处理。

管道本身会由于液体或气体的流动而产生振动，当与墙壁硬接触时，会产生固体传声，因此应使之与弹性材料接触，同时也为防止噪声通过孔洞缝隙泄露出去而影响相邻房间及周围环境。

10.3 隔 振

10.3.1 设置隔振的条件。

通风、空调和制冷装置运行过程中产生的强烈振动，如不予以妥善处理，将会对工艺设备、精密仪器等的工作造成影响，并且有害于人体健康，严重时，还会危及建筑物的安全。因此，本条规定当通风、空调和制冷装置的振动靠自然衰减不能达到允许程度时，应设置隔振器或采取其他隔振措施，这样做还能起到降低固体传声的作用。

10.3.2~10.3.4 选择隔振器的原则。

1 从隔振器的一般原理可知，工作区的固有频率，或者说包括振动设备、支座和隔振器在内的整个隔振体系的固有频率，与隔振体系的质量成反比，与隔振器的刚度成正比，也可以借助于隔振器的静态压缩量用下式计算：

$$f_0 = \frac{1}{2\pi}\sqrt{\frac{k}{m}} \approx \frac{5}{\sqrt{x}} \qquad (35)$$

式中：f_0——隔振器的固有频率（Hz）；

k——隔振器的刚度（kg/cm^2）；

m——隔振体系的质量（kg）；

x——隔振器的静态压缩量（cm）；

π——圆周率。

振动设备的扰动频率取决于振动设备本身的转速，即

$$f = \frac{n}{60} \qquad (36)$$

式中：f——振动设备的扰动频率（Hz）；

n——振动设备的转速（r/min）。

隔振器的隔振效果一般以传递率表示，它主要取决于振动设备的扰动频率与隔振器的固有频率之比，如忽略系统的阻尼作用，其关系式为：

$$T = \left| \frac{1}{1-\left(\frac{f}{f_0}\right)^2} \right| \qquad (37)$$

式中：T——振动传递率。

其他符号意义同前。

由式（37）可以看出，当f/f_0趋近于0时，振动传递率接近于1，此时隔振器不起隔振作用；当$f=f_0$时，传递率趋于无穷大，表示系统发生共振，这时不仅没有隔振作用，反而使系统的振动急剧增加，这是隔振设计必须避免的；只有当$f/f_0>\sqrt{2}$时，亦即振动传递率小于1，隔振器才能起作用，其比值愈大，隔振效果愈好。虽然在理论上，f/f_0愈大愈好，但因设计很低的f_0，不但有困难、造价高，而且当$f/f_0>5$时，隔振效果提高得也很缓慢，通常在工程设计上选用$f/f_0=2.5\sim5$，因此规定设备运转频率（即扰动频率或驱动频率）与隔振器的固有频率之比，应大于或等于2.5。

弹簧隔振器的固有频率较低（一般为2Hz~5Hz），橡胶隔振器的固有频率较高（一般为5Hz~10Hz），为了发挥其应有的隔振作用，使$f/f_0=2.5\sim5$，因此，本规范规定当设备转速小于或等于1500r/min时，宜选用弹簧隔振器；设备转速大于1500r/min时，宜选用橡胶等弹性材料垫块或橡胶隔振器。对弹簧隔振器适用范围的限制，并不意味着它不能用于高转速的振动设备，而是因为采用橡胶等弹

性材料已能满足隔振要求，而且做法简单，比较经济。

各类建筑由于允许噪声的标准不同，因而对隔振的要求也不尽相同。由设备隔振而使与机房毗邻房间内的噪声降低量 NR 可由经验公式（38）得出：

$$NR = 12.5 \lg (1/T) \tag{38}$$

允许振动传递率（T）随着建筑和设备的不同而不同，具体建议值见表 17：

表 17　不同建筑类别允许的振动传递率 T 的建议值

建筑类别	振动传递率 T
音乐厅、歌剧院	0.01～0.05
办公室、会议室、医院、住宅、学校、图书馆	0.05～0.2
多功能体育馆、餐厅	0.2～0.4
工厂、车库、仓库	0.8～1.5

2　为了保证隔振器的隔振效果并考虑某些安全因素，橡胶隔振器的计算压缩变形量，一般按制造厂提供的极限压缩量的 1/3～1/2 采用；橡胶隔振器和弹簧隔振器所承受的荷载，均不应超过允许工作荷载；由于弹簧隔振器的压缩变形量大，阻尼作用小，其振幅也较大，当设备启动与停止运行通过共振区其共振振幅达到最大时，有可能使设备及基础起破坏作用。因此，条文中规定，当共振振幅较大时，弹簧隔振器宜与阻尼大的材料联合使用。

3　当设备的运转频率与弹簧隔振器或橡胶隔振器垂直方向的固有频率之比为 2.5 时，隔振效率约为 80%，自振频率之比为 4～5 时，隔振效率大于 93% 时，此时的隔振效果才比较明显。在保证稳定性的条件下，应尽量增大这个比值。根据固体声的特性，低频声域的隔声设计应遵循隔振设计的原则，即仍遵循单自由度系统的强迫振动理论，高频声域的隔声设计不再遵循单自由度系统的强迫振动理论，此时必须考虑到声波沿着不同介质传播所发生的现象，这种现象的原理是十分复杂的，它既包括在不同介质中介面上的能量反射，也包括在介质中被吸收的声波能量。根据上述现象及工程实践，在隔振器与基础之间再设置一定厚度的弹性隔振垫，能够减弱固体声的传播。

10.3.5　对隔振台座的要求。

加大隔振台座的质量及尺寸等，是为了加强隔振基础的稳定性和降低隔振器的固有频率，提高隔振效果。设计安装时，要使设备的重心尽量落在各隔振器的几何中心上，整个振动体系的重心要尽量低，以保证其稳定性。同时应使隔振器的自由高度尽量一致，基础底面也应平整，使各隔振器在平面上均匀对称，

受压均匀。

10.3.6、10.3.7　减缓固体传振和传声的措施。

为了减缓通风机和水泵设备运行时，通过刚性连接的管道产生的固体传振和传声，同时防止这些设备设置隔振器后，由于振动加剧而导致管道破裂或设备损坏，其进出口宜采用软管与管道连接。这样做还能加大隔振体系的阻尼作用，降低通过共振时的振幅。同样道理，为了防止管道将振动设备的振动和噪声传播出去，支吊架与管道间应设弹性材料垫层。管道穿过机房围护结构处，其与孔洞之间的缝隙，应使用具有隔声能力的弹性材料填充密实。

10.3.8　使用浮筑双隔振台座来减少振动。

11　绝热与防腐

11.1　绝　　热

11.1.1　需要进行保温的条件。

为减少设备与管道的散热损失、节约能源、保持生产及输送能力、改善工作环境、防止烫伤，应对设备、管道（包括管件、阀门等）应进行保温。由于空调系统需要保温的设备和管道种类较多，本条仅原则性地提出应该保温的部位和要求。

11.1.2　需要进行保冷的条件。

为减少设备与管道的冷损失、节约能源、保持和发挥生产能力、防止表面结露、改善工作环境，设备、管道（包括阀门、管附件等）应进行保冷。由于空调系统需要保冷的设备和管道种类较多，本条仅原则性地提出应该保冷的部位和要求。特别需要指出的是，水源热泵系统的水源环路应根据当地气象参数做好保温、保冷或防凝露措施。

11.1.3　对设备与管道绝热材料的选择要求。

近年来，随着我国高层和超高层建筑物数量的增多以及由于绝热材料的燃烧而产生火灾事故的惨痛教训，对绝热材料的燃烧性能要求会越来越高，规范建筑中使用的绝热材料燃烧性能要求很有必要，设计采用的绝热材料燃烧性能必须满足相应的防火设计规范的要求。相关防火规范包括《建筑设计防火规范》GB 50016、《高层民用建筑设计防火规范》GB 50045。

11.1.4　对设备与管道绝热材料保温层厚度的计算原则。

11.1.5　对设备与管道绝热材料保冷层厚度的计算原则。

11.1.6　对复合型风管绝热性能的要求。

11.1.7　对设计设备与管道绝热设计的要求。

11.2　防　　腐

11.2.1　设备、管道及其配套的部、配件的材料

选择。

设备、管道以及它们配套的部件、配件等所接触的介质是包括了内部输送的介质与外部环境接触的物质。民用建筑中的设备、管道的使用条件通常较为良好，但也有一些使用条件比较恶劣的场合。空调机组的冷凝水盘，由于经常性有凝结水存在，一般常用不锈钢底盘；厨房灶台排风罩与风管输运空气中也存在大量水蒸气，常用不锈钢板制作；游泳馆的空调设备与风道除了会与水汽接触外，还会与氯离子接触，因此常采用带有耐腐蚀涂膜的散热翅片、无机玻璃钢风管或耐腐蚀能力较好的彩钢板制作的风管；同样，用于海边附近的空调室外机，通常也选用带有耐腐蚀涂膜的散热翅片；对于设置在室外设备与管道的外表面材料也应具有抗日射高温及紫外线老化的能力。如此，设计必须根据这些条件正确选择使用材料。

11.2.2 金属设备与管道外表面防腐。

一般情况下，有色金属、不锈钢管、不锈钢板、镀锌钢管、镀锌钢板和用作保护层的铝板都具有很好的耐腐蚀能力，不需要涂漆。但这些金属材料与一些特定的物质接触时也会产生腐蚀，如：铝、锌材料不耐碱性介质，不耐氯、氯化氢和氟化氢，也不宜用于铜、汞、铅等金属化合物粉末作用的部位；奥氏体铬镍不锈钢不耐盐酸、氯气等含氯离子的物质。因此这类金属在非正常使用环境条件下，也应注意防腐蚀工作。

防腐蚀涂料有很多类型，适用于不同的环境大气条件。用于酸性介质环境时，宜选用氯化橡胶、聚氨酯、环氧、聚氯乙烯萤丹、丙烯酸聚氨酯、丙烯酸环氧、环氧沥青、聚氨酯沥青等涂料；用于弱酸性介质环境时，可选用醇酸涂料等；用于碱性介质环境时，宜选用环氧涂料等；用于室外环境时，可选用氯化橡胶、脂肪族聚氨酯、高氯化聚乙烯、丙烯酸聚氨酯、醇酸等；用于对涂层有耐磨、耐久要求时，宜选用树脂玻璃鳞片涂料。

11.2.3 涂层的底漆与面漆。

为保证涂层的使用效果和寿命，涂层的底层涂料、中间涂料与面层涂料应选用相互间结合良好的涂层配套。

11.2.4 涂漆前管道外表面的处理应符合涂层产品的相应要求。

为保证涂层质量，涂漆前管道与设备的外表面应平整，把焊渣、毛刺、铁锈、油污等清除干净。一般情况下在在防腐工程施工验收规范中都有规定。但对于有特殊要求时，如需要喷射或抛射除锈、火焰除锈、化学除锈等，应在设计文件中规定。

11.2.5 对用于与奥氏体不锈钢表面接触的绝热材料的相关要求。

国家标准《工业设备及管道绝热工程施工规范》GB 50126 中规定：用于奥氏体不锈钢设备或管道上

的绝热材料，其氯化物、氟化物、硅酸盐、钠离子含量的规定如下：

$$\lg(y \times 10^4) \leqslant 0.188 + 0.655\lg(x \times 10^4) \quad (39)$$

式中：y——测得的($Cl^- + F^-$)离子含量$<0.060\%$；

x——测得的($Na^+ + SiO_3^{-2}$)离子含量$>0.005\%$。

离子含量的对应关系对照表如下表：

表 18　离子含量的对应关系对照表

Cl⁻＋F⁻ (y)		Na⁺＋SiO₃²⁻ (x)	
%	μg/g	%	μg/g
0.002	20	0.005	50
0.003	30	0.010	100
0.004	40	0.015	150
0.005	50	0.020	200
0.006	60	0.026	260
0.007	70	0.034	340
0.008	80	0.042	420
0.009	90	0.050	500
0.010	100	0.060	600
0.020	200	0.180	1800
0.030	300	0.300	3000
0.040	400	0.500	5000
0.050	500	0.700	7000
0.060	600	0.900	9000

附录 A　室外空气计算参数

本附录提供了我国除香港、澳门特别行政区、台湾外 28 个省级行政区、4 个直辖市所属 294 个台站的室外空气计算参数。由于台站迁移，观测条件不足等因素，个别台站的基础数据缺失，统计年限不足 30 年。统计年限不足 30 年的计算结果在使用时应参照邻近台站数据进行比较、修正。咸阳、黔南州及新疆塔城地区等个别台站的湿球温度无记录，可参考表 19 的数值选取。

本附录绝大部分台站基础数据的统计年限为 1971 年 1 月 1 日至 2000 年 12 月 31 日。在标准编制过程中，编制组与国家气象信息中心合作，投入了很大的精力整理计算室外空气计算参数，为了确保方法的准确性，编制组提取 1951～1980 年的数据进行整理与《工业企业供暖通风和空气调节设计规范》TJ19 进行比对，最终确定了各个参数的确定方法。本标准编制初期是 2009 年，还没有 2010 年的基础数据，由于气象部门的整编数据是以 1 为起始年份，每十年进行一次整编，因此编制组选用1971年至2000年的数据整理计算形成了附录A。2010年底，标准编制进入末期，为了能使设计参数更具时效性，编制组又联合气象部门计算整理了以1981年至2010年为基础数据的室外空气计算参数。经过对比，1981年至2010年的供暖计算温度、冬季通风室外计算温度及冬季空气调节室外计算温度上升较为明显，夏季空气调节室外计算温度等夏季计算参数也有小幅上升。以北京为例，供暖计算温度为−6.9℃，已经突破了−7℃。不同统计年份下，北京、西安、乌鲁木齐、哈尔滨、广州、上海的室外空气计算参数比对情况见表20。

据气象学人士的研究：自20世纪60年代起，乌鲁木齐、青岛、广州等台站的年平均气温均表现为显著的升温趋势，21世纪前几年，极端最高气温的年际值都比多年平均值偏高。同时，20世纪60年代中

后期和70年代中期是极端低温事件发生的高频时段，70年代初和80年代初是极端高温事件发生的低频时段，90年代后期是极端高温事件发生的高频时期。因此，室外空气计算参数的结果也随之发生变化。表20可以看出1951～1980年的室外空气计算参数最低，这是由于1951～1980年是极端最低气温发生频率较高的时期；1971～2000年由于气温逐渐升高，室外空气气象参数也随之升高，1981～2010年则更高。考虑到近两年来冬季气温较往年同期有所下降，如果选用1981～2010年的计算数据，对工程设计，尤其是供暖系统的设计影响较大，为使数据具有一定的连贯性，编制组在广泛征求行业内部专家学者意见的基础上，最终决定选用1971～2000年作为本规范室外空气计算参数的统计期，形成附录A。

表19 部分台站夏季空调室外计算湿球温度参考值

市/区/自治州	咸阳	黔南州	博尔塔拉蒙古自治州	阿克苏地区	塔城地区	克孜勒苏柯尔克孜自治州
台站名称	武功	罗甸	精河	阿克苏	塔城	乌恰
	57034	57916	51334	51628	51133	51705
统计期	1981～2010	1981～2010	1981～2010	1981～2010	1981～2010	1981～2010
夏季空气调节室外计算湿球温度（℃）	27.0	27.8	26.2	25.7	22.9	19.4

表20 室外空气计算参数对比

台站名称及编号	北京			西安			乌鲁木齐		
	54511			57036			51463		
统计年份	1981～2010	1971～2000	1951～1980	1981～2005注1	1971～2000	1951～1980	1981～2010	1971～2000	1951～1980
年平均温度（℃）	12.9	12.3	11.4	14.2	13.7	13.3	7.3	7.0	5.7
采暖室外计算温度（℃）	−6.9	−7.6	−9	−3.0	−3.4	−5	−18.6	−19.7	−22
冬季通风室外计算温度（℃）	−3.1	−3.6	−5	0.3	−0.1	−1	−12.1	−12.7	−15
冬季空气调节室外计算温度（℃）	−9.4	−9.9	−12	−5.5	−5.7	−8	−23.1	−23.7	−27
冬季空气调节室外计算相对湿度（%）	43	44	45	64	66	67	78	78	80
夏季空气调节室外计算干球温度（℃）	34.1	33.5	33.2	35.2	35.0	35.2	33.0	33.5	34.1
夏季空气调节室外计算湿球温度（℃）	27.3	26.4	26.4	26.0	25.8	26	23.0	18.2	18.5
夏季通风室外计算温度（℃）	30.3	29.7	30	30.5	30.6	31	27.1	27.5	29
夏季通风室外计算相对湿度（%）	57	61	64	57	58	55	35	34	31
夏季空气调节室外计算日平均温度（℃）	29.7	29.6	28.6	31.0	30.7	30.7	28.1	28.3	29
极端最高气温（℃）	41.9	41.9	37.1	41.8	41.8	39.4	40.6	42.1	38.4
极端最低气温（℃）	−17.0	−18.3	−17.1	−14.7	−12.8	−11.8	−30	−32.8	−29.7

台站名称及编号	哈尔滨			广州			徐汇	上海注2
	50953			59287			58367	
统计年份	1981～2010	1971～2000	1951～1980	1981～2010	1971～2000	1951～1980	1971～1998	1951～1980
年平均温度（℃）	4.9	4.2	3.6	22.4	22.0	21.8	16.1	15.7
采暖室外计算温度（℃）	−23.4	−24.2	−26	8.2	8.0	7	−0.3	−2
冬季通风室外计算温度（℃）	−17.6	−18.4	−20	13.9	13.6	13	4.2	3
冬季空气调节室外计算温度（℃）	−26.6	−27.1	−29	6.0	5.2	5	−2.2	−4
冬季空气调节室外计算相对湿度（%）	71	73	74	70	72	70	75	75
夏季空气调节室外计算干球温度（℃）	30.9	30.7	30.3	34.8	34.2	33.5	34.4	34
夏季空气调节室外计算湿球温度（℃）	24.6	23.9	23.4	28.5	27.8	27.7	27.9	28.2
夏季通风室外计算温度（℃）	26.9	26.8	27	32.2	31.8	31	31.2	32
夏季通风室外计算相对湿度（%）	62	62	61	66	68	67	69	67
夏季空气调节室外计算日平均温度（℃）	26.6	26.3	26	31.1	30.7	30.1	30.8	30.4
极端最高气温（℃）	39.2	36.7	34.2	39.1	38.1	36.3	39.4	36.6
极端最低气温（℃）	−37.7	−37.7	−33.4	0.0	0.0	1.9	−10.1	−6.7

注1：西安站由于迁站或者台站号改变造成数据不完整，2006～2010 年数据缺失。

注2：上海市气象台站由于迁站等原因，数据十分不连续，基本基准站里仅徐汇站数据较为完整，且只有截止至 1998 年的数据。由于 1951～1980 年的数据没有徐汇站（或站名改变），台站编号不确定，故分开表示。

附录 C　夏季太阳总辐射照度

附录 D　夏季透过标准窗玻璃的太阳辐射照度

本规范附录 C 和附录 D 分 7 个纬度（北纬 20°、25°、30°、35°、40°、45°、50°），6 种大气透明度等级给出了太阳辐射照度值，表达形式比较简捷，而且概括了全国情况，便于设计应用。在附录 D 中，分别给出了直接辐射和散射辐射值（直接辐射与散射辐射值之和，即为相应时刻透过标准窗玻璃进入室内的太阳总辐射照度），为空气调节负荷计算方法的应用和研究提供了条件。根据当地的地理纬度和计算大气透明度等级，即可直接从附录 C、附录 D 中查到当地的太阳辐射照度值，从设计应用的角度看，还是比较方便的。

附录 E　夏季空气调节大气透明度分布图

夏季空气调节用的计算大气透明度等级分布图，

其制定条件是在标准大气压力下，大气质量 $M=2$，（$M=\dfrac{1}{\sin\beta}$，β—高度角，这里取 $\beta=30°$）。

根据附录 E 所标定的计算大气透明度等级，再按本规范第 4.2.4 条款 4.2.4 进行大气压力订正，即可确定出当地的计算大气透明度等级。这一附录是根据我国气象部门有关科研成果中给出的我国七月大气透明度分布图，并参照全国日照率等值线图改制的。

附录 F　加热由门窗缝隙渗入室内的冷空气的耗热量

本附录根据近年来冷风渗透的研究成果及其工程应用情况，给出了采用缝隙法确定多层和高层民用建筑渗透冷空气量的计算方法。

1　在确定 L_0 时，应用通用性公式（F.0.2-2）进行计算。原因是规范难以涵盖目前出现的多种门窗类型，且同一类型门窗的渗风特性也有不同。式（F.0.2-2）中的外门窗缝隙渗风系数 a_1 值可由供货方提供或根据现行国家标准《建筑外窗空气渗透性能分级及其检测方法》，按表 F.0.3-1 采用。

2　根据朝向修正系数 n 的定义和统计方法，v_0

应当与 $n=1$ 的朝向对应，而该朝向往往是冬季室外最多风向；若 n 值以一月平均风速为基准进行统计，v_0 应当取为一月室外最多风向的平均风速。考虑一月室外最多风向的平均风速与冬季室外最多风向的平均风速相差不大，且后者可较为方便地获得，故本附录式（F.0.2-2）中的 v_0 取为冬季室外最多风向的平均风速。

3 本附录采用冷风渗透压差综合修正系数 m，式（F.0.2-3）引入热压系数 C_r 和风压差系数 ΔC_f，使其成为反映综合压差的物理量。当 $m>0$ 时，冷空气渗入。

4 当渗透冷空气流通路径确定时，热压系数 C_r 仅与建筑内部隔断情况及缝隙渗风特性有关。因建筑日趋多样化，且确定 C_r 的解析值需求解非线性方程，获取 C_r 的理论值非常困难。本附录根据典型建筑门窗设置情况及其缝隙特性，通过对有关参数的数量级分析，提供了热压系数 C_r 的推荐值。一般认为，渗透冷空气经外窗、内（房）门、前室门和楼梯间（电梯间）门进入气流竖井。本规范表 F.0.3-2 中，若前室门或楼梯间（电梯间）设门，则 $0.2 \leqslant C_r \leqslant 0.6$；否则，$C_r \geqslant 0.6$。对于内（房）门也是如此。所谓密闭性好与差是相对于外窗气密性而言的。C_r 的幅值范围应为 $0\sim1.0$，但为便于计算且偏安全，可取下限为 0.2。有条件时，应进行理论分析与实测。

5 风压差系数 ΔC_f 不仅与建筑表面风压系数 C_f 有关，而且与建筑内部隔断情况及缝隙渗风特性有关。当建筑迎风面与背风面内部隔断等情况相同时，ΔC_f 仅与 C_f 有关；当迎风面与背风面 C_f 分别取绝对值最大，既 1.0 和 -0.4 时，$\Delta C_f=0.7$，可见该值偏安全。有条件时，应进行理论分析与实测。

6 因热压系数 C_r 对热压差均有作用，本附录中有效热压差与有效风压差之比 C 值的计算式（F.0.2-5）中不包括 C_r。

7 竖井计算温度 t'_n，应根据楼梯间等竖井是否采暖等情况经分析确定。

附录 G 渗透冷空气量的朝向修正系数 n 值

本附录给出的全国 104 个城市的渗透冷空气量的朝向修正系数 n 值，是参照国内有关资料提出的方法，通过具体地统计气象资料得出的。所谓渗透冷空气量的朝向修正系数，是 1971～1980 年累年一月份各朝向的平均风速、风向频率和室内外温差三者的乘积与其最大值的比值，即以渗透冷空气量最大的某一朝向 $n=1$，其他朝向分别采取 $n<1$ 的修正系数。在附录中所列的 104 个城市中，有一小部分城市 $n=1$ 的朝向不是采暖问题比较突出的北、东北或西北，而是南、西南或东南等。如乌鲁木齐南向 $n=1$，北向 $n=0.35$；哈尔滨南向 $n=1$，北向 $n=0.30$。有的单位反映这样规定不尽合理，有待进一步研究解决。考虑到各地区的实际情况及小气候因素的影响，为了给设计人员留有选择的余地，在附录的表述中给予一定灵活性。

附录 H 夏季空调冷负荷简化计算方法计算系数表

本附录依据典型房间计算得出，该典型房间是在广泛征集目前国内通常采用的公共建筑房间类型基础上确定的，具有较好的代表性。计算系数是利用本规范附录 A 的气象参数，参照国内外有关资料，对国内外主流空调冷负荷商业计算软件比对、分析、协调、统一、改进后，用多种软件共同计算获得的。计算结果考虑了不同软件的综合影响。

本附录依据典型房间确定各种类型辐射分配比例，设计人员可根据建筑的具体情况以及个人经验选择使用。

轻型房间典型内围护结构和重型房间典型内围护结构见表 21 和表 22。

表 21　轻型房间典型内围护结构

	材料名称	厚度 (mm)	密度 (kg/m³)	导热系数 [W/(m·K)]	热容 [J/(kg·K)]
内墙	加气混凝土	200	500	0.19	1050
楼板	钢筋混凝土	120	2500	1.74	920

表 22　重型房间典型内围护结构

	材料名称	厚度 (mm)	密度 (kg/m³)	导热系数 [W/(m·K)]	热容 [J/(kg·K)]
内墙	石膏板	200	1050	0.33	1050
楼板	钢筋混凝土	150	2500	1.74	920
	水泥砂浆	20	1800	0.93	1050

注：有空调吊顶的办公建筑，因吊顶的存在使房间的热惰性变大，计算时宜选重型房间的数据。

中华人民共和国国家标准

智能建筑设计标准

Standard for design of intelligent building

GB/T 50314—2006

主编部门：中华人民共和国建设部
批准部门：中华人民共和国建设部
施行日期：2007 年 7 月 1 日

中华人民共和国建设部
公 告

第 536 号

建设部关于发布国家标准
《智能建筑设计标准》的公告

现批准《智能建筑设计标准》为国家标准，编号为 GB/T 50314—2006，自 2007 年 7 月 1 日起实施。原《智能建筑设计标准》GB/T 50314—2000 同时废止。

本标准由建设部标准定额研究所组织中国计划出版社出版发行。

中华人民共和国建设部
二〇〇六年十二月二十九日

前　言

根据建设部"关于印发《二〇〇四年工程建设国家标准制定、修订计划》通知"（建标函［2004］67号）的要求，《智能建筑设计标准》编制组在认真总结实践经验，充分征求意见的基础上，对《智能建筑设计标准》GB/T 50314—2000 进行了修订。

本次修订在内容上进行了技术提升和补充完善，并按照各类建筑物的功能予以分类，以达到全面、科学、合理，使之更有效地满足各类建筑智能化系统工程设计的要求。

本标准共分为 13 章，主要内容是：总则、术语、设计要素（智能化集成系统、信息设施系统、信息化应用系统、建筑设备管理系统、公共安全系统、机房工程、建筑环境）、办公建筑、商业建筑、文化建筑、媒体建筑、体育建筑、医院建筑、学校建筑、交通建筑、住宅建筑、通用工业建筑。

本标准由建设部负责管理，由上海现代建筑设计（集团）有限公司负责具体技术内容解释，在执行本标准过程中，请各单位结合工程实践，认真总结经验，并将意见和建议寄送上海现代建筑设计（集团）有限公司（上海市石门二路 258 号，邮政编码 200041，电话 021-52524567；传真 021-62464000）。

本标准主编单位、参编单位和主要起草人：

主 编 单 位： 上海现代建筑设计（集团）有限公司
上海现代建筑设计（集团）有限公司技术中心
现代设计集团华东建筑设计研究院有限公司
现代设计集团上海建筑设计研究院有限公司

副主编单位： 北京市建筑设计研究院
中国电子工程设计院

参 编 单 位： 中国建筑设计研究院
中国建筑标准设计研究院
中国建筑东北设计研究院
新疆建筑设计研究院
京移通信设计院有限公司
江苏省土木建筑学会
公安部科技局
广州复旦奥特科技股份有限公司
上海华东电脑股份有限公司
太极计算机股份有限公司
霍尼韦尔自动化控制系统集团
上海国际商业机器工程技术有限公司
上海江森自控有限公司
西门子楼宇科技（天津）有限公司
美国康普国际控股有限公司

主要起草人： 温伯银　赵济安　邵民杰　吴文芳
瞿二澜　王小安　林海雄　成红文
陈众励　钱克文　徐钟芳　戴建国
李　军　章文英　洪元颐　谢　卫
张文才　李雪佩　孙　兰　刘希清
郭晓岩　张　宜　陆伟良　朱甫泉

目　次

1 总　则

1.0.1 为了规范智能建筑工程设计,提高智能建筑工程设计质量,制定本标准。

1.0.2 本标准适用于新建、扩建和改建的办公、商业、文化、媒体、体育、医院、学校、交通和住宅等民用建筑及通用工业建筑等智能化系统工程设计。

1.0.3 智能建筑工程设计,应贯彻国家关于节能、环保等方针政策,应做到技术先进、经济合理、实用可靠。

1.0.4 智能建筑的智能化系统设计,应以增强建筑物的科技功能和提升建筑物的应用价值为目标,以建筑物的功能类别、管理需求及建设投资为依据,具有可扩性、开放性和灵活性。

1.0.5 智能建筑工程设计,除应执行本标准外,尚应符合国家现行有关标准的规定。

2 术　语

2.0.1 智能建筑(IB)　intelligent building

以建筑物为平台,兼备信息设施系统、信息化应用系统、建筑设备管理系统、公共安全系统等,集结构、系统、服务、管理及其优化组合为一体,向人们提供安全、高效、便捷、节能、环保、健康的建筑环境。

2.0.2 智能化集成系统(IIS)　intelligented integration system

将不同功能的建筑智能化系统,通过统一的信息平台实现集成,以形成具有信息汇集、资源共享及优化管理等综合功能的系统。

2.0.3 信息设施系统(ITSI)　information technology system infrastructure

为确保建筑物与外部信息通信网的互联及信息畅通,对语音、数据、图像和多媒体等各类信息予以接收、交换、传输、存储、检索和显示等进行综合处理的多种类信息设备系统加以组合,提供实现建筑物业务及管理等应用功能的信息通信基础设施。

2.0.4 信息化应用系统(ITAS)　information technology application system

以建筑物信息设施系统和建筑设备管理系统等为基础,为满足建筑物各类业务和管理功能的多种类信息设备与应用软件而组合的系统。

2.0.5 建筑设备管理系统(BMS)　building management system

对建筑设备监控系统和公共安全系统等实施综合管理的系统。

2.0.6 公共安全系统(PSS)　public security system

为维护公共安全,综合运用现代科学技术,以应对危害社会安全的各类突发事件而构建的技术防范系统或保障体系。

2.0.7 机房工程(EEEP)　engineering of electronic equipment plant

为提供智能化系统的设备和装置等安装条件,以确保各系统安全、稳定和可靠地运行与维护的建筑环境而实施的综合工程。

3 设计要素

3.1 一般规定

3.1.1 智能建筑的智能化系统工程设计宜由智能化集成系统、信息设施系统、信息化应用系统、建筑设备管理系统、公共安全系统、机房工程和建筑环境等设计要素构成。

3.1.2 智能化系统工程设计,应根据建筑物的规模和功能需求等实际情况,选择配置相关的系统。

3.2 智能化集成系统

3.2.1 智能化集成系统的功能应符合下列要求:

1 应以满足建筑物的使用功能为目标,确保对各类系统监控信息资源的共享和优化管理。

2 应以建筑物的建设规模、业务性质和物业管理模式等为依据,建立实用、可靠和高效的信息化应用系统,以实施综合管理功能。

3.2.2 智能化集成系统构成宜包括智能化系统信息共享平台建设和信息化应用功能实施。

3.2.3 智能化集成系统配置应符合下列要求:

1 应具有对各智能化系统进行数据通信、信息采集和综合处理的能力。

2 集成的通信协议和接口应符合相关的技术标准。

3 应实现对各智能化系统进行综合管理。

4 应支撑工作业务系统及物业管理系统。

5 应具有可靠性、容错性、易维护性和可扩展性。

3.3 信息设施系统

3.3.1 信息设施系统的功能应符合下列要求:

1 应为建筑物的使用者及管理者创造良好的信息应用环境。

2 应根据需要对建筑物内外的各类信息,予以接收、交换、传输、存储、检索和显示等综合处理,并提供符合信息化应用功能所需的各种类信息设备系统组合的设施条件。

3.3.2 信息设施系统宜包括通信接入系统、电话交换系统、信息网络系统、综合布线系统、室内移动通信覆盖系统、卫星通信系统、有线电视及卫星电视接收系统、广播系统、会议系统、信息导引及发布系统、时钟系统和其他相关的信息通信系统。

3.3.3 通信接入系统应符合下列要求:

1 应根据用户信息通信业务的需求,将建筑物外部的公用通信网或专用通信网的接入系统引入建筑物内。

2 公用通信网的有线、无线接入系统应支持建筑物内用户所需的各类信息通信业务。

3.3.4 电话交换系统应符合下列要求:

1 宜采用本地电信业务经营者所提供的虚拟交换方式、配置远端模块或设置独立的综合业务数字程控用户交换机系统等方式,提供建筑物内电话等通信使用。

2 综合业务数字程控用户交换机系统设备的出入中继线数量,应根据实际话务量等因素确定,并预留裕量。

3 建筑物内所需的电话端口应按实际需求配置,并预留裕量。

4 建筑物公共部位宜配置公用的直线电话、内线电话和无障碍专用的公用直线电话和内线电话。

3.3.5 信息网络系统应符合下列要求:

1 应以满足各类网络业务信息传输与交换的高速、稳定、实用和安全为规划与设计的原则。

2 宜采用以太网等交换技术和相应的网络结构方式,按业务需求规划二层或三层的网络结构。

3 系统桌面用户接入宜根据需要选择配置 10/100 /1000 Mbit/s 信息端口。

4 建筑物内流动人员较多的公共区域或布线配置信息点不方便的大空间等区域,宜根据需要配置无线局域网络系统。

5 应根据网络运行的业务信息流量、服务质量要求和网络结构等配置网络的交换设备。

6 应根据工作业务的需求配置服务器和信息端口。

7 应根据系统的通信接入方式和网络子网划分等配置路由器。

8 应配置相应的信息安全保障设备。

9 应配置相应的网络管理系统。

3.3.6 综合布线系统应符合下列要求:

1 应成为建筑物信息通信网络的基础传输通道,能支持语音、数据、图像和多媒体等各业业务信息的传输。

2 应根据建筑物的业务性质、使用功能、环境安全条件和其他使用的需求,进行合理的系统布局和管线设计。

3 应根据缆线敷设方式和其所传输信息符合相关涉密信息保密管理规定的要求,选择相应类型的缆线。

4 应根据缆线敷设方式和其所传输信息满足对防火的要求,选择相应防护方式的缆线。

5 应具有灵活性、可扩展性、实用性和可管理性。

6 应符合现行国家标准《建筑与建筑群综合布线系统工程设计规范》GB/T 50311 的有关规定。

3.3.7 室内移动通信覆盖系统应符合下列要求:

1 应克服建筑物的屏蔽效应阻碍与外界通信。

2 应确保建筑的各种类移动通信用户对移动通信使用需求,为适应未来移动通信的综合性发展预留扩展空间。

3 对室内需屏蔽移动通信信号的局部区域,宜配置室内屏蔽系统。

4 应符合现行国家标准《国家环境电磁卫生标准》GB 9175 等有关的规定。

3.3.8 卫星通信系统应符合下列要求:

1 应满足各类建筑的使用业务对语音、数据、图像和多媒体等信息通信的需求。

2 应在建筑物相关对应的部位,配置或预留卫星通信系统天线、室外单元设备安装的空间和天线基座基础、室外馈线引入的管道及通信机房的位置等。

3.3.9 有线电视及卫星电视接收系统应符合下列要求:

1 宜向用户提供多种电视节目源。

2 应采用电缆电视传输和分配的方式,对需提供上网和点播功能的有线电视系统宜采用双向传输系统。传输系统的规划应符合当地有线电视网络的要求。

3 根据建筑物的功能需要,应按照国家相关部门的管理规定,配置卫星广播电视接收和传输系统。

4 应根据各类建筑内部的功能需要配置电视终端。

5 应符合现行国家标准《有线电视系统工程技术规范》GB 50200 有关的规定。

3.3.10 广播系统应符合下列要求:

1 根据使用的需要宜分为公共广播、背景音乐和应急广播等。

2 应配置多音源播放设备,以根据需要对不同分区播放不同音源信号。

3 宜根据需要配置传声器和呼叫站,具有分区呼叫控制功能。

4 系统播放设备宜具有连续、循环播放和预置定时播放的功能。

5 当对系统有精确的时间控制要求时,应配置标准时间系统,必要时可配置卫星全球标准时间信号系统。

6 宜根据需要配置各类钟声信号。

7 应急广播系统的扬声器宜采用与公共广播系统的扬声器兼用的方式。应急广播系统应优先于公共广播系统。

8 应合理选择最大声压级、传输频率性、传声增益、声场不均匀度、噪声级和混响时间等声学指标,以符合使用的要求。

3.3.11 会议系统应符合下列要求:

1 应对会议场所进行分类,宜按大会议(报告)厅、多功能大会议室和小会议室等配置会议系统设备。

2 应根据需求及有关标准,配置组合相应的会议系统功能,系统宜包括与多种通信协议相适应的视频会议电视系统;会议设备总控系统;会议发言、表决系统;多语种的会议同声传译系统;会议扩声系统;会议签到系统、会议照明控制系统和多媒体信息显示系统等。

3 对于会议室数量较多的会议中心,宜配置会议设备集中管理系统,通过内部局域网集中监控各会议室的设备使用和运行状况。

3.3.12 信息导引及发布系统应符合下列要求:

1 应能向建筑物内的公众或来访者提供告知、信息发布和演示以及查询等功能。

2 系统宜由信息采集、信息编辑、信息播控、信息显示和信息导览系统组成,宜根据实际需要进行系统配置及组合。

3 信息显示屏应根据所需提供观看的范围、距离及具体安装的空间位置及方式等条件合理选用显示屏的类型及尺寸。各类显示屏应具有多种输入接口方式。

4 宜设专用的服务器和控制器,宜配置信号采集和制作设备及选用相关的软件,能支持多通道显示、多画面显示、多列表播放和支持所有格式的图像、视频、文件显示及支持同时控制多台显示屏显示相同或不同的内容。

5 系统的信号传输宜纳入建筑物内的信息网络系统并配置专用的网络适配器或专用局域网或无线局域网的传输系统。

6 系统播放内容应顺畅清晰,不应出现画面中断或跳播现象,显示屏的视角、高度、分辨率、刷新率、响应时间和画面切换显示间隔等应满足播放质量的要求。

7 信息导览系统宜用触摸屏查询、视频点播和手持多媒体导览器的方式浏览信息。

3.3.13 时钟系统应符合下列要求:

1 应具有校时功能。

2 宜采用母钟、子钟组网方式。

3 母钟应向其他有时基要求的系统提供同步校时信号。

3.4 信息化应用系统

3.4.1 信息化应用系统的功能应符合下列要求:

1 应提供快捷、有效的业务信息运行的功能。

2 应具有完善的业务支持辅助的功能。

3.4.2 信息化应用系统宜包括工作业务应用系统、物业运营管理系统、公共服务管理系统、公众信息服务系统、智能卡应用系统和信息网络安全管理系统等其他业务功能所需要的应用系统。

3.4.3 工作业务应用系统应满足该建筑物所承担的具体工作职能及工作性质的基本功能。

3.4.4 物业运营管理系统应对建筑物内各类设施的资料、数据、运行和维护进行管理。

3.4.5 公共服务管理系统应具有进行各类公共服务的计费管理、电子账务和人员管理等功能。

3.4.6 公众信息服务系统应具有集合各类共用及业务信息的接入、采集、分类和汇总的功能,并建立数据资源库,向建筑物内公众提供信息检索、查询、发布和导引等功能。

3.4.7 智能卡应用系统宜具有作为识别身份、门钥、重要信息系统密钥,并具有各类其他服务、消费等计费和票务管理、资料借阅、物品寄存、会议签到和访客管理等管理功能。

3.4.8 信息网络安全管理系统应确保信息网络的运行保障和信息安全。

3.5 建筑设备管理系统

3.5.1 建筑设备管理系统的功能应符合下列要求：

1 应具有对建筑机电设备测量、监视和控制功能,确保各类设备系统运行稳定、安全和可靠并达到节能和环保的管理要求。

2 宜采用集散式控制系统。

3 应具有对建筑物环境参数的监测功能。

4 应满足对建筑物的物业管理需要,实现数据共享,以生成节能及优化管理所需的各种相关信息分析和统计报表。

5 应具有良好的人机交互界面及采用中文界面。

6 应共享所需的公共安全等相关系统的数据信息等资源。

3.5.2 建筑设备管理系统宜根据建筑设备的情况选择配置下列相关的各项管理功能：

1 压缩式制冷系统和吸收式制冷系统的运行状态监测、监视、故障报警、启停程序配置、机组台数或群控控制、机组运行均衡控制及能耗累计。

2 蓄冰制冷系统的启停控制、运行状态显示、故障报警、制冰与溶冰控制、冰库蓄冰量监测及能耗累计。

3 热力系统的运行状态监视、台数控制、燃气锅炉房可燃气体浓度监测与报警、热交换器温度控制、热交换器与热循环泵连锁控制及能耗累计。

4 冷冻水供、回水温度、压力与回水流量、压力监测、冷冻泵启停控制(由制冷机组自备控制器控制时除外)和状态显示、冷冻泵过载报警、冷冻水进出口温度、压力监测、冷却水进出口温度监测、冷却水最低回水温度控制、冷却水泵启停控制(由制冷机组自带控制器时除外)和状态显示、冷却水泵故障报警、冷却塔风机启停控制(由制冷机组自带控制器时除外)和状态显示、冷却塔风机故障报警。

5 空调机组启停控制及运行状态显示;过载报警监测;送、回风温度监测;室内外温、湿度监测;过滤器状态显示及报警;风机故障报警;冷(热)水流量调节;加湿器控制;风门调节;风机、风阀、调节阀连锁控制;室内 CO_2 浓度或空气品质监测;(寒冷地区)防冻控制;送回风机组与消防系统联动控制。

6 变风量(VAV)系统的总风量调节;送风压力监测;风机变频控制;最小风量控制;最小新风量控制;加热控制;变风量末端(VAVBOX)自带控制器时应与建筑设备监控系统联网,以确保控制效果。

7 送排风系统的风机启停控制和运行状态显示;风机故障报警;风机与消防系统联动控制。

8 风机盘管机组的室内温度测量与控制;冷(热)水阀开关控制;风机启停及调速控制。能耗分段累计。

9 给水系统的水泵自动启停控制及运行状态显示;水泵故障报警;水箱液位监测、超高与超低水位报警。污水处理系统的水泵启停控制及运行状态显示;水泵故障报警;污水集水井、中水处理池监视、超高与超低液位报警;漏水报警监视。

10 供配电系统的中压开关与主要低压开关的状态监测及故障报警;中压与低压主母排的电压、电流及功率因数测量;电能计量;变压器温度监测及超温报警;备用及应急电源的手动/自动状态、电压、电流及频率监测;主回路及重要回路的谐波监测与记录。

11 大空间、门厅、楼梯间及走道等公共场所的照明按时间程序控制(值班照明除外);航空障碍灯、庭院照明、道路照明按时间程序或按亮度控制和故障报警;泛光照明的场景、亮度按时间程序控制和故障报警;广场及停车场照明按时间程序控制。

12 电梯及自动扶梯的运行状态显示及故障报警。

13 热电联供系统的监视包括初级能源的监测;发电系统的运行状态监测;蒸汽发生系统的运行状态监视能耗累计。

14 当热力系统、制冷系统、空调系统、给排水系统、电力系统、照明控制系统和电梯管理系统等采用分别自成体系的专业监

控系统时,应通过通信接口纳入建筑设备管理系统。

3.5.3 建筑设备管理系统应满足相关管理需求,对相关的公共安全系统进行监视及联动控制。

3.6 公共安全系统

3.6.1 公共安全系统的功能应符合下列要求：

1 具有应对火灾、非法侵入、自然灾害、重大安全事故和公共卫生事故等危害人们生命财产安全的各种突发事件,建立起应急及长效的技术防范保障体系。

2 应以人为本、平战结合、应急联动和安全可靠。

3.6.2 公共安全系统宜包括火灾自动报警系统、安全技术防范系统和应急联动系统等。

3.6.3 火灾自动报警系统应符合下列要求：

1 建筑物内的主要场所宜选择智能型火灾探测器;在单一型火灾探测器不能有效探测火灾的场所,可采用复合型火灾探测器;在一些特殊部位及高大空间场所宜选用具有预警功能的线型光纤感温探测器或空气采样烟雾探测器等。

2 对于重要的建筑物,火灾自动报警系统的主机宜设有热备份,当系统的主用主机出现故障时,备份主机能及时投入运行,以提高系统的安全性、可靠性。

3 应配置带有汉化操作的界面,操作软件的配置应简单易操作。

4 应预留与建筑设备管理系统的数据通信接口,接口界面的各项技术指标均应符合相关要求。

5 宜与安全技术防范系统实现互联,可实现安全技术防范系统作为火灾自动报警系统有效的辅助手段。

6 消防监控中心机房宜单独设置,当与建筑设备管理系统和安全技术防范系统等合用控制室时,应符合本标准第3.7.3条的规定。

7 应符合现行国家标准《火灾自动报警系统设计规范》GB 50116、《高层民用建筑设计防火规范》GB 50045 和《建筑设计防火规范》GB 50016 等的有关规定。

3.6.4 安全技术防范系统应符合下列要求：

1 应以建筑物被防护对象的防护等级、建设投资及安全防范管理工作的要求为依据,综合运用安全防范技术、电子信息技术和信息网络技术等,构成先进、可靠、经济、适用和配套的安全技术防范体系。

2 系统宜包括安全防范综合管理系统、入侵报警系统、视频安防监控系统、出入口控制系统、电子巡查管理系统、访客对讲系统、停车库(场)管理系统及各类建筑物业务功能所需的其他相关安全技术防范系统。

3 系统应以结构化、模块化和集成化的方式实现组合。

4 应采用先进、成熟的技术和可靠、适用的设备,应适应技术发展的需要。

5 应符合现行国家标准《安全防范工程技术规范》GB 50348 等有关的规定。

3.6.5 应急联动系统应符合下列要求：

大型建筑物或其群体,应以火灾自动报警系统、安全技术防范系统为基础,构建应急联动系统。

1 应急联动系统应具有下列功能：

1)对火灾、非法入侵等事件进行准确探测和本地实时报警。

2)采取多种通信手段,对自然灾害、重大安全事故、公共卫生事件和社会安全事件实现本地报警和异地报警。

3)指挥调度。

4)紧急疏散与逃生导引。

5)事故现场紧急处置。

2 应急联动系统宜具有下列功能：

1)接受上级的各类指令信息。

2)采集事故现场信息。

3)收集各子系统上传的各类信息,接收上级指令和应急系统指令下达至各相关子系统。

4)多媒体信息的大屏幕显示。

5)建立各类安全事故的应急处理预案。

3 应急联动系统应配置下列系统:

1)有线/无线通信、指挥、调度系统。

2)多路报警系统(110、119、122、120、水、电等城市基础设施抢险部门)。

3)消防一建筑设备联动系统。

4)消防一安防联动系统。

5)应急广播一信息发布一疏散导引联动系统。

4 应急联动系统宜配置下列系统:

1)大屏幕显示系统。

2)基于地理信息系统的分析决策支持系统。

3)视频会议系统。

4)信息发布系统。

5 应急联动系统宜配置总控室、决策会议室、操作室、维护室和设备间等工作用房。

6 应急联动系统建设应纳入地区应急联动体系并符合相关的管理规定。

3.7 机房工程

3.7.1 机房工程范围宜包括信息中心设备机房、数字程控交换机系统设备机房、通信系统总配线设备机房、消防监控中心机房、安防监控中心机房、智能化系统设备总控室、通信接入系统设备机房、有线电视前端设备机房、弱电间(电信间)和应急指挥中心机房及其他智能化系统的设备机房。

3.7.2 机房工程内容宜包括机房配电及照明系统、机房空调、机房电源、防静电地板、防雷接地系统、机房环境监控系统和机房气体灭火系统等。

3.7.3 机房工程建筑设计应符合下列要求:

1 通信接入交接设备机房应设在建筑物内底层或在地下一层(当建筑物有地下多层时)。

2 公共安全系统、建筑设备管理系统、广播系统可集中配置在智能化系统设备总控室内,各系统设备应占有独立的工作区,且相互间不会产生干扰。火灾自动报警系统的主机及与消防联动控制系统设备均应设在其中相对独立的空间内。

3 通信系统总配线设备机房宜设于建筑(单体或群体建筑)的中心位置,并应与信息中心设备机房及数字程控用户交换机设备机房规划时综合考虑。弱电间(电信间)应独立设置,并在符合布线传输距离要求情况下,宜设置于建筑平面中心的位置,楼层弱电间(电信间)上下位置宜垂直对齐。

4 对电磁骚扰敏感的信息中心设备机房、数字程控用户交换机设备机房、通信系统总配线设备机房和智能化系统设备总控室等重要机房不应与变配电室及电梯机房贴邻布置。

5 各设备机房不应设在水泵房、厕所和浴室等潮湿场所的正下方或贴邻布置。当受土建条件限制无法满足要求时,应采取有效措施。

6 重要设备机房不宜贴邻建筑物外墙(消防控制室除外)。

7 与智能化系统无关的管线不得从机房穿越。

8 机房面积应根据各系统设备机柜(机架)的数量及布局要求而确定,并宜预留发展空间。

9 机房宜采用防静电架空地板,架空地板的内净高度及承重能力应符合有关规范的规定和所安装设备的荷载要求。

3.7.4 机房工程电源应符合下列要求:

1 应按机房设备用电负荷的要求配电,并应留有裕量。

2 电源质量符合有关规范或所配置设备的技术要求。

3 电源输入端应设电涌保护装置。

4 机房内设备应设不间断或应急电源装置。

3.7.5 机房照明应符合下列要求:

1 消防控制室的照明灯具宜采用无眩光荧光灯具或节能灯具,应由应急电源供电。

2 机房照明应符合现行国家标准《建筑照明设计标准》GB 50034 有关的规定。

3.7.6 机房设备接地应符合下列要求:

1 当采用建筑物共用接地时,其接地电阻应不大于 1Ω。

2 当采用独立接地极时,其电阻值应符合有关规范或所配置设备的要求。

3 接地引下线应采用截面 25mm² 或以上的铜导体。

4 应设局部等电位联结。

5 不间断或应急电源系统输出端的中性线(N 极),应采用重复接地。

3.7.7 机房的背景电磁场强度应符合现行国家标准《环境电磁波卫生标准》GB 9175 有关的规定。

3.7.8 机房应设专用空调系统,机房的环境温、湿度应符合所配置设备规定的使用环境条件及相应的技术标准。

3.7.9 根据机房的规模和管理的需要,宜设置机房环境综合监控系统。

3.7.10 机房工程应符合现行国家标准《电子计算机房设计规范》GB 50174 和《建筑物电子信息系统防雷技术规范》GB 50343 有关的规定。

3.8 建筑环境

3.8.1 建筑物的整体环境应符合下列要求:

1 应提供高效、便利的工作和生活环境。

2 应适应人们对舒适度的要求。

3 应满足人们对建筑的环保、节能和健康的需求。

4 应符合现行国家标准《公共建筑节能设计标准》GB 50189 有关的规定。

3.8.2 建筑物的物理环境应符合下列要求:

1 建筑物内的空间应具有适应性、灵活性及空间的开敞性,各工作区的净高应不低于 2.5m。

2 在信息系统线路较密集的楼层及区域宜采用铺设架空地板、网络地板或地面线槽等方式。

3 弱电间(电信间)应留有发展的空间。

4 应对室内装饰色彩进行合理组合。

5 应采取必要措施降低噪声和防止噪声扩散。

6 室内空调应符合环境舒适性要求,宜采取自动调节和控制。

3.8.3 建筑物的光环境应符合下列要求:

1 应充分利用自然光源。

2 照明设计应符合现行国家标准《建筑照明设计标准》GB 50034 有关的规定。

3.8.4 建筑物的电磁环境应符合现行国家标准《环境电磁波卫生标准》GB 9175 有关的规定。

3.8.5 建筑物内空气质量宜符合表 3.8.5 的要求。

表 3.8.5 空气质量指标

CO 含量率(×10⁻⁶)	<10
CO₂ 含量率(×10⁻⁶)	<1000
温度(℃)	冬天18~24,夏天22~28
湿度(%)	冬天30~60,夏天40~65
气流(m/s)	冬天<0.2,夏天<0.3

4 办公建筑

4.1 一般规定

4.1.1 本章适用于新建、扩建和改建的商务、行政和金融等办公建筑。

4.1.2 智能化系统的功能应符合下列要求：

1 应适应办公建筑物办公业务信息化应用的需求。

2 应具备高效办公环境的基础保障。

3 应满足对各类现代办公建筑的信息化管理需要。

4.1.3 办公建筑智能化系统可按本标准附录 A 配置。

4.2 商务办公建筑

4.2.1 多单位共用的办公建筑，应统筹规划配置电信接入设备机房。

4.2.2 信息网络系统应符合下列要求：

1 物业管理系统宜建立独立的信息网络系统。

2 自用办公单元信息网络系统宜考虑信息交换系统设备完整的配置。

3 建筑物的通信接入系统应由建设方或物业管理方统一建立，并将语音、数据等引入至出租或出售的办公单元或办公区域内。

4 出租或出售办公单元内的信息网络系统，宜由承租者或入驻的业主自行建设。

4.2.3 综合布线系统应符合下列要求：

1 对于多单位共用的办公建筑，宜由各单位建立各自独立的布线系统。

2 对于出租、出售型办公建筑，物业管理部门应统筹规划建设设备间、垂直主干线系统及楼层配线设备等。

3 对于办公建筑内区域范围较明确的，宜采用配置集合点的区域配线方式。

4.2.4 会议系统宜具有提供会议室或会议设备出租使用管理的便利性。

4.2.5 建筑设备管理系统宜考虑加强对区域管理和供能计量。

4.2.6 安全技术防范系统应符合现行国家标准《安全防范工程技术规范》GB 50348 有关规定。

4.3 行政办公建筑

4.3.1 通信接入设备系统宜根据具体工作业务的需要，将公用或专用通信网经光缆引入办公建筑内。可根据具体使用的需求，将通信光缆延伸至部分特殊用户工作区。

4.3.2 电话交换系统应根据办公建筑中各工作部门的管理职能和工作业务实际需求配置，并预留裕量。

4.3.3 信息网络系统应符合各类(级)行政办公业务信息网络传输的安全和可靠的要求。

4.3.4 综合布线系统应满足行政办公建筑内各类信息传输时安全、可靠和高速的要求，应根据工作业务需要及有关管理规定选择配置缆线及机柜等配套设备，系统宜根据信息传输的要求进行分类。

4.3.5 会议系统应根据所确定的有关使用功能要求，选择配置相应的会议系统设备。

4.3.6 安全技术防范系统应符合现行国家标准《安全防范工程技术规范》GB 50348—2004 第5.1节等的有关规定。

4.3.7 对于多机构合用的行政办公建筑，在符合使用要求的前提下，各个单位的信息网络主机设备宜集中设置在同一信息中心主机房。

4.3.8 涉及国家秘密的通信、办公自动化和计算机信息系统的通信或网络设备均应采取信息安全保密措施，涉密信息机房建设和设备的防护等应符合国家保密局颁布的有关规定。

4.4 金融办公建筑

4.4.1 通信接入系统根据具体工作业务的需要，宜将公用或专用通信网光缆引入金融办公建筑内。

4.4.2 信息网络系统应符合各类金融网络业务信息传输的安全、可靠和保密的规定进行分类配置；重要的网络系统设备应考虑冗余性、稳定性及系统扩容的要求。

4.4.3 综合布线系统的垂直干线系统和水平配线系统应具有扩展的能力。

4.4.4 卫星通信系统应满足对业务的数据及信息实时、远程通信的需求；应在建筑物相应部位，配置或预留卫星通信系统的天线、室外单元设备安装的空间、天线基座、室外馈线引入的管道和通信机房的位置等。

4.4.5 安全技术防范系统应符合现行国家标准《安全防范工程技术规范》GB 50348—2004 第4.3节等的有关规定。

5 商业建筑

5.1 一般规定

5.1.1 本章适用于新建、扩建和改建的商场、宾馆等商业建筑。

5.1.2 智能化系统的功能应符合下列要求：

1 应符合商业建筑的经营性质、规模等级、管理方式及服务对象的需求。

2 应构建集商业经营及面向宾客服务的综合管理平台。

3 应满足对商业建筑的信息化管理的需要。

5.1.3 商业建筑智能化系统工程的基本配置应符合下列要求：

1 信息网络系统应满足商业建筑内前台和后台管理和顾客消费的需求。系统应采用基于以太网的商业信息网络，并应根据实际需要宜采用网络硬件设备备份、冗余等配置方式。

2 多功能厅、娱乐等场所应配置独立的音响扩声系统，当该场合无专用应急广播系统时，音响扩声系统应与火灾自动报警系统联动作为应急广播使用。

3 在建筑物室外和室内的公共场所宜配置信息引导发布系统电子显示屏。

4 信息导引多媒体查询系统应满足人们对商业建筑电子地图、消费导航等不同公共信息的查询需求，系统设备应考虑无障碍专用多媒体导引触摸屏的配置。

5 应根据商业业务信息管理的需求，配置应用服务器设备和前、后台应用设备及前、后台相应的系统管理功能的软件。应建立商业数字化、标准化、规范化的运营保障体系。

6 安全技术防范系统应符合现行国家标准《安全防范工程技术规范》GB 50348—2004 第5.1节等的有关规定。

5.1.4 商业建筑智能化系统可按本标准附录 B 配置。

5.2 商 场

5.2.1 应在商场建筑内首层大厅、总服务台等公共部位，应配置公用直线和内线电话，并配置无障碍电话。

5.2.2 在商场建筑公共办公区域、会议室(厅)、餐厅和顾客休闲场所等处，宜配置商场或电信业务经营者宽带无线接入网的接入点设备。

5.2.3 综合布线系统的配线器件与缆线，应满足商业建筑千兆及以上以太网信息传输的要求，并预留信息端口数量和传输带宽的裕量。

5.2.4　商场每个工作区应根据业务需要配置相应的信息端口。

5.2.5　应配置室内移动通信覆盖系统。

5.2.6　在商场电视机营业柜台区域、商场办公、大小餐厅和咖啡茶座等公共场所处应配置电视终端。

5.2.7　当大型商场建筑中设有中小型电影院时,应配置数字视、音频播放设备和灯光控制等设备。

5.2.8　应配置商业信息管理系统,可根据商场的不同规模和管理模式配置前、后台相对应的系统管理功能的软件。前台系统应配置商品收银、餐饮收银、娱乐收银等系统设备;后台系统应配置财务、人事、工资和物流管理等系统设备。前台和后台应联网实现一体化管理。

5.2.9　应配置商场智能卡应用系统,建立统一发卡管理模式,并宜与商场信息管理系统联网。

5.3　宾　馆

5.3.1　应根据宾馆建筑对语音通信管理和使用上的需求,配置具有宾馆管理功能的电话通信交换设备。

5.3.2　应在宾馆建筑内总服务台、办公管理区域和会议区域处宜配置内线电话和直线电话,各层客人电梯厅、商场、餐饮、机电设备机房等区域处宜配置内线电话,在底层大厅等公共场所部位应配置公用直线和内线电话,并应配置无障碍电话。

5.3.3　应配置宾馆业务管理信息网络系统。

5.3.4　宜在宾馆公共区域、会议室(厅)、餐饮和公共休闲场所等处配置宽带无线接入网的接入点设备。

5.3.5　综合布线系统的配线器件与缆线应满足宾馆建筑对信息传输千兆及以上以太网的要求,并预留信息端口数量和传输带宽的裕量。

5.3.6　客房内宜根据服务等级配置供宾客上网的信息端口。

5.3.7　宜配置宽带双向有线电视系统、卫星电视接收及传输网络系统,提供当地多套有线电视、多套自制和卫星电视节目,以满足宾客收视的需求。电视终端安装部位及数量应符合相关的要求。

5.3.8　宜配置视频点播服务系统,供客人点播视、音频信息、收费电视节目等使用。

5.3.9　在餐厅、咖啡茶座等有关场所宜配置独立控制的背景音乐扩声系统,系统应与火灾自动报警系统联动作为应急广播使用。

5.3.10　在会议中心、中小型会议室、重要接待室等场所宜配置会议系统和灯光控制设备,同时在大型会议中心配置同声传译系统设备,以及在专用会议机房内配置远程电视会议接入和控制设备。

5.3.11　在各楼层、电梯厅等场所宜配置信息发布显示屏。

5.3.12　在宾馆室内大厅、总服务台等场所宜配置信息查询导引系统,并应符合残疾人和少儿客人对设备的使用要求。

5.3.13　应根据宾馆的不同规模和管理模式,建立宾馆信息管理系统,配置前台和后台相应的管理功能系统软件。前台系统应配置总台(预订、接待、问询和账务、稽核)、客房中心、程控电话、商务中心、餐饮收银、娱乐收银和公关销售等系统设备;后台系统应配置财务系统、人事系统、工资系统、仓库管理等系统设备。前台和后台宜联网进行一体化管理。

5.3.14　宾馆信息管理系统宜与宾馆电话交换机系统、客房门锁系统、智能卡系统、客房视频点播系统、远程查询预订系统连接。

5.3.15　应根据宾馆信息管理系统中操作人员职务等级或操作需求配置权限,并对系统中客房、餐饮、库房、娱乐等各项功能模块的操作权限进行控制。

5.3.16　应配置宾馆智能卡应用系统,建立统一发卡管理模式,系统宜与宾馆信息管理系统联网。

5.3.17　无障碍客房或高级套房的床边和卫生间应配置求助呼叫装置。

6　文化建筑

6.1　一般规定

6.1.1　本章适用于新建、扩建和改建的图书馆、博物馆、会展中心、档案馆等文化建筑。

6.1.2　智能化系统的功能应符合下列要求:

　　1　应满足文化建筑对文献和文物的存储、展示、查阅、陈列、学术研究及信息传递等功能需求。

　　2　应满足面向社会、公众信息的发布及传播,实现文化信息加工、增值和交流等文化窗口的信息化应用需要。

6.1.3　文化建筑智能化系统工程的基本配置应符合下列要求:

　　1　信息网络系统宜在图书阅览室、展览陈列区、会议和学术报告厅等公共区域内,配置与公用互联网或自用信息网络相联的无线网络接入设备。

　　2　综合布线系统应满足各类文化建筑的业务性质及其使用需求,应根据文化建筑使用功能的要求进行信息端口的合理布置:在图书阅览室、展览陈列区宜按多媒体展示的需求配置;文献、文物存储区宜按存放区域配置;行政、业务、学术研究等区域宜按工作人员职能岗位配置。

　　3　信息检索查询设备宜配置无障碍专用多媒体触摸屏查询设备和网络终端查询设备。

　　4　信息化应用系统应根据建筑的功能性质及具体应用需求,建立公共信息服务系统,通过多媒体发布、视频点播、检索查询等方式,为公众提供安全、方便、快捷、高效的信息服务。

　　5　建筑设备管理系统应符合下列要求:

　　6　建筑物内的有关环境参数,应按照文化建筑的库区、公共活动区、办公区等分别设定。

　　7　智能照明系统对各区域的控制应具有分区域就地控制、中央集中控制等方式。

6.1.4　文化建筑智能化系统可按本标准附录C配置。

6.2　图　书　馆

6.2.1　应配置声像制作、电子书库、电子阅览室和智能卡借阅登记系统。

6.2.2　建筑设备管理系统应符合下列要求:

　　1　应确保普通书库的通风、除尘过滤、温湿度等环境参数的控制要求。

　　2　对图书资料保存应符合有关规范的要求。

　　3　应满足对善本书库、珍藏书库、古籍书库、音像制品、光盘库房等场所温湿度及空气质量的控制要求。

6.2.3　安全技术防范系统应按照图书阅览、藏书、办公等划分不同防护区域,确定不同风险等级。

6.3　博　物　馆

6.3.1　安全技术防范系统应按照文化建筑的特点,将建筑内区域划分为库区、展厅、公众活动区和办公区。

6.3.2　应配置高速、可靠、大数据流、多媒体传输的信息平台,形成以采集、保护、管理和利用人类文化遗产资源的服务体系。

6.3.3　宜建立考古远程接入与发布系统,考古人员在外作业期间,可通过有线或无线网络与博物馆取得联系,也可以通过虚拟专用网络来获得博物馆信息库中的相关资料,同时通过网络系统将现场的资料和信息发送到博物馆。

6.3.4　公众信息系统宜配置触摸屏、多媒体播放屏、语音导览、多媒体导览器等设备,并配置适量的手持式多媒体导览器,满足观众视、听等特殊需求。

6.3.5 宜配置网络远程接入系统,满足博物馆管理人员远程及异地访问本馆授权服务器、查询信息,实现远程办公功能。

6.3.6 公共服务管理系统宜配置客流分析系统,系统应在主要出入口和人流密度需要控制的场合,系统的功能应符合下列要求:

　　1 应确保客流量不超过限定值。

　　2 应根据各出入口的人流量及时进行疏导。

　　3 应在发生事故时及时反馈现场情况。

6.3.7 工作业务系统应满足文物保存、展出和馆藏信息内外交流的需求;具有对考古、研究和文物调查追踪工作提供快速的信息服务和基于互联网的展示、研究和交流的功能,实现博物馆信息化应用的功能。

6.3.8 建筑设备管理系统应符合下列要求:

　　1 应满足文物对环境安全的控制要求,避免腐蚀性物质、CO_2、温度、湿度、风化、光照和灰尘等对文物的影响。

　　2 应确保对展品的保护,减少照明系统各光辐射的损害。

　　3 应对文物熏蒸、清洗、干燥等处理、文物修复等工作区的各种有害气体浓度实时监控。

6.3.9 安全技术防范系统应符合现行国家标准《安全防范工程技术规范》GB 50348—2004 第 4.2 节的有关规定和《文物系统博物馆安全防范工程设计规范》GB/T 16571 的有关规定。

6.4 会展中心

6.4.1 智能化系统结构模式宜根据会展中心展厅分散、展区分布广的特点,采用分层及集中与分散相结合的方式,并可按展厅或区域的划分设置分控中心;分控中心应独立完成该分控区域的系统功能。

6.4.2 综合布线系统应适应灵活布展的需求,宜根据展位分布情况配置信息端口。

6.4.3 宜根据展位分布情况配置有线电视终端。

6.4.4 信息化应用系统应满足会展中心的展览、会议、商贸洽谈、信息交流、通信、广告、休闲、娱乐和办公等需求。

6.4.5 宜配置网上展览系统。

6.4.6 宜配置客流统计系统。

6.4.7 建筑设备管理系统应具有检测会展场(馆)的空气质量和调节新风量的功能。

6.4.8 安全技术防范系统根据会展中心建筑客流大、展位多,且展品开放式陈列的特点,采取合理的人防、技防配套措施,确保开展期间人员安全、公共秩序和闭展时展品的安全,系统应符合现行国家标准《安全防范工程技术规范》GB 50348 的有关规定。

6.4.9 展厅的广播系统应根据面积、空间高度选择扬声器的类型、功率和合理布局,以满足最佳扩声效果。

6.4.10 火灾自动报警系统应根据展厅面积大、空间高的结构特点,采取合适的火灾探测手段。

6.5 档案馆

6.5.1 应建立符合相关管理部门使用要求的信息网络系统。

6.5.2 建筑设备管理系统应满足对档案资料防护的有关规定。

6.5.3 安全技术防范系统应符合现行国家标准《安全防范工程技术规范》GB 50348 的有关规定。

7 媒体建筑

7.1 一般规定

7.1.1 本章适用于新建、扩建和改建的中型及以上剧(影)院和广播电视业务等媒体建筑。

7.1.2 智能化系统的功能应符合下列要求:

　　1 应满足媒体业务信息化应用和媒体建筑信息化管理的需要。

　　2 应具备媒体建筑业务设施的基础保障条件。

7.1.3 媒体建筑智能化系统工程的基本配置应符合下列要求:

　　1 综合布线系统应能满足媒体建筑对通信网络、电视制播应用要求。

　　2 有线电视系统应满足数字电视信号传输发展的需求,系统应能将建筑物内的剧场、演播室的节目以及现场采访情况的实时信息传输至电视前端室或节目制播机房。

　　3 在演播室、剧场、直播室、录音室、配音室宜设无线屏蔽系统,系统应屏蔽所有频段的移动通信信号,或能根据实际需要进行控制和管理。

　　4 在剧场、演播室等开展大型活动的地方宜预留拾音器传输接口,满足区域广播的需求。

　　5 扩声系统的供电应采用独立的电源回路。

　　6 演播室、剧场等人员密集场所不应直接进行应急广播,应采取自动火灾报警系统二次确认方式进行疏散广播。

　　7 根据媒体建筑的特点和业务需求,以实现票务管理系统的业务为平台,集成智能卡管理、媒体资产管理、物业管理、办公管理等系统和数字化网站系统等应用系统。

　　8 在剧场或演播室出入口、贵宾出入口以及化妆室等处应配置自动寄存系统,自动对柜门进行管理。系统应具有友好的操作界面,并具有语音提示功能。

　　9 应配置人流统计分析系统,系统的功能要求应符合本标准第 6.3.7 条的规定。

　　10 售检票系统应配置观众查询和售票终端,为观众提供票座等级和销售的情况,并能动态地显示剧场内座位的详细信息;系统具有提供购票价区、分区和指定座位查询座位信息功能;系统应运行在互联网平台上,通过互联网进行实时的售票信息交换和能提供异地售票功能。

　　11 门户网站系统通过互联网建立对外发布各种信息,并可进行交流沟通;系统留有与办公自动化应用软件的数据接口,方便访问其他的系统。

　　12 建筑设备管理系统应满足室内空气质量、温湿度、新风量等控制要求。

　　13 照明控制系统应对公共区域的照明、室外环境照明、泛光照明、演播室、舞台、观众席、会议室照明进行控制,应具有多种场景控制方式,包括就地控制、遥控、中央管理室的集中控制,根据光线的变化、现场模式需求及客流情况的自动控制等控制方式。

　　14 各弱电系统和工艺视、音频系统应统一规划,应根据系统的设备所处的电磁环境做好电磁兼容性保护。

7.1.4 媒体建筑智能化系统可按本标准附录 D 配置。

7.2 剧(影)院

7.2.1 应符合国家现行标准《剧场建筑设计规范》JGJ 57、《电影院建筑设计规范》JGJ 58 标准的有关规定。

7.2.2 通信网络系统应满足进行大型电视信号转播的需要,并预留电视信号接口。系统能将剧场节目和现场采访情况的实时信息传输至电视前端室。

7.2.3 综合布线系统应在舞台、舞台监督、声控室、灯控室、放映室、资料室、技术用房、化妆间、票务室和售票处等处配置信息端口。

7.2.4 有线电视系统应在舞台、舞台监督、放映室、化妆室、录音棚、技术用房和休息厅等处配置电视终端。

7.2.5 视频安防监控系统应在剧场内、放映室、候场区和售票处等处配置摄像机。

7.2.6 剧场、电影院、演播室的建声设计与电声设计应互为密切配合。

7.2.7 舞台监督通信指挥系统,宜具有群呼、点呼、声、光等通信的功能,在灯控室、声控室、舞台机械操作台、演员化妆休息室、候场室、服装室、乐池、追光灯室、面光桥、前厅和贵宾室等位置宜配置舞台监督对讲终端机。

7.2.8 舞台监视系统应作为独立的视频监视系统,能分别观察前后台演职员和剧场内的实况。系统的摄像机应设在舞台演员下场口上方和观众席挑台(或后墙),舞台内摄像机应配置云台。在灯控室、声控室、舞台监督主控台、演员休息室、贵宾室、前厅和观众休息厅等位置宜配置监视器。

7.2.9 信息显示系统应实现演出信息发布、信息提示、广告发布等功能,信息显示系统的终端宜设置在入口大堂和售票处。

7.3 广播电视业务建筑

7.3.1 通信接入网系统除公用通信网接入的光缆、铜缆外,还包括预留至电视发射塔信号传输的光缆通道及至音像资料馆和广电局信息传输的光缆通道。

7.3.2 信息网络系统在演播室、演员/导演休息厅、舞台监督、候播区、大开间办公区域、高级贵宾室、大会议室、阅览室和休息区域等处,宜取无线局域网络的方式。

7.3.3 综合布线系统信息点相对集中的区域,宜采用区域布线的方式。应在演播室、导控室、音控室、配音间、灯光控制室、立柜机房、主控机房、播出机房、制作机房、传输机房、录音棚、化妆室、资料室和微波机房等技术用房处配置信息端口。

7.3.4 有线电视系统应提供多种电视信号节目源。

7.3.5 有线电视系统应在演播室、导控室、音控室、配音间、主控机房、播出机房、制作机房、传输机房、录音棚、化妆室、资料室和候播区等技术用房处配置电视终端。

7.3.6 视频安防监控系统应在演播室、开放式演播室、播出中心机房、导控室、主控机房、传输机房和候播区等处配置摄像机。

7.3.7 在大厅出入口处、导控室、演播室、传输机房、制作机房、新闻播出机房、主控机房、分控机房、通信中心机房、数据中心机房和节目库等处,宜配置与智能卡系统兼容的出入口控制系统。

7.3.8 会议系统宜集中管理,通过内部网络对会议设备进行合理的分配和有效的管理。

7.3.9 信息显示系统应具有信息提示通知、形象宣传、客流疏导和广告发布等业务信息发布和内部交通导航的功能,系统信息显示终端宜配置在入口大堂、底层电梯厅、电梯转换层、候播区和参观通道。

7.3.10 电视播控中心宜由频道播出机房(硬盘上载机房)、信号传送接收机房和总控机房等组成。

7.3.11 工作业务系统应以电视新闻系统为主导,管理记者的外出采访、上载编辑、配音(字幕、特技)、串编、审稿、新闻播出等制作过程。

7.3.12 演播室内部通话系统应以导演为核心,与所有相关工作人员相连,形成内部区域通话系统,确保导演与摄像人员之间为常通状态。

7.3.13 内部监视系统应在演播室、导控室、音控室配置监视器,用于对节目输出、播出返送和播出数据与系统内各信号源进行监视,系统应具有主监、预监和技术、音控及灯光监看功能。

7.3.14 内部监听系统应在导控室、音控室内分别设监听音箱,用于监听节目主输出信号。在导控室、音控室和立柜室配置视音频测量装置,用于监听音、视频信号状态。

7.3.15 时钟系统宜以母钟为基准信号,并在导控室、音控室、灯光控制室、演播区、立柜机房等处配置数字显示子钟,系统时钟显示器可显示标准时间、正计时、倒计时,并可由人工设定。

7.3.16 广播直播室应具有对建筑声学、空调通风系统的运行可靠性及对噪声抑制的控制功能,应以数字化系统的设备配置和音频工作站应用的网络布线作为多媒体广播,还应留有电视摄像和

7.3.17 应配置独立的广播电视工艺缆线竖井,按功能分别预留垂直和水平的工艺线槽,制作和播控等技术用房内缆线宜采用地板下走线方式。

7.3.18 为确保广播电视节目制作系统安全可靠,工艺系统宜采用单独接地方式,其电阻值应符合有关规范和所配置设备使用的技术条件的规定。

8 体育建筑

8.1 一般规定

8.1.1 本章适用于新建、扩建和改建的各类体育场、体育馆、游泳馆等体育建筑。

8.1.2 智能化系统的功能应符合下列要求:

1 应满足体育竞赛业务信息化应用和体育建筑的信息化管理的需要。

2 应具备体育竞赛和其他多功能使用环境设施的基础保障。

3 应统筹规划、综合利用,充分兼顾体育建筑赛后的多功能使用和运营发展。

8.1.3 体育建筑智能化系统工程的基本配置应符合下列要求:

1 通信接入系统应支持体育建筑内所需的各类信息通信业务。

2 电话交换系统应满足体育赛事和其他活动对通信多功能的需求,为观众、运动员、新闻媒体和其他活动举办者提供方便、快捷、高效、可靠的通信服务。

3 信息网络系统应具备为新闻媒体在大型国内和国际赛事提供信息服务的条件。

4 综合布线系统应满足体育建筑内信息通信的要求;应充分兼顾场(馆)赛事期间使用和场(馆)赛后多功能应用的需求,为场(馆)智能化系统的发展创造条件。

5 卫星及有线电视系统应满足场(馆)的实际需要,应与体育工艺的电视转播、现场影像采集及回放系统、竞赛成绩发布系统相联。

6 广播系统应符合下列要求:

1)应包括场(馆)公共广播、场(馆)竞赛信息广播和场(馆)应急广播系统;系统应在除竞赛区、观众看台区外的公共区域和场(馆)工作区等区域配置;系统应与场地扩声系统在设备配置上互相独立,系统间应实现互联,在需要时实现同步播音。

2)应根据场(馆)的功能分区、场(馆)的防火分区、竞赛信息广播控制、应急广播控制和广播线路由等因素确定系统的输出分路。

3)公共广播系统、场(馆)的竞赛信息广播系统、场(馆)的应急广播系统可共用扬声器和前端设备。

4)广播系统的用户分路应不大于消防系统的防火分区,并且不得跨越防火分区。

5)竞赛信息广播系统独立配置时,应与公共广播系统和应急广播系统联动。

6)竞赛信息广播系统应保证运动员区、竞赛管理区和所对应的出入口、竞赛热身场地有足够的声压级,并应声音清晰、声音均匀。

7)当发生紧急事件时,应急广播系统应具有最高优先级。

7 信息显示系统应符合下列要求:

1)应具有竞赛信息显示和彩色视频显示功能。

2)应根据场(馆)举办体育赛事的级别和竞赛项目的特点确定配置系统的信息显示屏。显示屏的数量应符合国际单

项体育联合会的要求,尺寸应根据场(馆)规模、观众视觉距离来确定,应满足文字的最小高度和最大观看距离的关系、竞赛信息显示屏显示的信息行数和列数的最低要求、LED全彩显示屏视频画面的最小解析度要求等。

3)显示屏宜根据场(馆)的类别、性质和规模,采取两侧配置、分散配置或在场地中央上方集中配置。

4)应具备多种传输介质进行远距离信号传输的能力,应具备可接收多种制式视频信号的标准数据接口和多种标准视频接口。

5)应与计时记分及现场成绩处理、有线电视、电视转播、现场影像采集和回放等系统相联。

6)屏幕显示系统控制室宜根据体育场(馆)举办体育赛事的级别要求,确定独立配置或场(馆)中其他系统的控制室组合配置。

8 体育建筑信息化应用系统是服务体育赛事的专用系统,应根据体育场(馆)的类别、规模及等级选择配置,宜包括计时记分、现场成绩处理、售验票、电视转播和现场评论、主计时时钟、升旗控制和竞赛中央控制等系统。

9 火灾自动报警系统对报警区域和探测区域的划分,应结合体育场(馆)赛事期间功能分区;对于高大空间的竞赛、训练场(馆)、新闻发布厅等,应采取相应行之有效的火灾探测方式,确保其安全可靠性;系统应采取声光报警方式。

10 安全技术防范系统应满足下列要求:

1)应根据体育场、馆的规模,建立应急联动系统,以预防和处置突发事件。

2)应根据体育建筑场(馆)的使用功能和需求,宜配置安防信息综合管理、入侵报警、视频安防监控、出入口控制和电子巡查管理等系统。

3)入侵报警系统应对体育建筑的周界、重要机房、国旗和奖牌存放室、枪械等设备仓库等重点部位的非法入侵进行实时有效的探测和报警。

4)视频安防监控系统应对体育建筑的周界区域、出入口、进出通道、门厅、公共区域、重要休息室通道、重要机房、国旗和奖牌存放室、新闻中心、停车场等重要部位和场所进行有效的图像监视和记录,应为安防中心和消防控制室提供图像信号,应具有确保重大赛事和活动时扩展监控范围扩展能力。

5)出入口控制系统应配置在体育建筑出入口、重要办公室、重要机房、国旗和奖牌存放室、枪械仓库、设备间和监控室等处。

6)电子巡查系统巡查点宜设在主要出入口、主要通道、紧急出入口和各重要部位。

7)应根据体育场(馆)举办赛事的级别,系统留为举办大型国内或国际赛事时可扩展的余地。

8.1.4 体育建筑智能化系统可按本标准附录 E 配置。

8.2 体 育 场

8.2.1 体育场内扩声系统宜单独配置,系统宜采用临时或移动扩声系统满足场内集会、文艺演出等多功能应用的需要,系统应根据体育场的不同区域配置相应的系统及相应的广播回路;宜为场内屏幕显示系统、广播等系统配置音频接口,满足视频播放及公共广播系统对音频的需求。

8.2.2 应根据体育场的用途、规模、形状和混响时间要求等,合理布置扬声器,确保竞赛场地、观众席的音响效果达到有关规定的要求。

8.2.3 体育场智能化系统的室外终端设备应采取防雷措施。

8.3 体 育 馆

8.3.1 体育馆的体操竞赛的音乐重放系统等扩声系统应单独进行配置,该系统应与馆内观众席扩声相互连通。

8.3.2 体育馆扩声系统宜采用临时或移动扩声系统方式,满足馆内集会、文艺演出等多功能应用扩声需要,系统应根据体育馆的不同区域配置相应的系统及相应的广播回路,宜为馆内屏幕显示、广播等系统配置音频接口,满足视频播放及公共广播系统对音频的需求。

8.3.3 建筑设备管理系统应根据体育馆的用途、规模、形状、空间体积和混响时间要求等,合理布置扬声器。确保竞赛场地、观众席的音响效果达到有关规定的要求。

8.3.4 应根据空调分区和相关区域的环境参数要求对竞赛区和观众区的空调系统进行相应的控制与管理。

8.4 游 泳 馆

8.4.1 游泳馆的水下扩声等系统应单独配置。系统宜采用临时或移动扩声系统方式,满足馆内多功能应用的扩声需要。系统应根据游泳馆的不同区域配置相应的系统及相应的广播回路,系统宜为馆内屏幕显示、广播系统配置音频接口,满足视频播放及公共广播系统对音频的需求。

8.4.2 应根据游泳馆规模、形状、空间体积和混响时间要求等,合理布置扬声器。确保竞赛场地、观众席的音响效果达到有关规定的要求。

8.4.3 建筑设备管理系统应根据空调分区和相关区域的环境参数的设定要求,对竞赛区域、观众区的空调系统进行相应的管理。

8.4.4 应根据游泳和跳水赛事的特点,对馆内的计时记分、裁判员评判系统进行相应的布置。

9 医 院 建 筑

9.1 一 般 规 定

9.1.1 本章适用于新建、改建和扩建的二级及以上综合性医院等医院建筑。

9.1.2 智能化系统的功能应符合下列要求:

1 应满足医院内高效、规范与信息化管理的需要。

2 应向医患者提供"有效地控制医院感染、节约能源、保护环境,构建以人为本的就医环境"的技术保障。

9.1.3 医院建筑智能化系统可按本标准附录 F 配置。

9.2 综 合 性 医 院

9.2.1 通信接入系统应支持医院内各类信息业务,满足医院业务的应用需求。

9.2.2 电话交换系统应根据医院的业务需求,配置相应的无线数字寻呼系统或其他组群方式的寻呼系统,以满足医院内部紧急呼的要求。

9.2.3 信息网络系统应符合下列要求:

1 应稳定、实用和安全。

2 应为医院信息管理系统(HIS)、临床信息系统(CIS)、医学影像系统(PACS)、放射信息系统(RIS)、远程医疗系统等医院信息系统服务,系统应具备高宽带、大容量和高速率,并具备将来扩容和带宽升级的条件。

3 桌面用户接入宜采用 10/100 Mbit/s 自适应方式,部分医学影像、放射信息等系统的高端用户宜采用 1000 Mbit/s 自适应或光纤到端口的接入方式。

4 应满足网络运行的安全性和可靠性要求进行网络设备配置,并采用硬件备份、冗余等方式。

5 应根据医院工作业务需求配置服务器。

6 应采用硬件或多重操作口令的安全访问认证控制方式。

9.2.4 室内移动通信覆盖系统的覆盖范围和信号功率应确保医疗设备的正常使用和患者的安全。

9.2.5 有线电视系统应向需收看电视节目的病员、医护人员提供本地有线电视节目或卫星电视及自制电视节目,应能在部分患者收看时不应影响其他患者的休息。

9.2.6 信息查询系统应在出入院大厅、挂号收费处等公共场所配置供患者查询的多媒体信息查询端机,系统能向患者提供持卡查询实时费用结算的信息,并应与医院信息管理系统联网。

9.2.7 医用对讲系统应符合下列要求:

1 病区各护理单元应配置护士站与患者床头间的双向对讲呼叫系统,并在病房外门上方或走道设有灯显设备,各护理单元间宜实现联网,病房内卫生间应配置求助呼叫设备。

2 手术区应配置护士站与各手术室之间的双向对讲呼叫系统。

3 各导管室与护士站之间应配置双向对讲呼叫系统。

4 重症监护病房(ICU)、心血管监护病房(CCU)应配置护士站与各病床之间的双向对讲呼叫系统。

5 妇产科应配置护士站与各分娩室间的双向对讲呼叫系统。

6 集中输液室与护士站之间应配置呼叫系统。

9.2.8 各科候诊区、检查室、输液室、配药室等处宜设立排队叫号系统,宜配置就诊取票机、专用叫号业务广播和电子信息显示装置。

9.2.9 医用探视系统应具有对不能直接探望患者的探望者,提供进行内外双向互为图像可视及音频对讲通话的功能。

9.2.10 医院宜根据需要配置展示手术、会诊等实况的视频示教系统,视频示教系统应符合下列要求:

1 应满足视、音频信息的传输、控制、显示、编辑和存储的需求,应具有提供远程示教功能。

2 应提供操作权限的控制。

3 应实现手术室与教室间的音频双向传输。

4 视频图像应满足高分辨率的画质要求,且图像信息无丢失现象。

9.2.11 医院信息化应用系统应支持各类医院建筑的医疗、服务、经营管理以及业务决策。系统宜包括电子病历系统(CPR)、医学影像系统、放射信息系统(RIS)、实验室信息系统、病理信息系统、患者监护系统、远程医疗系统等医院信息管理系统和临床信息系统。

9.2.12 建筑设备管理系统宜根据医疗工艺要求配置,系统应符合下列要求:

1 应对氧气、笑气、氮气、压缩空气、真空吸引等医疗用气的使用进行监视和控制。

2 应对医院污水处理的各项指标进行监视,并对其工艺流程进行控制和管理。

3 应对有空气污染源的区域的通风系统进行监视和负压控制。

9.2.13 洁净手术室宜采用独立的设备管理系统,手术室设备控制屏宜符合下列要求:

1 宜具有显示当前、手术、麻醉时间;显示手术室内温、湿度等参数;显示风速、室内静压、空气净化等参数。

2 宜具有时间、温度、湿度和净化空调机组的送风量等预设功能,并能发出时间提示信号。

3 宜有对控制净化空调机组的启、停和风机转速;排风机、无影灯、看片灯、照明灯、摄像机和对讲机等设备的控制功能。

9.2.14 火灾自动报警系统宜配置声光报警装置。

9.2.15 安全技术防范系统应符合医院建筑的安全防范管理的规定,宜配置下列系统:

1 安全防范综合管理系统。

2 入侵报警系统应符合下列要求:

1)宜在医院计算机机房、实验室、财务室、现金结算处、药库、医疗纠纷会议室、同位素室及同位素物料区、太平间等贵重物品存放处及其他重要场所,配置手动报警按钮或其他入侵探测装置;

2)报警装置应与视频探测摄像机和照明系统联动,在发生报警时同步进行图像记录。

3 视频监控系统应符合医院内部的管理要求。

4 出入口控制系统应根据医疗工艺对区域划分的要求,在行政、财务、计算机机房、医技、实验室、药库、血库、各放射治疗区、同位素室及同位素物料区以及传染病院的清洁区、半污染区和污染区等处配置出入口控制系统,系统应符合下列要求:

1)应有可靠的电源以确保系统的正常使用;

2)应与消防报警系统联动,当发生火灾时应确保开启相应区域的疏散门和通道;

3)宜采用非接触式智能卡。

5 电子巡查管理系统宜结合出入口控制系统进行配置。

6 医疗纠纷会谈室宜配置独立的图像监控、语音录音系统。系统宜具有视、音频信息的显示和存储、图像信息与时间和字符叠加的功能。

7 医院的消防安全保卫控制室内,宜建立应急联动指挥的功能模块,以预防和处置突发事件。

10 学校建筑

10.1 一般规定

10.1.1 本章适用于新建、扩建和改建的普通全日制高等院校、高级中学和高级职业中学、初级中学和小学、托儿所和幼儿园等学校建筑。

10.1.2 智能化系统的功能应符合下列要求:

1 应满足各类学校的教学性质、规模、管理方式和服务对象业务等需求。

2 应适应各类学校教师对教学、科研、管理以及学生对学习、科研和生活等信息化应用的发展。

3 应为高效的教学、科研、办公和学习环境提供基础保障。

10.1.3 学校建筑智能化系统工程的基本配置应符合下列要求:

1 学校建筑信息化应用系统宜包括教学、科研、办公和学习业务应用管理系统、数字化教学系统、数字化图书馆系统、门户网站、校园资源规划管理系统、建筑物业管理系统、校园智能卡应用系统、校园网安全管理系统,及各类学校建筑根据业务功能需求所设的其他应用系统。

2 综合布线系统配置应满足学校语音、数据和图像等多媒体业务信息传输需求,在各单体建筑内相应的工作区均应配置信息端口。

3 子母时钟系统或单体时钟的显示设备宜配置在学校室外的总体和钟楼上及各单体建筑内。

4 宜配置安全技术防范系统。

10.1.4 学校建筑智能化系统可按本标准附录 G 配置。

10.2 普通全日制高等院校

10.2.1 通信接入系统的设备宜设置在院校某一单体建筑的电信

专用机房内。宜将学校建筑外部的公用通信网或教育专网的光缆、铜缆线路系统,分别引入电信专用机房中,并可根据实际需求,将线缆延伸至学校单体建筑内。

10.2.2 信息网络系统应符合下列要求:

1 学校物业管理系统宜运行在校园信息网络上。

2 信息网络系统的交换机、服务器和网络终端设备的配置,应满足学校办公和多媒体教学的需求。

3 学校教学楼、行政楼、会议中心(厅)、图书馆、体育场(馆)、学生宿舍、校园休闲场所和流动人员较多的公共区域等有关场所处,宜配置与公用互联网或校园信息网络相联的无线网络接入设备。

10.2.3 在学校的大小餐厅、宾馆或招待所等有关场所内,宜配置独立的背景音乐设备,满足各场所内对背景音乐和公共广播信息的需求,并应与应急广播系统实现互联。

10.2.4 学校会议中心(厅)、大中小会议室、重要接待室和报告厅等有关场所内应配置会议系统,用于远程教育的专用会议室内宜配置远程电视会议接入和控制设备。

10.2.5 学校多功能教室、合班教室和马蹄型教室等有关教室内应配置教学视、音频及多媒体教学系统。

10.2.6 学校的专业演播室或虚拟演播室内,应配置多媒体制作播放中心系统。

10.2.7 学校的大门口处、各教学楼、办公楼、图书馆、体育场(馆)、游泳馆、会议中心或大礼堂、学校宾馆或招待所等单体建筑室内,宜配置信息发布及导引系统,系统宜与学校信息发布网络管理和学校有线电视系统之间实现互联。

10.3 高级中学和高级职业中学

10.3.1 通信接入网系统设备宜配置在学校的某一主体建筑的电信专用机房内。宜将学校建筑外部的公用通信网或教育专网的光缆、铜缆线路系统,分别引入电信专用机房中,并可根据实际需求,将线缆延伸至学校单体建筑内。

10.3.2 信息网络系统应符合下列要求:

1 学校物业管理系统宜运行在校园信息网络上。

2 信息网络系统交换机、服务器群和网络终端设备的配置,应满足学校办公和多媒体教学的需求。

3 学校教学及教学辅助用房、办公用房、会议接待室、图书馆、体育场(馆)和校园室内外休闲场所等处,宜配置与公用互联网或校园信息网络相联的无线网络接入设备。

10.3.3 应配置教学与管理评估视、音频观察系统。

10.3.4 学校教学业务广播系统宜由学校教学或总务部门管理。

10.3.5 学校的大小餐厅、体育场(馆)等有关场所内宜配置独立的音响扩音设备,满足对音响和公共广播信息的需求,并应与楼内设有的火灾自动报警系统设备相连。

10.3.6 会议系统应配置在学校会议接待室、报告厅等有关场所内。

10.3.7 学校多功能教室、合班教室、马蹄型教室等教室内,应配置教学视、音频及多媒体教学终端设备系统,并可在学校的专业演播室内配置远程电视教学接入、控制和播放设备。

10.3.8 学校电视演播室或虚拟电视演播室内应配置多媒体制作与播放中心系统。

10.3.9 学校的大门口处、各教学楼、办公楼、图书馆、体育场(馆)、游泳馆、会议接待室、餐厅、教师或学生宿舍等单体建筑室内,宜配置信息发布及导引系统,宜与学校信息发布网络管理和学校有线电视系统之间实现互联。

10.4 初级中学和小学

10.4.1 教学与管理业务信息化应用系统配置应符合下列要

求:

1 宜配置教学与管理评估视、音频观察系统。

2 指纹识别仪或智能卡读卡机系统设备宜配置在学校传达室处,并联动系统服务器进行预置电脑图像识别对比,供低年级学生家长每日安全接送学生的信息管理。

3 系统应与学校智能卡应用系统联网。

10.5 托儿所和幼儿园

10.5.1 宜将学校外部的教育专网或公用通信网上宽带通信设备的光缆或铜缆线路系统引入校园内。

10.5.2 小型电话交换机或集团电话交换机通信设备宜设置在专用的房间内。

10.5.3 信息网络系统应考虑交换机、服务器和网络终端设备的配置,满足学校办公和多媒体教学的需求。

10.5.4 校园小型有线电视系统应与当地有线电视网互联,并满足幼儿的电视教学。当校园所处边远地区时,宜配置卫星电视接收系统,满足校园单向卫星电视远程教学的需求。

10.5.5 校园扩音系统应满足教师和幼儿对公共广播信息、音乐节目、晨操和各作息时间段的定时上下课语音的需求。

10.5.6 信息发布及导引系统宜配置在学校的大门口处。

10.5.7 儿童公用直线电话机宜配置在主体建筑底层进厅的公共部位。

10.5.8 教学与管理业务信息化应用系统设置应满足下列要求:

1 宜配置教学与管理评估视、音频观察系统。

2 指纹识别仪或智能卡读卡机系统设备宜配置在校园主体建筑底层进厅或传达室处,并联动系统服务器进行预置电脑图像识别对比。

11 交 通 建 筑

11.1 一 般 规 定

11.1.1 本章适用于新建、扩建和改建的大型空港航站楼、铁路客运站、城市公共轨道交通站、社会停车场等交通建筑。

11.1.2 智能化系统的功能要求:

1 应满足各类交通建筑运营业务的需求。

2 应为高效交通运营业务环境设施提供基础保障。

3 应满足对各类现代交通建筑管理信息化的需求。

11.1.3 交通建筑智能化可按本标准附录 H 配置。

11.2 空港航站楼

11.2.1 通信接入设备系统应满足海关、边防、检验检疫、公安、安全等驻场单位的语音、数据的通信需求。

11.2.2 电话交换系统应符合下列要求:

1 宜采用所归属的电信业务经营者远端模块的虚拟交换网方式或自建用户交换机的方式,实现用户内部电话交换功能;

2 应建立相对独立具有生产调度功能的内通系统,系统应支持航空业务生产调度运营的需求和本地广播功能需求,支持广播系统实现本地广播功能的内部通话机音频应满足带宽需求,系统终端话机应配置在值机柜台、离港柜台、安检柜台和边防柜台与运营相关的部门。

11.2.3 信息网络系统应符合下列要求:

1 大中型航站楼宜采用三层网络结构,即核心层、汇聚层、接入层方式;小型航站楼宜采用两层网络结构,即核心层、接入层方式。

2 离港系统应采用专用网络系统。

3 数字化视频监控系统宜采用专用网络系统。

4 其他智能化系统宜共用网络系统。

11.2.4 综合布线系统应符合下列要求：

1 海关、边防、公安、安全和行李分检等部门宜独立配置。

2 安检信息机房应与覆盖X光机信息点相对应的区域配线机柜建立光缆连接。

3 应支持电话、内通、离港、航显、网络、商业、安检信息、泊位引导、行李控制等应用系统。

4 宜支持时钟、门禁、登机桥监测、电梯、自动扶梯及步梯监测、建筑设备管理等多应用系统的信息传输。

11.2.5 室内移动通信覆盖系统宜包含机场内集群通信等应用需求。

11.2.6 有线电视系统应符合下列要求：

1 节目源应包含航班动态显示节目。

2 配置在候机厅、休息厅处的电视机电源宜采用建筑设备管理系统集中控制电源开启。

11.2.7 广播系统应符合下列要求：

1 应采用人工、半自动、自动三种播音方式，播放航班动态信息或其他相关信息，自动播音应采用语音合成方式完成。

2 国内航班应采用普通话与英语两种语言播放信息。

3 国际航班应采用三种语言以上(含三种语言)播放信息，宜采用普通话、英语和目的地国的语言播放信息。

4 航站楼广播宜采用本地广播方式。

5 广播区域划分宜按最小本地广播区域划分。

6 宜配置背景噪声监测设备。

11.2.8 航班信息综合系统应符合下列要求：

1 信息集成的信息源应包括各航空公司、空中管制中心、国际航空协会、航空固定通信网所提供的各类信息。

2 应完成季度航班计划、短期航班计划、次日航班计划。

3 应向需获得航班计划的系统发布信息，应按时发布次日航班计划信息。

4 应及时修正日航班计划并即时发布修正信息。

5 应统计、存储、查询日航班计划数据并形成报表。

6 应完成机位桥/登机门分配，到达行李转盘分配，值机柜台分配与出发行李分检转盘分配功能。

11.2.9 时钟系统应符合下列要求：

1 应采用全球卫星定位系统校时。

2 主机应采用一主一备的热备份方式。

3 宜采用母钟、二级母钟、子钟三级组网方式。

4 母钟和二级母钟应向其他有时基要求的系统提供同步校时信号。

5 航站楼内值机大厅、候机大厅、到达大厅、到达行李提取大厅应安装同步校时的子钟。

6 航站楼内贵宾休息室；商场、餐厅和娱乐等处宜安装同步校时的子钟。

11.2.10 安检信息系统应符合下列要求：

1 交运行李、超规交运行李、团体交运行李和旅客手提行李，应经行李专用X光机设备检查，所查验的图像应提供本地辨识和中心控制机房辨识。

2 旅客过安检通道时应摄录贮存旅客肖像信息，应将肖像信息传送到离港系统。

11.2.11 泊位引导系统应符合下列要求：

1 航站楼的每一个固定登机桥位应安装泊位引导设备。

2 泊位引导设备应自动引导飞机停靠在正确停机位置。

3 在紧急情况下应通过手动按钮引导飞机停靠在正确停机位置。

4 泊位引导终端设备应与活动登机建立工作互锁关系。

11.2.12 离港系统应符合下列要求：

1 值机大厅通过离港终端应完成旅客的登机办票和行李交运工作。由登机牌打印机打印旅客登机牌，由行李牌打印机打印行李交运牌。

2 应将旅客的值机信息传送至安检信息系统。

3 应将旅客的交运行李信息传送至行李控制系统。

4 在候机大厅离港闸口应有登机牌阅读机对旅客登机牌进行登机确认。宜采用离港工作站调用安检信息系统提供的旅客肖像信息进行旅客身份确认。

5 应完成配载平衡工作确保飞行安全。

11.2.13 航班动态信息显示系统应符合下列要求：

1 值机大厅应提供引导旅客值机的值机航班动态信息。

2 值机柜台上方应提供值机航班信息。

3 中转柜台应提供中转航班动态信息。

4 候机大厅应提供出发候机航班动态信息。

5 到达行李提取厅应提供引导行李转盘航班动态信息。

6 行李转盘应提供本转盘到达行李的航班信息。

7 行李分拣大厅每条出发行李转盘上应提供在本转盘出发的行李航班信息。

8 行李分拣大厅每条到达行李转盘上应提供在本转盘到达行李航班信息。

9 到达接客大厅应提供到达航班动态信息。

11.2.14 登机桥监控系统应符合下列要求：

1 应对登机桥靠桥和撤桥进行监控和管理。

2 应对登机桥状态进行监测，应对故障进行报警记录。

3 应对登机桥运行号数进行统计报表和分析。

4 应与泊位引导系统建立工作互锁的功能。

11.2.15 电梯、自动扶梯、自动步道监测系统应符合下列要求：

1 应具有对电梯、自动扶梯、自动步道工作状态进行监视，故障报警记录的功能。

2 应对电梯、自动扶梯、自动步道运行参数进行统计报表分析。

11.2.16 商业经营系统应符合下列要求：

1 应对货物的进货、库存、销售进行管理。

2 应具有数据查询、维护、监管和统计报表的功能。

3 应与银联联网，应用信用卡消费和多种货币结算。

4 应与海关联网，海关应监控免税商品的销售数据、上架数据和库存数据。

5 系统终端应安装在商场、餐厅和娱乐场所等。

11.2.17 建筑设备管理系统应符合下列要求：

1 应根据航站楼功能复杂，设备可靠性要求高，人群密集，客流变化大，建筑空间大，相应能耗较大等特点来确定对机电设备的管理功能。

2 应结合航站楼内办公厅、候机厅、到达厅等不同区域的空间及空调特点，选择合适的控制技术。

3 应根据不同区域空调的送风形式及风量调节方式进行送风控制，同时要针对公共区域客流量变化大的特点，特别重视根据空气质量进行新回风比例控制，提高室内综合空气品质，体现人性化服务质量。

4 应根据建筑及相应公共服务区域的采光特点、室内照度、室内标识、广告照明进行监控。

5 应能接收航班信息，并根据航班时间实现对相关场所的空调、照明等的控制。

6 行李传输系统的运行监测。

7 航班显示、时钟系统电源、安全检查系统电源、机用电源、飞机引导系统电源等的监测。

8 停机坪高杆照明的监控。

9 对航站楼内各租用单元进行电能计量。

11.2.18 安全技术防范系统应符合现行国家标准《安全防范工程技术规范》GB 50348 的规定。

11.2.19 较大规模的机场航站楼等区域内宜建立机场应急联动指挥中心。

11.3 铁路客运站

11.3.1 通信接入系统应考虑铁路专用通信网的接入。

11.3.2 信息网络系统应支持旅客引导显示系统、列车到发通告系统、售票及检票系统、旅客行包管理等专用系统的运行。

11.3.3 广播系统应符合下列要求:

 1 系统的语音合成设备应完成接发车、旅客乘运及候车的全部客运技术作业广播。

 2 应按候车厅、进站大厅、站台、站前广场、行包房、出站厅、售票厅以及客运值班室等不同功能区进行系统分区划分。

 3 应具有接入旅客引导显示系统、列车到发通告系统等通告显示网的接口条件。

11.3.4 时钟系统应提供与车站中央管理系统集成的接口。

11.3.5 旅客查询系统应符合下列要求:

 1 电视问询系统值班台应接现场任一问询亭进行人工或半自动应答作业。

 2 应具有多处问询亭同时占用时排队等待处理功能。

 3 多处问询亭平行作业时应互不干扰,任一问询亭被任一值班台接后不再接入其他值班台。

 4 电视问询系统或多媒体查询系统应在进站大厅、各候车厅、售票厅、各行包房等地点配置旅客查询终端,并应配置无障碍旅客查询终端。

11.3.6 信息导引及发布系统应符合下列要求:

 1 能为旅客提供综合性信息显示服务及进行宣传活动,同时也能作为引导显示系统和客运组织作业的辅助显示设施。

 2 显示屏应设于进站大厅、出站大厅、车站商场和餐厅等旅客集中活动场所。

11.3.7 旅客引导显示系统应符合下列要求:

 1 应具有动态信息显示的功能。

 2 进站集中显示牌应明确显示列车车次、始发站、终到站、到发时刻、候车地点、列车停靠站台、晚点变更、检票状态等信息。

 3 候车厅牌应显示列车车次、开往站、到发时刻、列车停靠站台、晚点变更和检票状态等信息。

 4 检票口牌应显示列车车次、检票状态和发车时刻等信息。

 5 站台牌应显示列车车次、到发线路、到发时刻、开往地点和晚点变更等信息。

 6 出站台牌应显示列车车次、始发站、到发时刻、列车停靠站台和晚点变更等信息。

 7 天桥、廊道牌应显示列车车次和列车停靠站台等信息。

11.3.8 列车到发通告系统应符合下列要求:

 1 应在客运站运行过程中需要列车到发通告信息的场所配置接收终端或联网工作站。

 2 列车到发通告系统应在广播室、客运总值班室、列检值班室、行车室、客运值班室、售票室、值班站长、客运计划室、检票口、到达行包房、中转行包房、出发行包房、上水工休息室、国际行包房、客车整备所、机务运转值班楼和环境卫生值班室及其他必要的相关处所配置接收终端或联网工作站。

 3 列车到发通告系统主机应预留与上一级行车指挥信息系统联网的接口条件。

11.3.9 自动售检票系统应符合下列要求:

 1 宜配置售票窗口对讲及票额动态显示设备。

 2 检票终端应有脱网独立工作的功能。

11.3.10 旅客行包管理系统应符合下列要求:

 1 应具有按票号、收货人、收货单进行到达包查询,通告的

功能。

 2 应具有自动计算保管费、搬运费、打印收费单,并应具有结账、打印报表及整理库存量、打印库存清单、打印过期行包清单与催领单等功能。

11.3.11 安全技术防范系统应符合现行国家标准《安全防范工程技术规范》GB 50348 的有关规定。

11.3.12 较大规模的铁路客运站,宜建立站内应急联动指挥中心。

11.4 城市公共轨道交通站

11.4.1 智能化建筑各系统应按线路划分、配置分线的中央级和车站级二级监控系统。

11.4.2 宜配置智能化集成系统。

11.4.3 宜配置应急联动系统作为中央级控制系统的备份。

11.4.4 应建立包括机电专业和通讯专业在内的各专业系统集成的主控系统,实现地铁分线各专业子系统之间的信息互通、资源共享。

11.4.5 有线通信系统应符合下列要求:

 1 应满足公共轨道交通地铁运营和管理方对列车运行、运营管理、时钟同步、无线通信、公务联系和传递各种信息交换与传输综合业务的需要。

 2 应具有实现中央级控制中心与车站及车辆段、车站与车站之间信息传递、交换的功能。

 3 应能迅速、可靠地传输语音、数据和图像等各种信息。

 4 具有网络扩充和管理能力。

11.4.6 无线通信系统应符合下列要求:

 1 应具有与公务通信系统互联,经中央级控制中心转接,无线系统内的移动台可与程控电话用户之间通话功能。

 2 应具有呼叫(选呼、组呼、紧急呼叫)、广播、切换、录音、存储、检测和优先级功能。

 3 应具有数据传输功能,可实时传递列车状态信息和短消息业务。

 4 应具有完善的网络管理功能。

11.4.7 公务与专用电话系统应符合下列要求:

 1 应与分组交换网、无线集群系统、公用市话网互连。系统应具有移动通信接入功能,具有无线接口,能与无线集群交换机相连。

 2 车站(车辆段)值班员应与本站(段)其他有关人员直接通话。值班员可任意实现单呼、组呼和全呼方式。站内分机可直接呼叫本站值班员。

 3 邻车站值班员间及车辆段值班员与相邻车站值班员间应通过站间行车电话进行直接通话。站间电话可直接呼叫上行或下行车站值班员,具有紧急呼叫及邻站呼入显示功能,不应出现占线或通道被其他用户占用等情况。

 4 隧道区间及道岔区段的有关作业人员应能通过轨旁电话与相邻站车站值班员通话,并可采用切换方式与公务电话用户通信。

11.4.8 调度电话通信系统应符合下列要求:

 1 应为专用直达通信系统,应具有单呼、组呼、全呼、紧急呼叫和录音等功能。

 2 中央级控制中心各调度员与各站值班员之间应直接(无阻塞)通话。控制中心各调度员之间应直接通话。

11.4.9 时钟系统应符合下列要求:

 1 应为各线、各车站提供统一的标准时间信息,并为其他各系统提供统一的基准时间。

 2 应提供与中央管理系统集成的接口。

11.4.10 信息发布系统应符合下列要求:

 1 应提供路面交通、换乘信息、政府公告、紧急灾难信息等即时多媒体信息。

2 应保证乘客方便地获得实时、统一、准确的时间,乘客能以多种方式获得列车班次、紧急通知以及其他方面的服务信息。

11.4.11 自动售检票系统应符合下列要求:

1 应满足交通高峰客流量的需要。

2 应满足交通各种运营模式的要求,系统宜采用智能卡非接触式技术方式。

11.4.12 火灾自动报警系统应设中央级和车站级二级监控方式,对公共轨道交通全线进行火灾探测和报警。

11.4.13 安全技术防范系统应符合现行国家标准《安全防范工程技术规范》GB 50348 的有关规定。

11.5 社会停车库(场)

11.5.1 社会停车库(场)宜配置智能化集成系统,实现对整个社会停车库(场)集中控制与协调各系统的信息和资源共享。集成系统可包括停车场收费管理系统、停车场区域引导及车位信息显示系统、出入口红绿灯控制系统、车辆影像对比及车牌自动识别系统、停车场对讲系统、公共音响及应急广播、建筑设备监控系统、消防报警系统、安全技术防范系统等相关系统。

11.5.2 电话交换系统应实现车库管理中心与车辆进、出口处的内部通话功能。

11.5.3 信息网络系统,应支持停车场收费管理系统、停车场区域引导及车位信息显示系统、出入口红绿灯控制系统、车辆影像对比及车牌自动识别等专用系统联网运行。

11.5.4 广播系统应符合下列要求:

1 应配合电视监控等系统完成场内车辆行驶人工语音指挥的功能。

2 应在场内提供公共广播信息。

3 在遇火灾等紧急情况时,应与火灾报警系统相联,作局部区域或全区域紧急疏散广播使用。

11.5.5 车库收费系统应符合下列要求:

1 可配置每天、每周、每月、任意 24 小时时间段的收费标准。

2 对收款员进行当次结账、操作日志记录等管理。

3 现场显示收费金额,同时语音报收费金额。

4 能脱离管理计算机而独立运行。

11.5.6 停车场区域引导及车位信息显示系统应符合下列要求:

1 自动实时统计并显示场内、各楼层、各区域的车位信息,对进出停车场的停泊车辆进行区域引导和管理。

2 实时显示场内、各楼层及各区域等车辆统计数据,在必要时均可进行人工干预和修正,以消除累计误差使引导显示与实际情况相符。

3 应能与城市公共交通管理系统或其他停车场数据通信平台相联,对外发布相关的车位状态信息。

4 当出、入口设备出现故障或停车场计数满位等情况下系统能显示红灯禁行,其余时间显示绿灯放行。

11.5.7 车辆影像对比及车牌自动识别系统应符合下列要求:

1 车库容量超过 200 辆,宜配置车辆出入口影像对比系统。

2 停车容量超过 500 辆,宜配置车辆出入口影像对比及车牌自动识别系统。

3 应能实时记录所有进、出车辆的图像数据,要求图像能清晰的显示车辆特征,对存储的图像应能用票/卡号、车牌号和时间等信息进行查询。该类数据的有效存储时限应大于三个月。

11.5.8 建筑机电设备管理系统应设 CO 监控器,对空气中 CO 的含量进行监测,并对排风机进行监控。

11.5.9 火灾自动报警系统除应符合本标准第 3.6 节的规定外,还应符合现行国家标准《汽车库、修车库、停车场设计防火规范》GB 50067 的有关规定。

11.5.10 安全防范系统应符合现行国家标准《安全防范工程技术规范》GB 50348 的有关规定。

12 住宅建筑

12.1 一般规定

12.1.1 本章适用于住宅、别墅等住宅建筑。

12.1.2 智能化系统的功能应符合下列要求:

1 应体现以人为本,做到安全、节能、舒适和便利。

2 应符合构建环保和健康的绿色建筑环境的要求。

3 应推行对住宅建筑的规范化管理。

12.1.3 住宅建筑智能化系统的基本配置应符合下列要求:

1 宜配置智能化集成系统

2 宜配置通信接入系统

3 宜配置电话交换系统

4 宜配置信息网络系统

5 宜配置综合布线系统

6 宜配置有线电视系统

7 宜配置公共广播系统

8 宜配置物业信息运营管理系统

9 宜配置建筑设备管理系统

10 火灾自动报警系统应符合现行国家防火规范的规定。

11 安全技术防范系统应符合现行国家标准《安全防范工程技术规范》GB 50348 的有关规定。

12.1.4 住宅建筑智能化系统可按本标准附录 J 配置。

12.2 住 宅

12.2.1 住户配置符合下列要求:

1 应配置家居配线箱。家居配线箱内配置电话、电视、信息网络等智能化系统进户线的接入点。

2 应在主卧室、书房、客厅等房间配置相关信息端口。

12.2.2 住宅(区)宜配置水表、电表、燃气表、热能(有采暖地区)表的自动计量、抄收及远传系统,并宜与公用事业管理部门系统联网。

12.2.3 宜建立住宅(区)物业管理综合信息平台。实现物业公司办公自动化系统、小区信息发布系统和车辆出入管理系统的综合管理。小区宜应用智能卡系统。

12.2.4 安全技术防范系统的配置不宜低于国家现行标准《安全防范工程技术规范》GB 50348 中有关提高型安防系统的配置标准。

12.3 别 墅

12.3.1 宜配置智能化集成系统。

12.3.2 地下车库、电梯等宜配置室内移动通信覆盖系统。

12.3.3 宜配置公共服务管理系统。

12.3.4 宜配置智能卡应用系统。

12.3.5 宜配置信息网络安全管理系统。

12.3.6 别墅配置符合下列要求:

1 应配置家居配线箱和家庭控制器。

2 应在卧室、书房、客厅、卫生间、厨房配置相关信息端口。

3 应配置水表、电表、燃气表、热能(有采暖地区)表的自动计量、抄收及远传系统,并宜与公用事业管理部门系统联网。

12.3.7 宜建立互联网站和数据中心,提供物业管理、电子商务、视频点播、网上信息查询与服务、远程医疗和远程教育等增值服务项目。

12.3.8 别墅区建筑设备管理系统应满足下列要求:

1 应监控公共照明系统。

2 应监控给排水系统。

3 应监视集中空调的供冷/热源设备的运行/故障状态,监测蒸汽、冷热水的温度、流量、压力及能耗,监控送排风系统。

12.3.9 安全防范技术系统的配置不低于国家现行标准《安全防范工程技术规范》GB 50348 先进型安防系统的配置标准,并应满足下列要求:

1 宜配置周界视频监视系统,宜采用周界入侵探测报警装置与周界照明、视频监视联动,并留有对外报警接口。

2 访客对讲门口主机可选用智能卡或以人体特征等识别技术的方式开启防盗门。

3 一层、二层及顶层的外窗、阳台应设入侵报警探测器。

4 燃气进户管宜配置自动阀门,在发出泄漏报警信号的同时自动关闭阀门,切断气源。

13 通用工业建筑

13.1 一般规定

13.1.1 本章适用于新建、扩建和改建的通用工业建筑,与通用工业建筑相配套的辅助用房可按照本标准同类功能建筑的标准设计。

13.1.2 智能化系统的功能应符合下列要求:

1 应满足通用生产要求的能源供应和作业环境的控制及管理。

2 应提供生产组织、办公管理所需的信息通信的基础条件。

3 应符合节能和降低生产成本的要求。

4 应提供建筑物所需的信息化管理。

13.2 通用工业建筑

13.2.1 根据实际生产、管理的需要宜配置智能化集成系统,实现对各智能化子系统的协同控制和对设施资源的综合管理。

13.2.2 宜采用先进的信息通信技术手段,提供及时、有效和可靠的信息传递,满足生产指挥调度和经营、办公管理的需要。

13.2.3 企业生产及管理信息系统应符合通用工业建筑生产辅助及生活、办公部分的应用功能。

13.2.4 建筑设备管理系统应符合下列要求:

1 对生产、办公、生活所需的各种电源、热源、水源、气(汽)源及燃气等能源供应系统的监控和管理。

2 对生产、办公、生活所需的空调、通风、排风、给排水和照明等环境工程系统的监控和管理。

3 对生产废水、废气、废渣排放处理等环境保护系统的监控和管理。

13.2.5 机房工程宜包括公用与生产辅助设备控制管理机房和企业网络及综合管理中心机房等。

附录 A 办公建筑智能化系统配置

表 A 办公建筑智能化系统配置选项表

	智能化系统	商务办公	行政办公	金融办公
	智能化集成系统	○	○	○
信息设施系统	通信接入系统	●	●	●
	电话交换系统	●	●	●
	信息网络系统	●	●	●
	综合布线系统	●	●	●
	室内移动通信覆盖系统	●	●	●

续表 A

		智能化系统	商务办公	行政办公	金融办公
信息设施系统		卫星通信系统	○	○	●
		有线电视及卫星电视接收系统	●	●	●
		广播系统	●	●	●
		会议系统	●	●	●
		信息导引及发布系统	○	○	○
		时钟系统	○	○	○
		其他相关的信息通信系统	○	○	○
信息化应用系统		办公工作业务系统	●	●	●
		物业运营管理系统	●	●	●
		公共服务管理系统	●	●	●
		公共信息服务系统	●	●	●
		智能卡应用系统	○	○	●
		信息网络安全管理系统	●	●	●
		其他业务功能所需的应用系统	○	○	○
公共安全系统		建筑设备管理系统	●	●	●
		火灾自动报警系统	●	●	●
	安全技术防范系统	安全防范综合管理系统	●	●	●
		入侵报警系统	●	●	●
		视频安防监控系统	●	●	●
		出入口控制系统	●	●	●
		电子巡查管理系统	●	●	●
		汽车库(场)管理系统	●	●	●
		其他特殊要求技术防范系统	○	○	○
		应急指挥系统	○	○	●
机房工程		信息中心设备机房	●	●	●
		数字程控电话交换系统设备机房	●	●	●
		通信系统总配线设备机房	●	●	●
		智能化系统设备总控室	●	●	●
		消防监控中心机房	●	●	●
		安防监控中心机房	●	●	●
		通信接入设备机房	●	●	●
		有线电视前端设备机房	●	●	●
		弱电间(电信间)	●	●	●
		应急指挥中心机房	○	○	●
		其他智能化系统设备机房	○	○	○

注:● 需配置;○ 宜配置。

附录 B 商业建筑智能化系统配置

表 B 商业建筑智能化系统配置选项表

	智能化系统	商场建筑	宾馆建筑
	智能化集成系统	○	○
信息设施系统	通信接入系统	●	●
	电话交换系统	●	●
	信息网络系统	●	●
	综合布线系统	●	●
	室内移动通信覆盖系统	●	●
	卫星通信系统	○	●
	有线电视及卫星电视接收系统	○	●
	广播系统	●	●
	会议系统	●	●
	信息导引及发布系统	●	●

续表 B

智能化系统		商场建筑	宾馆建筑
信息设施系统	时钟系统	○	●
	其他相关的信息通信系统	○	○
信息化应用系统	商业经营信息管理系统	●	—
	宾馆经营信息管理系统	—	●
	物业运营管理系统	●	●
	公共服务管理系统	●	●
	公共信息服务系统	●	●
	智能卡应用系统	●	●
	信息网络安全管理系统	●	●
	其他业务功能所需的应用系统	○	○
	建筑设备管理系统	●	●
公共安全系统	火灾自动报警系统	●	●
	安全技术防范系统 安全防范综合管理系统	○	○
	入侵报警系统	●	●
	视频监控系统	●	●
	出入口控制系统	●	●
	巡查管理系统	●	●
	汽车库(场)管理系统	○	○
	其他特殊要求技术防范系统	○	○
	应急指挥系统	○	●
机房工程	信息中心设备机房	●	●
	数字程控电话交换机系统设备机房	○	●
	通信系统总配线设备机房	●	●
	智能化系统设备总控室	○	○
	消防监控中心机房	●	●
	安防监控中心机房	●	●
	通信接入设备机房	●	●
	有线电视前端设备机房	●	●
	弱电间(电信间)	●	●
	应急指挥中心机房	○	○
	其他智能化系统设备机房	○	○

注:●需配置;○宜配置。

附录 C 文化建筑智能化系统配置

表 C 文化建筑智能化系统配置选项表

智能化系统		图书馆	博物馆	会展中心	档案馆
智能化集成系统		○	○	○	○
信息设施系统	通信接入系统	●	●	●	●
	电话交换系统	●	●	●	●
	信息网络系统	●	●	●	●
	综合布线系统	●	●	●	●
	室内移动通信覆盖系统	●	●	●	●
	卫星通信系统	○	○	○	○
	有线电视及卫星电视接收系统	●	●	●	●
	广播系统	●	●	●	●
	会议系统	●	●	●	●
	信息引导及发布系统	●	●	●	●
	时钟系统	○	○	○	○
	其他业务功能所需相关系统	○	○	○	○
信息化应用系统	工作业务系统	●	●	●	●
	物业运营管理系统	○	○	○	○
	公共服务管理系统	●	●	●	●

续表 C

智能化系统		图书馆	博物馆	会展中心	档案馆
信息化应用系统	公共信息服务系统	●	●	●	●
	智能卡应用系统	●	●	●	●
	信息网络安全管理系统	●	●	●	●
	其他业务功能所需的应用系统	○	○	○	○
	建筑设备管理系统	●	●	●	●
公共安全系统	火灾自动报警系统	●	●	●	●
	安全技术防范系统 安全防范综合管理系统	●	●	●	●
	入侵报警系统	●	●	●	●
	视频安防监控系统	●	●	●	●
	出入口控制系统	●	●	●	●
	电子巡查管理系统	●	●	●	●
	汽车库(场)管理系统	○	○	○	○
	其他特殊要求技术防范系统	○	○	○	○
	应急指挥系统	○	○	○	○
机房工程	信息中心设备机房	●	●	●	●
	数字程控电话交换机系统设备机房	○	○	○	○
	通信系统总配线设备机房	●	●	●	●
	消防监控中心机房	●	●	●	●
	安防监控中心机房	●	●	●	●
	智能化系统设备总控室	●	●	●	●
	通信接入设备机房	●	●	●	●
	有线电视前端设备机房	●	●	●	●
	弱电间(电信间)	●	●	●	●
	应急指挥中心机房	○	○	○	○
	其他智能化系统设备机房	○	○	○	○

注:●需配置;○宜配置。

附录 D 媒体建筑智能化系统配置

表 D 媒体建筑智能化系统配置选项表

智能化系统		剧(影)院建筑	广播电视业务建筑
智能化集成系统		○	○
信息设施系统	通信接入系统	●	●
	电话交换系统	●	●
	信息网络系统	●	●
	综合布线系统	●	●
	室内移动通信覆盖系统	●	●
	卫星通信系统	○	●
	有线电视及卫星电视接收系统	●	●
	广播系统	●	●
	会议系统	●	●
	信息引导及发布系统	●	●
	时钟系统	●	●
	无线屏蔽系统	●	●
	其他相关的信息通信系统	○	○
信息化应用系统	工作业务系统	●	●
	物业运营管理系统	●	●
	公共服务管理系统	●	●
	自动寄存系统	●	●
	人流统计分析系统	●	●
	售检票系统	●	●
	公共信息服务系统	●	●
	智能卡应用系统	●	●
	信息网络安全管理系统	●	●
	其他业务功能所需的应用系统	○	○

续表 D

智能化系统		剧(影)院建筑	广播电视业务建筑
建筑设备管理系统		●	
公共安全系统	安全技术防范系统	火灾自动报警系统	●
		安全防范综合管理系统	○
		入侵报警系统	●
		视频安防监控系统	●
		出入口控制系统	●
		电子巡查管理系统	●
		汽车库(场)管理系统	●
		其他特殊要求技术防范系统	○
	应急指挥系统		●
机房工程	信息中心设备机房		●
	数字程控电话交换机系统设备机房		○
	通信系统总配线设备机房		●
	智能化系统设备总控室		●
	消防监控中心机房		●
	安防监控中心机房		●
	通信接入设备机房		●
	有线电视前端设备机房		●
	弱电间(电信间)		●
	应急指挥中心机房		●
	其他智能化系统设备机房		○

注:● 需配置;○ 宜配置。

续表 E

智能化系统		体育场	体育馆	游泳馆
建筑设备管理系统		●	●	●
公共安全系统	安全技术防范系统	火灾自动报警系统	●	●
		安全防范综合管理系统	○	○	○
		入侵报警系统	●	●	●
		视频安防监控系统	●	●	●
		出入口控制系统	●	●	●
		电子巡查管理系统	●	●	●
		汽车库(场)管理系统	●	●	●
		其他特殊要求技术防范系统	○	○	○
	应急指挥系统		●	○	○
机房工程	信息中心设备机房		●	●	●
	数字程控电话交换机设备机房		●	●	●
	通信系统总配线设备机房		●	●	●
	智能化系统设备总控室		●	●	●
	消防监控中心机房		●	●	●
	安防监控中心机房		●	●	●
	通信接入设备机房		●	●	●
	有线电视前端设备机房		●	●	●
	弱电间(电信间)		●	●	●
	应急指挥中心机房		●	○	○
	其他智能化系统设备机房		○	○	○

注:● 需配置;○ 宜配置。

附录 F 医院建筑智能化系统配置

表 F 医院建筑智能化系统配置选项表

智能化系统		综合性医院	专科医院	特殊病医院
智能化集成系统		○	○	○
信息设施系统	通信接入系统	●	●	●
	电话交换系统	●	●	●
	信息网络系统	●	●	●
	综合布线系统	●	●	●
	室内移动通信覆盖系统	●	●	●
	卫星通信系统	○	○	○
	有线电视及卫星电视接收系统	●	●	●
	广播系统	●	●	●
	会议系统	○	○	○
	信息导引及发布系统	●	●	●
	时钟系统	●	●	●
	其他相关的信息通信系统	○	○	○
信息化应用系统	医院信息管理系统	●	●	●
	排队叫号系统	●	●	●
	探视系统	●	●	●
	视屏示教系统	●	●	●
	临床信息系统	●	●	●
	物业运营管理系统	○	○	○
	办公和服务管理系统	●	●	●
	公共信息服务系统	●	●	●
	智能卡应用系统	●	●	●
	信息网络安全管理系统	●	●	●
	其他业务功能所需的应用系统	○	○	○
建筑设备管理系统		●	●	●
公共安全系统	安全技术防范系统	火灾自动报警系统	●	●
		安全防范综合管理系统	●	●	●
		入侵报警系统	●	●	●
		视频安防监控系统	●	●	●
		出入口控制系统	●	●	●
		电子巡查管理系统	●	●	●
		汽车库(场)管理系统	○	○	○
		其他特殊要求技术防范系统	○	—	—
	应急指挥系统		○	—	—

续表 F

智能化系统		综合性医院	专科医院	特殊病医院
机房工程	信息中心设备机房	●	●	●
	数字程控电话交换机系统设备机房	●	●	●
	通信系统总配线设备机房	●	●	●
	智能化系统设备总控室	○	○	○
	消防监控中心机房	●	●	●
	安防监控中心机房	●	●	●
	通信接入设备机房	●	●	●
	有线电视前端设备机房	●	●	●
	弱电间(电信间)	●	●	●
	应急指挥中心机房	○	—	—
	其他智能化系统设备机房	○	○	○

注:●需配置;○宜配置。

附录 G 学校建筑智能化系统配置

表 G 学校建筑智能化系统配置选项表

智能化系统		普通全日制高等院校	高级中学和高级职业中学	初级中学和小学	托儿所和幼儿园
智能化集成系统		○	○	○	○
信息设施系统	通信接入系统	●	●	●	●
	电话交换系统	●	●	●	●
	信息网络系统	●	●	●	○
	综合布线系统	●	●	●	●
	室内移动通信覆盖系统	●	●	●	●
	有线电视及卫星电视接收系统	●	●	●	●
	广播系统	●	●	●	●
	会议系统	●	●	○	○
	信息导引及发布系统	●	●	●	●
	时钟系统	●	●	●	●
	其他相关的信息通信系统	○	○	○	○
信息化应用系统	教学视、音频及多媒体教学系统	●	●	●	●
	电子教学设备系统	●	●	●	●
	多媒体制作与播放中心系统	●	●	○	○
	教学、科研、办公和学习业务应用管理系统	●	○	○	○
	数字化教学系统	●	●	●	○
	数字化图书馆系统	●	●	●	○
	信息窗口系统	●	●	●	●
	资源规划管理系统	●	●	●	●
	物业运营管理系统	●	●	●	●
	校园智能卡应用系统	●	●	●	●
	信息网络安全管理系统	●	●	●	●
	指纹仪或智能卡读卡机电脑图像识别系统	○	○	○	○
	其他业务功能所需的应用系统	○	○	○	○
	建筑设备管理系统	●	●	●	●
公共安全系统	火灾自动报警系统	●	●	●	●
	安全技术防范系统 安全防范综合管理系统	●	●	●	●
	周界防护入侵报警系统	●	●	●	●
	入侵报警系统	●	●	●	●
	视频安防监控系统	●	●	●	●
	出入口控制系统	●	●	●	●
	电子巡查系统	●	●	●	●
	停车库管理系统	○	○	○	○
机房工程	信息中心设备机房	●	●	●	●
	数字程控电话交换机系统设备机房	●	●	●	●
	通信系统总配线设备机房	●	●	●	●
	智能化系统设备总控室	●	○	○	○
	消防监控中心机房	●	●	●	●
	安防监控中心机房	●	●	●	●
	通信接入设备机房	●	●	●	●
	有线电视前端设备机房	●	●	●	●
	弱电间(电信间)	●	●	●	●
	其他智能化系统设备机房	○	—	—	—

注:●需配置;○宜配置。

附录 H 交通建筑智能化系统配置

表 H 交通建筑智能化系统配置选项表

智能化系统		空港航站楼	铁路客运站	城市公共轨道交通站	社会停车库(场)
智能化集成系统		●	●	●	○
信息设施系统	通信接入系统	●	●	●	●
	电话交换系统	●	●	●	●
	信息网络系统	●	●	●	●
	综合布线系统	●	●	●	●
	室内移动通信覆盖系统	●	●	●	●
	卫星通信系统	●	○	○	—
	有线电视及卫星电视接收系统	●	●	●	●
	广播系统	●	●	●	●
	会议系统	○	○	○	—
	信息导引及发布系统	●	●	●	●
	时钟系统	●	●	●	●
	其他相关的信息通信系统	○	○	○	○
信息化应用系统	交通工作业务系统	●	●	●	●
	旅客查询系统	●	●	●	—
	综合显示屏系统	●	●	●	●
	物业运营管理系统	●	○	○	●
	公共服务管理系统	●	●	●	●
	公共服务系统	●	●	●	●
	智能卡应用系统	●	●	●	●
	信息网络安全管理系统	●	●	●	●
	自动售检票系统	●	●	●	●
	旅客行包管理系统	●	○	○	—
	其他业务功能所需的应用系统	○	○	○	○
	建筑设备管理系统	●	●	●	●
公共安全系统	火灾自动报警系统	●	●	●	●
	安全技术防范系统 安全防范综合管理系统	●	●	●	●
	入侵报警系统	●	●	●	●
	视频安防监控系统	●	●	●	●
	出入口控制系统	●	●	●	●
	电子巡查管理系统	●	●	●	●
	汽车库(场)管理系统	●	●	●	●
	其他特殊要求技术防范系统	○	○	○	○
	应急指挥系统	●	●	●	○
机房工程	信息中心设备机房	●	●	●	●
	数字程控电话交换机系统设备机房	●	●	●	●
	通信系统总配线设备机房	●	●	●	●
	智能化系统设备总控室	●	●	●	●
	消防监控中心机房	●	●	●	●
	安防监控中心机房	●	●	●	●
	通信接入设备机房	●	●	●	●
	有线电视前端设备机房	●	●	●	●
	弱电间(电信间)	●	●	●	●
	应急指挥中心机房	●	●	○	—
	其他智能化系统设备机房	○	○	○	○

注:●需配置;○宜配置。

附录 J 住宅建筑智能化系统配置

表 J 住宅建筑智能化系统配置选项表

智能化系统			住宅	别墅
智能化集成系统			○	○
信息设施系统		通信接入系统	●	●
		电话交换系统	○	●
		信息网络系统	○	●
		综合布线系统	○	●
		室内移动通信覆盖系统	○	●
		卫星通信系统	—	—
		有线电视及卫星电视接收系统	●	●
		广播系统	○	○
		信息导引及发布系统	●	●
		其他相关的信息通信系统	○	○
信息化应用系统		物业运营管理系统	●	●
		信息服务系统	●	●
		智能卡应用系统	○	○
		信息网络安全管理系统	●	●
		其他业务功能所需的应用系统	○	○
建筑设备管理系统			○	○
公共安全系统	火灾自动报警系统		○	○
	安全技术防范系统	安全防范综合管理系统	○	○
		入侵报警系统	●	●
		视频安防监控系统	●	●
		出入口控制系统	●	●
		电子巡查管理系统	●	●
		汽车库(场)管理系统	○	○
		其他特殊要求技术防范系统	○	○

续表 J

智能化系统		住宅	别墅
机房工程	信息中心设备机房	○	○
	数字程控电话交换机系统设备机房	○	○
	通信系统总配线设备机房	●	●
	智能化系统设备总控室	○	○
	消防监控中心机房	●	●
	安防监控中心机房	●	●
	通信接入设备机房	●	●
	有线电视前端设备机房	●	●
	弱电间(电信间)	○	○
	其他智能化系统设备机房	○	○

注:● 需配置;○ 宜配置。

本规范用词说明

1 为便于在执行本规范条文时区别对待,对要求严格程度不同的用词说明如下:

1)表示很严格,非这样做不可的用词:
正面词采用"必须";反面词采用"严禁"。

2)表示严格,在正常情况下均应这样做的用词:
正面词采用"应";反面词采用"不应"或"不得"。

3)表示允许稍有选择,在条件许可时,首先应这样做的用词:
正面词采用"宜";反面词采用"不宜"。
表示有选择,在一定条件下可以这样做的用词,采用"可"。

2 本规范中指明应按其他有关标准、规范执行时的写法为"应符合……的规定"或"应按……执行"。

中华人民共和国国家标准

智能建筑设计标准

GB/T 50314—2006

条 文 说 明

目 次

1 总　则

1.0.1 为了适应建筑智能化工程技术发展和智能建筑工程建设的需要,更有效地规范智能建筑工程设计,提高智能建筑工程设计质量,并且使本标准具有适时、适用和可操作性。

1.0.2 修订版以办公、商业、文化、媒体、体育、医院、学校、交通、住宅和通用工业等功能建筑类别的设计标准分别引出,向使用者展示了为实现各类建筑的建设目标,智能建筑所应实现的应用功能和智能化设计所需配置的系统,使本标准具有显著的指导意义。

1.0.6 现行国家和行业有关智能建筑工程的标准、规范和规程是本标准在实施中必须遵守的技术依据。所被引用的应是该文件的最新版本。

《数字程控自动电话交换机技术要求》GB/T 15542;
《建筑与建筑群综合布线系统工程设计规范》GB/T 50311;
《国家环境电磁卫生标准》GB 9175;
《无线通信工程建设标准》YD 2007;
《移动通信基站规范》YD/T 883;
《有线电视系统工程技术规范》GB 50200;
《民用建筑电气设计规范》JGJ/T 16;
《火灾自动报警系统设计规范》GB 50116;
《高层民用建筑设计防火规范》GB 50045;
《建筑设计防火规范》GB 50016;
《安全防范工程技术规范》GB 50348;
《建筑照明设计标准》GB 50034;
《环境电磁波卫生标准》GB 9175;
《电子计算机机房设计规范》GB 50174;
《建筑物电子信息系统防雷技术规范》GB 50343;
《公共建筑节能设计标准》GB 50189;
《城市电力规划规范》GB 50293。

3 设计要素

3.1 一般规定

3.1.1 智能建筑的智能化系统工程是由若干设计要素进行技术搭建构成,本章对智能化集成系统、信息设施系统、信息化应用系统、建筑设备管理系统、公共安全系统、机房工程和建筑环境等各要素,分别从系统的功能及系统的配置等方面提出了进行工程设计所需的基本要求,可提供使用者在进行具体工程设计中作为基础性依据。

3.1.2 设计要素具有通用性和广泛性,适用于办公建筑、商业建筑、文化建筑、媒体建筑、体育建筑、医院建筑、学校建筑、交通建筑、住宅建筑和通用工业建筑等功能建筑或多类别功能组合的综合型建筑的设计需求。

3.2 智能化集成系统

3.2.1 关于智能化集成系统功能的要求,应以满足建筑物的使用功能,确保信息资源共享和优化管理及实施综合管理功能等为系统建设的目标。

3.2.2 本节对智能化集成系统予以更为具体的内容,本条文对其构成的两个方面的界定,是对该系统关于工程技术理论和工程实施都提出了明确的要求,其中智能化信息共享平台建设和信息化应用系统功能实施界面的确立,对工程建设具有可操作性。

3.3 信息设施系统

3.3.2 对建筑物内外的各类信息提供信息化应用功能需要的信息设备系统一般包括通信接入系统、电话交换系统、信息网络系统、综合布线系统、室内移动通信覆盖系统、卫星通信系统、有线电视及卫星电视接收系统、广播系统、会议系统、信息导引及发布系统、时钟系统和各类业务功能所需要的其他相关的通信系统,本节分别对各子系统作出满足工程设计所需的基本要求。

3.3.3~3.3.13 各系统除按本标准所明确的规定外,均必须符合相关的各单项系统的技术标准、规范和规程。

3.4 信息化应用系统

3.4.2 建筑物内提供信息化应用功能需要的各种类信息设备系统组合的系统,一般包括工作业务系统、物业运营管理系统、公共服务管理系统、公众信息服务系统、智能卡应用系统、信息网络安全管理系统及其他建筑物业务功能所需要的相关系统等。

3.4.3~3.4.8 这几条分别是对各子系统配置提出应达到的基本要求。

3.5 建筑设备管理系统

3.5.1 本条文是对建筑设备管理系统的总体功能要求。

3.5.2 本条文列举了建筑设备管理系统的监测、监视、控制等管理功能,在实际工程设计中宜根据工程项目的建筑设备的实际情况选择配置相关管理功能。

对建筑物的热力系统、制冷系统、空调系统、给排水系统、电力系统、照明控制系统、电梯管理系统等可采用分别自成体系的专业监控系统,这是趋于广泛的应用发展趋势,在工程设计中宜根据具体情况予以重视。

3.6 公共安全系统

3.6.3 火灾自动报警系统的配置除按现行国家规范执行外,尚应遵循安全第一,预防为主的原则,应严格保证系统及设备的可靠性,避免误报。同时系统应具有先进性和适用性,系统的技术性能和质量指标应符合现行技术的水平,系统应能适合智能建筑的特点,达到最佳的性能价格比。

本条第1款,有预警功能的线型光纤感温探测器可在电缆沟/隧道、电缆竖井、电线桥架、电缆夹层等;地铁隧道、输油气管道、油罐、油库等;配电装置、开关设备、变压器;控制室、计算机室的吊顶内、地板下及重要设施隐蔽处设置。

本条第4款,因火灾自动报警系统的特殊性要求,建筑设备管理系统应能对火灾自动报警系统进行监视,但不作控制。

本条第5款,在发生火灾情况下,视频安防监控系统可自动将显示内容切换成火警现场图像供消防监控中心室控制机房确认并记录,在线式电子巡查系统的巡查点可作为火灾手动报警的备份。

本条第6款,电磁场干扰对火灾自动报警系统设备的正常工作影响较大,因此系统应具有电磁兼容性保护,以保证系统的可靠性。

3.6.5 应急指挥系统是目前在大中城市和大型公共建筑建设中需建立的项目,本条文列举了较完整功能的系统配置,设计者宜根据工程项目的建筑类别、建设规模、使用性质及管理要求等实际情况,确定选择配置相关的功能及相应的系统,并且能满足使用的需要。

3.7 机房工程

为了满足建筑智能化的整体功能要求,本节对建筑环境从物理空间环境、光环境、电磁环境、空气质量环境等提出相适应的若干要求。

3.7.2 在建筑物内,各智能化系统的控制、管理室或设备装置机房,一般包括信息中心设备机房、数字程控交换机系统设备机房、通信系统总线设备机房、消防监控中心机房、安防监控中心机房、智能化系统设备总控室、通信接入系统设备机房、有线电视前端设备机房、弱电间(电信间)、应急指挥中心机房及其他智能化系统的设备机房等。该类设备机房,在工程中宜根据具体情况独立配置或组合配置,弱电间(电信间)是楼层或区域智能化系统设备安装间,包括各智能化系统的设备。

3.8 建筑环境

3.8.5 建筑物内空气质量指标,宜根据各工程项目具体情况确定。

4 办公建筑

4.2 商务办公建筑

4.2.1 商务办公建筑一般由多家商务单位共同使用,因此,应能适应不同对象的使用需要进行整个办公建筑的信息系统规划。

4.3 行政办公建筑

4.3.8 涉及国家秘密的通信、办公自动化和计算机信息系统的规划与设计,应符合"涉及国家秘密的通信、办公自动化和计算机信息系统审批和暂行办法的通知(中保办[1998]6号)"规定及应严格按照现行各项报批程序及管理的规定执行,系统保密设施的建设应做到与工程项目同步立项、同步规划、同步实施、同步验收。

4.4 金融办公建筑

4.4.5 金融办公建筑的安全技术防范系统应符合相关功能建筑的规定要求。

5 商业建筑

5.2 商 场

5.2.3 根据商场建筑的面积大且使用对象变化的特点,宜优先配置无线接入的方式。

6 文化建筑

6.2 图 书 馆

6.2.2 图书馆的图书资料储存环境包括新风、温度、湿度、有害气体和光照等进行监控,其控制范围和精度等要求应符合现行标准《图书馆建筑设计规范》JGJ 38 等有关规范的要求。

6.3 博 物 馆

6.3.8 展柜及库房等存放文物库房的温、湿度应符合现行标准《博物馆建筑设计规范》JGJ 66 有关温湿度的要求。

6.5 档 案 馆

6.5.2 档案馆建筑设备管理系统应确保对档案资料的防护,并满足现行标准《档案馆建筑设计规范》JGJ 25 有关规定。

7 媒体建筑

7.1 一 般 规 定

7.1.3 本条对媒体建筑智能化系统工程的基本配置作了规定。

本条第 5 款,舞台调光照明供电与扩声系统的供电应分别设置电源变压器或电声系统采用 1:1 隔离变压器及交流电子稳压电源供电。

本条第 6 款,对于剧场,电影院,演播室等人员密集场所公共广播强制转入消防紧急广播应采用二次确认的方式,这样可以使人员的疏散更加有组织,有秩序,避免慌乱。

本条第 12 款,建筑设备管理系统满足室内空气质量、温湿度、新风量等要求,并符合国家现行标准《剧场建筑设计规范》JGJ 57、《电影院建筑设计规范》JGJ 58、《广播电视中心技术用房室内环境要求》GYJ 43 等标准相关的要求。

7.2 剧(影)院

7.2.3 大型演播室、剧场及其配套机房的布线可采用区域布线的形式。

7.2.4 电视业务建筑有线电视信号节目源包括当地有线电视信号、卫星电视信号、总控机房引来的公众电视信号和演播厅信号。

7.3 广播电视业务建筑

7.3.18 当综合布线系统水平线缆与电视工艺视、音频线缆布置在同一条地沟内,应采用各自独立的线槽或在共用线槽的中间加金属隔板。

8 体育建筑

8.1 一 般 规 定

8.1.2 综合性应用是体育建筑智能化系统工程应首先要重视的问题。应符合体育场(馆)多功能应用的要求,确保所配置的智能化系统既能服务于赛事又能为场(馆)的其他多功能应用服务。

8.1.3 本条第 6 款规定,因体育场(馆)的面积较大,因此,广播系统的分路必须与区域覆盖相适应,在满足使用功能的同时,应不大于消防系统的防火分区。

9 医院建筑

9.1 一 般 规 定

综合性医院、专科医院、特殊病医院等医院建筑智能化系统配置详见本标准附录 F。

9.1.1 专科医院,如儿科、妇产科、胸科、骨科、眼科、耳鼻喉科、口腔科、皮肤科医院等,特殊病院,如传染病院、精神病院、结核病院、肿瘤医院等均应参照使用;街道和村镇级医院因规模较小,可选择部分内容或适当降低配置标准。

9.1.2 医院建筑是为社会特殊弱势群体服务的,其智能化系统的功能应充分体现人性化服务的原则;医院建筑的智能化系统除具有一般智能建筑的功能外,还应支持以患者医疗信息记录为中心的整个医疗、教学、科研活动,同时应能为患者的就医、住院患者的日常生活提供广泛的帮助。

9.2 综合性医院

9.2.2 设置无线数字寻呼系统或其他寻呼系统是考虑目前医院发生抢救或其他紧急事务时人员联络的需要。

9.2.4 关于覆盖范围和覆盖功率的限制应考虑医院应用环境的特殊性和安全性。

9.2.5 多人病房应提供耳机音频信号,如有条件,也可将电视终端设置在设备带上,每床一组,患者可使用小型电视机在床头观看,并采用耳机收听音频信号。

9.2.10 考虑到技术的发展和提供多样性的实施方法,该系统仅提出基本的功能性要求,不作详细规定。系统要求提供远程服务是进一步的要求,提供接口是基本的要求。系统要求设有操作权限是考虑到患者的隐私权保护。

9.2.11 医院信息化应用系统由医院建筑使用部门根据实际情况自行实施。

10 学校建筑

10.1 一般规定

10.1.3 学校应采用标准化业务程序流程设计的应用管理系统,并可根据学校建筑的不同规模和管理模式配置教学、科研、办公和学习业务相对应的系统软件管理功能模块。

数字化教学系统应具有对教学资源能在全校共享,访问快捷,网上分布式教学等功能,及对直播教学的数据采集与控制和具有多媒体教学的直播、录制与编辑,并能通过多个后台服务程序,为学生和教师提供课件点播和直播的教学服务,为教学评估提供便捷的评估窗口,为管理员提供完善的系统管理服务。

数字化图书馆系统应建有电子信息资源库和图书馆数字化信息生产服务网络平台。系统基于以太网技术,并将信息生产、采集、整合、检索、发布、管理等过程,实现信息共享与信息服务的目的。

门户网站具有学校公众信息服务窗口、学校各部门的信息窗口和个人工作平台功能,能向师生或用户提供个性化信息与服务。

校园资源规划管理系统应能提供全校性的各种管理信息系统的共享机制,建立各数据共享库,实现各信息系统之间可互相访问,并通过对各管理信息系统和业务系统的整合与分析,为学校领导提供管理、分析的决策支持。

11 交通建筑

11.2 空港航站楼

11.2.17 航站楼的建筑空间大,功能复杂,设备众多且可靠性要求高,相应能耗亦较大,因此,根据各机电设备的特点进行集中优化控制与管理尤为必要,这样做可使各类机电设备发挥出最佳的状态,同时可较大幅度地节省能耗,起到良好的效果。航站楼内各场所的建筑空间较高,人流变化大,而且具有一定的时间性,因此,这些区域场所的空气品质、空调设计应针对这些区域场所的特点,可通过对场所空气品质、人流多少的探测,利用经过处理的新风来稀释空气中的CO_2等废气通过回排风机排出,从而改善室内的综合空气品质及提高人的舒适性,体现人性化服务质量。

11.4 城市公共轨道交通站

11.4.1 智能化建筑各系统应按线路划分、配置分线的中央级和

车站级二级监控系统。中央级主控系统负责全线的运营操作,车站级主控系统负责监控车站内的运营操作机电设备。

11.4.2 智能化集成系统应集成或互联下列系统:变电所综合自动化子系统、环境与设备监控子系统、火灾自动报警系统、门禁系统、屏蔽门、防淹门、信号系统、自动售检票系统;广播系统、闭路电视系统;车辆在线安全检测系统;公共信息发布系统;调度电话系统;通信集中告警系统;时钟系统等。

11.4.7 城市公共轨道交通建筑的无线通信系统的工作方式为:车站固定台为双频双工方式和双频单工方式,机车台为双频双工方式和双频单工方式,便携台为双频单工方式。网管应能监测系统各级设备如基站、电源、接口模块、光纤射频直放站等的运行状态信息,可完成自动检测、遥空检测、故障报警等,出现故障时能够发出声光报警。控制中心各调度员呼叫车站值班员时应单呼、组呼、全呼并显示,车站值班员呼叫控制中心调度员时应进行一般呼叫和紧急呼叫,控制中心调度台应显示呼叫分机号码及用户名。调度员可以方便的召开电话会议,会议的参加方应由调度台灵活的设置。控制中心各调度员与车站值班员之间的通话应在控制中心以数字方式自动记录在多信道录音设备上。录音内容应包括通话起止时间、时长、通话对象等。

11.4.12 中央级监控方式应具备如下功能:接收由车站级设备传送的各探测点的火灾报警信号,显示报警部位及自动记录;图形控制中心控制台通过无线发射台及时向当地消防局119报警台进行火灾报警;接收地铁主时钟信息,使火灾报警系统时钟与主时钟同步。车站级监控方式应具备如下功能:监视车站消防设备的运行状态;接收车站火灾报警或重要系统、设备的报警,并显示报警部位;与消防广播系统和视频监控系统联动,对乘客进行安全疏散引导;向中央级报告灾情,接收中央级发出的消防救灾指令和安全疏散命令。

11.5 社会停车库(场)

11.5.5 当中央管理计算机或通讯中断时,各出入口、中央收费站要能够独立工作,完成临时、长期、储值客户车辆进、出场程序,且具有本地资料收集、储存功能,待故障消除后自动上传。

11.5.7 当车辆入场后,停放时间超过某一设定值或超过某一设定时刻,此车辆作为过夜处理。当这类车辆的车主向车场经营方表示入场票券丢失时,经营方可根据车牌调出该车辆进场时间、图档等资料,根据系统认定的入场时间结算金额。

根据现场情况对现场设备进行合理设计、配置,使摄像机具有最佳的安装位置和角度,保证在各种光线(所有情况下的自然环境光、车灯、反光等)、气候等环境下,借助辅助光源,确保在不出现非正常情况条件,如:摄像机有效视角范围内拍摄不到完整的车牌;车牌严重污、损;车牌被遮挡等,车牌号码正确识别率达95%。

12 住宅建筑

12.1 一般规定

12.1.1 本标准所述的住宅建筑工程,为设有智能化系统的住宅建筑,对于普通住宅区,智能化系统配置详见本标准条文12.1.3。

12.1.3 本条第1款,住宅建筑的智能化集成系统应根据工程规模、建筑标准、配套设施、住户需求、维护管理条件等实际情况配置。

12.1.3 本条第9款,住宅建筑的建筑设备管理系统有别于办公建筑、文化建筑等公共建筑,所以在系统设计、设备选用等方面应符合实际需要。

12.1.3 本条第12款,智能化系统的核心设备一般均设置住宅区

管理中心内,因此应充分考虑其位置、面积及环境等条件,具体要求详见本标准第3.7节。

12.2 住　宅

12.2.1 住户配置应配置家居配线箱,这是确保电话、电视、信息网络等系统功能、规范住户内线路敷设的重要措施,家居配线箱的功能和元器件配置应符合有关规定。住户内配置的信息端口类别和数量根据工程项目实际情况确定。

12.2.1 住宅(区)设置的水、电、燃气、热能表的计量、抄收及远传系统,在设计阶段即应与当地公用事业管理部门联系,以便与其联网管理,提高使用价值。为住户提供方便。

12.2.3 为住户建立小区物业管理综合信息平台,是住宅小区智能化的重要体现,宜根据实际情况,逐步建立、扩展、完善信息平台,应考虑开放性和可扩展性。对暂时不具备条件的系统应留有接口。

12.2.4 本标准中住宅安全防范系统的配置标准为智能化住宅小区的配置标准,是属于现行国家标准《安全防范工程技术规范》GB 50348第5.2节的提高型。该标准中的住宅包括一般住宅区,对于一般住宅区,其安全技术防范系统相对应于该规范的基本型。

12.3 别　墅

12.3.2 由于别墅(区)建筑一般比住宅区布置分散,标准高,以及其居住人群的特点,因此,对所述系统的集成能有效地进行管理,提高建筑功能。

12.3.7 别墅应配置家居配线箱和家庭控制器。家居配线箱能有效解决智能化系统进户线的接入点和户内分配点,规范住户内部的线路敷设;家庭控制器实现信息化控制,满足别墅建筑中众多设备控制的需要。信息端口的数量和位置应根据实际需要设置。

12.3.9 别墅小区的安全防范技术系统配置标准相对应于现行国家标准《安全防范工程技术规范》GB 50348—2004第5.2节的先进型标准。燃气进户管的自动阀门,应确保在泄漏时报警,并选用可靠的自动阀门,切断气源。

13　通用工业建筑

　　本章仅对加工类(或装配类)通用性工业建筑提出基本的设计标准。

中华人民共和国国家标准

住宅信报箱工程技术规范

Technical code for private mail boxes
of residential buildings

GB 50631—2010

主编部门：中华人民共和国国家邮政局
批准部门：中华人民共和国住房和城乡建设部
施行日期：2 0 1 1 年 8 月 1 日

中华人民共和国住房和城乡建设部
公　告

第 829 号

关于发布国家标准
《住宅信报箱工程技术规范》的公告

现批准《住宅信报箱工程技术规范》为国家标准，编号为GB 50631—2010，自 2011 年 8 月 1 日起实施。其中，第1.0.3、3.0.1条为强制性条文，必须严格执行。

本规范由我部标准定额研究所组织中国计划出版社出版发行。

中华人民共和国住房和城乡建设部
二〇一〇年十一月三日

前　言

本规范是根据住房和城乡建设部《关于印发〈2009 年工程建设标准规范制订、修订计划〉的通知》(建标〔2009〕88 号)的要求，由中国建筑设计研究院和大连九洲建设集团有限公司会同有关单位共同编制完成。

本规范在编制过程中，规范编制组经广泛调查研究，认真总结实践经验，参考有关标准，并在广泛征求意见的基础上，最后经审查定稿。

本规范共分 6 章和 1 个附录。主要技术内容包括总则，术语，基本规定，设置原则、位置和方式，使用空间及建筑设计要求，信报箱安装与验收等。

本规范中以黑体字标志的条文为强制性条文，必须严格执行。

本规范由住房和城乡建设部负责管理和对强制性条文的解释，由中国建筑设计研究院负责具体技术内容的解释。执行过程中如有意见或建议，请寄送中国建筑设计研究院国家住宅与居住环境工程技术研究中心(地址：北京西城区车公庄大街 19 号，邮政编码：100044)，以供今后修订时参考。

本规范主编单位、参编单位、主要起草人和主要审查人：

<table>
<tr><td>主编单位：</td><td colspan="4">中国建筑设计研究院
大连九洲建设集团有限公司</td></tr>
<tr><td>参编单位：</td><td colspan="4">北京邮电大学</td></tr>
<tr><td>主要起草人：</td><td>曾　雁</td><td>赵国君</td><td>林建平</td><td>孔繁英</td></tr>
<tr><td></td><td>杨海荣</td><td>王　贺</td><td>杨小东</td><td>赵　希</td></tr>
<tr><td></td><td>张　岳</td><td>王丽华</td><td>李庆新</td><td>陈　娟</td></tr>
<tr><td></td><td>崔　敏</td><td></td><td></td><td></td></tr>
<tr><td>主要审查人：</td><td>薛　峰</td><td>叶茂煦</td><td>张菲菲</td><td>王连顺</td></tr>
<tr><td></td><td>刘敬疆</td><td>张生友</td><td>徐华荣</td><td>李金英</td></tr>
<tr><td></td><td>李长斌</td><td>于学民</td><td>吴克忠</td><td></td></tr>
</table>

目　次

Contents

1 总 则

1.0.1 为规范住宅信报箱建设，保障居民通信权益，制定本规范。

1.0.2 本规范适用于城镇新建、改建、扩建住宅小区、住宅建筑工程的信报箱工程的设计、安装和验收，也适用于农村信报箱工程的设计、安装和验收。

1.0.3 城镇新建、改建、扩建的住宅小区、住宅建筑工程，应将信报箱工程纳入建筑工程统一规划、设计、施工和验收，并应与建筑工程同时投入使用。

1.0.4 信报箱的建设应方便投、取双方使用，并应与环境协调，同时应满足经济合理、安全实用的要求。

1.0.5 信报箱工程的设计、安装和验收除应符合本规范外，尚应符合国家现行有关标准的规定。

2 术 语

2.0.1 投取空间 delivery and reception area
指信报箱为满足投递和收取信件、报刊及其他邮件所需的空间。

2.0.2 室内净高 interior net storey height
从楼、地面面层（完成面）至吊顶或楼盖、屋盖底面之间的有效使用空间的垂直距离。

2.0.3 信报箱 private mail boxes
供用户接收信件、报刊及其他邮件的箱体。

2.0.4 信报箱格口 pigeonholes
信报箱内具有独立可开闭锁门，供放置用户信件、报刊及其他邮件的空间，简称格口。

2.0.5 单口信报箱 single mail box
只有一个格口的信报箱。

2.0.6 单元信报箱 the unit of private mail boxes
由若干个格口构成的一体化信报箱，是组成信报箱群的基本单元。

2.0.7 信报箱群 group of private mail boxes
由两个及以上的单元信报箱组合而成的信报箱组合体。

2.0.8 信报箱间 spaces of installing private mail boxes
专门用于安装信报箱群的室内空间。

2.0.9 信报箱亭 kiosk of installing private mail boxes
具备防雨、照明等设施，专门用于安装信报箱群的室外独立建筑。

2.0.10 智能信报箱 intelligent private mail boxes
应用计算机技术管理与控制，通过密码识别、射频识别、指纹识别、掌纹识别等智能识别方式获得开箱许可，格口门及投递口叶门能自动打开的信报箱。

2.0.11 开口式信报箱 ringent private mail boxes
每个格口有一敞开的投递口，投递邮件、报刊及其他邮件时，可直接从投递口投入的信报箱。

2.0.12 封闭式信报箱 close private mail boxes
无投递口或投递口平时关闭，投递邮件、报刊及其他邮件时，需要开启总门、框架总门、格口门或投递口的信报箱。

2.0.13 嵌墙式信报箱 built-in type private mail boxes
整体或部分嵌入墙体内的信报箱。

2.0.14 附墙式信报箱 wall type private mail boxes
整体悬挂于墙体上的信报箱。

2.0.15 自立式信报箱 floor type private mail boxes
固定于地面上的信报箱。

3 基本规定

3.0.1 住宅信报箱应按住宅套数设置，每套住宅应设置一个格口。

3.0.2 信报箱应设置在宽敞明亮、易于投取邮件的位置，不宜设置在低洼、潮湿、光线较暗的位置。

3.0.3 信报箱应布置合理、操作方便，信报箱最底层格口底面照度标准值小于 75lx 时，应设置专用照明设施。

3.0.4 信报箱的设置不应影响住户的采光、通风、建筑保温隔热和安全疏散的设计要求，并应满足无障碍的设计要求。

3.0.5 除单口信报箱以外，每一组集中设置的信报箱，宜设置一个退信格口。

3.0.6 选用智能信报箱时，应根据智能信报箱的需求，预留电源等相应的接口。

3.0.7 信报箱应选用符合国家现行有关标准的产品。

3.0.8 信报箱应根据地域、气候特点、建筑形式、使用模式和安装位置，选用满足防盗、防火、防潮、防雨雪、防冰冻、防风沙、防雷电等方面要求的产品。

4 设置原则、位置和方式

4.1 设置原则

4.1.1 独立式住宅宜设置单口信报箱。

4.1.2 十一层及以下住宅宜设置单元信报箱或信报箱群。

4.1.3 十二层及以上住宅宜设置信报箱间，无条件设置信报箱间时，可结合住宅单元入口门厅、通道设置信报箱群。

4.1.4 住宅单元入口处无条件设置信报箱或旧区改

造的社区，可集中设置信报箱亭。

4.1.5 信报箱设置在建筑外时，应设置在方便投、取的场地，场地地面应进行硬化处理。

4.2 设置位置

4.2.1 信报箱宜设置在住宅单元主要入口处，并应结合建筑设置。

4.2.2 建筑外信报箱或信报箱亭与住宅单元门口的距离不宜大于 80m。

4.2.3 信报箱宜设置在住宅单元门禁系统外；设置在门禁系统内时，应在门禁系统外设置投递口。

4.2.4 信报箱的设置，最下层格口的底部距地面距离不应小于 0.4m，最上层格口的顶部距地面不应大于 1.7m。

4.2.5 单口信报箱底部距地面距离不应小于 0.8m，顶部距地面距离不应大于 1.7m。

4.2.6 设置在建筑外的信报箱无其他遮雨设施时，应设置遮雨篷。遮雨篷的使用年限不应低于信报箱的使用年限。

4.3 设置方式

4.3.1 信报箱设置方式可选用嵌墙式、附墙式和自立式。

4.3.2 信报箱亭中信报箱的设置方式可按周边式和行列式布置，其中周边式可按亭内周边和亭外周边布置。

4.3.3 设置信报箱前应根据所选信报箱产品的规格和数量，预留信报箱及附属构件安装所需的预埋件。

4.3.4 设置信报箱的墙体宜为混凝土或具有承重能力的砌体结构；遇有轻质墙体时，应在墙体相应位置中预埋预制混凝土块、钢埋件或自行设置支撑系统。

4.3.5 嵌墙式信报箱应在墙体中预留出信报箱安装所需的空间，箱体与四周墙体之间应有大于或等于 20mm 间隙。箱体外框与墙体之间的缝隙应采用填充材料填嵌饱满，外侧接缝处应密封。

4.3.6 自立式信报箱应根据所选信报箱产品规格和数量，设置信报箱的支撑体系，并应与地面连接牢固。

4.3.7 安装信报箱的墙体应为箱体预留更换和拆卸的条件。

5 使用空间及建筑设计要求

5.1 一般规定

5.1.1 信报箱使用空间宜独立设置，也可结合门厅、走廊等入口处公共空间复合使用。独立设置时，单排信报箱投取空间宽度不应小于 1.5m，双排信报箱相对布置时，投取空间宽度不应小于 1.8m；复合使用

时，单排信报箱投取空间宽度不应小于 1.8m，双排信报箱相对布置时，投取空间宽度不应小于 2.4m。

5.1.2 信报箱投取位置两侧为墙壁时，其横向净宽度不应小于 1.2m。

5.1.3 设置信报箱间时，100 套住宅以内的使用面积不应小于 5m²；超过 100 套住宅时，每增加 30 套住宅增加的使用面积不宜小于 2m²。信报箱间室内净高不应低于 2.0m。

5.1.4 设置信报箱时，宜预留安装邮政编码牌的位置。

5.2 信报箱亭

5.2.1 信报箱亭的结构耐久年限不应低于 25 年。

5.2.2 信报箱亭的耐火等级应为二级。

5.2.3 信报箱亭应按丙类建筑根据当地设防烈度采取抗震措施进行设计。

5.2.4 信报箱亭的建筑设计应充分利用天然采光，并应组织好自然通风。

5.2.5 信报箱亭的地面宜采用防滑、耐磨的材料，墙面、顶棚的面层材料宜采用不易燃、易于清洁的建筑材料。

5.2.6 信报箱亭的使用面积应符合表 5.2.6 的规定，且室内净高不应低于 2.2m。

表 5.2.6 信报箱亭的使用面积

信报箱亭形式	亭外行列式及周边式		亭内周边式	
住宅套数（套）	600	1200	600	1200
使用面积（m²）	≥20	≥30	≥40	≥60

5.2.7 信报箱亭的主要出入口宽度不小于 1.2m，并应设置无障碍坡道。

6 信报箱安装与验收

6.1 安 装

6.1.1 信报箱的安装应编制专项施工方案。

6.1.2 信报箱的安装应具备下列条件：

1 相关设计文件齐全，且已通过施工图审查；

2 专项施工方案经已批准；

3 信报箱质量证明文件齐全，进场验收合格；

4 场地条件能够满足信报箱施工要求；

5 预埋件、预埋管线等相关设施符合设计文件要求，并已验收合格。

6.1.3 信报箱安装应进行工序交接，并应对已完工程的相应部位采取保护措施。

6.1.4 在既有建筑上安装信报箱时，应根据建筑物的结构状况，选择可靠的安装方法。

6.1.5 带遮雨篷信报箱的安装，遮雨篷与墙体应安

装牢固；遮雨篷与墙体的交接处应作防水处理。

6.1.6 安装智能信报箱时，应符合现行国家标准《智能建筑工程质量验收规范》GB 50339 的有关规定，电气装置的安装应符合现行国家标准《建筑电气工程施工质量验收规范》GB 50303 的有关规定。

6.2 验 收

6.2.1 建筑工程竣工验收时，应进行信报箱工程专项验收。专项验收工作应由建设单位负责组织，施工、设计、监理以及邮政管理部门或邮政管理部门委托的其他单位等均应参加验收。

6.2.2 信报箱工程验收前，应完成下列隐蔽项目的现场验收：

1 预埋件或后置螺栓/锚栓连接件；

2 信报箱与主体结构以及预埋连接件的连接节点；

3 隐蔽安装的电气管线工程。

6.2.3 当对信报箱工程施工质量检验时，检验批的划分可根据施工及质量控制和专业验收的需要按单元或单体工程进行划分。检验批的主控项目应进行全验，一般项目应进行抽验，且均应符合合格质量规定。检验批可按本规范表 A.0.1 记录。

6.2.4 分项工程质量验收合格应符合下列规定：

1 构成分项工程中各检验批均应符合合格质量规定。分项工程可按本规范表 A.0.2 记录；

2 应具有完整的施工操作依据、质量检查记录。

6.2.5 分部（子分部）工程质量验收合格应符合下列规定：

1 分部（子分部）工程所含分项工程的质量均应验收合格且验收记录应完整，分部（子分部）可按本规范表 A.0.3 记录；

2 质量控制资料应完整；

3 观感质量应符合本规范要求。

6.2.6 信报箱工程竣工验收时应提交下列资料：

1 设计变更证明文件和竣工图；

2 隐蔽工程验收记录；

3 智能信报箱的系统调试记录。

6.2.7 所有验收应做好记录，并应签署相关文件、立卷归档。

6.2.8 当信报箱工程质量不合格时，应按下列规定处理：

1 经返工重做、调整或更换部件的信报箱工程，应重新验收；

2 经返工重做、调整或更换部件等措施，仍不能达到本规范要求的信报箱工程，不得验收合格。

6.2.9 本规范未规定的相关工程的验收，应符合现行国家标准《建筑工程施工质量验收统一标准》GB 50300 的有关规定。

附录 A 验 收 记 录

A.0.1 信报箱安装检验批质量验收记录应按表 A.0.1 填写。

表 A.0.1 信报箱安装检验批质量验收记录

工程名称				分项工程名称	
验收部位	楼号：	单元数（号）：	套数：	信报箱类型	□普通信报箱 □智能信报箱
安装方式	□嵌墙式 □附墙式 □自立式		专业工长	项目经理	
施工单位			施工执行标准名称及编号		
分包单位			分包项目经理	施工班组长	

	项 目		施工单位（分包单位）检查评定记录	监理（建设）单位验收记录
主控项目	1	信报箱产品应符合本规范第 3.0.7 条的规定		
	2	信报箱位置应符合本规范第 4.2.1 条～第 4.2.3 条的规定		
	3	信报箱数量应符合本规范第 3.0.1 条的规定		
	4	信报箱使用空间应符合本规范第 5.1 节、第 5.2 节的规定		
	5	信报箱安装牢固可靠应符合本规范第 4.3.4 条的规定		
一般项目	1	信报箱底部和顶部离地面高度应符合本规范第 4.2.4 条、第 4.2.5 条的规定		
	2	信报箱照明设施应符合本规范第 3.0.3 条的规定		
	3	室外信报箱遮雨篷设置应符合本规范第 4.2.6 条的规定		
	4	无障碍设施应符合本规范第 3.0.4 条的规定		
	5	智能信报箱安装应符合本规范第 3.0.6 条的规定		

施工单位检查评定结果	项目专业质量检查员： 年 月 日
监理（建设）单位验收结论	监理工程师： （建设单位项目专业技术负责人） 年 月 日

A.0.2 信报箱安装分项工程质量验收记录应按表 A.0.2填写。

A.0.3 信报箱安装分部（子分部）工程质量验收记录应按表A.0.3填写。

表 A.0.2 信报箱安装分项工程质量验收记录

工程名称			检验批数	
施工单位		项目经理		
分包单位		分包项目经理		施工班组长
序号	检验批部位、区段	施工单位（分包单位）检查评定记录	监理（建设）单位验收记录	
1				
2				
3				
4				
5				
6				
7				
8				
9				
10				
11				
12				
施工单位检查评定结果		项目专业质量检查员： 年 月 日		
监理（建设）单位验收结论		监理工程师： （建设单位项目专业技术负责人） 年 月 日		

表 A.0.3 信报箱安装分部（子分部）工程质量验收记录

工程名称				
工程概况	标明：共 ＿＿＿ 幢、共 ＿＿＿ 单元、总计 ＿＿＿ 套。			
施工单位		技术部门负责人		质量部门负责人
分包单位		分包单位负责人		分包技术负责人
序号	分项工程名称	检验批数	施工单位检查评定	验收意见
1				
2				
3				
4				
5				
质量控制资料				
观感质量验收				
验收单位	分包单位	项目经理： （公章） 年 月 日		
	施工单位	项目经理： （公章） 年 月 日		
	设计单位	项目负责人： （公章） 年 月 日		
	监理单位	总监理工程师： （公章） 年 月 日		
	建设单位	项目负责人： （公章） 年 月 日		
	邮政管理部门	负责人： （公章） 年 月 日		

本规范用词说明

1 为便于在执行本规范条文时区别对待，对要求严格程度不同的用词说明如下：

1）表示很严格，非这样做不可的：

正面词采用"必须"，反面词采用"严禁"；

2）表示严格，在正常情况下均应这样做的：

正面词采用"应"，反面词采用"不应"或"不得"；

3）表示允许稍有选择，在条件许可时首先应这样做的：

正面词采用"宜"，反面词采用"不宜"；

4）表示有选择，在一定条件下可以这样做的，采用"可"。

2 条文中指明应按其他有关标准执行的写法为："应符合……的规定"或"应按……执行"。

引用标准名录

《建筑工程施工质量验收统一标准》GB 50300

《建筑电气工程施工质量验收规范》GB 50303

《智能建筑工程质量验收规范》GB 50339

中华人民共和国国家标准

住宅信报箱工程技术规范

GB 50631—2010

条 文 说 明

制 订 说 明

《住宅信报箱工程技术规范》GB 50631—2010，经住房和城乡建设部 2010 年 11 月 3 日以第 829 号公告批准发布。

为便于广大设计、施工等单位有关人员在使用本标准时能正确理解和执行条文规定，《住宅信报箱工程技术规范》编制组按章、节、条顺序编制了本标准的条文说明，对条文规定的目的、依据以及执行中需注意的有关事项进行了说明。但是，本条文说明不具备与标准正文同等的法律效力，仅供使用者作为理解和把握标准规定的参考。

目 次

1 总 则

1.0.1 公民的通信自由和通信秘密受法律的保护，是宪法赋予公民的基本权利。2009 年 4 月 24 日第十一届全国人民代表大会常务委员会第八次会议修订的《中华人民共和国邮政法》第二章第十条对信报箱的设置作出了规定。信报箱是住宅原有的配套设施，并非新增需求，此为本规范制定的原始依据。

目前，全国有些地区的住宅信报箱不仅发展滞后，安装率低，甚至没有通邮，使得人们的基本通信权利无法得到保障。因此相关规范的出台作为保障措施极为必要。其次，现有住宅信报箱的规格尺寸、安装方式、安装位置混乱，也急需为目前的建设制订一个统一的标准，使设计安装人员有据可查。

1.0.3 本条为强制性条文。住宅建筑工程应根据信报箱的安装形式，为信报箱留出必要的安装空间，避免后期安装时占用消防通道、或者对建筑结构造成破坏，带来安全隐患。因此，应将信报箱工程纳入建筑工程统一规划、设计、施工、验收，与建筑工程同时投入使用。

1.0.4 信报箱的建设应方便投、取双方使用，这是重要的设计原则之一，具体的规定如：设置在门禁系统外、在入口集中设置等，皆在规范相应章节作出了规定。

1.0.5 信报箱的建设需要满足信报箱产品和工程建设两方面的标准。所需要执行的标准，除必要的重申外，本规范不再重复。住宅信报箱的建设除应符合本规范外，还应符合以下国家现行标准的规定：《民用建筑设计通则》GB 50352；《建筑设计防火规范》GB 50016；《高层民用建筑设计防火规范》GB 50045；《住宅设计规范》GB 50096；《住宅建筑规范》GB 50368；《建筑抗震设计规范》GB 50011；《建筑采光设计标准》GB/T 50033；《住宅信报箱》GB/T 24295；《城市道路和建筑物无障碍设计规范》JGJ 50。

2 术 语

2.0.1 投取空间宽度说明见图 1。

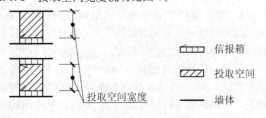

图 1 投取空间宽度

3 基本规定

3.0.1 本条为强制性条文。根据住宅设计规范，信报箱作为住宅的必备设施，其设置应满足一套住宅配置一个信报箱格口（即一套住宅对应一个门牌号数）的要求。同时为了方便投递，同一单元主要入口处设置信报箱时，单元信报箱或信报箱群宜集中附楼设置。有独立出入口的住宅，如独立式住宅、联排住宅等，在其出入口处设单口信报箱。

3.0.3 关于照明设施的照度要求参照了现行国家标准《建筑照明设计标准》GB 50034 的第 5.4.1 条中对公共场合照明的要求。信报箱通常可借用公共照明，在公共照明不能满足信报箱照明要求时，应设置专用照明装置。

照度：表面上一点的照度 E 是入射在包含该点的面元上的光通量 $d\Phi$ 除以该面元面积 dA 所得之商，即 $E = d\Phi/dA$，单位为勒克斯（lx），$1lx = 1lm/m^2$。

3.0.7 信报箱的质量受使用材料、加工工艺等因素的影响，其使用年限、防火等级、抗震等差别很大，因此应选用符合国家现行有关标准规定的产品。

3.0.8 信报箱的种类选择是由投资成本、管理模式、使用需求、投递方式等因素决定的，应避免因形式选择不当给投取双方带来的不便。

由于各地区地理、气候差异较大，在建设中应注意以下问题：

1 日照强烈地区：遮雨篷宜选用抗辐射能力强的材料。

2 气候潮湿的地区：①信报箱不宜设在建筑物外。②箱体宜使用不易锈蚀的材料。

3 严寒地区：信报箱宜设置在门禁外一层大厅内。避免由于雨雪影响造成信报箱损坏，同时方便投取。

4 风沙大的地区：室外信报箱宜使用封闭式，开口式宜设于建筑物内。

5 多台风地区：遮雨篷效果有限，信报箱宜设于建筑物内。

4 设置原则、位置和方式

4.1 设置原则

4.1.4 为方便住户使用，建议新建和改建住宅的信报箱的建设一律采用附楼建设。

4.1.5 信报箱设置在建筑外时，一般为集中设置的信报箱亭。为方便使用应对使用场地进行硬化处理，并设置通道。若与构筑物结合设置时，也应满足上述要求。

4.2 设置位置

4.2.1 由于一些住宅主要入口不在地面层，因此本规范规定宜将信报箱设置于单元主要入口处，既方便投递、保证邮件安全，又便于住户收取。结合建筑设置是指在单元主要出入口处贴附建筑设置信报箱，以保证用户使用方便。

4.2.2 根据高密度的建筑规划进行测算，信报箱或信报箱亭80m的服务半径，能够满足距离最近的四栋高层（33层）住宅用户的使用需要。同时也可利用板式住宅的人员疏散通道等位置，在不影响安全疏散的情况下设置信报箱。

4.2.3 门禁系统增加了投递员投递到户的困难，为方便投递，减少对住户日常生活的影响，以及减少物业管理部门的负担，宜将信报箱设置在门禁系统外。

4.2.4 在方便使用的前提下为了节省空间，根据人体工学的尺度，将最下层格口的底部距地面尺寸定为不应小于0.4m，最上层格口顶部距地面尺寸定为不应大于1.7m。

4.2.5 单口信报箱由于所占空间和使用人数较少，可适当增加其投取的方便性，因此将底部距地面尺寸提升至0.8m。

4.2.6 遮雨篷的排水坡度应大于3‰。遮雨篷长度应大于或等于信报箱长度加0.5m，遮雨篷出挑信报箱的宽度宜取遮雨篷前沿至信报箱底边垂直距离的0.6倍。遮雨篷的挑出角度为：在垂直于固定信报箱的墙体（立柱）平面内，遮雨篷前沿至信报箱前端底边连线与水平线夹角α应小于或等于60°。遮雨篷外边沿的高度不宜小于2m，见图2。

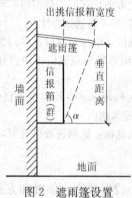

图2 遮雨篷设置

4.3 设置方式

4.3.2 信报箱亭中信报箱的设置说明，见表1。

亭内周边式指信报箱设置在亭内，投、取双方需要进入亭内。亭外周边式指信报箱对外设置，可以直接从亭外取信。

4.3.7 信报箱使用寿命与建筑的使用寿命有较大的差距，因而要考虑到信报箱损坏和到达使用年限时，需要进行维修与更换。

表1 信报箱亭中信报箱的设置说明

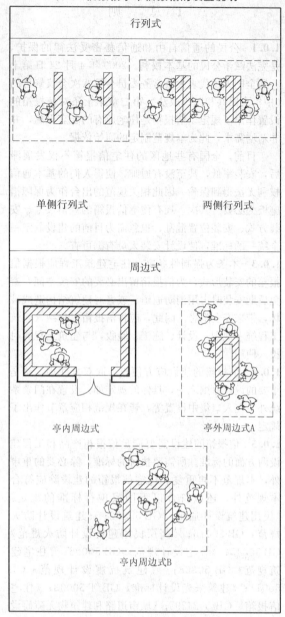

5 使用空间及建筑设计要求

5.1 一般规定

5.1.1 建筑设计应充分考虑信报箱使用空间尺度，满足信报箱投递、收取等功能需求，空间尺度包括通行尺度、停留尺度和操作尺度。

信报箱的操作尺度以0.6m～0.75m计，单股人流宽度以0.55m～0.6m计，在满足无障碍设计的基础上（一辆轮椅通行最小宽度为0.9m，轮椅回转的最小直径为1.5m），独立设置时满足操作尺度和单股人流通过，复合使用时满足操作尺度和双股人流通过，见表2。

表2 信报箱使用空间设置表

使用方式 \ 布置方式	单排布置	双排布置
独立设置	1500	1800
复合使用	1800	2400

5.1.2 信报箱投取空间两侧为墙壁时，使用空间尺寸说明，见图3。

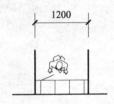

图3 尺寸说明（mm）

5.1.3 信报箱间内部使用空间是相对独立的空间，空间尺度的要求应满足人体工学要求及心理需求。避免过小、过低的空间，造成使用不便和心理压抑。

5.2 信报箱亭

5.2.3 信报箱亭抗震等级应符合当地抗震设防要求，避免地震时造成人员伤害。

5.2.7 信报箱亭应考虑无障碍设计，满足轮椅使用的基本要求。

6 信报箱安装与验收

6.1 安 装

6.1.1 由于信报箱产品种类的多样性，施工单位在安装前应根据设计或建设单位选用的产品种类，仔细阅读生产厂家提供的安装与使用说明文件并编制专项施工方案。

6.1.3 信报箱安装时，一般在装饰工程的收尾阶段，墙地面工程已经接近尾声或完工。因此，在信报箱安装前应进行工序交接，并应对已完工程的相应部位采取保护措施，防止对墙地面造成污染或破坏。

6.1.5 为了保证信报箱本身的防雨功能，并防止因安装信报箱遮雨篷而使建筑物外墙产生渗漏，遮雨篷与建筑物墙体间应作防水处理。同时遮雨篷的设计应向外侧设置坡度，保证雨水顺利排放而不流向墙体一侧。

6.1.6 智能信报箱的安装涉及智能和电气两部分时，还应符合相应验收规范的要求。

6.2 验 收

6.2.1 信报箱必须与建筑工程同步设计、同步施工、同步验收，因此建筑工程投入使用时信报箱应当完成专项验收。根据《中华人民共和国邮政法》第10条，本规范将邮政管理部门或邮政管理部门委托的其他单位纳入验收工作。由于目前全国已开始推行了分户验收制度，住房和城乡建设部2009年12月又发布了《关于做好住宅工程质量分户验收工作的通知》（建质〔2009〕291号文件），因此专项验收工作应在完成分户验收的基础上进行。

当参加验收各方对工程质量验收意见不一致时，可请当地建设行政主管部门或工程质量监督机构协调处理。

6.2.7 信报箱施工过程及验收过程都应形成记录，签署文件，并按照竣工档案的编制办法立卷归档。

6.2.9 本规范应与现行国家标准《建筑工程施工质量验收统一标准》GB 50300配套使用。

6

建 筑 节 能

中华人民共和国国家标准

绿 色 建 筑 评 价 标 准

Evaluation standard for green building

GB/T 50378—2006

主编部门：中华人民共和国建设部
批准部门：中华人民共和国建设部
施行日期：２００６年６月１日

中华人民共和国建设部
公 告

第 413 号

建设部关于发布国家标准
《绿色建筑评价标准》的公告

现批准《绿色建筑评价标准》为国家标准，编号为GB/T 50378－2006，自 2006 年 6 月 1 日起实施。

本标准由建设部标准定额研究所组织中国建筑工

业出版社出版发行。

中华人民共和国建设部
2006 年 3 月 7 日

前 言

本标准是根据建设部建标标函〔2005〕63 号（关于请组织开展《绿色建筑评价标准》编制工作的函）的要求，由中国建筑科学研究院、上海市建筑科学研究院会同有关单位编制而成。

本标准是为贯彻落实完善资源节约标准的要求，总结近年来我国绿色建筑方面的实践经验和研究成果，借鉴国际先进经验制定的第一部多目标、多层次的绿色建筑综合评价标准。

在编制过程中，广泛地征求了有关方面的意见，对主要问题进行了专题论证，对具体内容进行了反复讨论、协调和修改，并经审查定稿。

本标准的主要内容是：总则、术语、基本规定、住宅建筑、公共建筑。

本标准由建设部负责管理，由中国建筑科学研究院（地址：北京市北三环东路 30 号；邮政编码：100013）负责具体技术内容的解释。请各单位在执行过程中，总结实践经验，提出意见和建议。

本标准主编单位：中国建筑科学研究院

本标准参编单位：上海市建筑科学研究院
中国城市规划设计研究院
清华大学
中国建筑工程总公司
中国建筑材料科学研究院
国家给水排水工程技术中心
深圳市建筑科学研究院
城市建设研究院

本标准主要起草人：王有为　韩继红　曾　捷
杨建荣　方天培　汪　维
王静霞　秦佑国　毛志兵
马眷荣　陈　立　叶　青
徐文龙　林海燕　郎四维
程志军　安　宇　张蓓红
范宏武　王玮华　林波荣
赵　平　于震平　郭兴芳
涂英时　刘景立

目　次

1 总 则

1.0.1 为贯彻执行节约资源和保护环境的国家技术经济政策，推进可持续发展，规范绿色建筑的评价，制定本标准。

1.0.2 本标准用于评价住宅建筑和公共建筑中的办公建筑、商场建筑和旅馆建筑。

1.0.3 评价绿色建筑时，应统筹考虑建筑全寿命周期内，节能、节地、节水、节材、保护环境、满足建筑功能之间的辩证关系。

1.0.4 评价绿色建筑时，应依据因地制宜的原则，结合建筑所在地域的气候、资源、自然环境、经济、文化等特点进行评价。

1.0.5 绿色建筑的评价除应符合本标准外，尚应符合国家的法律法规和相关的标准，体现经济效益、社会效益和环境效益的统一。

2 术 语

2.0.1 绿色建筑 green building

在建筑的全寿命周期内，最大限度地节约资源（节能、节地、节水、节材）、保护环境和减少污染，为人们提供健康、适用和高效的使用空间，与自然和谐共生的建筑。

2.0.2 热岛强度 heat island index

城市内一个区域的气温与郊区气象测点温度的差值，为热岛效应的表征参数。

2.0.3 可再生能源 renewable energy

从自然界获取的、可以再生的非化石能源，包括风能、太阳能、水能、生物质能、地热能和海洋能等。

2.0.4 非传统水源 nontraditional water source

不同于传统地表水供水和地下水供水的水源，包括再生水、雨水、海水等。

2.0.5 可再利用材料 reusable material

在不改变所回收物质形态的前提下进行材料的直接再利用，或经过再组合、再修复后再利用的材料。

2.0.6 可再循环材料 recyclable material

对无法进行再利用的材料通过改变物质形态，生成另一种材料，实现多次循环利用的材料。

3 基 本 规 定

3.1 基 本 要 求

3.1.1 绿色建筑的评价以建筑群或建筑单体为对象。评价单栋建筑时，凡涉及室外环境的指标，以该栋建筑所处环境的评价结果为准。

3.1.2 对新建、扩建与改建的住宅建筑或公共建筑的评价，应在其投入使用一年后进行。

3.1.3 申请评价方应进行建筑全寿命周期技术和经济分析，合理确定建筑规模，选用适当的建筑技术、设备和材料，并提交相应分析报告。

3.1.4 申请评价方应按本标准的有关要求，对规划、设计与施工阶段进行过程控制，并提交相关文档。

3.2 评价与等级划分

3.2.1 绿色建筑评价指标体系由节地与室外环境、节能与能源利用、节水与水资源利用、节材与材料资源利用、室内环境质量和运营管理六类指标组成。每类指标包括控制项、一般项与优选项。

3.2.2 绿色建筑应满足本标准第4章住宅建筑或第5章公共建筑中所有控制项的要求，并按满足一般项数和优选项数的程度，划分为三个等级，等级划分按表3.2.2-1、表3.2.2-2确定。

表 3.2.2-1 划分绿色建筑等级的项数要求
（住宅建筑）

等级	一般项数（共40项）						优选项数（共9项）
	节地与室外环境（共8项）	节能与能源利用（共6项）	节水与水资源利用（共6项）	节材与材料资源利用（共7项）	室内环境质量（共6项）	运营管理（共7项）	
★	4	2	3	3	2	4	—
★★	5	3	4	4	3	5	3
★★★	6	4	5	5	4	6	5

表 3.2.2-2 划分绿色建筑等级的项数要求
（公共建筑）

等级	一般项数（共43项）						优选项数（共14项）
	节地与室外环境（共6项）	节能与能源利用（共10项）	节水与水资源利用（共6项）	节材与材料资源利用（共8项）	室内环境质量（共6项）	运营管理（共7项）	
★	3	4	3	5	3	4	—
★★	4	6	4	6	4	5	6
★★★	5	8	5	7	5	6	10

当本标准中某条文不适应建筑所在地区、气候与建筑类型等条件时，该条文可不参与评价，参评的总项数相应减少，等级划分时对项数的要求可按原比例调整确定。

3.2.3 本标准中定性条款的评价结论为通过或不通过；对有多项要求的条款，各项要求均满足时方能评为通过。

4 住宅建筑

4.1 节地与室外环境

控制项

4.1.1 场地建设不破坏当地文物、自然水系、湿地、基本农田、森林和其他保护区。

4.1.2 建筑场地选址无洪涝灾害、泥石流及含氡土壤的威胁。建筑场地安全范围内无电磁辐射危害和火、爆、有毒物质等危险源。

4.1.3 人均居住用地指标：低层不高于 $43m^2$、多层不高于 $28m^2$、中高层不高于 $24m^2$、高层不高于 $15m^2$。

4.1.4 住区建筑布局保证室内外的日照环境、采光和通风的要求，满足现行国家标准《城市居住区规划设计规范》GB 50180 中有关住宅建筑日照标准的要求。

4.1.5 种植适应当地气候和土壤条件的乡土植物，选用少维护、耐候性强、病虫害少、对人体无害的植物。

4.1.6 住区的绿地率不低于 30%，人均公共绿地面积不低于 $1m^2$。

4.1.7 住区内部无排放超标的污染源。

4.1.8 施工过程中制定并实施保护环境的具体措施，控制由于施工引起的大气污染、土壤污染、噪声影响、水污染、光污染以及对场地周边区域的影响。

一 般 项

4.1.9 住区公共服务设施按规划配建，合理采用综合建筑并与周边地区共享。

4.1.10 充分利用尚可使用的旧建筑。

4.1.11 住区环境噪声符合现行国家标准《城市区域环境噪声标准》GB 3096 的规定。

4.1.12 住区室外日平均热岛强度不高于 1.5℃。

4.1.13 住区风环境有利于冬季室外行走舒适及过渡季、夏季的自然通风。

4.1.14 根据当地的气候条件和植物自然分布特点，栽植多种类型植物，乔、灌、草结合构成多层次的植物群落，每 $100m^2$ 绿地上不少于 3 株乔木。

4.1.15 选址和住区出入口的设置方便居民充分利用公共交通网络。住区出入口到达公共交通站点的步行距离不超过 500m。

4.1.16 住区非机动车道路、地面停车场和其他硬质铺地采用透水地面，并利用园林绿化提供遮阳。室外透水地面面积比不小于 45%。

优 选 项

4.1.17 合理开发利用地下空间。

4.1.18 合理选用废弃场地进行建设。对已被污染的废弃地，进行处理并达到有关标准。

4.2 节能与能源利用

控 制 项

4.2.1 住宅建筑热工设计和暖通空调设计符合国家批准或备案的居住建筑节能标准的规定。

4.2.2 当采用集中空调系统时，所选用的冷水机组或单元式空调机组的性能系数、能效比符合现行国家标准《公共建筑节能设计标准》GB 50189 中的有关规定值。

4.2.3 采用集中采暖或集中空调系统的住宅，设置室温调节和热量计量设施。

一 般 项

4.2.4 利用场地自然条件，合理设计建筑体形、朝向、楼距和窗墙面积比，使住宅获得良好的日照、通风和采光，并根据需要设遮阳设施。

4.2.5 选用效率高的用能设备和系统。集中采暖系统热水循环水泵的耗电输热比，集中空调系统风机单位风量耗功率和冷热水输送能效比符合现行国家标准《公共建筑节能设计标准》GB 50189 的规定。

4.2.6 当采用集中空调系统时，所选用的冷水机组或单元式空调机组的性能系数、能效比比现行国家标准《公共建筑节能设计标准》GB 50189 中的有关规定值高一个等级。

4.2.7 公共场所和部位的照明采用高效光源、高效灯具和低损耗镇流器等附件，并采取其他节能控制措施，在有自然采光的区域设定时或光电控制。

4.2.8 采用集中采暖或集中空调系统的住宅，设置能量回收系统（装置）。

4.2.9 根据当地气候和自然资源条件，充分利用太阳能、地热能等可再生能源。可再生能源的使用量占建筑总能耗的比例大于 5%。

优 选 项

4.2.10 采暖或空调能耗不高于国家批准或备案的建筑节能标准规定值的 80%。

4.2.11 可再生能源的使用量占建筑总能耗的比例大于 10%。

4.3 节水与水资源利用

控 制 项

4.3.1 在方案、规划阶段制定水系统规划方案，统筹、综合利用各种水资源。

4.3.2 采取有效措施避免管网漏损。

4.3.3 采用节水器具和设备，节水率不低于 8%。

4.3.4 景观用水不采用市政供水和自备地下水井供水。

4.3.5 使用非传统水源时，采取用水安全保障措施，且不对人体健康与周围环境产生不良影响。

一 般 项

4.3.6 合理规划地表与屋面雨水径流途径，降低地表径流，采用多种渗透措施增加雨水渗透量。

4.3.7 绿化用水、洗车用水等非饮用水采用再生水、雨水等非传统水源。

4.3.8 绿化灌溉采用喷灌、微灌等高效节水灌溉方式。

4.3.9 非饮用水采用再生水时，优先利用附近集中再生水厂的再生水；附近没有集中再生水厂时，通过技术经济比较，合理选择其他再生水水源和处理技术。

4.3.10 降雨量大的缺水地区，通过技术经济比较，合理确定雨水集蓄及利用方案。

4.3.11 非传统水源利用率不低于10%。

优 选 项

4.3.12 非传统水源利用率不低于30%。

4.4 节材与材料资源利用

控 制 项

4.4.1 建筑材料中有害物质含量符合现行国家标准GB 18580～GB 18588和《建筑材料放射性核素限量》GB 6566的要求。

4.4.2 建筑造型要素简约，无大量装饰性构件。

一 般 项

4.4.3 施工现场500km以内生产的建筑材料重量占建筑材料总重量的70%以上。

4.4.4 现浇混凝土采用预拌混凝土。

4.4.5 建筑结构材料合理采用高性能混凝土、高强度钢。

4.4.6 将建筑施工、旧建筑拆除和场地清理时产生的固体废弃物分类处理，并将其中可再利用材料、可再循环材料回收和再利用。

4.4.7 在建筑设计选材时考虑使用材料的可再循环使用性能。在保证安全和不污染环境的情况下，可再循环材料使用重量占所用建筑材料总重量的10%以上。

4.4.8 土建与装修工程一体化设计施工，不破坏和拆除已有的建筑构件及设施。

4.4.9 在保证性能的前提下，使用以废弃物为原料生产的建筑材料，其用量占同类建筑材料的比例不低于30%。

优 选 项

4.4.10 采用资源消耗和环境影响小的建筑结构体系。

4.4.11 可再利用建筑材料的使用率大于5%。

4.5 室内环境质量

控 制 项

4.5.1 每套住宅至少有1个居住空间满足日照标准的要求。当有4个及4个以上居住空间时，至少有2个居住空间满足日照标准的要求。

4.5.2 卧室、起居室（厅）、书房、厨房设置外窗，房间的采光系数不低于现行国家标准《建筑采光设计标准》GB/T 50033的规定。

4.5.3 对建筑围护结构采取有效的隔声、减噪措施。卧室、起居室的允许噪声级在关窗状态下白天不大于45 dB（A），夜间不大于35 dB（A）。楼板和分户墙的空气声计权隔声量不小于45dB，楼板的计权标准化撞击声声压级不大于70dB。户门的空气声计权隔声量不小于30dB；外窗的空气声计权隔声量不小于25dB，沿街时不小于30dB。

4.5.4 居住空间能自然通风，通风开口面积在夏热冬暖和夏热冬冷地区不小于该房间地板面积的8%，在其他地区不小于5%。

4.5.5 室内游离甲醛、苯、氨、氡和TVOC等空气污染物浓度符合现行国家标准《民用建筑室内环境污染控制规范》GB 50325的规定。

一 般 项

4.5.6 居住空间开窗具有良好的视野，且避免户间居住空间的视线干扰。当1套住宅设有2个及2个以上卫生间时，至少有1个卫生间设有外窗。

4.5.7 屋面、地面、外墙和外窗的内表面在室内温、湿度设计条件下无结露现象。

4.5.8 在自然通风条件下，房间的屋顶和东、西外墙内表面的最高温度满足现行国家标准《民用建筑热工设计规范》GB 50176的要求。

4.5.9 设采暖或空调系统（设备）的住宅，运行时用户可根据需要对室温进行调控。

4.5.10 采用可调节外遮阳装置，防止夏季太阳辐射透过窗户玻璃直接进入室内。

4.5.11 设置通风换气装置或室内空气质量监测装置。

优 选 项

4.5.12 卧室、起居室（厅）使用蓄能、调湿或改善室内空气质量的功能材料。

4.6 运营管理

控 制 项

4.6.1 制定并实施节能、节水、节材与绿化管理制度。

4.6.2 住宅水、电、燃气分户、分类计量与收费。

4.6.3 制定垃圾管理制度，对垃圾物流进行有效控制，对废品进行分类收集，防止垃圾无序倾倒和二次污染。

4.6.4 设置密闭的垃圾容器，并有严格的保洁清洗措施，生活垃圾袋装化存放。

一 般 项

4.6.5 垃圾站（间）设冲洗和排水设施。存放垃圾及时清运，不污染环境，不散发臭味。

4.6.6 智能化系统定位正确，采用的技术先进、实用、可靠，达到安全防范子系统、管理与设备监控子系统与信息网络子系统的基本配置要求。

4.6.7 采用无公害病虫害防治技术，规范杀虫剂、除草剂、化肥、农药等化学药品的使用，有效避免对土壤和地下水环境的损害。

4.6.8 栽种和移植的树木成活率大于90%，植物生长状态良好。

4.6.9 物业管理部门通过 ISO 14001 环境管理体系认证。

4.6.10 垃圾分类收集率（实行垃圾分类收集的住户占总住户数的比例）达90%以上。

4.6.11 设备、管道的设置便于维修、改造和更换。

优 选 项

4.6.12 对可生物降解垃圾进行单独收集或设置可生物降解垃圾处理房。垃圾收集或垃圾处理房设有风道或排风、冲洗和排水设施，处理过程无二次污染。

5 公 共 建 筑

5.1 节地与室外环境

控 制 项

5.1.1 场地建设不破坏当地文物、自然水系、湿地、基本农田、森林和其他保护区。

5.1.2 建筑场地选址无洪灾、泥石流及含氡土壤的威胁，建筑场地安全范围内无电磁辐射危害和火、爆、有毒物质等危险源。

5.1.3 不对周边建筑物带来光污染，不影响周围居住建筑的日照要求。

5.1.4 场地内无排放超标的污染源。

5.1.5 施工过程中制定并实施保护环境的具体措施，控制由于施工引起各种污染以及对场地周边区域的影响。

一 般 项

5.1.6 场地环境噪声符合现行国家标准《城市区域环境噪声标准》GB 3096 的规定。

5.1.7 建筑物周围人行区风速低于 5m/s，不影响室外活动的舒适性和建筑通风。

5.1.8 合理采用屋顶绿化、垂直绿化等方式。

5.1.9 绿化物种选择适宜当地气候和土壤条件的乡土植物，且采用包含乔、灌木的复层绿化。

5.1.10 场地交通组织合理，到达公共交通站点的步行距离不超过 500m。

5.1.11 合理开发利用地下空间。

优 选 项

5.1.12 合理选用废弃场地进行建设。对已被污染的废弃地，进行处理并达到有关标准。

5.1.13 充分利用尚可使用的旧建筑，并纳入规划项目。

5.1.14 室外透水地面积比大于等于40%。

5.2 节能与能源利用

控 制 项

5.2.1 围护结构热工性能指标符合国家批准或备案的公共建筑节能标准的规定。

5.2.2 空调采暖系统的冷热源机组能效比符合现行国家标准《公共建筑节能设计标准》GB 50189－2005 第 5.4.5、5.4.8 及 5.4.9 条规定，锅炉热效率符合第 5.4.3 条规定。

5.2.3 不采用电热锅炉、电热水器作为直接采暖和空气调节系统的热源。

5.2.4 各房间或场所的照明功率密度值不高于现行国家标准《建筑照明设计标准》GB 50034 规定的现行值。

5.2.5 新建的公共建筑，冷热源、输配系统和照明等各部分能耗进行独立分项计量。

一 般 项

5.2.6 建筑总平面设计有利于冬季日照并避开冬季主导风向，夏季利于自然通风。

5.2.7 建筑外窗可开启面积不小于外窗总面积的30%，建筑幕墙具有可开启部分或设有通风换气装置。

5.2.8 建筑外窗的气密性不低于现行国家标准《建筑外窗气密性能分级及其检测方法》GB 7107 规定的4级要求。

5.2.9 合理采用蓄冷蓄热技术。

5.2.10 利用排风对新风进行预热（或预冷）处理，降低新风负荷。

5.2.11 全空气空调系统采取实现全新风运行或可调新风比的措施。

5.2.12 建筑物处于部分冷热负荷和仅部分空间使用时，采取有效措施节约通风空调系统能耗。

5.2.13 采用节能设备与系统。通风空调系统风机的单位风量耗功率和冷热水系统的输送能效比符合现行国家标准《公共建筑节能设计标准》GB 50189－2005第5.3.26、5.3.27条的规定。

5.2.14 选用余热或废热利用等方式提供建筑所需蒸汽或生活热水。

5.2.15 改建和扩建的公共建筑，冷热源、输配系统和照明等各部分能耗进行独立分项计量。

优 选 项

5.2.16 建筑设计总能耗低于国家批准或备案的节能标准规定值的80%。

5.2.17 采用分布式热电冷联供技术，提高能源的综合利用率。

5.2.18 根据当地气候和自然资源条件，充分利用太阳能、地热能等可再生能源，可再生能源产生的热水量不低于建筑生活热水消耗量的10%，或可再生能源发电量不低于建筑用电量的2%。

5.2.19 各房间或场所的照明功率密度值不高于现行国家标准《建筑照明设计标准》GB 50034 规定的目标值。

5.3 节水与水资源利用

控 制 项

5.3.1 在方案、规划阶段制定水系统规划方案，统筹、综合利用各种水资源。

5.3.2 设置合理、完善的供水、排水系统。

5.3.3 采取有效措施避免管网漏损。

5.3.4 建筑内卫生器具合理选用节水器具。

5.3.5 使用非传统水源时，采取用水安全保障措施，且不对人体健康与周围环境产生不良影响。

一 般 项

5.3.6 通过技术经济比较，合理确定雨水积蓄、处理及利用方案。

5.3.7 绿化、景观、洗车等用水采用非传统水源。

5.3.8 绿化灌溉采用喷灌、微灌等高效节水灌溉方式。

5.3.9 非饮用水采用再生水时，利用附近集中再生水厂的再生水，或通过技术经济比较，合理选择其他再生水水源和处理技术。

5.3.10 按用途设置用水计量水表。

5.3.11 办公楼、商场类建筑非传统水源利用率不低于20%，旅馆类建筑不低于15%。

优 选 项

5.3.12 办公楼、商场类建筑非传统水源利用率不低于40%，旅馆类建筑不低于25%。

5.4 节材与材料资源利用

控 制 项

5.4.1 建筑材料中有害物质含量符合现行国家标准GB 18580～GB 18588 和《建筑材料放射性核素限量》GB 6566 的要求。

5.4.2 建筑造型要素简约，无大量装饰性构件。

一 般 项

5.4.3 施工现场500km 以内生产的建筑材料重量占建筑材料总重量的60%以上。

5.4.4 现浇混凝土采用预拌混凝土。

5.4.5 建筑结构材料合理采用高性能混凝土、高强度钢。

5.4.6 将建筑施工、旧建筑拆除和场地清理时产生的固体废弃物分类处理并将其中可再利用材料、可再循环材料回收和再利用。

5.4.7 在建筑设计选材时考虑材料的可循环使用性能。在保证安全和不污染环境的情况下，可再循环材料使用重量占所用建筑材料总重量的10%以上。

5.4.8 土建与装修工程一体化设计施工，不破坏和拆除已有的建筑构件及设施，避免重复装修。

5.4.9 办公、商场类建筑室内采用灵活隔断，减少重新装修时的材料浪费和垃圾产生。

5.4.10 在保证性能的前提下，使用以废弃物为原料生产的建筑材料，其用量占同类建筑材料的比例不低于30%。

优 选 项

5.4.11 采用资源消耗和环境影响小的建筑结构体系。

5.4.12 可再利用建筑材料的使用率大于5%。

5.5 室内环境质量

控 制 项

5.5.1 采用集中空调的建筑，房间内的温度、湿度、风速等参数符合现行国家标准《公共建筑节能设计标准》GB 50189 中的设计计算要求。

5.5.2 建筑围护结构内部和表面无结露、发霉现象。

5.5.3 采用集中空调的建筑，新风量符合现行国家标准《公共建筑节能设计标准》GB 50189 的设计要求。

5.5.4 室内游离甲醛、苯、氨、氡和 TVOC 等空气污染物浓度符合现行国家标准《民用建筑工程室内环境污染控制规范》GB 50325 中的有关规定。

5.5.5 宾馆和办公建筑室内背景噪声符合现行国家标准《民用建筑隔声设计规范》GBJ 118 中室内允许噪声标准中的二级要求；商场类建筑室内背景噪声水平满足现行国家标准《商场（店）、书店卫生标准》GB 9670 的相关要求。

5.5.6 建筑室内照度、统一眩光值、一般显色指数等指标满足现行国家标准《建筑照明设计标准》GB 50034 中的有关要求。

5.5.7 建筑设计和构造设计有促进自然通风的措施。

5.5.8 室内采用调节方便、可提高人员舒适性的空调末端。

5.5.9 宾馆类建筑围护结构构件隔声性能满足现行国家标准《民用建筑隔声设计规范》GBJ 118 中的一级要求。

5.5.10 建筑平面布局和空间功能安排合理，减少相邻空间的噪声干扰以及外界噪声对室内的影响。

5.5.11 办公、宾馆类建筑 75％以上的主要功能空间室内采光系数满足现行国家标准《建筑采光设计标准》GB/T 50033 的要求。

5.5.12 建筑入口和主要活动空间设有无障碍设施。

5.5.13 采用可调节外遮阳，改善室内热环境。

5.5.14 设置室内空气质量监控系统，保证健康舒适的室内环境。

5.5.15 采用合理措施改善室内或地下空间的自然采光效果。

5.6 运 营 管 理

5.6.1 制定并实施节能、节水等资源节约与绿化管理制度。

5.6.2 建筑运行过程中无不达标废气、废水排放。

5.6.3 分类收集和处理废弃物，且收集和处理过程中无二次污染。

5.6.4 建筑施工兼顾土方平衡和施工道路等设施在运营过程中的使用。

5.6.5 物业管理部门通过 ISO 14001 环境管理体系认证。

5.6.6 设备、管道的设置便于维修、改造和更换。

5.6.7 对空调通风系统按照国家标准《空调通风系统清洗规范》GB 19210 规定进行定期检查和清洗。

5.6.8 建筑智能化系统定位合理，信息网络系统功能完善。

5.6.9 建筑通风、空调、照明等设备自动监控系统技术合理，系统高效运营。

5.6.10 办公、商场类建筑耗电、冷热量等实行计量收费。

5.6.11 具有并实施资源管理激励机制，管理业绩与节约资源、提高经济效益挂钩。

本规范用词说明

1　为便于在执行本规范条文时区别对待，对要求严格程度不同的用词说明如下：

  1）表示很严格，非这样做不可的：
    正面词采用"必须"，反面词采用"严禁"。

  2）表示严格，在正常情况下均应这样做的：
    正面词采用"应"，反面词采用"不应"或"不得"。

  3）表示允许稍有选择，在条件许可时首先应这样做的：
    正面词采用"宜"，反面词采用"不宜"。
    表示有选择，在一定条件下可以这样做的，采用"可"。

2　本规范中指明应按其他有关标准、规范执行的写法为："应符合……的规定"或"应按……执行"。

中华人民共和国国家标准

绿色建筑评价标准

GB/T 50378—2006

条 文 说 明

目　次

1 总　　则

1.0.1 建筑活动是人类对自然资源、环境影响最大的活动之一。我国正处于经济快速发展阶段，年建筑量世界排名第一，资源消耗总量逐年迅速增长。因此，必须牢固树立和认真落实科学发展观，坚持可持续发展理念，大力发展绿色建筑。发展绿色建筑应贯彻执行节约资源和保护环境的国家技术经济政策。制定本标准的目的是规范绿色建筑的评价，推动绿色建筑的发展。

1.0.2 不同类型的建筑因使用功能的不同，其消耗资源和影响环境的情况存在较大差异。本标准考虑到我国目前建设市场的情况，侧重评价总量大的住宅建筑和公共建筑中消耗能源资源较多的办公建筑、商场建筑、旅馆建筑。其他建筑的评价可参考本标准。

1.0.3 建筑从最初的规划设计到随后的施工、运营及最终的拆除，形成一个全寿命周期。关注建筑的全寿命周期，意味着不仅在规划设计阶段充分考虑并利用环境因素，而且确保施工过程中对环境的影响最低，运营阶段能为人们提供健康、舒适、低耗、无害的活动空间，拆除后又对环境危害降到最低。绿色建筑要求在建筑全寿命周期内，最大限度地节能、节地、节水、节材与保护环境，同时满足建筑功能。这几者有时是彼此矛盾的，如为片面追求小区景观而过多地用水，为达到节能单项指标而过多地消耗材料，这些都是不符合绿色建筑要求的；而降低建筑的功能要求、降低适用性，虽然消耗资源少，也不是绿色建筑所提倡的。节能、节地、节水、节材、保护环境五者之间的矛盾必须放在建筑全寿命周期内统筹考虑与正确处理，同时还应重视信息技术、智能技术和绿色建筑的新技术、新产品、新材料与新工艺的应用。

1.0.4 我国不同地区的气候、地理环境、自然资源、经济发展与社会习俗等都有着很大的差异，评价绿色建筑时，应注重地域性，因地制宜、实事求是，充分考虑建筑所在地域的气候、资源、自然环境、经济、文化等特点。

1.0.5 符合国家的法律法规与相关的标准是参与绿色建筑评价的前提条件。本标准未全部涵盖通常建筑物所应有的功能和性能要求，而是着重评价与绿色建筑性能相关的内容，主要包括节能、节地、节水、节材与保护环境等方面。因此建筑的基本要求，如结构安全、防火安全等要求不列入本标准。发展绿色建筑，建设节约型社会，必须倡导城乡统筹、循环经济的理念，全社会参与，挖掘建筑节能、节地、节水、节材的潜力。注重经济性，从建筑的全寿命周期核算效益和成本，顺应市场发展需求及地方经济状况，提倡朴实简约，反对浮华铺张，实现经济效益、社会效益和环境效益的统一。

3 基本规定

3.1 基本要求

3.1.2 本标准适用于对既有住宅建筑和公共建筑中的办公建筑、商场建筑和旅馆建筑的评价。对新建、扩建与改建的住宅建筑和公共建筑中的办公建筑、商场建筑和旅馆建筑的评价，应在交付业主使用一年后进行。

3.1.3 绿色建筑是在全寿命周期内兼顾资源节约与环境保护的建筑，而单项技术的过度采用虽可提高某一方面的性能，但很可能造成新的浪费，为此，需从建筑全寿命周期的各个阶段综合评估建筑规模、建筑技术与投资之间的互相影响，以节约资源和保护环境为主要目标，综合考虑安全、耐久、经济、美观等因素，比较、确定最优的技术、材料和设备。

3.1.4 绿色建筑的建设应对规划、设计、施工与竣工阶段进行过程控制。各责任方应按本标准评价指标的要求，制定目标、明确责任、进行过程控制，并最终形成规划、设计、施工与竣工阶段的过程控制报告。申请评价方应按绿色建筑评价机构的要求，提交评价所需的过程控制基础资料。绿色建筑评价机构对基础资料进行分析，并结合项目现场勘察情况，提出评价报告。

3.2 评价与等级划分

3.2.1 绿色建筑评价指标体系是按定义对绿色建筑性能的一种完整的表述，它可用于评价已建成的建筑物与按定义的绿色建筑相比在性能上的差异。借鉴国际上绿色建筑评价体系的经验，针对我国的地域、经济、社会情况，强调节能、节地、节水、节材与保护环境，建立有中国特色的绿色建筑评价指标体系。

绿色建筑评价指标体系由节地与室外环境、节能与能源利用、节水与水资源利用、节材与材料资源利用、室内环境质量和运营管理六类指标组成。目前我国绿色建筑评价所需基础数据较为缺乏，例如我国各种建筑材料生产过程中的能源消耗数据、CO_2 排放量，各种不同植被和树种的 CO_2 固定量等缺少相应的数据库，这就使得定量评价的标准难以科学地确定。因此目前尚不成熟或无条件定量化的条款暂不纳入，随着有关的基础性研究工作的深入，再逐渐改进评价的内容。

每类指标包括控制项、一般项与优选项。控制项为绿色建筑的必备条件；一般项和优选项为划分绿色建筑等级的可选条件，其中优选项是难度大、综合性强、绿色度较高的可选项。

3.2.2 住宅建筑控制项、一般项与优选项共有 76 项，其中控制项 27 项，一般项 40 项，优选项 9 项。

公共建筑控制项、一般项与优选项共83项，其中控制项26项、一般项43项、优选项14项。

除控制项应全部满足外，一星级、二星级、三星级还应满足表中对一般项和优选项的要求。

当标准中某条文不适应建筑所在地区、气候与建筑类型等条件时，该条文可不参与评价，这时，参评的总项数会相应减少，表中对项数的要求可按原比例调整。

设表中某指标一般项数共计为 a，某星级要求的一般项数为 b，则比例为 $p=b/a$。存在不参与评价的条文时，参评的一般项数减少，这种情况下，可按表中规定的比例 p 调整，一般项数的要求调整为［参评的一般项数×p］。例如，住宅建筑在节能与能源利用指标中一般项共6项，一星级要求的一般项数为2项，$p=1/3$；由于没有采用集中采暖和集中空调系统，导致参评的一般项数减少为4项，这种情况下对一星级要求的一般项数减少为［4×（1/3）］，计算结果舍尾取整为1项。

4 住 宅 建 筑

4.1 节地与室外环境

4.1.1 在建设过程中应尽可能维持原有场地的地形地貌，这样既可以减少用于场地平整所带来建设投资的增加，减少施工的工程量，也避免了因场地建设对原有生态环境景观的破坏。场地内有价值的树木、水塘、水系不但具有较高的生态价值，而且是传承场地所在区域历史文脉的重要载体，也是该区域重要的景观标志。因此，应根据《城市绿化条例》（1992年国务院令第100号）等国家相关规定予以保护。当因建设开发确需改造场地内地形、地貌、水系、植被等环境状况时，在工程结束后，鼓励建设方采取相应的场地环境恢复措施，减少对原有场地环境的改变，避免因土地过度开发而造成对城市整体环境的破坏。

本条的评价方法为审核场地地形图和相关文件。

4.1.2 绿色建筑建设地点的确定，是决定绿色建筑外部大环境是否安全的重要前提。本条主要对绿色建筑的选址和危险源的避让提出要求。

众所周知，洪灾、泥石流等自然灾害，对建筑场地会造成毁灭性破坏。据有关资料显示，主要存在于土壤和石材中的氡是无色无味的致癌物质，会对人体产生极大伤害。电磁辐射对人体有两种影响：一是电磁波的热效应，当人体吸收到一定量的时候就会出现高温生理反应，最后导致神经衰弱、白细胞减少等病变；二是电磁波的非热效应，当电磁波长时间作用于人体时，就会出现如心率、血压等生理改变和失眠、健忘等生理反应，对孕妇及胎儿的影响较大，后果严重者可以导致胎儿畸形或者流产。电磁辐射无色无味

无形，可以穿透包括人体在内的多种物质，人体如果长期暴露在超过安全的辐射剂量下，细胞就会被大面积杀伤或杀死，并产生多种疾病。能制造电磁辐射污染的污染源很多，如电视广播发射塔、雷达站、通信发射台、变电站、高压电线等。此外，如油库、煤气站、有毒物质车间等均有发生火灾、爆炸和毒气泄漏的可能。为此，在绿色建筑选址阶段必须符合国家相关的安全规定。

本条的评价方法为审核场址检测报告及应对措施的合理性。

4.1.3 目前，常出现居住用地人均用地指标突破国家相关标准的问题，与节地要求相悖。为此，提出控制人均用地的上限指标。

本条的评价方法为审核相关设计文件。

4.1.4 住区建筑（包括住宅建筑和配套公共建筑）的室内外日照环境、自然采光和通风条件与室内的空气质量和室外环境质量的优劣密切相关，并直接影响居住者的身心健康和居住生活质量。为保证住宅建筑基本的日照、采光和通风条件，本条提出应满足《城市居住区规划设计规范》GB 50180 中有关住宅建筑日照标准要求。

在执行本条时应准确理解《城市居住区规划设计规范》GB 50180 关于日照标准要求的以下几项内容：

1 明确大中小城市的涵义。《中华人民共和国城市规划法》第四条规定：大城市是指市区和近郊区非农业人口五十万以上的城市；中等城市是指市区和近郊区非农业人口二十万以上、不满五十万的城市；小城市是指市区和近郊区非农业人口二十万以下的城市。

2 老年人居住建筑系指专为老年人设计，供其起居生活使用，符合老年人生理、心理要求的居住建筑，包括老年人住宅、老年公寓、托老所等。由于老年人的生理机能、生活规律及其健康需求决定了其活动范围的局限性和对环境的特殊要求，因此为老年人所设的各项设施应有更高的标准。同时，在执行本规定时不附带任何条件。

3 针对建筑装饰和城市商业活动常出现的问题，在已批准的原规划设计中没有涉及的室外固定设施，如建设中增设的空调机、建筑小品、雕塑、户外广告牌等均不能使相邻住宅楼、相邻住户的日照标准降低。

4 旧区改建项目内的新建住宅日照标准可酌情降低，系指在旧区改建时确实难以达到规定的标准时才能这样做。与此同时，为保障居民的切身利益，无论在什么情况下，降低后的住宅日照标准均"不得低于大寒日日照1小时的标准。"此外，可酌情降低的规定只适用于各申请建设项目内的新建住宅本身。任何其他情况下的住宅建筑日照标准仍须符合相应规定。

在低于北纬 25°的地区，宜考虑视觉卫生要求。根据国外经验，当两幢住宅楼居住空间的水平视线距离不低于 18m 时即能基本满足要求。

本条的评价方法为审核设计图纸和日照模拟分析报告。

4.1.5 乡土植物具有很强的适应能力，种植乡土植物可确保植物的存活，减少病虫害，能有效降低维护费用。

本条的评价方法为审核规划设计方案，及其植物配植报告，并现场核实。

4.1.6 "绿地率"是衡量住区环境质量的重要标志之一。根据我国居住区规划实践，当绿地率达 30% 时可达较好的空间环境效果。该指标经综合分析居住区建筑层数、密度、房屋间距的相关指标及可行性后确定。

绿地率系指住区范围内各类绿地面积的总和占住区用地面积的比率（%）。各类绿地面积包括公共绿地、宅旁绿地、公共服务设施所属绿地和道路绿地（道路红线内的绿地），其中包括满足当地植树绿化覆土要求、方便居民出入的地下或半地下建筑的屋顶建筑的屋顶绿化，不包括其他屋顶、晒台的人工绿地。

"人均公共绿地指标"是住区内构建适应不同居住对象游憩活动空间的前提条件，也是适应居民日常不同层次的游憩活动需要、优化住区空间环境、提升环境质量的基本条件。为此，根据《城市居住区规划设计规范》GB 50180 的相关规定及住区规模一般以居住小区居多的情况，提出"人均公共绿地指标不低于 1m²"的要求。

公共绿地应采用集中与分散、大小相结合的布局方式，以适应不同居住对象的要求。应满足集中绿地的基本要求：宽度不小于 8m，面积不小于 400m²，以利于绿地内基本设施的设置和游憩要求。公共绿地应满足日照环境要求：应有不少于 1/3 的绿地在标准的建筑日照阴影线范围之外，以利于人们的户外活动。

本条的评价方法为审核规划设计或建成后的绿地率、人均公共绿地指标是否达标，以及绿地布置是否符合《城市居住区规划设计规范》GB 50180 中有关"绿地"的相关规定。

4.1.7 本条中污染源主要指：易产生噪声的学校和运动场地，易产生烟、气、尘、声的饮食店、修理铺、锅炉房和垃圾转运站等。在规划设计时，应主要根据项目性质合理布局或利用绿化进行隔离。

本条的评价方法为审核规划设计的布局或应对措施的合理性，或检测投入使用后噪声、空气质量、水质、光污染等各项环境指标。

4.1.8 施工过程中可能产生各类影响室外大气环境质量的污染物质，主要包括施工扬尘和废气排放两大方面。施工单位提交的施工组织设计中，必须提出行

之有效的控制扬尘的技术路线和方案，并切实履行，以减少施工活动对大气环境的污染。

为减少施工过程对土壤环境的破坏，应根据建设项目的特征和施工场地土壤环境条件，识别各种污染和破坏因素对土壤可能产生的影响，提出避免、消除、减轻土壤侵蚀和污染的对策与措施。

施工工地污水如未经妥善处理排放，将对市政排污系统及水生态系统造成不良影响。因此，必须严格执行国家标准《污水综合排放标准》GB 8978 的要求。

建筑施工噪声，是指在建筑施工过程中产生的干扰周围生活环境的声音。施工现场应制定降噪措施，使噪声排放达到或优于《建筑施工场界噪声限值》GB 12523 的要求。

施工场地电焊操作以及夜间作业时所使用的强照明灯光等所产生的眩光，是施工过程光污染的主要来源。施工单位应选择适当的照明方式和技术，尽量减少夜间对非照明区、周边区域环境的光污染。

施工现场设置围挡，其高度、用材必须达到地方有关规定的要求。应采取措施保障施工场地周边人群、设施的安全。

本条的评价方法为审核施工过程控制的有关文档，包括提交项目组编写的环境保护计划书、实施记录文件（包括照片、录像等）、环境保护结果自评报告以及当地环保局或建委等有关职能部门对环境影响因子如扬尘、噪声、污水排放评价的达标证明。

4.1.9 根据《城市居住区规划设计规范》GB 50180 相关规定，居住区配套公共服务设施（也称配套公建）应包括：教育、医疗卫生、文化、体育、商业服务、金融邮电、社区服务、市政公用和行政管理等九类设施。住区配套公共服务设施，是满足居民基本的物质与精神生活所需的设施，也是保证居民居住生活品质的不可缺少的重要组成部分。为此，本条提出相应要求，其主要意义在于：

1 配套公共服务设施相关项目建综合楼集中设置，既可节约土地，也能为居民提供选择和使用的便利，并提高设施的使用率。

2 中学、门诊所、商业设施和会所等配套公共设施，可打破住区范围，与周边地区共同使用。这样既节约用地，又方便使用，还省节投资。

本条的评价方法为审核规划设计中，公共服务设施的配置是否满足居民需求，与周边相关城市设施是否协调互补，以及是否将相关项目合理集中设置。

4.1.10 充分利用尚可使用的旧建筑，既是节地的重要措施之一，也是防止大拆乱建的控制条件。"尚可使用的旧建筑"系指建筑质量能保证使用安全的旧建筑，或通过少量改造加固后能保证使用安全的旧建筑。对旧建筑的利用，可根据规划要求保留或改变其原有使用性质，并纳入规划建设项目。

本条的评价方法为审核相关设计文件。

4.1.11 环境噪声是绿色住宅的评价重点之一。根据不同类别的居住区，要求对场地周边的噪声现状进行检测，并对规划实施后的环境噪声进行预测，使之符合国家标准《城市区域环境噪声标准》GB 3096 中对于不同类别住宅区环境噪声标准的规定。对于交通干线两侧的住宅建筑，需要在临街外窗和围护结构等方面采取有效的隔声措施。

本条的评价方法为审核环境影响评价报告以及运行后的现场测试报告。

4.1.12 热岛效应是指一个地区（主要指城市内）的气温高于周边郊区的现象，可以用两个代表性测点的气温差值（城市中某地温度与郊区气象测点温度的差值）即热岛强度表示。"热岛"现象在夏季的出现，不仅会使人们高温中暑的机率变大，同时还会形成光化学烟雾污染，并增加建筑的空调能耗，给人们的工作生活带来严重的负面影响。对于住区而言，由于受规划设计中建筑密度、建筑材料、建筑布局、绿地率和水景设施、空调排热、交通排热及炊事排热等因素的影响，住区室外也有可能出现"热岛"现象。

热岛强度的特征是冬季最强，夏季最弱，春秋居中。年均气温的城乡差值约1℃。本标准采用夏季典型日的室外热岛强度（居住区室外气温与郊区气温的差值，即8:00～18:00之间的气温差别平均值）作为评价指标。以1.5℃作为控制值，是基于多年来对北京、上海、深圳等地夏季气温状况的测试结果的平均值。

本条的评价方法为审核居住区规划设计中的热岛模拟预测分析报告，或运行后的现场测试报告。

4.1.13 近年来，再生风和二次风环境问题逐渐凸现。由于建筑单体设计和群体布局不当而导致行人举步维艰或强风卷刮物体撞碎玻璃等的事例很多。研究结果表明，建筑物周围人行区距地1.5m高处风速 v <5m/s 是不影响人们正常室外活动的基本要求。此外，通风不畅还会严重地阻碍空气的流动，在某些区域形成无风区或涡旋区，这对于室外散热和污染物消散是非常不利的，应尽量避免。以冬季作为主要评价季节，是由于对多数城市而言，冬季风速约为5m/s的情况较多。

夏季、过渡季自然通风对于建筑节能十分重要，此外，还涉及室外环境的舒适度问题。夏季大型室外场所恶劣的热环境，不仅会影响人的舒适感，当超过极限值时，长时间停留还会引发高比例人群的生理不适直至中暑。

本条的评价方法为审核居住区规划设计中的风环境模拟预测分析报告，或运行后的现场测试报告。

4.1.14 植物的栽植应能体现地方特色。乔木是复层绿化不可缺少的植物树种，不但可为居民提供遮阳、游憩的良好条件，还可以改善住区的生态环境。如果采用单一的、大面积的草坪，不但维护费用昂贵，生态效果也不理想。

本条的评价方法为审核规划设计或实际栽种后，是否采用复层绿化，及乔木种植数量是否达标。

4.1.15 优先发展公共交通是解决城市交通问题的重要对策。为便于居民选择公共交通工具出行，在场地规划中应重视住区主要出入口的设置方位及与城市交通网络的有机联系。

本条的评价方法为审核场地到达公交站点的步行距离是否达标，及其与周边道路交通的有机联系。

4.1.16 增强地面透水能力，可缓解城市及住区气温逐渐升高和气候干燥状况，降低热岛效应，调节微小气候，增加场地雨水与地下水涵养，改善生态环境及强化天然降水的地下渗透能力，补充地下水量，减少因地下水位下降造成的地面下陷，减轻排水系统负荷，以及减少雨水的尖峰径流量，改善排水状况。本条提出了透水面积的相关规定。本条所指透水地面包括自然裸露地面、公共绿地、绿化地面和镂空面积大于等于40%的镂空铺地（如植草砖）。透水地面面积比指透水地面面积占室外地面总面积的比例。

本条的评价方法为审核规划设计方案中透水地面面积是否达标及采用的措施是否合理。

4.1.17 开发利用地下空间，是城市节约用地的主要措施之一。应注意的是，利用地下空间应结合当地实际情况（如地下水位的高低等），处理好地下室入口与地面的有机联系、通风、防火及防渗漏等问题。

本条的评价方法为审核规划设计方案地下空间利用的合理性。

4.1.18 城市的废弃地包括不可建设用地（由于各种原因未能使用或尚不能使用的土地，如裸岩、石砾地、陡坡地、塌陷地、盐碱地、沙荒地、沼泽地、废窑坑等）、仓库与工厂弃置地等。这些用地对城市而言，应是节地的首选措施，它既可变废为利改善城市环境，又基本无拆迁与安置问题。因此，绿色建筑场地选择时可优先考虑废弃场地，但应对原有场地进行检测或处理。例如，对坡度很大的场地，应做分台、加固等处理；对仓库与工厂的弃置地，应对土壤中是否含有有毒物质进行检测，并做相应处理后方可使用。

本条的评价方法为审核场址检测报告及规划设计应对措施的合理性。

4.2 节能与能源利用

4.2.1 住宅建筑热工设计和暖通空调设计的优劣对建筑能耗的影响很大。

根据1月份和7月份的平均温度，我国960万平方公里的辽阔国土被分为严寒、寒冷、夏热冬冷、夏热冬暖和温和5个不同的建筑气候区，除温和地区外，建设部已经颁布实施了分别针对各个建筑气候区居住建筑的节能设计标准。建设部所颁布的居住建筑节能设计标准的节能率为50%，即在保持相同室内热环境条件的前提下，要求新建和改扩建的居住建筑的采暖或空调能耗降低一半。节能50%并非建筑节能的最终目标，近几年来已经有一些省、市根据当地建筑节能工作开展的程度和经济技术发展水平，制定了节能率高于50%的住宅建筑节能设计标准。因此将本条作为必须达标的项目。

围护结构热工性能要求是居住建筑节能设计标准的最主要的内容。住宅围护结构热工性能主要是指外墙、屋顶、地面的传热系数，外窗的传热系数和/或遮阳系数，窗墙面积比，建筑体形系数。

本条的评价方法为审核有关设计文档和现场核实。

4.2.2 对于用电驱动的集中空调系统，冷源（主要指冷水机组和单元式空调机）的能耗是空调系统能耗的主体，因此，冷源的能源效率对节省能源至关重要。性能系数、能效比是反映冷源能源效率的主要指标之一，为此，将冷源的性能系数、能效比作为必须达标的项目。

随着建筑业的持续增长，空调的进一步普及，中国已成为空调设备的制造大国，大部分世界级品牌都已在中国成立合资或独资企业，大大提高了机组的质量水平，产品已广泛应用于各类建筑。国家质量监督检验检疫总局和国家标准化管理委员会已于2004年8月23日发布了国家标准《冷水机组能效限定值及能源效率等级》GB 19577，《单元式空气调节机能效限定值及能源效率等级》GB 19576等三个产品的强制性国家能效标准，规定2005年3月1日实施。将产品根据能源效率划分为5个等级，目的是配合我国能效标识制度的实施。能效等级的含义：1等级是企业努力的目标；2等级代表节能型产品的门槛（按最小寿命周期成本确定）；3、4等级代表我国的平均水平；5等级产品是未来淘汰的产品。目的是能够为消费者提供明确的信息，帮助其选择购买，促进高效产品的市场。

国家标准《公共建筑节能设计标准》GB 50189（2005年7月1日实施）中5.4.5和5.4.8条强制性条文规定了冷水（热泵）机组制冷性能系数（COP）限值和单元式空气调节机能效比（EER）限值，对于采用集中空调系统的居民小区，或者设计阶段已完成户式中央空调系统设计的住宅，其冷源能效的要求应该等同于公共建筑的规定。具体来说，对照"能效限定值及能源效率等级"标准，冷水（热泵）机组取用标准"表2能源效率等级指标"中的规定值为：活塞/涡旋式采用第5级，水冷离心式采用第3级，螺杆机则采用第4级；单元式空气调节机中，取用标准"表2能源效率等级指标"中的第4级。

本条的评价方法为检查设计图纸及说明书，核对所安装设备的能效值。

4.2.3 如果采用集中采暖或集中空调机组向住宅供热（冷），这会涉及用户支付采暖、空调费用问题。作为收费服务项目，用户能自主调节室温是必须的，因此应该设置室温可由用户自主调节的装置；然而，收费与用户使用的热（冷）量多少有关联，作为收费的一个主要依据，计量用户用热（冷）量的相关测量装置和制定费用分摊的计算方法是必不可少的。

本条的评价方法为检查图纸及说明书中有关室（户）温调节设施及按户热量分摊的技术措施内容。

4.2.4 住宅建筑的体形、朝向、楼距、窗墙面积比、窗户的遮阳措施不仅影响住宅的外在质量，同时也影响住宅的通风、采光和节能等方面的内在质量。作为绿色建筑应该提倡建筑师充分利用场地的有利条件，尽量避免不利因素，在这些方面进行精心设计。

本条的评价方法为审核有关设计文档和现场核实。

4.2.5 需要对所有用能系统和设备进行节能设计和选择。如对于集中采暖或空调系统的住宅，冷、热水（风）是靠水泵和风机输送到用户，如果水泵和风机的选型不当，其能耗在整个采暖空调系统中占有相当的比例。在国家标准《公共建筑节能设计标准》GB 50189（2005年7月1日实施）中5.2.8、5.3.26、5.3.27条已作了规定，可以参照执行。其评价方法为检查图纸及说明书中所选水泵和风机计算的输送能耗限值。

又如给水系统节能要求：

1 高层建筑生活给水系统分区合理，低区充分利用市政供水压力，高区采用减压分区时，不得多于一区，每区供水压力不大于0.45MPa。

2 设有集中热水供应的住宅小区，系统设计合理并采取有效的保温措施减少热水输送和循环过程中的热量损失，要求水加热站供水温度与最不利用水点处出水温度差小于10℃。

4.2.6 在本节控制项4.2.2条已说明了冷源能源效率是机组运行节能的关键指标。作为一般项要求，冷源能源效率应比4.2.2条中规定的、对照《冷水机组能效限定值及能源效率等级》GB 19577、《单元式空气调节机能效限定值及能源效率等级》GB 19576更高一个等级。

本条的评价方法为检查设计图纸及说明书，核对所安装设备的能效值。

4.2.7 在住宅建筑的建筑能耗中，照明能耗也占了相当大的比例，因此要注意照明节能。考虑到住宅建筑的特殊性，套内空间的照明受居住者个人行为的控制，不易干预，因此本条文不涉及套内空间的照明。住宅公共场所和部位的照明主要受设计和物业管理的控制，作为绿色建筑必须强调公共场所和部位的照明节能问题，因此本条文明确提出采用高效光源和灯具并采取节能控制措施的要求。

住宅建筑的公共场所和部位有许多是有自然采光的，例如大部分住宅的楼梯间都有外窗。在自然采光的区域为照明系统配置定时或光电控制设施，可以合理控制照明系统的开关，在保证使用的前提下同时达到节能的目的。

本条的评价方法为审核有关设计文档和现场核实。

4.2.8 设置集中采暖或集中空调系统的住宅，如设置集中新风和排风的系统，由于采暖空调区域（或房间）排风中所含的能量十分可观，在技术经济分析合理时，集中加以回收利用可以取得很好的节能效益和环境效益。对于不设置集中新风和排风的系统，可以采用带热回收功能的新风与排风的双向换气装置，它既能满足人员对新风量的卫生要求，又能大量减少在新风处理上的能源消耗。这一类换气装置通常是将换热器、新风机和排风机组合在一起。有的可以直接安装在外墙上，由于风量不大，只适用于不大的单间房间，对建筑立面的设计也会带来一些困难，但独立性很强，适用于单独的房间；另一种需要再接风管，设计时同样需要注意取排风口的位置布置问题，同时也要注意该装置送排风的机外余压与风道的阻力要求，不够时，应采取措施。由于存在技术经济分析是否合理问题，所以作为一般项。

本条的评价方法为审核有关设计文档和现场核实。

4.2.9 中华人民共和国《可再生能源法》第二条："本法所称可再生能源，是指风能、太阳能、水能、生物质能、地热能、海洋能等非化石能源"。第十七条："国家鼓励单位和个人安装太阳能热水系统、太阳能供热采暖和制冷系统、太阳能光伏发电系统等太阳能利用系统。"

根据目前我国可再生能源在建筑中的应用情况，比较成熟的是太阳能热利用，即应用太阳能热水器供生活热水、采暖等；以及应用地热能直接采暖，或者应用地源热泵系统进行采暖和空调。

开发 60～90℃ 的地热水用于北方城镇集中供热是很有希望的事业。这意味着用低温地热替代一部分有高品位化学能的燃煤，同时减少了燃煤对环境的污染，是既节能又环保的工作。规划研究和设计这种供热系统时，首先应注意地热资源的特点。地热资源是在长久的地质年代中形成的，它像矿产一样，是不能在较短时间再生的，这和一般地下水不同。应当用分阶段开发、探采结合的方法，在开发利用过程中逐步摸清地热田的潜力；地热如利用得当或回灌安排得好，可以认为是无污染能源；与其他矿产不同，由于热会散失，90℃ 以下地热水不能长期贮存、不能长距离输送。地热是分散能源，只能就近利用；开发地热由于深浅不同，打井投资差异很大；影响利用的水

量、水温、水质三个因素也会有很大差异。即使在同一地点，取不同地层的水，三个因素也会有大的差别。

近年来，国内在应用地源热泵方面发展较快。根据国家标准《地源热泵系统工程技术规范》GB 50366，地源热泵系统定义为：以土壤或地下水、地表水为低温热源，由水源热泵机组、地能采集系统、室内系统和控制系统组成的供热空调系统。根据地能采集系统的不同，地源热泵系统分地埋管、地下水和地表水三种形式。

我国可再生能源在建筑中的利用起步不久，同时各地气候、经济发展均不相同，目前我国住宅建筑中采暖、空调、降温、电气、照明、炊事、热水供应等所消耗的能源各占多少百分比的数据还没有比较详细的调查统计资料，因此，要确定可再生能源的使用量占建筑总能耗的比例也有不少困难。但凡事总有开头，这里根据有关专家对 2001 年按终端用途分的建筑能耗资料，其中城镇采暖占 37.4%，农村采暖占 6.44%，空调制冷占 11.5%，照明、家电占 7.0%，炊事、热水占 37.7%。可以得出的结论是热水和采暖空调占到建筑能耗的大部分。

因此，条文中提出的 5% 可以用以下指标来判断：(1)如果小区中有 25% 以上的住户采用太阳能热水器提供住户大部分生活热水，判定满足该条文要求；或 (2) 小区中有 25% 的住户采用地源热泵系统，判定满足该条文要求；或 (3) 小区中 50% 的住户采用地热水直接采暖，判定满足该条文要求。

要说明的是在应用地源热泵系统（也应包括地热水直接采暖系统）时，不能破坏地下水资源。这里引用《地源热泵系统工程技术规范》GB 50366 的强制性条文，即：3.1.1 地源热泵系统方案设计前，应进行工程场地状况调查，并对浅层地热能资源进行勘察。5.1.1 地下水换热系统应根据水文地质勘察资料进行设计，并必须采取可靠回灌措施，确保置换冷量或热量后的地下水全部回灌到同一含水层，不得对地下水资源造成浪费及污染。系统投入运行后，应对抽水量、回灌量及其水质进行监测。另外，如果地源热泵系统采用地下埋管式换热器的话，要注意并进行长期应用后土壤温度变化趋势的预测。由于应用地区采暖和空调使用时间不同，对于以采暖为主地区，抽取土壤热量（冬季）会大于向地下土壤排热量（夏季），结果长期使用后（比如 5 年，10 年，15 年后），土壤温度会逐渐下降，以至冬季机组运行效率下降，出力下降，甚至不能正常运行。对于以空调为主地区，向地下土壤排热量（夏季）会大于抽取土壤热量（冬季），结果长期使用后，土壤温度会逐渐上升，同样，机组夏季运行效率下降和出力下降。因此，在设计阶段，应进行长期应用后（比如 25 年后）土壤温度变化趋势平衡模拟计算。或者，要考虑如果地下土壤温

度出现下降或上升变化时的应对措施，比如，有可能设冷却塔，有可能设地下埋管式地源热泵产生热水；有可能设辅助热源；或者设计复合式系统等等。

本条的评价方法为依据设计文档计算和现场核实。

4.2.10 在第 4.2.1 条规定的前提下，根据相应的居住建筑节能标准规定采暖或空调能耗计算方法可以计算出一个采暖或空调能耗限值，有些建筑节能设计标准已经明确给出了采暖或空调能耗限值。利用标准中规定的同样的能耗计算方法，对当前评价的实际住宅的采暖或空调能耗进行计算，如果计算得出的这个能耗低于相应居住建筑节能标准规定限值的 80%，则表明参评的住宅节能性能优越，满足本优选项的要求。如果能够通过检测，直接得到实际住宅的采暖或空调能耗，也可以用实测的能耗与标准规定的限值比较，根据比较结果判定是否满足本优选项的要求。

本条的评价方法为依据设计文档计算或实测。

4.2.11 根据 4.2.9 条的说明，条文中提出的 10% 可以用以下指标来判断：（1）如果小区中有 50% 以上的住户采用太阳能热水器提供住户大部分生活热水，判定满足该条文要求；或（2）小区中有 50% 的住户采用地源热泵系统，判定满足该条文要求；或（3）小区中全部用户采用地热水直接采暖，判定满足该条文要求。

本条的评价方法为审核有关设计文档和现场核实。

4.3 节水与水资源利用

4.3.1 对住宅建筑，除涉及到室内水资源利用、给水排水系统外，还涉及到室外雨、污水的排放、再生水利用以及绿化、景观用水等与城市宏观水环境直接相关的问题。结合城市水环境专项规划以及当地水资源状况，考虑建筑周边环境，对建筑水环境进行统筹规划，是建设绿色住宅建筑的必要条件。因此在进行绿色建筑设计前应结合区域的给水排水、水资源、气候特点等客观环境状况对建筑水环境进行系统规划，制定水系统规划方案，增加水资源循环利用率，减少市政供水量和污水排放量。

水系统规划方案包括用水定额的确定、用水量估算及水量平衡、给水排水系统设计、节水器具、污水处理、再生水利用等内容。根据所在地区水资源状况和气候特征的不同，水系统规划方案涉及的内容可能有所不同，如不缺水地区，不一定考虑污水再生利用的内容。因此，水系统规划方案的具体内容要因地制宜。

用水定额、水量平衡及用水量的确定要从住区区域用水整体上来考虑，应参照《城市居民生活用水量标准》GB/T 50331 和其他相关用水标准规定的用水定额，并结合当地经济状况、气候条件、用水习惯和

区域水专项规划等，根据实际情况科学、合理地确定。

雨水、再生水等水源的利用是重要的节水措施，但应根据具体情况进行分析，多雨地区应加强雨水利用，内陆缺水地区加强再生水利用，而淡水资源丰富地区不宜强制实施污水再生利用，但所有地区均应考虑采用节水器具。

本条的评价方法为审核建筑水（环境）系统规划方案报告并现场核实。

4.3.2 为避免管网漏损，可采取以下措施：

1 给水系统中使用的管材、管件，必须符合现行产品行业标准的要求。对新型管材和管件应符合企业标准的要求，并必须符合有关行政和政府主管部门的文件规定组织专家评估或鉴定通过的企业标准的要求。

2 选用性能高的阀门、零泄漏阀门等，如在冲洗排水阀、消火栓、通气阀阀前增设软密封闭阀或蝶阀。

3 合理设计供水压力，避免供水压力持续高压或压力骤变。

4 选用高灵敏度计量水表，而且根据水平衡测试标准安装分级计量水表，计量水表安装率达 100%。

5 做好管道基础处理和覆土，控制管道埋深，加强管道工程施工监督，把好施工质量关。

小区管网漏失水量包括：室内卫生器具漏水量、屋顶水箱漏水量和管网漏水量。

本条的评价方法为查阅相关防止管网漏损措施的设计文件，并现场查阅用水量计量情况的报告。

4.3.3 本着"节流为先"的原则，优先选用中华人民共和国国家经济贸易委员会 2001 年第 5 号公告《当前国家鼓励发展的节水设备》（产品）目录中公布的设备、器材和器具。根据用水场合的不同，合理选用节水水龙头、节水便器、节水淋浴装置等。对采用产业化装修的住宅建筑，住宅套内均应采用节水器具。所有用水器具应满足《节水型生活用水器具》CJ 164 及《节水型产品技术条件与管理通则》GB/T 18870 的要求。

可选用以下节水器具：

1 节水龙头：加气节水水龙头、陶瓷阀芯水龙头、停水自动关闭水龙头等；

2 坐便器：压力流防臭、压力流冲击式 6L 直排便器、3L/6L 两挡节水型虹吸式排水坐便器、6L 以下直排式节水型坐便器或感应式节水型坐便器，缺水地区可选用带洗手水龙头的水箱坐便器，极度缺水地区可试用无水真空抽吸坐便器；

3 节水淋浴器：水温调节器、节水型淋浴喷嘴等；

4 节水型电器：节水洗衣机，洗碗机等。

另外采用给水系统减压限流措施也能取得可观的节水效果，如使得生活给水系统入户管表前供水压力不大于 0.2MPa。设有集中供应生活热水系统的建筑，应设完善的热水循环系统，用水点开启后 10 秒钟内出热水。

采用非传统水源、高效节水灌溉方式等其他手段也可达到节水的目的。

本条款的节水率指的是采用包括利用节水设施、非传统水源在内的节水手段实际节约的水量占设计总用水量的百分比，即总节水率，可通过下列公式进行计算：

$$R_{WR} = \frac{W_n - W_m}{W_n}$$

式中　R_{WR}——节水率，%；

W_n——总用水量定额值，按照定额标准，根据实际人口或用途估算的建筑用水总量，m^3/a；

W_m——实际市政供水用水总量，按照住区各用水途径测算出的总量，m^3/a。

本条的评价方法为查阅产品说明书、产品检测报告、运行数据报告（用水量计量报告）。

4.3.4　住区景观环境用水及补水属城市景观环境用水的一部分。应结合城市水环境规划、周边环境、地形地貌及气候特点，提出合理的住区水景面积规划比例，避免为美化环境而大量浪费水资源。景观用水应优先考虑采用雨水、再生水，而不应采用市政供水和自备地下水井供水。另外，也可设置循环水处理设备，循环处理利用景观用水。

本条的评价方法为查阅竣工图纸、设计说明书及现场核查。

4.3.5　雨水、再生水等非传统水源在储存、输配等过程中要有足够的消毒杀菌能力，且水质不会被污染，以保障水质安全。供水系统应设有备用水源、溢流装置及相关切换设施等，以保障水量安全。雨水、再生水等在整个处理、储存、输配等环节中要采取一定的安全防护和监（检）测控制措施，符合《污水再生利用工程设计规范》GB 50335 及《建筑中水设计规范》GB 50336 的相关要求，以保证卫生安全，不对人体健康和周围环境产生不利影响。对于海水，由于盐分含量较高，还要考虑管材和设备的防腐问题，以及使用后的排放问题。

住区景观水体采用雨水、再生水时，在水景规划及设计阶段应将水景设计和水质安全保障措施结合起来考虑。安全保障措施包括：采取湿地工艺进行景观用水的预处理；景观水体内采用机械设施，加强水体的水力循环，增强水面扰动，破坏藻类的生长环境；采用生物措施，培养水生动植物吸收水中营养盐，并及时消除富营养化及水体腐败的潜在因素。

本条的评价方法为查阅竣工图纸、设计说明书及现场核查。

4.3.6　在规划设计阶段，要结合住区的地形特点规划设计好雨水（包括地面雨水、建筑屋面雨水）径流途径，减少雨水受污染机率。雨水渗透措施包括：小区或住区中公共活动场地、人行道、露天停车场的铺地材质，采用渗水材质，以利于雨水入渗，如采用多孔沥青地面、多孔混凝土地面；将雨水排放的非渗透管改为渗透管或穿孔管，兼具渗透和排放两种功能；另外，还可采用景观贮留渗透水池、屋顶花园及中庭花园、渗井、绿地等增加渗透量。

本条的评价方法为查阅竣工图纸、设计说明书、产品说明及现场核查。

4.3.7　绿化、洗车、道路冲洗、垃圾间冲洗等非饮用水采用雨水、再生水等非传统水源是减少市政供水量很重要的一方面。绿化节水很有潜力，如果绿化用水全部或部分采用雨水、再生水，则节约的市政供水量是很可观的。因此，不缺水地区也应尽量利用雨水进行绿化灌溉；缺水地区应优先考虑采用雨水或再生水进行灌溉。采用雨水、再生水等作为绿化用水时，水质应达到相应的水质标准，且不应对公共卫生造成威胁。

本条的评价方法为查阅竣工图纸、设计说明书等。

4.3.8　绿化灌溉鼓励采用喷灌、微灌、渗灌、低压管灌等节水灌溉方式；鼓励采用湿度传感器或根据气候变化的调节控制器；为增加雨水渗透量和减少灌溉量，对绿地来说，鼓励选用兼具渗透和排放两种功能的渗透性排水管；采用再生水作为绿化用水时，应尽量避免采用易形成气溶胶的喷灌方式。

目前普遍采用的绿化灌溉方式是，利用专门的设备（动力机、水泵、管道等）把水加压，或利用水的自然落差将有压水送到灌溉地段，通过喷洒器（喷头）将水喷射到空中散成细小的水滴，均匀地散布，比地面漫灌节省水 30%～50%。喷灌时要在风力小时进行。当采用再生水灌溉时，因水中微生物在空气中极易传播，应避免采用喷灌方式。

微灌包括滴灌、微喷灌、涌流灌和地下渗灌，它是通过低压管道和滴头或其他灌水器，以持续、均匀和受控的方式向植物根系输送所需水分，比地面漫灌省水 50%～70%，比喷灌省水 15%～20%。微灌的灌水器孔径很小，易堵塞。微灌的用水一般都应进行净化处理，先经过沉淀除去大颗粒泥沙，再进行过滤，除去细小颗粒的杂质等，特殊情况还需进行化学处理。

本条的评价方法为查阅竣工图纸、设计说明书、产品说明及现场核查。

4.3.9　本着"开源节流"的原则，缺水地区在规划设计阶段还应考虑将污水处理后合理再利用，作为室内冲厕用水以及室外绿化、景观、道路浇洒、洗车等用水。再生水包括市政再生水（以城市污水处理厂出水或城市污水为水源）、建筑再生水（以生活排水、杂排水、优质杂排水为水源），其选择应结合城市规划、住区区域环境、城市中水设施建设管理办法、水量平衡等，从经济、技术和水源水质、水量稳定性等各方面综合考虑而定。

住区周围有集中再生水厂的，首先应采用本地区市政再生水或上游地区市政再生水；没有集中再生水厂的，要根据本建筑所在省、市的中水设施建设管理办法或其他相关规定，确定是否建设建筑再生水处理设施，并依次考虑建筑优质杂排水、杂排水、生活排水等的再生利用。总之，再生水水源的选择及再生水利用应从区域统筹和城市规划的层面上整体考虑。

再生处理工艺应根据处理规模、水质特性和利用、回用用途及当地的实际情况和要求，经全面技术经济比较后优选确定。在保证满足再生利用要求、运行稳定可靠的前提下，要使基建投资和运行成本的综合费用最为经济节省，运行管理简单，控制调节方便，同时要求具有良好的安全、卫生条件。所有的再生处理工艺都应有消毒处理这个环节，以确保出水水质的安全。

本条的评价方法为查阅竣工图纸、设计说明书等。

4.3.10 对年平均降雨量在 800mm 以上的多雨但缺水地区，应结合当地气候条件和住区地形、地貌等特点，除采取措施增加雨水渗透量外，还应建立完善的雨水收集、处理、储存、利用等配套设施，对屋顶雨水和其他非渗透地面地表径流雨水进行收集、利用。雨水收集利用系统应设置雨水初期弃流装置和雨水调节池，收集利用系统可与小区或住区水景设计相结合。可优先选用暗渠收集雨水，根据用水对象，对所收集的雨水进行单独人工处理或进入住区中水处理系统，处理后的雨水水质应达到相应用途的水质标准，宜优先考虑用于室外的绿化、景观用水。

雨水处理方案及技术应根据当地实际情况，经多方案比较后确定。雨水单独处理宜采用渗水槽系统，渗水槽内宜装填砾石或其他滤料；南方气候适宜地区可选用氧化塘、人工湿地等自然净化系统，并结合当地的气候特点等，选用本地生的一些水生植物或挺水类植物。

本条的评价方法为查阅竣工图纸、设计说明书等。

4.3.11、4.3.12 非传统水源利用率指的是采用再生水、雨水等非传统水源代替市政自来水或地下水供给景观、绿化、冲厕等杂用的水量占总用水量的百分比。根据《建筑中水设计规范》GB 50336等标准规范，住宅冲厕用水占 20% 以上。这部分用水若全部采用再生水和（或）雨水（沿海严重缺水地区还可采用海水），而且只考虑室内冲厕采用再生水等非传统

水源，则非传统水源利用率在 20% 以上；若考虑绿化、道路浇洒、洗车用水等，居住区应有 10% 以上的室外用水能用再生水等非传统水源来替代。因此，对无论只有冲厕或只有室外用水采用非传统水源的住宅建筑，若不考虑非传统水源的原水的量，其非传统水源利用率都能达到 10%；若室内与室外均采用，则利用率会更高，可以不低于 30%。

若非传统水源采用集中再生水厂的再生水或采用海水，利用率达到 10% 和 30% 是没有问题的；若非传统水源采用居住小区的建筑再生水，因为住宅建筑的沐浴、盥洗用水占到 40% 以上，只收集优质杂排水作为再生水源，经处理后能满足 10% 的利用率要求。若也考虑到冲厕，收集杂排水经处理再生后，能满足 30% 的利用率要求；若非传统水源只采用雨水，雨水的利用量与降雨量相关，具体利用率不能确定。但对于住宅建筑而言，从经济角度考虑，若收集、处理、利用雨水，将其作为非传统水源利用，一般与建筑优质杂排水或杂排水等一起考虑，这种情况下若只考虑室外杂用，则只收集雨水和部分优质杂排水就能满足 10% 的利用率要求，若也考虑冲厕等室内杂用，收集雨水和优质杂排水或杂排水就能满足 30% 的利用率要求。

因此，无论从非传统水源利用的途径，还是从非传统水源的原水的量来考虑，住宅建筑采用非传统水源时，非传统水源利用率不低于 10%、30% 是能达到的。

非传统水源利用率可通过下列公式计算：

$$R_u = \frac{W_u}{W_t} \times 100\%$$

$$W_u = W_R + W_r + W_s + W_o$$

式中　R_u——非传统水源利用率，%；

W_u——非传统水源设计使用量（规划设计阶段）或实际使用量（运行阶段），m³/a；

W_t——设计用水总量（规划设计阶段）或实际用水总量（运行阶段），m³/a；

W_R——再生水设计利用量（规划设计阶段）或实际利用量（运行阶段），m³/a；

W_r——雨水设计利用量（规划设计阶段）或实际利用量（运行阶段），m³/a；

W_s——海水设计利用量（规划设计阶段）或实际利用量（运行阶段），m³/a；

W_o——其他非传统水源利用量（规划设计阶段）或实际利用量（运行阶段），m³/a。

本条的评价方法为查阅设计说明书以及运行数据报告（用水量记录报告）等。

4.4 节材与材料资源利用

4.4.1 室内有害物质的释放规律非常复杂。本条可定量评价装饰装修过程中建筑材料对室内环境的污染

程度。选用有害物质含量达标、环保效果好的建筑材料，可以防止由于选材不当造成室内空气污染。

装饰装修材料主要包括石材、人造板及其制品、建筑涂料、溶剂型木器涂料、胶粘剂、木制家具、壁纸、聚氯乙烯卷材地板、地毯、地毯衬垫及地毯胶粘剂等。装饰装修材料中的有害物质是指甲醛、挥发性有机物（VOC）、苯、甲苯和二甲苯以及游离甲苯二异氰酸酯及放射性核素等。装饰装修材料中的有害物质以及石材和用工业废渣生产的建筑装饰材料中的放射性物质会对人体健康造成损害。绿色建筑选用的装饰装修材料和建筑材料中的有害物含量必须符合下列标准的要求：

《室内装饰装修材料人造板及其制品中甲醛释放限量》GB 18580

《室内装饰装修材料溶剂型木器涂料中有害物质限量》GB 18581

《室内装饰装修材料内墙涂料中有害物质限量》GB 18582

《室内装饰装修材料胶粘剂中有害物质限量》GB 18583

《室内装饰装修材料木家具中有害物质限量》GB 18584

《室内装饰装修材料壁纸中有害物质限量》GB 18585

《室内装饰装修材料聚氯乙烯卷材地板中有害物质限量》GB 18586

《室内装饰装修材料地毯、地毯衬垫及地毯用胶粘剂中有害物质释放限量》GB 18587

《混凝土外加剂中释放氨限量》GB 18588

《建筑材料放射性核素限量》GB 6566

本条的评价方法为查阅由国家认证认可监督管理委员会授权的具有资质的第三方检验机构出具的产品检验报告。

4.4.2 为片面追求美观而以巨大的资源消耗为代价，不符合绿色建筑的基本理念。在设计中应控制造型要素中没有功能作用的装饰构件的应用。应用没有功能作用的装饰构件主要指：（1）不具备遮阳、导光、导风、载物、辅助绿化等作用的飘板、格栅和构架等，且作为构成要素在建筑中大量使用；（2）单纯为追求标志性效果，在屋顶等处设立塔、球、曲面等异形构件；（3）女儿墙高度超过规范要求2倍以上；（4）不符合当地气候条件，并非有利于节能的双层外墙（含幕墙）的面积超过外墙总建筑面积的20%。

本条的评价方法为查阅竣工图纸及现场核实。

4.4.3 本条款鼓励使用当地生产的建筑材料，提高就地取材制成的建筑产品所占的比例。建材本地化是减少运输过程的资源和能源消耗、降低环境污染的重要手段之一。提高本地材料使用率还可促进当地经济发展。

本条的评价方法为查阅工程决算材料清单，清单中要标明材料生产厂家的名称、地址，以此清单计算工程所用建筑材料中 500km 范围内生产的建筑材料的重量以及建筑材料总重量，两者比值要求不小于 70%。

4.4.4 目前我国建筑结构材料仍以烧结实心黏土砖及混凝土为主。烧结黏土砖以消耗大量土地资源而被国家列为禁止和限制使用的产品。在今后相当长时间内，我国建筑结构形式主要为钢筋混凝土结构。我国现阶段大力提倡和推广使用预拌混凝土，其应用技术已较为成熟。国家有关部门发布了一系列关于限期禁止在城市城区现场搅拌混凝土的文件，明确规定"北京等 124 个城市城区从 2003 年 12 月 31 日起禁止现场搅拌混凝土，其他省（自治区）辖市从 2005 年 12 月 31 日起禁止现场搅拌混凝土"。与现场搅拌混凝土相比，采用预拌混凝土能够减少施工现场噪声和粉尘污染，并节约能源、资源，减少材料损耗。

本条的评价方法为查阅施工单位提供的混凝土工程总用量清单及混凝土搅拌站提供的预拌混凝土供货单中预拌混凝土使用量。

4.4.5 在绿色建筑中应采用耐久性和节材效果好的建筑结构材料。高性能混凝土、高强度钢等结构材料在耐久性和节材方面具有明显优势。对于建筑工程而言，使用耐久性好的材料是最大的节约措施。使用高性能混凝土、高强度钢可以解决建筑结构中肥梁胖柱问题，增加建筑使用面积。在钢筋混凝土主体结构中使用 HRB400 级钢筋和（或）满足设计要求的高性能混凝土，可认为满足本条文要求。

本条的评价方法为查阅材料决算清单中钢筋使用情况和施工记录中有关混凝土配合比报告单和具有资质的第三方检验机构出具的混凝土检验报告（必须有耐久性指标）。

4.4.6 在施工过程中，应最大限度利用建设用地内拆除的或其他渠道收集得到的旧建筑的材料，以及建筑施工和场地清理时产生的废弃物等，延长其使用期，达到节约原材料、减少废物、降低由于更新所需材料的生产及运输对环境的影响的目的。

施工所产生的垃圾、废弃物，应在现场进行分类处理，这是回收利用废弃物的关键和前提。可再利用材料在建筑中重新利用，可再循环材料通过再生利用企业进行回收、加工，最大限度地避免废弃物污染、随意遗弃。施工单位需编制专门的建筑施工废物管理规划，包括寻找折价处理物品的市场销路；制定设计拆毁、废品与折价处理和回收的计划和方法，包括废物统计；提供废物回收、折价处理和再利用的费用等内容。规划中需确认的回收物包括纸板、金属、混凝土砌块、沥青、现场垃圾、饮料罐、塑料、玻璃、石膏板、木制品等。

本条的评价方法为查阅建筑施工废物管理规划和

施工现场废弃物回收利用记录。

4.4.7 建筑中可再循环材料包含两部分内容，一是使用的材料本身就是可再循环材料；二是建筑拆除时能够被再循环利用的材料。可再循环材料主要包括：金属材料（钢材、铜）、玻璃、铝合金型材、石膏制品、木材等。不可降解的建筑材料如聚氯乙烯（PVC）等材料不属于可循环材料范围。充分使用可再循环材料可以减少生产加工新材料带来的资源、能源消耗和环境污染，对于建筑的可持续性具有非常重要的意义。

本条的评价方法为查阅工程决算材料清单中有关材料的使用数量。

4.4.8 土建和装修一体化设计施工，要求建筑师对土建和装修统一设计，施工单位对土建和装修统一施工。土建和装修一体化设计施工，可以事先统一进行建筑构件上的孔洞预留和装修面层固定件的预埋，避免在装修施工阶段对已有建筑构件打凿、穿孔，既保证了结构的安全性，又减少了噪声和建筑垃圾；一体化设计施工还可减少扰民，减少材料消耗，并降低装修成本。土建与装修工程一体化设计施工需要业主、设计方以及施工方的通力合作。

本条的评价方法为查阅土建与装修一体化证明材料（必要时应该核查施工图以及施工的实际工作量清单）和现场核查。

4.4.9 废弃物主要包括建筑废弃物、工业废弃物和生活废弃物，可作为原材料用于生产绿色建材产品。在满足使用性能的前提下，鼓励使用利用建筑废弃物再生骨料制作的混凝土砌块、水泥制品和配制再生混凝土；鼓励使用利用工业废弃物、农作物秸秆、建筑垃圾、淤泥为原料制作的水泥、混凝土、墙体材料、保温材料等建筑材料；鼓励使用生活废弃物经处理后制成的建筑材料。

为保证废弃物使用达到一定的数量要求，本条规定使用以废弃物生产的建筑材料的重量占同类建筑材料的总重量比例不低于30%。例如，建筑中使用石膏砌块作为内隔墙材料，其中以工业副产石膏（脱硫石膏、磷石膏等）制作的工业副产石膏砌块的使用重量占到建筑中使用石膏砌块总重量的30%以上，则该条款满足要求。

本条的评价方法为查阅工程决算材料清单中有关材料的使用数量。

4.4.10 不同类型与功能特点的建筑，采用不同的结构体系和材料，对资源、能源耗用量及其对环境的冲击存在显著差异。目前我国住宅建筑结构体系主要有砖-混凝土预制板混合结构、现浇混凝土框架剪力墙结构和混凝土框架结构。近年来，轻钢结构也有一定发展。就全国范围而言，砖-混凝土预制板混合结构仍占主要地位，约占整个建筑结构体系的70%左右。目前我国的钢结构建筑所占的比重还不到5%。绿色

建筑应从节约资源和环境保护的要求出发，在保证安全、耐久的前提下，尽量选用资源消耗和环境影响小的建筑结构体系，主要包括钢结构体系、砌体结构体系及木结构体系。砖混结构、钢筋混凝土结构体系所用材料在生产过程中大量使用黏土、石灰石等不可再生资源，对资源的消耗极大，同时会排放大量二氧化碳等污染物。钢铁、铝材的循环利用性好，而且回收处理后仍可再利用。含工业废弃物制作的建筑砌块本身自重轻，不可再生资源消耗小，同时可形成工业废弃物的资源化循环利用体系。木材是一种可持续的建材，但是需要以森林的良性循环为支撑，在技术经济允许的条件下，利用从森林资源已形成良性循环的国家进口的木材是可以鼓励的。因此，因地制宜地采用轻钢结构体系、砌体结构体系和木结构体系等建筑结构体系，则此项条款满足要求。

本条的评价方法为查阅设计文件。

4.4.11 可再利用材料指在不改变所回收物质形态的前提下进行材料的直接再利用，或经过再组合、再修复后再利用的材料。可再利用材料的使用可延长还具有使用价值的建筑材料的使用周期，降低材料生产的资源、能源消耗和材料运输对环境造成的影响。可再利用材料包括从旧建筑拆除的材料以及从其他场所回收的旧建筑材料。可再利用材料包括砌块、砖石、管道、板材、木地板、木制品（门窗）、钢材、钢筋、部分装饰材料等。评价时，需提供工程决算材料清单，计算使用可再利用材料的重量以及工程建筑材料的总重量，二者比值即为可再利用材料的使用率。

本条的评价方法为查阅工程决算材料清单中有关材料的使用数量。

4.5 室内环境质量

4.5.1 日照对人的生理和心理健康都是非常重要的，但是住宅的日照又受地理位置、朝向、外部遮挡等许多外部条件的限制，不是很容易达到理想的状态。尤其是在冬季，太阳的高度角比较小，楼与楼之间的相互遮挡更加严重。

设计绿色住宅时，应注意楼的朝向、楼与楼之间的距离和相对位置、楼内平面的布置，通过精心的计算调整，使居住空间能够获得充足的日照。

评价方法为审核设计图纸和日照模拟计算报告。

4.5.2 充足的天然采光和自然通风有利于居住者的生理和心理健康，同时也有利于降低人工照明能耗。用采光系数评价住宅是否获取了足够的天然采光比较科学，《建筑采光设计标准》GB/T 50033明确规定了居住建筑各类房间的采光系数最低值。对于绿色建筑本条文的规定是必须满足的。

评价方法为审核设计图纸和日照模拟计算报告。

4.5.3 住宅应该给居住者提供一个安静的环境，但是在现代城市中绝大部分住宅均处于比较嘈杂的外部

环境中，尤其是临主要街道的住宅，交通噪声的影响比较严重，因此需要设计者在住宅的建筑围护构造上采取有效的隔声、降噪措施，例如尽可能使卧室与起居室远离噪声源，沿街的窗户使用隔声性能好的窗户等等。

本条文提出的卧室、起居室的允许噪声级相当于现行《民用建筑隔声设计规范》GBJ 118中较高的水平。楼板、分户墙、外窗和户门的声学性能要求均是为满足卧室、起居室的允许噪声级要求所必要的水平。作为绿色建筑既要考虑创造一个良好的室内环境，又要考虑资源的节约，不可片面地追求高性能。

本条的评价方法为查阅设计图纸或检测报告。

4.5.4　自然通风可以提高居住者的舒适感，有助于健康。在室外气象条件良好的条件下，加强自然通风还有助于缩短空调设备的运行时间，降低空调能耗，绿色建筑应特别强调自然通风。

住宅能否获取足够的自然通风与通风开口面积的大小密切相关，本条文规定了住宅居住空间通风开口面积与地板最小面积比。一般情况下，当通风开口面积与地板面积之比不小于 5% 时，房间可以获得比较好的自然通风。由于气候和生活习惯的不同，南方更注重房间的自然通风，因此本条文规定在夏热冬暖和夏热冬冷地区，通风开口面积与地板面积之比不小于 8%。

自然通风的效果不仅与开口面积与地板面积之比有关，事实上还与通风开口之间的相对位置密切相关。在设计过程中，应考虑通风开口的位置，尽量使之能有利于形成"穿堂风"。

本条的评价方法为审核通风模拟计算报告、设计图纸和现场核实。

4.5.5　《民用建筑室内环境污染控制规范》GB 50325列出了危害人体健康的游离甲醛、苯、氨、氡和 TVOC 五类空气污染物，并对它们的活度、浓度提出了控制要求和措施。对于绿色建筑本条文的规定是必须满足的。

本条的评价方法为查阅检测报告。

4.5.6　住宅的窗户除了有自然通风和自然采光的功能外，还具有从视觉上起到沟通内外的作用，良好的视野有助于居住者心情舒畅。现代城市中的住宅大都是成排成片建造，住宅之间的距离一般不会很大，因此应该精心设计，尽量避免前后左右不同住户之间的居住空间的视线干扰。

卫生间是住宅内部的一个空气污染源，卫生间开设外窗有利于污浊空气的排放，但是套内空间的平面布置常常又很难保证卫生间一定能靠外墙。因此，本条文规定在一套住宅有多个卫生间的情况下，应至少有 1 个卫生间开设外窗。

本条的评价方法为查阅设计图纸和现场核实。

4.5.7　《民用建筑热工设计规范》GB 50176对建筑围护结构的热工设计提出了很多基本的要求，其中规定外围护结构的内表面不能结露，绿色住宅应满足此要求。外围护结构的内表面结露会造成居民生活不便，严重时会导致霉菌的滋生，影响室内的卫生条件。绿色建筑应为居住者提供一个良好的室内环境，因此在室内温、湿度设计条件下不应产生结露现象。导致结露除空气过分潮湿外，表面温度过低是直接的原因。一般说来，住宅外围护结构的内表面大面积结露的可能性不大，结露大都出现在金属窗框、窗玻璃表面、墙角、墙面上可能出现的热桥附近，作为绿色建筑在设计和建造过程中，应核算可能结露部位的内表面温度是否高于露点温度，采取措施防止在室内温、湿度设计条件下产生结露现象。

本条的评价方法为查阅设计图纸、计算书和现场核实。

4.5.8　《民用建筑热工设计规范》GB 50176 对建筑围护结构的热工设计提出了很多基本的要求，其中规定在自然通风条件下屋顶和东、西外墙内表面的温度不能过高。屋顶和外墙内表面温度的高低直接影响到室内人员的舒适，控制屋顶和外墙内表面温度不至于过高，可使住户少开空调多通风，有利于提高室内的热舒适水平，同时降低空调能耗。《民用建筑热工设计规范》详细规定了在自然通风条件下计算屋顶和东、西外墙内表面温度的方法。

本条的评价方法为审核设计图纸和计算书。

4.5.9　从舒适和节能角度，以及收费服务角度，设采暖或空调系统（设备）的住宅，用户应能自主调节室温。

本条的评价方法为查阅设计图纸和现场核实。

4.5.10　夏季强烈的阳光透过窗户玻璃照到室内会引起居住者的不舒适感，同时还会大幅增大空调负荷。窗户的内侧设置窗帘在住宅建筑中是非常普遍的，但内窗帘在遮挡直射阳光的同时常常也遮挡了散射的光线，影响室内的自然采光，而且内窗帘对减小由阳光直接进入室内而产生的空调负荷作用不大。在窗户的外面设置一种可调节的遮阳装置，可以根据需要调节遮阳装置的位置，防止夏季强烈的阳光透过窗户玻璃直接进入室内，提高居住者的舒适感。

可调节外遮阳装置对于建筑夏季的节能作用也非常明显。许多住宅在周一至周五工作日的白天室内是没有人的，如果窗户有可靠的可调节外遮阳（例如活动卷帘），白天可以借助外遮阳将绝大部分太阳辐射阻挡在室外，可以大大缩短晚上空调器运行的时间。

外遮阳之所以要强调可调节的，是因为无论是从生理还是从心理的角度出发，冬季和夏季居住者对透过窗户进入室内的阳光的需求是截然相反的，而固定的外遮阳（例如窗口上沿的遮阳板）无法很好地适应这种相反的需求。

可调节外遮阳应注重可靠、耐久和美观。

本条的评价方法为查阅设计图纸和现场核实。

4.5.11 通风换气是降低室内空气污染的有效措施，设置新风换气系统有利于引入室外新鲜空气，排出室内混浊气体，保证室内空气质量，满足人体的健康要求。为满足人体正常生理需求，要求新风量达到每人每小时 $30m^3$。室内空气质量监测装置能自动监测室内空气质量，主要是测定二氧化碳浓度，具有报警提示功能。

本条的评价方法为查阅有关设计文件和现场核实。

4.5.12 卧室、起居室（厅）使用蓄能、调湿或改善室内空气质量的功能材料有利于降低采暖空调能耗，改善室内环境。虽然目前建筑市场上还少有可以大规模使用的这类功能材料，但作为绿色建筑应该鼓励开发和使用这类功能材料。目前较为成熟的这类功能材料包括空气净化功能纳米复相涂覆材料、产生负离子功能材料、稀土激活保健抗菌材料、湿度调节材料、温度调节材料等等。

本条的评价方法为查阅有关设计文件、产品检测报告和现场核实。

4.6 运 营 管 理

4.6.1 物业管理公司应提交节能、节水、节材与绿化管理制度，并说明实施效果。节能管理制度主要包括：业主和物业共同制定节能管理模式；分户、分类的计量与收费；建立物业内部的节能管理机制；节能指标达到设计要求。节水管理制度主要包括：按照高质高用、低质低用的梯级用水原则，制定节水方案；采用分户、分类的计量与收费；建立物业内部的节水管理机制；节水指标达到设计要求。耗材管理制度主要包括：建立建筑、设备、系统的维护制度，减少因维修带来的材料消耗；建立物业耗材管理制度，选用绿色材料。绿化管理制度主要包括：对绿化用水进行计量，建立并完善节水型灌溉系统；规范杀虫剂、除草剂、化肥、农药等化学药品的使用，有效避免对土壤和地下水环境的损害。

本条的评价方法为查阅物业管理公司节能、节水、节材与绿化管理文档、日常管理记录，进行现场考察和用户抽样调查。

4.6.3 首先要考虑垃圾收集、运输等整体系统的合理规划，如果设置小型有机厨余垃圾处理设施，应考虑其布置的合理性。其次则是物业管理公司应提交垃圾管理制度，并说明实施效果。垃圾管理制度包括垃圾管理运行操作手册、管理设施、管理经费、人员配备及机构分工、监督机制、定期的岗位业务培训和突发事件的应急反应处理系统等。

本条的评价方法为查阅垃圾管理制度与垃圾收集、运输等整体规划和现场核实。

4.6.4 垃圾容器一般设在居住单元出入口附近隐蔽的位置，其数量、外观色彩及标志应符合垃圾分类收集的要求。垃圾容器分为固定式和移动式两种，其规格应符合国家有关标准。垃圾容器应选择美观与功能兼备、并且与周围景观相协调的产品，要求坚固耐用，不易倾倒。一般可采用不锈钢、木材、石材、混凝土、GRC、陶瓷材料制作。

本条的评价方法为现场核实。

4.6.5 重视垃圾站（间）的景观美化及环境卫生问题，用以提升生活环境的品质。垃圾站（间）设冲洗和排水设施，存放垃圾能及时清运、不污染环境、不散发臭味。

本条评价方法为现场考察和用户抽样调查。

4.6.6 应根据小区实际情况，按《居住区智能化系统配置与技术要求》CJ/T 174 中所列举的基本配置，进行安全防范子系统、管理与设备监控子系统和信息网络子系统的建设。

本条的评价方法为查阅智能化系统验收报告，现场考察各系统和进行用户抽样调查。

4.6.7 本条要求采用无公害病虫害防治技术，规范杀虫剂、除草剂、化肥、农药等化学药品的使用。病虫害的发生和蔓延，将直接导致树木生长质量下降，破坏生态环境和生物多样性，应加强预测预报，严格控制病虫害的传播和蔓延。增强病虫害防治工作的科学性，要坚持生物防治和化学防治相结合的方法，科学使用化学农药，大力推行生物制剂、仿生制剂等无公害防治技术，提高生物防治和无公害防治比例，保证人畜安全，保护有益生物，防止环境污染，促进生态可持续发展。

本条的评价方法为查阅化学药品的进货清单与使用记录和现场核实。

4.6.8 对行道树、花灌木、绿篱定期修剪，草坪及时修剪。及时做好树木病虫害预测、防治工作，做到树木无暴发性病虫害，保持草坪、地被的完整，保证树木有较高的成活率，老树成活率达 98%，新栽树木成活率达 85% 以上。发现危树、枯死树木及时处理。

本条的评价方法为现场核实和用户调查。

4.6.9 ISO 14001 是环境管理标准，它包括了环境管理体系、环境审核、环境标志、全寿命周期分析等内容，旨在指导各类组织取得表现正确的环境行为。物业管理部门通过 ISO 14001 环境管理体系认证，是提高环境管理水平的需要。达到节约能源，降低消耗，减少环保支出，降低成本的目的，可以减少由于污染事故或违反法律、法规所造成的环境风险。

本条的评价方法为查阅证书。

4.6.10 垃圾分类收集就是在源头将垃圾分类投放，并通过分类的清运和回收使之分类处理或重新变成资源。垃圾分类收集有利于资源回收利用，同时便于处理有毒有害的物质，减少垃圾的处理量，减少运输和处理过程中的成本。在许多发达国家，垃圾资源回收产业在产业结构中占有重要的位置，甚至利用法律来约束人们必须分类放置垃圾。垃圾分类收集率是指实行垃圾分类收集的住户占总住户数的比例。本条要求垃圾分类收集率达90%以上。

本条的评价方法为现场核实和用户抽样调查。

4.6.11 建筑中设备、管道的使用寿命普遍短于建筑结构的寿命，因此各种设备、管道的布置应方便将来的维修、改造和更换。可通过将管井设置在公共部位等措施，减少对住户的干扰。属公共使用功能的设备、管道应设置在公共部位，以便于日常维修与更换。

本条的评价方法为查阅有关设备、管道的设计文件并现场核实。

4.6.12 处理生活垃圾的方法很多，主要有卫生填埋、焚烧、生物处理等。由于有机厨余垃圾的生物处理具有减量化、资源化效果好等特点，因而得到一定的推广应用。有机厨余垃圾生物降解是多种微生物共同协同作用的结果，将筛选到的有效微生物菌群，接种到有机厨余垃圾中，通过好氧与厌氧联合处理工艺降解生活垃圾，是垃圾生物处理的发展趋势之一。但其前提条件是实行垃圾分类，以提高生物处理垃圾中有机物的含量。

本条的评价方法为查阅有关垃圾处理间的设计文件并现场核实。

5 公 共 建 筑

5.1 节地与室外环境

5.1.1 在建设过程中尽可能维持原有场地的地形地貌，这样既可以减少用于场地平整所带来建设投资的增加，减少施工的工程量，也避免了因场地建设造成对原有生态环境景观的破坏。场地内有价值的树木、水塘、水系不但具有较高的生态价值，而且是传承场地所在区域历史文脉的重要载体，也是该区域重要的景观标志。因此，应根据《城市绿化条例》（1992 年国务院 100 号令）等国家相关规定予以保护。对于因建设开发确需改造的场地内现有地形、地貌、水系、植被等环境状况，在工程结束后，鼓励建设方采取相应的场地环境恢复措施，减少对原有场地环境的改变，避免因土地过度开发而造成对城市整体环境的破坏。

本条的评价方法为审核场地地形图和相关文件。

5.1.2 洪灾、泥石流等自然灾害，会造成对建筑场地毁灭性破坏；氡为主要存在于土壤和石材中的无色无味的致癌物质，将对人体产生极大危害；人体如果长期暴露在超过安全剂量的电磁辐射下，细胞就会被大面积杀伤或杀死，并产生多种疾病。能制造电磁辐

射污染的污染源如电视广播发射塔、雷达站、通信发射台、变电站，高压电线等；其他如油库、煤气站、有毒物质车间等均有发生火灾、爆炸和毒气泄漏的可能。为此，在绿色建筑选址阶段必须按国家相关安全规定，满足本条要求。

本条的评价方法为审核场址检测报告及应对措施的合理性。

5.1.3 项目建设中不对周围环境产生影响，是绿色建筑的基本原则之一。对于公建而言，要避免其建筑布局或体形不能对周围环境产生不利影响，特别需避免对周围环境的光污染及对周围居住建筑的日照遮挡。近来有公共建筑幕墙上采用镜面玻璃，当直射日光和天空光照射其上时，会产生反射光及眩光，进而可能造成道路安全的隐患；而沿街两侧的高层建筑同时采用玻璃幕墙时，由于大面积玻璃出现多次镜面反射，从多方面射出，造成光的混乱和干扰，对居民住宅、行人和车辆行驶都有害，应加以避免。此外，公共建筑周边如有居住建筑，应避免过多遮挡，以保证其满足日照标准的要求。

本条的评价方法为图纸审查及运行后的现场核查。

5.1.4 建设项目场地周围不应存在污染物排放超标的污染源，包括油烟未达标排放的厨房、车库、超标排放的燃煤锅炉房、垃圾站、垃圾处理场及其他工业项目等；否则会污染场地范围内大气环境，影响人们的室内外工作生活，与绿色建筑理念相悖。

本条的评价方法为审核环评报告，并在运行后进行现场核实。

5.1.5 施工单位向建设单位（监理单位）提交的施工组织设计中，必须提出行之有效的控制扬尘的技术路线和方案，并积极履行，以减少施工活动对大气环境的污染。

为减少施工过程对土壤环境的破坏，应根据建设项目的特征和施工场地土壤环境条件，识别各种污染和破坏因素对土壤可能的影响，提出避免、消除、减轻土壤侵蚀和污染的对策与措施。

施工工地污水一般含沙量和酸碱值较高，如未经妥善处理，将对公共排污系统及水生态系统造成不良影响。因此，必须严格执行国家标准《污水综合排放标准》GB 8978 的要求。

建筑施工噪声，是指在建筑施工过程中产生的干扰周围生活环境的声音。施工现场应制定降噪措施，使噪声排放达到或优于《建筑施工场界噪声限值》GB 12523 的要求。

施工场地电焊操作以及夜间作业时所使用的强照明灯光等所产生的眩光，是施工过程光污染的主要来源。施工单位应选择适当的照明方式和技术，尽量减少夜间对非照明区、周边区域环境的光污染。

施工现场设置围挡，其高度、用材必须达到地方

有关规定的要求。采取措施保障施工场地周边人群、设施的安全。

本条的评价方法为审核施工过程控制的有关文档。

5.1.6 对于公共建筑而言，应根据其类型划分，分别满足国家的《城市区域环境噪声标准》GB 3096 规定的环境噪声标准。要求对场地周边的噪声现状进行检测，并对规划实施后的环境噪声进行预测。当拟建噪声敏感建筑不能避免临近交通干线，或不能远离固定的设备噪声源时，就需要采取措施来降低噪声干扰。对于交通干线两侧区域，尽管满足了区域环境噪声的要求：白天 $L_{Aeq} \leq 70dB$（A），夜间 $L_{Aeq} \leq 55dB$（A），并不意味着临街的公共建筑的室内就安静了，仍需要在围护结构如临街外窗方面采取隔声措施。

本条的评价方法为审查环评报告及运行后的现场检测报告。

5.1.7 高层建筑和超高层建筑的出现使得再生风和环境二次风环境问题逐渐凸现出来。在鳞次栉比的高低层建筑中，由于建筑单体设计和群体布局不当而有可能导致行人举步维艰或强风卷刮物体撞碎玻璃等事故。

研究结果表明，建筑物周围人行区 1.5m 高处风速宜低于 5m/s，以保证人们在室外的正常活动。此外，通风不畅还会严重地阻碍风的流动，在某些区域形成无风区和涡旋区，不利于室外散热和污染物消散，因此也应尽量避免。以冬季作为评价季节，是基于多数城市冬季来流风速在 5m/s 的情况较多。

夏季、过渡季自然通风对于建筑节能十分重要，此外，还涉及室外环境的舒适度问题。大型室外场所的夏季室外热环境恶劣，不仅会影响人的舒适程度；当环境的热舒适度超过极限值时，长时间停留还会引发高比例人群的生理不适直至中暑。对于大型公建，可以结合通风评价室外热舒适情况。

本条的评价方法为审核规划设计中的风环境模拟预测报告或运行后的现场测试报告。

5.1.8 绿化是城市环境建设的重要内容，是改善生态环境和提高生活质量的重要内容。为了大力改善城市生态质量，提高城市绿化景观环境质量，建设用地内的绿化应避免大面积的纯草地，鼓励进行屋顶绿化和墙面绿化等方式。这样既能切实地增加绿化面积，提高绿化在二氧化碳固定方面的作用，改善屋顶和墙壁的保温隔热效果，又可以节约土地。

本条的评价方法为审核建筑设计和景观设计文档并现场核实。

5.1.9 植物的配置应能体现本地区植物资源的丰富程度和特色植物景观等方面的特点，以保证绿化植物的地方特色。同时，要采用包含乔、灌木的复层绿化，可以形成富有层次的城市绿化体系，不但可为使用者提供遮阳、游憩的良好条件，还可以吸引各种动

物和鸟类筑巢，改善建筑周边良好的生态环境。而大面积的单纯草坪绿化不但维护费用高，生态效果也不及复层绿化，应尽量减少采用。

本条的评价方法为审核规划设计或景观设计文档并现场核实。

5.1.10 机动车，特别是小汽车的迅速增长，给城市带来行车拥堵、停车难的大问题。对具有大量人流和短时间集散特性的建筑，为了保证各类人员顺畅方便地进出，要求将大量人群与少量使用专用车辆的特殊人群按照人车分行的原则组织各自的交通系统。同时，倡导以步行、公交为主的出行模式，在公共建筑的规划设计阶段应重视其主要出入口的设置方位，接近公交站点。

本条的评价方法为审核场地的道路组织和到达公交站点的步行距离是否达标。

5.1.11 随着我国城市发展的速度加快，土地资源的减少成为必然。开发利用地下空间，是城市节约用地的主要措施，也是节地倡导的措施之一。但在利用地下空间的同时应结合地质情况，处理好地下入口与地上的有机联系、通风及防渗漏等问题，同时采用适当的手段实现节能。

本条的评价方法为审核规划设计方案中地下空间的规模和功能的合理性。

5.1.12 城市的废弃地包括不可建设用地（由于各种原因未能使用或尚不能使用的土地，如裸岩、石砾地、陡坡地、塌陷地、盐碱地、沙荒地、沼泽地、废窑坑等）、仓库与工厂弃置地等。这些用地对城市而言，应是节地的首选措施，理由是既可变废为利改善城市环境，又基本无拆迁与安置问题，征地比较容易。为此，首先考虑这类场地的合理再利用是节地的重要措施，但必须对原有场地进行检测或处理，如对坡度很大的场地应做分台、加固等处理；对仓库与工厂的弃置地，则须对土壤是否含有有毒物质进行检测和相关处理后方可使用。

本条的评价方法为审核环评报告及规划设计应对措施的合理性。

5.1.13 充分利用尚可使用的旧建筑，既是节地、节材的重要措施之一，也是防止大拆乱建的控制条件。"尚可使用的旧建筑"系指建筑质量能保证使用安全的旧建筑；"纳入规划项目"，系指对旧建筑的利用，可根据规划要求保留或改变其原有使用性质，并纳入规划建设项目。

本条的评价方法为审核原旧建筑的评价分析报告。

5.1.14 为减少城市及住区气温逐渐升高和气候干燥状况，降低热岛效应，调节微气候；增加场地雨水与地下水涵养，改善生态环境及强化天然降水的地下渗透能力，补充地下水量，减少因地下水位下降造成的地面下陷；减轻排水系统负荷，以及减少雨水的尖峰

径流量，改善排水状况，本条提出了透水面积的相关规定。

本条对透水地面的界定是：自然裸露地、公共绿地、绿化地面和面积大于等于40%的镂空铺地（如植草砖）；透水地面面积比指透水地面面积占室外地面总面积的比例。

本条的评价方法为审核场址设计方案中透水地面设计及现场核实。

5.2 节能与能源利用

5.2.1 在公共建筑（特别是大型商场、高档旅馆酒店、高档办公楼等）的全年能耗中，大约50%～60%消耗于空调制冷与采暖系统，20%～30%用于照明。而在空调采暖这部分能耗中，大约20%～50%由外围护结构传热所消耗（夏热冬暖地区约20%，夏热冬冷地区约35%，寒冷地区约40%，严寒地区约50%），因此本标准对绿色建筑围护结构提出了节能要求。

为了鼓励建筑师的创造，本标准中围护结构的热工性能评判不对单个部件（如体形系数、外墙传热系数、窗墙比、幕墙遮阳系数、遮阳方式等）进行强制性规定，仅考虑其整体热工性能，即采用《公共建筑节能设计标准》GB 50189中的围护结构热工性能权衡判断法进行评判。当所设计的建筑不能同时满足公共建筑节能设计围护结构热工性能的所有规定性指标时，可通过调整设计参数并计算能耗，最终实现所设计建筑全年的空气调节和采暖能耗不大于参照建筑的能耗的目的。其中参考建筑的体形系数应与实际建筑完全相同，而热工性能要求（包括围护结构热工要求、各朝向窗墙比设定等）、各类热扰（通风换气次数、室内发热量等）和作息设定按照国家《公共建筑节能设计标准》GB 50189中第4.3节的要求进行设定，且参考建筑与所设计建筑的空气调节和采暖能耗应采用同一个动态计算软件计算。

如果地方公共建筑节能标准的相关条款要求高于GB 50189中的节能要求，则应以地方标准对建筑物围护结构热工性能进行评判。

本条评价方法为审核有关设计文档和现场核实。

5.2.2 本条来源于《公共建筑节能设计标准》GB 50189-2005第5.4.3条对锅炉额定热效率的规定以及第5.4.5、5.4.8及5.4.9条对冷热源机组能效比的规定。该标准在制定时参照了强制性国家能效标准《冷水机组能效限定值及能源效率等级》GB 19577和《单元式空气调节机能效限定值及能源效率等级》GB 19576，并综合考虑了国家的节能政策及我国产品的发展水平，从科学合理的角度出发，制定冷热源机组的能效标准。

本条的评价方法为审核有关设计文档。

5.2.3 合理利用能源、提高能源利用率、节约能源

是我国的基本国策。高品位的电能直接用于转换为低品位的热能进行采暖或空调，热效率低，运行费用高，对绿色建筑而言应严格限制这种"高质低用"的能源转换利用方式。考虑到一些采用太阳能供热的建筑，夜间利用低谷电进行蓄热补充，且蓄热式电锅炉不在日间用电高峰和平段时间启用，这种做法有利于减小昼夜峰谷，平衡能源利用，因此是一种宏观节能。此情况作为特例，不在本条的限制范围内。

本条的评价需审核有关设计文档并现场核实。

5.2.4 参照《建筑照明设计标准》GB 50034的第6.1.2～6.1.4条规定，本条采用房间或场所一般照明的照明功率密度（LPD）作为照明节能的评价指标。设计者应选用发光效率高、显色性好、使用寿命长、色温适宜并符合环保要求的光源。在满足眩光限制和配光要求条件下，应采用效率高的灯具，灯具效率满足《建筑照明设计标准》GB 50034表3.3.2的规定。此外应尽可能采用分区域分时段控制等节能手段。

本条的评价方法为审核建筑照明相关的设计文档。

5.2.5 公共建筑的能源消耗情况较复杂，以空调系统为例，其组成包括冷冻机、冷冻水泵、冷却水泵、冷却塔、空调箱、风机盘管等多个环节。目前各类公共建筑基本上都是一块总电表，不利于建筑各类系统设备的能耗分布，难以发现能耗不合理之处。

对新建的公共建筑，要求在系统设计时必须考虑，使建筑内各耗能环节如冷热源、输配系统、照明、办公设备和热水能耗等都能实现独立分项计量，有助于分析公共建筑各项能耗水平和能源结构是否合理，发现问题并提出改进措施，从而有效地实施建筑节能。

本条的评价方法为审核有关设计文档并现场核实。

5.2.6 建筑总平面设计的原则是冬季能获得足够的日照并避开主导风向，夏季则能利用自然通风并防止太阳辐射与暴风雨的袭击。虽然建筑总平面设计应考虑多方面的因素，会受到社会历史文化、地形、城市规划、道路、环境等条件的制约，但在设计之初仍需权衡各因素之间的相互关系，通过多方面分析、优化建筑的规划设计，尽可能提高建筑物在夏天的自然通风和冬季的采光效果。

本条的评价方法为审核有关设计文档。

5.2.7 房间有良好、合理的自然通风，一是可以显著地降低夏季房间自然室温，改善室内热环境，提高热舒适；二是可充分利用过渡季节较低的室外空气，减少房间空调设备的运行时间，节约能源。

无论在北方地区还是在南方地区，在春、秋季和冬、夏季的某些时段普遍有开窗加强房间通风的习惯，而外窗的可开启面积过小会严重影响建筑室内的

自然通风效果。本条规定是为了使室内人员在较好的室外气象条件下，可通过开启外窗通风来获得热舒适性和良好的室内空气品质。

在我国南方地区，通过实测调查与计算机模拟：当室外干球温度不高于28℃，相对湿度80%以下，室外风速在1.5m/s左右时，如果外窗的可开启面积不小于所在房间地面面积的8%，室内大部分区域基本能达到热舒适性水平；而当室内通风不畅或关闭外窗，室内干球温度26℃，相对湿度80%左右时，室内人员仍然感到有些闷热。人们曾对夏热冬暖地区典型城市的气象数据进行分析，从5月到10月，室外平均温度不高于28℃的天数占每月总天数的，有的地区高达60%~70%，最热月也能达到10%左右，对应时间段的室外风速大多能达到1.5m/s左右。因此，做好自然通风气流组织设计，保证一定的外窗可开启面积，可以减少房间空调设备的运行时间，节约能源，提高舒适性。

同样，对建筑的幕墙部分提出应有可开启部分或设有通风换气设备也是为了提高幕墙建筑物室内的舒适性。

本条的评价方法为审核有关设计文档。

5.2.8 为了保证建筑的节能，抵御夏季和冬季室外空气过多地向室内渗漏，对外窗的气密性能有较高的要求。

本标准规定绿色建筑外窗的气密性不低于现行国家标准《建筑外窗气密性分级及其检测方法》GB/T 7107规定的4级要求，即在10Pa压差下，每小时每米缝隙的空气渗透量在0.5~1.5m³之间和每小时每平方米面积的空气渗透量在1.5~4.5m³之间。

本条评价方法为依据设计文档审核外窗产品的检测检验报告。

5.2.9 蓄冷蓄热技术虽然从能源转换和利用本身来讲并不节约，但是其对于昼夜电力峰谷差异的调节具有积极的作用，满足城市能源结构调整和环境保护的要求，具有一定的政策性鼓励。为此，宜根据当地能源政策、峰谷电价、能源紧缺状况和设备系统特点等比较选择。

本条的评价方法为审核有关设计文档，并对系统实际运行情况进行调查。

5.2.10 对空调区域排风中的能量加以回收利用可以取得很好的节能效益和环境效益。因此，设计时可优先考虑回收排风中的能量，尤其是当新风与排风采用专门独立的管道输送时，有利于设置集中的热回收装置。

本条的评价方法为审核有关设计文档，并对系统实际运行情况进行调查。

5.2.11 空调系统设计时不仅要考虑到设计工况，而且应考虑全年运行模式。在过渡季，空调系统采用全

新风或增大新风比运行，都可以有效地改善空调区内空气的品质，大量节省空气处理所需消耗的能量，应该大力推广应用。但要实现全新风运行，设计时必须认真考虑新风取风口和新风管所需的截面积，妥善安排好排风出路，并应确保室内合理的正压值。

本条的评价方法为审核有关设计文档和使用说明。

5.2.12 大多数公共建筑的空调系统都是按照最不利情况（满负荷）进行系统设计和设备选型的，而建筑在绝大部分时间内是处于部分负荷状况的，或者同一时间仅有一部分空间处于使用状态。面对这种部分负荷、部分空间使用条件的情况，如何采取有效的措施以节约能源，就显得至关重要。系统设计应能保证在建筑物处于部分冷热负荷时和仅部分建筑使用时，能根据实际需要提供恰当的能源供给，同时不降低能源转换效率。要实现这一目的，就必须以节约能源为出发点，区分房间的朝向，细化空调区域，分别进行空调系统的设计。同时，冷热源、输配系统在部分负荷下的调控措施也是十分必要的。

本条的评价方法为审核有关设计文档，并对系统实际运行情况进行调查。

5.2.13 根据《公共建筑节能设计标准》GB 50189-2005第5.3.26、5.3.27条的规定，审核有关设计文档进行本条的评价。

5.2.14 生活用能系统的能耗在整个建筑总能耗中占有不容忽视的比例。自备锅炉房来满足建筑蒸汽或生活热水，如天然气热水锅炉等，不仅对环境造成了较大污染，而且从能源转换和利用的角度而言也不符合"高质高用"的原则，不宜采用。鼓励采用市政热网、热泵、空调余热、其他废热等节能方式供应生活热水，在没有余热或废热可用时，对于蒸汽洗衣、消毒、炊事等应采用其他替代方法（例如紫外线消毒等）。此外，如果设计方案中很好地实现了回收排水中的热量，以及利用如空调凝结水或其他余热废热作为预热，可降低能源的消耗，同样也能够提高生活热水系统的用能效率。

本条的评价方法为审核有关设计文档，并对系统实际运行情况进行调查。

5.2.15 公共建筑各部分能耗的独立分项计量对于了解和掌握各项能耗水平和能耗结构是否合理，及时发现存在的问题并提出改进措施等具有积极的意义。但对于改建和扩建的公共建筑，有可能受到建筑原有状况和实际条件的限制，增加了分项计量实施的难度。因此本条对于改建和扩建的公共建筑作为一般项，目的是为了鼓励在建筑改建和扩建时尽量考虑能耗分项计量的实施，如对原有线路进行改造等。

本条的评价方法为审核有关设计文档。

5.2.16 设计建筑总能耗是指包括建筑围护结构以及采暖、通风、空调和照明用能源的总消耗。

大量的调查与实测结果表明，通过建筑外窗的能耗损失是建筑能源消耗的主要途径。对于我国北方地区，外窗的传热系数与气密性对建筑采暖能耗影响很大，而在南方地区，外窗的综合遮阳系数则对建筑空调能耗具有明显的影响。

本条通过对设计建筑总能耗的限制，旨在鼓励采用新型建筑构件和其他节能技术，并改善建筑用能系统效率，提高节能效果。

本条的评价方法为审核有关设计文档。

5.2.17 分布式热电冷联供系统为建筑或区域提供电力、供冷、供热（包括供热水）三种需求，实现能源的梯级利用，能源利用效率可达到80%以上，大大减少固体废弃物、温室气体、氮氧化物、硫氧化物和粉尘的排放，还可应对突发事件，确保安全供电，在国际上已经得到广泛应用。我国已有少量项目应用了分布式热电冷联供技术，取得较好的社会和经济效益。

发展分布式热电冷联供技术可降低电网夏季高峰负荷，填补夏季燃气的低谷，平衡能源利用，实现资源的优化配置，是科学合理地利用能源的双赢措施。在应用分布式热电冷联供技术时，必须进行科学论证，从负荷预测、系统配置、运行模式、经济和环保效益等多方面对方案做可行性分析。

本条的评价方法为审核有关设计文档。

5.2.18 绿色建筑的特征之一是合理使用可再生能源与新能源技术。中华人民共和国《可再生能源法》第二条："本法所称可再生能源，是指风能、太阳能、水能、生物质能、地热能、海洋能等非化石能源"。第十七条："国家鼓励单位和个人安装太阳能热水系统、太阳能供热采暖和制冷系统、太阳能光伏发电系统等太阳能利用系统。"中华人民共和国建设部令第143号《民用建筑节能管理规定》第八条，国家鼓励发展下列节能技术和产品：（五）太阳能、地热等可再生能源应用技术及设备。所以在绿色建筑的设计过程中应对可再生能源的利用加以考虑。

中国有较丰富的太阳能资源，年太阳辐照时数超过2200小时的太阳能利用条件较好的地区占国土的2/3，故开发太阳能利用是实现中国可持续发展战略的有效措施之一。我国从20世纪80年代起，对城镇多层住宅应用被动太阳能进行采暖及降温技术已有研究。证明了从合理建筑及热工设计着手，在增加有限的建设投资下，利用被动太阳能是有可能达到改善室内冬夏热环境舒适条件的。

太阳热水器经过近20年的研究和开发，其技术已趋成熟，是目前我国新能源和可再生能源行业中最具发展潜力的产品之一。近几年来，太阳热水器市场年增长率达到20%～30%。随着城乡居民生活水平的提高，对生活热水需求量将大大增加。太阳热水器使用范围也将逐步由提供生活用热水向商业用和工农业生产用热水方向发展。太阳能热利用与建筑一体化技术的发展使得太阳能热水供应、空调、采暖工程成本逐渐降低，也将是太阳热水器潜在的巨大市场。

太阳光电转换技术中太阳电池的生产和光伏发电系统的应用水平不断提高。在我国已能商品化生产的单晶硅、非晶硅太阳电池的效率分别为12%～13%和4%～6%，多晶硅太阳电池也有少量的中试生产，效率为10%～12%。1998年我国太阳电池的生产能力为4.5兆瓦，实际生产为2.1兆瓦。国家发改委颁布了《可再生能源上网管理规定》等多项政策，鼓励太阳能发电。

地热的利用方式目前主要有两种：一是采用地源热泵系统加以利用，一种是以地道风的形式加以利用。地源热泵系统的工作原理主要是通过工作介质流过埋设在土壤或地下水、地表水（含污水、海水等）中的、一种传热效果较好的管材来吸取土壤或水中的热量（制热时）及排出热量（制冷时）到土壤中或水中。与空气源热泵相比，它的优点是出力稳定，效率高，当然也没有除霜问题，可大大降低运行费用。如果在该建筑附近有一定面积的土壤可以埋设专门的塑料管道（水平开槽埋设或垂直钻孔埋设），可采用地热源热泵机组。

为了防止可再生能源利用出现"表面文章"的现象，比如象征性地摆设一两盏太阳能灯，装设一两块太阳能光伏玻璃等用以炒作，却不重视建筑方案的节能与高效产品的选用。为此，若采用太阳能热水技术时，由太阳能直接供应的热水量应达到建筑全年总热水供应量的10%以上；若采用太阳能或风力发电技术，发电量应达到建筑全年总用电量的2%以上；而对地源热泵系统的使用则不加以定量控制。

本条的评价方法为审核设计文档、产品型式检验报告和现场调查。

5.2.19 《建筑照明设计标准》GB 50034规定的照明功率密度目标值标准较高，故本条作为优选项。除了在保证照明质量的前提下尽量减小照明功率密度（LPD）外，建议采用自动控制照明方式，如：随室外天然光的变化自动调节人工照明照度；办公室采用人体感应或动静感应等方式自动开关灯；旅馆的门厅、电梯大堂和客房层走廊等场所，采用夜间定时降低照度的自动调光装置；中大型建筑，按具体条件采用集中或集散的、多功能或单一功能的照明自动控制系统。

本条的评价方法为审核有关设计文档并现场核实。

5.3 节水与水资源利用

5.3.1 对公共建筑除涉及到室内水资源利用、给水排水系统外，还涉及到室外雨、污水的排放、非传统水源利用以及绿化、景观用水等与城市宏观水环境直接相关的问题。绿色建筑的水资源利用设计应结合区域的给水排水、水资源、气候特点等客观环境状况对水环境进行系统规划，制定水系统规划方案，合理提高水资源循环利用率，减少市政供水量和污水排放量。

水系统规划方案包括用水定额的确定、用水量估算及水量平衡、给水排水系统设计、节水器具与非传统水源利用等内容。对于不同水资源状况、气候特征的地区和不同的建筑类型，水系统规划方案涉及的内容会有所不同，如不缺水地区，不一定考虑污水再生利用的内容；餐饮类公共建筑用水较单一，约90%以上的水耗用在厨房，冲厕用水很少，因此这类建筑可不考虑再生水利用。因此，水系统规划方案的具体内容要因地制宜。

公共建筑用水定额应参照国标用水定额和其他相关的用水标准规定的用水定额，并结合当地经济状况、气候条件、用水习惯、建筑类型和区域水专项规划等，根据实际情况科学、合理地确定，一般而言北方地区用水定额要比南方地区低。

雨水、再生水等利用是重要的节水措施，但宜具体情况具体分析：多雨地区应加强雨水利用，沿海缺水地区加强海水利用，内陆缺水地区加强再生水利用，而淡水资源丰富地区不宜强制实施污水再生利用，但所有地区均应考虑采用节水器具。

本条的评价方法为审核建筑水（环境）系统规划方案或报告。

5.3.2 公共建筑给水排水系统的规划设计要符合《建筑给水排水设计规范》GB 50015 等的规定。管材、管道附件及设备等供水设施的选取和运行不对供水造成二次污染，而且要优先采用节能的供水系统，如采用变频供水、叠压供水（利用市政余压）系统等；高层建筑生活给水系统分区合理，低区充分利用市政供水压力，高区采用减压分区时不多于一区，每区供水压力不大于 0.45MPa；要采取减压限流的节水措施，如生活给水系统入户管表前供水压力不大于 0.2 MPa；供水系统选用高效低耗的设备如变频供水设备、高效水泵等。

应设有完善的污水收集和污水排放等设施，靠近或在市政排水管网的公共建筑，其生活污水可排入市政污水管网与城市污水集中处理；远离或不能接入市政排水系统的污水，应进行单独处理（分散处理），还要设有完善的污水处理设施。处理后排放附近受纳水体，其水质应达到国家相关排放标准，缺水地区还应考虑回用。污水处理率应达到100%，达标排放率必须达到100%。

要根据地形、地貌等特点合理规划雨水排放渠道、渗透途径或收集回用途径，保证排水渠道畅通，实行雨污分流，减少雨水受污染的几率以及尽可能地合理利用雨水资源。无论雨、污水如何收集、处理、

排放，其收集、处理及排放系统都不应对周围人与环境产生负面影响。

本条的评价方法为查阅设计文档，并针对供水、排水水质查阅监测报告或运行数据报告。

5.3.3 在规划设计阶段，选用管材、管道附件及设备等供水设施时要考虑在运行中不会对供水造成二次污染，鼓励选用高效低耗的设备如变频供水设备、高效水泵等。采取管道涂衬、管内衬软管、管内套管道等以及选用性能高的阀门、零泄漏阀门等措施避免管道渗漏。采用水平衡测试法检测建筑/建筑群管道漏损量，其漏损率应小于自身高日用水量的2%。

本条的评价方法为查阅图纸、设计说明书等并现场核实。

5.3.4 应选用《当前国家鼓励发展的节水设备》（产品）目录中公布的设备、器材和器具，根据用水场合的不同，合理选用节水水龙头、节水便器、节水淋浴装置等，所有器具应满足《节水型生活用水器具》CJ 164 及《节水型产品技术条件与管理通则》GB/T 18870 的要求。

对办公、商场类公共建筑可选用以下节水器具：

（1）可选用光电感应式等延时自动关闭水龙头、停水自动关闭水龙头；

（2）可选用感应式或脚踏式高效节水型小便器和两档式坐便器，缺水地区可选用免冲洗水小便器；

（3）极度缺水地区可选用真空节水技术。

对宾馆类公共建筑可选用以下节水器具：

（1）客房可选用陶瓷阀芯、停水自动关闭水龙头；两档式节水型坐便器；水温调节器、节水型淋浴头等节水淋浴装置；

（2）公用洗手间可选用延时自动关闭、停水自动关闭水龙头；感应式或脚踏式高效节水型小便器和蹲便器，缺水地区可选用免冲洗水小便器；

（3）厨房可选用加气式节水水龙头、节水型洗碗机等节水器具；

（4）洗衣房可选用高效节水洗衣机。

本条的评价方法为查阅设计文档、产品说明及现场核实。

5.3.5 雨水、再生水等非传统水源在储存、输配等过程中要有足够的消毒杀菌能力，且水质不会被污染，以保障水质安全；供水系统应设有备用水源、溢流装置及相关切换设施等，以保障水量安全。雨水、再生水在整个处理、储存、输配等环节中要采取安全防护和监（检）测控制措施，要符合《污水再生利用工程设计规范》GB 50335 及《建筑中水设计规范》GB 50336 的相关规定和要求，以保证雨水、再生水在处理、储存、输配和使用过程中的卫生安全，不对人体健康和周围环境产生影响。对采用海水的，海水由于盐分含量较高，还要考虑到对管材和设备的防腐问题，以及后排放问题。公共建筑建设有景观水体

的，采用雨水、再生水，在水景规划及设计时要考虑到水质的保障问题，将水景设计和水质安全保障措施结合起来考虑。

本条的评价方法为查阅图纸、设计说明书及现场核实。

5.3.6 在规划设计阶段要结合场地的地形特点规划设计好雨水径流途径，包括地面雨水以及建筑屋面雨水，减少雨水受污染机率。公共活动场地、人行道、露天停车场的铺地材质，采用多孔材质，以利于雨水入渗；将雨水排放的非渗透管改为渗透管或穿孔管，兼具渗透和排放两种功能；另外，还可采用景观贮留渗透水池、屋顶花园及中庭花园、渗井、绿地等增加渗透量。

雨水处理方案及技术应根据当地实际情况，因地制宜地经多方案比较后确定。在南方多雨且缺水地区，应结合当地气候条件和建筑的地形、地貌等特点，建立完善的雨水收集、积蓄、处理、利用等配套设施，对屋顶雨水和其他非渗透地表径流雨水进行收集、利用。雨水收集利用系统应设置雨水初期弃流装置和雨水调节池，收集利用系统可与建筑群水景设计相结合。可优先选用暗渠收集雨水，处理后的雨水水质应达到相应用途的水质标准，宜用于绿化、景观、空调等用水。

本条的评价方法为查阅设计图纸及现场核实。

5.3.7 绿化用水采用雨水、再生水等非传统水源是节约市政供水很重要的一方面，不缺水地区宜优先考虑采用雨水进行绿化灌溉；缺水地区应优先考虑采用雨水或再生水进行灌溉。景观环境用水应结合水环境规划、周边环境、地形地貌及气候特点，提出合理的建筑水景规划方案，水景用水优先考虑采用雨水、再生水。其他非饮用水如洗车用水、消防用水、浇洒道路用水等均可合理采用雨水等非传统水源。采用雨水、再生水等作为绿化、景观用水时，水质应达到相应标准要求，且不应对公共卫生造成威胁。

本条的评价方法为查阅设计说明，并现场核实。

5.3.8 绿化灌溉鼓励采用喷灌、微灌、渗灌、低压管灌等节水灌溉方式；鼓励采用湿度传感器或根据气候变化的调节控制器；为增加雨水渗透量和减少灌溉量，对绿地来说，鼓励选用兼具渗透和排放两种功能的渗透性排水管。

目前普遍采用的绿化灌溉方式是喷灌，即利用专门的设备（动力机、水泵、管道等）把水加压，或利用水的自然落差将有压水送到灌溉地段，通过喷洒器（喷头）喷射到空中散成细小的水滴，均匀地散布，比地面漫灌要省水 30%～50%。喷灌时要在风力小时进行。当采用再生水灌溉时，因水中微生物在空气中易传播，应避免采用喷灌方式。

微灌包括滴灌、微喷灌、涌流灌和地下渗灌，它是通过低压管道和滴头或其他灌水器，以持续、均匀

和受控的方式向植物根系输送所需水分，比地面漫灌省水 50%～70%，比喷灌省水 15%～20%。微灌的灌水器孔径很小，易堵塞。微灌的用水一般都应进行净化处理，先经过沉淀除去大颗粒泥沙，再进行过滤，除去细小颗粒的杂质等，特殊情况还需进行化学处理。

本条的评价方法为现场核实。

5.3.9 本着"开源节流"的原则，缺水地区在规划设计阶段还应考虑将污水再生后合理利用，用作室内冲厕用水以及室外绿化、景观、道路浇洒、洗车等用水。再生水包括市政再生水（以城市污水处理厂出水或城市污水为水源）、建筑再生水（以生活排水、杂排水、优质杂排水为水源），其选择应结合城市规划、建筑区域环境、城市中水设施建设管理办法、水量平衡等从经济、技术、水源水质或水量稳定性等各方面综合考虑而定。

建筑周围有集中再生水厂的，首先应采用本地区市政再生水或上游地区市政再生水，没有集中再生水厂的，要根据本建筑所在地的中水设施建设管理办法或其他相关规定等，确定是否建设建筑再生水处理设施，并依次考虑建筑优质杂排水、杂排水、生活排水等的再生利用。总之，再生水水源的选择及再生水利用应从区域统筹和城市规划的层面上整体考虑。

再生处理工艺应根据处理规模、水质特性、利用或回用用途及当地的实际情况和要求，经全面技术经济比较后优选确定。在保证满足再生利用要求、运行稳定可靠的前提下，要使基建投资和运行成本的综合费用最为经济节省，运行管理简单，控制调节方便，同时要求具有良好的安全、卫生条件。所有的再生处理工艺都应有消毒处理这个环节，以确保出水水质的安全。

本条的评价方法为查阅规划设计图纸、设计说明书等。

5.3.10 按照使用用途和水平衡测试标准要求设置水表，对厨卫用水、绿化景观用水等分别统计用水量，以便于统计每种用途的用水量和漏水量。

本条的评价方法为审核设计图纸并现场核实。

5.3.11、5.3.12 办公、商场这类公共建筑耗水特点是较单一，大部分用水用于冲厕，其余的用于盥洗。根据高质高用、低质低用的用水原则，对这类建筑较适宜采用分质供水，将再生水、雨水等用于冲厕。根据《建筑中水设计规范》GB 50336 等标准、规范，冲厕用水占办公建筑用水量的 60% 以上，考虑这部分建筑可利用的循环水量较少，若冲厕、清洗中三分之一采用雨水或再生水替代，则雨水或再生水利用率可在 20% 以上。

宾馆一般都采用集中空调，其冷却水可采用再生水、雨水，沿海地区还可考虑采用海水。因此这类公共建筑宜结合区域水资源情况及利用情况，在缺水地

区可将再生水等非传统水源用在冲厕和空调冷却。根据《建筑中水设计规范》GB 50336 等标准、规范，这类建筑冲厕用水至少占总用水量的 10% 以上，若再考虑空调冷却水也采用非传统水源，则非传统水源利用率不低于 15%。

非传统水源利用率可通过下列公式计算：

$$R_u = \frac{W_u}{W_t} \times 100\%$$

$$W_u = W_R + W_r + W_s + W_o$$

式中 R_u——非传统水源利用率，%；

W_u——非传统水源设计使用量（规划设计阶段）或实际使用量（运行阶段），m³/a；

W_t——设计用水总量（规划设计阶段）或实际用水总量（运行阶段），m³/a；

W_R——再生水设计利用量（规划设计阶段）或实际利用量（运行阶段），m³/a；

W_r——雨水设计利用量（规划设计阶段）或实际利用量（运行阶段），m³/a；

W_s——海水设计利用量（规划设计阶段）或实际利用量（运行阶段），m³/a；

W_o——其他非传统水源利用量（规划设计阶段）或实际利用量（运行阶段），m³/a。

本条的评价方法为查阅设计说明书以及运行数据报告（用水量记录报告）等。

5.4 节材与材料资源利用

5.4.1 由于过度装修以及劣质材料有可能造成室内污染，本条从控制室内污染源角度出发，提出在装修阶段应选用有害物质含量达标的装饰装修材料，防止由于选材不当造成室内空气污染。

装饰装修材料主要包括石材、人造板及其制品、建筑涂料、溶剂型木器涂料、胶粘剂、木制家具、壁纸、聚氯乙烯卷材地板、地毯、地毯衬垫及地毯胶粘剂等。装饰装修材料中的有害物质是指甲醛、挥发性有机物（VOC）、苯、甲苯和二甲苯以及游离甲苯二异氰酸酯及放射性核素等。国家颁布了九项建筑材料有害物质限量的标准（GB 18580～GB 18588）和建筑材料放射性核素限量标准（GB 6566）。绿色建筑选用的建筑材料中的有害物质含量必须符合下列国家标准。

《室内装饰装修材料人造板及其制品中甲醛释放限量》GB 18580

《室内装饰装修材料溶剂型木器涂料中有害物质限量》GB 18581

《室内装饰装修材料内墙涂料中有害物质限量》GB 18582

《室内装饰装修材料胶粘剂中有害物质限量》GB 18583

《室内装饰装修材料木家具中有害物质限量》

GB 18584

《室内装饰装修材料壁纸中有害物质限量》GB 18585

《室内装饰装修材料聚氯乙烯卷材地板中有害物质限量》GB 18586

《室内装饰装修材料地毯、地毯衬垫及地毯用胶粘剂中有害物质释放限量》GB 18587

《混凝土外加剂中释放氨限量》GB 18588

《建筑材料放射性核素限量》GB 6566

本条的评价方法为查阅由具有资质的第三方检验机构出具的产品检验报告。

5.4.2 建筑是艺术和技术的综合体，但为了片面追求美观而以巨大的资源消耗为代价，不符合绿色建筑的基本理念。因此要在设计中控制造型要素中没有功能作用的装饰构件的大量应用。没有功能作用的装饰构件主要指：（1）不具备遮阳、导光、导风、载物、辅助绿化等作用的飘板、格栅和构架等，且作为构成要素在建筑中大量使用。（2）单纯为追求标志性效果在屋顶等处设立的大型塔、球、曲面等异形构件。（3）女儿墙高度超过规范要求 2 倍以上。

本条的评价方法为查阅设计图纸及现场核实。

5.4.3 本条鼓励使用当地生产的建筑材料，提高就地取材制成的建筑产品所占的比例。建材本地化是减少运输过程的资源、能源消耗，降低环境污染的重要手段之一。根据工程所用建筑材料中 500km 范围内生产的建筑材料的重量以及建筑材料总重量，要求两者比值不小于 60%。

本条的评价方法为查阅工程决算材料清单（包含材料生产厂家的名称、地址）。

5.4.4 绿色建筑提倡和推广使用预拌混凝土，其应用技术目前已较为成熟。国家有关部门发布了一系列关于限期禁止在城市城区现场搅拌混凝土的政策并明确规定"北京等 124 个城市城区从 2003 年 12 月 31 日起禁止现场搅拌混凝土，其他省（自治区）辖市从 2005 年 12 月 31 日起禁止现场搅拌混凝土"。与现场搅拌混凝土相比，预拌混凝土能够保证混凝土质量，强度保证率可以达到 95% 以上；能够减少施工现场噪声和粉尘污染；能够减少材料损耗和节约水泥的包装纸袋对森林资源的消耗，保护生态环境。

本条的评价方法为查阅施工单位提供的混凝土工程总用量清单及混凝土搅拌站提供的预拌混凝土供货单中预拌混凝土使用量。

5.4.5 本条鼓励在绿色建筑中合理采用耐久性和节材效果好的建筑结构材料。高性能混凝土、高强度钢等结构材料的上述功能显著优于同类建筑材料。对于建筑工程而言，使用耐久性好的材料是最大的节约措施。高强度钢和高性能混凝土本身具有显著的节材效果。如果将钢筋混凝土的主导受力钢筋强度提高到 $400～500N/mm^2$，则可以在目前用钢量的水平上节约 10%左右，混凝土若能以 C30～C40 强度等级，部分建筑达到 C80，则可以在目前混凝土消耗量的水平上节约 30%左右。同时使用高性能混凝土、高强度钢还可以解决建筑结构中肥梁胖柱问题，增加建筑使用面积。在钢筋混凝土主体结构中使用强度在 400N/mm² 以上的钢筋和强度满足设计要求的高性能混凝土就满足本条文要求。

本条的评价方法为查阅材料决算清单、施工记录以及混凝土检验报告（含耐久性指标）。

5.4.6 本条鼓励施工过程最大限度利用建设用地内拆除或其他渠道收集得到的旧建筑材料，以及建筑施工和场地清理时产生的废弃物等资源，延长其使用周期。达到节约原材料、减少废物的产生，并降低由于更新所需材料的生产及运输对环境的影响的目的。

对于施工所产生的垃圾、废弃物，应现场进行分类处理，这是回收利用废弃物的关键和前提。可直接再利用的材料在建筑中重新利用，不可直接再利用的材料通过再生利用企业进行回收、加工，最大限度地避免废弃物污染、随意遗弃。

本条的评价方法为查阅建筑施工废弃物管理规划和施工现场废弃物回收利用记录。

5.4.7 建筑中可再循环材料包含两部分内容，一是用于建筑的材料本身就是可再循环材料；二是建筑拆除时能够被再循环的材料。如金属材料（钢材、铜）、玻璃、铝合金型材、石膏制品、木材等，而不可降解的建筑材料如聚氯乙烯（PVC）等材料不属于可循环材料范围。充分使用可再循环材料可以减少生产加工新材料带来的对资源、能源消耗和对环境的污染，对于建筑的可持续发展具有非常重要的意义。

本条的评价方法为查阅工程决算材料清单中有关材料的使用量。

5.4.8 土建和装修一体化设计施工，首先要求建筑师进行土建和装修的一体化设计，土建和装修一体化设计、施工，可以完整地体现设计师的设计意图，加强建筑物内涵和表现的协调统一，加强建筑物的完整性。同时，由于土建和装修一体化设计、施工，可以事先统一进行建筑构件上的孔洞预留和装修面层固定件的预埋，避免了在装修施工阶段对已有建筑构件的打凿、穿孔，既保证了结构的安全性，又减少了建筑垃圾；可以保证建筑师在建筑设计阶段，尽可能依据最终装修面层材料的尺寸调整建筑物的尺度，最大限度的保证装修面层材料使用整料，减少边角部分的材料浪费，节约材料，减少装修施工中的噪声污染，节省装修施工时间和能量消耗，并降低装修施工的劳动强度。

土建与装修工程一体化设计施工需要业主、设计方以及施工方的通力合作。

本条的评价方法为查阅施工监理方出具的土建与装修一体化证明材料，必要时应该核查施工图以及施工的实际工作量清单。

5.4.9 对于办公、商场类建筑，使用者经常发生变动，室内办公设备、商品布置等相应也会发生改变，这会对建筑室内空间格局提出新的要求。为避免空间布局改变带来的多次装修和废弃物产生，此类建筑应在保证室内工作、商业环境不受影响的前提下，较多采用灵活的隔断，以减少空间重新布置时重复装修对建筑构件的破坏，节约材料。

本条的评价方法为现场核实。

5.4.10 废弃物主要包括建筑废弃物、工业废弃物和生活废弃物，可作为原材料用于生产绿色建材产品。在满足使用性能的前提下，鼓励使用利用建筑废弃物再生骨料制作的混凝土砌块、水泥制品和配制再生混凝土；提倡使用利用工业废弃物、农作物秸秆、建筑垃圾、淤泥为原料制作的水泥、混凝土、墙体材料、保温材料等建筑材料；提倡使用生活废弃物经处理后制成的建筑材料。

为保证废弃物使用达到一定的数量要求，本条规定：使用以废弃物生产的建筑材料的重量占同类建筑材料的总重量比例不低于 30%。例如：建筑中使用石膏砌块作内隔墙材料，其中以工业副产石膏（脱硫石膏、磷石膏等）制作的工业副产石膏砌块的使用重量占到建筑中使用石膏砌块总重量的 30%以上，则该项款条满足要求。

本条的评价方法为查阅工程决算材料清单中有关材料的使用数量。

5.4.11 不同类型与功能特点的建筑，采用不同的结构体系和材料，对资源、能源耗用量及其对环境的冲击存在显著差异。目前我国建筑结构体系主要有砖-混凝土预制板混合结构、现浇混凝土框架剪力墙结构和混凝土框架结构，近年来，轻钢结构也有一定发展。就全国范围而言，砖-混凝土预制板混合结构仍占主要地位，约占整个建筑结构体系的 70%左右，目前我国的钢结构建筑所占的比重还不到 5%。绿色建筑应从节约资源和环境保护的要求出发，在保证安全、耐久的前提下，尽量选择资源消耗和环境影响小的建筑结构体系，主要包括轻钢结构体系、砌体结构体系及木结构体系。

本条的评价方法为查阅设计文件。

5.4.12 绿色建筑应延长还具有使用价值的建筑材料的使用周期，重复使用材料，降低材料生产的资源、能源消耗和材料运输对环境造成的影响。可再利用材料包括从旧建筑拆除的材料以及从其他场所回收的旧建筑材料，包括砌块、砖石、管道、板材、木地板、木制品（门窗）、钢材、钢筋、部分装饰材料等。开发商需提供工程决算材料清单，计算使用可再利用材料的重量以及工程建筑材料的总重量，二者比值即为可再利用材料的使用率。

本条的评价方法为查阅工程决算材料清单中有关

材料的使用数量。

5.5 室内环境质量

5.5.1 室内热环境是指影响人体冷热感觉的环境因素。"热舒适"是指人体对热环境的主观热反应，是人们对周围热环境感到满意的一种主观感觉，它是多种因素综合作用的结果。舒适的室内环境有助于人的身心健康，进而提高学习、工作效率；而当人处于过冷、过热环境中，则会引起疾病，影响健康乃至危及生命。

一般而言，室内温度、室内湿度和气流速度对人体热舒适感产生的影响最为显著，也最容易被人体所感知和认识；而环境辐射对人体的冷热感产生的影响很容易被人们所忽视；除此之外，围护结构辐射也会对室内空气温度产生直接的影响，因此本标准只引用室内温度、室内湿度、气流速度三个参数评判室内环境的人体热舒适性。根据《公共建筑节能设计标准》中的设计计算要求，上述参数在冬夏季分别控制在相应区间内。

本条的评价方法为查阅建筑房间内温度、湿度、风速的检测报告。

5.5.2 由于围护结构中窗过梁、圈梁、钢筋混凝土抗震柱、钢筋混凝土剪力墙、梁、柱等部位的传热系数远大于主体部位的传热系数，形成热流密集通道，即为热桥。本条规定的目的主要是防止冬季采暖期间热桥内外表面温差小，内表面温度容易低于室内空气露点温度，造成围护结构热桥部位内表面产生结露；同时也避免夏季空调期间这些部位传热过大增加空调能耗。

内表面结露，会造成围护结构内表面材料受潮，在通风不畅的情况下易产生霉菌，影响室内人员的身体健康。因此，应采取合理的保温、隔热措施，减少围护结构热桥部位的传热损失，防止外墙和外窗等外围护结构内表面温度过低。

另外在室内使用辐射型空调末端时，需密切注意水温的控制，避免表面结露。

本条的评价方法为审核建筑节能设计和系统设计资料，并现场观察。

5.5.3 公共建筑所需要的最小新风量应根据室内空气的卫生要求、人员的活动和工作性质，以及在室内停留时间等因素确定。卫生要求的最小新风量，公共建筑主要是对二氧化碳的浓度要求（可吸入颗粒物的要求可通过过滤等措施达到）。此外，为确保引入室内的为室外新鲜空气，新风采气口的上风向不能有污染源；提倡新风直接入室，缩短新风风管的长度，减少途径污染。

公共建筑主要房间人员所需的最小新风量，应根据建筑类型和功能要求，参考国家标准《旅游旅馆建筑热工与空气调节节能设计标准》GB 50189、《公共场所

卫生标准》GB 9663～GB 9673、《饭馆（餐厅）卫生标准》GB 16153、《室内空气质量标准》GB/T 18883 等标准规范文件确定。

本条的评价方法为查阅设计说明及现场检测报告。

5.5.4 室内空气污染造成的健康问题近年来得到广泛关注。轻微的反应包括眼睛、鼻子及呼吸道刺激和头疼、头昏眼花及身体疲乏；严重的有可能导致呼吸器官疾病，甚至心脏疾病及癌症等。

为此，应根据《民用建筑工程室内环境污染控制规范》GB 50325 的规定，严格控制室内的污染物浓度，从而保证人们的身体健康。

本条的评价方法为审核检测报告。

5.5.5 室内背景噪声水平是影响室内环境质量的重要因素之一。尽管室内噪声通常与室内空气质量和热舒适度相比对人体的影响不那么显著，但其危害是多方面的，包括引起耳部不适、降低工作效率、损害心血管、引起神经系统紊乱，甚至影响视力等。

影响室内噪声的因素包括室内噪声源和室外环境影响。室内噪声主要来自室内电器，而室外环境对室内噪声的影响时间更长，影响程度更大，主要是交通噪声、建筑施工噪声、商业噪声、工业噪声、邻居噪声等。

《民用建筑隔声设计规范》GBJ 118 中对宾馆和办公类建筑室内允许噪声级提出了标准要求；《商场（店）、书店卫生标准》GB 9670 中规定商场内背景噪声级不超过 60dB（A），而出售音响的柜台背景噪声级不能超过 85dB（A）。

本条的评价方法为审核现场检测报告。

5.5.6 室内照明质量是影响室内环境质量的重要因素之一，良好的照明不但有利于提升人们的工作和学习效率，更有利于人们的身心健康，减少各种职业疾病。

良好、舒适的照明首先要求在参考平面上具有适当的照度水平，不但要满足视觉工作要求，而且要在整个建筑空间创造出舒适、健康的光环境气氛；强烈的眩光会使室内光线不和谐，使人感到不舒适，容易增加人体疲劳，严重时会觉得昏眩，甚至短暂失明眩光问题。室内照明质量的另一个重要因素是光源的显色性，人工光源对物体真实颜色的呈现程度称为光源的显色性，为了对光源的显色性进行定量的评价，引入显色指数的概念，以标准光源为准，将其显色指数定为 100，其余光源的显色指数均低于 100。人工光和天然光的光谱组成不同，因而显色效果也有差别。如果灯光的光色和空间色调不配合，就会造成很不相宜的环境气氛；而室内外光源的显色性相差过大也会引起人眼的不舒适、疲劳等，甚至会造成物体色判断失误等。

公共建筑的室内照度、统一眩光值、一般显色指

数要满足《建筑照明设计标准》GB 50034 中 5.2 节的有关规定。

本条的评价方法为审核现场检测报告。

5.5.7 自然通风是在风压或热压推动下的空气流动。自然通风是实现节能和改善室内空气品质的重要手段，提高室内热舒适的重要途径。因此，在建筑设计和构造设计中鼓励采取诱导气流、促进自然通风的主动措施，如导风墙、拔风井等等，以促进室内自然通风的效率。

本条的评价方法为审核设计图纸和通风模拟报告。

5.5.8 公共建筑空调末端是提供室内使用者舒适性的重要保证手段。本条款的目的是杜绝不良的空调末端设计，如未充分考虑除湿的情况下采用辐射吊顶末端、宾馆类建筑采用不可调节的全空气系统等。而个性化送风末端、干式风机盘管、地板采暖等末端，用户可通过手动或自动调节来满足要求，有助于提高使用舒适性。

本条的评价方法为审核设计图纸和现场核实。

5.5.9 为了从使用功能上提高宾馆类建筑的建设质量，在该类建筑中提供安静的室内环境，并避免不同房间之间的声音干扰以及保护人们室内活动的隐私性，要求建筑围护结构的隔声性能满足一定的要求是通常使用的办法。

宾馆类建筑的围护结构分类主要包括客房与客房间隔墙、客房与走廊间隔墙（包括门）、客房外墙（包含窗），以及客房层间楼板、客房与各种有振动的房间之间的楼板，本标准要求相关类型的围护结构的空气声隔声性能和撞击声隔声性能须分别满足《民用建筑隔声设计规范》GBJ 118-88 中 6.2.1 和 6.2.2 条的一级以上要求。

本条的评价方法为审核现场检测报告。

5.5.10 公共建筑要按照有关的卫生标准要求控制室内的噪声水平，保护劳动者的健康和安全，还应创造一个能够最大限度提高员工效率的工作环境，包括声环境。

这就要求在建筑设计、建造和设备系统设计、安装的过程中全程考虑建筑平面和空间功能的合理安排，并在设备系统设计、安装时就考虑其引起的噪声与振动控制手段和措施，从建筑设计上将对噪声敏感的房间远离噪声源、从噪声源开始实施控制，往往是最有效和经济的方法。

本条的评价方法为审核设计图纸和现场考核。

5.5.11 天然光环境是人们长期习惯和喜爱的工作环境。各种光源的视觉试验结果表明，在同样照度的条件下，天然光的辨认能力优于人工光，从而有利于人们工作、生活、保护视力和提高劳动生产率。公共建筑自然采光的意义不仅在于照明节能，而且为室内的视觉作业提供舒适、健康的光环境，是良好的室内环境质量不可缺少的重要组成部分。

自然采光的最大缺点就是不稳定和难以达到所要求的室内照度均匀度。在建筑的高窗位置采取反光板、折光棱镜玻璃等措施不仅可以将更多的自然光线引入室内，而且可以改善室内自然采光形成照度的均匀性和稳定性。我国大部分地区处于温带，天然光充足，为利用天然光提供了有利条件，在白天的大部分时间内都能具有充分的天然光资源可以利用。这对照明节能也具有非常重要的意义。

本条强调的主要功能空间是指公共建筑内除室内交通、卫浴等之外的主要使用空间。本标准要求75%以上的主要功能空间室内采光系数满足《建筑采光设计标准》GB/T 50033 中 3.2.2～3.2.7 条的要求。

本条的评价方法为审核设计图纸和相关分析或检测报告。

5.5.12 为了不断提高设计人员执行规范的自觉性，保证残疾人、老年人和儿童进出的方便，体现建筑整体环境的人性化，鼓励在建筑入口、电梯、卫生间等主要活动空间有无障碍设施。

本条的评价方法为现场考核。

5.5.13 可结合建筑的外立面造型采取合理的外遮阳措施，形成整体有效的外遮阳系统，可以有效地减少建筑因太阳辐射和室外空气温度通过建筑围护结构的传导得热以及通过窗户的辐射得热，对于改善夏季室内热舒适性具有重要作用。

本条的评价方法为现场核实。

5.5.14 为保护人体健康，预防和控制室内空气污染，可在主要功能房间设计和安装室内污染监控系统，利用传感器对室内主要位置进行温湿度、二氧化碳、空气污染物浓度等进行数据采集和分析；也可同时检测进、排风设备的工作状态，并与室内空气污染监控系统关联，实现自动通风调节，保证室内始终处于健康的空气环境。

室内污染监控系统应能够将所采集的有关信息传输至计算机或监控平台，实现对公共场所空气质量的采集、数据存储、实时报警、历史数据的分析、统计、处理和调节控制等功能，保障场所良好的空气质量。

本条的评价方法为审核设计资料并现场核实。

5.5.15 为了改善地上空间的自然采光效果，除可以在建筑设计手法上采取反光板、棱镜玻璃窗等简单措施，还可以采用导光管、光纤等先进的自然采光技术将室外的自然光引入室内的进深处，改善室内照明质量和自然光利用效果。

地下空间的自然采光不仅有利于照明节能，而且充足的自然光还有利于改善地下空间卫生环境。由于地下空间的封闭性，自然采光可以增加室内外的自然信息交流，减少人们的压抑心理等；同时，自然采光也可以作为日间地下空间应急照明的可靠光源。地下空间的自然采光方法很多，可以是简单的天窗、采光通道等，也可以是棱镜玻璃窗、导光管等技术成熟、容易维护的措施。

本条的评价方法为审核设计图纸并进行现场核实。

5.6 运营管理

5.6.1 物业管理公司应提交节能、节水、节材与绿化管理制度，并说明实施效果。节能管理制度主要包括节能管理模式、收费模式等；节水管理制度主要包括梯级用水原则和节水方案；耗材管理制度主要包括建筑、设备、系统的维护制度和耗材管理制度等；绿化管理制度主要包括绿化用水的使用及计量、各种杀虫剂、除草剂、化肥、农药等化学药品的规范使用等。

本条的评价方法为查阅物业管理公司的管理文档、日常管理记录并现场考察。

5.6.2 建筑运营过程中会产生大量的废水和废气，为此需要通过选用先进的设备和材料或其他方式，通过合理技术措施和排放管理手段，杜绝建筑运营过程中废水和废气的不达标排放。

本条的评价方法为校对项目的环评报告并现场考察。

5.6.3 在建筑运行过程中会产生大量的垃圾，包括建筑装修、维护过程中出现的土、渣土、散落的砂浆和混凝土、剔凿产生的砖石和混凝土碎块，还包括金属、竹木材、装饰装修产生的废料、各种包装材料、废旧纸张等，对于宾馆类建筑还包括其餐厅产生的厨余垃圾等。这些众多种类的垃圾，如果弃之不用或不合理处理将会对城市环境产生极大的影响。

为此，在建筑运行过程中需要根据建筑垃圾的来源、可否回用性质、处理难易度等进行分类，将其中可再利用或可再生的材料进行有效回收处理，重新用于生产。

本条的评价方法为审核物业的废弃物管理措施并现场核实。

5.6.4 应对施工场地所在地区的土壤环境现状进行调查，并提出场地规划使用对策，防止土壤侵蚀、退化；施工所需占用的场地，应首先考虑利用荒地、劣地、废地。

施工中挖出的弃土堆置时，应避免流失，并应回填利用，做到土方量挖填平衡；有条件时应考虑邻近施工场地间的土方资源调配。施工场地内良好的表面耕植土应进行收集和利用。

规划中考虑施工道路和建成后运营道路系统的延续性，考虑临时设施在建筑运营中的应用，避免重复建设。

本条的评价方法是审核施工报告，并现场考察。

5.6.5 ISO 14001 是环境管理标准，它包括了环境管

理体系、环境审核、环境标志、全寿命周期分析等内容，旨在指导各类组织取得表现正确的环境行为。物业管理部门通过 ISO 14001 环境管理体系认证，是提高环境管理水平的需要。同时物业管理具有完善的管理措施，定期进行物业管理人员的培训。

本条的评价方法是查看物业管理公司的资质证书。

5.6.6 建筑中设备、管道的使用寿命普遍短于建筑结构的寿命，因此各种设备、管道的布置应方便将来的维修、改造和更换。可通过将管井设置在公共部位等措施，减少对用户的干扰。属公共使用功能的设备、管道应设置在公共部位，以便于日常维修与更换。

本条的评价方法是查阅有关设备、管道的设计文件并现场核实。

5.6.7 空调系统开启前，应对系统的过滤器、表冷器、加热器、加湿器、冷凝水盘进行全面检查、清洗或更换，保证空调送风风质符合《室内空气中细菌总数卫生标准》GB 17093 的要求。空调系统清洗的具体方法和要求参见《空调通风系统清洗规范》GB 19210。

本条的评价方法是审核物业管理措施和维护记录。

5.6.8 为保证建筑的安全、高效运营，要求根据国家标准《智能建筑设计标准》GB/T 50314 和国家标准《智能建筑工程质量验收规范》，设置合理、完善的建筑信息网络系统，能顺利支持通信和计算机网络的应用，并运行安全可靠。

本条的评价方法为审查建筑信息网络系统设计文档及运行记录。

5.6.9 公共建筑的空调、通风和照明系统是建筑运行中主要能耗去处。为此，绿色建筑内的空调通风系统冷热源、风机、水泵等设备应进行有效监测，对关键数据进行实时采集并记录；对上述设备系统按照设计要求进行可靠的自动化控制。对照明系统，除了在保证照明质量的前提下尽量减小照明功率密度设计外，可采用感应式或延时的自动控制方式实现建筑的照明节能运行。

本条的评价方法是查阅设备自控系统设计文档并现场核实。

5.6.10 以往在公建中按面积收取水、电、天然气、热等的费用，往往容易导致用户不注意节能，长明灯、长流水现象处处可见，是浪费能源、资源的主要缺口之一。因此应作为考查重点之一。要求在硬件方面，应该能够做到耗电和冷热量的分项、分级记录与计量，了解分析公共建筑各项能耗大小，发现问题所在和提出节能措施的必备手段。同时能实现按能量计量收费，这样有利于业主和用户重视节能。

本条的评价方法为审核物业管理措施，并抽查物

业管理合同。

5.6.11 管理是运行节能的重要手段，然而过去往往管理业绩不与节能、节约资源情况挂钩。因此要求物业在保证建筑的使用性能要求、投诉率要低于规定值的前提下，实现物业的经济效益与建筑用能系统的耗能状况、水和办公用品等的使用情况直接挂钩。

本条的评价方法为运行阶段审查业主和租用者以及管理企业之间的合同。

中华人民共和国行业标准

民用建筑绿色设计规范

Code for green design of civil buildings

JGJ/T 229—2010

批准部门：中华人民共和国住房和城乡建设部
施行日期：2 0 1 1 年 1 0 月 1 日

中华人民共和国住房和城乡建设部
公 告

第 806 号

关于发布行业标准
《民用建筑绿色设计规范》的公告

现批准《民用建筑绿色设计规范》为行业标准，编号为 JGJ/T 229‑2010，自 2011 年 10 月 1 日起实施。

本规范由我部标准定额研究所组织中国建筑工业

出版社出版发行。

中华人民共和国住房和城乡建设部

2010 年 11 月 17 日

前 言

根据住房和城乡建设部《关于印发〈2008 年工程建设标准规范制订、修订计划（第一批）〉的通知》（建标［2008］102 号）的要求，规范编制组经广泛调查研究，认真总结实践经验，参考有关国际标准和国外先进标准，并在广泛征求意见的基础上，制定本规范。

本规范的主要技术内容是：1. 总则；2. 术语；3. 基本规定；4. 绿色设计策划；5. 场地与室外环境；6. 建筑设计与室内环境；7. 建筑材料；8. 给水排水；9. 暖通空调；10. 建筑电气。

本规范由住房和城乡建设部负责管理，由中国建筑科学研究院负责具体技术内容的解释。执行过程中如有意见或建议，请寄送中国建筑科学研究院（地址：北京市北三环东路 30 号，邮政编码：100013）。

本 规 范 主 编 单 位： 中国建筑科学研究院
  深圳市建筑科学研究院有限公司

本规范参编单位： 中国建筑设计研究院
  上海市建筑科学研究院（集团）有限公司

中国建筑标准设计研究院
清华大学
北京市建筑设计研究院
万科企业股份有限公司

本规范主要起草人员： 曾 捷 叶 青 仲继寿
  曾 宇 鄢 涛 薛 明
  刘圣龙 张宏儒 李建琳
  盛晓康 刘俊跃 吴 燕
  杨金明 张江华 许 荷
  马晓雯 刘 丹 王莉芸
  杨 杰 卜增文 施钟毅
  冯忠国 林 琳 孙 兰
  林波荣 宋晔皓 刘晓钟
  王 鹏 张纪文 时 宇

本规范主要审查人员： 杨 榕 吴德绳 叶耀先
  张 桦 车 伍 程大章
  徐永模 张 播 刘祖玲
  冯 勇

目 次

Contents

1 总 则

1.0.1 为贯彻执行节约资源和保护环境的国家技术经济政策，推进建筑行业的可持续发展，规范民用建筑的绿色设计，制定本规范。

1.0.2 本规范适用于新建、改建和扩建民用建筑的绿色设计。

1.0.3 绿色设计应统筹考虑建筑全寿命周期内，满足建筑功能和节能、节地、节水、节材、保护环境之间的辩证关系，体现经济效益、社会效益和环境效益的统一；应降低建筑行为对自然环境的影响，遵循健康、简约、高效的设计理念，实现人、建筑与自然和谐共生。

1.0.4 民用建筑的绿色设计除应符合本规范的规定外，尚应符合国家现行有关标准的规定。

2 术 语

2.0.1 民用建筑绿色设计 green design of civil buildings

在民用建筑设计中体现可持续发展的理念，在满足建筑功能的基础上，实现建筑全寿命周期内的资源节约和环境保护，为人们提供健康、适用和高效的使用空间。

2.0.2 被动措施 passive techniques

直接利用阳光、风力、气温、湿度、地形、植物等现场自然条件，通过优化建筑设计，采用非机械、不耗能或少耗能的方式，降低建筑的采暖、空调和照明等负荷，提高室内外环境性能。通常包括天然采光、自然通风、围护结构的保温、隔热、遮阳、蓄热、雨水入渗等措施。

2.0.3 主动措施 active techniques

通过采用消耗能源的机械系统，提高室内舒适度，实现室内外环境性能。通常包括采暖、空调、机械通风、人工照明等措施。

2.0.4 绿色建筑增量成本 incremental cost of green building

因实施绿色建筑理念和策略而产生的投资成本的增加值或减少值。

2.0.5 建筑全寿命周期 building life cycle

建筑从建造、使用到拆除的全过程。包括原材料的获取，建筑材料与构配件的加工制造，现场施工与安装，建筑的运行和维护，以及建筑最终的拆除与处置。

3 基 本 规 定

3.0.1 绿色设计应综合建筑全寿命周期的技术与经济特性，采用有利于促进建筑与环境可持续发展的场地、建筑形式、技术、设备和材料。

3.0.2 绿色设计应体现共享、平衡、集成的理念。在设计过程中，规划、建筑、结构、给水排水、暖通空调、燃气、电气与智能化、室内设计、景观、经济等各专业应紧密配合。

3.0.3 绿色设计应遵循因地制宜的原则，结合建筑所在地域的气候、资源、生态环境、经济、人文等特点进行。

3.0.4 民用建筑绿色设计应进行绿色设计策划。

3.0.5 方案和初步设计阶段的设计文件应有绿色设计专篇，施工图设计文件中应注明对绿色建筑施工与建筑运营管理的技术要求。

3.0.6 民用建筑在设计理念、方法、技术应用等方面应积极进行绿色设计创新。

4 绿色设计策划

4.1 一 般 规 定

4.1.1 绿色设计策划应明确绿色建筑的项目定位、建设目标及对应的技术策略、增量成本与效益，并编制绿色设计策划书。

4.1.2 绿色设计策划宜采用团队合作的工作模式。

4.2 策 划 内 容

4.2.1 绿色设计策划应包括下列内容：

1 前期调研；
2 项目定位与目标分析；
3 绿色设计方案；
4 技术经济可行性分析。

4.2.2 前期调研应包括下列内容：

1 场地调研：包括地理位置、场地生态环境、场地气候环境、地形地貌、场地周边环境、道路交通和市政基础设施规划条件等；

2 市场调研：包括建设项目的功能要求、市场需求、使用模式、技术条件等；

3 社会调研：包括区域资源、人文环境、生活质量、区域经济水平与发展空间、公众意见与建议、当地绿色建筑激励政策等。

4.2.3 项目定位与目标分析应包括下列内容：

1 明确项目自身特点和要求；

2 确定达到现行国家标准《绿色建筑评价标准》GB/T 50378或其他绿色建筑相关标准的相应等级或要求；

3 确定适宜的实施目标，包括节地与室外环境的目标、节能与能源利用的目标、节水与水资源利用的目标、节材与材料资源利用的目标、室内环境质量的目标、运营管理的目标等。

4.2.4 绿色设计方案的确定宜符合下列要求：

　　1 优先采用被动设计策略；

　　2 选用适宜、集成技术；

　　3 选用高性能建筑产品和设备；

　　4 当实际条件不符合绿色建筑目标时，可采取调整、平衡和补充措施。

4.2.5 经济技术可行性分析应包括下列内容：

　　1 技术可行性分析；

　　2 经济效益、环境效益与社会效益分析；

　　3 风险评估。

5 场地与室外环境

5.1 一般规定

5.1.1 场地的规划应符合当地城乡规划的要求。

5.1.2 场地规划与设计应通过协调场地开发强度和场地资源，满足场地和建筑的绿色目标与可持续运营的要求。

5.1.3 应提高场地空间的利用效率，并应做到场地内及周边的公共服务设施和市政基础设施的集约化建设与共享。

5.1.4 场地规划应考虑室外环境的质量，优化建筑布局并进行场地环境生态补偿。

5.2 场地要求

5.2.1 建筑场地应优先选择已开发用地或废弃地。

5.2.2 城市已开发用地或废弃地的利用应符合下列要求：

　　1 对原有的工业用地、垃圾填埋场等可能存在健康安全隐患的场地，应进行土壤化学污染检测与再利用评估；

　　2 应根据场地及周边地区环境影响评估和全寿命周期成本评价，采取场地改造或土壤改良等措施；

　　3 改造或改良后的场地应符合国家相关标准的要求。

5.2.3 宜选择具备良好市政基础设施的场地，并宜根据市政条件进行场地建设容量的复核。

5.2.4 场地应安全可靠，并应符合下列要求：

　　1 应避开可能产生洪水、泥石流、滑坡等自然灾害的地段；

　　2 应避开地震时可能发生滑坡、崩坍、地陷、地裂、泥石流及地震断裂带上可能发生地表错位等对工程抗震危险的地段；

　　3 应避开容易产生风切变的地段；

　　4 当场地选择不能避开上述安全隐患时，应采取措施保证场地对可能产生的自然灾害或次生灾害有充分的抵御能力；

　　5 利用裸岩、石砾地、陡坡地、塌陷地、沙荒地、沼泽地、废窑坑等废弃场地时，应进行场地安全性评价，并应采取相应的防护措施。

5.2.5 场地大气质量、场地周边电磁辐射和场地土壤氡浓度的测定及防护应符合有关标准的规定。

5.3 场地资源利用与生态环境保护

5.3.1 场地规划与设计时应对场地内外的自然资源、市政基础设施和公共服务设施进行调查与评估，确定合理的利用方式，并应符合下列要求：

　　1 宜保持和利用原有地形、地貌，当需要进行地形改造时，应采取合理的改良措施，保护和提高土地的生态价值；

　　2 应保护和利用地表水体，禁止破坏场地与周边原有水系的关系，并应采取措施，保持地表水的水量和水质；

　　3 应调查场地内表层土壤质量，妥善回收、保存和利用无污染的表层土；

　　4 应充分利用场地及周边已有的市政基础设施和公共服务设施；

　　5 应合理规划和适度开发地下空间，提高土地利用效率，并应采取措施保证雨水的自然入渗。

5.3.2 场地规划与设计时应对可利用的可再生能源进行调查与利用评估，确定合理利用方式，确保利用效率，并应符合下列要求：

　　1 利用地下水时，应符合地下水资源利用规划，并应取得政府有关部门的许可；应对地下水系和形态进行评估，并应采取措施，防止场地污水渗漏对地下水产生污染；

　　2 利用地热能时，应编制专项规划报当地有关部门批准，应对地下土壤分层、温度分布和渗透能力进行调查，评估地热能开采对邻近地下空间、地下动物、植物或生态环境的影响；

　　3 利用太阳能时，应对场地内太阳能资源等进行调查和评估；

　　4 利用风能时，应对场地和周边风力资源以及风能利用对场地声环境的影响进行调查和评估。

5.3.3 场地规划与设计时应对场地的生物资源情况进行调查，保持场地及周边的生态平衡和生物多样性，并应符合下列要求：

　　1 应调查场地内的植物资源，保护和利用场地原有植被，对古树名木采取保护措施，维持或恢复场地植物多样性；

　　2 应调查场地和周边地区的动物资源分布及动物活动规律，规划有利于动物跨越迁徙的生态走廊；

　　3 应保护原有湿地，可根据生态要求和场地特征规划新的湿地；

　　4 应采取措施，恢复或补偿场地和周边地区原有生物生存的条件。

5.3.4 场地规划与设计时应进行场地雨洪控制利用

的评估和规划，减少场地雨水径流量及非点源污染物排放，并应符合下列要求：

　　1　进行雨洪控制利用规划，保持和利用河道、景观水系的滞洪、蓄洪及排洪能力；

　　2　进行水土保持规划，采取避免水土流失的措施；

　　3　结合场地绿化景观进行雨水径流的入渗、滞蓄、消纳和净化利用的设计；

　　4　采取措施加强雨水渗透对地下水的补给，保持地下水自然涵养能力；

　　5　因地制宜地采取雨水收集与利用措施。

5.3.5　应将场地内有利用或保护价值的既有建筑纳入建筑规划。

5.3.6　应规划场地内垃圾分类收集方式及回收利用的场所或设施。

5.4　场地规划与室外环境

5.4.1　场地光环境应符合下列要求：

　　1　应合理地进行场地和道路照明设计，室外照明不应对居住建筑外窗产生直射光线，场地和道路照明不得有直射光射入空中，地面反射光的眩光限值宜符合相关标准的规定；

　　2　建筑外表面的设计与选材应合理，并应有效避免光污染。

5.4.2　场地风环境应符合下列要求：

　　1　建筑规划布局应营造良好的风环境，保证舒适的室外活动空间和室内良好的自然通风条件，减少气流对区域微环境和建筑本身的不利影响；

　　2　建筑布局宜避开冬季不利风向，并宜通过设置防风墙、板、防风林带、微地形等挡风措施阻隔冬季冷风；

　　3　宜进行场地风环境典型气象条件下的模拟预测，优化建筑规划布局。

5.4.3　场地声环境设计应符合现行国家标准《声环境质量标准》GB 3096 的规定。应对场地周边的噪声现状进行检测，并应对项目实施后的环境噪声进行预测。当存在超过标准的噪声源时，应采取下列措施：

　　1　噪声敏感建筑物应远离噪声源；

　　2　对固定噪声源，应采用适当的隔声和降噪措施；

　　3　对交通干道的噪声，应采取设置声屏障或降噪路面等措施。

5.4.4　场地设计时，宜采取下列措施改善室外热环境：

　　1　种植高大乔木为停车场、人行道和广场等提供遮阳；

　　2　建筑物表面宜为浅色，地面材料的反射率宜为 0.3～0.5，屋面材料的反射率宜为 0.3～0.6；

　　3　采用立体绿化、复层绿化，合理进行植物配

置，设置渗水地面，优化水景设计；

　　4　室外活动场地、道路铺装材料的选择除应满足场地功能要求外，宜选择透水性铺装材料及透水铺装构造。

5.4.5　场地交通设计应符合下列要求：

　　1　场地出入口宜设置与周边公共交通设施便捷连通的人行通道、自行车道，方便人员出行；

　　2　场地内应设置安全、舒适的人行道路、自行车道，并应设便捷的自行车停车设施。

5.4.6　场地景观设计应符合下列要求：

　　1　场地水景的设计应结合雨洪控制设计，并宜进行生态化设计；

　　2　场地绿化宜保持连续性；

　　3　当场地栽植土壤影响植物正常生长时，应进行土壤改良；

　　4　种植设计应符合场地使用功能、绿化安全间距、绿化效果及绿化养护的要求；

　　5　应选择适应当地气候和场地种植条件、易养护的乡土植物，不应选择易产生飞絮、有异味、有毒、有刺等对人体健康不利的植物；

　　6　宜根据场地环境进行复层种植设计。

6　建筑设计与室内环境

6.1　一般规定

6.1.1　建筑设计应按照被动措施优先的原则，优化建筑形体和内部空间布局，充分利用天然采光、自然通风，采用围护结构保温、隔热、遮阳等措施，降低建筑的采暖、空调和照明系统的负荷，提高室内舒适度。

6.1.2　根据所在地区地理与气候条件，建筑宜采用最佳朝向或适宜朝向。当建筑处于不利朝向时，宜采取补偿措施。

6.1.3　建筑形体设计应根据周围环境、场地条件和建筑布局，综合考虑场地内外建筑日照、自然通风与噪声等因素，确定适宜的形体。

6.1.4　建筑造型应简约，并应符合下列要求：

　　1　应符合建筑功能和技术的要求，结构及构造应合理；

　　2　不宜采用纯装饰性构件；

　　3　太阳能集热器、光伏组件及具有遮阳、导光、导风、载物、辅助绿化等功能的室外构件应与建筑进行一体化设计。

6.2　空间合理利用

6.2.1　建筑设计应提高空间利用效率，提倡建筑空间与设施的共享。在满足使用功能的前提下，宜减少交通等辅助空间的面积，并宜避免不必要的高大

空间。

6.2.2 建筑设计应根据功能变化的预期需求，选择适宜的开间和层高。

6.2.3 建筑设计应根据使用功能要求，充分利用外部自然条件，并宜将人员长期停留的房间布置在有良好日照、采光、自然通风和视野的位置，住宅卧室、医院病房、旅馆客房等空间布置应避免视线干扰。

6.2.4 室内环境需求相同或相近的空间宜集中布置。

6.2.5 有噪声、振动、电磁辐射、空气污染的房间应远离有安静要求、人员长期居住或工作的房间或场所，当相邻设置时，应采取有效的防护措施。

6.2.6 设备机房、管道井宜靠近负荷中心布置。机房、管道井的设置应便于设备和管道的维修、改造和更换。

6.2.7 设电梯的公共建筑的楼梯应便于日常使用，该楼梯的设计宜符合下列要求：

   1 楼梯宜靠近建筑主出入口及门厅，各层均宜靠近电梯候梯厅，楼梯间入口应设清晰易见的指示标志；

   2 楼梯间在地面以上各层宜有自然通风和天然采光。

6.2.8 建筑设计应为绿色出行提供便利条件，并应符合下列要求：

   1 应有便捷的自行车库，并应设置自行车服务设施，有条件的可配套设置淋浴、更衣设施；

   2 建筑出入口位置应方便利用公共交通及步行者出行。

6.2.9 宜利用连廊、架空层、上人屋面等设置公共步行通道、公共活动空间、公共开放空间，且设置完善的无障碍设施，满足全天候的使用需求。

6.2.10 宜充分利用建筑的坡屋顶空间，并宜合理开发利用地下空间。

6.3 日照和天然采光

6.3.1 进行规划与建筑单体设计时，应符合现行国家标准《城市居住区规划设计规范》GB 50180 对日照的要求，应使用日照模拟软件进行日照分析。

6.3.2 应充分利用天然采光，房间的有效采光面积和采光系数除应符合现行国家标准《民用建筑设计通则》GB 50352 和《建筑采光设计标准》GB/T 50033 的要求外，尚应符合下列要求：

   1 居住建筑的公共空间宜有天然采光，其采光系数不宜低于 0.5%；

   2 办公、旅馆类建筑的主要功能空间室内采光系数不宜低于现行国家标准《建筑采光设计标准》GB/T 50033 的要求；

   3 地下空间宜有天然采光；

   4 天然采光时宜避免产生眩光；

   5 设置遮阳设施时应符合日照和采光标准的

要求。

6.3.3 可采取下列措施改善室内的天然采光效果：

   1 采用采光井、采光天窗、下沉广场、半地下室等；

   2 设置反光板、散光板和集光、导光设备等。

6.4 自然通风

6.4.1 建筑物的平面空间组织布局、剖面设计和门窗的设置，应有利于组织室内自然通风。宜对建筑室内风环境进行计算机模拟，优化自然通风系统。

6.4.2 房间平面宜采取有利于形成穿堂风的布局，避免单侧通风的布局。

6.4.3 严寒、寒冷地区与夏热冬冷地区的自然通风设计应兼顾冬季防寒要求。

6.4.4 外窗的位置、方向和开启方式应合理设计；外窗的开启面积应符合国家现行有关标准的要求。

6.4.5 可采取下列措施加强建筑内部的自然通风：

   1 采用导风墙、捕风窗、拔风井、太阳能拔风道等诱导气流的措施；

   2 设有中庭的建筑宜在适宜季节利用烟囱效应引导热压通风；

   3 住宅建筑可设置通风器，有组织地引导自然通风。

6.4.6 可采取下列措施加强地下空间的自然通风：

   1 设计可直接通风的半地下室；

   2 地下室局部设置下沉式庭院；

   3 地下室设置通风井、窗井。

6.4.7 宜考虑在室外环境不利时的自然通风措施。当采用通风器时，应有方便灵活的开关调节装置，应易于操作和维修，宜有过滤和隔声功能。

6.5 围 护 结 构

6.5.1 建筑物的体形系数、窗墙面积比、围护结构的热工性能、外窗的气密性能、屋顶透明部分面积比等，应符合国家现行有关建筑节能设计标准的规定。

6.5.2 除严寒地区外，主要功能空间的外窗夏季得热负荷较大时，该外窗应设置外遮阳设施，并应对夏季遮阳和冬季阳光利用进行综合分析，其中天窗、东西向外窗宜设置活动外遮阳。

6.5.3 墙体设计应符合下列要求：

   1 严寒、寒冷地区与夏热冬冷地区的外墙出挑构件及附墙部件等部位的外保温层宜闭合，避免出现热桥；

   2 夹芯保温外墙上的钢筋混凝土梁、板处，应采取保温隔热措施；

   3 连续采暖和空调建筑的夹芯保温外墙的内页墙宜采用热惰性良好的重质密实材料；

   4 非采暖房间与采暖房间的隔墙和楼板应设置保温层；

5 温度要求差异较大或空调、采暖时段不同的房间之间宜有保温隔热措施。

6.5.4 外墙设计可采用下列保温隔热措施：

1 采用自身保温性能好的外墙材料；

2 夏热冬冷地区和夏热冬暖地区外墙采用浅色饰面材料或热反射型涂料；

3 有条件时外墙设置通风间层；

4 夏热冬冷地区及夏热冬暖地区东、西向外墙采取遮阳隔热措施。

6.5.5 严寒、寒冷地区与夏热冬冷地区的外窗设计应符合下列要求：

1 宜避免大量设置凸窗和屋顶天窗；

2 外窗或幕墙与外墙之间缝隙应采用高效保温材料填充并用密封材料嵌缝；

3 采用外墙保温时，窗洞口周边墙面应作保温处理，凸窗的上下及侧向非透明墙体应作保温处理；

4 金属窗和幕墙型材宜采取隔断热桥措施。

6.5.6 屋顶设计可采用下列保温隔热措施：

1 屋面选用浅色屋面或热反射型涂料；

2 平屋顶设置架空通风层，坡屋顶设置可通风的阁楼层；

3 设置屋顶绿化；

4 屋面设置遮阳装置。

6.6 室内声环境

6.6.1 建筑室内的允许噪声级、围护结构的空气声隔声量及楼板撞击声隔声量应符合现行国家标准《民用建筑隔声设计规范》GB/T 50118 的规定，环境噪声应符合现行国家标准《声环境质量标准》GB 3096 的规定。

6.6.2 毗邻城市交通干道的建筑，应加强外墙、外窗、外门的隔声性能。

6.6.3 下列场所的顶棚、楼面、墙面和门窗宜采取相应的吸声和隔声措施：

1 学校、医院、旅馆、办公楼建筑的走廊及门厅等人员密集场所；

2 车站、体育场馆、商业中心等大型建筑的人员密集场所；

3 空调机房、通风机房、发电机房、水泵房等有噪声污染的设备用房。

6.6.4 可采用浮筑楼板、弹性面层、隔声吊顶、阻尼板等措施加强楼板撞击声隔声性能。

6.6.5 建筑采用轻型屋盖时，屋面宜采取防止雨噪声的措施。

6.6.6 与有安静要求房间相邻的设备机房，应选用低噪声设备。设备、管道应采用有效的减振、隔振、消声措施。对产生振动的设备基础应采取减振措施。

6.6.7 电梯机房及井道应避免与有安静要求的房间紧邻，当受条件限制而紧邻布置时，应采取下列隔声和减振措施：

1 电梯机房墙面及顶棚应作吸声处理，门窗应选用隔声门窗，地面应作隔声处理；

2 电梯井道与安静房间之间的墙体作隔声处理；

3 电梯设备应采取减振措施。

6.7 室内空气质量

6.7.1 室内装修设计时宜进行室内空气质量的预评价。

6.7.2 室内装饰装修材料必须符合相应国家标准的要求，材料中甲醛、苯、氨、氡等有害物质限量应符合现行国家标准《室内装饰装修材料人造板及其制品中甲醛释放限量》GB 18580～《室内装饰装修材料混凝土外加剂释放氨的限量》GB 18588、《建筑材料放射性核素限量》GB 6566 和《民用建筑工程室内环境污染控制规范》GB 50325 的要求。

6.7.3 吸烟室、复印室、打印室、垃圾间、清洁间等产生异味或污染物的房间应与其他房间分开设置。

6.7.4 公共建筑的主要出入口宜设置具有截尘功能的固定设施。

6.7.5 可采用改善室内空气质量的功能材料。

6.8 工业化建筑产品应用

6.8.1 建筑设计宜遵循模数协调的原则，住宅、旅馆、学校等建筑宜进行标准化设计。

6.8.2 建筑宜采用工业化建筑体系或工业化部品，可选择下列构件或部品：

1 预制混凝土构件、钢结构构件等工业化生产程度较高的构件；

2 整体厨卫、单元式幕墙、装配式隔墙、多功能复合墙体、成品栏杆、雨篷等建筑部品。

6.8.3 建筑宜采用现场干式作业的技术及产品；宜采用工业化的装修方式。

6.8.4 用于砌筑、抹灰、建筑地面工程的砂浆及各类特种砂浆，宜选用预拌砂浆。

6.8.5 建筑宜采用结构构件与设备、装修分离的方式。

6.9 延长建筑寿命

6.9.1 建筑体系宜适应建筑使用功能和空间的变化。

6.9.2 频繁使用的活动配件应选用长寿命的产品，并应考虑部品组合的同寿命性；不同使用寿命的部品组合在一起时，其构造应便于分别拆换、更新和升级。

6.9.3 建筑外立面应选择耐久性好的外装修材料和建筑构造，并宜设置便于建筑外立面维护的设施。

6.9.4 结构设计使用年限可高于现行国家标准《工程结构可靠性设计统一标准》GB 50153 的规定。结构构件的抗力及耐久性应符合相应设计使用年限的要求。

6.9.5 新建建筑宜通过采用先进技术，适当提高结构的可靠度水平，提高结构对建筑功能变化的适应能力及承受各种作用效应的能力。

6.9.6 改、扩建工程宜保留原建筑的结构构件，必要时可对原建筑的结构构件进行维护加固。

7 建筑材料

7.1 一般规定

7.1.1 绿色设计应提高材料的使用效率，节省材料的用量。

7.1.2 严禁采用高耗能、污染超标及国家和地方限制使用或淘汰的材料。

7.1.3 应选用对人体健康有益的材料。

7.1.4 建筑材料的选用应综合其各项指标对绿色目标的贡献与影响。设计文件中应注明与实现绿色目标有关的材料及其性能指标。

7.2 节 材

7.2.1 在满足使用功能和性能的前提下，应控制建筑规模与空间体量，并应符合下列要求：

1 建筑体量宜紧凑集中；

2 宜采用较低的建筑层高。

7.2.2 绿色建筑的装修应符合下列要求：

1 建筑、结构、设备与室内装修应进行一体化设计；

2 宜采用无需外加饰面层的材料；

3 应采用简约、功能化、轻量化装修。

7.2.3 在保证安全性与耐久性的情况下，应通过优化结构设计降低材料的用量，并应符合下列要求：

1 根据受力特点选择材料用量少的结构体系，宜采用节材节能一体化、绿色性能较好的新型建筑结构体系；

2 在高层和大跨度结构中，合理采用钢结构、钢与混凝土混合结构及组合构件；

3 对于由变形控制的钢结构，应首先调整并优化钢结构布置和构件截面，增加钢结构刚度；对于由强度控制的钢结构，应优先选用高强钢材；

4 在跨度较大的钢筋混凝土结构中，采用预应力混凝土技术、现浇混凝土空心楼板技术等；

5 基础形式应根据工程实际，经技术经济比较合理确定，宜选择埋深较浅的天然地基或采用人工处理地基和复合地基。

7.2.4 应合理采用高性能结构材料，并应符合下列规定：

1 高层混凝土结构的下部墙柱及大跨度结构的水平构件宜采用高强混凝土；

2 高层钢结构和大跨度钢结构宜选用高强钢材；

3 受力钢筋宜选用高强钢筋。

7.2.5 当建筑因改建、扩建或需要提高既有结构的可靠度标准而进行结构整体加固时，应采用加固作业量最少的结构体系加固或构件加固方案，并应采用节材、节能、环保的加固技术。

7.3 选 材

7.3.1 在满足功能要求的情况下，材料的选择宜符合下列要求：

1 宜选用可再循环材料、可再利用材料；

2 宜使用以废弃物为原料生产的建筑材料；

3 应充分利用建筑施工、既有建筑拆除和场地清理时产生的尚可继续利用的材料；

4 宜采用速生的材料及其制品；采用木结构时，宜选用速生木材制作的高强复合材料；

5 宜选用本地的建筑材料。

7.3.2 材料选择时应评估其资源的消耗量，选择资源消耗少、可集约化生产的建筑材料和产品。

7.3.3 材料选择时应评估其能源的消耗量，并应符合下列要求：

1 宜选用生产能耗低的建筑材料；

2 宜选用施工、拆除和处理过程中能耗低的建筑材料。

7.3.4 材料选择时应评估其对环境的影响，应采用生产、施工、使用和拆除过程中对环境污染程度低的建筑材料。

7.3.5 设计宜选用功能性建筑材料，并应符合下列要求：

1 宜选用减少建筑能耗和改善室内热环境的建筑材料；

2 宜选用防潮、防霉的建筑材料；

3 宜选用具有自洁功能的建筑材料；

4 宜选用具有保健功能和改善室内空气质量的建筑材料。

7.3.6 设计宜选用耐久性优良的建筑材料。

7.3.7 设计宜选用轻质混凝土、木结构、轻钢以及金属幕墙等轻量化建材。

8 给 水 排 水

8.1 一般规定

8.1.1 在方案设计阶段应制定水资源规划方案，统筹、综合利用各种水资源。水资源规划方案应包括中水、雨水等非传统水源综合利用的内容。

8.1.2 设有生活热水系统的建筑，宜优先采用余热、废热、可再生能源等作为热源，并合理配置辅助加热系统。

8.2 非传统水源利用

8.2.1 景观用水、绿化用水、车辆冲洗用水、道路浇洒用水、冲厕用水等不与人体接触的生活用水，宜采用市政再生水、雨水、建筑中水等非传统水源，且应达到相应的水质标准。有条件时应优先使用市政再生水。

8.2.2 非传统水源供水系统严禁与生活饮用水管道连接，必须采取下列安全措施：

1 供水管道应设计涂色或标识，并应符合现行国家标准《建筑中水设计规范》GB 50336、《建筑与小区雨水利用工程技术规范》GB 50400 的要求；

2 水池、水箱、阀门、水表及给水栓、取水口等均应采取防止误接、误用、误饮的措施。

8.2.3 使用非传统水源应采取下列用水安全保障措施，且不得对人体健康与周围环境产生不良影响：

1 雨水、中水等非传统水源在储存、输配等过程中应有足够的消毒杀菌能力，且水质不得被污染；

2 供水系统应设有备用水源、溢流装置及相关切换设施等；

3 雨水、中水等在处理、储存、输配等环节中应采取安全防护和监测、检测控制措施；

4 采用海水冲厕时，应对管材和设备进行防腐处理，污水应处理达标后排放。

8.2.4 应根据气候特点及非传统水源供应情况，合理规划人工景观水体规模，并进行水量平衡计算，人工景观水体的补充水不得使用自来水，应优先采用雨水作为补充水，并应采取下列水质及水量安全保障措施：

1 场地条件允许时，采取湿地工艺进行景观用水的预处理和景观水的循环净化；

2 采用生物措施净化水体，减少富营养化及水体腐败的潜在因素；

3 可采用以可再生能源驱动的机械设施，加强景观水体的水力循环，增强水面扰动，破坏藻类的生长环境。

8.2.5 雨水入渗、积蓄、处理及利用的方案应通过技术经济比较后确定，并应符合下列规定：

1 雨水收集利用系统应设置雨水初期弃流装置和雨水调节池，收集、处理及利用系统可与景观水体设计相结合；

2 处理后的雨水宜用于空调冷却水补水、绿化、景观、消防等用水，水质应达到相应用途的水质标准。

8.3 供水系统

8.3.1 供水系统应节水、节能，并应采取下列措施：

1 充分利用市政供水压力；高层建筑生活给水系统合理分区，各分区最低卫生器具配水点处的静水

压不大于 0.45MPa；

2 采取减压限流的节水措施，建筑用水点处供水压力不大于 0.2MPa。

8.3.2 热水用水量较小且用水点分散时，宜采用局部热水供应系统；热水用水量较大、用水点比较集中时，应采用集中热水供应系统，并应设置完善的热水循环系统。热水系统设置应符合下列规定：

1 住宅设集中热水供应时，应设干、立管循环；用水点出水温度达到 45℃ 的放水时间不应大于 15s；

2 医院、旅馆等公共建筑用水点出水温度达到 45℃ 的放水时间不应大于 10s；

3 公共浴室淋浴热水系统应采取节水措施。

8.4 节水措施

8.4.1 避免管网漏损应采取下列措施：

1 给水系统中使用的管材、管件，必须符合现行国家标准的要求。管道和管件的工作压力不得大于产品标准标称的允许工作压力，管件与管道宜配套提供；

2 选用高性能的阀门；

3 合理设计供水系统，避免供水压力过高或压力骤变；

4 选择适宜的管道敷设及基础处理方式。

8.4.2 卫生器具、水嘴、淋浴器等应符合现行行业标准《节水型生活用水器具》CJ 164 的要求。

8.4.3 绿化灌溉应采用喷灌、微灌等高效节水灌溉方式，并应符合下列规定：

1 宜采用湿度传感器或根据气候变化调节的控制器；

2 采用微灌方式时，应在供水管路的入口处设过滤装置。

8.4.4 水表应按照使用用途和管网漏损检测要求设置，并应符合下列规定：

1 住宅建筑每个居住单元和景观、灌溉等不同用途的供水均应设置水表；

2 公共建筑应对不同用途和不同付费单位的供水设置水表。

9 暖通空调

9.1 一般规定

9.1.1 暖通空调系统的形式，应根据工程所在地的地理和气候条件、建筑功能的要求，遵循被动措施优先、主动措施优化的原则合理确定。

9.1.2 暖通空调系统设计时，宜进行全年动态负荷和能耗变化的模拟，分析能耗与技术经济性，选择合理的冷热源和暖通空调系统形式。

9.1.3 暖通空调系统的设计，应结合工程所在地的

能源结构和能源政策，统筹建筑物内各系统的用能情况，通过技术经济比较，选择综合能源利用率高的冷热源和空调系统形式，并宜优先选用可再生能源。

9.1.4 室内环境设计参数的确定应符合下列规定：

1 除工艺要求严格规定外，舒适性空调室内环境设计参数应符合节能标准的限值要求；

2 室内热环境的舒适性应考虑空气干球温度、空气湿度、空气流动速度、平均辐射温差和室内人员的活动与衣着情况；

3 应采用符合室内空气卫生标准的新风量，选择合理的送、排风方式和流向，保持适当的压力梯度，有效排除室内污染与气味。

9.1.5 空调设备数量和容量的确定，应符合下列规定：

1 应以热负荷、逐时冷负荷和相关水力计算结果为依据，确定暖通空调冷热源、空气处理设备、风水输送设备的容量；

2 设备选择应考虑容量和台数的合理搭配，使系统在经常性部分负荷运行时处于相对高效率状态。

9.1.6 下列情况下宜采用变频调速节能技术：

1 新风机组、通风机宜选用变频调速风机；

2 变流量空调水系统的冷源侧，在满足冷水机组设备运行最低水量要求前提下，经技术经济比较分析合理时，宜采用变频调速水泵；

3 在采用二次泵系统时，二次泵宜采用变频调速水泵；

4 空调冷却塔风机宜采用变频调速型。

9.1.7 集中空调系统的设计，宜计算分析空调系统设计综合能效比，优化设计空调系统的冷热源、水系统和风系统。

9.2 暖通空调冷热源

9.2.1 在技术经济合理的情况下，建筑采暖、空调系统应优先选用电厂或其他工业余热作为热源。

9.2.2 暖通空调系统的设计宜通过计算或计算机模拟的手段优化冷热源系统的形式、容量和设备数量配置，并确定冷热源的运行模式。

9.2.3 在空气源热泵机组冬季制热运行性能系数低于1.8的情况下，不宜采用空气源热泵系统为建筑物供热。

9.2.4 在严寒和寒冷地区，集中供暖空调系统的热源不应采用直接电热方式，冬季不宜使用制冷机为建筑物提供冷量。

9.2.5 全年运行中存在供冷和供热需求的多联机空调系统宜采用热泵式机组。

9.2.6 当公共建筑内区较大，且冬季内区有稳定和足够的余热量，通过技术经济比较合理时，宜采用水环热泵空调系统。在建筑中同时有供冷和供热要求的，当其冷、热需求基本匹配时，宜合并为同一系统，

并采用热回收型机组。

9.2.7 热水系统宜充分利用燃气锅炉烟气的冷凝热，采用冷凝热回收装置或冷凝式炉型。燃气锅炉宜选用配置比例调节燃烧控制的燃烧器。

9.2.8 根据当地的分时电价政策和建筑物暖通空调负荷的时间分布，经过经济技术比较合理时，宜采用蓄能形式的冷热源。

9.2.9 在夏季室外空气干燥的地区，经过计算分析合理时，宜采用蒸发式冷却技术去除建筑物室内余热。

9.3 暖通空调水系统

9.3.1 暖通空调系统供回水温度的确定应符合下列规定：

1 除温、湿度独立调节系统外，电制冷空调冷水系统的供水温度不宜高于7℃，供回水温差不应小于5℃；

2 当采用四管制空调水系统时，除利用太阳能热水、废热或热泵系统外，空调热水系统的供水温度不宜低于60℃，供回水温差不应小于10℃；

3 当采用冰蓄冷空调冷源或有不高于4℃的冷水可利用，空调末端为全空气系统形式时，宜采用大温差空调冷水系统；

4 当暖通空调的水系统供应距离大于300m，经过技术经济比较合理时，宜加大供回水温差。

9.3.2 空调水系统的设计应符合下列规定：

1 除采用蓄冷蓄热水池和空气处理需喷水处理等情况外，空调冷热水均应采用闭式循环水系统；

2 应根据当地的水质情况对水系统采取必要的过滤除污、防腐蚀、阻垢、灭藻、杀菌等水处理措施。

9.3.3 以蒸汽作为暖通空调系统及生活热水热源的汽水换热系统，蒸汽凝结水应回收利用。

9.3.4 旅馆、餐饮、医院、洗浴等生活热水耗量较大且稳定的场所，宜采用冷凝热回收型冷水机组，或采用空调冷却水对生活热水的补水进行预热。

9.3.5 利用室外新风在过渡季节和冬季不能全部消除室内余热、经过技术经济比较合理时，冬季可利用冷却水自然冷却制备空调用冷水。

9.3.6 民用建筑当采用散热器热水采暖时，应采用水容量大、热惰性好、外形美观、易于清洁的明装散热器。

9.4 空调通风系统

9.4.1 经技术经济比较合理时，新风宜经排风热回收装置进行预冷或预热处理。

9.4.2 当吊顶空间的净空高度大于房间净高的1/3时，房间空调系统不宜采用吊顶回风的形式。

9.4.3 在过渡季节和冬季，当部分房间有供冷需要

时，应优先利用室外新风供冷。舒适性空调的全空气系统，应具备最大限度利用室外新风作冷源的条件。新风入口、过滤器等应按最大新风量设计，新风比应可调节以满足增大新风量运行的要求。排风系统的设计和运行应与新风量的变化相适应。

9.4.4 通风系统设计宜综合利用不同功能的设备和管道。消防排烟系统和人防通风系统在技术合理、措施可靠的前提下，宜综合利用平时通风的设备和管道。

9.4.5 矩形空调通风干管的宽高比不宜大于 4，且不应大于 8；高层建筑同一空调通风系统所负担的楼层数量不宜超过 10 层。

9.4.6 吸烟室、复印室、打印室、垃圾间、清洁间等产生异味或污染物的房间，应设置机械排风系统，并应维持该类房间的负压状态。排风应直接排到室外。

9.4.7 室内游泳池空调应采用全空气空调系统，并应具备全新风运行功能；除夏热冬暖地区外，冬季排风应采取热回收措施，游泳池冷却除湿设备的冷凝热应回收用于加热空气或池水。

9.5 暖通空调自动控制系统

9.5.1 应对建筑采暖通风空调系统能耗进行分项、分级计量。在同一建筑中宜根据建筑的功能、物业归属等情况，分别对能耗进行计量。

9.5.2 冷热源中心应能根据负荷变化要求、系统特性或优化程序进行运行调节。

9.5.3 集中空调系统的多功能厅、展览厅、报告厅、大型会议室等人员密度变化相对较大的房间，宜设置二氧化碳检测装置，该装置宜联动控制室内新风量和空调系统的运行。

9.5.4 应合理选择暖通空调系统的手动或自动控制模式，并应与建筑物业管理制度相结合，根据使用功能实现分区、分时控制。

9.5.5 设置机械通风的汽车库，宜设一氧化碳检测和控制装置控制通风系统运行。

10 建筑电气

10.1 一般规定

10.1.1 在方案设计阶段应制定合理的供配电系统、智能化系统方案，合理采用节能技术和设备。

10.1.2 太阳能资源、风能资源丰富的地区，当技术经济合理时，宜采用太阳能发电、风力发电作为补充电力能源。

10.1.3 风力发电机的选型和安装应避免对建筑物和周边环境产生噪声污染。

10.2 供配电系统

10.2.1 对于三相不平衡或采用单相配电的供配电系统，应采用分相无功自动补偿装置。

10.2.2 当供配电系统谐波或设备谐波超出国家或地方标准的谐波限值规定时，宜对建筑内的主要电气和电子设备或其所在线路采取高次谐波抑制和治理，并应符合下列规定：

　　1 当系统谐波或设备谐波超出谐波限值规定时，应对谐波源的性质、谐波参数等进行分析，有针对性地采取谐波抑制及谐波治理措施；

　　2 供配电系统中具有较大谐波干扰的地点宜设置滤波装置。

10.2.3 10kV 及以下电力电缆截面应结合技术条件、运行工况和经济电流的方法来选择。

10.3 照 明

10.3.1 应根据建筑的照明要求，合理利用天然采光。

　　1 在具有天然采光条件或天然采光设施的区域，应采取合理的人工照明布置及控制措施；

　　2 合理设置分区照明控制措施，具有天然采光的区域应能独立控制；

　　3 可设置智能照明控制系统，并应具有随室外自然光的变化自动控制或调节人工照明照度的功能。

10.3.2 应根据项目规模、功能特点、建设标准、视觉作业要求等因素，确定合理的照度指标。照度指标为 300 lx 及以上，且功能明确的房间或场所，宜采用一般照明和局部照明相结合的方式。

10.3.3 除有特殊要求的场所外，应选用高效照明光源、高效灯具及其节能附件。

10.3.4 人员长期工作或停留的房间或场所，照明光源的显色指数不应小于 80。

10.3.5 各类房间或场所的照明功率密度值，宜符合现行国家标准《建筑照明设计标准》GB 50034 规定的目标值要求。

10.4 电气设备节能

10.4.1 变压器应选择低损耗、低噪声的节能产品，并应达到现行国家标准《三相配电变压器能效限定值及节能评价值》GB 20052中规定的目标能效限定值及节能评价值的要求。

10.4.2 配电变压器应选用 [D，yn11] 结线组别的变压器。

10.4.3 应采用配备高效电机及先进控制技术的电梯。自动扶梯与自动人行道应具有节能拖动及节能控制装置，并设置感应传感器以控制自动扶梯与自动人行道的启停。

10.4.4 当 3 台及以上的客梯集中布置时，客梯控制系统应具备按程序集中调控和群控的功能。

10.5　计量与智能化

10.5.1　根据建筑的功能、归属等情况，对照明、电梯、空调、给水排水等系统的用电能耗宜进行分项、分区、分户的计量。

10.5.2　计量装置宜集中设置，当条件限制时，宜采用远程抄表系统或卡式表具。

10.5.3　大型公共建筑应具有对公共照明、空调、给水排水、电梯等设备进行运行监控和管理的功能。

10.5.4　公共建筑宜设置建筑设备能源管理系统，并宜具有对主要设备进行能耗监测、统计、分析和管理的功能。

本规范用词说明

1　为便于在执行本规范条文时区别对待，对要求严格程度不同的用词说明如下：

1）表示很严格，非这样做不可的：

正面词采用"必须"，反面词采用"严禁"；

2）表示严格，在正常情况下均应这样做的：

正面词采用"应"，反面词采用"不应"或"不得"；

3）表示允许稍有选择，在条件许可时首先应这样做的：

正面词采用"宜"，反面词采用"不宜"；

4）表示有选择，在一定条件下可以这样做的，采用"可"。

2　条文中指明应按其他有关标准执行的写法为："应符合……的规定"或"应按……执行"。

引用标准名录

1　《建筑采光设计标准》GB/T 50033

2　《建筑照明设计标准》GB 50034

3　《民用建筑隔声设计规范》GB/T 50118

4　《工程结构可靠性设计统一标准》GB 50153

5　《城市居住区规划设计规范》GB 50180

6　《民用建筑工程室内环境污染控制规范》GB 50325

7　《建筑中水设计规范》GB 50336

8　《民用建筑设计通则》GB 50352

9　《绿色建筑评价标准》GB/T 50378

10　《建筑与小区雨水利用工程技术规范》GB 50400

11　《声环境质量标准》GB 3096

12　《建筑材料放射性核素限量》GB 6566

13　《室内装饰装修材料人造板及其制品中甲醛释放限量》GB 18580

14　《室内装饰装修材料溶剂木器涂料中有害物质限量》GB 18581

15　《室内装饰装修材料内墙涂料中有害物质限量》GB 18582

16　《室内装饰装修材料胶粘剂中有害物质限量》GB 18583

17　《室内装饰装修材料木家具中有害物质限量》GB 18584

18　《室内装饰装修材料壁纸中有害物质限量》GB 18585

19　《室内装饰装修材料聚氯乙烯卷材地板中有害物质限量》GB 18586

20　《室内装饰装修材料地毯、地毯衬垫及地毯用胶粘剂中有害物质释放限量》GB 18587

21　《室内装饰装修材料混凝土外加剂释放氨的限量》GB 18588

22　《三相配电变压器能效限定值及节能评价值》GB 20052

23　《节水型生活用水器具》CJ 164

中华人民共和国行业标准

民用建筑绿色设计规范

JGJ/T 229—2010

条 文 说 明

制 定 说 明

《民用建筑绿色设计规范》JGJ/T 229－2010 经住房和城乡建设部 2010 年 11 月 17 日以第 806 号公告批准、发布。

本规范制定过程中，编制组进行了广泛的调查研究，总结了我国绿色建筑的实践经验，同时参考了国外先进技术法规、技术标准。

为便于广大设计、施工、科研、学校等单位有关人员在使用本规范时能正确理解和执行条文规定，《民用建筑绿色设计规范》编制组按章、节、条顺序编制了本标准的条文说明，对条文规定的目的、依据以及执行中需注意的有关事项进行了说明。但是，本条文说明不具备与标准正文同等的法律效力，仅供使用者作为理解和把握标准规定的参考。

目 次

1 总　则

1.0.1　建筑活动是人类对自然资源、环境影响最大的活动之一。我国正处于经济快速发展阶段，资源消耗总量逐年迅速增长，环境污染形势严峻，因此，必须牢固树立和认真落实科学发展观，坚持可持续发展理念，大力发展低碳经济，在建筑行业推进绿色建筑的发展。建筑设计是建筑全寿命周期的一个重要环节，它主导了建筑从选材、施工、运营、拆除等环节对资源和环境的影响，制定本规范的目的是从规划设计阶段入手，规范和指导绿色建筑的设计，推进建筑行业的可持续发展。

1.0.2　本规范不仅适用于新建民用建筑的绿色设计，同时也适用于改建和扩建民用建筑的绿色设计。既有建筑的改建和扩建有利于充分发掘既有建筑的价值、节约资源、减少对环境的污染，在中国既有建筑的改造具有很大的市场，绿色建筑的理念也应当应用到既有建筑的改造中去。

1.0.3　建筑从建造、使用到拆除的全过程，包括原材料的获取，建筑材料与构配件的加工制造，现场施工与安装，建筑的运行和维护，以及建筑最终的拆除与处置，都会对资源和环境产生一定的影响。关注建筑的全寿命周期，意味着不仅在规划设计阶段充分考虑保护并利用环境因素，而且确保施工过程中对环境的影响最低，运营阶段能为人们提供健康、舒适、低耗、无害的活动空间，拆除后又对环境危害降到最低。

绿色建筑要求在建筑全寿命周期内，在满足建筑功能的同时，最大限度地节能、节地、节水、节材与保护环境。处理不当时这几者会存在彼此矛盾的现象，如为片面追求小区景观而过多地用水，为达到节能的单项指标而过多地消耗材料，这些都是不符合绿色建筑理念的；而降低建筑的功能要求、降低适用性，虽然消耗资源少，也不是绿色建筑所提倡的。节能、节地、节水、节材、保护环境及建筑功能之间的矛盾，必须放在建筑全寿命周期内统筹考虑与正确处理，同时还应重视信息技术、智能技术和绿色建筑的新技术、新产品、新材料与新工艺的应用。绿色建筑最终应能体现出经济效益、社会效益和环境效益的统一。

绿色建筑最终的目的是要实现与自然和谐共生，建筑行为应尊重和顺应自然，绿色建筑应最大限度地减少对自然环境的扰动和对资源的耗费，遵循健康、简约、高效的设计理念。

1.0.4　符合国家的法律法规与相关标准是进行建筑绿色设计的必要条件。本规范未全部涵盖通常建筑物所应有的功能和性能要求，而是着重提出与绿色建筑性能相关的内容，主要包括节能、节地、节水、节材与保护环境等方面。因此建筑的基本要求，如结构安全、防火安全等要求不列入本规范。设计时除应符合本规范要求外，还应符合国家现行的有关标准的规定。

3 基本规定

3.0.1　绿色建筑是在全寿命周期内兼顾资源节约与环境保护的建筑，绿色设计应追求在建筑全寿命周期内，技术经济的合理和效益的最大化。为此，需要从建筑全寿命周期的各个阶段综合评估建筑场地、建筑规模、建筑形式、建筑技术与投资之间的相互影响，综合考虑安全、耐久、经济、美观、健康等因素，比较、选择最适宜的建筑形式、技术、设备和材料，应避免过度追求奢华的形式或配置。

3.0.2　绿色设计过程中应以共享、平衡为核心，通过优化流程、增加内涵、创新方法实现集成设计，全面审视、综合权衡设计中每个环节涉及的内容，以集成工作模式为业主、工程师和项目其他关系人创造共享平台，使技术资源得到高效利用。

绿色设计的共享有两个方面的内涵：第一是建筑设计的共享，建筑设计是共享参与的过程，在设计的全过程中要体现权利和资源的共享，关系人共同参与设计。第二是建筑本身的共享，建筑本是一个共享平台，设计的结果是要使建筑本身为人与人、人与自然、物质与精神、现在与未来的共享提供一个有效、经济的交流平台。

实现共享的基本方法是平衡，没有平衡的共享可能会造成混乱。平衡是绿色建筑设计的根本，是需求、资源、环境、经济等因素之间的综合选择。要求建筑师在建筑设计时改变传统设计思想，全面引入绿色理念，结合建筑所在地的特定气候、环境、经济和社会等多方面的因素，并将其融合在设计方法中。

集成包括集成的工作模式和技术体系。集成工作模式衔接业主、使用者和设计师，共享设计需求、设计手法和设计理念。不同专业的设计师通过调研、讨论、交流的方式在设计全过程捕捉和理解业主和（或）使用者的需求，共同完成创作和设计，同时达到技术体系的优化和集成。

绿色设计强调全过程控制，各专业在项目的每个阶段都应参与讨论、设计与研究。绿色设计强调以定量化分析与评估为前提，提倡在规划设计阶段进行如场地自然生态系统、自然通风、日照与天然采光、围护结构节能、声环境优化等多种技术策略的定量化分析与评估。定量化分析往往需要通过计算机模拟、现场检测或模型实验等手段来完成，这样就增加了对各类设计人员特别是建筑师的专业要求，传统的专业分工的设计模式已经不能适应绿色建筑的设计要求。因此，绿色建筑设计是对现有设计管理和运作模式的创造性变革，是具备综合专业技能的人员、团队或专业咨询机构的共同参与，并充分体现信息技术成果的过程。

绿色设计并不忽视建筑学的内涵，尤为强调从方案设计入手，将绿色设计策略与建筑的表现力相结合，重视建筑的精神功能和社会功能，重视与周边建筑和景观环境的协调以及对环境的贡献，避免沉闷单调或忽视地域性和艺术性的设计。

3.0.3 我国地域辽阔，不同地区的气候、地理环境、自然资源、经济发展与社会习俗等都存在差异。绿色建筑重点关注建筑行为对资源和环境的影响，因此绿色建筑的设计应注重地域性特点，因地制宜、实事求是，充分分析建筑所在地域的气候、资源、自然环境、经济、文化等特点，考虑各类技术的适用性，特别是技术的本土适宜性。设计时应因地制宜、因势利导地控制各类不利因素，有效利用对建筑和人的有利因素，以实现极具地域特色的绿色建筑设计。

绿色设计还应吸收传统建筑中适应生态环境、符合绿色建筑要求的设计元素、方法乃至建筑形式，采用传统技术、本土适宜技术实现具有中国特色的绿色建筑。

3.0.4 建筑设计是建筑全寿命周期中最重要的阶段之一，它主导了后续建筑活动对环境的影响和资源的消耗，因此在设计阶段应进行绿色设计策划。设计策划是对建筑设计进行定义的阶段，是发现并提出问题的阶段。方案设计阶段又是设计的首要环节，对后续设计具有主导作用，方案设计阶段需要结合策划提出的目标确定设计方案，因此最好在规划和单体方案设计阶段进行策划。如果在设计的后期才开始绿色设计，很容易陷入简单的产品和技术的堆砌，并不得不以高成本、低效益作为代价。因此，在方案设计阶段进行绿色建筑设计策划是很有必要的。

策划规定或论证了项目的设计规模、性质、内容和尺度，其结论是后续设计的依据。不同的策划结论，会对同一项目带来不同的设计思想甚至空间内容，甚至建成之后会引发人们在使用方式、价值观念、经济模式上的变更以及新文化的创造。

在设计的前期进行绿色设计策划，可以通过统筹考虑项目自身的特点和绿色建筑的理念，在对各种技术方案进行技术经济性的统筹对比和优化的基础上，达到合理控制成本、实现各项指标的目的。

3.0.5 在方案和初步设计阶段的设计文件中，通过绿色设计专篇对采用的各项技术进行比较系统的分析与总结；在施工图设计文件中注明对项目施工与运营管理的要求和注意事项，会引导设计人员、施工人员以及使用者关注设计成果在项目的施工、运营管理阶段的有效落实。

绿色设计专篇中一般包括下列内容：

1 工程的绿色目标与主要策略；

2 符合绿色施工的工艺要求；

3 确保运行达到绿色建筑设计目标的使用说明书。

3.0.6 随着建筑技术的不断发展，绿色建筑的实现手段更趋多样化，层出不穷的新技术和适宜技术促进了绿色建筑综合效益的提高，包括经济效益、社会效益和环境效益。因此，在提高建筑经济效益、社会效益和环境效益的前提下，绿色建筑鼓励结合项目特征在设计方法、新技术利用与系统整合等方面进行创新设计，如：

1 有条件时，优先采用被动措施实现设计目标；

2 各专业宜利用现代信息技术协同设计；

3 通过精细化设计提升常规技术与产品的功能；

4 新技术应用应进行适宜性分析；

5 设计阶段宜定量分析并预测建筑建成后的运行状况，并设置监测系统。

当然，在设计创新的同时，应保证建筑整体功能的合理落实，同时确保结构、消防等基本安全要求。

4 绿色设计策划

4.1 一般规定

4.1.1 绿色设计策划的目的是指明绿色设计的方向，预见并提出设计过程中可能出现的问题，完善建筑设计的内容，将总体规划思想科学地贯彻到设计中去，以达到预期的目标。

绿色设计策划的成果将直接决定下一阶段方案设计策略的选择，对于优化绿色建筑设计方案至关重要。

绿色设计策划时宜提倡采用本土、适宜的技术，提倡采用性能化、精细化与集成化的设计方法，对设计方案进行定量验证、优化调整与造价分析，保证在全寿命周期内经济技术合理的前提下，有效控制建设工程的投资。

绿色建筑强调资源的节约与高效利用。过大的建筑面积设置、不必要的功能布置，造成空间闲置，以及设施、设备的过分高端配置等都是对资源的浪费，也是建筑在运行过程中资源消耗大、效率低的重要原因。而这些问题往往可以在策划阶段得到解决。

4.1.2 设计策划目标的确定和实现，需要建筑全寿命周期内所有利益相关方的积极参与，需综合平衡各阶段、各因素的利益，积极协调各参与方、各专业之间的关系。通过组建"绿色团队"确立项目目标，是实现绿色建筑最基础的步骤。

"绿色团队"的组成可包括建筑开发商、业主、建筑师、工程师、咨询顾问、承包商等。传统的设计流程，是由每个成员完成他们的职责，然后传递给下一家。而在绿色建筑设计中，应从分阶段、划区块的工作模式，转换到多学科融合的工作模式，"绿色团队"成员要在充分理解绿色建筑目标的基础上协调一致，确保项目目标的完整实现。

4.2 策 划 内 容

4.2.1 绿色设计策划阶段的基本流程如图1所示：

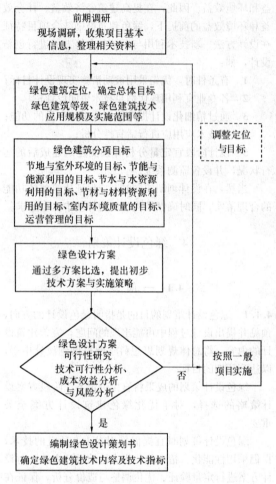

图 1 绿色设计策划流程图

　　绿色设计策划是设计团队知识管理和创新增值的过程。通过策划，可以对项目开发中的各个方面进行充分调查和研究，为项目目标的实现提供解决途径。

4.2.2 绿色设计前期调研的主要目的是了解项目所处的自然环境、建设环境（能源、资源、基础设施）、市场环境以及建筑环境等，结合政策环境与宏观经济环境，为项目的定位和目标的确定提供支撑。

　　绿色设计前期调研工作的主要内容包括市场调查、场地分析和对开发企业或业主的调查等。首先对用地环境进行分析与研究，包括场地状况、周边环境、道路交通等，由此得出绿色设计策划的环境分析，包括人流、绿地构成及与周边道路的关系等；其次进行市场环境分析与研究，并考虑市场需求，使策划具有市场适应性。

4.2.3 确定绿色建筑的目标与定位，是建设单位和设计师们面临的首要任务，是实现绿色建筑的第一步。绿色建筑目标包括总体目标和分项目标。

　　绿色建筑总体目标和定位主要取决于自然条件（如地理、气候与水文等）、社会条件（如经济发展水平、文化教育与社会认识等）、项目的基础条件（是否满足国家绿色建筑评价标准控制项要求）等方面。项目的总体目标应满足绿色建筑的基本内涵，项目的规模、组成、功能和标准应经济适宜。

　　在明确绿色建筑建设的总体目标后，可进一步确定符合项目特征的节能率、节水率、可再生能源利用率、绿地率及室内外环境质量等分项目标，为下一步的技术方案的确定提供基础。

4.2.4 明确绿色建筑建设目标后，应进一步确定节地、节能、节水、节材、室内环境和运营管理等指标值，确定被动技术优先原则下的绿色建筑方案，采用适宜、集成的技术体系，选择合适的设计方法和产品。

　　优先通过场地生态规划、建筑形态与平面布局优化等规划设计手段和被动技术策略，利用场地与气候特征，实现绿色建筑性能的提升；无法通过规划设计手段和被动技术策略实现绿色建筑目标时，可考虑增加高性能的建筑产品和设备的使用。

　　应基于保证场地安全、保持场地及周边生态平衡、维持生物多样性、保护文化遗产等原则，判断场地内是否存在不适宜建设的区域。当需要在不适宜建设的区域进行项目建设时，应采取相应措施进行调整、恢复或补偿场地及周边地区原有地形、地物与生态系统。

4.2.5 在确定绿色设计技术方案时，应进行经济技术可行性分析，包括技术可行性、成本效益和风险等分析与评估。首先，可将方案与绿色建筑相关认证控制项或相关强制要求一一对比，审查项目有无成为绿色建筑的可能性，可根据需要编制并填写绿色设计可行性控制表。如果初步判断不满足，可寻求解决方案并分析解决方案的成本或调整设计目标。

　　其次，应进行技术方案的成本效益和风险分析，对于投资回收期较长和投资额度较大的技术方案应充分论证。当然，分析时应兼顾经济效益、环境效益和社会效益，不能只关注某一方面效益而使得项目存在潜在风险。风险评估一般包括政策风险、经济风险、技术风险、组织管理风险等的评估。

5 场地与室外环境

5.1 一 般 规 定

5.1.2 场地资源包括自然资源、生物资源、市政基础设施和公共服务设施等。

　　为实现场地和建筑的可持续运营的要求，需要确定场地的资源条件是否能够满足预定的场地开发强度。场地资源条件对开发强度的影响包括：周边城市地下空间规划（管沟、地铁等地下工程）对场地地下空间的开发限制；地下水条件对建筑地源热泵技术应用的影响；雨水涵养利用对场地绿化的要求；城市交通条件对建筑容量的限制；动植物生存环境对建筑场地的要求等。

5.1.3 土地的不合理利用导致土地资源的浪费，为了促进土地资源的节约和集约利用，鼓励提高场地的空间利用效率，可采取适当开发地下空间、充分利用绿地等开放空间滞蓄、渗透和净化雨水等方式提高土地空间利用效率。应积极实现公共服务设施和市政基础设施的共享，减少重复建设，降低资源能源消耗。鼓励制定相关激励政策，开放场地内绿地等空间作为城市公共活动空间。在新建区域宜设置市政共同管沟，统一规划开发利用地下空间实现区域设施资源共享和可持续开发。

5.1.4 场地规划应考虑建筑布局对建筑室外风、光、热、声、水环境和场地内外动植物等环境因素的影响，考虑建筑周围及建筑与建筑之间的自然环境、人工环境的综合设计布局，考虑场地开发活动对当地生态系统的影响。

生态补偿是指对场地整体生态环境进行改造、恢复和建设，以弥补开发活动引起的不可避免的环境变化影响。室外环境的生态补偿重点是改造、恢复场地自然环境，通过采取植物补偿等措施，改善环境质量，减少自然生态系统对人工干预的依赖，逐步恢复系统自身的调节功能并保持系统的健康稳定，保证人工-自然复合生态系统的良性发展。

5.2 场地要求

5.2.1 选择已开发用地或利用废弃地，是节地的首选措施。废弃地包括不可建设用地（由于各种原因未能使用或尚不能使用的土地，如裸岩、石砾地、陡坡地、塌陷地、盐碱地、沙荒地、沼泽地、废窑坑等）、仓库与工厂弃置地等。利用废弃地前，应对原有场地进行检测并作相应处理后方可使用。

5.2.2 对原有的工业用地、垃圾填埋场等场地进行再生利用时，应提供场地检测与再利用评估报告，为场地改造措施的选择和实施提供依据。

5.2.3 市政基础设施应包括供水、供电、供气、通信、道路交通和排水排污等基本市政条件。应根据市政条件进行场地建设容量的复核，建设容量的指标包括城市空间、紧急疏散空间、交通流量等。如果复核后不满足条件，应与上层规划条件的编制和审批单位进行协调，保障场地的可持续发展。

5.2.4 风切变（WindShear）简单的定义是空间任意两点之间风向和风速的突然变化，属于气象学范畴的一种大气现象。除了大气运动本身的变化所造成的风

切变外，地理、环境因素也容易造成风切变，或由两者综合形成。这里的地理、环境因素主要是指山地地形、水陆界面、高大建筑物、成片树林与其他自然的和人为的因素，这些因素也能引起风切变现象。其风切变状况与当时的盛行风状况（方向和大小）有关，也与山地地形的大小和复杂程度、场地迎风背风位置、水面的大小和建筑场地离水面的距离、建筑物的大小和外形等有关。一般山地高差大、水域面积大、建筑物高大，不仅容易产生风切变，而且其强度也较大。

5.2.5 场地环境质量包括大气质量、噪声、电磁辐射污染、放射性污染和土壤氡浓度等，应通过调查，明确相关环境质量指标。当相关指标不符合现行国家标准要求时，应采取相应措施，并对措施的可操作性和实施效果进行评估。

与土壤氡浓度的测定、防护、控制相关的国家标准为《民用建筑工程室内环境污染控制规范》GB 50325，该规范 4.1.1 条规定"新建、扩建的民用建筑工程设计前，必须进行建筑场地土壤中氡浓度的测定，并提供相应的检测报告"；在 4.2 节中提出了民用建筑工程地点土壤中氡浓度的测定方法及防氡措施。

5.3 场地资源利用与生态环境保护

5.3.1 应对可利用的自然资源进行勘察，包括地形、地貌和地表水体、水系以及雨水资源等。应对自然资源的分布状况、利用和改造方式进行技术经济评价，为充分利用自然资源提供依据。

1 保持和利用原有地形，尽量减少开发建设过程对场地及周边环境生态系统的改变，包括原有植被和动物栖息环境。

2 建设场地应避免靠近水源保护区；应尽量保护并利用原有场地水面。在条件许可时，尽量恢复场地原有河道的形态和功能。场地开发不能破坏场地与周边原有水系的关系，尽量维持原有水文条件，保护区域生态环境。

3 应保护并利用场地浅层土壤资源和植被资源。场地表层土的保护和回收利用是土壤资源保护、维持生物多样性的重要方法之一。

4 充分利用场地及周边已有的市政基础设施和绿色基础设施，可减少基础设施投入，避免重复投资。应调查分析周边地区公共服务设施的数量、规模和服务半径，避免重复建设，提高公共服务设施的利用效率和服务质量。

5 保证雨水能自然渗透涵养地下水，合理规划地下空间的开发利用。

5.3.2 应对可资利用的可再生能源进行勘察，包括太阳能、风能、地下水、地热能等。应对资源分布状况和资源利用进行技术经济评价，为充分利用可再生

能源提供依据。

利用地下水应通过政府相关部门的审批，应保持原有地下水的形态和流向，不得过量使用地下水，避免造成地下水位下降或场地沉降。

场地建筑规划设计，不仅应符合国家相关的日照标准要求，还应为太阳能热利用和光伏发电提供有利条件。太阳能利用应防止建筑物的相互遮挡、自遮挡、局部热环境和集热器或电池板表面积灰等因素对利用效率的影响。应对太阳能资源利用的区域适应性、季节平衡等进行定量评估。

利用风能发电时应进行风能利用评估，包括选择适宜的风能发电技术、评估对场地声环境和动物生存环境的影响等。

5.3.3 生物资源包括动物资源、植物资源、微生物资源和生态湿地资源。场地规划应因地制宜，与周边自然环境建立有机共生关系，保持或提升场地及周边地区的生物多样性指标。

5.3.4 雨洪控制利用是生态景观设计的重要内容，即充分利用河道、景观水体和绿化空间的容纳功能，通过场地竖向设计和不同季节的水位控制，减少市政雨洪排放压力，也为雨水利用、渗透地下提供可能。另外，通过充分利用开放的绿地空间滞蓄、渗透和净化雨水可提高土地利用效率。

5.3.5 旧城改造和城镇化进程中，既有建筑的保护和利用规划是节能减排的重要内容之一，也是保护建筑文化和生态文明的重要措施之一。大规模拆迁重建与绿色建筑的理念是矛盾的。

5.3.6 场地内的建筑垃圾和生活垃圾包括开发建设过程和建筑运营过程中产生的垃圾。分类收集是回收利用的前提。

5.4 场地规划与室外环境

5.4.1 应根据室外环境最基本的照明要求进行室外照明规划及场地和道路照明设计。建筑物立面、广告牌、街景、园林绿地、喷泉水景、雕塑小品等景观照明的规划，应根据道路功能、所在位置、环境条件等确定景观照明的亮度水平，同一条道路上的景观照明的亮度水平宜一致；重点建筑照明的亮度水平及其色彩应与园林绿地、喷泉水景、雕塑小品等景观照明亮度以及它们之间的过渡空间亮度水平应协调。

在运动场地和道路照明的灯具选配时，应分析所选用的灯具的光强分布曲线，确定灯具的瞄准角（投射角、仰角），控制灯具直接射向空中的光线及数量。建筑物立面采用泛光照明时应考核所选用的灯具的配光是否合适，设置位置是否合理，投射角度是否正确，预测有多少光线溢出建筑物范围以外。还应考核建筑物立面照明所选用的标准是否合适。场地和道路照明设计中，所选用的路灯和投光灯的配光、挡光板设置、灯具的安装高度、设置位置、投光角度等都可

能会对周围居住建筑窗户上的垂直照度产生眩光影响，需要通过分析研究确定。

玻璃幕墙所产生的有害光反射，是白天光污染的主要来源，应考虑所选用的玻璃产品、幕墙的设计、组装和安装、玻璃幕墙的设置位置等是否合适，并应符合《玻璃幕墙光学性能》GB/T 18091 的规定。

5.4.2 建筑布局不仅会产生二次风，还会严重地阻碍风的流动，在某些区域形成无风区或涡旋区，这对于室外散热和污染物排放是非常不利的，应尽量避免。

建筑布局采用行列式、自由式或采用"前低后高"和有规律地"高低错落"，有利于自然风进入到小区深处，建筑前后形成压差，促进建筑自然通风。当然具体工程中最好采用计算机模拟手段优化设计。

计算机模拟辅助设计是解决建筑复杂布局条件下风环境评估和预测的有效手段。实际工程中应采用可靠的计算机模拟程序，合理确定边界条件，基于典型的风向、风速进行建筑风环境模拟，并达到下列要求：

1 在建筑物周围行人区 1.5m 处风速小于 5m/s；

2 冬季保证建筑物前后压差不大于 5Pa；

3 夏季保证 75% 以上的板式建筑前后保持 1.5Pa 左右的压差，避免局部出现旋涡或死角，从而保证室内有效的自然通风。

由于风向风速的统计方法十分复杂，尚无典型风环境气象条件的定义可循，国外进行风环境模拟时多采用风速风向联合概率密度作为依据，因此，如果能取得当地冬季、夏季和过渡季各季风速风向联合概率密度数据时，可选用此数据作为场地风环境典型气象条件。若无法取得风速风向联合概率密度数据时，可选取当地的冬季、夏季和过渡季各季中月平均风速最大月的风向风速作为场地风环境典型气象条件。

关于风环境模拟，建议参考 COST（欧洲科技研究领域合作组织）和 AIJ（日本建筑学会）风工程研究小组的研究成果进行模拟，具体要求如下：

1 计算区域：建筑覆盖区域小于整个计算域面积 3%；以目标建筑为中心，半径 5H 范围内为水平计算区域。建筑上方计算区域要大于 3H；

2 模型再现区域：目标建筑边界 H 范围内应以最大的细节要求再现；

3 网格划分：建筑的每一边人行区 1.5m 或 2m 高度应划分 10 个网格或以上；重点观测区域要在地面以上第 3 个网格和更高的网格以内；

4 入口边界条件：给定入口风速的分布（梯度风）进行模拟计算，有可能的情况下入口的 k/e 也应采用分布参数进行定义；

5 地面边界条件：对于未考虑粗糙度的情况，采用指数关系式修正粗糙度带来的影响；对于实际建筑的几何再现，应采用适应实际地面条件的边界

条件；对于光滑壁面应采用对数定律。

5.4.3 根据不同类别的居住区，要求对场地周边的噪声现状进行检测，并对规划实施后的环境噪声进行预测，使之符合国家标准《声环境质量标准》GB 3096 中对于不同类别住宅区环境噪声标准的规定（见表1）。对于交通干线两侧的居住区域，应满足白天 $LA_{eq} \leqslant 70dB$（A），夜间 $LA_{eq} \leqslant 55dB$（A）。当不能满足时，需要在临街建筑外窗和围护结构等方面采取额外的隔声措施。

表 1　不同区域环境噪声标准

类别	0 类	1 类	2 类	3 类	4 类
昼间（dB）	50	55	60	65	70
夜间（dB）	40	45	50	55	55

注：0 类——疗养院、高级别墅区、高级旅馆；
　　1 类——居住、文化机关为主的区域；
　　2 类——居住、商业、工业混杂区；
　　3 类——工业区；
　　4 类——城市中的道路干线两侧区域。

总平面规划中应注意噪声源及噪声敏感建筑物的合理布局，注意不把噪声敏感性高的居住用建筑安排在临近交通干道的位置，同时确保不会受到固定噪声源的干扰。通过对建筑朝向、位置及开口的合理布置，降低所受外部环境噪声影响。

临街的居住和办公建筑的室内声环境应符合国家标准《民用建筑隔声设计规范》GB/T 50118 中规定的室内噪声标准。采用适当的隔离或降噪措施，如道路声屏障、低噪声路面、绿化降噪、限制重载车通行等隔离和降噪措施，减少环境噪声干扰。对于可能产生噪声干扰的固定的设备噪声源采取隔声和消声措施，降低其环境噪声。

当拟建噪声敏感建筑不能避开临近交通干线，或不能远离固定的设备噪声源时，应采取措施来降低噪声干扰。

声屏障是指在声源与接收者之间插入的一个设施，使声波的传播有一个显著的附加衰减，从而减弱了接收者所在一定区域内的噪声影响。

声屏障主要用于高速公路、高架桥道路、城市轻轨地铁以及铁路等交通市政设施中的降噪处理，也可应用于工矿企业和大型冷却设备等噪声源的降噪处理。采用声屏障时应保证建筑处于声屏障有效屏蔽范围内。

5.4.4 地面铺装材料的反射率对建设用地内的室外平均辐射温度有显著影响，从而影响室外热舒适度，同时地面反射会影响周围建筑物的光、热环境。

屋顶材料的反射率同样对建设用地内的室外平均辐射温度产生显著影响，从而影响室外热舒适度。另外，低层建筑的屋面反射还会影响周围建筑物的光、热环境。因此，需要根据建筑的密度、高度和布局情

况，选择地面铺装材料和屋面材料，以保证良好的局部微气候。

绿化遮阳是有效的改善室外微气候和热环境的措施，植物的搭配选择应避免对建筑室内和室外活动区的自然通风和视野产生不利影响。

水景的设置可有效降低场地热岛。水景在场地中的位置与当地典型风向有关，避免将水景放在夏季风向的下风区和冬季风向的上风区。水景设计和植物种类选择应有机搭配。

可通过计算机模拟手段进行室外景观园林设计对热岛的影响分析，这项工作应由景观园林师和工程师合作完成，以便指导设计。

5.4.5 场地交通设计应处理好区域交通与内部交通网络之间的关系，场地附近应有便利的公共交通系统；规划建设用地内应设置便捷的自行车停车设施；交通规划设计应遵循环保原则。

道路系统应分等级规划，避免越级连接，保证等级最高的道路与区域交通网络联系便捷。

建设用地周围至少有一条公共交通线路与城市中心区或其他主要交通换乘站直接联系。场地出入口到邻近公交站点的距离控制在合理范围（500m）内。

5.4.6 水景的设计应从科学、合理的生态原则出发，充分考虑场地的情况，合理确定水景规模及形式，从驳岸、自然水底、水生植物、水生动物等各角度综合考虑，进行优化设计，例如用缓坡植被驳岸取代硬质堤岸，恢复水岸的生态环境；尽可能采用自然池底；种植水生植物；充分利用雨水及再生水等。

场地绿化的连续性是指绿地系统的水平生态过程和垂直生态过程的连续性。水平生态过程的连续性是指要把分散绿地组成一个连贯的绿化生态走廊，与周边自然环境建立有机共生关系，保持或提升场地及周边地区的生物多样性指标。垂直生态过程的连续性是指同一绿地单元，不同植物之间的互相协调和联系，注重垂直方向上植物群落林缘线的分布，采用健康、稳定的乔木、灌木、藤本、地被复层绿化组合，增强垂直生态过程的连续性和稳定性。因此，场地绿化的连续性设计要结合城市规划、场地布局和场地交通系统等进行合理安排，使大地景观形成一个有机的系统，构成统一的绿化体系。

乡土植物，指本地区原有天然分布或长期生长于本地、适应本地自然条件并融入本地自然生态系统的植物。

植物种类的选择与当地气候条件，如温度、湿度、降雨量等有关；还与场地种植条件，如原土场地条件、地下工程上方的覆土层厚度、种植方式、种植位置等有关。

就种植位置而言，垂直绿化植物材料的选择应考虑不同习性的攀援植物对环境条件的不同要求，结合攀援植物的观赏效果和功能要求进行设计，并创造满

足其生长的条件。屋顶绿化的植物选择应根据屋顶绿化形式，选择维护成本较低、适应屋顶环境的植物材料；生态水景中水生植物的选择应根据场地微气候条件，选择具有良好的生态适应能力和生态营建功能的植物。

种植设计应满足场地使用功能的要求。如，室外活动场地宜选用高大乔木，枝下净空不低于2.2m，且夏季乔木蔽荫面积宜大于活动范围的50%；停车场宜选用高大乔木蔽荫，树木种植间距应满足车位、通道、转弯、回车半径的要求，场地内种植池宽度应大于1.5m，并应设置保护措施。

种植设计应满足安全距离的要求。如，植物种植位置与建筑物、构筑物、道路和地下管线、高压线等设施的距离应符合相关要求。

种植设计应满足绿化效果的要求。如，集中绿地应栽植多种类型植物，采用乔、灌、草复层绿化。上下层植物的配置应符合植物的生态习性要求，优化草、灌木的位置和数量，增加乔木的数量。

6 建筑设计与室内环境

6.1 一般规定

6.1.1 绿色建筑的建筑设计非常重要。设计时应根据场地条件和当地的气候条件，在满足建筑功能和美观要求的前提下，通过优化建筑外形和内部空间布局以及优先采用被动式的构造措施，为提高室内舒适度并降低建筑能耗提供前提条件。

如何优化建筑外形和内部空间布局以及采用被动式的天然采光、自然通风、保温、隔热、遮阳等构造措施，可以通过定性分析的手段来判断，更科学的则是采用计算机模拟的定量分析手段。条件许可时，可进行全年动态负荷变化的模拟，优化建筑外形和内部空间布局设计。

采用计算机的全年动态负荷模拟的方法目前已经基本成熟，但还有待完善。应该鼓励绿色建筑，尤其是规模较大、目标级别较高的绿色建筑在建筑设计阶段就引入计算机全年动态负荷模拟，一方面有利于绿色建筑节能指标的提高，另一方面也有利于全年动态负荷模拟方法的不断完善。

6.1.2 建筑朝向的选择，涉及当地气候条件、地理环境、建筑用地情况等，必须全面考虑。选择的总原则是：在节约用地的前提下，冬季争取较多的日照，夏季避免过多的日照，并有利于形成自然通风。建筑朝向应结合各种设计条件，因地制宜地确定合理的范围，以满足生产和生活的需求。表2是我国部分地区建议建筑朝向表。

建筑朝向与夏季主导季风方向宜控制在30°到60°间。建筑朝向应考虑可迎纳有利的局部地形风，

例如海陆风等。

在非炎热地区，为了尽量减少风压对房间气温的影响，建筑物尽量避免迎向当地冬季的主导风向。

表2 我国部分地区建议建筑朝向表

地区	最佳朝向	适宜朝向	不利朝向
北京地区	南至南偏东30°	南偏东45°范围内 南偏西35°范围内	北偏西30°~60°
上海地区	南至南偏东15°	南偏东30°， 南偏西15°	北、西北
石家庄地区	南偏东15°	南至南偏东30°	西
太原地区	南偏东15°	南偏东至东	西北
呼和浩特地区	南至南偏东 南至南偏西	东南、西南	北、西北
哈尔滨地区	南偏东15°~20°	南至南偏东15° 南至南偏西15°	西北、北
长春地区	南偏东30° 南偏西10°	南偏东45° 南偏西45°	北、东北、西北
沈阳地区	南、南偏东20°	南偏东至东 南偏西至西	东北东至西北西
济南地区	南、南偏东10°~15°	南偏东30°	西偏北5°~10°
南京地区	南、南偏东15°	南偏东25° 南偏西10°	西、北
合肥地区	南偏东5°~15°	南偏东15° 南偏西5°	西
杭州地区	南偏东10°~15°	南、南偏东30°	北、西
郑州地区	南偏东15°	南偏东25°	西北
武汉地区	南、南偏西15°	南偏东15°	西、西北
长沙地区	南偏东9°左右	南	西、西北
重庆地区	南偏东30°至 南偏西30°范围内	南偏东45° 南偏西45°范围内	东、西北
福州地区	南、南偏东5°~10°	南偏东20°以内	西
深圳地区	南偏东15°至 南偏西15°范围内	南偏东45°至 南偏西30°范围内	西、东北

注：以上数据分来源于各地区建筑节能设计标准或规范，还未实施建筑节能地方设计标准或细则的地区，可取相近地区推荐值。

建筑朝向受各方面条件的制约，有时不能均处于最佳或适宜朝向。当建筑采取东西向和南北向拼接时，应考虑两者接受日照的程度和相互遮挡的关系。对朝向不佳的建筑可增加下列补偿措施：

1 将次要房间放在西面，适当加大西向房间的进深；

2 在西面设置进深较大的阳台，减小西窗面积，设遮阳设施，在西窗外种植枝大叶茂的落叶乔木；

3 住宅建筑尽量避免纯朝西户的出现，并组织好穿堂风，利用晚间通风带走室内余热。

6.1.3 建筑形体与日照、自然通风与噪声等因素都有密切的关系，在设计中仅仅孤立地考虑形体因素是不够的，需要与其他因素综合考虑，才能处理好节能、节地、节材等要求之间的关系。建筑形体的设计应充分利用场地的自然条件，综合考虑建筑的朝向、间距、开窗位置和比例等因素，使建筑获得良好的日照、通风、采光和视野。

可采用下列措施：

1 利用计算机日照模拟分析等方法，以建筑周边场地以及既有建筑为边界条件，确定满足建筑物日照标准的形体，并结合建筑节能和经济成本权衡分析；

2 夏热冬冷和夏热冬暖地区宜通过改变建筑形体，如合理设计底层架空来改善后排住宅的通风；

3 建筑单体设计时，在场地风环境分析的基础上，通过调整建筑长宽高比例，使建筑迎风面压力合理分布，避免背风面形成涡旋区，并可适度采用凹凸面设计，降低下沉风速；

4 建筑造型宜与隔声降噪有机结合，可利用建筑裙房或底层凸出设计等遮挡沿路交通噪声，且面向交通主干道的建筑面宽不宜过宽。

6.1.4 有些建筑由于体形过于追求形式新异，造成结构不合理、空间浪费或构造过于复杂等情况，引起建造材料大量增加或运营费用过高。这些做法为片面追求美观而以巨大的资源消耗为代价，不符合绿色建筑的原则，应该在建筑设计中避免。在设计中应控制造型要素中没有功能作用的装饰构件的应用，有功能作用的室外构件和室外设备应在设计时就与建筑进行一体化设计，避免后补造成的防水、荷载、稳固、材料浪费等问题。

6.2 空间合理利用

6.2.1 建筑中休息空间、交往空间、会议设施、健身设施等的共享，可以有效提高空间的利用效率，节约用地、节约建设成本及减少对资源的消耗。应通过精心设计，避免过多的大厅、走廊等交通辅助空间，避免因设计不当形成一些很难使用或使用效率低的空间。建筑设计中追求过于高大的大厅、过高的建筑层高、过大的房间面积等做法，会增加建筑能耗、浪费土地和空间资源，宜尽量避免。

6.2.2 为适应预期的功能变化，设计时应选择适宜的开间和层高，并应尽可能采用轻质内隔墙。公共建筑宜考虑使用功能、使用人数和使用方式的未来变化。居住建筑宜考虑如下预期使用变化：

1 家庭人口的预期变化，包括人数及构成的变化；

2 考虑住户的不同需求，使室内空间可以进行灵活分隔。

6.2.3 各功能空间要充分利用各种自然资源，例如

充分利用直射或漫射的阳光，发挥其采光、采暖和杀菌的作用；充分利用自然通风降低能耗，提高舒适性。窗户除了有自然通风和天然采光的功能外，还具有在从视觉上起到沟通内外的作用，良好的视野有助于使用者心情愉悦，可适当加大拥有良好景观视野朝向的开窗面积以获得景观资源，但必须对可能出现的围护结构热工性能、声环境质量下降采取补偿措施。城市中建筑间距一般较小，住宅卧室、医院病房、旅馆客房等空间布置应避免视线干扰。

6.2.4 将需求相同或相近的空间集中布置，有利于统筹布置设备管线，减少能源损耗，减少管道材料的使用。根据房间声环境要求的不同，对各类房间进行布局和划分，可以达到区域噪声控制的良好效果。

6.2.5 有噪声、振动、电磁辐射、空气污染的水泵房、空调机房、发电机房、变配电房等设备机房和停车库，宜远离住宅、宿舍、办公室、旅馆客房、医院病房、学校教室等人员长期居住或工作的房间或场所。当受条件限制无法避开时，应采取隔声降噪、减振、电磁屏蔽、通风等措施。条件许可时，宜将噪声源设置在地下，宜避免将水泵房布置在住宅的正上方，空调机房门宜避免直接开向办公空间。

6.2.6 设备机房布置在负荷中心以利于减少管线敷设量及管路耗损。设备和管道的维修、改造和更换应在机房和管道井的设计时就加以充分考虑，留好检修门、检修通道、扩容空间、更换通道等，以免使用时空间不足，或造成拆除墙体、空间浪费等现象。

6.2.7 设置便捷、舒适的日常使用楼梯，可以鼓励人们减少电梯的使用，在健身的同时节约电梯能耗。日常使用楼梯的设置应尽量结合消防疏散楼梯，并提高其舒适度，使其便于人们使用。

6.2.8 自行车库的停车数量应满足实际需求。配套的淋浴、更衣设施可以借用建筑中其他功能的淋浴、更衣设施，但要便于骑自行车人的使用。要充分考虑班车、出租车停靠、等候和下车后步行到建筑入口的流线。

6.2.9 有条件的建筑开放一些空间给社会公众使用，增加公众的活动与交流空间，使建筑服务于更多的人群，提高建筑的利用效率，节约社会资源，节约土地，为人们提供更多的沟通和休闲的机会。

6.2.10 建筑的坡屋顶空间可以用作储存空间，还可以作为自然通风间层，在夏季遮挡阳光直射并引导通风降温，冬季作为温室加强屋顶保温。地下空间宜充分利用，可以作为车库、机房、公共设施、超市、储藏等空间；人防空间应尽量做好平战结合设计。为地下空间引入天然采光和自然通风，将使地下空间更加舒适、健康，并节约通风和照明能耗，有利于地下空间的充分利用。

6.3 日照和天然采光

6.3.1 不同类型的建筑如住宅、医院、中小学校、

幼儿园等设计规范都对日照有具体明确的规定，设计时应执行国家和地方现行的法规和标准规范。

6.3.2 《建筑采光设计标准》GB/T 50033 和《民用建筑设计通则》GB 50352 规定了各类建筑房间采光系数的最低值。

一般情况下住宅各房间的采光系数与窗地面积比密切相关，因此可利用窗地面积比的大小调节室内天然采光。房间采光效果还与当地的光气候条件有关，《建筑采光设计标准》GB/T 50033 根据年平均总照度的大小，将我国分成 5 类光气候区，每类光气候区有不同的光气候系数 K，K 值小说明当地的天空比较"亮"，因此达到同样的采光效果，窗墙面积比可以小一些，反之亦然。

办公、旅馆类建筑主要功能空间不包括储藏室、机房、走廊、楼梯间、卫生间及其他人员不经常停留和不需要阳光的房间。

6.3.3 建筑功能的复杂性和土地资源的紧缺，使建筑进深不断加大，为满足人们心理和生理的健康需求并节约人工照明的能耗，可以通过一些技术手段将天然光引入地上采光不足的建筑空间和地下建筑空间。

为改善室内的天然采光效果，可以采用反光板、棱镜窗等措施将室外光线反射、折射、衍射到进深较大的室内空间。无天然采光的室内大空间，尤其是儿童活动区域、公共活动空间，可使用导光管、光导纤维等技术，将阳光从屋顶或侧墙引入，以改善室内照明舒适度和节约人工照明能耗。

地下空间充分利用天然采光可节省白天人工照明能耗，创造健康的光环境。可设计下沉式庭院、采光窗井、采光天窗来实现地下室的天然采光，但要处理好排水、防水等问题。使用镜面反射式导光管时，地下车库的覆土厚度不宜大于 3m。也可将地下室设计为半地下室，直接对外开窗洞口，从而获得天然采光和自然通风，提高地下空间的品质，减少照明和通风能耗。

6.4 自 然 通 风

6.4.1 为有效利用自然通风，需要进行合理的室内平面设计、室内空间组织以及门窗位置、尺寸与开启方式的精细化设计。考虑建筑冬季防寒时，宜使主要房间，如卧室、起居室、办公室等主要工作与生活房间，避开冬季主导风向，防止冷风渗透。夏季需要通过自然通风为建筑降温，宜使主要房间迎向夏季主导风向。

宜采用室内气流模拟设计的方法进行室内平面布置和门窗位置与开口的设计，综合比较不同建筑设计及构造设计方案，确定最优的自然通风系统方案。

6.4.2 穿堂通风可有效避免单侧通风中出现的进排气流参混、短路、进气气流不能充分深入房间内部等缺点，因此房间的平面布局宜利于形成穿堂通风。

同时，要取得好的室内空气品质，还应尽量使主要房间处于上游段，避免厨房、卫生间等房间的污浊空气随气流进入其他房间。要获得良好的自然穿堂风，需要如下一些基本条件：室外风要达到一定的强度；室外空气首先进入卧室、客厅等主要房间；穿堂气流通道上，应避免出现喉部；气流通道宜短且直；减小建筑外门窗的气流阻力。

6.4.3 为了避免冬季因自然通风而导致的室内热量流失，可采取必要的防寒措施，如设置门斗、自然通风器、双层玻璃幕墙以及对新风进行预热等措施。

6.4.4 开窗位置宜选在周围空气清洁、灰尘较少、室外空气污染小的地方，避免开向噪声较大的地方。高层建筑应考虑风速过高对窗户开启方式的影响。

建筑能否获取足够的自然通风与通风开口面积的大小密切相关，近来有些建筑为了追求外窗的视觉效果和建筑立面的设计风格，外窗的可开启率有逐渐下降的趋势，有的甚至使外窗完全封闭，导致房间自然通风不足，不利于室内空气的流通和散热，不利于节能。

《绿色建筑评价标准》GB/T 50378 - 2006 中要求居住空间的"通风开口面积在夏热冬暖和夏热冬冷地区不小于该房间地板面积的 8%，在其他地区不小于 5%"，公共建筑要求"建筑外窗可开启面积不小于外窗总面积的 30%，建筑幕墙具有可开启部分或设有通风换气装置"。《住宅设计规范》GB 50096 - 1999（2003 年版）中规定"厨房的通风开口面积不应小于该房间地板面积的 10%，并不得小于 0.60m²"。透明幕墙也应具有可开启部分或设通风换气装置，结合幕墙的安全性和气密性要求，幕墙可开启面积宜不小于幕墙透明面积的 10%。

办公建筑与教学楼内的室内人员密度比较大，建筑室内空气流动，特别是自然、新鲜空气的流动，对提高室内工作人员与学生的工作、学习效率非常关键。日本绿色建筑评价标准（CASBEE for New Construction）对办公建筑和学校的外窗可开启面积设定了 3 个等级：1）确保可开启窗户的面积达到居室面积的 1/10 以上；2）确保可开启窗户的面积达到居室面积的 1/8 以上；3）确保可开启窗户的面积达到居室面积的 1/6 以上。为了取得较好的自然通风效果，提高工作与学习效率，宜采用 1/6 的数值。

自然通风的效果不仅与开口面积有关，还与通风开口之间的相对位置密切相关。在设计过程中，应考虑通风开口的位置，尽量使之有利于形成穿堂风。

6.4.5 中庭的热压通风，是利用空气相对密度差加强通风，中庭上部空气被太阳加热，密度较小，而下部空气从外墙进入后温度相对较低，密度较大，这种由于气温不同产生的压力差会使室内热空气升起，通过中庭上部的开口逸散到室外，形成自然通风过程的烟囱效应，烟囱效应的抽吸作用会强化自然对流换热，以达到室内通风降温的目的。中庭上部可开启窗的设置，应注意避免中庭热空气在高处倒灌进入功能房间的情况，以免影响高层房间的热环境。在冬季中庭宜封闭，以便白天充分利用温室效应提高室温。拔风井、通风器等的设置应考虑在自然环境不利时可控制、可关闭的措施。

6.4.6 地下空间（如地下车库、超市）的自然通风，可提高地下空间品质，节省机械通风能耗。设置下沉式庭院不仅促进了天然采光通风，还可以丰富景观空间。地下停车库的下沉庭院要注意避免汽车尾气对建筑使用空间的影响。

6.4.7 夏季暴雨时、冬季采暖季节等室外环境不利时，多数用户会关闭外窗，造成室内通风不畅、新风不足，影响室内空气品质。设计时可以采用自然通风器等在室外环境不利时仍能保证自然通风的措施。

对于毗邻交通干道、长期处于门窗密闭状态下的住宅，在夜间休息时段，室内空气质量显著降低，因此宜通过安装有消声降噪功能的通风器来满足新风的需求。

6.5　围护结构

6.5.1 建筑围护结构节能设计达到国家和地方节能设计标准的规定，是保证建筑节能的关键，在绿色建筑中更应该严格执行。我国由于地域气候差异较大，经济发展水平也很不平衡，在符合国家建筑节能设计标准的基础上，各地也制定了相应的地方建筑节能设计标准；此外，不同建筑类型如公共建筑和住宅建筑，在节能特点上也有差别，因此体形系数、窗墙面积比、外围护结构热工性能、外窗气密性、屋顶透明部分面积比的规定限值应符合相应建筑类型的要求。

体形系数控制建筑的表面面积，有利于减少热损失。窗户是建筑外围护结构的薄弱环节，控制窗墙面积比，是提高整个外围护结构热工性能的有效途径。围护结构热工性能通常包括屋顶、外墙、外窗等部位的传热系数、遮阳系数、热惰性指标等参数。屋顶透明部分的夏季阳光辐射热量对制冷负荷影响很大，对建筑的保温性能也影响较大，因此建筑应控制屋顶透明部分的面积比。建筑中庭常设的透明屋顶天窗，应适当设置可开启扇，在适宜季节利用烟囱效应引导热压通风，使热空气从中庭顶部排出。

鼓励绿色建筑的围护结构节能率高于国家和地方的节能标准，在设计时可利用计算机软件模拟分析的方法计算其节能率，以定量地判断其节能效果。

6.5.2 西向日照对夏季空调负荷影响最大，西向主要使用空间的外窗应做遮阳。可采取固定或活动外遮阳措施，也可借助建筑阳台、垂直绿化等措施进行遮阳。

南向宜设置水平遮阳，西向宜采取竖向遮阳等形式。

如果条件允许，外窗、玻璃幕墙或玻璃采光顶宜设置可调节式外遮阳，设置部位可优先考虑西向、玻璃采光顶、东向、南向。

可提高玻璃的遮阳性能，如南向、西向外窗选用低辐射镀膜（Low-E）玻璃。

可利用绿化植物进行遮阳，在建筑物的南向与西向种植高大乔木对建筑进行遮阳，还可在外墙种植攀缘植物，利用攀缘植物进行遮阳。

6.5.4 自身保温性能好的外墙材料如加气混凝土。外墙遮阳措施可采用花格构件或爬藤植物等方式。一般而言外墙设置通风间层代价比较大，需作综合经济分析，有些墙体构造（例如外挂石材类的幕墙）应该设置通风间层，一般的墙体采用浅色饰面材料或太阳辐射反射涂料可能是更经济的措施。

6.6　室内声环境

6.6.1 随着城市建筑、交通运输的发展，机械设施的增多，以及人口密度的增长，噪声问题日益严重，甚至成为污染环境的一大公害。人们每天生活在噪声环境中，对身心造成诸多危害：损害听力、降低工作效率甚至引发多种疾病，控制室内噪声水平已经成为室内环境设计的重要工作之一。

尽管建筑的隔声在技术上基本都可以解决，而且实施难度也不是特别大，但现实设计中却往往不被重视，绿色建筑倡导营造健康舒适的室内环境，因此设计人员应依据现行国家标准《民用建筑隔声设计规范》GB/T 50118 中的要求，对各类功能的建筑进行室内环境的隔声降噪设计。

建筑空间的围护结构一般包括内墙、外墙、楼（地）面、顶板（屋面板）、门窗，这些都是噪声的传入途径，传入整个空间的总噪声级与各面的隔声性能、吸声性能、传声性能以及噪声源密切相关。所以室内隔声设计应综合考虑各种因素，对各部位进行构造设计，才能满足《民用建筑隔声设计规范》GB/T 50118 中的要求。

2008 年我国颁布实施《声环境质量标准》GB 3096，为防治环境噪声污染、保护和改善工作生活环境、保障人身健康，规定了环境噪声的最高允许数值。

建筑受到环境噪声与室内噪声的影响，可以通过计算机模拟与噪声地图等创新技术对项目的环境噪声现状进行模拟分析，同时对不同的降噪措施进行综合评估与选型，从而寻求一个科学的解决方案。

6.6.2 城市交通干道是建筑常见的噪声源，设计时应对外窗、外门等提出整体隔声性能要求，对外墙的材料和构造应进行隔声设计。除选用隔声性能较好的产品和材料外，还可使用声屏障、阳台板、广告牌等设施来阻隔交通噪声。

6.6.3 人员密集场所及设备用房的噪声多来自使用

者和设备，噪声源来自房间内部，针对这种情况降噪措施应以吸声为主同时兼顾隔声。

顶棚的降噪措施多采用吸声吊顶，根据质量定律，厚重的吊顶比轻薄的吊顶隔声性能更好，因此宜选用面密度大的板材。吊顶板材的种类很多，选择时不但要考虑其隔声性能，还要符合防火的要求。另外，在满足房间使用要求的前提下吊顶与楼板之间的空气层越厚隔声越好；吊顶与楼板之间应采用弹性连接，这样可以减少噪声的传递。

墙体的隔声及吸声构造类型比较多、技术也相对成熟，在不同性质的房间及不同部位选用时，要结合噪声源的种类，针对不同噪声频率特性选用适合的构造，同时还要兼顾装饰效果及防火的要求。

6.6.4 民用建筑的楼板大多为普通钢筋混凝土楼板，具有较好的隔绝空气声性能。据测定，120mm 厚的钢筋混凝土楼板的空气声隔声量为 48dB～50dB，但其计权标准化撞击声压级却在 80dB 以上，所以在工程设计中应着重解决楼板撞击声隔声问题。

以前多采用弹性面层来解决这个问题，即在混凝土楼板上铺设地毯或木地板，经测定其撞击声压级可达到小于或等于 65dB 的标准。

在楼板下设隔声吊顶也是切实可行的方法，但为减弱楼板向室内传递空气声，吊顶要离开楼板一定的距离，对层高不大的房间净高影响较大。

目前各种各样的浮筑隔声楼板被越来越广泛地采用，其做法是在混凝土楼板上铺设隔声减振垫层，在垫层之上做不小于 40mm 厚细石混凝土，然后根据设计要求铺装各种面层。经测定这种构造的楼板可达到隔绝撞击声小于或等于 65dB 的标准。

铺设隔声减振垫层时要防止混凝土水泥浆渗入垫层下，四周与墙交界处要用隔声垫将上层的细石混凝土与混凝土楼板隔开，否则会影响隔声效果。目前市场上各种隔声减振垫层的种类比较繁多，可根据不同工程要求进行选择。

6.6.5 近年来轻型屋盖在各种大型建筑（车站、机场航站楼、体育馆、商业中心等）中被广泛采用，在隔绝空气声和撞击声两方面轻型屋盖本身很难达到要求，在轻型屋面铺设阻尼材料、吸声材料或设置吊顶能够达到降低噪声尤其是雨噪声的目的。

6.6.6 有安静要求的房间如住宅居住空间、宿舍、办公室、旅馆客房、医院病房、学校教室等。

基础隔振主要是消除设备沿建筑构件的固体传声，是通过切断设备与设备基础的刚性连接来实现的。目前国内的减振装置主要包括弹簧和隔振垫两类产品。基础隔振装置宜选用定型的专用产品，并按其技术资料计算各项参数，对非定型产品，应通过相应的实验和测试来确定其各项参数。

管道减振主要是通过管道与相关构件之间的软连接来实现的，与基础减振不同，管道内介质振动的再

生贯穿整个传递过程，所以管道减振措施也一直延伸到管道的末端。管道与楼板或墙体之间采用弹性构件连接，可以减少噪声的传递。

暖通空调系统可通过下列方式降低噪声：
1 选用低噪声的暖通空调设备系统；
2 同一隔断或轻质墙体两侧的空调系统控制装置应错位安装，不可贯通；
3 根据相邻房间的安静要求对机房采取合理的吸声和隔声、隔振措施；
4 管道系统的隔声、消声和隔振措施应根据实际要求进行合理设计。空调系统、通风系统的管道宜设置消声器，靠近机房的固定管道应做隔振处理，管道与楼板或墙体之间采用弹性构件连接。管道穿过墙体或楼板时应设减振套管或套框，套管或套框内径大于管道外径至少 50mm，管道与套管或套框之间的应采用隔声材料填充密实。

给水排水系统可通过下列方式降低噪声：
1 合理确定给水管管径，管道内水流速度符合《建筑给水排水设计规范》GB 50015 的规定；
2 选用内螺旋排水管、芯层发泡管等有隔声效果的塑料排水管；
3 优先选用虹吸式冲水方式的坐便器；
4 降低水泵房噪声：选择低转速（不大于 1450r/min）水泵、屏蔽泵等低噪声水泵；水泵基础设减振、隔振措施；水泵进出管上装设柔性接头；水泵出水管上采用缓闭式止回阀；与水泵连接的管道吊架采用弹性吊架等。

另外，应选用低噪声的变配电设备，发电机房采取可靠的消声、隔声降噪措施。

6.6.7 有安静要求的房间如住宅居住空间、宿舍、办公室、旅馆客房、医院病房、学校教室等，电梯噪声对相邻房间的影响可以通过一系列的措施缓解，井道与相邻房间可设置隔声墙或在井道内做吸声构造隔绝井道内的噪声，机房和井道之间可设置隔声层来隔离机房设备通过井道向下部相邻房间传递噪声。

6.7 室内空气质量

6.7.1 根据室内环境空气污染的测试数据，目前室内环境空气中以化学性污染最为严重，在公共建筑和居住建筑中，TVOC、甲醛气体污染严重，同时部分人员密集区域由于新风量不足而造成室内空气中二氧化碳浓度超标。通过调查，造成室内环境空气污染的主要有毒有害气体（氡气污染除外）主要是通过装饰装修工程中使用的建筑材料、装饰材料、家具等释放出的。其中，机拼细木工板（大芯板）、三合板、复合木地板、密度板等板材类，内墙涂料、油漆等涂料类，各种粘合剂均释放出甲醛气体、非甲烷类挥发性有机气体，是造成室内环境空气污染的主要污染源。室内装修设计时应少用人造板材、胶粘剂、壁纸、化

纤地毯等，禁止使用无合格报告的人造板材、劣质胶水等不合格产品，尽量不使用添加甲醛树脂的木质和家用纤维产品。

为避免过度装修导致的空气污染物浓度超标，在进行室内装修设计时，宜进行室内环境质量预评价，设计时根据室内装修设计方案和空间承载量、材料的使用量、室内新风量等因素，对最大限度能够使用的各种材料的数量做出预算。根据设计方案的内容，分析、预测建成后存在的危害室内环境质量因素的种类和危害程度，提出科学、合理和可行的技术对策措施，作为该工程项目改善设计方案和项目建筑材料供应的主要依据。

完善后的装修设计应保证室内空气质量符合现行国家标准的要求，空气的物理性、化学性、生物性、放射性参数必须符合现行国家标准《室内空气质量标准》GB/T 18883 等标准的要求。室外环境空气质量较差的地区，室内新风系统宜采取必要的处理措施以提高室内空气品质。

6.7.2 因使用的室内装修材料、施工辅助材料以及施工工艺不合规范，造成建筑建成后室内环境长期污染难以消除，也对施工人员健康产生危害，是目前较为普遍的问题。为杜绝此类问题，必须严格按照《民用建筑工程室内环境污染控制规范》GB 50325 和现行国家标准关于室内建筑装饰装修材料有害物质限量的相关规定，选用装修材料及辅助材料。鼓励选用比国家标准更健康环保的材料，鼓励改进施工工艺。

目前主要采用的有关建筑材料放射性和有害物质的国家标准有：

1 《建筑材料放射性核素限量》GB 6566

2 《室内装饰装修材料人造板及其制品中甲醛释放限量》GB 18580

3 《室内装饰装修材料溶剂木器涂料中有害物质限量》GB 18581

4 《室内装饰装修材料内墙涂料中有害物质限量》GB 18582

5 《室内装饰装修材料胶粘剂中有害物质限量》GB 18583

6 《室内装饰装修材料木家具中有害物质限量》GB 18584

7 《室内装饰装修材料壁纸中有害物质限量》GB 18585

8 《室内装饰装修材料聚氯乙烯卷材地板中有害物质限量》GB 18586

9 《室内装饰装修材料地毯、地毯衬垫及地毯用胶粘剂中有害物质释放限量》GB 18587

10 《室内装饰装修材料混凝土外加剂释放氨的限量》GB 18588

11 《民用建筑工程室内环境污染控制规范》GB 50325

6.7.3 产生异味或空气污染物的房间与其他房间分开设置，可避免其影响其他空间的室内空气品质，便于设置独立机械排风系统。

6.7.4 在人流较大建筑的主要出入口，在地面采用至少 2m 长的固定门道系统，阻隔带入的灰尘、小颗粒等，使其无法进入该建筑。固定门道系统包括格栅、格网、地垫等。地垫宜每周保洁清理。

6.7.5 目前较为成熟的这类功能材料包括化学分解法的除醛涂料、产生负离子功能材料、稀土激活抗菌材料、温度调节材料等。

6.8　工业化建筑产品应用

6.8.1 模数协调是标准化的基础，标准化是建筑工业化的根本，建筑的标准化应该满足社会化生产的要求，不同设计单位、生产厂家、建设单位应能在统一平台上共同完成建筑的工业化建造。不依照模数设计，尺度种类过多，就难以进行工业化的生产，对应的模数协调问题显得尤为重要。

建筑工业化应遵循《建筑模数协调统一标准》GBJ 2、《住宅厨房家具及厨房设备模数系列》JG/T 219 等相关标准进行设计。房屋的建筑、结构、设备等设计宜遵循模数设计原则，并协调部件及各功能部位与主体间的空间位置关系。强化建筑模数协调的推广应用将有利于推动建筑工业化的快速发展。

住宅、旅馆、学校等建筑的相当数量的房间平面、功能、装修相同或相近，对于这些类型的建筑宜进行标准化设计。标准化设计的内容不仅包括平面空间，还应对建筑构件、建筑部品等进行标准化、系列化设计，以便进行工业化生产和现场安装。

6.8.2 大部分建筑部品和部件在工厂生产完成，在现场仅需要进行相对简单的拼装工作，是国际建筑业的发展方向，也是我国建筑业的努力方向。这样做可以保证建筑质量，提高建筑的施工精度，缩短工期，提高材料的使用效率，降低施工能耗，同时减少建造过程中产生的垃圾和减轻对环境的污染。

工业化建筑体系主要包括预制混凝土体系（由预制混凝土板、梁、柱、墙、楼梯等构件组成）、钢结构体系、复合木结构等及其配套产品体系，其特点是主要构件在工厂生产加工、现场连接组装。

工业化部品包括装配式隔墙、复合外墙、整体厨卫等以及成品门、窗、栏杆、百叶、雨棚、烟道以及水、暖、电、卫生设备等。

6.8.3 现场干式作业与湿作业相比可更有效保证施工质量，降低现场劳动强度，施工过程更环保、卫生，同时还能缩短工期，符合建筑工业化的发展方向。

工业化的装修方式是将装修部分从结构体系中拆分出来，合理地分为隔墙系统、顶棚系统、地面系统、厨卫系统等若干系统，最大限度地推进这些系统中相关部品的工业化生产，减少现场湿作业，这样做可大大提高部品的加工和安装精度，减少材料浪费，保证装修工程质量，缩短工期，并有利于建筑的维护及改造工作，是绿色建筑的发展方向。

6.8.4 预拌砂浆（或称商品砂浆）包括干拌砂浆和湿拌砂浆，由专业化工厂生产，在生产时添加各种外加剂，能保证砂浆性能且质量稳定。同时，预拌砂浆可以利用工业固体废弃物制造成人工机制砂石代替天然砂石，既可以回收利用废弃物，减少原材料消耗，又可以减少对环境的破坏。

现浇混凝土施工采用预拌混凝土在我国已经比较普遍，且主要由政府有关建设施工管理法规及施工规范管理，不在设计范围。而预拌砂浆的分类及性能等级较多，需要在设计文件中作出明确规定，故列入本规范。

6.8.5 为了使建筑的室内分隔方式可以更加灵活多样，设备的维护、更新可以更加方便，宜采用结构构件与设备、装修分离的方式，以保证结构主体不被设备管线、装修破坏，装修空间不受结构主体约束。

6.9 延长建筑寿命

6.9.1 建筑建成之后在使用过程中因为各种条件的变化，会出现建筑设备更新、平面布置变化的情况。在设计阶段考虑为这些情况预留变更、改善的可能，是符合全寿命周期原则的。具体措施有：选择适宜的开间和层高，室内分隔采用轻质隔墙、隔断，设备布置便于灵活分区，空间设计上考虑方便设备、管道的更新等。

6.9.2 建筑的各种五金配件、管道阀门、开关龙头等应考虑选用长寿命的优质产品，构造上易于更换。幕墙的结构胶、密封胶等也应选用长寿命的优质产品。同时设计还应考虑为维护、更换操作提供方便条件。

6.9.3 在选择外墙装饰材料时（特别是高层建筑时），宜选择耐久性较好的材料，以延长外立面维护、维修的时间间隔。我国建筑因为造价低廉，外墙装饰材料选用涂料、面砖的比较多。涂料每隔5年左右需要重新粉刷，维护费用较高，高层建筑尤为突出。面砖则因为施工质量的原因经常脱落，应用在高层建筑上容易形成安全隐患，所以在仅使用化学胶粘剂固定面砖时，应采取有效措施防止其脱落。此外室外露出的钢制部件宜使用不锈钢、热镀锌等进行表面处理或采用铝合金等防腐性能较好的产品替代。空调室外机应采取可靠措施固定于钢筋混凝土板上。

为便于外立面的维护，高层建筑宜设置擦窗机，低层建筑可考虑在屋顶女儿墙处设置不锈钢制圆环（应保证强度），便于固定维护人员使用的安全带。此外，窗的开启方式便于擦窗，设置维护用阳台或走道等也是较好的方式。

6.9.4 建筑寿命周期越长，单位时间内对资源消耗、

能源消耗和环境影响越小，绿色性能越好。而我国建筑的平均使用寿命与国外相比普遍偏短，因此提倡适当延长建筑寿命周期。

现行国家标准《工程结构可靠性设计统一标准》GB 50153，根据建筑的重要性对结构设计使用年限作了相应规定。这个规定是最低标准，结构设计不能低于此标准。但为延长建筑寿命，业主可以适当提高结构设计使用年限，此时结构构件的抗力及耐久性设计应符合相应设计使用年限的要求。

6.9.5 国家规范规定的结构可靠度是最低要求，可以根据业主要求，在国家规范的基础上适当提高结构的荷载富余度、抗风抗震设防水准等，这也是提高结构的适应性、延长建筑寿命的一个方面。但对绿色建筑设计，实现上述目标，宜依靠先进技术而不是增加建筑材料消耗，如采用隔震和消能减震技术提高结构抵御地震作用的能力等。

6.9.6 对改扩建工程，应尽可能保留原建筑结构构件，应进行结构技术检测鉴定，根据鉴定结果，进行必要的维修加固，满足结构可靠度及耐久性要求后仍可继续使用。经鉴定确实需要拆除时，方可实施拆除作业。避免对结构构件大拆大改。

7 建 筑 材 料

7.1 一 般 规 定

7.1.1 绿色建筑设计应通过控制建筑规模、集中体量、减小体积，优化结构体系与设备系统，使用高性能及耐久性好的材料等手段，减少在施工、运行和维护过程中的材料消耗总量，同时考虑材料的循环利用，以达到节约材料的目标。

7.1.2 此条是为了促进资源节约和环境保护，推广应用符合国家和地方标准要求的建筑材料，强制淘汰不符合节能、节地、节水、节材和环保要求的材料。

高能耗材料是指从获取原料、加工运输、成品制作、施工安装、维护、拆除、废弃物处理的全寿命周期中消耗大量能源的建筑材料。应选择在此过程中耗能少的材料以更有利于实现建筑的绿色目标。

建筑材料中有害物质含量应符合现行国家标准GB 18580～18588、《建筑材料放射性核素限量》GB 6566和《室内空气质量标准》GB/T 18883的规定，民用建筑工程所选用的建筑材料和装修材料必须符合《民用建筑工程室内环境污染控制规范》GB 50325的规定。应通过对材料的释放特性和生产、施工、拆除过程的环境污染控制，达到绿色建筑全寿命周期的环境保护目标。环境污染控制的标准是随着技术和经济的发展而变化的，应按照最新的相关标准选用材料。

消防气体灭火系统应采用ODP＝0的洁净气体作为灭火剂。空调制冷设备应采用符合环保要求的制

冷剂。

7.1.3 绿色建筑应营造有利于人的身心健康的良好室内外环境，因此，不但要考虑其满足建筑功能的需要，还应考虑通过人的视觉、触觉等感官引起生理和心理的良性反应。例如：在寒冷地区多采用暖色材料，在休息区域采用色调柔和的材料；接触人体的部位采用传热慢、触感柔和的材料；人员长时间站立的地面采用有一定弹性的材料等。

7.1.4 每种材料都牵涉到重量、能耗、可回收性、运输、污染性、功能、性能、施工工艺等多个方面的指标，影响总体绿色目标的实现。因此不可仅按照材料的单一或几项指标进行选用，而忽视其他指标的负面影响，而应通过对材料的综合评估进行比较和筛选，在可能的条件下达到最优的绿色效应。

在施工图中明确对材料性能指标的要求，可以保证实际使用材料以及工程预算的准确性。节材计算等预评估计算是绿色建筑设计必需的控制手段，应保证计算输入的材料参数与施工图设计文件中要求的一致，设计文件中应注明与实现绿色目标有关的材料及其性能指标，并与相关计算一致，以保证计算的有效性。

7.2 节　　材

7.2.1 绿色建筑设计应避免设置超出需求的建筑功能及空间，材料的节省首先有赖于建筑空间的高效利用；每一功能空间的大小应根据使用需求来确定，不应设置无功能空间，或随意扩大过渡性和辅助性空间。

建筑体量过于分散，则其地下室、屋顶、外墙等的外围护材料和施工、维护耗材等都将大量增加，因此应尽量将建筑集中布置；另一方面，由于高层建筑单位面积的结构、设备等材料消耗量较高，所以在集中的同时尚应注意控制高层建筑的数量。

层高的增加会带来材料用量的增加，尤其高层建筑的层高需要严格控制。层高的降低需综合平衡，降低层高的手段包括优化结构设计和设备系统设计、不设装饰吊顶等。

7.2.2 首先，一体化设计是节省材料用量、实现绿色目标的重要手段之一。土建和装修一体化设计可以事先统一进行建筑构件上的孔洞预留和装修面层固定件的预埋，避免在装修施工阶段对已有建筑构件打凿、穿孔和拆改，既保证了结构的安全性，又减少了噪声、能耗和建筑垃圾；一体化设计可减少材料消耗，并降低装修成本。一体化设计也应考虑用户个性化的需求。

设备系统已成为现代建筑中必不可少的组成部分。给水、排水、热水、直饮水、采暖、通风、空调、燃气、照明、电力、电话、网络、有线电视等，构成了建筑设备工程丰富的内容，通过优化设备系统的设计可以减少材料的用量。

管线综合设计可以避免在施工过程中出现碰撞、难于排放甚至返工等问题，从而避免材料的浪费。建筑设备管线综合设计在遵守各专业的工艺、规范要求的前提下，应注重相互避让关系，如：拟建管线让现状管线，可弯曲管线让不易弯曲管线，压力管线让重力流管线，分支管线让主干管线，小管径管线让大管径管线，临时管线让长期管线等。

其次，鼓励建筑设计中采用本身具有装饰效果的建筑材料，目前此类材料中应用较多的有：清水混凝土、清水砌块、饰面石膏板等。这类材料的使用大幅度减少了涂料、饰面等装饰材料的用量，从而减少了装饰材料中有害气体的排放。

最后，建筑装修应遵循形式简约、高度功能化的设计理念，并尽量减少使用重质装修材料，如石材等，提倡使用轻质隔断、轻质地板等，以减少结构荷载、施工消耗及拆除时的建筑垃圾。室内装修应围绕建筑使用功能进行设计，过度装修使用太多的装修材料、涂料，使本来宽敞的空间变得狭窄，还可能影响通风和采光等使用性能。

7.2.3 建筑材料用量中绝大部分是结构材料。在设计过程中应根据建筑功能、层数、跨度、荷载等情况，优化结构体系、平面布置、构件类型及截面尺寸的设计，充分利用不同结构材料的强度、刚度及延性等特性，减少对材料尤其是不可再生资源的消耗。

当地基土承载力低压缩性偏大时，基础形式的选择需综合分析比选。对地基进行人工处理，采用复合地基可减少建筑材料的消耗；预制桩或预应力混凝土管桩等在节材方面具有优势。

7.2.4 采用高强混凝土可以减小构件截面尺寸和混凝土用量，增加使用空间；梁、板及层数较低的结构可采用普通混凝土。

选用高强钢材可减轻结构自重，减少材料用量。在普通混凝土结构中，受力钢筋优先选用 HRB400 级或更高级热轧带肋钢筋；在预应力混凝土结构中，宜使用中、高强螺旋肋钢丝以及三股钢绞线。

7.2.5 建筑改建、扩建，包括建筑功能改变、建筑加层或平面加大等。某些情况下，采用结构体系加固方案，如增设剪力墙（或支撑）将纯框架结构改造成框-剪（支撑）结构；采用隔震和消能减震技术提高结构抗震能力等；可减少构件加固的数量，减少材料消耗及对环境的影响。

目前结构构件的加固方法较多，对需要加固的结构构件，在保证安全性及耐久性的前提下，应采用节约资源、节约能源及保护环境的加固方案及技术。

7.3 选　　材

7.3.1 首先，建筑中可再循环材料包含两部分内容，一是使用的材料本身就是可再循环材料；二是建筑拆除时能够被再循环利用的材料。钢材、铜材等金属材料属于可再循环材料，除此之外还包括：铝合金型材、玻璃、石膏制品、木材等。

可再利用材料指在不改变所回收物质形态的前提下进行材料的直接再利用，或经过再组合、再修复后再利用的材料。可再利用材料的使用可延长还具有使用价值的建筑材料的使用周期，降低材料生产的资源消耗，同时可减少材料运输对环境造成的影响。可再利用材料包括从旧建筑拆除的材料以及从其他场所回收的旧建筑材料。可再利用材料包括砌块、砖石、管道、板材、木地板、木制品（门窗）、钢材、钢筋、部分装饰材料等。

充分使用可再循环材料及可再利用材料，可以减少新材料的使用及生产加工新材料带来的资源、能源消耗和环境污染。

其次，用于生产制造再生材料的废弃物主要包括建筑废弃物、工业废弃物和生活废弃物。在满足使用性能的前提下，鼓励使用利用建筑废弃物再生骨料制作的混凝土砌块、水泥制品和配制再生混凝土；鼓励使用利用工业废弃物、农作物秸秆、建筑垃圾、淤泥为原料制作的水泥、混凝土、墙体材料、保温材料等建筑材料；鼓励使用生活废弃物经处理后制成的建筑材料。

第三，在设计过程中，应最大限度利用建设用地内拆除的或其他渠道收集得到的既有建筑的材料，以及建筑施工和场地清理时产生的废弃物等，延长其使用期，达到节约原材料、减少废物的目的，同时也降低由于更新所需材料的生产及运输对环境的影响。设计中需考虑的回收物包括木地板、木板材、木制品、混凝土预制构件、金属、装饰灯具、砌块、砖石、保温材料、玻璃、石膏板、沥青等。

第四，可快速再生的天然材料指持续的更新速度快于传统的开采速度（从栽种到收获周期不到10年）。可快速更新的天然材料主要包括树木、竹、藤、农作物茎秆等在有限时间阶段内收获以后还可再生的资源。我国目前主要的产品有：各种轻质墙板、保温板、装饰板、门窗等。快速再生天然材料及其制品的应用一定程度上可节约不可再生资源，并且不会明显地损害生物多样性，不会影响水土流失和影响空气质量，是一种可持续的建材，它有着其他材料无可比拟的优势。但是木材的利用需要以森林的良性循环为支撑，采用木结构时，应利用速生丰产林生产的高强复合工程用木材，在技术经济允许的条件下，利用从森林资源已形成良性循环的国家进口的木材也是可以的。

第五，宜选用距离施工现场500km以内的本地的建筑材料。绿色建筑除要求材料优异的使用性能外，还要注意材料运输过程中是否节能和环保，因此应充分了解当地建筑材料的生产和供应的有关信息，以便在设计和施工阶段尽可能实现就地取材，减少材料运输过程资源、能源消耗和环境污染。

7.3.2 为降低建筑材料生产过程中天然和矿产资源的消耗，本条鼓励建筑设计时选择节约资源的建筑材料。

对建筑材料评价体系的研究目前在我国还处于起步阶段，需要大量的实践数据和经验积累，又由于我国地域辽阔，目前还很难获得全面的、最新的、精确的和适应性强的数据。下列提供的公式及数据，可为设计者初步设计阶段选择资源消耗小的建筑材料提供参考依据。

根据初步设计阶段（建筑概算书）提供的建筑材料清单，计算建筑物单位建筑面积所用建筑材料生产过程中消耗的天然及矿产资源量 C（t/m²）：

$$C = \sum_{i=1}^{n} X_i B_i (1-\alpha)/S \qquad (1)$$

式中：X_i——第 i 种建筑材料生产过程中单位重量消耗资源的指标（见表3）；

B_i——单体建筑用第 i 种建筑材料的总重量（t）；

S——单体建筑的建筑面积（m²）；

α——单体建筑所用第 i 种建筑材料的回收系数（见表4）。

表3 单位重量建筑材料生产过程中消耗资源的指标 X_i（t/t）

钢材	铝材	水泥	建筑玻璃	建筑卫生陶瓷	混凝土砌块	实心黏土砖	木材制品
1.8	4.5	1.6	1.4	1.3	1.2	1.9	0.1

注：本表中的 X_i 值来源于《绿色奥运建筑评估体系》（2003 年）。

表4 可再生材料的回收系数 α

型 钢	钢 筋	铝 材
0.90	0.50	0.95

注：本表中的 α 值来源于《绿色奥运建筑评估体系》（2003 年）。

设计阶段必须考虑的主要建筑材料包括钢材、铝材、水泥、建筑玻璃、建筑卫生陶瓷、实心黏土砖、混凝土砌块、木材制品等。在计算建筑材料资源消耗时必须考虑建筑材料的可再生性。具备可再生性的建筑材料包括：钢筋、型钢、建筑玻璃、铝合金型材、木材等。其中建筑玻璃和木材虽然可全部或部分回收，但回收后的玻璃一般不再用于建筑，木材也很难不经处理而直接应用于建筑中。因此，计算时可不考虑玻璃和木材的回收再利用因素。

采用砌体结构时，结构的材料应严格限制黏土砖的使用，少用其他黏土制品，设计中宜选用本地工业、矿业、农业废料制成的墙材产品。如：混凝土小型空心砌块、粉煤灰砖、粉煤灰空心砌块、灰砂砖、煤矸石砖、页岩砖、海泥砖、植物纤维石膏渣增强砌块等。通过这些材料的选用有利于资源的综合利用。

7.3.3 首先，建筑材料从获取原料、加工运输、成品制作、施工安装、维护、拆除、废弃物处理的全寿命周期中会消耗大量能源。在此过程中耗能少的材料更有利于实现建筑的绿色目标。

为降低建筑材料生产过程中能源的消耗，本条鼓励建筑设计阶段选择生产能耗少的建筑材料。以下提供的公式及数据，可为初步设计阶段选择能耗低的建筑材料提供参考依据。

根据初步设计阶段（建筑概算书）提供的建筑材料清单，计算建筑物单位建筑面积所用建筑材料生产过程中消耗的能源量 E（GJ/m^2）：

$$E = \sum_{i=1}^{n} B_i \left[X_i (1-\alpha) + \alpha X_{ri} \right]/S \qquad (2)$$

式中：X_i——第 i 种建筑材料生产过程中单位重量消耗能源的指标（GJ/t）（见表5）；

B_i——单体建筑所用第 i 种建筑材料的总重量（t）；

S——单体建筑的建筑面积（m^2）；

α——单体建筑所用第 i 种建筑材料的回收系数（见表4）；

X_{ri}——单体建筑所用第 i 种建筑材料的回收后再利用过程的生产能耗指标（GJ/t）。

表5 单位重量建筑材料生产过程中消耗能源的指标 X_i（GJ/t）

钢材	铝材	水泥	建筑玻璃	建筑卫生陶瓷	实心黏土砖	混凝土砌块	木材制品
29.0	180.0	5.5	16.0	15.4	2.0	1.2	1.8

注：1 本表中的 X_i 值来源于《绿色奥运建筑评估体系》（2003年）；

2 其中混凝土砌块的生产能耗中未计入原材料的生产能耗。

在设计阶段必须考虑的主要建筑材料有钢材、铝材、水泥、建筑玻璃、建筑卫生陶瓷、实心黏土砖、砌体材料、木材制品等。在计算建筑材料生产能耗时也必须考虑建筑材料的可再生性。与资源消耗不同的是，回收的建筑材料循环再生过程同样需要消耗能源。我国回收钢材重新加工的能耗为钢材原始生产能耗的20%～50%，取40%进行计算；可循环再生铝生产能耗占原生铝的5%～8%，取6%进行计算。建筑材料回收后循环利用的生产能耗指标为：钢材为11.6GJ/t，铝材为10.8GJ/t。

建筑材料的生产能耗在建筑能耗中所占比例很大。因此，使用生产能耗低的建筑材料对降低建筑能耗具有重要意义。在评价建筑材料的生产能耗时必须考虑建筑材料的可再生性，用建筑材料全生命周期的观点看，像钢材、铝材这样高初始生产能耗的建筑材料其综合能耗并不高。

其次，鼓励使用施工及拆除能耗低的建筑材料，

施工和拆除时采用不同的建筑材料对能源的消耗有着明显的差别，例如：混凝土装饰保温承重空心砌块可简化施工工序，节约施工能耗；建筑模网混凝土施工过程中免支模、免振捣、免拆模，采用机械化施工，简单、方便，减少了模板的消耗和浪费；永久性模板在灌入模板的混凝土达到拆模强度时不再拆除，而是作为结构的一部分或者作为其表面装饰、保护材料而成为建筑物的永久结构或构造，避免了一般模板的反复支、拆和周转使用。

7.3.4 为降低建筑材料生产过程中对环境的污染，最大限度地减少温室气体排放，保护生态环境，本条鼓励建筑设计阶段选择对环境影响小的建筑体系和建筑材料，以下提供的公式及数据，可为设计者初步设计阶段选择对环境污染小的建筑材料提供参考依据。

根据初步设计阶段（建筑概算书）提供的建筑材料清单，计算建筑物单位建筑面积所用建筑材料生产过程中排放的 CO_2 量 P（t/m^2）（其他排放污染物如 SO_2、NO_x、粉尘等因数量相对较小，与排放 CO_2 量存在数量级上的差别，故仅以排放 CO_2 的量表示）：

$$P = \sum_{i=1}^{n} B_i \left[X_i (1-\alpha) + \alpha X_{ri} \right]/S \qquad (3)$$

式中：X_i——第 i 种建筑材料生产过程中单位重量排放 CO_2 的指标（t/t）（见表6）；

B_i——单体建筑所用第 i 种建筑材料的总重量（t）；

S——建筑单体的建筑面积总和（m^2）；

α——单体建筑所用第 i 种建筑材料的回收系数（见表4）；

X_{ri}——单体建筑所用第 i 种建筑材料的回收过程排放 CO_2 指标（t/t）。

在设计阶段必须考虑的主要建筑材料有钢材、铝材、水泥、建筑玻璃、建筑卫生陶瓷、实心黏土砖、混凝土砌块、木材制品等。在计算建筑材料生产过程排放 CO_2 量时也必须考虑建筑材料的可再生性。与资源消耗不同的是，回收的建筑材料循环再生过程同样要排放 CO_2，我国回收钢材重新加工的 CO_2 排放量为钢材原始生产 CO_2 排放量的20%～50%，取40%进行计算；可循环再生铝生产 CO_2 排放量占原生铝的5%～8%，取6%进行计算。因此，建筑材料回收后再利用的生产过程排放 CO_2 的指标为：钢材为0.8t/t，铝材为0.57t/t，参见表6。

表6 单位重量建筑材料生产过程中排放 CO_2 的指标 X_i（t/t）

钢材	铝材	水泥	建筑玻璃	建筑卫生陶瓷	实心黏土砖	混凝土砌块	木材制品
2.0	9.5	0.8	1.4	1.4	0.2	0.12	0.2

注：本表中的 X_i 值来源于《绿色奥运建筑评估体系》（2003年）。

7.3.5 功能性建材是在使用过程中具有利于环境保护或有益于人体健康功能的，对地球环境负荷相对较小的建筑材料。它的主要特征是：①在使用过程中具有净化、治理、修复环境的功能；②在其使用过程中不形成二次污染；③其本身易于回收或再生。此类产品具有多种功能，如防腐、防蛀、防霉、除臭、隔热、调湿、抗菌、防射线、抗静电等，甚至具有调节人体机能的作用。例如：抗菌材料、空气净化材料、保健功能材料、电磁波防护材料等。

1 随着人们对室内环境的热舒适要求越来越高，建筑能耗也相应随之增大，造成能源消耗持续增长，为达到舒适和节能的双赢，人们正进行着积极的探索。如：在建筑围护结构中加入相变储能构件，提供了一种改善室内热舒适性、降低能耗和缓解对大气环境负面影响的有效途径。

2 建筑物的地下室和不设地下室的首层地面因直接与地基相连，故在春天或雨季时常常"回潮"，在我国南方和沿海地区，建筑物的防潮问题尤为突出，若不采取有效的防潮措施，建筑材料很容易霉变，在通风不畅的情况下易产生霉菌，影响室内人员的身体健康，同时建筑材料的耐久性受到较大的影响。根据不同的需要，防潮材料的种类有很多，如：防潮石膏墙体材料、聚乙烯薄膜、烧结灰砂砖等。

3 鼓励采用具有自洁功能的建筑材料。近年来各种新型表面自洁材料相继问世，应用较多的有表面自洁玻璃、表面自洁陶瓷洁具、表面自洁型涂料等，它们的使用可提高表面抗污能力，减少清洁建材表面污染带来的浪费，达到节能和环保的目的。

4 室内空气中甲醛、苯、甲苯、有机挥发物、人造矿物纤维是危害人体健康的主要污染物。为积极提供有利于人体健康的环境，鼓励选用具有改善居室生态环境和保健功能的建筑材料。现在国内开发了很多有利于改善室内环境及人体健康的材料，如：防腐、防蛀、防霉、除臭、隔热、调湿、抗菌、防射线、抗静电等功能的多功能材料。这些新材料的研究开发为营造良好室内环境提供了新的途径。

7.3.6 绿色建筑提倡采用耐久性好的建筑材料，可保证建筑材料维持较长的使用功能，延长建筑使用寿命，减少建筑的维修次数，从而减少社会对材料的需求量，也减少废旧拆除物的数量，采用耐久性好的建筑材料是最大的节约措施之一。

7.3.7 轻质混凝土包括轻骨料混凝土、多孔混凝土（如加气混凝土、泡沫混凝土）和大孔混凝土（如无砂或少砂的大孔混凝土等）。轻骨料混凝土是以天然轻骨料（如浮石、凝灰岩等）、工业废渣轻骨料（如炉渣、粉煤灰陶粒、自燃煤矸石等）、人造轻骨料（页岩陶粒、黏土陶粒、膨胀珍珠岩等）取代普通骨料所制成的混凝土材料。采用轻质混凝土是建材轻量化的重要手段之一，轻质混凝土大量应用于工业与民

用建筑及其他工程，可以节约材料用量、减轻建筑自重、减小地基荷载及地震作用。同时使用轻质混凝土还可提高构件运输和吊装效率等。

在主要建筑材料中，木材是唯一可再生利用的、具有最好环境效益的材料。木结构房屋从木构件的采集、加工成型到现场拼装对环境影响最小，几乎不产生任何有害气体，是完全环保型的建筑体系。建筑废弃后，建筑的大部分构件可以得到再次利用或其他利用，做到资源的永续循环。我国木结构研究尚处于初级阶段，在木结构住宅的开发方面，尚有许多工作要做，随着我国经济的不断发展和人们对生活环境要求的不断提高，木结构建筑的发展，将进入新阶段。

采用轻钢以及金属幕墙等建材是建材轻量化的最直接有效的办法，直接降低了建材使用量，进而减少建材生产能耗和碳排放。

8 给 水 排 水

8.1 一 般 规 定

8.1.1 在《绿色建筑评价标准》GB/T 50378中，方案设计阶段制定水资源规划方案的要求是作为控制项提出的。在进行绿色建筑设计前，应充分了解项目所在区域的市政给排水条件、水资源状况、气候特点等客观情况，综合分析研究各种水资源利用的可能性和潜力，制定水资源规划方案，提高水资源循环利用率，减少市政供水量和雨、污水排放量。

制定水资源规划方案是绿色建筑给排水设计的必要环节，是设计者确定设计思路和设计方案的可行性论证过程。

水资源规划方案，包括但不限于下列内容：

1 当地政府规定的节水要求、地区水资源状况、气象资料、地质条件及市政设施情况等的说明；

2 用水定额的确定、用水量估算（含用水量计算表）及水量平衡表的编制；

3 给水排水系统设计说明；

4 采用节水器具、设备和系统的方案；

5 污水处理设计说明；

6 雨水及再生水等非传统水源利用方案的论证、确定和设计计算与说明。

8.1.2 绿色建筑设计中应优先采用废热回收及可再生能源作为热源以达到节能减排的目的。

当采用太阳能热水系统时，应综合考虑场地环境、用水量及水电配备条件等情况，合理配置其辅助加热系统使其确实达到节能效果；根据建筑物的使用需求及集热器与储水箱的相对安装位置等因素确定太阳能热水系统的运行方式，并符合《太阳能热水系统设计安装及工程验收技术规范》GB/T 18713和《民用建筑太阳能热水系统应用技术规范》GB 50364中

有关系统设计的规定。除太阳能资源贫乏区（Ⅳ类区）外，均可采用太阳能热水系统。

8.2 非传统水源利用

8.2.1 设置分质供水系统是建筑节水的重要措施之一。

在《绿色建筑评价标准》GB/T 50378 中，对住宅、办公楼、商场、旅馆类建筑均提出了非传统水源利用率的要求。该标准中规定凡缺水城市均应参评此项。参考联合国系统制定的一些标准，我国提出的缺水标准为：人均水资源量低于 1700m³～3000m³ 为轻度缺水；1000m³～1700m³ 为中度缺水；500m³～1000m³ 为重度缺水；低于 500m³ 的为极度缺水；300m³ 为维持适当人口生存的最低标准。

采用非传统水源时，应根据其使用性质采用不同的水质标准：

1 采用雨水或中水用于冲厕、绿化灌溉、洗车、道路浇洒，其水质应满足《污水再生利用工程设计规范》GB 50335 中规定的城镇杂用水水质控制指标。

2 采用雨水、中水作为景观用水时，其水质应满足《污水再生利用工程设计规范》GB 50335 中规定的景观环境用水的水质控制指标。

中水包括市政再生水（以城市污水处理厂出水或城市污水为水源）和建筑中水（以生活排水、杂排水、优质杂排水为水源），应结合城市规划、城市中水设施建设管理办法、水量平衡等，从经济、技术和水源水质、水量稳定性等各方面综合考虑确定。项目周围存在市政再生水供应时，使用市政再生水达成节水目的，具有较高的经济性。当不具备市政供水条件时，建筑内可自建中水处理站，设计应明确中水原水量、原水来源、水处理设备规模、水处理流程、中水供应位置、系统设计、防止误接误饮措施。建筑中水水源可依次考虑建筑优质杂排水、杂排水、生活排水等。

雨水和中水利用工程应依据《建筑与小区雨水利用工程技术规范》GB 50400 和《建筑中水设计规范》GB 50336 进行设计。

8.2.2 为确保非传统水源的使用不带来公共卫生安全事件，供水系统应采取可靠的防止误接、误用、误饮措施。其措施包括：非传统水源供水管道外壁涂成浅绿色，并模印或打印明显耐久的标识，如"中水"、"雨水"、"再生水"；对设在公共场所的非传统水源取水口，设置带锁装置；用于绿化浇洒的取水龙头，明显标识"不得饮用"，或安装供专人使用的带锁龙头。

8.2.3 本条文主要是针对非传统水源的用水及水质保障而制定。中水及雨水利用应严格执行《建筑中水设计规范》GB 50336 和《建筑与小区雨水利用工程技术规范》GB 50400 的规定。

海水利用是指通过一定的技术手段在某些用水领域采用海水替代宝贵的淡水资源。沿海城市的冲洗厕所、消防等用水，也在逐渐使用海水。海水的直接利用为解决淡水资源不足提供了新的途径。

在海水利用方面，持续、充分加氯以保证余氯浓度，对于抑制供水系统内海生物等的沉积是很有必要的。

由于海水中的氯化物和硫酸盐含量甚高，是强电解质溶液，对金属有较强的腐蚀作用，海水冲厕供应系统的每个部分（包括调蓄水池），均需以适用于海水的材料制造。在内部供水设施方面，常采用球墨铸铁管及低塑性聚氯乙烯水管，或者在凡海水流经的管道内敷贴衬里，最常用的衬里有：橡胶衬里、焦油环氧基树脂涂层和聚乙烯衬里。

利用海水冲厕后的污水，应与其他水源的生活污水分开处理，不宜排入同一收集系统。

8.2.4 当住宅项目场地内设有景观水体时，根据《绿色建筑评价标准》GB/T 50378 中的要求，不得采用市政给水作为景观用水。

根据雨水或再生水等非传统水源的水量和季节变化的情况，设置合理的住区水景面积，避免美化环境的同时却大量浪费宝贵的水资源。景观水体的规模应根据景观水体所需补充的水量和非传统水源可提供的水量确定，非传统水源水量不足时应缩小水景规模。

景观水体补水采用雨水时，应考虑旱季景观，确保雨季观水、旱季观石；住区景观水体补水采用中水时，应采取措施避免发生景观水体的富营养化问题。

采用生物措施就是在水域中人为地建立起一个生态系统，并使其适应外界的影响，处在自然的生态平衡状态，实现良性可持续发展。景观生态法主要有三种，即曝气法、生物药剂法及净水生物法。其中净水生物法是最直接的生物处理方法。目前利用水生动、植物的净化作用，吸收水中养分和控制藻类，将人工湿地与雨水利用、中水处理、绿化灌溉相结合的工程实例越来越多，已经积累了很多的经验，可以在有条件的项目中推广使用。

当采用曝气或提升等机械设施时，可使用太阳能风光互补发电等可再生能源提供电源，在保证水质的同时综合考虑节水、节能措施。

8.2.5 目前在我国部分缺水地区，水务部门对雨水利用已形成政府文件，要求在设计中统一考虑；同时《建筑与小区雨水利用工程技术规范》GB 50400 也于2006 年发布，因此在绿色建筑设计中雨水利用作为一项有效的节水措施被推荐采用。

我国幅员辽阔，地区差异巨大，降雨分布不均，因此在雨水的综合利用中一定要进行技术经济比较，制定合理、适用的方案。

建议在常年降雨量大于 800mm 的地区采用雨水收集的直接利用方式；而低于上述年降雨量地区采用以渗透为主的间接雨水利用方式。

在征得当地水务部门的同意下，可利用自然水体作为雨水的调节设施。

8.3 供水系统

8.3.1 合理的供水系统是给水排水设计中达到节水、节能目的的保障。

为减少建筑给水系统超压出流造成的水量浪费，应从给水系统的设计、合理进行压力分区、采取减压措施等多方面采取对策。另外，设施的合理配置和有效使用，是控制超压出流的技术保障。减压阀作为简便易用的设施在给水系统中得到广泛的应用。

充分利用市政供水压力，作为一项节能条款《住宅建筑规范》GB 50368 中明确"生活给水系统应充分利用城镇给水管网的水压直接供水"。加压供水可优先采用变频供水、管网叠压供水等节能的供水技术；当采用管网叠压供水技术时应获得当地供水部门的同意。

在执行本条款过程中还需做到：掌握准确的供水水压、水量等可靠资料；满足卫生器具配水点的水压要求；高层建筑分区供水压力应满足《建筑给水排水设计规范》GB 50015-2003（2009 年版）中第 3.3.5 条及第 3.3.5A 条的要求。

8.3.2 用水量较小且分散的建筑如：办公楼、小型饮食店等。热水用水量较大，用水点比较集中的建筑，如：高级住宅、旅馆、公共浴室、医院、疗养院等。

在设有集中供应生活热水系统的建筑，应设置完善的热水循环系统。

《建筑给水排水设计规范》GB 50015 中提出了建筑集中热水供应系统的三种循环方式：干管循环（仅干管设对应的回水管）、立管循环（立管、干管均设对应的回水管）和干管、立管、支管循环（干管、立管、支管均设对应的回水管）。同一座建筑的热水供应系统，选用不同的循环方式，其无效冷水的出流量是不同的。

集中热水供应系统的节水措施有：保证用水点处冷、热水供水压力平衡的措施，最不利用水点处冷、热水供水压力差不宜大于 0.02MPa；宜设带调节压差功能的混合器、混合阀；公共浴室可设置感应式或全自动刷卡式淋浴器。

设有集中热水供应的住宅建筑中考虑到节水及使用舒适性，当因建筑平面布局使得用水点分散且距离较远时，宜设支管循环以保证使用时的冷水出流时间较短。

8.4 节水措施

8.4.1 小区管网漏失水量包括：室内卫生器具漏水量、屋顶水箱漏水量和管网漏水量。住宅区漏损率应小于自身最高日用水量的 5%，公共建筑其漏损率应小于自身最高日用水量的 2%。可采用水平衡测法

检测建筑或建筑群管道漏损量。同时适当地设置检修阀门也可以减少检修时的排水量。

8.4.2 本着"节流为先"的原则，根据用水场合的不同，合理选用节水水龙头、节水便器、节水淋浴装置等。

节水器具可作如下选择：

1 公共卫生间洗手盆应采用感应式水嘴或延时自闭式水嘴；

2 蹲式大便器、小便器宜采用延时自闭冲洗阀、感应式冲洗阀；

3 住宅建筑中坐式大便器宜采用设有大、小便分档的冲洗水箱；不得使用一次冲洗水量大于 6L 的坐式大便器；

4 水嘴、淋浴喷头宜设置限流配件。

8.4.3 绿化灌溉鼓励采用喷灌、微灌等节水灌溉方式；鼓励采用湿度传感器或根据气候变化调节的控制器。

喷灌是充分利用市政给水、中水的压力通过管道输送将水通过喷头进行喷洒灌溉，或采用雨水以水泵加压供应喷灌用水。微灌包括滴灌、微喷灌、涌流灌和地下渗灌等。微灌是高效的节水灌溉技术，它可以缓慢而均匀的直接向植物的根部输送计量精确的水量，从而避免了水的浪费。

喷灌比地面漫灌省水约 30%～50%，安装雨天关闭系统，可再节水 15%～20%。微灌除具有喷灌的主要优点外，比喷灌更节水（约 15%）、节能（50%～70%）。

8.4.4 按使用性质设水表是供水管理部门的要求。绿色建筑设计中应将水表适当分区集中设置或设置远传水表；当建筑项目内设建筑自动化管理系统时，建议将所有水表计量数据统一输入该系统，以达到漏水探查监控的目的。

公共建筑应对不同用途和不同付费单位的供水设置水表，如餐饮、洗浴、中水补水、空调补水等。

9 暖通空调

9.1 一般规定

9.1.1 建筑设计应充分利用自然条件，采取保温、隔热、遮阳、自然通风等被动措施减少暖通空调的能耗需求。建筑物室内采暖空调系统的形式、技术措施应根据建筑功能、空间特点、使用要求，并结合建筑所采取的被动措施综合考虑确定。

9.1.2 采用计算机能耗模拟技术能优化建筑节能设计，便于在设计过程中的各阶段对设计进行节能评估。利用建筑物能耗分析和动态负荷模拟等计算机软件，可估算建筑物整个使用期能耗费用，提供建筑能耗计算及优化设计、建筑设计方案分析及能耗评估分

析，使得设计可以从传统的单点设计拓展到全工况设计。当建筑有高于现行节能标准的要求时，宜通过计算机模拟手段分析建筑物能耗，改进和完善空调系统设计。

9.1.3 冷热源形式的确定，影响能源的使用效率；而各地区的能源种类、能源结构和能源政策也不尽相同。任何冷热源形式的确定都不应该脱离工程所在地的具体条件。同时对整个建筑物的用能效率应进行整体分析，而不只是片面地强调某一个机电系统的效率。如利用热泵系统在提供空调冷冻水的同时提供生活热水、回收建筑排水中的余热作为建筑的辅助热源（污废水热泵系统）等。

绿色建筑倡导可再生能源的利用，但可再生能源的利用也受到工程所在地的地理条件、气候条件和工程性质的影响。

邻近河流、湖泊的建筑，在征得当地主管部门许可的前提下，经过技术经济比较合理时，宜采用地表水水源热泵作为建筑的集中冷热源。在征得当地主管部门许可的前提下，经过技术经济比较合理时，宜采用土壤源热泵或水源热泵作为建筑空调、采暖系统的冷热源。

9.1.4 室内环境参数标准涉及舒适性和能源消耗，科学合理地确定室内环境参数，不仅是满足室内人员舒适的要求，也是为了避免片面追求过高的室内环境参数标准而造成能耗的浪费。鼓励通过合理、适宜的送风方式、气流组织和正确的压力梯度，提高室内的舒适度和空气品质。

9.1.5 强调设备容量的选择应以计算为依据。全年大多时间，空调系统并非在100%空调设计负荷下工作。部分负荷工作时，空调设备、系统的运行效率同100%负荷下工作的空调设备和系统有很大差别。确定空调冷热源设备和空调系统形式时，要求充分考虑和兼顾部分负荷时空调设备和系统的运行效率，应力求全年综合效率最高。

9.1.6 为了满足部分负荷运行的需要，能量输送系统，无论是水系统还是风系统，经常采用变流量的形式。通过采用变频节能技术满足变流量的要求，可以节省水泵或风机的输送能耗，夜间冷却塔的低速运行还可以减少其噪声对周围环境的影响。

9.1.7 空调系统的节能设计是空调节能的前提。《公共建筑节能设计标准》GB 50189-2005对空调系统的节能设计进行了相关规定，如：冷水机组的性能系数（COP）、冷水系统的输送能效比（ER）和风系统风机的单位风量耗功率（WS）均应满足相关限值要求，即分别对空调系统的冷源系统、水系统、风系统等子系统的节能设计提出了要求，但没有体现子系统之间的匹配和关联关系。

空调各子系统相互耦合而非孤立，子系统最优，并非空调系统综合最优，某个子系统能效高可能会降低其他子系统的能效。所以空调系统的节能设计关键是空调系统各子系统的合理匹配与优化，使空调系统综合能效最高。因此，评价空调系统的节能优劣，应以空调系统综合能效比来衡量。

空调系统设计综合能效比（Designing comprehensive energy efficiency ratio）（以下简称 $CEER$）反映一个空调系统在设计负荷下的总能耗水平。本条文提出了空调系统设计综合能效比的理论计算方法，以供空调系统节能设计时参考。

空调系统设计综合能效比限值采用的理论计算公式详见表7：

表7 空调系统综合能效比限值的理论计算式

分项	理论计算式
空调系统的综合能效比 $CEER$	$$CEER = \frac{Q_C}{N_C + N_{CP} + N_{CT} + N_{CWP} + \sum N_k + \sum N_x + \sum N_{FP}}$$ 或者， $$CEER = \frac{1}{\dfrac{N_C + N_{CP} + N_{CT}}{Q_C} + \dfrac{N_{CWP}}{Q_C} + \dfrac{\sum N_k + \sum N_x + \sum N_{FP}}{Q_C}}$$ 或者， $$CEER = \frac{1}{\dfrac{1}{CEER_1} + \dfrac{1}{CEER_2} + \dfrac{1}{CEER_3}}$$ 式中，Q_C 为空调系统的总供冷量（kW）；N_C 为冷水机组的耗电量（kW）；N_{CP} 为冷却水泵的耗电量（kW）；N_{CT} 为冷却塔风机的耗电量（kW）；N_{CWP} 为冷水泵的耗电量（kW）；$\sum N_k$ 为所有末端空气处理机组的耗电量（kW）；$\sum N_x$ 为所有末端新风处理机组的耗电量（kW）；$\sum N_{FP}$ 为所有末端风机盘管机组的耗电量（kW）。
冷源系统的综合能效比 $CEER_1$	$$CEER_1 = \frac{1}{\dfrac{1}{COP} + \dfrac{(1+COP) \cdot g \cdot H_C}{1000 \cdot COP \cdot \Delta T_2 \cdot C_W \cdot \eta_{CP}} + \dfrac{0.035 \times 3600 \times (1+COP)}{COP \cdot \Delta T_2 \cdot \rho_W}}$$ 式中，COP 为冷水机组的性能参数（W/W）；ΔT_2 为冷却水的供回水温差（℃）；H_C 为冷却水泵的扬程（m）；η_{CP} 为冷却水泵的效率；C_W 为水的比热容，取 4.1868kJ/kg；ρ_W 为水的密度，取 1×10^3 kg/m³。
冷水系统的综合能效比 $CEER_2$	$$CEER_2 = \frac{1000 \cdot \Delta T_1 \cdot C_W \cdot \eta_{WP}}{g \cdot H_{CW}}$$ 或者， $$CEER_2 = \frac{1}{ER_{CW}}$$ 式中，ΔT_1 为冷水供回水温差（℃）；H_{CW} 为冷水泵的扬程（m）；η_{WP} 为冷水泵的效率；g 为重力加速度，取 9.8067m/s²。
风系统的综合能效比 $CEER_3$	$$CEER_3 = \frac{1}{\sum \dfrac{a \cdot P_k}{1000 \cdot \rho_a \cdot \Delta i_k \cdot \eta_k} + \sum \dfrac{b \cdot P_x}{1000 \cdot \rho_a \cdot \Delta i_x \cdot \eta_x} + \sum \dfrac{c \cdot W_{SFD} \cdot 3600}{\rho_a \cdot \Delta i_{FP}}}$$ 或者， $$CEER_3 = \frac{1}{\sum \dfrac{a \cdot W_{sk} \cdot 3600}{\rho_a \cdot \Delta i_k} + \sum \dfrac{b \cdot W_{sx} \cdot 3600}{\rho_a \cdot \Delta i_x} + \sum \dfrac{c \cdot W_{SFD} \cdot 3600}{\rho_a \cdot \Delta i_{FP}}}$$ 式中，P_k、η_k、Δi_k 分别为空气处理机组风机的全压（Pa）、风机的总效率和空气处理机组进出口空气的焓差（kJ/kg）；P_x、η_x、Δi_x 分别为新风机组风机的全压（Pa）、风机的总效率和新风机组进出口空气的焓差（kJ/kg）；Δi_{FP} 为风机盘管机组进出口空气的焓差（kJ/kg）；ρ_a 为空气的密度（kg/m³）；W_{sk}、W_{sx}、W_{SFD} 分别为空气处理机组、新风机组、风机盘管机组单位风量耗功率 W_{sx} [W/(m³/h)]；a、b、c 分别为空气处理机组、新风机组、风机盘管机组承担系统冷负荷的比例（$a+b+c=1$）。

9.2 暖通空调冷热源

9.2.1 余热利用是节能手段之一。城市供热网多由电厂余热或大型燃煤供热中心提供，其一次能源利用效率较高，污染物治理可集中实现。优先使用此类热源，有利于大气环境的保护和节能。

9.2.2 计算机技术的发展为建筑物全年空调负荷的计算、各种冷热源和系统形式能耗的模拟分析提供了可能，能够帮助我们更加科学、合理地确定负荷、冷热源和设备系统形式。

9.2.3 当室外环境温度降低时，风冷热泵的制热性能系数随之降低。虽然热泵机组能够在很低的环境温度下启动或工作，但当制热运行性能系数低至 1.8 时，已经不及一次能源的燃烧发热和效率。所以在冬季室外空调计算温度下，如果空气源热泵的冬季制热运行性能系数小于 1.8，其一次能源的综合利用率不如直接燃烧化石能源。

9.2.4 没有热电联产、工业余热和废热可资利用的严寒、寒冷地区，应建设以集中锅炉房为热源的供热系统。为满足严寒和寒冷地区冬季内区供冷要求，应优先考虑利用室外空气消除建筑物内区的余热，或采用自然冷却水系统消除室内余热。

9.2.5 采用多联机空调系统的建筑，当不同时间存在供冷和供热需求时，采用热泵型变制冷剂流量多联分体空调系统比分别设置冷热源省设备材料投入、节能效果明显。如果部分时间同时有供冷和供热需求，在经过技术经济比较分析合理时，应优先采用热回收型变制冷剂流量多联分体空调系统。

9.2.6 在冬季建筑物外区需要供热的地区，大型公共建筑的内区在冬季仍然需要供冷。消耗少量电能采用水环热泵空调，将内区多余热量转移至建筑物外区，分别同时满足外区供热和内区供冷的空调需要比同时运行空调热源和冷源两套系统更节能。但需要注意冷热负荷的匹配，当水环热泵系统的供冷和供热能力不能匹配建筑物的冷热负荷时，应设置其他冷热源给予补充。

9.2.7 通常锅炉的烟气温度可达到 180℃以上，在烟道上安装烟气冷凝器或省煤器可以用烟气的余热加热或预热锅炉的补水。供水温度不高于 80℃的低温热水锅炉，可采用冷凝锅炉，以降低排烟温度、提高锅炉的热效率。

9.2.8 蓄能空调系统虽然对建筑物本身不是节能措施，但是可以为用户节省空调系统的运行费用，同时对电网起到移峰填谷作用，提高电厂和电网的综合效率，也是社会节能环保的重要手段之一。

9.2.9 在我国西北等部分夏季炎热、空气干燥的地区，湿球温度较低。采用循环水蒸发冷却空气，当送风温度低于室内设计温度时，可采用此方式，减少一次设备投资并节省制冷机耗电。

9.3 暖通空调水系统

9.3.1 建筑物空调冷冻水的供水温度如果高于 7℃，对空调设备末端的选型不利，同时也不利于夏季除湿。供回水温差小于 5℃，将增大水流量，冷冻水管径增大，消耗更多的水泵输送能耗，于节材和节能都不利。由于空调冷热水系统管道夏季输送冷水，冬季输送热水，管径多依据冷水流量确定，所以本条没有规定空调冷热水系统的热水供回水温差。但当采用四管制空调水系统时，热水管道的管径依据热水流量确定，所以规定四管制时的空调热水温度及温差。

9.3.2 开式空调水系统已经较少使用，原因是其水质保证困难、增加系统排气的困难、增加循环水泵电耗。保证水系统的水质和管路系统的清洁可以提高换热效率、减少流动阻力、避免细菌和病毒滋生，故提出对水质处理的要求。

9.3.3 蒸汽锅炉的补水通常经过软化和除氧，成本较高，其凝结水温度高于生活热水所需要的温度，所以无论从节能，还是从节水的角度来讲，蒸汽凝结水都应回收利用。

9.3.4 旅馆、餐饮、医院、洗浴等建筑全年生活热水耗量大，生活热水的能耗巨大。利用空调系统的排热对生活热水在空调季节进行加热，可以节省大量能耗，现有空调设备技术也支持这一系统形式。或设置单独的换热系统，利用 37℃的空调冷却水至少可将生活热水的补水加热至 30℃。但在严寒和寒冷地区，由于没有冬季空调冷负荷或负荷很小，其排热在冬季往往不能满足生活热水加热的要求，冬季通常需要配备其他形式的热源。由此可见，空调系统全年运行时间越长，生活热水采用此类预热系统效益越显著。

9.3.5 利用冬季室外新风消除室内余热虽然直接、简单、成本低，但由于风系统在分区域或分室调节、控制方面的困难，不能满足个性化控制调节的要求。采用冷却制冷提供"免费"冷冻水，可以适用于各分区域的空调末端，利用其原有的控制方法实现个性化调节目的。

9.3.6 散热器暗装，特别是安装方式不恰当时会影响散热器的散热效果，既浪费材料，也不利于节能，与绿色建筑所倡导的节材和节能相悖，故应限制这种散热器暗装的方式，鼓励采用外形美观、散热效果好的明装散热器。

9.4 空调通风系统

9.4.1 在大部分地区，空调系统的新风能耗占空调系统总能耗的 1/3，所以减少新风能耗对建筑物节能的意义非常重大。室内外温差越大、温差大的时间越长，排风能量回收的效益越明显。由于在回收排风能量的同时也增加了空气侧的阻力和风机能耗，所以本条规定一方面强调在过渡季节设置旁通，减少风侧阻力；在另一方面，由于热回收的效益与各地气候关系很大，所以应经过技术经济比较分析，满足当地节能标准，确定是否采用、采用何种排风能量回收形式对新风进行预冷（热）处理。

9.4.2　封闭吊顶的上、下两个空间通常存在温度差，吊顶回风的方式使得吊顶上、下两空间的温度基本趋于一致，增加了空调系统的负荷。当吊顶空间较大时，增加的空调负荷也相应加大。采用吊顶回风的方式时多是由于吊顶空间紧张，一般不会超过层高的1/3；而当吊顶空间高度超过1/3层高时，吊顶空间已经比较大了，应可以采用风管回风的方式。

9.4.3　当室外空气焓值低于室内空气焓值时，有可能利用室外新风消除室内热湿负荷。在过渡季和冬季，当部分房间有供冷需要时，空调通风系统的设计应优先考虑为实现利用室外新风消除室内热湿负荷创造必要条件，包括新风口的大小、风机的大小、排风量的变化能够适应新风量的改变从而维持房间的空气平衡。全空气定风量系统新风量的变化在满足人员卫生标准的前提下，也应根据室外气候和室内负荷适当改变新风送风量，实现在过渡季节或冬季利用室外新风消除室内热湿负荷，同时由于提高了新风量而改善了室内空气品质。

9.4.4　不同的通风系统，利用同一套通风管道，通过阀门的切换、设备的切换、风口的启闭等措施实现不同的功能，既可以节省通风系统的管道材料，又可以节省风管所占据的室内空间，是满足绿色建筑节材、节地要求的有效措施。

9.4.5　相同截面积、长宽比不同的风管，其比摩阻可能相差几倍以上。为减少风管高度而单纯的改变长宽比，忽略了比摩阻的差别而造成风压不足，或者由于系统阻力过大使得单位风量的风机耗功率不满足节能标准要求的做法是不可取的。所以在此强调风管的长宽比和风系统的规模不应过大。高层建筑空调通风系统竖向所负担的楼层数，通过计算仍然经济合理时，可不受10层的限制。

9.4.6　本条强调这些特殊房间排风的重要性，因为个别房间的异味如果不能及时、有效地迅速排除，可能影响整个建筑的室内空气品质。吸烟室必须设置无回风的排气装置，使含烟草烟雾（ETS）的空气不循环到非吸烟区。在吸烟室门关闭，启动排风系统时，使吸烟室相对于相邻空间应至少有平均5Pa的空气负压，最低负压也应大于1Pa。

9.4.7　游泳池的室内空气湿度控制需要依赖全空气系统，地板采暖仅可用于冬季供暖的一部分并增加冬季地面舒适性。冬季除湿的游泳池如果不采用热回收机组，除湿的制冷耗电和加热新风的能耗都非常巨大。由于冬季游泳池室内温度较高，所以新风能耗巨大；如果再加上对除湿冷空气的再热，则使得游泳池的冬季能耗数倍于其他功能的建筑。采用除湿热回收

机组，可将湿空气的冷凝热和电机能耗用于加热送风，节能效果显著。

9.5　暖通空调自动控制系统

9.5.1　建筑物暖通空调能耗的计量和统计是反映建筑物实际能耗和判别是否节能的客观手段，也是检验节能设计合理、适用与否的标准；通过对各类能耗的计量、统计和分析可以发现问题、发掘节能的潜力，同时也是节能改造和引导人们行为节能的手段。

9.5.2　如果建筑的冷热源中心缺乏必要的调节手段，则不能随时根据室外气候的变化、室内的使用要求进行必要和有效的调节，势必造成不必要的能源浪费。本条的出发点在于，提倡在设计上提供必要的调控手段，为采用不同的运行模式提供手段。

9.5.3　在人员密度相对较大，且变化较大的房间，为保证室内空气质量并减少不必要的新风能耗，宜采用新风量需求控制。即在不利于新风作冷源的季节，应根据室内二氧化碳浓度监测值增加或减少新风量，在二氧化碳浓度符合卫生标准的前提下减少新风冷热负荷。

9.5.4　空调冷源系统的节能，可结合使用和运行的实际情况，采用模糊调节、预测调节等智能型控制方案。同时由于机电系统运行维护单位的技术水平、管理经验不一，不应一味强调自动控制运行。应根据工程项目的实际情况、气候条件和特点、设备系统的形式采取因地制宜的控制策略，不断总结和完善运行措施，逐步取得节能效果。

9.5.5　汽车库不同时间使用频率有很大差别，室内空气质量随使用频率变化较大。为了避免片面强调节能和节省运行费用而置室内空气品质于不顾，长时间不运转通风系统，在条件许可时宜设置一氧化碳浓度探测传感装置，控制机械车库通风系统的运行，或采用分级风量通风的措施兼顾节能与车库内空气品质的保证。

10　建筑电气

10.1　一般规定

10.1.1　在方案设计阶段，应制定合理的供配电系统方案，优先利用市政提供的可再生能源，并尽量设置变配电所和配电间居于用电负荷中心位置，以减少线路损耗。在《绿色建筑评价标准》GB/T 50378－2006中，"建筑智能化系统定位合理，信息网络系统功能完善"作为一般项要求，因此绿色建筑应根据《智能建筑设计标准》GB 50314中所列举的各功能建筑的智能化基本配置要求，并从项目的实际情况出发，选择合理的建筑智能化系统。

在方案设计阶段，应合理采用节能技术和节能设

备，最大化的节约能源。

10.1.2 太阳能是常用的可再生能源之一，其中太阳能光伏发电是具发展潜力的能源开发领域，但目前其高昂的成本阻碍了太阳能光伏技术的实际应用。近年来，太阳能光伏发电发展很快，光伏发电初始投资每年以 10% 的速度下降，随着技术工艺的不断改进、制造成本降低、光电转换效率提高，光伏发电成本将大大降低。

我国风能资源丰富，居世界首位。风力发电是一种主要的风能利用形式，虽然风力发电较太阳能而言，它的成本优势明显，但应用在建筑上也会有一些特殊要求：如风力发电和建筑应进行一体化设计、在建筑周围设置小型风力发电机不能影响声环境质量等。

综上所述，在项目地块的太阳能资源或风能资源丰富时，应进行技术经济比较分析，合理时，宜采用太阳能光伏发电系统或风力发电系统作为电力能源的补充。

当项目地块采用太阳能光伏发电系统或风力发电系统时，应征得有关部门的同意，优先采用并网型系统。因为风能或太阳能是不稳定的、不连续的能源，采用并网型系统与市政电网配套使用，则系统不必配备大量的储能装置，可以降低系统造价使之更加经济，还增加了供电的可靠性和稳定性。当项目地块采用太阳能光伏发电系统和风力发电系统时，建议采用风光互补发电系统，如此可综合开发和利用风能、太阳能，使太阳能与风能充分发挥互补性，以获得更好的社会经济效益。

此外，在条件许可时，景观照明和非主要道路照明可采用小型太阳能路灯和风光互补路灯。

10.1.3 风力发电装置一般设置在风力条件较好的地块周围或建筑屋顶，或者没有遮挡的城市道路及公园，其噪声问题是限制其发展的主要原因之一，因此，风力发电机在选型和安装时均应避免产生噪声污染。建议采取下列措施：

1 在建筑周围或城市道路及公园安装风力发电机时，单台功率宜小于 50kW；

2 若在建筑物之上架设风力发电机组时，风机风轮的下缘宜高于建筑物屋面 2.4m，风力发电机的总高度不宜超过 4m，单台风机安装容量宜小于 10kW；

3 风力发电机应选用静音型产品；

4 风机塔架应根据环境条件进行安全设计，安装时应有可靠的基础。

10.2 供配电系统

10.2.1 在民用建筑中，由于大量使用了单相负荷，如照明、办公用电设备等，其负荷变化随机性很大，容易造成三相负载的不平衡，即使设计时努力做到三相平衡，在运行时也会产生差异较大的三相不平衡，因此，作为绿色建筑的供配电系统设计，宜采用分相无功自动补偿装置，否则不但不节能，反而浪费资源，而且难以对系统的无功补偿进行有效补偿，补偿过程中所产生的过、欠补偿等弊端更是对整个电网的正常运行带来了严重的危害。

10.2.2 采用高次谐波抑制和治理的措施可以减少电气污染和电力系统的无功损耗，并可提高电能使用效率。目前，国家标准有《电能质量、公用电网谐波》GB/T 14549-1993、《电磁兼容限值对额定电流小于 16A 的设备在低压供电系统中产生的谐波电流的限制》GB/Z 17625.1-2003、《电磁兼容限值对额定电流大于 16A 的设备在低压供电系统中产生的谐波电流的限制》GB/Z 17625.3-2003，地方标准有北京市地方标准《建筑物供配电系统谐波抑制设计规程》DBJ/T 11-626-2007 及上海市地方标准《公共建筑电磁兼容设计规范》DG/TJ 08-1104-2005，有关的谐波限值、谐波抑制、谐波治理可参考以上标准执行。

10.2.3 电力电缆截面的选择是电气设计的主要内容之一，正确选择电缆截面应包括技术和经济两个方面，《电力工程电缆设计规范》GB 50217-2007 第 3.7.1 条提出了选择电缆截面的技术性和经济性的要求，但在实际工程中，设计人员往往只单纯从技术条件选择。对于长期连续运行的负荷应采用经济电流选择电缆截面，可以节约电力运行费和总费用，可节约能源，还可以提高电力运行的可靠性。因此，作为绿色建筑，设计人员应根据用电负荷的工作性质和运行工况，并结合近期和长远规划，不仅依据技术条件还应按经济电流来选择供电和配电电缆截面。经济电流截面的选用方法可参考《电力工程电缆设计规范》GB 50217-2007 附录 B。

10.3 照　明

10.3.1 在照明设计时，应根据照明部位的自然环境条件，结合天然采光与人工照明的灯光布置形式，合理选择照明控制模式。

当项目经济条件许可的情况下，为了灵活地控制和管理照明系统，并更好的结合人工照明与天然采光设施，宜设置智能照明控制系统以营造良好的室内光环境、并达到节电目的。如当室内天然采光随着室外光线的强弱变化时，室内的人工照明应按照人工照明的照度标准，利用光传感器自动启闭或调节部分灯具。

10.3.2 选择适合的照度指标是照明设计合理节能的基础。在《建筑照明设计标准》GB 50034 中，对居住建筑、公共建筑、工业建筑及公共场所的照度指标分别作了详细的规定，同时规定可根据实际需要提高或者降低一级照度标准值。因此，在照明设计中，应首先根据各房间或场合的使用功能需求来选择适合的照度指标，同时还应根据项目的实际定位进行调整。此外，对于照度指标要求较高的房间或场所，在经济条件允许的情况下，宜采用一般照明和局部照明结合的方式。由于局部照明可根据需求进行灵活开关控制，从而可进一步减少能源的浪费。

10.3.3 选用高效照明光源、高效灯具及其节能附件，不仅能在保证适当照明水平及照明质量时降低能耗，而且还减少了夏季空调冷负荷从而进一步达到节能的目的。下列为光源、灯具及节能附件的一些参考资料，供设计人员参考。

1 光源的选择

    1）紧凑型荧光灯具有光效较高、显色性好、体积小巧、结构紧凑、使用方便等优点，是取代白炽灯的理想电光源，适合于为开阔的地方提供分散、亮度较低的照明，可被广泛应用于家庭住宅、旅馆、餐厅、门厅、走廊等场所；

    2）在室内照明设计时，应优先采用显色指数高、光效高的稀土三基色荧光灯，可广泛应用于大面积区域且分布均匀的照明，如办公室、学校、居所、工厂等；

    3）金属卤化物灯具有定向性好、显色能力非常强、发光效率高、使用寿命长、可使用小型照明设备等优点，但其价格昂贵，故一般用于分散或者光束较宽的照明，如层高较高的办公室照明、对色温要求较高的商品照明、要求较高的学校和工厂、户外场所等；

    4）高压钠灯具有定向性好、发光效率极高、使用寿命很长等优点，但其显色能力很差，故可用于分散或者光束较宽、且光线颜色无关紧要的照明，如户外场所、工厂、仓库，以及内部和外部的泛光照明；

    5）发光二极管（LED）灯是极具潜力的光源，它发光效率高且寿命长，随着成本的逐年减低，它的应用将越来越广泛。LED适合在较低功率的设备上使用，目前常被应用于户外的交通信号灯、紧急疏散灯、建筑轮廓灯等。

2 高效灯具的选择

    1）在满足眩光限制和配光要求的情况下，应选用高效率灯具，灯具效率不应低于《建筑照明设计标准》GB 50034中有关规定；

    2）应根据不同场所和不同的室空间比 RCR，合理选择灯具的配光曲线，从而使尽量多的直射光通落到工作面上，以提高灯具的利用系数；由于在设计中 RCR 为定值，当利用系数较低（0.5）时，应调换不同配光

      的灯具；

    3）在保证光质的条件下，首选不带附件的灯具，并应尽量选用开启式灯罩；

    4）选用对灯具的反射面、漫射面、保护罩、格栅材料和表面等进行处理的灯具，以提高灯具的光通维持率，如涂二氧化硅保护膜及防尘密封式灯具、反射器采用真空镀铝工艺、反射板选用蒸镀银反射材料和光学多层膜反射材料等；

    5）尽量使装饰性灯具功能化。

3 灯具附属装置选择

    1）自镇流荧光灯应配用电子镇流器；

    2）直管形荧光灯应配用电子镇流器或节能型电感镇流器；

    3）高压钠灯、金属卤化物灯等应配用节能型电感镇流器，在电压偏差较大的场所，宜配用恒功率镇流器；功率较小者可配用电子镇流器；

    4）荧光灯或高强度气体放电灯应采用就地电容补偿，使其功率因数达 0.9 以上。

10.3.4 在《建筑照明设计标准》GB 50034 中规定，长期工作或停留的房间或场所，照明光源的显色指数（Ra）不宜小于 80。《建筑照明设计标准》GB 50034 中的显色指数（Ra）值是参照 CIE 标准《室内工作场所照明》S008/E-2001 制定的，而且当前的光源和灯具产品也具备这种条件。作为绿色建筑，应更加关注室内照明环境质量。此外，在《绿色建筑评价标准》GB/T 50378-2006 中，建筑室内照度、统一眩光值、一般显示指数等指标应满足现行国家标准《建筑照明设计标准》GB 50034 中有关要求，是作为公共建筑绿色建筑评价的控制项条款来要求的。因此，我们将《建筑照明设计标准》GB 50034 中规定的"宜"改为"应"，以体现绿色建筑对室内照明质量的重视。

10.3.5 在《建筑照明设计标准》GB 50034 中，提出 LPD 不超过限定值的要求，同时提出了 LPD 的目标值，此目标值要求可能在几年之后会变成限定值要求，而作为绿色建筑应有一定的前瞻性和引导性，因此，本条提出 LPD 值符合《建筑照明设计标准》GB 50034 规定的目标值要求。

10.4 电气设备节能

10.4.1 作为绿色建筑，所选择的油浸或干式变压器不应局限于满足《三相配电变压器能效限定值及节能评价值》GB 20052-2006 里规定的能效限定值，还应达到目标能效限定值。同时，在项目资金允许的条件下，亦可采用非晶合金铁心型低损耗变压器。

10.4.2 ［D，yn11］结线组别的配电变压器具有缓解三相负荷不平衡、抑制三次谐波等优点。

10.4.3 乘客电梯宜选用永磁同步电机驱动的无齿轮曳引机，并采用调频调压（VVVF）控制技术和微机控制技术。对于高速电梯，在资金充足的情况下，优先采用"能量再生型"电梯。

对于自动扶梯与自动人行道，当电动机在重载、轻载、空载的情况下均能自动获得与之相适应的电压、电流输入，保证电动机输出功率与扶梯实际载荷始终得到最佳匹配，以达到节电运行的目的。

感应探测器包括红外、运动传感器等。当自动扶梯与自动人行道在空载时，电梯可暂停或低速运行，当红外或运动传感器探测到目标时，自动扶梯与自动人行道转为正常工作状态。

10.4.4 群控功能的实施，可提高电梯调度的灵活性，减少乘客等候时间，并可达到节约能源的目的。

10.5 计量与智能化

10.5.1 作为绿色建筑，针对建筑的功能、归属等情况，对照明、电梯、空调、给排水等系统的用电能耗宜采取分区、分项计量的方式，对照明除进行分项计量外，还宜进行分区或分层、分户的计量，这些计量数据可为将来运营管理时按表进行收费提供可行性，

同时，还可为专用软件进行能耗的监测、统计和分析提供基础数据。

10.5.2 一般来说，计量装置应集中设置在电气小间或公共区等场所。当受到建筑条件限制时，分散的计量装置将不利于收集数据，因此采用卡式表具或远程抄表系统能减轻管理人员的抄表工作。

10.5.3 在《绿色建筑评价标准》GB/T 50378-2006中，"建筑通风、空调、照明等设备自动化监控系统技术合理，系统高效运行"作为一般项要求，因此，当公共建筑中设置有空调机组、新风机组等集中空调系统时，应设置建筑设备监控管理系统，以实现绿色建筑高效利用资源、管理灵活、应用方便、安全舒适等要求，并可达到节约能源的目的。

10.5.4 在条件许可时，公共建筑设置建筑设备能源管理系统，如此可利用专用软件对以上分项计量数据进行能耗的监测、统计和分析，以最大化地利用资源、最大限度地减少能源消耗。同时，可减少管理人员配置。此外，在《民用建筑节能设计标准》JGJ 26要求其对锅炉房、热力站及每个独立的建筑物设置总电表，若每个独立的建筑物设置总电表较困难时，应按照照明、动力等设置分项总电表。

中华人民共和国国家标准

公共建筑节能设计标准

Design standard for energy efficiency of public buildings

GB 50189—2005

主编部门：中华人民共和国建设部

批准部门：中华人民共和国建设部

施行日期：2005年7月1日

中华人民共和国建设部
公　　告

第 319 号

建设部关于发布国家标准
《公共建筑节能设计标准》的公告

　　现批准《公共建筑节能设计标准》为国家标准，编号为 GB 50189—2005，自 2005 年 7 月 1 日起实施。其中，第 4.1.2、4.2.2、4.2.4、4.2.6、5.1.1、5.4.2（1、2、3、5、6）、5.4.3、5.4.5、5.4.8、5.4.9 条（款）为强制性条文，必须严格执行。原《旅游旅馆建筑热工与空气调节节能设计标准》GB

50189—93 同时废止。

　　本标准由建设部标准定额研究所组织中国建筑工业出版社出版发行。

中华人民共和国建设部

2005 年 4 月 4 日

前　言

　　根据建设部建标［2002］85 号文件"关于印发《2002 年度工程建设国家标准制定、修订计划》的通知"的要求，由中国建筑科学研究院、中国建筑业协会建筑节能专业委员会为主编单位，会同全国 21 个单位共同编制本标准。

　　在标准编制过程中，编制组进行了广泛深入的调查研究，认真总结了制定不同地区居住建筑节能设计标准的丰富经验，吸收了发达国家编制建筑节能设计标准的最新成果，认真研究分析了我国公共建筑的现状和发展，并在广泛征求意见的基础上，通过反复讨论、修改和完善，最后召开全国性会议邀请有关专家审查定稿。

　　本标准共分为 5 章和 3 个附录。主要内容是：总则，术语，室内环境节能设计计算参数，建筑与建筑热工设计，采暖、通风和空气调节节能设计等。

　　本标准中用黑体字标志的条文为强制性条文，必须严格执行。

　　本标准由建设部负责管理和对强制性条文的解释，中国建筑科学研究院负责具体技术内容的解释。

　　本标准在执行过程中，请各单位注意总结经验，积累资料，随时将有关意见和建议反馈给中国建筑科学研究院（北京市北三环东路 30 号，邮政编码100013），以供今后修订时参考。

　　本标准主编单位、参编单位和主要起草人：

主编单位：中国建筑科学研究院
　　　　　中国建筑业协会建筑节能专业委员会

参编单位：中国建筑西北设计研究院
　　　　　中国建筑西南设计研究院

同济大学
中国建筑设计研究院
上海建筑设计研究院有限公司
上海市建筑科学研究院
中南建筑设计院
中国有色工程设计研究总院
中国建筑东北设计研究院
北京市建筑设计研究院
广州市设计院
深圳市建筑科学研究院
重庆市建设技术发展中心
北京振利高新技术公司
北京金易格幕墙装饰工程有限责任公司
约克（无锡）空调冷冻科技有限公司
深圳市方大装饰工程有限公司
秦皇岛耀华玻璃股份有限公司
特灵空调器有限公司
开利空调销售服务（上海）有限公司
乐意涂料（上海）有限公司
北京兴立捷科技有限公司

主要起草人：郎四维　林海燕　涂逢祥　陆耀庆
　　　　　　冯　雅　龙惟定　潘云钢　寿炜炜
　　　　　　刘明明　蔡路得　罗　英　金丽娜
　　　　　　卜一秋　郑爱军　刘俊跃　彭志辉
　　　　　　黄振利　班广生　盛　萍　曾晓武
　　　　　　鲁大学　余中海　杨利明　张　盐
　　　　　　周　辉　杜　立

目　次

1 总 则

1.0.1 为贯彻国家有关法律法规和方针政策,改善公共建筑的室内环境,提高能源利用效率,制定本标准。

1.0.2 本标准适用于新建、改建和扩建的公共建筑节能设计。

1.0.3 按本标准进行的建筑节能设计,在保证相同的室内环境参数条件下,与未采取节能措施前相比,全年采暖、通风、空气调节和照明的总能耗应减少50%。公共建筑的照明节能设计应符合国家现行标准《建筑照明设计标准》GB 50034—2004 的有关规定。

1.0.4 公共建筑的节能设计,除应符合本标准的规定外,尚应符合国家现行有关标准的规定。

2 术 语

2.0.1 透明幕墙 transparent curtain wall
可见光可直接透射入室内的幕墙。

2.0.2 可见光透射比 visible transmittance
透过透明材料的可见光光通量与投射在其表面上的可见光光通量之比。

2.0.3 综合部分负荷性能系数 integrated part load value（IPLV）
用一个单一数值表示的空气调节用冷水机组的部分负荷效率指标,它基于机组部分负荷时的性能系数值、按照机组在各种负荷下运行时间的加权因素,通过计算获得。

2.0.4 围护结构热工性能权衡判断 building envelope trade-off option
当建筑设计不能完全满足规定的围护结构热工设计要求时,计算并比较参照建筑和所设计建筑的全年采暖和空气调节能耗,判定围护结构的总体热工性能是否符合节能设计要求。

2.0.5 参照建筑 reference building
对围护结构热工性能进行权衡判断时,作为计算全年采暖和空气调节能耗用的假想建筑。

3 室内环境节能设计计算参数

3.0.1 集中采暖系统室内计算温度宜符合表3.0.1-1的规定;空气调节系统室内计算参数宜符合表3.0.1-2的规定。

3.0.2 公共建筑主要空间的设计新风量,应符合表3.0.2的规定。

表 3.0.1-1　集中采暖系统室内计算温度

建筑类型及房间名称	室内温度(℃)
1　办公楼:	
门厅、楼(电)梯	16
办公室	20
会议室、接待室、多功能厅	18
走道、洗手间、公共食堂	16
车库	5
2　餐饮:	
餐厅、饮食、小吃、办公	18
洗碗间	16
制作间、洗手间、配餐	16
厨房、热加工间	10
干菜、饮料库	8
3　影剧院:	
门厅、走道	14
观众厅、放映室、洗手间	16
休息厅、吸烟室	18
化妆	20
4　交通:	
民航候机厅、办公室	20
候车厅、售票厅	16
公共洗手间	16
5　银行:	
营业大厅	18
走道、洗手间	16
办公室	20
楼(电)梯	14
6　体育:	
比赛厅(不含体操)、练习厅	16
休息厅	18
运动员、教练员更衣、休息	20
游泳馆	26
7　商业:	
营业厅(百货、书籍)	18
鱼肉、蔬菜营业厅	14
副食(油、盐、杂货)、洗手间	16
办公	20
米面贮藏	5
百货仓库	10
8　旅馆:	
大厅、接待	16
客房、办公室	20
餐厅、会议室	18
走道、楼(电)梯间	16
公共浴室	25
公共洗手间	16
9　图书馆:	
大厅	16
洗手间	16
办公室、阅览	20
报告厅、会议室	18
特藏、胶卷、书库	14

表 3.0.1-2　空气调节系统室内计算参数

参　数		冬　季	夏　季
温度 （℃）	一般房间	20	25
	大堂、过厅	18	室内外温差≤10
风速（v）（m/s）		0.10≤v≤0.20	0.15≤v≤0.30
相 对 湿 度（%）		30～60	40～65

表 3.0.2　公共建筑主要空间的设计新风量

建筑类型与房间名称			新风量 [m³/（h·p）]
旅游旅馆	客　房	5 星级	50
		4 星级	40
		3 星级	30
	餐厅、宴会厅、多功能厅	5 星级	30
		4 星级	25
		3 星级	20
		2 星级	15
	大堂、四季厅	4～5 星级	10
	商业、服务	4～5 星级	20
		2～3 星级	10
	美容、理发、康乐设施		30
旅店	客　房	一～三级	30
		四级	20
文化娱乐	影剧院、音乐厅、录像厅		20
	游艺厅、舞厅（包括卡拉 OK 歌厅）		30
	酒吧、茶座、咖啡厅		10
体 育 馆			20
商场（店）、书店			20
饭馆（餐厅）			20
办　公			30
学校	教　室	小　学	11
		初　中	14
		高　中	17

4　建筑与建筑热工设计

4.1　一　般　规　定

4.1.1　建筑总平面的布置和设计，宜利用冬季日照并避开冬季主导风向，利用夏季自然通风。建筑的主朝向宜选择本地区最佳朝向或接近最佳朝向。

4.1.2　严寒、寒冷地区建筑的体形系数应小于或等于 0.40。当不能满足本条文的规定时，必须按本标准第 4.3 节的规定进行权衡判断。

4.2　围护结构热工设计

4.2.1　各城市的建筑气候分区应按表 4.2.1 确定。

表 4.2.1　主要城市所处气候分区

气候分区	代 表 性 城 市
严寒地区 A 区	海伦、博克图、伊春、呼玛、海拉尔、满洲里、齐齐哈尔、富锦、哈尔滨、牡丹江、克拉玛依、佳木斯、安达
严寒地区 B 区	长春、乌鲁木齐、延吉、通辽、通化、四平、呼和浩特、抚顺、大柴旦、沈阳、大同、本溪、阜新、哈密、鞍山、张家口、酒泉、伊宁、吐鲁番、西宁、银川、丹东
寒冷地区	兰州、太原、唐山、阿坝、喀什、北京、天津、大连、阳泉、平凉、石家庄、德州、晋城、天水、西安、拉萨、康定、济南、青岛、安阳、郑州、洛阳、宝鸡、徐州
夏热冬冷地区	南京、蚌埠、盐城、南通、合肥、安庆、九江、武汉、黄石、岳阳、汉中、安康、上海、杭州、宁波、宜昌、长沙、南昌、株洲、永州、赣州、韶关、桂林、重庆、达县、万州、涪陵、南充、宜宾、成都、贵阳、遵义、凯里、绵阳
夏热冬暖地区	福州、莆田、龙岩、梅州、兴宁、英德、河池、柳州、贺州、泉州、厦门、广州、深圳、湛江、汕头、海口、南宁、北海、梧州

4.2.2　根据建筑所处城市的建筑气候分区，围护结构的热工性能应分别符合表 4.2.2-1、表 4.2.2-2、表 4.2.2-3、表 4.2.2-4、表 4.2.2-5 以及表 4.2.2-6 的规定，其中外墙的传热系数为包括结构性热桥在内的平均值 K_m。当建筑所处城市属于温和地区时，应判断该城市的气象条件与表 4.2.1 中的哪个城市最接近，围护结构的热工性能应符合那个城市所属气候分区的规定。当本条文的规定不能满足时，必须按本标准第 4.3 节的规定进行权衡判断。

表 4.2.2-1　严寒地区 A 区围护结构传热系数限值

围护结构部位	体形系数 ≤ 0.3 传热系数 K W/（m²·K）	0.3＜体形系数≤0.4 传热系数 K W/（m²·K）
屋面	≤0.35	≤0.30
外墙（包括非透明幕墙）	≤0.45	≤0.40
底面接触室外空气的架空或外挑楼板	≤0.45	≤0.40
非采暖房间与采暖房间的隔墙或楼板	≤0.6	≤0.6

围护结构部位		体形系数 ≤ 0.3 传热系数 K W/(m²·K)	0.3<体形系数≤0.4 传热系数 K W/(m²·K)
单一朝向外窗（包括透明幕墙）	窗墙面积比≤0.2	≤3.0	≤2.7
	0.2<窗墙面积比≤0.3	≤2.8	≤2.5
	0.3<窗墙面积比≤0.4	≤2.5	≤2.2
	0.4<窗墙面积比≤0.5	≤2.0	≤1.7
	0.5<窗墙面积比≤0.7	≤1.7	≤1.5
屋顶透明部分		≤2.5	

表 4.2.2-2 严寒地区 B 区围护结构传热系数限值

围护结构部位		体形系数 ≤0.3 传热系数 K W/(m²·K)	0.3<体形系数≤0.4 传热系数 K W/(m²·K)
屋面		≤0.45	≤0.35
外墙（包括非透明幕墙）		≤0.50	≤0.45
底面接触室外空气的架空或外挑楼板		≤0.50	≤0.45
非采暖房间与采暖房间的隔墙或楼板		≤0.8	≤0.8
单一朝向外窗（包括透明幕墙）	窗墙面积比≤0.2	≤3.2	≤2.8
	0.2<窗墙面积比≤0.3	≤2.9	≤2.5
	0.3<窗墙面积比≤0.4	≤2.6	≤2.2
	0.4<窗墙面积比≤0.5	≤2.1	≤1.8
	0.5<窗墙面积比≤0.7	≤1.8	≤1.6
屋顶透明部分		≤2.6	

表 4.2.2-3 寒冷地区围护结构传热系数和遮阳系数限值

围护结构部位	体形系数≤0.3 传热系数 K W/(m²·K)	0.3<体形系数≤0.4 传热系数 K W/(m²·K)
屋面	≤0.55	≤0.45
外墙（包括非透明幕墙）	≤0.60	≤0.50
底面接触室外空气的架空或外挑楼板	≤0.60	≤0.50
非采暖空调房间与采暖空调房间的隔墙或楼板	≤1.5	≤1.5

外窗（包括透明幕墙）	传热系数 K W/(m²·K)	遮阳系数 SC（东、南、西向/北向）	传热系数 K W/(m²·K)	遮阳系数 SC（东、南、西向/北向）

续表 4.2.2-3

围护结构部位		体形系数≤0.3 传热系数 K W/(m²·K)		0.3<体形系数≤0.4 传热系数 K W/(m²·K)	
单一朝向外窗（包括透明幕墙）	窗墙面积比≤0.2	≤3.5	—	≤3.0	—
	0.2<窗墙面积比≤0.3	≤3.0	—	≤2.5	—
	0.3<窗墙面积比≤0.4	≤2.7	≤0.70/—	≤2.3	≤0.70/—
	0.4<窗墙面积比≤0.5	≤2.3	≤0.60/—	≤2.0	≤0.60/—
	0.5<窗墙面积比≤0.7	≤2.0	≤0.50/—	≤1.8	≤0.50/—
屋顶透明部分		≤2.7	≤0.50	≤2.7	≤0.50

注：有外遮阳时，遮阳系数＝玻璃的遮阳系数×外遮阳的遮阳系数；无外遮阳时，遮阳系数＝玻璃的遮阳系数。

表 4.2.2-4 夏热冬冷地区围护结构传热系数和遮阳系数限值

围护结构部位		传热系数 K W/(m²·K)	
屋面		≤0.70	
外墙（包括非透明幕墙）		≤1.0	
底面接触室外空气的架空或外挑楼板		≤1.0	
外窗（包括透明幕墙）		传热系数 K W/(m²·K)	遮阳系数 SC（东、南、西向/北向）
单一朝向外窗（包括透明幕墙）	窗墙面积比≤0.2	≤4.7	—
	0.2<窗墙面积比≤0.3	≤3.5	≤0.55/—
	0.3<窗墙面积比≤0.4	≤3.0	≤0.50/0.60
	0.4<窗墙面积比≤0.5	≤2.8	≤0.45/0.55
	0.5<窗墙面积比≤0.7	≤2.5	≤0.40/0.50
屋顶透明部分		≤3.0	≤0.40

注：有外遮阳时，遮阳系数＝玻璃的遮阳系数×外遮阳的遮阳系数；无外遮阳时，遮阳系数＝玻璃的遮阳系数。

表 4.2.2-5 夏热冬暖地区围护结构传热系数和遮阳系数限值

围护结构部位	传热系数 K W/(m²·K)	
屋面	≤0.90	
外墙（包括非透明幕墙）	≤1.5	
底面接触室外空气的架空或外挑楼板	≤1.5	
外窗（包括透明幕墙）	传热系数 K W/(m²·K)	遮阳系数 SC（东、南、西向/北向）

续表 4.2.2-5

围护结构部位		传热系数 K W/ $(m^2 \cdot K)$	
单一朝向外窗（包括透明幕墙）	窗墙面积比≤0.2	≤6.5	—
	0.2<窗墙面积比≤0.3	≤4.7	≤0.50/0.60
	0.3<窗墙面积比≤0.4	≤3.5	≤0.45/0.55
	0.4<窗墙面积比≤0.5	≤3.0	≤0.40/0.50
	0.5<窗墙面积比≤0.7	≤3.0	≤0.35/0.45
屋顶透明部分		≤3.5	≤0.35

注：有外遮阳时，遮阳系数＝玻璃的遮阳系数×外遮阳的遮阳系数；无外遮阳时，遮阳系数＝玻璃的遮阳系数。

表 4.2.2-6 不同气候区地面和地下室
外墙热阻限值

气候分区	围护结构部位		热阻 $R(m^2 \cdot K)/W$
严寒地区 A 区	地面：	周边地面	≥2.0
		非周边地面	≥1.8
	采暖地下室外墙（与土壤接触的墙）		≥2.0
严寒地区 B 区	地面：	周边地面	≥2.0
		非周边地面	≥1.8
	采暖地下室外墙（与土壤接触的墙）		≥1.8
寒冷地区	地面：	周边地面	≥1.5
		非周边地面	≥1.5
	采暖、空调地下室外墙（与土壤接触的墙）		≥1.5
夏热冬冷地区	地面		≥1.2
	地下室外墙（与土壤接触的墙）		≥1.2
夏热冬暖地区	地面		≥1.0
	地下室外墙（与土壤接触的墙）		≥1.0

注：周边地面系指距外墙内表面 2m 以内的地面；
地面热阻系指建筑基础持力层以上各层材料的热阻之和；
地下室外墙热阻系指土壤以内各层材料的热阻之和。

4.2.3 外墙与屋面的热桥部位的内表面温度不应低于室内空气露点温度。

4.2.4 建筑每个朝向的窗（包括透明幕墙）墙面积比均不应大于 0.70。当窗（包括透明幕墙）墙面积比小于 0.40 时，玻璃（或其他透明材料）的可见光透射比不应小于 0.4。当不能满足本条文的规定时，必须按本标准第 4.3 节的规定进行权衡判断。

4.2.5 夏热冬暖地区、夏热冬冷地区的建筑以及寒冷地区中制冷负荷大的建筑，外窗（包括透明幕墙）宜设置外部遮阳，外部遮阳的遮阳系数按本标准附录

A 确定。

4.2.6 屋顶透明部分的面积不应大于屋顶总面积的 20%，当不能满足本条文的规定时，必须按本标准第 4.3 节的规定进行权衡判断。

4.2.7 建筑中庭夏季应利用通风降温，必要时设置机械排风装置。

4.2.8 外窗的可开启面积不应小于窗面积的 30%；透明幕墙应具有可开启部分或设有通风换气装置。

4.2.9 严寒地区建筑的外门应设门斗，寒冷地区建筑的外门宜设门斗或应采取其他减少冷风渗透的措施。其他地区建筑外门也应采取保温隔热节能措施。

4.2.10 外窗的气密性不应低于《建筑外窗气密性能分级及其检测方法》GB 7107 规定的 4 级。

4.2.11 透明幕墙的气密性不应低于《建筑幕墙物理性能分级》GB/T 15225 规定的 3 级。

4.3 围护结构热工性能的权衡判断

4.3.1 首先计算参照建筑在规定条件下的全年采暖和空气调节能耗，然后计算所设计建筑在相同条件下的全年采暖和空气调节能耗，当所设计建筑的采暖和空气调节能耗不大于参照建筑的采暖和空气调节能耗时，判定围护结构的总体热工性能符合节能要求。当所设计建筑的采暖和空气调节能耗大于参照建筑的采暖和空气调节能耗时，应调整设计参数重新计算，直至所设计建筑的采暖和空气调节能耗不大于参照建筑的采暖和空气调节能耗。

4.3.2 参照建筑的形状、大小、朝向、内部的空间划分和使用功能应与所设计建筑完全一致。在严寒和寒冷地区，当所设计建筑的体形系数大于本标准第 4.1.2 条的规定时，参照建筑的每面外墙均应按比例缩小，使参照建筑的体形系数符合本标准第 4.1.2 条的规定。当所设计建筑的窗墙面积比大于本标准第 4.2.4 条的规定时，参照建筑的每个窗户（透明幕墙）均应按比例缩小，使参照建筑的窗墙面积比符合本标准第 4.2.4 条的规定。当所设计建筑的屋顶透明部分的面积大于本标准第 4.2.6 条的规定时，参照建筑的屋顶透明部分的面积应按比例缩小，使参照建筑的屋顶透明部分的面积符合本标准第 4.2.6 条的规定。

4.3.3 参照建筑外围护结构的热工性能参数取值应完全符合本标准第 4.2.2 条的规定。

4.3.4 所设计建筑和参照建筑全年采暖和空气调节能耗的计算必须按照本标准附录 B 的规定进行。

5 采暖、通风和空气调节节能设计

5.1 一 般 规 定

5.1.1 施工图设计阶段，必须进行热负荷和逐项逐

时的冷负荷计算。

5.1.2 严寒地区的公共建筑，不宜采用空气调节系统进行冬季采暖，冬季宜设热水集中采暖系统。对于寒冷地区，应根据建筑等级、采暖期天数、能源消耗量和运行费用等因素，经技术经济综合分析比较后确定是否另设置热水集中采暖系统。

5.2 采 暖

5.2.1 集中采暖系统应采用热水作为热媒。

5.2.2 设计集中采暖系统时，管路宜按南、北向分环供热原则进行布置并分别设置室温调控装置。

5.2.3 集中采暖系统在保证能分室（区）进行室温调节的前提下，可采用下列任一制式；系统的划分和布置应能实现分区热量计量。

    1 上/下分式垂直双管；

    2 下分式水平双管；

    3 上分式垂直单双管；

    4 上分式全带跨越管的垂直单管；

    5 下分式全带跨越管的水平单管。

5.2.4 散热器宜明装，散热器的外表面应刷非金属性涂料。

5.2.5 散热器的散热面积，应根据热负荷计算确定。确定散热器所需散热量时，应扣除室内明装管道的散热量。

5.2.6 公共建筑内的高大空间，宜采用辐射供暖方式。

5.2.7 集中采暖系统供水或回水管的分支管路上，应根据水力平衡要求设置水力平衡装置。必要时，在每个供暖系统的入口处，应设置热量计量装置。

5.2.8 集中热水采暖系统热水循环水泵的耗电输热比（*EHR*），应符合下式要求：

$$EHR = N/Q\eta \qquad (5.2.8-1)$$
$$EHR \leqslant 0.0056(14 + \alpha\Sigma L)/\Delta t \qquad (5.2.8-2)$$

式中　*N*——水泵在设计工况点的轴功率（kW）；

    Q——建筑供热负荷（kW）；

    η——考虑电机和传动部分的效率（%）；

    当采用直联方式时，$\eta = 0.85$；

    当采用联轴器连接方式时，$\eta = 0.83$；

    Δt——设计供回水温度差（℃）。系统中管道全部采用钢管连接时，取 $\Delta t = 25℃$；系统中管道有部分采用塑料管材连接时，取 $\Delta t = 20℃$；

    ΣL——室外主干线（包括供回水管）总长度（m）；

    当 $\Sigma L \leqslant 500m$ 时，$\alpha = 0.0115$；

    当 $500 < \Sigma L < 1000m$ 时，$\alpha = 0.0092$；

    当 $\Sigma L \geqslant 1000m$ 时，$\alpha = 0.0069$。

5.3 通风与空气调节

5.3.1 使用时间、温度、湿度等要求条件不同的空气调节区，不应划分在同一个空气调节风系统中。

5.3.2 房间面积或空间较大、人员较多或有必要集中进行温、湿度控制的空气调节区，其空气调节风系统宜采用全空气空气调节系统，不宜采用风机盘管系统。

5.3.3 设计全空气空气调节系统并当功能上无特殊要求时，应采用单风管送风方式。

5.3.4 下列全空气空气调节系统宜采用变风量空气调节系统：

    1 同一个空气调节风系统中，各空调区的冷、热负荷差异和变化大、低负荷运行时间较长，且需要分别控制各空调区温度；

    2 建筑内区全年需要送冷风。

5.3.5 设计变风量全空气空气调节系统时，宜采用变频自动调节风机转速的方式，并应在设计文件中标明每个变风量末端装置的最小送风量。

5.3.6 设计定风量全空气空气调节系统时，宜采取实现全新风运行或可调新风比的措施，同时设计相应的排风系统。新风量的控制与工况的转换，宜采用新风和回风的焓值控制方法。

5.3.7 当一个空气调节风系统负担多个使用空间时，系统的新风量应按下列公式计算确定：

$$Y = X/(1 + X - Z) \qquad (5.3.7-1)$$
$$Y = V_{ot}/V_{st} \qquad (5.3.7-2)$$
$$X = V_{on}/V_{st} \qquad (5.3.7-3)$$
$$Z = V_{oc}/V_{sc} \qquad (5.3.7-4)$$

式中　*Y*——修正后的系统新风量在送风量中的比例；

    V_{ot}——修正后的总新风量（m³/h）；

    V_{st}——总送风量，即系统中所有房间送风量之和（m³/h）；

    X——未修正的系统新风量在送风量中的比例；

    V_{on}——系统中所有房间的新风量之和（m³/h）；

    Z——需求最大的房间的新风比；

    V_{oc}——需求最大的房间的新风量（m³/h）；

    V_{sc}——需求最大的房间的送风量（m³/h）。

5.3.8 在人员密度相对较大且变化较大的房间，宜采用新风需求控制。即根据室内 CO_2 浓度检测值增加或减少新风量，使 CO_2 浓度始终维持在卫生标准规定的限值内。

5.3.9 当采用人工冷、热源对空气调节系统进行预热或预冷运行时，新风系统应能关闭；当采用室外空气进行预冷时，应尽量利用新风系统。

5.3.10 建筑物空气调节内、外区应根据室内进深、分隔、朝向、楼层以及围护结构特点等因素划分。内、外区宜分别设置空气调节系统并注意防止冬季室内冷热风的混合损失。

5.3.11 对有较大内区且常年有稳定的大量余热的办公、商业等建筑，宜采用水环热泵空气调节系统。

5.3.12 设计风机盘管系统加新风系统时，新风宜直接送入各空气调节区，不宜经过风机盘管机组后再送出。

5.3.13 建筑顶层、或者吊顶上部存在较大发热量、或者吊顶空间较高时，不宜直接从吊顶内回风。

5.3.14 建筑物内设有集中排风系统且符合下列条件之一时，宜设置排风热回收装置。排风热回收装置（全热和显热）的额定热回收效率不应低于60%。

　　1 送风量大于或等于3000m³/h的直流式空气调节系统，且新风与排风的温度差大于或等于8℃；

　　2 设计新风量大于或等于4000m³/h的空气调节系统，且新风与排风的温度差大于或等于8℃；

　　3 设有独立新风和排风的系统。

5.3.15 有人员长期停留且不设置集中新风、排风系统的空气调节区（房间），宜在各空气调节区（房间）分别安装带热回收功能的双向换气装置。

5.3.16 选配空气过滤器时，应符合下列要求：

　　1 粗效过滤器的初阻力小于或等于50Pa（粒径大于或等于5.0μm，效率：80%＞E≥20%）；终阻力小于或等于100Pa；

　　2 中效过滤器的初阻力小于或等于80Pa（粒径大于或等于1.0μm，效率：70%＞E≥20%）；终阻力小于或等于160Pa；

　　3 全空气空气调节系统的过滤器，应能满足全新风运行的需要。

5.3.17 空气调节风系统不应设计土建风道作为空气调节系统的送风道和已经过冷、热处理后的新风送风道。不得已而使用土建风道时，必须采取可靠的防漏风和绝热措施。

5.3.18 空气调节冷、热水系统的设计应符合下列规定：

　　1 应采用闭式循环水系统；

　　2 只要求按季节进行供冷和供热转换的空气调节系统，应采用两管制水系统；

　　3 当建筑物内有些空气调节区需全年供冷水，有些空气调节区则冷、热水定期交替供应时，宜采用分区两管制水系统；

　　4 全年运行过程中，供冷和供热工况频繁交替转换或需同时使用的空气调节系统，宜采用四管制水系统；

　　5 系统较小或各环路负荷特性或压力损失相差不大时，宜采用一次泵系统；在经过包括设备的适应性、控制系统方案等技术论证后，在确保系统运行安全可靠且具有较大的节能潜力和经济性的前提下，一次泵可采用变速调节方式；

　　6 系统较大、阻力较高、各环路负荷特性或压力损失相差悬殊时，应采用二次泵系统；二次泵宜根据流量需求的变化采用变速变流量调节方式；

　　7 冷水机组的冷水供、回水设计温差不应小于5℃。在技术可靠、经济合理的前提下宜尽量加大冷水供、回水温差；

　　8 空气调节水系统的定压和膨胀，宜采用高位膨胀水箱方式。

5.3.19 选择两管制空气调节冷、热水系统的循环水泵时，冷水循环水泵和热水循环水泵宜分别设置。

5.3.20 空气调节冷却水系统设计应符合下列要求：

　　1 具有过滤、缓蚀、阻垢、杀菌、灭藻等水处理功能；

　　2 冷却塔应设置在空气流通条件好的场所；

　　3 冷却塔补水总管上设置水流量计量装置。

5.3.21 空气调节系统送风温差应根据焓湿图（h-d）表示的空气处理过程计算确定。空气调节系统采用上送风气流组织形式时，宜加大夏季设计送风温差，并应符合下列规定：

　　1 送风高度小于或等于5m时，送风温差不宜小于5℃；

　　2 送风高度大于5m时，送风温差不宜小于10℃；

　　3 采用置换通风方式时，不受限制。

5.3.22 建筑空间高度大于或等于10m、且体积大于10000m³时，宜采用分层空气调节系统。

5.3.23 有条件时，空气调节送风宜采用通风效率高、空气龄短的置换通风型送风模式。

5.3.24 在满足使用要求的前提下，对于夏季空气调节室外计算湿球温度较低、温度的日较差大的地区，空气的冷却过程，宜采用直接蒸发冷却、间接蒸发冷却或直接蒸发冷却与间接蒸发冷却相结合的二级或三级冷却方式。

5.3.25 除特殊情况外，在同一个空气处理系统中，不应同时有加热和冷却过程。

5.3.26 空气调节风系统的作用半径不宜过大。风机的单位风量耗功率（W_s）应按下式计算，并不应大于表5.3.26中的规定。

表5.3.26 风机的单位风量耗功率限值 [W/(m³/h)]

系统型式	办公建筑		商业、旅馆建筑	
	粗效过滤	粗、中效过滤	粗效过滤	粗、中效过滤
两管制定风量系统	0.42	0.48	0.46	0.52
四管制定风量系统	0.47	0.53	0.51	0.58
两管制变风量系统	0.58	0.64	0.62	0.68
四管制变风量系统	0.63	0.69	0.67	0.74
普通机械通风系统	0.32			

注：1 普通机械通风系统中不包括厨房等需要特定过滤装置的房间的通风系统；
　　2 严寒地区增设预热盘管时，单位风量耗功率可增加0.035[W/(m³/h)]；
　　3 当空气调节机组内采用湿膜加湿方法时，单位风量耗功率可增加0.053[W/(m³/h)]。

$$W_s = P/(3600\eta) \qquad (5.3.26)$$

式中　W_s——单位风量耗功率［W/（m³/h）］；

P——风机全压值（Pa）；

η——包含风机、电机及传动效率在内的总效率（%）。

5.3.27　空气调节冷热水系统的输送能效比（ER）应按下式计算，且不应大于表5.3.27中的规定值。

$$ER = 0.002342H/(\Delta T \cdot \eta) \qquad (5.3.27)$$

式中　H——水泵设计扬程(m)；

ΔT——供回水温差（℃）；

η——水泵在设计工作点的效率（%）。

表5.3.27　空气调节冷热水系统的最大输送能效比（ER）

管道类型	两管制热水管道			四管制热水管道	空调冷水管道
	严寒地区	寒冷地区/夏热冬冷地区	夏热冬暖地区		
ER	0.00577	0.00433	0.00865	0.00673	0.0241

注：两管制热水管道系统中的输送能效比值，不适用于采用直燃式冷热水机组作为热源的空气调节热水系统。

5.3.28　空气调节冷热水管的绝热厚度，应按现行国家标准《设备及管道保冷设计导则》GB/T 15586的经济厚度和防表面结露厚度的方法计算，建筑物内空气调节冷热水管亦可按本标准附录C的规定选用。

5.3.29　空气调节风管绝热层的最小热阻应符合表5.3.29的规定。

表5.3.29　空气调节风管绝热层的最小热阻

风管类型	最小热阻（m² · K/W）
一般空调风管	0.74
低温空调风管	1.08

5.3.30　空气调节保冷管道的绝热层外，应设置隔汽层和保护层。

5.4　空气调节与采暖系统的冷热源

5.4.1　空气调节与采暖系统的冷、热源宜采用集中设置的冷（热）水机组或供热、换热设备。机组或设备的选择应根据建筑规模、使用特征，结合当地能源结构及其价格政策、环保规定等按下列原则经综合论证后确定：

　　1　具有城市、区域供热或工厂余热时，宜作为采暖或空调的热源；

　　2　具有热电厂的地区，宜推广利用电厂余热的供热、供冷技术；

　　3　具有充足的天然气供应的地区，宜推广应用分布式热电冷联供和燃气空气调节技术，实现电力和天然气的削峰填谷，提高能源的综合利用率；

　　4　具有多种能源（热、电、燃气等）的地区，宜采用复合式能源供冷、供热技术；

　　5　具有天然水资源或地热源可供利用时，宜采用水（地）源热泵供冷、供热技术。

5.4.2　除了符合下列情况之一外，不得采用电热锅炉、电热水器作为直接采暖和空气调节系统的热源：

　　1　电力充足、供电政策支持和电价优惠地区的建筑；

　　2　以供冷为主，采暖负荷较小且无法利用热泵提供热源的建筑；

　　3　无集中供热与燃气源，用煤、油等燃料受到环保或消防严格限制的建筑；

　　4　夜间可利用低谷电进行蓄热、且蓄热式电锅炉不在日间用电高峰和平段时间启用的建筑；

　　5　利用可再生能源发电地区的建筑；

　　6　内、外区合一的变风量系统中需要对局部外区进行加热的建筑。

5.4.3　锅炉的额定热效率，应符合表5.4.3的规定。

表5.4.3　锅炉额定热效率

锅炉类型	热效率（%）
燃煤（Ⅱ类烟煤）蒸汽、热水锅炉	78
燃油、燃气蒸汽、热水锅炉	89

5.4.4　燃油、燃气或燃煤锅炉的选择，应符合下列规定：

　　1　锅炉房单台锅炉的容量，应确保在最大热负荷和低谷热负荷时都能高效运行；

　　2　锅炉台数不宜少于2台，当中、小型建筑设置1台锅炉能满足热负荷和检修需要时，可设1台；

　　3　应充分利用锅炉产生的多种余热。

5.4.5　电机驱动压缩机的蒸气压缩循环冷水（热泵）机组，在额定制冷工况和规定条件下，性能系数（COP）不应低于表5.4.5的规定。

表5.4.5　冷水（热泵）机组制冷性能系数

类　　型		额定制冷量（kW）	性能系数（W/W）
水　冷	活塞式/涡旋式	<528 528～1163 >1163	3.8 4.0 4.2
	螺杆式	<528 528～1163 >1163	4.10 4.30 4.60
	离心式	<528 528～1163 >1163	4.40 4.70 5.10
风冷或蒸发冷却	活塞式/涡旋式	≤50 >50	2.40 2.60
	螺杆式	≤50 >50	2.60 2.80

5.4.6　蒸气压缩循环冷水（热泵）机组的综合部分负荷性能系数（IPLV）不宜低于表5.4.6的规定。

表 5.4.6　冷水（热泵）机组综合部分负荷性能系数

类　型		额定制冷量 （kW）	综合部分负荷性能系数 （W/W）
水冷	螺杆式	<528	4.47
		528～1163	4.81
		>1163	5.13
	离心式	<528	4.49
		528～1163	4.88
		>1163	5.42

注：IPLV 值是基于单台主机运行工况。

5.4.7　水冷式电动蒸气压缩循环冷水（热泵）机组的综合部分负荷性能系数（IPLV）宜按下式计算和检测条件检测：

$$IPLV = 2.3\% \times A + 41.5\% \times B + 46.1\% \times C + 10.1\% \times D$$

式中　A——100%负荷时的性能系数（W/W），冷却水进水温度30℃；

B——75%负荷时的性能系数（W/W），冷却水进水温度26℃；

C——50%负荷时的性能系数（W/W），冷却水进水温度23℃；

D——25%负荷时的性能系数（W/W），冷却水进水温度19℃。

5.4.8　名义制冷量大于7100W、采用电机驱动压缩机的单元式空气调节机、风管送风式和屋顶式空气调节机组时，在名义制冷工况和规定条件下，其能效比（EER）不应低于表5.4.8的规定。

表 5.4.8　单元式机组能效比

类　型		能效比（W/W）
风冷式	不接风管	2.60
	接风管	2.30
水冷式	不接风管	3.00
	接风管	2.70

5.4.9　蒸汽、热水型溴化锂吸收式冷水机组及直燃型溴化锂吸收式冷（温）水机组应选用能量调节装置灵敏、可靠的机型，在名义工况下的性能参数应符合表5.4.9的规定。

表 5.4.9　溴化锂吸收式机组性能参数

机型	名义工况			性能参数		
	冷（温）水进/出口温度（℃）	冷却水进/出口温度（℃）	蒸汽压力（MPa）	单位制冷量蒸汽耗量[kg/(kW·h)]	性能系数（W/W）	
					制冷	供热
蒸汽双效	18/13	30/35	0.25	≤1.40		
	12/7		0.4			
			0.6	≤1.31		
			0.8	≤1.28		
直燃	供冷 12/7	30/35			≥1.10	
	供热出口 60					≥0.90

注：直燃机的性能系数为：制冷量（供热量）/【加热源消耗量（以低位热值计）＋电力消耗量（折算成一次能）】。

5.4.10　空气源热泵冷、热水机组的选择应根据不同气候区，按下列原则确定：

1　较适用于夏热冬冷地区的中、小型公共建筑；

2　夏热冬暖地区采用时，应以热负荷选型，不足冷量可由水冷机组提供；

3　在寒冷地区，当冬季运行性能系数低于1.8或具有集中热源、气源时不宜采用。

注：冬季运行性能系数系指冬季室外空气调节计算温度时的机组供热量（W）与机组输入功率（W）之比。

5.4.11　冷水（热泵）机组的单台容量及台数的选择，应能适应空气调节负荷全年变化规律，满足季节及部分负荷要求。当空气调节冷负荷大于528kW时不宜少于2台。

5.4.12　采用蒸汽为热源，经技术经济比较合理时应回收用汽设备产生的凝结水。凝结水回收系统应采用闭式系统。

5.4.13　对冬季或过渡季存在一定量供冷需求的建筑，经技术经济分析合理时应利用冷却塔提供空气调节冷水。

5.5　监测与控制

5.5.1　集中采暖与空气调节系统，应进行监测与控制，其内容可包括参数检测、参数与设备状态显示、自动调节与控制、工况自动转换、能量计量以及中央监控与管理等，具体内容应根据建筑功能、相关标准、系统类型等通过技术经济比较确定。

5.5.2　间歇运行的空气调节系统，宜设自动启停控制装置；控制装置应具备按预定时间进行最优启停的功能。

5.5.3　对建筑面积20000m² 以上的全空气调节建筑，在条件许可的情况下，空气调节系统、通风系统，以及冷、热源系统宜采用直接数字控制系统。

5.5.4　冷、热源系统的控制应满足下列基本要求：

1　对系统冷、热量的瞬时值和累计值进行监测，冷水机组优先采用由冷量优化控制运行台数的方式；

2　冷水机组或热交换器、水泵、冷却塔等设备连锁启停；

3　对供、回水温度及压差进行控制或监测；

4　对设备运行状态进行监测及故障报警；

5　技术可靠时，宜对冷水机组出水温度进行优化设定。

5.5.5　总装机容量较大、数量较多的大型工程冷、热源机房，宜采用机组群控方式。

5.5.6　空气调节冷却水系统应满足下列基本控制要求：

1　冷水机组运行时，冷却水最低回水温度的控制；

　　2　冷却塔风机的运行台数控制或风机调速控制；

　　3　采用冷却塔供应空气调节冷水时的供水温度控制；

　　4　排污控制。

5.5.7　空气调节风系统（包括空气调节机组）应满足下列基本控制要求：

　　1　空气温、湿度的监测和控制；

　　2　采用定风量全空气空气调节系统时，宜采用变新风比焓值控制方式；

　　3　采用变风量系统时，风机宜采用变速控制方式；

　　4　设备运行状态的监测及故障报警；

　　5　需要时，设置盘管防冻保护；

　　6　过滤器超压报警或显示。

5.5.8　采用二次泵系统的空气调节水系统，其二次泵应采用自动变速控制方式。

5.5.9　对末端变水量系统中的风机盘管，应采用电动温控阀和三挡风速结合的控制方式。

5.5.10　以排除房间余热为主的通风系统，宜设置通风设备的温控装置。

5.5.11　地下停车库的通风系统，宜根据使用情况对通风机设置定时启停（台数）控制或根据车库内的 CO 浓度进行自动运行控制。

5.5.12　采用集中空气调节系统的公共建筑，宜设置分楼层、分室内区域、分用户或分室的冷、热量计量装置；建筑群的每栋公共建筑及其冷、热源站房，应设置冷、热量计量装置。

附录 A　建筑外遮阳系数计算方法

A.0.1　水平遮阳板的外遮阳系数和垂直遮阳板的外遮阳系数应按下列公式计算确定：

水平遮阳板：$SD_H = a_h PF^2 + b_h PF + 1$　(A.0.1-1)

垂直遮阳板：$SD_V = a_v PF^2 + b_v PF + 1$　(A.0.1-2)

遮阳板外挑系数：$PF = \dfrac{A}{B}$　　　　(A.0.1-3)

式中　　SD_H——水平遮阳板夏季外遮阳系数；

　　　　SD_V——垂直遮阳板夏季外遮阳系数；

a_h、b_h、a_v、b_v——计算系数，按表 A.0.1 取定；

　　　　PF——遮阳板外挑系数，当计算出的 $PF > 1$ 时，取 $PF = 1$；

　　　　A——遮阳板外挑长度（图 A.0.1）；

　　　　B——遮阳板根部到窗对边距离（图 A.0.1）。

A.0.2　水平遮阳板和垂直遮阳板组合成的综合遮阳，其外遮阳系数值应取水平遮阳板和垂直遮阳板的外遮阳系数的乘积。

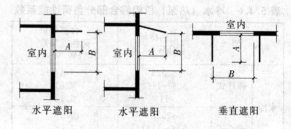

图 A.0.1　遮阳板外挑系数（PF）计算示意

表 A.0.1　水平和垂直外遮阳计算系数

气候区	遮阳装置	计算系数	东	东南	南	西南	西	西北	北	东北
寒冷地区	水平遮阳板	a_h	0.35	0.53	0.63	0.37	0.35	0.35	0.29	0.52
		b_h	-0.76	-0.95	-0.99	-0.68	-0.78	-0.66	-0.54	-0.92
	垂直遮阳板	a_v	0.32	0.39	0.43	0.44	0.31	0.42	0.47	0.41
		b_v	-0.63	-0.75	-0.78	-0.85	-0.61	-0.83	-0.89	-0.79
夏热冬冷地区	水平遮阳板	a_h	0.35	0.48	0.47	0.36	0.36	0.36	0.36	0.48
		b_h	-0.75	-0.83	-0.79	-0.68	-0.76	-0.68	-0.58	-0.83
	垂直遮阳板	a_v	0.32	0.42	0.42	0.33	0.41	0.44	0.44	0.43
		b_v	-0.65	-0.80	-0.80	-0.82	-0.66	-0.82	-0.84	-0.83
夏热冬暖地区	水平遮阳板	a_h	0.35	0.42	0.41	0.36	0.36	0.36	0.32	0.43
		b_h	-0.73	-0.75	-0.72	-0.67	-0.72	-0.69	-0.61	-0.78
	垂直遮阳板	a_v	0.34	0.42	0.41	0.41	0.36	0.40	0.32	0.43
		b_v	-0.68	-0.81	-0.72	-0.82	-0.72	-0.81	-0.61	-0.83

注：其他朝向的计算系数按上表中最接近的朝向选取。

A.0.3　窗口前方所设置的并与窗面平行的挡板（或花格等）遮阳的外遮阳系数应按下式计算确定：

$$SD = 1 - (1 - \eta)(1 - \eta^*)　　(A.0.3)$$

式中　η——挡板轮廓透光比。即窗洞口面积减去挡板轮廓由太阳光线投影在窗洞口上所产生的阴影面积后的剩余面积与窗洞口面积的比值。挡板各朝向的轮廓透光比按该朝向上的 4 组典型太阳光线入射角，采用平行光投射方法分别计算或实验测定，其轮廓透光比取 4 个透光比的平均值。典型太阳入射角按表 A.0.3 选取。

　　　η^*——挡板构造透射比。

混凝土、金属类挡板取 $\eta^* = 0.1$；

厚帆布、玻璃钢类挡板取 $\eta^* = 0.4$；

深色玻璃、有机玻璃类挡板取 $\eta^* = 0.6$；

浅色玻璃、有机玻璃类挡板取 $\eta^* = 0.8$；

金属或其他非透明材料制作的花格、百叶类构造取 $\eta^* = 0.15$。

表 A.0.3　典型的太阳光线入射角（°）

窗口朝向	南				东、西				北			
	1组	2组	3组	4组	1组	2组	3组	4组	1组	2组	3组	4组
太阳高度角	0	0	60	60	0	0	45	45	0	30	30	30
太阳方位角	0	45	0	45	75	90	75	90	180	180	135	−135

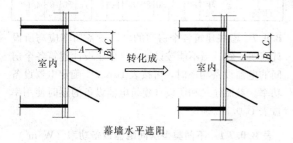

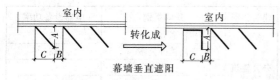

图 A.0.4　幕墙遮阳计算示意

A.0.4　幕墙的水平遮阳可转换成水平遮阳加挡板遮阳，垂直遮阳可转化成垂直遮阳加挡板遮阳，如图 A.0.4 所示。图中标注的尺寸 A 和 B 用于计算水平遮阳和垂直遮阳遮阳板的外挑系数 PF，C 为挡板的高度或宽度。挡板遮阳的轮廓透光比 η 可以近似取为1。

附录B　围护结构热工性能的权衡计算

B.0.1　假设所设计建筑和参照建筑空气调节和采暖都采用两管制风机盘管系统，水环路的划分与所设计建筑的空气调节和采暖系统的划分一致。

B.0.2　参照建筑空气调节和采暖系统的年运行时间表应与所设计建筑一致。当设计文件没有确定所设计建筑空气调节和采暖系统的年运行时间表时，可按风机盘管系统全年运行计算。

B.0.3　参照建筑空气调节和采暖系统的日运行时间表应与所设计建筑一致。当设计文件没有确定所设计建筑空气调节和采暖系统的日运行时间表时，可按表 B.0.3 确定风机盘管系统的日运行时间表。

表 B.0.3　风机盘管系统的日运行时间表

类　别		系统工作时间
办公建筑	工作日	7：00—18：00
	节假日	—
宾馆建筑	全　年	1：00—24：00
商场建筑	全　年	8：00—21：00

B.0.4　参照建筑空气调节和采暖区的温度应与所设计建筑一致。当设计文件没有确定所设计建筑空气调节和采暖区的温度时，可按表 B.0.4 确定空气调节和采暖区的温度。

表 B.0.4　空气调节和采暖房间的温度（℃）

建筑类别			时间											
			1	2	3	4	5	6	7	8	9	10	11	12
办公建筑	工作日	空调	37	37	37	37	37	37	28	26	26	26	26	26
		采暖	12	12	12	12	12	12	18	20	20	20	20	20
	节假日	空调	37	37	37	37	37	37	37	37	37	37	37	37
		采暖	12	12	12	12	12	12	12	12	12	12	12	12
宾馆建筑	全年	空调	25	25	25	25	25	25	25	25	25	25	25	25
		采暖	22	22	22	22	22	22	22	22	22	22	22	22
商场建筑	全年	空调	37	37	37	37	37	37	37	25	25	25	25	25
		采暖	12	12	12	12	12	12	16	18	18	18	18	18

建筑类别			时间											
			13	14	15	16	17	18	19	20	21	22	23	24
办公建筑	工作日	空调	26	26	26	26	26	26	37	37	37	37	37	37
		采暖	20	20	20	20	20	20	12	12	12	12	12	12
	节假日	空调	37	37	37	37	37	37	37	37	37	37	37	37
		采暖	12	12	12	12	12	12	12	12	12	12	12	12
宾馆建筑	全年	空调	25	25	25	25	25	25	25	25	25	25	25	25
		采暖	22	22	22	22	22	22	22	22	22	22	22	22
商场建筑	全年	空调	25	25	25	25	25	37	37	37	37	37	37	37
		采暖	18	18	18	18	18	12	12	12	12	12	12	12

B.0.5　参照建筑各个房间的照明功率应与所设计建筑一致。当设计文件没有确定所设计建筑各个房间的照明功率时，可按表 B.0.5-1 确定照明功率。参照建筑和所设计建筑的照明开关时间按表 B.0.5-2 确定。

表 B.0.5-1　照明功率密度值（W/m²）

建筑类别	房间类别	照明功率密度
办公建筑	普通办公室	11
	高档办公室、设计室	18
	会议室	11
	走廊	5
	其他	11
宾馆建筑	客房	15
	餐厅	13
	会议室、多功能厅	18
	走廊	5
	门厅	15
商场建筑	一般商店	12
	高档商店	19

表 B.0.5-2　照明开关时间表（％）

建筑类别		时间											
		1	2	3	4	5	6	7	8	9	10	11	12
办公建筑	工作日	0	0	0	0	0	0	10	50	95	95	95	80
	节假日	0	0	0	0	0	0	0	0	0	0	0	0
宾馆建筑	全　年	10	10	10	10	10	30	30	30	30	30	30	30
商场建筑	全　年	10	10	10	10	10	10	10	60	60	60	60	60

建筑类别		时间											
		13	14	15	16	17	18	19	20	21	22	23	24
办公建筑	工作日	80	95	95	95	95	30	30	0	0	0	0	0
	节假日	0	0	0	0	0	0	0	0	0	0	0	0
宾馆建筑	全　年	30	30	50	50	60	90	90	90	90	80	10	10
商场建筑	全　年	60	60	60	60	80	90	100	100	100	10	10	10

B.0.6　参照建筑各个房间的人员密度应与所设计建筑一致。当不能按照设计文件确定设计建筑各个房间的人员密度时，可按表 B.0.6-1 确定人员密度。参照建筑和所设计建筑的人员逐时在室率按表 B.0.6-2 确定。

表 B.0.6-1　不同类型房间人均占有的使用面积（m²/人）

建筑类别	房间类别	人均占有的使用面积
办公建筑	普通办公室	4
	高档办公室	8
	会议室	2.5
	走　廊	50
	其　他	20
宾馆建筑	普通客房	15
	高档客房	30
	会议室、多功能厅	2.5
	走　廊	50
	其　他	20
商场建筑	一般商店	3
	高档商店	4

表 B.0.6-2　房间人员逐时在室率（％）

建筑类别		时间											
		1	2	3	4	5	6	7	8	9	10	11	12
办公建筑	工作日	0	0	0	0	0	0	10	50	95	95	95	80
	节假日	0	0	0	0	0	0	0	0	0	0	0	0
宾馆建筑	全　年	70	70	70	70	70	70	70	70	50	50	50	50
商场建筑	全　年	0	0	0	0	0	0	0	20	50	80	80	80

续表 B.0.6-2

建筑类别		时间											
		13	14	15	16	17	18	19	20	21	22	23	24
办公建筑	工作日	80	95	95	95	95	30	30	0	0	0	0	0
	节假日	0	0	0	0	0	0	0	0	0	0	0	0
宾馆建筑	全　年	50	50	50	50	50	70	70	70	70	70	70	70
商场建筑	全　年	80	80	80	80	80	80	70	50	0	0	0	0

B.0.7　参照建筑各个房间的电器设备功率应与所设计建筑一致。当不能按设计文件确定设计建筑各个房间的电器设备功率时，可按表 B.0.7-1 确定电器设备功率。参照建筑和所设计建筑电器设备的逐时使用率按表 B.0.7-2 确定。

表 B.0.7-1　不同类型房间电器设备功率（W/m²）

建筑类别	房间类别	电器设备功率
办公建筑	普通办公室	20
	高档办公室	13
	会议室	5
	走　廊	0
	其　他	5
宾馆建筑	普通客房	20
	高档客房	13
	会议室、多功能厅	5
	走　廊	0
	其　他	5
商场建筑	一般商店	13
	高档商店	13

表 B.0.7-2　电器设备逐时使用率（％）

建筑类别		时间											
		1	2	3	4	5	6	7	8	9	10	11	12
办公建筑	工作日	0	0	0	0	0	0	10	50	95	95	95	50
	节假日	0	0	0	0	0	0	0	0	0	0	0	0
宾馆建筑	全　年	0	0	0	0	0	0	0	0	0	0	0	0
商场建筑	全　年	0	0	0	0	0	0	30	50	80	80	80	80

建筑类别		时间											
		13	14	15	16	17	18	19	20	21	22	23	24
办公建筑	工作日	50	95	95	95	95	30	30	0	0	0	0	0
	节假日	0	0	0	0	0	0	0	0	0	0	0	0
宾馆建筑	全　年												
商场建筑	全　年	80	80	80	80	80	80	70	50	0			

B.0.8 参照建筑与所设计建筑的空气调节和采暖能耗应采用同一个动态计算软件计算。

B.0.9 应采用典型气象年数据计算参照建筑与所设计建筑的空气调节和采暖能耗。

附录 C　建筑物内空气调节冷、热水管的经济绝热厚度

C.0.1 建筑物内空气调节冷、热水管的经济绝热厚度可按表 C.0.1 选用。

表 C.0.1　建筑物内空气调节冷、热水管的经济绝热厚度

绝热材料 管道类型	离心玻璃棉		柔性泡沫橡塑	
	公称管径 (mm)	厚度 (mm)	公称管径 (mm)	厚度 (mm)
单冷管道（管内介质温度 7℃～常温）	≤DN32	25	按防结露要求计算	
	DN40～DN100	30		
	≥DN125	35		
热或冷热合用管道（管内介质温度 5～60℃）	≤DN40	35	≤DN50	25
	DN50～DN100	40	DN70～DN150	28
	DN125～DN250	45	≥DN200	32
	≥DN300	50		

续表 C.0.1

绝热材料 管道类型	离心玻璃棉		柔性泡沫橡塑	
	公称管径 (mm)	厚度 (mm)	公称管径 (mm)	厚度 (mm)
热或冷热合用管道（管内介质温度 0～95℃）	≤DN50	50	不适宜使用	
	DN70～DN150	60		
	≥DN200	70		

注：1　绝热材料的导热系数 λ：
离心玻璃棉：$\lambda = 0.033 + 0.00023 t_m$ [W/(m·K)]
柔性泡沫橡塑：$\lambda = 0.03375 + 0.0001375 t_m$ [W/(m·K)]
式中　t_m——绝热层的平均温度（℃）。
2　单冷管道和柔性泡沫橡塑保冷的管道均应进行防结露要求验算。

本标准用词说明

1　为便于在执行本标准条文时区别对待，对要求严格程度不同的用词说明如下：

1）表示很严格，非这样做不可的：
正面词采用"必须"，反面词采用"严禁"；

2）表示严格，在正常情况下均应这样做的：
正面词采用"应"，反面词采用"不应"或"不得"；

3）表示允许稍有选择，在条件许可时首先应这样做的：
正面词采用"宜"，反面词采用"不宜"；
表示有选择，在一定条件下可以这样做的：
采用"可"。

2　标准中指明应按其他有关标准执行时，写法为："应符合……的规定（或要求）"或"应按……执行"。

目 次

1 总 则

1.0.1 我国建筑用能已超过全国能源消费总量的 1/4，并将随着人民生活水平的提高逐步增加到 1/3 以上。公共建筑用能数量巨大，浪费严重。制定并实施公共建筑节能设计标准，有利于改善公共建筑的热环境，提高暖通空调系统的能源利用效率，从根本上扭转公共建筑用能严重浪费的状况，为实现国家节约能源和保护环境的战略，贯彻有关政策和法规作出贡献。

我国已经编制了北方严寒和寒冷地区、中部夏热冬冷地区和南方夏热冬暖地区的居住建筑节能设计标准，并已先后发布实施。按照节能工作从居住建筑向公共建筑发展的部署，编制出公共建筑节能设计标准，以适应节能工作不断进展的需要。

1.0.2 建筑划分为民用建筑和工业建筑。民用建筑又分为居住建筑和公共建筑。公共建筑则包含办公建筑（包括写字楼、政府部门办公楼等），商业建筑（如商场、金融建筑等），旅游建筑（如旅馆饭店、娱乐场所等），科教文卫建筑（包括文化、教育、科研、医疗、卫生、体育建筑等），通信建筑（如邮电、通讯、广播用房）以及交通运输用房（如机场、车站建筑等）。目前中国每年竣工建筑面积约为 20 亿 m²，其中公共建筑约有 4 亿 m²。在公共建筑中，尤以办公建筑、大中型商场，以及高档旅游饭店等几类建筑，在建筑的标准、功能及设置全年空调采暖系统等方面有许多共性，而且其采暖空调能耗特别高，采暖空调节能潜力也最大。

在公共建筑（特别是大型商场、高档旅馆酒店、高档办公楼等）的全年能耗中，大约 50%~60% 消耗于空调制冷与采暖系统，20%~30% 用于照明。而在空调采暖这部分能耗中，大约 20%~50% 由外围护结构传热所消耗（夏热冬暖地区大约 20%，夏热冬冷地区大约 35%，寒冷地区大约 40%，严寒地区大约 50%）。从目前情况分析，这些建筑在围护结构、采暖空调系统，以及照明方面，共有节约能源 50% 的潜力。

对全国新建、扩建和改建的公共建筑，本标准提出了节能要求，并从建筑、热工以及暖通空调设计方面提出控制指标和节能措施。

1.0.3 各类公共建筑的节能设计，必须根据当地的具体气候条件，首先保证室内热环境质量，提高人民的生活水平；与此同时，还要提高采暖、通风、空调和照明系统的能源利用效率，实现国家的可持续发展战略和能源发展战略，完成本阶段节能 50% 的任务。

公共建筑能耗应该包括建筑围护结构以及采暖、通风、空调和照明用能源消耗。本标准所要求的 50% 的节能率也同样包含上述范围的节能成效。由于

已发布《建筑照明设计标准》GB 50034—2004，建筑照明节能的具体指标及技术措施执行该标准的规定。

本标准提出的 50% 节能目标，是有其比较基准的。即以 20 世纪 80 年代改革开放初期建造的公共建筑作为比较能耗的基础，称为"基准建筑（Baseline）"。"基准建筑"围护结构、暖通空调设备及系统、照明设备的参数，都按当时情况选取。在保持与目前标准约定的室内环境参数的条件下，计算"基准建筑"全年的暖通空调和照明能耗，将它作为 100%。我们再将这"基准建筑"按本标准的规定进行参数调整，即围护结构、暖通空调、照明参数均按本标准规定设定，计算其全年的暖通空调和照明能耗，应该相当于 50%。这就是节能 50% 的内涵。

"基准建筑"围护结构的构成、传热系数、遮阳系数，按照以往 20 世纪 80 年代传统做法，即外墙 K 值取 $1.28W/(m^2 \cdot K)$（哈尔滨）；$1.70W/(m^2 \cdot K)$（北京）；$2.00W/(m^2 \cdot K)$（上海）；$2.35W/(m^2 \cdot K)$（广州）。屋顶 K 值取 $0.77W/(m^2 \cdot K)$（哈尔滨）；$1.26W/(m^2 \cdot K)$（北京）；$1.50W/(m^2 \cdot K)$（上海）；$1.55W/(m^2 \cdot K)$（广州）。外窗 K 值取 $3.26W/(m^2 \cdot K)$（哈尔滨）；$6.40W/(m^2 \cdot K)$（北京）；$6.40W/(m^2 \cdot K)$（上海）；$6.40W/(m^2 \cdot K)$（广州），遮阳系数 SC 均取 0.80。采暖热源设定燃煤锅炉，其效率为 0.55；空调冷源设定为水冷机组，离心机能效比 4.2，螺杆机能效比 3.8；照明参数取 $25W/m^2$。

本标准节能目标 50% 由改善围护结构热工性能，提高空调采暖设备和照明设备效率来分担。照明设备效率节能目标参数按《建筑照明设计标准》GB 50034—2004 确定。本标准中对围护结构、暖通空调方面的规定值，就是在设定"基准建筑"全年采暖空调和照明的能耗为 100% 情况下，调整围护结构热工参数，以及采暖空调设备能效比等设计要素，直至按这些参数设计建筑的全年采暖空调和照明的能耗下降到 50%，即定为标准规定值。

当然，这种全年采暖空调和照明的能耗计算，只可能按照典型模式运算，而实际情况是极为复杂的。因此，不能认为所有公共建筑都在这样的模式下运行。

通过编制标准过程中的计算、分析，按本标准进行建筑设计，由于改善了围护结构热工性能，提高了空调采暖设备和照明设备效率，从北方至南方，围护结构分担节能率约 25%~13%；空调采暖系统分担节能率约 20%~16%；照明设备分担节能率约 7%~18%。由此可见，执行本标准后，全国总体节能率可达到 50%。

1.0.4 本标准对公共建筑的建筑、热工以及采暖、通风和空调设计中应该控制的、与能耗有关的指标和应采取的节能措施作出了规定。但公共建筑节能涉及的专业较多，相关专业均制定有相应的标准，并作出

了节能规定。在进行公共建筑节能设计时，除应符合本标准外，尚应符合国家现行的有关标准的规定。

2 术　语

2.0.1 透明幕墙专指可见光可以直接透过它而进入室内的幕墙。除玻璃外透明幕墙的材料也可以是其他透明材料。在本标准中，设置在常规的墙体外侧的玻璃幕墙不作为透明幕墙处理。

2.0.3 空调系统运行时，除了通过运行台数组合来适应建筑冷量需求和节能外，在相当多的情况下，冷水机组处于部分负荷运行状态，为了控制机组部分负荷运行时的能耗，有必要对冷水机组的部分负荷时的性能系数作出一定的要求。参照国外的一些情况，本标准提出了用综合部分负荷性能系数（IPLV）来评价。它用一个单一数值表示的空气调节用冷水机组的部分负荷效率指标，基于机组部分负荷时的性能系数值、按照机组在各种负荷下运行时间的加权因素，通过计算获得。根据国家标准《蒸气压缩循环冷水（热泵）机组工商业用和类似用途的冷水（热泵）机组》GB/T 18430.1—2001确定部分负荷下运行的测试工况；根据建筑类型、我国气候特征确定部分负荷下运行时间的加权值。

2.0.4 围护结构热工性能权衡判断是一种性能化的设计方法。为了降低空气调节和采暖能耗，本标准对建筑物的体形系数、窗墙比以及围护结构的热工性能规定了许多刚性的指标。所设计的建筑有时不能同时满足所有这些规定的指标，在这种情况下，可以通过不断调整设计参数并计算能耗，最终达到所设计建筑全年的空气调节和采暖能耗不大于参照建筑的能耗的目的。这种过程在本标准中称之为权衡判断。

2.0.5 参照建筑是进行围护结构热工性能权衡判断时，作为计算全年采暖和空调能耗用的假想建筑，参照建筑的形状、大小、朝向以及内部的空间划分和使用功能与所设计建筑完全一致，但围护结构热工参数和体形系数、窗墙比等重要参数应符合本标准的刚性规定。

3 室内环境节能设计计算参数

3.0.1 目前，业主、设计人员往往在取用室内设计参数时选用过高的标准，要知道，温湿度取值的高低，与能耗多少有密切关系，在加热工况下，室内计算温度每降低 1℃，能耗可减少5%～10%；在冷却工况下，室内计算温度每升高 1℃，能耗可减少 8%～10%。为了节省能源，应避免冬季采用过高的室内温度，夏季采用过低的室内温度，特规定了建议的室内设计参数值，供设计人员参考。

本条文中列出的参数用于提醒设计人员取用合适

的设计计算参数，并应用于冷（热）负荷计算。至于在应用权衡判断法计算参照建筑和所设计建筑的全年能耗时，可以应用此设计计算参数。如果计算资料不全，也可以应用附录 C 中约定的参数于参照建筑和所设计建筑中，因为权衡判断法计算只是用于获得围护结构的热工限值，并不表示建筑使用时的实际运行情况。

本条文中的参数参考《采暖通风与空气调节设计规范》GB 50019—2003 和《全国民用建筑工程设计技术措施——暖通空调·动力》中有关内容，并根据工程实际应用情况提出的建议性意见，目的是从确保室内舒适环境的前提下，选取合理设计计算参数，达到节能的效果。

3.0.2 空调系统需要的新风主要有两个用途：一是稀释室内有害物质的浓度，满足人员的卫生要求；二是补充室内排风和保持室内正压。前者的指示性物质是 CO_2，使其日平均值保持在 0.1% 以内；后者通常根据风平衡计算确定。

参考美国采暖制冷空调工程师学会标准ASHRAE 62—2001《Ventilation for acceptable indoor air quality》第 6.1.3.4 条，对于出现最多人数的持续时间少于 3h 的房间，所需新风量可按室内的平均人数确定，该平均人数不应少于最多人数的 1/2。例如，一个设计最多容纳人数为 100 人的会议室，开会时间不超过 3h，假设平均人数为 60 人，则该会议室的新风量可取：$30m^3/(h \cdot p) \times 60p = 1800m^3/h$，而不是按 $30m^3/(h \cdot p) \times 100p = 3000m^3/h$ 计算。另外假设平均人数为 40 人，则该会议室的新风量可取：$30m^3/(h \cdot p) \times 50p = 1500m^3/h$。

由于新风量的大小不仅与能耗、初投资和运行费用密切相关，而且关系到保证人体的健康。本标准给出的新风量，汇总了国内现行有关规范和标准的数据，并综合考虑了众多因素，一般不应随意增加或减少。

4 建筑与建筑热工设计

4.1 一般规定

4.1.1 建筑的规划设计是建筑节能设计的重要内容之一，要对建筑的总平面布置、建筑平、立、剖面形式、太阳辐射、自然通风等气候参数对建筑能耗的影响进行分析。也就是说在冬季最大限度地利用自然能来取暖，多获得热量和减少热损失；夏季最大限度地减少得热并利用自然能来降温冷却，以达到节能的目的。

朝向选择的原则是冬季能获得足够的日照并避开主导风向，夏季能利用自然通风并防止太阳辐射。然而建筑的朝向、方位以及建筑总平面设计应考虑多方面的因素，尤其是公共建筑受到社会历史文化、地形、城市规划、道路、环境等条件的制约，要想使建筑物的朝向对夏季防热、冬季保温都很理想是有困难的，因此，只能权衡各个因素之间的得失轻重，选择出这一地区建筑的最佳朝向和较好的朝向。通过多方面的因素分析、优化建筑的规划设计，采用本地区建筑最佳朝向或适宜的朝向，尽量避免东西向日晒。

4.1.2 强制性条文。严寒和寒冷地区建筑体形的变化直接影响建筑采暖能耗的大小。建筑体形系数越大，单位建筑面积对应的外表面面积越大，传热损失就越大。但是，体形系数的确定还与建筑造型、平面布局、采光通风等条件相关。体形系数限值规定过小，将制约建筑师的创造性，可能使建筑造型呆板，平面布局困难，甚至损害建筑功能。因此，如何合理地确定建筑形状，必须考虑本地区气候条件、冬、夏季太阳辐射强度、风环境、围护结构构造形式等各方面的因素。应权衡利弊，兼顾不同类型的建筑造型，尽可能地减少房间的外围护面积，使体形不要太复杂，凹凸面不要过多，以达到节能的目的。

在严寒和寒冷地区，如果所设计建筑的体形系数不能满足规定的要求，突破了 0.40 这个限值，则必须按本标准第 4.3 节的规定对该建筑进行权衡判断。进行权衡判断时，参照建筑的体形系数必须符合本条文的规定。

在夏热冬冷和夏热冬暖地区，建筑体形系数对空调和采暖能耗也有一定的影响，但由于室内外的温差远不如严寒和寒冷地区大，尤其是对部分内部发热量很大的商场类建筑，还有个夜间散热问题，所以不对体形系数提出具体的要求。

4.2 围护结构热工设计

4.2.1 本标准采用《民用建筑热工设计规范》GB 50176—93 的气候分区，其中又将严寒地区细分成 A、B 两个区。

4.2.2 强制性条文。由于我国幅员辽阔，各地气候差异很大。为了使建筑物适应各地不同的气候条件，满足节能要求，应根据建筑物所处的建筑气候分区，确定建筑围护结构合理的热工性能参数。编制本标准时，建筑围护结构的传热系数限值按如下方法确定的：采用 DOE-2 程序，将"基准"建筑模型置于我国不同地区进行能耗分析，以现有的建筑能耗基数上再节约 50% 作为节能标准的目标，不断降低建筑围护结构的传热系数（同时也考虑采暖空调系统的效率提高和照明系统的节能），直至能耗指标的降低达到上述目标为止，这时的传热系数就是建筑围护结构传热系数的限值。确定建筑围护结构传热系数的限值时也从工程实践的角度考虑了可行性、合理性。

外墙的传热系数采用平均传热系数，即按面积加权法求得的传热系数，主要是必须考虑围护结构周边

混凝土梁、柱、剪力墙等"热桥"的影响，以保证建筑在冬季采暖和夏季空调时，通过围护结构的传热量不超过标准的要求，不至于造成建筑耗热量或耗冷量的计算值偏小，使设计的建筑物达不到预期的节能效果。

北方严寒、寒冷地区主要考虑建筑的冬季防寒保温，建筑围护结构传热系数对建筑的采暖能耗影响很大。因此，在严寒、寒冷地区对围护结构传热系数的限值要求较高，同时为了便于操作，按气候条件细分成三片，以规定性指标作为节能设计的主要依据。

夏热冬冷地区既要满足冬季保温又要考虑夏季的隔热，不同于北方采暖建筑主要考虑单向的传热过程。上海、南京、武汉、重庆、成都等地节能居住建筑试点工程的实际测试数据和 DOE-2 程序能耗分析的结果都表明，在这一地区当改变围护结构传热系数时，随着 K 值的减少，能耗指标的降低并非按线性规律变化，对于公共建筑（办公楼、商场、宾馆等）当屋面 K 值降为 0.8W/（$m^2 \cdot K$），外墙平均 K 值降为 1.1W/（$m^2 \cdot K$）时，再减小 K 值对降低建筑能耗已不明显，如图 4.2.2 所示。因此，本标准考虑到以上因素，认为屋面 K 值定为 0.7W/（$m^2 \cdot K$），外墙 K 值为 1.0W/（$m^2 \cdot K$），在目前情况下对整个地区都是比较适合的。

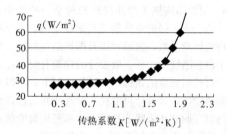

图 4.2.2 外墙传热系数变化对能耗指标的影响

夏热冬暖地区主要考虑建筑的夏季隔热，太阳辐射对建筑能耗的影响很大。太阳辐射通过窗进入室内的热量是造成夏季室内过热的主要原因，同时还要考虑在自然通风条件下建筑热湿过程的双向传递，不能简单地采用降低墙体、屋面、窗户的传热系数，增加保温隔热材料厚度来达到节约能耗的目的，因此，在围护结构传热系数的限值要求上也就有所不同。

对于非透明幕墙，如金属幕墙、石材幕墙等幕墙，没有透明玻璃幕墙所要求的自然采光、视觉通透等功能要求，从节能的角度考虑，应该作为实墙对待。此类幕墙采取保温隔热措施也较容易实现。

在表 4.2.2-6 中对地面和地下室外墙的热阻 R 作出了规定。

在北方严寒和寒冷地区，如果建筑物地下室外墙的热阻过小，墙的传热量会很大，内表面尤其是墙角部位容易结露。同样，如果与土壤接触的地面热阻过小，地面的传热量也会很大，地表面也容易结露或产

生冻脚现象。因此，从节能和卫生的角度出发，要求这些部位必须达到防止结露或产生冻脚的热阻值。

在夏热冬冷、夏热冬暖地区，由于空气湿度大，墙面和地面容易返潮。在地面和地下室外墙做保温层增加地面和地下室外墙的热阻，提高这些部位内表面温度，可减少地表面和地下室外墙内表面温度与室内空气温度间的温差，有利于控制和防止地面和墙面的返潮。因此对地面和地下室外墙的热阻作出了规定。

4.2.3 由于围护结构中窗过梁、圈梁、钢筋混凝土抗震柱、钢筋混凝土剪力墙、梁、柱等部位的传热系数远大于主体部位的传热系数，形成热流密集通道，即为热桥。本条规定的目的主要是防止冬季采暖期间热桥内外表面温差小，内表面温度容易低于室内空气露点温度，造成围护结构热桥部位内表面产生结露；同时也避免夏季空调期间这些部位传热过大增加空调能耗。内表面结露，会造成围护结构内表面材料受潮，影响室内环境。因此，应采取保温措施，减少围护结构热桥部位的传热损失。

4.2.4 **强制性条文。**每个朝向窗墙面积比是指每个朝向外墙面上的窗、阳台门及幕墙的透明部分的总面积与所在朝向建筑的外墙面的总面积（包括该朝向上的窗、阳台门及幕墙的透明部分的总面积）之比。

窗墙面积比的确定要综合考虑多方面的因素，其中最主要的是不同地区冬、夏季日照情况（日照时间长短、太阳总辐射强度、阳光入射角大小）、季风影响、室外空气温度、室内采光设计标准以及外窗开窗面积与建筑能耗等因素。一般普通窗户（包括阳台门的透明部分）的保温隔热性能比外墙差很多，窗墙面积比越大，采暖和空调能耗也越大。因此，从降低建筑能耗的角度出发，必须限制窗墙面积比。

由于我国幅员辽阔，南北方、东西部地区气候差异很大。窗、透明幕墙对建筑能耗高低的影响主要有两个方面，一是窗和透明幕墙的热工性能影响到冬季采暖、夏季空调室内外温差传热；另外就是窗和幕墙的透明材料（如玻璃）受太阳辐射影响而造成的建筑室内的得热。冬季，通过窗口和透明幕墙进入室内的太阳辐射有利于建筑的节能，因此，减小窗和透明幕墙的传热系数抑制温差传热是降低窗口和透明幕墙热损失的主要途径之一；夏季，通过窗口透明幕墙进入室内的太阳辐射成为空调降温的负荷，因此，减少进入室内的太阳辐射以及减小窗或透明幕墙的温差传热都是降低空调能耗的途径。由于不同纬度、不同朝向的墙面太阳辐射的变化很复杂，墙面日辐射强度和峰值出现的时间是不同的，因此，不同纬度地区窗墙面积比也应有所差别。

在严寒和寒冷地区，采暖期室内外温差传热的热量损失占主导地位。因此，对窗和幕墙的传热系数的要求高于南方地区。反之，在夏热冬暖和夏热冬冷地区，空调期太阳辐射得热所引起的负荷可能成为了主要矛盾，因此，对窗和幕墙的玻璃（或其他透明材料）的遮阳系数的要求高于北方地区。

近年来公共建筑的窗墙面积比有越来越大的趋势，这是由于人们希望公共建筑更加通透明亮，建筑立面更加美观，建筑形态更为丰富。本条文把窗墙面积比的上限定为 0.7 已经是充分考虑了这种趋势。某个立面即使是采用全玻璃幕墙，扣除掉各层楼板以及楼板下面梁的面积（楼板和梁与幕墙之间的间隙必须放置保温隔热材料），窗墙比一般不会再超过 0.7。

但是，与非透明的外墙相比，在可接受的造价范围内，透明幕墙的热工性能相差得较多。因此，不宜提倡在建筑立面上大面积应用玻璃（或其他透明材料的）幕墙。如果希望建筑的立面有玻璃的质感，提倡使用非透明的玻璃幕墙，即玻璃的后面仍然是保温隔热材料和普通墙体。

当建筑师追求通透、大面积使用透明幕墙时，要根据建筑所处的气候区和窗墙比选择玻璃（或其他透明材料），使幕墙的传热系数和玻璃（或其他透明材料）的遮阳系数符合本标准第 4.2.2 条的几个表的规定。虽然玻璃等透明材料本身的热工性能很差，但近年来这些行业的技术发展很快，镀膜玻璃（包括 Low-E 玻璃）、中空玻璃等产品丰富多彩，用这些高性能玻璃组成幕墙的技术也已经很成熟，如采用 Low-E 中空玻璃、填充惰性气体、暖边间隔技术和"断热桥"型材龙骨或双层皮通风式幕墙完全可以把玻璃幕墙的传热系数由普通单层玻璃的 6.0W/（㎡·K）以上降到 1.5W/（㎡·K）。在玻璃间层中设百叶或格栅则可使玻璃幕墙具有良好的遮阳隔热性能。

在第 4.2.2 条的几个表中对严寒地区的窗户（或透明幕墙）和寒冷地区北向的窗户（或透明幕墙），未提出遮阳系数的限制值，此时应选用遮阳系数大的玻璃（或其他透明材料），以利于冬季充分利用太阳辐射热。对窗墙比比较小的情况，也未提出遮阳系数的限制，此时选用玻璃（或其他透明材料）应更多地考虑室内的采光效果。

第 4.2.2 条的几个表对幕墙的热工性能的要求是按窗墙面积比的增加而逐步提高的，当窗墙面积比较大时，对幕墙的热工性能的要求比目前实际应用的幕墙要高，这当然会造成幕墙造价有所增加，但这是既要建筑物具有通透感又要保证节约采暖空调系统消耗的能源所必须付出的代价。

本标准允许采用"面积加权"的原则，使某朝向整个玻璃（或其他透明材料）幕墙的热工性能达到第 4.2.2 条的几个表中的要求。例如某宾馆大厅的玻璃幕墙没有达到要求，可以通过提高该朝向墙面上其他玻璃（或其他透明材料）热工性能的方法，使该朝向整个墙面的玻璃（或其他透明材料）幕墙达标。

本条规定对公共建筑达到节能的目标是关键性的、非常重要的。如果所设计的建筑满足不了规定性指标的要求，突破了限值，则必须按本标准第4.3节的规定对该建筑进行权衡判断。权衡判断时，参照建筑的窗墙面积比、窗的传热系数等必须遵守本条规定。

4.2.5 公共建筑的窗墙面积比较大，因而太阳辐射对建筑能耗的影响很大。为了节约能源，应对窗口和透明幕墙采取外遮阳措施，尤其是南方办公建筑和宾馆更要重视遮阳。

大量的调查和测试表明，太阳辐射通过窗进入室内的热量是造成夏季室内过热的主要原因。日本、美国、欧洲以及香港等国家和地区都把提高窗的热工性能和阳光控制作为夏季防热以及建筑节能的重点，窗外普遍安装有遮阳设施。我国现有的窗户传热系数普遍偏大，空气渗透严重，而且大多数建筑无遮阳设施。因此，在第4.2.2条的几个表中对外窗和透明幕墙的遮阳系数应作出明确的规定。当窗和透明幕墙设有外部遮阳时，表中的遮阳系数应该是外部遮阳系数和玻璃（或其他透明材料）遮阳系数的乘积。

以夏热冬冷地区6层砖混结构试验建筑为例，南向四层一房间大小为 6.1m（进深）×3.9m（宽）×2.8m（高），采用 1.5m×1.8m 单框铝合金窗在夏季连续空调时，计算不同负荷逐时变化曲线，可以看出通过实体墙的传热量仅占整个墙面传热量的30%，通过窗的传热量所占比例最大，而且在通过窗的传热中，主要是太阳辐射得热，温差传热部分并不大，如图4.2.5-1、图4.2.5-2所示。因此，应该把窗的遮阳作为夏季节能措施一个重点来考虑。

由于我国幅员辽阔，南北方如广州、武汉、北京等地区、东西部如上海、重庆、西安、兰州、乌鲁木齐等地气候条件各不相同，因此在附录B中对外窗和透明幕墙遮阳系数的要求也有所不同。

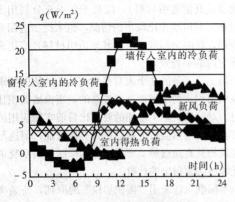

图 4.2.5-1 不同负荷变化曲线

夏季，南方水平面太阳辐射强度可高达 1000 W/m² 以上，在这种强烈的太阳辐射条件下，阳光直射到室内，将严重地影响建筑室内热环境，增加建筑空调能耗。因此，减少窗的辐射传热是建筑节能中降低窗口得热的主要途径。应采取适当遮阳措施，防止直射阳光的不利影响。而且夏季不同朝向墙面辐射日

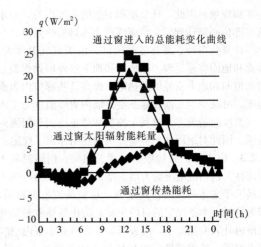

图 4.2.5-2 窗的能耗指标变化曲线

变化很复杂，不同朝向墙面日辐射强度和峰值出现的时间不同，因此，不同的遮阳方式直接影响到建筑能耗的大小。

在严寒地区，阳光充分进入室内，有利于降低冬季采暖能耗。这一地区采暖能耗在全年建筑总能耗中占主导地位，如果遮阳设施阻挡了冬季阳光进入室内，对自然能源的利用和节能是不利的。因此，遮阳措施一般不适用于北方严寒地区。

在夏热冬冷地区，窗和透明幕墙的太阳辐射得热在夏季增大了空调负荷，冬季则减小了采暖负荷，应根据负荷分析确定采取何种形式的遮阳。一般而言，外卷帘或外百叶式的活动遮阳实际效果比较好。

4.2.6 **强制性条文。**夏季屋顶水平面太阳辐射强度最大，屋顶的透明面积越大，相应建筑的能耗也越大，因此对屋顶透明部分的面积和热工性能应予以严格的限制。

由于公共建筑形式的多样化和建筑功能的需要，许多公共建筑设计有室内中庭，希望在建筑的内区有一个通透明亮，具有良好的微气候及人工生态环境的公共空间。但从目前已经建成工程来看，大量的建筑中庭的热环境不理想且能耗很大，主要原因是中庭透明材料的热工性能较差，传热损失和太阳辐射得热过大。1988年8月深圳建筑科学研究所对深圳一公共建筑中庭进行现场测试，中庭四层内走廊气温达到40℃以上，平均热舒适值 $PMV \geqslant 2.63$，即使采用空调室内也无法达到人们所要求的舒适温度。

对于那些需要视觉、采光效果而加大屋顶透明面积的建筑，如果所设计的建筑满足不了规定性指标的要求，突破了限值，则必须按本标准第4.3节的规定对该建筑进行权衡判断。权衡判断时，参照建筑的屋顶透明部分面积和热工性能必须符合本条的规定。

4.2.7 建筑中庭空间高大，在炎热的夏季，中庭内的温度很高。应考虑在中庭上部的侧面开设一些窗户或其他形式的通风口，充分利用自然通风，达到降低

中庭温度的目的。必要时，应考虑在中庭上部的侧面设置排风机加强通风，改善中庭热环境。

4.2.8 公共建筑一般室内人员密度比较大，建筑室内空气流动，特别是自然、新鲜空气的流动，是保证建筑室内空气质量符合国家有关标准的关键。无论在北方地区还是在南方地区，在春、秋季节和冬、夏季的某些时段普遍有开窗加强房间通风的习惯，这也是节能和提高室内热舒适性的重要手段。外窗的可开启面积过小会严重影响建筑室内的自然通风效果，本条规定是为了使室内人员在较好的室外气象条件下，可以通过开启外窗通风来获得热舒适性和良好的室内空气品质。

近来有些建筑为了追求外窗的视觉效果和建筑立面的设计风格，外窗的可开启率有逐渐下降的趋势，有的甚至使外窗完全封闭，导致房间自然通风不足，不利于室内空气流通和散热，不利于节能。例如在我国南方地区通过实测调查与计算机模拟：当室外干球温度不高于 28℃，相对湿度 80% 以下，室外风速在 1.5m/s 左右时，如果外窗的可开启面积不小于所在房间地面面积的 8%，室内大部分区域基本能达到热舒适性水平；而当室内通风不畅或关闭外窗，室内干球温度 26℃，相对湿度 80% 左右时，室内人员仍然感到有些闷热。人们曾对夏热冬暖地区典型城市的气象数据进行分析，从 5 月到 10 月，室外平均温度不高于 28℃ 的天数占每月总天数的比例，有的地区高达 60%～70%，最热月也能达到 10% 左右，对应时间段的室外风速大多能达到 1.5m/s 左右。所以做好自然通风气流组织设计，保证一定的外窗可开启面积，可以减少房间空调设备的运行时间，节约能源，提高舒适性。为了保证室内有良好的自然通风，明确规定外窗的可开启面积不应小于窗面积的 30% 是必要的。

4.2.9 公共建筑的性质决定了它的外门开启频繁。在严寒和寒冷地区的冬季，外门的频繁开启造成室外冷空气大量进入室内，导致采暖能耗增加。设置门斗可以避免冷风直接进入室内，在节能的同时，也提高门厅的热舒适性。除了严寒和寒冷地区之外，其他气候区也存在着相类似的现象，因此也应该采取各种可行的节能措施。

4.2.10 公共建筑一般室内热环境条件比较好，为了保证建筑的节能，要求外窗具有良好的气密性能，以抵御夏季和冬季室外空气过多地向室内渗漏，因此对外窗的气密性能要有较高的要求。

4.2.11 目前国内的幕墙工程，主要考虑幕墙围护结构的结构安全性、日光照射的光环境、隔绝噪声、防止雨水渗透以及防火安全等方面的问题，较少考虑幕墙围护结构的保温隔热、冷凝等热工节能问题。为了节约能源，必须对幕墙的热工性能有明确的规定。这些规定已经体现在条文 4.2.2 中。

由于透明幕墙的气密性能对建筑能耗也有较大的影响，为了达到节能目标，本条文对透明幕墙的气密性也作了明确的规定。

4.3 围护结构热工性能的权衡判断

4.3.1 公共建筑的设计往往着重考虑建筑外形立面和使用功能，有时难以完全满足第 4 章条款的要求，尤其是玻璃幕墙建筑的"窗墙比"和对应的玻璃热工性能很可能突破第 4.2.2 条的限制。为了尊重建筑师的创造性工作，同时又使所设计的建筑能够符合节能设计标准的要求，引入建筑围护结构的总体热工性能是否达到要求的权衡判断。权衡判断不拘泥于建筑围护结构各个局部的热工性能，而是着眼于总体热工性能是否满足节能标准的要求。

4.3.2 权衡判断是一种性能化的设计方法，具体做法就是先构想出一栋虚拟的建筑，称之为参照建筑，然后分别计算参照建筑和实际设计的建筑的全年采暖和空调能耗，并依照这两个能耗的比较结果作出判断。当实际设计的建筑的能耗大于参照建筑的能耗时，调整部分设计参数（例如提高窗户的保温隔热性能，缩小窗户面积等等），重新计算所设计建筑的能耗，直至设计建筑的能耗不大于参照建筑的能耗为止。

每一栋实际设计的建筑都对应一栋参照建筑。与实际设计的建筑相比，参照建筑除了在实际设计建筑不满足本标准的一些重要规定之处作了调整外，其他方面都相同。参照建筑在建筑围护结构的各个方面均应完全符合本节能设计标准的规定。

4.3.3 建筑形状、大小、朝向以及内部的空间划分和使用功能都与采暖和空调能耗直接相关，因此在这些方面参照建筑必须与所设计建筑完全一致。在形状、朝向、内部空间划分和使用功能等都确定的条件下，建筑的体形系数和外立面的窗墙面积比对采暖和空调能耗影响很大，因此参照建筑的体形系数和窗墙面积比分别符合第 4.1.2 条和第 4.2.4 条的规定是非常重要的。当所设计建筑的体形系数大于第 4.1.2 条的规定时，本条规定要缩小参照建筑每面外墙尺寸只是一种计算措施，并不真正去调整所设计建筑的体形系数。当所设计建筑的体形系数小于第 4.1.2 条的规定时，参照建筑不作体形系数的调整。当所设计建筑的窗墙面积比小于第 4.2.4 条的规定时，参照建筑也不作窗墙面积比的调整。

4.3.4 权衡判断的核心是对参照建筑和实际所设计的建筑的采暖和空调能耗进行比较并作出判断。用动态方法计算建筑的采暖和空调能耗是一个非常复杂的过程，很多细节都会影响能耗的计算结果。因此，为了保证计算的准确性，必须作出许多具体的规定。

需要指出的是，实施权衡判断时，计算出的并非是实际的采暖和空调能耗，而是某种"标准"工况下的能耗。本标准在规定这种"标准"工况时尽量使它接近实际工况。

5 采暖、通风和空气调节节能设计

5.1 一般规定

5.1.1 **强制性条文**。目前，有些设计人员错误地利用设计手册中供方案设计或初步设计时估算冷、热负荷用的单位建筑面积冷、热负荷指标，直接作为施工图设计阶段确定空调的冷、热负荷的依据。由于总负荷偏大，从而导致了装机容量偏大、管道直径偏大、水泵配置偏大、末端设备偏大的"四大"现象。其结果是初投资增加、能量消耗增加，给国家和投资人造成巨大损失，因此必须作出严格规定。国家标准《采暖通风与空气调节设计规范》GB 50019—2003 中 6.2.1 条已经对空调冷负荷必须进行逐时计算列为强制性条文，这里再重复列出，是为了要求设计人员必须执行。

5.1.2 严寒地区，由于采暖期长，不论是从节省能耗或节省运行费用来看，通常都是采用热水集中采暖系统更为合适。

寒冷地区公共建筑的冬季采暖问题，关系到很多因素，因此要求结合实际工程通过具体的分析比较、优选确定。

5.2 采 暖

5.2.1 国家节能指令第四号明确规定："新建采暖系统应采用热水采暖"。实践证明，采用热水作为热媒，不仅对采暖质量有明显的提高，而且便于进行节能调节。因此，明确规定应以热水为热媒。

5.2.2 在采暖系统南、北向分环布置的基础上，各向选择 2～3 个房间作为标准间，取其平均温度作为控制温度，通过温度调控调节流经各向的热媒流量或供水温度，不仅具有显著的节能效果，而且，还可以有效的平衡南、北向房间因太阳辐射导致的温度差异，从根本上克服"南热北冷"的问题。

5.2.3 选择供暖系统制式的原则，是在保持散热器有较高散热效率的前提下，保证系统中除楼梯间以外的各个房间（供暖区），能独立进行温度调节。

由于公共建筑往往分区出售或出租，由不同单位使用；因此，在设计和划分系统时，应充分考虑实现分区热量计量的灵活性、方便性和可能性，确保实现按用热量多少进行收费。

5.2.4 散热器暗装在罩内时，不但散热器的散热量会大幅度减少；而且，由于罩内空气温度远远高于室内空气温度，从而使罩内墙体的温差传热损失大大增加。为此，应避免这种错误做法。

散热器暗装时，还会影响温控阀的正常工作。如工程确实需要暗装时（如幼儿园），则必须采用带外

置式温度传感器的温控阀，以保证温控阀能根据室内温度进行工作。

实验证明：散热器外表面涂刷非金属性涂料时，其散热量比涂刷金属性涂料时能增加 10% 左右。

另外，散热器的单位散热量、金属热强度指标（散热器在热媒平均温度与室内空气温度差为 1℃ 时，每 1kg 重散热器每小时所放散的热量）和单位散热量的价格这三项指标，是评价和选择散热器的主要依据，特别是金属热强度指标，是衡量同一材质散热器节能性和经济性的重要标志。

5.2.5 散热器的安装数量，应与设计负荷相适应，不应盲目增加。有些人以为散热器装得越多就越安全，殊不知实际效果并非如此；盲目增加散热器数量，不但浪费能源，还很容易造成系统热力失匀和水力失调，使系统不能正常供暖。

扣除室内明装管道的散热量，也是防止供热过多的措施之一。

5.2.6 公共建筑内的高大空间，如大堂、候车（机）厅、展厅等处的采暖，如果采用常规的对流采暖方式供暖时，室内沿高度方向会形成很大的温度梯度，不但建筑热损耗增大，而且人员活动区的温度往往偏低，很难保持设计温度。采用辐射供暖时，室内高度方向的温度梯度很小；同时，由于有温度和辐射照度的综合作用，既可以创造比较理想的热舒适环境，又可以比对流采暖时减少 15% 左右的能耗，因此，应该提倡。

5.2.7 量化管理是节约能源的重要手段，按照用热量的多少来计收采暖费用，既公平合理，更有利于提高用户的节能意识。设置水力平衡配件后，可以通过对系统水力分布的调整与设定，保持系统的水力平衡，保证获得预期的供暖效果。

5.2.8 本条的来源为《民用建筑节能设计标准》JGJ 26—95。但根据实际情况做了如下改动：

　1 从实际情况来看，水泵功率采用在设计工况点的轴功率对公式的使用更为方便、合理，因此，将《民用建筑节能设计标准》JGJ 26—95 中"水泵铭牌轴功率"修改为"水泵在设计工况点的轴功率"。

　2 《民用建筑节能设计标准》JGJ 26—95 中采用的是典型设计日的平均值指标。考虑到设计时确定供热水泵的全日运行小时数和供热负荷逐时计算存在较大的难度，因此在这里采用了设计状态下的指标。

　3 规定了设计供/回水温度差 Δt 的取值要求，防止在设计过程中由于 Δt 区值偏小而影响节能效果。通常采暖系统宜采用 95/70℃ 的热水；由于目前常用的几种采暖用塑料管对水温的要求通常不能高于 80℃，因此对于系统中采用了塑料管时，系统的供/回水温度一般为 80/60℃。考虑到地板辐射采暖系统的 Δt 不宜大于 10℃，且地板辐射采暖系统在公共建筑中采用得不是很普遍，因此本条不针对地板辐射采

暖系统。

5.3 通风与空气调节

5.3.1 温、湿度要求不同的空调区不应划分在同一个空调风系统中是空调风系统设计的一个基本要求，这也是多数设计人员都能够理解和考虑到的。但在实际工程设计中，一些设计人员有时忽视了不同空调区在使用时间等要求上的区别，出现把使用要求不同（比如明显地不同时使用）的空调区划分在同一空调风系统中的情况，不仅给运行与调节造成困难，同时也增大了能耗，为此强调应根据使用要求来划分空调风系统。

5.3.2 全空气空调系统具有易于改变新、回风比例，必要时可实现全新风运行从而获得较大的节能效益和环境效益，且易于集中处理噪声、过滤净化和控制空调区的温、湿度，设备集中，便于维修和管理等优点。并且在商场、影剧院、营业式餐厅、展厅、候机（车）楼、多功能厅、体育馆等建筑中，其主体功能房间空间较大、人员较多，通常也不需要再去分区控制各区域温度，因此宜采用全空气空调系统。

5.3.3 单风管送风方式与双风管送风方式相比，不仅占用建筑空间少、初投资省，而且不会像双风管方式那样因为有冷、热风混合过程而造成能量损失，因此，当功能上无特殊要求时，应采用单风管送风方式。

5.3.4 变风量空调系统具有控制灵活、节能等特点，它能根据空调区负荷的变化，自动改变送风量；随着系统送风量的减少，风机的输送能耗相应减少。当全年内区需要送冷风时，它还可以通过直接采用低温全新风冷却的方式来节能。

5.3.5 风机的变风量途径和方法很多，考虑到变频调节通风机转速时的节能效果最好，所以推荐采用。本条文提到的风机是指空调机组内的系统送风机（也可能包括回风机）而不是变风量末端装置内设置的风机。对于末端装置所采用的风机来说，若采用变频方式时，应采取可靠的防止对电网造成电磁污染的技术措施。变风量空调系统在运行过程中，随着送风量的变化，送至空调区的新风量也相应改变。为了确保新风量能符合卫生标准的要求，同时为了使初调试能够顺利进行，根据满足最小新风量的原则，规定应在提供给甲方的设计文件中标明每个变风量末端装置必需的最小送风量。

5.3.6 空调系统设计时不仅要考虑到设计工况，而且应考虑全年运行模式。在过渡季，空调系统采用全新风或增大新风比运行，都可以有效地改善空调区内空气的品质，大量节省空气处理所需消耗的能量，应该大力推广应用。但要实现全新风运行，设计时必须认真考虑新风取风口和新风管所需的截面积，妥善安排好排风出路，并应确保室内必须保持的正压值。

应明确的是："过渡季"指的是与室内、外空气参数相关的一个空调工况分区范围，其确定的依据是通过室内、外空气参数的比较而定的。由于空调系统全年运行过程中，室外参数总是处于一个不断变化的动态过程之中，即使是夏天，在每天的早晚也有可能出现"过渡季"工况（尤其是全天24h使用的空调系统），因此，不要将"过渡季"理解为一年中自然的春、秋季节。

5.3.7 本条文系参考美国采暖制冷空调工程师学会标准 ASHRAE 62—2001 "Ventilation for Acceptable Indoor Air Quality" 中第 6.3.1.1 条的内容。考虑到一些设计采用新风比最大的房间的新风比作为整个空调系统的新风比，这将导致系统新风比过大，浪费能源。采用上述计算公式将使得各房间在满足要求的新风量的前提下，系统的新风比最小，因此本条规定可以节约空调风系统的能耗。

举例说明式（5.3.7）的用法：

假定一个全空气空调系统为下表中的几个房间送风：

房间用途	在室人数	新风量 (m³/h)	总风量 (m³/h)	新风比 (%)
办公室	20	680	3400	20
办公室	4	136	1940	7
会议室	50	1700	5100	33
接待室	6	156	3120	5
合　计	80	2672	13560	20

如果为了满足新风量需求最大的会议室，则须按该会议室的新风比设计空调风系统。其需要的总新风量变成：$13560 \times 33\% = 4475$（m³/h），比实际需要的新风量（2672m³/h）增加了 67%。

现用式（5.3.7）计算，在上面的例子中，$V_{ot} =$ 未知；$V_{st} = 13560$m³/h；$V_{on} = 2672$m³/h；$V_{oc} = 1700$m³/h；$V_{sc} = 5100$m³/h。因此可以计算得到：

$$Y = V_{ot}/V_{st} = V_{ot}/13560$$
$$X = V_{on}/V_{st} = 2672/13560 = 19.7\%$$
$$Z = V_{oc}/V_{sc} = 1700/5100 = 33.3\%$$

代入方程 $Y = \dfrac{X}{1 + X - Z}$ 中，得到

$$V_{ot}/13560 = 0.197/(1 + 0.197 - 0.333) = 0.228$$

可以得出 $V_{ot} = 3092$m³/h。

5.3.8 二氧化碳并不是污染物，但可以作为室内空气品质的一个指标值。ASHRAE 62—2001 标准的第 6.2.1 条中阐述了"如果通风能够使室内 CO_2 浓度高出室外在 7×10^{-4}m³/m³ 以内，人体生物散发方面的舒适性（气味）标准是可以满足的。"考虑到我国室内空气品质标准中没有采纳"室外 CO_2 浓度 $+ 7 \times 10^{-4}$ m³/m³ = 室内允许浓度"的定义方法，因此参照

ASHRAE 62—2001的条文作了调整。当房间内人员密度变化较大时，如果一直按照设计的较大的人员密度供应新风，将浪费较多的新风处理用冷、热量。我国有的建筑已采用了新风需求控制（如上海浦东国际机场候机大厅）。要注意的是，如果只变新风量、不变排风量，有可能造成部分时间室内负压，反而增加能耗，因此排风量也应适应新风量的变化以保持房间的正压。

5.3.9 采用人工冷、热源进行预热或预冷运行时新风系统应能关闭，其目的在于减少处理新风的冷、热负荷，节省能量消耗；在夏季的夜间或室外温度较低的时段，直接采用室外温度较低的空气对建筑进行预冷，是节省能耗的一个有效方法，应该推广应用。

5.3.10 建筑物外区和内区的负荷特性不同。外区由于与室外空气相邻，围护结构的负荷随季节改变有较大的变化；内区则由于远离围护结构，室外气候条件的变化对它几乎没有影响，常年需要供冷。冬季内、外区对空调的需求存在很大的差异，因此宜分别设计和配置空调系统。这样，不仅可以方便运行管理，获得最佳的空调效果，而且还可以避免冷热抵消，节省能源的消耗，减少运行费用。

对于办公建筑来说，办公室内、外区的划分标准与许多因素有关，其中房间分隔是一个重要的因素，设计中需要灵活处理。例如，如果在进深方向有明确的分隔，则分隔处一般为内、外区的分界线；房间开窗的大小、房间朝向等因素也对划分有一定影响。在设计没有明确分隔的大开间办公室时，根据国外有关资料介绍，通常可将距外围护结构 3~5m 的范围内划为外区，其所包容的为内区。为了设计尽可能满足不同的使用需求，也可以将上述从 3~5m 的范围作为过渡区，在空调负荷计算时，内、外区都计算此部分负荷，这样只要分隔线在 3~5m 之间变动，都是能够满足要求的。

5.3.11 水环热泵空调系统具有在建筑物内部进行冷热量转移的特点。对于冬季的建筑供热来说实际上是利用了建筑内部的发热量，从而减少了外部供给建筑的供热量需求，是一种节能的系统形式。但其运行节能的必要条件是在冬季建筑内部有较为稳定、可观的余热。在实际设计中，应进行供冷、余热和供热需求的热平衡计算，以确定是否设置辅助热源及其大小，并通过适当的经济技术比较后确定是否采用此系统。

5.3.12 如果新风经过风机盘管后送出，风机盘管的运行与否对新风量的变化有较大影响，易造成浪费或新风不足。

5.3.13 由于屋顶传热量较大，或者当吊顶内发热量较大以及高大吊顶空间（吊顶至楼板底的高度超过1.0m）时，若采用吊顶内回风，使空调区域加大、空调能耗上升，不利于节能。

5.3.14 空调区域（或房间）排风中所含的能量十分可观，加以回收利用可以取得很好的节能效益和环境效益。长期以来，业内人士往往单纯地从经济效益方面来权衡热回收装置的设置与否，若热回收装置投资的回收期稍长一些，就认为不值得采用。时至今日，人们考虑问题的出发点已提高到了保护全球环境这个高度，而节省能耗就意味着保护环境，这是人类面临的头等大事。在考虑其经济效益的同时，更重要的是必须考虑节能效益和环境效益。因此，设计时应优先考虑，尤其是当新风与排风采用专门独立的管道输送时，非常有利于设置集中的热回收装置。

除了考虑设计状态下新风与排风的温度差之外，过渡季使用空调的时间占全年空调总时间的比例也是影响排风热回收装置设置与否的重要因素之一。过渡季时间越长，相对来说全年回收的冷、热量越小。因此，还应根据当地气象条件，通过技术经济的合理分析来决定。

根据国内对一些热回收装置的实测，质量较好的热回收装置的效率普遍在 60% 以上。

5.3.15 采用双向换气装置，让新风与排风在装置中进行显热或全热交换，可以从排出空气中回收 55% 以上的热量和冷量，有较大的节能效果，因此应该提倡。人员长期停留的房间一般是指连续使用超过 3h 的房间。

5.3.16 粗、中效空气过滤器的参数引自国家标准《空气过滤器》GB/T 14295—1993。

由于全空气空调系统要考虑到空调过渡季全新风运行的节能要求，因此对其过滤器应有同样的要求——满足全新风运行的需要。

5.3.17 在现有的许多空调工程设计中，由于种种原因一些工程采用了土建风道（指用砖、混凝土、石膏板等材料构成的风道）。从实际调查结果来看，这种方式带来了相当多的隐患，其中最突出的问题就是漏风严重，而且由于大部分是隐蔽工程无法检查，导致系统调试不能正常进行，处理过的空气无法送到设计要求的地点，能量浪费严重。因此作出较严格的规定。

在工程设计中，也会因受条件限制或为了结合建筑的需求，存在一些用砖、混凝土、石膏板等材料构成的土建风道、回风竖井的情况；此外，在一些下送风方式（如剧场等）的设计中，为了管道的连接及与室内设计配合，有时也需要采用一些局部的土建式封闭空腔作为送风静压箱。因此本条文对这些情况不作严格限制。

同时由于混凝土等墙体的蓄热量大，没有绝热层的土建风道会吸收大量的送风能量，会严重影响空调效果，因此对这类土建风道或送风静压箱提出严格的防漏风和绝热要求。

5.3.18 闭式循环系统不仅初投资比开式系统少，输送能耗也低，所以推荐采用。

在季节变化时只是要求相应作供冷/采暖空调工况转换的空调系统，采用两管制水系统，工程实践已充分证明完全可以满足使用要求，因此予以推荐。

规模（进深）大的建筑，由于存在负荷特性不同的外区和内区，往往存在需要同时分别供冷和供暖的情况，常规的两管制显然无法同时满足以上要求。这时，若采用分区两管制系统（分区两管制水系统，是一种根据建筑物的负荷特性，在冷热源机房内预先将空调水系统分为专供冷水和冷热合用的两个两管制系统的空调水系统制式），就可以在同一时刻分别对不同区域进行供冷和供热，这种系统的初投资比四管制低，管道占用空间也少，因此推荐采用。

采用一次泵方式时，管路比较简单，初投资也低，因此推荐采用。过去，一次泵与冷水机组之间都采用定流量循环，节能效果不大。近年来，随着制冷机的改进和控制技术的发展，通过冷水机组的水量已经允许在较大幅度范围内变化，从而为一次泵变流量运行创造了条件。为了节省更多的能量，也可采用一次泵变流量调节方式。但为了确保系统及设备的运行安全可靠，必须针对设计的系统进行充分的论证，尤其要注意的是设备（冷水机组）的变水量运行要求和所采用的控制方案及相关参数的控制策略。

当系统较大、阻力较高，且各环路负荷特性相差较大，或压力损失相差悬殊（差额大于50kPa时），如果采用一次泵方式，水泵流量和扬程要根据主机流量和最不利环路的水阻力进行选择，配置功率都比较大；部分负荷运行时，无论流量和水流阻力有多小，水泵（一台或多台）也要满负荷配合运行，管路上多余流量与压头只能采用旁通和加大阀门阻力予以消耗，因此输送能量的利用率较低，能耗较高。若采用二次泵方式，二次水泵的流量与扬程可以根据不同负荷特性的环路分别配置，对于阻力较小的环路来说可以降低二次泵的设置扬程（举例来说，在空调冷、热水泵中，扬程差值超过50kPa时，通常来说其配电机的安装容量会变化一档；同时，对于水阻力相差50kPa的环路来说，相当于输送距离100m或送回管道长度在200m左右），做到"量体裁衣"，极大地避免了无谓的浪费。而且二次泵的设置不影响制冷主机规定流量的要求，可方便地采用变流量控制和各环路的自由启停控制，负荷侧的流量调节范围也可以更大；尤其当二次泵采用变频控制时，其节能效果更好。

冷水机组的冷水供、回水设计温差通常为5℃。近年来许多研究结果表明：加大冷水供、回水设计温差对输送系统减少的能耗，大于由此导致的设备传热效率下降所增加的能耗，因此对于整个空调系统来说具有一定的节能效益，目前有的实际工程已用到8℃温差，从其运行情况看也反映良好的节能效果。由于加大冷水供、回水温差需要设备的运行参数发生变化（不能按通常的5℃温差选择），因此采用此方法时，应进行技术经济的分析比较后确定。

采用高位膨胀水箱定压，具有安全、可靠、消耗电力相对较少、初投资低等优点，因此推荐优先采用。

5.3.19 通常，空调系统冬季和夏季的循环水量和系统的压力损失相差很大，如果勉强合用，往往使水泵不能在高效率区运行，或使系统工作在小温差、大流量工况之下，导致能耗增大，所以一般不宜合用。但若冬、夏季循环水泵的运行台数及单台水泵的流量、扬程与冬、夏系统工况相吻合，冷水循环泵可以兼作热水循环泵使用。

5.3.20 做好冷却水系统的水处理，对于保证冷却水系统尤其是冷凝器的传热，提高传热效率有重要意义。

在目前的一些工程设计中，只片面考虑建筑外立面美观等原因，将冷却塔安装区域用建筑外装修进行遮挡，忽视了冷却塔通风散热的基本安装要求，对冷却效果产生了非常不利的影响，由此导致了冷却能力下降，冷水机组不能达到设计的制冷能力，只能靠增加冷水机组的运行台数等非节能方式来满足建筑空调的需求，加大了空调系统的运行能耗。因此，强调冷却塔的工作环境应在空气流通条件好的场所。

冷却塔的"飘水"问题是目前一个较为普遍的现象，过多的"飘水"导致补水量的增大，增加了补水能耗。在补水总管上设置水流量计量装置的目的就是要通过对补水量的计量，让管理者主动地建立节能意识，同时为政府管理部门监督管理提供一定的依据。

5.3.21 空调系统的送风温度通常应以 $h-d$ 图的计算为准。对于湿度要求不高的舒适性空调而言，降低一些湿度要求，加大送风温差，可以达到很好的节能效果。送风温差加大一倍，送风量可减少一半左右，风系统的材料消耗和投资相应可减40%左右，动力消耗则下降50%左右。送风温差在4~8℃之间时，每增加1℃，送风量约可减少10%~15%。而且上送风气流在到达人员活动区域时已与房间空气进行了比较充分的混合，温差减小，可形成舒适环境，该气流组织形式有利于大温差送风。由此可见，采用上送风气流组织形式空调系统时，夏季的送风温差可以适当加大。

采用置换通风方式时，由于要求的送风温差较小，故不受本条文限制。

5.3.22 分层空调是一种仅对室内下部空间进行空调、而对上部空间不进行空调的特殊空调方式，与全室性空调方式相比，分层空调夏季可节省冷量30%左右，因此，能节省运行能耗和初投资。但在冬季供暖工况下运行时并不节能，此点特别提请设计人员注意。

5.3.23 研究表明：置换通风系统是一种通风效率高，既带来较高的空气品质，又有利于节能的有效通风方式。置换通风是将经过处理或未经过处理的空气，以低风速、低紊流度、小温差的方式直接送入室内人员活动区的下部。置换通风型送风模式比混合式通风模式节能，根据有关资料统计，对于高大空间来说，其节约制冷能耗费 20%～50%。

置换通风在北欧已经普遍采用。最早是用于工业厂房解决室内的污染控制问题，然后转向民用，如办公室、会议厅、剧院等，目前我国在一些建筑中已有所应用。

5.3.24 空气进行蒸发冷却时，一般都是利用循环水进行喷淋，由于不需要人工冷源，所以能耗较少，是一种节能的空调方式。在新疆、甘肃、宁夏、内蒙等地区，夏季空调室外计算湿球温度普遍较低，温度的日较差大，适宜采用蒸发冷却。

近几年，此项技术在西北地区得到了广泛应用，且取得了良好的节能效果；同时，在技术上已由单独直接蒸发冷却的一级系统，发展到间接与直接蒸发冷却相结合的二级系统，以及两级间接蒸发与直接蒸发冷却结合的三级系统，都取得了很好的效果。

5.3.25 在空气处理过程中，同时有冷却和加热过程出现，肯定是既不经济，也不节能的，设计中应尽量避免。对于夏季具有高温高湿特征的地区来说，若仅用冷却过程处理，有时会使相对湿度超出设定值，如果时间不长，一般是可以允许的；如果对相对湿度的要求很严格，则宜采用二次回风或淋水旁通等措施，尽量减少加热用量。但对于一些散湿量较大、热湿比很小的房间等特殊情况，如室内游泳池等，冷却后再热可能是需要的方式之一。

对于置换通风方式，由于要求送风温差较小，当采用一次回风系统时，如果系统的热湿比较小，有可能会使处理后的送风温度过低，若采用再加热显然不利于充分利用置换通风方式所带来的节能的优点。因此，置换通风方式适用于热湿比较大的空调系统，或者可采用二次回风的处理方式。

5.3.26 考虑到目前国产风机的总效率都能达到52%以上，同时考虑目前许多空调机组已开始配带中效过滤器的因素，根据办公建筑中的两管制定风量空调系统、四管制定风量空调系统、两管制变风量空调系统、四管制变风量空调系统的最高全压标准分别为900Pa、1000Pa、1200Pa、1300Pa，商业、旅馆建筑中分别为 980Pa、1080Pa、1280Pa、1380Pa，以及普通机械通风系统 600Pa，计算出上述 W_s 的限值。但考虑许多地区目前在空调系统中还是采用粗效过滤的实际情况，所以同时也列出这类空调送风系统的单位风量耗功率的数值要求。在实际工程中，风系统的全压不应超过前述要求，实际上是要求通风系统的作用半径不宜过大，如果超过，则应对风机的效率应提出更高的要求。

对于规格较小的风机，虽然风机效率与电机效率

有所下降，但由于系统管道较短和噪声处理设备的减少，风机压头可以适当减少。据计算，由于这个原因，小规格风机同样可以满足大风机所要求的 W_s 值。

由于空调机组中湿膜加湿器以及严寒地区空调机组中通常设有的预热盘管，风阻力都会大一些，因此给出了的单位风量耗功率（W_s）的增加值。

需要注意的是，为了确保单位风量耗功率设计值的确定，要求设计人员在图纸设备表上都注明空调机组采用的风机全压与要求的风机最低总效率。

5.3.27

1 本条引自《旅游旅馆建筑热工与空气调节节能设计标准》GB 50189—93，转引时，将原条文中的"水输送系数"（WTF），改用输送能效比（ER）表示，两者的关系为：ER=1/WTF。

2 本条文适用于独立建筑物内的空调水系统，最远环路总长度一般在 200～500m 范围内。区域管道或总长度过长的水系统可参照执行，目的是为了降低管道的输配能耗。

3 考虑到在多台泵并联的系统中，单台泵运行时往往会超流量，水泵电机的配置功率会适当放大的情况，在输送能效比（ER）的计算公式中，采用水泵电机铭牌功率显然不能准确地反映出设计的合理性，因此这里采用水泵轴功率计算，公式中的效率亦采用水泵在设计工作点的效率。

4 考虑到冷水泵的扬程一般不超过 36m，其效率为 70% 以上，供回水温差为 5℃时，计算出冷水的 ER=0.0241。

5 考虑在两管制系统中，为了使自控阀门对供热时的控制性能有所保证，自控阀门的冷、热水设计流量值之比以不超过 3∶1 为宜。热水供回水温差最大为 15℃。

6 严寒地区按设计冷/热量之比平均为 1∶2 考虑；寒冷地区和夏热冬冷地区按设计冷/热量之比平均为 1∶1 考虑；夏热冬暖地区按设计冷/热量之比平均为 2∶1 考虑。

7 在由于直燃机的水温差较小（与冷水温差差不多），因此这里明确两管制热水管道系统中的输送能效比值计算"不适用于采用直燃式冷热水机组作为热源的空调热水系统"。

5.3.28 本条文为空调冷热水管道绝热计算的基本原则，也作为附录 C 的引文。

附录 C 是建筑物内的空调冷热水管道绝热厚度表。该表是从节能角度出发，按经济厚度的原则制定的；但由于全国各地的气候条件差异很大，对于保冷管道防结露厚度的计算结果也会相差较大，因此除了经济厚度外，还必须对冷管道进行防结露厚度的核算，对比后取其大值。

为了方便设计人员选用，附录 C 针对目前空调水

管道常使用的介质温度和最常用的两种绝热材料制定的，直接给出了厚度。如使用条件不同或绝热材料不同，设计人员应自行计算或按供应厂家提供的技术资料确定。

按照附录C的绝热厚度的要求，每100m冷水管的平均温升可控制在0.06℃以内；每100m热水管的平均温降也控制在0.12℃以内，相当于一个500m长的供回水管路，控制管内介质的温升不超过0.3℃（或温降不超过0.6℃），也就是不超过常用的供、回水温差的6%左右。如果实际管道超过500m，设计人员应按照空调管道（或管网）能量损失不大于6%的原则，通过计算采用更好（或更厚）的保温材料以保证达到减少管道冷（热）损失的效果。

5.3.29 风管表面积比水管道大得多，其管壁传热引起的冷热量的损失十分可观，往往会占空调送风冷量的5%以上，因此空调风管的绝热是节能工作中非常重要的一项内容。

由于离心玻璃棉是目前空调风管绝热最常用的材料，因此这里将它用作为制定空调风管绝热最小热阻时的计算材料。按国家玻璃棉标准，离心玻璃棉属2b号，密度在32～48kg/m³时，70℃时的导热系数≤0.046W/（m·K），一般空调风管绝热材料使用的平均温度为20℃，可以推算得到20℃时的导热系数为0.0377W/（m·K）。按管内温度15℃时，计算经济厚度为28mm，计算热阻是0.74（m²·K/W）；低温空调风管管内温度按5℃计算，得到导热系数为0.0366W/（m·K），计算经济厚度为39mm，计算热阻是1.08（m²·K/W）。如果离心玻璃棉导热系数性能好的话，导热系数可以达到0.033和0.031，厚度为24和33mm。

5.3.30 保冷管道的绝热层外的隔汽层是防止凝露的有效手段，保证绝热效果，保护层是用来保护隔汽层的。如果绝热材料本身就是具有隔汽性的闭孔材料，就可认为是隔汽层和保护层。

5.4 空气调节与采暖系统的冷热源

5.4.1 空调采暖系统在公共建筑中是能耗大户，而空调冷热源机组的能耗又占整个空调，采暖系统的大部分。当前各种机组、设备品种繁多，电制冷机组、溴化锂吸收式机组及蓄冷蓄热设备等各具特色。但采用这些机组和设备时都受到能源、环境、工程状况使用时间及要求等多种因素的影响和制约，为此必须客观全面地对冷热源方案进行分析比较后合理确定。

1 发展城市热源是我国城市供热的基本政策，北方城市发展较快，较为普遍，夏热冬冷地区少部分城市也在规划中，有的已在实施，具有城市或区域热源时应优先采用。我国工业余热的资源也存在潜力，应充分利用。

2 《中华人民共和国节约能源法》明确提出：

"推广热电联产，集中供热，提高热电机组的利用率，发展热能梯级利用技术，热、电、冷联产技术和热、电、煤气三联供技术，提高热能综合利用率"。大型热电冷联产是利用热电系统发展供热、供电和供冷为一体的能源综合利用系统。冬季用热电厂的热源供热，夏季采用溴化锂吸收式制冷机供冷，使热电厂冬夏负荷平衡，高效经济运行。

3 原国家计委、原国家经贸委、建设部、国家环保总局联合发布的《关于发展热电联产的规定》（计基础〔2000〕1268号文）中指出："以小型燃气发电机组和余热锅炉等设备组成的小型热电联产系统，适用于厂矿企业、写字楼、宾馆、商场、医院、银行、学校等分散的公用建筑。它具有效率高、占地小、保护环境、减少供电线路损和应急突发事件等综合功能，在有条件的地区应逐步推广"。分布式热电冷联供系统以天然气为燃料，为建筑或区域提供电力、供冷、供热（包括供热水）三种需求，实现天然气能源的梯级利用，能源利用效率可达到80%以上，大大减少SO_2、固体废弃物、温室气体、NO_x和TSP的排放，减少占地面积和耗水量，还可应对突发事件确保安全供电，在国际上已经得到广泛应用。我国已有少量项目应用了分布式热电冷联供技术，取得较好的社会和经济效益。目前国家正在制定的《国家十一五规划》、《国家中长期能源规划》、《国家中长期科技规划》，都把分布式燃气热电冷联供作为发展的重点。

大量电力驱动空调的使用是导致高峰期电力超负荷的主要原因之一。同时由于空调负荷分布极不均衡、全年工作时间短、平均负荷率低，如果为满足高峰期电力需求大规模建设电厂，将会导致发输配电设备的利用率低、电网的技术和经济指标差、供电的成本提高。随着国家西气东输等天然气工程的建设，夏季天然气出现大量富余，北京冬季供气高峰和夏季低谷的供气量相差7～8倍。为平衡负荷，不得不投巨资建设调峰储气库，天然气输配管网和设施也必须按最大供应能力建设，在夏季供气低谷时，造成管网资源的闲置和浪费。可见燃气与电力都存在峰谷差的难题。但是燃气峰谷与电力峰谷有极大的互补性。发展燃气空调和楼宇冷热电三联供可降低电网夏季高峰负荷，填补夏季燃气的低谷，同时降低电力和燃气的峰谷差，平衡能源利用负荷，实现资源的优化配置，是科学合理地利用能源的双赢措施。

在应用分布式热电冷联供技术时，必须进行科学论证，从负荷预测、技术、经济、环保等多方面对方案做可行性分析。

4 当具有电、城市供热、天然气，城市煤气等能源中两种以上能源时，可采用几种能源合理搭配作为空调冷热源。如"电＋气"、"电＋蒸汽"等，实际上很多工程都通过技术经济比较后采用了这种复合能源方式，投资和运行费用都降低，取得了较好的经济效益。城市的能源结构若是几种共存，空调也可适应城市的多元化能源结构，用能源的峰谷季节差价进行设备选型，提高能源的一次能效，使用户得到实惠。

5 水源热泵是一种以低位热能作能源的中小型热泵机组，具有可利用地下水、地表水或工业废水作为热源供暖和供冷，采暖运行时的性能系数 COP 一般大于 4，优于空气源热泵，并能确保采暖质量。水源热泵需要稳定的水量，合适的水温和水质，在取水这一关键问题上还存在一些技术难点，目前也没有合适的规范、标准可参照，在设计上应特别注意。采用地下水时，必须确保有回灌措施和确保水源不被污染，并应符合当地的有关保护水资源的规定。

采用地下埋管换热器的地源热泵可省去水质处理、回灌和设置板式换热器等装置。埋管换热器可以分为立式和卧式。我国对这一新技术还处于开发研究阶段，当前设计上还缺乏可靠的土壤热物性有关数据和正确的计算方法。在工程实施中宜由小型建筑起步，不断总结完善设计与施工的经验。

5.4.2 强制性条文。合理利用能源、提高能源利用率、节约能源是我国的基本国策。用高品位的电能直接用于转换为低品位的热能进行采暖或空调，热效率低，运行费用高，是不合适的。国家有关强制性标准中早有"不得采用直接电加热的空调设备或系统"的规定。近些年来由于空调，采暖用电所占比例逐年上升，致使一些省市冬夏季尖峰负荷迅速增长，电网运行日趋困难，造成电力紧缺。2003 年夏季，全国 20 多个省、市不同程度出现了拉闸限电；入冬以后，全国大范围缺电现象愈演愈烈。而盲目推广电锅炉、电采暖，将进一步劣化电力负荷特性，影响民众日常用电，制约国民经济发展，为此必须严格限制。考虑到国内各地区的具体情况，在只有符合本条所指的特殊情况时方可采用。但前提条件是：该地区确实电力充足且电价优惠或者利用如太阳能、风能等装置发电的建筑。

要说明的是，对于内、外区合一的变风量系统，作了放宽。目前在一些南方地区，采用变风量系统时，可能存在个别情况下需要对个别的局部外区进行加热，如果为此单独设置空调热水系统可能难度较大或者条件受到限制或者投入较高。

5.4.3 强制性条文。本条中各款提出的是选择锅炉时应注意的问题，以便能在满足全年变化的热负荷前提下，达到高效节能要求。当前，我国多数燃煤锅炉运行效率低、热损失大。为此，在设计中要选用机械化、自动化程度高的锅炉设备，配套优质高效的辅机，减少炉膛未完全燃烧和排烟系统热损失，杜绝热力管网中的"跑、冒、滴、漏"，使锅炉在额定工况下产生最大热量而且平稳运行。利用锅炉余热的途径有：在炉尾烟道设置省煤器或空气预热器，充分利用排烟余热；尽量使用锅炉连续排污器，利用"二次

汽"再生热量；重视分汽缸凝结水回收余压汽热量，接至给水箱以提高锅炉给水温度。燃气燃油锅炉由于新技术和智能化管理，效率较高，余热利用相对减少。

5.4.4 本条中各款提出的是选择锅炉时应注意的问题，以便能在满足全年变化的热负荷前提下，达到高效节能运行的要求。

5.4.5 强制性条文。随着建筑业的持续增长，空调的进一步普及，我国已成为冷水机组的制造大国。大部分世界级品牌都已在中国成立合资或独资企业，大大提高了机组的质量水平，产品已广泛应用于各类公共建筑。而我国的行业标准已显落后，成为高能耗机组的保护伞，影响部分国内机组的技术进步和市场竞争力，为此提出额定制冷量时最低限度的制冷性能系数（COP）值。由国家标准化管理委员会、国家发展和改革委员会主办，中国标准化研究院承办，全国能源基础与管理标准化技术委员会、中国家用电器协会、中国制冷空调工业协会和全国冷冻设备标准化技术委员会协办的"空调能效国家标准新闻发布会"已于 2004 年 9 月 16 日在北京召开，会议发布了国家标准《冷水机组能效限定值及能源效率等级》GB 19577 —2004，《单元式空气调节机能效限定值及能源效率等级》GB 19576—2004 等三个产品的强制性国家能效标准，这给本标准在确定能效最低值时提供了依据。能源效率等级判定方法，目的是配合我国能效标识制度的实施。能源效率等级划分的依据：一是拉开档次，鼓励先进，二是兼顾国情，以及对市场产生的影响，三是逐步与国际接轨。根据我国能效标识管理办法（征求意见稿）和消费者调查结果，建议依据能效等级的大小，将产品分成 1、2、3、4、5 五个等级。能效等级的含义 1 等级是企业努力的目标；2 等级代表节能型产品的门槛（最小寿命周期成本）；3、4 等级代表我国的平均水平；5 等级产品是未来淘汰的产品。目的是能够为消费者提供明确的信息，帮助其购买的选择，促进高效产品的市场。以下摘录国家标准《冷水机组能效限定值及能源效率等级》GB 19577—2004 中"表 2 能源效率等级指标"。

类 型	额定制冷量 CC (kW)	能效等级（COP，W/W）				
		1	2	3	4	5
风冷式或蒸发冷却式	CC≤50	3.20	3.00	2.80	2.60	2.40
	50<CC	3.40	3.20	3.00	2.80	2.60
水冷式	CC≤528	5.00	4.40	4.40	4.10	3.80
	528<CC≤1163	5.50	5.10	4.70	4.30	4.00
	1163<CC	6.10	5.60	4.60	4.60	4.20

本标准确定表 5.4.5 中制冷性能系数（COP）值考虑了以下因素：国家的节能政策；我国产品现有与发展水平；鼓励国产机组尽快提高技术水平。同时，

从科学合理的角度出发，考虑到不同压缩方式的技术特点，对其制冷性能系数分别作了不同要求。活塞/涡旋式采用第 5 级，水冷离心式采用第 3 级，螺杆机则采用第 4 级。至于确定名义工况时的参数，则根据国家标准《蒸气压缩循环冷水（热泵）机组工商业用和类似用途的冷水（热泵）机组》GB/T 18430.1—2001 中的规定，即：1. 使用侧：制冷进/出口水温 12/7℃；2. 热源侧（或放热侧）：水冷式冷却水进出口水温 30/35℃，风冷式制冷空气干球温度 35℃，蒸发冷却式空气湿球温度 24℃；3. 使用侧和水冷式热源侧污垢系数 0.086m² · C/kW。

5.4.6、5.4.7 空调系统运行时，除了通过运行台数组合来适应建筑冷量需求和节能外，在相当多的情况下，冷水机组处于部分负荷运行状态，为了控制机组部分负荷运行时的能耗，有必要对冷水机组的部分负荷时的性能系数作出一定的要求。参照国外的一些情况，本标准提出了用 IPLV 来评价的方法。

蒸气压缩循环冷水（热泵）机组综合部分负荷性能系数计算的根据：取我国典型公共建筑模型，计算出我国 19 个城市气候条件下，典型建筑的空调系统供冷负荷以及各负荷段的机组运行小时数，参照美国空调制冷协会 ARI 550/590—1998《采用蒸气压缩循环的冷水机组》标准中综合部分负荷性能 IPLV 系数的计算方法，对我国 4 个气候区分别统计平均，得到全国统一的 IPLV 系数值。

建议的部分负荷检测条件：水冷式蒸气压缩循环冷水（热泵）机组属制冷量可调节系统，机组应在 100%负荷、75%负荷、50%负荷、25%负荷的卸载级下进行标定，这些标定点用于计算 IPLV 系数。

部分负荷额定性能工况条件应符合 GB/T 18430.1—2001《蒸气压缩循环冷水（热泵）机组工商业用和类似用途的冷水（热泵）机组》标准中第 4.6 节、5.3.5 条的规定。

当冷水机组无法依要求做出 100%、75%、50%、25%冷量时，参见 ARI 550/590—1998 标准采取间接法，将该机部分负荷下的效率值描点绘图，点跟点之间再连成直线，再在线上用内插法求出标准负荷点。要注意的是，不宜将直线作外插延伸。

5.4.8 强制性条文。近几年单元式空调机竞争激烈，主要表现在价格上而不是在提高产品质量上。当前，中国市场上空调机产品的能效比值高低相差达 40%，落后的产品标准已阻碍了空调行业的健康发展，本条规定了单元式空调机最低性能系数（COP）限值，就是为了引导技术进步，鼓励设计师和业主选择高效产品，同时促进生产厂家生产节能产品，尽快与国际接轨。表 5.4.8 中名义制冷量时能效比（EER）值，相当于国家标准《单元式空气调节机能效限定值及能源效率等级》GB 19576—2004 中"表 2 能源效率等级指标"的第 4 级（见下表）。按照国家标准《单元式空气调节机能效限定值及能源效率等级》GB 19576—2004 所定义的机组范围，此表暂不适用多联式空调（热泵）机组和变频空调机。

类 型		能效等级（EER，W/W）				
		1	2	3	4	5
风冷式	不接风管	3.20	3.00	2.80	2.60	2.40
	接风管	2.90	2.70	2.50	2.30	2.10
水冷式	不接风管	3.60	3.40	3.20	3.00	2.80
	接风管	3.30	3.10	2.90	2.70	2.50

5.4.9 强制性条文。表 5.4.9 中的参数取自国家标准《蒸气和热水型溴化锂吸收式冷水机组》GB/T 18431 和《直燃型溴化锂吸收式冷（温）水机组》GB/T 18362，在设计选择溴化锂吸收式机组时，其性能参数应优于其规定值。

5.4.10 本条提出了空气源热泵经济合理应用，节能运行的基本原则：

1 和水冷机组相比，空气源热泵耗电较高，价格也高。但其具备供热功能，对不具备集中热源的夏热冬冷地区来说较为适合，尤其是机组的供冷、供热量和该地区建筑空调夏、冬冷热负荷的需求量较匹配，冬季运行效率较高。从技术经济、合理使用电力方面考虑，日间使用的中、小型公共建筑最为合适；

2 在夏热冬暖地区使用时，因需热量小和供热时间短，以需热量选择空气源热泵冬季供热，夏季不足冷量可采用投资低、效率高的水冷式冷水机组补足，可节约投资和运行费用。

3 寒冷地区使用时必须考虑机组的经济性与可靠性，当在室外温度较低的工况下运行，致使机组制热 COP 太低，失去热泵机组节能优势时就不宜采用。

5.4.11 在大中型公共建筑中，冷水（热泵）机组的台数和容量的选择，应根据冷（热）负荷大小及变化规律而定，单台机组制冷量的大小应合理搭配，当单机容量调节下限的制冷量大于建筑物的最小负荷时，可选 1 台适合最小负荷的冷水机组，在最小负荷时开启小型制冷系统满足使用要求，这已在许多工程中取得很好的节能效果。提出空调冷负荷大于 528kW 以上的公共建筑（一般为 3000~6000m²）时机组设置不宜少于 2 台，除可提高安全可靠性外，也可达到经济运行的目的。当特殊原因仅能设置 1 台时，应采用多台压缩机分路联控的机型。

5.4.12 目前一些采暖，空调用汽设备的凝结水未采取回收措施或由于设计不合理和管理不善，造成大量的热量损失。为此应认真设计凝结水回收系统，做到技术先进，设备可靠，经济合理。凝结水回收系统一般分为重力、背压和压力凝结水回收系统，可按工程的具体情况确定。从节能和提高回收率考虑，应优先采用闭式系统即凝结水与大气不直接相接触的系统。

5.4.13 一些冬季或过渡季需要供冷的建筑,当室外条件许可时,采用冷却塔直接提供空调冷水的方式,减少了全年运行冷水机组的时间,是一种值得推广的节能措施。通常的系统做法是:当采用开式冷却塔时,用被冷却塔冷却后的水作为一次水,通过板式换热器提供二次空调冷水(如果是闭式冷却塔,则不通过板式换热器,直接提供),再由阀门切换到空调冷水系统之中向空调机组供冷水,同时停止冷水机组的运行。不管采用何种形式的冷却塔,都应按当地过渡季或冬季的气候条件,计算空调末端需求的供水温度及冷却水能够提供的水温,并得出增加投资和回收期等数据,当技术经济合理时可以采用。

5.5 监测与控制

5.5.1 为了节省运行中的能耗,供热与空调系统应配置必要的监测与控制。但实际情况错综复杂,作为一个总的原则,设计时要求结合具体工程情况通过技术经济比较确定具体的控制内容。

5.5.2 对于间歇运行的空调系统,在保证使用期间满足要求的前提下,应尽量提前系统运行的停止时间和推迟系统运行的启动时间,这是节能的重要手段。

5.5.3 DDC 控制系统从 20 世纪 80 年代后期开始进入我国,已经经过约 20 年的实践,证明其在设备及系统控制、运行管理等方面具有较大的优越性且能够较大的节约能源,大多数工程项目的实际应用过程中都取得了较好的效果。就目前来看,多数大、中型工程也是以此为基本的控制系统形式的。

5.5.4

1 目前许多工程采用的是总回水温度来控制,但由于冷水机组的最高效率点通常位于该机组的某一部分负荷区域,因此采用冷量控制的方式比采用温度控制的方式更有利于冷水机组在高效率区域运行而节能,是目前最合理和节能的控制方式。但是,由于计量冷量的元器件和设备价格较高,因此规定在有条件时(如采用了 DDC 控制系统时),优先采用此方式。同时,台数控制的基本原则是:(1)让设备尽可能处于高效运行;(2)让相同型号的设备的运行时间尽量接近以保持其同样的运行寿命(通常优先启动累计运行小时数最少的设备);(3)满足用户侧低负荷运行的需求。

2 设备的连锁启停主要是保证设备的运行安全性。

3 目前绝大多数空调水系统控制是建立在变流量系统的基础上的,冷热源的供、回水温度及压差控制在一个合理的范围内是确保采暖空调系统的正常运行的前提,当供、回水温度过小或压差过大的话,将会造成能源浪费,甚至系统不能正常工作,必须对它们加以控制与监测。回水温度主要是用于监测(回水温度的高低由用户侧决定)和高(低)限报警。对于

冷冻水而言,其供水温度通常是由冷水机组自身所带的控制系统进行控制,对于热水系统来说,当采用换热器供热时,供水温度应在自动控制系统中进行控制;如果采用其他热源装置供热,则要求该装置应自带供水温度控制系统。在冷却水系统中,冷却水的供水温度对制冷机组的运行效率影响很大,同时也会影响到机组的正常运行,故必须加以控制。机组冷却水总供水温度可以采用:(1)控制冷却塔风机的运行台数(对于单塔多风机设备);(2)控制冷却塔风机转速(特别适用于单塔单风机设备);(3)通过在冷却水供、回水总管设置旁通电动阀等方式进行控制。其中方法(1)节能效果明显,应优先采用。如环境噪声要求较高(如夜间)时,可优先采用方法(2),它在降低运行噪声的同时,同样具有很好的节能效果,但投资稍大。在气候越来越凉,风机全部关闭后,冷却水温仍然下降时,可采用方法(3)进行旁通控制。在气候逐渐变热时,则反向进行控制。

4 设备运行状态的监测及故障报警是冷、热源系统监控的一个基本内容。

5 当楼宇自控系统与冷冻机控制系统可实施集成的条件时,可以根据室外空气的状态,在一定范围内对冷水机组的出水温度进行再设定优化控制。

由于工程的情况不同,上述内容可能无法完全包含一个具体的工程中的监控内容(如一次水供回水温度及压差、定压补水装置、软化装置等等),因此设计人还要根据具体情况确定一些应监控的参数和设备。

5.5.5 机房群控是冷、热源设备节能运行的一种有效方式。例如:离心式、螺杆式冷水机组在某些部分负荷范围运行时的效率高于设计工作点的效率,因此简单地按容量大小来确定运行台数并不一定是最节能的方式;在许多工程中,采用了冷、热源设备大、小搭配的设计方案,这时采用群控方式,合理确定运行模式对节能是非常有利的。又如,在冰蓄冷系统中,根据负荷预测调整制冷机和系统的运行策略,达到最佳移峰、节省运行费用的效果,这些均需要进行机房群控才能实现。

由于工程情况的不同,这里只是原则上提出群控的要求和条件。具体设计时,应根据负荷特性、设备容量、设备的部分负荷效率、自控系统功能以及投资等多方面进行经济技术分析后确定群控方案。同时,也应该将冷水机组、水泵、冷却塔等相关设备综合考虑。

5.5.6 从节能的观点来看,较低的冷却水进水温度有利于提高冷水机组的能效比,因此尽可能降低冷却水温对于节能是有利的。但为了保证冷水机组能够正常运行,提高系统运行的可靠性,通常冷却水进水温度有最低水温限制的要求。为此,必须采取一定的冷却水水温控制措施。通常有三种做法:(1)调节冷却

塔风机运行台数；（2）调节冷却塔风机转速；（3）供、回水总管上设置旁通电动阀，通过调节旁通流量保证进入冷水机组的冷却水温高于最低限值。在（1）、（2）两种方式中，冷却塔风机的运行总能耗也得以降低。

在停止冷水机组运行期间，当采用冷却塔供应空调冷水时，为了保证空调末端所必需的冷水供水温度，应对冷却塔出水温度进行控制。

冷却水系统在使用时，由于水分的不断蒸发，水中的离子浓度会越来越大。为了防止由于高离子浓度带来的结垢等种种弊病，必须及时排污。排污方法通常有定期排污和控制离子浓度排污。这两种方法都可以采用自动控制方法，其中控制离子浓度排污方法在使用效果与节能方面具有明显优点。

5.5.7

1 空气温、湿度控制和监测是空调风系统控制的一个基本要求。在新风系统中，通常控制送风温度和送风（或典型房间——取决于新风系统的加湿控制方式）的相对湿度。在带回风的系统中，通常控制回风（或室内）温度和相对湿度，如不具备湿度控制条件（如夏季使用两管制供水系统）时，舒适性空调的相对湿度可不作控制。在温、湿度同时控制的过程中，应考虑到人体的舒适性范围，防止由于单纯追求某一项指标而发生冷、热相互抵消的情况。当技术可靠时，可考虑夜间（或节假日）对室内温度进行自动再设定控制。

2 在大多数民用建筑中，如果采用双风机系统（设有回风机），其目的通常是为了节能而更多的利用新风（直至全新风）。因此，系统应采用变新风比焓值控制方式。其主要内容是：根据室内、外焓值的比较，通过调节新风、回风和排风阀的开度，最大限度的利用新风来节能。技术可靠时，可考虑夜间对室内温度进行自动再设定控制。目前也有一些工程采用"单风机空调机组加上排风机"的系统形式，通过对新风、排风阀的控制以及排风机的转速控制也可以实现变新风比控制的要求。

3 变风量采用风机变速是最节能的方式。尽管风机变速的做法投资有一定增加，但对于采用变风量系统的工程而言，这点投资应该是有保证的，其节能所带来的效益能够较快地回收投资。风机变速可以采用的方法有定静压控制法、变静压控制法和总风量控制法，第一种方法的控制最简单，运行最稳定，但节能效果不如后两种；第二种方法是最节能的办法，但需要较强的技术和控制软件的支持；第三种介于第一、二种之间。就一般情况来说，采用第一种方法已经能够节省较大的能源。但如果为了进一步节能，在经过充分论证控制方案和技术可靠时，可采用变静压控制模式。

5.5.8 设计二次泵系统的条件在前面已经有所要求，

通常是一个规模较大的系统。二次泵采用变速控制方式比采用水泵台数控制的方法更节能，但没有自动控制系统是不可能按设计意图实现的。在此情况下，配备一套较为完善的水泵变速控制系统是非常必要的。通常采用的变频调速控制方法所增加的费用对于整个工程而言是微不足道的，而且回收周期也非常短，值得推广。

一般情况下，二次泵转速可采用定压差方式进行控制。压差信号的取得方法通常有两种：（1）取二次水泵环路中主供、回水管道的压力信号。由于信号点的距离近，该方法易于实施。（2）取二次水泵环路中各个远端支管上有代表性的压差信号。如有一个压差信号未能达到设定要求时，提高二次泵的转速，直到满足为止；反之，如所有的压差信号都超过设定值，则降低转速。显然，方法（2）所得到的供回水压差更接近空调末端设备的使用要求，因此在保证使用效果的前提下，它的运行节能效果较前一种更好，但信号传输距离远，要有可靠的技术保证。

当技术可靠时，也可采用变压差方式——根据空调机组（或其他末端设备）的水阀开度情况，对控制压差进行再设定，尽可能在满足要求的情况下降低二次泵的转速以达到节能的目的。

5.5.9 风机盘管采用温控阀是为了保证各末端能够"按需供水"，以实现整个水系统为变水量系统。因此，直接采用风速开关对室内温度进行控制的方式是不合适的。至于其温控阀是采用双位式还是可调式（前者投资较少，后者控制精度较高），应根据工程的实际要求确定。一般来说，普通的舒适性空调要求情况下采用双位阀即可，只有对室温控制精度要求特别高时，才采用可调式温控阀。

5.5.10 在以排除房间发热量为主的通风系统中，根据房间温度控制通风设备运行台数或转速，可避免在气候凉爽或房间发热量不大的情况下通风设备满负荷运行的状况发生，既可节约电能，又能延长设备的使用年限。

5.5.11 对于居住区、办公楼等每日车辆出入明显有高峰时段的地下车库，采用每日、每周时间程序控制风机启停的方法，节能效果明显。在有多台风机的情况下，也可以根据不同的时间启停不同的运行台数的方式进行控制。

采用 CO 浓度自动控制风机的启停（或运行台数），有利于在保持车库内空气质量的前提下节约能源，但由于 CO 浓度探测设备比较贵，因此适用于高峰时段不确定的地下车库在汽车开、停过程中，通过对其主要排放污染物 CO 浓度的监测来控制通风设备的运行。由于目前还没有关于地库空气质量的相关标准，因此建议采用 CO 浓度控制方式时，CO 浓度取（3～5）$\times 10^{-6} \mathrm{m}^3 / \mathrm{m}^3$。

5.5.12 集中空调系统的冷量和热量计量和我国北方

地区的采暖热计量一样，是一项重要的建筑节能措施。设置能量计量装置不仅有利于管理与收费，用户也能及时了解和分析用能情况，加强管理，提高节能意识和节能的积极性，自觉采取节能措施。目前在我国出租型公共建筑中，集中空调费用多按照用户承租建筑面积的大小，用面积分摊方法收取，这种收费方法的效果是用与不用一个样、用多用少一个样，使用户产生"不用白不用"的心理，使室内过热或过冷，造成能源浪费，不利于用户健康，还会引起用户与管理者之间的矛盾。公共建筑集中空调系统，冷、热量的计量也可作为收取空调使用费的依据之一，空调按用户实际用量收费是今后的一个发展趋势。它不仅能够降低空调运行能耗，也能够有效地提高公共建筑的能源管理水平。

我国已有不少单位和企业，对集中空调系统的冷热量计量原理和装置进行了广泛的研究和开发，并与建筑自动化（BA）系统和合理的收费制度结合，开发了一些可用于实际工程的产品。当系统负担有多栋建筑时，应针对每栋建筑设置能量计量装置；同时，为了加强对系统的运行管理，要求在能源站房（如冷冻机房、热交换站或锅炉房等）应同样设置能量计量装置。但如果空调系统只是负担一栋独立的建筑，则能量计量装置可以只设于能源站房内。

当实际情况要求并且具备相应的条件时，推荐按不同楼层、不同室内区域、不同用户或房间设置冷、热量计量装置的做法。

中华人民共和国国家标准

农村居住建筑节能设计标准

Design standard for energy efficiency of rural residential buildings

GB/T 50824—2013

主编部门：中华人民共和国住房和城乡建设部
批准部门：中华人民共和国住房和城乡建设部
施行日期：２０１３年５月１日

中华人民共和国住房和城乡建设部
公　告

第 1608 号

住房城乡建设部关于发布国家标准
《农村居住建筑节能设计标准》的公告

现批准《农村居住建筑节能设计标准》为国家标准，编号为 GB/T 50824－2013，自 2013 年 5 月 1 日起实施。

本标准由我部标准定额研究所组织中国建筑工业

出版社出版发行。

中华人民共和国住房和城乡建设部

2012 年 12 月 25 日

前　言

本标准是根据住房和城乡建设部《关于印发〈2010 年工程建设标准规范制订、修订计划〉的通知》（建标［2010］43 号）的要求，由中国建筑科学研究院、中国建筑设计研究院会同有关单位共同编制完成。

本标准在编制过程中，标准编制组进行了广泛调查研究，认真总结实践经验，结合农村建筑的实际情况，吸收我国现行建筑节能设计标准的经验，并在广泛征求意见的基础上，最后审查定稿。

本标准共分 8 章和 1 个附录。主要技术内容是：总则，术语，基本规定，建筑布局与节能设计，围护结构保温隔热，供暖通风系统，照明，可再生能源利用等。

本标准由住房和城乡建设部负责管理，由中国建筑科学研究院负责具体技术内容的解释。执行过程中，如有意见或建议，请寄送中国建筑科学研究院（地址：北京市北三环东路 30 号，邮政编码 100013），以供今后修订时参考。

本标准主编单位：中国建筑科学研究院
中国建筑设计研究院

本标准参编单位：哈尔滨工业大学
中国建筑西南设计研究院有限公司
清华大学
大连理工大学
天津大学
国家太阳能热水器质量监督检验中心
同济大学

河南省建筑科学研究院有限公司
陕西省建筑科学研究院
国家建筑工程质量监督检验中心
宁夏大学
江西省建筑科学研究院
吉林科龙建筑节能科技股份有限公司
深圳海川公司
北京城建技术开发中心
北京怀柔京北新型建材厂
北京金隅加气混凝土有限责任公司

本标准主要起草人：邹　瑜　宋　波　刘　晶
林建平　焦　燕　金　虹
冯　雅　杨旭东　端木琳
王立雄　李　忠　李　骥
谭洪卫　栾景阳　高宗祺
冯爱荣　潘　振　李卫东
郭　良　凌　薇　南艳丽
王宗山　任普亮　张海文
黄永衡　赵丰东　徐金生
张瑞海　彭　梅

本标准主要审查人：许文发　郎四维　万水娥
杨仕超　何梓年　董重成
杜　雷　刁乃仁　张国强
王绍瑞　胡伦坚

目　次

Contents

1 总 则

1.0.1 为贯彻国家有关节约能源、保护环境的法规和政策，改善农村居住建筑室内热环境，提高能源利用效率，制定本标准。

1.0.2 本标准适用于农村新建、改建和扩建的居住建筑节能设计。

1.0.3 农村居住建筑的节能设计应结合气候条件、农村地区特有的生活模式、经济条件，采用适宜的建筑形式、节能技术措施以及能源利用方式，有效改善室内居住环境，降低常规能源消耗及温室气体的排放。

1.0.4 农村居住建筑的节能设计，除应符合本标准外，尚应符合国家现行有关标准的规定。

2 术 语

2.0.1 围护结构 building envelope

指建筑各面的围挡物，包括墙体、屋顶、门窗、地面等。

2.0.2 室内热环境 indoor thermal environment

影响人体冷热感觉的环境因素，包括室内空气温度、空气湿度、气流速度以及人体与周围环境之间的辐射换热。

2.0.3 导热系数(λ) thermal conductivity coefficient

在稳态条件和单位温差作用下，通过单位厚度、单位面积的匀质材料的热流量，也称热导率，单位为 W/(m·K)。

2.0.4 传热系数(K) coefficient of heat transfer

在稳态条件和物体两侧的冷热流体之间单位温差作用下，单位面积通过的热流量，单位为 W/(m²·K)。

2.0.5 热阻(R) heat resistance

表征围护结构本身或其中某层材料阻抗传热能力的物理量，单位为(m²·K)/W。

2.0.6 热惰性指标(D) index of thermal inertia

表征围护结构对温度波衰减快慢程度的无量纲指标，其值等于材料层热阻与蓄热系数的乘积。

2.0.7 窗墙面积比 area ratio of window to wall

窗户洞口面积与建筑层高和开间定位线围成的房间立面单元面积的比值。无因次。

2.0.8 遮阳系数 shading coefficient

在给定条件下，透过窗玻璃的太阳辐射得热量，与相同条件下透过相同面积的 3mm 厚透明玻璃的太阳辐射得热量的比值。无因次。

2.0.9 种植屋面 planted roof

在屋面防水层上铺以种植介质，并种植植物，起到隔热作用的屋面。

2.0.10 被动式太阳房 passive solar house

不需要专门的太阳能供暖系统部件，而通过建筑的朝向布局及建筑材料与构造等的设计，使建筑在冬季充分获得太阳辐射热，维持一定室内温度的建筑。

2.0.11 自保温墙体 self-insulated wall

墙体主体两侧不需附加保温系统，主体材料自身除具有结构材料必要的强度外，还具有较好的保温隔热性能的外墙保温形式。

2.0.12 外墙外保温 external thermal insulation on walls

由保温层、保护层和胶粘剂、锚固件等固定材料构成，安装在外墙外表面的保温形式。

2.0.13 外墙内保温 internal thermal insulation on walls

由保温层、饰面层和胶粘剂、锚固件等固定材料构成，安装在外墙内表面的保温形式。

2.0.14 外墙夹心保温 sandwich thermal insulation on walls

在墙体中的连续空腔内填充保温材料，并在内叶墙和外叶墙之间用防锈的拉结件固定的保温形式。

2.0.15 火炕 Kang

能吸收、蓄存烟气余热，持续保持其表面温度并缓慢散热，以满足人们生活起居、采暖等需要，而搭建的一种类似于床的室内设施。包括落地炕、架空炕、火墙式火炕及地炕。

2.0.16 火墙 Hot Wall

一种内设烟气流动通道的空心墙体，可吸收烟气余热并通过其垂直壁面向室内散热的采暖设施。

2.0.17 太阳能集热器 solar collector

吸收太阳辐射并将采集的热能传递到传热工质的装置。

2.0.18 沼气池 biogas generating pit

有机物质在其中经微生物分解发酵而生成一种可燃性气体的各种材质制成的池子，有玻璃钢、红泥塑料、钢筋混凝土等。

2.0.19 秸秆气化 straw gasification

在不完全燃烧条件下，将生物质原料加热，使较高分子量的有机碳氢化合物链裂解，变成较低分子量的一氧化碳（CO）、氢气（H$_2$）、甲烷（CH$_4$）等可燃气体的过程。

3 基 本 规 定

3.0.1 农村居住建筑节能设计应与地区气候相适应，农村地区建筑节能设计气候分区应符合表 3.0.1 的规定。

3.0.2 严寒和寒冷地区农村居住建筑的卧室、起居室等主要功能房间，节能计算冬季室内热环境参数的选取应符合下列规定：

表 3.0.1　农村地区建筑节能设计气候分区

分区名称	热工分区名称	气候区划主要指标	代表性地区
I	严寒地区	1月平均气温≤−11℃，7月平均气温≤25℃	漠河、图里河、黑河、嫩江、海拉尔、博克图、新巴尔虎右旗、呼玛、伊春、阿尔山、狮泉河、改则、班戈、那曲、申扎、刚察、玛多、曲麻菜、杂多、达日、托托河、东乌珠穆沁旗、哈尔滨、通河、尚志、牡丹江、泰来、安达、宝清、富锦、海伦、敦化、齐齐哈尔、虎林、鸡西、绥芬河、桦甸、锡林浩特、二连浩特、多伦、富蕴、阿勒泰、丁青、索县、冷湖、都兰、同德、玉树、大柴旦、若尔盖、蔚县、长春、四平、沈阳、呼和浩特、赤峰、达尔罕联合旗、集安、临江、长岭、前郭尔罗斯、延吉、大同、额济纳旗、张掖、乌鲁木齐、塔城、德令哈、格尔木、西宁、克拉玛依、日喀则、隆子、稻城、甘孜、德钦
II	寒冷地区	1月平均气温−11～0℃，7月平均气温18℃～28℃	承德、张家口、乐亭、太原、锦州、朝阳、营口、丹东、大连、青岛、潍坊、海阳、日照、菏泽、临沂、离石、卢氏、榆林、延安、兰州、天水、银川、中宁、伊宁、喀什、和田、马尔康、拉萨、昌都、林芝、北京、天津、石家庄、保定、邢台、沧州、济南、德州、定陶、郑州、安阳、徐州、亳州、西安、哈密、库尔勒、吐鲁番、铁干里克、若羌
III	夏热冬冷地区	1月平均气温0～10℃，7月平均气温25℃～30℃	上海、南京、盐城、泰州、杭州、温州、丽水、舟山、合肥、铜陵、宁德、蚌埠、南昌、赣州、景德镇、吉安、广昌、邵武、三明、驻马店、固始、平顶山、上饶、武汉、沙市、老河口、随州、远安、恩施、长沙、永州、张家界、涟源、韶关、汉中、略阳、山阳、安康、成都、平武、达州、内江、重庆、桐仁、凯里、桂林、西昌*、酉阳*、贵阳*、遵义*、桐梓*、大理*

续表 3.0.1

分区名称	热工分区名称	气候区划主要指标	代表性地区
IV	夏热冬暖地区	1月平均气温＞10℃，7月平均气温25℃～29℃	福州、泉州、漳州、广州、梅州、汕头、茂名、南宁、梧州、河池、百色、北海、萍乡、元江、景洪、海口、琼中、三亚、台北

注：带＊号地区在建筑热工分区中属温和A区，围护结构限值按夏热冬冷地区的相关参数执行。

1　室内计算温度应取 14℃；
2　计算换气次数应取 0.5h⁻¹。

3.0.3　夏热冬冷地区农村居住建筑的卧室、起居室等主要功能房间，节能计算室内热环境参数的选取应符合下列规定：

1　在无任何供暖和空气调节措施下，冬季室内计算温度应取 8℃，夏季室内计算温度应取 30℃；

2　冬季房间计算换气次数应取 1h⁻¹，夏季房间计算换气次数应取 5h⁻¹。

3.0.4　夏热冬暖地区农村居住建筑的卧室、起居室等主要功能房间，在无任何空气调节措施下，节能计算夏季室内计算温度应取 30℃。

3.0.5　农村居住建筑应充分利用建筑外部环境因素创造适宜的室内环境。

3.0.6　农村居住建筑节能设计宜采用可再生能源利用技术，也可采用常规能源和可再生能源集成利用技术。

3.0.7　农村居住建筑节能设计应总结并采用当地有效的保暖降温经验和措施，并应与当地民居建筑设计风格相协调。

4　建筑布局与节能设计

4.1　一　般　规　定

4.1.1　农村居住建筑的选址与布置应根据不同的气候区进行选择。严寒和寒冷地区应有利于冬季日照和冬季防风，并应有利于夏季通风；夏热冬冷地区应有利于夏季通风，并应兼顾冬季防风；夏热冬暖地区应有利于自然通风和夏季遮阳。

4.1.2　农村居住建筑的平面布局和立面设计应有利于冬季日照和夏季通风。门窗洞口的开启位置应有利于自然采光和自然通风。

4.1.3　农村居住建筑宜采用被动式太阳房满足冬季供暖需求。

4.2　选址与布局

4.2.1　严寒和寒冷地区农村居住建筑宜建在冬季避

风的地段，不宜建在洼地、沟底等易形成"霜洞"的凹地处。

4.2.2 农村居住建筑的间距应满足日照、采光、通风、防灾、视觉卫生等要求。

4.2.3 农村居住建筑的南立面不宜受到过多遮挡。建筑与庭院里植物的距离应满足采光与日照的要求。

4.2.4 农村居住建筑建造在山坡上时，应根据地形依山势而建，不宜进行过多的挖土填方。

4.2.5 严寒和寒冷地区、夏热冬冷地区的农村居住建筑，宜采用双拼式、联排式或叠拼式集中布置。

4.3 平立面设计

4.3.1 严寒和寒冷地区农村居住建筑的体形宜简单、规整，平立面不宜出现过多的局部凸出或凹进的部位。开口部位设计应避开当地冬季的主导风向。

4.3.2 夏热冬冷和夏热冬暖地区农村居住建筑的体形宜错落、丰富，并宜有利于夏季遮阳及自然通风。开口部位设计应利用当地夏季主导风向，并宜有利于自然通风。

4.3.3 农村居住建筑的主朝向宜采用南北朝向或接近南北朝向，主要房间宜避开冬季主导风向。

4.3.4 农村居住建筑的开间不宜大于6m，单面采光房间的进深不宜大于6m。严寒和寒冷地区农村居住建筑室内净高不宜大于3m。

4.3.5 农村居住建筑的房间功能布局应合理、紧凑、互不干扰，并应方便生活起居与节能。卧室、起居室等主要房间宜布置在南侧或内墙侧，厨房、卫生间、储藏室等辅助房间宜布置在北侧或外墙侧。夏热冬暖地区农村居住建筑的卧室宜设在通风好、不潮湿的房间。

4.3.6 严寒和寒冷地区农村居住建筑的外窗面积不应过大，南向宜采用大窗，北向宜采用小窗，窗墙面积比限值宜符合表4.3.6的规定。

表4.3.6 严寒和寒冷地区农村居住建筑的窗墙面积比限值

朝　向	窗墙面积比	
	严寒地区	寒冷地区
北	≤0.25	≤0.30
东、西	≤0.30	≤0.35
南	≤0.40	≤0.45

4.3.7 严寒和寒冷地区农村居住建筑应采用传热系数较小、气密性良好的外门窗，不宜采用落地窗和凸窗。

4.3.8 夏热冬冷和夏热冬暖地区农村居住建筑的外墙，宜采用外反射、外遮阳及垂直绿化等外隔热措施，并应避免对窗口通风产生不利影响。

4.3.9 农村居住建筑外窗的可开启面积应有利于室内通风换气。严寒和寒冷地区农村居住建筑外窗的可开启面积不应小于外窗面积的25%；夏热冬冷和夏热冬暖地区农村居住建筑外窗的可开启面积不应小于外窗面积的30%。

4.4 被动式太阳房设计

4.4.1 被动式太阳房应朝南向布置，当正南向布置有困难时，不宜偏离正南向±30°以上。主要供暖房间宜布置在南向。

4.4.2 建筑间距应满足冬季供暖期间，在9时～15时对集热面的遮挡不超过15%的要求。

4.4.3 被动式太阳房的净高不宜低于2.8m，房屋进深不宜超过层高的2倍。

4.4.4 被动式太阳房的出入口应采取防冷风侵入的措施。

4.4.5 被动式太阳房应采用吸热和蓄热性能高的围护结构及保温措施。

4.4.6 透光材料表面平整、厚度均匀，太阳透射比应大于0.76。

4.4.7 被动式太阳房应设置防止夏季室内过热的通风窗口和遮阳措施。

4.4.8 被动式太阳房的南向玻璃透光面应设夜间保温装置。

4.4.9 被动式太阳房应根据房间的使用性质选择适宜的集热方式。以白天使用为主的房间，宜采用直接受益式或附加阳光间式[图4.4.9(a)和图4.4.9(b)]；以夜间使用为主的房间，宜采用具有较大蓄热能力的集热蓄热墙式[图4.4.9(c)]。

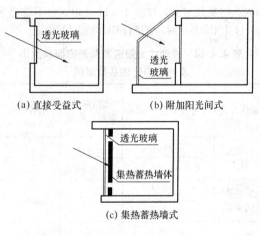

（a）直接受益式　　（b）附加阳光间式

（c）集热蓄热墙式

图4.4.9 被动式太阳房示意

4.4.10 直接受益式太阳房的设计应符合下列规定：
　1 宜采用双层玻璃；
　2 屋面集热窗应采取屋面防风、雨、雪措施。

4.4.11 附加阳光间式太阳房的设计应符合下列规定：
　1 应组织好阳光间内热空气与室内的循环，阳光间与供暖房间之间的公共墙上宜开设上下通风窗口；

2 阳光间进深不宜过大，单纯作为集热部件的阳光间进深不宜大于 0.6m；兼做使用空间时，进深不宜大于 1.5m；

3 阳光间的玻璃不宜直接落地，宜高出室内地面 0.3m～0.5m。

4.4.12 集热蓄热墙式太阳房的设计应符合下列规定：

1 集热蓄热墙应采用吸收率高、耐久性强的吸热外饰材料。透光罩的透光材料与保温装置、边框构造应便于清洗和维修。

2 集热蓄热墙宜设置通风口。通风口的位置应保证气流通畅，并应便于日常维修与管理；通风口处宜设置止回风阀并采取保温措施。

3 集热蓄热墙体应有较大的热容量和导热系数。

4 严寒地区宜选用双层玻璃，寒冷地区可选用单层玻璃。

4.4.13 被动式太阳房蓄热体面积应为集热面积的 3 倍以上，蓄热体的设计应符合下列规定：

1 宜利用建筑结构构件设置蓄热体；蓄热体宜直接接收阳光照射；

2 应采用成本低、比热容大、性能稳定、无毒、无害，吸放热快的蓄热材料；

3 蓄热地面、墙面不宜铺设地毯、挂毯等隔热材料；

4 有条件时宜设置专用的水墙或相变材料蓄热。

4.4.14 被动式太阳房南向玻璃窗的开窗面积，应保证在冬季通过窗户的太阳得热量大于通过窗户向外散发的热损失。南向窗墙面积比及对应的外窗传热系数限值宜根据不同集热方式，按表 4.4.14 选取。当不符合表 4.4.14 中限值规定时，宜进行节能性能计算确定。

表 4.4.14 被动式太阳房南向开窗面积大小及外窗的传热系数限值

集热方式	冬季日照率 ρ_s	南向窗墙面积比限值	外窗传热系数限值 W/(m²·K)
直接受益式	$\rho_s \geqslant 0.7$	$\geqslant 0.5$	$\leqslant 2.5$
	$0.7 > \rho_s \geqslant 0.55$	$\geqslant 0.55$	$\leqslant 2.5$
集热蓄热墙式	$\rho_s \geqslant 0.7$	—	$\leqslant 6.0$
	$0.7 > \rho_s \geqslant 0.55$		
附加阳光间式	$\rho_s \geqslant 0.7$	$\geqslant 0.6$	$\leqslant 4.7$
	$0.7 > \rho_s \geqslant 0.55$	$\geqslant 0.7$	$\leqslant 4.7$

5 围护结构保温隔热

5.1 一般规定

5.1.1 严寒和寒冷地区农村居住建筑宜采用保温性

能好的围护结构构造形式；夏热冬冷和夏热冬暖地区农村居住建筑宜采用隔热性能好的重质围护结构构造形式。

5.1.2 农村居住建筑围护结构保温材料宜就地取材，宜采用适于农村应用条件的当地产品。

5.1.3 严寒和寒冷地区农村居住建筑的围护结构，应采取下列节能技术措施：

1 应采用有附加保温层的外墙或自保温外墙；

2 屋面应设置保温层；

3 应选择保温性能和密封性能好的门窗；

4 地面宜设置保温层。

5.1.4 夏热冬冷和夏热冬暖地区农村居住建筑的围护结构，宜采取下列节能技术措施：

1 浅色饰面；

2 隔热通风屋面或被动蒸发屋面；

3 屋顶和东向、西向外墙采用花格构件或爬藤植物遮阳；

4 外窗遮阳。

5.2 围护结构热工性能

5.2.1 严寒和寒冷地区农村居住建筑围护结构的传热系数，不应大于表 5.2.1 中的规定限值。

5.2.2 夏热冬冷和夏热冬暖地区农村居住建筑围护结构的传热系数、热惰性指标及遮阳系数，宜符合表 5.2.2 的规定。

表 5.2.1 严寒和寒冷地区农村居住建筑围护结构传热系数限值

建筑气候区	围护结构部位的传热系数 K[W/(m²·K)]					
	外墙	屋面	吊顶	外 窗		外门
				南向	其他向	
严寒地区	0.50	0.40	—	2.2	2.0	2.0
		—	0.45			
寒冷地区	0.65	0.50		2.8	2.5	2.5

表 5.2.2 夏热冬冷和夏热冬暖地区围护结构传热系数、热惰性指标及遮阳系数的限值

建筑气候分区	围护结构部位的传热系数 K[W/(m²·K)]、热惰性指标 D 及遮阳系数 SC				
	外墙	屋面	户门	外 窗	
				卧室、起居室	厨房、卫生间、储藏间
夏热冬冷地区	$K \leqslant 1.8$, $D \geqslant 2.5$, $K \leqslant 1.5$, $D < 2.5$	$K \leqslant 1.0$, $D \geqslant 2.5$, $K \leqslant 0.8$, $D < 2.5$	$K \leqslant 3.0$	$K \leqslant 3.2$	$K \leqslant 4.7$
夏热冬暖地区	$K \leqslant 2.0$, $D \geqslant 2.5$, $K \leqslant 1.2$, $D < 2.5$	$K \leqslant 1.0$, $D \geqslant 2.5$, $K \leqslant 0.8$, $D < 2.5$	—	$K \leqslant 4.0$ $SC \leqslant 0.5$	

5.3 外　墙

5.3.1 严寒和寒冷地区农村居住建筑的墙体应采用保温节能材料，不应使用黏土实心砖。

5.3.2 严寒和寒冷地区农村居住建筑宜根据气候条件和资源状况选择适宜的外墙保温构造形式和保温材料，保温层厚度应经过计算确定。具体外墙保温构造形式和保温层厚度可按本标准附录 A 表 A.0.1 选用。

5.3.3 夹心保温构造外墙不应在地震烈度高于 8 度的地区使用，夹心保温构造的内外叶墙体之间应设置钢筋拉结措施。

5.3.4 外墙夹心保温构造中的保温材料吸水性大时，应设置空气层，保温层和内叶墙体之间应设置连续的隔汽层。

5.3.5 围护结构的热桥部分应采取保温或"断桥"措施，并应符合下列规定：

　　1 外墙出挑构件及附墙部件与外墙或屋面的热桥部位均应采取保温措施；

　　2 外窗（门）洞口室外部分的侧墙面应进行保温处理；

　　3 伸出屋顶的构件及砌体（烟道、通风道等）应进行防结露的保温处理。

5.3.6 夏热冬冷和夏热冬暖地区农村居住建筑根据当地的资源状况，外墙宜采用自保温墙体，也可采用外保温或内保温构造形式。自保温墙体、外保温和内保温构造形式及保温材料厚度可按本标准附录 A 表 A.0.2～表 A.0.4 选用。

5.4 门　窗

5.4.1 农村居住建筑应选用保温性能和密闭性能好的门窗，不宜采用推拉窗，外门、外窗的气密性等级不应低于现行国家标准《建筑外门窗气密、水密、抗风压性能分级及检测方法》GB/T 7106 规定的 4 级。

5.4.2 严寒和寒冷地区农村居住建筑的外窗宜增加夜间保温措施。

5.4.3 夏热冬冷和夏热冬暖地区农村居住建筑向阳面的外窗及透明玻璃门，应采取遮阳措施。外窗设置外遮阳时，除应遮挡太阳辐射外，还应避免对窗口通风特性产生不利影响。外遮阳形式及遮阳系数可按本标准附录 A 表 A.0.5 选用。

5.4.4 严寒和寒冷地区农村居住建筑出入口应采取必要的保温措施，宜设置门斗、双层门、保温门帘等。

5.5 屋　面

5.5.1 严寒和寒冷地区农村居住建筑的屋面应设置保温层，屋架承重的坡屋面保温层宜设置在吊顶内，钢筋混凝土屋面的保温层应设在钢筋混凝土结构层上。

5.5.2 严寒和寒冷地区农村居住建筑的屋面保温构造形式和保温材料厚度，可按本标准附录 A 表 A.0.6 选用。

5.5.3 夏热冬冷和夏热冬暖地区农村居住建筑的屋面保温构造形式和保温材料厚度，可按本标准附录 A 表 A.0.7 选用。

5.5.4 夏热冬冷和夏热冬暖地区农村居住建筑的屋面可采用种植屋面，种植屋面应符合现行行业标准《种植屋面工程技术规程》JGJ 155 的有关规定。

5.6 地　面

5.6.1 严寒地区农村居住建筑的地面宜设保温层，外墙在室内地坪以下的垂直墙面应增设保温层。地面保温层下方应设置防潮层。

5.6.2 夏热冬冷和夏热冬暖地区地面宜做防潮处理，也可采取地表面采用蓄热系数小的材料或采用带有微孔的面层材料等防潮措施。

6 供暖通风系统

6.1 一般规定

6.1.1 农村居住建筑供暖设计应与建筑设计同步进行，应结合建筑平面和结构，对灶、烟道、烟囱、供暖设施等进行综合布置。

6.1.2 严寒和寒冷地区农村居住建筑应根据房间耗热量、供暖需求特点、居民生活习惯以及当地资源条件，合理选用火炕、火墙、火炉、热水供暖系统等一种或多种供暖方式，并宜利用生物质燃料。夏热冬冷地区农村居住建筑宜采用局部供暖设施。

6.1.3 农村居住建筑夏季宜采用自然通风方式进行降温和除湿。

6.1.4 供暖用燃烧器具应符合国家现行相关产品标准的规定，烟气流通设施应进行气密性设计处理。

6.2 火炕与火墙

6.2.1 农村居住建筑有供暖需求的房间宜设置灶连炕。

6.2.2 火炕的炕体形式应结合房间需热量、布局、居民生活习惯等确定。房间面积较小、耗热量低、生火间歇较短时，宜选用散热性能好的架空炕；房间面积较大、耗热量高、生火间歇较长时，宜选用火墙式火炕、地炕或蓄热能力强的落地炕，辅以其他即热性好的供暖方式，应用时应符合下列规定：

　　1 架空炕的底部空间应保证空气流通良好，宜至少有两面炕墙距离其他墙体不低于 0.5m；炕面板宜采用大块钢筋混凝土板；

　　2 落地炕应在炕洞底部和靠外墙侧设置保温层，炕洞底部宜铺设 200mm～300mm 厚的干土，外墙侧可选用炉渣等材料进行保温处理。

6.2.3 火炕炕体设计应符合下列规定：

1 火炕内部烟道应遵循"前引后导"的布置原则。热源强度大、持续时间长的炕体宜采用花洞式烟道；热源强度小、持续时间短的炕体宜采用设后分烟板的简单直洞烟道。

2 烟气入口的喉眼处宜设置火舌，不宜设置落灰膛。

3 烟道高度宜为 180mm～400mm，且坡度不应小于 5‰；进烟口上檐宜低于炕面板下表面 50mm～100mm。

4 炕面应平整，抹面层炕头宜比炕梢厚，中部宜比里外厚。

5 炕体应进行气密性处理。

6.2.4 烟囱的建造和节能设计应符合下列规定：

1 烟囱宜与内墙结合或设置在室内角落；当设置在外墙时，应进行保温和防潮处理。

2 烟囱内径宜上面小、下面大，且内壁面应光滑、严密；烟囱底部应设回风洞；

3 烟囱口高度宜高于屋脊。

6.2.5 与火炕连通的炉灶间歇性使用时，其灶门等进风口应设置挡板，烟道出口处宜设置可启闭阀门。

6.2.6 灶连炕的构造和节能设计应符合下列规定：

1 烟囱与灶相邻布置时，灶宜设置双喉眼；

2 灶的结构尺寸应与锅的尺寸、使用的主要燃料相适应，并应减少拦火程度；

3 炕体烟道宜选用倒卷帘式；

4 灶台高度宜低于室内炕面 100mm～200mm。

6.2.7 火墙式火炕的构造和节能设计应符合下列规定：

1 火墙燃烧室净高宜为 300mm～400mm，燃烧室与炕面中间应设 50mm～100mm 空气夹层。燃烧室与炕体间侧壁上宜设通气孔。

2 火墙和火炕宜共用烟囱排烟。

6.2.8 火墙的构造和节能设计应符合下列规定：

1 火墙的长度宜为 1.0m～2.0m，高度宜为 1.0m～1.8m；

2 火墙应有一定的蓄热能力，砌筑材料宜采用实心黏土砖或其他蓄热材料，砌体的有效容积不宜小于 0.2m³；

3 火墙应靠近外窗、外门设置；火墙砌体的散热面宜设置在下部；

4 两侧面同时散热的火墙靠近外墙布置时，与外墙间距不应小于 150mm。

6.2.9 地炕的构造和节能设计应符合下列规定：

1 燃烧室的进风口应设调节阀门，炉门和清灰口应设关断阀门；烟囱顶部应设可关闭风帽；

2 燃烧室后应设除灰室、隔尘壁；

3 应根据各房间所需热量和烟气温度布置烟道；

4 燃烧室的池壁距离墙体不应小于 1.0m；

5 水位较高或潮湿地区，燃烧室的池底应进行防水处理；

6 燃烧室盖板宜采用现场浇筑的施工方式，并应进行气密性处理。

6.3 重力循环热水供暖系统

6.3.1 农村居住建筑宜采用重力循环散热器热水供暖系统。

6.3.2 重力循环热水供暖系统的管路布置宜采用异程式，并应采取保证各环路水力平衡的措施。单层农村居住建筑的热水供暖系统宜采用水平双管式，二层及以上农村居住建筑的热水供暖系统宜采用垂直单管顺流式。

6.3.3 重力循环热水供暖系统的作用半径，应根据供暖炉加热中心与散热器散热中心高度差确定。

6.3.4 供暖炉的选择与布置应符合下列规定：

1 应采用正规厂家生产的热效率高、环保型铁制炉具；

2 应根据燃料的类型选择适用的供暖炉类型；

3 供暖炉的炉体应有良好保温；

4 宜选择带排烟热回收装置的燃煤供暖炉，排烟温度高时，宜在烟囱下部设置水烟囱等回收排烟余热；

5 供暖炉宜布置在专门锅炉间内，不得布置在卧室或与其相通的房间内；供暖炉设置位置宜低于室内地坪 0.2m～0.5m；供暖炉应设置烟道。

6.3.5 散热器的选择和布置应符合下列规定：

1 散热器宜布置在外窗窗台下，当受安装高度限制或布置管道有困难时，也可靠内墙安装；

2 散热器宜明装，暗装时装饰罩应有合理的气流通道、足够的通道面积，并应方便维修。

6.3.6 重力循环热水供暖系统的管路布置，应符合下列规定：

1 管路布置宜短、直，弯头、阀门等部件宜少；

2 供水、回水干管的直径应相同；

3 供水、回水干管敷设时，应有坡向供暖炉 0.5%～1.0% 的坡度；

4 供水干管宜高出散热器中心 1.0m～1.5m，回水干管宜沿地面敷设，当回水干管过门时，应设置过门地沟；

5 敷设在室外、不供暖房间、地沟或顶棚内的管道应进行保温，保温材料宜采用岩棉、玻璃棉或聚氨酯硬质泡沫塑料，保温层厚度不宜小于 30mm。

6.3.7 阀门与附件的选择和布置应符合下列规定：

1 散热器的进、出水支管上应安装关断阀门，关断阀门宜选用阻力较小的闸板阀或球阀；

2 膨胀水箱的膨胀管上严禁安装阀门；

3 单层农村居住建筑热水供暖系统的膨胀水箱宜安装在室内靠近供暖炉的回水总干管上，其底端安装高度宜高出供水干管 30mm～50mm；二层以上农村居住建筑热水供暖系统的膨胀水箱宜安装在上层系统供水干管的末端，且膨胀水箱的安装位置应高出供水干管 50mm～100mm；

4 供水干管末端及中间上弯处应安装排气装置。

6.4 通风与降温

6.4.1 农村居住建筑的起居室、卧室等房间宜利用穿堂风增强自然通风。风口开口位置及面积应符合下列规定：

1 进风口和出风口宜分别设置在相对的立面上；

2 进风口应大于出风口；开口宽度宜为开间宽度的 1/3～2/3，开口面积宜为房间地板面积的 15%～25%；

3 门窗、挑檐、通风屋脊、挡风板等构造的设置，应利于导风、排风和调节风向、风速。

6.4.2 采用单侧通风时，通风窗所在外墙与夏季主导风向间的夹角宜为 40°～65°。

6.4.3 厨房宜利用热压进行自然通风或设置机械排风装置。

6.4.4 夏热冬冷和夏热冬暖地区农村居住建筑宜采用植被绿化屋面、隔热通风屋面或多孔材料蓄水蒸发屋面等被动冷却降温技术。

6.4.5 当被动冷却降温方式不能满足室内热环境需求时，可采用电风扇或分体式空调降温。分体式空调设备宜选用高能效产品。

6.4.6 分体式空调安装应符合下列规定：

1 室内机应靠近室外机的位置安装，并应减少室内明管的长度；

2 室外机安放搁板时，其位置应有利于空调器夏季排放热量，并应防止对室内产生热污染及噪声污染。

6.4.7 夏季空调室外空气计算湿球温度较低、干球温度日差大且地表水资源相对丰富的地区，夏季宜采用直接蒸发冷却空调方式。

7 照　　明

7.0.1 农村居住建筑每户照明功率密度值不宜大于表 7.0.1 的规定。当房间的照度值高于或低于表 7.0.1 规定的照度时，其照明功率密度值应按比例提高或折减。

表 7.0.1　每户照明功率密度值

房　间	照明功率密度值（W/m²）	对应照度值（lx）
起居室		100
卧　室		75
餐　厅	7	150
厨　房		100
卫生间		100

7.0.2 农村居住建筑应选用节能高效光源、高效灯具及其电器附件。

7.0.3 农村居住建筑的楼梯间、走道等部位宜采用双控或多控开关。

7.0.4 农村居住建筑应按户设置生活电能计量装置，电能计量装置的选取应根据家庭生活用电负荷确定。

7.0.5 农村居住建筑采用三相供电时，配电系统三相负荷宜平衡。

7.0.6 无功功率补偿装置宜根据供配电系统的要求设置。

7.0.7 房间的采光系数或采光窗地面积比，应符合现行国家标准《建筑采光设计标准》GB 50033 的有关规定。

7.0.8 无电网供电地区的农村居住建筑，有条件时，宜采用太阳能、风能等可再生能源作为照明能源。

8 可再生能源利用

8.1 一般规定

8.1.1 农村居住建筑利用可再生能源时，应遵循因地制宜、多能互补、综合利用、安全可靠、讲求效益的原则，选择适宜当地经济和资源条件的技术实施。有条件时，农村居住建筑中应采用可再生能源作为供暖、炊事和生活热水能用。

8.1.2 太阳能利用方式的选择，应根据所在地区气候、太阳能资源条件、建筑物类型、使用功能、农户要求，以及经济承受能力、投资规模、安装条件等因素综合确定。

8.1.3 生物质能利用方式的选择，应根据所在地区生物质资源条件、气候条件、投资规模等因素综合确定。

8.1.4 地热能利用方式的选择，应根据当地气候、资源条件、水资源和环境保护政策、系统能效以及农户对设备投资运行费用的承担能力等因素综合确定。

8.2 太阳能热利用

8.2.1 农村居住建筑中使用的太阳能热水系统，宜按人均日用水量 30L～60L 选取。

8.2.2 家用太阳能热水系统应符合现行国家标准《家用太阳能热水系统技术条件》GB/T 19141 的有关规定，并应符合下列规定：

1 宜选用紧凑式直接加热自然循环的家用太阳能热水系统；

2 当选用分离式或间接式家用太阳能热水系统时，应减少集热器与贮热水箱之间的管路，并应采取保温措施；

3 当用户无连续供热水要求时，可不设辅助热源；

4 辅助热源宜与供暖或炊事系统相结合。

8.2.3 在太阳能资源较丰富地区，宜采用太阳能热水供热供暖技术或主被动结合的空气供暖技术。

8.2.4 太阳能供热供暖系统应做到全年综合利用。太阳能供热供暖系统的设计应符合现行国家标准《太阳能供热采暖工程技术规范》GB 50495 的有关规定。

8.2.5 太阳能集热器的性能应符合现行国家标准《平板型太阳能集热器》GB/T 6424、《真空管型太阳能集热器》GB/T 17581 和《太阳能空气集热器技术条件》GB/T 26976 的有关规定。

8.2.6 利用太阳能供热供暖时，宜设置其他能源辅助加热设备。

8.3 生物质能利用

8.3.1 在具备生物质转换技术条件的地区，宜采用生物质转换技术将生物质资源转化为清洁、便利的燃料后加以使用。

8.3.2 沼气利用应符合下列规定：

1 应确保整套系统的气密性；

2 应选取沼气专用灶具，沼气灶具及零部件质量应符合国家现行有关沼气灶具及零部件标准的规定；

3 沼气管道施工安装、试压、验收应符合现行国家标准《农村家用沼气管路施工安装操作规程》GB 7637 的有关规定；

4 沼气管道上的开关阀应选用气密性能可靠、经久耐用，并通过鉴定的合格产品，且阀孔孔径不应小于 5mm；

5 户用沼气池应做好寒冷季节池体的保温增温

措施，发酵温度不应低于 8℃；

6 规模化沼气工程应对沼气池体进行保温，保温厚度应经过技术经济比较分析后确定；沼气池应采取加热方式维持所需池温。

8.3.3 秸秆气化供气系统应符合现行行业标准《秸秆气化供气系统技术条件及验收规范》NY/T 443 及《秸秆气化炉质量评价技术规范》NY/T 1417 的有关规定。气化机组的气化效率和能量转换率均应大于 70%，灶具热效率应大于 55%。

8.3.4 以生物质固体成型燃料方式进行生物质能利用时，应根据燃料规格、燃烧方式及用途等，选用合适的生物质固体成型燃料炉。

8.4 地热能利用

8.4.1 有条件时，寒冷地区或夏热冬冷地区农村居住建筑可采用地源热泵系统进行供暖空调或地热直接供暖。

8.4.2 采用较大规模的地源热泵系统时，应符合现行国家标准《地源热泵系统工程技术规范》GB 50366 的相关规定。

8.4.3 采用地埋管地源热泵系统时，冬季地埋管换热器进口水温宜高于 4℃；地埋管宜采用聚乙烯管（PE80 或 PE40）或聚丁烯管（PB）。

附录 A 围护结构保温隔热构造选用

A.0.1 严寒和寒冷地区农村居住建筑外墙保温构造形式和保温材料厚度，可按表 A.0.1 选用。

表 A.0.1 严寒和寒冷地区农村居住建筑外墙保温构造形式和保温材料厚度

序号	名称	构造简图	构造层次	保温材料厚度（mm）	
				严寒地区	寒冷地区
1	多孔砖墙 EPS 板外保温		1—20 厚混合砂浆 2—240 厚多孔砖墙 3—水泥砂浆找平层 4—胶粘剂 5—EPS 板 6—5 厚抗裂砂浆耐碱玻纤网格布 7—外饰面	70～80	50～60
2	混凝土空心砌块 EPS 板外保温		1—20 厚混合砂浆 2—190 厚混凝土空心砌块 3—水泥砂浆找平层 4—胶粘剂 5—EPS 板 6—5 厚抗裂砂浆耐碱玻纤网格布 7—外饰面	80～90	60～70

序号	名称	构造简图	构造层次	保温材料厚度（mm）严寒地区	保温材料厚度（mm）寒冷地区
3	混凝土空心砌块 EPS板夹心保温		1—20厚混合砂浆 2—190厚混凝土空心砌块 3—EPS板 4—90厚混凝土空心砌块 5—外饰面	80～90	60～70
4	非黏土实心砖（烧结普通页岩、煤矸石砖）	EPS板外保温	1—20厚混合砂浆 2—240厚非黏土实心砖墙 3—水泥砂浆找平层 4—胶粘剂 5—EPS板 6—5厚抗裂胶浆耐碱玻纤网格布 7—外饰面	80～90	60～70
		EPS板夹心保温	1—20厚混合砂浆 2—120厚非黏土实心砖墙 3—EPS板 4—240厚非黏土实心砖墙 5—外饰面	70～80	50～60
5	草砖墙		1—内饰面（抹灰两道） 2—金属网 3—草砖 4—金属网 5—外饰面（抹灰两道）	300	—
6	草板夹心墙		1—内饰面（混合砂浆） 2—120厚非黏土实心砖墙 3—隔汽层（塑料薄膜） 4—草板保温层 5—40空气层 6—240厚非黏土实心砖墙 7—外饰面	210	140
7	草板墙	钢框架	1—内饰面（混合砂浆） 2—58厚纸面草板 3—60厚岩棉 4—58厚纸面草板 5—外饰面	两层58mm草板；中间60mm岩棉	—

A.0.2 夏热冬冷和夏热冬暖地区农村居住建筑自保温墙体构造形式和材料厚度，可按表 A.0.2 选用。

表 A.0.2 夏热冬冷和夏热冬暖地区农村居住建筑自保温墙体构造形式和材料厚度

序号	名称	构造简图	构造层次	墙体材料厚度（mm）	
				夏热冬冷地区	夏热冬暖地区
1	非黏土实心砖墙体		1—20 厚混合砂浆 2—非黏土实心砖墙 3—外饰面	370	370
2	加气混凝土墙体		1—20 厚混合砂浆 2—加气混凝土砌块 3—外饰面	200	200
3	多孔砖墙体		1—20 厚混合砂浆 2—多孔砖 3—外饰面	370	240

A.0.3 夏热冬冷和夏热冬暖地区农村居住建筑外墙外保温构造形式和保温材料厚度，可按表 A.0.3 选用。

表 A.0.3 夏热冬冷和夏热冬暖地区农村居住建筑外墙外保温构造形式和保温材料厚度

序号	名称	构造简图	构造层次	保温材料厚度参考值（mm）	
				夏热冬冷地区	夏热冬暖地区
1	非黏土实心砖墙玻化微珠保温砂浆外保温		1—20 厚混合砂浆 2—240 厚非黏土实心砖墙 3—水泥砂浆找平层 4—界面砂浆 5—玻化微珠保温浆料 6—5 厚抗裂砂浆耐碱玻纤网格布 7—外饰面	20～30	15～20

序号	名称	构造简图	构造层次	保温材料厚度参考值（mm）	
				夏热冬冷地区	夏热冬暖地区
2	多孔砖墙玻化微珠保温砂浆外保温		1—20 厚混合砂浆 2—200 厚多孔砖墙 3—水泥砂浆找平层 4—界面砂浆 5—玻化微珠保温浆料 6—5 厚抗裂砂浆耐碱玻纤网格布 7—外饰面	15～20	10～20
3	混凝土空心砌块玻化微珠保温浆料外保温		1—20 厚混合砂浆 2—190 厚混凝土空心砌块 3—水泥砂浆找平层 4—界面砂浆 5—玻化微珠保温浆料 6—5 厚抗裂砂浆耐碱玻纤网格布 7—外饰面	30～40	25～30
4	非黏土实心砖墙胶粉聚苯颗粒外保温		1—20 厚混合砂浆 2—240 厚非黏土实心砖墙 3—水泥砂浆找平层 4—界面砂浆 5—胶粉聚苯颗粒 6—5 厚抗裂砂浆耐碱玻纤网格布 7—外饰面	20～30	15～20
5	多孔砖墙胶粉聚苯颗粒外保温		1—20 厚混合砂浆 2—200 厚多孔砖墙 3—水泥砂浆找平层 4—界面砂浆 5—胶粉聚苯颗粒 6—5 厚抗裂砂浆耐碱玻纤网格布 7—外饰面	20～30	15～20
6	混凝土空心砌块胶粉聚苯颗粒外保温		1—20 厚混合砂浆 2—190 厚混凝土空心砌块 3—水泥砂浆找平层 4—界面砂浆 5—胶粉聚苯颗粒 6—5 厚抗裂砂浆耐碱玻纤网格布 7—外饰面	30～40	20～30

序号	名称	构造简图	构造层次	保温材料厚度参考值（mm）	
				夏热冬冷地区	夏热冬暖地区
7	非黏土实心砖墙 EPS 板外保温		1—20 厚混合砂浆 2—240 厚非黏土实心砖墙 3—水泥砂浆找平层 4—胶粘剂 5—EPS 板 6—5 厚抗裂砂浆耐碱玻纤网格布 7—外饰面	20～30	15～20
8	多孔砖墙 EPS 板外保温		1—20 厚混合砂浆 2—200 厚多孔砖 3—水泥砂浆找平层 4—胶粘剂 5—EPS 板 6—5 厚抗裂砂浆耐碱玻纤网格布 7—外饰面	20～25	15～20
9	混凝土空心砌块 EPS 板外保温		1—20 厚混合砂浆 2—190 厚混凝土空心砌块 3—水泥砂浆找平层 4—胶粘剂 5—EPS 板 6—5 厚抗裂砂浆耐碱玻纤网格布 7—外饰面	20～30	15～20

A.0.4 夏热冬冷和夏热冬暖地区农村居住建筑外墙内保温构造形式和保温材料厚度，可按表 A.0.4 选用。

表 A.0.4 夏热冬冷和夏热冬暖地区农村居住建筑外墙内保温构造形式和保温材料厚度

序号	名称	构造简图	构造层次	保温材料厚度（mm）	
				夏热冬冷地区	夏热冬暖地区
1	非黏土实心砖墙玻化微珠保温砂浆内保温		1—外饰面 2—240 厚非黏土实心砖墙 3—水泥砂浆找平层 4—界面剂 5—玻化微珠保温浆料 6—5 厚抗裂砂浆 7—内饰面	30～40	20～30
2	多孔砖墙玻化微珠保温砂浆内保温		1—外饰面 2—200 厚多孔砖 3—水泥砂浆找平层 4—界面剂 5—玻化微珠保温浆料 6—5 厚抗裂砂浆 7—内饰面	30～40	20～30

续表 A.0.4

序号	名称	构造简图	构造层次	保温材料厚度（mm）	
				夏热冬冷地区	夏热冬暖地区
3	非黏土实心砖墙胶粉聚苯颗粒内保温		1—外饰面 2—240 厚非黏土实心砖墙 3—水泥砂浆找平层 4—界面剂 5—胶粉聚苯颗粒 6—5 厚抗裂砂浆 7—内饰面	25~35	20~30
4	多孔砖墙胶粉聚苯颗粒内保温		1—外饰面 2—200 厚多孔砖 3—水泥砂浆找平层 4—界面剂 5—胶粉聚苯颗粒 6—5 厚抗裂砂浆 7—内饰面	25~35	25~30
5	非黏土实心砖墙石膏复合保温板内保温		1—外饰面 2—240 厚非黏土实心砖墙 3—水泥砂浆找平层 4—界面剂 5—挤塑聚苯板 XPS 6—10 厚石膏板	20~30	20~30
6	多孔砖墙石膏复合保温板内保温		1—外饰面 2—200 厚多孔砖 3—水泥砂浆找平层 4—界面剂 5—挤塑聚苯板 XPS 6—10 厚石膏板	20~30	20~30
7	混凝土空心砌块石膏复合保温板内保温		1—外饰面 2—190 厚混凝土空心砌块 3—水泥砂浆找平层 4—界面剂 5—挤塑聚苯板 XPS 6—10 厚石膏板	/	25~30

注："/"表示该构造热惰性指标偏低，围护结构热稳定性差，不建议采用。

A. 0. 5　夏热冬冷和夏热冬暖地区外遮阳形式及遮阳系数，可按表 A. 0. 5 选用。

表 A. 0. 5　外遮阳形式及遮阳系数

外遮阳形式	性能特点	外遮阳遮阳系数	适用范围
水平式外遮阳		0.85～0.90	接近南向的外窗
垂直式外遮阳		0.85～0.90	东北、西北及北向附近的外窗
挡板式外遮阳		0.65～0.75	东、西向附近的外窗
横百叶挡板式外遮阳		0.35～0.45	东、西向附近的外窗
竖百叶挡板式外遮阳		0.35～0.45	东、西向附近的外窗

注：1　有外遮阳时，遮阳系数为玻璃的遮阳系数与外遮阳的遮阳系数的乘积；
　　2　无外遮阳时，遮阳系数为玻璃的遮阳系数。

A. 0. 6　严寒和寒冷地区农村居住建筑屋面保温构造形式和保温材料厚度，可按表 A. 0. 6 选用。

表 A. 0. 6　严寒和寒冷地区农村居住建筑屋面保温构造形式和保温材料厚度

序号	名称	构造简图	构造层次		保温材料厚度（mm）	
					严寒地区	寒冷地区
1	木屋架坡屋面		1—面层（彩钢板/瓦等）2—防水层3—望板4—木屋架层		—	
			5—保温层	锯末、稻壳	250	200
				EPS 板	110	90
			6—隔汽层（塑料薄膜）7—棚板（木/苇板/草板）8—吊顶		—	

续表 A.0.6

序号	名称	构造简图	构造层次		保温材料厚度（mm）	
					严寒地区	寒冷地区
2	钢筋混凝土坡屋面EPS/XPS板外保温		1—保护层 2—防水层 3—找平层		—	
			4—保温层	EPS板	110	90
				XPS板	80	60
			5—隔汽层 6—找平层 7—钢筋混凝土屋面板			
3	钢筋混凝土平屋面EPS/XPS板外保温		1—保护层 2—防水层 3—找平层 4—找坡层		—	
			5—保温层	EPS板	110	90
				XPS板	80	60
			6—隔汽层 7—找平层 8—钢筋混凝土屋面板		—	

A.0.7 夏热冬冷和夏热冬暖地区农村居住建筑屋面保温构造形式和保温材料厚度，可按表 A.0.7 选用。

表 A.0.7 夏热冬冷和夏热冬暖地区农村居住建筑屋面保温构造形式和保温材料厚度

序号	名称	构造简图	构造层次		保温材料厚度（mm）	
					夏热冬冷地区	夏热冬暖地区
1	木屋架坡屋面		1—屋面板或屋面瓦 2—木屋架结构		—	—
			3—保温层	锯末、稻壳等	80	80
				EPS板	60	60
				XPS板	40	40
			4—棚板 5—吊顶层		—	—

序号	名称	构造简图	构造层次	保温材料厚度（mm）	
				夏热冬冷地区	夏热冬暖地区
2	钢筋混凝土坡屋面		1—屋面瓦 2—防水层 3—20厚1：2.5水泥砂浆找平层	—	—
			4—保温层 憎水珍珠岩板	110	110
			EPS板	50	50
			XPS板	35	35
			5—20厚1：3.0水泥砂浆 6—钢筋混凝土屋面板	—	—
3	通风隔热屋面		1—40厚钢筋混凝土板 2—180厚通风空气间层 3—防水层 4—20厚1：2.5水泥砂浆找平层 5—水泥炉渣找坡		
			6—保温层 憎水珍珠岩板	60	60
			XPS板	20	20
			7—20厚1：3.0水泥砂浆 8—钢筋混凝土屋面板		
4	正铺法钢筋混凝土平屋面		1—饰面层(或覆土层) 2—细石混凝土保护层 3—防水层 4—找坡层		
			5—保温层 憎水珍珠岩板	80	80
			XPS板	25	25
			6—20厚1：3.0水泥砂浆 7—钢筋混凝土屋面板	—	—

续表 A.0.7

序号	名称	构造简图	构造层次	保温材料厚度（mm）夏热冬冷地区	夏热冬暖地区
5	倒铺法钢筋混凝土平屋面		1—饰面层（或覆土层） 2—细石混凝土保护层	—	—
			3—XPS板保温层	25	25
			4—防水层 5—20厚1：3.0水泥砂浆找平层 6—找坡层 7—钢筋混凝土屋面板	—	—

本标准用词说明

1 为了便于在执行本标准条文时区别对待，对要求严格程度不同的用词说明如下：

1）表示很严格，非这样做不可的用词：

正面词采用"必须"，反面词采用"严禁"；

2）表示严格，在正常情况下均应这样做的用词：

正面词采用"应"，反面词采用"不应"或"不得"；

3）表示允许稍有选择，在条件许可时首先应这样做的用词：

正面词采用"宜"，反面词采用"不宜"；

4）表示有选择，在一定条件下可以这样做的，采用"可"。

2 条文中指明应按其他有关标准执行的写法为："应符合……的规定"或"应按……执行"。

引用标准名录

1 《建筑采光设计标准》GB 50033

2 《地源热泵系统工程技术规范》GB 50366

3 《太阳能供热采暖工程技术规范》GB 50495

4 《平板型太阳能集热器》GB/T 6424

5 《建筑外门窗气密、水密、抗风压性能分级及检测方法》GB/T 7106

6 《农村家用沼气管路施工安装操作规程》GB 7637

7 《真空管型太阳能集热器》GB/T 17581

8 《家用太阳能热水系统技术条件》GB/T 19141

9 《太阳能空气集热器技术条件》GB/T 26976

10 《种植屋面工程技术规程》JGJ 155

11 《秸秆气化供气系统技术条件及验收规范》NY/T 443

12 《秸秆气化炉质量评价技术规范》NY/T 1417

中华人民共和国国家标准

农村居住建筑节能设计标准

GB/T 50824—2013

条 文 说 明

制 订 说 明

《农村居住建筑节能设计标准》GB/T 50824-2013，经住房和城乡建设部2012年12月25日以第1608号公告批准、发布。

为便于各单位和有关人员在使用本标准时能正确理解和执行条文规定，《农村居住建筑节能设计标准》编制组按章、节、条顺序编制了本标准的条文说明，对条文规定的目的、依据及执行中需注意的有关事项进行了说明。但是，本条文说明不具备与标准正文同等的法律效力，仅供使用者作为理解和把握标准规定的参考。

目 次

1 总 则

1.0.1 目前我国农村地区人口近8亿，占全国人口总数的60%左右。农村地区共有房屋建筑面积约278亿m²，其中90%以上是居住建筑，约占全国房屋建筑面积的65%。我国农村居住建筑建设一直属于农民的个人行为，农村居住建筑的基础标准不完善，设计、建造施工水平较低。近年来，随着我国农村经济的发展和农民生活水平的提高，农村的生活用能急剧增加，农村能源商品化倾向特征明显。北方地区农村居住建筑绝大部分未进行保温处理，建筑外门窗热工性能和气密性较差；供暖设备简陋、热效率低，室内热环境恶劣，造成大量的能源浪费；冬季供暖能耗约占生活能耗的80%。南方地区农村居住建筑一般没有隔热降温措施，夏季室温普遍高于30℃以上，居住舒适性差。综上所述，农村居住建筑节能工作亟待加强，推进农村居住建筑节能已成为当前村镇建设的重要内容之一。

目前我国建筑节能技术的研究主要集中在城市，颁布的节能目标和强制性标准主要针对城市建筑。农村居住建筑的特点、农民的生活作息习惯及技术经济条件等决定了其在室温标准、节能率及设计原则上都不同于城市居住建筑。随着新农村建设的开展，农村地区大量建设新型节能建筑或对既有居住建筑进行节能改造，但农村居住建筑应达到什么样的节能标准，目前只是照搬城市居住建筑标准，具有很大盲目性。因此，应结合农村居住建筑的特点及技术经济条件，合理确定节能率，引导农民采用新型节能舒适的围护结构和高效供暖、通风、照明节能设施，并合理利用可再生能源。

为了推进我国农村居住建筑节能工程的建设，规范我国农村居住建筑的平立面节能设计和围护结构的保温隔热技术，提高农村居住建筑室内供暖、通风、照明等用能设施的能效，改善室内热舒适性，促进适合农村居住建筑的节能新技术、新工艺、新材料和新设备在全国范围内推广应用，制定本标准。

1.0.2 本标准所指的农村居住建筑为农村集体土地上建造的用于农民居住的分散独立式、集中分户独立式（包括双拼式和联排式）低层建筑，不包括多层单元式住宅和窑洞等特殊居住建筑。对于严寒和寒冷地区，本标准所指的农村居住建筑为二层及以下的建筑。

3 基本规定

3.0.1 气候是影响我国各地区建筑的重要因素。不同地区的建筑形式、建筑能耗特点均受到气候影响。北方地区建筑以保温为主，而南方地区建筑以夏季隔

热降温为主。总体而言，我国建筑气候区划主要有五大气候区（图1），即严寒地区、寒冷地区、夏热冬冷地区、夏热冬暖地区和温和地区。

图1 中国建筑气候区划图

在现行标准《严寒和寒冷地区居住建筑节能设计标准》JGJ 26中，采用供暖度日数HDD18和空调度日数CDD26作为气候分区指标。我国农村地区幅员辽阔，为便于农村地区应用，本标准以最冷月和最热月的平均温度作为分区标准。分区时，考虑了与国家现行标准《严寒和寒冷地区居住建筑节能设计标准》JGJ 26、《夏热冬冷地区居住建筑节能设计标准》JGJ 134的一致性。

3.0.2 本参数为建筑节能计算参数，而非供暖和空调设计室内计算参数。

严寒和寒冷地区的冬季室内计算温度对围护结构的热工性能指标的确定有重要影响，该参数的确定是基于农村居住建筑的供暖特点，通过大量的实际调研获得的。严寒和寒冷地区农村居住建筑冬季室内温度偏低，普遍低于城市居住建筑的室内温度，并且不同用户的室内温度差距大。根据调查与测试结果，严寒和寒冷地区农村冬季大部分住户的卧室和起居室温度范围为5℃~13℃，超过80%的农户认为冬季较舒适的供暖室内温度为13℃~16℃。由于农民经常进出室内外，这种与城镇居民不同的生活习惯，导致了不同穿衣习惯，因此农民对热舒适认同的标准与城市居民也不同。

门窗的密封性能直接影响冬季冷风渗透量，进而影响冬季室内热环境。根据实测结果发现，如果门窗密封性能满足现行国家标准《建筑外门窗气密、水密、抗风压性能分级及检测方法》GB/T 7106规定的4级，门窗关闭时，房间换气次数基本维持在0.5h⁻¹左右。由于农民有经常进出室内外的习惯，导致外门时常开启，因此其冬季换气次数一般为0.5h⁻¹~1.0h⁻¹。如果室内没有过多污染源（如室内直接燃烧生物质燃料等），此换气次数范围能够同时满足室内空气品质的基本要求，满足人员卫生需求。

3.0.3 夏热冬冷地区的冬季虽没有北方地区寒冷，

但由于湿度较大，常给人阴冷的感觉，而夏季天气炎热。该气候区建筑既要考虑冬季保温，又要考虑夏季隔热。室内热环境指标需要基于当地农民的经济水平、生活习惯、对室内环境期望值以及能源合理利用等方面来确定，既要与经济水平、生活模式相适应，又不能给当地能源带来压力。

根据调查和测试结果，该气候区冬季室内平均温度一般为 4℃~5℃，有时甚至低于 0℃，大多数农民对室内热环境并不满意，超过半数的农民认为冬季白天过冷，超过 97% 的农民认为冬季夜间过冷。在无任何室内供暖措施下，如果将室内最低温度提高至 8℃，则能够满足该气候区农民的心理预期和日常生活需要。通过围护结构热工性能的改善和当地农民合理的行为模式，能够基本达到上述目标。

夏季室内热环境满足程度要好于冬季，虽然有超过半数的农民对夏季室内热环境不满意，但多数认为只要室内温度不高于 30℃，就比较舒适。该目标通过围护结构热工性能的改善也是能够实现的。

房间换气次数同样是室内热环境的重要指标之一，这是保证室内卫生条件的重要措施。由于农民有在室内直接燃烧生物质的习惯，为了保证室内空气品质，又不能严重影响冬季室内热环境，换气次数宜取 1h^{-1}。夏季自然通风是农村居住建筑降温的重要措施，开启门窗后，房间换气次数可达到 5.0h^{-1} 以上。

3.0.4 根据调查与测试结果，夏热冬暖地区冬季室外温暖，绝大部分时间房间自然室温高于 10℃，能基本满足当地居民可接受的热舒适条件。夏季由于当地气候炎热潮湿，造成室内高温（自然室温高于 30℃）时段持续时间长。考虑到农民的经济水平、可接受的热舒适条件，仍把自然室温 30℃ 作为室内热环境设计指标，认为自然室温低于 30℃ 则相对舒适。

3.0.5 农村居住建筑的外部环境因素如地表、地势、植被、水体、土壤、方位及朝向等，将直接影响到建筑的日照得热、采光和通风，并进而左右建筑室内环境的质量，因此在选址与建设时，要尽量利用外部环境因地制宜地满足建筑日照、采光、通风、供暖、降温、给水、排水等的需求，创造具有良好调节能力的室内环境，减少对供暖设施、空调等人工调节设备的依赖。

3.0.7 各地民居特色的形成，除了有地域文化因素外，很大程度是由当地气候、地理因素所致，一些传统的保温经验及措施，不但有效，又有很好的地区适宜性，因此建筑节能设计时，应吸收和借鉴，同时应注重对当地民居特色的传承。

4 建筑布局与节能设计

4.1 一般规定

4.1.1 日照、天然采光和自然通风是农村居住建筑重要的室内环境调节手段。充足的日照是提升严寒和寒冷地区、夏热冬冷地区农村居住建筑冬季室内温度的有效手段，而夏季遮阳则是降低夏热冬冷和夏热冬暖地区农村居住建筑室内温度的必要举措。

强调农村居住建筑良好的自然通风主要有两个目的，一是为了改善室内热环境，增加热舒适感；二是为了提高通风空调设备的效率，因为建筑群良好的通风可以提高空调设备的冷凝器工作效率，有利于节省设备的运行能耗。

在严寒和寒冷地区，重点考虑防止冬季冷风渗透而增加供暖能耗，同时兼顾夏季自然通风的有效利用。在夏热冬冷和夏热冬暖地区，则重点考虑利用自然通风改善室内的热舒适度，减少夏季空调能耗。

4.1.2 日照直接影响居室的热环境和建筑能耗，同时也是影响住户心理感受和身体健康的重要因素，在农村居住建筑设计中是一个不可缺少的环节。

房间有良好的自然通风，一是可以显著地降低房间自然室温，为居住者提供更多时间生活在自然室温环境的可能性；二是能够有效地缩短房间空调器开启的时间，节能效果明显。房间的自然进风设计要使窗口开启朝向和窗扇的开启方式有利于向房间导入室外风，房间的自然排风设计要能保证利用常开的房门、户门、外窗、专用通风口等，直接或间接（通过与室外连通的走道、楼梯间、天井等）向室外顺畅地排风。

4.1.3 被动式太阳房是一种最简单、最有效的冬季供暖形式。在冬季太阳能丰富的地区，只要建筑围护结构进行一定的保温节能改造，被动式太阳房就有可能达到室内热环境所要求的基本标准。由于农村的经济技术水平相对落后，应在经济可行的条件下，进行被动式太阳房设计，并兼顾造型美观。

4.2 选址与布局

4.2.1 在严寒和寒冷地区，为防止冬季冷风渗透增加供暖能耗，农村居住建筑宜建在冬季避风的地段，不要建在不避风的高地、河谷、河岸、山梁及崖边等地段。为防止"霜洞"效应，一般也不宜布置在注地、沟底等凹地处，因为冬季冷气流容易在此处聚集，形成"霜洞"，从而使位于凹地的底层或半地下层的供暖能耗增多。

4.2.2 农村居住建筑前后之间要留有足够的间距，以保证冬季阳光不被遮挡，同时还要考虑满足采光、通风、防火、视觉卫生等条件。

4.2.3 从采光与日照的角度考虑，农村居住建筑的南立面不宜受到过多遮挡。农村居住建筑庭院里常常种有各种植物，容易对建筑造成一定遮挡，在进行庭院规划时，要注意树木种植位置与建筑之间保持适当距离，避免对建筑的日照与采光条件造成过多不利影响。

4.2.4 农村居住建筑建设本着节地和节约造价的原则，建造在山坡上时，应根据地形依山势而建，避免过多的土方量，造成不必要的浪费。

4.2.5 本条体现了农村居住建筑建设集约用地、集中建设、集聚发展的原则，积极倡导双拼式、联排式或叠拼式（图2）等节省占地面积，减少外围护结构耗热量的布局方式，限制独立式建筑的建设。

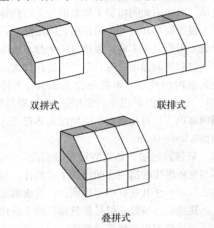

双拼式   联排式

叠拼式

图 2 农村居住建筑组合布置形式示意

4.3 平立面设计

4.3.1 对于严寒和寒冷地区的农村居住建筑，采用平整、简洁的建筑形式，体形系数较小，有利于减少建筑热损失，降低供暖能耗。

4.3.2 对于夏热冬冷和夏热冬暖地区的农村居住建筑，采用错落、丰富的建筑形式，体形系数较大，有利于建筑散热，改善室内热环境。

4.3.3 朝向是指建筑物主立面（或正面）的方位角，一般由建筑与周围环境、道路之间的关系确定。朝向选择的原则是冬季能获得充足的日照，主要房间宜避开冬季主导风向。建筑的朝向，方位以及整体规划应考虑多方面的因素，要想找到一个朝向满足夏季防热，冬季保温等各方面的理想要求是困难的，因此，我们只能权衡各个因素之间的得失轻重，选择出这一地区建筑的最佳朝向或较好的朝向。由于南方地区多山，平地较少，建筑受地形、地貌影响很大，要做到完全南北朝向是很困难的，因此，要求宜采用南北朝向。

经计算证明：建筑物的主体朝向，如果由南北向改为东西向，耗热量指标约增大5%，空调能耗或外遮阳成本将增大更多。

4.3.4 本条从节能和有利于创造舒适的室内环境的角度出发，规定了农村居住建筑功能空间的适宜尺寸。

4.3.5 农村居住建筑的卧室、起居室等主要房间是农民日常生活使用频率较高、使用时段较长的居住空间，本着节能和舒适的原则，宜布置在日照、采光条件好的南侧；厨房、卫生间、储藏室等辅助房间由于使用频率较低，使用时段较短，可布置在日照、采光条件稍差的北侧或东西侧。夏热冬暖地区的气候温暖潮湿，考虑到居住者的身体健康，卧室宜设在通风好、不潮湿的房间。

4.3.6 窗墙面积比既是影响建筑能耗的重要因素，也受建筑日照、采光、自然通风等室内环境要求的制约。不同朝向的开窗面积，对上述因素的影响有较大差别。综合利弊，本标准按照不同朝向，提出了窗墙面积比的推荐性指标。

4.3.7 门窗是建筑外围护结构保温隔热的薄弱环节，严寒和寒冷地区需要重点加以注意，应采用传热系数较小、气密性良好的节能型外门窗。凸窗比平窗增加了玻璃面积和外围护结构面积，对节能十分不利，尤其是北向更不利，而且窗户凸出较多时有安全隐患，且开关窗操作困难，使用不便，要尽量少用。

4.3.8 建筑外围护结构的隔热有外隔热、结构隔热和内隔热三种方式。外隔热有外反射隔热、外遮阳隔热、外通风、外蒸发隔热和外阻隔热等；结构隔热就是靠外墙自身的蓄热能力蓄热，减少进入的热量传入室内；内隔热有表面低辐射隔热、通风隔热和内阻隔热等。三种隔热方式比较，以外隔热的效果为最好。垂直绿化是兼外遮阳、外蒸发和外阻隔热为一体的最佳外墙外隔热措施，应优先采用。

对于外墙与屋面的隔热性能要求，目前的热工性能控制指标只是从外墙和屋面的热惰性指标来控制，尚不能全面反映外围护结构在夏季热作用下的受热与传热特征以及影响外围护结构隔热质量的综合因素。轻质结构的外墙与屋面，热惰性指标都低，很难达到隔热指标限值的要求。对夏热冬冷和夏热冬暖地区居住建筑的外墙，提出宜采用外反射、外遮阳及垂直绿化等外阻隔热措施以提高其隔热性能，理论计算及实测结果都表明是一条可行而有效的隔热途径，也是提高轻质外围护结构隔热性能的一条最有效的途径。

4.3.9 目前的农村居住建筑设计中，存在着外窗面积越来越大，而同时可开启面积比例相对缩小的趋势，有的建筑根本达不到可开启面积占外窗面积25%或30%的要求，严重影响了室内自然通风效果。为保证室内在非供暖季节有较好的自然通风环境，提出本条规定是非常必要和现实的。

4.4 被动式太阳房设计

4.4.1 太阳房的最好朝向是正南，条件不许可时，应将朝向限制在南偏东或偏西30°以内，偏角再大会影响集热。太阳房和相邻建筑间要留有足够的间距，以保证在冬季阳光不被遮挡，也不应有其他阻挡阳光的障碍物。

4.4.2 本条摘自现行国家标准《被动式太阳房热工

技术条件和测试方法》GB/T 15405 - 2006 第 4.1.4 条，对被动式太阳房的建筑间距提出了限定。

4.4.3 从节能的角度考虑，太阳房的形体宜为东西轴为长轴的长方体，平面短边和长边之比取 1：1.5 ～1：4。房屋净高不宜低于 2.8m，进深在满足使用的条件下不要太大，不超过层高 2 倍时可获得比较满意的节能率。

4.4.4 被动式太阳房的出入口应采取防冷风侵入的措施，如设置双层门、两道门或门斗。门斗应避免直通室温要求较高的主要房间，最好通向室温要求不高的辅助房间或过道。

4.4.5 被动式太阳房的基本设计原则是一个多，一个少。也就是说，冬季要吸收尽可能多的阳光热量进入建筑物，而从建筑内部向外部环境散失的热量要尽可能少。被动式太阳房应有两个特点：一是南向立面有大面积的玻璃透光集热面；二是房屋围护结构有极好的保温和蓄热性能。目前应用最普遍的蓄热建筑材料包括密度较大的砖、石、混凝土和土坯等。在炎热的夏季，有良好保温性能的热惰性围护结构也能在白天阻滞热量传到室内，并通过合理的组织通风，使夜间的室外冷空气流进室内，冷却围护结构内表面，延缓室内温度的上升。

4.4.6 本条摘自现行国家标准《被动式太阳房热工技术条件和测试方法》GB/T 15405 - 2006 第 4.3.5 条，对用于集热的透光材料特性进行了规定。

4.4.7 夏季太阳辐射量加大，为防止夏季过热，可利用挑檐作为遮阳措施。挑檐伸出宽度应考虑满足冬、夏季的需要，原则上，严寒和寒冷地区首先满足冬季南向集热面不被遮挡，夏季较热地区应重视遮阳。在庭院里搭设季节性藤类植物或种植落叶树木是最好的遮阳方式，夏季可遮阳，冬季落叶后又不会遮挡阳光。

4.4.8 被动式太阳房随着窗户面积的增大，夜间通过窗户散失的热量也会增大，因此要采用夜间保温措施。目前有在外窗内侧设置双扇木板的做法，也可采用保温窗帘，如由一层或多层镀铝聚酯薄膜和其他织物一起组成的复合保温窗帘。

4.4.9 被动式太阳房的三种基本集热方式具有各自的特点和适用性。直接受益式太阳房是利用建筑南向透光面直接供暖，即阳光透过南窗直接投入房间内，由室内墙面和地面吸收转换成热能后，通过热辐射对室内空气进行加热。附加阳光间式太阳房是将阳光间附在建筑的朝南方向，房屋南墙作为间墙（公共墙）将阳光间与室内空间分隔开来，利用附加阳光间收集太阳热辐射进行供暖。集热蓄热墙式太阳房是在南墙外侧加设透光玻璃组成集热蓄热墙，透光玻璃与墙体之间留有 60mm～100mm 厚的空气层，并设有上下风口及活门，利用集热蓄热墙收集、吸收太阳热辐射进行供暖。直接受益式或附加阳光间式太阳房白天升温

快，昼夜温差大，因而适用于在白天使用的房间，如起居室。集热蓄热墙白天升温慢，夜间降温也慢，昼夜温差小，因而适用于主要在夜间使用的房间。

4.4.10 气候寒冷的地区由于夜间通过外窗的热损失占很大比例，因此宜采用双层玻璃，经济条件好的可选用低辐射LOW－E玻璃。

4.4.11 附加阳光间是实体墙与直接受益式太阳房的混合变形。附加阳光间增加了地面部分为蓄热体，同时减少了温度波动和眩光。采用阳光间集热时，要根据设定的太阳能节能率确定集热负荷系数，选取合理的玻璃层数和夜间保温装置。阳光间进深加大，将会减少进入室内的热量，本身热损失加大。当进深为 1.2m 时，对太阳能利用率的影响系数为 85% 左右。阳光间的玻璃不宜直接落地，以免加大热损失，建议高出地面0.3m～0.5m。

4.4.12 集热蓄热墙式是对直接受益式的一种改进，在玻璃与它所供暖的房间之间设置了蓄热体。与直接受益式比较，由于其良好的蓄热能力，室内的温度波动较小，热舒适性较好。但是集热蓄热墙系统构造较复杂，系统效率取决于集热蓄热墙体的蓄热能力、是否设置通风口以及外表面玻璃的热工性能。经过分析计算，在总辐射强度 $\bar{I}_0 > 300\text{W/m}^2$ 时，有通风孔的实体墙式太阳房效率最高，其效率较无通风孔的实体墙式太阳房高出一倍以上。集热效率的大小随风口面积与空气间层断面面积的比值的增大略有增加，适宜比值为 0.8 左右。集热表面的玻璃以透光系数和保温性能同时俱佳为最优选择，因此，单层低辐射玻璃是最佳选择，其次是单框双玻窗。集热墙体的蓄热量取决于面积与厚度，一般居室墙体面积变化不大，因此，对厚度做以下推荐：当采用砖墙时，可取 240mm 或 370mm，混凝土墙可取 300mm，土坯墙可取 200mm～300mm。

4.4.13 在利用太阳能被动供暖的房间中，为了营造良好的室内热环境，需要注意两点：一是设置足够的蓄热体，防止室内温度过大波动；二是蓄热体应尽量布置在能受阳光直接照射的地方。参考国外经验，单位集热窗面积，宜设置 3 倍以上面积的蓄热体。

4.4.14 被动式太阳房获取太阳热能主要靠南向集热窗，而它既是得热部件，又是失热部件，要通过计算分析来确定开窗面积和窗的热工性能，使其在冬季进入室内的热量大于其向外散失的热量。

南向窗的选取需要同时考虑太阳透光系数及保温热阻。确定建筑围护结构传热系数的限值时，不仅要考虑节能率，也要从工程实际的角度考虑可行性及合理性。建筑围护结构的热工性能直接影响到居住建筑供暖和空调降温的负荷与能耗，应予以严格控制。当不能满足本条规定限值要求时，需要进行节能性能计算，确定开窗面积和窗的热工性能，使其在冬季进入室内的热量大于其向外散失的热量。

5 围护结构保温隔热

5.1 一般规定

5.1.2 农村居住建筑常用的保温材料可参考表1选用。材料保温性能会受到环境湿度和使用方式的影响，具体影响程度参见现行国家标准《民用建筑热工设计规范》GB 50176-93中附表4.2。

草砖导热系数与自身的湿度和密度有直接的关系。草砖含湿量应小于17%，密度应大于112kg/m³。根据美国材料试验协会(ASTM)标准检测，当草砖的密度在83.2kg/m³～132.8kg/m³之间时，其导热系数为0.057W/(m·K)～0.072 W/(m·K)。

表1中普通草板不同于现行国家标准《民用建筑热工设计规范》GB 50176-93附表4.1中的稻草板，本表中普通草板密度为大于112kg/m³，其热工性能与草砖基本一致。

表1 常用的保温材料性能

保温材料名称	性能特点	应用部位	主要技术参数	
			密度 ρ_0 (kg/m³)	导热系数 λ [W/(m·K)]
模塑聚苯乙烯泡沫塑料板（EPS板）	质轻、导热系数小、吸水率低、耐水、耐老化、耐低温	外墙、屋面、地面保温	18～22	≤0.041
挤塑聚苯乙烯泡沫塑料板（XPS板）	保温效果较EPS好，价格较EPS贵，施工工艺要求复杂	屋面、地面保温	25～32	≤0.030
草砖	利用稻草和麦草秸秆制成，干燥时质轻、保温性能好，但耐潮、耐火性差，易受虫蛀，价格便宜	框架结构填充外墙体	≥112	≤0.072
膨胀玻化微珠	具有保温性、抗老化、耐候性、防火性、不空鼓、不开裂、强度高、粘结性能好，施工性好等特点	外墙	260～300	0.07～0.85
胶粉聚苯颗粒	保温性优于膨胀玻化微珠，抗压强度高，粘结力、附着力强，耐冻融，不易空鼓、开裂	外墙	180～250	0.06

续表1

保温材料名称		性能特点	应用部位	主要技术参数	
				密度 ρ_0 (kg/m³)	导热系数 λ [W/(m·K)]
草板	纸面草板	利用稻草和麦草秸秆制成，导热系数小，强度大	可直接用作非承重墙板	单位面积重量 ≤26kg/m² （板厚58mm）	热阻>0.537 m²·K/W
	普通草板	价格便宜，需较大厚度才能达到保温效果，需作特别的防潮处理	多用作复合墙体夹心材料；屋面保温	≥112	≤0.072
憎水珍珠岩板		重量轻、强度适中、保温性能好、憎水性能优良、施工方法简便快捷	屋面保温	200	0.07
复合硅酸盐		粘结强度好，密度小，防火性能好	屋面保温	210	0.064
稻壳、木屑、干草		非常廉价，有效利用农作物废弃料，需较大厚度才能达到保温效果，可燃，受潮后保温效果降低	屋面保温	100～250	0.047～0.093
炉渣		价格便宜、耐腐蚀、耐老化、质量重	地面保温	1000	0.29

5.1.4 本条节能措施非常适合我国夏热冬冷和夏热冬暖地区的气候特点，充分考虑了利用气候资源达到改善室内热环境和建筑节能的目的。

浅色饰面，如浅色粉刷、涂层和面砖等，包括外墙和屋面。夏季采用浅色饰面材料的建筑外表面可以反射较多的太阳能辐射热量，从而减少进入室内的太阳能辐射热量，降低围护结构的表面温度。由于空气的导热系数很小，采用屋顶内设置空气层的方式可以起到一定保温与隔热作用(图3)；用含水多孔材料做屋面层可以利用水的蒸发带走潜热，降低屋面温度，具有一定的隔热作用。屋顶以及在东、西外墙采用花格构件或爬藤植物遮阳都是利用植物作为遮阳和隔热的措施。外窗、屋顶、外墙的遮阳设计要与建筑设计同步考虑，避免遮阳措施不利于建筑通风与冬季太阳能利用。

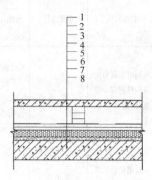

图 3　隔热通风屋面示意
1—40 厚钢筋混凝土板；2—180 厚通风空气间层；3—防水层；4—20 厚水泥砂浆找平层；5—找坡层；6—保温层；7—20 厚水泥砂浆；8—钢筋混凝土屋面板

5.2　围护结构热工性能

5.2.1　目前农村建筑围护结构热工性能普遍较差，提高围护结构热工性能是严寒和寒冷地区农村居住建筑节能，改善室内热环境的关键技术措施。表 5.2.1 中所列出的严寒和寒冷地区农村居住建筑的围护结构传热系数限值是根据严寒和寒冷地区农村居住建筑调研结果，选取严寒和寒冷地区典型农村居住建筑，经计算得到。以典型农村居住建筑为例，以表 5.2.1 中数据计算得到的建筑能耗，与按目前农村居住建筑典型围护结构做法计算得到的建筑能耗值比较，节能率约在 50% 左右，增量成本控制在建筑造价的 20%以内。

严寒和寒冷地区农村居住建筑多为单层或二层建筑，体形系数较大，规定限值下计算的节能率虽然为50%，但热工性能指标仍远低于现行国家标准《严寒和寒冷地区居住建筑节能设计标准》JGJ26 - 2010 中规定的小于或等于 3 层的居住建筑的相应指标。主要

原因是节能措施实施以前，城市的建筑围护结构热工性能比农村好得多。

5.2.2　表 5.2.2 列出的围护结构传热系数限值是根据夏热冬冷地区(成都浦江)、夏热冬暖地区(中山三乡)示范建筑数值模拟计算及现场测试数据确定的，当围护结构热工性能满足表 5.2.2 要求时，基本能够保证在无任何供暖和空气调节措施下，室内温度冬季不低于 8℃，夏季室内温度不高于 30℃。同时，考虑到农村的实际情况，本着易于施工、经济合理的原则，整体热工性能要求比城市建筑偏低。

建筑围护结构采用重质型材料时，对建筑室内热稳定性起到良好的效果，因此本标准根据热惰性指标 D 值是否大于 2.5，对外墙、屋面提出不同的传热系数限值要求。夏热冬冷地区建筑外窗形式的选择根据房间使用功能的不同分别确定，即卧室、起居室等功能房间作为人员主要活动区域，外窗传热系数应小于或等于 $3.2 \text{W}/(\text{m}^2 \cdot \text{K})$，外窗可采用普通塑钢中空玻璃窗或断热铝合金中空玻璃窗；厨房、卫生间、储藏间等功能房间人员活动频率低，外窗传热系数小于或等于 $4.7 \text{W}/(\text{m}^2 \cdot \text{K})$，外窗采用塑钢单层玻璃窗即满足要求。根据房间使用功能确定外窗形式便于农户操作，是一种经济有效、适宜的节能方式。夏热冬暖地区重点考虑夏季隔热，因此仅对卧室、起居室的外窗提出要求，其传热系数不高于 $4.0 \text{W}/(\text{m}^2 \cdot \text{K})$，同时对外窗遮阳系数 SC 进行限制，即 $SC \leqslant 0.5$，可通过有效的外遮阳措施或采用吸热玻璃达到相应要求。

5.3　外　　墙

5.3.1　农村居住建筑应选择适合当地经济技术及资源条件的建筑材料，常用的保温节能墙体砌体材料可按表 2 选用。表 A.0.1 中给出的外墙保温构造形式主要来自各地示范工程的实际做法，可参考选用。其他保温构造形式如能满足不同气候区外墙的传热系数限值要求，也可选用。

表 2　保温节能墙体砌体材料性能

砌体材料名称	性能特点	用途	主规格尺寸(mm)	主要技术参数	
				干密度 ρ_0 (kg/m³)	当量导热系数 λ [W/(m·K)]
烧结非黏土多孔砖	以页岩、煤矸石、粉煤灰等为主要原料，经焙烧而成的砖，空洞率≥15%，孔尺寸小而数量多，相对于实心砖，减少了原料消耗，减轻建筑墙体自重，增强了保温隔热性能及抗震性能	可做承重墙，砌筑时以竖孔方向使用	240×115×90	1100~1300	0.51~0.682

砌体材料名称	性能特点	用途	主规格尺寸（mm）	主要技术参数	
				干密度 ρ_0（kg/m³）	当量导热系数 λ［W/(m·K)］
烧结非黏土空心砖	以页岩、煤矸石、粉煤灰等为主要原料，经焙烧而成的砖，空洞率≥35%，孔尺寸大而数量少，孔洞采用矩形条孔或其他孔型，且平行于大面和条面	可做非承重的填充墙体	240×115×90	800～1100	0.51～0.682
普通混凝土小型空心砌块	以水泥为胶结料，以砂石、碎石或卵石、重矿渣等为粗骨料，掺加适量的掺合料、外加剂等，用水搅拌而成	承重墙或非承重墙及围护墙	390×190×190	2100	1.12（单排孔）；0.86～0.91（双排孔）；0.62～0.65（三排孔）
加气混凝土砌块	与一般混凝土砌块比较，具有大量的微孔结构，质量轻，强度高。保温性能好，本身可以做保温材料，并且可加工性好	可做非承重墙及围护墙	600×200×200	500～700	0.14～0.31

5.3.3 夹心保温构造中内叶墙与外叶墙之间的钢筋拉结措施可采用经过防腐处理的拉结钢筋网片或拉结件，配筋尺寸应满足拉结强度要求。7～8度抗震设防地区夹心墙体应设置通长钢筋拉结网片，沿墙身高度每隔400mm设一道。6度抗震设防地区的夹心墙体可采用拉结件和拉结钢筋网片配合的拉结方式。拉结件的竖向间距不宜大于400mm，水平间距不宜小于800mm，且应梅花形布置。具体设计要求详见《夹心保温墙结构构造》07SG617。

5.3.4 防潮材料可选择塑料薄膜。夹心墙体的保温层与外侧墙体之间宜设置40mm厚空气层，并在外墙上设透气孔，透气孔水平和竖向间距不大于1000mm，梅花形布置，孔口罩细钢丝网，如图4所示。

5.3.5 在窗过梁、外墙与屋面、外墙与地面的交接部位易形成"热桥"。为保证热桥部位的内表面温度在室内外空气设计温、湿度条件下高于露点温度（露点温度根据现行国家标准《民用建筑热工设计规范》GB 50176的规定计算），需要采用额外的保温措施或选取截断热桥的构造形式。外墙出挑构件及附墙部件主要有阳台、雨篷、挑檐、凸窗等。

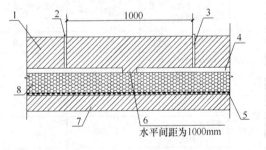

图4 夹心墙体通气孔设置示意
1—240mm砖墙；2—细钢丝网；3—直径20mmPVC透气口；4—40mm空气层；5—塑料薄膜防潮层；6—挑砖；7—120mm砖墙；8—草板保温层

5.3.6 表A.0.2～表A.0.4中给出的外墙保温构造形式主要来自各地示范工程的实际做法，可参考选用。根据夏热冬冷和夏热冬暖地区的气候特点以及不同保温形式的特性，外墙宜选择自保温墙体，墙体材料可选择240mm厚烧结非黏土多孔砖（空心砖）、加气混凝土等节能型砌体材料，有条件的地区可采用370mm厚自保温外墙。选择时，宜优先选用重质墙体。结合当地的资源状况、施工情况及经济水平等也可选用外墙外保温、外墙内保温。除表A.0.2～表

A.0.4给出的保温构造做法外，其他保温构造形式如能满足不同气候区外墙的传热系数限值要求，也可选用。

5.4 门　窗

5.4.1 农村居住建筑的外门和外窗可按表3和表4选用。

表3　农村居住建筑外门

门框材料	门类型	传热系数 K [W/(m²·K)]
木	单层木门	≤2.5
	双层木门	≤2.0
塑料	上部为玻璃，下部为塑料	≤2.5
金属保温门	单层	≤2.0

表4　农村居住建筑外窗

窗框型材	外窗类型	玻璃之间空气层厚度(mm)	传热系数 K [W/(m²·K)]
塑料	单层玻璃平开窗	—	4.7
	中空玻璃平开窗	6～12	3.0～2.5
		24～30	≤2.5
	双中空玻璃平开窗	12+12	≤2.0
	单层玻璃平开窗组成的双层窗	≥60	≤2.3
	单层玻璃平开窗+中空玻璃平开窗组成的双层窗	中空玻璃6～12 双层窗≥60	2.0～1.5
铝合金	中空玻璃平开窗	6～12	5.3～4.0
	中空玻璃断热型材平开窗	6～12	≤3.2
	双中空玻璃断热型材平开窗	12+12	2.2～1.8
	单层玻璃平开窗组成的双层窗	≥60	3.0～2.5
	单层玻璃平开窗+中空玻璃平开窗组成的双层窗	中空玻璃6～12 双层窗≥60	≤2.5

推拉窗的封闭性比较差，平开窗的窗扇和窗框间一般采用良好的橡胶密封压条，在窗扇关闭后，密封橡胶压条压得很紧，几乎没有空隙，很难形成对流。这种窗型的热量流失主要是玻璃、窗扇和窗框型材的热传导和辐射散热，这种散热远比对流热损失少，因此农村居住建筑外窗宜选择平开窗。

为了保证农村居住建筑室内热环境需求和建筑节能要求，外门窗必须具有良好的气密性，避免房间与外界过大的换气量。在严寒和寒冷地区，换气量大会造成供暖能耗过高。在夏热冬暖地区，多有热带风暴

和台风袭击，因此对门窗的密封性能也有一定的要求。根据农村居住建筑的特点及对门窗气密性的要求，选取现行国家标准《建筑外门窗气密、水密、抗风压性能分级及检测方法》GB/T 7106中的4级。即单位缝长分级指标值 $q_1/[m^3/(m·h)]$ 满足：$2.0 < q_1 \leqslant 2.5$ 或单位面积分级指标值 $q_2/[m^3/(m^2·h)]$ 满足：$6.0 < q_1 \leqslant 7.5$。

5.4.2 建筑外窗是围护结构保温的薄弱环节，在夜间需要增加保温措施，阻止热量从外窗流失，可选措施如下：

1 安装保温板：保温板通常安装在窗的室外一侧，可以选用固定式或拆卸式。白天打开保温板进行采光、通风换气，夜间关闭以利于保温。

2 安装保温窗帘：保温窗帘常用在室内。它是将保温材料（如玻璃纤维等）用塑料布或厚布包起来，挡在窗户的内侧。为了节约造价，平常使用的窗帘也可以起到防风、保温的作用，但要选择质地厚重的材质。

5.4.3 通过外遮阳系数的简化计算，表A.0.5中给出了外窗采用不同外遮阳形式时，遮阳系数取值的区间范围，便于用户直接查找应用。向阳面的门若为透明玻璃材质时，亦应做遮阳处理。

5.4.4 由于外门频繁开启而导致农村居住建筑入口处热量流失严重，因此严寒和寒冷地区的农村居住建筑入口处应设置保温措施。当墙体厚度足够时，可设置双层门（图5），两道门之间宜留有一人站立的空间，以避免两道门同时开启，减少冷风侵入。当入口处设置门斗时（图6），两道门之间距离大于1000mm才不影响门的开启，住户可以根据需要选择门的开启方向。双层门与门斗室外一侧门的传热系数应满足表5.2.1的要求，室内一侧的门不作要求。

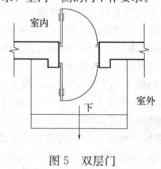

图5　双层门

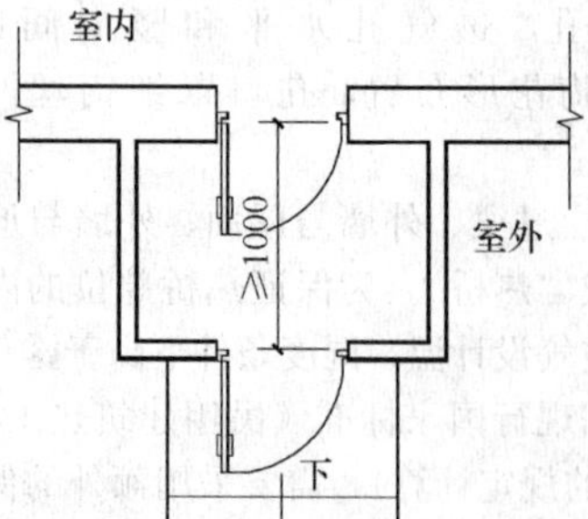

图6　门斗

5.5 屋　面

5.5.1 农村居住建筑的屋面按形式可分为平屋面和坡屋面。平屋面通常采用钢筋混凝土作为结构层，保温层通常铺设在钢筋混凝土板的上方（图7），可以保护结构层免受自然界的侵袭。坡屋面是木屋架或钢屋架承重，该做法在农村居住建筑中较为常见，坡屋面的保温层宜设置在吊顶上（图8），不仅可以避免屋顶产生热桥，而且方便施工。

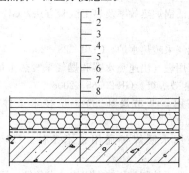

图7　钢筋混凝土平屋面保温构造示意
1—保护层；2—防水层；3—找平层；4—找坡层；5—保温层；6—隔汽层；7—找平层；8—钢筋混凝土屋面板

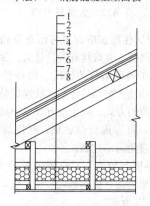

图8　木屋架坡屋面
保温构造示意
1—面层；2—防水层；3—望板；4—屋架；5—保温层；6—隔汽层；7—棚板；8—吊顶

屋面保温材料宜选择憎水性保温材料，如模塑聚苯乙烯泡沫塑料板或挤塑聚苯乙烯泡沫塑料板。坡屋面吊顶内的保温材料也可采用草木灰、稻壳、锯末以及生物质材料制成的板材。当选用草板以及草木灰、稻壳、锯末等保温材料时，一定要做好保温材料的防潮措施。对于散材类保温材料要每年进行一次维护，及时填补保温材料缺失的部位，如屋顶四角处。

5.5.2、5.5.3 表A.0.6和表A.0.7中给出的屋面保温构造形式主要来自各地示范工程的实际做法，可参考选用。其他保温构造形式如能满足不同气候区屋

面的传热系数限值要求，也可选用。

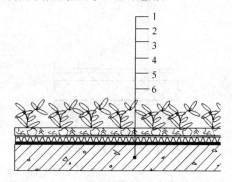

图9　种植屋面构造示意
1—植被层；2—基质层；3—隔热过滤层；4—排（蓄）水层；5—防水层；6—钢筋混凝土结构层

5.5.4 屋面的热工性能和内表面温度是影响房间夏季热舒适的主要因素之一，采用种植屋面（图9），由于植物的蒸腾和对太阳辐射的遮挡作用可显著降低屋面内表面温度，改善室内热环境，降低夏季空调能耗。为确保种植屋面的结构安全性及保温隔热效果，设计施工应符合现行行业标准《种植屋面工程技术规程》JGJ 155的相关规定。

5.6 地　面

5.6.1 严寒地区建筑外墙内侧0.5m～1.0m范围内，由于冬季受室外空气及建筑周围低温土壤的影响，将有大量的热量从该部分传递出去，这部分地面温度往往很低，甚至低于露点温度。不但增加供暖能耗，而且有碍卫生，影响使用和耐久性，因此这部分地面应做保温处理。考虑到施工方便及使用的可靠性，建议地面全部保温，这样有利于提高用户的地面温度，并避免分区设置保温层造成的地面开裂问题，具体做法如图10和图11所示。

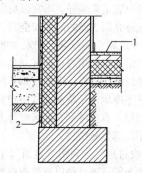

图10　室内地坪以下墙面
保温做法示意
1—室内地坪；2—保温层延至基础

保温材料宜选用挤塑型聚苯乙烯泡沫塑料板，应分层错缝铺贴，板缝隙间应用同类材料嵌填密实。

地面防潮层可选择聚乙烯塑料薄膜。在铺设前，应对基层表面进行处理，要求基层表面平整、洁净和

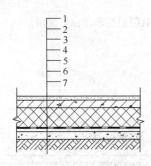

图 11 地面保温做法示意

1—面层；2—40 厚细石混凝土保护层；
3—保温层；4—防潮层；5—20 厚 1 : 3 水
泥砂找平层；6—垫层；7—素土夯实层

（以上各层具体做法参照当地标准图）

干燥，并不得有空鼓、裂缝、起砂现象。防潮层应连续搭接不间断，防潮层上方的板材应紧密交接、无缺口，浇注混凝土时，将保温层周边的聚乙烯塑料薄膜拉起，以保证良好的防潮性。

5.6.2 在南方地区，由于潮湿气候的影响，在梅雨季节常产生地面泛潮现象。地面泛潮属于夏季冷凝。夏热冬冷和夏热冬暖地区的农村居住建筑地面面层通常采用防潮砖、大阶砖、素混凝土、三合土、木地板等对水分具有一定吸收作用的饰面层，防止和控制潮霉期地面泛潮。

6 供暖通风系统

6.1 一般规定

6.1.1 根据住户需求及生活特点，对灶、烟道、烟囱等这些与建筑结合紧密的设施预留好孔洞和摆放位置。合理摆放供暖设施位置及其散热面，烟囱、烟道、散热器的布置走向顺畅，不宜影响家具布置和室内美观，并注意高温表面的防护安全。

6.1.2 本着因地制宜的原则，严寒和寒冷地区农村居住建筑内宜采用以利用农村地区充足的生物质资源为燃料的供暖设施，以煤、天然气等其他形式能源作为补充。夏热冬冷地区冬季室外气温相对较高，且低温持续时间较短，宜在卧室、起居室等人员活动密集的房间内采用局部供暖措施。

6.1.3 对于农村地区，利用自然通风不仅远比电风扇和空调降温节能，而且可以有效改善室内热环境和空气品质，是夏季室内降温的最佳选择。自然通风主要通过合理的建筑布局、良好的建筑朝向以及开窗形式等，利用风压和热压原理达到排出室内热空气的目的。

6.1.4 进行气密性处理，既是为了防止烟气泄露造成室内空气污染、CO 中毒等事件发生，同时为了有效地提高生物质燃料的燃烧效率和热利用率。对于设置有火炕、火墙、燃烧器具的房间，其换气次数不应低于 $0.5h^{-1}$。

关于供暖用燃烧器具，现行标准有：

《民用柴炉、柴灶热性能测试方法》NY/T 8 - 2006

《民用火炕性能试验方法》NY/T 58 - 2009

《家庭用煤及炉具试验方法》GB/T 6412 - 2009

《民用水暖煤炉热性能试验方法》GB/T 16155 - 2005

《生活锅炉热效率及热工试验方法》GB/T 10820 - 2011

《燃气采暖热水炉》CJ/T 228 - 2006

《家用燃气快速热水器和燃气采暖热水炉能效限定值及能效等级》GB 20665 - 2006

《民用省柴节煤灶、炉、炕技术条件》NY/T 1001 - 2006

《民用水暖煤炉通用技术条件》GB/T 16154 - 2005

《小型锅炉和常压热水锅炉技术条件》JB/T 7985 - 2002

《家用燃气燃烧器具安全管理规则》GB 17905 - 2008

6.2 火炕与火墙

6.2.1 农村居住建筑应首先考虑充分利用炊事产生的烟气余热供暖。火炕具有蓄热量大、放热缓慢等特点，有利于在间歇运行的情况下维持整个房间的温度。将火炕和灶或炉具结合形成灶连炕是一种有效的充分利用能源的方式。对于没有灶或炉具等产生高温余热的设施，可考虑只设火炕，利用炕腔作为燃烧室，但注意避免局部过热。

6.2.2 炕体按与地面相对位置关系分为三种形式，即落地炕、架空炕（俗称吊炕）和地炕，其主要的构造原理如图 12 所示。

架空炕上下两个表面可以同时散热，散热强度大，但蓄热量低，供热持续能力较弱，热得快，凉得也快，比较适合热负荷较低，能够配合供暖炉等运行间歇较短、运行时间比较灵活的热源。当选用架空炕时，其下部空间应保持良好的空气流通，使下表面散热能有效地进入人员活动区，因此，架空炕的布置不宜三面靠墙。炕面板采用整体型钢筋混凝土板，可减少炕内支座数量。

对于运行间歇较长的柴灶等热源形式，适合使用具有更强蓄热能力的落地炕、地炕。落地炕应在炕洞底部和靠外墙侧设置隔热层，炕洞底部宜铺设 200mm～300mm 厚的干土，提高蓄热保温性能。地炕（俗称地火龙）是室内地面以下为燃烧空间，地面之上设置火炕炕体的一种将燃烧空间与火炕结合起来的采暖设施。

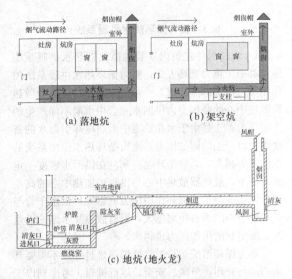

(a) 落地炕　　　(b) 架空炕

(c) 地炕(地火龙)

图 12　火炕的构造示意

单纯依赖火炕难以满足房间供暖需求时，可以选择火墙式火炕，或者辅以热水供暖系统、火炉等较灵活的供暖方式。火墙式火炕（也称炕火墙）是将传统落地炕靠近炕沿的内部设置燃烧室和烟道，使炕前墙的垂直壁面变成火墙的一种改进火炕形式。该采暖形式使火炕和火墙互相取长补短，提高了炕面温度的均匀性，解决炕下区域较凉的问题，同时提高了散热强度，可以迅速提高室温，灵活地满足室内采暖需求。

6.2.3　靠近喉眼的烟气入口处烟气温度过高，如不能迅速扩散，将对其附近炕面的加热强度过大，造成局部过热，为此宜取消落灰膛和前分烟板，正对喉眼的附近不要设置支柱，这样可以避免各种阻挡形成的烟气涡流，热量扩散快。为防止高温烟气甚至火焰直接穿过喉眼，冲击炕面板，造成局部温度过高，可以在喉眼后方加设一向下倾斜的火舌，将高温烟气导向前方，降低此处换热强度，从而有效解决局部过热问题。另外为了前方有一定的扩散量，引洞的砖可以适当排开一些。

热源强度小、持续时间短的火炕，在烟气入口处尽量减少阻碍，可将热烟带大量引向炕的中部，使烟气迅速流到炕梢部分。在炕梢部分增设后阻烟墙能使烟气尽量充分扩散，并与炕板换热，可减少排烟口的气流收缩效应，保证了烟气扩散至整个炕腔内部，使炕面温度更均匀；并可降低烟气流速，使烟气与火炕进行充分换热，这样炕的后部温度就可以明显提高，炕面温度均匀性也随之提高。热源强度大、持续时间长的火炕，宜采用复杂的花洞式烟道，延长烟气与火炕的换热流程和充分发挥炕体蓄热性能，从而提高能量利用效率，但要避免炕头过热。

火炕进烟口低于排烟口，并且在铺设炕面板时保证一定坡度，炕头低炕梢高，通过抹面层找平。一方面保证烟气流动顺畅，同时保证烟气与炕体的流动换热效果，另一方面也避免炕头炕梢温差过大。炕体进

行气密性处理时，可采用炕面抹草泥，将碎稻草与泥土混合，防止表面干裂，抹完一层后，待火烤半干后再抹一层，并将裂缝腻死，然后慢火烘干，最后用稀泥将细小裂缝抹平。

6.2.4　整个系统烟气流动受烟囱内烟气形成的热压动力和室外风压共同作用影响。为此，烟囱需要进行保温防潮处理，避免烟囱内温度过低，造成烟气流动缓慢，炉膛或灶膛内没有充分的空气参与燃烧，发生点火难、不好烧的问题。

当室外风力变化时，烟囱出口若处于正压区，将阻碍烟气正常流动，甚至有可能发生空气倒灌进入烟囱内，产生返风倒烟现象。民间流传的烟囱"上口小、下口大、南风北风都不怕"之说，烟囱口高于屋脊，以及烟囱底部设置回风洞，形成负压缓冲区，都是避免产生此问题的有效措施。烟囱砌筑时，下部可用实心砖砌筑成 200mm×200mm 方形烟道（或采用 ϕ200mm 缸瓦管），出房顶后采用 ϕ150mm 缸瓦管。

6.2.5　灶门设置挡板，停火后关闭灶门挡板和烟道出口阀，使整个炕体形成了一个封闭的热力系统，使热量只能通过炕体表面向室内散发，减少热气流失，提高其持续供热能力。烟道的出口阀需要待灶膛内火全部燃烬后，方可关闭，避免不完全燃烧烟气进入室内，造成煤气中毒或烟气污染。

6.2.6　灶的位置会直接影响燃烧效果、使用效果和厨房美观，应根据锅的尺寸、间墙进烟口的位置以及厨房的布局要求综合考虑确定。

灶可分别砌出两个喉眼烟道。一个喉眼烟道通往炕，另一个可直接通往烟囱，两个喉眼烟道分别用插板控制（图 13）。冬季烟气通往火炕的喉眼烟道，室内炕热屋暖；夏季烟气可直接通往烟囱的喉眼烟道，不用加热炕。春秋两季可交替使用两个喉眼烟道。

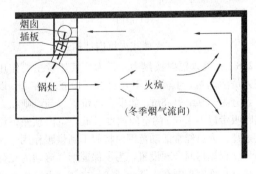

图 13　倒卷帘式烟道

灶膛要利于形成最佳的燃烧空间，空间太大，耗柴量增加，灶膛温度低；空间太小，添柴次数增加，且影响燃烧放热。其形状大小应根据农户日常所烧燃料种类确定。例如烧煤、木柴类就可以小一些，烧秸秆类的就适当增大一些。在灶内距离排烟口近的一侧多抹一层泥，相反的另一侧少抹一层；锅沿处留出一定空间使灶膛上口稍微收敛成缸形。内壁光滑、无

裂痕。

灶内拦火强度大，虽然灶的热效率上去了，但由于灶拦截热量过多，不仅灶不好烧，同时使炕内不能获得足够热量造成炕不热。炉算平面到锅脐之间的距离为吊火高度。吊火过高利于燃烧，但耗柴量增加，过低添柴勤，不利于燃烧。

6.2.7 火墙式火炕是一种将普通落地炕进行了结构优化，与火墙相结合的新型复合供暖方式，如图 14 所示。火墙拥有独立的燃烧室，其一侧散热面为火炕前墙。此种供暖方式，充分利用了火炕蓄热性和火墙的即热性、灵活性，互相取长补短，适合严寒和寒冷地区，热负荷大且需要持续供暖的房间。如果将火墙燃烧室上方设置集热器还可作为重力循环热水供暖系统的热源，供其他房间供暖使用。

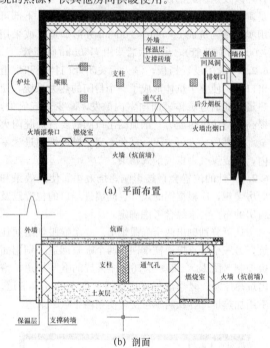

(a) 平面布置

(b) 剖面

图 14 火墙式火炕内部构造

6.2.8 火墙以辐射换热为主，为使其热量主要作用在人员活动区，其高度不宜过高，应控制在 2m 以下，宜为 1.0m~1.8m。如果火墙位置过高，则在人员呼吸带以下 1.0m 的空间温度过低，室内顶棚下温度过高，人员经常活动范围内将起不到供暖作用。火墙长度根据房间合理设置，为了保证烟气流动的充分换热，长度宜控制在 1.0m~2.0m 之间。火墙的长度过长，在受到不均匀加热时引起热胀冷缩，易产生裂缝，甚至喷出火花引起火灾。

火道截面积的大小依据应用场所而定，如用砖砌，一般可选用 120mm×120mm~240mm×240mm；烟道数根据火墙长度而定，一般为 3~5 个洞，各烟道间的隔墙采用 1/4 砖厚。

6.3 重力循环热水供暖系统

6.3.1 农村居住建筑内安装的散热器热水供暖系统通常都采用重力循环方式，重力循环热水供暖系统的作用压力由两部分构成，一是供暖炉加热中心和散热器散热中心的高度差内供回水立管中水温不同产生的作用压力；二是由于水在管道中沿途冷却引起水的密度增大而产生的附加压力。重力循环热水供暖系统的作用压力越大，系统循环越有利。在供回水密度一定的条件下，散热器散热中心与供暖炉加热中心的高差越大，系统的重力循环作用压力就越大；供水干管与供暖炉中心的垂直距离越大，管道散热及水温的沿途改变所引起的附加压力也越大。

重力循环系统运行时除耗煤等燃料外，不需要其他的运行费用，节能、安全、运行可靠。考虑到以上因素，农村居住建筑中设置的热水供暖系统应尽可能利用重力循环方式。

在一些大户型的单层农村居住建筑中，供暖面积大，散热器数量多，管路长，系统阻力大。由于供暖炉和散热器的安装位置和高差受限，重力循环作用压力无法克服系统循环阻力时，可考虑增加循环水泵，提供系统循环动力。但水泵应经过设计计算后选择。

6.3.2 考虑到农村居住建筑重力循环热水供暖系统的作用压力小，管路越短，阻力损失越小，对循环有利，因此宜选择异程式管路系统形式，即离供暖炉近的房间散热器的循环环路短，离供暖炉远的房间散热器的循环环路长。农村居住建筑内供暖房间较少，系统循环环路较少，可通过提高远处散热器组的安装高度来增大远处立管环路的重力循环作用压力，适当增加远处立管环路的管径来减少远处立管环路的阻力，并在近处立管的散热器支管上安装阀门，增加近处立管环路的阻力损失等措施使异程式系统造成的水平失调降低到最小。

对于单层农村居住建筑，由于安装条件所限，散热器和供暖炉中心高度差较小，作用压力有限，如采用水平单管式系统，整个供暖系统只有一个环路，热水流过管路和散热器的阻力较大，系统循环不利；采用水平双管式系统时，距离供暖炉近的环路短，阻力损失小，有利于循环，只是远端散热器环路阻力大，可以通过提高末端散热器的高度来增大作用压力；采用水平双管式系统，供水干管位置可以设置很高，以提高系统循环的附加作用压力。农村居住建筑的建筑面积越来越大，多个房间内安装散热器，而实际上不能每个房间都住人，冬季为了节煤，不住人房间的散热器可以关闭，或者将阀门关小，减少进入该房间散热器的流量，其向房间的散热量只需保持房间较低温度，避免水管等冻裂即可。因此，对于单层农村居住建筑的热水供暖系统形式宜采用水平双管式。

对于二层及以上的农村居住建筑，上层房间的散热器安装高度与供暖炉高度差加大，上层散热器系统的循环作用压力远大于底层散热器系统的作用压力，如果采用垂直双管式或水平式系统就会造成上层和底层的系统流量不均，出现严重的垂直失调现象，即同一竖向房间冷热不均。垂直单管顺流式系统的作用压力是由同一立管上各层散热器组的安装高度共同确定的，整个环路的循环作用压力介于采用垂直双管系统中底层散热器环路的作用压力和顶层散热器环路的作用压力之间，可有效提高底层系统的作用压力，也缓解了上层作用压力过大的缺点。因此，二层及以上农村居住建筑的热水供暖系统形式宜采用垂直单管顺流式。

6.3.3 重力循环热水供暖系统的作用半径是指供暖炉出水总管与最远端散热器立管之间水平管道长度。在考虑重力循环热水供暖系统供回水密度差产生的作用压力和水在管道中沿途冷却产生的附加压力共同作用的条件下，建立系统作用压力与阻力损失平衡关系，通过实际测试获得重力循环热水供暖系统中主干管的热水实际流速范围，最后计算得到系统的作用半径与供暖炉加热中心和散热器散热中心高度差的对应数值关系，见表5。

表5 重力循环热水供暖系统的作用半径（m）

	供暖炉加热中心和散热器散热中心高度差	作用半径
单层住房	0.2	3.0
	0.3	5.5
	0.4	8.0
	0.5	11.0
	0.6	13.5
	0.7	16.0
	0.8	18.5
	0.9	21.5
	1.0	24.0
二层住房	1.5	33.5
	2.0	46.5
	2.5	59.5

表5中的作用半径数值是在供水干管高于供暖炉加热中心1.5m的垂直高度下计算得到的。

6.3.4 本条文说明如下：

1 铁制炉具外形美观，体积小，由专业厂家成批制造，性能指标上都经过严格的标定验收，有一定的质量保障，一般是比较先进的；内部构造复杂，换热面积大，热效率高；炉体普遍采用蛭石粉、岩棉进行保温，散热损失小，炉胆内壁可挂耐火炉衬或烧制耐火材料；搬家移动拆装方便。

2 供暖炉有多种类型，用户应根据采用的燃料选择相应的供暖炉类型。采用蜂窝煤时，应根据使用要求选择单眼、双眼或多眼的蜂窝煤供暖炉；燃烧散煤时，由于煤的化学成分不同，燃烧特点各异，为适应不同煤种的需要，炉具尺寸，如炉膛深度和吊火高度，也要适当变化。一般来说，烟煤大烟大火，炉膛要浅，以利通风，炉膛深多在100mm～150mm之间。烟火室要大，吊火高度要高，以利于烟气形成涡流，在烟火室多停留一段时间，有利于烧火做饭；燃烧秸秆压块的用户，可选用生物质气化炉。

3 供暖炉通常设置在厨房或单独的锅炉间内，这些房间往往不需供暖或需热量很少，如果炉体的散热损失过大，有效送入供暖房间的热量就会减少，因此用户在选择供暖炉时，应选择保温好的炉子，提高供暖炉的实际输热效率。

4 烟煤大烟大火，烟气带走的热量较多，为了便于回收烟气余热，提高供暖系统的供热效率，燃烧烟煤的用户宜选择带排烟热回收装置的供暖炉或在供暖炉排烟道上设水烟囱或水烟脖等热回收装置。

5 供暖炉尽量布置在专门锅炉间内，供暖炉不能设置在卧室或与其相通的房间内，以免发生煤气中毒事件；供暖炉间宜设置在房屋的中间部位，避免系统的作用半径过大；为增加系统的重力循环作用压力，应尽可能加大散热器和供暖炉加热中心的高度差，即提升散热器和降低供暖炉的安装高度。散热器在室内的安装高度受到增强对流散热、美观等方面的要求限制，位置不能设置太高，通常散热器的底端距地面0.2m～0.5m，应尽可能降低供暖炉的安装高度，最好能低于室内地坪0.2m～0.5m；供暖炉尽可能靠近房屋的烟道，减少排烟长度和排烟阻力，利于燃烧。

6.3.5 在农村居住建筑中，常能见到因房间外窗距供暖炉太远或因外窗台较低而造成散热器中心低等原因，使系统的总压力难以克服循环的阻力而使水循环不能顺利进行，同时回水主干管也无法直接以向下的坡度连至供暖炉，即出现所谓回水"回不来"情况。在这种场合下，散热器不适合安装在外窗台下，可将散热器布置在内墙面上，距供暖炉近一些，管路短些，利于循环，同时因不受窗台高低的限制，可以适当抬高散热器中心，从而室内温度得以提高。现在农村新建居住建筑的外窗基本都采用双玻中空玻璃窗，其保温性和严密性好，冷空气的相对渗透量少。散热器安装在内墙上所引起的室内温度不均匀的问题就不会很突出。

6.3.6 重力循环热水供暖系统的供水干管距供暖炉中心的垂直距离越大，附加压力也越大，越有利于循环。所以供水干管应设在室内顶棚下面尽量高的位置上，但系统中需要设置膨胀水箱和排气装置，供水干管的安装位置也会受到膨胀水箱和排气装置的限制，设计时，必须充分考虑三者的位置关系后，再确定供水干管的安装高度。

单层农村居住建筑的重力循环热水供暖系统中，膨胀水箱通常安装在供暖炉附近的回水总干管上，便于加水，而自动排气阀通常安装在供水干管末端。为了保证系统高点不出现负压，考虑压力波动，膨胀水箱底部的安装高度应高出供水总干管 30mm～50mm。为了便于供水干管末端集气和排气，自动排气装置应高出系统的最高点，考虑到压力波动，供水干管末端的自动排气装置的安装点应高出膨胀水箱上端 50mm～80mm，如图 15 所示。在供水干管、膨胀水箱和自动排气装置三者的安装高度关系中，应先确定自动排气装置的安装高度，再反推出膨胀水箱和供水干管的安装位置高度。

单层农村居住建筑室内吊顶后的净高约为 2.7m，考虑膨胀水箱的安装高度，供水干管的安装标高宜为 2.0m 左右，散热器中心通常的安装高度为 0.5m～0.7m，因次，提出供水干管宜高出散热器中心 1.0m～1.5m 安装。

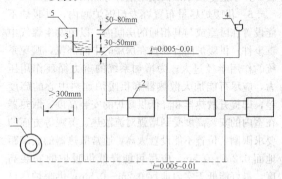

图 15　单层农村居住建筑供水干管的安装位置高度关系示意
1—供暖炉；2—散热器；3—膨胀水箱；
4—自动排气阀；5—排气管

6.3.7 单层农村居住建筑的膨胀水箱宜连接到靠近供暖炉的总回水干管上。由于膨胀水箱需要经常加水，因此膨胀水箱与回水总干管的连接点宜靠近供暖炉，但膨胀水箱应与供暖炉保持一定的水平间距，防止膨胀水箱溢水时，水溅到供暖炉上，两者间水平距离应大于 0.3m。系统不循环时，膨胀水箱中的水位即为系统水位高度，为了避免系统缺水，特别是供水干管空管，膨胀水箱的安装高度（即下端）应高出供水干管 30mm～50mm，膨胀水箱中如果有一定的水位，供水干管就不会出现空管现象。

对于二层以上农村居住建筑，膨胀水箱不宜安装在设置于一层的供暖炉附近的回水干管上，宜安装在上层系统供水干管的末端，为了便于加水，膨胀水箱应设置在卫生间或其他辅助用房内，且膨胀水箱的安装位置应高出供水干管 50mm～100mm，如图 16 所示。为便于系统排气，上层散热器上宜安装手动排气阀。

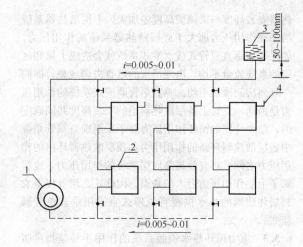

图 16　二层以上农村居住建筑膨胀水箱的安装位置
1—供暖炉；2—散热器；3—膨胀水箱；
4—散热器手动排气阀

6.4　通风与降温

6.4.1 穿堂风是我国南方地区传统建筑解决潮湿闷热和通风换气的主要方法，不论是在建筑群体的布局上，或是在单个建筑的平面与空间构成上，都非常注重穿堂风的形成。

建筑与房间所需要的穿堂风应满足两个要求，即气流路线应流过人的活动范围和建筑群与房间的风速应达到 0.3m/s 以上。要满足这两个要求，必须正确选择建筑的朝向、间距，合理地布置建筑群，选择合理的建筑平、剖面形式，合理地确定建筑开口部分的面积与位置、门窗的装置与开启方式和通风的构造措施等。

6.4.2 受到各种不可避免的因素限制，必须采取单侧通风时，通风窗所在外墙与主导风向间的夹角宜为 40°～65°，使进风气流深入房间。

6.4.3 厨房内热源较大，比较适宜利用热压来加强自然通风，可通过设置烟囱或屋顶上设置天窗达到通风降温的目的。当采用自然通风无法达到降温要求及室内环境品质要求时，应设置机械排风装置。

6.4.4 生态植被绿化屋面是利用植物叶面的光合作用，吸收太阳的热辐射，达到隔热降温的目的。不仅具有优良的保温隔热性能，而且也是集环境生态效益、节能效益和热环境舒适效益为一体的、最佳的建筑屋顶形式，最适宜于夏热冬冷和夏热冬暖地区应用。测试数据表明，在室内空调状态下，无绿化屋顶内表面温度与室内气温相差 3.9℃，而绿化屋顶内表面温度与室内气温相差 1℃；在室内自然状态下，有绿化屋顶的房间空气温度和内表面温度比无绿化屋顶平均低 3.2℃ 和 3.8℃。

隔热通风屋顶在我国夏热冬冷地区和夏热冬暖地区广泛采用，尤其是在气候炎热多雨的夏季，这种屋面构造形式更显示出它的优越性。由于屋盖由实体结构变为带有封闭或通风的空气间层结构，大大地提高了屋盖的隔热能力。通过测试表明，通风屋面和实砌屋面相比，虽然两者的热阻相等，但它们的热工性能有很大的不同，以重庆市荣昌节能试验建筑为例，在自然通风条件下，实砌屋顶内表面温度平均值为35.1℃，最高温度达38.7℃；通风屋顶内表面温度平均值为33.3℃，最高温度为36.4℃；在连续空调状态下，通风屋顶内表面温度比实砌屋面平均低2.2℃。而且，通风屋面内表面温度波的最高值比实砌屋面要延后3h～4h，显然通风屋顶具有隔热好、散热快的特点。

屋面多孔材料被动蒸发冷却降温技术是利用水分蒸发消耗大量的太阳能，以减少传入建筑物的热量，在我国南方实际工程应用有非常好的隔热降温效果。据测试，多孔材料蓄水蒸发冷却是在屋顶铺设多孔含湿材料，其效果可使建筑屋面降温约2.5℃，屋顶内表面温度约降5℃；优于现行的传统蓄水屋面。

6.4.5 在一些极端天气条件下，被动式降温无法满足室内热环境的要求，如果经济水平允许，农户可以选择空调降温。目前，市场上有多种空调系统，如分体空调、户式中央空调、多联机等。由于农村居住建筑一般只在卧室、起居室等主要功能房间使用空调，且各房间同时使用空调的情况较少，因此建议使用分体式空调，灵活调节空调使用的时间，达到节能目的。

能效比是衡量空调器的重要经济性指标，能效比高，说明该种系统具有节能、省电的先决条件。用户选设备时，可以根据产品上的能效标识来辨别能效比。能效标识分为1、2、3共3个等级，等级1表示产品达到国际先进水平，最节电，即耗能最低，能效比3.6以上；等级2表示比较节电，能效比3.4～3.6；等级3是市场准入指标，低于该等级要求的产品不允许生产和销售，能效比3.2～3.4。

6.4.6 在我国气候比较干燥的西部和北部地区，宜采用直接蒸发冷却式空调方式。直接蒸发冷却式空调方式是将地表水过滤后直接通入风机盘管或者其他空调机组中，直接利用蒸发冷却来降低室内空气温湿度。需要注意的是风机盘管尽量选择负荷偏大、高风量的干式风盘机组。

7 照 明

7.0.1 照明功率密度的规定就是要求在照明设计中，满足作业面照明标准值的同时，通过选择高效节能的光源、灯具与照明电器，使房间的照明功率密度不超过限值，以达到节能目的。本条中照明功率密度值引自现行国家标准《建筑照明设计标准》GB 50034。农村居住建筑的照明功率密度值是按每户来计算的。

现行国家标准《建筑照明设计标准》GB 50034中规定我国建筑室内照度标准值分级为：0.5、1、3、5、10、15、20、30、50、75、100、150、200、300、500、750、1000、1500、2000、3000、5000lx。根据农村居住建筑的实际使用情况，当使用者视觉能力低于正常能力或建筑等级和功能要求高时，可按照度标准值分级提高一级。当建筑等级和功能要求较低时，可按照度标准值分级降低一级。相应的照明功率密度值应按比例提高或折减。

7.0.2 为了在保障照明条件的前提下，降低照明耗电量，达到节能目的，在照明光源选择上应避免使用光效低的白炽灯。细管径荧光灯（T5型等）、紧凑型荧光灯、LED光源等具有光效高、光色好、寿命较长等优点，是目前比较适合农村居住建筑室内照明的高效光源。

灯具的效率会直接影响照明质量和能耗。在满足眩光限制要求下，照明设计中宜多注意选择直接型灯具。室内灯具效率不宜低于70%。同时应选用利用系数高的灯具。

7.0.3 当采用普通开关时，农村居住建筑公共部位的灯常因开关不便而变成"长明灯"，造成电能浪费和光源损坏。采用双控或多控开关方便人工开闭，以达到节能目的。

7.0.4 为了能够使农村居民了解自身用电情况，规范用电行为，达到行为节能目的，每户应安装电能计量装置。计量装置的选取应根据家庭电器数量及用电功率大致估算后，选用与之匹配的电能计量装置。

7.0.5 使三相负荷保持平衡，可减少电能损耗。

7.0.6 农村居住建筑应根据电网对功率因数的要求，合理设置无功功率补偿装置。一般在低压母线上设置集中电容补偿装置；对功率因数低，容量较大的用电设备或用电设备组，且离变电所较远时，应采取就地无功功率补偿方式。同时，为提高供电系统的自然功率因数，应优先选用功率因数高的电气设备和照明灯具。

7.0.7 农村居住建筑应充分利用天然采光营造室内适宜的光环境，充足的天然采光有利于居住者的生理和心理健康，同时也利于降低人工照明能耗。本条指明房间的天然采光应符合现行国家标准《建筑采光设计标准》GB 50033的规定。

7.0.8 农村地区相比城市具有太阳能、风能利用的优势，采用太阳能光伏发电或风力发电能有效地减少矿物质能源的消耗，符合节能原则。但这些能源系统中都含有蓄能装置，根据我国目前的情况，当蓄能装置寿命终结后，其处理方式会对自然环境带来一定的负面影响。本条文倡导在无电网供电的农村地区利用太阳能、风能等可再生能源作为照明能源，旨在节能的同时注重环境保护。

8 可再生能源利用

8.1 一般规定

8.1.1 根据 2008 中国能源统计年鉴，2007 年底，我国商品能源消费总量为 26.5583 亿吨标准煤，生活消费商品用能 2.6790 亿吨标准煤。其中，农村地区生活消费商品用能约为 1 亿吨标准煤，沼气、秸秆、薪柴等非商品用能约为 2.6 亿吨标准煤，如果全部转化为商品能源，则农村地区生活消费用能将达 3.6 亿吨标准煤，占全国商品能源消费总量的 13.6%。

我国广大农村地区存在丰富多样的能源资源，并且具有地域性、多能源互补性等特点。全国 2/3 地区太阳能资源高于 Ⅱ 类，具有理想的开发利用潜力。农村是生物质能的最主要产地，在经济发达地区，农村的秸秆、薪柴、粪便等生物质能源丰富，规模开发的潜力极大。我国农村地域广泛，地热能资源丰富。

为降低建筑能耗，减少生活用能，提高农民生活水平，既要节流，又要开源，所以，应努力增加可再生能源在建筑中的应用范围。在技术、经济和资源等条件允许的情况下，应充分利用太阳能、生物质能和地热能等可再生能源来替代煤、石油、电力等常规能源，从而节约农村居住建筑供热供暖和生活用能，减轻环境污染。

可再生能源技术多样，各项技术均有其适用性，需要不同的资源条件和技术经济条件。因此，可再生能源利用时，应做到因地制宜，多能源互补和综合利用，选择适宜当地经济和资源条件的技术来实施。如在西部太阳辐照条件好的地方，以太阳能利用为主，其他可再生能源为辅；而在四川、贵州等太阳能资源贫乏地区，生物质能丰富的地区，可以生物质能为主；而在经济发达地区，可以尝试利用地热能作为农村居住建筑供热空调的能源。

8.1.2 太阳能利用技术包括太阳能光热利用和太阳能光电利用。限于经济条件和生活水平的制约，太阳能光伏发电投资高，运行维护费用大，因此，除市政电网未覆盖的地区外，太阳能光伏发电不适宜在农村地区利用，而太阳能热水在农村已经普遍应用，尤其是家用太阳能热水系统。太阳能供暖在农村已经实施多项示范工程，是改善农村居住建筑冬季供暖室内热环境的有力措施之一。因此，在农村居住建筑中，太阳能利用应以热利用为主，选择的系统类型应与当地的太阳能资源和气候条件，建筑物类型和投资规模等相适应，在保证系统使用功能的前提下，使系统的性价比最优。

8.1.3 本标准所指的生物质资源主要包括农作物秸秆和畜禽粪便，不包括专为生产液体燃料而种植的能源作物。生物质资源条件决定了本地区可利用的生物

质能种类，气候条件和经济水平制约了生物质能的利用方式。结合我国各地区的气候条件、生物质资源和经济发展情况，适宜采用的生物质能利用方式见表 6。

表 6 各地区适宜采用的生物质能利用方式

地　　区	推荐的生物质能利用方式
东北地区	生物质固体成型燃料
华北地区	户用沼气、规模化沼气工程、生物质固体成型燃料
黄土高原区、青藏高原区	节能柴灶
长江中下游地区	户用沼气、规模化沼气工程、生物质气化技术
华南地区	户用沼气、规模化沼气工程
西南地区	户用沼气、生物质固体成型燃料、生物质气化技术
蒙新区	生物质固体成型燃料、生物质气化技术

8.1.4 地源热泵系统是浅层地热能应用的主要方式。地源热泵系统是以岩土体、地下水或地表水为低温热源，利用热泵将蓄存在浅层岩土体内的低温热能加以利用，对建筑物进行供暖空调的系统。由水源热泵机组、地热能交换系统、建筑物内系统组成。根据地热能交换系统形式的不同，地源热泵系统分为地埋管地源热泵系统（又称土壤源热泵系统）、地下水地源热泵系统和地表水地源热泵系统。

地埋管地源热泵系统（图 17）包括一个土壤地热交换器，它是以 U 形管状垂直安装在竖井之中，或是水平地安装在地沟中。不同的管沟或竖井中的热交换器成并联连接，再通过不同的集管进入建筑中与建筑物内的水环路相连接。北方地区应用时应特别注意防冻问题。

地下水地源热泵系统（图 18）分为两种，一种通常被称为开式系统，另一种则为闭式系统。开式地下水地源热泵系统是将地下水直接供应到每台热泵机组，之后将井水回灌地下。闭式地下水地源热泵系统是将地下水和建筑内循环水之间用板式换热器分开的。深井水的水温一般约比当地气温高 1℃～2℃。我国东北北部地区深井水水温约为 4℃，中部地区约为 12℃，南部地区约为 12℃～14℃；华北地区深井水水温约为 15℃～19℃；华东地区深井水的水温约为 19℃～20℃；西北地区浅井水水温约为 16℃～18℃，深井水水温约为 18℃～20℃；中南地区浅井水水温约为 20℃～21℃。地下水地源热泵系统应用时，应确保地下水全部回灌到同一含水层。

地表水地源热泵系统（图 19）分为开式和闭式

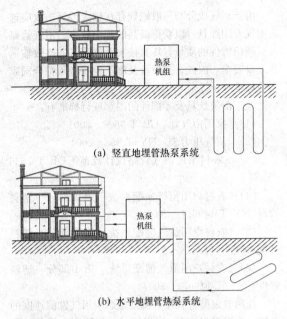

(a) 竖直地埋管热泵系统

(b) 水平地埋管热泵系统

图 17　地埋管地源热泵系统示意

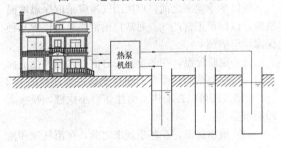

图 18　地下水地源热泵系统示意

两种形式。开式系统指地表水在循环泵的驱动下，经处理直接流经水源热泵机组或通过中间换热器进行热交换的系统；闭式系统指将封闭的换热盘管按照特定的排列方法放入具有一定深度的地表水体中，传热介质通过换热管管壁与地表水进行热交换的系统。地表水地源热泵系统应用时，应综合考虑水体条件，合理设置取水口和排水口，避免水系统短路。

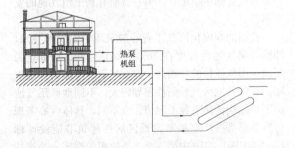

图 19　地表水地源热泵系统示意

8.2　太阳能热利用

8.2.1　选用太阳能热水系统时，宜按照家庭中常住人口数量来确定水容量的大小，考虑到农民的生活习惯和经济承受能力，设定人均用水量为 30L～60L。

8.2.2　在农村居住建筑中，普遍使用家用太阳能热水系统提供生活热水。至 2007 年，农村中太阳能热水器保有量达 4300 万 m²（约为 2150 万户）。随着家电下乡的热潮，其在农村的使用更加广泛，但是由于产品良莠不齐，造成的产品纠纷以及安全隐患也在增加，所以，应选择符合现行国家标准《家用太阳热水系统技术条件》GB/T 19141 的产品。

紧凑式直接加热自然循环的家用太阳能热水系统是最节能的，集热管（板）直接与贮热水箱连接的紧凑式，无需管路或管路很短，从而减少集热部分损失；集热管（板）中水与贮热水箱中水连通的直接加热，换热效率高；自然循环系统无需水泵等加压装置，减少造价和运行费用，较适宜农村居住建筑使用。

在分散的农村居住建筑中，采用生物质能或燃煤作为供暖或炊事用热时，太阳能热水系统与其结合使用，保证连续的热水供应。当太阳能家用热水系统仅供洗浴需求时，不必再设置一套燃烧系统增加系统造价。

8.2.3　由于建筑物的供暖负荷远大于热水负荷，为了得到更大的节能效益，在太阳能资源较丰富的地区，宜采用太阳能热水供热供暖技术或主被动结合的空气供暖技术。

太阳能热水供热供暖技术采用水或其他液体作为传热介质，输送和蓄热所需空间小，与水箱等蓄热装置的结合较容易，与锅炉辅助热源的配合也较成熟，不但可以直接供应生活热水，还可与目前成熟的供暖系统如散热器供暖、风机盘管供暖和地面辐射供暖等配套应用，在辅助热源的帮助下可以保证建筑全天候都具备舒适的热环境。但是，采用水或其他液体作为传热介质也为系统带来了一些弊端，首先，系统如果因为保养不善或冻结等原因发生漏水时，不但会影响系统正常运行，还会给居民的财产和生活带来损失；其次，系统在非供暖季往往会出现过热现象，需要采取措施防止过热发生；系统传热介质工作温度较高，集热器效率较低，系统造价较高。

与热水供热供暖系统相比，空气供暖系统的优点是系统不会出现漏水、冻结、过热等隐患，太阳得热可直接用于热风供暖，省去了利用水作为热媒必需的散热装置；系统控制使用方便，可与建筑围护结构和被动式太阳能建筑技术很好结合，基本不需要维护保养，系统即使出现故障也不会带来太大的危害。在非供暖季，需要时通过改变进出风方式，可以强化建筑物室内通风，起到辅助降温的作用。此外，由于采用空气供暖，热媒温度不要求太高，对集热装置的要求也可以降低，可以对建筑围护结构进行相关改造使其成为集热部件，降低系统造价。

8.2.4　建筑物的供暖负荷远大于热水负荷，如果以满足建筑物的供暖需求为主，太阳能供热供暖系统的集热器面积较大，在非供暖季热水过剩、过热，从而浪费投资、浪费资源以及因系统过热而产生安全隐患，所以，太阳能供热供暖系统必须注意全年的综合利用，供暖期提供供热供暖，非供暖期提供生活热水、其他用热或强化通风。此外，太阳能供热供暖技术一般可与被动式太阳能建筑技术结合使用，降低成本。

现行国家标准《太阳能供热采暖工程技术规范》GB 50495 基本解决了以上技术问题，目前已取得了良好效果。该标准在设计部分对供热供暖系统的选型、负荷计算、集热系统设计、蓄热系统设计、控制系统设计、末端供暖系统设计、热水系统设计以及其他能源辅助加热/换热设备选型都作出了相应的规定，农村居住建筑太阳能供热供暖系统设计应执行该标准。

8.2.5 太阳能集热器是太阳能供热供暖系统最关键的部件，其性能应符合现行国家标准《平板型太阳能集热器》GB/T 6424、《真空管型太阳能集热器》GB/T 17581 和《太阳能空气集热器技术条件》GB/T 26976 的规定。液态工质集热器的类型包括全玻璃真空管型、平板型、热管真空管型和 U 型管真空管型太阳能集热器，其中全玻璃真空管型太阳能集热器效率较高、造价低、安装维护简单，在我国广泛应用。空气集热器是近期发展起来的产品，目前主要用于工业干燥，在以空气为介质的太阳能空气供暖系统中也逐渐得到采用。

8.2.6 太阳能是间歇性能源，在系统中设置其他能源辅助加热/换热设备，既要保证太阳能供热供暖系统稳定可靠运行，又可降低系统的规模和投资，否则将造成过大的集热、蓄热设备和过高的初投资，在经济性上是不合理的。辅助热源应根据当地条件，优先选择生物质燃料，也可利用电、燃气、燃油、燃煤等。加热/换热设备选择生物质炉、各类锅炉、换热器和热泵等，做到因地制宜、经济适用。

8.3 生物质能利用

8.3.1 传统的生物质直接燃烧方式热效率低，同时伴随着大量烟尘和余灰，造成了生物质能源的浪费和居住环境质量的下降。因此，在具备生物质转换条件（生物质资源条件、经济条件及气候条件）的情况下，宜通过各种先进高效的生物质转换技术（如生物质气化技术、生物质固化成型技术等），将生物质资源转化成各种清洁能源（如沼气、生物质气、生物质固化燃料等）后加以使用。

8.3.2 沼气发酵是厌氧发酵，发酵工艺要求沼气池必须严格密封，水压式沼气池池内压强远大于池外大气压强。密封性不好的沼气池不但会漏气，而且会使水压式沼气池的水压功能丧失殆尽，所以必须做好沼气池的密封。

由于沼气成分与一般燃气存在较大差异，故应选用沼气专用灶具，以获得最高的利用效率。沼气管路及其阀门管件的质量好坏直接关系到沼气的高效输送和人身安全，因此，其质量及施工验收必须符合国家相关标准规范。

关于沼气灶具及零部件的国家现行标准有：
(1)《家用沼气灶》GB/T 3606－2001
(2)《沼气压力表》NY/T 858－2004
(3)《农村家用沼气管路设计规范》GB/T 7636－1987
(4)《农村户用沼气输配系统 第1部分 塑料管材》NY/T 1496.1－2007
(5)《农村户用沼气输配系统 第2部分 塑料开关》NY/T 1496.3－2007
(6)《农村户用沼气输配系统 第1部分 塑料管件》NY/T 1496.2－2007

在沼气发酵过程中，温度是影响沼气发酵速度的关键，当发酵温度在8℃以下时，仅能产生微量的沼气。所以冬季到来之前，户用沼气池应采取保温增温措施，以保证正常产气。通常户用沼气池有以下几种保温增温措施：

(1) 覆膜保温，在冬季到来之前，在沼气池上面加盖一层塑料薄膜，覆盖面积是池体占地面积的1.2～1.5倍。还可以在池体上面建塑料小拱棚，吸收太阳能增温。

(2) 堆物保温，在冬季到来之前，在沼气池和池盖上面，堆集或堆沤热性作物秸秆（稻草、糜草等）和热性粪便（马、驴、羊粪等），堆沤的粪便要加湿覆膜，这样既有利于沼气池保温，又强化堆沤，为明年及时装料创造了条件。

(3) 建太阳能暖圈，在沼气池顶部建一猪舍（牛、羊舍），一角处建一厕所，前墙高1.0m，后墙高1.8m～2.0m，侧墙形成弧形状，一般建筑面积16m²～20m²，冬季上覆塑料薄膜，形成太阳能暖圈，一方面促进猪牛羊生长，另一方面有利于沼气池的安全越冬。

我国的规模化沼气工程一般采用中温发酵技术，即维持沼气池内温度在30℃～35℃之间。因此，为了减少沼气池体的热损失，应做好沼气池体的保温措施，我国各地区气候条件差异很大，不同地区沼气池的围护结构传热系数上限值也应不同，具体可参考现行行业标准《严寒和寒冷地区居住建筑节能设计标准》JGJ 26－2010中第4.2.2条的相关规定。为维持沼气池的中温发酵要求，除了保温外，还需配备一套加热系统。应根据规模化沼气工程的特点，选取高效节能的加热方式，如利用沼气发电的冷热电三联供系统的余热、热泵加热和太阳能集热等加热方式，降低沼气设施本身的能耗和提高能源利用效率。

8.3.3 气化机组是指由上料装置、气化炉、净化装置及配套辅机组成的单元。气化效率是指单位重量秸秆原料转化成气体燃料完全燃烧时放出的热量与该单位重量秸秆原料的热量之比。能量转换率是指生物质（秸秆）气化或热解后生成的可用产物中能量与原料总能量的百分比。

8.3.4 生物质固体成型燃料炉的种类众多，根据使用燃料规格的不同，可分为颗粒炉和棒状炉；根据燃烧方式的不同，可分为燃烧炉、半气化炉和气化炉；根据用途不同，可分为炊事炉、供暖炉和炊事供暖两用炉。在选取生物质固体成型燃料炉时，应综合考虑以上各因素，确保生物质固体成型燃料的高效利用。

8.4 地热能利用

8.4.1 地源热泵系统可以将蓄存在浅层岩土体中的低品位热能加以利用，有利于节能和改善大气环境。有条件时，寒冷地区可将其作为一种供暖方式供选择。

8.4.2 较大规模指地源热泵系统供暖建筑面积在3000m² 以上。地源热泵系统大规模应用时，应符合现行国家标准《地源热泵系统工程技术规范》GB 50366 的规定。

8.4.3 地埋管换热器进口水温限值，是为了保证冬季在不加防冻剂的情况下，系统可以正常运行；同时水温过低，也会导致运行效率低下。地埋管应采用化学稳定性好、耐腐蚀、热导率大、流动阻力小的塑料管材及管件。由于聚氯乙烯管处理热膨胀和土壤位移的压力能力弱，所以不推荐在地埋管换热器中使用PVC管。

中华人民共和国行业标准

严寒和寒冷地区居住建筑节能设计标准

Design standard for energy efficiency of residential
buildings in severe cold and cold zones

JGJ 26—2010

批准部门：中华人民共和国住房和城乡建设部
施行日期：２０１０年８月１日

中华人民共和国住房和城乡建设部
公　告

第 522 号

关于发布行业标准
《严寒和寒冷地区居住建筑节能设计标准》的公告

现批准《严寒和寒冷地区居住建筑节能设计标准》为行业标准，编号为 JGJ 26-2010，自 2010 年 8 月 1 日起实施。其中，第 4.1.3、4.1.4、4.2.2、4.2.6、5.1.1、5.1.6、5.2.4、5.2.9、5.2.13、5.2.19、5.2.20、5.3.3、5.4.3、5.4.8 条为强制性条文，必须严格执行。原《民用建筑节能设计标准（采暖居住建筑部分）》JGJ 26-95 同时废止。

本标准由我部标准定额研究所组织中国建筑工业出版社出版发行。

中华人民共和国住房和城乡建设部
2010 年 3 月 18 日

前　言

根据原建设部《关于印发〈2005 年度工程建设国家标准制订、修订计划〉的通知》（建标函［2005］84 号）的要求，标准编制组经广泛调查研究，认真总结实践经验，参考有关国际标准和国外先进标准，并在广泛征求意见的基础上，对《民用建筑节能设计标准（采暖居住建筑部分）》JGJ 26-95 进行了修订，并更名为《严寒和寒冷地区居住建筑节能设计标准》。

本标准的主要技术内容是：总则，术语和符号，严寒和寒冷地区气候子区与室内热环境计算参数，建筑与围护结构热工设计，采暖、通风和空气调节节能设计等。

本标准修订的主要技术内容是：根据建筑节能的需要，确定了标准的适用范围和新的节能目标；采用度日数作为气候子区的分区指标，确定了建筑围护结构规定性指标的限值要求，并注意与原有标准的衔接；提出了针对不同保温构造的热桥影响的新评价指标，明确了使用适应供热体制改革需求的供热节能措施；鼓励使用可再生能源。

本标准中以黑体字标志的条文为强制性条文，必须严格执行。

本标准由住房与城乡建设部负责管理和对强制性条文的解释，由中国建筑科学研究院负责具体技术内容的解释。执行过程中如有意见或建议，请寄送中国建筑科学研究院（地址：北京市北三环东路 30 号，邮政编码 100013）。

本标准主编单位：中国建筑科学研究院

本标准参编单位：中国建筑业协会建筑节能
专业委员会
哈尔滨工业大学
中国建筑西北设计研究院
中国建筑设计研究院

中国建筑东北设计研究院有限责任公司
吉林省建筑设计院有限责任公司
北京市建筑设计研究院
西安建筑科技大学
哈尔滨天硕建材工业有限公司
北京振利高新技术有限公司
BASF（中国）有限公司
欧文斯科宁（中国）投资有限公司
中国南玻集团股份有限公司
秦皇岛耀华玻璃股份有限公司
乐意涂料（上海）有限公司

本标准主要起草人员：林海燕　郎四维　涂逢祥
方修睦　陆耀庆　潘云钢
金丽娜　吴雪岭　卜一秋
闫增峰　周　辉　董　宏
朱清宇　康玉范　林燕成
王　稚　许武毅　李西平
邓　威

本标准主要审查人员：吴德绳　许文发　徐金泉
杨善勤　李娥飞　屈兆焕
陶乐然　栾景阳　刘振河

目 次

Contents

1 总 则

1.0.1 为贯彻国家有关节约能源、保护环境的法律、法规和政策，改善严寒和寒冷地区居住建筑热环境，提高采暖的能源利用效率，制定本标准。

1.0.2 本标准适用于严寒和寒冷地区新建、改建和扩建居住建筑的节能设计。

1.0.3 严寒和寒冷地区居住建筑必须采取节能设计，在保证室内热环境质量的前提下，建筑热工和暖通设计应将采暖能耗控制在规定的范围内。

1.0.4 严寒和寒冷地区居住建筑的节能设计，除应符合本标准的规定外，尚应符合国家现行有关标准的规定。

2 术语和符号

2.1 术 语

2.1.1 采暖度日数 heating degree day based on 18℃

一年中，当某天室外日平均温度低于18℃时，将该日平均温度与18℃的差值乘以1d，并将此乘积累加，得到一年的采暖度日数。

2.1.2 空调度日数 cooling degree day based on 26℃

一年中，当某天室外日平均温度高于26℃时，将该日平均温度与26℃的差值乘以1d，并将此乘积累加，得到一年的空调度日数。

2.1.3 计算采暖期天数 heating period for calculation

采用滑动平均法计算出的累年日平均温度低于或等于5℃的天数。计算采暖期天数仅供建筑节能设计计算时使用，与当地法定的采暖天数不一定相等。

2.1.4 计算采暖期室外平均温度 mean outdoor temperature during heating period

计算采暖期室外日平均温度的算术平均值。

2.1.5 建筑体形系数 shape factor

建筑物与室外大气接触的外表面积与其所包围的体积的比值。外表面积中，不包括地面和不采暖楼梯间内墙及户门的面积。

2.1.6 建筑物耗热量指标 index of heat loss of building

在计算采暖期室外平均温度条件下，为保持室内设计计算温度，单位建筑面积在单位时间内消耗的需由室内采暖设备供给的热量。

2.1.7 围护结构传热系数 heat transfer coefficient of building envelope

在稳态条件下，围护结构两侧空气温差为1℃，在单位时间内通过单位面积围护结构的传热量。

2.1.8 外墙平均传热系数 mean heat transfer coefficient of external wall

考虑了墙上存在的热桥影响后得到的外墙传热系数。

2.1.9 围护结构传热系数的修正系数 modification coefficient of building envelope

考虑太阳辐射对围护结构传热的影响而引进的修正系数。

2.1.10 窗墙面积比 window to wall ratio

窗户洞口面积与房间立面单元面积（即建筑层高与开间定位线围成的面积）之比。

2.1.11 锅炉运行效率 efficiency of boiler

采暖期内锅炉实际运行工况下的效率。

2.1.12 室外管网热输送效率 efficiency of network

管网输出总热量与输入管网的总热量的比值。

2.1.13 耗电输热比 ratio of electricity consumption to transferied heat quantity

在采暖室内外计算温度下，全日理论水泵输送耗电量与全日系统供热量比值。

2.2 符 号

2.2.1 气象参数

$HDD18$——采暖度日数，单位：℃·d；

$CDD26$——空调度日数，单位：℃·d；

Z——计算采暖期天数，单位：d；

t_e——计算采暖期室外平均温度，单位：℃。

2.2.2 建筑物

S——建筑体形系数，单位：1/m；

q_H——建筑物耗热量指标，单位：W/m²；

K——围护结构传热系数，单位：W/(m²·K)；

K_m——外墙平均传热系数，单位：W/(m²·K)；

ε_i——围护结构传热系数的修正系数，无因次。

2.2.3 采暖系统

η_1——室外管网热输送效率，无因次；

η_2——锅炉运行效率，无因次；

EHR——耗电输热比，无因次。

3 严寒和寒冷地区气候子区与室内热环境计算参数

3.0.1 依据不同的采暖度日数（$HDD18$）和空调度日数（$CDD26$）范围，可将严寒和寒冷地区进一步划分成表3.0.1所示的5个气候子区。

表 3.0.1 严寒和寒冷地区居住建筑
节能设计气候子区

气候子区		分区依据
严寒地区 （Ⅰ区）	严寒（A）区	6000≤HDD18
	严寒（B）区	5000≤HDD18<6000
	严寒（C）区	3800≤HDD18<5000
寒冷地区 （Ⅱ区）	寒冷（A）区	2000≤HDD18<3800，CDD26≤90
	寒冷（B）区	2000≤HDD18<3800，CDD26>90

3.0.2 室内热环境计算参数的选取应符合下列规定：

1 冬季采暖室内计算温度应取18℃；

2 冬季采暖计算换气次数应取0.5h^{-1}。

4 建筑与围护结构热工设计

4.1 一 般 规 定

4.1.1 建筑群的总体布置，单体建筑的平面、立面设计和门窗的设置，应考虑冬季利用日照并避开冬季主导风向。

4.1.2 建筑物宜朝向南北或接近朝向南北。建筑物不宜设有三面外墙的房间，一个房间不宜在不同方向的墙面上设置两个或更多的窗。

4.1.3 严寒和寒冷地区居住建筑的体形系数不应大于表4.1.3规定的限值。当体形系数大于表4.1.3规定的限值时，必须按照本标准第4.3节的要求进行围护结构热工性能的权衡判断。

表 4.1.3 严寒和寒冷地区居住建筑的体形系数限值

	建 筑 层 数			
	≤3层	(4～8)层	(9～13)层	≥14层
严寒地区	0.50	0.30	0.28	0.25
寒冷地区	0.52	0.33	0.30	0.26

4.1.4 严寒和寒冷地区居住建筑的窗墙面积比不应大于表4.1.4规定的限值。当窗墙面积比大于表4.1.4规定的限值时，必须按照本标准第4.3节的要求进行围护结构热工性能的权衡判断，并且在进行权衡判断时，各朝向的窗墙面积比最大也只能比表4.1.4中的对应值大0.1。

表 4.1.4 严寒和寒冷地区居住建筑的窗墙面积比限值

朝 向	窗墙面积比	
	严寒地区	寒冷地区
北	0.25	0.30
东、西	0.30	0.35
南	0.45	0.50

注：1 敞开式阳台的阳台门上部透明部分应计入窗户面积，下部不透明部分不应计入窗户面积。

2 表中的窗墙面积比应按开间计算。表中的"北"代表从北偏东小于60°至北偏西小于60°的范围；"东、西"代表从东或西偏北小于等于30°至偏南小于60°的范围；"南"代表从南偏东小于等于30°至偏西小于等于30°的范围。

4.1.5 楼梯间及外走廊与室外连接的开口处应设置窗或门，且该窗和门应能密闭。严寒（A）区和严寒（B）区的楼梯间宜采暖，设置采暖的楼梯间的外墙和外窗应采取保温措施。

4.2 围护结构热工设计

4.2.1 我国严寒和寒冷地区主要城市气候分区区属以及采暖度日数（HDD18）和空调度日数（CDD26）应按本标准附录A的规定确定。

4.2.2 根据建筑物所处城市的气候分区区属不同，建筑围护结构的传热系数不应大于表4.2.2-1～表4.2.2-5规定的限值，周边地面和地下室外墙的保温材料层热阻不应小于表4.2.2-1～表4.2.2-5规定的限值，寒冷（B）区外窗综合遮阳系数不应大于表4.2.2-6规定的限值。当建筑围护结构的热工性能参数不满足上述规定时，必须按照本标准第4.3节的规定进行围护结构热工性能的权衡判断。

表 4.2.2-1 严寒（A）区围护结构热工性能参数限值

围护结构部位		传热系数 K[W/(m²·K)]		
		≤3层建筑	(4～8)层的建筑	≥9层建筑
屋 面		0.20	0.25	0.25
外 墙		0.25	0.40	0.50
架空或外挑楼板		0.30	0.40	0.40
非采暖地下室顶板		0.35	0.45	0.45
分隔采暖与非采暖空间的隔墙		1.2	1.2	1.2
分隔采暖与非采暖空间的户门		1.5	1.5	1.5
阳台门下部门芯板		1.2	1.2	1.2
外窗	窗墙面积比≤0.2	2.0	2.5	2.5
	0.2<窗墙面积比≤0.3	1.8	2.0	2.2
	0.3<窗墙面积比≤0.4	1.6	1.8	2.0
	0.4<窗墙面积比≤0.45	1.5	1.6	1.8
围护结构部位		保温材料层热阻 R[(m²·K)/W]		
周边地面		1.70	1.40	1.10
地下室外墙（与土壤接触的外墙）		1.80	1.50	1.20

表 4.2.2-2 严寒（B）区围护结构热工性能参数限值

围护结构部位		传热系数 K[W/(m²·K)]		
		≤3层建筑	(4～8)层的建筑	≥9层建筑
屋 面		0.25	0.30	0.30
外 墙		0.30	0.45	0.55
架空或外挑楼板		0.30	0.45	0.45
非采暖地下室顶板		0.35	0.50	0.50
分隔采暖与非采暖空间的隔墙		1.2	1.2	1.2
分隔采暖与非采暖空间的户门		1.5	1.5	1.5
阳台门下部门芯板		1.2	1.2	1.2
外窗	窗墙面积比≤0.2	2.0	2.5	2.5
	0.2<窗墙面积比≤0.3	1.8	2.2	2.2
	0.3<窗墙面积比≤0.4	1.6	1.9	2.0
	0.4<窗墙面积比≤0.45	1.5	1.7	1.8
围护结构部位		保温材料层热阻 R[(m²·K)/W]		
周边地面		1.40	1.10	0.83
地下室外墙（与土壤接触的外墙）		1.50	1.20	0.91

表 4.2.2-3　严寒(C)区围护结构热工性能参数限值

围护结构部位		传热系数 $K[W/(m^2 \cdot K)]$		
		≤3 层建筑	(4~8)层的建筑	≥9 层建筑
屋　面		0.30	0.40	0.40
外　墙		0.35	0.50	0.60
架空或外挑楼板		0.35	0.50	0.50
非采暖地下室顶板		0.50	0.60	0.60
分隔采暖与非采暖空间的隔墙		1.5	1.5	1.5
分隔采暖与非采暖空间的户门		1.5	1.5	1.5
阳台门下部门芯板		1.2	1.2	1.2
外窗	窗墙面积比≤0.2	2.0	2.5	2.5
	0.2<窗墙面积比≤0.3	1.8	2.2	2.2
	0.3<窗墙面积比≤0.4	1.6	2.0	2.0
	0.4<窗墙面积比≤0.45	1.5	1.8	1.8
围护结构部位		保温材料层热阻 $R[(m^2 \cdot K)/W]$		
周边地面		1.10	0.83	0.56
地下室外墙(与土壤接触的外墙)		1.20	0.91	0.61

表 4.2.2-4　寒冷(A)区围护结构热工性能参数限值

围护结构部位		传热系数 $K[W/(m^2 \cdot K)]$		
		≤3 层建筑	(4~8)层的建筑	≥9 层建筑
屋　面		0.35	0.45	0.45
外　墙		0.45	0.60	0.70
架空或外挑楼板		0.45	0.60	0.60
非采暖地下室顶板		0.50	0.65	0.65
分隔采暖与非采暖空间的隔墙		1.5	1.5	1.5
分隔采暖与非采暖空间的户门		2.0	2.0	2.0
阳台门下部门芯板		1.7	1.7	1.7
外窗	窗墙面积比≤0.2	2.8	3.1	3.1
	0.2<窗墙面积比≤0.3	2.5	2.8	2.8
	0.3<窗墙面积比≤0.4	2.0	2.5	2.5
	0.4<窗墙面积比≤0.5	1.8	2.0	2.3
围护结构部位		保温材料层热阻 $R[(m^2 \cdot K)/W]$		
周边地面		0.83	0.56	—
地下室外墙(与土壤接触的外墙)		0.91	0.61	—

表 4.2.2-5　寒冷(B)区围护结构热工性能参数限值

围护结构部位		传热系数 $K[W/(m^2 \cdot K)]$		
		≤3 层建筑	(4~8)层的建筑	≥9 层建筑
屋　面		0.35	0.45	0.45
外　墙		0.45	0.60	0.70
架空或外挑楼板		0.45	0.60	0.60
非采暖地下室顶板		0.50	0.65	0.65
分隔采暖与非采暖空间的隔墙		1.5	1.5	1.5
分隔采暖与非采暖空间的户门		2.0	2.0	2.0
阳台门下部门芯板		1.7	1.7	1.7

续表 4.2.2-5

围护结构部位		传热系数 $K[W/(m^2 \cdot K)]$		
		≤3 层建筑	(4~8)层的建筑	≥9 层建筑
外窗	窗墙面积比≤0.2	2.8	3.1	3.1
	0.2<窗墙面积比≤0.3	2.5	2.8	2.8
	0.3<窗墙面积比≤0.4	2.0	2.5	2.5
	0.4<窗墙面积比≤0.5	1.8	2.0	2.3
围护结构部位		保温材料层热阻 $R[(m^2 \cdot K)/W]$		
周边地面		0.83	0.56	—
地下室外墙(与土壤接触的外墙)		0.91	0.61	—

注：周边地面和地下室外墙的保温材料层不包括土壤和混凝土地面。

表 4.2.2-6　寒冷(B)区外窗综合遮阳系数限值

围护结构部位		遮阳系数 SC(东、西向/南、北向)		
		≤3 层建筑	(4~8)层的建筑	≥9 层建筑
外窗	窗墙面积比≤0.2	—/—	—/—	—/—
	0.2<窗墙面积比≤0.3	—/—	—/—	—/—
	0.3<窗墙面积比≤0.4	0.45/—	0.45/—	0.45/—
	0.4<窗墙面积比≤0.5	0.35/—	0.35/—	0.35/—

4.2.3　围护结构热工性能参数计算应符合下列规定：

1　外墙的传热系数系指考虑了热桥影响后计算得到的平均传热系数，平均传热系数应按本标准附录 B 的规定计算。

2　窗墙面积比应按建筑开间计算。

3　周边地面是指室内距外墙内表面 2m 以内的地面，周边地面的传热系数应按本标准附录 C 的规定计算。

4　窗的综合遮阳系数应按下式计算：

$$SC = SC_C \times SD = SC_B \times (1 - F_K/F_C) \times SD$$
$$(4.2.3)$$

式中：SC——窗的综合遮阳系数；

SC_C——窗本身的遮阳系数；

SC_B——玻璃的遮阳系数；

F_K——窗框的面积；

F_C——窗的面积，F_K/F_C 为窗框面积比，PVC 塑钢窗或木窗窗框面积比可取 0.30，铝合金窗窗框面积比可取 0.20；

SD——外遮阳的遮阳系数，应按本标准附录 D 的规定计算。

4.2.4　寒冷(B)区建筑的南向外窗(包括阳台的透明部分)宜设置水平遮阳或活动遮阳。东、西向的外窗宜设置活动遮阳。外遮阳的遮阳系数应按本标准附录 D 确定。当设置了展开或关闭后可以全部遮蔽窗户的活动式外遮阳时，应认定满足本标准第 4.2.2 条对外窗的遮阳系数的要求。

4.2.5　居住建筑不宜设置凸窗。严寒地区除南向外不应设置凸窗，寒冷地区北向的卧室、起居室不得设置凸窗。

当设置凸窗时，凸窗凸出(从外墙面至凸窗外表面)不应大于 400mm；凸窗的传热系数限值应比普通窗降低 15%，且其不透明的顶部、底部、侧面的传热系数应小于或等于外墙的传热系数。当计算窗墙面积比时，凸窗的窗面积和凸窗所占的墙面积应按窗洞口面积计算。

4.2.6 外窗及敞开式阳台门应具有良好的密闭性能。严寒地区外窗及敞开式阳台门的气密性等级不应低于国家标准《建筑外门窗气密、水密、抗风压性能分级及检测方法》GB/T 7106－2008 中规定的 6 级。寒冷地区 1～6 层的外窗及敞开式阳台门的气密性等级不应低于国家标准《建筑外门窗气密、水密、抗风压性能分级及检测方法》GB/T 7106－2008 中规定的 4 级，7 层及 7 层以上不应低于 6 级。

4.2.7 封闭式阳台的保温应符合下列规定：

1 阳台和直接连通的房间之间应设置隔墙和门、窗。

2 当阳台和直接连通的房间之间不设置隔墙和门、窗时，应将阳台作为所连通房间的一部分。阳台与室外空气接触的墙板、顶板、地板的传热系数必须符合本标准第 4.2.2 条的规定，阳台的窗墙面积比必须符合本标准第 4.1.4 条的规定。

3 当阳台和直接连通的房间之间设置隔墙和门、窗，且所设隔墙、门、窗的传热系数不大于本标准第 4.2.2 条表中所列限值，窗墙面积比不超过本标准表 4.1.4 的限值时，可不对阳台外表面作特殊热工要求。

4 当阳台和直接连通的房间之间设置隔墙和门、窗，且所设隔墙、门、窗的传热系数大于本标准第 4.2.2 条表中所列限值时，阳台与室外空气接触的墙板、顶板、地板的传热系数不应大于本标准第 4.2.2 条表中所列限值的 120%，严寒地区阳台窗的传热系数不应大于 2.5W/(m² · K)，寒冷地区阳台窗的传热系数不应大于 3.1W/(m² · K)，阳台外表面的窗墙面积比不应大于 60%，阳台和直接连通房间隔墙的窗墙面积比不应超过本标准表 4.1.4 的限值。当阳台的面宽小于直接连通房间的开间宽度时，可按房间的开间计算隔墙的窗墙面积比。

4.2.8 外窗（门）框与墙体之间的缝隙，应采用高效保温材料填堵，不得采用普通水泥砂浆补缝。

4.2.9 外窗（门）洞口室外部分的侧墙面应做保温处理，并应保证窗（门）洞口室内部分的侧墙面的内表面温度不低于室内空气设计温、湿度条件下的露点温度，减小附加热损失。

4.2.10 外墙与屋面的热桥部位均应进行保温处理，并应保证热桥部位的内表面温度不低于室内空气设计温、湿度条件下的露点温度，减小附加热损失。

4.2.11 变形缝应采取保温措施，并应保证变形缝两侧墙的内表面温度在室内空气设计温、湿度条件下不低于露点温度。

4.2.12 地下室外墙应根据地下室不同用途，采取合理的保温措施。

4.3 围护结构热工性能的权衡判断

4.3.1 建筑围护结构热工性能的权衡判断应以建筑物耗热量指标为判据。

4.3.2 计算得到的所设计居住建筑的建筑物耗热量指标应小于或等于本标准附录 A 中表 A.0.1-2 的限值。

4.3.3 所设计建筑的建筑物耗热量指标应按下式计算：

$$q_{\mathrm{H}} = q_{\mathrm{HT}} + q_{\mathrm{INF}} - q_{\mathrm{IH}} \qquad (4.3.3)$$

式中：q_{H}——建筑物耗热量指标(W/m²)；

q_{HT}——折合到单位建筑面积上单位时间内通过建筑围护结构的传热量(W/m²)；

q_{INF}——折合到单位建筑面积上单位时间内建筑物空气渗透耗热量(W/m²)；

q_{IH}——折合到单位建筑面积上单位时间内建筑物内部得热量，取 3.8W/m²。

4.3.4 折合到单位建筑面积上单位时间内通过建筑围护结构的传热量应按下式计算：

$$q_{\mathrm{HT}} = q_{\mathrm{Hq}} + q_{\mathrm{Hw}} + q_{\mathrm{Hd}} + q_{\mathrm{Hmc}} + q_{\mathrm{Hy}} \quad (4.3.4)$$

式中：q_{Hq}——折合到单位建筑面积上单位时间内通过墙的传热量(W/m²)；

q_{Hw}——折合到单位建筑面积上单位时间内通过屋面的传热量(W/m²)；

q_{Hd}——折合到单位建筑面积上单位时间内通过地面的传热量(W/m²)；

q_{Hmc}——折合到单位建筑面积上单位时间内通过门、窗的传热量(W/m²)；

q_{Hy}——折合到单位建筑面积上单位时间内非采暖封闭阳台的传热量(W/m²)。

4.3.5 折合到单位建筑面积上单位时间内通过外墙的传热量应按下式计算：

$$q_{\mathrm{Hq}} = \frac{\sum q_{\mathrm{Hq}i}}{A_0} = \frac{\sum \varepsilon_{\mathrm{q}i} K_{\mathrm{mq}i} F_{\mathrm{q}i}(t_{\mathrm{n}} - t_{\mathrm{e}})}{A_0} \quad (4.3.5)$$

式中：q_{Hq}——折合到单位建筑面积上单位时间内通过外墙的传热量(W/m²)；

t_{n}——室内计算温度，取 18℃；当外墙内侧是楼梯间时，则取 12℃；

t_{e}——采暖期室外平均温度(℃)，应根据本标准附录 A 中的表 A.0.1-1 确定；

$\varepsilon_{\mathrm{q}i}$——外墙传热系数的修正系数，应根据本标准附录 E 中的表 E.0.2 确定；

$K_{\mathrm{mq}i}$——外墙平均传热系数[W/(m² · K)]，应根据本标准附录 B 计算确定；

$F_{\mathrm{q}i}$——外墙的面积(m²)，可根据本标准附录 F 的规定计算确定；

A_0——建筑面积(m²)，可根据本标准附录 F 的规定计算确定。

4.3.6 折合到单位建筑面积上单位时间内通过屋面

的传热量应按下式计算：

$$q_{Hw} = \frac{\Sigma q_{Hwi}}{A_0} = \frac{\Sigma \varepsilon_{wi} K_{wi} F_{wi}(t_n - t_e)}{A_0} \quad (4.3.6)$$

式中：q_{Hw}——折合到单位建筑面积上单位时间内通过屋面的传热量（W/m²）；

ε_{wi}——屋面传热系数的修正系数，应根据本标准附录 E 中的表 E.0.2 确定；

K_{wi}——屋面传热系数[W/(m²·K)]；

F_{wi}——屋面的面积（m²），可根据本标准附录 F 的规定计算确定。

4.3.7 折合到单位建筑面积上单位时间内通过地面的传热量应按下式计算：

$$q_{Hd} = \frac{\Sigma q_{Hdi}}{A_0} = \frac{\Sigma K_{di} F_{di}(t_n - t_e)}{A_0} \quad (4.3.7)$$

式中：q_{Hd}——折合到单位建筑面积上单位时间内通过地面的传热量（W/m²）；

K_{di}——地面的传热系数[W/(m²·K)]，应根据本标准附录 C 的规定计算确定；

F_{di}——地面的面积（m²），应根据本标准附录 F 的规定计算确定。

4.3.8 折合到单位建筑面积上单位时间内通过外窗（门）的传热量应按下式计算：

$$q_{Hmc} = \frac{\Sigma q_{Hmci}}{A_0} = \frac{\Sigma \left[K_{mci} F_{mci}(t_n - t_e) - I_{tyi} C_{mci} F_{mci} \right]}{A_0}$$
$$(4.3.8\text{-}1)$$
$$C_{mci} = 0.87 \times 0.70 \times SC \quad (4.3.8\text{-}2)$$

式中：q_{Hmc}——折合到单位建筑面积上单位时间内通过外窗（门）的传热量（W/m²）；

K_{mci}——窗（门）的传热系数[W/(m²·K)]；

F_{mci}——窗（门）的面积（m²）；

I_{tyi}——窗（门）外表面采暖期平均太阳辐射热（W/m²），应根据本标准附录 A 中的表 A.0.1-1 确定；

C_{mci}——窗（门）的太阳辐射修正系数；

SC——窗的综合遮阳系数，按本标准式（4.2.3）计算；

0.87——3mm 普通玻璃的太阳辐射透过率；

0.70——折减系数。

4.3.9 折合到单位建筑面积上单位时间内通过非采暖封闭阳台的传热量应按下式计算：

$$q_{Hy} = \frac{\Sigma q_{Hyi}}{A_0} = \frac{\Sigma \left[K_{qmci} F_{qmci} \zeta_i (t_n - t_e) - I_{tyi} C'_{mci} F_{mci} \right]}{A_0}$$
$$(4.3.9\text{-}1)$$
$$C'_{mci} = (0.87 \times SC_w) \times (0.87 \times 0.70 \times SC_N)$$
$$(4.3.9\text{-}2)$$

式中：q_{Hy}——折合到单位建筑面积上单位时间内通过非采暖封闭阳台的传热量（W/m²）；

K_{qmci}——分隔封闭阳台和室内的墙、窗（门）的平均传热系数[W/(m²·K)]；

F_{qmci}——分隔封闭阳台和室内的墙、窗（门）的面积（m²）；

ζ_i——阳台的温差修正系数，应根据本标准附录 E 中的表 E.0.4 确定；

I_{tyi}——封闭阳台外表面采暖期平均太阳辐射热（W/m²），应根据本标准附录 A 中的表 A.0.1-1 确定；

F_{mci}——分隔封闭阳台和室内的窗（门）的面积（m²）；

C'_{mci}——分隔封闭阳台和室内的窗（门）的太阳辐射修正系数；

SC_w——外侧窗的综合遮阳系数，按本标准式（4.2.3）计算；

SC_N——内侧窗的综合遮阳系数，按本标准式（4.2.3）计算。

4.3.10 折合到单位建筑面积上单位时间内建筑物空气换气耗热量应按下式计算：

$$q_{INF} = \frac{(t_n - t_e)(C_p \rho NV)}{A_0} \quad (4.3.10)$$

式中：q_{INF}——折合到单位建筑面积上单位时间内建筑物空气换气耗热量（W/m²）；

C_p——空气的比容容，取 0.28Wh/(kg·K)；

ρ——空气的密度（kg/m³），取采暖期室外平均温度 t_e 下的值；

N——换气次数，取 0.5h⁻¹；

V——换气体积（m³），可根据本标准附录 F 的规定计算确定。

5 采暖、通风和空气调节节能设计

5.1 一般规定

5.1.1 集中采暖和集中空气调节系统的施工图设计，必须对每一个房间进行热负荷和逐项逐时的冷负荷计算。

5.1.2 位于严寒和寒冷地区的居住建筑，应设置采暖设施；位于寒冷（B）区的居住建筑，还宜设置或预留设置空调设施的位置和条件。

5.1.3 居住建筑集中采暖、空调系统的热、冷源方式及设备的选择，应根据节能要求，考虑当地资源情况、环境保护、能源效率及用户对采暖运行费用可承受的能力等综合因素，经技术经济分析比较确定。

5.1.4 居住建筑集中供热热源形式的选择，应符合下列规定：

1 以热电厂和区域锅炉房为主要热源；在城市集中供热范围内时，应优先采用城市热网提供的热源。

2 技术经济合理情况下，宜采用冷、热、电联供系统。

3 集中锅炉房的供热规模应根据燃料确定,当采用燃气时,供热规模不宜过大,采用燃煤时供热规模不宜过小。

4 在工厂区附近时,应优先利用工业余热和废热。

5 有条件时应积极利用可再生能源。

5.1.5 居住建筑的集中采暖系统,应按热水连续采暖进行设计。居住区内的商业、文化及其他公共建筑的采暖形式,可根据其使用性质、供热要求经技术经济比较确定。公共建筑的采暖系统应与居住建筑分开,并应具备分别计量的条件。

5.1.6 除当地电力充足和供电政策支持,或者建筑所在地无法利用其他形式的能源外,严寒和寒冷地区的居住建筑内,不应设计直接电热采暖。

5.2 热源、热力站及热力网

5.2.1 当地没有热电联产、工业余热和废热可资利用的严寒、寒冷地区,应建设以集中锅炉房为热源的供热系统。

5.2.2 新建锅炉房时,应考虑与城市热网连接的可能性。锅炉房宜建在靠近热负荷密度大的地区,并应满足该地区环保部门对锅炉房的选址要求。

5.2.3 独立建设的燃煤集中锅炉房中,单台锅炉的容量不宜小于 7.0MW;对于规模较小的居住区,锅炉的单台容量可适当降低,但不宜小于 4.2MW。

5.2.4 锅炉的选型,应与当地长期供应的燃料种类相适应。锅炉的设计效率不应低于表 5.2.4 中规定的数值。

表 5.2.4 锅炉的最低设计效率(%)

锅炉类型、燃料种类及发热值		在下列锅炉容量(MW)下的设计效率(%)						
		0.7	1.4	2.8	4.2	7.0	14.0	>28.0
燃煤 烟煤	Ⅱ	—	—	73	74	78	79	80
	Ⅲ	—	—	74	76	78	80	82
燃油、燃气		86	87	87	88	89	90	90

5.2.5 锅炉房的总装机容量应按下式确定:

$$Q_B = \frac{Q_0}{\eta} \qquad (5.2.5)$$

式中：Q_B——锅炉房的总装机容量(W);

Q_0——锅炉负担的采暖设计热负荷(W);

η——室外管网输送效率,可取 0.92。

5.2.6 燃煤锅炉房的锅炉台数,宜采用(2~3)台,不应多于 5 台。当在低于设计运行负荷条件下多台锅炉联合运行时,单台锅炉的运行负荷不应低于额定负荷的 60%。

5.2.7 燃气锅炉房的设计,应符合下列规定:

1 锅炉房的供热半径应根据区域的情况、供热

规模、供热方式及参数等条件来合理地确定。当受条件限制供热面积较大时,应经技术经济比较确定,采用分区设置热力站的间接供热系统。

2 模块式组合锅炉房,宜以楼栋为单位设置;数量宜为(4~8)台,不应多于 10 台;每个锅炉房的供热量宜在 1.4MW 以下。当总供热面积较大,且不能以楼栋为单位设置时,锅炉房应分散设置。

3 当燃气锅炉直接供热系统的锅炉的供、回水温度和流量限定值,与负荷侧在整个运行期对供、回水温度和流量的要求不一致时,应按热源侧和用户侧配置二次泵水系统。

5.2.8 锅炉房设计时应充分利用锅炉产生的各种余热,并应符合下列规定:

1 热媒供水温度不高于 60℃的低温供热系统,应设烟气余热回收装置。

2 散热器采暖系统宜设烟气余热回收装置。

3 有条件时,应选用冷凝式燃气锅炉;当选用普通锅炉时,应另设烟气余热回收装置。

5.2.9 锅炉房和热力站的总管上,应设置计量总供热量的热量表(热量计量装置)。集中采暖系统中建筑物的热力入口处,必须设置楼前热量表,作为该建筑物采暖耗热量的热量结算点。

5.2.10 在有条件采用集中供热或在楼内集中设置燃气热水机组(锅炉)的高层建筑中,不宜采用户式燃气供暖炉(热水器)作为采暖热源。当必须采用户式燃气炉作为热源时,应设置专用的进气及排烟通道,并应符合下列规定:

1 燃气炉自身必须配置有完善且可靠的自动安全保护装置。

2 应具有同时自动调节燃气量和燃烧空气量的功能,并应配置有室温控制器。

3 配套供应的循环水泵的工况参数,应与采暖系统的要求相匹配。

5.2.11 当系统的规模较大时,宜采用间接连接的一、二次水系统;热力站规模不宜大于 100000m²;一次水设计供水温度宜取 115℃~130℃,回水温度应取 50℃~80℃。

5.2.12 当采暖系统采用变流量水系统时,循环水泵宜采用变速调节方式;水泵台数宜采用 2 台(一用一备)。当系统较大时,可通过技术经济分析后合理增加台数。

5.2.13 室外管网应进行严格的水力平衡计算。当室外管网通过阀门截流来进行阻力平衡时,各并联环路之间的压力损失差值,不应大于 15%。当室外管网水力平衡计算达不到上述要求时,应在热力站和建筑物热力入口处设置静态水力平衡阀。

5.2.14 建筑物的每个热力入口,应设计安装水过滤器,并应根据室外管网的水力平衡要求和建筑物内供暖系统所采用的调节方式,决定是否还要设置自力式

流量控制阀、自力式压差控制阀或其他装置。

5.2.15 水力平衡阀的设置和选择，应符合下列规定：

1 阀门两端的压差范围，应符合其产品标准的要求。

2 热力站出口总管上，不应串联设置自力式流量控制阀；当有多个分环路时，各分环路总管上可根据水力平衡的要求设置静态水力平衡阀。

3 定流量水系统的各热力入口，可按照本标准第5.2.13、5.2.14条的规定设置静态水力平衡阀，或自力式流量控制阀。

4 变流量水系统的各热力入口，应根据水力平衡的要求和系统总体控制设置的情况，设置压差控制阀，但不应设置自力式定流量阀。

5 当采用静态水力平衡阀时，应根据阀门流通能力及两端压差，选择确定平衡阀的直径与开度。

6 当采用自力式流量控制阀时，应根据设计流量进行选型。

7 当采用自力式压差控制阀时，应根据所需控制压差选择与管路同尺寸的阀门，同时应确保其流量不小于设计最大值。

8 当选择自力式流量控制阀、自力式压差控制阀、电动平衡两通阀或动态平衡电动调节阀时，应保持阀权度 $S=0.3\sim0.5$。

5.2.16 在选配供热系统的热水循环泵时，应计算循环水泵的耗电输热比（EHR），并应标注在施工图的设计说明中。循环水泵的耗电输热比应符合下式要求：

$$EHR = \frac{N}{Q \cdot \eta} \leqslant \frac{A \times (20.4 + a\Sigma L)}{\Delta t}$$

$$(5.2.16)$$

式中：EHR——循环水泵的耗电输热比；

N——水泵在设计工况点的轴功率（kW）；

Q——建筑供热负荷（kW）；

η——电机和传动部分的效率，应按表5.2.16选取；

Δt——设计供回水温度差（℃），应按照设计要求选取；

A——与热负荷有关的计算系数，应按表5.2.16选取；

ΣL——室外主干线（包括供回水管）总长度（m）；

a——与 ΣL 有关的计算系数，应如下选取或计算：

当 $\Sigma L \leqslant 400$m 时，$a=0.0115$；

当 $400 < \Sigma L < 1000$m 时，$a=0.003833+3.067/\Sigma L$；

当 $\Sigma L \geqslant 1000$m 时，$a=0.0069$。

表 5.2.16　电机和传动部分的效率及循环水泵的耗电输热比计算系数

热负荷 Q(kW)		<2000	≥2000
电机和传动部分的效率 η	直联方式	0.87	0.89
	联轴器连接方式	0.85	0.87
计算系数 A		0.0062	0.0054

5.2.17 设计一、二次热水管网时，应采用经济合理的敷设方式。对于庭院管网和二次网，宜采用直埋管敷设。对于一次管网，当管径较大且地下水位不高时，或者采取了可靠的地沟防水措施时，可采用地沟敷设。

5.2.18 供热管道保温厚度不应小于本标准附录 G 的规定值，当选用其他保温材料或其导热系数与附录 G 的规定值差异较大时，最小保温厚度应按下式修正：

$$\delta'_{min} = \frac{\lambda'_m \cdot \delta_{min}}{\lambda_m}$$

$$(5.2.18)$$

式中：δ'_{min}——修正后的最小保温层厚度（mm）；

δ_{min}——本标准附录 G 规定的最小保温层厚度（mm）；

λ'_m——实际选用的保温材料在其平均使用温度下的导热系数 [W/（m·K）]；

λ_m——本标准附录 G 规定的保温材料在其平均使用温度下的导热系数 [W/（m·K）]。

5.2.19 当区域供热锅炉房设计采用自动监测与控制的运行方式时，应满足下列规定：

1 应通过计算机自动监测系统，全面、及时地了解锅炉的运行状况。

2 应随时测量室外的温度和整个热网的需求，按照预先设定的程序，通过调节投入燃料量实现锅炉供热量调节，满足整个热网的热量需求，保证供暖质量。

3 应通过锅炉系统热特性识别和工况优化分析程序，根据前几天的运行参数、室外温度，预测该时段的最佳工况。

4 应通过对锅炉运行参数的分析，作出及时判断。

5 应建立各种信息数据库，对运行过程中的各种信息数据进行分析，并应能够根据需要打印各类运行记录，储存历史数据。

6 锅炉房、热力站的动力用电、水泵用电和照明用电应分别计量。

5.2.20 对于未采用计算机进行自动监测与控制的锅炉房和换热站，应设置供热量控制装置。

5.3 采暖系统

5.3.1 室内的采暖系统，应以热水为热媒。

5.3.2 室内的采暖系统的制式，宜采用双管系统。当采用单管系统时，应在每组散热器的进出水支管之间设置跨越管，散热器应采用低阻力两通或三通调节阀。

5.3.3 集中采暖（集中空调）系统，必须设置住户分室（户）温度调节、控制装置及分户热计量（分户热分摊）的装置或设施。

5.3.4 当室内采用散热器供暖时，每组散热器的进水支管上应安装散热器恒温控制阀。

5.3.5 散热器宜明装，散热器的外表面应刷非金属性涂料。

5.3.6 采用散热器集中采暖系统的供水温度（t）、供回水温差（Δt）与工作压力（P），宜符合下列规定：

  1 当采用金属管道时，$t \leqslant 95℃$、$\Delta t \geqslant 25℃$。

  2 当采用热塑性塑料管时，$t \leqslant 85℃$；$\Delta t \geqslant 25℃$，且工作压力不宜大于 1.0MPa。

  3 当采用铝塑复合管-非热熔连接时，$t \leqslant 90℃$、$\Delta t \geqslant 25℃$。

  4 当采用铝塑复合管-热熔连接时，应按热塑性塑料管的条件应用。

  5 当采用铝塑复合管时，系统的工作压力可按表5.3.6确定。

表 5.3.6 不同工作温度时铝塑复合管的允许工作压力

管材类型	代号	长期工作温度（℃）	允许工作压力（MPa）
搭接焊式	PAP	60	1.00
		75※	0.82
		82※	0.69
	XPAP	75	1.00
		82	0.86
对接焊式	PAP3、PAP4	60	1.00
	XPAP1、XPAP2	75	1.50
	XPAP1、XPAP2	95	1.25

注：※指采用中密度聚乙烯(乙烯与辛烯共聚物)材料生产的复合管。

5.3.7 对室内具有足够的无家具覆盖的地面可供布置加热管的居住建筑，宜采用低温地面辐射供暖方式进行采暖。低温地面辐射供暖系统户（楼）内的供水温度不应超过60℃，供回水温差宜等于或小于10℃；系统的工作压力不应大于0.8MPa。

5.3.8 采用低温地面辐射供暖的集中供热小区，锅炉或换热站不宜直接提供温度低于60℃的热媒。当外网提供的热媒温度高于60℃时，宜在各户的分集水器前设置混水泵，抽取室内回水混入供水，保持其温度不高于设定值，并加大户内循环水量；混水装置也可以设置在楼栋的采暖热力入口处。

5.3.9 当设计低温地面辐射供暖系统时，宜按主要房间划分供暖环路，并应配置室温自动调控装置。在每户分水器的进水管上，应设置水过滤器，并应按户设置热量分摊装置。

5.3.10 施工图设计时，应严格进行室内供暖管道的水力平衡计算，确保各并联环路间（不包括公共段）的压力损失差额不大于15%；在水力平衡计算时，要计算水冷却产生的附加压力，其值可取设计供、回水温度条件下附加压力值的2/3。

5.3.11 在寒冷地区，当冬季设计状态下的采暖空调设备能效比（COP）小于1.8时，不宜采用空气源热泵机组供热；当有集中热源或气源时，不宜采用空气源热泵。

5.4 通风和空气调节系统

5.4.1 通风和空气调节系统设计应结合建筑设计，首先确定全年各季节的自然通风措施，并应做好室内气流组织，提高自然通风效率，减少机械通风和空调的使用时间。当在大部分时间内自然通风不能满足降温要求时，宜设置机械通风或空气调节系统，设置的机械通风或空气调节系统不应妨碍建筑的自然通风。

5.4.2 当采用分散式房间空调器进行空调和（或）采暖时，宜选择符合国家标准《房间空气调节器能效限定值及能源效率等级》GB 12021.3 和《转速可控型房间空气调节器能效限定值及能源效率等级》GB 21455 中规定的节能型产品（即能效等级2级）。

5.4.3 当采用电机驱动压缩机的蒸气压缩循环冷水（热泵）机组或采用名义制冷量大于7100W的电机驱动压缩机单元式空气调节机作为住宅小区或整栋楼的冷热源机组时，所选用机组的能效比（性能系数）不应低于现行国家标准《公共建筑节能设计标准》GB 50189 中的规定值；当设计采用多联式空调（热泵）机组作为户式集中空调（采暖）机组时，所选用机组的制冷综合性能系数不应低于国家标准《多联式空调（热泵）机组能效限定值及能源效率等级》GB 21454-2008 中规定的第3级。

5.4.4 安装分体式空气调节器（含风管机、多联机）时，室外机的安装位置必须符合下列规定：

  1 应能通畅地向室外排放空气和自室外吸入空气。

  2 在排出空气与吸入空气之间不应发生明显的气流短路。

  3 可方便地对室外机的换热器进行清扫。

  4 对周围环境不得造成热污染和噪声污染。

5.4.5 设有集中新风供应的居住建筑，当新风系统的送风量大于或等于 3000m³/h 时，应设置排风热回收装置。无集中新风供应的居住建筑，宜分户（或分室）设置带热回收功能的双向换气装置。

5.4.6 当采用风机盘管机组时，应配置风速开关，宜配置自动调节和控制冷、热量的温控器。

5.4.7 当采用全空气直接膨胀风管式空调机时，宜按房间设计配置风量调控装置。

5.4.8 当选择土壤源热泵系统、浅层地下水源热泵系统、地表水（淡水、海水）源热泵系统、污水水源热泵系统作为居住区或户用空调（热泵）机组的冷热源时，严禁破坏、污染地下资源。

5.4.9 空气调节系统的冷热水管的绝热厚度，应按现行国家标准《设备及管道绝热设计导则》GB/T 8175 中的经济厚度和防止表面凝露的保冷层厚度的方法计算。建筑物内空气调节系统冷热水管的经济绝热厚度可按表 5.4.9 的规定选用。

表 5.4.9 建筑物内空气调节系统冷热水管的经济绝热厚度

管道类型	绝热材料			
	离心玻璃棉		柔性泡沫橡塑	
	公称管径 (mm)	厚度 (mm)	公称管径 (mm)	厚度 (mm)
单冷管道 (管内介质温度 7℃～常温)	≤DN32	25	按防结露要求计算	
	DN40～DN100	30		
	≥DN125	35		
热或冷热合用管道 (管内介质温度 5℃～60℃)	≤DN40	35	≤DN50	25
	DN50～DN100	40	DN70～DN150	28
	DN125～DN250	45	≥DN200	32
	≥DN300	50		
热或冷热合用管道 (管内介质温度 0℃～95℃)	≤DN50	50	不适宜使用	
	DN70～DN150	60		
	≥DN200	70		

注：1 绝热材料的导热系数 λ 应按下列公式计算：
离心玻璃棉：$\lambda = (0.033 + 0.00023t_m)[\text{W}/(\text{m}\cdot\text{K})]$
柔性泡沫橡塑：$\lambda = (0.03375 + 0.0001375t_m)[\text{W}/(\text{m}\cdot\text{K})]$
其中 t_m——绝热层的平均温度（℃）。
2 单冷管道和柔性泡沫橡塑保冷的管道均应进行防结露要求验算。

5.4.10 空气调节风管绝热层的最小热阻应符合表 5.4.10 的规定。

表 5.4.10 空气调节风管绝热层的最小热阻

风管类型	最小热阻 (m²·K/W)
一般空调风管	0.74
低温空调风管	1.08

附录 A 主要城市的气候区属、气象参数、耗热量指标

A.0.1 根据采暖度日数和空调度日数，可将严寒和寒冷地区细分为五个气候子区，其中主要城市的建筑节能计算用气象参数和建筑物耗热量指标应按表 A.0.1-1 和表 A.0.1-2 的规定确定。

A.0.2 严寒地区的分区指标是 $HDD18 \geq 3800$，气候特征是冬季严寒，根据冬季严寒的不同程度，又可细分成严寒(A)、严寒(B)、严寒(C)三个子区：

　　1 严寒(A)区的分区指标是 $6000 \leq HDD18$，气候特征是冬季异常寒冷，夏季凉爽；

　　2 严寒(B)区的分区指标是 $5000 \leq HDD18 < 6000$，气候特征是冬季非常寒冷，夏季凉爽；

　　3 严寒(C)区的分区指标是 $3800 \leq HDD18 < 5000$，气候特征是冬季很寒冷，夏季凉爽。

A.0.3 寒冷地区的分区指标是 $2000 \leq HDD18 < 3800$，$0 < CDD26$，气候特征是冬季寒冷，根据夏季热的不同程度，又可细分成寒冷(A)、寒冷(B)两个子区：

　　1 寒冷(A)区的分区指标是 $2000 \leq HDD18 < 3800$，$0 < CDD26 \leq 90$，气候特征是冬季寒冷，夏季凉爽；

　　2 寒冷(B)区的分区指标是 $2000 \leq HDD18 < 3800$，$90 < CDD26$，气候特征是冬季寒冷，夏季热。

表 A.0.1-1 严寒和寒冷地区主要城市的建筑节能计算用气象参数

城 市	气候区属	气象站			HDD18 (℃·d)	CDD26 (℃·d)	计算采暖期						
		北纬度	东经度	海拔 (m)			天数 (d)	室外平均温度 (℃)	太阳总辐射平均强度（W/m²）				
									水平	南向	北向	东向	西向
直辖市													
北京	Ⅱ(B)	39.93	116.28	55	2699	94	114	0.1	102	120	33	59	59
天津	Ⅱ(B)	39.10	117.17	5	2743	92	118	−0.2	99	106	34	56	57
河北省													
石家庄	Ⅱ(B)	38.03	114.42	81	2388	147	97	0.9	95	102	33	54	54
围场	Ⅰ(C)	41.93	117.75	844	4602	3	172	−5.1	118	121	38	66	66

城市	气候区属	气象站					计算采暖期						
		北纬度	东经度	海拔(m)	HDD18(℃·d)	CDD26(℃·d)	天数(d)	室外平均温度(℃)	太阳总辐射平均强度(W/m²)				
									水平	南向	北向	东向	西向
丰宁	I(C)	41.22	116.63	661	4167	5	161	−4.2	120	126	39	67	67
承德	II(A)	40.98	117.95	386	3783	20	150	−3.4	107	112	35	60	60
张家口	II(A)	40.78	114.88	726	3637	24	145	−2.7	106	118	36	62	60
怀来	II(A)	40.40	115.50	538	3388	32	143	−1.8	105	117	36	61	59
青龙	II(A)	40.40	118.95	228	3532	23	146	−2.5	107	112	35	61	59
蔚县	I(C)	39.83	114.57	910	3955	9	151	−3.9	110	115	36	62	61
唐山	II(A)	39.67	118.15	29	2853	72	120	−0.6	100	108	34	58	56
乐亭	II(A)	39.43	118.90	12	3080	37	124	−1.3	104	111	35	60	57
保定	II(B)	38.85	115.57	19	2564	129	108	0.4	94	102	32	55	52
沧州	II(B)	38.33	116.83	11	2653	92	115	0.3	102	107	35	58	58
泊头	II(B)	38.08	116.55	13	2593	126	119	0.4	101	106	34	58	56
邢台	II(B)	37.07	114.50	78	2268	155	93	1.4	96	102	33	56	53
山西省													
太原	II(A)	37.78	112.55	779	3160	11	127	−1.1	108	118	36	62	60
大同	I(C)	40.10	113.33	1069	4120	8	158	−4.0	119	124	39	67	66
河曲	I(C)	39.38	111.15	861	3913	18	150	−4.0	120	126	38	64	67
原平	II(A)	38.75	112.70	838	3399	14	141	−1.7	108	118	36	61	61
离石	II(A)	37.50	111.10	951	3424	16	140	−1.8	102	108	34	56	57
榆社	II(A)	37.07	112.98	1042	3529	1	143	−1.7	111	118	37	62	62
介休	II(A)	37.03	111.92	745	2978	24	121	−0.3	109	114	36	60	61
阳城	II(A)	35.48	112.40	659	2698	21	112	0.7	104	109	34	57	57
运城	II(B)	35.05	111.05	365	2267	185	84	1.3	91	97	30	50	49
内蒙古自治区													
呼和浩特	I(C)	40.82	111.68	1065	4186	11	158	−4.4	116	122	37	65	64
图里河	I(A)	50.45	121.70	733	8023	0	225	−14.38	105	101	33	58	57
海拉尔	I(A)	49.22	119.75	611	6713	3	206	−12.0	77	82	27	47	46
博克图	I(A)	48.77	121.92	739	6622	0	208	−10.3	75	81	26	46	44
新巴尔虎右旗	I(A)	48.67	116.82	556	6157	13	195	−10.6	83	90	29	51	49
阿尔山	I(A)	47.17	119.93	997	7364	0	218	−12.1	119	103	37	68	67
东乌珠穆沁旗	I(B)	45.52	116.97	840	5940	11	189	−10.1	104	106	34	59	58
那仁宝拉格	I(A)	44.62	114.15	1183	6153	4	200	−9.9	108	112	35	62	60
西乌珠穆沁旗	I(B)	44.58	117.60	997	5812	4	198	−8.4	102	107	34	59	57
扎鲁特旗	I(C)	44.57	120.90	266	4398	32	164	−5.6	105	112	36	63	60
阿巴嘎旗	I(B)	44.02	114.95	1128	5892	7	188	−9.9	109	111	36	62	61
巴林左旗	I(C)	43.98	119.40	485	4704	10	167	−6.4	110	116	37	65	62
锡林浩特	I(B)	43.95	116.12	1004	5545	12	186	−8.6	107	109	35	61	60
二连浩特	I(B)	43.65	112.00	966	5131	36	176	−8.0	113	112	39	64	63
林西	I(C)	43.60	118.07	800	4858	7	174	−6.3	118	124	39	69	65
通辽	I(C)	43.60	122.27	180	4376	22	164	−5.7	105	111	35	62	60

城　市	气候区属	气象站			HDD18 (℃·d)	CDD26 (℃·d)	计算采暖期						
		北纬度	东经度	海拔(m)			天数(d)	室外平均温度(℃)	太阳总辐射平均强度(W/m²)				
									水平	南向	北向	东向	西向
满都拉	Ⅰ(C)	42.53	110.13	1223	4746	20	175	−5.8	133	139	43	73	76
朱日和	Ⅰ(C)	42.40	112.90	1152	4810	16	174	−6.1	122	125	39	71	68
赤峰	Ⅰ(C)	42.27	118.97	572	4196	20	161	−4.5	116	123	38	66	64
多伦	Ⅰ(B)	42.18	116.47	1247	5466	0	186	−7.4	121	123	39	69	67
额济纳旗	Ⅰ(C)	41.95	101.07	941	3884	130	150	−4.3	128	140	42	75	71
化德	Ⅰ(B)	41.90	114.00	1484	5366	0	187	−6.8	124	125	40	71	68
达尔罕联合旗	Ⅰ(C)	41.70	110.43	1377	4969	5	176	−6.4	134	139	43	73	76
乌拉特后旗	Ⅰ(C)	41.57	108.52	1290	4675	10	173	−5.6	139	146	44	77	78
海力素	Ⅰ(C)	41.45	106.38	1510	4780	14	176	−5.8	136	140	43	76	75
集宁	Ⅰ(C)	41.03	113.07	1416	4873	0	177	−5.4	128	129	41	73	70
临河	Ⅱ(A)	40.77	107.40	1041	3777	30	151	−3.1	122	130	40	69	68
巴音毛道	Ⅰ(C)	40.75	104.50	1329	4208	30	158	−4.7	137	149	44	75	78
东胜	Ⅰ(C)	39.83	109.98	1459	4226	3	160	−3.8	128	133	41	70	73
吉兰太	Ⅱ(A)	39.78	105.75	1032	3746	68	150	−3.4	132	140	43	71	76
鄂托克旗	Ⅰ(C)	39.10	107.98	1381	4045	9	156	−3.6	130	136	42	70	73
辽宁省													
沈阳	Ⅰ(C)	41.77	123.43	43	3929	25	150	−4.5	94	97	32	54	53
彰武	Ⅰ(C)	42.42	122.53	84	4134	13	158	−4.9	104	109	35	60	59
清原	Ⅰ(C)	42.10	124.95	235	4598	8	165	−6.3	86	86	29	49	48
朝阳	Ⅱ(A)	41.55	120.45	176	3559	53	143	−3.1	96	103	35	56	55
本溪	Ⅰ(C)	41.32	123.78	185	4046	16	157	−4.4	90	91	30	52	50
锦州	Ⅱ(A)	41.13	121.12	70	3458	26	141	−2.5	91	100	32	55	52
宽甸	Ⅰ(C)	40.72	124.78	261	4095	4	158	−4.1	92	93	31	52	52
营口	Ⅱ(A)	40.67	122.20	4	3526	29	142	−2.9	89	95	31	51	51
丹东	Ⅱ(A)	40.05	124.33	14	3566	6	145	−2.2	91	100	32	51	55
大连	Ⅱ(A)	38.90	121.63	97	2924	16	125	0.1	104	108	35	57	60
吉林省													
长春	Ⅰ(C)	43.90	125.22	238	4642	12	165	−6.7	90	93	30	53	51
前郭尔罗斯	Ⅰ(C)	45.08	124.87	136	4800	17	165	−7.6	93	98	32	55	54
长岭	Ⅰ(C)	44.25	123.97	190	4718	15	165	−7.2	96	100	32	56	55
敦化	Ⅰ(B)	43.37	128.20	525	5221	1	183	−7.0	94	93	31	55	53
四平	Ⅰ(C)	43.18	124.33	167	4308	15	162	−5.5	94	97	31	53	53
桦甸	Ⅰ(B)	42.98	126.75	264	5007	4	168	−7.9	86	87	29	49	48
延吉	Ⅰ(C)	42.88	129.47	257	4687	5	166	−6.1	91	92	31	53	51
临江	Ⅰ(C)	41.72	126.92	333	4736	4	165	−6.7	84	84	28	47	47
长白	Ⅰ(B)	41.35	128.17	775	5542	0	186	−7.8	96	92	31	54	53
集安	Ⅰ(C)	41.10	126.15	179	4142	9	159	−4.5	85	85	28	48	47

城　市	气候区属	气　象　站			HDD18（℃·d）	CDD26（℃·d）	计算采暖期						
		北纬度	东经度	海拔（m）			天数（d）	室外平均温度（℃）	太阳总辐射平均强度（W/m²）				
									水平	南向	北向	东向	西向
黑龙江省													
哈尔滨	Ⅰ（B）	45.75	126.77	143	5032	14	167	−8.5	83	86	28	49	48
漠河	Ⅰ（A）	52.13	122.52	433	7994	0	225	−14.7	100	91	33	57	58
呼玛	Ⅰ（A）	51.72	126.65	179	6805	4	202	−12.9	84	90	31	49	49
黑河	Ⅰ（A）	50.25	127.45	166	6310	4	193	−11.6	80	83	27	47	47
孙吴	Ⅰ（A）	49.43	127.35	235	6517	2	201	−11.5	69	74	24	40	41
嫩江	Ⅰ（A）	49.17	125.23	243	6352	5	193	−11.9	83	84	28	49	48
克山	Ⅰ（B）	48.05	125.88	237	5888	7	186	−10.6	83	85	28	49	48
伊春	Ⅰ（A）	47.72	128.90	232	6100	1	188	−10.8	77	78	27	46	45
海伦	Ⅰ（B）	47.43	126.97	240	5798	5	185	−10.3	82	84	28	49	48
齐齐哈尔	Ⅰ（B）	47.38	123.92	148	5259	23	177	−8.7	90	94	31	54	53
富锦	Ⅰ（B）	47.23	131.98	65	5594	6	184	−9.5	84	85	29	49	50
泰来	Ⅰ（B）	46.40	123.42	150	5005	26	168	−8.3	89	94	31	54	52
安达	Ⅰ（B）	46.38	125.32	150	5291	15	174	−9.1	90	93	30	53	52
宝清	Ⅰ（B）	46.32	132.18	83	5190	8	174	−8.2	86	90	29	49	50
通河	Ⅰ（B）	45.97	128.73	110	5675	3	185	−9.7	84	85	29	50	48
虎林	Ⅰ（B）	45.77	132.97	103	5351	2	177	−8.8	88	88	30	51	51
鸡西	Ⅰ（B）	45.28	130.95	281	5105	7	175	−7.7	91	92	31	53	53
尚志	Ⅰ（B）	45.22	127.97	191	5467	3	184	−8.8	90	90	30	53	52
牡丹江	Ⅰ（B）	44.57	129.60	242	5066	7	168	−8.2	93	97	32	56	54
绥芬河	Ⅰ（B）	44.38	131.15	568	5422	1	184	−7.6	94	94	32	56	54
江苏省													
赣榆	Ⅱ（A）	34.83	119.13	10	2226	83	87	2.1	93	100	32	52	51
徐州	Ⅱ（A）	34.28	117.15	42	2090	137	84	2.5	88	94	30	50	49
射阳	Ⅱ（B）	33.77	120.25	7	2083	92	83	3.0	95	102	32	52	52
安徽省													
亳州	Ⅱ（B）	33.88	115.77	42	2030	154	74	2.5	83	88	28	47	45
山东省													
济南	Ⅱ（B）	36.60	117.05	169	2211	160	92	1.8	97	104	33	56	53
长岛	Ⅱ（A）	37.93	120.72	40	2570	20	106	1.4	105	110	35	59	60
龙口	Ⅱ（A）	37.62	120.32	5	2551	60	108	1.1	104	108	35	57	59
惠民	Ⅱ（B）	37.50	117.53	12	2622	96	111	0.4	101	108	34	56	55
德州	Ⅱ（B）	37.43	116.32	22	2527	97	115	1.0	113	119	37	65	62
成山头	Ⅱ（A）	37.40	122.68	47	2672	2	115	2.0	109	116	37	62	63
陵县	Ⅱ（B）	37.33	116.57	19	2613	103	111	0.5	102	110	34	58	57
潍坊	Ⅱ（A）	36.77	119.18	22	2735	63	117	0.3	106	111	35	58	57
海阳	Ⅱ（A）	36.77	121.17	41	2631	20	109	1.1	109	113	36	61	59
莘县	Ⅱ（A）	36.23	115.67	38	2521	90	104	0.8	98	105	33	54	54
沂源	Ⅱ（A）	36.18	118.15	302	2660	45	116	0.7	102	106	34	56	56

城　市	气候区属	气象站			HDD18 (℃·d)	CDD26 (℃·d)	计算采暖期						
		北纬度	东经度	海拔 (m)			天数 (d)	室外平均温度 (℃)	太阳总辐射平均强度(W/m²)				
									水平	南向	北向	东向	西向
青岛	Ⅱ(A)	36.07	120.33	77	2401	22	99	2.1	118	114	37	65	63
兖州	Ⅱ(B)	35.57	116.85	53	2390	97	103	1.5	101	107	33	56	55
日照	Ⅱ(A)	35.43	119.53	37	2361	39	98	2.1	125	119	41	70	66
菏泽	Ⅱ(A)	35.25	115.43	51	2396	89	111	2.0	104	107	34	58	57
费县	Ⅱ(A)	35.25	117.95	120	2296	83	94	1.7	103	108	34	57	58
定陶	Ⅱ(B)	35.07	115.57	49	2319	107	93	1.5	100	106	33	56	55
临沂	Ⅱ(A)	35.05	118.35	86	2375	70	100	1.7	102	104	33	56	56
河南省													
安阳	Ⅱ(B)	36.05	114.40	64	2309	131	93	1.3	99	105	33	57	54
孟津	Ⅱ(A)	34.82	112.43	333	2221	89	92	2.3	97	102	32	54	52
郑州	Ⅱ(B)	34.72	113.65	111	2106	125	88	2.5	99	106	33	56	56
卢氏	Ⅱ(A)	34.05	111.03	570	2516	30	103	1.5	99	104	32	53	53
西华	Ⅱ(B)	33.78	114.52	53	2096	110	77	2.4	93	97	31	53	50
四川省													
若尔盖	Ⅰ(B)	33.58	102.97	3441	5972	0	227	−2.9	161	142	47	83	82
松潘	Ⅰ(C)	32.65	103.57	2852	4218	0	156	−0.1	136	132	41	71	70
色达	Ⅰ(A)	32.28	100.33	3896	6274	0	228	−3.8	166	154	53	97	94
马尔康	Ⅱ(A)	31.90	102.23	2666	3390	0	115	1.3	137	139	43	72	73
德格	Ⅰ(C)	31.80	98.57	3185	4088	0	156	0.8	125	119	37	64	63
甘孜	Ⅰ(C)	31.62	100.00	3394	4414	0	173	−0.2	162	163	52	93	93
康定	Ⅰ(C)	30.05	101.97	2617	3873	0	141	0.6	119	117	37	61	62
理塘	Ⅰ(B)	30.00	100.27	3950	5173	0	188	−1.2	167	154	50	86	90
巴塘	Ⅱ(A)	30.00	99.10	2589	2100	0	50	3.8	149	156	49	79	81
稻城	Ⅰ(C)	29.05	100.30	3729	4762	0	177	−0.7	173	175	60	104	109
贵州省													
毕节	Ⅱ(A)	27.30	105.23	1511	2125	0	70	3.7	102	101	33	54	54
威宁	Ⅱ(A)	26.87	104.28	2236	2636	0	75	3.0	109	108	34	57	57
云南省													
德钦	Ⅰ(C)	28.45	98.88	3320	4266	0	171	0.9	143	126	41	73	72
昭通	Ⅱ(A)	27.33	103.75	1950	2394	0	73	3.1	135	136	42	69	74
西藏自治区													
拉萨	Ⅱ(A)	29.67	91.13	3650	3425	0	126	1.6	148	147	46	80	79
狮泉河	Ⅰ(A)	32.50	80.08	4280	6048	0	224	−5.0	209	191	62	118	114
改则	Ⅰ(A)	32.30	84.05	4420	6577	0	232	−5.7	255	148	74	136	130
索县	Ⅰ(B)	31.88	93.78	4024	5775	0	215	−3.1	182	141	52	96	93
那曲	Ⅰ(A)	31.48	92.07	4508	6722	0	242	−4.8	147	127	43	80	75
丁青	Ⅰ(B)	31.42	95.60	3874	5197	0	194	−1.8	152	132	45	81	78
班戈	Ⅰ(A)	31.37	90.02	4701	6699	0	245	−4.2	183	152	53	97	94
昌都	Ⅱ(A)	31.15	97.17	3307	3764	0	140	0.6	120	115	37	64	64

城 市	气候区属	气 象 站			HDD18(℃·d)	CDD26(℃·d)	计算采暖期						
		北纬度	东经度	海拔(m)			天数(d)	室外平均温度(℃)	太阳总辐射平均强度(W/m²)				
									水平	南向	北向	东向	西向
申扎	Ⅰ(A)	30.95	88.63	4670	6402	0	231	−4.1	189	158	55	101	98
林芝	Ⅱ(A)	29.57	94.47	3001	3191	0	100	2.2	170	169	51	94	90
日喀则	Ⅰ(C)	29.25	88.88	3837	4047	0	157	0.3	168	153	51	91	87
隆子	Ⅰ(C)	28.42	92.47	3861	4473	0	173	−0.3	161	150	47	86	81
帕里	Ⅰ(A)	27.73	89.08	4300	6435	0	242	−3.1	178	141	50	94	89
陕西省													
西安	Ⅱ(B)	34.30	108.93	398	2178	153	82	2.1	87	91	29	48	47
榆林	Ⅱ(A)	38.23	109.70	1157	3672	19	143	−2.9	108	118	36	61	59
延安	Ⅱ(A)	36.60	109.50	959	3127	15	127	−0.9	103	111	34	55	57
宝鸡	Ⅱ(A)	34.35	107.13	610	2301	86	91	2.1	93	97	31	51	50
甘肃省													
兰州	Ⅱ(A)	36.05	103.88	1518	3094	10	126	−0.6	116	125	38	64	64
敦煌	Ⅱ(A)	40.15	94.68	1140	3518	25	139	−2.8	121	140	40	67	70
酒泉	Ⅰ(C)	39.77	98.48	1478	3971	3	152	−3.4	135	146	43	77	74
张掖	Ⅰ(C)	38.93	100.43	1483	4001	6	155	−3.6	136	146	43	75	75
民勤	Ⅱ(A)	38.63	103.08	1367	3715	12	150	−2.6	135	143	43	73	75
乌鞘岭	Ⅰ(A)	37.20	102.87	3044	6329	0	245	−4.0	157	139	47	84	81
西峰镇	Ⅱ(A)	35.73	107.63	1423	3364	1	141	−0.3	106	111	35	59	57
平凉	Ⅱ(A)	35.55	106.67	1348	3334	1	139	−0.3	107	112	35	57	58
合作	Ⅰ(B)	35.00	102.90	2910	5432	0	192	−3.4	144	139	44	75	77
岷县	Ⅰ(C)	34.72	104.88	2315	4409	0	170	−1.5	134	132	41	73	70
天水	Ⅱ(A)	34.58	105.75	1143	2729	10	110	1.0	98	99	33	54	53
成县	Ⅱ(A)	33.75	105.75	1128	2215	13	94	3.6	145	154	45	81	79
青海省													
西宁	Ⅰ(C)	36.62	101.77	2296	4478	0	161	−3.0	138	140	43	77	75
冷湖	Ⅰ(B)	38.83	93.38	2771	5395	0	193	−5.6	145	154	45	80	81
大柴旦	Ⅰ(B)	37.85	95.37	3174	5616	0	196	−5.8	148	155	46	82	83
德令哈	Ⅰ(C)	37.37	97.37	2982	4874	0	186	−3.7	144	142	44	78	79
刚察	Ⅰ(A)	37.33	100.13	3302	6471	0	226	−5.2	161	149	48	87	84
格尔木	Ⅰ(C)	36.42	94.90	2809	4436	0	170	−3.1	157	162	49	88	87
都兰	Ⅰ(B)	36.30	98.10	3192	5161	0	191	−3.6	154	152	47	84	82
同德	Ⅰ(B)	35.27	100.65	3290	5066	0	218	−5.5	161	160	49	88	85
玛多	Ⅰ(A)	34.92	98.22	4273	7683	0	277	−6.4	180	162	53	96	94
河南	Ⅰ(A)	34.73	101.60	3501	6591	0	246	−4.5	168	155	50	89	88

续表 A.0.1-1

城市	气候区属	气象站			HDD18 (℃·d)	CDD26 (℃·d)	计算采暖期						
		北纬度	东经度	海拔(m)			天数(d)	室外平均温度(℃)	太阳总辐射平均强度(W/m²)				
									水平	南向	北向	东向	西向
托托河	Ⅰ(A)	34.22	92.43	4535	7878	0	276	-7.2	178	156	52	98	93
曲麻菜	Ⅰ(A)	34.13	95.78	4176	7148	0	256	-5.8	175	156	52	94	92
达日	Ⅰ(A)	33.75	99.65	3968	6721	0	251	-4.5	170	148	49	88	89
玉树	Ⅰ(B)	33.02	97.02	3682	5154	0	191	-2.2	162	149	48	84	86
杂多	Ⅰ(A)	32.90	95.30	4068	6153	0	229	-3.8	155	132	45	83	80
宁夏回族自治区													
银川	Ⅱ(A)	38.47	106.20	1112	3472	11	140	-2.1	117	124	40	64	67
盐池	Ⅱ(A)	37.80	107.38	1356	3700	10	149	-2.3	130	134	42	70	73
中宁	Ⅱ(A)	37.48	105.68	1193	3349	22	137	-1.6	119	127	41	67	66
新疆维吾尔自治区													
乌鲁木齐	Ⅰ(C)	43.80	87.65	935	4329	36	149	-6.5	101	113	34	59	58
哈巴河	Ⅰ(C)	48.05	86.35	534	4867	10	172	-6.9	105	116	35	60	62
阿勒泰	Ⅰ(B)	47.73	88.08	737	5081	11	174	-7.9	109	123	36	63	64
富蕴	Ⅰ(B)	46.98	89.52	827	5458	22	174	-10.1	118	135	39	67	70
和布克赛尔	Ⅰ(B)	46.78	85.72	1294	5066	1	186	-5.6	119	131	39	69	68
塔城	Ⅰ(C)	46.73	83.00	535	4143	20	148	-5.1	90	111	32	52	54
克拉玛依	Ⅰ(C)	45.60	84.85	450	4234	196	144	-7.9	95	116	33	56	57
北塔山	Ⅰ(B)	45.37	90.53	1651	5434	2	192	-6.2	113	123	37	65	64
精河	Ⅰ(C)	44.62	82.90	321	4236	70	148	-6.9	98	108	34	58	57
奇台	Ⅰ(C)	44.02	89.57	794	4989	10	161	-9.2	120	136	39	68	68
伊宁	Ⅱ(A)	43.95	81.33	664	3501	9	137	-2.8	97	117	34	55	57
吐鲁番	Ⅱ(B)	42.93	89.20	37	2758	579	234	-2.5	102	121	35	58	60
哈密	Ⅱ(B)	42.82	93.52	739	3682	104	143	-4.1	120	136	40	68	69
巴伦台	Ⅰ(C)	42.67	86.33	1739	3992	0	146	-3.2	90	101	32	52	52
库尔勒	Ⅱ(B)	41.75	86.13	933	3115	123	121	-2.5	127	138	41	71	73
库车	Ⅱ(A)	41.72	82.95	1100	3162	42	109	-2.7	127	138	41	71	72
阿合奇	Ⅰ(C)	40.93	78.45	1986	4118	0	109	-3.6	131	144	42	72	73
铁干里克	Ⅱ(B)	40.63	87.70	847	3353	133	128	-3.5	125	148	41	69	72
阿拉尔	Ⅱ(A)	40.50	81.05	1013	3296	22	129	-3.0	125	148	41	69	71
巴楚	Ⅱ(A)	39.80	78.57	1117	2892	77	115	-2.1	133	155	43	72	75
喀什	Ⅱ(A)	39.47	75.98	1291	2767	46	121	-1.3	130	150	42	72	72
若羌	Ⅱ(B)	39.03	88.17	889	3149	152	122	-2.9	141	150	45	77	80
莎车	Ⅱ(A)	38.43	77.27	1232	2858	27	113	-1.5	134	152	44	73	76
安德河	Ⅱ(A)	37.93	83.65	1264	2673	60	129	-3.3	141	160	45	76	79
皮山	Ⅱ(A)	37.62	78.28	1376	2761	70	110	-1.3	134	150	43	73	74
和田	Ⅱ(A)	37.13	79.93	1375	2595	71	107	-0.6	128	142	42	70	72

注：表格中气候区属Ⅰ(A)为严寒(A)区、Ⅰ(B)为严寒(B)区、Ⅰ(C)为严寒(C)区；Ⅱ(A)为寒冷(A)区、Ⅱ(B)为寒冷(B)区。

城市	气候区属	建筑物耗热量指标（W/m²）			
		≤3层	(4~8)层	(9~13)层	≥14层
直辖市					
北京	Ⅱ(B)	16.1	15.0	13.4	12.1
天津	Ⅱ(B)	17.1	16.0	14.3	12.7
河北省					
石家庄	Ⅱ(B)	15.7	14.6	13.1	11.6
围场	Ⅰ(C)	19.3	16.7	15.4	13.5
丰宁	Ⅰ(C)	17.8	15.4	14.2	12.4
承德	Ⅱ(A)	21.6	18.9	17.4	15.5
张家口	Ⅱ(A)	20.2	17.7	16.2	14.5
怀来	Ⅱ(A)	18.9	16.5	15.1	13.5
青龙	Ⅱ(A)	20.1	17.6	16.2	14.4
蔚县	Ⅰ(C)	18.1	15.6	14.4	12.6
唐山	Ⅱ(A)	17.6	15.3	14.0	12.4
乐亭	Ⅱ(A)	18.4	16.1	14.7	13.1
保定	Ⅱ(B)	16.5	15.4	13.8	12.2
沧州	Ⅱ(B)	16.2	15.1	13.5	12.0
泊头	Ⅱ(B)	16.1	15.0	13.4	11.9
邢台	Ⅱ(B)	14.9	13.9	12.3	11.0
山西省					
太原	Ⅱ(A)	17.7	15.4	14.1	12.5
大同	Ⅰ(C)	17.6	15.2	14.0	12.2
河曲	Ⅰ(C)	17.6	15.2	14.0	12.3
原平	Ⅱ(A)	18.6	16.2	14.9	13.3
离石	Ⅱ(A)	19.4	17.0	15.6	13.8
榆社	Ⅱ(A)	18.6	16.2	14.8	13.2
介休	Ⅱ(A)	16.7	14.5	13.3	11.8
阳城	Ⅱ(A)	15.5	13.5	12.2	10.9
运城	Ⅱ(B)	15.5	14.4	12.9	11.4
内蒙古自治区					
呼和浩特	Ⅰ(C)	18.4	15.9	14.7	12.9
图里河	Ⅰ(A)	24.3	22.5	20.3	20.1
海拉尔	Ⅰ(A)	22.9	20.9	18.9	18.8
博克图	Ⅰ(A)	21.1	19.4	17.4	17.3
新巴尔虎右旗	Ⅰ(A)	20.9	19.3	17.3	17.2
阿尔山	Ⅰ(A)	21.5	20.1	18.0	17.7
东乌珠穆沁旗	Ⅰ(B)	23.6	20.8	19.0	17.6
那仁宝拉格	Ⅰ(A)	19.7	17.8	15.8	15.7
西乌珠穆沁旗	Ⅰ(B)	21.4	18.9	17.2	16.0
扎鲁特旗	Ⅰ(C)	20.6	17.7	16.4	14.4

城市	气候区属	建筑物耗热量指标（W/m²）			
		≤3层	(4~8)层	(9~13)层	≥14层
阿巴嘎旗	Ⅰ(B)	23.1	20.4	18.6	17.2
巴林左旗	Ⅰ(C)	21.4	18.4	17.1	15.0
锡林浩特	Ⅰ(B)	21.6	19.1	17.4	16.1
二连浩特	Ⅰ(B)	17.1	15.9	14.0	13.8
林西	Ⅰ(B)	20.8	17.9	16.6	14.6
通辽	Ⅰ(C)	20.8	17.8	16.5	14.5
满都拉	Ⅰ(C)	19.2	16.6	15.3	13.4
朱日和	Ⅰ(C)	20.5	17.6	16.3	14.3
赤峰	Ⅰ(C)	18.5	15.9	14.7	12.9
多伦	Ⅰ(C)	19.2	17.1	15.5	14.3
额济纳旗	Ⅰ(C)	17.2	14.9	13.7	12.0
化德	Ⅰ(B)	18.4	16.3	14.8	13.6
达尔罕联合旗	Ⅰ(C)	20.0	17.3	16.0	14.0
乌拉特后旗	Ⅰ(C)	18.5	16.1	14.8	13.0
海力素	Ⅰ(C)	19.1	16.6	15.3	13.4
集宁	Ⅰ(C)	19.3	16.6	15.4	13.4
临河	Ⅱ(A)	20.0	17.5	16.0	14.3
巴音毛道	Ⅰ(C)	17.1	14.9	13.7	12.0
东胜	Ⅰ(C)	16.8	14.5	13.4	11.7
吉兰太	Ⅱ(A)	19.8	17.3	15.8	14.2
鄂托克旗	Ⅰ(C)	16.4	14.2	13.1	11.4
辽宁省					
沈阳	Ⅰ(C)	20.1	17.2	15.9	13.9
彰武	Ⅰ(C)	19.9	17.1	15.8	13.9
清原	Ⅰ(C)	23.1	19.7	18.4	16.1
朝阳	Ⅱ(A)	21.7	18.9	17.4	15.5
本溪	Ⅰ(C)	20.2	17.3	16.0	14.0
锦州	Ⅱ(A)	21.0	18.3	16.9	15.0
宽甸	Ⅰ(C)	19.7	16.8	15.6	13.7
营口	Ⅱ(A)	21.8	19.1	17.6	15.6
丹东	Ⅱ(A)	20.6	18.0	16.6	14.7
大连	Ⅱ(A)	16.5	14.3	13.0	11.5
吉林省					
长春	Ⅰ(C)	23.3	19.9	18.6	16.3
前郭尔罗斯	Ⅰ(C)	24.2	20.7	19.4	17.0
长岭	Ⅰ(C)	23.5	20.1	18.8	16.5
敦化	Ⅰ(B)	20.6	18.0	16.5	15.2
四平	Ⅰ(C)	21.3	18.2	17.0	14.9
桦甸	Ⅰ(B)	22.1	19.3	17.7	16.3
延吉	Ⅰ(C)	22.5	19.2	17.9	15.7
临江	Ⅰ(C)	23.8	20.3	19.0	16.7
长白	Ⅰ(B)	21.5	18.9	17.2	15.9
集安	Ⅰ(C)	20.8	17.7	16.5	14.4

续表 A.0.1-2

城 市	气候区属	建筑物耗热量指标（W/m²）			
		≤3层	(4~8)层	(9~13)层	≥14层
黑龙江省					
哈尔滨	Ⅰ(B)	22.9	20.0	18.3	16.9
漠河	Ⅰ(A)	25.2	23.1	20.9	20.6
呼玛	Ⅰ(A)	23.3	21.4	19.3	19.2
黑河	Ⅰ(A)	22.4	20.5	18.5	18.4
孙吴	Ⅰ(A)	22.8	20.8	18.8	18.7
嫩江	Ⅰ(A)	22.5	20.7	18.6	18.5
克山	Ⅰ(B)	25.6	22.4	20.6	19.0
伊春	Ⅰ(A)	21.7	19.9	17.9	17.7
海伦	Ⅰ(B)	25.2	22.0	20.2	18.7
齐齐哈尔	Ⅰ(B)	22.6	19.8	18.1	16.7
富锦	Ⅰ(B)	24.1	21.1	19.3	17.8
泰来	Ⅰ(B)	22.1	19.4	17.7	16.4
安达	Ⅰ(B)	23.2	20.4	18.6	17.2
宝清	Ⅰ(B)	22.2	19.5	17.8	16.5
通河	Ⅰ(B)	24.4	21.3	19.5	18.0
虎林	Ⅰ(B)	23.0	20.1	18.5	17.0
鸡西	Ⅰ(B)	21.4	18.8	17.1	15.8
尚志	Ⅰ(B)	23.0	20.1	18.4	17.0
牡丹江	Ⅰ(B)	21.9	19.2	17.5	16.2
绥芬河	Ⅰ(B)	21.2	18.6	17.0	15.6
江苏省					
赣榆	Ⅱ(A)	14.0	12.1	11.0	9.7
徐州	Ⅱ(B)	13.8	12.8	11.4	10.1
射阳	Ⅱ(B)	12.6	11.6	10.3	9.2
安徽省					
亳州	Ⅱ(B)	14.2	13.2	11.8	10.4
山东省					
济南	Ⅱ(B)	14.2	13.2	11.7	10.5
长岛	Ⅱ(A)	14.4	12.4	11.2	9.9
龙口	Ⅱ(A)	15.0	12.9	11.7	10.4
惠民	Ⅱ(B)	16.1	15.0	13.4	12.0
德州	Ⅱ(B)	14.4	13.4	11.9	10.7
成山头	Ⅱ(A)	13.1	11.3	10.1	9.0
陵县	Ⅱ(B)	15.9	14.8	13.2	11.8
海阳	Ⅱ(A)	14.7	12.7	11.5	10.2
潍坊	Ⅱ(A)	16.1	13.9	12.7	11.3
莘县	Ⅱ(A)	15.6	13.6	12.3	11.0
沂源	Ⅱ(A)	15.7	13.6	12.4	11.0
青岛	Ⅱ(A)	13.0	11.1	10.0	8.8

续表 A.0.1-2

城 市	气候区属	建筑物耗热量指标（W/m²）			
		≤3层	(4~8)层	(9~13)层	≥14层
兖州	Ⅱ(B)	14.6	13.6	12.0	10.8
日照	Ⅱ(A)	12.7	10.8	9.7	8.5
费县	Ⅱ(A)	14.0	12.1	10.9	9.7
菏泽	Ⅱ(A)	13.7	11.8	10.7	9.5
定陶	Ⅱ(A)	14.7	13.6	12.1	10.8
临沂	Ⅱ(A)	14.2	12.3	11.1	9.8
河南省					
郑州	Ⅱ(B)	13.0	12.1	10.7	9.6
安阳	Ⅱ(B)	15.0	13.9	12.4	11.0
孟津	Ⅱ(B)	13.7	11.8	10.7	9.4
卢氏	Ⅱ(A)	14.7	12.7	11.5	10.2
西华	Ⅱ(A)	13.7	12.7	11.3	10.0
四川省					
若尔盖	Ⅰ(B)	12.4	11.2	9.9	9.1
松潘	Ⅰ(C)	11.9	10.3	9.3	8.0
色达	Ⅰ(A)	12.1	10.3	8.5	8.1
马尔康	Ⅱ(A)	12.7	10.9	9.7	8.8
德格	Ⅰ(C)	11.6	10.0	9.0	7.8
甘孜	Ⅰ(C)	10.1	8.9	7.9	6.6
康定	Ⅰ(C)	11.9	10.3	9.3	8.0
巴塘	Ⅱ(A)	7.8	6.6	5.5	5.1
理塘	Ⅰ(B)	9.6	8.9	7.7	7.0
稻城	Ⅰ(C)	9.9	8.7	7.7	6.3
贵州省					
毕节	Ⅱ(A)	11.5	9.8	8.8	7.7
威宁	Ⅱ(A)	12.0	10.3	9.2	8.2
云南省					
德钦	Ⅰ(C)	10.9	9.4	8.5	7.2
昭通	Ⅱ(A)	10.2	8.7	7.6	6.8
西藏自治区					
拉萨	Ⅱ(A)	11.7	10.0	8.9	7.9
狮泉河	Ⅰ(A)	11.8	10.1	8.2	7.8
改则	Ⅰ(A)	13.3	11.4	9.6	8.5
索县	Ⅰ(B)	12.4	11.2	9.9	8.9
那曲	Ⅰ(A)	13.7	12.3	10.5	10.3
丁青	Ⅰ(B)	11.7	10.5	9.2	8.4
班戈	Ⅰ(A)	12.5	10.7	8.9	8.6
昌都	Ⅱ(A)	15.2	13.1	11.9	10.5
申扎	Ⅰ(A)	12.0	10.4	8.6	8.2
林芝	Ⅱ(A)	9.4	8.0	6.9	6.2

城　市	气候区属	建筑物耗热量指标（W/m²）			
		≤3层	（4～8）层	（9～13）层	≥14层
日喀则	Ⅰ(C)	9.9	8.7	7.7	6.4
隆子	Ⅰ(C)	11.5	10.0	9.0	7.6
帕里	Ⅰ(A)	11.6	10.1	8.4	8.0
陕西省					
西安	Ⅱ(B)	14.7	13.6	12.2	10.7
榆林	Ⅱ(A)	20.5	17.9	16.5	14.7
延安	Ⅱ(A)	17.9	15.6	14.3	12.7
宝鸡	Ⅱ(A)	14.1	12.2	11.1	9.8
甘肃省					
兰州	Ⅱ(A)	16.5	14.4	13.1	11.7
敦煌	Ⅱ(A)	19.1	16.7	15.3	13.8
酒泉	Ⅰ(C)	15.7	13.6	12.5	10.9
张掖	Ⅰ(C)	15.8	13.8	12.6	11.0
民勤	Ⅱ(A)	18.4	16.1	14.7	13.2
乌鞘岭	Ⅰ(A)	12.6	11.1	9.3	9.1
西峰镇	Ⅱ(A)	16.9	14.7	13.4	11.9
平凉	Ⅱ(A)	16.9	14.7	13.4	11.9
合作	Ⅰ(B)	13.3	12.0	10.7	9.9
岷县	Ⅰ(C)	13.8	12.0	10.9	9.4
天水	Ⅱ(A)	15.7	13.5	12.3	10.9
成县	Ⅱ(A)	8.3	7.1	6.0	5.5
青海省					
西宁	Ⅰ(C)	15.3	13.3	12.1	10.5
冷湖	Ⅰ(B)	15.2	13.8	12.3	11.4
大柴旦	Ⅰ(B)	15.3	13.9	12.4	11.5
德令哈	Ⅰ(C)	16.2	14.0	12.9	11.2
刚察	Ⅰ(A)	14.1	11.9	10.1	9.9
格尔木	Ⅰ(C)	14.0	12.3	11.2	9.7
都兰	Ⅰ(B)	12.8	11.6	10.3	9.5
同德	Ⅰ(B)	14.6	13.3	11.8	11.0
玛多	Ⅰ(A)	13.9	12.5	10.6	10.3
河南	Ⅰ(A)	13.1	11.0	9.2	9.0
托托河	Ⅰ(A)	15.4	13.4	11.4	11.1
曲麻莱	Ⅰ(A)	13.8	12.1	10.2	9.9
达日	Ⅰ(A)	13.2	11.2	9.4	9.1

城　市	气候区属	建筑物耗热量指标（W/m²）			
		≤3层	（4～8）层	（9～13）层	≥14层
玉树	Ⅰ(B)	11.2	10.2	8.9	8.2
杂多	Ⅰ(A)	12.7	11.1	9.4	9.1
宁夏回族自治区					
银川	Ⅱ(A)	18.8	16.4	15.0	13.4
盐池	Ⅱ(A)	18.6	16.2	14.8	13.2
中宁	Ⅱ(A)	17.8	15.5	14.2	12.6
新疆维吾尔自治区					
乌鲁木齐	Ⅰ(C)	21.8	18.7	17.4	15.4
哈巴河	Ⅰ(C)	22.2	19.1	17.8	15.6
阿勒泰	Ⅰ(B)	19.9	17.7	16.1	14.9
富蕴	Ⅰ(B)	21.9	19.5	17.8	16.6
和布克赛尔	Ⅰ(B)	16.6	14.9	13.4	12.4
塔城	Ⅰ(C)	20.2	17.4	16.1	14.3
克拉玛依	Ⅰ(C)	23.6	20.3	18.9	16.8
北塔山	Ⅰ(B)	17.8	15.8	14.3	13.3
精河	Ⅰ(C)	22.7	19.4	18.1	15.9
奇台	Ⅰ(C)	24.1	20.9	19.4	17.2
伊宁	Ⅱ(A)	20.5	18.0	16.5	14.8
吐鲁番	Ⅱ(B)	19.9	18.6	16.8	15.0
哈密	Ⅱ(B)	21.3	20.0	18.0	16.2
巴伦台	Ⅰ(C)	18.1	15.5	14.3	12.6
库尔勒	Ⅱ(B)	18.6	17.5	15.6	14.1
库车	Ⅱ(A)	18.8	16.5	15.0	13.5
阿合奇	Ⅰ(C)	16.0	13.9	12.8	11.2
铁干里克	Ⅱ(B)	19.8	18.6	16.7	15.2
阿拉尔	Ⅱ(A)	18.9	16.6	15.1	13.7
巴楚	Ⅱ(A)	17.0	14.9	13.5	12.3
喀什	Ⅱ(A)	16.2	14.1	12.8	11.6
若羌	Ⅱ(B)	18.6	17.4	15.5	14.1
莎车	Ⅱ(A)	16.3	14.2	12.9	11.7
安德河	Ⅱ(A)	18.5	16.2	14.8	13.4
皮山	Ⅱ(A)	16.1	14.1	12.7	11.5
和田	Ⅱ(A)	15.5	13.5	12.2	11.0

注：表格中气候区属Ⅰ(A)为严寒(A)区、Ⅰ(B)为严寒(B)区、Ⅰ(C)为严寒(C)区；Ⅱ(A)为寒冷(A)区、Ⅱ(B)为寒冷(B)区。

附录 B 平均传热系数和热桥线传热系数计算

B.0.1 一个单元墙体的平均传热系数可按下式计算：

$$K_m = K + \frac{\Sigma \psi_j l_j}{A} \quad\quad (B.0.1)$$

式中：K_m——单元墙体的平均传热系数 [W/(m²·K)]；

K——单元墙体的主断面传热系数 [W/(m²·K)]；

ψ_j——单元墙体上的第 j 个结构性热桥的线传热系数 [W/(m·K)]；

l_j——单元墙体第 j 个结构性热桥的计算长度（m）；

A——单元墙体的面积（m²）。

B.0.2 在建筑外围护结构中，墙角、窗间墙、凸窗、阳台、屋顶、楼板、地板等处形成的热桥称为结构性热桥(图 B.0.2)。结构性热桥对墙体、屋面传热的影响可利用线传热系数 ψ 描述。

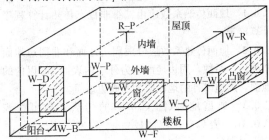

图 B.0.2　建筑外围护结构的结构性热桥示意图

W—D 外墙—门；W—B 外墙—阳台板；W—P 外墙—内墙；
W—W 外墙—窗；W—F 外墙—楼板；W—C 外墙角；
W—R 外墙—屋顶；R—P 屋顶—内墙

B.0.3 墙面典型的热桥(图 B.0.3)的平均传热系数(K_m)应按下式计算：

$$K_m = K +$$
$$\frac{\psi_{W-P}H + \psi_{W-F}B + \psi_{W-C}H + \psi_{W-R}B + \psi_{W-W_L}h + \psi_{W-W_B}b + \psi_{W-W_R}h + \psi_{W-W_U}b}{A}$$

$$(B.0.3)$$

式中：ψ_{W-P}——外墙和内墙交接形成的热桥的线传热系数 [W/(m·K)]；

ψ_{W-F}——外墙和楼板交接形成的热桥的线传热系数 [W/(m·K)]；

ψ_{W-C}——外墙墙角形成的热桥的线传热系数 [W/(m·K)]；

ψ_{W-R}——外墙和屋顶交接形成的热桥的线传热系数 [W/(m·K)]；

ψ_{W-W_L}——外墙和左侧窗框交接形成的热桥的线传热系数 [W/(m·K)]；

ψ_{W-W_B}——外墙和下边窗框交接形成的热桥的线

传热系数 [W/(m·K)]；

ψ_{W-W_R}——外墙和右侧窗框交接形成的热桥的线传热系数 [W/(m·K)]；

ψ_{W-W_U}——外墙和上边窗框交接形成的热桥的线传热系数 [W/(m·K)]。

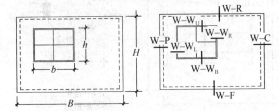

图 B.0.3　墙面典型结构性热桥示意图

B.0.4 热桥线传热系数应按下式计算：

$$\psi = \frac{Q^{2D} - KA(t_n - t_e)}{l(t_n - t_e)} = \frac{Q^{2D}}{l(t_n - t_e)} - KC$$

$$(B.0.4)$$

式中：ψ——热桥线传热系数[W/(m·K)]。

Q^{2D}——二维传热计算得出的流过一块包含热桥的墙体的热流(W)。该块墙体的构造沿着热桥的长度方向必须是均匀的，热流可以根据其横截面(对纵向热桥)或纵截面(对横向热桥)通过二维传热计算得到。

K——墙体主断面的传热系数[W/(m²·K)]。

A——计算 Q^{2D} 的那块矩形墙体的面积(m²)。

t_n——墙体室内侧的空气温度(℃)。

t_e——墙体室外侧的空气温度(℃)。

l——计算 Q^{2D} 的那块矩形的一条边的长度，热桥沿这个长度均匀分布。计算 ψ 时，l 宜取 1m。

C——计算 Q^{2D} 的那块矩形的另一条边的长度，即 $A = l \cdot C$，可取 $C \geqslant 1m$。

B.0.5 当计算通过包含热桥部位的墙体传热量(Q^{2D})时，墙面典型结构性热桥的截面示意见图 B.0.5。

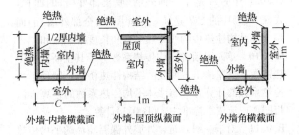

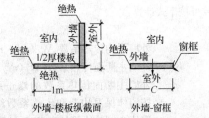

图 B.0.5　墙面典型结构性热桥截面示意图

B.0.6 当墙面上存在平行热桥且平行热桥之间的距离很小时，应一次同时计算平行热桥的线传热系数之和(图 B.0.6)。

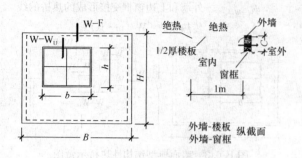

图 B.0.6 墙面平行热桥示意图

"外墙-楼板"和"外墙-窗框"热桥线传热系数之和应按下式计算：

$$\psi_{\text{W-F}} + \psi_{\text{W-W}_{\text{U}}} = \frac{Q^{\text{2D}} - KA(t_{\text{n}} - t_{\text{e}})}{l(t_{\text{n}} - t_{\text{e}})}$$

$$= \frac{Q^{\text{2D}}}{l(t_{\text{n}} - t_{\text{e}})} - KC \qquad (\text{B.0.6})$$

B.0.7 线传热系数 ψ 可利用本标准提供的二维稳态传热计算软件计算。

B.0.8 外保温墙体外墙和内墙交接形成的热桥的线传热系数 $\psi_{\text{W-P}}$、外墙和楼板交接形成的热桥的线传热系数 $\psi_{\text{W-F}}$、外墙墙角形成的热桥的线传热系数 $\psi_{\text{W-C}}$ 可近似取 0。

B.0.9 建筑的某一面外墙(或全部外墙)的平均传热系数，可先计算各个不同单元墙的平均传热系数，然后再依据面积加权的原则，计算某一面外墙(或全部外墙)的平均传热系数。

当某一面外墙(或全部外墙)的主断面传热系数 K 均一致时，也可直接按本标准中式(B.0.1)计算某一面外墙(或全部外墙)的平均传热系数，这时式(B.0.1)中的 A 是某一面外墙(或全部外墙)的面积，式(B.0.1)中的 $\Sigma \psi l$ 是某一面外墙(或全部外墙)的面积全部结构性热桥的线传热系数和长度乘积之和。

B.0.10 单元屋顶的平均传热系数等于其主断面的传热系数。当屋顶出现明显的结构性热桥时，屋顶平均传热系数的计算方法与墙体平均传热系数的计算方法相同，也应按本标准中式(B.0.1)计算。

B.0.11 对于一般建筑，外墙外保温墙体的平均传热系数可按下式计算：

$$K_{\text{m}} = \varphi \cdot K \qquad (\text{B.0.11})$$

式中：K_{m}——外墙平均传热系数[W/(m² · K)]。

　　　　K——外墙主断面传热系数[W/(m² · K)]。

　　　　φ——外墙主断面传热系数的修正系数。应按墙体保温构造和传热系数综合考虑取值，其数值可按表 B.0.11 选取。

表 B.0.11　外墙主断面传热系数的修正系数 φ

外墙传热系数限值 K_{m} [W/(m² · K)]	外 保 温	
	普 通 窗	凸 窗
0.70	1.1	1.2
0.65	1.1	1.2
0.60	1.1	1.3
0.55	1.2	1.3
0.50	1.2	1.3
0.45	1.2	1.3
0.40	1.2	1.3
0.35	1.3	1.4
0.30	1.3	1.4
0.25	1.4	1.5

附录 C　地面传热系数计算

C.0.1 地面传热系数应由二维非稳态传热计算程序计算确定。

C.0.2 地面传热系数应分成周边地面和非周边地面两种传热系数，周边地面应为外墙内表面 2m 以内的地面，周边以外的地面应为非周边地面。

C.0.3 典型地面(图 C.0.3)的传热系数可按表 C.0.3-1～表 C.0.3-4 确定。

表 C.0.3-1　地面构造 1 中周边地面当量
传热系数(K_{d})[W/(m² · K)]

保温层热阻 (m² · K)/W	西安 采暖期室外平均温度 2.1℃	北京 采暖期室外平均温度 0.1℃	长春 采暖期室外平均温度 −6.7℃	哈尔滨 采暖期室外平均温度 −8.5℃	海拉尔 采暖期室外平均温度 −12.0℃
3.00	0.05	0.06	0.08	0.08	0.08
2.75	0.05	0.07	0.09	0.08	0.09
2.50	0.06	0.07	0.10	0.09	0.11
2.25	0.08	0.07	0.11	0.10	0.11
2.00	0.09	0.08	0.12	0.11	0.12
1.75	0.10	0.09	0.14	0.13	0.14
1.50	0.11	0.11	0.15	0.14	0.15
1.25	0.12	0.12	0.16	0.15	0.17
1.00	0.14	0.14	0.19	0.17	0.20
0.75	0.17	0.17	0.22	0.20	0.22
0.50	0.20	0.20	0.26	0.24	0.26
0.25	0.27	0.26	0.29	0.29	0.31
0.00	0.34	0.38	0.38	0.40	0.41

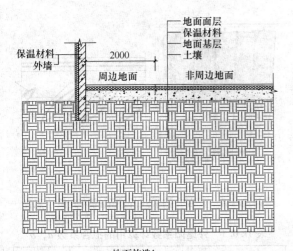

地面构造1

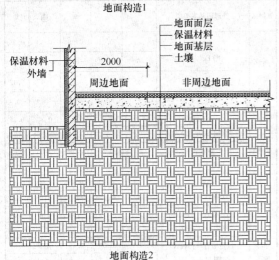

地面构造2

图 C.0.3　典型地面构造示意图

表 C.0.3-2　地面构造 2 中周边地面当量
传热系数(K_d)[W/(m² · K)]

保温层热阻(m² · K)/W	西安采暖期室外平均1温度 2.1℃	北京采暖期室外平均温度 0.1℃	长春采暖期室外平均温度 −6.7℃	哈尔滨采暖期室外平均温度 −8.5℃	海拉尔采暖期室外平均温度 −12.0℃
3.00	0.05	0.06	0.08	0.08	0.08
2.75	0.05	0.07	0.09	0.08	0.09
2.50	0.06	0.07	0.10	0.09	0.11
2.25	0.08	0.07	0.11	0.10	0.11
2.00	0.08	0.07	0.11	0.11	0.12
1.75	0.09	0.08	0.11	0.11	0.12
1.50	0.10	0.09	0.14	0.13	0.14
1.25	0.11	0.11	0.15	0.14	0.15
1.00	0.12	0.12	0.16	0.15	0.17
0.75	0.14	0.14	0.19	0.17	0.20
0.50	0.17	0.17	0.22	0.20	0.22
0.25	0.24	0.23	0.29	0.25	0.27
0.00	0.31	0.34	0.34	0.36	0.37

表 C.0.3-3　地面构造 1 中非周边地面当量
传热系数(K_d)[W/(m² · K)]

保温层热阻(m² · K)/W	西安采暖期室外平均温度 2.1℃	北京采暖期室外平均温度 0.1℃	长春采暖期室外平均温度 −6.7℃	哈尔滨采暖期室外平均温度 −8.5℃	海拉尔采暖期室外平均温度 −12.0℃
3.00	0.02	0.03	0.08	0.06	0.07
2.75	0.02	0.03	0.08	0.06	0.07
2.50	0.03	0.03	0.09	0.06	0.08
2.25	0.03	0.04	0.09	0.07	0.07
2.00	0.03	0.04	0.10	0.07	0.08
1.75	0.03	0.04	0.10	0.07	0.08
1.50	0.03	0.04	0.11	0.07	0.09
1.25	0.04	0.05	0.11	0.08	0.09
1.00	0.04	0.05	0.12	0.08	0.10
0.75	0.04	0.06	0.13	0.09	0.10
0.50	0.05	0.06	0.14	0.09	0.11
0.25	0.06	0.07	0.15	0.10	0.11
0.00	0.08	0.10	0.17	0.19	0.21

表 C.0.3-4　地面构造 2 中非周边地面当量
传热系数(K_d)[W/(m² · K)]

保温层热阻(m² · K)/W	西安采暖期室外平均温度 2.1℃	北京采暖期室外平均温度 0.1℃	长春采暖期室外平均温度 −6.7℃	哈尔滨采暖期室外平均温度 −8.5℃	海拉尔采暖期室外平均温度 −12.0℃
3.00	0.02	0.03	0.08	0.06	0.07
2.75	0.02	0.03	0.08	0.06	0.07
2.50	0.03	0.03	0.09	0.06	0.08
2.25	0.03	0.04	0.09	0.07	0.07
2.00	0.03	0.04	0.10	0.07	0.08
1.75	0.03	0.04	0.10	0.07	0.08
1.50	0.03	0.04	0.11	0.07	0.09
1.25	0.04	0.05	0.11	0.08	0.09
1.00	0.04	0.05	0.12	0.08	0.10
0.75	0.04	0.06	0.13	0.09	0.10
0.50	0.05	0.06	0.14	0.09	0.11
0.25	0.06	0.07	0.15	0.10	0.11
0.00	0.08	0.10	0.17	0.19	0.21

附录 D　外遮阳系数的简化计算

D.0.1　外遮阳系数应按下列公式计算：

$$SD = ax^2 + bx + 1 \qquad (D.0.1-1)$$
$$x = A/B \qquad (D.0.1-2)$$

式中：SD——外遮阳系数；

　　x——外遮阳特征值，当 $x>1$ 时，取 $x=1$；

　　a、b——拟合系数，宜按表 D.0.1 选取；

　　A，B——外遮阳的构造定性尺寸，宜按图 D.0.1-1～图 D.0.1-5 确定。

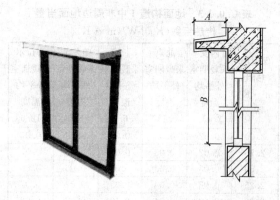

图 D.0.1-1　水平式外遮阳的特征值示意图

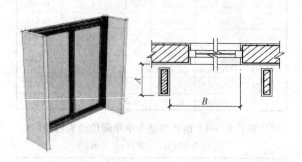

图 D.0.1-2　垂直式外遮阳的特征值示意图

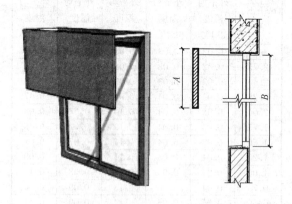

图 D.0.1-3　挡板式外遮阳的特征值示意图

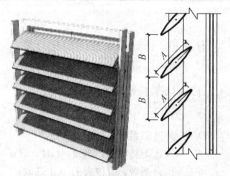

图 D.0.1-4　横百叶挡板式外
遮阳的特征值示意图

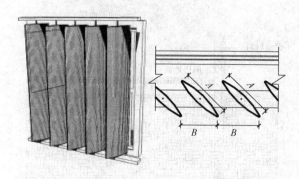

图 D.0.1-5　竖百叶挡板式外遮阳的特征值示意图

表 D.0.1　外遮阳系数计算用的拟合系数 a，b

气候区	外遮阳基本类型		拟合系数	东	南	西	北
严寒地区	水平式 (图 D.0.1-1)		a	0.31	0.28	0.33	0.25
			b	−0.62	−0.71	−0.65	−0.48
	垂直式 (图 D.0.1-2)		a	0.42	0.31	0.47	0.42
			b	−0.83	−0.65	−0.90	−0.83
寒冷地区	水平式 (图 D.0.1-1)		a	0.34	0.65	0.35	0.26
			b	−0.78	−1.00	−0.81	−0.54
	垂直式 (图 D.0.1-2)		a	0.25	0.40	0.25	0.50
			b	−0.55	−0.76	0.54	−0.93
	挡板式 (图 D.0.1-3)		a	0.00	0.35	0.00	0.13
			b	−0.96	−1.00	−0.96	−0.93
	固定横百叶挡板式 (图 D.0.1-4)		a	0.45	0.54	0.48	0.34
			b	−1.20	−1.20	−1.20	−0.88
	固定竖百叶挡板式 (图 D.0.1-5)		a	0.00	0.19	0.22	0.57
			b	−0.70	−0.91	−0.72	−1.18
	活动横百叶挡板式 (图 D.0.1-4)	冬	a	0.21	0.04	0.19	0.20
			b	−0.65	−0.39	−0.61	−0.62
		夏	a	0.50	1.00	0.54	0.50
			b	−1.20	−1.70	−1.30	−1.20
	活动竖百叶挡板式 (图 D.0.1-5)	冬	a	0.40	0.09	0.38	0.20
			b	−0.99	−0.54	−0.95	−0.62
		夏	a	0.06	0.38	0.13	0.85
			b	−0.70	−1.10	−0.69	−1.49

注：拟合系数应按本标准第 4.2.2 条有关朝向的规定在本表中选取。

D.0.2　各种组合形式的外遮阳系数，可由参加组合的各种形式遮阳的外遮阳系数的乘积来确定，单一形式的外遮阳系数应按本标准式(D.0.1-1)、式(D.0.1-2)计算。

D.0.3　当外遮阳的遮阳板采用有透光能力的材料制作时，应按下式进行修正：

$$SD = 1 - (1 - SD^*)(1 - \eta^*) \qquad (D.0.3)$$

式中：SD^*——外遮阳的遮阳板采用非透明材料制作时的外遮阳系数，应按本标准式(D.0.1-1)、式(D.0.1-2)计算；

η^*——遮阳板的透射比，宜按表 D.0.3 选取。

表 D.0.3 遮阳板的透射比

遮阳板使用的材料	规 格	η^*
织物面料、玻璃钢类板	—	0.40
玻璃、有机玻璃类板	深色：$0<Se\leqslant0.6$	0.60
	浅色：$0.6<Se\leqslant0.8$	0.80
金属穿孔板	穿孔率：$0<\varphi\leqslant0.2$	0.10
	穿孔率：$0.2<\varphi\leqslant0.4$	0.30
	穿孔率：$0.4<\varphi\leqslant0.6$	0.50
	穿孔率：$0.6<\varphi\leqslant0.8$	0.70
铝合金百叶板	—	0.20
木质百叶板	—	0.25
混凝土花格	—	0.50
木质花格	—	0.45

附录 E 围护结构传热系数的修正系数 ε 和封闭阳台温差修正系数 ζ

E.0.1 太阳辐射对外墙、屋面传热系数的影响可采用传热系数的修正系数 ε 计算。

E.0.2 外墙、屋面传热系数的修正系数 ε 可按表 E.0.2 确定。

表 E.0.2 外墙、屋面传热系数修正系数 ε

城 市	气候区属	外墙、屋面传热系数修正值				
		屋面	南墙	北墙	东墙	西墙
直辖市						
北 京	Ⅱ(B)	0.98	0.83	0.95	0.91	0.91
天 津	Ⅱ(B)	0.98	0.85	0.95	0.92	0.92
河北省						
石家庄	Ⅱ(B)	0.99	0.84	0.95	0.92	0.92
围 场	Ⅰ(C)	0.96	0.86	0.96	0.93	0.93
丰 宁	Ⅰ(C)	0.96	0.85	0.95	0.92	0.92
承 德	Ⅱ(A)	0.98	0.86	0.96	0.93	0.93
张家口	Ⅱ(A)	0.98	0.85	0.95	0.92	0.92
怀 来	Ⅱ(A)	0.98	0.85	0.95	0.92	0.92
青 龙	Ⅱ(A)	0.97	0.86	0.95	0.92	0.92
蔚 县	Ⅰ(C)	0.97	0.86	0.96	0.93	0.93
唐 山	Ⅱ(A)	0.98	0.86	0.95	0.92	0.92
乐 亭	Ⅱ(A)	0.98	0.86	0.95	0.92	0.92
保 定	Ⅱ(B)	0.99	0.85	0.95	0.92	0.92
沧 州	Ⅱ(B)	0.98	0.84	0.95	0.91	0.91
泊 头	Ⅱ(B)	0.98	0.84	0.95	0.91	0.92
邢 台	Ⅱ(B)	0.99	0.84	0.95	0.91	0.92

续表 E.0.2

城 市	气候区属	外墙、屋面传热系数修正值				
		屋面	南墙	北墙	东墙	西墙
山西省						
太 原	Ⅱ(A)	0.97	0.84	0.95	0.91	0.92
大 同	Ⅰ(C)	0.96	0.85	0.95	0.92	0.92
河 曲	Ⅰ(C)	0.96	0.85	0.95	0.92	0.92
原 平	Ⅱ(A)	0.97	0.84	0.95	0.92	0.92
离 石	Ⅱ(A)	0.98	0.86	0.96	0.93	0.93
榆 社	Ⅱ(A)	0.97	0.84	0.95	0.91	0.91
介 休	Ⅱ(A)	0.97	0.84	0.95	0.91	0.91
阳 城	Ⅱ(A)	0.97	0.84	0.95	0.91	0.91
运 城	Ⅱ(B)	1.00	0.85	0.95	0.92	0.92
内蒙古自治区						
呼和浩特	Ⅰ(C)	0.97	0.86	0.96	0.92	0.93
图里河	Ⅰ(A)	0.99	0.92	0.97	0.95	0.95
海拉尔	Ⅰ(A)	1.00	0.93	0.98	0.96	0.96
博克图	Ⅰ(A)	1.00	0.93	0.98	0.96	0.96
新巴尔虎右旗	Ⅰ(A)	1.00	0.92	0.97	0.95	0.96
阿尔山	Ⅰ(A)	0.97	0.91	0.96	0.94	0.94
东乌珠穆沁旗	Ⅰ(B)	0.98	0.90	0.97	0.95	0.95
那仁宝拉格	Ⅰ(B)	0.98	0.89	0.96	0.94	0.94
西乌珠穆沁旗	Ⅰ(B)	0.99	0.89	0.97	0.94	0.94
扎鲁特旗	Ⅰ(C)	0.98	0.88	0.96	0.93	0.93
阿巴嘎旗	Ⅰ(B)	0.98	0.90	0.97	0.94	0.94
巴林左旗	Ⅰ(C)	0.97	0.88	0.96	0.93	0.93
锡林浩特	Ⅰ(B)	0.98	0.89	0.97	0.94	0.94
二连浩特	Ⅰ(A)	0.97	0.89	0.96	0.94	0.94
林 西	Ⅰ(C)	0.97	0.87	0.96	0.93	0.93
通 辽	Ⅰ(C)	0.98	0.88	0.96	0.93	0.93
满都拉	Ⅰ(C)	0.95	0.85	0.95	0.92	0.92
朱日和	Ⅰ(C)	0.96	0.86	0.96	0.92	0.93
赤 峰	Ⅰ(C)	0.97	0.86	0.96	0.93	0.93
多 伦	Ⅰ(B)	0.96	0.87	0.96	0.93	0.93
额济纳旗	Ⅰ(C)	0.95	0.84	0.95	0.91	0.92
化 德	Ⅰ(B)	0.96	0.87	0.96	0.93	0.93
达尔罕联合旗	Ⅰ(C)	0.95	0.85	0.95	0.92	0.92
乌拉特后旗	Ⅰ(C)	0.94	0.84	0.95	0.92	0.91
海力素	Ⅰ(C)	0.94	0.85	0.95	0.92	0.92
集 宁	Ⅰ(C)	0.95	0.86	0.95	0.92	0.92
临 河	Ⅱ(A)	0.95	0.84	0.95	0.92	0.92
巴音毛道	Ⅰ(C)	0.94	0.83	0.95	0.91	0.91

城 市	气候区属	外墙、屋面传热系数修正值					城 市	气候区属	外墙、屋面传热系数修正值				
		屋面	南墙	北墙	东墙	西墙			屋面	南墙	北墙	东墙	西墙
东 胜	Ⅰ(C)	0.95	0.84	0.95	0.92	0.91	宝 清	Ⅰ(B)	1.00	0.91	0.97	0.95	0.95
吉兰太	Ⅱ(A)	0.94	0.83	0.95	0.91	0.91	通 河	Ⅰ(B)	1.00	0.92	0.97	0.95	0.95
鄂托克旗	Ⅰ(C)	0.95	0.84	0.95	0.91	0.91	虎 林	Ⅰ(B)	1.00	0.91	0.97	0.95	0.95
辽宁省							鸡 西	Ⅰ(B)	1.00	0.91	0.97	0.95	0.95
沈 阳	Ⅰ(C)	0.99	0.89	0.96	0.94	0.94	尚 志	Ⅰ(B)	1.00	0.91	0.97	0.95	0.95
彰 武	Ⅰ(C)	0.98	0.88	0.96	0.93	0.93	牡丹江	Ⅰ(B)	0.99	0.90	0.97	0.94	0.95
清 原	Ⅰ(C)	1.00	0.91	0.97	0.95	0.95	绥芬河	Ⅰ(B)	0.99	0.90	0.97	0.94	0.95
朝 阳	Ⅱ(A)	0.99	0.87	0.96	0.93	0.93	江苏省						
本 溪	Ⅰ(C)	1.00	0.89	0.96	0.94	0.94	赣 榆	Ⅱ(A)	0.99	0.84	0.95	0.91	0.92
锦 州	Ⅱ(A)	1.00	0.87	0.96	0.93	0.93	徐 州	Ⅱ(B)	1.00	0.84	0.95	0.92	0.92
宽 甸	Ⅰ(C)	1.00	0.89	0.96	0.94	0.94	射 阳	Ⅱ(B)	0.99	0.82	0.94	0.91	0.91
营 口	Ⅱ(A)	1.00	0.88	0.96	0.94	0.94	安徽省						
丹 东	Ⅱ(A)	1.00	0.87	0.96	0.93	0.93	亳 州	Ⅱ(B)	1.01	0.85	0.95	0.92	0.92
大 连	Ⅱ(A)	0.98	0.84	0.95	0.92	0.91	山东省						
吉林省							济 南	Ⅱ(B)	0.99	0.83	0.95	0.91	0.91
长 春	Ⅰ(C)	1.00	0.90	0.97	0.94	0.95	长 岛	Ⅱ(A)	0.97	0.83	0.94	0.91	0.91
前郭尔罗斯	Ⅰ(C)	1.00	0.90	0.97	0.94	0.95	龙 口	Ⅱ(A)	0.97	0.83	0.95	0.91	0.91
长 岭	Ⅰ(C)	0.99	0.90	0.97	0.94	0.94	惠民县	Ⅱ(B)	0.98	0.84	0.95	0.92	0.92
敦 化	Ⅰ(B)	1.00	0.90	0.97	0.94	0.95	德 州	Ⅱ(B)	0.96	0.82	0.94	0.90	0.90
四 平	Ⅰ(C)	0.99	0.89	0.96	0.94	0.94	成山头	Ⅱ(A)	0.96	0.81	0.94	0.90	0.90
桦 甸	Ⅰ(B)	1.00	0.91	0.97	0.95	0.95	陵 县	Ⅱ(B)	0.98	0.84	0.95	0.91	0.92
延 吉	Ⅰ(C)	1.00	0.90	0.97	0.94	0.94	海 阳	Ⅱ(A)	0.97	0.83	0.95	0.91	0.91
临 江	Ⅰ(C)	1.00	0.91	0.97	0.95	0.95	潍 坊	Ⅱ(A)	0.97	0.84	0.95	0.91	0.92
长 白	Ⅰ(B)	0.99	0.91	0.97	0.94	0.95	莘 县	Ⅱ(A)	0.98	0.84	0.95	0.92	0.92
集 安	Ⅰ(C)	1.00	0.90	0.97	0.94	0.95	沂 源	Ⅱ(A)	0.98	0.84	0.95	0.92	0.92
黑龙江省							青 岛	Ⅱ(A)	0.95	0.81	0.94	0.89	0.90
哈尔滨	Ⅰ(B)	1.00	0.92	0.97	0.95	0.95	兖 州	Ⅱ(B)	0.98	0.83	0.95	0.91	0.91
漠 河	Ⅰ(A)	0.99	0.93	0.97	0.95	0.95	日 照	Ⅱ(A)	0.94	0.81	0.93	0.88	0.89
呼 玛	Ⅰ(A)	1.00	0.92	0.97	0.96	0.96	费 县	Ⅱ(B)	0.98	0.83	0.94	0.91	0.91
黑 河	Ⅰ(A)	1.00	0.93	0.98	0.96	0.96	菏 泽	Ⅱ(A)	0.97	0.83	0.94	0.91	0.91
孙 吴	Ⅰ(A)	1.00	0.93	0.98	0.96	0.96	定 陶	Ⅱ(B)	0.98	0.83	0.95	0.91	0.91
嫩 江	Ⅰ(A)	1.00	0.93	0.98	0.96	0.96	临 沂	Ⅱ(A)	0.98	0.83	0.95	0.91	0.91
克 山	Ⅰ(B)	1.00	0.92	0.97	0.96	0.96	河南省						
伊 春	Ⅰ(A)	1.00	0.93	0.98	0.96	0.96	郑 州	Ⅱ(B)	0.98	0.82	0.94	0.90	0.91
海 伦	Ⅰ(B)	1.00	0.92	0.97	0.96	0.96	安 阳	Ⅱ(B)	0.98	0.84	0.95	0.91	0.92
齐齐哈尔	Ⅰ(B)	1.00	0.91	0.97	0.95	0.95	孟 津	Ⅱ(A)	0.99	0.83	0.95	0.91	0.91
富 锦	Ⅰ(B)	1.00	0.92	0.97	0.95	0.95	卢 氏	Ⅱ(A)	0.98	0.84	0.95	0.91	0.92
泰 来	Ⅰ(B)	1.00	0.91	0.97	0.95	0.95	西 华	Ⅱ(B)	0.99	0.84	0.95	0.91	0.92
安 达	Ⅰ(B)	1.00	0.91	0.97	0.95	0.95							

城市	气候区属	外墙、屋面传热系数修正值				
		屋面	南墙	北墙	东墙	西墙
四川省						
若尔盖	Ⅰ(B)	0.90	0.82	0.94	0.90	0.90
松潘	Ⅰ(C)	0.93	0.81	0.94	0.90	0.90
色达	Ⅰ(A)	0.90	0.82	0.94	0.88	0.89
马尔康	Ⅱ(A)	0.92	0.78	0.93	0.89	0.89
德格	Ⅰ(C)	0.94	0.82	0.94	0.90	0.90
甘孜	Ⅰ(C)	0.89	0.77	0.93	0.87	0.87
康定	Ⅰ(C)	0.95	0.82	0.95	0.91	0.91
巴塘	Ⅱ(A)	0.88	0.71	0.91	0.85	0.85
理塘	Ⅰ(B)	0.88	0.79	0.93	0.88	0.88
稻城	Ⅰ(C)	0.87	0.76	0.92	0.85	0.85
贵州省						
毕节	Ⅱ(A)	0.97	0.82	0.94	0.90	0.90
威宁	Ⅱ(A)	0.96	0.81	0.94	0.90	0.90
云南省						
德钦	Ⅰ(C)	0.91	0.81	0.94	0.89	0.89
昭通	Ⅱ(A)	0.91	0.76	0.93	0.88	0.87
西藏自治区						
拉萨	Ⅱ(A)	0.90	0.77	0.93	0.87	0.88
狮泉河	Ⅰ(A)	0.85	0.78	0.93	0.87	0.87
改则	Ⅰ(A)	0.80	0.84	0.92	0.85	0.86
索县	Ⅰ(B)	0.88	0.83	0.94	0.88	0.88
那曲	Ⅰ(A)	0.93	0.86	0.95	0.91	0.91
丁青	Ⅰ(B)	0.91	0.83	0.94	0.89	0.90
班戈	Ⅰ(B)	0.88	0.82	0.94	0.89	0.89
昌都	Ⅱ(A)	0.95	0.83	0.94	0.90	0.90
申扎	Ⅰ(A)	0.87	0.81	0.94	0.88	0.88
林芝	Ⅱ(A)	0.85	0.72	0.92	0.85	0.85
日喀则	Ⅰ(C)	0.87	0.77	0.92	0.86	0.87
隆子	Ⅰ(C)	0.89	0.80	0.93	0.88	0.88
帕里	Ⅰ(A)	0.88	0.83	0.94	0.88	0.89
陕西省						
西安	Ⅱ(B)	1.00	0.85	0.95	0.92	0.92
榆林	Ⅱ(A)	0.97	0.85	0.96	0.92	0.93
延安	Ⅱ(A)	0.98	0.85	0.95	0.92	0.92
宝鸡	Ⅱ(A)	0.99	0.84	0.95	0.92	0.92
甘肃省						
兰州	Ⅱ(A)	0.96	0.83	0.95	0.91	0.91
敦煌	Ⅱ(A)	0.96	0.82	0.95	0.92	0.91

城市	气候区属	外墙、屋面传热系数修正值				
		屋面	南墙	北墙	东墙	西墙
酒泉	Ⅰ(C)	0.94	0.82	0.95	0.91	0.91
张掖	Ⅰ(C)	0.94	0.82	0.95	0.91	0.91
民勤	Ⅱ(A)	0.94	0.82	0.95	0.91	0.91
乌鞘岭	Ⅰ(A)	0.91	0.84	0.94	0.90	0.90
西峰镇	Ⅱ(A)	0.97	0.84	0.95	0.92	0.92
平凉	Ⅱ(A)	0.97	0.84	0.95	0.92	0.92
合作	Ⅰ(C)	0.93	0.83	0.95	0.91	0.91
岷县	Ⅰ(C)	0.93	0.82	0.94	0.90	0.91
天水	Ⅱ(A)	0.98	0.85	0.95	0.92	0.92
成县	Ⅱ(A)	0.89	0.72	0.92	0.85	0.86
青海省						
西宁	Ⅰ(C)	0.93	0.83	0.95	0.90	0.91
冷湖	Ⅰ(B)	0.93	0.83	0.95	0.91	0.91
大柴旦	Ⅰ(B)	0.93	0.83	0.95	0.91	0.91
德令哈	Ⅰ(B)	0.93	0.83	0.95	0.91	0.90
刚察	Ⅰ(A)	0.91	0.83	0.95	0.90	0.90
格尔木	Ⅰ(C)	0.91	0.80	0.94	0.89	0.89
都兰	Ⅰ(B)	0.91	0.82	0.94	0.90	0.90
同德	Ⅰ(B)	0.91	0.82	0.95	0.90	0.90
玛多	Ⅰ(A)	0.89	0.83	0.94	0.90	0.90
河南	Ⅰ(A)	0.90	0.82	0.94	0.90	0.90
托托河	Ⅰ(A)	0.90	0.84	0.95	0.90	0.90
曲麻菜	Ⅰ(A)	0.90	0.83	0.94	0.90	0.90
达日	Ⅰ(A)	0.90	0.83	0.94	0.90	0.90
玉树	Ⅰ(B)	0.90	0.81	0.94	0.89	0.89
杂多	Ⅰ(A)	0.91	0.84	0.95	0.90	0.90
宁夏回族自治区						
银川	Ⅱ(A)	0.96	0.84	0.95	0.92	0.91
盐池	Ⅱ(A)	0.94	0.83	0.95	0.91	0.91
中宁	Ⅱ(A)	0.96	0.83	0.95	0.91	0.91
新疆维吾尔自治区						
乌鲁木齐	Ⅰ(C)	0.98	0.88	0.96	0.94	0.94
哈巴河	Ⅰ(C)	0.98	0.88	0.96	0.94	0.93
阿勒泰	Ⅰ(B)	0.98	0.88	0.96	0.94	0.94
富蕴	Ⅰ(B)	0.97	0.87	0.96	0.94	0.94
和布克赛尔	Ⅰ(B)	0.96	0.86	0.96	0.92	0.93
塔城	Ⅰ(C)	1.00	0.88	0.96	0.94	0.94
克拉玛依	Ⅰ(C)	0.98	0.88	0.97	0.94	0.94
北塔山	Ⅰ(B)	0.97	0.87	0.96	0.93	0.93

城　市	气候区属	外墙、屋面传热系数修正值				
		屋面	南墙	北墙	东墙	西墙
精　河	Ⅰ(C)	0.99	0.89	0.96	0.94	0.94
奇　台	Ⅰ(C)	0.97	0.87	0.96	0.93	0.93
伊　宁	Ⅱ(A)	0.99	0.85	0.96	0.93	0.93
吐鲁番	Ⅱ(B)	0.98	0.85	0.96	0.93	0.92
哈　密	Ⅱ(B)	0.96	0.84	0.95	0.92	0.92
巴伦台	Ⅰ(C)	1.00	0.88	0.96	0.94	0.94
库尔勒	Ⅱ(B)	0.95	0.82	0.95	0.91	0.91
库　车	Ⅱ(A)	0.95	0.83	0.95	0.91	0.91
阿合奇	Ⅰ(C)	0.94	0.83	0.95	0.91	0.91
铁干里克	Ⅱ(B)	0.95	0.82	0.95	0.92	0.91
阿拉尔	Ⅱ(B)	0.95	0.82	0.95	0.91	0.91
巴　楚	Ⅱ(A)	0.95	0.80	0.94	0.91	0.90
喀　什	Ⅱ(A)	0.94	0.80	0.94	0.90	0.90
若　羌	Ⅱ(B)	0.93	0.81	0.94	0.90	0.90
莎　车	Ⅱ(A)	0.93	0.80	0.94	0.90	0.90
安德河	Ⅱ(A)	0.93	0.80	0.95	0.90	0.90
皮　山	Ⅱ(A)	0.93	0.80	0.94	0.90	0.90
和　田	Ⅱ(A)	0.94	0.80	0.94	0.90	0.90

注：表格中气候区属Ⅰ(A)为严寒(A)区、Ⅰ(B)为严寒(B)区、Ⅰ(C)为严寒(C)区；Ⅱ(A)为严寒(A)区、Ⅱ(B)为寒冷(B)区。

E.0.3 封闭阳台对外墙传热的影响可采用阳台温差修正系数 ξ 来计算。

E.0.4 不同朝向的阳台温差修正系数 ξ 可按表 E.0.4 确定。

表 E.0.4　不同朝向的阳台温差修正系数 ξ

城　市	气候区属	阳台类型	阳台温差修正系数			
			南向	北向	东向	西向
直辖市						
北　京	Ⅱ(B)	凸阳台	0.44	0.62	0.56	0.56
		凹阳台	0.32	0.47	0.43	0.43
天　津	Ⅱ(B)	凸阳台	0.47	0.61	0.57	0.57
		凹阳台	0.35	0.47	0.43	0.43
河北省						
石家庄	Ⅱ(B)	凸阳台	0.46	0.61	0.57	0.57
		凹阳台	0.34	0.47	0.43	0.43
围　场	Ⅰ(C)	凸阳台	0.49	0.62	0.58	0.58
		凹阳台	0.37	0.48	0.44	0.44

城　市	气候区属	阳台类型	阳台温差修正系数			
			南向	北向	东向	西向
丰　宁	Ⅰ(C)	凸阳台	0.47	0.62	0.57	0.57
		凹阳台	0.35	0.47	0.43	0.44
承　德	Ⅱ(A)	凸阳台	0.49	0.62	0.58	0.58
		凹阳台	0.37	0.48	0.44	0.44
张家口	Ⅱ(A)	凸阳台	0.47	0.62	0.57	0.58
		凹阳台	0.35	0.47	0.43	0.44
怀　来	Ⅱ(A)	凸阳台	0.46	0.62	0.57	0.57
		凹阳台	0.35	0.47	0.43	0.44
青　龙	Ⅱ(A)	凸阳台	0.48	0.62	0.57	0.58
		凹阳台	0.36	0.47	0.44	0.44
蔚　县	Ⅰ(C)	凸阳台	0.49	0.62	0.58	0.58
		凹阳台	0.37	0.48	0.44	0.44
唐　山	Ⅱ(A)	凸阳台	0.47	0.62	0.57	0.57
		凹阳台	0.35	0.47	0.43	0.44
乐　亭	Ⅱ(A)	凸阳台	0.47	0.62	0.57	0.57
		凹阳台	0.35	0.47	0.43	0.44
保　定	Ⅱ(B)	凸阳台	0.47	0.62	0.57	0.57
		凹阳台	0.35	0.47	0.43	0.44
沧　州	Ⅱ(B)	凸阳台	0.46	0.61	0.56	0.56
		凹阳台	0.34	0.47	0.43	0.43
泊　头	Ⅱ(B)	凸阳台	0.46	0.61	0.56	0.57
		凹阳台	0.34	0.47	0.43	0.43
邢　台	Ⅱ(B)	凸阳台	0.45	0.61	0.56	0.56
		凹阳台	0.34	0.47	0.42	0.43
山西省						
太　原	Ⅱ(A)	凸阳台	0.45	0.61	0.56	0.57
		凹阳台	0.34	0.47	0.43	0.43
大　同	Ⅰ(C)	凸阳台	0.47	0.62	0.57	0.57
		凹阳台	0.35	0.47	0.43	0.44
河　曲	Ⅰ(C)	凸阳台	0.47	0.62	0.58	0.57
		凹阳台	0.35	0.47	0.44	0.43
原　平	Ⅱ(A)	凸阳台	0.46	0.62	0.57	0.57
		凹阳台	0.34	0.47	0.43	0.43
离　石	Ⅱ(A)	凸阳台	0.48	0.62	0.58	0.58
		凹阳台	0.36	0.47	0.44	0.44
榆　社	Ⅱ(A)	凸阳台	0.46	0.61	0.57	0.57
		凹阳台	0.34	0.47	0.43	0.43

城市	气候区属	阳台类型	南向	北向	东向	西向
介 休	Ⅱ(A)	凸阳台	0.45	0.61	0.56	0.56
		凹阳台	0.34	0.47	0.43	0.43
阳 城	Ⅱ(A)	凸阳台	0.45	0.61	0.56	0.56
		凹阳台	0.33	0.47	0.43	0.43
运 城	Ⅱ(B)	凸阳台	0.47	0.62	0.57	0.57
		凹阳台	0.35	0.47	0.44	0.44
内蒙古自治区						
呼和浩特	Ⅰ(C)	凸阳台	0.48	0.62	0.58	0.58
		凹阳台	0.36	0.48	0.44	0.44
图里河	Ⅰ(A)	凸阳台	0.57	0.65	0.62	0.62
		凹阳台	0.43	0.50	0.47	0.47
海拉尔	Ⅰ(A)	凸阳台	0.58	0.65	0.63	0.63
		凹阳台	0.44	0.50	0.48	0.48
博克图	Ⅰ(A)	凸阳台	0.58	0.65	0.62	0.63
		凹阳台	0.44	0.50	0.48	0.48
新巴尔虎右旗	Ⅰ(A)	凸阳台	0.57	0.65	0.62	0.62
		凹阳台	0.43	0.50	0.47	0.47
阿尔山	Ⅰ(A)	凸阳台	0.56	0.64	0.60	0.60
		凹阳台	0.42	0.49	0.46	0.46
东乌珠穆沁旗	Ⅰ(B)	凸阳台	0.54	0.64	0.61	0.61
		凹阳台	0.41	0.49	0.46	0.46
那仁宝拉格	Ⅰ(A)	凸阳台	0.53	0.64	0.60	0.60
		凹阳台	0.40	0.49	0.46	0.46
西乌珠穆沁旗	Ⅰ(B)	凸阳台	0.53	0.64	0.60	0.60
		凹阳台	0.40	0.49	0.46	0.46
扎鲁特旗	Ⅰ(C)	凸阳台	0.51	0.63	0.58	0.59
		凹阳台	0.38	0.48	0.45	0.45
阿巴嘎旗	Ⅰ(B)	凸阳台	0.54	0.64	0.60	0.60
		凹阳台	0.41	0.49	0.46	0.46
巴林左旗	Ⅰ(C)	凸阳台	0.51	0.63	0.58	0.59
		凹阳台	0.38	0.48	0.45	0.45
锡林浩特	Ⅰ(B)	凸阳台	0.53	0.64	0.60	0.60
		凹阳台	0.40	0.49	0.46	0.46
二连浩特	Ⅰ(A)	凸阳台	0.52	0.63	0.59	0.59
		凹阳台	0.40	0.48	0.45	0.45
林 西	Ⅰ(C)	凸阳台	0.49	0.62	0.58	0.58
		凹阳台	0.37	0.48	0.44	0.44
哲里木盟	Ⅰ(C)	凸阳台	0.51	0.63	0.59	0.59
		凹阳台	0.38	0.48	0.45	0.45
满都拉	Ⅰ(C)	凸阳台	0.47	0.62	0.57	0.56
		凹阳台	0.35	0.47	0.43	0.43
朱日和	Ⅰ(C)	凸阳台	0.49	0.62	0.57	0.58
		凹阳台	0.37	0.48	0.44	0.44
赤 峰	Ⅰ(C)	凸阳台	0.48	0.62	0.58	0.58
		凹阳台	0.36	0.48	0.44	0.44
多 伦	Ⅰ(B)	凸阳台	0.50	0.63	0.58	0.59
		凹阳台	0.38	0.48	0.45	0.45
额济纳旗	Ⅰ(C)	凸阳台	0.45	0.61	0.56	0.57
		凹阳台	0.34	0.47	0.42	0.43
化 德	Ⅰ(B)	凸阳台	0.50	0.62	0.58	0.58
		凹阳台	0.37	0.48	0.44	0.44
达尔罕联合旗	Ⅰ(C)	凸阳台	0.47	0.62	0.57	0.57
		凹阳台	0.35	0.47	0.43	0.43
乌拉特后旗	Ⅰ(C)	凸阳台	0.45	0.61	0.56	0.56
		凹阳台	0.34	0.47	0.43	0.43
海力素	Ⅰ(C)	凸阳台	0.47	0.62	0.57	0.57
		凹阳台	0.35	0.47	0.43	0.43
集 宁	Ⅰ(C)	凸阳台	0.48	0.62	0.57	0.57
		凹阳台	0.36	0.47	0.43	0.44
临 河	Ⅱ(A)	凸阳台	0.45	0.61	0.56	0.56
		凹阳台	0.34	0.47	0.43	0.43
巴音毛道	Ⅰ(C)	凸阳台	0.44	0.61	0.56	0.56
		凹阳台	0.33	0.47	0.43	0.42
东 胜	Ⅰ(C)	凸阳台	0.46	0.61	0.56	0.56
		凹阳台	0.34	0.47	0.43	0.42
吉兰太	Ⅱ(A)	凸阳台	0.44	0.61	0.56	0.55
		凹阳台	0.33	0.47	0.43	0.42
鄂托克旗	Ⅰ(C)	凸阳台	0.45	0.61	0.56	0.56
		凹阳台	0.33	0.47	0.43	0.42
辽宁省						
沈 阳	Ⅰ(C)	凸阳台	0.52	0.63	0.59	0.60
		凹阳台	0.39	0.48	0.45	0.46
彰 武	Ⅰ(C)	凸阳台	0.51	0.63	0.59	0.59
		凹阳台	0.38	0.48	0.45	0.45

城　市	气候区属	阳台类型	阳台温差修正系数			
			南向	北向	东向	西向
清　原	Ⅰ(C)	凸阳台	0.55	0.64	0.61	0.61
		凹阳台	0.42	0.49	0.47	0.47
朝　阳	Ⅱ(A)	凸阳台	0.50	0.62	0.59	0.59
		凹阳台	0.38	0.48	0.45	0.45
本　溪	Ⅰ(C)	凸阳台	0.53	0.63	0.60	0.60
		凹阳台	0.40	0.49	0.46	0.46
锦　州	Ⅱ(A)	凸阳台	0.50	0.63	0.58	0.59
		凹阳台	0.38	0.48	0.45	0.45
宽　甸	Ⅰ(C)	凸阳台	0.53	0.63	0.60	0.60
		凹阳台	0.40	0.49	0.46	0.46
营　口	Ⅱ(A)	凸阳台	0.51	0.63	0.59	0.59
		凹阳台	0.39	0.48	0.45	0.45
丹　东	Ⅱ(A)	凸阳台	0.50	0.63	0.59	0.58
		凹阳台	0.38	0.48	0.45	0.44
大　连	Ⅱ(A)	凸阳台	0.46	0.61	0.56	0.56
		凹阳台	0.34	0.47	0.43	0.42
吉林省						
长　春	Ⅰ(C)	凸阳台	0.54	0.64	0.60	0.61
		凹阳台	0.41	0.49	0.46	0.46
前郭尔罗斯	Ⅰ(C)	凸阳台	0.54	0.64	0.60	0.61
		凹阳台	0.41	0.49	0.46	0.46
长　岭	Ⅰ(C)	凸阳台	0.54	0.64	0.60	0.60
		凹阳台	0.41	0.49	0.46	0.46
敦　化	Ⅰ(B)	凸阳台	0.55	0.64	0.60	0.61
		凹阳台	0.41	0.49	0.46	0.46
四　平	Ⅰ(C)	凸阳台	0.53	0.63	0.60	0.60
		凹阳台	0.40	0.49	0.46	0.46
桦　甸	Ⅰ(B)	凸阳台	0.56	0.64	0.61	0.61
		凹阳台	0.42	0.49	0.47	0.47
延　吉	Ⅰ(C)	凸阳台	0.54	0.64	0.60	0.60
		凹阳台	0.41	0.49	0.46	0.46
临　江	Ⅰ(C)	凸阳台	0.56	0.64	0.61	0.61
		凹阳台	0.42	0.49	0.47	0.47
长　白	Ⅰ(B)	凸阳台	0.55	0.64	0.61	0.61
		凹阳台	0.42	0.49	0.46	0.46
集　安	Ⅰ(C)	凸阳台	0.54	0.64	0.60	0.61
		凹阳台	0.41	0.49	0.46	0.46

城　市	气候区属	阳台类型	阳台温差修正系数			
			南向	北向	东向	西向
黑龙江省						
哈尔滨	Ⅰ(B)	凸阳台	0.56	0.64	0.62	0.62
		凹阳台	0.43	0.49	0.47	0.47
漠　河	Ⅰ(A)	凸阳台	0.58	0.65	0.62	0.62
		凹阳台	0.44	0.50	0.47	0.47
呼　玛	Ⅰ(A)	凸阳台	0.58	0.65	0.62	0.62
		凹阳台	0.44	0.50	0.48	0.48
黑　河	Ⅰ(A)	凸阳台	0.58	0.65	0.62	0.63
		凹阳台	0.44	0.50	0.48	0.48
孙　吴	Ⅰ(A)	凸阳台	0.59	0.65	0.63	0.63
		凹阳台	0.45	0.50	0.49	0.48
嫩　江	Ⅰ(A)	凸阳台	0.58	0.65	0.62	0.62
		凹阳台	0.44	0.50	0.48	0.48
克　山	Ⅰ(B)	凸阳台	0.57	0.65	0.62	0.62
		凹阳台	0.44	0.50	0.47	0.48
伊　春	Ⅰ(A)	凸阳台	0.58	0.65	0.62	0.63
		凹阳台	0.44	0.50	0.48	0.48
海　伦	Ⅰ(B)	凸阳台	0.57	0.65	0.62	0.62
		凹阳台	0.44	0.50	0.47	0.48
齐齐哈尔	Ⅰ(B)	凸阳台	0.55	0.64	0.61	0.61
		凹阳台	0.42	0.49	0.46	0.47
富　锦	Ⅰ(B)	凸阳台	0.57	0.64	0.62	0.62
		凹阳台	0.43	0.49	0.47	0.47
泰　来	Ⅰ(B)	凸阳台	0.55	0.64	0.61	0.61
		凹阳台	0.42	0.49	0.46	0.47
安　达	Ⅰ(B)	凸阳台	0.56	0.64	0.61	0.61
		凹阳台	0.42	0.49	0.47	0.47
宝　清	Ⅰ(B)	凸阳台	0.56	0.64	0.61	0.61
		凹阳台	0.42	0.49	0.47	0.47
通　河	Ⅰ(B)	凸阳台	0.57	0.65	0.62	0.62
		凹阳台	0.43	0.50	0.47	0.47
虎　林	Ⅰ(B)	凸阳台	0.56	0.64	0.61	0.61
		凹阳台	0.43	0.49	0.47	0.47
鸡　西	Ⅰ(B)	凸阳台	0.56	0.64	0.61	0.61
		凹阳台	0.42	0.49	0.46	0.46
尚　志	Ⅰ(B)	凸阳台	0.56	0.64	0.61	0.61
		凹阳台	0.42	0.49	0.47	0.47

城 市	气候区属	阳台类型	阳台温差修正系数			
			南向	北向	东向	西向
牡丹江	I(B)	凸阳台	0.55	0.64	0.61	0.61
		凹阳台	0.41	0.49	0.46	0.46
绥芬河	I(B)	凸阳台	0.55	0.64	0.60	0.61
		凹阳台	0.41	0.49	0.46	0.46
江苏省						
赣榆	II(A)	凸阳台	0.45	0.61	0.56	0.56
		凹阳台	0.33	0.47	0.43	0.43
徐州	II(B)	凸阳台	0.46	0.61	0.57	0.57
		凹阳台	0.34	0.47	0.43	0.43
射阳	II(B)	凸阳台	0.43	0.60	0.55	0.55
		凹阳台	0.32	0.46	0.42	0.42
安徽省						
亳州	II(B)	凸阳台	0.47	0.62	0.57	0.58
		凹阳台	0.35	0.47	0.44	0.44
山东省						
济南	II(B)	凸阳台	0.45	0.61	0.56	0.56
		凹阳台	0.33	0.46	0.42	0.43
长岛	II(A)	凸阳台	0.44	0.60	0.55	0.55
		凹阳台	0.32	0.46	0.42	0.42
龙口	II(A)	凸阳台	0.45	0.61	0.56	0.55
		凹阳台	0.33	0.46	0.42	0.42
惠民县	II(B)	凸阳台	0.46	0.61	0.56	0.57
		凹阳台	0.34	0.47	0.43	0.43
德州	II(B)	凸阳台	0.42	0.60	0.54	0.55
		凹阳台	0.31	0.46	0.41	0.41
成山头	II(A)	凸阳台	0.41	0.60	0.54	0.54
		凹阳台	0.30	0.46	0.41	0.41
陵县	II(B)	凸阳台	0.45	0.61	0.56	0.56
		凹阳台	0.33	0.47	0.43	0.43
海阳	II(A)	凸阳台	0.44	0.61	0.55	0.55
		凹阳台	0.32	0.46	0.42	0.42
潍坊	II(A)	凸阳台	0.45	0.61	0.56	0.56
		凹阳台	0.34	0.47	0.43	0.43
莘县	II(A)	凸阳台	0.46	0.61	0.57	0.57
		凹阳台	0.34	0.47	0.43	0.43
沂源	II(A)	凸阳台	0.46	0.61	0.56	0.56
		凹阳台	0.34	0.47	0.43	0.43

城 市	气候区属	阳台类型	阳台温差修正系数			
			南向	北向	东向	西向
青岛	II(A)	凸阳台	0.42	0.60	0.53	0.54
		凹阳台	0.31	0.46	0.40	0.41
兖州	II(B)	凸阳台	0.44	0.61	0.56	0.56
		凹阳台	0.33	0.47	0.42	0.43
日照	II(A)	凸阳台	0.41	0.59	0.52	0.53
		凹阳台	0.0	0.45	0.39	0.40
费县	II(A)	凸阳台	0.44	0.61	0.55	0.55
		凹阳台	0.32	0.46	0.42	0.42
菏泽	II(A)	凸阳台	0.44	0.61	0.55	0.55
		凹阳台	0.32	0.46	0.42	0.42
定陶	II(B)	凸阳台	0.45	0.61	0.56	0.56
		凹阳台	0.33	0.47	0.42	0.43
临沂	II(A)	凸阳台	0.44	0.61	0.55	0.56
		凹阳台	0.33	0.46	0.42	0.42
河南省						
郑州	II(B)	凸阳台	0.43	0.60	0.55	0.55
		凹阳台	0.32	0.46	0.42	0.42
安阳	II(B)	凸阳台	0.45	0.61	0.56	0.56
		凹阳台	0.33	0.47	0.42	0.43
孟津	II(A)	凸阳台	0.44	0.61	0.56	0.56
		凹阳台	0.33	0.46	0.42	0.43
卢氏	II(A)	凸阳台	0.45	0.61	0.57	0.56
		凹阳台	0.33	0.47	0.43	0.43
西华	II(B)	凸阳台	0.45	0.61	0.56	0.56
		凹阳台	0.34	0.47	0.42	0.43
四川省						
若尔盖	I(B)	凸阳台	0.43	0.60	0.54	0.54
		凹阳台	0.32	0.46	0.41	0.41
松潘	I(C)	凸阳台	0.41	0.60	0.54	0.54
		凹阳台	0.30	0.46	0.41	0.41
色达	I(A)	凸阳台	0.42	0.59	0.52	0.52
		凹阳台	0.31	0.45	0.39	0.39
马尔康	II(A)	凸阳台	0.37	0.59	0.52	0.52
		凹阳台	0.27	0.45	0.39	0.39
德格	I(C)	凸阳台	0.43	0.60	0.55	0.55
		凹阳台	0.32	0.46	0.41	0.42
甘孜	I(C)	凸阳台	0.35	0.58	0.49	0.49
		凹阳台	0.25	0.44	0.37	0.37

城 市	气候区属	阳台类型	阳台温差修正系数			
			南向	北向	东向	西向
康 定	Ⅰ(C)	凸阳台	0.43	0.61	0.55	0.55
		凹阳台	0.32	0.46	0.42	0.42
巴 塘	Ⅱ(A)	凸阳台	0.28	0.56	0.48	0.47
		凹阳台	0.19	0.42	0.36	0.35
理 塘	Ⅰ(B)	凸阳台	0.39	0.59	0.52	0.51
		凹阳台	0.28	0.45	0.39	0.38
稻 城	Ⅰ(C)	凸阳台	0.34	0.56	0.48	0.47
		凹阳台	0.24	0.43	0.36	0.35
贵州省						
毕 节	Ⅱ(A)	凸阳台	0.42	0.60	0.54	0.54
		凹阳台	0.31	0.46	0.41	0.41
威 宁	Ⅱ(A)	凸阳台	0.42	0.60	0.54	0.54
		凹阳台	0.31	0.46	0.41	0.41
云南省						
德 钦	Ⅰ(C)	凸阳台	0.41	0.59	0.53	0.53
		凹阳台	0.30	0.45	0.40	0.40
昭 通	Ⅱ(A)	凸阳台	0.34	0.58	0.51	0.50
		凹阳台	0.25	0.44	0.39	0.37
西藏自治区						
拉 萨	Ⅱ(A)	凸阳台	0.35	0.58	0.50	0.51
		凹阳台	0.25	0.44	0.38	0.38
狮泉河	Ⅰ(A)	凸阳台	0.38	0.58	0.49	0.50
		凹阳台	0.27	0.44	0.37	0.38
改 则	Ⅰ(A)	凸阳台	0.45	0.57	0.47	0.48
		凹阳台	0.34	0.43	0.35	0.36
索 县	Ⅰ(B)	凸阳台	0.44	0.59	0.51	0.52
		凹阳台	0.32	0.45	0.39	0.39
那 曲	Ⅰ(A)	凸阳台	0.48	0.61	0.55	0.56
		凹阳台	0.36	0.47	0.42	0.43
丁 青	Ⅰ(B)	凸阳台	0.44	0.60	0.53	0.54
		凹阳台	0.32	0.46	0.40	0.41
班 戈	Ⅰ(A)	凸阳台	0.43	0.60	0.52	0.53
		凹阳台	0.32	0.45	0.39	0.40
昌 都	Ⅱ(A)	凸阳台	0.44	0.60	0.55	0.55
		凹阳台	0.32	0.46	0.41	0.41
申 扎	Ⅰ(A)	凸阳台	0.42	0.59	0.51	0.52
		凹阳台	0.31	0.45	0.39	0.39

城 市	气候区属	阳台类型	阳台温差修正系数			
			南向	北向	东向	西向
林 芝	Ⅱ(A)	凸阳台	0.29	0.56	0.46	0.47
		凹阳台	0.20	0.43	0.35	0.35
日喀则	Ⅰ(C)	凸阳台	0.36	0.58	0.49	0.50
		凹阳台	0.26	0.44	0.37	0.38
隆 子	Ⅰ(C)	凸阳台	0.40	0.59	0.51	0.52
		凹阳台	0.29	0.45	0.38	0.39
帕 里	Ⅰ(A)	凸阳台	0.44	0.60	0.52	0.53
		凹阳台	0.32	0.45	0.39	0.40
陕西省						
西 安	Ⅱ(B)	凸阳台	0.47	0.62	0.57	0.57
		凹阳台	0.35	0.47	0.43	0.44
榆 林	Ⅱ(A)	凸阳台	0.47	0.62	0.58	0.58
		凹阳台	0.35	0.47	0.44	0.44
延 安	Ⅱ(A)	凸阳台	0.47	0.62	0.57	0.57
		凹阳台	0.35	0.47	0.44	0.43
宝 鸡	Ⅱ(A)	凸阳台	0.46	0.61	0.56	0.57
		凹阳台	0.34	0.47	0.43	0.43
甘肃省						
兰 州	Ⅱ(A)	凸阳台	0.43	0.61	0.56	0.56
		凹阳台	0.32	0.46	0.42	0.42
敦 煌	Ⅱ(A)	凸阳台	0.43	0.61	0.56	0.56
		凹阳台	0.32	0.47	0.43	0.42
酒 泉	Ⅰ(C)	凸阳台	0.43	0.61	0.55	0.56
		凹阳台	0.32	0.47	0.42	0.42
张 掖	Ⅰ(C)	凸阳台	0.43	0.61	0.55	0.56
		凹阳台	0.32	0.47	0.42	0.42
民 勤	Ⅱ(A)	凸阳台	0.43	0.61	0.55	0.55
		凹阳台	0.31	0.46	0.42	0.42
乌鞘岭	Ⅰ(A)	凸阳台	0.45	0.60	0.54	0.55
		凹阳台	0.33	0.46	0.41	0.41
西峰镇	Ⅱ(A)	凸阳台	0.46	0.61	0.56	0.57
		凹阳台	0.34	0.47	0.43	0.43
平 凉	Ⅱ(A)	凸阳台	0.46	0.61	0.57	0.57
		凹阳台	0.34	0.47	0.43	0.43
合 作	Ⅰ(B)	凸阳台	0.44	0.61	0.55	0.55
		凹阳台	0.33	0.46	0.42	0.42
岷 县	Ⅰ(C)	凸阳台	0.43	0.61	0.54	0.55
		凹阳台	0.32	0.46	0.41	0.42

| 城 市 | 气候区属 | 阳台类型 | \multicolumn{4}{c}{阳台温差修正系数} |
			南向	北向	东向	西向
天 水	Ⅱ(A)	凸阳台	0.47	0.61	0.57	0.57
		凹阳台	0.35	0.47	0.43	0.43
成 县	Ⅱ(A)	凸阳台	0.29	0.57	0.47	0.48
		凹阳台	0.20	0.43	0.35	0.36
\multicolumn{7}{c}{青海省}
西 宁	Ⅰ(C)	凸阳台	0.44	0.61	0.55	0.55
		凹阳台	0.32	0.46	0.41	0.42
冷 湖	Ⅰ(B)	凸阳台	0.44	0.61	0.56	0.56
		凹阳台	0.33	0.47	0.42	0.42
大柴旦	Ⅰ(B)	凸阳台	0.44	0.61	0.56	0.55
		凹阳台	0.33	0.47	0.42	0.42
德令哈	Ⅰ(C)	凸阳台	0.44	0.61	0.55	0.55
		凹阳台	0.33	0.46	0.42	0.42
刚 察	Ⅰ(A)	凸阳台	0.44	0.61	0.54	0.55
		凹阳台	0.33	0.46	0.41	0.42
格尔木	Ⅰ(C)	凸阳台	0.40	0.60	0.53	0.53
		凹阳台	0.29	0.46	0.40	0.40
都 兰	Ⅰ(B)	凸阳台	0.42	0.60	0.54	0.54
		凹阳台	0.31	0.46	0.41	0.41
同 德	Ⅰ(B)	凸阳台	0.43	0.61	0.54	0.55
		凹阳台	0.32	0.46	0.41	0.42
玛 多	Ⅰ(A)	凸阳台	0.44	0.60	0.54	0.54
		凹阳台	0.32	0.46	0.41	0.41
河 南	Ⅰ(A)	凸阳台	0.43	0.60	0.54	0.54
		凹阳台	0.32	0.46	0.41	0.41
托托河	Ⅰ(A)	凸阳台	0.45	0.61	0.54	0.55
		凹阳台	0.34	0.46	0.41	0.41
曲麻菜	Ⅰ(A)	凸阳台	0.44	0.60	0.54	0.54
		凹阳台	0.33	0.46	0.41	0.41
达 日	Ⅰ(A)	凸阳台	0.44	0.60	0.54	0.54
		凹阳台	0.33	0.46	0.41	0.41
玉 树	Ⅰ(B)	凸阳台	0.41	0.60	0.53	0.53
		凹阳台	0.30	0.45	0.40	0.40
杂 多	Ⅰ(A)	凸阳台	0.46	0.61	0.54	0.55
		凹阳台	0.34	0.46	0.41	0.41
\multicolumn{7}{c}{宁夏回族自治区}
银 川	Ⅱ(A)	凸阳台	0.45	0.61	0.57	0.56
		凹阳台	0.34	0.47	0.43	0.42

| 城 市 | 气候区属 | 阳台类型 | \multicolumn{4}{c}{阳台温差修正系数} |
			南向	北向	东向	西向
盐 池	Ⅱ(A)	凸阳台	0.44	0.61	0.56	0.55
		凹阳台	0.33	0.46	0.42	0.42
中 宁	Ⅱ(A)	凸阳台	0.44	0.61	0.56	0.56
		凹阳台	0.33	0.46	0.42	0.42
\multicolumn{7}{c}{新疆维吾尔自治区}
乌鲁木齐	Ⅰ(C)	凸阳台	0.51	0.63	0.59	0.60
		凹阳台	0.39	0.48	0.45	0.45
哈巴河	Ⅰ(C)	凸阳台	0.51	0.63	0.59	0.59
		凹阳台	0.38	0.48	0.45	0.45
阿勒泰	Ⅰ(B)	凸阳台	0.51	0.63	0.59	0.59
		凹阳台	0.38	0.48	0.45	0.45
富 蕴	Ⅰ(B)	凸阳台	0.50	0.63	0.60	0.59
		凹阳台	0.38	0.48	0.45	0.45
和布克赛尔	Ⅰ(B)	凸阳台	0.48	0.62	0.58	0.58
		凹阳台	0.36	0.48	0.44	0.44
塔 城	Ⅰ(C)	凸阳台	0.51	0.63	0.60	0.60
		凹阳台	0.38	0.49	0.46	0.46
克拉玛依	Ⅰ(C)	凸阳台	0.52	0.64	0.60	0.60
		凹阳台	0.39	0.49	0.46	0.46
北塔山	Ⅰ(B)	凸阳台	0.49	0.63	0.58	0.58
		凹阳台	0.37	0.48	0.44	0.45
精 河	Ⅰ(C)	凸阳台	0.52	0.63	0.60	0.60
		凹阳台	0.39	0.49	0.46	0.46
奇 台	Ⅰ(C)	凸阳台	0.50	0.63	0.59	0.59
		凹阳台	0.37	0.48	0.45	0.45
伊 宁	Ⅱ(A)	凸阳台	0.47	0.62	0.59	0.58
		凹阳台	0.35	0.48	0.45	0.44
吐鲁番	Ⅱ(B)	凸阳台	0.46	0.62	0.58	0.58
		凹阳台	0.35	0.47	0.44	0.44
哈 密	Ⅱ(B)	凸阳台	0.45	0.62	0.57	0.57
		凹阳台	0.34	0.47	0.43	0.43
巴伦台	Ⅰ(C)	凸阳台	0.51	0.63	0.59	0.59
		凹阳台	0.38	0.48	0.45	0.45
库尔勒	Ⅱ(B)	凸阳台	0.43	0.61	0.56	0.55
		凹阳台	0.32	0.47	0.42	0.42
库 车	Ⅱ(A)	凸阳台	0.44	0.61	0.56	0.55
		凹阳台	0.32	0.47	0.42	0.42

城　市	气候区属	阳台类型	阳台温差修正系数			
			南向	北向	东向	西向
阿合奇	Ⅰ(C)	凸阳台	0.44	0.61	0.56	0.56
		凹阳台	0.32	0.47	0.43	0.42
铁干里克	Ⅱ(B)	凸阳台	0.43	0.61	0.56	0.56
		凹阳台	0.32	0.47	0.43	0.42
阿拉尔	Ⅱ(A)	凸阳台	0.42	0.61	0.56	0.56
		凹阳台	0.31	0.47	0.43	0.42
巴　楚	Ⅱ(A)	凸阳台	0.40	0.60	0.55	0.55
		凹阳台	0.29	0.46	0.42	0.41
喀　什	Ⅱ(A)	凸阳台	0.40	0.60	0.55	0.54
		凹阳台	0.29	0.46	0.41	0.41
若　羌	Ⅱ(B)	凸阳台	0.42	0.60	0.55	0.54
		凹阳台	0.31	0.46	0.41	0.41
莎　车	Ⅱ(A)	凸阳台	0.39	0.60	0.55	0.54
		凹阳台	0.29	0.46	0.41	0.41
安德河	Ⅱ(A)	凸阳台	0.40	0.61	0.55	0.55
		凹阳台	0.30	0.46	0.41	0.41
皮　山	Ⅱ(A)	凸阳台	0.40	0.60	0.54	0.54
		凹阳台	0.29	0.46	0.41	0.41
和　田	Ⅱ(A)	凸阳台	0.40	0.60	0.54	0.54
		凹阳台	0.29	0.46	0.41	0.41

注：1　表中凸阳台包含正面和左右侧面三个接触室外空气的外立面，而凹阳台则只有正面一个接触室外空气的外立面。

2　表格中气候区属Ⅰ(A)为严寒(A)区、Ⅰ(B)为严寒(B)区、Ⅰ(C)为严寒(C)区；Ⅱ(A)为寒冷(A)区、Ⅱ(B)为寒冷(B)区。

附录 F　关于面积和体积的计算

F.0.1　建筑面积（A_0），应按各层外墙外包线围成的平面面积的总和计算，包括半地下室的面积，不包括地下室的面积。

F.0.2　建筑体积（V_0），应按与计算建筑面积所对应的建筑物外表面和底层地面所围成的体积计算。

F.0.3　换气体积（V）当楼梯间及外廊不采暖时，应按 $V = 0.60V_0$ 计算；当楼梯间及外廊采暖时，应按 $V = 0.65V_0$ 计算。

F.0.4　屋面或顶棚面积，应按支承屋顶的外墙外包线围成的面积计算。

F.0.5　外墙面积，应按不同朝向分别计算。某一朝向的外墙面积，应由该朝向的外表面积减去外窗面积

构成。

F.0.6　外窗（包括阳台门上部透明部分）面积，应按不同朝向和有无阳台分别计算；取洞口面积。

F.0.7　外门面积，应按不同朝向分别计算，取洞口面积。

F.0.8　阳台门下部不透明部分面积，应按不同朝向分别计算，取洞口面积。

F.0.9　地面面积，应按外墙内侧围成的面积计算。

F.0.10　地板面积，应按外墙内侧围成的面积计算，并应区分为接触室外空气的地板和不采暖地下室上部的地板。

F.0.11　凹凸墙面的朝向归属应符合下列规定：

1　当某朝向有外凸部分时，应符合下列规定：

1)　当凸出部分的长度（垂直于该朝向的尺寸）小于或等于 1.5m 时，该凸出部分的全部外墙面积应计入该朝向的外墙总面积；

2)　当凸出部分的长度大于 1.5m 时，该凸出部分应按各自实际朝向计入各自朝向的外墙总面积。

2　当某朝向有内凹部分时，应符合下列规定：

1)　当凹入部分的宽度（平行于该朝向的尺寸）小于 5m，且凹入部分的长度小于或等于凹入部分的宽度时，该凹入部分的全部外墙面积应计入该朝向的外墙总面积；

2)　当凹入部分的宽度（平行于该朝向的尺寸）小于 5m，且凹入部分的长度大于凹入部分的宽度时，该凹入部分的两个侧面外墙面积应计入北向的外墙总面积，该凹入部分的正面外墙面积应计入该朝向的外墙总面积；

3)　当凹入部分的宽度大于或等于 5m 时，该凹入部分应按各实际朝向计入各自朝向的外墙总面积。

F.0.12　内天井墙面的朝向归属应符合下列规定：

1　当内天井的高度大于等于内天井最宽边长的 2 倍时，内天井的全部外墙面积应计入北向的外墙总面积。

2　当内天井的高度小于内天井最宽边长的 2 倍时，内天井的外墙应按各实际朝向计入各自朝向的外墙总面积。

附录 G　采暖管道最小保温层厚度（δ_{min}）

G.0.1　当管道保温材料采用玻璃棉时，其最小保温层厚度应按表 G.0.1-1、表 G.0.1-2 选用。玻璃棉材料的导热系数应按下式计算：

$$\lambda_{m} = 0.024 + 0.00018 t_{m} \qquad (G.0.1)$$

式中：λ_{m}——玻璃棉的导热系数[W/(m·K)]。

表 G.0.1-1 玻璃棉保温材料的管道最小保温层厚度（mm）

气候分区	严寒(A)区　$t_{mw}=40.9℃$					严寒(B)区　$t_{mw}=43.6℃$				
公称直径	热价20元/GJ	热价30元/GJ	热价40元/GJ	热价50元/GJ	热价60元/GJ	热价20元/GJ	热价30元/GJ	热价40元/GJ	热价50元/GJ	热价60元/GJ
DN 25	23	28	31	34	37	22	27	30	33	36
DN 32	24	29	33	36	38	23	28	31	34	37
DN 40	25	30	34	37	40	24	29	32	36	38
DN 50	26	31	35	39	42	25	30	34	37	40
DN 70	27	33	37	41	44	26	31	36	39	43
DN 80	28	34	38	42	46	27	32	37	40	44
DN 100	29	35	40	44	47	28	33	38	42	45
DN 125	30	36	41	45	49	28	34	39	43	47
DN 150	30	37	42	46	49	29	35	40	44	48
DN 200	31	38	44	48	53	30	36	42	46	50
DN 250	32	39	45	50	54	31	38	44	47	52
DN 300	32	40	46	51	55	31	39	47	48	53
DN 350	33	40	46	51	56	31	39	44	49	53
DN 400	33	41	47	52	57	32	39	44	50	54
DN 450	33	41	48	52	57	32	39	44	50	55

注：保温材料层的平均使用温度 $t_{mw}=\dfrac{t_{ge}+t_{he}}{2}-20$；$t_{ge}$、$t_{he}$ 分别为采暖期室外平均温度下，热网供回水平均温度（℃）。

表 G.0.1-2 玻璃棉保温材料的管道最小保温层厚度（mm）

气候分区	严寒(C)区　$t_{mw}=43.8℃$					寒冷(A)区或寒冷(B)区　$t_{mw}=48.4℃$				
公称直径	热价20元/GJ	热价30元/GJ	热价40元/GJ	热价50元/GJ	热价60元/GJ	热价20元/GJ	热价30元/GJ	热价40元/GJ	热价50元/GJ	热价60元/GJ
DN 25	21	25	28	31	34	20	24	28	30	33
DN 32	22	26	29	32	35	21	25	29	31	34
DN 40	23	27	30	33	36	22	26	29	32	35
DN 50	23	28	32	35	38	23	27	30	34	37
DN 70	25	30	34	37	42	24	29	32	36	39
DN 80	25	31	35	41	46	24	29	33	37	40
DN 100	26	31	36	39	43	25	30	34	38	41
DN 125	27	32	37	41	44	26	31	35	39	43
DN 150	27	33	38	42	45	26	32	36	40	44
DN 200	28	34	39	43	47	27	33	38	42	46
DN 250	28	35	40	44	48	27	33	39	43	47
DN 300	29	35	41	45	48	28	34	39	44	48
DN 350	29	36	41	46	50	28	34	44	44	48
DN 400	29	36	42	46	51	30	35	40	45	49
DN 450	29	36	42	47	51	30	35	40	45	49

注：保温材料层的平均使用温度 $t_{mw}=\dfrac{t_{ge}+t_{he}}{2}-20$；$t_{ge}$、$t_{he}$ 分别为采暖期室外平均温度下，热网供回水平均温度（℃）。

$$\lambda_{m} = 0.02 + 0.00014 t_{m} \qquad (G.0.2)$$

式中：λ_{m}——聚氨酯硬质泡沫的导热系数[W/(m·K)]。

表 G.0.2-1 聚氨酯硬质泡沫保温材料的管道最小保温层厚度（mm）

气候分区	严寒(A)区　$t_{mw}=40.9℃$					严寒(B)区　$t_{mw}=43.6℃$				
公称直径	热价20元/GJ	热价30元/GJ	热价40元/GJ	热价50元/GJ	热价60元/GJ	热价20元/GJ	热价30元/GJ	热价40元/GJ	热价50元/GJ	热价60元/GJ
DN 25	17	21	23	26	27	16	20	22	25	26
DN 32	18	21	24	26	28	17	20	23	25	27
DN 40	18	22	25	27	29	17	21	24	26	28
DN 50	19	23	26	29	30	18	22	25	27	30
DN 70	20	24	27	30	32	19	23	26	29	31
DN 80	20	24	28	31	33	19	23	27	29	32
DN 100	21	25	29	32	34	20	24	27	30	33
DN 125	21	26	29	33	35	20	25	28	31	34
DN 150	21	26	30	33	36	20	24	29	32	35
DN 200	22	27	31	34	36	21	25	29	32	36
DN 250	22	27	32	34	37	21	26	30	34	37
DN 300	23	28	32	36	37	21	26	31	34	37
DN 350	23	28	32	36	38	21	26	31	34	37
DN 400	23	28	33	36	38	22	27	31	35	38
DN 450	23	28	33	36	38	22	27	31	35	38

注：保温材料层的平均使用温度 $t_{mw}=\dfrac{t_{ge}+t_{he}}{2}-20$；$t_{ge}$、$t_{he}$ 分别为采暖期室外平均温度下，热网供回水平均温度（℃）。

表 G.0.2-2 聚氨酯硬质泡沫保温材料的管道最小保温层厚度（mm）

气候分区	严寒(C)区　$t_{mw}=43.8℃$					寒冷(A)区或寒冷(B)区　$t_{mw}=48.4℃$				
公称直径	热价20元/GJ	热价30元/GJ	热价40元/GJ	热价50元/GJ	热价60元/GJ	热价20元/GJ	热价30元/GJ	热价40元/GJ	热价50元/GJ	热价60元/GJ
DN 25	15	19	21	23	25	15	18	20	22	24
DN 32	16	19	22	24	26	15	18	21	23	25
DN 40	16	20	22	25	26	16	19	21	24	26
DN 50	17	20	23	26	28	16	19	23	25	27
DN 70	18	21	24	27	28	17	20	24	26	28
DN 80	18	22	25	27	29	17	21	24	27	29
DN 100	18	22	26	28	31	18	22	25	27	30
DN 125	19	23	26	29	30	18	22	25	28	31
DN 150	19	23	27	29	32	18	22	26	28	31
DN 200	20	24	28	31	33	19	23	27	30	32
DN 250	20	24	28	31	34	19	23	27	30	33
DN 300	20	25	29	32	34	19	24	27	31	34
DN 350	20	25	29	32	34	19	24	28	31	34
DN 400	20	25	29	32	34	19	24	28	31	34
DN 450	20	25	29	33	34	20	24	28	31	34

注：保温材料层的平均使用温度 $t_{mw}=\dfrac{t_{ge}+t_{he}}{2}-20$；$t_{ge}$、$t_{he}$ 分别为采暖期室外平均温度下，热网供回水平均温度（℃）。

G.0.2　当管道保温采用聚氨酯硬质泡沫材料时，其最小保温层厚度应按表 G.0.2-1、表 G.0.2-2 选用。聚氨酯硬质泡沫材料的导热系数应按下式计算。

本标准用词说明

1 为便于在执行本标准条文时区别对待，对要求严格程度不同的用词说明如下：

   1）表示很严格，非这样做不可的：

   正面词采用"必须"，反面词采用"严禁"；

   2）表示严格，在正常情况下均应这样做的：

   正面词采用"应"，反面词采用"不应"或"不得"；

   3）表示允许稍有选择，在条件许可时首先应这样做的：

   正面词采用"宜"，反面词采用"不宜"；

   4）表示有选择，在一定条件下可以这样做的，采用"可"。

2 条文中指明应按其他有关标准执行的写法为："应符合……的规定"或"应按……执行"。

引用标准名录

1 《公共建筑节能设计标准》GB 50189

2 《建筑外门窗气密、水密、抗风压性能分级及检测方法》GB/T 7106

3 《设备及管道绝热设计导则》GB/T 8175

4 《房间空气调节器能效限定值及能源效率等级》GB 12021.3

5 《多联式空调（热泵）机组能效限定值及能源效率等级》GB 21454

6 《转速可控型房间空气调节器能效限定值及能源效率等级》GB 21455

中华人民共和国行业标准

严寒和寒冷地区居住建筑节能设计标准

JGJ 26—2010

条 文 说 明

修 订 说 明

《严寒和寒冷地区居住建筑节能设计标准》JGJ 26-2010 经住房和城乡建设部 2010 年 3 月 18 日以第 522 号公告批准发布。

本标准是在《民用建筑节能设计标准（采暖居住建筑部分）》JGJ 26-95 的基础上修订而成，上一版的主编单位是中国建筑科学研究院，参编单位是中国建筑技术研究院、北京市建筑设计研究院、哈尔滨建筑大学、辽宁省建筑材料科学研究所，主要起草人员是杨善勤、郎四维、李惠茹、朱文鹏、许文发、朱盈豹、欧阳坤泽、黄鑫、谢守穆。本次修订的主要技术内容是：1. "严寒和寒冷地区气候子区及室内热环境计算参数"按采暖度日数细分了我国北方地区的气候子区，规定了冬季采暖计算温度和计算换气次数。2. "建筑与围护结构热工设计"规定了体形系数和窗墙面积比限值，并按新分的气候子区规定了围护结构热工参数限值；规定了围护结构热工性能的权衡判断的方法和要求；采用稳态计算方法，给出该地区居住建筑的采暖耗热量指标。3. "采暖、通风和空气调节节能设计"提出对热源、热力站及热力网、采暖系统、通风与空气调节系统设计的基本规定，并与当前我国北方城市的供热改革相结合，提供相应的指导原则和技术措施。

为便于广大设计、施工、科研、学校等单位有关人员在使用本标准时能正确理解和执行条文规定，《严寒和寒冷地区居住建筑节能设计标准》编制组按章、节、条顺序编制了本标准的条文说明，对条文规定的目的、依据以及执行中需注意的有关事项进行了说明，还着重对强制性条文的强制性理由作了解释。但是，本条文说明不具备与标准正文同等的法律效力，仅供使用者作为理解和把握标准规定的参考。

目 次

1 总　则

1.0.1 节约能源是我国的基本国策，是建设节约型社会的根本要求。我国国民经济和社会发展第十一个五年规划规定，2010 年单位国内生产总值能源消耗要比 2005 年降低 20% 左右，这是一个约束性的、必须实现的指标，任务相当艰巨。我国建筑用能已达到全国能源消费总量的 1/4 左右，并将随着人民生活水平的提高逐步增加。居住建筑用能数量巨大，并且具有很大的节能潜力。因此，抓紧居住建筑节能已是当务之急。根据形势发展的迫切需要，将 1995 年发布的行业标准《民用建筑节能设计标准（采暖居住建筑部分）》JGJ 26-95 进行修订补充，提高节能目标，并更名为《严寒和寒冷地区居住建筑节能设计标准》。认真实施修改补充后的标准，必将有利于改善我国北方严寒和寒冷地区居住建筑的室内热环境，进一步提高采暖系统的能源利用效率，降低居住建筑的能源消耗，为实现国家节约能源和保护环境的战略，贯彻有关政策和法规作出重要贡献。

1.0.2 2007 年末，我国严寒和寒冷地区城市实有住宅建筑面积共 51.2 亿 m^2，规模十分巨大，而且每年新增的住宅建筑数量仍相当可观。现在我国人均国内生产总值已超过 2000 美元，正是人民生活消费加快升级的阶段，广大居民对居住热环境的要求日益提高，采暖和空调的使用越来越普遍。因此新建的居住建筑必须严格执行建筑节能设计标准，这样才能在满足人民生活水平提高的同时，减轻建筑耗能对国家的能源供应的压力。

当其他类型的既有建筑改建为居住建筑时，以及原有的居住建筑进行扩建时，都应该按照本标准的要求采取节能措施，必须符合本标准的各项规定。

本标准适用于各类居住建筑，其中包括住宅、集体宿舍、住宅式公寓、商住楼的住宅部分、托儿所、幼儿园等；采暖能源种类包括煤、电、油、气或可再生能源，系统则包括集中或分散方式供热。

近年来，为了落实既定的建筑节能目标，很多地方都开始了成规模的既有居住建筑节能改造。由于既有居住建筑的节能改造在经济和技术两个方面与新建居住建筑有很大的不同，因此，本标准并不涵盖既有居住建筑的节能改造。

1.0.3 各类居住建筑的节能设计，必须根据当地具体的气候条件，首先要降低建筑围护结构的传热损失，提高采暖、通风和照明系统的能源利用效率，达到节约能源的目的，同时也要考虑到不同地区的经济、技术和建筑结构与构造的实际情况。

居住建筑的能耗系指建筑使用过程中的能耗，主要包括采暖、空调、通风、热水供应、照明、炊事、家用电器、电梯等的能耗。对于地处严寒和寒冷地区的居住建筑，采暖能耗是建筑能耗的主体，尽管寒冷地区一些城市夏季也有空调降温需求，但是，对于有三四个月连续采暖的需求来说，仍然是采暖能耗占主导地位。因此，围护结构的热工性能主要从保温出发考虑。本条文只指出将建筑物耗热量指标控制在规定的范围内，至于空调节能内容，在第 5 章有所反映。

此外，在居住建筑的能源消耗中，照明能耗也占一定比例。对于照明节能，在《建筑照明设计标准》GB 50034-2004 中已另有规定。

我国北方城市建筑供热在二三十年前还是以烧火炉采暖为主，一些城市的集中供热也是以小型锅炉供热为主，而现在已逐步转变为以集中供热为主，区域供热已经有了很大的发展。1996 年全国各城市集中供热面积共计只有 7.3 亿 m^2，到 2005 年各地区城市集中供热面积已达 25.2 亿 m^2，采用不同燃料的分散锅炉供热也迅速增加。1997 年城镇居民家庭平均每百户空调器拥有量北京为 27.20 台，到 2005 年已迅速增加到 146.47 台。由此可以看出，采暖和空调的日益普及，更要求建筑节能工作必须迅速跟上。由于居住建筑的照明往往由住户自行安排，难以由设计标准控制，只能通过宣传引导使居住者自觉采用节能灯具，因此，本标准未包括照明节能内容。

为了合理设定节能目标的基准值，并便于衔接与对比，本标准提出的节能目标的基准仍基本上沿用《民用建筑节能设计标准（采暖居住建筑部分）》JGJ 26-95 的规定。即严寒地区和寒冷地区的建筑，以各地 1980—1981 年住宅通用设计、4 个单元 6 层楼、体形系数为 0.30 左右的建筑物的耗热量指标计算值，经线性处理后的数据作为基准能耗。在此能耗值的基础上，本标准将居住建筑的采暖能耗降低 65% 左右作为节能目标，再按此目标对建筑、热工、采暖设计提出节能措施要求。

当然，这种全年采暖能耗计算，只可能采用典型建筑按典型模式运算，而实际建筑是多种多样、十分复杂的，运行情况也是千差万别。因此，在做节能设计时按照本标准的规定去做就可以满足要求，没有必要再花时间去计算分析所设计建筑物的节能率。

本标准的实施，既可节约采暖用能，又有利于提高建筑热舒适性，改善人们的居住环境。

1.0.4 本标准对居住建筑的建筑、围护结构以及采暖、通风设计中应该控制的、与能耗有关的指标和应采取的节能措施作出了规定。但居住建筑节能涉及的专业较多，相关专业均制定有相应的标准。因此，在进行居住建筑节能设计时，除应符合本标准外，尚应符合国家现行有关标准的规定。

2 术语和符号

2.1 术 语

2.1.1 本标准的采暖度日数以 18℃ 为基准，用符号 $HDD18$ 表示。某地采暖度日数的大小反映了该地寒冷的程度。

2.1.2 本标准的空调度日数以 26℃ 为基准，用符号 $CDD26$ 表示。某地空调度日数的大小反映了该地热的程度。

2.1.3 计算采暖期天数是根据当地多年的平均气象条件计算出来的，仅供建筑节能设计计算时使用。当地的法定采暖日期是根据当地的气象条件从行政的角度确定的。两者有一定的联系，但计算采暖期天数和当地法定的采暖天数不一定相等。

2.1.9 建筑围护结构的传热主要是由室内外温差引起的，但同时还受到太阳辐射、天空辐射以及地面和其他建筑反射辐射的影响，其中太阳辐射的影响最大。天空辐射、地面和其他建筑的反射辐射在此未予考虑。围护结构传热量因受太阳辐射影响而改变，改变后的传热量与未受太阳辐射影响原有传热量的比值，定义为围护结构传热系数的修正系数（ε_i）。

3 严寒和寒冷地区气候子区
与室内热环境计算参数

3.0.1 将严寒和寒冷地区进一步细分成 5 个子区，目的是使得依此而提出的建筑围护结构热工性能要求更合理一些。我国地域辽阔，一个气候区的面积就可能相当于欧洲几个国家，区内的冷暖程度相差也比较大，客观上有必要进一步细分。

衡量一个地方的寒冷的程度可以用不同的指标。从人的主观感觉出发，一年中最冷月的平均温度比较直接地反映了当地的寒冷的程度，以前的几本相关标准用的基本上都是温度指标。但是本标准的着眼点在于控制采暖的能耗，而采暖的需求除了温度的高低这个因素外，还与低温持续的时间长短有着密切的关系。比如说，甲地最冷月平均温度比乙地低，但乙地冷的时间比甲地长，这样两地采暖需求的热量可能相同。划分气候分区的最主要目的是针对各个分区提出不同的建筑围护结构热工性能要求。由于上述甲乙两地采暖需求的热量相同，将两地划入一个分区比较合理。采暖度日数指标包含了冷的程度和持续冷的时间长度两个因素，用它作为分区指标可能更反映采暖需求的大小。对上述甲乙两地的情况，如用最冷月的平均温度作为分区指标容易将两地分入不同的分区，而用采暖度日数作为分区指标则更可能分入同一个分区。因此，本标准用采暖度日数（$HDD18$）结合空调度日数（$CCD26$）作为气候分区的指标更为科学。

欧洲和北美大部分国家的建筑节能规范都是依据采暖度日数作为分区指标的。

本标准寒冷地区的（$HDD18$）取值范围是 2000~3800，严寒地区（$HDD18$）取值范围分三段，C 区 3800~5000，B 区 5000~6000，A 区大于 6000。从上述这 4 段分区范围看，严寒 C 区和 B 区分得比较细，这其中的原因主要有两个：一是严寒地区居住建筑的采暖能耗比较大，需要严格地控制；二是处于严寒 C 区和 B 区的城市比较多。至于严寒 A 区的（$HDD18$）跨度大，是因为处于严寒 A 区的城市比较少，而且最大的（$HDD18$）也不超过 8000，没必要再细分了。

采用新的气候分区指标并进一步细分气候子区在使用上不会给设计者新增任何麻烦。因为一栋具体的建筑总是坐落在一个地方，这个地方一定只属于一个气候子区，本标准对一个气候子区提供一张建筑围护结构热工性能表格，换言之每一栋具体的建筑，在设计或审查过程中，只要查一张表格即可。

如何确定表 3.0.1 中各气候子区（$HDD18$）的取值范围，只能是相对合理。无论如何取值，总有一些城市靠近相邻分区的边界，如将分界的（$HDD18$）值一调整，这些城市就会被划入另一个分区，这种现象也是不可避免的。有时候这种情况的存在会带来一些行政管理上的麻烦，例如有一些省份由于一两个这样的城市的存在，建筑节能工作的管理中就多出了一个气候区，对这样的情况可以在地方性的技术和管理文件中作一些特殊的规定。

本标准采暖度日数（$HDD18$）计算步骤如下：

1 计算近 10 年每年 365 天的日平均温度。日平均温度取气象台站每天 4 次的实测值的平均值。

2 逐年计算采暖度日数。当某天的日平均温度低于 18℃ 时，用该日平均温度与 18℃ 的差值乘以 1 天，并将此乘积累加，得到一年的采暖度日数（$HDD18$）。

3 以上述 10 年采暖度日数（$HDD18$）的平均值为基础，计算得到该城市的采暖度日数（$HDD18$）值。

本标准空调度日数（$CDD26$）计算步骤如下：

1 计算近 10 年每年 365 天的日平均温度。日平均温度取气象台站每天 4 次的实测值的平均值。

2 逐年计算空调度日数。当某天的日平均温度高于 26℃ 时，用该日平均温度与 26℃ 的差值乘以 1 天，并将此乘积累加，得到一年的空调度日数（$CDD26$）。

3 以上述 10 年空调度日数（$CDD26$）的平均值为基础，计算得到该城市的空调度日数（$CDD26$）值。

目前，我国大部分气象台站提供每日 4 次的温度实测值，少量气象台站逐时记录温度变化。本标准作过比对，气象台站每天 4 次的实测值的平均值与每天 24 次的实测值的平均值之间差异不大，因此采用每天 4 次的实测值的平均值作为日平均气温。

3.0.2 室内热环境质量的指标体系包括温度、湿度、风速、壁面温度等多项指标。本标准只提了温度指标和换气次数指标，原因是考虑到一般住宅极少配备集中空调系统，湿度、风速等参数实际上无法控制。另一方面，在室内热环境的诸多指标中，对人体的舒适以及对采暖能耗影响最大的也是温度指标，换气指标则是从人体卫生角度考虑的一项必不可少的指标。

冬季室温控制在 18℃，基本达到了热舒适的水平。

本条文规定的 18℃ 只是一个计算能耗时所采用的室内温度，并不等于实际的室温。在严寒和寒冷地区，对一栋特定的居住建筑，实际的室温主要受室外温度的变化和采暖系统的运行状况的影响。

换气次数是室内热环境的另外一个重要的设计指标。冬季室外的新鲜空气进入室内，一方面有利于确保室内的卫生条件，另一方面又要消耗大量的能量，因此要确定一个合理的换气次数。

本条文规定的换气次数也只是一个计算能耗时所采用的换气次数数值，并不等于实际的换气次数。实际的换气量是由住户自己控制的。在北方地区，由于冬季室内外温差很大，居民很注意窗户的密闭性，很少长时间开窗通风。

4 建筑与围护结构热工设计

4.1 一般规定

4.1.1 建筑群的布置和建筑物的平面设计合理与否与建筑节能关系密切。建筑节能设计首先应从总体布置及单体设计开始，应考虑如何在冬季最大限度地利用自然能来取暖，多获得热量和减少热损失，以达到节能的目的。具体来说，就是要在冬季充分利用日照，朝向上应尽量避开当地冬季主导风向。

4.1.2 太阳辐射得热对建筑能耗的影响很大，冬季太阳辐射得热可降低采暖负荷。由于太阳高度角和方位角的变化规律，南北朝向的建筑冬季可以增加太阳辐射得热。计算证明，建筑物的主体朝向如果由南北改为东西向，耗热量指标明显增大。从本标准表 E.0.2 围护结构传热系数的修正系数 ε 值可见，南向外墙的 ε 值，远低于其他朝向。根据严寒和寒冷各地区夏季的最多频率风向，建筑物的主体朝向为南北向，也有利于自然通风。因此南北朝向是最有利的建筑朝向。但由于建筑物的朝向还要受到许多其他因素的制约，不可能都做到南北朝向，所以本条用了"宜"字。

各地区特别是严寒地区，外墙的传热耗热量占围护结构耗热量的 28% 以上，外墙面越多则耗热量越大，越容易产生结露、长毛的现象。如果一个房间有三面外墙，其散热面过多，能耗过大，对建筑节能极为不利。当一个房间有两面外墙时，例如靠山墙拐角的房间，不宜在两面外墙上均开设外窗，以避免增强冷空气的渗透，增大采暖耗热量。

4.1.3 本条文是强制性条文。

建筑物体形系数是指建筑物的外表面积和外表面积所包围的体积之比。

建筑物的平、立面不应出现过多的凹凸，体形系数的大小对建筑能耗的影响非常显著。体形系数越小，单位建筑面积对应的外表面积越小，外围护结构的传热损失越小。从降低建筑能耗的角度出发，应该将体形系数控制在一个较小的水平上。

但是，体形系数不只是影响外围护结构的传热损失，它还与建筑造型、平面布局、采光通风等紧密相关。体形系数过小，将制约建筑师的创造性，造成建筑造型呆板，平面布局困难，甚至损害建筑功能。因此，如何合理确定建筑形状，必须考虑本地区气候条件、冬、夏季太阳辐射强度、风环境、围护结构构造等各方面因素。应权衡利弊，兼顾不同类型的建筑造型，尽可能地减少房间的外围护面积，使体形不要太复杂，凹凸面不要过多，以达到节能的目的。

表 4.1.3 中的建筑层数分为四类，是根据目前大量新建居住建筑的种类来划分的。如（1～3）层多为别墅、托幼、疗养院，（4～8）层的多为大量建造的住宅，其中 6 层板式楼最常见，（9～13）层多为高层板楼，14 层以上多为高层塔楼。考虑到这四类建筑本身固有的特点，即低层建筑的体形系数较大，高层建筑的体形系数较小，因此，在体形系数的限值上有所区别。这样的分层方法与现行《民用建筑设计通则》GB 50352 - 2005 有所不同。在《民用建筑设计通则》中，（1～3）为低层，（4～6）为多层，（7～9）为中高层，10 层及 10 层以上为高层。之所以不同是由于两者考虑如何分层的依据不同，节能标准主要考虑体形系数的变化，《民用建筑设计通则》则主要考虑建筑使用的要求和防火的要求，例如 6 层以上的建筑需要配置电梯，高层建筑的防火要求更严苛。从使用的角度讲，本标准的分层与《民用建筑设计通则》的分层不同并不会给设计人员带来任何新增的麻烦。

体形系数对建筑能耗影响较大，依据严寒地区的气象条件，在 0.3 的基础上每增加 0.01，能耗约增加 2.4%～2.8%；每减少 0.01，能耗约减少 2.3%～3%。严寒地区如果将体形系数放宽，为了控制建筑物耗热量指标，围护结构传热系数限值将会变得很小，使得围护结构传热系数限值在现有的技术条件下实现有难度，同时投入的成本太大。本标准适当地将低层建筑的体形系数放大到 0.50 左右，将大量建造的 6（4～8）层建筑的体形系数控制在 0.30 左右，有利于控制居住建筑的总体能耗。同时经测算，建筑设计也能够做到。高层建筑的体形系数一般在 0.23 左右。为了给建筑师更大的设计灵活空间，将严寒地区体形系数限值控制在 0.25（≥14 层）。寒冷地区体形系数控制适当放宽。

本条文是强制性条文，一般情况下对体形系数的要求是必须满足的。一旦所设计的建筑超过规定的体形系数时，则要求提高建筑围护结构的保温性能，并按照本章第 4.3 节的规定进行围护结构热工性能的权衡判断，审查建筑物的采暖能耗是否能控制在规定的范围内。

4.1.4 本条文是强制性条文。

窗墙面积比既是影响建筑能耗的重要因素，也受建筑日照、采光、自然通风等满足室内环境要求的制约。一般普通窗户（包括阳台的透明部分）的保温性能比外墙差很多，而且窗的四周与墙相交之处也容易出现热桥，窗越大，温差传热量也越大。因此，从降低建筑能耗的角度出发，必须合理地限制窗墙面积比。

不同朝向的开窗面积，对于上述因素的影响有较大差别。综合利弊，本标准按照不同朝向，提出了窗墙面积比的指标。北向取值较小，主要是考虑居室设在北向时减小其采暖热负荷的需要。东、西向的取值，主要考虑夏季防晒和冬季防冷风渗透的影响。在严寒和寒冷地区，当外窗 K 值降低到一定程度时，冬季可以获得从南向外窗进入的太阳辐射热，有利于节能，因此南向窗墙面积比较大。由于目前住宅客厅的窗有越开越大的趋势，为减少窗的耗热量，保证节能效果，应降低窗的传热系数，目前的窗框和玻璃技术也能够实现。因此，将南向窗墙面积比严寒地区放大至 0.45，寒冷地区放大至 0.5。

在严寒地区，南偏东 30°～南偏西 30° 为最佳朝向，因此建筑各朝向偏差在 30° 以内时，按相应朝向处理；超过 30° 时，按不利朝向处理。比如：南偏东 20° 时，则认为是南向；南偏东 30° 时，则认为是东向。

本标准中的窗墙面积比按开间计算。之所以这样做主要有两个理由：一是窗的传热损失总是比较大的，需要严格控制；二是建筑节能施工图审查比较方便，只需要审查最可能超标的开间即可。

本条文是强制性条文，一般情况下对窗墙面积比的要求是必须满足的。一旦所设计的建筑超过规定的窗墙面积比时，则要求提高建筑围护结构的保温隔热性能（如选择保温性能好的窗框和玻璃，以降低窗的传热系数，加厚外墙的保温层厚度以降低外墙的传热系数等），并按照本章第 4.3 节的规定进行围护结构热工性能的权衡判断，审查建筑物耗热量指标是否能控制在规定的范围内。

一般而言，窗户越大可开启的窗缝越长，窗缝通常都是容易热散失的部位，而且窗户的使用时间越长，缝隙的渗漏也越厉害。再者，夏天透过玻璃进入室内的太阳辐射热是造成房间过热的一个重要原因。这两个因素在本章第 4.3 节规定的围护结构热工性能的权衡判断中都不能反映。因此，即使是采用权衡判断，窗墙面积比也应该有所限制。从节能和室内环境舒适的双重角度考虑，居住建筑都不应该过分地追求所谓的通透。

4.1.5 严寒和寒冷地区冬季室内外温差大，楼梯间、外走廊如果敞开肯定会增强楼梯间、外走廊隔墙和户门的散热，造成不必要的能耗，因此需要封闭。

从理论上讲，如果楼梯间的外表面（包括墙、窗、门）的保温性能和密闭性能与居室的外表面一样好，那么楼梯间不需要采暖，这是最节能的。

但是，严寒地区（A）区冬季气候异常寒冷，该地区的居住建筑楼梯间习惯上是设置采暖的。严寒地区（B）区冬季气候也非常寒冷，该地区的有些城市的居住建筑楼梯间习惯上设置采暖，有些城市的居住建筑楼梯间习惯上不设置采暖。本标准尊重各地的习惯。设置采暖的楼梯间采暖设计温度应该低一些，楼梯间的外墙和外窗的保温性能对保持楼梯间的温度和降低楼梯间采暖能耗很重要，考虑到设计和施工上的方便，一般就按居室的外墙和外窗同样处理。

4.2 围护结构热工设计

4.2.1 采用采暖度日数（$HDD18$）作为我国严寒和寒冷地区气候分区指标的理由已经在第 3.0.1 条的条文说明中陈述，空调度日数（$CDD26$）只是作为寒冷地区细分子区的辅助指标。附录 A 中一共列出了 211 个城市，尚不够全，各地在编制地方标准中，可以依据当地的气象数据，用本标准规定的方法计算统计出当地一些城市的采暖度日数和空调度日数，并根据这些度日数确定这些城市的气候分区区属。

4.2.2 本条文是强制性条文。

建筑围护结构热工性能直接影响居住建筑采暖和空调的负荷与能耗，必须予以严格控制。由于我国幅员辽阔，各地气候差异很大。为了使建筑物适应各地不同的气候条件，满足节能要求，应根据建筑物所处的建筑气候分区，确定建筑围护结构合理的热工性能参数。本标准按照 5 个子气候区，分别提出了建筑围护结构的传热系数限值以及外窗玻璃遮阳系数的限值。

确定建筑围护结构传热系数的限值时不仅应考虑节能率，而且也从工程实际的角度考虑了可行性、合理性。

严寒地区和寒冷地区的围护结构传热系数限值，是通过对气候子区的能耗分析和考虑现阶段技术成熟程度而确定的。根据各个气候区节能的难易程度，确定了不同的传热系数限值。我国严寒地区，在第二步节能时围护结构保温层厚度已经达到（6～10）cm厚，再单纯靠通过加厚保温层厚度，获得的节能收益已经很小。因此需通过提高采暖管网输送热效率和提高锅炉运行效率来减轻对围护结构的压力。理论分析表明，达到同样的节能效果，锅炉效率每增加1％，则建筑物的耗热量指标可降低要求1.5％左右，室外管网输送热效率每增加1％，则建筑物的耗热量指标可降低要求1.0％左右，并且当锅炉效率和室外管网输送热效率都提高时，总能耗的降低和锅炉效率、室外管网输送热效率的提高呈线性关系。考虑到各地节能建筑的节能潜力和我国的围护结构保温技术的成熟程度，为避免各地采用统一的节能比例的做法，而采取同一气候子区，采用相同的围护结构限值的做法。对处于严寒和寒冷气候区的50个城市的多层建筑的建筑物耗热量指标的分析结果表明，采用的管网输送热效率为92％，锅炉平均运行效率为70％时，平均节能率约为65％左右。此时，最冷的海拉尔的节能率为58％，伊春的节能率为61％。这对于经济不发达且到目前建筑节能刚刚起步的这些地区来讲，该指标是合适的。

为解决以往节能标准中高层和中高层居住建筑容易达到节能标准要求，而低层居住建筑难于达到节能标准要求的状况，分析中将建筑物分别按照≤3层建筑、（4～8）层的建筑、（9～13）层的建筑和≥14层建筑进行建筑物耗热量指标计算，分析中所采用的典型建筑条件见表1及表2。由于本标准室内计算温度与原标准 JGJ 26-95 有所不同，在本标准分析中，已经将原标准规定的1980～1981年通用建筑的耗热量指标按照下式进行了折算。

$$q'_{H1} = (q_{H1} + 3.8)\frac{t'_i - t_e}{t_i - t_e} - 3.8 \quad (1)$$

表1 体形系数

地区类别	建筑层数			
	3层	6层	11层	14层
严寒地区	0.41	0.32	0.28	0.23
寒冷地区	0.41	0.32	0.28	0.23

表2 窗墙面积比

地区类别		建筑层数			
		3层	6层	11层	14层
严寒地区	南	0.40	0.30～0.40	0.35～0.40	0.35～0.40
	东西	0.03	0.05	0.05	0.25
	北	0.15	0.20～0.25	0.20～0.25	0.25～0.30
寒冷地区	南	0.40	0.45	0.45	0.40
	东西	0.03	0.06	0.06	0.30
	北	0.15	0.20～0.25	0.20～0.25	0.35

严寒和寒冷地区冬季室内外温差大，采暖期长，提高围护结构的保温性能对降低采暖能耗作用明显。

各个朝向窗墙面积比是指不同朝向外墙面上的窗、阳台门的透明部分的总面积与所在朝向外墙面的总面积（包括该朝向上的窗、阳台门的透明部分的总面积）之比。

窗墙面积比的确定要综合考虑多方面的因素，其中最主要的是不同地区冬、夏季日照情况（日照时间长短、太阳总辐射强度、阳光入射角大小），季风影响、室外空气温度、室内采光设计标准以及外窗开窗面积与建筑能耗等因素。一般普通窗户（包括阳台门的透明部分）的保温隔热性能比外墙差很多，而且窗和墙连接的周边又是保温的薄弱环节，窗墙面积比越大，采暖和空调能耗也越大。因此，从降低建筑能耗的角度出发，必须限制窗墙面积比。本条文规定的围护结构传热系数和遮阳系数限值表中，窗墙面积比越大，对窗的热工性能要求越高。

窗（包括阳台门的透明部分）对建筑能耗高低的影响主要有两个方面：一是窗的传热系数影响冬季采暖、夏季空调时的室内外温差传热；另外就是窗受太阳辐射影响而造成室内得热。冬季，通过窗户进入室内的太阳辐射有利于建筑节能，因此，减小窗的传热系数抑制温差传热是降低窗热损失的主要途径之一；而夏季，通过窗口进入室内的太阳辐射热成为空调降温的负荷，因此，减少进入室内的太阳辐射热以及减少窗或透明幕墙的温差传热都是降低空调能耗的途径。

在严寒和寒冷地区，采暖期室内外温差传热的热量损失占主要地位。因此，对窗的传热系数的要求较高。

本标准对窗的传热系数要求与窗墙面积比的大小联系在一起，由于窗墙面积比是按开间计算的，一栋建筑肯定会出现若干个窗墙面积比，因此就会出现一栋建筑要求使用多种不同传热系数窗的情况。这种情况的出现在实际工程中处理起来并没有大的困难。为简单起见可以按最严的要求选用窗户产品，当然也可以按不同要求选用不同的窗产品。事实上，同样的玻璃，同样的框型材，由于窗框比的不同，整窗的传热系数本身就是不同的。另外，现在的玻璃选择也非常多，外观完全相同的窗，由于玻璃的不同，传热系数差别也可以很大。

与土壤接触的地面的内表面，由于受二维、三维传热的影响，冬季时比较容易出现温度较低的情况，一方面造成大量的热量损失，另一方面也不利于底层居民的健康，甚至发生地面结露现象，尤其是靠近外墙的周边地面更是如此。因此要特别注意这一部分围护结构的保温、防潮。

在严寒地区周边地面一定要增设保温材料层。在寒冷地区周边地面也应该增设保温材料层。

地下室虽然不作为正常的居住空间，但也常会有人的活动，也需要维持一定的温度。另外增强地下室的墙体保温，也有利于减小地面房间和地下室之间的传热，特别是提高一层地面与墙角交接部位的表面温度，避免墙角结露。因此本条文也规定了地下室与土壤接触的墙体要设置保温层。

本标准中表 4.2.2-1～表 4.2.2-5 中周边地面和地下室墙面的保温层热阻要求，大致相当于（2～6）cm 厚的挤压聚苯板的热阻。挤压聚苯板不吸水，抗压强度高，用在地下比较适宜。

4.2.4 居住建筑的南向房间大都是起居室、主卧室，常常开设比较大的窗户，夏季透过窗户进入室内的太阳辐射热构成了空调负荷的主要部分。在南窗的上部设置水平外遮阳，夏季可减少太阳辐射热进入室内，冬季由于太阳高度角比较小，对进入室内的太阳辐射影响不大。有条件最好在南窗设置卷帘式或百叶窗式的外遮阳。

东西窗也需要遮阳，但由于当太阳东升西落时其高度角比较低，设置在窗口上沿的水平遮阳几乎不起遮挡作用，宜设置展开或关闭后可以全部遮蔽窗户的活动式外遮阳。

冬夏两季透过窗户进入室内的太阳辐射对降低建筑能耗和保证室内环境的舒适性所起的作用是截然相反的。活动式外遮阳容易兼顾建筑冬夏两季对阳光的不同需求，所以设置活动式的外遮阳更加合理。窗外侧的卷帘、百叶窗等就属于"展开或关闭后可以全部遮蔽窗户的活动式外遮阳"，虽然造价比一般固定外遮阳（如窗口上部的外挑板等）高，但遮阳效果好，且能兼顾冬夏，应当鼓励使用。

4.2.5 从节能的角度出发，居住建筑不应设置凸窗，但节能并不是居住建筑设计所要考虑的唯一因素，因此本条文提"不宜设置凸窗"。设置凸窗时，凸窗的保温性能必须予以保证，否则不仅造成能源浪费，而且容易出现结露、淌水、长霉等问题，影响房间的正常使用。

严寒地区冬季室内外温差大，凸窗更加容易发生结露现象，寒冷地区北向的房间冬季凸窗也容易发生结露现象，因此本条文提"不应设置凸窗"。

4.2.6 本条文是强制性条文。

为了保证建筑节能，要求外窗具有良好的气密性能，以避免冬季室外空气过多地向室内渗漏。《建筑外门窗气密、水密、抗风压性能分级及检测方法》GB/T 7106—2008 中规定在 10Pa 压差下，每小时每米缝隙的空气渗透量 q_1 和每小时每平方米面积的空气渗透量 q_2 作为外门窗的气密性分级指标。6 级对应的性能指标是：$0.5\text{m}^3/(\text{m} \cdot \text{h}) < q_1 \leq 1.5\text{m}^3/(\text{m} \cdot \text{h})$，$1.5\text{m}^3/(\text{m}^2 \cdot \text{h}) < q_2 \leq 4.5\text{m}^3/(\text{m}^2 \cdot \text{h})$。4 级对应的性能指标是：$2.0\text{m}^3/(\text{m}^2 \cdot \text{h}) < q_1 \leq 2.5\text{m}^3/(\text{m} \cdot \text{h})$，$6.0\text{m}^3/(\text{m}^2 \cdot \text{h}) < q_2 \leq 7.5\text{m}^3/(\text{m}^2 \cdot \text{h})$。

4.2.7 由于气候寒冷的原因，在北方地区大部分阳台都是封闭式的。封闭式阳台和直接联通的房间之间理应有隔墙和门、窗。有些开发商为了增大房间的面积吸引购买者，常常省去了阳台和房间之间的隔断，这种做法不可取。一方面容易造成过大的采暖能耗，另一方面如若处理不当，房间可能达不到设计温度，阳台的顶板、窗台下部的栏板还可能结露。因此，本条文第 1 款规定，阳台和房间之间的隔墙不应省去。本条文第 2 款则规定，如果省去了阳台和房间之间的隔墙，则阳台的外表面就必须当作房间的外围护结构来对待。

北方地区，也常常有些封闭式阳台作为冬天的储物空间，本条文的第 3 款就是针对这种情况提出的要求。

朝南的封闭式阳台，冬季常常像一个阳光间，本条文的第 4 款就是针对这种情况提出的要求。在阳台的外表面保温，白天有阳光时，即使打开隔墙上的门窗，房间也不会多散失热量。晚间关上隔墙上的门窗，阳台上也不会发生结露。阳台外表面的窗墙面积比放宽到 0.60，相当于考虑 3m 层高、1.8m 窗高的情况。

4.2.8 随着外窗（门）本身保温性能的不断提高，窗（门）框与墙体之间的缝隙成了保温的一个薄弱环节，如果为图省事，在安装过程中就采用水泥砂浆填缝，这道缝隙很容易形成热桥，不仅大大抵消了窗（门）的良好保温性能，而且容易引起室内侧窗（门）周边结露，在严寒地区尤其要注意。

4.2.9 通常窗、门都安装在墙上洞口的中间位置，这样墙上洞口的侧面就被分成了室内和室外两部分，室外部分的侧墙面应进行保温处理，否则洞口侧面很容易形成热桥，不仅大大抵消门窗和外墙的良好保温性能，而且容易引起周边结露，在严寒地区尤其要注意。

4.2.10 居住建筑室内表面发生结露会给室内环境带来负面影响，给居住者的生活带来不便。如果长时间的结露则还会滋生霉菌，对居住者的健康造成有害的影响，是不允许的。

室内表面出现结露最直接的原因是表面温度低于室内空气的露点温度。

一般说来，居住建筑外围护结构的内表面大面积结露的可能性不大，结露大都出现在金属窗框、窗玻璃表面、墙角、墙面、屋面上可能出现热桥的位置附近。本条文规定在居住建筑节能设计过程中，应注意外墙与屋面可能出现热桥的部位的特殊保温措施，核算在设计条件下可能结露部位的内表面温度是否高于露点温度，防止在室内温、湿度设计条件下产生结露现象。

外墙的热桥主要出现在梁、柱、窗口周边、楼板和外墙的连接等处，屋顶的热桥主要出现在檐口、女儿墙和屋顶的连接等处，设计时要注意这些细节。

另一方面，热桥是出现高密度热流的部位，加强热桥部位的保温，可以减小采暖负荷。

值得指出的是，要彻底杜绝内表面的结露现象有时也是非常困难的。例如由于某种特殊的原因，房间内的相对湿度非常高，在这种情况下就很容易结露。本条文规定的是在"室内空气设计温、湿度条件下"不应出现结露。"室内空气温、湿度设计条件下"就是一般的正常情况，不包括室内特别潮湿的情况。

4.2.11 变形缝是保温的薄弱环节，加强对变形缝部位的保温处理，避免变形缝两侧墙出现结露问题，也减少通过变形缝的热损失。

变形缝的保温处理方式多种多样。例如在寒冷地区的某些城市，采取沿着变形缝填充一定深度的保温材料的措施，使变形缝形成一个与外部空气隔绝的密闭空腔。在严寒地区的某些城市，除了沿着变形缝填充一定深度的保温材料外，还采取将缝两侧的墙做内保温的措施。显然，后一种做法保温性能更好。

4.2.12 地下室或半地下室的外墙，虽然外侧有土壤的保护，不直接接触室外空气，但土壤不能完全代替保温层的作用，即使地下室或半地下室少有人活动，墙体也应采取良好的保温措施，使冬季地下室的温度不至于过低，同时也减少通过地下室顶板的传热。

在严寒和寒冷地区，即使没有地下室，如果能将外墙外侧的保温延伸到地坪以下，也会有利于减少周边地面以及地面以上几十厘米高的周边外墙（特别是墙角）热损失，提高内表面温度，避免结露。

4.3 围护结构热工性能的权衡判断

4.3.1 第4.1.3条和第4.1.4条对严寒和寒冷地区各子气候区的建筑的体形系数和窗墙面积比提出了明确的限值要求，第4.2.2条对建筑围护结构提出了明确的热工性能要求，如果这些要求全部得到满足，则可认定设计的建筑满足本标准的节能设计要求。但是，随着住宅的商品化，开发商和建筑师越来越关注居住建筑的个性化，有时会出现所设计建筑不能全部满足第4.1.3条、第4.1.4条和第4.2.2条要求的情况。在这种情况下，不能简单地判定该建筑不满足本标准的节能设计要求。因为第4.2.2条是对每一个部分分别提出热工性能要求，而实际上对建筑物采暖负荷的影响是所有建筑围护结构热工性能的综合结果。某一部分的热工性能差一些可以通过提高另一部分的热工性能弥补回来。例如某建筑的体形系数超过了第4.1.3条提出的限值，通过提高该建筑墙体和外窗的保温性能，完全有可能使传热损失仍旧得到很好的控制。为了尊重建筑师的创造性工作，同时又使所设计的建筑能够符合节能设计标准的要求，故引入建筑围护结构总体热工性能是否达到要求的权衡判断法。权衡判断法不拘泥于建筑围护结构各局部的热工性能，

而是着眼于总体热工性能是否满足节能标准的要求。

严寒和寒冷地区夏季空调降温的需求相对很小，因此建筑围护结构的总体热工性能权衡判断以建筑物耗热量指标为判据。

4.3.2 附录A中表A.0.1-2的严寒和寒冷地区各城市的建筑物耗热量指标限值，是根据低层、多层、高层一些比较典型的建筑计算出来的，这些建筑的体形系数满足表4.1.3的要求，窗墙面积比满足表4.1.4的要求，围护结构热工性能参数满足第4.2.2条对应表中提出的要求，因此作为建筑围护结构的总体热工性能权衡判断的基准。

4.3.3 建筑物耗热量指标相当于一个"功率"，即为维持室内温度，单位建筑面积在单位时间内所消耗的热量，将其乘上采暖的时间，就得到单位建筑面积需要供热系统提供的热量。严寒和寒冷地区的建筑物耗热量指标采用稳态传热的方法来计算。

4.3.4 在设计阶段，要控制建筑物耗热量指标，最主要的就是控制折合到单位建筑面积上单位时间内通过建筑围护结构的传热量。

4.3.5 外墙传热系数的修正系数主要是考虑太阳辐射对外墙传热的影响。

外墙设置了保温层之后，其主断面上的保温性能一般都很好，通过主断面流到室外的热量比较小，与此同时通过梁、柱、窗口周边的热桥流到室外的热量在总热量中的比例越来越大，因此一定要用外墙平均传热系数来计算通过墙的传热量。由于外墙上可能出现的热桥情况非常复杂，沿用以前标准的面积加权法不能准确地计算，因此在附录B中引入了一种基于二维传热的计算方法，这与现行ISO标准是一致的。

附录B中引入的基于二维传热的计算方法比以前标准规定的面积加权计算方法复杂得多，但这是为了提高居住建筑的节能设计水平不得不付出的一个代价。

对于严寒和寒冷地区居住建筑大量使用的外保温墙体，如果窗口等节点处理得比较合理，其热桥的影响可以控制在一个相对较小的范围。为了简化计算方便设计，针对外保温墙体附录B中也规定了修正系数，墙体的平均传热系数可以用主断面传热系数乘以修正系数来计算，避免复杂的线传热系数计算。

遇到楼梯间时，计算楼梯间的外墙传热，不再计算房间与楼梯间的隔墙传热。计算楼梯间外墙传热，从理论上讲室内温度应取采暖设计温度（采暖楼梯间）或楼梯间自然热平衡温度（非采暖楼梯间），比较复杂。为简化计算起见，统一规定为直接取12℃。封闭外走廊也按此处理。

4.3.6 屋顶传热系数的修正系数主要是考虑太阳辐射对屋顶传热的影响。

与外墙相比，屋顶上出现热桥的可能性要小得多。因此，计算中屋顶的传热系数就采用屋顶主断面

的传热系数。如果屋顶确实存在大量明显的热桥，应该用屋顶的平均传热系数代替屋顶的传热系数参与计算。附录 B 中的计算方法同样可以用于计算屋顶的平均传热系数。

4.3.7 由于土壤的巨大蓄热作用，地面的传热是一个很复杂的非稳态传热过程，而且具有很强的二维或三维（墙角部分）特性。式（4.3.7）中的地面传热系数实际上是一个当量传热系数，无法简单地通过地面的材料层构造计算确定，只能通过非稳态二维或三维传热计算程序确定。式（4.3.7）中的温差项 $(t_n - t_e)$ 也是为了计算方便取的，并没有很强的物理意义。

在本标准中，地面当量传热系数是按如下方式计算确定的：按地面实际构造建立一个二维的计算模型，然后由一个二维非稳态程序计算若干年，直到地下温度分布呈现出以年为周期的变化，然后统计整个采暖期的地面传热量，这个传热量除以采暖期时间、地面面积和采暖期计算温差就得出地面当量传热系数。

附录 C 给出了几种常见地面构造的当量传热系数供设计人员选用。

对于楼层数大于 3 层的住宅，地面传热只占整个外围护结构传热的一小部分，计算可以不求那么准确。如果实际的地面构造在附录 C 中没有给出，可以选用附录 C 中某一个相接近构造的当量传热系数。

低层建筑地面传热占整个外围护结构传热的比重大一些，应计算准确。

4.3.8 外窗、外门的传热分成两部分来计算，前一部分是室内外温差引起的传热，后一部分是透过外窗、外门的透明部分进入室内的太阳辐射得热。

式（4.3.8）与以前标准的引进太阳辐射修正系数计算外门、窗的传热有很大的不同，比以前的计算要复杂很多。之所以引入复杂的计算，是因为这些年来玻璃工业取得了长足的发展，玻璃的种类非常多。透过玻璃的太阳辐射得热不一定与玻璃的传热系数密切相关，因此用传热系数乘以一个系数修正太阳辐射得热的影响误差比较大。引入分开计算室内外温差传热和透明部分的太阳辐射得热这种复杂的方法也是为了提高居住建筑的节能设计水平不得不付出的一个代价。

太阳辐射具有很强的昼夜和阴晴特性，晴天的白天透过南向窗户的太阳辐射的热量很大，阴天的白天这部分热量又很小，夜间则完全没有这部分热量。稳态计算是一种昼夜平均、阴晴平均的计算。当窗的传热系数比较小时，稳态计算就容易地得出南向窗是净得热构件的结论，就是说南向窗越大对节能越有利。但仔细分析，这个结论站不住脚。当晴天的白天透过南向窗户的太阳辐射的热量很大时，直接的结果是造成室温超过设计温度（采暖系统没有那么灵敏，迅速减少暖气片的热水流量），热量"浪费"了，并不能

蓄存下来补充阴天和夜晚的采暖需求。正是基于这个原因，在计算式（4.3.8-2）中引入了一个综合考虑阴晴以及玻璃污垢的折减系数。

对于标准尺寸（1500mm×1500mm 左右）的 PVC 塑钢窗或木窗，窗框比可取 0.30，太阳辐射修正系数 $C_{mci} = 0.87 \times 0.7 \times 0.7 \times$ 玻璃的遮阳系数×外遮阳系数 $= 0.43 \times$ 玻璃的遮阳系数×外遮阳系数。

对于标准尺寸（1500mm×1500mm 左右）的无外遮阳的铝合金窗，窗框比可取 0.20，太阳辐射修正系数 $C_{mci} = 0.87 \times 0.7 \times 0.8 \times$ 玻璃的遮阳系数×外遮阳系数 $= 0.49 \times$ 玻璃的遮阳系数×外遮阳系数。

3mm 普通玻璃的遮阳系数为 1.00，6 mm 普通玻璃的遮阳系数为 0.93，3+6A+3 普通中空玻璃的遮阳系数为 0.90，6+6A+6 普通中空玻璃的遮阳系数为 0.83，各种镀膜玻璃的遮阳系数可从产品说明书上获取。

外遮阳的遮阳系数按附录 D 确定。

无透明部分的外门太阳辐射修正系数 C_{mci} 取值 0。

凸窗的上下、左右边窗或边板的传热量也在此处计算，为简便起见，可以忽略太阳辐射的影响，即对边窗忽略太阳透射得热，对边板不再考虑太阳辐射的修正，仅计算温差传热。

4.3.9 通过非采暖封闭阳台的传热分成两部分来计算，前一部分是室内外温差引起的传热，后一部分是透过两层外窗（门）的透明部分进入室内的太阳辐射得热。

温差传热部分的计算引入了一个温差修正系数，这是因为非采暖封闭阳台实际上起到了室内外温差缓冲的作用。

太阳辐射得热要考虑两层窗的衰减，其中内侧窗（即分隔封闭阳台和室内的那层窗或玻璃门）的衰减还必须考虑封闭阳台顶板的作用。封闭阳台顶板可以看作水平遮阳板，其遮阳作用可以依据附录 D 计算。

4.3.10 式（4.3.10）计算室内外空气交换引起的热损失。空气密度可以按照下式计算：

$$\rho = \frac{1.293 \times 273}{t_e + 273} = \frac{353}{t_e + 273}(kg/m^3) \qquad (2)$$

5 采暖、通风和空气调节节能设计

5.1 一般规定

5.1.1 本条文是强制性条文。

根据《采暖通风与空气调节设计规范》GB 50019 - 2003 第 6.2.1 条（强制性条文）："除方案设计或初步设计阶段可使用冷负荷指标进行必要的估算之外，应对空气调节区进行逐项逐时的冷负荷计算"；和《公共建筑节能设计标准》GB 50189 - 2005 第 5.1.1 条（强制性条文）："施工图设计阶段，必须进行热负

荷和逐项逐时的冷负荷计算。"

在实际工程中，采暖或空调系统有时是按照"分区域"来设置的，在一个采暖或空调区域中可能存在多个房间，如果按照区域来计算，对于每个房间的热负荷或冷负荷仍然没有明确的数据。为了防止设计人员对"区域"的误解，这里强调的是对每一个房间进行计算而不是按照采暖或空调区域来计算。

5.1.2 严寒和寒冷地区的居住建筑，采暖设施是生活必须设施。寒冷（B）区的居住建筑夏天还需要空调降温，最常见的就是设置分体式房间空调器，因此设计时宜设置或预留设置空气调节设施的位置和条件。在我国西北地区，夏季干热，适合应用蒸发冷却降温方式，当然，条文中提及的空调设置和设施也包含这种方式。

5.1.3 随着经济发展，人民生活水平的不断提高，对空调、采暖的需求逐年上升。对于居住建筑设计时选择集中空调、采暖系统方式，还是分户空调、采暖方式，应根据当地能源、环保等因素，通过技术经济分析来确定。同时，还要考虑用户对设备及运行费用的承担能力。

5.1.4 居住建筑的供热采暖能耗占我国建筑能耗的主要部分，热源形式的选择会受到能源、环境、工程状况、使用时间及要求等多种因素影响和制约，为此必须客观全面地对热源方案进行分析比较后合理确定。有条件时，应积极利用太阳能、地热能等可再生能源。

5.1.5 居住建筑采用连续采暖能够提供一个较好的供热品质。同时，在采用了相关的控制措施（如散热器恒温阀、热力入口控制、供热量控制装置如气候补偿控制等）的条件下，连续采暖可以使得供热系统的热源参数、热媒流量等实现按需供应和分配，不需要采用间歇式供暖的热负荷附加，并可降低热源的装机容量，提高了热源效率，减少了能源的浪费。

对于居住区内的公共建筑，如果允许较长时间的间歇使用，在保证房间防冻的情况下，采用间歇采暖对于整个采暖季来说相当于降低了房间的平均采暖温度，有利于节能。但宜根据使用要求进行具体的分析确定。将公共建筑的系统与居住建筑分开，可便于系统的调节、管理及收费。

热水采暖系统对于热源设备具有良好的节能效益，在我国已经提倡了三十多年。因此，集中采暖系统，应优先发展和采用热水作为热媒，而不应以蒸汽等介质作为热媒。

5.1.6 本条文是强制性条文。

根据《住宅建筑规范》GB 50368-2005 第 8.3.5 条（强制性条文）："除电力充足和供电政策支持外，严寒地区和寒冷地区的居住建筑内不应采用直接电热采暖。"

建设节约型社会已成为全社会的责任和行动，用

高品位的电能直接转换为低品位的热能进行采暖，热效率低，是不合适的。同时，必须指出，"火电"并非清洁能源。在发电过程中，不仅对大气环境造成严重污染；而且，还产生大量温室气体（CO_2），对保护地球、抑制全球气候变暖非常不利。

严寒、寒冷地区全年有（4～6）个月采暖期，时间长，采暖能耗占有较高比例。近些年来由于采暖用电所占比例逐年上升，致使一些省市冬季尖峰负荷也迅速增长，电网运行困难，出现冬季电力紧缺。盲目推广没有蓄热配置的电锅炉，直接电热采暖，将进一步劣化电力负荷特性，影响民众日常用电。因此，应严格限制应用直接电热进行集中采暖的方式。

当然，作为自行配置采暖设施的居住建筑来说，并不限制居住者选择直接电热方式自行进行分散形式的采暖。

5.2 热源、热力站及热力网

5.2.1 建设部、国家发改委、财政部、人事部、民政部、劳动和社会保障部、国家税务总局、国家环境保护总局颁布的《关于进一步推进城镇供热体制改革的意见》（建城〔2005〕220号）中，在优化配置城镇供热资源方面提出"要坚持集中供热为主，多种方式互为补充，鼓励开发和利用地热、太阳能等可再生能源及清洁能源供热"的方针。集中采暖系统应采用热水作为热媒。当然，该条也包含当地没有设计直接电热采暖条件。

5.2.2 目前有些地区的很多城市都已做了集中供热规划设计，但限于经济条件，大部分规模较小，有不少小区暂时无网可入，只能先搞过渡性的锅炉房，因此提出该条文。

5.2.3 根据《民用建筑节能设计标准（采暖居住建筑部分）》JGJ 26-95 中第 5.1.2 条：

1 根据燃煤锅炉单台容量越大效率越高的特点，为了提高热源效率，应尽量采用较大容量的锅炉；

2 考虑住宅采暖的安全性和可靠性，锅炉的设置台数应不少于2台，因此对于规模较小的居住区（设计供热负荷低于14MW），单台锅炉的容量可以适当降低。

5.2.4 本条文是强制性条文。

锅炉运行效率是以长期监测和记录的数据为基础，统计时期内全部瞬时效率的平均值。本标准中规定的锅炉运行效率是以整个采暖季作为统计时间的，它是反映各单位锅炉运行管理水平的重要指标。它既和锅炉及其辅机的状况有关，也和运行制度等因素有关。在《民用建筑节能设计标准》JGJ 26-95 中规定锅炉运行效率为68%，实际上早在20世纪90年代我国有些单位锅炉房的锅炉运行效率就已经超过了73%。本标准在分析锅炉设计效率时，将运行效率取为70%。近些年我国锅炉设计制造水平有了很大的

提高，锅炉房的设备配置也发生了很大的变化，已经为运行单位的管理水平的提高提供了基本条件，只要选择设计效率较高的锅炉，合理组织锅炉的运行，就可以使运行效率达到70%。本标准制定时，通过我国供暖负荷的变化规律及锅炉的特性分析，提出了锅炉设计效率达到70%时设计者所选用的锅炉的最低设计效率，最后根据目前国内企业生产的锅炉的设计效率确定表5.2.4的数据。

5.2.5 本条公式根据《民用建筑节能设计标准》JGJ 26—95 第5.2.6条。热水管网热媒输送到各热用户的过程中需要减少下述损失：（1）管网向外散热造成散热损失；（2）管网上附件及设备漏水和用户放水而导致的补水耗热损失；（3）通过管网送到各热用户的热量由于网路失调而导致的各处室温不等造成的多余热损失。管网的输送效率是反映上述各个部分效率的综合指标。提高管网的输送效率，应从减少上述三方面损失入手。通过对多个供热小区的分析表明，采用本标准给出的保温层厚度，无论是地沟敷设还是直埋敷设，管网的保温效率是可以达到99%以上的。考虑到施工等因素，分析中将管网的保温效率取为98%。系统的补水，由两部分组成，一部分是设备的正常漏水，另一部分为系统失水。如果供暖系统中的阀门、水泵盘根、补偿器等，经常维修，且保证工作状态良好的话，测试结果证明，正常补水量可以控制在循环水量的0.5%。通过对北方6个代表城市的分析表明，正常补水耗热损失占输送热量的比例小于2%；各城市的供暖系统平衡效率达到95.3%～96%时，则管网的输送效率可以达到93%。考虑各地技术及管理上的差异，所以在计算锅炉房的总装机容量时，将室外管网的输送效率取为92%。

5.2.6 目前的锅炉产品和热源装置在控制方面已经有了较大的提高，对于低负荷的满足性能得到了改善，因此在有条件时尽量采用较大容量的锅炉有利于提高能效，同时，过多的锅炉台数会导致锅炉房面积加大、控制相对复杂和投资增加等问题，因此宜对设置台数进行一定的限制。

当多台锅炉联合运行时，为了提高单台锅炉的运行效率，其负荷率应有所限制，避免出现多台锅炉同时运行但负荷率都很低而导致效率较低的现象。因此，设计时应采取一定的控制措施，通过运行台数和容量的组合，在提高单台锅炉负荷率的原则下，确定合理的运行台数。

锅炉的经济运行负荷区通常为70%～100%；允许运行负荷区则为60%～70%和100%～105%。因此，本条根据习惯，规定单台锅炉的最低负荷为60%。对于燃煤锅炉来说，不论是多台锅炉联合运行还是只有单台锅炉运行，其负荷都不应低于额定负荷的60%。对于燃气锅炉，由于燃烧调节反应迅速，一般可以适当放宽。

5.2.7 燃气锅炉的效率与容量的关系不太大。关键是锅炉的配置、自动调节负荷的能力等。有时，性能好的小容量锅炉会比性能差的大容量锅炉效率更高。燃气锅炉房供热规模不宜太大，是为了在保持锅炉效率不降低的情况下，减少供热用户，缩短供热半径，有利于室外供热管道的水力平衡，减少由于水力失调形成的无效热损失，同时降低管道散热损失和水泵的输送能耗。

锅炉的台数不宜过多，只要具备较好满足整个冬季的变负荷调节能力即可。由于燃气锅炉在负荷率30%以上时，锅炉效率可接近额定效率，负荷调节能力较强，不需要采用很多台数来满足调节要求。锅炉台数过多，必然造成占用建筑面积过多，一次投资增大等问题。

首先，模块式组合锅炉燃烧器的调节方式均采用一段式启停控制，冬季变负荷调节只能依靠台数进行，为了尽量符合负荷变化曲线应采用合适的台数。台数过少易偏离负荷曲线，调节性能不好，8台模块式锅炉已可满足调节的需要。其次，模块式锅炉的燃烧器一般采用大气式燃烧，燃烧效率较低，比非模块式燃气锅炉效率低不少，对节能和环保均不利。另外，以楼栋为单位来设置模块式锅炉房时，因为没有室外供热管道，弥补了燃烧效率低的不足，从总体上提高了供热效率。反之则两种不利条件同时存在，对节能环保非常不利。因此模块组合锅炉只适合小面积供热，供热面积很大时不应采用模块式组合锅炉，应采用其他高效锅炉。

5.2.8 低温供热时，如地面辐射采暖系统，回水温度低，热回收效率较高，技术经济很合理。散热器采暖系统回水温度虽然比地面辐射采暖系统高，但仍有热回收价值。

冷凝式锅炉价格高，对一次投资影响较大，但因热回收效果好，锅炉效率很高，有条件时应选用。

5.2.9 本条文是强制性条文。

2005年12月6日由建设部、发改委、财政部、人事部、民政部、劳动和社会保障部、国家税务总局、国家环境保护总局八部委发文《关于进一步推进城镇供热体制改革的意见》（建城〔2005〕220号），文件明确提出，"新建住宅和公共建筑必须安装楼前热计量表和散热器恒温控制阀，新建住宅同时还要具备分户热计量条件"。文件中楼前热表可以理解为是与供热单位进行热费结算的依据，楼内住户可以依据不同的方法（设备）进行室内参数（比如热量、温度）测量，然后，结合楼前热表的测量值对全楼的用热量进行住户间分摊。

行业标准《供热计量技术规程》JGJ 173-2009中第3.0.1条（强制性条文）："集中供热的新建建筑和既有建筑的节能改造必须安装热量计量装置"；第3.0.2条（强制性条文）："集中供热系统的热量结算

点必须安装热量表"。明确表明供热企业和终端用户间的热量结算，应以热量表作为结算依据。用于结算的热量表应符合相关国家产品标准，且计量检定证书应在检定的有效期内。

由于楼前热表为该楼所用热量的结算表，要求有较高的精度及可靠性，价格相应较高，可以按楼栋设置热量表，即每栋楼作为一个计量单元。对于建筑用途相同，建设年代相近，建筑形式、平面、构造等相同或相似，建筑物耗热量指标相近，户间热费分摊方式一致的小区（组团），也可以若干栋建筑，统一安装一个热量表。

有时，在管路走向设计时一栋楼会有 2 个以上入口，此时宜按 2 个以上热表的读数相加以代表整栋楼的耗热量。

对于既有居住建筑改造时，在不具备住户热费条件而只根据住户的面积进行整栋楼耗热量按户分摊时，每栋楼应设置各自的热量表。

5.2.10 户式燃气采暖炉包括热风炉和热水炉，已经在一定范围内应用于多层住宅和低层住宅采暖，在建筑围护结构热工性能较好（至少达到节能标准规定）和产品选用得当的条件下，也是一种可供选择的采暖方式。本条根据实际使用过程中的得失，从节能角度提出了对户式燃气采暖炉选用的原则要求。

对于户式供暖炉，在采暖负荷计算中，应该包括户间传热量，在此基础上可以再适当留有余量。但是若设备容量选择过大，会因为经常在部分负荷条件下运行而大幅度地降低热效率，并影响采暖舒适度。

另外，因燃气采暖炉大部分时间在部分负荷运行，如果单纯进行燃气量调节而不相应改变燃烧空气量，会由于过剩空气系数增大使热效率下降。因此宜采用具有自动同时调节燃气量和燃烧空气量功能的产品。

为保证锅炉运行安全，要求户式供暖炉设置专用的进气及排气通道。

在目前的一些实际工程中，有些采用每户直接向大气排放废气的方式，不利于对建筑周围的环境保护；另外有一些建筑由于房间密闭，没有考虑专有进风通道，可能会导致由于进风不良引起的燃烧效率低下的问题；还有一些将户式燃气炉的排气直接排进厨房等的排风道中，不但存在一定的安全隐患，也直接影响到锅炉的效率。因此本条文提出对此要设置专有的进、排风道。但对于采用平衡式燃烧的户式锅炉，由于其方式的特殊性，只能采用分散就地进排风的方式。

5.2.11 根据《民用建筑节能设计标准（采暖居住建筑部分）》JGJ 26 - 95 第 5.2.1 条。本条强调，在设计采暖供热系统时，应详细进行热负荷的调查和计算，合理确定系统规模和供热半径，主要目的是避免出现"大马拉小车"的现象。有些设计人员从安全考虑，片面加大设备容量和散热器面积，使得每吨锅炉的供热面积仅在（5000 ～ 6000）m² 左右，最低仅 2000m²，造成投资浪费，锅炉运行效率很低。考虑到集中供热的要求和我国锅炉的生产状况，锅炉房的单台容量宜控制在（7.0～28.0）MW 范围内。系统规模较大时，建议采用间接连接，并将一次水设计供水温度取为（115 ～ 130）℃，设计回水温度取为（50～80）℃，主要是为了提高热源的运行效率，减少输配能耗，便于运行管理和控制。

5.2.12 水泵采用变频调速是目前比较成熟可靠的节能方式。

1 从水泵变速调节的特点来看，水泵的额定容量越大，则总体效率越高，变频调速的节能潜力越大。同时，随着变频调速的台数增加，投资和控制的难度加大。因此，在水泵参数能够满足使用要求的前提下，宜尽量减少水泵的台数。

2 当系统较大时，如果水泵的台数过少，有时可能出现选择的单台水泵容量过大甚至无法选择的问题；同时，变频水泵通常设有最低转速限制，单台设计容量过大后，由于低转速运行时的效率降低使得有可能反而不利于节能。因此这时应通过合理的经济技术分析后适当增加水泵的台数。至于是采用全部变频水泵，还是采用"变频泵＋定速泵"的设计和运行方案，则需要设计人员根据系统的具体情况，如设计参数、控制措施等，进行分析后合理确定。

3 目前关于变频调速水泵的控制方法很多，如供回水压差控制、供水压力控制、温度控制（甚至供热量控制）等，需要设计人根据工程的实际情况，采用合理、成熟、可靠的控制方案。其中最常见的是供回水压差控制方案。

5.2.13 本条文是强制性条文。

供热系统水力不平衡的现象现在依然很严重，而水力不平衡是造成供热能耗浪费的主要原因之一，同时，水力平衡又是保证其他节能措施能够可靠实施的前提，因此对系统节能而言，首先应该做到水力平衡，而且必须强制要求系统达到水力平衡。

当热网采用多级泵系统（由热源循环泵和用户泵组成）时，支路的比摩阻与干线比摩阻相同，有利于系统节能。当热源（热力站）循环水泵按照整个管网的损失选择时，就应考虑环路的平衡问题。

环路压力损失差意味着环路的流量与设计流量有差异，也就是说，会导致各环路房间的室温有差异。《采暖居住建筑节能检验标准》JGJ 132 - 2009 中第 11.2.1 条规定，热力入口处的水力平衡度应达到 0.9～1.2。该标准的条文说明指出：这是结合北京地区的实际情况，通过模拟计算，当实际水量在 90% ～120% 时，室温在 17.6℃～18.7℃ 范围内，可以满足实际需要。但是，由于设计计算时，与计算各并联环路水力平衡度相比，计算各并联环路间压力损失比较方便，并与教科书、手册一致。所以，这里采取规定并联环路压力损失差值，要求应在15%之内。

除规模较小的供热系统经过计算可以满足水力平衡外，一般室外供热管线较长，计算不易达到水力平衡。对于通过计算不易达到环路压力损失差要求的，为了避免水力不平衡，应设置静态水力平衡阀，否则出现不平衡问题时将无法调节。而且，静态平衡阀还可以起到测量仪表的作用。静态水力平衡阀应在每个入口（包括系统中的公共建筑在内）均设置。

5.2.14 静态水力平衡阀是最基本的平衡元件，实践证明，系统第一次调试平衡后，在设置了供热量自动控制装置进行质调节的情况下，室内散热器恒温阀的动作引起系统压差的变化不会太大，因此，只在某些条件下需要设置自力式流量控制阀或自力式压差控制阀。

关于静态水力平衡阀，流量控制阀，压差控制阀，目前说法不一，例如：静态水力平衡阀也有称为"手动水力平衡阀"、"静态平衡阀"；流量控制阀也有称为"动态（自动）平衡阀"、"定流量阀"等。为了尽可能地规范名称，并根据城镇建设行业标准《自力式流量控制阀》CJ/T 179 - 2003 中对"自力式流量控制阀"的定义："工作时不依靠外部动力，在压差控制范围内，保持流量恒定的阀门"。因此，称流量控制阀为"自力式流量控制阀"；尽管目前还没有颁布压差控制阀行业标准，同样，称压差控制阀为"自力式压差控制阀"。至于手动或静态平衡阀，则统一称为静态水力平衡阀。

5.2.15 每种阀门都有其特定的使用压差范围要求，设计时，阀两端的压差不能超过产品的规定。

阀权度S的定义是："调节阀全开时的压力损失ΔP_{min}与调节阀所在串联支路的总压力损失ΔP_0的比值"。它与阀门的理想特性一起对阀门的实际工作特性起着决定性作用。当$S=1$时，ΔP_0全部降落在调节阀上，调节阀的工作特性与理想特性是一致的；在实际应用场所中，随着S值的减小，理想的直线特性趋向于快开特性，理想的等百分比特性趋向于直线特性。

对于自动控制的阀门（无论是自力式还是其他执行机构驱动方式），由于运行过程中开度不断地变化，为了保持阀门的调节特性，确保其调节品质，自动控制阀的阀权度宜在0.3～0.5之间。

对于静态水力平衡阀，在系统初调试完成后，阀门开度就已固定，运行过程中，其开度并不发生变化；因此，对阀权度没有严格要求。

对于以小区供热为主的热力站而言，由于管网作用距离较长，系统阻力较大，如果采用动态自力式控制阀串联在总管上，由于阀权度的要求，需要该阀门的全开阻力较大，这样会较大地增加水泵能耗。因为设计的重点是考虑建筑内末端设备的可调性，如果需

要自动控制，我们可以将自动控制阀设置于每个热力入口（建筑内的水阻力比整个管网小得多，这样在保证同样的阀权度情况下阀门的水流阻力可以大为降低），同样可以达到基本相同的使用效果和控制品质。因此，本条第二款规定在热力站出口总管上不宜串联设置自动控制阀。考虑到出口可能为多个环路的情况，为了初调试，可以根据各环路的水力平衡情况合理设置静态水力平衡阀。静态水力平衡阀选型原则：静态水力平衡阀是用于消除环路剩余压头、限定环路水流量用的，为了合理地选择平衡阀的型号，在设计水系统时，一定仍要进行管网水力计算及环网平衡计算，选取平衡阀。对于旧系统改造时，由于资料不全并为方便施工安装，可按管径尺寸配用同样口径的平衡阀，直接以平衡阀取代原有的截止阀或闸阀。但需要作压降校核计算，以避免原有管径过于富余使流经平衡阀时产生的压降过小，引起调试时由于压降过小而造成仪表较大的误差。校核步骤如下：按该平衡阀管辖的供热面积估算出设计流量，按管径求出设计流量时管内的流速v（m/s），由该型号平衡阀全开时的ζ值，按公式$\Delta P=\zeta$（$v^2 \cdot \rho/2$）（Pa），求得压降值ΔP（式中$\rho=1000$kg/m³），如果ΔP小于（2～3）kPa，可改选用小口径型号平衡阀，重新计算v及ΔP，直到所选平衡阀在流经设计水量时的压降$\Delta P \geqslant$（2～3）kPa时为止。

尽管自力式恒流量控制阀具有在一定范围内自动稳定环路流量的特点，但是其水流阻力也比较大，因此即使是针对定流量系统，对设计人员的要求也首先是通过管路和系统设计来实现各环路的水力平衡（即"设计平衡"）；当由于管径、流速等原因的确无法做到"设计平衡"时，才应考虑采用静态水力平衡阀通过初调试来实现水力平衡的方式；只有当设计认为系统可能出现由于运行管理原因（例如水泵运行台数的变化等）有可能导致的水量较大波动时，才宜采用阀权度要求较高、阻力较大的自力式恒流量控制阀。但是，对于变流量系统来说，除了某些需要特定定流量的场所（例如为了保护特定设备的正常运行或特殊要求）外，不应在系统中设置自力式流量控制阀。

5.2.16 规定耗电输热比（EHR）的目的是为了防止采用过大的水泵以使得水泵的选择在合理的范围。

本条文的基本思路来自《公共建筑节能设计标准》GB 50189 - 2005 第5.2.8条。但根据实际情况对相关的参数进行了一定的调整：

1 目前的国产电机在效率上已经有了较大的提高，根据国家标准《中小型三相异步电动机能效限定值及节能评价值》GB 18613 - 2002 的规定，7.5kW以上的节能电机产品的效率都在89%以上。但是，考虑到供热规模的大小对所配置水泵的容量（即由此引起的效率）会产生一定的影响，从目前的水泵和电机来看，当$\Delta t=20$℃时，针对2000kW以下的热负荷

所配置的采暖循环水泵通常不超过 7.5kW，因此水泵和电机的效率都会有所下降，因此将原条文中的固定计算系数 0.0056 改为一个与热负荷有关的计算系数 A 表示（表 5.2.16）。这样一方面对于较大规模的供热系统，本条文提高了对电机的效率要求；另一方面，对于较小规模的供热系统，也更符合实际情况，便于操作和执行。

2 考虑到采暖系统实行计量和分户供热后，水系统内增加了相应的一些阀件，其系统实际阻力比原来的规定会偏大，因此将原来的 14 改为 20.4。

3 原条文在不同的管道长度下选取的 aΣL 值不连续，在执行过程中容易产生的一些困难，也不完全符合编制的思路（管道较长时，允许 EHR 值加大）。因此，本条文将 a 值的选取或计算方式变成了一个连续线段，有利于条文的执行。按照条文规定的 aΣL 值计算结果比原条文的要求略为有所提高。

4 由于采暖形式的多样化，以规定某个供回水温差来确定 EHR 值可能对某些采暖形式产生不利的影响。例如当采用地板辐射供暖时，通常的设计温差为 10℃，这时如果还采用 20℃ 或 25℃ 来计算 EHR，显然是不容易达到标准规定的。因此，本条文采用的是"相对法"，即同样系统的评价标准一致，所以对温差的选择不作规定，而是"按照设计要求选取"。

5.2.17 引自原《民用建筑节能设计标准（采暖居住建筑部分）》JGJ 26-95 第 5.3.1 条。一、二次热水管网的敷设方式，直接影响供热系统的总投资及运行费用，应合理选取。对于庭院管网和二次网，管径一般较小，采用直埋管敷设，投资较小，运行管理也比较方便。对于一次管网，可根据管径大小经过经济比较确定采用直埋或地沟敷设。

5.2.18 管网输送效率达到 92% 时，要求管道保温效率应达到 98%。根据《设备及管道绝热设计导则》中规定的管道经济保温层厚度的计算方法，对玻璃棉管壳和聚氨酯保温管分析表明，无论是直埋敷设还是地沟敷设，管道的保温效率均能达到 98%。严寒地区保温材料厚度有较大的差别，寒冷地区保温材料厚度差别不大。为此严寒地区每个气候子区分别给出了最小保温层厚度，而寒冷地区统一给出最小保温层厚度。如果选用其他保温材料或其导热系数与附录 G 中值差异较大时，可以按照式（5.2.18）对最小保温层厚度进行修正。

5.2.19 本条文是强制性条文。

锅炉房采用计算机自动监测与控制不仅可以提高系统的安全性，确保系统能够正常运行；而且，还可以取得以下效果：

1 全面监测并记录各运行参数，降低运行人员工作量，提高管理水平。

2 对燃烧过程和热水循环过程能进行有效的控制调节，提高并使锅炉在高效率下运行，大幅度地节省运行能耗，并减少大气污染。

3 能根据室外气候条件和用户需求变化及时改变供热量，提高并保证供暖质量，降低供暖能耗和运行成本。

因此，在锅炉房设计时，除小型固定炉排的燃煤锅炉外，应采用计算机自动监测与控制。

条文中提出的五项要求，是确保安全、实现高效、节能与经济运行的必要条件。它们的具体监控内容分别为：

1 实时检测：通过计算机自动检测系统，全面、及时地了解锅炉的运行状况，如运行的温度、压力、流量等参数，避免凭经验调节和调节滞后。全面了解锅炉运行工况，是实施科学调控的基础。

2 自动控制：在运行过程中，随室外气候条件和用户需求的变化，调节锅炉房供热量（如改变出水温度，或改变循环水量，或改变供汽量）是必不可少的，手动调节无法保证精度。

计算机自动监测与控制系统，可随时测量室外的温度和整个热网的需求，按照预先设定的程序，通过调节投入燃料量（如炉排转速）等手段实现锅炉供热量调节，满足整个热网的热量需求，保证供暖质量。

3 按需供热：计算机自动监测与控制系统可通过软件开发，配置锅炉系统热特性识别和工况优化分析程序，根据前几天的运行参数、室外温度，预测该时段的最佳工况，进而实现对系统的运行指导，达到节能的目的。

4 安全保障：计算机自动监测与控制系统的故障分析软件，可通过对锅炉运行参数的分析，作出及时判断，并采取相应的保护措施，以便及时抢修，防止事故进一步扩大，设备损坏严重，保证安全供热。

5 健全档案：计算机自动监测与控制系统可以建立各种信息数据库，能够对运行过程中的各种信息数据进行分析，并根据需要打印各类运行记录，储存历史数据，为量化管理提供了物质基础。

5.2.20 本条文是强制性条文。

本条文对锅炉房及热力站的节能控制提出了明确的要求。设置供热量控制装置（比如气候补偿器）的主要目的是对供热系统进行总体调节，使锅炉运行参数在保持室内温度的前提下，随室外空气温度的变化随时进行调整，始终保持锅炉房的供热量与建筑物的需热量基本一致，实现按需供热；达到最佳的运行效率和最稳定的供热质量。

设置供热量控制装置后，还可以通过在时间控制器上设定不同时间段的不同室温，节省供热量；合理地匹配供水流量和供水温度，节省水泵电耗，保证恒温阀等调节设备正常工作；还能够控制一次水回水温度，防止回水温度过低减少锅炉寿命。

由于不同企业生产的气候补偿器的功能和控制方法不完全相同，但必须具有能根据室外空气温度变化自动改变用户侧供（回）水温度、对热媒进行质调节的基本功能。

气候补偿器正常工作的前提，是供热系统已达到水力平衡要求，各房间散热器均装置了恒温阀，否则，即使采用了供热量控制装置也很难保持均衡供热。

5.3 采暖系统

5.3.1 引自《公共建筑节能设计标准》GB 50189-2005 中第 5.2.1 条。

5.3.2 要实现室温调节和控制，必须在末端设备前设置调节和控制的装置，这是室内环境的要求，也是"供热体制改革"的必要措施，双管系统可以设置室温调控装置。如果采用顺流式垂直单管系统，必须设置跨越管，采用顺流式水平单管系统时，散热器采用低阻力两通或三通调节阀，以便调控室温。

5.3.3 本条文是强制性条文。

楼前热量表是该栋楼与供热（冷）单位进行用热（冷）量结算的依据，而楼内住户则进行按户热（冷）量分摊，所以，每户应该有相应的装置作为对整栋楼的耗热（冷）量进行户间分摊的依据。

由于严寒地区和寒冷地区的"供热体制改革"已经开展，近年来已开发应用了一些户间采暖"热量分摊"的方法，并且有较大规模的应用。下面对目前在国内已经有一定规模应用的采暖系统"热量分摊"方法的原理和应用时需要注意的事项加以介绍，供选用时参考。

1 散热器热分配计方法

该方法是利用散热器热量分配计所测量的每组散热器的散热量比例关系，来对建筑的总供热量进行分摊。散热器热量分配计分为蒸发式热量分配计与电子式热量分配计两种基本类型。蒸发式热量分配计初投资较低，但需要入户读表。电子式热量分配计初投资相对较高，但该表具有入户读表与遥控读表两种方式可供选择。热分配计方法需要在建筑物热力入口设置楼栋热量表，在每台散热器的散热面上安装一台散热器热量分配计。在采暖开始前和采暖结束后，分别读取分配计的读数，并根据楼前热量表计量得出的供热量，进行每户住户耗热量计算。应用散热器热量分配计时，同一栋建筑物内应采用相同形式的散热器；在不同类型散热器上应用散热器热量分配表时，首先要进行刻度标定。由于每户居民在整幢建筑中所处位置不同，即便同样住户面积，保持同样室温，散热器热量分配计上显示的数字却是不相同的。所以，收费时，要将散热器热量分配计获得的热量进行住户位置的修正。

该方法适用于以散热器为散热设备的室内采暖系统，尤其适用于采用垂直采暖系统的既有建筑的热计量收费改造，比如将原有垂直单管顺流系统，加装跨越管，但这种方法不适用于地面辐射供暖系统。

建设部已批准《蒸发式热分配表》CJ/T 271-2007 为城镇建设行业产品标准。

欧洲标准 EN 834、835 中分配表的原文为 heat cost allocators，直译应为"热费分配器"，所以也可以理解为散热器热费分配计方法。

2 温度面积方法

该方法是利用所测量的每户室内温度，结合建筑面积来对建筑的总供热量进行分摊。其具体做法是，在每户主要房间安装一个温度传感器，用来对室内温度进行测量，通过采集器采集的室内温度经通信线路送到热量采集显示器；热量采集显示器接收来自采集器的信号，并将采集器送来的用户室温送至热量采集显示器；热量采集显示器接收采集显示器、楼前热量表送来的信号后，按照规定的程序将热量进行分摊。

这种方法的出发点是按照住户的平均温度来分摊热费。如果某住户在供暖期间的室温维持较高，那么该住户分摊的热费也较多。它与住户在楼内的位置没有关系，收费时不必进行住户位置的修正。应用比较简单，结果比较直观，它也与建筑内采暖系统没有直接关系。所以，这种方法适用于新建建筑各种采暖系统的热计量收费，也适合于既有建筑的热计量收费改造。

住房和城乡建设部已将《温度法热计量分配装置》列入"2008 年住房和城乡建设部归口工业产品行业标准制订、修订计划"。

3 流量温度方法

这种方法适用于共用立管的独立分户系统和单管跨越管采暖系统。该户间热量分摊系统由流量热能分配器、温度采集器处理器、单元热能仪表、三通测温调节阀、无线接收器、三通阀、计算机远程监控设备以及建筑物热力入口设置的楼栋热量表等组成。通过流量热能分配器、温度采集器处理器测量出的各个热用户的流量比例系数和温度系数，测算出各个热用户的用热比例，按此比例对楼栋热量表测量出的建筑物总供热量进行户间热量分摊。但是这种方法不适合在垂直单管顺流式的既有建筑改造中应用，此时温度测量误差难以消除。

该方法也需对住户位置进行修正。

4 通断时间面积方法

该方法是以每户的采暖系统通水时间为依据，分摊总供热量的方法。具体做法是，对于分户水平连接的室内采暖系统，在各户的分支支路上安装室温通断控制阀，用于对该用户的循环水进行通断控制来实现该户室温控制。同时在各户的代表房间里放置室内控制器，用于测量室内温度和供用户设定温度，并将这两个温度值传输给室温通断控制阀。室温通断控制阀根据实测室温与设定值之差，确定在一个控制周期内通断阀的开停比，并按照这一开停比控制通断调节阀的通断，以此调节送入室内热量，同时记录和统计各户通断控制阀的接通时间，按照各户的累计接通时间结合采暖面积分摊整栋建筑的热量。

这种方法适用于水平单管串联的分户独立室内采暖系统，但不适合于采用传统垂直采暖系统的既有建筑的改造。可以分户实现温控，但是不能分室温控。

5 户用热量表方法

该分摊系统由各户用热量表以及楼栋热量表组成。

户用热量表安装在每户采暖环路中，可以测量每个住户的采暖耗热量。热量表由流量传感器、温度传感器和计算器组成。根据流量传感器的形式，可将热量表分为：机械式热量表、电磁式热量表、超声波式热量表。机械式热量表的初投资相对较低，但流量传感器对轴承有严格要求，以防止长期运转由于磨损造成误差较大；对水质有一定要求，以防止流量计的转动部件被堵塞，影响仪表的正常工作。电磁式热量表的初投资相对机械式热量表要高，但流量测量精度是热量表所用的流量传感器中最高的、压损小。电磁式热量表的流量计工作需要外部电源，而且必须水平安装，需要较长的直管段，这使得仪表的安装、拆卸和维护较为不便。超声波热量表的初投资相对较高，流量测量精度高、压损小、不易堵塞，但流量计的管壁锈蚀程度、水中杂质含量、管道振动等因素将影响流量计的精度，有的超声波热量表需要直管段较长。

这种方法也需要对住户位置进行修正。它适用于分户独立式室内采暖系统及分户地面辐射供暖系统，但不适合于采用传统垂直系统的既有建筑的改造。

建设部已批准《热量表》CJ/128-2007为城镇建设行业产品标准。

6 户用热水表方法

这种方法以每户的热水循环量为依据，进行分摊总供热量。

该方法的必要条件是每户必须为一个独立的水平系统，也需要对住户位置进行修正。由于这种方法忽略了每户供水供回水温差的不同，在散热器系统中应用误差较大。所以，通常适用于温差较小的分户地面辐射供暖系统，已在西安市有应用实例。

5.3.4 散热器恒温控制阀（又称温控阀、恒温器等）安装在每组散热器的进水管上，它是一种自力式调节控制阀，用户可根据对室温高低的要求，调节并设定室温。这样恒温控制阀就确保了各房间的室温，避免了立管水量不平衡，以及单管系统上层与下层室温不匀问题。同时，更重要的是当室内获得"自由热"（free heat，又称"免费热"，如阳光照射，室内热源——炊事、照明、电器及居民等散发的热量）而使室温有升高趋势时，恒温控制阀会及时减少流经散热器的水量，不仅保持室温合适，同时达到节能目的。目前北京、天津等地方节能设计标准已将安装散热器恒温阀

作为强制性条文，根据实施情况来看，有较好的效果。

对于安装在装饰罩内的恒温阀，则必须采用外置传感器，传感器应设在能正确反映房间温度的位置。

散热器恒温控制阀的特性及其选用，应遵循行业标准《散热器恒温控制阀》JG/T 195-2006的规定。

安装了散热器恒温阀后，要使它真正发挥调温、节能功能，特别在运行中，必须有一些相应的技术措施，才能使采暖系统正常运行。首先是对系统的水质要求，必须满足本标准5.2.13条的规定。因为散热器恒温阀是一个阻力部件，水中悬浮物会堵塞其流道，使得恒温阀调节能力下降，甚至不能正常工作。北京市地方标准《居住建筑节能设计标准》DBJ 11-602-2006（2007年2月1日实施）第6.4.9条规定，防堵塞措施应符合以下规定：1. 供热采暖系统水质要求应执行北京市地方标准《供热采暖系统水质及防腐技术规程》DBJ 01-619-2004的有关规定。2. 热力站换热器的一次水和二次水入口应设过滤器。3. 过滤器具体设置要求详见《供热采暖系统水质及防腐技术规程》DBJ 01-619-2004的有关规定。同时，不应该在采暖期后将采暖水系统的水卸去，要保持"湿式保养"。另外，对于在原有供热系统热网中并入了安装有散热器恒温阀的新建造的建筑后，必须对该热网重新进行水力平衡调节。因为，一般情况下，安装有恒温阀的新建筑水力阻力会大于原来建筑，导致新建建筑的热水量减少，甚至降低供热品质。

5.3.5 引自《公共建筑节能设计标准》GB 50189-2005第5.2.4条。

5.3.6 对于不同材料管道，提出不同的设计供水温度。对于以热水锅炉作为直接供暖的热源设备来说，降低供水温度对于降低锅炉排烟温度、提高传热温差具有较好的影响，使得锅炉的热效率得以提高。采用换热器作为采暖热源时，降低换热器二次水供水温度可以在保证同样的换热量情况下减少换热面积，节省投资。由于目前的一些建筑存在大流量、小温差运行的情况，因此本标准规定采暖供回水温差不应小于25℃。在可能的条件下，设计时应尽量提高设计温差。

热塑性塑料管的使用条件等级按5级考虑，即正常操作温度80℃时的使用时间为10年；60℃时为25年；20℃（非采暖期）为14年。

以北京为例：采暖期不足半年，通常，采暖供水温度随室外气温进行调节，在50年使用期内，各种水温下的采暖时间为25年，非采暖期的水温取20℃，累积也为25年。当散热器采暖系统的设计供回水温度为85℃/60℃时，正常操作温度下的使用年限为：85℃时为6年；80℃时为3年；60℃时为7年。相当于80℃时为9.6年；60℃时为25年；20℃时为14.4年。这时，若选择工作压力为1.0MPa，相

应的管系列为：PB 管-S4；PEX 管-S3.2。

对于非热熔连接的铝塑复合管，由于它是由聚乙烯和铝合金两种杨氏模量相差很大的材料组成的多层管，在承受内压时，厚度方向的管环应力分布是不等值的，无法考虑各种使用温度的累积作用，所以，不能用它来选择管材或确定管壁厚度，只能根据长期工作温度和允许工作压力进行选择。

对于热熔连接的铝塑复合管，在接头处，由于铝合金管已断开，并不连续，因此，真正起连接作用的实际上只是热塑性塑料；所以，应该按照热塑性塑料管的规定来确定供水温度与工作压力。

铝塑复合管的代号说明：

PAP——由聚乙烯/铝合金/聚乙烯复合而成；

XPAP——由交联聚乙烯/铝合金/交联聚乙烯复合而成；

XPAP1（一型铝塑管）——由聚乙烯/铝合金/交联聚乙烯复合而成；

XPAP2（二型铝塑管）——由交联聚乙烯/铝合金/交联聚乙烯复合而成；

PAP3（三型铝塑管）——由聚乙烯/铝合金/聚乙烯复合而成；

PAP4（四型铝塑管）——由聚乙烯/铝合金/聚乙烯复合而成；

RPAP5（新型的铝塑复合管）——由耐热聚乙烯/铝合金/耐热聚乙烯复合而成。

5.3.7 低温地板辐射采暖是国内近 20 年以来发展较快的新型供暖方式，埋管式地面辐射采暖具有温度梯度小、室内温度均匀、脚感温度高等特点，在热辐射的作用下，围护结构内表面和室内其他物体表面的温度，都比对流供暖时高，人体的辐射散热相应减少，人的实际感觉比相同室内温度对流供暖时舒适得多。在同样的热舒适条件下，辐射供暖房间的设计温度可以比对流供暖房间低（2～3）℃，因此房间的热负荷随之减小。

室内家具、设备等对地面的遮蔽，对地面散热量的影响很大。因此，要求室内必须具有足够的裸露面积（无家具覆盖）供布置加热管的要求，作为采用低温地板辐射供暖系统的必要条件。

保持较低的供水温度和供回水温差，有利于延长塑料加热管的使用寿命；有利于提高室内的热舒适感；有利于保持较大的热媒流速，方便排除管内空气；有利于保证地面温度的均匀。

有关地面辐射供暖工程设计方面规定，应遵循行业标准《地面辐射供暖技术规程》JGJ 142－2004 执行。

5.3.8 热网供水温度过低，供回水温差过小，必然会导致室外热网的循环水量、输送管道直径、输送能耗及初投资都大幅度增加，从而削弱了地面辐射供暖系统的节能优势。为了充分保持地面辐射供暖系统的

节能优势，设计中应尽可能提高室外热网的供水温度，加大供回水的温差。

由于地面辐射供暖系统的供水温度不宜超过60℃，因此，供暖入口处必须设置带温度自动控制及循环水泵的混水装置，让室内采暖系统的回水根据需要与热网提供的水混合至设定的供水温度，再流入室内采暖系统。当外网提供的热媒温度高于 60℃ 时（一般允许最高为 90℃），宜在各户的分集水器前设置混水泵，抽取室内回水混入供水，以降低供水温度，保持其温度不高于设定值。

5.3.9 分室控温，是按户计量的基础；为了实现这个要求，应对各个主要房间的室内温度进行自动控制。室温控制可选择采用以下任何一种模式：

模式Ⅰ："房间温度控制器（有线）＋电热（热敏）执行机构＋带内置阀芯的分水器"

通过房间温度控制器设定和监测室内温度，将监测到的实际室温与设定值进行比较，根据比较结果输出信号，控制电热（热敏）执行机构的动作，带动内置阀芯开启与关闭，从而改变被控（房间）环路的供水流量，保持房间的设定温度。

模式Ⅱ："房间温度控制器（有线）＋分配器＋电热（热敏）执行机构＋带内置阀芯的分水器"

与模式Ⅰ基本类似，差异在于房间温度控制器同时控制多个回路，其输出信号不是直接至电热（热敏）执行机构，而是到分配器，通过分配器再控制各回路的电热（热敏）执行机构，带动内置阀芯动作，从而同时改变各回路的水流量，保持房间的设定温度。

模式Ⅲ："带无线电发射器的房间温度控制器＋无线电接收器＋电热（热敏）执行机构＋带内置阀芯的分水器"

利用带无线电发射器的房间温度控制器对室内温度进行设定和监测，将监测到的实际值与设定值进行比较，然后将比较后得出的偏差信息发送给无线电接收器（每间隔 10min 发送一次信息），无线电接收器将发送器的信息转化为电热（热敏）式执行机构的控制信号，使分水器上的内置阀芯开启或关闭，对各个环路的流量进行调控，从而保持房间的设定温度。

模式Ⅳ："自力式温度控制阀组"

在需要控温房间的加热盘管上，装置直接作用式恒温控制阀，通过恒温控制阀的温度控制器的作用，直接改变控制阀的开度，保持设定的室内温度。

为了测得比较有代表性的室内温度，作为温控阀的动作信号，温控阀或温度传感器应安装在室内离地面 1.5m 处。因此，加热管必须嵌墙抬升至该高度处。由于此处极易积聚空气，所以要求直接作用恒温控制阀必须具有排气功能。

模式Ⅴ："房间温度控制器（有线）＋电热（热敏）执行机构＋带内置阀芯的分水器"

选择在有代表性的部位（如起居室），设置房间温度控制器，通过该控制器设定和监测室内温度；在分水器前的进水支管上，安装电热（热敏）执行器和二通阀。房间温度控制器将监测到的实际室内温度与设定值比较后，将偏差信号发送至电热（热敏）执行机构，从而改变二通阀的阀芯位置，改变总的供水流量，保证房间所需的温度。

本系统的特点是投资较少、感受室温灵敏、安装方便。缺点是不能精确地控制每个房间的温度，且需要外接电源。一般适用于房间控制温度要求不高的场所，特别适用于大面积房间需要统一控制温度的场所。

5.3.10 引自《采暖通风与空气调节设计规范》GB 50019 - 2003 第 4.8.6 条；在采暖季平均水温下，重力循环作用压力约为设计工况下的最大值的 2/3。

5.3.11 引自《公共建筑节能设计标准》GB 50189 - 2005 第 5.4.10 条第 3 款。

5.4 通风和空气调节系统

5.4.1 一般说来，居住建筑通风设计包括主动式通风和被动式通风。主动式通风指的是利用机械设备动力组织室内通风的方法，它一般要与空调、机械通风系统进行配合。被动式通风（自然通风）指的是采用"天然"的风压、热压作为驱动对房间降温。在我国多数地区，住宅进行自然通风是降低能耗和改善室内热舒适的有效手段，在过渡季室外气温低于 26℃高于 18℃时，由于住宅室内发热量小，这段时间完全可以通过自然通风来消除热负荷，改善室内热舒适状况。即使是室外气温高于 26℃，但只要低于（30～31）℃时，人在自然通风条件下仍然会感觉到舒适。许多建筑设置的机械通风或空气调节系统，都破坏了建筑的自然通风性能。因此强调设置的机械通风或空气调节系统不应妨碍建筑的自然通风。

5.4.2 采用分散式房间空调器进行空调和采暖时，这类设备一般由用户自行采购，该条文的目的是要推荐用户购买能效比高的产品。国家标准《房间空气调节器能效限定值及能效等级》GB 12021.3 和《转速可控型房间空气调节器能效限定值及能源效率等级》GB 21455，规定节能型产品的能源效率为 2 级。

目前，《房间空气调节器能效限定值及能效等级》GB 12021.3 - 2010 于 2010 年 6 月 1 日颁布实施。与 2004 年版标准相比，2010 年版标准将能效等级分为三级，同时对能效限定值与能效等级指标已有提高。2004 版中的节能评价值（即能效等级第 2 级）在 2010 年版标准仅列为第 3 级。

鉴于当前是房间空调器标准新老交替的阶段，市场上可供选择的产品仍然执行的是老标准。本标准规定，鼓励用户选购节能型房间空调器，其意在于从用户需求端角度逐步提高我国房间空调器的能效水平，

适应我国建筑节能形势的需要。

为了方便应用，表 3 列出了 GB 12021.3 - 2004、GB 12021.3 - 2010、GB 21455 - 2008 标准中列出的房间空气调节器能效等级为第 2 级的指标和转速可控型房间空气调节器能源效率等级为第 2 级的指标，表 4 列出了 GB 12021.3 - 2010 中空调器能效等级指标。

表 3　房间空调器能效等级指标节能评价值

类型	额定制冷量 CC (W)	能效比 EER (W/W)		制冷季节能源消耗效率 SEER [W·h/(W·h)]
		GB 12021.3 - 2004 标准中节能评价值（能效等级 2 级）	GB 12021.3 - 2010 标准中节能评价值（能效等级 2 级）	GB 21455 - 2008 标准中节能评价值（能效等级 2 级）
整体式	—	2.90	3.10	—
分体式	CC≤4500	3.20	3.40	4.50
	4500<CC≤7100	3.10	3.30	4.10
	7100<CC≤14000	3.00	3.20	3.70

表 4　房间空调器能效等级指标

类型	额定制冷量 CC (W)	GB 12021.3 - 2010 标准中能效等级		
		3	2	1
整体式	—	2.90	3.10	3.30
分体式	CC≤4500	3.20	3.40	3.60
	4500<CC≤7100	3.10	3.30	3.50
	7100<CC≤14000	3.00	3.20	3.40

5.4.3 本条文是强制性条文。

居住建筑可以采取多种空调采暖方式，如集中方式或者分散方式。如果采用集中式空调采暖系统，比如本条文所指的采用电力驱动、由空调冷热源站向多套住宅、多栋住宅楼甚至住宅小区提供空调采暖冷热源（往往采用冷、热水）；或者应用户式集中空调机组（户式中央空调机组）向一套住宅提供空调冷热源（冷热水、冷热风）进行空调采暖。

集中空调采暖系统中，冷热源的能耗是空调采暖系统能耗的主体。因此，冷热源的能源效率对节省能源至关重要。性能系数、能效比是反映冷热源能源效率的主要指标之一，为此，将冷热源的性能系数、能效比作为必须达标的项目。对于设计阶段已完成集中空调采暖系统的居民小区，或者按户式中央空调系统设计的住宅，其冷源能效的要求应该等同于公共建筑的规定。

国家质量监督检验检疫总局已发布实施的空调机组能效限定值及能源效率等级的标准有：《冷水机组能效限定值及能源效率等级》GB 19577 - 2004，《单元式空气调节机能效限定值及能源效率等级》GB 19576 - 2004，《多联式空调（热泵）机组能效限定值

及能源效率等级》GB 21454－2008。产品的强制性国家能效标准，将产品根据机组的能源效率划分为 5 个等级，目的是配合我国能效标识制度的实施。能效等级的含义：1 等级是企业努力的目标；2 等级代表节能型产品的门槛（按最小寿命周期成本确定）；3、4 等级代表我国的平均水平；5 等级产品是未来淘汰的产品。

为了方便应用，以表 5 为规定的冷水（热泵）机组制冷性能系数（COP）值和表 6 规定的单元式空气调节机能效比（EER）值，这是根据国家标准《公共建筑节能设计标准》GB 50189－2005 中第 5.4.5、5.4.8 条强制性条文规定的能效限值。而表 7 为多联式空调（热泵）机组制冷综合性能系数 [IPLV（C）] 值，是根据《多联式空调（热泵）机组能效限定值及能源效率等级》GB 21454－2008 标准中规定的能效等级第 3 级。

表 5　冷水（热泵）机组制冷性能系数（COP）

类　　型		额定制冷量 CC（kW）	性能系数 COP（W/W）
水　冷	活塞式/涡旋式	CC＜528	3.80
		528＜CC≤1163	4.00
		CC＞1163	4.20
	螺杆式	CC＜528	4.10
		528＜CC≤1163	4.30
		CC＞1163	4.60
	离心式	CC＜528	4.40
		528＜CC≤1163	4.70
		CC＞1163	5.10
风冷或蒸发冷却	活塞式/涡旋式	CC≤50	2.40
		CC＞50	2.60
	螺杆式	CC≤50	2.60
		CC＞50	2.80

表 6　单元式空气调节机组能效比（EER）

类　　型		能效比 EER（W/W）
风冷式	不接风管	2.60
	接风管	2.30
水冷式	不接风管	3.00
	接风管	2.70

表 7　多联式空调（热泵）机组制冷综合性能系数 [IPLV（C）]

名义制冷量 CC（W）	综合性能系数 [IPLV（C）]（能效等级第 3 级）
CC≤28000	3.20
28000＜CC≤84000	3.15
84000＜CC	3.10

5.4.4　寒冷地区尽管夏季时间不长，但在大城市中，安装分体式空调器的居住建筑还为数不少。分体式空调器的能效除与空调器的性能有关外，同时也与室外机合理的布置有很大关系。为了保证空调器室外机功能和能力的发挥，应将它设置在通风良好的地方，不应设置在通风不良的建筑竖井或封闭的或接近封闭的空间内，如内走廊等地方。如果室外机设置在阳光直射的地方，或有墙壁等障碍物使进、排风不畅和短路，都会影响室外机功能和能力的发挥，而使空调器能效降低。实际工程中，因清洗不便，室外机换热器被灰尘堵塞，造成能效下降甚至不能运行的情况很多。因此，在确定安装位置时，要保证室外机有清洗的条件。

5.4.5　引自《公共建筑节能设计标准》GB 50189－2005 中第 5.3.14、5.3.15 条。对于采暖期较长的地区，比如 HDD 大于 2000 的地区，回收排风热，能效和经济效益都很明显。

5.4.6　本条对居住建筑中的风机盘管机组的设置作出规定：

1　要求风机盘管具有一定的冷、热量调控能力，既有利于室内的正常使用，也有利于节能。三速开关是常见的风机盘管的调节方式，由使用人员根据自身的体感需求进行手动的高、中、低速控制。对于大多数居住建筑来说，这是一种比较经济可行的方式，可以在一定程度上节省冷、热消耗。但此方式的单独使用只针对定流量系统，这是设计中需要注意的。

2　采用人工手动的方式，无法做到实时控制。因此，在投资条件相对较好的建筑中，推荐采用利用温控器对房间温度进行自动控制的方式。（1）温控器直接控制风机的转速——适用于定流量系统；（2）温控器和电动阀联合控制房间的温度——适用于变流量系统。

5.4.7　按房间设计配置风量调控装置的目的是使得各房间的温度可调，在满足使用要求的基础上，避免部分房间的过冷或过热而带来的能源浪费。当投资允许时，可以考虑变风量系统的方式（末端采用变风量装置，风机采用变频调速控制）；当经济条件不允许时，各房间可配置方便人工使用的手动（或电动）装置，风机是否调速则需要根据风机的性能分析来确定。

5.4.8　本条文是强制性条文。

国家标准《地源热泵系统工程技术规范》GB 50366 中对于"地源热泵系统"的定义为"以岩土体、地下水或地表水为低温热源，由水源热泵机组、地热能交换系统、建筑物内系统组成的供热空调系统。根据地热能交换系统形式的不同，地源热泵系统分为地埋管地源热泵系统、地下水地源热泵系统和地表水地源热泵系统。"2006 年 9 月 4 日由财政部、建设部共同发文"关于印发《可再生能源建筑应用专项资金管理暂行办法》的通知"（财建〔2006〕460号）中第四条"专项资金支持的重点领域"中包含以下六方面：（1）与建筑一体化的太阳能供应生活热水、供热制冷、光电转换、照明；（2）利用土壤源热泵和浅层地下水源热泵技术供热制冷；（3）地表水丰富地区利用淡水源热泵技术供热制冷；（4）沿海地区利用海水源热泵技术供热制冷；（5）利用污水水源热泵技术供热制冷；（6）其他经批准的支持领域。地源热泵系统占其中两项。

要说明的是在应用地源热泵系统，不能破坏地下水资源。这里引用《地源热泵系统工程技术规范》GB 50366-2005 的强制性条文，即"3.1.1条：地源热泵系统方案设计前，应进行工程场地状况调查，并对浅层地热能资源进行勘察"，"5.1.1条：地下水换热系统应根据水文地质勘察资料进行设计，并必须采取可靠回灌措施，确保置换冷量或热量后的地下水全部回灌到同一含水层，不得对地下水资源造成浪费及污染。系统投入运行后，应对抽水量、回灌量及其水质进行监测"。

如果地源热泵系统采用地下埋管式换热器，要进行土壤温度平衡模拟计算，应注意并进行长期应用后土壤温度变化趋势的预测，以避免长期应用后土壤温度发生变化，出现机组效率降低甚至不能制冷或供热。

5.4.9 引自《公共建筑节能设计标准》GB 50189-2005 第5.3.28条。

5.4.10 引自《公共建筑节能设计标准》GB 50189-2005 第5.3.29条。

附录B 平均传热系数和热桥线传热系数计算

B.0.11 外墙主断面传热系数的修正系数值 φ 受到保温类型、墙主断面传热系数以及结构性热桥节点构造等因素的影响。表 B.0.11 中给出的外保温常用的保温做法中，对应不同的外墙平均传热系数值时，墙体主断面传热系数的 φ 值。

做法选用表中均列出了采用普通窗或凸窗时，不同保温层厚度所能够达到的墙体平均传热系数值。设计中，若凸窗所占外窗总面积的比例达到30%，墙体平均传热系数值则应按照凸窗一栏选用。

需要特别指出的是：相同的保温类型、墙主断面传热系数，当选用的结构性热桥节点构造不同时，φ 值的变化非常大。由于结构性热桥节点的构造做法多种多样，墙体中又包含多个结构性热桥，组合后的类型更是数量巨大，难以一一列举。表 B.0.11 的主要目的是方便计算，表中给出的只能是针对一般性的建筑，在选定的节点构造下计算出的 φ 值。

实际工程中，当需要修正的单元墙体的热桥类

型、构造均与表 B.0.11 计算时的选定一致或近似时，可以直接采用表中给出的 φ 值计算墙体的平均传热系数；当两者差异较大时，需要另行计算。

下面给出表 B.0.11 计算时选定的结构性热桥的类型及构造。

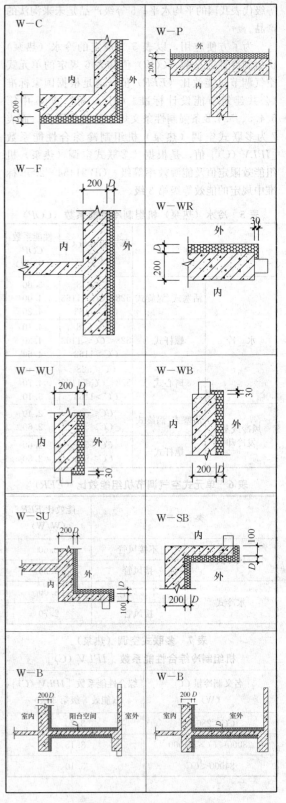

附录 D 外遮阳系数的简化计算

D. 0. 2 各种组合形式的外遮阳系数，可由参加组合的各种形式遮阳的外遮阳系数的乘积来近似确定。

例如：水平式＋垂直式组合的外遮阳系数＝水平式遮阳系数×垂直式遮阳系数

水平式＋挡板式组合的外遮阳系数＝水平式遮阳系数×挡板式遮阳系数

中华人民共和国行业标准

夏热冬暖地区居住建筑节能设计标准

Design standard for energy efficiency of residential buildings
in hot summer and warm winter zone

JGJ 75—2012

批准部门：中华人民共和国住房和城乡建设部
施行日期：2 0 1 3 年 4 月 1 日

中华人民共和国住房和城乡建设部
公　告

第 1533 号

住房城乡建设部关于发布行业标准
《夏热冬暖地区居住建筑节能设计标准》的公告

现批准《夏热冬暖地区居住建筑节能设计标准》为行业标准，编号为 JGJ 75 - 2012，自 2013 年 4 月 1 日起实施。其中，第 4.0.4、4.0.5、4.0.6、4.0.7、4.0.8、4.0.10、4.0.13、6.0.2、6.0.4、6.0.5、6.0.8、6.0.13 条为强制性条文，必须严格执行。原《夏热冬暖地区居住建筑节能设计标准》JGJ 75 - 2003 同时废止。

本标准由我部标准定额研究所组织中国建筑工业出版社出版发行。

中华人民共和国住房和城乡建设部

2012 年 11 月 2 日

前　言

根据原建设部《关于印发〈2007 年工程建设标准规范制订、修订计划（第一批）〉的通知》（建标[2007] 125 号）的要求，标准编制组经广泛调查研究，认真总结实践经验，参考有关国际标准和国外先进标准，并在广泛征求意见的基础上，修订了本标准。

本标准的主要技术内容是：1. 总则；2. 术语；3. 建筑节能设计计算指标；4. 建筑和建筑热工节能设计；5. 建筑节能设计的综合评价；6. 暖通空调和照明节能设计。

本次修订的主要技术内容包括：将窗地面积比作为评价建筑节能指标的控制参数；规定了建筑外遮阳、自然通风的量化要求；增加了自然采光、空调和照明等系统的节能设计要求等。

本标准中以黑体字标志的条文为强制性条文，必须严格执行。

本标准由住房和城乡建设部负责管理和对强制性条文的解释，由中国建筑科学研究院负责具体技术内容的解释。执行过程中如有意见或建议，请寄送至中国建筑科学研究院（地址：北京市北三环东路 30 号，邮政编码：100013）。

本标准主编单位：中国建筑科学研究院
广东省建筑科学研究院

本标准参编单位：福建省建筑科学研究院
华南理工大学建筑学院
广西建筑科学研究设计院
深圳市建筑科学研究院有限公司
广州大学土木工程学院
广州市建筑科学研究院有限公司
厦门市建筑科学研究院
广东省建筑设计研究院
福建省建筑设计研究院
海南华磊建筑设计咨询有限公司
厦门合道工程设计集团有限公司

本标准主要起草人员：杨仕超　林海燕　赵士怀
孟庆林　彭红圃　刘俊跃
冀兆良　任　俊　周　荃
朱惠英　黄夏东　赖卫中
王云新　江　刚　梁章旋
于　瑞　卓晋勉

本标准主要审查人员：屈国伦　张道正　汪志舞
黄晓忠　李泽武　吴　薇
李　申　董瑞霞　李　红

目　次

Contents

1 总 则

1.0.1 为贯彻国家有关节约能源、保护环境的法律、法规和政策，改善夏热冬暖地区居住建筑室内热环境，降低建筑能耗，制定本标准。

1.0.2 本标准适用于夏热冬暖地区新建、扩建和改建居住建筑的节能设计。

1.0.3 夏热冬暖地区居住建筑的建筑热工、暖通空调和照明设计，必须采取节能措施，在保证室内热环境舒适的前提下，将建筑能耗控制在规定的范围内。

1.0.4 建筑节能设计应符合安全可靠、经济合理和保护环境的要求，按照因地制宜的原则，使用适宜技术。

1.0.5 夏热冬暖地区居住建筑的节能设计，除应符合本标准的规定外，尚应符合国家现行有关标准的规定。

2 术 语

2.0.1 外窗综合遮阳系数 overall shading coefficient of window

用以评价窗本身和窗口的建筑外遮阳装置综合遮阳效果的系数，其值为窗本身的遮阳系数 SC 与窗口的建筑外遮阳系数 SD 的乘积。

2.0.2 建筑外遮阳系数 outside shading coefficient of window

在相同太阳辐射条件下，有建筑外遮阳的窗口（洞口）所受到的太阳辐射照度的平均值与该窗口（洞口）没有建筑外遮阳时受到的太阳辐射照度的平均值之比。

2.0.3 挑出系数 outstretch coefficient

建筑外遮阳构件的挑出长度与窗高（宽）之比，挑出长度系指窗外表面距水平（垂直）建筑外遮阳构件端部的距离。

2.0.4 单一朝向窗墙面积比 window to wall ratio

窗（含阳台门）洞口面积与房间立面单元面积（即房间层高与开间定位线围成的面积）的比值。

2.0.5 平均窗墙面积比 mean of window to wall ratio

建筑物地上居住部分外墙面上的窗及阳台门（含露台、晒台等出入口）的洞口总面积与建筑物地上居住部分外墙立面的总面积之比。

2.0.6 房间窗地面积比 window to floor ratio

所在房间外墙面上的门窗洞口的总面积与房间地面面积之比。

2.0.7 平均窗地面积比 mean of window to floor ratio

建筑物地上居住部分外墙面上的门窗洞口的总面

积与地上居住部分总建筑面积之比。

2.0.8 对比评定法 custom budget method

将所设计建筑物的空调采暖能耗和相应参照建筑物的空调采暖能耗作对比，根据对比的结果来判定所设计的建筑物是否符合节能要求。

2.0.9 参照建筑 reference building

采用对比评定法时作为比较对象的一栋符合节能标准要求的假想建筑。

2.0.10 空调采暖年耗电量 annual cooling and heating electricity consumption

按照设定的计算条件，计算出的单位建筑面积空调和采暖设备每年所要消耗的电能。

2.0.11 空调采暖年耗电指数 annual cooling and heating electricity consumption factor

实施对比评定法时需要计算的一个空调采暖能耗无量纲指数，其值与空调采暖年耗电量相对应。

2.0.12 通风开口面积 ventilation area

外围护结构上自然风气流通过开口的面积。用于进风者为进风开口面积，用于出风者为出风开口面积。

2.0.13 通风路径 ventilation path

自然通风气流经房间的进风开口进入，穿越房门、户内（外）公用空间及其出风开口至室外时可能经过的路线。

3 建筑节能设计计算指标

3.0.1 本标准将夏热冬暖地区划分为南北两个气候区（图 3.0.1）。北区内建筑节能设计应主要考虑夏季空调，兼顾冬季采暖。南区内建筑节能设计应考虑夏季空调，可不考虑冬季采暖。

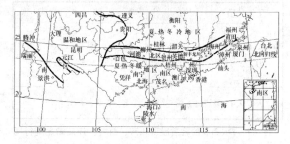

图 3.0.1 夏热冬暖地区气候分区图

3.0.2 夏季空调室内设计计算指标应按下列规定取值：

1 居住空间室内设计计算温度：26℃；

2 计算换气次数：1.0 次/h。

3.0.3 北区冬季采暖室内设计计算指标应按下列规定取值：

1 居住空间室内设计计算温度：16℃；

2 计算换气次数：1.0 次/h。

4 建筑和建筑热工节能设计

4.0.1 建筑群的总体规划应有利于自然通风和减轻热岛效应。建筑的平面、立面设计应有利于自然通风。

4.0.2 居住建筑的朝向宜采用南北向或接近南北向。

4.0.3 北区内，单元式、通廊式住宅的体形系数不宜大于 0.35，塔式住宅的体形系数不宜大于 0.40。

4.0.4 各朝向的单一朝向窗墙面积比，南、北向不应大于 0.40；东、西向不应大于 0.30。当设计建筑的外窗不符合上述规定时，其空调采暖年耗电指数（或耗电量）不应超过参照建筑的空调采暖年耗电指数（或耗电量）。

4.0.5 建筑的卧室、书房、起居室等主要房间的房间窗地面积比不应小于 1/7。当房间窗地面积比小于 1/5 时，外窗玻璃的可见光透射比不应小于 0.40。

4.0.6 居住建筑的天窗面积不应大于屋顶总面积的 4%，传热系数不应大于 4.0W/(m² · K)，遮阳系数不应大于 0.40。当设计建筑的天窗不符合上述规定时，其空调采暖年耗电指数（或耗电量）不应超过参照建筑的空调采暖年耗电指数（或耗电量）。

4.0.7 居住建筑屋顶和外墙的传热系数和热惰性指标应符合表 4.0.7 的规定。当设计建筑的南、北外墙不符合表 4.0.7 的规定时，其空调采暖年耗电指数（或耗电量）不应超过参照建筑的空调采暖年耗电指数（或耗电量）。

表 4.0.7 屋顶和外墙的传热系数 $K[\text{W}/(\text{m}^2 \cdot \text{K})]$、热惰性指标 D

屋 顶	外 墙
$0.4 < K \leqslant 0.9$, $D \geqslant 2.5$	$2.0 < K \leqslant 2.5$, $D \geqslant 3.0$ 或 $1.5 < K \leqslant 2.0$, $D \geqslant 2.8$ 或 $0.7 < K \leqslant 1.5$, $D \geqslant 2.5$
$K \leqslant 0.4$	$K \leqslant 0.7$

注：1 $D < 2.5$ 的轻质屋顶和东、西墙，还应满足现行国家标准《民用建筑热工设计规范》GB 50176 所规定的隔热要求。

　　2 外墙传热系数 K 和热惰性指标 D 要求中，$2.0 < K \leqslant 2.5$，$D \geqslant 3.0$ 这一档仅适用于南区。

4.0.8 居住建筑外窗的平均传热系数和平均综合遮阳系数应符合表 4.0.8-1 和表 4.0.8-2 的规定。当设计建筑的外窗不符合表 4.0.8-1 和表 4.0.8-2 的规定时，建筑的空调采暖年耗电指数（或耗电量）不应超过参照建筑的空调采暖年耗电指数（或耗电量）。

表 4.0.8-1 北区居住建筑建筑物外窗平均传热系数和平均综合遮阳系数限值

外墙平均指标	外窗平均传热系数 $K[\text{W}/(\text{m}^2 \cdot \text{K})]$	外窗加权平均综合遮阳系数 S_W			
		平均窗地面积比 $C_{MF} \leqslant 0.25$ 或平均窗墙面积比 $C_{MW} \leqslant 0.25$	平均窗地面积比 $0.25 < C_{MF} \leqslant 0.30$ 或平均窗墙面积比 $0.25 < C_{MW} \leqslant 0.30$	平均窗地面积比 $0.30 < C_{MF} \leqslant 0.35$ 或平均窗墙面积比 $0.30 < C_{MW} \leqslant 0.35$	平均窗地面积比 $0.35 < C_{MF} \leqslant 0.40$ 或平均窗墙面积比 $0.35 < C_{MW} \leqslant 0.40$
$K \leqslant 2.0$ $D \geqslant 2.8$	4.0	$\leqslant 0.3$	$\leqslant 0.2$	—	—
	3.5	$\leqslant 0.5$	$\leqslant 0.2$	—	—
	3.0	$\leqslant 0.7$	$\leqslant 0.4$	$\leqslant 0.3$	—
	2.5	$\leqslant 0.8$	$\leqslant 0.6$	$\leqslant 0.4$	—
$K \leqslant 1.5$ $D \geqslant 2.5$	6.0	$\leqslant 0.6$	$\leqslant 0.3$	—	—
	5.5	$\leqslant 0.8$	$\leqslant 0.4$	—	—
	5.0	$\leqslant 0.9$	$\leqslant 0.6$	$\leqslant 0.3$	—
	4.5	$\leqslant 0.9$	$\leqslant 0.7$	$\leqslant 0.5$	$\leqslant 0.2$
	4.0	$\leqslant 0.9$	$\leqslant 0.8$	$\leqslant 0.6$	$\leqslant 0.4$
$K \leqslant 1.5$ $D \geqslant 2.5$	3.5	$\leqslant 0.9$	$\leqslant 0.9$	$\leqslant 0.7$	$\leqslant 0.5$
	3.0	$\leqslant 0.9$	$\leqslant 0.9$	$\leqslant 0.8$	$\leqslant 0.6$
	2.5	$\leqslant 0.9$	$\leqslant 0.9$	$\leqslant 0.9$	$\leqslant 0.7$
$K \leqslant 1.0$ $D \geqslant 2.5$ 或 $K \leqslant 0.7$	6.0	$\leqslant 0.9$	$\leqslant 0.9$	$\leqslant 0.6$	$\leqslant 0.2$
	5.5	$\leqslant 0.9$	$\leqslant 0.9$	$\leqslant 0.7$	$\leqslant 0.4$
	4.5	$\leqslant 0.9$	$\leqslant 0.9$	$\leqslant 0.9$	$\leqslant 0.6$
	3.5	$\leqslant 0.9$	$\leqslant 0.9$	$\leqslant 0.9$	$\leqslant 0.8$

表 4.0.8-2 南区居住建筑建筑物外窗平均综合遮阳系数限值

外墙平均指标 $(\rho \leqslant 0.8)$	外窗的加权平均综合遮阳系数 S_W			
	平均窗地面积比 $C_{MF} \leqslant 0.25$ 或平均窗墙面积比 $C_{MW} \leqslant 0.25$	平均窗地面积比 $0.25 < C_{MF} \leqslant 0.30$ 或平均窗墙面积比 $0.25 < C_{MW} \leqslant 0.30$	平均窗地面积比 $0.30 < C_{MF} \leqslant 0.35$ 或平均窗墙面积比 $0.30 < C_{MW} \leqslant 0.35$	平均窗地面积比 $0.35 < C_{MF} \leqslant 0.40$ 或平均窗墙面积比 $0.35 < C_{MW} \leqslant 0.40$	平均窗地面积比 $0.40 < C_{MF} \leqslant 0.45$ 或平均窗墙面积比 $0.40 < C_{MW} \leqslant 0.45$
$K \leqslant 2.5$ $D \geqslant 3.0$	$\leqslant 0.5$	$\leqslant 0.4$	$\leqslant 0.3$	$\leqslant 0.2$	—

续表4.0.8-2

外墙平均指标 (ρ≤0.8)	外窗的加权平均综合遮阳系数 S_W				
	平均窗地面积比 C_{MF}≤0.25 或平均窗墙面积比 C_{MW}≤0.25	平均窗地面积比 0.25<C_{MF}≤0.30 或平均窗墙面积比 0.25<C_{MW}≤0.30	平均窗地面积比 0.30<C_{MF}≤0.35 或平均窗墙面积比 0.30<C_{MW}≤0.35	平均窗地面积比 0.35<C_{MF}≤0.40 或平均窗墙面积比 0.35<C_{MW}≤0.40	平均窗地面积比 0.40<C_{MF}≤0.45 或平均窗墙面积比 0.40<C_{MW}≤0.45
K≤2.0 D≥2.8	≤0.6	≤0.5	≤0.4	≤0.3	≤0.2
K≤1.5 D≥2.5	≤0.8	≤0.7		≤0.5	≤0.4
K≤1.0 D≥2.5 或K≤0.7	≤0.9	≤0.8	≤0.7	≤0.6	≤0.5

注：1 外窗包括阳台门。
    2 ρ为外墙外表面的太阳辐射吸收系数。

4.0.9 外窗平均综合遮阳系数，应为建筑各个朝向平均综合遮阳系数按各朝向窗面积和朝向的权重系数加权平均的数值，并应按下式计算：

$$S_W = \frac{A_E \cdot S_{W,E} + A_S \cdot S_{W,S} + 1.25 A_W \cdot S_{W,W} + 0.8 A_N \cdot S_{W,N}}{A_E + A_S + A_W + A_N}$$

(4.0.9)

式中：A_E、A_S、A_W、A_N——东、南、西、北朝向的窗面积；

$S_{W,E}$、$S_{W,S}$、$S_{W,W}$、$S_{W,N}$——东、南、西、北朝向窗的平均综合遮阳系数。

注：各个朝向的权重系数分别为：东、南朝向取1.0，西朝向取1.25，北朝向取0.8。

4.0.10 居住建筑的东、西向外窗必须采取建筑外遮阳措施，建筑外遮阳系数 SD 不应大于0.8。

4.0.11 居住建筑南、北向外窗应采取建筑外遮阳措施，建筑外遮阳系数 SD 不应大于0.9。当采用水平、垂直或综合建筑外遮阳构造时，外遮阳构造的挑出长度不应小于表4.0.11规定。

表4.0.11 建筑外遮阳构造的挑出长度限值（m）

朝 向	南			北		
遮阳形式	水平	垂直	综合	水平	垂直	综合
北区	0.25	0.20	0.15	0.40	0.25	0.15
南区	0.30	0.25	0.15	0.45	0.30	0.20

4.0.12 窗口的建筑外遮阳系数 SD 可采用本标准附录A的简化方法计算，且北区建筑外遮阳系数应取冬季和夏季的建筑外遮阳系数的平均值，南区应取夏季的建筑外遮阳系数。窗口上方的上一楼层阳台或外廊应作为水平遮阳计算；同一立面对相邻立面上的多个窗口形成自遮挡时应逐一窗口计算。典型形式的建筑外遮阳系数可按表4.0.12取值。

表4.0.12 典型形式的建筑外遮阳系数 SD

遮 阳 形 式	建筑外遮阳系数 SD
可完全遮挡直射阳光的固定百叶、固定挡板遮阳板等	0.5
可基本遮挡直射阳光的固定百叶、固定挡板、遮阳板	0.7
较密的花格	0.7
可完全覆盖窗的不透明活动百叶、金属卷帘	0.5
可完全覆盖窗的织物卷帘	0.7

注：位于窗口上方的上一楼层的阳台也作为遮阳板考虑。

4.0.13 外窗（包含阳台门）的通风开口面积不应小于房间地面面积的10%或外窗面积的45%。

4.0.14 居住建筑应能自然通风，每户至少应有一个居住房间通风开口和通风路径的设计满足自然通风要求。

4.0.15 居住建筑1～9层外窗的气密性能不应低于国家标准《建筑外门窗气密、水密、抗风压性能分级及检测方法》GB/T 7106-2008中规定的4级水平；10层及10层以上外窗的气密性能不应低于国家标准《建筑外门窗气密、水密、抗风压性能分级及检测方法》GB/T 7106-2008中规定的6级水平。

4.0.16 居住建筑的屋顶和外墙宜采用下列隔热措施：

1 反射隔热外饰面；
2 屋顶内设置贴铝箔的封闭空气间层；
3 用含水多孔材料做屋面或外墙面的面层；
4 屋面蓄水；
5 屋面遮阳；
6 屋面种植；
7 东、西外墙采用花格构件或植物遮阳。

4.0.17 当按规定性指标设计，计算屋顶和外墙总热阻时，本标准第4.0.16条采用的各项节能措施的当量热阻附加值，应按表4.0.17取值。反射隔热外饰面的修正方法应符合本标准附录B的规定。

表4.0.17 隔热措施的当量附加热阻

采取节能措施的屋顶或外墙		当量热阻附加值 (m²·K/W)
反射隔热外饰面	(0.4≤ρ<0.6)	0.15
	(ρ<0.4)	0.20

续表 4.0.17

采取节能措施的屋顶或外墙			当量热阻附加值 ($m^2 \cdot K/W$)
屋顶内部带有铝箔的封闭空气间层	单面铝箔空气间层 (mm)	20	0.43
		40	0.57
		60 及以上	0.64
	双面铝箔空气间层 (mm)	20	0.56
		40	0.84
		60 及以上	1.01
用含水多孔材料做面层的屋顶面层			0.45
用含水多孔材料做面层的外墙面			0.35
屋面蓄水层			0.40
屋面遮阳构造			0.30
屋面种植层			0.90
东、西外墙体遮阳构造			0.30

注：ρ 为修正后的屋顶或外墙面外表面的太阳辐射吸收系数。

5 建筑节能设计的综合评价

5.0.1 居住建筑的节能设计可采用"对比评定法"进行综合评价。当所设计的建筑不能完全符合本标准第 4.0.4 条、第 4.0.6 条、第 4.0.7 条和第 4.0.8 条的规定时，必须采用"对比评定法"对其进行综合评价。综合评价的指标可采用空调采暖年耗电指数，也可直接采用空调采暖年耗电量，并应符合下列规定：

1 当采用空调采暖年耗电指数作为综合评定指标时，所设计建筑的空调采暖年耗电指数不得超过参照建筑的空调采暖年耗电指数，即应符合下式的规定：

$$ECF \leqslant ECF_{ref} \qquad (5.0.1-1)$$

式中：ECF——所设计建筑的空调采暖年耗电指数；

ECF_{ref}——参照建筑的空调采暖年耗电指数。

2 当采用空调采暖年耗电量指标作为综合评定指标时，在相同的计算条件下，用相同的计算方法，所设计建筑的空调采暖年耗电量不得超过参照建筑的空调采暖年耗电量，即应符合下式的规定：

$$EC \leqslant EC_{ref} \qquad (5.0.1-2)$$

式中：EC——所设计建筑的空调采暖年耗电量；

EC_{ref}——参照建筑的空调采暖年耗电量。

3 对节能设计进行综合评价的建筑，其天窗的遮阳系数和传热系数应符合本标准第 4.0.6 条的规定，屋顶、东西墙的传热系数和热惰性指标应符合本标准第 4.0.7 条的规定。

5.0.2 参照建筑应按下列原则确定：

1 参照建筑的建筑形状、大小和朝向均应与所设计建筑完全相同；

2 参照建筑各朝向和屋顶的开窗洞口面积应与所设计建筑相同，但当所设计建筑某个朝向的窗（包括屋顶的天窗）洞面积超过本标准第 4.0.4 条、第

4.0.6 条的规定时，参照建筑该朝向（或屋顶）的窗洞口面积应减小到符合本标准第 4.0.4 条、第 4.0.6 条的规定；

3 参照建筑外墙、外窗和屋顶的各项性能指标应为本标准第 4.0.7 条和第 4.0.8 条规定的最低限值。其中墙体、屋顶外表面的太阳辐射吸收系数应取 0.7；当所设计建筑的墙体热惰性指标大于 2.5 时，参照建筑的墙体传热系数应取 1.5W/($m^2 \cdot K$)，屋顶的传热系数应取 0.9W/($m^2 \cdot K$)，北区窗的传热系数应取 4.0W/($m^2 \cdot K$)；当所设计建筑的墙体热惰性指标小于 2.5 时，参照建筑的墙体传热系数应取 0.7W/($m^2 \cdot K$)，屋顶的传热系数应取 0.4W/($m^2 \cdot K$)，北区窗的传热系数应取 4.0W/($m^2 \cdot K$)。

5.0.3 建筑节能设计综合评价指标的计算条件应符合下列规定：

1 室内计算温度，冬季应取 16℃，夏季应取 26℃。

2 室外计算气象参数应采用当地典型气象年。

3 空调和采暖时，换气次数应取 1.0 次/h。

4 空调额定能效比应取 3.0，采暖额定能效比应取 1.7。

5 室内不应考虑照明得热和其他内部得热。

6 建筑面积应按墙体中轴线计算；计算体积时，墙仍按中轴线计算，楼层高度应按楼板面至楼板面计算；外表面积的计算应按墙体中轴线和楼板面计算。

7 当建筑屋顶和外墙采用反射隔热外饰面（ρ＜0.6）时，其计算用的太阳辐射吸收系数应取按本标准附录 B 修正之值，且不得重复计算其当量附加热阻。

5.0.4 建筑的空调采暖年耗电量应采用动态逐时模拟的方法计算。空调采暖年耗电量应为计算所得到的单位建筑面积空调年耗电量与采暖年耗电量之和。南区内的建筑物可忽略采暖年耗电量。

5.0.5 建筑的空调采暖年耗电指数应采用本标准附录 C 的方法计算。

6 暖通空调和照明节能设计

6.0.1 居住建筑空调与采暖方式及设备的选择，应根据当地资源情况，充分考虑节能、环保因素，并经技术经济分析后确定。

6.0.2 采用集中式空调（采暖）方式或户式（单元式）中央空调的住宅应进行逐时逐项冷负荷计算；采用集中式空调（采暖）方式的居住建筑，应设置分室（户）温度控制及分户冷（热）量计量设施。

6.0.3 居住建筑进行夏季空调、冬季采暖时，宜采用电驱动的热泵型空调器（机组）、燃气、蒸汽或热水驱动的吸收式冷（热）水机组，或有利于节能的其他形式的冷（热）源。

6.0.4 设计采用电机驱动压缩机的蒸汽压缩循环冷水（热泵）机组，或采用名义制冷量大于 7100W 的电机驱动压缩机单元式空气调节机，或采用蒸汽、热水型溴化锂吸收式冷水机组及直燃型溴化锂吸收式冷（温）水机组作为住宅小区或整栋楼的冷（热）源机组时，所选用机组的能效比（性能系数）应符合现行国家标准《公共建筑节能设计标准》GB 50189 中的规定值。

6.0.5 采用多联式空调（热泵）机组作为户式集中空调（采暖）机组时，所选用机组的制冷综合性能系数〔IPLV（C）〕不应低于现行国家标准《多联式空调（热泵）机组能效限定值及能源效率等级》GB 21454 中规定的第 3 级。

6.0.6 居住建筑设计时采暖方式不宜设计采用直接电热设备。

6.0.7 采用分散式房间空调器进行空调和（或）采暖时，宜选择符合现行国家标准《房间空气调节器能效限定值及能效等级》GB 12021.3 和《转速可控型房间空气调节器能效限定值及能源效率等级》GB 21455 中规定的能效等级 2 级以上的节能型产品。

6.0.8 当选择土壤源热泵系统、浅层地下水源热泵系统、地表水（淡水、海水）源热泵系统、污水水源热泵系统作为居住区或户用空调（采暖）系统的冷热源时，应进行适宜性分析。

6.0.9 空调室外机的安装位置应避免多台相邻室外机吹出气流相互干扰，并应考虑凝结水的排放和减少对相邻住户的热污染和噪声污染；设计搁板（架）构造时应有利于室外机的吸入和排出气流通畅和缩短室内、外机的连接管路，提高空调器效率；设计安装整体式（窗式）房间空调器的建筑应预留其安放位置。

6.0.10 居住建筑通风宜采用自然通风使室内满足热舒适及空气质量要求；当自然通风不能满足要求时，可辅以机械通风。

6.0.11 在进行居住建筑通风设计时，通风机械设备宜选用符合国家现行标准规定的节能型设备及产品。

6.0.12 居住建筑通风设计应处理好室内气流组织，提高通风效率。厨房、卫生间应安装机械排风装置。

6.0.13 居住建筑公共部位的照明应采用高效光源、灯具并应采取节能控制措施。

附录 A 建筑外遮阳系数的计算方法

A.0.1 建筑外遮阳系数应按下列公式计算：

$$SD = ax^2 + bx + 1 \qquad (A.0.1\text{-}1)$$

$$x = A/B \qquad (A.0.1\text{-}2)$$

式中：SD——建筑外遮阳系数；

x——挑出系数，采用水平和垂直遮阳时，分

别为遮阳板自窗面外挑长度 A 与遮阳板端部到窗对边距离 B 之比；采用挡板遮阳时，为正对窗口的挡板高度 A 与窗高 B 之比。当 $x \geq 1$ 时，取 $x=1$；

$a、b$——系数，按表 A.0.1 选取；

$A、B$——按图 A.0.1-1～图 A.0.1-3 规定确定。

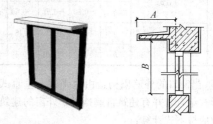

图 A.0.1-1　水平式遮阳

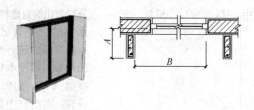

图 A.0.1-2　垂直式遮阳

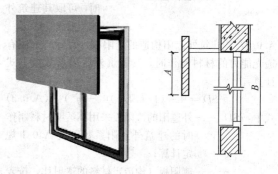

图 A.0.1-3　挡板式遮阳

表 A.0.1　建筑外遮阳系数计算公式的系数

气候区	建筑外遮阳类型		系数	东	南	西	北
夏热冬暖地区北区	水平式	冬季	a	0.30	0.10	0.20	0.00
			b	−0.75	−0.45	−0.45	0.00
		夏季	a	0.35	0.35	0.35	0.20
			b	−0.65	−0.65	−0.40	−0.40
	垂直式	冬季	a	0.30	0.25	0.25	0.05
			b	−0.75	−0.60	−0.60	−0.15
		夏季	a	0.25	0.40	0.30	0.30
			b	−0.60	−0.75	−0.60	−0.60
	挡板式	冬季	a	0.24	0.25	0.24	0.16
			b	−1.01	−1.01	−1.01	−0.95
		夏季	a	0.18	0.41	0.18	0.09
			b	−0.63	−0.86	−0.63	−0.92

气候区	建筑外遮阳类型	系数	东	南	西	北
夏热冬暖地区南区	水平式	a	0.35	0.35	0.20	0.20
		b	-0.65	-0.65	-0.40	-0.40
	垂直式	a	0.25	0.40	0.30	0.30
		b	-0.60	-0.75	-0.60	-0.60
	挡板式	a	0.16	0.35	0.16	0.17
		b	-0.60	-1.01	-0.60	-0.97

A.0.2 当窗口的外遮阳构造由水平式、垂直式、挡板式形式组合，并有建筑自遮挡时，外窗的建筑外遮阳系数应按下式计算：

$$SD = SD_S \cdot SD_H \cdot SD_V \cdot SD_B \qquad (A.0.2)$$

式中：SD_S、SD_H、SD_V、SD_B——分别为建筑自遮挡、水平式、垂直式、挡板式的建筑外遮阳系数，可按本标准第 A.0.1 条规定计算；当组合中某种遮阳形式不存在时，可取其建筑外遮阳系数值为 1。

A.0.3 当建筑外遮阳构造的遮阳板（百叶）采用有透光能力的材料制作时，其建筑外遮阳系数按下式计算：

$$SD = 1 - (1 - SD^*)(1 - \eta^*) \qquad (A.0.3)$$

式中：SD^*——外遮阳的遮阳板采用不透明材料制作时的建筑外遮阳系数，按 A.0.1 规定计算；

η^*——遮阳板（构造）材料的透射比，按表 A.0.3 选取。

表 A.0.3 遮阳板（构造）材料的透射比

遮阳板使用的材料	规格	η^*
织物面料	—	0.5 或按实测太阳光透射比
玻璃钢板	—	0.5 或按实测太阳光透射比
玻璃、有机玻璃类板	0<太阳光透射比≤0.6	0.5
	0.6<太阳光透射比≤0.9	0.8
金属穿孔板	穿孔率：0<φ≤0.2	0.15
	穿孔率：0.2<φ≤0.4	0.3
	穿孔率：0.4<φ≤0.6	0.5
	穿孔率：0.6<φ≤0.8	0.7
混凝土、陶土釉彩窗外花格	—	0.6 或按实际镂空比例及厚度
木质、金属窗外花格	—	0.7 或按实际镂空比例及厚度
木质、竹质窗外帘		0.4 或按实际镂空比例

附录 B 反射隔热饰面太阳辐射吸收系数的修正系数

B.0.1 节能、隔热设计计算时，反射隔热外饰面的太阳辐射吸收系数取值应采用污染修正系数进行修正，污染修正后的太阳辐射吸收系数应按式（B.0.1-1）计算。

$$\rho' = \rho \cdot a \qquad (B.0.1-1)$$

$$a = 11.384(\rho \times 100)^{-0.6241} \qquad (B.0.1-2)$$

式中：ρ——修正前的太阳辐射吸收系数；

ρ'——修正后的太阳辐射吸收系数，用于节能、隔热设计计算；

a——污染修正系数，当 ρ<0.5 时修正系数按式（B.0.1-2）计算，当 $\rho \geq 0.5$ 时，取 a 为 1.0。

附录 C 建筑物空调采暖年耗电指数的简化计算方法

C.0.1 建筑物的空调采暖年耗电指数应按下式计算：

$$ECF = ECF_C + ECF_H \qquad (C.0.1)$$

式中：ECF_C——空调年耗电指数；

ECF_H——采暖年耗电指数。

C.0.2 建筑物空调年耗电指数应按下列公式计算：

$$ECF_C = \left[\frac{(ECF_{C.R} + ECF_{C.WL} + ECF_{C.WD})}{A} + C_{C.N} \cdot h \cdot N + C_{C.0} \right] \cdot C_C \qquad (C.0.2\text{-}1)$$

$$C_C = C_{qc} \cdot C_{FA}^{-0.147} \qquad (C.0.2\text{-}2)$$

$$ECF_{C.R} = C_{C.R} \sum_i K_i F_i \rho_i \qquad (C.0.2\text{-}3)$$

$$ECF_{C.WL} = C_{C.WL.E} \sum_{i=1} K_i F_i \rho_i + C_{C.WL.S} \sum_i K_i F_i \rho_i + C_{C.WL.W} \sum_i K_i F_i \rho_i + C_{C.WL.N} \sum_i K_i F_i \rho_i \qquad (C.0.2\text{-}4)$$

$$ECF_{C.WD} = C_{C.WD.E} \sum_i F_i SC_i SD_{C.i} + C_{C.WD.S} \sum_i F_i SC_i SD_{C.i} + C_{C.WD.W} \sum_i F_i SC_i SD_{C.i} + C_{C.WD.N} \sum_i F_i SC_i SD_{C.i} + C_{C.SK} \sum_i F_i SC_i \qquad (C.0.2\text{-}5)$$

式中：A——总建筑面积（m^2）；

N——换气次数（次/h）；

h——按建筑面积进行加权平均的楼层高度（m）；

$C_{C.N}$——空调年耗电指数与换气次数有关的系数，$C_{C.N}$取 4.16；

$C_{C.0}$，C_C——空调年耗电指数的有关系数，$C_{C.0}$取 -4.47；

$ECF_{C.R}$——空调年耗电指数与屋面有关的参数；

$ECF_{C.WL}$——空调年耗电指数与墙体有关的参数；

$ECF_{C.WD}$——空调年耗电指数与外门窗有关的参数；

F_i——各个围护结构的面积（m^2）；

K_i——各个围护结构的传热系数[$W/(m^2 \cdot K)$]；

ρ_i——各个墙面的太阳辐射吸收系数；

SC_i——各个外门窗的遮阳系数；

$SD_{C.i}$——各个窗的夏季建筑外遮阳系数，外遮阳系数按本标准附录 A 计算；

C_{FA}——外围护结构的总面积（不包括室内地面）与总建筑面积之比；

C_{qc}——空调年耗电指数与地区有关的系数，南区取 1.13，北区取 0.64。

公式（C.0.2-3）、公式（C.0.2-4）、公式（C.0.2-5）中的其他有关系数应符合表 C.0.2 的规定。

表 C.0.2　空调耗电指数计算的有关系数

系　数	所在墙面的朝向			
	东	南	西	北
$C_{C.WL}$（重质）	18.6	16.6	20.4	12.0
$C_{C.WL}$（轻质）	29.2	33.2	40.8	24.0
$C_{C.WD}$	137	173	215	131
$C_{C.R}$（重质）	35.2			
$C_{C.R}$（轻质）	70.4			
$C_{C.SK}$	363			

注：重质是指热惰性指标大于等于 2.5 的墙体和屋顶；轻质是指热惰性指标小于 2.5 的墙体和屋顶。

C.0.3　建筑物采暖的年耗电指数应按下列公式进行计算：

$$ECF_H = \left[\frac{(ECF_{H.R} + ECF_{H.WL} + ECF_{H.WD})}{A} + C_{H.N} \cdot h \cdot N + C_{H.0} \right] \cdot C_H \tag{C.0.3-1}$$

$$C_H = C_{qh} \cdot C_{FA}^{0.370} \tag{C.0.3-2}$$

$$ECF_{H.R} = C_{H.R.K} \sum_i K_i F_i + C_{H.R} \sum_i K_i F_i \rho_i \tag{C.0.3-3}$$

$$\begin{aligned} ECF_{H.WL} = &\; C_{H.WL.E} \sum_i K_i F_i \rho_i + C_{H.WL.S} \sum_i K_i F_i \rho_i \\ &+ C_{H.WL.W} \sum_i K_i F_i \rho_i + C_{H.WL.N} \sum_i K_i F_i \rho_i \\ &+ C_{H.WL.K.E} \sum_i K_i F_i + C_{H.WL.K.S} \sum_i K_i F_i \\ &+ C_{H.WL.K.W} \sum_i K_i F_i + C_{H.WL.K.N} \sum_i K_i F_i \end{aligned} \tag{C.0.3-4}$$

$$ECF_{H.WD} = C_{H.WD.E} \sum_i F_i SC_i SD_{H.i} + C_{H.WD.S}$$

$$\begin{aligned} &\sum_i F_i SC_i SD_{H.i} + C_{H.WD.W} \\ &\sum_i F_i SC_i SD_{H.i} + C_{H.WD.N} \sum_i F_i SC_i SD_{H.i} \\ &+ C_{H.WD.K.E} \sum_i F_i K_i + C_{H.WD.K.S} \sum_i F_i K_i \\ &+ C_{H.WD.K.W} \sum_i F_i K_i + C_{H.WD.K.N} \sum_i F_i K_i \\ &+ C_{H.SK} \sum_i F_i SC_i SD_{H.i} + C_{H.SK.K} \sum_i F_i K_i \end{aligned} \tag{C.0.3-5}$$

式中：A——总建筑面积（m^2）；

h——按建筑面积进行加权平均的楼层高度（m）；

N——换气次数（次/h）；

$C_{H.N}$——采暖年耗电指数与换气次数有关的系数，$C_{H.N}$取 4.61；

$C_{H.0}$，C_H——采暖的年耗电指数的有关系数，$C_{H.0}$取 2.60；

$ECF_{H.R}$——采暖年耗电指数与屋面有关的参数；

$ECF_{H.WL}$——采暖年耗电指数与墙体有关的参数；

$ECF_{H.WD}$——采暖年耗电指数与外门窗有关的参数；

F_i——各个围护结构的面积（m^2）；

K_i——各个围护结构的传热系数 [$W/(m^2 \cdot K)$]；

ρ_i——各个墙面的太阳辐射吸收系数；

SC_i——各个窗的遮阳系数；

$SD_{H.i}$——各个窗的冬季建筑外遮阳系数，外遮阳系数应按本标准附录 A 计算；

C_{FA}——外围护结构的总面积（不包括室内地面）与总建筑面积之比；

C_{qh}——采暖年耗电指数与地区有关的系数，南区取 0，北区取 0.7。

公式（C.0.3-3）、公式（C.0.3-4）、公式（C.0.3-5）中的其他有关系数见表 C.0.3。

表 C.0.3　采暖能耗指数计算的有关系数

系　数	东	南	西	北
$C_{H.WL}$（重质）	-3.6	-9.0	-10.8	-3.6
$C_{H.WL}$（轻质）	-7.2	-18.0	-21.6	-7.2
$C_{H.WL.K}$（重质）	14.4	15.1	23.4	14.6
$C_{H.WL.K}$（轻质）	28.8	30.2	46.8	29.2
$C_{H.WD}$	-32.5	-103.2	-141.1	-32.7
$C_{H.WD.K}$	8.3	8.5	14.5	8.5
$C_{H.R}$（重质）	-7.4			
$C_{H.R}$（轻质）	-14.8			
$C_{H.R.K}$（重质）	21.4			
$C_{H.R.K}$（轻质）	42.8			
$C_{H.SK}$	-97.3			
$C_{H.SK.K}$	13.3			

注：重质是指热惰性指标大于等于 2.5 的墙体和屋顶；轻质是指热惰性指标小于 2.5 的墙体和屋顶。

本标准用词说明

1 为便于在执行本标准条文时区别对待，对要求严格程度不同的用词说明如下：

　　1）表示很严格，非这样做不可的：
　　　正面词采用"必须"，反面词采用"严禁"；
　　2）表示严格，在正常情况下均应这样做的：
　　　正面词采用"应"，反面词采用"不应"或"不得"；
　　3）表示允许稍有选择，在条件许可时首先应这样做的：
　　　正面词采用"宜"，反面词采用"不宜"；
　　4）表示有选择，在一定条件下可以这样做的：
　　　采用"可"。

2 标准中指明应按其他有关标准执行的写法为："应符合……的规定（或要求）"或"应按……执行"。

引用标准名录

1 《民用建筑热工设计规范》GB 50176

2 《公共建筑节能设计标准》GB 50189

3 《建筑外门窗气密、水密、抗风压性能分级及检测方法》GB/T 7106—2008

4 《房间空气调节器能效限定值及能效等级》GB 12021.3

5 《多联式空调（热泵）机组能效限定值及能源效率等级》GB 21454

6 《转速可控型房间空气调节器能效限定值及能源效率等级》GB 21455

中华人民共和国行业标准

夏热冬暖地区居住建筑节能设计标准

JGJ 75—2012

条 文 说 明

修 订 说 明

《夏热冬暖地区居住建筑节能设计标准》JGJ 75-2012，经住房和城乡建设部 2012 年 11 月 2 日以第 1533 号公告批准、发布。

本标准是在《夏热冬暖地区居住建筑节能设计标准》JGJ 75-2003 的基础上修订而成的。上一版的主编单位是中国建筑科学研究院，主要起草人是郎四维、杨仕超、林海燕、涂逢祥、赵士怀、彭红圃、孟庆林、任俊、刘俊跃、冀兆良、石民祥、黄夏东、李劲鹏、赖卫中、梁章旋、陆琦、张黎明、王云新。

本次修订的主要技术内容：1. 引入窗地面积比，作为与窗墙面积比并行的确定门窗节能指标的控制参数；2. 将东、西朝向窗户的建筑外遮阳作为强制性条文；3. 建筑通风的要求更具体；4. 规定了多联式空调（热泵）机组的能效级别；5. 对采用集中式空调住宅的设计，强制要求计算逐时逐项冷负荷。

本标准修订过程中，编制组进行了广泛深入的调查研究，总结了我国夏热冬暖地区近些年来开展建筑节能工作的实践经验，使修订后的标准针对性更强，更加合理，也便于实施。

为便于广大设计、施工、科研、学校等单位有关人员在使用本标准时能正确理解和执行条文规定，《夏热冬暖地区居住建筑节能设计标准》编制组按章、节、条顺序编制了条文说明，对条文规定的目的、依据以及执行中需注意的有关事项进行了说明，还着重对强制性条文的强制性理由作了解释。但是，本条文说明不具备与标准正文同等的法律效力，仅供使用者作为理解和把握标准规定的参考。

目　　次

1 总 则

1.0.1 《中华人民共和国节约能源法》第十四条规定"建筑节能的国家标准、行业标准由国务院建设主管部门组织制定，并依照法定程序发布。省、自治区、直辖市人民政府建设主管部门可以根据本地实际情况，制定严于国家标准或者行业标准的地方建筑节能标准，并报国务院标准化主管部门和国务院建设主管部门备案。"第三十五条规定"建筑工程的建设、设计、施工和监理单位应当遵守建筑节能标准。不符合建筑节能标准的建筑工程，建设主管部门不得批准开工建设；已经开工建设的，应当责令停止施工、限期改正；已经建成的，不得销售或者使用。建设主管部门应当加强对在建建筑工程执行建筑节能标准情况的监督检查。"第四十条规定"国家鼓励在新建建筑和既有建筑节能改造中使用新型墙体材料等节能建筑材料和节能设备，安装和使用太阳能等可再生能源利用系统。"《民用建筑节能条例》第十五条规定"设计单位、施工单位、工程监理单位及其注册执业人员，应当按照民用建筑节能强制性标准进行设计、施工、监理。"第十四条规定"建设单位不得明示或者暗示设计单位、施工单位违反民用建筑节能强制性标准进行设计、施工，不得明示或者暗示施工单位使用不符合施工图设计文件要求的墙体材料、保温材料、门窗、采暖制冷系统和照明设备。"本标准规定夏热冬暖地区居住建筑的节能设计要求，并给出了强制性的条文，就是为了执行《中华人民共和国节约能源法》和国务院发布的《民用建筑节能条例》。

夏热冬暖地区位于我国南部，在北纬27°以南，东经97°以东，包括海南全境，广东大部，广西大部，福建南部，云南小部分，以及香港、澳门与台湾。其确切范围由现行《民用建筑热工设计规范》GB 50176-93规定。

该地区处于我国改革开放的最前沿。改革开放以来，经济快速发展，人民生活水平显著提高。该地区经济的发展，以沿海一带中心城市及其周边地区最为迅速，其中特别以珠江三角洲地区更为发达。

该地区为亚热带湿润季风气候（湿热型气候），其特征表现为夏季漫长，冬季寒冷时间很短，甚至几乎没有冬季，长年气温高而且湿度大，气温的年较差和日较差都小。太阳辐射强烈，雨量充沛。

近十几年来，该地区建筑空调发展极为迅速，其中经济发达城市如广州市，空调器早已超过户均2台，而且一户3台以上的非常普遍。冬季比较寒冷的福州等地区，已有越来越多的家庭用电采暖。在空调及采暖使用快速增加、建筑规模宏大的情况下，虽然执行节能设计标准已有8年，但新建建筑围护结构热工性能仍然不尽如人意，节能标准在执行中打折扣，

从而空调采暖设备的电能浪费严重，室内热舒适状况依然不好，导致温室气体CO_2排放量的进一步增加。

该地区正在大规模建造居住建筑，有必要通过居住建筑节能设计标准的执行，改善居住建筑的热舒适程度，提高空调和采暖设备的能源利用效率，以节约能源，保护环境，贯彻国家建筑节能的方针政策。

由此可见，在夏热冬暖地区开展建筑节能工作形势依然不乐观，节能标准需要进行必要的修订，使得相关规定更加明确，更加方便执行。

1.0.2 本标准适用于夏热冬暖地区的各类新建、扩建和改建的居住建筑。居住建筑主要包括住宅建筑（约占90%）和集体宿舍、招待所、旅馆以及托幼建筑等。在夏热冬暖地区居住建筑的节能设计中，应按本标准的规定控制建筑能耗，并采取相应的建筑、热工和空调、采暖节能措施。

1.0.3 夏热冬暖地区居住建筑的设计，应考虑空调、采暖的要求，建筑围护结构的热工性能应满足要求，使得炎夏和寒冬室内热环境更加舒适，空调、采暖设备使用的时间短，能源利用效率高。

本标准首先要保证建筑室内热环境质量，提高人民居住舒适水平，以此作为前提条件；与此同时，还要提高空调、采暖的能源利用效率，以实现节能的基本目标。

1.0.5 本标准对夏热冬暖地区居住建筑的建筑、热工、空调、采暖和通风设计中所采取的节能措施和应该控制的建筑能耗做出了规定，但建筑节能所涉及的专业较多，相关的专业还制定有相应的标准。因此，夏热冬暖地区居住建筑的节能设计，除应执行本标准外，还应符合国家现行的有关标准、规范的规定。

2 术 语

2.0.1 窗口外各种形式的建筑外遮阳在南方的建筑中很常见。建筑外遮阳对建筑能耗，尤其是对建筑的空调能耗有很大的影响，因此在考虑外窗的遮阳时，将窗本身的遮阳效果和窗外遮阳设施的遮阳效果结合起来一起考虑。

窗本身的遮阳系数 SC 可近似地取为窗玻璃的遮蔽系数乘以窗玻璃面积除以整窗面积。

当窗口外面没有任何形式的建筑外遮阳时，外窗的遮阳系数 S_w 就是窗本身的遮阳系数 SC。

2.0.4 参照《民用建筑热工设计规范》GB 50176，增加了该术语。这样修改，对于体形系数较大的建筑的外窗要求较高，而对于体形系数小的建筑的外窗要求与原标准一样。

2.0.6 本术语用于外窗采光面积确定时用。

2.0.7 本术语用于外窗性能指标确定时用。在第4章中查表 4.0.8-1、表 4.0.8-2，可以采用"平均窗墙面积比"，也可以采用"平均窗地面面积比"，在制定地

方标准时，可根据各地情况选用其中一个。

夏热冬暖地区，在体形系数没有限制的前提下，采用"窗墙面积比"在实际使用中被发现存在问题：对于外墙面积较大的建筑，即使窗很大，对窗的遮阳系数要求不严。用"窗墙面积比"作为参数时，体形系数越大，单位建筑面积对应的外墙面积越大，窗墙面积比就越小。建筑开窗面积决定了建筑室内的太阳辐射得热，而太阳辐射得热是夏热冬暖地区引起空调能耗的主要因素。因此，按照现有标准，体形系数越大，标准允许的单位建筑能耗就越大，节能率要求就"相对"越低。对于一些体形系数特别大的建筑，用窗墙面积比作为参数，在采用同样的遮阳系数时，将允许开较大面积的外窗，这种结果显然是不合理的。

在夏热冬暖地区，如果限制体形系数将大大束缚建筑设计，不符合本地区的建筑特点。南方地区，经济较发达，建筑形式呈现多样。同时，住宅设计中应充分考虑自然通风设计，通常要求建筑有较高的"通透性"，此时建筑平面设计较为复杂，体形系数比较大。若限制体形系数，将会大大束缚建筑设计，不符合地方特色。

因此，在本地区采用"窗地面积比"可以避免以上问题。采用"窗地面积比"，使建筑节能设计与建筑自然采光设计与建筑自然通风设计保持一致。建筑自然采光设计与自然通风设计不仅保证建筑室内环境，也是建筑被动式节能的重要手段。"窗地面积比"是控制这两个方面的重要参数。同时，设计人员对"窗地面积比"很熟悉，因为在人们提出建筑节能需求之前，窗地面积比已经被用来作建筑自然采光的评价指标。《住宅设计规范》GB 50096规定：为保证住宅侧面采光，窗地面积比值不得小于1/7。南方居住建筑对自然通风的需求也给"窗地面积比"的应用带来了可能性。为了保证住宅室内的自然通风，通常控制外窗的可开启面积与地面面积的比值来实现。《夏热冬暖地区居住建筑节能设计标准》JGJ 75 - 2003中为了保证建筑室内的自然通风效果，要求外窗可开启面积不应小于地面面积的8%。

相对"窗墙面积比"，"窗地面积比"很容易计算，简化了建筑节能设计的工作，减少了设计人员和审图人员的工作量，也降低了节能计算出现矛盾或错误的可能性。在修编过程中，编制组还对采用"窗地面积比"作为节能参数的使用进行了意向调查。针对广州市、东莞市、深圳市等20多家单位（其中包括设计院、节能办、审图等单位），关于窗地面积比使用意向等问题，进行了问卷调查，共收回问卷62份。调查结果显示，76%的人认为合适，仅有14%的人认为不合适，还有10%的人持有其他观点，部分认为"窗地比"与"窗墙比"均可作为夏热冬暖地区建筑节能设计的参数。

2.0.8 建筑物的大小、形状、围护结构的热工性能等情况是复杂多变的，判断所设计的建筑是否符合节能要求常常不太容易。对比评定法是一种很灵活的方法，它将所设计的实际建筑物与一个作为能耗基准的节能参照建筑物作比较，当实际建筑物的能耗不超过参照建筑物时，就判定实际建筑物符合节能要求。

2.0.9 参照建筑的概念是对比评定法的一个非常重要的概念。参照建筑是一个符合节能要求的假想建筑，该建筑与所设计的实际建筑在大小、形状等方面完全一致，它的围护结构完全满足本标准第4章的节能指标要求，因此它是符合节能要求的建筑，并为所设计的实际建筑定下了空调采暖能耗的限值。

2.0.10 建筑物实际消耗的空调采暖能耗除了与建筑设计有关外，还与许多其他的因素有密切关系。这里的空调采暖年耗电量并非建筑物的实际空调采暖耗电量，而是在统一规定的标准条件下计算出来的理论值。从设计的角度出发，可以用这个理论值来评判建筑物能耗性能的优劣。

2.0.11 实施对比评定法时可以用来进行对比评定的一个无量纲指数，也是所设计的建筑物是否符合节能要求的一个判断依据，其值与空调采暖年耗电量基本成正比。

2.0.12 通风开口面积一般包括外窗（阳台门）、天窗的有效可开启部分面积、敞开的洞口面积等。

2.0.13 通风路径是指从外窗进入居住房间的自然风气流通过房间流到室外所经过的路线。通风路径是确保房间自然通风的必要条件，通风路径具备的设计要件包括：通风入口（外窗可开启部分）、通风空间（居室、客厅、走廊、天井等）、通风出口（外窗可开启部分、洞口、天窗可开启部分等）。

3　建筑节能设计计算指标

3.0.1 本标准以一月份的平均温度11.5℃为分界线，将夏热冬暖地区进一步细分为两个区，等温线的北部为北区，区内建筑要兼顾冬季采暖。南部为南区，区内建筑可不考虑冬季采暖。在标准编制过程中，对整个区内的若干个城市进行了全年能耗模拟计算，模拟时设定的室内温度是16℃～26℃。从模拟结果中发现，处在南区的建筑采暖能耗占全年采暖空调总能耗的20%以下，考虑到模拟计算时内热源取为0（即没有考虑室内人员、电气、炊事的发热量），同时考虑到当地居民的生活习惯，所以规定南区内的建筑设计时可不考虑冬季采暖。处在北区的建筑的采暖能耗占全年采暖空调总能耗的20%以上，福州市更是占到45%左右，可见北区内的建筑冬季确实有采暖的需求。图3.0.1中的虚线为南北区的分界线，表1列出了夏热冬暖地区中划入北区的主要城市。

表1 夏热冬暖地区中划入北区的主要城市

省　　份	划入北区的主要城市
福建	福州市、莆田市、龙岩市
广东	梅州市、兴宁市、龙川县、新丰县、英德市、怀集县
广西	河池市、柳州市、贺州市

3.0.2～3.0.3 居住建筑要实现节能，必须在保持室内热舒适环境的前提下进行。本标准提出了两项室内设计计算指标，即室内空气（干球）温度和换气次数，其根据是经济的发展，以及居住者在舒适、卫生方面的要求；从另一个角度来看，这两项设计计算指标也是空调采暖能耗计算必不可少的参数，是作为进行围护结构隔热、保温性能限值计算时的依据。

室内热环境质量的指标体系包括温度、湿度、风速、壁面温度等多项指标。标准中只规定了温度指标和换气次数指标，这是由于当前一般住宅较少配备户式中央空调系统，室内空气湿度、风速等参数实际上难以控制。另一方面，在室内热环境的诸多指标中，温度指标是一个最重要的指标，而换气次数指标则是从人体卫生角度考虑必不可少的指标，所以只提出空气温度指标和换气次数指标。

居住空间夏季设计计算温度规定为26℃，北区冬季居住空间设计计算温度规定为16℃，这和该地区原来恶劣的室内热环境相比，提高幅度比较大，基本上达到了热舒适的水平。要说明的是北区室内采暖设计计算温度规定为16℃，而现行国家标准《住宅设计规范》GB 50096规定室内采暖计算温度为：卧室、起居室（厅）和卫生间为18℃，厨房为15℃。本标准在讨论北区采暖设计计算温度时，当地居民反映冬季室内保持16℃比较舒适。因此，根据当前现实情况，规定设计计算温度为16℃，当然，这并不影响居民冬季保持室内温度18℃，或其他适宜的温度。

换气次数是室内热环境的另外一个重要的设计指标，冬、夏季室外的新鲜空气进入建筑内，一方面有利于确保室内的卫生条件，另一方面又要消耗大量的能源，因此要确定一个合理的计算换气次数。由于人均住房面积增加，1小时换气1次，人均占有新风量应能达到卫生标准要求。比如，当前居住建筑的净高一般大于2.5m，按人均居住面积15m² 计算，1小时换气1次，相当于人均占有新风会超过37.5m³/h。表2为民用建筑主要房间人员所需最小新风量参考数值，是根据国家现行的相关公共场所卫生标准（GB 9663～GB 9673）、《室内空气质量标准》GB/T 18883等标准摘录的，可供比较、参考。应该说，每小时换气1次已达到卫生要求。

表2 部分民用建筑主要房间人员所需的最小新风量参考值[m³/(h・人)]

房间类型		新风量	参考依据
旅游旅馆、饭店	客房 3～5星级	≥30	GB 9663-1996
	客房 2星级以下	≥20	GB 9663-1996
	餐厅、宴会厅、多功能厅 3～5星级	≥30	GB 9663-1996
	餐厅、宴会厅、多功能厅 2星级以下	≥20	GB 9663-1996
	会议室、办公室、接待室 3～5星级	≥50	GB 9663-1996
	会议室、办公室、接待室 2星级以下	≥30	GB 9663-1996
中、小学	教室 小学	≥11	GB/T 17226-1998
	教室 初中	≥14	GB/T 17226-1998
	教室 高中	≥17	GB/T 17226-1998

潮湿是夏热冬暖地区气候的一大特点。在室内热环境主要设计指标中虽然没有明确提出相对湿度设计指标，但并非完全没有考虑潮湿问题。实际上，在空调设备运行的状态下，室内同时在进行除湿。因此在大部分时间内，室内的潮湿问题也已经得到了解决。

4 建筑和建筑热工节能设计

4.0.1 夏热冬暖地区的主要气候特征之一表现在夏热季节的(4～9)月盛行东南风和西南风，该地区内陆地区的地面平均风速为1.1m/s～3.0m/s，沿海及岛屿风速更大。充分地利用这一风力资源自然降温，就可以相对地缩短居住建筑使用空调降温的时间，达到节能目的。

强调居住区良好的自然通风主要有两个目的，一是为了改善居住区热环境，增加热舒适感，体现以人为本的设计思想；二是为了提高空调设备的效率，因为居住区良好的通风和热岛强度的下降可以提高空调设备的冷凝器的工作效率，有利于节省设备的运行能耗。为此居住区建筑物的平面布局应优先考虑采用错列式或斜列式布置，对于连排式建筑应注意主导风向的投射角不宜大于45°。

房间有良好的自然通风，一是可以显著地降低房间自然室温，为居住者提供有更多时间生活在自然室温环境的可能性，从而体现健康建筑的设计理念；二是能够有效地缩短房间空调器开启的时间，节能效果明显。为此，房间的自然进风设计应使窗口开启朝向和窗扇的开启方式有利于向房间导入室外风，房间的自然排风设计应能保证利用常开的房门、户门、外窗、专用通风口等，直接或间接地通过和室外连通的走道、楼梯间、天井等向室外顺畅地排风。本地区以夏季防热为主，一般不考虑冬季保温，因此每户住宅均应尽量通风良好，通风良好的标志应该是能够形成穿堂风。房间内部与可开启窗口相对应位置应有可以用来形成穿堂风的通道,如通过房门、门亮子、内墙可开启窗、走廊、楼梯间可开启外窗、卫生间可开启外窗、厨房可开启外窗等形成房间穿堂风的通道,通风通道上的最小通风面积不宜过小。单朝向的住宅通风不利,应采取特别通风措施。

另外,自然通风的每套住宅均应考虑主导风向,将卧室、起居室等尽量布置在上风位置,避免厨房、卫生间的污浊空气污染室内。

4.0.2 夏热冬暖地区地处沿海,(4~9)月大多盛行东南风和西南风,居住建筑物南北向和接近南北向布局,有利于自然通风,增加居住舒适度。太阳辐射得热对建筑能耗的影响很大,夏季太阳辐射得热增加空调制冷能耗,冬季太阳辐射得热降低采暖能耗。南北朝向的建筑物夏季可以减少太阳辐射得热,对本地区全年只考虑制冷降温的南区是十分有利的;对冬季要考虑采暖的北区,冬季可以增加太阳辐射得热,减少采暖消耗,也是十分有利的。因此南北朝向是最有利的建筑朝向。但随着社会经济的发展,建筑物风格也多样化,不可能都做到南北朝向,所以本条文严格程度用词采用"宜"。

执行本条文时应该注意的是,建筑平面布置时,尽量不要将主要卧室、客厅设置在正西、西北方向,不要在建筑的正东、正西和西偏北、东偏北方向设置大面积的门窗或玻璃幕墙。

4.0.3 建筑物体形系数是指建筑物的外表面积和外表面积所包围的体积之比。体形系数的大小影响建筑能耗,体形系数越大,单位建筑面积对应的外表面积越大,外围护结构的传热损失也越大。因此从降低建筑能耗的角度出发,应该要考虑体形系数这个因素。

但是,体形系数不只是影响外围护结构的传热损失,它也影响建筑造型,平面布局,采光通风等。体形系数过小,将制约建筑师的创作思维,造成建筑造型呆板,甚至损害建筑功能。在夏热冬暖地区,北区和南区气候仍有所差异,南区纬度比北区低,冬季南区建筑室内外温差比北区小,而夏季南区和北区建筑室内外温差相差不大,因此,南区体形系数大小引起的外围护结构传热损失影响小于北区。本条文只对北区建筑物体形系数作出规定,而对经济相对发达,建筑形式多样的南区建筑体形系数不作具体要求。

4.0.4 普通窗户的保温隔热性能比外墙差很多,而且夏季白天太阳辐射还可以通过窗户直接进入室内。一般说来,窗墙面积比越大,建筑物的能耗也越大。

通过计算机模拟分析表明,通过窗户进入室内的热量(包括温差传热和辐射得热),占室内总得热量的相当大部分,成为影响夏季空调负荷的主要因素。以广州市为例,无外窗常规居住建筑物采暖空调年耗电量为 30.6kWh/m²,当装上铝合金窗,平均窗墙面积比 $C_{MW}=0.3$ 时,年耗电量是 53.02kWh/m²,当 $C_{MW}=0.47$ 时,年耗电量为 67.19kWh/m²,能耗分别增加

了 73.3% 和 119.6%。说明在夏热冬暖地区,外窗成为建筑节能很关键的因素。参考国家有关标准,兼顾到建筑师创作和住宅住户的愿望,从节能角度出发,对本地区居住建筑各朝向窗墙面积比作了限制。

本条文是强制性条文,对保证居住建筑达到节能的目标是非常关键的。如果所设计建筑的窗墙比不能完全符合本条的规定,则必须采用第 5 章的对比评定法来判定该建筑是否满足节能要求。采用对比评定法时,参照建筑的各朝向窗墙比必须符合本条的规定。

本次修订,窗墙面积比采用了《民用建筑热工设计规范》GB 50176 的规定,各个朝向的墙面积应为各个朝向的立面面积。立面面积应为层高乘以开间定位轴线的距离。当墙面有凹凸时应忽略凹凸;当墙面整体的方向有变化时应根据轴线的变化分段处理。对于朝向的判定,各个省在执行时可以制订更详细的规定来解决朝向划分问题。

4.0.5 本条规定取自《住宅建筑规范》GB 50368 - 2005 第 7.2.2 条。该规范是全文强制的规范,要求卧室、起居室(厅)、厨房应设置外窗,窗地面积比不应小于 1/7。本标准要求卧室、书房、起居室等主要房间达到该要求,而考虑到本地区的厨房、卫生间常设在内凹部位,朝外的窗主要用于通风,采光系数很低,所以不对厨房、卫生间提出要求。

当主要房间窗地面积比较小时,外窗玻璃的遮阳系数要求也不高。而这时因为窗户较小,玻璃的可见光透射比不能太小,否则采光很差,所以提出可见光透射比不小于 0.4 的要求。

另外,在原《夏热冬暖地区居住建筑节能设计标准》JGJ 75 - 2003 的使用过程中,一些住宅由于外窗面积大,为了达到节能要求,选用了透光性能差遮阳系数小的玻璃。虽然达到了节能标准的要求,却牺牲了建筑的采光性能,降低了室内环境品质。对玻璃的遮阳系数有要求的同时,可见光透射比必须达到一定的要求,因此本条文在此方面做出强制性规定。

4.0.6 天窗面积越大,或天窗热工性能越差,建筑物能耗也越大,对节能是不利的。随着居住建筑形式多样化和居住者需求的提高,在平屋面和斜屋面上开天窗的建筑越来越多。采用DOE-2软件,对建筑物开天窗时的能耗做了计算,当天窗面积占整个屋顶面积 4%,天窗传热系数 $K=4.0W/(m^2 \cdot K)$,遮阳系数 $SC=0.5$ 时,其能耗只比不开天窗建筑物能耗多 1.6%左右,对节能总体效果影响不大,但对开天窗的房间热环境影响较大。根据工程调研结果,原标准的遮阳系数 SC 不大于 0.5 要求较低,本次提高要求,要求应不大于 0.4。

本条文是强制性条文,对保证居住建筑达到节能目标是非常关键的。对于那些需要增加视觉效果而加大天窗面积,或采用性能差的天窗的建筑,本条文的限制很可能被突破。如果所设计建筑的天窗不能完全符合本条

的规定，则必须采用第5章的对比评定法来判定该建筑是否满足节能要求。采用对比评定法时，参照建筑的天窗面积和天窗热工性能必须符合本条文的规定。

4.0.7 本条文为强制性条文，对保证居住建筑的节能舒适是非常关键的。如果所设计建筑的外墙不能完全符合本条的规定，在屋顶和东、西面外墙满足本条规定的前提下，可采用第5章的对比评定法来判定该建筑是否满足节能要求。

围护结构的K、D值直接影响建筑采暖空调房间冷热负荷的大小，也直接影响到建筑能耗。在夏热冬暖地区，一般情况下居住建筑南、北面窗墙比较大，建筑东、西面外墙开窗较少。这样，在东、西朝向上，墙体的K、D值对建筑保温隔热的影响较大。并且，东、西外墙和屋顶在夏季均是建筑物受太阳辐射量较大的部位，顶层及紧挨东、西外墙的房间较其他房间得热更多。用对比评定法来计算建筑能耗是以整个建筑为单位对全楼进行综合评价。当建筑屋顶及东、西外墙不满足表4.0.7中的要求，而使用对比评定法对其进行综合评价且满足要求时，虽然整个建筑节能设计满足本标准节能的要求，但顶层及靠近东、西外墙房间的能耗及热舒适度势必大大不如其他房间。这不论从技术角度保证每个房间获得基本一致的热舒适度，还是从保证每个住户获得基本一致的节能效果这一社会公正性方面来看都是不合适的。因此，有必要对顶层及东、西外墙规定一个最低限制要求。

夏热冬暖地区，外围护结构的自保温隔热体系逐渐成为一大趋势。如加气混凝土、页岩多孔砖、陶粒混凝土空心砌块、自隔热砌块等材料的应用越来越广泛。这类砌块本身就能满足本条文要求，同时也符合国家墙改政策。本条文根据各地特点和经济发展不同程度，提出使用重质外墙时，按三个级别予以控制。即：$2.0 < K \leqslant 2.5$，$D \geqslant 3.0$ 或 $1.5 < K \leqslant 2.0$，$D \geqslant 2.8$ 或 $0.7 < K \leqslant 1.5$，$D \geqslant 2.5$。

本条文对使用重质材料的屋顶传热系数K值作了调整。目前，夏热冬暖地区屋顶隔热性能已获得极大改善，普遍采用了高效绝热材料。但是，对顶层住户而言，室内热环境及能耗水平相对其他住户仍显得较差。适当提高屋顶K值的要求，不仅在技术上容易实现，同时还能进一步改善屋顶住户的室内热环境，提高节能水平。因此，本条文将使用重质材料屋顶的传热系数K值调整为 $0.4 < K \leqslant 0.9$。

外墙采用轻质材料或非轻质自隔热节能墙材时，对达到标准所要求的K值比较容易，要达到较大的D值就比较困难。如果围护结构要达到较大的D值，只有采用自重较大的材料。围护结构D值和相关热容量的大小，主要影响其热稳定性。因此，过度以D值和相关热容量的大小来评定围护结构的节能性是不全面的，不仅会阻碍轻质保温材料的使用，还限制了非轻质自隔热节能墙材的使用和发展，不利于这一地

区围护结构的节能政策导向和墙体材料的发展趋势。实践证明，按一般规定选择K值的情况下，D值小一些，对于一般舒适度的空调房间也能满足要求。本条文对轻质围护结构只限制传热系数的K值，而不对D值做相应限定，并对非轻质围护结构的D值做了调整，就是基于上述原因。

4.0.8 本条文对保证居住建筑达到现行节能目标是非常关键的，对于那些不能满足本条文规定的建筑，必须采用第5章的对比评定法来计算是否满足节能要求。

窗户的传热系数越小，通过窗户的温差传热就越小，对降低采暖负荷和空调负荷都是有利的。窗的遮阳系数越小，透过窗户进入室内的太阳辐射热就越小，对降低空调负荷有利，但对降低采暖负荷却是不利的。

本条文表4.0.8-1和表4.0.8-2对建筑外窗传热系数和平均综合遮阳系数的规定，是基于使用DOE-2软件对建筑能耗和节能率做了大量计算分析提出的。

1 屋顶、外墙热工性能和设备性能的提高及室内换气次数的降低，达到的节能率，北区约为35%，南区约为30%。因此对于节能目标50%来说，外窗的节能将占相当大的比例，北区约15%，南区约20%。在夏热冬暖地区，居住建筑所处的纬度越低，对外窗的节能要求也越高。

2 本条文引入居住建筑平均窗地面积比C_{MF}（或平均窗墙面积比C_{MW}）参数，使其与外窗K、S_W及外墙K、D等参数形成对应关系，使建筑节能设计简单化，给建筑师选择窗型带来方便。

（1）为了简化节能设计计算、方便节能审查等工作，本条文引入了平均窗地面积比C_{MF}参数。考虑到夏热冬暖地区各省份的建筑节能设计习惯，且与这些地区现行节能技术规范不发生矛盾，本条文允许沿用平均窗墙面积比C_{MW}进行节能设计及计算。在进行建筑节能设计时，设计人员可根据对C_{MF}和C_{MW}熟练程度及设计习惯，自行选择使用。

（2）经过编制组对南方大量的居住建筑的平均窗地面积比C_{MF}和平均窗墙面积比C_{MW}的计算表明，现在的居住建筑塔楼类的比较多，表面凹凸的比较多，所以C_{MF}和C_{MW}很接近。因此，窗墙面积比和窗地面积比均可作为判定指标，各省根据需要选择其一使用。

（3）计算建筑物的C_{MF}和C_{MW}时，应只计算建筑物的地上居住部分，而不应包含建筑中的非居住部分，如商住楼的商业、办公部分。具体计算如下：

建筑平均窗地面积比C_{MF}计算公式为：

$$C_{MF} = \frac{外墙上的窗洞口及门洞口总面积}{地上居住部分总建筑面积} \quad (1)$$

建筑平均窗墙面积比C_{MW}计算公式为：

$$C_{MW} = \frac{外墙上的窗洞口及门洞口总面积}{地上居住部分外立面总面积} \quad (2)$$

3 外窗平均传热系数K，是建筑各个朝向平均传热系数按各朝向窗面积加权平均的数值，按照以下

公式计算:

$$K = \frac{A_E \cdot K_E + A_S \cdot K_S + A_W \cdot K_W + A_N \cdot K_N}{A_E + A_S + A_W + A_N}$$

(3)

式中: A_E、A_S、A_W、A_N ——东、南、西、北朝向的窗
面积;

K_E、K_S、K_W、K_N ——东、南、西、北朝向窗的
平均传热系数,按照下式
计算:

$$K_X = \frac{\sum_i A_i \cdot K_i}{\sum_i A_i}$$

(4)

式中: K_X ——建筑某朝向窗的平均传热系数,即
K_E、K_S、K_W、K_N;

A_i ——建筑某朝向单个窗的面积;

K_i ——建筑某朝向单个窗的传热系数。

4 表 4.0.8-1 和表 4.0.8-2 使用了"虚拟"窗替代具体的窗户。所谓"虚拟"窗即不代表具体形式的外窗(如我们常用的铝合金窗和 PVC 窗等),它是由任意 K 值和 S_w 值组合的抽象窗户。进行节能设计时,拟选用的具体窗户能满足表 4.0.8-1 和表 4.0.8-2 中 K 值和 S_w 值的要求即可。

5 表 4.0.8-1 和表 4.0.8-2 主要差别在于:用于北区的表 4.0.8-1 对外窗的传热系数 K 值有具体规定,而用于南区的表 4.0.8-2 对外窗 K 值没有具体规定。南区全年建筑总能耗以夏季空调能耗为主,夏季空调能耗中太阳辐射得热引起的空调能耗又占相当大的比例,而窗的温差传热引起的空调能耗只占小部分,因此南区建筑节能外窗遮阳系数起了主要作用,而与外窗传热性能关系甚小,而北区建筑节能率与外窗传热性能和遮阳性能均有关系。

6 建筑外墙面色泽,决定了外墙面太阳辐射吸收系数 ρ 的大小。外墙采用浅色表面,ρ 值小,夏季能反射较多的太阳辐射热,从而降低房间的得热量和外墙内表面温度,但在冬季会使采暖耗电量增大。编制组在用 DOE-2 软件作建筑物能耗和节能分析时,基础建筑物和节能方案分析设定的外墙面太阳辐射吸收系数 $\rho = 0.7$。经进一步计算分析,北区建筑外墙表面太阳辐射吸收系数 ρ 的改变,对建筑全年总能耗影响不大,而南区 $\rho = 0.6$ 和 0.8 时,与 $\rho = 0.7$ 的建筑总能耗差别不大,而 $\rho < 0.6$ 和 $\rho > 0.8$ 时,建筑能耗总差别较大。当 $\rho < 0.6$ 时,建筑总能耗平均降低 5.4%;当 $\rho > 0.8$ 时,建筑总能耗平均增加 4.7%。因此表 4.0.8-1 对 ρ 使用范围不作限制,而表 4.0.8-2 规定 ρ 取值≤0.8。当 $\rho > 0.8$ 时,则应采用第 5 章对比评定法来判定建筑物是否满足节能要求。建筑外表面的太阳辐射吸收系数 ρ 值参见《民用建筑热工设计规范》GB 50176-93 附录二附表 2.6。

4.0.9 外窗平均综合遮阳系数 S_w,是建筑各个朝向平均综合遮阳系数按各朝向窗面积和朝向的权重系数加权平均的数值。

(1) 在北区和南区,窗口的建筑外遮阳措施对建筑能耗和节能影响是不同的。在北区采用窗口建筑固定外遮阳措施,冬季会产生负影响,总体对建筑节能影响比较小,因此在北区采用窗口建筑活动外遮阳措施比采用固定外遮阳措施要好;在南区采用窗口建筑固定外遮阳措施,对建筑节能是有利的,应积极提倡。

(2) 计算外窗平均综合遮阳系数 S_w 时,根据不同朝向遮阳系数对建筑能耗的影响程度,各个朝向的权重系数分别为:东、南朝向取 1.0,西朝向取 1.25,北朝向取 0.8。S_w 计算公式如下:

$$S_w = \frac{A_E \cdot S_{w,E} + A_S \cdot S_{w,S} + 1.25 A_W \cdot S_{w,W} + 0.8 A_N \cdot S_{w,N}}{A_E + A_S + A_W + A_N}$$

(5)

式中: A_E、A_S、A_W、A_N ——东、南、西、北朝向的窗
面积;

$S_{w,E}$、$S_{w,S}$、$S_{w,W}$、$S_{w,N}$ ——东、南、西、北朝向窗的
平均综合遮阳系数,按照
下式计算:

$$S_{w,X} = \frac{\sum_i A_i \cdot S_{w,i}}{\sum_i A_i}$$

(6)

式中: $S_{w,X}$ ——建筑某朝向窗的平均综合遮阳系数,
即 $S_{w,E}$、$S_{w,S}$、$S_{w,W}$、$S_{w,N}$;

A_i ——建筑某朝向单个窗的面积;

$S_{w,i}$ ——建筑某朝向单个窗的综合遮阳系数。

4.0.10 本条文为新增强制性条文。规定居住建筑东西向必须采取外遮阳措施,规定建筑外遮阳系数不应大于 0.8。目前居住建筑外窗遮阳设计中,出现了过分提高和依赖窗自身的遮阳能力轻视窗口建筑构造遮阳的设计势头,导致大量的外窗普遍缺少窗口应有的防护作用,特别是住宅开窗通风时窗口既不能遮阳也不能防雨,偏离了原标准对建筑外遮阳技术规定的初衷,行业负面反响很大,同时,在南方地区如上海、厦门、深圳等地近年来因住宅外窗形式引发的技术争议问题增多,有必要在本标准中进一步基于节能要求明确相关规定。窗口设计时应优先采用建筑构造遮阳,其次应考虑窗口采用安装构件的遮阳,两者都不能达到要求时再考虑提高窗自身的遮阳能力,原因在于单纯依靠窗自身的遮阳能力不能适应开窗通风时的遮阳需要,对自然通风状态来说窗自身遮阳是一种相对不可靠做法。

窗口设计时,可以通过设计窗眉(套)、窗口遮阳板等建筑构造,或在设计的凸窗洞口缩进窗的安装位置留出足够的遮阳挑出长度等一系列经济技术合理可行的做法满足本规定,即本条文在执行上普遍不存在技术难度,只有对当前流行的凸窗(飘窗)形式产生一定影响。由于凸窗可少许增大室内空间且按当前

各地行业规定其不计入建筑面积，于是这种窗型流行很广，但因其相对增大了外窗面积或外围护结构的面积，导致了房间热环境的恶化和空调能耗增高以及窗边热胀开裂、漏雨等一系列问题也引起了行业的广泛关注。如在广州地区因安装凸窗，房间在夏季关窗时的自然室温最高可增加2℃，房间的空调能耗增加最高可达87.4%，在夏热冬暖地区设计简单的凸窗于节能不利已是行业共识。另外，为确保凸窗的遮阳性能和侧板保温能力符合现行节能标准要求所投入的技术成本也较大，大量凸窗必须采用Low-E玻璃甚至还要断桥铝合金的中空Low-E玻璃，并且凸窗板还要做保温处理才能达标，代价高昂。综合考虑，本标准针对窗口的建筑外遮阳设计，规定了遮阳构造的设计限值。

4.0.11 本条文规定建筑外遮阳挑出长度的最低限值和规定建筑外遮阳系数的最高限值是等效的，当不具备执行前者条件时才执行后者。规定的限值，兼顾了遮阳效果和构造实现的难易。计算表明，当外遮阳系数为0.9时，采用单层透明玻璃的普通铝合金窗，综合遮阳系数 S_w 可下降到0.81～0.72，接近中空玻璃铝合金窗的自身遮阳能力，此时对1.5m×1.5m的外窗采用综合式（窗套）外遮阳时，挑出长度不超过0.2m，这一尺度恰好与南方地区200mm厚墙体居中安装外窗，窗口做0.1m的挑出窗套时的尺寸相吻合[图1（a）]。

如表3所示，在规定建筑外遮阳系数限值为0.9时，单独采用水平遮阳或单独采用垂直遮阳，所需的挑出长度均较大，对于1.5m×1.5m的外窗一般需要挑出长度在0.20m～0.45m范围，而采用综合遮阳形式（窗套、凸窗外窗口）时所需的挑出长度最小，南、北朝向均需挑出0.15m～0.20m即可，这一尺度也适合凸窗形式的改良[图1（b）]。

条文中建筑外遮阳系数不应大于0.9的规定，是针对当建筑外窗不具备遮阳挑出条件时，可以按照本要求，在窗口范围内设计其他外遮阳设施。如对于在单边外廊的外墙上设置的外窗不宜设置挑出长度较大的外遮阳板时，设计采用在窗口的窗外侧嵌入固定式的百叶窗、花格窗等固定式遮阳设施也可以符合本条文要求。

表3　外窗的建筑外遮阳系数

季节	挑出长度（m）A	南			北		
		水平	垂直	综合	水平	垂直	综合
夏季	0.10	0.958	0.952	0.912	0.974	0.961	0.937
	0.15	0.939	0.929	0.872	0.962	0.943	0.907
	0.20	0.920	0.907	0.834	0.950	0.925	0.879
	0.25	0.901	0.886	0.799	0.939	0.908	0.853
	0.30	0.884	0.866	0.766	0.928	0.892	0.828
	0.35	0.867	0.847	0.734	0.918	0.876	0.804
	0.40	0.852	0.828	0.705	0.908	0.861	0.782
	0.45	0.837	0.811	0.678	0.898	0.847	0.761
	0.50	0.822	0.794	0.653	0.889	0.833	0.741
	0.55	0.809	0.779	0.630	0.880	0.820	0.722
	0.60	0.796	0.764	0.608	0.872	0.808	0.705
	0.65	0.784	0.750	0.588	0.864	0.796	0.688
	0.70	0.773	0.737	0.570	0.857	0.785	0.673
	0.75	0.763	0.725	0.553	0.850	0.775	0.659
	0.80	0.753	0.714	0.537	0.844	0.765	0.646
	0.85	0.744	0.703	0.523	0.838	0.756	0.633
	0.90	0.736	0.694	0.511	0.832	0.748	0.622
	0.95	0.729	0.685	0.499	0.827	0.740	0.612
	1.00	0.722	0.678	0.490	0.822	0.733	0.603
冬季	0.10	0.970	0.961	0.933	1.000	0.990	0.990
	0.15	0.956	0.943	0.901	1.000	0.986	0.986
	0.20	0.942	0.924	0.871	1.000	0.981	0.981
	0.25	0.928	0.907	0.841	1.000	0.976	0.976
	0.30	0.914	0.890	0.813	1.000	0.972	0.972
	0.35	0.900	0.874	0.787	1.000	0.968	0.968
	0.40	0.887	0.858	0.761	1.000	0.964	0.964
	0.45	0.874	0.843	0.736	1.000	0.960	0.960
	0.50	0.861	0.828	0.713	1.000	0.956	0.956
	0.55	0.848	0.814	0.690	1.000	0.952	0.952

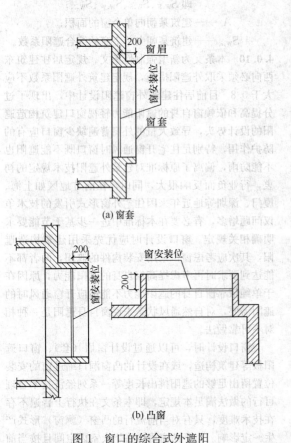

（a）窗套

（b）凸窗

图1　窗口的综合式外遮阳

续表3

季节	挑出长度(m)	南			北		
	A	水平	垂直	综合	水平	垂直	综合
冬季	0.60	0.836	0.800	0.669	1.000	0.948	0.948
	0.65	0.824	0.787	0.648	1.000	0.944	0.944
	0.70	0.812	0.774	0.629	1.000	0.941	0.941
	0.75	0.800	0.763	0.610	1.000	0.938	0.938
	0.80	0.788	0.751	0.592	1.000	0.934	0.934
	0.85	0.777	0.740	0.575	1.000	0.931	0.931
	0.90	0.766	0.730	0.559	1.000	0.928	0.928
	0.95	0.755	0.720	0.544	1.000	0.925	0.925

注：1　窗的高、宽均为1.5m；
　　2　综合式遮阳的水平板和垂直板挑出长度相等。

4.0.12　建筑外遮阳系数的计算是比较复杂的问题，本标准附录A给出了较为简化的计算方法。根据附录A计算的外遮阳系数，冬季和夏季有着不同的值，而本章中北区应用的外遮阳系数为同一数值，为此，将冬季和夏季的外遮阳系数进行平均，从而得到单一的建筑外遮阳系数。这样取值是保守的，因为对于许多外遮阳设施而言，夏季的遮阳比冬季的好，冬季的遮阳系数比夏季的大，而遮阳系数大，总体上讲能耗是增加的。

窗口上一层的阳台或外廊属于水平遮阳形式。窗口两翼如有建筑立面的折转时会对窗口起到遮阳的作用，此类遮阳属于建筑自遮挡形式，按其原理也可以归纳为建筑外遮阳，计算方法见附录A。规定建筑自遮挡形式的建筑外遮阳系数计算方法，是因为对单元立面上受到立面折转遮挡的窗口，特别是对位于立面凹槽内的外窗遮阳作用非常大，实践证明应计入其遮阳贡献，以避免此类窗口的外遮阳设计得过于保守反而影响采光。

本条还列出了一些常用遮阳设施的遮阳系数。这些遮阳系数的给出，主要是为了设计人员可以更加方便地得到遮阳系数而不必进行计算。采用规定性指标进行节能设计计算时，可以直接采用这些数值，但进行对比评定计算时，如果计算软件中有关于遮阳板的计算，则不要采用本条表格中的数值，从而使得节能计算更加精确。如果采用了本条表格中的数值，遮阳板等遮阳设施就由遮阳系数代替了，不可再重复构建遮阳设施的几何模型。

4.0.13　本条文为强制性条文，是原标准4.0.10条的修改和扩充条文。本条文强调南方地区居住建筑应能依靠自然通风改善房间热环境，缩短房间空调设备使用时间，发挥节能作用。房间实现自然通风的必要条件是外门窗有足够的通风开口。因此本条文从通风开口方面规定了设计做法。

房间外门窗有足够的通风开口面积非常重要。《住宅建筑规范》GB 50368-2005也规定了每套住宅的通风开口面积不应小于地面面积的5%。原标准条文要求房间外门窗的可开启面积不应小于房间地面面积的8%，深圳地区还在地方节能标准中把这一指标提高到了10%，并且随着用户节能意识的提高，使用需求已经逐渐从盲目追求大玻璃窗小开启扇，向追求门窗大开启加强自然通风效果转变，因此，为了逐步强化门窗通风的降温和节能作用，本条文提高了外门窗可开启比例的最低限值，深圳经验也表明，这一指标由原来的8%提高到10%实践上不会困难。另外，根据原标准使用中反映出的情况来看，门窗的开启方式决定着"可开启面积"，而"可开启面积"一般不等于门窗的可通风面积，特别是对于目前的各式悬窗甚至平开窗等，当窗扇的开启角度小于45°时可开启窗口面积上的实际通风能力会下降1/2左右，因此，修改条文中使用了"通风开口面积"代替"可开启面积"，这样既强调了门窗应重视可用于通风的开启功能，对通风不良的门窗开启方式加以制约，也可以把通风路径上涉及的建筑洞口包括进来，还可以和《住宅建筑规范》GB 50368-2005的用词统一便于执行。

因此，当平开门窗、悬窗、翻转窗的最大开启角度小于45°时，通风开口面积应按外窗可开启面积的1/2计算。

另外，达到本标准4.0.5条要求的主要房间（卧室、书房、起居室等）外窗，其外窗的面积相对较大，通风开口面积应按不小于该房间地面面积的10%要求设计，而考虑到本地区的厨房、卫生间、户外公共走道外窗等，通常窗面积较小，满足不小于房间（公共区域）地面面积10%的要求很难做到，因此，对于厨房、卫生间、户外公共区域的外窗，其通风开口面积应按不小于外窗面积45%设计。

4.0.14　本条文对房间的通风路径进行了规定，房间可满足自然通风的设计条件为：1. 当房间由可开启外窗进风时，能够从户内（厅、厨房、卫生间等）或户外公用空间（走道、楼梯间等）的通风开口或洞口出风，形成房间通风路径；2. 房间通风路径上的进风开口和出风开口不应在同一朝向；3. 当户门设有常闭式防火门时，户门不应作为出风开口。

模拟分析和实测表明，房间通风路径的形成受平面和空间布局、开口设置等建筑因素影响，也受自然风来流风向等环境因素影响，实际的通风路径是十分复杂和多样的，但当建筑单元内的户型平面及对外开口（门窗洞口）形式确定后，对于任何一个可以满足自然通风设计条件的房间，都必然具备一条合理的通风路径，如图2（a）所示，当房1的外窗C1受到来流风正面吹入时，显然可形成C1→（C2+C5+C6）通风路径，表明该房间具备了可以形成穿堂风的必要条件。同理可以判断房2、房3所对应的通风路径分别为C4→（C3+C7）、C1→（C6）。

一般住宅房间均是通过房门开启与厅堂、过道等公用空间形成通风路径的，在使用者本人私密性允许的情况下利用开启房门形成通风路径是可行的，但对于房与房之间需要通过各自的房门都要开启才能形成通风路径的情况，因受限于他人私密性要求通风路径反而不能得到保证。同样，对于同一单元内的两户而言，都要依靠开启各自的户门才能形成通风路径也不能得到保证。因此，套内的每个居住房间只能独立和户内的公用空间组成通风路径，不应以居室和居室之间组成通风路径；单元内的各户只能通过户门独立地和单元公用空间组成通风路径，不应以户与户之间通过户门组成通风路径。

当单元内的公用空间出于防火需要设为封闭或部分的空间，已无对外开口或对外开口很小时，也不能作为各户的出风路径考虑。

要求每户至少有一个房间具备有效的通风路径，是对居住建筑自然通风设计的最低要求。

设计房间通风路径时不需要考虑房间窗口朝向和当地风向的关系，只要求以房间外窗作为进风口判断该房间是否具备合理的通风路径，目的是为了确保房间自然通风的必要条件。事实上，夏热冬暖地区属于季风气候，受季风、海洋与山地形成的局地风以及城市居住区形态等影响，居住建筑任何朝向的外窗均有迎风的可能，因此，按窗口进风设计房间通风路径，符合南方地区居住区风环境的特点。

套内房间通风路径上对外的进风开口和对外的出风开口如果在同一个朝向时，这条通风路径显然属于无效的，因此规定进风口所在的外立面朝向和出风口所在外立面朝向的夹角不应小于90°，如图2（a）所示。一般，对于只有一个朝向的套房，多在片面追求容积率、单元套数较多的情况下产生的，一旦单元内的公用空间对外无有效开口，这类单一朝向套房往往因为通风不良室内过热，且室内空气质量也得不到保证，正是本条文规定重点限制的单元平面类型，如图2（b）的D、E、F户。但是，通过设计一处单元内的公用空间的对外开口，这类单一朝向的户型也能够组织形成有效的通风路径，如图2（b）的C户。对于利用单元公用空间的对外开口形成的房间通风路径，出于鼓励通风设计考虑，暂时不对房间门窗进风口和设在单元公共空间出风进行朝向规定，如图2(b)的A、B户。

4.0.15 为了保证居住建筑的节能，要求外窗及阳台门具有良好的气密性能，以保证夏季在开空调时室外热空气不要过多地渗透到室内，抵御冬季室外冷空气过多的向室内渗漏。夏热冬暖地区，地处沿海，雨量充沛，多热带风暴和台风袭击，多有大风、暴雨天气，因此对外窗和阳台门气密性能要有较高的要求。

现行国家标准《建筑外门窗气密、水密、抗风压性能分级及检测方法》GB/T 7106－2008规定的4级

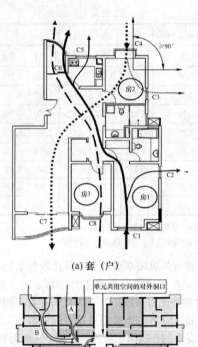

(a) 套（户）

——— 有效通风路径　……➤ 无效的通风路径

(b) 单元

图2　套内房间通风路径示意图

对应的空气渗透数据是：在10Pa压差下，每小时每米缝隙的空气渗透量在$2.0m^3 \sim 2.5m^3$之间和每小时每平方米面积的空气渗透量在$6.0m^3 \sim 7.5\ m^3$之间；6级对应的空气渗透数据是：在10Pa压差下，每小时每米缝隙的空气渗透量在$1.0m^3 \sim 1.5\ m^3$之间和每小时每平方米面积的空气渗透量在$3.0m^3 \sim 4.5\ m^3$之间。因此本条文的规定相当于1～9层的外窗的气密性等级不低于4级，10层及10层以上的外窗的气密性等级不低于6级。

4.0.16 采用本条文所提出的这几种屋顶和外墙的节能措施，是基于华南地区的气候特点，考虑充分利用气候资源达到节能目的而提出的，同时也是为了鼓励推行绿色建筑的设计思想。这些措施经测试、模拟和实际应用证明是行之有效的，其中有些措施的节能效果显著。

采用浅色饰面材料（如浅色粉刷，涂层和面砖等）的屋顶外表面和外墙面，在夏季能反射较多的太

阳辐射热，从而能降低室内的太阳辐射得热量和围护结构内表面温度。当白天无太阳时和在夜晚，浅色围护结构外表面又能把围护结构的热量向外界辐射，从而降低室内温度。但浅色饰面的耐久性问题需要解决，目前的许多饰面材料并没有很好地解决这一问题，时间长了仍然会使得太阳辐射吸收系数增加。所以本次修订把附加热阻减小了，而且把太阳辐射吸收系数小于 0.4 的材料一律按照 0.4 的材料对待，从而不致过分夸大浅色饰面的作用。

仍有些地区习惯采用带有空气间层的屋顶和外墙。考虑到夏热冬暖地区居住建筑屋顶设计形式的普遍性，架空大阶砖通风屋顶受女儿墙遮挡影响效果较差，且习惯上也逐渐被成品的带脚隔热砖所取代，故本条文未对其做特别推荐，其隔热效果也可以近似为封闭空气间层。研究表明封闭空气间层的传热量中辐射换热比例约占 70%。本条文提出采用带铝箔的空气间层目的在于提高其热阻，贴敷单面铝箔的封闭空气间层热阻值提高 3.6 倍，节能效果显著。值得注意的是，当采用单面铝箔空气间层时，铝箔应设置在室外侧的一面。

蓄水、含水屋面是适应本气候区多雨气候特点的节能措施，国外如日本、印度、马来西亚等和我国长江流域省份及台湾省都有普遍应用，也一些地区如四川省等颁布了相关的地方标准。这类屋顶是依靠水分的蒸发消耗屋顶接收到的太阳辐射热量，水的主要来源是蓄存的天然降水，补充以自来水。实测表明，夏季采用上述措施屋顶内表面温度下降 3℃～5℃，其中蓄水屋面下降 3.3℃，含水屋面下降 3.6℃。含水屋面由于含水材料在含水状态下也具有一定的热阻故表现为这种屋面的隔热作用优于蓄水屋面。当采用蓄水屋面时，储水深度应大于等于 200mm，水面宜有浮生植物或浅色漂浮物；含水屋面的含水层宜采用加气混凝土块、陶粒混凝土块等具有一定抗压强度的固体多孔建筑材料，其质量吸水率应大于 10%，厚度应大于等于 100mm。墙体外表面的含水层宜采用高吸水率的多孔面砖，厚度应大于 10mm，质量吸水率应大于 10%，通常采用符合国家标准《陶瓷砖》GB/T 4100 吸水率要求为Ⅲ类的陶质砖。

遮阳屋面是现代建筑设计中利用屋面作为活动空间所采取的一项有效的防热措施，也是一项建筑围护结构的节能措施。本标准建议两种做法：采用百叶板遮阳棚的屋面和采用爬藤植物遮阳棚的屋面。测试表明，夏季顶层空调房间屋面做有效的遮阳构架，屋顶热流强度可以降低约 50%，如果热流强度相同时，做有效遮阳的屋顶热阻值可以减少 60%。同时屋面活动空间的热环境得到改善。强调屋面遮阳百叶板的坡向在于，夏热冬暖地区位于北回归线两侧，夏季太阳高度角大，坡向正北向的遮阳百叶片可以有效地遮挡太阳辐射，而在冬季由于太阳高度角较低时太阳

辐射也能够通过百叶片间隙照到屋面，从而达到夏季防热冬季得热的热工设计效果，屋面采用植物遮阳棚遮阳时，选择冬季落叶类爬藤植物的目的也是如此。屋面采用百叶遮阳棚的百叶片宜坡向北向 45°；植物遮阳棚宜选择冬季落叶类爬藤植物。

种植屋面是隔热效果最好的屋面。本次标准修订对其增加了附加热阻，这符合实际测试的结果。通常，采用种植屋面，种植层下方的温度变化很小，表明太阳辐射基本被种植层隔绝。本次增加种植屋面的附加热阻，使得种植屋面不需要采取其他措施，就能够满足节能标准的要求，这有利于种植屋面的推广。

5 建筑节能设计的综合评价

5.0.1 本标准第 4 章"建筑和建筑热工节能设计"和本章"建筑节能设计的综合评价"是并列的关系。如果所设计的建筑已经符合第 4 章的规定，则不必再依据第 5 章对它进行节能设计的综合评价。反之，也可以依据第 5 章对所设计的建筑直接进行节能设计的综合评价，但必须满足第 4.0.5 条、第 4.0.10 条和第 4.0.13 条的规定。

必须指出的是，如果所设计的建筑不能完全满足本标准的第 4.0.4 条、第 4.0.6 条、第 4.0.7 条和第 4.0.8 条的规定，则必须通过综合评价来证明它能够达到节能目标。

本标准的节能设计综合评价采用"对比评定法"。采用这一方法的理由是：既然达到第 4 章的最低要求，建筑就可以满足节能设计标准，那么将所设计的建筑与满足第 4 章要求的参照建筑进行能耗对比计算，若所设计建筑物的能耗并不高出按第 4 章的要求设计的节能参照建筑，则同样应该判定所设计建筑满足节能设计标准。这种方法在美国的一些建筑节能标准中已经被广泛采用。

"对比评定法"是先按所设计的建筑物的大小和形状设计一个节能建筑（即满足第 4 章的要求的建筑），称之为"参照建筑"。将所设计建筑物与"参照建筑"进行对比计算，若所设计建筑的能耗不比"参照建筑"高，则认为它满足本节能设计标准的要求。若所设计建筑的能耗高于对比的"参照建筑"，则必须对所设计建筑物的有关参数进行调整，再进行计算，直到满足要求为止。

采用对比评定法与采用单位建筑面积的能耗指标的方法相比有明显的优点。采用单位建筑面积的能耗指标，对不同形式的建筑物有着不同的节能要求；为了达到相同的单位建筑面积能耗指标，对于高层建筑、多层建筑和低层建筑所要采取的节能措施显然有非常大的差别。实际上，第 4 章的有关要求是采用本地区的一个"基准"的多层建筑，按其达到节能50%而计算得到的。将这一"基准"建筑物节能

50%后的单位建筑面积能耗作为标准用于所有种类的居住建筑节能设计，是不妥当的。因为高层建筑和多层建筑比较容易达到，而低层建筑和别墅建筑则较难达到。采用"对比评定法"则是采用了一个相对标准，不同的建筑有着不同的单位建筑面积能耗，但有着基本相同的节能率。

本标准引入"空调采暖年耗电指数"作为对比计算的参数。这一指数为无量纲数，它与本标准规定的计算条件下计算的空调采暖年耗电量基本成正比。

本标准的"对比评定法"既可以直接采用空调采暖年耗电量进行对比，也可以采用空调采暖年耗电指数进行对比，计算上更加简单一些。本标准也可使用空调采暖年耗电指数或空调采暖年耗电量作为节能综合评价的判据。在采用空调采暖年耗电量进行对比计算时由于有多种计算方法可以采用，因而规定在进行对比计算时必须采用相同的计算方法。同样的理由需采用相同的计算条件。本条也为"对比评定法"专门列出了判定的公式。

本条特别规定天窗、屋面和轻质墙体必须满足第4章的规定，这是因为天窗、屋面的节能措施虽然对整栋建筑的节能贡献不大，但对顶层房间的室内热环境而言却是非常重要的。在自然通风的条件下，轻质墙体的内表面最高温度是控制值，这与节能计算的关系虽然不大，但对人体的舒适度有很大的关系。人不舒适时会采取降低空调温度的办法，或者在本不需要开空调的天气多开空调。因而规定轻质墙体必须满足第4章的要求，而且轻质墙体也较容易达到要求。

5.0.2 "参照建筑"是用来进行对比评定的节能建筑。首先，参照建筑必须在大小、形状、朝向等各个方面与所设计的实际建筑物相同，才可以作为对比之用。由于参照建筑是节能建筑，因而它必须满足第4章几条重要条款的最低要求。当所设计的建筑在某些方面不能满足节能要求时，参照建筑必须在这些方面进行调整。本条规定参照建筑各个朝向的窗墙比应符合第4章的规定。

非常重要的是，参照建筑围护结构的各项性能指标应为第4章规定性指标的限值。这样参照建筑是一个刚好满足节能要求的建筑。把所设计的建筑与之相比，即是要求所设计的建筑可以满足节能设计的最低要求。与参照建筑所不同的是，所设计的建筑会在某些围护结构的参数方面不满足第4章规定性指标的要求。

5.0.3 本标准第5章的目的是审查那些不完全符合第4章规定的居住建筑是否也能满足节能要求。为了在不同的建筑之间建立起一个公平合理的可比性，并简化审查工作量，本条特意规定了计算的标准条件。

计算时取卧室和起居室室内温度，冬季全天为不低于16℃，夏季全天为不高于26℃，换气次数为1.0

次/h。本标准在进行对比计算时之所以取冬季室内不低于16℃，主要是因为本地区的居民生活中已经习惯了在冬天多穿衣服而不采暖。而且，由于本地区的冬季不太冷，因而只要冬季关好门窗，室内空气的温度已经足够高，所以大多数人在冬季不采暖。

采暖设备的额定能效比取1.7，主要是考虑冬季采暖设备部分使用家用冷暖型（风冷热泵）空调器，部分仍使用电热型采暖器；空调设备额定能效比取3.0，主要是考虑家用空调器国家标准规定的最低能效比已有所提高，目前已经完全可以满足这一水平。本标准附录中的空调采暖年耗电指数简化计算公式中已经包括了空调、采暖能效比参数。

在计算中取比较低的设备额定能效比，有利于突出建筑围护结构在建筑节能中的作用。由于本地区室内采暖、空调设备的配置是居民个人的行为，本标准实际上能控制的主要是建筑围护结构，所以在计算中适当降低设备的额定能效比对居住建筑实际达到节能50%的目标是有利的。

居住建筑的内部得热比较复杂，在冬季可以减小采暖负荷，在夏季则增大空调负荷。在计算时不考虑室内得热可以简化计算。

对于南区，由于采暖可以不考虑，因而本标准规定可不进行采暖部分的计算。这样规定与夏热冬暖地区的划分原则是一致的。对于北区，由于其靠近夏热冬冷地区，还会有一定的采暖，因而采暖部分不可忽略。

采用浅色饰面材料的屋顶外表面和外墙面，一方面能有效地降低夏季空调能耗，是一项有效的隔热措施，但对冬季采暖不利；另一方面，由于目前很多浅色饰面的耐久性问题没有得到解决，同时随着外界粉尘等污染物的作用，其太阳辐射吸收系数会有所增加。目前，不少地方出现了在使用"对比评定法"时取用低 ρ 值（有的甚至低于0.2）来通过节能计算的做法，片面夸大了浅色饰面材料的作用。所以本次修订在第4.0.16条中把附加热阻减小了，热反射饰面计算用的太阳辐射吸收系数应取按附录B修正之值，且不得重复计算其当量附加热阻。考虑了浅色饰面的隔热效果随时间和环境因素引起的衰减，比较符合实际情况，从而不致过分夸大浅色饰面的作用。

5.0.4 本标准规定，计算空调采暖年耗电量采用动态的能耗模拟计算软件。夏热冬暖地区室内外温差比较小，一天之内温度波动对围护结构传热的影响比较大。尤其是夏季，白天室外气温很高，又有很强的太阳辐射，热量通过围护结构从室外传入室内；夜里室外温度下降比室内温度快，热量有可能通过围护结构从室内传向室外。由于这个原因，为了比较准确地计算采暖、空调负荷，并与现行国家标准《采暖通风与空气调节设计规范》GB 50019 保持一致，需要采用动态计算方法。

动态的计算方法有很多，暖通空调设计手册里冷负荷计算法就是一种常用的动态计算方法。本标准采用了反应系数计算方法，并采用美国劳伦斯伯克利国家实验室开发的 DOE-2 软件作为计算工具。

DOE-2 用反应系数法来计算建筑围护结构的传热量。反应系数法是先计算围护结构内外表面温度和热流对一个单位三角波温度扰量的反应，计算出围护结构的吸热、放热和传热反应系数，然后将任意变化的室外温度分解成一个个可叠加的三角波，利用导热微分方程可叠加的性质，将围护结构对每一个温度三角波的反应叠加起来，得到任意一个时期围护结构表面的温度和热流。

DOE-2 软件可以模拟建筑物采暖、空调的热过程。用户可以输入建筑物的几何形状和尺寸，可以输入室内人员、电器、炊事、照明等的作息时间，可以输入一年 8760 个小时的气象数据，可以选择空调系统的类型和容量等等参数。DOE-2 根据用户输入的数据进行计算，计算结果以各种各样的报告形式来提供。目前，国内一些软件开发企业开发了多款基于 DOE-2 的节能计算软件。这些软件为方便建筑节能计算做出了很大贡献。

另外，清华大学开发的 DeST 动态模拟能耗计算软件也可以用于能耗分析。该软件也给出了全国许多城市的逐时气象数据，有着较好的输入输出界面，采用该软件进行能耗分析计算也是比较合适的。

5.0.5 尽管动态模拟软件均有了很好的输入输出界面，计算也不算太复杂，但对于一般的建筑设计人员来说，采用这些软件计算还有不少困难。为了使得节能的对比计算更加方便，本标准给出了根据 DOE-2 软件拟合的简化计算公式，以使建筑节能工作推广起来更加方便和迅速。建筑的空调采暖年耗电指数应采用本标准附录 C 的方法计算。

6 暖通空调和照明节能设计

6.0.1 夏热冬暖地区夏季酷热，北区冬季也比较湿冷。随着经济发展，人民生活水平的不断提高，对空调、采暖的需求逐年上升。对于居住建筑选择设计集中空调（采暖）系统方式，还是分户空调（采暖）方式，应根据当地能源、环保等因素，通过仔细的技术经济分析来确定。同时，该地区居民空调（采暖）所需设备及运行费用全部由居民自行支付，因此，还要考虑用户对设备及运行费用的承担能力。

6.0.2 2008 年 10 月 1 日起施行的《民用建筑节能条例》第十八条规定"实行集中供热的建筑应当安装供热系统调控装置、用热计量装置和室内温度调控装置。"对于夏热冬暖地区采取集中式空调（采暖）方式时，也应计量收费，增强居民节能意识。在涉及具体空调（采暖）节能设计时，可以参考执行现行国家

标准《公共建筑节能设计标准》GB 50189-2005 中的有关规定。

6.0.3~6.0.4 当居住区采用集中供冷（热）方式时，冷（热）源的选择，对于合理使用能源及节约能源是至关重要的。从目前的情况来看，不外乎采用电驱动的冷水机组制冷，电驱动的热泵机组制冷及采暖；直燃型溴化锂吸收式冷（温）水机组制冷及采暖，蒸汽（热水）溴化锂吸收式冷热水机组制冷及采暖；热、电、冷联产方式，以及城市热网供热；燃气、燃油、电热水机（炉）供热等。当然，选择哪种方式为好，要经过技术经济分析比较后确定。《公共建筑节能设计标准》GB 50189-2005 给出了相应机组的能效比（性能系数）。这些参数的要求在该标准中是强制性条款，是必须达到的。

6.0.5 为了方便应用，表 4 为多联式空调（热泵）机组制冷综合性能系数 ［IPLV（C）］值，是根据《多联式空调（热泵）机组能效限定值及能源效率等级》GB 21454-2008 标准中规定的能效等级第 3 级。

表 4　多联式空调（热泵）机组制冷综合性能系数 ［IPLV（C）］

名义制冷量（CC） W	综合性能系数 ［IPLV（C）］ （能效等级第 3 级）
CC≤28000	3.20
28000＜CC≤84000	3.15
84000＜CC	3.10

6.0.6 部分夏热冬暖地区冬季比较温和，需要采暖的时间很短，而且热负荷也很低。这些地区如果采暖，往往可能是直接用电来进行采暖。比如电散热器采暖、电红外线辐射器采暖、低温电热膜辐射采暖、低温加热电缆辐射采暖，甚至电锅炉热水采暖等等。要说明的是，采用这类方式时，特别是电红外线辐射器采暖、低温电热膜辐射采暖、低温加热电缆辐射采暖时，一定要符合有关标准中建筑防火要求，也要分析用电量的供应保证及用户运行费用承担的能力。但毕竟火力发电厂的发电效率约为 30%，用高品位的电能直接转换为低品位的热能进行采暖，在能源利用上并不合理。此条只是要求如果设计阶段将采暖方式、设备也在图纸上作了规定，那么，这种较大规模的应用从能源合理利用角度并不合理，不宜鼓励和认同。

6.0.7 采用分散式房间空调器进行空调和（或）采暖时，这类设备一般用用户自行采购，该条文的目的是要推荐用户购买能效比高的产品。目前已发布实施国家标准《房间空气调节器能效限定值及能效等级》GB 12021.3-2010 和《转速可控型房间空气调节器能效限定值及能源效率等级》GB 21455-2008，建议用户选购节能型产品（即能源效率第 2 级）。

而新修订的《房间空气调节器能效限定值及能效等级》GB 12021.3－2010对于能效限定值与能源效率等级指标已有提高，能效等级分为三级，而GB 12021.3－2004版中的节能评价值（即能效等级第2级）仅列为最低级（即第3级）。

为了方便应用，表5列出了GB 12021.3－2010房间空气调节器能源效率等级第3级指标，表6列出了GB 12021.3－2010中空调器能源效率等级指标；表7列出了转速可控型房间空气调节器能源效率等级第2级指标。

表5 房间空调器能源效率等级指标

类型	额定制冷量（CC）W	节能评价值（能效等级3级）
整体式	—	2.90
分体式	CC≤4500	3.20
	4500<CC≤7100	3.10
	7100<CC≤14000	3.00

表6 房间空调器能源效率等级指标

类型	额定制冷量（CC）W	能效等级		
		3	2	1
整体式	—	2.90	3.10	3.30
分体式	CC≤4500	3.20	3.40	3.60
	4500<CC≤7100	3.10	3.30	3.50
	7100<CC≤14000	3.00	3.20	3.40

表7 能源效率2级对应的制冷季节能源消耗效率（SEER）指标（Wh/Wh）

类型	额定制冷量（CC）W	节能评价值（能效等级2级）
分体式	CC≤4500	4.50
	4500<CC≤7100	4.10
	7100<CC≤14000	3.70

6.0.8 本条文是强制性条文。

现行国家标准《地源热泵系统工程技术规范》GB 50366－2005中对于"地源热泵系统"的定义为："以岩土体、地下水或地表水为低温热源，由水源热泵机组、地热能交换系统、建筑物内系统组成的供热空调系统。根据地能交换形式的不同，地源热泵分为地埋管地源热泵系统、地下水地源热泵系统和地表水地源热泵系统"。地表水包括河流、湖泊、海水、中水或达到国家排放标准的污水、废水等。地源热泵系统可利用浅层地热能资源进行供热与空调，具有良好的节能与环境效益，近年来在国内得到了日益广泛的应用。但在夏热冬暖地区应用地源热泵系统时不能一概而论，

应针对项目冷热需求特点、项目所处的资源状况选择合适的系统形式，并对选用的地源热泵系统类型进行适宜性分析，包括技术可行性和经济合理性的分析，只有在技术经济合理的情况下才能选用。

这里引用《地源热泵系统工程技术规范》GB 50366－2005的部分条文进行说明，第3.1.1条："地源热泵系统方案设计前，应进行工程场地状况调查，并应对浅层地热能资源进行勘察"；第4.3.2条："地埋管换热系统设计应进行全年动态负荷计算，最小计算周期宜为1年。计算周期内，地源热泵系统总释热量宜与其总吸热量相平衡"；第5.1.2条："地下水的持续出水量应满足地源热泵系统最大吸热量或释热量的要求"；第6.1.1条："地表水换热系统设计前，应对地表水地源热泵系统运行对水环境的影响进行评估"。

特别地，全年冷热负荷基本平衡是土壤源热泵开发利用的基本前提，当计划采用地埋管换热系统形式时，要进行土壤温度平衡的模拟计算，保证全年向土壤的供冷量和取冷量相当，保持地温的稳定。

6.0.9 在空调设计阶段，应重视两方面内容：（1）布置室外机时，应保证相邻的室外机吹出的气流射程互不干扰，避免空调器效率下降；对于居住建筑开放式天井来说，天井内两个相对的主要立面一般不小于6m，这对于一般的房间空调器的室外机吹出气流射程不至于相互干扰，但在天井两个立面距离小于6m时，应考虑室外机偏转一定的角度，使其吹出射流方向朝向天井开口方向；对于封闭内天井来说，当天井底部无架空且顶部不开敞时，天井内侧不宜布置空调室外机；（2）对室内机和室外机进行隐蔽装饰设计有两个主要目的，一是提高建筑立面的艺术效果，二是对室外机有一定的遮阳和防护作用。有的商住楼用百叶窗将室外机封起来，这样会不利于夏季排放热量，大大降低能效比。装饰的构造形式不应对空调器室内机和室外机的进气和排气通道形成明显阻碍，从而避免室内气流组织不良和设备效率下降。

6.0.10～6.0.12 居住建筑应用空调设备保持室内舒适的热环境条件要耗费能量。此外，应用空调设备还会有一定的噪声。而自然通风无能耗、无噪声，当室外空气品质好的情况下，人体舒适感好（空气新鲜、风速风向随机变化、风力柔和），因此，应重视采用自然通风。欧洲国家在建筑节能和改善室内空气品质方面极为重视研究和应用自然通风，我国国家住宅与居住环境工程中心编制的《健康住宅建设技术要点》中规定："住宅的居住空间应能自然通风，无通风死角"。当然，自然通风在应用上存在不易控制、受气象条件制约、要求室外空气无污染等局限，例如据气象资料统计，广州地区标准年室外干球温度分布在18.5℃～26.5℃的时数为3991小时，近半年的时间里可利用自然通风。对于某些居住建筑，由于客观原因使在气象条件符合利用自然通风的时间里而单纯靠

自然通风又不能满足室内热环境要求时，应设计机械通风（一般是机械排风），作为自然通风的辅助技术措施。只有各种通风技术措施都不能满足室内热舒适环境要求时，才开启空调设备或系统。

目前，居住建筑的机械排风有分散式无管道系统，集中式排风竖井和有管道系统。随着经济的发展和人们生活水平的提高，集中式机械排风竖井或集中式有管道机械排风系统会得到较多的应用。

居住建筑中由于人（及宠物）的新陈代谢和人的活动会产生污染物，室内装修材料及家具设备也会散发污染物，因此，居住建筑的通风换气是创造舒适、健康、安全、环保的室内环境，提高室内环境质量水平的技术措施之一。通风分为自然通风和机械通风，传统的居住建筑自然通风方法是打开门窗，靠风压作用和热压作用形成"穿堂风"或"烟囱风"；机械通风则需要应用风机为动力。有效的技术措施是居住建筑通风设计采用机械排风、自然进风。机械排风的排风口一般设在厨房和卫生间，排风量应满足室内环境质量要求，排风机应选用符合标准的产品，并应优先选用高效节能低噪声风机。《中国节能技术政策大纲》提出节能型通用风机的效率平均达到 84%；选用风机的噪声应满足居住建筑环境质量标准的要求。

近年来，建筑室内空气品质问题已经越来越引起人们的关注，建筑材料，建筑装饰材料及胶粘剂会散发出各种污染物如挥发性有机化合物（VOC），对人体健康造成很大的威胁。VOC 中对室内空气污染影响最大的是甲醛。它们能够对人体的呼吸系统、心血管系统及神经系统产生较大的影响，甚至有些还会致癌，VOC 还是造成病态建筑综合症（Sick Building Syndrome）的主要原因。当然，最根本的解决是从源头上采用绿色建材，并加强自然通风。机械通风装置可以有组织地进行通风，大大降低污染物的浓度，使之符合卫生标准。

然而，考虑到我国目前居住建筑实际情况，还没有条件在标准中规定居住建筑要普遍采用有组织的全面机械通风系统。本标准要求在居住建筑的通风设计中要处理好室内气流组织，即应该在厨房、无外窗卫生间安装局部机械排风装置，以防止厨房、卫生间的污浊空气进入居室。如果当地夏季白天与晚上的气温相差较大，应充分利用夜间通风，既达到换气通风、改善室内空气品质的目的，又可以被动降温，从而减少空调运行时间，降低能源消耗。

6.0.13 本条文引自全文强制的《住宅建筑规范》GB 50368。

附录 A 建筑外遮阳系数的计算方法

A.0.1～A.0.3 建筑外遮阳系数 SD 的计算方法

国内外均习惯把建筑窗口的遮阳形式按水平遮阳、垂直遮阳、综合遮阳和挡板遮阳进行分类，《中国土木建筑百科辞典》中载入了关于这几种遮阳形式的准确定义。随着国内建筑遮阳产业的发展，近年来出现了几种用于住宅建筑的外遮阳形式，主要有横百叶遮阳、竖百叶遮阳，而这两种遮阳类型因其特征仍然属于窗口前设置的有一定透光能力的挡板，也因其有百叶可调和不可调之分，分别称其为固定横（竖）百叶挡板式遮阳、活动横（竖）百叶挡板式遮阳。考虑到传统的综合遮阳是指由水平遮阳和垂直遮阳组合而成的一种形式，现代建筑遮阳设计中还出现了与挡板遮阳的组合，如南京万科莫愁湖小区住宅设计的阳台飘板＋推拉式活动百叶窗就是典型的案例，因此本计算方法中给出了多种组合式遮阳的 SD 计算方法，其中包括了传统的综合遮阳。

本计算方法 A.0.1 中按国内外建筑设计行业和建筑热工领域的习惯分类，依窗口的水平遮阳、垂直遮阳、挡板遮阳、固定横（竖）百叶挡板式遮阳、活动横（竖）百叶挡板式遮阳的顺序，给出了各自的外遮阳系数的定量计算方法；A.0.2 给出了多种遮阳形式组合的计算方法；A.0.3 规定了透光性材料制作遮阳构件时，建筑外遮阳系数的计算方法，实际上本条规定相当于是对上述遮阳形式的计算结果进行一个材料透光性的修正。

1 窗口水平遮阳和垂直遮阳的外遮阳系数

水平和垂直外遮阳系数的计算是依据外遮阳系数 SD 的定义，建立一个简单的建筑模型，通过全年空调能耗动态模拟计算，按诸朝向外窗遮阳与不遮阳能耗计算结果反算得来建筑外遮阳系数，其计算式为：

$$SD = \frac{q_2 - q_3}{q_1 - q_3} \qquad (7)$$

式中：q_1 ——无外遮阳时，模拟得到的全年空调能耗指标（kWh/m²）；

q_2 ——某朝向所有外窗设外遮阳，模拟得到的全年空调指标（kWh/m²）；

q_3 ——上述朝向所有外窗假设设的遮阳系数 $SC=0$，该朝向所有外窗不设遮阳措施，其他参数不变的情况下，模拟得到的全年累计冷负荷指标（kWh/m²）；

$q_1 - q_3$ ——某朝向上的所有外窗无外遮阳时由太阳辐射引起的全年累计冷负荷（kWh/m²）；

$q_2 - q_3$ ——某朝向上的所有外窗有外遮阳时由太阳辐射引起的全年累计冷负荷（kWh/m²）。

有无遮阳的模型建筑的能耗是通过 DOE-2 的计算拟合得到的。在进行遮阳板的计算过程中，本标准采用了一个比较简单的建筑进行拟合计算。其外窗为单层透明玻璃铝合金窗，传热系数 5.61，遮阳系数 0.9，单窗面积为 4m²。为了使计算的遮阳系数有较广的适应性，故将窗定为正方形。采用这一建筑进行各个朝向的拟合计算。方法是在不同的朝向加遮阳板，变化遮阳板的挑出长度，逐一模拟公式 A.0.1-1 中空调能耗值并计算出 SD，再与遮阳板构造的挑出系数 $x=A/B$ 关联，拟合出一个二次多项式的系数 a、b。

2 挡板遮阳的遮阳系数

挡板的外遮阳系数按下式计算：

$$SD = 1 - (1 - SD^*)(1 - \eta^*) \tag{8}$$

式中：SD^*——采用不透明材料制作的挡板的建筑外遮阳系数；

η^*——挡板的材料透射比，按条文中表 A.0.3 确定。

其他非透明挡板各朝向的建筑外遮阳系数 SD^* 可按该朝向上的 4 组典型太阳光线入射角，采用平行光投射方法分别计算或实验测定，其轮廓透光比应取 4 个透光比的平均值。典型太阳入射角可按表 8 选取。

表 8　典型的太阳光线入射角（°）

窗口朝向		南				东、西				北			
		1组	2组	3组	4组	1组	2组	3组	4组	1组	2组	3组	4组
夏季	高度角	0	0	60	60	0	0	45	45	0	30	30	30
	方位角	0	45	0	45	75	90	75	90	180	180	135	−135
冬季	高度角	0	0	45	45	0	0	45	45	0	0	0	45
	方位角	0	45	0	45	45	90	45	90	180	135	−135	180

挡板遮阳分析的关键问题是挡板的材料和构造形式对外遮阳系数的影响。因当前现代建筑材料类型和构造技术的多样化，挡板的材料和构造形式变化万千，如果均要求建筑设计时按太阳位置角度逐时计算挡板的能量比例显然是不现实的。但作为挡板构造形式之一的建筑花格、漏花、百叶等遮阳构件，在原理上存在统一性，都可以看做是窗口外的一块竖板，通过这块板则有两个性能影响光线到达窗面，一个是挡板的轮廓形状和与窗面的相对位置，另一个是挡板本身构造的透光性能。两者综合在一起才能判断挡板的遮阳效果。因此本标准采用两个参数确定挡板的遮阳系数，一个是挡板的建筑外遮阳系数 SD^*，另一个是挡板构造透光比 η^*。

根据上述原理计算各个朝向的建筑外遮阳系数 SD 值，再将 SD 值与挡板的构造的特征值（挡板高与窗高之比）$x=A/B$ 关联，拟合出二次多项式的系数 a、b 载入表 A.0.1。计算中挡板设定为不透光的材料（如钢筋混凝土板材、金属板或复合装饰扣板等），但考虑这类材料本身的吸热后的二次辐射，取 $\eta^* = 0.1$。挡板与外窗之间选取了一个典型的间距值为 0.6m，当这一间距增大时挡板的遮阳系数会增大遮阳效果会下降，但对于阳台和走廊设置挡板时距离一般在 1.2m，和挑出楼板组合后，在这一范围内仍然选用设定间距为 0.6m 时的回归系数是可行的。这样确定也是为了鼓励设计多采用挡板式这类相对最为有效的做法。

中华人民共和国行业标准

夏热冬冷地区居住建筑节能设计标准

Design standard for energy efficiency of residential buildings
in hot summer and cold winter zone

JGJ 134—2010

批准部门：中华人民共和国住房和城乡建设部
施行日期：2010年8月1日

中华人民共和国住房和城乡建设部
公　　告

第 523 号

关于发布行业标准《夏热冬冷地区
居住建筑节能设计标准》的公告

　　现批准《夏热冬冷地区居住建筑节能设计标准》为行业标准，编号为 JGJ 134 - 2010，自 2010 年 8 月 1 日起实施。其中，第 4.0.3、4.0.4、4.0.5、4.0.9、6.0.2、6.0.3、6.0.5、6.0.6、6.0.7 条为强制性条文，必须严格执行。原《夏热冬冷地区居住建筑节能设计标准》JGJ 134 - 2001 同时废止。

　　本标准由我部标准定额研究所组织中国建筑工业出版社出版发行。

中华人民共和国住房和城乡建设部

2010 年 3 月 18 日

前　　言

　　根据原建设部《关于印发〈2005 年工程建设标准规范制订、修订计划（第一批）〉的通知》（建标 [2005] 84 号）的要求，标准编制组经广泛调查研究，认真总结实践经验，参考有关国际标准和国外先进标准，并在广泛征求意见的基础上，修订本标准。

　　本标准的主要技术内容是：1. 总则；2. 术语；3. 室内热环境设计计算指标；4. 建筑和围护结构热工设计；5. 建筑围护结构热工性能的综合判断；6. 采暖、空调和通风节能设计等。

　　本次修订的主要技术内容是：重新确定住宅的围护结构热工性能要求和控制采暖空调能耗指标的技术措施；建立新的建筑围护结构热工性能综合判断方法；规定采暖空调的控制和计量措施。

　　本标准中以黑体字标志的条文为强制性条文，必须严格执行。

　　本标准由住房和城乡建设部负责管理和对强制性条文的解释，由中国建筑科学研究院负责具体技术内容的解释。执行过程中如有意见或建议，请寄送中国建筑科学研究院（地址：北京市北三环东路 30 号，邮政编码：100013）。

　　本 标 准 主 编 单 位：中国建筑科学研究院

　　本 标 准 参 编 单 位：重庆大学

中国建筑西南设计研究院有限公司

中国建筑业协会建筑节能专业委员会

上海市建筑科学研究院（集团）有限公司

江苏省建筑科学研究院有限公司

福建省建筑科学研究院

中南建筑设计研究院

重庆市建设技术发展中心

北京振利高新技术有限公司

巴斯夫（中国）有限公司

欧文斯科宁（中国）投资有限公司

哈尔滨天硕建材工业有限公司

中国南玻集团股份有限公司

秦皇岛耀华玻璃钢股份公司

乐意涂料（上海）有限公司

　　本标准主要起草人员：郎四维　林海燕　付祥钊
冯　雅　涂逢祥　刘明明
许锦峰　赵士怀　刘安平
周　辉　董　宏　姜　涵
林燕成　王　稚　康玉范
许武毅　李西平　邓　威

　　本标准主要审查人员：李百战　陆善后　寿炜炜
杨善勤　徐金泉　胡吉士
储兆佛　张瀛洲　郭和平

目　次

Contents

1 总　　则

1.0.1 为贯彻国家有关节约能源、保护环境的法律、法规和政策，改善夏热冬冷地区居住建筑热环境，提高采暖和空调的能源利用效率，制定本标准。

1.0.2 本标准适用于夏热冬冷地区新建、改建和扩建居住建筑的建筑节能设计。

1.0.3 夏热冬冷地区居住建筑必须采取节能设计，在保证室内热环境的前提下，建筑热工和暖通空调设计应将采暖和空调能耗控制在规定的范围内。

1.0.4 夏热冬冷地区居住建筑的节能设计，除应符合本标准的规定外，尚应符合国家现行有关标准的规定。

2 术　　语

2.0.1 热惰性指标（D） index of thermal inertia

表征围护结构抵御温度波动和热流波动能力的无量纲指标，其值等于各构造层材料热阻与蓄热系数的乘积之和。

2.0.2 典型气象年（TMY） typical meteorological year

以近 10 年的月平均值为依据，从近 10 年的资料中选取一年各月接近 10 年的平均值作为典型气象年。由于选取的月平均值在不同的年份，资料不连续，还需要进行月间平滑处理。

2.0.3 参照建筑 reference building

参照建筑是一栋符合节能标准要求的假想建筑。作为围护结构热工性能综合判断时，与设计建筑相对应，计算全年采暖和空气调节能耗的比较对象。

3 室内热环境设计计算指标

3.0.1 冬季采暖室内热环境设计计算指标应符合下列规定：

1 卧室、起居室室内设计温度应取 18℃；

2 换气次数应取 1.0 次/h。

3.0.2 夏季空调室内热环境设计计算指标应符合下列规定：

1 卧室、起居室室内设计温度应取 26℃；

2 换气次数应取 1.0 次/h。

4 建筑和围护结构热工设计

4.0.1 建筑群的总体布置、单体建筑的平面、立面设计和门窗的设置应有利于自然通风。

4.0.2 建筑物宜朝向南北或接近朝向南北。

4.0.3 夏热冬冷地区居住建筑的体形系数不应大于表 4.0.3 规定的限值。当体形系数大于表 4.0.3 规定的限值时，必须按照本标准第 5 章的要求进行建筑围护结构热工性能的综合判断。

表 4.0.3　夏热冬冷地区居住建筑的体形系数限值

建筑层数	≤3 层	(4～11)层	≥12 层
建筑的体形系数	0.55	0.40	0.35

4.0.4 建筑围护结构各部分的传热系数和热惰性指标不应大于表 4.0.4 规定的限值。当设计建筑的围护结构中的屋面、外墙、架空或外挑楼板、外窗不符合表 4.0.4 的规定时，必须按照本标准第 5 章的规定进行建筑围护结构热工性能的综合判断。

表 4.0.4　建筑围护结构各部分的传热系数 (K)和热惰性指标 (D) 的限值

围护结构部位		传热系数 K [W/(m²·K)]	
		热惰性指标 D≤2.5	热惰性指标 D>2.5
体形系数 ≤0.40	屋面	0.8	1.0
	外墙	1.0	1.5
	底面接触室外空气的架空或外挑楼板	1.5	
	分户墙、楼板、楼梯间隔墙、外走廊隔墙	2.0	
	户门	3.0(通往封闭空间) 2.0(通往非封闭空间或户外)	
	外窗(含阳台门透明部分)	应符合本标准表 4.0.5-1、表 4.0.5-2 的规定	
体形系数 >0.40	屋面	0.5	0.6
	外墙	0.80	1.0
	底面接触室外空气的架空或外挑楼板	1.0	
	分户墙、楼板、楼梯间隔墙、外走廊隔墙	2.0	
	户门	3.0(通往封闭空间) 2.0(通往非封闭空间或户外)	
	外窗(含阳台门透明部分)	应符合本标准表 4.0.5-1、表 4.0.5-2 的规定	

4.0.5 不同朝向外窗（包括阳台门的透明部分）的窗墙面积比不应大于表 4.0.5-1 规定的限值。不同朝向、不同窗墙面积比的外窗传热系数不应大于表

4.0.5-2 规定的限值；综合遮阳系数应符合表 4.0.5-2 的规定。当外窗为凸窗时，凸窗的传热系数限值应比表 4.0.5-2 规定的限值小 10%；计算窗墙面积比时，凸窗的面积应按洞口面积计算。当设计建筑的窗墙面积比或传热系数、遮阳系数不符合表 4.0.5-1 和表 4.0.5-2 的规定时，必须按照本标准第 5 章的规定进行建筑围护结构热工性能的综合判断。

表 4.0.5-1 不同朝向外窗的窗墙面积比限值

朝 向	窗墙面积比
北	0.40
东、西	0.35
南	0.45
每套房间允许一个房间（不分朝向）	0.60

表 4.0.5-2 不同朝向、不同窗墙面积比的外窗传热系数和综合遮阳系数限值

建筑	窗墙面积比	传热系数 K [W/(m²·K)]	外窗综合遮阳系数 SC_w （东、西向/南向）
体形系数 ≤0.40	窗墙面积比≤0.20	4.7	—/—
	0.20<窗墙面积比≤0.30	4.0	—/—
	0.30<窗墙面积比≤0.40	3.2	夏季≤0.40/夏季≤0.45
	0.40<窗墙面积比≤0.45	2.8	夏季≤0.35/夏季≤0.40
	0.45<窗墙面积比≤0.60	2.5	东、西、南向设置外遮阳 夏季≤0.25 冬季≥0.60
体形系数 >0.40	窗墙面积比≤0.20	4.0	—/—
	0.20<窗墙面积比≤0.30	3.2	—/—
	0.30<窗墙面积比≤0.40	2.8	夏季≤0.40/夏季≤0.45
	0.40<窗墙面积比≤0.45	2.5	夏季≤0.35/夏季≤0.40
	0.45<窗墙面积比≤0.60	2.3	东、西、南向设置外遮阳 夏季≤0.25 冬季≥0.60

注：1 表中的"东、西"代表从东或西偏北 30°(含 30°)至偏南 60°(含 60°)的范围；"南"代表从南偏东 30°至偏西 30°的范围。
2 楼梯间、外走廊的窗不按本表规定执行。

4.0.6 围护结构热工性能参数计算应符合下列规定：

1 建筑物面积和体积应按本标准附录 A 的规定计算确定。

2 外墙的传热系数应考虑结构性冷桥的影响，取平均传热系数，其计算方法应符合本标准附录 B 的规定。

3 当屋顶和外墙的传热系数满足本标准表 4.0.4 的限值要求，但热惰性指标 $D≤2.0$ 时，应按照《民用建筑热工设计规范》GB 50176-93 第 5.1.1 条来验算屋顶和东、西向外墙的隔热设计要求。

4 当砖、混凝土等重质材料构成的墙、屋面的面密度 $\rho≥200kg/m^2$ 时，可不计算热惰性指标，直接认定外墙、屋面的热惰性指标满足要求。

5 楼板的传热系数可按装修后的情况计算。

6 窗墙面积比应按建筑开间（轴距离）计算。

7 窗的综合遮阳系数应按下式计算：

$$SC = SC_C \times SD = SC_B \times (1 - F_K/F_C) \times SD \quad (4.0.6)$$

式中：SC——窗的综合遮阳系数；
SC_C——窗本身的遮阳系数；
SC_B——玻璃的遮阳系数；
F_K——窗框的面积；
F_C——窗的面积，F_K/F_C 为窗框面积比，PVC 塑钢窗或木窗窗框比可取 0.30，铝合金窗窗框比可取 0.20，其他框材的窗按相近原则取值；
SD——外遮阳的遮阳系数，应按本标准附录 C 的规定计算。

4.0.7 东偏北 30°至东偏南 60°、西偏北 30°至西偏南 60°范围内的外窗应设置挡板式遮阳或可以遮住窗户正面的活动外遮阳，南向的外窗宜设置水平遮阳或可以遮住窗户正面的活动外遮阳。各朝向的窗户，当设置了可以完全遮住正面的活动外遮阳时，应认定满足本标准表 4.0.5-2 对外窗遮阳的要求。

4.0.8 外窗可开启面积（含阳台门面积）不应小于外窗所在房间地面面积的 5%。多层住宅外窗宜采用平开窗。

4.0.9 建筑物 1~6 层的外窗及敞开式阳台门的气密性等级，不应低于国家标准《建筑外门窗气密、水密、抗风压性能分级及检测方法》GB/T 7106-2008 中规定的 4 级；7 层及 7 层以上的外窗及敞开式阳台门的气密性等级，不应低于该标准规定的 6 级。

4.0.10 当外窗采用凸窗时，应符合下列规定：

1 窗的传热系数限值应比本标准表 4.0.5-2 中的相应值小 10%；

2 计算窗墙面积比时，凸窗的面积按窗洞口面积计算；

3 对凸窗不透明的上顶板、下底板和侧板，应进行保温处理，且板的传热系数不应低于外墙的传热系数的限值要求。

4.0.11 围护结构的外表面宜采用浅色饰面材料。平屋顶宜采取绿化、涂刷隔热涂料等隔热措施。

4.0.12 当采用分体式空气调节器（含风管机、多联机）时，室外机的安装位置应符合下列规定：

1 应稳定牢固，不应存在安全隐患；

2 室外机的换热器应通风良好，排出空气与吸入空气之间应避免气流短路；

3 应便于室外机的维护；

4 应尽量减小对周围环境的热影响和噪声影响。

5 建筑围护结构热工性能的综合判断

5.0.1 当设计建筑不符合本标准第 4.0.3、第

4.0.4 和第 4.0.5 条中的各项规定时，应按本章的规定对设计建筑进行围护结构热工性能的综合判断。

5.0.2 建筑围护结构热工性能的综合判断应以建筑物在本标准第 5.0.6 条规定的条件下计算得出的采暖和空调耗电量之和为判据。

5.0.3 设计建筑在规定条件下计算得出的采暖耗电量和空调耗电量之和，不应超过参照建筑在同样条件下计算得出的采暖耗电量和空调耗电量之和。

5.0.4 参照建筑的构建应符合下列规定：

1 参照建筑的建筑形状、大小、朝向以及平面划分均应与设计建筑完全相同；

2 当设计建筑的体形系数超过本标准表 4.0.3 的规定时，应按同一比例将参照建筑每个开间外墙和屋面的面积分为传热面积和绝热面积两部分，并应使得参照建筑外围护的所有传热面积之和除以参照建筑的体积等于本标准表 4.0.3 中对应的体形系数限值；

3 参照建筑外墙的开窗位置应与设计建筑相同，当某个开间的窗面积与该开间的传热面积之比大于本标准表 4.0.5-1 的规定时，应缩小该开间的窗面积，并应使得窗面积与该开间的传热面积之比符合本标准表 4.0.5-1 的规定；当某个开间的窗面积与该开间的传热面积之比小于本标准表 4.0.5-1 的规定时，该开间的窗面积不应作调整；

4 参照建筑屋面、外墙、架空或外挑楼板的传热系数应取本标准表 4.0.4 中对应的限值，外窗的传热系数应取本标准表 4.0.5 中对应的限值。

5.0.5 设计建筑和参照建筑在规定条件下的采暖和空调年耗电量应采用动态方法计算，并应采用同一版本计算软件。

5.0.6 设计建筑和参照建筑的采暖和空调年耗电量的计算应符合下列规定：

1 整栋建筑每套住宅室内计算温度，冬季应全天为 18℃，夏季应全天为 26℃；

2 采暖计算期应为当年 12 月 1 日至次年 2 月 28 日，空调计算期应为当年 6 月 15 日至 8 月 31 日；

3 室外气象计算参数应采用典型气象年；

4 采暖和空调时，换气次数应为 1.0 次/h；

5 采暖、空调设备为家用空气源热泵空调器，制冷时额定能效比应取 2.3，采暖时额定能效比应取 1.9；

6 室内得热平均强度应取 4.3W/m²。

6 采暖、空调和通风节能设计

6.0.1 居住建筑采暖、空调方式及其设备的选择，应根据当地能源情况，经技术经济分析，及用户对设备运行费用的承担能力综合考虑确定。

6.0.2 当居住建筑采用集中采暖、空调系统时，必须设置分室（户）温度调节、控制装置及分户热（冷）量计量或分摊设施。

6.0.3 除当地电力充足和供电政策支持、或者建筑所在地无法利用其他形式的能源外，夏热冬冷地区居住建筑不应设计直接电热采暖。

6.0.4 居住建筑进行夏季空调、冬季采暖，宜采用下列方式：

1 电驱动的热泵型空调器（机组）；

2 燃气、蒸汽或热水驱动的吸收式冷（热）水机组；

3 低温地板辐射采暖方式；

4 燃气（油、其他燃料）的采暖炉采暖等。

6.0.5 当设计采用户式燃气采暖热水炉作为采暖热源时，其热效率应达到国家标准《家用燃气快速热水器和燃气采暖热水炉能效限定值及能效等级》GB 20665‑2006 中的第 2 级。

6.0.6 当设计采用电机驱动压缩机的蒸气压缩循环冷水（热泵）机组，或采用名义制冷量大于 7100W 的电机驱动压缩机单元式空气调节机，或采用蒸气、热水型溴化锂吸收式冷水机组及直燃型溴化锂吸收式冷（温）水机组作为住宅小区或整栋楼的冷热源机组时，所选用机组的能效比（性能系数）应符合现行国家标准《公共建筑节能设计标准》GB 50189 中的规定值；当设计采用多联式空调（热泵）机组作为户式集中空调（采暖）机组时，所选用机组的制冷综合性能系数（IPLV（C））不应低于国家标准《多联式空调（热泵）机组能效限定值及能源效率等级》GB 21454‑2008 中规定的第 3 级。

6.0.7 当选择土壤源热泵系统、浅层地下水源热泵系统、地表水（淡水、海水）源热泵系统、污水水源热泵系统作为居住区或户用空调的冷热源时，严禁破坏、污染地下资源。

6.0.8 当采用分散式房间空调器进行空调和（或）采暖时，宜选择符合国家标准《房间空气调节器能效限定值及能效等级》GB 12021.3 和《转速可控型房间空气调节器能效限定值及能源效率等级》GB 21455 中规定的节能型产品（即能效等级 2 级）。

6.0.9 当技术经济合理时，应鼓励居住建筑中采用太阳能、地热能等可再生能源，以及在居住建筑小区采用热、电、冷联产技术。

6.0.10 居住建筑通风设计应处理好室内气流组织、提高通风效率。厨房、卫生间应安装局部机械排风装置。对采用采暖、空调设备的居住建筑，宜采用带热回收的机械换气装置。

附录 A 面积和体积的计算

A.0.1 建筑面积应按各层外墙外包线围成面积的总和计算。

A.0.2 建筑体积应按建筑物外表面和底层地面围成的体积计算。

A.0.3 建筑物外表面积应按墙面面积、屋顶面积和下表面直接接触室外空气的楼板面积的总和计算。

附录 B 外墙平均传热系数的计算

B.0.1 外墙受周边热桥的影响（图 B.0.1），其平均传热系数应按下式计算：

$$K_m = \frac{K_P \cdot F_P + K_{B1} \cdot F_{B1} + K_{B2} \cdot F_{B2} + K_{B3} \cdot F_{B3}}{F_P + F_{B1} + F_{B2} + F_{B3}}$$

(B.0.1)

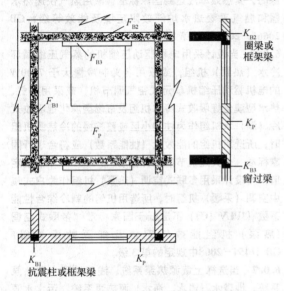

图 B.0.1 外墙主体部位与周边热桥部位示意

式中：　K_m——外墙的平均传热系数 [W/(m²·K)]；

　　　　K_P——外墙主体部位的传热系数 [W/(m²·K)]，应按国家标准《民用建筑热工设计规范》GB 50176-93 的规定计算；

K_{B1}、K_{B2}、K_{B3}——外墙周边热桥部位的传热系数 [W/(m²·K)]；

　　　　F_P——外墙主体部位的面积（m²）；

F_{B1}、F_{B2}、F_{B3}——外墙周边热桥部位的面积（m²）。

附录 C 外遮阳系数的简化计算

C.0.1 外遮阳系数应按下式计算：

$$SD = ax^2 + bx + 1 \qquad (C.0.1-1)$$
$$x = A/B \qquad (C.0.1-2)$$

式中：SD——外遮阳系数；

　　　x——外遮阳特征值，$x>1$ 时，取 $x=1$；

　　　a、b——拟合系数，宜按表 C.0.1 选取；

　　　A、B——外遮阳的构造定性尺寸，宜按图 C.0.1-1～图 C.0.1-5 确定。

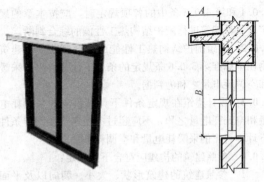

图 C.0.1-1　水平式外遮阳的特征值

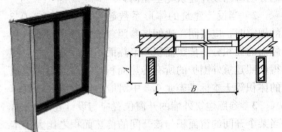

图 C.0.1-2　垂直式外遮阳的特征值

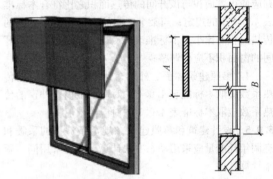

图 C.0.1-3　挡板式外遮阳的特征值

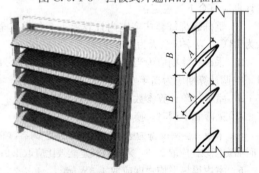

图 C.0.1-4　横百叶挡板式外遮阳的特征值

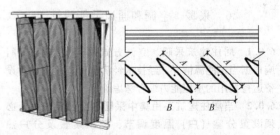

图 C.0.1-5　竖百叶挡板式外遮阳的特征值

表 C.0.1 外遮阳系数计算用的拟合系数 a、b

气候区	外遮阳基本类型	拟合系数	东	南	西	北
夏热冬冷地区	水平式 (图 C.0.1-1)	a	0.36	0.50	0.38	0.28
		b	−0.80	−0.80	−0.81	−0.54
	垂直式 (图 C.0.1-2)	a	0.24	0.33	0.24	0.48
		b	−0.54	−0.72	−0.53	−0.89
	挡板式 (图 C.0.1-3)	a	0.00	0.35	0.00	0.13
		b	−0.96	−1.00	−0.96	−0.93
	固定横百叶挡板式 (图 C.0.1-4)	a	0.50	0.50	0.52	0.37
		b	−1.20	−1.20	−1.30	−0.92
	固定竖百叶挡板式 (图 C.0.1-5)	a	0.00	0.16	0.19	0.56
		b	−0.66	−0.92	−0.71	−1.16
	活动横百叶挡板式 (图 C.0.1-4) 冬	a	0.23	0.03	0.23	0.20
		b	−0.66	−0.47	−0.69	−0.62
	夏	a	0.56	0.79	0.57	0.60
		b	−1.30	−1.40	−1.30	−1.30
	活动竖百叶挡板式 (图 C.0.1-5) 冬	a	0.29	0.14	0.31	0.20
		b	−0.87	−0.64	−0.86	−0.62
	夏	a	0.14	0.42	0.12	0.84
		b	−0.75	−1.11	−0.73	−1.47

C.0.2 组合形式的外遮阳系数，可由参加组合的各种形式遮阳的外遮阳系数的乘积来确定，单一形式的外遮阳系数应按本标准式（C.0.1-1）、式（C.0.1-2）计算。

C.0.3 当外遮阳的遮阳板采用有透光能力的材料制作时，应按下式进行修正：

$$SD = 1-(1-SD^*)(1-\eta^*) \quad (C.0.3)$$

式中：SD^*——外遮阳的遮阳板采用非透明材料制作时的外遮阳系数，按本标准式（C.0.1-1）、式（C.0.1-2）计算；

η^*——遮阳板的透射比，按表 C.0.3 选取。

表 C.0.3 遮阳板的透射比

遮阳板使用的材料	规格	η^*
织物面料、玻璃钢类板	—	0.40
玻璃、有机玻璃类板	深色：$0<S_e\leqslant0.6$	0.60
	浅色：$0.6<S_e\leqslant0.8$	0.80
金属穿孔板	穿孔率：$0<\varphi\leqslant0.2$	0.10
	穿孔率：$0.2<\varphi\leqslant0.4$	0.30
	穿孔率：$0.4<\varphi\leqslant0.6$	0.50
	穿孔率：$0.6<\varphi\leqslant0.8$	0.70
铝合金百叶板	—	0.20

续表 C.0.3

遮阳板使用的材料	规格	η^*
木质百叶板		0.25
混凝土花格		0.50
木质花格		0.45

本标准用词说明

1 为便于在执行本标准条文时区别对待，对要求严格程度不同的用词说明如下：

1）表示很严格，非这样做不可的：
正面词采用"必须"，反面词采用"严禁"；

2）表示严格，在正常情况下均应这样做的：
正面词采用"应"，反面词采用"不应"或"不得"；

3）表示允许稍有选择，在条件许可时首先应这样做的：
正面词采用"宜"，反面词采用"不宜"；

4）表示有选择，在一定条件下可以这样做的，采用"可"。

2 条文中指明应按其他有关标准执行的写法为："应符合……的规定"或"应按……执行"。

引用标准名录

1 《民用建筑热工设计规范》GB 50176-93

2 《公共建筑节能设计标准》GB 50189

3 《建筑外门窗气密、水密、抗风压性能分级及检测方法》GB/T 7106-2008

4 《房间空气调节器能效限定值及能效等级》GB 12021.3

5 《家用燃气快速热水器和燃气采暖热水炉能效限定值及能效等级》GB 20665-2006

6 《多联式空调（热泵）机组能效限定值及能源效率等级》GB 21454-2008

7 《转速可控型房间空气调节器能效限定值及能源效率等级》GB 21455

中华人民共和国行业标准

夏热冬冷地区居住建筑节能设计标准

JGJ 134—2010

条文说明

修 订 说 明

《夏热冬冷地区居住建筑节能设计标准》JGJ 134-2010 经住房和城乡建设部 2010 年 3 月 18 日以第 523 号公告批准、发布。

本标准是在《夏热冬冷地区居住建筑节能设计标准》JGJ 131-2001的基础上修订而成，上一版的主编单位是中国建筑科学研究院、重庆大学，参编单位是中国建筑业协会建筑节能专业委员会、上海市建筑科学研究院、同济大学、江苏省建筑科学研究院、东南大学、中国西南建筑设计研究院、成都市墙体改革和建筑节能办公室、武汉市建工科研设计院、武汉市建筑节能办公室、重庆市建筑技术发展中心、北京中建建筑科学技术研究院、欧文斯科宁公司上海科技中心、北京振利高新技术公司、爱迪士（上海）室内空气技术有限公司，主要起草人员是：郎四维、付祥钊、林海燕、涂逢祥、刘明明、蒋太珍、冯雅、许锦峰、林成高、杨维菊、徐吉浣、彭家惠、鲁向东、段恺、孙克光、黄振利、王一丁。

本次修订的主要技术内容是：1.“建筑与围护结构热工设计”规定了体形系数限值、窗墙面积比限值和围护结构热工参数限值；并且规定体形系数、窗墙面积比或围护结构热工参数超过限值时，应进行围护结构热工性能的综合判断。2.“建筑围护结构热工性能的综合判断”规定了围护结构热工性能的综合判断的方法，细化和固定了计算条件。3.“采暖、空调和通风节能设计”在满足节能要求的条件下，提出冷源、热源、通风与空气调节系统设计的基本规定，提供相应的指导原则和技术措施。

为便于广大设计、施工、科研、学校等单位有关人员在使用本标准时能正确理解和执行条文规定，《夏热冬冷地区居住建筑节能设计标准》编制组按章、节、条顺序编制了本标准的条文说明，对条文规定的目的、依据以及执行中需注意的有关事项进行了说明，还着重对强制性条文的强制性理由作了解释。但是，本条文说明不具备与标准正文同等的法律效力，仅供使用者作为理解和把握标准规定的参考。在使用中如果发现本条文说明有不妥之处，请将意见函寄中国建筑科学研究院。

目　次

1　总　　则

1.0.1　新修订通过的《中华人民共和国节约能源法》已于 2008 年 4 月 1 日起施行。其中第三十五条规定"建筑工程的建设、设计、施工和监理单位应当遵守建筑节能标准"。国务院制定的《民用建筑节能条例》也自 2008 年 10 月 1 日起施行。该条例要求在保证民用建筑使用功能和室内热环境质量的前提下，降低其使用过程中能源消耗。原建设部《建筑节能"九五"计划和 2010 年规划》、《建筑节能技术政策》规定"夏热冬冷地区新建民用建筑 2000 年起开始执行建筑热环境及节能标准"。

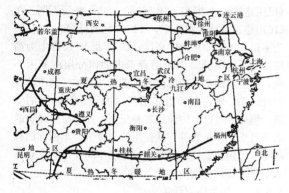

图 1　夏热冬冷地区区域范围

　　夏热冬冷地区是指长江中下游及其周围地区（其确切范围由现行国家标准《民用建筑热工设计规范》GB 50176 确定，图 1 是该规范的附录八'全国建筑热工设计分区图'中的夏热冬冷地区部分）。该地区的范围大致为陇海线以南，南岭以北，四川盆地以东，包括上海、重庆二直辖市，湖北、湖南、江西、安徽、浙江五省全部，四川、贵州二省东半部，江苏、河南二省南半部，福建省北半部，陕西、甘肃二省南端，广东、广西二省区北端，涉及 16 个省、市、自治区。该地区面积约 180 万平方公里，人口 5.5 亿左右，国内生产总值约占全国的 48%，是一个人口密集、经济发达的地区。

　　该地区夏季炎热，冬季寒冷。改革开放以来，随着我国经济的高速增长，该地区的城镇居民越来越多地采取措施，自行解决住宅冬夏季的室内热环境问题，夏季空调冬季采暖日益普及。由于该地区过去一般不用采暖和空调，居住建筑的设计对保温隔热问题不够重视，围护结构的热工性能普遍很差。主要采暖设备也只是电暖器和暖风机，能效比很低，电能浪费很大。这种状况如不改变，该地区的采暖、空调能源消耗必然急剧上升，将会阻碍社会经济的发展，不利于环境保护。因此，推进该地区建筑节能、势在必行。该地区正在大规模建设居住建筑，有必要制定更加有效的居住建筑节能设计标准，更好地贯彻执行国家有关建筑节能的方针、政策和法规制度，节约能源，保护环境，改善居住建筑热环境，提高采暖和空调的能源利用效率。

1.0.2　本标准的内容主要是对夏热冬冷地区居住建筑从建筑、围护结构和暖通空调设计方面提出节能措施，对采暖和空调能耗规定控制指标。

　　当其他类型的既有建筑改建为居住建筑时，以及原有的居住建筑进行扩建时，都应该按照本标准的要求采取节能措施，必须符合本标准的各项规定。

　　本标准适用于各类居住建筑，其中包括住宅、集体宿舍、住宅式公寓、商住楼的住宅部分、托儿所、幼儿园等。

　　近年来，为了落实既定的建筑节能目标，很多地方都开始了成规模的既有居住建筑节能改造。由于既有居住建筑的节能改造在经济和技术两个方面与新建居住建筑有很大的不同，因此，本标准并不涵盖既有居住建筑的节能改造。

1.0.3　夏热冬冷地区过去是个非采暖地区，建筑设计不考虑采暖的要求，也谈不上夏季空调降温。建筑围护结构的热工性能差，室内热环境质量恶劣，即使采用采暖、空调，其能源利用效率也往往较低。本标准的要求，首先是要保证室内热环境质量，提高人民的居住水平；同时要提高采暖、空调能源利用效率，贯彻执行国家可持续发展战略。

1.0.4　本标准对居住建筑的有关建筑、热工、采暖、通风和空调设计中所采取的节能措施作出了规定，但建筑节能涉及的专业较多，相关专业均制定了相应的标准，也规定了节能规定。所以，该地区居住建筑节能设计，除符合本标准外，尚应符合国家现行的有关强制性标准、规范的规定。

3　室内热环境设计计算指标

3.0.1　室内热环境质量的指标体系包括温度、湿度、风速、壁面温度等多项指标。本标准只提了温度指标和换气指标，原因是考虑到一般住宅极少配备集中空调系统，湿度、风速等参数实际上无法控制。另一方面，在室内热环境的诸多指标中，对人体的舒适以及对采暖能耗影响最大的是温度指标，换气指标则是从人体卫生角度考虑必不可少的指标。所以只提了空气温度指标和换气指标。

　　本条文规定的 18℃ 只是一个计算参数，在进行围护结构热工性能综合判断时用来计算采暖能耗，并不等于实际的室温。实际的室温是由住户自己控制的。

　　换气次数是室内热环境的另外一个重要的设计指标。冬季，室外的新鲜空气进入室内，一方面有利于确保室内的卫生条件，另一方面又要消耗大量的能量，因此要确定一个合理的换气次数。一般情况，住宅建筑的净高在 2.5m 以上，按人均居住面积 20m² 计算，1 小时换气 1 次，人均占有新风 50m³。

本条文规定的换气次数也只是一个计算参数，同样是在进行围护结构热工性能综合判断时用来计算采暖能耗，并不等于实际的新风量。实际的通风换气是由住户自己控制的。

3.0.2 本条文规定的 26℃ 只是一个计算参数，在进行围护结构热工性能综合判断时用来计算空调能耗，并不等于实际的室温。实际的室温是由住户自己控制的。

本条文规定的换气次数也只是一个计算参数，同样是在进行围护结构热工性能综合判断时用来计算空调能耗，并不等于实际的新风量。实际的通风换气是由住户自己控制的。

潮湿是夏热冬冷地区气候的一大特点。在本节室内热环境主要设计计算指标中虽然没有明确提出相对湿度设计指标，但并非完全没有考虑潮湿问题。实际上，空调机在制冷工况下运行时，会有去湿功能而改善室内舒适程度。

4 建筑和围护结构热工设计

4.0.1 夏热冬冷地区的居住建筑，在春秋季和夏季凉爽时段，组织好室内外的自然通风，不仅有利于改善室内的热舒适程度，而且可减少空调运行的时间，降低建筑物的实际使用能耗。因此在建筑群的总体布置和单体建筑的设计时，考虑自然通风是十分必要的。

4.0.2 太阳辐射得热对建筑能耗的影响很大，夏季太阳辐射得热增加制冷负荷，冬季太阳辐射得热降低采暖负荷。由于太阳高度角和方位角的变化规律，南北朝向的建筑夏季可以减少太阳辐射得热，冬季可以增加太阳辐射得热，是最有利的建筑朝向。但由于建筑物的朝向还受到其他许多因素的制约，不可能都为南北朝向，所以本条用了"宜"字。

4.0.3 本条为强制性条文。

建筑物体形系数是指建筑物的外表面积与外表面积所包的体积之比。体形系数是表征建筑热工特性的一个重要指标，与建筑物的层数、体量、形状等因素有关。体形系数越大，则表现出建筑的外围护结构面积大，体形系数越小则表现出建筑外围护结构面积小。

体形系数的大小对建筑能耗的影响非常显著。体形系数越小，单位建筑面积对应的外表面积越小，外围护结构的传热损失越小。从降低建筑能耗的角度出发，应该将体形系数控制在一个较低的水平上。

但是，体形系数不只是影响外围护结构的传热损失，它还与建筑造型、平面布局、采光通风等紧密相关。体形系数过小，将制约建筑师的创造性，造成建

筑造型呆板，平面布局困难，甚至损害建筑功能。因此应权衡利弊，兼顾不同类型的建筑造型，来确定体形系数。当体形系数超过规定时，则要求提高建筑围护结构的保温隔热性能，并按照本标准第 5 章的规定通过建筑围护结构热工性能综合判断，确保实现节能目标。

表 4.0.3 中的建筑层数分为三类，是根据目前本地区大量新建居住建筑的种类来划分的。如（1～3）层多为别墅，（4～11）层多为板式结构楼，其中 6 层板式楼最常见，12 层以上多为高层塔楼。考虑到这三类建筑本身固有的特点，即低层建筑的体形系数较大，高层建筑的体形系数较小，因此，在体形系数的限值上有所区别。这样的分层方法与现行国家标准《民用建筑设计通则》GB 50352－2005 有所不同。在《民用建筑设计通则》中，（1～3）为低层，（4～6）为多层，（7～9）为中高层，10 层及 10 层以上为高层。之所以不同是由于两者考虑如何分层的原因不同，节能标准主要考虑体形系数的变化，《民用建筑设计通则》则主要考虑建筑使用的要求和防火的要求，例如 6 层以上的建筑需要配置电梯，高层建筑的防火要求更严格等等。从使用的角度讲，本标准的分层与《民用建筑设计通则》的分层不同并不会给设计人员带来任何新增的麻烦。

4.0.4 本条为强制性条文。

本条文规定了墙体、屋面、楼地面及户门的传热系数和热惰性指标限值，其中分户墙、楼板、楼梯间隔墙、外走廊隔墙、户门的传热系数限值一定不能突破，外围护结构的传热系数如果超过限值，则必须按本标准第 5 章的规定进行围护结构热工性能的综合判断。

之所以作出这样的规定是基于如下的考虑：按第 5 章的规定进行的围护结构热工性能的综合判断只涉及屋面、外墙、外窗等与室外空气直接接触的外围护结构，与分户墙、楼板、楼梯间隔墙等无关。

在夏热冬冷地区冬夏两季的采暖和空调降温是居民的个体行为，基本上是部分时间、部分空间的采暖和空调，因此要减小房间和楼内公共空间之间的传热，减小户间的传热。

夏热冬冷地区是一个相当大的地区，区内各地的气候差异仍然很大。在进行节能建筑围护结构热工设计时，既要满足冬季保温，又要满足夏季隔热的要求。采用平均传热系数，是考虑了围护结构周边混凝土梁、柱、剪力墙等"热桥"的影响，以保证建筑在夏季空调和冬季采暖时通过围护结构的传热量小于标准的要求，不至于造成由于忽略了热桥影响而建筑耗热量或耗冷量的计算值偏小，使设计的建筑物达不到预期的节能效果。

将这一地区高于等于 6 层的建筑屋面和外墙的传热系数值统一定为 1.0（或 0.8）W/(m² · K) 和 1.5（或

1.0)W/(m²·K)，并不是没有考虑这一地区的气候差异。重庆、成都、湖北(武汉)、江苏(南京)、上海等的地方节能标准反映了这一地区的气候差异，这些标准对屋面和外墙的传热系数的规定与本标准基本上是一致的。

根据无锡、重庆、成都等地节能居住建筑几个试点工程的实际测试数据和DOE—2程序能耗分析的结果都表明，在这一地区改变围护结构传热系数时，随着K值的减小，能耗指标的降低并非按线性规律变化，当屋面K值降为1.0W/(m²·K)，外墙平均K值降为1.5W/(m²·K)时，再减小K值对降低建筑能耗的作用已不明显。因此，本标准考虑到以上因素和降低围护结构的K值所增加的建筑造价，认为屋面K值定为1.0(或0.8)W/(m²·K)，外墙K值为1.5(或1.0)W/(m²·K)，在目前情况下对整个地区都是比较适合的。

本标准对墙体和屋顶传热系数的要求并不太高的。主要原因是要考虑整个地区的经济发展的不平衡性。某些经济不太发达的省区，节能墙体主要靠使用空心砖和保温砂浆等材料。使用这类材料去进一步降低K值就要显著增加墙体的厚度，造价会随之大幅度增长，节能投资的回收期延长。但对于某些经济发达的省区，可能会使用高效保温材料来提高墙体的保温性能，例如采取聚苯乙烯泡沫塑料做墙体外保温。采用这样的技术，进一步降低墙体的K值，只要增加保温层的厚度即可，造价不会成比例增加，所以进一步降低K值是可行的，也是经济的。屋顶的情况也是如此。如果采用聚苯乙烯泡沫塑料做屋顶的保温层，保温层适当增厚，不会大幅度增加屋面的总造价，而屋面的K值则会明显降低，也是经济合理的。

建筑物的使用寿命比较长，从长远来看，应鼓励围护结构采用较高档的节能技术和产品，热工性能指标突破本标准的规定。经济发达的地区，建筑节能工作开展得比较早的地区，应该往这个方向努力。

本标准对D值作出规定是考虑了夏热冬冷地区的特点。这一地区夏季外围护结构严重地受到不稳定温度波作用，例如夏季实测屋面外表面最高温度南京可达62℃，武汉64℃，重庆61℃以上，西墙外表面温度南京可达51℃，武汉55℃，重庆56℃以上，夜间围护结构外表面温度可降至25℃以下，对处于这种温度波幅很大的非稳态传热条件下的建筑围护结构来说，只采用传热系数这个指标不能全面地评价围护结构的热工性能。传热系数只是描述围护结构传热能力的一个性能参数，是在稳态传热条件下建筑围护结构的评价指标。在非稳态传热的条件下，围护结构的热工性能除了用传热系数这个参数之外，还应该用抵抗温度波和热流波在建筑围护结构中传播能力的热惰性指标D来评价。

目前围护结构采用轻质材料越来越普遍。当采用轻质材料时，虽然其传热系数满足标准的规定值，但热惰性指标D可能达不到标准的要求，从而导致围护结构内表面温度波幅过大。武汉、成都、重庆荣昌、上海径南小区等节能建筑试点工程建筑围护结构热工性能实测数据表明，夏季无论是自然通风、连续空调还是间歇空调，砖混等厚重结构与加气混凝土砌块、混凝土空心砌块等中型结构以及金属夹芯板等轻型结构相比，外围护结构内表面温度波幅差别很大。在满足传热系数规定的条件下，连续空调时，空心砖加保温材料的厚重结构外墙内表面温度波幅值为(1.0~1.5)℃，加气混凝土外墙内表面温度波幅为(1.5~2.2)℃，空心混凝土砌块加保温材料外墙内表面温度波幅为(1.5~2.5)℃，金属夹芯板外墙内表面温度波幅为(2.0~3.0)℃。在间歇空调时，内表面温度波幅比连续空调要增加1℃。自然通风时，轻型结构外墙和屋顶的内表面使人明显地感到一种烘烤感。例如在重庆荣昌节能试点工程中，采用加气混凝土175mm作为屋面隔热层，屋面总热阻达到1.07m²·kW，但因屋面的热稳定性差，其内表面温度达37.3℃，空调时内表面温度最高达31℃，波幅大于3℃。因此，对屋面和外墙的D值作出规定，是为了防止因采用轻型结构D值减小后，室内温度波幅过大以及在自然通风条件下，夏季屋面和东西外墙内表面温度可能高于夏季室外计算温度最高值，不能满足《民用建筑热工设计规范》GB 50176-93的规定。

将夏热冬冷地区外墙的平均传热系数K_m及热惰性指标分两个标准对应控制，这样更能切合目前外墙材料及结构构造的实际情况。

围护结构按体形系数的不同，分两档确定传热系数K限值和热惰性指标D值。建筑体形系数越大，则接受的室外热作用越大，热、冷损失也越大。因此，体形系数大者则理应保温隔热性能要求高一些，即传热系数K限值应小一些。

根据夏热冬冷地区实际的使用情况和楼地面传热系数便于计算考虑，对不属于同一户的层间楼地面和分户墙、楼底面接触室外空气的架空楼地面作了传热系数限值规定；底层为使用性质不确定的临街商铺的上层楼地面传热系数限值，可参照楼地面接触室外空气的架空楼地面执行。

由于采暖、空调房间的门对能耗也有一定的影响，因此，明确规定了采暖、空调房间通往室外的门(如户门、通往户外花园的门、阳台门)和通往封闭式空间(如封闭式楼梯间、封闭阳台等)或非封闭式空间(如非封闭式楼梯间、开敞阳台等)的门的传热系数K的不同限值。

4.0.5 本条为强制性条文。

窗墙面积比是指窗户洞口面积与房间立面单元面积(即建筑层高与开间定位线围成的面积)之比。

普通窗户(包括阳台门的透明部分)的保温性能

比外墙差很多，尤其是夏季白天通过窗户进入室内的太阳辐射热也比外墙多得多。一般而言，窗墙面积比越大，则采暖和空调的能耗也越大。因此，从节约的角度出发，必须限制窗墙面积比。在一般情况下，应以满足室内采光要求作为窗墙面积比的确定原则，表4.0.5-1中规定的数值能满足较大进深房间的采光要求。

在夏热冬冷地区，人们无论是过渡季节还是冬、夏两季普遍有开窗加强房间通风的习惯。一是自然通风改善了室内空气品质；二是夏季在两个连晴高温期间的阴雨降温过程或降雨后连晴高温开始升温过程的夜间，室外气候凉爽宜人，加强房间通风能带走室内余热和积蓄冷量，可以减少空调运行时的能耗。因此需要较大的开窗面积。此外，南窗大有利于冬季日照，可以通过窗口直接获得太阳辐射热。近年来居住建筑的窗墙面积比有越来越大的趋势，这是因为商品住宅的购买者大都希望自己的住宅更加通透明亮，尤其是客厅比较流行落地门窗。因此，规定每套房间允许一个房间窗墙面积比可以小于等于0.60。但当窗墙面积比增加时，应首先考虑减小窗户（含阳台透明部分）的传热系数和遮阳系数。夏热冬冷地区的外窗设置活动外遮阳的作用非常明显。提高窗的保温性能和灵活控制遮阳是夏季防热、冬季保温、降低夏季空调冬季采暖负荷的重要措施。

条文中对东、西向窗墙面积比限制较严，因为夏季太阳辐射在东、西向最大。不同朝向墙面太阳辐射强度的峰值，以东、西向墙面为最大，西南（东南）向墙面次之，西北（东北）向又次之，南向墙更次之，北向墙为最小。因此，严格控制东、西向窗墙面积比限值是合理的，对南向窗墙面积比限值放得比较松，也符合这一地区居住建筑的实际情况和人们的生活习惯。

对外窗的传热系数和窗户的遮阳系数作严格的限制，是夏热冬冷地区建筑节能设计的特点之一。在放宽窗墙面积比限值的情况下，必须提高对外窗热工性能的要求，才能真正做到住宅的节能。技术经济分析也表明，提高外窗热工性能，比提高外墙热工性能的资金效益高3倍以上。同时，适当放宽每套房间允许一个房间有很大的窗墙面积比，采用提高外窗热工性能来控制能耗，给建筑师和开发商提供了更大的灵活性，以满足这一地区人们提高居住建筑水平和国家对建筑节能的要求。

4.0.7 透过窗户进入室内的太阳辐射热，夏季构成了空调降温的主要负荷，冬季可以减小采暖负荷，所以在夏热冬暖地区设置活动式外遮阳是最合理的。夏季太阳辐射在东、西向最大，在东、西向设置外遮阳是减少太阳辐射热进入室内的一个有效措施。近年来，我国的遮阳产业有了很大发展，能够提供各种满足不同需要的产品。同时，随着全社会

节能意识的提高，越来越多的居民也认识到夏季遮阳的重要性。因此，在夏热冬暖地区的居住建筑上应大力提倡使用卷帘、百叶窗之类的外遮阳。

4.0.8 对外窗的开启面积作规定，避免"大开窗，小开启"现象，有利于房间的自然通风。平开窗的开启面积大，气密性比推拉窗好，可以保证采暖、空调时住宅的换气次数得到控制。

4.0.9 本条为强制性条文。

为了保证建筑的节能，要求外窗具有良好的气密性能，以避免夏季和冬季室外空气过多地向室内渗漏。在《建筑外门窗气密、水密、抗风压性能分级及检测方法》GB/T 7106-2008中规定10Pa压差下，每小时每米缝隙的空气渗透量 q_1 和每小时每平方米面积的空气渗透量 q_2 作为外门窗的气密性分级指标。6级对应的性能指标是：$0.5m^3/(m \cdot h) < q_1 \leqslant 1.5m^3/(m \cdot h)$，$1.5m^3/(m^2 \cdot h) < q_2 \leqslant 4.5m^3/(m^2 \cdot h)$。4级对应的性能指标是：$2.0m^3/(m \cdot h) < q_1 \leqslant 2.5m^3/(m \cdot h)$，$6.0m^3/(m^2 \cdot h) < q_2 \leqslant 7.5m^3/(m^2 \cdot h)$。

本条文对位于不同层上的外窗及阳台门的要求分成两档，在建筑的低层，室外风速比较小，对外窗及阳台门的气密性要求低一些。而在建筑的高层，室外风速相对比较大，对外窗及阳台门的气密性要求则严一些。

4.0.10 目前居住建筑设计的外窗面积越来越大，凸窗、弧形窗及转角窗越来越多，可是对其上下、左右不透明的顶板、底板和侧板的保温隔热处理又不够重视，这些部位基本上是钢筋混凝土出挑构件，是外墙上热工性能最薄弱的部位。凸窗上下不透明顶板、底板及左右侧板同样按本标准附录B的计算方法得出的外墙平均传热系数，并应达到外墙平均传热系数的限值要求。当弧形窗及转角窗为凸窗时，也应按本条的规定进行热工节能设计。

凸窗的使用增加了窗户传热面积，为了平衡这部分增加的传热量，也为了方便计算，规定了凸窗的设计指标与方法。

4.0.11 采用浅色饰面材料的围护结构外墙面，在夏季有太阳直射时，能反射较多的太阳辐射热，从而能降低空调时的得热量和自然通风时的内表面温度，当无太阳直射时，它又能把围护结构内部在白天所积蓄的太阳辐射热较快地向外天空辐射出去，因此，无论是对降低空调耗电量还是对改善无空调时的室内热环境都有重要意义。采用浅色饰面外表面建筑物的采暖耗电量虽然有所增大，但夏热冬冷地区冬季的日照率普遍较低，两者综合比较，突出矛盾仍是夏季。

水平屋顶的日照时间最长，太阳辐射照度最大，由屋顶传给顶层房间的热量很大，是建筑物夏季隔热的一个重点。绿化屋顶是解决屋顶隔热问题非常有效的方法，它的内表面温度低且昼夜稳定。当然，绿化

屋顶在结构设计上要采取一些特别的措施。在屋顶上涂刷隔热涂料是解决屋顶隔热问题另一个非常有效的方法，隔热涂料可以反射大量的太阳辐射，从而降低屋顶表面的温度。当然，涂刷了隔热涂料的屋顶在冬季也会放射一部分太阳辐射，所以越是南方越适宜应用这种技术。

4.0.12 分体式空调器的能效除与空调器的性能有关外，同时也与室外机的合理布置有很大关系。室外机安装环境不合理，如设置在通风不良的建筑竖井内，设置在封闭或接近封闭的空间内，过密的百叶遮挡、过大的百叶倾角、小尺寸箱体内的嵌入式安装，多台室外机安装间距过小等安装方式使进、排风不畅和短路，都会造成分体式房间空调器在实际使用中的能效大幅降低，甚至造成保护性停机。

5 建筑围护结构热工性能的综合判断

5.0.1 第四章的第4.0.3、第4.0.4和第4.0.5条列出的是居住建筑节能设计的规定性指标。对大量的居住建筑，它们的体形系数、窗墙面积比以及围护结构的热工性能等都能符合第四章的有关规定，这样的居住建筑属于所谓的"典型"居住建筑，它们的采暖、空调能耗已经在编制本标准的过程中经过了大量的计算，节能的目标是有保证的，不必再进行本章所规定的热工性能综合判断。

但是由于实际情况的复杂性，总会有一些建筑不能全部满足本标准第4.0.3、第4.0.4和第4.0.5条中的各项规定，对于这样的建筑本标准提供了另外一种具有一定灵活性的办法，判断该建筑是否满足本标准规定的节能要求。这种方法称为"建筑围护结构热工性能的综合判断"。

"建筑围护结构热工性能的综合判断"就是综合地考虑体形系数、窗墙面积比、围护结构热工性能对能耗的影响。例如一栋建筑的体形系数超过了第4章的规定，但是它还是有可能采取提高围护结构热工性能的方法，减少通过墙、屋顶、窗户的传热损失，使建筑整体仍然达到节能50%的目标。因此对这一类建筑就必须经过严格的围护结构热工性能的综合判断，只有通过综合判断，才能判定其能否满足本标准规定的节能要求。

5.0.2 节能的目标最终体现在建筑物的采暖和空调能耗上，建筑围护结构热工性能的优劣对采暖和空调能耗有直接的影响，因此本标准以采暖和空调能耗作为建筑围护结构热工性能综合判断的依据。

除了建筑围护结构热工性能之外，采暖和空调能耗的高低还受许多其他因素的影响，例如受采暖、空调设备能效的影响，受气候条件的影响，受居住者行为的影响等。如果这些条件不一样，计算得到的能耗也肯定不一样，就失去了可以比较的基准，因此本条

规定计算采暖和空调耗电量时，必须在"规定的条件下"进行。

在"规定条件下"计算得到的采暖和空调耗电量并不是建筑实际的采暖空调能耗，仅仅是一个比较建筑围护结构热工性能优劣的基础能耗。

5.0.3 "参照建筑"是一个与设计建筑相对应的假想建筑。"参照建筑"满足第4章第4.0.3、第4.0.4和第4.0.5条列出的规定性指标，是一栋满足本标准节能要求的节能建筑。因此，"参照建筑"在规定条件下计算得出的采暖年耗电量和空调年耗电量之和可以作为一个评判所设计建筑的建筑围护结构热工性能优劣的基础。

当在规定条件下，计算得出的设计建筑的采暖年耗电量和空调年耗电量之和不大于参照建筑的采暖年耗电量和空调年耗电量之和时，说明所设计建筑的建筑围护结构的总体性能满足本标准的节能要求。

5.0.4 "参照建筑"是一个用来与设计建筑进行能耗比对的假想建筑，两者必须在形状、大小、朝向以及平面划分等方面完全相同。

当设计建筑的体形系数超标时，与其形状、大小一样的参照建筑的体形系数一定也超标。由于控制体形系数的实际意义在于控制相对的传热面积，所以可通过将参照建筑的一部分表面积定义为绝热面积达到与控制体形系数相同的目的。

窗户的大小对采暖空调能耗的影响比较大，当设计建筑的窗墙面积比超标时，通过缩小参照建筑窗户面积的办法，达到控制窗墙面积比的目的。

从参照建筑的构建规则可以看出，所谓"建筑围护结构热工性能的综合判断"实际上就是允许设计建筑在体形系数、窗墙面积比、围护结构热工性能三者之间进行强弱之间的调整和弥补。

5.0.5 由于夏热冬冷地区的气候特性，室内外温差比较小，一天之内温度波动对围护结构传热的影响比较大，尤其是夏季，白天室外气温很高，又有很强的太阳辐射，热量通过围护结构从室外传入室内；夜间室外温度比室内温度下降快，热量有可能通过围护结构从室内传向室外。由于这个原因，为了比较准确地计算采暖、空调负荷，并与现行国标《采暖通风与空气调节设计规范》GB 50019 保持一致，需要采用动态计算方法。

动态计算方法有很多，暖通空调设计手册里的冷负荷计算法就是一种常用的动态计算方法。

本标准在编制过程中采用了反应系数计算方法，并采用美国劳伦斯伯克利国家实验室开发的 DOE-2 软件作为计算工具。

DOE-2 用反应系数法来计算建筑围护结构的传热量。反应系数法是先计算围护结构内外表面温度和热流对一个单位三角波温度扰量的反应，计算出围护结构的吸热、放热和传热反应系数，然后将任意变化

的室外温度分解成一个个可叠加的三角波,利用导热微分方程可叠加的性质,将围护结构对每一个温度三角波的反应叠加起来,得到任意一个时刻围护结构表面的温度和热流。

DOE-2用反应系数法来计算建筑围护结构的传热量。反应系数的基本原理如下:

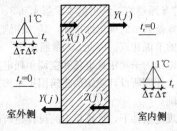

图2 板壁的反应系数

参照图2,当室内温度恒为零,室外侧有一个单位等腰三角波形温度扰量作用时,从作用时刻算起,单位面积壁体外表面逐时所吸收的热量,称为壁体外表面的吸热反应系数,用符号 $X(j)$ 表示;通过单位面积壁体逐时传入室内的热量,称为壁体传热反应系数,用符号 $Y(j)$ 表示;与上述情况相反,当室外温度恒为零,室内侧有一个单位等腰三角波形温度扰量作用时,从作用时刻算起,单位面积壁体内表面逐时所吸收的热量,称为壁体内表面的吸热反应系数,用符号 $Z(j)$ 表示;通过单位面积壁体逐时传至室外的热量,仍称为壁体传热反应系数,数值与前一种情况相等,固仍用符号 $Y(j)$ 表示;

传热反应系数和内外壁面的吸热反应系数的单位均为W/(m² · ℃),符号括号中的 $j=0$,1,2······,表示单位扰量作用时刻以后 $j\Delta\tau$ 小时。一般情况 $\Delta\tau$ 取1小时,所以 $X(5)$ 就表示单位扰量作用时刻以后5小时的外壁面吸热反应系数。

反应系数的计算可以参考专门的资料或使用专门的计算机程序,有了反应系数后就可以利用下式计算第 n 个时刻,室内从室外通过板壁围护结构的传热得热量 $HG(n)$:

$$HG(n) = \sum_{j=0}^{\infty} Y(j)t_z(n-j)$$
$$- \sum_{j=0}^{\infty} Z(j)t_r(n-j)$$

式中:$t_z(n-j)$ 是第 $n-j$ 时刻室外综合温度;

$t_r(n-j)$ 是第 $n-j$ 时刻室内温度。

特别地当室内温度 t_r 不变时,此式还可以简化成:

$$HG(n) = \sum_{j=0}^{\infty} Y(j)t_z(n-j) - K \cdot t_r$$

式中的 K 就是板壁的传热系数。

DOE-2软件可以模拟建筑物采暖、空调的热过程。用户可以输入建筑物的几何形状和尺寸,可以输入建筑围护结构的细节,可以输入一年8760个小时的气象数据,可以选择空调系统的类型和容量等参数。DOE-2根据用户输入的数据进行计算,计算结果以各种各样的报告形式来提供。

5.0.6 本条规定了计算采暖和空调年耗电量时的几条简单的基本条件,规定这些基本条件的目的是为了规范和统一软件的计算,避免出现混乱。

需要强调指出的是,这里计算的目的是对建筑围护结构热工性能是否符合本标准的节能要求进行综合判断,计算规定的条件不是住宅实际的采暖空调情况,因此计算得到的采暖和空调耗电量并非建筑实际的采暖和空调能耗。

在夏热冬冷地区,住宅冬夏两季的采暖和空调降温是居民的个体行为,个体之间的差异非常大。目前,绝大部分居民还是采取部分空间、部分时间采暖和空调的模式,与北方住宅全部空间连续采暖的模式有很大的不同。部分空间、部分时间采暖和空调的模式是一种节能的模式,应予以鼓励和提倡。

6 采暖、空调和通风节能设计

6.0.1 夏热冬冷地区冬季湿冷夏季酷热,随着经济发展,人民生活水平的不断提高,对采暖、空调的需求逐年上升。对于居住建筑选择设计集中采暖、空调系统方式,还是分户采暖、空调方式,应根据当地能源、环保等因素,通过仔细的技术经济分析来确定。同时,该地区的居民采暖空调所需设备及运行费用全部由居民自行支付,因此,还应考虑用户对设备及运行费用的承担能力。对于一些特殊的居住建筑,如幼儿园、养老院等,可根据具体情况设置集中采暖、空调设施。

6.0.2 本条为强制性条文。

当居住建筑设计采用集中采暖、空调系统时,用户应该根据使用的情况缴纳费用。目前,严寒、寒冷地区的集中采暖系统用户正在进行供热体制改革,用户需根据其使用热量的情况按户缴纳采暖费用。严寒、寒冷地区采暖计量收费的原则是,在住宅楼前安装热量表,作为楼内用户与供热单位的结算依据。而楼内住户则进行按户热量分摊,当然,每户应该有相应的设施作为对整栋楼的耗热量进行户间分摊的依据。要按照用户使用热量情况进行分摊收费,用户应该能够自主进行室温的调节与控制。在夏热冬冷地区则可以根据同样的原则和适当的方法,进行用户使用热(冷)量的计量和收费。

6.0.3 本条为强制性条文。

合理利用能源、提高能源利用率、节约能源是我国的基本国策。用高品位的电能直接用于转换为低品位的热能进行采暖,热效率低,运行费用高,是不合适的。近些年来由于采暖用电所占比例逐年上升,致使一些省市冬季尖峰负荷也迅速增长，电网运行困难，出现冬季电力紧缺。盲目推广没有蓄热装置的电锅炉，直接电热采暖，将进一步恶化电力负荷特性，影响民众日常用电。因此，应严格限制设计直接电热进行集中采暖的方式。

当然，作为居住建筑来说，本标准并不限制居住者自行、分散地选择直接电热采暖的方式。

6.0.4 要积极推行应用能效比高的电动热泵型空调器，或燃气、蒸汽或热水驱动的吸收式冷（热）水机组进行冬季采暖、夏季空调。当地有余热、废热或区域性热源可利用时，可用热水驱动的吸收式冷（热）水机组为冷（热）源。此外，低温地板辐射采暖也是一种效率较高和舒适的采暖方式。至于选用何种方式采暖、空调，应由建筑条件、能源情况（比如，当燃气供应充足、价格合适时，应用溴化锂机组；在热电厂余热蒸汽可利用的情况下，推荐使用蒸汽溴化锂机组等）、环保要求等进行技术经济分析，以及用户对设备及运行费用的承担能力等因素来确定。

6.0.5 本条为强制性条文。

当以燃气为能源提供采暖热源时，可以直接向房间送热风，或经由风管系统送入；也可以产生热水，通过散热器、风机盘管进行采暖，或通过地下埋管进行低温地板辐射采暖。所应用的燃气机组的热效率应符合现行有关标准《家用燃气快速热水器和燃气采暖热水炉能效限定值及能效等级》GB 20665 - 2006 中的第 2 级。为了方便应用，表 1 列出了能效等级值。

表 1 热水器和采暖炉能效等级

类型		热负荷	最低热效率值（%）		
			能效等级		
			1	2	3
热水器		额定热负荷	96	88	84
		≤50%额定热负荷	94	84	—
采暖炉（单采暖）		额定热负荷	94	88	84
		≤50%额定热负荷	92	84	—
热采暖炉（两用型）	供暖	额定热负荷	94	88	84
		≤50%额定热负荷	92	84	—
	热水	额定热负荷	96	88	84
		≤50%额定热负荷	94	84	—

注：此表引自《家用燃气快速热水器和燃气采暖热水炉能效限定值及能效等级》GB 20665 - 2006。

6.0.6 本条为强制性条文。

居住建筑可以采取多种空调采暖方式，一般为集中方式或者分散方式。如果采用集中式空调采暖系统，比如，本条文所指的由冷热源站向多套住宅、多栋住宅楼、甚至住宅小区提供空调采暖冷热源（往往采用冷、热水）；或者，应用户式集中空调机组（户

式中央空调机组）向一套住宅提供空调冷热源（冷热水、冷热风）进行空调采暖。分散式方式，则多以分体空调（热泵）等机组进行空调及采暖。

集中空调采暖系统中，冷热源的能耗是空调采暖系统能耗的主体。因此，冷热源的能源效率对节省能源至关重要。性能系数、能效比是反映冷热源能源效率的主要指标之一，为此，将冷热源的性能系数、能效比作为必须达标的项目。对于设计阶段已完成集中空调采暖系统的居民小区，或者按户式中央空调系统设计的住宅，其冷源能效的要求应该等同于公共建筑的规定。

国家质量监督检验检疫总局和国家标准化管理委员会已发布实施的空调机组能效限定值及能源效率等级的标准有：《冷水机组能效限定值及能源效率等级》GB 19577 - 2004，《单元式空气调节机能效限定值及能源效率等级》GB 19576 - 2004，《多联式空调（热泵）机组能效限定值及能源效率等级》GB 21454 - 2008。产品的强制性国家能效标准，将产品根据机组的能源效率划分为 5 个等级，目的是配合我国能效标识制度的实施。能效等级的含义：1 等级是企业努力的目标；2 等级代表节能型产品的门槛（按最小寿命周期成本确定）；3、4 等级代表我国的平均水平；5 等级产品是未来淘汰的产品。目的是能够为消费者提供明确的信息，帮助其购买时选择，促进高效产品的市场。

为了方便应用，以下表 2 为规定的冷水（热泵）机组制冷性能系数（COP）值；表 3 为规定的单元式空气调节机能效比（EER）值；表 4 为规定的溴化锂吸收式机组性能参数，这是根据国家标准《公共建筑节能设计标准》GB 50189 - 2005 中第 5.4.5 和第 5.4.8 条强制性条文规定的能效限值。而表 5 为多联式空调（热泵）机组制冷综合性能系数（IPLV（C））值，是《多联式空调（热泵）机组能效限定值及能源效率等级》GB 21454 - 2008 标准中规定的能效等级第 3 级。

表 2 冷水（热泵）机组制冷性能系数

类型		额定制冷量（kW）	性能系数（W/W）
水冷	活塞式/涡旋式	＜528	3.80
		528～1163	4.00
		＞1163	4.20
	螺杆式	＜528	4.10
		528～1163	4.30
		＞1163	4.60
	离心式	＜528	4.40
		528～1163	4.70
		＞1163	5.10

续表2

类 型	额定制冷量（kW）	性能系数（W/W）	
风冷或蒸发冷却	活塞式/涡旋式	≤50	2.40
		>50	2.60
	螺杆式	≤50	2.60
		>50	2.80

注：此表引自《公共建筑节能设计标准》GB 50189 - 2005。

表3 单元式机组能效比

类 型		能效比（W/W）
风冷式	不接风管	2.60
	接风管	2.30
水冷式	不接风管	3.00
	接风管	2.70

注：此表引自《公共建筑节能设计标准》GB 50189 - 2005。

表4 溴化锂吸收式机组性能参数

机型	名义工况			性能参数		
	冷(温)水进/出口温度（℃）	冷却水进/出口温度（℃）	蒸汽压力MPa	单位制冷量蒸汽耗量kg/(kW·h)	性能系数(W/W)	
					制冷	供热
蒸汽双效	18/13	30/35	0.25	≤1.40		
	12/7		0.4			
			0.6	≤1.31		
			0.8	≤1.28		
直燃	供冷 12/7	30/35		≥1.10		
	供热出口 60					≥0.90

注：直燃机的性能系数为：制冷量(供热量)/[加热源消耗量(以低位热值计)+电力消耗量(折算成一次能)]。此表引自《公共建筑节能设计标准》GB 50189 - 2005。

表5 能源效率等级指标——制冷综合性能系数（IPLV(C)）

名义建冷量 CC（W）	能效等级第3级
CC≤28000	3.20
28000<CC≤84000	3.15
84000<CC	3.10

注：此表引自《多联式空调（热泵）机组能效限定值及能源效率等级》GB 21454 - 2008。

6.0.7 本条为强制性条文。

现行国家标准《地源热泵系统工程技术规范》GB 50366 - 2005 中对于"地源热泵系统"的定义为"以岩土体、地下水或地表水为低温热源，由水源热泵机组、地热能交换系统、建筑物内系统组成的供热空调系统。根据地热能交换系统形式的不同，地源热泵系统分为地埋管地源热泵系统、地下水地源热泵系统和地表水地源热泵系统"。2006 年 9 月 4 日由财政部、建设部共同发布的《关于印发〈可再生能源建筑应用专项资金管理暂行办法〉的通知》（财建〔2006〕460 号）中第四条规定可再生能源建筑应用专项资金支持以下 6 个重点领域：①与建筑一体化的太阳能供应生活热水、供热制冷、光电转换、照明；②利用土壤源热泵和浅层地下水源热泵技术供热制冷；③地表水丰富地区利用淡水源热泵技术供热制冷；④沿海地区利用海水源热泵技术供热制冷；⑤利用污水水源热泵技术供热制冷；⑥其他经批准的支持领域。其中，地源热泵系统占了两项。

要说明的是在应用地源热泵系统，不能破坏地下水资源。这里引用《地源热泵系统工程技术规范》GB 50366 的强制性条文，即第 3.1.1 条："地源热泵系统方案设计前，应进行工程场地状况调查，并对浅层地热能资源进行勘察"；第 5.1.1 条："地下水换热系统应根据水文地质勘察资料进行设计，并必须采取可靠回灌措施，确保置换冷量或热量后的地下水全部回灌到同一含水层，不得对地下水资源造成浪费及污染。系统投入运行后，应对抽水量、回灌量及其水质进行监测"。另外，如果地源热泵系统采用地下埋管式换热器的话，要进行土壤温度平衡模拟计算，应注意并进行长期应用后土壤温度变化趋势的预测，以避免长期应用后土壤温度发生变化，出现机组效率降低甚至不能制冷或供热。

6.0.8 采用分散式房间空调器进行空调和采暖时，这类设备一般由用户自行采购，该条文的目的是要推荐用户购买能效比高的产品。国家标准《房间空气调节器能效限定值及能源效率等级》GB 12021.3 和《转速可控型房间空气调节器能效限定值及能源效率等级》GB 21455 规定节能型产品的能源效率为 2 级。

目前，《房间空气调节器能效限定值及能效等级》GB 12021.3 - 2010 于 2010 年 6 月 1 日颁布实施。与 2004 年版相比，2010 年版将能效等级分为三级，同时对能效限定值与能源效率等级指标已有提高。2004 版中的节能评价值（即能效等级第 2 级）在 2010 年版中仅列为第 3 级。

鉴于当前是房间空调器标准新老交替的阶段，市场上可供选择的产品仍然执行的是老标准。本标准规定，鼓励用户选购节能型房间空调器，其意在于从用户需求端角度逐步提高我国房间空调器的能效水平，适应我国建筑节能形势的需要。

为了方便应用，表6列出了《房间空气调节器能效限定值及能源效率等级》GB 12021.3-2004、《房间空气调节器能效限定值及能效等级》GB 12021.3-2010 和《转速可控型房间空气调节器能效限定值及能源效率等级》GB 21455-2008 中列出的房间空气调节器能源效率等级为第 2 级的指标和转速可控型房间空气调节器能源效率等级为第 2 级的指标，表7列出了《房间空气调节器能效限定值及能效等级》GB 12021.3-2010 中空调器能源效率等级指标。

表6 房间空调器能源效率等级指标节能评价值

| 类型 | 额定制冷量 CC (W) | 能效比 EER (W/W) | | 制冷季节能源消耗效率 SEER [W·h/(W·h)] |
		GB 12021.3-2004 中节能评价值 (能效等级 2 级)	GB 12021.3-2010 中节能评价值 (能效等级 2 级)	GB 21455-2008 中节能评价值 (能效等级 2 级)
整体式	—	2.90	3.10	—
分体式	$CC \leqslant 4500$	3.20	3.40	4.50
	$4500 < CC \leqslant 7100$	3.10	3.30	4.10
	$7100 < CC \leqslant 14000$	3.00	3.20	3.70

表7 房间空调器能源效率等级指标

| 类 型 | 额定制冷量 CC (W) | GB 12021.3-2010 中能效等级 | | |
		3	2	1
整体式	—	2.90	3.10	3.30
分体式	$CC \leqslant 4500$	3.20	3.40	3.60
	$4500 < CC \leqslant 7100$	3.10	3.30	3.50
	$7100 < CC \leqslant 14000$	3.00	3.20	3.40

6.0.9 中华人民共和国国务院于 2008 年 8 月 1 日发布、10 月 1 日实施的《民用建筑节能条例》第四条指出："国家鼓励和扶持在新建建筑和既有建筑节能改造中采用太阳能、地热能等可再生能源"。所以在有条件时应鼓励采用。

关于《国民经济和社会发展第十一个五年规划纲要》中指出的十大节能重点工程中，提出"发展采用热电联产和热电冷联产，将分散式供热小锅炉改造为集中供热"。

6.0.10 目前居住建筑还没有条件普遍采用有组织的全面机械通风系统，但为了防止厨房、卫生间的污浊空气进入居室，应当在厨房、卫生间安装局部机械排风装置。如果当地夏季白天与晚上的气温相差较大，应充分利用夜间通风，达到被动降温目的。在安设采暖空调设备的居住建筑中，往往围护结构密闭性较好，为了改善室内空气质量需要引入室外新鲜空气（换气）。如果直接引入，将会带来很高的冷热负荷，大大增加能源消耗。经技术经济分析，如果当地采用热回收装置在经济上合理，建议采用质量好、效率高的机械换气装置（热量回收装置），使得同时达到热量回收、节约能源的目的。

附录 C 外遮阳系数的简化计算

C.0.2 各种组合形式的外遮阳系数，可由参加组合的各种形式遮阳的外遮阳系数的乘积来近似确定。

例如：水平式＋垂直式组合的外遮阳系数＝水平式遮阳系数×垂直式遮阳系数

水平式＋挡板式组合的外遮阳系数＝水平式遮阳系数×挡板式遮阳系数

中华人民共和国行业标准

居住建筑节能检测标准

Standard for energy efficiency test of residential buildings

JGJ/T 132—2009

批准部门：中华人民共和国住房和城乡建设部
施行日期：２０１０年７月１日

中华人民共和国住房和城乡建设部
公　告

第 461 号

关于发布行业标准
《居住建筑节能检测标准》的公告

现批准《居住建筑节能检测标准》为行业标准，编号为 JGJ/T 132 - 2009，自 2010 年 7 月 1 日起实施。原《采暖居住建筑节能检验标准》JGJ 132 - 2001 同时废止。

本标准由我部标准定额研究所组织中国建筑工业出版社出版发行。

中华人民共和国住房和城乡建设部

2009 年 12 月 10 日

前　言

根据原建设部《关于印发〈二〇〇四年度工程建设城建、建工行业标准制订、修订计划〉通知》（建标〔2004〕66 号）的要求，标准编制组经广泛调查研究，认真总结实践经验，参考有关国际标准和国外先进标准，并在广泛征求意见的基础上，修订了本标准。

本标准的主要技术内容是：1. 总则；2. 术语和符号；3. 基本规定；4. 室内平均温度；5. 外围护结构热工缺陷；6. 外围护结构热桥部位内表面温度；7. 围护结构主体部位传热系数；8. 外窗窗口气密性能；9. 外围护结构隔热性能；10. 外窗外遮阳设施；11. 室外管网水力平衡度；12. 补水率；13. 室外管网热损失率；14. 锅炉运行效率；15. 耗电输热比。

本标准修订的主要技术内容是：增加了检测项目 5 项（外窗窗口气密性能、外围护结构隔热性能、外窗外遮阳设施、锅炉运行效率和耗电输热比），删除检测项目 2 项（即原标准中"建筑物单位采暖耗热量"和"小区单位采暖耗煤量"），并对原标准其他各章进行了全面修订，重新调整了章节构成。

本标准由住房和城乡建设部负责管理，由中国建筑科学研究院负责具体技术内容的解释。执行过程中如有意见或建议，请寄送中国建筑科学研究院（地址：北京市北三环东路 30 号，邮政编码：100013）。

本标准主编单位：中国建筑科学研究院

本标准参编单位：哈尔滨工业大学

北京市建筑设计研究院

广东省建筑科学研究院

上海市建筑科学研究院

华南理工大学

河南省建筑科学研究院

陕西省建筑科学研究院

成都市建设工程质量监督站

成都市墙材革新建筑节能办公室

江苏省建筑科学研究院有限公司

住房和城乡建设部科技发展促进中心

北京振利节能环保科技股份有限公司

乐意涂料（上海）有限公司

苏州罗普斯金铝业股份有限公司

哈尔滨天硕建材工业有限公司

南京臣功节能材料有限责任公司

北京爱康环境节能技术公司

本标准主要起草人：徐选才　冯金秋　方修睦
　　　　　　　　　梁　晶　杨仕超　刘明明
　　　　　　　　　杨玉忠　赵立华　栾景阳
　　　　　　　　　孙西京　李晓岑　陈顺治
　　　　　　　　　许锦峰　刘幼农　黄振利
　　　　　　　　　邓　威　蔡炳基　康玉范
　　　　　　　　　张定干　卜维平　杨西伟

本标准主要审查人：吴元炜　许文发　狄洪发
　　　　　　　　　杨　淳　姜　红　冯　雅
　　　　　　　　　任　俊　张　旭　罗　英
　　　　　　　　　段　恺　林海燕　宋　波

目 次

Contents

1 总 则

1.0.1 为了规范居住建筑节能检测方法,推进我国建筑节能的发展,制定本标准。

1.0.2 本标准适用于新建、扩建、改建居住建筑的节能检测。

1.0.3 从事节能检测的机构应具备相应资质,从事节能检测的人员应经过专门培训。

1.0.4 本标准规定了居住建筑节能检测的基本技术要求。当本标准与国家法律、行政法规的规定相抵触时,应按国家法律、行政法规的规定执行。

1.0.5 进行居住建筑节能检测时,除应符合本标准外,尚应符合国家现行有关标准的规定。

2 术语和符号

2.1 术 语

2.1.1 水力平衡度 level of hydraulic balance

在集中热水采暖系统中,整个系统的循环水量满足设计条件时,建筑物热力入口处循环水量检测值与设计值之比。

2.1.2 补水率 makeup ratio

集中热水采暖系统在正常运行工况下,检测持续时间内,该系统单位建筑面积单位时间内的补水量与该系统单位建筑面积单位时间设计循环水量的比值。

2.1.3 室内活动区域 occupied zone

在室内居住空间内,由距地面或楼板面100mm和1800mm,距内墙内表面300mm,距外墙内表面或固定的采暖空调设备600mm的所有平面所围成的区域。

2.1.4 室内平均温度 average room air temperature

在某房间室内活动区域内一个或多个代表性位置测得的,不少于24h检测持续时间内室内空气温度逐时值的算术平均值。

2.1.5 外窗窗口单位空气渗透量 air leakage rate of opening for exterior window

在标准空气状态下,当受检外窗所有可开启窗扇均已正常关闭且窗内外压差为10Pa时,单位窗口面积单位时间内由室外渗入的空气量。

2.1.6 附加渗透量 extraneous air leakage rate

当受检外窗内外压差为10Pa时,单位时间内通过检测装置及其密封装置与窗口四周的接合部渗入的空气量。

2.1.7 红外热像仪 Infrared camera

基于表面辐射温度原理,能产生热像的红外成像系统。

2.1.8 热像图 thermogram

用红外热像仪拍摄的表示物体表面表观辐射温度的图片。

2.1.9 噪声当量温度差 noise equivalent temperature difference

在热成像系统或扫描器的信噪比为1时,黑体目标与背景之间的目标-背景温度差,也称温度分辨率。

2.1.10 参照温度 reference temperature

在被测物体表面测得的用来标定红外热像仪的物体表面温度。

2.1.11 环境参照体 ambient reference object

用来采集环境温度的物体,它并不一定具有当时的真实环境温度,但具有与受检物相似的物理属性,并与受检物处于相似的环境之中。

2.1.12 正常运行工况 normal operation condition

处于热态运行中的集中热水采暖系统同时满足以下条件时,则称该系统处于正常运行工况。

1 所有采暖管道和设备均处于热状态;

2 某时间段中,任意两个24h内,后一个24h内系统补水量的变化值不超过前一个24h内系统补水量的10%;

3 采用定流量方式运行时,系统的循环水量为设计值的100%~110%;采用变流量方式运行时,系统的循环水量和扬程在设计规定的运行范围内。

2.1.13 静态水力平衡阀 hand-regulated hydraulic-balancing-valve

阀体上具有测压孔、开启刻度和最大开度锁定装置,且借助专用二次仪表,能手动定量调节系统水流量的调节阀。

2.1.14 热桥 thermal bridge

建筑物外围护结构中具有以下热工特征的部位,称为热桥。在室内采暖条件下,该部位内表面温度比主体部位低;在室内空调降温条件下,该部位内表面温度又比主体部位高。

2.1.15 热工缺陷 thermal irregularities

当围护结构中保温材料缺失、分布不均、受潮或其中混入灰浆时或当围护结构存在空气渗透的部位时,则称该围护结构在此部位存在热工缺陷。

2.1.16 采暖设计热负荷指标 index of design heat load for space heating of residential building

在采暖室外计算温度条件下,为保持室内计算温度,单位建筑面积在单位时间内需由室内散热设备供给的热量。

2.1.17 供热设计热负荷指标 index of design heat load for space heating of residential quarter

在采暖室外计算温度条件下,为保持室内计算温度,单位建筑面积在单位时间内需由锅炉房或其他采暖设施通过室外管网集中供给的热量。

2.1.18 年采暖耗热量指标 index of annual heat consumption for space heating

按照设定的计算条件，计算出的单位建筑面积在一个采暖期内所消耗的、需由室内采暖设备供给的热量。

2.1.19 年空调耗冷量指标 index of annual energy consumption for space cooling

按照设定的计算条件，计算出的单位建筑面积在夏季某段规定的时期内所消耗的、需由室内空调设备供给的冷量。

2.1.20 室外管网热损失率 heat loss ratio of outdoor heating network

集中热水采暖系统室外管网的热损失与管网输入总热量（即采暖热源出口处输出的总热量）的比值。

2.2 符 号

ACC ——年空调耗冷量指标；

AHC ——年采暖耗热量指标；

HB ——水力平衡度；

R_{mp} ——补水率；

q_a ——外窗窗口单位空气渗透量；

q_b ——采暖设计热负荷指标；

q_q ——供热设计热负荷指标；

$NETD$ ——噪声当量温度差；

t_{rm} ——室内平均温度；

α_{ht} ——室外管网热损失率；

β ——能耗增加比；

ψ ——相对面积；

θ_1 ——热桥部位内表面温度。

3 基 本 规 定

3.0.1 当居住建筑进行节能检测时，检测方法、合格指标和判定方法应符合本标准的有关规定。

3.0.2 节能检测宜在下列有关技术文件准备齐全的基础上进行：

1 施工图设计文件审查机构审查合格的工程施工图节能设计文件；

2 工程竣工图纸和相关技术文件；

3 具有相关资质的检测机构出具的对施工现场随机抽取的外门（含阳台门）、户门、外窗及保温材料所作的性能复验报告，包括门窗传热系数、外窗气密性能等级、玻璃及外窗遮阳系数、保温材料密度、保温材料导热系数、保温材料比热容和保温材料强度报告；

4 热源设备、循环水泵的产品合格证或性能检测报告；

5 外墙墙体、屋面、热桥部位和采暖管道的保温施工做法或施工方案；

6 与本条第 5 款有关的隐蔽工程施工质量的中间验收报告。

3.0.3 检测中使用的仪器仪表应具有法定计量部门出具的有效期内的检定合格证或校准证书。除本标准其他章节另有规定外，仪器仪表的性能指标应符合本标准附录 A 的有关规定。

3.0.4 居住建筑单位采暖耗热量的现场检测应符合本标准附录 B 的规定。

3.0.5 当竣工图中居住建筑物外围护结构的做法和施工图存在差异时，应根据气候区的不同分别对建筑物年采暖耗热量指标和（或）年空调耗冷量指标进行验算，且验算方法应分别符合本标准附录 C 和附录 D 的规定。

4 室内平均温度

4.1 检 测 方 法

4.1.1 室内平均温度的检测持续时间宜为整个采暖期。当该项检测是为配合其他物理量的检测而进行时，检测的起止时间应符合相应检测项目检测方法中的有关规定。

4.1.2 当受检房间使用面积大于或等于 30m² 时，应设置两个测点。测点应设于室内活动区域，且距地面或楼面（700～1800）mm 范围内有代表性的位置；温度传感器不应受到太阳辐射或室内热源的直接影响。

4.1.3 室内平均温度应采用温度自动检测仪进行连续检测，检测数据记录时间间隔不宜超过 30min。

4.1.4 室内温度逐时值和室内平均温度应分别按下列公式计算：

$$t_{rm,i} = \frac{\sum\limits_{j=1}^{p} t_{i,j}}{p} \qquad (4.1.4-1)$$

$$t_{rm} = \frac{\sum\limits_{i=1}^{n} t_{rm,i}}{n} \qquad (4.1.4-2)$$

式中：t_{rm} ——受检房间的室内平均温度（℃）；

$t_{rm,i}$ ——受检房间第 i 个室内温度逐时值（℃）；

$t_{i,j}$ ——受检房间第 j 个测点的第 i 个室内温度逐时值（℃）；

n ——受检房间的室内温度逐时值的个数；

p ——受检房间布置的温度测点的点数。

4.2 合格指标与判定方法

4.2.1 集中热水采暖居住建筑的采暖期室内平均温度应在设计范围内；当设计无规定时，应符合现行国家标准《采暖通风与空气调节设计规范》GB 50019 中的相应规定。

4.2.2 集中热水采暖居住建筑的采暖期室内温度逐时值不应低于室内设计温度的下限；当设计无规定

时，该下限温度应符合现行国家标准《采暖通风与空气调节设计规范》GB 50019 中的相应规定。

4.2.3 对于已实施按热量计量且室内散热设备具有可调节的温控装置的采暖系统，当住户人为调低室内温度设定值时，采暖期室内温度逐时值可不作判定。

4.2.4 当受检房间的室内平均温度和室内温度逐时值分别满足本标准第 4.2.1 条和第 4.2.2 条的规定时，应判为合格，否则应判为不合格。

5 外围护结构热工缺陷

5.1 检 测 方 法

5.1.1 外围护结构热工缺陷检测应包括外表面热工缺陷检测、内表面热工缺陷检测。

5.1.2 外围护结构热工缺陷宜采用红外热像仪进行检测，检测流程宜符合本标准附录 E 的规定。

5.1.3 红外热像仪及其温度测量范围应符合现场检测要求。红外热像仪设计适用波长范围应为 $(8.0 \sim 14.0)\mu m$，传感器温度分辨率（NETD）不应大于 $0.08℃$，温差检测不确定度不应大于 $0.5℃$，红外热像仪的像素不应少于 76800 点。

5.1.4 检测前及检测期间，环境条件应符合下列规定：

　　1 检测前至少 24h 内室外空气温度的逐时值与开始检测时的室外空气温度相比，其变化不应大于 10℃；

　　2 检测前至少 24h 内和检测期间，建筑物外围护结构内外平均空气温度差不宜小于 10℃；

　　3 检测期间与开始检测时的空气温度相比，室外空气温度逐时值变化不应大于 5℃，室内空气温度逐时值变化不应大于 2℃；

　　4 1h 内室外风速（采样时间间隔为 30min）变化不应大于 2 级（含 2 级）；

　　5 检测开始前至少 12h 内受检的外表面不应受到太阳直接照射，受检的内表面不应受到灯光的直接照射；

　　6 室外空气相对湿度不应大于 75%，空气中粉尘含量不应异常。

5.1.5 检测前宜采用表面式温度计在受检表面上测出参照温度，调整红外热像仪的发射率，使红外热像仪的测定结果等于该参照温度；宜在与目标距离相等的不同方位扫描同一个部位，并评估临近物体对受检外围护结构表面造成的影响；必要时可采取遮挡措施或关闭室内辐射源，或在合适的时间段进行检测。

5.1.6 受检表面同一个部位的红外热像图不应少于 2 张。当拍摄的红外热像图中，主体区域过小时，应单独拍摄 1 张以上（含 1 张）主体部位红外热像图。应用图说明受检部位的红外热像图在建筑中的位置，

并应附上可见光照片。红外热像图上应标明参照温度的位置，并应随红外热像图一起提供参照温度的数据。

5.1.7 受检外表面的热工缺陷应采用相对面积（Ψ）评价，受检内表面的热工缺陷应采用能耗增加比（β）评价。二者应分别根据下列公式计算：

$$\Psi = \frac{\sum\limits_{i=1}^{n} A_{2,i}}{\sum\limits_{i=1}^{n} A_{1,i}} \qquad (5.1.7\text{-}1)$$

$$\beta = \Psi \left| \frac{T_1 - T_2}{T_1 - T_0} \right| \times 100\% \qquad (5.1.7\text{-}2)$$

$$T_1 = \frac{\sum\limits_{i=1}^{n} (T_{1,i} \cdot A_{1,i})}{\sum\limits_{i=1}^{n} A_{1,i}} \qquad (5.1.7\text{-}3)$$

$$T_2 = \frac{\sum\limits_{i=1}^{n} (T_{2,i} \cdot A_{2,i})}{\sum\limits_{i=1}^{n} A_{2,i}} \qquad (5.1.7\text{-}4)$$

$$T_{1,i} = \frac{\sum\limits_{j=1}^{m} (A_{1,i,j} \cdot T_{1,i,j})}{\sum\limits_{j=1}^{m} A_{1,i,j}} \qquad (5.1.7\text{-}5)$$

$$T_{2,i} = \frac{\sum\limits_{j=1}^{m} (A_{2,i,j} \cdot T_{2,i,j})}{\sum\limits_{j=1}^{m} A_{2,i,j}} \qquad (5.1.7\text{-}6)$$

$$A_{1,i} = \frac{\sum\limits_{j=1}^{m} A_{1,i,j}}{m} \qquad (5.1.7\text{-}7)$$

$$A_{2,i} = \frac{\sum\limits_{j=1}^{m} A_{2,i,j}}{m} \qquad (5.1.7\text{-}8)$$

式中：Ψ——受检表面缺陷区域面积与主体区域面积的比值；

　　　β——受检内表面由于热工缺陷所带来的能耗增加比；

　　　T_1——受检表面主体区域（不包括缺陷区域）的平均温度（℃）；

　　　T_2——受检表面缺陷区域的平均温度（℃）；

　　　$T_{1,i}$——第 i 幅热像图主体区域的平均温度（℃）；

　　　$T_{2,i}$——第 i 幅热像图缺陷区域的平均温度（℃）；

　　　$A_{1,i}$——第 i 幅热像图主体区域的面积（m^2）；

　　　$A_{2,i}$——第 i 幅热像图缺陷区域的面积，指与 T_1 的温度差大于或等于 1℃的点所组成的

面积（m²）；

T_0——环境温度（℃）；

i——热像图的幅数，$i = 1 \sim n$；

j——每一幅热像图的张数，$j = 1 \sim m$。

5.2 合格指标与判定方法

5.2.1 受检外表面缺陷区域与主体区域面积的比值应小于20%，且单块缺陷面积应小于0.5m²。

5.2.2 受检内表面因缺陷区域导致的能耗增加比值应小于5%，且单块缺陷面积应小于0.5m²。

5.2.3 热像图中的异常部位，宜通过将实测热像图与受检部分的预期温度分布进行比较确定。必要时可采用内窥镜、取样等方法进行确定。

5.2.4 当受检外表面的检测结果满足本标准第5.2.1条规定时，应判为合格，否则应判为不合格。

5.2.5 当受检内表面的检测结果满足本标准第5.2.2条规定时，应判为合格，否则应判为不合格。

6 外围护结构热桥部位内表面温度

6.1 检 测 方 法

6.1.1 热桥部位内表面温度宜采用热电偶等温度传感器进行检测，检测仪表应符合本标准第7.1.4条的规定。

6.1.2 检测热桥部位内表面温度时，内表面温度测点应选在热桥部位温度最低处，具体位置可采用红外热像仪确定。室内空气温度测点布置应符合本标准第4.1.2条的规定。室外空气温度测点布置应符合本标准附录F的规定。

6.1.3 内表面温度传感器连同0.1m长引线应与受检表面紧密接触，传感器表面的辐射系数应与受检表面基本相同。

6.1.4 热桥部位内表面温度检测应在采暖系统正常运行后进行，检测时间宜选在最冷月，且应避开气温剧烈变化的天气。检测持续时间不应少于72h，检测数据应逐时记录。

6.1.5 室内外计算温度条件下热桥部位内表面温度应按下式计算：

$$\theta_1 = t_{di} - \frac{t_{rm} - \theta_{lm}}{t_{rm} - t_{em}}(t_{di} - t_{de}) \qquad (6.1.5)$$

式中：θ_1——室内外计算温度条件下热桥部位内表面温度（℃）；

t_{rm}——受检房间的室内平均温度（℃）；

θ_{lm}——检测持续时间内热桥部位内表面温度逐时值的算术平均值（℃）；

t_{em}——检测持续时间内室外空气温度逐时值的算术平均值（℃）；

t_{di}——冬季室内计算温度（℃），应根据具体

设计图纸确定或按国家标准《民用建筑热工设计规范》GB 50176-93中第4.1.1条的规定采用；

t_{de}——围护结构冬季室外计算温度（℃），应根据具体设计图纸确定或按国家标准《民用建筑热工设计规范》GB 50176-93中第2.0.1条的规定采用。

6.2 合格指标与判定方法

6.2.1 在室内外计算温度条件下，围护结构热桥部位的内表面温度不应低于室内空气露点温度，且在确定室内空气露点温度时，室内空气相对湿度应按60%计算。

6.2.2 当受检部位的检测结果满足本标准第6.2.1条的规定时，应判为合格，否则应判为不合格。

7 围护结构主体部位传热系数

7.1 检 测 方 法

7.1.1 围护结构主体部位传热系数的检测宜在受检围护结构施工完成至少12个月后进行。

7.1.2 围护结构主体部位传热系数的现场检测宜采用热流计法。

7.1.3 热流计及其标定应符合现行行业标准《建筑用热流计》JG/T 3016的规定。

7.1.4 热流和温度应采用自动检测仪检测，数据存储方式应适用于计算机分析。温度测量不确定度不应大于0.5℃。

7.1.5 测点位置不应靠近热桥、裂缝和有空气渗漏的部位，不应受加热、制冷装置和风扇的直接影响，且应避免阳光直射。

7.1.6 热流计和温度传感器的安装应符合下列规定：

1 热流计应直接安装在受检围护结构的内表面上，且应与表面完全接触。

2 温度传感器应在受检围护结构两侧表面安装。内表面温度传感器应靠近热流计安装，外表面温度传感器宜在与热流计相对应的位置安装。温度传感器连同0.1m长引线应与受检表面紧密接触，传感器表面的辐射系数应与受检表面基本相同。

7.1.7 检测时间宜选在最冷月，且应避开气温剧烈变化的天气。对设置采暖系统的地区，冬季检测应在采暖系统正常运行后进行；对未设置采暖系统的地区，应在人为适当地提高室内温度后进行检测。在其他季节，可采取人工加热或制冷的方式建立室内外温差。围护结构高温侧表面温度应高于低温侧10℃以上，且在检测过程中的任何时刻均不得等于或低于低温侧表面温度。当传热系数小于1W/(m²·K)时，高

温侧表面温度宜高于低温侧 10/U℃以上。检测持续时间不应少于 96h。检测期间，室内空气温度应保持稳定，受检区域外表面宜避免雨雪侵袭和阳光直射。

注：U 为围护结构主体部位传热系数，单位为 [W/(m² · K)]。

7.1.8 检测期间，应定时记录热流密度和内、外表面温度，记录时间间隔不应大于 60min。可记录多次采样数据的平均值，采样间隔宜短于传感器最小时间常数的 1/2。

7.1.9 数据分析宜采用动态分析法。当满足下列条件时，可采用算术平均法：

　　1 围护结构主体部位热阻的末次计算值与 24h 之前的计算值相差不大于 5%；

　　2 检测期间内第一个 INT(2×DT/3) 天内与最后一个同样长的天数内围护结构主体部位热阻的计算值相差不大于 5%。

注：DT 为检测持续天数，INT 表示取整数部分。

7.1.10 当采用算术平均法进行数据分析时，应按下式计算围护结构主体部位的热阻，并应使用全天数据（24h 的整数倍）进行计算：

$$R = \frac{\sum\limits_{j=1}^{n}(\theta_{Ij} - \theta_{Ej})}{\sum\limits_{j=1}^{n} q_j} \qquad (7.1.10)$$

式中：R ——围护结构主体部位的热阻（m² · K/W）；

　　θ_{Ij} ——围护结构主体部位内表面温度的第 j 次测量值（℃）；

　　θ_{Ej} ——围护结构主体部位外表面温度的第 j 次测量值（℃）；

　　q_j ——围护结构主体部位热流密度的第 j 次测量值（W/m²）。

7.1.11 当采用动态分析方法时，宜使用与本标准配套的数据处理软件进行计算。

7.1.12 围护结构主体部位传热系数应按下式计算：

$$U = 1/(R_i + R + R_e) \qquad (7.1.12)$$

式中：U ——围护结构主体部位传热系数 [W/(m² · K)]；

　　R_i ——内表面换热阻，应按国家标准《民用建筑热工设计规范》GB 50176-93 中附录二附表 2.2 的规定采用；

　　R_e ——外表面换热阻，应按国家标准《民用建筑热工设计规范》GB 50176-93 中附录二附表 2.3 的规定采用。

7.2　合格指标与判定方法

7.2.1 受检围护结构主体部位传热系数应满足设计图纸的规定；当设计图纸未作具体规定时，应符合国家现行有关标准的规定。

7.2.2 当受检围护结构主体部位传热系数的检测结

果满足本标准第 7.2.1 条规定时，应判为合格，否则应判为不合格。

8　外窗窗口气密性能

8.1　检测方法

8.1.1 外窗窗口气密性能的检测应在受检外窗几何中心高度处的室外瞬时风速不大于 3.3m/s 的条件下进行。

8.1.2 外窗窗口气密性能检测操作程序应符合本标准附录 G 的规定。

8.1.3 对室内外空气温度、室外风速和大气压力等环境参数应进行同步检测。

8.1.4 在开始正式检测前，应对检测系统的附加渗透量进行一次现场标定。标定用外窗应为受检外窗或与受检外窗相同的外窗。附加渗透量不应大于受检外窗窗口空气渗透量的 20%。

8.1.5 在检测装置、人员和操作程序完全相同的情况下，在检测装置的标定有效期内，当检测其他相同外窗时，检测系统本身的附加渗透量不宜再次标定。

8.1.6 每樘受检外窗的检测结果应取连续三次检测值的平均值。

8.1.7 差压表、大气压力表、环境温度检测仪、室外风速计和长度尺的不确定度分别不应大于 2.5Pa、200Pa、1℃、0.25m/s 和 3mm。空气流量测量装置的不确定度不应大于测量值的 13%。

8.1.8 现场检测条件下且受检外窗内外压差为 10Pa 时，检测系统的附加渗透量（Q_{fa}）和总空气渗透量（Q_{za}）应根据回归方程计算，回归方程应采用下列形式：

$$Q = a(\Delta P)^c \qquad (8.1.8)$$

式中：Q ——现场检测条件下检测系统的附加渗透量或总空气渗透量（m³/h）；

　　ΔP ——受检外窗的内外压差（Pa）；

　　a、c ——拟合系数。

8.1.9 外窗窗口单位空气渗透量应按下列公式计算：

$$q_a = \frac{Q_{st}}{A_w} \qquad (8.1.9\text{-}1)$$

$$Q_{st} = Q_z - Q_f \qquad (8.1.9\text{-}2)$$

$$Q_z = \frac{293}{101.3} \times \frac{B}{(t+273)} \times Q_{za} \qquad (8.1.9\text{-}3)$$

$$Q_f = \frac{293}{101.3} \times \frac{B}{(t+273)} \times Q_{fa} \qquad (8.1.9\text{-}4)$$

式中：q_a ——外窗窗口单位空气渗透量 [m³/(m² · h)]；

　　Q_{fa}、Q_f ——分别为现场检测条件和标准空气状态下，受检外窗内外压差为 10Pa 时，检测系统的附加渗透量（m³/h）；

　　Q_{za}、Q_z ——分别为现场检测条件和标准空气状态

下，受检外窗内外压差为 10Pa 时，受检外窗窗口(包括检测系统在内)的总空气渗透量(m^3/h);

Q_{st}——标准空气状态下，受检外窗内外压差为 10Pa 时，受检外窗窗口本身的空气渗透量(m^3/h);

B——检测现场的大气压力(kPa);

t——检测装置附近的室内空气温度(℃);

A_w——受检外窗窗口的面积(m^2)，当外窗形状不规则时应计算其展开面积。

8.2 合格指标与判定方法

8.2.1 外窗窗口墙与外窗本体的结合部应严密，外窗窗口单位空气渗透量不应大于外窗本体的相应指标。

8.2.2 当受检外窗窗口单位空气渗透量的检测结果满足本标准第 8.2.1 条的规定时，应判为合格，否则应判为不合格。

9 外围护结构隔热性能

9.1 检 测 方 法

9.1.1 居住建筑的东(西)外墙和屋面应进行隔热性能现场检测。

9.1.2 隔热性能检测应在围护结构施工完成 12 个月后进行，检测持续时间不应少于 24h。

9.1.3 检测期间室外气候条件应符合下列规定：

1 检测开始前 2 天应为晴天或少云天气;

2 检测日应为晴天或少云天气，水平面的太阳辐射照度最高值不宜小于国家标准《民用建筑热工设计规范》GB 50176-93 中附录三附表 3.3 给出的当地夏季太阳辐射照度最高值的 90%;

3 检测日室外最高逐时空气温度不宜小于国家标准《民用建筑热工设计规范》GB 50176-93 中附录三附表 3.2 给出的当地夏季室外计算温度最高值 2.0℃;

4 检测日工作高度处的室外风速不应超过 5.4m/s。

9.1.4 受检外围护结构内表面所在房间应有良好的自然通风环境，直射到围护结构外表面的阳光在白天不应被其他物体遮挡，检测时房间的窗应全部开启。

9.1.5 检测时应同时检测室内外空气温度、受检外围护结构内外表面温度、室外风速、室外水平面太阳辐射照度。室内空气温度、内外表面温度和室外气象参数的检测应分别符合本标准第 4.1 节、第 7.1 节和附录 F 的规定。白天太阳辐射照度的数据记录时间间隔不应大于 15min，夜间可不记录。

9.1.6 内外表面温度传感器应对称布置在受检外围护结构主体部位的两侧，与热桥部位的距离应大于墙体(屋面)厚度的 3 倍以上。每侧温度测点应至少各布置 3 点，其中一点应布置在接近检测面中央的位置。

9.1.7 内表面逐时温度应取内表面所有测点相应时刻检测结果的平均值。

9.2 合格指标与判定方法

9.2.1 夏季建筑东(西)外墙和屋面的内表面逐时最高温度均不应高于室外逐时空气温度最高值。

9.2.2 当受检部位的检测结果满足本标准第 9.2.1 条的规定时，应判为合格，否则应判为不合格。

10 外窗外遮阳设施

10.1 检 测 方 法

10.1.1 对固定外遮阳设施，检测的内容应包括结构尺寸、安装位置和安装角度。对活动外遮阳设施，还应包括遮阳设施的转动或活动范围以及柔性遮阳材料的光学性能。

10.1.2 用于检测外遮阳设施结构尺寸、安装位置、安装角度、转动或活动范围的量具的不确定度应符合下列规定：

1 长度尺：应小于 2mm;

2 角度尺：应小于 2°。

10.1.3 活动外遮阳设施转动或活动范围的检测应在完成 5 次以上的全程调整后进行。

10.1.4 遮阳材料的光学性能检测应包括太阳光反射比和太阳光直接透射比。太阳光反射比和太阳光直接透射比的检测应按现行国家标准《建筑玻璃 可见光透射比、太阳光直接透射比、太阳能总透射比、紫外线透射比及有关窗玻璃参数的测定》GB/T 2680 的规定执行。

10.2 合格指标与判定方法

10.2.1 受检外窗外遮阳设施的结构尺寸、安装位置、安装角度、转动或活动范围以及遮阳材料的光学性能应满足设计要求。

10.2.2 受检外窗外遮阳设施的检测结果均满足本标准第 10.2.1 条的规定时，应判为合格，否则应判为不合格。

11 室外管网水力平衡度

11.1 检 测 方 法

11.1.1 水力平衡度的检测应在采暖系统正常运行后进行。

11.1.2 室外采暖系统水力平衡度的检测宜以建筑物热力入口为限。

11.1.3 受检热力入口位置和数量的确定应符合下列规定：

1 当热力入口总数不超过 6 个时，应全数检测；

2 当热力入口总数超过 6 个时，应根据各个热力入口距热源距离的远近，按近端 2 处、远端 2 处、中间区域 2 处的原则确定受检热力入口；

3 受检热力入口的管径不应小于 DN40。

11.1.4 水力平衡度检测期间，采暖系统总循环水量应保持恒定，且应为设计值的 100%～110%。

11.1.5 流量计量装置宜安装在建筑物相应的热力入口处，且宜符合产品的使用要求。

11.1.6 循环水量的检测值应以相同检测持续时间内各热力入口处测得的结果为依据进行计算。检测持续时间宜取 10min。

11.1.7 水力平衡度应按下式计算：

$$HB_j = \frac{G_{wm,j}}{G_{wd,j}} \qquad (11.1.7)$$

式中：HB_j ——第 j 个热力入口的水力平衡度；

$G_{wm,j}$ ——第 j 个热力入口循环水量检测值(m^3/s)；

$G_{wd,j}$ ——第 j 个热力入口的设计循环水量(m^3/s)。

11.2 合格指标与判定方法

11.2.1 采暖系统室外管网热力入口处的水力平衡度应为 0.9～1.2。

11.2.2 在所有受检的热力入口中，各热力入口水力平衡度均满足本标准第 11.2.1 条的规定时，应判为合格，否则应判为不合格。

12 补 水 率

12.1 检 测 方 法

12.1.1 补水率的检测应在采暖系统正常运行后进行。

12.1.2 检测持续时间宜为整个采暖期。

12.1.3 总补水量应采用具有累计流量显示功能的流量计量装置检测。流量计量装置应安装在系统补水管上适宜的位置，且应符合产品的使用要求。当采暖系统中固有的流量计量装置在检定有效期内时，可直接利用该装置进行检测。

12.1.4 采暖系统补水率应按下列公式计算：

$$R_{mp} = \frac{g_a}{g_d} \times 100\% \qquad (12.1.4-1)$$

$$g_d = 0.861 \times \frac{q_q}{t_s - t_r} \qquad (12.1.4-2)$$

$$g_a = \frac{G_a}{A_0} \qquad (12.1.4-3)$$

式中：R_{mp} ——采暖系统补水率；

g_d ——采暖系统单位设计循环水量[$kg/(m^2 \cdot h)$]；

g_a ——检测持续时间内采暖系统单位补水量[$kg/(m^2 \cdot h)$]；

G_a ——检测持续时间内采暖系统平均单位时间内的补水量(kg/h)；

A_0 ——居住小区内所有采暖建筑物的总建筑面积(m^2)，应按本标准附录 B 第 B.0.3 条的规定计算；

q_q ——供热设计热负荷指标(W/m^2)；

t_s、t_r ——采暖热源设计供水、回水温度(℃)。

12.2 合格指标与判定方法

12.2.1 采暖系统补水率不应大于 0.5%。

12.2.2 当采暖系统补水率满足本标准第 12.2.1 条规定时，应判为合格，否则应判为不合格。

13 室外管网热损失率

13.1 检 测 方 法

13.1.1 采暖系统室外管网热损失率的检测应在采暖系统正常运行 120h 后进行，检测持续时间不应少于 72h。

13.1.2 检测期间，采暖系统应处于正常运行工况，热源供水温度的逐时值不应低于 35℃。

13.1.3 热计量装置的安装应符合本标准附录 B 第 B.0.2 条的规定。

13.1.4 采暖系统室外管网供水温降应采用温度自动检测仪进行同步检测，温度传感器的安装应符合本标准附录 B 第 B.0.2 条的规定，数据记录时间间隔不应大于 60min。

13.1.5 室外管网热损失率应按下式计算：

$$\alpha_{ht} = \left(1 - \sum_{j=1}^{n} Q_{a,j} / Q_{a,t}\right) \times 100\% \qquad (13.1.5)$$

式中：α_{ht} ——采暖系统室外管网热损失率；

$Q_{a,j}$ ——检测持续时间内第 j 个热力入口处的供热量（MJ）；

$Q_{a,t}$ ——检测持续时间内热源的输出热量（MJ）。

13.2 合格指标与判定方法

13.2.1 采暖系统室外管网热损失率不应大于 10%。

13.2.2 当采暖系统室外管网热损失率满足本标准第 13.2.1 条的规定时，应判为合格，否则应判为不合格。

14 锅炉运行效率

14.1 检测方法

14.1.1 采暖锅炉日平均运行效率的检测应在采暖系统正常运行 120h 后进行，检测持续时间不应少于 24h。

14.1.2 检测期间，采暖系统应处于正常运行工况，燃煤锅炉的日平均运行负荷率应不小于 60%，燃油和燃气锅炉瞬时运行负荷率不应小于 30%，锅炉日累计运行时数不应少于 10h。

14.1.3 燃煤采暖锅炉的耗煤量应按批计量。燃油和燃气采暖锅炉的耗油量和耗气量应连续累计计量。

14.1.4 在检测持续时间内，煤样应用基低位发热值的化验批数与采暖锅炉房进煤批次一致，且煤样的制备方法应符合现行国家标准《工业锅炉热工性能试验规范》GB/T 10180 的有关规定。燃油和燃气的低位发热值应根据油品种类和气源变化进行化验。

14.1.5 采暖锅炉的输出热量应采用热计量装置连续累计计量。

14.1.6 热计量装置中供回水温度传感器应靠近锅炉本体安装。

14.1.7 采暖锅炉日平均运行效率应按下列公式计算:

$$\eta_{2,a} = \frac{Q_{a,t}}{Q_i} \times 100\% \qquad (14.1.7\text{-}1)$$

$$Q_i = G_c \cdot Q_c^y \cdot 10^{-3} \qquad (14.1.7\text{-}2)$$

式中: $\eta_{2,a}$ —— 检测持续时间内采暖锅炉日平均运行效率;

Q_i —— 检测持续时间内采暖锅炉的输入热量 (MJ);

G_c —— 检测持续时间内采暖锅炉的燃煤量 (kg) 或燃油量 (kg) 或燃气量 (Nm³);

Q_c^y —— 检测持续时间内燃用煤的平均应用基低位发热值 (kJ/kg) 或燃用油的平均低位发热值 (kJ/kg) 或燃用气的平均低位发热值 (kJ/Nm³)。

14.2 合格指标与判定方法

14.2.1 采暖锅炉日平均运行效率不应小于表 14.2.1 的规定。

表 14.2.1 采暖锅炉最低日平均运行效率 (%)

锅炉类型、燃料种类		锅炉额定容量 (MW)						
		0.7	1.4	2.8	4.2	7.0	14.0	≥28.0
燃煤	烟煤 Ⅱ	—	—	65	66	70	70	71
	Ⅲ	—	—	66	68	70	71	73
燃油、燃气		77	78	78	79	80	81	81

14.2.2 当采暖锅炉日平均运行效率满足本标准第

14.2.1 条的规定时，应判为合格，否则应判为不合格。

15 耗电输热比

15.1 检测方法

15.1.1 耗电输热比的检测应在采暖系统正常运行 120h 后进行，且应满足下列条件:

1 采暖热源和循环水泵的铭牌参数应满足设计要求;

2 系统瞬时供热负荷不应小于设计值的 50%;

3 循环水泵运行方式应满足下列条件:

1) 对变频泵系统，应按工频运行且启泵台数满足设计工况要求;

2) 对多台工频泵并联系统，启泵台数应满足设计工况要求;

3) 对大小泵制系统，应启动大泵运行;

4) 对一用一备制系统，应保证有一台泵正常运行。

15.1.2 耗电输热比的检测持续时间不应少于 24h。

15.1.3 采暖热源的输出热量应在热源机房内采用热计量装置进行累计计量，热计量装置的安装应符合本标准附录 B 第 B.0.2 条的规定。循环水泵的用电量应分别计量。

15.1.4 采暖系统耗电输热比应按下列公式计算:

$$EHR_{a,e} = \frac{3.6 \times \varepsilon_a \times \eta_m}{\sum Q_{a,e}} \qquad (15.1.4\text{-}1)$$

当 $\sum Q_a < \sum Q$ 时,

$$\sum Q_{a,e} = \min\{\sum Q_p, \sum Q\} \qquad (15.1.4\text{-}2)$$

当 $\sum Q_a \geqslant \sum Q$ 时,

$$\sum Q_{a,e} = \sum Q_a \qquad (15.1.4\text{-}3)$$

$$\sum Q_p = 0.3612 \times 10^6 \times G_a \times \Delta t \qquad (15.1.4\text{-}4)$$

$$\sum Q = 0.0864 \times q_q \times A_0 \qquad (15.1.4\text{-}5)$$

式中: $EHR_{a,e}$ —— 采暖系统耗电输热比 (无因次);

ε_a —— 检测持续时间内采暖系统循环水泵的日耗电量 (kWh);

η_m —— 电机效率与传动效率之和，直联取 0.85，联轴器传动取 0.83;

$\sum Q_{a,e}$ —— 检测持续时间内采暖系统日最大有效供热能力 (MJ);

$\sum Q_a$ —— 检测持续时间内采暖系统的实际日供热量 (MJ);

$\sum Q_p$ —— 在循环水量不变的情况下，检测持续时间内采暖系统可能的日最大供热能力 (MJ);

$\sum Q$ —— 采暖热源的设计日供热量 (MJ);

G_a —— 检测持续时间内采暖系统的平均循环水量 (m³/s);

Δt —— 采暖热源的设计供回水温差 (℃);

15.2 合格指标与判定方法

15.2.1 采暖系统耗电输热比（$EHR_{a,e}$）应满足下式的要求：

$$EHR_{a,e} \leqslant \frac{0.0062(14 + a \cdot L)}{\Delta t} \quad (15.2.1)$$

式中：$EHR_{a,e}$——采暖系统耗电输热比；

L——室外管网主干线（从采暖管道进出热源机房外墙处算起，至最不利环路末端热用户热力入口止）包括供回水管道的总长度（m）；

a——系数，其取值为：当 $L \leqslant 500$m 时，$a = 0.0115$；当 $500 < L < 1000$m 时，$a = 0.0092$；当 $L \geqslant 1000$m 时，$a = 0.0069$。

15.2.2 当采暖系统耗电输热比满足本标准第 15.2.1 条的规定时，应判为合格，否则应判为不合格。

附录 A 仪器仪表的性能要求

表 A 仪器仪表的性能要求

序号	检测参数	功能	扩展不确定度($k=2$)
1	空气温度	应具有自动采集和存储数据功能，并可以和计算机接口	$\leqslant 0.5$℃
2	空气温差	应具有自动采集和存储数据功能，并可以和计算机接口	$\leqslant 0.4$℃
3	相对湿度	应具有自动采集和存储数据功能，并可以和计算机接口	$\leqslant 10\%\{[0 \sim 10)\%RH@25℃\}$ $\leqslant 5\%\{[10 \sim 30)\%RH@25℃\}$ $\leqslant 3\%\{[30 \sim 70)\%RH@25℃\}$ $\leqslant 5\%\{[70 \sim 90)\%RH@25℃\}$ $\leqslant 10\%\{[90 \sim 100]\%RH@25℃\}$
4	供回水温度	应具有自动采集和存储数据功能，并可以和计算机接口	$\leqslant 0.5$℃（低温水系统） $\leqslant 1.5$℃（高温水系统）
5	供回水温差	应具有自动采集和存储数据功能，并可以和计算机接口	$\leqslant 0.5$℃（低温水系统） $\leqslant 1.5$℃（高温水系统）
6	循环水量	应能显示瞬时流量或累计流量、或能自动存储、打印数据、或可以和计算机接口	$\leqslant 5\%[Q_{min} \sim 0.2Q_{max})$ $\leqslant 2\%[0.2Q_{max} \sim Q_{max}]$
7	补水量	应能显示瞬时流量或累计流量、或能自动存储、打印数据、或可以和计算机接口	$\leqslant 5\%[Q_{min} \sim 0.2Q_{max})$ $\leqslant 2\%[0.2Q_{max} \sim Q_{max}]$
8	热量	宜具有自动采集和存储数据功能，并可以和计算机接口	$\leqslant 10\%$（测试值）
9	耗电量	应能显示累计电量或能自动存储、打印数据、或可以和计算机接口	$\leqslant 2\%FS$
10	耗油量	应能显示累计油量或能自动存储、打印数据、或可以和计算机接口	$\leqslant 5\%[Q_{min} \sim 0.2Q_{max})$ $\leqslant 2\%[0.2Q_{max} \sim Q_{max}]$
11	耗气量	应能显示累计气量或能自动存储、打印数据、或可以和计算机接口	$\leqslant 3\%[Q_{min} \sim 0.2Q_{max})$ $\leqslant 1.5\%[0.2Q_{max} \sim Q_{max}]$
12	耗煤量		$\leqslant 2\%FS$

续表 A

序号	检测参数	功能	扩展不确定度($k=2$)
13	风速	宜具有自动采集和存储数据功能，并可以和计算机接口	$\leqslant 0.5$m/s
14	太阳辐射照度	宜具有自动采集和存储数据功能，并可以和计算机接口	$\leqslant 5\%FS$

附录 B 单位采暖耗热量检测方法

B.0.1 单位采暖耗热量的检测应在采暖系统正常运行 120h 后进行，检测持续时间不应少于 24h。

B.0.2 建筑物采暖供热量应采用热计量装置在建筑物热力入口处检测，供回水温度和流量传感器的安装宜满足相关产品的使用要求，温度传感器宜安装于受检建筑物外墙外侧且距外墙外表面 2.5m 以内的地方。采暖系统总采暖供热量宜在采暖热源出口处检测，供回水温度和流量传感器宜安装在采暖热源机房内，当温度传感器安装在室外时，距采暖热源机房外墙外表面的垂直距离不应大于 2.5m。

B.0.3 单位采暖耗热量应按下式计算：

$$q_{ha} = \frac{Q_{ha}}{A_0} \cdot \frac{278}{H_r} \quad (B.0.3)$$

式中：q_{ha}——建筑物或居住小区单位采暖耗热量（W/m^2）；

Q_{ha}——检测持续时间内在建筑物热力入口处或采暖热源出口处测得的累计供热量（MJ）；

A_0——建筑物（含采暖地下室）或居住小区（含小区内配套公共建筑）的总建筑面积（该建筑面积应按各层外墙轴线围成面积的总和计算）（m^2）；

H_r——检测持续时间（h）。

附录 C 年采暖耗热量指标

C.1 验算方法

C.1.1 受检建筑物外围护结构尺寸应以建筑竣工图为准。

C.1.2 受检建筑物外墙和屋面主体部位的传热系数应采用现场检测数据；当现场不具备检测条件时，可根据围护结构的实际做法经计算确定。外窗、外门的传热系数应以施工期间的复检结果为依据。其他参数均应以现场实际做法经计算确定。

C.1.3 当受检建筑物有地下室时，应按无地下室处理。受检建筑物首层设置的店铺应按居住建筑处理。

C.1.4 室内计算条件应符合下列规定：

1　计算温度：16℃；

2　换气次数：0.5次/h；

3　不考虑照明得热或其他内部得热。

C.1.5　室外计算气象资料宜采用国家现行标准规定的当地典型气象年的逐时数据。

C.1.6　年采暖耗热量指标宜采用动态模拟软件计算，当条件不具备时，可采用简易方法计算。

C.1.7　年采暖耗热量指标计算的起止日期应符合国家现行有关标准的规定。

C.1.8　参照建筑物应按下列原则确定：

1　参照建筑物的形状、大小、朝向均应与受检建筑物完全相同；

2　参照建筑物各朝向和屋顶的开窗面积应与受检建筑物相同，但当受检建筑物某个朝向的窗（包括屋面的天窗）面积超过我国现行节能设计标准的规定时，参照建筑物该朝向（或屋面）的窗面积应减少到符合我国现行有关节能设计标准的规定；

3　参照建筑物外墙、屋面、地面、外窗、外门的各项性能指标均应符合我国现行节能设计标准的规定。对于我国现行节能设计标准中未作规定的部分，应按受检建筑物的性能指标计入。

C.2　合格指标与判定方法

C.2.1　受检建筑物年采暖耗热量指标不应大于参照建筑物的相应值。

C.2.2　受检建筑物年采暖耗热量指标的验算结果满足本附录第C.2.1条规定时，应判为合格，否则应判为不合格。

附录D　年空调耗冷量指标

D.1　验　算　方　法

D.1.1　受检建筑物外围护结构尺寸应以建筑竣工图为准。

D.1.2　受检建筑物外墙和屋面主体部位传热系数应采用现场检测数据；当现场不具备检测条件时，可根据围护结构的实际做法经计算确定。外窗、外门的传热系数应以施工期间的复检结果为依据。其他参数均应以现场实际做法经计算确定。

D.1.3　当受检建筑物有地下室时，应按无地下室处理。受检建筑物首层设置的店铺应按居住建筑处理。

D.1.4　室内计算条件应符合下列规定：

1　计算温度：26℃；

2　换气次数：1.0次/h；

3　不考虑照明得热或其他内部得热。

D.1.5　室外计算气象资料宜采用国家现行标准规定的当地典型气象年的逐时数据。

D.1.6　年空调耗冷量指标宜采用动态模拟软件计

算，当条件不具备时，可采用简易方法计算。

D.1.7　年空调耗冷量指标计算的起止日期应符合当地空调季节惯例。

D.1.8　参照建筑物应按下列原则确定：

1　参照建筑物的形状、大小、朝向均应与受检建筑物完全相同；

2　参照建筑物各朝向和屋顶的开窗面积应与受检建筑物相同，但当受检建筑物某个朝向的窗（包括屋面的天窗）面积超过我国现行节能设计标准的规定时，参照建筑物该朝向（或屋面）的窗面积应减少到符合我国现行有关节能设计标准的规定；

3　参照建筑物外墙、屋面、地面、外窗、外门的各项性能指标均应符合我国现行节能设计标准的规定。对于我国现行节能设计标准中未作规定的部分，应按受检建筑物的性能指标计入。

D.2　合格指标与判定方法

D.2.1　受检建筑物年空调耗冷量指标不应大于参照建筑物的相应值。

D.2.2　受检建筑物年空调耗冷量指标的验算结果满足本附录第D.2.1条规定时，应判为合格，否则应判为不合格。

附录E　外围护结构热工缺陷检测流程

E.0.1　外围护结构热工缺陷检测流程应符合图E.0.1的规定。

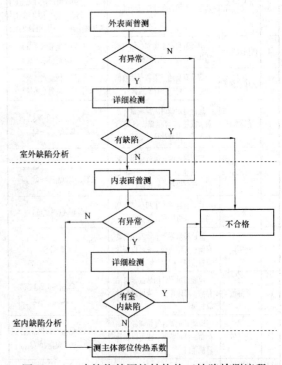

图E.0.1　建筑物外围护结构热工缺陷检测流程

附录 F 室外气象参数检测方法

F.1 一般规定

F.1.1 室外气象参数测点的布置位置、数量、数据记录时间间隔应满足本附录的规定，检测起止时间应满足室内有关参数的检测需要。

F.1.2 需要同时检测室外空气温度、室外风速、太阳辐射照度等参数时，宜采用自动气象站。

F.1.3 室外气象参数检测仪的测量范围应满足测量地点气象条件的要求。

F.2 室外空气温度

F.2.1 室外空气温度的检测，宜采用温度自动检测仪逐时检测和记录。

F.2.2 室外空气温度传感器应设置在外表面为白色的百叶箱内，百叶箱应放置在距离建筑物(5～10)m范围内；当无百叶箱时，室外空气温度传感器应设置防辐射罩，安装位置距外墙外表面宜大于200mm，且宜在建筑物2个不同方向同时设置测点。超过10层的建筑宜在屋顶加设(1～2)个测点。温度传感器距地面的高度宜在(1500～2000)mm的范围内，且应避免阳光直接照射和室外固有冷热源的影响。温度传感器的环境适应时间不应少于30min。

F.2.3 室外空气温度逐时值应取所有测点相应时刻检测结果的平均值。

F.3 室外风速

F.3.1 室外风速宜采用旋杯式风速计或其他风速计逐时检测和记录。

F.3.2 室外风速测点应布置在距离建筑物(5～10)m、距地面(1500～2000)mm的范围内。当工作高度和室外风速测点位置的高度不一致时，应按下式进行修正：

$$V = V_0\left[0.85 + 0.0653\left(\frac{H}{H_0}\right) - 0.0007\left(\frac{H}{H_0}\right)^2\right]$$

(F.3.2)

式中：V ——工作高度(H)处的室外风速(m/s)；

V_0 ——室外风速测点布置高度(H_0)处的室外风速(m/s)；

H ——工作高度(m)；

H_0 ——室外风速测点布置的高度(m)。

F.3.3 当使用热电风速仪检测时，测头上的小红点应迎风向。

F.4 太阳辐射照度

F.4.1 水平面太阳辐射照度应采用天空辐射表逐时检测和记录。在日照时间内，应根据需要在当地太阳时正点进行检测。

F.4.2 水平面太阳辐射照度的检测场地应选择在没有显著倾斜的平坦地方，东、南、西三面及北回归线以南的检测地点的北面离开障碍物的距离，宜为障碍物高度的10倍以上。在检测场地范围内，应避免有吸收或反射能力较强的材料存在。

F.4.3 天空辐射表的时间常数应小于5s，分辨率和非线性误差应小于1‰。

F.4.4 天空辐射表的玻璃罩壳应保持清洁及干燥，引线柱应避免太阳光的直接照射。天空辐射表的环境适应时间不应少于30min。

附录 G 外窗窗口气密性能检测操作程序

G.0.1 对受检外窗的观感质量应进行目检，当存在明显缺陷时，应停止该项检测。检测开始时应对室内外空气温度、室外风速和大气压力进行检测。

G.0.2 连续开启和关闭受检外窗5次，受检外窗应能工作正常。

G.0.3 检测装置应在受检外窗已完全关闭的情况下安装在外窗洞口处；当受检外窗洞口尺寸过大或形状特殊时，宜安装在受检外窗所在房间的房门洞口处。安装程序和质量应满足相关产品的使用要求。

G.0.4 正式检测前，应向密闭腔(室)中充气加压，使其内外压差达到150Pa，稳定时间不应少于10min，其间应采用手感法对密封处进行检查，不得有漏风的感觉。

G.0.5 检测装置的附加渗透量应进行标定，标定时外窗本身的缝隙应采用胶带从室外侧进行密封处理，密封质量的检查程序和方法应符合本附录第G.0.4条的规定。

G.0.6 应按照图G.0.6中减压顺序进行逐级减压，每级压差稳定作用时间不应少于3min，记录逐级作用压差下系统的空气渗透量，利用该组检测数据通过回归方程求得在减压工况下，压差为10Pa时，检测装置本身的附加空气渗透量。

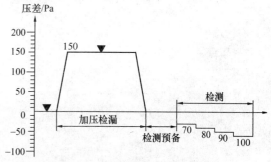

图 G.0.6 外窗窗口气密性能检测操作顺序图

注：▼表示检查密封处的密封质量。

G. 0. 7 将外窗室外侧胶带揭去，然后重复本附录第G. 0. 6条的操作，并计算压差为10Pa时外窗窗口总空气渗透量。

G. 0. 8 检测结束时应对室内外空气温度、室外风速和大气压力进行检测并记录，取检测开始和结束时两次检测结果的算术平均值作为环境参数的最终检测结果。

本标准用词说明

1 为便于在执行本标准条文时区别对待，对于要求严格程度不同的用词说明如下：

    1）表示很严格，非这样做不可的：

        正面词采用"必须"；反面词采用"严禁"；

    2）表示严格，在正常情况下均应这样做的：

        正面词采用"应"；反面词采用"不应"或"不得"；

    3）表示允许稍有选择，在条件许可时首先应这样做的：

        正面词采用"宜"；反面词采用"不宜"；

    4）表示有选择，在一定条件下可以这样做的，采用"可"。

2 条文中指明应按其他有关标准执行的写法为："应符合……的规定"或"应按……执行"。

引用标准名录

1 《采暖通风与空气调节设计规范》GB 50019

2 《民用建筑热工设计规范》GB 50176

3 《建筑玻璃 可见光透射比、太阳光直接透射比、太阳能总透射比、紫外线透射比及有关窗玻璃参数的测定》GB/T 2680

4 《工业锅炉热工性能试验规范》GB/T 10180

5 《建筑用热流计》JG/T 3016

中华人民共和国行业标准

居住建筑节能检测标准

JGJ/T 132－2009

条 文 说 明

制 订 说 明

《居住建筑节能检测标准》JGJ/T 132-2009，经住房和城乡建设部 2009 年 12 月 10 日以第 461 号文公告批准、发布。

本标准是在《采暖居住建筑节能检验标准》JGJ 132-2001 的基础上修订而成，上一版的主编单位是中国建筑科学研究院，参编单位是哈尔滨工业大学土木工程学院和北京市建筑设计研究院，主要起草人是徐选才、冯金秋、赵立华、梁晶。本次修订的主要技术内容是：1 在检测项目上，考虑了新增适用地域的气候特点和实际需求，选取易于操作且对居住建筑节能有较大影响的项目；2 增加了技术条件成熟、先进的检测技术；3 将居住建筑和集中采暖系统的固有热工性能作为检测重点；4 居住建筑能耗指标的检测采用与参考建筑比对验证的方法。

本标准修订过程中，编制组对我国居住建筑节能检测的现状进行了调查研究，总结了《采暖居住建筑节能检验标准》JGJ 132-2001 实施以来的实践经验、出现的问题，同时参考了国外先进技术法规、技术标准，结合我国居住建筑节能发展新形势的需求，扩大了适用地域。

为便于广大工程设计、施工、科研、学校等单位有关人员在使用本标准时能正确理解和执行条文规定，《居住建筑节能检测标准》编制组按章、节、条顺序编制了本标准的条文说明。对条文规定的目的、依据以及执行中需注意的有关事项进行了说明。但是，本条文说明不具备与标准正文同等的法律效力，仅供使用者作为理解和把握标准规定的参考。在使用过程中如果发现本条文说明有不妥之处，请将意见函寄中国建筑科学研究院。

目 次

1 总　则

1.0.1 本条为对原标准第 1.0.1 条的修改。

随着我国经济总量的持续稳步增长，能源供需矛盾日益凸现，现已演变成为制约我国经济持续健康发展的瓶颈。1978 年伊始，建筑业尤其是居住建筑业，便迅速发展成为我国经济发展的支柱产业之一。截止 2004 年底，我国城市实有住宅建筑面积共计 96.2 亿平方米，仅 2004 年我国城镇住宅竣工面积就达 5.7 亿平方米。另据 2005 年 1 月至 11 月的统计，全国当年共完成土地开发面积 14372 万平方米（即 143.72 平方公里），完成房屋施工面积 14.9 亿平方米，其中住宅施工面积 11.6 亿平方米，约占年度总房屋施工面积的 77.8%。居住建筑竣工面积的增加，也带来了建筑能耗的加大。目前我国建筑用能已经超过全国能源消费总量的 1/4，并将随着人民生活水平的提高逐步增加到 1/3，这将势必严重影响我国经济和社会发展战略目标的实现。

为了实施"可持续发展"战略，早在 1998 年我国就颁布实施了《中华人民共和国节约能源法》，2006 年我国政府又提出了建设节约型社会的发展目标。我国国民经济和社会发展第十一个五年计划也明确规定：2010 年单位国内生产总值能源消耗要比 2005 年降低 20%。2006 年 1 月 1 日，建设部又以第 143 号令颁布了《民用建筑节能管理规定》。截至目前，我国已颁布实施了 3 部民用建筑节能设计标准。所有这些法律、条例、规定和标准规范的颁布实施，均有力地推动了我国建筑节能事业的向前发展。

为了配合《民用建筑节能设计标准（采暖居住建筑部分）》JGJ 26 - 95 的实施，2001 年 6 月 1 日，我国颁布实施了《采暖居住建筑节能检验标准》JGJ 132 - 2001。该节能检验标准的实施，改变了各地墙体改革及建筑节能办公室在执法工作中无法可依的被动局面，引导我国建筑节能业界初步走上了建筑节能性能量化检测的轨道。但我国的建筑节能事业任重而道远，仅 1996 至 1998 年 3 年间，全国城市新建住宅 11.1 亿平方米，但节能建筑仅为 4530 万平方米（占 4.08%）。从 1996 年 7 月实施《民用建筑节能设计标准（采暖居住建筑部分）》JGJ 26 - 95 至 2005 年底，我国三北地区新建节能居住建筑仅为竣工面积的 32%；从 2001 年 7 月至 2005 年底，我国南方新建节能居住建筑则仅为 12%。

另外从民众对建筑节能的理解水平来看，也不容乐观。据 2006 年原建设部就建筑节能所作的问卷调查结果显示，有 81.4% 的群众对建筑节能不甚了解，在夏热冬暖地区这一比例甚至超过了 90%。这充分说明，真正意义上的建筑节能在我国尚处于起步阶段。事实是只有民众提高了节能意识，广大业主也积极参与，才可以从市场的角度敦促房屋建设者增强节能意识，并在房屋的设计、施工中不折不扣地实施建筑节能的标准和规范，我国的建筑节能才能真正有希望。

为了保证建筑工程节能性能满足我国相关标准的规定，我国已于 2007 年 10 月 1 日颁布实施了《建筑节能工程施工质量验收规范》GB 50411 - 2007，该规范采用了"过程控制"和"现场检测"相结合的方法。为了科学地实施现场检测，急需"节能检测标准"的技术支持。纵观我国建筑工程质量管理的成效，不难发现，即使通过验收的工程还会出现这样那样的质量问题，更何况建筑节能验收？为了应对此类"问题工程"的节能诊断和技术责任判定，也急需尽快出台节能检测标准。正是基于节能检测在我国建筑节能事业中的必要性和重要性，根据建设部建标 [2004] 66 号文的要求，对《采暖居住建筑节能检验标准》JGJ 132 - 2001 进行了修订。修订该标准的目的，就是为了通过规范居住建筑节能检测方法，实施对居住建筑热工性能和能耗的检测和验算，进一步促进《民用建筑节能设计标准（采暖居住建筑部分）》JGJ 26 - 95、《夏热冷冷地区居住建筑节能设计标准》JGJ 134 - 2001、《夏热冬暖地区居住建筑节能设计标准》JGJ 75 - 2003 和《建筑节能工程施工质量验收规范》GB 50411 - 2007 的有效实施，增强大众的节能意识和维权力度，合理维护建筑业各方的合法权益，促进我国建筑节能事业健康有序的发展。

1.0.2 本条为对原标准第 1.0.2 条的修改。

原标准仅适用于我国严寒和寒冷地区，但此次修订后本标准涵盖了我国所有五个气候区，即严寒地区、寒冷地区、夏热冬冷地区、夏热冬暖地区和温和地区。由于本标准是为了更好地贯彻落实我国居住建筑节能设计标准的精神而编制的，所以，本标准的适用范围涵盖了节能设计标准所适用的范围。因为既有居住建筑的节能检测工作与新建居住建筑的节能检测并无本质上的区别，所以，本标准也同样适用于改建的居住建筑和改建的集中热水采暖系统的节能检测。

1.0.3 本条为新增条文。

因为节能检测主要是现场检测和理论计算，所以它有两个特点：其一是每个工程均有其特殊性，现场条件各不相同，因而具有一定的复杂性；其二是节能检测涉及建筑热工、采暖空调、检测技术、误差理论等多方面的专业知识，并不是简单地丈量尺寸，见证有无，操作仪表，抄表记数，所以，要求现场检测人员具有一定理论分析和解决问题的能力，因此，本标准从技术的角度对从事节能检测的人员素质提出了基本要求。当然，检测机构也应该具有相应的检测资质要求，否则，便会出现检测市场鱼目混珠的局面，使建筑节能检测工作陷入一片混乱无序之中。基于上述理由，本标准作了上述规定。

1.0.5 本条为对原标准第 1.0.3 条的修改。

建筑热工性能和能耗指标仅仅是建筑产品众多质量特征的一个方面，因此，在按本标准进行节能检测时，尚应符合国家现行有关标准、规范的规定。

2 术语和符号

2.1 术　语

2.1.3 本条为新增术语。

本条术语是参考美国采暖制冷空调工程师协会标准《可接受空气质量的通风》（Ventilation for acceptable indoor air quality）ASHRAE Standard 62—1989 提出的。该标准规定：室内活动区域是由距地面或楼面分别为 75 和 1800mm，距墙面或固定的空调设备 600mm 的所有平面所围成的区域。在本标准有关"室内活动区域"定义中，有两点有别于该标准。其一，是距地面或楼面的距离，本标准规定为 100mm，这样规定主要是便于应用；其二，本标准将距内墙内表面和距外墙内表面或固定的采暖空调设备的距离予以了区分。本标准规定距内墙内表面 300mm，距外墙内表面或固定的采暖空调设备 600mm。这样规定主要出于两方面的考虑：第一，一般来说，室内人员常常位于距内表面大于 300mm 的室内活动空间内；第二，检测室温时，尤其是在室内有人居住的情况下，要将温度传感器放置在距内墙内表面 600mm 以外的区域，操作起来较困难，所以，作了如是定义。

2.1.4 本条为新增术语。

本条术语是根据《采暖居住建筑节能检验标准》JGJ 132‐2001 实施过程中碰到的实际问题而增补的。早在 2003 年 6 月，中国建筑科学研究院建筑环境与节能研究院有关技术人员就曾向标准编制组提出过室内平均温度该如何定义的问题。因为随着大众维权意识日益增强，商品房的工程质量逐渐发展成为社会投诉的热点，业主和房屋开发商之间的维权纠纷呈上升趋势，为了便于本标准的操作和执行，在本次修订中特别增补了室内平均温度的定义。

2.1.6 本条为新增术语。

附加渗透量是指由非受检外窗窗口的缝隙处渗入系统的风量，这些缝隙包括风机吸入管段的连接处、吸气管与薄膜的结合部、薄膜与外窗（或房门）洞口墙面的结合部以及其他裂缝处。

2.1.20 本条为新增术语。

室外管网热损失率是本标准根据实际需要首次定义的，它综合反映了室外管网的保温和严密性能，但不包括室外管网的平衡损失。按照工程界的惯例，室外管网是指从距采暖热源机房外墙外表面垂直距离 2.5m 处的采暖管网出口位置起，算至采暖建筑物楼前热力入口且距建筑物外墙外表面垂直距离 2.5m 处的所有采暖管道。建筑物楼前热力入口是采暖系统内外划界的标志，距建筑物外墙外表面垂直距离 2.5m 以内算作室内系统，以外算作室外系统。为了便于操作且更好地贯彻执行本标准中的有关规定，所以，特别定义了室外管网热损失率。

3 基 本 规 定

3.0.1 本条为新增条文。

本条对居住建筑进行节能检测中所应遵循的原则进行规定。本标准并未规定居住建筑是否必须进行节能检测，也不规定具体的检测项目、检测数量、抽样规则和总体节能评判方法。它只规定当居住建筑进行节能检测时所应遵循的检测方法、合格指标和单项判定方法。

我国现已颁布实施的《建筑节能工程施工质量验收规范》GB 50411‐2007 采用"过程控制"和"现场检测"相结合的方法进行建筑工程的节能验收，该规范对检测项目、抽样规则、检测数量和总体节能验收评定方法进行规定，所以，在实施《建筑节能工程施工质量验收规范》GB 50411‐2007 现场检测部分的有关内容时，应按照本标准的规定执行。

在人们对节能验收的结论提出质疑的情况下，为维护居住建筑有关方的合法权益，有必要实施节能检测，所以，本标准为居住建筑工程的节能诊断、能源审计、司法鉴定提供了依据。

3.0.2 本条为对原标准第 3.0.5 条的修改。

本条主要规定了六方面的文件。第 1 款是为了把住节能建筑的设计关。在我国现阶段的基建程序中，设计院将设计蓝图提交给开发商后，按规定开发商要将该图纸送一家施工图审查机构进行节能设计的专项审查。审查机构的主要作用是检查我国现行的强制性标准中所规定的强制性条款是否在设计中得到了有效的执行。这里所说的审图机构对工程施工图节能设计的审查文件便是指这类文件；第 2 款涉及工程竣工图纸和技术文件。只有研读了工程竣工图纸和文件才能对工程有一个全面的了解，也才能着手下一步节能检测的方案设计工作；第 3、4 款是为了控制住用于建筑建造过程中的材料、设备的质量；第 5 款是为了协助对随后检测结果的分析而提出的。第 6 款是为了防止与节能有关的隐蔽工程出现施工质量问题。为了给小业主委托节能检测提供方便，切实维护大众的合法权益，本条使用了节能检测"宜"在有关技术文件准备齐全的基础上进行的提法。现实中发现，当小业主发现自身的房屋节能性能存在问题，委托有关部门实施节能检测时，常常在技术资料的提供上受到有关部门人为的阻碍，为了合理避免这种现象的出现，本条特使用了"宜"的措词。

3.0.3 本条为对原标准第 3.0.6 条的修改。

节能检测涉及检测数据，而数据又关联到仪器仪表的不确定度，不确定度的确定有待于仪器设备的标定或校准，只有这样，节能检测中所得到的数据的不确定度才能溯源，否则，检测所得到的数据将是毫无意义的。法定计量部门出具的证书有两种，即标定证书和校准证书。当国家对所要校准的仪器仪表颁布了相应的检定规程时，计量部门出具的是标定证书，而对于有些新型测试仪表，国家尚未制定出相应的检定规程，此时，计量部门只能出具校准证书。本标准附录 A 的有关仪器仪表的性能要求的规定是最低要求，不能突破。

3.0.4 本条为新增条文。

在原标准中曾规定了"建筑物单位采暖耗热量"的检测方法，但通过 6 年来的实施实践来看，操作难度太大，所以，本标准对此项予以了修订，将原标准中"建筑物单位采暖耗热量"的现场检测修改为本标准附录 C "年采暖耗热量指标"。但考虑到我国节能检测工作的需要，对原标准中关于"建筑物单位采暖耗热量"的检测方法进行了修订，特将检测方法单独列出，安排在本标准的附录 B 中，以备有关人员需要时使用。

3.0.5 本条为新增条文，并删除原标准第 3.0.7 条～第 3.0.10 条。

本标准在附录 C 和附录 D 中分别规定了建筑物年采暖耗热量指标和年空调耗冷量指标的验算方法。为什么还要验算？主要是考虑竣工图纸常常与施工设计图纸存在差异，而这些差异又常常会对建筑能耗产生影响。在这种情况下，就有必要对业已竣工的居住建筑的能耗进行验算，以明确竣工的居住建筑是否满足节能设计标准的要求。

对于严寒和寒冷地区而言，居住建筑的采暖能耗占主要部分，所以，建筑物年采暖耗热量指标显得突出，所以，可以仅对年采暖耗热量指标进行验算。对于夏热冬暖地区则可以仅对建筑物年空调耗冷量指标进行验算。但是对于夏热冬冷地区，宜分别对前述的两个指标分别进行验算。

4 室内平均温度

4.1 检测方法

4.1.1 本条为对原标准第 4.3.1 条的修改。

建筑节能是在不牺牲室内热舒适度的情况下开展的，实际上具体操作过程中，靠牺牲居住建筑室内热舒适度来实现"省能"的供热管理部门尚有一定的比例。为了使我国建筑节能事业不偏离既定的轨道，切实保护房屋使用者的合法权益，室内平均温度的检测不可缺失。本条对室内平均温度的检测持续时间进行了规定。室内平均温度检测主要应用在如下两类情

况：其一，由于我国严寒和寒冷地区居住建筑的采暖收费仍采用按面积收费的制度，也即热用户所负担的采暖费不与室内采暖供热品质的优劣挂钩。正因如此，少数供热部门一般对采暖系统的平衡问题不是特别关心，只要热用户不投诉就姑且认为采暖系统运行"合理"。但是，随着我国私有化进程的加快和人们思想的逐步解放，百姓的维权意识和维权信心日益增强，在北方地区因为冬季室内温度不达标而引发的司法纠纷会时有发生。这种局面的出现将会促使供热部门变粗放型管理为精细化服务，于建筑节能这一大局有利。为了解决供热部门和热用户之间采暖质量纠纷，要求对建筑物室内平均温度进行检测。在这种情况下，为了便于法院的经济赔偿裁定，室内平均温度的检测持续时间宜为整个采暖期。这样规定在技术上也是可行的。因为带计算机芯片的温度自动检测仪不仅价格合理，而且对住户的日常生活也没有影响，所以，实施起来较容易。其二，在检测围护结构热桥内表面温度和隔热性能等过程中，都要求对室内温度进行检测，在这种情况下检测时间应和这些物理量的检测起止时间一致。

4.1.2 本条为对原标准第 4.3.2 条的修改。

本标准规定，受检房间使用面积大于或等于 30m² 时应设置两个测点。因为不论对于散热器采暖还是地板辐射采暖而言，随着室内面积的增大，室内出现区域温差是正常的。此外，在现有新建的住宅建筑中，有的起居室建筑面积在（30～50）m²，所以，为了增强室内平均温度的代表性，应设置两个测点。

本条文同时也规定了温度测头布置的区域。这里主要强调了三点，其一，测点应布置在室内活动区域内，本标准已在第二章术语部分定义了室内活动区域。其二，距地面或楼面的距离应为（700～1800）mm。因为在室内有人居住的情况下，室内测点的布置常常要受到诸如室内装饰风格、家具式样、居住者习惯和素养等因素的制约，理想的测点位置往往是可望而不可及的，所以，从可操作性出发，本标准提出 700mm 的下限规定值，700mm 这个数据是根据室内主要家具的高度确定的，1800mm 是按照人的一般身高来确定的。所以，在室内活动区域内距地面（700～1800）mm 范围内布置测点对室内温度的检测既有一定的代表性又具有可操作性。其三，不应受到太阳辐射或室内热源的直接影响，例如，温度传感器不能放在易被阳光直接照射的地方，不能靠近照明灯管、灯泡、散热器、采暖立管等处，为避免阳光的照射，应加装防护罩。

4.1.3 本条为新增条文。

计算机技术的发展也带动了检测仪器和仪表的革新和进步，现在温度自动检测仪的应用已变得十分普及，所以，本条要求室内平均温度应采用温度自动检测仪进行连续检测。检测数据记录时间间隔，推荐不

宜超过 30min 的规定主要是考虑到室内逐时温度的代表性问题。原因之一是居民素有冬季开窗换气的习惯。根据 1997 年 1 月对哈尔滨地区 120 户居住建筑的入户调查结果来看，一般每天的通风换气时间为（15～20）min。在室外气温很低的情况下，如果室内通风换气，室温会骤降。原因之二是现在市场上供应的温度自动检测仪均是按照采样和记录同步的模式设计的，也就是说该类仪表的采样间隔和记录间隔是不加区分的。这样设计的好处是成本低，但缺点是记录的数据均是瞬时值而不是时段平均值，也就是说如果检测周期设定为 60min，则自动检测仪将会在某个数据储存 60min 后才打开采样器检测一次，并以本次检测的结果作为该 60min 的时段平均值记录在案。显然，在这种工作模式下，如果规定的记录间隔为60min，那么，很有可能将室内通风换气期间室温骤降时的瞬时值误记为逐时平均温度。为了防止此类问题的发生，本标准作了如是规定。当然，如果使用的仪器仪表具有采样时间间隔和记录时间间隔分设功能的话，检测数据记录时间间隔超过 30min 也是可以的。

4.2　合格指标与判定方法

4.2.1　本条为对原标准第 5.2.2 条的修改。

本条是对设有集中热水采暖系统的居住建筑而言的，而对于采暖热源因户或室独立或根本就未设采暖设施的居住建筑物，本条不具约束力。本条要求采暖期室内平均温度应在设计范围内，这实际上对设计和运行均提出了要求。对于住宅小区集中热水采暖系统，如果采暖系统的末端不具备调控手段，或采暖系统投入运行前不进行水力平衡调试，或热源中心不能根据室外温度的变化而相应的调节水温或循环水量，常常会造成严重的冷热不均，从而会导致室内平均温度过低和过高二者并存的现象出现。一方面出于建筑节能的宏观考虑，另一方面又出于保护使用者权益的微观考虑，本标准作了如是规定。

4.2.2、4.2.3　为对原标准第 5.2.2 条的修改。

原标准首次提出了建筑物室内逐时温度的概念，本次修订继续支持这一提法。仅仅以室内平均温度进行约束，尚未充分体现"以人为本"的时代特征，不能着实保护房屋使用者的合法权益。尽管室内温度超出正常范围都是不舒适的，但若仅仅按照"室内平均温度"这一指标去评判，可能又是合格的。为了促使采暖系统进入精细化管理，节约能源，同时又提高采暖房间的热舒适度，所以，本标准规定采暖期"室内温度逐时值"最低值不应低于某一限值。设计图纸是本标准进行合格判定的第一依据，然后才是国家相应的标准规范。由于设计图纸本身采标是否正确的问题不属于本标准的管辖范围，所以，本标准作了如是规定。为防止在实际操作中产生歧义，本标准通过规定

检测数据记录时间间隔来说明"室内逐时温度"属于时段平均值的内涵。本次修订维持了原标准第 5.2.2 条的精神，但对于室内散热设施装有恒温阀的采暖居住建筑物，当住户人为地调低室内温度设定值，使室内逐时温度低于某个下限标准的，应另当别论。

4.2.4　本条为新增条文。

本条文规定以受检房间的室内平均温度和室内逐时温度作为判定的对象，而且采用一次判定的原则。这样规定的理由有两个：其一，室内温度的检测均采用温度自动检测仪，所以，检测数据的可靠度高，一致性强，检测误差可以得到有效控制；其二，室内温度的检测一般均在冬季进行，受季节的限制，一般不允许来回反复。基于此，本标准作了如是规定。

5　外围护结构热工缺陷

5.1　检　测　方　法

5.1.1、5.1.2　为对原标准第 4.6.1 条的修改。

建筑物外围护结构热工缺陷是影响建筑物节能效果和热舒适性的关键因素之一。建筑物外围护结构热工缺陷，主要分外围护结构外表面和内表面热工缺陷。通过热工缺陷的检测，剔出存在严重热工缺陷的建筑，以减小节能检测的工作量。由于采用红外热像仪进行热工缺陷的检测，具有纵览全局的效果，所以，在对建筑物外围护结构进行深入检测之前，宜优先进行热工缺陷的检测。

5.1.3　本条为对原标准第 4.6.2 条的修改。

本条参照英国标准《保温-建筑围护结构中热工性能异常的定性检测-红外方法》（Thermal performance of buildings——Qualitative detection of thermal irregularities in buildings envelopes——Infrared method）BS EN 13187：1999，结合我国的检测实践编写。红外热像仪及其温度测量范围应符合现场测量要求。红外热像仪传感器的适用波长应处在（8.0～14.0）μm 之内。由于建筑领域检测时温差都很小，温度分辨率要求很高，才有好的效果。考虑到国内目前红外热像仪的现状和使用特点，在进行与建筑节能有关的温度场测试时，分辨率不应大于 0.08℃，对于室内外温差较小的地区，建议选用分辨率小于或等于0.05℃ 的红外热像仪。本处所指的温差测量是指对同一目标重复测量的平均温差。

5.1.4　本条为新增条文。

红外检测结果准确与否，与发射率的选择、建筑物周边是否有障碍物或遮挡、距离系数的大小、气候因素、环境等因素有关。在气温或风力变化较明显时，都会对户外检测结果造成影响。环境中的粉尘、烟雾、水蒸气和二氧化碳会吸收红外辐射能量，影响测量结果，在户外检测应采取措施避开粉尘、烟雾，

力求测距短，宜在无雨、无雾、空气湿度低于75%的情况下进行检测。

一般情况下，太阳直射对检测结果是有影响的，所以本标准对太阳辐射的影响提出了要求。

对检测时间及检测时室内外空气温度的规定，是参照英国标准《保温-建筑围护结构中热工性能异常的定性检测-红外方法》（Thermal performance of buildings——Qualitative detection of thermal irregularities in building envelopes——Infrared method）BS EN 13187：1999的附件中，关于斯堪的纳维亚的特定气候条件和建筑技术提出的检测条件和我国的检测实践编写的。关于建筑围护结构的两侧空气温差的规定，在1999年的版本中，已经将其改为5℃，考虑到我国重型结构建筑较多，红外诊断经验不足，温差大一些有利于热谱图的分析，因此定为"两侧空气温差不宜低于10℃"。对于重型结构的建筑，为消除蓄热的影响，外部空气温度的检测时间可适当加长。检测期间温度变化的影响，可以通过对同一对象检测结束时的图像与开始的图像的分析来检查，如果变化在（1～2）℃以内，那么就可以认为测试满足要求。

5.1.5、5.1.6 为新增条文。

用红外热像仪对围护结构进行检测时，为了消除发射率设置误差，需要对实际发射率进行现场测定。测定发射率的方法很多，现场诊断过程中主要采用涂料法和接触温度法。本标准推荐采用接触温度法，即采用表面式温度计在所检测的围护结构表面上测出参照温度，依此温度来调整红外热像仪的发射率。在实际检测中，也可以采用涂料法。在热谱图分析时，通过软件调整发射率，使红外热像仪的测定结果等于参照温度。为了便于检查数据，防止数据处理出现错误，本标准要求在红外热谱图上应标明参照温度的位置，并随热谱图一起提供参照温度的数据。红外检测时，临近物体对被测围护结构产生显著影响的情况有两种，一种是被测围护结构表面的粗糙度很低，它的发射率也很低，而反射率高；另一种情况是临近物体相对于被测围护结构表面的温差很大（如散热器或空调设备）。这两种情况都会在被测的围护结构表面上产生一个较强的发射辐射能量。从不同方位拍摄的目的是为了消除邻近辐射体的影响。遇有被测围护结构表面的粗糙度很低及临近物体相对于被测的围护结构表面的温差很大时，要注意选择仪器的测试位置和角度，必要时，采取遮挡措施或者关闭室内辐射源。

5.1.7 本条为新增条文。

在本标准中，将所检围护结构热工缺陷以外的面积称为主体区域。围护结构外表面缺陷在本标准中，是采用主体区域平均温度与缺陷区域平均温度之差ΔT来判定的，其原因在于，外表面红外检测受到气候因素及环境因素影响较大，要消除这些因素的影响，往往给检测带来很多限制，影响检测的效率。如

果不采用温度，而采用温差来作为评价的依据，则可以消除气候因素及环境因素的影响。另外，围护结构外表面缺陷主要是相对主体区域而言的，采用红外热像仪，主体区域平均温度很容易确定，因此采用主体区域平均温度作为比较的基础，而将与主体区域平均温度（T_1）的温度差≥1℃的点所组成的区域定义为缺陷区域。

尽管ΔT可以反映缺陷的严重程度，但并不能说明此缺陷造成的危害大小。相对面积ψ反映了缺陷的影响区域。A_1是指受检部位所在房间外墙面（不包括门窗）或者屋面主体区域的面积。房间的高度从本层地面算到上层的地面（无地下室的建筑底层从室内地面垫层算起，有地下室的建筑从本层地面算起），最顶层房间高度，从最顶层地面算到平屋顶的外表面，有闷顶的斜屋面算到闷顶内保温层表面，无闷顶的斜屋面算到屋面的外表面。房间的平面尺寸，按照建筑的外廓尺寸计算，两相邻房间以内墙外边线计算，这样计算，可以使得每一个房间包括两个构造柱（如果有的话）。平屋顶面积按照房间外廓尺寸计算，两相邻房间以内墙外边线计算；斜屋顶按照建筑物外墙以内的实际面积计算。$\Sigma A_{2,i,j}$是指受检部位所在外墙面（不包括门窗）或者屋面上所有缺陷区域的面积。

围护结构内表面热工缺陷检测是围护结构热工缺陷检测的最后一个环节，围护结构内表面热工缺陷检测是在室内进行，采用能耗增加比作为热工缺陷检测的判据，有利于消除气候及环境条件的影响，提高检测精度。

5.2 合格指标与判定方法

5.2.1 本条对原标准第5.2.5条的修改。

围护结构外表面热工缺陷检测是建筑热工缺陷检测第一个环节，主要是为了查出严重影响建筑能耗和使用的缺陷建筑，因此将ψ定的范围较宽。由于圈梁、过梁、构造柱等容易形成热工缺陷的部位所占的相对面积一般在20%～26%，所以，将外表面热工缺陷区域与受检表面面积的比例限值定为20%。为了防止单块热工缺陷面积过大而对用户舒适性造成影响，特对单块缺陷面积进行限制。对于开间（3～6）m的建筑来说，热桥面积小于5.4m^2。如果将单块缺陷面积取为热桥面积的1/10，则为0.54m^2，所以以0.5m^2作为限值。

5.2.2 本条为对原标准第5.2.5条的修改。

尽管围护结构内表面热工缺陷部位所占面积较小，但对热舒适影响较大。所以，规定因缺陷区域导致的能耗增加值应小于5%；为了防止单块缺陷面积过大对用户舒适性造成影响，与外表面一样，取单块缺陷面积0.5m^2作为限值。

5.2.3 本条为新增条文。

热像图中所显示的异常通常代表了建筑围护结构的热工缺陷。但围护结构的构造差异、结构中设置的由通风空气层或埋设在围护结构中的热水（冷水）管道、热源等都会影响热像图。已知围护结构的预期温度分布，有利于建筑热工缺陷的判断。预期温度分布可通过所检测的建筑外围护结构和设备的相关图纸及其他结构文献，通过计算、经验、实验室试验、现场测试获得，也可以通过无缺陷的建筑围护热像图来获得。

5.2.4、5.2.5 为新增条文。

此两条规定了对检测结果的判断方法。

6 外围护结构热桥部位内表面温度

6.1 检 测 方 法

6.1.1 本条为对原标准第4.5.1条的修改。

由于热电偶反应灵敏、成本低、易制作和适用性强，在表面温度的测量中应用最广，所以，本标准优先推荐使用热电偶。

6.1.2 本条为对原标准第4.5.2条的修改。

红外热像仪具有测温功能，且属于非接触测量，使用十分方便。尽管红外热像仪在用于温度测量时常因受环境条件和操作人员技术水平的影响，存在±2℃左右的误差，不过，利用红外热像仪协助确定热桥部位温度最低处则是十分恰当的，因为测量表面相对温度分布状况恰恰是红外热像仪得以广泛应用的优势所在。

6.1.5 本条为原标准第4.5.5条。

《民用建筑节能设计标准（采暖居住建筑部分）》JGJ 26-95中规定热桥部位内表面温度不应低于室内空气露点温度，这是相对于室内外冬季计算温度条件而言的。因此将实际室内外温度条件下的测量值换算成室内外计算温度下的表面温度值。

7 围护结构主体部位传热系数

7.1 检 测 方 法

7.1.1 本条为新增条文

本条对受检墙体的干燥状态从时间上进行了定量规定。在围护结构主体刚施工完成时，无论是混凝土围护结构还是空心黏土砖墙体，都会因潮湿而影响最终的检测结果。为了减少水分对检测结果的影响，根据我国20多年来在围护结构传热系数检测中积累的实践经验确定了12个月这个推荐期限。

7.1.2 本条为对原标准第4.4.1条的修改。

热流计法是目前国内外常用的现场测试方法。国际标准《建筑构件热阻和传热系数的现场测量》（Thermal insulation——Building elements——In-situ measurement of thermal resistance and thermal transmittance）ISO 9869，美国ASTM标准《建筑围护结构构件热流和温度的现场测量》（Standard practice for in-site measurement of heat flux and temperature on building envelope components）ASTM C1046—95和《由现场数据确定建筑围护结构构件热阻》（Standard pactice for determining thermal resistance of building envelope components from the in-site data）ASTM C1155—95都对热流计法做了详细规定。另外，国内外也有关于用热箱法现场测试围护结构热阻和传热系数的研究报告或资料，但尚未发现现场测试使用热箱法的国际标准或国外先进国家或权威机构的标准，国内关于热箱现场检测法的相关研究尚在进行。为了适应我国建筑节能检测工作的迫切需要，同时又为了给层出不穷的新型检测技术和方法提供应用的平台，所以，本标准作了"宜采用热流计法"的规定。

本节主要依据国际标准《建筑构件热阻和传热系数的现场测量》（Thermal insulation——Building elements——In-situ measurement of thermal resistance and thermal transmittance）ISO 9869，编写而成，因篇幅关系做了若干删减。个别条款参考了国家标准《绝热 稳态传热性质的测定 标定和防护热箱法》GB/T 13475-2008。

7.1.4 本条为对原标准第4.4.3条和第4.4.4条的修改。

原标准对传感器测量误差和测量仪表的附加误差是分别规定的。考虑到目前大多数测量仪表都未给出附加误差，此次修订时改为规定温度测量的不确定度。

7.1.5～7.1.8 为对原标准第4.4.5条、第4.4.6条、第4.4.7条和第4.4.8条的修改。

这四条规定的目的在于缩短测量时间和减小测量误差。测量误差取决于下列因素：

1 热流计和温度传感器的标定误差。如果标定得好，该项误差约为5%。

2 数据采集系统的误差。

3 由传感器与被测表面间热接触的轻微差别引起的随机误差。如果细心安装传感器，这种误差约为平均值的5%。该项误差可通过多使用几个热流计来减小。

4 热流计的存在引起的附加误差。热流计的存在改变了原来的等温线分布。如果用适当的方法（例如有限元法）对该项误差进行估计并对测量数据进行修正，则误差可降为2%～3%。

5 温度和热流随时间变化引起的误差，这种误差可能很大。减小室内温度波动，采用动态分析方法，保证测量持续时间足够长，可使该项误差小于 10%。

如果以上条件得到满足，则总的误差估计可控制在 14% 的均方差和 28% 的算术误差之间。

下列情况可能使误差增大：

1) 在测量之前或测量期间，与构件内外表面温差相比，温度（尤其是室内温度）波动较大；

2) 构件厚重而检测持续时间又过短；

3) 构件受到太阳辐射或其他强烈的热影响；

4) 对热流计的存在引起的附加误差未做估算（在某些情况下可高达 30%）。

进一步的误差分析可参见国际标准《建筑构件热阻和传热系数的现场测量》（Thermal insulation——Building elements——In-situ measurement of thermal resistance and thermal transmittance）ISO 9869 的正文和附录。

原标准的规定具有一定的局限性，不能适应建筑节能工程施工验收的要求。建筑节能工程施工验收要求一年四季都能检测，为此，本标准修订时采取了以下措施：

1 数据分析方法由算术平均法改为动态分析方法；

2 人为创造一定的室内外温差，可分为以下几种情况：①冬季室内用电加热器加热。为了减小室内温度波动，建议采用电散热器，不宜使用暖风机。②夏季室内用房间空调器降温。建议采用变频空调器，以减小室内温度波动。③春秋季在外墙、屋顶外表面覆盖电加热装置（例如电热毯），增大外墙、屋顶内外表面温差。由于动态分析方法计算程序的要求，在任何时刻都不得出现负温差。

7.1.11 本条为新增条文。

在温度和热流变化较大的情况下，采用动态分析方法可从对热流计测量数据的分析，求得建筑物围护结构的稳态热性能。动态分析方法是利用热平衡方程对热性能的变化进行分析计算的。在数学模型中围护结构的热工性能是用热阻 R 和一系列时间常数 τ 表示的。未知参数（$R,\tau_1,\tau_2,\tau_3\cdots$）是通过一种识别技术利用所测得的热流密度和温度求得的。

动态分析方法基本步骤如下：

测量给出在时刻 $t_i(i$ 从 1 至 $N)$ 测得的 N 组数据，其中包括热流密度（q_i），内表面温度（θ_{Ii}）和外表面温度（θ_{Ei}）。

两次测量的时间间隔为 Δt，定义为：

$$\Delta t = t_{i+1} - t_i \tag{1}$$

在 t_i 时的热流密度是在该时刻以及此前所有时刻下温度的函数：

$$q_i = \frac{1}{R}(\theta_{Ii} - \theta_{Ei}) + K_1\dot{\theta}_{Ii} - K_2\dot{\theta}_{Ei}$$
$$+ \sum_n P_n \sum_{j=i-p}^{i-1} \dot{\theta}_{Ij}(1-\beta_n)\beta_n(i-j)$$

$$+ \sum_n Q_n \sum_{j=i-p}^{i-1} \dot{\theta}_{Ej}(1-\beta_n)\beta_n(i-j) \tag{2}$$

其中内表面温度的导数为：

$$\dot{\theta}_{Ii} = (\theta_{Ii} - \theta_{I,i-1})/\Delta t \tag{3}$$

外表面温度的导数 $\dot{\theta}_{Ei}$ 与上式类似。

K_1,K_2 以及 P_n 和 Q_n 是围护结构的特性参数，没有任何特定意义。它们与时间常数 τ_n 有关。变量 β_n 是时间常数 τ_n 的指数函数。

$$\beta_n = \exp(-\Delta t/\tau_n) \tag{4}$$

公式（2）中的 n 项求和是对所有时间常数的，理论上是一个无限数。然而，这些时间常数（τ_n）和 β_n 一样，随着 n 的增加而迅速减小。因而只需几个时间常数（实际上有 1 至 3 个就够了）就足以正确地表示 q,θ_E 和 θ_I 之间的关系。

假定选取的时间常数为 m 个（$\tau_1,\tau_2,\cdots,\tau_m$），式（2）将包含 $2m+3$ 个未知参数，它们是：

$$R,K_1,K_2,P_1,Q_1,P_2,Q_2,\cdots,P_m,Q_m \tag{5}$$

对于 $2m+3$ 个不同时刻下的（$2m+3$）组数据将公式（2）写 $2m+3$ 次就得到一个线性方程组。对该方程组求解，就可确定这些参数，特别是热阻 R。然而为了完成公式（2）中的 j 项求和，尚需附加 p 组数据（图 1）。最后，为了估计随机变化，还需要更多组测量数据。这样就形成了一个超定的线性方程组，该方程组可采用经典的最小二乘拟合法求解。

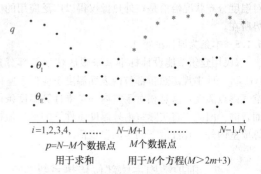

图 1 动态分析方法中的数据利用

这个多于 $2m+3$ 个方程的方程组可以写成矩阵形式：

$$\vec{q} = (X)\vec{Z} \tag{6}$$

式中：$\vec{q}$——向量，其 M 个分量是最后的 M 个热流密度数据 q_i。这样，M 的值大于 $2m+3$，并且 i 取 $N-M+1$ 至 N；

$\vec{Z}$——向量，它的 $2m+3$ 个分量是公式（5）中所列的未知参数；

(X)——一个 M 行（$i = N-M+1$ 至 N），$2m+3$ 列（1 至 $2m+3$）的矩形矩阵。矩阵的元素是

$$X_{i1} = \theta_{Ii} - \theta_{Ei}$$

$$X_{i2} = \dot{\theta}_1 = (\theta_{1i} - \theta_{1,i-1})/\Delta t$$

$$X_{i3} = \dot{\theta}_E = (\theta_{Ei} - \theta_{E,i-1})/\Delta t$$

$$X_{i4} = \sum_{j=i-p}^{i-1} \dot{\theta}_{1j}(1-\beta_1)\beta_1(i-j)$$

$$X_{i5} = \sum_{j=i-p}^{i-1} \dot{\theta}_{Ej}(1-\beta_1)\beta_1(i-j) \qquad (7)$$

$$X_{i6} = \sum_{j=i-p}^{i-1} \dot{\theta}_{1j}(1-\beta_2)\beta_2(i-j)$$

$$X_{i7} = \sum_{j=i-p}^{i-1} \dot{\theta}_{Ej}(1-\beta_2)\beta_2(i-j)$$

$$\vdots$$

$$X_{i,2m+2} = \sum_{j=i-p}^{i-1} \dot{\theta}_{1j}(1-\beta_m)\beta_m(i-j)$$

$$X_{i,2m+3} = \sum_{j=i-p}^{i-1} \dot{\theta}_{Ej}(1-\beta_m)\beta_m(i-j)$$

在 j 项求和中，p 足够大，使缺省项之和可以忽略不计。于是数据组的数目 N 必须大于 $M+p$，实际上 $p=N-M$，式中 N 足够大。

方程组给出向量 $\vec{Z}$ 的估计值 $\vec{Z}^*$：

$$\vec{Z}^* = [(X)'(X)]^{-1}(X)'\vec{q} \qquad (8)$$

式中，$(X)'$ 是矩阵 (X) 的转置矩阵。

事实上，时间常数 τ_n 是未知的。它们可通过改变时间常数来寻找 $\vec{Z}$ 的最佳估计值的方法来确定。这可按以下方式进行：

1 选取时间常数的个数（m），通常不大于 3。

2 选取时间常数间的不变比率 r（通常在 3～10 之间），使满足：

$$\tau_1 = r\tau_2 = r^2\tau_3 \qquad (9)$$

3 选取方程组（7）的方程个数 M。该值必须大于 $2m+3$，但要小于数据组的个数。通常 15 至 40 个方程就足够了。这就意味着至少需要 30 至 100 个数据点。

4 选取时间常数的最小值和最大值。因为计算机的精度是有限的，所以处理比 $\Delta t/10$ 还小的时间常数是没有意义的。另外，求和需要 $p=N-M$ 个点。如果时间常数大于 $p\Delta t$，求和将不会终止。最大时间常数最好在以下范围内选取：

$$\Delta t/10 < \tau_1 < p\Delta t/2 \qquad (10)$$

5 在该区间内利用公式（8）用若干个时间常数值计算向量 $\vec{Z}$ 的估计值 $\vec{Z}^*$。对于 $\vec{Z}^*$ 的每一个值，热流向量的估计值 $\vec{q}$，将通过下式计算出来：

$$\vec{q}^* = (X)\vec{Z}^* \qquad (11)$$

6 这些估计值与测量值间的总方差按下式计算：

$$S^2 = (\vec{q} - \vec{q}^*)^2 = \sum(q_i - q_i^*)^2 \qquad (12)$$

7 能给出最小方差的时间常数组就是最佳时间常数组，这可由重复上述步骤 5 和 6 获得。

8 用此方法就可求得向量 $\vec{Z}$ 的最佳估计值 $\vec{Z}^*$。它的第一个分量 Z_1 就是热阻的倒数（$1/R$）的最佳估计值。如果最佳估计值所对应的最大时间常数等于或大于其最大值（即 $p\Delta t/2$）的话，则说明方程个数太

少或检测持续时间不足。同时说明利用该组数据和该时间常数比率是无法得到可靠的结果的。这一问题可以通过改变方程组中方程的个数或使时间常数不变比率值（r）变大或变小来加以解决。

当用单个测量值来估算热阻 R 值时，我们希望能有一个能给出其结果置信度的判定标准。即对于某个给定的单一测量值，当其满足该标准时，便存在某个好的置信度（比如说概率 90%），结果将逼近实际值（比如说在 $\pm10\%$ 之内）。

在经典分析方法的情况下，唯一的判定标准就是要求有足够长的检测时间。但如果所记录的数据表明该传热过程处于准稳态，则测量结果的可靠度高。然而，如果在测量开始之前，与热流相关的温度变化显著，在这种情况下，如果测量时间太短以至于不能消除这一温度变化所带来的影响的话，那么最终的检测结果是不可信的。

在动态分析方法的情况下也存在这样一个判定标准。对于上述热阻的估计值，置信区间为：

$$I = \sqrt{\frac{S^2 Y(1,1)}{M-2m-4}} F(P, M-2m-5) \qquad (13)$$

$$(Y) = [(X)'(X)]^{-1} \qquad (14)$$

式中：S^2——由公式（12）得出的总方差；

$\quad Y(1,1)$——由公式（14）转换的矩阵的第一个元素；

$\quad M$——方程组（6）中方程的个数，而 m 是时间常数的个数；

$\quad F$——t 分布的显著限，式中 P 是概率，而 $M-2m-5$ 是自由度。

如果对于 $P=0.9$，该置信区间小于热阻的 5%。则该热阻计算值通常是与实际值很接近的。在良好的测量条件（例如，对于轻型围护结构在夜间稳定状态下进行检测；而对于重型围护结构经过长时间的检测）下会出现这样的结果。对于一个给定的检测持续时间，置信区间越小，则若干次测量结果的分布就越窄。然而当检测持续时间较短时，测量结果的分布范围大且平均值可能不正确（一般是偏低）。因此，该判定标准是不充分的。

第二个要满足的条件是，检测持续时间不应少于 96h。

本条文是根据国际标准《建筑构件热阻和传热系数的现场测量》（Thermal insulation——Building elements——In-situ measurement of thermal resistance and thermal transmittance）ISO 9869 附录 B 编写成的。

7.1.12 本条为对原标准第 4.4.11 条的修改

在《民用建筑节能设计标准（采暖居住建筑部分）》JGJ 26-95 中，传热系数是由热阻按国家标准《民用建筑热工设计规范》GB 50176-93（以下简称《规范》）中有关规定计算出来的。《规范》中规定了内表面换热阻和外表面换热阻的取值。为了和《民用建筑

节能设计标准(采暖居住建筑部分)》JGJ 26 - 95 中传热系数的计算方法相统一,增加数据的可比性,所以,本条对围护结构内外表面换热阻的取值依据进行了规定。

7.2 合格指标与判定方法

7.2.1 本条为对原标准第 5.2.3 条的修改。

本条规定了合格指标的选取次序。本标准规定应优先采用设计图纸中的设计值作为合格指标,当设计图纸中未具体规定时,才采用现行有关标准的规定值。这样规定的理由在于设计图纸是施工的第一依据。我国《建筑工程质量管理条例》第二十八条也明确规定:"施工单位必须按照工程设计图纸和施工技术标准施工,不得擅自修改工程设计。"此外,我国建筑工程质量司法鉴定实践也表明:对于施工企业而言,设计图纸具有第一优先权。当设计图纸给出的是墙体平均传热系数而不是墙体主体部位传热系数时,可以通过建筑设计图纸得知墙体主体部位的材料构成和各种材料的厚度,然后通过计算获得主体部位传热系数的设计值,材料导热系数应按《民用建筑热工设计规范》GB 50176 - 93 附录四附表 4.1 的规定采用。

8 外窗窗口气密性能

8.1 检 测 方 法

8.1.1 本条为新增条文。

为了保证检测过程中受检外窗内外压差的稳定,对室外风速提出了规定。当室外风速为 3.3m/s 时,在窗外表面产生的最大压强为 6.5Pa,相当于检测期间平均压差(85Pa)的 7.6%,所以,对室外风速作了如是规定。由于 2 级风以下的天数占全年的大多数,且风速范围为(1.6~3.3)m/s,所以,将 3.3m/s 定为室外风速的允许限值。

8.1.2 本条为新增条文。

本条规定在于增加现场检测的可操作性,当窗户的形状不规则时,可以将整个房间作为一个整体来检测,前提是要将外墙和内墙上的其他孔洞,例如电线管、采暖管、生活水管、空调冷媒管、通风管等形成的孔洞,采用各种方式进行严密封堵,以保证除受检外窗外,其他任何地方不漏风。

8.1.3 本条为新增条文。

环境参数要求进行同步检测的原因主要考虑有两点:其一,对室外风速环境状态进行检测,以确定检测数据的有效性;其二,环境数据要参与检测结果的计算。

8.1.4 本条为新增条文。

本条的规定主要是为了将检测数据的误差控制在一定范围内。如果在正式检测开始前,不对附加渗透量进行标定,所得的检测结果就缺乏一定的可比性。在本标准的编制过程中,编制组在中国建筑科学研究院空调所内选取一扇窗,进行了对比检测。该窗为 1730mm×2000mm×80mm(宽×高×厚)的单框单玻塑钢窗,分别委托两个具有检测资质的检测单位对该窗窗口气密性能进行了现场检测。检测仪器、操作程序、检测时的室外风环境均相同,但出乎意料的是判定结果不同。一份报告称 3 级窗,另一份报告称 4 级窗。一扇窗具有两个结果,显然是不可能的。为此,本标准规定在正式检测开始前,应在首层或方便的位置选择一樘受检外窗或与受检外窗相同的外窗进行检测系统附加渗透量的现场标定。这种标定,实际上是对检测人员、操作步骤和检测仪器的综合标定。附加渗透量不超过外窗窗口空气渗透量的 20%,实践表明是可以达到的。

8.1.5 本条为新增条文。

从理论上讲,对每一樘外窗进行检测前,均应该进行附加渗透量的标定,以保证所有检测数据均能真正地控制在允许的误差范围内。但客观现实是做不到的。一层以上的外窗要想从外侧进行密封,这本身就是不可操作的,因为不可能为了检测外窗的窗口气密性而专门架设脚手架,所以,在理论和实际的权衡下,本标准作了如是规定。这里应该注意"检测系统本身的附加渗透量不宜再次标定"的条件。首先,检测装置应该在其检定有效期内。检测装置按照规定每隔一年或两年都要进行标定,以保证检测数据的误差能控制在有效范围内。本条的含义是指某外窗附加渗透量的数据不能跨检测装置的检定有效期使用。其二,只能是在检测装置、人员和操作程序完全相同的情况下,相同外窗的附加渗透量才能引用。其三,所谓"相同外窗"是指 5 同的外窗,即同厂家、同材料、同系列、同规格和同分格。

8.1.7 本条为新增条文。

本条是根据误差综合分析计算的结果并结合我国质检部门现有检测手段提出的。

8.1.8、8.1.9 为新增条文。

本两条规定了计算受检外窗窗口空气渗透量的方法,为了比对的方便,本标准参考了《建筑外门窗气密、水密、抗风压性能分级及检测方法》GB/T 7106 - 2008,该标准采用压差值为 10Pa 时外窗单位缝长和单位面积的渗透量来对外窗进行分级。考虑到现场准确测量外窗的缝长较麻烦,所以,本标准仅采用面积指标。该面积即受检外窗窗洞口的面积,或当外窗的形状不规则时为该外窗的展开表面积。为了减少误差,便于操作,检测时受检外窗内外的起始压差定为 70Pa,而不是 10Pa,为了得到外窗在 10Pa 压差下的值,则需要通过回归方程来间接计算。

8.2 合格指标与判定方法

8.2.1 本条为新增条文。

建筑工程质量鉴定实践表明：由于我国工程施工质量监管机制有待完善，所以，外窗的安装质量堪忧，主要表现在外窗洞口和外窗边框的结合部的处理上，施工不规范、偷工减料、密封不实导致窗洞墙与外窗本体外框的结合部透气漏风，严重影响外围护结构的热工性能。随着我国第二步节能工作的全面推进，建筑物整体保温性能的加强，建筑物外窗窗口气密性能已成为降低采暖居住建筑冬季采暖能耗的关键因素之一。对于其他非采暖地区，作为建筑工程的基本质量，建筑物窗洞墙与外窗本体的结合部也不应漏风。

9 外围护结构隔热性能

9.1 检 测 方 法

9.1.1 本条为新增条文。

由于《民用建筑热工设计规范》GB 50176‑93 对自然通风条件下围护结构的隔热要求仅限于建筑物屋面和东、西外墙，所以本标准作了如是规定。

9.1.2 本条为新增条文。

检测实践表明：在建筑物土建工程施工完成一年后，围护结构已基本干透，其含湿量已基本稳定，检测结果具有代表性，所以本标准作了如是规定。

9.1.3 本条为新增条文。

本条对天气条件的规定，目的是为了使实际检测条件接近或满足《民用建筑热工设计规范》GB 50176‑93 中规定的计算条件。

1 如果检测开始前连续两天与检测当天具有基本相同的天气条件，会更加符合周期传热计算的条件，与《民用建筑热工设计规范》GB 50176‑93 的计算结果将比较接近。

2 因为内表面最高计算温度是对夏季室内自然通风条件而言的，所以如果天气不晴朗的话，则检测结果将毫无意义，故本标准对检测期间的天气条件进行了规定。又因为即使室外温度相同，但若太阳辐射照度不同时，仍然会导致外围护结构外表面的温度差异，内表面温度也会因此而变化。水平面的太阳辐射照度比较容易测量，用其最高值评价天气条件是否满足《民用建筑热工设计规范》GB 50176‑93给出的当地夏季太阳辐射照度最高值的要求比较合适。在夏季，如果天气晴朗，能见度高，太阳辐射照度的最高值达到《民用建筑热工设计规范》GB 50176‑93 所给数值的 90% 以上是可以实现的。

3 本标准对检测当天室外最高空气温度的规定也是为了满足《民用建筑热工设计规范》GB 50176‑93 给出的当地夏季室外计算温度最高值的要求。如果室外空气温度太低，不利于进行隔热性能检测。然而在实际检测时，室外空气最高温度不可能正好为当地计算最高温度，总会有些偏差，但是若偏差太大，将会影响理论计算值，为了减小这种变化所带来的影响，又兼顾可操作性，本标准给出了 2℃的允许偏差范围值。

4 如果检测当天的室外风速高，自然通风条件好，有利于室内内表面最高温度的降低，但现实生活表明：当室外风速超过 5.4m/s（即 3 级）时，住户往往会关窗防风，所以，在室外风速超过 5.4m/s 时所检测到的结果已无实际意义，因此，本标准作了如是规定。

9.1.4 本条为新增条文。

《民用建筑热工设计规范》GB 50176‑93 对围护结构隔热性能的规定是在自然通风条件下提出的，所以现场检测理应在房间具有良好的自然通风条件下进行。此外，围护结构外表面的直射阳光在白天也不应被其他物体遮挡，否则会影响内表面温度检测，因为围护结构内表面的温升主要来自太阳辐射。

9.1.6 本条为新增条文。

由于测点的布置常常受到现场条件的限制，所以要因现场条件而定。隔热性能的检测应该以围护结构的主体部位为限，存在热桥的部位不能客观地反映整体的情况。此外，从舒适度的角度来看，也应着眼于围护结构的主体部位。为了寻找到适宜的测点位置，建议采用红外热像仪，因为这是红外热像仪的优势所在。

9.1.7 本条为新增条文。

因为围护结构各测点的温度不可避免地会存在差异，采用平均值来评估更为客观合理。但是，温度的现场测试中，不同的测点有时会因为个别测点安装不正确或围护结构局部的严重不均匀，有可能出现离散，这样，在整理数据时有必要剔除异常测点。

9.2 合格指标与判定方法

9.2.1 本条为新增条文。

本条对夏季建筑物屋顶和东（西）外墙内表面温度提出了限制，这种限制的目的是要保证围护结构应有的隔热性能。在我国夏热冬冷和夏热冬暖地区，建筑物的隔热性能对于建筑节能而言，既是前提又是目标。隔热性能差的建筑物内表面盛夏烘烤感强，不利于提高室内舒适度，为了满足人们基本舒适度要求，必然会增加夏季空调运行时间，不利于节能。所以，本标准根据《民用建筑热工设计标准》GB 50176‑93 作了如是规定。

10 外窗外遮阳设施

10.1 检测方法

10.1.1 本条文为新增条文。

外窗外遮阳设施的位置和构件尺寸、角度以及遮阳材料光学特性等都对遮阳系数有直接的影响，而且在建筑遮阳设计图中，这些参数都已给出，所以对这些参数的检测是可行的。对于活动外遮阳装置，因为遮阳设施的转动或活动的范围均影响着遮阳设施的效果，所以，亦有必要进行现场检测。

10.1.2 本条为新增条文。

对量具不确定度的具体规定有利于增强数据的可比性。2mm 的不确定度对于工程检测中的常用量具（卷尺、钢直尺、游标尺）而言，是具有可操作性的。一般角度尺的不确定度亦能满足 2° 的要求。

10.1.3 本条为新增条文。

本条规定目的在于检测前必须确认受检外遮阳设施的工作状态，只有能正常工作的外遮阳设施才能进入下一步的检测。

10.1.4 本条为新增条文。

《建筑玻璃 可见光透射比、太阳光直接透射比、太阳能总透射比、紫外线透射比及有关窗玻璃参数的测定》GB/T 2680-94 可以用于测试材料的反射率和透明材料的透射比。

11 室外管网水力平衡度

11.1 检测方法

11.1.1 本条为对原标准第 4.7.1 条的修改。

在实施水力平衡度的检测时，采暖系统必须处于正常运行状态，这样，才有利于增加检测结果的可信度，否则，当系统中存在管堵、存气、泄水现象时，检测结果就很难反映系统的真实状态。

11.1.2 本条为新增条文。

本条规定了室外采暖管网用户侧分支循环流量的检测位置。由于本标准仅涉及室外采暖管网水力平衡度的检测，而室内采暖系统的水力平衡与否不在本标准的范围之内，所以，宜以建筑物热力入口为限。

11.1.3 本条为对原标准第 5.2.6 条的部分修改。

原标准要求采暖系统的每个热力入口都要进行水力平衡度的检测，但这样推行起来难度大，所以，本次修订中对需要检测的热力入口数量进行了调整。本标准根据各个热力入口距热源中心距离的远近，采用近、中、远端热力入口抽样检测的方法。这样一方面可以将检测工作量控制在适度的水平，又可以对该室外采暖管网的水力平衡度进行基本评估，所以，具有

可操作性。此外对受检热力入口的管径进行了限制，一方面因为当管径小于 DN40 时，即使由于资用压差过剩，管中流速增高，然而管中流量的增加量对整个系统的流量影响有限；另一方面采用小于 DN40 的管径作为热力入口引入管的案例不多。

11.1.4 本条为对原标准第 4.7.2 条的修改。

水力平衡度检测期间，采暖系统总循环水量应维持恒定且为设计值的 100%～110%。这样规定的目的在于力求遏制"大马拉小车"运行模式的继续存在。中国建筑科学研究院从 1991 年开始，一直致力于平衡供暖的实践工作。在实践中发现：在采暖系统中，"大马拉小车"的现象十分普遍。如北京市宣武区某住宅小区采暖系统实测总循环水量为设计值 1.36 倍；北京市朝阳区某住宅小区二次管网实测循环水量为设计值的 1.57 倍；保定市某小区单位采暖建筑面积的循环水量为设计值的 2.3 倍，达到了 5.5kg/(m²·h)。尽管采用"大马拉小车"的运行模式能解决让运行人员头痛的由于"末端用户不热"而带来的居民投诉问题，然而，这是以浪费能源为前提的。为了全面推广平衡采暖，提高我国采暖系统的运行管理水平，本条作了如是规定。

11.1.5 本条为对原标准第 4.7.3 条的修改。

原标准规定"流量计量装置应安装在建筑物相应的热力入口处，且应符合相应产品的使用要求。"将两处"应"改为"宜"是出于以下的考虑。就一般而言，将流量计量装置安装在热力入口处是最理想的，首先它是室外作业，不影响室内居住者的正常生活和工作，其次是没有分支管，只需检测一处便可以得出该热力入口的总流量。当热力入口处未因热计量事先安装固定流量装置的话，均采用便携式超声波流量计进行流量检测。在实际操作中，常常会碰到一些问题。例如，有的热力入口的有效直管段太短，不便于流量传感器的安装；有的热力入口井内积水很深，淤泥堆积，无法开展工作；有的热力入口处的管道锈蚀严重。这些均会影响流量计量装置在热力入口处的安装，所以，本标准采用了"宜"的措词。实际上，当热力入口没有条件时，可以根据采暖系统图在室内寻找其他位置。为了保证流量计量装置检测数据的准确，产品说明书中对直管段的长度作了具体规定，但对便携式超声波流量计而言，只要现场的条件基本满足要求，流量计通过自检后能正常工作即可，不必过分拘泥，所以，本标准作了如是修订。

11.1.6 本条为对原标准第 4.7.4 条的修改。

检测持续时间规定 10min，主要是考虑采用便携式超声波流量计进行检测的情况。因为在 10min 钟检测时间内，可以采用打印时间间隔为 1min，可得到共计 10 个连续数据，以此作为计算的基础。当然，如果因为热计量的缘故，在每个热力入口均安装有固定热量表的话，可通过该热量表来读取某相同时间段

的累计流量，进而将这些数据应用于各个热力入口水力平衡度的计算中。我国热计量的工作正在积极地酝酿之中，热计量工作的全面展开将会使各个热力入口水力平衡度的检测工作更加方便。

12 补 水 率

12.1 检 测 方 法

12.1.1 本条为对原标准第 4.8.1 条的修改。

当采暖系统尚处于试运行时，由于整个系统内部的空气尚未全部排尽，所以会出现人为排气泄水的现象，然而这部分非正常泄水不属于正常运行补水量，所以，本标准规定应在采暖系统正常运行的基础上进行补水率的检测。

12.1.2 本条为对原标准第 4.8.2 条的修改。

原标准规定检测持续时间不应少于 24h，在本次修订过程中，特将检测持续时间修订为"宜为整个采暖期"。这是因为延长检测持续时间，有利于较全面地评价采暖系统补水率的大小，此外，时间的延长从实际操作上也是可行的，不会给检测人员带来额外的工作负担，所以，本标准作了如是规定。

12.1.3 本条为对原标准第 4.8.3 条的修改。

在建筑节能实际检测过程中，不必要也不可能所有的检测仪表均属检测单位所有。为了保证检测数据的正确和有效，专业检测人员只要保证使用仪器仪表的方法正确且仪器仪表的不确定度满足本标准的规定即可。在对补水量进行检测时，完全可以使用系统中固有的水表进行检测，但若该水表没有符合本标准要求的有效标定证书的话，则在使用前必须进行标定。

12.2 合格指标与判定方法

12.2.1 本条与原标准第 5.2.7 条相同。

我国是一个缺水的国家，到 1989 年我国不同程度缺水的城市竟达 300 个，2000 年我国各流域的缺水率见表 1。随着我国工农业的迅速发展和城市化进程的加快以及工业污染的持续影响，水资源问题必将愈发突出，仅北京市从 2001～2005 年全市地下水储量累计减少就近 30 亿 m³，如果按 2006 年北京市市区供水能力（268 万 m³/d）计算，可供北京市区供水 1119 天。正因为如此，我国政府提出了"节能、节水、节地、节材"的口号。2004 年 11 月 30 日至 2005 年 3 月 16 日，中国建筑科学研究院建筑环境与节能研究院的科研人员对首都机场 No.1 换热站高温水供热管网的补水率进行了连续检测，检测发现系统平均补水率为实际循环水量的 3.2%，若按系统设计循环水量计算这个比率还要高。所以，本标准认为继续实行对采暖供热系统补水率的检测不仅是大势所趋，而且从我国目前采暖供热系统运行管理水平来看

既是十分必要的，也是可行的。原标准实施过程中有关实践证明：只要采暖供热系统施工质量和运行管理水平切实得到提高，将补水率控制在 0.5% 的范围内是可行的。

表 1　2000 年我国各流域缺水率

序　号	地域名称	缺水率（%）
1	东北诸河	7.4
2	海河	23.6
3	淮河	9.5
4	黄河	5.2
5	长江	3.1
6	华南诸河	4.0
7	东南诸河	0.2
8	西南诸河	4.2
9	内陆河	2.7
10	全国	5.9

13 室外管网热损失率

13.1 检 测 方 法

13.1.1 本条为对原标准第 4.9.1 条的修改。

一般来说，在采暖系统初始运行时，因为采暖系统以及土壤本身均有一个吸热蓄热的过程，所以，若在此期间实施室外管网热损失率的检测，便会给出不真实的结果，因此，本标准给出了在采暖系统正常运行 120h 后的规定。检测持续时间在原标准"24h"的基础上修订为"不应少于 72h"，当然可以延长检测持续时间至整个采暖期。这样修订的目的是为了较为全面地了解采暖系统室外管网的热损失率，而且，随着我国热计量制度的逐步贯彻执行，采暖系统各热力入口安装热表将会变成现实，所以，各个热力入口的热量检测不再是一件困难的事，所以，适当地增加检测持续时间不会给检测人员造成额外的工作负担。

13.1.2 本条为对原标准第 4.9.2 条的修改。

现在所有采暖系统均是实行连续采暖，系统循环泵全天连续运行，热源的出口温度随着室外温度的变化而相应进行调整。对于燃煤锅炉，一般中午采用压火的方式控制供水温度，而对于燃油和燃气锅炉，由于油价和气价的昂贵，再加上燃油和燃气炉点火容易，所以，常采用调节燃料量或间歇停炉的方式调温。经过对有关锅炉运行的水温监测，发现无论是哪种燃料的采暖锅炉在实际运行中，在采暖期大多数情况下一般在 8：00～15：00 期间处于几乎停止加热状态，而仅保持循环水泵的运行，其他时段靠保证回水温度在某个范围内的方法来调节燃料量。2003 年 2

月 20 日至 3 月 1 日，国家建筑工程质量监督检验中心对北京某采暖系统中有关热力入口的供回水温度进行了连续监测，结果发现供水温度为（56～22）℃，变化幅度为 34℃；该中心 2005 年 12 月 25 日至 2006 年 1 月 15 日对保定市某采暖系统有关热力入口的供水温度亦进行了连续监测，检测得到的供水温度为（60～34）℃，变化幅度为 26℃。尽管监测的采暖系统的数量有限，但落叶知秋，由此可以推知我国其他采暖锅炉的大致运行情况。为了兼顾采暖锅炉和热泵系统的运行实际，所以，本标准作出了检测期间热源供水温度的逐时值不应低于 35℃ 的规定。

13.1.4 本条为新增条文。

采暖系统室外管网供水温降一直是业界关心的课题。由于缺乏必要的科学研究，尚提不出关于室外管网供水温降的合格指标。但为了通过我国建筑节能工作的开展积累有关数据，所以，本标准特别列出了本条。

13.1.5 本条为对原标准第 4.9.4 条的修改。

原标准采用了《民用建筑节能设计标准（采暖居住建筑部分）》JGJ 26-95 中"室外管网输送效率"的概念，但仔细分析后发现，采用室外管网热损失率的概念更加妥帖，遂进行了如是修订。

13.2 合格指标与判定方法

13.2.1 本条为对原标准第 5.2.8 条的修改。

《民用建筑节能设计标准（采暖居住建筑部分）》JGJ 26-95 中规定，室外管网输送效率一般取 90%。实际运行中室外管网输送热损失、漏损损失、不平衡损失究竟分别有多大？到目前为止，尚未看到有关的报道，也没有权威性的结论。由于这项工作涉及的工作量大，成本高，周期长，开展起来难度极大，所以尽管从我国首次颁布实施《民用建筑节能设计标准（采暖居住建筑部分）》JGJ 26 的 1986 年至今已有 20 多年的历史，其间三北地区完成的试点建筑和试点小区也为数不少，可是并没有开展针对室外管网输送效率的检测工作，主要原因也在于资金问题。所幸的是，近年来，受国家宏观政策的驱动，中国建筑科学研究院建筑环境与节能研究院受北京市市政管理委员会供热管理办公室委托，于 2003～2005 年进行了"北京市居住建筑供热系统热计量与节能技术研究之试点测试"，其间，科研人员分别对两个采暖供热系统的室外管网热输送效率进行了检测，结果发现一个系统为 70%，而另一个系统为 90%。后经对热输送效率 70% 的管网调查发现，该室外管网中有部分采暖管道已被沟内积水淹没。与此同步，2004～2005 年采暖期，中国建筑科学研究院建筑环境与节能研究院的另一科研小组对首都机场地区供热系统的热源、热力站、热力管网以及 23 栋公共建筑进行了为期一个采暖期的热计量测试（该项目属于国务院机关事务

管理局供热体制改革试点项目），即 2004 年 11 月 30 日至 2005 年 3 月 16 日对首都机场 No.1 换热站所负担的高温水供热管网（80/130℃）用户侧所有热力入口的热量进行了连续检测（该供热管网用户侧共有 7 个热用户），测得平均管网热损失率为 12.8%（即管网热输送效率为 87.2%）。鉴于北京地区在三北地区中尚属于供热管理水平上乘的地区之一，其管网热损失率尚不能完全满足国家有关节能标准的规定，更何况我国其他地区。针对我国运行管理水平的现状和我国节能形势的迫切要求，本标准仍然维持原标准规定的限值不变，即室外管网热输送效率不得小于 90%，也即室外管网热损失率不应大于 10%。

14 锅炉运行效率

14.1 检 测 方 法

14.1.1 本条为新增条文。

采暖锅炉运行效率的检测持续时间规定为不应少于 24h，主要是考虑可操作性问题。如果规定检测持续时间过长，则完成一个项目的检测所费时间太多，执行起来困难，特别是对于燃煤锅炉，需要燃煤称重，需要投入的人力太多，所以，本标准作了如是规定。

14.1.2 本条为新增条文。

如果检测期间，整个采暖系统运行不正常，得出的数据便会失去意义。燃煤锅炉的负荷率对锅炉的运行效率影响较大，所以，根据《民用建筑节能设计标准（采暖居住建筑部分）》JGJ 26-95 的有关规定，本标准规定燃煤锅炉的日平均运行负荷应不小于 60%。这里特别提出日平均运行负荷率的概念主要是便于操作。由于燃油和燃气锅炉的负荷特性好，当负荷率在 30% 以上时，锅炉效率可接近额定效率，所以，本标准规定燃油和燃气锅炉的瞬时运行负荷率应不小于 30%。关于锅炉日累计运行时数的规定，也是出于控制锅炉运行效率的考虑。因为锅炉运行效率不仅和负荷率有关，而且还和连续运行时数有关。当日供热量相同的条件下，运行时数长的锅炉，其日平均运行效率高于运行时数短的锅炉，所以，为统一检测条件，本标准规定锅炉日累计运行时数不应少于 10h。

14.1.3 本条为新增条文。

因为采暖锅炉房的给煤系统随锅炉房的规模大小而异，且在一个采暖期煤场的进煤批数往往不止一次，所以在本条的规定中，仅规定"耗煤量应按批计量"，而对采用的计量方式和计量仪表的种类并未作具体规定。"按批"的意思是要求每批煤的燃用量应分开计量和统计，不能混计在一起。这样规定是为了更准确地计算燃用煤的热值。耗煤量计量的总不确定

度必须满足本标准附录 A 的要求。燃油和燃气锅炉的耗油量和耗气量可以通过专用的计量仪表进行计量，仪表的不确定度必须满足本标准附录 A 的要求。

14.1.4 本条为新增条文。

为了防止在检测期间，当每批煤煤质之间存在较大差异时而可能导致的粗大误差，所以本标准规定煤样应用基低位发热值的化验批数应与采暖锅炉房进煤批次相一致。燃油和燃气的低位发热值也应根据需要进行取样化验，以保证取得准确的数据。

14.2 合格指标与判定方法

14.2.1 本条为新增条文。

采暖锅炉日平均运行效率直接涉及采暖煤耗的节省，由于长期以来，对采暖锅炉运行管理工作重视不够，所以，导致技术投入和资金投入严重不足，司炉工"看天烧火"现象仍然存在，气候补偿技术尚未得到充分的重视。为了提高采暖锅炉的运行管理水平，本标准规定对采暖锅炉运行效率进行检测。

采暖锅炉运行效率采用日平均运行效率进行判定，这样规定的目的主要是使本标准具有较强的可操作性。

本标准按不同锅炉类型、燃料种类、额定出力和燃料发热值分别给出了锅炉最低日平均运行效率。

在燃料确定之后，锅炉的日平均运行效率与运行时数、平均负荷率等因素有关。早在编制行业标准《民用建筑节能设计标准（采暖居住建筑部分）》JGJ 26 的 1983~1984 年采暖期，编制组曾对中国建筑科学研究院小区锅炉房内一台额定出力为 3.5MW 的热水锅炉的日平均运行效率针对不同的运行时数工况（即 7h、10h、14.5h、14.67h、21.5h 和 24h）分 22 天进行了一系列的测试，测试结果显示：在锅炉运行时数为 10h，日平均负荷率大于 60% 时，其锅炉的日平均运行效率能达到 51.7%~55.5%，而且发现在满足日平均负荷率大于 60% 的条件下，锅炉日运行时数越长锅炉日平均效率越高，当锅炉 24h 连续运行时，其日平均运行效率可达 73.6%。20 多年后的今天，无论是采暖锅炉的运行管理水平还是锅炉的制造技术均取得了进步，从《民用建筑节能设计标准（采暖居住部分）》JGJ 26 的修订演变过程中，也可以看到这一点。在 1986 年 8 月 1 日前，锅炉最低采暖期平均运行效率设计值规定为 55%，1986 年 8 月 1 日~1996 年 6 月 30 日规定为 60%，1996 年 7 月 1 日~2009 年规定为 68%。从 1986~2009 的 20 余年间，我国标准对锅炉最低采暖期平均运行效率设计值的规定提高了 13%，由 55% 提高到 68%。平均运行效率的提高也标志着采暖初寒期、末寒期内运行效率的提高。根据 1983~1984 年的测试结果和我国节能设计标准的要求，本标准规定容量为 4.2MW 且燃烧Ⅱ等烟煤的锅炉，采暖期间锅炉最低日平均运行效率不应

小于 66%，而目前国内企业生产的锅炉的最低设计效率如表 2 所示。在该表中，容量为 4.2MW 且燃烧Ⅱ等烟煤的锅炉的最低设计效率为 74%，将 0.89（＝66/74）这一比率推而广之便得到不同容量的燃煤锅炉的最低日平均运行效率如本标准第 14.2.1 条表 14.2.1 所示。对于燃油燃气锅炉，由于其负荷调节能力较强，在负荷率 30% 以上时，锅炉效率可接近额定效率，所以，本标准取燃油燃气锅炉最低设计效率的 90% 作为其最低日平均运行效率的限定值。

表 2　锅炉最低设计效率（%）

锅炉类型、燃料种类			锅炉容量（MW）						
			0.7	1.4	2.8	4.2	7	14	≥28.0
燃煤	烟煤	Ⅱ	—	—	73	74	78	79	80
		Ⅲ	—	—	74	76	78	80	82
燃油、燃气			86	87	87	88	89	90	90

14.2.2 本条为新增条文。

锅炉运行效率对建筑能耗的影响至关重要，而且，20 余年建筑节能工作的实践表明：采暖系统运行管理是薄弱环节之一，为了尽快提高采暖锅炉的运行管理水平，本标准规定当检测结果不满足本标准第 14.2.1 条规定时，即判为不合格。

15　耗电输热比

15.1　检测方法

15.1.1 本条为新增条文。

1 这个规定的外延即采暖热源的铭牌参数应能满足设计要求，循环水泵要具备原设计所要求的流量和扬程。由于水泵出力仅仅满足部分供热负荷的条件时，按照本标准的规定计算所得到的耗电输热比仍然有合格的可能，所以，为了杜绝此类情况的发生，本标准要求检测前对水泵的铭牌参数进行校核。

2 从理论上讲，在采暖系统供热负荷率为 100% 时进行耗电输热比的检测最能体现采暖系统在设计工况下的性能，但如果那样的话，检测标准因可操作性差将会失去存在的意义。但如果检测时负荷率太低，又会给系统的正常运行带来一定的调节上的影响。那么，检测时采暖系统的供热负荷率应为多少较合适呢？通过分析我国三北地区 14 个代表城市的气象资料可知，在采暖期室外空气温度为 5℃ 时，我国严寒和寒冷地区采暖系统的供热负荷率就达到了30%~60%，夏热冬冷地区入冬时采暖系统的供热负荷率均能达到 50% 或更高，也就是说如果按照 50%

的规定值执行的话，有的地区刚一入冬便可以实施检测，例如北京、甘孜、济南、西安、徐州等。对于最寒冷的地区，例如伊春地区，采暖起始负荷率虽然仅30%，但其全采暖期的平均负荷率为64.8%，至少有100天的时间是可以实施本项目的检测的。另一方面，当热源的供热负荷率达到50%时，系统的流量调节量和温差调整量均偏离设计值不大，所以，选定50%的负荷率作为耗电输热比检测的条件之一。

3 本标准对四种循环水泵的配备形式进行了规定。在采暖系统循环水泵的配备上，一般有本标准列举的四种方式，即变频制、多泵并联制、大小泵制和一用一备制。变频制水泵通过调节水泵电机的输入频率来跟踪系统阻力的变化，为采暖供热系统提供恒定的资用压头。这种系统由于采用了变频技术，使得耗电输热比较低。多泵并联制系统根据室外气温的变化，依次增加或减少水泵的台数，例如，严寒期启动两台泵，初寒期和末寒期启动一台泵，这样可以实现阶段量调节，再结合质调节便可以适应全采暖期负荷的变化。但这种运行方式下，当并联的水泵台数超过三台时，并联的效率降低显著。大小泵制也是一种行之有效的方式，严寒期使用大泵，初寒和末寒期使用小泵，小泵的流量为大泵的75%左右，扬程为大泵的60%左右，轴功率为大泵的45%左右。这种方式将负荷调节和设备的安全备用合二为一考虑，不失为一种智慧之举。一用一备制系统节能效果最差，但仍然有不少的系统在使用之中，因为它的安全余量大。但不管对何种系统，本标准建议水泵能在设计运行状态下进行检测，这样，系统的耗电输热比最大，也只有在这种状态下，才能鉴别系统的优劣。

15.1.2 本条为新增条文。

因为24小时属于一个完整的时间周期，所以，规定不应少于24小时。

15.1.4 本条为新增条文。

在本条中，需要注意的是ΣQ，它是采暖热源的设计日供热量，它等于建筑物的设计日热负荷和室外管网的设计日热损失之和，而不是指热源的额定出力。

15.2 合格指标与判定方法

15.2.1 本条为新增条文。

采暖系统的耗电输热比在1986年8月1日我国颁布实施的第一部采暖居住建筑节能设计标准中便已提及，当时是采用水力输送系数的术语，但由于缺乏有效的监管机制，实际执行情况并不理想。在本标准的第11章"室外管网水力平衡度"的条文说明中曾提及"大马拉小车"的现况。《采暖居住建筑节能检验标准》JGJ 132-2001对这个问题关注不够，不曾在标准中列入，但这个问题仍然具有相当的普遍性，所以，在本次修订中，加入了此章。

耗电输热比是对采暖系统的设计、施工和水泵产品质量的综合检测，它和采暖系统设计耗电输热比形式一致，但内容上有区别。设计耗电输热比是以水泵的样本数据为依据，而本标准中的耗电输热比则是以水泵的实际耗电量和系统的实际可能的供热能力为依据。耗电输热比限值是根据1983～1984年《民用建筑节能设计标准（采暖居住建筑部分）》JGJ 26原编制组对北京四个试验小区的能耗检测数据，并充分考虑20多年来我国采暖系统用水泵开发生产业绩的基础上提出来的。本标准中提出的限值和《民用建筑节能设计标准（采暖居住建筑部分）》JGJ 26-95提出的有关设计耗电输热比的限值均出自1983～1984年《民用建筑节能设计标准（采暖居住建筑部分）》JGJ 26原编制组的试验数据。

耗电输热比和瞬时耗电输热比是不同的。瞬时耗电输热比是系统在运行过程中的瞬时值，对于某采暖系统中某种水泵运行制度而言，瞬时耗电输热比是不断变化的，也就是说它的值是随供热负荷率的变化而变化的。为了使该评价指标不因检测时间的变化而改变，所以，本标准规定了"耗电输热比"的计算方法。

附录A 仪器仪表的性能要求

本附录确定原则：其一是仪器仪表的档次以满足节能检测需要为前提；其二是积极采用新技术，努力提高检测仪表的自动化程度；其三是主张在满足本标准不确定度要求的前提下，仪器仪表因地制宜。所以本附录中要求的仪器仪表档次均是我国目前工程中普遍使用而市场上又易得的。

由于热量既是节能检测的终极目标之一，而且其检测手段又因价位不同而有别，为了因地制宜，便于本标准的推广实施，所以，对于该项参数检测用仪器仪表的扩展不确定度规定得较灵活，只要不大于检测值的10%即可。

本附录表A中还规定了覆盖因子（k）的取值，本标准取k等于2，即相当于置信水平约为95%。

附录B 单位采暖耗热量检测方法

B.0.2 本条为对原标准第4.1.2条的修改。

本条规定的热计量装置既包括由温度传感器、流量计和相应的二次仪表集约而成的一体化热表和非一体化的热表，也包括流量和温度分别测量，最后人工计算热量的测量方式。本条规定供回水温度计宜安装在外墙外侧且距建筑物外墙外表面2.5m以内的位置是根据工程惯例确定的。按规定：建筑物外墙轴线外

2.5m 以内属于室内系统，而 2.5m 以外属于室外管网系统。但考虑到使用"外墙轴线"不如使用"外墙外表面"更方便，所以，本次修订采用了"外墙外表面"的提法。

B.0.3 本条为对原标准第 4.1.5 条的修改。

原标准第 4.1.5 条给出了计算"建筑物单位采暖耗热量"的计算公式，在原标准实施的 6 年里，发现了该计算公式的局限性。当检测期间，天空云量的量以及变化规律、包括炊事、照明、家电和人体散热在内的建筑物内部得热、室内通风换气次数都满足设计条件时，采用原标准第 4.1.5 条的公式进行折算出的数据才有比较的意义。更何况准确的建筑物平均室温的检测本身就是不易之事。在这种情况下，本次修订删掉了原标准式（4.1.5-1）和式（4.1.5-2）。本标准不主张通过对建筑物耗热量的检测结果进行温度修正来折算采暖期平均实际耗热量指标。考虑到在建筑节能检测过程中，常常会遇到有关单位采暖耗热量的检测问题，所以，为了方便使用和统一起见，本标准以附录的形式规定了检测要求和计算公式。

附录 C 年采暖耗热量指标

C.1 验算方法

C.1.1 本条为新增条文。

在采用软件计算之前，要准备大量的有关数据，其中受检建筑物外围护结构的尺寸便是不可或缺的数据，一般来说建筑竣工图能提供全部数据，所以，本标准作了如是规定。

C.1.2 本条为新增条文。

一般情况下，要求对外墙和屋面主体部位的传热系数先进行检测，而后代入软件计算，但有时现场不具备传热系数的检测条件，例如对于未干透的墙体和屋面就很难实施检测，在诸如此类情况下，本标准规定可以根据实际做法经计算确定传热系数。这里的"实际做法"可能和设计图纸不相同，因为这种情况在我国时有发生。外门和外窗在安装之前，一般要经过抽样复检，所以，应该以复检的结果为依据。其他参数如地面的传热系数、节点的传热系数、外窗的遮阳系数等均应以实际为准。

C.1.3 本条为新增条文。

本条对实际建筑的建模条件进行了规定。居住建筑中地下室一般是作为辅助用房来设计的，即使有的地方将地下室改作旅馆、办公使用，但因不属于居住建筑的主流，所以，在计算时对地下室不用考虑。随着我国市场经济的发展，临街的居住建筑首层按店铺设计使用的比比皆是，为了统一起见，本标准规定对于首层的店铺一律按居住建筑对待。

C.1.4 本条为新增条文。

为了统一室内计算条件，本条作了如是规定。由于建筑物内部得热很难得出一个准确的数据，所以，这里取内部得热为零。因为本标准仅关心建筑物的年采暖耗热量指标的相对值，而并不关心建筑物年采暖耗热量绝对值的大小，所以，内部得热取零不会影响评判结果。

C.1.5 本条为新增条文。

中国建筑科学研究院会同全国各有关单位正在编制全国建筑能耗模拟用气象数据库的国家标准。与此同时，国家气象局信息中心和清华大学已经联合编制了一套供建筑能耗分析计算用的全年的逐时气象数据，共涉及 270 个城市，现已出版发行。这就是说各地开展建筑能耗模拟计算所必需的逐时气象数据已经具备。但为了统一起见，本标准要求采用国家现行标准规定的当地典型气象年的逐时数据，对于暂无逐时气象数据的地区可以采用邻近地区的数据进行计算。

C.1.6 本条为新增条文。

本标准推荐采用动态计算软件，这是因为动态计算软件考虑的影响因素多，计算方法更贴近实际，所以计算结果的可信度较高。在国内的软件市场上，既有中国建筑科学研究院自主开发的 PKPM 系列软件、清华大学研制的 DeST，也有 DOE-2，EngerPlus，Transys，HASP 等。但由于此类软件大都价格不菲，为推广使用带来了一定的障碍。软件的推广使用环境尚不能适应我国建筑节能工作的需要。鉴于我国目前的软件应用现状，为了推进建筑节能工作向前发展，对于条件尚不具备的用户，本标准规定可采用简易方法进行计算。

C.1.8 本条为新增条文。

本条对参照建筑物的确定原则进行了规定。

C.2 合格指标与判定方法

C.2.1 本条为新增条文。

原标准主张通过检测各个热力入口的供热量来折算标准规定状态下的耗热量指标，以此结果来评判该居住建筑的采暖耗热量是否满足设计标准的要求。实践证明：采用这种方法得到的结果和设计标准很难吻合；其次，在采暖系统供热计量尚未在全国实施的情况下，采用实测耗热量法做起来难度大，可操作性差。

设计标准中规定的计算条件是一种假定条件，在现实生活中未必能碰上。检测过程中，不能保证室内散热量正好是 $3.8W/m^2$，也很难测准某时的室内散热量的准确值，况且，测量室内散热量也没有太大的实际意义；同时，也很难测准室内的通风换气次数。由于建筑物的采暖耗热量不仅受太阳辐射强度、天空云量、室外风速、风向、室外空气温度的影响，而且还受室内内部散热量和居住者生活习惯的影响。由于室内外设计条件往往和检测时实际条件相去甚远，所以，给检测数据的折算和修正带来巨大的挑战。

为了解决这一对矛盾，最好的办法是当工程竣工图和施工图出现差异时，如同设计人员一样采用软件进行验算。只要通过软件计算，证明业已竣工的居住建筑物与其参照建筑相比，其年采暖耗热量不大于参照建筑即可。

附录 D 年空调耗冷量指标

D.1 验 算 方 法

D.1.1～D.1.3 为新增条文。

该 3 条的说明请参见本标准附录 C 第 C.1.1 条～第 C.1.3 条的条文说明。

D.1.4 本条为新增条文。

为了统一室内计算条件，本条作了如是规定。首先，很难得出一个准确的建筑物内部得热值；其次，因为本标准仅关心建筑物的年空调耗冷量指标的相对值，并不关心建筑物年空调耗冷量指标绝对值的大小，所以，内部得热取零不会影响评判结果。为简化起见，取内部得热为零。

D.1.5 本条为新增条文。

请参见本标准附录 C 第 C.1.5 条的条文说明。

D.1.6 本条为新增条文。

本条说明可参照本标准附录 C 第 C.1.6 条的条文说明。

D.1.7 本条为新增条文。

对各地年空调耗冷量指标计算的起止日期，我国尚无标准规定，也无需标准规定。因为何时投入空调系统的运行完全取决于室外气候状况、业主的经济水平和对室内环境的适应能力，所以，本标准未进行具体规定，而只要求符合当地空调季节惯例即可。

D.1.8 本条为新增条文。

本条说明参见本标准附录 C 第 C.1.8 条的条文说明。

D.2 合格指标与判定方法

D.2.1 本条为新增条文。

对于居住建筑物年空调耗冷量指标，本标准主张通过验算来进行对比，而不主张采用实测居住建筑物耗冷量的方法。原因很简单。实测耗冷量的方法既需要花费大量的人力、物力，而得到的数据又受检测时气象条件的影响较大，可比性较差。本标准采用年空调耗冷量指标而没有采用年空调耗电量指标，主要是因为年耗冷量是空调期间内建筑物逐时冷负荷的累计

值，所以，该指标仅反映建筑物热工性能的优劣，而不考虑空调系统的性能系数和使用者的使用习惯。事实上，对于一定的居住建筑物，在某种特定的室内外条件下，它的年耗冷量是一个常数。而居住建筑物的年空调耗电量指标却是随运行方式的不同而变化的，由于有人的因素在其中，所以，使得得出的数据不具备可比性。本标准只关心受检验建筑物的年空调耗冷量指标与参照建筑物的对比关系，而不关心其年空调耗冷量指标绝对值的大小。一栋建筑物通过节能检测，仅表明房屋开发商提供给用户的房屋产品满足我国节能设计标准的规定，但并不能说明该建筑物在使用过程中一定节能，因为，用户如何使用建筑物以及附属的空调系统，与最终是否节能关系密切。因为本标准关心的对象是房屋开发商交付的房屋产品本身的节能性能，而不是使用中所发生的实际能耗大小，所以，本标准作了如是规定。

附录 F 室外气象参数检测方法

F.1 一 般 规 定

F.1.1 本条为新增条文。

在实施建筑物围护结构热桥部位内表面温度、建筑物围护结构热工缺陷、建筑物围护结构隔热性能的检测时，均涉及室外气象参数的检测。检测项目不同时，需要检测的室外参数的检测起止时间均有所不同，所以，本标准作了如是规定。

F.1.2 本条为新增条文。

目前国内外已有很多自动气象站产品，武汉惠普的 GPRS 自动气象站，中国气象局的 ZQZ-CII 型气象站，英国的 Minimet 自动气象站，美国 HOBO 小型气象站，澳大利亚的 Monitor 自动气象站，InteliMet 自动气象站等。自动气象站具有风速、风向、雨量、温度、湿度等气象数据的采集、存储、显示、远距离数据传输通讯和计算机气象数据处理功能。因此自动气象站被目前国内建筑行业的一些检测单位广泛使用。本条文建议在测试室外气象参数时，优先采用自动气象站。但对于北方地区，需要检测的气象参数仅为室外空气温度，可不必采用自动气象站。

F.1.3 本条为新增条文。

我国幅员辽阔，各地区气象参数差异较大，极端最高温度和极端最低温度变化的幅度比较大（详见表 3）。仪表的测量范围与测试不确定度及仪表价格有很大关系。在全国范围内仅规定一个气象参数范围，不仅没有必要，而且仪表的价格会较高，因此本标准仅要求检测仪表满足测量当地的气象条件即可。

表3 我国典型地区极端最高（低）温度一览表

地 名	极端最高温度 （℃）	极端最低温度 （℃）
漠河	36.8	−52.3
齐齐哈尔	40.1	−39.5
北京	40.6	−27.4
郑州	43.0	−17.9
上海	38.9	−10.1
广州	38.7	0.0
康定	28.9	−14.7

F.2 室外空气温度

F.2.1 本条为新增条文。

随着计算机技术的进步，智能型的检测仪得到了快速的发展，在国外，自动检测技术已用于空气温度、湿度、风速、太阳辐射照度、CO_2 气体浓度等参数的检测中，在国内，中国建筑科学研究院、哈尔滨工业大学、清华大学也在生产功能类似的产品，而且体积越来越小，一个单点的温度自动检测仪的体积仅如火柴盒大小。对室外空气温度的测量，由于受到测试温度范围和测试现场条件的限制，以前采用温度自动检测仪的不多，过去经常采用的方法是采用温度传感器，如铂电阻、铜电阻、热敏电阻和热电偶和相应的二次仪表进行组合工作。该类二次仪表具有自动采集和存储数据的功能，并可以和计算机接口。但新型温度自动检测仪的问世，基本解决了以往的困难。

F.2.2 本条为新增条文。

百叶箱是安装温、湿度传感器用的防护装置，它的内外表面应为白色。百叶箱的作用是防止太阳辐射对传感器的直接辐射和地面对传感器的反射辐射，保护仪表免受强风、雨、雪等的影响，并使传感器有适当的通风，能真实地感应外界空气温度和湿度的变化。百叶箱应水平固定在一个特制的支架上。支架应牢固地固定在地面或埋入地下，顶端约高出地面1250mm；百叶箱要保持洁白，木质百叶箱视具体情况每一至三年重新油漆一次；内外箱壁每月至少定期擦洗一次。

F.3 室外风速

F.3.1 本条为新增条文。

气象部门测量风速的仪器主要有 EL 型电接风向风速计、EN 型系列测风数据处理仪、海岛自动测风站、轻便风向风速表、单翼风向传感器和风杯风速传感器等。20 世纪 60 年代后期起，EL 型电接风向风速计一直被国家气象局指定为气象台站使用的测风仪器；自 1991 年起，EN 型系列测风数据处理仪被国家

气象局正式规定列为气象仪器。

杯形叶轮风速仪的叶轮结构牢固，机械强度大，测量范围为（1~20）m/s，叶轮风速仪测量的准确性和操作者的熟练程度有很大关系。使用前应检查风速仪的指针是否在零位，开关是否灵活可靠。测定时，必须使气流方向垂直于叶轮的平面，当气流推动叶轮转动（20~30）s 后再启动开关开始测量，测定完毕后应将指针回零，读得风速值后还应在仪器所附的校正曲线上查得实际风速值。

F.3.2 本条为新增条文。

本条对风速测点的位置进行了规定。由于检测作业点常常不在距地面（1500~2000）mm 的范围内，而室外风速随高度的变化又不容忽视，所以，本标准提供了风速随高度变化的修正公式。本修正公式适合于高度在 100m 以下的应用场合，拟合公式 R^2 为 0.9813。

F.3.3 本条为新增条文。

建筑热工现场检测中所涉及的室外气流速度不大，所以常采用热电风速仪。热电风速仪由测头和指示仪表组成，操作简便，灵敏度高，反应速度快。测速范围有（0.05~5）m/s、（0.05~10）m/s、（0.05~20）m/s、（0.05~30）m/s 等几种。正常使用条件的环境温度为（−10~40）℃，相对湿度小于 85%。检测时，应将标记红色小点一面迎向气流，因为测头在风洞中标定时即为该位置。

F.4 太阳辐射照度

F.4.1 本条为新增条文。

因为检测水平面太阳辐射照度的最终结果与《民用建筑热工设计规范》GB 50176 - 93 给出的当地夏季太阳辐射照度最高值对比，不参与计算，因此其检测时间不需要与室内检测时间同步。

F.4.2 本条为新增条文。

本条规定水平面太阳辐射照度检测场地选择的原则，要避免周围障碍物的影响，和周围吸收、反射能力强的材料和物体的影响。对于北回归线以南的地区，夏季太阳会出现在北面，因此测试时，应同时注意避免北面障碍物的影响。

F.4.4 本条为新增条文。

本条规定天空辐射表的使用注意事项，避免误操作引起检测误差。

附录G 外窗窗口气密性能检测操作程序

本节是结合《建筑外门窗气密、水密、抗风压性能分级及检测方法》GB/T 7106 - 2008 和美国标准《建筑外门窗空气渗透现场检测方法》（Standard test method for field measurement of air leakage through installed exterior windows and doors）ASTM E783-91，并结合工程检测实践编写的，旨在统一建筑物外窗气密性能现场检测操作程序，使检测数据具有可比性。

G.0.1 本条为新增条文。

本条主要是强调受检外窗的观感质量要满足使用要求。如果发现受检外窗的外观存在明显的缺陷，诸如关闭不严、存在明显的缝隙、密封条缺失等，则应该停止检测工作或另选其他的外窗。

G.0.2 本条为新增条文。

连续开启和关闭受检外窗5次的提法是参照《建筑外门窗气密、水密、抗风压性能分级及检测方法》GB/T 7106-2008提出来的，旨在检测该受检外窗是否能正常的工作。

G.0.3 本条为新增条文。

本标准规定了两种安装气密性能检测装置的方法，一种是外窗安装法，另一种是房门安装法。实际上第二种方法是将整个房间当作一个静压箱来处理，是第一种安装方法的拓展，所以说两种方法的原理都是一样的。现场检测中究竟采用何种安装方法，则要因现场制宜。当房间内除受检外窗外还有其他开口部位时，必须先对其他的开口部位进行封堵，并且对这些封堵的质量进行目测之后，才能决定是否采用房门安装方法。实践表明，这种方法常常会造成较大的附加空气渗透量。当然，处理得好，也是可以应用的。从安装方法上，它是一个补充。

G.0.4 本条为新增条文。

本条主要是对密闭腔（室）的周边密封质量进行带压检查，以期将明显的透风问题解决在正式检测之前，所以，规定内外压差达到150Pa。150Pa这个数据是根据近年来全国各检测部门实际检测中的惯例而确定的。10min钟的稳定时间是本标准编制组根据2006年7月和8月组织的外窗整体气密性能检测实践中总结出来的，因为倘若时间过短，便不可能完成整个粘接处的检查工作，所以，规定检漏时间至少要10min。

G.0.5 本条为新增条文。

对检测装置的附加渗透量进行标定时，密封质量检查的方法和本附录G.0.4条的规定相同。由于涉及附加渗透量的标定，所以，密封的质量要求更高。

G.0.6 本条为新增条文。

本条对检测时减压程序和稳定时间进行了规定，目的是通过数据回归求得压差为10Pa时检测装置本身的附加空气渗透量。这个附加空气渗透量将要和同一受检外窗揭去室外侧密封带后的外窗整体空气渗透量进行比较，所以，附加空气渗透量的检测至关重要。

中华人民共和国行业标准

公共建筑节能检测标准

Standard for energy efficiency test of public buildings

JGJ/T 177—2009

批准部门：中华人民共和国住房和城乡建设部
施行日期：２０１０年７月１日

中华人民共和国住房和城乡建设部
公 告

第 460 号

关于发布行业标准
《公共建筑节能检测标准》的公告

现批准《公共建筑节能检测标准》为行业标准，编号为 JGJ/T 177 - 2009，自 2010 年 7 月 1 日起实施。

本标准由我部标准定额研究所组织中国建筑工业

出版社出版发行。

中华人民共和国住房和城乡建设部

2009 年 12 月 10 日

前 言

根据原建设部《关于印发〈2006 年工程建设标准规范制订、修订计划（第一批）〉的通知》（建标 [2006] 77 号）的要求，标准编制组经广泛调查研究，认真总结实践经验，参考有关国际标准和国外先进标准，并在广泛征求意见的基础上，制定了本标准。

本标准主要技术内容是：总则，术语，基本规定，建筑物室内平均温度、湿度检测，非透光外围护结构热工性能检测，透光外围护结构热工性能检测，建筑外围护结构气密性能检测，采暖空调水系统性能检测，空调风系统性能检测，建筑物年采暖空调能耗及年冷源系统能效系数检测，供配电系统检测，照明系统检测，监测与控制系统性能检测以及相关附录等。

本标准由住房和城乡建设部负责管理，由中国建筑科学研究院负责具体技术内容的解释。执行过程中如有意见或建议请寄送中国建筑科学研究院（地址：北京市北三环东路 30 号，邮政编码：100013，E-mail：kts@cabr.com.cn）。

本标准主编单位：中国建筑科学研究院

本标准参编单位：上海市建筑科学研究院（集团）有限公司
广东省建筑科学研究院
河南省建筑科学研究院

北京市建设工程安全质量监督总站
北京市建筑设计研究院
中国建筑材料检验认证中心
达尔凯国际股份有限公司（北京）
提赛（TSI）亚太公司（北京）
北京振利高新技术有限公司
深圳金粤幕墙装饰工程有限公司
安徽东合建筑节能工程研究有限公司

本标准主要起草人员：邹 瑜 徐 伟 曹 勇
王 虹 刘月莉 杨仕超
叶 倩 栾景阳 宋 波
张元勃 万水娥 王新民
王洪涛 徐选才 柳 松
俞 菁 周 楠 黄振利
万树春 朱永前 何仕英

本标准主要审查人员：许文发 冯 雅 付祥钊
龚延风 朱 能 林 洁
段 恺 郭维钧 孙述璞

目 次

Contents

1 总　则

1.0.1　为了加强对公共建筑的节能监督与管理，规范建筑节能检测方法，促进我国建筑节能事业健康有序的发展，制定本标准。

1.0.2　本标准适用于公共建筑的节能检测。

1.0.3　从事节能检测的机构应具有相应检测资质，从事节能检测的人员应经过专门培训。

1.0.4　本标准规定了公共建筑节能检测的基本技术要求。当本标准与国家法律、行政法规的规定相抵触时，应按国家法律、行政法规的规定执行。

1.0.5　在进行公共建筑节能检测时，除应符合本标准外，尚应符合国家现行有关标准的规定。

2 术　语

2.0.1　建筑采光顶　skylight roof

太阳光可直接透射入室内的屋面。

2.0.2　透光外围护结构　transparent envelope

外窗、外门、透明幕墙和采光顶等太阳光可直接透射入室内的建筑物外围护结构。

2.0.3　冷源系统能效系数　energy efficiency ratio of cooling source system（EER$_{sys}$）

冷源系统单位时间供冷量与单位时间冷水机组、冷水泵、冷却水泵和冷却塔风机能耗之和的比值。

2.0.4　同条件试样　samples in the same conditions

根据工程实体的性能取决于内在材料性能和构造的原理，在施工现场抽取一定数量的工程实体组成材料，按同工艺、同条件的方法，在实验室制作能够反映工程实体热工性能的试样。

3 基本规定

3.0.1　当进行公共建筑节能检测时，委托方宜提供工程竣工文件和有关技术资料。

3.0.2　检测中使用的仪器仪表应具有有效期内的检定证书、校准证书或检测证书。除另有规定外，仪器仪表的性能指标应符合本标准附录 A 的有关规定。

4 建筑物室内平均温度、湿度检测

4.0.1　室内温度、湿度的检测数量应符合下列规定：

1　设有集中采暖空调系统的建筑物，温度、湿度检测数量应按照采暖空调系统分区进行选取。当系统形式不同时，每种系统形式均应检测。相同系统形式应按系统数量的 20% 进行抽检。同一个系统检测数量不应少于总房间数量的 10%。

2　未设置集中采暖空调系统的建筑物，温度、湿度检测数量不应少于总房间数量的 10%。

3　检测数量在符合本条第 1、2 款规定的基础上也可按照委托方要求增加。

4.0.2　室内温度、湿度的检测方法应符合下列规定：

1　温度、湿度测点布置应符合下列原则：

　　1）3 层及以下的建筑物应逐层选取区域布置温度、湿度测点；

　　2）3 层以上的建筑物应在首层、中间层和顶层分别选取区域布置温度、湿度测点；

　　3）气流组织方式不同的房间应分别布置温度、湿度测点。

2　温度、湿度测点应设于室内活动区域，且应在距地面（700～1800）mm 范围内有代表性的位置，温度、湿度传感器不应受到太阳辐射或室内热源的直接影响。温度、湿度测点位置及数量还应符合下列规定：

　　1）当房间使用面积小于 16m² 时，应设测点 1 个；

　　2）当房间使用面积大于或等于 16m²，且小于 30m² 时，应设测点 2 个；

　　3）当房间使用面积大于或等于 30m²，且小于 60m² 时，应设测点 3 个；

　　4）当房间使用面积大于或等于 60m²，且小于 100m² 时，应设测点 5 个；

　　5）当房间使用面积大于或等于 100m² 时，每增加（20～30）m² 应增加 1 个测点。

3　室内平均温度、湿度检测应在最冷或最热月，且在供热或供冷系统正常运行后进行。室内平均温度、湿度应进行连续检测，检测时间不得少于 6h，且数据记录时间间隔最长不得超过 30min。

4　室内平均温度应按下列公式计算：

$$t_{rm} = \frac{\sum_{i=1}^{n} t_{rm,i}}{n} \quad (4.0.2-1)$$

$$t_{rm,i} = \frac{\sum_{j=1}^{p} t_{i,j}}{p} \quad (4.0.2-2)$$

式中：t_{rm} ——检测持续时间内受检房间的室内平均温度（℃）；

　　　$t_{rm,i}$ ——检测持续时间内受检房间第 i 个室内逐时温度（℃）；

　　　n ——检测持续时间内受检房间的室内逐时温度的个数；

　　　$t_{i,j}$ ——检测持续时间内受检房间第 j 个测点的第 i 个温度逐时值（℃）；

　　　p ——检测持续时间内受检房间布置的温度测点的个数。

5　室内平均相对湿度应按下列公式计算：

$$\varphi_{\mathrm{rm}} = \frac{\sum\limits_{i=1}^{n} \varphi_{\mathrm{rm},i}}{n} \qquad (4.0.2\text{-}3)$$

$$\varphi_{\mathrm{rm},i} = \frac{\sum\limits_{j=1}^{p} \varphi_{i,j}}{p} \qquad (4.0.2\text{-}4)$$

式中：φ_{rm}——检测持续时间内受检房间的室内平均相对湿度（%）；

$\varphi_{\mathrm{rm},i}$——检测持续时间内受检房间第 i 个室内逐时相对湿度（%）；

n——检测持续时间内受检房间的室内逐时相对湿度的个数；

$\varphi_{i,j}$——检测持续时间内受检房间第 j 个测点的第 i 个相对湿度逐时值（%）；

p——检测持续时间内受检房间布置的相对湿度测点的个数。

4.0.3 室内温度、湿度合格指标与判别方法应符合下列规定：

1 建筑物室内平均温度、湿度应符合设计文件要求，当设计文件无具体要求时，应符合现行国家标准《公共建筑节能设计标准》GB 50189 的规定；

2 当室内平均温度、平均相对湿度检测值符合本条第 1 款的规定时，应判为合格。

5 非透光外围护结构热工性能检测

5.1 一般规定

5.1.1 非透光外围护结构热工性能检测应包括外围护结构的保温性能、隔热性能和热工缺陷等检测。

5.1.2 建筑物外围护结构热工缺陷、热桥部位内表面温度和隔热性能的检测应按照现行行业标准《居住建筑节能检测标准》JGJ/T 132 中的有关规定进行。

5.1.3 外围护结构传热系数应为包括热桥部位在内的加权平均传热系数。

5.1.4 非透光外围护结构热工性能检测可采用热流计法；当符合下列情况之一时，宜采用同条件试样法：

1 外保温材料层热阻不小于 1.2m² · K/W；

2 轻质墙体和屋面；

3 自保温隔热砌筑墙体。

5.2 热流计法传热系数检测

5.2.1 热流计法传热系数检测数量应符合下列规定：

1 每一种构造做法不应少于 2 个检测部位；

2 每个检测部位不应少于 4 个测点。

5.2.2 热流计法传热系数检测方法应符合下列规定：

1 热流计法是利用红外热像仪进行外墙和屋面的内、外表面温度场测量，通过红外热成像图分析确定热桥部位及其所占面积比例，采用热流计法检测建筑外墙（或屋面）主体部位传热系数和热桥部位温度、热流密度，并通过计算分析得到包括热桥部位在内的外墙（或屋面）加权平均传热系数。

2 热流计法检测应在受检墙体或屋面施工完成至少 12 个月后进行。

3 检测时间宜选在最冷月进行，检测期间建筑室内外温差不宜小于 15℃。

4 外墙（或屋面）主体部位传热系数的检测原理、热流和温度传感器的使用及安装要求、检测条件和数据整理分析应符合现行行业标准《居住建筑节能检测标准》JGJ/T 132 中的有关规定。

5 外墙热桥部位热流和温度传感器的安装应充分考虑覆盖不同的受热面。热桥部位应根据红外摄像仪的室内热成像图进行分析确定。热流传感器的布置位置宜根据红外热成像图中的温度分布确定，且应布置在该受热面的平均温度点处。每个受热面应至少布置 2 个热流传感器，并相应布置温度传感器；内表面温度传感器应靠近热流计安装；热桥部位外表面应至少布置 2 个温度传感器。

6 红外热成像仪测量应在无雨、室外平均风速不高于 3m/s 的夜间环境条件下进行。测量时，应避免非待测物体进入成像范围，拍摄角度宜小于 30°；同时，宜采用表面式温度计测量受检部位表面温度，并记录建筑物室内、外空气温度及室外风速、风向。

7 应根据外墙（或屋面）主体部位和热桥部位所占面积的比例，通过现场检测的平均温度和平均热流密度计算得到主体部位传热系数和热桥部位各受热面平均热流密度，并应按下列公式计算外墙（或屋面）的平均传热系数：

$$K_{\mathrm{m}} = \frac{K_{\mathrm{p}} \cdot F_{\mathrm{p}} + \dfrac{\sum q_j \cdot F_j}{(T_{\mathrm{air} \cdot \mathrm{in}} - T_{\mathrm{air} \cdot \mathrm{out}})}}{F} \quad (5.2.2\text{-}1)$$

$$T_{\mathrm{air} \cdot \mathrm{in}} = \frac{q}{8.7} + T_{\mathrm{in}} \qquad (5.2.2\text{-}2)$$

$$T_{\mathrm{air} \cdot \mathrm{out}} = T_{\mathrm{out}} - \frac{q}{23} \qquad (5.2.2\text{-}3)$$

式中：K_{m}——建筑外围护结构平均传热系数（W/m² · K）；

K_{p}——建筑外围护结构主体部位传热系数（W/m² · K）；

q_j——热桥部位第 j 个受热面平均热流密度（W/m² · K）；

q——热桥部位各受热面平均热流密度之和的算术平均值（W/m²）；

F_{p}——红外热成像图中外围护结构主体部位所占面积比；

F_j——热桥部位第 j 个受热面对应的表面积（m²）；

$T_{air \cdot in}$——室内空气温度（℃）；

$T_{air \cdot out}$——室外空气温度（℃）；

F——检测区域的外围护结构计算面积（m²）；

T_{in}——热桥部位平均内表面温度（℃）；

T_{out}——热桥部位平均外表面温度（℃）。

5.2.3 外墙（或屋面）平均传热系数合格指标与判别方法应符合下列规定：

1 外墙（或屋面）受检部位平均传热系数的检测值应小于或等于相应的设计值，且应符合国家现行有关标准的规定；

2 当外墙（或屋面）受检部位平均传热系数的检测值符合本条第1款的规定时，应判定为合格。

5.3 同条件试样法传热系数检测

5.3.1 同条件试样法传热系数检测数量应符合下列规定：

1 检测数量应以单体建筑物为单位随机抽取确定；

2 每种保温材料不应少于2组；

3 每种外围护结构构造做法不应少于2组，且应包括典型热桥部位。

5.3.2 同条件试样法传热系数检测方法应符合下列规定：

1 同条件试样法检测应在外围护结构保温施工时同步进行。同条件试样所对应的保温施工部位应由监理单位或建设单位与检测单位共同商定。

2 施工现场进行同条件试样的保温材料（包括砌体的砌块）、厚度尺寸等应与工程一致。保温浆料应同条件制作并养护试样。

3 轻质外围护结构可在现场抽取材料、构件，在实验室组装制作试样；自保温隔热砌体墙可在现场抽取砌块、砂浆，在实验室砌筑试样，并养护干燥。试样构造尺寸应与实物一致。

4 外围护结构热阻检测应按照现行国家标准《绝热 稳态传热性质的测定 标定和防护热箱法》GB/T 13475进行；保温材料导热系数检测应按照现行国家标准《绝热材料稳态热阻及有关特性的测定 防护热板法》GB 10294或《绝热材料稳态热阻及有关特性的测定 热流计法》GB 10295进行。其他材料可直接采用现行国家标准《民用建筑热工设计规范》GB 50176给出的有关参数。

5 传热系数应按现行国家标准《民用建筑热工设计规范》GB 50176给出的方法计算，也可采用传热学计算软件计算。

5.3.3 外墙（或屋面）平均传热系数合格指标与判别方法应符合下列规定：

1 外墙（或屋面）受检部位平均传热系数的检测值应小于或等于相应的设计值，且应符合国家现行有

关标准的规定；

2 当外墙（或屋面）受检部位平均传热系数的检测值符合本条第1款的规定时，应判定为合格。

6 透光外围护结构热工性能检测

6.1 一般规定

6.1.1 透光外围护结构热工性能检测应包括保温性能、隔热性能和遮阳性能等检测。

6.1.2 建筑物外窗外遮阳设施的检测应按照现行行业标准《居住建筑节能检测标准》JGJ/T 132的有关规定进行。

6.1.3 当透明幕墙和采光顶的构造外表面无金属构件暴露时，其传热系数可采用现场热流计法进行检测。

6.2 透明幕墙及采光顶热工性能计算核验

6.2.1 透明幕墙及采光顶热工性能检测数量应符合下列规定：

1 每种面板、构造做法均应检测；

2 每种构造不应少于3处；

3 每种面板不应少于3件。

6.2.2 透明幕墙及采光顶热工性能检测方法应符合下列规定：

1 透明幕墙、采光顶构造尺寸应直接或剖开测量，幕墙的展开图、剖面图、节点构造图等应根据检测结果绘制或确认；

2 幕墙、采光顶面板（玻璃、附保温材料的金属板等）应从工程所用的材料中抽取试样，按照现行国家标准《建筑外窗保温性能分级及检测方法》GB/T 8484规定的方法在实验室进行传热系数的检测；其他材料的导热系数可采取取样检测或与相应样品对比等方法获得；

3 每幅幕墙、采光顶的传热系数、遮阳系数、可见光透射比等参数应按照现行行业标准《建筑门窗玻璃幕墙热工计算规程》JGJ/T 151的规定计算确定，幕墙或采光顶整体热工性能应采用加权平均的方法计算。

6.2.3 透明幕墙及采光顶热工性能合格指标与判定方法应符合下列规定：

1 受检部位的传热系数应小于或等于相应的设计值，遮阳系数、可见光透射比应满足设计要求，且应符合国家现行有关标准的规定；

2 当受检部位的热工性能符合本条第1款的规定时，应判定为合格。

6.3 透明幕墙及采光顶同条件试样法传热系数检测

6.3.1 透明幕墙及采光顶同条件试样法传热系数的

检测数量应符合下列规定：

1 每种幕墙、采光顶均应检测；

2 每种构造不应少于一个。

6.3.2 透明幕墙及采光顶同条件试样法传热系数的检测方法应符合下列规定：

1 对幕墙、采光顶进行构成单元分格，确定每单元应包括的构造和试样数量；

2 每个幕墙、采光顶试样应包括至少一个典型构造、典型节点、典型分格，且有关框、面板的尺寸应与对应的部位一致；

3 试样的传热系数检测应按照现行国家标准《建筑外门窗保温性能分级及检测方法》GB/T 8484 有关规定进行；采光顶检测时，其安装洞口宜为水平设置，热箱位于采光顶试样的下方，检测所采用的设备洞口尺寸应符合试样的安装要求；当无条件进行水平安装时，其检测结果应进行表面换热系数的修正；

4 传热系数计算应按现行国家标准《民用建筑热工设计规范》GB50176规定进行，也可采用传热学计算软件。

6.3.3 透明幕墙及采光顶传热系数的合格指标与判定方法应符合下列规定：

1 受检部位的传热系数应小于或等于相应的设计值，且应符合国家现行有关标准的规定；

2 当受检部位的传热系数符合本条第1款的规定时，应判定为合格。

6.4 外通风双层幕墙隔热性能检测

6.4.1 外通风双层幕墙隔热性能检测数量应符合下列规定：

1 应以房间为单位进行随机抽取确定；

2 每种构造均应检测，且不宜少于2处。

6.4.2 外通风双层幕墙隔热性能检测应包括幕墙的室内表面温度、热通道通风量的检测。

6.4.3 幕墙的室内表面温度检测方法应符合下列规定：

1 检测时温度传感器的布置应符合下列规定：

　1) 每种杆件或玻璃的室内表面温度测点均不应少于3个；

　2) 室内、外空气温度测点均不应少于2个，空气温度传感器应做好防辐射屏蔽。

2 每个部位幕墙的室内表面温度应为测点的算术平均值，整幅幕墙的室内表面温度应按各部位面积进行加权平均。

6.4.4 热通道通风量检测方法应符合下列规定：

1 热通道通风量应采用示踪气体恒定流量法检测；

2 检测宜在最热月、晴朗无云且风力小于三级的天气下进行，检测时间应在当地太阳时10：00～15：00之间；检测期间室内空气温度宜为26℃，且

应保持稳定；

3 检测应在遮阳板角度为45°工况下进行；

4 示踪气体应采用 SF$_6$ 气体，释放位置应在热通道下部进风口处，且应均匀释放；

5 通风量连续检测时间宜为 15min，检测时间间隔宜为 30s；

6 热通道通风量应根据示踪气体的释放流量和出口处的检测浓度按下式计算：

$$G = 3600 \times \frac{M}{\frac{1}{n}\sum_{i=1}^{n} C_i} \qquad (6.4.4)$$

式中：G——热通道通风量（m³/h）；

　　　M——由质量流量控制器控制的恒定 SF$_6$ 释放量（mg/s）；

　　　C_i——第 i 次检测测点浓度（mg/m³）；

　　　n——测量次数，$n=30$。

6.4.5 外通风双层幕墙隔热性能合格指标与判定方法应符合下列规定：

1 外通风双层幕墙的室内表面温度、热通道通风量检测结果应符合相应的设计要求；

2 当检测结果符合本条第1款的规定时，应判定为合格。

7 建筑外围护结构气密性能检测

7.1 一 般 规 定

7.1.1 建筑外围护结构气密性能检测宜包括外窗、透明幕墙气密性能及外围护结构整体气密性能检测。

7.1.2 外围护结构整体气密性能检测方法可按本标准附录B进行。

7.2 外窗气密性能检测

7.2.1 外窗气密性能的检测数量应符合下列规定：

1 单位工程建筑面积 5000m² 及以下（含5000m²）时，应随机选取同一生产厂家具有代表性的窗口部位 1 组；

2 单位工程建筑面积 5000m² 以上时，应随机选取同一生产厂家具有代表性的窗口部位 2 组；

3 每组应为同系列、同规格、同分格形式的 3 个窗口部位。

7.2.2 外窗气密性能的检测方法应按照现行行业标准《建筑外窗气密、水密、抗风压性能现场检测方法》JG/T 211 规定的方法进行。

7.2.3 外窗气密性能的合格指标与判定方法应符合下列规定：

1 受检外窗单位缝长分级指标值应小于或等于1.5m³/(m·h)或受检外窗单位面积分级指标值应小于或等于4.5m³/(m²·h)；

2 受检外窗检测结果符合本条第1款的规定时，应判定为合格。

7.3 透明幕墙气密性能检测

7.3.1 透明幕墙气密性能的检测数量应符合下列规定：

1 单位工程中面积超过300m²的每一种幕墙均应随机选取一个部位进行气密性能检测；

2 每个部位不应少于1个层高和2个水平分格，并应包括1个可开启部分。

7.3.2 透明幕墙气密性能的检测方法应按照现行行业标准《建筑外窗气密、水密、抗风压性能现场检测方法》JG/T 211规定的方法进行。

7.3.3 合格指标与判定方法应符合下列规定：

1 受检幕墙开启部分气密性能分级指标值应小于或等于1.5m³/(m·h)，受检幕墙整体气密性能分级指标值应小于或等于2.0m³/(m²·h)；

2 受检幕墙检测结果符合本条第1款的规定时，应判定为合格。

8 采暖空调水系统性能检测

8.1 一般规定

8.1.1 采暖空调水系统各项性能检测均应在系统实际运行状态下进行。

8.1.2 冷水（热泵）机组及其水系统性能检测工况应符合以下规定：

1 冷水（热泵）机组运行正常，系统负荷不宜小于实际运行最大负荷的60%，且运行机组负荷不宜小于其额定负荷的80%，并处于稳定状态；

2 冷水出水温度应在（6~9）℃之间；

3 水冷冷水（热泵）机组冷却水进水温度应在（29~32）℃之间；风冷冷水（热泵）机组要求室外干球温度在（32~35）℃之间。

8.1.3 锅炉及其水系统各项性能检测工况应符合以下规定：

1 锅炉运行正常；

2 燃煤锅炉的日平均运行负荷率不应小于60%，燃油和燃气锅炉瞬时运行负荷率不应小于30%。

8.1.4 锅炉运行效率、补水率检测方法应按照现行行业标准《居住建筑节能检测标准》JGJ/T 132 的有关规定执行。

8.1.5 采暖空调水系统管道的保温性能检测应按照现行国家标准《建筑节能工程施工质量验收规范》GB 50411 的有关规定执行。

8.2 冷水（热泵）机组实际性能系数检测

8.2.1 冷水（热泵）机组实际性能系数的检测数量应符合下列规定：

1 对于2台及以下（含2台）同型号机组，应至少抽取1台；

2 对于3台及以上（含3台）同型号机组，应至少抽取2台。

8.2.2 冷水（热泵）机组实际性能系数的检测方法应符合下列规定：

1 检测工况下，应每隔（5~10）min读1次数，连续测量60min，并应取每次读数的平均值作为检测值。

2 供冷（热）量测量应符合本标准附录C的规定。

3 冷水（热泵）机组的供冷（热）量应按下式计算：

$$Q_0 = V\rho c \Delta t / 3600 \qquad (8.2.2-1)$$

式中：Q_0 ——冷水（热泵）机组的供冷（热）量（kW）；

V ——冷水平均流量（m³/h）；

Δt ——冷水进、出口平均温差（℃）；

ρ ——冷水平均密度（kg/m³）；

c ——冷水平均定压比热 [kJ/(kg·℃)]。

ρ、c 可根据介质进、出口平均温度由物性参数表查取。

4 电驱动压缩机的蒸气压缩循环冷水（热泵）机组的输入功率应在电动机输入线端测量。输入功率检测应符合本标准附录D的规定。

5 电驱动压缩机的蒸气压缩循环冷水（热泵）机组的实际性能系数（COP_d）应按下式计算：

$$COP_d = \frac{Q_0}{N} \qquad (8.2.2-2)$$

式中：COP_d ——电驱动压缩机的蒸气压缩循环冷水（热泵）机组的实际性能系数；

N ——检测工况下机组平均输入功率（kW）。

6 溴化锂吸收式冷水机组的实际性能系数（COP_x）应按下式计算：

$$COP_x = \frac{Q_0}{(Wq/3600) + p} \qquad (8.2.2-3)$$

式中：COP_x ——溴化锂吸收式冷水机组的实际性能系数；

W ——检测工况下机组平均燃气消耗量（m³/h），或燃油消耗量（kg/h）；

q ——燃料发热值（kJ/m³或kJ/kg）；

p ——检测工况下机组平均电力消耗量（折算成一次能，kW）。

8.2.3 冷水（热泵）机组实际性能系数的合格指标与判定方法应符合下列规定：

1 检测工况下，冷水（热泵）机组的实际性能系数应符合现行国家标准《公共建筑节能设计标准》

GB 50189-2005 第 5.4.5、5.4.9 条的规定；

2 当检测结果符合本条第 1 款的规定时，应判定为合格。

8.3 水系统回水温度一致性检测

8.3.1 与水系统集水器相连的一级支管路均应进行水系统回水温度一致性检测。

8.3.2 水系统回水温度一致性的检测方法应符合下列规定：

1 检测位置应在系统集水器处；

2 检测持续时间不应少于 24h，检测数据记录间隔不应大于 1h。

8.3.3 水系统回水温度一致性的合格指标与判定方法应符合下列规定：

1 检测持续时间内，冷水系统各一级支管路回水温度间的允许偏差为 1℃；热水系统各一级支管路回水温度间的允许偏差为 2℃；

2 当检测结果符合本条第 1 款的规定时，应判定为合格。

8.4 水系统供、回水温差检测

8.4.1 检测工况下启用的冷水机组或热源设备均应进行水系统供、回水温差检测。

8.4.2 水系统供、回水温差的检测方法应符合下列规定：

1 冷水机组或热源设备供、回水温度应同时进行检测；

2 测点应布置在靠近被测机组的进、出口处，测量时应采取减少测量误差的有效措施；

3 检测工况下，应每隔（5～10）min 读数 1 次，连续测量 60min，并应取每次读数的平均值作为检测值。

8.4.3 水系统供、回水温差的合格指标与判定方法应符合下列规定：

1 检测工况下，水系统供、回水温差检测值不应小于设计温差的 80%；

2 当检测结果符合本条第 1 款的规定时，应判定为合格。

8.5 水泵效率检测

8.5.1 检测工况下启用的循环水泵均应进行效率检测。

8.5.2 水泵效率的检测方法应符合下列规定：

1 检测工况下，应每隔（5～10）min 读数 1 次，连续测量 60min，并应取每次读数的平均值作为检测值。

2 流量测点宜设在距上游局部阻力构件 10 倍管径，且距下游局部阻力构件 5 倍管径处。压力测点应设在水泵进、出口压力表处。

3 水泵的输入功率应在电动机输入线端测量，输入功率检测应符合本标准附录 D 的规定。

4 水泵效率应按下式计算：

$$\eta = V\rho g \Delta H / 3.6P \qquad (8.5.2)$$

式中：η ——水泵效率；

V ——水泵平均水流量（m³/h）；

ρ ——水的平均密度（kg/m³），可根据水温由物性参数表查取；

g ——自由落体加速度，取 9.8（m/s²）；

ΔH ——水泵进、出口平均压差（m）；

P ——水泵平均输入功率（kW）。

8.5.3 水泵效率合格指标与判定方法应符合下列规定：

1 检测工况下，水泵效率检测值应大于设备铭牌值的 80%；

2 当检测结果符合本条第 1 款的规定时，应判定为合格。

8.6 冷源系统能效系数检测

8.6.1 所有独立冷源系统均应进行冷源系统能效系数检测。

8.6.2 冷源系统能效系数检测方法应符合下列规定：

1 检测工况下，应每隔（5～10）min 读数 1 次，连续测量 60min，并应取每次读数的平均值作为检测的检测值。

2 供冷量测量应符合本标准附录 C 的规定。

3 冷源系统的供冷量应按下式计算：

$$Q_0 = V\rho c \Delta t / 3600 \qquad (8.6.2-1)$$

式中：Q_0 ——冷源系统的供冷量（kW）；

V ——冷水平均流量（m³/h）；

Δt ——冷水平均进、出口温差（℃）；

ρ ——冷水平均密度（kg/m³）；

c ——冷水平均定压比热 [kJ/（kg·℃）]。

ρ、c 可根据介质进、出口平均温度由物性参数表查取。

4 冷水机组、冷水泵、冷却水泵和冷却塔风机的输入功率应在电动机输入线端同时测量；输入功率检测应符合本标准附录 D 的规定。检测期间各用电设备的输入功率应进行平均累计。

5 冷源系统能效系数（EER-sys）应按下式计算：

$$EER_{-sys} = \frac{Q_0}{\sum N_i} \qquad (8.6.2-2)$$

式中：EER_{-sys} ——冷源系统能效系数（kW/kW）；

$\sum N_i$ ——冷源系统各用电设备的平均输入功率之和（kW）。

8.6.3 冷源系统能效系数合格指标与判定方法应符合下列规定：

1 冷源系统能效系数检测值不应小于表 8.6.3

的规定；

2 当检测结果符合本条第 1 款的规定时，应判定为合格。

表 8.6.3 冷源系统能效系数限值

类　型	单台额定制冷量（kW）	冷源系统能效系数（kW/kW）
水冷冷水机组	＜528	2.3
	528～1163	2.6
	＞1163	3.1
风冷或蒸发冷却	≤50	1.8
	＞50	2.0

9　空调风系统性能检测

9.1　一　般　规　定

9.1.1 空调风系统各项性能检测均应在系统实际运行状态下进行。

9.1.2 空调风系统管道的保温性能检测应按照现行国家标准《建筑节能工程施工质量验收规范》GB 50411 的有关规定执行。

9.2　风机单位风量耗功率检测

9.2.1 风机单位风量耗功率的检测数量应符合下列规定：

1 抽检比例不应少于空调机组总数的 20%；

2 不同风量的空调机组检测数量不应少于 1 台。

9.2.2 风机单位风量耗功率的检测方法应符合下列规定：

1 检测应在空调通风系统正常运行工况下进行；

2 风量检测应采用风管风量检测方法，并应符合本标准附录 E 的规定；

3 风机的风量应为吸入端风量和压出端风量的平均值，且风机前后的风量之差不应大于 5%；

4 风机的输入功率应在电动机输入线端同时测量，输入功率检测应符合本标准附录 D 的规定；

5 风机单位风量耗功率（W_s）应按下式计算：

$$W_s = \frac{N}{L} \qquad (9.2.2)$$

式中：W_s——风机单位风量耗功率[W/(m³/h)]；

N——风机的输入功率（W）；

L——风机的实际风量（m³/h）。

9.2.3 风机单位风量耗功率的合格指标与判定方法应符合下列规定：

1 风机单位风量耗功率检测值应符合国家标准《公共建筑节能设计标准》GB 50189－2005 第 5.3.26 条的规定；

2 当检测结果符合本条第 1 款的规定时，应判定为合格。

9.3　新风量检测

9.3.1 新风量的检测数量应符合下列规定：

1 抽检比例不应少于新风系统数量的 20%；

2 不同风量的新风系统不应少于 1 个。

9.3.2 新风量检测方法应符合以下规定：

1 检测应在系统正常运行后进行，且所有风口应处于正常开启状态；

2 新风量检测应采用风管风量检测方法，并应符合本标准附录 E 的规定。

9.3.3 新风量的合格指标与判别方法应符合下列规定：

1 新风量检测值应符合设计要求，且允许偏差应为±10%；

2 当检测结果符合本条第 1 款规定时，应判为合格。

9.4　定风量系统平衡度检测

9.4.1 定风量系统平衡度的检测数量应符合下列规定：

1 每个一级支管路均应进行风系统平衡度检测；

2 当其余支路小于或等于 5 个时，宜全数检测；

3 当其余支路大于 5 个时，宜按照近端 2 个，中间区域 2 个，远端 2 个的原则进行检测。

9.4.2 定风量系统平衡度的检测方法应符合下列规定：

1 检测应在系统正常运行后进行，且所有风口应处于正常开启状态；

2 风系统检测期间，受检风系统的总风量应维持恒定且宜为设计值的 100%～110%；

3 风量检测方法可采用风管风量检测方法，也可采用风量罩风量检测方法，并应符合本标准附录 E 的规定；

4 风系统平衡度应按下式计算：

$$FHB_j = \frac{G_{a,j}}{G_{d,j}} \qquad (9.4.2)$$

式中：FHB_j——第 j 个支路的风系统平衡度；

$G_{a,j}$——第 j 个支路的实际风量（m³/h）；

$G_{d,j}$——第 j 个支路的设计风量（m³/h）；

j——支路编号。

9.4.3 定风量系统平衡度的合格指标与判别方法应符合下列规定：

1 90% 的受检支路平衡度应为 0.9～1.2；

2 检测结果符合本条第 1 款规定时，应判为合格。

10　建筑物年采暖空调能耗及年冷源系统能效系数检测

10.0.1 建筑物年采暖空调能耗检测应符合下列

原则：

    1 建筑物年采暖空调能耗应采用全年统计或计量的方式进行；

    2 建筑物年采暖空调能耗应包括采暖空调系统耗电量、其他类型的耗能量（燃气、蒸汽、煤、油等），及区域集中冷热源供热、供冷量；

    3 建筑物年采暖空调能耗的统计或计量应在建筑物投入正常使用一年后进行；

    4 当一栋建筑物的空调系统采用不同的能源时，宜通过换算将能耗计量单位进行统一。

10.0.2 对于没有设置用能分项计量的建筑，建筑物年采暖空调能耗可根据建筑物全年的运行记录、设备的实际运行功率和建筑的实际使用情况等统计分析得到。统计时应符合下列规定：

    1 对于冷水机组、水泵、电锅炉等运行记录中记录了实际运行功率或运行电流的设备，运行数据经校核后，可直接统计得到设备的年运行能耗；

    2 当运行记录没有有关能耗数据时，可先实测设备运行功率，并从运行记录中得到设备的实际运行时间，再分析得到该设备的年运行能耗。

10.0.3 对于设置用能分项计量的建筑，建筑物年采暖空调能耗可直接通过对分项计量仪表记录的数据统计，得到该建筑物的年采暖空调能耗。

10.0.4 单位建筑面积年采暖空调能耗应按下式进行计算：

$$E_0 = \frac{\sum E_i}{A} \qquad (10.0.4)$$

式中：E_0——单位建筑面积年采暖、空调能耗；

    E_i——各个系统一年的采暖、空调能耗；

    A——建筑面积（m^2），不应包含没有设置采暖空调的地下车库面积。

10.0.5 年冷源系统能效系数（EER_{SL}）应按下式进行计算：

$$EER_{SL} = \frac{Q_{SL}}{\sum N_{si}} \qquad (10.0.5)$$

式中：EER_{SL}——年冷源系统能效系数；

    Q_{SL}——冷源系统供冷季的总供冷量（kW·h）；

    N_{si}——冷源系统供冷季各设备所消耗的电量（kW·h）。

11 供配电系统检测

11.1 一 般 规 定

11.1.1 低压供配电系统电能质量检测宜包括三相电压不平衡、谐波电压及谐波电流、功率因数、电压偏差检测，各类参数测量宜选择在配电室内低压配电柜断路器下端进行。

11.1.2 电能质量检测应在负荷率大于20%的配电回路，且应在负载正常使用的时间内进行。应采用A级或B级的仪器并配置不小于0.5级的互感器进行测量；当对测量结果有异议时，应采用A级测量仪器进行复检。

11.2 三相电压不平衡检测

11.2.1 初步判定的不平衡回路均应检测。

11.2.2 三相电压不平衡检测方法应符合下列规定：

    1 检测前应初步判定不平衡回路。观察配电柜上三相电压表或三相电流表指示，当三相电压某相超过标称电压2%，或三相电流之间偏差超过15%时，可初步判定此回路为不平衡回路。

    2 对初步判定为不平衡的回路应采用直接测量方法，测量方法应按国家标准《电能质量 三相电压不平衡》GB/T 15543-2008附录A中规定的方法进行。

11.2.3 合格指标与判别方法应符合下列规定：

    1 三相电压不平衡允许值应为系统标称电压的2%，短时不得超过4%；

    2 当检测结果符合本条第1款规定时，应判为合格。

11.3 谐波电压及谐波电流检测

11.3.1 谐波电压及谐波电流检测数量应符合下列规定：

    1 变压器出线回路应全部测量；

    2 照明回路应抽测5%，且不得少于2个回路；

    3 配置变频设备的动力回路应抽测2%，且不得少于1个回路；

    4 配置大型UPS的回路应抽测2%，且不得少于1个回路。

11.3.2 谐波电压及谐波电流检测方法应符合下列规定：

    1 检测仪器宜采用新型数字智能化仪器，窗口宽度为10个周期并采用矩形加权，时间窗应与每一组的10个周期同步。仪器应保证其电压在标称电压±15%，频率在49Hz～51Hz范围内电压总谐波畸变率不超过8%的条件下能正常工作。

    2 测量时间间隔宜为3s（150周期），测量时间宜为24h。

    3 谐波测量数据应取测量时段内各相实测量值的95%概率值中最大相值，作为判断的依据。对于负荷变化慢的谐波源，宜选5个接近的实测值，取其算术平均值。

11.3.3 谐波电压及谐波电流合格指标与判别方法应符合下列规定：

    1 谐波电压检测数据应按照国家标准《公用电网谐波》GB 14549-1993中附录A、附录B规定的换算和计算方法进行计算；谐波电压计算结果总谐波畸变率应为5.0%，其中奇次谐波电压含有率为4.0%，偶次谐波电压含有率为2.0%。

2 谐波电流计算结果应满足表11.3.3允许值的要求。

3 当谐波电压和谐波电流检测结果分别符合本条第1款和第2款规定时，应判为合格。

表11.3.3 谐波电流允许值

标准电压 (kV)	基准短路容量 (MVA)	谐波次数及谐波电流允许值（A）										
		2	3	4	5	6	7	8	9	10	11	12	13
0.38	10	78	62	39	62	26	44	19	21	16	28	13	24
		谐波次数及谐波电流允许值（A）										
		14	15	16	17	18	19	20	21	22	23	24	25
		11	12	9.7	18	8.6	16	7.8	8.9	7.1	14	6.5	12

11.4 功率因数检测

11.4.1 补偿后功率因数均应检测。

11.4.2 功率因数检测方法应符合下列规定：

1 检测前应对补偿后功率因数进行初步判定。初步判定应采用读取补偿后功率因数表读数的方式，读值时间间隔宜为1min，读取10次取平均值。

2 对初步判定为不合格的回路应采用直接测量的方法，采用数字式智能化仪表在变压器出线回路进行测量。

3 直接测量时间间隔为3s（150周期），测量时间宜为24h。

4 功率因数测量宜与谐波测量同时进行。

11.4.3 功率因数合格指标与判别方法应符合下列规定：

1 功率因数不应低于设计值，当设计无要求时不应低于当地电力部门规定值；

2 当检测结果符合本条第1款的规定时，应判为合格。

11.5 电压偏差检测

11.5.1 电压偏差检测数量应符合下列规定：

1 电压（380V）时，变压器出线回路应全部测量；

2 电压（220V）时，照明出线回路应抽测5%，且不应少于2个回路。

11.5.2 电压偏差检测方法应符合下列规定：

1 检测前应进行初步判定。电压（380V）偏差测量应采用读取变压器低压进线柜上电能表中三相电压数值的方法；电压（220V）偏差测量应采用分别读取包含照明出线的低压配电柜上三相电压表数值的方法。读值时间间隔宜为1min，读取10次取平均值。

2 对初步判定为不合格的回路应采用直接测量的方法，电压（380V）偏差测量应采用数字式智能化仪表在变压器出线回路进行测量，且宜与谐波测量同时进行；电压（220V）偏差测量应采用数字式智能化仪表在照明回路断路器下端测量。

3 直接测量时间间隔宜为3s（150周期），测量时间宜为24h。

11.5.3 电压偏差合格指标与判别方法应符合下列规定：

1 电压（380V）偏差允许偏差应为标称电压的±7%，电压（220V）偏差允许偏差应为标称电压的+7%～-10%。

2 当检测结果符合本条第1款的规定时，应判为合格。

11.6 分项计量电能回路用电量校核检测

11.6.1 安装分项计量电能回路应全数检测。

11.6.2 分项计量电能回路用电量校核检测方法应符合下列规定：

1 低压配供电系统的有功最大需量检测应与当地电力部门测量方法相一致；

2 校核时应采用0.2级标准三相或单相电能表作为标准电能表；标准电能表的采样时间应与分项计量安装的电能表采样时间一致，且累计采样时间不应小于1h。

11.6.3 分项计量电能回路用电量校核合格指标与判别方法应符合下列规定：

1 在标准电能表与分项计量安装的电能表时间一致的条件下，同一时刻开始数据采集，累计时间大于或等于1h后，两者测量值的测量误差应小于1%；

2 当检测结果符合本条第1款的规定时，应判为合格。

12 照明系统检测

12.1 照明节电率检测

12.1.1 改造区域的照明主回路应全部测量。

12.1.2 照明节电率检测方法应符合下列规定：

1 检测前应从区域配电箱中断开除照明外其他用电设备电源，或关闭检测线路上除照明外的其他设备电源。

2 检测时应开启所测回路上所有灯具，并待光源的光输出达到稳定后开始测量。检测时间不应少于2h，数据采样间隔不应大于15min。

3 检测仪表应采用0.5级功率计或单相电能表。

4 照明回路改造前后耗电量应分别检测。

5 照明总耗电量应按下列公式计算：

$$e_n = \sum_{i=1}^{j} p_i \qquad (12.1.2\text{-}1)$$

$$E_0 = e_1 + e_2 + \cdots\cdots + e_n \qquad (12.1.2\text{-}2)$$

$$E_1 = E_0 + (e_{t1} + e_{t2} + \cdots\cdots + e_{tn}) \qquad (12.1.2\text{-}3)$$

式中：e_n——所测区域的照明总耗电量（kW·h）；

　　　p_i——第 i 条照明回路耗电量（kW·h）；

　　　E_0——层照明耗电量（kW·h）；

　　　E_1——照明总耗电量（kW·h）；

　　　e_{tn}——特殊区域照明耗电量；

　　　t_n——特殊区域编号。

6 当因故无法全部断开其他用电设备电源时，应记录未断开电源的其他正常工作设备功率和工作规律，在计算节电率时作为调整量（A）予以修正。照明系统节电率应按下式计算：

$$\eta = 1 - \frac{E_z' + A}{E_z} \times 100(\%) \qquad (12.1.2\text{-}4)$$

式中：η——节电率（%）；

　　E_z、E_z'——改造前后照明电耗量（kW·h）；

　　　A——调整量（kW·h）。

7 照明系统改造前后检测条件应相同，检测宜选择在非工作时间进行。

12.2 照度值检测

12.2.1 每类房间或场所应至少抽测 1 个进行照度值检测。

12.2.2 照度值检测方法应采用现行国家标准《照明测量方法》GB/T 5700 中规定的照度值检测方法。

12.2.3 照度值合格指标与判别方法应符合下列规定：

1 检测照度值与设计要求或现行国家标准《建筑照明设计标准》GB 50034 中的照明标准值的允许偏差应为±10%；

2 当检测结果符合本条第 1 款的规定时，应判为合格。

12.3 功率密度值检测

12.3.1 每类房间或场所应至少抽测 1 个进行功率密度值检测。

12.3.2 照明功率密度值检测方法应采用现行国家标准《照明测量方法》GB/T 5700 中规定的照明功率密度值检测方法。

12.3.3 照明功率密度值应按下式计算：

$$\rho = \frac{P}{S} \qquad (12.3.3)$$

式中：ρ——照明功率密度（kW/m²）；

　　　P——实测照明功率（kW）；

　　　S——被检测区域面积（m²）。

12.3.4 功率密度值合格指标与判别方法应符合下列

规定：

1 照明功率密度应符合设计文件的规定；设计无要求时，应符合现行国家标准《建筑照明设计标准》GB 50034 的规定；

2 当检测结果符合本条第 1 款的规定时，应判为合格。

12.4 灯具效率检测

12.4.1 同类型灯具应抽测 5%，且不应少于 1 套。

12.4.2 灯具效率检测方法应参照《室内灯具光度测试》GB 9467 规定的光通量测试方法，在标准条件下分别测试灯具光通量与此条件下测得的裸光源（灯具内所包含的光源）的光通量之和，计算其比值即为灯具效率。

12.4.3 灯具效率合格指标与判别方法应符合下列规定：

1 灯具效率检测结果应满足表 12.4.3 的要求；

2 当检测结果符合本条第 1 款的规定时，应判为合格。

表 12.4.3　灯具效率合格指标

灯具出光口形式	开敞式	保护罩（玻璃或塑料）		格栅	透光罩
		透明	磨砂、棱镜		
荧光灯灯具	75%	65%	55%	60%	—
高强度气体放电灯灯具	75%	—	—	60%	60%

12.5 公共区照明控制检测

12.5.1 每类公共区应至少抽测 1 个房间或场所。

12.5.2 公共区照明控制检测方法应符合下列规定：

1 公共会议室应按照会议、投影等模式，公共走廊、卫生间应按照设置的控制要求，设定为节能控制模式，并应分别检测切换功能；

2 当采用感应控制时，应检测人员进入感应区域时灯具开启灵敏度，人员应能及时看清空间情况；

3 当采用声音控制时，检测人员采用击掌、跺脚等正常动作产生声音应能够使灯具开启；所有控制方式在人员离开时均应有延时，延时时间应满足人员安全离开区域的要求；

4 当采用多参数控制时，应分别对各个参数及联合控制的合理性进行检测。

12.5.3 公共区照明控制合格指标与判别方法应符合下列规定：

1 根据不同使用功能设置分区控制，控制方式应合理有效；当采用多参数控制照明开关时，不应影响使用功能，并符合管理的要求；

2 当检测结果符合本条第 1 款的规定时，应判为合格。

13 监测与控制系统性能检测

13.1 送（回）风温度、湿度监控功能检测

13.1.1 送（回）风温度、湿度监控功能检测数量应符合下列规定：

1 每类机组应按总数的 20% 抽测，且不应少于 3 台；

2 机组数不足 3 台时，应全部检测。

13.1.2 送（回）风温度、湿度监控功能检测方法应符合下列规定：

1 夏季工况检测时，应在中央监控计算机上，将温度、相对湿度起始值设定为空调设计参数，待控制系统稳定到此参数后，人为调高温度设定值 2℃，降低相对湿度设定值 10%；

2 冬季工况检测时，应在中央监控计算机上，将温度、相对湿度起始值设定为空调设计参数，待控制系统稳定到此参数后，人为降低温度设定值 2℃，调高相对湿度设定值 10%；

3 调整完成 2s，应开始记录送（回）风温度、相对湿度，记录时间不应少于 30min，记录间隔宜 5min。

13.1.3 送（回）风温度、湿度监控功能合格指标与判别方法应符合下列规定：

1 送（回）风温度控制允许偏差应为 ±2℃；控制系统动态响应时间不宜大于 30min；

2 送（回）风相对湿度控制允许偏差应为 ±15%；控制系统稳定时间不宜大于 20min；

3 当检测结果符合本条第 1 款和第 2 款的规定时，应判为合格。

13.2 空调冷源水系统压差控制功能检测

13.2.1 空调冷源水系统压差控制功能应全部检测。

13.2.2 空调冷源水系统压差控制功能检测方法应符合下列要求：

1 应在中央监控计算机上，将压差设定值调整到合理范围内并稳定 30min，然后在计算机上关闭 50% 的空调末端，并同时记录计算机上显示的压差值；

2 应在中央监控计算机上，开启 20% 的空调末端，并同时记录计算机上显示的压差值；

3 记录间隔宜为 5min，记录时间应不少于 30min。

13.2.3 空调冷源水系统压差控制功能合格指标与判别方法应符合下列规定：

1 压差控制值应满足空调设计要求；当设计无要求时，压差设定值应设置在水泵的额定扬程之内，控制偏差不宜大于设定值的 10%，动态响应时间不

宜大于 30min；

2 当检测结果符合本条第 1 款的规定时，应判为合格。

13.3 风机盘管变水量控制性能检测

13.3.1 风机盘管变水量控制性能检测数量应符合下列规定：

1 抽测数量应为总数的 20%；

2 不足 10 套时，应全部检测。

13.3.2 风机盘管变水量控制性能检测方法应符合下列要求：

1 检测中应保证检测区域环境温度和风速稳定，且风机盘管冷（热）水管路供水温度应满足设计要求；

2 检测应在中档风速条件下进行；

3 夏季工况检测时，应将温度起始值设定为夏季空调设计参数，待此参数稳定后，调高温控器温度设定值 5℃；

4 冬季工况检测时，应将温度起始值设定为冬季空调设计参数，待此参数稳定后，调低温控器温度设定值 5℃；

5 应在系统稳定运行至少 20min 后，检测房间回风口温度。

13.3.3 风机盘管变水量控制性能合格指标与判别方法应符合下列规定：

1 房间回风口温度检测值与温控器设定值允许偏差应为 ±2℃；

2 当检测结果符合本条第 1 款的规定时，应判为合格。

13.4 照明、动力设备监测与控制系统性能检测

13.4.1 照明、动力设备监测与控制系统性能检测数量应符合下列规定：

1 照明主回路总数的 20%，且不应小于 2 个回路；

2 动力主回路总数的 20%，且不应小于 2 个回路。

13.4.2 照明、动力设备监测与控制系统性能检测方法应符合下列要求：

1 应采用测量仪表对所抽测回路中央计算机上的所有电气参数进行比对；

2 比对时间不应少于 10min。

13.4.3 照明、动力设备监测与控制系统性能合格指标与判别方法应符合下列规定：

1 监测与控制系统应具有对照明或动力主回路的电压、电流、有功功率、功率因数、有功电度等电气参数进行监测记录的功能，以及对供电回路电器元件工作状态进行监测、报警的功能；

2 比对数值误差不应大于 1%；

3 当检测结果符合本条第 1、2 款的规定时，应判为合格。

附录 A 仪器仪表测量性能要求

A.0.1 仪器仪表测量性能应符合表 A.0.1 的规定。

表 A.0.1 仪器仪表测量性能要求

序号	检测参数	仪表准确度等级(级)	最大允许偏差
1	空气温度	—	≤0.5℃
2	空气相对湿度	—	≤5%(测量值)
3	采暖水温度	—	≤0.5℃
4	空调水温度	—	≤0.2℃
5	水流量	—	≤5%(测量值)
6	水压力	2.0	≤5%(测量值)
7	热量及冷量	3.0	≤5%(测量值)
8	耗电量	1.0	≤1.5%(测量值)
9	耗油量	1.0	≤1.5%(测量值)
10	耗气量	2.0(天然气) 2.5(蒸汽)	≤5%(测量值)
11	风速	—	≤5%(测量值)
12	太阳辐射照度	—	≤10%(测量值)
13	电功率	1.0	≤1.5%(测量值)
14	质量流量控制器	—	≤1%(测量值)

附录 B 建筑外围护结构整体气密性能检测方法

B.0.1 本方法适用于鼓风门法进行建筑物外围护结构整体气密性能的检测。

B.0.2 鼓风门法的检测应在 50Pa 和 −50Pa 压差下测量建筑物换气量，通过计算换气次数量化外围护结构整体气密性能。

B.0.3 采用鼓风门法检测时，宜同时采用红外热成像仪拍摄红外热成像图，并确定建筑物的渗漏源。

B.0.4 建筑外围护结构整体气密性能的检测应按下列步骤进行：

1 将调速风机密封安装在房间的外门框中；

2 利用红外热成像仪拍摄照片，确定建筑物渗漏源；

3 封堵地漏、风口等非围护结构渗漏源；

4 启动风机，使建筑物内外形成稳定压差；

5 测量建筑物的内外压差，当建筑物内外压差

稳定在 50Pa 或 −50Pa 时，测量记录空气流量，同时记录室内外空气温度、室外大气压。

B.0.5 建筑外围护结构整体气密性能的检测值的处理应符合下列规定：

1 换气次数应按下式计算：

$$N_{50}^{+} = L/V \qquad (B.0.5\text{-}1)$$

式中：N_{50}^{+}、N_{50}^{-} ——50Pa、−50Pa 压差下房间的换气次数(h^{-1})；

L ——空气流量的平均值(m^3/h)；

V ——被测房间换气体积(m^3)。

2 房间换气次数应按下式计算：

$$N = (N_{50}^{+} + N_{50}^{-})/34 \qquad (B.0.5\text{-}2)$$

式中：N——房间换气次数(h^{-1})。

附录 C 水系统供冷(热)量检测方法

C.0.1 水系统供冷(热)量应按现行国家标准《容积式和离心式冷水(热泵)机组性能试验方法》GB/T 10870 规定的液体载冷剂法进行检测。

C.0.2 检测时应同时分别对冷水(热水)的进、出口水温和流量进行检测，根据进、出口温差和流量检测值计算得到系统的供冷(热)量。检测过程中应同时对冷却侧的参数进行监测，并应保证检测工况符合检测要求。

C.0.3 水系统供冷(热)量测点布置应符合下列规定：

1 温度计应设在靠近机组的进出口处；

2 流量传感器应设在设备进口或出口的直管段上，并应符合产品测量要求。

C.0.4 水系统供冷(热)量测量仪表宜符合下列规定：

1 温度测量仪表可采用玻璃水银温度计、电阻温度计或热电偶温度计；

2 流量测量仪表应采用超声波流量计。

附录 D 电机输入功率检测方法

D.0.1 电机输入功率检测应按现行国家标准《三相异步电动机试验方法》GB/T 1032 规定方法进行。

D.0.2 电机输入功率检测宜采用两表(两台单相功率表)法测量，也可采用一台三相功率或三台单相功率表测量。

D.0.3 当采用两表(两台单相功率表)法测量时，电机输入功率应为两表检测功率之和。

D.0.4 电功率测量仪表宜采用数字功率表。功率表精度等级宜为 1.0 级。

附录 E 风量检测方法

E.1 风管风量检测方法

E.1.1 风管风量检测宜采用毕托管和微压计;当动压小于10Pa时,宜采用数字式风速计。

E.1.2 风量测量断面应选择在机组出口或入口直管段上,且宜距上游局部阻力部件大于或等于5倍管径(或矩形风管长边尺寸),并距下游局部阻力构件大于或等于2倍管径(或矩形风管长边尺寸)的位置。

E.1.3 测量断面测点布置应符合下列规定:

1 矩形断面测点数及布置方法应符合表 E.1.3-1 和图 E.1.3-1 的规定;

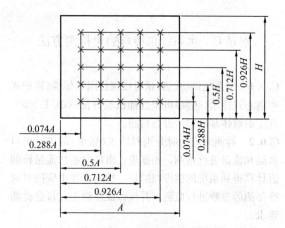

图 E.1.3-1 矩形风管 25 个测点时的测点布置

2 圆形断面测点数及布置方法应符合表 E.1.3-2 和图 E.1.3-2 的规定。

表 E.1.3-1 矩形断面测点位置

横线数或每条横线上的测点数目	测 点	测点位置 X/A 或 X/H
5	1	0.074
	2	0.288
	3	0.500
	4	0.712
	5	0.926
6	1	0.061
	2	0.235
	3	0.437
	4	0.563
	5	0.765
	6	0.939

表 E.1.3-1

横线数或每条横线上的测点数目	测 点	测点位置 X/A 或 X/H
7	1	0.053
	2	0.203
	3	0.366
	4	0.500
	5	0.634
	6	0.797
	7	0.947

注: 1 当矩形截面的纵横比(长短边比)小于1.5时,横线(平行于短边)的数目和每条横线上的测点数目均不宜少于5个。当长边大于2m时,横线(平行于短边)的数目宜增加到5个以上。

2 当矩形截面的纵横比(长短边比)大于或等于1.5时,横线(平行于短边)的数目宜增加到5个以上。

3 当矩形截面的纵横比(长短边比)小于或等于1.2时,也可按等截面划分小截面,每个小截面边长宜为(200~250)mm。

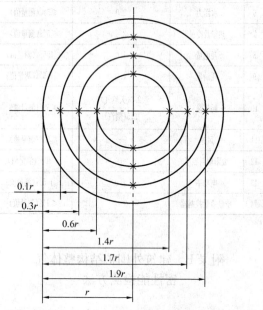

图 E.1.3-2 圆形风管 3 个圆环时的测点布置

表 E.1.3-2 圆形截面测点布置

风管直径	≤200mm	(200~400)mm	(400~700)mm	≥700mm
圆环个数	3	4	5	5~6
测点编号	测点到管壁的距离(r的倍数)			
1	0.10	0.10	0.05	0.05
2	0.30	0.20	0.20	0.15
3	0.60	0.40	0.30	0.25
4	1.40	0.70	0.50	0.35
5	1.70	1.30	0.70	0.50
6	1.90	1.60	1.30	0.70
7	—	1.80	1.50	1.30
8		1.90	1.70	1.50
9			1.80	1.65
10			1.95	1.75
11				1.85
12				1.95

E.1.4 测量时，每个测点应至少测量 2 次。当 2 次测量值接近时，应取 2 次测量的平均值作为测点的测量值。

E.1.5 当采用毕托管和微压计测量风量时，风量计算应按下列方法进行：

1 平均动压计算应取各测点的算术平均值作为平均动压。当各测点数据变化较大时，应按下式计算动压的平均值：

$$P_v = \left(\frac{\sqrt{P_{v1}} + \sqrt{P_{v2}} + \cdots\cdots \sqrt{P_{vn}}}{n} \right)^2$$

(E.1.5-1)

式中： P_v ——平均动压（Pa）；

P_{v1} 、P_{v2} …… P_v ——各测点的动压（Pa）。

2 断面平均风速应按下式计算：

$$V = \sqrt{\frac{2P_v}{\rho}}$$

(E.1.5-2)

式中：V ——断面平均风速（m/s）；

ρ ——空气密度（kg/m³），$\rho = 0.349B/(273.15+t)$；

B ——大气压力（hPa）；

t ——空气温度（℃）。

3 机组或系统实测风量应按下式计算：

$$L = 3600VF$$

(E.1.5-3)

式中：F ——断面面积（m²）；

L ——机组或系统风量（m³/h）。

E.1.6 采用数字式风速计测量风量时，断面平均风速应取算术平均值；机组或系统实测风量应按式（E.1.5-3）计算。

E.2 风量罩风口风量检测方法

E.2.1 风量罩安装应避免产生紊流，安装位置应位于检测风口的居中位置。

E.2.2 风量罩应将待测风口罩住，并不得漏风。

E.2.3 应在显示值稳定后记录读数。

本标准用词说明

1 为便于在执行本标准条文时区别对待，对要求严格程度不同的用词说明如下：

1) 表示很严格，非这样做不可的：

正面词采用"必须"，反面词采用"严禁"；

2) 表示严格，在正常情况下均应这样做的：

正面词采用"应"，反面词采用"不应"或"不得"；

3) 表示允许稍有选择，在条件许可时首先应这样做的：

正面词采用"宜"，反面词采用"不宜"；

4) 表示有选择，在一定条件下可以这样做的采用"可"。

2 条文中指明应按其他有关标准执行的写法为："应符合……的规定"或"应按……执行"。

引用标准名录

1 《三相异步电动机试验方法》GB/T 1032

2 《照明测量方法》GB/T 5700

3 《建筑外门窗保温性能分级及检测方法》GB/T 8484

4 《室内灯具光度测试》GB 9467

5 《绝热材料稳态热阻及有关特性的测定 防护热板法》GB 10294

6 《绝热材料稳态热阻及有关特性的测定 热流计法》GB 10295

7 《容积式和离心式冷水（热泵）机组性能试验方法》GB/T 10870

8 《绝热 稳态传热性质的测定 标定和防护热箱法》GB/T 13475

9 《公用电网谐波》GB 14549

10 《电能质量 三相电压不平衡》GB/T 15543

11 《建筑照明设计标准》GB 50034

12 《民用建筑热工设计规范》GB 50176

13 《公共建筑节能设计标准》GB 50189

14 《建筑节能工程施工质量验收规范》GB 50411

15 《居住建筑节能检测标准》JGJ/T 132

16 《建筑门窗玻璃幕墙热工计算规程》JGJ/T 151

17 《建筑外窗气密、水密、抗风压性能现场检测方法》JG/T 211

中华人民共和国行业标准

公共建筑节能检测标准

JGJ/T 177—2009

条 文 说 明

制 订 说 明

《公共建筑节能检测标准》JGJ/T 177－2009，经住房和城乡建设部 2009 年 12 月 10 日以第 460 号公告批准、发布。

为便于广大设计、施工、科研、学校等单位有关人员在使用本标准时能正确理解和执行条文规定，

《公共建筑节能检测标准》编制组按章、节、条顺序编制了本标准的条文说明，对条文规定的目的、依据以及执行中需注意的有关事项进行了说明。但是，本条文说明不具备与标准正文同等的法律效力，仅供使用者理解和把握标准规定的参考。

目 次

1 总　则

1.0.1 公共建筑包含办公建筑（包括写字楼、政府办公楼等），商场建筑（如商场、金融建筑等），旅游建筑（如旅馆饭店、娱乐场所等），科教文卫建筑（包括文化、教育、科研、医疗卫生、体育建筑等），通信建筑（如邮电、通信、广播用房等）以及交通运输用房（如机场、车站建筑等）。我国现有公共建筑面积约 45 亿 m²，为城镇建筑面积的 27%，占城乡房屋建筑总面积的 10.7%，但据测算分析，公共建筑能耗约占建筑总能耗的 20%，因此，公共建筑节能已成为目前建筑节能工作的重点。2005 年、2007 年先后颁布实施了国家标准《公共建筑节能设计标准》GB 50189、《建筑节能工程施工质量验收规范》GB 50411，从设计、施工两个环节对公共建筑节能进行了规范。为了强化大型公共建筑节能管理，2007 年原建设部、国家发改委等五部委联合签发了《关于加强大型公共建筑工程建设管理的若干意见》，《意见》中明确要求："新建大型公共建筑必须严格执行《公共建筑节能设计标准》和有关的建筑节能强制性标准，建设单位要按照相应的建筑节能标准委托工程项目的规划设计，项目建成后应经建筑能效专项测评，凡达不到工程建设节能强制性标准的，有关部门不得办理竣工验收备案手续。"《民用建筑节能条例》自 2008 年 10 月 1 日起施行，《条例》中规定，国家机关办公建筑和大型公共建筑的所有权人应当对建筑的能源利用效率进行测评和标识。如何检测公共建筑是否达到节能标准，规范建筑节能检测方法，已成为落实公共建筑节能管理必需的支撑手段。

1.0.2 本标准不仅适用于新建、既有公共建筑的节能验收，也适用于公共建筑外围护结构、建筑用能系统的单项或多项节能性能的检测、鉴定及评估等。

1.0.3 检测机构应取得计量认证，且通过计量认证项目应符合本标准规定。节能检测是一项技术含量高、复杂程度高的工作，涉及建筑热工、采暖空调、检测技术、误差理论等多方面的专业知识，并不是简单地丈量尺寸、见证有无、操作仪表、抄表记数，所以，要求现场检测人员应具有一定理论分析和解决问题的能力。

3 基本规定

3.0.1 工程竣工文件和有关技术文件应包括下列内容：（1）审图机构对工程施工图节能设计提出的审查文件；（2）工程竣工图纸；（3）由具有相关资质的检测机构出具的对从施工现场见证取样送检的外门（含阳台门）、外窗、透明幕墙、建筑采光顶和保温材料的有关性能（即外门窗、透明幕墙及采光顶的气密性

能、保温性能，玻璃的遮阳性能和保温材料的导热系数、密度、强度等）复验报告；（4）玻璃（或其他透明材料）、外门窗、建筑幕墙、遮阳设施、空调采暖、配电照明及监控系统设备以及保温材料的产品合格证、性能检测报告；（5）外墙、屋面（含建筑采光顶）、外门窗（含天窗）、建筑幕墙、热桥部位、空调采暖系统管道的保温施工方案及其隐蔽工程验收资料。

对既有建筑还应提供建筑维修资料、有关用能设备运行记录及维修记录等。

4 建筑物室内平均温度、湿度检测

4.0.2 通常在测点布置时，室内面积若不足 16m²，在室内活动区域中央布测点 1 个；16m² 及以上且不足 30m² 测 2 点时，将检测区域对角线三等分，其二个等分点作为测点；30m² 及以上且不足 60m² 测 3 点时，将室内对角线四等分，其三个等分点作为测点；60m² 及以上且不足 100m² 测 5 点时，在二对角线上成梅花布点；100m² 及以上时，每增加（20～30）m² 增加（1～2）个测点，均匀布置。

4.0.3 室内平均温度、湿度是指同一区域所有测点的平均温、湿度；国家标准《公共建筑节能设计标准》GB 50189 规定：空气调节系统室内计算参数宜符合表 1 规定。

表 1　空气调节系统室内计算参数

参　数		冬季	夏季
温度（℃）	一般房间	20	25
	大堂、过厅	18	室内外温差≤10
风速（v）(m/s)		0.10≤v≤0.20	0.15≤v≤0.30
相对湿度（%）		30～60	40～65

5 非透光外围护结构热工性能检测

5.1 一般规定

5.1.1 本条文明确规定了非透光外围护结构热工性能检测的范围和内容。具体包括：外墙、屋面的传热系数、屋面和东西墙体的隔热性能、热工缺陷等检测。通常，夏热冬冷、夏热冬暖地区重点检测隔热性能，严寒、寒冷地区除重点检测外墙、屋面的传热系数外，还应检测其热工缺陷及热桥部位内表面温度。

5.1.2 行业标准《居住建筑节能检测标准》JGJ/T 132 中对建筑物外围护结构热工缺陷、热桥部位内表面温度和隔热性能的检验作出了详细的规定，公共建筑外围护结构热工缺陷、热桥部位内表面温度检测可参照执行。

5.1.3 国家标准《公共建筑节能设计标准》GB 50189—2005中明确规定了"外墙的传热系数为包括结构性热桥在内的平均值k_m"。因此，本条文明确规定了外围护结构传热系数所应包含的范围和内容。

5.1.4 当保温材料的热阻大于或等于$1.2m^2 \cdot K/W$时，其热阻远大于其他材料对保温的贡献；轻质墙体和屋面一般包含众多金属构件，热桥较多，形成多维传热，因而在现场较难准确测量其传热系数；自保温砌体砖缝多，现场检测较难反映墙体保温性能。因此，本条文规定采用同条件试样法检测上述三类外围护结构的传热系数。同条件试样法仅适用于新建建筑。

5.2 热流计法传热系数检测

5.2.3 目前，国内外一般都采用热流计法进行外围护结构传热系数现场检测。国际标准《建筑构件热阻和传热系数的现场测量方法》ISO 9869、美国材料实验协会标准《现场测量建筑围护结构热流和温度的方法》ASTM C1046—95（2001）和《现场测量建筑构件热流和温度的操作规程》ASTM C1155—95（2001）以及行业标准《居住建筑节能检测标准》JGJ/T 132等标准均对热流计法检测外围护结构传热系数作出详细规定。《居住建筑节能检测标准》JGJ/T 132中，对外墙主体部位的传热系数检测作出了有关规定，但尚未考虑到热桥部位的检测。热桥部位是外围护结构阻抗传热的薄弱环节，其传热系数至少为主体部位的1.2倍以上，外墙的传热系数k_m是包括结构性热桥在内的传热系数平均值。因此，为了满足建筑节能检测工作的需要，经试验研究，本标准提出利用红外热成像仪配合热流计法进行现场检测，应用传热学及计算机图形学的有关技术计算分析得到外围护结构的平均传热系数的检测方法。该方法是根据红外热成像图分析确定建筑外围护结构主体部位和热桥部位各自所占面积比例，利用热流计法现场测得外围护结构主体部位的传热系数，通过现场测得的热桥部位内、外表面温度和热流密度计算得到其各受热面的平均热流密度。在此基础上根据现场检测的平均温度和平均热流密度对外围护结构保温层的厚度或导热系数进行修正，使得修正后的有关测点对应部位的温度和热流密度误差在3%以内，然后计算得到包括热桥部位在内的平均传热系数。计算中采用的室内、外空气温度是根据热桥部位受热面平均热流密度之和的算术平均值以及热桥部位平均内、外表面温度推算得到。为保证检测结果的准确，本条规定了检测期间的室内外温差。

5.3 同条件试样法传热系数检测

5.3.2 同条件试样法适用于外保温材料层热阻不小于$1.2m^2 \cdot K/W$、轻质墙体和屋面以及自保温隔热砌筑墙

体平均传热系数的检测，其中轻质墙体和屋面一般都有金属构件形成的热桥。因而，为保证试样构造尺寸与实物一致，应将外围护结构分割为若干个试件，每个试件代表一个典型构造。计算平均传热系数时，将各个典型构造的传热系数按其所代表的面积进行加权平均计算。

6 透光外围护结构热工性能检测

6.1 一般规定

6.1.1 本条文明确规定了透光外围护结构热工性能检测的范围和内容。具体包括：透明幕墙、采光顶的传热系数，双层幕墙的隔热性能及外窗外遮阳设施的检测。

6.1.2 行业标准《居住建筑节能检测标准》JGJ/T 132中对外窗外遮阳设施的检测作出了详细的规定，公共建筑外窗外遮阳设施检测可参照执行。

6.1.3 对于隐框、全玻等类型玻璃幕墙及隐框采光顶，其构造无金属构件暴露在面板外表面。因此，可以按照本标准第5.2节的规定采用热流计法进行检测，计算时应采用日落后1h至次日日出前1h的检测数据处理得到受检部位的传热系数。

6.2 透明幕墙及采光顶热工性能计算核验

6.2.2 幕墙构造尺寸可采用钢卷尺、钢直尺、游标尺、超声波测厚仪等测量。幕墙、采光顶面板的传热系数在实验室采用标定热箱法检测得到，材料的导热系数可通过取样检测或对比等方法获得。在此基础上，按照《建筑门窗玻璃幕墙热工计算规程》JGJ/T 151的规定计算确定每幅幕墙、采光顶的传热系数、遮阳系数、可见光透射比等参数，幕墙或采光顶整体热工性能采用加权平均的方法计算得到。

6.3 透明幕墙及采光顶同条件试样法传热系数检测

6.3.2 本条文为同条件试样法，即为实验室原型试验法。由于幕墙、采光顶的构成单元均相对较大，鉴于目前我国多数相应检测机构的保温性能检测装置不能满足其整体进行检测的规格尺寸要求，故对幕墙、采光顶进行构成单元分格，再将每单元的构造拆分成若干试件，采用标定热箱法进行传热系数的检测。然后根据实测值进行加权平均计算得到幕墙、采光顶的平均传热系数。因此，检测件已包括热桥部位，则检测结果为透明幕墙（或采光顶）的平均传热系数。

6.4 外通风双层幕墙隔热性能检测

6.4.1 考虑到检测结果的代表性，本条文规定了双层幕墙每一种构造做法检测数量不宜少于2处。

6.4.4 对本条文说明如下：

1 双层幕墙的隔热性能主要取决于热通道内空

气的流动性。因此，保持热通道内空气具有较好的流动特性非常重要。也就是在太阳辐射得热的作用下，热通道内的空气被加热、气温升高后，应能够利用烟囱效应快速地排出室外。而热通道的宽度、进出风口的设置以及通道内机构的设置（如遮阳百叶会改变空气流动方向和流场）等都会对热通道内的空气流动产生一定的影响，因此，热通道通风量的准确测量难度较大。目前，国际上通用的通风量检测方法有三种：压差法、风速测量法和示踪气体法。

由于双层幕墙结构复杂，通风机等设备加压将改变热通道内空气固有的流场特性，与实际运行工况相差过大，故压差法导致检测误差较大；而利用风速仪在通风道的进、出风口处测量测点风速的方法，由于断面处涡流的影响，风速均匀性差，数据的读取准确性较差，同时多个风速探头价格相对较高；采用示踪气体恒定流量法进行双层幕墙热通道的通风量测量，能够较好地模拟双层幕墙热通道的流动特性，并可根据入口处示踪气体平均释放率及出口处示踪气体平均浓度计算得到热通道的通风量。

2 双层幕墙热通道通风量检测系统如图1所示。

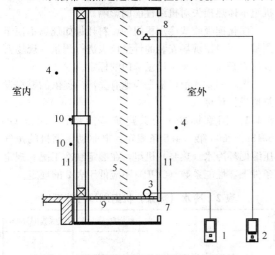

图1 双层幕墙热通道通风量检测系统

1—气体释放控制仪；2—气体浓度测试仪；3—气体释放管；4—空气温度测点；5—遮阳百叶；6—气体浓度测点；7—进风口；8—出风口；9—格栅；10—表面温度测点；11—幕墙玻璃

在热通道下部通风进口（热压通风入口）处，设置示踪气体均匀释放管（直径为10cm，沿长度方向钻有（150～180）个/m、直径为1mm小孔的塑料管），通过质量流量控制器控制示踪气体（SF₆）的释放率，采用多通道示踪气体浓度检测仪连接距热通道出口下0.5m处的6个SF₆浓度检测点，计量SF₆气体浓度。

3 双层幕墙热通道内空气的流动主要体现在太阳辐射得热的作用下，热通道内的空气被加热后，气温升高并通过烟囱效应排出室外。因此，双层幕墙通

风量的测量时间应在太阳辐射强烈时效果较佳，故根据幕墙立面的朝向不同，其适宜的时间（当地太阳时）为：东向幕墙10：00～11：00，南向幕墙11：30～12：30，西向14：00～15：00。

4 体积浓度与质量浓度单位的换算关系式为：

$$mg/m^3 = (M/22.4) \times ppm \times [273/(273+T)] \times (Ba/101325) \qquad (1)$$

式中：M——气体分子量，SF₆为146.06；

T——测点温度（℃）；

Ba——测点空气压力（Pa）。

6.4.5 一般情况下，建筑设计对双层幕墙的室内表面温度、热通道通风量作出规定。因此，本条文规定了外通风双层幕墙的合格指标参数为室内表面温度和热通道的通风量。

7 建筑外围护结构气密性能检测

7.1 一般规定

7.1.2 公共建筑的结构形式多为框架、框剪结构。由于这类建筑围护结构渗漏热损失不仅与外门窗、幕墙的气密性有关，而且其外门窗框周边与墙体连接部位的缝隙，以及填充墙与柱子接合部位的缝隙填堵质量，也成为以对流方式进行室内外热量交换的通道，将导致建筑物采暖空调能耗升高。因此，围护结构整体气密性能是关系建筑节能的重要问题，本条文提出的围护结构整体气密性能检测方法，可为既有建筑节能改造提供设计依据。目前，国际上通用的气密性检测方法主要有两种：鼓风门法和示踪气体法。示踪气体法是模拟自然状态下的检测方法，该方法是在被测空间内释放示踪气体（通常采用SF₆气体），通过气体分析仪计量示踪气体浓度随时间的变化，进而计算得到该空间的换气次数。该方法的特点是：在自然状态下进行检测，与实际运行条件相近，检测结果比较符合自然条件下的情况；但是，其检测仪器设备价格较昂贵、操作较复杂、检测时间较长。鼓风门法是利用风机人为地制造一个室内、外较大的压差（一般为50Pa），使空气在压差的作用下从室内向室外（或室外向室内）渗透，通过流量表测得该压差下通过该空间的空气渗透量，进而计算得到该空间的换气次数。该方法具有设备价格相对低廉、操作简便、检测周期短、对检测环境条件要求不高等优点。本标准附录B给出了采用鼓风门法进行整体气密性能检测的方法，该方法在实际应用中简单易行。

7.2 外窗气密性能检测

7.2.1 检测数量每组三樘确定分级指标值是检测方法标准的规定，组批规则如果按照《建筑装饰装修工程质量验收规范》GB 50210的要求，会由于产品规

格过多导致无法操作，因此按照单体工程的建筑面积对组批进行了规定。

7.2.2 检测方法与行业标准《建筑外窗气密、水密、抗风压性能现场检测方法》JG/T 211 规定的原理、方法一致。

7.2.3 国家标准《公共建筑节能设计标准》GB 50189-2005 要求外窗的气密性不应低于《建筑外门窗气密、水密、抗风压性能分级及检测方法》GB/T 7106 的 4 级。由于现场检测时气密性能包含了外窗与外围护结构连接部位的渗漏，本标准的分级指标采用行业标准《建筑外窗气密、水密、抗风压性能现场检测方法》JG/T 211 的分级指标值。

判定方法参考国家标准《建筑装饰装修工程质量验收规范》GB 50210 的有关规定。

7.3 透明幕墙气密性能检测

7.3.1 检测数量要求与国家标准《建筑幕墙》GB 21086 一致。

7.3.2 检测方法与行业标准《建筑外窗气密、水密、抗风压性能现场检测方法》JG/T 211 规定的原理、方法一致。

7.3.3 国家标准《公共建筑节能设计标准》GB 50189-2005 要求透明幕墙的气密性不应低于《建筑幕墙物理性能分级》GB/T 15225-1994 中 3 级要求。即固定部分单位缝长的空气渗透量 q_{01} ≤0.10m³/(m·h)，可开部分单位缝长的空气渗透量 q_{02} ≤2.5m³/(m·h)。目前，国家标准《建筑幕墙》GB 21086-2007 已取代《建筑幕墙物理性能分级》GB/T 15225-1994，本条文提出合格指标值与《建筑幕墙》GB 21086-2007 一致。

8 采暖空调水系统性能检测

8.1 一般规定

8.1.1 本标准是对系统实际运行性能进行检测，即根据系统的实际运行状态对系统的能效进行检测，但可以根据检测条件和要求对末端负荷进行人为调节，以利于实现对系统性能的判别。

8.1.2 根据研究和检测结果，冷水机组性能系数（COP）在负荷 80% 以上时，同冷水机组满负荷时的性能相比，变化相对较小，同时考虑空调冷源系统多台冷水机组的匹配运行情况，确定检测工况下冷源系统运行负荷宜不小于其实际运行最大负荷的 60%，且运行机组负荷宜不小于其额定负荷的 80%。

控制冷水机组性能系数（COP）变化在 10% 左右，同时考虑空调冷源系统现场检测的可行性，确定冷水出水温度及冷却水进水温度参数。根据研究和检测结果，当冷水出水温度以 7℃ 为基准时，冷水出水

温度为（6~9）℃ 之间，冷水机组的性能（COP）变化在 -2%~4%；当冷却水进水温度以 32℃ 为基准时，冷却水进水温度为（29~32）℃ 之间，冷水机组的性能（COP）变化在 0~8%。

该现场检测工况满足或相对优于机组额定工况。

冷水（热泵）机组检测只针对采用冷却塔冷却的系统。对于地源热泵系统，由于其机组铭牌参数与其实际运行工况差距很大，检测工况很难达到。对低温工况机组，目前尚缺乏相应的检测研究。因此，本标准不包括用于地源热泵系统的机组及低温工况机组的检测。

8.2 冷水（热泵）机组实际性能系数检测

8.2.2 本检测是在本标准第 8.1.2 条规定的检测工况下进行的，所以反映的是冷水机组在实际空调系统下的实际性能水平。对于综合部分负荷性能系数的检测由于不同负荷下冷却水的进水温度不同，在现场检测过程中，不宜实现。因此，本标准没有要求对此项内容进行检测。

本检测方法是对现场安装后机组实际性能进行检测，不是对机组本身铭牌值的检测，所以不考虑冷水机组本体热损失对机组性能的影响。

溴化锂吸收式冷水机组的燃料耗量如现场不便于测量，可根据现场安装的计量仪表进行测量，现场安装仪表必须经过有关计量部门的标定。

燃料的发热值可根据当地有关部门提供的燃料发热值进行计算。

8.2.3 国家标准《公共建筑节能设计标准》GB 50189-2005 第 5.4.5 条规定：电驱动压缩机的蒸气压缩循环冷水（热泵）机组，在额定制冷工况和规定条件下，性能系数（COP）不应低于表 2 的规定。

表 2 冷水（热泵）机组制冷性能系数

类型		额定制冷量（kW）	性能系数（kW/kW）
水冷	活塞式/涡旋式	<528	3.8
		528~1163	4.0
		>1163	4.2
	螺杆式	<528	4.1
		528~1163	4.3
		>1163	4.6
	离心式	<528	4.4
		528~1163	4.7
		>1163	5.1
风冷或蒸发冷却	活塞式/涡旋式	≤50	2.4
		>50	2.6
	螺杆式	≤50	2.6
		>50	2.8

国家标准《公共建筑节能设计标准》GB 50189-2005 第 5.4.9 条规定：溴化锂吸收式机组性能参数不应

低于表3的规定。

表3　溴化锂吸收式机组性能参数

机型	运行工况		性能参数		
	蒸汽压力 (MPa)	单位制冷量 蒸汽耗量 [kg/(kW·h)]	性能系数(kW/kW)		
			制冷	供热	
蒸汽双效	0.25	≤1.40	—	—	
	0.4		—	—	
	0.6	≤1.31	—	—	
	0.8	≤1.28	—	—	
直燃	—	—	≥1.10		
	—	—		≥0.90	

注：直燃机的性能系数为：制冷量（供热量）/[加热源消耗量（以低位热值计）＋电力消耗量（折算成一次能）]。

8.3　水系统回水温度一致性检测

8.3.1　因为水系统的集水器一般设在机房，便于操作，所以，仅规定与水系统集水器相连的一级支管路。

8.3.2　24h代表一个完整的时间循环，所以，便于得到比较全面的结果。1h作为数据的记录时间间隔的限值首先是便于对实际水系统的运行进行动态评估，另一方面实施起来也容易。

8.3.3　水系统回水温度一致性检测通过检测回水温度这一简便易行的方法，间接检测了系统水力平衡的状况。

8.4　水系统供、回水温差检测

8.4.2　测点尽量布置在靠近被测机组的进、出口处，可以减少由于管道散热所造成的热损失。当被检测系统预留安放温度计位置（或可将原来系统中安装的温度计暂时取出以得到放置检测温度计的位置）时，将导热油重新注入，测量水温。当没有提供安放温度计位置时，可以利用热电偶测量供回水管外壁面的温度，通过两者测量值相减得到供、回水温差。测量时注意在安放了热电偶后，应在测量位置覆盖绝热材料，保证热电偶和水管管壁的充分接触。热电偶测量误差应经校准确认符合测量要求，或保证热电偶是同向误差即同时保持正偏差或负偏差。

8.4.3　国家标准《公共建筑节能设计标准》GB 50189-2005第5.3.18条规定：冷水机组的冷水供回水设计温差不应小于5℃。检测工况为冷水机组达到80%负荷，冷水流量保持不变，则冷水供回水温差应达到4℃以上。

8.6　冷源系统能效系数检测

8.6.2、8.6.3　冷源系统用电设备包括制冷机房的冷水机组、冷水泵、冷却水泵和冷却塔风机，其中冷水泵如果是二次泵系统，一次泵和二次泵均包括在内。不包括空调系统的末端设备。

根据国内空调系统设计和实际运行过程中冷水机组占空调冷源系统总能耗的比例情况，综合考虑了冷水机组的性能系数限值，确定出检测工况的冷源系统能效系数限值。理论上不同容量的系统配置，冷机所占的能耗比率应该有所区别，但对不同类型公共建筑典型系统设计工况下理论计算结果表明，冷机容量配置对其所占比例影响较小，因此，各类型机组在系统中的能耗比例取值可按相同考虑。根据不同类型公共建筑典型系统设计工况下冷源系统能效系数及水冷冷水机组所占的能耗比率的计算结果，水冷冷水机组所占的能耗比率约占70%。根据理论计算分析，同时考虑目前国内实际运行水平，确定空调冷源系统能效系数限值计算参数为：对水冷冷水机组，检测工况下（机组负荷为额定负荷的80%）其能耗按占系统能耗的65%计算；对风冷或蒸发式冷却冷水机组，检测工况下其能耗按占系统能耗的75%计算；冷水（热泵）机组制冷性能系数满足国家标准《公共建筑节能设计标准》GB 50189-2005第5.4.5条的规定。

本检测方法是在检测工况下冷源系统能效系数，所以反映的是冷源系统接近设计工况下的实际性能水平。

9　空调风系统性能检测

9.1　一般规定

9.1.1　本标准是对系统实际运行性能进行检测，即根据系统的实际运行状态对系统的能效进行检测，但可以根据检测条件和要求对末端负荷进行人为调节，以利于实现对系统性能的判别。

9.2　风机单位风量耗功率检测

9.2.3　国家标准《公共建筑节能设计标准》GB 50189-2005第5.3.26条规定风机单位风量耗功率限值如表4所示。

表4　风机单位风量耗功率限值[W/(m³·h)]

系统形式	办公建筑		商业、旅馆建筑	
	粗效过滤	粗、中效过滤	粗效过滤	粗、中效过滤
两管制定风量系统	0.42	0.48	0.46	0.52
四管制定风量系统	0.47	0.53	0.51	0.58
两管制变风量系统	0.58	0.64	0.62	0.68
四管制变风量系统	0.63	0.69	0.67	0.74
普通机械通风系统	0.32			

注：1　普通机械通风系统中不包括厨房等需要特定过滤装置的房间的通风系统；

　　2　严寒地区增设预热盘管时，单位风量耗功率可增加0.035[W/(m³/h)]；

　　3　当空气调节机组内采用湿膜加湿方法时，单位风量耗功率可增加0.053 [W/(m³/h)]。

9.4 定风量系统平衡度检测

9.4.2 由于变风量系统风平衡调试方法的特殊性，该方法不适用于变风量系统平衡度检测。

10 建筑物年采暖空调能耗及年冷源系统能效系数检测

10.0.1 能源换算表如表 5 所示。

表 5 能源换算表

能源名称	平均低位发热量	折标准煤系数
原煤	20908kJ/kg	0.7143kg标准煤/kg
洗精煤	26344kJ/kg	0.9000kg标准煤/kg
洗中煤	8363kJ/kg	0.2857kg标准煤/kg
煤泥	8363～12545kJ/kg	0.2857～0.4286kg标准煤/kg
焦炭	28435kJ/kg	0.9714kg标准煤/kg
原油	41816kJ/kg	1.4286kg标准煤/kg
燃料油	41816kJ/kg	1.4286kg标准煤/kg
汽油	43070kJ/kg	1.4714kg标准煤/kg
煤油	43070kJ/kg	1.4714kg标准煤/kg
柴油	42652kJ/kg	1.4571kg标准煤/kg
液化石油气	50179kJ/kg	1.7143kg标准煤/kg
炼厂干气	45998kJ/kg	1.5714kg标准煤/kg
天然气	38931kJ/kg	1.3300kg标准煤/m³
焦炉煤气	16726～17981kJ/kg	0.5714～0.6143kg标准煤/m³
发生煤气	5227kJ/kg	0.1786kg标准煤/m³
重油催化裂解煤气	19235kJ/kg	0.6571kg标准煤/m³
重油热裂解煤气	35544kJ/kg	1.2143kg标准煤/m³
焦炭制气	16308kJ/kg	0.5571kg标准煤/m³
压力气化煤气	15054kJ/kg	0.5143kg标准煤/m³
水煤气	10454kJ/kg	0.3571kg标准煤/m³
炼焦油	33453kJ/kg	1.1429kg标准煤/kg
粗苯	41816kJ/kg	1.4286kg标准煤/kg
热力（当量）	—	0.03412kg标准煤/MJ
电力（等价）	—	上年度国家统计局发布的发电煤耗

注：此表平均低位发热量用千卡表示，如需换算成焦耳，只需乘 4.1816 即可。

表 5 为国家发展改革委、财政部印发的《节能项目节能量审核指南》中提供的能源换算表。2007 年全国平均发电煤耗为 357g/(kW·h)，全国 6000kW 及以上机组平均发电煤耗为 334g/(kW·h)。

11 供配电系统检测

11.1 一般规定

11.1.2 要求在负荷率大于 20% 的回路进行测量，主要是考虑测量精度，如果负荷率太低，测量结果不能正确反映出供配电系统电能质量的问题。B 级仪器可用于统计调查、故障检修，以及其他无需更高不确定度指标的应用，其测量不确定度和测量间隔时间等由制造商规定，且测量不确定度不应超过满刻度的 ±2.0%。A 级仪器用于要求必须进行精确测量的地方。例如：在合同中应用，验证与标准的符合性，解决纠纷等。当对相同的信号进行测量时，使用两台符合 A 级要求的不同仪器对一个参数进行的任何测量，均在所规定的不确定度内得出一致的结果，且测量不确定度不应超过满刻度的 ±0.1%。

11.2 三相电压不平衡检测

11.2.2 容易产生不平衡的回路为照明、单相设备较多的回路。

11.3 谐波电压及谐波电流检测

11.3.3 一般大型公建至少配置 2 台变压器，需要对低压配电总进线柜断路器下口出线线缆或母排的谐波的测量；当变压器数量大于 2 台时，一般选取以照明为主的变压器和以安装变频设备较多的或大型 UPS 的网络机房变压器出线回路进行谐波测量，如果发现某条回路超标，则应分析其所带分支回路的设备类型，对可能产生谐波的分支回路再进行测量。商场、展览馆等照度要求高的建筑，由于大量使用荧光灯或装饰灯可能会造成谐波电流超标；大型 UPS 回路一般由低压配电室中配电柜单独设置 1 条回路供网络机房使用，这种在线式 UPS 的容量一般能够达到 50kVA 以上，一般 2 万 m² 的大型公建变压器每台容量在（800～2000）kVA 之间，因此大型 UPS 的容量占变压器容量的 2.5%～6.25% 之间，当其工作时产生的谐波对配电系统的影响还是比较大的；配置变频器的水泵、风机回路也会产生谐波，因此需要特别注意。要求在负载率大于 20% 的回路测量是为了保障测量的准确性。

谐波测量仪器和测量判定方法综合了国家标准《公用电网谐波》GB 14549－93 和国际电工委员会电磁兼容性《检测与测量技术——电源系统及其相连设备的谐波、间谐波测量方法和测量仪器技术标准》IEC6 1000－4－7：2002、《试验和测量技术——电源质量测量方法》IEC 61000－4－30 的规定。

11.4 功率因数检测

11.4.3 设计人员在进行低压配电系统设计时，都会根据当地电力部门的要求进行功率因数补偿的计算，一般补偿后的功率因数不低于 0.9，室内照明回路的补偿后功率因数一般能达到 0.95 以上。对功率因数检测时应同时观察基波功率因数，对于基波功率因数的检测是为了判断是否有谐波存在，据此决定采用何种补偿方式，以达到最佳补偿效果。

11.6 分项计量电能回路用电量校核检测

11.6.2 用电分项计量安装完成后的采集数据校核很重要，如果不进行采集数据的校核，容易造成耗电数据不准确，无法准确得知建筑改造前后的节能量，也无法进行建筑耗电分析等工作。有功最大需量是衡量建筑内用电设备在需量周期内的最大平均有功负荷，一般电力公司取 15min 为需量周期，有功最大需量的测量是为了进行节能分析，可以将它与气象参数进行对比分析。

12 照明系统检测

12.1 照明节电率检测

12.1.2 为了使光源的光输出达到稳定，通常白炽灯需开启 5min，荧光灯需开启 15min，高强气体放电灯需开启 30min。照明节电率应仅测量照明负荷，其他负荷不应计入。改造前后灯具开启时间、工作规律等应尽量一致，当由于业主使用等原因不能满足一致条件时，则需要考虑调整量。调整量 A 是节能改造前后照明变化情况、灯具数量偏差等。

12.2 照度值检测

12.2.1 不同建筑不同房间或场所的划分原则可参照国家标准《建筑照明设计标准》GB 50034 中的规定。

12.3 功率密度值检测

12.3.1 不同建筑不同房间或场所的划分原则可参照国家标准《建筑照明设计标准》GB 50034 中的规定。

12.4 灯具效率检测

12.4.2 《室内灯具光度测试》GB 9467 中规定了灯具光度测试的精度和误差，测试仪器和实验室条件，测试用光源和被测灯具的选择，测试方法和过程，测试报告。灯具效率的检测需要严格按照标准执行，否则得出的结论偏差较大。采用光度的相对测量法测试光源和灯具的光通量。按照《室内灯具光度测试》GB 9467第5.3 节光源相对光通量测量，测量每个光源的相对光通量，如果灯具内不止一个光源，则将测得的每个光源的相对光通量相加，得到裸光源的总相对光通量（$\phi_{光源}$）。按照《室内灯具光度测试》GB 9467第5.4 节灯具光强的测量，测量灯具的光强分布后折算出灯具的光通量（$\phi_{灯具}$），其比值即得出灯具效率。灯具效率按式（2）计算。

$$\eta = \frac{\phi_{光源}}{\phi_{灯具}} \% \qquad (2)$$

12.5 公共区照明控制检测

12.5.1 不同建筑不同场所的划分原则可参照国家标准《建筑照明设计标准》GB 50034 中的规定。

13 监测与控制系统性能检测

13.4 照明、动力设备监测与控制系统性能检测

13.4.1 照明主回路、动力主回路总数均指低压配电室内配电柜中常用出线回路。

附录 A 仪器仪表测量性能要求

A.0.1 表 A.0.1 中水压力、耗电量、耗油量、耗气量检测仪表准确度等级要求参照《用能单位能源计量器具配备和管理通则》GB/17167 确定。

附录 B 建筑外围护结构整体气密性能检测方法

B.0.1 鼓风门法的原理是依据流体力学的理想气体流动及流体能量方程等有关理论，人为地使建筑物内和室外大气环境之间产生一个稳定的压差，室内空气在此压差的作用下，从高压的一侧向低压的一侧流动，检测房间气密性即在空气流速、工作压力较低时，可以假定空气是不可以压缩的理想气体，遵守理想流体能量方程。为了减少因为室外环境变化对检测结果的影响，采用在 50Pa 压差下进行检测。

附录 C 水系统供冷（热）量检测方法

C.0.3 温度计设在靠近机组的进出口处，可以减少由于管道散热所造成的热损失。通常超声波流量计应设在距上游局部阻力构件 10 倍管径，距下游局部阻力构件 5 倍管径处。若现场不具备上述条件，也可根据现场的实际情况确定流量测点的具体位置。

附录 D 电机输入功率检测方法

D.0.3 两表法测量电机输入功率原理如图 2 所示。

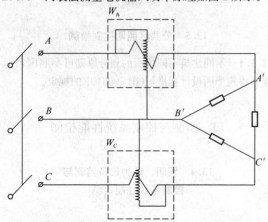

图 2 两表法测量电机输入功率原理

A、B、C—电源接线接头；A′、B′、C′—电机进线接头；

W_A、W_C—单相功率表

附录 E 风量检测方法

E.1 风管风量检测方法

E.1.2 检测截面应选在气流比较均匀稳定的地方。一般都选在局部阻力之后大于或等于 5 倍管径（或矩形风管长边尺寸）和局部阻力之前大于或等于 2 倍管径（或矩形风管长边尺寸）的直管段上，当条件受到限制时，距离可适当缩短，且应适当增加测点数量。

E.1.3 检测截面内测点的位置和数目，主要根据风管形状而定，对于矩形风管，应将截面划分为若干个相等的小截面，并使各小截面尽可能接近于正方形，测点位于小截面的中心处，小截面的面积不得大于 $0.05m^2$。在圆形风管内测量平均速度时，应根据管径的大小，将截面分成若干个面积相等的同心圆环，每个圆环上测量 4 个点，且这 4 个点必须位于互相垂直的两个直径上。

E.1.5 当采用毕托管测量时，毕托管的直管必须垂直管壁，毕托管的测头应正对气流方向且与风管的轴线平行。测量过程中，应保证毕托管与微压计的连接软管通畅、无漏气。

中华人民共和国行业标准

建筑遮阳工程技术规范

Technical code for solar shading engineering of buildings

JGJ 237—2011

批准部门：中华人民共和国住房和城乡建设部
施行日期：２０１１年１２月１日

中华人民共和国住房和城乡建设部
公　告

第 912 号

关于发布行业标准
《建筑遮阳工程技术规范》的公告

　　现批准《建筑遮阳工程技术规范》为行业标准，编号为 JGJ 237‐2011，自 2011 年 12 月 1 日起实施。其中，第 3.0.7、7.3.4、8.2.4、8.2.5 条为强制性条文，必须严格执行。

　　本规范由我部标准定额研究所组织中国建筑工业出版社出版发行。

中华人民共和国住房和城乡建设部

2011 年 2 月 11 日

前　　言

　　根据原建设部《关于印发〈2007 年工程建设标准规范制订、修订计划（第一批）〉的通知》（建标〔2007〕125 号）的要求，标准编制组经广泛调查研究，认真总结实践经验，参考有关国际标准和国外先进标准，并在广泛征求意见的基础上，制订本规范。

　　本规范的主要技术内容是：1　总则；2　术语；3　基本规定；4　建筑遮阳设计；5　结构设计；6　机械与电气设计；7　施工安装；8　工程验收；9　保养和维护。

　　本规范中以黑体字标志的条文为强制性条文，必须严格执行。

　　本规范由住房和城乡建设部负责管理和对强制性条文的解释，由北京中建建筑科学研究院有限公司负责具体技术内容的解释。执行过程中如有意见或建议，请寄送北京中建建筑科学研究院有限公司（地址：北京市南苑新华路一号，邮编：100076）。

　　本 规 范 主 编 单 位：北京中建建筑科学研究院
　　　　　　　　　　　　　有限公司
　　　　　　　　　　　　中国建筑业协会建筑节能
　　　　　　　　　　　　分会

　　本 规 范 参 编 单 位：中国建筑标准设计研究院
　　　　　　　　　　　　福建省建筑科学研究院
　　　　　　　　　　　　广东省建筑科学研究院
　　　　　　　　　　　　中国建筑西南设计研究院
　　　　　　　　　　　　江苏省建筑科学研究院有
　　　　　　　　　　　　限公司
　　　　　　　　　　　　广西建筑科学研究设计院
　　　　　　　　　　　　中国建筑科学研究院

上海市建筑科学研究院（集团）有限公司
广州市建筑科学研究院
北京五合国际建筑设计咨询有限公司
华南理工大学
中国建筑材料检验认证中心有限公司
上海青鹰实业股份有限公司
尚飞帘闸门窗设备（上海）有限公司
上海名成智能遮阳技术有限公司
宁波万汇休闲用品有限公司
缔纷特诺发（上海）遮阳制品有限公司
南京金星宇节能技术有限公司
广州创明窗饰有限公司
江阴岳亚窗饰有限公司
宁波先锋新材料股份有限公司
大盛节能卷帘窗建材（上海）有限公司

　　本规范主要起草人员：涂逢祥　白胜芳　杨仕超
　　　　　　　　　　　　冯　雅　许锦峰　刘　强

段　恺　张树君　崔旭明　　　　　　　　　　　许增建　王述裕　陈威颖
赵士怀　朱惠英　刘月莉　本规范主要审查人员：吴德绳　金鸿祥　陶驷骥
陆津龙　卢求　刘翼　　　　　　　　　　　杨善勤　王庆生　刘加平
任俊　孟庆林　张震善　　　　　　　　　　钱选青　王立雄　刘俊跃
王涛　蔡家定　邱文芳　　　　　　　　　　王新春
程立宁　梁世格　胡白平

目　次

Contents

1 总　则

1.0.1 为规范建筑遮阳工程的设计、施工及验收，做到技术先进、安全适用、经济合理、确保质量，制定本规范。

1.0.2 本规范适用于新建、扩建和改建的民用建筑遮阳工程的设计、施工安装、验收与维护。

1.0.3 建筑遮阳工程的设计、施工安装、验收与维护，除应符合本规范的规定外，尚应符合国家现行有关标准的规定。

2 术　语

2.0.1 建筑遮阳　solar shading of buildings
采用建筑构件或安置设施以遮挡或调节进入室内的太阳辐射的措施。

2.0.2 固定遮阳装置　fixed solar shading device
固定在建筑物上，不能调节尺寸、形状或遮光状态的遮阳装置。

2.0.3 活动遮阳装置　active solar shading device
固定在建筑物上，能够调节尺寸、形状或遮光状态的遮阳装置。

2.0.4 外遮阳装置　external solar shading device
安设在建筑物室外侧的遮阳装置。

2.0.5 内遮阳装置　internal solar shading device
安设在建筑物室内侧的遮阳装置。

2.0.6 中间遮阳装置　middle solar shading device
位于两层透明围护结构之间的遮阳装置。

2.0.7 太阳能总透射比　total solar energy transmittance
通过窗户传入室内的太阳辐射与入射太阳辐射的比值。

2.0.8 遮阳系数　shading coefficient（SC）
在给定条件下，玻璃、外窗或玻璃幕墙的太阳能总透射比，与相同条件下相同面积的标准玻璃（3mm厚透明玻璃）的太阳能总透射比的比值。

2.0.9 外遮阳系数　outside solar shading coefficient of window（SD）
建筑物透明外围护结构相同，有外遮阳时进入室内的太阳辐射热量与无外遮阳时进入室内太阳辐射热量的比值。

2.0.10 外窗综合遮阳系数　overall shading coefficient of window（SC_w）
考虑窗本身和窗口的建筑外遮阳装置综合遮阳效果的一个系数，其值为窗本身的遮阳系数（SC）与窗口的建筑外遮阳系数（SD）的乘积。

3 基本规定

3.0.1 建筑物的东向、西向和南向外窗或透明幕墙、屋顶天窗或采光顶，应采取遮阳措施。

3.0.2 新建建筑应做到遮阳装置与建筑同步设计、同步施工，与建筑物同步验收。

3.0.3 应根据地区气候特征、经济技术条件、房间使用功能等因素确定建筑遮阳的形式和措施，并应满足建筑夏季遮阳、冬季阳光入射、冬季夜间保温以及自然通风、采光、视野等要求。

3.0.4 外窗综合遮阳系数应符合下列规定：

1　对于夏热冬暖地区、夏热冬冷地区和寒冷地区的居住建筑，外窗综合遮阳系数应分别符合现行行业标准《夏热冬暖地区居住建筑节能设计标准》JGJ 75、《夏热冬冷地区居住建筑节能设计标准》JGJ 134和《严寒和寒冷地区居住建筑节能设计标准》JGJ 26的相关规定；

2　对于公共建筑，外窗综合遮阳系数应符合现行国家标准《公共建筑节能设计标准》GB 50189的相关规定。

3.0.5 遮阳装置的类型、尺寸、调节范围、调节角度、太阳辐射反射比、透射比等材料光学性能要求应通过建筑设计和节能计算确定。

3.0.6 遮阳产品的性能指标应符合设计要求，并应符合国家现行相关标准的规定。

3.0.7 遮阳装置及其与主体建筑结构的连接应进行结构设计。

3.0.8 遮阳装置应具有防火性能。当发生紧急事态时，遮阳装置不应影响人员从建筑中安全撤离。

3.0.9 活动遮阳装置应做到控制灵活，操作方便，便于维护。

3.0.10 建筑遮阳工程的施工应编制专项施工方案，并应由专业人员进行安装。

4 建筑遮阳设计

4.1 遮　阳　设　计

4.1.1 建筑遮阳设计，应根据当地的地理位置、气候特征、建筑类型、建筑功能、建筑造型、透明围护结构朝向等因素，选择适宜的遮阳形式，并宜选择外遮阳。

4.1.2 遮阳设计应兼顾采光、视野、通风、隔热和散热功能，严寒、寒冷地区应不影响建筑冬季的阳光入射。

4.1.3 建筑不同部位、不同朝向遮阳设计的优先次序可根据其所受太阳辐射照度，依次选择屋顶水平天窗（采光顶）、西向、东向、南向窗；北回归线以南地区必要时还宜对北向窗进行遮阳。

4.1.4 遮阳设计应进行夏季和冬季的阳光阴影分析，以确定遮阳装置的类型。建筑外遮阳的类型可按下列原则选用：

1 南向、北向宜采用水平式遮阳或综合式遮阳；

2 东西向宜采用垂直或挡板式遮阳；

3 东南向、西南向宜采用综合式遮阳。

4.1.5 采用内遮阳和中间遮阳时，遮阳装置面向室外侧宜采用能反射太阳辐射的材料，并可根据太阳辐射情况调节其角度和位置。

4.1.6 外遮阳设计应与建筑立面设计相结合，进行一体化设计。遮阳装置应构造简洁、经济实用、耐久美观，便于维修和清洁，并应与建筑物整体及周围环境相协调。

4.1.7 遮阳设计宜与太阳能热水系统和太阳能光伏系统结合，进行太阳能利用与建筑一体化设计。

4.1.8 建筑遮阳构件宜呈百叶或网格状。实体遮阳构件宜与建筑窗口、墙面和屋面之间留有间隙。

4.2 遮阳系数计算

4.2.1 整窗和玻璃幕墙自身的遮阳系数、可见光透射比应按现行行业标准《建筑门窗玻璃幕墙热工计算规程》JGJ/T 151 的有关规定进行计算。

4.2.2 不同气候区民用建筑的外遮阳系数应按国家现行标准《公共建筑节能设计标准》GB 50189、《严寒和寒冷地区居住建筑节能设计标准》JGJ 26、《夏热冬暖地区居住建筑节能设计标准》JGJ 75 和《夏热冬冷地区居住建筑节能设计标准》JGJ 134 的有关规定进行计算，中间遮阳装置的遮阳系数可根据现行行业标准《建筑门窗玻璃幕墙热工计算规程》JGJ/T 151 的有关规定进行计算。

温和地区外遮阳系数宜按下列公式计算：

$$SD = ax^2 + bx + 1 \qquad (4.2.2-1)$$

$$x = \frac{A}{B} \qquad (4.2.2-2)$$

式中：SD ——外遮阳系数；

x ——外遮阳特征值；$x > 1$ 时，取 $x = 1$；

A、B ——外遮阳的构造定性尺寸，按表 4.2.2-1 确定；

a、b ——拟合系数，按表 4.2.2-2 选取。

表 4.2.2-1 外遮阳的构造定性尺寸 A、B

外遮阳基本类型	剖 面 图	示 意 图
水平式		

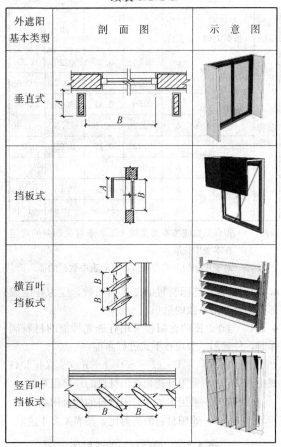

续表 4.2.2-1

外遮阳基本类型	剖 面 图	示 意 图
垂直式		
挡板式		
横百叶挡板式		
竖百叶挡板式		

表 4.2.2-2 温和地区外遮阳系数计算用的拟合系数 a、b

气候区	外遮阳基本类型		拟合系数	东	南	西	北
温和地区	水平式	冬	a	0.30	0.10	0.20	0.00
			b	−0.75	−0.45	−0.45	0.00
		夏	a	0.35	0.35	0.20	0.20
			b	−0.65	−0.65	−0.40	−0.40
	垂直式	冬	a	0.30	0.25	0.25	0.05
			b	−0.75	−0.60	−0.60	−0.15
		夏	a	0.25	0.40	0.30	0.30
			b	−0.60	−0.75	−0.60	−0.60
	挡板式		a	0.00	0.35	0.00	0.13
			b	−0.96	−1.00	−0.96	−0.93
	固定横百叶挡板式		a	0.53	0.44	0.54	0.40
			b	−1.30	−1.10	−1.30	−0.93
	固定竖百叶挡板式		a	0.02	0.10	0.17	0.54
			b	−0.70	−0.82	−0.70	−1.15

续表4.2.2-2

气候区	外遮阳基本类型		拟合系数	东	南	西	北
温和地区	活动横百叶挡板式	冬	a	0.26	0.05	0.28	0.20
			b	−0.73	−0.61	−0.74	−0.62
		夏	a	0.56	0.42	0.57	0.68
			b	−1.30	−0.99	−1.30	−1.30
	活动竖百叶挡板式	冬	a	0.23	0.17	0.25	0.20
			b	−0.77	−0.70	−0.77	−0.62
		夏	a	0.14	0.27	0.15	0.81
			b	−0.81	−0.85	−0.81	−1.44

注：1 拟合系数应按本规范第4.1.3条有关朝向的规定在本表中选取；

2 对非正朝向的拟合系数，可取表中数据的插入值。

4.2.3 组合式遮阳装置的外遮阳系数，应为各组成部分的外遮阳系数的乘积。

4.2.4 当外遮阳的遮阳板采用有透光性能的材料制作时，外遮阳系数应按下式进行修正：

$$SD' = 1 - (1 - SD)(1 - \eta^*) \qquad (4.2.4)$$

式中：SD'——采用可透光遮阳材料的外遮阳系数；

SD——采用不透光遮阳材料的外遮阳系数；

η^*——遮阳材料的透射比，按表4.2.4选取。

表4.2.4 遮阳材料的透射比

遮阳用材料	规格	η^*
织物面料	浅色	0.4
玻璃钢类板	浅色	0.43
玻璃、有机玻璃类板	深色：$0 < S_e \leq 0.6$	0.6
	浅色：$0.6 < S_e \leq 0.8$	0.8
金属穿孔板	开孔率：$0 < \varphi \leq 0.2$	0.1
	开孔率：$0.2 < \varphi \leq 0.4$	0.3
	开孔率：$0.4 < \varphi \leq 0.6$	0.5
	开孔率：$0.6 < \varphi \leq 0.8$	0.7
铝合金百叶板		0.2
木质百叶板		0.25
混凝土花格		0.5
木质花格		0.45

注：S_e是透过玻璃窗的太阳光透射比，与3mm平板玻璃的太阳透射比的比值。

4.2.5 外窗综合遮阳系数可按下列公式计算：

1 无外遮阳时：

$$SC_w = SC \qquad (4.2.5-1)$$

2 有外遮阳时：

$$SC_w = SC \times SD \qquad (4.2.5-2)$$

式中：SC_w——外窗综合遮阳系数；

SC——遮阳系数；

SD——外遮阳系数。

4.2.6 与外窗（玻璃幕墙）面平行，且与外窗（玻璃幕墙）面紧贴的帘式外遮阳、中间遮阳装置，其与外窗（玻璃幕墙）组合后的综合遮阳系数、传热系数应按现行行业标准《建筑门窗玻璃幕墙热工计算规程》JGJ/T 151的有关规定计算。

5 结构设计

5.1 一般规定

5.1.1 建筑遮阳工程应根据遮阳装置的形式、所在地域气候条件、建筑部件等具体情况进行结构设计，并应符合现行国家标准《建筑抗震设计规范》GB 50011的相关规定。

5.1.2 活动外遮阳装置及后置式固定外遮阳装置应分别按系统自重、风荷载、正常使用荷载、施工阶段及检修中的荷载等验算其静态承载能力。同时应在结构主体计算时考虑遮阳装置对主体结构的作用。当采用长度尺寸在3m及以上或系统自重大于100kg及以上大型外遮阳装置时，应做抗风振、抗地震承载力验算，并应考虑以上荷载的组合效应。

5.1.3 对于长度尺寸在4m以上的特大型外遮阳装置，且系统复杂难以通过计算判断其安全性能时，应通过风压试验或结构试验，用实体试验检验其系统安全性能。遮阳装置的风压试验、结构试验的实体试验应按本规范附录A的规定进行。

5.1.4 活动外遮阳装置及后置式固定外遮阳装置应有详细的构件、组装和与主体结构连接的构造设计，并应符合下列规定：

1 长度尺寸不大于3m的外遮阳装置的结构构造可直接在建筑施工图中表达；

2 3m以上大型外遮阳装置应编制专门的遮阳结构施工图；

3 节点、细部构造应明确与主体结构构件的连接方式、锚固件种类与个数；

4 外遮阳装置连接节点与保温、防水等相关建筑构造的关系；

5 遮阳装置安装施工说明应明确主要安装材料的材质、防腐、锚固件拉拔力等要求。

5.2 荷 载

5.2.1 外遮阳装置的风荷载应按下列规定计算：

1 垂直于遮阳装置的风荷载标准值应按下式计算：

$$w_{ks} = \beta_1 \beta_2 \beta_3 \beta_4 w_k \qquad (5.2.1)$$

式中：w_{ks}——风荷载标准值（kN/m²）；

w_k——遮阳装置安装部位的建筑主体围护结构风荷载标准值（kN/m²），应按现行国家标准《建筑结构荷载规范》GB 50009 取值；有风感应的遮阳装置，可根据感应控制范围，确定风荷载；

β_1——重现期修正系数，可取 0.7；当遮阳装置设计寿命与主体围护结构一致时，可取 1.0；

β_2——偶遇及重要性修正系数，可取 0.8；当遮阳装置凸出于主体建筑时，可取 1.0；

β_3——遮阳装置兜风系数：柔软织物类可取 1.4，卷帘类可取 1.0，百叶类可取 0.4，单根构件可取 0.8；

β_4——遮阳装置行为失误概率修正系数：固定外遮阳可取 1.0，活动外遮阳可取 0.6；

2 建筑遮阳装置风荷载修正系数应按表 5.2.1 取值：

表 5.2.1　遮阳装置风荷载修正系数

种　类		β_1	β_2	β_3	β_4
外遮阳百叶帘		0.7	0.8	0.4	0.6
遮阳硬卷帘		0.7	0.8	1.0	0.6
外遮阳软卷帘		0.7	0.8	1.4	0.6
曲臂遮阳篷		0.7	1.0	1.4	0.6
后置式遮阳板（翼）	设计寿命 15 年	0.7	0.8	1.0	1.0
	与建筑主体同寿命	1.0	1.0	1.0	1.0

3 单项验算遮阳装置的抗风性能时，风荷载的荷载分项系数可取 1.2~1.4；当与其他荷载组合验算时，荷载分项系数可取 1.0~1.2；

4 当需要验算风振效应时，风振系数可按结构设计规范取值。

5.2.2 遮阳装置的自重荷载应按下列规定计算：

1 遮阳装置的自重荷载标准值应按系统实际情况计算；

2 遮阳装置的自重荷载分项系数可取 1.2。

5.2.3 积雪荷载应按下列规定计算：

1 遮阳装置的积雪荷载标准值应按现行国家标准《建筑结构荷载规范》GB 50009 取值与重现期修正系数 β_1 的乘积计算；

2 遮阳装置的积雪荷载分项系数可取 1.0，当与其他荷载组合验算时可取 0.7。

5.2.4 遮阳装置的积水荷载标准值应按实际蓄水情况确定，积水荷载分项系数可取 1.0，当与其他荷载组合验算时可取 0.7。

5.2.5 检修荷载应按下列规定计算：

1 荷载标准值应按实际情况计算；

2 检修荷载分项系数应按 1.4 取值，并应与积雪荷载组合验算。

5.2.6 各类遮阳装置荷载组合的取值应符合表 5.2.6 的规定。

表 5.2.6　各类遮阳装置荷载组合的取值规定

种　类		荷载组合与荷载分项系数
外遮阳百叶帘		风荷载，1.2
遮阳硬卷帘		风荷载，1.2
外遮阳软卷帘		风荷载，1.2
曲臂遮阳篷		风荷载，1.2； 积雪（或积水）荷载，1.0； 自重，1.2＋风荷载，1.0＋积雪（或积水）荷载，0.7； 自重，1.2＋检修荷载，1.4＋积雪（或积水）荷载，0.7
后置式遮阳板（翼）	设计寿命 15 年	风荷载，1.2； 自重，1.2＋风荷载，1.0； 自重，1.2＋积雪荷载，1.0； 自重，1.2＋风荷载，1.0＋积雪荷载，0.7； 自重，1.2＋检修荷载，1.4＋积雪荷载，0.7
后置式遮阳板（翼）	与建筑主体同寿命	风荷载，1.4； 自重，1.2＋风荷载，1.2； 自重，1.2＋积雪荷载，1.4； 自重，1.2＋风荷载，1.0＋积雪荷载，1.0； 自重，1.2＋检修荷载，1.4＋积雪荷载，1.0

5.3　遮　阳　装　置

5.3.1 产品类遮阳装置的抗风等结构性能应符合具体建筑的设计要求。

5.3.2 组装类遮阳装置的设计要求应符合表 5.3.2 的规定。

表 5.3.2　组装类遮阳装置的设计要求

种　类		正常使用极限		极限状态	
		变形	功能	最大变形	强度
外遮阳百叶帘		—	正常	≤1/25，可恢复	≥荷载效应
遮阳硬卷帘		—	正常	≤1/50	
外遮阳软卷帘		—	正常	≤1/10（织物，相对于骨架，可恢复）	
曲臂遮阳篷		—	正常	≤1/50（曲臂机构）	
			正常	≤1/10（织物，相对于骨架，可恢复）	
后置式遮阳板（翼）	设计寿命 15 年	≤1/100	正常	≤1/50	
	与建筑主体同寿命	≤1/200	正常	≤1/50	

5.3.3 当采用风压试验或风荷载实体试验方法判断安全性时，遮阳系统在试验过程中不得出现断裂、脱落等破坏现象；试验完成后，有恢复要求的遮阳装置（指外遮阳百叶帘、篷织物面料）残余变形不应大于1/200。

5.3.4 遮阳装置的抗震计算与构造应符合下列规定：

1 对长度尺寸超过3m的大型外遮阳装置，设计寿命与主体结构一致或接近时，应进行抗震计算。抗震构造应符合现行国家标准《建筑抗震设计规范》GB 50011的规定。

2 当遮阳装置设计寿命不大于主体结构设计寿命的50%时，无论尺寸长度如何，可不进行抗震计算，但应有防止发生地震次生灾害的构造设防措施。

5.4 遮阳装置与主体结构的连接

5.4.1 遮阳装置与主体结构的各个连接节点的锚固力设计取值不应小于按不利荷载组合计算得到的锚固力值的2倍，且不应小于30kN。

5.4.2 遮阳装置应采用锚固件直接锚固在主体结构上，不得锚固在保温层上。

5.4.3 遮阳装置与主体结构的连接方式应按锚固力设计取值和实际情况确定，并应符合表5.4.3的要求。当遮阳装置长度尺寸大于或等于3m时，所有锚固件均应采用预埋方式。

表 5.4.3 各类遮阳装置与主体结构连接的锚固要求

种 类	锚 固 件			
	锚固件个数	锚固位置	锚固方式	锚固件材质
外遮阳百叶帘	通过计算确定，且每边不少于3个	基层墙体	预埋或后置	膨胀螺栓或钢筋，防腐处理
遮阳硬卷帘				
外遮阳软卷帘	通过计算确定，且每边不少于2个	基层墙体	预埋或后置	膨胀螺栓或钢筋，防腐处理
曲臂遮阳篷				
后置式遮阳板（翼）	设计寿命15年	通过计算确定，且每边不少于2个	基层墙体	预埋或后置	膨胀螺栓或钢筋，防腐处理
	与建筑主体同寿命	通过计算确定，且每边不少于4个	基层混凝土（钢）结构	预埋（焊接、螺栓接）	钢筋，防腐处理；不锈钢

5.4.4 锚固件不得直接设置在加气混凝土、混凝土空心砌块等墙体材料的基层墙体上。当基层墙体为该类不宜锚固件的墙体材料时，应在需要设置锚固件的位置预理混凝土实心砌块。

5.4.5 预埋或后置锚固件及其安装应按照现行行业

标准《玻璃幕墙工程技术规范》JGJ 102和《混凝土结构后锚固技术规程》JGJ 145的规定执行，并应按照一定比例抽样进行拉拔试验。

6 机械与电气设计

6.1 驱 动 系 统

6.1.1 遮阳装置所用电机的尺寸、扭矩、转速、最大有效圈数或最大行程，以及正常工作时功率、电流、电压应与所驱动的遮阳装置完全匹配。

6.1.2 遮阳装置用电机内部应有过热保护装置。

6.1.3 电机的防水、防尘等级应符合现行国家标准《外壳防护等级（IP代码）》GB 4208中IP44等级的规定。

6.1.4 外遮阳装置使用的驱动装置的防护等级和技术要求应符合现行行业标准《建筑遮阳产品电力驱动装置技术要求》JG/T 276和《建筑遮阳产品用电机》JG/T 278的规定。

6.2 控 制 系 统

6.2.1 大于3m的大型外遮阳装置应采用电机驱动。建筑遮阳装置的控制系统，应根据使用要求或建筑环境的要求选择。对于集中控制的遮阳系统，系统应可显示遮阳装置的状态。

6.2.2 遮阳装置使用的驱动装置，应设有限位装置且可在任意位置停止。

6.2.3 机械驱动装置的操作系统及电机驱动装置的控制开关应标识清楚，明确操作方位。

6.2.4 电机驱动外遮阳装置，在加装风速和雨水的传感器时，传感器应置于被控制区域的凸出且无遮蔽处，传感器所处位置应能充分反映该区域内遮阳产品所处的有关气象情况，必要时也可增加阳光自动控制功能。

6.2.5 建筑遮阳控制系统应与消防控制系统联动。

6.3 机 械 系 统

6.3.1 立面安装的垂直运行的遮阳帘体的底杆应平直，并应有保持自垂所需的足够的重量。

6.3.2 导向系统应保证遮阳装置在预定的运行范围内平顺运行。

6.3.3 机械系统应采取相应的润滑措施，并应在系统使用寿命内，具体规定保养周期。

6.4 安 全 措 施

6.4.1 遮阳的防雷设计应符合国家现行标准《建筑防雷设计规范》GB 50057和《民用建筑电气设计规范》JGJ 16的有关规定。遮阳装置的金属构架应与主体结构的防雷体系可靠连接，连接部位应清除非导电保护层。

6.4.2 电机驱动遮阳装置应采取防漏电措施，并应确保电机的接地线与建筑供电系统的接地可靠连接。

6.4.3 线路接头的绝缘保护应符合现行行业标准《民用建筑电气设计规范》JGJ 16 的规定。

6.4.4 所有可操控构件的电力驱动装置均应设置过载保护装置。

6.4.5 机械驱动装置应有阻止误操作造成操作人员伤害及产品损坏的防护设施。

7 施 工 安 装

7.1 一 般 规 定

7.1.1 建筑遮阳装置的安装应在其前道工序施工结束并达到质量要求时方可进行。

7.1.2 建筑遮阳工程专项施工方案应与主体工程施工组织设计相配合，并应包括下列内容：

 1 工程进度计划；

 2 进场材料和产品的复验；

 3 与主体结构施工、设备安装、装饰装修的协调配合方案；

 4 进场材料和产品的堆放与保护；

 5 建筑遮阳产品及其附件的搬运、吊装方案；

 6 遮阳设施的安装和组装步骤及要求；

 7 遮阳装置安装后的调试方案；

 8 施工安装过程的安全措施；

 9 遮阳产品及其附件的现场保护方法；

 10 检查验收。

7.1.3 建筑遮阳工程施工不得降低建筑保温效能。

7.2 遮阳工程施工准备

7.2.1 遮阳工程施工前，施工单位应会同土建施工单位检查现场条件、施工临时电源、脚手架、通道栏杆、安全网和起重运输设备情况，测量定位，确认是否具备遮阳工程施工条件。

7.2.2 建筑遮阳产品及其附件的品种、规格、性能和色泽应符合设计规定。

7.2.3 堆放场地应防雨、防火，地面坚实并保持干燥。存储架应有足够的承载能力和防雷措施。储存遮阳产品宜按安装顺序排列，并有必要的防护措施。

7.2.4 应按照设计方案和设计图纸，检查预埋件、预留孔洞与管线等是否符合要求。如预埋件位置偏差过大或未设预埋件时，应制订补救措施与可靠的连接方案。

7.2.5 预埋件、安装座等隐蔽工程完成并验收合格后方可进行后续工序的施工。

7.2.6 大型遮阳板构件安装前应对产品的外观质量进行检查。

7.3 遮阳组件安装

7.3.1 遮阳组件的吊装机具应符合下列要求：

 1 应根据遮阳组件选择吊装机具；

 2 吊装机具使用前，应进行全面质量、安全检验；

 3 吊具运行速度应可控制，并应有安全保护措施；

 4 吊装机具应采取防止遮阳组件摆动的措施。

7.3.2 遮阳组件运输应符合下列要求：

 1 运输前遮阳组件应按吊装顺序编号，并应做好成品保护。

 2 装卸和运输过程中，应保证遮阳组件相互隔开并相对固定，不得相互挤压和串动。

 3 遮阳组件应按编号顺序摆放妥当，不应造成遮阳组件变形。

7.3.3 起吊和就位应符合下列要求：

 1 吊点和挂点应符合设计要求，起吊过程应保持遮阳组件平稳，不撞击其他物体；

 2 吊装过程中应采取保证装饰面不受磨损和挤压的措施；

 3 遮阳组件就位未固定前，吊具不得拆除。

7.3.4 在遮阳装置安装前，后置锚固件应在同条件的主体结构上进行现场见证拉拔试验，并应符合设计要求。

7.3.5 现场组装的遮阳装置应按照产品的组装、安装工艺流程进行组装。

7.3.6 遮阳组件安装就位后应及时校正；校正后应及时与连接部位固定。

7.3.7 遮阳组件安装的允许偏差应符合表 7.3.7 的要求。

表 7.3.7 遮阳组件安装允许偏差

项 目	与设计位置偏离	遮阳组件实际间隔相对误差距离
允许偏差（mm）	5	5

7.3.8 电气安装应按设计进行，并应检查线路连接以及传感器位置是否正确。所采用的电机以及遮阳金属组件应有接地保护，线路接头应有绝缘保护。

7.3.9 遮阳装置各项安装工作完成后，均应分别单独调试，再进行整体运行调试和试运转。调试应达到遮阳产品伸展收回顺畅，开启关闭到位，限位准确，系统无异响，整体运作协调，达到安装要求，并应记录调试结果。

7.3.10 遮阳安装施工安全应符合现行行业标准《建筑施工高处作业安全技术规范》JGJ 80、《建筑机械使用安全技术规程》JGJ 33 和《施工现场临时用电安全技术规范》JGJ 46 的有关规定。

8 工程验收

8.1 一般规定

8.1.1 与建筑结构同时施工的遮阳建筑构件应与结构工程同时验收。

8.1.2 建筑遮阳工程的质量验收应检查下列文件和记录：

1 建筑遮阳工程设计图纸和变更文件；

2 原材料出厂检验报告和质量证明文件、材料构件设备进场检验报告和验收文件；

3 现场隐蔽工程检查记录及其他有关验收文件；

4 施工现场安装记录；

5 遮阳装置调试和试运行记录；

6 现场试验和检验报告；

7 其他必要的资料。

8.1.3 建筑遮阳工程应对下列隐蔽项目进行验收：

1 预埋件或后置锚固件；

2 埋件与主体结构的连接节点。

8.1.4 检验批应按下列规定划分：

1 每个单位工程，同一品种、同一厂家、类型和规格的遮阳装置每 500 副应划分为一个检验批，不足 500 副也应划分为一个检验批；

2 异型或有特殊要求的外遮阳装置，应根据其特点和数量，由监理（建设）单位和施工单位协商确定。

8.1.5 建筑外遮阳工程采用的材料、构件等应符合设计要求，主要材料、部品进入施工现场时，应具有中文标识的出厂质量合格证、产品出厂检验报告、有效期内的型式检验报告等质量证明文件；进场时应做检查验收，并应经监理工程师核查确认。

8.2 主控项目

8.2.1 进场安装的建筑遮阳产品及其附件的材料、品种、规格和性能应符合设计要求和相关标准规定。

检验数量：每个检验批抽查不应少于 10%。

检验方法：观察、尺量检查；检查产品合格证书、性能检测报告、材料进场验收记录和复检报告。

8.2.2 遮阳装置的遮阳系数、抗风安全荷载、耐积雪安全荷载、耐积水荷载、机械耐久性应符合相关标准的规定和设计要求。

检验数量：全数检查。

检验方法：检查质量证明文件和复验报告。

1 遮阳装置遮阳系数应按现行行业标准《建筑遮阳热舒适、视觉舒适性能与分级》JG/T 277 进行检测。

2 遮阳装置抗风安全荷载应按现行行业标准《建筑外遮阳产品抗风性能试验方法》JG/T 239 进行

检测。

3 遮阳装置耐积雪安全荷载应按现行行业标准《建筑遮阳通用要求》JG/T 274－2010 附录 B 进行检测。

4 遮阳装置（篷）耐积水荷载应按现行行业标准《建筑遮阳篷耐积水荷载试验方法》JG/T 240 进行检测，荷载等级应根据设计确定。

5 遮阳装置的机械耐久性按现行行业标准《建筑遮阳产品机械耐久性能试验方法》JG/T 241 进行检测，性能等级应根据设计确定。

8.2.3 外遮阳装置使用的遮阳产品等进入施工现场时，应对遮阳系数、抗风荷载进行检验。

检验数量：同一生产厂家的同种类产品抽查不应少于一副。

检验方法：见证取样送检，检查复验报告。

8.2.4 遮阳装置与主体结构的锚固连接应符合设计要求。

检验数量：全数检查验收记录。

检验方法：检查预埋件或后置锚固件与主体结构的连接等隐蔽工程施工验收记录和试验报告。

8.2.5 电力驱动装置应有接地措施。

检验数量：全数检查。

检验方法：观察检查电力驱动装置的接地措施，进行接地电阻测试。

8.2.6 遮阳装置的启闭、调节等功能应符合相应产品要求。

检验数量：每个检验批抽查 5%，并不应少于 10 副。

检验方法：按产品说明书做启闭调节试验，并应记录结果。

8.2.7 设置风感应控制系统的遮阳装置，风感应控制系统的品种、规格应符合设计要求和相关标准规定；风速测量的精度应符合设计要求，在危险风速下遮阳装置应能按设计要求收回。

检验数量：全数检查风感应系统。

检验方法：观察检查；核查质量证明文件和检验报告；现场应按本规范附录 B 进行风感试验。

8.3 一般项目

8.3.1 遮阳装置的外观质量应洁净、平整，无大面积划痕、碰伤等外观缺陷；织物应无褪色、污渍、撕裂；型材应无焊缝缺陷，表面涂层应无脱落。

检验数量：全数检查。

检验方法：观察检查。

8.3.2 遮阳装置的调节应灵活，能调节到位。

检验数量：每个检验批应抽查 5%，并不应少于 10 副。

检验方法：施工现场应按说明书做调节试验，并应记录试验结果。

9 保养和维护

9.0.1 遮阳工程竣工验收时，遮阳产品供应商应向业主提供《遮阳产品使用维护说明书》，且《遮阳产品使用维护说明书》应包括下列内容：

1 遮阳装置的主要性能参数以及保用年限；

2 遮阳装置使用方法及注意事项；

3 日常与定期的维护、保养要求；

4 遮阳装置易损零部件的更换方法；

5 供应商的保修责任。

9.0.2 必要时，供应商在遮阳装置交付使用前可为业主培训遮阳装置维护、保养人员。

9.0.3 遮阳装置交付使用后，业主应根据《遮阳产品使用维护说明书》的相关要求及时制定遮阳装置的维护计划，并应定期进行保养维护。

9.0.4 遮阳装置的定期检查、清洗、保养、润滑与维修作业，宜按照供应商提供的使用维护说明书执行。

9.0.5 灾害天气前应对遮阳装置进行防护，灾害天气前后应对遮阳装置进行检查。

9.0.6 遮阳装置的使用维护人员应定期检查遮阳装置的机械性能和遮阳装置连接部位的腐蚀情况，发现问题应及时维修、保养。

9.0.7 大风天气、阴天、夜晚应收起外伸的活动外遮阳装置。

附录 A 遮阳装置的风荷载实体试验

A.0.1 当遮阳装置进行风压、实体模型试验时，其试验荷载 f_s 应按下式计算：

$$f_s = \lambda \times f \qquad (A.0.1)$$

式中：f——本规范第 5.2 节中规定的荷载设计值（kN）；

λ——荷载检验系数，可取 1.10，当遮阳装置设计寿命与主体建筑一致时可取 1.55。

A.0.2 试件应选取所设计工程中荷载相同的较大典型构件单元，试验的试件应包含与主体结构的连接部分。

A.0.3 风荷载实体试验可采用结构静力试验的方法进行，也可采用风压试验的方法进行。

A.0.4 结构静力试验应按下列步骤进行：

1 应按照工程设计的连接方式在试验台上固定构件；

2 应按照风荷载的分布，采用静力加载的方法施加风荷载，先按照风荷载设计值的 75% 进行分级加载，然后按照试验荷载进行加载；

3 加载前应先测量构件的原始挠度和连接部位的初始位置，每级加载时均需测量构件的挠度和连接部位的位置；试验荷载较大而可能发生试件损坏或损坏测量仪器时可不测量试验荷载加载时的挠度和构件位置；

4 试验荷载加载、卸载后应观察试件的损坏情况，卸载后测试试件的残余挠度和残余变形，并记录。

A.0.5 当采用风压试验进行荷载试验时，试验风压 P_s 应按下式计算：

$$P_s = \frac{f_s}{A} \qquad (A.0.5)$$

式中：f_s——风荷载试验值（kN）；

A——遮阳构件在荷载方向的投影面积（m）。

A.0.6 风压试验应按下列步骤进行：

1 应按照工程设计的连接方式在风压试验箱体上固定构件；

2 应将遮阳构件周边与静压箱体进行柔性密封，柔性密封不能阻碍遮阳构件的移动和对变形产生影响；

3 应采用分段加压的方法施加风荷载，先按照风荷载设计值的 75% 进行分级加载，然后按照试验荷载进行加载。

风荷载设计值至少分 5 级加载至 75% 风荷载设计值，每级至少维持 10s，试验荷载加载应从卸载状态一次升至目标值并重复 3 次；

4 加载前应先测量构件的原始挠度和连接部位的初始位置，每级加载时均需测量构件的挠度和连接部位的位置；试验荷载较大而可能发生试件损坏或损坏测量仪器时可不测量试验荷载加载时的挠度和构件位置；

5 试验荷载加载、卸载后应观察试件的损坏情况，卸载后测试试件的残余挠度和连接部位的残余变形，并记录。

A.0.7 结构静力试验或风压试验中，试验荷载下的遮阳构件的相对挠度不应超过 1/100 和设计挠度值，试验后遮阳构件及连接件均不应损坏。

附录 B 遮阳装置的风感 系统现场试验方法

B.0.1 当遮阳工程采用带有风速感应系统的遮阳装置时，工程验收时应对风速感应系统进行现场试验。

B.0.2 试验设备应符合下列规定：

1 轴流风机应在 1m 的距离产生平稳的风速能通过变频或无级调速的方式，在 1m 的距离产生遮阳装置风速感应系统的设计风速，风速应平稳；

2 全方位风速传感器的精度不应小于 5%。

B.0.3 遮阳装置的风感系统现场试验应按下列规定

进行:

1 试验时室外风速应小于 1.5m/s，否则应采取相应的遮蔽措施;

2 应将风速传感器固定在风速感应系统附近，距离不得超过 10cm;

3 应将轴流风机正对风速感应系统，距离应为 1m±0.5m;

4 应将遮阳装置完全伸展或闭合;

5 开启轴流风机，应按 1m/s 为一个台阶进行阶梯状加载，每次增加风速后应在此风速下平稳运行 3min～5min，记录遮阳装置收回或开启时的风速。

B.0.4 遮阳装置的风感系统现场应按下列要求进行判定:

1 同一遮阳装置应进行三次试验，以三次试验中遮阳装置收回或开启时的最大风速作为试验结果;

2 将试验结果换算成蒲福风力，该风力不应大于遮阳装置技术资料中所规定的收回或开启的感应风力。

本规范用词说明

1 为便于在执行本规范条文时区别对待，对要求严格程度不同的用词说明如下:

1) 表示很严格，非这样做不可的用词:
   正面词采用"必须"，反面词采用"严禁";

2) 表示严格，在正常情况下均应这样做的用词:
   正面词采用"应"，反面词采用"不应"或"不得";

3) 表示允许稍有选择，在条件许可时首先应这样做的用词:
   正面词采用"宜"，反面词采用"不宜";

4) 表示有选择，在一定条件下可以这样做的用词，采用"可"。

2 条文中指明应按其他有关标准执行的写法为:

"应符合……的规定"或"应按……执行"。

引用标准名录

1 《建筑结构荷载规范》GB 50009
2 《建筑抗震设计规范》GB 50011
3 《建筑防雷设计规范》GB 50057
4 《公共建筑节能设计标准》GB 50189
5 《外壳防护等级（IP 代码）》GB 4208
6 《民用建筑电气设计规范》JGJ 16
7 《严寒和寒冷地区居住建筑节能设计标准》JGJ 26
8 《建筑机械使用安全技术规程》JGJ 33
9 《施工现场临时用电安全技术规范》JGJ 46
10 《夏热冬暖地区居住建筑节能设计标准》JGJ 75
11 《建筑施工高处作业安全技术规范》JGJ 80
12 《玻璃幕墙工程技术规范》JGJ 102
13 《夏热冬冷地区居住建筑节能设计标准》JGJ 134
14 《混凝土结构后锚固技术规程》JGJ 145
15 《建筑门窗玻璃幕墙热工计算规程》JGJ/T 151
16 《建筑外遮阳产品抗风性能试验方法》JG/T 239
17 《建筑遮阳篷耐积水荷载试验方法》JG/T 240
18 《建筑遮阳产品机械耐久性能试验方法》JG/T 241
19 《建筑遮阳通用要求》JG/T 274-2010
20 《建筑遮阳产品电力驱动装置技术要求》JG/T 276
21 《建筑遮阳热舒适、视觉舒适性能与分级》JG/T 277
22 《建筑遮阳产品用电机》JG/T 278

中华人民共和国行业标准

建筑遮阳工程技术规范

JGJ 237—2011

条 文 说 明

制 定 说 明

《建筑遮阳工程技术规范》JGJ 237-2011，经住房和城乡建设部 2011 年 2 月 11 日以第 912 号公告批准、发布。

本规范制订过程中，编制组进行了广泛的调查研究，总结了我国建筑遮阳工程建设的实践经验，同时参考了国外先进技术法规、技术标准，通过科学研究取得了有关重要技术参数。

为便于广大设计、施工、科研、学校等单位有关人员在使用本规范时能正确理解和执行条文规定，《建筑遮阳工程技术规范》编制组按章、节、条顺序编制了本规范的条文说明，对条文规定的目的、依据以及执行中需注意的有关事项进行了说明，还着重对强制性条文的强制性理由作了解释。但是，本条文说明不具备与规范正文同等的法律效力，仅供使用者作为理解和把握规范规定的参考。

目 次

1 总　则

1.0.1 本条明确了制定规范的目的。目前我国的建筑物窗户越开越大、玻璃幕墙建筑越来越多，致使室内温度夏季过高、冬季过低，极大地增加了夏季空调的供冷量和冬季采暖的供热量。采用大面积透明玻璃的建筑与全球节能减排、控制窗墙面积比的要求背道而驰。夏季，大量太阳辐射热从玻璃窗进入室内，使室温增高，不得不加大空调功率；冬季，室内大量热量从保温较差的玻璃窗户逸出，使室温下降，又不得不增加采暖供热量。因此，大面积的玻璃窗和玻璃幕墙已成为建筑物能源消耗的主要部位，更加突出说明建筑遮阳的必要性。

本规范所指的建筑遮阳包括设置在建筑物不同部位的活动遮阳和固定遮阳。

设置良好遮阳的建筑，可大大改善窗户隔热性能，节约建筑制冷用能 25％以上；并使窗户保温性能提高约一倍，节约建筑采暖用能 10％以上。在欧美发达国家，建筑遮阳已经成为节能与热舒适的一项基本需要。不少欧洲国家，不仅公共建筑普遍配备有遮阳装置，一般住宅也几乎家家安装窗外遮阳。"欧洲遮阳组织"在 2005 年 12 月发表的研究报告《欧盟 25 国遮阳装置节能及二氧化碳减排》介绍：欧盟 25 国 4.53 亿人口，住房面积 242.6 亿 m^2，其中平均有一半采用遮阳，因此每年减少制冷能耗 3100 万 t 油当量，CO_2 减排 8000 万 t；每年还减少采暖能耗 1200 万 t 油当量，CO_2 减排 3100 万 t。如果经过努力，到 2020 年我国能发展到也有一半左右建筑采用遮阳，每年可因此减少采暖与空调能耗当超过 1 亿 t 标准煤，减排 CO_2 当超过 3 亿 t。由此可见，推广建筑遮阳，对于节能减排、提高建筑舒适性的作用十分巨大。

建筑遮阳正在我国大范围推广应用，为了使遮阳工程的设计、施工、验收与维护，做到安全适用、经济合理、确保质量，必须有标准可依，而过去的建筑工程技术标准中，缺乏这方面的内容，因此编制本规范，是一项重要而紧迫的任务。

2 术　语

2.0.1 建筑遮阳是为防止阳光过分照射入建筑物内，达到降低室内温度和空调能耗、营造室内舒适的热环境和光环境的目的，所采取的遮蔽措施。

3 基本规定

3.0.1 夏热冬暖地区、夏热冬冷地区和寒冷地区建筑的东向、西向和南向外窗（包括透明幕墙）、屋顶天窗（包括采光顶），在夏季受到强烈的日照时，大量太阳辐射热进入室内，造成建筑物内过热和能耗增加，降低室内舒适度。采用有效的建筑遮阳措施，将会降低建筑物运行能耗，并减少太阳辐射对室内热舒适度和视觉舒适度的不利影响。

有效的遮阳措施可概括为：绿化遮阳、结合建筑构件的遮阳和专门设置的遮阳。建筑的绿化遮阳不属于建筑工程技术范围，本规范不予涉及。结合建筑构件的遮阳手法，常见的有：加宽挑檐、外廊、凹廊、阳台、旋窗等。专门设置的遮阳包括水平遮阳、垂直遮阳、综合遮阳、挡板遮阳、百叶内遮阳、活动百叶外遮阳等，可根据不同气候和地域特点，采取适宜的遮阳措施。

3.0.2 建筑遮阳装置与新建建筑要做到"三同"，即同步设计、同步施工、同步验收，这样做有利于保证遮阳装置与建筑较好的结合，保证工程质量，并在新建建筑投入使用时即可发挥作用。

3.0.3 本条文提出建筑遮阳设计时应合理选择遮阳形式和技术措施，是由于我国地域辽阔，建筑物所在地区气候特征各有不同，建筑物的使用性质不同，适宜的遮阳形式也不尽相同。门窗（透明玻璃幕墙）本身的遮阳设计比较简单，其重点在于选取可见光透射比高、遮阳系数低的玻璃产品。建筑外、内遮阳设计相对比较复杂，可做成固定的遮阳装置（设置各种形式的遮阳板），也可做成活动的遮阳装置（布帘、各种金属或塑料百叶等）。活动式的遮阳可视季节的变化、时间的变化和天气阴晴的变化，任意调节遮阳装置的遮蔽状态；在寒冷季节，可避免遮挡阳光，争取日照；这种遮阳装置灵活性大，还可以更换和拆除。夏热冬暖地区的建筑，尤其是南区的建筑，在"必须充分满足夏季防热要求，可不考虑冬季保温"的条件下，优先采用固定式遮阳装置，其他地区在充分考虑夏季遮阳、冬季阳光入射、自然通风、采光、视野等因素后，采用固定式或活动式遮阳装置。当遮阳装置闭合时，窗与遮阳装置之间的空气层会起到保温作用，因而遮阳装置有冬季夜间保温的功能。

3.0.4 综合遮阳系数是建筑节能设计中需要控制的一个重要指标，在进行建筑遮阳设计时，应严格按照建筑节能标准的要求，不能突破各地区建筑节能设计标准中规定的限值，以确保建筑节能目标的实现。

3.0.5 遮阳装置的类型、尺寸、调节范围、调节角度，以及遮阳材料光学性能（太阳辐射反射比、透射比等）的选择十分重要，选出适用的遮阳装置将增加遮阳的效果，改善建筑外观，降低造价；遮阳装置的选择确定是比较复杂的过程，应进行周密的设计和节能计算。

3.0.6 本条文强调了遮阳产品的性能除符合设计要求外，还应符合现行行业标准《建筑遮阳通用要求》JG/T 274 以及相应产品和试验方法标准的规定，确保遮阳装置使用性能满足要求、安全可靠。

3.0.7 遮阳装置除了保证遮阳效果和外观效果外,其关键是必须满足在使用过程中的安全性能,应综合考虑装置承受的各种荷载、与结构连接的整体牢固性、耐久安全性等,并进行结构设计。

3.0.8 本条文提出了遮阳装置火灾安全方面的基本规定,体现了"安全第一"、建设和谐社会的要求。

3.0.9 为使活动遮阳装置满足不同使用者的要求,其应控制灵活,操作方便,误操作时不会对人员、遮阳装置和建筑环境等造成损害。

3.0.10 为了保证遮阳装置施工质量,施工前要编制施工方案,并应由经过培训的专业人员进行安装和安全检查。具体施工安装要求见本规范第7章有关条文。

4 建筑遮阳设计

4.1 遮 阳 设 计

4.1.1 建筑遮阳的目的在于防止直射阳光透过玻璃进入室内,减少阳光过分照射加热建筑围护结构,减少直射阳光造成的眩光。根据建筑遮阳装置与建筑外窗的位置关系,建筑遮阳分为外遮阳、内遮阳和中间遮阳三种形式。外遮阳是将遮阳装置布置在室外,挡住太阳辐射。内遮阳是将遮阳装置布置在室内,将入射室内的直射光分散为漫反射,以改善室内热环境和避免眩光。中间遮阳是将遮阳装置设于玻璃内部、两层玻璃窗或幕墙之间,此种遮阳易于调节,不易被污染,但造价高,维护成本也较高。

采用外遮阳时,可将60%~80%的太阳辐射直接反射出去或吸收,使辐射热散发到室外,减少了室内的太阳得热,节能效果较好。而采用内遮阳时,遮阳装置反射部分阳光,吸收部分阳光,透过部分阳光,由于所吸收的太阳能仍留在室内,虽可以改善热环境,但节能效果却不理想。为此,应优先选择外遮阳。

遮阳措施能阻断直射阳光透过玻璃进入室内,为室内营造舒适的热环境,降低室温和空调能耗。我国地域辽阔,建筑物所在地气候特征各不相同,同时由于建筑物的使用性质不同,建筑类型、建筑功能、建筑朝向、建筑造型不同,适宜的遮阳形式也不尽相同。因此,本条文提出了建筑遮阳设计时应合理选择遮阳形式的要求。

4.1.2 遮阳装置的设计固然要达到遮挡太阳辐射热的目的,但多数遮阳装置是与窗设置在一起,因此,窗原来的采光和通风功能仍然需要得到满足。

遮阳板在遮阳的同时也会影响窗子原有的自然采光和通风。遮阳板不仅遮挡了阳光,也会使建筑周围的局部风压发生变化。在许多情况下,设计不当的实体遮阳板会显著降低建筑表面的空气流速,影响建筑内部自然通风效果。另一方面,根据当地夏季主导风向,可以利用遮阳板进行引风,增加建筑进风口的风压,对通风量进行调节,以达到自然通风散热的目的。但是寒冷地区冬季对建筑吸收太阳热量要求较高,选择的建筑遮阳形式必须能保证阳光入射。

4.1.3 由于太阳的高度角和方位角不同,投射到建筑物水平面、西向、东向、南向和北向立面的太阳辐射强度各不相同。夏季,太阳辐射强度随朝向不同有较大差别,一般以水平面最高,东、西向次之,南向较低,北向最低。为此,建筑遮阳设计的优先顺序应根据投射到的太阳辐射强度确定。

4.1.4 由于太阳高度角和方位角在一年四季循环往复变化,遮阳装置产生的阴影区也随之变化。可按以下原则确定建筑外遮阳的形式:

1 水平式遮阳:在太阳高度角较大时,能有效遮挡从窗口上方投射下来的直射阳光,北回归线以北地区一般布置在南向及接近南向的窗口,北回归线以南地区一般布置在南向及北向窗口。

2 垂直式遮阳:在太阳高度角较小时,能有效遮挡从窗侧面斜射入的直射阳光,一般布置在北向、东北向、西北向的窗口;北回归线以北地区一般布置在南向及接近南向的窗口。

3 综合式遮阳:为有效遮挡从窗前侧向斜射下来的直射阳光,一般布置在从东南向、南向到西南向范围内的窗口,北回归线以南地区一般布置在北向窗口。综合式遮阳兼有水平遮阳和垂直遮阳的优点,对于遮挡各种朝向和高度角低的太阳光都比较有效。

4 挡板式遮阳:为有效遮挡从窗口正前方投射下来的直射阳光,一般布置在东向、西向及其附近方向的窗口。

4.1.5 内遮阳为在窗的内侧安装百叶、帘布或卷帘,或在采光顶下部采用帘布或折叠挡板等措施。由于太阳辐射已进入室内,内遮阳没有外遮阳节能效果好。但内遮阳装置便于安装、操作、清洁、维修,如果帘片采用与镀铝薄膜复合技术,或采用在织物上直接镀铝技术,可反射太阳辐射。采用中间遮阳或天窗(采光顶)采用内遮阳时,为了取得更好的遮阳效果,将遮阳装置的可调性增强,可根据气候或天气情况调节遮阳角度,自动开启和关闭,以控制室内光线和热环境。

4.1.6 建筑遮阳丰富了建筑造型,创造了不同的视觉形象,精心设计的遮阳装置可创造舒适的室内光环境。建筑师应与建筑设计同时进行遮阳设计,也可直接选用遮阳产品,或与生产商合作设计特制的遮阳产品,实现遮阳设计的最优化。

由于建筑遮阳装置有着非常直接的视觉效果,直接影响或改变着建筑的外观,因此遮阳装置的设计和选择应与建筑的整体设计相配合,应使建筑遮阳装置成为建筑功能与建筑艺术和技术的结合体,成为现代技术和精致美学的完美体现。良好的建筑遮阳设计不仅有助于建筑节能，而且遮阳装置也成为影响建筑形体和美感的重要元素，特别是遮阳装置和其构造方式往往成为凸显建筑技术和现代美感的重要组成部分。况且，其结构的整体性与构造的便易性也会影响成本。为此，遮阳装置宜构造简单、经济实用、耐久美观，并宜与建筑物整体及周围环境相协调。

遮阳装置的造价随其产品的材料类型、性能差异和功能组合而有差别。产品的功能越多，一般造价也会越高。遮阳装置主要功能是遮阳，固定遮阳装置如能满足要求可以优先采用。活动遮阳装置则比较灵活，虽然造价稍高，但因能随需要而调节，应该是很好的选择。

4.1.7 以新技术为手段的遮阳方式不断得到发展，充分利用新技术、新材料、充分体现多功能的建筑遮阳装置是未来发展的趋势。太阳能集热板和太阳能电池板除能进行光热和光伏转换外，还能遮挡阳光，起到遮阳隔热的作用，但应该做到一体化设计，并应符合国家现行标准《民用建筑太阳能热水系统应用技术规范》GB 50364 和《民用建筑太阳能光伏系统应用技术规范》JGJ 203 的规定。

4.1.8 若将遮阳板设计呈百叶或网状，或在遮阳板和墙面之间留有空隙，可避免遮阳装置对自然通风造成阻碍。百叶状遮阳板可以在遮阳的同时，不妨碍通风，其热工性能可优于实体遮阳板。

4.2 遮阳系数计算

4.2.1 外窗和透明幕墙的遮阳系数、可见光透射比是建筑节能设计工作中重要的热工指标。在进行建筑遮阳系数、可见光透射比计算时，应严格按照现行行业标准《建筑门窗玻璃幕墙热工计算规程》JGJ/T 151 的规定进行计算。

4.2.2 本条款与现行国家标准《公共建筑节能设计标准》GB 50189、行业标准《严寒和寒冷地区居住建筑节能设计标准》JGJ 26、《夏热冬暖地区居住建筑节能设计标准》JGJ 75、《夏热冬冷地区居住建筑节能设计标准》JGJ 134、《建筑门窗玻璃幕墙热工计算规程》JGJ/T 151 的遮阳系数计算方法协调一致。只对温和地区的遮阳系数计算方法作出规定。

用于建筑的外遮阳有四种基本类型，即水平式、垂直式、综合式（水平和垂直的组合）和挡板式，而用在基本遮阳类型上的板，除了用金属或非金属材料做成以外，还有用百叶片、穿孔板、花格板、半透明或吸热的玻璃板或纤维织物制成。

4.2.3 建筑遮阳中，最基本方式有窗口的水平遮阳板、垂直遮阳板、挡板遮阳三种遮阳方式，其他任何复杂的组合的外遮阳方式都可以通过这三种方式的组合构成。因此，它的建筑外遮阳系数为两者的综合效果，一般是与水平遮阳板或与垂直遮阳板或与综合遮阳板的组合形成挡板遮阳构造，组合后的建筑外遮阳

系数也是相应的建筑外遮阳系数的乘积。

因此，现行国家标准《公共建筑节能设计标准》GB 50189 中只给定了水平遮阳和垂直遮阳两种基本方式的 SC 与遮阳构造特征系数 PF 之间的关系，通过最基本的建筑外遮阳形式计算组合形式的遮阳系数。

幕墙有多层横向平行遮阳板或多层竖向平行遮阳板时，可将多层横向平行遮阳板转换成多层水平遮阳板加挡板遮阳，将多层竖向平行遮阳板转换成多层垂直遮阳板加挡板遮阳，并采用转换后的两种遮阳板的遮阳系数的乘积为其遮阳系数。

4.2.4 当窗口前方设置有与窗面平行的挡板（包括花格、漏花、百叶或具有透光材料等）遮阳时，遮阳板要透过一定的光线，挡板的材料和构造形式对外遮阳系数有影响，其外遮阳系数应按本规范第 4.2.4 条中的公式进行计算。

由于建筑材料类型和遮阳构造措施多种多样，如果建筑设计时均要求按太阳位置角度逐时计算透过挡板的能量比例，显然是不现实的。但作为挡板构造形式的建筑花格、漏花、百叶或具有透光材料等形成的遮阳构件，挡板的轮廓形状与窗面的相对位置，以及挡板本身构造的透过太阳能的特性对外窗的遮阳影响是较大的。因此，应按照不同的遮阳措施修正计算结果。

4.2.5 本条款与现行行业标准《建筑门窗玻璃幕墙热工计算规程》JGJ/T 151 协调一致。外窗综合遮阳系数（SC_w）考虑到窗本身（玻璃和窗框）的遮阳以及窗口建筑外遮阳措施对外窗的综合影响。

由于外窗综合遮阳系数 SC_w 是标准中一个强制性控制指标，并且是计算能耗过程中必须使用的重要参数，故确定各种建筑遮阳构造形式的 SC_w 是一件相当重要的工作。

4.2.6 本条款与现行行业标准《建筑门窗玻璃幕墙热工计算规程》JGJ/T 151 协调一致。

5 结 构 设 计

5.1 一 般 规 定

5.1.1 遮阳装置尤其是大型遮阳系统的使用，通常涉及的自身结构安全问题，应通过专项结构设计、构造措施予以保障。即使小型遮阳系统也应有相应的基本节点构造要求，以保证安全使用。与主体结构一体的固定式外遮阳构件（如混凝土挑板等）应与主体结构一并设计。后装固定式或活动式外遮阳装置应验算自身的结构性能并符合具体的安装构造要求。大型内遮阳装置宜根据情况考虑结构性能验算项目，并应有具体的安装构造要求。遮阳装置的使用对主体结构产生的影响，应通过荷载的方式反映到主体结构设计

中，由主体结构设计考虑。

5.1.2 一般建筑常用外遮阳装置尺寸在 3m×3m 范围内，受到的荷载主要为风荷载，应作抗风验算；成品系统的自重荷载通常应由产品自身性能来保证而无需验算，但采用非成品系统时则需进行验算；当遮阳装置可能存在积雪、积灰或需要承受安装、检修荷载时（如遮阳装置处于水平或倾斜位置时），则应对积雪、积灰或施工荷载效应进行验算。由于以上荷载在正常使用条件下同时出现的概率很低，故一般情况下不必考虑组合效应；但对大型遮阳装置（尺寸范围超出 3m×3m 时），遮阳构件的结构安全要求凸显，应进行有关静态、动态验算及组合效应验算。如果遮阳装置设计寿命与主体结构一致或接近且单副质量在 100kg 以上，应做抗地震承载力验算。除验算其强度外尚应进行变形验算。

5.1.3 对于大型体育馆、空港航站楼等采用的外置大型遮阳工程，如果遮阳装置的构件断面复杂，系统变化大，不易通过计算确定其安全性能时，可以通过试验，在证明系统安全后进行相关设计。

5.1.4 本条款规定了外遮阳设计的施工图设计要求和深度要求。

5.2 荷　载

5.2.1 风荷载是常用外遮阳装置最常见的荷载形式，也是工程界最为关心的问题。现行国家标准《建筑结构荷载规范》GB 50009 计算风压理论成熟，因而使用方便。装有风感应的遮阳装置，根据感应控制范围，如控制 6 级风时遮阳装置收起，风荷载标准值即可按 6 级风时的风压取用。

修正系数 β_1 是考虑遮阳系数的设计寿命与主体结构不一致而对荷载进行的折减。与主体结构不同的是，遮阳装置通常只有当主体建筑遮风效果偶然缺失（如居住建筑外窗未关又正好出现大风）时才出现风压，故受风概率降低，且受风破坏后果的严重程度较主体结果要低得多，故以 β_2 修正。兜风系数 β_3 考虑遮阳装置在风中的形态引起风压的变化。主体建筑遮风效果偶然缺失的失误概率由修正系数 β_1 表达。

外遮阳装置应通过构造设计（如构件的最小尺寸、大型遮阳装置设置阻尼器等），避免风振效应的产生。当风振效应难以避免时，应考虑风振效应对风荷载的放大作用。

5.2.2 遮阳装置的自重荷载与主体结构计算方法一致。

5.2.3 遮阳装置的积雪荷载计算原理同第 5.2.1 条，偏于安全考虑。

5.2.5 对于小型遮阳装置，检修时通常不承担额外荷载。对于大型遮阳装置，检修荷载根据实际情况，考虑检修时可能的设备、人员的重力荷载，同时应考虑最不利的荷载位置，如大跨度遮阳构件的跨中位置、悬挑式构件的悬挑顶点等。

5.3 遮阳装置

5.3.2 构件变形指遮阳装置在荷载作用下，遮阳装置中变形最大的构件所产生的相对变形。通常百叶式、卷闸式遮阳装置的遮阳叶片为变形最大的构件，而篷式遮阳装置则指除布篷以外的变形最大的构件。

组装类遮阳装置正常使用极限状态的要求通常情况下可以通过构造措施如金属类构件的高跨比、膜结构控制张拉应力等保证，一般情况下不必验算。但当采用大跨度薄壁类金属构件、低弹性模量材料（塑料、橡胶等）时应予验算。验算时仅考虑遮阳装置的自重荷载，变形小于或等于 1/200 是外形感官要求。

组装类遮阳装置应按承载能力极限状态（最不利荷载组合下）设计，遮阳装置的强度和变形应保证自身安全，并不致产生次生灾害。

5.3.3 遮阳系统的安全性包括两个方面：系统自身的安全及连接安全。安全性判断由计算分析或试验确定均可。

5.3.4 通常遮阳装置的设计寿命大概在 15 年左右，遇震概率下降很多，只要不致出现严重次生灾害性破坏即可。但当遮阳装置设计寿命与主体结构一致或接近时，地震风险与主体结构接近，虽然由地震所产生的灾难性后果相对主体结构为低，但仍然要予以防范，因而要进行抗震计算。

5.4 遮阳装置与主体结构的连接

5.4.2 遮阳装置与主体结构的连接，应能保证遮阳装置荷载的正常传递和结构的耐久性，并不影响建筑的其他功能，如保温、防水和美观。

6 机械与电气设计

6.1 驱动系统

6.1.2 在电机正常转矩范围内，如果卷帘操作动作过频会引起电机过热——电机温度达到 150℃时，热保护装置应自动关闭内部控制线路，避免发生电机烧毁等严重后果；待电机冷却后内部线路能自动复位，可以继续运转。

6.1.3 "IP44" 代码中第一位数字 4 表示防止大于或等于 1.0mm 的异物进入；第二位数字 4 表示防止溅水造成有害影响。

6.3 机械系统

6.3.1 遮阳帘体的底杆要确保帘体平直和更换方便。

6.3.3 遮阳装置机械系统应按供货方提供的《遮阳产品使用维护说明书》定期进行润滑保养，并做好保养记录。遮阳装置的润滑保养是其保持正常使用与做好维护工作的重要环节。正确、合理的润滑保养能减少零部件的摩擦和磨损，延长零部件的使用寿命。润滑保养应在设备停机断电期间实施，并定期进行。保养时宜先清除旧的油脂，然后补充相同型号的新鲜油脂，油脂不得随便代用。所使用润滑油脂应符合相关标准的要求。

6.4 安 全 措 施

6.4.1 金属遮阳构件或遮阳装置必须保证防雷安全，遮阳装置的金属构架应与主体结构的防雷体系可靠连接，连接部位应清除非导电保护层，并且防雷设计应符合相关标准的要求。

6.4.5 遮阳驱动系统应具有防止误操作产生伤害的功能，是为了预防对遮阳装置本身或操作人员可能造成的伤害。

7 施 工 安 装

7.1 一 般 规 定

7.1.1 为了保证遮阳装置的安装质量，要求主体结构应满足遮阳安装的基本条件，特别是结构尺寸的允许偏差与外表面平整度。

7.1.2 遮阳安装施工往往要与其他工序交叉作业，编制遮阳工程施工组织设计有利于整个工程的联系配合。

7.2 遮阳工程施工准备

7.2.3 遮阳产品在储存过程中，应特别注意防止碰撞、污染、潮湿等；在室外储存时更要采取有效的保护措施。

7.2.4 为了保证遮阳装置与主体结构连接的可靠性，预埋件应在主体结构施工时按设计要求的位置与方法埋设；如预埋件位置偏差过大或未设预埋件时，应协商解决，并有有关人员签字的书面记录。

7.2.6 因为大型遮阳板构件在运输、堆放、吊装过程中有可能产生变形或损坏，不合格的大型遮阳板构件应予更换，不得安装使用。

7.3 遮阳组件安装

7.3.1 选择适当的吊装机具将遮阳组件可靠地安放到主体结构上，是保证顺利吊装的前提条件。尽管在施工准备中已经过安全检查，但每次安装前还应再次认真检查。

7.3.2 不规范的运输会造成遮阳组件变形损坏，因此在运输过程中，应采取必要的保护措施。

7.3.4 后置锚固件的安全可靠是保证遮阳装置安全使用的关键。为避免破坏主体结构，拉拔试验应在同条件的主体结构上进行，并必须见证，且符合设计要求。

7.3.7 与设计位置偏离：是指安装后的遮阳产品位置与设计图纸规定的位置偏离。通常画线安装，误差控制在 1mm～3mm；当误差大于 5mm 以上时，业内人员观感明显。若帘布与窗玻璃等宽，当帘布向左偏 10mm，则右边会留出 10mm 亮光，客户通常都能察觉。遮阳组件实际间隔相关误差距离，是指遮阳组件的间隔与设计时的间隔之间的误差。设计间隔一般都设计成等距离安装遮阳组件，如安装时与设计位置偏离 5mm，虽然符合要求了，但如果左一幅往左偏，右一幅往右偏，中间的实际间隔就会有 10mm，观感明显。为此规定为实际间隔与设计间隔的偏差为 5mm。

7.3.9 调试和试运转是安装工作最后的重要环节。要经过反复试运行，并排除各种故障，做到顺利灵活操作。但由于建筑遮阳用电机是不定时工作制，有的伸展一次就处于热保护状态，无法立刻进行收回调试，在夏天可能需要半小时以后才能恢复，但调试必须至少一个循环，必要时需要做 3 个循环。

8 工 程 验 收

8.1 一 般 规 定

8.1.2 设计图纸和变更文件、出厂检验报告和质量证明文件、材料构件设备进场检验报告和验收文件等都是保证遮阳工程质量和遮阳效果的重要基础，验收时必须具备。

8.1.3 预埋件或后置锚固件是影响遮阳装置安装质量和后期寿命的重要安全因素，必须进行验收。

8.1.4 检验批的划分是根据工程的实际特点，一般 20000m² 以内的工程，遮阳装置的数量为 500 副以内，因此以 500 副为一个检验批；异型或有特殊要求的外遮阳工程，由监理（建设）单位和施工单位根据需要协商确定。

8.1.5 目前市场上有些遮阳产品或部件是进口产品，应具有中文标识的质量证明文件和标识等，检验报告应由具有计量认证和相应资质的单位提供才属有效。

8.2 主 控 项 目

8.2.2 本条规定的检测项目是影响遮阳工程质量安全的重点，因此特别强调应符合设计和相关标准的规定。因此遮阳成品进场后应全数核查质量证明文件。质量证明文件所涉及的检测项目和相关标准见表1。

8.2.4 遮阳装置与主体部位的锚固连接是影响工程安全的关键所在，因此应重点检查。

8.2.5 电力驱动装置是影响工程安全的重要内容和关键所在，因此应重点检查。

8.2.7 风感应系统若失效，遮阳装置在额定风荷载或超过额定风荷载不能自动收回，极易发生安全事故，因此风感应系统的灵敏度应作为主控项目重点检查。

表 1　建筑遮阳材料和产品复检性能

检测项目	产品标准	检验依据
抗风性能		《建筑遮阳通用要求》JG/T 274
耐积雪	《建筑用遮阳金属百叶帘》JG/T 251	《建筑外遮阳产品抗风性能试验方法》JG/T 239
耐积水（有要求时）	《建筑用遮阳天篷帘》JG/T 252	《建筑遮阳篷耐积水荷载试验方法》JG/T 240
热舒适与视觉舒适性（有要求时）	《建筑用曲臂遮阳篷》JG/T 253	《建筑遮阳热舒适、视觉舒适性能与分级》JG/T 277
操作力和误操作（有要求时）	《建筑用遮阳软卷帘》JG/T 254	《建筑遮阳产品电力驱动装置技术要求》JG/T 276
驱动装置的安全性（有要求时）	《内置遮阳中空玻璃制品》JG/T 255	《建筑遮阳产品机械耐久性能试验方法》JG/T 241
机械耐久性（有要求时）		《建筑遮阳产品操作力试验方法》JG/T 242、《建筑遮阳产品误操作试验法》JG/T 275
遮阳系数	—	《建筑遮阳热舒适、视觉舒适性能与分级》JG/T 277

注：上述性能指标在有关标准中仅为等级划分时，需通过检测判定其性能等级是否符合设计要求或合同约定。

9　保养和维护

9.0.1　为了使遮阳装置在使用过程中达到和保持设计要求的预定功能，确保不发生安全事故，规定供应商应提供给业主《遮阳产品使用维护说明书》，以指导遮阳装置的使用和维护。

9.0.2　我国遮阳技术有了很大发展，遮阳产品越来越多，遮阳构造形式也越来越复杂，对维护保养人员的要求也越来越高，需要进行认真培训。

9.0.3　在遮阳装置投入使用后，其材料、设备、构造及施工上的一些问题可能会逐渐暴露出来，因此，日常和定期保养和维护不可缺少。

附录 A　遮阳装置的风荷载实体试验

A.0.7　风荷载试验对遮阳构件的安全性评价，之前的其他标准没有规定。玻璃幕墙规范规定杆件的相对挠度不超过 1/180，门窗的要求则比较低。遮阳装置的构件一般只保证自身安全即可，不考虑对其他性能的影响。所以，遮阳装置的挠度应该可以放宽，只要保证结构安全即可，这里提出 1/100 的相对挠度是合适的。

中华人民共和国国家标准

民用建筑太阳能热水系统应用技术规范

Technical code for solar water heating system of civil buildings

GB 50364—2005

主编部门：中华人民共和国建设部
批准部门：中华人民共和国建设部
施行日期：２００６年１月１日

中华人民共和国建设部
公 告

第 394 号

建设部关于发布国家标准《民用建筑太阳能热水系统应用技术规范》的公告

现批准《民用建筑太阳能热水系统应用技术规范》为国家标准，编号为 GB 50364—2005，自 2006 年 1 月 1 日起实施。其中，第 3.0.4、3.0.5、4.3.2、4.4.13、5.3.3、5.3.8、5.4.2、5.4.4、5.6.2、6.3.4 为强制性条文，必须严格执行。

本规范由建设部标准定额研究所组织中国建筑工业出版社出版发行。

中华人民共和国建设部
2005 年 12 月 5 日

前 言

根据建设部建标〔2003〕104 号文和建标标函〔2005〕25 号文的要求，规范编制组在深入调查研究，认真总结工程实践，参考有关国外先进标准，并广泛征求意见的基础上，编制了本规范。

本规范主要技术内容是：1 总则；2 术语；3 基本规定；4 太阳能热水系统设计；5 规划和建筑设计；6 太阳能热水系统安装；7 太阳能热水系统验收。

本规范黑体字标志的条文为强制性条文，必须严格执行。

本规范由建设部负责管理和对强制性条文的解释，由中国建筑设计研究院负责具体技术内容的解释。

本规范在执行过程中如发现需要修改和补充之处，请将意见和有关资料寄送中国建筑设计研究院（北京市西外车公庄大街 19 号，邮政编码：100044；电话：88361155-112；传真：68302864；电子邮件：zhangsj@chinabuilding.com.cn），以供修订时参考。

本规范主编单位：中国建筑设计研究院

本规范参编单位：建设部科技发展促进中心
建设部住宅产业化促进中心
国家发展和改革委员会能源研究所
北京市太阳能研究所
北京清华阳光能源开发有限公司
山东力诺瑞特新能源有限
公司
皇明太阳能集团有限公司
昆明新元阳光科技有限公司
昆明官房建筑设计有限公司
北京北方赛尔太阳能工程技术有限公司
北京九阳实业公司
扬州市赛恩斯科技发展有限公司
天津市津霸能源环保设备厂（中美合资）北京恩派太阳能科技有限公司
江苏太阳雨太阳能有限公司
北京天普太阳能工业有限公司
江苏省华扬太阳能有限公司

本规范主要起草人：张树君　于晓明　何梓年
李竹光　袁莹　杨西伟
辛萍　童悦仲　娄乃琳
李俊峰　胡润青　朱培世
杨金良　陈和雄　王辉
孙培军　王振杰　孟庆峰
黄永年　齐心　戴震青
刘立新　焦青太　吴艳元
黄永伟　赵文智

目 次

1 总 则

1.0.1 为使民用建筑太阳能热水系统安全可靠、性能稳定、与建筑和周围环境协调统一，规范太阳能热水系统的设计、安装和工程验收，保证工程质量，制定本规范。

1.0.2 本规范适用于城镇中使用太阳能热水系统的新建、扩建和改建的民用建筑，以及改造既有建筑上已安装的太阳能热水系统和在既有建筑上增设太阳能热水系统。

1.0.3 太阳能热水系统设计应纳入建筑工程设计，统一规划、同步设计、同步施工，与建筑工程同时投入使用。

1.0.4 改造既有建筑上安装的太阳能热水系统和在既有建筑上增设太阳能热水系统应由具有相应资质的建筑设计单位进行。

1.0.5 民用建筑应用太阳能热水系统除应符合本规范外，尚应符合国家现行有关标准的规定。

2 术 语

2.0.1 建筑平台 terrace

供使用者或居住者进行室外活动的上人屋面或由建筑底层地面伸出室外的部分。

2.0.2 变形缝 deformation joint

为防止建筑物在外界因素作用下，结构内部产生附加变形和压力，导致建筑物开裂、碰撞甚至破坏而预留的构造缝，包括伸缩缝、沉降缝和抗震缝。

2.0.3 日照标准 insolation standards

根据建筑物所处的气候区、城市大小和建筑物的使用性质决定的，在规定的日照标准日（冬至日或大寒日）有效日照时间范围内，以底层窗台面为计算起点的建筑外窗获得的日照时间。

2.0.4 平屋面 plane roof

坡度小于10°的建筑屋面。

2.0.5 坡屋面 sloping roof

坡度大于等于10°且小于75°的建筑屋面。

2.0.6 管道井 pipe shaft

建筑物中用于布置竖向设备管线的竖向井道。

2.0.7 太阳能热水系统 solar water heating system

将太阳能转换成热能以加热水的装置。通常包括太阳能集热器、贮水箱、泵、连接管道、支架、控制系统和必要时配合使用的辅助能源。

2.0.8 太阳能集热器 solar collector

吸收太阳辐射并将产生的热能传递到传热工质的装置。

2.0.9 贮热水箱 heat storage tank

太阳能热水系统中储存热水的装置，简称贮水箱。

2.0.10 集中供热水系统 collective hot water supply system

采用集中的太阳能集热器和集中的贮水箱供给一幢或几幢建筑物所需热水的系统。

2.0.11 集中-分散供热水系统 collectice-individual hot water supply system

采用集中的太阳能集热器和分散的贮水箱供给一幢建筑物所需热水的系统。

2.0.12 分散供热水系统 individual hot water supply system

采用分散的太阳能集热器和分散的贮水箱供给各个用户所需热水的小型系统。

2.0.13 太阳能直接系统 solar direct system

在太阳能集热器中直接加热水给用户的太阳能热水系统。

2.0.14 太阳能间接系统 solar indirect system

在太阳能集热器中加热某种传热工质，再使该传热工质通过换热器加热水给用户的太阳能热水系统。

2.0.15 真空管集热器 evacuated tube collector

采用透明管（通常为玻璃管）并在管壁与吸热体之间有真空空间的太阳能集热器。

2.0.16 平板型集热器 flat plate collector

吸热体表面基本为平板形状的非聚光型太阳能集热器。

2.0.17 集热器总面积 gross collector area

整个集热器的最大投影面积，不包括那些固定和连接传热工质管道的组成部分。

2.0.18 集热器倾角 tilt angle of collector

太阳能集热器与水平面的夹角。

2.0.19 自然循环系统 natural circulation system

仅利用传热工质内部的密度变化来实现集热器与贮水箱之间或集热器与换热器之间进行循环的太阳能热水系统。

2.0.20 强制循环系统 forced circulation system

利用泵迫使传热工质通过集热器（或换热器）进行循环的太阳能热水系统。

2.0.21 直流式系统 series-connected system

传热工质一次流过集热器加热后，进入贮水箱或用热水处的非循环太阳能热水系统。

2.0.22 太阳能保证率 solar fraction

系统中由太阳能部分提供的热量除以系统总负荷。

2.0.23 太阳辐照量 solar irradiation

接收到太阳辐射能的面密度。

3 基 本 规 定

3.0.1 太阳能热水系统设计和建筑设计应适应使用

者的生活规律，结合日照和管理要求，创造安全、卫生、方便、舒适的生活环境。

3.0.2 太阳能热水系统设计应充分考虑用户使用、施工安装和维护等要求。

3.0.3 太阳能热水系统类型的选择，应根据建筑物类型、使用要求、安装条件等因素综合确定。

3.0.4 在既有建筑上增设或改造已安装的太阳能热水系统，必须经建筑结构安全复核，并应满足建筑结构及其他相应的安全性要求。

3.0.5 建筑物上安装太阳能热水系统，不得降低相邻建筑的日照标准。

3.0.6 太阳能热水系统宜配置辅助能源加热设备。

3.0.7 安装在建筑物上的太阳能集热器应规则有序、排列整齐。太阳能热水系统配备的输水管和电器、电缆线应与建筑物其他管线筹安排、同步设计、同步施工，安全、隐蔽、集中布置，便于安装维护。

3.0.8 太阳能热水系统应安装计量装置。

3.0.9 安装太阳能热水系统建筑的主体结构，应符合建筑施工质量验收标准的规定。

4 太阳能热水系统设计

4.1 一般规定

4.1.1 太阳能热水系统设计应纳入建筑给水排水设计，并应符合国家现行有关标准的要求。

4.1.2 太阳能热水系统应根据建筑物的使用功能、地理位置、气候条件和安装条件等综合因素，选择其类型、色泽和安装位置，并应与建筑物整体及周围环境相协调。

4.1.3 太阳能集热器的规格宜与建筑模数相协调。

4.1.4 安装在建筑屋面、阳台、墙面和其他部位的太阳能集热器、支架及连接管线应与建筑功能和建筑造型一并设计。

4.1.5 太阳能热水系统应满足安全、适用、经济、美观的要求，并应便于安装、清洁、维护和局部更换。

4.2 系统分类与选择

4.2.1 太阳能热水系统按供热水范围可分为下列三种系统：
    1 集中供热水系统；
    2 集中-分散供热水系统；
    3 分散供热水系统。

4.2.2 太阳能热水系统按系统运行方式可分为下列三种系统：
    1 自然循环系统；
    2 强制循环系统；
    3 直流式系统。

4.2.3 太阳能热水系统按生活热水与集热器内传热工质的关系可分为下列两种系统：
    1 直接系统；
    2 间接系统。

4.2.4 太阳能热水系统按辅助能源设备安装位置可分为下列两种系统：
    1 内置加热系统；
    2 外置加热系统。

4.2.5 太阳能热水系统按辅助能源启动方式可分为下列三种系统：
    1 全日自动启动系统；
    2 定时自动启动系统；
    3 按需手动启动系统。

4.2.6 太阳能热水系统的类型应根据建筑物的类型及使用要求按表4.2.6进行选择。

表4.2.6　太阳能热水系统设计选用表

建筑物类型			居住建筑			公共建筑		
			低层	多层	高层	宾馆医院	游泳馆	公共浴室
太阳能热水系统类型	集热与供热水范围	集中供热水系统	●	●	●	●	●	●
		集中-分散供热水系统	●	●	●	—	—	—
		分散供热水系统	●	—	—	—	—	—
	系统运行方式	自然循环系统	●	●	—	●	●	●
		强制循环系统	●	●	●	●	●	●
		直流式系统	—	●	●	—	●	●
	集热器内传热工质	直接系统	●	●	●	●	●	●
		间接系统	●	●	●	●	●	●
	辅助能源安装位置	内置加热系统	●	●	●	●	●	●
		外置加热系统	—	●	●	●	●	●
	辅助能源启动方式	全日自动启动系统	●	●	●	●	●	●
		定时自动启动系统	●	●	●	—	●	●
		按需手动启动系统	●	—	—	●	—	●

注：表中"●"为可选用项目。

4.3 技术要求

4.3.1 太阳能热水系统的热性能应满足相关太阳能产品国家现行标准和设计的要求，系统中集热器、贮水箱、支架等主要部件的正常使用寿命不应少于10年。

4.3.2 太阳能热水系统应安全可靠，内置加热系统必须带有保证使用安全的装置，并根据不同地区应采取防冻、防结露、防过热、防雷、抗雹、抗风、抗震等技术措施。

4.3.3 辅助能源加热设备种类应根据建筑物使用特点、热水用量、能源供应、维护管理及卫生防菌等因素选择，并应符合现行国家标准《建筑给水排水设计规范》GB 50015 的有关规定。

4.3.4 系统供水水温、水压和水质应符合现行国家标准《建筑给水排水设计规范》GB 50015 的有关规定。

4.3.5 太阳能热水系统应符合下列要求：

1 集中供热水系统宜设置热水回水管道，热水供应系统应保证干管和立管中的热水循环；

2 集中-分散供热水系统应设置热水回水管道，热水供应系统应保证干管、立管和支管中的热水循环；

3 分散供热水系统可根据用户的具体要求设置热水回水管道。

4.4 系 统 设 计

4.4.1 系统设计应遵循节水节能、经济实用、安全简便、便于计量的原则；根据建筑形式、辅助能源种类和热水需求等条件，宜按本规范表 4.2.6 选择太阳能热水系统。

4.4.2 系统集热器总面积计算宜符合下列规定：

1 直接系统集热器总面积可根据用户的每日用水量和用水温度确定，按下式计算：

$$A_c = \frac{Q_w C_w (t_{end} - t_i) f}{J_T \eta_{cd} (1 - \eta_L)} \quad (4.4.2-1)$$

式中 A_c——直接系统集热器总面积，m^2；

Q_w——日均用水量，kg；

C_w——水的定压比热容，kJ/(kg·℃)；

t_{end}——贮水箱内水的设计温度，℃；

t_i——水的初始温度，℃；

J_T——当地集热器采光面上的年平均日太阳辐照量，kJ/m^2；

f——太阳能保证率，％；根据系统使用期内的太阳辐照、系统经济性及用户要求等因素综合考虑后确定，宜为 30％～80％；

η_{cd}——集热器的年平均集热效率；根据经验取值宜为 0.25～0.50，具体取值应根据集热器产品的实际测试结果而定；

η_L——贮水箱和管路的热损失率；根据经验取值宜为 0.20～0.30；

2 间接系统集热器总面积可按下式计算：

$$A_{IN} = A_c \cdot \left(1 + \frac{F_R U_L \cdot A_c}{U_{hx} \cdot A_{hx}} \right) \quad (4.4.2-2)$$

式中 A_{IN}——间接系统集热器总面积，m^2；

$F_R U_L$——集热器总热损系数，W/(m^2·℃)；

对平板型集热器，$F_R U_L$ 宜取 4～6 W/(m^2·℃)；

对真空管集热器，$F_R U_L$ 宜取 1～2W/(m^2·℃)；

具体数值应根据集热器产品的实际测试结果而定；

U_{hx}——换热器传热系数，W/(m^2·℃)；

A_{hx}——换热器换热面积，m^2。

4.4.3 集热器倾角应与当地纬度一致；如系统侧重在夏季使用，其倾角宜为当地纬度减 10°；如系统侧重在冬季使用，其倾角宜为当地纬度加 10°；全玻璃真空管东西向水平放置的集热器倾角可适当减少。主要城市纬度见本规范附录 A。

4.4.4 集热器总面积有下列情况，可按补偿方式确定，但补偿面积不得超过本规范第 4.4.2 条计算结果的一倍：

1 集热器朝向受条件限制，南偏东、南偏西或向东、向西时；

2 集热器在坡屋面上受条件限制，倾角与本规范第 4.4.3 条规定偏差较大时。

4.4.5 当按本规范第 4.4.2 条计算得到系统集热器总面积，在建筑围护结构表面不够安装时，可按围护结构表面最大容许安装面积确定系统集热器总面积。

4.4.6 贮水箱容积的确定应符合下列要求：

1 集中供热水系统的贮水箱容积应根据日用热水小时变化曲线及太阳能集热系统的供热能力和运行规律，以及常规能源辅助加热装置的工作制度、加热特性和自动温度控制装置等因素按积分曲线计算确定；

2 间接系统太阳能集热器产生的热用作容积式水加热器或加热水箱时，贮水箱的贮热量应符合表 4.4.6 的要求。

表 4.4.6 贮水箱的贮热量

加热设备	以蒸汽或95℃以上高温水为热媒		以≤95℃高温水为热媒	
	公共建筑	居住建筑	公共建筑	居住建筑
容积式水加热器或加热水箱	≥30minQ_h	≥45minQ_h	≥60minQ_h	≥90minQ_h

注：Q_h 为设计小时耗热量（W）。

4.4.7 太阳能集热器设置在平屋面上，应符合下列要求：

1 对朝向为正南、南偏东或南偏西不大于 30°的建筑，集热器可朝南设置，或与建筑同向设置。

2 对朝向南偏东或南偏西大于 30°的建筑，集热器宜朝南设置或南偏东、南偏西小于 30°设置。

3 对受条件限制，集热器不能朝南设置的建筑，集热器可朝南偏东、南偏西或朝东、朝西设置。

4 水平放置的集热器可不受朝向的限制。

5 集热器应便于拆装移动。

6 集热器与遮光物或集热器前后排间的最小距

离可按下式计算：

$$D = H \times \cot \alpha_s \qquad (4.4.7)$$

式中　D——集热器与遮光物或集热器前后排间的最小距离，m；

H——遮光物最高点与集热器最低点的垂直距离，m；

α_s——太阳高度角，度（°）；

对季节性使用的系统，宜取当地春秋分正午12时的太阳高度角；

对全年性使用的系统，宜取当地冬至日正午12时的太阳高度角。

7　集热器可通过并联、串联和串并联等方式连接成集热器组，并应符合下列要求：

　　1）对自然循环系统，集热器组中集热器的连接宜采用并联。平板型集热器的每排并联数目不宜超过16个。

　　2）全玻璃真空管东西向放置的集热器，在同一斜面上多层布置时，串联的集热器不宜超过3个（每个集热器联集箱长度不大于2m）。

　　3）对自然循环系统，每个系统全部集热器的数目不宜超过24个。大面积自然循环系统，可分成若干个子系统，每个子系统中并联集热器数目不宜超过24个。

8　集热器之间的连接应使每个集热器的传热介质流入路径与回流路径的长度相同。

9　在平屋面上宜设置集热器检修通道。

4.4.8　太阳能集热器设置在坡屋面上，应符合下列要求：

　　1　集热器可设置在南向、南偏东、南偏西或朝东、朝西建筑坡屋面上；

　　2　坡屋面上的集热器应采用顺坡嵌入设置或顺坡架空设置；

　　3　作为屋面板的集热器应安装在建筑承重结构上；

　　4　作为屋面板的集热器所构成的建筑坡屋面在刚度、强度、热工、锚固、防护功能上应按建筑围护结构设计。

4.4.9　太阳能集热器设置在阳台上，应符合下列要求：

　　1　对朝南、南偏东、南偏西或朝东、朝西的阳台，集热器可设置在阳台栏板上或构成阳台栏板；

　　2　低纬度地区设置在阳台栏板上的集热器和构成阳台栏板的集热器应有适当的倾角；

　　3　构成阳台栏板的集热器，在刚度、强度、高度、锚固和防护功能上应满足建筑设计要求。

4.4.10　太阳能集热器设置在墙面上，应符合下列要求：

　　1　在高纬度地区，集热器可设置在建筑的朝南、南偏东、南偏西或朝东、朝西的墙面上，或直接构成建筑墙面；

　　2　在低纬度地区，集热器可设置在建筑南偏东、南偏西或朝东、朝西墙面上，或直接构成建筑墙面；

　　3　构成建筑墙面的集热器，其刚度、强度、热工、锚固、防护功能应满足建筑围护结构设计要求。

4.4.11　嵌入建筑屋面、阳台、墙面或建筑其他部位的太阳能集热器，应满足建筑围护结构的承载、保温、隔热、隔声、防水、防护等功能。

4.4.12　架空在建筑屋面和附着在阳台或墙面上的太阳能集热器，应具有相应的承载能力、刚度、稳定性和相对于主体结构的位移能力。

4.4.13　**安装在建筑上或直接构成建筑围护结构的太阳能集热器，应有防止热水渗漏的安全保障设施。**

4.4.14　选择太阳能集热器的耐压要求应与系统的工作压力相匹配。

4.4.15　在使用平板型集热器的自然循环系统中，贮水箱的下循环管应比集热器的上循环管高0.3m以上。

4.4.16　系统的循环管路和取热水管路设计应符合下列要求：

　　1　集热器循环管路应有0.3%～0.5%的坡度；

　　2　在自然循环系统中，应使循环管路朝贮水箱方向有向上坡度，不得有反坡；

　　3　在有水回流的防冻系统中，管路的坡度应使系统中的水自动回流，不应积存；

　　4　在循环管路中，易发生气塞的位置应设有吸气阀；当采用防冻液作为传热工质时，宜使用手动排气阀。需要排空和防冻回流的系统应设有吸气阀；在系统各回路及系统需要防冻排空部分的管路的最低点及易积存的位置应有排空阀；

　　5　在强迫循环系统的管路上，宜设有防止传热工质夜间倒流散热的单向阀；

　　6　间接系统的循环管路上应设膨胀箱。闭式间接系统的循环管路上同时还应设有压力安全阀和压力表，不应设有单向阀和其他可关闭的阀门；

　　7　当集热器阵列为多排或多层集热器组并联时，每排或每层集热器组的进出口管道，应设辅助阀门；

　　8　在自然循环和强迫循环系统中宜采用顶水法获取热水。浮球阀可直接安装在贮水箱中，也可安装在小补水箱中；

　　9　设在贮水箱中的浮球阀应采用金属或耐温高于100℃的其他材质浮球，浮球阀的通径应能满足取水流量的要求；

　　10　直流式系统应采用落水法取热水；

　　11　各种取热水管路系统应按1.0m/s的设计流速选取管径。

4.4.17　系统计量宜按照现行国家标准《建筑给水排水设计规范》GB 50015中有关规定执行，并应按具体工程设置冷、热水表。

4.4.18 系统控制应符合下列要求：

　　1 强制循环系统宜采用温差控制；

　　2 直流式系统宜采用定温控制；

　　3 直流式系统的温控器应有水满自锁功能；

　　4 集热器用传感器应能承受集热器的最高空晒温度，精度为±2℃；贮水箱用传感器应能承受100℃，精度为±2℃。

4.4.19 太阳能集热器支架的刚度、强度、防腐蚀性能应满足安全要求，并应与建筑牢固连接。

4.4.20 太阳能热水系统使用的金属管道、配件、贮水箱及其他过水设备材质，应与建筑给水管道材质相容。

4.4.21 太阳能热水系统采用的泵、阀应采取减振和隔声措施。

5 规划和建筑设计

5.1 一般规定

5.1.1 应用太阳能热水系统的民用建筑规划设计，应综合考虑场地条件、建筑功能、周围环境等因素；在确定建筑布局、朝向、间距、群体组合和空间环境时，应结合建设地点的地理、气候条件，满足太阳能热水系统设计和安装的技术要求。

5.1.2 应用太阳能热水系统的民用建筑，太阳能热水系统类型的选择，应根据建筑物的使用功能、热水供应方式、集热器安装位置和系统运行方式等因素，经综合技术经济比较确定。

5.1.3 太阳能集热器安装在建筑屋面、阳台、墙面或建筑其他部位，不得影响该部位的建筑功能，并应与建筑协调一致，保持建筑统一和谐的外观。

5.1.4 建筑设计应为太阳能热水系统的安装、使用、维护、保养等提供必要的条件。

5.1.5 太阳能热水系统的管线不得穿越其他用户的室内空间。

5.2 规划设计

5.2.1 安装太阳能热水系统的建筑单体或建筑群体，主要朝向宜为南向。

5.2.2 建筑体形和空间组合应与太阳能热水系统紧密结合，并为接收较多的太阳能创造条件。

5.2.3 建筑物周围的环境景观与绿化种植，应避免对投射到太阳能集热器上的阳光造成遮挡。

5.3 建筑设计

5.3.1 太阳能热水系统的建筑设计应合理确定太阳能热水系统各组成部分在建筑中的位置，并应满足所在部位的防水、排水和系统检修的要求。

5.3.2 建筑的体形和空间组合应避免安装太阳能集热器部位受建筑自身及周围设施和绿化树木的遮挡，并应满足太阳能集热器有不少于4h日照时数的要求。

5.3.3 在安装太阳能集热器的建筑部位，应设置防止太阳能集热器损坏后部件坠落伤人的安全防护设施。

5.3.4 直接以太阳能集热器构成围护结构时，太阳能集热器除与建筑整体有机结合，并与建筑周围环境相协调外，还应满足所在部位的结构安全和建筑防护功能要求。

5.3.5 太阳能集热器不应跨越建筑变形缝设置。

5.3.6 设置太阳能集热器的平屋面应符合下列要求：

　　1 太阳能集热器支架应与屋面预埋件固定牢固，并应在地脚螺栓周围做密封处理；

　　2 在屋面防水层上放置集热器时，屋面防水层应包到基座上部，并在基座下部加设附加防水层；

　　3 集热器周围屋面、检修通道、屋面出入口和集热器之间的人行通道上部应铺设保护层；

　　4 太阳能集热器与贮水箱相连的管线需穿屋面时，应在屋面预留防水套管，并对其与屋面相接处进行防水密封处理。防水套管应在屋面防水层施工前埋设完毕。

5.3.7 设置太阳能集热器的坡屋面应符合下列要求：

　　1 屋面的坡度宜结合太阳能集热器接收阳光的最佳倾角即当地纬度±10°来确定；

　　2 坡屋面上的集热器宜采用顺坡镶嵌设置或顺坡架空设置；

　　3 设置在坡屋面的太阳能集热器的支架应与埋设在屋面板上的预埋件牢固连接，并采取防水构造措施；

　　4 太阳能集热器与坡屋面结合处雨水的排放应通畅；

　　5 顺坡镶嵌在坡屋面上的太阳能集热器与周围屋面材料连接部位应做好防水构造处理；

　　6 太阳能集热器顺坡镶嵌在坡屋面上，不得降低屋面整体的保温、隔热、防水等功能；

　　7 顺坡架空在坡屋面上的太阳能集热器与屋面间空隙不宜大于100mm；

　　8 坡屋面上太阳能集热器与贮水箱相连的管线需穿过坡屋面时，应预埋相应的防水套管，并在屋面防水层施工前埋设完毕。

5.3.8 设置太阳能集热器的阳台应符合下列要求：

　　1 设置在阳台栏板上的太阳能集热器支架应与阳台栏板上的预埋件牢固连接；

　　2 由太阳能集热器构成的阳台栏板，应满足其刚度、强度及防护功能要求。

5.3.9 设置太阳能集热器的墙面应符合下列要求：

　　1 低纬度地区设置在墙面上的太阳能集热器宜有适当的倾角；

2 设置太阳能集热器的外墙除应承受集热器荷载外，还应对安装部位可能造成的墙体变形、裂缝等不利因素采取必要的技术措施；

3 设置在墙面的集热器支架应与墙面上的预埋件连接牢固，必要时在预埋件处增设混凝土构造柱，并应满足防腐要求；

4 设置在墙面的集热器与贮水箱相连的管线需穿过墙面时，应在墙面预埋防水套管。穿墙管线不宜设在结构柱处；

5 太阳能集热器镶嵌在墙面时，墙面装饰材料的色彩、分格宜与集热器协调一致。

5.3.10 贮水箱的设置应符合下列要求：

1 贮水箱宜布置在室内；

2 设置贮水箱的位置应具有相应的排水、防水措施；

3 贮水箱上方及周围应有安装、检修空间，净空不宜小于 600mm。

5.4 结 构 设 计

5.4.1 建筑的主体结构或结构构件，应能够承受太阳能热水系统传递的荷载和作用。

5.4.2 太阳能热水系统的结构设计应为太阳能热水系统安装埋设预埋件或其他连接件。连接件与主体结构的锚固承载力设计值应大于连接件本身的承载力设计值。

5.4.3 安装在屋面、阳台、墙面的太阳能集热器与建筑主体结构通过预埋件连接，预埋件应在主体结构施工时埋入，预埋件的位置应准确；当没有条件采用预埋件连接时，应采用其他可靠的连接措施，并通过试验确定其承载力。

5.4.4 轻质填充墙不应作为太阳能集热器的支承结构。

5.4.5 太阳能热水系统与主体结构采用后加锚栓连接时，应符合下列规定：

1 锚栓产品应有出厂合格证；

2 碳素钢锚栓应经过防腐处理；

3 应进行承载力现场试验，必要时应进行极限拉拔试验；

4 每个连接节点不应少于 2 个锚栓；

5 锚栓直径应通过承载力计算确定，并不应小于 10mm；

6 不宜在与化学锚栓接触的连接件上进行焊接操作；

7 锚栓承载力设计值不应大于其极限承载力的 50%。

5.4.6 太阳能热水系统结构设计应计算下列作用效应：

1 非抗震设计时，应计算重力荷载和风荷载效应；

2 抗震设计时，应计算重力荷载、风荷载和地震作用效应。

5.5 给水排水设计

5.5.1 太阳能热水系统的给水排水设计应符合现行国家标准《建筑给水排水设计规范》GB 50015 的规定。

5.5.2 太阳能集热器面积应根据热水用量、建筑允许的安装面积、当地的气象条件、供水水温等因素综合确定。

5.5.3 太阳能热水系统的给水应对超过有关标准的原水做水质软化处理。

5.5.4 当使用生活饮用水箱作为给集热器的一次水补水时，生活饮用水水箱的位置应满足集热器一次水补水所需水压的要求。

5.5.5 热水设计水温的选择，应充分考虑太阳能热水系统的特殊性，宜按现行国家标准《建筑给水排水设计规范》GB 50015 中推荐温度中选用下限温度。

5.5.6 太阳能热水系统的设备、管道及附件的设置应按现行国家标准《建筑给水排水设计规范》GB 50015 中有关规定执行。

5.5.7 太阳能热水系统的管线应有组织布置，做到安全、隐蔽、易于检修。新建工程竖向管线宜布置在竖向管道井中，在既有建筑上增设太阳能热水系统或改造太阳能热水系统应做到走向合理，不影响建筑使用功能及外观。

5.5.8 在太阳能集热器附近宜设置用于清洁集热器的给水点。

5.6 电 气 设 计

5.6.1 太阳能热水系统的电气设计应满足太阳能热水系统用电负荷和运行安全要求。

5.6.2 太阳能热水系统中所使用的电器设备应有剩余电流保护、接地和断电等安全措施。

5.6.3 系统应设专用供电回路，内置加热系统回路应设置剩余电流动作保护装置，保护动作电流值不得超过 30mA。

5.6.4 太阳能热水系统电器控制线路应穿管暗敷，或在管道井中敷设。

6 太阳能热水系统安装

6.1 一 般 规 定

6.1.1 太阳能热水系统的安装应符合设计要求。

6.1.2 太阳能热水系统的安装应单独编制施工组织设计，并应包括与主体结构施工、设备安装、装饰装修的协调配合方案及安全措施等内容。

6.1.3 太阳能热水系统安装前应具备下列条件：

1 设计文件齐备，且已审查通过；

2 施工组织设计及施工方案已经批准；

3 施工场地符合施工组织设计要求；

4 现场水、电、场地、道路等条件能满足正常施工需要；

5 预留基座、孔洞、预埋件和设施符合设计图纸，并已验收合格；

6 既有建筑经结构复核或法定检测机构同意安装太阳能热水系统的鉴定文件。

6.1.4 进场安装的太阳能热水系统产品、配件、材料及其性能、色彩等应符合设计要求，且有产品合格证。

6.1.5 太阳能热水系统安装不应损坏建筑物的结构；不应影响建筑物在设计使用年限内承受各种荷载的能力；不应破坏屋面防水层和建筑物的附属设施。

6.1.6 安装太阳能热水系统时，应对已完成土建工程的部位采取保护措施。

6.1.7 太阳能热水系统在安装过程中，产品和物件的存放、搬运、吊装不应碰撞和损坏；半成品应妥善保护。

6.1.8 分散供热水系统的安装不得影响其他住户的使用功能要求。

6.1.9 太阳能热水系统安装应由专业队伍或经过培训并考核合格的人员完成。

6.2 基　　座

6.2.1 太阳能热水系统基座应与建筑主体结构连接牢固。

6.2.2 预埋件与基座之间的空隙，应采用细石混凝土填捣密实。

6.2.3 在屋面结构层上现场施工的基座完工后，应做防水处理，并应符合现行国家标准《屋面工程质量验收规范》GB 50207 的要求。

6.2.4 采用预制的集热器支架基座应摆放平稳、整齐，并应与建筑连接牢固，且不得破坏屋面防水层。

6.2.5 钢基座及混凝土基座顶面的预埋件，在太阳能热水系统安装前应涂防腐涂料，并妥善保护。

6.3 支　　架

6.3.1 太阳能热水系统的支架及其材料应符合设计要求。钢结构支架的焊接应符合现行国家标准《钢结构工程施工质量验收规范》GB 50205 的要求。

6.3.2 支架应按设计要求安装在主体结构上，位置准确，与主体结构固定牢靠。

6.3.3 根据现场条件，支架应采取抗风措施。

6.3.4 **支承太阳能热水系统的钢结构支架应与建筑物接地系统可靠连接。**

6.3.5 钢结构支架焊接完毕，应做防腐处理。防腐施工应符合现行国家标准《建筑防腐蚀工程施工及验收规范》GB 50212 和《建筑防腐蚀工程质量检验评定标准》GB 50224 的要求。

6.4 集 热 器

6.4.1 集热器安装倾角和定位应符合设计要求，安装倾角误差为±3°。集热器应与建筑主体结构或集热器支架牢靠固定，防止滑脱。

6.4.2 集热器与集热器之间的连接应按照设计规定的连接方式连接，且密封可靠，无泄漏，无扭曲变形。

6.4.3 集热器之间的连接件，应便于拆卸和更换。

6.4.4 集热器连接完毕，应进行检漏试验，检漏试验应符合设计要求与本规范第 6.9 节的规定。

6.4.5 集热器之间连接管的保温应在检漏试验合格后进行。保温材料及其厚度应符合现行国家标准《工业设备及管道绝热工程质量检验评定标准》GB 50185 的要求。

6.5 贮 水 箱

6.5.1 贮水箱应与底座固定牢靠。

6.5.2 用于制作贮水箱的材质、规格应符合设计要求。

6.5.3 钢板焊接的贮水箱，水箱内外壁均应按设计要求做防腐处理。内壁防腐材料应卫生、无毒，且应能承受所贮存热水的最高温度。

6.5.4 贮水箱的内箱应做接地处理，接地应符合现行国家标准《电气装置安装工程接地装置施工及验收规范》GB 50169 的要求。

6.5.5 贮水箱应进行检漏试验，试验方法应符合设计要求和本规范第 6.9 节的规定。

6.5.6 贮水箱保温应在检漏试验合格后进行。水箱保温应符合现行国家标准《工业设备及管道绝热工程质量检验评定标准》GB 50185 的要求。

6.6 管　　路

6.6.1 太阳能热水系统的管路安装应符合现行国家标准《建筑给水排水及采暖工程施工质量验收规范》GB 50242 的相关要求。

6.6.2 水泵应按照厂家规定的方式安装，并应符合现行国家标准《压缩机、风机、泵安装工程施工及验收规范》GB 50275 的要求。水泵周围应留有检修空间，并应做好接地保护。

6.6.3 安装在室外的水泵，应采取妥当的防雨保护措施。严寒地区和寒冷地区必须采取防冻措施。

6.6.4 电磁阀应水平安装，阀前应加装细网过滤器，阀后应加装调压作用明显的截止阀。

6.6.5 水泵、电磁阀、阀门的安装方向应正确，不得反装，并应便于更换。

6.6.6 承压管路和设备应做水压试验；非承压管路

和设备应做灌水试验。试验方法应符合设计要求和本规范第 6.9 节的规定。

6.6.7 管路保温应在水压试验合格后进行，保温应符合现行国家标准《工业设备及管道绝热工程质量检验评定标准》GB 50185 的要求。

6.7 辅助能源加热设备

6.7.1 直接加热的电热管的安装应符合现行国家标准《建筑电气安装工程施工质量验收规范》GB 50303 的相关要求。

6.7.2 供热锅炉及辅助设备的安装应符合现行国家标准《建筑给水排水及采暖工程施工质量验收规范》GB 50242 的相关要求。

6.8 电气与自动控制系统

6.8.1 电缆线路施工应符合现行国家标准《电气装置安装工程电缆线路施工及验收规范》GB 50168 的规定。

6.8.2 其他电气设施的安装应符合现行国家标准《建筑电气工程施工质量验收规范》GB 50303 的相关规定。

6.8.3 所有电气设备和与电气设备相连接的金属部件应做接地处理。电气接地装置的施工应符合现行国家标准《电气装置安装工程接地装置施工及验收规范》GB 50169 的规定。

6.8.4 传感器的接线应牢固可靠，接触良好。接线盒与套管之间的传感器屏蔽线应做二次防护处理，两端应做防水处理。

6.9 水压试验与冲洗

6.9.1 太阳能热水系统安装完毕后，在设备和管道保温之前，应进行水压试验。

6.9.2 各种承压管路系统和设备应做水压试验，试验压力应符合设计要求。非承压管路系统和设备应做灌水试验。当设计未注明时，水压试验和灌水试验，应按现行国家标准《建筑给水排水及采暖工程施工质量验收规范》GB 50242 的相关要求进行。

6.9.3 当环境温度低于 0℃ 进行水压试验时，应采取可靠的防冻措施。

6.9.4 系统水压试验合格后，应对系统进行冲洗直至排出的水不浑浊为止。

6.10 系 统 调 试

6.10.1 系统安装完毕投入使用前，必须进行系统调试。具备使用条件时，系统调试应在竣工验收阶段进行；不具备使用条件时，经建设单位同意，可延期进行。

6.10.2 系统调试应包括设备单机或部件调试和系统联动调试。

6.10.3 设备单机或部件调试应包括水泵、阀门、电磁阀、电气及自动控制设备、监控显示设备、辅助能源加热设备等调试。调试应包括下列内容：

　　1 检查水泵安装方向。在设计负荷下连续运转 2h，水泵应工作正常，无渗漏，无异常振动和声响，电机电流和功率不超过额定值，温度在正常范围内；

　　2 检查电磁阀安装方向。手动通断试验时，电磁阀应开启正常，动作灵活，密封严密；

　　3 温度、温差、水位、光照控制、时钟控制等仪表应显示正常，动作准确；

　　4 电气控制系统应达到设计要求的功能，控制动作准确可靠；

　　5 剩余电流保护装置动作应准确可靠；

　　6 防冻系统装置、超压保护装置、过热保护装置等应工作正常；

　　7 各种阀门应开启灵活，密封严密；

　　8 辅助能源加热设备应达到设计要求，工作正常。

6.10.4 设备单机或部件调试完成后，应进行系统联动调试。系统联动调试应包括下列主要内容：

　　1 调整水泵控制阀门；

　　2 调整电磁阀控制阀门，电磁阀的阀前阀后压力应处在设计要求的压力范围内；

　　3 温度、温差、水位、光照、时间等控制仪的控制区间或控制点应符合设计要求；

　　4 调整各个分支回路的调节阀门，各回路流量应平衡；

　　5 调试辅助能源加热系统，应与太阳能加热系统相匹配。

6.10.5 系统联动调试完成后，系统应连续运行 72h，设备及主要部件的联动必须协调，动作正确，无异常现象。

7 太阳能热水系统验收

7.1 一 般 规 定

7.1.1 太阳能热水系统验收应根据其施工安装特点进行分项工程验收和竣工验收。

7.1.2 太阳能热水系统验收前，应在安装施工中完成下列隐蔽工程的现场验收：

　　1 预埋件或后置锚栓连接件；

　　2 基座、支架、集热器四周与主体结构的连接节点；

　　3 基座、支架、集热器四周与主体结构之间的封堵；

　　4 系统的防雷、接地连接节点。

7.1.3 太阳能热水系统验收前，应将工程现场清理干净。

7.1.4 分项工程验收应由监理工程师（或建设单位项目技术负责人）组织施工单位项目专业技术（质量）负责人等进行验收。

7.1.5 太阳能热水系统完工后，施工单位应自行组织有关人员进行检验评定，并向建设单位提交竣工验收申请报告。

7.1.6 建设单位收到工程竣工验收申请报告后，应由建设单位（项目）负责人组织设计、施工、监理等单位（项目）负责人联合进行竣工验收。

7.1.7 所有验收应做好记录，签署文件，立卷归档。

7.2 分项工程验收

7.2.1 分项工程验收宜根据工程施工特点分期进行。

7.2.2 对影响工程安全和系统性能的工序，必须在本工序验收合格后才能进入下一道工序的施工。这些工序包括以下部分：

　　1 在屋面太阳能热水系统施工前，进行屋面防水工程的验收；

　　2 在贮水箱就位前，进行贮水箱承重和固定基座的验收；

　　3 在太阳能集热器支架就位前，进行支架承重和固定基座的验收；

　　4 在建筑管道井封口前，进行预留管路的验收；

　　5 太阳能热水系统电气预留管线的验收；

　　6 在贮水箱进行保温前，进行贮水箱检漏的验收；

　　7 在系统管路保温前，进行管路水压试验；

　　8 在隐蔽工程隐蔽前，进行施工质量验收。

7.2.3 从太阳能热水系统取出的热水应符合国家现行标准《城市供水水质标准》CJ/T 206 的规定。

7.2.4 系统调试合格后，应进行性能检验。

7.3 竣 工 验 收

7.3.1 工程移交用户前，应进行竣工验收。竣工验收应在分项工程验收或检验合格后进行。

7.3.2 竣工验收应提交下列资料：

　　1 设计变更证明文件和竣工图；

　　2 主要材料、设备、成品、半成品、仪表的出厂合格证明或检验资料；

　　3 屋面防水检漏记录；

　　4 隐蔽工程验收记录和中间验收记录；

　　5 系统水压试验记录；

　　6 系统水质检验记录；

　　7 系统调试和试运行记录；

　　8 系统热性能检验记录；

　　9 工程使用维护说明书。

附录 A 主要城市纬度表

表 A　主要城市纬度表

城　市	纬　度	城　市	纬　度	城　市	纬　度
北　京	39°57′	丹　东	40°03′	常　州	31°46′
天　津	39°08′	锦　州	41°08′	无　锡	31°35′
石家庄	38°02′	阜　新	42°02′	苏　州	31°21′
承　德	40°58′	营　口	40°40′	扬　州	32°15′
邢　台	37°04′	长　春	43°53′	杭　州	30°15′
保　定	38°51′	吉　林	43°52′	宁　波	29°54′
张家口	40°47′	四　平	43°11′	温　州	28°01′
秦皇岛	39°56′	通　化	41°41′	合　肥	31°53′
太　原	37°51′	哈尔滨	45°45′	蚌　埠	32°56′
大　同	40°06′	齐齐哈尔	47°20′	芜　湖	31°20′
阳　泉	37°51′	牡丹江	44°35′	安　庆	30°32′
长　治	36°12′	大　庆	46°23′	福　州	26°05′
呼和浩特	40°49′	佳木斯	46°49′	厦　门	24°27′
包　头	40°36′	伊　春	47°43′	莆　田	25°26′
沈　阳	41°46′	上　海	31°12′	三　明	26°16′
大　连	38°54′	南　京	32°04′	南　昌	28°40′
鞍　山	41°07′	连云港	34°36′	九　江	29°43′
本　溪	41°06′	徐　州	34°16′	景德镇	29°18′

城　市	纬　度	城　市	纬　度	城　市	纬　度
鹰潭	28°18′	株洲	27°52′	攀枝花	26°30′
济南	36°42′	衡阳	26°53′	贵阳	26°34′
青岛	36°04′	岳阳	29°23′	昆明	25°02′
烟台	37°32′	广州	23°00′	东川	26°06′
济宁	36°26′	汕头	23°21′	拉萨	29°43′
淄博	36°50′	湛江	21°13′	日喀则	29°20′
潍坊	36°42′	茂名	21°39′	阿里	32°30′
郑州	34°43′	深圳	22°33′	西安	34°15′
洛阳	34°40′	珠海	22°17′	宝鸡	34°21′
开封	34°50′	海口	20°02′	兰州	36°01′
焦作	35°14′	南宁	22°48′	天水	34°35′
安阳	36°00′	桂林	25°20′	白银	36°34′
平顶山	33°43′	柳州	24°20′	敦煌	40°09′
武汉	30°38′	梧州	23°29′	西宁	36°35′
黄石	30°15′	北海	21°29′	银川	38°25′
宜昌	30°42′	成都	30°40′	乌鲁木齐	43°47′
沙市	30°52′	重庆	29°36′	哈密	42°49′
长沙	28°11′	自贡	29°24′	吐鲁番	42°56′

本规范用词说明

1 为便于在执行本规范条文时区别对待，对要求严格程度不同的用词说明如下：

1）表示很严格，非这样做不可的：

正面词采用"必须"，反面词采用"严禁"；

2）表示严格，在正常情况下均应这样做的：

正面词采用"应"，反面词采用"不应"或"不得"；

3）表示允许稍有选择，在条件许可时首先应这样做的：

正面词采用"宜"，反面词采用"不宜"；

表示有选择，在一定条件下可以这样做的，采用"可"。

2 条文中指明应按其他有关标准执行的写法为："应符合……的规定"或"应按……执行"。

中华人民共和国国家标准

民用建筑太阳能热水系统应用技术规范

GB 50364—2005

条 文 说 明

前　言

《民用建筑太阳能热水系统应用技术规范》GB 50364—2005经建设部 2005 年 12 月 5 日以建设部第 394 号公告批准、发布。

为便于广大设计、施工、科研、学校等单位有关人员在使用本标准时能正确理解和执行条文规定，《民用建筑太阳能热水系统应用技术规范》编制组按章、节、条顺序编制了本标准的条文说明，供使用者参考。在使用中如发现本条文说明有不妥之处，请将意见函寄中国建筑设计研究院（地址：北京市西外车公庄大街 19 号；邮政编码：100044）。

目　次

1 总 则

1.0.1 随着我国经济的发展，能源需求出现了一个持续增长的态势。以煤炭为主的能源结构产生大量的污染物，给我国整体环境造成了巨大的污染。一次性能源为主的能源开发利用模式与生态环境矛盾的日益激化，使人类社会的可持续发展受到严峻挑战，迫使人们转向极具开发前景的可再生能源。大力开发利用新能源和可再生能源，是优化能源结构、改善环境、促进经济社会可持续发展的战略措施之一。

太阳能作为清洁能源，世界各国无不对太阳能利用予以相当的重视，以减少对煤、石油、天然气等不可再生能源的依赖。我国有丰富的太阳能资源，有2/3以上地区的年太阳辐照量超过 $5000MJ/m^2$，年日照时数在 2200h 以上。开发和利用丰富、广阔的太阳能，既是近期急需的能源补充，又是未来能源的基础。

近年来，太阳能热水器的推广和普及，取得了很好的节能效益。但是太阳能热水器的规格、尺寸、安装位置均属随意确定，在建筑上安装极为混乱，排列无序，管道无位置，承载防风、避雷等安全措施不健全，给城市景观、建筑的安全性带来不利影响。同时，太阳能热水系统绝大部分是季节使用，尚未真正成为稳定的建筑供热设备，所有这些都限制了太阳能热水器在建筑上的使用。太阳能热水系统与建筑结合，促进产业进步和产品更新，以适应建筑对太阳能热水器的需求，已成为未来太阳能产业发展的关键。太阳能产业界已越来越认识到太阳能热水系统与建筑结合是构架中国太阳能热水器市场的重要举措。

太阳能热水系统与建筑结合，就是把太阳能热水系统产品作为建筑构件安装，使其与建筑有机结合。不仅是外观、形式上的结合，重要的是技术质量的结合。同时要有相关的设计、安装、施工与验收标准，从技术标准的高度解决太阳能热水系统与建筑结合问题，这是太阳能热水系统在建筑领域得到广泛应用、促进太阳能产业快速发展的关键。

随着太阳能热水系统与建筑结合技术的发展，人们需要的是不论是外观上还是整体上都能同建筑与周围环境协调、风格统一、安全可靠、性能稳定、布局合理的太阳能热水系统。

1.0.2 本条规定了本规范的适用范围。

民用建筑是供人们居住和进行公共活动的建筑总称。民用建筑按使用功能分为两大类：居住建筑和公共建筑，其分类和举例见表1。

表1 民用建筑分类

分类	建筑类别	建筑物举例
居住建筑	住宅建筑	住宅、公寓、老年公寓、别墅等
	宿舍建筑	职工宿舍、职工公寓、学生宿舍、学生公寓等
公共建筑	教育建筑	托儿所、幼儿园、中小学校、中等专业学校、高等院校、职业学校、特殊教育学校等
	办公建筑	行政办公楼、专业办公楼、商务办公楼等
	科学研究建筑	实验室、科研楼、天文台（站）等
	文化娱乐建筑	图书馆、博物馆、档案馆、文化馆、展览馆、剧院、电影院、音乐厅、海洋馆、游乐场、歌舞厅等
	商业服务建筑	商场、超级市场、菜市场、旅馆、餐馆、洗浴中心、美容中心、银行、邮政、电信、殡仪馆等
	体育建筑	体育场、体育馆、游泳馆、健身房等
	医疗建筑	综合医院、专科医院、社区医疗所、康复中心、急救中心、疗养院等
	交通建筑	汽车客运站、港口客运站、铁路旅客站、空港航站楼、城市轨道客运站、停车库等
	政法建筑	公安局、检察院、法院、派出所、监狱、看守所、海关、检查站等
	纪念建筑	纪念碑、纪念馆、纪念塔、故居等
	园林景观建筑	公园、动物园、植物园、旅游景点建筑、城市和居民区建筑小品等
	宗教建筑	教堂、清真寺、寺庙等

对于城镇中新建、扩建和改建的民用建筑要解决太阳能热水系统与建筑结合的问题。无论采用分散的太阳能集热器和分散的贮水箱向各个用户提供热水的分散供热水系统，或采用集中的太阳能集热器和集中的贮水箱向多个用户提供热水的集中供热水系统，还是采用集中的太阳能集热器和分散的贮水箱向部分建筑或单个用户提供热水的集中-分散供热水系统，都需要从建筑设计开始，考虑设计、安装太阳能热水系统，包括外观上的协调、结构集成、布局和管线系统等方面做到同时设计，同时施工安装。

我国人口众多，多层和高层建筑是住宅发展的主流，要使太阳能热水系统与建筑真正结合必须逐步改变现在为每家每户单独安装太阳能热水系统的做法，代之以在每栋建筑上安装大型、综合的太阳能热水系统，统一向各家各户供应热水，并实行计量收费。该综合系统包括太阳集热系统和热水供应系统。

从发展趋势看，新建建筑集成太阳能热水系统，太阳能集热器的成本也会降低，建筑结构也会更好，太阳能热水系统与建筑结合将成为安装太阳能热水系统的标准。

本规范正是从技术的角度解决太阳能热水系统产品符合与建筑结合的问题及建筑设计适合太阳能热水系统设备和部件在建筑上应用的问题。这些技术内容同样也适用于既有建筑中要增设太阳能热水系统及对既有建筑中已安装太阳能热水系统进行更换、改造。

1.0.3 虽然国家颁布了有关太阳能热水器产品的技术条件和试验方法以及太阳能热水系统的设计、安装、验收的国家标准和行业标准，但这些标准主要针对热水器本身的效率、性能进行评价，而缺少建筑对热水器设计、生产和安装的技术要求，致使当前太阳能热水器的设计、生产与建筑脱节，太阳能热水器产品往往自成系统，作为后置设备在建筑上安装和使用，即便是新建建筑物考虑了太阳能热水器，也是简单的叠加安装，必然对本来是完整的建筑形象和构件造成一定程度的损害，同时其设置位置和管线布置也难以与建筑平面功能及空间布局相协调，安全性也受到影响。

没有建筑师的积极参与，不能从建筑设计之初就考虑太阳能热水系统应用，并为设备安装提供方便，使得太阳能热水系统在建筑上不能得到有效的应用，为此必须将太阳能热水系统纳入民用建筑规划和建筑设计中，统一规划、同步设计、同步施工验收，与建筑工程同时投入使用。

太阳能热水系统与建筑结合应包括以下四个方面：

在外观上，实现太阳能热水系统与建筑完美结合，合理布置太阳能集热器。无论在屋顶、阳台或在墙面都要使太阳能集热器成为建筑的一部分，实现两者的协调和统一。

在结构上，妥善解决太阳能热水系统的安装问题，确保建筑物的承重、防水等功能不受影响，还应充分考虑太阳能集热器抵御强风、暴雪、冰雹等的能力。

在管路布置上，合理布置太阳能循环管路以及冷热水供应管路，尽量减少热水管路的长度，建筑上事先留出所有管路的接口、通道。

在系统运行上，要求系统可靠、稳定、安全，易于安装、检修、维护，合理解决太阳能与辅助能源加热设备的匹配，尽可能实现系统的智能化和自动控制。

以上四方面均需要将太阳能热水系统纳入到建筑设计中，统一规划、同步设计、合理布局。

1.0.4 改造既有建筑上安装的太阳能热水系统和在既有建筑上增设太阳能热水系统，首先房屋必须经结构复核或法定的房屋检测单位检测确定可以实施后，再由有资质的建筑设计单位进行太阳能热水系统设计。

在既有建筑上增设太阳能热水系统，可结合建筑的平屋面改坡屋面同时进行。

1.0.5 太阳能热水系统由集热器、贮水箱、连接管线、控制系统以及使用的辅助能源组成。太阳能集热器有真空管（全玻璃真空管和热管真空管）和平板型两种类型。在材料、技术要求以及设计、安装、验收方面，均有产品的国家标准，因此，太阳能热水系统产品应符合这些标准要求。

太阳能热水系统在民用建筑上应用是综合技术，其设计、安装、验收涉及到太阳能和建筑两个行业，与之密切相关的还有下列国家标准：《住宅设计规范》、《屋面工程质量验收规范》、《建筑给水排水设计规范》、《建筑物防雷设计规范》等，其相关的规定也应遵守，尤其是强制性条文。

2 术　语

本规范中的术语包括建筑工程和太阳能热利用两方面。主要引自《民用建筑设计通则》GB 50352—2005 和《太阳能热利用术语》GB/T 12936—1991。虽然在上述标准中都出现过这类术语，考虑到太阳能热水系统在建筑上应用并与建筑结合是一项系统工程，需要建筑界与太阳能界密切配合，共同完成，这就需要建筑设计人员认识掌握太阳能热利用方面的知识，而太阳能热水系统研发、设计和生产人员也要了解建筑知识。为方便各方能更好地理解和使用本规范，规范编制组做了集中归纳和整理，编入规范中。

2.0.4、2.0.5 排水坡度一般小于 10% 的屋面为平屋面，大于等于 10% 的屋面为坡屋面。坡屋面的形式和坡度主要取决于建筑平面、结构形式、屋面材料、气候环境、风俗习惯和建筑造型等因素。一般坡屋面坡度小于等于 45°，也有大于 45°的陡坡屋面。常见的坡屋面形式有单坡屋面、双坡屋面、四坡屋面、曼莎屋面等。

2.0.17 集热器总面积是指整个集热器的最大投影面积。对平板型集热器而言，集热器总面积是集热器外壳的最大投影面积；对真空管集热器而言，集热器总面积是包括所有真空管、联集管、底托架、反射板等在内的最大投影面积。在计算集热器总面积时，不包括那些突出在集热器外壳或联集管之外的连接管道部分。

3 基 本 规 定

3.0.1 我国的太阳能资源非常丰富，全年太阳能辐照量在 3500MJ/m² 和日照时数在 2200h 以上的地区，占国土面积的 76%。即使在资源缺乏地区，也有一部分日照时数在 1200h 以上，因此，基本上都适合使用太阳能热水系统，而不必使用大量的燃气、燃煤和电力来提供生活热水。在提倡环境保护和节约能源的今天，应充分利用太阳能，即便是仅利用一部分。

在进行太阳能热水系统和建筑设计时，应根据建筑类型和使用要求，结合当地的太阳能资源和管理等要求，为使用者提供高品质的生活条件。

3.0.2 本条提出了太阳能热水系统设计要满足用户的使用要求和系统的安装、维护和局部更换的要求。根据太阳能热水系统的安装地点纬度、月均日辐照量、日照时间、环境温度等环境条件及日均用水量、用水方式、用水位置等用水情况确定。

3.0.3 太阳能集热器的类型与系统选用应与当地的太阳能资源、气候条件相适应，在保证系统全年安全稳定运行的前提下，应使所选太阳能集热器的性能价格比最优。

太阳能集热器的构造、形式应利于在建筑围护结构上安装并便于拆卸、维护、维修。

现阶段我国太阳能热水系统中主要使用全玻璃真空管集热器、热管真空管集热器和平板型集热器几种类型。集热器是太阳能热水系统中最关键的部件。平板型太阳能集热器具有集热效率高、使用寿命长、承压能力好、耐候性好、水质清洁、平整美观等特点。若就集热性能来说，真空管集热器在冬季要优于平板型集热器，春秋两季大体相同，而夏季平板型集热器占优。在我国目前的真空管集热器性价比基本与平板型集热器不相上下，而随着太阳能热水系统与建筑结合技术的发展，人们需要一种不论是外观上还是整体上都能与建筑和周围环境协调的，易于与建筑形成一体的太阳能集热器。

3.0.4 此条的规定是确保建筑结构安全。既有建筑情况复杂，结构类型多样，使用年限和建筑本身承载能力以及维护情况各不相同，改造和增设太阳能热水系统前，一定要经过结构复核，确定是否可改造或增设太阳能热水系统。结构复核可以由原建筑设计单位（或根据原施工图、竣工图、计算书等由其他有资质的建筑设计单位）进行或经法定的检测机构检测，确认能实施后，才可进行。否则，不能改建或增设。改造和增设太阳能热水系统的前提是不影响建筑物的质量和安全，安装符合技术规范和产品标准的太阳能热水系统。

3.0.5 建筑间距分正面间距和侧面间距两个方面。凡泛称的建筑间距，系指正面间距。决定建筑间距的因素很多，根据我国所处地理位置与气候条件，绝大部分地区只要满足日照要求，其他要求基本都能达到。仅少数地区如纬度低于北纬 25°的地区，则将通风、视线干扰等问题作为主要因素，因此，本规范所说的建筑间距，仍以满足日照要求为基础，综合考虑采光、通风、消防、管线埋设和视觉卫生与空间环境等要求为原则，这符合我国大多数地区的情况，也考虑了局部地区的其他制约因素。

根据这一原则，居住建筑和公共建筑如托幼、学校、医院病房等建筑的正面间距均以日照标准的要求为基本依据。

相邻建筑的日照间距是以建筑高度计算的。见《城市居住区规划设计规范》GB 50180—93（2002 年版）。平屋面是按室外地面至其屋面或女儿墙顶点的高度计算。坡屋面按室外地面至屋檐和屋脊的平均高度计算。下列突出物不计入建筑高度内：

　1　局部突出屋面的楼梯间、电梯机房、水箱间等辅助用房占屋顶平面面积不超过 1/4 者；

　2　突出屋面的通风道、烟囱、装饰构件、花架、通信设施等；

　3　空调冷却塔等设备。

当在平屋面上安装较大面积的太阳能集热器时，要考虑影响相邻建筑的日照标准问题。

此条中的建筑物包括新建、扩建、改建的建筑物，即新建建筑和既有建筑。是指在新建建筑上安装太阳能热水系统和在既有建筑上增设或改造已安装的太阳能热水系统，不得降低相邻建筑的日照标准。

3.0.6 太阳能是间歇能源，受天气影响较大，到达某一地面的太阳辐射强度，因受地区、气候、季节和昼夜变化等因素影响，时强时弱，时有时无。因此，太阳能热水系统应配置辅助能源加热设备，在阴天时，用其将水加热补充太阳热水的不足，这样即使在太阳能资源不十分丰富的地区，系统一年四季都可提供热水。辅助能源加热设备应根据当地普遍使用的常规能源的价格、对环境的影响、使用的方便性以及节能等多项因素，做技术经济比较后确定，应优先考虑节能和环保因素。

辅助能源一般为电、燃气等常规能源。国外更多的用智能控制、带热交换和辅助加热系统，使之节省能源。对已设有集中供热、空调系统的建筑，辅助能源宜与供热、空调系统热源相同或匹配；宜重视废热、余热的利用。

3.0.7 本条是对太阳能热水系统管线的布置、安装提出要求，要做到安全、隐蔽、集中布置，便于安装维护。

3.0.8 在太阳能热水系统上安装计量装置是为了节约用水及运行管理计费和累计用水量的要求。对于集中热水供应系统，为计量系统热水总用量可将冷水表装在水加热设备的冷水进水管上，这是因为国内生产较大型的热水表的厂家较少，且品种不全，故用冷水表代替。但需在水加热器与冷水表之间装止回阀。防止热水升温膨胀回流时损坏水表。

分户计量热水用量时，则可使用热水表。

对于电、燃气辅助能源的计量，则可使用原有的电表、燃气表，不必另设。

3.0.9 本条是为了控制每道工序的质量，进而保证整个工程质量。太阳能热水系统是在建筑上安装，建筑主体结构符合施工质量验收标准，太阳能热水系统安装、验收合格后，才能确保太阳能热水系统的质量。

4 太阳能热水系统设计

4.1 一般规定

4.1.1 太阳能热水系统是由建筑给水排水专业人员设计，并符合《建筑给水排水设计规范》GB 50015的要求。在热源选择上是太阳能集热器加辅助能源。集热器的位置、色泽及数量要与建筑师配合设计，在承载、控制等方面要与结构专业、电气专业配合设计，使太阳能热水系统真正纳入到建筑设计当中来。

4.1.2 本条从太阳能热水系统与建筑相结合的基本要求出发，规定了在选择太阳能热水系统类型、安装位置和色泽时应考虑的因素，其中强调要充分考虑建筑物的使用功能、地理位置、气候条件和安装条件等综合因素。

4.1.3 现有太阳能热水器产品的尺寸规格不一定满足建筑设计的要求，因而本条强调了太阳能集热器的规格要与建筑模数相协调。

4.1.4 对于安装在民用建筑的太阳能热水系统，本条规定系统的太阳能集热器、支架等部件无论安装在建筑物的哪个部位，都应与建筑功能和建筑造型一并设计。

4.1.5 本条强调了太阳能热水系统应满足的各项要求，其中包括：安全、实用、美观，便于安装、清洁、维护和局部更换。

4.2 系统分类与选择

4.2.1 安装在民用建筑的太阳能热水系统，若按供

热水范围分类，可分为：集中供热水系统、集中-分散供热水系统和分散供热水系统等三大类。

集中供热水系统，是指采用集中的太阳能集热器和集中的贮水箱供给一幢或几幢建筑物所需热水的系统。

集中-分散供热水系统，是指采用集中的太阳能集热器和分散的贮水箱供给一幢建筑物所需热水的系统。

分散供热水系统，是指采用分散的太阳能集热器和分散的贮水箱供给各个用户所需热水的小型系统，也就是通常所说的家用太阳能热水器。

4.2.2 根据国家标准《太阳能热水系统设计、安装及工程验收技术规范》GB/T 18713 中的规定，太阳能热水系统若按系统运行方式分类，可分为：自然循环系统、强制循环系统和直流式系统等三类。

自然循环系统是仅利用传热工质内部的温度梯度产生的密度差进行循环的太阳能热水系统。在自然循环系统中，为了保证必要的热虹吸压头，贮水箱的下循环管应高于集热器的上循环管。这种系统结构简单，不需要附加动力。

强制循环系统是利用机械设备等外部动力迫使传热工质通过集热器（或换热器）进行循环的太阳能热水系统。强制循环系统通常采用温差控制、光电控制及定时器控制等方式。

直流式系统是传热工质一次流过集热器加热后，进入贮水箱或用热水处的非循环太阳能热水系统。直流式系统一般可采用非电控温控阀控制方式及温控器控制方式。直流式系统通常也可称为定温放水系统。

实际上，某些太阳能热水系统有时是一种复合系统，即是上述几种运行方式组合在一起的系统，例如由强制循环与定温放水组合而成的复合系统。

4.2.3 太阳能热水系统按生活热水与集热器内传热工质的关系可分为下列两种系统：

直接系统是指在太阳能集热器中直接加热水给用户的太阳能热水系统。直接系统又称为单回路系统，或单循环系统。

间接系统是指在太阳能集热器中加热某种传热工质，再使该传热工质通过换热器加热水给用户的太阳能热水系统。间接系统又称为双回路系统，或双循环系统。

4.2.4 为保证民用建筑的太阳能热水系统可以全天候运行，通常将太阳能热水系统与使用辅助能源的加热设备联合使用，共同构成带辅助能源的太阳能热水系统。

太阳能热水系统若按辅助能源加热设备的安装位置分类，可分为：内置加热系统和外置加热系统两大类。

内置加热系统，是指辅助能源加热设备安装在太阳能热水系统的贮水箱内。

外置加热系统，是指辅助能源加热设备不是安装在贮水箱内，而是安装在太阳能热水系统的贮水箱附近或安装在供热水管路（包括主管、干管和支管）上。所以，外置加热系统又可分为：贮水箱加热系统、主管加热系统、干管加热系统和支管加热系统等。

4.2.5 根据用户对热水供应的不同需求，辅助能源可以有不同的启动方式。

太阳能热水系统若按辅助能源启动方式分类，可分为：全日自动启动系统、定时自动启动系统和按需手动启动系统。

全日自动启动系统，是指始终自动启动辅助能源水加热设备，确保可以全天24h供应热水。

定时自动启动系统，是指定时自动启动辅助能源水加热设备，从而可以定时供应热水。

按需手动启动系统，是指根据用户需要，随时手动启动辅助能源水加热设备。

4.2.6 公共建筑包括多种建筑。表4.2.6中的公共建筑只给出了宾馆、医院、游泳馆和公共浴室等几种实例，因为这些公共建筑都是用热水量较大的建筑。

4.3 技术要求

4.3.1 本条规定了太阳能热水系统在热工性能和耐久性能方面的技术要求。

热工性能强调了应满足相关太阳能产品国家标准中规定的热性能要求。太阳能产品的现有国家标准包括：

GB/T 6424　《平板型太阳集热器技术条件》

GB/T 17049　《全玻璃真空太阳集热管》

GB/T 17581　《真空管太阳集热器》

GB/T 18713　《太阳热水系统设计、安装及工程验收技术规范》

GB/T 19141　《家用太阳热水系统技术条件》

耐久性能强调了系统中主要部件的正常使用寿命应不少于10年。这里，系统的主要部件包括集热器、贮水箱、支架等。在正常使用寿命期间，允许有主要部件的局部更换以及易损件的更换。

4.3.2 本条规定了太阳能热水系统在安全性能和可靠性能方面的技术要求。

安全性能是太阳能热水系统各项技术性能中最重要的一项，其中特别强调了内置加热系统必须带有保证使用安全的装置，并作为本规范的强制性条款。

可靠性能强调了太阳能热水系统应有抗击各种自然条件的能力，根据太阳能系统所处的不同地区，其中包括应有可靠的防冻、防结露、防过热、防雷、抗雹、抗风、抗震等技术措施。

4.3.3 辅助能源指太阳能热水系统中的非太阳能热源，一般为电、燃气等常规能源。对使用辅助能源加热设备的技术要求，在国家标准《建筑给水排水设计

规范》GB 50015中已有明确的规定，主要是应根据使用特点、热水量、能源供应、维护管理及卫生防菌等因素来选择辅助能源水加热设备。

4.3.5 对供热水系统的技术要求，除了应符合国家标准《建筑给水排水设计规范》GB 50015中有关规定之外，还根据集中供热水系统、集中-分散供热水系统和分散供热水系统的特点，分别提出了相应的要求。

4.4 系统设计

4.4.1 太阳能热水系统类型的选择是系统设计的首要步骤。只有正确选择了太阳能热水系统的类型，才能使系统设计有可靠的基础。

表4.2.6"太阳能热水系统设计选用表"是在强调系统设计应本着节水节能、经济实用、安全简便、利于计量等原则的基础上，根据建筑类型、屋面形式和热水用途等条件，选择不同的太阳能热水系统类型。选择内容包括：供热水范围、集热器在建筑上安装位置、系统运行方式、辅助能源加热设备的安装位置及启动方式等。

在建筑类型中，本条就民用建筑包括的居住建筑和公共建筑两类民用建筑分别列出，其中，居住建筑包括：低层、多层和高层；公共建筑给出了几种实例，如：宾馆、医院、游泳馆和公共浴室等，就是为了便于正确地选择太阳能热水系统类型。

4.4.2 太阳能热水系统集热器面积的确定是一个十分重要的问题，而集热器面积的精确计算又是一个比较复杂的问题。

在欧美等发达国家，集热器面积的精确计算一般采用F-Chart软件、Trnsys软件或其他类似的软件来进行，它们是根据系统所选太阳能集热器的瞬时效率方程（通过试验测定）及安装位置（方位角和倾角），再输入太阳能热水系统，使用当地的地理纬度、平均太阳辐照量、平均环境温度、平均热水温度、平均热水用量、贮水箱和管路平均热损失率、太阳能保证率等数据，按一定的计算机程序计算出来的。

然而，我国目前还没有将这种计算软件列入国家标准内容。本条在国家标准《太阳能热水系统设计、安装及工程验收技术规范》GB/T 18713的基础上，提出了确定集热器总面积的计算方法，其中分别规定了在直接系统和间接系统两种情况下集热器总面积的计算方法。

本规范之所以计算集热器总面积，而不计算集热器采光面积或集热器吸热体面积，是因为在民用建筑安装太阳能热水系统的情况下，建筑师关心的是在有限的建筑围护结构中太阳能集热器究竟占据多大的空间。

在确定直接系统的集热器总面积时，日太阳辐照量 J_T 取当地集热器采光面上的年平均日太阳辐照量；

集热器的年平均集热效率 η_{cd} 宜取 0.25～0.50，但强调具体取值要根据集热器产品的实际测试结果而定；贮水箱和管路的热损失率 η_L 宜取 0.20～0.30，不同系统类型及不同保温状况的 η_L 值不同。以上所有这些数值都是根据我国长期使用太阳能热水系统所积累的经验而选取的，都能基本满足实际系统设计的要求。至于太阳能保证率 f 的取值，则是根据系统使用期内的太阳能辐照条件、系统的经济性及用户的具体要求等因素综合考虑后确定，本规范推荐在 30%～80% 范围内。

在确定间接系统的集热器总面积时，由于间接系统的换热器内外存在传热温差，使得在获得相同温度的热水情况下，间接系统比直接系统的集热器运行温度稍高，造成集热器效率略为降低。本条用换热器传

热系数 U_{hx}、换热器换热面积 A_{hx} 和集热器总热损系数 $F_R U_L$ 等来表示换热器对于集热器效率的影响。对平板型集热器，$F_R U_L$ 宜取 4～6W/(m²·℃)；对于真空管集热器，$F_R U_L$ 宜取 1～2W/(m²·℃)；但本规范强调 $F_R U_L$ 的具体数值要根据集热器产品的实际测试结果而定。至于换热器传热系数 U_{hx} 和换热器换热面积 A_{hx} 的数值，则可以从选定的换热器产品说明书中查得。在实际计算过程中，当确定了直接系统的集热器总面积 A_c 之后，就可以根据上述这些数值，确定出间接系统的集热器总面积 A_{IN}。

通常在采用第 4.4.2 条所述方法确定集热器总面积之前，也就是在方案设计阶段，可以根据建筑建设地区太阳能条件来估算集热器总面积。表2列出了每产生 100L 热水量所需系统集热器总面积的推荐值。

表2 每100L热水量的系统集热器总面积推荐选用值

等级	太阳能条件	年日照时数（h）	水平面上年太阳辐照量 [MJ/(m²·a)]	地 区	集热面积（m²）
一	资源丰富区	3200～3300	>6700	宁夏北、甘肃西、新疆东南、青海西、西藏西	1.2
二	资源较富区	3000～3200	5400～6700	冀西北、京、津、晋北、内蒙古及宁夏南、甘肃中东、青海东、西藏南、新疆南	1.4
三	资源一般区	2200～3000	5000～5400	鲁、豫、冀东南、晋南、新疆北、吉林、辽宁、云南、陕北、甘肃东南、粤南	1.6
三	资源一般区	1400～2200	4200～5000	湘、桂、赣、江、浙、沪、皖、鄂、闽北、粤北、陕南、黑龙江	1.8
四	资源贫乏区	1000～1400	<4200	川、黔、渝	2.0

此处列出的"每100L热水量的系统集热器总面积推荐选用值"是将我国各地太阳能条件分为四个等级：资源丰富区、资源较丰富区、资源一般区和资源贫乏区，不同等级地区有不同的年日照时数和不同的年太阳辐照量，再按每产生100L热水量分别估算出不同等级地区所需要的集热器总面积，其结果一般在 1.2～2.0m²/100L 之间。

4.4.3 根据国家标准《太阳能热水系统设计、安装及工程验收技术规范》GB/T 18713 的要求，本条规定了集热器的最佳安装倾角，其数值等于当地纬度 ±10°。这条要求对于一般情况下的平板型集热器和真空管集热器都是适用的。

当然，对于东西向水平放置的全玻璃真空管集热器，安装倾角可适当减少；对于墙面上安装的各种太阳能集热器，更是一种特例了。

4.4.4 在有些情况下，由于集热器朝向或倾角受到条件限制，按 4.4.2 条所述方法计算出的集热器总面

积是不够的，这时就需要按补偿方式适当增加面积，但本条规定补偿面积不得超过 4.4.2 条计算所得面积的一倍。

4.4.5 在有些情况下，当建筑围护结构表面不够安装按 4.4.2 条计算所得的集热器总面积时，也可以按围护结构表面最大容许安装面积来确定集热器总面积。

4.4.6 本条规定了贮水箱容积的确定原则，并提出了"贮水箱的贮热量"。表中，贮热量的最小值是分别按大于等于 95℃ 高温水和小于等于 95℃ 高温水这两种不同情况，分别对公共建筑和居住建筑提出了指标。

4.4.7 本条较为具体地规定了太阳能集热器设置在平屋面上的技术要求，有关集热器的间距、分组及相互连接等内容都是根据现行国家标准《太阳能热水系统设计、安装及工程验收技术规范》GB/T 18713 的规定，其中有关集热器并联、串联和串并联等方式连

接成集热器组时的具体数据也都是引自 GB/T 18713。

本条规定全玻璃真空管东西向放置的集热器，在同一斜面上多层布置时，串联的集热器不宜超过 3 个。实际上，各种集热器都应尽量减少串联的集热器数目。

本条规定集热器之间的连接应使每个集热器的传热介质流入路径与回流路径的长度相同，这实质上是规定集热器应按"同程原则"并联，其目的是使各集热器内的流量分配均匀。

4.4.8 本条强调了作为屋面板的集热器应安装在建筑承重结构上，这实际上已构成建筑集热坡屋面。

4.4.11 本条强调了嵌入建筑屋面、阳台、墙面或建筑其他部位的太阳能集热器，应具有建筑围护结构的承载、保温、隔热、隔声、防水等防护功能。

4.4.12 本条强调了架空在建筑屋面和附着在阳台上或在墙面上的太阳能集热器，应具有足够的承载能力、刚度、稳定性和相对于主体结构的位移能力。

4.4.13 为了保障太阳能热水系统的使用安全，本条特别强调了安装在建筑上或直接构成建筑围护结构的太阳能集热器，应有防止热水渗漏的安全保障设施，防止因热水渗漏到屋内而危及人身安全，并作为本规范的强制性条款。

4.4.15 在使用平板型集热器的自然循环系统中，系统是仅利用传热工质内部的温度梯度产生的密度差进行循环的，因此为了保证系统有足够的热虹吸压头，规定贮水箱的下循环管比集热器的上循环管至少高 0.3m 是必要的。

4.4.17 对于系统计量的问题，本条要求按照国家标准《建筑给水排水设计规范》GB 50015 中的有关规定，并推荐按具体工程设置冷、热水表。

4.4.18 对于系统控制，可以有各种不同的控制方式；但根据我国长期使用太阳能热水系统所积累的经验，本条推荐：强制循环系统宜采用温差控制方式；直流式系统宜采用定温控制方式。

4.4.19 本条强调了太阳能集热器支架的刚度、强度、防腐蚀性能等，均应满足安全要求，并与建筑牢固连接。当采用钢结构材料制作支架时，应符合现行国家标准《碳素结构钢》GB/T 700 的要求。在不影响支架承载力的情况下，所有钢结构支架材料（如角钢、方管、槽钢等）应选择利于排水的方式组装。当由于结构或其他原因造成不易排水时，应采取合理的排水措施，确保排水通畅。

4.4.20 本条强调了太阳能热水系统使用的金属管道、配件、贮水箱及其他过水设备等的材质，均应与建筑给水管道材质相容，以避免在不相容材料之间产生电化学腐蚀。

4.4.21 本条强调了对太阳能热水系统所用泵、阀运行可能产生的振动和噪声，均应采取减振和隔声措施。

5 规划和建筑设计

5.1 一般规定

5.1.1 本条是民用建筑规划设计应遵循的基本原则。

规划设计是在一定的规划用地范围内进行，对其各种规划要素的考虑和确定要结合太阳能热水系统设计确定建筑物朝向、日照标准、房屋间距、密度、建筑布局、道路、绿化和空间环境及其组成有机整体。而这些均与建筑物所处建筑气候分区、规划用地范围内的现状条件及社会经济发展水平密切相关。在规划设计中应充分考虑、利用和强化已有特点和条件，为整体提高规划设计水平创造条件。

太阳能热水系统设计应由建筑设计单位和太阳能热水系统产品供应商相互配合共同完成。

首先，建筑师要根据建筑类型、使用要求确定太阳能热水系统类型、安装位置、色调、构图要求，向建筑给水排水工程师提出对热水的使用要求；给水排水工程师进行太阳能热水系统设计、布置管线、确定管线走向；结构工程师在建筑结构设计时，考虑太阳能集热器和贮水箱的荷载，以保证结构的安全性，并埋设预埋件，为太阳能集热器的锚固、安装提供安全牢靠的条件；电气工程师满足系统用电负荷和运行安全要求，进行防雷设计。

建筑设计要满足太阳能热水系统的承重、抗风、抗震、防水、防雷等安全要求及维护检修的要求。

太阳能热水系统产品供应商需向建筑设计单位提供太阳能集热器的规格、尺寸、荷载，预埋件的规格、尺寸、安装位置及安装要求；提供太阳能热水系统的热性能等技术指标及其检测报告；保证产品质量和使用性能。

5.1.2 太阳能热水系统的选型是建筑设计的重点内容，设计者不仅要创造新颖美观的建筑立面、设计集热器安装的位置，还要结合建筑功能及其对热水供应方式的需求，综合考虑环境、气候、太阳能资源、能耗、施工条件等诸因素，比较太阳能热水系统的性能、造价，进行经济技术分析。太阳能集热器的类型应与系统使用所在地的太阳能资源、气候条件相适应，在保证系统全年安全、稳定运行的前提下，应使所选太阳能集热器的性能价格比最优。另外，就热水供应方式可分为分户供热水系统和集中供热水系统，分户系统由住户自己管理，各户之间用热水量不平衡，使得分户系统不能充分利用太阳能集热设施而造成浪费，同时还有布置分散、零乱、造价较高的缺点。集中供热水系统相对于分户供热水系统，有节约投资，用户间用水量可以平衡，集热器布置较易整齐有序，但需有集中管理维护及分户计量的措施，因此，建筑设计应综合比较，酌情选定。

5.1.3 太阳能集热器是太阳能热水系统中重要的组成部分,一般设置在建筑屋面(平、坡屋面)、阳台栏板、外墙面上,或设置在建筑的其他部位,如女儿墙、建筑屋顶的披檐上,甚至设置在建筑的遮阳板、建筑物的飘顶等能充分接收阳光的位置。建筑设计需将所设置的太阳能集热器作为建筑的组成元素,与建筑整体有机结合,保持建筑统一和谐的外观,并与周围环境相协调,包括建筑风格、色彩。当太阳能集热器作为屋面板、墙板或阳台栏板时,应具有该部位的承载、保温、隔热、防水及防护功能。

5.1.4 安装在建筑上的太阳能集热器正常使用寿命一般不超过 15 年,而建筑的寿命是 50 年以上。太阳能集热器及系统其他部件在构造、形式上应利于在建筑围护结构上安装,便于维护、修理、局部更换。为此建筑设计不仅考虑地震、风荷载、雪荷载、冰雹等自然破坏因素,还应为太阳能热水系统的日常维护,尤其是太阳能集热器的安装、维护、日常保养、更换提供必要的安全便利条件。

建筑设计应为太阳能热水系统的安装、维护提供安全的操作条件。如平屋面设有屋面出口或人孔,便于安装、检修人员出入;坡屋面屋脊的适当位置可预留金属钢架或挂钩,方便固定安装检修人员系在身上的安全带,确保人员安全。

5.1.5 太阳能热水系统管线应布置于公共空间且不得穿越其他用户室内空间,以免管线渗漏影响其他用户使用,同时也便于管线维修。

5.2 规划设计

5.2.1、5.2.2 在规划设计时,建筑物的朝向宜为南北向或接近南北向,以及建筑的体形和空间组合考虑太阳能热水系统,均为使集热器接收更多的阳光。

5.2.3 本条提出在进行景观设计和绿化种植时,要避免对投射到太阳能集热器上的阳光造成遮挡,从而保证太阳能集热器的集热效率。

5.3 建筑设计

5.3.1 建筑设计应与太阳能热水系统设计同步进行,建筑设计根据选定的太阳能热水系统类型,确定集热器形式、安装面积、尺寸大小、安装位置与方式,明确贮水箱容积重量、体积尺寸、给水排水设施的要求;了解连接管线走向;考虑辅助能源及辅助设施条件;明确太阳能热水系统各部分的相对关系。然后,合理安排确定太阳能热水系统各组成部分在建筑中的空间位置,并满足其他所在部位防水、排水等技术要求。建筑设计应为系统各部分的安全检修提供便利条件。

5.3.2 太阳能集热器安装在建筑屋面、阳台、墙面或其他部位,不应有任何障碍物遮挡阳光。太阳能集热器总面积根据热水用量、建筑上可能允许的安装面

积、当地的气候条件、供水水温等因素确定。无论安装在何位置,要满足全天有不少于 4h 日照时数的要求。

为争取更多的采光面积,建筑设计时平面往往凹凸不规则,容易造成建筑自身对阳光的遮挡,这点要特别注意。除此以外,对于体形为 L 形、凵形的平面,也要避免自身的遮挡。

5.3.3 建筑设计时应考虑在安装太阳能集热器的墙面、阳台或挑檐等部位,为防止集热器损坏而掉下伤人,应采取必要的技术措施,如设置挑檐、入口处设雨篷或进行绿化种植等,使人不易靠近。

5.3.4 太阳能集热器可以直接作为屋面板、阳台栏板或墙板,除满足热水供应要求外,首先要满足屋面板、阳台栏板、墙板的保温、隔热、防水、安全防护等要求。

5.3.5 主体结构在伸缩缝、沉降缝、抗震缝的变形缝两侧会发生相对位移,太阳能集热器跨越变形缝时容易破坏,所以太阳能集热器不应跨越主体结构的变形缝,否则应采用与主体建筑的变形缝相适应的构造措施。

5.3.6 本条是对太阳能集热器安装在平屋面上的要求。太阳能集热器在平屋面上安装需通过支架和基座固定在屋面上。集热器可以选择适当的方位和倾角。除太阳能集热器的定向、安装倾角、设置间距等符合现行国家标准《太阳能热水系统设计、安装及工程验收技术规范》GB/T 18713 的规定外,还应做好太阳能集热器支架基座的防水,该部位应做附加防水层。附加层宜空铺,空铺宽度不应小于 200mm。为防止卷材防水层收头翘边,避免雨水从开口处渗入防水层下部,应按设计要求做好收头处理。卷材防水层应用压条钉压固定,或用密封材料封严。

对于需经常维修的集热器周围和检修通道,以及屋面出入口和人行通道之间做刚性保护层以保护防水层,一般可铺设水泥砖。

伸出屋面的管线,应在屋面结构层施工时预埋穿屋面套管,可采用钢管或 PVC 管材。套管四周的找平层应预留凹槽用密封材料封严,并增设附加层。上翻至管壁的防水层应用金属箍或镀锌钢丝紧固,再用密封材料封严。避免在已做好防水保温的屋面上凿孔打洞。

5.3.7 本条是对太阳能集热器安装在坡屋面时的要求。

太阳能集热器无论是嵌入屋面还是架空在屋面之上,为使与屋面统一,其坡度宜与屋面坡度一致。而屋面坡度又取决于太阳能集热器接收阳光的最佳倾角。集热器安装倾角等于当地纬度;如系统侧重在夏季使用,其安装倾角,应等于当地纬度减 10°;如系统侧重在冬季使用,其安装倾角,应等于当地纬度加 10°,故提出集热器安装倾角在当地纬度 +10°～−10°

的范围要求。

目前，太阳能热水系统多为全天候使用，太阳能集热器安装倾角在当地纬度＋10°～－10°范围内也使建筑师通过调整集热器倾角来确定屋面的坡度，如有檩体采用彩色混凝土瓦屋面适用坡度为1:5～1:2（即20%～50%），沥青油毡瓦大于等于1:5（即大于等于20%），压型钢板瓦和夹心板为1:20～1:0.35（即5%～35%）；无檩体系屋面坡度宜为1:3（即18.5°）～1:0.58（即60°）。这样，据此调整建筑物各部分比例，也给建筑师带来很大的灵活性。

太阳能集热器在坡屋面上安装，要保证安装人员的安全。安装人员为专业人员，应严格遵守生产厂家的说明，太阳能热水器生产厂一般会提供所需的安装人员（或经过培训考核合格的施工人员）和安装工具。在建筑设计时，应为安装人员提供安全的工作环境。一般可在屋脊处设钢架或挂钩用以支撑连接系在安装人员腰部的安全带。钢架或挂钩应能承受两个安装人员、集热器和安装工具的重量。

还应在坡屋面安装太阳能集热器附近的适当位置设置出屋面人孔，作为检修出口。

架空设置的太阳能集热器宜与屋面同坡，且有一定架空高度，一般不大于100mm，以保证屋面排水。

嵌入屋面设置的太阳能集热器与四周屋面及伸出屋面管道都应做好防水，防止雨水进入屋面。集热器与屋面交接处要设置挡水盖板。

设置在坡屋面的太阳能集热器采用支架与预埋在屋面结构层的预埋件固定应牢固可靠，要能承受风荷载和雪荷载。

当太阳能集热器作为屋面板时，应满足屋面的承重、保温、隔热和防水等要求。

5.3.8 本条提出了对太阳能集热器放置在阳台栏板上的要求。

太阳能集热器可放置在阳台栏板上或直接构成阳台栏板。低纬度地区，由于太阳高度角较大，因此，低纬度地区放置在阳台栏板上或直接构成阳台栏板的太阳能集热器应有适当的倾角，以接收到较多的日照。

作为阳台栏板与墙面不同的是还有强度及高度的防护要求。阳台栏杆应随建筑高度而增高，如低层、多层住宅的阳台栏杆净高不应低于1.05m，中、高层、高层住宅的阳台栏杆不应低于1.10m，这是根据人体重心和心理因素而定的。安装太阳能集热器的阳台栏板宜采用实体栏板。

挂在阳台或附在外墙上的太阳能集热器，为防止其金属支架、金属锚固构件生锈对建筑墙面，特别是浅色的阳台和外墙造成污染，建筑设计应在该部位加强防锈的技术处理或采取有效的技术措施，防止金属锈水在墙面阳台上造成不易清理的污染。

5.3.9 本条提出了对太阳能集热器放置在墙面上的要求。

太阳能集热器可安装在墙面上，尤其是高层建筑，在低纬度地区集热器要有较大倾角。在太阳能资源丰富的地区，太阳能保证率高，太阳能集热器安装在墙面在某些国家越来越流行。

太阳能集热器通过墙面上的预埋件与主体结构连接。墙面在结构设计时，要考虑集热器的荷载且墙面要有一定宽度保证集热器能放置得下。

5.3.10 太阳能热水系统贮水箱参照现行国家标准《太阳能热水系统设计、安装及工程验收技术规范》GB/T 18713相关要求具体设计，确定其容积、尺寸、大小及重量。建筑设计应为贮水箱安排合理的位置，满足贮水箱所需要的空间（包括检修空间）。设置贮水箱的位置应具有相应的排水、防水设施。太阳能热水系统贮水箱及其有关部件宜靠近太阳能集热器设置，尽量减少由于管道过长而产生的热损耗。

贮水箱的容积要满足日用水量需要，符合太阳能热水系统安全、节能及稳定运行要求，并能承受水的重量及保证系统最高工作压力相匹配的结构强度要求。一个核心家庭，一般可用100～200L的贮水箱，当然，精确的容量应通过计算确定。贮水箱的防腐、保温等应符合现行国家标准《太阳能热水系统设计、安装及工程验收技术规范》GB/T 18713的要求。

贮水箱可根据要求从制造厂商购置，或在现场制作，宜优先选择专业制造公司的定型产品。安装现场不具备搬运、吊装条件时，可进行现场制作。

贮水箱的放置位置宜选择室内，可放置在地下室、半地下室、储藏室、阁楼或技术夹层中的设备间，室外可放置在建筑平台或阳台上。放置在室外的贮水箱应有防雨雪、防雷击等保护措施，以延长其运行寿命。

贮水箱应尽量靠近太阳能集热器以缩短管线。贮水箱上方及周围要留有不小于600mm的空间，以满足安装、检修要求。

5.4 结 构 设 计

5.4.1 太阳能热水系统中的太阳能集热器和贮水箱与主体结构的连接和锚固必须牢固可靠，主体结构的承载力必须经过计算或实物试验予以确认，并要留有余地，防止偶然因素产生突然破坏。真空管集热器的重量约15～20kg/m²，平板集热器的重量约20～25kg/m²。

安装太阳能热水器系统的主体结构必须具备承受太阳能集热器、贮水箱等传递的各种作用的能力（包括检修荷载），主体结构设计时应充分加以考虑。

主体结构为混凝土结构时，为了保证与主体结构的连接可靠性，连接部位主体结构混凝土强度等级不应低于C20。

5.4.2 连接件与主体结构的锚固承载力应大于连接

本身的承载力，任何情况不允许发生锚固破坏。采用锚栓连接时，应有可靠的防松、防滑措施；采用挂接或插接时，应有可靠的防脱、防滑措施。

由于太阳能集热器安装在室外，以及各地区气候条件及工人技术水平的差异，为安全起见建议对结构件和连接件的最小截面予以限制，如型钢（钢管、槽钢、扁钢）的最小厚度宜大于等于 3mm，圆钢直径宜大于等于 10mm，焊接角钢不宜小于 L45×4 或 L56×36×4，螺栓连接用角钢不宜小于 L50×5。对于沿海地区，由于空气中大量氯离子存在，会对金属结构造成比较严重的腐蚀，因此，对金属材料应采取防腐蚀措施。

太阳能集热器由玻璃真空管（或面板）和金属框架组成，其本身变形能力是较小的。在水平地震或风荷载作用下，集热器本身结构会产生侧移。由于太阳能集热器本身不能承受过大的位移，只能通过弹性连接件来避免主体结构过大侧移影响。

为防止主体结构水平位移使太阳能集热器或贮水箱损坏，连接件必须有一定的适应位移能力，使太阳能集热器和贮水箱与主体结构之间有活动的余地。

5.4.3 太阳能热水系统（主要是太阳能集热器和贮水箱）与建筑主体结构的连接，多数情况应通过预埋件实现，预埋件的锚固钢筋是锚固作用的主要来源，混凝土对锚固钢筋的粘结力是决定性的。固此预埋件必须在混凝土浇筑时埋入，施工时混凝土必须密实振捣。目前实际工程中，往往由于未采取有效措施来固定预埋件，混凝土浇筑时使预埋件偏离设计位置，影响与主体结构的准确连接，甚至无法使用。因此预埋件的设计和施工应引起足够的重视。

为了保证太阳能热水系统与主体结构连接牢固的可靠性，与主体结构连接的预埋件应在主体结构施工时按设计要求的位置和方法进行埋设。

5.4.4 轻质填充墙承载力和变形能力低，不应作为太阳能热水系统中主要是太阳能集热器和贮水箱的支承结构考虑。同样，砌体结构平面外承载能力低，难以直接进行连接，所以宜增设混凝土结构或钢结构连接构件。

5.4.5 当土建施工中未设预埋件、预埋件漏放、预埋件偏离设计位置太远、设计变更，或既有建筑增设太阳能热水系统时，往往要使用后锚固螺栓进行连接。采用后锚固螺栓（机械膨胀螺栓或化学锚栓）时，应采取多种措施，保证连接的可靠性及安全性。

5.4.6 太阳能热水系统结构设计应区分是否抗震。对非抗震设防的地区，只需考虑风荷载、重力荷载以及温度作用；对抗震设防的地区，还应考虑地震作用。

经验表明，对于安装在建筑屋面、阳台、墙面或其他部位的太阳能集热器主要受风荷载作用，抗风设

计是主要考虑因素。但是地震是动力作用，对连接节点会产生较大影响，使连接处发生破坏甚至使太阳能集热器脱落，所以除计算地震作用外，还必须加强构造措施。

5.5 给水排水设计

5.5.1 太阳能热水系统与建筑结合是把太阳能热水系统纳入到建筑设计当中来统一设计，因此热水供水系统设计中无论是水量、水温、水质还是设备管路、管材、管件都应符合《建筑给水排水设计规范》GB 50015 的要求。

5.5.2 集热器总面积是根据公式计算出来的（见本规范 4.4.2 条），但是在实际工程中由于建筑所能提供摆放集热器的面积有限，无法满足集热器计算面积的要求，因此最终太阳能集热器的面积要各专业相互配合来确定。

5.5.3 当日用水量（按 60℃ 计）大于或等于 10m³ 且原水总硬度（以碳酸钙计）大于 300mg/L 时，宜进行水质软化或稳定处理。经软化处理后的水质硬度宜为 75～150mg/L。

水质稳定处理应根据水的硬度、适用流速、温度、作用时间或有效长度及工作电压等选择合适的物理处理或化学稳定剂处理。

5.5.4 这一条主要是指用太阳能集热器里的水作为热媒水时，保证补水能够补进去。

5.5.5 由于一般情况下集热器摆放所需的面积，建筑都不容易满足，同时也考虑太阳能的不稳定性，尽可能地去利用太阳能，所以在选择设计水温时，尽量选用下限温度。

5.5.6、5.5.7 这二条是在新建建筑与既有建筑中，太阳能与建筑相结合时供热水系统中应注重考虑的问题。

5.5.8 集热器表面应定时清洗，否则会影响集热效率，这条主要是为清洗提供方便而作的规定。

5.6 电 气 设 计

5.6.1～5.6.3 这是对太阳能热水系统中使用电器设备的安全要求。

如果系统中含有电器设备，其电器安全应符合现行国家标准《家用和类似用途电器的安全》（第一部分 通用要求）GB 4706.1 和（贮水式电热水器的特殊要求）GB 4706.12 的要求。

5.6.4 系统的电气管线应与建筑物的电气管线统一布置，集中隐蔽。

6 太阳能热水系统安装

6.1 一 般 规 定

6.1.1 本条强调了太阳能热水系统的安装应按设计

要求进行安装。

6.1.2 目前，太阳能热水系统一般作为一个独立的工程由专门的太阳能公司负责安装。本条对施工组织设计进行了强调。

6.1.3 本条是针对目前施工安装人员的技术水平差别较大而制定的。目的在于规范太阳能热水系统的施工安装。提倡先设计后施工，禁止无设计而盲目施工。

6.1.4 为保证太阳能热水器产品质量和规范市场，制定了一系列产品标准，包括国家标准和行业标准，涉及基础标准、测试方法标准、产品标准和系统设计安装标准四个方面。

产品的性能包括太阳能集热器的承压、防冻等安全性能，得热量、供热水温度、供热水量等指标。太阳能热水系统必须满足相关的设计标准、建筑构件标准、产品标准和安装、施工规范要求。

为保证太阳能热水系统尤其是太阳能集热器的耐久性，本条提出太阳能热水系统各部分应符合相应国家产品标准的有关规定。

6.1.5 鉴于目前太阳能热水系统安装比较混乱，部分太阳能热水系统安装破坏了建筑结构或放置位置不合理，存在安全隐患。本条对此问题加以规范。

6.1.6 鉴于太阳能热水系统的安装一般在土建工程完工后进行，而土建部位的施工多由其他施工单位完成，本条强调了对土建部位的保护。

6.1.7 本条强调了产品在搬运、存放、吊装等过程的质量保护。

6.1.8 本条强调了分散供热水系统的安装不得影响其他住户的使用功能要求。

6.1.9 本条对太阳能热水系统安装人员的素质进行强调和规范。

6.2 基　座

6.2.1 基座是很关键的部位，关系到太阳能热水系统的稳定和安全，应与主体结构连接牢固。尤其是在既有建筑上增设的基座，由于不是同时施工，更要采取技术措施，与主体结构可靠地连接。本条对此加以强调。

6.2.2 当贮水箱注满水后，其自重将超过建筑楼板的承载能力，因此贮水箱基座必须设在建筑物承重墙（梁）上。因此应对贮水箱基座的放置位置和制作要求加以强调，以确保安全。

6.2.3 一般情况下，太阳能热水系统的承重基座都是在屋面结构层上现场砌（浇）筑。对于在既有建筑上安装的太阳能热水系统，需要刨开屋面面层做基座，因此将破坏原有的防水结构。基座完工后，被破坏的部位重做防水。本条对此加以强调。

6.2.4 不少太阳能热水系统采用预制集热器支架基座，放置在建筑屋面上。本条对此加以规范。

6.2.5 实际施工中，基座顶面预埋件的防腐多被忽视，本条对此加以强调。

6.3 支　架

6.3.1 本条强调了太阳能热水系统的支架应按图纸要求制作，并应注意整体美观。支架制作应符合相关规范的要求。

6.3.2 支架在承重基础上的安装位置不正确将造成支架偏移，本条对此加以强调。

6.3.3 太阳能热水系统的防风主要是通过支架实现的，且由于现场条件不同，防风措施也不同。本条对太阳能热水系统防风加以强调。

6.3.4 为防止雷电伤人，本条强调钢结构支架应与建筑物接地系统可靠连接。

6.3.5 本条强调了钢结构支架的防腐质量。

6.4 集热器

6.4.1 本条强调了集热器摆放位置以及与支架的固定，以防止集热器滑脱。

6.4.2 不同厂家生产的集热器，集热器与集热器之间的连接方式可能不同。本条对此加以强调，以防止连接方式不正确出现漏水。

6.4.3 为便于日后集热器的维护和更换，本条对此加以强调。

6.4.4 为防止集热器漏水，本条对此加以强调。

6.4.5 本条强调应先检漏，后保温，且应保证保温质量。

6.5 贮水箱

6.5.1 为了确保安全，防止滑脱，本条强调贮水箱安装位置应正确，并与底座固定牢靠。

6.5.2 贮水箱贮存的是热水，因此对水箱的材质、规格作出要求，并规范了水箱的制作质量。

6.5.3 实际应用中，不少水箱采用钢板焊接。因此对内外壁尤其是内壁的防腐提出要求，以确保不危及人体健康和能承受热水温度。

6.5.4 为防止触电事故，本条对贮水箱内箱接地作特别强调。

6.5.5 为防止贮水箱漏水，本条对此加以强调。

6.5.6 本条强调应先检漏，后保温，且应保证保温质量。

6.6 管　路

6.6.1 《建筑给水排水及采暖工程施工质量验收规范》GB 50242规范了各种管路施工要求。太阳能热水系统的管路施工与GB 50242相同。限于篇幅，这里引用GB 50242的规定，对太阳能热水系统管路的施工加以规范。

6.6.2 本条强调水泵安装的质量要求。

6.6.3 本条强调水泵的防雨和防冻。

6.6.4 本条强调了电磁阀安装的质量要求。

6.6.5 实际安装中，容易出现水泵、电磁阀、阀门的安装方向不正确的现象，本条对此加以强调。

6.6.6 为防止管路漏水，本条对此加以强调。

6.6.7 本条强调应先检漏，后保温，且应保证保温质量。

6.7 辅助能源加热设备

6.7.1 《建筑电气工程施工质量验收规范》GB 50303中规范了电加热器的安装。限于篇幅，这里引用以上标准。

6.7.2 《建筑给水排水及采暖工程施工质量验收规范》GB 50242规范了额定工作压力不大于1.25MPa、热水温度不超过130℃的整装蒸汽和热水锅炉及辅助设备的安装，规范了直接加热和热交换器及辅助设备的安装。本条引用上述标准。

6.8 电气与自动控制系统

6.8.1 《电气装置安装工程电缆线路施工及验收规范》GB 50168规范了各种电缆线路的施工，限于篇幅，这里引用该标准。

6.8.2 《建筑电气工程施工质量验收规范》GB 50303规范了各种电气工程的施工，限于篇幅，这里引用该标准的相关规定。

6.8.3 从安全角度考虑，本条强调所有电气设备和与电气设备相连接的金属部件应做接地处理。本条强调了电气接地装置施工的质量。

6.8.4 在实际应用中，太阳能热水系统常常会进行温度、温差、压力、水位、时间、流量等控制，本条强调了上述传感器安装的质量和注意事项。

6.9 水压试验与冲洗

6.9.1 为防止系统漏水，本条对此加以强调。

6.9.2 本条规定了管路和设备的检漏试验。对于各种管路和承压设备，试验压力应符合设计要求。当设计未注明时，应按现行国家标准《建筑给水排水及采暖工程施工质量验收规范》GB 50242的相关要求进行。非承压设备做满水灌水试验，满水灌水检验方法：满水试验静置24h，观察不漏不渗。

6.9.3 为防止系统结冰冻裂，本条特作强调。

6.9.4 本条强调了系统安装完毕应进行冲洗，并规定了冲洗方法。

6.10 系统调试

6.10.1 太阳能热水系统是一个比较专业的工程，需由专业人员才能完成系统调试。本条强调必须进行系统调试，以确保系统正常运行。

6.10.2 太阳能热水系统包含水泵、电磁阀、电气及控制系统等，应先做部件调试，后作系统调试。本条对此加以规范。

6.10.3 本条规定了设备单机调试应包括的部件，以防遗漏。

6.10.4 系统联动调试主要指按照实际运行工况进行系统调试。本条解释了系统联动调试内容，以防遗漏。

6.10.5 本条强调系统联动调试完成后，应进行3d试运转，以观察实际运行是否正常。

7 太阳能热水系统验收

7.1 一般规定

7.1.1 本条规定了太阳热水工程验收应分分项工程验收和竣工验收。

7.1.2 太阳能热水系统，必须在安装前完成隐蔽工程验收，并对其工程验收文件进行认真的审核与验收。本条对此加以强调。

7.1.3 本条强调了太阳能热水系统验收前应清理工程现场。

7.1.4 根据《建筑工程施工质量验收统一标准》GB 50300的要求，分项工程验收应由监理工程师（建设单位技术负责人）组织施工单位项目专业质量（技术）负责人等进行验收。

7.1.5 本条强调了施工单位应先进行自检，自检合格后再申请竣工验收。

7.1.6 根据《建筑工程施工质量验收统一标准》GB 50300的要求，应由建设单位（项目）负责人组织施工单位、设计、监理等单位（项目）负责人进行竣工验收。

7.1.7 本条强调了应对太阳能热水系统的资料立卷归档。

7.2 分项工程验收

7.2.1 由于太阳能热水系统的施工受多种条件的制约，因此本条强调了分项工程验收可根据工程施工特点分期进行。

7.2.2 太阳能热水系统一些工序的施工必须在前一道工序完成且质量合格后才能进行本道工序，否则将较难返工。本条对此加以强调。

7.2.3 本条强调了太阳能热水系统产生的热水不应有碍人体健康。

7.2.4 本条强调了太阳能热水系统性能应符合相关标准。在本标准制定的同时，有关部门正在制定《太阳能热水系统性能评定规范》的国家产品标准。

7.3 竣工验收

7.3.1 本条强调工程移交用户前，应进行竣工验收。

7.3.2 本条强调了竣工验收应提交的资料。实际应用中，部分施工单位对施工资料不够重视，本条对此加以强调。

中华人民共和国行业标准

既有居住建筑节能改造技术规程

Technical specification for energy efficiency retrofitting of
existing residential buildings

JGJ/T 129—2012

批准部门：中华人民共和国住房和城乡建设部
施行日期：2 0 1 3 年 3 月 1 日

中华人民共和国住房和城乡建设部
公　告

第 1504 号

住房城乡建设部关于发布行业标准
《既有居住建筑节能改造技术规程》的公告

现批准《既有居住建筑节能改造技术规程》为行业标准，编号为 JGJ/T 129-2012，自 2013 年 3 月 1 日起实施。原行业标准《既有采暖居住建筑节能改造技术规程》JGJ 129-2000 同时废止。

本规程由我部标准定额研究所组织中国建筑工业

出版社出版发行。

中华人民共和国住房和城乡建设部
2012 年 10 月 29 日

前　言

根据原建设部《关于印发〈2006 年工程建设标准规范制订、修订计划（第一批）〉的通知》（建标〔2006〕77 号）的要求，规程编制组经广泛调查研究，认真总结实践经验，并在广泛征求意见的基础上，对原行业标准《既有采暖居住建筑节能改造技术规程》JGJ 129-2000 进行了修订。

本规程的主要技术内容有：1. 总则；2. 基本规定；3. 节能诊断；4. 节能改造方案；5. 建筑围护结构节能改造；6. 严寒和寒冷地区集中供暖系统节能与计量改造；7. 施工质量验收。

本规程主要修订的技术内容是：1. 将规程的适用范围扩大到夏热冬冷地区和夏热冬暖地区；2. 规定了在制定节能改造方案前对供暖空调能耗、室内热环境、围护结构、供暖系统进行现状调查和诊断；3. 规定了不同气候区的既有建筑节能改造方案应包括的内容；4. 规定了不同气候区的既有建筑围护结构改造内容、重点以及技术要求；5. 规定了热源、室外管网、室内系统以及热计量的改造要求。

本规程由住房和城乡建设部负责管理，由中国建筑科学研究院负责具体技术内容的解释。执行过程中如有意见或建议，请寄送至中国建筑科学研究院（地址：北京市北三环东路 30 号，邮政编码：100013）。

本 规 程 主 编 单 位：中国建筑科学研究院

本 规 程 参 编 单 位：哈尔滨工业大学市政环境

工程学院

中国建筑设计研究院

中国建筑西北设计研究院有限公司

中国建筑东北设计研究院有限公司

吉林省建苑设计集团有限公司

福建省建筑科学研究院

广东省建筑科学研究院

中国建筑西南设计研究院有限公司

重庆大学城市规划学院

上海市建筑科学研究院（集团）有限公司

北京市建筑设计研究院有限公司

西安建筑科技大学建筑学院

住房和城乡建设部科技发展促进中心

深圳市建筑科学研究院有限公司

本规程主要起草人员：林海燕　郎四维　方修睦
　　　　　　　　　　　潘云钢　陆耀庆　金丽娜
　　　　　　　　　　　吴雪岭　赵士怀　冯　雅
　　　　　　　　　　　付祥钊　杨仕超　夏祖宏

刘明明　刘月莉　宋　波
闫增峰　郝　斌　刘俊跃
潘　振

本规程主要审查人员：吴德绳　罗继杰　杨善勤
韦延年　陶乐然　张恒业
栾景阳　朱惠英　刘士清

目　录

目　　次

Contents

1 总　则

1.0.1 为贯彻国家有关建筑节能的法律、法规和方针政策，通过采取有效的节能技术措施，改变既有居住建筑室内热环境质量差、供暖空调能耗高的现状，提高既有居住建筑围护结构的保温隔热能力，改善既有居住建筑供暖空调系统能源利用效率，改善居住热环境，制定本规程。

1.0.2 本规程适用于各气候区既有居住建筑进行下列范围的节能改造：

1 改善围护结构保温、隔热性能；

2 提高供暖空调设备（系统）能效，降低供暖空调设备的运行能耗。

1.0.3 既有居住建筑节能改造应根据节能诊断结果，制定节能改造方案，从技术可靠性、可操作性和经济实用等方面进行综合分析，选取合理可行的节能改造方案和技术措施。

1.0.4 既有居住建筑节能改造，除应符合本规程外，尚应符合国家现行有关标准的规定。

2 基本规定

2.0.1 既有居住建筑节能改造应根据国家节能政策和国家现行有关居住建筑节能设计标准的要求，结合当地的地理气候条件、经济技术水平，因地制宜地开展全面的节能改造或部分的节能改造。

2.0.2 实施全面节能改造后的建筑，其室内热环境和建筑能耗应符合国家现行有关居住建筑节能设计标准的规定。实施部分节能改造后的建筑，其改造部分的性能或效果应符合国家现行有关居住建筑节能设计标准的规定。

2.0.3 既有居住建筑在实施全面节能改造前，应先进行抗震、结构、防火等性能的评估，其主体结构的后续使用年限不应少于 20 年。有条件时，宜结合提高建筑的抗震、结构、防火等性能实施综合性改造。

2.0.4 实施部分节能改造的建筑，宜根据改造项目的具体情况，进行抗震、结构、防火等性能的评估以及改造后的使用年限进行判定。

2.0.5 既有居住建筑实施节能改造前，应先进行节能诊断，并根据节能诊断的结果，制定全面的或部分的节能改造方案。

2.0.6 建筑节能改造的诊断、设计和施工，应由具有相应的建筑检测、设计、施工资质的单位和专业技术人员承担。

2.0.7 严寒和寒冷地区的既有居住建筑节能改造，宜以一个集中供热小区为单位，同步实施对建筑围护结构的改造和供暖系统的全面改造。全面节能改造

后，在保证同一室内热舒适水平的前提下，热源端的节能量不应低于 20%。当不具备对建筑围护结构和供暖系统实施全面改造的条件时，应优先选择对室内热环境影响大、节能效果显著的环节实施部分改造。

2.0.8 严寒和寒冷地区既有居住建筑实施全面节能改造后，集中供暖系统应具有室温调节和热量计量的基本功能。

2.0.9 夏热冬冷地区与夏热冬暖地区的既有居住建筑节能改造，应优先提高外窗的保温和遮阳性能、屋顶和西墙的保温隔热性能，并宜同时改善自然通风条件。

2.0.10 既有居住建筑外墙节能改造工程的设计应兼顾建筑外立面的装饰效果，并应满足墙体保温、隔热、防火、防水等的要求。

2.0.11 既有居住建筑外墙节能改造工程应优先选用安全、对居民干扰小、工期短、对环境污染小、施工工艺便捷的墙体保温技术，并宜减少湿作业施工。

2.0.12 既有居住建筑节能改造应制定和实行严格的施工防火安全管理制度。外墙改造采用的保温材料和系统应符合国家现行有关防火标准的规定。

2.0.13 既有居住建筑节能改造不得采用国家明令禁止和淘汰的设备、产品、材料。

3 节能诊断

3.1 一般规定

3.1.1 既有居住建筑节能改造前应进行节能诊断。并应包括下列内容：

1 供暖、空调能耗现状的调查；

2 室内热环境的现状诊断；

3 建筑围护结构的现状诊断；

4 集中供暖系统的现状诊断（仅对集中供暖居住建筑）。

3.1.2 既有居住建筑节能诊断后，应出具节能诊断报告，并应包括供暖空调能耗、室内热环境、建筑围护结构、集中供暖系统现状调查和诊断的结果，初步的节能改造建议和节能改造潜力分析。

3.1.3 承担节能诊断的单位应由建设单位委托。节能诊断涉及的检测方法应按现行行业标准《居住建筑节能检测标准》JGJ/T 132 执行。

3.2 能耗现状调查

3.2.1 既有居住建筑节能改造前，应先进行供暖、空调能耗现状的调查统计。调查统计应符合现行行业标准《民用建筑能耗数据采集标准》JGJ/T 154 的有关规定。

3.2.2 既有居住建筑应根据其供暖和空调能耗现状调查统计结果，为节能诊断报告提供下列内容：

1 既有居住建筑供暖能耗；

2 既有居住建筑空调能耗。

3.3 室内热环境诊断

3.3.1 既有居住建筑室内热环境诊断时，应按国家现行标准《民用建筑热工设计规范》GB 50176、《严寒和寒冷地区居住建筑节能设计标准》JGJ 26、《夏热冬冷地区居住建筑节能设计标准》JGJ 134、《夏热冬暖地区居住建筑节能设计标准》JGJ 75 以及《居住建筑节能检测标准》JGJ/T 132 执行。

3.3.2 既有居住建筑室内热环境诊断，应采用现场调查和检测室内热环境状况为主、住户问卷调查为辅的方法。

3.3.3 既有居住建筑室内热环境诊断应主要针对供暖、空调季节进行，夏热冬冷和夏热冬暖地区的诊断还宜包括过渡季节。针对过渡季节的室内热环境诊断，应在自然通风状态下进行。

3.3.4 既有居住建筑室内热环境诊断应调查、检测下列内容并将结果提供给节能诊断报告：

1 室内空气温度；

2 室内空气相对湿度；

3 外围护结构内表面温度，在严寒和寒冷地区还应包括热桥等易结露部位的内表面温度，在夏热冬冷和夏热冬暖地区还应包括屋面和西墙的内表面温度；

4 在夏热冬暖和夏热冬冷地区，建筑室内的通风状况；

5 住户对室内温度、湿度的主观感受等。

3.4 围护结构节能诊断

3.4.1 围护结构节能诊断前，应收集下列资料：

1 建筑的设计施工图、计算书及竣工图；

2 建筑装修和改造资料；

3 历年修缮资料；

4 所在地城市建设规划和市容要求。

3.4.2 围护结构进行节能诊断时，应对下列内容进行现场检查：

1 墙体、屋顶、地面以及门窗的裂缝、渗漏、破损状况；

2 屋顶结构构造：结构形式、遮阳板、防水构造、保温隔热构造及厚度；

3 外墙结构构造：墙体结构形式、厚度、保温隔热构造及厚度；

4 外窗：窗户型材种类、开启方式、玻璃结构、密封形式；

5 遮阳：遮阳形式、构造和材料；

6 户门：构造、材料、密闭形式；

7 其他：分户墙、楼板、外挑楼板、底层楼板等的材料、厚度。

3.4.3 围护结构节能诊断时，应按现行国家标准《民用建筑热工设计规范》GB 50176 的规定计算其热工性能，必要时应对部分构件进行抽样检测其热工性能。围护结构热工性能检测应符合现行行业标准《居住建筑节能检测标准》JGJ/T 132 的有关规定。围护结构热工计算和检测应包括下列内容：

1 屋顶的保温性能、隔热性能；

2 外墙的保温性能、隔热性能；

3 房间的气密性；

4 外窗的气密性；

5 围护结构热工缺陷。

3.4.4 外窗的传热系数应按现行行业标准《建筑门窗玻璃幕墙热工计算规程》JGJ/T 151 的规定进行计算；外窗的综合遮阳系数应按现行行业标准《夏热冬暖地区居住建筑节能设计标准》JGJ 75 和《建筑门窗玻璃幕墙热工计算规程》JGJ/T 151 的有关规定进行计算。

3.4.5 围护结构节能诊断应根据建筑物现状、围护结构现场检查和热工性能计算与检测的结果等对其热工性能进行判定，并为节能诊断报告提供下列内容：

1 建筑围护结构各组成部分的传热系数；

2 建筑围护结构可能存在的热工缺陷状况；

3 建筑物耗热量指标（严寒、寒冷地区集中供暖建筑）。

3.5 严寒和寒冷地区集中供暖系统节能诊断

3.5.1 供暖系统节能诊断前，应收集下列资料：

1 供暖系统设计施工图、计算书和竣工图纸；

2 历年维修改造资料；

3 供暖系统运行记录及 3 年以上能源消耗量。

3.5.2 供暖系统诊断时，应对下列内容进行现场检查、检测、计算并将结果提供给节能诊断报告：

1 锅炉效率、单位锅炉容量的供暖面积；

2 单位建筑面积的供暖耗煤量（折合成标准煤）、耗电量和水量；

3 根据建筑耗热量、耗煤量指标和实际供暖天数推算系统的运行效率；

4 供暖系统补水率；

5 室外管网输送效率；

6 室外管网水力平衡度、调控能力；

7 室内供暖系统形式、水力失调状况和调控能力。

3.5.3 对锅炉效率、系统补水率、室外管网水力平衡度、室外管网热损失率、耗电输热比等指标参数的检测应按现行行业标准《居住建筑节能检测标准》JGJ/T 132 执行。

4 节能改造方案

4.1 一般规定

4.1.1 对居住建筑实施节能改造前，应根据节能诊断结果和预定的节能目标制定节能改造方案，并应对节能改造方案的效果进行评估。

4.1.2 严寒和寒冷地区应按现行行业标准《严寒和寒冷地区居住建筑节能设计标准》JGJ 26 中的静态计算方法，对建筑实施改造后的供暖耗热量指标进行计算。计划实施全面节能改造的建筑，其改造后的供暖耗热量指标应符合现行行业标准《严寒和寒冷地区居住建筑节能设计标准》JGJ 26 的规定，室内系统应满足计量要求。

4.1.3 夏热冬冷地区应按现行行业标准《夏热冬冷地区居住建筑节能设计标准》JGJ 134 中的动态计算方法，对建筑实施改造后的供暖和空调能耗进行计算。

4.1.4 夏热冬暖地区应按现行行业标准《夏热冬暖地区居住建筑节能设计标准》JGJ 75 中的动态计算方法，对建筑实施改造后的空调能耗进行计算。

4.1.5 夏热冬冷地区和夏热冬暖地区宜对改造后建筑顶层房间的夏季室内热环境进行评估。

4.2 严寒和寒冷地区节能改造方案

4.2.1 严寒和寒冷地区既有居住建筑的全面节能改造方案应包括建筑围护结构节能改造方案和供暖系统节能改造方案。

4.2.2 围护结构节能改造方案应确定外墙、屋面等保温层的厚度并计算外墙平均传热系数和屋面传热系数，确定外窗、单元门、户门传热系数。对外墙、屋面、窗洞口等可能形成冷桥的构造节点，应进行热工校核计算，避免室内表面结露。

4.2.3 建筑围护结构节能改造方案应评估下列内容：

1 建筑物耗热量指标；

2 围护结构传热系数；

3 节能潜力；

4 建筑热工缺陷；

5 改造的技术方案和措施，以及相应的材料和产品；

6 改造的资金投入和资金回收期。

4.2.4 严寒和寒冷地区供暖系统节能改造方案应符合下列规定：

1 改造后的燃煤锅炉年均运行效率不应低于68%，燃气及燃油锅炉年均运行效率不应低于80%；

2 对于改造后的室外供热管网，管网保温效率应大于97%，补水率不应大于总循环流量的0.5%，系统总流量应为设计值的100%~110%，水力平衡

度应在0.9~1.2范围之内，耗电输热比应符合现行行业标准《严寒和寒冷地区居住建筑节能设计标准》JGJ 26 的有关规定。

4.2.5 供暖系统节能改造方案应评估下列内容：

1 供暖期间单位建筑面积耗标煤量（耗气量）指标；

2 锅炉运行效率；

3 室外管网输送效率；

4 热源（热力站）变流量运行条件；

5 室内系统热计量仪表状况及系统调节手段；

6 供热效果；

7 节能潜力；

8 改造的技术方案和措施，以及相应的材料和产品；

9 改造的资金投入和资金回收期。

4.3 夏热冬冷地区节能改造方案

4.3.1 夏热冬冷地区既有居住建筑节能改造方案应主要针对建筑围护结构。

4.3.2 夏热冬冷地区既有居住建筑节能改造方案应确定外墙、屋面等保温层的厚度，计算外墙平均传热系数和屋面传热系数，确定外窗的传热系数和遮阳系数。必要时，应对外墙、屋面、窗洞口等可能形成热桥的构造节点进行结露验算。

4.3.3 夏热冬冷地区既有建筑节能改造方案的效果评估应包括能效评估和室内热环境评估，并应符合下列规定：

1 当节能方案满足现行行业标准《夏热冬冷地区居住建筑节能设计标准》JGJ 134 全部规定性指标的要求时，可认定节能方案达到该标准的节能水平；

2 当节能方案不完全满足现行行业标准《夏热冬冷地区居住建筑节能设计标准》JGJ 134 全部规定性指标的要求时，应按该标准规定的方法，计算节能改造方案的节能综合评价指标。

4.3.4 评估室内热环境时，应先按节能改造方案建立该建筑的计算模型，计算当地典型气象年条件下建筑室内的全年自然室温（t_n），再按表4.3.4的规定进行评估。

表 4.3.4　夏热冬冷地区节能改造方案的室内热环境评估

室内热环境评估等级	评估指标	
	冬 季	夏 季
良好	$12℃ \leqslant t_{n,min}$	$t_{n,max} \leqslant 30℃$
可接受	$8℃ \leqslant t_{n,min} < 12℃$	$30℃ < t_{n,max} \leqslant 32℃$
恶劣	$t_{n,min} < 8℃$	$t_{n,max} > 32℃$

4.4 夏热冬暖地区节能改造方案

4.4.1 夏热冬暖地区既有居住建筑节能改造方案应

主要针对建筑围护结构。

4.4.2 夏热冬暖地区既有居住建筑节能改造方案应确定外墙、屋面等保温层的厚度，计算外墙传热系数和屋面传热系数，确定外窗的传热系数和遮阳系数等。

4.4.3 夏热冬暖地区既有建筑节能改造方案的效果评估应包括能效评估和室内热环境评估，并应符合下列规定：

1 当节能改造方案满足现行行业标准《夏热冬暖地区居住建筑节能设计标准》JGJ 75 全部规定性指标的要求时，可认定该改造方案达到该标准的节能水平；

2 当节能改造方案不完全满足现行行业标准《夏热冬暖地区居住建筑节能设计标准》JGJ 75 全部规定性指标的要求时，应按现行行业标准《夏热冬暖地区居住建筑节能设计标准》JGJ 75 规定的对比评定法，计算改造方案的节能综合评价指标。

4.4.4 室内热环境评价应符合下列规定：

1 应按现行国家标准《民用建筑热工设计规范》GB 50176 计算改造方案中建筑屋顶、西外墙的保温隔热性能；

2 应按现行行业标准《建筑门窗玻璃幕墙热工计算规程》JGJ/T 151 计算改造方案中外窗隔热性能和保温性能；

3 应按现行行业标准《夏热冬暖地区居住建筑节能设计标准》JGJ 75 计算改造方案中外窗的可开启面积或采用流体力学计算软件模拟节能改造实施方案中建筑内部预期的自然通风效果；

4 室内热环境评价结论的判定应符合下列规定：

1）当围护结构节能设计符合现行行业标准《夏热冬暖地区居住建筑节能设计标准》JGJ 75 的有关规定时，应判定节能方案的夏季室内热环境为良好；

2）当围护结构节能设计不完全符合现行行业标准《夏热冬暖地区居住建筑节能设计标准》JGJ 75 的有关规定，但屋顶、外墙的隔热性能符合现行国家标准《民用建筑热工设计规范》GB 50176 的有关规定时，应判定节能方案的夏季室内热环境为可接受；

3）当围护结构节能设计不完全符合现行行业标准《夏热冬暖地区居住建筑节能设计标准》JGJ 75 的有关规定，且屋顶、外墙的隔热性能也不符合现行国家标准《民用建筑热工设计规范》GB 50176 的有关规定时，应判定节能方案的夏季室内热环境为恶劣。

5 建筑围护结构节能改造

5.1 一 般 规 定

5.1.1 围护结构节能改造应按制定的节能改造方案进行设计，设计内容应包括外墙、外窗、户门、不封闭阳台门和单元入口门、屋面、直接接触室外空气的楼地面、供暖房间与非供暖房间（包括不供暖楼梯间）的隔墙及楼板等。

5.1.2 围护结构节能改造时，不得随意更改既有建筑结构构造。

5.1.3 外墙和屋面节能改造前，应对相关的构造措施和节点做法等进行设计。

5.1.4 对严寒和寒冷地区围护结构的节能改造，应同时考虑供暖系统的节能改造，为供暖系统改造预留条件。

5.1.5 围护结构改造应遵循经济、适用、少扰民的原则。

5.1.6 围护结构节能改造所使用的材料、技术应符合设计要求和国家现行有关标准的规定。

5.2 严寒和寒冷地区围护结构

5.2.1 严寒和寒冷地区既有居住建筑围护结构改造后，其传热系数应符合现行行业标准《严寒和寒冷地区居住建筑节能设计标准》JGJ 26 的有关规定。

5.2.2 严寒和寒冷地区，在进行外墙节能改造时，应优先选用外保温技术，并应与建筑的立面改造相结合。

5.2.3 外墙节能改造时，严寒和寒冷地区不宜采用内保温技术。当严寒和寒冷地区外保温无法施工或需保持既有建筑外貌时，可采用内保温技术。

5.2.4 外墙节能改造采用内保温技术时，应进行内保温设计，并对混凝土梁、柱等热桥部位进行结露验算，施工前制定施工方案。

5.2.5 严寒和寒冷地区外窗改造时，可根据既有建筑具体情况，采取更换原窗户或在保留原窗户基础上再增加一层新窗户的措施。

5.2.6 严寒和寒冷地区居住建筑的楼梯间及外廊应封闭；楼梯间不供暖时，楼梯间隔墙和户门应采取保温措施。

5.2.7 严寒、寒冷地区的单元门应加设门斗；与非供暖走道、门厅相邻的户门应采用保温门；单元门宜安装闭门器。

5.3 夏热冬冷地区围护结构

5.3.1 夏热冬冷地区既有居住建筑围护结构改造后，所改造部位的热工性能应符合现行行业标准《夏热冬冷地区居住建筑节能设计标准》JGJ 134 的规定性指标的有关规定。

5.3.2 既有居住建筑外墙进行节能改造设计时，应根据建筑的历史和文化背景、建筑的类型和使用功能、建筑现有的立面形式和建筑外装饰材料等，确定采用外保温隔热或内保温隔热技术，并应符合下列规定：

  1 混凝土剪力墙应进行外墙保温改造；

  2 南北向板式（条式）建筑，应对东西山墙进行保温改造；

  3 宜采取外保温技术。

5.3.3 既有居住建筑的平屋面宜改造成坡屋面或种植屋面。当保持平屋面时，宜设置保温层和通风架空层。

5.3.4 外窗改造应在满足传热系数要求的同时，满足外窗的气密性、可开启面积和遮阳系数等要求。外窗改造可选择下列方法：

  1 用中空玻璃替代原单层玻璃；

  2 用中空玻璃新窗扇替代原窗扇；

  3 用符合节能标准的窗户替代原窗户；

  4 加一层新窗户或贴遮阳膜；

  5 东、西、南方向主要房间加设活动外遮阳装置。

5.3.5 外窗和阳台透明部分的遮阳，应优先采用活动外遮阳设施，且活动外遮阳设施不应对窗口通风特性产生不利影响。

5.3.6 更换外窗时，外窗的开启方式应有利于建筑的自然通风，可开启面积应符合现行行业标准《夏热冬冷地区居住建筑节能设计标准》JGJ 134 的有关规定。

5.3.7 阳台门不透明部分应进行保温处理。

5.3.8 户门改造时，可采取保温门替代旧钢制不保温门。

5.3.9 保温性能较差的分户墙宜采用各类保温砂浆粉刷。

5.4 夏热冬暖地区围护结构

5.4.1 夏热冬暖地区既有居住建筑围护结构改造后，所改造部位的热工性能应符合现行行业标准《夏热冬暖地区居住建筑节能设计标准》JGJ 75 的规定性指标的有关规定。

5.4.2 既有居住建筑外墙改造时，应优先采取反射隔热涂料、浅色饰面等，不宜采取单纯增加保温层的做法。

5.4.3 既有居住建筑的平屋面宜改造成坡屋面或种植屋面；当保持平屋面时，宜采取涂刷反射隔热涂料、设置通风架空层或遮阳等措施。

5.4.4 既有居住建筑的外窗改造时，可采取下列方法：

  1 外窗玻璃贴遮阳膜；

  2 东、西、南方向主要房间加设外遮阳装置；

  3 外窗玻璃更换为节能玻璃；

  4 增加开启窗扇；

  5 用符合节能标准的窗户替代原窗户。

5.4.5 节能改造更换外窗时，外窗的开启方式应有利于建筑的自然通风，可开启面积应符合现行行业标准《夏热冬暖地区居住建筑节能设计标准》JGJ 75 的有关规定。

5.5 围护结构节能改造技术要求

5.5.1 采用外保温技术对外墙进行改造时，材料的性能、构造措施、施工要求应符合现行行业标准《外墙外保温工程技术规程》JGJ 144 的有关规定。外墙外保温系统应包覆门窗框外侧洞口、女儿墙、封闭阳台栏板及外挑出部分等热桥部位，并应与防水、装饰相结合，做好保温层密封和防水。

5.5.2 采用外保温技术对外墙进行改造时，外保温施工前应做好相关准备工作，并应符合下列规定：

  1 外墙侧管道、线路应拆除，施工后需要恢复的设施应妥善保管；

  2 施工脚手架宜采用与墙面分离的双排脚手架；

  3 应修复原围护结构裂缝、渗漏，填补密实墙面的缺损、孔洞，更换损坏的砖或砌块，修复冻害、析盐、侵蚀所产生的损坏；

  4 应清理原围护结构表面油迹、酥松的砂浆，修复不平的表面；

  5 当采用预制外墙外保温系统时，应完成立面规格分块及安装设计构造详图设计。

5.5.3 外墙内保温的施工和保温材料的燃烧性能等级应符合现行行业标准《外墙内保温工程技术规程》JGJ/T 261 的有关规定。

5.5.4 采用内保温技术对外墙进行改造时，施工前应做好相关准备，并应符合下列规定：

  1 对原围护结构表面涂层、积灰油污及杂物、粉刷空鼓，应刮掉并清理干净；

  2 对原围护结构表面脱落、虫蛀、霉烂、受潮所产生的损坏，应进行修复；

  3 对原围护结构裂缝、渗漏，应进行修复，墙面的缺损、孔洞应填补密实；

  4 对原围护结构表面不平整处，应予以修复；

  5 室内各类管线应安装完成并经试验检测合格。

5.5.5 外门窗的节能改造应符合下列规定：

  1 严寒与寒冷地区的外窗节能改造应符合下列规定：

    1）当在原有单玻窗基础上再加装一层窗时，两层窗户的间距不应小于100mm；

    2）更新外窗时，可采用塑料窗、隔热铝合金窗、玻璃钢窗以及钢塑复合窗、木塑复合窗等，并应将单玻窗换成中空双玻或三玻窗；

   3）更换新窗时，窗框与墙之间应设置保温密封构造，并宜采用高效保温气密材料和弹性密封胶封堵；

   4）阳台门的门芯板应为保温型，也可对原有阳台进行封闭处理；阳台门的玻璃宜采用节能玻璃；

   5）严寒、寒冷地区的居住建筑外窗框宜与基层墙体外侧平齐，且外保温系统宜压住窗框 20mm～25mm。

  2 夏热冬冷地区的外窗节能改造应符合下列规定：

   1）当在原有单玻窗的基础上再加装一层窗时，两层窗户的间距不应小于 100mm；

   2）更新外窗时，应优先采用塑料窗，并应将单玻窗换成中空双玻窗；有条件时，宜采用隔热铝合金窗框；

  3 夏热冬暖地区的外窗节能改造应符合下列规定：

   1）整窗更换为节能窗时，应符合国家现行标准《民用建筑设计通则》GB 50352 和《夏热冬暖地区居住建筑节能设计标准》JGJ 75 的有关规定；

   2）增加开启窗扇改造后，可开启面积应符合现行行业标准《夏热冬暖地区居住建筑节能设计标准》JGJ 75 的有关规定；

   3）更换外窗玻璃为节能玻璃改造时，宜采用遮阳型 Low-e 玻璃；

   4）外窗玻璃贴遮阳膜时，应综合考虑膜的寿命、伸缩性、可维护性；

   5）东、西、南方向主要房间加设外遮阳装置时，应综合考虑遮阳装置对建筑立面外观、通风及采光的影响，同时还应考虑遮阳装置的抗风性能和耐久性能。

5.5.6 屋面节能改造施工准备工作应符合下列规定：

  1 在对屋面状况进行诊断的基础上，应对原屋面上的损害的部品予以修复；

  2 屋面的缺损应填补找平；

  3 屋面上的设备、管道等应提前安装完毕，并应预留出外保温层的厚度；

  4 防护设施应安装到位。

5.5.7 屋面节能改造应根据既有建筑屋面形式，选择下列改造措施：

  1 原屋面防水可靠的，可直接做倒置式保温屋面；

  2 原屋面防水有渗漏的，应铲除原防水层，重新做保温层和防水层；

  3 平屋面改坡屋面时，宜在原有平屋面上铺设耐久性、防火性能好的保温层；

  4 坡屋面改造时，宜在原屋顶吊顶上铺放轻质保温材料，其厚度应根据热工计算确定；无吊顶时，可在坡屋面下增加或加厚保温层或增设吊顶，并在吊顶上铺设保温材料，吊顶层应采用耐久性、防火性能好，并能承受铺设保温层荷载的构造和材料；

  5 屋面改造时，宜同时安装太阳能热水器，且增设太阳能热水系统应符合现行国家标准《民用建筑太阳能热水系统应用技术规范》GB 50364 的有关规定；

  6 平屋面改造成坡屋面或种植屋面应核算屋面的允许荷载。

5.5.8 屋面进行节能改造时，应保证防水的质量，必要时应重新做防水，防水工程应符合现行国家标准《屋面工程技术规范》GB 50345 的有关规定。

5.5.9 严寒和寒冷地区楼地面节能改造时，可在楼板底部设置保温层。

5.5.10 对外窗进行遮阳节能改造时，应优先采用外遮阳措施。增设外遮阳时，应确保增设结构的安全性。

5.5.11 遮阳设施的安装位置应满足设计要求。遮阳设施的安装应牢固、安全，可调节性能应满足使用功能要求。遮阳膜的安装方向、位置应正确。

5.5.12 节能改造施工过程中不得任意变更建筑节能改造施工图设计。当确实需要变更时，应与设计单位洽商，办理设计变更手续。

5.5.13 对围护结构进行改造时，施工单位应先编制建筑节能改造工程施工技术方案并经监理单位或建设单位确认。施工现场应对从事建筑节能工程施工作业的专业人员进行技术交底和必要的实际操作培训。

6 严寒和寒冷地区集中供暖系统节能与计量改造

6.1 一般规定

6.1.1 供暖系统的热力站输出的热量不能满足热用户需求的，应改造、更换或增设热源设备。

6.1.2 供暖系统的锅炉房辅助设备无气候补偿装置、烟气余热回收装置、锅炉集中控制系统和风机变频装置等时，应根据需要加装其中的一种或多种装置。

6.1.3 燃煤锅炉不能采用连续供热辅以间歇调节的运行方式，不能实现根据室外温度变化的质调节或质、量并调方式时，应改造或增设调控装置。

6.1.4 燃煤锅炉房无燃煤计量装置时，应加装计量装置。

6.1.5 供暖系统的室外管网的输送效率低于 90％，正常补水率大于总循环流量的 0.5％时，应针对降低漏损、加强保温等对管网进行改造。

6.1.6 室外供热管网循环水泵出口总流量低于设计值时，应根据现场测试数据校核，并在原有基础上进行调节或改造。

6.1.7 锅炉房循环水泵没有采用变频调速装置时，宜加装变频调速装置。

6.1.8 供热管网的水力平衡度超出 0.9～1.2 的范围时，应予以改造，并应在供热管网上安装具有调节功能的水力平衡装置。

6.1.9 当室外供暖系统热力入口没有加装平衡调节设备，导致建筑物室内供热系统水力不平衡，并造成室温达不到要求时，应改造或增设调控装置。

6.1.10 室内供暖系统无排气装置时，应加装自动排气阀。

6.1.11 室内供暖系统散热设备的散热量不能满足要求的，应增加或更换散热设备。

6.1.12 供暖系统安装质量不满足现行国家标准《建筑给水排水及采暖工程施工质量验收规范》GB 50242 的有关规定时，应进行改造。

6.1.13 供暖系统热力站的一次侧和二次侧无热计量装置时，应加装热计量装置。

6.1.14 居住建筑的室内系统不能实现室温调节和热量分摊计量时，应改造或增设调控和计量装置。

6.2 热源及热力站节能改造

6.2.1 热源及热力站的节能改造可与城市热源的改造同步进行，也可单独进行。热源及热力站的节能改造应技术上合理，经济上可行，并应符合本规程第 4 章的相关规定。

6.2.2 更换锅炉时，应按系统实际负荷需求和运行负荷规律，合理确定锅炉的台数和容量。在低于设计运行负荷条件下，单台锅炉运行负荷不应低于额定负荷的 60%。

6.2.3 热力站供热系统宜设置供热量自动控制装置，根据室外气温和室温设定等变化，调节热源侧的出力。

6.2.4 采用 2 台以上燃油、燃气锅炉时，锅炉房宜设置群控装置。

6.2.5 既有集中供暖系统进行节能改造时，应根据系统节能改造后的运行工况，对原循环水泵进行校核计算，满足建筑热力入口所需资用压头。需要更换水泵时，锅炉房及管网的循环水泵，应选用高效节能低噪声水泵。设计条件下输送单位热量的耗电量应满足现行行业标准《严寒和寒冷地区居住建筑节能设计标准》JGJ 26 的规定。

6.2.6 当热源为热水锅炉房时，其热力系统应满足锅炉本体循环水量控制要求和回水温度限值的要求。当锅炉对供回水温度和流量的限定与外网在整个运行期对供回水温度和流量的要求不一致时，锅炉房直供

系统宜按热源侧和外网配置两级泵系统，且二级水泵应设置调速装置，一、二级泵供回水管之间应设置连通管。

6.2.7 供热系统的阀门设置应符合下列规定：

　1 在一个热源站房负担多个热力站（热交换站）的系统中，除阻力最大的热力站以外，各热力站的一次水入口宜配置性能可靠的自力式压差调节阀。热源出口总管上不应串联设置自力式流量控制阀。

　2 一个热力站有多个分环路时，各分环路总管上可根据水力平衡的要求设置手动平衡阀。热力站出口总管上不应串联设置自力式流量控制阀。

6.2.8 热力站二次网调节方式应与其所服务的户内系统形式相适应。当户内系统形式全部或大多数为双管系统时，宜采用变流量调节方式；当户内系统形式仅少数为双管系统时，宜采用定流量调节方式。

6.2.9 改造后的系统应进行冲洗和过滤，水质应达到现行行业标准《严寒和寒冷地区居住建筑节能设计标准》JGJ 26 的有关规定。系统停运时，锅炉、热网及室内系统宜充水保养。

6.2.10 热电联产热源厂、集中供热热源厂和热力站应在热力出口安装热量计量装置。改建、扩建或改造的供暖系统中，应确定供热企业和终端用户之间的热费结算位置，并在该位置上安装计量有效的热量表。

6.2.11 锅炉房、热力站应设置运行参数检测装置，并应对供热量、补水量、耗电量进行计量，宜对锅炉房消耗的燃料数量进行计量监测。锅炉房、热力站各种设备的动力用电和照明用电应分项计量。

6.3 室外管网节能改造

6.3.1 室外供热管网改造前，应对管道及其保温质量进行检查和检修，及时更换损坏的管道阀门及部件。室外管网应杜绝漏水点，供热系统正常补水率不应大于总循环流量的 0.5%。室外管网上的阀门、补偿器等部位，应进行保温；管道上保温损坏部位，应采用高效保温材料进行修补或更换。维修或改造后的管网保温效率应大于 97%。

6.3.2 室外管网改造时，应进行水力平衡计算。当热网的循环水泵集中设置在热源或二级网系统的循环水泵集中设置在热力站时，各并联环路之间的压力损失差值不应大于 15%。当室外管网水力平衡计算达不到要求时，应根据热网的特点设置水力平衡阀。热力入口水力平衡度应达到 0.9～1.2。

6.3.3 一级网采用多级循环泵系统时，管网零压差点之前的热用户应设置水力平衡阀。

6.3.4 既有供热系统与新建管网系统连接时，宜采用热交换站的方式进行间接连接；当直接连接时，应对新、旧系统的水力工况进行平衡校核。当热力入口资用压头不能满足既有供暖系统要求时，应采取提高管网循环泵扬程或增设局部加压泵等补偿措施。

6.3.5 每栋建筑物热力入口处应安装热量表。对于用途相同、建设年代相近、建筑物耗热量指标相近、户间热费分摊方式一致的若干栋建筑，可统一安装一块热量表。

6.3.6 建筑物热量表的流量传感器应安装在建筑物热力入口处计量小室内的供水管上。热量表积算仪应设在易于读数的位置，不宜安装在地下管沟之中。热量表的安装应符合现行相关规范、标准的要求。

6.3.7 建筑物热力入口的装置设置应符合下列规定：

1 同一供热系统的建筑物内均为定流量系统时，宜设置静态平衡阀；

2 同一供热系统的建筑物内均为变流量系统时，供暖入口宜设自力式压差控制阀；

3 当供热管网为变流量调节，个别建筑物内为定流量系统时，除应在该建筑供暖入口设自力式流量控制阀外，其余建筑供暖入口仍应采用自力式压差控制阀；

4 当供热管网为定流量运行，只有个别建筑物内为变流量系统时，若该建筑物的供暖热负荷在系统中只占很小比例时，该建筑供暖入口可不设调控阀；若该建筑物的供暖热负荷所占比例较大会影响全系统运行时，应在该供暖入口设自力式压差旁通阀；

5 建筑物热力入口可采用小型热交换站系统或混水站系统，且对这类独立水泵循环的系统，可根据室内供暖系统形式在热力入口处安装自力式流量控制阀或自力式压差控制阀；

6 当系统压差变化量大于额定值的 15％时，室外管网应通过设置变频措施或自力式压差控制阀实现变流量方式运行，各建筑物热力入口可不再设自力式流量控制阀或自力式压差控制阀，改为设置静态平衡阀；

7 建筑物热力入口的供水干管上宜设两级过滤器，初级宜为滤径 3mm 的过滤器；二级宜为滤径 0.65mm～0.75mm 的过滤器，二级过滤器应设在热能表的上游位置；供、回水管应设置必要的压力表或压力表管口。

6.4 室内系统节能与计量改造

6.4.1 当室内供暖系统需节能改造，且原供暖系统为垂直单管顺流式时，应改为垂直单管跨越式或垂直双管系统，不宜改造为分户水平循环系统。

6.4.2 室内供暖系统改造时，应进行散热器片数复核计算和水力平衡验算，并应采取措施解决室内供暖系统垂直及水平方向的失调。

6.4.3 室内供暖系统改造应设性能可靠的室温控置装置，每组散热器的供水支管宜设散热器恒温控制阀。采用单管跨越式系统时，散热器恒温控制阀应采用低阻力两通或三通阀，产品性能应满足现行行业标准《散热器恒温控制阀》JG/T 195 的规定。

6.4.4 当建筑物热力入口处设热计量装置时，室内供暖系统应同时安装分户热计量装置，计量装置的选择应符合现行行业标准《供热计量技术规程》JGJ 173 的有关规定。

7 施工质量验收

7.1 一般规定

7.1.1 既有居住建筑节能改造后，应进行节能改造工程施工质量验收，并应符合现行国家标准《建筑节能工程施工质量验收规范》GB 50411 的有关规定。

7.1.2 既有居住建筑节能改造施工质量验收应有业主方、设计单位、施工单位以及建设主管部门的代表参加。

7.1.3 既有居住建筑节能改造施工质量验收应在工程全部完成后进行，并应按照验收项目、验收内容进行分项工程和检验批划分。

7.2 围护结构节能改造工程

7.2.1 围护结构节能改造工程施工质量验收应提交有关文件和记录，并应符合下列规定：

1 围护结构节能改造方案、设计图纸、设计说明、计算复核资料等应完整齐全；

2 材料和构件的品种、规格、质量应符合设计要求和国家现行有关标准的规定，并应提交相应的产品合格证；

3 材料和构件的技术性能应符合设计要求，并应提交相应的性能检验报告和进场验收记录、复验报告；

4 施工质量应符合设计要求，并应提交相应的施工纪录、各分项工程施工质量验收记录；

5 隐蔽工程验收记录应完整，且符合设计要求；

6 外墙和屋顶节能改造后，应提供节能构造现场实体检测报告；

7 严寒、寒冷和夏热冬冷地区更换外窗时，应提供外窗的气密性现场检测报告。

7.3 集中供暖系统节能改造工程

7.3.1 建筑设备施工质量验收应提交有关文件和记录，并应符合下列规定：

1 供暖系统节能改造方案、设计图纸、设计说明、计算复核资料等应完整齐全；

2 供暖系统设备、材料、配件的质量应符合国家标准的要求，并应提交相应的产品合格证；

3 设备、配件的规格、数量应符合设计要求；

4 设备、材料、配件的技术性能应符合要求，并应提交相应的性能检验报告和进场验收记录、复验报告；

5 施工质量应符合设计要求，并应提交相应的施工记录、各分项工程施工质量验收记录；

6 建筑设备的安装应符合设计要求和国家现行有关标准的规定；

7 隐蔽工程验收记录应完整，且符合设计要求；

8 供暖系统的设备单机及系统联合试运转和调试记录应完整，且供暖系统的效果应符合设计要求。

本规程用词说明

1 为便于在执行本规程条文时区别对待，对要求严格程度不同的用词说明如下：

　1）表示很严格，非这样做不可的：

　　正面词采用"必须"，反面词采用"严禁"；

　2）表示严格，在正常情况下均应这样做的：

　　正面词采用"应"，反面词采用"不应"或"不得"；

　3）表示允许稍有选择，在条件许可时首先应这样做的：

　　正面词采用"宜"，反面词采用"不宜"；

　4）表示有选择，在一定条件下可以这样做的：

　　采用"可"。

2 条文中指明应按其他有关标准执行的写法为："应符合……的规定"或"应按……执行"。

引用标准名录

1 《民用建筑热工设计规范》GB 50176

2 《建筑给水排水及采暖工程施工质量验收规范》GB 50242

3 《屋面工程技术规范》GB 50345

4 《民用建筑设计通则》GB 50352

5 《民用建筑太阳能热水系统应用技术规范》GB 50364

6 《建筑节能工程施工质量验收规范》GB 50411

7 《严寒和寒冷地区居住建筑节能设计标准》JGJ 26

8 《夏热冬暖地区居住建筑节能设计标准》JGJ 75

9 《居住建筑节能检测标准》JGJ/T 132

10 《夏热冬冷地区居住建筑节能设计标准》JGJ 134

11 《外墙外保温工程技术规程》JGJ 144

12 《建筑门窗玻璃幕墙热工计算规程》JGJ/T 151

13 《民用建筑能耗数据采集标准》JGJ/T 154

14 《供热计量技术规程》JGJ 173

15 《外墙内保温工程技术规程》JGJ/T 261

16 《散热器恒温控制阀》JG/T 195

中华人民共和国行业标准

既有居住建筑节能改造技术规程

JGJ/T 129—2012

条 文 说 明

修 订 说 明

《既有居住建筑节能改造技术规程》JGJ/T 129 -2012，经住房和城乡建设部 2012 年 10 月 29 日以第 1504 号公告批准、发布。

本规程是在《既有采暖居住建筑节能改造技术规程》JGJ 129-2000 的基础上修订而成，上一版主编单位是北京中建建筑设计院，参编单位是中国建筑科学研究院、中国建筑一局（集团）有限公司技术部。主要起草人员有：陈圣奎、李爱新、周景德、沈锟元、董增福、魏大福、刘春雁。本次修订将规程的适用范围从原来的严寒和寒冷地区的既有供暖居住建筑扩展到各个气候区的既有居住建筑。本次修订的主要技术内容是：1.“节能诊断”，规定在制定节能改造方案前对供暖空调能耗、室内热环境、围护结构、供暖系统进行现状调查和诊断；2.“节能改造方案”，规定不同气候区的既有建筑节能改造方案应包括的内容；3.“建筑围护结构节能改造”，规定不同气候区的既有建筑围护结构改造内容、重点以及技术要求；4.“供暖系统节能与计量改造”，分别对热源、室外管网、室内系统以及热计量改造作出了规定。

本规程修订过程中，编制组进行了广泛深入的调查研究，总结了我国近些年来开展建筑节能和既有建筑节能改造的实践经验，同时也参考了国外相应的技术法规。

为便于广大设计、施工、科研、学校等单位有关人员在使用本规程时能正确理解和执行条文规定，《既有居住建筑节能改造技术规程》编制组按章、节、条顺序编制了本规程的条文说明，对条文规定的目的、依据以及执行中需注意的有关事项进行了说明。但是，本条文说明不具备与标准正文同等的法律效力，仅供使用者作为理解和把握标准规定的参考。

目 次

1 总　则

1.0.1 至 2005 年年末全国城镇房屋建筑面积达 164.88 亿 m²，其中城镇民用建筑面积 147.44 亿 m²（居住建筑面积 107.69 亿 m²，公共建筑面积 39.75 亿 m²）。我国从 20 世纪 80 年代开始颁布实施居住建筑节能设计标准，首先在北方集中供暖地区，即严寒和寒冷地区于 1986 年试行新建居住建筑供暖节能率 30％的设计标准，1996 年实施供暖节能率 50％的设计标准，并于 2010 年实施供暖节能率 65％的设计标准。我国中部夏热冬冷地区居住建筑节能设计标准从 2001 年实施，节能率 50％；而南方夏热冬暖地区居住建筑节能设计标准是 2003 年实施，节能率 50％。由于种种原因，前些年建筑节能设计标准的实施并不尽人意。近年来，为贯彻落实党中央、国务院关于建设节约型社会、开展资源节约工作的精神，以及《国务院关于做好建设节约型社会近期重点工作的通知》要求，进一步推进建筑节能工作，住房和城乡建设部每年组织开展了全国城镇建筑节能专项检查。通过专项检查发现，全国对建筑（包括居住建筑和公共建筑）节能标准的重要性认识不断提高，标准的执行率也越来越高。2005 年第一次检查的时候，在设计阶段执行建筑节能强制性标准的只有 57％，而在施工阶段执行强制性标准的不到 24％。2006 年，设计阶段达到 65％，施工阶段达到 54％。2007 年全国城镇（1～10）月份新建建筑在设计阶段执行节能标准的比例为 97％，施工阶段执行节能标准的比例为 71％。2008 年新建建筑在设计阶段执行节能标准的比例为 98％，施工阶段执行节能标准的比例为 82％。2009 年新建建筑在设计阶段执行节能标准的比例为 99％，施工阶段执行节能标准的比例为 90％。但是，我国仍然还有大量既有建筑没有按照节能设计标准建成，或者，有相当数量的、位于严寒和寒冷地区的居住建筑是按照节能率 30％和 50％建造的，需要进行节能改造。

经济发展和人们生活水平的提高，居民必然会对室内热环境有所需求，冬季供暖和夏季空调在逐步普及，有些气候区已成为生存和生活的必需。要达到一定的室内热环境指标，能耗是必不可少的。建筑围护结构良好的保温隔热性能，以及供暖空调设备系统的高效运行，是节能减排和改善居住热环境的基本途径。为了规范地对于既有居住建筑进行节能改造，特制订本规程。

1.0.2 本规程适用于我国各气候区的既有居住建筑节能改造。气候区是指严寒地区、寒冷地区、夏热冬冷地区、夏热冬暖地区。由于温和地区的居住建筑目前实际的供暖和空调设备应用较少，所以没有单独列出章节。如果根据实际情况，温和地区有些居住建筑供暖空调能耗比较高，需要进行节能改造，则可以参照气候条件相近的相邻寒冷地区，夏热冬冷地区和夏热冬暖地区的规定实施。

"既有居住建筑"包括住宅、集体宿舍、住宅式公寓、商住楼的住宅部分、托儿所、幼儿园等。

节能改造的目的是为了满足室内热环境要求和降低供暖、空调的能耗。采取两条途径实现节能，首先，改善围护结构的保温（降低供暖热负荷）隔热（降低空调冷负荷）热工性能；其二则是提高供暖空调设备（系统）的能效。

1.0.3 既有居住建筑由于建造年代不同，围护结构各部件热工性能和供暖空调设备、系统的能效不同，在制订节能改造方案前，首先要进行节能改造的诊断，从技术经济比较和分析得出合理可行的围护结构改造方案，并最大限度地挖掘现有设备和系统的节能潜力。

1.0.4 既有居住建筑节能改造的设计、施工验收涉及建筑领域内的专业较多，因此，在进行居住建筑节能改造时，除应符合本规程的规定外，尚应符合国家现行有关标准的规定。

2　基　本　规　定

2.0.1 我国地域辽阔，气候条件和经济技术发展水平差别较大，既有居住建筑节能改造需要根据实际情况，对建筑围护结构、供暖系统进行全面或部分的节能改造。围护结构的全面节能改造包括外墙、屋面和外窗等各部分均进行改造，部分节能改造指根据技术经济条件只改造围护结构中的一项或几项。供暖系统的全面节能改造包括热源、室外管网、室内供暖系统、热计量等各部分均进行改造，部分节能改造指只改造其中的一项或几项。有条件的地方，可以选择全面改造，因为全面改造节能效果好，效费比高。

2.0.3、2.0.4 抗震、结构、防火关系到居住建筑安全和使用寿命，既有居住建筑节能改造当涉及这些问题时，应当根据国家现行的抗震、结构和防火规范进行评估，并根据评估结论确定是否开展单独的节能改造或同步实施安全和节能改造。既有居住建筑节能改造需要投入大量的人力物力，尤其是全面的改造成本较大，应该考虑投资回收期。因此，提出了实施节能改造后的建筑还要保证 20 年以上的使用寿命。实施部分节能改造的建筑，则应根据具体情况决定是否要进行全面的安全性能评估和改造后使用寿命的判定。例如，仅进行供暖系统的部分改造，可能不会影响建筑原有的安全性能。又如，在南方地区仅更换窗户和增添遮阳，显然也不会影响建筑主体结构原有的安全性能。

2.0.5 既有居住建筑量大面广，由于它们所处的气候区不同，建造年代不同，使用情况不同，情况很复杂。因此在对它们实施节能改造前，应先开展节能诊断，然后根据节能诊断的结果确定改造方案。节能改造的合理投资回收期是个很难回答的问题。一方面按目前的能源价格计算，投资回收期都比较长。另一方面节能改造后室内热环境的改善，建筑外观对市容街貌的影响，都无法量化成经济指标。因此，本条文未明确提投资回收期，而是要求节能改造投资成本合理、效果明显。

2.0.7 在严寒和寒冷地区，以一个集中供热小区为单位，对既有居住建筑的供暖系统和建筑围护结构同步实施全面节能改造，改造完成后可以在热源端得到直接的节能效果。但由于各种原因使供暖系统和建筑围护结构不具备同步改造的条件时，应优先选择供暖系统或建筑围护结构中节能效果明显的项目进行改造，如根据具体条件，供暖系统设置供热量自动控制装置，围护结构更换性能差的外窗、增强墙体的保温等。

2.0.8 为满足供热计量的要求，本条文规定严寒地区和寒冷地区的既有居住建筑集中供暖系统改造应设置室温调节和热量计量设施。

2.0.9 在夏热冬冷地区和夏热冬暖地区，一般说来老旧的居住建筑，外窗的保温隔热性能都很差，是建筑围护结构中的薄弱之处，因此应该优先改造。另外，屋顶和西墙的隔热通常也是个问题，所以改造时也要优先给予关注。

2.0.12 既有居住建筑实施节能改造时，由于建筑内有大量居民，所以防火安全尤为重要。稍有不慎引发火灾，不仅造成财产损失，而且很可能造成大量的人员伤亡。因此，本条文规定，不仅外墙保温系统的设计和所采用的材料必须符合相关防火要求，而且必须制定和实行严格的施工防火安全管理制度。

3 节能诊断

3.1 一般规定

3.1.1 实地调查室内热环境、围护结构的热工性能、供暖或空调系统的能耗及运行情况等，是为了科学、准确地了解要进行节能改造的建筑的现状。如果调查还不能达到这个目的，应该辅之以一些测试。然后通过计算分析，对拟改造建筑的能耗状况及节能潜力作出分析，作为制定节能改造方案的重要依据。

3.1.3 为确保节能诊断结果科学、准确、公正，要求从事建筑节能诊断的测评机构应具备相应资质。

3.2 能耗现状调查

3.2.1、3.2.2 居住建筑能耗主要包括供暖空调能耗、照明及家电能耗、炊事和热水能耗等，由于居住建筑使用情况复杂，全面获得分项能耗比较困难。本

规程主要针对围护结构热工及空调供暖系统能效，因此调查供暖和空调能耗。针对不同的供暖空调形式，能耗调查统计内容有所不同：

1 集中供暖的既有居住建筑，测量或统计供暖能耗；

2 集中供冷的既有居住建筑，测量或统计空调能耗；

3 非集中供热、供冷的既有居住建筑，测量或调查住户空调供暖设备容量、使用情况和能耗（耗电、耗煤、耗气等）；

4 如不能直接获得供暖空调能耗，可调查统计既有居住建筑总耗电量及其他类型能源的总耗量等，间接估算供暖空调能耗。

3.3 室内热环境诊断

3.3.1 改善居住建筑室内热环境是我国建筑节能的基本目标之一。居住建筑热环境状况也是其节能性能的综合表现，是其是否需要节能改造的主要判据之一。既有居住建筑室内热环境诊断是其节能改造必需的先导工作，它不仅判断是否需要改造，而且还要对怎样改造提出指导性意见，因此诊断内容、诊断方法和诊断过程必须符合建筑节能标准体系的相关规定。本条列出了应作为既有居住建筑室内热环境诊断根据的相关标准。

我国幅员辽阔，不同地区气候差异很大，居住建筑室内热环境诊断时，应根据建筑所处气候区，对诊断内容进行选择性检测。检测方法依据《居住建筑节能检验标准》JGJ/T 132 的有关规定。

3.3.4 室内热环境要素包括室内空气温度、室内空气相对湿度、室内气流速度和室内壁面温度等。住户的热环境感受又与住户的衣着、活动等物理量有关。因此，室内热环境诊断（现状评估）应通过实地现场调查室内热环境状况，同时，对住户进行问卷调查，了解住户的主观感受。

室内热环境有一定的基本要求，例如，室内的温度、湿度、气流和环境辐射温度应在允许范围之内。冬季，严寒和寒冷地区外围护结构内表面温度不应低于室内空气露点温度。夏季，夏热冬冷和夏热冬暖地区自然通风房间围护结构内表面最高温度不应高于当地夏季室外计算温度最高值。

既有居住建筑的实况与其图纸往往相差很大，只能通过现场调查进行评估。夏热冬冷和夏热冬暖地区过渡季节的居住建筑室内热环境状况是其热工性能的综合表现，对建筑能耗有重大影响，是该建筑是否应进行节能改造的重要判据。建筑的通风性能也是影响建筑热舒适、健康和能耗的重要因素。因此诊断评估报告应包括通风状况。

严寒和寒冷地区的居住建筑节能设计标准对室内相对湿度没有要求，但在对既有居住建筑进行现场调

查时，测一下相对湿度也有好处，有时可以帮助判断外围护结构内表面结露发霉的原因。

3.4　围护结构节能诊断

3.4.1　节能诊断时，应将建筑地形图、总图、节能计算书及竣工图、建筑装修改造资料、历年修缮资料、所在地城市建设规划和市容要求等收集齐全，对分析既有建筑存在的问题及进行节能改造设计是十分必要的。当然，并非所有的建筑都保留有这么完整的图纸和资料，实际工作中只能尽量收集查阅。

3.4.2　围护结构的节能诊断应依据各地区现行的节能标准或相关规范，重点对围护结构中与节能相关的构造形式和使用材料进行调查，取得第一手资料，找出建筑高能耗的原因和导致室内热环境较差的各种可能因素。

3.4.3　围护结构热工性能可以经过计算获得，但有相当一部分建筑年代长远，相关的图纸资料不全，无法得到围护结构热工性能，在这种情况下必要时应委托有资质的检测机构对围护结构热工性能进行现场检测，作为节能评估的依据。

3.4.4　外窗外遮阳系数的计算方法可参照《夏热冬暖地区居住建筑节能设计标准》JGJ 75；外窗本身的遮阳和传热系数计算方法可参照《建筑门窗玻璃幕墙热工计算规程》JGJ/T 151进行，也可借助专业的门窗模拟计算软件进行模拟计算。对于部分建筑年代长远，相关外窗的图纸无法得到的建筑，由于无法根据外窗图纸确认外窗的构造及进行相关的建模计算，此类外窗可参照《建筑外门窗保温性能分级及检测方法》GB/T 8484规定的方法进行试验室检测。

3.4.5　对建筑围护结构节能性能进行判定，可以找出其薄弱环节，提出有针对性的节能改造建议，并对其节能潜力进行分析。

3.5　严寒和寒冷地区集中供暖系统节能诊断

3.5.1~3.5.3　提出了供暖系统节能改造前诊断的要求：如资料、重点诊断的内容等。

4　节能改造方案

4.1　一般规定

4.1.3　夏热冬冷地区居住建筑普遍是间歇式地使用供暖和空调。建筑热状况、建筑传热过程、供暖空调系统运行都是非稳态的。只有采用动态计算和分析方法，才能比较准确地评估各种改造方案的节能效果。

4.1.4　夏热冬暖地区居住建筑普遍是间歇式地使用供暖和空调。建筑热状况、建筑传热过程和供暖空调系统运行都是非稳态的。只有采用动态计算和分析方法，才能比较准确地评估各种改造方案的效果。

4.1.5　夏热冬冷和夏热冬暖地区的老旧居住建筑，顶层房间夏季的室内热环境一般都很差，因此节能改造方案应予以关注。

4.2　严寒和寒冷地区节能改造方案

4.2.2　在严寒和寒冷地区，对外墙、屋面、窗洞口等可能形成冷桥的构造节点进行热工校核计算非常重要，若计算得到的内表面温度低于露点温度，必须调整节点设计或增强局部保温，避免室内表面结露。

4.2.3　建筑物耗热量指标的高低直接反映了既有建筑围护结构节能改造的效果，是评估的主要指标；围护结构各部分的平均传热系数是考核建筑物耗热量指标能否实现的关键参数，也是需要在施工验收环节中进行监管的参数。严寒和寒冷地区，由于气候寒冷，如果改造措施不合理，将导致热桥部位出现结露等问题。对室内热缺陷进行评估，有利于杜绝此类现象发生。

4.2.5　供暖期间单位面积耗标煤量（耗气量）指标高低直接反映了建筑围护结构节能改造效果和供热系统节能改造效果，是评估既有建筑节能效果的关键指标；锅炉运行效率和热网输送效率高低直接反映了供热系统节能效果的高低。根据室外气象参数和热用户的用热需求，确定合理的运行调节方式，以实现按需供热和降低输送能耗。既有建筑节能改造是在满足热用户热舒适性的前提下降低能耗，按户热计量收费可调动热用户节能的积极性，减少用热需求。因此在节能改造方案评估中要对热源及热力站计划实施的调节方法（如等温差调节、质量综合调节、分阶段改变流量质调节等）、是否具备进行运行调节的手段（如供热量调节装置、变速水泵等）进行评估，要对室内系统是否安装了热计量设施及是否配备了必要的调节设备进行评估。

在保证热用户热舒适前提下，进行了节能改造后的建筑物及供热系统的节能效果，用节能率来表示。即节能率＝（改造前的耗煤量指标－改造后的耗煤量指标）/改造前的耗煤量指标。

4.3　夏热冬冷地区节能改造方案

4.3.2　夏热冬冷地区幅员辽阔，区内各地区之间的气候差异也不小，例如北部地区冬天的温度就很低，不良的构造节点有可能导致室内表面结露。因此有必要对外墙、屋面、窗洞口等可能形成冷桥的构造节点进行热工校核计算，避免室内表面结露。

4.3.3　节能改造方案的能效评价，参照建筑节能设计标准，推荐优先采用简便易行的规定性评价方法。当规定性评价方法不能评价时，才采用性能性指标评价方案的能效水平。

4.3.4　在夏热冬冷地区，由于建筑功能、建筑现有状况不一样，采用不同的节能改造实施方案会有不同的热环境效果，通常按照人体热舒适标准的要求，在自然通风条件下给出计算当地典型气象年条件下不同的居室内的全年自然室温 t_n，来作为人体在自然通风条件下的热舒适不同标准值。建筑热环境的参数很多，但室内空气温度是主导性参数，对相对湿度有制约作用，对室内辐射温度有很大的相关性。为了简化工程实践，以温度作为热环境评价的基本参数。参照建筑节能设计标准以及卫生学、心理学等，分别以 8℃、12℃、30℃、32℃ 作为热环境质量的分界。

4.4 夏热冬暖地区节能改造方案

4.4.3 本条文规定了夏热冬暖地区既有建筑节能改造实施方案的预期节能效果评价方法及要求。该地区节能改造实施方案节能评价应优先采用"规定性指标法"，当满足"规定性指标法"要求时，可认为其节能率达标；当不满足"规定性指标法"要求时，应采用"对比评定法"，并计算出节能率。经节能效果评价得出的节能率可作为节能改造实施方案经济性评估的依据。

4.4.4 本条文规定了夏热冬暖地区既有建筑节能改造实施方案的预期热环境评价方法及要求。该地区热环境评价应包括围护结构保温隔热性能、建筑室内自然通风效果。

节能改造实施方案中屋顶、外墙的保温隔热性能对室内热环境的影响十分显著。架空屋面、剪力墙等是该地区既有居住建筑中常见的围护结构形式，建筑顶层及临东、西外墙的居住者在夏季会有明显的烘烤感，热舒适性较差。节能改造在针对此类围护结构进行改造设计时，应验算其传热系数和内表面最高温度，确保方案能有效改善室内热环境质量。

与屋顶、外墙相比，外窗的热稳定性较差。通过窗户进入室内的得热量有瞬变传热得热和日射得热量两部分，其中日射得热量是造成该地区夏季室内过热的主要原因之一。因此节能改造应重点考虑对外窗的遮阳性能进行改善，外窗外遮阳系数的计算方法可参照《夏热冬暖地区居住建筑节能设计标准》JGJ 75，外窗本身的遮阳和传热系数计算方法可参照《建筑门窗玻璃幕墙热工计算规程》JGJ/T 151。

良好的自然通风不仅有利于改善室内热环境，而且可以减少空调使用时间。节能改造可通过增大外窗可开启面积、调整窗扇的开启方式等措施来改善自然通风。室内通风的预期效果应采用 CFD 软件进行模拟计算，依据模拟计算结果分析比对建筑改造前、后的通风效果，并对其进行评价。

在夏热冬暖地区，屋面、外墙的隔热性能是影响室内热环境的决定性因素，所以用其作为室内热环境是否恶劣的区分依据。由于节能设计标准充分考虑了热舒适性要求，所以采用围护结构是否满足节能标准来判定热环境是否良好，其中涉及屋面及外墙保温隔

热性能、外窗保温隔热性能、外窗开启面积（或自然通风效果）等参数，可以采用"规定性指标法"和"对比评定法"进行判断。

5 建筑围护结构节能改造

5.1 一般规定

5.1.1 本条明确了围护结构节能改造设计的内容，设计的依据是节能改造判定的结论。在既有建筑节能改造中，提高围护结构的保温和隔热性能对降低供暖、空调能耗作用明显。在围护结构改造中，屋面、外墙和外窗应是改造的重点，架空或外挑楼板、分隔供暖与非供暖空间的隔墙和楼板是保温处理的薄弱环节，应给予重视。在施工图设计中，应依据节能改造判定的结论所确定的围护结构传热系数来选择屋面、外墙、架空或外挑楼板的保温构造和保温材料及保温层厚度，选择门窗种类，选择分隔供暖与非供暖空间的隔墙和楼板的保温构造，对不封闭阳台门和单元入口门也应采取相应的保温措施。

5.1.2 既有居住建筑由于建造年代不同，结构设计和抗震设计标准不同，施工质量也不同，在对围护结构进行节能改造时，可能会增加外墙和屋面的荷载，为保证结构安全，应对原建筑结构进行复核、验算；当结构安全不能满足节能改造要求时，应采取结构加固措施，以保证结构安全。

由于更换门窗和屋面结构层以上的保温及防水材料，不会影响结构安全，设计可根据需要进行更换；其他如梁、板、柱和基层墙体等对结构安全影响较大的构件，其构造和组成材料不得随意更改。

5.1.3 在对外墙和屋面进行节能改造前，对相关的构造措施和节点做法必须进行设计，使其构造合理，安全可靠并容易实施。

5.1.4 对严寒和寒冷地区围护结构保温性能的节能改造，如能同时考虑供暖系统的节能改造可使围护结构的保温性能与供暖系统相协调，以达到节能、经济的目的，同时进行还可节省工时。当同时进行有困难时，可先进行围护结构改造，但在设计上应为供暖系统改造预留条件。

5.1.5 既有居住建筑的节能改造，量大面广，尤其是对围护结构的节能改造如改换门窗、做屋面和墙体保温及外立面的改造，一般投资都比较大，同时会影响居民的日常生活。为了能实现对既有居住建筑的节能改造，达到节能减排的目的，节省投资、方便施工、减少对居民生活的影响，应是节能改造的基本原则。

5.1.6 目前市场上各种保温材料、网格布、胶粘剂等用于对围护结构进行节能改造所使用的材料、技术种类繁多，其质量和技术性能良莠不齐。为保证围护

结构节能改造的质量，施工图设计应提供所选用材料技术性能指标，且其指标应符合有关标准要求；施工应按施工图设计的要求及国家有关标准的规定进行。严禁使用国家明令禁止和淘汰使用的材料、技术。

5.2 严寒和寒冷地区围护结构

5.2.1 现行行业标准《严寒和寒冷地区居住建筑节能设计标准》JGJ 26-2010 对围护结构各部位的传热系数限值均作了规定。为了使既有建筑在改造后与新建建筑一样成为节能建筑，其围护结构改造后的传热系数应符合该标准的要求。

5.2.2 外保温技术有许多优点，特别是在既有建筑围护结构节能改造时因其在施工时不需要居民搬迁，对居民的生活干扰最小而更具优势，同时与建筑立面改造相结合，可使建筑焕然一新。因此应优先采用外保温技术进行外墙的节能改造。

目前常用的外保温技术有 EPS、XPS 板薄抹灰外保温技术、硬泡聚氨酯外保温技术、EPS 板与混凝土同时浇注外保温技术、聚苯颗粒保温浆料外保温技术等，这些保温技术已日趋成熟，国家已颁布行业标准——《外墙外保温工程技术规程》JGJ 144，各地区也有相关技术标准。为保证外保温的工程质量，其设计与施工都应满足标准的要求。另外还应满足公安部公通字〔2009〕46 号文件对外保温系统的防火要求。

5.2.3 由于内保温技术很难解决热桥问题，且施工扰民，占用室内使用面积等，在严寒地区不宜采用。在寒冷地区当要维持建筑外貌而不能采用外保温技术时，如重要的历史建筑或重要的纪念性建筑等，可以采用内保温技术。

5.2.4 采用内保温技术的难点就是如何避免热桥部位内表面结露，设计应对混凝土梁、柱、板等热桥部位进行热工计算，特别是对梁板、梁柱交界部位应采取有效的保温技术措施，施工也要有合理的施工方案，以保证整体的保温效果并避免内表面结露。

5.2.5 外窗的传热耗热量和空气渗透耗热量占整个围护结构耗热量的 50% 以上，因此外窗的节能改造是非常重要的，也是最容易做到并易见到实效的。改造时可根据具体情况，如原有窗已无保留价值，则应更换新窗，新窗应选用符合标准传热系数的双玻窗或三玻窗。如原窗可以保留，可再增加一层新的单层窗或双玻窗，形成双层窗，可以起到很好的保温节能效果。窗框应采用保温性能好的材料，如塑料窗或采用断桥技术的金属窗等。应注意窗户不得任意加宽，若要调整原窗洞口的尺寸和位置，首先要与结构设计人员协商，以不影响结构安全为前提条件。

5.2.6、5.2.7 严寒和寒冷地区将居住建筑的楼梯间和外廊封闭，是很有效的节能改造措施。由于不封闭的楼梯间和外廊，其分户门是直对室外的，也就是说一栋住宅楼中有多少户就有多少个外门。在冬季外门的开启会造成室外大量冷空气进入室内，导致供暖能耗的增加，因此外门越多对保温节能越不利。另外不封闭的楼梯间隔墙是外墙，外墙面大对保温节能不利，将楼梯间封闭，其隔墙变为内墙，减少了外墙，将大大提高保温和节能的效果。

楼梯间不供暖时，对楼梯间隔墙采取保温措施，户门采用保温门可减少户内热量的散失，提高室内热环境质量。

2000 年以前，在沈阳以南地区，许多住宅建筑的楼梯间一般都不供暖，入口处也不设门斗。在大连、北京以南地区，住宅建筑的楼梯间有些没有单元门，有些甚至是开敞的，有些居住建筑的外廊也不设门窗，这样能耗是很大的。因此，从有利于节能并从实际情况出发，作出了本条规定。

严寒和寒冷地区，在冬季外门的开启会造成室外大量冷空气进入室内，导致供暖能耗的增加。设置门斗可以避免冷风直接进入室内，在节能的同时，也提高了居住建筑门厅或楼梯间的热舒适性，还可避免敷设在住宅楼梯间内的管道受冻。加设门斗是一个很好的节能改造措施。

分隔供暖房间与非供暖走道的户门，也是供暖房间散热的通道，应采取保温措施。一般住宅的户门都采用钢制防盗门，如果在门板内嵌入岩棉，既满足防火、防盗的要求，也可提高保温性能。

单元门宜安装闭门器，以避免单元门常开不关，而造成大量冷空气进入室内，热量散失过大，增加供暖能耗。造成室内温度降低，管道受冻。利用节能改造的时机，将单元门更换为防盗对讲门，可起到防盗、保温节能一举两得的效果。

5.3 夏热冬冷地区围护结构

5.3.1 在夏热冬冷地区，外窗、屋面是影响热环境和能耗最重要的因素，进行既有居住建筑节能改造时，节能投资回报率最高，因此，围护结构改造后的外窗传热系数、遮阳系数、屋面传热系数必须符合行业标准《夏热冬冷地区居住建筑节能设计标准》JGJ 134 的要求。外墙虽然也是影响热环境和能耗很重要的因素，但综合投资成本、工程难易程度和节能的贡献率来看，对外墙适当放宽要求，可能节能效果和经济性会最优，但改造后的传热系数应符合行业标准《夏热冬冷地区居住建筑节能设计标准》JGJ 134 的要求。

5.3.2 夏热冬冷地区外墙虽然也是影响热环境和能耗很重要的因素，但根据建筑的历史、文化背景、建筑的类型、使用功能，建筑现有的立面形式、工程难易程等考虑，所采用的技术措施是不同的。在夏热冬冷地区，居住建筑的外墙根据建筑结构不同，在城区高层为主的发展形势下，外墙多为钢筋混凝土剪力墙，此类墙保温隔热性极差，故必须改造。而从改造难易和费用研究，南北向的居住建筑，东西山墙应放在外墙改造的首位。在夏热冬冷地区外保温隔热或内保温隔热技术之间节能效果差不多，内保温隔热技术所形成的热桥也不像严寒和寒冷地区热损失那么大和发生结露问题，所以，可根据建筑的具体情况采用外保温隔热或内保温隔热技术。但从改造应少扰民的角度考虑，外墙外保温具有明显的优越性。

5.3.3 在夏热冬冷地区，居住建筑的屋顶根据建筑结构不同，20世纪70、80及90年代多层很多为平屋顶，有的有架空层，有的没有，直接暴露在太阳的辐射下。夏季室内屋顶表面温度大于人体表面温度，顶层居民苦不堪言，空调降温能耗极高。本条文提出的几种方法都非常有效，可根据不同情况采用。

5.3.4 建筑外窗对室内热环境和房间供暖空调负荷的影响最大，夏季太阳辐射如果未受任何控制地射入房间，将导致房间环境过热和空调能耗的增加。相反冬季太阳辐射有利于提高房间温度，降低供暖能耗。

窗对建筑能耗的损失主要有两个原因，一是窗的热工性能太差所造成夏季空调、冬季供暖室内外温差的热量损失的增加；另外就是窗因受太阳辐射影响而造成的建筑室内空调供暖能耗的增减。从冬季来看通过窗口进入室内的太阳辐射有利于建筑的节能，因此，减少窗的温差传热是建筑节能中窗口热损失的主要因素，而夏季由于这一地区窗对建筑能耗损失中，太阳辐射是其主要因素，应采取适当遮阳措施，以防止直射阳光的不利影响。活动外遮阳装置可根据季节及天气状况调节遮阳状况，同时某些外遮阳装置如卷帘放下时还能提高外窗的热阻，减低传热耗能。

外窗的空气渗透对建筑空调供暖能耗影响也较大，为了保证建筑的节能，因而要求外窗具有良好的气密性能。所以，本条文对外窗的传热系数、气密性、可开启面积和遮阳系数作出了规定。

外窗改造所推荐采取的方法是根据夏热冬冷地区近年来节能改造的工程经验和目前的节能改造的技术经济水平而确定的。

5.3.5 建筑外窗对室内热环境和房间空调负荷的影响最大，夏季太阳辐射如果未受任何控制地射入房间，将导致室内过热和空调能耗增加。因此，采取有效的遮阳措施对改善室内热环境和降低空调负荷效果明显，是实现居住建筑节能的有效方法。

由于冬夏两季透过窗户进入室内的太阳辐射对降低建筑能耗和保证室内环境的舒适性所起的作用是截然相反的。所以设置活动式的外遮阳能兼顾冬夏二季，更加合理，应当鼓励使用。

夏季外遮阳在遮挡阳光直接进入室内的同时，可能也会阻碍窗口的通风，因此设计时要加以注意。同时要注意不遮挡从窗口向外眺望的视野以及它与建筑立面造型之间的协调，并且力求遮阳系统构造简单、经济耐用。

5.3.6 夏热冬冷地区居民无论是在冬、夏季还是在过渡季节普遍有开窗通风的习惯，通风还是夏热冬冷地区传统解决建筑潮湿闷热和通风换气的主要方法，对节约能源有很重要作用，适当的可开启面积，有利于改善建筑室内热环境和空气质量，尤其在夏季夜间或气候凉爽宜人时，开窗通风能带走室内余热。所以规定窗口面积不应过小，因此，条文对它也作出了规定。

5.3.8 夏热冬冷地区门的保温性一般很少考虑，改造时也应考虑。

5.3.9 夏热冬冷地区的分户墙节能要求不高，但混凝土结构传热能耗巨大，故也应考虑改造。

5.4 夏热冬暖地区围护结构

5.4.1 与新建居住建筑不同，既有居住建筑往往已有众多住户居住，围护结构节能改造协调工作、施工组织难度较大，造价也较高。因此围护结构节能改造宜一步到位，改造后改造部位热工性能应符合现行节能设计标准要求。

5.4.2 夏热冬暖地区墙体热工性能主要影响室内热舒适性，对节能的贡献不大。外墙改造采用保温层保温造价较高、协调工作和施工难度较大，因此应尽量避免采用保温层保温。此外，一般黏土砖墙或加气混凝土砌块墙的隔热性能已基本满足现行国家标准《民用建筑热工设计规范》GB 50176要求，即使不满足，通过浅色饰面或其他墙面隔热措施进行改善一般均可达到规范要求。

5.4.3 夏热冬暖地区夏季漫长，且太阳辐射强烈。对于该地区建筑的屋顶而言，由于日照时间长，若屋顶不具备良好的隔热性能，在炎热的夏季，炽热的屋顶将给人以强烈的烘烤感，难以保障良好的室内舒适环境，需要开空调降温，这也就相应地引起建筑能耗的增加。因此做好屋顶的隔热对于建筑的节能、建筑室内的热环境的改善就显得尤为重要。

目前，夏热冬暖地区大多数居住建筑仍采用平屋顶，在夏天太阳高度角高、太阳辐射强的正午时间，由于太阳光线对平屋面是正射的，造成平屋面得热量大，而对于坡屋面，太阳光线刚好是斜射的，可以大大降低屋面的太阳得热量。同时，坡屋面可以大大增加顶层的使用空间（相对于平屋面顶层面积可增加60%），由于斜屋面不易积水，还可以有效地将雨水引导至地面。目前，坡屋面的坡瓦材料形式多，色彩选择广，可以改变目前建筑千篇一律的平屋面单调风格，有利于丰富建筑艺术造型。

对于某些居住建筑，由于某些原因仍需保留平屋面，可采取其他措施改善其隔热性能，如：

① 屋顶采取浅色饰面，太阳光反射率远大于深色屋顶，在夏季漫长的夏热冬暖地区，采用浅色屋面可以增加屋面对太阳光线的反射程度，降低屋面的太

阳得热。所以，对于夏热冬暖地区，居住建筑屋顶采用浅色饰面将大大降低居住建筑屋面内、外表面温度与顶层房间的热负荷，提高人们居住空间的舒适度。

② 屋顶设置通风架空层，一方面利用通风间层的外层遮挡阳光，使屋顶变成两次传热，避免太阳辐射热直接作用在围护结构上；另一方面利用风压和热压的作用，尤其是自然通风，带走进入夹层中的热量，从而减少室外热作用对内表面的影响。

③ 采用屋面遮阳措施，通过直接遮挡太阳辐射，达到降低屋面太阳辐射得热的目的，是夏热冬暖地区有效的改善屋面隔热性能的节能措施之一。设置屋面遮阳措施时，宜通过合理设计，实现夏季遮挡太阳辐射，冬季透过适量太阳辐射的目的。

④ 绿化屋面，可以大大增加屋面的隔热性能，降低屋面的传热量。植物叶片对太阳辐射的吸收与遮挡可以有效降低屋面附近的温度，改变室内外湿环境，同时，绿化屋面还可以增加屋面防水作用。此外，绿化屋面可以增加小区和城市的绿化面积，改善居住小区和城市生态环境。但采用绿化屋面，成本相对也较高，可重点考虑采用轻型绿化屋面。轻型绿化屋面是利用草坪、地被、小型灌木和攀援植物进行屋顶覆盖绿化，具有重量轻、建造和维护简单、成本低等优点，因此近年来轻型绿化屋面得到了越来越多的推广与应用。

5.4.4 夏热冬暖地区主要考虑窗户的遮阳性能、气密性能和可开启性能。改造时应根据具体情况，选择合适的改造方法。

5.4.5 在夏热冬暖地区，居住建筑的自然通风对改善室内热环境和缩短空调设备的实际运行时间都非常重要，因此作出本条的规定。

5.5 围护结构节能改造技术要求

5.5.1 采用外保温技术对外墙进行改造时，其外保温工程的质量是非常重要的，如果工程质量不好，会出现裂缝、空鼓甚至脱落，不仅影响建筑外观效果，还会影响保温效果，甚至会有安全隐患。外墙外保温是一个系统工程，其质量涉及外墙外保温系统构造是否合理、系统所用材料的性能是否符合要求，以及施工质量是否满足标准要求等等，每一个环节都很重要。

外墙外保温的做法很多，所用材料和施工方法也有多种。《外墙外保温工程技术规程》JGJ 144 是为了规范外墙外保温工程技术要求，保证工程质量而制定的行业标准。因此，采用外保温技术对外墙进行改造时，材料的性能、施工应符合现行行业标准《外墙外保温工程技术规程》JGJ 144 的规定。

5.5.2 为保证外墙外保温工程质量，使其不产生裂缝、空鼓、有害变形、脱落等质量问题，在施工前应做好准备工作。应拆除妨碍施工的管道、线路、空调室外机等，其中施工后要恢复的设施（如空调室外机）要妥善处置和保管。合理布置施工脚手架。对原围护结构破损和污染处进行修复和清理。为了避免产生热桥问题，应预先对热桥部位进行保温处理。

保温层的防水处理很重要，如处理不当，使保温层受潮，会直接影响保温效果，甚至会导致外墙内表面结露。因此，外保温设计应与防水、装饰相结合，做好保温层密封和防水设计。

目前预制保温装饰一体的外保温系统已在推广使用，为保证其工程质量和建筑立面装饰效果，设计上应根据建筑立面装饰效果和保温装饰材料的规格划分立面分格尺寸，并提供安装设计构造详图，特别是细部节点的安装构造。

近年来外墙外保温火灾事故多有发生，教训很大。究其原因，绝大多数都是由于管理混乱，缺乏施工防火安全管理造成的。公安部与住房和城乡建设部于 2009 年联合发布了公通字〔2009〕46 号文《民用建筑外保温系统及外墙装饰防火暂行规定》，对外墙外保温的材料、构造、施工及使用提出了防火要求。因此，在采用外墙外保温技术时，应满足该文件的要求。同时，必须根据工程的实际情况制定针对性强、切实可行的工地防火安全管理制度。

5.5.3 内保温系统所用的材料也涉及防火方面的问题，如聚苯板和挤塑板等大量用于外保温的材料，即使采用阻燃型的聚苯板和挤塑板，在火灾中仍会因高温而产生有毒气体使人窒息。采用外墙内保温技术时，保温材料的选取等应符合墙体内保温技术规程的规定。

5.5.4 夏热冬冷和夏热冬暖地区外墙内保温隔热技术同样是一种很好的节能技术措施，但采用内保温隔热技术对室内装修影响很大。为保证外墙内保温工程质量，在施工前也应做好准备工作，对原围护结构内表面破损和污染处进行修复和清理。与外保温不同，在内保温施工前，室内各类主要管线应先安装完成并经试验检测合格，然后再进行内保温施工，以免造成对内保温层的破坏及不必要的返工和浪费。

5.5.5 外门窗的传热耗热量加上空气渗透耗热量占建筑总耗热量的 50% 以上，所以外门窗的节能改造是既有建筑节能改造的重点，在构造上和材料上应严格要求。目前外门窗的框料和玻璃的种类很多，如塑料、断桥铝合金、玻璃钢以及钢塑复合、木塑复合窗等，玻璃有中空玻璃和 Low-e 玻璃，构造上可以是单框双玻和单框三玻等，在选用时应满足热工性能指标。在保温性能上，塑料、木塑复合的窗料比较好，在造价上塑料和钢塑复合的窗料价格较低。

严寒、寒冷地区当在原有单玻窗加装一层窗时，最好在原窗的内层加设，因新窗的气密性要比原窗好，可避免层间结露。

窗框与墙之间的保温密封很重要，常常因密封做得不好而产生开裂、结露、长毛的现象。对窗框与墙体之间的缝隙，宜采用高效保温气密材料如发泡聚氨酯等加弹性密封胶封堵。

严寒和寒冷地区的阳台最好做封闭阳台，封闭阳台的栏板及一层底板和顶层顶板应做保温处理。非封闭阳台的门如有门芯板应做保温型门芯板，即门板芯为保温材料，可提高门的保温性能。

本条文主要是想说明，综合外窗的热工性能，综合投资成本、工程难易程度和节能的贡献率来考虑，应采取不同的、最有效的外窗节能技术。

近年来，外窗玻璃贴膜改造是夏热冬暖地区采用相对较多的节能改造方式。随着使用的增多，不少问题暴露出来，主要有二：一是随着时间的推移，膜会缩小；二是因为膜可被硬质的清洁工具破坏，造成清洁维护较难。

在夏热冬暖地区采用外遮阳装置，除了考虑立面外观、通风采光和耐久性之外，还应考虑抗风性能，因为该气候区有不少地区处于台风区。

5.5.6 在对屋面进行节能改造施工前，为保证施工质量，应做好准备工作，修复损坏部位、安装好设备和管道及各种设施，预留出外保温层的厚度等，之后再进行屋面保温和防水的施工。

5.5.7 既有居住建筑的屋面形式有平屋面和坡屋面，现浇混凝土屋面和预制混凝土屋面等多种，破损情况也不相同，对不同的屋面形式和不同的破损情况，应采取不同的改造措施。

所谓倒置式屋面就是将保温层设于防水层的上面，在保温层上再作保护层。这种做法对于既有建筑的屋面改造，其施工简便，且比较经济，也就是在原有屋面的防水层上直接做保温层，再做保护层。保温层的材料应选择吸水率较低的材料，如挤塑板、硬泡聚氨酯等。施工时应注意不能破坏原有的防水层。

平屋面改坡屋面，许多地方为了降低荷载和造价，采用在平屋面上设轻钢屋架，其上铺设复合保温层的压型钢板，这种做法应注意轻钢屋架和压型钢板的耐久性及保温材料的防火性能。

坡屋面改造时，如原屋顶吊顶可以利用，最好在原吊顶上重新铺设轻质保温材料，既施工简便又可以节省投资，其厚度应根据热工计算而定。无吊顶时在坡屋面上增加或加厚保温层，其保温效果最好，但需要重新做屋面防水和屋面瓦，其工程量和投资量较大。如增设吊顶，应考虑吊顶的构造和保温材料、吊顶板材的耐久性和防火性，以及周边热桥部位的保温处理。

既有居住建筑的节能改造，鼓励太阳能等可再生能源的利用，当安装太阳能热水器时，最好与屋面的节能改造同时进行，以保证屋面防水、保温的工程质量。其太阳能热水系统应符合《民用建筑太阳能热水系统应用技术规范》GB 50364 的规定。

平屋面改造成坡屋面或种植屋面势必会增加屋面的荷载，特别是改为种植屋面，还应考虑种植土的荷载。因此，为了保证结构安全，应核算屋面的允许荷载。种植屋面的防水材料应采用防根刺的防水材料，其设计与施工还应符合《种植屋面工程技术规程》JGJ 155 的规定。

5.5.8 在进行屋面节能改造时，如果需要重新做防水，其防水工程的设计和施工应与新建建筑一样，执行《屋面工程技术规范》GB 50345 的规定。

5.5.9 如果既有建筑楼板下为室外，如过街廊和外挑楼板；或底层下部为非供暖空间，如下部为非供暖地下室；或与下部房间的温差≥10℃，如下部房间为车库虽然供暖，但室内温度很低。在这些情况下，如不作保温处理，供暖房间内的热量会通过楼板向外大量散失，不仅会降低室内温度，增加供暖能耗，而且还会产生地面结露的问题，因此，应对其楼板加设保温层。与外墙一样，对楼板的保温处理也应采用外保温技术，其保温效果比较好。对有防火要求的下层空间如地下室，其保温材料应选择燃烧性能为 A 级即不燃性材料，如无机保温浆料、岩棉、加气混凝土等。

5.5.10 建筑遮阳的目的在于防止直射阳光透过玻璃进入室内，减少阳光过分照射和加热建筑围护结构，减少直射阳光造成的强烈眩光。建筑外遮阳能最有效地控制太阳辐射进入室内，施工也较方便，是夏热冬冷和夏热冬暖地区的建筑优先采用的遮阳技术。

冬夏两季透过窗户进入室内的太阳辐射对降低建筑能耗和保证室内环境的舒适性所起的作用是截然相反的。活动式外遮阳容易兼顾建筑冬夏两季对阳光的不同需求，所以设置活动式的外遮阳更加合理。窗外侧的卷帘、百叶窗等就属于"展开或关闭后可以全部遮蔽窗户的活动式外遮阳"，虽然造价比一般固定外遮阳（如窗口上部的外挑板等）高，但遮阳效果好，最能兼顾冬夏，应当鼓励使用。

对于寒冷地区，居住建筑的南向房间大都是起居室、主卧室，常常开设比较大的窗户，夏季透过窗户进入室内的太阳辐射热构成了空调负荷的主要部分。在对外窗进行遮阳改造时，有条件最好在南窗设置卷帘式或百叶窗式的活动外遮阳。

东西窗也需要遮阳，但由于当太阳东升西落时其高度角比较低，设置在窗口上沿的水平遮阳几乎不起遮挡作用，宜设置展开或关闭后可以全部遮蔽窗户的活动式外遮阳。

外遮阳除了保证遮阳效果和外观效果外，还必须满足建筑在使用过程中的安全性能，所以，对原围护结构结构安全进行复核、验算，必须综合考虑构件承载能力、结构的整体牢固性、结构的耐久安全性等。

当结构安全不能满足节能改造要求时，采取玻璃（贴）膜等技术是成本低、效果较好的遮阳方式。

5.5.11 建筑遮阳构件直接影响建筑的安全，遮阳装置需考虑与结构可靠连接，且设计应符合相关标准的要求。

5.5.12 由于材料供应、工艺改变等原因，建筑节能改造工程施工中可能需要变更设计。为了避免这些改变影响节能效果，本条对设计变更严格加以限制。

本条规定有两层含义：第一，不得任意变更建筑节能改造施工图设计；第二，对于建筑节能改造的设计变更，均须事前办理变更手续。

5.5.13 考虑到建筑节能改造施工中涉及的新材料、新技术较多，在对围护结构进行改造时，施工前应对采用的施工工艺进行评价，施工企业应编制专门的施工技术方案，并经监理单位和建设单位审批，以保证节能改造的效果。

从事建筑节能工程施工作业人员的操作技能对于节能改造施工效果的影响较大，且许多节能材料和工艺对于某些施工人员可能并不熟悉，故应在施工前对相关人员进行技术交底和必要的实际操作培训，技术交底和培训均应留有记录。

6 严寒和寒冷地区集中供暖系统节能与计量改造

6.2 热源及热力站节能改造

6.2.1 随着城市供热规模的扩大，城市热源需要进行改造。热源及热力站的节能改造与城市热源的改造同步进行，有利于统筹安排、降低改造费用。当热源及热力站的节能改造与城市热源改造不同步时，可单独进行。单独进行改造时，既要注意满足节能要求，还要注意与整个系统的协调。

6.2.2 锅炉是能源转换设备，锅炉转换效率的高低直接影响到燃料消耗量，影响到供热企业的运行成本。锅炉实际供热负荷与额定负荷之比，称为锅炉的负荷率 g。一般情况下，$70\% \leqslant g \leqslant 100\%$ 为锅炉的高效率区；$60\% \leqslant g < 70\%$、$100\% < g \leqslant 105\%$ 为锅炉的允许运行负荷区。在选择锅炉和制定锅炉运行方案时，需要根据系统实际负荷需求，合理确定锅炉的台数和容量。此处规定的锅炉房改造后的锅炉年均运行效率与《严寒和寒冷地区居住建筑节能设计标准》JGJ 26 中的规定是一致的。

6.2.3 供热量自动控制装置可在整个供暖期间，根据供暖室外气象条件的变化调节供热系统的供热量，始终保持锅炉房的供热量与建筑物的需热量基本一致，实现按需供热，达到最佳的运行效率和最稳定的供热质量。

6.2.4 锅炉房设置群控装置或措施，主要是为了使得每台锅炉的能力得到充分的发挥和保证每台锅炉都处于较高的效率下运行。

6.2.5 供热系统的节能改造，可能遇到下述两种问题：（1）原供热系统存在大流量小温差的现象，

水泵流量及扬程比实际需要大得多；（2）由于水力平衡设备及恒温阀的设置，导致原供热系统的水泵流量及扬程满足不了实际需要。因此需要通过管网的水力计算来校核原循环水泵的流量及扬程，使设计条件下输送单位热量的耗电量满足现行居住建筑节能设计标准的要求。

6.2.6 热水锅炉房所设置的锅炉的额定流量往往与热网的循环流量不一致，当热网循环流量大于锅炉的额定流量时，将导致锅炉房内阻力损失过大。常规的处理方法是在锅炉房供回水管之间设置连通管或在每台锅炉的省煤器处设置旁通管。当外网流量与锅炉需要流量差别较大时，锅炉及热网分别设置循环泵（两级泵）有利于降低总的循环水泵电耗。

6.2.7 本条规定了供热管路系统调节阀门的设置要求。

一个热源站房负担有多个热交换站的情况，与一个换热站负担多个环路的情况，从原理上是类似的。从设计上看，尽可能减少供热系统的水流阻力是节能的一个重要环节。因此在一个供热水系统中，总管上都不应串联流量控制阀。

（1）对于热源站房系统，考虑到各热交换站的距离比较远，管路水流阻力相对存在较大的差别。为了稳定各热交换站的一次水供水压差，宜在各热力站的一次水入口，配置性能可靠的自力式恒压差调节阀。但是，其最远的热交换站如果也设置该调节阀，则相当于总的系统上额外地增加了阀门的阻力。

（2）对于一个换热站所负担的各环路，为了实现阻力平衡，可以考虑设置手动平衡阀的方式。

6.2.11 为满足锅炉房、热力站运行管理需求，锅炉房、热力站需要设置运行参数监测装置，对供热量、循环流量、补水量、供水温度、回水温度、耗煤量、耗电量、锅炉排烟温度、炉膛温度、室外温度、供水压力、回水压力等参数进行监测。热源及热力站用电可分为锅炉辅机（炉排机、上煤除渣机、鼓引风机等）耗电、循环水泵及补水泵耗电和照明等用电。对各项用电分项计量，有利于加强对锅炉房及热力站的管理，降低电耗。

6.3 室外管网节能改造

6.3.1 热水管网热媒输送到各热用户的过程中需要减少下述损失：（1）管网向外散热造成散热损失；（2）管网上附件及设备漏水和用户放水而导致的补水耗热损失；（3）通过管网送到各热用户的热量由于网路失调而导致的各处室温不等造成的多余热损失。管网的输送效率是反映上述各个部分效率的综合指标。提高管网的输送效率，应从减少上述三方面损失入手。新建管网无论是地沟敷设还是直埋敷设，管网的保温效率是可以达到 99% 以上的，考虑到既有管网的现状及改造的难度，因此将管网的保温效率下限取

为 97%。系统的补水由两部分组成，一部分是设备的正常漏水，另一部分为系统失水。如果供暖系统中的阀门、水泵盘根、补偿器等，经常维修，且保证工作状态良好的话，测试结果证明，正常补水量可以控制在循环水量的 0.5%。管网的平衡问题，需要根据本规程第 6.3.2 条的要求进行改造。

6.3.2 供热系统水力不平衡是造成供热能耗浪费的主要原因之一，同时，水力平衡又是保证其他节能措施能够可靠实施的前提，因此对系统节能而言，首先应该做到水力平衡。现行行业标准《居住建筑节能检测标准》JGJ/T 132—2009 中第 5.2.6 条规定，热力入口处的水力平衡度应达到 0.9～1.2。该标准的条文说明指出：这是结合北京地区的实际情况，通过模拟计算，当实际水量在 90%～120% 时，室温在 17.6℃～18.7℃ 范围内，可以满足实际需要。但是，由于设计计算时，与计算各并联环路水力平衡度相比，计算各并联环路间压力损失比较方便，并与教科书、手册一致。因此现行行业标准《严寒和寒冷地区居住建筑节能设计标准》JGJ 26 规定并联环路压力损失差值，要求控制在 15% 之内。对于通过计算不易达到环路压力损失差要求的，为了避免水力不平衡，应设置水力平衡阀。

6.3.3 传统的设计方法是将热网总阻力损失由集中设置在热源的循环水泵来承担，将二级网系统的总阻力损失由集中设置在热力站的循环水泵来承担，通过在用户入口处设置平衡阀来消除管网的剩余压头的方法来解决管网的平衡问题。如果将热网总阻力损失由集中设置在热源（热力站）的循环水泵和用户入口处设置的循环泵（也称加压泵）来承担（图 1），则可以将阀门所消耗的剩余压头节约下来。节约能量的多少，与热网中零压差点（供回水压差为零的点）的位置有关。热源（热力站）与零压差点之间的热用户，应通过设置水力平衡阀来解决管网水力平衡。管网零压差点之后的热用户要通过选择合适的用户循环泵来解决水力平衡问题。

6.3.5 现行行业标准《严寒和寒冷地区居住建筑节能设计标准》JGJ 26 根据我国住宅的特点，规定集中供暖系统中建筑物的热力入口处，必须设置楼前热量表，作为该建筑物供暖耗热量的热量结算点。由于现有供热系统与建筑物的连接形式五花八门，有时无法在一栋建筑物的热力入口处设置一块热量表，此时对于建筑用途相同、建设年代相近、建筑形式、平面、构造等相同或相似、建筑物耗热量指标相近、户间热费分摊方式一致的若干栋建筑，可以统一安装一块热量表，依据该热量表计量的热量进行热费结算。

6.3.6 热量表设置在热网的供水管上还是回水管上，主要受热量表的流量传感器的工作温度制约。当外网供水温度低于热量表的工作温度时，热量表的流量传感器安装在供水管上，有利于减少用户的失水量。要

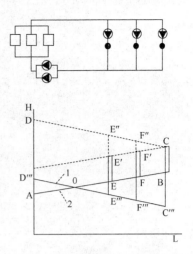

图 1　二级循环泵系统
1—供水压力线；2—回水压力线；
B、C—用户损失；0—零压差点

使热量表正常工作，就要提供热量表所要求的工作条件，在建筑物热力入口处设置计量小室。有地下室的建筑，宜将计量小室设置在地下室的专用空间内；无地下室的建筑，宜在室外管沟入口或楼梯间下部设置计量小室。设置在室外计量小室要有防水、防潮措施。

6.4　室内系统节能与计量改造

6.4.1 当室内供暖系统需节能改造，且原供暖系统为垂直单管顺流式时，应充分考虑技术经济和施工方便等因素，宜采用新双管系统或带跨越管的单管系统。当确实需要采用共用立管的分户供暖系统时，应充分考虑用户室内系统的美观性、方便性，并且尽量减少对用户已有室内设施的损坏。

6.4.2 为了使室内供暖系统中通过各并联环路达到水力平衡，其主要手段是在干管、立管和支管的管径设计中进行较详细的阻力计算，而不是依靠阀门的手动调节来达到水力平衡。

6.4.3 室内供暖系统温控装置是计量收费的前提条件，为供暖用户提供主动控制、调节室温的手段。既有居住建筑改造时，宜将原有散热器罩拆除，确实拆除困难的，应采用温包外置式散热器恒温控制阀。改造后的室内系统应保证散热器恒温控制阀的正常工作条件，防止出现堵塞等故障，同时恒温控制阀应具有带水带压清堵或更换阀芯的功能。

6.4.4 楼栋热力入口安装热计量装置，可以确定室外管网的热输送效率，并可以确定用户的总耗热量，作为热计量收费的基础数据。楼栋热量计量装置的安装数量与位置应根据室外管网、室内计量装置等情况统筹考虑，在保证计量分摊的前提下，适度减少楼栋热量计量装置的数量。选择室内供暖系统计量方式应以达到热量合理分配为原则。

中华人民共和国行业标准

公共建筑节能改造技术规范

Technical code for the retrofitting of public building on energy efficiency

JGJ 176—2009

批准部门：中华人民共和国住房和城乡建设部
施行日期：２００９年１２月１日

中华人民共和国住房和城乡建设部
公　告

第 313 号

关于发布行业标准《公共建筑
节能改造技术规范》的公告

现批准《公共建筑节能改造技术规范》为行业标准，编号为 JGJ 176 - 2009，自 2009 年 12 月 1 日起实施。其中，第 5.1.1、6.1.6 条为强制性条文，必须严格执行。

本规范由我部标准定额研究所组织中国建筑工业

出版社出版发行。

中华人民共和国住房和城乡建设部

2009 年 5 月 19 日

前　言

根据原建设部《关于印发〈2006 年工程建设标准规范制订、修订计划（第一批）〉的通知》（建标〔2006〕77 号）的要求，规范编制组经广泛调查研究，认真总结实践经验，参考国内外相关标准，并在广泛征求意见的基础上制定了本规范。

本规范主要技术内容是：1. 总则；2. 术语；3. 节能诊断；4. 节能改造判定原则与方法；5. 外围护结构热工性能改造；6. 采暖通风空调及生活热水供应系统改造；7. 供配电与照明系统改造；8. 监测与控制系统改造；9. 可再生能源利用；10. 节能改造综合评估。

本规范中用黑体字标志的条文为强制性条文，必须严格执行。

本规范由住房和城乡建设部负责管理和对强制性条文的解释，由中国建筑科学研究院负责具体技术内容的解释。

本规范主编单位：中国建筑科学研究院

（北京市北三环东路 30 号，邮政编码：100013）

本规范参编单位：同济大学

重庆大学

上海市建筑科学研究院（集团）有限公司

深圳市建筑科学研究院

中国建筑西南设计研究院

中国建筑业协会智能建筑专业委员会

北京市建筑设计研究院

浙江省建筑科学设计研究院

合肥工业大学建筑设计研究院

开利空调销售服务（上海）有限公司

远大空调有限公司

清华同方人工环境有限公司

达尔凯国际股份有限公司

贵州汇通华城楼宇科技有限公司

深圳市鹏瑞能源技术有限公司

南京丰盛能源环境有限公司

北京天正工程软件有限公司

北京振利高新技术有限公司

北京江河幕墙装饰工程有限公司

威固国际有限公司

欧文斯科宁（中国）投资有限公司

北京泰豪智能工程有限公司

上海大智科技发展有限公司

西门子楼宇科技（天津）有限公司

本规范主要起草人：徐　伟　邹　瑜　龙惟定
付祥钊　冯晓梅　朱伟峰
宋业辉　王　虹　卜增文
周　辉　冯　雅　毛剑瑛
万水娥　宋　波　潘金炎
万　力　张　勇　姜　仁
黄振利　袁莉莉　俞　菁

傅积闾　殷文强　邵康文
王　稚　霍小平　李玉街
熊江岳　陈光烁　李振华
张子平　傅立新　谢　峤

柳　松
本规范主要审查人员：郎四维　顾同曾　伍小亭
　　　　　　　　　　　许文发　毛红卫　杨仕超
　　　　　　　　　　　栾景阳　孙述璞　徐　义

目　次

目　次

Contents

1 总　则

1.0.1 为贯彻国家有关建筑节能的法律法规和方针政策，推进建筑节能工作，提高既有公共建筑的能源利用效率，减少温室气体排放，改善室内热环境，制定本规范。

1.0.2 本规范适用于各类公共建筑的外围护结构、用能设备及系统等方面的节能改造。

1.0.3 公共建筑节能改造应在保证室内热舒适环境的基础上，提高建筑的能源利用效率，降低能源消耗。

1.0.4 公共建筑的节能改造应根据节能诊断结果，结合节能改造判定原则，从技术可靠性、可操作性和经济性等方面进行综合分析，选取合理可行的节能改造方案和技术措施。

1.0.5 公共建筑的节能改造，除应符合本规范的规定外，尚应符合国家现行有关标准的规定。

2 术　语

2.0.1 节能诊断　energy diagnosis

通过现场调查、检测以及对能源消费账单和设备历史运行记录的统计分析等，找到建筑物能源浪费的环节，为建筑物的节能改造提供依据的过程。

2.0.2 能源消费账单　energy expenditure bill

建筑物使用者用于能源消费结算的凭证或依据。

2.0.3 能源利用效率　energy utilization efficiency

广义上是指能源在形式转换过程中终端能源形式蕴含能量与始端能源形式蕴含能量的比值。本规范中是指公共建筑用能系统的能源利用效率。

2.0.4 冷源系统能效系数　energy efficiency ratio of cooling source system

冷源系统单位时间供冷量与冷水机组、冷水泵、冷却水泵和冷却塔风机单位时间耗能的比值。

3 节能诊断

3.1 一般规定

3.1.1 公共建筑节能改造前应对建筑物外围护结构热工性能、采暖通风空调及生活热水供应系统、供配电与照明系统、监测与控制系统进行节能诊断。

3.1.2 公共建筑节能诊断前，宜提供下列资料：

1 工程竣工图和技术文件；

2 历年房屋修缮及设备改造记录；

3 相关设备技术参数和近1~2年的运行记录；

4 室内温湿度状况；

5 近1~2年的燃气、油、电、水、蒸汽等能源消费账单。

3.1.3 公共建筑节能改造前应制定详细的节能诊断方案，节能诊断后应编写节能诊断报告。节能诊断报告应包括系统概况、检测结果、节能诊断与节能分析、改造方案建议等内容。对于综合诊断项目，应在完成各子系统节能诊断报告的基础上再编写项目节能诊断报告。

3.1.4 公共建筑节能诊断项目的检测方法应符合现行行业标准《公共建筑节能检验标准》JGJ 177的有关规定。

3.1.5 承担公共建筑节能检测的机构应具备相应资质。

3.2 外围护结构热工性能

3.2.1 对于建筑外围护结构热工性能，应根据气候区和外围护结构的类型，对下列内容进行选择性节能诊断：

1 传热系数；

2 热工缺陷及热桥部位内表面温度；

3 遮阳设施的综合遮阳系数；

4 外围护结构的隔热性能；

5 玻璃或其他透明材料的可见光透射比、遮阳系数；

6 外窗、透明幕墙的气密性；

7 房间气密性或建筑物整体气密性。

3.2.2 外围护结构热工性能节能诊断应按下列步骤进行：

1 查阅竣工图，了解建筑外围护结构的构造做法和材料，建筑遮阳设施的种类和规格，以及设计变更等信息；

2 对外围护结构状况进行现场检查，调查了解外围护结构保温系统的完好程度，实际施工做法与竣工图纸的一致性，遮阳设施的实际使用情况和完好程度；

3 对确定的节能诊断项目进行外围护结构热工性能的计算和检测；

依据诊断结果和本规范第4章的规定，确定外围护结构的节能环节和节能潜力，编写外围护结构热工性能节能诊断报告。

3.3 采暖通风空调及生活热水供应系统

3.3.1 对于采暖通风空调及生活热水供应系统，应根据系统设置情况，对下列内容进行选择性节能诊断：

1 建筑物室内的平均温度、湿度；

2 冷水机组、热泵机组的实际性能系数；

3 锅炉运行效率；

4 水系统回水温度一致性；

5 水系统供回水温差；

6　水泵效率；

7　水系统补水率；

8　冷却塔冷却性能；

9　冷源系统能效系数；

10　风机单位风量耗功率；

11　系统新风量；

12　风系统平衡度；

13　能量回收装置的性能；

14　空气过滤器的积尘情况；

15　管道保温性能。

3.3.2　采暖通风空调及生活热水供应系统节能诊断应按下列步骤进行：

1　通过查阅竣工图和现场调查，了解采暖通风空调及生活热水供应系统的冷热源形式、系统划分形式、设备配置及系统调节控制方法等信息；

2　查阅运行记录，了解采暖通风空调及生活热水供应系统运行状况及运行控制策略等信息；

3　对确定的节能诊断项目进行现场检测；

4　依据诊断结果和本规范第4章的规定，确定采暖通风空调及生活热水供应系统的节能环节和节能潜力，编写节能诊断报告。

3.4　供配电系统

3.4.1　供配电系统节能诊断应包括下列内容：

1　系统中仪表、电动机、电器、变压器等设备状况；

2　供配电系统容量及结构；

3　用电分项计量；

4　无功补偿；

5　供用电电能质量。

3.4.2　对供配电系统中仪表、电动机、电器、变压器等设备状况进行节能诊断时，应核查是否使用淘汰产品、各电器元件是否运行正常以及变压器负载率状况。

3.4.3　对供配电系统容量及结构进行节能诊断时，应核查现有的用电设备功率及配电电气参数。

3.4.4　对供配电系统用电分项计量进行节能诊断时，应核查常用供电主回路是否设置电能表对电能数据进行采集与保存，并应对分项计量电能回路用电量进行校核检验。

3.4.5　对无功补偿进行节能诊断时，应核查是否采用提高用电设备功率因数的措施以及无功补偿设备的调节方式是否符合供配电系统的运行要求。

3.4.6　供用电电能质量节能诊断应采用电能质量监测仪在公共建筑物内出现或可能出现电能质量问题的部位进行测试。供用电电能质量节能诊断宜包括下列内容：

1　三相电压不平衡度；

2　功率因数；

3　各次谐波电压和电流及谐波电压和电流总畸变率；

4　电压偏差。

3.5　照明系统

3.5.1　照明系统节能诊断应包括下列项目：

1　灯具类型；

2　照明灯具效率和照度值；

3　照明功率密度值；

4　照明控制方式；

5　有效利用自然光情况；

6　照明系统节电率。

3.5.2　照明系统节能诊断应提供照明系统节电率。

3.6　监测与控制系统

3.6.1　监测与控制系统节能诊断应包括下列内容：

1　集中采暖与空气调节系统监测与控制的基本要求；

2　生活热水监测与控制的基本要求；

3　照明、动力设备监测与控制的基本要求；

4　现场控制设备及元件状况。

3.6.2　现场控制设备及元件节能诊断应包括下列内容：

1　控制阀门及执行器选型与安装；

2　变频器型号和参数；

3　温度、流量、压力仪表的选型及安装；

4　与仪表配套的阀门安装；

5　传感器的准确性；

6　控制阀门、执行器及变频器的工作状态。

3.7　综合诊断

3.7.1　公共建筑应在外围护结构热工性能、采暖通风空调及生活热水供应系统、供配电与照明系统、监测与控制系统的分项诊断基础上进行综合诊断。

3.7.2　公共建筑综合诊断应包括下列内容：

1　公共建筑的年能耗量及其变化规律；

2　能耗构成及各分项所占比例；

3　针对公共建筑的能源利用情况，分析存在的问题和关键因素，提出节能改造方案；

4　进行节能改造的技术经济分析；

5　编制节能诊断总报告。

4　节能改造判定原则与方法

4.1　一般规定

4.1.1　公共建筑进行节能改造前，应首先根据节能诊断结果，并结合公共建筑节能改造判定原则与方法，确定是否需要进行节能改造及节能改造内容。

4.1.2 公共建筑节能改造应根据需要采用下列一种或多种判定方法：

1 单项判定；

2 分项判定；

3 综合判定。

4.2 外围护结构单项判定

4.2.1 当公共建筑因结构或防火等方面存在安全隐患而需进行改造时，宜同步进行外围护结构方面的节能改造。

4.2.2 当公共建筑外墙、屋面的热工性能存在下列情况时，宜对外围护结构进行节能改造：

1 严寒、寒冷地区，公共建筑外墙、屋面保温性能不满足现行国家标准《民用建筑热工设计规范》GB 50176 的内表面温度不结露要求；

2 夏热冬冷、夏热冬暖地区，公共建筑外墙、屋面隔热性能不满足现行国家标准《民用建筑热工设计规范》GB 50176 的内表面温度要求。

4.2.3 公共建筑外窗、透明幕墙的传热系数及综合遮阳系数存在下列情况时，宜对外窗、透明幕墙进行节能改造：

1 严寒地区，外窗或透明幕墙的传热系数大于 3.8W/(m² • K)；

2 严寒、寒冷地区，外窗的气密性低于现行国家标准《建筑外窗气密、水密、抗风压性能分级及检测方法》GB/T 7106 中规定的 2 级，透明幕墙的气密性低于现行国家标准《建筑幕墙》GB/T 21086 中规定的 1 级；

3 非严寒地区，除北向外，外窗或透明幕墙的综合遮阳系数大于 0.60；

4 非严寒地区，除超高层及特别设计的透明幕墙外，外窗或透明幕墙的可开启面积低于外墙总面积的 12%。

4.2.4 公共建筑屋面透明部分的传热系数、综合遮阳系数存在下列情况时，宜对屋面透明部分进行节能改造。

1 严寒地区，屋面透明部分的传热系数大于 3.5W/(m² • K)；

2 非严寒地区，屋面透明部分的综合遮阳系数大于 0.60。

4.3 采暖通风空调及生活热水供应系统单项判定

4.3.1 当公共建筑的冷源或热源设备满足下列条件之一时，宜进行相应的节能改造或更换：

1 运行时间接近或超过其正常使用年限；

2 所使用的燃料或工质不满足环保要求。

4.3.2 当公共建筑采用燃煤、燃油、燃气的蒸汽或热水锅炉作为热源，其运行效率低于表 4.3.2 的规定，且锅炉改造或更换的静态投资回收期小于或等于

8 年时，宜进行相应的改造或更换。

表 4.3.2　锅炉的运行效率

锅炉类型、燃料种类		在下列锅炉容量（MW）下的最低运行效率（%）						
		0.7	1.4	2.8	4.2	7.0	14.0	>28.0
燃煤	烟煤Ⅱ	—	—	60	61	64	65	67
	烟煤Ⅲ			61	63	64	67	68
燃油、燃气		76	76	76	78	78	80	80

4.3.3 当电机驱动压缩机的蒸气压缩循环冷水机组或热泵机组实际性能系数（COP）低于表 4.3.3 的规定，且机组改造或更换的静态投资回收期小于或等于 8 年时，宜进行相应的改造或更换。

表 4.3.3　冷水机组或热泵机组制冷性能系数

类　型		额定制冷量（CC）kW	性能系数（COP）W/W
水冷	活塞式/涡旋式	<528	3.40
		528~1163	3.60
		>1163	3.80
	螺杆式	<528	3.80
		528~1163	4.00
		>1163	4.20
	离心式	<528	3.80
		528~1163	4.00
		>1163	4.20
风冷或蒸发冷却	活塞式/涡旋式	≤50	2.20
		>50	2.40
	螺杆式	≤50	2.40
		>50	2.60

4.3.4 对于名义制冷量大于 7100W、采用电机驱动压缩机的单元式空气调节机、风管送风式和屋顶式空调机组，在名义制冷工况和规定条件下，当其能效比低于表 4.3.4 的规定，且机组改造或更换的静态投资回收期小于或等于 5 年时，宜进行相应的改造或更换。

表 4.3.4　机组能效比

类　型		能效比（W/W）
风冷式	不接风管	2.40
	接风管	2.10
水冷式	不接风管	2.80
	接风管	2.50

4.3.5 当溴化锂吸收式冷水机组实际性能系数（COP）不符合表 4.3.5 的规定，且机组改造或更换的静态投资回收期小于或等于 8 年时，宜进行相应的

改造或更换。

表 4.3.5 溴化锂吸收式机组性能参数

机型	运行工况		性能参数		
	蒸汽压力 (MPa)	单位制冷量蒸汽耗量 [kg/(kW·h)]	性能系数（W/W）		
			制冷	供热	
蒸汽双效	0.25	≤1.56			
	0.4				
	0.6	≤1.46			
	0.8	≤1.42			
直燃	—	—	≥1.0		
	—	—		≥0.80	

注：直燃机的性能系数为：制冷量（供热量）/[加热源消耗量(以低位热值计)＋电力消耗量(折算成一次能)]。

4.3.6 对于采用电热锅炉、电热水器作为直接采暖和空调系统的热源，当符合下列情况之一，且当静态投资回收期小于或等于 8 年时，应改造为其他热源方式：

　　1 以供冷为主，采暖负荷小且无法利用热泵提供热源的建筑；

　　2 无集中供热与燃气源，煤、油等燃料的使用受到环保或消防严格限制的建筑；

　　3 夜间可利用低谷电进行蓄热，且蓄热式电锅炉不在昼间用电高峰时段启用的建筑；

　　4 采用可再生能源发电地区的建筑；

　　5 采暖和空调系统中需要对局部外区进行加热的建筑。

4.3.7 当公共建筑采暖空调系统的热源设备无随室外气温变化进行供热量调节的自动控制装置时，应进行相应的改造。

4.3.8 当公共建筑冷源系统的能效系数低于表 4.3.8 的规定，且冷源系统节能改造的静态投资回收期小于或等于 5 年时，宜对冷源系统进行相应的改造。

表 4.3.8 冷源系统能效系数

类　型	单台额定制冷量 (kW)	冷源系统能效系数 (W/W)
水冷冷水机组	＜528	1.8
	528～1163	2.1
	＞1163	2.5
风冷或蒸发冷却	≤50	1.4
	＞50	1.6

4.3.9 当采暖空调系统循环水泵的实际水量超过原设计值的 20%，或循环水泵的实际运行效率低于铭牌值的 80% 时，应对水泵进行相应的调节或改造。

4.3.10 当空调水系统实际供回水温差小于设计值

40% 的时间超过总运行时间的 15% 时，宜对空调水系统进行相应的调节或改造。

4.3.11 采用二次泵的空调冷水系统，当二次泵未采用变速变流量调节方式时，宜对二次泵进行变速变流量调节方式的改造。

4.3.12 当空调风系统风机的单位风量耗功率大于表 4.3.12 的规定时，宜对风机进行相应的调节或改造。

表 4.3.12 风机的单位风量耗功率限值[W/(m³/h)]

系统形式	办公建筑		商业、旅馆建筑	
	粗效过滤	粗、中效过滤	粗效过滤	粗、中效过滤
两管制定风量系统	0.46	0.53	0.51	0.57
四管制定风量系统	0.52	0.58	0.56	0.64
两管制变风量系统	0.64	0.70	0.68	0.75
四管制变风量系统	0.69	0.76	0.47	0.81
普通机械通风系统	0.32			

注：1 普通机械通风系统中不包括厨房等需要特定过滤装置的房间的通风系统；

　　2 严寒地区增设预热盘管时，单位风量耗功率可以再增加 0.035W/(m³/h)；

　　3 当空调机组内采用湿膜加湿方法时，单位风量耗功率可以再增加 0.053W/(m³/h)。

4.3.13 当公共建筑存在较大的冬季需要制冷的内区，且原有空调系统未利用天然冷源时，宜进行相应的改造。

4.3.14 在过渡季，公共建筑的外窗开启面积和通风系统均不能直接利用新风实现降温需求时，宜进行相应的改造。

4.3.15 当设有新风的空调系统的新风量不满足现行国家标准《公共建筑节能设计标准》GB 50189 规定时，宜对原有新风系统进行改造。

4.3.16 当冷水系统各主支管路回水温度最大差值大于 2℃，热水系统各主支管路回水温度最大差值大于 4℃时，宜进行相应的水力平衡改造。

4.3.17 当空调系统冷水管的保温存在结露情况时，应进行相应的改造。

4.3.18 当冷却塔的实际运行效率低于铭牌值的 80% 时，宜对冷却塔进行相应的清洗或改造。

4.3.19 当公共建筑中的采暖空调系统不具备室温调控手段时，应进行相应改造。

4.3.20 对于采用区域性冷源或热源的公共建筑，当冷源或热源入口处没有设置冷量或热量计量装置时，宜进行相应的改造。

4.4　供配电系统单项判定

4.4.1 当供配电系统不能满足更换的用电设备功率、配电电气参数要求时，或主要电器为淘汰产品时，应对配电柜(箱)和配电回路进行改造。

4.4.2 当变压器平均负载率长期低于 20％且今后不再增加用电负荷时，宜对变压器进行改造。

4.4.3 当供配电系统未根据配电回路合理设置用电分项计量或分项计量电能回路用电量校核不合格时，应进行改造。

4.4.4 当无功补偿不能满足要求时，应论证改造方法合理性并进行投资效益分析，当投资静态回收期小于 5 年时，宜进行改造。

4.4.5 当供用电电能质量不能满足要求时，应论证改造方法合理性并进行投资效益分析，当投资静态回收期小于 5 年时，宜进行改造。

4.5 照明系统单项判定

4.5.1 当公共建筑的照明功率密度值超过现行国家标准《建筑照明设计标准》GB 50034 规定的限值时，宜进行相应的改造。

4.5.2 当公共建筑公共区域的照明未合理设置自动控制时，宜进行相应的改造。

4.5.3 对于未合理利用自然光的照明系统，宜进行相应改造。

4.6 监测与控制系统单项判定

4.6.1 未设置监测与控制系统的公共建筑，应根据监控对象特性合理增设监测与控制系统。

4.6.2 当集中采暖与空气调节等用能系统进行节能改造时，应对与之配套的监测与控制系统进行改造。

4.6.3 当监测与控制系统不能正常运行或不能满足节能管理要求时，应进行改造。

4.6.4 当监测与控制系统配置的传感器、阀门及配套执行器、变频器等的选型及安装不符合设计、产品说明书及现行国家标准《自动化仪表工程施工及验收规范》GB 50093 中有关规定时，或准确性及工作状态不能满足要求时，应进行改造。

4.6.5 当监测与控制系统无用电分项计量或不能满足改造前后节能效果对比时，应进行改造。

4.7 分项判定

4.7.1 公共建筑经外围护结构节能改造，采暖通风空调能耗降低 10％以上，且静态投资回收期小于或等于 8 年时，宜对外围护结构进行节能改造。

4.7.2 公共建筑的采暖通风空调及生活热水供应系统经节能改造，系统的能耗降低 20％以上且静态投资回收期小于或等于 5 年时，或者静态投资回收期小于或等于 3 年时，宜进行节能改造。

4.7.3 公共建筑未采用节能灯具或采用的灯具效率及光源等不符合国家现行有关标准的规定，且改造静态投资回收期小于或等于 2 年或节能率达到 20％以上时，宜进行相应的改造。

4.8 综合判定

4.8.1 通过改善公共建筑外围护结构的热工性能，提高采暖通风空调及生活热水供应系统、照明系统的效率，在保证相同的室内热环境参数前提下，与未采取节能改造措施前相比，采暖通风空调及生活热水供应系统、照明系统的全年能耗降低 30％以上，且静态投资回收期小于或等于 6 年时，应进行节能改造。

5 外围护结构热工性能改造

5.1 一般规定

5.1.1 公共建筑外围护结构进行节能改造后，所改造部位的热工性能应符合现行国家标准《公共建筑节能设计标准》GB 50189 的规定性指标限值的要求。

5.1.2 对外围护结构进行节能改造时，应对原结构的安全性进行复核、验算；当结构安全不能满足节能改造要求时，应采取结构加固措施。

5.1.3 外围护结构进行节能改造所采用的保温材料和建筑构造的防火性能应符合现行国家标准《建筑内部装修设计防火规范》GB 50222、《建筑设计防火规范》GB 50016 和《高层民用建筑设计防火规范》GB 50045 的规定。

5.1.4 公共建筑的外围护结构节能改造应根据建筑自身特点，确定采用的构造形式以及相应的改造技术。保温、隔热、防水、装饰改造应同时进行。对原有外立面的建筑造型、凸窗应有相应的保温改造技术措施。

5.1.5 外围护结构节能改造过程中，应通过传热计算分析，对热桥部位采取合理措施并提交相应的设计施工图纸。

5.1.6 外围护结构节能改造施工前应编制施工组织设计文件，改造施工及验收应符合现行国家标准《建筑节能工程施工质量验收规范》GB 50411 的规定。

5.2 外墙、屋面及非透明幕墙

5.2.1 外墙采用可粘结工艺的外保温改造方案时，应检查基墙墙面的性能，并应满足表 5.2.1 的要求。

表 5.2.1 基墙墙面性能指标要求

基墙墙面性能指标	要　　求
外表面的风化程度	无风化、酥松、开裂、脱落等
外表面的平整度偏差	±4mm 以内
外表面的污染度	无积灰、泥土、油污、霉斑等附着物，钢筋无锈蚀
外表面的裂缝	无结构性和非结构性裂缝
饰面砖的空鼓率	≤10％
饰面砖的破损率	≤30％
饰面砖的粘结强度	≥0.1MPa

5.2.2 当基墙墙面性能指标不满足本规范表 5.2.1 的要求时，应对基墙墙面进行处理，并可采用下列处理措施：

1 对裂缝、渗漏、冻害、析盐、侵蚀所产生的损坏进行修复；

2 对墙面缺损、孔洞应填补密实，损坏的砖或砌块应进行更换；

3 对表面油迹、疏松的砂浆进行清理；

4 外墙饰面砖应根据实际情况全部或部分剔除，也可采用界面剂处理。

5.2.3 外墙采用内保温改造方案时，应对外墙内表面进行下列处理：

1 对内表面涂层、积灰油污及杂物、粉刷空鼓应刮掉并清理干净；

2 对内表面脱落、虫蛀、霉烂、受潮所产生的损坏进行修复；

3 对裂缝、渗漏进行修复，墙面的缺损、孔洞应填补密实；

4 对原不平整的外围护结构表面加以修复；

5 室内各类主要管线安装完成并经试验检测合格后方可进行。

5.2.4 外墙外保温系统与基层应有可靠的结合，保温系统与墙身的连接、粘结强度应符合现行行业标准《外墙外保温工程技术规程》JGJ 144 的要求。对于室内散湿量大的场所，还应进行围护结构内部冷凝受潮验算，并应按照现行国家标准《民用建筑热工设计规范》GB 50176 的规定采取防潮措施。

5.2.5 非透明幕墙改造时，保温系统安装应牢固、不松脱。幕墙支承结构的抗震和抗风压性能等应符合现行行业标准《金属与石材幕墙工程技术规范》JGJ 133 的规定。

5.2.6 非透明幕墙构造缝、沉降缝以及幕墙周边与墙体接缝处等热桥部位应进行保温处理。

5.2.7 非透明围护结构节能改造采用石材、人造板材幕墙和金属板幕墙时，除应满足现行国家标准《建筑幕墙》GB/T 21086 和现行行业标准《金属与石材幕墙工程技术规范》JGJ 133 的规定外，尚应满足下列规定：

1 面板材料应满足国家有关产品标准的规定，石材面板宜选用花岗石，可选用大理石、洞石和砂岩等，当石材弯曲强度标准值小于 8.0MPa 时，应采取附加构造措施保证面板的可靠性；

2 在严寒和寒冷地区，石材面板的抗冻系数不应小于 0.8；

3 当幕墙为开放式结构形式时，保温层与主体结构间不宜留有空气层，且宜在保温层和石材面板间进行防水隔汽处理；

4 后置埋件应满足承载力设计要求，并应符合现行行业标准《混凝土结构后锚固技术规程》JGJ

145 的规定。

5.2.8 公共建筑屋面节能改造时，应根据工程的实际情况选择适当的改造措施，并应符合现行国家标准《屋面工程技术规范》GB 50345 和《屋面工程质量验收规范》GB 50207 的规定。

5.3 门窗、透明幕墙及采光顶

5.3.1 公共建筑的外窗改造可根据具体情况确定，并可选用下列措施：

1 采用只换窗扇、换整窗或加窗的方法，满足外窗的热工性能要求；加窗时，应避免层间结露；

2 采用更换低辐射中空玻璃，或在原有玻璃表面贴膜的措施，也可增设可调节百叶遮阳或遮阳卷帘；

3 外窗改造更换外框时，应优先选择隔热效果好的型材；

4 窗框与墙体之间应采取合理的保温密封构造，不应采用普通水泥砂浆补缝；

5 外窗改造时所选外窗的气密性等级应不低于现行国家标准《建筑外门窗气密、水密、抗风压性能分级及检测方法》GB/T 7106 中规定的 6 级；

6 更换外窗时，宜优先选择可开启面积大的外窗。除超高层外，外窗的可开启面积不得低于外墙总面积的 12%。

5.3.2 对外窗或透明幕墙的遮阳设施进行改造时，宜采用外遮阳措施。外遮阳的遮阳系数应按现行国家标准《公共建筑节能设计标准》GB 50189 的规定进行确定。加装外遮阳时，应对原结构的安全性进行复核、验算。当结构安全不能满足要求时，应对其进行结构加固或采取其他遮阳措施。

5.3.3 外门、非采暖楼梯间门节能改造时，可选用下列措施：

1 严寒、寒冷地区建筑的外门口应设门斗或热空气幕；

2 非采暖楼梯间门宜为保温、隔热、防火、防盗一体的单元门；

3 外门、楼梯间门应在缝隙部位设置耐久性和弹性好的密封条；

4 外门应设置闭门装置，或设置旋转门、电子感应式自动门等。

5.3.4 透明幕墙、采光顶节能改造应提高幕墙玻璃和外框型材的保温隔热性能，并应保证幕墙的安全性能。根据实际情况，可选用下列措施：

1 透明幕墙玻璃可增加中空玻璃的中空层数，或更换保温性能好的玻璃；

2 可采用低辐射中空玻璃，或采用在原有玻璃的表面贴膜或涂膜的工艺；

3 更换幕墙外框时，直接参与传热过程的型材应选择隔热效果好的型材；

4 在保证安全的前提下，可增加透明幕墙的可开启扇。除超高层及特别设计的透明幕墙外，透明幕墙的可开启面积不宜低于外墙总面积的12%。

6 采暖通风空调及生活热水供应系统改造

6.1 一般规定

6.1.1 公共建筑采暖通风空调及生活热水供应系统的节能改造宜结合系统主要设备的更新换代和建筑物的功能升级进行。

6.1.2 确定公共建筑采暖通风空调及生活热水供应系统的节能改造方案时，应充分考虑改造施工过程中对未改造区域使用功能的影响。

6.1.3 对公共建筑的冷热源系统、输配系统、末端系统进行改造时，各系统的配置应互相匹配。

6.1.4 公共建筑采暖通风空调系统综合节能改造后应能实现供冷、供热量的计量和主要用电设备的分项计量。

6.1.5 公共建筑采暖通风空调及生活热水供应系统节能改造后应具备按实际需冷、需热量进行调节的功能。

6.1.6 公共建筑节能改造后，采暖空调系统应具备室温调控功能。

6.1.7 公共建筑采暖通风空调及生活热水供应系统的节能改造施工和调试应符合现行国家标准《建筑节能工程施工质量验收规范》GB 50411、《通风与空调工程施工质量验收规范》GB 50243 和《建筑给水排水及采暖工程施工质量验收规范》GB 50242 的规定。

6.2 冷热源系统

6.2.1 公共建筑的冷热源系统节能改造时，首先应充分挖掘现有设备的节能潜力，并应在现有设备不能满足需求时，再予以更换。

6.2.2 冷热源系统改造应根据原有冷热源运行记录，进行整个供冷、供暖季负荷的分析和计算，确定改造方案。

6.2.3 公共建筑的冷热源进行更新改造时，应在原有采暖通风空调及生活热水供应系统的基础上，根据改造后建筑的规模、使用特征，结合当地能源结构以及价格政策、环保规定等因素，经综合论证后确定。

6.2.4 公共建筑的冷热源更新改造后，系统供回水温度应能保证原有输配系统和空调末端系统的设计要求。

6.2.5 冷水机组或热泵机组的容量与系统负荷不匹配时，在确保系统安全性、匹配性及经济性的情况下，宜采用在原有冷水机组或热泵机组上，增设变频装置，以提高机组的实际运行效率。

6.2.6 对于冷热需求时间不同的区域，宜分别设置冷热源系统。

6.2.7 当更换冷热源设备时，更换后的设备性能应符合本规范附录A的规定。

6.2.8 采用蒸汽吸收式制冷机组时，应回收所产生的凝结水，凝结水回收系统宜采用闭式系统。

6.2.9 对于冬季或过渡季存在供冷需求的建筑，在保证安全运行的条件下，宜采用冷却塔供冷的方式。

6.2.10 在满足使用要求的前提下，对于夏季空调室外计算湿球温度较低、温度的日较差大的地区，空气的冷却可考虑采用蒸发冷却的方式。

6.2.11 在符合下列条件的情况下，宜采用水环热泵空调系统：

1 有较大内区且有稳定的大量余热的建筑物；

2 原建筑冷热源机房空间有限，且以出租为主的办公楼及商业建筑。

6.2.12 当更换生活热水供应系统的锅炉及加热设备时，更换后的设备应根据设定的温度，对燃料的供给量进行自动调节，并应保证其出水温度稳定；当机组不能保证出水温度稳定时，应设置贮热水罐。

6.2.13 集中生活热水供应系统的热源应优先采用工业余热、废热和冷凝热；有条件时，应利用地热和太阳能。

6.2.14 生活热水供应系统宜采用直接加热热水机组。除有其他用汽要求外，不应采用燃气或燃油锅炉制备蒸汽再进行热交换后供应生活热水的热源方式。

6.2.15 对水冷冷水机组或热泵机组，宜采用具有实时在线清洗功能的除垢技术。

6.2.16 燃气锅炉和燃油锅炉宜增设烟气热回收装置。

6.2.17 集中供热系统应设置根据室外温度变化自动调节供热量的装置。

6.2.18 确定空调冷热源系统改造方案时，应结合建筑物负荷的实际变化情况，制定冷热源系统在不同阶段的运行策略。

6.3 输配系统

6.3.1 公共建筑的空调冷热水系统改造后，系统的最大输送能效比（ER）应符合表6.3.1的规定。

表6.3.1 空调冷热水系统的最大输送能效比（ER）

管道类型	两管制热水管道			四管制热水管道	空调冷水管道
	严寒地区	寒冷地区/夏热冬冷地区	夏热冬暖地区		
$ER \times 10^{-3}$	5.77	6.18	8.65	6.73	24.10

注：1 表中的数据适用于独立建筑物内的空调冷热水系统，最远环路总长度一般在200～500m范围内；区域供冷（热）或超大型建筑物设集中冷（热）站，管道总长过长的水系统可参照执行。

2 表中两管制热水管道系统中的输送能效比值，不适用于采用直燃式冷（温）水机组、空气源热泵、地源热泵作为热源，供回水温差小于10℃的系统。

6.3.2 公共建筑的集中热水采暖系统改造后，热水循环水泵的耗电输热比（EHR）应满足现行国家标准《公共建筑节能设计标准》GB 50189 的规定。

6.3.3 公共建筑空调风系统节能改造后，风机的单位风量耗功率应满足现行国家标准《公共建筑节能设计标准》GB 50189 的规定。

6.3.4 当对采暖通风空调系统的风机或水泵进行更新时，更换后的风机不应低于现行国家标准《通风机能效限定值及节能评价值》GB 19761 中的节能评价值；更换后的水泵不应低于现行国家标准《清水离心泵能效限定值及节能评价值》GB 19762 中的节能评价值。

6.3.5 对于全空气空调系统，当各空调区域的冷、热负荷差异和变化大、低负荷运行时间长，且需要分别控制各空调区温度时，宜通过增设风机变速控制装置，将定风量系统改造为变风量系统。

6.3.6 当原有输配系统的水泵选型过大时，宜采取叶轮切削技术或水泵变速控制装置等技术措施。

6.3.7 对于冷热负荷随季节或使用情况变化较大的系统，在确保系统运行安全可靠的前提下，可通过增设变速控制系统，将定水量系统改造为变水量系统。

6.3.8 对于系统较大、阻力较高、各环路负荷特性或压力损失相差较大的一次泵系统，在确保具有较大的节能潜力和经济性的前提下，可将其改造为二次泵系统，二次泵应采用变流量的控制方式。

6.3.9 空调冷却水系统应设置必要的控制手段，并应在确保系统运行安全可靠的前提下，保证冷却水系统能够随系统负荷以及外界温湿度的变化而进行自动调节。

6.3.10 对于设有多台冷水机组和冷却塔的系统，应防止系统在运行过程中发生冷水或冷却水通过不运行冷水机组而产生的旁通现象。

6.3.11 在采暖空调水系统的分、集水器和主管段处，应增设平衡装置。

6.3.12 在技术可靠、经济合理的前提下，采暖空调水系统可采用大温差、小流量技术。

6.3.13 对于设置集中热水水箱的生活热水供应系统，其供水泵宜采用变速控制装置。

6.4 末端系统

6.4.1 对于全空气空调系统，宜采取措施实现全新风和可调新风比的运行方式。新风量的控制和工况转换，宜采用新风和回风的焓值控制方法。

6.4.2 过渡季节或供暖季节局部房间需要供冷时，宜优先采用直接利用室外空气进行降温的方式。

6.4.3 当进行新、排风系统的改造时，应对可回收能量进行分析，并应合理设置排风热回收装置。

6.4.4 对于风机盘管加新风系统，处理后的新风宜直接送入各空调区域。

6.4.5 对于餐厅、食堂和会议室等高负荷区域空调通风系统的改造，应根据区域的使用特点，选择合适的系统形式和运行方式。

6.4.6 对于由于设计不合理，或者使用功能改变而造成的原有系统分区不合理的情况，在进行改造设计时，应根据目前的实际使用情况，对空调系统重新进行分区设置。

7 供配电与照明系统改造

7.1 一般规定

7.1.1 供配电与照明系统的改造不宜影响公共建筑的工作、生活环境，改造期间应有保障临时用电的技术措施。

7.1.2 供配电与照明系统的改造设计宜结合系统主要设备的更新换代和建筑物的功能升级进行。

7.1.3 供配电与照明系统的改造应在满足用电安全、功能要求和节能需要的前提下进行，并应采用高效节能的产品和技术。

7.1.4 供配电与照明系统的改造施工质量应符合现行国家标准《建筑节能工程施工质量验收规范》GB 50411 和《建筑电气工程施工质量验收规范》GB 50303 的要求。

7.2 供配电系统

7.2.1 当供配电系统改造需要增减用电负荷时，应重新对供配电容量、敷设电缆、供配电线路保护和保护电器的选择性配合等参数进行核算。

7.2.2 供配电系统改造的线路敷设宜使用原有路由进行敷设。当现场条件不允许或原有路由不合理时，应按照合理、方便施工的原则重新敷设。

7.2.3 对变压器的改造应根据用电设备实际耗电率总和，重新计算变压器容量。

7.2.4 未设置用电分项计量的系统应根据变压器、配电回路原设置情况，合理设置分项计量监测系统。分项计量电能表宜具有远传功能。

7.2.5 无功补偿宜采用自动补偿的方式运行，补偿后仍达不到要求时，宜更换补偿设备。

7.2.6 供用电电能质量改造应根据测试结果确定需进行改造的位置和方法。对于三相负载不平衡的回路宜采用重新分配回路上用电设备的方法；功率因数的改善宜采用无功自动补偿的方式；谐波治理应根据谐波源制定针对性方案，电压偏差高于标准值时宜采用合理方法降低电压。

7.3 照明系统

7.3.1 照明配电系统改造设计时各回路容量应按现行国家标准《建筑照明设计标准》GB 50034 的规定

对原回路容量进行校核，并应选择符合节能评价值和节能效率的灯具。

7.3.2 当公共区照明采用就地控制方式时，应设置声控或延时等感应功能；当公共区照明采用集中监控系统时，宜根据照度自动控制照明。

7.3.3 照明配电系统改造设计宜满足节能控制的需要，且照明配电回路应配合节能控制的要求分区、分回路设置。

7.3.4 公共建筑进行节能改造时，应充分利用自然光来减少照明负荷。

8 监测与控制系统改造

8.1 一般规定

8.1.1 对建筑物内的机电设备进行监视、控制、测量时，应做到运行安全、可靠、节省人力。

8.1.2 监测与控制系统应实时采集数据，对设备的运行情况进行记录，且应具有历史数据保存功能，与节能相关的数据应能至少保存12个月。

8.1.3 监测与控制系统改造应遵循下列原则：

　　1 应根据控制对象的特性，合理设置控制策略；

　　2 宜在原控制系统平台上增加或修改监控功能；

　　3 当需要与其他控制系统连接时，应采用标准、开放接口；

　　4 当采用数字控制系统时，宜将变配电、智能照明等机电设备的监测纳入该系统之中；

　　5 涉及修改冷水机组、水泵、风机等用电设备运行参数时，应做好保护措施；

　　6 改造应满足管理的需求。

8.1.4 冷热源、采暖通风空调系统的监测与控制系统调试，应在完成各自的系统调试并达到设计参数后再进行，并应确认采用的控制方式能满足预期的控制要求。

8.2 采暖通风空调及生活热水供应系统的监测与控制

8.2.1 节能改造后，集中采暖与空气调节系统监测与控制应符合现行国家标准《公共建筑节能设计标准》GB 50189 的规定。

8.2.2 冷热源监控系统宜对冷冻、冷却水进行变流量控制，并应具备连锁保护功能。

8.2.3 公共场合的风机盘管温控器宜联网控制。

8.2.4 生活热水供应监控系统应具备下列功能：

　　1 热水出口压力、温度、流量显示；

　　2 运行状态显示；

　　3 顺序启停控制；

　　4 安全保护信号显示；

　　5 设备故障信号显示；

　　6 能耗量统计记录；

　　7 热交换器按设定出水温度自动控制进汽或进水量；

　　8 热交换器进汽或进水阀与热水循环泵连锁控制。

8.3 供配电与照明系统的监测与控制

8.3.1 低压配电系统电压、电流、有功功率、功率因数等监测参数宜通过数据网关与监测与控制系统集成，满足用电分项计量的要求。

8.3.2 照明系统的监测及控制宜具有下列功能：

　　1 分组照明控制；

　　2 经济技术合理时，宜采用办公区域的照明调节控制；

　　3 照明系统与遮阳系统的联动控制；

　　4 走道、门厅、楼梯的照明控制；

　　5 洗手间的照明控制与感应控制；

　　6 泛光照明的控制；

　　7 停车场照明控制。

9 可再生能源利用

9.1 一般规定

9.1.1 公共建筑进行节能改造时，有条件的场所应优先利用可再生能源。

9.1.2 当公共建筑采用可再生能源时，其外围护结构的性能指标宜符合现行国家标准《公共建筑节能设计标准》GB 50189 的规定。

9.2 地源热泵系统

9.2.1 公共建筑的冷热源改造为地源热泵系统前，应对建筑物所在地的工程场地及浅层地热能资源状况进行勘察，并应从技术可行性、可实施性和经济性等三方面进行综合分析，确定是否采用地源热泵系统。

9.2.2 公共建筑的冷热源改造为地源热泵系统时，地源热泵系统的工程勘察、设计、施工及验收应符合现行国家标准《地源热泵系统工程技术规范》GB 50366 的规定。

9.2.3 公共建筑的冷热源改造为地源热泵系统时，宜保留原有系统中与地源热泵系统相适合的设备和装置，构成复合式系统；设计时，地源热泵系统宜承担基础负荷，原有设备宜作为调峰或备用措施。

9.2.4 地源热泵系统供回水温度，应能保证原有输配系统和空调末端系统的设计要求。

9.2.5 建筑物有生活热水需求时，地源热泵系统宜采用热泵热回收技术提供或预热生活热水。

9.2.6 当地源热泵系统地埋管换热器的出水温度、地下水或地表水的温度满足末端进水温度需求时，应设置直接利用的管路和装置。

9.3 太阳能利用

9.3.1 公共建筑进行节能改造时，应根据当地的年太阳辐照量和年日照时数确定太阳能的可利用情况。

9.3.2 公共建筑进行节能改造时，采用的太阳能系统形式，应根据所在地的气候、太阳能资源、建筑物类型、使用功能、业主要求、投资规模及安装条件等因素综合确定。

9.3.3 在公共建筑上增设或改造的太阳能热水系统，应符合现行国家标准《民用建筑太阳能热水系统应用技术规范》GB 50364 的规定。

9.3.4 采用太阳能光伏发电系统时，应根据当地的太阳辐照参数和建筑的负载特性，确定太阳能光伏系统的总功率，并应依据所设计系统的电压电流要求，确定太阳能光伏电板的数量。

9.3.5 太阳能光伏发电系统生产的电能宜为建筑自用，也可并入电网。并入电网的电能质量应符合现行国家标准《光伏系统并网技术要求》GB/T 19939 的要求，并应符合相关的安全与保护要求。

9.3.6 太阳能光伏发电系统应设置电能计量装置。

9.3.7 连接太阳能光伏发电系统和电网的专用低压开关柜应有醒目标识。标识的形状、颜色、尺寸和高度应符合现行国家标准《安全标志》GB 2894 和《安全标志使用导则》GB 16179 的规定。

10 节能改造综合评估

10.1 一 般 规 定

10.1.1 公共建筑节能改造后，应对建筑物的室内环境进行检测和评估，室内热环境应达到改造设计要求。

10.1.2 公共建筑节能改造后，应对建筑内相关的设备和运行情况进行检查。

10.1.3 公共建筑节能改造后，应对被改造的系统或设备进行检测和评估，并应在相同的运行工况下采取同样的检测方法。

10.1.4 公共建筑节能改造后，应定期对节能效果进行评估。

10.2 节能改造效果检测与评估

10.2.1 节能改造效果应采用节能量进行评估。改造后节能量应按下式进行计算：

$$E_{con} = E_{baseline} - E_{pre} + E_{cal} \qquad (10.2.1)$$

式中 E_{con} ——节能措施的节能量；

$E_{baseline}$ ——基准能耗，即节能改造前，1 年内设备或系统的能耗，也就是改造前的能耗；

E_{pre} ——当前能耗，即改造后的能耗；

E_{cal} ——调整量。

10.2.2 节能效果应按下列步骤进行检测和评估：

1 针对项目特点制定具体的检测和评估方案；

2 收集改造前的能耗及运行数据；

3 收集改造后的能耗和运行数据；

4 计算节能量并进行评估；

5 撰写节能改造效果评估报告。

10.2.3 节能改造效果可采用下列 3 种方法进行评估：

1 测量法；

2 账单分析法；

3 校准化模拟法。

10.2.4 符合下列情况之一时，宜采用测量法进行评估：

1 仅需评估受节能措施影响的系统的能效；

2 节能措施之间或与其他设备之间的相互影响可忽略不计或可测量和计算；

3 影响能耗的变量可以测量，且测量成本较低；

4 建筑内装有分项计量表；

5 期望得到单个节能措施的节能量；

6 参数的测量费用比采用校准化模拟法的模拟费用低。

10.2.5 符合下列情况之一时，宜采用账单分析法进行评估：

1 需评估改造前后整幢建筑的能效状况；

2 建筑中采取了多项节能措施，且存在显著的相互影响；

3 被改造系统或设备与建筑内其他部分之间存在较大的相互影响，很难采用测量法进行测量或测量费用很高；

4 很难将被改造的系统或设备与建筑的其他部分的能耗分开；

5 预期的节能量比较大，足以摆脱其他影响因素对能耗的随机干扰。

10.2.6 符合下列情况之一时，宜采用校准化模拟法进行评估：

1 无法获得整幢建筑改造前或改造后的能耗数据，或获得的数据不可靠；

2 建筑中采取了多项节能措施，且存在显著的相互影响；

3 采用多项节能措施的项目中需要得到每项节能措施的节能效果，用测量法成本过高；

4 被改造系统或设备与建筑内其他部分之间存在较大的相互影响，很难采用测量法进行测量或测量费用很高；

5 被改造的建筑和采取的节能措施可以用成熟的模拟软件进行模拟，并有实际能耗或负荷数据进行比对；

6 预期的节能量不够大，无法采用账单分析法通过账单或表计数据将其区分出来。

10.2.7 采用测量法进行评估时，应符合下列规定：

1 当被改造系统或设备运行负荷较稳定时，可只测量关键参数，其他参数宜估算确定；

2 当被改造系统或设备运行负荷变化较大时，应对与能耗相关的所有参数进行测量；

3 当实施节能改造的设备数量较多时，宜对被改造的设备进行抽样测量。

10.2.8 采用校准化模拟法进行评估时，应符合下列规定：

1 评估前应制定校准化模拟方案；

2 应采用逐时能耗模拟软件，且气象资料应为1年（8760h）的逐时气象参数；

3 除了节能改造措施外，改造前的能耗模型（基准能耗模型）和改造后的能耗模型应采用相同的输入条件；

4 能耗模拟输出的逐月能耗和峰值结果应与实际账单数据进行比对，月误差应控制在±15%之内，均方差应控制在±10%之内。

10.2.9 计算节能量时，应进行不确定性分析，并应注明计算得到节能量的不确定度或模型的精度。

附录 A 冷热源设备性能参数选择

A.0.1 当更换电机驱动压缩机的蒸汽压缩循环冷水机组或热泵机组时，在额定制冷工况和规定条件下，机组的制冷性能系数（COP）不应低于表 A.0.1 的规定。

表 A.0.1 冷水机组或热泵机组制冷性能系数

类　　型		额定制冷量 CC（kW）	性能系数 COP（W/W）
水　冷	活塞式/涡旋式	<528	4.10
		528~1163	4.30
		>1163	4.60
	螺杆式	<528	4.40
		528~1163	4.70
		>1163	5.10
	离心式	<528	4.70
		528~1163	5.10
		>1163	5.60
风冷或蒸发冷却	活塞式/涡旋式	≤50	2.60
		>50	2.80
	螺杆式	≤50	2.80
		>50	3.00

A.0.2 当更换电机驱动压缩机的蒸汽压缩循环冷水机组或热泵机组时，机组综合部分负荷性能系数（IPLV）不应低于现行国家标准《公共建筑节能设计标准》GB 50189 的规定。

A.0.3 当更换名义制冷量大于 7100W、采用电机驱动压缩机的单元式空气调节机、风管送风式和屋顶式空调（热泵）机组时，在名义制冷工况和规定条件下，机组能效比（EER）不应低于表 A.0.3 中的规定。

表 A.0.3 机组能效比

类　　型		能效比（W/W）
风冷式	不接风管	2.80
	接风管	2.50
水冷式	不接风管	3.20
	接风管	2.90

A.0.4 当更换蒸汽、热水型溴化锂吸收式冷水机组及直燃型溴化锂吸收式冷（温）水机组时，机组的性能系数不应低于现行国家标准《公共建筑节能设计标准》GB 50189 的规定。

A.0.5 当更换多联式空调（热泵）机组时，机组的制冷综合性能系数不应低于表 A.0.5 的规定。

表 A.0.5 多联式空调（热泵）机组的制冷综合性能系数

名义制冷量 CC（W）	制冷综合性能系数（W/W）
CC≤28000	3.20
28000<CC≤84000	3.15
CC>84000	3.10

注：1 多联式空调（热泵）机组包含双制冷循环和多制冷循环系统。

2 制冷综合性能系数按《多联式空调（热泵）机组》GB/T 18837 规定的工况进行试验和计算。

A.0.6 当更换房间空调器时，其能效等级不应低于表 A.0.6 的规定。房间空调器的能效等级测试方法应按照现行国家标准《房间空气调节器》GB/T 7725、《单元式空气调节机》GB/T 17758 的规定执行。

表 A.0.6 房间空调器能效等级

类型	额定制冷量 CC（W）	能效等级 EER（W/W）2
整体式	—	2.90
分体式	CC≤4500	3.20
	4500<CC≤7100	3.10
	7100<CC≤14000	3.00

A.0.7 当更换转速可控型房间空调器时，其能效等级不应低于表 A.0.7 的规定。转速可控型房间空调器能效等级的测试方法应按照现行国家标准《房间空气调节器》GB/T 7725 的规定执行。

表 A.0.7 转速可控型房间空调器能效等级

类型	额定制冷量 CC（W）	能效等级 EER（W/W）
		3
分体式	CC≤4500	3.90
	4500<CC≤7100	3.60
	7100<CC≤14000	3.30

注：能效等级的实测值保留两位小数。

A.0.8 当更换锅炉时，锅炉的额定效率不应低于现行国家标准《公共建筑节能设计标准》GB 50189 的规定。

本规范用词说明

1 为便于在执行本规范条文时区别对待，对要求严格程度不同的用词说明如下：

1）表示很严格，非这样做不可的用词：
正面词采用"必须"，反面词采用"严禁"；

2）表示严格，在正常情况下均应这样做的用词：
正面词采用"应"，反面词采用"不应"或"不得"；

3）表示允许稍有选择，在条件许可时首先应这样做的用词：
正面词采用"宜"，反面词采用"不宜"；
表示有选择，在一定条件下可以这样做的用词，采用"可"。

2 规范中指明应按其他有关标准执行的写法为："应符合……的规定"或"应按……执行"。

引用标准名录

1 《建筑设计防火规范》GB 50016
2 《建筑照明设计标准》GB 50034
3 《高层民用建筑设计防火规范》GB 50045
4 《自动化仪表工程施工及验收规范》GB 50093
5 《民用建筑热工设计规范》GB 50176
6 《公共建筑节能设计标准》GB 50189
7 《屋面工程质量验收规范》GB 50207
8 《建筑内部装修设计防火规范》GB 50222
9 《建筑给水排水及采暖工程施工质量验收规范》GB 50242
10 《通风与空调工程施工质量验收规范》GB 50243
11 《建筑电气工程施工质量验收规范》GB 50303
12 《屋面工程技术规范》GB 50345
13 《民用建筑太阳能热水系统应用技术规范》GB 50364
14 《地源热泵系统工程技术规范》GB 50366
15 《建筑节能工程施工质量验收规范》GB 50411
16 《安全标志》GB 2894
17 《建筑外门窗气密、水密、抗风压性能分级及检测方法》GB/T 7106
18 《安全标志使用导则》GB 16179
19 《通风机能效限定值及节能评价值》GB 19761
20 《清水离心泵能效限定值及节能评价值》GB 19762
21 《光伏系统并网技术要求》GB/T 19939
22 《建筑幕墙》GB/T 21086
23 《金属与石材幕墙工程技术规范》JGJ 133
24 《外墙外保温工程技术规程》JGJ 144
25 《混凝土结构后锚固技术规程》JGJ 145
26 《公共建筑节能检验标准》JGJ 177

中华人民共和国行业标准

公共建筑节能改造技术规范

JGJ 176—2009

条 文 说 明

制 订 说 明

《公共建筑节能改造技术规范》JGJ 176—2009 经住房和城乡建设部 2009 年 5 月 19 日以第 313 号公告批准发布。

为便于广大设计、施工、科研、学校等单位的有关人员在使用本规程时能正确理解和执行条文规定，《公共建筑节能改造技术规范》编制组按章、节、条顺序编制了本规程的条文说明，供使用时参考。在使用中如发现本条文说明有不妥之处，请将意见函寄中国建筑科学研究院。

目　次

1 总　则

1.0.1 据推算，我国现有公共建筑面积约 45 亿 m²，为城镇建筑面积的 27%，占城乡房屋建筑总面积的 10.7%，但公共建筑能耗约占建筑总能耗的 20%。公共建筑单位能耗较居住建筑高很多，以北京市为例，普通居民住宅每年的用电能耗仅为 10~20kWh/m²，而大型公共建筑平均每年的耗电量约为 150kWh/m²，是普通居民住宅用电能耗的 7.5~15 倍，因此公共建筑节能潜力巨大。

对公共建筑，过去在节能降耗方面重视不够，规范也不健全，2005 年才正式颁布《公共建筑节能设计标准》GB 50189，对新建或改、扩建公共建筑节能设计进行了规范，而对于大量的没有达到现行国家标准《公共建筑节能设计标准》GB 50189 的既有公共建筑，如何进行节能改造，目前还没有标准可依。制定并实施公共建筑节能改造标准，将改善既有公共建筑用能浪费的状况，推进建筑节能工作的开展，为实现国家节约能源和保护环境的战略作出贡献。

1.0.2 公共建筑包括办公、旅游、商业、科教文卫、通信及交通运输用房等。在公共建筑中，尤以办公建筑、高档旅馆及大中型商场等几类建筑，在建筑标准、功能及空调系统等方面有许多共性，而且能耗高、节能潜力大。因此，办公建筑、旅游建筑、商业建筑是公共建筑节能改造的重点领域。

在公共建筑（特别是高档办公楼、高档旅馆建筑及大型商场）的全年能耗中，大约 50%~60% 消耗于采暖、通风、空调、生活热水，20%~30% 用于照明。而在采暖、通风、空调、生活热水这部分能耗中，大约 20%~50% 由外围护结构传热所消耗（夏热冬暖地区大约 20%，夏热冬冷地区大约 35%，寒冷地区大约 40%，严寒地区大约 50%），30%~40% 为处理新风所消耗。从目前情况分析，公共建筑在外围护结构、采暖通风空调生活热水及照明方面有较大的节能潜力。所以本规范节能改造的主要目标是降低采暖、通风、空调、生活热水及照明方面的能源消耗。电梯节能也是公共建筑节能的重要组成部分，但由于电梯设备在应用及管理上的特殊性，电器设备的节能主要取决于产品，因此本规范不包括电梯、电器设备、炊事等方面的内容。

电器设备是指办公设备（电脑、打印机、复印件、传真机等）、饮水机、电视机、监控器等与采暖、通风、空调、生活热水及照明无关的用电设备。

本规范仅涉及建筑外围护结构、用能设备及系统等方面的节能改造。改造完毕后，运行管理节能至关重要。但由于运行方面的节能不单纯是技术问题，很大程度上取决于运行管理的水平，因此，本规范未包括运行管理方面的内容。

1.0.3 公共建筑节能改造的目的是节约能源消耗和改善室内热环境，但节约能源不能以降低室内热舒适度作为代价，所以要在保证室内热舒适环境的基础上进行节能改造。室内热舒适环境应该满足现行国家标准《采暖通风与空气调节设计规范》GB 50019 和《公共建筑节能设计标准》GB 50189 的相关规定。

1.0.4 节能改造的原则是最大限度挖掘现有设备和系统的节能潜力，通过节能改造，降低高能耗环节，提高系统的实际运行能效。

1.0.5 本规范对公共建筑进行节能改造时的节能诊断、节能改造判定原则与方法、进行节能改造的具体措施和方法及节能改造评估等内容进行了规定，但公共建筑节能改造涉及的专业较多，相关专业均制定有相应的标准及规定，特别是进行节能改造时，应保证改造建筑在结构、防火等方面符合相关标准的规定。因此在进行公共建筑节能改造时，除应符合本规范外，尚应符合国家现行的有关标准的规定。

3 节能诊断

3.1 一般规定

3.1.2 建筑物的竣工图、设备的技术参数和运行记录、室内温湿度状况、能源消费账单等是进行公共建筑节能诊断的重要依据，节能诊断前应予以提供。室内温湿度状况指建筑使用或管理人员对房间室内温湿度的概括性评价，如舒适、不舒适、偏热、偏冷等。

3.1.3 子系统节能诊断报告中系统概况是对子系统工程（建筑外围护结构、采暖通风空调及生活热水供应系统、供配电与照明系统、监测与控制系统）的系统形式、设备配置等情况进行文字或图表说明；检测结果为子系统工程测试结果；节能诊断与节能分析是依据节能改造判定原则与方法，在检测结果的基础上发现子系统工程存在节能潜力的环节并计算节能潜力；改造方案与经济性分析要提出子系统工程进行节能改造的具体措施并进行静态投资回收期计算。项目节能诊断报告是对各子系统节能诊断报告内容的综合、汇总。

3.1.5 为确保节能诊断结果科学、准确、公正，要求从事公共建筑节能检测的机构需要通过计量认证，且通过计量认证项目中应包括现行行业标准《公共建筑节能检验标准》JGJ 177 中规定的项目。

3.2 外围护结构热工性能

3.2.1 我国幅员辽阔，不同地区气候差异很大，公共建筑外围护结构节能改造时应考虑气候的差异。严寒、寒冷地区公共建筑外围护结构节能改造的重点应关注建筑本身的保温性能，而夏热冬暖地区应重点关注建筑本身的隔热与通风性能，夏热冬冷地区则二者均需兼顾。因此不同地区公共建筑外围护结构节能诊断的重点应有所差异。外围护结构的检测项目可根据建筑物所处气候区、外围护结构类型有所侧重，对上述检测项目进行选择性节能诊断。检测方法参照国家现行标准《建筑节能工程施工质量验收规范》GB 50411 和《公共建筑节能检验标准》JGJ 177 的有关规定。

建筑物外围护结构主体部位主要是指外围护结构中不受热桥、裂缝和空气渗漏影响的部位。外围护结构主体部位传热系数测试时测点位置应不受加热、制冷装置和风扇的直接影响，被测区域的外表面也应避免雨雪侵袭和阳光直射。

3.3 采暖通风空调及生活热水供应系统

3.3.1 由于不同公共建筑采暖通风空调及生活热水供应系统形式不同，存在问题不同，相应节能潜力也不同，节能诊断项目应根据具体情况选择确定。节能诊断相关参数的测试参见现行行业标准《公共建筑节能检验标准》JGJ 177。由于冷源及其水系统的节能诊断是在运行工况下进行的，而现行国家标准《公共建筑节能设计标准》GB 50189—2005 中规定的集中热水采暖系统热水循环水泵的耗电输热比（*EHR*）和空调冷热水系统循环水泵的输送能效比（*ER*）是设计工况的数据，不便作为判定的依据，故在检测项目中不包含该两项指标，而是以水系统供回水温差、水泵效率及冷源系统能效系数代替此项性能。能量回收装置性能测试可参考现行国家标准《空气—空气能量回收装置》GB/T 21087 的规定。

3.4 供配电系统

3.4.1 供配电系统是为建筑内所有用电设备提供动力的系统，因此用电设备是否运行合理、节能均从消耗电量来反映，因此其系统状况及合理性直接影响了建筑节能用电的水平。

3.4.2 根据有关部门规定应淘汰能耗高、落后的机电产品，检查是否有淘汰产品存在。

3.4.3 根据观察每台变压器所带常用设备一个工作周期耗电量，或根据目前正在运行的用电设备铭牌功率总和，核算变压器负载率，当变压器平均负载率在60%～70%时，为合理节能运行状况。

3.4.4 常用供电主回路一般包括：

1 变压器进出线回路；
2 制冷机组主供电回路；
3 单独供电的冷热源系统附泵回路；
4 集中供电的分体空调回路；
5 给水排水系统供电回路；
6 照明插座主回路；
7 电子信息系统机房；
8 单独计量的外供电回路；
9 特殊区供电回路；
10 电梯回路；
11 其他需要单独计量的用电回路。

以上这些回路设置是根据常规电气设计而定的，一般是指低压配电室内的配电柜的馈出线，分项计量原则上不在楼层配电柜（箱）处设置计表。基于这条原则，照明插座主回路就是指配电室内配电柜中的出线，而不包括层照明配电箱的出线。

对变压器进出线进行计量是为了实时监视变压器的损耗，因为负载损耗是随着建筑物内用电设备用电量的大小而变化的。

特殊区供电回路负载特性是指餐饮，厨房，信息中心，多功能区，洗浴，健身房等混合负载。

外供电是指出租部分的用电，也是混合负载，如一栋办公楼的一层出租给商场，包括照明、自备集中空调、地下超市的冷冻保鲜设备等，这部分供电费用需要与大厦物业进行结算，涉及内部的收费管理。

分项计量电能回路用电量校核检验采用现行行业标准《公共建筑节能检验标准》JGJ 177 规定的方法。

3.4.5 建筑物内低压配电系统的功率因数补偿应满足设计要求，或满足当地供电部门的要求。要求核查调节方式主要是为了保证任何时候无功补偿均能达到要求，若建筑内用电设备出现周期性负荷变化很大的情况，如果未采用正确的补偿方式很容易造成电压水平不稳定的现象。

3.4.6 随着建筑物内大量使用的计算机、各种电子设备、变频电器、节能灯具及其他新型办公电器等，使供配电网的非线性（谐波）、非对称性（负序）和波动性日趋严重，产生大量的谐波污染和其他电能质量问题。这些电能质量问题会引起中性线电流超过相线电流、电容器爆炸、电机的烧损、电能计量不准、变压器过热、无功补偿系统不能正常投运、继电器保护和自动装置误动跳闸等危害。同时许多网络中心，广播电视台，大型展览馆和体育场馆，急救中心和医院的手术室等大量使用的敏感设备对供配电系统的电能质量也提出了更高和更严格的要求，因此应重视电能质量问题。三相电压不平衡度、功率因数、谐波电压及谐波电流、电压偏差检验均采用现行行业标准《公共建筑节能检验标准》JGJ 177 规定的方法。

3.5 照 明 系 统

3.5.1 灯具类型诊断方法为核查光源和附件型号，是否采用节能灯具，其能效等级是否满足国家相关标准。

荧光灯具包括光源部分、反光罩部分和灯具配件部分，灯具配件耗电部分主要是镇流器，国家对光源和镇流器部分的能效限定值都有相关标准，而我们使用灯具一般都配有反光罩，对于反光罩的反射效率国家目前没有相关规定，因此需要对灯具的整体效率有一个评判。照度值是测评照明是否符合使用要求的一个重要指标，防止有人为了达到规定的照明功率密度而使用照度水平低劣的产品，虽然可以满足功率密度指标而不能满足使用功能的需要。

照明功率密度值是衡量照明耗电是否符合要求的重要指标，需要根据改造前的实际功率密度值判断是否需要进行改造。

照明控制诊断方法为核查是否采用分区控制，公共区控制是否采用感应、声音等合理有效控制方式。目前公共区照明是能耗浪费的重灾区，经常出现长明灯现象，单靠人为的管理很难做到合理利用，因此需要对这部分照明加强控制和管理。

照明系统诊断还应检查有效利用自然光情况，有效利用自然光诊断方法为核查在靠近采光窗处的灯具能否在满足照度要求时手动或自动关闭。其采光系数和采光窗的面积比应符合规范要求。

照明灯具效率、照度值、功率密度值、公共区照明控制检验均采用《公共建筑节能检验标准》JGJ 177中规定的检验方法。

3.5.2 照明系统节电率是衡量照明系统改造后节能效果的重要量化指标，它比照明功率密度指标更直接更准确地反映了改造后照明实际节省的电能。

3.6 监测与控制系统

3.6.1 现行国家标准《公共建筑节能设计标准》GB 50189—2005中规定集中采暖与空气调节系统监测与控制的基本要求：

1 对于冷、热源系统，控制系统应满足下列基本要求：

　1）冷、热量瞬时值和累计值的监测，冷水机组优先采用由冷量优化控制运行台数的方式；

　2）冷水机组或热交换器、水泵、冷却塔等设备连锁启停；

　3）供、回水温度及压差的控制或监测；

　4）设备运行状态的监测及故障报警；

　5）技术可靠时，宜考虑冷水机组出水温度优化设定。

2 对于空气调节冷却水系统，应满足下列控制要求：

　1）冷水机组运行时，冷却水最低回水温度的控制；

　2）冷却塔风机的运行台数控制或风机调速控制；

　3）采用冷却塔供应空气调节冷水时的供水温度控制；

　4）排污控制。

3 对于空气调节风系统（包括空气调节机组），应满足下列基本控制要求：

　1）空气温、湿度的监测和控制；

　2）采用定风量全空气空调系统时，宜采用变新风比焓值控制方式；

　3）采用变风量系统时，风机宜采用变速控制方式；

　4）设备运行状态的监测及故障报警；

　5）需要时，设置盘管防冻保护；

　6）过滤器超压报警或显示。

对间歇运行的空调系统，宜设自动启停控制装置；控制装置应具备按照预定时间进行最优启停的功能。

采用二次泵系统的空气调节水系统，其二次泵应采用自动变速控制方式。

对末端变水量系统中的风机盘管，应采用电动温控阀和三档风速结合的控制方式。

其中，空气温、湿度的监测和控制、供、回水压差的控制及末端变水量系统中的风机盘管控制性能检测均采用现行行业标准《公共建筑节能检验标准》JGJ 177中规定的检验方法。

通常，生活热水系统监测与控制的基本要求包括：

1 供水量瞬时值和累计值的监测；

2 热源及水泵等设备连锁启停；

3 供水温度控制或监测；

4 设备运行状态的监测及故障报警。

照明、动力设备监测与控制应具有对照明或动力主回路的电压、电流、有功功率、功率因数、有功电度（kW/h）等电气参数进行监测记录的功能，以及对供电回路电器元件工作状态进行监测、报警的功能。检测方法采用现行行业标准《公共建筑节能检验标准》JGJ 177中规定的检验方法。

3.6.2 阀门型号和执行器应配套，参数应符合设计要求，其安装位置、阀前后直管段长度、流体方向等应符合产品安装要求；执行器的安装位置、方向应符合产品要求。变频器型号和参数应符合设计要求及国家有关规定；流量仪表的型号和参数、仪表前后的直管段长度等应符合产品要求；压力和差压仪表的取压点、仪表配套的阀门安装应符合产品要求；温度传感器精度、量程应符合设计要求；安装位置、插入深度应符合产品要求等。传感器（包括温湿度、风速、流量、压力等）数据是否准确，量程是否合理，阀门执行器与阀门旋转方向是否一致，阀门开闭是否灵活，手动操作是否有效；变频器、节电器等设备是否处于自控状态，现场控制器是否工作正常（包括通信、输入输出点，电池等）等。监测与控制系统中安装了大量的传感器、阀门及配套执行器、变频器等现场设备，这些现场设备的安装直接影响控制功能和控制精度，因此应特别注意这些设备的安装和线路敷设方式，严格按照产品说明书的要求安装，产品说明中没有注明安装方式的应按照现行国家标准《自动化仪表工程施工及验收规范》GB 50093 的规定执行。

3.7 综合诊断

3.7.1 综合诊断的目的是为了在外围护结构热工性能、采暖通风空调及生活热水供应系统、供配电与照明系统、监测与控制系统分项诊断的基础上，对建筑物整体节能性能进行综合诊断，并给出建筑物的整体能源利用状况和节能潜力。

3.7.2 节能诊断总报告是在外围护结构、采暖通风空调及生活热水供应系统、供配电与照明系统、监测与控制系统各分报告的基础上，对建筑物的整体能耗量及其变化规律、能耗构成和分项能耗进行汇总与分析；针对各分报告中确定的主要问题、重点节能环节及其节能潜力，通过技术经济分析，提出建筑物综合节能改造方案。

4 节能改造判定原则与方法

4.1 一般规定

4.1.1 节能诊断涉及公共建筑外围护结构的热工性能、采暖通风空调及生活热水供应系统、供配电与照明系统以及监测与控制系统等方面的内容。节能改造内容的确定应根据目前系统的实际运行能效、节能改造的潜力以及节能改造的经济性综合确定。

4.1.2 单项判定是针对某一单项指标是否进行节能改造的判定；分项判定是针对外围护结构或采暖通风空调及生活热水供应系统或照明系统是否进行节能改造的判定；综合判定是综合考虑外围护结构、采暖通风空调及生活热水供应系统及照明系统是否进行节能改造的判定。

分项判定方法及综合判定方法是通过计算节能率及静态投资回收期进行判定，可以预测公共建筑进行节能改造时的节能潜力。

单项判定、分项判定、综合判定之间是并列的关系，满足任何一种判定原则，都可进行相应节能改造。

本规范提供了单项、分项、综合三种判定方法，业主可以根据需要选择采取一种或多种判定方法以及改造方案。

4.2 外围护结构单项判定

4.2.1 公共建筑在进行结构、防火等改造时，如涉及外围护结构保温隔热方面时，可考虑同步进行外围护结构方面的节能改造。但外围护结构是否需要节能改造，需结合公共建筑节能改造判定原则与方法确定。

4.2.2 严寒、寒冷地区主要考虑建筑的冬季防寒保温，建筑外围护结构传热系数对建筑的采暖能耗影响很大，提高这一地区的外围护结构传热系数，有利于提高改造对象的节能潜力，并满足节能改造的经济性综合要求。未设保温或保温破损面积过大的建筑，当进入冬季供暖期时，外墙内表面易产生结露现象，会造成外围护结构内表面材料受潮，严重影响室内环境。因此，对此类公共建筑节能改造时，应强化其外围护结构的保温要求。

夏热冬冷、夏热冬暖地区太阳辐射得热是造成夏季室内过热的主要原因，对建筑能耗的影响很大。这一地区应主要关注建筑外围护结构的夏季隔热，当公共建筑采用轻质结构和复合结构时，应提高其外围护结构的热稳定性，不能简单采用增加墙体、屋面保温隔热材料厚度的方式来达到降低能耗的目的。

外围护结构节能改造的单项判定中，外墙、屋面的热工性能考虑了现行国家标准《民用建筑热工设计规范》GB 50176 的设计要求，确定了判定的最低限值。

4.2.3 外窗、透明幕墙对建筑能耗高低的影响主要有两个方面，一是外窗和透明幕墙的热工性能影响冬季采暖、夏季空调室内外温差传热；另外就是窗和幕墙的透明材料（如玻璃）受太阳辐射影响而造成的建筑室内的得热。冬季，通过窗口和透明幕墙进入室内的太阳辐射有利于建筑的节能，因此，减小窗和透明幕墙的传热系数，抑制温差传热是降低窗口和透明幕墙热损失的主要途径之一；夏季，通过窗口透明幕墙进入室内的太阳辐射成为空调降温的负荷，因此，减少进入室内的太阳辐射以及减小窗或透明幕墙的温差传热都是降低空调能耗的途径。

外窗及透明幕墙的传热系数及综合遮阳系数的判定综合考虑了现行国家标准《采暖通风与空气调节设计规范》GB 50019 和原有《旅游旅馆建筑及空气调节节能设计标准》GB 50189—93（现已废止）的设计要求，并进行相应的补充，确定了判定外围护结构节能改造的最低限值。

许多公共建筑外窗的可开启率有逐渐下降的趋势，有的甚至使外窗完全封闭。在春、秋季节和冬、夏季的某些时段，开窗通风是减少空调设备的运行时间、改善室内空气质量和提高室内热舒适性的重要手段。对于有很多内区的公共建筑，扩大外窗的可开启面积，会显著增强建筑室内的自然通风降温效果。参考北京市《公共建筑节能设计标准》DBJ 01—621，采用占外墙总面积比例来控制外窗的可开启面积。而12%的外墙总面积，相当于窗墙比为 0.40 时，30%的窗面积。超高层建筑外窗的开启判定不执行本条规定。对于特别设计的透明幕墙，如双层幕墙，透明幕墙的可开启面积应按照双层幕墙的内侧立面上的可开启面积计算。

实际改造工程判定中，当遇到外窗及透明幕墙的热工性能优于条文规定的最低限值时，而业主有能力进行外立面节能改造的，也应在根据分项判定和综合判定后，确定节能改造的内容。

4.2.4 夏季屋面水平面太阳辐射强度最大，屋面的透明面积越大，相应建筑的能耗也越大，而屋面透明部分冬季天空辐射的散热量也很大，因此对屋面透明部分的热工性能改造应予以重视。

4.3 采暖通风空调及生活热水供应系统单项判定

4.3.1 按中国目前的制造水平和运行管理水平，冷、热源设备的使用年限一般为 15 年，但由于南北地域、气候差异等因素导致设备使用时间不同，在具体改造过程中，要根据设备实际运行状况来判定是否需要改造或更换。冷、热源设备所使用的燃料或工质要符合国家的相关政策。1991 年我国政府签署了《关于消耗臭氧层物质的蒙特利尔协议书》伦敦修正案，成为按协议书第五条第一款行事的缔约国。我国编制的《中国消耗臭氧层物质逐步淘汰国家方案》由国务院批准，其中规定，对臭氧层有破坏作用的 CFC-11、CFC-12 制冷剂最终禁用时间为 2010 年 1 月 1 日。同时，我国政府在《蒙特利尔议定书》多边基金执委会上申请并获批准加速淘汰 CFC 计划，定于 2007 年 7 月 1 日起完全停止 CFC 的生产和消费，比原规定提前了两年半。对于目前广泛用于空气调节制冷设备的 HCFC-22 以及 HCFC-123 制冷剂，按"蒙特利尔议定书缔约方第十九次会议"对第五条缔约方的规定，我国将于 2030 年完成其生产与消费的加速淘汰，至 2030 年削减至 2.5%。

4.3.2 本条文中锅炉的运行效率是指锅炉日平均运行效率，其数值是根据现有锅炉实际运行状况确定的，且其值低于现行行业标准《居住建筑节能检测标准》JGJ 132 - 2009 中规定的节能合格指标值，如表 1 所示。锅炉日平均运行效率测试条件和方法见现行行业标准《居住建筑节能检测标准》JGJ 132。

表 1 采暖锅炉日平均运行效率

锅炉类型、燃料种类		在下列锅炉额定容量（MW）下的日平均运行效率（%）						
		0.7	1.4	2.8	4.2	7.0	14.0	>28.0
燃煤	烟煤 II	—	—	65	66	70	70	71
	烟煤 III	—	—	66	68	70	71	73
燃油、燃气		77	78	78	79	80	81	81

4.3.3 现行国家标准《冷水机组能效限定值及能源效率等级》GB 19577—2004 中，5 级产品是未来淘汰的产品，所以本条文对冷水机组或热泵机组制冷性能系数的规定以 5 级或低于 5 级作为进行改造或更换的依据。其中，水冷螺杆式、水冷离心式、风冷或蒸发冷却螺杆式机组以 5 级作为进行改造或更换的依据；

水冷活塞式/涡旋式、风冷或蒸发冷却活塞式/涡旋式机组以 5 级标准的 90% 作为进行改造或更换的依据。冷水机组或热泵机组实际性能系数的测试工况和方法见现行行业标准《公共建筑节能检验标准》JGJ 177。

4.3.4 现行国家标准《单元式空气调节机能效限定值及能源效率等级》GB 19576—2004 中，5 级产品是未来淘汰的产品，所以本条文对机组能效比的规定以 5 级作为进行改造或更换的依据。单元式空气调节机、风管送风式和屋顶式空调机组需进行送检，以测定其能效比。

4.3.5 本条文中溴化锂吸收式冷水机组实际性能系数（COP）约为《公共建筑节能设计标准》GB 50189—2005 中规定数值的 90%，其测试工况和方法见现行行业标准《公共建筑节能检验标准》JGJ 177。

4.3.6 用高品位的电能直接转换为低品位的热能进行采暖或空调的方式，能源利用率低，是不合适的。

4.3.7 当公共建筑采暖空调系统的热源设备无随室外气温变化进行供热量调节的自动控制装置时，容易造成冬季室温过高，无法调节，浪费能源。

4.3.8 本条文冷源系统能效系数的测试工况和方法见现行行业标准《公共建筑节能检验标准》JGJ 177。表 4.3.8 中的数值是综合考虑目前公共建筑中冷源系统的实际情况确定的，其值约为现行行业标准《公共建筑节能检验标准》JGJ 177 中规定数值的 80% 左右。

4.3.9 在过去的 30 年内，冷水机组的效率提高很快，使其占空调水系统能耗的比例已降低了 20% 以上，而水泵的能耗比例却相应提高了。在实际工程中，由于设计选型偏大而造成的系统大流量运行的现象非常普遍，因此以减少水泵能耗为目的的空调水系统改造方案，值得推荐。

4.3.10 由于受气象条件等因素变化的影响，空调系统的冷热负荷在全年是不断变化的，因此要求空调水系统具有随负荷变化的调节功能。长时间小温差运行是造成运行能耗高的主要原因之一。本条中的总运行时间是指一年中供暖季或制冷季空调系统的实际运行时间。

4.3.11 本条文的规定是为了降低输配能耗，并且二次泵变流量的设置不影响制冷主机对流量的要求。但为了系统的稳定性，变流量调节的最大幅度不宜超过设计流量的 50%。空调冷水系统改造为变流量调节方式后，应对系统进行调试，使得变流量的调节方式与末端的控制相匹配。

4.3.12 本条文风机的单位风量耗功率为风机实际耗电量与风机实际风量的比值。测试工况和方法见现行行业标准《公共建筑节能检验标准》JGJ 177。表 4.3.12 中的数值是综合考虑目前公共建筑中风机的单位风量耗功率的实际情况确定的，其值为现行国家标准《公共建筑节能设计标准》GB 50189—2005 中规定数值的 1.1 倍左右。根据本条进行改造的空调风系统服务的区域不宜过大，在办公建筑中，空调风管道通常不应超过 90m，商业与旅游建筑中，空调风管不宜超过 120m。

4.3.13 在冬季需要制冷时，若启用人工冷源，势必会造成能源的大量浪费，不符合国家的能源政策，所以需要采用天然冷源。天然冷源包括：室外的空气、地下水、地表水等。

4.3.14 在过渡季，当室外空气焓值低于室内焓值时，为节约能源，应充分利用室外的新风。本条文适合于全空气空调系统，不适合于风机盘管加新风系统。

4.3.15 空调系统需要的新风主要有两个用途：一是稀释室内有害物质的浓度，满足人员的卫生要求；二是补充室内排风和保持室内正压。2003 年中国经历了 SARS 事件，使得人们意识到建筑内良好通风的重要性。现行国家标准《公共建筑节能设计标准》GB 50189—2005 中明确规定了公共建筑主要空间的设计新风量的要求。鉴于新风量的重要性，本条文对不满足现行国家标准《公共建筑节能设计标准》GB 50189—2005 中规定的新风量指标的公共建筑，提出了进行新风系统改造或增设新风系统的要求。现行国家标准《公共建筑节能设计标准》GB 50189—2005 中对主要空间的设计新风量的规定如表 2 所示。

表 2　公共建筑主要空间的设计新风量

建筑类型与房间名称			新风量 $[m^3/(h \cdot p)]$
旅游旅馆	客房	5 星级	50
		4 星级	40
		3 星级	30
	餐厅、宴会厅、多功能厅	5 星级	30
		4 星级	25
		3 星级	20
		2 星级	15
	大堂、四季厅	4～5 星级	10
	商业、服务	4～5 星级	20
		2～3 星级	10
	美容、理发、康乐设施		30
旅店	客房	1～3 星级	30
		4 级	20
文化娱乐	影剧院、音乐厅、录像厅		20
	游艺厅、舞厅（包括卡拉 OK 歌厅）		30
	酒吧、茶座、咖啡厅		10
体育馆			20
商场（店）、书店			20
饭馆（餐厅）			20
办公			30
学校	教室	小学	11
		初中	14
		高中	17

4.3.16 各主支管路回水温度最大差值即主支管路回水温度的一致性反映了水系统的水力平衡状况。主支管路回水温度的一致性测试工况和方法见现行行业标准《公共建筑节能检验标准》JGJ 177。

4.3.17 从卫生及节能的角度，不结露是冷水管保温的基本要求。

4.3.19 《中华人民共和国节约能源法》第三十七条规定："使用空调采暖、制冷的公共建筑应当实行室内温度控制制度。"第三十八条规定："新建建筑或者对既有建筑进行节能改造，应当按照规定安装用热计量装置、室内温度调控装置和供热系统调控装置。"为满足此要求，公共建筑必须具有室温调控手段。

4.3.20 集中空调系统的冷热量计量和我国北方地区的采暖热计量一样，是一项重要的节能措施。设置热量计量装置有利于管理与收费，用户也能及时了解和分析用能情况，及时采取节能措施。

4.4　供配电系统单项判定

4.4.1 当确定的改造方案中，涉及各系统的用电设备时，其配电柜（箱）、配电回路等均应根据更换的用电设备参数，进行改造。这首先是为了保证用电安全，其次是保证改造后系统功能的合理运行。

4.4.2 一般变压器容量是按照用电负荷确定的，但有些建筑建成后使用功能发生了变化，这样就造成了变压器容量偏大，造成低效率运行，变压器的固有损耗占全部电耗的比例会较大，用户消耗的电费中有很大一部分是变压器的固有损耗，如果建筑物的用电负荷在建筑的生命周期内可以确定不会发生变化，则应当更换合适容量的变压器。变压器平均负载率的周期应根据春夏秋冬四个季节的用电负荷计算。

4.4.3 设置电能分项计量可以使管理者清楚了解各种用电设备的耗电情况，进行准确的分类统计，制定科学的用电管理规定，从而节约电能。

4.4.4 在进行建筑供配电设计时设计单位均按照当地供电部门的要求设计了无功补偿，但随着建筑功能的扩展或变更，大量先进用电设备的投入，使原有无功补偿设备或调节方式不能满足要求，这时应制定详细的改造方案，应包含集中补偿或就地补偿的分析内容，并进行投资效益分析。

4.4.5 对于建筑电气节能要求，供用电电能质量只包含了三相电压不平衡度、功率因数、谐波和电压偏差。三相电压不平衡一般出现在照明和混合负载回路，初步判定不平衡可以根据 A、B、C 三相电流表示值，当某相电流值与其他相的偏差为 15% 左右时可以初步判定为不平衡回路。功率因数需要核查基波功率因数和总功率因数两个指标，一般我们所说的功率因数是指总功率因数。谐波的核查比较复杂，需要电气专业工程师来完成。电压偏差检验是为了考察是否具有节能潜力，当系统电压偏高时可以采取合理的改造措施实现节能。

4.5 照明系统单项判定

4.5.1 现行国家标准《建筑照明设计标准》GB 50034 中对各类建筑、各类使用功能的照明功率密度都有明确的要求，但由于此标准是 2004 年才公布的，对于很多既有公共建筑照明照度值和功率密度都可能达不到要求，有些建筑的功率密度值很低但实际上其照度没有达到要求的值，如果业主对不达标的照度指标可以接受，其功率密度低于标准要求，则可以不改造；如果大于标准要求则必须改造。

4.5.2 公共区的照明容易产生长明灯现象，尤其是既有公共建筑的公共区，一般都没有采用合理的控制方式。对于不同使用功能的公共照明应采用合理的控制方式，例如办公楼的公共区可以采用定时与感应控制相结合的控制方式，上班时间采用定时方式，下班时间采用声控方式，总之不要因为采用不合理的控制方式影响使用功能。

4.5.3 对于办公建筑，可核查靠近窗户附近的照明灯具是否可以单独开关，若不能则需要分析照明配电回路的设置是否可以进行相应的改造，改造应选择在非办公时间进行。

4.6 监测与控制系统单项判定

4.6.1 目前很多公共建筑没有设置监测控制系统，全部依靠人力对建筑设备进行简单的启停操作，人为操作有很大的随意性，尤其是耗能在建筑中占很大比例的空调系统，这种人为操作会造成能源的浪费或不能满足人们工作环境的要求，不利于设备运行管理和节能考核。

4.6.2 当对既有公共建筑的集中采暖与空气调节系统，生活热水系统，照明、动力系统进行节能改造时，原有的监测与控制系统应尽量保留，新增的控制功能应在原监测与控制系统平台上添加，如果原有监测与控制系统已不能满足改造后系统要求，且升级原系统的性价比已明显不合理时，应更换原系统。

4.6.3 有些既有公共建筑的监测与控制系统由于各种原因不能正常运行，造成人力、物力等资源的浪费，没有发挥监测与控制系统的先进控制管理功能；还有一些系统虽然控制功能比较完善，但没有数据存储功能，不能利用数据对运行能耗进行分析，无法满足节能管理要求。这些现象比较普遍，因此应查明原因，尽量恢复原系统的监测与控制功能，增加数据存储功能，如果恢复成本过高性价比已明显不合理时，则建议更换原监测与控制系统。

4.6.4 监测与控制系统配置的现场传感器及仪表等安装方式正确与否直接影响系统的控制功能和控制精度，有些系统不能正常运行的原因就是现场设备安装不合理，造成控制失灵。因此应严格按照产品要求和

国家有关规范执行，这样才能确保监测与控制系统的正常运行。

4.6.5 用电分项计量是实施节能改造前后节能效果对比的基本条件。

4.7 分项判定

4.7.1 公共建筑外围护结构的节能改造，应采取现场考察与能耗模拟计算相结合的方式，应按以下步骤进行判定：

1 通过节能诊断，取得外围护结构各部分实际参数。首先进行复核检验，确定外围护结构保温隔热性能是否达到设计要求，对节能改造重点部位初步判断。

2 利用建筑能耗模拟软件，建立计算模型。对节能改造前后的能耗分别进行计算，判断能耗是否降低 10% 以上。

3 综合考虑每种改造方案的节能量、技术措施成熟度、一次性工程投资、维护费用以及静态投资回收期等因素，进行方案可行性优化分析，确定改造方案。

公共建筑节能改造技术方案的可行性，不但要从技术观点评价，还必须用经济观点评价，只有那些技术上先进，经济上合理的方案才能在实际中得到应用和推广。

在工程中，评价项目的经济性通常用投资回收期法。投资回收期是指项目投资的净收益回收项目投资所需要的时间，一般以年为单位。投资回收期分为静态投资回收期和动态投资回收期，两者的区别为静态投资回收期不考虑资金的时间价值，而动态投资回收期考虑资金的时间价值。

静态投资回收期虽然不考虑资金的时间价值，但在一定程度上反映了投资效果的优劣，经济意义明确、直观，计算简便。动态投资回收期虽然考虑了资金的时间价值，计算结果符合实际情况，但计算过程繁琐，非经济类专业人员难以掌握，因此，本标准中的投资回收期均采用静态投资回收期。本标准中，静态投资回收期的计算公式如下：

$$T = \frac{K}{M} \qquad (1)$$

式中 T——静态投资回收期，年；

K——进行节能改造时用于节能的总投资，万元；

M——节能改造产生的年效益，万元/年。

在编制现行国家标准《公共建筑节能设计标准》时曾有过节能率分担比例的计算分析，以 20 世纪 80 年代为基准，通过改善围护结构热工性能，从北方至南方，围护结构可分担的节能率约 25%～13%。而对既有公共建筑外围护结构节能改造，经估算，改造前后建筑采暖空调能耗可降低 5%～8%。而从工程

技术经济的角度，外围护结构改造的投资回收期一般为15～20年。另外，本规范编制时参考了国外能源服务公司的实际经验，为规避投资风险性和提高收益率，能源服务公司一般也都将外围护结构节能改造合同的投资回收期签订在8年以内。综上分析，本规范采用两项指标控制外围护结构节能改造的范围，指标要求是比较严格的。

4.7.2 本条文对采暖通风空调及生活热水供应系统分项判定方法作了规定。当进行两项以上的单项改造时，可以采用本条文进行判定。分项判定主要是根据节能量和静态投资回收期进行判定。对一些投资少，简单易行的改造项目可仅用静态投资回收期进行判定。系统的能耗降低20%是指由于采暖通风空调及生活热水供应系统采取一系列节能措施后，直接导致采暖通风空调及生活热水供应系统的能源消耗（电、燃煤、燃油、燃气）降低了20%，不包括由于外围护结构的节能改造而间接导致采暖通风空调及生活热水供应系统的能源消耗的降低量。根据对现有公共建筑的调查情况，结合公共建筑节能改造经验，通过调节冷水机组的运行策略、变流量控制等节能措施，系统能耗可降低20%左右，静态投资回收期基本可控制在5年以内。同时大多数业主比较能接受的静态投资回收期在5～8年的范围内。对一些投资少，简单易行的改造项目，静态投资回收期基本可控制在3年以内。

4.7.3 目前国家对灯具的能耗有明确规定，现行国家标准有：《管形荧光灯镇流器能效限定值及节能评价值》GB 17896，《普通照明用双端荧光灯能效限定值及能效等级》GB 19043，《普通照明用自镇流荧光灯能效限定值及能效等级》GB 19044，《单端荧光灯能效限定值及节能评价值》GB 19415，《高压钠灯能效限定值及能效等级》GB 19573 等。这些标准规定了荧光灯和镇流器的能耗限定值等参数。如果建筑物中采用的灯具不是节能灯具或不符合能效限定值的要求，就应该进行更换。

4.8 综合判定

4.8.1 综合判定的目的是为了预测公共建筑进行节能改造的综合节能潜力。本规范中全年能耗仅包括采暖、通风、空调、生活热水、照明方面的能源消耗，不包括其他方面的能源消耗。

本规范中，进行节能改造的判定方法有单项判定、分项判定、综合判定，各判定方法之间是并列的关系，满足任何一种判定，都宜进行相应节能改造。综合判定涉及了外围护结构、采暖通风空调及生活热水供应系统、照明系统三方面的改造。

全年能耗降低30%是通过如下方法估算的：

以某一办公建筑为例，在分项判定中，通过进行外围护结构的改造，大概可以节约10%的能耗；通过采暖通风空调及生活热水供应系统的改造，可以节约20%的能耗；通过照明系统的改造，可以节约20%的照明能耗。而在上述全年能耗中，约有80%通过采暖通风空调及生活热水供应系统消耗，约有20%通过照明系统消耗。经过加权计算，通过进行外围护结构、采暖通风空调及生活热水供应系统、照明系统三方面的改造，大概可以节约28%以上的能耗。

静态投资回收期通过如下方法估算：在分项判定中，进行外围护结构的改造，静态投资回收期为8年；进行采暖通风空调及生活热水供应系统的改造，静态投资回收期为5年；进行照明系统的改造，静态投资回收期为2年。假定外围护结构、采暖通风空调及生活热水供应系统改造时，投资方面的比例约为4：6。采暖通风空调及生活热水供应系统的能耗与照明系统的能耗比例约为4：1。

根据以上条件，经过加权计算，进行外围护结构、采暖通风空调及生活热水供应系统、照明系统三方面的改造时，静态投资回收期为5.36年。

根据以上计算，若节约30%的能耗，则静态投资回收期为5.74年，取整后，规定为6年。

5 外围护结构热工性能改造

5.1 一般规定

5.1.1 公共建筑的外围护结构节能改造是一项复杂的系统工程，一般情况下，其难度大于新建建筑。其难点在于需要在原有建筑基础上进行完善和改造，而既有公共建筑体系复杂、外围护结构的状况千差万别，出现问题的原因也多种多样，改造难度、改造成本都很大。但经确认需要进行节能改造的建筑，要求外围护结构进行节能改造后，所改部位的热工性能需至少达到新建公共建筑节能水平。

现行国家标准《公共建筑节能设计标准》GB 50189对外围护结构的性能要求有两种方法：一是规定性指标要求，即不同窗墙比条件下的限值要求；二是性能性指标要求，即当不满足规定性指标要求时，需要通过权衡判断法进行计算确定建筑物整体节能性能是否满足要求。第二种方法相对复杂，不便于实施和监督。

为了便于判断改造后的公共建筑外围护结构是否满足要求，本规范要求公共建筑外围护结构经节能改造后，其热工性能限值需满足现行国家标准《公共建筑节能设计标准》GB 50189的规定性指标要求，而不能通过权衡判断法进行判断。

5.1.2 节能改造对结构安全影响，主要是施工荷载、施工工艺对原结构安全影响，以及改造后增加的荷载或荷载重分布等对结构的影响，应分别复核、验算。

5.1.3 根据建筑防火设计多年实践，以及发生火灾的经验教训，完善外保温系统的防火构造技术措施，并在公共建筑节能改造中贯彻这些防火要求，这对于防止和减少公共建筑火灾的危害，保护人身和财产的安全，是十分必要的。

建筑外墙、幕墙、屋顶等部位的节能改造时，所采用的保温材料和建筑构造的防火性能应符合现行国家标准《建筑内部装修设计防火规范》GB 50222、《建筑设计防火规范》GB 50016 和《高层民用建筑设计防火规范》GB 50045 等的规定和设计要求。

公共建筑的外墙外保温系统、幕墙保温系统、屋顶保温系统等应具有一定的防火攻击能力和防止火焰蔓延能力。

5.1.4 外围护结构节能改造要求根据工程的实际情况，具体问题具体分析。虽然不可能存在一种固定的、普遍适用的方法，但公共建筑的外围护结构节能改造施工应遵循"扰民少、速度快、安全度高、环境污染少"的基本原则。建筑自身特点包括：建筑的历史、文化背景、建筑的类型、使用功能、建筑现有立面形式、外装饰材料、建筑结构形式、建筑层数、窗墙比、墙体材料性能、门窗形式等因素。严寒、寒冷地区宜优先选用外保温技术。对于那些有保留外部造型价值的建筑物可采用内保温技术，但必须处理好冷热桥和结露。目前国内可选择的保温系统和构造形式很多，无论采用哪种，保温系统的基本要求必须满足。保温系统有 7 项要求：力学安全性、防火性能、节能性能、耐久性、卫生健康和环保性、使用安全性、抗噪声性能。针对既有公共建筑节能改造的特点，在保证节能要求的基础上，保温系统的其他性能要求也应关注。

5.1.5 热桥是外墙和屋面等外围护结构中的钢筋混凝土或金属梁、柱、肋等部位，因其传热能力强，热流较密集，内表面温度较低，故容易造成结露。常见的热桥有外墙周转的钢筋混凝土抗震柱、圈梁、门窗过梁，钢筋混凝土或钢框架梁、柱，钢筋混凝土或金属屋面板中的边肋或小肋，以及金属玻璃窗幕墙中和金属窗中的金属框和框料等。冬季采暖期时，这些部位容易产生结露现象，影响人们生活。因此节能改造过程中应对冷热桥采取合理措施。

5.1.6 外围护结构节能改造的施工组织设计应遵循下列几方面原则：

  1 做好对现状的保护，包括道路、绿化、停车场、通信、电力、照明等设施的现状；

  2 做好场地规划，安全措施：

    1）通道安全及分流，包括施工人员通道、职工通道、施工车道；

    2）施工安装中的安全；

    3）室内工作人员的安全。

  3 注意材料物品等堆放：

    1）材料和施工工具的堆放；

    2）拆除材料的堆放。

  4 施工组织：

    1）原有墙面的处理；

    2）宜采用干作业施工，减少对环境的污染；

    3）拆除材料。

5.2 外墙、屋面及非透明幕墙

5.2.1 公共建筑中常见的旧墙面基层一般分为旧涂层表面和旧瓷砖表面等。对于旧涂层表面，常见的问题有：墙面污染、涂层起皮剥落、空鼓、裂缝、钢筋锈蚀等；对于旧瓷砖表面，常见的问题有：渗水、空鼓、脱落等。因此，旧墙面的诊断工作应按不同旧基层墙面（混凝土墙面、混凝土小砌块墙面、加气混凝土砌块墙面等）、不同旧基层饰面材料（旧陶瓷锦砖、瓷砖墙面、旧涂层墙面、旧水刷石墙面、湿贴石材等）、不同"病变"情况（裂缝、脱落、空鼓、发霉等），分门别类进行诊断分析。

既有公共建筑外墙表面满足条件时，方可采用可粘结工艺的外保温改造方案。可粘结工艺的外保温系统包括：聚苯板薄抹灰、聚苯板外墙挂板、胶粉聚苯颗粒保温浆料、硬质聚氨酯外墙外保温系统。

5.2.4 公共建筑节能改造中外墙外保温的技术要求应符合现行行业标准《外墙外保温工程技术规程》JGJ 144 的规定。另外，公共建筑室内温湿度状况复杂，特别对于游泳馆、浴室等室内散湿量较大的场所，外墙外保温改造时还应考虑室内湿度的影响。

5.2.5 幕墙节能改造工程使用的保温材料，其厚度应符合设计要求，保温系统安装应牢固，不得松脱。当外围护结构改造为非透明幕墙时，其龙骨支撑体系的后加锚固埋件应与原主体结构有效连接，并应满足现行行业标准《金属与石材幕墙技术规范》JGJ 133 的相关规定。非透明幕墙的主体平均传热系数应符合现行国家标准《公共建筑节能设计标准》GB 50189 的相关规定。

5.2.8 公共建筑屋面节能改造比较复杂，应注意保温和防水两方面处理方式。

平屋面节能改造前，应对原屋面面层进行处理，清理表面、修补裂缝、铲去空鼓部位。根据实际现场诊断勘查，确定保温层含水率和屋面传热系数。

屋面节能改造基本可以分为四种情况：

  1 保温层不符合节能标准要求，防水层破损；

  2 保温层破损，防水层完好；

  3 保温层符合节能标准要求，防水层破损；

  4 保温层、防水层均完好，但保温隔热效果达不到要求。

上述四种情况可按下列措施进行处理：

情况 1，这是屋面改造中最难的情况。可加设坡屋面。如仍保持平屋面，则需彻底翻修。应清除原有保温层、防水层，重新铺设保温及防水构造。施工中要做到上要防雨、下要防水。

情况2，当建筑原屋面保温层含水率较低时，可采用直接加铺保温层的方式进行倒置式屋面改造或架空屋面做法。倒置式屋面的保温层宜采用挤塑聚苯板（XPS）等吸湿率极低的材料。

情况3，需要重新翻修防水层。对传统屋面，宜在屋面板上加铺隔汽层。

情况4，可设置架空通风间层或加设坡屋面。

改造中保温材料的选用不应选用低密度EPS板、高密度的多孔砖，宜选用低密度、高强度的保温材料或复合材料。

如条件允许，可将平屋面改造为绿化屋面。也可根据屋面结构条件和设计要求加装太阳能设施。

屋面节能改造时，应根据工程特点、地区自然条件，按照屋面防水等级的设防要求，进行防水构造设计。应注意天沟、檐口、檐沟、泛水等部位的防水处理。

5.3 门窗、透明幕墙及采光顶

5.3.1 在北方严寒、寒冷地区，采取必要的改造措施，加强外窗的保温性能有利于提高公共建筑节能潜力。而在南方夏热冬暖地区，加强外窗的遮阳性能是外围护结构节能改造的重点之一。

既有公共建筑的门窗节能改造，可采用只换窗扇、换整窗或加窗的方法。只换窗扇：当既有公共建筑门窗的热工性能经诊断达不到本规程4.2节的要求时，可根据现场实际情况只进行更换窗扇的改造。整窗拆换：当既有公共建筑中门窗的热工性能经诊断达不到本规程4.2节的要求，且无法继续利用原窗框时，可实施整窗拆换的改造。加窗改造：当不想改变原外窗，而窗台又有足够宽度时，可以考虑加窗改造方案。

更新外窗可根据设计要求，选择节能铝合金窗、未增塑聚氯乙烯塑料窗、玻璃钢窗、隔热钢窗和铝木复合窗。

为了提高窗框与墙、窗框与窗扇之间的密封性能，应采用性能好的橡塑密封条来改善其气密性，对窗框与墙体之间的缝隙，宜采用高效保温气密材料加弹性密封胶封堵。

室内可安装手动卷帘式百叶外遮阳、电动式百叶外遮阳，也可安装有热反射和绝热功能的布窗帘。

为了保证建筑节能，要求外窗有良好的气密性能，以避免冬季室外空气过多地向室内渗漏。现行国家标准《建筑外门窗气密、水密、抗风压性能分级及检测方法》GB/T 7106中规定的6级对应的性能是：在10Pa压差下，每小时每米缝隙的空气渗透量不大于1.5m³，且每小时每平方米面积的空气渗透量不大于4.5m³。

5.3.2 由于现代公共建筑透明玻璃窗面积较大，因而相当大部分的室内冷负荷是由透过玻璃的日射得热引起的。为了减少进入室内的日射得热，采用各种类型的遮阳设施是必要的。从降低空调冷负荷角度，外遮阳设施的遮阳效果明显。因此，对外窗的遮阳设施进行改造时，宜采用外遮阳措施。可设置水平或小幅倾斜简易固定外遮阳，其挑檐宽度按节能设计要求。室外可使用软质篷布可伸缩外遮阳。东西向外窗宜采用卷帘式百叶外遮阳。南向外窗若无简易外遮阳，也可安装手动卷帘式百叶外遮阳。

遮阳设施的安装应满足设计和使用要求，且牢固、安全。采用外遮阳措施时应对原结构的安全性进行复核、验算；当结构安全不能满足节能改造要求时，应采取结构加固措施或采用玻璃贴膜等其他遮阳措施。

遮阳设施的设计和安装宜与外窗或幕墙的改造进行一体化设计，同步实施。

5.3.3 为了保证建筑节能，要求外门、楼梯间门具有良好的气密性能，以避免冬季室外空气过多地向室内渗漏。严寒地区若设电子感应式自动门，门外宜增设门斗。

5.3.4 提高保温性能可增加中空玻璃的中空层数，对重要或特殊建筑，可采用双层幕墙或装饰性幕墙进行节能改造。

更换幕墙玻璃可采用充惰性气体中空玻璃、三中空玻璃、真空玻璃、中空玻璃暖边等技术，提高玻璃幕墙的保温性能。

提高幕墙玻璃的遮阳性能采用在原有玻璃的表面贴膜工艺时，可优先选择可见光透射比与遮阳系数之比大于1的高效节能型窗膜。

宜优先采用隔热铝合金型材，对有外露、直接参与传热过程的铝合金型材应采用隔热铝合金型材或其他隔热措施。

6 采暖通风空调及生活热水供应系统改造

6.1 一般规定

6.1.1 考虑到节能改造过程中的设备更换、管路重新铺设等，可能会对建筑物装修造成一定程度的破坏并影响建筑物的正常使用，因此建议节能改造与系统主要设备的更新换代和建筑物的功能升级结合进行，以减低改造的成本，提高改造的可行性。

6.1.3 空调系统是由冷热源、输配和末端设备组成的复杂系统，各设备和系统之间的性能相互影响和制约。因此在节能改造时，应充分考虑各系统之间的匹配问题。

6.1.4 通过设置采暖通风空调系统分项计量装置，用户可及时了解和分析目前空调系统的实际用能情况，并根据分析结果，自觉采取相应的节能措施，提高节能意识和节能的积极性。因此在某种意义上说，实现用能系统的分项计量，是培养用户节能意识、提高我国公共建筑能源管理水平的前提条件。

6.1.6 室温调控是建筑节能的前提及手段，《中华人民共和国节约能源法》要求，"使用空调采暖、制冷的公共建筑应当实行室内温度控制制度。"因此，节能改造后，公共建筑采暖空调系统应具有室温调控手段。

对于全空气空调系统可采用电动两通阀变水量和风机变速的控制方式；风机盘管系统可采用电动温控阀和三挡风速相结合的控制方式。采用散热器采暖时，在每组散热器的进水支管上，应安装散热器恒温控制阀或手动散热器调节阀。采用地板辐射采暖系统时，房间的室内温度也应有相应控制措施。

6.2 冷热源系统

6.2.1 与新建建筑相比，既有公共建筑更换冷热源设备的难度和成本相对较高，因此公共建筑的冷热源系统节能改造应以挖掘现有设备的节能潜力为主。压缩机的运行磨损，易损件的损坏，管路的脏堵，换热器表面的结垢，制冷剂的泄漏，电气系统的损耗等都会导致机组运行效率降低。以换热器表面结垢，污垢系数增加为例，可能影响换热效率5%~10%，结垢情况严重则甚至更多。不注意冷、热源设备的日常维护保养是机组效率衰减的主要原因，建议定期（每月）检查机组运行情况，至少每年进行一次保养，使机组在最佳状态下运行。

在充分挖掘现有设备的节能潜力基础上，仍不能满足需求时，再考虑更换设备。设备更换之前，应对目前冷热源设备的实际性能进行测试和评估，并根据测评结果，对设备更换后系统运行的节能性和经济性进行分析，同时还要考虑更换设备的可实施性。只有同时具备技术可行性、改造可实施性和经济可行性时才考虑对设备进行更换。

6.2.2 运行记录是反映空调系统负荷变化情况、系统运行状态、设备运行性能和空调实际使用效果的重要数据，是了解和分析目前空调系统实际用能情况的主要技术依据。改造设计应建立在系统实际需求的基础上，保证改造后的设备容量和配置满足使用要求，且冷热源设备在不同负荷工况下，保持高效运行。目前由于我国空调系统运行人员的技术水平相对较低、管理制度不够完善，运行记录的重要性并未得到足够重视。运行记录过于简单、记录的数据误差较大、运行人员只是简单的记录数据，不具备基本的分析能力、不能根据记录结果对设备的运行状态进行调整是目前普遍存在的问题。针对上述情况，各用能单位应根据系统的具体配置情况制订详细的运行记录，通过对运行人员的培训或聘请相关技术人员加强对运行记录的分析能力，定期对空调系统的运行状态进行分析

和评价，保证空调系统始终处于高效运行的状态。

6.2.3 冷热源更新改造确定原则可参照现行国家标准《公共建筑节能设计标准》GB 50189—2005第5.4.1条的规定。

6.2.5 在对原有冷水机组或热泵机组进行变频改造时，应充分考虑变频后冷水机组或热泵机组运行的安全性问题。目前并不是所有冷水机组或热泵机组均可通过增设变频装置，来实现机组的变频运行。因此建议在确定冷水机组或热泵机组变频方案时，应充分听取原设备厂家的意见。另外，变频冷水机组或热泵机组的价格要高于普通的机组，所以改造前，要进行经济分析，保证改造方案的合理性。

6.2.6 由于所处内外区和使用功能的不同，可能导致部分区域出现需要提前供冷或供热的现象，对于上述区域宜单独设置冷热源系统，以避免由于小范围的供冷或供热需求，导致集中冷热源提前开启现象的发生。

6.2.7 附录A中部分冷热源设备的性能要求高于现行国家标准《公共建筑节能设计标准》GB 50189中的相关规定。这主要是考虑到更换冷热源设备的难度较大、成本较高，因此在选择设备时，应具有一定的超前性，应优先选择高于现行国家标准《公共建筑节能设计标准》GB 50189规定的产品。

6.2.9 冷却塔直接供冷是指在常规空调水系统基础上适当增设部分管路及设备，当室外湿球温度低至某个值以下时，关闭制冷机组，以流经冷却塔的循环冷却水直接或间接向空调系统供冷，提供建筑所需的冷负荷。由于减少了冷水机组的运行时间，因此节能效果明显。冷却塔供冷技术特别适用于需全年供冷或有需常年供冷内区的建筑如大型办公建筑内区、大型百货商场等。

冷却塔供冷可分为间接供冷系统和直接供冷系统两种形式，间接供冷系统是指系统中冷却水环路与冷水环路相互独立，不相连接，能量传递主要依靠中间换热设备来进行。其最大优点是保证了冷水系统环路的完整性，保证环路的卫生条件，但由于其存在中间换热损失，使供冷效果有所下降。直接供冷系统是指在原有空调水系统中设置旁通管道，将冷水环路与冷却水环路连接在一起的系统形式。夏季按常规空调水系统运行，转入冷却塔供冷时，将制冷机组关闭，通过阀门打开旁通，使冷却水直接进入用户末端。对于直接供冷系统，当采用开式冷却塔时，冷却水与外界空气直接接触易被污染，污物易随冷却水进入室内空调水管路，从而造成盘管被污物阻塞。采用闭式冷却塔虽可满足卫生要求，但由于其靠间接蒸发冷却原理降温，传热效果会受到影响。目前在工程中通常采用冷却塔间接供冷的方式。对于同时需要供冷和供热的建筑，需要考虑系统分区和管路设置是否满足同时供冷和供热的要求。另外由于冷却塔供冷主要在过渡季

节和冬季运行，因此如果在冬季温度较低地区应用，冷却水系统应采取相应的防冻设施。

6.2.11 水环热泵空调系统是指用水环路将小型的水/空气热泵机组并联在一起，构成一个以回收建筑物内部余热为主要特点的热泵供暖、供冷的空调系统。与普通空调系统相比，水环热泵空调系统具有建筑物余热回收、节省冷热源设备和机房、便于分户计量、便于安装、管理等特点。实际设计中，应进行供冷、供热需求的平衡计算，以确定是否设置辅助热源或冷源及其容量。

6.2.12 当更换生活热水供应系统的锅炉及加热设备时，机组的供水温度应符合以下要求：生活热水水温低于60℃；间接加热热媒水水温低于90℃。

6.2.13 对于常年需要生活热水的建筑，如旅游宾馆、医院等，宜优先采用太阳能、热泵供热水技术和冷水机组或热泵机组热回收技术；特别对于夏季有供冷需求，同时有生活热水需求的公共建筑，应充分利用冷水机组或热泵机组的冷凝热。

6.2.15 水冷冷水机组或热泵机组应考虑实际运行过程中机组换热器结垢对换热效果的影响，冷水机组或热泵机组在实际运行使用过程中，换热管管壁所产生的水垢、污垢及细菌、微生物膜会逐渐堵塞腐蚀管道，降低热交换效率，增加运行能耗。相关研究成果表明1mm污垢，可多导致30%左右的耗电量。污垢严重时还会影响设备正常安全运行，同时也产生军团菌等细菌病毒，危害公共环境卫生安全。目前解决的方法主要是采用人工化学清洗，通过平时加药进行水处理，停机人工清洗的方式。该方式存在随意性大、效果不稳定、需要停机、不能实现实时在线清污、对设备腐蚀磨损等问题，而且会产生大量的化学污水，严重污染环境。所以建议使用实时在线清洗技术。目前实时在线清洗技术有两种，一种是橡胶球清洗技术，一种是清洗刷清洗技术。

6.2.16 燃气锅炉和燃油锅炉的排烟温度一般在120～250℃，烟气中大量热量未被利用就被直接排放到大气中，这不仅造成大量的能源浪费同时也加剧了环境的热污染。通过增设烟气热回收装置可降低锅炉的排烟温度，提高锅炉效率。

6.2.17 室外温度的变化很大程度上决定了建筑物需热量的大小，也决定了能耗的高低。运行参数（供暖水温、水量）应随室外温度的变化时刻进行调整，始终保持供热量与建筑物的需热量相一致，实现按需供热。

6.2.18 冷热源运行策略是指冷热源系统在整个制冷季或供热季的运行方式，是影响空调系统能耗的重要因素。应根据历年冷热源系统运行的记录，对建筑物在不同季节、不同月份和不同时间的冷热负荷进行分析，并根据建筑物负荷的变化情况，确定合理的冷热源运行策略。冷热源运行策略既应体现设备随建筑负

荷的变化进行调节的性能，也应保证冷热源系统在较高的效率下运行。

6.3 输配系统

6.3.4 通风机的节能评价值按表3～表5确定。

表3 离心通风机节能评价值

压力系数	比转速 n_s		使用区最高通风机效率 η_t（%）		
			2<机号<5	5≤机号<10	机号≥10
1.4～1.5	45<n_s≤65		61	65	—
1.1～1.3	35<n_s≤55		65	69	—
1.0	10≤n_s<20		69	72	75
	20≤n_s<30		71	74	77
0.9	5≤n_s<15		72	75	78
	15≤n_s<30		74	77	80
	30≤n_s<45		76	79	82
0.8	5≤n_s<15		72	75	78
	15≤n_s<30		75	78	81
	30≤n_s<45		77	80	82
0.7	10≤n_s<30		74	76	78
	30≤n_s<50		76	78	80
0.6	20≤n_s<45	翼型	77	79	81
		板型	74	76	78
	45≤n_s<70	翼型	78	80	82
		板型	75	77	79
0.5	10≤n_s<30	翼型	76	78	80
		板型	73	75	77
	30≤n_s<50	翼型	79	81	83
		板型	76	77	80
	50≤n_s<70	翼型	80	82	84
		板型	77	79	81
0.4	50≤n_s<65	翼型	81	83	85
		板型	78	80	82
	65≤n_s<80	/	机号<3.5	3.5≤机号<5	—
		翼型	75	80	84	86
		板型	72	77	81	83
0.3	65≤n_s<85	翼型	—	81	83
		板型	—	78	80

表 4 轴流通风机节能评价值

毂比 γ	使用区最高通风机效率 η_r（%）		
	2.5≤机号<5	5≤机号<10	机号≥10
γ<0.3	66	69	72
0.3≤γ<0.4	68	71	74
0.4≤γ<0.55	70	73	76
0.55≤γ<0.75	72	75	78

注：1　$\gamma=d/D$，γ——轴流通风机毂比；d——叶轮的轮毂外径；D——叶轮的叶片外径。

2　子午加速轴流通风机毂比按轮毂出口直径计算。

3　轴流通风机出口面积按圆面积计算。

表 5　采用外转子电动机的空调离心通风机节能评价值

压力系数	比转数 n_s	使用区最高总效率 η_e（%）				
		机号≤2	2<机号≤2.5	2.5<机号<3.5	3.5<机号≤4.5	机号≥4.5
1.0～1.4	40<n_s≤65	43	—	—	—	—
1.1～1.3	40<n_s≤65	—	49	—	—	—
1.0～1.2	40<n_s≤65	—	—	50	—	—
1.3～1.5	40<n_s≤65	—	—	48	—	—
1.2～1.4	40<n_s≤65	—	—	—	55	59
1.0～1.4	40<n_s≤65	—	—	—	—	—

水泵的节能评价值按现行国家标准《清水离心泵能效限定值及节能评价值》GB 19762 中规定的方法确定。

6.3.5　变风量空调系统是通过改变进入房间的风量来满足室内变化的负荷，当房间低于设计额定负荷时，系统随之减少送风量，亦即降低了风机的能耗。当全年需要送冷风时，它还可以通过直接采用低温全新风冷却的方式来实现节能。故变风量系统比较适合多房间且负荷有一定变化和全年需要送冷风的场合，如办公、会议、展厅等；对于大堂公共空间、影剧院等负荷变化较小的场合，采用变风量系统的意义不大。

变风量系统的形式和控制方式较多，系统的运行状态复杂，设计和调试的难度较大。因此在选择设计和调试单位时应慎重。另外，在变风量空调系统的实际运行过程中，随着送风量的变化，送至空调区域的新风量也相应改变。为了确保新风量能符合卫生标准的要求，应采取必要的措施，确保室内的最小新风量。

6.3.6　水泵的配用功率过大，是目前空调系统中普遍存在的问题。通过叶轮切削技术和水泵变速技术，可有效地降低水泵的实际运行能耗，因此推荐采用。在水泵变速改造，特别是对多台水泵并联运行进行变速改造时，应根据管路特性曲线和水泵特性曲线，对不同状态下的水泵实际运行参数进行分析，确定合理的变速控制方案，保证水泵变速的节能效果，否则如果盲目使用，可能会事与愿违。而且变速调节不可能无限制调速，应结合水泵本身的运行特性，确定合理的调速范围。更换设备与增设变速装置，比较后选取。对于上述技术措施难以解决或经过经济分析，改造成本过高时，可考虑直接更换水泵。

6.3.7　一次泵变流量系统利用变速装置，根据末端负荷调节系统水流量，最大限度地降低了水泵的能耗，与传统的一次泵定流量系统和二次泵系统相比具有很大的节能优势。在进行系统变水量改造设计时，应同时考虑末端空调设备的水量调节方式和冷水机组对变水量系统的适应性，确保变水量系统的可行性和安全性。另外，目前大部分空调系统均存在不同程度的水力失调现象，在实际运行中，为了满足所有用户的使用要求，许多使用方不是采取调节系统平衡的措施，而是采用增大系统的循环水量来克服自身的水力失调，造成大量的空调系统处于"大流量、小温差"的运行状态。系统采用变水量后，由于在低负荷状态下，系统水量降低，系统自身的水力失调现象将会表现得更加明显，会导致不利端用户的空调使用效果无法保证。因此在进行变水量系统改造时，应采取必要的措施，保证末端空调系统的水力平衡特性。

6.3.8　二次泵系统冷源侧采用一次泵，定流量运行；负荷侧采用二次泵，变流量运行，既可保证冷水机组定水量运行的要求，同时也能满足各环路不同的负荷需求，因此适用于系统较大、阻力较高且各环路负荷特性和阻力相差悬殊的场合。但是由于需要增加耗能设备，因此建议在改造前，应根据系统历年来的运行记录，进行系统全年运行能耗的分析和对比，否则可能造成改造后系统的能耗反而增加。

6.3.9　对冷却水系统采取的节能控制方式有：

1　冷却塔风机根据冷却水温度进行台数或变速控制；

2　冷却水泵台数或变速控制。

冷却水系统改造时应考虑对主机性能的影响，确保水系统能耗的节省大于冷机增加的耗能，达到节能改造的效果。

6.3.10　为了适应建筑负荷的变化，目前大多数建筑物制冷系统都采用多台冷水机组、冷水泵、冷却水泵和冷却塔并联运行，并联系统的最大优势是可根据建筑负荷的变化情况，确定冷水机组开启的台数，保证冷水机组在较高的效率下运行，以达到节能运行的目的。对于并联系统，一般要求冷水机组与冷水泵、冷却水泵和冷却塔采用一对一运行，即开启一台冷水机组时，只需开启与其对应的冷水泵、冷却水泵和冷却塔。而目前大多数建筑的实际运行情况是冷水机组与冷水泵、冷却水泵和冷却塔采用一对多运行，即开启一台冷水机组时，同时开启多台冷水泵、冷却水泵和冷却塔，冷水和冷却水旁通导致的能耗浪费比较严重。造成冷水、冷却水旁通的主要原因是未开启冷水机组的进出口阀门未关闭或空调水系统未进行平衡调试，系统水量分配不平衡，开启单台水泵时，末端散热设备水量降低，系统水力失调现象加重，部分区域空调效果无法保证。因此在改造设计时，应采取连锁控制和水量平衡等必要的手段，防止系统在运行过程中发生冷水和冷却水旁通现象。

6.3.11 系统的平衡装置一般采用静态平衡阀。

6.3.12 大温差、小流量是相对于冬季采暖空调为10℃温差，夏季空调为5℃温差的系统而言的。该技术通过提高供、回水温差、降低系统循环水量，可以达到降低输送水泵能耗的目的。但是由于加大供、回温差会导致主机、水泵和末端设备的运行参数发生变化，因此采用该方案时，应在技术可靠、经济合理的前提下进行。

6.4 末端系统

6.4.1 在过渡季，空调系统采用全新风或增大新风比的运行方式，既可以节省空气处理所消耗的能量，也可有效地改善空调区域内的空气品质。但要实现全新风运行，必须在设备的选择、新风口和新风管的设置、新风和排风之间的相互匹配等方面进行全面的考虑，以保证系统全新风和可调新风比的运行能够真正实现。

6.4.2 公共建筑，特别是大型公共建筑，由于其外围护结构负荷所占比例较小，因此其内外区和不同使用功能的区域之间冷热负荷需求相差较大。对于人员、设备和灯光较为密集的内区存在过渡季或供暖季节需要供冷的情况，为了节约能源，推迟或减少人工冷源的使用时间，对于过渡季节或供暖季节局部房间需要供冷时，宜优先采用直接利用室外空气进行降温的方式。

6.4.3 空调区域排风中所含的能量十分可观，排风热回收装置通过回收排风中的冷热量来对新风进行预处理，具有很好的节能效益和环境效益。目前常用的排风热回收装置主要有转轮式热回收、板翅式热回收和热管式热回收等几种方式。在进行热回收系统的设计时，应根据当地的气候条件、使用环境等选用不同的热回收方式。不同热回收装置的主要优缺点详见表6。

表6 不同热回收装置的主要优缺点

热回收方式	优点	缺点
转轮式热回收	1 能同时回收潜热和显热； 2 排风和新风逆向交替过程中具有一定的自净作用； 3 通过转速控制，能适应不同室内外空气参数； 4 回收效率高，可达到70%～80%； 5 能适用于较高温度的排风系统	1 接管位置固定，配管的灵活性差； 2 有传动设备，自身需要消耗动力； 3 压力损失较大，易脏堵，维护成本高； 4 有渗漏，无法完全避免交叉污染

续表6

热回收方式	优点	缺点
板翅式热回收	1 传热效率高； 2 结构紧凑； 3 没有传动设备，不需要消耗电力； 4 设备初投资低，经济性好	1 换热效率低于转轮式热回收； 2 设备体积较大，占用建筑面积和空间多； 3 压力损失较大，易脏堵，维护成本高
热管式热回收	1 结构紧凑，单位面积的传热面积大； 2 没有传动设备，不需要消耗电力； 3 不易脏堵，便于更换，维护成本低； 4 使用寿命长	1 只能回收显热，不能回收潜热； 2 接管位置固定，配管的灵活性差

由于使用排风热回收装置时，装置自身要消耗能量，因此应本着回收能量高于其自身消耗能量的原则进行选择计算，表7和表8给出了我国不同气候分区代表城市办公建筑中排风热回收装置回收能量与装置自身消耗能量相等时热回收效率的限定值，只有排风热回收装置的效率高于限定值时，集中空调系统使用该装置才能实现节能。

表7 代表城市显热效率限定值

状态	哈尔滨	乌鲁木齐	北京	上海	广州	昆明
制热	0.09	0.10	0.14	0.20	0.44	0.26

表8 代表城市全热效率限定值

状态	哈尔滨	乌鲁木齐	北京	上海	广州	昆明
制热	0.06	0.09	0.11	0.18	0.42	0.18
制冷	—	0.31	0.30	0.26	0.21	—

注：表中"—"表示不建议采用。

6.4.4 新风直接送入吊顶或新风与回风混合后再进入风机盘管是目前风机盘管加新风系统普遍采用的设置方式。前者会导致新风的再次污染、新风利用率降低、不同房间和区域互相串味等问题；后者风机盘管的运行与否对新风量的变化有较大影响，易造成浪费或新风不足；并且采用这种方式增加了风机盘管中风机的风量，不利于节能。因此建议将处理后的新风直接送入空调区域。

6.4.5 与普通空调区域相比，餐厅、食堂和会议室等功能性用房，具有冷热负荷指标高、新风量大、使用时间不连续等特点。而且在过渡季，当其他区域需要供热时，上述区域由于设备、人员和灯光的负荷较大，可能存在需要供冷的情况。近年的调查发现，在大型公共建筑中，上述区域虽然所占的面积不大，但其能耗较高，属高耗能区域。因此在进行空调通风系统改造设计时，应充分考虑上述区域的使用特点，采用调节性强、运行灵活、具有排风热回收功能的系统形式，在条件允许的情况下，应考虑系统在过渡季全新风运行的可能性。

7 供配电与照明系统改造

7.1 一般规定

7.1.1 进行改造之前，施工方要提前制定详细的施工方案，方案中应包括进度计划、应急方案等。

7.1.2 尤其是配电系统改造，当变压器、配电柜中元器件等仍然使用国家淘汰产品时，要考虑更换。

7.1.3 应采用国家有关部门推荐的绿色节能产品和设备。照明灯具的选择应符合现行国家标准《建筑节能工程施工质量验收规范》GB 50411 中规定的光源和灯具。

7.1.4 此条规定了改造施工应满足的质量标准。

7.2 供配电系统

7.2.1 配电系统改造设计要认真核查负荷增减情况，避免因用电设备功率变化引起断路器、继电器及保护元件参数的不匹配。

7.2.2 供配电系统改造线路敷设非常重要，一定要进行现场踏勘，对原有路由需要仔细考虑，一些老建筑的配电线路很多都经过二次以上的改造，有些图纸与实际情况根本不符，如果不认真进行现场踏勘会严重影响改造施工的顺利进行。

7.2.3 目前建筑供配电设计容量是一个比较矛盾的问题，既需要考虑长久用电负荷的增长又要考虑变压器容量的合理性，如果没有充分考虑负荷的增长就会造成运行一段时间后变压器容量不能满足用电要求，而如果变压器容量选择太大又会造成变压器损耗的增加，不利于建筑节能，这两者之间应该有一个比较合理的平衡点，需要电气设计人员与业主充分讨论并对未来用电设备发展有较深入的了解。随着可再生能源的运用和节能型用电设备的推广，变压器容量的预留应合理。若变压器改造后，变压器容量有所改变，则需按照国家规定的要求重新进行报审。

7.2.4 设置电能分项计量可以使管理者清楚了解各种用电设备的耗电情况，进行准确的分类统计，制定科学的用电管理规定，从而节约电能。建筑面积超过 2 万 m² 的为大型公共建筑，这类建筑的用电分项计量应采用具有远传功能的监测系统，合理设置用电分项计量是指采用直接计量和间接计量相结合的方式，在满足分项计量要求的基础上尽量减少安装表计的回路，以最少的投资获取数据。电能分项计量监测系统应包括下列回路的分项计量：

  1 变压器进出线回路；

  2 制冷机组主供电回路；

  3 单独供电的冷热源系统附泵回路；

  4 集中供电的分体空调回路；

  5 给水排水系统供电回路；

  6 照明插座主回路；

  7 电子信息系统机房；

  8 单独计量的外供电回路；

  9 特殊区供电回路；

  10 电梯回路；

  11 其他需要单独计量的用电回路。

安装表计回路设置应根据常规电气设计而定。需要注意的是对变压器损耗的计量，但是否能在变压器进线回路上增加计量需要确定变配电室产权是属于业主还是属于供电部门，并与当地供电部门协商，是否具有增加表计的可能，需要特别注意的是在供电局计量柜中只能取其电压互感器的值，不能改动计量柜内的电流互感器，电流值需要取自变压器进线柜内单独设置 10kV 电流互感器，不要与原电流互感器串接。

7.2.5 无功补偿是电气系统节能和合理运行的重要因素，有些建筑虽然设计了无功补偿设备但不投入运行，或运行方式不合理，若补偿设备确实无法达到要求时，经过投资回收分析后可更换设备。

7.2.6 一般对谐波的治理可采用滤波器、增加电抗器等方法，采用何种方法需要对谐波源进行分析，最可靠的方法是首先对谐波源进行治理，例如节能灯是谐波源时，可对比直接改造灯具和增加各种谐波治理装置方案的优劣，最终确定改造方案。当照明回路的电压偏高时，有些节电设备的节能原理是利用智能化技术降低供电电压，既达到节电的目的又可延长灯管的使用寿命。

7.3 照明系统

7.3.1 照明回路配电设计应重新根据现行国家标准《建筑照明设计标准》GB 50034 中规定的功率密度值进行负荷计算，并核查原配电回路的断路器、电线电缆等技术参数。

7.3.2 面积较小且要求不高的公共区照明一般采用就地控制方式，这种控制方式价格便宜，能起到事半功倍的效果；大面积且要求较高公共区可根据需要设置集中监控系统，如已经具备楼宇自控系统的建筑可将此部分纳入其监控系统。

7.3.3 照明配电系统改造设计时要预留足够的接口，如果接口预留数量不足或不符合监测与控制系统要求，就无法实施对照明系统的控制，照明配电箱做成后若再增加接口，一是位置空间可能不合适，二是需要现场更改增加很多麻烦。在大型建筑内，照明控制系统应采用分支配电方式。在这种情况下，可以在过道内分布若干个同样类型的分支配电装置，由楼层配电箱负责分支配电装置的供电。由此可以使线路敷设简单而且层次分明。

7.3.4 除对靠近窗户附近的照明灯具单独设置开关外，还可以在条件具备的情况下，通过光导管技术，将太阳光直接导入室内。

8 监测与控制系统改造

8.1 一 般 规 定

8.1.1 此条规定了监测与控制系统改造的总原则。

8.1.2 节能改造时最重要的是根据改造前后的数据对比，判断节能量，因此涉及节能运行的关键数据必须经过 1 个供暖季、供冷季和过渡季，所以至少需要 12 个月的时间。由于数据的重要性，本条文规定，无论系统停电与否，与节能相关的数据应都能至少保存 12 个月。

8.1.3 此条分别规定了改造时需遵循的原则。尤其是当进行节能优化控制时需要修改其他机电设备运行参数，如进行变冷水量调节等，尤其需要做好保护措施，避免冷机出现故障。

8.1.4 监测与控制系统的节能调试不同于其他系统，调试和验收是非常重要的环节，且这个系统是否能够合理运行并起到节能作用与其涉及的空调、照明、配电等系统密切相关，因此必须在这些系统手动运行正常的情况下才能投入自控运行，否则会使原系统运行更加混乱，反而造成系统振荡。当工艺达到要求时，方可进行自控调试。

8.2 采暖通风空调及生活热水供应系统的监测与控制

8.2.3 主要考虑公共区人员复杂，每个人要求的温度不尽相同，温控器容易被人频繁改动，例如医院就诊等候区等，曾发现病人频繁改变温度设定值，造成温度较大波动，温控器损坏，因此在公共区设置联网控制有利于系统的稳定运行和延长设备使用寿命。

8.2.4 此条给出生活热水的基本监控要求，但不限于此种监控。

8.3 供配电与照明系统的监测与控制

8.3.1 一般供配电系统会单独设置其监测系统，可采用数据网关的形式和监测与控制系统相连，此方法已在很多项目上实施，具有安全可靠、使用方便等优点。以往在监测与控制系统中再设置低压配电系统传感器采集数据的方式，费时费力，不可能在所有重要回路设置传感器，造成数据不全，不能满足用电分项计量的要求。

8.3.2 照明系统有两种控制方式，一种是照明系统单独设置的监控系统，一般用于大型照明调光系统，如体育场馆等，这种系统以满足照明功能需求为主要

条件，这种系统一般不和监测与控制系统相连。另一种照明系统只是单纯满足照度要求，不进行调光控制，这种系统一般应用于办公楼、酒店等一般建筑，这类建筑的公共区照明宜纳入监测与控制系统。

9 可再生能源利用

9.1 一 般 规 定

9.1.1 在《中华人民共和国可再生能源法》中，国家将可再生能源的开发利用列为能源发展的优先领域，因此，本条文规定了公共建筑进行节能改造时，有条件的场所应优先利用可再生能源。可再生能源包括风能、太阳能、水能、生物质能、地热能、海洋能等非化石能源，其中与建筑用能紧密关联的主要有地热能和太阳能。目前，利用地热能的技术主要有地源热泵供热、制冷技术；利用太阳能的技术主要有被动式太阳房、太阳能热水、太阳能采暖与制冷、太阳能光伏发电及光导管技术等。

9.1.2 可再生能源的应用与其他常规能源相比，初投资较高，因此在利用可再生能源时，围护结构达到节能标准要求，可降低建筑物本身的冷、热负荷值，从而降低初投资及减少运行费用。可再生能源的应用与建筑外围护结构的节能改造相结合，可以最大限度地发挥可再生能源的节能、环保优势。

9.2 地源热泵系统

9.2.1 地源热泵系统包括地埋管、地下水及地表水地源热泵系统。工程场地状况调查及浅层地热能资源勘察的内容应符合现行国家标准《地源热泵系统工程技术规范》GB 50366 的相关规定。地源热泵系统技术可行性主要包括：

1 地埋管地源热泵系统：当地岩土体温度适宜，热物性参数适合地埋管换热器换热，冬、夏取热量和排热量基本平衡；

2 地下水地源热泵系统：当地政策法规允许抽灌地下水、水温适宜、地下水量丰富、取水稳定充足、水质符合热泵机组或换热设备使用要求、可实现同层回灌；

3 地表水地源热泵系统：地表水水源水温适宜、水量充足、水质符合热泵机组或换热设备使用要求。

改造的可实施性应综合考虑各类地源热泵系统的性能特点进行分析：

1 地埋管地源热泵系统：是否具备足够的地埋管换热器设置空间、项目所在地地质条件是否适合地埋管换热器钻孔、成孔的施工；

2 地下水地源热泵系统：是否具备进行地下水钻井的条件、取排水管道的位置、钻井是否会对建筑基础结构或防水造成影响、是否会破坏地下管道或构

筑物;

3 地表水地源热泵系统：调查当地水务部门是否允许建造取水和排水设施，是否具备设置取排水管道和取水泵站的位置；

4 进行改造可实施性分析时，还应同时考虑建筑物现有系统（如既有空调末端系统是否适应地源热泵系统的改造、供配电是否可以满足要求、机房面积和高度是否足够放置改造设备、穿墙孔洞及设备入口是否具备等）能否与改造后的地源热泵系统相适应。

改造的经济性分析应以全年为周期的动态负荷计算为基础，以建筑规模和功能适宜采用的常规空调的冷热源方式和当地能源价格为计算依据，综合考虑改造前后能源、电力、水资源、占地面积和管理人员的需求变化。

9.2.3 原有空调系统的冷热源设备，当与地源热泵系统可以较高的效率联合运行时，可以予以保留，构成复合式系统。在复合式系统中，地源热泵系统宜承担基础负荷，原有设备作为调峰或备用措施。另外，原有机房内补水定压设备和管道接口等能够满足改造后系统使用要求的也宜予以保留和再利用。

9.2.4 由于建筑节能改造，建筑物的空调负荷降低。因此，在进行地源热泵系统设计时，冬季可以适当降低供水温度，夏季可以适当提高供水温度，以提高地源热泵机组效率，减少主机电耗。供水温度提高或降低的程度应通过末端设备性能衰减情况和改造后空调负荷情况综合确定。

9.2.5 在有生活热水需求的项目中可将夏季供冷、冬季供暖和供应生活热水结合起来改造，并积极采用热回收技术在供冷季利用热泵机组的排热提供或预热生活热水。

9.2.6 当地埋管换热器的出水温度、地下水或地表水的温度可以满足末端需求时，应优先采用上述低位冷（热）源直接供冷（供热），而不应启动热泵机组，以降低系统的运行费用，当负荷增大，水温不能满足末端进水温度需求时，再启动热泵机组供冷（供热）。

9.3 太阳能利用

9.3.1 在太阳能资源丰富或较丰富的地区应充分利用太阳能；在太阳能资源一般的地区，宜结合建筑实际情况确定是否利用太阳能；在太阳能资源贫乏的地区，不推荐利用太阳能。各地区太阳能资源情况如表9所示。

表9 太阳能资源表

等级	太阳能条件	年日照时数（h）	水平面上年太阳辐照量[MJ/(m²·a)]	地区
一	资源丰富区	3200～3300	＞6700	宁夏北、甘肃西、新疆东南、青海西、西藏西

续表9

等级	太阳能条件	年日照时数（h）	水平面上年太阳辐照量[MJ/(m²·a)]	地区
二	资源较丰富区	3000～3200	5400～6700	冀西北、京、津、晋北、内蒙古及宁夏南、甘肃中东、青海东、西藏南、新疆南
三	资源一般区	2200～3000	5000～5400	鲁、豫、冀东南、晋南、新疆北、吉林、辽宁、云南、陕北、甘肃东南、粤南
		1400～2200	4200～5000	湘、桂、赣、苏、浙、沪、皖、鄂、闽北、粤北、陕南、黑龙江
四	资源贫乏区	1000～1400	＜4200	川、黔、渝

9.3.2 目前，利用太阳能的技术主要有被动式太阳房、太阳能热水、太阳能采暖与制冷、太阳能光伏发电及光导管技术等。为了最大限度发挥太阳能的节能作用，太阳能应能实现全年综合利用。

9.3.3 太阳能热水系统设计、安装与验收等方面要符合现行国家标准《民用建筑太阳能热水系统应用技术规范》GB 50364 的规定。

9.3.5 电能质量包括电压偏差、频率、谐波和波形畸变、功率因数、电压不平衡度及直流分量等。

10 节能改造综合评估

10.1 一 般 规 定

10.1.1 建筑物室内环境检测的内容包括室内温度、相对湿度和风速。检测方法参见《公共建筑节能检验标准》JGJ 177。

10.1.2 这样做便于发现改造前后运行工况或建筑使用等的变化。一旦发生变化，应对改造前或改造后的能耗进行调整。

10.1.3 被改造系统或设备的检测方法参见现行行业标准《公共建筑节能检验标准》JGJ 177，评估方法按本规范10.2节的规定进行。在相同的运行工况下采取相同的检测方法进行检测主要是为了保证测试结果的一致性。

10.1.4 定期对节能效果进行评估，是为了保证节能量的持续性，定期评估的时间一般为1年。节能效果不应是短期的，而应至少在回收期内保持同样的节能效果。

10.2 节能改造效果检测与评估

10.2.1 调整量的产生是因为测量基准能耗和当前能耗时，两者的外部条件不同造成的。外部条件包括：天气、入住率、设备容量或运行时间等，这些因素的变化跟节能措施无关，但却会影响建筑的能耗。为了公正科学地评价节能措施的节能效果，应把两个时间段的能耗量放到"同等条件"下考察，而将这些非节能措施因素造成的影响作为"调整量"。调整量可正可负。

"同等条件"是指一套标准条件或工况，可以是改造前的工况、改造后的工况或典型年的工况。通常把改造后的工况作为标准工况，这样将改造前的能耗调整至改造后工况下，即为不采取节能措施时建筑当前状况下的能耗（图1中调整后的基准能耗），通过比较该值与改造后实际能耗即可得到节能量，见图1。

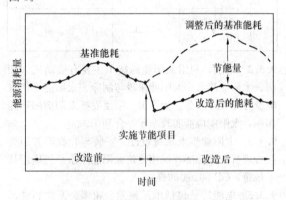

图 1 节能量的确定方法

10.2.2 节能改造项目实施前应编写节能效果检测与评估方案，节能检测和评估方案应精确、透明，具有可重复性。主要包括下列内容：

1 节能目标；

2 节能改造项目概况；

3 确定测量边界；

4 测量的参数、测点的布置、测量时间的长短、测量仪器的精度等；

5 采用的评估方法；

6 基准能耗及运行工况；

7 改造后的能耗及其运行工况；

8 建立标准工况；

9 明确影响能耗的各个因素的来源、说明调整情况；

10 能耗的计算方法和步骤、相关的假设等；

11 规定节能量的计算精度，建立不确定性控制目标。

10.2.3 测量法是将被改造的系统或设备的能耗与建筑其他部分的能耗隔离开，设定一个测量边界，然后用仪表或其他测量装置分别测量改造前后该系统或设备与能耗相关的参数，以计算得到改造前后的能耗从而确定节能量。可根据节能项目实际需要测量部分参数或者对所有的参数进行测量。

一般来说，对运行负荷恒定或变化较小的设备进行节能改造可以只测量某些关键参数，其他的参数可进行估算，如，对定速水泵改造，可以只测量改造前后的功率，而对水泵的运行时间进行估算，假定改造前后运行时间不变。对运行负荷变化较大的设备改造，如冷机改造，则要对所有与能耗相关的参数进行测量。参数的测量方法参见《公共建筑节能检验标准》JGJ 177。

账单分析法是用电力公司或燃气公司的计量表及建筑内的分项计量表等对改造前后整幢大楼的能耗数据进行采集，通过分析账单和表计数据，计算得到改造前后整幢大楼的能耗，从而确定改造措施的节能量。

校准化模拟法是对采取节能改造措施的建筑，用能耗模拟软件建立模型（模型的输入参数应通过现场调研和测量得到），并对其改造前后的能耗和运行状况进行校准化模拟，对模拟结果进行分析从而计算得到改造措施的节能量。

测量法主要测量建筑中受节能措施影响部分的能耗量，因此该法侧重于评估具体节能措施的节能效果；账单分析法的研究对象是整幢建筑，主要用来评估建筑水平的节能效果。校准化模拟法既可以用来评估具体系统或设备的改造效果，也可用来评估建筑综合改造的节能效果，一般在前两种方法不适用的情况下才使用。

10.2.6 一般当测量法和账单分析法不适用时才使用校准化模拟法来计算节能效果。这主要是考虑到能耗模拟软件的局限性，目前很多建筑结构、空调系统形式、节能措施都无法进行模拟，如具有复杂外部形状的建筑、新型的空调系统形式等。

10.2.7 当设备的运行负荷较稳定或变化较小时（如照明灯具或定速水泵改造），可只测量影响能耗的关键参数，对其他参数进行估算，估算值可以基于历史数据、厂家样本或工程实际情况来判定。应确保估算值符合实际情况，估算的参数值及其对节能效果的影响程度应包含在节能效果评估报告中。如果参数估算导致误差较大，则应根据项目需要对其进行测量或采用账单分析法和校准化模拟法。对被改造的设备进行抽样测量时，抽样应能够代表总体情况，且测量结果具备统计意义的精度。

10.2.8 校准化模拟方案应包括：采用的模拟软件的名称及版本、模拟结果与实际能耗数据的比对方法、比对误差。

"相同的输入条件"主要指改造前后的建筑模型、气象参数、运行时间、人员密度等参数应一致，这些数据应通过调研收集。此外，还应对主要用能系统和设备进行调研和测试。

校准化模拟法的模拟过程和节能量的计算过程应进行记录并以文件的形式保存。文件应详细记录建模和校准化的过程，包括输入数据和气象数据，以便其他人可以核查模拟过程和结果。

10.2.9 三种评估方法都涉及一些不确定因素，如测量法中对某些参数进行估算、抽样测量等会给计算结果引入误差，账单分析法用账单或表计数据对综合节能改造效果进行评估时，非节能措施的影响是主要的误差，一般会对主要影响因素（天气、入住率、运行时间等）进行分析和调整。以天气为例，可以根据采暖能耗与采暖度日数之间的线性关系，见式（2），将改造前的采暖能耗调整至改造后的气象工况下，或将改造前和改造后的采暖能耗均调整至典型气象年工况下：

$$E_{(h)ajusted} = \frac{HDD}{HDD_0} \times E_{h0} \qquad (2)$$

式中　E_{h0}——改造前的采暖能耗；

　　　$E_{(h)ajusted}$——调整后的改造前的采暖能耗；

　　　HDD_0——改造前的采暖度日数；

　　　HDD——改造后的采暖度日数。

相应地，也可以建立能耗与入住率和运行时间等参数的关系式，对非节能措施的影响进行调整。这些关系式本身存在一定的误差，而且被忽略的影响因素也是账单分析法的误差来源之一。校准化模拟法的误差主要来源于模拟软件、输入数据与实际情况不一致等因素。因此，对节能量进行计算和评估时，必须考虑到计算过程存在的不确定性并建立正确、合理的不确定性控制目标。

附录 A　冷热源设备性能参数选择

A.0.1　现行国家标准《冷水机组能效限定值及能源效率等级》GB 19577—2004 中，将产品分成 1、2、3、4、5 五个等级。能效等级的含义，1 级是企业努力的目标；2 级代表节能型产品的门槛；3、4 级代表我国的平均水平，5 级产品是未来淘汰的产品。本条文对冷水或热泵机组制冷性能系数的规定高于现行国家标准《公共建筑节能设计标准》GB 50189—2005 的规定，其中，水冷离心式机组以 2 级作为选择的依据；水冷螺杆式、风冷或蒸发冷却螺杆式机组以 3 级作为选择的依据；水冷活塞式/涡旋式、风冷或蒸发冷却活塞式/涡旋式机组以 4 级作为选择的依据。

A.0.3　本条文采用现行国家标准《单元式空气调节机能效限定值及能源效率等级》GB 19576—2004 中规定的 3 级产品的能效比。

A.0.5　本条文采用现行国家标准《多联式空调（热泵）机组能效限定值及能源效率等级》GB 21454—2008 中的 3 级标准，其他级别具体指标如表 10 所示。

表 10　多联式空调（热泵）机组的制冷综合性能系数

名义制冷量 CC（W）	能效等级				
	5	4	3	2	1
CC≤28000	2.80	3.00	3.20	3.40	3.60
28000＜CC≤84000	2.75	2.95	3.15	3.35	3.55
CC＞84000	2.70	2.90	3.10	3.30	3.50

A.0.6　本条文的房间空调器适用于采用空气冷却冷凝器、全封闭型电动机-压缩机，制冷量在 14000W 及以下的空气调节器，不适用于移动式、变频式、多联式空调机组。本条文采用现行国家标准《房间空气调节器能效限定值及能源效率等级》GB 12021.3—2004 中的 2 级标准。其他级别具体指标如表 11 所示。

表 11　房间空调器能效等级

类型	额定制冷量 CC（W）	能效等级				
		5	4	3	2	1
整体式	—	2.30	2.50	2.70	2.90	3.10
分体式	CC≤4500	2.60	2.80	3.00	3.20	3.40
	4500＜CC≤7100	2.50	2.70	2.90	3.10	3.30
	7100＜CC≤14000	2.40	2.60	2.80	3.00	3.20

A.0.7　本条文采用现行国家标准《转速可控型房间空气调节器能效限定值及能源效率等级》GB 21455—2008 中的 3 级标准，其他级别具体指标如表 12 所示。

表 12　转速可控型房间空调器能效等级

类型	额定制冷量 CC（W）	能效等级				
		5	4	3	2	1
分体式	CC≤4500	3.00	3.40	3.90	4.50	5.20
	4500＜CC≤7100	2.90	3.20	3.60	4.10	4.70
	7100＜CC≤14000	2.80	3.00	3.30	3.70	4.20

中华人民共和国国家标准

民用建筑节水设计标准

standard for water saving design in civil building

GB 50555—2010

主编部门：中华人民共和国住房和城乡建设部
批准部门：中华人民共和国住房和城乡建设部
实施日期：２０１０年１２月１日

中华人民共和国住房和城乡建设部
公 告

第 598 号

关于发布国家标准
《民用建筑节水设计标准》的公告

现批准《民用建筑节水设计标准》为国家标准，编号为 GB 50555-2010，自 2010 年 12 月 1 日起实施。其中，第 4.1.5、4.2.1、5.1.2 条为强制性条文，必须严格执行。

本标准由我部标准定额研究所组织中国建筑工业

出版社出版发行。

中华人民共和国住房和城乡建设部
2010 年 5 月 31 日

前 言

本标准根据原建设部《关于印发〈2007 年度工程建设标准规范制订、修订计划（第一批）〉的通知》（建标函〔2007〕125 号）的要求，由中国建筑设计研究院等单位编制而成。本标准在广泛征求意见的基础上，总结了近年来民用建筑节水设计的经验，并参考了有关国内外相关应用研究成果。

本标准共分 6 章，内容包括总则、术语和符号、节水设计计算、节水系统设计、非传统水源利用、节水设备、计量仪表、器材及管材、管件。

本标准中以黑体字标志的条文为强制性条文，必须严格执行。

本标准由住房和城乡建设部负责管理和对强制性条文的解释，中国建筑设计研究院负责具体内容解释。在使用中如发现需要修改和补充之处请将意见和资料寄送中国建筑设计研究院（地址：北京市西城区车公庄大街 19 号；邮编：100044）。

主编单位：中国建筑设计研究院
参编单位：北京市节约用水管理中心

深圳市节约用水办公室
中国建筑西北设计研究院有限公司
上海建筑设计研究院有限公司
广州市设计院
深圳华森建筑与工程设计顾问有限公司
深圳市建筑科学研究院有限公司
北京工业大学
霍尼韦尔（中国）有限公司

主要起草人：赵 锂 刘振印 赵世明 朱跃云
刘 红 王耀堂 赵 昕 钱江锋
孟光辉 王 丽 陈怀德 刘西宝
徐 凤 赵力军 王莉芸 周克晶
张 英 刘 敬

主要审查人：左亚洲 冯旭东 程宏伟 方玉妹
薛英超 曾雪华 杨 澎 潘冠军
郑克白 王 峰

目 次

Contents

1 总 则

1.0.1 为贯彻国家有关法律法规和方针政策,统一民用建筑节水设计标准,提高水资源的利用率,在满足用户对水质、水量、水压和水温的要求下,使节水设计做到安全适用、技术先进、经济合理、确保质量、管理方便,制定本标准。

1.0.2 本标准适用于新建、改建和扩建的居住小区、公共建筑区等民用建筑节水设计,亦适用于工业建筑生活给水的节水设计。

1.0.3 民用建筑节水设计,在满足使用要求的同时,还应为施工安装、操作管理、维修检测以及安全保护等提供便利条件。

1.0.4 本标准规定了民用建筑节水设计的基本要求。当本标准与国家法律、行政法规的规定相抵触时,应按国家法律、行政法规的规定执行。

1.0.5 民用建筑节水设计除应执行本标准外,尚应符合国家现行有关标准的规定。

2 术语和符号

2.1 术 语

2.1.1 节水用水定额 rated water consumption for water saving

采用节水型生活用水器具后的平均日用水量。

2.1.2 节水用水量 water consumption for water saving

采用节水用水定额计算的用水量。

2.1.3 同程布置 reversed return layout

对应每个配水点的供水与回水管路长度之和基本相等的热水管道布置。

2.1.4 导流三通 diversion of tee-union

引导接入循环回水管中的回水同向流动的 TY 型或内带导流片的顺水三通。

2.1.5 回水配件 return pipe fittings

利用水在不同温度下密度不同的原理,使温度低的水向管道底部运动,温度高的水向管道上部运动,达到水循环的配件。

2.1.6 总循环泵 master circulating pump

小区集中热水供应系统中设置在热水回水总干管上的热水循环泵。

2.1.7 分循环泵 unit circulating pump

小区集中热水供应系统中设置在单体建筑热水回水管上的热水循环泵。

2.1.8 产水率 water productivity

原水(一般为自来水)经深度净化处理产出的直饮水量与原水量的比值。

2.1.9 浓水 rejected water

原水(一般为自来水)在深度净化处理中排除的高浓度废水。

2.1.10 喷灌 sprinkling irrigation

是利用管道将有压水送到灌溉地段,并通过喷头分散成细小水滴,均匀地喷洒到绿地、树木灌溉的方法。

2.1.11 微喷灌 micro irrigation

微喷灌是微水灌溉的简称,是将水和营养物质以较小的流量输送到草坪、树木根部附近的土壤表面或土层中的灌溉方法。

2.1.12 地下渗灌 underground micro irrigation (permeate irrigation)

地下渗灌是一种地下微灌形式,在低压条件下,通过埋于草坪、树木根系活动层的灌水器(微孔渗灌管),根据作物的生长需水量定时定量地向土壤中渗水供给的灌溉方法。

2.1.13 滴灌 drip irrigation

通过管道系统和滴头(灌水器),把水和溶于水中的养分,以较小的流量均匀地输送到植物根部附近的土壤表面或土层中的一种灌水方法。

2.1.14 非传统水源 nontraditional water source

不同于传统地表水供水和地下水供水的水源,包括再生水、雨水、海水等。

2.1.15 非传统水源利用率 utilization ratio of nontraditional water source

非传统水源年供水量和年总用水量之比。

2.1.16 建筑节水系统 water saving system in building

采用节水用水定额、节水器具及相应的节水措施的建筑给水系统。

2.2 符 号

2.2.1 流量、水量

Q_{za}——住宅生活用水年节水用水量;

Q_{ga}——宿舍、旅馆等公共建筑的生活用水年节水用水量;

Q_{ra}——生活热水年节水用水量;

W_{jd}——景观水体平均日补水量;

W_{fd}——绿化喷灌平均日喷灌水量;

W_{td}——冷却塔平均日补水量;

W_{zd}——景观水体日均蒸发量;

W_{sd}——景观水体渗透量;

W_{fd}——处理站机房自用水量等;

W_{ja}——景观水体年用水量;

W_{ta}——冷却塔补水年用水量;

W_{ca}——年冲厕用水量;

$\sum Q_a$——年总用水量;

$\sum W_a$——非传统水源年使用量;

W_{ya}——雨水的年用雨水量；

W_{ma}——中水的年回用量；

Q_{hd}——雨水回用系统的平均日用水量；

Q_{cd}——中水处理设施的日处理水量；

Q_{sa}——中水原水的年收集量；

Q_{xa}——中水供应管网系统的年需水量；

q_z——住宅节水用水定额；

q_g——公共建筑节水用水定额；

q_r——生活热水节水用水定额；

q_l——绿化灌溉浇水定额；

q_q——冷却循环水补水定额；

q_c——冲厕日均用水定额。

2.2.2 时间

D_z——住宅生活用水的年用水天数；

D_g——公共建筑生活用水的年用水天数；

D_r——生活热水年用水天数；

D_j——景观水体的年平均运行天数；

D_t——冷却塔每年运行天数；

D_c——冲厕用水年平均使用天数；

T——冷却塔每天运行时间。

2.2.3 几何特征及其他

n_z——住宅建筑居住人数；

n_g——公共建筑使用人数或单位数；

n_r——生活热水使用人数或单位数；

n_c——冲厕用水年平均使用人数；

F_l——绿地面积；

F——计算汇水面积；

R——非传统水源利用率；

R_y——雨水利用率；

Ψ_c——雨量径流系数；

h_a——常年降雨厚度；

h_d——常年最大日降雨厚度；

V——蓄水池有效容积。

3 节水设计计算

3.1 节水用水定额

3.1.1 住宅平均日生活用水的节水用水定额，可根据住宅类型、卫生器具设置标准和区域条件因素按表3.1.1的规定确定。

表3.1.1 住宅平均日生活用水节水用水定额 q_z

住宅类型		卫生器具设置标准	节水用水定额 q_z（L/人・d）								
			一区			二区			三区		
			特大城市	大城市	中、小城市	特大城市	大城市	中、小城市	特大城市	大城市	中、小城市
普通住宅	Ⅰ	有大便器、洗涤盆	100～140	90～110	80～100	70～110	60～80	50～70	60～100	50～70	45～65
	Ⅱ	有大便器、洗脸盆、洗涤盆和洗衣机、热水器和沐浴设备	120～200	100～150	90～140	80～140	70～110	60～100	70～120	60～90	50～80
	Ⅲ	有大便器、洗脸盆、洗涤盆、洗衣机、集中供应或家用热水机组和沐浴设备	140～230	130～180	100～160	90～170	80～130	70～120	80～140	70～100	60～90
别墅		有大便器、洗脸盆、洗涤盆、洗衣机及其他设备（净身器等）、家用热水机组或集中热水供应和沐浴设备、洒水栓	150～250	140～200	110～180	100～190	90～140	80～140	90～160	80～110	70～100

注：1 特大城市指市区和近郊区非农业人口100万及以上的城市；

大城市指市区和近郊区非农业人口50万及以上，不满100万的城市；

中、小城市指市区和近郊区非农业人口不满50万的城市。

2 一区包括：湖北、湖南、江西、浙江、福建、广东、广西、海南、上海、江苏、安徽、重庆；

二区包括：四川、贵州、云南、黑龙江、吉林、辽宁、北京、天津、河北、山西、河南、山东、宁夏、陕西、内蒙古河套以东和甘肃黄河以东的地区；

三区包括：新疆、青海、西藏、内蒙古河套以西和甘肃黄河以西的地区。

3 当地主管部门对住宅生活用水节水用水标准有规定的，按当地规定执行。

4 别墅用水定额中含庭院绿化用水，汽车抹车水。

5 表中用水量为全部用水量，当采用分质供水时，有直饮水系统的，应扣除直饮水用水定额；有杂用水系统的，应扣除杂用水定额。

3.1.2 宿舍、旅馆和其他公共建筑的平均日生活用水的节水用水定额，可根据建筑物类型和卫生器具设置标准按表 3.1.2 的规定确定。

表 3.1.2 宿舍、旅馆和其他公共建筑的平均日生活用水节水用水定额 q_g

序号	建筑物类型及卫生器具设置标准	节水用水定额 q_g	单 位
1	宿舍 Ⅰ类、Ⅱ类 Ⅲ类、Ⅳ类	130～160 90～120	L/人·d L/人·d
2	招待所、培训中心、普通旅馆 设公用厕所、盥洗室 设公用厕所、盥洗室和淋浴室 设公用厕所、盥洗室、淋浴室、洗衣室 设单独卫生间、公用洗衣室	40～80 70～100 90～120 110～160	L/人·d L/人·d L/人·d L/人·d
3	酒店式公寓	180～240	L/人·d
4	宾馆客房 旅客 员工	220～320 70～80	L/床位·d L/人·d
5	医院住院部 设公用厕所、盥洗室 设公用厕所、盥洗室和淋浴室 病房设单独卫生间 医务人员 门诊部、诊疗所 疗养院、休养所住院部	90～160 130～200 220～320 130～200 6～12 180～240	L/床位·d L/床位·d L/床位·d L/人·班 L/人·次 L/床位·d
6	养老院托老所 全托 日托	90～120 40～60	L/人·d L/人·d
7	幼儿园、托儿所 有住宿 无住宿	40～80 25～40	L/儿童·d L/儿童·d
8	公共浴室 淋浴 淋浴、浴盆 桑拿浴（淋浴、按摩池）	70～90 120～150 130～160	L/人·次 L/人·次 L/人·次
9	理发室、美容院	35～80	L/人·次
10	洗衣房	40～80	L/kg 干衣
11	餐饮业 中餐酒楼 快餐店、职工及学生食堂 酒吧、咖啡厅、茶座、卡拉 OK 房	35～50 15～20 5～10	L/人·次 L/人·次 L/人·次
12	商场 员工及顾客	4～6	L/m² 营业厅面积·d
13	图书馆	5～8	L/人·次
14	书店 员工 营业厅	27～40 3～5	L/人·班 L/m² 营业厅面积·d
15	办公楼	25～40	L/人·班

序号	建筑物类型及卫生器具设置标准	节水用水定额 q_g	单 位
16	教学实验楼 　中小学校 　高等学校	 15～35 35～40	 L/学生·d L/学生·d
17	电影院、剧院	3～5	L/观众·场
18	会展中心（博物馆、展览馆） 　员工 　展厅	 27～40 3～5	 L/人·班 L/m² 展厅面积·d
19	健身中心	25～40	L/人·次
20	体育场、体育馆 　运动员淋浴 　观众	 25～40 3	 L/人·次 L/人·场
21	会议厅	6～8	L/座位·次
22	客运站旅客、展览中心观众	3～6	L/人·次
23	菜市场冲洗地面及保鲜用水	8～15	L/ m²·d
24	停车库地面冲洗用水	2～3	L/ m²·次

注：1　除养老院、托儿所、幼儿园的用水定额中含食堂用水，其他均不含食堂用水。

2　除注明外均不含员工用水，员工用水定额每人每班 30L～45L。

3　医疗建筑用水中不含医疗用水。

4　表中用水量包括热水用量在内，空调用水应另计。

5　选择用水定额时，可依据当地气候条件、水资源状况等确定，缺水地区应选择低值。

6　用水人数或单位数应以年平均值计算。

7　每年用水天数根据使用情况确定。

3.1.3 汽车冲洗用水定额应根据冲洗方式按表 3.1.3 的规定选用，并应考虑车辆用途、道路路面等级和污染程度等因素后综合确定。附设在民用建筑中停车库抹车用水可按 10%～15% 轿车车位计。

表 3.1.3　汽车冲洗用水定额（L/辆·次）

冲洗方式	高压水枪冲洗	循环用水冲洗补水	抹 车
轿 车	40～60	20～30	10～15
公共汽车 载重汽车	80～120	40～60	15～30

注：1　同时冲洗汽车数量按洗车台数量确定。

2　在水泥和沥青路面行驶的汽车，宜选用下限值；路面等级较低时，宜选用上限值。

3　冲洗一辆车可按 10min 考虑。

4　软管冲洗时耗水量大，不推荐采用。

3.1.4 空调循环冷却水系统的补充水量，应根据气象条件、冷却塔形式、供水水质、水质处理及空调设计运行负荷、运行天数等确定，可按平均日循环水量的 1.0%～2.0% 计算。

3.1.5 浇洒道路用水定额可根据路面性质按表 3.1.5 的规定选用，并应考虑气象条件因素后综合确定。

表 3.1.5　浇洒道路用水定额（L/ m²·次）

路面性质	用水定额
碎石路面	0.40～0.70
土路面	1.00～1.50
水泥或沥青路面	0.20～0.50

注：1　广场浇洒用水定额亦可参照本表选用。

2　每年浇洒天数按当地情况确定。

3.1.6 浇洒草坪、绿化年均灌水定额可按表 3.1.6 的规定确定。

表 3.1.6　浇洒草坪、绿化年均灌水定额（m³/ m²·a）

草坪种类	灌 水 定 额		
	特级养护	一级养护	二级养护
冷季型	0.66	0.50	0.28
暖季型	—	0.28	0.12

3.1.7 住宅和公共建筑的生活热水平均日节水用水定额可按表 3.1.7 的规定确定，并应根据水温、卫生设备完善程度、热水供应时间、当地气候条件、生活习惯和水资源情况综合确定。

表 3.1.7 热水平均日节水用水定额 q_r

序号	建筑物名称	节水用水定额 q_r	单 位
1	住宅 　有自备热水供应和淋浴设备 　有集中热水供应和淋浴设备	20～60 25～70	L/人·d L/人·d
2	别墅	30～80	L/人·d
3	酒店式公寓	65～80	L/人·d
4	宿舍 　Ⅰ类、Ⅱ类 　Ⅲ类、Ⅳ类	40～55 35～45	L/人·d L/人·d
5	招待所、培训中心、普通旅馆 　设公用厕所、盥洗室 　设公用厕所、盥洗室和淋浴室 　设公用厕所、盥洗室、淋浴室、洗衣室 　设单独卫生间、公用洗衣室	20～30 35～45 45～55 50～70	L/人·d L/人·d L/人·d L/人·d
6	宾馆客房 　旅客 　员工	110～140 35～40	L/床位·d L/人·d
7	医院住院部 　设公用厕所、盥洗室 　设公用厕所、盥洗室和淋浴室 　病房设单独卫生间 　医务人员 　门诊部、诊疗所 　疗养院、休养所住院部	45～70 65～90 110～140 65～90 3～5 90～110	L/床位·d L/床位·d L/床位·d L/人·班 L/人·次 L/床位·d
8	养老院托老所 　全托 　日托	45～55 15～20	L/床位·d L/人·d
9	幼儿园、托儿所 　有住宿 　无住宿	20～40 15～20	L/儿童·d L/儿童·d
10	公共浴室 　淋浴 　淋浴、浴盆 　桑拿浴（淋浴、按摩池）	35～40 55～70 60～70	L/人·次 L/人·次 L/人·次
11	理发室、美容院	20～35	L/人·次
12	洗衣房	15～30	L/kg 干衣
13	餐饮业 　中餐酒楼 　快餐店、职工及学生食堂 　酒吧、咖啡厅、茶座、卡拉OK房	15～25 7～10 3～5	L/人·次 L/人·次 L/人·次
14	办公楼	5～10	L/人·班
15	健身中心	10～20	L/人·次
16	体育场、体育馆 　运动员淋浴 　观众	15～20 1～2	L/人·次 L/人·场
17	会议厅	2	L/座位·次

注：1　热水温度按 60℃ 计。
　　2　本表中所列节水用水定额均已包括在表 3.1.1 和表 3.1.2 的用水定额中。
　　3　选用居住建筑热水节水用水定额时，应参照表 3.1.1 中相应地区、城市规模以及住宅类型的生活用水节水用水定额取值，即三区中小城市宜取低值，一区特大城市宜取高值。

3.1.8 民用建筑中水节水用水定额可按本标准第3.1.1、第3.1.2条和表3.1.8所规定的各类建筑物分项给水百分率确定。

表3.1.8 各类建筑物分项给水百分率（％）

项目	住宅	宾馆、饭店	办公楼、教学楼	公共浴室	餐饮业、营业餐厅	宿舍
冲厕	21	10～14	60～66	2～5	6.7～5	30
厨房	20～19	12.5～14	—	—	93.3～95	—
沐浴	29.3～32	50～40	—	98～95	—	40～42
盥洗	6.7～6.0	12.5～14	40～34	—	—	12.5～14
洗衣	22.7～22	15～18	—	—	—	17.5～14
总计	100	100	100	100	100	100

3.2 年节水用水量计算

3.2.1 生活用水年节水用水量的计算应符合下列规定：

1 住宅的生活用水年节水用水量应按下式计算：

$$Q_{za} = \frac{q_z n_z D_z}{1000} \quad (3.2.1-1)$$

式中：Q_{za}——住宅生活用水年节水用水量（m³/a）；

q_z——节水用水定额，按表3.1.1的规定选用（L/人·d）；

n_z——居住人数，按3～5人/户，入住率60%～80%计算；

D_z——年用水天数（d/a），可取 $D_z = 365d/a$。

2 宿舍、旅馆等公共建筑的生活用水年节水用水量应按下式计算：

$$Q_{ga} = \sum \frac{q_g n_g D_g}{1000} \quad (3.2.1-2)$$

式中：Q_{ga}——宿舍、旅馆等公共建筑的生活用水年节水用水量（m³/a）；

q_g——节水用水定额，按表3.1.2的规定选用（L/人·d 或 L/单位数·d），表中未直接给出定额者，可通过人、次/d 等进行换算；

n_g——使用人数或单位数，以年平均值计算；

D_g——年用水天数（d/a），根据使用情况确定。

3 浇洒草坪、绿化用水、空调循环冷却水系统补水等的年节水用水量应分别按本标准表3.1.6、式（5.1.8）和式（5.1.11-2）的规定确定。

3.2.2 生活热水年节水用水量应按下式计算：

$$Q_{ra} = \sum \frac{q_r n_r D_r}{1000} \quad (3.2.2)$$

式中：Q_{ra}——生活热水年节水用水量（m³/a）；

q_r——热水节水用水定额，按表3.1.7的规定选用（L/人·d 或 L/单位数·d），表中未直接给出定额者，可通过人、次/d 等进行换算；

n_r——使用人数或单位数，以年平均值计算，住宅可按本标准式（3.2.1-1）中的 n_z 计算；

D_r——年用水天数（d/a），根据使用情况确定。

4 节水系统设计

4.1 一般规定

4.1.1 建筑物在初步设计阶段应编制"节水设计专篇"，编写格式应符合附录A的规定，其中节水用水量的计算中缺水城市的平均日用水定额应采用本标准中较低值。

4.1.2 建筑节水系统应根据节能、卫生、安全及当地政府规定等要求，并结合非传统水源综合利用的内容进行设计。

4.1.3 市政管网供水压力不能满足供水要求的多层、高层建筑的给水、中水、热水系统应竖向分区，各分区最低卫生器具配水点处的静水压不宜大于0.45MPa，且分区内低层部分应设减压设施保证各用水点处供水压力不大于0.2MPa。

4.1.4 绿化浇洒系统应依据水量平衡和技术经济比较，优化配置、合理利用各种水资源。

4.1.5 景观用水水源不得采用市政自来水和地下井水。

4.2 供 水 系 统

4.2.1 设有市政或小区给水、中水供水管网的建筑，生活给水系统应充分利用城镇供水管网的水压直接供水。

4.2.2 给水调节水池或水箱、消防水池或水箱应设溢流信号管和溢流报警装置，设有中水、雨水回用给水系统的建筑，给水调节水池或水箱清洗时排出的废水、溢流宜排至中水、雨水调节池回收利用。

4.2.3 热水供应系统应有保证用水点处冷、热水供水压力平衡的措施。用水点处冷、热水供水压力差不宜大于0.02MPa，并应符合下列规定：

1 冷水、热水供应系统应分区一致；

2 当冷、热水系统分区一致有困难时，宜采用配水支管设可调式减压阀减压等措施，保证系统冷、热水压力的平衡；

3 在用水点处宜设带调节压差功能的混合器、混合阀。

4.2.4 热水供应系统应按下列要求设置循环系统：

1 集中热水供应系统，应采用机械循环，保证干管、立管或干管、立管和支管中的热水循环；

2 设有 3 个以上卫生间的公寓、住宅、别墅共用水加热设备的局部热水供应系统，应设回水配件自然循环或设循环泵机械循环；

3 全日集中供应热水的循环系统，应保证配水点出水温度不低于 45℃ 的时间，对于住宅不得大于 15s，医院和旅馆等公共建筑不得大于 10s。

4.2.5 循环管道的布置应保证循环效果，并应符合下列规定：

1 单体建筑的循环管道宜采用同程布置，热水回水干、立管采用导流三通连接和在回水立管上设限流调节阀、温控阀等保证循环效果的措施；

2 当热水配水支管布置较长不能满足本标准 4.2.4 条第 3 款的要求时，宜设支管循环，或采取支管自控电伴热措施；

3 当采用减压阀分区供水时，应保证各分区的热水循环；

4 小区集中热水供应系统应设热水回水总干管并设总循环泵，单体建筑连接小区总回水管的回水管处宜设导流三通、限流调节阀、温控阀或分循环泵保证循环效果；

5 当采用热水贮水箱经热水加压泵供水的集中热水供应系统时，循环泵可与热水加压泵合用，采用调速泵组供水和循环。回水干管设温控阀或流量控制阀控制回水流量。

4.2.6 公共浴室的集中热水供应系统应满足下列要求：

1 大型公共浴室宜采用高位冷、热水箱重力流供水。当无条件设高位冷、热水箱时，可设带贮热调节容积的水加热设备经混合恒温罐、恒温阀供给热水。由热水箱经加压泵直接供水时，应有保证系统冷热水压力平衡和稳定的措施；

2 采用集中热水供应系统的建筑内设有 3 个及 3 个以上淋浴器的小公共浴室、淋浴间，其热水供水支管上不宜分支再供其他用水；

3 浴室内的管道应按下列要求设置：

1）当淋浴器出水温度能保证控制在使用温度范围时，宜采用单管供水；当不能满足时，宜采用双管供水；

2）多于 3 个淋浴器的配水管道宜布置成环形；

3）环形供水管上不宜接管供其他器具用水；

4）公共浴室的热水管网应设循环回水管，循环管道应采用机械循环；

4 淋浴器宜采用即时启、闭的脚踏、手动控制或感应式自动控制装置。

4.2.7 建筑管道直饮水系统应满足下列要求：

1 管道直饮水系统的竖向分区、循环管道的设置以及从供水立管至用水点的支管长度等设计要求应按国家现行行业标准《管道直饮水系统技术规程》CJJ 110 执行；

2 管道直饮水系统的净化水设备产水率不得低于原水的 70%，浓水应回收利用。

4.2.8 采用蒸汽制备开水时，应采用间接加热的方式，凝结水应回收利用。

4.3 循环水系统

4.3.1 冷却塔水循环系统设计应满足下列要求：

1 循环冷却水的水源应满足系统的水质和水量要求，宜优先使用雨水等非传统水源；

2 冷却水应循环使用；

3 多台冷却塔同时使用时宜设置集水盘连通管等水量平衡设施；

4 建筑空调系统的循环冷却水的水质稳定处理应结合水质情况，合理选择处理方法及设备，并应保证冷却水循环率不低于 98%；

5 旁流处理水量可根据去除悬浮物或溶解固体分别计算。当采用过滤处理去除悬浮物时，过滤水量宜为冷却水循环水量的 1%～5%；

6 冷却塔补充水总管上应设阀门及计量等装置；

7 集水池、集水盘或补水池宜设溢流信号，并将信号送入机房。

4.3.2 游泳池、水上娱乐池等水循环系统设计应满足下列要求：

1 游泳池、水上娱乐池等应采用循环给水系统；

2 游泳池、水上娱乐池等水循环系统的排水应重复利用。

4.3.3 蒸汽凝结水应回收再利用或循环使用，不得直接排放。

4.3.4 洗车场宜采用无水洗车、微水洗车技术，当采用微水洗车时，洗车水系统设计应满足下列要求：

1 营业性洗车场或洗车点应优先使用非传统水源；

2 当以自来水洗车时，洗车水应循环使用；

3 机动车清洗设备应符合国家有关标准的规定。

4.3.5 空调冷凝水的收集及回用应符合下列要求：

1 设有中水、雨水回用供水系统的建筑，其集中空调部分的冷凝水宜回收汇集至中水、雨水清水池，作为杂用水；

2 设有集中空调系统的建筑，当无中水、雨水回用供水系统时，可设置单独的空调冷凝水回收系统，将其用于水景、绿化等用水。

4.3.6 水源热泵用水应循环使用，并应符合下列要求：

1 当采用地下水、地表水做水源热泵热源时，应进行建设项目水资源论证；

2 采用地下水为热源的水源热泵换热后的地下水应全部回灌至同一含水层，抽、灌井的水量应能在线监测。

4.4 浇洒系统

4.4.1 浇洒系统水源应满足下列要求：

1 应优先选择雨水、中水等非传统水源；

2 水质应符合现行国家标准《城市污水再生利用 景观环境用水水质》GB/T 18921 和《城市污水再生利用 城市杂用水水质》GB/T 18920 的规定。

4.4.2 绿化浇洒应采用喷灌、微灌等高效节水灌溉方式。应根据喷灌区域的浇洒管理形式、地形地貌、当地气象条件、水源条件、绿化面积大小、土壤渗透率、植物类型和水压等因素，选择不同类型的喷灌系统，并应符合下列要求：

1 绿地浇洒采用中水时，宜采用以微灌为主的浇洒方式；

2 人员活动频繁的绿地，宜采用以微喷灌为主的浇洒方式；

3 土壤易板结的绿地，不宜采用地下渗灌的浇洒方式；

4 乔、灌木和花卉宜采用以滴灌、微喷灌等为主的浇洒方式；

5 带有绿化的停车场，其灌水方式宜按表4.4.2-1的规定选用；

6 平台绿化的灌水方式宜按表 4.4.2-2 的规定选用。

表 4.4.2-1 停车场灌水方式

绿化部位	种植品种及布置	灌水方式
周界绿化	较密集	滴灌
车位间绿化	不宜种植花卉，绿化带一般宽位 1.5m～2m，乔木沿绿带排列，间距应不小于 2.5m	滴灌或微喷灌
地面绿化	种植耐碾压草种	微喷灌

表 4.4.2-2 平台绿化灌水方式

植物类别	种植土最小厚度（mm）			灌水方式
	南方地区	中部地区	北方地区	
花卉草坪地	200	400	500	微喷灌
灌木	500	600	800	滴灌或微喷灌
乔木、藤本植物	600	800	1000	滴灌或微喷灌
中高乔木	800	1000	1500	滴灌

4.4.3 浇洒系统宜采用湿度传感器等自动控制其启停。

4.4.4 浇洒系统的支管上任意两个喷头处的压力差不应超过喷头设计工作压力的 20%。

5 非传统水源利用

5.1 一般规定

5.1.1 节水设计应因地制宜采取措施综合利用雨水、中水、海水等非传统水源，合理确定供水水质指标，并应符合国家现行有关标准的规定。

5.1.2 民用建筑采用非传统水源时，处理出水必须保障用水终端的日常供水水质安全可靠，严禁对人体健康和室内卫生环境产生负面影响。

5.1.3 非传统水源的水质处理工艺应根据源水特征、污染物和出水水质要求确定。

5.1.4 雨水和中水利用工程应根据现行国家标准《建筑与小区雨水利用工程技术规范》GB 50400 和《建筑中水设计规范》GB 50336 的有关规定进行设计。

5.1.5 雨水和中水等非传统水源可用于景观用水、绿化用水、汽车冲洗用水、路面地面冲洗用水、冲厕用水、消防用水等非与人身接触的生活用水，雨水，还可用于建筑空调循环冷却系统的补水。

5.1.6 中水、雨水不得用于生活饮用水及游泳池等用水。与人身接触的景观娱乐用水不宜使用中水或城市污水再生水。

5.1.7 景观水体的平均日补水量 W_{jd} 和年用水量 W_{ja} 应分别按下列公式进行计算：

$$W_{jd} = W_{zd} + W_{sd} + W_{fd} \quad (5.1.7-1)$$

$$W_{ja} = W_{jd} \times D_j \quad (5.1.7-2)$$

式中：W_{jd}——平均日补水量（m^3/d）；

　　　W_{zd}——日均蒸发量（m^3/d），根据当地水面日均蒸发厚度乘以水面面积计算；

　　　W_{sd}——渗透量（m^3/d），为水体渗透面积与入渗速率的乘积；

　　　W_{fd}——处理站机房自用水量等（m^3/d）；

　　　W_{ja}——景观水体年用水量（m^3/a）；

　　　D_j——年平均运行天数（d/a）。

5.1.8 绿化灌溉的年用水量应按本标准表 3.1.6 的规定确定，平均日喷灌水量 W_{ld} 应按下式计算：

$$W_{ld} = 0.001 q_l F_l \quad (5.1.8)$$

式中：W_{ld}——日喷灌水量（m^3/d）；

　　　q_l——浇水定额（$L/m^2 \cdot d$），可取 2 $L/m^2 \cdot d$；

　　　F_l——绿地面积（m^2）。

5.1.9 冲洗路面、地面等用水量应按本标准表

3.1.5 的规定确定，年浇洒次数可按 30 次计。

5.1.10 洗车场洗车用水可按本标准表 3.1.3 的规定和日均洗车数量及年洗车数量计算确定。

5.1.11 冷却塔补水的日均补水量 W_{td} 和补水年用水量 W_{ta} 应分别按下列公式进行计算：

$$W_{td} = (0.5 \sim 0.6)q_q T \quad (5.1.11-1)$$

$$W_{ta} = W_{td} \times D_t \quad (5.1.11-2)$$

式中：W_{td}——冷却塔日均补水量（m³/d）；

q_q——补水定额，可按冷却循环水量的 1%～2% 计算，（m³/h），使用雨水时宜取高限；

T——冷却塔每天运行时间（h/d）；

D_t——冷却塔每年运行天数（d/a）；

W_{ta}——冷却塔补水年用水量（m³/a）。

5.1.12 冲厕用水年用水量应按下式计算：

$$W_{ca} = \frac{q_c n_c D_c}{1000} \quad (5.1.12)$$

式中：W_{ca}——年冲厕用水量（m³/a）；

q_c——日均用水定额，可按本标准第 3.1.1、3.1.2 条和表 3.1.8 的规定采用（L/人·d）；

n_c——年平均使用人数（人）。对于酒店客房，应考虑年入住率；对于住宅，应按本标准 3.2.1-1 式中的 n_z 值计算；

D_c——年平均使用天数（d/a）。

5.1.13 当具有城市污水再生水供应管网时，建筑中水应优先采用城市再生水。

5.1.14 观赏性景观环境用水应优先采用雨水、中水、城市再生水及天然水源等。

5.1.15 建筑或小区中设有雨水回用和中水合用系统时，原水应分别调蓄和净化处理，出水可在清水池混合。

5.1.16 建筑或小区中设有雨水回用和中水合用系统时，在雨季应优先利用雨水，需要排放原水时应优先排放中水原水。

5.1.17 非传统水源利用率应按下式计算：

$$R = \frac{\sum W_a}{\sum Q_a} \times 100\% \quad (5.1.17)$$

式中：R——非传统水源利用率；

$\sum Q_a$——年总用水量，包含自来水用量和非传统水源用量，可根据本标准第 3 章和本节的规定计算；

$\sum W_a$——非传统水源年使用量。

5.2 雨 水 利 用

5.2.1 建筑与小区应采取雨水入渗收集、收集回用等雨水利用措施。

5.2.2 收集回用系统宜用于年降雨量大于 400mm 的地区，常年降雨量超过 800mm 的城市应优先采用屋面雨水收集回用方式。

5.2.3 建设用地内设置了雨水利用设施后，仍应设置雨水外排设施。

5.2.4 雨水回用系统的年用雨水量应按下式计算：

$$W_{ya} = (0.6 \sim 0.7) \times 10 \Psi_c h_a F \quad (5.2.4)$$

式中：W_{ya}——年用雨水量（m³）；

Ψ_c——雨量径流系数；

h_a——常年降雨厚度（mm）；

F——计算汇水面积（hm²），按本标准第 5.2.5 条的规定确定；

0.6～0.7——除去不能形成径流的降雨、弃流雨水等外的可回用系数。

5.2.5 计算汇水面积 F 可按下列公式进行计算，并可与雨水蓄水池汇水面积相比较后取三者中最小值：

$$F = \frac{V}{10 \Psi_c h_d} \quad (5.2.5-1)$$

$$F = \frac{3Q_{hd}}{10 \Psi_c h_d} \quad (5.2.5-2)$$

式中：h_d——常年最大日降雨厚度（mm）；

V——蓄水池有效容积（m³）；

Q_{hd}——雨水回用系统的平均日用水量（m³）。

5.2.6 雨水入渗面积的计算应包括透水铺砌面积、地面和屋面绿地面积、室外埋地入渗设施的有效渗透面积，室外下凹绿地面积可按 2 倍透水地面面积计算。

5.2.7 不透水地面的雨水径流采用回用或入渗方式利用时，配置的雨水储存设施应使设计日雨水径流量溢流外排的量小于 20%，并且储存的雨水能在 3d 之内入渗完毕或使用完毕。

5.2.8 雨水回用系统的自来水替代率或雨水利用率 R_y 应按下式计算：

$$R_y = W_{ya}/\sum Q_a \quad (5.2.8)$$

式中：R_y——自来水替代率或雨水利用率。

5.3 中 水 利 用

5.3.1 水源型缺水且无城市再生水供应的地区，新建和扩建的下列建筑宜设置中水处理设施：

1 建筑面积大于 3 万 m² 的宾馆、饭店；

2 建筑面积大于 5 万 m² 且可回收水量大于 100m³/d 的办公、公寓等其他公共建筑；

3 建筑面积大于 5 万 m² 且可回收水量大于 150m³/d 的住宅建筑。

注：1 若地方有相关规定，则按地方规定执行。

2 不包括传染病医院、结核病医院建筑。

5.3.2 中水源水的可回收利用水量宜按优质杂排水或杂排水量计算。

5.3.3 当建筑污、废水没有市政污水管网接纳时，应进行处理并宜再生回用。

5.3.4 当中水由建筑中水处理站供应时，建筑中水系统的年回用中水量应按下列公式进行计算，并应选取三个水量中的最小数值：

$$W_{ma} = 0.8 \times Q_{sa} \quad (5.3.4-1)$$

$$W_{ma} = 0.8 \times 365 Q_{cd} \quad (5.3.4-2)$$

$$W_{ma} = 0.9 \times Q_{xa} \quad (5.3.4-3)$$

式中：W_{ma}——中水的年回用量（m³）；

Q_{sa}——中水原水的年收集量（m³）；应根据本标准第3章的年用水量乘0.9计算。

Q_{cd}——中水处理设施的日处理水量，应按经过水量平衡计算后的中水原水量取值（m³/d）；

Q_{xa}——中水供应管网系统的年需水量（m³），应根据本标准第5.1节的规定计算。

6 节水设备、计量仪表、器材及管材、管件

6.1 卫生器具、器材

6.1.1 建筑给水排水系统中采用的卫生器具、水嘴、淋浴器等应根据使用对象、设置场所、建筑标准等因素确定，且均应符合现行行业标准《节水型生活用水器具》CJ 164 的规定。

6.1.2 坐式大便器宜采用设有大、小便分档的冲洗水箱。

6.1.3 居住建筑中不得使用一次冲洗水量大于6L的坐便器。

6.1.4 小便器、蹲式大便器应配套采用延时自闭式冲洗阀、感应式冲洗阀、脚踏冲洗阀。

6.1.5 公共场所的卫生间洗手盆应采用感应式或延时自闭式水嘴。

6.1.6 洗脸盆等卫生器具应采用陶瓷片等密封性能良好耐用的水嘴。

6.1.7 水嘴、淋浴喷头内部宜设置限流配件。

6.1.8 采用双管供水的公共浴室宜采用带恒温控制与温度显示功能的冷热水混合淋浴器。

6.1.9 民用建筑的给水、热水、中水以及直饮水等给水管道设置计量水表应符合下列规定：

　　1 住宅入户管上应设计量水表；

　　2 公共建筑应根据不同使用性质及计费标准分类分别设计量水表；

　　3 住宅小区及单体建筑引入管上应设计量水表；

　　4 加压分区供水的贮水池或水箱前的补水管上宜设计量水表；

　　5 采用高位水箱供水系统的水箱出水管上宜设计量水表；

　　6 冷却塔、游泳池、水景、公共建筑中的厨房、洗衣房、游乐设施、公共浴池、中水贮水池或水箱补水等的补水管上应设计量水表；

　　7 机动车清洗用水管上应安装水表计量；

　　8 采用地下水水源热泵为热源时，抽、回灌管道应分别设计量水表；

　　9 满足水量平衡测试及合理用水分析要求的管段上应设计量水表。

6.1.10 民用建筑所采用的计量水表应符合下列规定：

　　1 产品应符合国家现行标准《封闭满管道中水流量的测量　饮用冷水水表和热水水表》GB/T 778.1～3、《IC卡冷水水表》CJ/T 133、《电子远传水表》CJ/T 224、《冷水水表检定规程》JJG 162 和《饮用水冷水水表安全规则》CJ 266 的规定；

　　2 口径 DN15～DN25 的水表，使用期限不得超过 6a；口径大于 DN25 的水表，使用期限不得超过 4a。

6.1.11 学校、学生公寓、集体宿舍公共浴室等集中用水部位宜采用智能流量控制装置。

6.1.12 减压阀的设置应满足下列要求：

　　1 不宜采用共用供水立管串联减压分区供水；

　　2 热水系统采用减压阀分区时，减压阀的设置不得影响循环系统的运行效果；

　　3 用水点处水压大于 0.2MPa 的配水支管应设置减压阀，但应满足给水配件最低工作压力的要求；

　　4 减压阀的设置还应满足现行国家标准《建筑给水排水设计规范》GB 50015 的有关规定。

6.2 节 水 设 备

6.2.1 加压水泵的 Q-H 特性曲线应为随流量的增大，扬程逐渐下降的曲线。

6.2.2 市政条件许可的地区，宜采用叠压供水设备，但需取得当地供水行政主管部门的批准。

6.2.3 水加热设备应根据使用特点、耗热量、热源、维护管理及卫生防菌等因素选择，并应符合下列规定：

　　1 容积利用率高，换热效果好，节能、节水；

　　2 被加热水侧阻力损失小。直接供给生活热水的水加热设备的被加热水侧阻力损失不宜大于 0.01MPa；

　　3 安全可靠、构造简单、操作维修方便。

6.2.4 水加热器的热媒入口管上应装自动温控装置，自动温控装置应能根据壳程内水温的变化，通过水温传感器可靠灵活地调节或启闭热媒的流量，并应使被加热水的温度与设定温度的差值满足下列规定：

　　1 导流型容积式水加热器：±5℃；

　　2 半容积式水加热器：±5℃；

　　3 半即热式水加热器：±3℃。

6.2.5 中水、雨水、循环水以及给水深度处理的水处理宜采用自用水量较少的处理设备。

6.2.6 冷却塔的选用和设置应符合下列规定：

　　1 成品冷却塔应选用冷效高、飘水少、噪声低的产品；

　　2 成品冷却塔应按生产厂家提供的热力特性曲线选定。设计循环水量不宜超过冷却塔的额定水量；当循环水量达不到额定水量的80％时，应对冷却塔的配水系统进行校核；

　　3 冷却塔数量宜与冷却水用水设备的数量、控制运行相匹配；

　　4 冷却塔设计计算所选用的空气干球温度和湿球温度，应与所服务的空调等系统的设计空气干球温度和湿球温度相吻合，应采用历年平均不保证50h的干球温度和湿球温度；

　　5 冷却塔宜设置在气流通畅，湿热空气回流影响小的场所，且宜布置在建筑物的最小频率风向的上风侧。

6.2.7 洗衣房、厨房应选用高效、节水的设备。

6.3 管材、管件

6.3.1 给水、热水、再生水、管道直饮水、循环水等供水系统应按下列要求选用管材、管件：

　　1 供水系统采用的管材和管件，应符合国家现行有关标准的规定。管道和管件的工作压力不得大于产品标准标称的允许工作压力；

　　2 热水系统所使用管材、管件的设计温度不应低于80℃；

　　3 管材和管件宜为同一材质，管件宜与管道同径；

　　4 管材与管件连接的密封材料应卫生、严密、防腐、耐压、耐久。

6.3.2 管道敷设应采取严密的防漏措施，杜绝和减少漏水量。

　　1 敷设在垫层、墙体管槽内的给水管管材宜采用塑料、金属与塑料复合管材或耐腐蚀的金属管材，并应符合现行国家标准《建筑给水排水设计规范》GB 50015的相关规定；

　　2 敷设在有可能结冻区域的供水管应采取可靠的防冻措施；

　　3 埋地给水管应根据土壤条件选用耐腐蚀、接口严密耐久的管材和管件，做好相应的管道基础和回填土夯实工作；

　　4 室外直埋热水管，应根据土壤条件、地下水位高低、选用管材材质、管内外温差采取耐久可靠的防水、防潮、防止管道伸缩破坏的措施。室外直埋热水管直埋敷设还应符合国家现行标准《建筑给水排水及采暖工程验收规范》GB 50242及《城镇直埋供热管道工程技术规程》CJJ/T 81的相关规定。

附录A "节水设计专篇"编写格式

A.1 工程概况和用水水源（包括市政供水管线、引入管及其管径、供水压力等）

A.1.1 本项目功能和用途。

A.1.2 面积。

A.1.3 用水户数和人数详见表A.2-1。

A.1.4 用水水源为城市自来水或自备井水。

A.2 节水用水量

　　根据本设计标准3.1.1条和3.1.2条节水用水定额规定，各类用水量计算明细见表A.2-1，中水原水回收量计算明细见表A.2-2，中水回用系统用水量明细见表A.2-3。

表A.2-1　生活用水节水用水量计算表

序号	用水部位	使用数量	用水量定额	用水天数(d/a)	用水量（m³）		备注
					平均日	全　年	

表A.2-2　中水原水回收量计算表

序号	排水部位	使用数量	原水排水量标准	排水量系统	用水天数(d/a)	用水量（m³）		备注
						平均日	全　年	

表A.2-3　中水回用系统用水量计算表

序号	用水部位	使用数量	中水用水定额	用水天数(d/a)	用水量（m³）		备注
					平均日	全　年	

A.3 节水系统

A.3.1 地面____层及其以下各层给水、中水均由市政供水管直接供水，充分利用市政供水压力。

A.3.2 给水、热水、中水供水系统中配水支管处供水压力大于 0.2MPa 者均设支管减压阀，控制各用水点处水压小于或等于 0.2MPa。

A.3.3 给水、热水采用相同供水分区，保证冷、热水供水压力的平衡。

A.3.4 集中热水供应系统设干、立管循环系统，循环管道同程布置，不循环配水支管长度均小于或等于 ___ m。

A.3.5 管道直饮水系统设供、回水管道同程布置的循环系统，不循环配水支管长度均小于或等于 3m。

A.3.6 空调冷却水设冷却塔循环使用，冷却塔集水盘设连通管保证水量平衡。

A.3.7 游泳池和水上游乐设施水循环使用，并采取下列节水措施：

　1　游泳池表面加设覆盖膜减少蒸发量；

　2　滤罐反冲洗水经 _____ 处理后回用于补水；

　3　采用上述措施后，控制游泳池（水上游乐设施）补水量为循环水量的 __%。

A.3.8 浇洒绿地与景观用水：

　1　庭院绿化、草地采用微喷或滴灌等节水灌溉方式；

　2　景观水池兼作雨水收集贮存水池，由满足《城市污水再生利用　景观环境用水水质》GB/T 18921 规定的中水补水。

A.4　中 水 利 用

A.4.1 卫生间、公共浴室的盆浴、淋浴排水、盥洗排水、空调循环冷却系统排污水、冷凝水、游泳池及水上游乐设施水池排污水等废水均作为中水原水回收，处理后用于冲厕、车库地面及车辆冲洗、绿化用水或景观用水。

A.4.2 中水原水平均日收集水量 ___ m³/d，中水设备日处理时间取 ___ h/d，平均时处理水量 ___ m³/h，取设备处理规模为 ___ m³/h。

A.4.3 中水处理采用下列生物处理和物化处理相结合的工艺流程：

　注：处理流程应根据原水水质、水量和中水的水质、水量及使用要求等因素，经技术经济比较后确定。

　　处理后的中水水质应符合《城市污水再生利用城市杂用水水质》GB/T 18920 或《城市污水再生利用　景观环境用水水质》GB/T 18921 的规定。

A.4.4 水量平衡见附图 A

A.4.5 中水调节池设自来水开始补水兼缺水报警水位和停止补水水位。

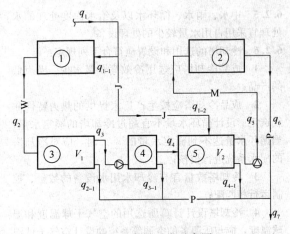

附图 A　水量平衡示意图

J—自来水　W—中水原水　M—中水供水　P—排污水
①提供中水原水的用水设备　②中水用水设备
③原水调节池　④水处理设备　⑤中水贮水池
q_1—自来水总用水量 ___ m³/d　q_{1-1}—自来水供水的用水设备 ___ m³/d　q_{1-2}—中水贮水池的自来水补水量 ___ m³/d　q_2—中水原水水量 ___ m³/d　q_3—处理设备日处理量 ___ m³/d　q_{2-1}—调节池溢水排污量 ___ m³/d　q_{3-1}—处理设备自用水量 ___ m³/d　q_4—中水产水量 ___ m³/d　q_{4-1}—中水贮水池溢水、排污量 ___ m³/d　q_5—中水用水设备用水量 ___ m³/d　q_6—中水供水设备排污水量 ___ m³/d　q_7—总排污水量 ___ m³/d

A.5　雨 水 利 用

A.5.1 间接利用Ⅰ：采用透水路面；室外绿地低于道路 100mm，屋面雨水排至散水地面后流入绿地渗透到地下补充地下水源。

A.5.2 间接利用Ⅱ：屋面雨水排至室外雨水检查井，再经室外渗管渗入地下补充地下水源。

A.5.3 直接利用：屋面雨水经弃流初期雨水后，收集到雨水蓄水池，经机械过滤等处理达到中水水质标准后，进入中水贮水池，用于中水系统供水或用于水景补水。

A.6　节 水 设 施

A.6.1 卫生器具及配件：

　1　住宅采用带两档式冲水的 6L 水箱坐便器排水系统；

　2　公共建筑卫生间的大便器、小便器均采用自闭式（公共卫生间宜采用脚踏自闭式）、感应式冲洗阀；

　3　洗脸盆、洗手盆、洗涤池（盆）采用陶瓷片等密封耐用、性能优良的水嘴，公共卫生间的水龙头采用自动感应式控制；

　4　营业性公共浴室淋浴器采用恒温混合阀，脚踏开关；学校、旅馆职工、工矿企业等公共浴室、大学生公寓、学生宿舍公用卫生间等淋浴器采用刷卡用水。

A.6.2 住宅给水、热水、中水、管道直饮水入户管上均设专用水表。

A.6.3 冷却塔及配套节水设施：

1 选用散热性能、收水性能优良的冷却塔，冷却塔布置在通风良好、无湿热空气回流的地方；

2 循环水系统设水质稳定处理设施，投加环保性缓蚀阻垢药剂，药剂采用自动投加设自动排污装置或在靠近冷凝器的冷却水回水管上设电子（或静电或永磁）水处理仪及机械过滤器；

3 冷却塔补水控制为循环水量的2%以内。

A.6.4 游泳池及水上游乐设施水循环。采用高效混凝剂和过滤滤料的过滤罐，滤速为_____ m/h，提高过滤效率，减少排污量。

A.6.5 消防水池（箱）与空调冷却塔补水池（箱）合一，夏季形成活水，控制水质变化。消防水池（箱）设_____消毒器，延长换水周期，减少补水量。

本标准用词说明

1 为便于在执行本标准条文时区别对待，对要求严格程度不同的用词说明如下：

　　1）表示很严格，非这样做不可的用词：

　　　正面词采用"必须"，反面词采用"严禁"。

　　2）表示严格，在正常情况下均应这样做的用词：

　　　正面词采用"应"，反面词采用"不应"或"不得"。

　　3）表示允许稍有选择，在条件许可时首先应这样做的用词：

　　　正面词采用"宜"，反面词采用"不宜"；

　　4）表示有选择，在一定条件下可以这样做的用词，采用"可"。

2 本标准中指明应按其他有关标准、规范执行的写法为"应符合……的规定"或"应按……执行"。

引用标准名录

1 《建筑给水排水设计规范》GB 50015

2 《建筑给水排水及采暖工程验收规范》GB 50242

3 《建筑中水设计规范》GB 50336

4 《建筑与小区雨水利用工程技术规范》GB 50400

5 《封闭满管道中水流量的测量　饮用冷水水表和热水水表》GB/T 778.1～3

6 《城市污水再生利用　城市杂用水水质》GB/T 18920

7 《城市污水再生利用　景观环境用水水质》GB/T 18921

8 《城镇直埋供热管道工程技术规程》CJJ/T 81

9 《管道直饮水系统技术规程》CJJ 110

10 《冷水水表检定规程》JJG 162

11 《IC卡冷水水表》CJ/T 133

12 《节水型生活用水器具》CJ 164

13 《电子远传水表》CJ/T 224

14 《饮用水冷水水表安全规则》CJ 266

中华人民共和国国家标准

民用建筑节水设计标准

GB 50555—2010

条 文 说 明

制 订 说 明

《民用建筑节水设计标准》GB 50555-2010，经住房和城乡建设部 2010 年 5 月 31 日以公告 598 号批准发布。

本标准制订过程中，编制组进行了深入、广泛的调查研究，总结了我国工程建设民用建筑节水设计的实践经验，同时参考了国外先进技术法规、技术标准，通过常用用水器具节水效能测试取得了常用用水器具的节水用水定额等重要技术参数。

为便于广大设计、施工、科研、学校等单位的有关人员在使用本标准时能正确理解和执行条文规定，《民用建筑节水设计标准》编制组按章、节、条顺序编写了本标准的条文说明，对条文规定的目的、依据以及执行中需注意的有关事项进行了说明，还着重对强制性条文的强制性理由做了解释。但是，本条文说明不具备与标准正文同等的法律效力，仅供使用者作为理解和把握标准规定的参考。

目　　次

1 总　则

1.0.1 在工程建设中贯彻节能、节地、节水、节材和环境保护是一项长久的国策，节水设计的前提是在满足使用者对水质、水量、水压和水温要求的前提下来提高水资源的利用率，节水设计的系统应是经济上合理，有实施的可能，同时在使用时应便于管理维护。

1.0.4 建筑节水设计，除满足本标准外，还应符合国家其他的相关标准，如《节水型生活用水器具》CJ 164 的要求。在节水方面，许多省市也出台了相应的地方规定，尤其在中水利用与雨水利用方面的规定，设计中应根据工程所在地的情况分别执行。

3 节水设计计算

3.1 节水用水定额

本节制定的节水用水定额是专供编写"节水设计专篇"中计算节水用水量和进行节水设计评价用。

工程设计时，建筑给水排水的设计中有关"用水定额"计算仍按《建筑给水排水设计规范》GB 50015 等标准执行。

3.1.1

1 表 3.1.1 所列节水用水定额是在使用节水器具后的参数，根据北京市节约用水管理中心提供的住宅用水量定额数据统计分析，使用节水器具可比不使用节水器具者节水约 10%～20%。

2 表 3.1.1 所列参数系以北京市节约用水管理中心和深圳市节约用水管理办公室所提供的平均日用水定额为依据，参照《建筑给水排水设计规范》GB 50015 - 2003 与《室外给水设计规范》GB 50013 - 2006 中相关用水定额条款的编制内容与分类进行编制。

3 表 3.1.1 中各项数据的编制：

1） 以北京市节约用水管理中心提供的二区、三区中Ⅰ、Ⅱ、Ⅲ类住宅的节水用水定额为基础，稍加调整后列为表中"大城市"的用水定额，二、三区特大城市与中小城市的用水定额则以此为基准，按深圳市节约用水管理办公室提供的一区中大城市与特大城市、中小城市的用水定额比例分别计算取值。

2） 以深圳市节约用水管理办公室提供的广东地区（即一区）Ⅱ类住宅的用水定额（非全部使用节水器具后的用水定额）乘以 0.9～0.8 取整后作为一区特大城市、大城市、中小城市的Ⅱ类住宅的用水定额；Ⅰ、Ⅲ类住宅则按照二、三区的相应用水定额比例取值。

主要编制过程及结果见表 1。

表 1　节约用水定额取值

住宅类型	卫生器具设置标准	节水用水定额 q_z								
		一区			二区			三区		
		特大城市	大城市	中小城市	特大城市	大城市	中小城市	特大城市	大城市	中小城市
普通住宅	Ⅰ 有大便器、洗涤盆	$A\times(120\sim200)$ $=100\sim140$	$A\times(110\sim150)$ $=90\sim110$	$A\times(90\sim140)$ $=80\sim100$	$C\times(60\sim80)$ $=70\sim110$	$60\sim80$	$D\times(60\sim80)$ $=50\sim70$	$C\times(50\sim70)$ $=60\sim100$	$50\sim70$	$D\times(50\sim70)$ $=45\sim65$
	Ⅱ 有大便器、洗脸盆、洗涤盆和洗衣机、热水器和沐浴设备	$120\sim200$	$100\sim150$	$90\sim140$	$C\times(70\sim110)$ $=80\sim140$	$70\sim110$	$D\times(70\sim110)$ $=60\sim100$	$C\times(60\sim90)$ $=70\sim120$	$60\sim90$	$D\times(60\sim90)$ $=50\sim80$
	Ⅲ 有大便器、洗脸盆、洗涤盆、洗衣机、家用热水机组或集中热水供应和沐浴设备	$B\times(120\sim200)$ $=140\sim230$	$B\times(110\sim150)$ $=130\sim180$	$B\times(90\sim140)$ $=100\sim160$	$C\times(80\sim130)$ $=90\sim170$	$80\sim130$	$D\times(80\sim130)$ $=70\sim120$	$C\times(70\sim100)$ $=80\sim140$	$70\sim100$	$D\times(70\sim100)$ $=60\sim90$

注： 1 表中带阴影的数据，如"120～200"分别为北京市节约用水管理中心和深圳市节约用水办公室提供的经整理后的参数；

2 表中 A 为二区大城市中Ⅰ、Ⅱ类住宅的用水定额的比值；

　B 为二区大城市中Ⅲ、Ⅱ类住宅的用水定额的比值；

3 表中 C 为一区中特大城市与大城市住宅用水定额的比值；

　D 为一区中中小城市与大城市住宅用水定额的比值。

4 本标准表 3.1.1 中别墅的节水用水定额系以《建筑给水排水设计规范》GB 50015－2003 表 3.1.9 中，别墅用水定额/Ⅲ类住宅用水定额＝1.11～1.094 作为取值依据，即一、二、三区不同规模城市中别墅的节水定额＝1.1×相应的Ⅲ类住宅节水用水定额。

3.1.2 公共建筑生活用水节水用水定额的编制说明：

公共建筑对比住宅类建筑节水用水定额的确定要复杂得多，主要体现在：

1 公共建筑类别多，使用人员多而变化，难以统计分析；

2 使用人数不如住宅稳定，难以得到较准确的用水定额资料；

3 公共建筑中一般使用者与用水费用不挂钩，节水意识远不如住宅中的居民；

4 虽然有一些个别类型建筑某段时间的用水量统计资料，但很难以此作为依据。

针对上述情况，表 3.1.2 是以《建筑给水排水设计规范》GB 50015（2009 年版）表 3.1.10 中的宿舍、旅馆和公共建筑生活用水定额为基准，乘以 0.9～0.8 的使用节水器具后的折减系数作为相应各类建筑的生活用水节水用水定额。

3.1.3 汽车冲洗用水定额参考《建筑给水排水设计规范》GB 50015－2003 相关条文确定，由于软管冲洗时耗水量大，因此本规范不推荐使用。随着汽车技术的进步，无水洗车、微水洗车技术得到推广，无水洗车被称为"快捷手喷蜡"，不用水；微水洗车采用气、水分隔，合并采用高技术转换成微水状态，15min 用水量只有 1.5L 左右。但采用上述技术时，应按相应产品样本确定实际洗车用水量。电脑洗车技术已成为城市洗车技术的主流，采用循环水处理技术，每辆车耗水 0.7L 左右。当采用电脑机械等高技术洗车设备时，用水量应按产品说明书确定。每日洗车数量可按车辆保有量 10%～15%计算。

3.1.4 空调循环冷却水补水量的数据采用《建筑给水排水设计规范》GB 50015－2003 数据。

3.1.5 表中数据给出每次浇洒用水量，每日按早晚各 1 次设计。

3.1.6 绿化用水定额参照北京市地方标准《草坪节水灌溉技术规定》DB11/T 349－2006 制定，采用平水年份数据。冷季型草坪草的最适生长温度为 15℃～25℃，受季节性炎热的温度和持续期及干旱环境影响较大。暖季型草坪草的最适生长温度为 26℃～32℃，受低温的强度和持续时间影响较大。冷季型草坪草平水年份灌水次数、灌水定额和灌水周期见表 2。暖季型草坪草平水年份灌水次数、灌水定额和灌水周期见表 3。

表 2　冷季型草坪草平水年份灌水次数、灌水定额和灌水周期

| 时段 | 灌水定额 | | 特级养护 | | 一级养护 | | 二级养护 | |
	m^3/m^2	mm	灌水次数	灌水周期 (d)	灌水次数	灌水周期 (d)	灌水次数	灌水周期 (d)
3 月	0.015～0.025	15～25	2	10～15	1	15～20	1	15～20
4 月	0.015～0.025	15～25	4	6～8	4	6～8	2	10～15
5 月	0.015～0.025	15～25	8	3～4	6	4～5	4	6～8
6 月	0.015～0.025	15～25	6	4～5	5	5～6	2	10～15
7 月	0.015～0.025	15～25	3	8～10	2	10～15	1	15～20
8 月	0.015～0.025	15～25	3	8～10	2	10～15	1	15～20
9 月	0.015～0.025	15～25	3	8～10	3	8～10	1	15～20
10 月	0.015～0.025	15～25	2	10～15	1	15～20	1	15～20
11 月	0.015～0.025	15～25	2	10～15	1	15～20	1	15～20

表 3　暖季型草坪草平水年份灌水次数、灌水定额和灌水周期

| 时段 | 灌水定额 | | 一级养护 | | 二级养护 | |
	m^3/m^2	mm	灌水次数	灌水周期 (d)	灌水次数	灌水周期 (d)
4 月	0.015～0.025	15～25	1	15～20	1	15～20
5 月	0.015～0.025	15～25	3	8～10	2	10～15
6 月	0.015～0.025	15～25	2	10～15	2	10～15
7 月	0.015～0.025	15～25	2	10～15	1	15～20
8 月	0.015～0.025	15～25	2	10～15	1	15～20
9 月	0.015～0.025	15～25	2	10～15	1	15～20
10 月	0.015～0.025	15～25	1	15～20	1	15～20
11 月	0.015～0.025	15～25	1	15～20	1	15～20

3.1.7 住宅、公共建筑生活热水节水用水定额的编制说明。

住宅、公共建筑的生活热水用水量包含在给水用水定额中,根据《建筑给水排水设计规范》GB 50015-2003 中 5.1.1 条条文说明的推理分析,各类建筑生活热水量与给水量有一定比例关系。本标准表 3.1.7 即依据此比例关系将本标准表 3.1.1、表 3.1.2 中的给水节水用水定额推算整理为相应的热水节水用水定额。

1 各类建筑生活热水用水量占给水用水量的比例,见表 4。

**表 4 各类建筑生活热水用水量
占给水用水量的比例(%)**

类　别	生活热水用水量占给水用水量的比例
住宅、别墅	0.33~0.38
旅馆、宾馆	0.44~0.56
医院	0.44~0.50
餐饮业	0.48~0.51
办公楼	0.18~0.20

注:表中没有列出的建筑参照类似建筑的比例。

2 按照《建筑给水排水设计规范》GB 50015-2003 表 5.1.1 的编制方法,住宅类建筑未按本标准表 3.1.1 分区分住宅类型编写,只编制了局部热水供应系统(即"自备热水供应和淋浴设备")和集中热水供应两项用水定额,其取值的方法如表 5 所示。

表 5 住宅类建筑热水节水用水定额推求

住宅类型	给水节水用水定额 q_z	$b=\dfrac{热水量}{冷水量}$	热水节水用水定额 q_r (L/人·d)
有自备热水供应和淋浴设备	三区Ⅱ类住宅中最低值 50	0.38	0.38×50 =19.0 取 20
	一区Ⅱ类住宅中最大值 200	0.33	0.33×200 =66 取 60
有集中热水供应和淋浴设备	三区Ⅱ类住宅中最低值 60	0.38	0.38×60 =22.8 取 25
	一区Ⅱ类住宅中最大值 230	0.33	0.33×230 =76 取 70

3 计算热水节水用水量时按照本标准表 3.1.7 中注 3 选值。

4 节水系统设计

4.1 一般规定

4.1.1 初步设计阶段应编写节水设计内容即"节水设计专篇",包括节水用水量、中水或再生水、雨水回用水量的计算。这些用水量计算的目的,一是可为市政自来水与排水管理部门提供较准确的用水量、排水量依据;二是通过计算可以框算出该建筑物一年的节约水量。

为了统一"节水设计专篇"的编写格式和编写内容,标准编制组通过对不同省市的节水设计专篇的归纳、总结,给出一个完整的"节水设计专篇",供在全国范围内工程设计人员参考,其内容见本标准附录 A。

4.1.2 节水设计除合理选用节水用水定额、采用节水的给水系统、采用好的节水设备、设施和采取必要的节水措施外,还应在兼顾保证供水安全、卫生条件下,根据当地的要求合理设计利用污、废水、雨水,开源节流,完善节水设计。

4.1.3 本条规定的竖向分区及分区的标准与《建筑给水排水设计规范》GB 50015 完全一致,只是规定了各配水点处供水压力(动压)不大于 0.2MPa 的要求。

控制配水点处的供水压力是给水系统节水设计中最为关键的一个环节。控压节水从理论到实践都得到充分的证明:

北京建筑工程学院曾在该校两栋楼做过实测,其结果如下:

(1)普通水嘴半开和全开时最大流量分别为:0.42L/s 和 0.72L/s,对应的实测动压值为 0.24MPa 和 0.5MPa,静压值均为 0.37MPa。节水水嘴半开和全开时最大流量为 0.29L/s 和 0.46L/s,对应的实测动压值为 0.17MPa 和 0.22MPa,静压值为 0.3MPa,按照水嘴的额定流量 $q=0.15$L/s 为标准比较,节水水嘴在半开、全开时其流量分别为额定流量的 2 倍和 3 倍。

(2)对 67 个水嘴实测,其中 47 个测点流量超标,超标率达 61%。

(3)根据实测得出的陶瓷阀芯和螺旋升降式水嘴流量 Q 与压力 P 关系曲线(见图 1、图 2),可知 Q 与 P 成正比关系。

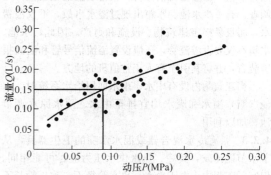

图 1 陶瓷阀芯水嘴
半开 Q-P 曲线

另外,据生产小型支管减压阀的厂家介绍,可调

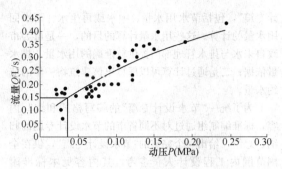

图 2　螺旋升降式水嘴
半开 Q-P 曲线

试减压阀最小减压差即阀前压力 P_1 与阀后压力 P_2 的最小差值为 $P_1-P_2 \geqslant 0.1MPa$。因此，当给水系统中配水点压力大于 $0.2MPa$ 时，其配水支管配上减压阀，配水点处的实际供水压力仍大于 $0.1MPa$，满足除自闭式冲洗阀件外的配水水嘴与阀件的要求。设有自闭式冲洗阀的配水支管，设置减压阀的最小供水压力宜为 $0.25MPa$，即经减压后，冲洗阀前的供水压力不小于 $0.15MPa$，满足使用要求。

4.1.5 我国水资源严重匮乏，人均水资源是世界平均水平的 1/4，目前全国年缺水量约为 400 亿 m^3，用水形势相当严峻，为贯彻"节水"政策及避免不切实际地大量采用自来水补水的人工水景的不良行为，规定"景观用水水源不得采用市政自来水和地下井水"，应利用中水（优先利用市政中水）、雨水收集回用等措施，解决人工景观用水水源和补水等问题。景观用水包括人造水景的湖、水湾、瀑布及喷泉等，但属体育活动的游泳池、瀑布等不属此列。

4.2　供水系统

4.2.1 为节约能源，减少居民生活饮用水水质污染，建筑物底部的楼层应充分利用市政或小区给水管网的水压直接供水。设有市政中水供水管网的建筑，也应充分利用市政供水管网的水压，节能节水。

4.2.2 本条强调给水调节水池或水箱（含消防用水池、水箱）设置溢流信号管和报警装置的重要性，据调查，有不少水池、水箱出现过溢水事故，不仅浪费水，而且易损害建筑物、设施和财产。因此，水池、水箱不仅要设溢流管，还应设置溢流信号管和溢流报警装置，并将其引至有人正常值班的地方。

当建筑物内设有中水、雨水回用给水系统时，水池（箱）溢水和废水均宜排至中水、雨水原水调节池，加以利用。

4.2.3 带有冷水混合器或混水水嘴的卫生器具，从节水节能出发，其冷、热水供水压力应尽可能相同。但实际工程中，由于冷水、热水管径不一致，管长不同，尤其是当采用高位水箱通过设在地下室的水加热器再返上供给高区热水时，热水管路要比冷水管长得多，热水加热设备的阻力也是影响冷水、热水压力平衡的因素。要做到冷水、热水在同一点压力相同是不可能的。本条提出不宜大于 $0.02MPa$ 在实际中是可行的，控制热水供水管路的阻力损失与冷水供水阻力损失平衡，选用阻力损失小于或等于 $0.01MPa$ 的水加热设备。在用水点采用带调压功能的混合器、混合阀，可保证水点的压力平衡，保证出水水温的稳定。目前市场上此类产品已应用很多，使用效果良好，调压的范围冷、热水系统的压力差可在 $0.15MPa$ 内。

4.2.4 本条第 1 款规定的热水系统设循环管道的设置原则，与《建筑给水排水设计规范》GB 50015 的要求一致，增写第 2 款和第 3 款的理由是：

1 近年来全国各大、中城市都兴建了不少高档别墅、公寓，其中大部分均采用自成小系统的局部热水供应系统，从加热器到卫生间管道长达十几米到几十米，如不设回水循环系统，则既不方便使用，更会造成水资源的浪费。因此第 2 款提出了大于 3 个卫生间的居住建筑，根据热水供回水管道布置情况设置回水配件自然循环或设小循环泵机械循环。值得注意的是，靠回水配件自然循环应看管网布置是否满足其能形成自然循环条件的要求。

2 第 3 款提出了全日集中热水供应系统循环系统应达到的标准。根据一些设有集中热水供应系统的工程反馈，打开放水水嘴要放数十秒钟或更长时间的冷水后才出热水，循环效果差。因此，对循环系统循环的好坏应有一个标准。国外有类似的标准，如美国规定医院的集中热水供应系统要求放冷水时间不得超过 5s；本款提出：保证配水点出水水温不低于 45℃ 的时间为：住宅 15s；医院和旅馆等公共建筑不得超过 10s。

住宅建筑因每户均设水表，而水表宜设户外，这样从立管接出入户支管一般均较长，而住宅热水采用支管循环或电伴热等措施，难度较大也不经济、不节能，因此将允许放冷水的时间为 15s，即允许入户支管长度为 10m～12m。

医院、旅馆等公共建筑，一般热水立管靠近卫生间或立管设在卫生间内，配水支管短，因此，允许放冷水时间为不超过 10s，即配水支管长度 7m 左右。当其配水支管长时，亦可采用支管循环。

4.2.5 本条提出了单体建筑、小区集中热水供应系统保证循环效果的措施。

1 单体建筑的循环管道首选为同程布置，因为采用同程布置能保证良好的循环效果已为三十多年来的工程实践所证明。

其次是热水回水干、立管采用导流三通连接，如图 3 所示。鉴于导流三通尚无详细的性能测试及适用条件的研究成果报告，因此一般只宜用于各供水立管管径及长度均一致的工程，紫铜导流三通接头规格尺寸见表 6。

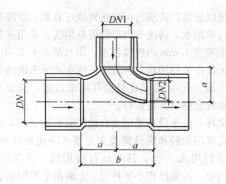

图 3 导流三通

表 6 紫铜导流三通接头规格尺寸表

DN×DN1	DN2	a	b
20×15	8	20	40
25×15	8	25	50
25×20	10	25	50
32×15	8	30	60
32×20	10	30	60
32×25	15	30	60
40×15	8	35	70
40×20	10	35	70
40×25	15	35	70
40×32	20	35	70
50×15	8	40	80
50×20	10	40	80
50×25	15	40	80
50×32	20	40	80
50×40	25	40	80
65×15	8	45	90
65×20	10	45	90
65×25	15	45	90
65×32	20	45	90
65×40	25	45	90
65×50	32	45	90
80×15	8	50	100
80×20	10	50	100
80×25	15	50	100
80×32	20	50	100
80×40	25	50	100
80×50	32	50	100
80×65	40	50	100

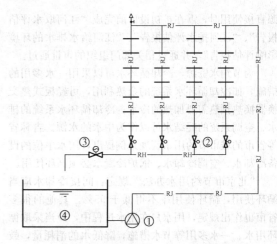

图 4 限流调节阀在热水系统中的应用
①—供水泵兼循环泵；②—限流调节阀；
③—电动阀；④—热水箱

3 小区设集中热水供应系统时，保证循环系统循环效果的措施为：

1) 一般分设小区供、回水干管的总循环与单体建筑内热水供、回水管的分循环二个相互关联的循环系统；

2) 总循环系统设总循环泵，其流量应满足补充全部供水管网热损失的要求；

3) 各单体建筑的分循环系统供、回水管与总循环系统总供、回水管不要求同程布置。

4) 各单体建筑连接小区总回水管可采用如下方式：

①当各单体建筑内的热水供、回水管布置及管径全同时，可采用导流三通的连接方式；

②当各单体建筑内的热水供、回水管布置及管径不同时宜采用设分循环泵或温控阀方式；

③当小区采用开式热水供应系统时，可参照图 4 的做法，在各单体建筑连接总回水管处设限流调节阀或温控阀。

4.2.7 第 2 款规定管道直饮水系统的净化水设备产水率不应小于 70%，系引自北京市、哈尔滨市等颁布的有关节水条例。据工程运行实践证明：深度净化处理中只有反渗透膜处理时达不到上述产水率的要求，因此，设计管道直饮水水质深度处理时应按节水、节能要求合理设计水处理流程。

4.2.8 本条规定采用蒸汽制备开水应采用间接加热的方式，主要是有的蒸汽中含有油等不符合饮水水质要求的成分；但采用间接加热制备开水，凝结水应回收至蒸汽锅炉的进水水箱，这样既回收了水量又回收了热量，同时还节省了这部分凝结水的软化处理费用。

再次是在回水立管上设置限流调节阀、温控阀来调节平衡各立管的循环水量。限流调节阀一般适用于开式供水系统，通过限流调节阀设定各立管的循环流量，由总回水管回至开式热水系统，如图 4 所示。

在回水立管上装温控阀或热水平衡阀是近年来国外引进的一项新技术。阀件由温度传感装置和一个小电动阀门组成，可以根据回水立管中的温度高低调节阀门开启度，使之达到全系统循环的动态平衡。可用于难以布置同程管路的热水系统。

2 第 2 款是引用《建筑给水排水设计规范》GB 50015-2003 中的 5.2.13 条。

4.3 循环水系统

4.3.1 采用江、河、湖泊等地表水作为冷却水的水源直接使用时，需在扩初设计前完成"江河取水评估报告"、"江河排水评估报告"、"江河给水排水的环境影响评估报告"，并通过相关部门组织的审批通过。

为节约水资源，冷却循环水可以采用一水多用的措施，如冷却循环水系统的余热利用，可经板式热交换器换热预热需要加热的冷水；冷却循环水系统的排水、空调系统的凝结水可以作为中水的水源。吉林省等省市的城市节约用水管理条例提出，用水单位的设备冷却水、空调冷却水、锅炉冷凝水必须循环使用。

"北京市节约用水办法"规定：间接冷却水应当循环使用，循环使用率不得低于95%。其他的很多省市也作出规定，用水户在用水过程中，应当采取循环用水、一水多用等节水措施，降低水的消耗量，鼓励单位之间串联使用回用水，提高水的重复利用率，不得直接排放间接冷却水。

《中国节水技术大纲》（2005-4-11 发布）中提出要大力发展循环用水系统、串联用水系统和回用水系统，鼓励发展高效环保节水型冷却塔和其他冷却构筑物。优化循环冷却水系统，加快淘汰冷却效率低、用水量大的冷却池、喷水池等冷却设备。推广新型旁滤器，淘汰低效反冲洗水量大的旁滤设施。发展高效循环冷却水技术。在敞开式循环间接冷却水系统，推广浓缩倍数大于4的水处理运行技术；逐步淘汰浓缩倍数小于3的水处理运行技术；限制使用高磷锌水处理技术；开发应用环保型水处理药剂和配方。

4.3.2 游泳池、水上娱乐设施等补水水源来自城市市政给水，在其循环处理过程中排出废水量大，而这些废水水质较好，所以应充分重复利用，也可以作为中水水源之一。游泳池、水上娱乐池等循环周期和循环方式必须符合《游泳池给水排水工程技术规程》CJJ 122 的有关规定。

4.3.3 《中国节水技术大纲》（2005-4-11）提出要发展和推广蒸汽冷凝水回收再利用技术。优化企业蒸汽冷凝水回收网络，发展闭式回收系统。推广使用蒸汽冷凝水的回收设备和装置，推广漏汽率小、背压度大的节水型疏水器。优化蒸汽冷凝水除铁、除油技术。

4.3.4 无水洗车是节水的新方向，采用物理清洗和化学清洗相结合的方法，对车辆进行清洗的现代清洗工艺。其主要特点是不用清洗水，没有污水排放，操作简便，成本较低。无水洗车使用的清洗剂有：车身清洗上光剂、轮胎清洗增黑剂、玻璃清洗防雾剂、皮塑清洗光亮剂等。清洗剂不含溶剂，环保、安全可靠。据北京市节约用水管理中心介绍，按每人每月生活用水 3.5 吨的标准计算，北京市一年洗车用水足够18 万人一年生活用水。上海正在兴起一种无水洗车技术，通过喷洒洗车液化解粘在车身上污染物的新型洗车方式，用水量仅相当于传统洗车方式的三十分之一，符合环保，节水等要求。

微水洗车可使气、水分离，泵压和水压的和谐匹

配，可以使其在清洗污垢时达到较好效果。清洗车外污垢可单用水，清洗车内部分可单用气，采用这种方式洗车若在 15min 内连续使用，用水量小于 1.5L。

天津市节约用水条例规定，用水冲洗车辆的营业性洗车场（点），必须建设循环用水设施，经节水办公室验收合格后方可运行。

循环水洗车设备采用全自动控制系统洗车，循环水设备选用加药和膜分离技术等使水净化循环再用，可以节约用水 90%，具有运行费用低、全部回用、操作简单、占地面积小等特点。上海市节约用水管理办法规定：拥有 50 辆以上机动车且集中停放的单位，应安装使用循环用水的节水洗车设备。上海市国家节水标志使用管理办法（试行）（沪水务［2002］568号）上海市节水型机动车清洗设备使用管理暂行办法规定：实行推广机动车清洗设备先进技术、采取循环用水等节水措施、提倡使用再生水资源，提高水的重复利用率。并规定了如下用水标准：

机动车清洗用水标准按照以下机动车类型规定：

1 客车

　1）小型客车（载重量 1 吨以下），每次30 升；

　2）中型客车（载重量 2 吨以下），每次50 升；

　3）大型客车（载重量 4 吨以下），每次100 升。

2 货车

　1）小型货车（载重量 1 吨以下），每次45 升；

　2）中型货车（载重量 2 吨以下），每次75 升；

　3）大型货车（载重量 4 吨以下），每次120 升；

　4）特大型货车（载重量 4 吨以上），每次150 升。

3 特种车辆

特种车辆清洗用水标准参照其相应载重量标准规定。

4.3.6 水源热泵技术成为建筑节能重要技术措施之一，由于对地下水回灌不重视，已经出现抽取的地下水不能等量地回灌到地下，造成严重的地下水资源的浪费，对北方地区造成的地下水下降等问题尤其严重。根据北京市《关于发展热泵系统指导意见的通知》、《建设项目水资源论证管理办法》（水利部、国家发改委第 15 号）的规定，特制定本条。水源热泵用水量较大，如果不能很好地等量回灌地下，将造成严重的水资源浪费，水源热泵节水是建筑节水的重要组成部分，应引起给水排水专业人士的高度重视。

4.4 浇洒系统

4.4.1 我国是一个水资源短缺的国家，人均水资源

量约为世界平均水平的四分之一。据预测，到2030年全国城市绿地灌溉年需水量为82.7亿m³，约占城市总需水量的6%左右，因此，利用雨水、中水等非传统水源代替自来水等传统水源，已成为最重要的节水措施之一。

采用非传统水源作为浇洒系统水源时，其水质应达到相应的水质标准，且不应对公共卫生造成威胁。

4.4.2 传统的浇洒系统一般采用大水漫灌或人工洒水，不但造成水的浪费，而且会产生不能及时浇洒、过量浇洒或浇洒不足等一系列问题，而且对植物的正常生长也极为不利。随着水资源危机的日益严重，传统的地面大水漫灌已不能适应节水技术的要求，采用高效的节水灌溉方式势在必行。

有资料显示，喷灌比地面漫灌要省水约30%～50%，微灌（包括滴灌、微喷灌、涌流灌和地下渗灌）比地面漫灌省水约50%～70%。

浇洒方式应根据水源、气候、地形、植物种类等各种因素综合确定，其中喷灌适用于植物集中连片的场所，微灌系统适用于植物小块或零碎的场所。

采用中水浇洒时，因水中微生物在空气中易传播，故应避免喷灌方式，宜采用微灌方式。

采用滴灌系统时，由于滴灌管一般敷设于地面上，对人员的活动有一定影响。

4.4.3 鼓励采用湿度传感器或根据气候变化的调节控制器，根据土壤的湿度或气候的变化，自动控制浇洒系统的启停，从而提高浇洒效率，节约用水。

4.4.4 本条的目的是为确保浇洒系统配水的均匀性。

5 非传统水源利用

5.1 一般规定

5.1.1 本条规定了非传统水源的利用原则。

非传统水源的利用需要因地制宜。缺水城市需要积极开发利用非传统水源；雨洪控制迫切的城市需要积极回用雨水；建设人工景观水体需要优先利用非传统水源等等。

利用雨水、中水替代自来水供水时一般用于杂用水和景观环境用水等，目前尚没有同时对雨水和中水适用的水质标准，即使建筑中水有城市再生污水的水质标准可资借鉴，但中水进入建筑室内特别是居民家庭时，也需要对水质指标的安全风险予以充分的考虑，要留有余地。

5.1.2 民用建筑采用非传统水源时，处理出水的水质应按不同的用途，满足不同的国家现行水质标准。采用中水时，如用于冲厕、道路清扫、消防、城市绿化、车辆冲洗、建筑施工等杂用，其水质应符合国家标准《城市污水再生利用 城市杂用水水质标准》GB/T 18920的规定；用于景观环境用水，其水质应

符合国家标准《城市污水再生利用 景观环境用水水质标准》GB/T 18921的规定。雨水回用于上述用途时，应符合国家标准《建筑与小区雨水利用工程技术规范》GB 50400的相关要求。严禁中水、雨水进入生活饮用水给水系统。采用非传统水源中水、雨水时，应有严格的防止误饮、误用的措施。中水处理必须设有消毒设施。公共场所及绿化的中水取水口应设带锁装置等。

5.1.3 本条规定了非传统水源利用的基本水质要求。

非传统水源一般含有污染物，且污染物质因水源而异，比如中水水源的典型污染物有BOD₅、SS等，雨水径流的典型污染物有COD、SS等，苦咸水的典型污染物有无机盐等。利用这些非传统水源时，应采取相应的水质净化工艺去除这些典型污染物。

5.1.5 本条规定了非传统水源的用途。

本条规定的用途主要引自《建筑与小区雨水利用工程技术规范》GB 50400和《建筑中水设计规范》GB 50336。建筑空调系统的循环冷却水是指用冷却塔降温的循环水，水流经过冷却塔时会产生飘水，有可能经呼吸进入居民体内，故中水的用途中不包括用于冷却水补水。

5.1.6 条文中的再生水指非传统水源再生水。

5.1.7～5.1.12 条文规定了非传统水源日用量和年用量的计算方法。

水体的平静水面蒸发量各地互不相同，同一个地区每月的蒸发量也不相同，可查阅当地的水文气象资料获取；水体中有水面跌落时，还应计算跌落水面的风吹损失量。水面的风吹损失量和水体的渗透量可参考5.1.7条计算。处理站机房自用水量可按日处理量的5%计。

5.1.13 市政再生水管网的供水一般有政策优惠，价格比自建中水站制备中水便宜，且方便管理，故推荐优先采用。

5.1.14 观赏性景观环境用水的水质要求不太高，应优先采用雨水、中水、市政再生水等非传统水源。

5.1.15 雨水和中水原水分开处理不宜混合的主要原因如下：

第一，雨水的水量波动太大。降雨间隔的波动和降雨量的波动和中水原水的波动相比不是同一个数量级的。中水原水几乎是每天都有的，围绕着年均日水量上下波动，高低峰水量的时间间隔为几小时。而雨水来水的时间间隔分布范围是几小时、几天、甚至几个月，雨量波动需要的调节容积比中水要大几倍甚至十多倍，且池内的雨水量时有时无。这对水处理设备的运行和水池的选址都带来了不可调和的矛盾。

第二，水质相差太大。中水原水的最重要污染指标是BOD₅，而雨水污染物中BOD₅几乎可以忽略不计，因此处理工艺的选择大不相同。

5.1.16 雨水和中水合用的系统，在雨季，尤其刚降

雨后，雨水蓄水池和中水调节池中都有水源可用，这时应先利用雨水，把雨水蓄水池尽快空出容积，收集后续雨水或下一场降雨雨水，同时中水原水可能会无处储存，可进行排放，进入市政污水管网。

条文的指导思想是优先截留雨水回用，在利用雨水替代自来水的同时，还降低了外排雨水量和流量峰值，实现雨洪控制的目标。

5.1.17 本条规定了非传统水源利用率的计算方法。

非传统水源利用率是非传统水源年用量在年总用水量中所占比例。非传统水源年用量是雨水、中水等各项用水的年用量之和，年总用水量根据第3章规定的年用水定额计算，其中包括了传统水源水和非传统水源水。

5.2 雨水利用

5.2.1 新建、改建和扩建的建筑与小区，都对原来的自然地面特性有了人为的改变，使硬化面积增加，外排雨水量或峰值加大，因此需要截流这些人为加大的外排雨水，进行入渗或收集回用。

5.2.2 年降雨量低于400mm的地区，雨水收集回用设施的利用效率太低，不予推荐。常年降雨量超过800mm的城市，雨水收集回用设施可以实现较高的利用效率，使回用雨水的经济成本降低。数据800mm的来源主要参考了国标《绿色建筑评价标准》GB/T 50378-2005。

5.2.4 本条公式是在国家标准《建筑与小区雨水利用工程技术规范》GB 50400-2006中（4.2.1-1）式的基础上增加了系数0.6～0.7，主要是扣除全年降雨中那些形不成径流的小雨和初期雨水径流弃流量。公式中的常年降雨厚度参见当地水温气象资料，雨量径流系数可参考《建筑与小区雨水利用工程技术规范》GB 50400。

5.2.5 本条规定了计算汇水面积的计算方法。

一个既定汇水面的全年雨水回用量受诸多工程设计参数的影响，比如实际的汇水面积、雨水蓄水池容积、回用管网的用水规模等。这些参数中，只要有一个匹配得不好，设计取值相对偏小，则全年雨水回用量就随之减少。比如一个项目的汇水面积和蓄水池都修建得很大，但雨水用户的用水量相对偏小，在雨季，收集的雨水不能及时耗用，蓄水池无法蓄集后续的降雨径流，则雨水回用量就会因雨水用户（管网）的规模偏小而减少。故全年的雨水回用量计算中的计算面积应按这三个因素中的相对偏小者折算。

公式（5.2.5-1）式反映蓄水池容积因素，该公式参考《建筑与小区雨水利用工程技术规范》GB 50400-2006中7.1.3条"雨水储存设施的有效储水容积不宜小于集水面重现期1～2年的日雨水设计径流总量扣除设计初期径流弃流量"整理而得。当有效容积V取值偏小，则计算面积F就会偏小，从而使

年回用雨水量W_{ya}减少。当然，当仅有V取值偏大，也不会增加计算面积和雨水年回用量。

公式（5.2.5-2）式反应雨水管网用水规模因素，该公式参考《建筑与小区雨水利用工程技术规范》GB 50400-2006中7.1.2条"回用系统的最高日设计用水量不宜小于集水面日雨水设计径流总量的40%"整理而得。其中假设2.5倍的最高日用水量等于3倍的平均日用水量。

当然制约年回用量的因素还有雨水处理设施的处理能力，设计中应注意执行《建筑与小区雨水利用工程技术规范》GB 50400。

5.3 中水利用

5.3.1 本条推荐中水设置的场所。

条文中的建筑面积参数是在北京市建筑中水设置规定的基础上修改的。其中宾馆饭店从2万m²扩大到3万m²，办公等公共建筑从3万m²扩大到5万m²。扩大的主要原因是一般水源型缺水城市的水源紧张程度不如北京那样紧张，同时自来水价也比北京低。

建筑中水的必要性一直存在争议。其实，建筑中水的存在，是有其客观需求的。需求如下：

1 不可替代的使用需求

在建筑区中营造景观水体，是房地产开发商越来越追逐的热点之一。2006年实施的国家标准《住宅建筑规范》GB 50368中，禁止在住宅区的水景中使用城市自来水。本标准也禁止在所有民用建筑小区中使用自来水营造水景。这样，建筑中水就成了景观水体的首要水源。雨水虽然更干净、卫生，但降雨季节性强，无法全年保障，仍需要中水做补水水源。

2 无市政排水出路时的需求

在城市的外围，建筑与小区的周边没有市政排水管道，建筑排水无法向市政管网排水，生活污水需要就地进行处理，达到向地面水体的排放标准后才能向建筑区外排放。然而对于这样的出水，再进行一下深度处理就可达到中水水质标准回用于建筑与小区杂用，并且增加的深度处理相对于上游的处理相对比较简单，经济上是划算的。目前有一大批未配套市政排水管网的建筑与小区，生活污水净化处理成中水回用，很受业主的欢迎。

3 特殊建筑需求

有些建筑，业主出于某些方面的考虑，提出一些特殊要求，这时必须采用中水技术才能满足业主需要。比如有些重要建筑和一些奥运会体育场馆工程，业主要求用水零排放，这时就必须采用建筑中水技术实现业主的要求。

4 经济利益吸引的需求

随着自来水价格的逐年走高，用建筑中水替代一部分自来水能减少水费，带来经济效益，吸引了一些

用户自发地采用中水。比如中国建筑设计研究院的设计项目中，有的项目规模没有达到北京市政府要求上中水的标准，可以不建中水系统，但业主自己要求设置，因为业主从已运行的中水系统，获得了经济效益，尝到了甜头。

5.3.2 建筑排水中的优质杂排水和杂排水的处理工艺较简单，成本较低，是中水的首选水源。在非传统水源的利用中，应作为可利用水量计算。其余品质更低的排水比如污水等可视具体情况自行选择，故不计入可利用水量。

5.3.3 在城市外围新开发的建筑区，有时没有市政排水管网。建筑排水需要处理到地面水体排放标准后再行排放。这时，再增加一级深度处理，就可达到中水标准，实现中水利用。故推荐中水利用。

5.3.4 一个既定工程中制约中水年回用量的主要因素有：原水的年收集量、中水处理设施的年处理水量、中水管网的年需水量。这三个水量的最小者才是能够实现的年中水利用量。条文中的三个公式分别计算这三个水量。公式中的系数 0.8 主要折扣机房自用水和溢流水量，系数 0.9 主要折扣进入管网的补水量，因为中水供水管网的水池或水箱一般设有自来水补水或其他水源补水，管网的用水中或多或少会补充进这种补水。0.9 的取值应该是偏大的，即折扣的补水量偏少，但目前缺少更精确的资料，有待积累更多的经验数据进行修正。

6 节水设备、计量仪表、器材及管材、管件

6.1 卫生器具、器材

6.1.1 本条规定选用卫生器具、水嘴、淋浴器等产品时不仅要根据使用对象、设置场所和建筑标准等因素确定，还应考虑节水的要求，即无论选用上述产品的档次多高、多低，均要满足城镇建设行业标准《节水型生活用水器具》CJ 164 的要求。

6.1.2、6.1.3 条文是根据城镇建设行业标准《节水型生活用水器具》CJ 164 及建设部 2007 年第 659 号公告《建设事业"十一五"推广应用和限制禁止使用技术（第一批）》第 79 项"在住宅建设中大力推广 6L 冲洗水量的坐便器"的要求编写的。住宅采用节水型卫生器具和配件是节水的重要措施。节水型便器系统包括：总冲洗用水量不大于 6L 的坐便器系统，两档式便器水箱及配件，小便器冲洗水量不大于 4.5L。

6.1.4 6.1.5 洗手盆感应式水嘴和小便器感应式冲洗阀在离开使用状态后，定时会自动断水，用于公共场所的卫生间时不仅节水，而且卫生。洗手盆自闭式水嘴和大、小便器延时自闭式冲洗阀具有限定每次给水量和给水时间的功能，具有较好的节水性能。

6.2 节 水 设 备

6.2.1 选择生活给水系统的加压水泵时，必须对水泵的 Q-H 特性曲线进行分析，应选择特性曲线为随流量增大其扬程逐渐下降的水泵，这样的水泵工作稳定，并联使用时可靠。Q-H 特性曲线存在有上升段（即零流量时的扬程不是最高扬程，随流量的增大扬程也升高，扬程升至峰值后，流量再增大扬程又开始下降，Q-H 特性曲线的前段就出现一个向上拱起的弓形上升段的水泵）。这种水泵单泵工作，且工作点扬程低于零流量扬程时，水泵可稳定工作。若工作点在上升段范围内，水泵工作就不稳定。这种水泵并联时，先启动的水泵工作正常，后启动的水泵往往出现有压无流量的空转。水压的不稳定，用水终端的用水器具的用水量就会发生变化，不利于节水。

6.2.2 采用叠压、无负压供水设计设备，可以直接从市政管网吸水，不需要设置二次供水的低位水池（箱），减少清洗水池（箱）带来的水量的浪费，同时可以利用市政管网的水压，节能。

6.2.3 水加热设备主要有容积式、半容积式、半即热式或快速式水加热器，工程中宜采用换热效率高的导流型容积式水加热器，浮动盘管型、大波节管型半容积式水加热器等。导流型水加热器的容积利用率一般为 85%～90%，半容积水加热器的容积利用率可为 95% 以上，而普通容积式水加热器的容积利用率为 75%～80%，不能利用的冷水区大。水加热设备的被加热水侧阻力损失不宜大于 0.01MP 的目的是为了保证冷热水用水点处的压力易于平衡，不因用水点处冷热水压力的波动而浪费水。

6.2.5 雨水、游泳池、水景水池、给水深度处理的水处理过程中均需部分自用水量，如管道直饮水等的处理工艺运行一定时间后均需要反冲洗，反冲洗的水量一般较大；游泳池采用砂滤时，石英砂的反冲洗强度在 12L/s·m²～15L/s·m²，如将反冲洗的水排掉，浪费的水量是很大的。因此，设计中应采用反冲洗用水量较少的处理工艺，如气—水反冲洗工艺，冲洗强度可降低到 8L/s·m²～10L/s·m²，采用硅藻土过滤工艺，反冲洗的强度仅为 0.83L/s·m²～3L/s·m²，用水量可大幅度地减少。

6.2.6 民用建筑空调系统的冷却塔设计计算时所选用的空气干球温度和湿求温度，应与所服务的空调系统的设计空气干球温度和湿球温度相吻合。当选用的冷却塔产品热力性能参数采用的空气干球温度、湿球温度与空调系统的相应参数不符时，应由生产厂家进行热力性能校核。设计中，通常采用冷却塔、循环水泵的台数与冷冻机组数量相匹配。当采用多台塔双排布置时，不仅需要考虑湿热空气回流对冷效的影响，还应考虑多台塔及塔排之间的干扰影响。必须对选用的成品冷却塔的热力性能进行校核，并采取相应的技

术措施，如提高气水比等。

6.2.7 节水型洗衣机是指以水为介质，能根据衣物量、脏净程度自动或手动调整用水量，满足洗净功能且耗水量低的洗衣机产品。产品的额定洗涤水量与额定洗涤容量之比应符合《家用电动洗衣机》GB/T 4288-1992中第5.4节的规定。洗衣机在最大负荷洗涤容量、高水位、一个标准洗涤过程，洗净比0.8以上，单位容量用水量不大于下列数值：

　1 滚筒式洗衣机有加热装置14L/kg，无加热装置16L/kg；

　2 波轮式洗衣机为22L/kg。

6.3 管材、管件

6.3.1 工程建设中，不得使用假冒伪劣产品，给水系统中使用的管材、管件，必须符合国家现行产品标准的要求。管件的允许工作压力，除取决于管材、管件的承压能力外，还与管道接口能承受的拉力有关。这三个允许工作压力中的最低者，为管道系统的允许工作压力。管材与管件采用同一材质，以降低不同材质之间的腐蚀，减少连接处的漏水的几率。管材与管件连接采用同径的管件，以减少管道的局部水头损失。

6.3.2 直接敷设在楼板垫层、墙体管槽内的给水管材，除管内壁要求具有优良的防腐性能外，其外壁应具有抗水泥腐蚀的能力，以确保管道使用的耐久性。为避免直埋管因接口渗漏而维修困难，故要求直埋管段不应中途接驳或用三通分水配水。室外埋地的给水管道，既要承受管内的水压力，又要承受地面荷载的压力。管内壁要耐水的腐蚀，管外壁要耐地下水及土壤的腐蚀。目前使用较多的管材有塑料给水管、球墨铸铁给水管、内外衬塑的钢管等，应引起注意的是，镀锌层不是防腐层，而是防锈层，所以内衬塑的钢管外壁亦必须做防腐处理。管内壁的衬、涂防腐材料，必须符合现行的国家有关卫生标准的要求。

室外热水管道采用直埋敷设是近年来发展应用的新技术。与采用管沟敷设相比，具有省地、省材、经济等优点。但热水管道直埋敷设要比冷水管埋设复杂得多，必须解决好保温、防水、防潮、伸缩和使用寿命等直埋冷水管所没有的问题，因此，热水管道直埋敷设须由具有热力管道（压力管道）安装资质的单位承担施工安装，并符合国家现行标准《建筑给水排水及采暖工程验收规范》GB 50242及《城镇直埋供热管道工程技术规程》CJJ/T 81的相关规定。

中华人民共和国国家标准

橡胶工厂节能设计规范

Energy saving design code
for rubber factory

GB 50376—2006

主编部门：中国工程建设标准化协会化工分会
批准部门：中华人民共和国建设部
施行日期：2006年11月1日

中华人民共和国建设部
公　　告

第 472 号

建设部关于发布国家标准
《橡胶工厂节能设计规范》的公告

现批准《橡胶工厂节能设计规范》为国家标准，编号为 GB 50376—2006，自 2006 年 11 月 1 日起实施。其中，第 3.1.4、3.2.2、5.2.1、5.2.4、5.3.1 条为强制性条文，必须严格执行。

本规范由建设部标准定额研究所组织中国计划出版社出版发行。

中华人民共和国建设部
二○○六年八月二十四日

前　　言

本规范是根据中华人民共和国建设部"关于印发《2005 年工程建设标准规范制定、修订计划（第二批）》的通知"（建标函〔2005〕124 号文）的要求，由中国石油和化工勘察设计协会、全国橡胶塑料设计技术中心会同昊华工程有限公司、中国化学工业桂林工程公司和青岛英派尔化学工程有限公司共同编制而成。

本规范的内容共有 10 章和 4 个附录，主要内容包括：总则；术语；总图、建筑与建筑热工节能设计；工艺节能设计；电力节能设计；给排水节能设计；供热节能设计；采暖、通风和空气调节节能设计；动力与工业管道节能设计及自动控制节能设计等。

在编制过程中，编制组进行了广泛的调查研究，认真总结了我国多年来橡胶工厂设计中节能方面的经验，结合国内、国外橡胶工厂节能设计的先进技术和成熟理念，广泛征求了国内橡胶行业的工程设计、工程施工、科研和橡胶制品、轮胎生产单位对规范征求意见稿的意见，并进行了多次整理及讨论。

本规范以黑体字标志的条文为强制性条文，必须严格执行。

本规范由建设部负责管理和对强制性条文的解释，由全国橡胶塑料设计技术中心（电话：010-51372748，传真：010-51372780，E-mail：China-rp@China-rp.cn）负责具体内容解释。本规范在执行过程中，请各单位结合工程实践，认真总结经验，注意积累资料，随时将意见和建议寄送中国工程建设标准化协会化工工程委员会（地址：北京市朝阳区安立路 60 号润枫德尚 A 座 13 层，邮编：100101），以供今后修改时参考。

本规范主编单位、参编单位和主要起草人：

主 编 单 位：中国石油和化工勘察设计协会
　　　　　　　全国橡胶塑料设计技术中心

参 编 单 位：昊华工程有限公司
　　　　　　　中国化学工业桂林工程公司
　　　　　　　青岛英派尔化学工程有限公司

主要起草人：邹仁杰　顾卫民　李贵君　林清民
　　　　　　　胡祖忠　冯康见　齐国光　陈宏年
　　　　　　　罗燕民　刘　杏　金贤芳　赵　磊
　　　　　　　丘西宁　徐开琦　苏　志　任瑞祥
　　　　　　　张清宇　邓小健　邓　蓉　何最荣
　　　　　　　吴　江　刘爱华　王龙波　刘魁娟
　　　　　　　王玉荣　王　洁　王维晋　李修更
　　　　　　　韩国义　刘　岩　郑玉胜　黄元昌
　　　　　　　谭　力　崔政梅

目　次

1 总 则

1.0.1 为了贯彻国家节能法,降低橡胶产品生产的综合能耗,提高设计质量,建设节能型企业,促进橡胶工业可持续发展,制定本规范。

1.0.2 本规范适用于橡胶工厂新建和改扩建工程项目的节能设计。

1.0.3 节能设计是各专业设计内容的重要组成部分。在设计中,各专业均应以本专业的设计规范、标准及规定为基础,按本规范采取有效的节能技术措施。

1.0.4 主要耗能设备宜选用高效节能型或低能耗产品,各专业设计均应进行多方案技术经济比较,选用节能效果好、技术可靠、经济合理的方案。

1.0.5 凡经有关主管部门或受委托单位鉴定,或经生产实践证明行之有效的节能新工艺、新技术、新设备和新产品,应积极选用。

1.0.6 工程设计中,应计算综合能耗指标(吨标准煤/吨三胶)(附录A)。三胶以合格品量计算,综合能耗计算方法见附录B,各种能源折算系数见附录C。

1.0.7 综合能耗计算结果应与同类企业进行比较。为考虑不同地区由于气候条件不同而造成的差别,应根据地区类别选取气温影响可比修正系数 F 值(见附录D)。

1.0.8 橡胶工厂节能设计,除执行本规范外,尚应符合国家现行的有关标准规范的规定。

2 术 语

2.0.1 体形系数 shape coefficient
建筑物与室外大气接触的外表面积与其所包围的体积的比值。

2.0.2 窗墙面积比 area ratio of window to wall
房间某朝向外墙的窗户门洞口面积与该外墙面积(含窗口面积)之比值。

2.0.3 传热系数 heat transfer coefficient
在稳定条件下围护结构两侧空气温度差为1℃,1h内通过1m² 面积传递的热量。

2.0.4 透明幕墙 transparent curtain wall
可见光可直接透射入室内的幕墙。

2.0.5 热阻 thermal resistance
表征围护结构(包括两侧表面空气边界层)阻抗传热能力的物理量。

2.0.6 清洁废水 cleaning waste water
间接冷却水的排水、溢流水。

2.0.7 中水 reclaimed water
指各种排水经处理后,达到规定的水质标准,可在生活、市政、环境等范围内杂用的非饮用水。

2.0.8 能耗 energy consumption
指橡胶产品生产过程中所消耗的能量。

2.0.9 三胶 nature rubber,synthetic rubber and reclaimed rubber
指天然橡胶、合成橡胶及再生胶。

2.0.10 轮胎硫化 tyre curing
能对模具加热、加压,具有开模、合模等功能,用于硫化外胎的工艺过程。

3 总图、建筑与建筑热工节能设计

3.1 一般规定

3.1.1 橡胶工厂总体布置应符合节约土地的原则,正确处理近期建设与远期规划的关系,合理利用地形和工业区的规划条件,做到功能分区明确。

3.1.2 橡胶工厂的总图布置和设计,应兼顾各专业的特点,缩短运输距离,并宜利用冬季日照、避风和夏季自然通风,力求工程设计科学合理。

3.1.3 橡胶工厂中炼胶及主要生产车间应集中布置或采用联合厂房的形式,炼胶车间应布置在厂区的下风向。除工艺特殊要求外,避免采用无窗厂房。变电站、动力站、空压站、制冷站、水泵站、锅炉房等公用工程设施应靠近负荷中心。

3.1.4 严寒、寒冷地区的炼胶车间、主要生产车间及辅助用房的体形系数不得超过0.4。

3.1.5 工业厂房不宜采用玻璃幕墙。

3.1.6 橡胶工厂的生活区、厂前区建筑部分应执行国家现行标准《公共建筑节能设计标准》GB 50189、《民用建筑节能设计标准》(采暖居住建筑部分)JGJ 26、《夏热冬冷地区居住建筑节能设计标准》JGJ 134、《夏热冬暖地区居住建筑节能设计标准》JGJ 75 的规定。

3.1.7 本规范的建筑气候分区应符合现行国家标准《公共建筑节能设计标准》GB 50189 的规定。

3.1.8 围护结构传热系数限值根据建筑物所处的建筑气候分区来确定。

3.2 外门和外窗

3.2.1 外窗面积不宜过大,在满足功能要求条件下,窗墙面积比不宜超过0.5。

3.2.2 橡胶工厂主车间屋顶透明部分的面积不应大于屋顶总面积的10%。

3.2.3 严寒地区、寒冷地区建筑的外门宜采用减少冷风渗透的措施,外门和外窗框靠墙体部位的缝隙应采用高效保温材料填充密实;其他地区建筑外门也应采取保温隔热节能措施。

3.2.4 外窗的气密性等级应执行现行国家标准《建筑外窗气密性能分级及其检测方法》GB 7107 的规定,不应低于4级。

3.2.5 透明幕墙的气密性不低于现行国家标准《建筑幕墙物理性能分级》GB/T 15225 的规定,其等级不应低于3级。

4 工艺节能设计

4.1 生产规模

4.1.1 对于新建轮胎工厂,载重子午胎的生产规模宜在60万条/年以上,乘用及轻卡子午胎的生产规模宜在300万条/年以上。

4.2 工艺设备的选择

4.2.1 炼胶是高能耗工段,应根据产品品种和生产规模合理选择密炼机的机型和规格,宜选用较大规格的无级调速密炼机。

4.2.2 在满足生产工艺要求的条件下,型胶挤出宜选用销钉式冷喂料挤出机。

4.2.3 钢丝圈生产宜选用多工位钢丝圈挤出缠绕生产线。

4.2.4 对于规模较大的子午胎项目,轮胎成型宜选用一次法轮胎成型机或多鼓一次法轮胎成型机,纤维胎体帘布裁断宜选用自动裁断、自动接头并带纵裁装置和四工位卷取装置的纤维帘布裁断机。

4.2.5 硫化工段应选用保温效果好、热效率高和能耗少的硫化设备。

4.3 生产工艺

4.3.1 炼胶工段应遵守减少混炼段数的原则,宜采用高速混炼工艺或变速混炼工艺。

4.3.2 在满足工艺要求的条件下,轮胎硫化宜采用充氮硫化工艺或变温等压硫化工艺。

4.4 动力参数的确定

4.4.1 根据生产工艺的要求及选用的设备,合理确定工艺设备冷却水的温度。

4.4.2 根据生产工艺的要求,合理确定采暖、通风和空调的参数。

4.5 车间工艺布置

4.5.1 车间工艺布置应遵守简化生产工艺的原则。

4.5.2 当制冷站、水泵站、空压站、动力站和车间变配电所等布置在车间辅房或车间内部时,工艺布置应兼顾各专业的节能要求,尽量使其靠近各自的负荷中心。

5 电力节能设计

5.1 供电系统及电压等级选择

5.1.1 当供电电源有两个以上电压等级可供选择时,需进行技术经济比较,在符合生产要求的基础上,宜选用电能损耗少、运行费用低、初资资少、回收年限短的电压等级方案。

5.1.2 变配电所的位置应靠近负荷中心,减少变压器级数,缩短供电半径。

5.1.3 10kV 及以上输电线路,应按经济电流密度校验导线截面。

5.1.4 根据用电负荷的特性和变化规律,正确选择和配置变压器容量和台数,通过运行方式的择优,合理调整负荷,实现变压器的经济运行。总降压变电站主变压器的负荷系数(负荷率)宜在 0.60～0.75 之间,车间变电所变压器的负荷系数(负荷率)宜在 0.55～0.70 之间,以使变压器运行在单位负荷损耗的最佳负荷区间。

5.1.5 变配电所内的变配电设备应配置相应的测量和计量仪表,监测并记录电压、电流、功率、功率因数和有功电量、无功电量。电能计量仪表准确度等级为:

 1 月平均用电量 $1 \times 10^6 kW \cdot h$ 及以上的总降压变电站或总配电所用于计费的计量柜,应采用 0.5 级有功电能表(配 0.2 级 CT);

 2 用于企业内部考核的总降压变电站或总配电所计量,应用 1.0 级有功电能表(配 0.5 级 CT);

 3 车间变电所的考核计量,应采用 2.0 级有功电能表(配 0.5 级 CT);

 4 无功电能表的准确度等级均采用 2.0 级(配 0.5 级 CT),当需要时总降压变电站或总配电所用于计费的计量柜无功电能表可用 0.2 CT。

5.2 车间配电

5.2.1 橡胶工厂应选用节能型变压器。

5.2.2 车间变电所及配电室应靠近大容量的用电设备或负荷中心。对负荷较大的多跨大面积厂房,宜采用干式变压器的成套变、配电装置。

电力供配电线路宜采用铜芯电线电缆和铜质母线;

低压供配电线路半径不宜大于 150m;

低压供配电线路应符合经济电流密度选择导线截面的要求,一般情况下按计算电流 $I_{js} \leqslant 0.7 \times$ 导线载流量(环境温度 25℃时的导线载流量)来确定导线截面,或按导线温升选定的截面加大 2 级,当供电距离大于 150m 时,宜加大 3 级截面;

多台变压器之间应进行低压联络,便于检修或节假日时投入一台变压器运行,以减少空载损耗。

5.2.3 整流所的位置应接近直流负荷中心,缩短供电半径,降低接触电阻和电压降,实现电力整流设备系统经济运行。

5.2.4 采用高效电力整流设备,并根据负荷变化情况,对电力整流设备运行效率进行测定。电力整流设备在额定负荷状态时的转换效率应不低于以下指标:

 1 直流额定电压在 100V 以上为 95%;

 2 直流额定电压在 100V 及以下为 90%。

5.2.5 电力整流设备应配置交直流电流、电压检测仪表和交直流电能计量仪表。

5.2.6 三相配电干线的各相负荷宜分配平衡,最大相负荷不宜超过三相负荷平均值的 115%,最小相负荷不宜小于三相负荷平均值的 85%。

5.2.7 对各车间变电所用电负荷进行监测,无人值守的变配电室宜采用低压综合监测仪表,以便在高压值班室内进行监测。

5.2.8 炼胶、压延、挤出等高次谐波含量大的设备,宜采用抑制谐波的措施,增加谐波治理装置。

5.2.9 功率在 200kW 及以上电动机,宜采用高压电动机。

5.2.10 功率在 75kW 及以上电动机,应单独配置电流表、有功电能表等计量仪表,以便检测与计量电动机运行中的有关参数。多台电动机共用一个动力箱、配电屏时的电压测量,利用箱、屏接入母线上的电压表;只供单台电动机的控制柜应配置电压表、电流表、有功电能表等计量仪表。

5.2.11 对机械负载经常变化的电气传动系统,采用调速运行的方式加以调节。调速运行方式的选择,应符合系统特点和条件的要求,通过安全、技术、经济、运行维护等方面综合分析比较后确定。

5.3 功率因数补偿

5.3.1 在提高自然功率因数的基础上,应在负荷合理装设集中或就地无功补偿装置,企业计费侧最大负荷时的功率因数不应低于 0.90。

5.3.2 单台 100kW 及以上感性负荷电动机在负荷较平稳时,宜就地设置补偿电力电容器,补偿容量(kvar)为电动机容量(kW)的 25%～30%。

5.4 照 明

5.4.1 室内照明设计的节能应符合现行国家标准《建筑照明设计标准》GB 50034 的规定。

5.4.2 厂区道路照明应分区多路集中控制,避免线路过长,并使三相负荷平衡。

5.4.3 厂区道路照明的路灯宜采用光电和时间控制,后半夜切除一半路灯照明,并采用节能灯具。

5.4.4 照明设备宜选用带补偿的照明器具,照明布置的灯具宜采用节能控制,每相灯数不宜超过 25 盏。

6 给排水节能设计

6.0.1 根据工厂的用水系统、水质标准、用水量及当地水资源及市场供应情况,合理选用水源。

6.0.2 生产用水应充分考虑冷却水的循环使用和重复利用,循环利用率应在95%以上。水量计算原则应符合下列要求:

1 工业企业生产用水量、水质和水压,根据生产工艺要求确定;

2 用水系统补充水计算是指循环冷却水系统中设备、管路的漏损量,这部分计算应符合现行国家标准《工业循环水冷却设计规范》GB/T 50102、《工业循环冷却水处理设计规范》GB 50050及《泵站设计规范》GB/T 50265的规定;

3 消防用水量计算应遵循相应的国家标准、规范,消防用水池宜与其他用水池合并使用,并应有保证消防用水不污染其他用水的技术措施。

6.0.3 给水系统应符合下列要求:

1 应根据工厂规模,工艺生产设备选型及水质、水量等情况经技术经济比较后确定给水系统;

2 冷却水循环系统应采用水质稳定处理及采取杀菌灭藻措施,提高传热效率;

3 给水系统应采用自动控制设备,使给水泵与工艺需求相匹配;

4 给水管材应选用国家推广的优质产品,减少漏损;

5 给水系统的补充水,除选择市政水源外,经技术比较,合理利用工厂内自制的软化水、厂外供蒸汽使用后产生的凝结水,以充分利用能源,降低给水系统的能耗;

6 根据地区类别、气象条件、工艺生产要求、水量水温变化的情况,应相应选用节能型冷却塔。冷却塔数量应与用水量变化相匹配,不设备用,但要校核冷却塔维修时水量负荷,做到经济运行。

6.0.4 生产用低温水系统(25℃以下)和热媒管道应进行保冷和保温。

6.0.5 橡胶工厂的污、废水应实行清污分流,清洁废水宜单独收集、利用,减少污水处理的能量消耗。严禁用一次水冲洗地面。

6.0.6 在有中水供应的地区,绿化、洗车、冲厕等应充分利用中水;在没有中水供应的地区,宜自建中水设施。中水的原水收集率不低于75%。

6.0.7 通过雨水的间接和直接利用,减少地面排水设施。

6.0.8 设备宜选用国家推荐的节能产品。

6.0.9 厂区进水管路、水泵站供水管路及车间供水的总管均应设置计量装置。厂区排水总管上宜设置计量装置。

7 供热节能设计

7.0.1 在已建成的热电联产集中供热和规划建设热电联产集中供热项目的供热范围内,其传热蒸汽能满足橡胶生产工艺要求的,宜由电厂供热。

7.0.2 当自建供热锅炉房时,根据当地燃料情况,合理选择高效节能型锅炉。当采用燃煤锅炉时,宜选用循环硫化床锅炉。供热锅炉单台容量20t/h及以上者,宜建热电联产机组。

7.0.3 根据水源水质及锅炉型号合理选择锅炉给水处理系统,以确保锅炉的高效率运行。锅炉排污率应在10%以下。

7.0.4 锅炉鼓、引风机及锅炉给水泵宜采用变频调速,或液力耦合装置等节能措施。

7.0.5 连续排污膨胀器排水的热量宜回收利用。

7.0.6 对蒸汽负荷变化大的工厂,经技术经济比较认为合理时,应选用蓄热器。

7.0.7 橡胶工厂凝结水中的二次蒸汽应回收利用。自建锅炉房时的凝结水符合锅炉给水要求的宜为锅炉给水;不符合锅炉给水要求的,宜作为采暖、制冷和生活用热以充分利用其热能。当采用外购蒸汽时,蒸汽凝结水在厂内宜作为采暖、制冷和生活用热,以充分利用其热能;当热量无法利用时,宜回收凝结水作为循环水的补充水。

7.0.8 主蒸汽管道应靠近汽量大的车间,缩短管道长度。

7.0.9 燃料、锅炉给水、供汽及凝结水回水均应设计量装置。

7.0.10 当用汽系统所需蒸汽压力等级不同时,锅炉房宜以较高压力等级供汽,低压用汽部门进行减压。

7.0.11 当冬季采暖用气负荷较大且夏季采用电制冷时,生产用汽和采暖用汽宜采用分别供汽的方式供汽。

7.0.12 蒸汽管网的支座宜采用具有保温隔热支撑材料的支吊架。

8 采暖、通风和空气调节节能设计

8.1 采 暖

8.1.1 工业建筑的采暖,当厂区供热以工艺用蒸汽为主时,在不违反卫生、技术和节能要求的条件下,可采用蒸汽做热媒。

8.1.2 生产工艺需要设置集中采暖的工业建筑,应符合下列要求:

1 建筑物为无窗大厂房宜采用热风采暖,由工作区的室温控制调(送风)机组加热器的加热量;

2 建筑物为普通有窗的单层或多层厂房,宜设置5℃的散热器采暖和热风采暖相结合的采暖方式。根据工作区的室温控制送风机组加热器的加热量;

3 对位于严寒地区和寒冷地区的建筑物,且在非工作时间或中断使用的时间内,室内温度需保持在0℃以上,而利用房间蓄热不能满足要求时,应按5℃设置值班采暖;

4 设置采暖的建筑物,如工艺对室内温度无特殊要求,且每个人占用建筑面积超过100m² 时,不宜设置全面采暖,宜设置局部采暖。

8.1.3 散热器应明装,散热器的外表面应刷非金属涂料。

8.2 通风与空气调节

8.2.1 根据生产工艺对生产环境温、湿度控制范围的要求,空调系统应确定经济、节能的空调基数和技术可行的空调精度。

1 温湿度要求范围大的空调系统,宜按冬、夏确定空调基数和技术可行的空调精度;

2 要求温湿度全年一样的空调系统,宜在技术可行的基础上适当提高空调精度,当空调温度精度大于或等于±2℃时,宜将空调温度基数夏季提高1~2℃,冬季降低1~2℃。

8.2.2 设计全空气空气调节系统功能上无特殊要求时,可采用单风管送风方式。空气处理宜采用定风量单风机的一次回风系统。

8.2.3 设计定风量全空气空气调节系统时,宜采取实现全新风运行或可调新风比的措施,同时设计相应的排风系统。新风量的控制与工况的转换宜采用新风和回风的焓值控制方法。

8.2.4 空调系统冬、夏应采用最小新风量,以达到节能效果,并符合下列要求:

1 保证生产工人每人不少于30m³/h 的新风量。按最大班的人数确定新风量;

2 保证空调工段5~10Pa 的微正压及补偿排风。空气调节工段宜在相邻工段的大门处设置空气幕和软门帘或开启方便的门;

3 按空调工段内散发的有害气体量,稀释其所需要确定的新风量。

比较确定空调系统冬、夏最小新风量,取以上三种新风量中的最大值作为空调系统的最小新风量。

8.2.5 对于无窗大厂房空调工段的送风量,一般夏季大,冬季小,为节能宜选择 3 台以上空调机组,以开停空调机组的台数来实现系统的变风量。

8.2.6 空气调节系统送风温差应按照焓湿图(h-d)表示的空气处理过程计算确定。空气调节系统采用上送风气流组织形式时,宜加大夏季设计送风温差,并符合下列规定:

1 送风高度小于或等于 5m 时,送风温差不宜小于 5℃;

2 送风高度大于 5m 时,送风温差不宜小于 10℃;

3 采用置换通风方式时,送风温差不受限制。

8.2.7 除特殊情况外,在同一空气处理系统中,不应同时有加热和冷却运行过程。

8.2.8 厂房内产生热烟气的工艺设备,应设局部排风系统,对排风量较大的工艺设备宜采用吹吸式排风系统。在严寒和寒冷地区经技术经济比较,必要时可设置能量回收装置。

8.2.9 厂房中的热工段防暑降温的通风量巨大,宜选择屋顶自然通风器和带挡风板的天窗进行排风。

8.3 空气调节系统的冷源

8.3.1 应根据所需的冷量、当地能源、水源和热源的供应情况,通过技术经济比较确定所用机组:

1 机组宜优先选用水冷电动压缩式冷水(热泵)机组;

2 在自备锅炉房的厂区,当夏季锅炉运行的台数满足工艺用汽后,富裕的蒸汽量足够全厂的制冷用蒸汽量时或新开一台锅炉能保证锅炉轮修,且负荷又在合理情况下时,可采用溴化锂吸收式制冷机组;

3 在外购蒸汽的厂区,经济比较合理时可选择溴化锂吸收式制冷机组。

8.3.2 当大型制冷机房选用离心式制冷机时,离心式制冷机制冷量应满足负荷变化规律及部分负荷运行调节要求,一般应大小搭配,应不少于两台,也不宜过多。

8.3.3 空气源热泵冷、热水机组在不同气候区的选用应符合下列规定:

1 较适用于夏热冬冷地区的建筑;

2 夏热冬暖地区,应以热负荷选型;

3 在寒冷地区,当冬季运行性能系数低于 1.8 或具有集中热源、气源时,则不宜采用。

8.3.4 对冬季或过渡季存在一定量供冷需求时,经技术经济分析合理时应利用冷却塔提供冷水。

9 动力与工业管道节能设计

9.0.1 动力管道各系统的选择,需按工艺要求,经技术经济比较后进行设计。

9.0.2 动力站应靠近硫化工段设置。当硫化设备分别布置在两个以上车间时,若相距不远,应设置在负荷较大或压力、温度要求较高的车间内,否则可分别设置或集中设置在独立的建筑物内。

9.0.3 制冷站的位置应根据冷负荷的分布、所需能源(电源、热源)及冷却水系统位置等因素确定,应靠近负荷中心,缩短供电、供热、供水距离。

9.0.4 压缩空气站宜设计为独立建筑,也可与其他建筑(水泵站、制冷站等)毗连。

9.0.5 压缩空气站位置的选择应接近负荷中心,条件允许时,宜靠近电源、水源。

9.0.6 动力管道系统各设备的选择,应优先选用节能产品。

9.0.7 车间的蒸汽冷凝水系统,宜回收至凝结水站或最大限度实现蒸汽凝结水的多级利用。

9.0.8 工业管道和设备的保温及保冷工程设计,除应符合本规范的规定外,还应符合现行国家标准《工业设备及管道绝热工程设计

规范》GB 50264 的有关规定。下列管道或设备应予以保温或保冷:

1 外表面温度高于 50℃的管道和设备;

2 介质温度等于或低于 25℃的管道;

3 寒冷地区有可能冻结的厂区架空管道。

9.0.9 保温材料应本着就地取材、施工方便的原则进行选择,并应符合下列要求:

1 保温材料在平均温度等于或低于 350℃时,导热系数不应大于 0.120W/(m·K);保冷材料在平均温度低于 27℃时,导热系数不应大于 0.064W/(m·K);

2 密度不大于 350kg/m³;

3 耐热温度不应低于管道内介质的最高温度;

4 具有一定的强度;

5 吸水性低,对金属腐蚀性小。

9.0.10 管道和设备的保温或保冷厚度可根据所选定的绝热材料及介质温度,按经济厚度方法计算。当经济厚度不能满足技术要求时,可按计算结果并参照相关国家或地方现行标准图集选用保温或保冷厚度。

10 自动控制节能设计

10.0.1 密炼机应配备具有能量控制功能的计算机控制系统。

10.0.2 蒸发量为 10t/h 以上的锅炉宜采用燃烧过程自动调节系统。

10.0.3 生产车间内的集中空气调节系统、通风系统,应进行监测和控制,其中包括参数检测、设备状态显示、自动调节与控制、工况自动转换,并宜采用分布式控制系统进行中央监控与管理。

10.0.4 对于水、蒸汽、压缩空气等动力介质,应设置全厂及车间两级计量仪表,主要生产线及大型机组宜分工段或单独设置计量仪表。

附录 A 橡胶工业企业可比单位产品三胶综合能耗一览表

表 A 橡胶工业企业可比单位产品三胶综合能耗一览表

序号	产品或生产规模	可比单位产品三胶综合能耗 (吨标准煤/吨三胶)	备注
一	轮胎厂		
1	年产 60 万条以上全钢子午胎	1.730	
2	年产 300 万条以上半钢子午胎	1.490	
二	力车胎厂		按 26″×2 $\frac{1}{2}$″力车胎计算
1	年产 240 万套以下	2.768	
2	年产 240~400 万套	2.304	
3	年产 400 万套以上	1.920	
三	胶管厂		
1	年产 600 万英寸米以上	1.840	
四	胶带厂		
1	年产 6000t	2.550	
五	再生胶厂		
1	年产 3000t	0.760	
2	年产 6000~12000t	0.686	

注:轮胎厂和胶带厂可比单位产品三胶综合能耗为国内部分代表性大型生产企业近年统计结果,其他橡胶工业企业单位产品综合能耗摘自《橡胶厂节能设计技术规定》HG 20526。

附录 B 橡胶产品三胶综合能耗计算方法

B.1 一般规定

B.1.1 本附录适用于轮胎、力车胎、胶管、胶带、胶鞋、乳胶及其他橡胶制品的三胶综合能耗计算方法。

B.2 橡胶产品三胶综合能耗计算

B.2.1 橡胶产品三胶综合能耗计算分三种情况：总综合能耗、单位产品三胶综合能耗、可比单位产品三胶综合能耗。

B.2.2 橡胶产品三胶总综合能耗，系指报告期内用三胶加工橡胶产品所消耗的能源总量。它包括生产系统、辅助生产系统、附属生产系统的能源消耗量和损失量。不包括基本建设、生活用能和向外输出的能源。

1 综合能耗计算的能源包括一次能源、二次能源和耗能工质。能源量以计量为准，热值以实测为准，无实测条件的按附录 C 中各种能源折标准煤参考系数进行折算。电能热值一律按 0.404 千克标准煤/千瓦小时计算。多产品共用的辅助、附属系统的能耗量和损失量，按消耗比例分摊法计算。

2 生产系统能耗，系指从烘胶开始，经炼胶、压延、挤出、成型、硫化等加工工艺全过程所消耗的能源量。

3 辅助生产系统能耗，系指原料助剂加工过程中供水、供电、供汽、压缩空气等部门所消耗的能源量。

4 附属生产系统能耗，系指机修、测试、计量、制冷等间接为生产服务的车间、科室所消耗的能源量。

5 橡胶产品加工中回收利用的余热、余能不计入总综合能耗，向外界输出时，则从产品总综合能耗中扣除。

6 用外购半成品加工成品时，加工半成品所消耗的能源应计入总综合能耗。

7 总综合能耗按式（B.2.2）计算：

$$E_{\alpha} = \sum_{i=1}^{n}(e_{k}K_{i}) + \sum_{i=1}^{n}(e_{iff}K_{i}) \qquad (B.2.2)$$

式中 E_{α} ——橡胶产品三胶总综合能耗（吨标准煤）；

e_{k} ——产品加工（含外购半成品）消耗的某种能源实物量；

e_{iff} ——产品加工（含外购半成品）消耗的辅助、附属能源量和能源损失量；

K_{i} ——某种能源折标准煤系数；

n ——能源种数。

B.2.3 单位产品三胶综合能耗。

1 单位产品三胶综合能耗指用单位三胶量表示的综合能耗。

2 三胶量以加工成合格产品所用的天然胶、合成胶、再生胶之和计算。

3 单位产品三胶综合能耗按式（B.2.3）计算：

$$E_{cd} = \frac{E_{\alpha}}{L} \qquad (B.2.3)$$

式中 E_{cd} ——单位三胶综合能耗（吨标准煤/吨三胶）；

L ——合格产品三胶总耗量（t）。

B.2.4 可比单位产品三胶综合能耗。

1 可比单位产品三胶综合能耗是为了便于同行业比较而计算出的综合能耗，是在三胶总综合能耗中扣除辅助、附属能耗和能源损失量及地区气温差异所影响的能耗量。

2 可比单位产品三胶产品综合能耗按式（B.2.4）计算：

$$E_{ck} = \frac{\sum\limits_{i=1}^{n}(e_{ic}K_{i})}{L} \cdot F \qquad (B.2.4)$$

式中 E_{ck} ——可比单位产品三胶综合能耗（吨标准煤/吨三胶）；

e_{ic} ——三胶消耗的某种能源实物量；

K_{i} ——某种能源折标准煤系数；

n ——能源种数；

L ——合格产品三胶总耗量（t）；

F ——可比修正系数（见附录 D）。

3 橡胶产品加工中因工艺要求，室温一般不低于 18℃，我国地区气温差异较大，气温影响采取修正系数 F 进行修正。

4 胶鞋产品生产中，某些品种需进行多次硫化，可比单位产品综合能耗计算中只计算一次硫化所消耗的能耗。

注：橡胶产品三胶综合能耗计算方法摘自《橡胶厂节能设计技术规定》HG 20526。

附录 C 各种能源及耗能工质折标准煤参考系数

表 C-1 各种能源及耗能工质折标准煤参考系数

能源名称	单位	平均低位发热量	折算标准煤系数（千克标准煤/千克）
原煤		20934（5000）	0.7143
洗精煤		26377（6300）	0.9000
焦炭		28470（6800）	0.9714
原油		41868（10000）	1.4286
燃料油	kJ/kg	41868（10000）	1.4286
煤油	（kcal/kg）	43124（10300）	1.4714
汽油		43124（10300）	1.4714
柴油		42705（10200）	1.4571
液化石油气		50241（12000）	1.7143
炼厂干气		46055（11000）	1.5714
油田石油气	kJ/m³	38979（9310）	1.3300 千克标准煤/m³
气田石油气	（kcal/m³）	35588（8500）	1.2143 千克标准煤/m³
焦炉煤气		18003（4300）	0.6143 千克标准煤/m³
煤焦油	kJ/kg	33494（8000）	1.1429
粗苯	（kcal/kg）	41868（10000）	1.4286
热力（当量）	—	—	0.03412 千克标准煤/MJ 0.14286 千克标准煤/MJ
电力（当量）	kJ/(kW·h)	3601（860）	0.1229 千克标准煤/(kW·h)
电力（等价）	kcal/(kW·h)	11840（2828）	0.4040 千克标准煤/(kW·h)

表 C-2 耗能工质平均折算热量及折标准煤参考系数

品种	折算单位	平均折算热量	折算标准煤（kg）
外购水	t	2.51（MJ/t） 600（kcal/t）	0.086
软水	t	14.23（MJ/t） 3400（kcal/t）	0.486
除氧水	t	28.45（MJ/t） 6800（kcal/t）	0.971
压缩空气	N·m³	1.17［MJ/(N·m³)］ 280［kcal/(N·m³)］	0.040
鼓风	N·m³	0.88［MJ/(N·m³)］ 210［kcal/(N·m³)］	0.030
氧气	N·m³	11.72［kcal/(N·m³)］ 2800［MJ/(N·m³)］	0.400
氮气	N·m³	19.66［MJ/(N·m³)］ 4700［kcal/(N·m³)］	0.671
二氧化碳	N·m³	6.28［MJ/(N·m³)］ 1500［kcal/(N·m³)］	0.241
蒸汽（低压）	t	3765.60（MJ/t） 90(10000kcal/t)	129.000

注：表 C-1、表 C-2 摘自《化工企业能源消耗和节约量计算通则》ZBG 01001。

附录 D 气温影响可比修正系数 F 值

表 D 气温影响可比修正系数 F 值

序号	地区、省、市	F 值
1	广东、广西、福建、江西、海南、(台湾)	1.00
2	上海、江苏、浙江、湖南、湖北	0.97
3	云南、贵州、四川、重庆	0.94
4	河南	0.90
5	陕西、山东、安徽	0.85
6	北京、天津、河北	0.82
7	甘肃、山西	0.78
8	辽宁、新疆、内蒙、青海、宁夏	0.72
9	吉林	0.66
10	黑龙江	0.60

注:摘自《橡胶厂节能设计技术规定》HG 20526。

本规范用词说明

1 为便于在执行本规范条文时区别对待,对要求严格程度不同的用词说明如下:

1)表示很严格,非这样做不可的用词:
正面词采用"必须",反面词采用"严禁"。

2)表示严格,在正常情况下均应这样做的用词:
正面词采用"应",反面词采用"不应"或"不得"。

3)表示允许稍有选择,在条件许可时首先应这样做的用词:
正面词采用"宜",反面词采用"不宜";
表示有选择,在一定条件下可以这样做的用词,采用"可"。

2 本规范中指明应按其他有关标准、规范执行的写法为"应符合……的规定"或"应按……执行"。

中华人民共和国国家标准

橡胶工厂节能设计规范

GB 50376—2006

条 文 说 明

目　次

1 总 则

1.0.1 根据《中华人民共和国节约能源法》，制定了《橡胶工厂节能设计规范》GB 50376—2006。制定本规范的目的是在正确设计思想的指导下，对橡胶工厂从外到内的设计进行控制，从而保证工程节能效果。大量工程设计实践表明，加强对设计的控制，可有效减少损失，避免资源与能源的浪费。

1.0.3～1.0.5 本规范是各专业设计采取行之有效的节能措施的依据，应把节约能源放在重要位置考虑。特别是对主要耗能设备，例如轮胎硫化工段是耗能最大的，应采取有效措施，最大限度节能。各专业设计人员应进行多方案比较，最后加以选定。

1.0.6 目前，在可研和初步设计阶段中仍可使用吨三胶作为单位产品综合能耗的单位，今后宜按吨产品来计算。

2 术 语

本章是根据《工程建设标准编写规定》建标[1996]626 号的要求，针对橡胶工厂节能设计工作的实际情况新增加的内容。

随着科学技术的进步，很多新用语、名词和概念不断出现，并反映在设计过程中，若不进行统一而明确的定义、不规范其正确应用，势必对设计造成概念混淆。

3 总图、建筑与建筑热工节能设计

3.1 一般规定

3.1.1 必须满足橡胶工厂生产工艺流程要求，使物流流线短捷，运输总量最少；在符合各种防护间距的条件下，合理用地，紧凑布置。近期应相对集中，并按主次、按期次配套建设。

3.1.2 本条是根据节能原则，对橡胶工厂建筑环境设计提出的一般原则。建筑群的布置和建筑物的平面设计合理与否，对冬季获得太阳辐射热和夏季通风降温是十分重要的，建筑设计对此必须引起足够重视。通过多方面分析，优化总图和建筑设计，采用本地区建筑最佳朝向或最适宜的朝向。

3.1.3 橡胶工厂建筑群总图布置方式合理，线路布置顺畅，内外适应，尽量避免人货交叉，靠近最大用户或负荷中心，管线布置要短捷。各种动力设施应留有发展余地，既避免扩大生产时造成困难，又达到节能目的。

3.1.4 体形系数是表征建筑热工特性的一个重要指标。与建筑物的层数、体量、形状等因素有关。建筑物的采暖耗热量中围护结构的传热耗热量占有很大比例。建筑物体形系数越大则发生向外传热的围护结构面积越大。因此，在满足工艺条件下合理确定建筑形状时，必须考虑本地区气候条件，冬、夏太阳辐射强度，风环境，围护结构构造形式等各种因素，要求建筑体形简洁，以降低建筑物体形系数。

由于橡胶工厂的工艺要求，为节省能耗，以集中布置为主，其体形系数一般较低。经橡胶工厂统计，多数不超过 0.4。

3.1.7 对于不同气候条件下的建筑物，应根据建筑物所处的建筑气候分区，确定建筑围护结构合理的热工性能参数，满足节能要求。

3.1.8 围护结构传热系数推荐限值。本规范是根据《公共建筑节能设计标准》GB 50189 的规定进行编制的，根据橡胶工厂的实际，考虑其可行性和合理性，将建筑围护结构传热系数限值放宽。

由于橡胶工业建筑本身功能单一、墙体材料单一，因此没有划分周边和非周边地面的热阻。

根据橡胶工厂所处城市的建筑气候分区，围护结构的热工性能可采用表 1～5 的数值。

表 1 严寒地区（A、B 区）围护结构传热系数推荐限值

围护结构部位	传热系数 $K[W/(m^2 \cdot K)]$	
	钢结构	钢筋混凝土结构
屋面	≤0.45	≤0.45
外墙	≤0.50	≤0.77
底面接触室外空气的架空或外挑楼板	≤0.50	≤0.77
非采暖房间与采暖房间的隔墙或楼板	≤0.80	≤0.80
外窗	≤3.20	≤3.20
屋顶天窗透明部位	≤2.60	≤2.60

表 2 寒冷地区围护结构传热系数推荐限值

围护结构部位	传热系数 $K[W/(m^2 \cdot K)]$	
	钢结构	钢筋混凝土结构
屋面	≤0.55	≤0.55
外墙	≤0.60	≤1.00
底面接触室外空气的架空或外挑楼板	≤0.60	≤1.00
非采暖房间与采暖房间的隔墙或楼板	≤1.50	≤1.50
外窗	≤3.50	≤3.50
屋顶天窗透明部位	≤2.70	≤2.70

表 3 夏热冬冷地区围护结构传热系数推荐限值

围护结构部位	传热系数 $K[W/(m^2 \cdot K)]$	
	钢结构	钢筋混凝土结构
屋面	≤0.70	≤0.70
外墙	≤1.00	≤1.20
底面接触室外空气的架空或外挑楼板	≤1.00	≤1.20
非采暖房间与采暖房间的隔墙或楼板	≤4.70	≤4.70
外窗	≤3.00	≤3.00
屋顶天窗透明部位	≤3.00	≤3.00

表 4 夏热冬暖地区围护结构传热系数推荐限值

围护结构部位	传热系数 $K[W/(m^2 \cdot K)]$	
	钢结构	钢筋混凝土结构
屋面	≤0.90	≤0.90
外墙	≤1.50	≤1.50
底面接触室外空气的架空或外挑楼板	≤1.50	≤1.50
非采暖房间与采暖房间的隔墙或楼板	≤4.70	≤4.70
外窗	≤3.50	≤3.50
屋顶天窗透明部位	≤3.50	≤3.50

表 5 不同气候区地面热阻推荐限值

气候分区	围护结构部位	热阻 $R[(m^2 \cdot K)/W]$
严寒地区	地面	≥1.80
寒冷地区	地面	≥1.50
夏热冬冷地区	地面	≥1.20
夏热冬暖地区	地面	≥1.00

3.2 外门和外窗

3.2.1 根据《公共建筑节能设计标准》GB 50189—2005 规定，窗墙面积比小于 0.7，这是考虑了即使建筑方面用全玻璃幕墙，扣除掉各层楼板以及楼板下面梁的面积，窗墙比一般不会超过 0.7。

根据多年来橡胶工厂的建筑设计,很少采用全玻璃幕墙,经同类建筑设计统计,一般不会超过0.5。因此,本规范要求不超过0.5。

3.2.2 根据橡胶工厂设计特点,按成品库的消防防烟规定,取上限10%,既满足消防要求,也达到节能目的。

3.2.4 为了保证建筑的节能,要求外窗具有良好的气密性能,以抵御夏季和冬季室外空气过多地向室内渗透,因此对外窗的气密性能要有较高的要求。

3.2.5 目前国内的幕墙工程,主要考虑幕墙围护结构的结构安全性、日光照射的光环境、隔绝噪声、防止雨水渗透以及安全等方面的问题。较少考虑幕墙围护结构的保温隔热、冷凝等热工节能问题。为了节约能源,必须对幕墙的热工性能有明确的规定。由于透明幕墙的气密性能对建筑能耗也有较大的影响,本条文对透明幕墙的气密性也作了明确的规定。

4 工艺节能设计

4.1 生产规模

4.1.1 对于新建轮胎工厂,若载重子午胎的生产规模在60万条/年以下,乘用及轻卡子午胎的生产规模在300万条/年以下,则生产规模较小,有些设备利用率过低,综合能耗偏高。

4.2 工艺设备的选择

4.2.1 大规格的无级调速密炼机能提高生产效率,减少设备占地面积,降低能源消耗。

4.2.2 冷喂料挤出机能减少设备的台数和占地面积,减少排烟系统,降低能源消耗。

4.2.3、4.2.4 所列设备能提高生产效率,减少设备台数和占地面积,降低能源消耗。

4.2.5 硫化设备的选择跟能耗有直接关系,如热板式定型硫化机比蒸锅式定型硫化机蒸汽消耗要低。

4.3 生产工艺

4.3.1 高速或变速混炼工艺能缩短混炼时间,降低能源消耗。

4.3.2 轮胎硫化采用充氮硫化工艺或热水变温等压硫化工艺比目前常用的热水等温等压硫化工艺降低很多蒸汽消耗。

5 电力节能设计

5.1 供电系统及电压等级选择

5.1.1 对于轮胎生产企业,用电负荷比较大,必须达到经济规模。统计最近几年设计的工程,计算负荷一般在20000kW左右,结合地区供电部门电网情况,采用35kV、110kV供电的企业比较多。

对于橡胶制品企业由于用电负荷一般较小,采用10kV供电的企业比较多。

5.1.2 根据橡胶企业的用电特点,负荷一般集中在炼胶和压延、压出工段。因此,总变电所的位置应靠近炼胶和压延、压出工段。

5.1.3 为了减少线路损耗,合理选择导体截面,要求10kV及以上输电线路,应按经济电流密度校验导线截面。按经济电流选择电缆线芯截面时,初投资一般按载流量选择线芯截面要大。当年利用小时为6500h以上,三班制运行的电缆,回收年限一般为1～2年,年利用小时为4000h的电缆,回收年限为2～3年,年利用小时为2000h的电缆,也只要3～4年。因此,采用经济电流选用电缆线芯截面是非常经济的。

5.1.4 绝大多数橡胶加工工厂设有总降压变电站或10kV总配

电所,全厂需布置多个车间变电所,配备多台车间变压器。因此,合理选择总降压变电站的主变压器容量和台数,以减少变压器和线路的电能损耗是十分重要的。

变压器的损耗主要为空载损耗和负载损耗。一般情况下,空载损耗是固定不变的,而负载损耗与负荷系数的平方成正比,当变压器在经济负荷系数下运行时,变压器的效率最高。

变压器的单位负荷损耗$[A, kW/(kV \cdot A)]$与负荷系数$(\beta = S/S_r)$、变压器空载损耗(P_o, kW)、变压器负载损耗(P_k, kW),变压器容量$(S_r, kV \cdot A)$之间的关系式如式(1):

$$A = \frac{P_o + \beta \times P_k}{\beta \times S_r} \qquad (1)$$

以式(1)作出的变压器单位负荷损耗与负荷系数的连续函数关系呈马鞍形曲线,如图1。

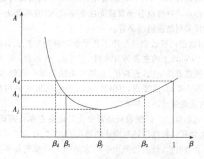

图1 A-β关系曲线

由图1可见:在经济负荷系数β_j时单位负荷损耗最小;显然,单位负荷损耗最小时变压器的效率也最高;在同一单位负荷损耗值时对应两个负荷系数β_1和β_2,但$\beta_1 \sim \beta_2$区间运行的变压器没有得到充分利用,且这条曲线较陡,不宜作为变压器的运行区域。工程设计中,常用的$S_9 \sim S_{11}$型油浸变压器的损耗比$\alpha(\alpha = P_k/P_o)$约在5.2～8.5之间,$SCB_9 \sim SCB_{11}$干式变压器的损耗比α约在3～5之间,而变压器的经济负荷系数β_j约在0.3～0.5之间。通常认为,任一负荷下的单位负荷损耗A与经济负荷系数下的单位负荷损耗A_j相比,其比值$B = A/A_j$即可反映某一负荷系数下的A值为A_j的倍数,并求得增加的相对值的百分数,以此来判断变压器运行时的经济性。根据计算,认为B值为1.1及以下时相应的负荷系数属于经济运行范围,与之相对应的β_2在0.55～0.75之间。设计中既要考虑到变压器的利用率并有一定的备用容量以满足企业负荷增长的需要,同时又要顾及变压器容量不宜过大以降低设备投资费用和主变压器按容量收取基本电费的现实情况,因此总降压站主变压器负荷系数宜在0.6～0.75之间的经济负荷区运行;车间变压器不存在收取基本电费的情况,取经济负荷区的负荷系数为0.55～0.70较适宜。

5.1.5 为了对各车间用电负荷实际耗能进行监测,以便对节能工作进行管理和考核,须配置电压、电流、功率、功率因数和有功电量、无功电量的测量和计量仪表。

5.2 车间配电

5.2.1 橡胶工厂电能损耗主要为设备损耗和线路损耗,为了达到节能的目的,必须选用节能变压器。

5.2.2、5.2.3 为减少线路损耗,在不影响工艺生产要求的前提下应尽可能的缩短供电半径。根据橡胶厂用电负荷特点,用电负荷主要集中在炼胶工段和压延、压出工段及公用工程各站房,为此在上述各工段设置车间变电所比较合理,供电半径一般不超过150m。根据密炼机供货厂家要求,由整流所密炼机整流柜至电机的供电距离宜小于50m。

由于铜芯导线的导电性能和机械性能均高于铝芯导线,目前设计中已很少使用铝芯导线,铜芯导线和铝芯导线相比节能效果明显,因此提出供配电线路宜采用铜芯电线电缆和铜质母线。

5.2.4 本条引用了中华人民共和国国家标准《评价企业合理用电技术导则》GB/T 3485 中的有关条款。目前橡胶厂中存在大量的整流设备，如直流调速密炼机、交流变频调速密炼机、双螺杆挤出压片机、复合挤出生产线、压延机、内衬层生产线等用的控制设备由生产厂家成套供应，因此对电力整流设备的效率提出要求是必要的。

5.2.6 橡胶厂单相用电设备主要为照明设备，因此本条款引用了中华人民共和国国家标准《建筑照明设计标准》GB 50034 中的有关条款。

5.2.8 由于大量整流设备的应用，子午线轮胎厂谐波电流的含量比较大，尤其是炼胶和压延、压出工段，年产量达到 100 万条全钢载重子午线轮胎和 1000 万条半钢轻卡、轿车子午线轮胎的生产厂谐波含量均超过 GB/T 14549 的要求，不仅对电网造成污染，而且在企业内部造成补偿电容烧毁或无法正常投入，变压器无法正常运行。建议采用谐波治理装置。

5.2.9 目前国内橡胶制品生产工艺设备和辅助生产设备的电机功率在 200kW 以上的主要为开炼机、空压机、密炼机。密炼机采用高压电机或直流电机，开炼机、空压机采用低压电机较多，按国家标准 GB/T 3485 的要求，200kW 及以上电动机宜采用高压电机，设计时应经过经济比较确定。

5.2.11 目前橡胶厂机械负载经常变化的设备主要有密炼机、泵类、风机类负荷。密炼机还有调速的要求，大多数有调速要求的密炼机采用直流电机，目前已有个别厂家采用大功率变频调速。泵类、风机应根据不同使用类型，分组设置变频调速。

6 给排水节能设计

6.0.1 橡胶工厂的水源一般为城市自来水或自备水（井水），城市自来水进厂后大多到贮水池，经水泵加压后送到各系统。若当地有再生水可利用，能够作为工厂的生产循环水、补充水等用途时，直接利用可以减少工厂的能耗。

6.0.2 生产用水定义见标准《工业用水分类及定义》CJ 40。

　　1 重复利用的水，应提高重复利用率，计算公式（引自《工业用水考核指标及计算方法》CJ 42）为：

$$Q=C/Y\times100\% \qquad (2)$$

式中　C——重复利用水量；

　　　　Y——用水量。

　　2 循环冷却水量一般由工艺专业提出，间接冷却水循环率计算公式（引自《工业用水考核指标及计算方法》CJ 42）为：

$$R=C/Y\times100\% \qquad (3)$$

式中　C——冷却水循环量；

　　　　Y——冷却用水量。

　　3 宜与消防水池合并使用的水系统有：生产循环水、城市杂用水。《城市污水再生利用——城市杂用水水质》GB/T-18920 中明确城市杂用水适用范围包括消防用水。

6.0.3 低温循环水系统的冷媒一般由制冷机供给，采用闭路系统，冷媒通过换热器后回到制冷机，使低温循环水系统可以减少冷媒额外消耗、减少一组换热泵并减少管路的漏损。

　　常温循环系统水采用余压直接进入冷却塔冷却，系统减少一组提升泵，降低能耗。

　　在选择动力设备（给、回水泵）时，应增加变频调速器，生产初期和生产变化时加以调节，避免设备运行大马拉小车，降低额外能耗。

6.0.4 冷介质管道应执行《设备及管道保冷设计导则》GB/T 15586 的规定；热介质管道应执行《工业设备及管道绝热工程设计规范》GB 50264 的规定。

6.0.6 规模较大的工厂职工较多，大量的洗浴水，以及轮胎厂中胎面冷却水更新水，都可以作为中水的优质水源。75%的收集率指标引自《建筑中水设计规范》GB 50336，按照《中国节水技术政策大纲》（发改委、科技、水利、建设及农业部公告 2005 年第 17 号）的规定，在 2010 年逐步做到废水"零排放"。

6.0.8 水泵、水处理设备电机宜采用变频调速控制；换热器应采用热交换率高的产品；生活给水设施应采用节水器具。

6.0.9 企业计量装置：车间用水计量率应当达到 100%，设备用水计量率不低于 90%。水表精度应在±2.5%范围内。

7 供热节能设计

7.0.1 原国家计委、原国家经贸委、建设部、国家环保总局联合发布的《关于发展热电联产的规定》（计基础[2000]1268 号文）规定：在已建成的热电联产集中供热和规划建设热电联产集中供热项目的供热范围内，不得再建燃煤自备热电厂或永久性供热锅炉房。所以在上述范围内的工程宜采用热电厂的蒸汽为热源。

7.0.2、7.0.3 《锅炉房设计规范》GB 20041 规定蒸汽压力小于或等于 2.5MPa 时，锅炉的排污率不应大于 10%；蒸汽压力大于 2.5MPa 时锅炉的排污率不宜大于 5%。

7.0.7 对于规模大的橡胶厂，由于凝结水量比较大，如不加以利用直接排放，浪费比较严重，故这部分水应设法处理合格后回收用。

7.0.12 没有保温隔热支撑材料的热力管道支架结构仅起承载作用。管道施工中由于不便进行保温隔热，热力管道支架结构往往处于裸露或半裸露状态，有的虽然采取了较好的外保温，但由于未阻断支撑部位之"热桥"，保温效果很不理想，美国和日本早在 1989 年即开始使用隔热支吊架，我国现在也有厂家开始推出这方面的产品。

8 采暖、通风和空气调节节能设计

8.1 采　暖

8.1.1 由于热水采暖比蒸汽采暖具有明显的技术经济效果，用于民用建筑是经济合理的，近年来各单位大都是这样做的，民用建筑一般由热水锅炉直接供热水采暖，节能效果明显。工业建筑的情况比较复杂，有时生产工艺是以高压蒸汽为热源，单独搞一套热水系统就不一定合理。橡胶工厂的硫化工段全年使用蒸汽，全厂敷设了蒸汽和凝结水管网，利用蒸汽通过间接加热采暖热水的系统就不一定节能。当厂区供热以工艺用蒸汽为主，在不违反卫生、安全技术和节能的条件下，可采用蒸汽作热媒。

8.1.2 热风采暖能使高大厂房内的温度梯度减小，均匀度好。最重要的是将厂房内设备发热量、灯光发热量（一般采暖设计计算中不作计算，仅作为富裕量）和室外温度的变化综合反映到工作区的温度上来。热风采暖有机地综合了各种发热量，具体反映到工作区每一时刻需要的热量，由自动控制系统完成测温和控制热风系统加热器即时的加热量，应是一种最节能的采暖方式。

严寒和寒冷地区，考虑是否设置值班采暖，主要考虑车间内消防管路、其他怕冻管路和特殊设备的防冻问题。

8.1.3 实验证明：散热器外表涂刷非金属性涂料时，其散热量比涂刷金属性材料时增加 10% 左右。

8.2 通风与空气调节

8.2.1 温、湿度基数取值的高低，与能耗多少有密切的关系。在加热工况下，室内设计温度每降低 1℃，能耗可减少 5%～10%；在冷却工况下，室内设计温度每升高 1℃，能耗可减少 8%～10%。

为了节省能源，应避免冬季采用过高的室内温度基数，夏季应避免采用过低的室内温度基数。

1 生产工艺如要求室内温度波动范围为 23～28℃，相对湿度控制或不控制，宜将空调温度基数冬、夏分开设置，冬天温度 24±1℃，夏天温度 27±1℃。

2 生产工艺如要求室内温度全年为 22±2℃，相对湿度为 50±5%，温度的控制精度从±2℃提高到±1℃，从技术和安全考虑是完全可行的。此时，空调系统夏季温湿度为 23±1℃，50±5%；冬季为 21±1℃，50±5%。夏季温度基数从 22℃提高 1℃到 23℃，在大气压为 760mmHg 时，处理室外新风，如焓差在 42kJ/(kg 干空气) 时，可减少冷量 6.5%。围护结构如室内外温差在 10℃时，可减少围护结构的冷负荷约 10% 左右。总之节能效果是相当可观的。

8.2.2 全空气空调系统具有易于改变新、回风比例，必要时可实现全新风运行从而获得较大的节能效益和环境效益，且具有易于集中处理噪声、过滤净化和控制空调区的温湿度、设备集中、便于维修和管理等优点。

8.2.3 空调系统设计时不仅要考虑到设计工况，而且应考虑全年运行模式。在过渡季，空调系统采用全新风和增大新风比运行，都可有效地改善空调区内空气的品质，大量节省空气处理所消耗的能量，应大力推广应用。

要实现全新风运行，设计时必须认真考虑新风取风口和新风管所需的截面积，妥善安排好排风出路，并应确保室内必须保持的正压值。应明确的是："过渡季"的值是与室内、室外空气参数相关的一个空调工况分区范围，确定的依据是通过室内、外空气参数的比较而定。由于空调系统在全年运行过程中，室外参数总是处在一个不断变化的动态过程之中，即使是夏天，每天早晚也有可能出现"过渡季"工况（尤其是全 24h 使用的空调系统）。因此，不要将"过渡季"理解为一年中自然的春、秋季节。

8.2.4 空调系统的新风量主要有三个计算依据：一是满足人体生理需求；二是保持室内正压；三是稀释室内有害气体的浓度，满足人员的卫生要求。根据多个工程计算积累经验，无窗大工业厂房空调系统的夏季冷负荷，一般新风负荷约占 60%～65%，工艺设备发热占 15%～20%，围护结构约占 10%～15%（其中屋顶约占围护结构冷负荷的 80%～90%，内、外墙占 10%～20%），灯光负荷约占 10%～13%，人员负荷占 1%；冬季热负荷新风约占 80%～85%，围护结构负荷占 15%～20%。所以降低无窗大工业厂房空调系统的冷负荷，选择合理的新风量对节能是非常重要的。一般来说保持室内正压需要的新风量最大，为了维护 5～10Pa 的微正压，必须在相邻工段的大门处采取措施。

8.2.5 无窗大工业厂房中的空调工段，空调机组的通风量是按夏季最大的室内冷负荷计算确定的，而冬季为加热工况，空调系统需要的冬季送风量要比夏季少，经计算，一般可减少 20%～40%。改变送风量一般可采用：①更换皮带轮；②采用变频风机；③调节风机入口调节阀；④关停部分空调机组。其中关停机组最节能，鉴于无窗大工业厂房空调工段的面积大，空调机组多，要求 3 台以上，以便于调节。

8.2.6 送风温度通常应以 (h-d) 图的计算为准。对于要求不高的空调而言，降低一些要求，加大送风温差，可以达到很好的节能效果。送风温差加大一倍，送风量可减少一半左右，送风系统的材料消耗和投资相应可减小 40% 左右，动力消耗则下降 50% 左右。送风温差在 4～8℃ 之间时，每增加 1℃，送风量约可减少 10%～15%。而且上送风气流在到达人员活动区域时已与房间空气进行了比较充分的混合。温差减小，可形成较舒适环境，该气流组织形式有利于大温差送风。由此可见，采用上送风气流组织形式空调系统时，夏季的送风温差可以适当加大。采用置换通风方式时，由于要求的送风温差较小，故不受本条文限制。

8.2.7 在空气处理过程中，同时有冷却和加热过程出现，肯定是既不经济、也不节能的，设计中应尽量避免。对于夏季具有高温高湿特征的地区来说，若仅用冷却过程处理，有时会使相对湿度超出设定值，如果时间不长，一般是可以允许的。

8.2.8 工艺生产车间无论是有窗还是无窗厂房，对于产生热烟气的设备，在其上方应设置局部排风系统，将浓度最高、最热的烟气收集排出，将大大减少车间为改善工作区的空气品质和工作环境需要的通风量，从而达到节能。在严寒和寒冷地区，冬季需加热室外空气来补充车间因排风系统而损失的空气和热量。冬季新鲜空气的加热量约占车间冬季加热量的 80%～90%。为此要求对于单个设备的排风量大于 20000m³/h 的排风系统，宜设吹吸式排风系统。即在设备排风系统运行的同时，由送风系统将室外空气直接送到设备前方，排出的空气 70%～80% 是由送风系统送入的室外新风，从而大大减少冬季排出的已加热到室温的室内空气，达到节能的目的。对严寒和寒冷地区如技术经济比较合理，还可以增加能量回收装置，将排出空气中 50%～70% 的热量回收，用来加热从室外送入的空气，以防送入空气过冷在室内产生雾，从而达到节能的效果，同时也改善了送入空气的品质（冬季使用）。

8.2.9 无窗大工业厂房的热工段，为防暑降温须将大量的室外新风通过送风机组和屋顶送风机送入工作区。根据风量的平衡原理，须排出相同的风量才能达到平衡。排风方式有两种：一是通过屋顶排风机排风，这种方式虽然调节灵活，屋顶开风小，但能耗大；二是自然排风，利用热车间的热压与送风系统形成的正压排风，基本不消耗电能，维修工作量极小，故推荐第二种方式。排风可选择屋顶自然通风器和带挡风板的天窗。

8.3 空气调节系统的冷源

8.3.1 一般常用制冷机组有用电和用蒸汽两大类。

1 根据资料，电动式制冷机的一次能耗远小于吸收式制冷机。制冷量耗标准煤量及一次能耗计算的性能系数（COP）值如下：

电动往复式耗煤 0.086kg/kW，COP＝1.43

电动离心式耗煤 0.082kg/kW，COP＝1.50

吸收式耗煤 0.233kg/kW，COP＝0.53

说明电动式耗能量仅为吸收式的 1/3 左右，COP 值约为吸收式的 3 倍，所以推荐选用电动式制冷机。

当采用水冷电动压缩式冷水机组时，在额定制冷工况和额定条件下，性能系数（COP）不应低于表 6 的规定：

表 6 水冷电动压缩式冷水（热泵）机组制冷性能系数

类 型		额定制冷量（kW）	性能系数（W/W）
水冷	活塞式/涡旋式	＜528	3.80
		528～1163	4.00
		＞1163	4.20
	螺杆式	＜528	4.10
		528～1163	4.30
		＞1163	4.60
	离心式	＜528	4.40
		528～1163	4.70
		＞1163	5.10
风冷或蒸发冷却	活塞式/涡旋式	≤50	2.40
		＞50	2.60
	螺杆式	≤50	2.60
		＞50	2.80

可按式（4）计算综合部分负荷性能系数（IPLV）：

$$IPLV = 2.3\% \times A + 41.5\% \times B + 46.1\% \times C + 10.1\% \times D \qquad (4)$$

式中 A——100% 负荷时的性能系数（W/W），冷却水进水温度 30℃；

B——75% 负荷时的性能系数（W/W），冷却水进水温度

26℃;

C——50%负荷时的性能系数（W/W），冷却水进水温度23℃;

D——25%负荷时的性能系数（W/W），冷却水进水温度19℃。

当采用水冷电动压缩式冷水（热泵）机组时，综合部分负荷性能系数（IPLV）不宜低于表7的规定。

表7 水冷电动压缩式冷水（热泵）机组综合部分负荷性能系数

类 型		额定制冷量（kW）	综合部分负荷性能系数（W/W）
水冷	螺杆式	<528	4.47
		528~1163	4.81
		>1163	5.13
	离心式	<528	4.49
		528~1163	4.88
		>1163	5.42

注：IPLV值是基于单台主机运行工况。

2 当采用蒸汽、热水型溴化锂吸收式冷水机组及直燃型溴化锂吸收式冷（温）水机组时，应选用能量调节装置灵敏、可靠的机型，在名义工况下的性能参数应符合表8的规定。

表8 溴化锂吸收式机组性能参数

机型	名义工况			性能参数		
	冷（温）水进/出口温度（℃）	冷却水进/出口温度（℃）	蒸汽压力（MPa）	单位制冷量蒸汽耗量[kg/(kW·h)]	性能系数（W/W）制冷	供热
蒸汽双效	18/13	30/35	0.25	≤1.40		
			0.40			
	12/7		0.60	≤1.31		
			0.80	≤1.28		
直燃	12/7	30/35			≥1.10	
	60					≥0.90

注：直燃机的性能系数为：

制冷（供热量）÷[加热源消耗量（以低位计算）+电力消耗量（折算成一次能）]

3 当名义制冷量大于7100W，采用电机驱动压缩机的单元式空气调节机、风管送风式和屋顶式空气调节机组时，在名义制冷工况和规定条件下，其能效比（ERR）不应低于表9的规定：

表9 单元机组能效比

类 型		能效比（W/W）
风冷式	不接风管	2.60
	接风管	2.30
水冷式	不接风管	3.00
	接风管	2.70

8.3.2 本条是参考有关资料并结合我国实践经验制定的。据调查，某厂设计安装了3台280kW的离心式制冷机，当实际需要的冷负荷很小时，开启1台制冷机，其制冷量有余，致使机器频繁地自动启停。开动1台离心式制冷机能满足调节范围的要求，但低负荷运行时机器的效率低，只有停止该机运行，启用制冷量较小的其他制冷机，才比较合理。因此，为了调节、使用方便和节约能源，选用制冷量大于或等于1160kW的离心式制冷机时，应辅设1台或2台离心式、活塞式或螺杆式制冷机。

8.3.3 本条提出了空气源热泵经济合理应用、节能运行的基本原则：

1 和水冷机组相比，空气源热泵耗电较高，价格也高，但其具备供热功能，对不具备集中热源的夏热冬冷地区来说较为适合，尤其是机组的供冷、供热量和该地区建筑空调夏、冬冷热负荷的需求量较匹配，冬季运行效率较高。从技术经济、合理使用方面考虑，单独和特殊用途的建筑最为合适。

2 在夏热冬暖地区使用时，因需热量小和供热时间短，以需热量选择空气源热泵作冬季供热，夏季不足冷量可采用投资低、效率高的水冷式冷水机组补足，可节约投资和运行费用。

3 寒冷地区使用时必须考虑机组的经济性与可靠性。当在室外温度较低的工况下运行，致使机组制热COP太低，失去热泵机组节能优势时就不宜采用。

8.3.4 一些冬季或过渡季需要供冷的建筑，当室外条件许可时，采用冷却塔直接提供空调冷水的方式，减少了全年运行冷水机组的时间，是一种值得推广的节能措施。通常的系统做法是，当采用开式冷却塔时，用被冷却塔冷却后的水作为一次水，通过板式换热器提供二次空调冷水（如果是闭式冷却塔，则不通过板式换热器，直接提供），再由阀门切换到空调冷水系统向空调机组供冷水，同时停止冷水机组的运行。不管采用何种形式的冷却塔，都应按当地过渡季或冬季的气候条件，计算空调末端需求的供水温度及冷却水能够提供的水温，并得出增加投资和回收期等数据，当技术经济合理时可以采用。

9 动力与工业管道节能设计

9.0.1 橡胶工厂设计时，动力站高温水系统是目前较普遍采用的硫化方式，而蒸汽氮气硫化方式是近几年采用的方式之一，蒸汽氮气系统较高温水系统能节约部分热能。

9.0.2 硫化工段用热设备较集中，应减少管路长度，降低热能损失。

9.0.4 在近几年的设计中，为维护方便和节约用地，把功能相近的水泵站、制冷站与空压站合为一组建筑，这种做法也符合《压缩空气站设计规范》GB 50029。

9.0.7 蒸汽凝结水系统，一般集中回收至凝结水站，也可在各车间、各站房单独设置凝结水回收系统。

9.0.8

1 橡胶工厂工艺生产中，使用大于50℃的热介质较为普遍，根据国家标准《设备及管道保温技术通则》GB 4272规定，外表面温度高于50℃的管道和设备应保温。

2 25℃以下介质的管道是指采用制冷方式获得的冷却水，所以管道需要保冷。

3 对于输送液体介质的管线，为防止管内介质停止流动时发生冻结，管道需要保温，设置此条款。

9.0.9

2 国家标准《设备及管道保温技术通则》GB 4272对保温材料性能的要求，密度不大于350kg/m³，随着保温材料的更新换代，常用保温材料密度一般在100kg/m³左右。

4 《设备及管道保温技术通则》GB 4272对保温材料性能的要求，除软质、半硬质、散装材料外，硬质无机成型制品的抗压强度不应小于0.3MPa，无机成型制品的抗压强度不应小于0.2MPa。

9.0.10 按《设备及管道保温设计导则》GB 8175规定，保温厚度应按经济厚度方法计算，考虑到实际工程设计的需要，采用《国家建筑标准设计图集》（管道及设备保温）98R418、（管道及设备保冷）98R419较为便捷。

10 自动控制节能设计

10.0.1 能量控制是指按工艺配方，计算机在密炼机混炼工作时根据时间、温度及功率采用的最佳控制方案。

10.0.2 锅炉不可避免存在各种热损失，在各种热损失中，排烟和燃料不完全燃烧损失所占比重较大，尤其是排烟热损失约占10%左右。在锅炉的烟气出口安装氧量测量装置，可根据烟气含氧量来调节燃料、新风和排风的比例，减少排烟的热损失，达到经济燃烧。

10.0.3 集中空气调节系统,应在新风口设新风温度测点,在不同的季节,应根据不同的室外环境设置控制方案,如在冬、夏两季多用回风;而春、秋两季多用新风,从而减少冷量和热量的消耗。

10.0.4 对所有计量参数进行计算机监测,加强量化管理。

中华人民共和国国家标准

水泥工厂节能设计规范

Code for design of energy conservation of cement plant

GB 50443—2007

主编部门：国家建筑材料工业标准定额总站
批准部门：中华人民共和国建设部
施行日期：2008年5月1日

中华人民共和国建设部
公　告

第 739 号

建设部关于发布国家标准
《水泥工厂节能设计规范》的公告

现批准《水泥工厂节能设计规范》为国家标准，编号为 GB 50443—2007，自 2008 年 5 月 1 日起实施。其中，第 1.0.4、4.2.1、4.2.2、4.3.1、4.3.2、4.3.5、7.1.3、8.0.1、8.0.6 条为强制性条文，必须严格执行。

本规范由建设部标准定额研究所组织中国计划出版社出版发行。

中华人民共和国建设部
二〇〇七年十月二十五日

前　言

本规范是根据建设部建标函〔2005〕124 号文《关于印发"2005 年工程建设标准规范制定、修订计划（第二批）"的通知》的要求，由中国水泥协会、天津水泥工业设计研究院有限公司会同合肥水泥研究设计院、南京凯盛水泥技术工程有限公司和成都建材工业设计研究院有限公司等共同编制而成。

本规范共分 8 章，主要内容有：总则、术语、总图与建筑节能、工艺节能、电力系统节能、矿山工程节能、辅助设施节能、能源计量。

本规范中以黑体字标志的条文为强制性条文，必须严格执行。

本规范由建设部负责管理和对强制性条文的解释，国家建筑材料工业标准定额总站负责具体管理，天津水泥工业设计研究院有限公司负责技术内容的解释。各有关单位在执行本规范过程中，请结合工程实际，注意积累资料，总结经验，如发现需要修改和补充之处，请将意见和有关资料寄交天津水泥工业设计研究院有限公司（地址：天津市北辰区引河里北道 1 号，邮编：300400），以供今后修订时参考。

本规范主编单位、参编单位和主要起草人：

主　编　单　位：中国水泥协会
　　　　　　　　天津水泥工业设计研究院有限公司

参　编　单　位：合肥水泥研究设计院
　　　　　　　　南京凯盛水泥技术工程有限公司
　　　　　　　　成都建材工业设计研究院有限公司
　　　　　　　　豪西盟（Holcim）水泥集团
　　　　　　　　拉法基（Lafarge）水泥集团

主要起草人：曾学敏　吴佐民　狄东仁　李慧荣
　　　　　　李蔚光　丁奇生　朱晓彬　郭天代
　　　　　　陶从喜　柴星腾　张万利　杨路林
　　　　　　范毓林　张万昌　韩久威　范琼璋
　　　　　　陆秉权　周　思　王焕忠　季建军
　　　　　　宣轶群　董兰起　许景曦　吴　涛

目　次

1 总　则

1.0.1 为了在水泥工厂设计中贯彻执行《中华人民共和国节约能源法》等有关节能的法律法规和方针政策，优化设计，做到节约和合理利用能源，制定本规范。

1.0.2 本规范适用于通用水泥工厂的节能设计。水泥工厂局部系统技术改造项目和利用劣质原、燃材料，废弃物等的水泥工厂的节能设计也可按本规范执行。

1.0.3 水泥工厂的建设规模应符合国家产业政策，并应符合现行国家标准《水泥工厂设计规范》GB 50295 的要求。

1.0.4 新建、扩建水泥工厂应采用新型干法水泥生产工艺，严禁采用国家已经公布淘汰的落后工艺及产品。

1.0.5 水泥工厂设备选型应采用国家推荐的节水型或高效节能型产品。

1.0.6 水泥工厂节能设计除应符合本规范的规定外，尚应符合国家现行的有关标准的规定。

2 术　语

2.0.1 熟料烧成热耗 heat consumption of clinker burning

在 72h 考核期内生产 1kg 熟料消耗的燃料燃烧热平均值。

2.0.2 熟料烧成电耗 electricity consumption of clinker burning

在 72h 考核期内烧成 1t 熟料消耗的电量。

2.0.3 可比熟料综合煤耗 comparable comprehensive standard coal consumption of clinker

在统计期内生产 1t 熟料的综合燃料消耗，包括烘干原、燃材料和烧成熟料消耗的燃料，折算成标准煤，经统一修正后所得的煤量。

2.0.4 可比熟料综合电耗 comparable comprehensive power consumption of clinker

在统计期内生产 1t 熟料的电量，包括熟料生产各过程的电耗和辅助生产过程的电耗，经统一修正后所得的电量。

2.0.5 可比熟料综合能耗 comparable comprehensive energy consumption of clinker

在统计期内生产 1t 熟料消耗的各种能量，经统一修正并折算成标准煤后所得的综合能耗。

2.0.6 可比水泥综合电耗 comparable comprehensive power consumption of cement

在统计期内生产 1t 水泥消耗的电量，包括水泥生产各过程的电耗和辅助生产过程的电耗，经统一修

正后所得的电量。

2.0.7 可比水泥综合能耗 comparable comprehensive energy consumption of cement

在统计期内生产 1t 水泥消耗的各种能量，经统一修正并折算成标准煤后所得的综合能耗。

3 总图与建筑节能

3.1 一般规定

3.1.1 水泥工厂总体布置应在满足工艺生产要求的基础上合理利用地形，分区明确，布置紧凑，节约用地。

3.1.2 水泥熟料基地宜设置在石灰石矿山附近。水泥粉磨站应设置在产品销售地和混合材供应地附近。

3.1.3 水泥工厂的建筑应根据其使用性质、功能特征和节能要求进行分类，并应符合下列规定：

　　1 厂区内的工厂办公楼、中央控制室、化验室、独立的车间办公室、科技中心、综合楼以及食堂、浴室、门卫等公共建筑应划分为 A 类。

　　2 厂区内的职工宿舍等居住建筑应划分为 B 类。

　　3 有采暖或空调的生产建筑，以及独立的配电站、水泵房、水处理室、空压机房、汽车库及机修等低温采暖的辅助性建筑应划分为 C 类。

　　4 设于非采暖或空调生产车间内有采暖或空调要求的车间值班室、检验室、控制室等辅助性工业建筑应划分为 D 类。

3.1.4 A 类建筑的节能设计，应按现行国家标准《公共建筑节能设计标准》GB 50189 执行，单层小公共建筑在最简单体形情况下，其体形系数仍大于 0.4 时，可将屋顶与外墙的传热系数限值在原基础上提高 5%。

3.1.5 B 类建筑的节能设计，应根据其所在气候区域，分别按国家现行行业标准《民用建筑节能设计标准》（采暖居住建筑部分）JGJ 26、《夏热冬冷地区居住建筑节能设计标准》JGJ 134、《夏热冬暖地区居住建筑节能设计标准》JGJ 75 执行。

3.1.6 C 类建筑的节能设计，可按现行国家标准《民用建筑热工设计标准》GB 50176 及室内外温度确定屋顶和外墙的最小传热阻。当外墙需要保温时，应采用外墙外保温措施。

3.1.7 D 类建筑的节能设计，可按现行国家标准《民用建筑热工设计标准》GB 50176 执行，并可根据室内外温度确定外墙的最小传热阻，同时应采用内墙内保温措施。在非采暖生产车间的采暖房间的隔墙外表面应采用外墙外保温措施。

3.2 建筑各部位节能要求

3.2.1 水泥工厂各类建筑的外墙均不宜采用透明的

玻璃幕墙。

3.2.2 非采暖地区水泥工厂的 C、D 类建筑,外窗开启面积不宜小于窗面积的 50%,当不便设置开启窗时,应设通风装置。

3.2.3 严寒地区的 C 类建筑,应设置门斗或采取防止冷空气渗入的措施。

3.2.4 严寒及寒冷地区的 C、D 类建筑外窗可按表 3.2.4 选取。外窗气密性不应低于现行国家标准《建筑外窗气密性能分级及其检测方法》GB/T 7107 规定的 3 级;外门气密部分同窗的气密性要求,门肚板部分传热系数不应小于 1.5W/m² • K。

表 3.2.4 严寒及寒冷地区 C、D 类建筑外窗

严寒地区	C 类	塑钢单框双层玻璃
	D 类	塑钢中空玻璃
寒冷地区	C 类	塑钢单层玻璃
	D 类	塑钢单框双层玻璃

4 工 艺 节 能

4.1 一 般 规 定

4.1.1 水泥工厂生产线所采用的中小型三相异步电动机、容积式空气压缩机、通风机、清水离心泵、三相配电变压器等通用设备,应符合现行国家标准《中小型三相异步电动机能效限定值及节能评价值》GB 18613、《容积式空气压缩机能效限定值及节能评价值》GB 19153、《通风机能效限定值及节能评价值》GB 19761、《清水离心泵能效限定值及节能评价值》GB 19762 和《三相配电变压器能效限定值及节能评价值》GB 20052 等的规定。

4.1.2 主要生产车间应按输送距离、管道长度和电缆长度较短的原则布置,并宜使物料从高到低输送。

4.2 主要能耗指标

4.2.1 新建、扩建水泥工厂生产线的主要能耗设计指标应符合表 4.2.1 的规定。

表 4.2.1 新建、扩建水泥工厂生产线的主要能耗设计指标

分 类	可比熟料综合煤耗(kgce/t)	可比熟料综合电耗(kW•h/t)	可比水泥综合电耗(kW•h/t)	可比熟料综合能耗(kgce/t)	可比水泥综合能耗(kgce/t)
4000t/d 及以上	≤110	≤62	≤90	≤118	≤96
2000~4000t/d(含 2000t/d)	≤115	≤65	≤93	≤123	≤100
水泥粉磨站	—	—	≤38	—	—
备注	适用于生产熟料的生产线	适用于生产熟料的生产线	适用于生产水泥的生产线(包括水泥粉磨站)	适用于生产熟料的生产线	适用于生产水泥的生产线

4.2.2 新建、扩建水泥生产线主要生产工段分步电耗设计指标应符合表 4.2.2 的要求。

表 4.2.2 新建、扩建水泥生产线主要生产工段分步电耗设计指标

生 产 工 段	设 计 值
石灰石破碎(kW•h/t 石灰石)	≤2.0
原料粉磨(kW•h/t 生料)	≤22
煤粉制备(kW•h/t 煤粉)	≤35
水泥粉磨(kW•h/t 水泥)	≤36
水泥包装(kW•h/t 水泥)	≤1.5

4.3 熟料烧成系统

4.3.1 熟料煅烧系统应采用带预热预分解系统的新型干法水泥生产工艺。

4.3.2 熟料烧成系统的能效设计指标应符合表 4.3.2 的要求。

表 4.3.2 熟料烧成系统的能效设计指标

工 厂 规 模	2000~4000t/d(含 2000t/d)	4000t/d 及以上
系统热效率(%)	>50	>52
熟料烧成热耗(kJ/kg 熟料)	≤3178	≤3050
熟料烧成电耗(kW•h/t 熟料)	≤32	≤28

4.3.3 熟料烧成系统设计应符合下列要求:

1 回转窑的煤粉燃烧器应采用多通道燃烧器,一次风用量应小于 15%,配套一次风机的风量能力应小于理论燃烧风量的 15%。

2 熟料冷却机的热回收率应不低于 72%;出冷却机的熟料温度应小于环境温度加 70℃。

3 应减少窑系统漏风,加强窑头、窑尾的密封,降低废气的热损失。

4 窑尾预热器系统应合理配置预热器级数、锁风下料阀和撒料装置,并应根据燃料燃烧特性采用不同结构参数的分解炉。

在额定工况下,窑尾预分解系统应符合表 4.3.3 的要求。

表 4.3.3 窑尾预分解系统

系 统 指 标	Ⅳ级预热器	Ⅴ级预热器
预热器出口温度(℃)	≤350	≤320
预热器出口系统阻力(Pa)	≤4600	≤5500
入窑物料表观分解率(%)	≥90	≥90

5 熟料烧成系统应采用优质耐火和保温隔热材料,系统表面热损失在热平衡支出项的比例应小于 9%。

4.3.4 热风管路的保温设计应符合现行国家标准《工业设备及管道绝热工程设计规范》GB 50264 的有

关规定。

4.3.5 窑尾高温风机应采用变频调速装置。

4.3.6 水泥工厂设计可采用工业废弃物或城市生活垃圾替代部分原料和燃料。

4.4 破碎与粉磨系统

4.4.1 石灰石破碎宜采用单段破碎系统。

4.4.2 原料粉磨应采用辊式磨系统。煤粉制备宜采用辊式磨系统。

4.4.3 水泥粉磨系统应采用带辊压机的联合粉磨系统或辊式磨终粉磨系统。当采用球磨系统时,宜采用带高效选粉机的圈流系统,不得采用开流系统。

4.5 余热利用系统

4.5.1 新建、扩建水泥工厂应同步设计余热利用系统或预留其位置。既有水泥生产线改造时,宜增设余热利用系统。

4.5.2 余热利用系统不应影响水泥正常生产、增加系统能耗、减少生产产量。

4.5.3 利用烧成系统余热烘干物料时,系统多余的废气余热宜用于发电。余热发电条件不具备时,可利用烧成系统废气余热作为采暖热源。

4.6 其 他

4.6.1 主要生产工艺的风机宜采用变频调速装置。风机风量应按系统特性和漏风系数进行计算,风机能力的储备系数应小于15%。

4.6.2 水泥工厂生产线应采取原料预均化、生料均化措施。

4.6.3 生料入库、生料入窑、水泥入库等输送设备应采用机械输送设备。煤粉入窑输送设备可采用气力输送设备。物料长距离输送设备应采用机械输送设备。

4.6.4 需烘干的物料宜采用堆棚储存、风干等措施。

4.6.5 水泥混合材不宜采用专用的烘干系统,当必须设置专用烘干系统时,应采用废气余热的高效烘干系统。

5 电力系统节能

5.1 供配电系统

5.1.1 变电所或配电站的位置应设置在负荷中心附近,并应减少配电级数。

5.1.2 中型及以上规模水泥工厂生产线应采用110kV电压等级供电,中压电压等级宜采用10kV。

5.1.3 10kV及以上输电线路的导线截面应按经济电流密度校验。

5.1.4 变压器的容量、台数和运行方式应根据负荷性质、用电容量等确定。

5.1.5 宜采用高压补偿与低压补偿相结合、集中补偿与就地补偿相结合的无功补偿方式减少无功损耗。企业计费侧最大负荷时的功率因数不应低于0.92。

5.1.6 应采取滤波方式抑制高次谐波,其谐波限值应符合现行国家标准《电能质量 公用电网谐波》GB/T 14549 的有关规定。

5.2 电气设备

5.2.1 变压器应选择低损耗节能型,并应合理确定负荷率。

5.2.2 电力室、变电所应采取静电电容器补偿方式。大中型厂的大功率异步电动机,宜配置进相机或采取静电电容器就地补偿方式。

5.2.3 有调速要求的电动机应采用变频调速装置。

5.2.4 破碎机、磨机等配用的大型绕线式电动机宜采用液体变阻器启动。

5.3 照 明

5.3.1 水泥工厂照明设计应符合现行国家标准《工业企业照明设计标准》GB 50034 的有关规定。

5.3.2 车间照明应采用混光节能照明。高大厂房内照明应采用高压钠灯或金属卤化物灯混光设计。

5.3.3 厂区道路照明宜采用高压钠灯,并宜设置光电或时间控制照明装置。

6 矿山工程节能

6.1 矿山开采与运输

6.1.1 矿山开采应充分利用低品位原料。

6.1.2 矿山开采宜采用横向采掘开采法。

6.1.3 露天矿爆破作业宜采用机械化装药车。大中型矿山开采应采用中径深孔爆破法,小型矿山开采可采用浅眼爆破法,对较松软的矿岩,应采用机械犁松裂法或挖掘机直接采掘的无爆破开采法。中径深孔爆破大块率应控制在7%以内,矿石粒度级配应有利于提高铲装和破碎的效率。

6.1.4 比高超过120m的大中型山坡矿床,工程地质和采矿方法以及矿体赋存条件和地形等条件适合时,应采用溜井平峒开拓方式。

6.1.5 大中型矿山可在工作面设置移动式破碎机,或在采场内设置组装式破碎机。碎石可采用胶带输送机或溜井与胶带输送机结合的运输方式。

6.1.6 设在矿山的破碎车间应设置在采区附近,矿山可采年限较长或矿体范围较大时,可采用分期设置。

6.1.7 大中型矿山不合格大块原料的二次破碎应采用液压碎石机。

6.1.8 矿山道路设计应符合现行国家标准《厂矿道路设计规范》GBJ 22 的有关规定。主要运矿道路可采用高级路面。矿山道路的完好率应在 85% 以上。

6.2 穿孔、采装和运输设备

6.2.1 大型矿山应采用自带空压机的穿孔设备；中型矿山应采用移动式空压机供气的穿孔设备。

6.2.2 大型矿山应采用液压挖掘机或轮式装载机；有供电条件的中小型矿山应采用电动挖掘机。

6.2.3 以溜井平硐开拓或采用移动式破碎机的矿山，平均运距小于 200m 时，可采用轮式装载机。

6.2.4 矿用自卸汽车和挖掘机的车铲比应为 3~5。

6.2.5 矿山汽车完好率不应低于 70%，汽车装满系数不应低于 80%，汽车油耗（含空程）应小于 0.1kg/t·km。

7 辅助设施节能

7.1 给 水 排 水

7.1.1 水泥工厂给水系统宜分别采用生产循环给水系统和生活给水系统。消防给水系统可与生活给水系统或生产循环给水系统合并。生产用水重复利用率不应低于 85%。冷却水系统宜采用压力回流循环给水系统。

7.1.2 污水排放应符合现行国家标准《污水综合排放规范》GB 8978 及当地的有关规定。污水宜经处理后作为中水回用。

7.1.3 设计中采用的节水型产品及节能型产品应符合现行国家标准《节水型产品技术条件及管理通则》GB/T 18870 的有关规定。

7.2 采暖、通风和空气调节

7.2.1 水泥工厂采暖、通风和空气调节设计应符合现行国家标准《采暖通风与空气调节设计规范》GB 50019 的有关规定。

7.2.2 采暖设计应符合下列规定：

 1 采暖地区应采用热水集中采暖系统。

 2 工艺设计对室温无特殊要求时，值班控制室应做采暖设计，工业厂房不宜做采暖设计。

 3 有采暖要求的面积较大的多层建筑物应采用南、北向分环布置的采暖系统。

 4 严寒和寒冷地区的工厂，有水系统的建筑物内为防冻所做的采暖设计，室内设计温度不应大于 5℃。

 5 散热器不宜暗装，其安装数量应与计算负荷相符。

7.2.3 通风和空气调节设计应符合下列规定：

 1 生产厂房应采用自然通风。需采用机械通风时，通风机的风量储备系数应小于 1.1。

 2 集中空调系统中，温、湿度及使用时间要求不同的区域，应划分为不同的空调风系统。

 3 空调房间的新风量应保证室内每人不少于 30m³/h。

 4 空调系统的冷源，应根据所需的冷量、当地能源、水源和热源，通过技术经济比较采用合适的机组，宜采用以水作冷热源的热泵式制冷/热机组。

 5 寒冷地区不宜采用以空气（风）为冷热源的热泵式制冷/热机组。

8 能 源 计 量

8.0.1 水泥工厂设计中能源计量装置的设置应达到三级计量合格的要求。能源计量器具的配备、管理尚应符合现行国家标准《用能单位能源计量器具配备和管理通则》GB 17167 的有关规定。

8.0.2 水泥工厂生产线能源计量装置应满足生产线各子系统单独考核计量的要求。

8.0.3 水泥工厂生产线能源计量装置应具备自动记录和集中、统计功能。

8.0.4 水泥工厂生产线的水、蒸汽、压缩空气等动力介质宜设置全厂及车间二级计量仪表。

8.0.5 原料配料秤、入窑生料喂料秤及喂煤秤的计量精度偏差不应大于 ±1%。

8.0.6 生产和生活、厂内和厂外的用水应分别计量。外购水总管、自备水井管、生产车间和辅助部门必须设置用水计量器具。各车间和公用建筑生活用水应独立计量。循环冷却水系统计量仪表的设置应符合现行国家标准《工业循环冷却水处理设计规范》GB 50050 的有关规定。

本规范用词说明

 1 为便于在执行本规范条文时区别对待，对要求严格程度不同的用词说明如下：

 1）表示很严格，非这样做不可的用词：

  正面词采用"必须"，反面词采用"严禁"。

 2）表示严格，在正常情况下均应这样做的用词：

  正面词采用"应"，反面词采用"不应"或"不得"。

 3）表示允许稍有选择，在条件许可时首先应这样做的用词：

  正面词采用"宜"，反面词采用"不宜"；

  表示有选择，在一定条件下可以这样做的用词，采用"可"。

 2 本规范中指明应按其他有关标准、规范执行的写法为"应符合……的规定"或"应按……执行"。

中华人民共和国国家标准

水泥工厂节能设计规范

GB 50443—2007

条 文 说 明

目　次

1 总 则

1.0.1 本条明确了制定本规范的目的。"节约能源资源，走科技含量高、经济效益好、资源消耗低、环境污染少、人力资源优势得到充分发挥的路子，是坚持和落实科学发展观的必然要求，也是关系我国经济社会可持续发展全局的重大问题"（引自中共中央政治局 2005 年 6 月 27 日第二十三次集体学习会议上中共中央总书记胡锦涛同志的讲话）。能源是国民经济发展的物质基础，从长期供需预测看，我国能源供需矛盾十分突出，节能是国家发展经济的一项长远战略方针。在能源问题日益制约我国经济社会发展的今天，中央作出了建设节约型社会的战略部署，在《国民经济和社会发展"十一五"规划纲要》中，明确提出了万元国内生产总值能源消耗降低 20% 的节能目标。建材工业是国民经济的重要原材料工业，属典型的资源依赖型工业。我国已成为目前全球最大的建材生产和消费国，建材工业的年能耗总量位居我国各工业部门的第三位。根据中国建材协会的数据统计，2005年建材工业规模以上企业能源消费总量 2.03 亿 t 标准煤（以电热当量计算法计算），约占全国能源消费总量 7%，其中水泥生产消耗能源占建材耗能总量的 58%，约 1.2 亿 t 标准煤；全国规模以上企业水泥综合能耗由 2002 年的 129.1kg 标准煤/t 下降到 2005 年的 112.7kg 标准煤/t，下降了 12.7%。但同期水泥产量增加 46% 以上，能耗总量增幅仍然较大。根据国家"十一五"规划要求，到 2010 年，新型干法水泥比例达到 70% 以上，新型干法水泥技术装备、能耗、环保和资源利用效率等达到中等发达国家水平，水泥熟料热耗下降到 110kg 标准煤/t 熟料，水泥单位产品综合能耗下降 25%，水泥工业节能降耗任重道远。

本规范系根据《中华人民共和国节约能源法》，并结合水泥工厂设计的特点制定，以期通过加强设计过程控制，采取技术上可行、经济上合理以及符合环境要求的措施，减少生产各个环节中的损失和浪费，促进水泥工业能源的合理和有效利用。

1.0.2 本条明确了规范的适用范围。水泥工厂含扩建、技改项目及粉磨站。

1.0.3 本规范及本条文说明中所称水泥工厂均指新型干法水泥生产线工厂（下同），故其规模应执行《水泥工厂设计规范》GB 50295 的规定。

1.0.4 本条为强制性条款。目前我国水泥工业的结构性矛盾仍比较突出，新型干法生产工艺所占比重不足 50%，调整水泥工业产业结构是节能降耗的主要措施。按照国家支持发展大型新型干法水泥项目的水泥产业政策，到 2010 年新型干法水泥比重提高到 70%，对落后产能比重较大的地区，鼓励上大压小，扶优汰劣。中部地区应依托大型企业扩建日产 4000t 以上生产线，尽快形成合理的经济规模；西部地区新型干法水泥发展薄弱，应重点支持，要以减少运输压力和满足本地区需求为原则，发展建设日产 2000t 以上的新型干法水泥，加快淘汰落后工艺，促进西部地区水泥工业结构升级。严禁立窑等落后生产工艺新建、扩建和单纯以扩大产能为目的的技术改造项目。淘汰落后生产能力，改善环境质量，缓解能源、资源压力。因此，在设计中必须采用新型干法水泥生产技术。

在水泥工厂工程设计中，设计者和项目业主应在工艺系统和设备选择上采取有效措施，严禁采用列入国家公布的《淘汰落后生产能力、工艺和产品的目录》中的淘汰产品和《工商投资领域制止重复建设目录》中明令淘汰的技术工艺和设备。

1.0.5 本条款对水泥工厂设备选用节能产品作出了明确规定。从设计上为达到国家标准《水泥单位产品能源消耗限额》GB 16780 的先进等级打好基础。

1.0.6 水泥工厂设计涉及国家有关政策、法规和标准、规范，故本条规定在设计中除执行本规范外，尚须符合国家现行的节能、防火、劳动安全卫生、环境保护及计量等各行业相关的法规、标准和规范。

2 术 语

本章是根据《工程建设标准编写规定》建标[1996] 626 号文的要求，针对水泥工厂节能设计实际采用术语的状况增加的内容。本章对本规范涉及的部分能耗指标作出了规定和解释，主要是为了和《水泥单位产品能源消耗限额》GB 16780 相对应，并考虑到设计过程的特殊性，增加了 72h 考核值等术语定义。

2.0.3～2.0.5 可比熟料综合标准煤耗、电耗及综合能耗需按熟料 28d 抗压强度等级修正到 52.5MPa，海拔高度超过 1000m 后应进行统一修正。

2.0.6 可比水泥综合电耗需按水泥 28d 抗压强度等级，修正到出厂为 42.5 等级，混合材掺量应进行统一修正。

2.0.7 可比水泥综合能耗以 m_{KS} 表示，单位为千克标准煤/吨（kgce/t）。

3 总图与建筑节能

3.1 一 般 规 定

3.1.1 本条对水泥工厂的总图设计提出了基本要求。水泥工厂设计中要兼顾各专业特点，根据地域不同，全面分析，采用本地最适合的朝向和地形。充分利用冬季日照，夏季通风，使冬季获得太阳辐射热，夏季通风降温，最大幅度利用自然能源，以节约可支配能源,使工程设计科学合理,环保节能。在满足生产工艺流程要求和各种防护间距的同时,还要注意合理用地,紧凑布置,以缩短物料输送距离,降低输送能耗。

3.1.2 本条对水泥工厂的厂址选择提出了基本要求。主要考虑减少原、燃料及成品运输距离,以降低输送能耗。

3.1.3 根据水泥工厂中有采暖或空调建筑的使用性质和功能特征,将建筑物分为四种类型:

A类建筑一般面积不太大(有的厂也做得很大),但有完整的厂前区建筑,工厂办公楼建到4～5层,近6000m²,是有着完整构成的公共建筑。近年来,有些厂建造了有办公、会议和招待所、职工宿舍等功能的综合楼,其中招待所、职工宿舍等为居住部分,如果居住类建筑面积小于总面积的2/3时,综合楼仍按公共建筑划分。当居住类建筑面积超过总面积2/3时,其主要功能改为居住类,则应将此建筑划为居住类建筑。2/3比例的界定,在这里没有理论依据,只是按超过半数的概念来划分。执行中可按实际情况酌定。

B类建筑不是在所有的工厂中都有,规模也相差较大,此类建筑属居住类是明确的。

C类建筑是指水泥工厂中相当多的一些独立或毗邻生产车间的辅助性生产建筑。这类建筑大多为单层,面积较小,在严寒地区和寒冷地区,为保证设备的正常运行和人员操作所必需的温度环境而设有采暖或空调,采暖温度一般为5～10℃(见《水泥工业劳动安全卫生设计规定》JCJ 10—97)。

D类与C类建筑同属辅助性生产建筑类,不同的是D类建筑附设在非采暖的生产车间内,而自身又是有人员长时间在其中活动的采暖房间,它不是一个独立的建筑,而是车间内的一部分,与室外大气接触的部分作为外墙和外窗,而隔墙、门和屋顶均在非采暖车间内部,它的热工环境显然不同于C类。

3.1.4 按工厂所在的气候分区,在相关的节能标准中规定了相应的节能指标。对于公共建筑来说,主要是体形系数、窗墙比和屋顶透明部分所占比例三个指标。至于屋顶、外墙的传热系数和保温门窗的传热系数及气密性指标,属于构造做法即可满足的指标,即通过设计和门窗构造来满足标准要求是不困难的。

当设计建筑的节能指标不满足标准要求时,应首先调整建筑参数,使它满足标准,尽量采用规定法,而不轻易动用权衡判断。从对多个水泥工厂办公楼及中控楼的体形系数及单一朝向窗墙比所做的统计平均值来看,实际工程的体形系数及单一朝向窗墙比小于标准值,且有较大的扩展空间,因此采用规定法是可行的。

常见的问题是:浴室、车间办公室、门卫等小面积的单层公建,由于屋顶面积占位大,体积小,即使

在最简单的形体下,其体形系数也会超标,无法调整。在此情况下,参照天津市的做法,即当S>0.4时,其屋顶和外墙的加权平均传热系数K_m值较0.3<S<0.4时的标准提高5%,例如屋顶传热系数K值为0.45时,则当S>0.4情况下的屋顶K值为0.40。实际上是以增加保温层厚度来抵偿散热面积超标的不足。

3.1.5 在节能标准的采暖居住部分中,明确把此类建筑划归为居住建筑类,执行相应的节能标准是明确的。建设部规划2010年前在全国范围内仍执行第二阶段节能(节能率50%)标准,但在天津等地区已于2004年开始执行第三阶段节能标准。三阶段标准较二阶段标准的节能率提高15%,即65%,因此,在实行节能目标为65%的地区,则应执行当地的节能设计要求。

3.1.6 C、D类建筑外墙的传热系数限制,没有可直接套用的标准。考虑到气候条件和室内采暖温度,参考《民用建筑热工设计规范》GB 50176中的数据,只给出外窗的构造,未定出传热系数K值供设计选用。

3.1.7 C类和D类属辅助生产建筑,归为工业建筑类。在我国的建筑节能标准中,只有居住建筑和公共建筑两个节能标准,尚没有工业建筑节能标准。在这方面国外规定也不尽相同,例如德国的节能规范中主要是居住建筑类,而把工业建筑及公共建筑列在其他类中。随着节能形势需要,今后我国也将会制定工业建筑节能标准。当前在没有工业建筑节能标准的情况下,为了让这部分有采暖的小面积工业建筑也达到节能要求,我们认为执行《民用建筑热工设计规范》GB 50176还是合适的,它是以热环境来确定围护结构的最小传热阻,具有一定的保温作用。设计中根据计算的最小传热阻来确定保温层材料及厚度时,可参照公共建筑及居住建筑的节能标准,适当增强围护结构的保温能力。

3.2 建筑各部位节能要求

3.2.1 作为工厂内部使用的建筑,本规范不推荐做透明玻璃幕墙,建筑造型上需要时,可用较大面积的保温隔热窗代之。透明玻璃幕墙按外窗对待。透明玻璃幕墙和窗同样都是对保温隔热不利的围护构件,仅过去的设计中少量使用过。

3.2.2 C类建筑在非采暖的南方地区,为防止室内过热,影响设备正常运行,会采取建筑散热措施。但一般很少在空压机房、水泵房及电力室等使用空调,只能通过自然通风或轴流风机来通风散热。因此,适当加大通风面积是必要的。要求外窗的可开启面积不小于50%,是考虑了使用推拉窗时的最大开启面积,提倡使用平开窗和限制固定扇的面积。

在D类建筑中,人的活动占主位。在炎热地区

除必要的自然通风外，可能会使用单体空调，但制冷量不大，外部影响节能的因素是来自外墙及外窗的辐射热，可采用活动遮阳及热反射玻璃减少获热。

3.2.3 本条主要指对有较精细设备的 C 类建筑，如配电室、机修等建筑物。除单独做室外门斗，还可做金属构架，室内布置上留出空地做室内门斗或在冬季外门上悬挂防冷风直接渗入的塑料软帘。

3.2.4 由于 C、D 类属工业建筑类，本规范出于增强节能设计的主动性，适当增强围护结构的保温能力是有益的。外门窗是阻热的薄弱部位。在公建中是在一定体形系数条件下，以单一朝向的窗墙比来确定外窗的传热系数，对 C、D 类建筑尚不能提出这样的要求。参考《民用建筑热工设计规范》GB 50176 中给出的窗户传热系数再提高一些，并以此为参数，按表 3.2.4 确定外门窗。

但由于 C 类和 D 类建筑室内温度不同，故所选的外门窗也不同。

气密性指标是按节能外墙一般为 4 级的中档值降为低档值，即 $2.5 \geqslant q_1 > 1.5$（$m^3/m \cdot h$），外门门肚板的传热系数 K 值取《民用建筑热工设计规范》GB 50176 的平均值。

4 工 艺 节 能

4.1 一 般 规 定

4.1.1 原煤和电力是水泥工业生产主要的能源，节电是水泥工厂的主要节能途径，本条对水泥工厂电动机等设备的设计选型提出了节能评价值要求。

4.1.2 本条对水泥工厂生产车间的布置提出了要求。工艺设计应在满足水泥工厂正常稳定生产前提下，充分利用厂区地形条件，使物流流线短捷，减少运输总量，从而降低输送能耗。

4.2 主要能耗指标

4.2.1 本条为强制性条款，对新建水泥生产线主要能耗设计指标作出了规定。本条所要求的指标统计和计算方法按照《水泥单位产品能源消耗限额》GB 16780 执行。

4.2.2 本条为强制性条款，对新建水泥生产线主要生产工序分步电耗提出了指标要求，用于水泥工厂设计中对主要工序过程电耗的控制。

石灰石破碎的电耗不包括碎石输送用电量。原料粉磨的电耗不包括废气处理用电量。烧成系统的电耗计算范围从生料均化库底至熟料库顶，包括窑头和窑尾废气处理系统。煤粉制备的电耗包括煤粉输送的用电量。水泥粉磨的电耗不包括熟料库底的用电量。包装系统的电耗包括水泥库底的用电量。

4.3 熟料烧成系统

4.3.1 本条为强制性条款，对熟料烧成系统的设计选型作出了强制性规定。

4.3.2 本条为强制性条款，对熟料烧成系统能效指标设计值提出了一般建厂条件下的考核值。本条指标主要针对新建生产线，其值按国际惯例为 72h 考核值。考核方法参照《水泥回转窑热平衡测定方法》JC/T 733—1987、《水泥回转窑热平衡、热效率、综合能耗计算方法》JC/T 730 进行。

本条中所指的一般建厂条件系按照《水泥工厂设计规范》中原料和燃料要求设计的生产线系统。当厂址设计条件比较特殊时，应对熟料烧成系统能耗指标进行修正。

当工厂厂址海拔高度超过 1000m 时，应进行海拔修正，修正后能耗考核指标按下式计算：

$$Q_{CL} = KQ'_{CL}$$
$$E_{CL} = KE'_{CL}$$
$$K = \sqrt{\frac{P_H}{P_0}}$$

式中　Q'_{CL}——高海拔设计条件下实际热耗设计值（kJ/kg 熟料）；

　　　　E'_{CL}——高海拔设计条件下实际电耗设计值（kJ/kg 熟料）；

　　　　K——海拔修正系数；

　　　　P_0——海平面环境大气压，101325 帕（Pa）；

　　　　P_H——当地环境大气压，单位为帕（Pa）。

4.3.3 为了实现烧成系统能效指标要求，本条对熟料煅烧系统设计提出了具体要求：

1 回转窑采用多通道燃煤装置，在国内外已经广泛使用。它具有一次风用量低、燃料适应性强、火焰形状便于控制等特点，是烧成系统必选装备。

2 本款对熟料冷却机的设计提出了具体要求。熟料冷却是烧成系统主要的热回收过程，其热回收效率高低直接影响烧成系统热耗指标，因此要在保证出冷却机熟料温度条件下，最大限度提高热回收率。

3 减少漏风可以减少热损失，提高热效率，降低单位热耗。目前，国内装备密封装置不断改进，系统漏风一般应在 10% 以下，出预热器废气氧含量应在 4.5% 以下。

4 本条对烧成窑尾预热器设计提出了指标要求。目前预热器普遍采用五级，即由五个旋风筒热交换单元组成，锁风阀和撒料装置对预热器的换热效率影响较大，在设计中应引起足够重视。分解炉是承担燃料燃烧和生料分解的化学反应器，对系统稳定、可靠、高效运行具有决定性作用，由于国内能源价格持续上涨，燃煤供应呈多样化，品质变化较大，因此在设计上应根据煤质情况采用结构合理、性能优良的分解炉，并留有一定余地。

5 本条对烧成系统的保温设计提出具体指标。为了降低辐射热损失，窑系统应采用优质耐火材料和隔热材料，不仅节省热耗，减少设备表面的散热损失，也能提高运转率。一般条件下系统的散热损失应在 313kJ/kg 熟料（75kcal/kg 熟料）以下。

4.3.4 本条对烧成系统热风管道保温设计提出了原则要求。在有余热利用要求的热风管路上其保温层设计宜控制在表面温度 50℃ 以下，无余热利用要求的管道外保温设计应满足劳动安全保护要求。在输送热风和物料系统中，各种法兰连接和锁风装置应严密，不得漏风漏料。

4.3.5 本条为强制性条款，对烧成窑尾高温风机调速装置选型提出了强制性要求。窑尾高温风机是烧成系统最大的耗电设备，海螺集团等生产厂的实践表明，采用变频调速装置具有显著的节能效果，而且投资回收期少于整个水泥工厂投资回收期，应推广应用。

4.3.6 为了实现水泥产业可持续发展，必须充分发挥水泥产业特有的环保功能，实施原、燃料的战略转移，建设"环境材料型"生态产业。水泥回转窑在充分发挥传统焚烧炉优点的同时，有机地将自身高温、循环等优势发挥出来，既能充分利用废物中的有机组分的热值实现节能，又能完全利用废物中的无机组分作为原料生产水泥熟料；既能使废弃物中的有毒有害有机物在水泥回转窑的高温环境中完全焚毁，又能使废物中的有毒有害重金属固定到熟料中。

作为替代燃料使用的废弃物，通常加工成为易于泵送的液体或者粉末，这样可以充分利用水泥行业现有的燃料输送系统，通过简单的改造或者增加少量的设备即可确保其作为燃料使用。

4.4 破碎与粉磨系统

4.4.1 本条对石灰石破碎选型提出了要求。目前单段破碎是国内外普遍采用的系统。其破碎比大、流程简单、能耗低，在一般条件下应优先选用。对于大规模机械化开采的矿山，推荐采用移动式破碎机系统，可进一步降低能耗。

4.4.2 本条对原料粉磨和煤粉制备的主要设备选型作出了规定。生料粉磨及煤粉制备系统的选型应根据原料水分、易磨性和生料易烧性确定磨机适宜的型式、规格及适宜的粉磨细度。随着水泥技术的不断发展，根据原料的易磨性、含水量以及能力的不同，出现了不同型式的原料粉磨系统。辊式磨系统是借助相对运动的磨盘和磨辊装置对物料进行碾压粉磨，并且集中碎、粉磨、烘干、选粉等工序于一体，是当今原料粉磨的主要系统。它利用熟料煅烧系统废气作为烘干热源，其流程简单，烘干能力大，可以适应水分高达 15% 的原料，尤其适宜于与大型预分解窑匹配；与传统的球磨系统比较，粉磨电耗可降低 30% 左右。

是应该大力推广的节能设备。

4.4.3 粉磨是水泥生产过程中耗电最高的环节，约占生产总电耗的 65% 以上，其中水泥粉磨的电耗所占比例高达 2/3。因此，提高水泥粉磨效率、降低单位电耗一直是水泥工厂所关注的节能问题。

水泥粉磨系统大致可以分为三种类型，即球磨、料床预粉磨和料床终粉磨系统。球磨系统电耗最高，特别是开流球磨，应尽量少采用。料床终粉磨是水泥粉磨技术的发展方向，包括以辊式磨、筒辊磨或辊压机为主要粉磨设备的系统，其能耗最低，但粉磨产品性能还有待进一步研究，且目前本地化装备技术还不够成熟；料床预粉磨系统具有节电效果明显、产品性能稳定和配套产量高的优点。是目前水泥粉磨系统的首选方案。

辊压机料床粉磨经过了 20 年的发展，许多水泥企业积累了丰富的经验，增产节能效果明显，国产装备技术日臻成熟，应在技改工程中进一步推广。辊压机与球磨机可以组成多种预粉磨系统，主要分为循环预粉磨和联合粉磨两类。循环预粉磨系统的特点是只将出辊压机的受到充分挤压的中间料饼喂入球磨机，边料循环挤压；而联合粉磨系统需增设分选设备将出辊压机物料中的细粉分选出来，将这种细粉喂入后续球磨机进行最终粉磨，粗料循环挤压。由于联合粉磨系统中辊压机吸收功率大，节能效果更大，半成品中没有大于 1mm 的颗粒，球磨机的研磨效率也得到提高，因此，新建系统应优先采用带辊压机的联合粉磨系统，有条件的企业可考虑采用辊磨终粉磨系统。

4.5 余热利用系统

4.5.1 本条对新建工厂余热利用系统设计提出了要求。在设计阶段同步设计或规划余热利用系统，有利于贯彻国家节能降耗的产业政策。目前水泥烧成系统的热效率一般在 54% 以下，因此有必要在设计阶段对余热利用（目前主要是余热发电）进行统一规划布置。国家也鼓励现有水泥生产企业建设余热利用（目前主要是余热发电）系统。

4.5.2 本条对水泥工厂余热利用系统的建设提出了要求。余热利用系统是在保证水泥生产正常运行的前提下进行的，不能因此降低水泥生产线的技术参数。余热利用后水泥生产线的电耗、热耗等主要能耗指标不能因为余热利用而提高，水泥熟料产量不应降低。

4.5.3 利用烧成系统多余的废气余热进行发电是目前国内外应用最多的节能技术。同时，本条对系统余热不具备发电条件的利用方式提出了建议和要求。发电条件不具备是指受水源、气候、投资条件等诸多因素影响，不具备发电条件（如原燃料水分高，烘干需要的出窑尾预热器和冷却机废气余热多），而热负荷相对稳定，可利用余热资源进行供热。

4.6 其 他

4.6.1 本条对于需要根据系统进行参数调节的风机调速装置提出了选型要求。风机风量的调节，有阀门和风机调速两种。阀门调节比较简单，但不节能，因此从技术角度要求有风量调节的风机均宜配置变频调速装置。同时，本条对排风机的储备系数作了规定。过大的风机储备系数，易降低风机的使用效率，浪费电能。因此，对于工况稳定，风机通风量变化小的风机，其储备系数应按本条规定设计。

4.6.2 本条从均衡稳定生产的角度对生产线的部分设计配置提出了要求。

4.6.3 以往在生料入库和入窑、水泥入库等输送系统的设计时，常常采用气力输送。气力输送电耗高，因此，长距离输送应采用机械输送，尽可能避免气力输送。本条规定采用机械输送，以节省电能。因煤粉采用机械输送较困难，因此煤粉入窑输送可采用气力输送。

4.6.4 本条规定要求采取自然干燥的方法降低需烘干的物料的初始水分，如晾晒、晴天堆存于堆棚中，避开雨、雪天开采等，以降低烘干所需能耗，是节能的有效方法之一。

4.6.5 本条规定对烘干水泥混合材提出了具体设计要求。当单独设置热风炉烘干物料时，优先选用烧劣质煤的高效热风炉（如沸腾炉等），不得采用烧块煤的热风炉。当采用回转式烘干机烘干物料时，应为顺流式、高效扬料板，回转筒体表面应敷设保温层，其出口风的温度不宜高于110℃。

5 电力系统节能

5.1 供配电系统

5.1.1 根据水泥生产线的用电特点，负荷一般集中在原料磨、烧成、水泥磨等车间。因此，变电所或配电站的位置应靠近相应的车间，以缩短供电半径。

5.1.2 适当提高电压等级，有利于减少线路及设备损耗。

5.1.3 为了减少线路损耗，需合理选择导线截面。

5.1.4 大多数水泥工厂设有总降压变电站或10kV配电站，全厂需布置多个车间变电所，配置多台车间变压器。因此，合理选择总降压变电站主变压器的容量和台数，以减少变压器和线路的电能损耗、实现变压器的经济运行是十分重要的。

5.1.6 高次谐波危害电气设备的安全运行，增加电能损耗。应根据具体情况采取滤波方式抑制高次谐波，使系统各级谐波限值满足《电能质量 公用电网谐波》GB/T 14549 的规定。

5.2 电气设备

5.2.1 目前阶段一些节能电器投资太高，使用寿命较短，采用技术及经济比较是为了确保在节能的同时实现较好的经济效益，减少变压器损耗。

6 矿山工程节能

6.1 矿山开采与运输

6.1.1 本条从节约资源的角度提出了在满足工厂产品方案要求的前提下充分利用低品位原料的要求，目前已有许多生产线在矿山开采中通过优化开采方案降低剥采比，如石灰石开采大量应用氧化钙含量小于47%的石灰石矿，但需要考虑对低品位原料的不利因素采取相应措施。

6.1.2 在矿山地形条件和矿体赋存条件许可的条件下，横向采掘开采法，就是当出入沟达到开采水平标高后，在出入沟端部挖掘横向矿层的开段沟，垂直岩走向布置采掘带。以减少工作面长度和开拓工程量，提高汽车运输效率；改善爆破条件，提高挖掘机装车效率。横向采掘有利于矿石分级开采或质量搭配。由于采掘带的方向垂直于矿岩走向，顺向爆破，爆破阻力小，因而炸药能量充分用于矿岩的破碎作用，改善了爆破条件，有利于矿石铲装和运输。

6.1.3 制定本条旨在通过优化爆破参数，减少根基、大块及伞岩比例，以提高爆破质量。

6.1.4 在确定矿山开拓运输方案时，应进行技术经济比较，并将能量消耗列入主要指标。在条件允许时，应优先选用溜井平峒开拓，以充分利用位能，缩短运距，减少能耗。

6.1.5 设置移动式破碎机或组装式破碎机可以尽量减少采场内的块石运输距离。

6.1.6 矿山可采年限较长（30年以上）时，可采用分期设置的办法来缩短块石的汽车运输距离，以减少燃油消耗量。

6.2 穿孔、采装和运输设备

6.2.1 压缩空气是矿山生产中耗能高、效率低的一个部分，应该采取多种途径减少压缩空气消耗量。

6.2.2 采用轮式装载机直接装运，以代替挖掘机装载汽车运输。

6.2.4 矿用自卸汽车载重量和挖掘机铲斗要有合理的匹配关系。如挖掘机铲斗为2m³，选用载重12~15t自卸汽车；挖掘机铲斗为3~4m³，选用载重20~35t自卸汽车；挖掘机铲斗为5~7m³，选用载重为32~45t自卸汽车。

7 辅助设施节能

7.1 给水排水

7.1.1 本条规定主要是执行国家关于节约能源和节约用水的规定,同时减少工业废水对环境的污染。因此,必须提高水泥工厂用水的重复利用率。国内近几年投产的水泥工厂冷却水的循环率都在 85% 以上,有的达到 95%。生产直流用水如增湿塔喷水由生产循环给水系统供给,可以减少系统的排污水量,达到节约用水的目的,减少用水损耗及能源消耗。

7.1.2 有条件的工程应尽量做到中水回用,以实现污水的零排放或少排放。

7.1.3 本条为强制性条款,现行国家标准《节水型产品技术条件及管理通则》GB/T 18870 涉及五大类产品:灌溉设备、冷却塔、洗衣机、卫生间便器系统和水嘴,在设计中应注意合理选型。管材的选用应符合《建设部推广应用和限制禁止使用技术》的规定,选用符合卫生要求,输送流体阻力小,耐腐蚀,具有必要的强度与韧性,使用寿命长的塑料管给水系统。

7.2 采暖、通风和空气调节

7.2.2 本条对水泥工厂采暖节能设计提出了要求。

1 本款采用热水作为采暖热媒,能提高采暖质量,同时便于调节,有利于节能。而严寒地区,由于采暖期长,故从节约能耗或节省运行费用方面,采用热水集中采暖系统更为合适。

2 带有值班控制室的大车间,只作值班控制室采暖,可以节省大量热能,且能满足生产要求。

3 采暖建筑内,南北向的负荷变化,受多方面的影响,很不一致。分环控制有利于系统平衡,从而达到节能效果。

4 考虑到目前建筑物的蓄热性能,室内设计温度取 5℃ 可以达到防冻效果。

5 散热器暗装,使散热效率降低,盲目增加散热器安装数量,不仅浪费热能,同时破坏系统整体的平衡,所以都是不可取的。

7.2.3 本条对水泥工厂通风和空气调节设计提出了要求。

1 本条规定的目的是既达到通风效果又要节能。

2 本条规定的目的,是使空调系统便于控制和平衡,从而达到节能目的。

3 $30m^3/h \cdot$人新风量是国家规定的下限。计算新风量时应同时考虑稀释有害气体和保证所需正压的要求。

4 空调系统的冷源有多种类型。各种类型都有一定的适用范围,选用时一定要符合国家和地方的能源政策。同时要做具体的技术经济比较。

与空气热泵相比,水冷机组的耗电量和价格都较低。

5 空气源热泵机组不适于在寒冷地区运行。目前特制的产品,即使可以在寒冷地区运行,但耗电量大,失去节能的意义。

8 能 源 计 量

8.0.1 本条为强制性条款,制定本条目的是从设计上为达到国家标准《水泥单位产品能源消耗限额》GB 16780 的先进等级打好基础,为水泥工厂的生产管理、节能降耗工作创造条件。规定要求在设计阶段为水泥工厂能源计量管理配置必要的硬件设施,必须在计量器具设备的选择上严格执行现行国家标准《用能单位能源计量器具配备和管理通则》GB 17167。

8.0.2 为了对各车间子系统用电负荷实际耗能进行监测,以便对节能工作进行管理和考核,须配置电压、电流、功率、功率因数和有功电量、无功电量的测量和计量仪表。

8.0.6 本条为强制性条款,旨在节约用水及合理分配用水。本条对水泥工厂用水的计量提出了具体要求。

中华人民共和国国家标准

平板玻璃工厂节能设计规范

Code for design of energy conservation of flat glass plant

GB 50527—2009

主编部门：国家建筑材料工业标准定额总站
批准部门：中华人民共和国住房和城乡建设部
施行日期：2 0 0 9 年 1 2 月 1 日

中华人民共和国住房和城乡建设部
公 告

第 379 号

关于发布国家标准
《平板玻璃工厂节能设计规范》的公告

现批准《平板玻璃工厂节能设计规范》为国家标准，编号为 GB 50527—2009，自 2009 年 12 月 1 日起实施。其中，第 4.2.1、4.3.2 条为强制性条文，必须严格执行。

本规范由我部标准定额研究所组织中国计划出版社出版发行。

中华人民共和国住房和城乡建设部
二〇〇九年八月十日

前 言

本规范根据原建设部《关于印发〈2007 年工程建设标准规范制订、修订计划（第二批）〉的通知》（建标〔2007〕126 号）的要求，由中国新型建筑材料工业杭州设计研究院和国家建筑材料工业标准定额总站会同有关单位共同编制完成。

本规范共分 8 章，主要内容有：总则、术语、总图与建筑、工艺、原料、电气及自动化系统、辅助设施、能源计量。

本规范中以黑体字标志的条文为强制性条文，必须严格执行。

本规范由住房和城乡建设部负责管理和对强制性条文的解释，由中国新型建筑材料工业杭州设计研究院负责具体技术内容的解释。

在本规范的实施过程中，如发现需要修改和补充之处，请将意见和有关资料寄交中国新型建筑材料工业杭州设计研究院（地址：杭州市中山北路 450 号，邮政编码：310003，邮箱：tech1022@sina.com），以供今后修订时参考。

本规范主编单位、参编单位及主要起草人和主要审查人员：

主 编 单 位：中国新型建筑材料工业杭州设计研究院
国家建筑材料工业标准定额总站

参 编 单 位：中国建筑玻璃与工业玻璃协会
秦皇岛玻璃工业研究设计院
中国建材国际工程有限公司
中国洛阳浮法玻璃集团公司

主 要 起 草 人：林楚荣 汤小慧 薛滔菁
黄利光 林岩忠 崔登国
郑 宏 朱积攀 翁丽芬
沈 阳 房金生 尤振丰
宋 强 孙琢玉 罗佩文
牟竹生 朱雷波 雷旺生
朱留欣 陈 静

主 要 审 查 人 员：张景焘 吴佐民 施敬林
唐 淳 房广华 李德良
谢 军 马奎民 刘志海
王立群

目　次

Contents

1 总 则

1.0.1 在平板玻璃工厂设计中,为贯彻执行国家有关法律法规,优化工程设计,做到节约和合理利用能源,制定本规范。

1.0.2 本规范适用于我国平板玻璃工厂新建及改建和扩建生产线项目。本规范不适用于压花、夹丝玻璃及用于电子信息行业的平板玻璃生产线项目。

1.0.3 新建平板玻璃工厂应采用浮法生产工艺,严禁采用国家已经公布的限制类和淘汰类技术工艺。

1.0.4 平板玻璃工厂的建设规模应符合国家产业政策,玻璃熔窑熔化能力应大于等于500t/d。

1.0.5 本规范应与现行国家标准《平板玻璃工厂设计规范》GB 50435、《平板玻璃单位产品能源消耗限额》GB 21340 配套使用。

1.0.6 平板玻璃工厂设计文件中,应含有节能篇章。

1.0.7 工艺设备、电气自动化设备选型应优先选用国家推荐的节能型产品,严禁选用国家已经公布的淘汰产品。

1.0.8 平板玻璃工厂的节能设计,除应符合本规范外,尚应符合国家有关标准的规定。

2 术 语

2.0.1 平板玻璃产品总综合能耗　the comprehensive energy consumption of flat glass

在统计期内用于平板玻璃生产所需的各种能源的消耗总量,折算成标准煤,以 e_b 表示,单位为吨标准煤。

包括生产系统、辅助生产系统和附属生产系统的各种能源消耗量和损失量,不包括基建、技改等项目建设期消耗的、生产界区内回收利用的和向外输出的能源量。

2.0.2 平板玻璃单位产品综合能耗　the comprehensive energy consumption per unit product of flat glass

在统计期内生产每重量箱平板玻璃的能源消耗量,折算成标准煤,即用合格产品总产量除总综合能耗量,以 E_b 表示,单位为千克标准煤每重量箱(kg标煤/重量箱)。

2.0.3 平板玻璃熔窑热耗　the heat consumption of flat glass furnace

在统计期内熔化每千克玻璃液所消耗的热耗,以 Q_d 表示,单位为千焦耳每千克玻璃液(kJ/kg玻璃液)。

3 总图与建筑

3.1 总 图

3.1.1 工厂选址宜靠近铁路、水路交通线,以节省运输能耗。

3.1.2 总图布置应节约用地,宜不占或少占耕地。

3.1.3 在满足工艺生产要求的前提下,总图设计应因地制宜,合理

利用地形,减少土石方工程。

3.1.4 管网布局应统筹各专业特点,合理紧凑,线路短捷。

3.1.5 建筑朝向应充分利用天然采光、冬季日照。

3.1.6 总图设计应明确功能分区,方便生产,有利于环境保护、节约能源。

3.1.7 厂区出入口宜靠近物流中心,减少运输距离。

3.1.8 各车间在满足工艺流程及安全和卫生要求的前提下,宜缩短间距。

3.2 建 筑

3.2.1 建筑节能设计应符合下列要求:

1 有采暖或制冷要求的生产性建筑,以及设于无采暖或制冷要求的生产性建筑内的有采暖或制冷要求的房间,应按现行国家标准《民用建筑热工设计规范》GB 50176 进行节能设计。

2 非生产性建筑中的公共建筑应按现行国家标准《公共建筑节能设计标准》GB 50189 进行节能设计。

3 非生产性建筑中的居住建筑应按国家现行标准《民用建筑节能设计标准》(采暖居住建筑部分)JGJ 26、《夏热冬冷地区居住建筑节能设计标准》JGJ 134 和《夏热冬暖地区居住建筑节能设计标准》JGJ 75 进行节能设计。

3.2.2 建筑各部位节能应符合下列要求:

1 各类建筑不宜采用玻璃幕墙。

2 各类建筑屋顶透明部分不宜超过屋顶面积的20%。

3 不同类别的建筑组织在同一个建筑内时,应分别按照各自的类别进行节能设计。

4 严寒气候区有采暖或其他气候区有空调要求的生产性建筑,其外门宜设门斗或采取防冷(热)空气渗入的措施。

5 围护结构宜选用节能、环保、经济的产品。

6 建筑设计应充分利用日照、天然采光、自然通风。

7 建筑设计说明中应注明采用的保温隔热材料的热工性能指标、施工要求、执行标准。门窗表中应注明传热系数的限值和气密性指标,以及所采用型材和玻璃的技术参数。

4 工 艺

4.1 一般规定

4.1.1 新建及改扩建生产线设计所选用的中小型三相异步电动机、容积式空气压缩机、通风机、清水离心泵、三相配电变压器等通用耗能设备应达到现行国家标准《中小型三相异步电动机能效限定值及能效等级》GB 18613、《容积式空气压缩机能效限定值及节能评价值》GB 19153、《通风机能效限定值及节能评价值》GB 19761、《清水离心泵能效限定值及节能评价值》GB 19762、《三相配电变压器能效限定值及节能评价值》GB 20052 等相应耗能设备能效标准中节能评价值的要求。

4.1.2 燃烧系统应符合下列要求:

1 应合理利用燃料,节能高效,并有利于环境保护。

2 燃料供应系统应保证热值和压力稳定、连续、可靠。

3 应采用燃烧性能好、效率高、低噪声、便于安装、调节、维修的燃烧装置。

4 燃烧系统的运行能耗低,燃烧系统的热工参数宜实现自动监测与控制。

4.2 主要能耗指标

4.2.1 新建及改扩建平板玻璃生产线的规模应大于等于500t/d熔化量,其单位产品综合能耗应符合表 4.2.1 中能耗限额的规定。

表 4.2.1 新建及改扩建生产线平板玻璃单位产品能耗限额

熔化能力(t/d)	综合能耗(kg标煤/重量箱)	
	新建生产线	改扩建生产线
500	≤16	≤16
>500	≤15	≤15

4.3 熔 窑

4.3.1 平板玻璃熔窑设计应根据平板玻璃配方,采用合理的窑炉结构;并应采取熔窑全保温、选用优质耐火材料和性能好的燃烧系统等措施,降低能源消耗;宜选用富氧或全氧燃烧、辅助电加热、鼓泡等节能技术。

4.3.2 熔窑热耗根据熔窑熔化能力、结构特征及所采用的燃料应按表 4.3.2 确定。

表 4.3.2 熔窑热耗

熔化能力(t/d)	燃 料	熔窑热耗(kJ/kg玻璃液)
500	重油	≤6500
600	重油	≤6280
700	重油	≤6070
800	重油	≤5860
900	重油	≤5650

注:当熔化量为其他数值时,可用内插法确定热耗。

4.3.3 熔窑结构设计应符合下列要求:

　　1 投料池的宽度应满足投料的要求,长度应适合投料机使用要求,满足前脸墙结构设计的要求,池壁、池底和前脸墙部位均需保温;

　　2 熔化部应根据熔窑熔化能力、燃料种类、温度分布曲线等因素,确定适宜的宽度和长度、小炉对数、小炉间距、第一对小炉中心线与前脸墙之间的距离、末对小炉中心线到卡脖之间的距离。并应根据玻璃颜色、燃料种类、耐火材料质量及熔窑保温情况,合理选取熔化部池深;

　　3 应合理选取卡脖尺寸以及卡脖搅拌器、冷却水管,使玻璃液回流量适宜,降低能耗;

　　4 应根据熔窑生产规模、玻璃颜色及熔窑保温情况,合理选取冷却部大小;

　　5 蓄热室应选用箱型蓄热室;格子体宜采用筒型、十字型排列。箱型蓄热室每平方米熔化面积宜选用(30~45)m² 格子体受热面积;

　　6 烟道应加强保温,砖砌烟道气流速度宜在(1~4)m/s(标准状态下)范围内,采取可靠的防水和排水措施,提高气密性,降低漏气量。

4.3.4 窑体密封、保温应符合下列要求:

　　1 熔窑熔化部的大碹、投料口、胸墙、液面线 200mm 以下的池壁、池底以及小炉、蓄热室、烟道的碹、侧墙、底等部位均应保温;

　　2 根据被保温部位砌体的材质和交界面温度应合理选取保温材料,降低能耗;

　　3 熔窑各个部位砌筑时应提高气密性,保温前应先进行砌体气密性处理;

　　4 应按现行国家标准《工业炉砌筑工程施工及验收规范》GB 50211对各种砖材进行加工和砌筑,保温工程宜与窑炉砌筑同步进行,在熔窑冷态完成保温工程施工。

4.4 锡 槽

4.4.1 锡槽工艺参数应根据生产规模、产品尺寸合理选取。

4.4.2 锡槽应具有良好的密封性、可操作性。

4.4.3 锡槽流道、胸墙、顶盖、渣箱应采用保温措施。

4.4.4 电加热元件宜采用三相硅碳棒,并进行合理布置。

4.5 退火窑

4.5.1 退火窑工艺参数应根据生产规模、产品尺寸合理选取。

4.5.2 退火窑壳体各面的保温,应采用优质的保温材料,外壳表面温度应不大于 75℃。

4.5.3 退火窑宜采用电加热,应合理选择及分布电加热的容量。

4.5.4 退火窑辊道的电动机应采用变频调速装置。

5 原　料

5.1 一般规定

5.1.1 平板玻璃工厂宜优先选用合格粉料进厂。

5.1.2 硅质原料进厂后宜设置均化设施,减少化学成分和水分的波动。

5.1.3 配合料中碱含量的均方差应小于 0.6%,水分宜为 3.5%~4.5%。

5.1.4 配合料的温度应高于 36℃,南方地区宜为(36~40)℃,北方地区宜为(36~43)℃。

5.2 原料质量

5.2.1 进厂原料的质量要求应符合现行国家标准《平板玻璃工厂设计规范》GB 50435 的要求。

5.3 原料加工

5.3.1 原料系统各工序应尽量布置紧凑,避免交叉运输。

5.3.2 原料的加工和运输应采用机械化、自动化和密封的工艺流程。

5.3.3 在纯碱、芒硝易受潮结块,需设筛分破碎装置时,加工工序应先筛分后破碎。

5.3.4 碎玻璃不应进入混合机混合。

5.3.5 混合机内加水、加蒸汽应设计量装置。

6 电气及自动化系统

6.1 供配电系统

6.1.1 变配电所的位置应靠近负荷中心,减少配电级数,缩短供电半径。

6.1.2 工厂总进线的电压等级为 35kV 及以上时,应设置总降压变电站;总进线的电压等级为 10kV 时应设置总配电站。厂区内各变电所的进线电压等级一般宜采用 10kV。

6.1.3 供配电系统应根据重要负荷、一般负荷的用电容量以及大容量用电负荷的分布地点等因素设置变电所的数量和位置。一级负荷(重要负荷)应由两路独立电源供电。

6.1.4 供配电系统应充分考虑玻璃生产线在烤窑、保窑期间与正常生产时用电负荷的不同性质和容量差异,合理选用各变电所变压器的台数和容量。

6.1.5 10kV 及以上输电线路,应按经济电流密度校验导线截面。10kV 以下输电线路,可以按温升选择电缆截面,有条件者宜按《电力电缆截面的经济最佳化》IEC 287-3-2/1995 原则选择电缆截面。

6.1.6 供配电系统应采取有效措施减少无功损耗,宜采用高压补偿与低压补偿相结合,集中补偿与就地补偿相结合的无功补偿方式。企业计费侧最大负荷时的功率因数不应低于 0.92。

6.1.7 供配电系统宜采取滤波等方式抑制高次谐波,应符合现行国家标准《电能质量—公用电网谐波》GB/T 14549 的谐波限值规定。

6.2 控 制 系 统

6.2.1 控制系统的节能设计原则是保证生产过程的稳定、可靠、经济、高效,在满足生产工艺要求的前提下,控制系统的设计应以节能降耗为优先目标。应改进过程参数测量方式、方法和过程控制策略,提高自控水平,降低能源消耗。

6.2.2 对 37kW 及以上功率的电动机、风机、水泵等设备,宜优先采用软启动方式或变频启动方式。对共管道的风机组、水泵组等设备宜采用直接加软启动或工频加变频的混合启动控制方式。

6.2.3 对大功率的变频启动设备,为减轻谐波对电网的影响,应配置平波电抗器等设备。

6.2.4 玻璃熔窑的控制系统应能保持熔炉温度、压力、液面、泡界线等的稳定,为优质、高产、低耗创造条件。可配置便携式氧量仪或在线高温氧量仪,以便熔窑运行时及时校正空/燃比,保持高效合理燃烧。

6.2.5 锡槽的控制系统宜采用冷却量与加热量均少的锡槽节能控制策略。锡槽电加热的分区控制设计应充分考虑烤窑、保窑和正常生产时的差异,合理分区,节约能源。

6.2.6 退火窑的控制系统应能提供准确、稳定和易于调节的退火温度曲线控制手段。在保证产品质量、产量的前提下,宜尽量采用加热量少的退火温度作业制度和节能控制策略。退火窑的电加热分区和加热/冷却分区除要符合工艺控制要求外,还应按照均衡、合理、经济的原则进行配置。

6.3 照 明

6.3.1 平板玻璃工厂采光设计应充分利用自然光。照明设计应符合现行国家标准《建筑照明设计标准》GB 50034 的有关规定。

6.3.2 照明应采用高效节能光源,因地制宜采用混光照明。

6.3.3 照明灯宜分区分组控制。

6.3.4 高大厂房内应采用金属卤化物灯、高压钠灯或大功率节能荧光灯。

6.3.5 控制室等高度较低的场所宜采用节能荧光灯等节能灯具。

6.3.6 在变配电间和工艺生产的重要部位应设置应急照明灯,便于在供电中断时疏散人员和处理事故。

6.4 电气自动化设备

6.4.1 变压器应选择低损耗节能型产品,并合理决定负荷率,减少变压器损耗。

6.4.2 电力室、变电所应采取静电电容器补偿。大功率异步电动机,宜配置进相机或静电电容器就地补偿。

6.4.3 对要求调速的电动机,宜采用变频调速装置。

6.4.4 设计中宜优先采用无触点器件代替接触器或继电器。

6.4.5 接触器、继电器、电磁阀等控制装置宜采用低功耗产品,控制线路宜尽量减少线圈通电时间和数量。

6.4.6 控制装置指示灯宜优先采用发光二极管指示灯。

6.4.7 在同样满足过程参数检测要求的前提下,宜优先选用动能损失小的检测件。

7 辅 助 设 施

7.1 氮 站

7.1.1 氮气的制取应采用空气分离深冷法,可考虑副产品氧气的综合利用方案。应按现行国家标准《氧气站设计规范》GB 50030 进行工程设计。

7.1.2 空分产品的制取方案应充分考虑全厂空分产品资源利用的平衡,合理选取单机规模,坚持综合利用、集中生产,协同供应。

7.1.3 空分装置应选择工艺流程先进的装置。

7.1.4 空分装置所采用的空气压缩机宜选用离心式压缩机或螺杆式压缩机,不宜选用能耗高的活塞式压缩机。

7.1.5 空分装置站房设计宜采用自然通风方式。

7.1.6 按照工艺要求,设备和管线应做好保温和隔冷。

7.2 氢 站

7.2.1 氢气的制取从环保考虑,宜采用水电解工艺,应按现行国家标准《氢气站设计规范》GB 50177 进行工程设计。

7.2.2 水电解制氢装置应合理选用电耗小、电解小室电压低、性能可靠的水电解制氢装置。

7.2.3 水电解制氢装置因耗电量大,宜考虑配置调峰装置。

7.2.4 制氢装置应按工艺要求进行保温。

7.3 给 水 排 水

7.3.1 平板玻璃工厂给水排水设计应符合现行国家标准《污水综合排放标准》GB 8978、《工业循环冷却水处理设计规范》GB 50050 和国家有关节能之规定。

7.3.2 平板玻璃工厂生产供水系统宜用变频供水,以降低能耗。

7.3.3 设备冷却等生产用水宜采用循环给水系统。

7.3.4 原料车间或车间浴室等需要供热水的部位,应选用高效率换热器;热水管道严格按规范进行保温,以降低热损失。

7.3.5 平板玻璃工厂污水排放应符合现行国家标准《污水综合排放标准》GB 8978。

7.3.6 设计采用的节水型产品及节能型产品应符合现行国家标准《节水型产品技术条件及管理通则》GB/T 18870 的有关规定。

7.3.7 生产和生活、厂内和厂外的用水量应分别计量。外购水总管、生产车间和辅助部门应设置用水计量器具。循环冷却水系统计量仪表的设置应符合现行国家标准《工业循环冷却水处理设计规范》GB 50050 中的规定。

7.4 燃 料

7.4.1 油站应按现行国家标准《石油库设计规范》GB 50074 进行工程设计。重油油罐和重油管道应设置保温层。

7.4.2 天然气站应按现行国家标准《城镇燃气设计规范》GB 50028 进行工程设计。天然气站的布置宜采用敞开或半敞开式建筑结构。

7.5 采暖、通风和空气调节

7.5.1 平板玻璃工厂采暖、通风和空气调节设计应符合现行国家标准《采暖通风与空气调节设计规范》GB 50019 的有关规定。

7.5.2 采暖地区节能应符合下列要求:

1 宜利用平板玻璃工厂的余热作为采暖热源。

2 值班控制室应做采暖设计,工业厂房可不做采暖设计。

3 有采暖要求的面积较大的多层建筑物应采用南、北向分环布置的采暖系统。

4 严寒和寒冷地区的工厂,有水系统的建筑物内为防冻所做的采暖设计,室内设计温度不应小于5℃。

7.5.3 通风、除尘和空气调节设计应符合下列要求:

1 生产厂房应采用自然通风。需采用机械通风时,通风机的风量储备系数不应大于1.1。

2 通风与除尘风机应选高效节能型风机,除尘器宜选用高效节能型除尘器。

3 宜将粉尘直接回收到工艺流程中,并应采取防止二次扬尘的措施。

4 集中空调系统中,温度、湿度及使用时间要求不同的区域,应划分为不同的空调系统。

5 控制室空调系统宜选用整体柜式空调机组或分体式空调机组。空调机组应采用节能产品。

7.6 余热利用

7.6.1 平板玻璃工厂生产工艺过程及建筑物需要冷、热源时,应优先利用工厂余热。

7.6.2 余热产生蒸汽应符合下列要求:

1 工厂内生产和生活需要蒸汽时,应设置余热锅炉房以供蒸汽。设计应符合现行国家标准《锅炉房设计规范》GB 50041和《采暖通风与空气调节设计规范》GB 50019中的规定。

2 余热锅炉宜选用烟管式或热管式,台数应根据熔窑的烟气量、烟气温度及全厂热负荷工况确定。

3 引风机选型时,风量宜考虑10%～15%的余量,风压应有20%～30%的余量。

4 锅炉进口前的烟道应加保温层,整个烟道应加强密封;炉前烟道闸板宜选用气密性好的斜闸板。

7.6.3 余热发电应符合下列要求:

1 大型平板玻璃工厂宜利用大量的废气余热资源,采用余热回收技术和装备,应用于发电。

2 各余热换热器的引风机以及给水泵,宜采用变频调速技术来调节流量和压力。

3 余热发电应选用换热效率较高的锅炉。

4 换热器应选择高效、结构紧凑、便于维护、使用寿命长的产品。

5 蒸汽换热器的蒸汽凝结水宜回收利用。

7.6.4 余热制冷应符合下列要求:

1 炎热地区大型平板玻璃工厂可利用大量的废气余热资源,采用饱和水蒸气和热水为热源的溴化锂吸收式冷水机组装备,应用于制冷。

2 蒸汽、热水型溴化锂吸收式冷水机组及直燃型溴化锂吸收式冷(温)水机组宜选用能量调节装置灵敏、可靠的机型。

3 制冷机房宜采用集中监控系统或就地的自动控制系统,合理利用能源,实现节能运行。

8 能源计量

8.0.1 企业应按照现行国家标准《用能单位能源计量器具配备和管理通则》GB 17167中的有关规定,设置专职的能源管理机构,配备必要的人员和仪器设备,建立能源计量管理制度。

8.0.2 能源计量装置应满足全厂和各个系统单独计量考核的要求,宜对能源计量值进行自动采集、集中管理。

8.0.3 各种原料、燃料、材料、产品进出厂均应计量。

8.0.4 水、电、蒸汽、燃料应做到生产、生活分别计量;压缩空气、氮气、氢气等耗能工质应做到工厂、车间、重点耗能设备三级计量。

本规范用词说明

1 为便于在执行本规范条文时区别对待,对要求严格程度不同的用词说明如下:

　1)表示很严格,非这样做不可的:

　　正面词采用"必须",反面词采用"严禁";

　2)表示严格,在正常情况下均应这样做的:

　　正面词采用"应",反面词采用"不应"或"不得";

　3)表示允许稍有选择,在条件许可时首先应这样做的:

　　正面词采用"宜",反面词采用"不宜";

　4)表示有选择,在一定条件下可以这样做的,采用"可"。

2 条文中指明应按其他有关标准执行的写法为:"应符合……的规定"或"应按……执行"。

引用标准名录

《采暖通风与空气调节设计规范》GB 50019

《城镇燃气设计规范》GB 50028

《氧气站设计规范》GB 50030

《建筑照明设计标准》GB 50034

《锅炉房设计规范》GB 50041

《工业循环冷却水处理设计规范》GB 50050

《石油库设计规范》GB 50074

《民用建筑热工设计规范》GB 50176

《氢气站设计规范》GB 50177

《公共建筑节能设计标准》GB 50189

《工业炉砌筑工程施工及验收规范》GB 50211

《平板玻璃工厂设计规范》GB 50435

《污水综合排放标准》GB 8978

《电能质量—公用电网谐波》GB/T 14549

《用能单位能源计量器具配备和管理通则》GB 17167

《中小型三相异步电动机能效限定值及能效等级》GB 18613

《节水型产品技术条件及管理通则》GB/T 18870

《容积式空气压缩机能效限定值及节能评价值》GB 19153

《通风机能效限定值及节能评价值》GB 19761

《清水离心泵能效限定值及节能评价值》GB 19762

《三相配电变压器能效限定值及节能评价值》GB 20052

《平板玻璃单位产品能源消耗限额》GB 21340

《民用建筑节能设计标准》(采暖居住建筑部分)JGJ 26

《夏热冬暖地区居住建筑节能设计标准》JGJ 75

《夏热冬冷地区居住建筑节能设计标准》JGJ 134

《电力电缆截面的经济最佳化》IEC 287-3-2/1995

中华人民共和国国家标准

平板玻璃工厂节能设计规范

GB 50527—2009

条 文 说 明

制 订 说 明

本规范制订过程中，编制组对我国平板玻璃工业工艺形式、能耗等主要方面进行了大量的调查研究，总结了我国平板玻璃工业工程建设的实践经验，同时参考了国外先进技术法规、技术标准，取得了浮法玻璃单位产品能耗方面的重要技术参数。

为便于广大设计、施工、科研、学校等单位有关人员在使用本规范时能正确理解和执行条文规定，

《平板玻璃工厂节能设计规范》编制组按章节条的顺序编制了本规范的条文说明，对条文规定的目的、依据以及执行中需注意的有关事项进行了说明（还着重对强制性条文的强制性理由做了解释）。但是，本条文说明不具备与规范正文同等的法律效力，仅供读者作为理解和把握标准规定的参考。

目　次

1 总 则

1.0.1 本条为制定本规范的目的。

我国是人口众多、能源相对不足的发展中国家，要实现经济社会的可持续发展，必须走节约能源的道路，构建能源资源节约型的产业结构，建立节能型的产业体系。建材工业是国民经济的重要原材料工业，建材工业的能源消耗量约占全国能源消耗总量的7%，而平板玻璃行业能源消耗量约占建材工业能源消耗总量的4.8%，平板玻璃工业的节能工作具有重大的社会意义。本规范系根据《中华人民共和国节约能源法》，规范了平板玻璃工厂设计的节能要求及相应措施，以促进平板玻璃工业能源的合理和有效利用。

2 术 语

本章对本规范涉及的部分能耗指标作出了规定和解释，主要是为了和现行国家标准《平板玻璃单位产品能源消耗限额》GB 21340相对应。

3 总图与建筑

3.1 总 图

3.1.1 玻璃工厂的原料及成品运量大，厂址靠近铁路、水路运能大，效率高，可降低运输成本，并可节省运能。

3.1.2 节约土地、保护耕地是我国的基本国策，是经济社会可持续发展的重要保证之一。

3.1.3 合理利用场地内的地形，尽量在场地内平衡土石方工程，可节约土石资源及运能。

3.1.4 合理布置厂区内的上下水、热力、电气、保护气体、压缩空气等管线，避免相互干扰，力求线路短捷，可有效减少投资及运营过程中的能耗。

3.1.5 合理利用天然采光、冬季日照、自然通风等，可降低建筑采暖或空调能耗。

3.1.6 厂区合理布置厂前、原料、加工、成品、动力、保护气体、水系统等分区，可保证生产流程便捷，有利节能环保。

3.2 建 筑

3.2.1 建筑节能设计应符合下列要求：

1 "无采暖或制冷要求的生产性建筑内的有采暖或制冷要求的房间"系指各类控制室、仪表室、办公室等，其建筑节能设计措施，宜采用围护结构的内保温做法，以便整个建筑的外墙立面及屋面做法一致。

2 非生产性建筑中的公共建筑系指厂内的办公楼、研发楼、实验室、食堂、浴室等。

3 非生产性建筑中的居住建筑系指厂内的住宅、单身宿舍、专家楼、招待所等。

4 工 艺

4.1 一般规定

燃料和电力是平板玻璃工业生产主要能源，节省燃料和电能是平板玻璃工厂的主要节能途径，本节对平板玻璃工厂工艺设备的设计选型和能源计量提出了节能要求。

4.2 主要能耗指标

4.2.1 本条为强制性条款，对新建及改扩建平板玻璃生产线主要能耗限额设计指标作出了规定。

本条所要求的指标统计和计算方法按照现行国家标准《平板玻璃单位产品能源消耗限额》GB 21340执行。

4.3 熔 窑

4.3.1 本条所列为熔窑节能设计应遵循的设计原则。

4.3.2 本条为强制性条款。熔窑热耗结合国内熔窑的实际情况提出指标要求，熔窑节能设计必须达到规定值要求。

4.3.3 熔窑结构设计直接关系到熔窑节能指标的实现，本条特提出各部位结构设计原则性要求。

4.3.4 窑体密封、保温应符合下列要求：

1 为了提高热效率、节约能源，在熔窑节能设计中应对可以实施保温的部位进行保温，同时窑体应具有良好的气密性。

4 耐火材料及保温材料配套选用直接关系到熔窑节能设计的效果，本款特提出原则性要求。

5 原 料

5.1 一般规定

5.1.1 一般情况下，不宜将原料的加工处理放在平板玻璃厂区内，避免因加工处理的规模小而造成产品质量不稳定、能耗高。

5.1.2 硅质原料在玻璃生产中用量最大，即使是同一矿山的不同采矿点的硅质原料其成分的波动有时也比较大，在厂内设置均化设施可以大为降低成分的波动，同时水分也可以降低并稳定在合理的范围内，可降低燃料消耗。

6 电气及自动化系统

6.1 供配电系统

6.1.1 根据平板玻璃生产线的用电特点，负荷一般集中在熔制、成型、退火、制氮等车间，因此变配电所的位置应靠近相应的车间。

6.1.2 适当提高电压等级，有利于减少线路损耗。

7 辅 助 设 施

7.1 氮 站

7.1.2 空气分离深冷法制氮,在生产氮气的同时,可生产其他气体副产品,并视产品气的技术经济分析结果选取适宜方案。

7.1.3 空分装置的单机能耗同工艺流程的选择密切相关,应选用节能型工艺流程。

7.2 氢 站

7.2.3 水电解制氢装置耗电量大,因而方案设计时需适度考虑储气后备设施,以便装置进行错峰运行,提高能源利用的经济效益。

7.6 余 热 利 用

7.6.1 平板玻璃工厂的余热资源存在较大回收利用潜力,应充分利用。

7.6.3 大型平板玻璃工厂有大量余热没有得到充分利用,采用余热发电技术是节能降耗的有效途径。

7.6.4 炎热地区的平板玻璃工厂,每年制冷空调耗费大量能源,利用企业内部大量的余热直接制冷,可节省大量电能。

8 能 源 计 量

能源计量为节能的重要基础工作,本规范规定了在设计阶段为平板玻璃工厂能源计量和管理配置必要的硬件设施。提出应设置专门的管理机构和建立能源管理制度,从而在设计上为达到平板玻璃单位产品能源限额标准打好基础。

中华人民共和国国家标准

烧结砖瓦工厂节能设计规范

Code for design of energy conservation of
fired brick and tile plant

GB 50528—2009

主编部门：国家建筑材料工业标准定额总站
批准部门：中华人民共和国住房和城乡建设部
施行日期：2 0 0 9 年 1 2 月 1 日

中华人民共和国住房和城乡建设部
公　告

第 375 号

关于发布国家标准
《烧结砖瓦工厂节能设计规范》的公告

现批准《烧结砖瓦工厂节能设计规范》为国家标准，编号为 GB 50528—2009，自 2009 年 12 月 1 日起实施。其中，第 1.0.3、4.2.1、4.5.1、4.5.5、4.6.1 条为强制性条文，必须严格执行。

本规范由我部标准定额研究所组织中国计划出版社出版发行。

中华人民共和国住房和城乡建设部
二〇〇九年八月十日

前　言

根据原建设部《关于印发〈2006 年工程建设标准规范制订、修订计划（第二批）〉的通知》（建标〔2006〕136 号）的要求，本规范由中国建材西安墙体材料研究设计院会同有关单位共同编制完成。

本规范编制过程中，编制组进行了广泛深入的调查研究，认真总结了不同地区烧结砖瓦工厂节能技术设计应用方面的丰富经验，研究分析了我国烧结砖瓦工厂的现状和发展，并在广泛征求意见的基础上，通过反复讨论、修改和完善，最后邀请有关专家审查定稿。

本规范共分 7 章。主要内容是对烧结砖瓦工厂节能设计中总图与建筑节能、工艺节能、电气节能、辅助设施节能、能源计量等方面做了具体要求和指标规定。

本规范中黑体字标志的条文为强制性条文，必须严格执行。

本规范由住房和城乡建设部负责管理和对强制性条文的解释，中国建材西安墙体材料研究设计院负责具体技术内容的解释。

本规范在执行过程中，请各单位注意总结经验，积累资料，随时将有关意见和建议反馈给中国建材西安墙体材料研究设计院（地址：陕西省西安市长安南路 6 号，邮编：710061；传真：029-85221489；邮箱：qczjzx@ pub. xaonline. com），以供今后修订时参考。

本规范主编单位、参编单位、主要起草人和主要审查人员：

主 编 单 位：中国建材西安墙体材料研究设计院

参 编 单 位：国家建筑材料工业墙体屋面材料质量监督检验测试中心
国家建筑材料工业标准定额总站
中国建筑材料工业规划研究院

主 要 起 草 人：肖　慧　闫开放　路晓斌
唐宝权　周　炫

主 要 审 查 人 员：陈福广　陶有生　马保国
尚建丽　赵镇魁　焦雨华
苑克兴　王　辉　范兴安

目 次

Contents

1 总 则

1.0.1 在烧结砖瓦工厂设计中,为贯彻执行国家有关法律、法规和方针政策,优化工程设计,做到节约和合理利用能源资源,提高能源资源利用效率,保证工程设计质量,制定本规范。

1.0.2 本规范适用于新建、扩建和改建的烧结砖瓦工厂节能设计。

1.0.3 新建、扩建的烧结砖瓦工厂的设计规模砖厂不应低于6000万块标砖/年,瓦厂不应低于60万平方米/年。新建、扩建和改建的烧结砖瓦工厂设计中必须采用人工干燥、隧道窑焙烧工艺,严禁采用国家已经公布的限制类和淘汰类技术工艺、设备和产品。

1.0.4 烧结砖瓦工厂的节能设计,应贯穿在可行性研究、初步设计、施工图设计的全过程。

1.0.5 烧结砖瓦工厂设计宜采用工农业废弃物、城市建筑及生活垃圾等替代部分原料和燃料。

1.0.6 烧结砖瓦工厂的节能设计,除应符合本规范的规定外,尚应符合国家现行有关标准的规定。

2 术 语

2.0.1 能耗 energy consumption

生产单位产品消耗的热量和电能。

2.0.2 热耗 heat consumption

由燃料、各种含能工农业废弃物及原料产生的用于生产单位产品所消耗的热量。

2.0.3 煤耗 coal consumption

生产单位产品所消耗的各类燃料折合标准煤量。包括内掺和外投用、干燥用以及为加热原料、坯体成型所需蒸汽用和机修方面用的燃料。

2.0.4 电耗 electricity consumption

从原料制备至成品堆放的全部生产过程的综合电能消耗量。包括各生产工序动力用电、生产照明用电以及办公室、仓库照明用电,不包括生活用电和基本建设用电。

3 总图与建筑节能

3.1 一般规定

3.1.1 烧结砖瓦工厂总体布置应分区明确、布置紧凑、物流顺畅、节约用地。

3.1.2 烧结砖瓦工厂的建筑应根据其使用性质、功能特征和节能要求划分为下列类别:

工厂办公楼、化验室、独立的车间办公室、综合楼以及食堂、浴室、门卫等公共建筑类划为A类。

职工宿舍等居住建筑类划为B类。

有采暖或空调的生产建筑,辅助性生产建筑,以及独立的配电站、水泵房、空压机房、汽车库、锅炉房及机修等低温采暖的辅助性建筑类划为C类。

设于非采暖或空调生产车间内有采暖或空调要求的车间值班室、检验室、控制室等辅助性工业建筑类划为D类。

3.1.3 A类建筑的节能设计应按国家现行标准《公共建筑节能设计标准》GB 50189执行。

3.1.4 B类建筑的节能设计,分别按国家现行标准《民用建筑节能

设计标准(采暖居住建筑部分)》JGJ 26、《夏热冬冷地区居住建筑节能设计标准》JGJ 134和《夏热冬暖地区居住建筑节能设计标准》JGJ 75执行。

3.1.5 C类、D类建筑的节能设计可执行现行国家标准《民用建筑热工设计标准》GB 50176。

3.2 建筑各部位节能要求

3.2.1 夏热冬冷和夏热冬暖地区的C类、D类建筑,外窗开启面积不宜小于窗面积的50%,当不便于设置开启窗时,应设通风装置。

3.2.2 严寒地区的C类建筑,应设置门斗或采取防止冷空气渗入的措施。

3.2.3 严寒和寒冷地区的C类、D类建筑外窗可按表3.2.3选取。外窗气密性不应低于现行国家标准《建筑外窗气密性能分级及检测方法》GB/T 7107规定的3级;外门气密部分同窗,门肚板部分传热系数应小于1.5W/(m²·K)。

表 3.2.3 严寒及寒冷地区建筑外窗

严寒地区	C类	塑钢单框双层玻璃
	D类	塑钢中空玻璃
寒冷地区	C类	塑钢单框双层玻璃
	D类	塑钢中空玻璃

4 工艺节能

4.1 一般规定

4.1.1 烧结砖瓦工厂可行性研究、初步设计阶段应以原料性能、产品品种、质量及产量指标等因素综合考虑能耗指标设计,应提供节能技术措施、用电方案、预设能耗指标及评价,必要时提供不同工艺设备和采用节能技术措施前后能耗对比数据。

4.1.2 烧结砖瓦工厂生产线所采用的中小型三相异步电动机、容积式空气压缩机、通风机、清水离心泵、三相配电变压器等通用设备,应符合现行国家标准《中小型三相异步电动机能效限定值及节能评价值》GB 18613、《容积式空气压缩机能效限定值及节能评价值》GB 19153、《通风机能效限定值及节能评价值》GB 19761、《清水离心泵能效限定值及节能评价值》GB 19762、《三相配电变压器能效限定值及节能评价值》GB 20052等的规定。

4.1.3 主要生产车间应按输送距离、管道长度和电缆长度较短的原则布置。

4.1.4 所选用材料应是符合相应国家标准规定的商品材料,保温隔热材料可采用同类中性能优良产品。对确有必要现场制作的特殊材料,宜给出该种特殊材料的性能指标(含热工评价);同时宜给出质量评价方法及检验依据。

4.2 主要能耗指标

4.2.1 新建、扩建和改建烧结砖瓦工厂生产线的主要能耗设计指标应符合表4.2.1的规定。

表 4.2.1 新建、扩建和改建烧结砖瓦工厂生产线的主要能耗设计指标

工艺形式	产品分类	热耗(kJ/t)	电耗(kW·h/t)
人工干燥、隧道窑烧成	砖	1465×10³	12.0
	瓦	1758×10³	14.4

注:1 空心砖产品电耗修正值=电耗指标×1.2;
 2 硬质原料和硬质燃料电耗修正值=电耗指标+4.8kW·h/t×粉磨率;
 3 生产高度机械化或自动化,生产工人实物劳动生产率超过750t/人·年的工厂,电耗修正值=电耗指标+0.24×(生产工人实物劳动生产率−750)kW·h/t。

4.2.2 烧结砖瓦生产线主要生产工序分步电耗应符合表4.2.2

的规定。

表4.2.2 烧结砖瓦生产线分步电耗设计指标

生产工段	单 位	隧道窑设计值
原料开采	kW·h/t 原料	≤0.8
原料制备	kW·h/t 混合料	≤3.1
砖瓦成型	kW·h/t 混合料	≤8.4
砖瓦干燥	kW·h/t	≤2.0
砖瓦焙烧	kW·h/t	≤3.2

4.3 原料开采、制备及成型

4.3.1 原料开采、制备及成型工艺设备选型基本原则:应根据原料性能、产品纲领及产量选择原料开采、制备及成型工艺,优化选型设计,保证产品质量,并应符合本规范第4.2.2条的规定。

4.3.2 原料选择普氏硬度系数不宜大于4,破碎电耗不宜大于34kW·h/t 原料。

4.3.3 原料应采取堆棚、储存、风化、预均化、陈化措施。

4.3.4 硬质原料破碎宜采用两级破碎系统,筛分系统的筛上料不宜再回到原来的破碎机中。

4.3.5 陈化库的容量应根据原料的性能和工艺要求计算确定。

4.3.6 成型工序应采用同步垂直切条装置等措施保证湿坯合格率100%,废头不大于5%。

4.4 砖瓦干燥系统

4.4.1 干燥室长度及条数应根据原料性能、产品纲领及产量确定。

4.4.2 干燥室应利用窑炉余热作为干燥热源,余热热量不足时可用热风炉补充。

4.4.3 干燥室墙和顶必须有保温措施,传热系数不应大于0.40W/(m²·K)。

4.4.4 干燥室送风道(管)应采取保温措施,保证热风温度降不大于0.5℃/m。

4.4.5 干燥室应设密封装置,保证进、出口溢流热损失小于1%。

4.4.6 干燥室送热风机应采用变频调速装置。风机选型时风量应按系统特性及漏风系数进行计算,风机能力的储备系数应小于15%。

4.5 砖瓦焙烧系统

4.5.1 砖瓦焙烧系统的能效设计指标应符合表4.5.1要求。

表4.5.1 砖瓦焙烧系统的能效设计指标

工艺形式	产品分类	系统热效率(%)	煤耗(kg/t)
人工干燥、隧道窑烧成	砖	>48	15.2
	瓦		18.2

4.5.2 窑炉结构设计应符合现行行业标准《砖瓦焙烧窑炉》JC 982 的有关规定。

4.5.3 烧结砖瓦焙烧系统设计应符合下列要求:

1 焙烧系统应采用优质耐火和保温隔热材料,系统表面热损失在热平衡支出项的比例应小于12%,保证窑顶表面温度比环境温度不高于20℃,窑墙表面温度比环境温度不高于15℃。

2 窑炉抽送热风道(管)应采取保温措施,保证热风温度降不大于0.5℃/m。利用抽送热风道(管)作为车间采暖热源的可不作要求。

3 窑炉应采用优质棉状制品塞实密封、曲封和砂封等措施减少漏风。窑炉进、出口溢流热损失小于1%。窑顶投煤孔或燃烧孔溢流热损失小于1%。

4 窑墙和顶内外温差在120℃～450℃时,复合墙体传热系数不应大于0.40W/(m²·K);窑墙和顶内外温差大于450℃时,复合墙体传热系数不应大于0.28W/(m²·K)。

4.5.4 热风管路的保温设计应符合现行国家标准《工业设备及管道绝热工程设计规范》GB 50264 的有关规定。

4.5.5 窑炉排烟风机应采用符合国家有关标准的变频调速装置。

4.6 余热利用

4.6.1 新建、扩建和改建的烧结砖瓦工厂必须同步设计余热利用系统。

4.6.2 余热利用系统不应影响砖瓦正常生产、增加系统能耗、降低生产能力。

4.6.3 烧成系统余热可用于坯体干燥、供应热水和采暖。厂区建筑宜采用余热利用技术采暖和热泵技术供应热水,采暖和热水供应系统设置应与建筑物相协调。

5 电气节能

5.0.1 电气设计必须符合相关强制性国家标准的规定。

5.0.2 电气设备应采用国家强制认证、能效比高的节能产品。

5.0.3 变配电室应靠近负荷中心,应采用集中补偿柜,11kV·A 以上用电设备宜就地补偿器。工厂计费侧最大负荷时的功率因数不应低于0.92。

5.0.4 带有控制流量闸阀的电气设备宜采用变频方式。

5.0.5 30kV·A 以上用电设备需采用降压启动,应采用变频装置。

5.0.6 照明设计应符合现行国家标准《建筑照明设计规范》GB 50034 的有关规定。车间照明应因地制宜采用高效节能光源及混光照明。高大厂房内应采用高压钠灯、金属卤化物灯混光设计。厂区道路照明宜采用光电和时间控制照明方式。

6 辅助设施节能

6.1 给水排水

6.1.1 烧结砖瓦工厂给水系统设计应分别采用生产循环给水系统和生活消防给水系统。生产用水重复利用率不应低于85%。

6.1.2 污水排放必须符合现行国家标准《污水综合排放规范》GB 8978 的规定及当地有关规定。污水经处理宜作中水回用。

6.1.3 厂区建筑供水系统应采用变频恒压系统。

6.1.4 设计中采用的节水型产品及节能型产品均应符合现行国家标准《节水型产品技术条件及管理通则》GB/T 18870 的要求。

6.2 采暖、通风和空气调节

6.2.1 烧结砖瓦工厂采暖、通风和空气调节设计应执行现行国家标准《采暖通风与空气调节设计规范》GB 50019 的有关规定。

6.2.2 采暖设计应符合下列要求:

1 采暖地区应优先采用窑炉余热热水集中采暖系统。

2 面积较大的多层建筑物(如综合办公楼等)应采用南、北向分环布置的采暖系统,并分别设置室温调控装置。

3 采用高效散热器产品不宜暗装,散热器安装数量应与计算负荷相符。

6.2.3 通风和空气调节设计应符合下列要求:

1 生产厂房应采用自然通风方式。需要采用机械通风方式时,通风机的风量储备系数应小于10%。

2 集中空调系统中,温度及使用时间要求不同的区域,应划分为不同的空调风系统。

3 空调房间的新风量应保证室内每人不少于30m³/h。

4 空调系统的冷源,应根据所需的冷量、当地能源、水源和热源,通过技术经济比较选用适宜的机组,并宜采用水冷电动压缩式冷水(热泵)机组。

5 寒冷地区不宜采用空气源热泵冷热水机组。

7 能 源 计 量

7.0.1 烧结砖瓦工厂设计中,能源计量器具的配备和精度、计量装置的设置等应达到计量合格和现行国家标准《用能单位能源计量器具配备和管理通则》GB 17167 的要求。

7.0.2 烧结砖瓦工厂能源计量装置的设置应满足生产线各子系统单独考核计量的要求,并应对所需计量值采用集中、自动记录和统计。特别是对能耗高的设备运行状态应设置监测及故障报警。

7.0.3 工厂的水、蒸汽、压缩空气等动力介质宜设置全厂及车间两级计量仪表。

7.0.4 能源计量装置的等级应符合国家对计量仪器的要求精度,允许偏差为±1%。

本规范用词说明

1 为便于在执行本规范条文时区别对待,对要求严格程度不同的用词说明如下:

　　1)表示很严格,非这样做不可的:

　　　正面词采用"必须",反面词采用"严禁";

　　2)表示严格,在正常情况下均应这样做的:

　　　正面词采用"应",反面词采用"不应"或"不得";

　　3)表示允许稍有选择,在条件许可时首先应这样做的:

　　　正面词采用"宜",反面词采用"不宜";

　　4)表示有选择,在一定条件下可以这样做的,采用"可"。

2 条文中指明应按其他有关标准执行的写法为:"应符合……的规定"或"应按……执行"。

引用标准名录

《采暖通风与空气调节设计规范》GB 50019—2003

《建筑照明设计规范》GB 50034—2004

《民用建筑热工设计标准》GB 50176—93

《公共建筑节能设计标准》GB 50189—2005

《工业设备及管道绝热工程设计规范》GB 50264—97

《建筑外窗气密性能分级及检测方法》GB/T 7107—2002

《污水综合排放标准》GB 8978—1996

《用能单位能源计量器具配备和管理通则》GB 17167—2006

《中小型三相异步电动机能效限定值及节能评价值》GB 18613—2006

《节水型产品技术条件与管理通则》GB/T 18870—2002

《容积式空气压缩机能效限定值及节能评价值》GB 19153—2003

《通风机能效限定值及节能评价值》GB 19761—2005

《清水离心泵能效限定值及节能评价值》GB 19762—2005

《三相配电变压器能效限定值及节能评价值》GB 20052—2006

《民用建筑节能设计标准(采暖居住建筑部分)》JGJ 26—95

《夏热冬暖地区居住建筑节能设计标准》JGJ 75—2003

《夏热冬冷地区居住建筑节能设计标准》JGJ 134—2001

《砖瓦焙烧窑炉》JC 982—2005

中华人民共和国国家标准

烧结砖瓦工厂节能设计规范

GB 50528—2009

条 文 说 明

目　次

1 总　则

1.0.1 本条说明本规范制定的目的。节能减排已经成为评价我国经济发展水平的一个重要指标。我国不是能源储备大国，但却是能源消费大国。长期依赖资源消耗、能源消耗的经济增长方式正在发生着改变。工厂在长期的运行过程中在给企业带来效益的同时，也在消耗着能源，其中无功损耗能源累计总量也是惊人的，因此，有必要对工厂节能设计进行规范管理。

我国约有烧结砖瓦生产企业 10 万余家，年总产量 8500 亿块（折标准砖），年耗能标煤 7500 万吨，占建材行业总能耗的 30% 左右。烧结砖瓦企业热效率平均 40%，而热工设备维护结构散热及设备能耗损失约占总能耗的 25%，如果烧结砖瓦企业采用适合的节能设计方案，则至少可降低能耗 10% 以上，年可节约标准煤 750 万吨。因此，规范烧结砖瓦工厂的节能设计势在必行。随着新材料、新技术的不断出现，节能型设计在技术措施上可行。若采用新技术、新材料，将使烧结砖瓦企业建造成本上升 30% 左右，但与节能效果相比，投入产出比是非常明显的，按节能 10% 计算，一般三年即可收回成本。以十年生产期计算，可降低总成本 7%。

1.0.2 明确规定本规范适用于新建、改建和扩建的烧结砖瓦生产企业节能设计。

1.0.3 在烧结砖瓦工厂工程设计中，设计者和项目业主应严格按照国务院《促进产业结构调整暂行规定》和国家发改委配套发布的《产业结构调整指导目录》的规定，在项目规模上充分论证，为保证经济性和规模效益，砖厂产量不低于 6000 万块标砖/年，瓦厂产量不低于 60 万平方米/年。

节能设计同时应在工艺系统和设备选择上采取有效措施，严禁采用《产业结构调整指导目录》中限制类和淘汰类的技术工艺、设备和产品。

1.0.4 烧结砖瓦企业约占墙材企业的 80%，只有烧结砖瓦企业的节能设计实现规范化运作，贯穿于工厂设计的各个环节，墙材企业的节能设计才能处于可控的范围之内，进而实现全行业的节能设计规范化。

1.0.5 本条要求是为了实现烧结砖瓦产业可持续发展，必须充分发挥烧结砖瓦产业特有的环保功能，实施原料、燃料的战略转移，建设"环境友好型"生态产业。如生产控制方面，对所使用的工业废弃物、城市生活垃圾等应符合《建筑材料放射性核素限量》GB 6566 和《危险废物鉴别标准　浸出毒性鉴别》GB 5085.3 的要求。

1.0.6 烧结砖瓦企业设计涉及许多方面，节能设计仅仅是其中一个方面，因此，按本标准进行节能设计的同时，还应符合国家现行有关标准、规范的规定。

2 术　语

本章是对本规范中术语的规定。这些术语的绝大部分是本标准常用的术语，少量与其他专业共用的则从现行标准、规范中引用。

3 总图与建筑节能

3.1 一般规定

3.1.1 本条对烧结砖瓦工厂的总图设计提出了基本要求。烧结砖瓦工厂设计中要兼顾各专业特点，根据地域不同，全面分析，采用本地最适合的朝向和地形。充分利用冬季日照、夏季通风，使冬季获得太阳辐射热，夏季通风降温，最大幅度利用自然能源，以节约可支配能源，使工程设计科学合理，环保节能。在满足生产工艺流程要求和各种防护间距的同时，还要注意合理用地，紧凑布置，以缩短物料输送距离，降低输送能耗。

3.1.2 根据烧结砖瓦工厂中有采暖或空调建筑的使用性质和功能特征，将建筑物分为四种类型。

A 类建筑一般面积不太大（有的厂也做得很大），但有完整的厂前区建筑，工厂办公楼做到 4～5 层，约 6000 多平方米，是有着完整构成的公共建筑。近年来，有些厂建造了有办公、会议和招待所、职工宿舍等功能的综合楼，其中招待所、职工宿舍等为居住部分，如果居住类建筑面积小于总面积的 2/3 时，综合楼仍按公共建筑划分。当居住类建筑面积超过 2/3 时，其他主要功能改为居住类，则应将此建筑划为居住类建筑。2/3 比例的界定，在这里没有理论依据，只是按超过半数的概念来划分。执行中可按实际情况酌定。

B 类建筑不是在所有的工厂中都有，规模也相差较大，此类建筑属居住类是明确的。

C 类建筑是指烧结砖瓦工厂中相当多的一些独立或毗邻生产车间的辅助性生产建筑。这类建筑大多数为单层，面积较小，在严寒地区和寒冷地区，为保证设备的正常运行和人员操作所必需的温度环境而设有采暖或空调，采暖温度一般为 5℃～10℃。

D 类与 C 类建筑同属辅助性生产建筑类，不同的是它附设在非采暖的生产车间内，而自身又有人员长时间在其中活动的采暖房间，它不是一个独立的建筑，而是车间内的一部分，与室外大气接触的部分作为外墙和外窗，而隔墙、门和屋顶均在非采暖车间内部，它的热工环境显然不同于 C 类。

3.1.3 按工厂所在的气候分区，在相关的节能标准中规定了相应的节能指标。对于公共建筑来说，主要是体形系数、窗墙比和屋顶透明部分所占比例三个指标。至于屋顶、外墙的传热系数和保温门窗的传热系数及气密性指标，属于构造做法即可满足的指标，即通过设计和门窗构造来满足标准要求是不困难的。

当设计建筑的节能指标不满足标准要求时，应首先调整建筑参数，使它满足标准，尽量采用规定法，而不轻易动用权衡判断。在对多个烧结砖瓦工厂办公楼及中控楼的体形系数及单一朝向窗墙比所做的统计平均值来看，实际工程的体形系数及单一朝向窗墙比小于标准值，且有较大的扩展空间，因此采用规定法是可行的。

3.1.4 在节能标准的采暖居住部分中，明确把此类建筑划归为居住建筑类，执行相应的节能标准是明确的。建设部规划 2010 年前在全国范围内仍执行第二阶段节能（节能 50%）标准，但在直辖市等地区已开始执行第三阶段 65% 的节能标准。因此，在实行节能目标为 65% 的地区，则应执行当地的节能设计要求。

3.1.5 C 类和 D 类属辅助生产建筑，归为工业建筑类。在我国的建筑节能标准中，只有居住建筑和公共建筑两个节能标准，尚没有工业建筑节能标准。在这方面国外规定也不尽相同，例如德国的节能规范中主要是居住建筑类，而把工业建筑及公共建筑列在其他类中。随着节能形势所需，今后我国也将会制定工业建筑节能标准。目前在没有工业建筑节能标准的情况下，为了让这部分有采暖的小面积工业建筑也达到节能要求，我们认为执行《民用建筑热工设计规范》GB 50176 还是合适的，它是以热环境来确定围护结构的最小传热阻，具有一定的保温作用。设计中根据计算的最小传热阻来确定保温层材及厚度时，可参照公共建筑及居住建筑的节能标准，适当增强围护结构的保温能力。

3.2 建筑各部位节能要求

3.2.1 C 类建筑在非采暖的南方地区，为防止室内过热，影响设备正常运行，会采取建筑散热措施。但一般很少在空压机房、水泵房及电力室等使用空调,只能通过自然通风或轴流风机来通风散热。因此适当加大通风面积是必要的。要求外窗的可开启面积不小于50%,是考虑了使用推拉窗时的最大开启面积,提倡使用平开窗和限制固定扇的面积。

对于D类建筑,人的活动是主位。在炎热地区除必要的自然通风外,可能会使用单体空调,但制冷量不大,外部影响节能的因素是来自外墙及外窗的辐射热,可采用活动遮阳及热反射玻璃减小获热。

3.2.2 这主要指对有较细设备的C类建筑,如配电室、机修等建筑物。除单独设室外门斗,可做金属构架,室内布置上留出空地做室内门斗或在冬季外门上悬挂防冷风直接渗入的塑料软帘。

3.2.3 由于C类、D类属工业建筑类,本规范出于增强节能设计的主动性,适当增强围护结构的保温能力是有益的。外门窗是阻热的薄弱部位。在公共建筑中是在一定体形系数条件下,以单一朝向的窗墙比来确定外窗的传热系数,对C类、D类建筑尚不能提出这样的要求。参考《民用建筑热工设计规范》GB 50176 中给出的窗户传热系数再提高一些,并以此为参数,确定本条中的外门窗 K 值。但由于C类与D类建筑室内温度不同,故所选的外门窗 K 值也不同。

4 工艺节能

4.1 一般规定

4.1.1 本条是对可行性研究和初步设计阶段节能设计的规定。可行性研究和初步设计是立项的依据,由于我国法律、法规的不断完善,管理部门对可行性研究和初步设计的审查愈来愈严,因此,加强可行性研究和初步设计的节能意识至关重要。同时,可行性研究和初步设计也是施工图设计的前提,将节能理念贯穿始终至关重要。

4.1.2 原煤和电力是烧结砖瓦工业生产主要的能源,节电是烧结砖瓦工厂的主要节能途径之一,本条对烧结砖瓦工厂电动机等设备的设计选型提出了节能评价值要求。

4.1.3 本条对烧结砖瓦工厂生产车间的布置提出了要求。工艺设计应在满足烧结砖瓦工厂正常稳定生产前提下,充分利用厂区地形条件,使物流流线短捷,减少运输总量,从而降低输送能耗。

4.1.4 由于材料品种较多、价格差异较大,本规范没有强调材料的品种,只是规定了必须选用合格的商品材料,目的是允许设计人员根据当地实际情况及投资规模、窑炉种类等方面因素合理选择材料。由于有围护结构传热系数等约束指标,因此,设计人员应综合各方面因素选择合适的材料。对于需现场制作的特殊材料,本规范强调了其可靠性。

4.2 主要能耗指标

4.2.1 本条对新建、扩建和改建烧结砖瓦生产线主要能耗设计指标作出了规定。所述指标统计和计算方法按照《烧结砖瓦能耗等级定额》JC/T 713 中的一级窑炉执行。

4.2.2 本条对新建烧结砖瓦生产线主要生产工序分步电耗提出了指标要求,用于烧结砖瓦工厂设计中对主要工序过程电耗的控制。

4.3 原料开采、制备及成型

4.3.1~4.3.6 这几条主要是为落实原料开采、制备及成型工艺设备选型基本原则和为提高产品质量及均衡稳定生产提出了要求。

4.4 砖瓦干燥系统

4.4.1~4.4.5 这几条主要规定了干燥室的基本要求,强调了人工干燥室正常生产时的散热损失控制指标和送风道(管)的保温及进出口溢热损失限制指标。干燥室墙和顶不但要有传热限制,同时也应有蓄热限制,蓄热量过大也浪费能源。规定了干燥室墙和顶的传热系数设计指标,设计人员应通过验算,尽量选择适宜厚度的结构形式及保温材料种类,有利于新材料、新技术的推广。

4.4.6 本条对于需要根据系统进行参数调节的风机调速装置提出了选型要求。风机风量的调节,有阀门和风机调速两种。阀门调节比较简单,但不节能,因此从技术角度要求有风量调节的风机均宜配置变频调速装置。同时本条对排风机的储备系数作了规定。过大的风机储备系数,易降低风机的使用效率,浪费电能。因此对于工况稳定,风机通风量变化小的风机,其储备系数应按本条规定设计。

4.5 砖瓦焙烧系统

4.5.1 本条对砖瓦焙烧系统的能效指标分别进行了规定。所述指标统计和计算方法按照本规范和《砖瓦工业隧道窑热平衡、热效率测定与计算方法》JC/T 428 的规定执行。

4.5.2、4.5.3 本条主要规定了窑炉的基本要求,强调了焙烧窑正常生产时的散热损失控制指标。对焙烧窑送风道(管)的保温及进出口、窑顶投煤孔溢热损失规定了限制指标。由于窑型、结构、投资规模等的差异,围护结构的厚度差异较大,为了适应实际情况,又要保证节能设计理念的贯彻实施,本规范只规定了窑墙和顶的传热系数设计限制指标。在既满足传热要求,又要满足厚度指标的前提下,设计人员应通过核算尽量选择适宜厚度的结构型式及保温材料种类,并充分利用新材料、新技术。

4.5.4 本条对焙烧系统热风管道保温设计提出了原则要求。在有余热利用要求的热风管路上其保温层设计宜控制在表面温度50℃以下,无余热利用要求的管道外保温温度应满足劳动安全保护要求。在输送热风和物料系统中,各种法兰连接和锁风装置应严密,不得漏风漏料。

4.5.5 实践证明,采用变频调速装置具有显著的节能效果,而且投资回收期少于整个烧结砖瓦工厂投资回收期,应推广应用。

4.6 余热利用

4.6.1 在设计阶段同步规划余热利用系统,有利于贯彻国家节能降耗的产业政策。

4.6.2 本条对烧结砖瓦工厂余热利用系统的建设提出了要求。余热利用系统是在保证烧结砖瓦生产正常运行的前提下进行的,不能对烧结砖瓦生产线进行降低技术参数的改造而提高余热利用的手段,余热利用后烧结砖瓦生产线的电耗、热耗等主要能耗指标不能因为余热利用而提高,烧结砖瓦产量不应降低。

4.6.3 利用烧成系统多余的废气余热进行干燥、采暖、热水供应,是目前应用最多的节能技术,为此提出建议和要求。烧结砖瓦生产企业余热较多,尤其是采用超焙烧技术的企业。如果能将这部分余热利用起来,既可以解决需要采暖企业的热源,又达到利废的目的,提高了热利用效率。热泵技术较传统的供热水方式节约能源,有条件的企业应大力推广。

5 电气节能

5.0.1~5.0.5 强调了电气设计的规范化及设备选型、节能措施。设备的选择至关重要,尤其是电气设备。我国对电气设备实行许可证制度及强制认证措施,因此,本规范规定电气设备的选型应选择国家强制认证的产品。

关于无功功率补偿,本规范强调了设备的就地补偿规定。即在总补偿柜存在的前提下,对规模以上用电设备实行就地补偿。传统的控制流量措施一般采用闸阀控制,这不但加大了控制难度,同时也浪费了能源,现在成熟的办法一般采用变频控制,本规范予以采用。

5.0.6 本条规定了照明设施的基本要求。在企业,照明用电量相对较小,因此,在建厂及日常生产时往往被忽视。同时,由于传统观念的影响,对节能灯具的认知度不高,限制了节能灯具的发展,也造成了能源的浪费。因此,有必要对照明设施的基本要求作出规定。

6 辅助设施节能

6.1 给 水 排 水

6.1.1 本条主要是执行国家关于节约能源和节约用水的规定,以及减少工业废水对环境的污染。因此,必须提高烧结砖瓦工厂用水的重复利用率,可以减少系统的排污水量,达到节约用水的目的,减少用水损耗及能源消耗。

6.1.2 有条件的工程应尽量做到中水回用,以实现污水的零排放或少排放。

6.1.3 本条规定了厂区建筑供水系统的基本要求。由于不同时段用水量有差异,采用变频恒压系统可节约能源,应大力推广。

6.1.4 现行国家标准《节水型产品技术条件及管理通则》GB/T 18870 涉及五大类产品:灌溉设备、冷却塔、洗衣机、卫生间便器系统和水嘴,在设计中应注意合理选型。管材的选用应符合《建设部

推广应用和限制禁止使用技术》的规定,选用符合卫生要求、输送流体阻力小、耐腐蚀、具有必要的强度与韧性、使用寿命长的塑料管供水系统。

6.2 采暖、通风和空气调节

6.2.2 本条对烧结砖瓦工厂采暖节能设计提出了要求。本条第一款指在严寒地区,由于采暖期长,从节约能耗和节省运行成本方面考虑,通常采用热水集中采暖系统更为合适。

6.2.3 有空调要求的房间系指车间内或车间旁的控制室等。

7 能 源 计 量

7.0.1 规范的目的是从设计上为达到行业标准《烧结砖瓦能耗等级定额》JC/T 713 的先进等级打好基础,为烧结砖瓦工厂的生产管理,做好节能降耗工作创造条件,规定要求在设计阶段为烧结砖瓦工厂能源计量管理配置必要的硬件设施,必须在计量器具设备的选择上严格执行现行国家标准《用能单位能源计量器具配备和管理通则》GB 17167。

7.0.2、7.0.3 为了对各车间子系统用电负荷实际耗能进行监测,以便对节能工作进行管理和考核,需配置电压、电流、功率、功率因数和有功电量、无功电量的测量和计量仪表。

中华人民共和国国家标准

建筑卫生陶瓷工厂节能设计规范

Code for design of energy conservation of building and
sanitary ceramic plant

GB 50543—2009

主编部门：国家建筑材料工业标准定额总站
批准部门：中华人民共和国住房和城乡建设部
施行日期：２０１０年７月１日

中华人民共和国住房和城乡建设部
公 告

第 435 号

关于发布国家标准
《建筑卫生陶瓷工厂节能设计规范》的公告

现批准《建筑卫生陶瓷工厂节能设计规范》为国家标准，编号为 GB 50543—2009，自 2010 年 7 月 1 日起实施。其中，第 1.0.4、5.2.1、5.5.2 条为强制性条文，必须严格执行。

本规范由我部标准定额研究所组织中国计划出版社出版发行。

中华人民共和国住房和城乡建设部

二〇〇九年十一月十一日

前　言

本规范是根据原建设部《关于印发〈2007 年工程建设标准规划制订、修订（第二批）〉的通知》（建标〔2007〕26 号）的要求，由国家建筑材料工业标准定额总站组织，中国建筑材料工业规划研究院会同有关单位共同编制完成的。

本规范在编制过程中，进行了广泛深入地调查研究，总结了国内外多年来建筑卫生陶瓷工厂设计、建设和生产的实践经验，对各生产环节能耗情况进行了研究分析，吸收先进技术成果，并广泛征求了设计、科研、生产单位和行业内外专家的意见，经反复讨论、修改，最后经审查定稿。

本规范共分 8 章。主要内容包括：总则、术语、基本规定、总图与建筑、工艺、电气、辅助设施、能源管理等。

本规范中以黑体字标志的条文为强制性条文，必须严格执行。

本规范由住房和城乡建设部负责管理和对强制性条文的解释，国家建筑材料工业标准定额总站负责日常管理，中国建筑材料工业规划研究院负责具体技术内容的解释。本规范在执行过程中如发现需要修改和补充之处，请将意见和有关资料寄送中国建筑材料工业规划研究院（地址：北京市西直门内北顺城街 11 号，邮政编码：100035），以便今后修订时参考。

本规范主编单位、参编单位、主要起草人和主要审查人：

主 编 单 位： 中国建筑材料工业规划研究院
中国建筑材料集团公司咸阳陶瓷研究设计院

参 编 单 位： 国家建筑材料工业标准定额总站
新中源陶瓷有限公司
广东蒙娜丽莎陶瓷有限公司
广东宏陶陶瓷有限公司
唐山惠达陶瓷（集团）股份有限公司
佛山市新瓷窑炉有限公司

主要起草人： 吴佐民　苏桂军　杨洪儒
刘西民　鲁雅文　张红娜
刘永发　王红花　宋　琦
郑鸿钧　王志鹏　曾明锋
施敬林　王立群　潘　荣
刘一军　卢广竖　吴　萍
熊新成

主要审查人： 同继锋　缪　斌　陈　环
尹　虹　史哲民　高力明
曾令可　吴建锋

目 次

Contents

1 总 则

1.0.1 在建筑卫生陶瓷工厂设计中,为贯彻执行《中华人民共和国节约能源法》等有关节能的法律法规、方针政策、产业政策、技术经济政策等,制定本规范。

1.0.2 本规范适用于我国通用建筑卫生陶瓷工厂建设项目的设计。建筑卫生陶瓷工厂局部系统技术改造设计也可按本规范执行。对于利用低质原料、废弃物等的建筑卫生陶瓷工厂建设项目的设计,应在扣除其必要能耗增加的基础上执行本规范。

1.0.3 建筑卫生陶瓷工厂的建设规模应符合国家产业政策,设备选型应选用国家推荐的节能型产品。

1.0.4 建筑卫生陶瓷工厂设备选型严禁选用国家公布的淘汰产品。

1.0.5 建筑卫生陶瓷工厂建设项目前期的项目申请报告、资金申请报告、可行性研究报告和初步设计中,必须按国家及地方节能评估要求编写项目节约与合理利用能源的论述篇章。

1.0.6 在建筑卫生陶瓷工厂设计中,必须按照现行国家标准《用能单位能源计量器具配备和管理通则》GB 17167 中的要求,配备能源计量器具,建立能源计量管理制度。

1.0.7 建筑卫生陶瓷工厂设计的产品应符合现行国家标准《陶瓷砖》GB/T 4100 和《卫生陶瓷》GB 6952 的要求。

1.0.8 本规范规定了建筑卫生陶瓷工厂节能设计的基本技术要求。当本规范与国家法律、行政法规的规定相抵触时,应按国家法律、行政法规的规定执行。

1.0.9 建筑卫生陶瓷工厂设计除应执行本规范外,尚应符合国家现行有关标准的规定。

2 术 语

2.0.1 建筑卫生陶瓷产品综合能耗 the comprehensive energy consumption of architecture and sanitary ceramics

在计算能耗的统计报告期内,建筑卫生陶瓷产品生产全过程中,用于生产实际消耗的各种能源,按国家规定的折标准煤方法折合成标准煤的总量。单位:kgce。

2.0.2 建筑卫生陶瓷单位产品综合能耗 the comprehensive energy consumption per unit products of architecture and sanitary ceramics

以单位合格产品产量表示的建筑卫生陶瓷产品综合能耗。单位:kgce/t 产品。

2.0.3 建筑卫生陶瓷产品综合电耗 the comprehensive electricity consumption of architecture and sanitary ceramics

在计算能耗的统计报告期内,建筑卫生陶瓷产品生产全过程中全部电力消耗的总量。单位:kW·h。

2.0.4 建筑卫生陶瓷单位产品综合电耗 the comprehensive electricity consumption per unit products of architecture and sanitary ceramics

以单位合格产品产量表示的建筑卫生陶瓷产品综合电耗。单位:kW·h/t 产品。

2.0.5 工序能耗 the process energy consumption

建筑卫生陶瓷生产过程中,一个工序内单位半成品或成品消耗的能源数量。单位:kJ/t 产品。

2.0.6 卫生陶瓷 sanitary wares

以黏土和其他无机非金属矿物为主要原料,经粉磨、成型、施釉

及烧成等工序而制成的用作卫生设施的陶瓷制品。

2.0.7 陶瓷砖 ceramic tiles

以黏土和其他无机非金属矿物为主要原料,经粉磨、成型及烧成等工序而制成的用于覆盖墙面和地面的板状陶瓷制品。

2.0.8 干压陶瓷砖 dry-pressed tiles

通过把粉料经过压力成型工序而制成的陶瓷砖。

2.0.9 挤压陶瓷砖 extruded tiles

通过把可塑泥料经挤出成型工序而制成的陶瓷砖。

2.0.10 瓷质砖 porcelain tiles

吸水率(E)≤0.5%的陶瓷砖。

2.0.11 炻质类砖 the group of stoneware tiles

0.5%＜吸水率(E)≤10%的陶瓷砖,包括炻瓷砖、细炻砖、炻质砖三类。

2.0.12 陶质砖 fine earthenware tiles

吸水率(E)＞10%的陶瓷砖。

2.0.13 原料粉磨 raw material grinding

把原料制成所需性能的浆料或料粉的过程。

2.0.14 制粉 milling

把浆料或料粉经过造粒等工序制成用于压力成型的粉料的过程。

2.0.15 成型 forming

把坯料通过成型工序制成所需形状坯体的过程。

2.0.16 干燥 drying

通过脱水工序使原料、坯体和模具等达到所需水分的过程。

2.0.17 施釉 glazing

通过上釉工序使釉浆附着在坯体所需表面上的过程。

2.0.18 烧成 firing

通过焙烧工序,使生坯、素坯或釉坯达到所需性能的过程。

2.0.19 冷加工 cold working

对经过烧成的陶瓷制品在室温下实施切割、磨削、研磨、抛光等的加工过程。

2.0.20 重烧 refiring

对经过烧成后有缺陷的卫生陶瓷制品进行修补后,实施再次烧成的过程。

3 基 本 规 定

3.1 燃料种类及发热量

3.1.1 建筑卫生陶瓷生产应采用天然气、液化石油气、轻柴油、焦炉煤气和其他煤气等清洁燃料。喷雾干燥塔热风炉可用水煤浆做燃料。

3.1.2 当无法获得各种燃料的低位发热量实测值时,各种能源发热量及折算标准煤系数应符合表 3.1.2 的规定。

表 3.1.2 各种能源发热量及折算标准煤系数

能源名称		单位	平均低位发热量	折标准煤系数
燃料油		kJ/kg	41816	1.4286kgce/kg
煤油			43070	1.4714kgce/kg
煤焦油			33453	1.1429kgce/kg
轻柴油			42652	1.4571kgce/kg
液化石油气			50179	1.7143kgce/kg
水煤浆			≥17000	≥0.5714kgce/kg
油田天然气		kJ/m³	38931	1.3300kgce/m³
气田天然气			35544	1.2143kgce/m³
煤矿瓦斯气			14636~16726	(0.5000~0.57124)kgce/m³
焦炉煤气			16726~17981	0.6143kgce/m³
其他煤气	发生炉煤气		5227	0.1786kgce/m³
	水煤气		10454	0.3571kgce/m³
电力(当量)		kJ/(kW·h)	3600	0.1229kgce/(kW·h)

3.2 生产线设计规模

3.2.1 新建、改建及扩建陶瓷砖单线生产规模应符合表 3.2.1 的要求:

表 3.2.1 陶瓷砖单线生产规模表

分　类	年产量(万 m²)
瓷质砖	≥150
炻质类砖	≥200
陶质砖	≥300

3.2.2 新建、改建及扩建卫生陶瓷单线生产规模应符合表 3.2.2 要求:

表 3.2.2 卫生陶瓷单线生产规模表

分　类	年产量(万件)
隧道窑烧成卫生陶瓷	≥60
梭式窑烧成卫生陶瓷	≥20
辊道窑烧成卫生陶瓷	≥30

3.3 能耗包括范围

3.3.1 卫生陶瓷综合能耗应包括综合燃耗和综合电耗。

3.3.2 陶瓷砖综合能耗应包括综合燃耗和综合电耗。

4 总图与建筑

4.1 一般规定

4.1.1 总平面布置应符合节约土地和生态保护的原则。根据场地条件,应强调土地的集约化利用。在满足生产工艺要求的基础上,应合理利用土地、明确功能分区。

4.1.2 工程项目投资强度、建筑系数及场地利用系数、容积率、行政办公及生活服务设施用地所占比重应符合国家有关工业项目建设用地控制指标的规定。

4.1.3 主要生产车间的布置应缩短运输距离、管道长度和电缆长度,厂外运输应选用社会运输。

4.1.4 改建及扩建工程应充分利用原有设施和场地。

4.1.5 建筑物外形应力求简单、规整,朝向应有利于采光通风。在满足生产、防火要求和经济合理的原则下,可将生产关系密切、生产性质、卫生条件及建筑特点相同或接近的车间合并建成联合厂房或多层厂房。

4.1.6 建筑卫生陶瓷工厂的建筑按节能要求应符合下列分类:

A 类:公共建筑。

B 类:居住建筑。

C 类:有采暖或空调的建筑。

D 类:设于非采暖建筑内的采暖房间。

E 类:非采暖建筑物。

4.1.7 A 类建筑的节能设计应符合现行国家标准《公共建筑节能设计标准》GB 50189 的规定。按其建筑所在地理位置,应分别根据体型系数确定围护结构的传热系数限值及单一朝向的窗墙比、外窗的传热系数限值。

4.1.8 B 类建筑的节能设计应符合国家现行标准《民用建筑节能设计标准(采暖居住建筑部分)》JGJ 26、《夏热冬冷地区居住建筑节能设计标准》JGJ 134、《夏热冬暖地区居住建筑节能设计标准》JGJ 75 的规定。

4.1.9 C 类建筑的节能设计应符合现行国家标准《民用建筑热工设计规范》GB 50176 的规定。根据室内外温度确定屋顶和外墙的最小传热阻,可采用外保温。严寒及寒冷地区 C 类建筑外门窗可按表 4.1.9 选取。有采暖的卫生成型车间净空高度宜在 3.5m 以下,

墙体保温应符合现行国家标准《公共建筑节能设计标准》GB 50189 的要求。

表 4.1.9 严寒及寒冷地区 C、D 类建筑外门窗

严寒地区	C 类	塑钢单框双层玻璃
	D 类	塑钢中空玻璃
寒冷地区	C 类	塑钢单层玻璃
	D 类	塑钢单框双层玻璃

4.1.10 D 类建筑的节能设计应符合现行国家标准《民用建筑热工设计规范》GB 50176 的规定。根据室内外温度确定外墙的最小传热阻,应采用内保温。在非采暖生产车间的隔墙外表面宜做外保温。严寒及寒冷地区 D 类建筑外门窗可按表 4.1.9 选取。

4.1.11 外窗气密性不应低于现行国家标准《建筑外窗气密性能分级及检测方法》GB 7107 规定的 3 级;外门气密部分门窗、门斗板部分传热系数不应大于 1.5W/(m²·K)。

4.2 建筑各部位节能要求

4.2.1 建筑围护结构保温宜采用外墙外保温技术及国家推广使用的建筑节能新技术、新材料、新设备。

4.2.2 主要生产车间不宜设计透明玻璃幕墙。

4.2.3 建筑围护结构应采用高效保温材料制成的复合墙体、屋面及密封保温隔热性好的门窗。

4.2.4 生产车间、办公场所应充分利用自然通风和天然采光,并应减少使用空调和人工照明。C、D 类建筑外窗开启面积不宜小于窗面积的 50%,不便设置开启窗扇的建筑应设置通风散热装置。

4.2.5 严寒地区的 C 类建筑应设置门斗或采取防止空气渗入的措施。

4.2.6 C、D 类辅助工业建筑应提高围护结构(特别是透明部分)的保温性能。

4.3 围护结构热工性能的权衡判断

4.3.1 建筑卫生陶瓷工厂中的 A、B 类建筑,当其节能设计指标难以满足国家有关节能标准的要求时,宜尽量调整建筑设计参数使其达到标准规定。

4.4 节能设计文件

4.4.1 建筑节能设计说明中应设节能章节。节能章节应包括以下内容:工程中采用的保温隔热材料名称、容重和导热系数;保温隔热工程做法、各部位热工性能指标、施工要求、执行标准等。

4.4.2 门窗明细表中应注明各保温门窗的传热系数限值、气密性指标、采用的型材和玻璃构造。

4.4.3 在要求有节能设计文件的地区,应填写节能登记表,并应提供建筑节能计算书。

5 工 艺

5.1 一般规定

5.1.1 工艺和设备应选用国家推荐的节能工艺和设备。

5.1.2 建筑卫生陶瓷工厂应积极采用国家鼓励或者推荐的节能型产品。

5.2 主要能耗指标

5.2.1 新建建筑卫生陶瓷工厂的单位产品综合能耗设计限额应符合表 5.2.1 的规定。

表 5.2.1　新建建筑卫生陶瓷工厂的单位产品综合能耗设计限额

分　类	综合能耗(kgce/t 产品)	综合电耗(kW·h/t 产品)
卫生陶瓷	≤700	≤800
瓷质砖($E≤0.5\%$)	≤330	≤380
炻质类砖($0.5<E≤10\%$)	≤260	≤350
陶质砖($E>10\%$)	≤280	≤340

5.2.2　新建卫生陶瓷工厂主要生产工序综合能耗设计限额应符合表 5.2.2 中的规定。

表 5.2.2　新建卫生陶瓷工厂主要生产工序综合能耗设计限额

生产工序		综合燃耗		综合电耗	
		单位	设计限额	单位	设计限额
球磨制坯浆				kW·h/t干料	≤70
球磨制釉浆				kW·h/t干料	≤270
成型 (含干燥)	高压注浆	kgce/t 干坯	≤60	kW·h/t干坯	≤240
	低压快排水		≤70		≤200
	普通石膏模具成型		≤95		≤135
施釉	手工喷釉浆			kW·h/t干坯	≤30
	机械手施釉				≤55
烧成 (一次)	隧道窑	kgce/t 产品	≤200	kW·h/t 产品	≤70
	梭式窑		≤364		≤60
	辊道窑		≤153		≤50
重烧	梭式窑	kgce/t 产品	≤329		≤60
制取压缩空气(标态)				kW·h/m³	≤0.35

5.2.3　新建干压陶瓷砖厂主要生产工序能耗设计限额应符合表 5.2.3 中的规定。

表 5.2.3　新建干压陶瓷砖厂主要生产工序能耗设计限额

生产工序			综合燃耗		综合电耗	
			单位	设计限额	单位	设计限额
湿法 制粉	球磨 制浆	软质浆料			kW·h/t粉料	≤40.0
		硬质浆料			kW·h/t粉料	≤80.0
	喷雾干燥制粉		kgce/t 粉料	≤55	kW·h/t粉料	≤15.0
干法 制粉	粉碎造粒				kW·h/t粉料	≤40.0
	过湿干燥		kgce/t 粉料	≤15	kW·h/t	≤15.0
球磨制釉					kW·h/t干料	≤200.0
干压 成型	300mm×450mm				kW·h/m²	≤0.7
					kW·h/t坯体	≤39.0
	600mm×600mm				kW·h/m²	≤1.0
					kW·h/t坯体	≤50.0
	800mm×800mm				kW·h/m²	≤1.3
					kW·h/t坯体	≤57.0
坯体干燥			kgce/t 坯体	0~22	kW·h/t坯体	≤15.0
施釉			kgce/t 坯体	—	kW·h/t坯体	≤5.0
烧成 (一次)	瓷质砖		kgce/t 产品	≤110	kW·h/t 产品	≤65.0
	炻质类砖		kgce/t 产品	≤100		≤63.0
	陶质砖		kgce/t 产品	≤95		≤60.0
烧成 (二次)	陶质砖		kgce/t 产品	≤170		≤65.0
磨边	陶瓷砖				kW·h/t 产品	≤35.0
	釉面瓷砖					≤50.0
磨边-抛光(瓷质砖)					kW·h/t 产品	≤105.0
制取压缩空气(标态)					kW·h/m³	≤0.35

5.3 节能工艺

5.3.1　建筑卫生陶瓷的生产宜采用低温快烧工艺。

5.3.2　陶质砖生产除了有特殊工艺要求必须采用二次烧成工艺外,宜采用一次烧成或一次半烧成工艺。

5.3.3　建筑陶瓷的生产应逐步推广采用陶瓷砖坯料的干法制粉工艺。

5.3.4　建筑陶瓷的生产应在当前劈离砖生产的基础上,扩大陶瓷砖挤压成型工艺的使用范围。

5.3.5　卫生陶瓷的成型宜采用压力注浆或低压快排水工艺。

5.4 坯釉料制备工序

5.4.1　陶瓷生产应推广使用节能型原料,并应符合下列要求:

1　陶瓷砖应采用硅灰石、透辉石、透闪石、红页岩等适于低温快烧的原料。

2　卫生陶瓷应采用珍珠岩、伟晶花岗岩、绢云母、叶蜡石等适于低温快烧的原料。

3　应采用有节能环保意义的工业废料、矿业废渣及尾矿、河湖污泥等固体废弃物。

4　陶瓷原料应标准化、商品化和系列化生产。

5.4.2　坯用浆料制备应符合下列要求:

1　陶瓷砖宜采用大吨位(40t 及以上)间歇式作业湿式球磨机或连续式球磨机,卫生陶瓷宜采用 8t 以上间歇式湿式球磨机。

2　球磨机宜采用橡胶衬或高铝质衬,研磨介质宜采用中铝质球和高铝质球。

3　球磨机所配电机可配用变频调速装置,以供选择采用效率最高的转速。

4　卫生陶瓷坯浆制备可选用软、硬质料分别处理,再容积配料的方式。

5　泥浆研磨中应采用高效的解凝剂和助磨剂。

6　浆料贮存应采用与球磨机相适应的大规格的泥浆池,泥浆搅拌应采用平桨搅拌机,宜采用间歇式搅拌方式,开停时间比应为 1:1~1:2。

5.4.3　粉料制备应符合下列要求:

1　喷雾干燥塔设计选型宜用多线共用方案。根据所需干粉产量,应选用大规格喷雾干燥塔。

2　进喷雾干燥塔用泥浆含水率不应高于 35%。

3　喷雾干燥塔进风温度不应低于 550℃,出风温度不宜高于 90℃。

4　热风炉应尽量靠近塔体,并应缩短热风管路长度。塔体和热风管路宜敷设性能好的保温层,各种法兰连接和锁风装置应严密,不漏风。

5　喷雾干燥塔泥浆系统的泵压、喷嘴应保证泥浆充分雾化,进风系统应保证热风与雾滴均匀混合。

6　喷雾干燥塔的大功率风机所配电机宜采用变频装置。

7　干法制粉应采用带有高效干燥设备的增湿造粒机及干燥—粉碎联用的干法粉碎设备,不宜采用轮碾机增湿制粉。

5.4.4　可塑泥料的制备可满足下列要求:

1　干法制备可采用水平式螺旋混料机和练泥机组成的泥料制备系统。

2　湿法制备可采用压滤机和练泥机组成的泥料制备系统。

5.5 成型工序

5.5.1　卫生陶瓷成型工艺应满足下列要求:

1　应采用组合浇注成型工艺。

2　宜采用低压快排水工艺。

3　可采用压力注浆工艺。

5.5.2　卫生陶瓷应采用管道输送的注浆成型系统。

5.5.3　干压成型的陶瓷砖应采用带有自动布料系统的自动液压压砖机。

5.5.4　挤压成型的劈离砖、琉璃瓦、干挂空心陶瓷板和薄型陶瓷砖应符合下列要求:

1　可采用真空练泥机和各式挤坯机组成的系统。

2 宜采用有较强混合、挤出能力的半硬塑、硬塑挤出成型设备。

3 合理设计成型头部、机嘴,减少坯体内应力,从而减少坯体变形,提高成型合格率。

5.6 坯体干燥工序

5.6.1 卫生陶瓷坯体干燥宜以烧成窑炉的废烟气和产品冷却的余热为热源。干燥器选用应符合下列要求:

1 宜采用无空气快速干燥器或少空气快速干燥器。

2 可采用能实现温度、湿度自动控制的连续式隧道干燥器或带旋转风筒的室式干燥器。

5.6.2 陶瓷砖坯体干燥宜符合下列要求:

1 宜选用多层卧式辊道干燥器。

2 宜采用烧成窑炉的废烟气和产品冷却的余热为热源。

5.7 施釉工序

5.7.1 陶瓷砖宜采用干法施釉工艺。

5.7.2 施釉工序的废釉料应回收,并应循环使用。

5.8 烧成工序

5.8.1 窑炉选型原则应符合下列要求:

1 卫生陶瓷烧成宜选用年生产能力大于 60 万件/座的隧道窑。

2 卫生陶瓷烧成应使用修补重烧工艺,修补重烧宜选用梭式窑。

3 卫生陶瓷烧成应使用辊道窑。

4 陶瓷砖烧成应选用辊道窑。

5.8.2 隧道窑应符合下列要求:

1 应采用明焰裸烧烧成工艺,卫生陶瓷单位燃耗不应高于 0.17kgce/kg 瓷。

2 窑体应采用优质耐火隔热材料砌筑,侧墙外表面最高温度不应高于 65℃。

3 窑车砌筑宜采用轻质绝热砖和耐火材料纤维。

4 窑具材料宜采用高强的耐火材料。

5 烧嘴宜选用高速调温烧嘴。

5.8.3 梭式窑应符合下列要求:

1 应采用明焰裸烧烧成工艺,卫生陶瓷单位燃耗不应高于 0.31kgce/kg 瓷,卫生陶瓷重烧单位燃耗不应高于 0.28kgce/kg 瓷。

2 窑墙和窑顶应采用全耐火纤维或其他轻质低蓄热材料砌筑。

3 窑车衬砌宜采用轻质绝热砖和耐火材料纤维。

4 窑具应采用高强材料,装窑宜多层码装。

5 燃烧系统宜采用高速调温烧嘴或脉冲燃烧技术。

5.8.4 辊道窑应符合下列要求:

1 应采用明焰裸烧烧成工艺,陶瓷砖单位燃耗不应高于 0.09kgce/kg 瓷,卫生陶瓷单位燃耗不应高于 0.13kgce/kg 瓷。

2 窑墙和窑顶应采用轻质隔热耐火材料或陶瓷纤维毡砌筑。

3 燃烧系统应采用高速调温烧嘴。

4 应加强辊棒两端的密封和隔热。

5.8.5 窑炉在不影响建筑卫生陶瓷生产线正常运行及热耗、产量等技术指标的情况下,应尽量利用废烟气和产品冷却的余热。

5.9 冷加工工序

5.9.1 陶瓷砖的磨边、抛光线应采用节能型干法磨边机、刮平粗抛机等设备。

5.10 其 他

5.10.1 软质原料应采用原料棚储存。

5.10.2 生产线应设置完善的原料预均化、均化设施。

6 电 气

6.1 供配电系统

6.1.1 变电所或配电站的位置应靠近负荷中心减少配级数,缩短供电半径。

6.1.2 用电单位的供电电压应根据用电容量、用电设备特征、供电距离、供电线路的回路数、当地公共电网现状及其发展规划等因素,经过技术经济比较确定。

6.1.3 10kV 及以上输电线路,应按经济电流密度校验导线截面。

6.1.4 变压器的容量和台数应根据负荷性质、用电容量等因素配置,并应选择经济的运行方式。

6.1.5 供电系统应采取有效措施减少无功损耗,宜采用高压补偿与低压补偿相结合、集中补偿与就地补偿相结合的无功补偿方式。企业计费侧最大负荷时的功率因数不应低于 0.92。

6.1.6 供电系统应采取滤波方式抑制高次谐波,并应符合现行国家标准《电能质量 公用电网谐波》GB/T 14549 的谐波限值规定。

6.2 电气设备选型

6.2.1 电气设备选型应采用国家推荐的节能型产品。

6.2.2 变压器应选择低损耗节能型,并应合理确定负荷率、减少变压器损耗。

6.2.3 电力室、变电所应采取静电电容器补偿。大中型厂的大功率异步电动机宜配置进相机或静电电容器就地补偿。

6.2.4 对要求调速的电动机,应尽量采用变频调速装置。

6.2.5 对破碎机、球磨机等配用的大型绕线式电动机,宜选用液体变阻器启动。

6.2.6 球磨机宜采用专用节电器。

6.2.7 新建生产线设计所用的中小型三相异步电动机、容积式空气压缩机、通风机、清水离心泵、三相配电变压器等通用耗能设备应达到现行国家标准《中小型三相异步电动机能效限定值及能效等级》GB 18613、《容积式空气压缩机能效限定值及能效等级》GB 19153、《通风机能效限定值及能效等级》GB 19761、《清水离心泵能效限定值及节能评价值》GB 19762、《三相配电变压器能效限定值及节能评价值》GB 20052 等相应能耗设备能效标准中节能评价值的要求。

6.3 照明节能设计

6.3.1 建筑卫生陶瓷工厂应实施绿色照明工程。照明设计应合现行国家标准《建筑照明设计标准》GB 50034 及国家建筑标准设计图集《电气照明节能设计》06DX008-1 的有关规定。

6.3.2 厂区照明应采用高效节能光源及混光照明。

6.3.3 高大厂房应采用高压钠灯、金属卤化物灯等混光设计。

6.3.4 厂区道路照明宜采用光电和时间控制。

6.4 电气自动化设计

6.4.1 陶瓷烧成宜采用计算机、智能仪表和可编程序控制器等进行控制。

7 辅助设施

7.1 给水排水

7.1.1 建筑卫生陶瓷工厂给水排水设计应符合现行国家标准《建筑给水排水设计规范》GB 50015、《室外给水设计规范》GB 50013、《室外排水设计规范》GB 50014 和国家有关节水的规定。

7.1.2 在给水系统中，宜分别采用生产循环给水系统和生活消防给水系统。

7.1.3 生产用水应重复利用。冷却水系统宜选用压力回流循环给水系统。

7.1.4 污水排放必须符合现行国家标准《污水综合排放标准》GB 8978 及当地有关规定。污水宜作为再生水循环使用；在用水量较大、生产废水较多的车间外宜设置自然沉淀池。

7.1.5 按工段和功能分区应分别设置水表计量。

7.1.6 循环冷却水系统计量仪表设置应符合现行国家标准《工业循环冷却水处理设计规范》GB 50050 的有关规定。

7.1.7 设计中应选用国家推广应用的新型管材。

7.1.8 设计中应选用国家推广应用的节水型产品和节能型给水排水设备，各类产品均应符合现行国家标准《节水型产品技术条件及管理通则》GB/T 18870 的要求。

7.2 采暖、通风和空气调节

7.2.1 在工程设计中应符合现行国家标准《采暖通风与空气调节设计规范》GB 50019 中的有关规定。

7.2.2 采暖应符合下列要求：

1 采暖地区除工艺对室温有特殊要求外，应优先采用热水集中采暖系统。

2 工艺对室温无特殊要求的工业厂房，可只考虑值班室、控制室采暖。

3 对于面积较大的多层建筑物应采用南、北向分环布置的采暖系统，并应分别设置室温调控装置。

4 在严寒和寒冷地区有水和泥浆系统的建筑物为防冻应设采暖，室内设计温度不应低于5℃。

5 散热器不宜暗装，安装数量应与计算负荷相适应。确定散热器所需热量时，应扣除室内明装管道的散热量。

6 高大空间采暖宜采用辐射采暖方式。

7 采暖系统供水或回水的分支管路上，应根据水力平衡要求设置水力平衡装置。

8 锅炉设备应选用效率高的锅炉和高效节能的水泵。

9 用石膏模的卫生瓷成型车间采暖宜采用热风炉。

7.2.3 通风和空气调节应符合下列要求：

1 生产厂房宜采用自然通风方式。需要采用机械通风方式时，通风机的风量储备系数可取1.1。

2 有通风换气要求，并且同时有温度要求的房间，宜选用带有热回收功能的通风设备。

3 通风与除尘风机均应选用高效节能型风机。

4 有空调要求的分散的小型房间宜采用单体室内机。

5 集中空调系统中，对温、湿度要求和使用时间不同的空调区应划分在不同的空调系统中。

6 房间面积或空间较大、人员较多或有必要集中进行温、湿度控制的空气调节区，空气调节风系统宜采用全空气空气调节系统，不宜采用风机盘管系统。

7 空调房间的新风量应按工艺要求计算，同时应保证室内每人不少于30m³/h。

8 空调系统的冷源应根据所需的冷量、当地能源、水源和热源的情况，通过技术经济比较选用机组。宜优先选用水冷电动压缩式冷水（热泵）机组。寒冷地区不宜选用空气源热泵冷热水机组。

9 用石膏模的卫生瓷成型车间内宜设吊扇。

7.3 监测与控制

7.3.1 集中采暖与空气调节系统应进行监测与控制，其内容可包括参数检测、参数与设备状态显示、自动调节与控制、工况自动转换、能量计量以及中央监控与管理等，具体内容应根据建筑功能、相关标准、系统类型等通过技术经济比较确定。

7.3.2 间歇运行的空气调节系统宜设自动启停控制装置。控制装置应具备按预定时间进行最优启停的功能。

7.3.3 总装机容量较大、数量较多的大型工程冷、热源机房，宜采用机组群控方式。

7.3.4 空气调节风系统（包括空气调节机组）应满足下列基本控制要求：

1 应对空气温度、湿度进行监测和控制。

2 采用定风量全空气空气调节系统时，宜采用变新风比焓值控制方式。

3 采用变风量系统时，风机宜采用变速控制方式。

4 应对设备运行状态进行监测，出现故障时应能及时报警。

8 能源管理

8.1 一般规定

8.1.1 能源计量应满足现行国家标准《用能单位能源计量器具配置和管理通则》GB 17167 的要求。

8.1.2 能源计量装置的设置应满足陶瓷生产线各子系统单独考核计量的要求。

8.2 能源计量

8.2.1 新建、改建及扩建的生产线应对所需计量值采用集中的自动记录和统计。

8.2.2 企业应对燃料、电力、耗能工质等设置全厂及车间两级计量仪表。窑炉、喷雾干燥塔、球磨机、抛光机等主要耗能设备宜单独设置计量仪器、仪表。

本规范用词说明

1 为便于在执行本规范条文时区别对待，对要求严格程度不同的用词说明如下：

　1）表示很严格，非这样做不可的：
　　正面词采用"必须"，反面词采用"严禁"；

　2）表示严格，在正常情况下均应这样做的：
　　正面词采用"应"，反面词采用"不应"或"不得"；

　3）表示允许稍有选择，在条件许可时首先应这样做的：
　　正面词采用"宜"，反面词采用"不宜"；

　4）表示有选择，在一定条件下可以这样做的，采用"可"。

2 条文中指明应按其他有关标准执行的写法为："应符合……的规定"或"应按……执行"。

引用标准名录

《室外给水设计规范》GB 50013
《室外排水设计规范》GB 50014
《建筑给水排水设计规范》GB 50015
《采暖通风与空气调节设计规范》GB 50019
《建筑照明设计标准》GB 50034
《工业循环冷却水处理设计规范》GB 50050
《民用建筑热工设计规范》GB 50176
《公共建筑节能设计标准》GB 50189
《综合能耗计算通则》GB 2589
《陶瓷砖》GB/T 4100

《卫生陶瓷》GB 6952
《建筑外窗气密性能分级及检测方法》GB 7107
《污水综合排放标准》GB 8978
《电能质量　公用电网谐波》GB/T 14549
《用能单位能源计量器具配备和管理通则》GB 17167
《中小型三相异步电动机能效限定值及能效等级》GB 18613
《节水型产品技术条件及管理通则》GB/T 18870
《容积式空气压缩机能效限定值及能效等级》GB 19153
《通风机能效限定值及能效等级》GB 19761
《清水离心泵能效限定值及节能评价值》GB 19762
《三相配电变压器能效限定值及节能评价值》GB 20052
《建筑卫生陶瓷单位产品能源消耗限额》GB 21252
《民用建筑节能设计标准(采暖居住建筑部分)》JGJ 26
《夏热冬暖地区居住建筑节能设计标准》JGJ 75
《夏热冬冷地区居住建筑节能设计标准》JGJ 134

中华人民共和国国家标准

建筑卫生陶瓷工厂节能设计规范

GB 50543—2009

条 文 说 明

制 定 说 明

本规范制定过程中，编制组对我国建筑卫生陶瓷工业工艺形式、能耗等主要方面进行了大量的调查研究，总结了我国建筑卫生陶瓷工业工程建设的实践经验，同时参考了国外先进技术法规、技术标准，取得了建筑卫生陶瓷工厂能耗方面的重要技术参数。

为便于广大设计、施工、科研、学校等单位有关人员在使用本规范时能正确理解和执行条文规定，

《建筑卫生陶瓷工厂节能设计规范》编制组按章节条的顺序编制了本规范的条文说明，对条文规定的目的、依据以及执行中需注意的有关事项进行了说明（还着重对强制性的条文的强制性理由作了解释）。但是，本条文说明不具备与规范正文同等的法律效力，仅供读者作为理解和把握标准规定的参考。

目　次

1 总　则

1.0.1 能源是国民经济与社会发展的基础和战略资源。我国"十一五"规划纲要提出,"十一五"期间,单位国内生产总值能耗降低20%左右。建筑卫生陶瓷行业要实现这一节能目标,对节能既要采用提升产业技术水平和资源循环利用的加法法则,也要充分利用减法法则,限制和减少那些具有"三低两高",即低附加值、低质量、低价格和高耗能、高污染的产品。加强节能降耗工作是落实科学发展观、实施可持续发展战略、转变经济发展方式的必然要求。节能降耗是企业提高经济效益的主要途径之一,是企业提高市场竞争力的重要手段。

2004年国家发展和改革委员会发布的《节能中长期专项规划》提出,到2010年新增主要耗能设备能源效率要达到或接近国际先进水平,部分汽车、电动机、家用电器要达到国际领先水平。该规划是工程建设项目应遵循的主要文件之一。

2007年2月国家发展和改革委员会和科技部联合发布了2006年版《中国节能技术政策大纲》。在建筑卫生陶瓷工厂设计过程中,能耗必须达到该大纲的要求。

《建筑卫生陶瓷单位产品能源消耗限额》GB 21252是目前建筑卫生陶瓷行业唯一的一个产品能耗标准。该标准于2008年6月起开始实施。

1.0.2 企业节能降耗的主要途径是依靠科技进步,通过采用新技术、新工艺、新材料对生产线进行节能技术改造。在一些主要的能耗环节上进行技术改造,采取相应的节能措施,以期大幅度地降低能耗。项目的建设方案(包括工艺、设备、公用辅助设施)要实现能源资源的优化配置与合理利用,重视设备节能改造和余热余能利用。

1.0.4 《陶瓷砖》GB/T 4100和《卫生陶瓷》GB 6952是建筑卫生陶瓷的产品标准,无论其生产过程的节能效果如何,产品质量性能最终必须达到上述两项标准的要求。

1.0.5 《中华人民共和国节约能源法》是我国关于节约能源的基本大法。该法明确要求:"固定资产投资工程项目的可行性研究报告,应当包括合理用能的专题论证。固定资产投资工程项目的设计和建设,应当遵守合理用能标准和节能设计规范";"达不到合理用能标准和节能设计规范的项目,审批机关不得批准建设;项目建成后,达不到合理用能标准和节能设计规范要求的,不予验收"。

1997年,国家计委、国家经贸委、建设部计交能(1997)2542号文发布的《关于固定资产投资工程项目可行性研究报告"节能篇(章)"》,对节能的内容和深度作出了明确的规定。"节能篇(章)"不仅包括建设项目的节能措施,还应分析建筑、设备、工艺的能耗水平和所生产的用能产品效率或能耗指标。

2006年12月18日,国家发改委发布了《关于加强固定资产投资项目节能评估和审查工作的通知》(发改投资2787号文),进一步强调节能评估,把能耗作为项目审核的强制性门槛。

1.0.6 随着科学技术的不断进步,能源计量器具的种类不断增加,能源计量器具的数字化、自动化、智能化水平不断提高,能源计量器具的准确度也不断提高。企业能源计量主要涉及三个方面的问题:一是合理配备必要的能源计量器具;二是加强对能源计量器具的管理;三是将能源计量器具的数据作为企业能耗管理的基础数据,以保证企业能源消耗数据的准确性,做到心中有数。能源计量贯穿于企业生产的全过程,通过计量的量化考核,寻找工艺缺陷、技术潜力和管理漏洞,及时加以改进提高,促进技术进步,把节能挖潜落到实处。

1.0.8 为推动行业技术装备的发展,新建及改建的建筑卫生陶瓷厂应该尽量选用成熟、先进的技术装备,严禁选用国家已经公布的淘汰产品。

2 术　语

2.0.1 生产全过程能耗包括生产系统、辅助生产系统和附属生产系统的各种能源消耗量和损失量。不包括基建、技改和生活住宅设施等项目建设消耗的,生产界区内回收利用的和向外输出的能源量。

2.0.2 生产全过程能耗包括生产、辅助生产及附属生产系统中所消耗的用于动力、控制、照明、加热等全部电力能源的总量。

2.0.6 卫生陶瓷按吸水率分为:$E \leqslant 0.5\%$的瓷质卫生陶瓷和$8.0\% \leqslant E \leqslant 15\%$的陶质卫生陶瓷;按类别分及坐便器、蹲便器、小便器、净身器、洗面器、洗面器支柱、水箱及水箱盖、洗涤槽、拖布槽和淋浴盆等。

2.0.7~2.0.12 陶瓷砖按坯体成型方式可以分为挤压成型和干压成型两种,由于挤压砖在陶瓷砖中所占比重很小(约5%),其生产工艺水平相差很大,能耗水平相差也很大,现在处于发展状态,本规范中暂不对其规定能耗限额。

陶瓷砖根据其吸水率的不同,分为五种类型的产品。如表1。

表1　陶瓷砖产品按吸水率分类

产品类型	瓷质砖	炻瓷砖	细炻砖	炻质砖	陶质砖
吸水率E	$E \leqslant 0.5\%$	$0.5\% < E \leqslant 3\%$	$3\% < E \leqslant 6\%$	$6\% < E \leqslant 10\%$	$E > 10\%$

本规范中,将能耗相近的干压炻瓷砖、细炻砖、炻质砖三类砖合成一类"干压炻质类砖"($0.5\% < E \leqslant 10\%$)。按能耗相差显著程度将干压瓷质砖分为抛光砖和上釉砖两类,将干压陶质砖分为一次烧砖和二次烧砖两类。

2.0.13 原料粉磨分为干法粉磨和湿法粉磨。

干法粉磨主要用悬辊式破碎机(雷蒙磨)。这是一种高效率的干法细碎设备,占地面积小,成套性强,成品细度可调节。湿法粉磨主要用球磨机,工业上广泛使用的是间歇式湿法球磨机,内衬有石衬、氧化铝质衬与橡胶衬;传动方式有中心传动、齿轮传动和皮带传动等方式。连续式球磨机是原料粉磨的一种高效节能设备,实现了泥浆制备的连续化、自动化生产。

2.0.14 制粉分为湿法制粉和干法制粉两种。

湿法制粉是将坯料经湿法球磨制浆,再用喷雾干燥塔,将一定浓度的料浆在通入有热风的干燥塔内分散成雾状细滴,并随之得到干燥,获得颗粒粉料的工艺过程。喷雾干燥按雾化方式分为离心式、压力式和气流式。建筑陶瓷行业多采用压力式喷雾干燥塔。

干法制粉是将坯料用干法细磨,再经增湿造粒的工艺过程。造粒机分为立式和卧式两种。为提高造粒效果,宜采用过湿造粒再流化干燥的工艺。

2.0.15 成型方式分为干压式、挤压式和注浆成型三种。

干压成型和挤压成型多用于陶瓷砖的生产;注浆成型多用于卫生陶瓷的生产。

2.0.19 在有必要时,可对烧成后的卫生陶瓷用人工或机械修磨孔眼和安装面。

单边尺寸大于300mm的陶瓷砖一般需经磨边倒角加工,抛光砖还需刮平、粗磨和精磨抛光加工。陶瓷砖的切割可切去缺陷部位,改小规格使用;水刀切割可生产拼花砖。

2.0.20 重烧是提高卫生陶瓷烧成合格率的有效途径。

3 基 本 规 定

3.1 燃料种类及发热量

3.1.2 表中列出建筑卫生陶瓷工业现在实际使用的各种能源的

折标准煤系数。其中水煤浆的燃烧热值来自于现行国家标准《水煤浆技术条件》GB/T 18855 发热量Ⅲ级标准。有实测数据的，以实测数据计量；没有实测数据的，则可按表3.1.2表中的折算系数计算。

3.2 生产线设计规模

该设计规模是指在现有工艺技术装备水平下，经济技术指标合理的生产规模。新生产线设计时应取此设计规模。生产线的改、扩建，也可参考此规模。

3.3 能耗包括范围

能耗具体统计范围包括：原料粗中细碎、原料制备及输送、粉料制备、模型制作、釉料制备、成型、干燥、施釉、烧成、冷加工、检验包装、成品和半成品的搬运与输送等生产过程，以及供水、供热、供电、供气、供油、机修等辅助和附属生产系统和生产管理部门等所消耗的燃料和电力。不包括石膏加工过程、匣钵及窑具加工制作、熔块制备、色料制备、生活设施（如宿舍、学校、文化娱乐、医疗保健、商业服务和托儿幼教等）及运输保管、采暖、技改等所消耗的燃料和电力。

4　总图与建筑

4.1　一般规定

4.1.1　总平面布置是在选址报告得到上级主管部门正式批准后，按审定文件的要求，在正式开展工厂设计的基础上进行的。

场地条件是指新选场址及其周围的地形、地貌、工程水文地质、气象、交通运输、公用设施、厂际协作、公共设施等条件。

总平面布置充分利用场地及其周围的自然条件，主要是解决好建设（生产和施工）与自然的关系，因地制宜，因势利导，使总平面布置既能满足生产合理、安全可靠、合理紧凑的要求，又能节约开挖费用，减少土石方量，达到工程技术上的经济合理。

4.1.2　建筑卫生陶瓷厂的建设必须执行国土资源部2008年1月发布的新修订的《工业项目建设用地控制指标》的规定。

4.1.3　运输路线的布置除满足生产要求外，还应做到物流顺畅、线路短捷，场外运输尽可能利用集约化设施和条件。

4.1.4　在满足功能需求的原则下，尽量避免大拆大改、浪费资源和能源。

4.1.5　严格控制建筑体型变化。建筑体型系数越大，单位建筑面积对应的外表面面积越大，传热损失越大。因此如何合理地确定建筑形状，除满足功能需求外，必须考虑本地区气候条件，冬夏季太阳辐射强度、风环境和围护结构构造形式等因素，权衡利弊，尽可能减少围护面积，使体型不要太复杂，以达到节能目的。

4.1.6　建筑按节能要求分类：

A类：公共建筑包括工厂办公楼、综合楼、化验室、科技中心、产品展示、独立的车间办公室、职工食堂、浴室、门卫等。

B类：居住建筑包括厂区的职工宿舍、招待所等。

C类：有采暖或空调的建筑包括制（储）浆车间、卫生瓷成型车间、施釉车间、配电站、水泵房、水处理室、空压机房、机修车间、车库等生产及辅助生产建筑。

D类：非采暖建筑内有采暖房间包括车间值班室、办公室、检验室、控制室等。

E类：非采暖建筑包括烧成车间、原料库、化工仓库、备件库、成品库、地磅房等生产建筑及辅助生产建筑。

4.1.7　单层小公共建筑在最简单体型情况下，其体型系数仍大于0.4时，可将屋顶与外墙的传热系数限值在原基础上提高5个百分点。

4.1.8　当A类的综合楼中居住类房间面积占总面积的比例超过2/3时，则执行本条规定。

4.2　建筑各部位节能要求

4.2.2　普通玻璃窗户（幕墙）的保温性能比外墙差很多，窗墙面积比越大，采暖和空调的能耗也越大。因此，从降低能耗的角度出发，必须限制窗墙面积比。根据建设部建科〔2006〕38号文"关于印发《建设部节能省地型建筑推广应用技术目录》的通知"要求，"通风式双层节能幕墙应用技术"为节能型幕墙技术。

4.2.3　保证建筑物在冬季采暖及夏季空调时，通过维护结构的传热量不超过标准要求，不至于造成建筑耗热量或耗冷量的计算值偏小，使设计达不到预期的节能效果。

4.2.4　建筑物室内空气流动，特别是自然、新鲜空气的流动，是保证建筑室内空气质量符合国家有关标准的关键。无论是在北方地区还是在南方地区，在春、秋季节和冬、夏季的某些时段普遍有开窗加强房间通风的习惯，这也是节能和提高室内热舒适性的重要手段。外窗的可开启面积过小会严重影响建筑室内的自然通风效果，C、D类建筑外窗开启面积不宜小于窗面积的50%，本条规定是为了使室内人员在较好的室外气象条件下，可以通过开启外窗通风来获得热舒适性和良好的室内空气品质。

4.2.5　严寒地区的C类建筑的性质决定了它的外门开启频繁。外门的频繁开启造成室外冷空气大量进入室内，导致采暖能耗增加。设置门斗可以避免冷空气直接进入室内，在节能的同时，也提高门厅的热舒适性。除了严寒和寒冷地区之外，其他气候区也存在着类似的现象，因此也应该采取各种可行的节能措施。

4.3　围护结构热工性能的权衡判断

4.3.1　权衡判断是一种性能化的设计方法，具体做法就是先构想出一栋虚拟的建筑，称之为参照建筑，然后分别计算参照建筑和实际设计建筑的全年采暖和空调能耗，并依照这两个能耗的比较结果做出判断。当实际设计建筑的能耗大于参照建筑的能耗时，调整部分设计参数（例如提高窗户的保温隔热性能，缩小窗户面积等），重新计算设计建筑的能耗，直至设计能耗不大于参照建筑的能耗为止。

5　工　艺

5.1　一般规定

5.1.1　节能型设备主要包括：节能电机、风机、空气压缩机、液压机、窑炉等设备；节能型工艺主要有：干法制粉、压力注浆、真空注浆、塑性挤压成型、微波干燥、红外干燥、低温快烧等。

5.1.2　应推广国家鼓励或推荐的节能型产品。减少大体量的连体坐便器、立式小便器、抛光砖、超白砖的生产，发展小型节水便器、施釉砖、薄型砖、红坯砖、马赛克等产品。

5.2　主要能耗指标

5.2.1　本条文中表5.2.1列出的参数是考虑目前的设计和装备水平确定的新建建筑卫生陶瓷工厂的单位综合能耗设计限额指标。

5.3　节能工艺

5.3.1　从目前陶瓷制品生产成本的组成来看，燃料费用在生产成本中所占比率最大，在总成本中一般占 25%～40%。低温快烧工艺技术为降低能耗提供了有利条件。建筑卫生陶瓷行业节能的主要努力方向之一是降低烧成温度与缩短烧成周期。如：卫生瓷烧成温度由1280℃降至1150℃~1200℃，烧成周期由40h降至10h左右；陶质砖素烧温度由1180℃降至1050℃~1100℃，釉烧温度由1080℃降至1020℃，烧成周期由几十小时降至40min~50min，取得的节能效果十分显著，其经济效益也是十分可观的。

5.3.2 陶质砖烧成技术分为低温快速一次烧成、低温快速一次半烧成和传统二次烧成技术。

"一次烧成"是成型坯体经干燥、施釉后只经过一次烧成过程便可得到产品，是最节约投资、节省人力和能源的烧成技术。但是，在生产过程中，生坯施釉，坯体同时烧成有较大的技术难度。目前一次烧成技术已趋成熟。

"一次半烧成"是低温素烧、高温釉烧，其施釉时坯体强度高，烧结程度好，与传统烧成技术相比是一种节能工艺，广泛应用于陶质砖的生产。

"传统二次烧成"是高温素烧、低温釉烧，产品质量尤其是釉面质量较高，且技术成熟，但投资大、单位能耗高。除了有特殊工艺要求必须采用二次烧成工艺外，应逐步以"一次烧成"和"一次半烧成"取代"传统二次烧成"。

5.3.3 干法制粉工艺比喷雾干燥制粉的单位产品综合燃耗减少2/3以上，电耗减少2/5，具有明显的节能和节水的优点，是陶瓷砖制粉工艺技术的发展方向。但由于其所制的粉料流动性较差，同时在生产过程中粉尘大，目前在国内的使用还不是十分普遍。今后应在改善粉料质量和关注环保的基础上，完善和改进该工艺，促进其在工业上的广泛应用。

5.3.4 挤出成型工艺的原料制备较干压成型节能，成型工序粉尘少。目前在劈离砖、干挂空心陶瓷板和薄型陶瓷砖的生产上得到应用，应不断扩大其使用范围，实现节能环保的目的。

5.3.5 压力注浆或者低压快排水成型工艺生产效率高，成型时模具不需烘干，虽然泥浆需加热，但仍可节省成型工艺的热量消耗。卫生陶瓷高压注浆工艺比传统微压注浆工艺的单位产品综合燃耗约低20%，但单位产品综合电耗约高10%，单位产品综合能耗低18%，其装备技术已趋于成熟，对卫生陶瓷大宗产品的注浆成型宜推广和使用。

5.4 坯釉料制备工序

5.4.1 低温快烧工艺可降低烧成温度、节约能源。采用适于低温快速烧成的陶瓷原料是实现该工艺技术路线的保证。我国可以用作低温烧成坯体原料以及釉料的陶瓷矿物原料有硅灰石、透辉石、透闪石、绢云母黏土、叶蜡石、珍珠岩等。

5.4.2 球磨机是陶瓷工业广泛使用的粉磨机械，其功能是粉磨和混合陶瓷原料，球磨耗电量一般占制品加工总耗电量的20%~30%。球磨机的规格按每次加料量进行划分，加料量越多，其单位能耗越低。

影响球磨机球磨效率的因素是多方面的，主要有以下几方面的因素：

　　1 球磨机的装填充系数。球磨机中加入的球石、料及水的多少，对球磨效率有很大的影响，常用的装填充系数为0.80~0.85。

　　2 球磨机的转速。球磨机的研磨作用是靠球磨筒旋转时，由球石和筒壁与原料发生摩擦、撞击作用而达到的。当转速适宜时，球磨带着原料由离心力的作用沿磨壁上升达到一定高度，然后倾泻落下碰击下部的物料或球石上，此时不仅有摩擦作用，且由球石最大高度处落下，所产生的打击力最大，此时球磨效率最高。

　　3 研磨介质的大小配比与材质。选择合理的球径比，以提高粉碎效率，可以降低电耗。常用的介质有高铝质、中铝质球等。

　　4 外加剂的选择。选择适用的解凝剂或表面活性剂，可以减少加水量，提高泥浆浓度，达到喷雾干燥时节约能源的目的。

　　5 球磨机的内衬材料。选择合适的内衬材料（橡胶、氧化铝等），可以增加球磨机筒体的有效容积，增加装料量。

　　6 硬质原料与软质原料分别单独处理是一种既经济又节能的技术。硬质原料用球磨机湿粉碎，软质原料（球土）用高速搅拌机制浆后与硬质原料容积料配制浆，不仅节电效果显著，还改善了泥浆性能，应大力推广使用。

泥浆储存可采用双联或多联浆池，以增大浆池容积，提高泥浆稳定性，此时两个或多个搅拌机可交替开停，实现节电。

5.4.3 喷雾干燥塔是将泥浆直接制成粉料的成套设备。其原理和过程是将泥浆用高压泵入通热风的塔内分散雾状滴滴，通过热交换，使泥浆雾滴变为含水率为4%~7%的干粉。

干法制粉工艺主要包括原料混合、细粉碎和增湿造粒等过程（如带有振动流化床的增湿造粒机等），其具有工序简单，占地面积小，设备厂房投资费用少、能耗低等优点。特别适宜于各种原料的比重、性能相近的配方。但由于所制得的粉料比重小、流动性较差，对自动液压压砖机的适应性较差，目前应用范围受到限制。

5.4.4 干法制备是由粉碎、配料和混练组成的泥料加工系统，其节能效果显著，但作业环境易产生粉尘。

湿法制备是由配料、湿式球磨、压滤制泥组成的泥料加工系统，其优点是各成分经水化且混合均匀，利于增加泥料的可塑性，作业环境粉尘少，缺点是电耗稍高。

以上两种可塑泥料制备方法根据实际情况均可选用。

5.5 成型工序

5.5.1 卫生陶瓷成型有组合浇注成型、低压快排水成型、压力注浆成型三种工艺技术。企业可根据自身情况选用。

　　1 组合浇注成型技术由于投资少、占地少、劳动强度低、生产机动性高，可以用来生产结构复杂的产品。

　　2 低压快排水注浆与传统注浆方法的主要区别是，它采用了一种特殊的高强石膏模型，模型内预埋由多孔纤维毛细管网（直径约5mm）组成的脱水网络，该网络与抽真空管路系统相连，因而能够实现加压快速脱水方式，大大提高了成型效率。

　　3 卫生陶瓷成型技术在经历了常压、低压、中压和高压注浆的发展历程后，其作业机械化程度、生产效率和坯体质量不断提高，作业环境不断改善，劳动强度不断下降。压力注浆是节能型的新技术，应该大力推广。

5.5.2 管道注浆系统效率高、劳动强度低，适合采用管道送浆、泥浆加压和管道回浆等技术，并为提高泥浆压力创造了条件，有利于低压、中压、高压注浆技术的推广使用。

5.5.4 挤压成型的陶瓷砖应采用半硬塑和硬塑挤出，可以降低泥料水分，减少成型坯体的变形，降低干燥所消耗的热量，设计合理的成型机头、机嘴，可以减小坯体内应力，从而减少坯体变形，提高成型合格率。

5.6 坯体干燥工序

5.6.1 注浆成型的卫生陶瓷，由于其脱模后含水率一般大于19%，有的高达23%。因此，必须将其干燥至含水率小于1%以后，方可进行施釉、烧成。

卫生陶瓷坯体干燥工序是卫生陶瓷生产的一个重要能耗环节，成型车间能耗约占全厂热耗的40%。因此，提高干燥热效率，有很大的经济价值。无（少）空气快速干燥器是近年来开发出的卫生陶瓷新型干燥装备，其干燥过程不仅比传统室式干燥器节能40%、缩短干燥周期50%，而且产品合格率高。

5.6.2 陶瓷砖的生坯中含有一定量的水分，含水坯体的强度较低，不仅影响烧成速度，而且在运输、施釉和装窑过程中容易破损。多层卧式辊道干燥窑，可节省占地面积，减少散热面积，充分利用干燥介质的热量。

5.7 施釉工序

5.7.2 喷釉是在带负压的喷釉柜中进行的，喷釉柜应设置釉浆回收装置，尾气还应经收尘装置处理。

5.8 烧成工序

5.8.1 本规范所称的隧道窑是专指窑车式的隧道窑，它具有生产运行稳定，易于管理，生产能力大，单位产品综合能耗较低等特点。适于产品品种固定的卫生陶瓷大规模生产，但不适合特大件、器型结构复杂的卫生陶瓷产品烧成。

梭式窑具有生产适应性强、易变换产品品种等特点，适于与隧道窑、辊道窑配套使用，尤其适合大件、器型结构复杂的卫生陶瓷的烧制，但单位产品综合能耗相对较高。

辊道窑具有烧成周期短、单位产品综合能耗低等优点，其节能效果特别好。陶瓷砖多为片状，烧成时多采用辊道窑。辊道窑用于卫生陶瓷烧成时，因耐火垫板、辊棒等消耗较大，生产成本较高，现阶段应用还不是十分普遍，但是值得推广使用。

5.8.2 烧成工序是陶瓷生产中耗能较大的一个重要环节，窑体和窑车衬砌的耐火材料与隔热材料的选择、装车方式和窑具材料等对烧成工序能源消耗影响很大。因此，应尽量采用体积密度小、比热容小、导热系数小的轻质耐火材料与隔热材料作窑体和窑车衬砌的砌筑材料，采用高强窑具材料（如碳化硅质、堇青石－莫来石质）并尽量减少单位产品的窑具用量。

燃耗中 kg 瓷是指单位出窑陶瓷品的质量（含废品），下同。

5.9 冷加工工序

5.9.1 单边尺寸大于 300mm 的陶瓷砖普遍采用磨边（倒角）加工以减小尺寸偏差。无釉瓷质砖大多数在抛光线上进行磨边、倒角和表面的磨削、抛光加工，上釉砖也有经抛釉加工。陶质砖用干法磨边机加工，可省去湿法磨边后必须的干燥工序，节省干燥耗热。节能刮平粗抛机较普通型可电 10% 以上，应优先选用。

5.10 其 他

5.10.1 软质料用原料棚储存，可免淋雨水，利于风干。泥料的含水率低而稳定，利于准确称量配方。用于干法制粉时，可节约软质料烘干所耗的热能。

5.10.2 原料的预均化、均化，有利于成品质量控制。

原料预均化是指原料进入生产工序前的均化。在进行原料堆放时，尽可能以最多的相互平行和上下重叠的同厚度的料层构成堆；取料时，在垂直于料层的方向，尽可能同时切取所有料层，依次切取，直到取尽，即"平铺直取"，使原料场同时具备储存与均化的功能。

均化是指原料进入生产工序后通过输送、倒仓、混合、搅拌等实现的均化。如泥浆均化是将 3d～5d 内制备的浆料放入同一个泥浆池中，使其充分搅拌、混合、均化，以减弱原料的不稳定和配料误差对料浆稳定性的影响。

6 电 气

6.1 供配电系统

6.1.1 变电所靠近负荷中心是所址选择的基本要求。有利于提高供电电压质量、减少输电线路投资和电能损耗。如果配电级数过多，不仅管理不便，操作繁复，而且由于串联元件过多，由元件的故障和操作错误而产生事故的可能性也随之增加。

6.1.2 用电单位需要的功率大，供电电压应相应提高。选择供电电压和输送距离有关，也和供电线路的回路数有关。输送距离长，为降低线路电压损失，宜提高供电电压等级。供电回路多，则每回路的送电容量相应减少，可以降低供电电压等级。

6.1.3 在输送电能过程中产生电能损耗的大小及其费用随导线和电缆的截面而变化。增大导线的截面，虽能使电能损耗费用减少，但增加了线路的投资。反之，如减少导线的截面积，则其结果相反。因此在这中间总可以找到一个最理想截面，使"年运行费用"最小，这一导线截面积称为经济截面。根据经济截面推算出来的电流密度称为经济电流密度。

6.1.4 通常情况下，电力变压器运行的负载在 60%S_e～70%S_e

左右（S_e——电力变压器的额定视在容量）比较理想，此时变压器损耗较小，运行费用较低。对两台或两台以上的变压器，容量相同或容量不同的，其负载分配是不同的。如果分配不当，重载有功损耗和轻载无功损耗增大，功率因数变差。

6.1.5 电网中的电力负荷如电动机、变压器等，大部分属于感性负荷，在运行过程中需向这些设备提供相应的无功功率。在电网中安装并联电容器等无功补偿设备以后，可以提供感性电抗所消耗的无功功率，减少了电网电源向感性负荷提供、由线路输送的无功功率，由于减少了无功功率在电网中的流动，因此可降低线路和变压器因输送无功功率造成的电能损耗，这就是无功补偿。无功补偿可以提高功率因数，是一项投资少、收效快的降损节能措施。

电网中常用的无功补偿方式包括：①集中补偿：在高低压配电线路中安装并联电容器组；②分组补偿：在配电变压器低压侧和用户车间配电屏安装并联补偿电容器；③单台电动机就地补偿：在单台电动机处安装并联电容器等。

加装无功补偿设备，不仅可使功率消耗减小，功率因数提高，还可以充分挖掘设备输送功率的潜力。确定无功补偿容量时，应注意以下两点：①在轻负荷时要避免过补偿，倒送无功功率造成功率损耗增加，是不经济的。②功率因数越高，每千瓦补偿容量减少损耗的作用将变小，通常情况下，将功率因数提高到 0.92 就是合理补偿。

在三种补偿方式中，无功就地补偿克服了集中补偿和分组补偿的缺点，是一种较为完善的补偿方式：①因电容器与电动机直接并联，同时投入或停用，可使无功不倒流，保证用户功率因数始终处于滞后状态，既有利于用户，也有利于电网。②有利于降低电动机启动电流，减少接触器的火花，提高控制电器工作的可靠性，延长电动机与控制设备的使用寿命。

6.1.6 各种高次谐波，在电力系统中不管是哪一级产生的，都会导致电网功率因数降低，电能传输效率下降，损耗增大。

6.2 电气设备选型

6.2.4 变频调速是通过改变供给电动机的供电频率，来改变电机的转速，从而改变负载的转速，通过轻负载降压实现节能；它具有效率高、调速范围宽、精度高、调速平稳、无级变速等优点。

6.2.5 液体变阻器具有结构简单、维修量小、运行可靠的优点。它是通过电动或手动执行机构，使动、定极距离从最大变化到最小，使其电阻值由大到小的改变；能使启动转矩增加，启动电流减小，改善了电机的启动性能。实现了无级减阻，电机启动过程平稳，对电气设备、机械设备无冲击，保证了设备长期安全运行。而且自身具有很大热容量，不存在过热现象。

6.2.6 球磨机专用节电器：用微电脑处理数字控制技术，通过内置的节电优化控制程序，根据球磨机运行负荷调整电机的运行电流，达到节电 10%～12% 的效果，并实现软启动，保护球磨机械，消除设备跳闸。

6.3 照明节能设计

6.3.1 绿色照明工程是在满足照明质量和视觉效果的前提下，通过科学的照明设计，采用高效节能实用的新光源（如紧凑型荧光灯、细管型荧光灯、高压钠灯、金属卤化物灯等）、高效节能灯用电器附件（如电子镇流器、环形电感镇流器等）、高效优质照明灯具（如高效优质反射灯罩等）、先进的节能控制器（如调光装置、声控、光控、时控、感控及智能照明节电器等）、科学的维护管理（如定期清洗照明灯具，定期更换老旧灯管、养成随手关灯的习惯）。

6.4 电气自动化设计

6.4.1 连续生产线各相关设备，使用 PLC 组件形成计算机屏幕控制终端，可最大限度减少系统失调造成的能源浪费和财产损失。

对生产过程中的温度、压力、时间、速度等各项指标，应尽量使用智能仪表实现数字化测控及报警。

可编程序控制器是在微处理器的基础上发展起来的一种新型

的微型计算机控制器。由于它把微型计算机技术和继电器控制技术融合在一起,因此它兼具计算机的功能完备、灵活性强、通用性好、继电控制器控制简单、维修方便等优点,形成以微电脑为核心的电子设备。例如以清洁油料为燃料的窑炉烧成大部分采用油泵加压给油烧嘴,因为油烧嘴的多少以及油嘴的堵塞,都会造成油压变化,从而使烧成温度不稳定,造成产品质量不稳。如果采用变频器及压力传感器来控制使其输出油压不因外界的变化而变化,则可解决上述问题,大大提高了产品质量。

7 辅助设施

7.1 给水排水

7.1.2 厂区给水系统的选择,应根据具体情况而定。建筑卫生陶瓷厂对于用水量较大的车间(如喷雾干燥、磨边、抛光和卫生陶瓷检验等车间),必须采用循环给水系统,以节约用水,宜采用全厂工业污水经统一收集进入污水处理站,经处理后达到规定的水质标准后回用。

7.1.4 厂区工业废水包括工业污水和洁净废水。工业污水包括生产污水和厂区生活污水及初期雨水;生产污水指工艺外排水、设备洗涤水和地(楼)面冲洗水等;洁净废水指生产设备间接冷却水。本条主要指生产污水经收集处理后的再生水回用。

7.1.5 本条指生产、生活给水管道上均应设置水表计量。即在以下管道上必须设置水表或流量计:

1 厂区给水总管上;

2 厂区给水干管上;

3 车间、公用建筑、生活设施及绿化、浇洒等引入管上;

4 各工段主要指坯料制备、釉料制备、制粉、成型、干燥、施釉、烧成、冷加工、产品检验、模型制造、空气压缩机、污水处理站、水泵房、锅炉房、煤气站、变电站、实验化验室等。

7.2 采暖、通风和空气调节

7.2.2 国家节能指令第四号《关于节约工业锅炉用煤的指令》明确规定:"新建采暖系统应采用热水采暖"。工厂采暖设计中应以热水为热媒。

在采暖系统南、北向分环布置的基础上,各向选择2~3个房间作为标准间,取其平均温度作为控制温度,通过温度调控调节流经各向的热媒流量或供水温度,不仅具有显著的节能效果,而且还可以有效的平衡南、北向房间因太阳辐射导致的温度差异,从根本上克服"南热北冷"的问题。

选择供暖系统制式的原则,是在保持散热器有较高散热效率的前提下,保证系统中除楼梯间以外的各个房间(供暖区),能独立进行温度调节。

散热器暗装在罩内时,不但散热器的散热量会大幅度减少,而且,由于罩内空气温度远远高于室内空气温度,从而使室内墙体的温差传热损失大大增加。散热器暗装时,还会影响温控阀的正常工作。如工程确实需要暗装时,则必须采用带外置式温度传感器的温控阀,以保证温控阀能根据室内温度进行工作。

散热器的安装数量应与设计负荷相适应,不应盲目增加。避免盲目增加散热器数量,造成能源浪费及系统热力失匀和水力失调,使系统不能正常供暖。

扣除室内明装管道的散热量,也是防止供热过多的措施之一。

高大厂房内的建筑采暖,采用常规对流方式采暖,室内沿高度方向会形成很大的温度梯度,不但建筑热损耗增大,而且人员活动区的温度往往偏低,很难保证设计温度。采用辐射供暖时,室内高度方向的温度梯度很小。同时,由于有温度和辐射照度的综合作

用,既可以创造比较理想的热舒适环境,又可以节约15%左右的能耗。

用石膏模的卫生瓷成型车间晚上升温至45℃~50℃,以干燥石膏模型和坯体。以前多采用锅炉汽暖,现多采用以清洁燃料为能源的热风炉来加热空气,热效率高,节能显著。

量化管理是节约能源的重要手段,按照用热量的多少来计收采暖费用,既公平合理,更有利于提高用户的节能意识。设置水力平衡配件后,可以通过对系统水力分布的调整与设定,保持系统的水力平衡,保证获得预期的供暖效果。

7.2.3 温、湿度要求不同的空调区,不应划分在同一个空调风系统中,应根据使用要求来划分空调风系统。

全空气空气调节系统具有易于改变新、回风比例,必要时可实现全新风运行从而获得较大的节能效益和环境效益,且易于集中处理噪声、过滤净化和控制空调区的温、湿度,设备集中,便于维修和管理等优点。房间空间较大,人员较多,且不需要分区控制,宜采用全空气空气调节系统。

7.3 监测与控制

7.3.1 为了节省运行中的能耗,供热与空调系统应配置必要的监测与控制。但实际情况错综复杂,作为一个总的原则,设计时要求结合具体工程情况通过技术经济比较确定具体的控制内容。

7.3.2 对于间歇运行的空调系统,在满足使用要求的前提下,应尽量缩短运行时间。

7.3.3 机组群控是冷、热源设备节能运行的一种有效方式。例如:离心式、螺杆式冷水机组在某些局部负荷范围内运行的效率高于设计工作点的效率,因此简单地按容量大小来确定运行台数并不一定是最节能的方式;如果采用冷、热源设备大小搭配的设计方案,采用群控方式,合理确定运行模式对节能是非常有利的。在具体设计时,应根据负荷特性、设备容量、设备的部分负荷效率、自控系统功能以及投资等多方面进行经济技术分析后确定群控方案,并将冷水机组、水泵、冷却塔等相关设备综合考虑。

7.3.4 空气温、湿度控制和监测是空调风系统控制的一个基本要求。在新风系统中,通常控制送风温度和相对湿度。在带回风的系统中,通常控制回风温度和相对湿度。

采用双风机系统(设有回风机)的目的是为了节能而更多地利用新风(直至全新风)。因此,系统应采用变新风与焓值控制方式。其主要内容是:根据室内、外焓值的比较,通过调节新风、回风和排风阀的开度,最大限度地利用新风来节能。技术可靠时,可考虑夜间对室内温度进行自动再设定控制。目前也有一些工程采用"单风机空调机组加上排风机"的系统形式,通过对新风、排风阀的控制以及排风机的转速控制来实现改变新风比例的要求。

变风量采用风机变速是最节能的方式。尽管风机变速的做法投资有一定增加,但对于采用变风量系统的工程而言,其节能所带来的效益能够较快地回收投资。风机变速可以采用的方法有定静压控制法、变静压控制法和总风量控制法。第一种方法的控制最简单,运行最稳定,但节能效果不如后两种;第二种方法是最节能的办法,但需要较强的技术和控制软件的支持;第三种介于第一、二种之间。一般情况下,宜尽量采用变静压控制模式。

8 能源管理

8.1 一般规定

8.1.1 现行国家标准《用能单位能源计量器具配置和管理通则》GB 17167是对用能单位的能源计量器具的配备和管理提出的基

本要求,也是企业必须达到的最低要求。

8.1.2 要加强能源计量管理,在建筑卫生陶瓷生产线的各子系统中应单独安装计量仪器、仪表进行测量。不但能取得经济核算的数据,而且为能耗管理提供了科学依据,因此,加强能源计量管理,对节约能源具有十分重要的意义。

8.2 能 源 计 量

8.2.2 建筑卫生陶瓷工厂除设置全厂能源计量装置外,尤其应加强各生产车间及主要工序的能源计量。因此,对球磨机、喷雾干燥塔等主要耗能设备和成型、干燥、烧成、冷加工等耗能较多的工序应单独设置计量仪表。

中华人民共和国国家标准

钢铁企业节能设计规范

Code for design of energy saving of iron and steel industry

GB 50632—2010

主编部门：中 国 冶 金 建 设 协 会
批准部门：中华人民共和国住房和城乡建设部
施行日期：2 0 1 1 年 1 0 月 1 日

中华人民共和国住房和城乡建设部
公　告

第 828 号

关于发布国家标准
《钢铁企业节能设计规范》的公告

　　现批准《钢铁企业节能设计规范》为国家标准，编号为 GB 50632—2010，自 2011 年 10 月 1 日起实施。其中，第3.0.3、3.0.6、3.0.10、4.4.7、4.5.17、4.5.20、4.5.21、4.6.15、4.6.18、4.6.19、5.2.1、5.2.3、5.2.12 条为强制性条文，必须严格执行。

　　本规范由我部标准定额研究所组织中国计划出版社出版发行。

中华人民共和国住房和城乡建设部
二〇一〇年十一月三日

前　　言

　　本规范是根据原建设部《关于印发〈2005 年工程建设标准规范制订、修订计划（第二批）〉的通知》（建标函〔2005〕124 号）的要求，由中冶京诚工程技术有限公司会同有关单位共同编制而成。

　　本规范共分 6 章和 1 个附录，主要内容有：总则、术语、基本规定、钢铁企业主流程设计节能技术、钢铁企业辅助设施设计节能技术、钢铁辅助生产企业设计节能技术等。

　　本规范中以黑体字标志的条文为强制性条文，必须严格执行。

　　本规范由住房和城乡建设部负责管理和对强制性条文的解释，中冶京诚工程技术有限公司负责具体技术内容的解释。在本规范执行过程中，请各单位注意总结经验，积累资料，并及时把有关意见和建议反馈给中冶京诚工程技术有限公司（地址：北京市亦庄经济技术开发区建安街 7 号，邮政编码：100176），以便今后修订时参考。

　　本规范主编单位、参编单位、主要起草人和主要审查人：

　　主编单位：中冶京诚工程技术有限公司
　　参编单位：中冶长天国际工程有限公司
　　　　　　　　中冶北方工程技术有限公司
　　　　　　　　中冶焦耐工程技术有限公司
　　　　　　　　中冶赛迪工程技术股份有限公司
　　　　　　　　中冶南方工程技术有限公司
　　　　　　　　中冶东方工程技术有限公司

中冶华天工程技术有限责任公司
中铝国际工程有限责任公司
中钢集团郑州金属制品研究院有限公司
宝山钢铁集团股份有限公司
济南钢铁集团总公司
天津无缝钢管集团有限公司
江阴兴澄特种钢铁公司

　　主要起草人：（按姓氏笔画排序）

万　毅	尹君贤	支起湘	王　彦
王钧祥	王晓兰	王泰昌	石立兴
任　伟	刘仁洋	刘加祥	刘家洪
孙福仁	许　虹	严云福	宋华德
张　崎	张子强	张昭贵	张海军
张　琦	杨　岩	汪力中	陈惠民
周全宇	国　强	欧阳武汉	
郑治平	金持平	姚　群	宫香涛
洪建中	洪保仪	胡建平	胡金玲
赵钱柱	郝英杰	唐先觉	徐华祥
徐培万	顾家声	崔　昊	黄晓红
黄瑞南	储瑞林	强十勇	赖青山
戴　康			

　　主要审查人：（按姓氏笔画排序）

苍大强	王维兴	张春霞	杨兴春
桂其林	黄　导	温燕明	程小茅
蔡九菊			

目　次

Contents

1 总 则

1.0.1 为提高钢铁工业建设项目的设计节能水平，全面贯彻《中华人民共和国循环经济促进法》、《中华人民共和国节约能源法》，加强节能管理，促进节能技术进步，合理使用、转换能源，有效回收利用余能，制定本规范。

1.0.2 本规范适用于钢铁企业的总体发展规划、钢铁企业的所有新建和改造项目的节能设计，以及钢铁企业能源规划等。

1.0.3 钢铁企业设计应实现规模化经营，应重视工艺过程优化，重视各工序高效连接和能力匹配，重视提高生产作业率、产品合格率、金属成材率，降低铁钢比，实现工序之间生产的有序化、连续化、紧凑化，实现非能源物质的节约，提高系统能效。

1.0.4 钢铁企业节能设计应坚持能源消耗减量化、提高能源利用效率和回收再利用原则；应采用先进的节能生产工艺和技术装备；能源消耗应以系统节能为原则，满足局部服从整体的要求，严格控制各工序能耗水平，提高系统能源使用效率；二次能源回收利用应以高质高用、能级匹配、梯级利用为原则。

1.0.5 钢铁企业节能设计，除应符合本规范外，尚应符合国家现行有关标准的规定。

2 术 语

2.0.1 能源 energy sources

提供各种能量的资源，包括机械能、热能、光能、电能等。可分为一次能源和二次能源。

2.0.2 一次能源 primary energy

自然界中以天然的形式存在的，未经过加工转换的能量资源，如原煤、原油、天然气、核燃料、风能、水能、太阳能、地热能、海洋能等。

2.0.3 二次能源 secondary energy

由一次能源直接或间接加工或转换得到的其他种类和形式的能源。

2.0.4 能源介质 energy medium

在生产过程中所消耗的不作原料使用，也不进入产品，制取时又需要消耗能源的工作物质。

2.0.5 高位发热值 high calorific capacity

指燃料完全燃烧，燃烧产物中的水蒸气，包括燃料中所含水分生成的水蒸气和燃料中氢元素燃烧生成的水蒸气凝结成水时的发热值。

2.0.6 低位发热值 low calorific capacity

指燃料完全燃烧，燃烧产物中的水蒸气仍以气态存在时的发热值。

2.0.7 当量标准煤 coal equivalent

规定的一种能源计量单位，其发热量等于

29271kJ 的能量值，称为 1 千克标准煤或当量煤。

2.0.8 能源当量热值 heat value equivalent of energy

单位能源物质的热功当量。1kW·h 电能的当量热值为 3600kJ（或 860kcal 的热值），等于 0.1229kgce。

2.0.9 能源等价热值 equal in heat value of energy

得到一个度量单位的某种二次能源所需消耗的一次能源量。生产 1kW·h 电能需要 11825kJ 能源量或 0.404kgce。11825kJ 或 0.404kgce 即为 1kW·h 电的等价热值。

2.0.10 工序能耗 energy consumption of procedure

指钢铁企业各工序生产 1t 合格产品直接消耗的能源量。

2.0.11 单位产品综合能耗 the comprehensive energy consumption per unit prodact

在报告期内企业生产单位产品，所消耗的各种能源，扣除工序回收并使用的能源后实际消耗的各种能源折合标准煤总量。

2.0.12 余能 waste energy

某一工艺系统排出的未被利用的能量，可分为余热和余压。

2.0.13 余热 waste heat

在某一热工艺过程中未被利用而排放到周围环境中的热能。按载体形态可分为固态载体余热、液态载体余热和气态载体余热。

2.0.14 余压 waste pressure

指工艺设备排出的有一定压力的流体。按载体形态可分为气态余压和液态余压。

3 基 本 规 定

3.0.1 钢铁企业总体发展规划以及钢铁企业新建和改造项目的项目申请报告、规划设计、项目建议书、可行性研究、初步设计，应有节能篇（章）。

3.0.2 本规范以工序能耗为主，各工序节能设计应与经济发展和环境保护相协调。因改进产品质量、改善环境导致超出本规范规定的能耗时，应单列新增能耗，并应分析说明；采用新技术回收利用余能时，应有效益论证；各工序的节能设计应有措施，措施应相互协调、系统优化，并应达到企业系统节能效率最优。

3.0.3 **钢铁企业设计，必须贯彻国家钢铁产业发展政策；适时淘汰高能耗工艺和高能耗设备；不得采用行业限制的落后生产工艺和装备，生产国家、行业限制淘汰的高能耗落后产品；严禁采用国家明令淘汰的高能耗设备。**

3.0.4 购置国外设备，其能耗应符合本规范的要求。

3.0.5 钢铁企业设计应优化工艺过程,应采用先进成熟的节能工艺技术、装备技术、先进节能材料和自动控制技术。

3.0.6 新建或改造工程节能设施必须与主体工程同步设计、同步建设、同步投产。

3.0.7 新建钢铁联合企业应设置能源管理中心,应建设能源信息化管理系统,应建立优化能源配置机制、优化能源结构,应全面考核能源转换、输送及利用过程的系统用能效率;企业改造项目,应逐步建立健全能源信息化管理系统。能源管理系统的规模、装备水平和节能目标,应与预期的企业经济效益及社会效益相适应。

3.0.8 对各种原料、燃料及能源介质应设置分析、计量、检测设施,各种物料及能源的供给和消耗数据应及时、准确、稳定、可靠地自动采集到计算机收集系统。

3.0.9 能源介质的计量检测仪表应设置齐全,配备率、完好率、固检率应符合现行国家标准《用能单位能源计量器具配备和管理通则》GB 17167 的有关规定。

3.0.10 钢铁企业设计必须加强余热、余压的回收利用水平,必须采用技术先进、经济合理、能耗低、二次能源回收利用率高的节能工艺、技术、设备与措施,应最大限度地降低能源消耗。二次能源回收利用应实现高质高用、梯级利用、能级匹配。

3.0.11 钢铁企业节能设计中电力折标系数应采用等价值和当量值计算体系;电力折标当量值应采用 0.1229kgce/kW·h;等价值应采用 0.404kgce/kW·h。

4 钢铁企业主流程设计节能技术

4.1 原料准备

4.1.1 原料场设计应采用先进的全厂物料集中管理体制和管理技术,按质堆放,应设置全厂各工序用原、燃料统一处理的原料场。对进场原、燃料的数量和质量应及时检验、记录。

4.1.2 新建原料场应具有受卸、储存、整粒、混匀、取制样、输送等完整的生产设施。原料场的位置应靠近主要用户,并应缩短原、燃料的运输距离。

4.1.3 现有钢铁企业的原料设施改造应靠近主要用户,应设置集中的受卸、贮存、整粒、混匀、输送设施,应减少重复卸料和二次倒运、减少物料的落差;宜采用直接供料。

4.1.4 解冻库的能源宜采用余热。

4.1.5 原料场宜采用高效的卸、堆、取、运设备,驱动电动机宜采用变频调速电动机。

4.1.6 原料场向高炉喷煤设施供应原煤时,宜设置防雨设施。

4.1.7 新建钢铁企业宜按原料用户要求,按合格原料粒度采购原料,不宜建设集中破碎设施。

4.1.8 新建钢铁企业应对料场贮存的落地原、燃料设置筛分设施。在条件允许时,宜设置在线筛分设施。

4.1.9 新建钢铁企业应设置原料混匀设施,现有钢铁企业也应逐步设置原料混匀设施,宜全料混匀,且含铁品位波动不应大于±0.5%,二氧化硅含量不应大于±0.2%。

4.1.10 混匀设施应设置吸收和消纳钢铁生产过程中产生的含铁废弃物的配料槽。

4.1.11 原料场设计应合理选择带式输送机的电动机功率。当电动机功率不小于 55kW 时,应设置调速驱动装置。

4.2 烧　　结

4.2.1 烧结工艺设计应选用高铁低硅无毒无害或微毒微害的优质原料,烧结原料含铁品位波动及二氧化硅含量应符合本规范第 4.1.9 条的规定。应选用高碳低灰分低硫的优质固体燃料。应根据矿物性能和高炉冶炼的要求进行优化配矿。

4.2.2 烧结工艺设计应采用先进的配料技术和设备,应选用含有害杂质少、粒度均匀、偏析小、还原性好的原料配矿,应重视烧结机布料控制,并应降低燃料配比。

4.2.3 固体燃料的破碎不宜选用易于产生过粉碎的设备,宜减少过粗过细的粒级,燃料的平均粒度应达到 1.2mm~1.5mm;进厂无烟煤的粒度小于 3mm 的含量占 30%以上时,可预先筛分出粒度小于 3mm 的部分;不同品种或物理性能相差较大的燃料,应分开破碎。

4.2.4 配料系统应采用集中式自动重量配料。

4.2.5 烧结原料宜采用蒸汽预热混合料。所用蒸汽应利用自身回收的余热。

4.2.6 烧结应强化混合制粒,混合制粒时间宜采用 5min~9min,并应采用高效混合制粒设备。

> 注:1 混合制粒时间包括设有固体燃料外滚时间;
> 　　2 以粉矿为主要原料时,混合制粒时间应取下限值;以精矿为主要原料时,混合制粒时间应取中限或上限值。

4.2.7 在保证烧结矿质量和环保的前提下,烧结设计应提高烧结机的利用系数和作业率。

4.2.8 烧结设计应采用带式烧结机,烧结机应大型化。

4.2.9 烧结配料设计宜添加生石灰或消石灰作熔剂;宜选择添加生石灰。

4.2.10 点火系统应采用新型节能点火保温炉。

4.2.11 烧结布料应采用厚料层烧结、低温烧结、小球烧结、高铁低硅烧结、热风烧结、燃料分加等技术措施。烧结机的料层厚度,以精矿为主要原料、采用小球烧结法时,不宜小于 650mm;以粉矿为主要原料时，不宜小于 680mm。

4.2.12 烧结设备应选用漏风小的带式烧结机，新型液密封鼓风环式冷却机，高效振动筛，高效率主抽风机等节能型的设备。

4.2.13 烧结应控制冷、热返矿的粒度，应减少烧结矿的返矿率，并应将返矿中大于 5mm 的粒级纳入成品。设计中宜规定冷、热筛的筛板的更换周期。

4.2.14 烧结生产应合理选择单位烧结面积的风量和主轴风机前的负压，应避免选用过大的主抽风机。

4.2.15 烧结设计应提高烧结厂的自动化水平，应采用主要工艺过程自动化检测、控制和调节，烧结过程应在最佳的工艺状态下进行。

4.2.16 新建和改造的烧结机应配套设计余热回收利用和烟气脱硫装置。

4.2.17 烧结废水应经处理后循环使用。

4.2.18 钢铁生产产生的碎焦、氧化铁皮、各种含铁粉尘泥渣和烧结厂本身的含铁含碳粉尘，应经处理后返回烧结厂再利用。

4.2.19 烧结工序能耗计算范围应为从熔剂、燃料破碎开始，到成品烧结矿输出至高炉料仓为止全过程的能耗量；应包括原燃料加工与准备，配料、混合与制粒，布料、点火与烧结，烧结抽风与烟气净化，烧结矿冷却与整粒筛分等工艺设施的能源消耗量，并应扣除回收利用的能源量。

4.2.20 烧结工序能耗设计指标应符合表 4.2.20 的规定。

表 4.2.20 烧结工序能耗设计指标

机组类型	工序能耗	
	MJ/t 矿	kgce/t 矿
≥300m² 大型烧结机	≤1756（≤1550）	≤60（≤53）
（180～300）m² 中型烧结机	≤1870（≤1610）	≤64（≤55）

注：1 表中指标系按电力折标等价值 0.404kgce/kW·h 计算；括号内数据为按当量值 0.1229kgce/kW·h 计算指标。
2 烧结机市场准入的使用面积不应小于 180m²。
3 原料稀土矿比例每增加 10%，烧结工序能耗指标应增加 1.5kgce/t 矿。
4 表中工序能耗指标不包括烧结脱硫的能耗。

4.3 球 团

4.3.1 球团厂建设前应进行球团工艺试验，并应以试验结果作为球团厂工艺流程及工艺参数的设计依据。

4.3.2 球团生产设计应选取新型结构、漏风率小的链箅机-回转窑、环冷机或带式焙烧机，以及新型节能的燃料燃烧装置、高效率的工艺风机等节能型设备。

4.3.3 球团生产应采用优质黏结剂，并应采用最佳配加量。

4.3.4 链箅机-回转窑及带式焙烧机工艺采用煤气为燃料时，煤气热值宜大于 14.63MJ/m³，低位发热值应稳定；链箅机-回转窑工艺采用烟煤为燃料时，宜使用优质烟煤，发热值宜大于 25.08MJ/kg，灰分宜小于 14%，灰分在氧化气氛下初变形温度应大于 1400℃。

4.3.5 球团设计应严格控制布料，宜采用摆动胶带机（或梭式布料机）、宽胶带机和辊式筛分布料机的联合布料方式。

4.3.6 球团设计应建立合理的焙烧热工制度。热工参数应根据原料性质，通过试验及理论计算确定。

4.3.7 球团设计应强化原料准备工序，含铁原料的铁品位、粒度、水分应满足球团生产要求。

4.3.8 球团设计应采用计算机控制自动重量配料，应采用变频调速给料设备。

4.3.9 球团设计应采用强力型混合机，应强化混合，大组分物料与小组分物料应充分混匀，混合料的成分应均匀。

4.3.10 球团设计应重视生球质量，应合理调整造球机的各项参数，应控制混合料水分，并应优化造球过程。

4.3.11 球团设计应采用合理的气体循环流程，并应充分利用余热。

4.3.12 链箅机-回转窑、带式焙烧机炉体应完善耐火材料构成，并应加强绝热和保温性能。

4.3.13 链箅机-回转窑、带式焙烧机主机设备应加强其密封性，应最大限度降低设备漏风率。

4.3.14 球团工序能耗计算范围应为从原、燃料准备开始，到成品球团矿输出为止这一全过程的能量消耗。应包括铁精矿干燥与再磨、煤粉制备、配料、混合、造球、生球干燥、预热与焙烧、球团矿冷却与筛分等工艺设施的能源消耗量。

球团工序能耗设计指标应符合表 4.3.14 的规定。

表 4.3.14 球团工序能耗设计指标

生产类型	原料条件	工序能耗	
		MJ/t 球	kgce/t 球
链箅机-回转窑	100%磁铁矿	≤850（≤585）	≤29（≤20）
	50%磁铁矿、50%赤铁矿	≤1085（≤790）	≤37（≤27）
	100%赤铁矿	≤1345（≤1055）	≤46（≤36）

续表 4.3.14

生产类型	原料条件	工序能耗	
		MJ/t 球	kgce/t 球
带式球团	100%磁铁矿	≤995（≤700）	≤34（≤24）
	50%磁铁矿、50%赤铁矿	≤1200（≤910）	≤41（≤31）
	100%赤铁矿	≤1435（≤1140）	≤49（≤39）

注：1 表中指标系按电力折标等价值 0.404kgce/kW·h 计算；括号内数据为按当量值 0.1229kgce/kW·h 计算指标。
2 当赤铁矿用量不在表中所列值时，可用内插法计算。

4.4 焦 化

4.4.1 备煤系统应根据煤源、煤质情况选择工艺流程、主要设施及设备，并应做到工艺过程简单、设备少、布置紧凑。

4.4.2 焦化厂宜采用大型室内煤库。

4.4.3 焦化厂宜采用装炉煤调湿及分级技术，并宜利用焦炉烟道废气作为热源。

4.4.4 粉碎机宜配置调速装置；带式输送机功率不小于 45kW 时，宜配置液力耦合器。

4.4.5 焦炉应采用低热值煤气加热。

4.4.6 焦炉加热宜采用计算机加热控制和管理系统。

4.4.7 焦炉必须同步配套建设干法熄焦装置。

4.4.8 干法熄焦装置配置的干熄焦锅炉的压力、温度参数，应根据企业蒸汽需求的近远期规划和技术经济比较确定；宜采用高温、高压、自循环干熄焦锅炉。

4.4.9 高压氨水泵应设置变频调速装置。

4.4.10 焦炉蓄热室应采用蓄热薄壁格子砖。

4.4.11 焦炉应根据各部位的工况特点，采用相应的高效隔热措施。

4.4.12 焦化设计宜建设焦化工艺及能源的优化控制中心。

4.4.13 电动煤气鼓风机应选用调速或前导流装置。

4.4.14 工艺介质在水冷或空冷前，应充分回收其余热。

4.4.15 对于可用循环水和低温水两段冷却的工艺介质，宜降低循环水冷却段后的工艺介质温度。

4.4.16 氨水蒸馏宜采用高效塔和热导油无蒸汽蒸氨工艺。

4.4.17 硫回收及硫酸等装置中产生的高温过程气，应设置废热锅炉回收余热。

4.4.18 煤焦油和粗苯精制宜采用集中加工。煤焦油加工装置规模应达到处理无水焦油 10 万 t/年及以上，粗苯精制规模宜达到 5 万 t/年及以上。

4.4.19 焦油蒸馏宜采用减压蒸馏或常、减压蒸馏工艺。

4.4.20 苯精制宜采用苯加氢工艺，热介质蒸馏苯宜采用热导油。

4.4.21 煤气净化的轻苯蒸馏宜采用负压蒸馏工艺。

4.4.22 冷却循环设计体应符合“按质供应，温度对口，梯级利用，小半径循环，分区域闭路”的原则。夏季宜采用高炉煤气直燃式制冷水，也可采用蒸汽制冷水装置；不得采用抽取地下水用作冷媒。

4.4.23 焦炉装煤、出焦以及干熄焦系统的除尘风机应配置调速装置。

4.4.24 采暖热媒可采用经初冷器冷却荒煤气的高温段循环水、循环氨水的余热。

4.4.25 焦化设计应积极推动焦化厂无蒸汽生产工艺技术、高效传热介质的开发及推广。当焦化厂有中压或中压以上的蒸汽管网时，其动力设备宜选择蒸汽作动力源。

4.4.26 焦化工序能耗计算范围应包括备煤、炼焦、干熄焦、鼓风冷却、煤气净化、蒸苯、蒸氨及酚氰废水处理等工艺设施的能源消耗量，扣除回收利用的能源量。

4.4.27 工序能耗应按下式计算，其中原料（干基洗精煤）折热量应大于焦化产品折热量：

$$工序能耗 = \frac{I - Q + E - R}{T} \quad (4.4.27)$$

式中：T——焦炭（干全焦）产量（t）；
I——原料（干基洗精煤）折热量（MJ）；
Q——焦化产品（焦炭、煤气、焦油、粗苯等）折热量（MJ）；
E——加工能耗（煤气、电、耗能工质等）折热量（MJ）；
R——余热回收（干熄焦等）折热量（MJ）。

4.4.28 当焦炉炭化室高度不小于 6m，且采用干熄焦工艺的焦化工序设计能耗，应符合表 4.4.28 规定。

表 4.4.28 焦化工序能耗设计指标

生产类型	工序能耗	
	MJ/t 焦	kgce/t 焦
炼焦	≤3952（≤3659）	≤135（≤125）
捣固煤炼焦	≤4098（≤3805）	≤140（≤130）

注：表中指标系按电力折标等价值 0.404kgce/kW·h 计算；括号内数据为按当量值 0.1229kgce/kW·h 计算指标。

4.5 高炉炼铁

4.5.1 高炉炼铁设计应根据原、燃料质量和高炉生产条件，以及同类型高炉的实际生产指标，经技术经济比较后确定冶炼强度。

4.5.2 高炉炼铁设计应提高高炉入炉原、燃料的精料水平，选择合适的炉料结构，应符合含铁品位高、粒度均匀偏小、强度高、成分稳定、有害杂质少、冶金性能好的原则。

4.5.3 来料应实行混匀，入炉矿含铁成分波动不应大于±0.5%，碱度波动不应大于±0.08%，其他成分应相对稳定。

4.5.4 入炉原料结构应以烧结矿为主，应配加部分球团矿和块矿，在高炉中不宜加熔剂。

4.5.5 入炉矿及燃料质量应符合现行国家标准《高炉炼铁工艺设计规范》GB 50427 的有关规定。

4.5.6 成品烧结矿宜采取整粒筛分措施，应筛除小于 5mm 的粉末，入炉烧结矿中 5mm 以下粉末含量不应大于5%。

4.5.7 入炉焦炭应具有良好的化学成分和机械强度，应包括高温性能，以及成分稳定。

4.5.8 高炉设计应采取焦丁回收措施，应混装入炉或中心加焦。焦丁使用量应计入焦炉燃料中。

4.5.9 新建高炉寿命应大于 15 年。

4.5.10 热风炉设计宜采用高风温送风，设计风温应符合表4.5.10规定。

表 4.5.10　热风炉设计风温

炉容级别（m³）	1000	2000	3000	4000 以上
设计风温（℃）	≥1200	≥1200	≥1200	≥1250

4.5.11 热风炉设计应采取烟气余热回收措施，应预热助燃空气或煤气。漏风率不应大于2%。

4.5.12 热风炉使用的燃料应根据全厂煤气平衡确定。

4.5.13 热风炉及鼓风设计宜采用全燃高炉煤气获得高风温的技术，宜采用热风炉自身余热预热助燃空气技术、蓄热热风炉预热助燃空气技术、燃烧高炉煤气预热燃料与助燃空气（即双预热）的前置燃烧炉技术、脱湿鼓风技术等。

4.5.14 热风炉设计应采取提高热风炉热效率的措施。热风炉总体热效率不应小于80%。各级高炉均应设置燃烧自动控制装置。

4.5.15 热风炉寿命不应小于 25 年。

4.5.16 新建或改造高炉宜采用无料钟炉顶设备。

4.5.17 新建或改造高炉应采用高压操作，必须同步配套建设高炉煤气余压回收利用装置。

4.5.18 高炉炉顶设计压力宜符合表 4.5.18 的规定。

表 4.5.18　高炉的炉顶设计压力

炉容级别（m³）	1000	2000	3000	4000 以上
炉顶设计压力（kPa）	≥200	≥200	≥220	≥250

4.5.19 高炉煤气净化宜采用干法除尘工艺。

4.5.20 剩余高炉煤气必须回收利用。

4.5.21 新建高炉必须同步配套建设煤粉喷吹装置。

4.5.22 各级高炉应推广富氧大喷煤工艺，新建高炉喷煤量宜大于 180kg/t。有条件的企业宜自建适合高炉喷煤使用的专用制氧机组。

4.5.23 高炉喷煤设施应采用浓相喷吹工艺，煤粉喷吹浓度宜按 40kg(粉)/kg(气) 设计。新建高炉的喷煤设施，喷吹浓度设计值不得低于 20kg(粉)/kg(气)。

4.5.24 喷煤制粉用干燥介质，宜采用热风炉废气。

4.5.25 高炉设计宜建设高炉冲渣水的余热回收装置。

4.5.26 新建钢铁厂时，高炉与转炉宜采用紧凑布局，应缩短热态铁水输送距离，宜采用转炉铁水罐一缶到底方式或鱼雷罐输送铁水。不得采用混铁炉分包铁水的供应工艺。

4.5.27 高炉炼铁工序能耗计算范围应包括原燃料供给、高炉本体、渣铁处理、鼓风、热风炉、煤粉喷吹、碾泥及除尘环保和铸铁机等工艺系统（设施）的能源消耗量，扣除回收利用的高炉煤气和余压的能源量。

4.5.28 高炉炼铁工序能耗应按下式计算：

$$工序能耗 = \frac{C+I+E-R}{T} \qquad (4.5.28)$$

式中：T——生铁产量（t）；

C——焦炭折热量（MJ）；

I——喷吹煤折热量（MJ）；

E——加工能耗（煤气、电、耗能工质等）折热量（MJ）；

R——回收高炉煤气、电力折热量（MJ）。

4.5.29 各级别高炉炼铁工序能耗设计应符合表4.5.29规定。

表 4.5.29　高炉炼铁工序能耗设计指标

高炉容积	工序能耗	
	MJ/t 铁	kgce/t 铁
1000m³ 级	≤12588（≤11709）	≤430（≤400）
2000m³ 级	≤12441（≤11563）	≤425（≤395）
3000m³ 级	≤12295（≤11417）	≤420（≤390）
4000m³ 级以上	≤12148（≤11270）	≤415（≤385）

注：1　表中指标系按电力折标等价值 0.404kgce/kW·h 计算；括号内数据为按当量值 0.1229kgce/kW·h 计算指标。

2　不包括特殊矿石原料。

4.6　炼　钢

4.6.1 新建和改造炼钢车间应采用"炼钢—炉外精炼—连铸三位一体"的基本工艺路线。

4.6.2 在满足基本工艺路线条件下，应对铁水预处理、冶炼、精炼、连铸（模铸）消耗的各种能源介质配置计量仪表。

I 铁水预处理

4.6.3 新建转炉炼钢厂应按 100％铁水进行预处理配套，并应跟转炉同步投入生产使用。

4.6.4 转炉炼钢用铁水，若硫含量高于 0.030％时，应进行脱硫预处理。生产超低硫、超低磷钢种的转炉炼钢厂，应建设铁水三脱预处理设施。

4.6.5 铁水脱磷预处理前应先进行脱硅预处理，铁水中硅含量不应大于 0.20％。当转炉采用少渣冶炼方法时，应对铁水进行脱硅预处理。

4.6.6 经过脱硫预处理后的铁水（兑入转炉铁水）硫含量不应大于 0.015％，生产超低硫钢种的铁水硫含量不应大于 0.005％。经过三脱预处理后铁水磷含量不应大于 0.010％。

4.6.7 经炉外脱磷预处理后的铁水磷含量不应大于 0.030％；转炉炉内脱磷预处理的铁水磷含量不应大于 0.010％；超低磷钢种预处理后的铁水磷含量不应大于 0.005％。

4.6.8 铁水预处理环节（工序）能耗计算范围应包括预处理剂的运输及输送、喷吹或机械搅拌、铁水扒渣和渣处理（不包括炉渣后加工），辅助设备及除尘环保等设施的能源消耗量。

4.6.9 铁水预处理环节（工序）能耗设计指标应符合表 4.6.9 的规定。

表 4.6.9　铁水预处理环节（工序）能耗设计指标

预处理方式	工序能耗	
	MJ/t 铁水	kgce/t 铁水
单脱硫	≤38（≤19）	≤1.29（≤0.65）
脱硫、脱硅和脱磷	≤100（≤53）	≤3.43（≤1.8）

注：表中指标系按电力折标等价值 0.404kgce/kW·h 计算；括号内数据为按当量值 0.1229kgce/kW·h 计算指标。

II 转炉冶炼

4.6.10 转炉车间设计应以铁水预处理—复吹转炉冶炼—炉外精炼—高效连铸为新建和改造转炉炼钢的基本工艺路线。

4.6.11 钢铁企业新建氧气转炉公称容量不应小于 120t。

4.6.12 转炉炼钢应全面推广铁水预处理技术；应做好废钢的收集、加工，按质分级储存及运输等工作。应提高废钢比、降低铁水比。

4.6.13 转炉炼钢应采用顶底复吹技术与溅渣护炉技术，造渣应采用冶金活性石灰。

4.6.14 转炉冶炼应根据冶炼钢种需要，全面配置在线运转的钢水精炼设施。转炉出钢钢包应进行在线烘烤，

宜做到"红包"出钢；并应采用蓄热式钢包烘烤技术，回收利用烟气的热量或回收余热蒸汽应用于精炼系统。

4.6.15 新建或改造转炉炼钢厂或车间，必须配套建设煤气的净化、回收、利用系统，必须回收利用高温烟气的余热。

4.6.16 转炉冶炼宜采用煤气干法除尘技术。

4.6.17 回收转炉煤气的设计指标不应小于 90N·m^3/t。

4.6.18 转炉车间严禁再建化铁炉供铁水炼钢。

4.6.19 新建钢铁联合企业严禁采用混铁炉储存铁水及铁水分包工艺。

4.6.20 转炉冶炼环节（工序）能耗计算范围应为从铁水进转炉炼钢厂（车间），到钢水送至炉外精炼全过程的直接能耗；应包括储铁水保温、转炉冶炼、炉渣处理（不包括炉渣后加工）、辅助及除尘环保等工艺设施的能源消耗量，并应扣除回收的转炉煤气和蒸汽的能量。

4.6.21 转炉冶炼环节（工序）能耗设计指标应符合表 4.6.21 的规定。

表 4.6.21　转炉冶炼环节（工序）能耗设计指标

转炉公称容量	工序能耗	
	MJ/t 钢水	kgce/t 钢水
（120～200）t	≤100（≤-262）	≤3.4（≤-9.0）
＞200t	≤-39（≤-376）	≤-1.3（≤-12.8）

注：1　表中指标系按电力折标等价值 0.404kgce/kW·h 计算；括号内数据为按当量值 0.1229kgce/kW·h 计算指标。

　　2　表中不包括提钒转炉的能耗。

III 电炉冶炼

4.6.22 电炉应向大型化、超高功率、提高化学能输入强度和废气能量利用的方向发展。

4.6.23 电炉冶炼工艺设计应以超高功率电炉冶炼—炉外精炼—连铸作为新建和改造电炉炼钢厂（车间）的基本工艺路线。新建电炉容量不应小于 70t。

4.6.24 新建超高功率电炉，应采用高阻抗供电、铜钢复合直接导电臂、炉壁集束射流氧枪、泡沫渣埋弧冶炼、炉气内一氧化碳后燃烧、炉底搅拌、计算机过程控制、电炉烟气余热回收利用等节能技术。当企业有富裕铁水时，电炉可采用铁水热装工艺。

4.6.25 电炉钢厂应积极采用氧气强化冶炼工艺，宜采用炉壁超音速集束射流氧枪、炉门碳氧喷枪机械手、氧燃烧嘴等装备。单位氧气用量不应低于 30N·m^3/t。

4.6.26 精炼环节应根据钢种的需要配置。确定真空精炼设施形式时，在产品大纲无超低碳钢薄板品种情况下，应选用设备简单、投资低、建设快、操作管理简便、能耗少和生产成本低的 VD 真空精炼装置。

4.6.27 电炉炼钢应加强废钢管理工作，应提高废钢质量，并应减少泥石、炉渣等非金属混入量，应改进废钢装炉设备，并应减少废钢加料次数。全废钢法时，装料次数不应超过 2 次，铁水热装时，废钢应实现 1 次加料。

4.6.28 电炉炼钢应加强造渣料与铁合金等材料的管理。电炉炼钢车间使用的铁合金应为合格料。

4.6.29 电炉冶炼应做好钢包烘烤与调度工作，宜做到"红包"出钢，并应采用蓄热式钢包烘烤技术，回收利用烟气的热量或回收余热蒸汽应用于精炼系统。

4.6.30 电炉冶炼环节（工序）能耗计算范围应为从原料进入电炉炼钢厂（车间），到钢水送至炉外精炼装置全过程的直接能耗；应包括废钢和辅料的贮运和处理、电炉冶炼、炉渣清运与处理（不包括钢渣加工）、辅助及除尘环保等工艺设施的能源消耗量。

4.6.31 电炉冶炼环节（工序）能耗设计指标应符合表 4.6.31 的规定。

表 4.6.31 电炉冶炼环节（工序）能耗设计指标

钢铁料结构	废钢预热方式及电炉类型	工序能耗	
		MJ/t 钢水	kgce/t 钢水
全废钢法	无预热电弧炉	≤6100 (≤2030)	≤208 (≤69)
	有预热 Consteel 炉	≤5445 (≤1950)	≤186 (≤67)
30% 铁水热装	无预热电弧炉	≤4800 (≤1600)	≤164 (≤55)
	有预热 Consteel 炉	≤4330 (≤1560)	≤148 (≤53)

注：1 表中指标系按电力折标等价值 0.404kgce/kW·h 计算；括号内数据为按当量值 0.1229kgce/kW·h 计算指标。

2 全废钢法炉料组成应为 85% 废钢、15% 生铁（或炉料配碳不低于 0.6%C）。每减少或增加生铁 1%，能耗指标应增加或减小 1.2kW·h/t。当炉料中添加直接还原铁（金属化率 93.1%～96.3%）时，每增加 10% 直接还原铁，能耗指标相应增加 6.2kW·h/t。

3 在铁水比不大于 50% 时，配加铁水量每增加或减小 1%，能耗指标应减小或增加 4.66kW·h/t。当炉料中配加直接还原铁（金属化率 93.1%～96.3%）时，每增加 10% 直接还原铁，能耗指标相应增加 6.2kW·h/t。

Ⅳ 炉外精炼

4.6.32 新建和改造炼钢车间应配置钢水炉外精炼设施。

4.6.33 新建和改造炼钢车间应选择下列炉外精炼设施：

1 转炉炼钢车间宜配置 LF 钢包精炼炉和 RH 真空脱气装置（VD 真空脱气炉）或 CAS 钢包精炼和喂丝设施及以上设施的组合。无低碳产品时宜选用 VD 真空脱气炉。

2 电炉炼钢车间宜配置 LF 钢包精炼炉和 VD 真空脱气炉/VOD 真空吹氧脱气炉（RH 真空脱气装置）和喂丝设施及以上设施的组合。

3 不锈钢车间宜配置 AOD 氩氧精炼炉（或复吹转炉）或 VOD 真空吹氧脱气炉，当生产超低碳、超低氮不锈钢时宜选用三步法生产不锈钢。

4.6.34 LF 钢包精炼炉应采用管式全水冷钢包盖和铜、钢复合直接导电臂，电极中心圆直径应小；二次侧导电短网系统的布置，其长度应短，三相阻抗不平衡度应小于 5%。

4.6.35 各种真空精炼炉应配置 4 级～6 级蒸汽喷射真空泵作为抽真空设备，也可采用水环真空泵作为前置泵与蒸汽喷射真空泵组合成抽真空设备。

4.6.36 炉外精炼装置在车间中的平面位置应与炼钢炉、连铸机相匹配，应采用物流顺畅、钢水倒运次数少和运输距离短、靠近炼钢炉或连铸机，且缩短精炼周期的最佳工艺布置。

4.6.37 炼钢炉应采用无渣或少渣出钢技术，必要时可在炉外精炼前设置扒渣站，并应准确控制出钢量。炼钢水的温度与成分应符合炉外精炼的要求。

4.6.38 炉外精炼环节（工序）能耗计算范围应为从钢水进入炉外精炼装置，到钢水吊至连铸大包回转台全过程的直接能耗；应包括精炼、电加热及电磁搅拌电耗、辅助及环保等工艺设施的能源消耗量。

4.6.39 炉外精炼环节（工序）能耗设计指标应符合表 4.6.39 的规定。

表 4.6.39 炉外精炼环节（工序）能耗设计指标

精炼方式	工序能耗	
	MJ/t 钢水	kgce/t 钢水
LF	≤625 (≤194)	≤21.3 (≤6.6)
VD	≤386 (≤310)	≤13.2 (≤10.6)
VOD	≤613 (≤428)	≤20.9 (≤14.6)
RH-KTB	≤528 (≤438)	≤18.1 (≤15.0)
AOD	≤1326 (≤459)	≤45.2 (≤15.7)
CAS-OB	≤120 (≤37)	≤4.1 (≤1.3)

注：表中指标系按电力折标等价值 0.404kgce/kW·h 计算；括号内数据为按当量值 0.1229kgce/kW·h 计算指标。

Ⅴ 连 铸

4.6.40 新建炼钢企业应采用全连铸工艺，应实现连铸坯热送热装，应根据条件预留今后实现直接轧制的可能。

4.6.41 现有炼钢厂或车间应继续完善优化生产工艺条件。

4.6.42 新建连铸车间设计时，宜采用炼钢—连铸—

轧钢厂房相连、设备相接的紧凑式工艺流程和平面布置。

4.6.43 连铸宜发展近终形连铸技术，宜采用薄板坯连铸连轧工艺。

4.6.44 全连铸车间设计，应根据生产规模、生产钢种、炼钢炉容量和数量以及轧机组成确定，应实现炉机匹配，并应发挥连铸机能力。

4.6.45 连铸机的配套设施应齐全，应进一步完善和提高水处理及设备维修系统的装配水平。

4.6.46 炼钢应向连铸机提供优质钢水，浇注前钢水应进行炉外精炼，并应满足连铸钢水在成分、温度、纯净度方面的要求。

4.6.47 连铸环节（工序）能耗计算范围应为从钢水送入钢包回转台，到合格坯运出连铸车间全过程的直接能耗。

4.6.48 连铸环节（工序）能耗设计指标应符合表4.6.48规定。

表 4.6.48 连铸环节（工序）能耗设计指标

连铸机类型	工序能耗	
	MJ/t 坯	kgce/t 坯
方坯连铸	≤322（≤175）	≤11.0（≤6.0）
板、圆、异型坯连铸	≤383（≤205）	≤13.1（≤7.0）

注：表中指标系按电力折标等价值 0.404kgce/kW·h 计算；括号内数据为按当量值 0.1229kgce/kW·h 计算指标。

Ⅵ 炼钢工序能耗

4.6.49 炼钢工序能耗计算范围应为从原材料进厂（或车间）开始，到合格连铸坯/锭出厂为止全过程的直接能消耗，并应扣除回收利用的能源量。

4.6.50 转炉炼钢工序能耗应包括铁水预处理、转炉冶炼、炉外精炼、连铸各主要环节（工序）的能耗之和。

4.6.51 电炉炼钢工序能耗应包括电炉冶炼、炉外精炼、连铸各主要环节（工序）能耗之和。

4.7 金属压力加工

Ⅰ 一般规定

4.7.1 金属压力加工应大力开发采用节能型机组，应加快淘汰并禁止新建叠轧薄板轧机、普钢初轧机及开坯用中型轧机、三辊劳特式中板轧机、复二重式线材轧机、横列式小型轧机、热轧窄带钢轧机（不含特殊钢）、直径76mm以下热轧无缝管机组等落后工艺技术装备。

4.7.2 新建轧钢车间严禁采用淘汰的落后二手钢铁生产设备。

4.7.3 热轧车间节能应以节约燃料为重点；冷轧和冷加工车间应以节约电、燃料、保护气体和蒸汽为重点；并应重视节水。

4.7.4 金属压力加工应开发和采用节能型的新工艺、新技术，宜采用切分轧制、低温轧制、控制轧制、控制冷却、长尺冷却、长尺矫直、在线热处理、在线检测和计算机过程控制等。

4.7.5 轧钢车间设计应采用新装置和新设备，宜采用短应力线轧机、预应力轧机、高精度飞剪、保温辊道、热卷箱、液体油膜轴承、油-气润滑滚动轴承等。

4.7.6 轧钢车间设计应推广连铸与轧钢衔接的新工艺，宜采用直接轧制、热送热装工艺；应推广采用冷轧带钢的酸洗-轧机联合机组、全连续轧制新工艺。

4.7.7 轧钢车间设计应合理配置轧机规格、选用设备电机容量。

4.7.8 轧钢加热炉、热处理炉等设计节能，应符合本规范第5.1节的有关规定。

4.7.9 轧钢生产应合理选用大坯重、近终型的坯料，并应一火加热轧制成材；冷加工应减少轧程。

4.7.10 轧钢车间设计产量应达到经济生产规模，应合理确定轧机的年工作时间和轧机负荷率。

4.7.11 开轧温度、终轧温度和终冷温度应根据工艺要求与设备能力制定，宜降低加热温度。

4.7.12 热轧工序能耗包括预处理或加热、轧制、精整及热处理等工艺设施的直接能耗量，并应扣除回收的能源量。冷轧工序能耗应包括酸洗、轧制、退火、涂镀层处理、平整、精整等工艺设施的直接能耗量。

Ⅱ 大、中型轧钢

4.7.13 大、中型轧钢应以连铸坯为原料，应一火加热轧制成材，并应选择合理的连铸坯断面尺寸。生产大型异型材时，宜选用具有足够压缩比的近终型断面的连铸坯；生产特殊品种可采用钢锭、轧坯或锻坯等原料。应优化轧制工艺流程或操作规程。

4.7.14 热轧工艺应采用连铸坯热送热装，连铸坯热装炉温度不应小于500℃，热装率不应低于50%。

4.7.15 轧机、矫直机、冷热锯机应采用快速更换装置。

4.7.16 轧机年工作时间不应低于6500h，多品种轧机不应低于6000h。轧机负荷不应低于80%。

4.7.17 新建大型型钢轧机宜采用在线轧后控制冷却工艺，应提高产品的机械性能；钢轨宜采用全长轨头淬火新工艺，宜采用钢轨轧后余热淬火工艺；大型H型钢宜采用半连轧生产工艺。

4.7.18 主电机宜采用交流电机。

4.7.19 当采用连铸坯生产时，大、中型轧钢车间成材率不应低于95%。

4.7.20 大、中型轧钢工序能耗设计指标不应大于表4.7.20规定。

表 4.7.20　大、中型轧钢工序能耗设计指标

车间类型	工序能耗		其中:分项能耗						
			燃料		电力			其他	
	MJ/t	kgce/t	MJ/t	kgce/t	kW·h/t	MJ/t	kgce/t	MJ/t	kgce/t
大型轨梁车间	2176 (1642)	74.4 (56.1)	1350 (1350)	46.1 (46.1)	60 (60)	709 (216)	24.2 (7.4)	117 (76)	4.0 (2.6)
双频感应加热钢轨全长淬火	2720 (827)	92.9 (28.3)	— (—)	— (—)	230 (230)	2720 (827)	92.9 (28.3)	— (—)	— (—)
H型钢轧机	2357 (1671)	80.5 (57.1)	1300 (1300)	44.4 (44.4)	77 (77)	911 (277)	31.1 (9.5)	146 (94)	5.0 (3.2)
中型连续式及半连续式	1980 (1435)	67.6 (49.0)	1125 (1125)	38.4 (38.4)	60 (60)	709 (216)	24.2 (7.4)	146 (94)	5.0 (3.2)

注:1　表中指标系按电力折标等价值 0.404kgce/kW·h 计算;括号内数据为按当量值 0.1229kgce/kW·h 计算指标。

2　表中燃料消耗按热装温度为 500℃,热装率为 50% 计算。

3　表中其他项指标未包括汽化冷却可回收蒸汽量。当车间加热炉采用汽化冷却技术时,其他项指标应扣除汽化冷却回收蒸汽量。

4　生产大异型材时,其工序能耗可乘以系数 1.3。

5　生产合金钢产品的大、中型轧钢车间,工序能耗应根据钢种比例的多少乘以系数 1.3~1.6。有高合金钢产品和热处理工序车间,修正系数可取上限值。

表 4.7.30　小型、线材轧钢工序能耗设计指标

车间类型	工序能耗		其中:分项能耗						
			燃料		电力			其他	
	MJ/t	kgce/t	MJ/t	kgce/t	kW·h/t	MJ/t	kgce/t	MJ/t	kgce/t
小型连续式	2300 (1548)	78.6 (52.9)	1140 (1140)	39.0 (39.0)	85 (85)	1005 (306)	34.3 (10.5)	155 (102)	5.3 (3.5)
小型半连续式	2174 (1512)	74.6 (51.7)	1140 (1140)	39.0 (39.0)	75 (75)	887 (270)	30.3 (9.2)	155 (102)	5.3 (3.5)
高速线材	2750 (1672)	93.9 (57.1)	1125 (1125)	38.4 (38.4)	125 (125)	1478 (450)	50.5 (15.4)	147 (97)	5.0 (3.0)

注:1　表中指标系按电力折标等价值 0.404kgce/kW·h 计算;括号内数据为按当量值 0.1229kgce/kW·h 计算指标。

2　表中燃料消耗按热装温度为 500℃,热装率为 50% 计算。

3　表中其他项指标未包括汽化冷却可回收蒸汽量。当车间加热炉采取汽化冷却技术时,其他项指标应扣除汽化冷却回收蒸汽量。

4　表中高速线材工序能耗指标适用于半连续和连续式轧机车间,车间工序能耗指标均以原料为 150mm×150mm 方坯碳素结构钢制订的。

5　生产合金钢产品的小型轧钢车间,工序能耗根据钢种比例的多少乘以系数 1.3~1.6。有高合金钢产品和热处理工序车间,修正系数可取上限值。

6　高速线材工序能耗调整系数,当车间原料采用小于 150mm×150mm 方坯时,能耗调整系数应为 0.95~0.85;当车间原料采用大于 150mm×150mm 方坯,能耗调整系数应为 1.05~1.2。当生产硬线时,能耗调整系数应为 1.3;当生产合金钢时,能耗调整系数应为 1.5,当生产高合金钢时,能耗调整系数应为 2.0。

Ⅲ　小型、线材轧钢

4.7.21　新建小型、线材轧机应以连铸坯为原料,并应一火加热轧制成材;应选用热装方案,连铸坯热装温度不应低于 600℃,热装率不应小于 90%。

4.7.22　工艺设计应采用生产事故少、高效的节能型轧机设备。

4.7.23　生产小规格钢筋宜采用切分轧制技术;宜推广采用控温轧制技术;应对不同钢种的轧件按产品用途采用不同的控制冷却工艺。

4.7.24　生产普通钢和低合金钢高速线材轧机的终轧速度不应低于 90m/s,盘卷重量不应小于 1500kg。

4.7.25　新建和改造小型轧钢车间应采用连续或半连续轧机,应选择合适轧机主电机容量,等效负荷不应小于主电机额定负荷的 75%。

4.7.26　小型轧钢车间应采用连续工作制度,车间年工作时间宜为 6200h~6500h。以合金钢为主的小型轧钢车间应取下限;以普通质量非合金钢和普通质量低合金钢为主要钢种的小型轧钢车间应取上限;型材车间应取下限;钢筋、棒材车间应取上限。轧机负荷率不应小于 85%。

4.7.27　小型轧钢成材率不应低于 95%。以合金钢或型材为主的小型轧钢车间成材率可适当调整,但不应低于 93.5%。

4.7.28　高速线材轧机年工作时间不应低于 6500h,轧机负荷率不应小于 80%。

4.7.29　高速线材轧机成材率不应低于 96%;以合金钢为主的高速线材轧钢车间成材率可适当调整,但不应低于 93.5%。

4.7.30　小型、线材轧钢工序能耗设计指标不应大于表 4.7.30 规定。

Ⅳ　热轧板带轧钢

4.7.31　除中厚板特殊品种、规格的钢板应采用钢锭外,其余热连轧带钢和中厚板产品应采用连铸坯为原料。

4.7.32　连铸车间宜靠近轧钢车间紧凑布置。当采用热送热装工艺时,应在板坯的运输、堆垛过程中,采取相应的保温措施。

4.7.33　轧机年工作时间不应低于 6500h。

4.7.34　热轧应提高热装率和热装温度。热连轧带钢热装温度不应低于 500℃,热装率不应低于 60%。对生产较大比例不锈钢、高级冷轧板、高级管线钢等产品轧机,可适当降低热装比例。

4.7.35　薄规格带钢轧机宜采用润滑轧制。

4.7.36　热轧板带轧钢工艺设计应制定合理的压下规程,并应合理选择中间带坯厚度,合理选择轧机主电机容量。电机宜采用交流调速。

4.7.37　中间带坯应采用保温罩或热卷箱保温;带钢冷却应采用节能型层流冷却装置。

4.7.38　热轧带钢应采用自动宽度控制、自动厚度控制、板形控制、切头最佳化控制等新技术。常规热连轧工艺生产碳钢成材率不应小于 97.5%,炉卷轧机工艺生产碳钢成材率不应小于 95%。

4.7.39　中厚板轧钢宜采用厚度、宽度、平面形状和板形控制技术,以及计算机在线控制。坯料为连铸坯时,成材率不应小于 91%;坯料为钢锭时,宜去除冒口后轧制,且成材率不应小于 80%。

4.7.40　工艺设计应积极采用控制轧制、控制冷却技术代替部分热处理,控制轧制、控制冷却的产量应大于

30%。有条件时，应积极开发和推广在线热处理技术。

4.7.41 连铸连轧工艺，钢包回转台上应设置钢包加盖装置。

4.7.42 连铸连轧工艺，在保证充分冷却以使钢坯不致拉漏的前提下，应合理控制钢流速度和冷却制度，应保留更多的冶金潜热和凝固潜热，并应保证足够高的轧制温度。

4.7.43 连铸连轧工艺应采用连续工作制，车间年工作时间不应小于7200h。

4.7.44 连铸连轧工艺应采用两级计算机控制，应根据钢种性能要求在线计算轧制规程；宜采用自动宽度控制、自动厚度控制、板形控制、铁素体轧制、半无头轧制等新技术、新工艺。薄板坯连铸连轧车间的成材率不应小于96%。

4.7.45 热轧带钢轧钢工序能耗设计指标不应大于表4.7.45规定。

表4.7.45 热轧带钢轧钢工序能耗设计指标

车间类型	工序能耗		其中：分项能耗						
			燃料		电力			其他	
	MJ/t	kgce/t	MJ/t	kgce/t	kW·h/t	MJ/t	kgce/t	MJ/t	kgce/t
热轧带钢	2196(1368)	75.0(46.7)	1200(1200)	41.0(41.0)	80(80)	946(288)	32.3(9.8)	50(−119)	1.7(−4.1)
中厚板	2356(1545)	80.5(52.7)	1365(1365)	46.6(46.6)	70(70)	828(252)	28.3(8.6)	163(−72)	5.6(−2.5)
连铸连轧	1662(991)	56.8(33.9)	650(650)	22.2(22.2)	78(78)	922(281)	31.5(9.6)	90(43)	3.1(2.1)

注：1　表中指标系按电力折标等价值0.404kgce/kW·h计算；括号内数据为按当量值0.1229kgce/kW·h计算指标。
　2　表中代表产品钢种为碳素结构钢、优质碳素钢和低合金钢。
　3　表中常规连轧燃料消耗量按热装温度为500℃，热率率60%计算。中厚板燃料消耗量按热装温度为400℃，热率率30%计算。
　4　工艺耗电指标不包括循环水、压缩空气的耗电。
　5　表中其他项中已扣除汽化冷却回收蒸汽量。
　6　表中中厚板工序能耗不包括热处理能耗。其工序能耗调整系数，当生产合金钢时，按合金钢比例不同，能耗调整系数为1.1～1.3；当原料为钢锭时，燃料消耗调整系数为1.5；当控轧控冷比例大于30%时，电耗调整系数应为1.1～1.2。
　7　热轧带钢工序能耗调整系数，当为炉卷轧机工艺时，能耗调整系数应为1.1；当生产合金钢（含取向硅钢和不锈钢），按钢种性质不同，能耗调整系数为1.3～1.5。当产品经过一条精整机组加工时，则电力消耗指标相应增加10kW·h。当产品品种规格不同时，能耗调整系数为0.9～1.3。
　8　连铸连轧能耗指标包括连铸指标。当产品经过一条精整机组加工时，则电力消耗指标相应增加10kW·h。

4.7.46 中厚钢板轧钢应根据产品要求确定热处理工艺，热处理机组的年有效工作时间不应小于7000h。热处理工序能耗设计指标不应大于表4.7.46规定。

表4.7.46 热处理工序能耗设计指标

处理类型	工序能耗		其中：分项能耗						
			燃料		电力			其他	
	MJ/t	kgce/t	MJ/t	kgce/t	kW·h/t	MJ/t	kgce/t	MJ/t	kgce/t
正火、淬火	2317(1533)	79.2(52.4)	1190(1190)	40.7(40.7)	50(50)	591(180)	20.2(6.2)	536(163)	18.3(5.6)
回火	1997(1213)	68.2(41.5)	870(870)	29.7(29.7)	50(50)	591(180)	20.2(6.2)	536(163)	18.3(5.6)
淬火＋回火	3852(2605)	131.6(89.0)	2060(2060)	70.4(70.4)	70(70)	828(252)	28.3(8.6)	964(293)	32.9(10.0)

注：表中指标系按电力折标等价值0.404kgce/kW·h计算；括号内数据为按当量值0.1229kgce/kW·h计算指标。

V　冷轧板带轧钢

4.7.47 冷轧工艺设计应根据产品方案选取合理的热轧带钢尺寸，并应制定合理的降低能耗的压下制度。轧机年有效工作时间不应低于6500h。

4.7.48 冷轧工艺设计应选用最大的原料钢卷，单位宽度重量不应小于15kg/mm。用常规热连轧机的原料，若卷重较小时，应在酸洗线上采取并卷措施。

4.7.49 新建冷轧宽带钢车间应采用酸洗—轧机联合机组或全连续轧制工艺。新建轧机负荷率不应小于80%。

4.7.50 新建冷轧宽带钢车间主、辅机组，应有厚度、张力、速度、板形等基础自动化和计算机过程控制。连续处理机组，在满足产品大纲要求的前提下，应合理选择工艺段的参数，应优化机组的最大处理能力、最大速度、活套储量的选择。

4.7.51 冷轧宽带钢可按产品用途采用连续退火工艺，也可采用全氢罩式炉生产工艺。连续退火生产机组应采取余热利用措施。

4.7.52 新建冷轧窄带钢轧机，轧制普通钢宜采用3～5机架四辊冷连轧机组；轧制优质碳素钢和合金钢宜采用单机架四辊或多辊可逆冷轧机组。钢卷单重应根据具体情况提高，不宜小于6kg/mm。

4.7.53 新建冷轧窄带钢车间应采用连续式或推式盐酸酸洗机组；普碳钢宜采用单独罩式退火炉，燃料宜选用煤气，优质碳素钢和低合金钢宜采用连续光亮退火炉，合金钢宜采用电加热退火炉。

4.7.54 新建冷轧窄带钢车间应推广六辊轧机、XGK型轧机、异步轧机等冷轧机。不得新建单机不可逆冷轧机组。

4.7.55 新建冷轧不锈钢车间宜采用高速可逆多辊轧机或连轧机。宜采用大卷重，单位宽度最大卷重不应小于18kg/mm。冷轧不锈钢成材率不应小于88%。

4.7.56 冷轧电工钢应推广新工艺、新设备，应采用冶炼高纯度钢质、连铸电磁搅拌技术，并应采用板坯低温加热工艺、电磁感应加热炉、高磁感取向电工钢冷轧采用高温时效轧制，应提高退火机组速度，无取向电工钢应采用一次冷轧工艺，并应采用新式高温退火炉，激光刻痕等技术。

4.7.57 冷轧电工钢原料宜采用连铸坯，宜提高连铸坯比和真空处理比。应提高冶炼命中率、综合成材率和原牌号合格率；冷轧无取向电工钢成材率不应小于85%，冷轧取向电工钢成材率不应小于75%，原牌号合格率不应小于95%。

4.7.58 冷轧电工钢宜采用高速可逆多辊轧机或连轧机，冷轧无取向中、低牌号电工钢宜在连轧机上轧制。应采用大卷重，单位宽度卷重不应小于18kg/mm。

4.7.59 冷轧电工钢宜采用高温隧道退火炉或高温

环形退火炉。

4.7.60 冷轧机组和其他处理机组，应合理选择主传动电机容量。

4.7.61 各不同生产工艺的冷轧产品工序能耗设计指标不应大于表 4.7.61 的规定。

表 4.7.61　冷轧产品工序能耗设计指标

产品类型	工序能耗		其中：分项指标						
			燃料		电力			其他	
	MJ/t	kgce/t	MJ/t	kgce/t	kW·h/t	MJ/t	kgce/t	MJ/t	kgce/t
连退产品	3664 (2512)	125.2 (85.8)	1080 (1080)	36.9 (36.9)	140 (140)	1656 (504)	56.6 (17.2)	928 (928)	31.7 (31.7)
罩式炉产品	3002 (1933)	102.6 (66.1)	930 (930)	31.8 (31.8)	130 (130)	1537 (468)	52.5 (16.0)	535 (535)	18.3 (18.3)
可逆轧机产品	2359 (1700)	80.6 (58.1)	850 (850)	29.0 (29.0)	80 (80)	946 (287)	32.3 (9.8)	563 (563)	19.2 (19.2)
冷轧窄带钢	3857 (2705)	132 (92)	1300 (1300)	44.4 (44.4)	140 (140)	1656 (504)	56.6 (17.2)	901 (901)	30.8 (30.8)
冷轧不锈钢	10500 (6535)	358.8 (223)	3000 (3000)	102.5 (102.5)	450 (450)	5321 (1619)	181.8 (55.3)	2180 (1916)	74.5 (65.5)
无取向电工钢	9020 (6376)	308 (218)	3000 (3000)	102.5 (102.5)	250 (250)	2956 (899)	101 (30.7)	3064 (2477)	104.5 (84.6)
取向电工钢	24826 (16736)	848 (572)	9000 (9000)	307.5 (307.5)	600 (600)	7095 (2158)	242 (73.7)	8731 (5578)	298.1 (190.6)

注：1　表中指标系按电力折标等价值 0.404kgce/kW·h 计算；括号内数据为按当量值 0.1229kgce/kW·h 计算指标。

2　"连退"产品指采用酸洗—轧机联合机组和连续退火机组生产的产品。

3　"罩式炉"产品指采用酸洗—轧机联合机组和罩式炉、平整机生产的产品。

4　"可逆轧机"产品指采用可逆轧机和罩式炉、平整机生产的产品。

5　冷轧宽带钢及窄带钢产品工序能耗调整系数，当成品规格较厚时，能耗调整系数应为 1.0～0.85（较厚成品取下限）；当成品规格较薄时，能耗调整系数应为 1.0～1.5（较薄成品取上限）；当高强钢化学成分差异较大、合金钢合金比差异较大时，能耗调整系数可根据具体情况选定。

6　冷轧不锈钢采用黑卷原料，且消耗中不含光亮产品。

Ⅵ　涂、镀层

4.7.62 涂镀层产品应采用酸洗—轧机联合机组生产。现有的常规连轧机宜改造为酸洗—轧机联合机组或全连续轧制工艺。

4.7.63 热镀锌机组宜采用立式炉工艺，电镀锌和电镀锡产品宜采用连续退火生产工艺。新建车间不宜单独建设涂镀层机组。

4.7.64 新建车间主、辅机组，应有张力、速度、活套位置、工艺模型等基础自动化和计算机过程控制。

4.7.65 各涂镀层连续处理机组，应合理选择主传动电机容量。

4.7.66 各涂镀层连续处理机组，在满足产品大纲要求的前提下，应合理选择各工艺段的参数。应优化机组的最大处理能力、最大速度、活套储量的选择。

4.7.67 各不同生产工艺的涂镀层产品能耗设计指标，不应大于表 4.7.67 的规定。

表 4.7.67　涂镀层产品能耗设计指标

产品类型	工序能耗		其中：分项指标						
			燃料		电力			其他	
	MJ/t	kgce/t	MJ/t	kgce/t	kW·h/t	MJ/t	kgce/t	MJ/t	kgce/t
热镀锌产品	3771 (2537)	128.8 (86.6)	1050 (1050)	35.9 (35.9)	150 (150)	1774 (540)	60.6 (18.4)	947 (947)	32.3 (32.3)
电镀锌产品	6371 (3985)	217.7 (136.1)	1080 (1080)	36.9 (36.9)	290 (290)	3429 (1043)	117.2 (35.6)	1862 (1862)	63.6 (63.6)
彩涂产品	5739 (4093)	196.0 (139.8)	2050 (2050)	70.0 (70.0)	200 (200)	2365 (719)	80.8 (24.6)	1324 (1324)	45.2 (45.2)
电镀锡产品	6002 (3780)	205.1 (129.2)	1080 (1080)	36.9 (36.9)	270 (270)	3193 (971)	109.1 (33.2)	1729 (1729)	59.1 (59.1)

注：1　表中指标系按电力折标等价值 0.404kgce/kW·h 计算；括号内数据为按当量值 0.1229kgce/kW·h 计算指标。

2　"热镀锌"产品指采用酸洗—轧机联合机组和连续热镀锌机组生产的产品。

3　"电镀锌"产品指采用酸洗—轧机联合机组和连续退火机组、连续电镀锌机组生产的产品。

4　"彩涂"产品指采用酸洗—轧机联合机组和连续热镀锌机组、彩涂机组生产的产品。

5　"电镀锡"产品指采用酸洗—轧机联合机组和连续退火机组、连续电镀锡机组生产的产品。

6　工序能耗调整系数，当成品规格较厚时，能耗调整系数应为 1.0～0.85（较厚成品取下限）；当成品规格较薄时，能耗调整系数应为 1.0～1.5（较薄成品取上限）；当生产高强钢时，应根据产品化学成分差异情况选定。

Ⅶ　焊　管

4.7.68 高频直缝焊管和螺旋焊管宜采用卷重大的长带钢作原料，其设计的金属消耗应符合现行国家标准《焊管工艺设计规范》GB 50468 的有关规定。直缝埋弧焊管机组宜采用单张定尺钢板作原料。高频直缝结构钢焊管的成材率不应小于 96%，螺旋焊管的成材率不应小于 94%，直缝埋弧焊管的成材率不应小于 95%。

4.7.69 焊管工艺设计应提高车间机械化、自动化水平。各套焊管机组生产的品种规格，应合理分工，并应实行专业化。

4.7.70 焊管工艺设计应采用先进的工艺和新设备。直缝焊管机组应采用先进的成型工艺、高频发生装置、焊接参数自动控制、焊缝在线热处理、焊缝在线无损探伤等；螺旋焊管机组应用采预、精焊、自动调节式成型、多线埋弧焊等。

4.7.71 焊管机组年工作时间和机组负荷率应符合现

行国家标准《焊管工艺设计规范》GB 50468 的有关规定。

4.7.72 焊管工序能耗设计指标不应大于表 4.7.72 规定。

表 4.7.72 焊管工序能耗设计指标

产品类型	工序能耗		其中：分项能耗				
			电力			其他	
	MJ/t	kgce/t	kW·h/t	MJ/t	kgce/t	MJ/t	kgce/t
高频直缝焊管	1205 (373)	41 (13)	85 (85)	1005 (306)	34.3 (10.4)	200 (67)	6.8 (2.3)
螺旋埋弧焊管	923 (295)	32 (10)	40 (40)	473 (144)	16.2 (4.9)	450 (151)	15.4 (5.2)
直缝埋弧焊管	1494 (754)	51 (26)	90 (90)	1064 (324)	36.4 (11.1)	430 (430)	14.7 (14.7)

注：1 表中指标系按电力折标等价值 0.404kgce/kW·h 计算；括号内数据为按当量值 0.1229kgce/kW·h 计算指标。

2 "高频直缝焊管"产品是指采用高频感应焊生产的一般焊管，且不经焊缝热处理的产品。

3 高频直缝焊管产品工序能耗调整系数，按产品规格，能耗调整系数应为 1.0～1.3（小规模产品取上限）；按产品品种，能耗调整系数应为 1.0～1.5（生产难度大的专用管取上限）；按有否焊缝热处理，能耗调整系数应为 1.1～1.3；按焊接方式，能耗调整系数应为 0.8～1.0（高频接触焊取下限）。

4 螺旋埋弧焊管产品工序能耗调整系数，按产品规格，能耗调整系数应为 1.0～1.3（小直径管取上限，厚壁管取上限）；按产品品种，能耗调整系数应为 1.0～1.3（合金钢取上限）。

5 直缝埋弧焊管产品工序能耗调整系数，按产品规格，能耗调整系数应为 1.0～1.3（厚壁管取上限）；按产品品种，能耗调整系数应为 1.0～1.3（合金钢取上限）。

Ⅷ 无缝钢管

4.7.73 热轧无缝钢管生产宜选用连铸圆管坯作原料。当生产特殊钢种或采用特殊生产工艺时，可采用其他供坯方式。

4.7.74 热轧无缝钢管机组的类型和规格应根据产品方案、原料供应及综合建厂条件合理选择。

4.7.75 无缝钢管设计应积极倡导、开发和应用连铸坯热装热送工艺；连续轧管机组宜采用在线热处理工艺。

4.7.76 无缝钢管生产应采用连续工作制度，年有效工作时间不应低于 5000h，主要机组负荷率不应低于 75%。

4.7.77 热处理炉的炉型应根据产品大纲合理选择；应选用高效的钢管淬火装置和钢管冷却用水量；热处理炉设计应符合本规范第 5.1 节的有关规定。

4.7.78 管加工线应采用高效节能的铣头倒棱机、车丝机和水压试验机等加工设备。

4.7.79 冷轧冷拔钢管原料宜选用热轧无缝钢管机组和高频焊管机组及不锈钢焊管机组合格管料。管料规格应接近冷轧、冷拔成品钢管尺寸。

4.7.80 生产以碳素钢、低合金钢和合金钢钢管为主时，应选择冷拔管机组；生产以高合金和不锈钢管、薄管壁、精密和高性能钢管为主时，应选择冷轧和冷拔联合机组。

4.7.81 热挤压应用于生产特殊钢种的钢管时，不同钢种的钢管原料可采用锻坯、轧坯和离心浇铸空心坯。

4.7.82 挤压机组的类型和规格应根据产品方案、原料供应及综合建厂条件合理选择。挤压温度应根据不同的钢种设定，挤压温度宜为 900℃～1250℃。挤压奥氏体不锈钢管时，应采用余热固溶热处理工艺。

4.7.83 无缝钢管工序能耗设计指标不应大于表 4.7.83 规定。

表 4.7.83 无缝钢管工序能耗设计指标

轧机类型	工序能耗		其中：分项能耗						
			燃料		电力			其他	
	MJ/t	kgce/t	MJ/t	kgce/t	kW·h/t	MJ/t	kgce/t	MJ/t	kgce/t
热连轧管机组	3292 (2232)	112 (76)	1750 (1750)	59.8 (59.8)	115 (115)	1360 (414)	46.5 (14.1)	182 (68)	6.2 (2.3)
三辊斜轧管机组	3290 (2164)	112 (74)	1650 (1650)	56.4 (56.4)	120 (120)	1419 (432)	48.5 (14.7)	221 (82)	7.6 (2.8)
带导盘二辊斜轧管机组	3172 (2128)	108 (73)	1650 (1650)	56.4 (56.4)	110 (110)	1301 (396)	44.4 (13.5)	221 (82)	7.6 (2.8)
热处理/管加工	2807 (2102)	96 (72)	1790 (1790)	61.1 (61.1)	82 (82)	970 (295)	33.1 (10.1)	47 (17)	1.6 (0.6)
冷轧冷拔钢管	4688 (2876)	160 (98)	2000 (2000)	68.3 (68.3)	120 (120)	1419 (432)	48.5 (14.7)	1269 (444)	43.3 (15.2)
热挤压钢管	7046 (4400)	240 (150)	3000 (3000)	102 (102)	300 (300)	3548 (1078)	121 (37)	498 (328)	17 (11)

注：1 表中指标系按电力折标等价值 0.404kgce/kW·h 计算；括号内数据为按当量值 0.1229kgce/kW·h 计算指标。

2 热轧无缝钢管工序能耗计算范围应为从坯料加热、穿孔、轧管、定径到切定尺（含倍尺管）成品钢管。热轧无缝钢管工序能耗调整系数，按生产钢种，能耗调整系数应为 1.1～2.0；按有否在线热处理，能耗调整系数应为 1.1；按含否精整线，能耗调整系数应为 1.1。

3 热处理/管加工车间是按照热处理线、油套管加工线、管加工线、接箍管加工线各一条线设计。热处理车间的燃料消耗按步进式加热炉，热处理制度为淬火+回火、正火+回火、正火的综合；热处理的主要品种为：油井管、管线管、液压支架管等。油井管端加厚为感应加热。热处理/管加工能耗调整系数，当油井管加工为高强度油井管时，能耗调整系数应为 1.3；当油井管加工为光管（管线管、锅炉管、液压支架管、结构用管等）时，能耗调整系数应为 0.9。当钢管外径大于 177.8mm 时，能耗调整系数应为 1.1～1.5。

4 挤压钢管的工序能耗计算范围应为从坯料加热、轧扩/穿孔到挤压钢管。挤压钢管工序能耗调整系数，当原料为钢锭时，能耗调整系数应为 1.1～1.3；按产品高合金比例，能耗调整系数应为 1.2～1.5；按有否热处理，能耗调整系数应为 1.2；按含否精整线，能耗调整系数应为 1.3。

4.7.84 冷轧冷拔无缝钢管工序能耗调整系数应按表 4.7.84 选定。

表 4.7.84 冷轧冷拔钢管工序能耗调整系数

钢种 \ 成品外径（mm）	≤25	>25≤40	>40
碳素钢	1.3	1.1	1.0
低合金钢	1.5	1.2	1.1
合金钢	3.5	2.5	1.5

Ⅸ 锻钢

4.7.85 冶金锻钢车间应主要生产单件、小批量、特殊钢锻材、工模具钢模块、挤压管坯、高合金钢坯、阶梯轴、饼环及异型锻件。

4.7.86 金属原材料可依锻造产品要求采用电炉钢锭、电渣锭或真空自耗锭。

4.7.87 锻压机组应根据产品方案、原料供应条件合理选择。宜选择快锻机组和精锻机组。应逐步淘汰自由锻锤或自由锻造水压机。

4.7.88 锻造车间设计节能应以节约燃料和电力为重点。

4.7.89 锻造加热炉应采用先进节能的燃烧系统。加热炉设计的节能措施应符合本规范第 5.1 节的有关规定。

4.7.90 锻造工艺设计应提高钢锭的热送温度和热送率。

4.7.91 锻造工艺设计应提高锻造产品锻后退火的热装炉率。

4.7.92 锻造工序能耗应包括原料准备、加热、锻造、退火、精整（剥皮或抛丸、点磨）及粗加工过程的能耗，应包括原料加热能耗，锻造动力能耗和锻造车间的辅助能耗。不应包括锻造产品二次热处理、精加工等延伸加工的能源消耗。

4.7.93 锻造工序能耗设计指标不应大于表 4.7.93 规定。

表 4.7.93 锻造工序能耗设计指标

机组分类	能耗等级	工序能耗		其中：分项能耗						
				燃料		电力			其他	
		MJ/t	kgce/t	MJ/t	kgce/t	kW·h/t	MJ/t	kgce/t	MJ/t	kgce/t
快锻	先进	17252(13450)	590(460)	11700(11700)	400(400)	420(420)	4967(1522)	170(52)	585(234)	20(8)
	平均	23300(18960)	796(648)	17000(17000)	580(580)	470(470)	5558(1698)	190(58)	750(293)	26(10)
精锻	先进	12880(10170)	440(347)	8800(8800)	300(300)	300(300)	3542(1080)	121(37)	585(293)	20(10)
	平均	18735(15360)	640(526)	13750(13750)	470(470)	350(350)	4127(1260)	141(43)	878(351)	30(13)
电液锤	先进	11700(10570)	400(360)	9960(9960)	330(330)	145(145)	1720(522)	59(18)	293(88)	10(3)
	平均	16100(14290)	550(488)	13460(13460)	460(460)	190(190)	2250(684)	77(23)	351(146)	13(5)

注：1　表中指标系按电力折标等价值 0.404kgce/kW·h 计算；括号内数据为按当量值 0.1229kgce/kW·h 计算指标。
2　锻造产品工序能耗计算范围为原料加热、锻造、退火、精整及粗加工能耗，不包括调质热处理及精加工能耗。
3　表中能耗指标未扣除加热炉汽化冷却回收蒸汽量。
4　表中能耗指标按合金比 75%、高合金比 10% 确定，当合金比及高合金比增加时，能耗调整系数应为 1.2～1.5。当采用调质热处理工艺时，应按 1.2GJ/t 增加燃料消耗。

Ⅹ　金属制品

4.7.94 钢丝绳、预应力钢丝和钢绞线、钢帘线和二氧化碳气体保焊丝等可批量生产的产品，宜建设专业化的工厂或车间。

4.7.95 金属制品生产宜采用机械除鳞→酸洗→拉拔，热处理→酸洗→涂层，热处理→酸洗→镀层等多工序组合式连续生产线。

4.7.96 金属制品工艺设计应选用控轧控冷、金相组织及线径符合生产过程要求的大盘重线材为原料，应

采用大盘重周转生产方式，减少热处理次数，连续化生产。

4.7.97 金属制品工艺设计应根据进线钢丝直径、强度、拉拔工艺和速度要求，合理选用拉拔设备，宜选用变频调速拉拔设备，应逐步淘汰不可调速拉拔设备。

4.7.98 钢丝绳车间设计应采用双捻机、轴承式管式捻股机、跳绳式捻股机（或成绳机）等类型设备。除生产粗钢丝绳和特殊钢绳外，不得采用筐篮式捻股机，应逐步缩小筐篮式成绳机的应用范围，不得采用工字轮直径 500mm 以下的筐篮式成绳机。

4.7.99 车间各种设备能力应匹配平衡，辅机应保证主机的能力得到充分发挥，主要设备平均负荷率不应低于 70%。

4.7.100 钢丝展开式加热的热处理炉，宜采用以可燃气体为燃料、炉内气氛可控的明火加热炉，钢丝直接导电加热炉，以及流动粒子炉等高热效率加热炉。

4.7.101 钢丝成盘加热的热处理炉，宜采用气氛可控的周期炉或连续炉。

4.7.102 热处理炉废气，除用于自身预热外，应设置余热回收利用装置。

4.7.103 钢丝热镀锌宜选用内加热或上加热式的耐火材料锌锅，排出的废气可用于镀前的钢丝烘干。

4.7.104 拉丝机冷却水或其他生产设备的冷却水，经冷却和过滤后应循环使用。各类金属制品厂生产用水的循环率不应低于 85%。

4.7.105 热处理→酸洗→涂层，热处理→酸洗→镀层等连续生产线，宜减少酸和含铜、锌等重金属离子溶液的带出量，宜采用减少水耗量的逆流漂洗方法。

4.7.106 金属制品生产过程中的酸、碱、涂镀、淬回火槽等，应采取有效的覆盖或屏蔽措施。

4.7.107 金属制品能耗指标应为"吨产品综合能耗"，其能耗计算范围应包括从原料进厂、机械除鳞、酸洗、金属拉拔、捻股成绳、热处理、镀层、产品包装出厂全过程的能耗，以及为生产配套的辅助设施的能耗，并应扣除可回收利用的能源后实际消耗的各种能源折合标准煤量。金属制品综合能耗设计指标不应大于表 4.7.107 规定。

表 4.7.107 金属制品综合能耗指标

产品类型	工序能耗		其中：分项能耗						
			燃料		电力			其他	
	MJ/t	kgce/t	MJ/t	kgce/t	kW·h/t	MJ/t	kgce/t	MJ/t	kgce/t
低松弛预应力钢丝钢绞线	7107(2690)	242.8(91.9)	—(—)	—(—)	510(510)	6030(1835)	206(62.7)	1077(855)	36.8(29.2)
轮胎钢丝帘线	43790(18353)	1496(627)	4180(4180)	142.8(142.8)	3000(3000)	35477(10792)	1212(368.7)	4133(3381)	141.2(115.5)
胎圈钢丝	10061(1619)	343.7(157.8)	1671(1671)	57.1(57.1)	600(600)	7095(2158)	242.4(73.7)	1294(790)	44.2(27.0)
钢丝绳	9993(4891)	341.4(167.1)	1671(1671)	57.1(57.1)	600(600)	7095(2158)	242.4(73.7)	1226(10625)	41.9(36.3)

续表 4.7.107

产品类型	工序能耗		其中：分项能耗						
			燃料		电力			其他	
	MJ/t	kgce/t	MJ/t	kgce/t	kW·h/t	MJ/t	kgce/t	MJ/t	kgce/t
弹簧钢丝	6437 (3416)	219.9 (116.7)	1671 (1671)	57.1 (57.1)	350 (350)	4139 (1259)	141.4 (43.0)	626 (486)	21.4 (16.6)
(热) 镀锌钢丝、钢绞线	7558 (4124)	258.2 (140.9)	2090 (2090)	71.4 (71.4)	400 (400)	4730 (1440)	161.6 (49.2)	738 (594.2)	25.2 (20.3)
二氧化碳气保焊丝	7965 (3185)	272.1 (108.8)	— (—)	— (—)	550 (550)	6504 (1979)	222.2 (67.6)	1461 (1206)	49.9 (41.2)
不锈钢丝	6214 (3062)	212.3 (104.6)	1671 (1671)	57.1 (57.1)	350 (350)	4139 (1259)	141.4 (43.0)	404 (1312)	13.8 (4.5)

注：表中指标系按电力折标等价值 0.404kgce/kW·h 计算；括号内数据为按当量值 0.1229kgce/kW·h 计算指标。

5 钢铁企业辅助设施设计节能技术

5.1 工业炉窑

5.1.1 工业炉设计应提高炉体严密性并能有效控制炉膛压力。

5.1.2 工业炉设计应减少或避免采用炉内水冷构件，需要采用水冷构件的地方，应减少暴露于高温的冷却面积，炉内水冷构件表面应采取隔热措施。

5.1.3 工艺和布置上要求热装的工业炉，在炉型结构与供热配置上应为提高热装率和热装温度提供条件。在热装率和燃烧温度较高的情况下，宜采用蓄热式燃烧系统（高温取向硅钢加热炉除外）。

5.1.4 工业炉设计应根据炉型特点、加热工艺及环保要求，选择合适的燃烧设备。

5.1.5 工业炉的燃料选择应充分利用钢铁厂副产煤气，并应按副产煤气的结构配置；无副产煤气或副产煤气供应不足时，可选用其他燃料，但不得选用原油、原煤及煤粉作为工业炉燃料。

5.1.6 工业炉设计应充分利用企业富余的高炉煤气，应积极采用蓄热式燃烧技术，应提倡采用燃高炉煤气的蓄热式加热炉。

5.1.7 工业炉烟气余热应首先自身充分回收和利用。

5.1.8 工业炉设计应充分利用前部工序的工件余热对工件进行加热或热处理。

5.1.9 对于非蓄热式加热炉，在工艺布置许可的条件下应合理延长炉长、配置不供热的预热段。

5.1.10 连续生产的工业炉应装设烟气余热回收装置，应最大限度地回收烟气带出的热量。

5.1.11 周期性生产的工业炉及低温热处理炉应根据具体情况采用合理的热交换设备，应充分回收和利用烟气余热。应采用轻质保温炉衬，应减小蓄热损失。

5.1.12 当企业有蒸汽需求时，大中型加热炉水梁应采用汽化冷却，宜提高蒸汽压力，并宜纳入蒸汽动力管网。

5.1.13 工业炉炉体各部位的砌体，应采取隔热措施，应按不同接触面温度使用不同材料的复合砌体。隔热后的炉体外表面温度应符合现行国家标准《评价企业合理用热技术导则》GB/T 3486 的有关规定。

5.1.14 周期性升温降温的工业炉及中低温工业炉，应采用体积密度小、导热系数小、热惯性小的轻质筑炉材料作为砌体的工作层。

5.1.15 热介质管道及热设备应采取隔热措施。

5.1.16 工业炉设计应采取节能措施，新设计的轧钢加热炉的热效率应达到 60% 以上。

5.1.17 轧钢加热炉冷装的额定燃料消耗设计指标应符合表5.1.17的规定。

表 5.1.17　轧钢加热炉冷装的额定燃料消耗设计指标

轧机类型	设定出钢温度 (℃)	额定燃料消耗指标			
		平均先进		先进	
		MJ/t	kgce/t	MJ/t	kgce/t
大型、轨梁	1200	≤1460	≤49.9	≤1370	≤46.8
H 型钢	1200	≤1440	≤49.2	≤1350	≤46.1
中型	1150	≤1350	≤46.1	≤1260	≤43.0
小型	1150	≤1320	≤45.1	≤1230	≤42.0
高速线材	1100	≤1240	≤42.4	≤1170	≤40.0
中厚板	1250	≤1470	≤50.2	≤1410	≤48.2
热轧带钢	1200	≤1450	≤49.5	≤1360	≤46.5
热轧无缝环形炉	1250	≤1460	≤49.9	≤1330	≤45.4

注：1 表中额定燃料单耗为加热冷装（20℃）碳素结构钢、标准坯、炉内水梁或炉底水管 100% 绝热，达到设计额定产量、连续生产的单位燃料消耗。

2 表中燃料单耗系按低位发热值为 8363kJ/(N·m³) 混合煤气确定。

5.1.18 轧钢加热炉热装的额定燃料消耗设计指标应符合表5.1.18规定。

表 5.1.18　轧钢加热炉热装的额定燃料消耗设计指标

轧机类型	设定出钢温度 (℃)	热装温度 (℃)	额定燃料消耗指标			
			平均先进		先进	
			MJ/t	kgce/t	MJ/t	kgce/t
大型、轨梁	1200	500	≤1055	≤36.0	≤995	≤34.0
H 型钢	1200	500	≤1037	≤35.4	≤978	≤33.4
中型	1150	500	≤913	≤31.2	≤861	≤29.4
小型	1150	500	≤913	≤31.2	≤861	≤29.4
高速线材	1100	500	≤868	≤29.7	≤819	≤28.0
中厚板	1250	500	≤1241	≤42.4	≤1170	≤40.0
热轧带钢	1250	500	≤1019	≤34.8	≤961	≤32.9
连铸连轧辊底炉	1150	800	≤532	≤18.2	≤502	≤17.1

注：1 表中额定燃料单耗为加热碳素结构钢、标准坯、炉底水梁或炉底水管 100% 绝热，达到设计额定产量、100% 热装、连续生产的燃料消耗。

2 表中的热装温度系按本规范轧钢的有关规定确定。

5.2 燃 气

5.2.1 新建钢铁企业焦炉、高炉和转炉必须同步设计煤气回收装置。

5.2.2 燃气设计应根据钢铁企业的发展，编制不同时期的煤气平衡，并应采取减少煤气放散的措施。

5.2.3 钢铁企业必须设置与生产相匹配的煤气储气柜。

5.2.4 炼铁及炼钢生产宜采用干法煤气除尘技术，宜采用干式煤气柜。

5.2.5 钢铁企业应有能使用多种燃料的煤气缓冲用户。

5.2.6 在满足各用户对煤气热值、用量和压力等基本要求的前提下，宜使用低热值煤气，富余的煤气应用于发电或外销。煤气利用应遵守"高质高用、能级匹配、稳定有序、高效耦合"的原则。

5.2.7 燃气设计应充分利用转炉煤气，应提高转炉煤气的回收率，并应扩大转炉煤气用户。宜设置转炉煤气储配装置。

5.2.8 钢铁企业煤气的输送，应充分利用原始煤气压力，少建或不建煤气加压设施。

5.2.9 制氧机组的规模应按企业氧气平衡表中的小时平均耗量确定，机组能力和选型应结合用户压力、气体纯度和企业发展，应充分回收利用副产氮气和惰性气体。

5.2.10 制氧机组应可变工况生产。大型制氧机组应根据企业需要，选用提取氩气或其他空分产品的机组。

5.2.11 空分设备宜具有一定的液体生产能力，并应配套相应的液体贮存、加压和汽化装置。

5.2.12 **钢铁企业应设置与生产相匹配的氧气、氮气和氩气储气罐。**

5.2.13 气体设计应采取减少氧气放散的有效措施。

5.2.14 在保证安全的情况下，高炉富氧宜采用机前富氧工艺。

5.2.15 高炉的煤气净化系统，宜采用全干式布袋除尘装置。

5.2.16 对现有容积大于 $400m^3$ 级、炉顶压力在 $120kPa$（G）以上，且煤气净化系统采用全干式布袋除尘装置的高炉，应设置高炉煤气余压回收利用装置。

5.2.17 保护气体的氢气站，宜采用焦炉煤气变压吸附法制氢。当采用水电解法制氢时，应采用压力水电解装置。

5.2.18 国家允许烧油的工业窑、炉，当重油黏度适宜时，可采用重油掺水乳化技术。长距离燃油输送管道宜采用电热保温。

5.2.19 在煤气混合站设计中，宜采用热值指数控制系统，热值波动宜在±3%以下。

5.2.20 高炉煤气经净化除尘后含尘量不应大于 $10mg/m^3$。当高炉煤气净化系统采用湿式除尘装置时，应采用高效脱水器，煤气中的机械水含量不应大于 $10g/m^3$。转炉煤气宜采用干法除尘。

5.2.21 气体能源介质应在生产设备总管出口处和车间（或厂级）、工序入口处设置计量装置。

5.3 电 力

5.3.1 供配电系统设计应根据钢铁企业规模、供电距离和电力负荷大小，合理设计供电系统和选择供电电压。对于大型钢铁联合企业，应根据企业内总图布置，在负荷比较集中的区域设置 35kV 及以上级区域性变电站。新建钢铁企业不得采用 6kV 作为区域性变电站配电电压。

5.3.2 钢铁企业宜建设分布式发电厂及相应管控中心。

5.3.3 大容量的轧钢主传动以及炼钢电弧炉、钢包精炼炉，宜直接由区域变电站或由附近的总降压变电站以 35kV 及以上电压供电。

5.3.4 有较大冲击负荷及非线性负荷的用电设备，当公共连接点的电压波动、闪变、三相电压允许的不平衡度及高次谐波超过国家规定时，应装设滤波装置、无功补偿装置。

5.3.5 大中型炼钢电弧炉变压器及钢包精炼炉变压器，不应与其他动力负荷同接在一段母线上，应采用专用的电力变压器供电。

5.3.6 对具有几个电压等级的供配电系统，应进行经济技术比较确定。

5.3.7 变电所宜靠近负荷中心。

5.3.8 供配电系统应正确选择电动机、变压器的容量，宜降低线路感抗，宜提高用电单位的自然功率因数。当自然功率因数达不到要求时，应采用并联电容器或当工艺条件适当、经技术经济比较合理时，采用同步电动机作为无功功率补偿装置。

5.3.9 电力部门计量考核的功率因数不得低于 0.9，并应满足当地供电部门的要求。

5.3.10 低压配电系统中接入 AC220V 或 AC380V 单相用电设备时，宜使三相负荷平衡。

5.3.11 变压器选择应根据计算负荷、负荷性质等条件，合理确定变压器的安装容量和台数，并应合理地选择和调整负载。变压器长期负荷率不应低于 30%，且不得空载运行。

5.3.12 在正常运行条件下，当负荷率大于 80% 时，应放大一级容量选择变压器。

5.3.13 当向一、二类负荷供电的变压器采用 2 台时，应同时运行。

5.3.14 同一配电系统采用 3 台及以上变压器的变电所时，配电系统应有切换每台变压器的可能性。

5.3.15 大型厂矿、车间和非三班生产的车间，宜采用专用照明变压器供电。

5.3.16 变压器选择应选用低损耗、新系列节能型变压器。在改造工程设计中，对能耗高的旧有变压器，应更换为节能型变压器。

5.3.17 电力设计不得使用落后的高能耗电机和变压器。

5.3.18 企业应实现电网优先供电，应经济运行。

5.3.19 有条件的企业照明系统可采用风能、太阳能等新能源。

5.3.20 无功补偿宜采用就地补偿的方式，也可在负荷相对集中的车间级变电所进行补偿。

5.3.21 设计短网时应保证电炉电弧稳定燃烧，并应保持电炉三相功率平衡。

5.3.22 在空心串联电抗器和电炉短网导体附近，不应有导磁性材料及形成闭合回路的导磁性金属材料。

5.3.23 设计短网时宜减小集肤效应、邻近效应的影响，并应按规定的电流密度选择导体截面。

5.3.24 炼钢电弧炉和铁合金电炉的电极功率自动调节装置，应采用性能良好的电极调节器或采用专用的控制器控制。铁合金电炉宜采用在线电极自动程序压放系统。

5.3.25 高效率低损耗电力设备宜选用交流电动机传动，对需要调速的交流电动机和工艺上对风量或水量有变化的风机和泵类负荷，宜采用变频调速装置。

5.3.26 高效率低损耗电力设备应选用新系列节能型高效率电动机。

5.3.27 高效率低损耗电力设备应选用高效低耗的电气设备，严禁选用国家公布的淘汰产品。

5.3.28 照明系统应依据工作场所的条件采用不同种类的高效光源，并宜采用新光源。应使用高效率的照明灯具。除特殊需要外，不得采用管形卤钨灯和大功率白炽灯。

5.3.29 灯具悬挂较低的生产车间、辅助车间、办公室和生活福利设施，应采用高效光源和灯具，不宜采用白炽灯。

5.3.30 当选择气体放电灯时，应采用高功率因数、能耗低的镇流器。对钠及荧光灯线路，应就地安装电容器。

5.3.31 在工程设计中，应采用效率不小于80%的灯具。改造项目，对于效率低于50%的灯具应予更换或改造。

5.3.32 集中控制的照明系统，应采用节能自控装置。条件许可的场合，可选用太阳能照明装置。

5.3.33 对大型厂房照明，宜采取分区控制方式；辅助和生活福利设施，应适当增设照明灯的开关。

5.3.34 对于距离较长的场所照明，其两端宜设置双控开关。

5.3.35 对于电缆隧道的照明，出入口处应设置能控制隧道照明的开关。

5.4 给 排 水

5.4.1 钢铁企业的给排水设施设计，在满足生产需要前提下，应采用工艺流程简单、构筑物布置紧凑合理、处理效果稳定、节能省电、运行费用低的方案。

5.4.2 循环水系统，应根据工艺对水量、水质、水压及水温的不同要求，采用分质、分压的供水系统。

5.4.3 大型高炉、转炉、电炉及连铸机等冷却构件热负荷较高的冶炼设备，宜采用软水（除盐水）闭路循环供水系统。

5.4.4 给水系统应采用串级供水方式。新建或改造的钢铁企业排水应设置再利用的收集处理设施。

5.4.5 水泵选型与水泵台数的确定，应与生产用水变化和建设进度相适应。多台水泵并联工作时，应对水泵与管道的并联工况进行计算与分析。

5.4.6 循环水泵站，应适当利用回水高度或回水余压，应提高吸水井中的水位，并应减少抽升水头和泵站的深度。

5.4.7 向可以独立工作的设备供水时，一台生产设备宜配置一台工作水泵。对循环冷却用水有峰谷变化的用户，宜在供水管装设流量调节装置。

5.4.8 水泵进、出水管道上的阀门、止回阀等附件设备，应选用节能型产品。

5.4.9 冷却塔设计，应结合冷却塔的温度采用系统循环水温度自动控制装置，应自动控制冷却塔的运行台数。

5.4.10 冷却塔设计应配置调速风机，当一般风机不少于5台时，应至少设置1台调速风机；当一般风机不少于6台时，调速风机不应少于2台。冷却塔选用风机，应结合风量、阻力损失、风机全压等因素确定，工作点应位于高效区。

5.4.11 冷却塔设计宜利用循环水的回水余压上冷却塔进行冷却，并应在每组冷却塔进水管上设置旁通管，当气温较低时回水无需上塔可直接回用。

5.4.12 在水处理流程中，宜利用余压和自流方式输水。

5.4.13 用水量经常变化的场所，宜采用变频或其他调速方式的水泵供水。

5.4.14 当车间各用户要求的供水压力相差较大时，可根据具体情况采用分压式或局部加压方式供水，并应经技术经济比较确定。

5.4.15 车间的排水应清浊分流，有毒与无毒应分流，宜就近进行去浊、除毒处理。

5.4.16 车间的卫生设备，宜选用节水型冲洗设备，宜选用中水冲洗。

5.4.17 给水用户应装设计量仪表。

5.5 热 力

5.5.1 新建高炉应选用高效节能的高炉鼓风机，其常年运行点效率宜符合表 5.5.1 规定。

表 5.5.1 高炉鼓风机常年运行点效率

高炉鼓风机类型	高炉鼓风机吸入流量（N·m³/min）	常年运行点效率（%）
离心式	2000 以上	80~83
轴流式	2000 以上	90~92

5.5.2 高炉鼓风机的传动方式，应根据全厂煤气平衡、供汽能力、区域供电条件及鼓风机站总平面布置等确定，并应经技术经济比较确定采用汽动或电动。

5.5.3 高炉鼓风机应设置性能可靠、技术经济合理的进口空气过滤装置，并应保证吸入空气的清洁度符合高炉风机的要求。在潮湿地区宜采用鼓风脱湿技术。高炉鼓风机吸入空气质量应符合表 5.5.3 的规定。

表 5.5.3 高炉鼓风机吸入空气质量

高炉鼓风机类型	高炉鼓风机吸入流量（N·m³/min）	粉尘浓度[mg/（N·m³）]	最大粒径（μm）
离心机	2000 以上	10	<5
轴流式	2000 以上	8	<3

5.5.4 供风管道系统应采用优质阀件与管配件。

5.5.5 向热风炉供风的冷风管道应进行保温。

5.5.6 新建或改造企业的供热系统，宜利用余热产生的蒸汽（热水），不足部分应建设独立的供热设施。

5.5.7 独立的供热设施应根据热用户采暖期和非采暖期的最大、最小、平均耗热量以及供热参数，通过技术经济比较确定建设热电站或区域性工业锅炉房。

5.5.8 热能利用应注意压力能的梯级利用，必要时可采用背压汽轮机传动大功率的空气压缩机、风机、水泵等回转机械，其容量应按汽轮机的背压蒸汽能得到充分利用、同时不影响主机的正常运行原则确定。

5.5.9 热电厂（站）的锅炉房应充分利用钢铁企业剩余的煤气。

5.5.10 锅炉设计应选用高效节能锅炉。选用工业锅炉时，其设计热效率应符合现行行业标准《工业锅炉通用技术条件》JB/T 10094 的有关规定。热电厂（站）的锅炉，其锅炉热效率不应低于技术协议规定的保证值，保证值与设计值的差值不宜大于 1.5%。

5.5.11 锅炉设计应选用高效节能的鼓风机、引风机、给水泵、给煤、除灰、制粉等设备，其能力均应与锅炉匹配，与其匹配的大容量鼓风机、引风机、给水泵、热水循环泵宜采用变速传动或其他节能传动方式。

5.5.12 部分用户要求的介质参数较汽源低得多时，应通过技术经济比较确定是否采用分级供汽，不宜采用节流降压供汽。

5.5.13 钢铁企业供汽宜根据蒸汽参数、蒸汽耗量、使用性质和季节等不同要求，经技术经济比较确定是否设置不同类型管网。

5.5.14 供热管网设计应按经济流速计算供热管道的管径，在用户入口处应设置计量装置。

5.5.15 热力设备和管道应按国家现行标准《设备及管道绝热设计导则》GB/T 8175 和《火力发电厂保温油漆设计规程》DL/T 5072 的有关规定进行绝热。

5.5.16 管配件的保温结构应为可拆卸型。

5.5.17 建筑物的采暖介质，在满足用户要求的前提下，应采用热水。

5.5.18 蒸汽供热系统的凝结水回收应符合现行国家标准《蒸汽供热系统凝结水回收及蒸汽疏水阀技术管理要求》GB/T 12712 的有关规定。

5.5.19 空压站设计应根据压缩空气的平衡及用气参数，用户对压缩空气的品质等级要求，应采取分区集中或分散设置压缩空气站。

5.5.20 不同质量等级的压缩空气宜分系统供应，应正确选用空气压缩机及除油和干燥净化设备。

5.5.21 冶金炉（窑）排烟余热经主炉回收利用后，应通过技术经济比较，确定是否装设余热锅炉。

5.5.22 钢铁厂设计应采用下列余热利用技术：

　1　高炉热风炉烟气、电炉烟气、加热炉烟气，以及烧结矿显热等余热，应结合工艺要求回收利用。

　2　转炉余热锅炉（汽化冷却装置）宜提高工作压力，应利用该饱和蒸汽用作真空处理。

　3　熔融还原炼铁炉烟气的余能，宜根据需要预热矿石和产生蒸汽发电。

　4　新建焦炉应同步配套干熄焦余热锅炉装置，并应匹配相应的转换和利用设施。

　5　低热值高炉煤气可用于汽轮鼓风机站、热电站、燃气或燃煤燃气锅炉房，以及燃气—蒸汽联合循环发电装置，其最终用途应通过技术经济比较确定。

5.5.23 钢铁厂设计应回收利用余热装置产生的蒸汽，纳入企业的蒸汽平衡；并应通过技术经济比较确定是否设置低压蒸汽发电。

5.6 采暖通风除尘

5.6.1 采暖、空调的供热应逐步实现全厂性或区域性热电联产或集中供热，热媒宜采用热水。在不具备热电联产或区域集中供热的情况下，新建锅炉房与供热系统应具备将来发展成为区域性集中供热锅炉房或与城市热网相连接的可能性。

5.6.2 采暖设计应充分利用工业余热采暖。利用余热采暖时，其热媒及参数可根据实际情况确定。

5.6.3 在资源和技术条件具备的地区，在经济合理和满足环保及工艺要求的条件下，应开发地热、太阳能等新能源用于采暖供热。

5.6.4 当厂区供热只有采暖用热或以采暖用热为主时，宜采用高温水做热媒；当厂区供热以工艺用蒸汽为主时，在符合卫生、技术和节能要求的条件下，可采用蒸汽作热媒，凝结水宜回收。

5.6.5 热风采暖的热媒宜采用蒸汽，当采用热水作热媒时宜采用高温水。

5.6.6 热源、供热站和用户入口应设置检测计量仪表及自动、半自动或手动调节设施，不得采用大流量、低温差运行方式。

5.6.7 在设计采暖供热系统时，应选用节能效果和热工性能好的设备。

5.6.8 通风设计应充分利用厂房中有组织的自然通风。当自然通风不能满足要求时，可设置其他通风设施。

5.6.9 通风机应选用高效、节能和低噪声产品，其设计工况效率不应小于最高效率的90%。

5.6.10 在技术经济合理的条件下，应选用低阻高效的除尘及烟气净化设备。

5.6.11 通风设计应根据生产要求的不同条件，合理划分送、排风系统的大小。

5.6.12 不同时工作的各除尘点，应设置与工艺设备连锁的启闭阀。

5.6.13 除尘系统管道的设置，应合理选择路由及风速。

5.6.14 通风、除尘与烟气净化系统的负荷变化较大时，风机应采用液力偶合器、电机变频或其他调速措施。

5.6.15 电机通风在满足温升要求的条件下，宜采用直通式通风系统。当采用循环式通风系统，且空气冷却器所用冷却水出水温度较低时，可采用冷却水串联、一水多用的供水系统。

5.6.16 在通风除尘与烟气净化系统设计中，应根据工程要求，在技术经济合理的条件下，设置参数检测、工况自动转换、自动调节与控制、自动保护以及数量计量等监测与控制系统。

5.6.17 选择空气调节系统时，应根据建筑物的用途、规模、使用特点、负荷变化情况与参数要求、所在地区气象条件与能源状况，通过技术经济比较确定。

5.6.18 在满足工艺要求的条件下，宜减少空气调节区的面积，当采用局部空气调节或局部区域空气调节能满足要求时，不应采用全室性空气调节。

5.6.19 空气调节区有正压要求时，室内正压宜保持5Pa~10Pa。

5.6.20 在满足工艺及卫生要求的条件下，空气调节系统宜采用较大的回风百分比，宜严格控制新风量。

5.6.21 设有机械排风时，空气调节系统宜按现行国家标准《公共建筑设计节能标准》GB 50189 的有关规定设置热量回收装置。

5.6.22 集中采暖地区，精度要求不高的空气调节区，冬季可采用散热器采暖。空气调节送风的耗热量可仅根据新风确定。

5.6.23 选择制冷机和冷水泵时，台数不宜过多，不宜设置备用，但应与空气调节负荷变化情况及运行调节要求相适应。

5.6.24 冷凝器宜采用冷却塔循环供水。宜根据水温、水量和水质情况，采用一水多用或直流供水。

5.6.25 空气调节制冷系统的设备选型，应选用能效比高的设备。

5.6.26 下列设备、管道及其附件、阀门等，均应采取保温或保冷措施：

  1 冷、热介质在生产和输送过程中产生冷、热损失的部位。

  2 通风空调设备和管道形成表面结露，增加系统冷热损失的部位。

5.6.27 下列制冷设备和管道应采取保温或保冷措施：

  1 压缩式制冷机的吸气管、蒸发器及其与膨胀阀之间的供液管。

  2 溴化锂吸收式制冷机的发生器、溶液热交换器、蒸发器及冷剂水管道。

  3 蒸汽喷射式制冷机的蒸发器和主喷射器头部。

  4 冷水管道和冷水箱。

  5 制冷设备的供热管道和凝结水管道。

5.6.28 设备和管道的保温和保冷应符合下列要求：

  1 保冷层的外表面不得产生凝结水。

  2 管道和支架之间，管道穿墙、楼板处，应采取防止"冷桥"、"热桥"的措施。

  3 采用非闭孔材料保冷时，外表面应设置隔气层和保护层；保温时应设置保护层。

5.6.29 保冷、保温材料宜选用导热系数小、湿阻因子大、吸水率低、密度小、综合经济效益高的材料；在使用温度下性能应稳定，应耐冻、不燃烧或难燃烧，应不易腐易蛀。除软质、半硬质、散状材料外，硬质成型制品的抗压强度不应小于294kPa；在满足保温要求的前提下，宜选用闭孔保温材料。

5.6.30 保温、保冷层厚度的计算，应符合现行国家标准《设备及管道绝热设计导则》GB/T 8175 的有关规定。

5.7 总图运输

5.7.1 在进行厂址方案比选时，应将大宗原、燃料的输入及生产成品的运出总能耗最小作为选取厂址位置的重要因素。

5.7.2 选矿厂宜布置在矿山，并应紧靠采矿场；烧结厂、焦化厂宜设在钢铁厂厂区内，并应邻近炼铁厂矿槽侧布置。

5.7.3 钢铁厂宜靠近国家铁路、道路、主要水运航道布置。大宗原、燃料以陆路运输为主时，应靠近铁路接轨站或主要道路干线；以水路运输为主时，应沿江、沿海靠近符合水运要求的口岸或邻近具有良好运输条件的码头布置。

5.7.4 新建钢铁企业局部生产流程应与全厂物料流向相吻合，应合理组织生产工艺线路，应利用生产工艺流程，有目的地完成一部分或一定距离内的物料运输，应避免逆行和交叉。

5.7.5 改造老厂区应逐步优化总平面布置及物料的运输流程，应合理分配新增的和原有的运输量，减少物流，并应减少折返、迂回以及货物的重复装卸和搬运。

5.7.6 钢铁厂应紧凑布置，连续作业的工艺生产车间，应将厂房联合布置或合并。

5.7.7 原燃料装备车间宜靠近工厂站或原料码头，轧制成品车间及成品库等宜靠近成品站或成品码头；烧结、焦化、高炉、炼钢等车间宜顺物料流程方向顺序布置。

5.7.8 炼钢车间、连铸车间、轧钢车间宜联合布置。总平面布置应为坯料的热送创造条件。

5.7.9 水、电、风、汽等动力设施应靠近相应的负荷中心设置。

5.7.10 总平面设计应合理安排主管道通廊的位置，主管道宜靠近主要用户。煤粉输送管道、石灰粉及污泥管道等的平面和立面宜顺直。

5.7.11 焦炉炭化室中心线不得与主导风向平行。主要生产车间的轴向布置宜结合与主导风向的关系进行设计。

5.7.12 厂区内地坪标高的确定，应减少生产过程中物料的提升高度，宜满足自然排水的要求。当土方来源不足，需降低低地设计标高，采用堤坝结合排涝泵排水时，应计算排水排涝能耗，并应经全面技术经济比较后确定。

5.7.13 当工业场地采用台阶式布置时，应充分利用物料流程中的位能，其台阶的标高及宽度，应以生产中货物运输的能耗最小为标准。

5.7.14 在丘陵、山地建厂时，宜利用地形高差。

5.7.15 厂外运输方式的选择除应符合本规范第5.7.1条的规定外，尚应避免因转换运输方式而引起货物落地换装和重复作业。邻近通航河道的钢铁厂，水运条件好、经济合理时，应创造条件加大水路运输量的比例。

5.7.16 厂区内供求关系密切的车间（或设备）相邻或联合布置时，宜选用辊道、运输链、胶带输送机等运输设施。大宗原燃料、烧结矿、焦炭和散状料等宜采用胶带输送机运输；液态物料宜采用管道运输；铁水运输宜选用大型保温运输设备，并宜避免二次倒装；钢坯、轧钢车间之间的运输宜采用辊道运输。

5.7.17 运输设计应合理组织车流、货流，宜避免单程运输。

5.7.18 道路设计，应采用优质路面材料。

5.7.19 铁路机车型号的选择，应根据铁路运输量的大小及牵引定数确定，不应以大代小。铁路运输车辆宜根据物料性质、运输量和卸车条件采用自重小、载重量大的高强度车辆和侧翻、底开门等自卸车辆。

5.7.20 道路运输设备宜采用低油耗、自重小、载重量大而性能优良的运输设备。

5.8 机 修

5.8.1 钢铁企业应逐步建立适应市场经济的机械修理体制。应以"专业化协作"为原则，检修备件应主要依靠专业化生产厂供应，设备检修工作也应主要依靠外部协作完成。

5.8.2 企业应建立设备点检制度。

5.8.3 原有企业"大而全"机修设施，应逐步与企业剥离，并应逐步形成区域设备检修、备件生产的专业化企业。新建钢铁企业不宜再设置机修设施。

5.8.4 新建钢铁企业如地区协作条件较差，需在企业内部设置机修设施时，应按下列规定和能耗指标控制其建设规模：

  1 不得为机修建设铸、锻、热处理和电镀等高能耗车间。

  2 加工备件自给率应控制在25%以内，并应限于应急不需热处理的易损件、简易件或修复件等。

  3 机修设施应主要承担机械设备的日常维修工作，设备的定修和年修等计划检修工作应依靠外部协作解决。

  4 自备电厂、高炉、焦炉、炉窑、大型动力设备、混铁车等特种车辆的车体及机械部分、装卸机械修理等专业性较强的设备检修，应外协解决。

5.8.5 新建钢铁企业机修设施设计，应推广先进的节能措施。应加强成套部件组装能力，宜扩大部件更换检修范围，并宜缩短主机停工时间。应推广轴类件自动或半自动堆焊、喷涂等修复技术。钢板下料宜采用数控切割或仿形气割工艺，宜采用自动埋弧焊机。

5.8.6 新建钢铁企业机修能耗设计指标不应大于表5.8.6的规定。

表5.8.6 企业机修能耗设计指标

企业规模		工序能耗		其中：分项能耗			
				电力		其他	
钢产量（10^4t/a）	机械设备重量（10^4t）	MJ/t钢	kgce/t钢	kW·h/t钢	MJ/t	kgce/t	MJ/t	kgce/t
≥1000	>40	48.12 (16.40)	1.64 (0.56)	3.84 (3.84)	45.4 (13.81)	1.55 (0.47)	2.72 (2.59)	0.093 (0.09)
400~800	15~30	50.35 (17.27)	1.72 (0.59)	4.0 (4.0)	47.4 (14.39)	1.62 (0.49)	3.0 (2.87)	0.10 (0.10)
≤300	5~10	59.76 (20.14)	2.04 (0.69)	4.8 (4.8)	56.8 (17.27)	1.94 (0.57)	3.0 (2.87)	0.10 (0.10)

注：1 表中指标系按电力折标等价值0.404kgce/kW·h计算；括号内数据为按当量值0.1229kgce/kW·h计算指标。

　　2 表中指标以钢铁企业的吨钢产量为单位。

5.9 检化验

5.9.1 检化验设施总体设计,应采用节能效果明显的集中检化验方案。

5.9.2 试验室的工艺布置,恒温恒湿房间在北方应布置在阳面,在南方宜布置在阴面;需要用高压水的试验室,宜布置在底楼或地下室中;设有机械排风通风柜的化验室,宜布置在楼房顶层或平房中。

5.9.3 采用机械排风的通风柜,其操作口最大风速不得超过1.0m/s;安装在空调房间的通风柜,应选用节能补风型通风柜。

5.9.4 试验室的采暖温度,除恒温恒湿的房间外,应低于18℃,仓库及贮藏室采暖温度可取5℃~8℃。如无特殊要求,试样加工间采暖温度宜为10℃。

5.9.5 在保证设备正常工作条件下,恒温恒湿房间的净空高度,不宜大于3.2m。力学室的净高应为最高试验机的高度增加0.5m~0.8m。

6 钢铁辅助生产企业设计节能技术

6.1 采 矿

6.1.1 露天采矿节能工作重点应放在边坡角选取、采剥工艺及设备选择以及开拓运输系统的确定;地下矿应注重运输方式、采矿方法及其采掘设备选择。在注重系统节能的同时,应充分注意压缩空气、矿井通风、矿井排水及提升环节的节能。

6.1.2 露天开采矿山,宜用并段方式加陡边坡角和分期陡帮开采工艺;对于高差较大、工程地质良好的山坡露天矿,宜采用平硐溜井开拓;深度较大的大型深凹露天矿,宜采用半连续联合运输的开拓方式。

6.1.3 大中型地下矿山,宜选择大阶段高度的开拓布置;采用高效能的无底柱分段崩落法时,宜推广高分段大间距布置形式及低贫化放矿措施。采用充填法采矿时,宜利用井下采掘废石和利用尾矿充填。应采用高效节能采掘设备,采用电动铲运机为主、柴油铲运机为辅的铲装工艺。宜用液压锤二次大块破碎。

6.1.4 开采深度小于300m的大、中型地下矿使用混凝土支护量较大时,在工程地质条件允许的情况下,宜采用钻孔下放水泥、砂子和碎石。

6.1.5 矿山总平面布置,应力求紧凑合理,运输线路和管线应短捷。矿山厂(场)址选择应注意货物的合理流向,宜缩短运距,并宜充分利用地形。

6.1.6 废石场宜选在井口或硐口附近并符合安全规程的沟谷或山坡、荒地上。缓倾斜矿体及走向长分区开采的露天应开辟内部废石场。

6.1.7 大型或特大型地下矿主井宜采用胶带或多绳提升机,采用箕斗提升方式时宜选用双箕斗;对于作业水平少的罐笼井,宜采用双罐笼提升;除掘井外,不得采用不带平衡锤的单容器提升。定点提升的斜井宜采用双钩提升。

6.1.8 在满足提升任务和初期投资增加不多时,宜加大提升容器,并宜降低提升速度,提升速度可低至$0.3\sqrt{H}$(H为提升高度)。

6.1.9 提升深度大于350m的大、中型矿井,宜采用带平衡尾绳的提升系统;当启动过负荷系数超过规定而需加大电动机时,可适当加大尾绳重量。

6.1.10 矿井提升宜采取使用滚轮缶耳取代刚性缶耳;斜井、斜坡提升的钢绳托轮、托辊宜采用滚动轴承;有条件的矿井宜采用轻金属的提升容器等措施。

6.1.11 压缩空气系统,地下矿宜采用机体小,且移动便利、节能的坑内移动式螺杆空压机;露天矿宜采用随凿岩设备移动的移动空压机。

6.1.12 采矿设计应减少压缩空气的多种用途,不应使用气动闸门和风动马达,不应使用压气吹扫其他设备,不应使用压气作掘进工作面的通风。

6.1.13 有条件分区的矿井,宜采用分区通风;大、中型地下矿,宜采用多级机站通风方式。有条件时宜采取集中自动控制多级机站风机运行。

6.1.14 在满足工艺要求和安全规程条件下,通风井巷应按经济断面设计。

6.1.15 矿井风量和分风应合理确定,宜控制单井总进风量,宜减少总回风道长度。

6.1.16 雨量大的地区,应采取堵(填)、截、引等防水和治水措施,应减少地表水流入矿井或深凹露天矿的水量。有条件时宜开凿专用自流排水巷道。

6.1.17 水量大、深度较大的矿井和深凹露天矿,应采用分段截流排水。

6.1.18 经处理后水质符合要求的矿坑水,宜作为矿山生产供水水源或补充水源。

6.1.19 矿山企业的供电系统和电压应根据供电距离和负荷容量选择,应以高电压深入负荷中心供电;矿山总降压变电所、牵引变电所、高压配电室及车间变电所位置,应靠近负荷中心。

6.1.20 井下主巷道照明宜采用密封式荧光灯,井下破碎硐室等大硐室宜采用高压钠灯、半导体照明灯。

6.1.21 冶金矿山采矿能耗指标应为"吨矿岩综合能耗"和"吨矿岩可比能耗"。其计算范围应包括采矿、运输、提升、矿井通风、排水、压缩空气等。

6.1.22 露天铁矿吨矿岩综合能耗设计指标,不应大于式(6.1.22)的计算结果:

$$P_1 = P_0(1+K_1+K_2) \quad (6.1.22)$$

式中:P_1——露天铁矿吨矿岩综合能耗;

P_0——露天铁矿吨矿岩可比能耗(MJ/t),应符合表6.1.22-1的规定;

K_1——矿山类型系数,山坡露天矿取-0.1,

深凹露天矿取 0.3;

K_2——矿山运输系数,应符合表 6.1.22-2 规定。

表 6.1.22-1　露天铁矿吨矿岩可比能耗

露天铁矿类型	一级		二级		三级	
	MJ/t	kgce/t	MJ/t	kgce/t	MJ/t	kgce/t
大、中型露天矿山	15~18 (9~12)	0.5~0.6 (0.3~0.4)	26~30 (15~18)	0.9~1.0 (0.5~0.6)	44~47 (23~26)	1.5~1.6 (0.8~0.9)
小型露天矿山	29~32 (18~21)	1.0~1.1 (0.6~0.7)	43~47 (26~32)	1.5~1.6 (0.9~0.6)	61~64 (38~41)	2.1~2.2 (1.3~1.4)

注:1　表中指标系按电力折标等价值 0.404kgce/kW·h 计算;括号内数据为按当量值 0.1229kgce/kW·h 计算指标。

　　2　吨矿岩所需能源量(电、油、煤等)均已折标计入表中可比能耗指标中。

表 6.1.22-2　矿山运输系数

运输方式	机车运输	汽车＋机车运输	汽车运输	K_2
运距 (km)	≤5	≤4	≤3	0
	≤7	≤5.5	≤4	0.2
	≤9	≤7	≤5	0.4

注:1　表中各类运输方式的运距分别增加 2km、1.5km 和 1km 时,K_2 相应增加 0.2。

　　2　汽车胶带联合运输应用的矿山数量仍不多,K_2 暂定为 -0.2。

6.1.23　地下铁矿吨矿综合能耗设计指标,不应大于式 (6.1.23) 的计算结果:

$$P_2 = P_0 (1 + K_1 + K_2) \quad (6.1.23)$$

式中:P_2——地下铁矿吨矿岩综合能耗;

　　　　P_0——地下铁矿吨矿可比能耗 (MJ/t),应符合表 6.1.23-1 的规定;

　　　　K_1——开采深度系数,应符合表 6.1.23-2 的规定;

　　　　K_2——采矿方法系数,应符合表 6.1.23-3 的规定。

表 6.1.23-1　地下矿吨矿可比能耗

地下铁矿类型	一级		二级		三级	
	MJ/t	kgce/t	MJ/t	kgce/t	MJ/t	kgce/t
大、中型地下矿	94~105 (29~32)	3.2~3.6 (1.0~1.1)	176~188 (54~59)	6.0~6.4 (1.8~2.0)	246~258 (75~80)	8.4~8.8 (2.6~2.8)
小型地下矿	105~117 (35~31)	3.6~4.0 (1.2~1.4)	223~235 (68~72)	7.6~8.0 (2.3~2.5)	350~365 (105~112)	12.0~12.5 (3.6~3.8)

注:表中指标系按电力折标等价值 0.404kgce/kW·h 计算;括号内数据为按当量值 0.1229kgce/kW·h 计算指标。

表 6.1.23-2　地下铁矿开采深度系数

开采深度 (m)	300	500	700	900
K_1	0	0.02	0.04	0.06

表 6.1.23-3　地下铁矿采矿方法系数

采矿方法	空场法	有底柱分段崩落法	无底柱分段崩落法	自然崩落法	充填法
K_2	0	0.04	-0.04	-0.1~-0.2	0.08~0.12

6.1.24　矿山企业设计的能耗评价指标,可按式 (6.1.24) 计算:

单位矿岩(矿)综合能耗(MJ/t)

$$= \frac{采矿耗能总量(MJ/a)}{采出矿岩(矿)量(t/a)} \quad (6.1.24)$$

6.1.25　高能耗项目应进行评价和论证,并应说明原因。大型项目的设计能耗不应大于本规范的二级能耗指标。一般项目不应大于本规范的三级能耗指标。

6.2　选　矿

6.2.1　选矿应根据矿石性质及入磨前剔除围岩及夹石的试验结果,优选在磨矿前剔除围岩及夹石的方法,应实现预选抛尾。

6.2.2　选矿设计应缩小入磨矿石的粒度。

6.2.3　选矿设计应提高磨矿介质质量,应合理选择球径及配比。

6.2.4　处理嵌布粒度不均匀的矿石,宜采用阶段磨矿、阶段选别流程。

6.2.5　赤铁矿选矿工艺设计前,应做各种选矿方法试验,经过技术经济比较,确定合理的工艺流程。宜选用联合工艺流程,不应采用能耗较高的焙烧磁选流程。

6.2.6　选矿设计应选用分级效率较高的设备,应选用旋流器、高效振网筛等,必要时可采用两段分级工艺。

6.2.7　设计时应根据不同矿石性质及选矿试验结果,确定合理的精矿品位。一般磁铁矿选矿厂设计精矿品位应为 66%~68%。赤铁矿采用联合流程处理时,其精矿品位宜为 65%~67%。矿石类型复杂、特别难选的矿石,其精矿品位也应达到 62% 以上。

6.2.8　尾矿输送浓度宜达到 35% 以上,环水利用率应达到 95% 以上。

6.2.9　选矿设计应重视余热利用,对于竖炉水封池、水箱梁中的冷却水,回转窑排矿的冷却水及高温烟气,可因地制宜采取措施回收利用其余热。

6.2.10　设计中应注意提高设备负荷和作业率。

6.2.11　冶金选矿能耗指标应为"吨矿综合能耗",其计算范围应包括原料矿准备、预选抛尾、破碎筛分、选矿、成品堆存等。

6.2.12　选矿设计能耗指标不应大于表 6.2.12-1、表 6.2.12-2 的规定。

表 6.2.12-1　独立破碎筛分厂综合能耗指标

大型		中型		小型	
年处理量>200 万 t/a		年处理量 60 万 t/a～200 万 t/a		年处理量<60 万 t/a	
kgce/t 矿	MJ/t 矿	kgce/t 矿	MJ/t 矿	kgce/t 矿	MJ/t 矿
1 (0.8)	29 (23.2)	0.9 (0.5)	26 (14.6)	0.5 (0.4)	14.6 (12)

注：表中指标系按电力折标等价值 0.404kgce/kW·h 计算；括号内数据为按当量值 0.1229kgce/kW·h 计算指标。

表 6.2.12-2　选矿厂综合能耗指标（含破碎筛分）

磁选		浮选		联合流程		焙烧磁选	
kgce/t 矿	MJ/t 矿	kgce/t 矿	MJ/t 矿	kgce/t 矿	MJ/t 矿	kgce/t 矿	MJ/t 矿
11 (4)	322 (117)	16 (7)	469 (205)	19 (8)	557 (234)	51 (43)	1492 (1259)

注：1　表中指标系按电力折标等价值 0.404kgce/kW·h 计算；括号内数据为按当量值 0.1229kgce/kW·h 计算指标。

2　新建选矿厂的能耗指标可按同一地区矿石性质相近的选矿厂选取。

3　磁—浮联选处理磁铁矿及赤铁矿混合类型矿石的选厂能耗指标可按浮选流程能耗指标选取。

4　多金属矿石的选矿厂设计能耗指标以及回转窑焙烧磁选厂的能耗指标均未列入本表，因矿石性质复杂，加工工艺没有一定规律，能耗相差很大，无法具体规定。

5　设计能耗指标包括厂房内的一切公用设施、辅助生产设施及尾矿输送所需要的能耗，矿石运到选矿厂及精矿输出所需能耗不包括在内。

6.3　铁　合　金

6.3.1　铁合金设计节能，应以电炉生产车间降低冶炼电耗和焦耗、高炉锰铁车间降低焦比和鼓风能耗、湿法生产车间降低蒸汽和燃料消耗为重点，并应充分回收利用余能。

6.3.2　铁合金原料应符合冶炼要求，宜提高入炉矿品位，并应选择优质组合还原剂。

6.3.3　铁合金冶炼设计应根据产品方案要求采用优化的工艺系统。设备选型应力求与生产规模匹配。结合工程情况，应采用先进的节能工艺和设备。

6.3.4　窑炉设计应选择性能良好的隔热保温材料。

6.3.5　铁合金电炉烟气除尘应首先选择阻力损失小的除尘方式及阻力损失小的布袋、管道等结构形式，其次电炉操作宜做到烟气气流稳定。

6.3.6　电炉车间应靠近中央变电所，车间内电炉应缩短其与变压器的距离，应减少短网长度。应采用铜管、水冷电缆，应实现变压器二次抽头与铜瓦一对一的连接。

6.3.7　电炉车间应采用计算机控制配料、电极升降和压放。电炉的水冷设备中的循环水，应采用软化水

冷却，并应配备完善的介质参数与工艺参数检测仪表。

6.3.8　在满足冶炼工艺条件下，采用半封闭电炉时应回收烟气余热；全封闭电炉应回收煤气，所回收的二次能源应加以综合利用。

6.3.9　铁合金能耗应为"吨铁合金产品综合能耗"，其计算范围应包括原料准备、冶炼、出铁、浇铸、产品精整、包装等整个生产流程所消耗的各种能源，应扣除回收并外供的能源（煤气、蒸汽等）后实际消耗的各种能源折合标准煤量。

6.3.10　铁合金设计能耗指标不应大于表 6.3.10 规定。

表 6.3.10　铁合金综合能耗指标

产品类型	工序能耗		其中：冶炼电耗			备注
	MJ/t	kgce/t	kW·h/t	MJ/t	kgce/t	
硅铁 (FeSi₇₅-C)	124970 (53410)	4265 (1823)	8500 (8500)	100640 (30609)	3434 (1045)	—
锰硅合金 (FeMn₆₄Si₁₈)	62530 (26760)	2134 (913)	4200 (4200)	49728 (15125)	1697 (516)	锰矿 Mn>33%
电炉高碳锰铁 (FeMn₆₈C₇.₀)	43890 (20270)	1498 (692)	2600 (2600)	30784 (9363)	1050 (320)	锰矿 Mn>33%
中碳锰铁 (FeMn₇₈C₂.₀)	9730 (3720)	332 (127)	580 (580)	6867 (2090)	234 (71)	锰矿 Mn>40%
高碳铬铁 (FeCr₅₅C₁₀₀₀)	44940 (20670)	1532 (705)	2800 (2800)	33152 (10083)	1131 (344)	铬矿 Cr₂O₃>40%
中碳铬铁 (FeCr₅₅C₄₀₀)	24140 (7850)	824 (268)	1800 (1800)	21312 (6482)	727 (221)	铬矿 Cr₂O₃>50%
硅铬合金 (FeCr₃₂Si₃₅)	72340 (30390)	2468 (1037)	4800 (4800)	56832 (17285)	1939 (590)	—
硅钙合金 (Ca₁₆Si₅₅)	185720 (81250)	6337 (2773)	12500 (12500)	148000 (45000)	5050 (1536)	—

注：1　表中指标系按电力折标等价值 0.404kgce/kW·h 计算；括号内数据为按当量值 0.1229kgce/kW·h 计算指标。

2　未列产品的综合能耗比照确定。

3　原料准备不包括破碎。

6.4　耐　火　材　料

6.4.1　耐火材料设计应根据生产品种要求简化流程、紧凑布置。

6.4.2　功率较大且需要调速的设备，宜采用变频调速装置。

6.4.3　煅烧耐火原料应采用回转窑、机械化竖窑。

6.4.4　烧成耐火制品应采用隧道窑、梭式窑。

6.4.5　炉窑设计应提高窑体严密性、降低窑体蓄热损失、减少窑体散热损失及综合利用废气余热。

6.4.6　耐火制品能耗指标应为"吨产品综合能耗"，其计算范围应包括原料储运、干燥、破碎、粉碎、筛分、混合、成型，砖坯的干燥、烧成、除尘等各个工

序及公辅设施的能耗，应扣除可回收利用的能源后实际消耗的各种能源折合标准煤量。

6.4.7 耐火制品能耗可按式（6.4.7）计算：

$$吨产品综合能耗 = \frac{E-R}{T} \qquad (6.4.7)$$

式中：T——耐火制品产量（t）；
    E——加工能耗（燃料、电、水、耗能工质等）（MJ）；
    R——回收能量（MJ）。

6.4.8 各种耐火制品综合能耗设计指标不应大于表6.4.8规定。

表6.4.8 各种耐火制品综合能耗设计指标

产品名称		工序能耗	
		MJ/t	kgce/t
黏土砖	低蠕变黏土砖（实砖）	6150/(5800)	210/(198)
	低蠕变黏土砖（孔砖）	13450/(13100)	460/(448)
高铝砖	低蠕变电炉顶 Al2O3 80%	20120/(19600)	687/(670)
	Al2O3>65%～75%	14520/(14000)	496/(478)
	Al2O3>48%～65%	10220/(9700)	349/(331)
硅砖	焦炉砖（梭式窑烧成）	15740/(15300)	538/(523)
	焦炉砖（隧道窑烧成）	12240/(11800)	418/(403)
	玻璃窑用砖	15440/(15000)	527/(512)
碱性砖	镁砖92	6870/(6500)	235/(222)
	镁砖97.5	8170/(7800)	279/(266)
	镁铝尖晶石砖（Al2O3 11%～15%）	9270/(8900)	317/(304)
	普通镁铬砖	6870/(6500)	235/(222)
	电熔再结合镁铬砖	10470/(10100)	358/(345)
	镁钙砖	6370/(6000)	218/(205)
其他	滑板（埋炭烧成）	67730/(67400)	2314/(2303)
	镁炭砖	5790/(5500)	198/(188)
	长水口 扣罩烧成	40870/(40500)	1396/(1384)
	长水口 埋炭烧成（发生炉煤气）	75970/(75600)	2595/(2583)
	长水口 埋炭烧成（柴油）	42070/(41700)	1437/(1425)

注：表中指标系按电力折标等价值0.404kgce/kW·h计算；括号内数据为按当量值0.1229kgce/kW·h计算指标。

6.5 炭素制品

6.5.1 炭素制品设计应采用大型煅烧设备，应充分利用原料中的挥发分，并应减少外加燃料供给量。应利用烟气余热。应根据不同产品、原料及建设规模，选用回转窑、罐式煅烧炉或电煅烧炉。

6.5.2 当选用回转窑时，应使原料中的挥发分在窑内充分燃烧，并应做到无外加燃料煅烧。原料的炭质损耗应小于8%。窑尾排出的烟气应设置余热回收装置。平均每吨煅烧焦能耗不应大于11.3kgce/t（331.0MJ/t）。

6.5.3 当选用罐式煅烧炉时，应选用逆流式罐式煅烧炉，其火道层数不得少于8层，应充分利用原料中的挥发分，应做到无外加燃料煅烧；原料煅烧的炭质损耗应低于3%；应回收利用炉后高温烟气的余热。

6.5.4 用无烟煤煅烧时，应选用直流电煅烧炉，应改造现有交流电煅烧炉。煅烧煤损耗不应大于4%。普温煅烧直流电耗不应大于800kW·h/t；高温煅烧直流电耗不应大于1000kW·h/t。

6.5.5 沥青熔化设备应选择带机械搅拌热媒油加热的沥青快速熔化设备。沥青熔化设备加热应采用热媒油或烟气余热加热。

6.5.6 混捏设备宜选择公称容量为2000L以上的间断混捏机或强力混捏机。混捏设备加热应采用热媒油、烟气余热或电加热。

6.5.7 焙烧工序应采用大容量节能型环式焙烧炉或车底式焙烧炉，并应设置升温曲线的自动检测和调温装置，应使焙烧品中的挥发物在炉内能充分燃烧或引出炉外充分燃烧并回收余热。焙烧炉的燃料消耗设计指标应满足表6.5.7的要求。

表6.5.7 焙烧炉的燃料消耗设计指标

超高功率电极（UHP）		高功率电极（HP）		普通功率电极（NP）	
MJ/t	kgce/t	MJ/t	kgce/t	MJ/t	kgce/t
12900～14210	440～485	9230～11280	315～385	7330～8790	250～300

6.5.8 设计应采用大设备容量的高真空高压浸渍技术，浸渍后的产品增重量应达到一次浸渍15%以上、二次浸渍10%以上、三次浸渍5%以上。

6.5.9 浸渍前的制品预热宜利用余热。应采用循环搅拌措施提高预热温度均匀性及效率。

6.5.10 炭素制品的石墨化应采用较大型直流石墨化炉，生产高功率及超高功率石墨电极时，采用内热串接石墨化炉及大型直流石墨化炉。

6.5.11 新建的石墨化车间，应采用15000kV·A以上的大型直流石墨化炉或内热串接石墨化炉。

6.5.12 改造工程，可采用小变压器并联方法提高石墨化炉容量。

6.5.13 炭素制品石墨化工艺操作电耗设计指标应符合表6.5.13规定。

表6.5.13 石墨化工艺操作电耗指标

电耗指标	直流石墨化炉		内热串接石墨化炉
	容量≤13000kV·A	容量≥15000kV·A	
普通石墨电极	≤5200kW·h/t	≤3700kW·h/t	≤3500kW·h/t
高功率石墨电极	≤5500kW·h/t	≤3900kW·h/t	≤3700kW·h/t
超高功率石墨电极	≤5600kW·h/t	≤4100kW·h/t	≤3750kW·h/t

6.5.14 炭素制品综合能耗设计指标应符合表6.5.14规定。

表 6.5.14 炭素制品综合能耗设计指标

制品名称	能耗指标	
	MJ/t	kgce/t
普通石墨电极	67400~82940/(33400~40090)	2300~2830/(1140~1390)
高功率石墨电极	76790~91440/(40020~46540)	2620~3120/(1330~1590)
超高功率石墨电极	75030~94660/(37660~47440)	2560~3230/(1280~1800)
半石墨质炭块	43960~49810/(34000~38400)	1500~1700/(1160~1310)
密闭电极糊	6450~7620/(4980~6010)	220~260/(170~205)
电极糊	4396~5275/(3810~4570)	150~180/(130~156)

注：1 表中指标系按电力折标等价值 0.404kgce/kW·h 计算；括号内数据
为按当量值 0.1229kgce/kW·h 计算指标。

2 表中指标是产品按生产过程所消耗各种能源的总和。其中包括自原
料预碎至产品加工终了，加工过程消耗的能源。

3 表中指标，规模较大、采用大型直流石墨化炉或内热串接石墨化炉
及装备水平较高者按低限范围取值；规模较小、采用中小型直流石
墨化炉及装备水平较低者按高限范围取值。

6.6 石 灰

6.6.1 设计中采用风动输送粉料时，宜采用浓相输
送工艺。输送管道的路由宜简短。

6.6.2 功率较大且需要调速的设备，宜采用变频调
速装置。

6.6.3 焙烧石灰应采用节能型石灰窑，炉窑设计应
提高窑体严密性、降低窑体蓄热损失、减少窑体散热
损失及综合利用废气余热。

6.6.4 采用气体燃料的竖窑，宜采用低热值煤气。

6.6.5 生产炼钢用石灰，宜采用气体燃料。

6.6.6 冶金石灰能耗计算范围应包括原料储运、原
料水洗、原料筛分、烧成、成品破碎、成品筛分、成
品储运、除尘、压球。

6.6.7 冶金石灰能耗可按式（6.6.7）计算：

$$综合能耗 = \frac{E-R}{T} \qquad (6.6.7)$$

式中：T——冶金石灰产量（t）；

E——加工能耗（燃料、电、水、耗能工质等）
（MJ）；

R——回收能量（MJ）。

6.6.8 冶金石灰能耗设计指标应符合表 6.6.8 的
规定。

表 6.6.8 石灰工序能耗设计指标

炉窑类型	工序能耗	
	MJ/t	kgce/t
竖窑	≤4900/(≤4400)	≤167/(≤150)
回转窑	≤3820/(≤6400)	≤233/(≤219)

注：表中指标系按电力折标等价值 0.404kgce/kW·h
计算；括号内数据为按当量值 0.1229kgce/kW·h
计算指标。

附录 A 常用的能源热值和折标煤系数

A.0.1 一次能源（燃料）平均低位热值参考数据可按
表 A.0.1 确定。

表 A.0.1 一次能源（燃料）平均低位热值参考数据

序号	种类	单位	热值		折标准煤
			kcal	kJ	kgce
1	原煤	kg	5000	20908	0.7143
2	干洗精煤	kg	7098	29681	1.014
3	洗精煤	kg	6300	26344	0.9000
4	洗中煤	kg	4000	16726	0.5714
5	无烟煤	kg	6300	26344	0.9
6	动力煤	kg	4970	20783	0.71
7	煤泥	kg	2500	10454	0.3571
8	原油	kg	10000	41816	1.4286
9	油田气	N·m³	9310	38931	1.3285
10	气田气	N·m³	8500	35544	1.2143
11	煤田气	N·m³	3750	15681	0.5357
12	天然气	N·m³	9520	39809	1.36

A.0.2 二次能源（燃料）平均当量与等价热值参考
数据可按表 A.0.2 确定。

表 A.0.2 二次能源（燃料）平均当量与等价热值参考数据

序号	能源种类	单位	热值		折标准煤（kgce）	备注
			kcal	kJ		
1	电	kW·h	860	3596	0.1229	当量值
			按当年火电发电标准煤耗计算			等价值
2	热力	MJ	—	—	0.03412	当量值
3	蒸汽	kg	840	3513	0.12	等价值
4	干焦炭	kg	6800	28435	0.9714	
5	汽油	kg	10300	43070	1.4714	
6	煤油	kg	10300	43070	1.4714	
7	柴油	kg	10200	42652	1.4571	
8	重油	kg	10000	41816	1.4286	
9	轻油	kg	10010	41858	1.43	
10	焦油	kg	9030	37760	1.29	
11	粗苯	kg	10010	41858	1.43	
12	液化石油气	kg	12000	50179	1.7143	
13	焦炉煤气	N·m³	4200	17563	0.6	
14	城市煤气	N·m³	4000	16726	0.5714	
15	水煤气	N·m³	2500	10454	0.3571	
16	高炉煤气	N·m³	800	3345	0.1143	
17	转炉煤气	N·m³	1600	6690	0.2286	
18	乙炔	N·m³	12600	52688	1.8	

注：蒸汽为低压饱和熔值。

A. 0. 3 耗能工质平均等价热值数据可按照企业上年实际平均值，无企业数据时可按表 A. 0. 3 确定。

表 A. 0. 3　耗能工质平均等价热值调整对比

序号	能源介质名称	单位	折标系数 电按等价值
1	新水	kgce/m³	0.257
2	环水	kgce/m³	0.143
3	软水	kgce/m³	0.500
4	鼓风	kgce/m³	0.030
5	压缩空气	kgce/m³	0.040
6	氧气	kgce/m³	0.1796
7	氮气（作副产品时）	kgce/m³	0.0898
8	氩气	kgce/m³	0.1347
9	氮气（作主产品时）	kgce/m³	0.6714
10	氢气（水电解）	kgce/m³	2.159
11	氢气（变压吸附）	kgce/m³	0.765
12	二氧化碳	kgce/m³	0.2143
13	乙炔	kgce/m³	8.3143
14	电石	kgce/m³	2.0786

注：　1　1kgce＝7000kcal，1kcal＝4.1816kJ。
　　　2　变压吸附制氢：按 500N·m³/h 制氢站每小时耗电约 200kW，1N·m³ 氢气耗电量为 0.4kW·h，再加上焦炉煤气的能耗。
　　　3　空分制氧、氮、氩：钢铁企业常规空分设备分离及压缩气体能耗，分别按氧气、氮气、氩气能耗分摊比例 1∶0.5∶0.75 计算各种气体能耗。

本规范用词说明

1　为便于在执行本规范条文时区别对待，对要求严格程度不同的用词说明如下：

　　1）　表示很严格，非这样做不可的：
　　　　正面词采用"必须"，反面词采用"严禁"；
　　2）　表示严格，在正常情况下均应这样做的：
　　　　正面词采用"应"，反面词采用"不应"或"不得"；
　　3）　表示允许稍有选择，在条件许可时首先应这样做的：
　　　　正面词采用"宜"，反面词采用"不宜"；
　　4）　表示有选择，在一定条件下可以这样做的，采用"可"。

2　条文中指明应按其他有关标准执行的写法为"应符合……的规定"或"应按……执行"。

引用标准名录

《用能单位能源计量器具配备和管理通则》GB 17167
《公共建筑设计节能标准》GB 50189
《焊管工艺设计规范》GB 50468
《高炉炼铁工艺设计规范》GB 50427
《评价企业合理用热技术导则》GB/T 3486
《设备及管道绝热设计导则》GB/T 8175
《蒸汽供热系统凝结水回收及蒸汽疏水阀技术管理要求》GB/T 12712
《工业锅炉通用技术条件》JB/T 10094
《火力发电厂保温油漆设计规程》DL/T 5072

中华人民共和国国家标准

钢铁企业节能设计规范

GB 50632—2010

条 文 说 明

制 订 说 明

本规范是根据原建设部《关于印发〈2005年工程建设标准规范制订、修订计划（第二批）〉的通知》（建标函〔2005〕124号）的要求，由中冶京诚工程技术有限公司会同有关单位共同编制完成的。

本规范编制过程中严格遵循以下编制原则：必须严格贯彻执行《中华人民共和国节约能源法》、《钢铁产业发展政策》及其他有关行业标准、规定。体现加快淘汰落后生产工艺和设备，实现技术装备大型化、生产流程连续化、紧凑化、高效化，最大限度综合利用各种能源和资源的指导思想。认真研究国内外已有的先进技术、科技成果和先进标准，先进节能技术考虑齐全，如：干熄焦装置，高炉炉顶压力利用技术，炼钢系统采用全连铸、溅渣护炉等技术，轧钢系统进一步实现连轧化，大力推进连铸坯一火成材和热装热送工艺，采用蓄热式燃烧技术，充分利用高炉煤气、焦炉煤气和转炉煤气等可燃气体和各类蒸汽等。深入了解生产单位的实际情况，广泛收集生产单位的意见和建议，积极采用行之有效的新工艺、新技术、新材料，体现高效、低耗、节能、环保的原则，做到技术先进、经济合理、安全实用。

本规范编制工作从2005年4月启动，经历5年多时间完成。期间主要完成工作包括筹建编制组、编制工作大纲、征求意见稿、送审稿、报批稿等。

在接受建设部和中国冶金建设协会下达的任务后，主编单位与中国冶金建设协会共同开展编制组筹建工作。本设计节能技术规范是在原《钢铁企业设计节能技术规定》YB 9051—98的基础上，根据近年来国内钢铁生产系统节能发展情况重新进行编制和修改补充的。考虑到本规范是我国第一部钢铁企业节能设计国家标准，为使规范具有先进性、可操作性、可实施性，编制单位由设计单位和钢铁企业两部分组成。在设计单位选择上，我们重点考虑有代表性的单位。在钢铁企业选择上，我们重点考虑企业规模大小、地理位置等代表性钢铁企业。经过初选、筛选，与被选单位进行联系，最后正式确认，于2005年6月10日正式组建成《钢铁企业节能设计节能规范》标准编制组（以下简称《节能规范》）。编制单位共有14个，其中冶金设计单位10个，钢铁企业4个。

《节能规范》编制组于2005年8月10日召开第一次工作会议，会议期间讨论、确定了《节能规范》工作大纲，并规定了编制原则、内容、分工、计划及提交成果等内容。

各起草单位按照第一次会议的工作分工及要求，开展广泛的调研，并在此基础上收集有关资料，分别完成了《节能规范》分工部分的初稿。主编单位将各起草单位提供的初稿汇总一起，形成征求意见稿的初稿，并将电子版发往各参编单位互审。各参编单位安排本单位资深专家认真把关，提出了许多宝贵意见。主编单位汇总各参编单位的审核意见后形成了征求意见稿的第一稿。编制组通过召开的第二次、第三次、第四次、第五次会议，对征求意见稿进行了充分的讨论和修改补充，形成了规范的征求意见稿。

征求意见稿由国家工程建设标准化信息网在网上发布征求意见，同时用信函方式邀请参编单位以外的设计单位、高校、企业有关专家对条文进行审查。编制组对征求意见阶段返回的70多条建议和意见进一步论证、达成共识，对规范中相关条文进行修改，最终形成送审稿。

2009年12月，中国冶金建设协会在北京市组织召开了国家标准《钢铁企业节能设计规范》送审稿审查会议。来自钢铁企业、钢铁设计单位、高等院校、科研院所的10名专家参加了审查会。会上专家组对送审稿的内容逐条进行审查，重点审查了标准适用范围、关键节能技术、节能装备、节能措施及节能指标等内容。编制组对专家组的评审意见进行论证、确认，并对规范条文进行相应修改，形成报批稿。

本规范总结了改革开放以来钢铁生产及相关领域主要节能设计经验。该规范的出台将有力地推动我国钢铁生产的节能减排工作的发展，促进钢铁生产设计的科学化和规范化，提高工程设计效率、质量和水平，以适应社会主义市场经济发展的需要，必将产生巨大的社会经济效益。

鉴于本规范涉及生产工序较多、内容宽泛，各专业之间内容是否有重复和遗漏、条文是否具有可操作性、先进性、约束性等都需要在执行中证实和完善。因此，及时跟踪了解规范使用情况，为完善、修订规范，搜集第一手资料是今后的主要工作。

为了在使用本规范时能正确理解和执行条文规定，编制组编写了《钢铁企业节能设计规范》条文说明。本条文说明不具备与规范正文同等的法律效力，仅供使用者作为理解和把握规范规定的参考。

目 次

1 总　　则

1.0.1 本规范是为了在钢铁生产企业节能设计当中全面贯彻执行国家有关节能的法律、法规、政策，并结合目前钢铁工业的实际情况，吸收国际上循环经济的先进理念和国外钢铁企业先进的行之有效的节能和资源综合利用措施而制定的。

节约能源是我国经济发展的一项长远战略方针，是实现科学、和谐和可持续发展的根本出路。钢铁生产的节能降耗是不断改进设计、采用先进的工艺与设备、改善管理、减少各工序能源消耗、充分回收和综合利用二次能源等措施，从生产源头节约能源，提高能源综合利用效率，减少或者避免钢铁生产过程中的能源浪费。

循环经济是在社会生产、流通、消费和产生废物的各个环节循环利用能源，发展资源回收利用产业，以提高资源的利用率。2004 年 6 月，国务院常务会议通过的《能源中长期发展规划纲要（2004～2020 年)》（草案）强调，要解决我国能源问题，必须牢固树立和认真贯彻科学发展观，切实转变经济增长方式，坚定不移走新型工业化道路。要大力调整产业结构、产品结构、技术结构和企业组织结构，依靠技术创新、体制创新和管理创新，在全国形成有利于节约能源的生产模式和消费模式，发展节能型经济，建设节能型社会。这便是我国能源的根本出路。

1.0.2 钢铁联合企业生产流程包括烧结、焦化、炼铁、炼钢、轧钢等工艺以及公辅设施；此外还包括与钢铁生产密切相关并有一定独立性的采矿、选矿、铁合金、炭素制品、耐火材料、冶金石灰、金属制品等钢铁辅助企业。

1.0.3 非能源物质的节约是钢铁企业节能设计的重要内容之一，企业规模化经营、工艺过程优化、工序能力匹配、生产作业率、产品合格率、金属成材率、铁钢比等都直接影响企业能耗，合理的生产规模和产品结构，工序之间生产的有序、稳定、连续、紧凑，才能实现系统节能，才能实现系统高能效。

1.0.4 系统节能是企业节能的最终目的，设计中必须严格控制各工序能耗水平，满足局部服从整体的要求，提高系统能源使用效率；当工序能耗与系统节能产生矛盾时，必须以系统节能为主。

2 术　　语

2.0.4 钢铁生产中的主要能源介质包括：电、煤气、蒸汽、工业水、压缩空气、氧气、氮气、保护气体等。

2.0.7 1 公斤标准煤通常写作 1kgce，1 吨标准煤通常写作 1tce。

$1kgce = 29271kJ$。

2.0.10 计算公式如下：

工序能耗＝（工艺加工过程直接消耗的能源及耗能工质－回收并利用的能量）/合格产品的产量。

2.0.14 余压是指工艺设备排出的有一定压力的流体的压力，如高炉炉顶排出的高压煤气的压力等。

3 基 本 规 定

3.0.1 节能专篇的主要内容应符合发改投资〔2006〕2787 号文件精神。

3.0.2 本规范条文结合钢铁产业实际情况，提出了在钢铁企业设计节能中应遵循的基本原则，以指导钢铁工业主要生产工序节能。在设计环节要充分重视能源的"减量化和回收再利用"，将"减量化和回收再利用"的理念在选择生产工艺、技术装备、技术经济指标等具体设计中体现出来，提高能源的综合利用效率，有效地降低能源消耗。

3.0.3 本条为强制性条文。遵守国家及行业发展政策，适时淘汰高能耗工艺和高能耗设备是重大节能措施。

3.0.5 此条款是为保证节能措施到位，效法了环保措施的三同步原则，从而保证节能、减排措施的实际应用。

3.0.6 本条为强制性条文。能源管理中心在节能降耗方面所起的作用，越来越引起人们的重视。国内一些大型钢铁企业已经建成或正在建设能源管理系统，通过系统分析研究，及时掌握能源的发生、使用、设备的运行和检修情况，以便正确地组织生产。

3.0.9 钢铁企业强余热、余压的回收利用水平高低，直接影响钢铁企业的能耗水平；余热、余压的回收再利用，可有效降低企业综合能耗，提高能源的利用效率。

3.0.11 等价值采用 1986 年国家统一发布的全国火力发电实际标准煤耗指标 $0.404kgce/kW \cdot h$。

4 钢铁企业主流程设计节能技术

4.2 烧　　结

4.2.1 烧结含铁原料应稳定，铁品位波动应小于或等于±0.5%，SiO_2 含量应小于或等于±0.2%。达到此目标，烧结和炼铁将会取得显著的经济效益。根据 6 个厂的统计，含铁原料混匀前后的对比数字为：烧结机利用系数和工序能耗可分别提高或降低 3%～15%；高炉利用系数和焦比可提高 4%～18%或降低5%～10%。故主要产钢国对烧结用含铁原料成分波动的要求都在这一范围内。

4.2.4 设计中采用自动重量配料的主要依据是：随着冶炼技术的发展和高炉大型化，对入炉原料的稳定性要求提高。

4.2.6 过去国内铁精矿烧结混合制粒时间，一般为2.5min～3.0min，一次混合为1min左右，二次混合（制粒）为1.5min～2.0min。多年生产实践证明，不论以铁精矿为主的混合料还是以铁粉矿为主的混合料，混合时间均显不足。现在国内外烧结厂混合制粒时间都增加到5min～9min（包括固体燃料外滚的时间在内），如日本君津厂为8.1min，前釜石厂达9min。我国近年投产和设计的一次、二次（制粒）和三次混合（固体燃料外滚）机混合制粒时间一般都在这一范围内。

在混合制粒设备内，应多方面采用强化混合制粒的措施：添加生石灰，适当提高充填率，延长混合制粒时间，含铁粉尘泥渣预先制粒，混合段装设扬料板，进料端设导料板，在圆筒制粒机内及出料端安装挡圈，采用含油尼龙衬板和雾化喷水等，此外也有采用锥形逆流分级制粒的。

4.2.8 建大型烧结机除建设资金、装机容量、运转费和煤气、电、水消耗量均少外，烧结矿质量也好，可为高炉增产节能创造条件。

4.2.9 国内外的烧结研究与生产实践都证明，在烧结过程中加入一定量的生石灰或消石灰，特别是生石灰，可收到明显的经济效果，烧结矿产量提高、质量改善、燃耗降低。特别是以铁精矿为主要原料时更是如此。

4.2.10 新型节能点火保温炉应具备如下特点：

1 点火段采用直接点火，烧嘴火焰适中，燃烧完全，高效低耗。

2 点火炉高温火焰带宽适中，温度均匀，高温持续时间能与烧结机速匹配，烧结表层点火质量好。

3 耐火材料采用耐热锚固件结构组成整体的复合耐火内衬，砌体严密，散热少，寿命长。

4 点火炉的烧嘴不易堵塞，作业率高。

5 点火炉的燃烧烟气有比较合适的含氧量，能满足烧结工艺的要求。

6 采用高热值煤气与低热值煤气配合使用时可分别进入烧嘴混合的两用型烧嘴，煤气压力波动时不影响点火炉自动控制，节约了煤气混合站的投资。

7 施工方便，操作简单安全。

4.2.11 烧结机的料层厚度，包括铺底料的厚度。厚料层烧结是指采用较高的料层进行烧结。厚料层烧结的自动蓄热作用可以减少燃料用量，使烧结料层的氧化气氛加强，烧结矿中FeO的含量降低，还原性变好。少加燃料又能大量形成以针状铁酸钙为主要黏结相的高强度烧结矿，使烧结矿强度变好。此外，由于是厚料层烧结，难以烧好的表层烧结矿数量减少，成品率提高。国内某烧结机改造，料层厚度由500mm提高至600mm后，每吨成品烧结矿工序能耗降低1.15kgce，转鼓强度提高2.5%，烧结矿平均粒度提高2mm，成品率上升1.4%，返矿量降低23.8%，FeO降低0.58%。我国大中型烧结机2004年平均料层厚度为624.2mm，以烧结铁粉矿为主平均为644.7mm，以烧结铁精矿为主平均为572.1mm，最高为729mm。而2003年以烧结铁粉矿为主平均仅为628.2mm，以烧结铁精矿为主仅557.4mm，最高为675mm。因此，大中型烧结机的料层厚度（包括铺底料厚度），以铁精矿为主，采用小球烧结法时宜等于或大于580mm，以铁粉矿为主宜等于或大于650mm。

4.2.13 要控制冷、热返矿的粒度：烧结热矿筛与整粒筛分最后一段筛的筛孔一般都为5mm，磨损快，设计应规定定期更换筛板。根据国内外经验，振动筛筛孔每减小1mm，烧结成品量可提高5%～6%，大量节约能耗。

4.2.16 设计建设烧结机的余热回收利用和烟气脱硫装置，可有效降低烧结工序能耗，减少烟气中SO_2的排放浓度，从而达到节能减排的效果。

4.3 球 团

4.3.1 球团工艺试验是球团厂设计的依据。

4.3.3 优质黏结剂的最佳配加量，可保证生球质量及降低球团矿中铁品位损失。球团生产常采用膨润土作为造球黏结剂；生球质量决定成品球团矿的质量。

4.3.5 布料均匀与否影响焙烧效果。

4.3.6 生球从干燥开始到冷却终了，整个工艺过程称为热工过程。

4.3.7 球团工艺对含铁原料的粒度（比表面积）、水分有严格要求，不能满足时，需设置相应的处理设施。

4.3.8 配料是稳定球团矿化学成分的关键。

4.3.9 原料混合的目的是将混合料中各组分充分混匀，从而得到成分均一的混合料。

4.3.11 不同的球团工艺采用不同的气体循环流程。

4.3.12 加强绝热和保温性能，减少炉壳、窑体及热介质管道的散热损失。

4.3.14 球团厂工序能耗指标与生产球团矿使用的原料有关。

4.4 焦 化

4.4.1 配合煤黏结性能比较好，应优先采用先配煤后粉碎工艺流程，其优点是工艺过程简单、设备较少、布置紧凑、操作方便，大大降低动力消耗和运行费用；若配合煤中硬度较大煤种配量多、炼焦煤料黏结性能比较差，应采用预粉碎或分组粉碎等其他工艺流程。

4.4.2 装炉煤水分每增加1%，炼焦耗热量增加30kJ/kg，结焦时间延长10min～15min。

4.4.3 装炉煤调湿（CMC）是将煤料在装炉前除掉一部分水分，确保装炉煤水分稳定的一项技术，水分控制目标值6%左右。调湿后装炉煤炼焦结焦时间缩短、炼焦耗热量降低12%、焦炉生产能力提高约11%。煤调湿装置（CMC）的热源一般是利用焦炉烟道废气。

4.4.5 焦炉加热用低热值煤气一般是指掺混焦炉煤气的混合煤气或发生炉煤气。低热值煤气的热值一般应达到4200kJ/m³以上，低于该值时可以掺混焦炉煤气。在钢铁企业中，焦炉煤气是炼钢、轧钢的宝贵燃料。焦炉是蓄热式加热炉，应尽量使用低热值煤气加热，有利于企业内部燃料平衡和各种热值煤气的合理使用，是一项积极有效的节能措施。

4.4.6 采用计算机控制的自动加热系统，对焦炉加热系统的温度、压力、燃料供给等自动调节，保证焦炉加热均匀稳定，热量消耗低，同时改善焦炭质量。

4.4.7 本条为强制性条文。干法熄焦能回收80%的红焦显热生产蒸汽和（或）发电，同时干法熄焦还有保护环境和提高焦炭质量的优点。

4.4.8 采用高温、高压、自循环干熄焦锅炉，实现全汽式高效发电，达到焦炭余热高效回收、高效利用的目的。

4.4.9 高压氨水泵设置变频调速装置，实现干熄焦锅炉产汽的高效利用。

4.4.10 焦炉蓄热室是焦炉换热的主要单元，其换热效率的高低直接影响焦炉热效率。在相同的条件下，蓄热室内单位体积格子砖的蓄热面积越大，则吸收的热量越多，从蓄热室排出的废气温度和炼焦耗热量也越低。

4.4.11 焦炉炉顶、炉门、上升管、装煤孔盖、蓄热室封墙、燃烧室炉头、小烟道底、分烟道及总烟道等处，应采用高效的隔热措施，以减少焦炉各部位的散热，降低炼焦耗热量，提高热工效率。

4.4.13 为适应煤气量及煤气系统压力的波动，煤气鼓风机应选用液力偶合器调速、变频调速或前导流装置。其中前导流装置是以改变煤气进入鼓风机叶轮的方向（角度），使煤气鼓风机经常性运行点处于风机性能曲线的高效区域。

4.4.14 为了充分利用高温流体的余热，采用高效换热设备（如螺旋板换热器、板式换热器等），通过换热或多级串联换热方式，充分回收高温流体的热量。

4.4.15 焦化厂低温水制冷通常采用溴化锂制冷，其动力源有蒸汽或燃气。尽可能降低循环水冷却后的工艺介质温度，从而减少低温水用量，以降低溴化锂制冷动力消耗。

4.4.18 以往煤焦油加工和粗苯精制的规模较小，通过集中加工方式，可以采用先进的、连续工艺流程，从而降低能源消耗。以焦油加工切取三混馏分生产工业萘为例，当年焦油加工规模3万t时，每吨焦油动

力消耗约295kg标准煤；当年焦油加工规模15万t时，每吨焦油动力消耗可减少到260kg标准煤。

4.4.19 煤焦油加工焦油蒸馏装置通过采用减压或常、减压蒸馏方式，可降低操作温度，从而减少直接蒸汽用量近30kg/t焦油、管式炉燃烧煤气用量减少近10%。

4.4.22 目前我国地下水资源有限，低温水系统都采用人工制冷，为降低能耗，当冬季气温低时可关闭制冷机，低温水回水直接进入制冷循环水系统的冷却塔降温后，供低温水用户使用。

4.4.23 焦炉装煤、出焦、干熄炉顶装焦的作业周期一般为8min～10min，而真正产生大量烟尘需要除尘作业的时间只有1min～2min，其余的6min～8min为间歇时间，不作业不产生烟尘。由于大型除尘风机、电机不允许频繁停机、启动，如果在间歇时间风机仍保持除尘状态的运转将会造成电能的浪费。普遍的做法是在电机和风机之间加装调速装置，通过调速装置调节风机在作业和间歇时间的不同转速（风量）来实现节省电能。

4.4.24 荒煤气和循环氨水余热可用于采暖，在工程设计中应尽量加以利用。但由于余热水水温较低，供回水温差小，造成散热设备使用量大、布置困难，甚至难以满足用户要求；另外，对于分散的远端用户，其末端温度也往往难以满足要求。因此，在工程设计中，应根据总图布置等实际情况确定余热水采暖的使用范围。

4.4.25 高效传热介质，如热导油、电伴热等；动力设备如煤气鼓风机等。

4.4.26 现行国家标准《焦炭单位产品能源消耗限额》GB 21342中，焦化工序能耗是指备煤、炼焦和煤气净化工段的能耗扣除自身回收利用和外供的能源量，不包括精制。与现行行业标准《清洁生产标准炼焦行业》HJ/T 126—2003中的"工序能耗指炼焦及煤气净化工段的能耗"规定的范围有出入。

备煤工段包括贮煤、粉碎、配煤及系统除尘；炼焦工段包括炼焦、熄焦、筛运焦、装煤除尘、出焦除尘和筛运焦除尘；煤气净化工段内容包括冷凝鼓风、脱硫、脱氰、脱氨、脱苯、脱萘等工序和酚氰污水处理；干熄焦产出只计蒸汽，不含发电。

因干熄焦配套的发电机组型式不同，回收的能量也不同，故作为可比能耗，干熄焦部分的计算范围不含发电。

4.4.28 当炼焦采用干熄焦工艺时，由于回收了红焦的热量，而使焦化工序能耗明显降低。

随干熄焦国产化技术的开发，2004年以来我国陆续在一些大、中型钢铁企业投产了十几套干熄焦装置。由于干熄焦工艺的应用在我国仍处于起步阶段，还只是少数厂的部分炉组投产了干熄焦，因此很难依据行业的生产统计报表确定带有干熄焦工艺的焦化工

序能耗平均指标及平均先进指标。采用干熄焦工艺的焦化工序设计能耗指标是在湿熄焦焦化工序能耗指标的基础上，扣除干熄焦净回收能量确定的。

4.5 高炉炼铁

4.5.1 高炉炼铁工序节能重点是提高精料水平、降低燃料比。回收利用高炉煤气和炉顶余压，回收利用焦丁，是高炉设计中节能的重点环节。对于长流程钢铁企业，高炉炼铁工序能耗约占冶金企业全部能耗的75％以上，是冶金企业节能的重点环节。

本规范涉及的新建或易地改扩建高炉，是指符合《钢铁产业发展政策》（发改委第35号令）规定，有效容积达到1000m³及以上的高炉；对沿海地区建设钢铁厂时，其有效容积要大于3000m³的高炉。

应确定合适的高炉冶炼强度，高炉强化冶炼需要以降低燃料比和提高冶炼强度并重，特别要把措施用在降低焦比上，这是高炉冶炼节能的根本措施。

4.5.2 原、燃料的"精料"水平是高炉炼铁节能的先决条件。"精料"对高炉生产的影响起着至关重要的作用。大型高炉更以高质量的原、燃料为基础，其质量和供应条件必须落实。对供应原、燃料质量差，达不到规定要求时，必须进行技术经济专题论证。

4.5.4 由于我国铁矿石必须细磨、精选才能得到高品位的铁精矿，适宜生产球团矿，并且生产球团矿的能耗较烧结矿低，污染较轻，有利于炼铁系统节能。故入炉原料应以烧结矿和球团矿为主。为了提高烧结矿的强度，应采用高碱度烧结矿，搭配酸性球团矿或部分块矿，保证高炉不加或尽量少加熔剂。

4.5.11 预热助燃空气或煤气，有利于提高热风炉热效率和送风温度。

4.5.18 根据《钢铁产业发展政策》第十三条"焦炉、高炉、转炉必须同步配套煤气回收装置"。高炉应采用高压操作、采用高炉煤气余压回收利用是减少高炉煤气放散、降低高炉工序能耗的重大节能措施。

4.5.20 本条为强制性条文。减少高炉煤气放散、提高二次能源的利用效率，是降低高炉工序能耗的有效而重要的节能措施。

4.5.22 高炉喷煤是改变高炉用能结构的中心环节，是一项有效的节能措施。喷煤可以减少主焦煤用量，缓解焦煤的资源短缺，降低生铁成本。这项技术国内、外都在发展。我国从20世纪60年代开始发展喷煤技术，随着喷煤技术的发展，一些企业相应增加富氧量，取得良好效果，宝钢富氧2％左右，每吨生铁的喷煤量已达到200kg/t以上；鞍钢、武钢等企业喷煤量也达到150kg/t铁以上。因此，本条规定应设置喷煤设施并积极创造条件实现富氧。

4.5.25 高炉冲渣水的余热，可用于工厂或生活采暖保温等。

4.6 炼 钢

Ⅰ 铁水预处理

4.6.4 铁水三脱是指脱硫、脱硅、脱磷预处理设施。

Ⅱ 转炉冶炼

4.6.15 本条为强制性条文。根据《钢铁产业发展政策》第十三条"焦炉、高炉、转炉必须同步配套煤气回收装置"。转炉炼钢厂（或车间）配套建设转炉煤气的净化、回收、利用系统，是减少转炉煤气放散，提高二次能源利用效率，降低转炉冶炼能耗的有效措施，回收高温烟气的余热，用于产生余热蒸汽，可解决后部钢水精炼环节生产所需的蒸汽，也是一项重大的节能措施。

4.6.18 本条为强制性条文。转炉生产采用化铁炉供铁水炼钢方式，即将铁水铸成钢锭再化成铁水用于炼钢生产，是能源的重大浪费行为。

4.6.19 本条为强制性条文。采用混铁炉储存铁水及铁水分包工艺，是由于炼铁与炼钢生产的衔接匹配不合适产生的，这种方式增加了铁水温降，浪费了铁水潜热，增加了炼钢环节的能耗，是能源浪费行为，应予以禁止。

Ⅲ 电炉冶炼

4.6.22 20世纪90年代中期以来，我国电炉容量迅速大型化，现有50t～150t超高功率电炉36座，其单位功率水平在600kV·A/t以上，是电炉钢生产的主力军。《钢铁产业发展政策》规定，今后新建电炉容量应不小于70t，旧有技术落后的小型电炉钢厂应通过技术改造和兼并重组向大型化、超高功率化方向发展。

提高化学能输入强度，主要指两个方面：首先是提高氧气用量和炉料中的碳含量，氧气用量应高于30N·m³/t，炉料中配加部分生铁、铁水或焦炭；其次是使炉气内CO燃烧成CO_2而产生大量热。

电炉第4孔排出口处的废气温度高达1250℃～1450℃，不仅带有大量物理热（显热），而且使废气中的CO燃烧可产生大量化学能，利用这些热能预热废钢炉料，可节约电能70kW·h/t～110kW·h/t。

4.6.24 电炉铁水热装，由于铁水带入大量物理热与化学能，故冶炼电能消耗可明显降低，每配加1％铁水，冶炼电耗降低4.66kW·h/t钢水。但如果为电炉铁水热装专门建设小高炉生产铁水，则是极不合理的，因为这样做，生产1t钢所需的总能耗大大增加。

电炉铁水热装不仅吨钢总能耗大大增加，而且还消耗大量矿产、土地等不可再生资源，还带来严重的环境污染和交通运输负荷。因而为电炉铁水热装建设小高炉不符合循环经济原则和可持续发展的方针。

4.6.26 当代钢水真空处理主要采用 VD 法与 RH 法，RH 法的真空室在处理前要烘烤到 1450℃以上，其环流管也需要干燥烘烤，而 VD 的真空罐不需要烘烤，此外，RH 需要配备能力更大的真空泵，如容量同为 150t 的 RH，需要配备抽气能力 600kg/h（66.7Pa 时）蒸汽喷射真空泵，而 VD 则只需配备抽气能力 400kg/h（66.7Pa 时）蒸汽喷射真空泵，这意味着 VD 消耗的蒸汽与冷凝器冷却水约比 RH 少 1/3。可见 VD 比 RH 的能耗低得多，RH 的优点是精炼超低碳钢时，其脱碳速度比 VD 大，因而处理时间短，效率更高，大量生产超低碳钢的转炉钢厂往往选用 RH。

综上所述，即使不说 RH 的投资大、生产成本高，仅从节能的观点出发，在不大量生产超低碳钢时，不应选用 RH，而应选用 VD。

4.6.31 当代超高功率电炉有多种形式，不同形式的电炉其能耗指标有较大差别，但影响此差别的主要因素为是否利用废气预热废钢。此外，原料条件对电炉的能耗指标影响更为明显，目前，我国电炉钢厂采用部分直接还原铁为原料的只有一家，极大部分电炉钢厂或采用全废钢，或采用部分铁水热装。因而本规范在确定电炉冶炼工序能耗时，以几种情况来区分，这已可涵盖我国绝大多数电炉钢厂。

Ⅳ 炉外精炼

4.6.35 VD/COD 炉抽真空系统、采用全蒸汽喷射真空泵或采用蒸汽喷射真空泵与水环泵组合系统时的能耗比较可以得出：采用蒸汽喷射泵与水环泵组合抽真空系统较单一蒸汽喷射泵抽真空系统节能。

Ⅴ 连 铸

4.6.40 连铸坯热送热装是一项节能降耗、提高轧钢生产率的有效措施。实现连铸坯热送热装是一项复杂的系统工程，需要炼钢、连铸及轧钢各工序密切配合、协调、稳定生产操作，炼钢、连铸工序按生产节奏提供无缺陷的高温铸坯，加强铸坯在运送过程中的保温控制，减少温降，充分利用连铸坯的热能，节约能耗。

4.6.41 完善优化生产工艺条件，使现有连铸机尽快实现高效化，提高产能，提高铸坯热送温度、热装温度和热装率。

我国连铸技术近 10 年来发展迅速，连铸机台数、铸坯产量、连铸比大幅度上升，各种机型齐全，新建的大、小方坯，板坯连铸机及薄板坯连铸连轧基本上都是高效连铸机，随着连铸技术的发展，许多 20 世纪 90 年代初以前建设投产的连铸机都需要进行高效化改造，以最大限度发挥连铸机的综合经济效益。

连铸机的高效化改造应以"生产高质量铸坯为基础，高拉速为核心，实现高连浇率和高作业率"为目标。完善优化生产工艺条件，有选择的采用提高铸坯质量和提高铸机作业率的先进技术措施，改进设备结构，提高设备可靠性和铸机装备水平。

连铸机高效化改造应注意以炉机匹配为原则，简化炼钢生产调度，使流程顺畅。

4.6.42 铸坯运输时间是热送热装工艺中的重要环节，直接影响节能效益。新建钢铁企业，炼钢连铸与轧钢厂房毗邻，上下工序有效地衔接，减少铸坯运输距离，有利于采用带保温罩的热送辊道运送热坯，为提供高温铸坯创造了条件。

对于改造工程受总图限制无法实现短流程工艺时，也应创造条件，采用保温车运输等方式实现铸坯热送热装。

4.6.44 全连铸车间设计，应合理配置，实现炉机匹配，充分发挥连铸机能力。

4.6.45 新建或改、扩建连铸车间设计应结合新建或改建连铸的具体条件，有选择地采用带加盖装置的钢水包回转台、大容量中间罐、中间罐浸入式水口快换装置、结晶器电磁搅拌和制动、结晶器在线调宽、结晶器液面自动控制、上装引锭杆、液压非正弦振动、二冷气水雾化冷却动态模型控制、动态软压下、辊缝仪、高速切割机、铸坯在线去毛刺机、喷号以及主机设备整体快速更换离线维修等提高铸坯质量和铸机作业率的先进技术措施。

4.6.48 工序能耗指标的确定：

1 连铸机型分为方坯连铸机和板、圆、异型坯连铸机两大类。

2 根据目前收集到的 2004 年前国内部分重点厂实际生产指标统计数据，方坯连铸工序能耗指标较先进的约为 12kgce/t 左右。板坯连铸工序能耗指标较先进的为 13.5kgce/t～14.2kgce/t。其他大多数厂的统计指标显示均大于 15kgce/t。其中有的厂可能包括了部分精炼钢水的能耗，但无具体数据，无法进行分析。仅对某厂 2004 年的板坯连铸工序能耗进行了初步分析，该厂报表工序能耗为 19.2kgce/t，精炼比 40%，精炼装置为 RH-KTB。若扣除 40% 钢水经 RH 处理的能耗，则连铸工序能耗为 13.4kgce/t。由此可以看出，98 版连铸工序能耗指标仍为目前先进水平。因此此次修订不作调整（电力折算系数采用 0.404kgce/kW·h）。

4.7 金属压力加工

Ⅰ 一 般 规 定

4.7.4 新工艺、新技术如切分轧制、低温轧制、控制轧制、工艺润滑轧制、控制冷却、长尺冷却、长尺矫直、在线热处理、在线检测和计算机控制等；如高刚度、高精度轧机，高精度和优化剪切的飞剪机，保温装置，热卷箱等。

4.7.11 本条规定宜降低加热温度，减少金属消耗和能源消耗。

Ⅱ 大、中型轧钢

4.7.13 为实现连铸坯热装热送工艺，在考虑总图布置时炼钢连铸车间应与轧钢车间装炉辊道之间布置成短流程工艺型式。对于改造工程，受总图限制无法实现短流程工艺布置型式时，也应创造条件采用保温车运输等方式实现热装热送工艺。

4.7.15 快速更换装置，可减少换辊及更换锯片时间，提高作业率。

4.7.17 大型 H 型钢是指腹板高度大于 400mm、翼缘宽度大于 200mm 的 H 型钢产品；中小型 H 型钢是指腹板高度小于 400mm，翼缘宽度小于 200mm 的 H 型钢产品。

Ⅲ 小型、线材轧钢

4.7.22 节能型轧机设备系指粗轧机采用连轧机组，精轧机组为采用集中传动的高速无扭精轧机组。若投资允许可在高速无扭精轧机组后设置定减径机组，以进一步提高产品的断面尺寸精度并提高轧机的作业率。

Ⅳ 热轧板带轧钢

4.7.31 采用连铸坯不能满足产品性能和尺寸规格要求的特厚板等特殊品种可采用钢锭生产。

4.7.39 中厚板生产在厚度及宽度定尺、长度不完全定尺条件下，坯料为连铸坯时其成材率可达到 92%～93%；坯料为钢锭时其成材率可达到 83%～85%。

4.7.40 采用控温轧制及轧后控制冷却工艺的目的是控制产品金相组织和提高产品的机械性能，减少金属氧化损失，对某些品种可代替轧后热处理。

4.7.41 连铸连轧工艺，钢包回转台上应设置钢包加盖装置，减少钢水温降，保证浇铸温度稳定。

4.7.44 连铸连轧金属成材率为从钢水到热轧卷的综合成材率，其中从大包钢水到合格铸坯的成材率应不小于 97.5%，从合格铸坯到热轧卷金属成材率应不小于 98.5%。

Ⅴ 冷轧板带轧钢

4.7.61 无取向电工钢指采用常化酸洗机组、轧机、(中间退火机组)、(二次冷轧)、焊接机组、退火机组、剪切机组和包装机组生产的产品，若高牌号无取向电工钢需要经过中间退火和二次冷轧，则各能耗约为表中所列值的 1.1 倍；取向电工钢指采用常化酸洗机组、轧机、(二次常化酸洗)、(二次冷轧)、焊接机组、退火机组、高温环形炉、热拉伸平整机组、剪切机组和包装机组生产的产品。

Ⅵ 涂、镀层

4.7.63 从产品质量控制及成材率考虑，新建车间不

宜单独建设涂镀层机组。

Ⅷ 无缝钢管

4.7.73 用轧坯时钢水至坯的金属成材率为 84%～86%；用连铸圆管坯时钢水至坯的成材率为 96%～98%，比轧坯成材率高 10%～14%。管坯在成本中约占 60%，连铸圆管坯比轧坯成本低 20%。

连铸圆管坯与轧坯相比的优点：①节省能源 30%～40%；②金属成材率高 10%～14%；③管坯成本低 20%。

对生产批量小、钢种多、高合金钢和要求的压缩比时，宜采用钢锭或锻坯。

4.7.75 我国某厂 Φ250mm 连轧管机组采用在线常化热处理工艺，大批量生产 N80 套管，X42～52 管线管和 20G 高压锅炉管。

Ⅸ 锻 钢

4.7.85 机械行业以锻件生产为主的锻造车间与冶金系统特殊钢企业以锻材为主的锻钢车间能源消耗差异很大，需要明确本规范仅适用于冶金特殊钢企业锻钢车间。

4.7.86 国内仍有 1/3 的特殊钢企业锻钢生产保留着电液锤。因其合金比和高合金比较低，锻件比例很小，炉型小，能耗相对偏低。

4.7.91 目前，国内冶金锻造产品多数按粗加工状态交货，本规范的锻造工序能耗为粗加工能耗，不包括锻造产品的延伸加工（调质、精加工、表面淬火等）能耗。

4.7.92 本规范工序能耗指标是区分快锻机组、精锻机组和电液锤提出的，因这三种锻造设备产品结构及其能耗结构差异较大，很难给出综合能耗指标。

5 钢铁企业辅助设施设计节能技术

5.1 工业炉窑

5.1.1 工业炉在满足工艺要求、保证产品质量的前提下，应坚持以节能为中心的原则进行设计，以实用节能技术为主，大力推广新的节能技术。工业炉在钢铁企业是耗能大户之一，因此节能便成为工业炉设计的重要环节。我国近几年来工业炉技术发展很快，新的节能技术也很多，在工业炉设计中要积极稳妥地应用新技术。有效控制炉膛压力和保持炉体严密性可有效减少热损失。

5.1.2 炉内水冷构件吸收大量的热能，不仅增加燃料消耗，同时还消耗了大量的水。炉内水冷构件隔热包扎和不包扎的吸热量相差十几倍，因此必须采取行之有效的隔热包扎措施。

5.1.3 热装是实现节能和优化工艺的重大措施，热

装率和热装温度不同，炉型结构与供热方式也有所不同。随着生产条件和技术的不断成熟，热装率和热装温度越来越高，因此在炉型结构与供热方式上应为提高热装率和热装温度创造条件。

5.1.5 气体燃料燃烧易于控制、加热设备简单、操作维护方便。利用钢铁厂副产煤气既节约成本，又减少环境污染，是工业炉的理想燃料。

原油是重要的化工原料，工业炉中应禁止使用。用原煤及煤粉做工业炉燃料既难于满足加热质量要求，也难于达到环保要求，因此不建议采用。

有很多企业煤气不够用，需补充其他燃料，这时工业炉设计应满足多种燃料燃烧要求，原则是尽量将副产煤气先用完。

5.1.7 工业炉烟气余热应首先用来预热助燃空气和煤气，把余热回收到炉内去，有效提高炉子热效率。

5.1.9 工业炉配置不供热的预热段是回收烟气余热的最好方法。合理延长炉长、配置不供热的预热段，可充分利用高温烟气预热入炉的冷料，降低排烟温度。

5.1.10 烟气余热回收率按下列公式计算。

$$R_c = \frac{Q_h}{Q_y} \times 100\% \qquad (1)$$

式中：R_c——烟气余热回收率；
Q_h——预热助燃空气（和煤气）所回收的物理热（kJ/h）；
Q_y——出炉烟气物理热（kJ/h）。

5.1.11 周期性生产的工业炉及低温热处理炉种类繁多，要求也各不相同，只能根据具体情况采用不同的热回收方式，如采用自身预热式烧嘴、蓄热式烧嘴等。

5.1.12 加热炉水梁采用汽化冷却有节约用水、降低能耗、回收能源和减少钢坯黑印等多方面好处。步进梁式加热炉的汽化冷却技术已经成熟，当企业有蒸汽需求时，应积极采用。推钢式加热炉应采用低汽包、自启动、自然循环的汽化冷却系统。

5.1.13 工业炉窑外表面温度在现行国家标准《评价企业合理用热技术导则》GB/T 3486 中规定的数值如表 1 所示。

表 1　工业炉窑炉体外表面最高温度

炉内温度（℃）	外表面最高温度（℃）	
	侧墙	炉顶
700	60	80
900	80	90
1100	95	105
1300	105	120
1500	120	140

注：1　表中值系在环境温度为 20℃时，正常工作的炉子外表面平均温度（不包括炉子的特殊部分）。

　　2　表中值不适用于下列工业炉窑：
　　　1）额定热负荷低于 0.8×10^6 kJ/h 者；
　　　2）炉壁强制冷却者；
　　　3）回转窑。

5.1.15 隔热后的热空气管道温降应不超过 0.5℃/m。

5.1.16 工业炉设计采取节能措施，可提高炉子热效率，降低燃料消耗。工业炉热效率是衡量炉子设计和使用是否节能的重要指标之一，炉子热效率按下列公式计算。

$$\eta_t = \frac{Q_w}{Q_{rh}} \times 100\% \qquad (2)$$

式中：η_t——炉子热效率；
Q_w——出炉物料吸收的物理热（kJ/h）；
Q_{rh}——燃料燃烧化学热（kJ/h）。

5.1.17、5.1.18 工业炉设计的另一个重要节能指标是额定燃料单耗，额定燃料单耗是投入的燃料燃烧化学热 Q_{rh} 与小时产量 D 的比值。表中列出的轧钢加热炉的额定燃料单耗指标是根据出钢温度和炉子热效率来确定的。

5.2　燃　气

5.2.1 本条为强制性条文。根据《钢铁产业发展政策》第十三条"焦炉、高炉、转炉必须同步配套煤气回收装置"。

5.2.2 煤气平衡是钢铁企业能源平衡的重要组成部分，编制钢铁企业煤气平衡，对合理组织生产、充分利用副产煤气、节约能源具有重要意义。因此各钢铁企业应根据生产计划，对副产煤气要全面规划，编制年、季、月煤气平衡，并制定减少煤气放散的措施。编制煤气平衡表时，所用消耗定额应不大于本规范的规定值。

5.2.3 本条为强制性条文。煤气用户消耗量和煤气发生量是波动的，造成煤气管网压力的波动，造成煤气的放散和影响煤气用户的正常使用，必须采取稳压措施。

一般来说，钢铁企业的稳压措施有三种：①设置煤气柜。煤气柜的作用有以下几个方面：a. 有效回收放散煤气。煤气柜可短时间平衡煤气的产销量，能有效地吞吐缓冲用户更换燃料时的煤气波动量。b. 充分合理使用煤气。煤气柜的建立，可以减少甚至不考虑缓冲量，减少外购燃料量，提高煤气的利用率。c. 稳定管网压力。保证煤气用户的正常使用，以改善产品的质量。②建设煤气缓冲用户。由于锅炉能使用多种燃料，因此锅炉是缓冲用户的首选。③设置剩余煤气自动放散装置。当企业建设初期或煤气用户长时间检修等特殊情况下，煤气将会出现大量剩余，此时必须依靠自动放散装置来稳压。

5.2.4 由于干式煤气柜较湿式煤气柜有以下优点：①储气压力高（工作压力可达 8kPa，甚至 15kPa），煤气适用于远距离输送。②工作压力稳定，活塞升降时工作压力变化小于 ±147Pa。③气体吞吐量大，活塞运行速度可达湿式柜的两倍。④占地少，基础费用低。占地仅为湿式柜的 75% 左右，工作荷载仅为湿式柜的 5.5% 左右。⑤使用年限长，维修工作量小。⑥污水排放量小，工作时仅有少量煤气冷凝水排出，有利于保护环境。因此本规范要求新建煤气柜宜采用干式。

5.2.5 为解决转炉煤气生产的间歇性和其用户使用的连续性。

5.2.7 设置转炉煤气储配装置，可有效提高转炉煤气利用率和确保转炉煤气的稳定供应。

5.2.8 由于干式煤气柜设计压力的提高（目前多边形干式柜和圆筒形干式柜的设计压力可达到 10kPa～15kPa），煤气管网的运行压力随之提高，这样为"少建或不建煤气加压设施"创造了有利条件。

5.2.11 为生产提供必要的维修和调节手段。

5.2.12 本条为强制性条文。制氧生产耗能高，且是连续生产，而转炉炼钢生产是间断性的。为保证钢铁生产的气体供应，避免气体放散造成的浪费，企业应配置一定容量的气体储存设备。

5.2.14 高炉富氧的供氧方法有两种：①机前富氧，空分设备出来的低压氧气（压力为 15kPa～20kPa）送入高炉鼓风机的吸入侧。②机后富氧，空分设备出来的低压氧气通过氧压机加压到 3.0MPa 或 0.8MPa，然后再调压到大于冷风压力（0.4MPa～0.6MPa）的数值，送入高炉鼓风机后的冷风管道。

由于机前富氧不需要压氧，所以大大节约了电耗。国内自宝钢应用机前富氧工艺以来，其他几家钢厂（福建三明钢厂、福建三安钢厂、常州中天钢厂等）已陆续采用了该项技术。实践证明，只要在机前富氧工艺中设置必要的安全措施，其安全性是完全能够保障的。

5.2.15 干式布袋除尘的突出优点是：①节水。②提高 TRT 的发电量。随着高炉干式布袋除尘技术日益成熟。据统计目前国内新建高炉均采用全干式布袋除尘装置。

5.2.16 根据《钢铁产业发展政策》第十三条"新上项目高炉必须同步配套高炉余压发电装置"。

高炉煤气余压透平发电装置（TRT）的节能效果和环保效果良好，经济效益和社会效益显著。TRT 不但能利用高炉煤气的余压进行高效发电，而且还有效地解决了减压阀组产生的噪声污染和管道振动。实践证明 TRT 发电量约为高炉鼓风机所耗电量的 40% 左右，因此 TRT 可降低炼铁工序能耗及成本，是一项收效十分显著的节能和环保项目。

中小高炉中，对于高压高炉且煤气净化采用干法除尘工艺，其 TRT 的节能效果尤为明显，全干式 TRT 将高炉煤气余压转换成电能外，还可充分利用煤气显热，所以发电量较湿法提高 25%～40%。

5.3 电 力

5.3.1 现代大型钢铁联合企业各主要生产工序负荷均较大，在负荷比较集中的区域是指炼铁区、炼钢区、热轧区等。根据总降变电所尽量靠近负荷中心的原则，应在主要生产设施如炼铁、炼钢、热轧、冷轧、原料/烧结、大型制氧站等处设立 110kV 或 35kV 区域性变电站。

关于新建钢厂不得采用 6kV 作为区域变电站配电电压，说明如下：

根据现行国家标准《供配电系统设计规范》GB 50052 第 4.0.2 条"当供电电压为 35kV 及以上时，用电单位的一级配电电压应采用 10kV；当 6kV 用电设备的总容量较大，选用 6kV 经济合理时，宜采用 6kV。"作为新建钢厂考虑到 10kV 配电电压可以节约有色金属，减少电能损耗和电压损失，且新建钢厂大多数 6kV 负荷可用 10kV 替代，6kV 负荷比重不会很大，因此作如上规定。

5.3.2、5.3.3 分布式发电厂及相应管控中心，可提高钢铁企业余热余能回收发电及富裕煤气发电能力及效率。

此二项条文由现行国家标准《供配电系统设计规范》GB 50052 第 4.0.10 条及第 4.0.11 条细化而来。

5.3.4 有较大冲击负荷及非线性负荷的用电设备指热连轧、冷连轧、厚板轧机以及大中型炼钢电弧炉、钢包精炼炉等；装设滤波装置、无功补偿装置（静态或动态无功补偿装置），可满足电能质量要求，获得节能效果。

5.3.6 减少电压层次、降低变电损耗。变电所建在靠近负荷中心位置，可以节省线材，降低电能消耗，提高电压质量。

5.3.11 此条文中规定"变压器长期负荷率不应低于 30%，且不得空载运行"是符合我国国情的，变压器负荷率过低，将会大量增加基建投资；企业变电所贴费和基本电费会大大增加，造成企业资金的浪费。

低损耗电力变压器，就是选用高导磁的优质冷轧品粒取向硅钢片和先进工艺制造的新型节能变压器，具有损耗低、质量轻、效率高、抗冲击等优点。

5.3.14 根据负荷情况，有切换每台变压器的可能性，以实现变压器经济运行。

5.3.16 新建或扩建工程应选用 SL7、SLZ7、S9 等节能变压器。有资料显示，与老产品比，SL7、SLZ7 无励磁调压变压器的空载损失和短路损失，10kV 系列分别降低 41.5% 和 13.93%；35kV 系列分别降低 38.33% 和 16.22%。S9 系列与 SL7 系列比，其空载损失和短路损失又分别降低 5.9% 和 23.33%，平均每千伏安较 SL7 系列年节电 9kW·h。

5.3.21 使电炉具有最小的电损耗、较高的功率因数，保持电炉三相功率平衡为使电弧炉三相功率平衡，主要措施之一是使短网三相阻抗基本相等。同时，较小的短网阻抗，可获得较低的电弧电压和较大的电弧电流，降低损耗提高功率效率。

5.3.22 短网是在低电压、大电流的条件下工作，由于电流大，磁场强，在导体和周围的铁件中引起的电损耗也大，为此，应避免在其附近设置有导磁性材料，减少涡流及环流的损耗。

5.3.25 高效率低损耗电力设备可根据技术经济比较和生产工艺要求选用交流电动机传动。

5.3.28、5.3.29 这两条规定要推广采用高光效光源，对光效低的光源要限制使用。

5.3.30 气体放电灯的自然功率因数较低，约在0.4左右，在灯旁设电容补偿，可以降低电能损耗。分散补偿比集中补偿更有利。

5.4 给 排 水

5.4.1 钢铁企业供排水系统因工艺要求各不相同，会分成许多不同的循环系统，这样更易于满足生产需求，也会更加节能。

5.4.3 冶炼设备和连铸机等冷却部件因温度高致使循环水易结垢而影响冷却效果，所以冷却这些设备的冷却水宜采用软水（除盐水或纯水）闭路循环系统，因为软水、除盐水、纯水中的大部分能形成水垢的钙、镁离子已被去除，循环水可以比较稳定地运行，保证冷却效果。

5.4.4 串级供水方式，一水多用，把废水消耗在使用过程中，可减少外排废水量，是一种节能、节水的供水方式。如要求低温水的变压器冷却，用后可以进入温度合适的其他净环水系统；高炉联合软水闭路循环系统中炉底冷却后的软水加压供给炉体冷却；高炉煤气洗涤循环系统中的"二文"洗涤水加压供给"一文"。上述串级供水实例都使水量大为减少，从而也达到了节水、节能的目的。

5.4.5、5.4.6 大型给水设备诸如水泵等宜选择那些效率较高的型号，并根据输送介质的不同而选择其相应性能较好的设备；大型的热交换设备，如板式换热器应选择K值较高的产品，冷却塔相应选择冷却效率高而又收水效果好的产品，近年来开发出的蒸发式空冷器，既有空冷又有水冷的功能，因此冷却效果较好，喷水量不大，也可实现节水目的。

5.4.12 钢铁企业的循环水系统中有不少间接冷却水回水是有压力的，这些余压可满足上冷却塔的要求，从而省了再次提升上塔的能耗；给排水专业应与工艺专业充分协商，尽力提高无压水的回水标高，使无压水以重力流方式回到循环水泵站或水处理构筑物，这样就可节约能耗。

5.5 热 力

5.5.1 新建高炉较少，且要建高炉容积大于或等于1000m³，但改扩建高炉还是存在，故提出了表5.5.1的常年运行点效率，改扩建高炉可参照执行。表5.5.1是设备厂家的设计数据。380m³、450m³等高

炉近几年民营企业仍有建设，国外发展中国家也有建设。虽然不符合钢铁投资建设项目的最低条件（≥1000m³），但吸入流量保留了2000N·m³/min这一挡还是必要的。

5.5.3 由于轴流式风机的普遍采用，对风机进口空气过滤装置有更高的要求，故提出了目前较好的空气过滤装置。条文中的表5.5.3是设备厂家的设计数据。

5.5.4 供风管道的好坏在于施工质量，一般大于或等于3000m³高炉鼓风漏风损失应小于1.5%；小于3000m³高炉鼓风漏风损失应小于2%。

5.5.5 因为除少数几个钢铁公司外，国内脱湿基本上没有采用，但在南方潮湿地区采用该技术，节能效果明显，所以提出在潮湿地区推荐使用的要求。高炉冷风管道已普遍使用保温措施，且已包括鼓风机站的进风管和出风管、放风管。其另一个目的在于降低噪声。

5.5.10 工业锅炉热效率见现行行业标准《工业锅炉通用技术条件》JB/T 10094，工业锅炉热效率应该符合下列规定：

1 锅炉热效率应不低于表2的规定：

表2 锅炉热效率

燃料品种		燃料低位发热值(kJ/kg)	锅炉容量 (t/h或MW)					
			<0.5或<0.35	0.5~1或0.35~0.7	2或1.4	4~8或2.8~5.6	10~20或7~14	>20或>14
			锅炉热效率（%）					
劣质煤	I	6500~11500	55	60	62	66	68	70
	II	>11500~14400	57	62	64	68	70	72
烟煤	I	>14400~17700	61	68	70	72	74	75
	II	>17700~21000	63	68	70	72	74	75
	III	≥21000	65	72	74	76	78	79
贫煤		≥17700	62	68	70	73	76	77
无烟煤	I	<21000，Vr=5%~10%	54	60	62	64	69	74
	II	≥21000，Vr<5%	52	57	59	62	65	68
	III	≥21000，Vr=5%~10%	58	63	66	70	73	75
褐煤		≥11500	62	66	69	74	78	79
重油			80	80	81	82	84	85
天然气			82	82	83	84	86	87

注：1 表中燃用煤矸石的锅炉热效率指标按Ⅰ类劣质煤考核。

2 表中燃用油页岩和低位发热值小于11500kJ/kg褐煤的锅炉热效率指标按Ⅱ类劣质煤考核。

3 表中未列燃料锅炉热效率指标由供需双方商定。

2 0.5t/h或0.35MW燃煤手烧锅炉的热效率指标允许比表2中相应规定值降低3%；机械化燃煤锅炉的热效率指标允许比表中相应规定值降低1%；

3 煤粉燃烧锅炉的热效率指标比表2中相应规定值增加3%。而热电厂（站）锅内热效率的规定为，在额定蒸发量下，锅炉热效率不低于技术协议规定的保证值（保证值与设计值的差值一般不大于1.5%，个别煤种其差值不超过2%），可见现行行业

标准《电站锅炉技术条件》JB/T 6696。

5.5.18 凝结水回收应考虑如下要求：

1 蒸汽供热系统中，所有产生凝结水的场点，均应安装合适类型的疏水阀。采用蒸汽间接加热方式的用汽设备，应经疏水阀排水，不得直接排汽。

2 用汽设备产生的凝结水，必须回收，凝结水量不大于100kg/h，且回收确实有困难或者不经济的，可暂不回收。

3 对于可能被污染的凝结水，应分别处理。经技术经济比较确有回收价值的，应设置水质监测及净化装置。对于回收不经济的，应尽量回收其热量。

4 凝结水的净化装置应是技术可靠、操作简便、有成熟经验的。回收的凝结水作为锅炉补给水时，必须符合锅炉给水水质标准的有关规定，保证锅炉受热面的清洁度和减少排污损失。连续排污水的二次蒸发汽和高温凝结水的热能宜利用。

5.5.19、5.5.20 压缩空气供应应满足如下要求：

1 严格控制吹刷用户，必要时应在管口加装节流喷口。

2 公用压缩空气系统的压力应考虑高于公用压力的用户宜采用专机专供，低于公用压力的用户且耗量较大时，宜采用低压机组。

3 应选用可靠的吸入空气过滤器，提高空气清洁度，并减少压缩机进口压力损失。

4 宜采用有压回水，使冷却水循环使用。

5.5.23 目前余热回收及利用情况：

1 杭州中能公司、青岛捷能公司等汽轮机供应商生产的小功率的工业余热利用汽轮机，可用于低品位热能发电工程。

2 河南省永兴钢铁公司于2004年5月27日投入运行的高炉煤气余压透平与电动鼓风机组同轴驱动工程，回收煤气裕压直接产生机械功。

3 济钢、杭钢、马钢等公司的干熄焦发电工程，利用焦炭显热产生蒸汽供汽轮发电机发电。

4 鞍钢、济钢等冲水渣的热水、焦化厂煤气净化设施中横管式初冷器排出的热水用于采暖。

5.6 采暖通风除尘

5.6.1 根据国家的产业政策，各大钢铁联合企业已逐渐形成规模，有条件也有必要逐步实现热电联产，尤其对新建的钢铁企业，在规划中应对热电联产进行统筹安排，尽早实施。中小企业暂不具备热电联产或区域集中供热条件时，应在中远期发展规划中考虑预留区域性集中供热锅炉房或与城市热网相连接的总图位置与方式。

5.6.2 工业余热利用已提倡多年，对节能起了很大的作用。例如利用高炉水冲渣热水、焦化初冷器冷却水、冶金炉窑烟气余热锅炉和汽化冷却装置产生的蒸汽等。工业余热采暖只是余热利用、节能的一个方

面，由于受到季节和不同地区的限制，利用率也不相同。本条主要是针对北方地区，中南部地区也可借鉴。

5.6.3 开发利用地热和太阳能，开辟了能源利用的新领域。在有条件的地区，应首先进行经济技术比较和符合工艺要求后，确定利用的方式和规模。利用地热水采暖供热时，还应满足环保对回灌水的水质要求。

5.6.4 厂区供热房间一般都比较分散，供热内网较小，外网却很大。采用蒸汽作采暖热媒，凝结水不易回收。蒸汽采暖只作为一种可采用的采暖方式，除在热风采暖中宜采用外，在散热器采暖中并不提倡。

5.6.5 热风采暖（包括热风幕、暖风机）系统运行的效果与热媒温度有很大关系，采用低温水吹出来的是冷风，效果不好，所以不宜采用较低温度热水作热媒。高温水的水温应在110℃以上。

5.6.8 本条给出了通风机的选择原则。其设计工况应在风机的最高效率点附近，避免在低效率下工作。

5.6.11 生产要求的不同条件是指，在生产的过程中不同品种、不同工序、不同的生产组织及不同季节对送、排风的要求也不相同。这就需要根据以上情况，通过合理的系统划分和配置，满足不同时期生产对送、排风的要求。

5.6.12 不同时工作的各除尘点合设一个除尘系统时，各除尘点的除尘风管上一般设有与工艺设备连锁的启闭阀，工艺设备运转时阀门打开，运转停止后阀门关闭。风量按同时工作点考虑，以求在一定的风量下取得较好的捕集效果。

5.6.13 在工厂除尘系统布置中，一般除尘管道都较长，管道部分的阻力损失对系统的影响较大。在路由的布置上，在不影响工艺要求的前提下，尽量缩短距离，减少弯头，避免急、死弯。弯头的曲率半径与管道直径比应大于或等于1。

5.6.15 电机直通式通风系统是指：电机送风为送新风，排风直接排入车间内或车间外。电机循环式通风系统是指：电机通风为循环风，循环风需经空气冷却器中冷却水冷却降温，当多台电机采用此方式通风时，可采用冷却水串联使用，以节省水量。前提是冷却水出水温度低、进出水温差小。

5.6.16 应根据通风、除尘与烟气净化系统的大小及重要程度，合理地选择自控设施，一般小系统可简单些，大系统或复杂程度高的系统自控设施应完善。

5.6.17 根据不同的室内参数，按不同区域分别设置空气调节系统，易于调节和满足不同的使用要求。但当各房间相互邻近且室内温、湿度基数、单位送风量的热湿扰量，使用班次及运行时间接近时，应划为一个系统。

空气调节方式分集中式和分散式，集中式是设有统一的集中制冷站，通过管道统一向各个空气调节区输送冷源或热源。适用于空气调节区相对较集中、冷热负荷较大的场所。分散式是针对某一空气调节区设

置独立的空调设施,各空气调节区空调系统之间不发生联系。此种方式简单灵活,调节方便。尤其适用于地点分散、冷热负荷较小的场所。选择空气调节方式的原则。在满足使用要求的前提下,做到一次投资省,系统运行经济可靠,减少能耗。

5.6.19 保持适当的正压,有利于保证房间的清洁度和室内参数少受外界的干扰。工艺无特殊要求时,室内正压保持在 5Pa～10Pa 之间,一般舒适性空气调节的新风量均能满足此要求。当工艺有特殊要求时,其压差值应按工艺要求确定。压差值不宜过高,否则需加大风量,增加能耗,同时人体也会感到不适。

5.6.20 采用较大回风百分比(率),降低新风率是节能措施之一。提高回风率不能以牺牲工艺及卫生要求为代价,这是一个前提。回风量的大小应根据运行工况,室内卫生条件,本着尽量降低能耗的原则确定。

5.6.22 精度要求不高是指室温允许波动范围不小于 ±1℃。

5.6.26～5.6.28 通风空调、制冷设备及管道需保温和保冷的部位很多,也比较复杂,应按有关要求认真做好保温和保冷工作。主要作用为避免表面结露,减少冷热损失。

5.6.29 保温材料和保冷对保温和保冷效果的影响很大,本条给出了具体的保温材料基本性能要求,选用时,不应低于此标准。

保温材料在常温下的导热系数不大于 0.14W/(m·K),并应有明确的随温度变化的导热系数方程式或图表。对于松散或可压缩的保温材料及其制品,应提供在使用密度下的导热系数方程式或图表。

5.6.30 保温和保冷层厚度的计算原则。根据保温和保冷部位的不同要求,采用不同的计算方法,具体详见有关设计手册。

5.7 总图运输

5.7.1～5.7.3 将选矿厂、钢铁厂靠近原、燃料基地及国家铁路、道路、水运航道布置,目的都是为了缩短大宗原、燃料的运距,以降低由运输所产生的能耗。

5.7.4～5.7.7 总平面布置与厂内运输是一个有机的整体,在总图布置时,必须统筹考虑。厂外原、燃料运入至成品运出的总体流向与各生产车间的生产流程应一致,或将车间之间的运输变成车间内部各工序间物料的转移,使物料运输顺行、短捷,避免物料的迂回、往返、重复运输甚至逆行,可减少不必要的能源消耗。

5.7.8 将炼钢、连铸、轧钢车间联合顺序布置以便于连铸坯的热送,可以从两方面节能,一是减少了热能的消耗及钢坯二次加热所需的能耗,二是简化了连铸车间至轧钢车间的运输,从而节省了能源。

5.7.9 缩短管线长度,节省能耗,并减少水、电、风、汽等动力介质在运输过程中的损耗。

5.7.10 煤粉输送管道、石灰粉及污泥管道的布置,从平面和立面的布置上应尽量顺直,减少弯头。目的是为了降低煤粉、石灰粉及污泥等在输送中的阻力损耗和弯管的磨耗。

5.7.12 对于场地自然标高较低,需要大量填方来抬高场地标高才能达到自然排水目的的厂区,可降低场地设计标高,但需设置防洪防潮(或防内涝水)堤坝,并采取排水泵排水。这时,场地设计标高定多高,内涝水有多少量,采用多大的泵合适,开泵时间有多长,应作全面的技术经济比较,计算排水排涝能耗后确定场地设计标高。

5.7.13、5.7.14 充分利用地形设置合理的台阶进行总图布置或站台设计,可使物料在输送过程中缩短运距,在装卸过程中降低扬程。例如:将高炉矿槽设在一定标高的台阶上,可缩短高炉上料主皮带,缩短运距,从而降低能耗。

5.7.17 避免单程运输,提高空车利用率。

5.7.18 采用优质路面材料,提高道路技术条件,目的是为了降低汽车油耗。

5.8 机 修

5.8.1 在计划经济年代建设的"大而全"钢铁企业机修设施,过分强调自给率,设有铸、锻、热处理等高能耗的车间和大量通用加工机床,普遍存在自制备件寿命低,备件消耗过大,人力、物力利用率低等问题,能源浪费极大。要大幅度降低机修设施的能源消耗,必须从建立适应市场经济的修理体制入手。

5.8.2 推广设备诊断技术,将备件供应和设备检修工作纳入现代科学管理的轨道。国内许多钢铁企业采用宝钢设备管理模式,在基层建立设备点检制度,推广设备诊断技术,在积累的实际调查资料基础上,编制设备检修计划和备件供应计划,设备管理工作逐步建立在现代科学管理基础上。企业设立设备部,主要承担设备管理工作,检修备件和设备检修工作主要依靠"专业化协作"解决。

5.8.3 国内许多原有钢铁企业机修设施,已经在逐步与企业剥离,进行了改制和较大规模的技术改造,走向社会。剥离出来的机修设施多数仍以原企业的检修任务为依托,承担地区设备检修工作和组织备件专业化生产,取得较好效益。近年来,国内许多新建企业,特别是合资企业发展趋势是将设备检修工作,包括日常维修工作委托给建厂期间的设备安装公司,而不在内部设置机修设施。鉴于此种情况,提出不推荐对今后新建的钢铁企业,在其内部设置机修设施。对上述原有企业和新建企业,将不存在机修实体和能源消耗问题,也无需对其进行考核。

5.8.4 实际上,有的新建企业因地区协作条件较差,仍要在企业内部设置机修设施。本条提出若干条款和能耗指标以控制其建设规模和体现"专业化协作"原则。

5.8.5 采用自动埋弧焊机,提高数控机床比例,推广强力切削和高速切削工艺。

5.8.6 企业机修能耗指标为钢铁企业吨钢（t 钢）产量所消耗的企业机修能耗。是在近年来几个典型工程实际设计数据基础上编制的。

6 钢铁辅助生产企业设计节能技术

6.1 采 矿

6.1.2 半连续联合运输的开拓方式，是指汽车—破碎—胶带联合运输。

在露天开采设计中，在总体边坡稳定条件下，尽量采用较陡的边坡角，采用并段方式加陡边坡角，特别是加陡深部水平边坡角，减少剥离量，如大冶东露天矿采取并段边坡角加陡 2°，深部采取 3~4 并段，边坡加陡 4°~7°，较大的减少剥采比。初期剥采比大的露天矿采用分期过渡均衡剥采比可取得好的经济效益；高差大的山坡露天矿，有条件采用了平硐溜井开拓，矿岩重力下放，可大量节省能耗；大型深凹露天矿有条件采用汽车—胶带机连续联合运输，也是有效节能措施，如水厂铁矿、大孤山铁矿、南芬铁矿等。

6.1.3 加大阶段高度是当今国内外大中型地下矿发展趋势之一，如基鲁钠铁矿段高从 100m→200m→300m；国内梅山铁矿段高从 60m→90m，程潮铁矿段高 70m→140m，马坑铁矿 60m→100m。

采用无底柱崩落法采矿的铁矿矿山占地下产量 80%以上，因此强调有条件尽可能采用高分段大间距进路布置，这样可降低采准比，减少地压对炮孔及巷道的破坏，这是较好的节能措施。如基鲁钠铁矿分段高度已达 28.5m~30m，玛尔贝格特铁矿分段高 20m。我国几个大型铁矿，如梅山铁矿、镜铁山矿、程潮铁矿等分段高及进路间距从 10m×10m 增加到 15m×15m~20m×20m，使采准比节省了 50%~100%，试验测定地压减缓了 15%~20%。

大中型地下矿采用高效能液压凿岩台车替代传统风动凿岩台车及凿岩机；采用铲运机替代风动装运机，是矿山生产工艺发展的一个大飞跃，这一变革使采掘效率大幅度提高，因此节能显著。

高效节能采掘设备指液压凿岩台车、电动铲运机、柴油铲运机。

6.1.5 矿山总平面布置、紧凑合理、线路短捷、货流顺向，充分利用地形是总图设计必然要求。

6.1.6 在此特别应注意有条件的露天矿开辟内部废石场，减少废石外运，如大冶东露天采场开辟象鼻山采区作为内部废石场就是实例。

6.1.7 多绳提升机和单绳提升机相比，具有适于深井重载提升、设备较轻、钢绳直径小、投资较省、耗电小、安全等优点，因此在大、中型冶金地下矿竖井提升获得广泛的应用。

在经济条件允许的情况下，采用双箕斗、双缶笼及斜井双沟定点提升，以达到节能的目的。

6.1.8 提升机功率大小，取决于提升重量与提升速度，在满足提升任务的前提下，采取较低的提升速度，相应减少提升机功率。

6.1.9 大、中型地下矿竖井采用带平衡尾绳的提升系统，也能起到一定的节能作用。

6.1.10 随着我国钢铁工业发展，轻型合金钢材品种增加，为采用轻金属结构的提升容器制造提供了物资保证。

6.1.11 根据新的建矿理念，新建的大、中型地下矿山已采用液压采掘设备取代耗气量大、工效低的采掘设备（如 CTC 型凿岩台车和 C30 气动装运机），从而大量减少了地下矿山内压缩空气量；并且由于矿山机械制造业的技术进步，已生产出机体小、移动便利、节能的各类坑内移动式空压机。采用坑内移动空压机替代传统坑（井）口集中空压站供气，具有显著优点：①取消长距离压气管道，可减少管道损失15%~40%，减少管道钢材和管道安装、维护；②风压损失小使凿岩效率提高 1/5~1/3；③减少巷道开拓断面；④减少地面建空压站占地和噪声污染；⑤避免空压机大马拉小车的现象。如新建的北铭河铁矿、紫金铜矿及安徽的一些新建地下矿都采用坑内移动空压机代替传统地面集中空压站供气，使用方便，效率高，较大幅度降低能耗。

6.1.12 减少压缩空气的其他用途，是节约压缩空气损耗的措施之一。

6.1.13 由实践证明，分区通风具有单路风量较小、风路较短、负压较小的优点，因此有条件分区的矿井应采取分区通风。

20 世纪 90 年代以后，多个冶金地下矿山采用坑内多级机站通风，与原地面主扇通风方式相比较，通风有效率从 40%~50%提高至 65%~70%，通风机装机容量及耗电大幅度下降，如梅山铁矿通风机装机容量主扇为 2600kW 降到多级机站的 1470kW，耗电 7.05kW/t 矿降至 2.15kW/t 矿；蚕庄金矿主扇通风耗电 2.83kW/（m³·s），多级站通风降至 1.22kW/m³·s；三山岛金矿主扇耗电 1.83kW/（m³·s），多级机站降为 0.75kW/（m³·s）；凤凰山铜矿主扇耗电 5.19kW/t 矿，改为多级机站后耗电降为 2.89kW/t 矿。因此，多级机站通风得到普遍推广；最近安徽霍邱地区新设计的几个矿山，福建马坑铁矿设计也都采用多级机站通风，以达到矿井通风节能目的。

6.1.14 设计专用通风井巷断面时，应在满足工艺要求和符合安全规程的条件下，按照经济断面来校核，这是因为井巷造价与电费随地域变化和时间推移而改变，因此经济断面是有时间性的，不作为最终的确定，只作为校核。

6.1.16 采取堵（填）、截、引等方法，尽量减少流入地表开采陷落区或深凹露天矿的水量，此法在国内许多矿山已经实施。暴雨径流量大及深度较大的深凹露天矿也应采用分段截流排水（如大冶东露天采场）。

6.1.19 由于目前一些地下矿山采用了 1000V 电压的采掘设备（4m³ 电动铲运机等），如梅山铁矿、镜铁山矿使用 4.0m³ 电动铲运机后，井下交流低压配电从原来 660V 提高至 1000V。

6.1.21 本规范主要适用于新建的冶金露天铁矿和地下铁矿节能设计。改扩建铁矿、锰矿、铬铁矿和辅助原料矿山，节能设计可参考本规范执行。

6.1.23 目前，我国铁矿采深超过 1000m 的不多，故只列至 900m。

6.2 选 矿

6.2.1 提高设备负荷率和作业率可采取如下措施：

1 要与采矿专业协商，确定适合的给入破碎作业的原矿粒度。

2 大型选矿厂破碎作业要设置中间贮矿仓。

3 磨机的设备能力要与设计规模相匹配。

4 选用技术可靠、高效节能的设备。

5 应合理选用大型设备，减少设备台数，提高单机产量，降低总的装机功率。

6 合理提高磨矿机组及全厂的自动化水平。

7 尽量选用检修周期长的设备和更换周期长的材料。

8 传动功率大于 55kW 的胶带运输机驱动装置中，宜采用液力偶合器。输送矿浆用的渣浆泵宜设计成可调流量式的。

6.2.4 贯彻"能选早选，能丢早丢"的原则。

6.3 铁 合 金

6.3.1 铁合金设电炉生产车间指硅铁、锰铁、铬铁生产；湿法生产车间指钒铁、金属铬生产。

回收并充分利用余能，特别是电炉煤气和高炉煤气及半封闭和封闭电炉烟气余热等。目前，半封闭电炉采用余热锅炉回收烟气中的热能带动汽轮发电机发电或作为供热气源；封闭电炉采用气烧锅炉回收烟气中的热能带动汽轮机发电或作为供热气源。

6.3.2 应选择优质组合还原剂，石灰熔剂应选择新烧的、呈块状、精炼产品 CaO 不小于 90%，P 不大于 0.02%，有条件时应采用活性石灰；硅铁车间硅石水洗入炉；锰矿粉、铬矿粉可因地制宜采用压块、球团或烧结等实现精料入炉，有条件的也可采用中空电极直接加粉料入炉。

6.3.3 采用先进的节能工艺和设备，如摇包热兑冶炼中、低碳锰铁，转炉吹氧冶炼中、低碳铬铁，锰铁高炉富氧鼓风技术，波伦法冶炼微碳铬铁等工艺；电炉容量为 25000kV·A 及以上，硅铁类矿热电炉采用矮烟罩半封闭型，其他均应采用全封闭型。电炉变压

器选用有载电动多级调压的三个单相的节能型变压器设备。电炉电极系统采用压力环式把持器或组合式把持器等节能环保设备。

6.3.5 电炉烟气气流稳定，可节约除尘系统电耗。

6.4 耐火材料

6.4.2 功率较大且需要调速的设备，指风机、单斗提升机、回转窑等。

6.4.5 炉窑设计的节能措施有：

1 设计隧道窑、梭式窑的节能措施：①加强窑内气流循环，充分利用热能，使窑内温度均匀；②采用全封闭双窑门、窑车与窑墙间、窑车与窑车间优化密封结构，减少吸入冷风和泄漏热风；③回收冷却带热空气热量；④窑墙应采用高强度、轻质（或空心）隔热材料，减少窑体散热损失；⑤在保证足够强度的条件下，窑车衬砖应采用轻质组合砖、轻质浇注料等隔热材料；⑥窑车下应鼓风和引风，使窑车上下压力趋于平衡，避免窑车上下气体串通。

2 设计回转窑的节能措施：①利用窑尾废气热能，可用于预热窑前物料、预热助燃空气、用于余热锅炉等；②高温回转窑砌体中，应有隔热材料层；③不宜采用水冷却窑筒体；④回转窑窑头、窑尾应采用高效密封措施，如石墨块密封、端面弹簧密封、气封或综合密封措施。

3 设计竖窑的节能措施：①竖窑窑衬宜设高强度隔热材料层；②竖窑不宜采用汽化冷却壁。

6.4.8 最近调查几个生产厂产品单位热耗如表3。

表3 生产厂产品单位热耗

产品名称		单位热耗
黏土砖	低蠕变黏土砖（实砖）	148kg 实煤/t 成品
	低蠕变黏土砖（孔砖）	360kg 实煤/t 成品
高铝砖	低蠕变电炉顶 Al₂O₃80%	500kg 标煤/t 成品
硅砖	焦炉砖（梭式窑烧成）	390kg 煤/t 成品
	焦炉砖（隧道窑烧成）	300kg 煤/t 成品
	焦炉砖（倒烟窑烧成）	600kg 标煤/t～700kg 标煤/t 成品
碱性砖	镁砖 92	128kg 重油/t 成品
	镁砖 97.5	155kg 重油/t 成品
	镁铝尖晶石砖（Al₂O₃10%～15%）	176kg 重油/t 成品
	普通镁铬砖	128kg 重油/t 成品
	电熔再结合镁铬砖	200kg 重油/t 成品
	镁钙砖	119kg 重油/t 成品
其他	长水口	能耗 40440MJ/t
	长水口	2083kg 实煤/t 成品
	镁炭砖	能耗 140.6kg 标煤/t 成品

6.5 炭素制品

6.5.1 炭素制品节能设计采用的原则和措施,必须符合和具体体现本规范有关公用专业章节的通用规定,是指本规范的工业炉、总图运输、热力、电力、给水排水、采暖通风、机修设施等有关公用专业章节的通用设计原则和节能措施,大力开发推广节能型炉窑,综合利用资源和能源。

本规范的编制根据行业的分工和炭素产品的发展,产品的品种进行了两方面调整,其一是将铝用炭素产品阴极糊、炭阳极及铝用炭块,已经被惰性阳极取代的石墨化阳极产品取消;其二是将原料辅料折算能耗不计算在综合能耗指标内,这样反映出的综合能耗指标是真实的产品加工能耗,而且也与其他行业的产品综合能耗计算口径一致。

6.5.2 炭素制品设计节能采用的原则和措施,必须符合和具体体现炭素工业技术和装备政策以及本规范有关公用专业章节的通用规定,大力开发推广节能型炉窑,综合利用资源和能源。

6.5.3 经过近几年的技术发展和设备更新,设计按窑长在45m及以上,在正常生产操作条件下,做到无外加燃料煅烧已经可以实现。煅烧能耗主要是回转窑每次开炉升温所发生平均分摊在每吨煅烧焦的能耗,使回转窑煅烧平均能耗达到11.3kgce/t(331.0MJ/t)以下。采用良好回转窑密封以及良好的回转窑工艺控制技术后,原料的炭损耗可以达到小于8%。

6.5.4 随着技术发展,所使用的大型罐式煅烧炉火道层数已经达到8层~11层,实现了无外加燃料煅烧,能耗也只是罐式煅烧炉烘炉升温时的消耗,罐式煅烧炉后高温烟气的余热利用主要用于导热油炉、采暖及生活用低压蒸汽锅炉和余热发电用次中压锅炉回收余热。

6.5.5 无烟煤的煅烧采用电煅烧炉是生产工艺的需要。本规范规定电煅烧炉煅烧无烟煤操作直流电耗应不大于800kW·h/t~1000kW·h/t是按直流炉计算,无烟煤原料性质不同,电耗也不相同。

6.5.6 带机械搅拌热媒油加热的沥青快速熔化设备热效率高、加热温度高、产品质量稳定。

6.5.7 焙烧工序包含一次焙烧、二次焙烧及三次焙烧。

6.5.8 焙烧工序包含一次焙烧、二次焙烧及三次焙烧加工工序,是炭素制品生产除石墨化工序以外的耗能大工序,平均占产品综合能耗的10%~15%,焙烧炉的炉型和焙烧温度自动控制水平与焙烧工序能耗关系很大,所以提出焙烧工序应采用大容量节能型环式焙烧炉或车底式焙烧炉,并设有升温曲线的自动检测和调温装置,使焙烧品中的挥发物在炉内能充分燃烧或引出炉外充分燃烧并回收余热(车底式焙烧炉)。燃料消耗设计指标是按照电极加接头的平均焙烧能耗计算,其中普通功率电极是按照电极的一次焙烧加相

应的接头浸渍和二次焙烧的总能耗;高功率电极是按照电极的一次焙烧、浸渍和二次焙烧加相应的接头一次、二次浸渍和二次、三次焙烧的总能耗;超高功率电极是按照电极的一次焙烧、浸渍和二次焙烧加相应的接头一次、二次、三次浸渍和二次、三次、四次焙烧的总能耗计算。

6.5.11 石墨化工序是炭素制品生产第一耗能大工序,平均占产品综合能耗的54%~83%,是节能设计的重点工序,从现有代表性炭素厂的现行能耗指标看,石墨化炉的炉型和石墨化送电自动控制水平与石墨化工序能耗关系很大,所以提出石墨化工序应采用较大型以上的直流石墨化炉。当生产高功率及超高功率石墨电极时,应采用内热串接石墨化炉及大型直流石墨化炉。

6.6 石 灰

6.6.2 功率较大且需要调速的设备,指风机、单斗提升机、回转窑等。

6.6.4 采用气体燃料的竖窑,宜使用高炉煤气等低热值煤气,是由于其用于冶金石灰是较好的出路。

6.6.5 以块煤、焦炭为燃料的竖窑,生产冶金石灰能耗不高,但生、过烧率高,活性度低,在转炉炼钢中,消耗量是活性石灰的200%,变相提高了能耗。

6.6.6 本条中"成品"含义是:冶金石灰理化指标达到现行行业标准《冶金石灰》YB/T 042规定的指标。轻烧白云石、硬烧冶金石灰等其他产品,在相关行业指标发表前,要求达到钢铁用户企业标准。

6.6.8 先根据2003年1月~2005年6月全国重点冶金石灰企业生产报表,确定冶金石灰热耗及电耗平均值,随后确定热耗及电耗平均先进指标。设计指标是在上述数据基础上,再根据设计经验归纳不同窑型的热耗和电耗,加上水、气、汽、氮气的折算能耗而得,两者相互验证。现将生产报表结果归纳如表4,供参考。

**表4 各种冶金石灰窑型生产报表平均
先进指标(MJ/t灰)**

窑型		平均先进指标			
		燃料	电		工序能耗
		单位热耗	单位电耗	比例	
竖窑	焦炭竖窑	4200.0	60.0		
	节能型竖窑	4500.0	40.0		
	气烧竖窑	5800.0	140.0		
	气烧双膛窑	3740.0	160.0		
	双膛窑	3910.0	220.0		
	套筒窑	4200.0	140.0		
	梁式窑	4000.0	190.0		
回转窑		5225.0	185.0		
悬浮窑		4200.0	210.0		

需要说明的是,生产报表存在以下几个问题:

1　报表中没有工序能耗。

2　不少厂家数据不全或未上报。气烧双膛窑、梁式窑、悬浮窑等,只有一组数据。

3　燃料热值对燃料消耗有很大影响,生产报表中未反映此问题。

4　上述报表中炉窑是按大类分项的,如回转窑,国内存在多种型式,不同型式回转窑的热耗不同,生产报表中未表述,归纳后的数据,对于特定型式的回转窑,不反映其应有的能耗指标。其他窑型也有类似问题。

5　冶金石灰厂的产品除冶金石灰外,还有轻烧白云石、硬烧冶金石灰、钝化冶金石灰等,工序能耗不同,生产报有中未表述。

6　石灰石的结晶形态与热耗有关,将影响炉窑的热工指标,但缺少可比数据。

7　各生产厂能耗统计范围不统一,如有的厂按全灰统计,有的厂按筛除粉灰后的成品计算。

总　目　录

第1册　通用标准・民用建筑

1　通用标准

2　民用建筑

第 2 册　建筑防火·建筑环境

3　建筑防火

4　建筑环境（热工·声学·采光与照明）

第3册 建筑设备・建筑节能

5　建筑设备（给水排水・电气・防雷・暖通・智能）

6　建筑节能

第4册 工业建筑

7　工业建筑